AUTORENREGISTER

SACHREGISTER

CHEMISCHES ZENTRALBLATT

1830 gegründet
1897—1945 von der Deutschen Chemischen Gesellschaft fortgeführt

Herausgegeben im Auftrage
der Deutschen Akademie der Wissenschaften zu Berlin,
der Chemischen Gesellschaft in der DDR,
der Akademie der Wissenschaften zu Göttingen
und der Gesellschaft Deutscher Chemiker
von Prof. Dr. HEINRICH BERTSCH und Prof. Dr. Dr. h. c. WILHELM KLEMM

Chefredakteure
Dr. HELGA VÖLZ und Dr.-Ing. CHRISTIAN WEISKE

Schnellreferate

139. JAHRGANG
1968

Chem. Zbl. 139. Jg.

Autoren- u. Sachregister

Berlin 1969

AKADEMIE-VERLAG GMBH · BERLIN – VERLAG CHEMIE GMBH · WEINHEIM · BERGSTRASSE

Inhalt

Vorwort	II	Autorenregister	1–222
Vorbemerkung zum Autorenregister	III	Sachregister	1–231

AUTORENREGISTER

SACHREGISTER

CHEMISCHES ZENTRALBLATT

1830 gegründet
1897—1945 von der Deutschen Chemischen Gesellschaft fortgeführt

Herausgegeben im Auftrage
der Deutschen Akademie der Wissenschaften zu Berlin,
der Chemischen Gesellschaft in der DDR,
der Akademie der Wissenschaften zu Göttingen
und der Gesellschaft Deutscher Chemiker
von Prof. Dr. HEINRICH BERTSCH und Prof. Dr. Dr. h. c. WILHELM KLEMM

Chefredakteure
Dr. HELGA VÖLZ und Dr.-Ing. CHRISTIAN WEISKE

Schnellreferate

139. JAHRGANG

1968

Chem. Zbl. 139. Jg.

Autoren- u. Sachregister

Berlin 1969

AKADEMIE-VERLAG GMBH · BERLIN – VERLAG CHEMIE GMBH · WEINHEIM · BERGSTRASSE

Herausgeber: Prof. Dr. Heinrich Bertsch, Berlin, und Prof. Dr. Dr. h. c. Wilhelm Klemm, Münster
Stellvertretende Herausgeber: Prof. Dr.-Ing. Dr. rer. nat. h. c. Eberhard Leibnitz, 104 Berlin, Schiffbauerdamm 19, Fernsprecher: 425571 und Prof. Dr.-Ing. Bertold Reuter, 1 Berlin 30, Geisbergstraße 39, Fernsprecher: 2119091.
Chefredakteure und verantwortlich für den Inhalt: Dr. Helga Völz, 104 Berlin, Schiffbauerdamm 19, Fernsprecher: 425571 und Dr.-Ing. Christian Weiske, 1 Berlin 30, Geisbergstraße 39, Fernsprecher: 2119091.
Stellvertretender Chefredakteur: Dr.-Ing. Günter Pötzscher, 1 Berlin 30, Geisbergstraße 39, Fernsprecher: 2119091.

Akademie-Verlag GmbH, 108 Berlin, Leipziger Str. 3–4 (Fernsprecher: 220441, Telex-Nr. 0112020), und Verlag Chemie, GmbH, 6940 Weinheim/Bergstr., Pappelallee 3 (Fernsprecher: (06201) 3635; Fernschreiber: 465516 vchwh d). Bestellnummer: 1007/139.
Das Chemische Zentralblatt erscheint wöchentlich. Preis des 139. Jahrganges einschl. Schnellreferatedienst, Autoren-, Patent-, Sach- u. Formelregister: 3200,–; einseitig bedruckte Ausgabe: 3700,–. Abgabe der Zeitschrift nur mit sämtlichen Registern.

Satz und Offsetdruck: VEB Druckerei „Thomas Müntzer", 582 Bad Langensalza.
Veröffentlicht unter der Lizenznummer 1273 des Presseamtes beim Vorsitzenden des Ministerrates.
Printed in Germany.

Vorbemerkungen zum Autorenregister

Das Autorenregister enthält in alphabetischer Reihenfolge alle Autoren mit ihren Familiennamen und den Initialen ihrer Vornamen. Zu jedem Autorennamen sind die im SRD-Jahrgang 1968 unter diesem Namen registrierten Titel der Arbeiten ohne Prüfung der Identität der Verfasser in chronologischer Folge mit der Referate-Nr. aufgeführt.

Titel von Reihenmitteilungen sind im allgemeinen nur mit dem Reihentitel und der Nummer der Mitteilung wiedergegeben.

Sämtliche Autorennamen sind ohne diakritische Zeichen sortiert und gedruckt; Umlaute sind als ae, oe, ue eingeordnet und wiedergegeben (z. B. Šemjakin s. Semjakin; Müller s. Mueller).

Bei der Ordnung der Familiennamen wurden nicht berücksichtigt:

— Apostroph (D'Olieslager findet man vor Dolphin)
— Bindestrich (Ben-Efraim findet man hinter Benedikt)
— Lücke (de Cooman findet man hinter Decombe und vor Decoret).

Die Präfixe „von" und „von der" wurden bei der Ordnung ebenso wie die Zusätze „jun.", „sen.", „II", „III" und in Klammern gesetzte Namenszusätze erst in zweiter Linie bei der Feinordnung der Vornameninitialen berücksichtigt (Friedrich von der Haar findet man unter Haar F. von der; W. E. von Doering unter Doering W. E. von).

Namen mit wechselnder Schreibweise (MacLean — McLean; Semjakin — Shemyakin) wurden in der Schreibweise der Originalarbeit übernommen.

Namen aus Veröffentlichungen mit kyrillischen Schriftzeichen sind nach DIN 1460 transliteriert und ohne diakritische Zeichen wiedergegeben.

Autorenregister

A

AAMISEPP M., UNGESAETT. LACTONE U. MERCAPTANE 3. MITT. 58-0605
AARON C. S., RK. V. BENZIL MIT DEM METHYLSULFINYL-CARBANION, ERZEUG. D. METHYLSULFINYL-CARBANIONS IN GERINGER KONZ. DURCH DAS PHENOXID-ION 61-0537
AARON H. S., SYNTH. V. ACHT STEREOISOMEREN EINES TETRAHYDROCANNABIOL-ABKOEMMLINGS 59-0583
AASEN A. J., CAROTINOIDE AUS BAKTERIEN 23. MITT. 53-0519
- BAKTERIELLE CAROTINOIDE 24. MITT. 56-0659
ABBUEHL S., SYNTH. VON 3-PHENYL-1-OXO-1H-PYRAZOLO(1.2-A)BENZO(C)CINNOLIN 61-0673
ABCHAZAVA I. I., SYNTH. V. PHENANTHREN-DERIV. 58-0514
ABDALLA H., KRIST.-DATEN U. ANDERE EIG. V. BIS-(N.N'-DIMETHYL-AETHYLENDIAMIN)-NICKEL(II)-BROMID U. -NITRAT 58-0020
ABDALLAH M., SYNTH. V. AZO-FARBSTOFFEN MIT QUATERN. P-AZOBENZYLAMMONIUM-GRUPPE 59-0603
ABDEL-HAY F. M., NATUERL. CUMARINE 9. MITT. 54-0406
ABDEL-RAHMAN M. O., SYNTH. V. DIHYDROTETRAZINEN 64-0765
ABDEL-WAHHAB S. M., STOBBE-KONDENS. 4. MITT. 60-0438
- STOBBE KONDENS. 5. MITT. 60-0498
ABDIN T. M. S., RK. MIT 2.4-DISUBSTITUIERTEN DELTA(2)-OXAZOLINONEN-(5) 64-0642
ABDOU I. K., NATUR D. SCHWEFELVERB.-TYPEN IM BAKR-ROHOEL 63-0906
ABE K., STEREOSPEZIF. SYNTH. V. DL-VERBENALOL 61-0609
- UNTERS. AN MORPHIN-ALKALOIDEN 3. MITT. 61-0723
ABE N., STRUKTUR V. BAKKENOLID-A 57-0703
- STRUKTUREN D. BAKKENOLIDE-B, -C U. -D, BESTIMMT MIT HILFE EINES KERN-OVERHAUSER-EFFEKTES 60-0752
ABE Y., CYPRIDINA-BIOLUMINESZENZ 5. MITT. 64-0092
ABEGG V. P., PD-KATALYSIERTE DECARBONYLIER. V. BETA-PHENYL-ISOVALERALDEHYD. EINE BEMERKENSWERTE EINSCHRAENK. D. NEOPHYL-UMLAGER. 59-0254
ABEL E. W., PMR-SPEKTREN V. SCHWEFEL-, SELEN- U. ARSENVERB. V. ELEMENTEN D. GRUPPE IVB 56-0017
ABELER G., BEITRAEGE ZUR CHEMIE D. BORS 40. MITT. 59-0337
ABELL P. I., DEUTERIUM-ISOTOPENEFFEKT IN EINEM NICHTWAESSRIGEN SAEURE-BASE-SYST. 58-0021
ABELLO L., N-H...N-WASSERSTOFFBIND. 8. MITT. 56-0183
- N-H...N-WASSERSTOFFBIND., 9. MITT. 56-0184
- PROTON-ACCEPTORSTAERKE V. N-HEXYLAMIN, KALORIMETRISCHE UNTERS. D. KOMPLEXBLDG. V. N-HEXYLAMIN U. CHLOROFORM IM TERNAEREN SYST. 64-0210
ABENHAIM D., STEREOCHEMIE DER ADDITIONSREAKTIONEN VON CROTYLMETALLVERBINDUNGEN AN ALDEHYDE 64-0291
ABIKO Y., ANTIPLASMIN-ARZNEIMITTEL 1. MITT. 61-0842
ABLEWHITE A. J., SYNTH. EINIGER 4-HYDROXY- U. 4-METHOXY-NAPHTHYLALANINE 56-0419
ABOLINJA M. J., 8-MERCAPTO-CHINOLIN (THIOOXIN) U. SEINE DERIV. 39. MITT. 60-0209
ABOULEZZ A. F., STEROIDE 8. MITT. 64-0864
ABRAHAM J., URAN(VI)-KOMPLEXE V. 8-HYDROXY-CHINOLIN U. DERIV. 56-0076
ABRAHAM M. H., ORGANOMETALLVERB. 6. MITT. 59-0080
- ORGANOMETALLVERB. 7. MITT. 62-0284
ABRAHAM R. J., NMR-SPEKTREN V. FLUORBENZOLEN 2. MITT. 57-0101
- PROTONENMAGNET. RESONANZSPEKTRUM V. PROPIOLACTON 58-0114
ABRAHAMSSON S., CYCLOOLIGOMERE PHENOL-ALDEHYD-KONDENS.-PROD. 1. MITT. 60-0445
ABRAITYS V. Y., PHOTODIMERISIER. V. TETRAMETHYLAETHYLEN. EINE RK. D. OLEFIN-PI,PI(STERN)-SINGULETTS 55-0293
ABRAMOVITCH R. A., EINIGE CIS- U. TRANS-DEKAHYDROISOCHI-NOLIN-DERIV. U. IHRE NMR-SPEKTREN. EIN BEMERKENSWERT STABILER KONDENSIERTER CYCLOHEXANRING IN VERZERRTER WANNENFORM 57-0152
- RK. EINFACHER NITRO-VERB. MIT UEBERGANGSMETALLOXALA-TEN, ZUR FRAGE INTERMEDIAER GEBILDETER NITRENE 57-0377
- STEREOCHEMIE D. MICHAEL-ADDIT. 57-0409
- AROMAT. SUBSTITUT. 18. MITT. 61-0262
- AROMAT. SUBSTITUT. 19. MITT. 61-0263
ABSHIRE C. J., TOXIZITAET EINIGER CYCLOPENTYLAMINOSAEURE-ANALOGA 63-0887
ABU-MUSTAFA E. A., NATUERL. CUMARINE 9. MITT. 54-0406
ACHARYYA A. K., 3-SUBSTITUIERTE AMINO-4.5-DISUBSTITUIERTE 1.2.4-4H-TRIAZOLE U. ALDEHYDE AUS 1-ACYL-SEMICARBAZI-DEN 59-0570
ACHESON R. M., ADDIT.-RK. HETEROCYCL. VERB. 28. MITT. 54-0436
- UMLAGER. V. 2-HYDROXY-INDOXYL-2-CARBONSAEURE-AETHYLESTER IN 3-HYDROXY-OXINDOL-3-CARBONSAEURE-AETHYLESTER 57-0505
- ADDIT.-RK. HETEROCYCL. VERB. 29. MITT. 58-0549
- ADDIT.-RK. HETEROCYCL. VERB. 30. MITT. 58-0550
- ADDIT.-RK. HETEROCYCL. VERB. 31. MITT. 58-0551
- ADDIT.-RK. HETEROCYCL. VERB. 32. MITT. 58-0552
- ADDIT.-RK. HETEROCYCL. VERB. 33. MITT. 58-0553
- ADDITIONSRK. HETEROCYCLISCHER VERB. 34. MITT. 58-0554
- TAUTOMERIE U. BROMIER. V. EINIGEN 1-HYDROXY-INDOL-2-CARBONSAEURE-DERIV. 59-0532
- PEROXYSAEURE-OXYDATION VON ACRIDIN 61-0641
- ADDIT.-RK. HETEROCYCL. VERB. 35. MITT. 61-0671
- ADDIT.-RK. HETEROCYCL. VERB. 36. MITT. 63-0579
- ADDITIONSRK. HETEROCYCL. VERB. 37. MITT. 63-0580
- ADDIT.-RK. V. HETEROCYCLEN 38. MITT. 63-0581
- DIMERE U. BENZ(DE)ISOCHINOLINE AUS 4-PHENACYLIDEN-HOMOPHTHALIMIDEN 64-0717
ACHIWA K., CHEMIE DER AMINOSAEUREN 5. MITT. 62-0558
ACHMATOWICZ O. JUN., CIS-TRANS-ISOMERIE V. 1-ALOXY-BUTADIENEN-(1.3) 59-0152
- RK. VON MESOXAL- U. GLYOXYLSAEUREESTERN MIT FURAN SYNTH. VON 2-(1.2-DIHYDROXYAETHYL)-FURAN 60-0486
ACHREMOWICZ L., NITROALKYLPYRIDINALDEHYDE 4. MITT. 53-0429
ACKERMAN N. B., DARST. V. AMINOACRIDINEN U. TEST AUF INDUKT. V. LUNGENTUMOR-FLUORESZENZ BEI RATTEN 60-0807
ACTON E. M., SYNTH. V. DAUNOSAMIN 55-0486
- INTRAMOL. VERDRAENG. DURCH BENACHBARTES O-THIOBENZOAT, SYNTH. V. 3'-THIO-ADENOSIN 63-0765
ADACHI I., ISOXAZOLE 19. MITT. 59-0554
ADAM G., ALKALOIDE AUS VERATRUM ALBUM SSP. LOBELIANUM (BERNH.) SUESSENGUTH 14. MITT. 53-0507
- SOLANUM-ALKALOIDE 85. MITT. 53-0516
- PHOTOCHEM. RK. 10. MITT. 57-0263
- KONFIG. U. UMSETZ. V. 20-STEREOISOMEREN 20-CHLOR-16BETA-HYDROXY-PREGNANEN, HETEROLYT. FRAGMENTIER. ZU 16.17-SECOSTEROIDALDEHYDEN 57-0744
- ALKALOIDE AUS VERATRUM ALBUM SSP. LOBELIANUM (BERNH.) SUESSENGUTH 17. MITT. 62-0729
ADAM W., WASSERSTOFF-BINDUNG IN PYRIDIN 60-0198
ADAMEK J., RK. V. NITROSOPHENOLEN, 1. MITT. 56-0597
ADAMS J., KINETIK D. HYDROLYSE V. P-BENZOCHINON-TETRAMETHYLKETAL 62-0223
- ASYMM.-TRIAZINE 2. MITT. 62-0674
ADAMS W. G., PHOTOCHEM. RED. V. AROMAT. NITROVERB. IN TRIAETHYLPHOSPHIT 58-0322
ADAMS W. R., PHOTOCHEM. UMWANDL. 22. MITT. 62-0447
ADCOCK B., PEROXYSAEURE-OXYDATION VON ACRIDIN 61-0641
ADCOCK W., ELEKTRON. EFFEKTE V. QUECKSILBERSUBSTITUENTEN 61-0007
ADDA G., O- U. P-ORIENTIER. BEI D. DIMERISIER.-RK. UEBER ORGANOMAGNESIUM- U. ORGANOLITHIUMVERB. IN GGW. GERINGER MENGEN V. UEBERGANGSMETALLHALOGENIDEN. BESONDERER FALL D. CYCLANYLDIMEREN 57-0283
ADDERLEY C. J. R., CYCLOHEXANRINGKONTRAKTION 54-0292
- OX. V. ALKOXYPHENOLEN 12. MITT. 63-0432
- OX. V. ALKOXYPHENOLEN 13. MITT. 63-0433
- OX. V. ALKOXYPHENOLEN 14. MITT. 63-0434
ADDINK R., GEKOPPELTE U. UNGEKOPPELTE PROZESSE BEI D. AUTOXYDATION TEILWEISE REDUZIERTER PTERIDINE U. FLAVINE 54-0447
ADDISON C. C., OXID- U. NITRAT-DERIV. V. TRIPHENYLARSIN U. -PHOSPHIN 61-0430
ADELMAN R. L., RK. V. HEXAFLUORACETON SOWIE SYMM.-DICHLORTETRAFLUOR-ACETON MIT ALLYLOLEFINEN 62-0328
ADELSBERGER K., 1.3-DIPOLARE CYCLOADDIT. 33. MITT. 54-0385
ADEMBRI G., SYNTH. U. UV-ABSORPT.-SPEKTREN V. ISOXAZOLYL-(5)-POLYENALDEHYDEN 55-0059
- PYRIDAZINO(4.5-D)PYRIDAZIN, NEUER HETEROCYCLUS 55-0462
ADESIDA G. A., EXTRAKTE AUS KHAYA SENEGALENSIS A. JUSS 53-0532
ADESOGAN E. K., EXTRAKTE AUS KHAYA SENEGALENSIS A. JUSS 53-0532

ADICKES H. W., ERSATZ-ARIN, NEUER MECHANISMUS D. CINE-SUBSTITUT. 58-0258
ADINOLFI M., STEREOCHEMIE V. MARRUBIIN 57-0768
- SYNTH. U. STEROCHEMIE V. ZWEI NEUEN ISOAMBREINOLIDEN 60-0732
- DARST. V. ZWEI EPIMEREN TETRAMETHYLDECALONEN AUS SCLAREOL 60-0733
- STEREOCHEMIE V. MARRUBIIN 60-0734
ADLER L., STABILITAETSKONSTANTEN D. PROTONIERUNG U. D. KOMPLEXBLDG. MIT CU(II) V. N.N-DIAETHYL-N'-METHYL-AETHYLENDIAMIN U. N.N.N'.N'-TETRAMETHYL-AETHYLENDIAMIN IN WSS. LSG. 53-0014
ADLEROVA E., NEUROTROPE U. PSYCHOTROPE SUBSTANZEN 16. MITT. 54-0333
ADLOFF J., CHEM. FORMEN D. BEI D. RK. (14)N(N, P)(14)C IN KALIUMCYANID GEBILDETEN RADIOKOHLENSTOFFS, RADIOLYT. ZERS. D. TARGETS IM LAUFE D. BESTRAHL. 64-0039
ADOLPH H. G., PK-WERTE V. 1.1-DINITRO-VERB. U. KONFORM. D. DINITROCARBANIONEN 63-0219
ADOMENAS P., ''PENTAMETHYL-ANISOL'' MIT F. 119 GRAD 57-0407
ADVANI S. B., POTENTIELLE ANTIKREBS- U. ANTIVIRALE MITTEL SUBSTITUIERTE 3-(1'-(2'.3'.4'-TRI-O-BENZOYL-BETA-D-RIBOPYRANOSYL)),-2-BENZOXAZOLONE 60-0694
AEBERLI P., PROD. AUS D. RK. V. MOLEKULAREM SAUERSTOFF MIT D. NATRIUMSALZEN V. 3-PHENYL-OXINDOLEN U. 3-PHENYL-CUMARANON-(2) 62-0495
- RK. EINIGER KETOSAEUREN MIT ANTHRANILSAEURE, ANTHRANILAMIDEN, ORTHANILAMIDEN U. SALICYLAMID 64-0720
AEYRAES P., TRENN. U. NMR-SPEKTREN EINIGER NORBORNADIOLE U. METHYLNORBORNADIOLE 62-0077
AFANASEV B. N., KINETIK D. RED. V. PHENYLGLYOXYL- U. MALEINSAEURE AN D. QUECKSILBERTROPFELEKTRODE 61-0188
AFANAS'EV I. B., TELOMERISAT. V. 1-HEXEN MIT TETRACHLORKOHLENSTOFF U. AETHYLJODID 55-0200
- RADIKALTELOMERISATION V. ISOPREN MIT TRICHLORBROMMETHAN U. TETRACHLORKOHLENSTOFF 62-0324
AFANAS'EVA T. A., OX. ORGAN. VERB. 49. MITT. 60-0617
AFFOLTER J., ORGANOMETALLVERB. 4. MITT. 59-0023
AFFROSSMAN S., KINETIK D. DURCH EIN SAURES HARZ ODER EINE SAURE LSG. KATALYSIERTEN HYDROLYSE V. ALIPHAT. ESTERN MIT SUBTITUENTEN IN D. ALKYLGRUPPE IN 1 ZU 3 WASSER-ACETON 62-0242
AGAMI C., NEUE KLASSIFIKAT. APROT. LSGM. 56-0090
- SCHWACH ELEKTROPHILER CHARAKTER APROT. DIPOLARER LSGM. 56-0115
- BASIZITAETSBEST. V. AETHERN U. SAEUREANHYDRIDEN DURCH NMR 60-0210
- APROTON. LSGM. 2. MITT. 60-0329
- IR-SPEKTROGRAPH. VGL. D. ELEKTROPHILIE V. APROT. LSGM. 63-0102
- LSGM.-EINFL. AUF D. NMR-SPEKTREN V. ALKENEN 63-0146
AGANOV A. V., CIS-TRANS-ISOMERISIER. IN D. 2.5-DIALKYL-U. D. 2.5-DIALKYL-5-ALKOXYALKYL-1.3-DIOXANREIHE 64-0305
AGARUNOV M. J., THERMOCHEM. UNTERS. V. METALLORGAN. VERB. 1. MITT. 58-0164
AGARWAL K. L., PEPTIDE 27. MITT. 63-0846
AGARWAL N. S., POTENTIELLE ANTIVIRUS-VERB. 2. MITT. 59-0559
AGARWAL S. C., RK. V. NINHYDRIN MIT CYTOSIN-DERIV. 58-0662
AGATHA G., SOLVATATION D. UEBERGANGSZUSTANDES BEI D. ELEKTROPHILEN BROMADDITION AN OLEFINE 62-0217
AGATSUMA K., FURANODIEN, EIN VORLAEUFER V. SESQUITERPENOIDEN MIT FURANRING 59-0519
- STRUKTUR V. CURZERENON, EPICURZERENON U. ISOFURANOGERMACREN (CURZEREN) 62-0771
AGAWA T., UEBER D. CHEMIE V. VERB. MIT KUMULIERTEN DOPPELBIND. 3. MITT. 62-0394
- CHEMIE D. VERB. MIT KUMULIERTEN DOPPELBIND. 4. MITT. 62-0402
AGENAES L., SELENOCYANIER. V. PYRROLEN 58-0581
AGER J. H., SYNTH. V. 6.7-BENZOMORPHAN AUS 4-PHENYL-PYRIDIN 59-0605
AGHORAMURTHY K., KOMPPA-SYNTH. V. CAMPHERSAEURE 59-0734
AGLIETTO S. I., ALDOLKONDENS. V. GAMMA-FORMYL-BUTTERSAEUREESTERN 61-0364
AGOCS P., EFFEKT AXIALER BETA-SUBSTITUENTEN AUF D. QUATERNISIER. BEI EINIGEN COCAIN-DERIV. 62-0212
AGRANAT I., FULVENE U. THERMOCHROME AETHYLENE 49. MITT. 63-0119
- FULVENE U. THERMOCHROME AETHYLENE 50. MITT. 63-0539
AGUI H., PHENOL. CYCLISIER. 1. MITT. 57-0679
AGUIAR A. M., STEREOSPEZIF. ADDIT. V. ORGANOARSENIDEN AN ALKINE 54-0318
- 1.4-DIPHOSPHONIA-CYCLOOCTEN- U. -CYCLOOCTADIEN-SALZE, BLDG. , HYDROLYSE U. VERSUCHTE UMWANDL. IN 1.4-DIPHOSPHA-CYCLOOCTATETRAENE 59-0652
- STEREOSPEZIF. VINYLHALOGENID-SUBSTITUTIONEN 3. MITT. 62-0052
AGUIAR H. J., STEREOSPEZIF. VINYLHALOGENID-SUBSTITUTIONEN 3. MITT. 62-0052
AGURELL S., ABLAUF D. BIOSYNTH. V. TRYPTOPHAN ZU PSILOCYBIN 59-0811
AGWADA V., ALKALOIDE 125. MITT. 54-0514
AHLBRECHT H., STEREOSPEZIF. SYNTH. FUER H(1)-H(2)-TRANS-CYCLOPROPANE 59-0428
AHMAD A., CHEM. U. PHARMAKOLOG. UNTERS. V. OMEGA-SUBSTITUIERTEN ALKYLAMINO-3-AMINO-PYRIDINEN 57-0579
AHMAD I., ALLYLHALOGENIER. V. 3-METHYL-DELTA(2)-BUTENSAEUREMETHYLESTER 57-0310
AHMAD N., ANWEND. D. PFEIFFER-EFFEKTS AUF D. SPALT. DISSYMM. KOORDINAT.-VERB. 61-0004
AHMAD Y., CHINOXALINDERIV. 10. MITT. 58-0591
AHMADI A., KATALYT. DEHYDRATISIER. V. LANGKETT. ALKOHOLEN 2. MITT. 54-0170
AHMED L., NATUR D. SCHWEFELVERB.-TYPEN IM BAKR-ROHOEL 63-0906
AHMED Q. A., ALKALOIDE AUS TABERNAEMONTANA RIEDELII U. T. RIGIDA 61-0833
- STEROIDE 8. MITT. 64-0858
AHOND A., DARST. U. IDENTIFIZIER. V. SCLARENEN 57-0706
AIELLO E., KERNUMWANDL. DURCH HYDROGENOLYSE 4. MITT. 60-0645
AIME S., KRISTALL- U. MOLEKULARSTRUKTUR V. 4-AMINO-NAPHTHOCHINON-(1.2)-HEMIHYDRAT 62-0161
AIMI N., ORIENTAL. PFLANZENINHALTSSTOFFE 18. MITT. 64-0911
AINBINDER Z., BEQUEME DARST. V. 1.3-CYCLOHEXADIEN-1.4-DICARBONSAEURE-DIMETHYLESTER, EIN VORLAEUFER D. BICYCLO(2.2.2)OCTANS 64-0484
AINSWORTH A. T., STEREOCHEMIE V. BETA-CARBOXY- U. BETA-HYDROXYMETHYL-MUCONSAEURE-DERIV. 63-0393
AINSWORTH D. P., UNGEWOEHNLICHE RK. V. ARYLDIAZONIUMSULFONATEN MIT ORTHOSTAENDIGEN TERTIAEREN AMINO-SUBSTITUENTEN 61-0524
AIZENSHTAT Z., ORGAN. FLUOR-VERB. 40. MITT. 62-0314
- NEUE DARST. D. DIBENZ(B,F)AZEPIN- U. DIBENZ(B,F)OXEPIN-SYST. 63-0740
AKAGI K., ZUORDN. D. INFRAROTBANDEN DES DIPHENYLCYCLOPROPENONS 63-0129
- MOLEKULARKOMPLEXE V. ACETYLENALKOHOLEN MIT N- U. PI-DONATOREN 63-0511
AKAGI M., STOFFWECHSELWIRKUNGEN V. BORAT 6. MITT. 61-0840
AKAHORI A., STEROIDBESTANDTEILE V. KULTURPFLANZEN 52. MITT. 62-0787
- STEROIDBESTANDTEILE V. KULTURPLANZEN 51. MITT. 62-0845
AKASAKI Y., ORGAN. PHOTOCHEMIE 6. MITT. 55-0096
AKASHI K., ELEKTRONENSPEKTREN V. EINIGEN ALPHA.OMEGA-DIARYLPOLYINEN 59-0103
AKASHI M., VERB. MIT KLEINEN RINGEN 20. MITT. 59-0256
AKATSU M., STRUKTUR D. SERRATANIDINS 62-0720
AKERBLOM E., 2-AMINOTHIAZOLIN-4-ON U. 2-IMINOTHIAZOLIDIN-4-ON-DERIV. 1. MITT. 53-0383
- TAUTOMERIE 2. MITT. 54-0131
AKERKAR A. S., HYDROXAMSAEUREN U. IHRE DERIV. 4. MITT. 55-0564
AKESSON B., MASSENSPEKTREN HALOGENIERTER THIOPHENE 58-0127
AKHREM I. S., D. DITROPYLIUM-DIKATION 56-0395
AKHREN A. A., CYCL. UNGESAETT. VERB. 30. MITT. 64-0476
AKHTAR I. A., HOCHKONDENSIERTE POLYCYCL. RINGSYST. 1. MITT. 60-0459
AKHTAR M. H., NMR-UNTERS. D. GEHINDERTEN ROTAT. IN 1-ARYL-3.3-DIMETHYL-TRIAZENEN 62-0114
AKIBA K., BLDG. V. BIS-(O-(N-SUBSTITUIERTEN CYANAMINO)-PHENYL)-DISULFIDEN DURCH PHOTOLYSE V. 3-SUBSTITUIERTEN 2-NITROSIMINO-2.3-DIHYDRO-BENZTHIAZOLEN 62-0578
AKIMOTO H., BEST. D. ABSOLUTEN KONFIG. V. 1.1'-BINAPHTHYL U. SEINEN DERIV. MITTELS ROENTGENBEUG. 56-0158
- EINDEUT. FESTLEG. D. ABS. KONFIG. IM BIPHENYL-, BIANTHRYL- U. BIANTHRACHINONYL-SYST. 64-0525
AKIMOVA G. S., 1.3-DIPOLARE ADDIT. AN UNGESAETT. VERB. 18. MITT. 57-0555
- 1.3-DIPOLARE ADDIT. AN UNGESAETT. VERB. 19. MITT. 60-0556
- 1.3-DIPOLARE ADDIT. AN UNGESAETT. VERB. 21. MITT. 63-0520
AKIYAMA H., BESTANDTEILE V. CONVALLARIA 10. MITT. 59-0741
- GESCHW. D. RK. V. EINIGEN SUBSTITUIERTEN ANILINEN MIT PHENYLISOTHIOCYANAT U. BEZIEH. ZU D. CHEM. VERSCHIEB. D. AMINO-PROTONEN 63-0297
AKIYAMA S., ELEKTRONENSPEKTREN V. EINIGEN ALPHA.OMEGA-DIARYLPOLYINEN 59-0103
AKKERMAN O. S., OPT. AKTIVITAET SYMM. SUBSTITUIERTER ESSIGSAEUREN 2. MITT. 55-0318
AKOPJAN L. M., STYROLDERIV. 8. MITT. 54-0276
AKSNES G., GEOMETR. ISOMERE V. CYCLOPHOSPHITEN 53-0461
AKSORNVITAYA R., ISOLIER. U. STRUKTURAUFKLAER. V. VOACRISTIN-HYDROXYINDOLENIN 61-0729
AKUTYN M. S., VERNETZ.-MECHANISMUS D. EPOXYVERB. 57-0771
ALABRAN D. M., SYNTH.-WEG ZU EINIGEN STEROID-ALKALOIDEN 61-0727
ALAM M., EIN XYLAN AUS PERENNIERENDEM RAIGRAS (LOLIUM PERENNE) 53-0597
- RK. V. 2-(2-OXO-INDOLINYLIDEN-(3))-2-HYDROXY-ESSIGSAEUREAETHYLESTER MIT PROPIONSAEUREANHYDRID U. PYRIDIN 58-0585
ALAS M., DIFORMYLPYRIDIN-N-OXIDE 55-0455
ALATALO M., STABILITAETSKONSTANTEN D. PROTONIERUNG U. D. KOMPLEXBLDG. MIT CU(II) V. N.N-DIAETHYL-N'-METHYL-AETHYLENDIAMIN U. N.N.N'.N'-TETRAMETHYL-AETHYLENDIAMIN IN WSS. LSG. 53-0014
ALBANO V., METALLATOM-CLUSTER IN IRIDIUM-CARBONYL-TRIPHENYLPHOSPHIN-KOMPLEXEN 53-0005
ALBERT A., PTERIDINE 34. MITT. 57-0613
- 1.2.3.4.6-PENTAAZA-INDENE ('8-AZA-PURINE') 3. MITT. 58-0668
- PTERIDIN-UNTERS. 35. MITT. 62-0657

ALBERTI M. B., 4-HYDROXY-CUMARIN U. DERIV. 7. MITT. 58-0676
ALBERY W. J., EINFL. V. HALOGENIDIONEN AUF D. ZERS. V. DIAZOESSIGSAEUREAETHYLESTER 58-0299
AL'BICKAJA V. M., CHEMIE ORGAN. OXIDE 29. MITT. 64-0371
ALBONICO S. M., STRUKTUR D. 1-DIMETHYLAMINOAETHYL-PHENANTHRENBASE AUS ARISTOLOCHIA ARGENTINA GRIS 53-0581
ALBRAND J., NMR V. PHOSPHORDERIV. 4. MITT. 59-0116
ALBRECHT F. X., RK. V. HYDRAZINEN MIT ESTERN U. CARBONSAEUREN 59-0366
ALBRIDGE R. G., MOLEKULARSPEKTROSKOPIE MITTELS ESCA (ELEKTRONENSPEKTROSKOPIE FUER CHEM. ANALYSE), LAD.-VERTEIL. IN STICKSTOFFVERB. 59-0102
ALCAIS P., BROMIER. V. POLYMETHYLBENZOLEN 2. MITT. 58-0228
- KINET. UNTERS. D. MECHANISMUS D. BROMIER. AROMAT. AMINE 1. MITT. 59-0216
- KINET. UNTERS. D. MECHANISMUS D. BROMIER. AROMAT. AMINE 2. MITT. 59-0217
- KINET. UNTERS. D. MECHANISMUS D. BROMIER. AROMAT. AMINE 3. MITT. 59-0218
ALDEN C. K., FREIE-RADIKAL-RK. HALOGENIERTER POLYCYCL. BRUECKENVERB. 4. MITT. 54-0346
- FREIE-RADIKAL-RK. HALOGENIERTER POLYCYCL. BRUECKENVERB. 7. MITT. 59-0238
- HYDROGENOLYSE EINIGEN POLYCHLORIERTEN NORBORNENEN-(2) U. SYNTH. V. 1.4-DICHLOR-NORBORNEN-(2) 59-0488
- 2-METHYLEN-NORBORNYL-(3)-NORBORNEN-(2)-YL-(2)-METHYL, ALLYL-RADIKAL-SYST. 59-0489
- RK. FREIER RADIKALE V. HALOGENIERTEN POLYCYCL. BRUECKENRINGSYST. 8. MITT. 62-0493
ALDEN R. A., MECHANISMUS D. EINFACHBIND.-VERKUERZ., NACHW. AUS D. KRISTALLSTRUKTUREN V. 1.1'-BIAPOCAMPHYL 1.1'-BINORBORNYL U. 1.1'-BIADAMANTYL 57-0137
ALDERSON D., 3-OXO-2.3-DIHYDRO-1-OXAPHENALEN 53-0411
ALDRIDGE D. C., STRUKTUR V. CYTOCHALASIN A U. B 53-0590
ALEEV R. S., SEK. RK. BEI ERHAERT. V. POLYURETHANEN 1. MITT. 61-0411
ALEKSANDROV A. N., KOMBINIERTE GASCHROMATOGRAPH.-MASSENSPEKTROMETR. METH. ZUR ANALYSE D. RK.-PROD. V. 1.3-DICHLOR-2-METHYLEN-PROPAN MIT ALKOHOL. LSG. V. KOH 63-0374
ALEKSANDROV V. N., RELATIVE REAKTIVITAETEN D. ISOMEREN XYLOLE BEI D. KATALYT. FLUESSIGPHASEN-OX. 54-0145
ALEKSEEVA L. V., NITROSIER. V. ACETONDICARBONSAEUREDIAETHYLESTER 53-0227
- SYNTH. D. N-(4-NAPHTHYL-(2)- U. N-(4-THIENYL-(2)-METHYLAMINO-BENZOYL)-DL-GLUTAMINSAEURE 64-0595
ALEMAGNA A., 1.3.4-THIADIAZOLE 3. MITT. 61-0252
ALESINA T. N., QUART. AMMONIUMSALZE V. BIS-(9-AZA-TRICYCLO(5.3.1.0(2.6))UNDECAN) 64-0710
ALEXA J., IONENAUSTAUSCHCHROMATOGRAPHIE V. SELTENERDMETALLEN IN ORGAN. MEDIEN 5. MITT. 57-0023
ALEXANDER A. E., HYDROLYSE V. BENZYLIDENANILIN IN GGW. V. CETYLTRIMETHYLAMMONIUMBROMID 56-0217
ALEXANDER E., KORRELAT. V. KRISTALL- U. MOLEKULARSTRUKTUR MIT D. NMR-SPEKTRUM EINES BICYCLO(1.1.1)PENTAN-DERIV. 64-0189
ALEXANDER E. S., POLYFLUORALKYLDERIV. D. STICKSTOFFS 27. MITT. 60-0355
ALEXANDER L. E., MOL. GEOMETRIE V. OXO-(DESOXOPHYLLOERYTHROAETIOPORPHYRINATO)-VANADIN, EINEM ANALOGEN D. CHLOROPHYLLS 64-0019
ALEXANDROU N. E., STRUKTURUMERKENN. V. DIHYDRO-VIC.-TETRAZINEN 3. MITT. 57-0557
- DURCH AROMAT. AMINE INDUZIERTE LSGM.-EFFEKTE IN D. NMR-SPEKTREN V. NITROALKANEN 64-0121
ALFENAAR M., UNIVERSELLE PH-SKALA FUER LSG. BEI VERSCHIEDENEN TEMP. U. IN VERSCHIEDENEN LSGM. 55-0013
- PHYSIKAL. BEDEUT. D. AKTIVITAETSKOEFFIZIENTEN EINZELNER IONEN, WECHSELWRKG. D. IONEN ORGAN. SAEUREN U. BASEN MIT D. LSGM. U. D. EINFL. V. ALKYL- U. PHENYLGRUPPEN 55-0141
- UNIVERSELLE PH-SKALA IN METHANOL U. METHANOL-WASSER-GEMISCHE 55-0150
ALFORD J. A., 7-SUBSTITUIERTE 2.3-DIAZA-BICYCLO(2.2.1)-HEPTAN-DERIV., SYNTH. EINES STABILEN KETONHYDRATES 64-0623
ALGIERI A. A., LADUNGSUEBERTRAGUNGS-KOMPLEXE IN D. MEDIZIN. CHEMIE 1. MITT. 60-0833
ALI M. F., STRUKTUR V. TRIPHENYLPHOSPHINDIHALOGENIDEN IN LSG. 56-0189
ALI M. I., RK. MIT SUBSTITUIERTEN 4-HYDROXY-CUMARINEN U. FUROCUMARINEN 61-0613
ALI Y., NUCLEOPHILE SUBSTITUTIONSRK. BEI SULFONATEN 3. MITT. 64-0782
ALIEV J. J., CARBONYLIER. V. ALPHA.BETA'-DIPIPERIDIN MIT KOHLENOXID 64-0711
ALIEVA C. M., AETHER U. IHRE DERIV. 118. MITT. 53-0242
ALIMENTI G., RK. V. ALPHA-HYDROXYIMINO-DERIV. V. CARBONYLVERB. MIT BASEN 1. MITT. 57-0318
ALLAN A. W., SYNTH. EINIGER SUBSTITUIERTER 4-ACETYL-OXAZOLE U. D. ENTSPRECHENDEN SAEUREN 63-0642
ALLAN Z. J., AROMAT. DIAZO- U. AZOVERB. 75. MITT. 53-0243
- AROMAT. DIAZO- U. AZOVERB. 74. MITT. 53-0291
- AROMAT. DIAZO- U. AZOVERB. 73. MITT. 53-0294
- SULFURIER. 11. MITT. 58-0432
- AZOKUPPL. V. H-SAEURE-MOLEKUELEN UNTEREINANDER U. SYNTH. V. FARBSTOFFEN MIT EINEM HEXAAZA-(18)-ANNULEN-SKELETT 60-0688
ALLARD M., TERPENOIDE 4. MITT. 58-0758
ALLEAUME M., STRUKTUR DES NATRIUMSALZES VON SULFANILAMIDMONOHYDRAT 64-0018
ALLEGRA G., KRISTALL- U. MOLEKULARSTRUKTUR V. COC12H19, KATALYSATOR FUER D. DIMERISAT. V. BUTADIEN 57-0018
ALLEN D. E., STEREOSELEKTIVE EFFEKTE IN PEPTID-KOMPLEXEN 56-0046
ALLEN D. W., DARST. U. RK. V. 2.2'-BIPHENYLYLEN-BIS-(DIAETHYLPHOSPHIN). BLDG. V. CYCL. DIQUATERNAEREN DIBROMIDEN MIT ALKYLENDIBROMIDEN SOWIE ART U. WAHRSCHEINLICHER MECHANISMUS IHRER THERM. ZERS. 54-0477
- UNGEWOEHNL. NIEDRIGE P-C-H-KOPPL.-KONST. IN D. NMR-SPEKTREN V. PHOSPHONIUMSALZEN U. PHOSPHINOXIDEN 58-0106
ALLEN F. H., STRUKTUR U. REAKTIVITAET V. RINGOLEFINEN MITTLERER GROESSE 56-0202
ALLEN G. R. JUN., VERH. V. 2-CARBOMETHOXY- U. 2-ACETYL-1.4-BENZOCHINON BEI D. NENITZESCU-INDOL-SYNTH. 58-0578
- VERH. V. 2-HALOGEN- U. 2-TRIFLUORMETHYL-1.4-BENZOCHINONEN IN D. NENITZESCU-INDOL-SYNTH. 63-0617
ALLEN R. C., PROTONENMAGNET. RESONANZUNTERS. V. N(1)-SUBSTITUENTENEFFEKTEN AN SULFANILAMIDEN 60-0087
ALLEN T. L., OX. V. OXALAT-IONEN DURCH PEROXODISULFAT 4. MITT. 60-0237
ALLENMARK S., ANCHIMER UNTERSTUETZTE RK. V. SULFOXID 1. MITT. 54-0143
ALLENSTEIN E., DIFORMAMID U. EINIGE SEINER DERIV. 55-0246
- 1-CYANAMINO-2.2-DICYAN-AETHYLENE, N.N'-DICYAN-GUANIDINE U. O-AETHYL-N.N'-DICYAN-ISOHARNSTOFF 61-0367
- 5-CYAN-PYRIMIDIN-DERIV. DURCH CYCLISIERUNG V. 1-CYANAMINO-2.2-DICYAN-AETHYLENEN 61-0652
ALLGEIER H., GLYKOSIDE U. AGLYKONE 299. MITT. 54-0502
- GLYKOSIDE U. AGLYKONE 300. MITT. 54-0503
- DESOXYZUCKER 43. MITT. 58-0691
- DESOXYZUCKER 44. MITT. 59-0663
- DESOXYZUCKER 45. MITT. 62-0699
ALLINGER N. L., D. ''GROESSE'' D. EINSAMEN PAARES AM STICKSTOFF 53-0092
- KONFORMATIONSANALYSE 59. MITT. 59-0151
- ORGAN. QUANTENCHEMIE 16. MITT. 60-0146
- KONFORM.-ANALYSE 60. MITT. 60-0164
- ORGAN. QUANTENCHEMIE 19. MITT. 63-0122
- KONFORM.-ANALYSE 61. MITT. 64-0169
ALLINGHAM Y., EINFL. EINES BENACHBARTEN SCHWEFELATOMS AUF D. GEMINALEN KOPPL.-KONST. IN METHYLENGRUPPEN 60-0092
- NMR-SPEKTREN U. KONFORMATION EINIGER TETRAHYDRO-1.3-OXAZINE 64-0171
ALLRED A. L., ELEKTRONENSPINRESONANZ-UNTERS. DURCH SILICIUM U. GERMANIUM SUBSTITUIERTER ANION-RADIKALE 64-0135
ALLRED E. L., PI-ELEKTRONENBETEILIG. BEIM ENDO.ENDO-DIMETHANO-NAPHTHADIENYL-SYST. 59-0226
ALMASI L., HETEROORGANISCHE VERB. 34. MITT. 59-0049
- HETEROORGAN. VERB. 35. MITT. 64-0046
ALMASY A., D. THERM. ANALYSE D. IN D. HERST.-PROZESSEN D. FUNGICIDE CAPTAN U. FALTAN VORKOMMENDEN ORGAN. SYST. 1. MITT. 57-0814
ALMQVIST S., POLYTHIAADAMANTANE 5. MITT. 56-0573
- UNGESAETT. LACTONE U. MERCAPTANE 3. MITT. 58-0605
ALORANT S., DARST. V. 7-METHYL-OXINDOL 58-0584
AL-SAYYAB A. F., SCHIFFSCHE BASEN 1. MITT. 58-0555
- SCHIFFSCHE BASEN 2. MITT. 58-0556
AL'SING T. K., MECHANISMUS D. SCHIEMANN-RK. 57-0255
ALT A., D-ORBITALEFFEKTE IN SILICIUM-SUBSTITUIERTEN PI-ELEKTRONEN-SYST. 7. MITT. 63-0169
ALT H., ERZWUNGENE (D-N)PI-WECHSELWRKG. BEI SILYLARYLAETHERN 57-0132
- D-ORBITALEFFEKTE IN SILICIUM-SUBSTITUIERTEN PI-ELEKTRONENSYST. 9. MITT. 62-0092
ALT K. O., ABBAU D. INSEKTIZIDES GS 13005 IN D. RATTE, STRUKTURAUFKLAER. D. WICHT. METABOLITE 60-0831
ALTAF-UR-RAHMAN, ADDIT. V. TETRACHLORCYCLOPENTADIEN AN DIENOPHILE 59-0477
ALTENBURG K., ANWEND. EINIGER KONFORM.-REGELN AUF CYCLOHEXYLAMINE 64-0180
ALTHUIS T. H., ASYMM. INDUKT. 2. MITT. 55-0189
ALTIPARMAKIAN R. H., NEUER WEG ZU 9-AMINO-PHENANTHREN 53-0302
- UNSYMM. MEHRKERN. CINNOLIN-DERIV. 2. MITT. 54-0457
ALTMAN J., PROPELLANE 3. MITT. 57-0491
ALTMANN H., UNTERS. AN D. FREIEN NUCLEOTIDEN AUS HEFE NACH GAMMA-BESTRAHL. 59-0800
- VERWERT. V. THYMIN U. THYMIDIN ALS DNS-VORSTUFE IN CHLORELLA PYRENOIDOSA 64-0897
AL'TMARK E. M., KETOALDEHYDE 5. MITT. 60-0350
ALTONA C., KONFORM. NICHTAROMAT. RING-VERB. 41. MITT. 55-0071
- KONFORM. V. NICHTAROMAT. RINGVERB. 25. MITT. 57-0141
- STRUKTUR-FREQUENZ-BEZIEHUNGEN U. KONFORM. V. ALKYL- U. CYCLOALKYLHALOGENIDEN 61-0086
- KONFORM. NICHTAROMAT. RINGVERB. 42. MITT. 61-0139
- KONFORM. V. NICHTAROMAT. RINGVERB. 43. MITT. 61-0140
- KONFORM. OFFENKETT. VERB. 2. MITT. 62-0143
- KONFORM. NICHTAROMAT. RINGVERB. 45. MITT. 62-0144
- KONFORM. NICHTAROMAT. RINGVERB. 44. MITT. 64-0109
ALTUCHOV K. V., NITRO-TRINITROCYCLOMETHYLIER V. ALKENEN DURCH TETRANITROMETHAN 56-0513
- NITRO-O-TRINITROMETHYLIER. D. 1-PHENYL-CYCLOHEXENS MIT

TETRANITROMETHAN 57-0422
ALUL H. R., LSGM.-EINFL. AUF D. ALKYLIER. V. BENZOL MIT 1-DODECEN U. TRANS-6-DODECEN IN GGW. V. ALUMINIUMCHLO-RID 62-0210
ALUOTTO P. F., KONKURRIERENDE REAKTIVITAETEN V. HYDROXID-, METHOXID-, AETHOXID- U. ALLYLOXID-IONEN BEI S(N)1- UND S(N)2-VERDRAENG.-RK. 62-0249
ALVAREZ F. S., STEROIDE 311. MITT. 63-0822
AMAKASU T., CUMARINE 5. MITT. 64-0672
AMAKO Y., ELEKTRONENSPEKTRUM D. TROPON-MOL. 57-0078
AMBERGER E., RK. D. HYDRYLANIONEN 2. MITT. 59-0064
- VERB. D. TRIBORANAT-8-ANIONS 61-0424
- RK. D. HYDRYLANIONEN 5. MITT. 62-0028
AMBRUS G., UMWANDL. V. STEROIDEN DURCH ABSIDIA ORCHIDIS 1. MITT. 58-0821
AMES D. E., 1-(INDOLYL-(3))-PROPANDION-(1.2) U. VERWANDTE VERB. 57-0515
- SYNTH. U. EINIGE RK. V. (+-)-ALEURITINSAEURE 58-0376
AMIET R. G., CYCLOBUTADIEN-METALLCARBONYL-KOMPLEXE 56-0082
- CYCLOBUTADIEN-PI-CYCLOPENTADIENYL-KOBALT 59-0078
AMIN S. A., METALLKOMPLEXBILDENDE AZOFARBSTOFFE 7. MITT. 55-0336
AMINI B., FREIE RADIKALALKYLIER. V. 2-HYDROXY-1.4-NAPHTHOCHINON 59-0439
AMIR M. A. A., LIPIDE 56. MITT. 57-0295
AMMON H. L., UNTERS. AM 1H-1-PYRINDIN-SYST. 53-0417
- EIN 8H-AZULENO(1.8-BC)THIOPHEN-DERIV. 59-0172
AMOSOVA S. V., VINYLAETHER, DIE DREIWERT. PHOSPHOR ENTHALTEN 2. MITT. 62-0336
AMOUROUX R., REAKTIVITAET EINIGER PHENOLE GEGENUEBER FORMALDEHYD IN ALKAL. MEDIUM 53-0160
ANACKER E. W., GEGENIONEN U. MIZELLGROESSE 2. MITT. 63-0210
ANANCHENKO S. N., MASSENSPEKTROMETRIE V. STEROID-SYST. 9. MITT. 53-0078
ANAND N., CHEM. U. PHARMAKOLOG. UNTERS. V. OMEGA-SUBSTITUIERTEN ALKYLAMINO-3-AMINO-PYRIDINEN 57-0579
ANARKULOVA L. S., STEREOCHEMIE U. REAKTIVITAET V. UNGESAETT. VERB. 6. MITT. 55-0060
ANASTASSIOU A. G., PHOTOCHEM. ISOMERISIER. V. 9-CYAN-9-AZA-BICYCLO(4.2.1)NONATRIEN-(2.4.7) 53-0182
- ELEKTRONENZUSTAND V. PHOTOLYT. ERZEUGTEM CYANNITREN 58-0160
- RK. V. CYANNITREN MIT CYCLOOCTATETRAEN, 1.4- U. 1.2-ADDIT. 60-0469
ANCHEL M., STRUKTUR D. BASIDIOMYCETEN-O-CHINONS, PHLEBIARUBRON, U. SEINES NEUART. ACETYLIER.-PROD. 54-0518
ANDEREGG G., KOMPLEXONE 41. MITT. 56-0043
- KOMPLEXONE 42. MITT. 56-0044
- KOMPLEXONE 40. MITT. 56-0190
- PYRIDINDERIV. ALS KOMPLEXBILDNER 8. MITT. 56-0560
ANDERS P., METALL-IONEN U. H2O2 16. MITT. 62-0808
ANDERSEN B., UNTERS. D. MOL.-STRUKTUR AN TRICYCLO(3.3.2.-0(4,6))DECATRIEN-(2.7.9) (BULLVALEN) IN D. GASPHASE MITTELS ELEKTRONENBEUG. 54-0096
ANDERSEN J., STABILITAET D. OXIMDERIV. V. N-HETEROCYCLEN 4. MITT. 58-0253
ANDERSEN K. K., DARST. V. SYMM. DIARYLSULFOXIDEN AUS N.N'-THIONYLDIIMIDAZOL 59-0354
- STEREOCHEM. BEZIEH. ZWISCHEN SULFOXIDEN, SULFILIMINEN U. SULFOXIMINEN 61-0151
- GLYOXALSULFAT, TEILWEISE STRUKTURBEST. DURCH DIPOLMOMENTE 63-0115
- RED. V. ARYL-ALKYL-SULFOXIDEN DURCH JODID-IONEN IN SAURER LESUNG 64-0252
ANDERSEN N. H., TOTALSYNTH. V. PROSTAGLANDINEN, SYNTH. D. REINEN DL-E(1)-, -F(1ALPHA), -F(1BETA), -A(1) U. -B(1)-HORMONE 63-0836
- NEUE TOTALSYNTH. V. PROSTAGLANINEN D. E(1)- U. F(1)-REIHE, EINSCHLIESSLICH D. 11-EPIPROSTAGLANDINE 63-0837
ANDERSON A. G. JUN., UNTERS. AM 1H-1-PYRINDIN-SYST. 53-0417
- AZETIDINE 2. MITT. 59-0504
- DICYCLOPENTA(EF,KL)HEPTALEN(AZUPYREN) 63-0542
- AZETIDINE 3. MITT. 63-0591
ANDERSON B. C., SYNTH. V. PERFLUORALKYL-TRIFLUORVINYL-KETONEN 61-0342
ANDERSON C. B., KONFORM. U. ANOMEREN-EFFEKT V. 2-OXY-SUBSTITUIERTEN TETRAHYDROPYRANEN 60-0159
ANDERSON C. M., RK.-WEG-SELEKTIVITAET, KONKURRENZ ZWISCHEN KAEFIG-BLDG. U. PHOTODECHLORIER. IN EINIGEN ALICYCL. SYST. 59-0627
ANDERSON D. G., INDUKTIVE EFFEKTE IN ACYLSILANEN U. ACYLDISILANEN 59-0144
- BASIZITAET V. ORGANOSILICIUM-, ORGANOGERMANIUM- U. ORGANOZINNSUBSTITUIERTEN PYRIDINEN 61-0182
- SOLVOLYSE V. 2-TRIMETHYLSILYL-PYRIDIN DURCH ALKOHOLE U. W. 61-0236
- SOLVOLYSE V. 2-TRIMETHYLSILYL-X-METHYL-PYRIDINEN (X=3-6) DURCH METHANOL U. WASSER 63-0273
- THERM. U. BASENKATALYSIERTE UMLAGER. V. SILYLESSIG-SAEUREN 64-0463
ANDERSON G. L., CHEMIE D. BICYCLO(2.2.2)OCTANE 8. MITT. 57-0104
ANDERSON H. A., DIMERES D. 2.3-DIHYDRO-2.3-DIHYDROXY-BENZOCHINONS 55-0460
ANDERSON J. E., NMR-UNTERS. V. GESCHW.-PROZESSEN U. KONFORM. 9. MITT. 57-0143
- NMR-UNTERS. V. GESCHW.-PROZESSEN U. KONFORM. 10. MITT. 57-0144
- NMR-SPEKTROSKOPIE, KONFORM.-WECHSEL V. HUMULEN U. ZERUMBON 60-0099
ANDERSON L. A. P., STRUKTUR D. VERMEERINS, EINES SESQUITERPENOIDEN DILACTONS AUS GEIGERIA AFRICANA GRIES 54-0527
- GAFRININ, EIN SESQUITERPENOID-LACTON AUS GEIGERIA AFRICANA GRIES 1. MITT. 60-0736
ANDERSON N. S., CARRAGHEENANE 3. MITT. 59-0797
- CARRAGHEENANE 4. MITT. 59-0798
ANDERSON P., ADDIT. V. DIFLUORCARBEN AN EIN EN-IN-SYST. IN EINEM STEROIDMOL. 63-0824
- CHEMIE VON DIFLUORCARBEN-ADDUKTEN MIT STERISCH GEHINDERTEN ACETYLENEN 64-0868
ANDERSON S. M., VORHANDENSEIN EINER PARABOL. ABHAENGIGK. D. ARZNEIMITTELWRKG. V. LIPOPHILEN CHARAKTER BEI EINER UNTERS. V. HYPNOTIKA 57-0807
- STRUKTUR-AKTIVITAETS-KORRELAT. FUER ANTIBAKTERIELLE MITTEL BEI GRAMPOSITIVEN U. GRAMNEGATIVEN ZELLEN 63-0886
ANDERSSON K., DARST. U. STRUKTUR V. HALOGENSUBSTITUIERTEN UNGESAETT. ALIPHAT. SAEUREN 56-0287
- DEHALOGENIERENDE DECARBOXYLIER. U. ANDERE ELIMINIER.-RK. V. 2.3-DIBROM-2-METHYL-BERNSTEINSAEURE, DARST. V. CIS- U. TRANS-3-BROM-METHACRYLSAEURE 56-0288
ANDERSSON M., UNSYMM. SUBSTITUIERTE PHENOXYESSIGSAEUREN U. ALPHA-PHENOXYISOBUTTERSAEUREN 56-0298
ANDO H., NICHT-ALDOL. DIMERISIER. V. N-PHENYL-2.3-0-ISOPROPYLIDEN-D-GLYCERALDIMIN 56-0558
ANDO T., PHENYLFLUORCARBEN 61-0469
ANDO W., CHEMIE V. SINGULETT-SAUERSTOFF 4. MITT. 59-0206
- BLDG. V. CYCLOPROPANEN BEI D. PHOTOSENSIBILISIERTEN ZERS. ALIPHAT. ALPHA-DIAZOKETONE 61-0520
ANDRAC-TAUSSIG M., BASIZITAETSBEST. V. AETHERN U. SAEUREANHYDRIDEN DURCH NMR 60-0210
ANDRAE K., DICYCLOPENTADIENYLTITAN-DIPHENOXIDE 58-0049
- SYNTH. V. TITAN(IV)-SAEUREESTERN MIT SECHS- BZW. SIEBENRINGSTRUKTUR 59-0053
- DICYCLOPENTADIENYL-BIS-(PHENOLATO)-ZIRKONIUM 59-0056
ANDRE J., ZWEITER TRIPLETTZUSTAND V. DIACETYL 64-0334
ANDREANI F., REAKTIONSFAEHIGK. V. MANNICH-BASEN, X-ALKYLIER. V. AROMAT. U. HETEROCYCL. VERB. 59-0281
ANDREAS F., HERST. CYCL. ACETALE 53-0444
ANDREATTA R., WELKSTOFFE U. ANTIBIOTIKA 36. MITT. 53-0237
ANDREEV V. M., STEREOCHEMIE U. REAKTIVITAET V. UNGESAETT. VERB. 6. MITT. 55-0060
ANDRE-LOUISFERT J., 2.3-DISUBSTITUIERTE FURANE U. PYRROLE 1. MITT. 53-0329
- NEUE SYNTH. V. 2-FORMYL-FUROESAEURE-(3) U. DARST. V. 4-AMINO-FURO(2.3-D)PYRIDAZIN 56-0591
- SYNTH. V. NEUEN ANALOGEN D. PURIN-BASEN, IN 4-STELL. SUBSTITUIERTE PYRROLO(2.3-D)PYRIDAZINE 56-0592
- 2.3-DISUBSTITUIERTE FURANE U. PYRROLE 2. MITT. 59-0513
ANDREW H. F., NITRIER. V. 3-METHOXY-FLUORANTHEN 64-0535
ANDREWS K. J. M., SAEUREKATALYSIERTE RINGOEFFN. BEI EINIGEN PYRIMIDIN-DERIV. 64-0750
ANDREWS L., IR-SPEKTREN V. DICHLORCARBEN U. V. TRICHLORMETHYL-RADIKAL IN FESTEM ARGON 59-0106
ANDREWS L. J., INTRAMOLEKULARE NUCLEOPHILE TEILNAHME, 5. MITT. 61-0231
- ALKENE AUS ALKYLHALOGENIDEN U. EPOXIDEN DURCH REDUKTIVE ELIMINIER. MIT CR(II)-KOMPLEXEN 61-0327
- INTRAMOL. NUCLEOPHILE TEILNAHME 6. MITT. 64-0265
- INTRAMOLEKULARE NUCLEOPHILE BETEILIG. 7. MITT. 64-0266
ANDREWS S. D., CYCLOADDITION V. DIAZOALKANEN AN KONJUGIERTE ALLENE 54-0375
ANDREWS T. D., PI-DICARBOLLYLDERIV. V. UEBERGANGSMETAL-LEN, METALLOCEN-ANALOGE 59-0041
ANDREWS T. G. JUN., UNTERS. D. DIPOLMOMENTE V. UNGESAETT. 6- U. 7-GLIEDRIGEN CYCL. KETONEN 54-0055
ANDRIANOV K. A., NITRO- U. AMINO-ARYLALKYLSILANE U. -SILOXANE 59-0384
- GEMEINSAME HYDROLYSE V. GAMMA-TRIFLUORPROPENYLMETHYL-DICHLORSILAN U. DIMETHYLDICHLORSILAN SOWIE POLYMERISA-TION D. ERHALTENEN PROD. 60-0043
- SYNTH. U. FOLGERK. V. 2.2.6-TRIMETHYL-6-CHLOR- U. 2.6-DIMETHYL-2.6-DICHLOR-1-OXA-2.6-DISILA-CYCLOHEXAN 62-0678
- AMINOLYSE D. 1.4-BIS-(DIMETHYL-CHLORSILYL)-BENZOLS 64-0775
ANDRIEU C., NMR-UNTERS. AN 2-BENZOYL- U. 2-THIOBENZOYL-THIOPHENEN 2. MITT. 59-0117
- NMR-UNTERS. AN 2-BENZOYL- U. 2-THIOBENZOYLTHIOPHENEN 3. MITT. 59-0118
ANDRIEUX J., EINE NEUE SYNTH. V. 2.6-DIMETHOXY-BENZOCHINON 55-0280
- NEUE ANTIAROLSYNTH. 56-0342
ANDRISANO R., REAKTIVITAET V. MANNICH-BASEN 10. MITT. 56-0347
- OXIMIER. V. 1.5-DIPHENYL-3.7-DIAETHYL-BIS-PIDINON-(9). EIN NEUES BEISPIEL FUER GEOMETR. ENANTIOMORPHIE 58-0631
- REAKTIONSFAEHIGK. V. MANNICH-BASEN, X-ALKYLIER. V. AROMAT. U. HETEROCYCL. VERB. 59-0281
ANDRUSENKO A. A., STEREOCHEMIE V. STICKSTOFFHETEROCYCLEN 15. MITT. 64-0712
ANET E. F. L., BLDG.-MECHANISMUS V. 3-DESOXYGLYKOSULOSEN 63-0749

ANET F. A. L., NMR-SPEKTRUM V. PROTOPIN, GESCHW. D. RACEMISIER. U. RINGINVERS. 55-0117
- DIASTEREOMERE WECHSELWRKG. IN LSG. 62-0134
ANGADIYAVAR C. S., FURANVERB., 11. MITT. 56-0543
- FURANVERB. 14. MITT. 64-0586
ANGELICI R., EINFL. V. LSGM. AUF D. KINETIK V. SUBSTITUT.-RK. V. NICKELCARBONYL 56-0049
ANGELICI R. J., MECHANISMUS D. DURCH METALLIONEN KATALYSIERTEN HYDROLYSE V. AETHYLVALINAT- U. AETHYLLEUCINAT-N.N-DIESSIGSAEUREN 63-0040
- METALLIONEN-KATALYSE D. HYDROLYSE EINIGER AMINOSAEUREESTER-N.N-DIESSIGSAEUREN 63-0041
- GLEICHGEW.- U. STEREOCHEM. UNTERS. D. RK. V. AMINOSAEUREN U. IHREN ESTERN MIT NITRILTRIACETATKOM-PLEXEN ZWEIWERT. METALLE 63-0042
- METALLKOMPLEX-KATALYSE D. BAS. HYDROLYSE V. VERSCHIEDENEN AMINOSAEUREESTERN, DIE MIT D. NITRILOTRIESSIGSAEUREKOMPLEX V. KUPFER(II) KOORDINIERT SIND 63-0043
- EIN THIOCARBONYLEISEN-KOMPLEX 63-0085
ANGELONI A. S., REAKTIVITAET V. MANNICH-BASEN 10. MITT. 56-0347
ANGERMANN W., TUBERKULOSTATIKA 3. MITT. 53-0421
ANGIBEAUD P., RED. V. ALPHA-UNGESAETT. KETONEN ZU GESAETT. KETONEN MIT ALKALIMETALLEN IN HEXAMETHYLPHOS-PHORYLTRIAMID (HMPT) 59-0408
ANIBIE J., EPOXYNITRILE 6. MITT. 61-0530
ANISIMOV K. N., ANIONOTROPE UMLAGER. TERT. BETA-ACETYLENALKOHOLE 53-0031
- KERNQUADRUPOLRESONANZEN V. (55)MN, (185)RE U. (187)RE IN CYCLOPENTADIENYLMANGAN(RHENIUM)TRICARBONYLEN 64-0010
ANJANEYULU B., LACTAME 5. MITT. 55-0371
ANJOU K., MASSENSPEKTROMETR. IDENTIFIZIER. V. ALDONOLACTONEN ALS TRIMETHYLSILYLAETHER 53-0083
- AROMASTOFFE D. PREISSELBEEREN 1. MITT. 53-0602
- AROMASTOFFE V. VACCINIUM-ARTEN 2. MITT. 56-0757
ANNER G., STEROIDE 211. MITT. 53-0553
ANSCHUETZ W., RK. CH-AKTIVER VERB. MIT AZIDEN 22. MITT. 62-0410
ANSELL H. V., AROMAT. DETRITIIER. 3. MITT. 62-0252
ANSELL M. F., GLEICHGEW. ZWISCHEN GAMMA-LACTONEN U. ALKENSAEUREN 53-0154
- RK. V. O-CHLORANIL MIT DIMETHYLBUTADIEN, EIN ZWISCHENPROD. D. CLAISENUMLAGER. 54-0401
- DIELS-ALDER-RK. V. O-BENZOCHINONEN 55-0352
- INTRAMOL. ACYLIER. EINIGER HEXEN-, HEPTEN- U. OCTENSAEUREN 58-0371
- FRIEDEL-CRAFTS-RK. V. N-ALKENSAEUREN MIT BENZOL 62-0317
ANSELME J., BLDG. V. DIAZOALKANEN BEI D. RK. V. HYDRAZON-ANIONEN MIT P-TOLUOLSULFONYLAZID 58-0510
ANTAKI H., SYNTHESEWEGE ZU BENZ- U. NAPHTH-INDENOCHINOLINEN 53-0442
ANTEUNIS M., KERNMAGNET. RESONANZUNTERS. AN KETALEN, SESSEL-SESSEL-INVERSION BEIM CIS-2.2.7.7-TETRAMETHOXY-DEKALIN 56-0120
ANTHONI U., N-ISOTHIOCYANATOAMINE 2. MITT. 53-0257
- N-ISOTHIOCYANATOAMINE 3. MITT. 56-0307
- N-ISOTHIOCYANATOAMINE. 5. MITT. 57-0320
- N-ISOTHIOCYANATO-AMINE 6. MITT. 57-0321
- THIOSAEUREN U. IHRE DERIV. 9. MITT. 61-0368
- N-ISOTHIOCYANATOAMINE 4. MITT. 61-0586
ANTHONSEN T., KONSTIT. U. STEREOCHEMIE V. SOLIDAGENON 56-0672
- BENZOLINDUZIERTE SOLVENSVERSCHIEB. IN D. NMR-SPEKTREN V. ACETOPHENONEN U. ACETYLCHROMENEN 61-0088
- FURAN ENTHALTENDE DITERPENOIDE AUS SOLIDAGO SEROTINA AIT. 61-0751
ANTIKAINEN P. J., THERMODYNAMIK D. BLDG. ANION. CHELATE 3. MITT. 62-0016
- THERMODYNAMIK D. BLDG. ANION. CHELATE 4. MITT. 62-0167
- OXYANIONCHELATE V. O-DIPHENOLEN 2. MITT. 64-0197
ANTONAKIS K., ANWEND. D. OX. MIT EINEM GEMISCH V. DIMETHYLSULFOXID U. ESSIGSAEUREANHYDRID ZUR DARST. EINIGER ALKYL- U. ARYLKETODESOXYHEXOPYRANOSIDE AUS DESOXYHEXOSIDEN MIT SCHUTZGRUPPEN 56-0623
ANTONELLO C., PHOTORK. ZWISCHEN BENZO(A)PYREN U. PYRIMIDIN- U. PURINBASEN BEI 3655 A 59-0613
ANTOSZ F. J., STRUKTUR V. ACTINOBOLIN 59-0783
AOKI K., ALKALOIDE AUS DAPHNANDRA-ARTEN 9. MITT. 53-0512
AOKI M., PHARMAZEUTISCHE SUSPENSIONEN 1. MITT. 59-0818
- BIOLOG. AKTIVITAETEN V. ARZNEIMITTELN 3. MITT. 64-0929
- BIOLOG. AKTIVITAET V. ARZNEIMITTELN 4. MITT. 64-0930
AONO K., NMR-UNTERS. ALIPHAT. N-HALT. VERB. 8. MITT. 59-0126
AOTA K., SESQUITERPENOIDE 18. MITT. 59-0725
- SESQUITERPENOIDE 19. MITT. 59-0726
AOYAGI T., ANTIPLASMIN-ARZNEIMITTEL 1. MITT. 61-0842
AOYAGI Y., MENISPERMACEEN-ALKALOIDE 241. MITT. 59-0687
- MENISPERMACEEN-ALKALOIDE 242. MITT. 59-0688
- MENISPERMACEEN-ALKALOIDE 244. MITT. 61-0719
- KUPFER(II)-OXID ALS WIRKSAMER KATALYSATOR BEI D. METHYLENIER. V. BRENZCATECHINEN 62-0552
APAROWSKY H., VERBRENN.-ENTHALPIE U. DIAMAGNET. SUSZEPTIBILITAET V. TRANS-HEXATRIEN-(1.3.5) 59-0177
APJOK J., NACHBARGRUPPENBETEILIG. 1. MITT. 55-0298
APLIN R. T., EINE EINFACHE METH. ZUR LOKALISIER. V. AETHYLENBIND. DURCH MASSENSPEKTROMETRIE 54-0079
- ELEKTRONENSTOSSINDUZIERTE WANDER. IN CYCL. ALLYLALKOHOLEN U. CYCL. ENONEN 55-0087
- BESTANDTEILE EINHEIM. UMBELLIFERAE 1. MITT. 56-0538
- ADDIT.-RK. HETEROCYCL. VERB. 32. MITT. 58-0552
- MASSENSPEKTREN V. AMINOSAEURE- U. PEPTIDDERIV. 1. MITT. 61-0122
- MASSENSPEKTREN V. AMINOSAEUREN U. PEPTIDDERIV. 2. MITT. 64-0156
APPARU M., IR- U. NMR-SPEKTROGRAPHIE V. ALLEN-ACETATEN 53-0075
- UMLAGER. V. TERT. AETHINYLCARBINOLEN 1. MITT. 60-0332
- UMLAGER. V. TERT. AETHINYLCARBINOLEN 2. MITT. 60-0333
APPEL R., DIIMID-BLDG. BEI D. BAS. ZERS. V. N.N-DIMETHYL-N-PHENYL-HYDRAZINIUM-CHLORID 58-0455
- SYMM. DI- U. TETRA-N-SUBSTITUIERTE IMIDOBISSULFAMIDE 63-0400
APPELT J., ISOLIER. U. CHEMIE D. ALKALOIDE EINIGER PAPAVERARTEN 37. MITT. 53-0498
APPLEQUIST D. E., PHOTOCYCLISIER. V. VERB., D. ZWEI ANTHRACENRINGE ENTHALTEN 58-0533
- SPIRO-(2.N)-ALKYL-(4)-KATIONEN 62-0231
APPLETON R. A., STEREOCHEMIE V. MARRUBIIN 53-0537
- QUANT. ANALYSE V. GEMISCHEN AUS DITERPENKOHLENWASSER-STOFFEN DURCH GASCHROMATOGRAPHIE-MASSENSPEKTROMETRIE 57-0812
- BICYCLONONANE 3. MITT. 61-0517
- SOLVOLYT. VERH. V. EXO- U. ENDO-BICYCLO(3.2.1)OCTAN-6-P-TOLUOLSULFONAT 64-0282
APPLEYARD G. D., ELIMINIER.-ADDIT. 14. MITT. 57-0277
APPRIOU P., EINW. V. SCHWEFEL AUF EINIGE 3-THIONO-5-ALKENYL-1.2-DITHIOLE 56-0494
APSIMON J. W., EPOXIDSPALT. ALS WEG EINER METHYLWANDER., MODELLUNTERS. IN D. CUCURBITACIN-SYNTH., IM RING A AROMATISIERTE 9BETA-METHYL-STEROIDE 56-0694
ARAHATA S., STOFFWECHSELPROD. V. ASPERGILLUS FUMIGATUS (J-4), CHEM. STRUKTUR D. STOFFWECHSELPROD. 61-0824
ARAI H., SYNTH. V. PYRIDAZIN-DERIV. 9. MITT. 64-0419
ARAI T., STRUKTUR VON LEMMASTERON, EINER NEUARTIGEN C29-VERBINDUNG MIT INSEKTENHAEUTUNGSHORMON-AKTIVITAET AUS LEMMAPHYLLUM MICROPHYLLUM 64-0873
- ISOLIER. V. INSEKTENHAEUTUNGSSUBSTANZEN AUS PLEOPELTIS THUNBERGIANA, NEOCHEIROPTERIS ENSATA U. LEMMAPHYLLUM MICROPHYLLUM 64-0917
ARAKAWA M., STABILITAET V. BRENZTRAUBENALDEHYD-BIS-THIOSEMICARBAZON U. SEINEM KUPFERCHELAT 60-0809
ARAKAWA S., BESTANDTEILE V. CORYDALIS SPS. 5. MITT. 60-0166
ARAKI Y., GESCHW. D. RK. V. EINIGEN SUBSTITUIERTEN ANILINEN MIT PHENYLISOTHIOCYANAT U. BEZIEH. ZU D. CHEM. VERSCHIEB. D. AMINO-PROTONEN 63-0297
ARANDA G., NMR-STRUKTURUNTERS. EINIGER IM AROMAT. KERN SUBSTITUIERTER EPOXIDE D. PHENYLAETHANS 63-0147
ARAPAKOS P. G., RK. V. NITRILEN MIT SOLVATISIERTEN ELEKTRONEN 2. MITT. 60-0215
ARATA Y., SYNTH. V. 10-GLIEDRIGEN CYCL. RING-AMINEN AUS CHINOLIZIDIN 62-0685
ARATANI T., RED. V. GEM.-DIBROMCYCLOPROPANEN MIT CHROM(II)-SULFAT 53-0311
- ASYMM. RINGOEFFN. V. GEM. DIBROMCYCLOPROPANEN ZU ALLENKOHLENWASSERSTOFFEN 61-0439
ARCAMONE F., DISTAMYCIN A 1. MITT. 53-0574
- DISTAMYCIN A 2. MITT. 53-0575
- TOTALE ABS. KONFIG. V. DAUNOMYCIN 63-0178
- STRUKTUR V. DAUNOMYCIN 63-0851
ARCHER D. A., NATUERL. VORKOMMENDE CHINONE 9. MITT. 53-0526
ARCHER R. D., STEREOCHEMIE DER BASISCHEN HYDROLYSE VON TRANS-CHLOROHYDROXO-, D(STERN)-CIS-CHLORHYDROXO- U. D(STERN)-CIS-DICHLORO-BIS-(AETHYLENDIAMIN)-KOBALT(III) 60-0037
ARCHIBALD T. G., STEREOSPEZIF. ADDIT. V. ORGANOARSENIDEN AN ALKINE 54-0318
- STEREOSPEZIF. VINYLHALOGENID-SUBSTITUTIONEN 3. MITT. 62-0052
- VERDRAENG. V. NITRIT-ION AUS EINEM 1.3-DINITRO-ALKAN BEI D. BLDG. EINES ISOXAZOLIN-2-OXIDS 63-0641
ARCOLEO A., KONDENS. V. PHENOLAETHERN MIT ALIPHAT. ALDEHYDEN 21. MITT. 61-0470
- KONDENS. V. PHENOLAETHERN MIT ALIPHAT. ALDEHYDEN 22. MITT. 61-0495
- KONDENS. V. PHENOLAETHERN MIT ALIPHAT. ALDEHYDEN 23. MITT. 64-0522
ARCORIA A., SUBSTANTIVITAET V. AZOFARBSTOFFEN 2. MITT. 58-0505
- KONFORM. VON O-AMINO-PHENOL, O-AMINO-THIOPHENOL U. O-AMINO-ANISOL 60-0173
- SUBSTANTIVITAET V. AZOFARBSTOFFEN 3. MITT. 64-0939
ARCYBASEVA J. P., HYDRATISIER. D. VINYLPHENYLACETYLENS U. D. ISOPROPENYLPHENYLACETYLENS 60-0395
ARDASEV B. I., SYNTH. V. DIARYL-OLEFINEN AUS PYRYLIUMSALZEN 55-0325
- NEUE AMINOALKYL- U. VINYLDERIV. V. PYRIDIN U. CHINOLIN 60-0616
- ATOPHANANALOGE D. FURANREIHE 62-0612
ARDENNE M. VON, FLECHTENINHALTSSTOFFE 31. MITT. 60-0122
ARDENNE R. VON, ORGAN. SCHWEFELVERB. 51. MITT. 57-0575
- ORGAN. SCHWEFELVERB. 52. MITT. 57-0576
ARDITTI G., SYNTH. VON 3-PHENYL-1-OXO-1H-PYRAZOLO(1.2-A)BENZO(C)CINNOLIN 61-0673
AREN A. K., NEUE DARST. V. AMINODERIV. 2-SUBSTITUIERTER INDANDIONE-(1.3) 58-0498

- RK. V. 2-AETHYLENIMINO-2-PHENYL-INDANDION-(1.3) MIT ALKOHOLEN 59-0435
- THIOHARNSTOFF-DERIV. V. BETA-DICARBONYLVERB. 5. MITT. 62-0565

ARENDARUK A. P., SYNTH. V. DERIV. D. MALONDIALDEHYDS AUS PROPARGYLALDEHYD 58-0354
ARENS J. F., ACETYLENTHIOLESTER ALS QUELLE FUER THIOKETENE 54-0227
- SPALT. D. KOHLENSTOFF-SILICIUMBIND. IN 1-ALKINYLSILANEN DURCH SILBERNITRAT, SCHUTZ V. ENDSTAEND. DREIFACHBIND BEI HYDRIER. DURCH D. TRIMETHYLSILYL-GRUPPE 55-0269
- CHEMIE V. ACETYLENAETHERN 89. MITT. 61-0330
- WECHSELBEZIEH. V. THIOAETHERN, D. KONJUGIERTE SYST. MIT 6-ELEKTRONEN ENTHALTEN (BASENKATALYSIERTE ISOMERISIER. IN FL. AMMONIAK) 61-0338
- CHEMIE D. ACETYLENAETHER 90. MITT. 62-0595

ARGOUDELIS C. J., SYNTH. EINES PYRIDOXAL-ANALOGEN, 4.5-DIFORMYL-3-HYDROXY-2-METHYL-PYRIDIN 62-0818
ARGYLE C. S., BUTADIENSULFON-CHEMIE 1. MITT. 55-0378
- BUTADIENSULFON-CHEMIE 3. MITT. 55-0380

ARICK M. R., DIREKTE MESS. D. GESCHW. D. WASSERSTOFFATOM-AUSTAUSCHES ZWISCHEN EINEM PHENOL U. SEINEM PHENOXY-RADIKAL 60-0233
ARIELY S., DIE RK. VON ASPARAGIN, GLUTAMIN U. DEREN DERIV. MIT PHOSGEN 61-0375
ARIENS E. J., ANTIKOAGULANTIEN 1. MITT. 55-0429
ARIENT J., NAPHTHOL AS-ANALOGE, ABGELEITET V. HARNSTOFFEN BZW. THIOHARNSTOFFEN AUS 5-AMINO-SALICYLSAEURE-ARYLAMIDEN 62-0393
ARIHARA S., STRUKTUR V. PETEROSTERON, EINER NEUEN SUBSTANZ MIT INSEKTENHAEUTUNGS-AKTIVITAET AUS LASTREA THELYPTERIS U. ONOCLEA SENSIBILIS 57-0738
- ABS. KONFIG. V. INOKOSTERON, EINER VERB. MIT INSEKTENHAEUT.-HORMONAKTIVITAET AUS ACHYRANTHES FAURIEI 61-0789
- INSEKTENHAEUTUNGS-SUBSTANZEN AUS PTERIDIUM AQUILINUM VAR. LATIUSCULUM 64-0918

ARISON B., KETTENVERZWEIGTE NUCLEOSIDE 4. MITT. 64-0790
ARISON B. H., SYNTH. V. PEPTIDEN IN WSS. MEDIUM 5. MITT. 63-0845
ARITOMI M., MANGIFERINMONOMETHYLAETHER AUS MANGIFERA INDICA L. 64-0912
ARJUZINA V. M., SYNTH. V. SUBSTITUIERTEN IMIDAZO(5,1-B)BENZIMIDAZOLEN 2. MITT. 64-0625
- SYNTH. V. SUBSTITUIERTEN IMIDAZO(5.1-B)BENZIMIDAZOLEN 3. MITT. 64-0626

ARM H., DELTA(1)-PIPERIDEIN U. VERWANDTE VERB. 14. MITT. 61-0649
ARMAND J., ELEKTROCHEM. RED. V. PHENYLGLYOXYLAMID U. PHENYLGLYOXYLHYDROXAMSAEURE 56-0193
- ELEKTROCHEM. RED. EINIGER GEM.-HALOGEN-NITRO-VERB. 57-0390
- ELEKTROCHEM. RED. EINIGER 1.2-DIIMINE 61-0674
- UNTERS. D. NITRO-ACETALDEHYDPHENYLHYDRAZONS U. VERWANDTER VERB. 64-0239

ARMAND Y., ENTHALPIE DER INNERMOLEKULAREN WECHSELWIRKUNG OH-PI-ELEKTRONEN VON ALIPHATISCHEN ALKINOLEN 61-0177
ARMAREGO W. L. F., CHINAZOLINE, 11. MITT. 61-0235
ARMSTRONG J. J., STRUKTUR V. CYTOCHALASIN A U. B 53-0590
ARMSTRONG V. C., PROTONIER.-GLEICHGEW. V. AMIDEN U. VERWANDTEN VERB. 2. MITT. 60-0208
ARMSTRONG W. L., ZWISCHENPROD. FUER 16-KETO- U. A-NORSTEROIDE U. DERIV. 58-0778
ARNAL C., SAEUREKATALYSIERTE UMLAGER. 19. MITT. 60-0456
ARNAUD P., LSGM.-EFFEKTE BEI NMR-UNTERS. 3. MITT. 53-0071
- KERNMAGNET. RESONANZ BEI KLEINEN RINGEN 5. MITT. 56-0126
- DARST. D. SULFONSAEUREESTER V. AETHYLENALKOHOLEN U. EPOXYALKOHOLEN 59-0502
- ENTHALPIE DER INNERMOLEKULAREN WECHSELWIRKUNG OH-PI-ELEKTRONEN VON ALIPHATISCHEN ALKINOLEN 61-0177
- METHYLEN-UEBERTRAG. AUF ALPHA,BETA-ACETYLEN-KETONE 61-0531
- ANWEND. D. SIMMONS-SMITH-RK. AUF D. DARST. V. CYCLOPROPYLALKOHOLEN U. -AMINEN 62-0417

ARNAUD R., ACIDITAETS- U. BASIZITAETSKONSTANTEN EINIGER DIHYDROXYACETOPHENONE 57-0189
- LAD.-UEBERTRAG.-KOMPLEXE EINIGER THIAZOLE 58-0172
- OX.-POTENTIALE U. IONISAT.-POTENTIALE EINIGER PHENYLDERIV. D. THIAZOLS 64-0238

ARNDT D., 3-HALOGEN-ISOXAZOLIUMSALZE 57-0538
ARNDT H., SYNTH. V. QUERCETIN-3-GLYKOSIDEN 1. MITT. 58-0703
- SYNTH. V. QUERCETIN-3-GLYKOSIDEN 2. MITT. 61-0699

ARNETT E. M., STABILITAET V. CARBONIUMIONEN IN LSG. 1. MITT. 58-0162
- STABILITAET V. CARBONIUMIONEN IN LSG. 2. MITT. 58-0163

ARNEY W. C. JUN., CHEMIE D. CYCLOPROPANOLE 6. MITT. 61-0474
ARNOLD D., SYNTH. V. CHOLINPHOSPHATIDEN 1. MITT. 57-0327
- SYNTH. V. CHOLINPHOSPHATIDEN 3. MITT. 57-0329

ARNOLD D. R., PHOTODIMERISIER. V. TETRAMETHYLAETHYLEN. EINE RK. D. OLEFIN-PI,PI(STERN)-SINGULETTS 55-0293
ARNOLD G., DISPIRO-(1.3.3-TRIMETHYL-INDOLIN-2.2'-2'H.8'H-BENZO(1.2-B, 3.4-B')DIPYRAN-8'.2''-1''.3''.3''-TRIMETHYINDOLIN) 55-0439
- ZUR BLDG. V. TRIMETHYLINDOLINOSPIROPYRANEN U. IHRER 4-(2-METHYLEN)-1.3.3-TRIMETHYL-INDOLINYLDERIV. 57-0507
- VERH. V. DIOXYNAPHTHALINEN BEI D. UMSETZ. MIT N.N'-DIPHENYL-FORMAMIDIN 60-0429

ARNOLD J. R., FLUORID-INDUZIERTE SPALT. D. KOHLENSTOFF-PHOSPHOR-BIND. IN DIAETHYLTRICHLORMETHYLPHOSPHONAT. EINE NEUE QUELLE FUER DICHLORCARBEN U. DIALKYLFLUORO-PHOSPHATE 62-0367
ARNOLD L., DIENON-PHENOL- U. DIENOL-BENZOL-UMLAGER. 59-0415
ARNOLD R. A., STEREOCHEMIE 30. MITT. 59-0601
ARNOLD Z., SYNTH. MIT DIMETHYLFORMAMID 24. MITT. 54-0237
ARNOLD-LEGUILLON F., HERST. EINES KRIST. KOMPLEXES AUS GECL4 U. HEXAMETHYLPHOSPHORSAEURE-TRIAMID 64-0059
ARNONE A., NATUERL. CHROMENE, 5. MITT. 54-0407
AROLD H., ISOTOPENEFFEKTE D. WASSERSTOFFVERSCHIEB. IN ALKYLCARBENEN 59-0252
- UMSETZ. EINIGER ORGAN. STICKSTOFFVERB. MIT DIAZOMETHAN UNTER KUPFERSALZ-KATALYSE 59-0416
- PEPTIDE 9. MITT. 60-0782
- PEPTIDE 6. MITT. 63-0839

ARONEY M. J., MOLEKUELPOLARISIERBARKEIT, DIE MOLARE KERR-KONST. V. ANILIN U. DREI SUBSTITUIERTEN ANILINEN IN EINER ANZAHL NICHTPOLARER FL. 61-0071
- MOL.-POLARISIERBARK., D. EFFEKT V. PARA-SUBSTITUENTEN IN ANILINEN 62-0066

AROSKAR E. V., AROMAT. POLYFLUOR-VERB. 41. MITT. 63-0427
ARPKE C. K., STRUKTUREINFL. BEI RK. V. ORGANOPHOSPHOR-VERB. 1. MITT. 60-0369
ARRINGTON J. P., PHOTOLYSE U. PYROLYSE V. CYCLO-OCTEN-(4)-ON 55-0206
- SYNTH. V. HOMOALLYLALKOHOLEN 58-0461

ARTHUR H. R., C32-TRITERPENOID AUS EINER IN HONG-KONG VORKOMMENDEN PFLANZE 53-0534
ARTICO M., STICKSTOFFHALTIGE HETEROCYCL. VERB. 3. MITT. 60-0646
ARTZ K. G., FRAGMENTIER.-RK. 20. MITT. 62-0681
ARUTJUNJAN N. S., AMINE U. QUART. AMMONIUMSALZE 52. MITT. 53-0260
ASAKAWA Y., PHTHALSAEUREESTER AUS CRYPTOTAENIA CANADENSIS DC. VAR. JAPONICA MAKINO (UMBELLIFERAE) 56-0356
ASANOVA N. A., SUBSTITUIERTE HYDRAZIDE V. HYDROXYCARBON-SAEUREN 45. MITT. 62-0448
ASAO T., STRUKTUR V. ZWEI NEUEN AETHINYL-NOR-SESQUITERPENOIDEN, DEHYDROCHAMAECYNENOL U. DEHYDROCHA-MAECYNENAL, ISOLIERT AUS CHAMAECYPARIS FORMOSENSIS MATSUM 63-0798
ASATO G., NITRIER. V. 2-METHYL-THIAZOL 64-0646
ASBUN W., SYNTH. V. 5-SUBSTITUIERTEN PYRIMIDINEN 2. MITT. 58-0696
ASHBY E. C., AUSTAUSCH ZWISCHEN DIMETHYLBERYLLIUM U. BERYLLIUMDIBROMID IN DIAETHYLAETHER 55-0020
- MECHANISMUS D. 'MIXED HYDRIDE'-RED., EINFL. V. REAGENZ-ZUS., V. VERSCHIEDENEM HALOGEN U. V. SOLVAT-LIGANDEN AUF D. MECHANISMUS D. EPOXID-RED. 60-0243
- RED. MIT ALKOXYALUMINIUMHYDRIDEN 1. MITT. 61-0203

ASHBY J., HETEROCYCL. UMLAGER. 3. MITT. 53-0460
ASHE A. J., (N+1)-PHOSPHONIA-SPIRO-(N.N)-ARENE 57-0135
- SOLVOLYSE V. BICYCLO(2.1.0)PENTYL-(5)-METHYL- U. BICYCLO(3.1.0)HEXYL-(6)-METHYL-TOSYLATEN 57-0227

ASHTON L., SYNTH. U. PHARMAKOLOGIE EINER REIHE V. 1-ARALKYL-BUTEN-(3)-YLAMINEN 63-0896
ASIC M., VERBESSERTE DARST. V. 3ALPHA-ACETOXY-11.20-DIOXO-5BETA-PREGNAN, D. WICHTIGSTEN ZWISCHENSTUFE D. SYNTH. V. CORTICOSTEROIDEN MIT SAUERSTOFF IN 11-STELL. 55-0560
ASINGER F., PEROXID-INITIIERTE ANLAGER. V. STER. GEHINDERTEN MALONSAEUREDIALKYLESTERN AN OLEFINE 53-0223
- GEMEINSAME EINW. V. ELEMENTAREM SCHWEFEL U. GASFOERMIGEM AMMONIAK AUF KETONE 59. MITT. 55-0407
- GEMEINSAME EINW. V. EMENTAREM SCHWEFEL U. GASFOERM. AMMONIAK AUF KETONE 60. MITT. 55-0408
- NEUE SYNTH. CYCL. KETONE DURCH STOECHIOMETR. HYDROCARBOXYLIER. V. 1.5-DIENEN MIT NICKELTETRACARBO-NYL 59-0476
- SYNTH. U. RK. V. SUBSTITUIERTEN 4-MERCAPTO-IMIDAZOLEN 60-0533
- ISOMERENBLDG. BEI D. HYDROFORMYLIER. HOEHERMOL. OLEFINE MIT KOMPLEXEN KOBALT- U. RHODIUMKATALYSATOREN 62-0289

ASKAM V., BLDG. V. INDOLDERIV. BEI CYLISIER.-VERS. V. O-NITROPHENYL-BERNSTEINSAEURE 62-0547
ASKANI R., DITERT. CARBINOLE D. DEWAR-BENZOLS U. PRISMANS 56-0436
ASKER W., VERH. V. OXAZOLINONEN-(5) U. THIAZOLINONEN-(5) GEGEN N-PHENYL-HYDROXYLAMIN U. PHENYLHYDRAZIN 62-0676
- RK. MIT 2.4-DISUBSTITUIERTEN DELTA(2)-OXAZOLINONEN-(5) 64-0642

ASKINAZI B. Z., REDUZIERENDE METALLIER. V. CARBONYLVERB. 6. MITT. 56-0405
ASLANOV I. A., SYNTH. U. FOLGE-RK. V. SAUERSTOFFHALT. UNGESAETT. ORGAN. VERB. 43. MITT. 59-0289
- SYNTH. U. FOLGERK. V. SAUERSTOFFHALT. UNGESAETT. ORGAN. U. SILICIUMORGAN. VERB. 52. MITT. 61-0340

ASPERGER S., RED. EINIGER SULFONIUMSALZE MIT LITHIUMALUMINIUMHYDRID 64-0369
ASSADI F., PHOTOCHEM. RK. V. MANNICHBASEN AROMAT. AMINE 63-0331
ASSELINEAU C., ABS. KONFIG. V. OPT. AKT. PARACONSAEURE 63-0602
ASUNSKIS J., RK. V. KONJUGIERTEN NITROOLEFINEN MIT PHOSPHORANEN U. MIT DIMETHYLSULFOXIONIUMMETHYLID ZU

YLIDEN U. NITROCYCLOPROPANEN 61-0437
ATAL C. K., ISOLIER. U. STRUKTURBEST. V. (+)-DIAEUDESMIN, D. ERSTEN NATUERL. VORKOMMENDEN DIAXIAL SUBSTITUIERTEN 3.7-DIOXABICYCLO(3.3.0)OCTAN-LIGNAN 55-0580
- STRUKTUR V. PEEPULOIDIN, EINEM ALKALOID AUS PIPER PEEPULOIDES 59-0703
ATAVIN A. S., VINYLAETHER V. HALOGENALKOHOLEN 2. MITT. 53-0214
- INNERMOL. ELEKTROPHILE VINYLIER. V. CHLORAL-ALKINYL-HALBACETALEN 55-0364
- VINYLAETHER, D. EINE EPOXYGRUPPE ENTHALTEN 1. MITT. 56-0462
- RK. V. HYDROXYLHALT. 1.3-DIOXOLANEN MIT MERCAPTANEN 57-0298
- 1.3-DIOXOLANE IN D. IOCIC-RK. 59-0290
- AMINOMETHYLIERUNG DES ACETYLENS MIT DEM DIVINYLAETHER D. AETHANOLAMINS 59-0330
- VINYLAETHER, DIE DREIWERT. PHOSPHOR ENTHALTEN 2. MITT. 62-0336
- EINFL. V. SUBSTITUENTEN AUF D. CYCLISIER. V. HYDROXYAETHYL-PROPARGYLAMINEN 64-0641
ATEN C. F., MOLEKULARSTRUKTUR V. GASFOERM. 2.3-DIMETHYL-BUTADIEN 63-0166
ATHERTON J. H., CYCLOADDIT.-RK. D. 2.2.2-TRIFLUOR-DIAZOAETHANS 63-0638
ATKINS K. E., BASEN-KATALYT. RK. V. FLUOREN U. INDEN MIT LACTONEN U. HYDROXYSAEUREN 64-0518
- MICHAEL-RK. V. SALZEN D. ACRYLSAEURE 64-0519
ATKINS R., EINE BESONDERE SCHWEFELYLIDRK., ZUR FRAGE D. R4S ZWISCHENSTUFEN 59-0526
ATKINS R. L., NMR-BEOBACHT. EINER GEOMETR. ISOMERIE BEI ALIPHAT. AZOMETHINEN 56-0127
ATKINSON J. D., SYNTH. EINIGER HOCHSUBSTITUIERTER PYRIDINE, 2.7-NAPHTHYRIDINE U. 1H-PYRIMIDO(4.5.6-I.J)(2.7)NAPHTHYRIDINE 62-0659
ATKINSON J. E., OXYDATIVE KUPPL., ORTHO-PARA-CYCLISIER. V. HYDROXYBENZOPHENONEN 53-0402
ATKINSON J. G., SYNTH.-ASPEKTE D. CHEMIE V. STABILEN ISOTOPEN 4. MITT. 58-0325
ATKINSON R. E., NATUERL. VORKOMMENDE THIOPHENE 4. MITT. 54-0366
- REAKTIVITAET V. ORGANOPHOSPHORVERB. 22. MITT. 56-0333
ATKINSON R. S., UMLAGER. V. VINYLAZIRIDINEN ZU PYRROLINEN 56-0483
- STEREOSPEZIF. ADDIT. V. AMINO-NITREN AN MONO- U. DIENE 56-0510
ATLANI M., DARST. BETA-ALLENISCHER ALDEHYDE AUS VINYL-PROPARGYL-AETHERN 56-0282
- EPOXYNITRILE 6. MITT. 61-0530
ATOVMJAN L. O., KRISTALLSTRUKTUR V. 1-AETHYLGERMATRAN 60-0023
ATSUMURA H., STOFFWECHSEL V. ARZNEIMITTELN 9. MITT. 61-0845
ATTA-UR-RAHMAN, TOTALSYNTH. V. (+-)-16-HYDROXY-DIHYDROCLEAVAMINEN U. PARTIALSYNTH. V. DESMETHOXYCAR-BONYLDESOXYVINBLASTIN 55-0507
ATTRIDGE C. J., WECHSELBEZIEH. D. SI-H-INFRAROT-VALENZSCHWING.-FREQUENZEN 63-0127
ATWELL G. J., POTENTIELLE ANTITUMORMITTEL 6. MITT. 60-0589
- POTENTIELLE ANTITUMORMITTEL 7. MITT. 60-0590
ATWELL W. H., ORGANOMETALLRADIKALE 3. MITT. 63-0728
- CHEMIE D. SILYLENE 1. MITT. 64-0416
ATWOOD J. L., SEMIPOLARE METALL-STICKSTOFF-PI-BIND. IM BIS-(DIMETHYLAMIDO)-BERYLLIUM 56-0034
- MG(AL(OCH3)2(CH3)2)2.DIOXAN. EINE NEUE KOMPLEXVERB. EINES METALLALKOXIDS U. EINES DONATORMOLEKUELS 63-0019
AUBAGNAC J., AZOLREIHE 28. MITT. 55-0404
AUDIC C., PHOTOCHROMIE V. INDOLINOSPIROPYRANEN 2. MITT. 63-0104
- PHOTOCHROMIE V. INDOLINO-SPIROPYRANEN 1. MITT. 63-0667
- PHOTOCHROMIE V. INDOLINO-SPIROPYRANEN 3. MITT. 63-0668
AUDIER H., MASSENSPEKTREN V. SECURININ U. HYDRIERTEN DERIV. 62-0112
AUDIER L., MASSENSPEKTROMETRIE, 1. MITT. 60-0138
- MASSENSPEKTROMETRIE, 2. MITT. 60-0139
AUDO D., ENTHALPIE DER INNERMOLEKULAREN WECHSELWIRKUNG OH-PI-ELEKTRONEN VON ALIPHATISCHEN ALKINOLEN 61-0177
AUERBACH M., MICHAEL-ADDIT. MIT 2.2-DIMETHYL-1.3-DINITROPROPAN 63-0359
AUFDERHAAR E., 1.3-DIPOLARE CYCLOADDIT. 33. MITT. 54-0385
AUFFRET M., EINW. V. ALUMINIUMCHLORID AUF ESTER V. GESAETTIGTEN ALIPHAT. SAEUREN 60-0347
AUGUSTINE R. L., SELBSTKONDENSATION EINES ALPHA-KETOESTERS UNTER D. BEDINGUNGEN D. STOBBE-KONDENSATION 59-0311
- HYDRIER. V. BETA-AMINO-ALPHA.BETA-UNGESAETT. ESTERN 61-0460
- WEITERE ASPEKTE D. BEGUENSTIGTEN THERM. ZERS. GEMISCHTER KOHLENSAEUREANHYDRIDE 63-0347
AUL'CENKO I. S., TERPENOPHENOLE 30. MITT. 54-0531
AULD D., UEBERBESETZTE MOL. 3. MITT. 56-0429
AUMANN R., UEBERGANGSMETALL-CARBEN-KOMPLEXE 4. MITT. 59-0068
- UEBERGANGSMETALL-CARBEN-KOMPLEXE 5. MITT. 59-0069
AUNE J., PHYSIKAL.-CHEM. UNTERS. D. THIAZOLRINGES 5. MITT. 55-0145
AUNE J. P., RADIKALREAKTIVITAET IN D. THIAZOLREIHE 3. MITT. 57-0552
AURICH H. G., NITROXIDE 4. MITT. 63-0148
- NITROXIDE 5. MITT. 63-0149
AURNHAMMER G., STRUKTURAUFKLAER. U. SYNTH. D. DIDYMINS, EINES ISOSAKURANETIN-7-BETA-RUTINOSIDS AUS MONARDA DIDYMA L. 58-0702
- ENDGUELT. KONSTIT.-AUFKLAER. U. SYNTH. V. NARIRUTIN, DIDYMIN, RHOIFOLIN, PONCIRIN U. FORTUNELLIN 59-0683
AUSTEL V., RK. V. AMINOSAEUREN MIT TRIFLUORESSIGSAEUREAN-HYDRID 2. MITT. 59-0518
AUSTER S. B., SAEUREKATALYSIERTE DEHYDRATISIER.-KONDENS. V. 1.4-CYCLOHEXANDIOL 63-0503
AUSTIN P. W., BESTANDTEILE V. SESELI SIBIRICUM, KONSTIT. U. SYNTH. V. SIBIRICIN, EINEM NEUEN CUMARIN 61-0605
AUTERHOFF H., RK. D. 2-AMINO-BENZALPHENYLHYDRAZINS MIT SALPETRIGER SAEURE 54-0373
- FARBRK. D. ESERINS 55-0595
- MUREXIDE D. GEBRAEUCHL. PURINDERIV. 58-0655
AUTREY R. L., OXINDOLE 2. MITT. 61-0560
AUVINEN E. M., HYDRATISIER. D. VINYLPHENYLACETYLENS U. D. ISOPROPENYLPHENYLACETYLENS 60-0395
AUZZI G., ALKYLIER. EINIGER PYRAZOLIN- U. PYRAZOLIDINDI-THIOCARBONSAEUREN 4. MITT. 61-0578
AVANESJAN E. S., CYCL. DIMERISIER. V. ISOPROPENYLAETHI-NYLCARBINOLEN 53-0332
AVEDIKIAN L., KALORIMETR. UNTERS. D. IONISAT.-RK. 2. MITT. 57-0190
AVELLEN L., ADDITION V. GRIGNARD-REAGENTIEN AN PYRIDAZINE 5. MITT. 56-0578
AVERSA M. C., NMR-SPEKTREN V. DELTA(2)-ISOXALINEN 2. MITT. 59-0109
- SPIRO-DIISOXAZOLINE, 4. MITT. 60-0539
- KONDENS. V. PHENOLAETHERN MIT ALIPHAT. ALDEHYDEN 23. MITT. 64-0522
AVETISJAN A. A., SYNTHESE VON CYCLISCHEN S-SUBSTITUIERTEN THIOAMID-DERIVATEN 60-0466
- SALZBLDG.-FAEHIGK. V. CYCL. THIONAMIDEN U. IHREN DERIV. 60-0467
AVILA N. V., STEROIDE 315. MITT. 61-0779
AVOJAN R. L., BESONDERH. D. STRUKTUR U. D. REAKTIVITAET EINIGER HALOGENNAPHTHOSAEUREN 1. MITT. 62-0130
AVONDA F. P., BLDG. V. ADDUKTEN ZWISCHEN FLUORIERTEN KETONEN U. METALLFLUORIDEN 63-0094
- BLDG. V. FLUORIERTEN AETHERN DURCH EINE MODIFIZIERTE HALOHYDRFIN-RK. 63-0370
AVRAMENKO L. F., AZID-TETRAZOL-GLEICHGEW. IN D. THIAZOLO(2.3-E)TETRAZOL-REIHE 64-0215
AWAD W. I., GAMMA.GAMMA-DISUBSTITUIERTE ITACONSAEUREN 4. MITT. 59-0461
AWRUCH J., SYNTH. V. 1-METHYL-N(2)-ALKYL-GUANINEN 60-0648
- SYNTH. V. N(6)-ALKYLDERIV. D. 2.6-DIAMINO-PURINS 62-0644
AXELROD M., ABSOLUTE KONFIGURATION U. OPT. ROTATIONSDIS-PERSION V. METHYL-ALKYL-SULFOXIDEN 62-0145
AXENROD T., BEWEIS FUER D. INTERMOLEKULAREN MECHANISMUS D. PHOTOISOMERISIER. V. N-NITROSODIALKYLAMINEN ZU AMIDOXIMEN 54-0196
- DARST. V. 1-DEUTERO-BENZALDEHYDEN DURCH RED. MIT LITHIUMALUMINIUMDEUTERID AUS N-TERT.-BUTYLBENZAMIDEN 61-0396
AYANT Y., LEIT.-MECHANISMUS IN REINEM NITROBENZOL 57-0197
AYE R., RK. D. 2-AMINO-BENZALPHENYLHYDRAZINS MIT SALPETRIGER SAEURE 54-0373
AYER W. A., SYNTH. V. DL-LYCOPODIN 60-0718
AYLWARD J. B., SYNTH. U. UMLAGER. V. SAEUREAZIDHYDRAZONEN 56-0359
AYRES D. C., DIELS-ALDER-RK. V. 2-ARYL-FURANEN 54-0358
- BETA-APO-PODOPHYLLINSAEUREMETHYLESTER. BERICHTIGTE STRUKTUR 57-0456
AYSCOUGH P. B., ELEKTRONENSPINRESONANZUNTERS. V. DISSOZIATIVEN ELEKTRONENEINFANG-PROZESSEN IN GAMMA-BESTRAHLTEN AMINOSAEUREN 56-0155
AYYAR K. S., TERPENOIDE 4. MITT. 55-0533
AZANOVSKAJA M. M., KONDENSATION V. CYCLOHEXADIEN-(1.3) MIT UNGESAETTIGTEN NITROVERB. 53-0316
AZERAD R., SAURE ISOMERISIER. V. TOCOCHINONEN 2. MITT. 53-0573
- DARST. V. (14)C U. (3)H MARKIERTEN AROMAT. ALDEHYDEN U. SAEUREN 64-0458
AZERBAEV I. N., RHODANESSIGSAEUREESTER V. TERT. ACETYLEN-U. DIACETYLENGLYKOLEN 60-0353
- 1.4-BIS-(1.2.5-TRIMETHYL-4-HYDROXY-PIPERIDYL-(4))-BUTADIIN-(1.3) U. SEINE RK. 60-0614
- SYNTH. V. ALPHA-AMINO-ALPHA-OXIMINO-ACETONDERIV. 61-0417
- HYDRIER. D. BETA- U. GAMMA-ISOMEREN V. 1.4-BIS-(1.2.5-TRIMETHYL-4-HYDROXY-PIPERIDYL-(4))-BUTADIIN-(1.3) 64-0249
AZIZ S., DURCH SAEURE KATALYSIERTE HYDROLYSE V. 3-DIAZO-1-METHOXYCARBONYLOXY-1-PHENYL-ACETON 61-0238
AZOVSKAJA V. A., STEREOCHEMIE V. BICYCL. BRUECKENSYST. 1. MITT. 61-0511
AZUMI H., ELEKTRONENSPEKTRUM D. TROPON-MOL. 57-0078
AZZARO M., MASSENSPEKTROMETRIE, 1. MITT. 60-0138
- MASSENSPEKTROMETRIE, 2. MITT. 60-0139

B

BABA Y., OXYDIERENDE WRKG. V. HAEMOPEPTIDEN D. CYTOCHROM C 64-0899
BABAD E., PROPELLANE 3. MITT. 57-0491

- PROPELLANE 4. MITT. 61-0515
BABAJAN A. T., AMINE U. QUART. AMMONIUMSALZE 52. MITT. 53-0260
- AMINE U. AMMONIUMVERB. 53. MITT. 59-0329
- AMINE U. AMMONIUMSALZE 55. MITT. 61-0372
- DARST. U. RK. BETA,GAMMA-UNGESAETT. AMINE 8. MITT. 62-0636
- AMINE U. AMMONIUMSALZE 56. MITT. 63-0403
- AMINE U. AMMONIUMSALZE 57. MITT. 63-0404
BABESKINA L. D., N-SUBSTITUIERTE 5-AMINO-FURYL-VINYLKETONE 58-0569
BABSON R. D., PHENYLESTER D. MILCHSAEURE 60-0349
- SYNTH. V. 2- U. 4-FLUOROESTRADIOL 64-0859
BABUSHKINA T. A., KERNQUADRUPOLRESONANZEN V. (55)MN, (185)RE U. (187)RE IN CYCLOPENTADIENYLMANGAN(RHENIUM)-TRICARBONYLEN 64-0010
BACALOGLU R., NUCLEOPHILE SUBSTITUTIONSRK. AN S-TRIAZIN-SYST. 1. MITT. 60-0256
BACCHETTI T., 1.3.4-THIADIAZOLE 3. MITT. 61-0252
BACH R. D., DARST. V. TERT. N.N-DIMETHYL-AMINEN DURCH LEUCKART-RK. 62-0430
BACH R. O., AETHINYLIER. V. KETONEN MIT DILITHIUMACETYLID 59-0212
BACHA J. D., OX. V. DURCH DECARBOXYLIER. V. CARBONSAEUREN GEBILDETEN ALKYLRADIKALEN DURCH PB(IV)- U. CU(II)-IONEN 58-0212
- ALKENE AUS SAEUREN DURCH OXYDATIVE DECARBOXYLIER. 60-0323
BACHELOR F. W., WOLFF-UMLAGER. V. ALPHA-ACETOXY-DIAZO-KETONEN 55-0214
BACHMAN G. B., OX. V. PRIM. AMINEN ZU NITROALKANEN DURCH OZON 58-0341
BACHMANN G., 4-PYRONE 17. MITT. 62-0648
BACIOCCHI E., PROD., KINETIK U. MECHANISMUS D. CHLORIER. V. 2.3-DIMETHYL-BENZOTHIOPHEN IN ESSIGSAEURE 61-0221
- SEITENKETTEN-REAKTIVITAET V. INDOL-DERIV. RK. V. INDOLYL-(3)-METHYL-TRIMETHYLAMMONIUMMETHYLSULFAT MIT NATRIUM-P-METHYL-THIOPHENOLAT 61-0259
BACK W., BAS. SUBSTITUIERTE 1.8-DIOXO-OCTAHYDROXANTHENE 1. MITT. 56-0533
- BAS. SUBSTITUIERTE 1.8-DIOXO-OCTAHYDROXANTHENE 2. MITT. 58-0617
BACON R. G. R., OXYDATIVE KUPPL. V. PHENOLEN DURCH DIPHENOCHINON 55-0317
BADANJAN S. O., CHEMIE D. VINYLACETYLENS 78. MITT. 56-0316
BADAWI, NATUERL. CHROMONE 8. MITT. 61-0606
BADAWI M. M., NATUERL. CHROMONE 4. MITT. 60-0582
BADDAR F. G., PHENYLPROPIOLSAEUREN 8. MITT. 57-0464
- GAMMA.GAMMA-DISUBSTITUIERTE ITACONSAEUREN 4. MITT. 59-0461
BADDELEY G. V., CYCLOHEXANRINGKONTRAKTION 54-0292
BADDLEY W. H., METALLKOMPLEXE V. CYANKOHLENSTOFFEN 5. MITT. 58-0015
- METALLKOMPLEXE D. CYANKOHLENWASSERSTOFFFE 3. MITT. 64-0081
BADGER R. C., AZIRIDINYLKETONE 17. MITT. 60-0470
BADILESCU I. I., BEGRENZ. D. RINGGROESSE BEI D. CYCLISIER. V. 4-CHLOR-N-(O-HYDROXY-PHENYL)-BUTYRAMID 63-0619
BADOZ-LAMBLING J., VERW. V. GESCHMOLZENEN QUARTERN. AMMONIUMSALZEN ALS LSGM. IN D. ELEKTROCHEMIE 60-0213
BAEHR G., CYCL. MONOMERE ORGANOQUECKSILBERVERB. 56-0058
BAER F., NITROXIDE 5. MITT. 63-0149
BAER H. H., RK. D. NITROZUCKER 8. MITT. 63-0747
BAEUERLEIN E., MONOTHIOHYDROCHINONAETHER ALS VERMITTLER EINER OXYDATIVEN SYNTH. V. ADENOSIN-DI- U. -TRIPHOSPHAT (ADP U. ATP) 54-0507
- MODELLVERSUCHE ZUR OXYDATIVEN PHOSPHORYLIER. 7. MITT. 56-0629
BAGAL L. I., IONISAT.-KONST. V. NITROALKYLAMINEN 57-0184
- UNTERS. D. BASIZITAET V. GAMMA-NITROKETONEN DURCH KERNMAGNET. RESONANZ 64-0221
BAGGA M. M., EISEN-KOMPLEXE V. DIARYL-DIAZOMETHANEN 56-0077
- EISENCARBONYLKOMPLEXE SCHIFFSCHER BASEN 57-0053
BAGGALEY A. J., ANOD. OX. 4. MITT. 61-0547
BAGGALEY K. H., CHEMIE D. ORDN. PODOCARPALES 1. MITT. 56-0758
- UNTERS. AN CYCLOOCTANEN 1. MITT. 61-0510
- EINIGE NEUE CEDRANDERIV. AUS JUNIPERUS FOETIDISSIMA WILLD., KONFIGURATION VON CEDROLSAEURE 61-0762
BAGGINI A., SEKRET.-BESTANDTEILE D. MANDIBULARDRUESEN D. AMEISE LASIUS (DENDROLASIUS)FULIGINOSUS 53-0610
BAGLI J. F., SYNTH. V. BENZOESAEURELACTONEN MITTLERER RINGGROESSE 64-0444
BAGOT J., 3-ARYL-PIPERIDINE 1. MITT. 61-0635
- 3-ARYL-PIPERIDINE 2. MITT. 61-0636
- 3-ARYL-PIPERIDINE 3. MITT. 61-0637
BAHNER C. T., NEUE NITROSAMINE 60-0594
- SCHIFFSCHE BASEN MIT CHINOLINRINGEN 60-0595
BAHR F., BETA-(1.2.3-TRIAZOLYL-(4))-ACROLEINE 3. MITT. 53-0389
BAIKIE P. E., PENTACARBONYL-METHYL-METHYLAMINO-CARBEN-CHROM 56-0022
- DREIFACH BRUECKENBILDENDER STICKSTOFF, EIN DREIKERNIGER EISENCARBONYL-DIPHENYLDIAZOMETHAN-KOMPLEX 56-0023
- EISEN-KOMPLEXE V. DIARYL-DIAZOMETHANEN 56-0077
BAILAR J. C. JUN., KOMPLEXE V. N-HYDROXYAETHYL-AETHYLENDIAMIN 60-0061
- RACEMISIER. V. L-CIS-(CR(EN)2CL2)CL.H2O IN FESTER PHASE 61-0047
BAILEY A. S., ADDIT.-RK. HETEROCYCL. VERB. 28. MITT. 54-0436
- DARST. V. BENZOTRIFURAZAN U. DESSEN KOMPLEXEN MIT ORGAN. MOL. 55-0424
- RK. V. PIKRYLAZID MIT OLEFINEN 59-0487
- DARST. V. 1-(NAPHTHYL-(1))-8-PHENYL-NAPHTHALIN (8-PHENYL-1.1'-BINAPHTHYL) 61-0492
- DIMERE U. BENZ(DE)ISOCHINOLINE AUS 4-PHENACYLIDEN-HOMOPHTHALIMIDEN 64-0717
BAILEY E. J., SYNTH. V. EQUILENIN, EQUILIN U. 17BETA-HY-DROXY-DELTA(4)-OESTREN-3-ON 57-0724
BAILEY K., UNERWARTETE PROD. BEI D. RK. V. ORGANOBORANEN AUS ALPHA,BETA-UNGESAETT. KETONEN MIT ESSIGSAEURE-ACETANHYDRID 59-0448
BAILEY N. A., KRISTALL- U. MOLEKULARSTRUKTUR V. ACETYLACETONATO-DICARBONYL-RHODIUM(I) U. EINIGER FLUORSUBSTITUIERTER KOMPLEXE 55-0006
- DARST. U. KRIST.-STRUKTUR V. DI-MY-CHLORO-DICHLORO-DIMETHYL-TETRACARBONYL-DIIRIDIUM(II) 55-0043
- MOL.-STRUKTUR V. 1.6-EPOXY(10)ANNULEN 55-0121
BAILEY P. S., OZONISIER. V. BENZ(A)ANTHRACEN 59-0465
- STEREOSPEZIFITAET IN D. BLDG. V. OZONIDEN U. GEKREUZTEN OZONIDEN (CROSS-OZONIDS) 61-0596
BAILEY R. A., ELEKTRONEN-CHARAKTER D. VINYLISOCYANIDS 64-0391
BAILLARGE M., SYNTH. EINES HEXAHYDRO-BENZ(CD)INDOL-SYST. DURCH 'ARIN-SUBSTITUT.' 60-0521
BAILLIE A. C., NATUERL. CHINONE 11. MITT. 57-0686
BAIN D. I., SYNTH. V. 2-SUBSTITUIERTEN 4H-3.1-BENZOXAZINONEN-(4) 63-0724
BAIN W. C., PYROLYSEUNTERS. 23. MITT. 59-0255
BAIRD W. C. JUN., SYNTH. V. EXO,EXO-5.6-DIDEUTERIO-SYN-7-ACETOXY-NORBORNEN U. EXO,EXO-5.6-DIDEUTERIO-2-NORBORNEN 61-0506
- 7-SYN- UND 7-ANTI-PROTONENABSORPTIONEN IN DEN KERNMAGNETISCHEN RESONANZ-SPEKTREN V. NORBORNENEN 64-0124
BAITIS F., PHOTOLYSE D. STABILEN NITROXIDS 3-CARBAMOYL-2.2.5.5-TETRAMETHYL-PYRROLIN-1-OXYL, EINE NEUE PHOTOCYCLOELIMINIER. V. STICKSTOFFOXID 57-0508
BAITZ E., UEBERTRAGBARK. V. KRAFTFELDERN BEI ISOELEKTRON. MOL., NORMALKOORDINATENANALYSIS V. PYRAZIN-DI-N-OXID-U. P-DIFLUOR-BENZOL 54-0048
- INFRAROT- U. RAMAN-SPEKTREN V. PYRAZIN-DI-N-OXID 57-0088
BAJER F. J., SILICIUMORGAN. VERB. 47. MITT. 56-0449
BAJRAMOV G. K., SYNTH. V. CYANHALT. EPOXY-VERB. 62-0509
BAJTALOVA M. S., KINETIK D. ADDITION V. ALPHA-CHLOR-DIMETHYLAETHER AN 2-CHLOR-BUTADIEN-(1.3) 60-0275
BAK B., WASSERSTOFF-DEUTERIUM-AUSTAUSCH IN TRYPTOPHAN 54-0187
- INTERPRETAT. V. PROTONENMAGNET. RESONANZSPEKTREN V. ALPHA-AMINOSAEUREN IN BEZUG AUF ROTATIONSISOMERE 56-0119
BAK T. A., ALKYLCYANATE 10. MITT. 58-0278
BAKER A. D., SPEKTROSKOPIE V. MOL.-PHOTOELEKTRONEN 7. MITT. 58-0090
BAKER B. R., IRREVERSIBLE ENZYMHEMMER 109. MITT. 57-0780
- IRREVERSIBLE ENZYMHEMMER 110. MITT. 57-0781
- IRREVERSIBLE ENZYMHEMMER 112. MITT. 57-0782
- IRREVERSIBLE ENZYMINHIBITOREN 115. MITT. 60-0810
- IRREVERSIBLE ENZYMINHIBITOREN 113. MITT. 60-0814
- IRREVERSIBLE ENZYMINHIBITOREN 114. MITT. 60-0815
- IRREVERSIBLE ENZYMINHIBITOREN 116. MITT. 63-0875
- IRREVERSIBLE ENZYMINHIBITOREN 117. MITT. 63-0876
- IRREVERSIBLE ENZYMINHIBITOREN 118. MITT. 63-0877
- IRREVERSIBLE ENZYMINHIBITOREN 119. MITT. 63-0878
- IRREVERSIBLE ENZYMINHIBITOREN 120. MITT. 63-0879
BAKER C., PHOTOELEKTRONENSPEKTREN V. ACETYLEN,DIACETYLEN U. D. ENTSPRECHENDEN DEUTERIERTEN VERB. 53-0056
BAKER E. B., NMR-UNTERS. D. LITHIUM-AUSTAUSCHES ZWISCHEN ORGANOLITHIUMVERB. U. LITHIUMHALOGENIDEN IN AETHER. LSG. 57-0006
- (13)C-(7)LI-SPIN-SPIN-KOPPL. IN ALKYLLITHIUMVERB. 63-0015
BAKER E. J., RK. AMBIDENTER ANIONEN MIT EINEM AMBIDENTEN ELEKTROPHILEN 64-0501
BAKER J. A., SYNTH. V. 3.3-DIAETHYL-PIPERIDON-(2) 55-0452
- SYNTH. V. THIAZOLOPYRIDINEN U. BIS-THIAZOLOPYRIDINEN 2. MITT. 56-0562
BAKER J. T., PIGMENTE V. MEERESTIEREN 8. MITT. 56-0664
BAKER K. M., GLEICHGEW. U. KMR-SPEKTREN V. HYDROXYMETHY-LENKETONEN 60-0089
- FERNKOPPL. U. LSGM.-VERSCHIEB. IN D. NMR-SPEKTREN V. BORNANDERIV. 60-0090
- DURCH BENZOL ALS LSGM. HERVORGERUFENE VERSCHIEB. IN D. NMR-SPEKTROSKOPIE 60-0195
- UMWANDL. V. CAMPHER 60-0735
BAKER L. M., OX. V. OLEFINEN DURCH CHROM(VI)OXID, D. SICH AUF TRAEGERMATERIAL BEFINDET 59-0278
BAKER M. B., SYNTH. U. ALKYLIER. EINIGER PYRIMIDO(1.2-A)INDOLE 62-0643
BAKER M. H., CYTOAKT. AMINOSAEUREN U. PEPTIDE 13. MITT. 64-0517
BAKER P. M., SYNTH. V. (+-)-DI-O-METHYL-CURVULARIN 53-0473

BAKER R., ACETOLYSE V. 3.4-BENZOTRICYCLO(4.2.1.0(2.5))-3-NONEN-7-YL-P-TOLUOLSULFONATEN 54-0152

- BEZIEH. ZWISCHEN REAKTIVITAET U. KONFORMATIVER VERDREH. BEI D. ALDOLKONDENSAT. 54-0172

BAKER R. H., GESCHW. DER HYDRIERUNG VON CYCLOALKENEN IN DER FL. PHASE AN PT-AL-KATALYSATOREN 59-0198

BAKER W. A. JUN., MAGNET. U. SPEKTRALE EIG. V. (FE(EN)3)CL3 64-0004

BAKHAEVA G. P., STRUKTUR V. AUREOLSAEURE (MITHRAMYCIN) 63-0853

BAKHTIARI B., CHINOXALINDERIV. 10. MITT. 58-0591

BAKKE J., DESAMINIER. V. EINFACHEN ALIPHAT. AMINEN IN PROTONENFREIEN MEDIEN 53-0177

- ADDITION V. NITROTOLUOLEN AN ALDEHYDE 56-0397

BAKOS M., KRIT. VOL. HOMOLOGER VERB. 59-0175

BALABAN A. T., EINIGE NEUE TERT.-BUTYLIER. BEI D. UMWANDL. V. PHENYL-SUBSTITUIERTEN 1.5-DIKETONEN IN PYRYLIUMSALZE 54-0398

- STABILITAET U. GLEICHGEW. FREIER RADIKALE 3. MITT. 55-0286
- HETEROCYCL. ORGANOBOR-VERB. 7. MITT. 58-0036
- MOEGL. MECHANISMEN FUER EINIGE UMLAGER. UNTER EINSCHLUSS V. SIGMA-KOMPLEXEN 59-0249
- PROTONENMAGNET.-RESONANZ-SPEKTREN V. CHELATISIERTEN BOR- U. BERYLLIUM-BIS-(1.3-DIKETONATEN) 60-0096
- CHEM. GRAPHIK 5. MITT. 60-0322

BALACHANDRAN K., EISEN(III)-8-HYDROXY-CHINOLIN-7-SULFONSAEURECHELAT 59-0021

BALADE J., BEST. D. WAERMEN FUER UNENDL. VERDUENN. V. ALIPHAT. AETHERN IN CHLOROFORM 62-0164

BALANDIN A. A., EINFL. D. KATALYSATORS AUF D. MECHANISMUS D. POLYKONDENS. V. AETHYLEN BEI HOHEN TEMP. 55-0581

BALASKO M., VARIATION D. KOPPLUNGSKONSTANTEN ALS FUNKTION D. LSGM. 57-0108

BALASUBRAMANIYAN P., SYNTH. V. ALL-TRANS-5.6-DIHYDRO-RETINAL, EINEM NEUEN SEH-CHROMOPHOR 63-0848

BALASUBRAMANIYAN V., SYNTH. V. ALL-TRANS-5.6-DIHYDRO-RETINAL, EINEM NEUEN SEH-CHROMOPHOR 63-0848

BALAZS E. A., POLYANIONEN U. IHRE KOMPLEXE 3. MITT. 63-0861

- POLYANIONEN U. IHRE KOMPLEXE 4. MITT. 63-0862
- POLYANIONEN U. IHRE KOMPLEXE 5. MITT. 63-0863

BALCH A. L., CHARAKTERISIER. DIMERER KOMPLEXE D. DITHIOLENTYPS 60-0059

BALDAS J., MASSENSPEKTREN V. DIMEDON-DERIV. V. ALDEHYDEN 59-0136

BALDOCK R. W., KONFORM.-GLEICHGEW. V. PIPERIDIN U. MORPHOLIN AUS D. IR-SPEKTREN VORL.MITT. 59-0156

BALDWIN C. M., BENZIDIN-UMLAGER. 11. MITT. 59-0246

BALDWIN J. E., STRUKTUR D. ADDUKTS AUS 3-DIAZOBUTANON U. SCHWEFELKOHLENSTOFF 56-0168

- ELEKTRON. EINFL. BEI D. 1.3-CYCLOADDITION AN DIARYLNITRILIMINE 56-0225
- MIKROWELLENSPEKTRUM, STRUKTUR U. DIPOLMOMENT V. CYCLOPROPANON 59-0148
- CYCLOADDIT. 19. MITT. 62-0278

BALDWIN M. A., FRAGMENTIER. V. ORGAN. MOL. UNTER ELEKTRONENSTOSS 1. MITT. 58-0133

BALDWIN W. H., THERMISCHE ZERSETZUNG VON TRI-SEK.-BUTYL-PHOSPHAT 61-0299

BALENOVIC K., ABS. KONFIG. V. (-)-BETA-HYDROXY-BETA-(M-HYDROXY-PHENYL)-PROPIONSAEURE 54-0261

- RK. D. ALPHA.GAMMA.DELTA.ZETA-TETRAKETONE MIT SELENTETRACHLORID U. SCHWEFELDICHLORID, SYNTH. V. 2.5-DIACYL-3.4-DIHYDROXY-SELENOPHENEN U. -THIOPHENEN 54-0365

BALEZINA G. G., SYNTH. U. UMWANDL. V. ACETALEN AUF D. BASIS V. 3-PHENYL-PROPIN-(2)-OL-(1) 55-0238

- BESONDERH. D. RADIKAL. ADDIT. V. MERCAPTANEN AN VINYLALKINYLAETHER 62-0337

BALHAR A., ADDIT.-RK. D. HALOGENOLEFINE 4. MITT. 55-0226

BALIS M. E., STABILITAET V. BRENZTRAUBENALDEHYD-BIS-THIOSEMICARBAZON U. SEINEM KUPFERCHELAT 60-0809

BAL'JAN C. V., LITHIUMALLENE 12. MITT. 56-0267

- KONDENS. V. AROMAT. VERB. MIT ALLYLHALOGENDERIV. 2. MITT. 56-0371
- KONDENS. AROMAT. VERB. MIT HALOGENIDEN V. ALLYLTYP 3. MITT. 57-0392
- ALPHA-UMLAGER. V. 4-(3-CHLOR-BUTEN-(2)-YL-OXY)-TOLUOL UNTER ZNCL2-EINFL. 58-0403
- SYNTH. U. EIG. V. ALLENKOHLENWASSERSTOFFEN 13. MITT. 59-0389
- SYNTH. U. EIG. V. DERIV. D. ALLEN-KW-STOFFE 14. MITT. 62-0416
- KONDENS. AROMAT. VERB. MIT HALOGENIDEN V. ALLYLTYP 4. MITT. 64-0467

BALL C. R., SYNTH. V. N.N-DI-(2-CHLOR-AETHYL)-(3.5-(3)H2)-ANILIN HOHER SPEZIF. AKTIVITAET 63-0450

BALL K., D. BIOGENESE ANALOGE SYNTH. V. XANTHONEN 53-0403

BALLANTINE J. A., RK. V. 2-(2-OXO-INDOLINYLIDEN-(3))-2-HYDROXY-ESSIGSAEUREAETHYLESTER MIT PROPIONSAEUREANHYDRID U. PYRIDIN 58-0585

BALLARD D., POLYHALOGENORGANOMETALL- U. -NICHTMETALLVERB. 17. MITT. 59-0341

BALLS D. M., ADDIT. V. ELEMENTEN D. KETENS AN AUSGEWAEHLTE DIENE NACH DIELS-ALDER 64-0538

BALLSCHMITER K., (1)H-NMR-SPEKTROSKOP. UNTERS. AN 2.3-DISUBSTITUIERTEN DERIV. DES HEXACHLORBICYCLOHEPTENS 57-0094

- (1)H-NMR-SPEKTROSKOP. UNTERS. AN 1.3-DISUBSTITUIERTEN DERIV. D. 4.5.6.7.8.8-HEXACHLOR-1.3.3A.4.7.7A-HEXAHYDRO-4.7-METHANO-ISOBENZOFURANS 57-0095

BALLWEG H., NEUE METH. ZUR DARST. V. CYTOSIN U. CYTOSINDERIV. 61-0661

BALLY I., PROTONENMAGNET.-RESONANZ-SPEKTREN V. CHELATISIERTEN BOR- U. BERYLLIUM-BIS-(1.3-DIKETONATEN) 60-0096

BALMAIN A., KONSTITUTION U. STEREOCHEMIE V. EPSILON-CAESALPIN 55-0578

BALNY C., PHOTOCHEM. UNTERS. EINES AN KIESELSAEUREGEL ADSORBIERTEN SPIROPYRANS 56-0095

BALOGH V., SYNTH. V. BIS-(DIHYDRO-ASYMM.-INDACENYL)-DIEISEN 58-0064

BAL'ON J. G., SYNTH. V. N-ARYLSULFONYLDERIV. D. PYRROLIDINS, PYRROLINS U. PYRROLS 53-0347

- CARBALKOXY-SCHWEFELDIOXID-MONOIMINE 55-0473
- DIALKYLAMINOSULFONYLMONOIMINOSCHWEFELDIOXIDE 56-0600
- BIS-(CARBALKOXYIMINO)-SCHWEFELDIOXIDE 56-0601
- RK. V. MONOIMINOSCHWEFELDIOXIDDERIV. MIT DIEN-KOHLENWASSERSTOFFEN 57-0323
- UNTERS. D. STRUKTUR CHEM. VERB. MIT HILFE D. NMR-SPEKTRUMS 6. MITT. 60-0672

BALQUIST J. M., DERIV. V. THIACYCLOBUTENEN (THIETE) 3. MITT. 62-0512

BALSAM G., NMR-SPEKTROSKOP. UNTERS. AN ACETYLIERTEN DIGITALIS-GLYKOSIDEN 60-0098

BALSZUWEIT A., CUBANE, POLYEDR. VERB. MIT WUERFELSTRUKTUR 63-0547

BALUCANI D., CARCINOGENE STICKSTOFFVERB. 60. MITT. 59-0510

- GERUCH U. CHEM. KONSTIT. IN TERT.-BUTYL-CHROMANONEN 64-0665

BALUKOVA N. V., RK. V. 1.1-DIPHENYL-AETHYLHYDROPEROXID MIT BENZOYLISOCYANAT U. PHENYLISOCYANAT 58-0485

BALZER W., ROTAT.-DISPERS. U. ZIRKULARDICHROISMUS EINIGER TERT. PHOSPHINOXIDE U. PHOSPHINSULFIDE 59-0098

- PHOSPHORORGAN. VERB. 60. MITT. 62-0288

BAMANN E., KETO-ENOL-GLEICHGEW. U. DECARBOXYLIER. D. OXALESSIGSAEURE 58-0291

- D. METALLIONENKATALYTISCHE DECARBOXYLIER. D. OXALESSIGSAEURE (OES) 44. MITT. 58-0292

BAMBAGIOTTI M., ALKYLIER. EINIGER PYRAZOLIN- U. PYRAZOLIDINDITHIOCARBONSAEUREN 4. MITT. 61-0578

BAMBERG P., HALBSYNTHET. PENICILLINE 7. MITT. 56-0733

- HALBSYNTHET. PENICILLINE 8. MITT. 61-0806

BAMBURG J. R., STRUKTUREN D. TOXINE AUS ZWEI ARTEN V. FUSARIUM TRICINCTUM 61-0811

BAMBURY R. E., TRIFLUORMETHYL-FURANE 60-0484

BAMFIELD P., SYNTH. V. DEUTEROPORPHYRIN-IX U. PEMPTOPORPHYRIN 55-0517

- SYNTH. D. DEUTERIOPORPHYRIN-IX-, PEMPTOPORPHYRIN- U. SPIROGRAVIS-PORPHYRIN-DIMETHYLESTER 62-0746

BAMFORD C. H., WECHSELWRKG. V. METHYLEN U. AETHYLCHLORID 56-0204

BAMKOLE T. O., THERM. ZERS. V. ALKYL-VINYLAETHERN 2. MITT. 60-0292

BAN Y., RK. AKTIVIERTER AMIDE 2. MITT. 57-0509

- RK. AKTIVIERTER AMIDE 3. MITT. 57-0510
- POLYPHOSPHATESTER ALS SYNTHET. AGENS 7. MITT. 61-0404
- BISCHLER-NAPIERALSKI-RK. MIT UNGESAETT. LACTAMEN. SYNTH. V. 5.6.9.10.11.12-HEXAHYDRO-2.3-DIMETHOXY-BENZO(4.5-A)BENZO(F)CHINOLIZINIUM- U. DIHYDROSEMPERVI-RIN-SALZEN 62-0605
- SYNTH. V. BETA-CARBOLIN-DERIV. 8. MITT. 62-0719
- TOTALSYNTH. V. DL-EPIIBOGAMIN 63-0780

BANCEL S., SUBSTITUENTENEINFL. AUF D. COPE-CLAISEN-UMLAGER. V. VINYL-ALKADIEN-(BETA.BETA')-YL-AETHERN 58-0288

BANCROFT K. C. C., BEZIEH. ZWISCHEN PARTIELLEN GESCHW.-FAKTOREN D. DETRITIIER. U. BERECHNETEN SIGMA(+)-WERTEN 54-0161

BAND S. J., P(PI)-D(PI)-BIND. IN TRIMETHYLSILYLHALOGENIDEN 59-0149

BANERDZI S. K., SUBSTITUIERTE PYRIDINE, DEHYDRIER., DESAMINIER. U. N-DEMETHYLIER. V. 1.2.5-TRIMETHYL-4-AMINO-PIPERIDIN U. N-(1.2.5-TRIMETHYL-PIPERIDYL-(4))-BENZYLIDENAMIN 62-0615

- SUBSTITUIERTE PYRIDINE, 4-PHENYL-2.5-DIAROYL- U. 4-PHENYL-2.5-DIAMINO-PYRIDINE 62-0616

BANERJEE A. K., AUF GIBBERELLINE U. VERWANDTE VERB. GERICHTETE SYNTHET. UNTERS. 60-0431

BANERJEE D. K., SYNTH. V. 3-METHOXY-17BETA-CARBOXY-DELTA(1.3.5(10).6.8)-OESTRAPENTAEN 57-0740

- SYNTH. V. 8-ISO-19-NOR-ANTHRATESTOSTERON U. 8-ISO-10-ISO-19-NOR-TESTOSTERON 62-0799

BANERJI A., MIKROBIOLOG. UMWANDL. V. FLAVANON 64-0682

BANERJI S. K., EISEN(III)-8-HYDROXY-CHINOLIN-7-SULFONSAEURECHELAT 59-0021

BANITT E. H., D. KINET. ISOTOPENEFFEKT BEI D. ANTHRACHINONBLDG. 62-0263

BANK, KORRELATION D. INFRAROT-STRECKSCHWINGUNGSFREQUENZEN V. KETONEN, OLEFINEN U. OXIMEN 57-0086

BANK S., BASENKATALYSIERTE ISOMERISIER. V. VINYLCYCLO-HEXEN U. DIPENTEN 58-0277

BANKOVSKIJ J. A., 8-MERCAPTO-CHINOLIN (THIOOXIN) U. SEINE DERIV. 39. MITT. 60-0209

BANKS D. B., SYNTH. V. HOMOALLYLALKOHOLEN 58-0461

BANKS R. E., POLYFLUORCYCLOPENTADIENE 3. MITT. 53-0322

- SYNTH. V. FLUORIDEN D. GRUPPE VB AUS N-FLUORVERB. 53-0438

- HETEROCYCL. POLYFLUORVERB. 10. MITT. 53-0451
- HETEROCYCL. POLYFLUORVERB. 11. MITT. 54-0438
- HETEROCYCL. POLYFLUORVERB. 12. MITT. 54-0439
- HETEROCYCL. POLYFLUORVERB. 13. MITT. 55-0365
- EINE UEBERPRUEF. D. SYNTH. V. PERFLUOR-GAMMA-BUTYROLACTON 56-0301
- FLUOREOLEFINE 6. MITT. 58-0372
- HETEROCYCL. POLYFLUORVERB. 14. MITT. 59-0633
- PERFLUORMETHYLACETYLEN 64-0359

BANNEY P. J., PROTOLYSE V. TRANS-2-CHLOR-VINYL-QUECKSILBERCHLORID IN DMSO 56-0219
BANSAL R. C., POLYALKYLIERTE AROMAT. KOHLENWASSERSTOFFE 2. MITT. 63-0528
BANTHORPE D. V., MECHANISMUS D. BENZIDIN- U. SEMIDINUMLAGER. 16. MITT. 58-0283
- MECHANISMUS D. BENZIDIN- U. SEMIDINUMLAGER. 17. MITT. 63-0310
- MECHANISMUS D. BENZIDIN- U. SEMIDINUMLAGER. 18. MITT. 63-0311
- MECHANISMUS. D. BENZIDIN- U. SEMIDINUMLAGER. 19. MITT. 63-0312
- MECHANISMUS D. BENZIDIN- U. SEMIDINUMLAGER. 20. MITT. 63-0313
- MECHANISMUS D. BENZIDIN- U. SEMIDINUMLAGER. 21. MITT. 63-0314
- MECHANISMUS D. BENZIDIN- U. SEMIDINUMLAGER. 22. MITT. 63-0315

BANY T., RK. VON AMIDRAZONHYDROCHLORIDEN MIT ALIPHAT. U. AROMAT. ISOCYANATEN U. ISOTHIOCYANATEN 59-0571
BARABAS A., HETEROCYCL. ORGANOBOR-VERB. 7. MITT. 58-0036
- PROTONENMAGNET.-RESONANZ-SPEKTREN V. CHELATISIERTEN BOR- U. BERYLLIUM-BIS-(1.3-DIKETONATEN) 60-0096

BARAKAT A., BENZO(B)THIOPHENE MIT HALOGENSUBSTITUT. IN 5-STELL. 56-0480
BARANAEV M. K., HALOGEN-ALPHA-NITRO-CARBONSAEUREN 11. MITT. 64-0262
BARANOV S. N., RK. V. DIAETHYLOXALAT MIT EINIGEN AZOLIDONEN 60-0526
BARASSIN A., BLDG. V. KOHLENWASSERSTOFFEN IN D. VERBRENN.-GASEN EINER METHANREICHEN METHAN-LUFT-FLAMME 59-0264
BARASSIN J., DIPOLMOMENTE U. KONFORM. D. MOL. 5. MITT. 57-0161
BARAUD J., BLDG. V. ALPHA-TOCOPHEROLDIMEREN 62-0819
BARBARA C., KONDENS. V. KETONEN MIT LITHIUM-DERIV. ACETYLENAMINEN, SYNTH. V. (AMINO-AETHINYL)-ALKOHOLEN 57-0275
- SUBSTITUT. U. ELIMINIER. V. POLYCHLOR-ENAMINEN DURCH MAGNESIUMORGAN. VERB. SYNTH. EINES CHLOR-ACETYLEN-AMINS, CL-CC-N(C6H5)2 59-0374

BARBER H. J., NEUE CINNOLINSYNTH. 3. MITT. 53-0453
- NEUE CINNOLINSYNTH. 6. MITT. 61-0669

BARBER M., FLECHTENINHALTSSTOFFE 31. MITT. 60-0122
BARBEZAT P., CYCLIT-REIHE 36. MITT. 54-0578
BARBIER C., STEREOCHEM. UNTERS. IN D. REIHE D. TETRAHYDROFURANE 6. MITT. 64-0128
BARBIER G., KINET. UNTERS. D. MECHANISMUS D. BROMIER. AROMAT. AMINE 1. MITT. 59-0216
- KINET. UNTERS. D. MECHANISMUS D. BROMIER. AROMAT. AMINE 2. MITT. 59-0217

BARBIER M., PECTENOXANTHIN, CYNTHIAXANTHIN U. D. NEUE ACETYLEN. CAROTINOID PECTENOLON 54-0519
BARBIERI G., RK. V. SULFIDEN MIT PHENYLJODIDDICHLORID IN WSS. PYRIDIN, SYNTH. V. SULFON-FREIEN SULFOXIDEN U. (18)O-MARKIERTEN SULFOXIDEN 59-0359
BARBIERI W., DISTAMYCIN A 1. MITT. 53-0574
- ISOXAZOLE 1. MITT. 55-0412
- ISOXAZOLE 2. MITT. 55-0413
- BESTAENDIGE ALPHA-AMINOAETHER V. PYRAZIN- U. PYRIMIDINDERIV. 62-0649
- KETO-ENOL-TAUTOMERIE IN FUENFATOM. HETEROCYCLEN 64-0212

BARBOUR R. V., FREIE HOMOALLYLRADIKALE, UNTERS. D. UMLAGER. D. 3.5-CYCLOCHOLESTANYLRADIKALS ZUM CHOLESTERYLRADIKAL 63-0307
BARCHUDARJAN M. R., CHEMIE D. VINYLACETYLENS 78. MITT. 56-0316
BARCLAY L. R. C., INTRAMOL. ALKYLIER. V. O-TERT.-BUTYL-GRUPPEN IN 2.4.6-TRI-TERT.-BUTYL-BENZYL-ALKOHOL U. -METHYLAETHER 58-0500
BARCZAI-BEKE M., SYNTH. V. (-)-CORYNANTHEIDIN 59-0704
BARD A. J., ELEKTROCHEMIE V. ORGANOPHOSPHORVERB. 2. MITT. 60-0218
- ELEKTROCHEM. RED. V. AROMAT. AZOVERB. 61-0189

BARDHAN J. C., SYNTH. POLYCYCL. VERB., 8. MITT. 60-0448
BARE T. A., CHEMIE V. CARBANIONEN 16. MITT. 61-0285
BAREGGI A. M., METHYLPSORALENE 64-0666
BARET C., ANWEND. D. WITTIG-RK. AUF D. SYNTH. MARKIERTER MOL. (BETA,GAMMA.GAMMA'.DELTA-(14)C4)DL-ISOLEUCIN 62-0364
BARET P., EPOX. V. ALPHA,BETA-AETHYLENKETONEN DURCH N-BROMSUCCINIMID, STEREOCHEMIE, SPEKTROSKOP. UNTERS. V. ALPHA-EPOXYKETONEN 57-0486
BARG W. F. JUN., REINIG. U. STRUKTUR V. SCHWEINE-CALCITONIN-1 63-0834
BARGELLINI A., OPT. AKT. DIALKYLALUMINIUMHALOGENIDE 54-0027
BARILI P., BROMIER. EINIGER INDOL-DERIV. 54-0368
BARKEMEYER H., SYNTH. V. PEPTIDEN IN WSS. MEDIUM 5. MITT. 63-0845
BARKER J. M., THIOPHEN ALS KETTENVERLAENGERER 4. MITT. 57-0316
BARKER R., ROLLE D. DIMETHYLACETALE BEI D. BLDG. V. METHYLGLYKOSIDEN 59-0259
BARKER S. A., RK. V. SACCHAROSE U. TETRAHYDRO-2-HYDROXYMETHYL-PYRAN MIT DICHLORSILANEN 59-0664
BARKET T. P., STRUKTUR V. ISOPREN-PHENYLPHOSPHONIGSAEURE-DIHALOGENID-CYCLOADDUKTEN 54-0369
- STRUKTUR V. DIEN-PHOSPHONIGSAEUREDIHALOGENID-ADDITIONSPROD. U. D. DAVON ABGELEITETEN PHOSPHOLENEN U. PHOSPHOLENOXIDEN 61-0566

BARLIN G. B., RK. V. BASEN MIT METHYLSULFON-DERIV. V. N-HETEROCYCLEN 56-0529
BARLOW C. B., PROTONENRESONANZSPEKTRUM V. METHYL-4.6-O-BENZYLIDEN-3-DESOXY-3-PHENYLAZO-ALPHA-D-GLUCOSID-2-ACETAT, TEILWEISE VIRTUELLE KOPPL. IN EINEM VIERSPIN-SYST. 64-0112
BARLOW M. G., HETEROCYCL. POLYFLUORVERB. 14. MITT. 59-0633
- PERFLUORMETHYLACETYLEN 64-0359

BARLTROP J. A., ORGAN. PHOTOCHEMIE 5. MITT. 53-0323
- ORGAN. PHOTOCHEMIE 7. MITT. 57-0270
- SINGULETT- U. TRIPLETTBETEILIG. AN D. INTRAMOL. PHOTOCHEMIE EINFACHER ALKANONE 62-0302
- ORGAN. PHOTOCHEMIE 8. MITT. 63-0452
- PHOTOCYCLOADDITION V. ALKYLKETONEN AN ALPHA,BETA-UNGESAETTIGTE NITRILE 64-0340

BARNES W. M., RK. V. METHANSULFENYLBROMID MIT SILBER-2.4.6-TRINITRO-BENZOLSULFONAT IN ORGAN. LSGM. 60-0199
BARNETT C., NITRIER. EINIGER 2.3-DIHYDRO-1H-1.4-DIAZEPINIUM-PERCHLORATE 56-0613
BARNI E., ULTRAVIOLETTSPEKTREN U. ELEKTRONENSTRUKTUR V. AETHERN, THIOAETHERN U. SELENOAETHERN D. NAPHTHALINS 64-0096
BARNICK J. W. F. K., DARST. U. EIG. V. TRIMETHYLAMMONIO-METHYL-TRIPHENYLBORANAT 61-0427
BARNIER J., STEREOCHEMIE V. 1.2-DIVINYL-CYCLOPENTANDIO-LEN-(1.2) 64-0182
BARNIKOW G., THIOACYLHALOGENIDE U. THIOAROYLISOTHIOCYANA-TE 63-0443
- BRENZCATECHYL-PHOSPHORYL-ISOTHIOCYANATE 63-0660

BARNISH I. T., NEUART. SYNTH. V. 1.3.4-BENZOTHDIAZINDE-RIV., D. BEGRIFF D. UEBERGANGSAKTIVIER. 55-0479
- UMLAGER. WAEHREND D. DEHYDROBROMIER. V. N-(ALPHA-BROM-ARALKYLIDEN)-N'-(O-NITRO-PHENYL)-HYDRAZINEN U. EINE ANM. ZUR NITRIER. V. P-DIBROMBENZOL 57-0556
- SYNTH. V. 4-PHENYL-1H-2.3-BENZOXAZIN 62-0664
- BLDG. V. 1.3-DIANIONEN AUS 2- U. 3-ACETAMIDO-PYRIDINEN MIT BUTYLLITHIUM, KONDENS. MIT CARBONYLVERB. U. NITRILEN 63-0682

BARNSLEY E. A., KONFIG.-BEZIEH. ZWISCHEN EINIGEN SULFOXIDEN U. (+)-S-METHYL-L-CYSTEIN-S-OXID 62-0360
BARON C., SYNTH. U. GASCHROMATOGRAPH. VERH. V. C11-CYCLOHEPTANHOMOLOGEN D. MENTHONE U. MENTHOLE 57-0406
- SYNTH. V. 3-AMINOSTEROIDEN. KONDENS. V. 5ALPHA-CHOLESTANON-(3)- U. CHOLESTEN-(4)-ON-(3) MIT EINIGEN AMINOSAEUREAETHYLESTERN IN GGW. V. PALLADIUM-KOHLE U. WASSERSTOFF 57-0739

BARONI E. E., HYDRIERTE POLYPHENYLE 1. MITT. 58-0482
BARR T. H., VERBRUECKTE FERROCENE 1. MITT. 61-0050
BARRACLOUGH D. J., LSGM.-EFFEKTE IN D. NMR-SPEKTROSKOPIE. DURCH BENZOL INDUZIERTE CHEM. VERSCHIEB. IN AMINEN 54-0072
BARRALIS J., ANIONOTROPE UMLAGER. V. DIARYLALKINOLEN 58-0475
BARRANS J., RK. V. ALDEHYDEN MIT 2-AMINO-BENZAMIDOXIM 53-0456
- EINW. V. AMINOPHOSPHINEN AUF EINIGE IMIDSAEUREALKYL-ESTER 62-0350

BARRET E. J., DIFFERENTIALTHERMOANALYSE D. OELSAEURE-ELAIDINSAEURE-ISOMERISIER. 61-0291
BARRET G., UMWANDL. V. SUBSTITUIERTEN 3-CYAN-PYRROLIDIN-2.5-DIONEN IN 2-IMINO-3-METHOXYCARBONYL-PYRROLIDIN-5-ONE 59-0531
BARRETT E. J., DIFFERENTIALTHERMOANALYSE D. DIELS-ALDER-RK. V. CYCLOPENTADIEN 57-0243
BARRINGER D. F., PLEIADENSYST. 5. MITT. 55-0337
BARRIO J. R., VERWANDTE VERB. ZU 2.4-DICHLORPHENOXYESSIG-SAEURE(2.4-D) 60-0570
BARRY J. A., FREIE RADIKALRK. ZWISCHEN SUBSTITUIERTEN HYDRAZINEN U. SULFAMOYLHALOGENIDEN 57-0325
- UNGEWOEHNL. VIELSEITIGE VILSMEIER-HAACK-REAGENZIEN 61-0395
- ABFANGEN DER HYDRAZINORADIKALE BEI DER OX. V. ARYLHYDRAZINEN 61-0418

BARRY W. J., SULFONIER. V. ARYLPYRAZOLEN 2. MITT. 61-0584
BARSTOW L. E., RADIKAL. ADDIT. AN BENZONORBORNADIEN 58-0274
BART J. C. J., KRIST.- U. MOLEKULARSTRUKTUR V. SACCHARIN (O-SULFO-BENZOESAEUREIMID) 61-0166
BARTA M., INDOL U. INDOLDERIV. 3. MITT. 63-0620
BARTH O., PEPTIDE 6. MITT. 63-0839
BARTHOLOMEW R. F., PHOTOLYSE V. 3-DIAZO-2.4.5-TRIPHENYL-PYRROL 63-0622
BARTHOMEUF D., ISOMERISIER. V. BUTENEN AN BIFUNKTIONELLEN KATALYSATOREN BEI TIEFER TEMP. 54-0210
BARTL V., ADDIT.-RK. D. HALOGENOLEFINE 4. MITT. 55-0226
BARTLE K. D., STRUKTUR VON ISOLAPACHENOL 60-0574
BARTLETT P. D., CYCLOADDIT. 5. MITT. 61-0442
- CYCLOADDIT. 6. MITT. 61-0443

- BETEILIG. V. KOHLENWASSERSTOFF-SINGULETTZUSTAENDEN BEI D. PHOTOLYSE V. AZOVERB. 63-0336
BARTLETT R. K., TRANSAMINIER. V. N.N-DIMETHYLFORMAMID-AZIN 53-0392
- ZERS. V. P-TOLUOLSULFONYLHYDRAZONEN DURCH ALKALIEN 2. MITT. 54-0379
BARTLEY J. P., GLEICHGEW. U. KMR-SPEKTREN V. HYDROXYMETHYLENKETONEN 60-0089
BARTMANN W., RK. V. SULFONYLISOCYANATEN MIT CN-DOPPELBIND. 53-0463
BARTOK M., CHEM. UMWANDL. V. DIOLEN U. CYCL. AETHERN 22. MITT. 58-0560
- CHEM. UMWANDL. V. DIOLEN U. CYCL. AETHERN 23. MITT. 58-0561
- CHEM. UMWANDL. V. DIOLEN U. CYCL. AETHERN 13. MITT. 60-0480
- CHEM. UMWANDL. V. DIOLEN U. CYCL. AETHERN 24. MITT. 64-0573
- CHEM. UMWANDL. V. DIOLEN U. CYCL. AETHERN 25. MITT. 64-0574
- CHEM. UMWANDL. V. DIOLEN U. CYCL. AETHERN 26 MITT. UNTERS. D. UMWANDL. V. 2.4-DIALKYL-OXETANEN IN GEGENWART V. PLATIN-KATALYSATOREN DURCH MIKROREAKTOR-TECHNIK 64-0575
BARTOLI G., NUCLEOPHILE AROMAT. SUBSTITUT. 4. MITT. 61-0265
BARTON D. H. R., PHOTOCHEM. UMWANDL. 21. MITT. 53-0194
- SESQUITERPENOIDE 14. MITT. 57-0712
- PHOTOCHEM. UMWANDL. 22. MITT. 58-0416
- SYNTH. V. BETA-AMYRIN 61-0776
- PHENOLOX. U. BIOSYNTH. 17. MITT. 61-0837
- SYNTH. V. 18.19-DIOXYGENIERTEN STEROIDEN DURCH INTRAMOL. RADIKALPROZESSE 62-0792
- PHENOLOX. U. BIOSYNTH. 18. MITT. 63-0786
- BIOSYNTH. V. STEROIDEN U. TERPENOIDEN 1. MITT. 64-0916
BARTON J. W., BIPHENYLENE, SYNTH. V. 1-NITRO- U. 1-AMINO-BIPHENYLEN 55-0340
- BENZOCYCLOOCTATETRAENE 1. MITT. 57-0462
- BENZOCYCLOOCTATETRAENE 2. MITT. 63-0546
BARTON T. J., RK. V. DIPHENYLCYCLOPROPENON MIT AKTIVIERTEN ISOCYANATEN, LEICHTE SYNTH. V. BESTIMMTEN IMINOCYCLOPROPENEN 56-0381
- POLYARYLTROPILIDENE 5. MITT. 62-0180
- UNGESAETT. HETEROCYCL. SYST. 42. MITT. 64-0557
BARTSCH J., DIPOLMESS. AN PYRANOSE- U. FURANOSE-MODELLSUBSTANZEN 61-0072
BARTSCH R. A., KINETIK D. RK. V. 2-HEXYLHALOGENIDEN U. 2-HEXYL-P-BROM-BENZOLSULFONAT MIT NA-METHYLAT IN METHANOL. BEWEIS, DASS D. ORIENTIER. D. UNTER OLEFIN-BLDG. VERLAUFENDEN ELIMINIER. NICHT DURCH D. STER. ANFORDER. D. AUSTRETENDEN HALOGENGRUPPEN BESTIMMT WIRD 58-0271
BARTUSEK M., KOMPLEXE D. BORSAEURE MIT CHROMOTROPSAEURE U. IHRE ANWEND. IN D. MASSANALYSE 55-0603
- BORSAEURE-KOMPLEXE MIT 4-NITRO-BRENZKATECHIN U. ALIZARIN S 58-0168
BARTZ W., RK. CH-AKTIVER VERB. MIT AZIDEN 22. MITT. 62-0410
BARUA A. K., STRUKTUR U. STEREOCHEMIE V. SPERGULAGENSAEURE 58-0742
- TRITERPENOIDE 29. MITT. 58-0743
BARVINSKAJA I. K., ORIENTIER. BEI D. SUBSTITUT. IN D. AROMAT. REIHE 19. MITT. 59-0442
BARYSKIN V. A., KONDENSATION VON ANISOL UND PHENOL MIT GAMMA-BUTYROLACTON IN GEGENWART VON ALCL3 64-0442
BARZILAY I., RK. ALPHA,BETA-UNGESAETT. NITRILE MIT KONZENTRIERTER SCHWEFELSAEURE 62-0361
BASANAGOUDAR L. D., SYNTH. V. 1-(3-AMINO-PROPYL)-INDOLEN U. 3-INDOLYL-(1)-PROPIONSAEUREN 57-0514
BASHAR A., POLAROGRAPH. STRUKTURBEWEIS D. SOGENANNTEN PHENYL-THIOHYDANTOINSAEURE 54-0135
BASHAW J., ELEKTR. LEITFAEHIGK. EINIGER ACRIDIZINIUM-VERB. 63-0233
BASI J. S., BIS-(TRIFLUORMETHYL)-PHOSPHINOXYSILANE 64-0415
BASINSKI A., POLAROGRAPH. KATALYT. STROEME IN AMMONIAKPUFFERLSG. MIT NICKEL(II) U. CYSTEIN 3. MITT. 64-0028
BASKEVITCH Z., STOFFWECHSELPROD. V. OOSPORA VIRESCENS (LINK) WALLR. VIRESCENOL A 54-0530
BASNER M. E., RK.-FAEHIGKEIT VON OLEFINEN BEI DER ISOMERISIERUNG IN GGW. KOMPLEXER ZIEGLER-KATALYSATOREN 61-0290
BASOLO F., NICKELTETRACARBONYL, MECHANISMUS D. NUKLEOPHILEN SUBSTITUT. 61-0029
- PHOTOSYNTH. EINIGER WERNER-KOMPLEXE V. RHODIUM(III) U. IRIDIUM(III) 62-0055
- KINETIK U. MECHANISMUS V. SUBSTITUTIONSRK. V. DINITROSYLDICARBONYLEISEN(O) 63-0045
- KATALYT. U. LSGM.-EFFEKT AUF SUBSTITUT.-RK. V. DINITROSYLDICARBONYLEISEN(O) 63-0046
BASSELIER J. J., EINFL. D. TEMP. AUF D. NMR-SPEKTREN V. AMINOPHOSPHORVERB., DIMETHYLAMINO-PHENYL-CHLOR-PHOSPHIN 55-0078
BASSL A., BETA-(1.2.3-TRIAZOLYL-(4))-ACROLEINE 3. MITT. 53-0389
- DUENNSCHICHTCHROMATOGRAPHIE PRIM. AROMAT. AMINE 1. MITT. 55-0601
- CHROMATOGRAPHISCHE UNTERS. AN CHLORSUBSTITUIERTEN AROMAT. AMINEN, 2. MITT. 55-0602
BASSO J., BEST. D. BATHOCHROMEN METHYLSUBSTITUENTENEFFEKTS AUF D. ABSORPT.-MAX. D. N-V-BANDE V. ALPHA,BETA-UNGESAETT. CARBONYLVERB. MIT HILFE D. LCAO-METH.,D. HUECKEL-NAEHERUNG U. D. OMEGA-METH. 56-0106
BASSON R. A., NIEDERMOL. PROD. D. RADIOLYSE V. AETHYLEN IN WSS. LSG. 53-0180
BAST, DARST. V. SYMM. DIARYLSULFOXIDEN AUS N.N'-THIONYLDIIMIDAZOL 59-0354
BASTIDE J., CYCLOADDIT. V. DIAZOMETHAN AN AKT. ACETYLENVERB. 62-0570
BASU U. P., 3-SUBSTITUIERTE AMINO-4.5-DISUBSTITUIERTE 1.2.4-4H-TRIAZOLE U. ALDEHYDE AUS 1-ACYL-SEMICARBAZIDEN 59-0570
BATAEV P. S., HYDROXYACETYLENVERB. 4. MITT. 55-0261
BATEMAN J. H., PHOTOCHEM. UMLAGER. V. CIS-CYCLODECEN-(2)-ON 54-0289
BATES A. C., TERMOLYSE V. N-TRIMETHYLAMMONIO-BENZAMIDAT U. VERWANDTE VERB., IDENTIFIZIER. V. NEBENPROD. U. DEREN MOEGLICHER BLDG.-MECHANISMUS 56-0606
- RK. V. HYDRAZINEN MIT ESTERN U. CARBONSAEUREN 59-0366
BATES R., VINYLSULFONIUMYLIDE ALS MOEGL. ENZYMAT. INTERMEDIAERPROD., AUSTAUSCH U. UMLAGER. EINES VINYLSULFONIUMYLIDS 57-0301
BATES R. B., TERPENE 188. MITT. 55-0523
- D- U. L-FILIFOLON, MONOTERPENOIDE CYCLOBUTANONE MIT D. BICYCLO(3.2.0)HEPTAN-RINGSYST. 55-0526
- TERPENOIDE 13. MITT. 55-0542
- TERPENE 194. MITT. 62-0782
- KERNMAGNET. RESONANZSPEKTRALPARAMETER IN BICYCLO(3.1.1)HEPTANEN, ALPHA-PINEN, MYRTENAL U. VERBENON 63-0132
BATJAKINA V. A., CARBONYLIER. IN D. FRIEDEL-CRAFTS-RK., SYNTH. V. 1'.3'.4'-TRICHLORBENZO-1.3-OXATHIOLON-(2) 62-0555
BATKA H., D. BN-HAUPTBANDE IN D. IR-SPEKTREN V. N-H-BORAZINDERIV., KURZE MITT. 56-0008
BATKOWSKI T., NEUE METH. D. HALOGENIER. V. PYRIDIN 56-0551
BATOG A. E., ALKYL-TERT.-ALKYLPEROXIDE D. DIMETHYLENGLYKOLS 55-0235
BATOR-SAWICKA B., EINFL. V. LSGM. AUF D. EPIMERISIER.-GRAD V. PEPTIDEN 58-0280
BATTERBEE J. E., OZONISIER. V. BENZ(A)ANTHRACEN 59-0465
BATTERSBY A. R., 1-PHENAETHYL-ISOCHINOLIN-ALKALOIDE 1. MITT. 53-0515
- ALKALOID-BIOSYNTH. 10. MITT. 53-0608
- HOMOAPORPHIN-SYST. U. VERWANDTE DIENONE, ISOLIER., STRUKTUR U. SYNTH. 54-0511
- ALKALOIDE AUS KALEBASSENCURARE U. STRYCHNOS-ARTEN 4. MITT. 56-0654
- ALKALOIDBIOSYNTH. 11. MITT. 57-0681
BATTIN D. E., TRICHLORMETHYLIER.-RK. 3. MITT. 61-0405
BATTIONI P., CYCLOADDIT. V. DIAZOALKANEN AN ALKOXYALLENE 62-0569
BATTIONI-SAVIGNAT P., DARST. V. SPIROPENTANEN AUS ALLEN-KW-STOFFEN 56-0443
BATTISTE M. A., THERM. UMLAGER. IN D. TETRA-ARYLCYCLOPROPEN-REIHE 54-0174
- CU-KATALYSIERTE RK. V. BENZONORBORNADIEN MIT DIBENZOYLPEROXID U. TERT.-BUTYL-PERBENZOAT, NMR-SPEKTREN V. ANTI-BENZONORBORNADIENYL-(7)-DERIV. 58-0534
- POLYARYLTROPILIDENE 5. MITT. 62-0180
BATTISTI A. J., TERMOLYSE V. N-TRIMETHYLAMMONIO-BENZAMIDAT U. VERWANDTE VERB., IDENTIFIZIER. V. NEBENPROD. U. DEREN MOEGLICHER BLDG.-MECHANISMUS 56-0606
- RK. V. HYDRAZINEN MIT ESTERN U. CARBONSAEUREN 59-0366
BATULINA R. C., SYNTH. D. N-(4-NAPHTHYL-(2)- U. N-(4-THIENYL-(2)-METHYLAMINO-BENZOYL)-DL-GLUTAMINSAEURE 64-0595
BATY J. D., SYNTH. EINIGER N-SUBSTITUIERTER PIPERIDONE-(4) 57-0599
BAUDET P., BEZIEH. ZWISCHEN POLYPEPTIDSTRUKTUR U. STREPOGENIN-AKTIVITAET 1. MITT. 58-0799
- RK. MIT DIAZOMETHAN 3. MITT. 59-0375
BAUER A., N-ACYL-TRIHALOGENACETALDIMINE ALS REAKTIVE ZWISCHENSTUFEN BEI ELIMINIER.-ADDIT.-RK. 7. MITT. 63-0632
BAUER D., OX. MEHRKERN. AROMAT. KOHLENWASSERSTOFFE IN GESCHMOLZENEM SBCL3 BEI 99 GRAD CELSIUS 62-0208
BAUER H., FARBIGE OX.-PROD. AUS BETA-HYDROXY-PYRROL-DERIV. 61-0552
BAUER L., SYNTH. V. ANELLIERTEN AZOLONEN AUS O-SUBSTITUIERTEN ARYLHYDROXAMSAEUREN 64-0554
BAUER R. A., PHOTOSYNTH. EINIGER WERNER-KOMPLEXE V. RHODIUM(III) U. IRIDIUM(III) 62-0055
BAUER S., ORD-UNTERS. 3. MITT. 61-0069
- EXTRAZELLULARE POLYSACCHARIDE VON LIPOMYCES STARKEYI LODDER ET KREGER VAN RIJ, ISOLIERUNG U. STRUKTURMERKMALE VON GALAKTOMANNAN 61-0818
BAUER S. H., MOLEKULARSTRUKTUR V. TRIMETHYLCYCLOPROPAN 60-0147
- STRUKTUREN V. NORBORNAN U. 1.4-DICHLOR-NORBORNAN AUS ELEKTRONENBEUG.-UNTERS. 63-0171
BAUER W., AETHEN-1.2-DIOLE DES CHINOXALINS U. 1-PHENYL-PYRAZOLO(3.4-B)CHINOXALINS 60-0652
BAUERSCHMIDT E., STEREOSELEKTIVE SYNTH. V. OPT. AKTIVEM CONHYDRIN 63-0777

BAUKOV Y. I., UMLAGER. V. BETA-SILYL-KETONEN ZU O-SILYL-SUBSTITUIERTEN ENOLEN 56-0330
BAULD N. L., KONFORMATIONSANALYSE D. KOHLENSTOFF-SAUERSTOFF-BINDUNG V. ALKOHOLEN UNTER VERW. V. J(HCOH) 61-0143
- STEREOSPEZIFITAET IN D. BLDG. V. OZONIDEN U. GEKREUZTEN OZONIDEN (CROSS-OZONIDS) 61-0596
BAUM E. J., ELEKTRONSPIN-RESONANZ 16. MITT. 58-0323
BAUM K., RK. V. NITROALKOHOLEN MIT SCHWEFELTETRAFLUORID 61-0324
- SYNTH. V. FLUORAMMONIUMSALZEN 64-0040
BAUMANN E., DUENNSCHICHTCHROMATOGRAPHIE PRIM. AROMAT. AMINE 1. MITT. 55-0601
- CHROMATOGRAPHISCHE UNTERS. AN CHLORSUBSTITUIERTEN AROMAT. AMINEN, 2. MITT. 55-0602
BAUMANN H., KONFIG. U. KONFORM. V. 2-CARBOXY-CYCLOPENTANOLEN U. METHYL- U. AETHYLESTER 55-0108
- MAGNET. ANISOTROPIE U. INTERPRETAT. D. NMR-SPEKTREN V. LACTAMEN 1. MITT. 57-0096
- DARST. EINIGER CIS-TRANS ISOMERER AMINOALKOHOLE 60-0606
- STER. VERLAUF V. DEHYDRIER. BEI BETEILIG. NUCLEOPHILER NACHBARGRUPPEN 64-0489
BAUMBACH E., RK. MIT DIAZOCARBONYLVERB. 28. MITT. 62-0465
BAUMGAERTEL E., SYNTH. AROMAT. SCHWEFELHALT. ARSONSAEUREN 2. MITT. 63-0457
BAUMGARTEN H. G., RK. V. AMINEN 16. MITT. 56-0463
BAUMGARTEN R. J., DESAMINIER. 2. MITT. 58-0452
BAUR K., METALLTRIFLUORPHOSPHIN-KOMPLEXE 20. MITT. 57-0067
BAXTER C. A. R., WALLACHS ANOMALE BENZYLIDENDERIV. 53-0538
- STRUKTUR U. STEREOCHEMIE D. BEI D. KONDENS. V. CARVENON MIT BENZALDEHYD ERHALTENEN HEXAHYDROISOCHROMANONS 61-0610
- CHEMIE D. BEI D. KONDENS. V. CARVENON MIT BENZALDEHYD ERHALTENEN HEXAHYDROISOCHROMANONS 61-0611
- STEREOCHEMIE U. STRUKTUR IN D. TETRAHYDRO-1-THIO-PYRON-(4)- U. TETRAHYDRO-PYRON-(4)-REIHE 61-0620
BAXTER I., KATALYT. HYDRIER. V. DERIV. D. 2-NITRO-PHENYLBRENZTRAUBENSAEURE 56-0491
- HERST. V. CINNOLINEN U. INDOLEN AUS 2.BETA-DINITROSTYROLEN 58-0669
- AMINIER. V. N.N'-DIBENZOLSULFONYL-1.4-BENZOCHINON-DIIMINEN, PHOTOCHEM. BLDG. V. BENZIMIDAZOLEN 64-0636
BAXTER L. L., THERM. V. ERGOSTERIN U. DEHYDROCHOLESTERIN 58-0774
BAYER E., FESTPHASENSYNTH. V. OXYTOCIN 61-0797
- (1)H-KERNRESONANZ-UNTERS. AN FUENFRINGCHELATEN 63-0008
- UMLAGER. U. KOMPLEXBLDG. D. GLYOXAL-BIS-(2-MERCAPTO-ANILS) U. ANDERER MERCAPTOANILE 63-0064
BAYES K. D., REAKTIVITAET V. C20 61-0320
BAYLESS A. V., 3ALPHA-JOD-CHOLESTAN 64-0862
BAYLESS J. H., LSGM.-EINFL. AUF D. BAMFORD-STEVENS-RK. 58-0297
BAYLIS A. J., NITROSTEROIDE 5. MITT. 58-0085
BAYZER H., NACHW. U. QUANT. BEST. V. CHLORCHOLINCHLORID IN BIOLOG. MATERIAL 55-0604
BAZANT V., KATALYT. ENTALKYLIER. V. ALKYLAROMAT. VERB. 16. MITT. 54-0140
- ORGANOSILICIUMVERB. 52. MITT. 54-0183
- ORGANOSILICIUMVERB. 54. MITT. 54-0185
- ORGANOSILICIUMVERB. 55. MITT. 59-0099
- UNTERS. D. SORPT. V. BENZOL, TOLUOL U. EINIGEN ARYLHALOGENIDEN AN SILICIUM, KUPFER U. SILICIUM-KUPFER-GEMISCHEN DURCH PULS-GASCHROMATOGRAPHIE 59-0182
- KATALYT. ENTALKYLIER. V. ALKYLAROMAT. VERB. 17. MITT. 61-0205
- EIG. V. NATRIUMDIHYDRIDO-BIS-(2-METHOXYAETHOXO)-ALUMINAT 1. MITT. 62-0313
BAZAVOVA I. M., DARST. U. UNTERS. V. THIOCARBOHYDRAZIDEN 3. MITT. 63-0645
BAZILE Y., MECHANISMUS D. RADIKAL. ADDITION V. ALDEHYDEN AN OLEFINE 54-0537
BAZULINA V. I., SYNTH. V. ALPHA-ALKYLSUBSTITUIERTEN MAKROCYCL. LACTONEN 2. MITT. 53-0222
BEACHAM J., PEPTIDE 25. MITT. 56-0721
BEAK P., PHOTOISOMERISIER. V. 1.4.5-TRIMETHYL-IMIDAZOL U. 1.3.5-TRIMETHYL-PYRAZOL 56-0501
- GLEICHGEW.-UNTERS., ENERGIEDIFFERENZEN FUER EINIGE 6-GLIEDRIGE HETEROCYCL. METHYLAMID-METHYLIMIDAT-ISOMERENPAARE 60-0204
- KATION. AROMAT. SUBSTITUTION AM BRUECKENKOPF V. 1-SUBSTITUIERTEN APOCAMPHANEN 63-0287
BEARD J. H., UNTERSUCHUNG DES LIGANDENAUSTAUSCHES AN IONEN DES TYPS (RE(AMIN)4O2)(+) MIT HILFE V. MARKIERTEN LIGANDEN 64-0035
BEARD R. D., 1.3-DIALKALISALZE V. DIMETHYLSULFOXID 62-0440
BEARE S. D., NMR-SPEKTROSKOPIE IN OPT.-AKTIVEN LSGM. 5. MITT. 62-0133
BEASLEY M. L., STRUKTUR V. TITAN-EISEN-CYANOKOMPLEXEN 63-0021
BEATTIE A., RK. V. ALKYLVINYLAETHERN MIT METHYL-ALPHA-D-GLUCOPYRANOSID 61-0688
BEAUDOUIN G. J., STEROIDE U. VERWANDTE PROD. 26. MITT. 60-0772
BEAUFILS J., VERW. V. OS(VIII)-OS(VI)-SYST. ALS KATALYSATOR BEI D. OX. V. ALKOHOLEN U. OLEFINEN DURCH MOL. SAUERSTOFF 58-0217
BEAUREGARD Y., BORSULFID ALS AKZEPTOR V. ALKOXYGRUPPEN 56-0053
BEBAWI G. M., SYNTH. V. SUBSTITUIERTEN 4-DIMETHYLAMINO-AZOBENZOLEN U. TEST. D. WRKG. AN LACTOBACILLUS CASEI U. ESCHERICHIA COLI 63-0445
BECHER D., FLECHTENINHALTSSTOFFE 31. MITT. 60-0122
- INHALTSSTOFFE D. FRUECHTE V. UVARIA CATOCARPA (ANNONACEEN), STRUKTUR V. SENEPOXID U. SENEOL 60-0794
BECHLI A. F., SYNTH. V. BENZO(G)CHINOLIN-DERIV. 2. MITT. 62-0627
- SYNTH. V. BENZO(G)CHINOLIN-DERIV. 3. MITT. 62-0628
BECK B. H., INVERS.-BARRIERE SECHSGLIEDRIGER RINGE MIT SP(2)-HYBRIDISIERTEM KOHLENSTOFF 59-0168
- ERMITTL. V. BEVORZUGTEN KONFORM. BEI CYCLOHEXYL-DERIV. DURCH NMR-CHEM. VERSCHIEB. 60-0188
BECK D., SYNTH. V. 2- U. 3-(1.2.3.6-TETRAHYDROPYRID .)-INDOLEN 59-0600
BECK J., OX. MEHRKERN. AROMAT. KOHLENWASSERSTOFFE IN GESCHMOLZENEM SBCL3 BEI 99 GRAD CELSIUS 62-0208
BECK M. L., SYNTH. V. 3-SULFOPROPIONIMID 59-0561
BECK W., SPEKTROSKOP. UNTERS. AN KOMPLEXVERB. 12. MITT. 54-0008
- PSEUDOHALOGENO-METALLVERB. 21. MITT. 56-0004
- PSEUDOHALOGENO-METALLVERB. 20. MITT. 56-0088
BECKE F., NEUES VERF. ZUR HERST. V. CARBONSAEUREAMIDEN 62-0316
BECKER E. I., DIPHENYLZINNDINITRAT U. SYMM.-DINITROOXY-TETRAPHENYLDISTANNOXAN 58-0054
BECKER H., UMSETZ. V. SAEUREDERIV. U. HALOGENSILANEN MIT ALKALIMETALLEN 5. MITT. 55-0268
BECKER H. G. O., SYNTH. IN D. ISOCHINOLINREIHE, 4. MITT. 56-0224
- KINETIK U. MECHANISMUS D. BLDG. V. ARYLCYANIDEN AUS 4-ARYLIDENAMINO-1.2.4-TRIAZOLEN 58-0266
- EINFACHE SYNTH. V. 3-AMINO- BZW. 3.5-DIAMINO-1.2.4-TRIAZOLEN 60-0555
- RELAIS-SYNTH. V. HETEROCYCLEN 2. MITT. 60-0650
- RELAIS-SYNTH. V. HETEROCYCLEN 3. MITT. 60-0675
BECKER L. W., EIN STABILISIERTES CYCLOPROPYL-KATION. SYNTH. U. SOLVOLYSE V. 1-CHLOR-BICYCLOPROPYL 58-0241
- SYNTH., STEREOCHEMIE U. SOLVOLYSE V. 2-BROM-BICYCLOPROPYL U. VERWANDTEN VERB. 61-0463
BECKER R. F., ELEKTRONENSTOSS-INDUZIERTE BLDG. V. BENZTHIAZOLIUM-IONEN AUS THIOFORMANILIDEN DURCH INTRAMOL. SUBSTITUT. 63-0162
BECKER R. R., SYNTH. U. FLUORESZENZ-EIG. EINIGER N-METHYL-2-ANILINONAPHTHALIN-6-SULFONYL-DERIV. 60-0073
BECKER R. S., SPEKTROSKOPIE U. PHOTOCHEMIE V. PHENYLOXIRANEN 63-0345
- PHOTOCHROME FULGIDE. SPEKTROSKOPIE U. MECHANISMUS D. PHOTORK. 64-0336
BECKER W. E., KONSTIT. D. GRIGNARD-REAGENZES 3. MITT. 55-0012
BECKETT A. H., KONFIG.-ANALYSEN D. OXINDOL-ALKALOIDE V. RHYNCHOPHYLLIN-TYP, ABS. KONFIG. V. CILIAPHYLLIN, RHYNCHOCILIN, SPECIONOXEIN, ISOSPECIONOXEIN, ROTUNDIFOLIN U. ISOROTUNDIFOLIN 57-0151
- D. ABS. KONFIG. V. (+)-1-(3-TRIFLUORMETHYL-PHENYL)-2-AETHYLAMINOPROPAN ((+)-FENFLURAMIN) 58-0143
- CHEMISCHE BESTAETIG. D. KONFIG. FUER D. INDOL-ALKALOIDE SPECIOGYNIN, SPECIOCILIATIN, MITRACILIATIN U. HIRSUTIN 60-0709
- BICYCL. PYRIMIDINDERIV. MIT EINEM BRUECKENKOPF-N-ATOM 3. MITT. 61-0075
BECKETT R., STRUKTUR D. KOBALT(II)-DERIV. D. SCHWEFELCHELATES AUS DITHIOACETYLACETON 54-0014
BECKWITH A. L. J., EINFL. D. TEMP. AUF D. ZUS. D. RK.-PROD. BEI D. RK. V. AETHOXYCARBONYLNITREN MIT ANTHRACEN U. MIT BUTEN-(2) 60-0434
- TRANSANULARE UMLAGER. V. 9.10-DIHYDRO-ANTHRACEN-DERIV. 63-0308
- CYCLISIER. D. 4-(CYCLOHEXEN-(1)-YL)-BUTYL-RADIKALS 63-0483
BEDNJAGINA N. P., BENZ- U. NAPHTHAZOLE 21. MITT. 64-0616
BEDNOWITZ A. L., KRIST.- U. MOL.-STRUKTUR V. 5.5A.10.14C-TETRAHYDRO-5A-PHENYLBENZ(A)INDENO(2.1-C)FLUOREN-5.10-DION (C30H18O2) 57-0172
BEECH W. F., 2-METHYL-5-NITRO-BENZALDEHYD 56-0349
BEECHAM A. F., ORD V. GLYCINPEPTIDEN MIT C- ODER N-TERMINALEN L-LEUCINRESTEN 55-0049
- ((1)H)-NMR-SPEKTREN V. EINIGEN PEPTIDEN D. L-LEUCINS U. GLYCINS 60-0097
- CHIRALITAET D. DISULFIDSYST. IM (+)-TROPIN-1.2-DITHIOLAN-3-CARBOXYLAT 60-0167
- ZIRKULARDICHROISMUS V. LACTONEN 61-0068
- OPT. AKTIVITAET. U. KONFIG. V. LACTON-RINGEN 63-0183
BEER C. T., DARST. V. VINBLASTIN-4-ACETYL-T U. SEINE VERTEIL. IM RATTENBLUT 60-0806
BEER R. J. S., MOL.-STRUKTUR EINES UNSYMM. 6A-THIATHIOPHTHENS 56-0167
BEESLEY T., THYROCALCITONIN 2. MITT. 63-0838
BEG M. A. A., SPEKTROSKOP. UNTERS. V. ORGANOPHOSPHORVERB. 2. MITT. 57-0085
BEGEMANN P. H., SYNTH. V. LACTONEN 3. MITT. 57-0315
BEGRICH R., UMSETZ. D. DELTA(3)-CYCLOHEXENCARBALDEHYD-P-TOLUOLSULFONYLHYDRAZONS 64-0477
BEGTRUP M., METHYLIERTE 1.2.3-TRIAZOLE 4. MITT. 53-0390
BEGUIN C., (19)F-MAGNET. RESONANZ, SUBSTITUIERTE BENZYLFLUORIDE 56-0125
BEHAR J. V., HOCHDRUCKUNTERS. 2. MITT. 62-0283

BEHN N. S., RINGERWEITER. 1. MITT. 63-0540
BEHR B., HEMM. D. ELEKTRODENRK. V. ZINK- UND CADMIUMIONEN IN SAUREN LOESUNGEN DURCH PROTEINE 1. MITT. 64-0027
BEHRINGER H., 3-AZA-6A-THIA-THIOPHTHENE 56-0527
- CYCLOADDIT. HETEROCYCL. ENDO-EXO-1.3-DIPOLE UNTER RINGOEFFN. 59-0539
- CYCLOADDIT. AKTIVER ACETYLENE AN 1.2-DITHIOL-THIONE-(3) U. IHRE 4-AZA-ANALOGEN 61-0572
BEITZ H., SUBSTITUIERTE INDOLYL-(3)-ESSIGSAEUREAETHYL-ESTER U. DEREN FOLGEPROD. 55-0387
BEKAREK V., KORRELATIONEN ZWISCHEN CHEM. VERSCHIEB. V. PROTONEN V. HYDROXYL- U. METHINGRUPPEN BEI NMR-SPEKTREN V. HYDROXYDERIV. SCHIFF'SCHER BASEN U. HAMMETT-SIGMA-KONSTANTEN 59-0112
- ERMITTL. D. AZO-HYDRAZO-TAUTOMEREN-GLEICHGEW. IN HYDROXY-AZOVERB. MITTELS NMR 63-0213
BEKASSY S., 1.2.4-TRIAZINE U. KONDENSIERTE DERIV. 2. MITT. 53-0466
- HYDANTOINE, THIOHYDANTOINE, GLYKOCYAMIDINE 26. MITT. 57-0532
BEKIROV G. F., GLYKOLAETHER U. IHRE DERIV. 120. MITT. 60-0370
BEKKER G., ORIENTIER. BEI D. SUBSTITUT. IN D. AROMAT. REIHE 21. MITT. 64-0304
BEKKER R. A., ADDIT. V. NITROSYLFLUORID AN FLUOROLEFINE, RK.-MECHANISMUS 55-0370
BELAJA V. P., RK. V. IMINOESTERN U. KETIMINEN MIT PHOSGEN U. OXALYLCHLORID 61-0477
- N-THIONYLCARBONSAEUREAMIDE U. -AMIDIN 62-0677
BELANGER A., EINSTUFENSYNTH. D. TWISTANRINGSYST. 8-ACETOXY-TWISTANON-(4) 61-0512
BELECKAJA I. P., ELEKTROPHILE SUBSTITUT. AM AROMAT. KOHLENSTOFFATOM 6. MITT. 56-0216
- IR- U. UV-SPEKTREN V. QUECKSILBERORGAN. VERB. 4. MITT. 59-0005
- ELEKTROPHILE SUBSTITUTION AM AROMAT. KOHLENSTOFFATOM 7. MITT. 60-0258
- ELEKTROPHILE SUBSTITUT. AM AROMAT. C-ATOM 8. MITT. 61-0253
- PROTOLYSE V. DIPHENYLQUECKSILBER MIT CARBONSAEUREN 62-0018
- STRUKTUREFFEKTE BEI D. POLAROGRAPHIE QUECKSILBERORGAN. KATIONEN 63-0035
- ELEKTROPHILE SUBSTITUT. AM AROMAT. KOHLENSTOFFATOM 9. MITT. 63-0281
- ELEKTROPHILE SUBSTITUTION AM AROMAT. KOHLENSTOFFATOM 10. MITT. 64-0031
- ELEKTROPHILE SUBSTITUTION AM AROMAT. KOHLENSTOFFATOM 11. MITT. 64-0032
BELEGRATIS C., SYNTH. V. HETEROCYCLEN 103. MITT. 56-0453
BELEGRATIS K., SYNTH. V. HETEROCYCLEN 110. MITT. 64-0706
BELETSKAYA I. P., VERHAELTNIS D. C- U. O-ISOMEREN BEI D. AETHYLIER. V. ALKALI-ENOLATEN D. ACETESSIGSAEURE-AETHYLESTERS IN HEXAMETHYLPHOSPHORAMID U. DIMETHYL-SULFOXID 63-0396
BELEW J. S., OX. MIT DURCH OZONISIER. DARGESTELLTEM HOEHERWERT. NICKELOXID 56-0255
BELF L. J., RK. D. 1.2.3.4-TETRAFLUORBENZOLS U. VERWANDTER VERB. 55-0313
BELIKOVA N. A., UMWANDL. V. BICYCL. KW-STOFFEN MIT BRUECKENSYST. 6. MITT. 60-0451
- UMWANDLUNGEN V. BICYCLISCHEN KOHLENWASSERSTOFFEN MIT BRUECKENSYST., 7. MITT. 60-0452
BELJAEV. V. N., RK. V. 2-NITRO-2-PHENYLINDANDION-(1.3) MIT WASSER 60-0578
BELJAEVA A. N., SCHWEFEL ENTHALTENDE AETHER D. ENINREIHE 64-0370
BELL K. H., 4A-METHYL-5-HYDROXY-5.6.7.8-TETRAHYDRO-4A H-NAPHTHALINON-(2). SPONTANE DIENON PHENOL-UMLAGER. 64-0516
BELL P. C., DIMERE U. BENZ(DE)ISOCHINOLINE AUS 4-PHENACYLIDEN-HOMOPHTHALIMIDEN 64-0717
BELL P. H., REINIG. U. STRUKTUR V. SCHWEINE-CALCITONIN-1 63-0834
BELL R. P., KINETIK D. RK. V. OLEFINEN MIT HALOGENEN IN WSS. LSG. 3. MITT. 61-0223
BELL S. C., 5-ARYL-1.5-DIHYDRO-2H-1.4-BENZODIAZEPIN-2-ONE 57-0633
- EINE ALLGEMEINE METH. ZUR DARST. V. 2-ACETAMIDO-ACETANILIDEN MIT EINER ZWEITEN FUNKTIONELLEN GRUPPE IN D. 2 STELL. U. D. MOEGL. BLDG. V. 3-ACETAMIDO-1.3-DIHYDRO-2H-1.4-BENZODIAZEPIN-2-ON 58-0678
- UMLAGER. EINES 2-AMINOBENZYLIDENAMINOESSIGSAEURE-N-OXIDS MIT AETHYLCHLORFORMIAT 59-0647
- RINGSCHLUSSRK. MIT NITRILEN 1. MITT. 63-0661
- RINGSCHLUSSRK. MIT NITRILEN 2. MITT. 63-0697
- 3-SUBSTITUIERTE 1.4-BENZODIAZEPIN-2-ONE 63-0738
BELLAMY A. J., UMLAGER. V. 3-METHYL-CAREN-(4)-ON-(2) 57-0690
BELLAS M., 1.4-PHOTOADDIT. V. AMINEN AN BENZOL 54-0191
BELLASIO E., PYRAZOLIDINONE-(3) U. DELTA(2)-PYRAZOLINONE-(5), NEUE RESULTATE 59-0542
- SYNTH. V. ALPHA-HYDROXYLAMINOSAEUREN 1. MITT. 64-0402
- ALPHA-HYDROXYLAMINOSAEUREN U. DERIV. 2. MITT. 64-0403
BELLAVITA N., NMR-UNTERS. V. INTERMOL. EFFEKTEN ZWISCHEN ALIPHAT. MERCAPTANEN U. STICKSTOFFVERB. AUSTAUSCHPHAE-NOMENE 55-0082
BELLAVITA N. C., STOFFWECHSELPROD. V. OOSPORA VIRESCENS (LINK) WALLR. VIRESCENOL A 54-0530
- BENZO-BIS-THIAZOLE 6. MITT. 58-0604
BELLEAU B., N-CARBONSAEUREESTER V. 1.2- U. 1.4-DIHYDRO-CHINOLINEN. EINE NEUE KLASSE V. IRREVERSIBLEN INAKTIVATOREN D. BRENZCATECHINAMIN-ALPHA-REZEPTOREN U. STARKEN ZENTRALNERVENSYST.-DEPRESSOREN 58-0638
- NEUES REAGENZ FUER PEPTID-SYNTH. 60-0784
BELLEGARDE B., AUSTAUSCHRK. ZWISCHEN ALKOXYZINNVERB. U. HYDROGENSILANEN 53-0024
- RK. V. ALKOXYTRIALKYLSTANNANEN MIT ENOLESTERN, BLDG. V. C-SN- ODER O-SN-VERB. 56-0068
- RK. D. SN-O-C-KETTE, AUSTAUSCH ZWISCHEN D. SI- BZW. GE-ALKYLOXY-DERIV. U. D. ALPHA-FUNKTIONELLEN SI-VERB. 56-0070
BELLETIRE J. L., STEROIDE U. VERWANDTE NATURSTOFFE 42. MITT. 56-0710
BELLINA R. F., HYDRIER. V. BETA-AMINO-ALPHA.BETA-UNGESAETT. ESTERN 61-0460
BELLING B., KOMPLEXBLDG. D. NICKEL(II) MIT DL-2-METHYL-1.2-DIAMINO-PENTAN 63-0089
BELLINGHAM P., SAEUREKATALYSIERTER WASSERSTOFFAUSTAUSCH IN 2.6-DIMETHYL-4-PYRIDON, -PYRON U. THIOPYRON, EINFL. V. HETEROCYCL. SCHWEFEL, SAUERSTOFF U. STICKSTOFF AUF D. GESCHWINDIGKEIT D. ELEKTROPHILEN SUBSTITUTION 55-0183
BELLINO A., STRUKTUR D. PROD. D. RK. V. O-HYDROXY-CHALKON MIT HYDROXYLAMIN 60-0418
- DITERPENE AUS SIDERITIS SICULA UCRIA 64-0826
BELLOBONO I. R., KINET. LSGM.-ISOTOPENEFFEKT BEI D. AROMAT. NUCLEOPHILEN SUBSTITUT. 62-0250
BELLOC A., PRISTINAMYCIN, ISOLIER., CHARAKTERISIER. U. IDENTIFIZIER. D. KOMPONENTEN 59-0780
BELLON P., METALLATOM-CLUSTER IN IRIDIUM-CARBONYL-TRIPHENYLPHOSPHIN-KOMPLEXEN 53-0005
BELLUCO U., METALLKOMPLEXE V. CYANKOHLENSTOFFEN 5. MITT. 58-0015
BELLUS D., DISSOZIAT.-KONST. V. 2-HYDROXY-BENZOPHENON-DERIV. IM GRUND- U. ANGEREGTEN ZUSTAND 57-0186
- PHOTOCHEM. RK. 43. MITT. 58-0316
BELOKUROVA A. P., ORIENTIER. BEI D. SUBSTITUT. IN D. AROMAT. REIHE 21. MITT. 64-0304
BELOROSSOVA A. G., RESORCINDERIV. 2. MITT. 63-0508
BELOV V. N., SYNTH. V. ALPHA-ALKYLSUBSTITUIERTEN MAKROCYCL. LACTONEN 1. MITT. 53-0221
- SYNTH. V. ALPHA-ALKYLSUBSTITUIERTEN MAKROCYCL. LACTONEN 2. MITT. 53-0222
- SUBSTITUIERTE LACTONE U. IHRE FOLGERK. 12. MITT. 55-0303
- RED. V. NAPHTHOL-CARBONSAEUREN 17. MITT. 61-0491
- RED. V. NAPHTHOLCARBONSAEUREN 18. MITT. 62-0457
- SAUERSTOFFHALT. HETEROCYCLEN 6. MITT. 64-0563
- SAUERSTOFFHALTIGE HETEROCYCLEN 7. MITT. 64-0564
BELOVSKY O., ASYMM. RK. 12. MITT. 53-0202
- ASYMM. RK. 18. MITT. 55-0105
- ASYMM. RK. 20. MITT. 55-0162
- ABS. KONFIG. D. METHYL-PHENYLALKYL-METHYLAMINO-METHANE CH3-CH(NH-CH3)-(CH2)N-C6H5 57-0155
BELOZEROV A. I., KONFORM. V. CYCLOHEXENCARBONSAEUREDERIV. 62-0131
BEL'SKIJ I. F., SYNTH. V. 5-OXO-3-OXAHEPTANCARBONSAEURE-ESTERN U. IHRE CYCLISIER. ZU DIOXANON- U. MORPHOLINON-HOMOLOGEN 64-0721
BELSKY I., SILICIUMHALT. BARBITURATE 57-0808
- SYNTH. EINIGER 5-TRIMETHYLSILYL-INDOLE 62-0537
- DL-BETA-N.N-DIALKYLAMINOAETHYLESTER V. SUBSTITUIERTEN ALPHA-TRIMETHYLSILYLPHENYL-BETA-HYDROXYPROPIONSAEUREN 63-0458
- SILICIUM-HALTIGE AROMAT. CARBONSAEUREAMIDE 63-0459
BELTRAME P., KINET. NACHW. FUER EINE ZWEISTUF. 1.3-CYCLOADDITION 55-0186
- MO-BERECHN. FUER D. NUCLEOPHILE AROMAT. SUBSTITUT.-RK. BEI AZAVERB. 61-0247
- KINETIK D. NUCLEOPHILEN SUBSTITUT. D. HALOGENS IN BETA-HALOGEN-VINYLKETONEN 61-0251
- 1.3.4-THIADIAZOLE 3. MITT. 61-0252
- NUCLEOPHILE SUBSTITUT. V. 1-HALOGEN-2.2-DIPHENYL-AETHYLEN, D. DURCH NITROGRUPPEN AKTIVIERT SIND 61-0465
- KINET. LSGM.-ISOTOPENEFFEKT BEI D. AROMAT. NUCLEOPHILEN SUBSTITUT. 62-0250
BELTRAME P. L., MO-BERECHN. FUER D. NUCLEOPHILE AROMAT. SUBSTITUT.-RK. BEI AZAVERB. 61-0247
- NUCLEOPHILE SUBSTITUT. V. 1-HALOGEN-2.2-DIPHENYL-AETHYLEN, D. DURCH NITROGRUPPEN AKTIVIERT SIND 61-0465
BELUSA J., SYNTH. V. 2.2-BIS-(4-HYDROXY-3.5-BIS-(BENZOTRIAZOLYL-(2))-PHENYL)-PROPAN 59-0573
BELYCH Z. D., NEUE SYNTH. MIT ZINKORGAN. VERB. 3. MITT SYNTH. V. ESTERN BETA-ALKOXY- U. BETA-ACYLOXY-SUBSTITUIERTER ALIPHAT. SAEUREN 64-0388
BENAGES I. A., UNTERS. AN PFLANZEN 13. MITT. 57-0595
BENAIM J., UNTERS. IN D. INDOLREIHE 20. MITT. 60-0141
- DIELS-ALDER-RK. MIT ALLENISCHEN ACETYLENISCHEN SULFONEN 61-0522
BENDER D., 3-AZA-6A-THIA-THIOPHTHENE 56-0527
- CYCLOADDIT. AKTIVER ACETYLENE AN 1.2-DITHIOL-THIONE-(3) U. IHRE 4-AZA-ANALOGEN 61-0572
BENDER D. R., SYNTHET. CHININANALOGA 1. MITT. 64-0699
BENDER M. L., ELASTASE-KATALYSIERTE HYDROLYSE V. P-NITROPHENYL-TRIMETHYLACETAT 57-0785
BENDICH A., SYNTH. U. EIG. V. 2.6-DIHYDROXYLAMINO-PURIN U. SEINES 9-BETA-D-RIBOFURANOSYLDERIV. 57-0646
- SYNTH. U. BIOLOG. EIG. V. HYDROXYLAMINOPURINEN U. VERSCHIEDENEN DERIVATEN 63-0871

BEN-EFRAIM D. A., SOLVOLYSE V. 19-HYDROXYSTEROIDEN 60-0763
- SYNTH. V. KOHLENSTOFF-MAKROCYCLEN BIS C(120) 63-0484
BENEZET L., VORK. V. P-MENTHATRIEN-(1.3.8) IM AETHERISCHEN OEL D. BLAETTER V. PETERSILIE AUS JUGOSLAWIEN 57-0796
- EIN NEUER NICHT ISOPRENER ALKOHOL C10H18O AUS ORMENIS MULTICAULIS 63-0886
BEN-ISHAI D., 2-AZA-PHENALON-HYDROCHLORID 57-0594
BENKESER R. A., CYCL. SILICIUM-VERB. 5. MITT. 59-0611
- ADDIT. V. TRICHLORSILAN AN CYCL. OLEFINE 61-0461
- ELEKTROCHEM. RED. V. ORGANOSILICIUMVERB. 63-0234
- D. RK. V. BENZYL-GRIGNARD-REAGENZ BEEINFLUSSENDE FAKTOREN 3. MITT. 64-0423
BENKOVIC P. A., UNTERS. AN SULFAT-ESTERN, 3. MITT. 63-0261
BENKOVIC S. J., UNTERS. AN SULFAT-ESTERN, 3. MITT. 63-0261
BENNDORF G., NMR-SPEKTROSKOP. UNTERS. V. ARZNEIMITTELN 2. MITT. 64-0165
BENNETT D. J., KONSTIT. U. BIOSYNTH. V. CAPSAICIN 58-0825
BENNETT M. J., STEREOCHEM. NICHT STARRE MOL. V. ORGANOMETALLVERB. 11. MITT. 59-0016
BENNETT P. J., SYNTH. U. CHARAKTERISIER. V. 6-OXO-CHOLESTANEN MIT OXETANON-STRUKTUR IM RING B 64-0856
BENNETT R. P., RK. V. ORGAN. AZIDEN MIT KOHLENMONOXID, NEUE SYNTH. V. ISOCYANATEN 63-0444
BENNETTS W. W., SYNTH. U. PHARMAKOLOGIE EINER REIHE V. 1-ARALKYL-BUTEN-(3)-YLAMINEN 63-0896
BENOIN P. R., STRUKTUR V. TABERPSYCHIN 58-0729
BENSCHOP H. P., ORGANOPHOSPHORVERB. 6. MITT. 62-0411
- ORGANOPHOSPHORVERB. 7. MITT. 64-0417
BENSUSAN B. H., NEUUNTERSUCHUNG DER ORIENTIERUNG DER HALOGENSUBSTITUT. DURCH KERNMAGNETRESONANZ-SPEKTROSKOPIE 61-0126
BENTLEY D., VORHANDENSEIN EINER PARABOL. ABHAENGIGK. D. ARZNEIMITTELWRKG. V. LIPOPHILEN CHARAKTER BEI EINER UNTERS. V. HYPNOTIKA 57-0807
BENTLEY M. D., DURCH P-TOLUOL-SULFONSAEUREESTER GEBILDETE PI-MOL.-KOMPLEXE, D. KEINE LAD.-UEBERTRAG.-SPEKTREN ZEIGEN 56-0151
- SOLVOLYSE V. 2-ARYL-AETHYL-P-TOLUOLSULFONATEN 59-0229
- HYDROLYSE V. N-SUBSTITUIERTEN NATRIUMSULFAMATEN IN WSS. PERCHLORSAEURE 61-0230
BENTLEY P. H., PEPTIDE 25. MITT. 56-0721
BENTLEY T. W., MASSENSPEKTREN ORGAN. VERB. 4. MITT. 55-0095
BENTRUDE W., RK. V. PHOSPHORIGSAEUREAMIDEN MIT 3-HYDROXY-2.2.4-TRIMETHYL-PENTEN-(3)-SAEURE-BETA-LACTON VORL. MITT. 55-0252
BENTRUDE W. G., ACYLIER. MIT FREIEN RADIKALEN 64-0260
BENZ S., RK. MIT NITROSODISULFONAT 36. MITT. 53-0423
BERAN J., PYRIDINE 21. MITT. 53-0416
- PYRIDIN-REIHE 23. MITT. 54-0098
BERAN M., SUBSTANZEN MIT ANTINEOPLAST. WRKG. 20. MITT. 56-0750
BERANEK J., NUCLEINSAEUREBESTANDTEILE U. IHRE ANALOGA 108. MITT. 59-0670
- NUCLEINSAEUREBESTANDTEILE U. IHRE ANALOGA 109. MITT. 59-0671
- NUCLEINSAEUREBESTANDTEILE U. IHRE ANALOGA 110. MITT. 59-0672
BERANEK L., KATALYT. ENTALKYLIER. V. ALKYLAROMAT. VERB. 16. MITT. 54-0140
- HYDROGENOLYSE V. INDAN AN EINEM NICKELKATALYSATOR, KINET. ANALYSE DURCH NICHTLINEARE REGRESS. D. DATEN D. ANFANGSGESCHW. 61-0199
BERANEK V., PROTONIER. MEHRWERTIGER ORGAN. BASEN 2. MITT. 58-0180
BERANGER S., ANOMALES VERH. V. PHENYLHYDRAZONEN EINIGER BICYCL. KETONE MIT BRUECKE BEI D. FISCHER-RK., VGL. MIT D. PFITZINGER-RK. 64-0612
BERBERIAN J. G., DIELEKTR. EIG. V. FL. ISOAMYLBROMID BEI TIEFEN TEMP. 63-0118
BERCHTOLD G. A., PHOTOCHEMIE V. CYCL. MERCAPTOLEN 64-0725
BERCZ P. J., SYNTH. V. AMIDINEN MITTELS PHOSPHONAT-CARBANIONEN 57-0365
BERDAHL J. M., OXYDATIVE DECARBOXYLIER. V. GAMMA-OXO-SAEUREN MIT BLEIDIOXID 63-0348
BERDINSKIJ I. S., SUBSTITUIERTE HYDRAZIDE V. HYDROXYCARBONSAEUREN 42. MITT. 54-0311
- SUBSTITUIERTE HYDRAZIDE D. HYDROXYCARBONSAEUREN 43. MITT. 58-0224
- SUBSTITUIERTE HYDRAZIDE V. HYDROXYCARBONSAEUREN 45. MITT. 62-0448
- SUBSTITUIERTE HYDRAZIDE V. HYDROXYCARBONSAEUREN 48. MITT. 63-0518
- SUBSTITUIERTE HYDRAZIDE V. HYDROXYCARBONSAEUREN 49. MITT. 63-0716
BERDNIKOV E. A., SYNTH. U. STRUKTUR V. BROMVINYLSULFONEN 56-0345
BERENDS W., GEKOPPELTE U. UNGEKOPPELTE PROZESSE BEI D. AUTOXYDATION TEILWEISE REDUZIERTER PTERIDINE U. FLAVINE 54-0447
BERENSTEJN E. S., LIPIDE 57. MITT. 59-0332
BERENYI E., AURONE U. AURONGLUCOSIDE 11. MITT. 64-0787
BERESS L., VINYLSULFONIUMSALZE. REAKTIVITAETSBEEINFLUSS. DURCH SUBSTITUENTEN AN D. C=C-BIND. 57-0360
BERESTECKAJA V. D., KATALYT. EINFL. V. ALKYLPYRIDINEN AUF D. BENZOYLIER. V. M-CHLORANILIN 60-0246
BERESTOVICKAJA V. M., SYNTH. V. NITROSPIROCYCLOPROPANEN 54-0337
BEREZIN I. V., REAKTIVITAET ORGAN. VERB. IN RADIKAL. RK. IN FL. PHASE 1. MITT. 57-0206
BEREZINA R. N., TRICARBONYL-(HEPTAMETHYLCYCLOHEXADIENYL)-EISEN-KATION 58-0063
- EINFL. D. SUBSTITUENTEN IN ISOMEREN VERB. 6. MITT. 58-0178
BEREZNAJA M. I., SYNTH. V. GLUTAR- U. GLUTACON-ALDEHYD-ACETALEN AUS ALKOXYPYRANEN 53-0405
BEREZOVSKIJ V. M., SYNTH. V. DI- U. TETRAHYDROPYRROLEN 1. MITT. 60-0518
- SYNTH. V. DI- U. TETRAHYDROPYRROLEN 2. MITT. 60-0519
- ALLOXAZINE U. ISOALLOXAZINE 18. MITT. 64-0740
BERGE D. D., NEUE SYNTHET. BIFLAVONYLE 59-0588
BERGEL F., CYTOAKT. AMINOSAEUREN U. PEPTIDE 13. MITT. 64-0517
- CYTOAKT. AMINOSAEUREN U. PEPTIDE 14. MITT. 64-0881
BERGENTHAL D., THIOPHENE U. SELENOPHENE AUS ALPHA-PROPINYL-CARBONYL-VERB. 63-0605
BERGER C., TOTALSYNTH. V. ARISTOLON 63-0796
BERGER H., DERIV. V. N-(ALPHA-TOSYLAMINOACYL)-BETA-ALANINEN 58-0387
- SYNTH. D. EPIMEREN 3-AMINO-CYCLOPENTANCARBONSAEUREN 63-0497
BERGER J., NMR-SPEKTROMETRIE IN D. REIHE D. BENZTHIAZOLE, STRUKTURUNTERS. D. BASEN, D. QUATERN. SALZE, V. BENZTHIAZOLSPIROPYRANEN SOWIE D. AROMAT. CARBONYLDERIV. 57-0098
BERGER M., DIRIGIERENDE EFFEKTE D. SUBSTITUENTEN BEI D. OZONOLYSE V. NAPHTHALINEN, SYNTH. V. PHTHALALDEHYDEN 59-0361
BERGLUND D., KOORDINAT. MIT POSITIV GELADENEN PHOSPHORLIGANDEN 57-0058
BERGMAN R., EIN UMWEG-MECHANISMUS D. BLDG. EINES CYCLOPROPYLCARBINYLKATIONS, ANOMALE WANDER.-BEFAEHIG. EINES CYCLOPROPYLRINGS IM VGL. ZUM CYCLOPENTYLRING IM NORTRICYCLYLCARBINYLKATION 63-0280
BERGMAN R. G., EIN INTERMOL. ''GEDAECHTNIS-EFFEKT'' BEI D. BLDG. U. D. EINFANG EINES POTENTIELL SYMM. TRICYCLOOCTYLKATIONS 63-0278
BERGMANN E. D., CHLORO-TRIS-(TRIPHENYLPHOSPHIN)-RHODIUM KATALYSIERTE OX. V. ALKYLBENZOLEN 53-0126
- IONISATIONSPOTENTIALE BIOLOG. PURINE U. PYRIMIDINE 55-0151
- ORGAN. FLUORVERB. 39. MITT. 55-0217
- MICHAEL-RK. V. ENAMINEN MIT NITROOLEFINEN 58-0465
- DERIV. V. 5H-DIBENZO(B.F)AZEPIN 58-0679
- FULVENE U. THERMOCHROME AETHYLENE 47. MITT. 60-0447
- EINIGE RK. D. O-CHLOR-PHENYLESSIGSAEURE 60-0522
- ORGAN. FLUOR-VERB. 40. MITT. 62-0314
- FULVENE U. THERMOCHROME AETHYLENE 49. MITT. 63-0119
- KATALYT. DECARBONYLIER. V. AROYL- ZU ARYLJODIDEN 63-0438
- FULVENE U. THERMOCHROME AETHYLENE 50. MITT. 63-0539
- NEUE DARST. D. DIBENZ(B,F)AZEPIN- U. DIBENZ(B,F)OXEPIN-SYST. 63-0740
BERGMANN F., ALKYLIER. V. 8-HYDROXY-6-METHYLMERCAPTO-PURIN U. D. REAKTIVITAET V. 8-HYDROXY-3-METHYL-6-METHYLMERCAPTO-PURIN 60-0664
BERGMANN G., SYNTH. IN D. ISOCHINOLINREIHE, 4. MITT. 56-0224
BERGMANN R. G., BEVORZUGTE BLDG. EINES SYMM. GEGENUEBER EINEM UNSYMM. CYCLOPROPYLCARBINYL-KATION, KONKURRIERENDE VICINALE U. TRANS-ANULARE HYDRID-VERSCHIEB. IM TRICYCLO(3.2.1.0(2.7))OCTYL-(4)-SYST. 63-0279
BERGMARK T., MOLEKULARSPEKTROSKOPIE MITTELS ESCA (ELEKTRONENSPEKTROSKOPIE FUER CHEM. ANALYSE), LAD.-VERTEIL. IN STICKSTOFFVERB. 59-0102
BERGSON G., POLAROGRAPH. UNTERS. ORGAN. SELENVERB. 7. MITT. 56-0196
- UMLAGER. V. DIHYDRO-ANTHRACENDERIV. 56-0421
- PROTONENBEWEGLICHK. IM INDEN-RINGSYST. 11. MITT. 58-0138
- BEMERK. ZUR ARBEIT V. J. ALMY, R. T. UYEDA U. D. J. CRAM UEBER D. 1.3-PROTONENUEBERTRAG. IN EINEM INDEN-SYST. 64-0301
BERGTHALLER P., O-ALKYLIER. V. PHENOLEN U. CARBONSAEUREN MIT DIALKYLSULFATEN U. ALKYLTOSYLATEN IN DIMETHYLFORMAMID 59-0345
BERKOZ B., STEROIDE 315. MITT. 61-0779
BERLIN A. J., DIAETHYLESTERS V. 2.5-BIS-(N-ALPHA-ALANINO)-3.6-DIAETHYLENIMINO-P-BENZOCHINON IM SAUREN U. ALKAL. MEDIUM 54-0449
- FORMYLIER. V. 3-METHOXY-PHENANTHREN 59-0455
- SYNTH. V. N(NH2)-(OMEGA-URACILYL-(5)-ALKYL)-ADENINEN 62-0655
BERLIN K. D., RINGSCHLUSS BEI D. MICHAELIS-ARBUZOV-RK. V. TRIALKYLPHOSPHITEN MIT PHTHALOYLCHLORID 55-0372
- STEREOCHEMIE D. RK. V. AMMONIAK MIT BROMFUMAR- U. BROMMALEINSAEUREDIAETHYLESTER 58-0559
BERLIN Y. A., STRUKTUR V. AUREOLSAEURE (MITHRAMYCIN) 63-0853
BERLINER E., KINETIK D. AROMAT. HALOGENIER. 12. MITT. 61-0215
- SOLVOLYSE P.P'-DISUBSTITUIERTER BENZHYDRYLHALOGENIDE 64-0271
BERLMAN I. B., ANOMALE FLUORESZENZCHARAKTERISTIKA V. FLUORANTHEN U. EINIGEN SEINER DERIV. 58-0082
BERLOT J., AMINOCHINOLINE 2. MITT. 63-0688

BERMEJO J., MICROMERIA-TERPENOIDE 1. MITT. 55-0531
BERNARD M. A., THERMOCHEM. UNTERS. EINIGER METALLACETATE 2. MITT. 63-0061
- THERMOCHEM. UNTERS. EINIGER METALLCYANAMIDE 1. MITT. 64-0020
- THERMOCHEM. UNTERS. EINIGER CARBAMATE 64-0021
- THERMOCHEM. UNTERS. EINIGER METALLCYANAMIDE 2. MITT. 64-0037
BERNARD M. J., RADIOKRISTALLOGRAPH. UNTERS. DER VERB. CUBR.CH3CN 61-0018
BERNARDI L., ISOXAZOLE 1. MITT. 55-0412
- ISOXAZOLE 2. MITT. 55-0413
- SYNTH. V. ANALOGEN D. PHYSALAEMINS 1. MITT. 58-0793
- SYNTH. V. ANALOGEN D. PHYSALAEMINS 2. MITT. 58-0794
- BESTAENDIGE ALPHA-AMINOAETHER V. PYRAZIN- U. PYRIMIDINDERIV. 62-0649
- KETO-ENOL-TAUTOMERIE IN FUENFATOM. HETEROCYCLEN 64-0212
BERNARDI R., SEKRET.-BESTANDTEILE D. MANDIBULARDRUESEN D. AMEISE LASIUS (DENDROLASIUS)FULIGINOSUS 53-0610
- POLARE EFFEKTE BEI RADIKALRK., NEUER SELEKTIVER TYP D. RADIKAL. BROMIER. 54-0226
- POLARE U. STER. EFFEKTE BEI D. ABSPALT. V. WASSERSTOFF DURCH DIALKYLAMIN-KATIONEN 60-0296
BERNARDON C., DARST. U. REAKTIVITAET V. ALPHA-AETHOXYLIERTEN ORGANOCADMIUM- U. ORGANOZINKVERB. 63-0063
BERNAT J., DARST.-METH. FUER 3.5-DISUBSTITUIERTE 2-THIONO-TETRAHYDRO-1.3.5-THIADIAZINE 58-0677
BERNATEK E., SAURE OZONOLYSE V. BENZOL U. EINIGEN HOMOLOGEN 53-0125
- ACIDOLYSE EINIGER STABILER OZONIDE 54-0200
BERNATH G., HYDROGENOLYSE V. ALLYLESTERN 53-0122
- QUATERNISIER. V. 1.2-DISUBSTITUIERTEN 6.7-DIMETHOXY-1.2.3.4-TETRAHYDRO-ISOCHINOLINEN 57-0591
- STEREOCHEM. UNTERS. 3. MITT. 60-0609
- N-O-ACYLWANDER. IN CIS- U. TRANS-2-AMINOMETHYL-CYCLOHEXANOL- U. CIS- U. TRANS-2-HYDROXYMETHYL-CYCLOHEXYLAMIN-DERIV. 62-0433
BERNAUER K., NATUERL. U. SYNTH. ISOCHINOLINDERIV. 5. MITT. 53-0506
- ORGANOMETALLVERB. 4. MITT. 59-0023
- NATUERL. U. SYNTHET. ISOCHINOLINDERIV. 6. MITT. 64-0813
BERNDTSON L., VORK. V. GLYCERINALDEHYD-2-ARYLAETHERSTRUKTUREN IM LIGNIN 55-0575
BERNER E., RK. V. MALEIN- U. CITRACONSAEUREANHYDRID MIT ACETYLACETON U. MIT ACETOACETAT 58-0565
BERNER H., PFLANZL. NATURSTOFFE MIT EINER NITROGRUPPE 7. MITT. 54-0372
- KONSTIT. D. TORMENTOLS (TORMENTOSID) 55-0535
BERNER-FENZ L., RK. MIT PHOSPHORORGAN. VERB. 14. MITT. 58-0444
BERNETT W. A., SPIRO-(2.N)-ALKYL-(4)-KATIONEN 62-0231
BERNGRUBER O., TRITIUM-VERTEIL. IN BUTTERSAEURE NACH KATALYT. HYDRIER. V. CROTON- BZW. TETROLSAEURE, BEWEIS FUER INTRAMOL. WASSERSTOFFUEBERGANG 58-0211
BERNGRUBER W., HEXAMETHYL-DEWAR-BENZOL-METALL-TETRACARBONYLE D. VI. NEBENGRUPPE 59-0074
- UMSETZ. V. FE2(CO)9 MIT HEXAMETHYL-DEWAR-BENZOL 62-0045
BERNHARD H., CHELATAUSTAUSCHER AUF OXINBASIS 2. MITT. 54-0023
BERNHARD K., BIOLOG. VERH. V. FETTSAEUREN MIT DREIFACHBIND. 3. MITT. 59-0815
BERNINGER C. J., RK. V. PHOSPHORVERB. 13. MITT. 58-0474
BERNSTEIN D., SUBSTITUT. D. CARBONYLSAUERSTOFFS DURCH PHENY. BEIM CAMPHER 58-0767
BERNSTROEM E., BETA- U. DELTA-FURFURAL-LAEVULINSAEUREN U. IHRE DERIV. (VORL. MITT.) 58-0572
BERNTSSON P., SALZEFFEKTE BEI D. RACEMISIER. V. BIPHENYLEN, 1. MITT. 53-0176
BERNY M., AENDER.D.AUSBEUTE AN O-HYDROXY- U. P-HYDROXY-BENZOESAEURE BEI D. CARBOXYLIER. V. FUENF ALKALIME-TALLPHENOLATEN 54-0262
BEROV M. B., SYNTH. V. METHACRYLAMIDOPHENOLEN U. METHACRYLAMIDOPHENOXYSAEUREN 62-0406
BERREBY E., 1.4-ADDIT. IN D. FURANREIHE, 1. MITT. 55-0374
BERRY J. P., FLUORID-INDUZIERTE SPALT. D. KOHLENSTOFF-PHOSPHOR-BIND. IN DIAETHYLTRICHLORMETHYLPHOSPHONAT. EINE NEUE QUELLE FUER DICHLORCARBEN U. DIALKYLFLUORO-PHOSPHATE 62-0367
BERSCHEID H. G., DIGITANOLGLYKOSIDE, 18. MITT. 54-0497
- STRUKTUR V. DIGACETIGENIN, KORREKTUR EINER KUERZLICH ERSCHIENENEN PUBLIKATION V. CHANDLER, COOMBE U. WATSON 62-0789
BERSE C., PHOTOCHEM. RK. 46. MITT. 62-0802
BERSECK L., STRUKTUR U. REAKTIVITAET ALIPHAT. DIAZOVERB. 4. MITT. 62-0228
- STRUKTUR U. REAKTIVITAET ALIPHAT. DIAZOVERB. 5. MITT. 62-0229
BERSON J. A., 7.7-DICARBOMETHOXY-CYCLOHEPTATRIEN 62-0477
- EIN INTERMOL. ''GEDAECHTNIS-EFFEKT'' BEI D. BLDG. U. D. EINFANG EINES POTENTIELL SYMM. TRICYCLOOCTYLKATIONS 63-0278
- BEVORZUGTE BLDG. EINES SYMM. GEGENUEBER EINEM UNSYMM. CYCLOPROPYLCARBINYL-KATION, KONKURRIERENDE VICINALE U. TRANS-ANULARE HYDRID-VERSCHIEB. IM TRICYCLO(3.2.1.0(2-.7))OCTYL-(4)-SYST. 63-0279
- EIN UMWEG-MECHANISMUS D. BLDG. EINES CYCLOPROPYLCARBINYLKATIONS, ANOMALE WANDER.-BEFAEHIG. EINES CYCLOPROPYLRINGS IM VGL. ZUM CYCLOPENTYLRING IM NORTRICYCLYLCARBINYLKATION 63-0280
BERSTEJN I. J., TAUTOMERES GLEICHGEW. V. P-AMINOAZOVERB. IN SAUREN LSG. 4. MITT. 56-0103
- TAUTOMERES GLEICHGEWICHT IN SAUREN LSG. V. P-AMINOAZOVERB. 5. MITT. 64-0213
BERTELE E., SYNTH. V. ALPHA- U. BETA-SINENSAL 56-0686
BERTELLI D. J., UNTERS. D. DIPOLMOMENTE V. UNGESAETT. 6- U. 7-GLIEDRIGEN CYCL. KETONEN 54-0055
- STRUKTUR V. ZAPOTIN 55-0433
- SYNTH. U. UNTERS. V. PSEUDOAROMAT. VERB. 6. MITT. 57-0157
- RK. D. BENZOTROPENIUMIONS, 1.2-BENZOCYCLOHEPTATRIEN-7-METHYLAETHER U. 3.4-BENZOCYCLOHEPTATRIEN-7-METHYLAETHER MIT METHYL- U. 2-PROPYL-GRIGNARDREAGENZIEN 57-0460
- SYNTH. U. UNTERS. V. PSEUDOAROMAT. VERB. 8. MITT. 60-0426
- NATUERLICH VORKOMMENDE FULVENKOHLENWASSERSTOFFE 60-0741
- BLDG. U. REAKTIVITAET D. 5.6-DIHYDRO-BENZOCYCLOBUTENONANIONS 64-0532
BERTGEN C., CYAN-NORMETHINE D. THEBAINS U. CODEINONS 53-0503
- ACYL-NORMETHINE AUS THEBAIN 53-0504
BERTHIER G., ABHAENGIGK. D. KOPPLUNGSKONSTANTEN JC(13-H) V. D. ATOMLAD. AM BEISPIEL D. DIPROPYLCYCLOPROPENYL-IONS 63-0145
BERTHO A., DIPOLAR APROTISCH-PROTISCHER LSGM.-EFFEKT BEI D. NUCLEOPHILEN SUBSTITUT. D. CHOLESTERYLTOSYLATS 64-0287
BERTHOU J., STRUKTUR V. 4.4'-DIBROM-CINNAMALDAZIN 54-0117
BERTI G., UMLAGER. D. OXIDE V. HOPEN-I U. HOPEN-II UNTER EINW. V. BORTRIFLUORID 57-0714
- DARST. U. STEREOCHEMISCHE CHARAKTERISIERUNG DER DIASTEREOISOMEREN 1-PHENYL-4-TERT.-BUTYL-CYCLOHEXENO-IDE U. 1-PHENYL-4-TERT.-BUTYL-CYCLOHEXAN-1.2-DIOLE 60-0414
- STEREOCHEMIE D. RINGOEFFN. EINIGER STILBAZOLOXIDE 60-0600
BERTIN D., DARST. EINIGER 3-THIA-STEROID-S.S-DIOXIDEN U. IHRE KONFORM. 62-0804
BERTIN F., UNTERS. V. BERYLLIUMKOMPLEXEN 2. MITT. 60-0040
BERTINI D., UNTERS. AUF D. GEBIET D. ANTHYRIDINE 3. MITT. 54-0421
BERTINI F., GEM.-DIMETALLVERB., WITTIG-RK. V. METHYL-MG-HALOGENIDEN, EINE EINFACHE METH., UM METHYLENOLEFINE AUS ALDEHYDEN ODER KETONEN ZU ERHALTEN 56-0262
BERTINI V., NITRIER. V. 4-PHENYL-ISOXAZOL 56-0511
- SYNTH. V. 1.2.5-THIADIAZOL-DERIV. 1. MITT. 56-0525
- SYNTH. V. 1.2.5-SELENADIAZOL-DERIV. 58-0609
BERTRAND J., DIELS-ALDER-RK. MIT ZWEI SILACYCLOPENTADIEN-VERB. 59-0496
BERTRAND M., ADDIT. V. HCL U. HBR AN VINYLALLEN U. PROPENYLALLEN 53-0208
- RED. V. 1-CHLOR-ALLEN-DIMEREN 54-0282
- ANWEND. D. RK. V. SIMMONS U. SMITH AUF DELTA(ALPHA.BETA)-ALKADIENALKOHOLE 54-0338
- SYNTH. V. CYCLOPROPYLIDENCYCLOALKANEN 55-0314
- SUBSTITUIERTE SPIRO(2.3)HEXANOLE-(4) 55-0351
- DIELS-ALDER-RK. V. KETONEN MIT ALLEN-GRUPPIER. IN ALPHA-STELL. 57-0281
- HYDROLYSE D. TOSYLATE BETA-ALLEN. ALKOHOLE 57-0404
- REAKTIVITAET V. 1-ALKYL-1-AETHOXY-BUTEN-(1)-INEN-(3) 1. MITT. 58-0347
- REAKTIVITAET V. 1-ALKYL-1-AETHOXY-BUTEN-(1)-INEN-(3) 2. MITT. 58-0348
- STEREOSPEZIF. SYNTH. V. ALPHA-SUBSTITUIERTEN CYCLOPROPYL-KETONEN. CIS- U. TRANS-1-ACETYL-1.2-DIMETHYL-CYCLOPROPAN 59-0406
- STEREOCHEMIE V. EINIGEN BROMAETHINYLCYCLOPROPANEN, DIPOLMOMENT D. AETHINYLGRUPPE 62-0147
- RED. V. ALIPHAT. ALPHA-ALLENKETONEN 62-0354
- MASSENSPEKTROMETRIE V. CYCL. ORGAN. PEROXIDEN 63-0154
- REAKTIVITAET VON 1-ALKYL-1-AETHOXY-BUTEN-(1)-INEN-(3) 3. MITT. 64-0376
- REAKTIVITAET V. 1-ALKYL-1-AETHOXY-BUTEN-(1)-INEN-(3) 4. MITT. 64-0377
BERZINA I. M., SYNTH. V. THIOHARNSTOFFDERIV. 5. MITT. 57-0603
BESANCON J., ASYMM. INDUKT. IN D. BENZOL-CHROMTRICARBONYL-REIHE 54-0031
BESPALYJ A. S., SYNTH. V. DERIV. D. DIHYDRO-(1.3)THIAZINO(6.5-C)-CHINOLINS 1. MITT. 60-0673
BESSHO K., STRUKTUREN V. LYTHRANIN, LYTHRANIDIN U. LYTHRAMIN, NEUEN ALKALOIDEN AUS LYTHRUM ANCEPS MAKINO 55-0506
- OCOTEA-ALKALOIDE, CHARAKTERISIER. U. STRUKTURAUFKLAER. V. VIER NEUEN APORPHIN-BASEN 61-0741
BESSIERE J., SAEUREKATALYSIERTE UMLAGER. 22. MITT. 63-0569
- SAEUREKATALYSIERTE UMLAGER. 23. MITT. 63-0570
BESSLER E., ORGANOSILICIUMVERB. 11. MITT. 63-0735
BESTMANN H. J., RK. MIT TRIPHENYLPHOSPHIN SOWIE DESSEN HYDROBROMID U. DIBROMID 3. MITT. 57-0386
- RK. MIT ALKYLIDENPHOSPHORANEN 18. MITT. 61-0426
- WEITERE RK. D. TRIPHENYLPHOSPHINCYCLOPROPYLIDENS 62-0589
- DURCH SAEURESPUREN GEFOERDERTE UMYLIDIER., URSPRUNG D.

TEMPERATURABHAENGIGEN P-C-H-SPIN-SPIN-KOPPL. 63-0327
BETHEA T. W. III, PHOTOCHEM. DECARBOXYLIER. V. SAEUREN MIT THALLIUM(III) 58-0361
BETHELL D., KINETIK U. MECHANISMUS D. DURCH ZINKHALOGENIDE KATALYSIERTEN ZERS. V. DIAZOALKANEN 57-0254
- ZWISCHENSTUFEN BEI DER ZERSETZUNG VON ALIPHATISCHEN DIAZOVERB., 5. MITT. 61-0296
- MECHANIST. UNTERS. IN STARK BAS. MEDIEN 6. MITT. 63-0289
BETHKE H., POLYACETYLENVERB. 141. MITT. 55-0089
- POLYACETYLENVERB. 149. MITT. 63-0855
BETKERUR S. N., INDOLE AUS CHINONEN, SYNTH. V. 1-ALKYL-5-HYDROXY-2-PHENYL-INDOL-DERIV. 64-0614
BETTI A., GASCHROMATOGRAPHIE V. METHYLHYDRAZINEN, WECHSELWRKG. MIT D. STATIONAERAEN PHASE 57-0811
BETTOLO G. B. M., EIN NEUES CATECHIN U. EIN DIMERES PROANTHOCYANIDIN AUS OURATEA SP. 54-0408
- INDENTIFIZIER. V. CICLACIDIN, EINEM ANTIBIOTIKUM AUS STREPTOMYCES CAPOAMUS SP. NOV. 57-0762
BETTONI G., VERW. V. 2-HALOGEN-PYRIDIN-N-OXIDEN IN D. PEPTIDCHEMIE. VERW. V. 2-FLUOR-PYRIDIN-N-OXID FUER D. GRADUELLEN ABBAU 2. MITT. 56-0723
- OPT. ROTATIONSDISPERSIONSKURVEN V. 2-AMINO-PYRIDIN-1-OXID-DERIV. 5. MITT. 61-0065
- OPT. ROTATIONSDISPERS. V. N-(PYRIDYL-(2)-N-OXID)-AMINOVERB. 3. MITT. 61-0066
- OPT. ROTATIONSDISPERSION V. N-(PYRIDYL-(2)-N-OXID)-AMINOVERB. 4. MITT. 61-0067
BETTS M. J., AUSDEHN. D. HAMMICK-RK. AUF PYRIDYL-(2)-ESSIGSAEURE 53-0443
- ABBAU KONDENSIERTER TANNINE, STRUKTUR D. TANNINS AUS GEWOEHNL. HEIDEKRAUT 56-0749
BEUG M., LANGSAME PROTONENUEBERTRAG. BEI DER AROMAT. NITRIER. 61-0225
BEUTLER R., DIAZOMETHANE 26. MITT. 62-0356
BEVAN C. W. L., ALKALOIDE AUS HUNTERIA UMBELLATA-SAMEN 53-0499
- AROMAT. NUCLEOPHILE SUBSTITUT. 14. MITT. 60-0271
- WESTAFRIKAN. NUTZHOELZER 21. MITT. 61-0773
- WESTAFRIKAN. NUTZHOELZER 22. MITT. 61-0774
BEVERIDGE A. D., RK.-FAEHIGK. V. METALL-METALL-VERB. 5. MITT. 58-0066
BEVING H. F. G., SYNTH. V. 1-O-BETA-D-GALAKTOFURANOSYL-D-GLYCERINOL 56-0624
- SYNTH. V. UMBILICIN, (2-O-BETA-D-GALAKTOFURANOSYL-D-ARABIT) 61-0701
BEY P., ENON-BENZOL-UMLAGER. 1. MITT. 62-0458
- ENON-BENZOL-UMLAGER. 2. MITT. 62-0459
- ENON-BENZOL-UMLAGER. 3. MITT. 64-0514
- ENON-BENZOL-UMLAGER. 4. MITT. 64-0515
BEYER H., RINGSPALT. V. O.N-HETEROCYCLEN 2. MITT. 54-0377
- KONDENS. V. OXALAMIDRAZON U. N.N'-DIAMINOGUANIDIN MIT ALPHA-HALOGEN-KETONEN 57-0586
- 6H-PYRIMIDO(2.1-B)CHINAZOLONE-(6) U. 10H-PYRIMIDO(4.3-B)CHINAZOLONE-(10) 60-0651
BEYER K., CHEMIE U. ANALYTIK V. BENZODIAZEPINDERIV. 3. MITT. 53-0612
BEYERMAN H. C., ABS. KONFIG. V. BETA-HYDROXY-VALIN 55-0104
- RK. V. SARKOSIN U. PIPECOLINSAEURE MIT PHENYL- U. METHYLISOTHIOCYANAT 61-0579
- SYNTH. V. OXYTOCINSAEURE U. OXYTOCIN UEBER TRIAZOLIDINE AUS AKT. ESTERN MIT HILFE D. FESTPHASEN-METH. 62-0807
BEYL V., DIFORMAMID U. EINIGE SEINER DERIV. 55-0246
BEYRICH W., NEUE METH. ZUR UNTERS. V. MASSENSPEKTRUMRK. DURCH VERW. V. (14C)-VERB. 57-0124
BEZAGUET A., SYNTH. V. CYCLOPROPYLIDENCYCLOALKANEN 55-0314
BEZDEK M., KINETIK ELEMENTARER RK. D. CHLOROPRENS 57-0769
BEZIAT Y., STEREOCHEMIE D. REFORMATSKI-RK. 1. MITT. 60-0282
- STEREOCHEMIE D. REFORMATSKI-RK. 2. MITT. 64-0298
BEZMENOVA T. E., EINW. V. SILBERCARBOXYLATEN U. HALOGENEN AUF SULFOLENE 60-0504
BEZUGLYJ V. D., POLAROGRAPH. UNTERS. V. DIHYDRO-NAPHTHOXAZOLEN 60-0220
BEZUMNOVA A. N., SYNTH. U. ENTBLAETTERNDE AKTIVITAET V. (BENZTHIAZOLYL-(2))-(5-CHLORPYRIDYL-(2))-SULFID 62-0851
BHACCA N. S., ANWEND. D. 220MHZ-KERNMAGNET. RESONANZ AUF D. LOES. STEREOCHEM. PROBLEME, D. ANOMERE KONFIG. U. BEVORZUGTE KONFORM. V. 1-THIO-ALPHA-L-ARABINOPYRANOSE-TETRAACETAT 54-0103
- ANWEND. V. 220 MHZ-NMR ZUR LSG. STEREOCHEM. PROBLEME 3. MITT. 61-0153
- KONFORM. V. ALPHA-D-IDOPYRANOSEPENTAACETAT 64-0173
- STRUKTUR V. DAUNOMYCIN 64-0887
BHADANE N. R., STEREOCHEM. UNTERS. DURCH (1)H-NMR-SPEKTROSKOPIE 9. MITT. 59-0161
- STEREOCHEM. UNTERS. DURCH (1)H-NMR-SPEKTROSKOPIE 10. MITT. 59-0162
- STEREOCHEM. UNTERS. DURCH (1)H-NMR-SPEKTROSKOPIE 11. MITT. 59-0163
BHADURI A. P., ARZNEIMITTEL MIT WRKG. AUF D. ZENTRALNERVENSYST., DARST. SUBSTITUIERTER CHINAZOLONE U. CHINAZOLINE U. V. CHINAZOLINO-TETRAZEPINONEN U. -TETRAZOCINONEN 60-0632
BHAKUNI D. S., PHENOLOX. U. BIOSYNTH. 15. MITT. 55-0591
BHALLA V. K., NEUE FLAVONOIDE AUS PSORALEA CORYLIFOLIA 61-0608
BHANOT O. S., SYNTHET. UNTERS. AN TERPENOIDEN 12. MITT. 61-0775
BHARGAVA P. N., S-SUBSTITUIERTE 6.8-DIBROM-2-MERCAPTO-3-ARYL(ODER ALKYL-)-4-CHINAZOLONE 60-0634
BHATIA S. B., ORGAN. VERB. MIT 5-WERTIGEM PHOSPHOR 36. MITT. 58-0497
- NEUE SYNTH. V. BETA-KETO-ALPHA-HYDROXY-SAEURECHLORIDEN, ALPHA-HYDROXY-BETA-DIKETONEN U. IHREN PHOSPHATESTERN 61-0366
BHATIA V. K., SYNTH. V. MANGIFERIN 60-0700
- OX. V. FLAVAN-DERIV. 64-0677
BHATNAGAR A. S., GLYKOSIDE U. AGLYKONE 304. MITT. 58-0707
- GLYKOSIDE U. AGLYKONE 305. MITT. 58-0708
- GLYKOSIDE U. AGLYKONE 306. MITT. 58-0709
BHATNAGAR I., OX. MIT METALLOXIDEN 2. MITT. 58-0593
- OX. MIT METALLOXIDEN 3. MITT. 64-0449
BHATNAGAR S. P., EIN NEUES BIFLAVONYL AC3 AUS ARAUCARIA CUNNINGHAMII 58-0618
BHATTACHARJEE S. S., RK. V. ALKYLVINYLAETHERN MIT METHYL-ALPHA-D-GLUCOPYRANOSID 61-0688
BHATTACHARYA S. K., LACTAME 5. MITT. 55-0371
BHATTACHARYA S. N., DARST. V. ARYLSULFOCHLORIDEN AUS GRIGNARD-REAGENTIEN 62-0383
BHATTACHARYYA J., UNTERS. V. INDISCHEN ARZNEIPFLANZEN 14. MITT. 57-0665
BHATTACHARYYA S. C., TERPENOIDE 113. MITT. 55-0528
BHOWMIK B. B., LAD.-UEBERTRAG.-INTENSITAETEN V. JODKOMPLEXEN MIT N-HETEROCYCLEN 61-0076
BHOWMIK S., DISSOZIAT.-KONST. V. UNGELADENEN U. EINWERT. KATION. SAEUREN IN DIMETHYLSULFOXID 57-0187
BIALE G., ELIMINIER.-RK. E2C-MECHANISMUS 61-0192
BIALOWOLSKA M., HEMM. D. ELEKTRODENRK. V. ZINK- UND CADMIUMIONEN IN SAUREN LOESUNGEN DURCH PROTEINE 1. MITT. 64-0027
BIANCHI G., INDENOISOXAZOL-DERIV. 53-0382
- FURYL-ISOXAZOL-DERIV. 59-0552
- 2-ISOXAZOLINDERIV. 1. MITT. 60-0536
- DELTA(2)-ISOXAZOLINE 2. MITT. 61-0585
BIANCHINI J., DARST. V. TETRASUBSTITUIERTEN ALLENEN 57-0289
- EINW. V. CHLORWASSERSTOFF- U. BROMWASSERSTOFFSAEURE AUF ALLEN-KOHLENWASSERSTOFFE 63-0365
BIANCO E. J., TOTALSYNTH. V. DL-6-DESMETHYL-6-DESOXY-TETRACYCLIN 58-0804
BIANCO P., THERMOLYSE V. KOBALTOXALATDIHYDRAT 61-0057
BIBA A. D., FORMYLIER. V. 1-ARENSULFONYLAMIDO-NAPHTHALINEN 53-0297
BICK I. R. C., ALKALOIDE AUS DAPHNANDRA-ARTEN 7. MITT. 53-0510
- ALKALOIDE V. DAPHNANDRA-ARTEN 8. MITT. 53-0511
- ZWEI NEUE ALKALOIDE AUS BERBERIS LAURINA BILLB 60-0716
BICKART P., ABSOLUTE KONFIGURATION U. OPT. ROTATIONSDISPERSION V. METHYL-ALKYL-SULFOXIDEN 62-0145
BICKEL A. F., CHEMIE U. SPEKTROSKOPIE IN STARK SAUREN LSG. 7. MITT. 57-0185
BICKEL H., MODIFIKAT. V. ANTIBIOTIKA 2. MITT. 64-0886
BICKELHAUPT F., RK. V. 4.4-DIMETHYL-1-PHENYL-ISOCHROMAN MIT JODWASSERSTOFFSAEURE U. PHOSPHOR 57-0455
- DARST. U. EIG. V. TRIMETHYLAMMONIOMETHYL-TRIPHENYLBORANAT 61-0427
BIDEAU J., BEST. D. KRIST.-STRUKTUR V. METHYL-PHENYL-BARBITAL (MEPHEBARBITAL) 61-0169
- ANWEND. D. SYMBOL-ADDIT.-METH. AUF D. RAUMGRUPPE P2(1)2(1)2(1), STRUKTUR V. 1.3-DIAETHYL-2-THIO-BARBITURSAEURE 62-0159
BIELA R., SAEUREKATALYSIERTE RK. V. NITROSOVERB. 4. MITT. 53-0232
BIELAVSKY J., PROTONIER. MEHRWERT. ORGAN. BASEN 3. MITT. 63-0223
BIELIKOFF S., ISOMERISIER. V. BUTEN-(1) DURCH ALUMOSILIKAT-KATALYSATOREN 55-0229
BIELLMANN, SEK. ISOTOPIE-EFFEKT BEI D. OX. D. (1-T)AETHANOLS DURCH ADH 55-0585
BIELLMANN J., KONFIG. AN C(20) V. DIPTEROCARPOL 55-0529
- STRUKTUR U. REAKTIVITAET D. ZWISCHENPRODUKTES BEI D. RED. V. PYRIDINIUMSALZEN MIT NATRIUMDITHIONIT 60-0245
- RED. V. SALZEN V. RINGSUBSTITUIERTEN NICOTINAMIDEN 60-0619
BIELLMANN J. F., MECHANISMUS D. ISOMERISIER. EINES OLEFINS U. SEINE MOEGL. BEZIEH. ZUM MECHANISMUS D. KATALYT. HYDRIER. MIT TRIS-(TRIPHENYLPHOSPHIN)-RHODIUMCHLORID 60-0289
BIEMANN K., LAD.-WANDER. IN MOL.- U. FRAGMENT-IONEN 63-0159
- HYDROXYINDOLENIN-DERIV. D. VOACANGINS, EIN NEUES INDOL-ALKALOID AUS VOACANGA AFRICANA 64-0803
BIEN S., STRUKTUR D. CONVICINS 59-0679
BIENVENUEE-GOETZ E., REAKTIVITAET V. AETHYLENVERB. BEI D. BROMIER. 20. MITT. 63-0256
BIERE H., TOTALSYNTH. V. (+-)-DASYCARPIDON U. (+-)-EPIDASYCARPIDON 63-0778
BIERMANN U., RK. V. STICKSTOFFTRIFLUORID U. TETRAFLUORHYDRAZIN MIT VERSCHIEDENEN CN-VERB. 55-0017
- DARST. U. EIG. EINIGER SCHWEFELDIFLUORIDIMIDE 55-0018
BIERNACKI W., RK. VON METHYL-BETA-DIALKYLAMINOVINYL-KETONEN MIT BLEITETRAACETAT 60-0359
BIETTI G., NEUE SYNTH. V. 4.4'-DIHYDROXY-DIPHENYL-(2-PYRIDYL)-METHAN 57-0587

- NEUE SYNTHESE UND PHYSIKALISCH-CHEMISCHE EIGENSCHAFTEN VON DI-NATRIUM-P.P'-PICOLYLIDEN-(2)-BIS-(PHENYLSULFAT-('NATRIUM-PICOSULFAT') 64-0705
BIFFIN M. E. C., NEUARTIGE METHOXYLIER. WAEHREND D. OX. EINFACHER DIHYDROPYRIMIDO(5.4-E)-1.2.4-TRIAZINE 62-0672
BIGAM G., THERMOLYSE U. PHOTOLYSE V. 3.3A.5A.6.6A.6B-HEXAHYDRO-3.6-AETHENO-CYCLOPROP(G)INDAZOL 63-0637
BIGHI C., GASCHROMATOGRAPHIE V. METHYLHYDRAZINEN, WECHSELWRKG. MIT D. STATIONAEREN PHASE 57-0811
BIGLER A. J., NEUE SYNTH. V. BETA-KETO-ALPHA-HYDROXY-SAEURECHLORIDEN, ALPHA-HYDROXY-BETA-DIKETONEN U. IHREN PHOSPHATESTERN 61-0366
- PENTAPHENOXYPHOSPHORAN 64-0427
BIGLEY D. B., DECARBOXYLIER. 6. MITT. 61-0297
BIGNARDI G., RK. D. KETENS U. D. SULFENS MIT 2-DIALKYLAMINOMETHYLENCYCLOHEXANONEN, 2-(GAMMA-DIALKYLAMINOACRYLOYL)-CYCLOHEXANONE U. AMINO-DELTA-SULTONE 54-0442
BIGNEBAT J., 3-FORMYL-2.5-DIARYL-1.6.6A(S(IV))-TRITHIAPENTALENE 64-0599
BIGORGNE M., TETRAKIS-(PENTACARBONYLMANGAN)-ZINN, SN(MN(CO)5)4, PROBLEM D. SCHWING.-SYMMETRIE 60-0009
- NIEDERFREQUENTE SCHWING. IN KOBALT- U. MANGAN-CARBONYL-VERB. MIT ELEMENTEN D. GRUPPE IVB 60-0010
BILD N., MASSENSPEKTROMETR. VERH. QUART. STICKSTOFFVERB. 8. MITT. 54-0087
BILEVITCH K. A., ELEKTRONENUEBERGANG ALS ERSTER SCHRITT BEI D. NUCLEOPHILEN SUBSTITUT. 63-0288
BILIKOVA M., OXAZINE ALS SAEURE-BASE-INDIKATOREN 6. MITT. 55-0597
BILLARD J., CHOLESTER. VERB. DURCH SPALT. V. NEMAT. RACEMATEN 60-0181
- FORM EINER SMEKT. PHASE 61-0157
- REDUZIER. D. UNSICHERHEITSFAKTORS BEI D. UNTERS. SPONTANER SPALT. 2. MITT. 64-0090
BILLEK G., BIOSYNTH. D. GENTISINSAEURE 54-0589
BILLES F., APPROXIMATIVE NORMALKOORDINATENANALYSE V. 4-HALOGEN-PYRIDINEN 55-0101
- D. QUADRAT. POTENTIALFUNKT. D. CYCLOPENTADIENYLANIONS 62-0120
- ULTRAVIOLETTSPEKTROSKOP. UNTERS. D. SAEURE-BASE-GLEICHGEW. V. PYRIMIDIN-DERIV. 1. MITT. 63-0222
BILLE-SAME T., EINIGE RK. D. O-CHLOR-PHENYLESSIGSAEURE 60-0522
BILLET D., SYNTH. V. ALLOPTAEROXYLIN, EINEM CHROMON AUS PTAEROXYLON OBLIQUUM 56-0544
BILLIMORIA J. D., SYNTH. V. PHOSPHOLIPIDEN 1. MITT. 63-0407
BILLINGS R. E., DEMETHYLIER.-UNTERS. 5. MITT. 60-0811
BILLMAN J. H., HEXAHYDROPYRIMIDINE 8. MITT. 60-0626
BILLS W. D., SULFONAMIDE V. HYDROXYLAMINDERIV. 57-0355
BILLUPS W. E., AEQUILIBRIER. D. DIASTEREOMEREN V. DICHLORPENTANEN, EIN MODELL-SYST. FUER POLYVINYLCHLORID 60-0203
BINDER D., 1H-2.1.5-BENZOTHIADIAZOCINE 1. MITT. 64-0770
- 1H-2.1.5-BENZOTHIADIAZOCINE 2. MITT. 64-0771
- 1H-2.1.5-BENZOTHIADIAZOCINE 3. MITT. 64-0772
- 1H-2.1.5-BENZOTHIADIAZOCINE 4. MITT. 64-0773
BINDER H., SYNTH. V. HETEROCYCLEN 102. MITT. 56-0452
BINDER U., SYNTH. V. NEUEN C-5 SUBSTITUIERTEN 2-(N-ALLYL-N-HALOACETYL)-AMINO-1.3.4-THIADIAZOLEN, VERB. MIT EVENTUELLER CYTOSTAT. WRKG. 59-0579
BINDER W., HYDRIDOPENTACYANORHODATE 57-0062
BINDERUP E., ZERS. 4.4-DIALKYLSUBSTITUIERTER THIOSEMICARBAZIDE 56-0309
- MASSENSPEKTROMETRIE V. 1.2.4.5-TETRAZINEN 58-0130
BINDRA A. A., ARYL-WANDER. BEI D. PICTET-GAMS-RK. 62-0622
BINGHAM R. C., BRUECKENKOPF-REAKTIVITAET IN BICYCLO(3.3.1)NONANSYST. 61-0229
BINKLEY R. W., PHOTOCHEMIE UNGESAETT. STICKSTOFFHALT. VERB. 1. MITT. 64-0437
BINKLEY S. B., SYNTH. V. 5-SUBSTITUIERTEN PYRIMIDINEN 2. MITT. 58-0696
BINNS T. D., RK. D. 5-HYDROXY-5-METHYL-3-PHENYL-2.4-DIAETHOXYCARBONYL-CYCLOHEXANONS-(1) MIT 2.4-DINITRO-PHENYLHYDRAZIN 57-0432
- ANOD. OX. 3. MITT. 59-0429
BINSCH G., DOPPELBIND.-FIXIER. IN KONJUGIERTEN KW-STOFFEN 3. MITT. 58-0136
BINTE H., AETHEN-1.2-DIOLE DES CHINOXALINS U. 1-PHENYL-PYRAZOLO(3.4-B)CHINOXALINS 60-0652
BIRCH A. J., BERICHTIGTE STRUKTUR FUER NEOGMELINOL, KONFIG.-BEST. BEI TETRAHYDROFURANOID-LIGNANEN 53-0334
- STEROIDHORMONE 19. MITT. 56-0718
- STRUKTUR D. NALGIOLAXINS 56-0735
- SYNTH. V. NEZUKON 57-0711
- DURCH TRIS-TRIPHENYLPHOSPHIN-RHODIUMCHLORID KATALYSIERTE OX. 62-0311
- ABSPALT. D. CH3O-GRUPPE AUS TRICARBONYL-1(ODER -2)-METHOXY-CYCLOHEXADIEN-(1.3)-EISEN-KOMPLEXEN, NEUE DARST. V. TRICARBONYL-PI-CYCLOHEXADIENYLEISEN-SALZEN 63-0084
- OLEFIN-ISOMERISIER. DURCH TRIS-(TRIPHENYLPHOSPHIN)-RHODIUMCHLORID 64-0308
BIRCHALL J. M., UMLAGER. V. DIPHENYLAMIN-DERIV. 1. MITT. 54-0437
- FLUOREOLEFINE 6. MITT. 58-0372
BIRD C. W., ORGANOMETALL. ZWISCHENPROD. 3. MITT. 54-0035
- NOCHMAL. UNTERS. D. RK. V. MALEINSAEUREANHYDRID MIT ACETYLACETON, ACETESSIGSAEUREAETHYLESTER U. RESORCIN 54-0357
- DESOXYDATIVE CHLORIER. V. HETEROCYCL. S-OXIDEN 62-0640
BIRD P. H., KRISTALLOGRAPH. UNTERS. V. MOLYBDAEN-AZULEN-KOMPLEXEN 53-0007
- STEREOCHEMIE U. KONFORM. V. HEXAMETHYLCYCLOHEXADIENYL-RHENIUM-TRICARBONYL, EIN KOMPLEX MIT ANOMAL NIEDR. KW-STOFF-VALENZSCHWING. 53-0009
- HERSTELL. U. KONFIG. V. 4.6.8-TRIMETHYL-AZULEN-TETRARUTHENIUMENNEACARBONYL, KOMPLEX MIT KOORDINAT. V. AZULEN AN DREI METALLATOME 58-0016
- CHARAKTERISIER. U. MOL.-KONFIG. V. DECARBONYLDIAZULEN-TETRAEISEN 63-0022
BIRD R., INTRAMOL. RK. 7. MITT. 58-0308
BIRK J. P., ELEKTRONENUEBERTRAG.-RK. V. PENTACYANOCOBALTATEN(II) MIT VERSCHIEDENEN PENTACYANOCOBALTAT(III)-KOMPLEXEN 58-0028
- SALZISOMERIE D. CYANIDIONS, KINETIK U. MECHANISMUS D. RK. V. CHROM(II) U. CYANOKOBALT(III)-KOMPLEXEN 60-0032
- MECHANISMUS V. INNERSPHAEREN-ELEKTRONEN-AUSTAUSCH-RK. V. CHROM(II) U. CYANOAQUOCHROM(III)-KOMPLEXEN 62-0019
BIRKOFER L., SILICIUMORGAN. VERB. 34. MITT. 55-0421
- SILICIUMORGAN. VERB. 35. MITT. 58-0395
- SILICIUMORGAN. VERB. 36. MITT. 59-0338
BIRUM G. H., CYCLOADDIT.-RK. V. TRIPHENYL-PHOSPHORANYLIDENKETEN 64-0481
BISAGNI E., 2.3-DISUBSTITUIERTE FURANE U. PYRROLE 1. MITT. 53-0329
- NEUE SYNTH. V. 2-FORMYL-FUROESAEURE-(3) U. DARST. V. 4-AMINO-FURO(2.3-D)PYRIDAZIN 56-0591
- SYNTH. V. NEUEN ANALOGEN D. PURIN-BASEN, IN 4-STELL. SUBSTITUIERTE PYRROLO(2.3-D)PYRIDAZINE 56-0592
- 2.3-DISUBSTITUIERTE FURANE U. PYRROLE 2. MITT. 59-0513
BISANZ T., ORIENTIER. D. FRIEDEL-CRAFTS-ACYLIER. V. ALPHA- U. BETA-NAPHTHOLDERIV. 7. MITT. 64-0511
BISARYA S. C., SESQUITERPENE 33. MITT. 62-0757
- SESQUITERPENE 34. MITT. 62-0758
BISHOP C. E., EINE ALLG. SYNTH. MAKROCYCL. VERB. 58-0685
- MECHANISMEN D. OZONOLYSE, REDUKTIVE SPALT. V. OZONIDEN 61-0209
- BEWEIS FUER EINEN NEUEN MECHANISMUS D. OZONOLYSE 61-0210
- PHOTOLYSE V. OZONIDEN 62-0305
BISHOP D. C., TRIHALOGENMETHYLVERB. V. POTENTIELLEM THERAPEUTISCHEM INTERESSE 7. MITT. 53-0213
- ANALGETIKA MIT AZETIDINSTRUKTUR 63-0899
BISHOP E. O., PROTONENRESONANZSPEKTRUM V. METHYL-4.6-O-BENZYLIDEN-3-DESOXY-3-PHENYLAZO-ALPHA-D-GLUCOSID-2-ACETAT, TEILWEISE VIRTUELLE KOPPL. IN EINEM VIERSPIN-SYST. 64-0112
BISKUPSKAJA D. I., PYRIMIDINE, ALKYLIER. V. 2-AMINO-4-METHYL-6-OXO- U. -6-CHLOR-PYRIMIDIN 60-0655
BISSET N. G., STEROIDALKALOIDE. NEUE ART GLYKOSTEROIDALKALOIDEN. HOLACURTIN U. HOLACURTENIN AUS D. BLAETTERN V. HOLARRHENA CURTISII KING ET GAMBLE (APOCYNACEEN) 58-0783
- 21.22ALPHA-EPOXY-N-METHYL-SEK.-PSEUDOBRUCIN, ALKALOID AUS STRYCHNOS ICAJA BAILL. UNGEWOEHNL. CIS-OEFFN. EINES EPOXIDRINGES 62-0733
BISSETT F. H., RK. V. TETRAHYDRO-2H-1.3-OXAZIN-2-THION U. METHYLJODID 60-0667
BISWAS K. M., DIBORAN ALS EIN REDUZIERENDES AGENS 2. MITT. 58-0580
BITE D. V., THIOHARNSTOFF-DERIV. V. BETA-DICARBONYLVERB. 5. MITT. 62-0565
BITE P., HERST. V. 7-KETO-STEROIDVERB. 63-0828
BITHA P., 4-HYDROXY-PRAETETRAMIDE 59-0782
BITON J., CYCLISIER. V. DITHIO-BETA-CARBONYL-VERB., SYNTH. V. 5-ARYL-3-METHYLMERCAPTO-DITHIOL-(1.2)-YLIUM-PERCHLORATEN 64-0619
BITTNER G., NITRIL-YLIDE AUS ISONITRIL-TRIPHENYLBORAN-ADDUKTEN 62-0551
BIXON M., D. STRUKTUREN D. MITTLEREN RINGVERB. 13. MITT. 53-0106
BJAMER K., KONSTITUTION U. STEREOCHEMIE V. EPSILON-CAESALPIN 55-0578
BJERRUM J., KOORDINAT. V. METALLIONEN IN LSG. 4. MITT. 64-0022
BJOERKQVIST B., EIN TETRACYCL. KONDENSATIONSPRODUKT AUS 3-METHYL-PYRAZOLIN-5-ON 56-0604
BJOERNDAL H., VERTEILUNGS-GASCHROMATOGRAPHIE V. PARTIELL METHYLIERTEN ALDITEN ALS ACETATE 56-0766
BJORVATTEN T., KRISTALLSTRUKTUR V. CHLOR- U. BROM-CYAN-ACETYLEN 64-0187
BLACK D. K., ALLENE 16. MITT. 55-0223
- ALLENE 17. MITT. 58-0362
- ALLENE 18. MITT. 58-0363
- ALLENE 19. MITT. 58-0364
BLACK D. L., ASYMMETRISCHE UEBERTRAG. V. DIASTEREOMEREN WASSERSTOFFATOMEN BEI D. GRIGNARD-RED. V. KETONEN 59-0202
BLACK D. R., 3-HYDROXY-6.7-DIMETHOXY-DIFUROXANTHON, EIN NEUER METABOLIT V. ASPERGILLUS FLAVUS 62-0832
BLACKBURN D. E., PHOTOCHEM. RED. V. AROMAT. NITROVERB. IN TRIAETHYLPHOSPHIT 58-0322
BLACKBURN E. V., UNTERS. IN D. PHOTOCHEMIE 7. MITT. 63-0538
BLACKBURN G. M., SYNTH. V. NUCLEINSAEUREN AN POLYMEREN 1. MITT. 56-0638
- MECHANISMUS D. AMINOLYSE V. METHYLFORMIAT 63-0260

BLACKWELL J. E. JUN., BESTRAHL. V. O-PHTHALALDEHYD IN DEUTERIERTEN LSGM. 62-0306
BLACKWOOD J. E., EINDEUT. SPEZIFIKAT. D. STEREOISOMERIE AN DOPPELBIND. 57-0164
BLADON P., PHOTOCHEM. ADDIT. V. ALKOHOLEN AN D. DOPPELBIND. V. DELTA(16)-20-OXO-STEROIDEN 54-0548
BLAGOEV B., STRUKTUR EINIGER POLYFUNKTIONELLER ORGANOMAGNESIUMREAGENZIEN 57-0003
BLAHA K., AMINOSAEUREN U. PEPTIDE 76. MITT. 54-0065
- AMINOSAEUREN U. PEPTIDE 77. MITT. 55-0562
- ISOLIER. U. CHEMIE V. ALKALOIDEN AUS EINIGEN PFLANZEN D. D. GATT. PAPAVER 41. MITT. 56-0093
BLAIR H. S., PHENYLHYDRAZIN-DERIV. V. ZUCKERN 1. MITT. 56-0622
BLANC E. J., AL2O3, KATALYSATOR U. TRAEGER 37. MITT. 63-0487
BLANCH J. H., STABILITAET D. OXIMDERIV. V. N-HETEROCYCLEN 3. MITT. 58-0252
- STABILITAET D. OXIMDERIV. V. N-HETEROCYCLEN 4. MITT. 58-0253
BLANCHARD M., NMR-UNTERS. D. STRUKTUR V. ADDIT.-PROD. D. AROMAT. ISOCYANATE AN ACYLMETHYLENTRIPHENYLPHOSPHORANE (ANWEND. D. (15)N-MARKIER.) 54-0107
- KATALYT. OX. D. BUTENE AN V2O5-MOO3 57-0212
- KATALYT. ISOMERISIER. V. CAMPHEN 57-0717
- UMLAGER. V. CARBONIUMIONEN IN D. ISOSANTEN (2-METHYLEN-3-METHYL-BICYCLO(2.2.1)HEPTAN)-REIHE 58-0760
BLANCHARD M. L., NMR-UNTERS. D. GEHINDERTEN ROTAT. 2. MITT. 56-0153
BLANCHARD P., EINW. V. ALUMINIUMCHLORID AUF ESTER V. GESAETTIGTEN ALIPHAT. SAEUREN 60-0347
BLANCHI J., STEREOCHEM. STRUKTUR U. ENERGIEDIAGRAMM V. PHENYLTHIENYLKETONEN 63-0186
- VGL. D. PHOTORED. REAKTIVITAET D. PHENYL-THIENYL-KETONE MIT D. D. BENZOPHENONS 63-0341
BLANK D. R., POLYCHLORNORBORNADIENYLLITHIUM-VERB. 63-0057
BLANKE E., DELTA(24(28))-DEHYDRO-ERGOSTERIN, ISOLIER. U. CHEM. RK. 57-0745
BLANKHOLM I., MECHANISMUS D. GRIGNARD-ADDIT.-RK. 6. MITT. 64-0297
BLANKLEY C. J., DARST. U. ZERS. UNGESAETT. DIAZOESSIG-SAEUREESTER 58-0386
- PERHYDROINDAN-DERIV. 8. MITT. 58-0528
BLANZAT B., DARST. U. SPEKTRALVERHV. EUROPIUM-NAPHTHALINSULFONAT 55-0023
BLASCHKE G., BIOSYNTH. V. ALKALOIDEN 1. MITT. 64-0914
- BIOSYNTH. V. ALKALOIDEN 2. MITT. 64-0915
BLASKOVITS A., SYNTH. U. EIG. V. NAPHTHALIN-1.8-DIALDEHYD 56-0414
BLATCHLY J. M., BIPHENYLENE 19. MITT. 63-0545
BLATTER H. M., EIN NEUES BESTAENDIGES FREIES RADIKAL 62-0673
BLATZ P. E., D. CARBONIUMION D. ALL-TRANS-RETINYLACETATS, SPEKTROSKOP. NACHW. U. IDENTIFIZIER. ABSORBIERENDER SPEZIES, EINFL. D. UMGEB. AUF SPEKTRALEIG. 60-0303
- SYNTH. V. ALL-TRANS-5.6-DIHYDRO-RETINAL, EINEM NEUEN SEH-CHROMOPHOR 63-0848
BLAZEJ T. P., RK. V. GUANOSIN U. DESOXYGUANOSIN MIT GLYCIDALDEHYD 59-0682
BLAZEVIC K., RK. KOORDINIERTER LIGANDEN 4. MITT. 63-0456
BLEIHOLDER R. F., ADDIT. V. ELEKTRONEGATIV SUBSTITUIERTEN AZIDEN AN ALLENE 61-0590
BLEJDELIS J. J., KRISTALLSTRUKTUR V. 1-AETHYLGERMATRAN 60-0023
- ATRANE 14. MITT. 62-0034
BLEJWAS M., NEUE SYNTH. V. DIARYLAETHERN 57-0346
BLEUEL P., EINFL. D. 2.3-CYCLISIER. U. D. SUBSTITUT. IN 6-STELL. AUF D. ELEKTRONENSPEKTREN EINIGER CHINOLINE 61-0079
BLEWETT C. W., STER. GEHINDERTE ORGANOMETALL-VERB. D. IV. GRUPPE D. PERIOD. SYST. 7. MITT. 59-0063
BLEY W., GLYKOSIDE V. HETEROCYCLEN 28. MITT. 56-0626
- NMR-SPEKTROSKOP. UNTERS. V. ARZNEIMITTELN 2. MITT. 64-0165
BLICKENSTAFF R. T., SYNTH. U. LITHIUM-AMMONIAK-RED. V. 7-METHOXYCHROMAN 60-0575
BLIND A., STEREOSPEZIF. PHOTOCHEM. SYNTH. V. DERIV. D. AROMADENDRANS 63-0808
BLJACHMAN E. M., MECHANISMUS D. BLDG. V. GLYCIDYLAETHERN V. GLYKOLEN 53-0324
BLOCH B., RK. V. DICHLOR-PHENYL-PHOSPHIN MIT ZINK IN GGW. V. ACRYLNITRIL 57-0773
BLOCH M., ANTIPODENTRENN. V. BIPHENYLDERIV. DURCH CHROMATOGRAPHIE 61-0482
BLOCK B., DI-PI-CYCLOPENTADIENYL-TITAN(IV)-PENTASELENID U. -PENTASULFID, ZWEI HETERO-CYCLOHEXACHALKOGENE IN FIXIERTER KONFORM. 57-0002
BLOMQUIST A. T., NEUART. PROD. AUS LEWIS-SAEURE-KATALYSIERTEN CAMPHENFORMALDEHYD-RK. 53-0321
- TERPEN-FORMALDEHYD-REAKTIONEN, 2. MITT. 61-0756
- EIN INNERLICH GESAETT. STARRES CYCLONONAN-DERIV. 63-0492
- TERPEN-FORMALDEHYD RK. 3. MITT. 64-0834
BLOOMER J. L., NONADRIDE, 5. MITT. 59-0805
BLOOMFIELD J. J., ACYLOIN-KONDENS. 3. MITT. 57-0476
- ACYLOIN-KONDENS. 4. MITT. 57-0477
- PERJODATOX. V. 4.4.6.6-TETRAMETHYL-CYCLOHEXANTRIOL-(1.2.3) 57-0519
BLOURI B., KATALYT. DEHYDRATISIER. V. LANGKETT. ALKOHOLEN 2. MITT. 54-0170
- TRENNUNG U. IDENTIFIZIER. V. LANGKETT. MONO- U. DIOLEFINEN DURCH GASCHROMATOGRAPHIE 57-0810
- AMINIER. V. ALKENEN MIT LANGEN KETTEN 58-0275
- KATALYT. DEHYDRATISIER. V. LANGKETT. ALKOHOLEN 3. MITT. 64-0296
- HERST. U. UNTERS. V. FESTEN BAS. KATALYSATOREN 64-0323
BLOUT E. R., OPT. AKTIVITAET D. DISULFIDBIND. IN L-CYSTIN U. EINIGEN L-CYSTIN-DERIV. 62-0061
- REAGENZ FUER D. PEPTIDSYNTH., KOPOLY-(AETHYLEN-N-HYDROXY-MALEINIMID) 63-0843
BLUM J., CHLORO-TRIS-(TRIPHENYLPHOSPHIN)-RHODIUM KATALYSIERTE OX. V. ALKYLBENZOLEN 53-0126
- KATALYT. DECARBONYLIER. V. AROYL- ZU ARYLJODIDEN 63-0438
BLUME H., BLITZPHOTOLYSE V. STILBENEN BEI 77 GRAD K IN FESTEM EPA 55-0062
BLUNT J. W., RK. V. EPOXIDEN 15. MITT. 59-0763
BLY R. S., STEREOCHEMIE D. METHYLENGRUPPENUEBERTRAG. AUS SULFONIUMYLIDEN AN UNGESAETT. BICYCL. KETONE 64-0568
BLYTHIN D. J., MASSENSPEKTROMETRIE V. DIMEDON- U. ANHYDRODIMEDON-DERIV. EINIGER ALDEHYDE 61-0121
BOATMAN S., KONDENS. AN D. METHYLGRUPPE V. 6-, 4- U. 3-METHYL-1H-PYRIDONEN-(2) U. D. SCHWEFELANALOGA UEBER IHRE DILITHIUMSALZE, DARGESTELLT MIT N-BUTYLLITHIUM 63-0681
BOBBITT J. M., ISOCHINOLINSYNTH. 7. MITT. 59-0597
- STER. ANFORDER. V. SP(2)-HYBRIDISIERTEN EINSAMEN ELEKTRONENPAAREN 1. MITT. 62-0139
BOBEK M., NUCLEINSAEUREKOMPONENTEN U. IHRE ANALOGA 96. MITT. 54-0461
- NUCLEINSAEUREKOMPONENTEN U. IHRE ANALOGA 97. MITT. 54-0494
- SYNTH. V. 6-AZA-PSEUDOURIDIN AUS D. PROD. D. OZONOLYSE V. 2'.3'.5'-TRI-O-ACETYL-PSEUDOURIDIN 59-0681
BOBERG, CHLORISOTOPENAUSTAUSCH BEI ORGAN. VERB. 5. MITT. 56-0293
BOBERG F., ENDSTAENDIG (14)C-MARKIERTE C3-VERB. 53-0206
- DAS CARBENIUMION C3CL5(+) 53-0207
- NEF-RK. 5. MITT. 56-0472
- 1.2-DITHIA-CYCLOPENTENE 11. MITT. 56-0495
- CHLORAUSTAUSCH BEI ORGAN. VERB. 6. MITT. 62-0119
BOBINOVA L. M., SYNTH. V. FL. TELOMEREN AUS VINYLCHLORID U. TETRACHLORKOHLENSTOFF 57-0286
BOBOLI E., SYNTH. V. 2-HYDROXY-4-METHOXYBENZOPHENON 59-0427
BOBRANSKI B., 3.3-DIALLYL-OXINDOLE U. IHRE HYDRIER.-PROD. 60-0514
BOBST A., CHEMIE D. PTERINE 19. MITT. 53-0090
- PTERINCHEMIE 23. MITT. 56-0588
- PTERINCHEMIE 24. MITT. 62-0091
BOBYLEVA A. A., UMWANDL. V. BICYCL. KW-STOFFEN MIT BRUECKENSYST. 6. MITT. 60-0451
- UMWANDLUNGEN V. BICYCLISCHEN KOHLENWASSERSTOFFEN MIT BRUECKENSYST., 7. MITT. 60-0452
BOCARNIKOVA A. V., TETRAHYDROINDOL-DERIVATE 60-0520
BOCAROV B. V., SYNTH. UNGESAETT. DIISOCYANATE 55-0257
BOCHIS R. J., STRUKTUR V. PALASONIN 60-0797
BOCHKOV A. F., MAKROCYCL. ORTHOESTER V. GLUCOSE, EIN NEUER ZUCKERDEIVATTYP 55-0489
BOCHWIC B., THERM. ISOMERISIER. V. ALPHA-PINEN 1. MITT. 54-0175
BOCK C. M., KRISTALL- U. MOLEKULARSTRUKTUR V. OKTAHYDROXYCYCLOBUTAN 63-0195
BOCK G., CHAPMAN-UMLAGER. SYNTH. AROMAT. N.N'-DIARYL-DIAMINE MIT O.O'-STAEND. CARBOXYLGRUPPEN 53-0263
BOCK H., ERZWUNGENE (D-N)PI-WECHSELWRKG. BEI SILYLARYLAETHERN 57-0132
- UNTERS. AN D. P-N-DOPPELBIND. 6. MITT. 61-0080
- D-ORBITALEFFEKTE IN SILICIUM-SUBSTITUIERTEN PI-ELEKTRONENSYST. 9. MITT. 62-0092
- D-ORBITALEFFEKTE IN SILICIUM-SUBSTITUIERTEN PI-ELEKTRONENSYST. 6. MITT. 63-0168
- D-ORBITALEFFEKTE IN SILICIUM-SUBSTITUIERTEN PI-ELEKTRONEN-SYST. 7. MITT. 63-0169
BOCKSTAHLER E. R., 7-OXABICYCLO(2.2.1)HEPTAN-2.3-DICARBONIMIDE MIT ANTIKONVULSIVER WRKG. 63-0904
BODALSKI R., N-OXIDE U. VERWANDTE VERB. 32. MITT. 57-0592
BODANSZKY M., EINFACHE METH. ZUR UNTERS. D. RACEMISIER. BEI EINER PEPTID-SYNTH. 53-0163
BODENDORF K., D. UMSETZ. V. MORPHOLINOCYCLOHEXEN MIT ZIMTALDEHYD ZU DERIV. D. PHENYLBICYCLO(3.3.1)NONANS 54-0458
BODNARJUK F. N., ESTER ALPHA,BETA-UNGESAETT. SAEUREN MIT FUNKTIONELLEN GRUPPEN IM ALKOXYRADIKAL 1. MITT. 63-0405
- ESTER V. ALPHA,BETA-UNGESAETT. SAEUREN MIT FUNKTIONELLEN GRUPPEN IN D. ALKOHOLKOMPONENTE 2. MITT. 64-0386
- ESTER V. ALPHA,BETA-UNGESAETT. SAEUREN MIT FUNKTIONELLEN GRUPPEN IM ALKOXY-RADIKAL 3. MITT. 64-0400
BODOT H., INTRAMOL. WECHSELWRKG. 2. MITT. 55-0110
- INTRAMOL. WECHSELWRKG., ROTAT.-ISOMERE V. SUBSTITUIERTEN PHENYLAETHANEN C6H5-CH2-CH2-X (X=F, CL, BR, J OH, OTS) 55-0119
- INTRAMOL. WECHSELWRKG. 4. MITT. 58-0111
- SYNTH. V. MONO- U. DISUBSTITUIERTEN TETRADEUTERO-CYCLOHEXANEN U. -CYCLOHEXENEN (SUBSTITUENTEN COOR, F, CL, BR, OH) 60-0398
- STEREOCHEMIE V. EINIGEN BROMAETHINYLCYCLOPROPANEN,

DIPOLMOMENT D. AETHINYLGRUPPE 62-0147
BODRIKOV I. V., MECHANISMUS D. KONDENS. V. BENZOL MIT
HALOGENALLYLKOMPONENTEN 54-0147
- EINFL. V. LSGM. AUF D. ZUS. D. HALOGENIER.-PROD. V.
OLEFINEN 55-0169
- INTRAMOL. UMLAGER. BEI D. HALOGENIER. UNGESAETT. TERT.
ALKOHOLE 61-0398
BODY R. W., IONENPAAR-PHAENOMENE BEI SULFONIUMKATION-
ZWISCHENSTUFEN WAEHREND D. CHLOROLYSE V. KOHLENSTOFF-
SCHWEFEL-BIND. 53-0133
BOEDEN H., DERIV. V. N-(ALPHA-TOSYLAMINOACYL)-BETA-
ALANINEN 58-0387
BOEGRI T., STRUKTUR DES TUBEROSTEMONINS 60-0707
BOEHLAND H., CYANATVERB. U. DEREN REAKTIVES VERH. 8.
MITT. 64-0063
BOEHM R., MODELLVERS. ZUR PRAEBIOLOG. ENTSTEH. V.
POLYPEPTIDEN 63-0866
BOEHME H., ALPHA-HALOGENIERTE AMINE 19. MITT. 53-0261
- ALPHA-HALOGENIERTE AMINE 21. MITT. 53-0462
- ALPHA-HALOGENIERTE AMINE 22. MITT. 55-0472
- N-(ALPHA-HALOGENALKYL)-CARBONSAEUREAMIDE 12. MITT.
56-0486
- PERHYDRO-CYCLOPENTA(1.2-C,3.4-C')DIPYRROL, -DIFURAN U.
-DITHIOPHEN 63-0597
- DELTA-AMINOALKOHOLE DER PYRROLIDINREIHE 64-0600
- ISOCHROMAN- U. ISOTHIOCHROMAN-REIHE 4. MITT. 64-0663
BOEHME W., KOMPLEXBLDG. D. NICKEL(II) MIT DL-2-METHYL-
1.2-DIAMINO-PENTAN 63-0089
BOEHRINGER W., ISOFLAVONGLYKOSIDE 9. MITT. 63-0759
BOEKELHEIDE V., SYNTH. V. KONDENSIERTEN AROMAT.
HETEROCYCLEN DURCH 1.3-DIPOLARE ADDITIONSRK., 3-
AZAPYRROCOLINE 63-0680
- SYNTH. V. KONDENSIERTEN AROMAT. HETEROCYCLEN DURCH
1.3-DIPOLARE ADDIT.-RK., 1.3A-DIAZA-PENTALENE 64-0630
BOELEMA E., STRUKTUR EINES THIOPYRAN-1.1-DIOXIDS 57-0574
BOELENS H., RADIKAL. ADDIT. 1. MITT. 55-0309
BOELER J., SUBSTITUT.-RK. AN 2- U. 3-PYRIMIDYL-(4)-
THIOPHEN 62-0645
BOELHOUWER C., DIELS-ALDER RK. ZWISCHEN STYROL U. TRANS-
TRANS-HEXADIEN-(2.4), STRUKTUR U. KONFORM. V. ZWEI
ISOMEREN ADDUKTEN 58-0477
BOELHOUWER K. T. L., DIELS-ALDER RK. ZWISCHEN STYROL U.
TRANS-TRANS-HEXADIEN-(2.4), STRUKTUR U. KONFORM. V.
ZWEI ISOMEREN ADDUKTEN 58-0477
BOELL W. A., PHOTOCHEM. UMWANDL. V. 3H-PYRAZOLEN IN
CYCLOPROPENE U. 1.2-DIAZA-BICYCLO(2.1.0)PENTENE-(2)
57-0528
- C-H-ACIDITAET UEBERBRUECKTER (10)ANNULENE 62-0179
BOER F. P., STRUKTUR U. REAKTIVITAET CYCL. ESTER.
AETHYLENSULFAT U. VINYLENSULFAT 63-0197
BOERMA J. A., ABNORME PINAKON-UMLAGER. 61-0551
BOERS-BOONEKAMP C. A. M., SYNTH. V. OXYTOCINSAEURE U.
OXYTOCIN UEBER TRIAZOLIDINE AUS AKT. ESTERN MIT HILFE
D. FESTPHASENMETH. 62-0807
BOERSMA J., ORGANOZINKVERB. 9. MITT. 62-0029
BOERWINKLE F., STEREOCHEMIE 29. MITT. 57-0376
- STEREOCHEMIE 37. MITT. 64-0474
BOESHAGEN H., 3-CHLOR-1.2-BENZISOXAZOLE 54-0386
BOETTCHER H., RELAIS-SYNTH. V. HETEROCYCLEN 2. MITT.
60-0650
BOETTCHER R. J., MOL. MIT FLUKTUIERENDEN BIND. 15. MITT.
64-0547
BOGATSKIJ A. V., ALKOXYVERB. 27. MITT. 53-0226
- CIS-TRANS-ISOMERISIER. IN D. 2.5-DIALKYL- U. D. 2.5-
DIALKYL-5-ALKOXYALKYL-1.3-DIOXANREIHE 64-0305
- ALKOXYVERB. 21. MITT. 64-0724
BOGDAL S., BETA-CHLOR-BETA'-MORPHOLINO-DIAETHYLAETHER
53-0457
BOGDANOVA A. V., DARST. V. HEPTADIIN-(4.6)-SAEURE U.
DEREN DERIV. 59-0304
BOGDANOVA L. A., ISOMERISIER. V. DELTA(2)-NORCAREN-7-
CARBONSAEUREN 63-0541
BOGDANOVA V. V., SYNTH. V. ORGANOCYCLOSILOXANEN MIT
CYANALKYLGRUPPEN AM SILICIUM-ATOM 64-0418
BOGDANOWICZ-SZWED K., RK. V. CYCLOHEXEN-ENAMINEN MIT
PHENYLISOTHIOCYANAT U. MIT DIPHENYLCARBODIIMID 56-0581
BOGGS N. T., UMLAGER. WAEHREND D. SAEUREKATALYSIERTEN
SOLVOLYSE V. BENZOBICYCLO(3.2.1)OCTENYL- U.
BENZOBICYCLO(2.2.2)OCTENYL-DERIV. 55-0193
BOGNAR R., HYDROLYSE-PROD. D. DESERTOMYCINS 62-0827
BOGOLJUBSKAJA L. T., POLYMEROCYANINE 2. MITT. 60-0548
BOGOLJUBSKIJ V. A., POLYMEROCYANINE 2. MITT. 60-0548
BOGOSLOVSKIJ N. V., RK. V. HALOGENMETALLALKOHOLATEN 21.
MITT. 60-0505
- RK. V. HALOGENMETALLALKOHOLATEN 24. MITT. 62-0413
BOGUSLASKI R. C., SYNTH. U. AKTIVITAET EINIGER
NITROSTEROIDE 60-0762
BOGUSLOVSKAJA I. L., FARBE U. STRUKTUR V. 1-AMINO-2-
BENZOYL-ANTHRACHINON- U. NAPHTH(2.3-C)ACRIDANTRION-
(5.8.14)-DERIV. 58-0089
BOHAK Z., PHOSPHORYLIER.-PROD. V. POLY-DL(L)-SERIN
54-0575
BOHL W. R., RK. V. O-BENZOYL-OXIMEN MIT NATRIUMHYDRID,
SUBSTITUIERTE ISOXAZOLE U. D. NEBER UMLAGER. 58-0419
BOHLE F., MUREXIDE D. GEBRAEUCHL. PURINDERIV. 58-0655
BOHLMANN F., POLYACETYLENVERB. 137. MITT. 54-0583
- POLYACETYLENVERB. 138. MITT. 54-0584
- POLYACETYLENVERB. 139. MITT. 54-0585
- POLYACETYLENVERB. 136. MITT. 54-0588
- POLYACETYLENVERB. 141. MITT. 55-0089
- POLYACETYLENVERB. 140. MITT. 55-0395
- POLYACETYLENVERB. 142. MITT. 56-0291
- POLYACETYLENVERB. 143. MITT. 58-0814
- POLYACETYLENVERB. 144. MITT. 58-0815
- ISOLIER. V. (-)-ALPHA-SANTALAL AUS PIQUERIA TRINERVA
59-0736
- POLYACETYLENVERB. 145 .MITT. BIOGENESE D.
PHENYLHEPTATRIINS 59-0809
- POLYACETYLENVERB. 146. MITT. 59-0810
- NMR-SPEKTREN DEUTERIERTER ACETYLENVERB. 60-0103
- LINOLSAEURE ALS ZWISCHENPROD. BEI D. BIOGENESE
NATUERL. ACETYLENVERB. 60-0828
- POLYACETYLENVERB. 147. MITT. 61-0809
- POLYACETYLENVERB. 148. MITT. 61-0834
- EINE ANOMALE GRIGNARD-RK. 63-0416
- POLYACETYLENVERB. 149. MITT. 63-0855
- POLYACETYLENVERB. 150. MITT. 63-0856
- NATUERL. VORKOMMENDE CUMARINE 3. MITT. 64-0679
BOHNENSACK R., ORGAN. SCHWEFELVERB. 91. MITT. 56-0188
BOHUNOVSKY O., RHODANO-, AZIDO- U. CYANOKOMPLEXE V.
KOBALT(II) IN EINIGEN NICHTWSS. LSGM. 60-0029
BOIE I., PHOSPHINIDENE 4. MITT. 61-0679
BOIS D'ENGHIEN A., CHEM. RK. BEI NIEDRIGEM DRUCK IN EINER
ELEKTRISCHEN HOCHFREQUENZENTLAD. 1. MITT. 64-0318
- CHEM. RK. B. NIEDRIGEM DRUCK IN EINER ELEKTR.
HOCHFREQUENZENTLAD. 2. MITT. 64-0319
BOJADZJAN Z. G., SYNTHESE VON CYCLISCHEN S-SUBSTITUIERTEN
THIOAMID-DERIVATEN 60-0466
BOJARSKI J., STRUKTUR D. P-NITROBENZYLDERIV. V.
BARBITURATEN 1. MITT. 56-0575
- STRUKTUR V. P-NITRO-BENZYL-DERIV. V. BARBITURATEN 2.
MITT. 58-0661
- N-ACYLDERIV. V. BARBITURATEN 10. MITT. 59-0621
- N-ACYLDERIV. V. BARBITURATEN 11. MITT. 59-0622
BOJKO J. A., HYDRATAT.-RICHT. BEI P-SUBSTITUIERTEN
PHENYLMETHYLMERCAPTOACETYLENEN 57-0366
BOKADIA M. M., TERPENOIDE 114. MITT. 56-0681
- NEUE SYNTHET. BIFLAVONYLE 59-0588
BOLAND C. C., ANTIDEPRESSIVA. TETRABENAZINANTAGONIST.
AKTIVITAET IN EINER REIHE V. 5H-DIBENZO(A,D)CYCLOHEP-
TEN-5-PROPYLAMINEN 60-0439
BOLDT P., STEREOSELEKTIVITAET D. RADIKAL. ADDIT. V.
BROMDICYANMETHAN AN CYCL. ALKENE 54-0151
BOLDYREV A. G., MECHANISMUS D. SCHIEMANN-RK. 57-0255
BOLDYREV B. G., RK. V. THIOSULFONSAEUREESTERN MIT
AMMONIAK U. ALKOHOLATEN 54-0253
- THIOSULFONSAEUREN 19. MITT. 57-0350
- RK. V. SULFINSAEUREN MIT SULFENSAEUREESTERN 61-0393
- THIOSULFONSAEUREN, 20. MITT. 64-0431
- THIOSULFONSAEUREN 21. MITT. 64-0432
- SYNTH. U. EIG. V. ACRYLOYLAMINOANTHRACHINONFARBSTOF-
FEN, D. ZUR KOPOLYMERISAT. MIT VINYLMONOMEREN
BEFAEHIGT SIND 64-0524
BOLDYREVA E. F., STRUKTUR V. AUREOLSAEURE (MITHRAMYCIN)
63-0853
BOLESLAWSKA T., RK. ORGAN. ANIONEN 14. MITT. 64-0455
BOLLINGER J. M., STABILE CARBONIUM-IONEN 57. MITT.
59-0125
- STABILE CARBONIUMIONEN 62. MITT. 63-0259
BOLOTINA L. M., SYNTH. V. 2-ALKOXY-3-CHLOR-
TETRAHYDROFURANEN 62-0519
BOLTEI R. S., RK. ZWISCHEN D. CHROM(II)-ION U.
ACETYLENDICARBONSAEURE, NATUR U. RK. V. ZWISCHENPROD.
58-0027
BOLTEN J., HALTBARKEIT V. TRIGLYCERIDEN ALS
SALBENGRUNDLAGE 60-0838
BOLTON A. P., ISOMERISIER. V. DIAETHYLBENZOLEN UNTER
VERWENDUNG V. ZEOLITKATALYSATOREN 62-0266
BOLTON M., CHEMIE V. MICROCOCCIN P. 11. MITT. 54-0565
BOLTZE K., METHYLSUBSTITUIERTE CYCLOHEXANDERIV. 2. MITT.
56-0409
- 2-SUBSTITUIERTE RESORCINDIMETHYLAETHER 57-0348
- METHYLSUBSTITUIERTE CYCLOHEXANDERIV. 6. MITT. 64-0494
BOMBARDELLI E., TRITERPENE AUS GLYCYRRHIZA GLABRA 5.
MITT. 56-0673
BOMBIERI G., KRISTALLSTRUKTUR D. KOMPLEXES 1.2.6-
TRICHLORO-BIS-(O-PHENYLENDIMETHYLAMIN-DIMETHYLARSIN)-
RHODIUM(III) 55-0010
- KRIST.-STRUKTUR V. TRICHLORO-BIS-(O-METHOXYPHENYL-
DIMETHYL-ARSIN)-RHODIUM(III) 57-0019
- METALLKOMPLEXE V. CYANKOHLENSTOFFEN 5. MITT. 58-0015
BON M., STEREOCHEMIE EINIGER SPIROPHOSPHORANE 57-0565
BONAFEDE J. D., NEUE SYNTH. V. TRANS-STILBENEN 57-0421
- EINW. V. SUBSTITUIERTEN FORMAMIDEN AUF PHENYL-FORMYL-
ACETONITRIL 1. MITT. 60-0397
BONAMICO M., STRUKTUR V. METALLDISELENOCARBAMATEN,
KRISTALLSTRUKTUR V. NICKELDIAETHYLDISELENOCARBAMAT
56-0028
BONASTRE J., POLARITAET V. STATIONAEREN PHASEN IN D.
VERTEIL.-GASCHROMATOGRAPHIE 3. MITT. 58-0830
- POLARITAET D. STATIONAEREN PHASEN IN D. GASCHROMATO-
GRAPHIE 2. MITT. 60-0843
BONATI A., TRITERPENE AUS GLYCYRRHIZA GLABRA 6. MITT.
56-0674
BONATI F., DIIMIDO-KOMPLEX V. PLATIN(II), RED. V. CIS-
BIS-(TRIPHENYLPHOSPHIN)-PLATIN(II)-DICHLORID DURCH
HYDRAZIN 53-0045
- KRISTALL- U. MOLEKULARSTRUKTUR V. ACETYLACETONATO-
DICARBONYL-RHODIUM(I) U. EINIGER FLUORSUBSTITUIERTER
KOMPLEXE 55-0006

- RHODIUM(I)- U. IRIDIUM(I)-CARBONYLVERBINDUNGEN MIT ANIONISCHEN CHELATLIGANDEN 56-0085
- IRIDIUMDICARBONYL-BETA-DIKETONATE 57-0066

BOND F. T., BICYCLO(2.1.1)HEXEN-(2) 62-0480

BONDAR' E. N., CHLORMETHYLIER. V. DERIV. D. DI-(2-THIENYL)-METHANS U. REDUKTIVE DESULFURIER. EINIGER DIAMINE AUS D. REIHE D. THIOPHENS 62-0531

BONDAR V. A., NEUE METH. ZUR DARST. V. CHINAZOLONEN-(4) 60-0658

BONDARENKO A. V., SYNTH. V. DIARYLAETHANEN U. POLYCARBONSAEUREN 58-0494

BONDAREV G. N., GESETZMAESSIGK. D. ADDIT. AN KONJUGIERTE ENINKETONE 5. MITT. 58-0355
- GESETZMAESSIGK. D. ADDIT. AN KONJUGIERTE ENINKETONE 6. MITT. 58-0356

BONESS M., CHEMIE V. INSEKTENSEXUALLOCKSTOFFEN, SYNTH. V. DL-10-ACETOXY-HEXADECEN-(7-CIS)-OL-(1), 12-ACETOXY-OCTADECEN-(9-CIS)-OL-(1) (''GYPLURE'') U. 1-ACETOXY-10-PROPYL-TRIDECADIEN-(5-TRANS. 9) 57-0294

BONETTI G. A., NITRIER. V. ALPHA-OLEFINEN IN NICHTKOMPLEXBILDENDEN LSGM. U. NEUE RK. D. PROD. 58-0339

BONHAM J., GLEICHGEW.-UNTERS., ENERGIEDIFFERENZEN FUER EINIGE 6-GLIEDRIGE HETEROCYCL. METHYLAMID-METHYLIMIDAT-ISOMERENPAARE 60-0204

BONHOMME G., ALIPHAT. DICARBONSAEUREN, DISSOZIAT. U. LOESLICHK. IN W.-AETHANOL 58-0187

BONNER O. D., CHARGE-TRANSFER-KOMPLEXE V. N-METHYL-ACETAMID U. ANDEREN AMIDEN 62-0165

BONNER T. G., NITRIER. UEBER NITROSIER. IN KOHLENSTOFFTETRACHLORID 53-0135
- RINGSPALT. V. CYCL. ACETALEN 3. MITT. 56-0571
- ACYLTRIFLUORACETATE 3. MITT. 58-0226
- ACYL-TRIFLUORACETATE 4. MITT. 58-0227
- AROMAT. NITRIER. IN TETRACHLORKOHLENSTOFF, EIN NEGATIVER TEMP.-KOEFFIZIENT 60-0252

BONNER W. A., DARST., RACEMATTRENNUNG U. ABS. KONFIG. V. ALPHA-MERCAPTO-PHENYLESSIGSAEURE 63-0440

BONNET H., POLYACETYLENVERB. 145 .MITT. BIOGENESE D. PHENYLHEPTATRIINS 59-0809

BONNET P., POLYACETYLENVERB. 148. MITT. 61-0834

BONNETT R., MESO-HYDROXYLIER. U. MESO-BENZOXYLIER. V. PYRIDIN-OKTAAETHYLHAEMOCHROM 58-0734

BONNIER J., THERM. STABILITAET EINIGER METHYLDERIV. V. AROMAT. KW-STOFFEN 54-0182
- QUANT. UNTERS. ZUR RADIKAL-REAKTIVITAET V. 1-METHYL-NAPHTHALIN 56-0415
- TRIPLETT-SINGULETT-ABSORPT. V. DIBENZOFURAN U. SEINEN ISOLOGEN 57-0084
- LAD.-UEBERTRAG.-KOMPLEXE EINIGER THIAZOLE 58-0172
- OX.-POTENTIALE U. IONISAT.-POTENTIALE EINIGER PHENYLDERIV. D. THIAZOLS 64-0238

BONNIOL A., ZIRKULARDICHROISMUS-UNTERS. D. SYST. MILCHSAEURE-CHROM(III) IN WSS. LSG. 56-0006
- STABILITAET U. KONSTIT. EINIGER SALZ U. KOMPLEXE D. MANDELSAEURE 63-0092

BONSALL C., 8-AZACHROMONE 53-0437

BOOCOCK D. G. B., MASSENSPEKTREN V. BENZOCYCLOALKENONEN U. IHREN ENOL-ACETATEN 60-0134

BOOTH B. L., EIN NEUER HEXAMETHYLBENZOL-RHODIUMCHLORID-KOMPLEX 56-0083
- PLATINKOMPLEX MIT HEXAFLUOR-DEWAR-BENZOL 56-0089

BOOTH D. J., UNSYMM. DISUBSTITUIERTE FERROCENE 5. MITT. 59-0077

BOOTH H., PROTONENMAGNET. RESONANZ CYCL. VERB. 6. MITT. 57-0092

BOOTH S. R. G., UMLAGER. V. 2-HYDROXY-INDOXYL-2-CARBONSAEURE-AETHYLESTER IN 3-HYDROXY-OXINDOL-3-CARBONSAEURE-AETHYLESTER 57-0505

BOOTHE J. H., 4-HYDROXY-PRAETETRAMIDE 59-0782

BOOTS S. G., 8ALPHA.9BETA-OESTRONMETHYLAETHER, EIN SCHWER FASSBARES WANNEN-C-RING-ISOMERES 63-0821

BOOZER C. E., DURCH SAEURE KATALYSIERTE HYDROLYSE V. PHOSPHORAMIDSAEUREESTERN 64-0274

BOR G., INFRAROTSPEKTROSKOP. UNTERS. AN METALLCARBONYL-VERB. 10. MITT. 56-0001
- SCHWEFELHALT. METALLCARBONYLE 9. MITT. 56-0080
- PHOSPHORHALT. KOBALTCARBONYLE 2. MITT. 58-0067
- PHOSPHORENTHALTENDE KOBALTCARBONYLE 3. MITT. 59-0082

BORCH R. F., NEUE METH. ZUR RED. V. SEK. U. TERT. AMIDEN 56-0317

BORCHARDT R. T., THALICTRUM-ALKALOIDE 8. MITT. 61-0726

BORCHERS J., SYNTH. V. L-FELININ 57-0336

BORCIC S., SIGMA-BETEILIG. U. SEK. DEUTERIUM-ISOTOPEFFEKTE, NORBORNYLVERB. 57-0226
- (D3)METHYL-ISOTOPENEFFEKTE U. D. URSACHE FUER ALPHA-METHYLSUBSTITUENTEN-EFFEKTE 58-0238

BORDALEN B., ''ASTERINSAEURE'', EIN ACETYLENCAROTINOID 61-0746

BORDEN W. T., STEREOCHEMIE D. HYDRIDANGRIFFS BEI D. RED. V. 1-TERT.-BUTYL-3-PHENYL-ALLYLALKOHOL 61-0213

BORDERS D. B., PARTIALSTRUKTUR D. ANTIBIOTIKUMS LL-AC541 54-0563

BORDIER E., DEHYDRATAT. V. CYCLOHEXANOL, ISOMERISIER. U. KONDENS. V. CYCLOHEXEN AN SI-AL-KATALYSATOREN 61-0444
- OX. V. HETEROCYCLEN MIT MOL. SAUERSTOFF, AROMAT. N-HETEROCYCLEN 62-0633

BORDWELL F. G., RAMBERG-BAECKLUND-RK. V. BENZYL-ALPHA-HALOGEN-BENZYL- U. -HALOGENMETHYL-SULFONEN 58-0272
- PROTONEN-AUSTAUSCH- U. EPIMERISIER.-GESCHW. V. DL- U. MESO-ALPHA-METHYLBENZYL-SULFON 58-0281
- ZERFALL V. THIIRAN-1.1-DIOXIDEN (EPISULFONEN) 58-0296
- NUCLEOPHILE SUBSTITUT. IN ALPHA-STELL. ZU SULFONYLGRUPPEN 61-0392
- RK. D. NATRIUMMETHYLATS MIT ALPHA-BROMBENZYLSULFON U. 2.3-DIPHENYLTHIIREN-1.1-DIOXID 63-0303
- RK. V. BASEN MIT BENZYL-DIBROMMETHYL-SULFON U. BENZHYDRYL-DIHALOGENMETHYL-SULFONEN 63-0512

BORECKA I., BEZIEH. ZWISCHEN POLYPEPTIDSTRUKTUR U. STREPOGENIN-AKTIVITAET 1. MITT. 58-0799

BOREL M., THERMOCHEM. UNTERS. EINIGER CARBAMATE 64-0021

BOREN H. B., SYNTH. V. 1-O-BETA-D-GALAKTOFURANOSYL-D-GLYCERINOL 56-0624
- SYNTH. V. UMBILICIN, (2-O-BETA-D-GALAKTOFURANOSYL-D-ARABIT) 61-0701

BORG A., CHLORBUTATRIEN. IDENTIFIZIER. U. SPEKTROCHEM. CHARAKTERISIER. 64-0352
- DREI ISOMERE CHLORBUTENINE 64-0358

BORG D. C., PARAMAGNET. ELEKTRONENRESONANZUNTERS. AN MELANINEN 1. MITT. 63-0864

BORIACK C. J., BORNADIEN-THERMOLYSE, EIN NEUER ZUGANG ZUM TRIMETHYLTROPILIDEN-LABYRINTH. 63-0567

BORISEVIC A. N., SUBSTITUIERTE DIARYLAMIDE V. DITHIOCARBONSAEUREN 10. MITT. 53-0386

BORISOV S. N., OLIGOMERE ACETOXYSILOXANE 1. MITT. 56-0329
- SYNTH. V. SILACYCLOBUTANEN AUS HALOGENALKYLMETHOXYSILANEN 64-0572

BORMANN D., PHOSPHORVERB. 10. MITT. 58-0445

BORMANN H., SI-N-BIND. 29. MITT. 59-0441

BORNE R. F., SYNTH. V. FURO(2.3-C)PYRIDIN-DERIV. 58-0625
- SYNTH. V. 3-PYRIDOXY-ALKANSAEUREN U. IHREN DERIV. 63-0674

BORNSTEIN J., THEORET. STABILITAETSUNTERS. V. N-UNSUBSTITUIERTEN ISOINDOLEN 53-0091

BORODINA G. M., DARST. EINIGER P-BIPHENYLYL-ALPHA-DIKETONE 57-0425

BORODULINA S. N., SYNTH. V. 1-SUBSTITUIERTEN 2.5-BIS-CHLORMETHYL-PYRROLIDINEN 62-0541

BOROVSKAJA A. G., KATALYT. UMWANDL. V. TERPENEN 11. MITT. 57-0252

BOROWIAK T., VORLAEUFIGE UNTERS. DER KRIST.-STRUKTUR V. THIAZOLINFARBSTOFFEN 1. MITT. 62-0148

BOROWITZ I. J., VERB. MIT MITTELGROSSEN RINGEN 4. MITT. 63-0395

BOROWSKI E., DARST. V. 2.4-DINITRO-PHENYL-DERIV. V. TYROSIN 53-0264
- TUMORINHIBITOREN 41. MITT. 53-0430
- AKABORI-METH. D. HYDRAZINOLYSE V. PEPTIDBIND. 54-0552
- TUMORINHIBITOREN 42. MITT. 60-0605
- TUMORHEMMENDE VERB. 43. MITT. 62-0606

BORSDORF R., 7- U. 8-RINGVERB. 5. MITT. 53-0272
- KONFORM.-UNTERS. AM CIS-2.7-DICHLOR-CYCLOHEPTANON 57-0142
- SIEBEN- U. ACHTRINGVERB. 7. MITT. 64-0110

BORSIG E., OX. U. ZERS. V. 3.3.4.4-TETRAPHENYL-HEXAN U. 1.1.2.2-TETRAPHENYL-CYCLOPENTAN 56-0207

BORSY J., PHENTHIAZINDERIV. 7. MITT. 53-0459
- SYNTH. U. RK. V. ENAMINEN 2. MITT. 62-0516

BOS H. J. T., KETEN-S.N-ACETALE AUS THIOAMIDEN 61-0345
- CHEMIE D. ACETYLENAETHER 90. MITT. 62-0595

BOSCH W. L., SAEUREKATALYSIERTE HYDROLYSE V. 1-ARYL-CYCLOPROPYLACETATEN, ELEKTROPHILE SPALT. D. CYCLOPROPANRINGES 62-0222

BOSCO M., KINETIK U. MECHANISMUS D. RED.-RK. V. 1-HALOGEN-NAPHTHOLEN-(2) MIT SUBSTITUIERTEN THIOPHENOLATEN 56-0206

BOSE A. K., TERPENE 5. MITT. 54-0523
- LACTAME 5. MITT. 55-0371
- KLASSIFIZIERUNG V. STEROIDALKOHOLEN DURCH NMR-SPEKTROSKOPIE 56-0124
- TERPENOIDE 114. MITT. 56-0681
- LACTAME 8. MITT. 58-0141
- BIOSYNTHET. UNTERS. 1. MITT. 59-0808
- AROMAT. OX. 6. MITT. 61-0208
- PHOTORK. 5. MITT. 64-0438
- BIOSYNTHETISCHE UNTERSUCHUNGEN 2. MITT. 64-0909

BOSE S., STEREOCHEMIE D. C(19)-ISOPROPENYL-SUBSTITUENTEN V. QUECKSILBER(II)-ACETAT-OXYDATIONSPRODUKTEN V. TRITERPENEN D. LUPANREIHE 56-0682

BOSE S. K., HUECKEL-BERECHN. AN DECACYCLEN 54-0095

BOSIN T. R., BENZO(B)THIOPHENDERIV. 11. MITT. 57-0497

BOSISIO G., SYNTH. V. ANALOGEN D. PHYSALAEMINS 1. MITT. 58-0793
- SYNTH. V. ANALOGEN D. PHYSALAEMINS 2. MITT. 58-0794
- SYNTH. V. ANALOGEN D. PHYSALAEMINS 3. MITT. 58-0795

BOSMANS R., CHEM. UNTERS. AN MEERESINVERTEBRATEN 4. MITT. 62-0154

BOSNICH B., DEUT. D. ZIRKULARDICHROISMUS U. D. ELEKTRONENSPEKTREN V. SALICYLALDIMIN-KOMPLEXEN V. QUADRAT.-KOPLANAREM DIAMAGNET. NICKEL(II) 58-0002

BOSSERT H., SYNTH. D. THYREOCALCITONINS 64-0876

BOST R. O., SPEKTROSKOPIE U. PHOTOCHEMIE V. PHENYLOXIRANEN 63-0345

BOSWELL D. E., NITROBENZO(B)THIOPHENE 60-0501

BOTER H. L., ORGANOPHOSPHORVERB. 7. MITT. 64-0417

BOTHNER-BY A. A., KERNMAGNET. RESONANZUNTERS. V. BUTADIENEN-(1.3) 3. MITT. 62-0082
- KERNMAGNET. RESONANZUNTERS. V. BUTADIENEN-(1.3) 4. MITT. 62-0083
- KERNMAGNET. RESONANZUNTERS. V. BUTADIENEN-(1.3) 5.

MITT. 62-0084
BOTHOREL P., MOL. OPT. ANISOTROPIEN EINIGER NAPHTHALIN- U. ANTHRACEN-DERIV. 55-0044
- OPT. ANISOTROPIEN U. KONFORM. V. N-ALKANEN IN FL. ZUSTAND U. IN LSG. 56-0092
- BEST. D. MOL. OPT. ANISOTROPIE ORGAN. VERB. IN WAESSRIGER LSG. DURCH DEPOLARISIERTE RAYLEIGH-STREUUNG (D.R.D) 57-0068
- KONFORM.-BEST. V. POLYPHENYLVERB MIT HILFE DEPOLARISIERTER RAYLEIGH-STREUUNG 2. MITT. 59-0158
BOTS J. P. L., ANTIKOAGULANTIEN 1. MITT. 55-0429
BOTT K., CARBONSAEURESYNTH. MIT 1.1-DICHLOR-AETHYLEN 2. MITT. 53-0252
- CARBONSAEURESYNTH. MIT 1.1-DICHLOR-AETHYLEN 3. MITT. 58-0520
- SYNTH. U. RK. V. ALPHA-LACTAMEN D. ADAMANTAN-REIHE 62-0510
BOTTARI E., KOMPLEXONE 41. MITT. 56-0043
- KOMPLEXONE 42. MITT. 56-0044
- POLYHYDROXYSAEUREN ALS KOMPLEXBILDNER 1. MITT. 59-0025
BOTTARI F., UMLAGER. D. OXIDE V. HOPEN-I U. HOPEN-II UNTER EINW. V. BORTRIFLUORID 57-0714
- STEREOCHEMIE D. RINGOEFFN. EINIGER STILBAZOLOXIDE 60-0600
BOTTLER R., N-ACYL-C-CHLORNITRILIUMSALZE 62-0388
BOTTOM F. H., DURCH POLARE SUBSTITUENTEN BEWIRKTE STEREOSELEKTIVITAET BEI D. ALKYLIER. V. KETONEN 57-0445
BOUAS-LAURENT H., PHOTODIMERISIER. V. ANTHRACENDERIV. IM FESTEN ZUSTAND 54-0326
- RK. V. DEHYDROBENZOL MIT 9-VINYLANTHRACEN 56-0440
- PHOTODIMERISIER. V. 9-FLUOR-, 9-CHLOR- U. 9-BROM-ANTHRACEN 64-0342
BOUBY L., BLDG. NEGATIVER IONEN AUS ALLYLALKOHOL U. ACROLEIN 62-0183
BOUCHET P., AZOLREIHE 27. MITT. 55-0403
- AZOLREIHE 32. MITT. 57-0529
BOUCHOULE C., ELEKTROPHILE SUBSTITUTIONSRK. AN SUBSTITUIERTEN ALPHA.BETA-UNGESAETTIGTEN ORGANO-ZINK-, -MAGNESIUM- U. -LITHIUM-VERB. 63-0360
BOUCHY M., ZWEITER TRIPLETTZUSTAND V. DIACETYL 64-0334
BOUDET R., SYNTH. U. UNTERS. D. 1.3-BENZOTHIAZINE 1. MITT. 57-0624
BOUE S., SCHNELLE, UNTER HOHER AUSB. VERLAUFENDE SYNTH. EINER ORGANOZINNVERB. MIT VIER VERSCHIEDENEN AN ZINN GEBUNDENEN ALKYLGRUPPEN 59-0062
BOUFFIER P. A., REAKTIVITAET U. ELEKTROSTAT. MOL.-MODELL EINIGER ALKYLHALOGENIDE 56-0147
BOUGUERRA M. L., ELEKTROLYT. RED. V. ALPHA,BETA-UNGESAETTIGTEN ESTERN U. NITRILEN, AUCH IM GEMISCH 55-0219
BOUILLANT M., ISOLIER. U. SYNTH. V. ISOSCOPARIN 56-0665
BOUKET J., THERM. CYCLISIER. V. EPSILON-ALKINYL-KETONEN 55-0305
BOULE P., DIELEKTR. MESSUNGEN AM TRIAETHYLAMIN-JOD-KOMPLEX 57-0074
BOULETTE B., THIOPYRAN-1.1-DIOXID-DERIV. DURCH ADDIT. V. AMINEN AN PROPARGYL-SULFON 59-0590
BOULTON A. J., UMLAGER. BEI HETEROCYCLEN 10. MITT. 54-0392
- BIPHENYLENE 18. MITT. 58-0526
- ADDIT. V. TETRACHLORCYCLOPENTADIEN AN DIENOPHILE 59-0477
BOULTON M. G., SYNTHET. POLYNUCLEOTIDANALOGA, 2. MITT. 62-0840
BOURADAIS J., UNTERS. IN D. HETEROCYCL. REIHE 5. MITT. 62-0174
BOURDONCLE B., KOINHIBITIONSEFFEKT ZWISCHEN NICKELOXID U. METHANOL GEGENUEBER D. AUTOX. V. BENZYLAETHER 56-0210
BOURELLE-WARGNIER F., UNTERS. UEBER ORGANOMETALLVERB., ACIDE WASSERSTOFFATOME BEI GESAETT. CYCL. GAMMA-LACTONEN 62-0529
BOURGEOIS M., MECHANISMUS D. RADIKAL. ADDITION V. ALDEHYDEN AN OLEFINE 54-0537
BOURGEOIS P., RK. V. TRIMETHYLSILYLCHLORSULFONAT MIT TERT.-BUTYL-DERIV. 60-0365
BOURGOIN-LEGAY D., SYNTH. U. UNTERS. D. 1.3-BENZOTHIAZINE 1. MITT. 57-0624
BOURHIS R., DARST. V. ENOXY-SILANEN 55-0270
BOURNE E. J., RINGSPALT. V. CYCL. ACETALEN 3. MITT. 56-0571
BOURRELLY G., PHASENDIAGRAMME BINAERER GEMISCHE, THIAZOL-CYCLOHEXAN, THIAZOL-TETRACHLORKOHLENSTOFF, THIAZOL-BENZOL 64-0200
BOUSCASSE L., PHYSIKAL.-CHEM. UNTERS. D. THIAZOLRINGES 6. MITT. 55-0099
- RADIKAL. PHENYLIER. V. 2.6-DIMETHYL-PYRIDIN U. SEINER KONJUGIERTEN SAEURE, THEORET. BERECHN. 55-0166
BOUSSAC G., HYDROBORIER. IN D. MONOTERPENREIHE 57-0707
BOUSSINESQ J., ANWEND. D. RK. V. PAYNE U. SMITH AUF ALKYLCYCLANONE 54-0297
- STEREOCHEMIE V. HYDRINDAN 6. MITT. 56-0412
- KONFORM.-UNTERS. IN D. CYCLOBUTANREIHE 2- U. 3-TERT.-BUTYL-CYCLOBUTAN-CARBONSAEUREN SOWIE 2- U. 3-TERT.-BUTYL-CYCLOBUTANONE 60-0175
- EINFL. D. STRUKTUR AUF D. RICHT. D. OX. V. DEKALONEN-(2) U. PERHYDRINDANONEN-(5) DURCH H2O2 U. SEO2 62-0450
- KONFORM. IN D. CYCLOBUTAN-REIHE 2- U. 3-TERT.-BUTYL-CYCLOBUTANOLE 63-0490
BOUVIER C., QUANT. UNTERS. ZUR RADIKAL-REAKTIVITAET V. 1-METHYL-NAPHTHALIN 56-0415
BOVERI S., AUFTRENN. D. JODOPANSAEURE IN OPT. ISOMERE 60-0388
BOWDEN K., EINFL. V. SUBSTITUENTEN AUF D. ACIDITAET V. FLUORENEN 55-0140
- MECHANISMUS D. ALKAL. HYDROLYSE V. METHYL-2-BENZOYL-BENZOATEN 56-0214
- SYNTH. V. PANTHERIN U. VERWANDTEN VERB. 57-0542
- RK. V. CARBONYLVERB. IN ALKAL. LSG. 1. MITT. 58-0254
BOWER J. D., AZIRIDINE 18. MITT. 61-0577
BOWER L., SCHWING.- U. ELEKTRONENSPEKTREN V. UEBERGANGSMETALLCARBONYLKOMPLEXEN 4. MITT. 63-0006
BOWIE J. H., ELEKTRONENSTOSS-UNTERS. 9. MITT. 53-0080
- ALKALOIDE V. DAPHNANDRA-ARTEN 8. MITT. 53-0511
- LSGM.-EFFEKTE BEI D. NMR-SPEKTROSKOPIE, VERSCHIEB. D. METHOXYL-RESONANZEN IN FLAVONEN DURCH BENZOL, EINE MOEGLICHK. ZUR STRUKTURERMITTL. 58-0098
- ELEKTRONENSTOSS-UNTERS. 16. MITT. 58-0123
- ELEKTRONENSTOSS-UNTERS. 21. MITT. 58-0132
- ELEKTRONENSTOSSUNTERS. 19. MITT. 60-0126
- ELEKTRONENSTOSSUNTERS. 22. MITT. 60-0127
- ELEKTRONENSTOSS-UNTERS. 29. MITT. 62-0100
- UNTERS. AN ENTHIOLEN 2. MITT. 64-0143
BOWKER D. M., WASSERLOESL. POLYSACCHARIDE D. ROTALGE LAURENCIA PINNATIFIDA 1. MITT. 61-0819
- WASSERLOESL. POLYSACCHARIDE D. ROTALGE LAURENCIA PINNATIFIDA, 2. MITT. 61-0820
BOWLES W. A., PURIN-NUCLEOSIDE 18. MITT. 57-0661
BOWMAN N. S., PARTIAL-SPALT. EINIGER ORGAN. RACEMATE DURCH EXTRAKT. AUS LSGM. 64-0345
BOWMAN R. M., D. ROLLE D. ASYMM. EPOXYDAT. BEI D. BIOSYNTH. V. SAUERSTOFFHALT. ISOPRENOIDEN 56-0646
- CHINOLIN-ALKALOIDE 9. MITT. 56-0655
BOWMAN W. R., SYNTH. V. DL-LYCOPODIN 60-0718
BOYD G. V., 1.3.4-OXADIAZOLIUM-SALZE 54-0396
- STABILE PYRIDIN-ANHYDROBASEN 54-0425
BOYER J., UMLAGER. V. 9-HYDROXY- U. 9-METHOXY-FLUORENYL-(9)-CARBINOLEN IN SCHWEFELSAEURE 61-0485
BOYER J. H., ISOMERISIER. V. CARBODIIMIDEN ZU CYANAMIDEN 62-0395
BOYKIN D. W. JUN., ANTIMALARIAMITTEL 4. MITT. 60-0463
BOYLE J. T. A., RK. V. ARYLALDEHYDAZINEN MIT STARKEN BASEN U. D. RK.-MECHANISMUS D. 1.2.4-TRIAZOLE 56-0522
BOYLE P. H., KONDENS.-PROD. V. (+)-MENTHOFURAN MIT CARBONYLVERB. 54-0538
BOZILOVA A. G., STEREOSELEKTIVE SYNTH. EINIGER AMIDESTER D. (+-)-ERYTHRO-2.3-DIPHENYL-GLUTARSAEURE 60-0420
BOZZINI S., AROMAT. AZOVERB. 4. MITT. 60-0381
BRAAMS J. F. H., CHEMIE D. ACETYLENAETHER 90. MITT. 62-0595
BRABAND J., KONFORM. U. PHYSIKAL. DATEN V. ALKANEN U. CYCLANEN 3. MITT. 62-0418
BRACA G., SYNTH. V. PI-ALLYLRUTHENIUMTRICARBONYLHALOGENIDEN 63-0096
BRADAMANTE S., STRUKTUR U. ISOMERIE V. PROD. D. S-ACYLVINYLIER. HYDROLYSIERTER N-BENZYL-THIAZOLIUMSALZE 58-0651
BRADBURY W. C., GEM.-EFFEKT 4. MITT. 64-0279
BRADDON D. V., METHOXY-SUBSTITUENTENEFFEKTE U. ANCHIMERE UNTERSTUETZ. IN D. SOLVOLYSE V. BENZONORBORNENYL-(2)-BROMBENZOLSULFONATEN 61-0233
BRADLEY E. L. R., INTERNUCLEARE CYCLISIER. 24. MITT. 61-0562
BRADLEY H., RK. V. BLEITETRAACETAT MIT MALONSAEURE 61-0360
BRADNEY M. A. M., SOLVOLYSE V. 2-TRIMETHYLSILYL-PYRIDIN DURCH ALKOHOLE U. W. 61-0236
BRADSHAW J., CEPHALOSPORANSAEUREN 6. MITT. 60-0799
BRADSHAW J. S., PHOTOCHEMIE D. ALKYL-BETA-NAPHTHYLAETHER. STER. HEMM. BEI D. DIMERISIER.-RK. 58-0501
BRADSHAW R. W., SYNTH. V. CREPENYNSAEURE 55-0245
BRADSHER C. K., DDIT. V. DIENOPHILEN AN D. ACRIDIZINIUM-ION 59-0595
- DIHYDROACRIDIZINIUMSALZE 61-0632
- D. 5.6-DIHYDRO-THIAZOLO(2.3-B)THIAZOLIUMSYSTEM 62-0579
- HEXACYCL. AROMAT. DIAZONIASYST. AUS BIS-(BROMMETHYL)-NAPHTHALINEN 63-0672
BRADY D. B., PMR-SPEKTREN V. SCHWEFEL-, SELEN- U. ARSENVERB. V. ELEMENTEN D. GRUPPE IVB 56-0017
BRADY S. F., SYNTH. MIT HOHER STEREOSELEKTIVITAET V. VERB. MIT TRANS-TRSUBSTITUIERTEN OLEFIN. BIND. 63-0363
BRADY W. T., HALOGEN-KETENE 4. MITT. 55-0343
- HALOGENIERTE KETENE 6. MITT. 60-0337
BRAEKMAN J. C., INDOL-ALKALOIDE 16. MITT. 62-0080
BRAENDSTROEM A., DARST. V. 2-AMINO-4.5-DIMETHYLBENZOESAEURE U. VERWANDTEN VERB. 53-0262
BRAEUNLING H., KONJUGAT. IN MAKROCYCL. BIND.-SYST. 10. MITT. 59-0458
BRAIDY R., EINFL. D. RINGGROESSE AUF D. KINETIK D. GLEICHGEW.-EINSTELL. V. 1-CYAN-1-HYDROXY-CYCLANEN U. AUF D. KONFORM.-STABILITAET D. ENTSPRECHENDEN CYCLEN-(1)-CARBONSAEUREN-(1) 55-0308
BRAITHWAITE R. S., NEUER WEG ZU 9-AMINO-PHENANTHREN 53-0302
BRAITHWAITE R. S. W., UNSYMM. MEHRKERN. CINNOLIN-DERIV. 2. MITT. 54-0457
BRAJCENKO V. T., SULFANILIDE 26. MITT. 58-0409
BRAKAS A., STER. GEHINDERTE ORGANOMETALL-VERB. D. IV. GRUPPE D. PERIOD. SYST. 7. MITT. 59-0063

BRAM G., SYNTH. EINES DERIV. D. 3.5.7-TRIOXO-OCTANSAEUREAETHYLESTERS, CHEM. MODELL D. ORCINBIO-SYNTH. 53-0228
BRAMLEY R., HALOGEN-1.4-DIOXANE U. IHRE DERIV. 4. MITT. 62-0638
BRANDBERG I. I., MASSENSPEKTREN U. STRUKTUR ORGAN. VERB. 21. MITT. 54-0086
BRANDES K. K., HERSTELL. V. HOCHGEREINIGTEM 1.4-DIOXAN, TETRAHYDROFURAN U. DIMETHOXY-AETHAN ALS LSGM. FUER ORGANOMETALLVERB. 56-0765
BRANDES R., AMINOMETHYLIER. V. XANTHIN, HYPOXANTHIN, ADENIN, GUANIN U. HARNSAEURE 57-0611
- ACETOLYSE V. MANNICHBASEN 8. MITT. 57-0621
- D. 3 ISOMEREN MORPHOLIN-MANNICHBASEN D. PAEONOLS 57-0622
BRANDON R. W., STABILITAET V. PEROXYRADIKALEN IN GGW. V. UEBERGANGSMETALL-IONEN, ESR-UNTERS. 54-0077
BRANDSMA L., ACETYLENTHIOLESTER ALS QUELLE FUER THIOKETENE 54-0227
- ISOMERISIER. V. KONJUGIERTEN U. KUMULIERTEN SYST. VORL. MITT. 55-0210
- CHEMIE V. ACETYLENAETHERN 89. MITT. 61-0330
- WECHSELBEZIEH. V. THIOAETHERN, D. KONJUGIERTE SYST. MIT 6-ELEKTRONEN ENTHALTEN (BASENKATALYSIERTE ISOMERISIER. IN FL. AMMONIAK) 61-0338
- KETEN-S.N-ACETALE AUS THIOAMIDEN 61-0345
- DARST. V. THIOAMIDEN AUS ALKINTHIOLATEN U. AMIDEN 61-0354
BRANDT L., UEBER EINIGE NEUE IMIDAZOLDERIV. 56-0500
BRANDT W. W., ASSOZIAT. V. INDOL U. PHENOL MIT DIAETHYL-CHALKOGENIDEN 60-0197
BRANICA M., KUPFER(II)-ACETYLACETONATE U. IHRE ADSORPT. AN QUECKSILBER 54-0022
BRATERMAN P. S., MASSENSPEKTREN D. UEBERGANGSMETALLCARBONYL-DERIV. V. TRIS-(DIMETHYLAMINO)-PHOSPHIN U. TRIMETHYLPHOSPHIT 56-0021
BRATT L., HYDROLYSE V. ANILIDEN 3. MITT. 56-0212
BRAULT A., SYNTH. V. P-SUBSTITUIERTEN PHENYLGLYOXALEN 63-0430
BRAUMAN J. I., D. ALKOHOLEINFL. AUF D. PROTONENAUSTAUSCH-RK. IN DIMETHYLSULFOXID 1. MITT. 58-0303
- D. ALKOHOLEINFL. AUF D. PROTONENAUSTAUSCHRK. IN DIMETHYLSULFOXID 2. MITT. 58-0304
- CHARAKTERIST. SCHWING.-FREQUENZEN CYCL. KETONE 60-0083
- ALTERNATIV-ERKLAERUNG ELEKTROCYCL. RK., EINE QUANTITATIVE ENERGIEABSCHAETZUNG 61-0191
BRAUMAN S. K., KINETIK D. SAEUREKATALYSIERTEN DEHYDRATISIER. V. ALPHA-METHYL-BETA-HYDROXY-BETA-ARYLPROPIONSAEUREN 59-0232
BRAUN D., ALKYLIER. V. BENZOL MIT 2-METHYL-HEPTEN-(1) 54-0247
BRAUN L. L., DIHYDROACRIDIZINIUMSALZE 61-0632
BRAVIC G., BEST. D. KRIST.-STRUKTUR V. METHYL-PHENYL-BARBITAL (MEPHEBARBITAL) 61-0169
BRAVO P., RK. V. BENZONITRILOXID MIT SCHWEFEL-YLIDEN U. MIT D. ANION AUS DIMETHYLSULFOXID 56-0512
- RK. ZWISCHEN AZIDEN U. SCHWEFEL-YLIDEN, NEUE SYNTH. V. DELTA(2)-1.2.3-TRIAZOLINEN 56-0521
BRAWN N., RK. V. FERROCENYLACETYLENEN MIT METALLCARBONYLEN 54-0037
BRAWN P., DIPOLARE ADDIT. U. SAUERSTOFFUEBERTRAG. BEI D. RK. V. TETRACYANAETHYLENOXID MIT UNGESAETT. KOHLENWASSERSTOFFEN 60-0485
BRAZ G. I., 1.1'-DISUBSTITUIERTE 2.2'-BIS-(PERFLUOR-N-PROPYL)-5.5'-DIBENZIMIDAZOLE 62-0567
BRAZIER J., SPIROPHOSPHORANE MIT PHOSPHOR-WASSERSTOFF-BIN.. 56-0528
BRDICKA R., BEZIEH. D. GESAMTGESCHW.-KONST. ZUR DOSISINTENSITAET IN D. KINET. GLEICH. FUER D. RADIO-OX. V. CYSTIN IN WSS. LSG. 53-0181
BRECHT H., PHOSPHAZENE 8. MITT. 53-0069
BRECK G. D., CALOPHYLLUM-PROD. 2. MITT. 62-0833
BREDERECK H., SYNTH. IN D. HETEROCYCL. REIHE 10. MITT. 55-0456
- ORTHOAMIDE 2. MITT. 57-0258
- SAEUREAMID-RK. 50. MITT. 57-0308
- SYNTH. IN D. HETEROCYCL. REIHE 11. MITT. 58-0656
- ORTHOAMIDE 3. MITT. 63-0382
- ORTHOAMIDE 4. MITT. 63-0383
- ORTHOAMIDE 5. MITT. 63-0384
BREED L. W., FUNKTIONELL SUBSTITUIERTE TRISILYLAMINDERIV. 58-0037
BREEN D. E., INTRAMOL. ENERGIEUEBERTRAG. ZWISCHEN TRIPLETTZUSTAENDEN V. SCHWACH WECHSELWIRKENDEN CHROMOPHOREN 1. MITT. 61-0073
BREITMAIER E., (1)H-KERNRESONANZ-UNTERS. AN FUENFRINGCHELATEN 63-0008
- UMLAGER. U. KOMPLEXBLDG. D. GLYOXAL-BIS-(2-MERCAPTO-ANILS) U. ANDERER MERCAPTOANILE 63-0064
BREKIESZ B., 2-FLUOR-5-NITRO-6-METHYLPYRIDIN 1. MITT. 56-0550
BREKIESZ-LEWANDOWSKA B., PYRIDOTRIAZOLE U. PYRIDOIMIDAZOLE 2. MITT. 56-0553
BRELIVET J., EINW. V. SCHWEFEL AUF EINIGE 3-THIONO-5-ALKENYL-1.2-DITHIOLE 56-0494
BRELLIERE J. C., PHOTOLYSE EINES DIHYDROPYRIDAZINS. RK. D. DICARBAMATDERIV. (VORL. MITT.) 58-0665
BREMNER J. B., RK. V. ANGEREGTEN IMIDEN U. ANHYDRIDEN, PHOTOLYSE V. CYCLOHEXADIEN-IMIDEN, N-SUBSTITUENTENEFFEKTE U. BICYCLO(2.2.0)HEXEN-BLDG. 54-0193
- RK.-WEG-SELEKTIVITAET, KONKURRENZ ZWISCHEN KAEFIG-BLDG. U. PHOTODECHLORIER. IN EINIGEN ALICYCL. SYST. 59-0627
BRENDLE T., ORTHOAMIDE 5. MITT. 63-0384
BRENDLER O., HOCHSUBSTITUIERTE AETHYLENE U. GLYKOLE 8. MITT. 64-0504
BRENNAN F. T., PTERIDINE 12. MITT. 63-0708
BRENNAN J. A., NITROBENZO(B)THIOPHENE 60-0501
BRENNAN M. E., CU-KATALYSIERTE RK. V. BENZONORBORNADIEN MIT DIBENZOYLPEROXID U. TERT.-BUTYL-PERBENZOAT, NMR-SPEKTREN V. ANTI-BENZONORBORNADIENYL-(7)-DERIV. 58-0534
BRENNAN T., METHYLIER. V. TETRAKIS-(TRICHLORSILYL)-ALLEN 56-0332
- POLYHALOGENORGANOMETALL- U. -ORGANONICHTMETALLVERB. 14. MITT. 58-0450
- POLYHALOGENORGANOMETALL- U. ORGANONICHTMETALLOVERB. 15. MITT. 58-0451
- POLYHALOGEN-ORGANOMETALL- U. -ORGANONICHTMETALLVERB. 18. MITT. 61-0428
BRENNER-HOLZACH O., ALDOLASEN 14. MITT. 64-0902
BRENNINGER W., SYNTH. MIT ENAMINEN 14. MITT. 53-0234
BRESLOW R., OXYDATIVE CYCLISIER. V. FARNESYLACETAT UEBER EIN FREIES RADIKAL 60-0747
- ANTIAROMAT. EFFEKTE IN CYAN-CYCLOPROPENYL-ANIONEN 63-0324
BRESSAT R., POLYMORPHIE D. URAN(IV)-FORMIATS 62-0007
BRETON J. L., MICROMERIA-TERPENOIDE 1. MITT. 55-0531
BRETSCHNEIDER H., 5-METHYLMERCAPTO-, 5-METHYLSULFINYL- U. 5-METHYLSULFONYLURACIL 54-0455
BRETSCHNEIDER J., STABILE EIN-, ZWEI- U. DREIWERT. HYDRAZYLE D. CYANKOHLENSTOFFREIHE 58-0439
BRETTLE R., RK. D. 5-HYDROXY-5-METHYL-3-PHENYL-2.4-DIAETHOXYCARBONYL-CYCLOHEXANONS-(1) MIT 2.4-DINITROPHENYLHYDRAZIN 57-0432
- ANOD. OX. 3. MITT. 59-0429
- ALIPHAT. HYDROXYSAEUREN 3. MITT. 61-0363
- ANOD. OX. 4. MITT. 61-0547
BREWER J. P. N., PHOTOISOMERISIER. V. 5.6.7.8-TETRAFLUOR-1.4-DIHYDRO-1.4-AETHENO-NAPHTHALIN, TETRAFLUORDEHYDROBENZOL IM MASSENSPEKTRUM 53-0189
- ARINCHEMIE 5. MITT. 59-0486
BREYER U., PHOSPHORYLIER.-PROD. V. POLY-DL(L)-SERIN 54-0575
BRIAN P. W., CANADENSOLID, EIN ANTIFUNGALER METABOLIT V. PENICILLIUM CANADENSE 58-0571
BRIAUCOURT D., SYNTH. V. DIALKYLAMINOAETHYLAETHERN D. 6-HYDROXY-NICOTINSAEURE 57-0596
BRIBES J., SCHWINGUNGSSPEKTREN V. (D6)DIMETHYLQUECKSILBER U. UNTERSUCHUNG V. DIMETHYL-METALL-SCHWINGUNGEN 59-0012
BRICAS E., SYNTH. V. D. N-TERMINALEN SEQUENZ D. RINDERTRYPSINOGENS ENTSPRECHENDEN PEPTIDEN 1. MITT. 64-0880
BRICOUT J., ZUS. D. KAKAO-AROMAS 53-0584
- ZUS. D. AROMAS V. SCHWARZEM TEE 2. MITT. 53-0585
BRIDEN A. R., TRICHLORNITROSOMETHAN 1. MITT. 61-0173
BRIDGEMAN J. E., EINFACHE DARST. V. 5ALPHA-ANDROSTAN-16-ON 54-0544
BRIENNE M., ASYMM. 1.3-INDUKTION 2. MITT. 60-0244
BRIERE G., AUFTRETEN D. RADIKALANIONS V. NITROBENZOL BEI D. LEIT. IN REINEM NITROBENZOL IN STARKEM ELEKTR. FELD 54-0133
- BEWEGLICHK. D. RADIKALANIONS V. NITROBENZOL IN NITROBENZOL 54-0134
BRIERE R., NITROXIDE 24. MITT. 57-0106
BRIESKORN C. H., QUANT. BEST. V. GLYCYRRHIZINSAEURE IN WURZEL U. EXTRAKT D. SUESSHOLZES MITTELS ACETANHYDRID-SCHWEFELSAEURE 53-0603
- VORK. V. 5-HYDROXY-7.4'-DIMETHOXY-FLAVON IM BLATT V. ROSMARINUS OFFICINALIS L. 57-0794
- FLAVONE AUS D. BLATT V. ROSMARINUS OFFICINALIS L. 63-0789
BRIGANDO J., KOMPLEXE V. KOBALT U. ADENOSIN 55-0035
- KOMPLEXE V. KOBALT U. ADENIN 57-0059
BRIGGS E. M., ORGANOMETALL. ZWISCHENPROD. 3. MITT. 54-0035
BRIGGS W. S., OPT. ROTATIONSDISPERSION 111. MITT. 59-0097
- MASSENSPEKTROMETRIE BEI STRUKTUR- U. STEREOCHEM. PROBLEMEN 142. MITT. 62-0099
- PYROLYSE EPIMERER NICHTDEUTERIERTER U. 2-DEUTERIERTER 2-METHYLCYCLOHEXYL-S-METHYL-XANTHOGENATE U. -ACETATE 62-0429
BRILL U., EINW. V. JODDAMPF AUF IM TRAEGERMATERIAL AKTIVIERT ADSORBIERTE ALKALOIDE (RK.-CHROMATOGRAPHIE) 61-0848
BRIMACOMBE J. S., RK. V. CYCLOHEXANDIOLEN-(1.2) U. METHYL-4.6-O-BENZYLIDEN-ALPHA-D-GLUCO- U. -GALAKTO-PYRANOSID MIT METHYLENHALOGENIDEN 56-0457
- STEREOCHEMIE D. ADDUKTES AUS DICHLORMETHYLEN U. 3-DESOXY-1.2-5.6-DI-O-ISOPROPYLIDEN-ALPHA-D-ERYTHRO-DELTA(3)-HEXENOFURANOSE 57-0169
- NUCLEOPHILE VERDRAENG.-RK. AN KOHLENHYDRATEN 2. MITT. 59-0661
- NUCLEOPHILE VERDRAENGUNGSRK. AN KOHLENHYDRATEN. 3. MITT. 59-0662
- NUCLEOPHILE VERDRAENG.-RK. BEI KOHLENHYDRATEN 5. MITT. 63-0752
- NUCLEOPHILE VERDRAENG.-RK. BEI KOHLENHYDRATEN 6. MITT. 63-0753

- SYNTH. V. 5-ACETAMIDO-5-DESOXY-D-LYXOPYRANOSE 64-0783
BRIMACOMBE R., OLIGONUCLEOTID-VERB. 23. MITT. 64-0794
BRINI M., PHENYLCYCLOSILANE 62-0025
- HERST. EINES KRIST. KOMPLEXES AUS GECL4 U. HEXAMETHYLPHOSPHORSAEURE-TRIAMID 64-0059
BRINICH J., STABILE CARBONIUMIONEN 62. MITT. 63-0259
BRINK C. V. D. M., STRUKTUR D. VERMEERINS, EINES SESQUITERPENOIDEN DILACTONS AUS GEIGERIA AFRICANA GRIES 54-0527
BRINK M., MAGNET. NICHTAEQUIVALENTE GEM.-METHYLGRUPPEN IN EINIGEN ALPHA-ISOBUTTERSAEUREDERIV. 61-0100
BRIODY J. M., KINETIK U. MECHANISMUS D. BLDG. V. DIARYL-JODONIUMSALZEN BEI D. DURCH SCHWEFELSAEURE KATALYSIERTEN RK. V. SUBSTITUIERTEN PHENYL-JODOSOACETATEN MIT AROMAT. KW-STOFFEN IN ESSIGSAEURE-LSG. 58-0307
BRISSET J., ACIDITAET V. WASSER-BUTYLAMIN-MEDIEN 64-0233
BRISTOW P. A., GESCHW.-ERHOEH. D. ALKAL. HYDROLYSE CYCL. ESTER ANORGAN. SAUERSTOFFSAEUREN 55-0174
- UMESTER. IN KONKURRENZ MIT NUCLEOPHILER VERDRAENG. BEI CYCL. U. OFFENKETT. ORGAN. SULFITEN 59-0231
BRITTAIN E. F. H., MASSENSPEKTREN V. ISOMEREN 1. MITT. 60-0135
BRITTELLI D. R., PYRACYLENRADIKALANION 6. MITT. 53-0077
BRITTON D., KRIST.- U. MOL.-STRUKTUR SOWIE LSG.-KONFORM. V. DIMETHYLGOLD(III)-HYDROXID, EINER ANORGAN. RINGVERB. MIT MITTLERER RINGGROESSE 60-0021
BRIZZOLARA D. F., PHOTOCHEM. ISOMERISIER. U. RADIKAL-FRAGMENTIER. V. 10-HYDROXYMETHYL-DELTA(1,9)-OCTALON-(2) 56-0434
BROADBENT A. D., RED. V. 9.10-ANTHRACHINONEN 2. MITT. 62-0187
BROADBENT W., POLYPEPTIDE 5. MITT. 57-0338
BROCHMANN-HANSSEN E., ALKALOID-BIOSYNTH. 10. MITT. 53-0608
BROCK F., D. LIPOIDTEIL MOENOCINOL D. ANTIBIOTIKUMS MOENOMYCIN 62-0822
BROCK H. T., D. ALLG. BASEN- ALLG. SAEUREN-MECHANISMUS D. ALPHA-CHYMOTRYPSIN-WRKG. 61-0822
BROCK J., DARST. V. 6-AMINO-2-BENZYL-4-CHLOR-PYRIMIDIN 63-0695
BROCKE G. M., TEILFLUORIERTE HETEROCYCL. VERB. 8. MITT. 64-0580
BROCKHAUS R., DARST. V. O-BENZOCHINON IN ANWESENHEIT V. WASSER 61-0403
BROCKLEHURST K., KINETIK D. BROMELIN-KATALYSIERTEN HYDROLYSE V. ALPHA-N-BENZOYL-L-ARGININ-AETHYLESTER U. ALPHA-N-BENZOYL-L-ARGININAMID 56-0751
- KINETIK U. MECHANISMUS D. RK. V. 4(5)-FORMYL-IMIDAZOL MIT HYDROXYLAMIN 60-0294
BROCKMANN H., 3.3'(5.5')-BIPYRAZOLYL-DERIV. DURCH OX. D. DIAZOMETHAN-ADDUKTES V. BIS-(NAPHTHOCHINON-(1.4)-YL-(2)) 53-0369
- RHODOMYCINE, 12. MITT. 55-0568
- ACTINOMYCINE 30. MITT. 55-0569
- SYNTH. V. 4.6-DIDESMETHYL-4.6-DIMETHOXY-ACTINOMYCIN C1 57-0760
- ACTINOMYCINE 31. MITT. 61-0804
- RHODOMYCINE 13. MITT. 61-0805
- KONSTIT. D. RESISTOMYCINS 62-0825
BRODERSEN R., INTRAMOL. WASSERSTOFFBRUECKENBIND. IM BILIRUBIN 56-0143
BRODOWSKI W., RK. V. DIHALOGENCARBENEN MIT ENOLAETHERN 58-0330
- RK. V. DIHALOGENCARBENEN MIT ACETYLENEN 58-0333
- RK. V. DICHLORCARBEN MIT UNSUBSTITUIERTEN AROMATEN 59-0462
- ADDIT. V. HALOFORMEN AN POLARISIERTE DOPPELBIND. 61-0351
- UV-LICHTINDUZIERTE ADDIT. V. MALEINSAEUREANHYDRID AN O-METHYL-BENZOPHENON 61-0489
BRODSKIJ E. S., MASSENSPEKTREN U. STRUKTUR ORGAN. VERB. 23. MITT. 62-0101
BRODY K. R., 3.5-DICHLOR-TYROSIN, DARST. D. D- U. L-FORM 62-0407
BROGER E., SYNTH. D. DL-FORM EINES NATUERL. PROSTAGLANDINS, VORL. MITT. 56-0719
BROIS S. J., AZIRIDINE 11. MITT. 58-0557
- AZIRIDINE 12. MITT. 58-0558
BROKMEIER D., SILICIUMORGAN. VERB. 36. MITT. 59-0338
BROMBERG A., DERIV. V. 5H-DIBENZO(B.F)AZEPIN 58-0679
BRONISLAW S., SYNTH. DES 3-METHYL-7-METHOXY-CUMARON-CARBALDEHYDS-(2) 60-0487
BRONOVICKAJA V. P., FORMYLIER. V. 3-METHOXY-PHENANTHREN 59-0455
BROOK A. G., INDUKTIVE EFFEKTE IN ACYLSILANEN U. ACYLDISILANEN 59-0144
- THERM. U. BASENKATALYSIERTE UMLAGER. V. SILYLESSIGSAEUREN 64-0463
BROOKE G. M., PARTIELL FLUORIERTE HETEROCYCL. VERB. 6. MITT. 59-0520
- PARTIELL FLUORIERTE HETEROCYCLISCHE VERB. 7. MITT. 61-0544
BROOKES C. J. Q., TAUTOMERIE U. BROMIER. V. EINIGEN 1-HYDROXY-INDOL-2-CARBONSAEURE-DERIV. 59-0532
BROOKES L. G., D. ABS. KONFIG. V. (+)-1-(3-TRIFLUORMETHYL-PHENYL)-2-AETHYLAMINOPROPAN ((+)-FENFLURAMIN) 58-0143
BROOKLYN R. J., RK. D. 1-PHENYL-PYRAZOLYL-(4)-MAGNESIUMBROMIDS 58-0600
BROOKS C. J. W., CHARAKTERISIER. V. 1.2- U. 1.3-DIOLEN DURCH GASCHROMATOGRAPHIE-MASSENSPEKTROMETRIE 54-0598
BROOKS E. H., DARSTELLUNG UND STRUKTUR EINES GERMANIUMUEBERBRUECKTEN EISENCARBONYL-KOMPLEXES ((CH3)2GE)3FE2(CO)6 64-0071
BROOM A. D., PROTONMAGNET. RESONANZ.UNTERS. D. INTER- U. INTRAMOL. WECHSELWRKG. BEI MONONUCLEOTIDEN 59-0185
BROQUET C., CHLORMETHYLIER. V. P-FLUOR-MANDELSAEURE U. UNTERS. D. RK.-PROD. 55-0397
- VERH. V. ZIMTALDEHYD-DIAETHYLACETAL GEGEN ORGANOMETALLVERB. 57-0416
- EINW. V. ORGANOMAGNESIUMVERB. AUF EINIGE V. 2-AETHOXY-2.3-DIHYDRO-GAMMA-PYRAN ABGELEITETE ACETALE 58-0543
BROSE D. A., ARYLPYRROLYLMETHENE 55-0388
BROSER W., TRIARYLIERTE BICYCLO(3.1.0)HEXANOLE-(3) UND TRIS-HOMOCYCLOPROPENYL-KATIONEN 55-0344
- SUBSTITUIERTE PENTAPHENYL-CYCLOPENTADIENYL-VERB. U. TETRACYCLONE 4. MITT. 57-0423
BROSSI A., RAC. CIS- U. TRANS-1.2-DIMETHYL-4-HYDROXY-6.7-DIMETHOXY-1.2.3.4-TETRAHYDRO-ISOCHINOLIN, SYNTH. U. STEREOCHEMIE 56-0652
- SYNTH. IN D. ISOCHINOLINSERIE. SYNTH. V. 2.3-DIHYDRO-4(1H)-ISOCHINOLONEN 59-0592
- SYNTH. IN D. ISOCHINOLINSERIE, SYNTH. U. CHEMISCHE UMLAGER. V. 2.3-DIHYDRO-4(1H)-ISOCHINOLONEN 59-0593
- SYNTH. IN D. ISOCHINOLINREIHE, SELEKTIVE DEMETHYLIER. V. 6.7- U. 7.8-DIMETHOXY-2.3-DIHYDRO-4(1H)-ISOCHINOLONEN 59-0594
- SYNTH. U. BIOLOG. EIG. V. 1-DIMETHYLAMINO-3-METHYL-3-(3-HYDROXYPHENYL)-BUTAN, EIN POTENTIELLES ANALGETIKUM 60-0384
- SYNTH. IN D. EMETIN-REIHE 14. MITT. 64-0804
- TOTALSYNTH. V. PETALIN 64-0809
BROTHERTON D., NEUE NITROSAMINE 60-0594
- SCHIFFSCHE BASEN MIT CHINOLINRINGEN 60-0595
BROTHERTON M. K., NEUE NITROSAMINE 60-0594
- SCHIFFSCHE BASEN MIT CHINOLINRINGEN 60-0595
BROUWER D. M., PROTONENMAGNET. RESONANZSPEKTRUM V. PROTONIERTEN DIALKYLKETONEN (DIALKYLHYDROXYCARBONIUMIONEN) 54-0069
- (1)H-NMR-SPEKTREN V. HYDROXYALLYL-KATIONEN 57-0110
- NMR-SPEKTROSKOP. UNTERS. D. STRUKTUR, STABILITAETEN U. UMLAGER.-RK. V. C4-C7-TERT.-CARBONIUMIONEN IN HF-SBF5 62-0086
- PROTONIER. V. HALOGENHALT. BENZOLEN IN HF-SBF5 1. MITT. 62-0087
- PROTONIER. V. HALOGENHALT. BENZOLEN IN HF-SBF5 2. MITT. 62-0088
- MONO- U. DICARBONIUMIONEN V. BETA-DICARBONYL-VERB. (KETONE, CARBONSAEUREN U. ESTER) 62-0162
BROWN A. D. JUN., ALIPHAT. DIPHOSPHONSAEURETETRACHLORIDE 2. MITT. 53-0241
- STRUKTUREINFL. BEI RK. V. ORGANOPHOSPHORVERB. 2. MITT. 60-0364
BROWN B. R., AUSDEHN. D. HAMMICK-RK. AUF PYRIDYL-(2)-ESSIGSAEURE 53-0443
- ABBAU KONDENSIERTER TANNINE, STRUKTUR D. TANNINS AUS GEWOEHNL. HEIDEKRAUT 56-0749
BROWN D. A., PHOTOCHEM. DARST. V. CHROM(III)-THIOLATEN 53-0029
BROWN D. J., ISOMERISIER. IN ANALOGIE ZUR DIMROTH-UMLAGER. 2. MITT. 54-0176
- DIMROTH-UMLAGER. 9. MITT. 54-0450
- DIMROTH-UMLAGER. 10. MITT. 54-0451
- NEUARTIGE METHOXYLIER. WAEHREND D. OX. EINFACHER DIHYDROPYRIMIDO(5.4-E)-1.2.4-TRIAZINE 62-0672
- PYRIMIDIN-RK. 17. MITT. 63-0720
- ADDIT. V. ELEMENTEN D. KETENS AN AUSGEWAEHLTE DIENE NACH DIELS-ALDER 64-0538
BROWN D. M., SYNTH. V. PSEUDOURIDIN U. V. 5-BETA-D-RIBOFURANOSYLURIDIN 61-0714
BROWN D. W., 1.2-DIHYDRO-ISOCHINOLINE 6. MITT. 57-0578
- CHEMIE V. KRYPTOPIN 1. MITT. 58-0720
- RK. V. 1-(BETA-ARYL-AETHYL)-2-PYRIDONEN U. 2-(BETA-ARYL-AETHYL)-ISOCARBOSTYRILEN MIT PHOSPHOROXYCHLORID 60-0602
- DIBENZO(A,H)CHINOLIZIN-DERIV. 62-0621
- EINFL. V. SAEUREN AUF EINIGE SUBSTITUIERTE ACETALDEHYDDIMETHYLAMINOACETALE 62-0679
- PSEUDOCRYPTOPINCHLORID 62-0725
BROWN E., STEREOCHEMIE V. 1.2-DIVINYL-CYCLOPENTANDIOLEN-(1.2) 64-0182
BROWN E. D., STRUKTUR U. REAKTIVITAET V. RINGOLEFINEN MITTLERER GROESSE 56-0202
BROWN E. L., PHOTOCHEM. UMWANDL. 25. MITT. 60-0319
BROWN G. B., N(2)-HYDROXYASPARAGIN 57-0334
BROWN G. W., RK. V. PHOSPHOR-YLIDEN 3. MITT. 54-0275
- CYCLODIMERISIERUNG VON STYROL 61-0467
BROWN H. C., RK. V. KOHLENMONOXID MIT TRIALKYLBORANEN BEI ATMOSPHAEREN-DRUCK IN GGW. V. LITHIUM-TRIMETHOXYALUMINIUMHYDRID, EIN BEQUEMES VERFAHREN ZUR UEBERFUEHR. V. OLEFINEN NACH HYDROBORIER. IN ALDEHYDE 57-0303
- RK. V. ORGANOBORANEN MIT BROMESSIGSAEUREAETHYLESTER IN GGW. V. KALIUM-TERT.-BUTYLAT, EINE EINFACHE METH. ZUR UEBERFUEHR. V. OLEFINEN IN ESTER DURCH HYDROBORIER. 58-0394
- STRUKTUREFFEKTE BEI SOLVOLYSE-RK. 3. MITT. 61-0242
- MONO- U. DIALKYLIERUNG V. DIHALOGENESSIGSAEUREAETHYLESTERN DURCH RK. MIT ORGANOBORANEN IN GGW. V. KALIUM-TERT.-BUTYLAT, BEQUEMES VERF. ZUR UMWANDLUNG V.

OLEFINEN IN ALPHA-HALOGENALKAN- ODER DIALKYLESSIGSAEU-
REESTER DURCH HYDROBORIERUNG 61-0359
- PI-BETEILIG. U. EXO,ENDO-GESCHW.-VERHAELTNIS D.
SOLVOLYSE V. METHOXY- U. NITROSUBSTITUIERTEN
BENZONORBORNEN-2-YL-DERIV. 63-0263
- GROSSES GESCHW.-VERHAELTNIS V. EXO- U. ENDO-VERB. U.
UEBERWIEGENDE EXO-SUBSTITUT. BEI D. SOLVOLYSE V. 2-P-
METHOXY-PHENYL-NORBORNYL-(2)-DERIV., CHARAKTERISTIKA
EINES HOCHSTABILISIERTEN KLASS. NORBORNYLKATIONS
63-0264
- SOLVOLYSE V. 2-ARYL-NORBORNYL-(2)-P-NITRO-BENZOATEN,
D. DEAKTIVIERENDE SUBSTITUENTEN IM AROMAT. RING
ENTHALTEN, NEUE METH. ZUR AUSWERT. D. BEDEUT. D.
SIGMA-BETEILIG. AN D. SOLVOLYSE V. NORBORNYLDERIV.
63-0265
- HYDROBORIER. 25. MITT. 63-0350
- HYDROBORIER. 26. MITT. 63-0351
- HYDROBORIER. 27. MITT. 63-0352
- SELEKTIVE RED. 12. MITT. 63-0353
- BORHYDRID-KATALASIERTE RK. V. DIBORAN MIT EPOXIDEN,
ANTI-MARKOVNIKOV-OEFFN. V. TRISUBSTITUIERTEN EPOXIDEN
63-0488
BROWN H. L., THERMO-MICHAEL-RK. 1. MITT. 64-0478
BROWN I., BENZO(B)THIOPHENDERIV. 6. MITT. 53-0343
BROWN J. C., NEUE STOFFWECHSELPROD. AUS GIBBERELLA
FUJIKUROI 13. MITT. 54-0567
BROWN J. E., RK. V. TRI-N-BUTYL-ZINNHYDRID MIT
DIORGANOZINNDICHLORIDEN 56-0069
BROWN J. M., WEITBEREICHSWECHSELWRKG. 1. MITT. 61-0260
BROWN J. P., SULFURIER. V. 1.2-DITHIOLTHIONEN-(3) IN 5-
STELLUNG 61-0575
- RK. V. 2.2-DIALKYL-1.2-DIHYDRO-CHINOLINEN 3. MITT.
61-0642
- RK. VON 2.2-DIALKYL-1.2-DIHYDRO-ÇHINOLINEN, 4. MITT.
61-0643
- RK. V. 2.2-DIALKYL-1.2-DIHYDRO-CHINOLINEN 5. MITT.
61-0644
BROWN K. C., KINETIK U. MECHANISMUS D. DURCH
ZINKHALOGENIDE KATALYSIERTEN ZERS. V. DIAZOALKANEN
57-0254
BROWN M., DARST. U. ENTZUENDUNGSHEMMENDE WRKG. EINIGER 5-
(2-ANILINOPHENYL)-TETRAZOLE 57-0566
- PHOTOLYSE V. 1.6-DIENEN, TOTALSYNTH. V. (+-)-ALPHA-
BOURBONEN 58-0738
- SYNTH. V. DL-TETRAHYDROEREMOPHILON 63-0800
BROWN M. .., NMR-SPEKTRUM V. PROTOPIN, GESCHW. D.
RACEMISIER. U. RINGINVERS. 55-0117
BROWN M. J., SYNTH. V. NUCLEINSAEUREN AN POLYMEREN 1.
MITT. 56-0638
BROWN P., MASSENSPEKTROMETRIE BEI STRUKTUR- U.
STEREOCHEM. PROBLEMEN 148. MITT. 61-0108
- AUFTRETEN U. ZEITL. VERLAUF D. UMLAGER V. BENZYLIONEN
ZU TROPYLIUMIONEN IM MASSENSPEKTRUM V. SUBSTITUIERTEN
BENZYL-PHENYL-AETHERN 63-0157
BROWN P. E., ABBAU KONDENSIERTER TANNINE, STRUKTUR D.
TANNINS AUS GEWOEHNL. HEIDEKRAUT 56-0749
BROWN P. J. N., NMR-SPEKTREN V. 1.2.3.4-TETRAFLUOR-
DIBENZOFURAN U. EINIGEN SEINER DERIV. 54-0067
- AROMAT. POLYFLUORVERB. 38. MITT. 54-0356
- AROMAT. POLYFLUOR-VERB. 41. MITT. 63-0427
BROWN P. M., PERSULFAT-OX. V. CARBONSAEUREN 3. MITT.
60-0584
BROWN R., KRIST.- U. MOL.-STRUKTUR V. 5.5A.10.14C-
TETRAHYDRO-5A-PHENYLBENZ(A)INDENO(2.1-C)FLUOREN-5.10-
DION (C30H18O2) 57-0172
BROWN R. A., BEZIEH. ZWISCHEN D. ELEKTRONENSPEKTREN U. D.
ACIDITAET 5-SUBSTITUIERTER 2-NITRO-ANILINE U. IHRER
STRUKTUR 63-0217
BROWN R. D., ROTAT.-KONST. U. DIPOLMOMENT V. 3.4-
DIMETHYLEN-CYCLOBUTEN 53-0061
BROWN R. F. C., PHOTOCHEM. UMLAGER. V. DIALLYLVERB.,
NACHW. D. FEHLENS D. INVERS. D. WANDERNDEN ALLYLGRUPPE
DURCH DEUTERIUMMARKIER. 53-0184
- PYROLYT. ELIMINIER. V. ALDEHYDEN AUS N-ALKOXY-LACTAMEN
U. -THIOLACTAMEN 56-0243
- FEHLENDE INVERSION D. WANDERNDEN ALLYL-GRUPPE BEI D.
PHOTOCHEM. UMLAGER. EINES HEXADIEN-(1.5)-DERIV.
62-0428
BROWN R. G., POLYSACCHARIDE AUS D. ZELLWAENDEN V.
AUREOBASIDIUM (PULLULARIA) PULLULANS 1. MITT. 57-0786
- POLYSACCHARIDE AUS D. ZELLWAENDEN V. AUREOBASIDIUM
(PULLULARIA) PULLULANS 2. MITT. 57-0787
BROWN R. T., EXTRAKTE SUEDAFRIKAN. PFLANZEN 1. MITT.
55-0514
BROWN S. H., ALKALOID-UNTERS. 59. MITT. 62-0142
BROWN T. H., STEROIDE U. VERWANDTE NATURSTOFFE 41. MITT.
54-0547
BROWN T. L., METHYLZINN-LITHIUM-VERB. DARST. U. EIG. V.
TRIS-(TRIMETHYL-STANNYL)-STANNYLLITHIUM-TRIS-
(TETRAHYDROFURAN) 57-0046
- ABWESENH. V. (6)LI-(7)LI-SPIN-SPIN-KOPPL. IN
ALKYLLITHIUMVERB. 63-0016
- HALBEMPIRISCHES MODELL D. MOLEKUELZUSTAENDE FUER
CR(CO)6, FE(CO)5 U. NI(CO)4 64-0003
BROWN W. G., THIOPHEN U. FURAN ALS METALL-KATALYSATOR-
GIFTE. NEUE METH. FUER D. SPEZIF. U. GENERELLE
MARKIER. DIESER VERB. MIT WASSERSTOFFISOTOPEN 55-0161
BROWN W. V., RK. V. BASEN MIT METHYLSULFON-DERIV. V. N-
HETEROCYCLEN 56-0529
BROWNE E. J., TRIAZOLE 9. MITT. 60-0557
BROWNING H. E., ELEKTRONENSTOSSINDUZIERTE WANDER. IN
CYCL. ALLYLALKOHOLEN U. CYCL. ENONEN 55-0087
BROWNLEE R. G., SYNTH. D. HAUPTKOMPONENTEN D.
SEXUALLOCKSTOFFES AUS D. MAENNL. IPS CONFUSUS FRASS,
2-METHYL-6-METHYLEN-7-OCTEN-4-OL, 2-METHYL-6-METHYLEN-
2.7-OCTADIEN-4-OL U. (+)-CIS-VERBENOL 64-0833
BROWNLEE R. T. C., INFRAROTINTENSITAETEN ZUR
QUANTITATIVEN MESSUNG INNERMOL. WECHSEL-WRKG. 3. MITT.
61-0083
BRUBAKER C. H. JUN., BIS-(1-SUBSTITUIERTE-TETRAZOLYL-
(5))-NICKEL(II)-KOMPLEXE 58-0070
- SCHWING.-ANALYSE D. TETRAZOLAT-IONS U. DARST. V. BIS-
(TETRAZOLATO)-KUPFER(II) 63-0001
BRUCE M. I., SUBSTITUIERTE CYCLOPENTADIENONRUTHENIUMTRI-
CARBONYLKOMPLEXE 61-0063
- DARST. U. RK. V. CARBONYLCYCLOOCTATETRAENRUTHENIUMKOM-
PLEXEN 63-0095
BRUCE R., PHOSPHOR-WASSERSTOFF-WECHSELWRKG. IN D. (1)H-
KERNMAGNET. RESONANZ-SPEKTREN EINIGER ORGANO-KOBALT, -
NICKEL- U. -PLATIN-KOMPLEXE 54-0009
BRUCK P. R., CALCIFEROL U. VERWANDTE VERB. 8. MITT.
56-0728
BRUCKNER-WILHELMS A., SYNTH. U. RK. V. ENAMINEN 2. MITT.
62-0516
BRUCKNER-WILHEMS A., SYNTH. U. RK. V. HETEROCYCL.
ENAMINEN 1. MITT. 62-0515
BRUDERER H., MASSENSPEKTROMETR. ELIMINIER. V.
NEUTRALPARTIKELN AUS MOLEKEL- U. FRAGMENT-IONEN
54-0088
- SYNTH. IN D. EMETIN-REIHE 14. MITT. 64-0804
BRUDZ' V. G., ANOMALE NITRIER. V. 5-BROM-SALICYLALDEHYD
1. MITT. 54-0255
- ANOMALE NITRIER. V. 5-BROM-SALICYLALDEHYD 2. MITT.
55-0170
BRUECK D., SYNTH. HOCHERMOL. VERB. DURCH PHENOLDEHYDRIER.
4. MITT. 57-0666
BRUENING J., MONOSACCHARIDE MIT STICKSTOFFHALT. RING 16.
MITT. 59-0659
BRUGGER M., THYROCALCITONIN 3. MITT. 62-0810
BRUGGINK A., KOVALENTE SULFONYLMETHYLPERCHLORATE,
MECHANISMUS D. HYDROLYSE 59-0225
BRUGIDOU J., ALPHA.ALPHA'-DISPIRO-KETONE 60-0457
BRUICE T. C., ERNEUTE UNTERS. D. RK. V. PIPERIDIN MIT
2.2.2-TRIFLUORAETHYLTHIOLACETAT 58-0237
- RK. V. TETRANITROMETHAN 1. MITT. 60-0253
- NUCLEOPHILE MIZELLEN 2. MITT. 60-0261
- GLYKOSID-HYDROLYSE 2. MITT. 61-0243
- KATALYT. RK. MIT AZOMETHINEN 10. MITT. 63-0325
- GEM.-EFFEKT 4. MITT. 64-0279
BRUK J. A., ABGESCHIRMTE PHENOLE 5. MITT. 57-0361
BRUMBAUGH R. J., SYNTH. U. THERM. UMLAGER. EINIGER
METHOJODIDE V. SYMM.-TRIAZOLO(4.3-A)PYRIDINEN 60-0596
BRUN J., 2-ACRYLOYL-ANTHRACHINON 59-0453
BRUNE H., 2DIMERE D. 1.2-DIMETHYL-CYCLOBUTADIENS2 57-0468
BRUNE H. A., BIND.-EIG. D. SILICIUMS IN D. SILICIUM-
SILICIUM-BIND. V. ALKOXY-DISILANEN 54-0070
- PROTONENRESONANZ-SPEKTROSKOP. UNTERS. ZUR KENNTNIS D.
BIND.-EIG. D. SILICIUMS IN ORGANOSILICIUM-VERB.
57-0091
- PROTONENRESONANZ-SPEKTROSKOP. UNTERS. AN METHYLIERTEN
CYCLOBUTADIEN-EISENTRICARBONYLEN ZUR KENNTNIS D.
BIND.-VERHAELTNISSE D. KOMPLEX GEBUNDENEN CYCLOBUTADI-
ENS 61-0005
- DARSTELLUNG METHYLSUBSTITUIERTER CYCLOBUTADIENEISEN-
TRICARBONYLE 62-0046
BRUNET H., INFRAROT-PHOTODISSOZIATION V. AETHYLCHLORID
62-0291
BRUNET J. C., DIELS-ALDER-RK. MIT ZWEI SILACYCLOPENTADI-
ENVERB. 59-0496
BRUNI P., ANALOGIE U. EN-SYNTH. 19. MITT. 56-0484
- ANALOGIE U. EN-SYNTH. 20. MITT. 56-0485
BRUNNER H., VERH. D. PHOSPHIN-KOMPLEXE V. NICKEL(II)-
VERB. GEGENUEBER STICKSTOFFOXID 57-0060
- NITROSYL-METALL-KOMPLEXE 3. MITT. 62-0049
BRUNNER R., EINFL. V. SUBBAKTERIOSTAT. CHLORAMPHENICOL-
KONZ. AUF BAKTERIELLES WACHSTUM IN KONTINUIERL. KULTUR
54-0580
BRUNOW G., PHOTOCHEM. CIS-TRANS-ISOMERISIER. V.
SUBSTITUIERTEN DIBENZYLIDENSUCCINANHYDRIDEN 64-0327
BRUNS K., DITERPENE 4. MITT. 58-0746
- DITERPENE 5. MITT. 61-0763
BRUNSKILL J. S. A., SALZE V. 4-ALKYL-3.5-DICYAN-6-
MERCAPTO-PYRIDINTHIONEN-(2) 61-0647
BRUNSWICK D. J., ISOMERIE DISUBSTITUIERTER TRICYCLOCHINA-
ZOLINE 54-0446
BRUSSET H., UEBERSCHUSSGROESSEN. DICHTE U. MOLVOLUMEN V.
BIN. LSG. ALIPHAT. ALKOHOLE IN TETRACHLORKOHLENSTOFF
57-0174
- BERECHN. D. FREIEN UEBERSCHUSSENERGIE IM APOLAREN
SYST. 60-0188
BRYANT C. P., BEST. D. STEREOCHEMIE U. ABSOLUTEN
KONFIGURATION V. C-4 U. C-5 V. 4-AMINE-4.6-DIDESOXY-
HEXOSEN 60-0169
BRYANT D. R., BENZYL-OX. MIT PALLADIUM(II)-ACETAT 63-0415
BRYCE T. A., CHARAKTERISTIKEN METASTABILER IONEN,
CHARAKTERISIER. ISOMERER MOL. 56-0135
BRYCE-SMITH D., 1.4-PHOTOADDIT. V. AMINEN AN BENZOL
54-0191
- PHOTOADDIT. V. DIPHENYLACETYLEN, CYCLOOCTADIEN-(1.3)
U. CYCLOOCTEN AN ANTHRACHINON 62-0513

BRYDON D. L., NEUE ASPEKTE D. ZERS. V. N-NITROSOACYL-
ACRYLAMINEN, FRAGE D. ARIN-BETEILIG. 53-0259
- RADIKAL. ABSPALT. D. JODS AUS AROMAT. JODIDEN 60-0293
BRYUCHOVA E. V., KERNQUADRUPOLRESONANZEN V. (55)MN,
(185)RE U. (187)RE IN CYCLOPENTADIENYLMANGAN(RHENIUM)-
TRICARBONYLEN 64-0010
BRZOSTOWSKI W., THERMODYNAM. EIG. D. MISCHUNGEN V. HEXAN
U. CHLOROFORM 60-0190
BTON D. H. R., PHENOLOX. U. BIOSYNTH. 15. MITT. 55-0591
BUBEN I., OX. V. BRENZCATECHIN 6. MITT. 56-0351
BUBNOV N. N., ELEKTRONENUEBERGANG ALS ERSTER SCHRITT BEI
D. NUCLEOPHILEN SUBSTITUT. 63-0288
BUCCI P., CHEMISCHE VERSCHIEB. V. (13)C U. (1)H IM NMR-
SPEKTRUM EINFACHER METHYL- U. AETHYL-DERIV. 58-0101
BUCHAEVA V. C., AUFSPALT. V. FURANKERNEN IN 2-FURYL-
BENZIMIDAZOLEN 60-0532
BUCHANAN G. L., BRUECKENRINGSYST. 13. MITT. 55-0319
- STARK GESPANNTE BICYCL. SYST. 12. MITT. 58-0530
- THERMO-MICHAEL-RK. 1. MITT. 64-0478
BUCHANAN G. W., FREIE KONFORM.-ENERGIE V. CH2OR-GRUPPEN,
BESTIMMT DURCH (13)C-KERNMAGNETRESONANZ 56-0155
BUCHANAN J. G. S. C., UMWANDL. V. PHYLLOCLADEN IN EIN
NEOATISIRAN-SYST. 56-0679
BUCHARDT O., MASSENSPEKTROMETRIE V. EINIGEN CARBOSTYRILEN
54-0083
- THIOSAEUREN U. IHRE DERIV. 13. MITT. 56-0357
- PHOTOCHEM. UNTERS. 8. MITT. 56-0609
- THIOCARBONSAEUREN U. IHRE DERIV. 12. MITT. 58-0369
- PHOTOCHEM. UNTERS. 12. MITT. 60-0313
- MASSENSPEKTREN V. CHINOLIN- U. ISOCHINOLIN-N-OXIDEN
61-0109
BUCHAREVA V. A., KONDENS. V. AMINOESTERN D. ACRYL- U.
METHACRYLSAEURE MIT DIENEN 1. MITT. 55-0310
BUCHHOLZ A. C., FRAGMENTIER. V. (1-(13)C)ANILIN IM
MASSENSPEKTROMETER 59-0140
- AUFTRETEN EINES TROPYLIUM-IONS MIT STATIST. VERTEIL.
D. MARKIER. IM MASSENSPEKTRUM V. (1ALPHA-(13)C2)TOLUOL
63-0160
BUCHLER J. W., ZUR WEITEREN KENNTNIS D. CHLOROPHYLLS U.
D. HAEMINS 18. MITT. 61-0748
BUCHS A., UNTERS. V. CYCLOHEXANDIOLEN DURCH
MASSENSPEKTROMETRIE 62-0110
- UNTERS. IN D. CYCLITREIHE 37. MITT. 62-0111
BUCHTA E., POLYCYCL. VERB. 18. MITT. 57-0465
- POLYCYCL. VERB. 19. MITT. 57-0466
BUCK H. M., WASSERSTOFFATOMUEBERTRAG. V. ALKANEN U.
AROMAT. PROTONENKOMPLEXEN AUF AROMAT. KATIONEN U.
CHINONE 54-0141
BUCK K. T., UNTERS. D. SYNTH. V. ERWEITERTEN BETA-
CARBONYL-VERB. 59-0584
BUCKENE A. I., TRITYLIER. V. N-(BETA-CYAN-AETHYL)-
ARYLAMINEN 58-0496
- DISPROPORTIONIER. V. TRITYLGRUPPEN 60-0417
- NEUE UMTRITYLIER.-RK. 63-0507
BUCKINGHAM A. D., BEST. D. KERNMAGNET. ABSCHIRMANISOTRO-
PIEN V. GELOESTEN STOFFEN IN FLUESSIGKRIST.-LSGM.
63-0011
BUCKINGHAM J., 6-PHENYLAZO-DELTA(5)-CHOLESTEN-3BETA-OL,
D. SOG. ''3BETA.5ALPHA-DIHYDROXY-CHOLESTAN-6-ON-
PHENYLHYDRAZON'' 53-0563
- 6-PHENYLAZO-CHOLESTAN-DERIV., UMERKENN. D. STRUKTUREN
V. PRODUKTEN AUS PHENYLHYDRAZIN U. OZONISIERTEN
CHOLESTERIN-DERIV. 53-0564
- N-HALT. KOHLEHYDRATDERIV. 16. MITT. 55-0491
- DEMONSTRAT. D. GEOMETR. ISOMERIE IN ARYLAZOALKANEN
56-0695
- ARYLAZOSTEROIDE 3. MITT. 63-0832
BUCKLES R. E., ''VIRTUELLE'' FERNKOPPL. IN EXO.EXO-3.6-
DIBROM-BICYCLO(2.2.1)HEPTAN-2.5-DION 57-0109
BUCKLEY A., TRENN. POLARER U. STER. EFFEKTE 8. MITT.
63-0276
BUCKLEY P. D., RK. D. CHLORIDIONS MIT 5-METHYL-2-
CYCLOHEXENYL-CHLORID. DETAILLIERTER MECHANISMUS FUER
EINE ANIONENGEFOERDERTE ALLYLUMLAGER. 58-0287
BUCKUS P. F., TRITYLIER. V. N-(BETA-CYAN-AETHYL)-
ARYLAMINEN 58-0496
- DISPROPORTIONIER. V. TRITYLGRUPPEN 60-0417
- NEUE UMTRITYLIER.-RK. 63-0507
BUCOURT R., TOTALSYNTH. V. OESTRON U. ASYMM. UMWANDL.
55-0561
- DIEDERWINKEL U. KONFORM.-ANALYSE, GEOMETR. U. ENERGET.
UNTERS. D. KONFORM.-INVERS. D. CYCLOHEXANS,
CYCLOHEXANONS U. CYCLOHEXENS 57-0160
BUDDENBAUM W. E., EINFL. D. DEUTERIUM-SUBSTITUT. AUF D.
GESCHW. ORGAN. RK. 11. MITT. 58-0244
BUDDING H. A., CHEMIE D. ORGANOMETALLVERB. D. 4. GRUPPE
26. MITT. 58-0032
- ORGANOMETALLCHEMIE D. GRUPPE IV 27. MITT. 58-0033
- CHEMIE V. ORGANOMETALLVERB. D. 4. GRUPPE 28. MITT.
63-0069
- CHEMIE V. ORGANOMETALLVERB. D. 4. GRUPPE 29. MITT.
63-0070
BUDDRUS J., ADDIT. V. DIHALOGENCARBENEN AN DIOLEFINE
58-0329
- RK. V. DIHALOGENCARBENEN MIT ENOLAETHERN 58-0330
- RK. V. DIHALOGENCARBENEN MIT ACETYLENEN 58-0333
- DARST. V. 1.3-DIOXOLANEN AUS ALDEHYDEN U. EPOXIDEN IN
NEUTRALEM MEDIUM 58-0589
- RK. V. DICHLORCARBEN MIT UNSUBSTITUIERTEN AROMATEN
59-0462
- DARST. V. 2-HALOGEN-DIENEN UEBER 1.1-DIHALOGEN-
CYCLOPROPANE 61-0326
- UMWANDL. EINIGER ALDEHYDE U. KETONE IN ALPHA-HALOGEN-
CARBONSAEUREESTER 61-0350
- ADDIT. V. HALOFORMEN AN POLARISIERTE DOPPELBIND.
61-0351
BUDE D., RINGSCHLUSS BEI D. MICHAELIS-ARBUZOV-RK. V.
TRIALKYLPHOSPHITEN MIT PHTHALOYLCHLORID 55-0372
BUDESINSKY Z., LANGWIRKENDE SULFONAMIDE 4. MITT. 64-0745
BUDSCHEDL H., SYNTH. V. HETEROCYCLEN 101. MITT. 56-0451
- SYNTH. V. HETEROCYCLEN 104. MITT. 56-0454
BUDZIKIEWICZ H., ALKALOIDE V. CALLICHILIA SUBSESSILIS 3.
MITT. 53-0508
- ISOLIER. V. FONTAPHILLIN, GENTIANIN U. 4-AMINO-
NICOTINSAEUREMETHYLESTER AUS BLATTEXTRAKTEN V.
FONTANESIA PHILLYREOIDES LABILL 53-0604
- CHEM. UNTERS. MARINER INVERTEBRATEN 3. MITT. 62-0747
BUECHI G., SYNTH. D. BETA-SINENSALS 56-0685
- DARST. V. 2-CARBAETHOXY-CYCLOPENTAN-1.3-DION 58-0472
- TOTALSYNTH. V. RACEMISCHEN DEHYDROFUROPELARGONEN
60-0739
- SYNTH. V. ROSEFURAN U. DEHYDROELSHOLTZION 61-0539
- TOTALSYNTH. V. VELBANAMIN 62-0735
BUECHLER W., EINE INFRAROTSPEKTROMETR. ANALYSENMETH. FUER
5-CHLOR-7-JOD-8-HYDROXY-CHINOLIN 54-0597
BUECKING H., CARBEN-RK. MIT DERIV. D. DIMETHYLMALONDIAL-
DEHYDS 59-0296
BUENDIA J., SYNTH. V. 4- U. 4.4''-SUBSTITUIERTEN
PARATERPHENYLDERIV. 57-0412
BUERGER H., SCHWING.-SPEKTREN V. TRIMETHYLSILYL-ALKYL-
BZW. -PHENYL-AMINEN 59-0107
- HYDROLYT. SPALT. V. TRIS-(TRIMETHYLSILYL)-DERIV. D.
ELEMENTE PHOSPHOR, ARSEN U. ANTIMON 62-0027
- CHEMIE D. SILICIUM-STICKSTOFFVERB. 69. MITT. 64-0043
- CHEMIE D. SILICIUM-STICKSTOFF-VERB. 70. MITT. 64-0044
BUERGER W., ALPHA-HALOGENAETHER 31. MITT. 53-0203
BUERK H., ESR-UNTERS. EINER MODELL-PHENOXAZIN-SYNTH.
57-0620
BUETHE H., VERS. ZUM VORGANG D. WASSERSTOFFUEBERTRAG. 17.
MITT. 64-0251
BUEVIC V. A., NITRO-O-TRINITROMETHYLIER. D. 1-PHENYL-
CYCLOHEXENS MIT TETRANITROMETHAN 57-0422
BUFFAGNI S., AROMAT. MOL.-KOMPLEXE 13. MITT. 60-0049
- AROMAT. MOL.-KOMPLEXE 14. MITT. 60-0050
- AROMAT. MOL.-KOMPLEXE 15. MITT. 60-0051
BUGGE A., PROTONENMAGNET. RESONANZ V. THIOPHENEN 12.
MITT. 61-0006
- METALLIER. V. THIENO(2.3-B)THIOPHEN U. THIENO(3.2-
B)THIOPHEN MIT BUTYLLITHIUM 61-0548
BUHL F., RK. ZWISCHEN BLEI(II)-IONEN U. 2.2'-
DICINCHONINATIONEN 56-0071
BUIST G. J., MECHANISMUS D. PERJODSAEUREOX. V. ALPHA-
GLYKOLEN 8. MITT. 58-0216
BUJANOV V. N., INDOL-DERIV. 29. MITT. 62-0544
BUKA M. R., 8-MERCAPTO-CHINOLIN (THIOOXIN) U. SEINE
DERIV. 39. MITT. 60-0209
BUKAC Z., ALKAL. POLYMERISAT. V. 6-CAPROLACTAM 30. MITT.
54-0443
BULANOVA N. P., ORGAN. PESTIZIDE. DARST. V.
ARYLOXYALKYLCARBONSAEUREN, -ESTERN U. -AMIDEN, D. IN
D. SEITENKETTE VERSCHIEDENE SUBSTITUENTEN TRAGEN
64-0430
BULAT A. D., ARYL-ALLYL-SULFONE, NUKLEOPHILE ADDIT. V.
DIAZOMETHAN AN ARYL-ALLYL-SULFONE 54-0381
- RK. V. ARYL-ALLYL-SULFONEN 55-0276
BULL J. R., DARST. V. N-ARYL-4-TERT.-BUTYL-
CYCLOHEXYLAMINEN UEBER ANILE ALS ZWISCHENPROD. 54-0302
- NITROSTEROIDE 5. MITT. 58-0085
BULLEN G. J., STRUKTUR V. TRIS-(1.3.2-BENZODIOXABOROLYL-
(2))-AMIN, (C6H4BO2)3N 55-0123
BULLOCK F. J., ANTIPROTOZOALE CHINONE 1. MITT. 63-0897
BULLOCK M. W., RACEMATSPALT. U. RACEMISIER. V. 6-PHENYL-
2.3.5.6-TETRAHYDRO-IMIDAZO(2.1-B)THIAZOL-HYDROCHLORID
(TETRAMISOL) 57-0543
- NEUE SYNTH. V. 6-PHENYL-2.3.5.6-TETRAHYDRO-
IMIDAZO(2.1-B)THIAZOL 62-0573
BULOJCIK Z. I., ACYLPEROXIDE 18. MITT. 60-0377
BULTEN E. J., ORGANOGERMANIUMVERB., 8. MITT. 57-0043
BULTHUIS J., NMR-SPEKTREN VON EINIGEN SUBSTITUIERTEN
BENZOLEN MIT D2H-SYMMETRIE IN EINEM NEMATISCHEN
LOESUNGSMITTEL 64-0122
BULTSMA T., NEUE SYNTH. V. 1-AMINO-3-ARYL-ISOCHINOLINEN
61-0633
BUMGARDNER C. L., PHOTOLYSE V. TETRAFLUORHYDRAZIN-
CYCLOPROPAN-GEMISCHEN 62-0296
BUNCE N. J., ORGAN. PHOTOCHEMIE 8. MITT. 63-0452
BUNCEL E., H-AUSTAUSCH IN 1.3.5-TRINITRO-BENZOL, EINFL.
V. BASEN 53-0150
BUNDY G. L., NEUER WEG ZU CYCLODIENEN-(1.5) UEBER
ALKYLBORAN-FRAGMENTIER. 54-0281
BUNINA-KRIVORUKOVA L. I., AUSTAUSCHRK. V. CHLORHALT.
TELOMEREN D. DIENKOHLENWASSERSTOFFE 12. MITT. 55-0242
- KONDENS. V. AROMAT. VERB. MIT ALLYLHALOGENDERIV. 2.
MITT. 56-0371
- KONDENS. AROMAT. VERB. MIT HALOGENIDEN V. ALLYLTYP 3.
MITT. 57-0392
- ALPHA-UMLAGER. V. 4-(3-CHLOR-BUTEN-(2)-YL-OXY)-TOLUOL
UNTER ZNCL2-EINFL. 58-0403
- KONDENS. AROMAT. VERB. MIT HALOGENIDEN V. ALLYLTYP 4.
MITT. 64-0467

BUNNETT J. F., KINETIK D. RK. V. 2-HEXYLHALOGENIDEN U. 2-HEXYL-P-BROM-BENZOLSULFONAT MIT NA-METHYLAT IN METHANOL. BEWEIS, DASS D. ORIENTIER. D. UNTER OLEFIN-BLDG. VERLAUFENDEN ELIMINIER. NICHT DURCH D. STER. ANFORDER. D. AUSTRETENDEN HALOGENGRUPPEN BESTIMMT WIRD 58-0271
- BASENINDUZIERTE DEHALOGENIER. V. ARYLHALOGENIDEN IN TERT.-BUTYLALKOHOL-DIMETHYLSULFOXID U. AEHNL. LSGM.-GEMISCHEN 58-0398
- DURCH BASEN KATALYSIERTE ISOMERISIER. V. 1.2.4-TRIJODBENZOL 61-0382
- BEWEIS EINES RADIKALMECHANISMUS ODER V. RADIKALMECHANISMEN FUER D. DESDIAZONIER. IN ALKAL.-ALKOHOL. LSGM. 63-0446
- KINETIK D. REVERSIBLEN RK. V. PIPERIDIN MIT 2.4-DINITRO-ANISOL IN METHANOL. LSG. 64-0283

BUNTING J. W., PTERIDINE 34. MITT. 59-0625

BUNTON C. A., HYDROLYSE V. PHOSPHORSAEURE-P-NITROPHENYL-DIPHENYL-ESTER 58-0234
- ALKAL. HYDROLYSE V. BENZAMID, N-METHYL- U. N.N-DIMETHYL-BENZAMID 59-0221
- ELEKTROLYTEINFL. AUF SAEUREKATALYSIERTE ESTER-HYDROLYSEN 60-0260

BURCH H. A., NITROFURYLHETEROCYCLEN 7. MITT. 57-0607

BURCHENAL J. H., SYNTH. U. EIG. V. 2.6-DIHYDROXYLAMINO-PURIN U. SEINES 9-BETA-D-RIBOFURANOSYLDERIV. 57-0646
- SYNTH. U. BIOLOG. EIG. V. HYDROXYLAMINOPURINEN U. VERSCHIEDENEN DERIVATEN 63-0871

BURCHILL P. J. M., GEHINDERTE ROTAT. UM DIE ALIPHAT. KOHLENSTOFF-KOHLENSTOFFBIND. IN 1.2-DISUBSTITUIERTEN TETRAARYLAETHANEN 59-0169

BURDE N. L., NITROSIER. V. ACETONDECARBONSAEUREDIAETHYLESTER 53-0227

BURDEN F. R., ROTAT.-KONST. U. DIPOLMOMENT V. 3.4-DIMETHYLEN-CYCLOBUTEN 53-0061

BURDEN R. S., HELIOPSIS SCABRA-EXTRAKTE, STRUKTUR U. STEREOCHEMIE ZWEIER NEUER LIGNANE 59-0785

BURDITT N. A., NEUE SYNTH. V. 3.4-BENZO-PHENANTHREN 56-0427

BURDON J., RK. V. ORGANOKUPFERVERB. MIT HALOGENOLEFINEN 57-0288

BURDON M. G., SYNTH. V. PSEUDOURIDIN U. V. 5-BETA-D-RIBOFURANOSYLURIDIN 61-0714

BURENKO P. S., KINET. UNTERS. D. TRANS-ENOL-ALDO-CIS-ENOL-UMLAGER. V. 2-FORMYL-2-PHENYL-ESSIGSAEURE-ALKYLESTERN 55-0138

BURENKO S. N., CYCLOPROPANE U. CYCLOBUTANE 53. MITT. 58-0481

BURG A. B., BIS-(TRIFLUORMETHYL)-DITHIOPHOSPHINSAEURE U. VERWANDTE DERIV. 61-0378
- BIS-(TRIFLUORMETHYL)-PHOSPHINOXYSILANE 64-0415

BURG T. E., SYNTH. V. 1.4.7.10-TETRAAZA-CYCLODODECAN 63-0743

BURGADA R., RK. D. CARBONYL-GRUPPE MIT AMINOPHOSPHINEN, RK. V. KETONEN 55-0243
- STEREOCHEMIE EINIGER SPIROPHOSPHORANE 57-0565
- EINIGE HETEROCYCL. PHOSPHORVERB. 59-0580
- EINW. V. AMINOPHOSPHINEN AUF EINIGE IMIDSAEUREALKYLESTER 62-0350

BURGER A., ANTIMALARIAMITTEL 2. MITT. 60-0461
- ANTIMALARIAMITTEL 3. MITT. 60-0462

BURGER K., CHEMIE D. KOMPLEXE V. LIGANDEN MIT SCHWEREN DONATORATOMEN 2. MITT. 58-0010
- CHEMIE D. KOMPLEXE V. LIGANDEN MIT SCHWEREN DONATORENATOMEN 1. MITT. 58-0024

BURGER T., O-CHINONE 30. MITT. 56-0230
- O-CHINONE 31. MITT. 58-0310

BURGERT B. E., MECHANISMUS D. ANOD. ACETAMIDIER. 61-0185
- ANODISCHE SEITENKETTENSUBSTITUTION, METHOXYLIERUNG VON TETRALIN 61-0186
- ELEKTROCHEM. SUBSTITUT.. DURCH CYANAT-IONEN 62-0185

BURGES P., FARBRK. V. KOHLENHYDRATEN 5. MITT. 64-0781

BURGESS A. R., D. ROLLE V. HYDROPEROXIDEN ALS KETTENSPALTENDE STOFFE BEI D. OX. V. HEPTAN IN D. KALTEN FLAMME 53-0124

BURGESS C., MODIFIZIERTE STEROID-HORMONE 48. MITT. 54-0543

BURGESS E. M., PHOTOCHEM. ZERS. V. 1H-1.2.3-TRIAZOLDERIV. 61-0589

BURGESS J., SAURE AQUOTISIER. V. OKTAEDR. KOMPLEXEN IN TERT.-BUTANOL-WASSER-GEMISCHEN 56-0050

BURGESS J. R., BAEYER-VILLIGER-RK. ALS QUELLE FUER ''ANOMALE'' OZONOLYSEPROD. 59-0313
- BEWEIS FUER EINEN NEUEN MECHANISMUS D. OZONOLYSE 61-0210

BURGSTAHLER A. W., UNTERS. IN D. PINAN-REIHE, SYNTH. V. ''(+-)-ORTHODEN'' 60-0744

BURIANEC Z., SOLVOLYSE D. BENZYLIDENDERIV. 3. MITT. 55-0175

BURKHARDT H. J., O-METHYL-STERIGMATOCYSTIN, EIN NEUES STOFFWECHSELPROD. AUS ASPERGILLUS FLAVUS, LINK EX FRIES 57-0766
- MYCOTOXINE, ERZEUGT DURCH FUSARIUM NIVALE (FRIES) CESATI, ISOLIERT AUS FESTUCA ARUNDINACEA SCHREB. - SYNTH. V. 4-ACETAMIDO-4-HYDROXY-2-BUTENSAEURE-GAMMA-LACTON 58-0566

BURKHARDT T., POLYACETYLENVERB. 146. MITT. 59-0810

BURKHART R. D., ABS. GESCHW.-KONST. D. BIMOL. RK. V. RADIKALPAAREN IN LSG. BENZYL- U. PENTYLRADIKALE 58-0204

BURKHOLDER P. R., ANTIBAKTERIELLE SUBSTANZEN AUS SCHWAEMMEN 2. MITT. 54-0562

BURKINSHAW G. F., CHEMIE D. PODOCARPACEAE, 14. MITT. 54-0526

BURKOVA S. A., EIGENSCHAFTEN V. ALKYLARYLTRIAZENEN 58-0431

BURLINGAME A. L., KETOCARBONSAEUREN, ISOLIERT AUS D. EOZAEN (COLORADO GREEN RIVER SHALE) 56-0305
- EMOLEKULARSTRUKTUR-UNTERS. DURCH HOCHAUFLOESENDE MASSENSPEKTREN 9. MITT. 61-0107
- ENZYMAT. CYCLISIER. V. 15-NORSQUALEN-2.3-OXID 63-0805

BURLINGAME T. G., NICHTAEQUIVALENZ D. NMR-SPEKTREN V. ENANTIOMEREN IN OPT. AKT. LSGM. 3. MITT. 53-0074

BURMESTER S., ALKYLCYANATE 10. MITT. 58-0278

BURMISTROV S. I., CHLORMETHYLIER. V. ARENSULFONYL-N-ALKYL-ARYLAMIDEN 5. MITT. 53-0247
- FORMYLIER. V. 1-ARENSULFONYLAMIDO-NAPHTHALINEN 53-0297
- FORMYLIER. V. ARENSULFONYL-N-METHYL-ARYLAMIDEN 54-0251
- SULFOCHLORIER. V. 4-(ARENSULFONYL-N-METHYLAMINO)-1.3-XYLOLEN 54-0252
- CYMOLDERIV. 5. MITT. 54-0265
- CYMOLDERIV. 6. MITT. 55-0275
- ARENSULFONYLBENZIMIDOCHLORIDE 3. MITT. 56-0353

BURMISTROV V. T., SYNTH. EINIGER VERB. MIT URETHAN- U. AMIDGRUPPEN 53-0230

BURN D., MODIFIZIERTE STEROIDHORMONE 49. MITT. 62-0797

BURNELL E. E., BEST. D. KERNMAGNET. ABSCHIRMANISOTROPIEN V. GELOESTEN STOFFEN IN FLUESSIGKRIST.-LSGM. 63-0011

BURNELL R. H., STRUKTUR V. TABERPSYCHIN 58-0729

BURNELLE L., PHOTODIMERISIER. V. ANTHRACEN U. DESSEN MESO-SUBSTITUIERTEN DERIV. 62-0290

BURNESS D. M., RK. V. THIOLEN MIT 2.5-DIHYDRO-2.5-DIMETHOXYFURAN, SYNTH. D. 2-FURYL-THIOAETHER 63-0599

BURNETT A. R., NATUERL. VORKOMMENDE CHINONE 10. MITT. 55-0520
- BIOGENESE V. ANTHRACHINONEN IN RUBIACEAE 56-0762
- NATUERLICH VORKOMMENDE CHINONE 12. MITT. 60-0728
- NATUERL. VORKOMMENDE CHINONE 13. MITT. 60-0729
- NATUERL. VORKOMMENDE CHINONE 14. MITT. 60-0730

BURNHAM D. R., HMO-BERECHN. AN 6-OXO-(6H)-CYCLOHEPTA(C)-FURAN U. VERWANDTEN SYST. 63-0170

BURPO D. H., RINGSCHLUSS BEI D. MICHAELIS-ARBUZOV-RK. V. TRIALKYLPHOSPHITEN MIT PHTHALOYLCHLORID 55-0372

BURRI K., (2.2....)METACYCLOPHANE 54-0304
- STEREOSELEKTIVE UMWANDL. V. (2.2.2.2.2.2)METACYCLOPHAN IN EIN ALL-TRANS-HEXAEN 56-0426

BURROWS I. E., PURINE, PYRIMIDINE U. IMIDAZOLE 27. MITT. 57-0660

BURROWS W. D., KINETIK D. NEUTRALEN U. ALKAL. HYDROLYSE V. TRIMETHYLSULFONIUM- U. BENZYLMETHYLPHENYLSULFONIUM-SALZEN 64-0269

BURSEY M., PHOTOCHEMISCHE ANALOGIEN IM MASSENSPEKTRUM, ORTHO-EFFEKT 59-0135

BURSEY M. M., SUBSTITUENTENEINFL. IN MONOMOLEKULAREN IONENZERS. 8. MITT. 58-0119
- AUFTRETEN V. TROPYLIUMLIGANDEN IN D. MASSENSPEKTREN V. SUBSTITUIERTEN FERROCENEN 59-0013
- EIN CYCLOBUTADIENKATIONRADIKAL IM MASSENSPEKTROMETER, UNTERS. V. MASSENSPEKTROMETR. RK. DURCH KENNZEICHN. MIT P-FLUORSUBSTITUENTEN 60-0137

BURSEY R., GEGENSATZ PHOTOCHEM. PYROLYT. MODELLE ZUR MASSENSPEKTROSKOP. FRAGMENTIER., DESALKYLIER. V. N-ALKYL-2.4-DIPHENYL-PYRROLEN 63-0342

BURSTEIN S., STEREOSPEZIFISCH MARKIERTES DELTA(1(6))-TETRAHYDROCANNABINOL 62-0780

BURTON D. E., HALOGEN-O-PHENYLENDIAMINE U. ABGELEITETE HETEROCYCLEN 1. MITT. 62-0500
- HALOGEN-O-PHENYLENDIAMINE U. V. IHNEN ABGELEITETE HETEROCYCLEN 2. MITT. 62-0501

BURTON D. J., DARST. U. RK. EINES GEMISCHTEN HALOGEN-YLIDS 56-0366
- FLUOROLEFINE 2. MITT. 63-0211

BURTON F. G., MECHANISMUS D. ELEKTROLYT. RED. D. KOHLENSTOFF-HALOGEN-BIND. 2. MITT. 63-0235

BURZLAFF H., KRIST.-STRUKTUR D. N.N'-DIMETHYL-TRANS-PERHYDRO-CYCLOPENTA(1.2-C,3.4-C')DIPYRROL-BIS-METHOJODIDS 63-0192
- KRISTALLSTRUKTUR D. CIS-PERHYDRO-CYCLOPENTA(1.2-C,3.4-C')DITHIOPHEN-S.S.S'.S'-TETROXIDS, C9H14O4S2 63-0193

BUS J., RK. V. ALKYLIDENMALONITRILEN MIT DIAZOMETHAN 54-0298

BUSETTA B., KRIST.-STRUKTUR V. 10-(2-DIMETHYLAMINO-PROPYL-(1))-PHENOTHIAZIN-HYDROBROMID 60-0182
- ANWEND. D. SYMBOL-ADDIT.-METH. AUF D. RAUMGRUPPE P2(1)2(1)2(1), STRUKTUR V. 1.3-DIAETHYL-2-THIO-BARBITURSAEURE 62-0159

BUSETTO L., EIN THIOCARBONYLEISEN-KOMPLEX 63-0085

BUSH L. W., ELEKTRONENSPINRESONANZ-UNTERS. DURCH SILICIUM U. GERMANIUM SUBSTITUIERTER ANION-RADIKALE 64-0135

BUSH R. P., EINE NEUE METALLIER.-RK. V. N-LITHIO-TERT.-BUTYLAMINO-TRIMETHYL-SILAN 57-0340
- 1-TRIMETHYLSILYL-2.2.4.4-TETRAMETHYLCYCLODISILAZAN 57-0487

BUSHMAN D. G., MECHANISMEN V. ELIMINIER.-RK. 10. MITT. 61-0275

BUSHWELLER C. H., ROTAT.-BARRIEREN V. O-(N.N-DIMETHYL-CARBAMOYL)-OXIMEN 57-0139
- KONFORM.-ANALYSE V. MULTISCHWEFEL-HETEROCYCLEN 2. MITT. 62-0135
- KONFORMAT.-ANALYSE V. MULTI-SCHWEFEL-HETEROCYCLEN 3.

MITT. 62-0136
- ENERGIEBARRIERE D. KONFORM.-UMWANDL. V. CYCLOPENTAME-THYLENDIMETHYLSILAN 62-0137
BUSNOT A., THERMOCHEM. UNTERS. EINIGER METALLCYANAMIDE 1. MITT. 64-0020
- THERMOCHEM. UNTERS. EINIGER METALLCYANAMIDE 2. MITT. 64-0037
BUSNOT F., THERMOCHEM. UNTERS. EINIGER METALLACETATE 2. MITT. 63-0061
BUSS D. H., RK. ZWISCHEN KOHLENHYDRATEN U. PROTEINEN 14. MITT. 63-0774
BUTCHER F. K., MODIFIZIERTE STEROIDHORMONE 49. MITT. 62-0797
- MODIFIZIERTE STEROIDHORMONE 50. MITT. 62-0798
BUTER J., PHOTOCYCLISIER.-RK. V. PHENYLTHIOAETHENEN 64-0593
BUTIN K. P., STRUKTUREFFEKTE BEI D. POLAROGRAPHIE QUECKSILBERORGAN. KATIONEN 63-0035
BUTLER A. R., AROMAT. REAKTIVITAET 36. MITT. 60-0272
BUTLER G. B., CIS-4A.5.8.8A-TETRAHYDRO-6.7-DIBROMMETHYL-NAPHTHOCHINON AUS 2.3-DIBROMMETHYL-BUTADIEN-(1.3) 55-0330
BUTLER K., TOTALSYNTH. V. DL-6-DESMETHYL-6-DESOXY-TETRACYCLIN 58-0004
- ANISOMYCIN 3. MITT. 63-0850
BUTLER P. E., SUBSTITUENTENEINFL. AUF D. RINGOEFFN. V. EPISULFONIUMIONEN 61-0279
- FAKTOREN, D. D. NATUR D. EPISULFONIUMIONS BEI D. SULFENYLCHLORID-ADDIT. AN TERMINALE OLEFINE BEEINFLUSSEN 61-0280
- RK. V. SULFENYLCHLORIDEN MIT ALLEN 62-0334
- CYCLOBUTANVERB. 5. MITT. 63-0134
- BETA-CHLOR-ALKYLSULFENAMIDE. ADDIT. V. DIMETHYLAMINO-SULFENYLCHLORID AN UNGESAETT. KOHLENWASSERSTOFFE 63-0378
BUTLER R. N., RK. V. SUBSTITUIERTEN 2-ALKYL-2H-TETRAZOLYL-(5)-HYDRAZONEN MIT BROM U. BLEITETRAACETAT, WEGE ZU 6-ARYL-1-METHYL-(1.2.4)TRIAZOLO(4.3-D)TETRAZOLEN 64-0661
BUTLER R. S., ADDITIVE PROTON-PROTON-KOPPL.-EFFEKTE IN DISUBSTITUIERTEN BENZOLEN 59-0114
BUTTER E., ROENTGENKRISTALLOGRAPH. DATEN V. ADDUKTEN EINIGER TRIS-(BETA-DIKETONATO)-EUROPIUM(III)-CHELATE 60-0020
BUTTERWORTH R. F., NEUER WEG ZU VERZWEIGTKETT. ZUCKERN DURCH C-ALKYLIER. V. METHYLGLYKOPYRANOSIDULOSEN 62-0715
BUTTY M., RK. V. CHLORAL MIT ALKOHOLEN 3. MITT. 64-0082
BUU-HOI N. P., NACHW. D. BLDG. FREIER RADIKALE IM LAUFE D. THERMOLYSE AROMAT. ALDAZINE 53-0175
- THERMOLYSE V. UNSYMM. ALDAZINDERIV. D. FLUORENYLIDEN-(9)-HYDRAZINS, MECHANISMUS D. BLDG. V. 1.2-DIARYL-AETHYLENEN AUS AROMAT. ALDAZINEN 56-0420
- Z. TI.CHEMIE D. CARBAZOLE, 2. MITT. 56-0488
- GERUCH U. CHEM. KONSTIT. BEI STRUKTURANALOGEN V. TERT.-BUTYL-TETRALONEN-(1) 56-0531
- CARCINOGENE STICKSTOFFVERB. 59. MITT. 57-0577
- THERMOLYSE AROMAT. ALDAZINE 4. MITT. 59-0137
- CARCINOGENE STICKSTOFFVERB. 60. MITT. 59-0510
- BEQUEME DARST. V. IN MESO-STELLUNG MONO- U. DISUBSTITUIERTEN PHENANTHREN-DERIV. 59-0602
- KERNMAGNET. RESONANZ V. SCHWEFEL- U. SELEN-ANALOGEN V. BENZOCYCLANONEN 60-0088
- FRIEDEL-CRAFTS-ACYLIER.-RK. V. POLYCYCL. AROMAT. KW-STOFFEN 5. MITT. 60-0446
- HETEROCYCL. ANALOGE V. POLYARYLEN 63-0673
- THERMOLYSE V. AZINEN 5. MITT. 64-0466
- METHYL-HOMOLOGE D. PYRANTHRENS U. VIOLANTHRENS 64-0534
- ANOMALES VERH. V. PHENYLHYDRAZONEN EINIGER BICYCL. KETONE MIT BRUECKE BEI D. FISCHER-RK., VGL. MIT D. PFITZINGER-RK. 64-0612
- GERUCH U. CHEM. KONSTIT. IN TERT.-BUTYL-CHROMANONEN 64-0665
BUURMAN D. J., RINGUMLAGER. BEI RK. V. HETEROCYCL. HALOGENVERB. MIT NUCLEOPHILEN 11. MITT. 53-0166
BUVET R., VORLAEUFIGE DATEN FUER SAEURE-BASE-RK. IN N-METHYLACETAMID 56-0191
- LEITFAEHIGK. V. GEMISCHEN AUS N-METHYL-ACETAMID U. BROM 57-0196
- ELEKTROCHEMIE IN TETRAHYDROFURANLSG. 3. MITT. 60-0221
- ELEKTROCHEMIE IN TETRAHYDROFURANLSG. 4. MITT. 60-0222
BUXTON M. W., RK. D. 1.2.3.4-TETRAFLUORBENZOLS U. VERWANDTER VERB. 55-0313
BUYLE R., ALPHA-CHLOR-ENAMINE 1. MITT. 62-0357
- ALPHA-CHLOR-ENAMINE 2. MITT. 64-0406
BUYS H. R., KONFORM. NICHTAROMAT. RING-VERB. 41. MITT. 55-0071
- KONFORM. NICHTAROMAT. RINGVERB. 42. MITT. 61-0139
- KONFORM. V. NICHTAROMAT. RINGVERB. 43. MITT. 61-0140
- KONFORM. NICHTAROMAT. RINGVERB. 49. MITT. 63-0187
BUYSCH H., SYNTH. MIT ENAMINEN 16. MITT. 56-0295
- SYNTH. MIT ENAMINEN 17. MITT. 56-0296
- SYNTH. MIT ENAMINEN 15. MITT. 56-0384
BUZUEVA A. M., SYNTH. VON AETHYLENIMIDERIV. DES PYRIMIDINS 60-0654
BUZYKIN B. I., 2.4.6-TRINITRO-THIOPHENOLE 2. MITT. 62-0380
- 2.4.6-TRINITRO-TRIOPHENOLE 3. MITT. 62-0381
BY A. W., STEROIDHORMONE 4. MITT. 59-0745
BYCK J. S., SYNTH. V. VERB. MIT STRUKTURELLER BEZIEH. ZU DEM EFEUGIFT URUSHIOL 2. MITT. 64-0426
BYCROFT B. W., SYNTH. V. (+-)-DI-O-METHYL-CURVULARIN 53-0473
- VIOMYCIN. WEITERE ABBAUUNTERS., VORL. MITT. 62-0823
BYLINA G. S., ACYLPEROXIDE 18. MITT. 60-0377
- ACYLPEROXIDE 19. MITT. 61-0383
BYRD D., DEHYDROANNULENE MITTLERER RINGGROESSE 2. MITT. 53-0274
BYRNE W. E., ZWISCHENPROD. BEI D. NUCLEOPHILEN AROMAT. SUBSTITUT. 2. MITT. 54-0166
- ZWISCHENPROD. BEI NUCLEOPHILEN AROMAT. SUBSTITUT. 3. MITT. 61-0248
BYRNES P. G., RK. V. HYDRAZINEN MIT ESTERN U. CARBONSAEUREN 59-0366
BYSTROV V. F., UNTERS. D. STRUKTUR CHEM. VERB. MIT HILFE D. NMR-SPEKTRUMS 6. MITT. 60-0672

C

CABARET D., STEREOCHEMIE D. RED. V. IMMONIUMSALZEN DURCH ORGANOMAGNESIUMVERB. 57-0213
CABELL M., RK. V. TROPON MIT MESYLSULFEN 62-0556
CABRERA A., BESTANDTEILE V. ZALUZANIA-SPEZIES 2. MITT. 54-0566
CACACE F., RK. VON HE(3)H(+)-IONEN MIT GASFOERMIGEN KOHLENWASSERSTOFFEN 2. MITT. 60-0227
- RK. V. HE(3)H(+)-IONEN MIT GASF. KW-STOFFEN 3. MITT. 62-0195
CACERES D., PROTON-ACCEPTORSTAERKE V. N-HEXYLAMIN, KALORIMETRISCHE UNTERS. D. KOMPLEXBLDG. V. N-HEXYLAMIN U. CHLOROFORM IM TERNAEREN SYST. 64-0210
CADENA D. G. JUN., ELEKTRONENSPINRESONANZUNTERS. AN FREIEN RADIKALEN, DIE BEI 77 GRAD K IN O-METHYL-ISOHARNSTOFF-HYDROCHLORID DURCH ROENTGENBESTRAHLUNG ERZEUGT WERDEN 61-0097
- UNTERS. V. MIT ROENTGENSTRAHLEN BESTRAHLTEM DL-METHIONIN DURCH ELEKTRONENSPINRESONANZ 61-0104
CADIOT P., BENZOLE U. ANTHRACENE MIT UNGESAETT. SEITENKETTEN 57-0450
- ACETYLENVERB. D. ELEMENTE D. GRUPPE IIIB, SYNTH. U. EIG. V. DIAETHYLALKINYLALUMINIUMVERB. 58-0044
- ACETYLENVERB. D. ELEMENTE D. GRUPPE IIIB. KOMPLEX GEBUNDENES TRIALKINYLALUMINIUM U. TRIALKINYLGALLIUM 58-0045
- ACETYLENVERB. D. ELEMENTE D. GRUPPE IIIB. DARST. U. EIG. FREIER U. KOMPLEX GEBUNDENER DIARYLALKINYLALUMINIUMVERB. 58-0046
- ANIONOTROPE UMLAGER. V. DIARYLALKINOLEN 58-0475
- ACETYLENVERB. DER ELEMENTE DER GRUPPE IVB, KINETISCHE UNTERS. DER SPALTUNG DER HETEROATOM-AETHINYL-BINDUNG 60-0039
CADOGAN J. I. G., NEUE ASPEKTE D. ZERS. V. N-NITROSOACYLACRYLAMINEN, FRAGE D. ARIN-BETEILIG. 53-0259
- BLDG. V. ARINEN BEI D. RK. V. KALIUM-TERT.-BUTOXID MIT ARYLHALOGENIDEN 54-0339
- REAKTIVITAET V. ORGANOPHOSPHORVERB. 22. MITT. 56-0333
- RADIKAL. ABSPALT. D. JODS AUS AROMAT. JODIDEN 60-0293
CADY G. H., FLUORCARBONYL-TRIFLUORMETHYL-PEROXID 63-0386
CAESAR F., DARST. EINES PHENOL. TETRAHYDRO-2-BENZAZEPINS MIT FREIER P-STELL. 59-0648
CAGNIANT P., SYNTH. IN D. BENZO(E)NAPHTHO(1.8-BC)THIOPYRAN-REIHE 61-0622
- 7-OXO-4.5.6.7-TETRAHYDRO-BENZO(B)THIOPHEN U. SEINE METHYLDERIV. 64-0597
- 8-OXO-5.6.7.8-TETRAHYDRO-4H-CYCLOHEPTA(B)THIOPHEN U. DERIV. 64-0598
CAHNMANN H. J., MODELLRK. D. BIOSYNTH. V. THYROXIN 11. MITT. 58-0159
CAILLAUX D., TAUTOMERIE V. 3-PHENYL-5-AMINO(ODER -METHYLAMINO)-1.2.4-OXADIAZOL U. 3-PHENYL-5-IMINO-(ODER METHYLIMINO-DELTA(2))-1.2.4-OXADIAZOLIN 59-0190
CAILLE S. Y., AROMAT. SUBSTITUT., SELEKTIVITAET U. D. GESCHW.-BESTIMMENDE SCHRITT 56-0223
CAIN B. F., POTENTIELLE ANTITUMORMITTEL 6. MITT. 60-0589
- POTENTIELLE ANTITUMORMITTEL 7. MITT. 60-0590
CAIN E. N., 1.3-THIAZINE ALS PYRIMIDINVORSTUFEN 4. MITT. 55-0469
- PYROLYT. ELIMINIER. V. ALDEHYDEN AUS N-ALKOXY-LACTAMEN U. -THIOLACTAMEN 56-0243
CAINELLI G., GEM.-DIMETALLVERB., WITTIG-RK. V. METHYL-MG-HALOGENIDEN, EINE EINFACHE METH., UM METHYLENOLEFINE AUS ALDEHYDEN ODER KETONEN ZU ERHALTEN 56-0262
CAIRNCROSS A., FLUORIERTE ORGANOKUPFERVERB. 61-0062
CAIRNS J. F., DURCH OSMIUM-TETROXID KATALYSIERTE OX. V. OLEFINEN 59-0211
CAIS M., UNTERS. IN DER ORGANOMETALLCHEMIE 24. MITT. 60-0236
CALA R., UNTERS. D. KONSTIT. V. DISILANEN AUF CHEM. U. SPEKTROGRAPH. WEGE 64-0464
CALAS M., BEST. D. KRIST.-STRUKTUR V. THIOBARBITURSAEURE 54-0118
CALAS R., ADDIT.-PROD. V. N.N-BIS-(TRIMETHYL-SILYL)-AMINO-NATRIUM MIT EINIGEN EPOXIDEN, IHRE EINW. AUF VERSCHIEDENE ALKYL-CHLOR-SILANE 54-0245
- RK. V. ORGANOMAGNESIUM-VERB. MIT 9-ACYL-ANTHRACENEN 59-0452
- SILAOXACYCLOALKANE DURCH RK. V. DICHLORDIALKYLSILANEN

MIT DIOLEN, SYNTH. U. REGELN ZUR VORAUSSAGE D.
STRUKTUR 62-0689
- PHOTODIMERISIER. V. 9-FLUOR-, 9-CHLOR- U. 9-BROM-
ANTHRACEN 64-0342
CALBO L. P. JUN., SELBSTKONDENSATION EINES ALPHA-
KETOESTERS UNTER D. BEDINGUNGEN D. STOBBE-KONDENSATION
59-0311
CALDERAZZO F., N.N'-AETHYLEN-BIS-(SALICYLIDENAMINATO)-
KOBALT(II), RED. OX. U. ALKYL- U. ACYL-DERIV. 59-0081
CALDERBANK K. E., MOL.-POLARISIERBARK., DIPOLMOMENTE U.
MOLARE KERR-KONST. D. DINITROBENZOLE 61-0070
- MOL.-POLARISIERBARK., D. EFFEKT V. PARA-SUBSTITUENTEN
IN ANILINEN 62-0066
CALE A. D. JUN., ANALGETICA, DERIV. D. ALPHA-PHENYL-3-
PYRROLIDINESSIGSAEURE 63-0900
CALF G. E., THIOPHEN U. FURAN ALS METALL-KATALYSATOR-
GIFTE. NEUE METH. FUER D. SPEZIF. U. GENERELLE
MARKIER. DIESER VERB. MIT WASSERSTOFFISOTOPEN 55-0161
CALHOUN C., UNTERSUCHUNG DES LIGANDENAUSTAUSCHES AN IONEN
DES TYPS (RE(AMIN)4O2)(+) MIT HILFE V. MARKIERTEN
LIGANDEN 64-0035
CALIN M., STABILE CARBONIUMIONEN 59. MITT. 58-0242
- STABILE CARBONIUMIONEN 60. MITT. 58-0243
- STABILE CARBONIUM-IONEN 55. MITT. 59-0123
- STABILE CARBONIUM-IONEN 56. MITT. 59-0124
- RK. MIT DIAZOMETHAN 3. MITT. 59-0375
CALINAUD P., SAURE ALKOHOLYSE V. 3-HYDROXY-BUTANOLID
56-0302
CALKINS D. F., SYNTH. U. RK. V. EINIGEN 8-SUBSTITUIERTEN
PURINNUCLEOSIDEN 62-0707
- VERZWEIGT-KETT. ZUCKER. SYNTH. V. ADENINNUCLEOSIDEN V.
3-DESOXY-3-C-HYDROXYMETHYL-D-ERYTHROFURANOSE U. 2-
DESOXY-2-C-HYDROXYMETHYL-D-ERYTHROFURANOSE 64-0796
CALLAGHAN P. D., CYCLOADDIT.-RK. V. BETA-NITROSTYROL, D.
UNTER DEHYDRIER. VERLAUFEN 54-0393
- TERMOLYSE V. N-TRIMETHYLAMMONIO-BENZAMIDAT U.
VERWANDTE VERB., IDENTIFIZIER. V. NEBENPROD. U. DEREN
MOEGLICHER BLDG.-MECHANISMUS 56-0606
CALLERI M., ISOMERIE D. ARYL-ALKYL-FUROXANE,
MOLEKULARSTRUKTUR D. METHYL-(P-BROMPHENYL)-FUROXANE
55-0125
CALLOT H. J., STRUKTUR U. REAKTIVITAET D. ZWISCHENPRODUK-
TES BEI D. RED. V. PYRIDINIUMSALZEN MIT NATRIUMDITHIO-
NIT 60-0245
- RED. V. SALZEN V. RINGSUBSTITUIERTEN NICOTINAMIDEN
60-0619
CALMON J., THERMODYNAM. AKTIVIER.-FUNKT. U. MECHANISMUS
D. ALKAL. SPALT. V. ACTYLACETON 53-0173
CALO V., ADDIT. V. SULFENYLCHLORIDEN AN ACETYLENE 7.
MITT. 63-0474
- ADDIT. V. SULFENYLCHLORIDEN AN ACETYLENE 8. MITT.
63-0475
CALUSARU A., KATALYT. ENTLAD. D. WASSERSTOFFS AN D.
QUECKSILBER-TROPFELEKTRODE DURCH EINEN REDUZIERBAREN
NICKEL-CYSTEIN-KOMPLEX 61-0023
CALVERT J. G., PHOTOLYSE V. 1.1'-AZOISOBUTAN IN D.
DAMPFPHASE BEI 3660 A. RK. D. FREIEN ISOBUTYL-RADIKALS
58-0314
CALVIN M., SYNTH. V. VGL.-SUBSTANZEN ZUR CHARAKTERISIER.
EINES AUS PRAECAMBIUM-SEDIMENTEN ISOLIERTEN C21-
ISOPRENOID-ALKANS 54-0208
- BESTRAHL. V. 3-SUBSTITUIERTEN 2-PHENYL-OXAZIRIDINEN,
DEUTL. BEWEIS FUER PHENYLNITREN 59-0270
CALZIA J., EXPLOSIVE EIG. V. GEMISCHEN AUS HNO3,
ACETANHYDRID U. WASSER 61-0304
CAMAGGI C. M., RK. EINIGER DIAZOAMINOVERB. MIT
BLEITETRAACETAT 63-0506
CAMBANIS A., POTENTIELLE ANTI-KREBSMITTEL 4. MITT.
63-0869
CAMBLE R., AMINOSAEUREN U. PEPTIDE 29. MITT. 62-0816
CAMBON A., MASSENSPEKTROMETRIE, 1. MITT. 60-0138
- MASSENSPEKTROMETRIE, 2. MITT. 60-0139
CAMERMAN N., KRIST.-STRUKTUR EINES THYMIN-PHOTODIMEREN
(''THYMER E'') 54-0116
CAMERON D., VIOMYCIN. WEITERE ABBAUUNTERS., VORL. MITT.
62-0823
CAMERON D. W., TAUTOMERE BENZ(DE)ANTHRACEN-DERIV. U.
VERWANDTE SYST. 55-0332
- HALOGENDERIV. V. 2.6-DIHYDROXY-ANTHRACEN 55-0333
- OX. U. RED. V. METHOXY-ANTHRACENEN U. DEREN DERIV.
55-0334
- OX. U. RED. V. 5-HYDROXY-2-METHYL-NAPHTHO(1.2-B)FURAN
55-0377
- SYNTH. EINIGER NAPHTHALIN-1.3.8-TRIOL-VORSTUFEN U.
VERWANDTER VERB. 57-0446
- 1.6-ADDITION V. TERT.-BUTYLMAGNESIUMCHLORID AN
ANTHRACHINON 63-0536
- PHOTOCHEM. BLDG. V. BENZOXAZOLIN-DERIV. AUS
AMINOCHINONEN 63-0643
- AMINIER. V. N.N'-DIBENZOLSULFONYL-1.4-BENZOCHINON-
DIIMINEN, PHOTOCHEM. BLDG. V. BENZIMIDAZOLEN 64-0636
- DIHYDROPYRAN-DERIV. DURCH DIMERISIER. V. CROTONALDEHYD
64-0684
CAMMARATA A., PROTONENMAGNET. RESONANZUNTERS. V. N(1)-
SUBSTITUENTENEFFEKTEN AN SULFANILAMIDEN 60-0087
CAMP R. B. JUN., EINFL. V. POSITIV GELADENEN
SUBSTITUENTEN BEI D. AROMAT. SUBSTITUT. 3. MITT.
58-0406
CAMPAIGNE E., BENZO(B)THIOPHENDERIV. 11. MITT. 57-0497
- 3A.4.5.6-TETRAHYDRO-SUCCINIMIDO(3.4-B)ACENAPHTHEN-10-
ON, EIN POTENTIELLES ANTIKONVULSANS 60-0510
- SYNTH. U. SPEKTROMETR. EIG. EINIGER 1.2-DITHIENYL-
AETHENE U. 1-THIENYL-4-PHENYL-BUTADIENE 63-0608
- UNTERS. DER ANORMALEN PROD. AUS D. RK. V. 2-THENYL- U.
BENZYL-GRIGNARD-REAGENZIEN MITTELS GASCHROMATOGRAPHIE
63-0609
CAMPAINE E., SYNTH. D. TRITHIETANYLIUM-IONS 60-0475
CAMPBELL A. D., ASPERTOXIN, EIN HYDROXYDERIV. V. O-
METHYL-STERIGMATOCYSTIN AUS AFLATOXIN-PRODUZIERENDEN
KULTUREN V. ASPERGILLUS FLAVUS 62-0830
CAMPBELL I. D., INFRAROTUNTERS. D. KONKURRIERENDEN
INTRAMOL. WASSERSTOFF-BIND. IN EINER REIHE V.
BENZYLALKOHOLEN 60-0150
CAMPBELL J. R., D. ART D. V. EINER TERT.-BUTYLGRUPPE AUF
EINIGE CYCLOHEXANVERB. AUSGEUEBTEN ZWANGES 54-0104
- ATROPISOMERIE BEI CYCLOHEXANEN 54-0105
- METH. ZUR BEST. 1.3-DIAXIALER WECHSELWRKG. 54-0106
CAMPBELL N., NITRIER. V. 3-METHOXY-FLUORANTHEN 64-0535
CAMPBELL N. C. G., KLASS. CARBONIUMIONEN 1. MITT. 60-0263
- ANALYSE V. GEMISCHEN V. N-OCTENEN, OCTALINEN, TERT.-
BUTYL-CYCLOHEXENEN, OCTANOLEN, DECALOLEN U. TERT.-
BUTYL-CYCLOHEXANOLEN 60-0841
CAMPBELL S. A., PECTENOXANTHIN, CYNTHIAXANTHIN U. D. NEUE
ACETYLEN. CAROTINOID PECTENOLON 54-0519
CAMPBELL S. F., POLYFLUORIERTE BRUECKENKOPF-GRIGNARD-
REAGENZIEN 54-0343
- FLUORCYCLOHEXANE 12. MITT. 55-0294
CAMPI E., KOMPLEXBLDG. V. DIHYDROXYBENZOESAEUREN MIT D.
URANYLION IN WSS. LSG. 61-0019
CAMPION T. H., 3BETA-METHOXY-CHOLESTAN-4BETA.5ALPHA-DIOL
U. VERWANDTE VERB. 56-0698
CAMPS F., MONOCYCL. TERPENALKOHOLE 8. MITT. 64-0835
CANCEILI J., STEREOCHEMIE D. REFORMATSKI-RK. 3. MITT.
58-0276
CANELLAKIS E. S., METHANOL ALS METHYLIER.-MITTEL. EINE
NEUE, BEQUEME METHYLIER. V. THYMIDIN 58-0711
CANONICA L., STEREOCHEM. VERLAUF D. 1.5-HYDRIDVERSCHIEB.
BEI D. BIOSYNTH. V. OPHIOBOLINEN 55-0588
- RK. V. BLEITETRAACETAT 1. MITT. 56-0383
- TRITERPENE AUS GLYCYRRHIZA GLABRA 5. MITT. 56-0673
- TRITERPENE AUS GLYCYRRHIZA GLABRA 6. MITT. 56-0674
- STEREOCHEMIE D. WASSERSTOFFELIMINIER. AUS C(4) V.
OPHIOBOLINEN 57-0701
- EIN NEUES DITERPENOID MIT LABDAN-SKELETT 62-0778
- SCHICKSAL D. 15BETA-H-ATOMS V. LANOSTERIN IN D.
CHOLESTERIN-BIOSYNTH. 64-0925
CANONNE P., DOPPELTE CYCLISIER. V. BIS-(2-CARBOXYPENTEN-
(4)-YL)-BENZOLEN. DARST. V. POLYMETHYLIERTEN
PHENANTHRENEN U. ANTHRACENEN 57-0436
CANOVSKAJA N. K., RK. D. FUMARONITRILS MIT NATRIUMAZID
64-0654
CANTACUZENE J., HALOGENKETONE, CIS.TRANS-2.6-DICHLOR-4-
TERT.-BUTYL-CYCLOHEXANON 55-0306
- EPOXYNITRILE 5. MITT. 55-0368
- EPOXYNITRILE 6. MITT. 61-0530
CANTRELL T. S., D. 2-THIAPENTALENYLANION 54-0364
- RK. V. DISTICKSTOFFTETROXID MIT ACENAPHTHYLEN, DIELS-
ALDER RK. U. PHOTODIMERISIER. V. 1-NITRO- U. 1.2-
DINITRO-ACENAPHTHYLEN 58-0532
CANTRILL H. L., AUFTRETEN EINES TROPYLIUM-IONS MIT
STATIST. VERTEIL. D. MARKIER. IM MASSENSPEKTRUM V.
(1ALPHA-(13)C2)TOLUOL 63-0160
CAPEK K., AMINOZUCKER 11. MITT. 53-0474
- AMINOZUCKER 16. MITT. 59-0655
- AMINOZUCKER 19. MITT. 62-0696
- 3.6-DIDESOXY-D-XYLO-HEXOSE, 4.6-DIDESOXY-D-XYLO-HEXOSE
U. IHRE DERIV. 62-0697
CAPEY W. D., PHOTOLYSE V. ACETYLCHLORID 61-0317
CAPKA M., EIG. V. NATRIUMDIHYDRIDO-BIS-(2-METHOXYAETH-
OXO)-ALUMINAT. 1. MITT. 62-0313
CAPLA M., OX. U. ZERS. V. 3.3.4.4-TETRAPHENYL-HEXAN U.
1.1.2.2-TETRAPHENYL-CYCLOPENTAN 56-0207
CAPMAU M., DIASTEREOISOMERE ACYCL. ALKINOLE, UNTERS. D.
NMR-SPEKTREN V. ALLEN. PHOSPHINOXIDEN 55-0216
CAPORALE G., METHYLPSORALENE 64-0666
CAPOVSKAJA N. K., INTRAMOL. CYCLISIER. V. TYP EINER 1.3-
DIPOLAREN ADDIT. 61-0597
CAPOZZI G., SYNTH. U. REAKTIVITAET V. (1.2-DIARYL-2-
ARYLMERCAPTO-VINYL)-2.4.6-TRINITRO-BENZOLSULFONATEN
64-0497
CAPPS J. D., HYDROLYSE V. N-SUBSTITUIERTEN NATRIUMSULFA-
MATEN IN WSS. PERCHLORSAEURE 61-0230
CAPPUCCINO J. G., STABILITAET V. BRENZTRAUBENALDEHYD-BIS-
THIOSEMICARBAZON U. SEINEM KUPFERCHELAT 60-0809
CAPUANO L., PHENYLDIAZOMETHAN ALS CYCLISIER.-MITTEL 2.
MITT. 55-0471
- RK. D. DIAZOALKANE 2. MITT. 61-0423
CAPUS J., EINFL. D. ELEKTR. FELDES AUF D. KRISTALLISAT.-
GESCHW. V. SALOL 56-0176
CAPUTO J. A., OX. V. CYCLOBUTANOLEN U. AROMAT. RINGEN MIT
RUTHENIUMTETROXID 55-0164
- SYNTH. U. IONISAT.-KONST. V. M- U. P-SUBSTITUIERTEN
CIS-3-PHENYL-CYCLOBUTANCARBONSAEUREN 63-0516
CARAGHEORGHEOPOL A., ELEKTRONENSPINRESONANZ-SPEKTREN
EINIGER IMINOXY-RADIKALE 54-0076
CARAMELLA P., CYCLOADDIT. V. FURAN MIT NITRILIMINEN
58-0598
CARBONI S., TETRAZOL-DERIV. V. 1.8-NAPHTHYRIDINEN 3.
MITT. 53-0413
- UNTERS. AUF D. GEBIET D. ANTHYRIDINE 54-0420

- UNTERS. AUF D. GEBIET D. ANTHYRIDINE 3. MITT. 54-0421
CARBONNEL L., D. SYST. WASSER-TERT.-BUTANOL 64-0198
CARDANI C., STRUKTUR V. PEDERON, EINE NEUE SUBSTANZ AUS PAEDERUS (COLEOPTERA STAPHYLINIDAE) 53-0588
- SEKRET.-BESTANDTEILE D. MANDIBULARDRUESEN D. AMEISE LASIUS (DENDROLASIUS)FULIGINOSUS 53-0610
- ABS. KONFIG. V. PEDEROLACTON 64-0667
CARDELLINI M., DERIV. V. 2-HYDROXYMETHYL-DELTA(2)-IMIDAZOLIN U. DELTA(2)-IMIDAZOLINYL-(2)-ESSIGSAEURE 60-0530
CARDILLO B., ALKYLIER. V. INDOL-NA ALS AMBIFUNKTIONELLEM NUKLEOPHILEM SYST. 53-0344
CARDILLO G., NATUERL. CHROMENE, 5. MITT. 54-0407
- NATUERL. CHROMENE 3. MITT. 57-0685
- NATUERL. CHROMENE 6. MITT. 60-0573
CARDIN D. J., DIMETHYLAMINO-TRIMETHYL-STANNAN, EIN KRAEFTIGES DEHYDROCHLORIERUNGSMITTEL 55-0024
- ORGANOSILYLDERIV. V. ZIRKONIUM, MOLYBDAEN U. WOLFRAM 55-0032
CARDON A., 4.5-DEHYDROPYRIMIDINE 1. MITT. 62-0651
CAREL A. B., POLYALKYLIERTE AROMAT. KOHLENWASSERSTOFFE 2. MITT. 63-0528
CARELLI V., NEUE RK. V. BIS-(O-AMINO-PHENYL)-DISULFID MIT KETONEN 2. MITT. 63-0826
CAREVIC J. E., PTERIDINE 11. MITT. 63-0707
CAREY F. A., CARBONIUMION-SILAN-HYDRIDUEBERTRAG.-RK. 1. MITT. 63-0501
CAREY G. H., BLDG., HYDROLYSE U. HYDROXOKOMPLEXBLDG. V. URAN(IV)-CHELATEN 57-0024
CAREY P. R., PROTONENRESONANZSPEKTRUM V. METHYL-4.6-O-BENZYLIDEN-3-DESOXY-3-PHENYLAZO-ALPHA-D-GLUCOSID-2-ACETAT, TEILWEISE VIRTUELLE KOPPL. IN EINEM VIERSPIN-SYST. 64-0112
CARISSIMI M., HYPOTENSIVE QUATERNAERE AMMONIUMSALZE MIT EINEM GUAJACOL- ODER THYMOLREST 63-0905
CARISTAN A., INTRAMOL. WECHSELWRKG. 2. MITT. 55-0110
CARITHERS R., PHOTOCHEM. ZERS. V. 1H-1.2.3-TRIAZOLDERIV. 61-0589
CARL B., UEBER EINIGE NEUE IMIDAZOLDERIV. 56-0500
CARLASSARE F., PHOTORK. ZWISCHEN BENZO(A)PYREN U. PYRIMIDIN- U. PURINBASEN BEI 3655 A 59-0613
CARLES J., KONFIG. V. NATUERL. 2.3-DIMETHYL-GLYCERINSAEURE 56-0299
- OZONOLYSE V. CIS- U. TRANS-STILBEN IN GGW. V. (18)O-BENZALDEHYD 60-0567
CARLESS H. A. J., PHOTOCYCLOADDITION V. ALKYLKETONEN AN ALPHA,BETA-UNGESAETTIGTE NITRILE 64-0340
CARLON F. E., UMLAGER. V. 17ALPHA-HYDROPEROXY-PREGNAN-20-ONEN 62-0793
CARLSON M., KINETIK D. INVERSION V. ORGANOLITHIUM- U. -ALUMINIUMVERB. 57-0010
CARLSON R. G., PHOTOCHEM. UMLAGER. V. CIS-CYCLODECEN-(2)-ON 54-0289
- RINGERWEITER. 1. MITT. 63-0540
CARLSON R. M., TOTALSYNTH. V. PROSTAGLANDINEN, SYNTH. D. REINEN DL-E(1)-, -F(1ALPHA), -F(1BETA), -A(1) U. -B(1)-HORMONE 63-0836
- SYNTH. U. ANION. EIG. V. 1.3-DITHIAN-1-OXID 64-0726
CARLSSON D. J., KINETIK D. RED. V. TERT.-BUTYLCHLORID U. TERT.-BUTYLBROMID DURCH ORGANOZINNHYDRIDE 59-0207
CARLSSON S. A. I., DARST. V. 2-AMINO-4.5-DIMETHYLBENZOE-SAEURE U. VERWANDTEN VERB. 53-0262
CARMACK M., SYNTH. V. OPT. AKT. CLELAND-REAGENZ ((-)-1.4-DITHIO-L(G)-THREIT) 63-0693
CARMAN C. J., ISOMERISIER. AN D. C=N-DOPPELBIND. V. CHINONDIIMINEN 59-0188
CARMAN R. M., BLDG. EINES INTRAMOL. ALKOXYHYDROXYPEROXIDS DURCH OZONOLYSE IN INERTEM LSGM. 62-0523
- DITERPENOIDE 18. MITT. 63-0794
CARNDUFF J., AUTOXYDAT. V. 1-ALKYL-2-NAPHTHOLEN 53-0296
CARON E. L., ISOLIER., CHARAKTERISIER. U. ABBAU-RK. V. NOGALAMYCIN 58-0806
CAROSELLI M., RK. V. HE(3)H(+)-IONEN MIT GASF. KW-STOFFEN 3. MITT. 62-0195
CARPENTER W., ELEKTRONENSTOSSINDUZIERTE ELIMINIER. V. FLUORWASSERSTOFF AUS PRIM. ALKYLFLUORIDEN 55-0086
- MASSENSPEKTROMETRIE IN STRUKTURELLEN U. STEREOCHEM. PROBLEMEN 144. MITT. 57-0126
CARR R. L. K., RK. V. CHLORAMEISENSAEUREARYLESTERN MIT DIMETHYLFORMAMID, EINE LEICHTE 'IN SITU' SYNTH. V. ALPHA-CHLORKRESOLEN 61-0385
CARR R. P., NEUE SYNTH. V. PROTOPORPHYRIN-IX 55-0515
CARRAWAY R., PARAMAGNET. ELEKTRONENRESONANZEN V. IONENPAAREN. KINETIK D. UMWANDL. V. VERSCHIEDENEN IONENPAAREN U. SCHNELLE ELEKTRONENUEBERTRAG.-RK. ZWISCHEN ANION U. NEUTRALMOL. 64-0137
CARRE F., MECHANISMUS D. C-ACYLIER. V. AROMATEN U. AETHYLENVERB. 6. MITT. 54-0254
- MECHANISMUS D. C-ACYLIER. V. AROMATEN U. AETHYLENVERB. 5. MITT. 54-0288
CARRICK W. L., OX. V. OLEFINEN DURCH CHROM(VI)OXID, D. SICH AUF TRAEGERMATERIAL BEFINDET 59-0278
CARRIE R., MECHANISMUS D. UMLAGER. V. 3-ACETYL-3-AETHOXYCARBONYL-DELTA(1)-PYRAZOLINEN IN N-ACETYL-3-AETHOXYCARBONYL-DELTA(2)-PYRAZOLINE 56-0233
- CYCLOADDIT. V. DIAZOMETHAN AN ALKYLIDENMALONATE, THERMOLYSE D. ERHALTENEN DELTA(1)-PYRAZOLINE 59-0550
- STRUKTU U. PHYSIKOCHEM. EIG. V. VERB. MIT AKTIVIERTEN DOPPELBIND. 2. MITT. 63-0231
- 1.3-DIPOLARE CYCLOADDIT. AN VERB. MIT AKTIVIERTER AETHYLENBIND. 1. MITT. 63-0478
- 1.3-DIPOLARE CYCLOADDITIONEN AN VERB. MIT AKTIVIERTER AETHYLENBIND. 3. MITT. 64-0634
- 1.3-DIPOLARE CYCLOADDIT. AN VERB. MIT AKTIVIERTEN AETHYLENBIND. 4. MITT. 64-0635
CARRIERE, DARST. V. POLYAMID-POLYVINYL-KOPOLYMEREN DURCH OZONISIER. D. N-ALLYLGRUPPE 55-0583
CARRION J. P., ELEKTRONEN-DONATOR-AKZEPTOR-KOMPLEXE BEI POLYPEPTIDEN, 2. MITT. 60-0200
CARROLL R. T., CHLORIERUNG VON OLEFINEN MIT CU(II)-CHLORID, UNTERS. MIT TRANS-AETHYLEN-D2, CIS- U. TRANS-2-BUTEN 64-0261
CARRUTHERS R., INTRAMOL. DONATOR-AKZEPTOR-WECHSELWRKG. ZWISCHEN AROMAT. AMINEN U. CHINONEN 56-0102
CARRUTHERS W., BESTANDTEILE V. HOCHSD. ERDOEL-DESTILLATEN 12. MITT. 57-0452
CARSON M., PHOTOLYSE EINES 5-OXO-STEROID-DERIV. 61-0782
CARSTENSEN-OESER E., KRIST.-STRUKTUR D. PI-KOMPLEXES AUS PIKRINSAEURE U. 1-BROM-2-AMINO-NAPTHALIN 63-0191
CARTER D., STRUKTUR EINES CHELATES V. KUPFER(II) MIT 1-(PYRIDYL-(2)-AZO)-2-NAPHTHOL 57-0014
CARTER J., AUSTAUSCH ZWISCHEN DIMETHYLBERYLLIUM U. BERYLLIUMDIBROMID IN DIAETHYLAETHER 55-0020
CARTER R. E., SALZEFFEKTE BEI D. RACEMISIER. V. BIPHENYLEN, 1. MITT. 53-0176
- SYNTH. V. HOCHSUBSTITUIERTEN BENZOLDERIV. U. MEHREREN NEUEN BIPHENYLEN 54-0317
- STER. ISOTOPENEFFEKTE 2. MITT. 64-0300
CARTONI, STRUKTUR VON NICKEL-KOMPLEXEN MIT BETA-DIKETONEN MIT LANGER ALIPHATISCHER KETTE 60-0066
CARTRON J., AMINOCHINOLINE 2. MITT. 63-0688
CARTWRIGHT D., MOL.-STRUKTUR EINES UNSYMM. 6A-THIATHIOPHTHENS 56-0167
CASADEVALL E., SYNTH. V. BETA-ACETYLEN. CYCLANOLEN 55-0327
- KONFORM. U. REAKTIVITAET V. BICYCLO(4.N.0)VERB. MIT TRANS-VERKNUEPF. 1. MITT. 62-0491
CASADIO S., SYNTH. U. PHARMAKOLOG. EIG. V. N-DERIV. D. 5.6-DIHYDRO-7H.12H-DIBENZ(C.F)AZOCINS, EIN NEUES TRICYCL. SYST. 57-0636
CASAGRANDE C., EIN NEUES DITERPENOID MIT LABDAN-SKELETT 62-0778
CASALS P., DUPLIKATIVE RED. V. BETA-DIKETONEN 1. MITT. 55-0373
CASANOVA J. JUN., DIMETHYLSULFONIOMETHOXYCARBONYLMETHYLID 56-0278
CASE F. H., SYNTH. V. OXIMEN, DIE DIE FERROINGRUPPE ENTHALTEN 63-0671
- DARST. V. DIAZINDERIV., D. D. FERROINGRUPPE ENTHALTEN 63-0732
CASEY A. C., AZA-STEROIDE 4. MITT. 59-0747
CASEY J., UNTERSUCHUNG DES LIGANDENAUSTAUSCHES AN IONEN DES TYPS (RE(AMIN)4O2)(+) MIT HILFE V. MARKIERTEN LIGANDEN 64-0035
CASINOVI C. G., LEUKOANTHOCYANIDINE AUS PELTOGYNE RECIFENSIS DUCKE 54-0402
- NEUES ANTIBIOTIKUM AUS ASPERGILLUS FLAVIPES 62-0826
CASIRAGHI G., NUCLEOPHILE RK. V. 2-NITRO-PHENAZIN-10-OXID 2. MITT. 58-0653
- NUCLEOPHILE RK. V. 2-NITRO-PHENAZIN 3. MITT. 58-0654
CASNATI G., ALKYLIER. V. INDOL-NA ALS AMBIFUNKTIONELLEM NUKLEOPHILEM SYST. 53-0344
CASPAR M. L., MESO-DIHYDROANTHRACEN-CHEMIE 2. MITT. 63-0535
CASPI E., 'METASTABILE PEAKS' FUER ZWEISTUFIGE FRAGMENTIERUNGEN 56-0138
- STEROIDE MIT AROMAT. RING A 12. MITT. 61-0137
- STEROID-DERIV., 54. MITT. 61-0787
- SYNTH. V. (-)-(3S)- U. (+)-(3R)-4-METHYL-3-DEUTERO-PENTANOL-(1) U. (-)-(3S)- U. (+)-(3R)-3-DEUTERO ISOCAPRONSAEURE 64-0383
- BEWEIS F. EINE NICHTOXYDATIVE CYCLISIER. V. SQUALEN IN D. BIOSYNTH. V. TETRAHYMANOL 64-0837
- STEREOCHEMIE D. TRITIUMS AN C(1) U. C(7) IN CHOLESTERIN ERHALTEN AUS (3R.2R)-(2-T)MEVALONSAEURE 64-0863
- UMSETZ. D. STEROIDEN NEOPENTYL-SYST. 4. MITT. 64-0875
- BIOSYNTH. V. TETRAHYMANOL AUS (4R)-(4-(3)H.2-(14)C)MEVALONSAEURE 64-0906
CASSADY J. M., TUMOR-INHIBITOREN 30. MITT. 63-0797
CASSAGNE C., BLDG. V. ALPHA-TOCOPHEROLDIMEREN 62-0819
CASSAR L., CARBONYLIER. MIT EINLAGER. V. ACETYLEN, EINE NEUE KLASSE V. EPSILON-LACTONEN 59-0649
CASSEY H. N., RK. V. METHANSULFENYLBROMID MIT SILBER-2.4.6-TRINITRO-BENZOLSULFONAT IN ORGAN. LSGM. 60-0199
CASSIDY H. G., ELEKTRONENUEBERGANGSPOLYMERE 33. MITT. 64-0673
CASSINELLI G., TOTALE ABS. KONFIG. V. DAUNOMYCIN 63-0178
CASSON J. E., WECHSELWRKG. V. METHYLEN U. AETHYLCHLORID 56-0204
CASSOUX P., DARST. U. MAGNETOOPT. UNTERS. EINIGER TETRAKIS-(DIALKOXY-CHLOR-PHOSPHIN)-NICKEL-VERB. 55-0037
CASTELLANO S., NMR-SPEKTROSKOP. PARAMETER MONOSUBSTITUIERTER BENZOLE, HALOGENBENZOLE 55-0080
- NMR-SPEKTRALPARAMETER MONOSUBSTITUIERTER BENZOLE, NITROSOBENZOL, NITROBENZOL, ANILIN, N-METHYLANILIN, N.N-DIMETHYLANILIN, TRIMETHYLANILINIUMJODID, PHENOL, DIPHENYLAETHER U. ANISOL 56-0128
- NMR-SPEKTRALPARAMETER ORTHO-DISUBSTITUIERTER BENZOLE,

ADDITIVITAET V. SUBSTITUENTENEFFEKTEN BEI PROTON-PROTONKOPPL.-KONST. 56-0129
- SUBSTITUENTENEFFEKTE BEI PROTON-PROTON-KOPPL., KONST. N-SUBSTITUIERTER PYRIDINE, CIS-KOPPL.-KONST. D. VINYLGRUPPE V. 2-SUBSTITUIERTEN 1.3-BUTADIENEN 57-0100
CASTILLO M., BIOSYNTH. V. LYCOPODIN 60-0826
CASTIÑE W. H., SYNTH. V. DITERPENOIDSAEUREN 7. MITT. 54-0524
CASTLE M. D., AROMAT. POLYFLUOR-VERB. 40. MITT. 62-0535
CASTLE R., RINGOEFFN. V. N-(1-PHTHALAZYL)- U. N-(4-CHINAZOLYL)-AZIRIDINEN 60-0642
CASTLE R. B., EIN METHANTETRABORONSAEUREESTER 61-0380
CASTLE R. N., SYNTH. V. OMEGA-DIALKYLAMINOALKYLAMINO-PYRAZINO(2.3-D)-, -PYRIDO(2.3-D)-, -IMIDAZO(4.5-C)- U. -IMIDAZO(4.5-D)PYRIDAZINEN 60-0635
- D. SYNTH. V. PYRIDAZINO(4.5-D)PYRIDAZINEN, PYRAZINO(2.3-D)PYRIDAZINEN U. EINEM PYRIMIDO(4.5-D)PYRIDAZIN 60-0638
- 1-(2-MERCAPTO-AETHYL)-PHTHALAZINE U. VERWANDTE VERB. 60-0639
- SYNTH. V. DERIV. D. NEUEN PYRAZINO(2.3-D)TETRAZOLO(4.-5-B)PYRIDAZIN-RINGSYST. 60-0640
- EINSTUF. SYNTH. V. 1.4-DIAMINO-PHTHALAZIN AUS PHTHALONITRIL 60-0641
CASTLEMAN J. K., HOMOLYT. ZERS. V. HYDROPEROXIDEN 2. MITT. 62-0274
- HOMOLYT. ZERS. V. HYDROPEROXIDEN 3. MITT. 62-0275
CASTRO A. J., ARYLPYRROLYLMETHENE 55-0388
CASTRO B., HALOGENMAGNESIUMENOLATE 2. MITT. 57-0311
- POLYHALOGENOLATE 1. MITT. 58-0327
CASTRO C. E., KUPFER(I)-SUBSTITUTIONEN, FURO(3.2-B)PYRIDINE, FURO(3.2-C)PYRIDINE U. 1H-THIENO(3.4-C)PYRANONE-(1) AUS KUPFER(I)-ACETYLIDEN 63-0574
CASU B., KONFORM. V. AMYLOSE U. SEINEN VERWANDTEN VERB. 3. MITT. 57-0774
CASY A. F., STRUKTUR U. SPEKTROSKOPIE, PROD. V. 3-AMINO-1.1-DIPHENYL-PROPANEN MIT BROMCYAN 54-0355
- WAHRSCHEINL. KONFORM. D. GEOMETR. ISOMEREN V. MEPERIDINESTERN IN WSS. LSG., EINFL. D. KONFORM. BEI 4-PHENYLPIPERIDINEN-ANALGETIKA 57-0146
- ELIMINIER. AN 1.2-DIARYL-4-DIMETHYLAMINO-BUTANOLEN-(2) 3. MITT. 61-0141
- ARYLALKYLAMINO-ANALOGA V. ACYCL. ANALGETICA 63-0517
- EINFL. D. KONFIG. BEI METHADOL- U. NORMETHADOL-ANALGETIKA 63-0902
CATES L. A., PHOSPHOR-STICKSTOFF-VERB. 9. MITT. 60-0836
CATLIN J. C., COENZYM Q 103. MITT. 64-0900
CATON M. P. L., PYRIMIDINE 17. MITT. 60-0663
- ISOTHIAZOLE 12. MITT. 63-0729
CATTANACH C. J., UNTERS. IN D. INDOL-REIHE 4. MITT. 62-0634
CATTANEO A., HYPOTENSIVE QUATERNAERE AMMONIUMSALZE MIT EINEM GUAJACOL- ODER THYMOLREST 63-0905
CATTANIA M. G., KINETIK D. NUCLEOPHILEN SUBSTITUT. D. HALOGENS IN BETA-HALOGEN-VINYLKETONEN 61-0251
- KINET. LSGM.-ISOTOPENEFFEKT BEI D. AROMAT. NUCLEOPHILEN SUBSTITUT. 62-0250
CATTURIN V., METALLATOM-CLUSTER IN IRIDIUM-CARBONYL-TRIPHENYLPHOSPHIN-KOMPLEXEN 53-0005
CAUBERE P., REAKTIVITAET V. HALOGEN-BENZOLEN IN GGW. V. HEXAMETHYLPHOSPHORYLTRIAMID (HMPT) 1. MITT. 55-0212
- REAKTIVITAET V. HALOGENBENZOLEN IN GGW. V. HEXAMETHYLPHOSPHORYLTRIAMID (HMPT) 2. MITT. 55-0213
- ISOMERISIER. UNTER D. EINFL. V. BASEN IN APROT. MEDIUM 58-0328
CAUBLE R. L., FLUORCARBONYL-TRIFLUORMETHYL-PEROXID 63-0386
CAUJOLLE F., HALOGENKETONE, MECHANISMUS D. DICHLORIER. V. CYCLANONEN 53-0278
- HALOGENKETONE, CIS.TRANS-2.6-DICHLOR-4-TERT.-BUTYL-CYCLOHEXANON 55-0306
CAULLET C., METALLKOMPLEXE V. 2-FORMYL-THIOPHENOXIM 54-0045
CAUQUIL G., UMLAGER. V. (1-HYDROXY-CYCLOPENTYL)-CARBINOLEN 2. MITT. 56-0380
- ERYTHRO- U. THREO-2-PHENYL-3-CYCLOHEXYL-BUTANDIOL-(2.3) 56-0398
- UMLAGER. V. 9-HYDROXY- U. 9-METHOXY-FLUORENYL-(9)-CARBINOLEN IN SCHWEFELSAEURE 61-0485
- 3-SUBSTITUIERTE TETRAHYDRONAPHTHALINONE-(2) 62-0460
CAUQUIS G., AUFTRETEN D. RADIKALANIONS V. NITROBENZOL BEI D. LEIT. IN REINEM NITROBENZOL IN STARKEM ELEKTR. FELD 54-0133
- BEWEGLICHK. D. RADIKALANIONS V. NITROBENZOL IN NITROBENZOL 54-0134
- ELEKTROCHEM. OX. EINIGER PENTAPHENYLPYRROLE IN ORGAN. MEDIUM , ENTSPRECHENDE RADIKALKATIONEN 55-0152
- RADIKALKATION U. NEUTRALES RADIKAL V. 2.4.6-TRI-TERT.-BUTYL-ANILIN 56-0134
- ADDIT. V. ANTHRONYLIDENCARBEN AN EINE KOHLENSTOFF-KOHLENSTOFFBIND., STER. EFFEKTE BEIM AETHYLEN U. SEINEN PHENYLDERIV. 59-0451
- ELEKTROCHEMISCHE EIG. DES THIOCYANATIONS U. VON DITHIOCYAN IN ACETONITRIL, ELEKTROCHEMISCHE THIOCYANIERUNG 60-0030
- ELEKTROCHEMIE V. DIPHENYLENDIOXID IN ORGAN. U. WAESSRIG-ORGAN. MILIEU, PRIMAERE BLDG. EINES RADIKALKATIONS 61-0187
- PARAMAGNET. ELEKTRONENRESONANZ U. ORGAN. ELEKTROCHEMIE FREIER RADIKALE 62-0094
- ELEKTROCHEM. EIG. V. STICKSTOFFOXIDEN IN ORGAN. MEDIEN, SYST. NO-NO(+) 63-0034
- ELEKTROCHEM. OX. V. PHENYLHYDRAZIN IM ORGAN. MILIEU. BLDG. V. PHENYLDIIMID 63-0448
CAUSEY D. H., N-ACYLCYSTEINE 63-0408
CAUSSE J., RK. V. TRIALKYLHYDROGENSILANEN MIT CARBONSAEUREANHYDRIDEN 54-0246
CAVA M. P., PLEIADENSYST. 5. MITT. 55-0337
- PLEIADENSYST. 6. MITT. 57-0461
- OCOTEA-ALKALOIDE, CHARAKTERISIER. U. STRUKTURAUFKLAER. V. VIER NEUEN APORPHIN-BASEN 61-0741
- ALKALOIDE AUS TABERNAEMONTANA RIEDELII U. T. RIGIDA 61-0833
- ALKALOIDE AUS CASSYTHA AMERICANA (C. FILIFORMIS L.) 64-0807
- STEROIDE 8. MITT. 64-0858
CAVALIERI E., PHOTOLYSE V. 4.6.6-TRIMETHYL-5.6-DIHYDRO-1H-PYRIDON-(2), EINE NEUE PHOTOCHEM. SPALTUNGSRK. 53-0192
CAVALLA J. F., ANALGETIKA MIT AZETIDINSTRUKTUR 63-0899
CAVANAUGH R., BIS-ANELLIER. MIT 6-VINYL-2-PICOLIN 58-0516
CAVE A., EINFL. V. ACYLIER.-MITTELN AUF D. VERLAUF D. POLONOVSKI-RK. 55-0312
- MODIFIZIER. D. POLONOVSKI-RK., EINW. V. TRIFLUORESSIG-SAEUREANHYDRID AUF EIN AMINOXID 55-0552
- OX. V. EINIGEN TERTIAEREN AMINEN DURCH CHROMSAEUREAN-HYDRID IN PYRIDIN 55-0553
- STEROID-ALKALOIDE 71. MITT. 57-0677
CAVELL R. G., DARST. U. EIG. V. BIS-(TRIFLUORMETHYL)-DITHIOPHOSPHINSAEURE U. EINIGEN VERWANDTEN TRIFLUORME-THYLPHOSPHINSULFIDEN 61-0379
CECCHERELLI P., STOFFWECHSELPROD. V. COSPORA VIRESCENS (LINK) WALLR. VIRESCENOL A 54-0530
CECERE M., BIPOLARER CHARAKTER D. ALKYLRADIKALE AUS OXAZIRIDIN, OX. U. RED. DURCH ELEKTRONENUEBERTRAG. U. ABFANGEN DURCH STICKOXID 61-0529
CECHANSKIJ R. S., ANILINOLYSE V. AZOMETHINEN 62-0400
CECHUTA V. G., CYMOLDERIV. 5. MITT. 54-0265
- CYMOLDERIV. 6. MITT. 55-0275
CEDER O., PIMARICIN 7. MITT. 53-0576
CEGOLJA T. N., CHARAKTER DER WECHSELWIRKUNG DES PHENYL- UND IMIDAZOLRINGES IN N-ARYL-IMIDAZOLEN, 3. MITT. 64-0258
CEKRYSKIN J. S., SYNTH. EINIGER OMEGA-PHENYLALKYLAMINEN AUS OMEGA-CHLOR-CARBONSAEUREN 58-0430
- SYNTH. U. KINETIK D. BLDG. V. O-(OMEGA-AMINO-ALKYL)-TRIPHENYL-ESSIGSAEURELACTAMEN 63-0744
CEKULAEVA V. N., KONFORM. V. CYCLOHEXENCARBONSAEUREDERIV. 62-0131
CEKUNOV A. V., ANOMALE NITRIER. V. 5-BROM-SALICYLALDEHYD 1. MITT. 54-0255
CELINSKIJ I. V., ANIONEN V. DINITROMETHYLVERB. 6. MITT. 60-0084
CELLURA R. P., PHOTOCHEM. ISOMERISIER. V. 9-CYAN-9-AZA-BICYCLO(4.2.1)NONATRIEN-(2.4.7) 53-0182
CELOTTI J. C., KONFORM.-ANALYSE DURCH KERNMAGNET. RESONANZ 5. MITT. 62-0125
CENCIONI R., DIPOLMOMENTE 5-SUBSTITUIERTER ISOXAZOLE 1. MITT. 57-0071
CENEC V. V., ISOMERISIERENDE UMWANDL. V. ALKYLBENZOLEN 5. MITT. 59-0421
CENINI S., DIIMIDO-KOMPLEX V. PLATIN(II), RED. V. CIS-BIS-(TRIPHENYLPHOSPHIN)-PLATIN(II)-DICHLORID DURCH HYDRAZIN 53-0045
- RHODIUM(I)- U. IRIDIUM(I)-CARBONYLVERBINDUNGEN MIT ANIONISCHEN CHELATLIGANDEN 56-0085
CEPCIANSKY I., OXYDAT.-MECHANISMUS D. O-AMINOAZOKOERPER MIT KUPFER(II)-SALZEN ZU 2-ARYL-4.5-ARYLEN-1.2.3-TRIAZOLDERIV. 57-0211
CER L., ORGANOSILICIUMVERB. 53. MITT. 54-0184
CERDA E., LEICHTE SYNTH. EINES AMINALS V. BICYCLO(3.1.0)-HEXANON-(6) U. V. ENDO-6-PIPERIDINO-BICYCLO(3.1.0)-HEXAN 53-0435
CERETELI I. J., 8.9-DIHYDRO-XANTHINDERIV. 1. MITT. 58-0658
CEREZO A. S., D. CARRAGHEENAN-SYST. V. GIGARTINA SKOTTSBERGII S. ET G. 2. MITT. 56-0761
CERFONTAIN H., AROMAT. SULFONIER. 17. MITT. 54-0148
- AROMAT. SULFONIER. 18. MITT. 54-0149
- KINETIK D. DESULFONIER. V. BENZOLSULFONSAEUREN U. TOLUOLSULFONSAEUREN IN WSS. H2SO4 55-0178
- SULFONIER. V. AROMATEN 19. MITT. 61-0218
- PHOTOLYSE V. CYCLOPROPANCARBALDEHYD BEI 313 NM, EIN MOEGLICHES BEISPIEL FUER TRIPLETT-TRIPLETT-AUFHEB. 61-0309
CERIOTTI G., NARCICLASIN U. NARCIPRIMIN 58-0718
CERKASOV L. N., SYNTH. U. EIG. V. ALLENKOHLENWASSERSTOF-FEN 13. MITT. 59-0389
- SYNTH. U. EIG. V. DERIV. D. ALLEN-KW-STOFFE 14. MITT. 62-0416
CERMAK V., ASSOZIATIVE IONISIER. BEI ZUSAMMENSTOESSEN METASTABILER EDELGASATOME MIT MEHRATOMIGEN MOL. 58-0014
CERNAJA R. J., TELOMERISAT. V. 1-HEXEN MIT TETRACHLORKOH-LENSTOFF U. AETHYLJODID 55-0200
CERNJAKOVSKIJ F. P., RESORCINDERIV. 2. MITT. 63-0508
CERNJUK I. N., SYNTHET. FARBSTOFFE 68. MITT. 62-0631
CERNOVA V. G., SYNTH. U. EINIGE FOLGERK. V. MONOVINYLAETHERN V. ACETYLEN-DELTA-GLYKOLEN 54-0214
- ALPHA-HALOGENALKYLAETHER V. ACETYLENALKOHOLEN 64-0362

CERNOVA V. P., HOEHERE SAEUREN D. ALIPHAT. REIHE 21. MITT. 53-0220
CERNY A., SUBSTANZEN MIT ANTINEOPLAST. AKTIVITAET 22. MITT. 61-0077
- SUBSTANZEN MIT ANTINEOPLAST. WRKG. 23. MITT. 61-0710
- MUTTERKORN-ALKALOIDE 31. MITT. 61-0734
CERNY M., SYNTH. MIT ANHYDROZUCKERN 5. MITT. 61-0691
- EIG. V. NATRIUMDIHYDRIDO-BIS-(2-METHOXYAETHOXO)-ALUMINAT 1. MITT. 62-0313
CERNY O., RELATIVE REAKTIVITAET V. N-ALKANEN WAEHREND D. SULFOX. 57-0216
CERNY V., STEROIDE 108. MITT. 54-0541
- TERPENE 189. MITT. 55-0524
- STEROIDE 111. MITT. 57-0727
CERNYCH V. P., AMIDE U. HYDRAZIDE D. OXALSAEURE 14. MITT. 55-0191
CERNYSEV E. A., DARST. V. AMINODERIV. EINIGER STICKSTOFFHALT. HETEROCYCLEN 60-0468
CERUTTI E., DARST. V. SUBSTITUIERTEN 2.3-DIARYL-BENZO(B)FURANEN 53-0335
CERUTTI P., PHOTORK. V. HETEROCYCLEN 8. MITT. 54-0347
- PHOTORED. V. URIDIN U. RED. V. DIHYDROURIDIN MIT NATRIUMBORHYDRID 58-0715
CERVINKA C., ASYMM. RK. 20. MITT. 55-0162
CERVINKA O., ASYMM. RK. 12. MITT. 53-0202
- ASYMM. RK. 18. MITT. 55-0105
- ABS. KONFIG. D. METHYL-PHENYLALKYL-METHYLAMINO-METHANE CH3-CH(NH-CH3)-(CH2)N-C6H5 57-0155
- ASYMMETR. DECARBOXYLIER. 23. MITT. 59-0723
- ASYMM. RK. 25. MITT. 62-0446
- KONFIG.-BEZIEH. ZWISCHEN ALKYLARYLMETHANOLEN U. ALKYLARYLMETHYLAMINOMETHANEN 63-0172
- ASYMM. RK. 26. MITT. 64-0546
CESKO F. F., DARST. INDIVIDUELLER ISOMERER D. NATRIUM-N-DECYLBENZOLSULFONATS U. D. NATRIUM-N-HEXYLNAPHTHALIN-SULFONATS 59-0443
CEVASCO A. A., DARST. U. RK. V. CYCL. AMIDINEN 63-0576
CHABAUD J., DEUT. D. NMR-SPEKTREN EINIGER DERIV. D. 18BETA- U. 18ALPHA-GLYCYRRHETINSAEURE 57-0107
CHABRIER P., (OMEGA-HALOGEN-ALKYL)-THIOPHOSPHORSAEUREAMIDE, DARST. V. 2-OXO-THIAZAPHOSPHOLANEN U. 2-OXO-THIAZAPHOSPHORINANEN 64-0565
- OMEGA-HALOGEN-ALKYL-THIOPHOSPHORAMIDE, DARST. V. 2-OXO-THIAZAPHOSPHOLANEN U. 2-OXO-THIAZAPHOSPHORINANEN 64-0764
CHABUDZINSKI Z., RED. V. 2.3-EPOXY-PINAN MIT LITHIUM IN AMINEN MIT NIEDR. MOL.-GEW. 54-0532
- RED. V. ALPHA- U. BETA-3.4-EPOXY-CARAN MIT LITHIUM IN AETHYLAMIN 56-0675
- STEREOCHEMIE V. EPOXYDIER.-RK., EPOXYDIER. V. (-)-TRANS-ISOLIMONEN U. (-)-TRANS-P-MENTHEN-(2)-OL-(8) 59-0722
CHACHATY C., AUS NITROVERB. DURCH PHOTOLYSE IN FL. PHASE GEBILDETE STICKOXIDRADIKALE 1. MITT. 57-0264
- DURCH PHOTOLYSE VON NITROVERB. IN FLUESSIGER PHASE GEBILDETE STICKOXIDE, 2. MITT. 59-0266
CHADHA M. S., MIKROBIOLOG. UMWANDL. V. FLAVANON 64-0682
CHADWICK J. B., BIPHENYLENE 18. MITT. 58-0526
CHAE C., FLUORIERTE PYRIMIDINALDEHYDE, HEMM. D. NUCLEINSAEURE- U. PROTEINBIOSYNTH. IN EHRLICH-ASCITES-KARZINOM-ZELLEN IN VITRO 63-0870
CHAHINE H., HETEROCYCLISIER. V. ENOLISIERBAREN ACETYLEN-GAMMA.DELTA-KETONEN, NEUE GRUPPE SAUERSTOFF- U. PHOSPHORHALT. KATION. HETEROCYCLEN 61-0681
CHAIGNEAU M., THERM. ZERS. V. BROMCHLORDIFLUORMETHAN IN GGW. V. SAUERSTOFF U. ANDEREN SAUERSTOFFHALT. GASEN 63-0320
CHAILLET M., VERGLEICHENDE UNTERS. D. PK-WERTE V. P-BENZOCHINONMONOOXIMEN U. -C-METHYLDIOXIMEN 59-0192
CHAKRABARTI B., HUECKEL-BERECHN. AN DECACYCLEN 54-0095
CHAKRABARTI P., STRUKTUR U. STEREOCHEMIE V. SPERGULAGENSAEURE 58-0742
CHAKRABARTI P. M., BRASILIN U. HAEMATOXYLIN 4. MITT. 64-0590
CHAKRABARTTY T. TETRANORTRITERPENOIDE 6. MITT. 58-0750
CHAKRABORTY A. K., TERPENOIDE 61. MITT. 58-0745
CHAKRABORTY D. P., SYNTH. V. MURRAYANIN 61-0556
CHAKRAVARTI K. K., TERPENOIDE 113. MITT. 55-0528
- TERPENOIDE 114. MITT. 56-0681
CHAKRAVARTY J., AUF GIBBERELLINE U. VERWANDTE VERB. GERICHTETE SYNTHET. UNTERS. 60-0431
CHAKRAVORTY K., KAEFIGRK. 2. MITT. 58-0206
CHALECKIJ A. M., AMMONOLYSE D. ISOMEREN CHLOR-BENZOL-SULFONAMIDE 57-0362
CHALK A. J., RINGMETALLIER. V. TOLUOL MIT BUTYLLITHIUM IN GGW. V. N.N.N'.N'-TETRAMETHYL-AETHYLENDIAMIN 58-0040
CHALMERS D. J., RK. V. BIPHENYL-CARBONSAEURE-(2)-SILBERSALZEN MIT JOD 60-0585
CHALVET O., DEUT. D. UNGEWOEHNL. MAGNETOOPT. VERH. V. CYCLOOCTATETRAEN, BEWEIS EINER DREIDIMENSIONALEN KONJUGAT. MITTELS D. FARADAY-EFFEKTES 56-0152
- BERECHN. D. ENERGIEN D. ZWEI ERSTEN SINGULETT-SINGULETT-UEBERGAENGE BEI AROMAT. KW-STOFFEN 62-0070
CHAMBERLAIN N. F., 7-SYN- UND 7-ANTI-PROTONENABSORPTIONEN IN DEN KERNMAGNETISCHEN RESONANZ-SPEKTREN V. NORBORNENEN 64-0124
CHAMBERLAIN P., ELEKTRONENSTOSSINDUZIERTE WANDER. IN CYCL. ALLYLALKOHOLEN U. CYCL. ENONEN 55-0087
CHAMBERS C., NEUE APORPHIN-ALKALOIDE AUS CROTON WILSONII GRISEB. 54-0515
CHAMBERS R. D., POLYFLUORARYL-ORGANOMETALL-VERB. 5. MITT. 53-0020
- ORGANOMETALL. POLYFLUORARYLVERB. 4. MITT. 55-0021
- POLYFLUORHETEROCYCL. VERB. 10. MITT. 57-0588
- HETEROCYCL. POLYFLUORVERB. 11. MITT. 59-0606
- POLYFLUORARYL-ORGANOMETALL-VERB. 6. MITT. 60-0046
- GEOMETR. ISOMERE V. FLUOROLEFINEN 62-0260
- POLYFLUORARYL-ORGANOMETALLVERB. 7. MITT. 62-0496
- POLYFLUORARYLORGANOMETALL-VERB. 8. MITT. 63-0604
CHAMBERS R. W., SYNTH. V. TRITIOURIDIN-5'-PHOSPHAT UEBER D. PHOTOHYDRAT D. URIDYLSAEURE 61-0715
CHAMOT D., 1.2-DIMETHYL-5.7-DI-TERT.-BUTYL-SPIRO(2.5)OCTATRIEN-(1.4.7)-ON-(6), DARST. U. RK. 63-0552
CHAMPMAN D. L., PHOTOCHEM. UMWANDL. 25. MITT. 60-0319
CHAMZIN F. S., ENINAMINE 7. MITT. 64-0703
CHAN D., SYNTH. V. DL-TETRAHYDROEREMOPHILON 63-0800
CHAN K. C., BIOSYNTH. V. PHENOLEN 13. MITT. 56-0657
- GAMBIRDIN U. ISOGAMBIRDIN, ALKALOIDE AUS UNCARIA GAMBIR (HUNT.) ROXB 63-0783
CHAN K. K., TOTALSYNTH. EINIGER MONOMERER VINCA-ALKALOIDE, DL-VINCADIN, DL-VINCAMINOREIN, DL-VINCAMINORIN, DL-VINCADIFFORMIN, DL-MINOVIN U. DL-VINCAMINORIDIN 64-0818
CHAN R. P. K., OPT. ROTATIONSDISPERSION U. ABSOLUTE KONFIGURATION 10. MITT. 53-0048
- OPT. ROTAT.-DISPERS. U. A. KONFIG. 12. MITT. 55-0046
CHAN W. R., STRUKTUR V. SORBIFOLIN, EINEM CHROMON AUS SPATHELIA SORBIFOLIA L. 56-0539
CHANDLER R. F., STRUKTUR D. DIGACETIGENINS 60-0761
CHANG C. T., SAEUREKATALYSIERTE CYCLISIER. V. FARNESOL U. NEROLIDOL 57-0698
CHANG C. W. J., SPINOCHROMSYNTH. 61-0747
- ABBAU V. HARZSAEUREN ZU SYNTHET. VERWENDBAREN ZWISCHENPRODUKTEN 64-0839
CHANG F. C., UMLAGER. D. BEIDEN C(12)-EPIMEREN EINES GALLENSAEUREDERIV. IN EINE AETIOJERVAN-STRUKTUR 60-0773
- DIE AM C(13) ISOMEREN 5BETA-CHOLAJERVENE 63-0825
CHANG M. L., INSEKTENHORMONE 5. MITT. 59-0756
CHANG M. S., DI-(CYCLOPROPYLCARBONYL)-FUROXAN 59-0575
CHANG P. K., SYNTH. U. BIOLOG. AKTIVITAET V. 8-AZA-9-CYCLOPENTYL-PURINEN 63-0700
CHANG Y. C., CHEMOLUMINESZENZ EINES ANALOGEN D. CYPRIDINA LUCIFERINS 55-0463
CHANG Y. F., VGL. D. STABILITAETEN U. METALL-KOHLENSTOFF-BINDUNGSLAENGEN FUER EINIGE SIGMA-ARYL-NICKEL-KOMPLEXE 55-0036
CHANINA L. N., ORGAN. INSEKTOFUNGIZIDE 2. MITT. 60-0380
CHANTEGREL B., FRIEDEL-CRAFTS-RK. MIT 2.4-DICHLOR-PENTAN 60-0428
CHANTOONI M. K. JUN., DISSOZIAT.-KONST. V. UNGELADENEN U. EINWERT. KATION. SAEUREN IN DIMETHYLSULFOXID 57-0187
- ELEKTRONENABSORPT.-SPEKTREN V. IONENPAAREN AUS SUBSTITUIERTEN AMINPIKRATEN IN ACETONITRIL 63-0124
- PROTONIER. V. WASSER, ALKOHOLEN U. DIAETHYLAETHER IN ACETONITRIL 64-0228
CHANTRAINE B., SELEKTIVE KONTAKTKATALYSE BEI D. OX. V. FL. CYCLOHEXAN 62-0206
CHAO H. M., PHOTORED. ARMOAT. KETONE DURCH AMINE, UNTERS. D. QUANTENAUSBEUTEN U. MECHANISMUS 57-0266
- EINFL. V. W. AUF D. PHOTORED. AROMAT. KETONE DURCH TERTIAERE AMINE 58-0495
CHAPAT J., TRANS- U. CIS-BICYCLO(6.4.0)DODECANONE-(10), VGL. D. STER. ORIENTIER. D. RED. V. ALPHA-AETHYLENKETONEN U. PHENOLEN 54-0345
CHAPIRO A., RADIOCHEM. DIMERISAT. V. FESTEM ACENAPHTHYLEN 64-0531
CHAPMAN G. M., PHENOLOX. U. BIOSYNTH. 15. MITT. 55-0591
CHAPMAN N. B., SYNTH. V. 2.3-DIHYDRO 1H (1)BENZOTHIENO(2.3-C)PYRROLEN U. VERWANDTEN AMINOMETHYLBENZO(B)THIOPHENEN 57-0511
- TRENN. POLARER U. STER. EFFEKTE 5. MITT. 58-0250
- TRENN. POLARER U. STER. EFFEKTE 7. MITT. 58-0251
- KONFORM. U. REAKTIVITAET 7. MITT. 58-0255
- EINE NEUE INTERPRETATION D. KINETIK D. RK. V. CARBONSAEUREN MIT DIAZODIPHENYLMETHAN IN TOLUOL 59-0261
- PHARMAKOLOG. AKT. BENZO(B)THIOPHENDERIV. 4. MITT. 59-0524
- PHARMAKOLOGISCH AKTIVE BENZO(B)THIOPHENDERIV. 5. MITT. 59-0525
- PROTONENMAGNET. RESONANZSPEKTREN V. BENZO(B)THIOPHEN-DERIV. 60-0109
- TRENN. POLARER U. STER. EFFEKTE 8. MITT. 63-0276
CHAPMAN O. L., PHOTOCYCLISIER. V. ALKYLSUBSTITUIERTEN ACRYLSAEUREANILIDEN ZU DIHYDROCARBOSTYRILEN OHNE OX.-MITTEL 55-0446
- ELEKTRONENSTOSS-INDUZIERTE UMLAGER. V. BENZTROPONEN, 1.4-ARYL-WANDERUNGEN 60-0131
- PHOTOCHEM. UMWANDL. 26. MITT DIREKTE BEOBACHT. V. KETENZWISCHENSTUFEN BEI PHOTOCHEM. RK. 62-0301
- PHOTOCHEM. UMWANDL. 22. MITT. 62-0447
CHAPMAN R. A., PHOTOCHEMIE V. LSG. EINIGER BICYCL. KETONE 63-0566
CHAPMAN T. M., REAGENZ FUER D. PEPTIDSYNTH., KOPOLY-(AETHYLEN-N-HYDROXY-MALEINIMID) 63-0843
CHAPPELL R. L., STEREOSELEKTIVE SYNTH. V. RAC.-ANDROGRAPHOLIDLACTON 63-0857

CHARBONNEL Y., EINW. V. AMINOPHOSPHINEN AUF EINIGE IMIDSAEUREALKYLESTER 62-0350
CHARCENKO V. G., RK. V. ALKYLIDEN-DICYCLOHEXANONEN MIT H2S 54-0307
- NEUE PROD. D. RK. V. METHYLEN-BIS-CYCLOHEXANON MIT P2S5 54-0412
- KONDENS. V. ALDEHYDEN MIT KETONEN, DIKETON-KONDENS. V. BETA-ACETYL- U. BETA-PROPIONYL-NAPHTHALIN MIT FURFUROL 60-0494
CHARCOSSET H., ISOMERISIER. V. BUTENEN AN BIFUNKTIONELLEN KATALYSATOREN BEI TIEFER TEMP. 54-0210
- THERM. ZERS. V. NICKELOXALAT 60-0041
CHARDIN A. P., DARST. U. SPEKTROSKOP. UNTERS. V. PEROXIDEN ALIPHAT. NITROACYLVERB. 55-0248
- BLDG. V. NITROALKANEN BEIM THERM. ZERFALL V. NITROACYLPEROXIDEN 58-0342
- DARST. V. CHLORALKYLPEROXIDEN 61-0331
- ALPHA.ALPHA'-DIHYDROXY-BIS-(HALOGENALKYL)-PEROXIDE 64-0366
CHARDONNENS L., ACYLIER. V. METHYLFLUORENEN 3. MITT. 62-0462
- FLUORENACENE U. FLUORENAPHENE, SYNTH. IN D. INDENOFLUORENREIHE 11. MITT. 64-0529
- FLUORENACENE U. FLUORENAPHENE, SYNTH. IN D. INDENOFLUORENREIHE 12. MITT. 64-0530
CHARICEVA E. M., DARST. D. EXO-7-HYDROXYMETHYL-3.4-BENZO-BICYCLO(4.1.0)HEPTENS-(3) ALS VORSTUFE D. 7-METHYLEN-3.4-BENZO-BICYCLO(4.1.0)HEPTENS-(3) 56-0438
- DELTA(2)- U. DELTA(3)-NORCARENYL-(7)-CARBINOLE ALS VORSTUFEN FUER 7-METHYLEN-DELTA(2)- U. -DELTA(3)-NORCARENE 56-0439
- CYCLOPROPANE U. CYCLOPROPENE, CIS- U. TRANS-1.2.3-TRIMETHYLOL-CYCLOPROPANE U. IHRE TRIACETATE 59-0402
CHAR'KOV C. N., SYNTH. V. 5-OXO-3-OXAHEPTANCARBONSAEUREESTERN U. IHRE CYCLISIER. ZU DIOXANON- U. MORPHOLINONHOMOLOGEN 64-0721
CHARLES G., EPOXYDATION V. TETRACYCL. TRITERPENEN 57-0705
CHARNEY E., OPT. AKTIVITAET NICHTPLANARER KONJUGIERTER DIENE 4. MITT. 54-0050
CHAROLLAIS E., UNTERS. IN D. CYCLITREIHE 37. MITT. 62-0111
CHARPENTIER-MORIZE M., VARIATION D. KOPPLUNGSKONSTANTEN ALS FUNKTION D. LSGM. 57-0108
- DEHALOGENIER. V. ALPHA-BROMKETONEN OHNE ALPHA'-WASSERSTOFF MIT KALIUMCARBONAT IN WSS. DIOXAN-LSG. STEREOCHEMIE D. DARZENS-RK. 59-0500
CHARRIER C., EINFL. D. TEMP. AUF D. NMR-SPEKTREN V. AMINOPHOSPHORVERB., DIMETHYLAMINO-PHENYL-CHLOR-PHOSPHIN 55-0078
- ALLENPHOSPHORVERB., EINFL. D. SUBSTITUENTEN D. PHOSPHORS AUF D. NMR-PARAMETER, RELATIVE VORZEICHEN D. PHOSPHOR-PROTON-KOPPLUNG 56-0131
CHASAR D. W., NMR-UNTERS. V. KONFORMEREN PRIORITAETEN BEI ISOMEREN THIOXANTHENOL-S-OXIDEN U. VERWANDTEN VERB. 64-0172
CHASTRETTE M., TOPOINFORMAT.-BEZIEH. ZWISCHEN D. STRUKTUR V. METHYLKETONEN U. IHRER RETENT.-ZEITEN IN D. DAMPFPHASENCHROMATOGRAPHIE 54-0126
CHATAK U. R., TOTALSYNTH. V. (+-)-SEMPERVIROLACETAT 55-0537
CHATT J., ALLG. METH. ZUR DARST. V. PLATIN(II)-SILYLDERIV. 54-0046
CHATTERJEE A., VENOTERPIN - NEUES MONOTERPENOID-ALKALOID AUS D. FRUECHTEN V. ALSTONIA VENENATA R.BR. 62-0728
- KORREKTUR D. STRUKTUR DES KONDENS.-PROD. V. N-(P-METHOXY-PHENYL)-ANTHRANILSAEURE 64-0732
CHATTERJEE A. K., DARST. V. ZUCKERPHOSPHATEN DURCH AUSTAUSCH V. PRIM. SULFONYLOXYGRUPPEN 62-0693
CHATTERJEE N. R., TOTALSYNTH. V. (+-)-SEMPERVIROLACETAT 55-0537
CHATURVEDI R. K., KINETIK D. HYDROLYSE V. P-BENZOCHINON-TETRAMETHYLKETAL 62-0223
CHAUDHARI F. M., KW-STOFF-METALLNITROSYLE 2. MITT. 55-0034
CHAUDHARY S. S., CHEMIE D. N-HALOGENAMINE 10. MITT. 53-0284
CHAUDRON T., DARST. V. UNSYMM. SULFIDEN DURCH RK. V. ORGANOMAGNESIUMVERB. MIT DIMETHYLSULFOXID 53-0248
CHAURASIA M. R., S-SUBSTITUIERTE 6.8-DIBROM-2-MERCAPTO-3-ARYL(ODER ALKYL-)-4-CHINAZOLONE 60-0634
CHAUTEMPS P., DARST. D. SULFONSAEUREESTER V. AETHYLENALKOHOLEN U. EPOXYALKOHOLEN 59-0502
CHAUVIERE G., STEREOCHEMIE D. RED. V. IMMONIUMSALZEN DURCH ORGANOMAGNESIUMVERB. 57-0213
CHAUVIN Y., ANWEND. D. DYNAM. GLEICHGEW. D. ISOMERISIER. AUF D. POLYMERISAT. V. OLEFINGEMISCHEN 2. MITT. 56-0234
CHAWLA A., EINE NEUE KLASSE V. TRITERPENOIDEN AUS AILANTHUS MALABARICA DC, MALABARICAN-DERIV. 55-0539
CHAYKOVSKY M., PHOTOCYCLISIER. V. TYROSINEN, THYRAMINEN, BRENZCATECHINAMINEN U. NORMESCALIN 58-0680
CHAZAN J., ANALOGE V. TETRAHYDROCANNABINOLEN U. VERWANDTEN PROD. 1. MITT. 62-0596
- ANALOGE V. TETRAHYDROCANNABINOLEN U. VERWANDTEN PROD. 2. MITT. 62-0597
CHCEJAN C. E., CYANAETHYLIER. V. POLYKETONEN 61-0410
CHEBURKOV Y. A., BIS-(TRIFLUORMETHYL)-KETEN, 8. MITT. 58-0335
CHECCHI S., 4-HYDROXY-CUMARIN U. DERIV. 7. MITT. 58-0676
CHEER C. J., STEREOSELEKTIVE UMLAGER. V. KONFORM.-BEWEGLICHEN EPOXIDEN 57-0437
CHEJFEC S. A., MEROCYANINFARBSTOFFE-DERIV. V. 3-AETHYL-THIAZOLIDINTHION-(4)-ON-(2) 62-0574
CHEJFIC L. A., TERPENOPHENOLE 30. MITT. 54-0531
- TERPENOPHENOLE 31. MITT. 55-0355
CHELEM A. M., SYDNONE U. SYDNONIMINE 31. MITT. 55-0422
CHEMERDA J. M., RACEMISIER. V. ALPHA-METHYL-ALPHA-ACETAMIDO-NITRILEN 61-0288
- SYNTH. V. L-ALPHA-METHYLDOPA AUS ASYMM. ZWISCHENPROD. 61-0422
CHEN C., OX.-PROD. D. FICHTENLIGNINS 55-0573
- STRUKTUR U. KONFIGURATION VON ZWEI NEUEN TETRAHYDROPROTOBERBERINEN AUS CORYDALIS CASEANA A., CASEAMIN U. CASEADIN 57-0678
- GASCHROMATOGRAPHISCHE TRENNUNG VON L-IDONAT UND D-GLUCONAT 64-0938
CHEN E. H., ORGAN. VERB. MIT 5-WERTIGEM PHOSPHOR 36. MITT. 58-0497
CHEN M. T., DARST. U. EINIGE EIG. V. DIMETHYLDITELLURID 61-0339
CHEN T. T., PHOTORK. V. HETEROCYCLEN 10. MITT. 62-0653
CHEN W. Y., N-SULFINYLHYDRAZIN-ANALOGE V. STICKSTOFF-LOST 63-0401
CHEN Y., SYNTH. V. JUSTICIDIN B U. VERWANDTEN VERB. 53-0586
CHENG C. C., SYNTH. U. BEWERT. D. ANTIMALARIA-WRKG. EINIGER 1.7-NAPHTHYRIDINE U. 2.9-DIAZOANTHRACENE 57-0581
- ANTIKREBSAKTIVITAET V. P.P-BIS-(2-METHYL-1-AZIRIDINYL)-N-2-PYRIMIDINYL-PHOSPHINSAEUREAMID (METHYLPHOSPHAZIN) U. VERWANDTEN VERB. 57-0777
- RK. V. HYDRAZIN U. METHYLHYDRAZIN MIT URACIL-5-CARBALDEHYD, EINE UNGEWOEHNL. PYRIMIDIN-PYRAZOL-UMLAGER. 59-0620
- PYRIMIDINE 22. MITT. 60-0631
- PYRIMIDINE 21. MITT. 60-0636
- SYNTH. V. DELTA-AMINO-LAEVULINSAEURE-ANALOGEN ALS MOEGL. ANTIMALARIAMITTEL 63-0423
- PYRAZOLE 2. MITT. 63-0633
CHENG F. C., SYNTH. U. RK. V. 7-METHYL-PYRANO(4.3-B)PYRAN-2.5-DION 59-0586
CHENG W. J., ZWEI BLDG.-WEGE FUER CARBONIUMIONEN AUS OLEFINEN U. GEEIGNETEN ELEKTRONENAKZEPTOREN 61-0194
CHENG Y. S., STRUKTUR V. ZWEI NEUEN AETHINYL-NOR-SESQUITERPENOIDEN, DEHYDROCHAMAECYNENOL U. DEHYDROCHAMAECYNENAL, ISOLIERT AUS CHAMAECYPARIS FORMOSENSIS MATSUM 63-0798
- EXTRAKTIVE KOMPONENTEN AUS DEM HOLZ V. TAIWANIA CRYPTOMERIOIDES HAYATA, NEUER SESQUITERPEN-KETOALKOHOL 64-0845
CHENON M., NMR-UNTERS. D. KOMPLEXBLDG. V. PYRROL 58-0175
CHERBULIEZ E., BLDG. U. UMWANDL. V. ESTERN 77. MITT. 54-0273
- BLDG. U. UMWANDL. V. ESTERN 76. MITT. 54-0453
- BLDG. U. UMWANDL. V. ESTERN 78. MITT. 56-0590
- BLDG. U. UMWANDL. V. ESTERN 79. MITT. 58-0663
- BEZIEH. ZWISCHEN POLYPEPTIDSTRUKTUR U. STREPOGENIN-AKTIVITAET 1. MITT. 58-0799
CHERDRON H., DARST. U. RK. V. BETA-TRICHLORMETHYL-BETA-LACTONEN 56-0300
CHEREST M., TORS.-SPANN. UNTER EINSCHLUSS V. PARTIALBIND., STER. VERLAUF D. RK. ZWISCHEN ALLYLMAGNESIUMBROMID U. 4-TERT.-BUTYL-CYCLOHEXANON 61-0152
- PARTIALBIND. MIT TORS.-SPANN., STEREOCHEMIE D. RED. V. EINIGEN OFFENKETT. KETONEN MIT LITHIUMALUMINIUMHYDRID 61-0211
CHERITAT R., RK. V. TRIFLUORACETALDEHYD MIT OLEFINEN 60-0334
CHERRY P. C., INTRAMOL. BIND. U. RELATIVE STABILITAETEN V. SYN- U. ANTI-ALPHA-OXIMINO-KETONEN 58-0769
CHERUZE J. I., ADDIT. V. BENZOYLCARBEN AN 1.3-ENINKOHLENWASSERSTOFFE 63-0514
CHETTY G. L., SESQUITERPENE 28. MITT. 62-0752
- TERPENE 23. MITT. 62-0781
CHEUNG H. T., BESTANDTEILE V. DIPTEROCARPACEAE-HARZEN 1. MITT. 61-0772
CHEUTIN A., 2.3-DISUBSTITUIERTE FURANE U. PYRROLE 1. MITT. 53-0329
- BENZOFURAN 37. MITT. 56-0116
- BENZOFURAN 36. MITT. 60-0496
CHEUYCHIT P., PYRROLUNTERS. 12. MITT. 55-0074
CHEVALIER J., BEST. D. WAERMEN FUER UNENDL. VERDUENN. V. ALIPHAT. AETHERN IN CHLOROFORM 62-0164
CHEVALLIER A., NMR-UNTERS. D. GEHINDERTEN ROTAT. 2. MITT. 56-0153
CHEVLI D. M., LSGM. V. GERINGER NUCLEOPHILIE 11. MITT. 61-0268
CHEVREUX P., HERST. EINES KRIST. KOMPLEXES AUS GECL4 U. HEXAMETHYLPHOSPHORSAEURE-TRIAMID 64-0059
CHIANG H., KERN-OVERHAUSER-EFFEKT, RELATIVE STEREOCHEMIE U. KONFORMATION V. TAXAN-DERIV. 57-0165
CHIANG H. C., STRUKTUR V. VIER NEUEN TAXININ-ABKOEMMLINGEN U. EINE PHOTOCHEM. TRANSANULARE RK. 56-0668
CHIANG J. F., STRUKTUREN V. NORBORNAN U. 1.4-DICHLOR-NORBORNAN AUS ELEKTRONENBEUG.-UNTERS. 63-0171
CHIAVARELLI S., SYNTH. V. 1.5-DICARBALKOXY-BISPIDINONEN-(9) 1. MITT. 54-0419

- SYNTH. IN D. REIHE D. 1.5-DIPHENYL-BISPIDIN-9-ONS U. -9-OLS, 13. MITT. 54-0422

CHICKOS J., DICHLORCYCLOPROPENON 64-0480

CHIDEKEL' M. L., OX. V. PHENOLEN DURCH O2 IN GGW. V. CU-HALT. KOMPLEXEN 54-0257

- OXYDATIVE DI- U. TRIMERISIER. BEI D. OX. V. PHENOLEN IN GGW. KUPFERHALTIGER KOMPLEXE 62-0520

CHIEN J. C. W., LOESCH. D. ANGEREGTEN ZUSTAENDE V. DIAETHYLKETON DURCH PARAMAGNET. METALLCHELATE 59-0273

CHIGIRA Y., TOTALSYNTH. V. ALBONURSIN 55-0467

CHILDRESS S. J., 5-ARYL-1.5-DIHYDRO-2H-1.4-BENZODIAZEPIN-2-ONE 57-0633

- EINE ALLGEMEINE METH. ZUR DARST. V. 2-ACETAMIDO-ACETANILIDEN MIT EINER ZWEITEN FUNKTIONELLEN GRUPPE IN D. 2 STELL. U. D. MOEGL. BLDG. V. 3-ACETAMIDO-1.3-DIHYDRO-2H-1.4-BENZODIAZEPIN-2-ON 58-0678

- 3-SUBSTITUIERTE 1.4-BENZODIAZEPIN-2-ONE 63-0738

CHILTON W. S., ROTATIONSDISPERSION VON ZUCKERHETEROCYCLEN 2. MITT. 60-0071

CHIMIAK A., N-HYDROXYAMINOSAEUREESTER 59-0335

CHIN P., SYNTH. U. BEWERT. D. ANTIMALARIA-WRKG. EINIGER 1.7-NAPHTHYRIDINE U. 2.9-DIAZOANTHRACENE 57-0581

CHING O. A., NUCLEOPHILE VERDRAENG.-RK. BEI KOHLENHYDRATEN 6. MITT. 63-0753

CHIPPERFIELD J. R., BASIZITAET V. ORGANOSILICIUM-, ORGANOGERMANIUM- U. ORGANOZINNSUBSTITUIERTEN PYRIDINEN 61-0182

CHIRITA C., UNTERS. UEBER P-ACETYLAMINO-PHENYL-2-BENZYLIDEN-4-OXAZOLONE-5, SYNTH. V. VERB. MIT ANTITUBERKULOESER WRKG. 57-0793

CHIRON R., RK. V. DISAEURE-(1.4)-ANHYDRIDEN MIT META-DISUBSTITUIERTEN AROMAT. VERB. 3. MITT. 56-0358

CHISHOLM M., TERPEN- U. STEROID-HYDANTOINE 53-0566

- KONFIG. EINIGER DEKALIN-SPIROHYDANTOINE U. -AMINOSAEUREN 56-0509

CHITTENDEN G. J. F., 6-PHENYLAZO-CHOLESTAN-DERIV., UMERKENN. D. STRUKTUREN V. PRODUKTEN AUS PHENYLHYDRAZIN U. OZONISIERTEN CHOLESTERIN-DERIV. 53-0564

CHITWOOD J. L., SOLVOLYSE V. BICYCLO(2.2.0)-HEXYL-(1)-METHYL-P-NITROBENZOAT 59-0485

- SYNTH. U. SOLVOLYT. UMLAGER. D. SPIRO(2.3)HEXAN-4-METHANOL-SYST. 64-0281

CHIU K. K., ORGANOZINNVERB. 2. MITT. 58-0005

CHIURDOGIN G., EINFL. V. ALKYLGRUPPEN IN 4-STELL. AUF D. CHEM. VERSCHIEB. V. METHYLGRUPPEN IN 1-STELL. IN PIPERIDINIUMSALZEN 59-0120

CHIURDOGLU G., KONFORM.-ANALYSE DURCH KERNMAGNET. RESONANZ 5. MITT. 62-0125

- KONFORM.-ANALYSE DURCH NMR 6. MITT. 62-0132

CHIUSOLI G. P., PI-ALLYL-NICKELHALOGENIDE MIT TERTIAEREN PHOSPHINEN U. KOHLENMONOXID ALS LIGANDEN U. IHRE RK. MIT ACETYLEN U. KOHLENMONOXID 53-0040

CHIVERS P. J., PROTONENMAGNET. RESONANZ-UNTERS. V. VERB. MIT BRUECKENSTICKSTOFFATOMEN 5. MITT. 64-0170

CHIVERS T., CHLORKOHLENSTOFFDERIV. V. ZINN 63-0072

CHLADEK S., AMINOACYLDERIV. V. NUCLEOSIDEN, NUCLEOTIDEN U. POLYNUCLEOTIDEN 3. MITT. 57-0657

CHLARK T., RK. V. BICYCLO(2.1.0)PENTANEN 1. MITT. 61-0518

CHLEBOWSKI J. F., APROT. DIAZOTIER. V. ANILIN IN GGW. V. JOD 62-0399

- APROT. DIAZOTIER. V. ARYLAMINEN IN AROMAT. LSGM., EINFL. STARKER SAEUREN 62-0436

CHMATAL V., ELEKTROPHILE EIG. D. ARYLDIAZONIUMIONS 53-0117

- ZUR ALLG. GUELTIGK. D. HYDROLYT. RK. AROMAT. DIAZOVERB. ZU SALPETR. SAEURE U. D. TRIAZENVERB. 53-0258

CHMEL' M. P., ISOMERISIER. V. ACETYLEN-ALPHA-EPOXIDEN MIT BETA-STAENDIGER DREIFACHBIND. ZUM EPOXIDRING 55-0230

CHMELINSKAJA A. U., NUCLEOPHILE SUBSTITUT. IN D. AROMAT. REIHE 25. MITT. 61-0254

CHMEL'NICKIJ R. A., MASSENSPEKTREN U. STRUKTUR ORGAN. VERB. 20. MITT. 54-0085

- MASSENSPEKTREN U. STRUKTUR ORGAN. VERB. 21. MITT. 54-0086

- MASSENSPEKTREN U. STRUKTUR ORGAN. VERB. 24. MITT. 61-0116

- MASSENSPEKTREN U. STRUKTUR ORGAN. VERB. 23. MITT. 62-0101

- MASSENSPEKTREN U. STRUKTUR ORGAN. VERB. 22. MITT. 63-0156

CHOCHLOVA L. V., KONDENS. V. AMINOESTERN D. ACRYL- U. METHACRYLSAEURE MIT DIENEN 1. MITT. 55-0310

CHOCHRJAKOVA N. P., RK. V. BROMMAGNESIUM-P-CHLOR(BROM)DIARYL-CARBINOLATEN MIT ESTERN 57-0419

CHODKIEWICZ W., DIASTEREOISOMERE ACYCL. ALKINOLE, UNTERS. D. NMR-SPEKTREN V. ALLEN. PHOSPHINOXIDEN 55-0216

- BENZOLE U. ANTHRACENE MIT UNGESAETT. SEITENKETTEN 57-0450

- ANIONOTROPE UMLAGER. V. DIARYLALKINOLEN 58-0475

CHODKOWSKI J., HEMM. D. ELEKTRODENRK. V. ZINK- UND CADMIUMIONEN IN SAUREN LOESUNGEN DURCH PROTEINE 1. MITT. 64-0027

CHOJNOWSKI J., ASSOZIAT. V. INDOL U. PHENOL MIT DIAETHYL-CHALKOGENIDEN 60-0197

CHOLEVINSKAJA L. V., CHEMIE D. FREIEN RADIKALE D. HYDRAZINREIHE 49. MITT. 60-0076

CHOLMATOV M., ALKYLIER. D. CUMCLS MIT GAMMA-BUTYROLACTON 60-0375

CHOLNOKY L., UNTERS. UEBER CAROTINOIDFARBSTOFFE 7. MITT. 56-0666

- STRUKTUR V. LYCOXANTHIN U. LYCOPHYLL 60-0727

CHOLODOV L. E., SYDNONE U. SYDNONIMINE 35. MITT. 53-0394

- SYDNONE U. SYDNONIMINE 31. MITT. 55-0422

- SYDNONE U. SYDNONIMINE 38. MITT SYNTH. U. STRUKTUR V. N-EXO-NITROSO-DERIV. V. SYDNONIMINEN 56-0524

CHOPIN J., EINFL. D. HALOGENS V. BENZYLHALOGENIDEN AUF D. C-BENZYLIER. V. PHLORACETOPHENONEN 56-0406

- WRKG. V. WSS.-METHANOL. SCHWEFELSAEURE AUF D. EPOXIDE V. 2'-METHOXYMETHOXY-CHALKONEN U. UEBERGANG IN D. ENTSPRECHENDEN FLAVANOLE 56-0545

- SYNTH. U. SAEUREISOMERISIER. V. 6- U. 8-BENZYL-CHRYSINEN 56-0546

- ISOLIER. U. SYNTH. V. ISOSCOPARIN 56-0665

CHORSEV S. J., IR-SPEKTREN EINIGER PERCARBONATE U. PERCARBAMATE 63-0126

CHORVAT R. J., UMLAGER.-RK. IN VIERGLIEDRIGEN PHOSPHORHETEROCYCLEN 57-0489

CHOU T. C., SYNTH. V. 6-SUBSTITUIERTEN 9-(4-(BIS-(2-CHLOR-AETHYL)-AMINO)-PHENYL)-PURINEN ALS POTENTIELLE CYTOTOXICA 61-0670

CHOUDHURY D. R., RANEY-NICKEL-DESULFURIER. EINIGER ORGANOSCHWEFELVERB. 60-0413

CHOUKROUN R., MAGNET. U. MAGNFTOOPT. UNTERS. VON ALKYLORTHOTITANATEN 60-0005

CHOVRATOVIC N. N., EINFLUSS DES SCHWEFEL-ATOMS AUF DIE BEWEGLICHKEIT VON WASSERSTOFF-ATOMEN IN DER METHYLENGRUPPEN EINIGER HETEROCYCLISCHER VERBINDUNGEN 64-0756

CHOW L. W., ORGAN. QUANTENCHEMIE 16. MITT. 60-0146

CHOW Y. L., D. SYN-ANTI-ISOMERIE V. ALPHA-TERT.-AMINO-ALKANON-OXIMEN 64-0175

CHOWDHURY B. K., SYNTH. V. MURRAYANIN 61-0556

CHOWDHURY M. N. R., STEROIDE U. VERWANDTE PROD. 27. MITT. 61-0786

CHRETIEN-BESSIERE Y., HYDROBORIER. IN D. MONOTERPENREIHE 57-0707

- VORK. V. P-MENTHATRIEN-(1.3.8) IM AETHERISCHEN OEL D. BLAETTER V. PETERSILIE AUS JUGOSLAWIEN 57-0796

- ALPHA-PINENEPOXID, RK. IM STARK BAS. MEDIUM, RK. MIT LITHIUMALANAT U. LITHIUM-HYDRID IN TERT. AMINEN 58-0759

- DARST. V. BETA-KETO-SYMM.-TRIAZINEN 59-0641

- EIN NEUER NICHT ISOPRENER ALKOHOL C10H18O AUS ORMENIS MULTICAULIS 63-0806

CHRISTENSEN L. W., MASSENSPEKTROSKOP. UNTERS. V. METHANSULFONSAEUREESTERN 64-0145

CHRISTIAN S. D., DIMETHYLNITROSAMIN-MONOMER ODER DIMER IN LSG. 56-0180

- LSGM.-EINFL. AUF STARKE LAD.-UEBERTRAG.-KOMPLEXE 1. MITT. 62-0169

CHRISTIE M. I., ZWISCHENPROD. BEI D. PHOTOCHEM. RK. V. ACETON MIT STICKOXID 53-0183

CHRISTMANN K. F., OLEFINIER. MIT PHOSPHOR-YLIDEN 1. MITT. 56-0263

CHRISTOL H., DARST. TRICYCL. N- U. O-HETEROCYCLEN AUS CYANAETHYL-ENAMINEN 55-0366

- STRUKTUR V. METHYLTHIOPHOSPHONSAEURE-O-ALKYLESTER 57-0342

- STEREOCHEMIE D. RINGOEFFN. V. 8.9-EPOXY-CIS-HYDRINDANOL-(5) U. 8.9-EPOXY-CIS-HYDRINDANOL-(2) 59-0437

- DODEKAHYDROPHENANTHREN-REIHE 9. MITT. 60-0437

- SAEUREKATALYSIERTE UMLAGER. 19. MITT. 60-0456

- ALPHA.ALPHA'-DISPIRO-KETONE 60-0457

- BAS. HYDROLYSE V. PHOSPHONATEN 1. MITT. 62-0245

- BAS. HYDROLYSE V. PHOSPHONATEN 2. MITT. 62-0246

- SAEUREKATALYSIERTE UMLAGER. 20. MITT. 62-0489

- SAEUREKATALYSIERTE UMLAGER. 21. MITT. 62-0490

- DURCH SAEURE KATALYSIERTE OX. V. SPIROCYCLANONEN MIT WASSERSTOFFPEROXID 62-0492

- SAEUREKATALYSIERTE UMLAGER. 22. MITT. 63-0569

- SAEUREKATALYSIERTE UMLAGER. 23. MITT. 63-0570

CHRISTOPHERSEN C., THIOSAEUREN U. IHRE DERIV. 13. MITT. 56-0357

CHRISTY M. E., ANTIDEPRESSIVA. TETRABENAZINANTAGONIST. AKTIVITAET IN EINER REIHE V. 5H-DIBENZO(A,D)CYCLOHEPTEN-5-PROPYLAMINEN 60-0439

CHROMOV-BORISOV N. V., STEREOCHEMIE V. DIPHENSUCCINDAN-DERIV. 53-0098

- DIJODMETHYLAT V. 4.4'-BIS-(BETA-DIMETHYLAMINO-AETHYL-SULFAMIDO)-DIPHENYL 54-0313

- SYNTH. U. UMWANDL. V. PYRIMIDINDERIV. 17. MITT. 64-0736

- SYNTH. U. UMWANDL. V. PYRIMIDINDERIV. 18. MITT. 64-0737

CHRUSTALEVA V. N., ANTHRON, KATALYSATOR D. VERESTER. V. EINWERT. ALKOHOLEN U. MONOCARBONSAEUREN 54-0231

CHU B., RAUM- U. ZEITABHAENG. KONZ.-SCHWANK. IM SYST. ISOBUTTERSAEURE-WASSER AM KRIT. MISCH.-PUNKT 63-0204

CHU S., MIT ACETYLCHOLIN U. CHOLIN VERWANDTE SCHWEFEL- U. SELENVERB. 7. MITT. 63-0895

CHUCHE J., NMR-UNTERS. D. KONFORM. V. ERYTHRO- U. THREO-ALPHA-GLYKOLEN, ANWEND. AUF D. STEREOCHEMIE D. RED. V. ALPHA.BETA-UNGESAETT. CARBONYLVERB. 55-0111

- MECHANISMUS D. DUPLIKATIVEN RED. V. ALPHA-UNGESAETT. CARBONYL-VERB. IN GGW. V. METALLEN. ANWEND. AUF D. SYNTH. V. SEKUNDAER-TERTIAEREN ALPHA-GLYKOLEN MIT 2 DOPPELBIND. 55-0232

- NMR-UNTERS. V. 2.2-DIMETHYL-1.3-DIOXOLANEN, WEND. AUF D. TRENN. U. CHARAKTERISIER. V. ERYTHRO- U. THREO-ALPHA-GLYKOLEN 55-0396
- DUPLIKATIVE RED. V. ZIMTALDEHYD, BLDG.-MECHANISMUS V. PARATERPHENYL 62-0207
- STEREOCHEMIE D. COPE-UMLAGER. V. HEXADIEN-(1.5)-DIOLEN-(3.4), UNTERS. D. C1-C6-BINDUNG 62-0272
- THERM. UMLAGER. V. ALKEN-(1)-IN-(5)-OLEN-(3) U. V. 3.4-DIMETHYL-HEXADIIN-(1.5)-DIOL-(3.4) 64-0361

CHUCHRJANSKIJ V. G., SYNTH. V. TRIPHENYLAETHYLENDERIV. 3. MITT. 54-0305
CHUPP J. P., RK. V. ISOCYANATEN MIT AZOMETHINEN, BEWEIS FUER EIN NEUES HETEROCYCL. ADDUKT 63-0731
- RK. V. ELEKTROPHILEN MIT EINIGEN IMINEN D. CYCLOHEXANONS U. ISOBUTYRALDEHYDS 64-0488
CHUPRUNOVA O. A., STRUKTUR V. AUREOLSAEURE (MITHRAMYCIN) 63-0853
CHURCHILL M. R., KRISTALLOGRAPH. UNTERS. V. MOLYBDAEN-AZULEN-KOMPLEXEN 53-0007
- STEREOCHEMIE U. KONFORM. V. HEXAMETHYLCYCLOHEXADIENYL-RHENIUM-TRICARBONYL, EIN KOMPLEX MIT ANOMAL NIEDR. KW-STOFF-VALENZSCHWING. 53-0009
- VGL. D. STABILITAETEN U. METALL-KOHLENSTOFF-BINDUNGSLAENGEN FUER EINIGE SIGMA-ARYL-NICKEL-KOMPLEXE 55-0036
- HERSTELL. U. KONFIG. V. 4.6.8-TRIMETHYL-AZULEN-TETRARUTHENIUMENNEACARBONYL, KOMPLEX MIT KOORDINAT. V. AZULEN AN DREI METALLATOME 58-0016
- CHARAKTERISIER. U. MOL.-KONFIG. V. DECARBONYLDIAZULEN-TETRAEISEN 63-0022
- BLDG. U. STRUKTUR EINES SIGMA-ARYLDERIV. V. MOLYBDAEN, PI-C7H7MO(CO)2C6F5 63-0023
CHUTNY B., CHEMIE ORGAN. FLUORVERB. 3. MITT. 61-0344
CHUTORNENKO G. A., GAMMA-PYRONDERIV. 10. MITT. 54-0403
CHVALOVSKY V., ORGANOSILICIUMVERB. 53. MITT. 54-0184
- ORGANOGERMANIUMVERB. 3. MITT. 59-0010
- ORGANOSILICIUMVERB. 55. MITT. 59-0099
- ORGANOSILICIUMVERB. 56. MITT. 59-0100
- EIG. V. NATRIUMDIHYDRIDO-BIS-(2-METHOXYAETHOXO)-ALUMINAT 1. MITT. 62-0313
- ORGANOGERMANIUMVERB. 1. MITT. 63-0030
- ORGANOSILICIUMVERB. 57. MITT. 63-0140
- EINFL. V. LSGM. AUF D. SELEKTIVITAET ELEKTROPHILER REAGENZIEN 1. MITT. 64-0263
CHWANG T., OX. MIT DURCH OZONISIER. DARGESTELLTEM HOEHERWERT. NICKELOXID 56-0255
CHWANG W. K., PROTONIERTE CYCLOPROPANE 3. MITT. 64-0277
CHYDYROV D. N., GLYKOLAETHER U. IHRE DERIV. 120. MITT. 60-0370
CIABATTONI J., RK. V. TROPON MIT MESYLSULFEN 62-0556
CIAMPI A., QUANTENCHEM. VORAUSSAGEN BETREFFS ZWEIER UNBEKANNTER MESOION. VERB. 60-0142
CIBUL'SKIJ V. V., UMLAGER. D. KOHLENSTOFFGERUESTES BEI D. CYCLISIER. UNGESAETT. ALKYL-HYDRAZONE 55-0410
CICKAREVA G. G., HYDRATISIER. V. SEK.-TERT.-ACETYLEN-DELTA-GLYKOLEN 60-0623
CIESLAK M., EUTEKT. GEMISCHE V. CYCLOHEXYLAMIN-WASSER 60-0191
CIGANEK E., SYNTH. V. DICYANACETYLEN 59-0308
CIGAREV A. G., ALKYLIER. V. CARBANIONEN DURCH SALZE V. ALPHA-HALOGEN-SAEUREN 62-0310
CIGNARELLA G., 2.6-DIALKYL-PIPERAZINE 4. MITT. 63-0709
- 2.6-DIALKYL-PIPERAZINE 5. MITT. 63-0711
CIGNITTI M., ELEKTRONENSTRUKTUR U. CHEM. EIG. V. 1.2.4-OXADIAZOL, BIS-1.2.4-OXADIAZOLEN U. ANDEREN DERIV. 57-0130
CIHODARU S., RK. V. PYROBORTETRAACETAT MIT ANTHRANILSAEURE U. 3.3'-DICARBOXY-BENZIDIN 63-0734
CIMARUSTI C. M., SYNTH. U. BISDECARBOXYLIER. V. OXO-BICYCLO(2.2.X)ALKANDICARBONSAEURE-ANHYDRIDEN 57-0471
CINQUINI M., RK. V. SULFIDEN MIT PHENYLJODIDDICHLORID IN WSS. PYRIDIN, SYNTH. V. SULFON-FREIEN SULFOXIDEN U. (18)O-MARKIERTEN SULFOXIDEN 59-0359
CIPOLLINI R., RK. VON HE(3)H(+)-IONEN MIT GASFOERMIGEN KOHLENWASSERSTOFFEN 2. MITT. 60-0227
- RK. V. HE(3)H(+)-IONEN MIT GASF. KW-STOFFEN 3. MITT. 62-0195
CIRANNI G., RK. VON HE(3)H(+)-IONEN MIT GASFOERMIGEN KOHLENWASSERSTOFFEN 2. MITT. 60-0227
- RK. V. HE(3)H(+)-IONEN MIT GASF. KW-STOFFEN 3. MITT. 62-0195
CIRENDINI S., TRENN. D. HEPTACHLOR- U. OKTACHLORCYCLO-HEXANISOMEREN, STRUKTURBEST. 64-0475
CIRKO A. I., AUTOX. V. ACETYLENKOHLENWASSERSTOFFEN, 1. MITT. 57-0391
- AUTOX. D. ACETYLENKOHLENWASSERSTOFFE 2. MITT. 58-0399
CIRKOV A. K., CHEMIE D. FREIEN RADIKALE D. HYDRAZINREIHE 49. MITT. 60-0076
CISAK A., MECHANISMUS D. ELEKTRORED. V. CHLORIERTEN ALICYCLEN 64-0235
CISLO J., SYNTH. U. EIG. HOEHERER 9-(1-ALKYL)-CARBAZOLE 64-0601
CISTOKLETOV V. N., 1.3-BIPOLARE ADDIT. AN UNGESAETT. VERB. 18. MITT. 57-0555
- 1.3-DIPOLARE ADDIT. AN UNGESAETT. VERB. 19. MITT. 60-0556
- 1.3-DIPOLARE ADDIT. AN UNGESAETT. VERB. 21. MITT. 63-0520
CIUFFARIN E., IONENPAAR-REKOMBINAT. BEI RACEMISIER. U. ISOMERISIER. V. SULFINATESTERN 64-0307

CIZEVSKAJA I. I., RK. D. AETHYLENTHIOHARNSTOFFS MIT MONOCHLORESSIGSAEURE U. AROMAT. ALDEHYDEN IN EISESSIG 58-0603
- RK. D. 2-IMIDAZOLIN-THIONS MIT MONOCHLORESSIGSAEURE IN EISESSIG 63-0647
- EINFLUSS DES SCHWEFEL-ATOMS AUF DIE BEWEGLICHKEIT VON WASSERSTOFF-ATOMEN IN DER METHYLENGRUPPEN EINIGER HETEROCYCLISCHER VERBINDUNGEN 64-0756
CIZOV B. V., UNTERS. D. MECHANISMUS D. HOMOLYT. RK. IN LSG. MIT D. MASSENSPEKTROMETR. U. ISOTOPENMETH. 13. MITT. 61-0323
CIZOV O. S., MASSENSPEKTROMETR. UNTERS. V. KOHLENHYDRATEN 10. MITT. 62-0102
- MASSENSPEKTROMETR. UNTERS. V. KOHLENHYDRATEN 11. MITT. 62-0103
CLAESON G., SPALT. U. KONFIG. V. THIOPHAN-3-CARBONSAEURE 58-0576
- RACEMATSPALT. U. KONFIG. V. 1.2-DITHIOLAN-3-CARBONSAEURE 64-0618
CLAGGETT A. R., PEPTIDBLDG. V. DIAMINOMALEINSAEURENITRIL (HCN-TETRAMERES) 59-0772
- PEPTIDBLDG. AUS AMINOMALONITRIL (HCN TRIMERES) 59-0773
CLAISSE J. A., RK. FREIER RADIKALE V. HALOGENIERTEN POLYCYCL. BRUECKENRINGSYST. 8. MITT. 62-0493
CLAPP L. B., MASSENSPEKTREN V. 1.2.4-OXADIAZOLINEN 60-0117
CLAPP R. C., RK. V. TETRAHYDRO-2H-1.3-OXAZIN-2-THION U. METHYLJODID 60-0667
CLAR E., NMR-UNTERS. V. PERYLEN- U. CORONENDERIV. 61-0090
CLARET P. A., HOMOLYT. RK. V. PERFLUORIERTEN AROMATEN 1. MITT. 58-0484
CLARINGBOLD P. J., KATALYT. DEUTERIUMAUSTAUSCHRK. IN ORGAN. VERB. 49. MITT. 62-0251
CLARK B. C. JUN., EINE ALLG. SYNTH. MAKROCYCL. VERB. 58-0685
CLARK D. T., PI-ELEKTRONENSTRUKTUR V. THIENO(3.4-C)THIOPHEN 56-0146
- SCF-MO-UNTERS. UEBER D. EINFL. D. BETEILIG. D. D-ORBITALS AM GRUNDZUSTAND D. THIOPHENS 60-0148
- SCF-MO-UNTERS. D. REAKTIVITAET D. THIOPHENS U. D. ISOMEREN THIENOTHIOPHENE 60-0224
- SCF-MO-BEHANDL. V. FURAN UNTER BERUECKSICHTIGUNG ALLER VALENZELEKTRONEN 61-0128
- ELEKTROCYCL. UMWANDL. D. CYCLOPROPYL- ZUM ALLYL-ANION, GESAMTBIND. -SCF MO-METH. 63-0316
CLARK H. C., RK.-FAEHIGK. V. METALL-METALL-VERB. 5. MITT. 58-0066
- CHEMIE D. METALLHYDRIDE 3. MITT. 62-0056
- ORGANOINDIUM-CHEMIE 2. MITT. 63-0067
CLARK J., RING-OEFFN. BEI EINIGEN PYRIMIDINEN 54-0445
- HETEROCYCLEN 3. MITT. 58-0666
- UNTERS. AN HETEROCYCLEN 4. MITT. 61-0665
- HETEROCYCL. UNTERS. 5. MITT. 61-0666
- HETEROCYCL. UNTERS. 6. MITT. 61-0667
CLARK R. A., RK. V. PHENYLAZID MIT OLEFINEN 58-0469
CLARK R. D., RK. V. AMINEN 16. MITT. 56-0463
- CALCIFEROL U. VERWANDTE VERB. 8. MITT. 56-0728
CLARK R. J., SYNTH. V. KOBALTCARBONYLEN BEI NIEDR. DRUCK 58-0068
CLARK T. J., RK. STER. GEHINDERTER PHENOLE MIT DIAZOMETHAN 58-0400
CLARK V. M., PHOTOCYCLISIER. V. ANILINO-PYRIDINEN ZU CARBOLINEN 60-0620
CLARKE D. A., SYNTH. V. NICKEL-1-ALKYL-TETRADEHYDROCORRINEN 53-0524
- ALKYL-, ARYL- U. ACYL-METALL(III)-KOMPLEXE V. AETIOPORPHYRIN I 60-0731
CLARKE G. M., EIN INTERMOL. ''GEDAECHTNIS-EFFEKT'' BEI D. BLDG. U. D. EINFANG EINES POTENTIELL SYMM. TRICYCLOOCTYLKATIONS 63-0278
- BEVORZUGTE BLDG. EINES SYMM. GEGENUEBER EINEM UNSYMM. CYCLOPROPYLCARBINYL-KATION, KONKURRIERENDE VICINALE U. TRANS-ANULARE HYDRID-VERSCHIEB. IM TRICYCLO(3.2.1.0(2-.7))OCTYL-(4)-SYST. 63-0279
- EIN UMWEG-MECHANISMUS D. BLDG. EINES CYCLOPROPYLCARBINYLKATIONS, ANOMALE WANDER.-BEFAEHIG. EINES CYCLOPROPYLRINGS IM VGL. ZUM CYCLOPENTYLRING IM NORTRICYCLYLCARBINYLKATION 63-0280
CLARKE J. R. P., ANALYSE V. GEMISCHEN V. N-OCTENEN, OCTALINEN, TERT.-BUTYL-CYCLOHEXENEN, OCTANOLEN, DECALOLEN U. TERT.-BUTYL-CYCLOHEXANOLEN 60-0841
CLARKE K., SYNTH. V. 2.3-DIHYDRO-1H-(1)BENZOTHIENO(2.3-C)PYRROLEN U. VERWANDTEN AMINOMETHYLBENZO(B)THIOPHENEN 57-0511
- PHARMAKOLOG. AKT. BENZO(B)THIOPHENDERIV. 4. MITT. 59-0524
- PHARMAKOLOGISCH AKTIVE BENZO(B)THIOPHENDERIV. 5. MITT. 59-0525
CLARKE R. A., CHEMILUMINESZENZ BEI RK. ELEKTROPHILER OXAMIDE MIT H2O2 U. FLUORESZIERENDEN VERB. 58-0081
CLARKE S. M., CANADENSOLID, EIN ANTIFUNGALER METABOLIT V. PENICILLIUM CANADENSE 58-0571
CLARKE T., FLUOREOLEFINE 6. MITT. 58-0372
CLARKSON R., 2-ALKOXY-5-AMINO- U. -5-ARYLSULFONAMIDO-1.3.4-THIADIAZOLE U. VERWANDTE VERB. 57-0564
CLAUDEL B., POLYMORPHIE D. URAN(IV)-FORMIATS 62-0007
CLAUS P., METHYLTHIOMETHYLIER. V. AROMAT. AMINEN, N-ARYL-S.S-DIMETHYL-SULFIMIDE ALS ZWISCHENSTUFEN 63-0449
- METHYLMERCAPTOMETHYLIER. V. PHENOLEN MIT DIMETHYLSULFOXID-ESSIGSAEUREANHYDRID 64-0433

CLAUSON-KAAS N., NEUE SYNTH. V. 6-METHYL-3-PYRIDINOL 53-0420
CLAUSS K., ALKOXY-METHYL-TITANCHLORIDE 59-0055
CLAUSSEN U., HASCHISCH 14. MITT. 57-0699
- HASCHISCH 18. MITT. 61-0753
- HASCHISCH 15. MITT. 62-0785
- HASCHISCH 16. MITT. 62-0786
CLAYTON J. M., ANWEND. D. REGRESSIONSANALYSE BEI D. ANTITUMORWRKG. VERSCHIEDENER ACETYLEN. CARBAMATE 60-0805
CLAYTON R. B., BIOSYNTH. V. FUSIDSAEURE AUS SQUALEN-2.3-OXID 57-0791
- ROLLE D. STRUKTUR D. SUBSTRATS BEI D. INITIER. D. ENZYMAT. CYCLISIER. V. 2.3-EPOXY-SQUALEN. UNTERS. MIT 2.3-CIS-2.3-EPOXY-1'-NORSQUALEN U. 2.3-TRANS-2.3-EPOXY-1'-NORSQUALEN 58-0818
- ENZYMAT. CYCLISIER. V. 15-NORSQUALEN-2.3-OXID 63-0805
CLEARY J. C., NEUE SYNTH. V. FURANEN 59-0522
CLECAK N. J., SYNTH. U. STRUKTURUNTERS. V. 2.6-DIAMINOBENZO(1.2-D,4.5-D')BISTHIAZOL 63-0644
CLEMENT C., MITTLERE OPT. POLARISIERBARK. V. POLYSUBSTITUIERTEN ALKANEN 56-0091
- OPT. ANISOTROPIEN U. KONFORM. V. N-ALKANEN IN FL. ZUSTAND U. IN LSG. 56-0092
CLEMENT G., KINET. UNTERS. D. RADIKAL. OX. D. ALKYLAROMATEN IN FL. PHASE DURCH SAUERSTOFF 58-0218
CLEMENT R., DARST. CYCL. ESTER D. 2-(DIMETHYLAMINOMETHYL)-BENZOLBORONSAEURE 56-0458
CLEOPHAX J., VERDRAENG.-RK. BEI FURANOIDSYST. 7. MITT. 53-0333
- VERDRAENG.-RK. AN FURANOIDSYST. 6. MITT. 55-0499
- EINFUEHR. EINER DOPPELBINDUNG IN EIN TETRAHYDROFURAN-SYST. 5. MITT. 57-0640
- CYCLISIERUNGSRK. ZU AZIRIDINO-TETRAHYDROFURANEN 60-0497
- NUCLEOPHILE VERDRAENG.-RK. BEI TETRAHYDROFURANSYST. 8. MITT. 62-0528
- SYNTH. V. OPT. AKT. EPOXY-TETRAHYDROFURANEN 64-0592
CLERC J. T., MAGNETO-OPT. ROTAT.-DISPERS. V. GESAETT. ALIPHAT. KW-STOFFEN 64-0087
- UNTERSCHEID. AEQUATORIAL-AEQUATORIAL U. AEQUATORIAL-AXIAL SUBSTITUIERTER CYCLOHEXANDERIV. MIT HILFE D. MAGNETO-OPT. ROTAT.-DISPERS. (MORD) 64-0088
CLESSE F., RK. V. BETA-KETO-DITHIOSAEUREN U. DEREN DIMETHYLDERIV. MIT PRIM. ARYLAMINEN 64-0470
CLEVELAND P. G., PHOTOCYCLISIER. V. ALKYLSUBSTITUIERTEN ACRYLSAEUREANILIDEN ZU DIHYDROCARBOSTYRILEN OHNE OX.-MITTEL 55-0446
CLEWELL W., MEHRFACHE STRUKTUR-REAKTIVITAETS-BEZIEH., ALKAL. HYDROLYSE V. AM ACYL- U. ARYL-REST SUBSTITUIERTEN BENZOESAEURE-PHENYLESTERN 58-0236
CLEZY P. S., ALKALOIDE AUS DAPHNANDRA-ARTEN 7. MITT. 53-0510
CLIFTON E. C., EINFL. V. POSITIV GELADENEN SUBSTITUENTEN BEI D. AROMAT. SUBSTITUT. 3. MITT. 58-0406
CLOSE V. A., GASCHROMATOGRAPHIE V. AMINOSAEUREN ALS N-THIOCARBONYL-ESTER-DERIV. 62-0856
CLOSS G. L., PHOTOCHEM. UMWANDL. V. 3H-PYRAZOLEN IN CYCLOPROPENE U. 1.2-DIAZA-BICYCLO(2.1.0)PENTENE-(2) 57-0528
- D. STER. VERLAUF D. THERM. UMLAGER. V. METHYLBICYCLOBUTANEN 62-0485
CLOSSON W. D., KORRELATION D. INFRAROT-STRECKSCHWINGUNGS-FREQUENZEN V. KETONEN, OLEFINEN U. OXIMEN 57-0086
- ELEKTRONENSPEKTREN V. CARBONSAEUREDERIV. 5. MITT. 58-0086
CLOUGH S. C., DIIMIDBLDG. UEBER EINE AZIRIDINUMLAGER. 64-0571
CLOWES G. A., NEUE CYCLODEHYDRATISIER., SAEUREKATALYSIERTE UMWANDL. V. ALPHA-(4-AETHOXY-NAPHTHYL-(1))-BENZOIN ZU 1.2-DIPHENYL-5-AETHOXY-NAPHTHO(2.1-B)FURAN 53-0336
CMUTOVA G. A., SYNTH. U. STRUKTUR EINIGER PHENYLMERCAPTO-U. PHENYLSELENOALKENE V. ALLYLTYP 57-0351
- DARST. P-SUBSTITUIERTER PHENYL-ALKENYLSELENIDE 57-0352
COATES E., KRISTALL- U. MOLEKULARSTRUKTUR V. ACETYLACETONATO-DICARBONYL-RHODIUM(I) U. EINIGER FLUORSUBSTITUIERTER KOMPLEXE 55-0006
COATES M. R., FRIEDELEN-OLEANEN-UMLAGER. 54-0536
COATES P., DITERPENE AUS GOODENIA RAMELII F. MUELL 57-0697
COBERN D., NEUE P-CHLORPHENOXYCARBANILIDE U. IHRE BAKTERIOSTATISCHE WRKG. 57-0373
COBURN E. R., RK. V. SALPETERSAEUREESTERN IN SCHWEFELSAEURE ENTHALTENDER ESSIGSAEURE 59-0346
COBURN M. D., PIKRYLAMINO-SUBSTITUIERTE HETEROCYCLEN 2. MITT. 60-0559
- PIKRYLAMINO-SUBSTITUIERTE HETEROCYCLEN 3. MITT. 63-0652
COBURN T. T., CARBONIUMIONENSALZE 11. MITT. 64-0479
COCHRANE W. P., SYNTH. V. SYMM. TRISUBSTITUIERTEN BENZOLDERIV. 59-0348
COCIVERA M., OPT. INDUZIERTER OVERHAUSER-EFFEKT IN LSG., KERNMAGNET. RESONANZ-EMISS. 63-0144
COCKER W., RELATIVE GESCHW. D. CHROMSAEUREOX. STEREOISOMERER CIS-CARANOLE 53-0128
- KONDENS.-PROD. V. (+)-MENTHOFURAN MIT CARBONYLVERB. 54-0538
- SYNTH. U. KONFIG. EINIGER STEREOISOMERER CORANYLAMINE 55-0544
- CHEMIE D. TERPENE 5. MITT. 59-0727
- CHEMIE D. TERPENE 6. MITT. 59-0728
COCKERILL A. F., EINFL. V. SUBSTITUENTEN AUF D. ACIDITAET V. FLUORENEN 55-0140
- MECHANISMEN V. ELIMINIER.-RK. 10. MITT. 61-0275
COCORDANO M., ELEKTRONENSTRUKTUR U. AUXINAKTIVITAET V. CHLORDERIV. D. PHENYLMERCAPTO-ESSIGSAEURE 60-0155
CODA S., ISOXAZOLE 1. MITT. 55-0412
- ISOXAZOLE 2. MITT. 55-0413
CODINGTON J. F., NUCLEOSIDE 46. MITT. 58-0701
COE P. L., RK. V. ORGANOKUPFERVERB. MIT HALOGENOLEFINEN 57-0288
- AROMAT. POLYFLUORVERB. 39. MITT. 57-0418
COENEN M., BETA-(1.2.3-TRIAZOLYL-(4))-ACROLEINE 3. MITT. 53-0389
COFFEN D. L., KONDENS. V. AETHAN-1.2-DITHIOL MIT TRIFLUORESSIGSAEURE 56-0493
- DIMERE DIHYDRO-PYRIDINE AUS 3-CYAN-PYRIDIN 58-0626
- MASSENSPEKTREN V. BIS-1.3-DITHIOLANEN U. BIS-1.3-DITHIANEN, FRAGMENTIER.-MECHANISMEN U. DEUTERIUMISOTOPENEFFEKTE 60-0123
- SYNTHET. CHININANALOGA 1. MITT. 64-0699
COFFEY J. F., 1.4- U. 1.5-HALOGENVERSCHIEB. BEI D. SOLVOLYSE PRIM. NOSYLATE 62-0234
COFFEY R. S., KATALYSIERTE ZERS. V. AMEISENSAEURE DURCH LOESL. METALLKOMPLEXE 54-0186
- KATALYSATOR FUER DIE HOMOGENE HYDRIER. V. ALDEHYDEN UNTER MILDEN BEDING. 54-0199
COFFI-NKETSIA S., BEITRAEGE ZUR ACETOLYSE V. AETHERN 3. MITT. 53-0147
COGGON P., VIOMYCIN. WEITERE ABBAUUNTERS., VORL. MITT. 62-0823
- TUMOR-INHIBITOREN 29. MITT. 63-0858
COGOLI A., FURYL-ISOXAZOL-DERIV. 59-0552
COHEN A., UNTERS. IN D. INDOL-REIHE 4. MITT. 62-0634
COHEN D., UMLAGER.-PROD. D. 1-AETHOXY-VINYLESTER V. KETOSAEUREN 56-0456
- DIELS-ALDER-ADDUKTE V. ANTHROL-(9) 60-0436
COHEN E., TETRAHYDROPYRROLO(3.4-C)PYRAZOLE 63-0636
- SYNTH. U. HYPOTENSIVE WRKG. V. 3-AMINO-4H-PYRROLO(3.4-C)ISOXAZOLEN U. DERIV. 63-0640
COHEN J. I., MECHANISMUS D. ENERGIEUEBERTRAG. V. N,PI(STERN)-TRIPLETTZUSTAND V. CARBONYLVERB. AUF EINFACHE OLEFINE 63-0343
COHEN M. D., TOPOCHEMIE 28. MITT. 61-0174
COHEN N., ALTERNATIVE SYNTH. V. 17-ACETYL-DELTA(12.14.-16)-5ALPHA-AETIOJERVATRIEN-3BETA-OL 62-0730
COHEN R. B., EINFL. POLARER SUBSTITUENTEN AUF D. LEWIS-SAEUREN-BASEN-GLEICHGEW. IN D. GASPHASE 1. MITT. 63-0218
COHEN S. C., PERFLUORPHENYLDERIV. D. ELEMENTE 14. MITT. 58-0039
- PERFLUORPHENYLDERIV. D. ELEMENTE 15. MITT. 58-0547
- PERFLUORPHENYLDERIV. D. ELEMENTE 16. MITT. 61-0043
- SYNTH. V. MONOSUBSTITUIERTEN HEPTAFLUORBIPHENYLENEN 18. MITT. 62-0470
COHEN S. G., PHOTORED. ARMOAT. KETONE DURCH AMINE, UNTERS. D. QUANTENAUSBEUTEN U. MECHANISMUS 57-0266
- EINFL. V. W. AUF D. PHOTORED. AROMAT. KETONE DURCH TERTIAERE AMINE 58-0495
- ABSOLUT STER. VERLAUF D. HYDROLYSE DURCH ALPHA-CHYMOTRYPSIN. ALPHA-BENZYL-BERNSTEIN-, ALPHA-METHYL-BETA-PHENYL-PROPION- U. ALPHA-METHYL-BERNSTEINSAEUREESTER 64-0441
COHEN S. R., GLYCERINLIPOIDE 1. MITT. 63-0375
COHEN-FERNANDES P., PYRAZOLE 4. MITT. 57-0093
COJ L. A., SYNTH. SUBSTITUIERTER SYMM. TRIAZINE 64-0758
COKE J. L., HOFMANN-ELIMINIER. BEI CYCL. VERB. 61-0276
- HOFMANN-ELIMINIER. V. N.N.N-TRIMETHYL-3.3-DIMETHYL-CYCLOPENTYL-AMMONIUMHYDROXID 61-0277
COLAITIS D., KOMPLEXE V. KOBALT U. ADENOSIN 55-0035
- KOMPLEXE V. KOBALT U. ADENIN 57-0059
COLE A., MODIFIZIERTE STEROIDHORMONE 49. MITT. 62-0797
COLE R. H., DIELEKTR. EIG. V. FL. ISOAMYLBROMID BEI TIEFEN TEMP. 63-0118
COLE R. S., MECHANISMEN PHOTOCHEM. RK. IN LSG. 54. MITT. 63-0334
COLE T. M., PHOTOLYSE V. TRIPHENYLCARBONIUM-, TROPYLIUM-U. TRIPHENYLCYCLOPROPENIUM-IONEN 60-0306
COLE W., SYNTH. V. P-HYDROXYBENZYL-GRUPPEN ENTHALTENDEN HORMONANALOGEN 60-0776
COLEBROOK L. D., SYNTH. V. CIS- U. TRANS-2-ISOAMYL-3.4-DIMETHYL-2.3-DIHYDRO-BENZOFURAN 58-0564
COLEMAN D. L., OPT. AKTIVITAET D. DISULFIDBIND. IN L-CYSTIN U. EINIGEN L-CYSTIN-DERIV. 62-0061
COLEMAN R. A., RK. V. KOHLENMONOXID MIT TRIALKYLBORANEN BEI ATMOSPHAEREN-DRUCK IN GGW. V. LITHIUM-TRIMETHOXYALUMINIUMHYDRID, EIN BEQUEMES VERFAHREN ZUR UEBERFUEHR. V. OLEFINEN NACH HYDROBORIER. IN ALDEHYDE 57-0303
COLES L., EINE EINFACHE METH. ZUR LOKALISIER. V. AETHYLENBIND. DURCH MASSENSPEKTROMETRIE 54-0079
- 3-HYDROXY-2-METHYL- U. 3-HYDROXY-2.4-DIMETHYL-SUBSTITUIERTE LANGKETT. CARBONSAEUREESTER 63-0392
- MYCOLIPANOLSAEUREN 63-0394
COLIN G., SELEKTIVE REDUKTION D. OLEFIN. TEILS V. ALPHA-AETHYLEN. NITRILEN U. ESTERN MITTELS ORGANOZINNHYDRIDEN 55-0215
- BENZOFURAN 35. MITT. 57-0539
COLL J. C., STEROIDE 31. MITT. 63-0833
COLLAT J. W., SYNTH. U. POLAROGRAPH. RED. V. GESPANNTEN PHENANTHRENCHINONEN-EFFEKT 58-0195

COLLETER J., KRISTALLSTRUKTUR V. 4-THIOCARBAMOYL-PYRIDIN 55-0124
COLLIER S. S., PHOTOLYSE V. 1.1'-AZOISOBUTAN IN D. DAMPFPHASE BEI 3660 A. RK. D. FREIEN ISOBUTYL-RADIKALS 58-0314
COLLIN P. J., DARST. U. PHOTOISOMERISIERUNG VON 7.8-DIPHENYL-2.3-BENZO-BICYCLO(4.2.0)OCTATRIEN-(2.4.7) U. 4.5-DIPHENYLBENZOCYCLOOCTATETRAEN 60-0310
- PHOTOCHEMIE EINIGER AROMAT. SCHIFFSCHER BASEN SOWIE NMR-SPEKTREN EINIGER BENZO(F)CHINOLINE 61-0307
COLLINGTON D. M., INTERNUCLEARE CYCLISIER. 23. MITT. 61-0561
- INTERNUCLEARE CYCLISIER. 24. MITT. 61-0562
- ZWISCHENKERNCYCLISIERUNG, 25. MITT. 61-0563
- PYROLYSE D. KALIUMSALZE V. 2'-FLUOR- U. 2'-BROM-BIPHENYLCARBONSAEURE-(2) 61-0612
COLLINGTON E. W., 1-METHYL-2-HYDROXY-INDOLO(1.2-A)AZEPINIUMBROMID, EIN AZONIA-AZULENIUM-SALZ 60-0685
COLLINS J. C., DIPYRIDIN-CHROM(VI)-OXID-OX. V. ALKOHOLEN IN DICHLORMETHAN 63-0349
COLLINS J. F., D. ROLLE D. ASYMM. EPOXYDAT. BEI D. BIOSYNTH. V. SAUERSTOFFHALT. ISOPRENOIDEN 56-0646
COLLINS J. H., MASSENSPEKTROMETR. UNTERS. VON STRUKTORISOMEREN 1. MITT. 60-0132
COLLINS R. F., CHEMOTHERAPIE D. SCHISTOSOMIASIS 9. MITT. 57-0382
COLLINS R. L., STRUKTUR V. TITAN-EISEN-CYANOKOMPLEXEN 63-0021
COLLIS R. E., UNTERS. D. ELEKTRON. DURCHDRING. IN KOBALT(III)-DIMETHYLGLYOXIM-KOMPLEXEN DURCH KERNMAGNET. RESONANZUNTERS. 54-0010
COLLMAN J. P., FUENFFACH KOORDINIERTE IRIDIUM(I)- U. RHODIUM(I)-KOMPLEXE AUS METALLCARBONYL-ANIONEN 62-0054
COLO V., ISOXAZOLE 1. MITT. 55-0412
- ISOXAZOLE 2. MITT. 55-0413
COLODNY S., SUBSTITUT. U. ELIMINIER. V. POLYCHLOR-ENAMINEN DURCH MAGNESIUMORGAN. VERB. SYNTH. EINES CHLOR-ACETYLEN-AMINS, CL-CC-N(C6H5)2 59-0374
COLOMBINI C., KOMPLEXE V. IR(III) MIT O-PHENYLEN-BIS-(DIMETHYLARSIN) 64-0080
COLON C. J., D. SYN-ANTI-ISOMERIE V. ALPHA-TERT.-AMINO-ALKANON-OXIMEN 64-0175
COLONGE J., DELTA-KETONSAEURENITRILE 56-0306
- CYCLISIERENDE HYDRIER. V. DELTA-KETONSAEURENITRILEN U. ALKAL. SPALT. D. ENTSTEHENDEN VERB. 56-0559
- SYNTH. V. 4- U. 4.4''-SUBSTITUIERTEN PARATERPHENYLDERIV. 57-0412
COLONNA M., ANALOGIE U. EN-SYNTH. 19. MITT. 56-0484
- ANALOGIE U. EN-SYNTH. 20. MITT. 56-0485
COLONNA S., RK. V. SULFIDEN MIT PHENYLJODIDDICHLORID IN WSS. PYRIDIN, SYNTH. V. SULFON-FREIEN SULFOXIDEN U. (18)O-MARKIERTEN SULFOXIDEN 59-0359
COLSON J. G., RK. V. CHLORAMEISENSAEUREARYLESTERN MIT DIMETHYLFORMAMID, EINE LEICHTE 'IN SITU' SYNTH. V. ALPHA-CHLORKRESOLEN 61-0385
COLTER A. K., CHEM. VERH. V. LADUNGSUEBERTRAGUNGS-KOMPLEXEN 5. MITT. 63-0257
COLTON C. D., ANTIDEPRESSIVA. TETRABENAZINANTAGONIST. AKTIVITAET IN EINER REIHE V. 5H-DIBENZO(A,D)CYCLOHEPTEN-5-PROPYLAMINEN 60-0439
COLUCCI D. F., REINIG. U. STRUKTUR V. SCHWEINE-CALCITONIN-1 63-0834
COLWELL W. T., CHEMOTHERAPEUT. NITROHETEROCYCLEN, NITROPYRROL-2-CARBALDEHYD-DERIV. 60-0509
COLYER R. A., SYNTH. V. HOMOALLYLALKOHOLEN 58-0461
COMBAUT G., ISOMERISIER. D. (1-PHENYL-CYCLOPROPYL)-KETONE IN GGW. V. ALUMINIUMCHLORID 62-0414
COMBE M. G., ASPEKTE D. STEREOCHEMIE 21. MITT. 56-0713
COMBOURIEU J., ALLG. EIG. D. CHLORDIOXID-METHAN-FLAMME 53-0018
- BLDG. V. KOHLENWASSERSTOFFEN IN D. VERBRENN.-GASEN EINER METHANREICHEN METHAN-LUFT-FLAMME 59-0264
COMBRET J., REAKTIVITAET V. MAGNESIUMALKOHOLATEN IN HEXAMETHYLPHOSPHORSAEURETRIAMID (HMPT), ALKYLIER. DURCH HALOGENDERIV. 61-0333
COMBRISSON S., ANOMALE UMLAGER. EINES ALPHA-BROM-ALLENS IN GGW. V. NATRIUMCYANID 59-0306
- LSGM.-EINFL. AUF D. NMR-SPEKTREN V. ALKENEN 63-0146
COMBS C. S. JUN., SYNTH. V. NATUERL. VORKOMMENDEN 2-PYRONEN UEBER D. 3.5-DIKETOSAEUREN 64-0670
COMENGES G., NEUE DARST. V. ALKYL-DIFLUOR-BORANEN 56-0326
COMER F. W., STRUKTUR U. CHEMIE V. HIRSUTSAEURE 55-0570
COMMEYRAS A., STABILE CARBONIUMIONEN 72. MITT. 64-0191
COMOTTI A., KINET. NACHW. FUER EINE ZWEISTUF. 1.3-CYCLOADDITION 55-0186
COMPAGNINI A., EINW. V. SALPETERSAEURE AUF EINIGE SULFURIERTE AROMAT. VERB. 2. MITT. 58-0413
COMPAGNON P., DARST. V. PENTIN-(4)-SAEURENITRIL AUS ACETONITRIL 63-0388
COMPERE E. L. JUN., SYNTH. V. ALPHA-HYDROXY-ARYLESSIGSAEUREN AUS BROMOFORM, ARYLALDEHYDEN U. KOH MIT LICL ALS KATALYSATOR 64-0445
COMPTON R. N., BLDG. NEGATIVER IONEN AUS ALLYLALKOHOL U. ACROLEIN 62-0183
COMRIE A. M., UMSETZ. V. BENZOIN MIT HYDRAZIN-HYDROCHLORID 58-0599
CONACHER H. B. S., UMLAGER. EINES UNGESAETTIGTEN EPOXYESTERS ZU EINER CYCLOPROPANVERB. 55-0311
CONAN J., SOLVATAT. U. SALZEFFEKT BEI HOHER KONZENTRATION IN EINER MONOMOL. NUCLEOPHILEN SUBSTITUT.-RK. 60-0273
CONE N. J., VINCA-ALKALOIDE 30. MITT. 58-0728
CONIA J., THERM. CYCLISIER. V. EPSILON-ALKINYL-KETONEN 55-0305
- EINFACHE DARST. V. CYCLOPENTENONEN DURCH EINW. V. POLYPHOSPHORSAEURE AUF ESTER V. ALPHA,BETA-UNGESAETT. CARBONSAEUREN 61-0450
- STEREOCHEMIE V. 1.2-DIVINYL-CYCLOPENTANDIOLEN-(1.2) 64-0182
- KLEINE RINGE 21. MITT. 64-0549
CONKLIN G., RINGSCHLUSSRK. MIT NITRILEN 1. MITT. 63-0661
CONKLIN L. E., EINFACHE METH. ZUR UNTERS. D. RACEMISIER. BEI EINER PEPTID-SYNTH. 53-0163
CONNELL D. W., TERPENOIDCHEMIE 14. MITT. 57-0713
CONNER R. L., BEWEIS F. EINE NICHTOXYDATIVE CYCLISIER. V. SQUALEN IN D. BIOSYNTH. V. TETRAHYMANOL 64-0837
- BIOSYNTH. V. TETRAHYMANOL AUS (4R)-(4-(3)H.2-(14)C)MEVALONSAEURE 64-0906
CONNER W. P., LOESCH. D. ANGEREGTEN ZUSTAENDE V. DIAETHYLKETON DURCH PARAMAGNET. METALLCHELATE 59-0273
CONNETT B. E., CHEMIE D. HOPFENBESTANDTEILE 32. MITT. 62-0783
CONNOLLY J. D., TETRANORTRITERPENOIDE 3. MITT. 54-0525
- KONSTITUTION U. STEREOCHEMIE V. EPSILON-CAESALPIN 55-0578
- KONSTIT. V. GRANDIFOLIOLENON, EINEM NEUEN TRITERPENOID AUS KHAYA GRANDIFOLIOLA 56-0680
- WEITERE BESTANDTEILE V. NIM-OEL, D. KONSTITUTION V. MELDENIN 57-0709
- TETRANORTRITERPENOIDE 4. MITT. 58-0748
- TETRANORTRITERPENOIDE 5. MITT. 58-0749
- TETRANORTRITERPENOIDE 6. MITT. 58-0750
- TETRANORTRITERPENOIDE 7. MITT. 58-0751
CONNOLLY J. P., STEROIDE 8. MITT. 53-0567
- STEROIDE 11. MITT. 56-0705
- STEROIDE 10. MITT. 58-0788
CONNOLLY J. S., PHOTOCHEM. ADDIT. V. ALKOHOLEN AN PURIN 63-0718
CONNOLLY J. W., RK. V. ALPHA-TRIALKYLSILYLCARBENEN 58-0396
CONNOR D. S., RINGSCHLUSS DURCH WURTZ-RK. EINE BEQUEME CYCLOBUTANSYNTH. 55-0295
CONNOR J. A., ELIMINIER. AUS AMINO-CARBEN-KOMPLEXEN 55-0030
CONOVER L. H., TOTALSYNTH. V. DL-6-DESMETHYL-6-DESOXY-TETRACYCLIN 58-0804
CONREUR C., STEROID-ALKALOIDE 71. MITT. 57-0677
CONSIGLIO G., OPT. AKT. DIALKYLALUMINIUMHALOGENIDE 54-0027
CONSONNI P., AUF D. ZENTRALNERVENSYST. WIRKENDE SUBSTANZEN. SYNTH. U. CHEM. EIG. V. 3-SUBSTITUIERTEN 1-AMINO-AZETIDINONEN, IHRE UMLAGER. IM SAUREN MEDIUM ZU 4-SUBSTITUIERTEN PYRAZOLIDINONEN-(3) 56-0465
CONTE M., SYNTH. U. PHYSIKAL.-CHEM. EIG. V. SCHIFF-BASEN D. BENZOTHIAZOL-REIHE 53-0387
CONTI F., ROLLE V. DIMETHYLFORMAMID BEI D. WECHSELWRKG. V. OLEFINEN MIT PALLADIUMCHLORID (NEUE METH. ZUR SYNTH. V. PI-ALLYL-PALLADIUM(II)-VERB. UNTER MILDEN BEDING.) 53-0044
- DIIMIDO-KOMPLEX V. PLATIN(II), RED. V. CIS-BIS-(TRIPHENYLPHOSPHIN)-PLATIN(II)-DICHLORID DURCH HYDRAZIN 53-0045
CONVERT O., ELEKTROCHEM. RED. EINIGER GEM.-HALOGEN-NITRO-VERB. 57-0390
CONZE A., WECHSELWRKG. RK.-FAEH. KETTEN BEI D. VERBRENN. V. METHAN BEI HOHER TEMP. 55-0202
- WECHSELWRKG. V. RK.-KETTEN BEI D. VERBRENN. V. METHAN BEI HOHER TEMP. 2. MITT. 64-0320
COOK A. F., CARBODIIMID-SULFOXID-RK. 7. MITT. 58-0351
COOK C. C., NITRIER. V. 1-THIAPHENALEN 61-0621
COOK C. D., CHEMIE V. KOMPLEXEN MIT METALLEN IN NIEDRIGEN WERTIGKEITSSTUFEN, 2. MITT. 60-0069
COOK D., HALOGENAUSTAUSCH AN GESAETT. C-ATOM IN DIMETHYLFORMAMID, VGL. D. EXPERIMENTELLEN GESCHW. U. ARRHENIUSPARAMETER MIT BERECHNETEN WERTEN V. INGOLD 58-0263
- KOSTANECKI-ROBINSON-ACYLIER. U. -CYCLISIER. V. 3-ACYL-4-HYDROXY-2-PYRONEN 63-0663
COOK D. F., NICKEL(III)-KOMPLEXE MIT CYCL. TETRAMINEN U. NITRATO- ODER SULFATOLIGANDEN 54-0041
COOK J. D., POLYCHLORAROMAT. VERB. 2. MITT. 63-0065
COOK M. J., HMO-BERECHN. AN 6-OXO-(6H)-CYCLOHEPTA(C)FURAN U. VERWANDTEN SYST. 63-0170
- (4.5-C)FUROTROPON, EIN NEUES HETEROCYCL. SYST. 64-0584
COOK R. D., BEST. D. BASIZITAET V. SULFOXIDEN AUS D. CHEM. VERSCHIEB. IN WSS. SCHWEFELSAEURE 57-0193
COOKE A. S., UNBEDEUTENDE STERISCHE VERZOEGER. D. RACEMISIER. D. 8'-METHYL-1.1'-BINAPHTHYL-8-CARBONSAEURE DURCH D. CARBOXY-GRUPPE 56-0417
COOKE B., MECHANISMUS D. 'MIXED HYDRIDE'-RED., EINFL. V. REAGENZ-ZUS., V. VERSCHIEDENEM HALOGEN U. V. SOLVAT-LIGANDEN AUF D. MECHANISMUS D. EPOXID-RED. 60-0243
- RED. MIT ALKOXYALUMINIUMHYDRIDEN 1. MITT. 61-0203
COOKE M., DARST. U. RK. V. CARBONYLCYCLOOCTATETRAENRUTHENIUMKOMPLEXEN 63-0095
COOKE M. P. JUN., HOFMANN-ELIMINIER. BEI CYCL. VERB. 61-0276
- HOFMANN-ELIMINIER. V. N.N.N-TRIMETHYL-3.3-DIMETHYL-CYCLOPENTYL-AMMONIUMHYDROXID 61-0277
COOKE R. S., MECHANISMEN PHOTOCHEM. RK. IN LSG. 55. MITT. 63-0335

COOKS F. B., LSGM.-EINFL. AUF D. BAMFORD-STEVENS-RK. 58-0297
COOKS G. R., STATIST. U. NICHTSTATIST. ZERSETZUNGSWEISE V. BENZONITRIL DURCH ELEKTRONENSTOSS 54-0078
COOKS R. G., ELEKTRONENSTOSS-UNTERS. 9. MITT. 53-0080
- MASSENSPEKTROSKOP. UNTERS. 21. MITT. 57-0128
- ELEKTRONENSTOSS-UNTERS. 16. MITT. 58-0123
- ELEKTRONENSTOSS-UNTERS. 21. MITT. 58-0132
- MASSENSPEKTROMETRIE 24. MITT. 59-0139
- MASSENSPEKTREN V. NITROSOVERB. 60-0125
- ELEKTRONENSTOSSUNTERS. 19. MITT. 60-0126
- ELEKTRONENSTOSSUNTERS. 22. MITT. 60-0127
- MASSENSPEKTROMETRIE 27. MITT. 60-0136
- MASSENSPEKTROSKOPIE, 22. MITT. 61-0113
- MASSENSPEKTROMETRIE 26. MITT. 61-0119
- MASSENSPEKTROMETRIE 28. MITT. 62-0107
- UNTERS. AN ENTHIOLEN 2. MITT. 64-0143
COOKSON C. R., DIPOLARE ADDIT. U. SAUERSTOFFUEBERTRAG. BEI D. RK. V. TETRACYANAETHYLENOXID MIT UNGESAETT. KOHLENWASSERSTOFFEN 60-0485
COOKSON R. C., PHOTOCHEM. UMLAGER. V. DIALLYLVERB., NACHW. D. FEHLENS D. INVERS. D. WANDERNDEN ALLYLGRUPPE DURCH DEUTERIUMMARKIER. 53-0184
- PHOTOCHEM. 1-ALKYLIER. V. AMINEN DURCH BENZOESAEURE-ESTER 53-0197
- RK. D. ACETYLENDICARBONSAEURE-DIMETHYL-ESTERS MIT MALONSAEURE-DERIV., PENTAMETHOXYCARBONYLCYCLOPENTADIE-NYL-ANION, TETRAMETHOXYCARBONYLCYCLOPENTADIENON, CYANTETRAMETHOXYFULVENOLAT-ANION U. VERWANDTE VERB. 54-0299
- DIELS-ALDER-RK. MIT 4-PHENYL-1.2.4-TRIAZOLINDION-(3.5) 54-0394
- DIELS-ALDER-ADDUKTE V. DICYANACETYLEN U. IHRE ELEKTRONENSPEKTREN 58-0267
- EINFL. EINES BENACHBARTEN SCHWEFELATOMS AUF D. GEMINALEN KOPPL.-KONST. IN METHYLENGRUPPEN 60-0092
- GEMINALE KOPPL.-KONST. V. METHYLENGRUPPEN IN 5- U. 6-GLIEDRIGEN RINGVERB., D. ZU STICKSTOFF- U. SAUERSTOFF-ATOMEN ALPHA-STAEND. SIND 60-0095
- FEHLENDE INVERSION D. WANDERNDEN ALLYL-GRUPPE BEI D. PHOTOCHEM. UMLAGER. EINES HEXADIEN-(1.5)-DERIV. 62-0428
- NMR-SPEKTREN EINIGER 5.5-DISUBSTITUIERTER-1.3-DIOXANE 64-0113
- NMR-SPEKTREN U. KONFORMATION EINIGER TETRAHYDRO-1.3-OXAZINE 64-0171
- OPTISCHE UND PHOTOCHEMISCHE EIGENSCHAFTEN VON METHYLISOPULEGON 64-0329
COOLEY G., MODIFIZIERTE STEROID-HORMONE 48. MITT. 54-0543
COOLEY J. H., SULFONAMIDE V. HYDROXYLAMINDERIV. 57-0355
- DARST. U. RK. V. N.N'-DIACYL-N.N'-DIALKOXY-HYDRAZINEN 61-0358
COOMBE R. G., STRUKTUR D. DIGACETIGENINS 60-0761
COOMBS M. M., SYNTH. EINIGER OESTRADIOLDERIV. MIT SAUERSTOFF IN 12-STELLUNG 53-0561
COOMBS R. A., MODIFIZIERTE STEROIDHORMONE 49. MITT. 62-0797
- MODIFIZIERTE STEROIDHORMONE 50. MITT. 62-0798
COOMBS R. V., INTRAMOL. ACYLIER. EINIGER HEXEN-, HEPTEN- U. OCTENSAEUREN 58-0371
ÇOOMES R. M., ALKALOIDE D. PAPAVERACEEN 8. MITT. 64-0819
COON C. L., FLUORIER. V. NITROAROMAT. AMINEN IN FL. FLUORWASSERSTOFF U. ACETONITRIL 62-0397
COOPER A., KRIST.-STRUKTUR U. ABS. KONFIG. V. 3-O-(P-BROM-BENZOYL)-FUSIDSAEUREMETHYLESTER 57-0170
- MECHANISMUS D. BENZIDIN- U. SEMIDINUMLAGER. 17. MITT. 63-0310
- MECHANISMUS D. BENZIDIN- U. SEMIDINUMLAGER. 18. MITT. 63-0311
- MECHANISMUS D. BENZIDIN- U. SEMIDINUMLAGER. 20. MITT. 63-0313
COOPER D. J., GENTAMICIN-ANTIBIOTIKA, ISOLIER. U. CHARAKTERISIER. V. METHYL-GAROSAMINID, EINEM NEUEN AMINO-HEXOPYRANOSID 53-0100
COOPER J. C., STRUKTUR V. BUTYLLITHIUM-PYRIDIN-ADDUKTEN 60-0011
COOPER J. W., FRAGMENTIER. EINER GRIGNARD-VERB. 57-0040
COPE A. C., GEHINDERTE ROTAT. BEI SUBSTITUIERTEN PARACYCLOPHANEN 58-0148
- MOLEKULARASYMMETRIE 8. MITT. 58-0541
- ELEKTROPHILE AROMAT. SUBSTITUTIONSRK. ZWISCHEN PLATIN(II)- SOWIE PALLADIUM(II)-CHLORIDEN U. N.N-DIMETHYL-BENZYLAMINEN 59-0090
COPPI G., SYNTH. U. PHARMAKOLOG. EIG. V. N-DERIV. D. 5.6-DIHYDRO-7H.12H-DIBENZ(C.F)AZOCINS, EIN NEUES TRICYCL. SYST. 57-0636
CORBELLINI A., DEHYDROHALOGENIER. V. PHTHALYL-BETA-ALANIN-CHLORID U. RK. D. ENTSPRECHENDEN ANHYDRIDS 53-0233
- SYNTH. D. N-TERMINALEN TETRAPEPTIDS D. ALPHA-KETTE D. MENSCHL. HAEMOGLOBINS, SOWIE PHYSIKAL.-CHEM. DATEN D. RK. SEINER NH2-GRUPPE MIT CO2 U. H(+)-IONEN 53-0570
CORBETT J. F., CHEMIE D. HYDROXYCHINONE 3. MITT. 53-0251
- BROMIER. V. BENZO(C)CINNOLIN, BERICHTIGUNG 53-0452
- CHEMIE D. HYDROXY-CHINONE 4. MITT. 56-0352
CORBETT R. E., FLECHTEN U. PILZE 4. MITT. 53-0540
- FLECHTEN U. PILZE 5. MITT. 64-0848
CORBIN T. F., ELEKTR. EFFEKTE V. CYCLOALKYLGRUPPEN 64-0245
CORDES E. H., KATALYSE DURCH SEKUNDAERVALENZKRAEFTE 4. MITT. 60-0277
- KINETIK D. HYDROLYSE V. P-BENZOCHINON-TETRAMETHYLKETAL 62-0223
CORDIER P., RK. V. CYCLOPENTANON MIT BENZYLIDEN-CYANESSIGSAEURE 54-0440
COREY E. J., 4-OXA-TRICYCLO(3.1.0.0(2,6))HEXANON-(3) (TRICYCLO(2(3,6).1.1.0)PYRANON-(2)) 56-0469
- VERW. V. BISTHIOCARBANIONEN ZUR VERAENDER. D. 2-CYCLOHEXENONSYST. 58-0464
- SYNTH. CYCL. MONO- U. DIKETODERIV. UEBER BISTHIO-CARBANIONEN 58-0649
- GEGENSEIT. UMWANDL. NIEDR. VALENZZUSTAENDE V. PI-ALLYLNICKEL-KOMPLEXEN, NEUE SYNTH. V. PI-ALLYLNICKEL-DERIV. 62-0051
- VERLAUF V. ALLYL-KUPPL.-RK. UEBER ALLYLNICKEL-KOMPLEXE 62-0326
- DIREKTE SYNTH. V. OPT.-AKT. TRANS-CYCLOOCTEN, OPT.-AKT. TRANS-BICYCLO(6.1.0)NONAN 63-0561
- TOTALSYNTH. V. PROSTAGLANDINEN, SYNTH. D. REINEN DL-E(1)-, -F(1ALPHA), -F(1BETA), -A(1) U. -B(1)-HORMONE 63-0836
- NEUE TOTALSYNTH. V. PROSTAGLANINEN D. E(1)- U. F(1)-REIHE, EINSCHLIESSLICH D. 11-EPIPROSTAGLANDINE 63-0837
- WRKG. V. 2.3-OXIDO-SQUALEN-STERINCYCLASE AUF NICHTNATUERL., DURCH ALKYLIDENUEBERTRAG. V. SULFONIUMALKYLIDEN AUF 4.8.13.17.21-PENTAMETHYLDOKOSA-PENTAEN-(4.8.12.16.20)-AL HERGESTELLTE SUBSTRATE 63-0885
CORFIELD G. C., BEVORZUGTE KONFORM. D. ISOCYANATO-GRUPPE 55-0106
CORMIER V., NMR-SPEKTROSKOPIE, KONFORM.-WECHSEL V. HUMULEN U. ZERUMBON 60-0099
CORNFORTH J. W., SYNTH. V. (+-)-(2-(14)C)ABSCISSAEURE 63-0811
CORNILS B., FLUORIER. ORGAN. VERB. MIT CHLORTRIFLUORID 9. MITT. 64-0425
CORRAL R. A., UNTERS. AN PFLANZEN 13. MITT. 57-0595
CORRIGAN J. R., N-ACYLCYSTEINE 63-0408
CORRIU R., MECHANISMUS D. C-ACYLIER. V. AROMATEN U. AETHYLENVERB. 6. MITT. 54-0254
- MECHANISMUS D. C-ACYLIER. V. AROMATEN U. AETHYLENVERB. 5. MITT. 54-0288
- STEREOSPEZIF. RK. V. MAGNESIUMVERB. MIT EINEM AKT. BIFUNKTIONELLEN ORGANOSILAN 58-0507
- MECHANISMUS D. C-ACYLIER., KINETIK D. BENZOYLIER. 62-0211
- D. SILICONIUMIONENPROBLEM, MECHANISMUS D. RACEMISIER. V. CHLORSILANEN 64-0465
- SYNTH. U. EIG. CYCL. ALPHA-SILYLKETONE 64-0719
CORRIU R. J. P., AROMAT. SUBSTITUT., SELEKTIVITAET U. D. GESCHW.-BESTIMMENDE SCHRITT 56-0223
- ZERLEG. EINES ASYMM. CYCLOSILANS. STEREOSPEZIF. SUBSTITUT.-RK. 57-0601
CORSINI A., URAN(VI)-KOMPLEXE V. 8-HYDROXY-CHINOLIN U. DERIV. 56-0076
CORT L. A., HALOGEN-1.4-DIOXANE U. IHRE DERIV. 4. MITT. 62-0638
CORTES L., HOCHSELEKTIVE ALLYLBROMIERUNG IN EINEM BICYCL. SYST. 61-0540
CORY M., EXPERIMENTELL VERURSACHTE PHENYLKETONURIE 2. MITT. 60-0386
- EXPERIMENTELL INDUZIERTE PHENYLKETONURIE 3. MITT. 60-0571
- ALPHA-ACETOXY- U. ALPHA-HALOGENMETHYLKETONE AUS ACYLOXOSULFONIUMYLIDEN 61-0347
CORY R. P., SYNTH. U. FLUORESZENZ-EIG. EINIGER N-METHYL-2-ANILINONAPHTHALIN-6-SULFONYL-DERIV. 60-0073
COSANDEY M., UNTERS. D. ENERGIEUEBERTRAG. IN FL. MEDIUM MITTELS SZINTILLAT.-LOESCH. 58-0098
COSSEE P., KERNMAGNET. RESONANZ-UNTERS. IN D. KOORDINATIONSCHEMIE 3. MITT. 57-0031
- KERNMAGNET. RESONANZUNTERS. IN D. KOORDINATIONSCHEMIE 4. MITT. 62-0053
COSTA G., WASSERLOESL. ALKYLKOBALT-CHELATE ALS ORGANOMETALL. KOMPLEXKATIONEN 53-0039
- WEITERLEIT. V. ELEKTRONENEFFEKTEN IN EINIGEN ORGANOKOBALT(III)-BAE- U. -SALEN-KOMPLEXEN 56-0018
- RED. D. KOBALTCHELATE V. BIS-(ACETYLACETON)-AETHYLENDIIMIN U. SYNTH. V. ORGANOKOBALTDERIV. 57-0056
- RED. V. KOBALT-CHELATEN V. N.N'-BIS-(SALICYLIDEN)-AETHYLENDIAMIN U. SYNTH. V. ORGANOKOBALTDERIV. 57-0057
COSTAKIS E., BLDG. V. ZWEI NEUARTIGEN HETEROCYCLEN 55-0481
COSTES C., EIG. V. CHLOROPLAST-CAROTINOIDEN, RK. V. VIOLAXANTHIN MIT ALCL3 59-0714
COSTIN C. R., KRIST.-STRUKTUR V. 1.1.2.2-TETRACARBOMETHO-XY-AETHAN, KONFORM. D. CARBOMETHOXYGRUPPE 62-0149
COSTISELLA B., ALPHA-HALOGENAETHER 31. MITT. 53-0203
- ALPHA-HALOGENAETHER 35. MITT. 61-0569
COSTOPANAGIOTIS A. A., AMINOSAEUREN U. PEPTIDE 16. MITT. 61-0799
COSYN J. P., SYNTH. V. POLYCYCL. AROMAT. VERB. 26. MITT. 63-0543
COTTEE F. H., SPEKTROSKOP. UNTERS. 3. MITT. 60-0101
COTTERILL W. D., STRUKTUR VON ISOLAPACHENOL 60-0574
COTTERRELL G. P., EIN CHEM. MODELL FUER EINE MOEGL. OXYDATIVE UMLAGER. IN D. BIOSYNTH. V. TETRANORTRITER-PENEN, DARST. V. METHYL-3ALPHA-ACETOXY-7-OXO-DELTA(14.13)-APOTIRUCALLA-DIEN-21-OAT 56-0677

COTTET R., EINFL. ELEKTRON. U. STER. EFFEKTE AUF D. MOBILITAET VERSCHIEDENER N-HETEROCYCLEN IN D. DUENNSCHICHTCHROMATOGRAPHIE. BEZIEH. ZWISCHEN D. R(F)-WERTEN DIESER IN 2-STELL. ALKYLIERTEN BASEN U. D. GESCHWINDIGKEITSKONSTANTEN D. QUATERNISIER. 57-0178
- PHYSIKAL.-CHEM. UNTERS. AM THIAZOL-RING 8. MITT. 57-0548
- PHYSIKAL.-CHEM. UNTERS. AM THIAZOL-RING 9. MITT. 57-0549
COTTINGHAM A. B., GASCHROMATOGRAPH. UNTERS. D. GESCHW. D. METHANOLYSE V. MALONSAEUREDIAETHYLESTERN 58-0240
COTTON F. A., STRUKTUR V. HEXAKIS-(ACETYL-ACETONATO)-AQUO-TRIKOBALT(II) 57-0016
- STEREOCHEM. NICHT STARRE MOL. V. ORGANOMETALLVERB. 11. MITT. 59-0016
- STEREOCHEM. NICHT STARRE MOL. V. ORGANOMETALLVERB. 12. MITT. 60-0012
- STEREOCHEM. NICHT STARRE MOL. V. ORGANOMETALLVERB. 13. MITT. 60-0055
- STEREOCHEM. NICHT STARRE MOL. V. ORGANOMETALLVERB. 14. MITT. 61-0015
- STRUKTUR V. 1.3.5-TRIMETHYL-7-METHYLEN-CYCLOOCTATRIEN-(1.3.5)-DIEISENPENTACARBONYL, EINEM ANOMALEN RK.-PROD. AUS 1.3.5.7-TETRAMETHYL-CYCLOOCTATETRAEN U. MEHRKERNIGEN EISENCARBONYLEN 61-0016
COTTON J. D., CARBONYL-ORGANOSILICIUM- U. -ZINN-NITHENIUM-KOMPLEXE 55-0040
COTTRELL W. R. T., INTRAMOL. BIND. U. RELATIVE STABILITAETEN V. SYN- U. ANTI-ALPHA-OXIMINO-KETONEN 58-0769
COUCOUVANIS D., NUCLEOPHILE SUBSTITUT. V. KOORDINIERTEN XANTHOGENATEN U. DITHIOCARBAMATEN 54-0047
- DARST. U. STRUKTURCHARAKTERISIER. V. SECHSFACH KOORDINIERTEN EISEN(III)-KOMPLEXEN MIT FE-S-S-BIND. 63-0026
- SCHWEFELCHELATE 8. MITT. 63-0090
COUFFIGNAL R., DARST. V. PROPARGYLBROMIDEN VOM TYP R-C-C-CH2BR 56-0268
- ALPHA-ALLENYL-ALPHA'-HALOGEN-KETONE 57-0304
COULSON J., HOMOLYT. RK. V. PERFLUORIERTEN AROMATEN 1. MITT. 58-0484
COULTER J. M., HYDROGENOLYSE V. ENAMINEN 1. MITT. 64-0606
COUNSELL R. E., TUMORLOKALISIERENDE AGENZIEN 4. MITT. 60-0808
COUQUELET J., VEREINIG. D. BUTENOLIDS MIT GAMMA-PYRONRINGEN 63-0665
COURBIS P., ANOD. OX. V. METHANOL IN GGW. V. ALKENEN 64-0242
COURET C., EINW. V. ALDEHYDEN AUF DIAETHYL-(TRIAETHYLGERMYL)-PHOSPHIN 64-0061
COURTEMANCHE P., ANWEND. D. DIBENZYLPHOSPHORSAEURE BEI D. FL.-FL.-EXTRAKT. 1. MITT. 56-0178
COURTIN A., STARK GESPANNTE BICYCL. SYST. 12. MITT. 58-0530
COURTOT P., PHOTOISOMERISIER. IN D. CYCLOHEXADIEN-(1.3)-REIHE 2. MITT. 59-0267
- PHOTOISOMERISIER. IN D. CYCLOHEXADIEN-(1.3)-REIHE 2. MITT. 63-0332
COUSSEAU J., RED. V. OMEGA-BENZOYLALKANSAEUREN U. IHREN DERIV., DEHYDRATISIER. D. ERHALTENEN BIFUNKTIONELLEN VERB. 57-0371
COUSSEMANT F., NMR-UNTERS. D. ZUSTANDES V. FORMOL IN WSS. LSG. IN ABWESENH. U. GGW. V. SCHWEFELSAEURE 55-0136
- RK. V. PRINS 13. MITT. 55-0187
- PRINS-RK. 14. MITT. 57-0236
- PRINS-RK. 15. MITT. 57-0237
- VERW. V. OS(VIII)-OS(VI)-SYST. ALS KATALYSATOR BEI D. OX. V. ALKOHOLEN U. OLEFINEN DURCH MOL. SAUERSTOFF 58-0217
COVILL M. J., STRUKTUR V. XANTHIN-NUCLEOSIDEN, SYNTHETISIERT NACH D. SILYLMETH. 59-0678
COWELL G. W., PHOTORED. V. CYCLOPENTANON U. CYCLOHEXANON 53-0187
- PHOTOCHEM. UNTERS. IN STARREN MATRIZEN 2. MITT. 60-0308
COWLEY D. E., BLDG. EINES INTRAMOL. ALKOXYHYDROXYPEROXIDS DURCH OZONOLYSE IN INERTEM LSGM. 62-0523
COX A., PHOTOCYCLISIER. V. ANILINO-PYRIDINEN ZU CARBOLINEN 60-0620
COX G. B., ANOD. OX. 3. MITT. 59-0429
COX M. T., SYNTH. V. PORPHYRINEN UEBER B-BILENE 56-0662
COX R. A., ACETATKATALYSIERTE ENOLISIER. V. 2-BUTANON 61-0289
COX R. J., SYNTH. U. STRUKTURUNTERS. V. 2.6-DIAMINOBENZO(1.2-D,4.5-D')BISTHIAZOL 63-0644
COXON J. M., RK. V. EPOXIDEN 16. MITT. 53-0557
- SYNTH. V. 2.10-EPOXYPINANEN 58-0744
COYLE J. D., SINGULETT- U. TRIPLETTBETEILIG. AN D. INTRAMOL. PHOTOCHEMIE EINFACHER ALKANONE 62-0302
COYLE T. D., RK. V. DIBORTETRAHALOGENIDEN MIT UNGESAETT. ORGANOMETALLVERB. 61-0030
COZZONE A., ADDIT. V. HCL U. HBR AN VINYLALLEN U. PROPENYLALLEN 53-0208
CRABB T. A., EINFL. EINES BENACHBARTEN SCHWEFELATOMS AUF D. GEMINALEN KOPPL.-KONST. IN METHYLENGRUPPEN 60-0092
- GEMINALE KOPPL.-KONST. V. METHYLENGRUPPEN IN 5- U. 6-GLIEDRIGEN RINGVERB., D. ZU STICKSTOFF- U. SAUERSTOFF-ATOMEN ALPHA-STAEND. SIND 60-0095
- PROTONENMAGNET. RESONANZ AN VERB. MIT BRUECKENKOPF-STICKSTOFFATOMEN 3. MITT. 60-0161
- PROTONENMAGNET. RESONANZ-UNTERS.V.VERB. MIT BRUECKENKOPF-STICKSTOFF-ATOMEN 4. MITT. 60-0163
- PROTONENMAGNET. RESONANZUNTERS. AN VERB. MIT BRUECKENSTICKSTOFFATOMEN 6. MITT. 64-0111
- NMR-SPEKTREN EINIGER 5.5-DISUBSTITUIERTER-1.3-DIOXANE 64-0113
- PROTONENMAGNET. RESONANZ-UNTERS. V. VERB. MIT BRUECKENSTICKSTOFFATOMEN 5. MITT. 64-0170
- NMR-SPEKTREN U. KONFORMATION EINIGER TETRAHYDRO-1.3-OXAZINE 64-0171
CRABBE P., STEROIDE 310. MITT. 57-0809
- STEROIDE 335. MITT. 59-0758
- ADDIT. V. DIFLUORCARBEN AN EIN EN-IN-SYST. IN EINEM STEROIDMOL. 63-0824
- COTTON-EFFEKT D. KONDENS.-VERB. V. DIMEDON MIT OPT.-AKT. AMINEN 64-0083
- COTTON-EFFEKT V. KONDENS.-VERB. AUS DIMEDON U. DIHYDRORESORCIN MIT AMINOSAEUREN U. PEPTIDEN 64-0084
- CHEMIE VON DIFLUORCARBEN-ADDUKTEN MIT STERISCH GEHINDERTEN ACETYLENEN 64-0868
CRABTREE J. H., ELEKTROLYTEINFL. AUF SAEUREKATALYSIERTE ESTER-HYDROLYSEN 60-0260
- NATUERLICH VORKOMMENDE FULVENKOHLENWASSERSTOFFE 60-0741
CRAGOE E. J. JUN., PYRAZIN-DIURETICA 5. MITT. 60-0627
CRAIG H. R., BEST. D. MOL. OPT. ANISOTROPIE ORGAN. VERB. IN WAESSRIGER LSG. DURCH DEPOLARISIERTE RAYLEIGH-STREUUNG (D.R.D) 57-0068
CRAIG J. C., OPT. ROTATIONSDISPERSION U. ABSOLUTE KONFIGURATION 10. MITT. 53-0048
- OPT. ROTAT.-DISPERS. U. A. KONFIG. 12. MITT. 55-0046
- SYNTH. V. (1-D)BENZALDEHYD UEBER EINE YLID-ZWISCHENSTUFE 59-0360
- ELEKTRONENSTOSS-INDUZIERTE FRAGMENTIER. EINIGER PHENOTHIAZIN-DERIV. 64-0144
CRAIG J. T., NITRIER. V. 3-METHOXY-FLUORANTHEN 64-0535
CRAIG P. J., CARBONYLEIN-LAGER.-RK. V. ALKYL-TRICARBONYL-PI-CYCLOPENTADIENYL-MOLYBDAEN 56-0075
- RK. ZWISCHEN METHYLPENTACARBONYLMANGAN U. HEXAFLUORBUTADIEN-(1.3) 62-0040
CRAIN D. L., ISOMERISIER. U. CYCLISIER. V. OCTATRIENEN 59-0392
CRAM D. J., TRANSANULAR GELENKTE, ELEKTROPHILE SUBSTITUT. V. (2.2)PARACYCLOPHAN 60-0444
- ELEKTROPHILE SUBSTITUT. AM GESAETT. KOHLENSTOFFATOM 35. MITT. 61-0256
- ELEKTROPHILE SUBSTITUT. AM GESAETT. KOHLENSTOFFATOM 36. MITT. 61-0257
- ELEKTROPHILE SUBSTITUTION AM GESAETT. KOHLENSTOFF 37. MITT. 61-0258
- CARBANION-CARBONIUM-IONENPAARE ALS ZWISCHENSTUFEN BEI RACEMISIER.-, SOLVOLYSE- U. RINGERWEITER.-RK. 61-0306
- DIASTEREOMERE WECHSELWRKG. IN LSG. 62-0134
- ELEKTROPHILE SUBSTITUT. AN GESAETT. KOHLENSTOFF 38. MITT. 63-0284
- ELEKTROPHILE SUBSTITUT. AM GESAETT. KOHLENSTOFF 39. MITT. 63-0285
- ELEKTROPHILE SUBSTITUT. AM GESAETT. KOHLENSTOFF 40. MITT. 63-0286
- GEGENSEITIGE STEREOSPEZIF. UMWANDL. V. OPT. AKT. SULFOXIDEN, SULFILIMINEN U. SULFOXIMINEN 63-0418
- STEREOCHEM. VERLAUF D. ESTER-AMID-AUSTAUSCHS ZU OPT.-AKT. PHOSPHIN- U. SULFINSAEUREAMIDEN 64-0317
CRAMER F., CYCLISIER. V. NEROL U. LINALOOL DURCH SOLVOLYSE IHRER PHOSPHATESTER 57-0219
- SYNTH. V. OLIGO- U. POLYNUCLEOTIDEN 13. MITT. 57-0664
- SYNTH. V. OLIGO- U. POLYNUCLEOTIDEN 16. MITT. 59-0668
- SYNTH. V. OLIGO- U. POLYNUCLEOTIDEN 14. MITT. 61-0718
CRAMER W. A., RADIOLYSE V. FL. N-PENTAN 64-0331
CRANDALL J. K., SYNTH. V. HOMOALLYLALKOHOLEN 58-0461
- EPOXIDE KLEINER RINGSYSTEME, 1. MITT. 61-0525
- BASEN-KATALYSIERTE RK. V. EPOXIDEN 5. MITT. 64-0569
CRANDALL K. J., PHOTOLYSE U. PYROLYSE V. CYCLO-OCTEN-(4)-ON 55-0206
CRANK G., SYNTH. V. PANTHERIN U. VERWANDTEN VERB. 57-0542
CRASSOUS J., TRANS- U. CIS-BICYCLO(6.4.0)DODECANONE-(10), VGL. D. STER. ORIENTIER. D. RED. V. ALPHA-AETHYLENKETONEN U. PHENOLEN 54-0345
CRAWFORD J. W. C., SPALT. V. 1-(TRIFLUORMETHYL)-AETHANOL 2. MITT. 56-0271
- DARST. V. ALKYL-(1.1.2.2-TETRAFLUOR-AETHYL)-AETHERN 56-0272
CRAWFORD M., ALKYLSUBSTITUIERTE BENZOESAEUREN 3. MITT. 61-0408
CRAWFORD T. H., DURCH TRIMERISIER. V. BUTANDION-(2.3) DARGESTELLTES SELEKTIVES REAGENZ ZUR MODIFIZIER. V. ARGININ IN PROTEINEN 60-0803
CRAWFORD W. C., RK. V. CHLORSULFONYLISOCYANAT MIT BI- U. TRICYCL. BRUECKENOLEFINEN 58-0536
CRAWSHAW A., BEVORZUGTE KONFORM. D. ISOCYANATO-GRUPPE 55-0106
CRECELY R. W., ADDITIVE PROTON-PROTON-KOPPL.-EFFEKTE IN DISUBSTITUIERTEN BENZOLEN 59-0114
CREEMERS H. M. J. C., RK. V. ALPHA-FUNKTIONELL-SUBSTITUIERTEN ORGANOZINNVERB. NACH REFORMATSKI 57-0045
CREMATY E., HYDROLYSE V. BENZYLIDENANILIN IN GGW. V. CETYLTRIMETHYLAMMONIUMBROMID 56-0217
CREMER S. E., UMLAGER.-RK. IN VIERGLIEDRIGEN PHOSPHORHETEROCYCLEN 57-0489

CREMLYN R. J. W., TERPEN- U. STEROID-HYDANTOINE 53-0566
- KONFIG. EINIGER DEKALIN-SPIROHYDANTOINE U. -AMINOSAEUREN 56-0509
- SULFONHYDRAZIDE U. VERWANDTE VERB. 8. MITT. 57-0359
- SULFONHYDRAZIDE U. VERWANDTE VERB. 9. MITT. 64-0103
CRESCENZI E., NEUE SYNTH. V. 4.4'-DIHYDROXY-DIPHENYL-(2-PYRIDYL)-METHAN 57-0587
- SYNTH. U. PHARMAKOLOG. EIG. V. N-DERIV. D. 5.6-DIHYDRO-7H.12H-DIBENZ(C.F)AZOCINS, EIN NEUES TRICYCL. SYST. 57-0636
- NEUE SYNTHESE UND PHYSIKALISCH-CHEMISCHE EIGENSCHAFTEN VON DI-NATRIUM-P.P'-PICOLYLIDEN-(2)-BIS-(PHENYLSUL--FAT)('NATRIUM-PICOSULFAT') 64-0705
CRESSON P., DARST. BETA-ALLENISCHER ALDEHYDE AUS VINYL-PROPARGYL-AETHERN 56-0282
- SUBSTITUENTENEINFL. AUF D. COPE-CLAISEN-UMLAGER. V. VINYL-ALKADIEN-(BETA.BETA')-YL-AETHERN 58-0288
CRESSWELL M. A., SYNTH. U. EIG. V. ANGIOTENSIN-ANALOGA, DIE IN 1- ODER 4-STELL. VMODIFIZIERT SIND. 57-0753
CRETNEY W. J., STUDIEN UEBER D. BIOSYNTH. V. INDOLALKALOIDEN 64-0814
CREVELING C. R., CHEM. FREISETZ. V. NOREPINEPHRIN AUS D. MAEUSEHERZEN 3. MITT. 63-0893
- NOREPINEPHRIN-FREISETZ. AUS D. MAEUSEHERZEN AUF CHEM. WEGE 4. MITT. 63-0894
CREWS P., BEOBACHT. D. LEICHTEN UMYLIDIER. DURCH KERNMAGNET. RESONANZ-SPEKTROSKOPIE 63-0326
- BLDG. U. REAKTIVITAET D. 5.6-DIHYDRO-BENZOCYCLOBUTENO-NANIONS 64-0532
CREWS P. O., SYNTH. U. UNTERS. V. PSEUDOAROMAT. VERB. 8. MITT. 60-0426
CRIEGEE R., DITERT. CARBINOLE D. DEWAR-BENZOLS U. PRISMANS 56-0436
- DARST. U. VALENZISOMERISIER. V. CYCLOBUTENEN MIT ''SEITLICH'' ANKONDENSIERTEN RINGEN 57-0458
- 2DIMERE D. 1.2-DIMETHYL-CYCLOBUTADIENS2 57-0468
CRISAFULLI M., NMR-SPEKTREN V. DELTA(2)-ISOXALINEN 2. MITT. 59-0109
- SPIRO-DIISOXAZOLINE, 4. MITT. 60-0539
CRISTOL S. J., UEBERBRUECKTE POLYCYCL. VERB. 49. MITT. 58-0531
- FREIE HOMOALLYLRADIKALE, UNTERS. D. UMLAGER. D. 3.5-CYCLOCHOLESTANYLRADIKALS ZUM CHOLESTERYLRADIKAL 63-0307
- MESO-DIHYDROANTHRACEN-CHEMIE 2. MITT. 63-0535
CROFT L. R., VIOMYCIN. WEITERE ABBAUUNTERS., VORL. MITT. 62-0823
CROISY A., CARCINOGENE STICKSTOFFVERB. 59. MITT. 57-0577
CROMBIE L., BIOSYNTH. V. ROTENOIDEN, BEWEIS D. 1,2-ARYL-WANDER. U. D. ISOFLONOIDART. BLDG. D. RINGE A, C U. D IN ROTENON U. AMORPHIGENIN 53-0609
- UNTERS. D. ABS. KONFIG. V. TRISUBSTITUIERTEN ALLENEN DURCH PARTIELLE HYDRIER. 54-0108
- STEREOCHEMIE D. DURCH PALLADIUM KATALYSIERTEN HYDRIER. V. ALLENEN 54-0142
- BEDING. D. DURCH CARBONIUMIONEN INITIIERTEN SPALT. V. CHRYSANTHEMSAEUREDERIV. ZU VERB. MIT ARTEMISYL-, SANTOLINYL- U. LAVANDULYLGERUEST 55-0530
- EXTRAKTIVSTOFFE AUS MAMMEA AMERICANA L. 1. MITT. 56-0536
- EXTRAKTIVSTOFFE AUS MAMMEA AMERICANA L. 2. MITT. 56-0537
- (14)C-, (18)O- U. MASSENSPEKTRAL-UNTERS. D. PYROLYT. BLDG. V. KOHLENSUBOXID AUS C.O-DIACETYL-WEINSAEUREAN-HYDRID U. ACETOXYMALEINSAEUREANHYDRID 57-0256
- RADIOCHEM. UNTERS. D. PYROLYT. BLDG. V. KOHLENSUBOXID IM OXALESSIGSAEUREDIAETHYLESTER-ESSIGSAEUREANHYDRID-SYST., ISOTOPENAUSTAUSCH ZWISCHEN D. PROD. 57-0257
HELIOPSIS SCABRA-EXTRAKTE, STRUKTUR U. STEREOCHEMIE ZWEIER NEUER LIGNANE 59-0785
- SYNTH. NATUERL. KETOLE D. PYRETHRIN-REIHE 62-0425
- CHEMIE U. STRUKTUR V. PHORBOL, D. STAMMDITERPEN D. COCARCINOGENE D. CROTONOELS 63-0810
CROMWELL N. H., NMR-SPEKTREN V. DERIV. VERSCHIEDEN SUBSTITUIERTER INDANONE U. TETRALONE 54-0066
- AZIRIDINYLKETONE 17. MITT. 60-0470
- BEWEGL. KETO-ALLYL-SYST. 5. MITT. 63-0524
- BEWEGL. KETO-ALLYL-SYST. 6. MITT. 63-0525
- BEWEGLICHE KETO-ALLYL-SYST. 7. MITT. 63-0526
- EPOXYKETONE 7. MITT. 63-0583
- 1-ALKYL-AZETIDIN-2-CARBONSAEUREN 63-0589
CRONIN T. H., ANTIHYPERTENSIVE 2-AMINO-4(3H)-CHINAZOLINONE 57-0608
- EINIGE NEUE 3-AMINO-2H-1.2.4-BENZO-THIADIAZIN-1.1-DIOXIDE 57-0630
CROOK E. M., KINETIK D. BROMELIN-KATALYSIERTEN HYDROLYSE V. ALPHA-N-BENZOYL-L-ARGININ-AETHYLESTER U. ALPHA-N-BENZOYL-L-ARGININAMID 56-0751
CROOK P. J., NEUE SYNTH. V. PROTOPORPHYRIN-IX 55-0515
CROSBY G. A., NORSTEROIDE 7. MITT. 59-0748
CROSS A. D., PAPVERACEEN-ALKALOIDE 40. MITT. 61-0115
- STEROIDE 315. MITT. 61-0779
- CHEMIE VON DIFLUORCARBEN-ADDUKTEN MIT STERISCH GEHINDERTEN ACETYLENEN 64-0868
CROSS B. E., NEUE STOFFWECHSELPROD. AUS GIBBERELLA FUJIKUROI 13. MITT. 54-0567
- BIOSYNTH. V. GIBBERELLINEN 2. MITT. 57-0788
- HYDROBORIER.-OX. V. ABIETINSAEURE 58-0770
- BIOSYNTH. V. GIBBERELLINEN 3. MITT. 61-0829
- LITHIUMALUMINIUMHYDRID-RED. EINES CYCL. ANHYDRIDS ZUM DELTA-LACTON 63-0859
CROSS R. J., THERM. ZERS. V. METALLORGAN. SCHWERMETALL-TRIHALOGENACETATEN IN GGW. V. OLEFINEN 63-0071
CROSSLAND I., ADDITION V. GRIGNARD-REAGENTIEN AN PYRIDAZINE 5. MITT. 56-0578
- DIMETHYLAMINIER. V. CHLORPYRIDAZINEN 56-0579
CROUSE D., VERW. V. BISTHIOCARBANIONEN ZUR VERAENDER. D. 2-CYCLOHEXENONSYST. 58-0464
CROUSIER J., REAKTIVITAET IN D. THIAZOL-REIHE, WRKG. V. N-BUTYLLITHIUM AUF 2-METHYL-THIAZOL 57-0546
CROUZET F., DEUT. D. NMR-SPEKTREN EINIGER DERIV. D. 18BETA- U. 18ALPHA-GLYCYRRHETINSAEURE 57-0107
CROUZET J., UMLAGER. V. (1-HYDROXY-CYCLOPENTYL)-CARBINOLEN 2. MITT. 56-0380
CROUZET P., ALKAL. HYDROLYSE V. CIS-2-CHLOR-CYCLOHEXANTHIOL U. CIS-2-CHLOR-CYCLOPENTANTHIOL 56-0220
- SYNTH., IDENTIFIZIER. U. STRUKTUR V. 2-CHLOR-CYCLANTHIOLEN 62-0423
- SOLVOLYSE V. 2-CHLOR-CYCLANTHIOLEN 62-0424
CROW W. D., RK. ANGEREGTER MOL. 2. MITT. 54-0189
- RK. ANGEREGTER MOL. 4. MITT. 62-0279
- RK. ANGEREGTER MOL. 5. MITT. 62-0280
CROWE D. F., NEUART. FRAGMENTIER.-RK. V. ALPHA.BETA-EPOXYKETONEN, SYNTH. V. ACETYLENKETONEN 53-0199
- SYNTH. V. ACETYLEN-SECO-STEROID-KETONEN 53-0558
CROWTHER G. P., KONDENS. AN METHYLGRUPPEN V. PHENYL-O- U. P-TOLYLSULFONEN MIT ELEKTROPHILEN VERB. IN GGW. V. NATRIUMAMID. TRUCE-SMILES-UMLAGER. 64-0429
CRYBERG R. L., SILBERIONEN-KATALYSIERTE UMLAGERUNG V. N-CHLORAMINEN 60-0515
CSAKVARY J. J., SYNTH.-ASPEKTE D. CHEMIE V. STABILEN ISOTOPEN 4. MITT. 58-0325
CSAVASSY G., SYNTH. V. VERB. D. 2-ALLYLAMINO-THIAZOLS 56-0516
CSILLAG L., VERNETZ.-MECHANISMUS D. EPOXYVERB. 57-0771
CSUEROES Z., UNTERS. D. DURCH BORTRIFLUORID U. POLYPHOSPHORSAEURE KATALYSIERTEN RK. V. AROMAT. ALDEHYDEN MIT BENZYLCYANID 58-0637
- KINET. UNTERS. D. DURCH ANIONENAUSTAUSCHERHARZE KATALYSIERTEN CLAISEN-SCHMIDT-KONDENS. V. AROMAT. KETONEN U. ALDEHYDEN 60-0281
- DARST. U. UNTERS. V. LEWIS-SAEURE-KOMPLEXEN 3. MITT. 63-0750
CSUROES Z., DARST. U. UNTERS. V. LEWIS-SAEURE-KOMPLEXEN 2. MITT. 60-0047
CUCHADZJAN E. O., AMINE U. AMMONIUMVERB. 53. MITT. 59-0329
CUELLAR L., STEROIDE 315. MITT. 61-0779
CUGNON DE SEVRICOURT M., SYNTH. V. THIENO(2.3-D)PYRIMIDIN U. EINIGEN DERIV. 57-0616
CUKERMAN S. V., BASIZITAET U. STRUKTUR V. HETEROCYCL. ALPHA.BETA-UNGESAETTIGTEN KETONEN, 5. MITT. 62-0177
CUKOVSKAJA E. C., RED. D. TRICHLORMETHYL ZUR DICHLORMETHYLGRUPPE DURCH EINW. TERTIAERER AMINE AUF POLYCHLORALKANE IN GGW. V. EISENVERB. 53-0205
CUKSVERDT T. V., SPIRO(2.5)OCTAN 56-0437
CULBERTSON B. M., AROMAT. VINYL-SULFONYLCHLORIDE 61-0433
CULLEN W. R., DARST. U. WAHRSCHEINL. STRUKTUR V. (CH)2ASC=CAS(CH3)2CF2CF2FE3(CO)10 63-0086
CULTRERA R., PHOTOCHEM. UEBERFUEHR. V. STICKSTOFF IN ORGAN. VERB. IN VITRO 3. MITT. 60-0781
CUM C., NMR-SPEKTREN V. DELTA(2)-ISOXALINEN 2. MITT. 59-0109
CUM G., CHLORIER. V. 1-METHYL-NAPHTHALIN DURCH MOLEKULARES CHLOR 53-0300
CUMMINGS J. R., SYNTH. U. HYPOTENSIVE WRKG. V. 3-AMINO-4H-PYRROLO(3.4-C)ISOXAZOLEN U. DERIV. 63-0640
CUMPER C. W. N., ELEKTR. DIPOLMOMENTE V. CHLORANILINEN U. EINIGEN CHLOR-, BROM- U. NITRO-SUBSTITUIERTEN AMINOPYRIDINEN IN BENZOL U. 1.4-DIOXAN 63-0117
- UV-SPEKTREN V. ANILIN, 2-, 3-, 4-AMINO-PYRIDINEN U. EINIGEN IHRER DERIV. IN N-HEXAN, 1.4-DIOXAN, AETHANOL U. WASSER 63-0123
CUNANAN S. A., CHEM. WRKG. D. GAMMA-BESTRAHL. AUF ORGAN. SYST. 13. MITT. 56-0254
CUNDALL R. B., KINETIK U. MECHANISMUS D. SAEUREKATALY-SIERTEN HYDROLYSE V. NITROALKANEN 58-0249
CUNNINGHAM J. A., POLYFLUORARYL-ORGANOMETALL-VERB. 5. MITT. 53-0020
- ORGANOMETALL. POLYFLUORARYLVERB. 4. MITT. 55-0021
- POLYFLUORARYL-ORGANOMETALL-VERB. 6. MITT. 60-0046
- POLYFLUORARYL-ORGANOMETALLVERB. 7. MITT. 62-0496
- POLYFLUORARYLORGANOMETALL-VERB. 8. MITT. 63-0604
CUNY G., DIAZOESSIGSAEUREAZID 62-0365
CUPACHIN O. N., KONDENS. UNGESAETT. CYCL. SULFONE MIT ALDEHYDEN 62-0530
CUPPEN T. J. H. M., PHOTOLYSE V. DIBENZYLSULFID 54-0197
CUPRIJANOVA N. E., FUNKTIONELLE DERIV. V. MALONDIALDEHYD 18. MITT. 57-0332
CURCI R., LSGM.-EINFL. AUF D. OX. V. THIOXAN DURCH WASSERSTOFFPEROXID U. TERT.-BUTYL-HYDROPEROXID 63-0250
CURKIN J. D., SYNTH. V. THIOPHEN-NAPHTHALIN-ANALOGEN D. CHALKONS 62-0532
CURKINA L. A., DI-TERT.-BUTYLPEROXYSULFAMIDO-ESSIGSAEURE U. IHRE DERIV. 53-0235
CURPHEY T. J., NEUER SYNTH.-WEG FUER AMARYLLIDACEEN-ALKALOIDE ANWEND. AUF D. SYNTH. V. MESEMBRIN U. MESEMBRININ 59-0706
CURRAN A. C. W., BRUECKENRINGSYST. 13. MITT. 55-0319

- THERMO-MICHAEL-RK. 1. MITT. 64-0478
CURRAN R., TRENNUNG EINER KOMPLEXEN ALKAN-MISCHUNG AN EINEM 7A-MOLEKUELSIEB 60-0839
CURRY J. D., METALLIERTE METHYLENDIPHOSPHONSAEUREESTER, DARST., CHARAKTERISIER. U. SYNTHET. ANWEND. 63-0412
CURTIN D. Y., SYNTH. U. THERM. ZERS. V. N-ACETYL-TRIAZENEN 64-0451
- BENZOYLIER. D. NA-SALZES V. 5H-PHENANTHRIDINON-(6) U. O-N-BENZOYLWANDER. 64-0716
CURTIS N. F., NICKEL(III)-KOMPLEXE MIT CYCL. TETRAMINEN U. NITRATO- ODER SULFATCLIGANDEN 54-0041
- CYCL. TETRAAMINE U. IHRE METALL-IONEN-KOMPLEXE 4. MITT. 54-0478
CURTIS R. F., NATUERL. VORKOMMENDE THIOPHENE 4. MITT. 54-0366
- ABSORPT.-SPEKTREN U. SYNTH. EINIGER 2.2'-BITHIENYLDERIV. 55-0064
- BIOSYNTH. V. PHENOLEN 15. MITT. 57-0790
- RK. V. KUPFERACETYLIDEN MIT HALOGENACETYLENEN 62-0312
- BIOSYNTH. V. PHENOLEN 16. MITT. 64-0907
CURTIUS H. C., METALL-IONEN U. H2O2 16. MITT. 62-0808
CUSACK N. J., ZU IMIDAZOLNUCLEOTIDEN FUEHRENDE WEITERE CHEM. UMWANDL. V. ZWISCHENSTUFEN IN D. REIHE D. PURINNUCLEOTID-BIOSYNTH. 53-0493
CUSHLEY R. J., NUCLEOSIDE 44. MITT. 58-0109
- NUCLEOSIDE 46. MITT. 58-0701
- NUCLEOSIDE 50. MITT. 62-0705
CUSTARD H. C., BENZOL-INDUZIERTE KERNMAGNET. RESONANZ- U. DIPOLMOMENT-VERSCHIEB. V. 5-GLIEDR. RINGEN MIT HETEROATOMEN 64-0114
CUTFIELD J. F., KRIST.-STRUKTUR D. KUPFER(II)-PYRIDOXYLIDEN-(+-)-VALIN-KOMPLEXES 53-0010
CUVIGNY T., NEUE DARST. V. ALPHA-SUBSTITUIERTEN KETONEN AUS NITRILEN DURCH RED. MIT ORGANOMETALLVERB. U. ALKYLIEREN 53-0217
- RADIKALIONEN-LSG. V. ALKALIMETALLEN IN HEXAMETHYLPHOSPHOTRIAMID (HMPT), QUELLE FUER WASSERSTOFF U. METHYLEN, NACHW. D. ISOTOPENAUSTAUSCHES 57-0276
CVETANOVIC R. J., GESCHW. V. OZON-OLEFIN-RK. IN TETRACHLORKOHLENSTOFF-LSG. 64-0253
CVETKOVA I. D., EINIGE RK. V. DERIV. D. 4.4-DICHLOR-PYRAN-DICARBONSAEURE-(2.6) 62-0599
CVETKOVA T. A., HYDRIERTE POLYPHENYLE 1. MITT. 58-0482
CYGANSKI A., SPEKTROPHOTOMETR. UNTERS. KRISTALLINER THIOCYANATOBISMUTATE IM IR 62-0002
CYMBALOVA S. S., DARST. DES DIHYDROCHLORIDES VON N(EPSILON).N(EPSILON)-BIS(2-CHLORAETHYL)-L-LYSIN 64-0409
CZERNECKI S., BEMERK. UEBER D. BLDG. V. SOLVATISIERTEN ORGANOMETALLVERB. 59-0033
- LUFTOX. V. SOLVATISIERTEN ALPHA,BETA-UNGESAETT. ORGANOMETALLVERB. 63-0372
CZERNIAWSKI B., EINFL. D. HARNSTOFFZUSATZES AUF D. FORM D. KURVEN D. PHASENGLEICHGEW. FESTFL. IN ZWEI- U. DREIKOMPONENTENSYST., WASSER-GLYCERIN-HARNSTOFF 58-0167
CZERWINSKA-FEJGIN E., KONJUGAT. IM O-TERPHENYL-SYST. 2. MITT. 54-0132
CZOCHRALSKA B., STEREOCHEMIE D. ELEKTRORED. D. C-CL-BIND. RED. V. 2-PHENYL-2-CHLOR-PROPIONSAEURE 64-0234
CZUCHAJOWSKI L., WRKG. V. FUNKENENTLAD. AUF EINE MISCH. V. METHAN, AMMONIAK U. WASSER 62-0359
- SYNTH. V. AMINOSAEUREN DURCH HOCHFREQUENTE ELEKTR. ENTLAD. 64-0404

D

DAAMS J., CHEMIE, HERBIZIDE U. FUNGIZIDE AKTIVITAET V. 2.1.3-BENZOTHIADIAZOLEN 55-0425
DABARD R., STRUKTUR D. DURCH DIMETHYLAMINOMETHYLIER. V. METHYLFERROCEN ERHALTENEN AMINE 53-0037
- STRUKTUR D. BEI D. DIMETHYLAMINOMETHYLIER. V. MONOALKYL- U. 1.1'-DIALKYL-FERROCENEN ENTSTANDENEN PROD. U. IHRER DERIV. 62-0042
DABAS K. S., MEHRKERN. AROMAT. KW-STOFFE 11. MITT. 64-0526
DABOSI G., MECHANISMUS D. C-ACYLIER. V. AROMATEN U. AETHYLENVERB. 6. MITT. 54-0254
DABROWSKI J., RK. VON METHYL-BETA-DIALKYLAMINOVINYL-KETONEN MIT BLEITETRAACETAT 60-0359
DACK M. R. J., TRENN. POLARER U. STER. EFFEKTE 8. MITT. 63-0276
DADLEY D. A., RK. V. RADIKAL-ANIONEN 6. MITT. 58-0209
DAEHNE S., DARST. V. ALIPHAT. IMMONIUMVERB. MIT ORTHOAMEISENSAEUREESTER ALS WASSERBINDENDEM MITTEL 59-0292
- INNERMOL. BINDG.-VERHAELTNISSE IM DIKALIUMSALZ D. 2.5-DIHYDROXY-1.4-BENZOCHINONS 62-0151
DAENIKER H. U., 1-HYDRAZINO-ADAMANTAN 54-0340
D'AGNOLO G., SYNTH. V. RAC. DESOXYMYCELIANAMID 61-0658
DAHL H., DIELS-ALDER-RK. MIT TERPENKETONEN 58-0508
DAHL L. F., ORGANOMETALL. SCHWEFELKOMPLEXE 13. MITT. 63-0025
DAHL T., KRIST.-CHEMIE V. BIN. SYST. AUS DONATOR- U. ACCEPTORMOL. 61-0162
- BEZIEH. ZWISCHEN D. KRIST.-STRUKTUR V. TETRAJODAETHYLEN U. SEINER 1 ZU 1-PYRAZIN-VERB. 64-0188
DAHLBOM R., STABILES CARBAMIDSAEUREANHYDRID 64-0447
DAHLGREN K., SOLVOLYSE VON ALPHA-PHENYLAETHYLCHLORID IN WASSER-DIMETHYLSULFOXID-GEMISCHEN 61-0241
DAHLGREN L., SYNTH. V. HOCHSUBSTITUIERTEN BENZOLDERIV. U. MEHREREN NEUEN BIPHENYLEN 54-0317
DAHLMANS J., PEPTIDE 64. MITT. 53-0571
DAHN H., 1.2-VERSCHIEB. D. SAEUREAMIDGRUPPE BEI D. BENZILSAEUREUMLAGER. V. CHINISATIN 54-0177
D'ALBUQUERQUE I. L., LEUKOANTHOCYANIDINE AUS PELTOGYNE RECIFENSIS DUCKE 54-0402
- EIN NEUES CATECHIN U. EIN DIMERES PROANTHOCYANIDIN AUS OURATEA SP. 54-0408
- INDENTIFIZIER. V. CICLACIDIN, EINEM ANTIBIOTIKUM AUS STREPTOMYCES CAPOAMUS SP. NOV. 57-0762
D'ALCONTRES G. S., SPIRO-DIISOXAZOLINE, 4. MITT. 60-0539
DALE J., MAKROCYCL. VERB. 13. MITT. 57-0253
DALE J. A., NMR-NICHTAEQUIVALENZ V. DIASTEREOMEREN ESTERN ALPHA-SUBSTITUIERTER PHENYLESSIGSAEUREN, ANWEND. ZUR BEST. D. STEREOCHEM. REINH. 64-0126
DA LIMA O. G., INDENTIFIZIER. V. CICLACIDIN, EINEM ANTIBIOTIKUM AUS STREPTOMYCES CAPOAMUS SP. NOV. 57-0762
DALLACKER F., PROTOLYSE D. 2.3-DIMETHYL-CAMPHANDIOLS-(2.3) 57-0248
DALL'ASTA L., SALICYLOYLHYDRAZIN-DERIV. 58-0425
- NEUE 4-ARALKYLAMINO-2.3.4.5-TETRAHYDRO-1.4-BENZOXAZEPIN-5-ON-DERIV. 58-0681
- 4-ARALKYLAMINO-1.2.3.4-TETRAHYDRO-5H-1.4-BENZODIAZEPIN-5-ON-DERIV. 58-0682
DALLE J., SENSIBILISIERTE PHOTOOX. V. DEHYDRO-BETA-JONYLIDEN-ESSIGSAEUREMETHYLESTERN, UMLAGER. D. ENTSPRECHENDEN PEROXIDE 62-0499
DALMAN G. W., MECHANISMUS DER BILD. U. HYDROLYSE V. DIPHENYLAETHER BEI DER BASISCHEN HYDROLYSE V. CHLORBENZOL 60-0268
D'ALO F., STRUKTUR U. ISOMERIE V. PROD. D. S-ACYLVINYLIER. HYDROLYSIERTER N-BENZYL-THIAZOLIUMSALZE 58-0651
DALTON D. R., ESR-NACHW. D. DIPHENYLMETHYLRADIKALS 57-0120
DALTON J. C., MOLEKULAR-PHOTOCHEMIE 8. MITT. 63-0344
DALY J., STRUKTUR V. BATRACHOTOXININ A, EINEM NEUART. STEROIDALKALOID AUS D. KOLUMBIAN. PFEILGIFTFROSCH PHYLLOBATES AUROTAENIA 61-0736
DALY J. J., ORGAN. PHOSPHORVERB. 30. MITT. 54-0272
DALY J. W., CHEM. FREISETZ. V. NOREPINEPHRIN AUS D. MAEUSEHERZEN 3. MITT. 63-0893
- NOREPINEPHRIN-FREISETZ. AUS D. MAEUSEHERZEN AUF CHEM. WEGE 4. MITT. 63-0894
DAMBMANN C., WASSERSTOFF-DEUTERIUM-AUSTAUSCH IN TRYPTOPHAN 54-0187
D'AMBROSIO R., HYPOTENSIVE QUATERNAERE AMMONIUMSALZE MIT EINEM GUAJACOL- ODER THYMOLREST 63-0905
DAMICO R., ISOMERISIER. V. UNGESAETT. AETHERN U. ESTERN DURCH EISENCARBONYL-KATALYSE, EINFL. D. CARBOMETHOXY- U. METHOXY-GRUPPEN AUF D. OLEFINGLEICHGEW. 62-0345
DAMODARAN N. P., NMR-SPEKTROSKOPIE, KONFORM.-WECHSEL V. HUMULEN U. ZERUMBON 60-0099
- EINSTUF. UMWANDL. V. (+)-BETA-HIMACHALEN IN (+)-CUPAREN 61-0767
- SESQUITERPENE 37. MITT. 64-0830
- SESQUITERPENE 38. MITT. 64-0831
- SESQUITERPENE 39. MITT. 64-0832
DAMRAUER L., SAUERSTOFFAUSTAUSCH ZWISCHEN D. TRIOXALATORHODIUM(III)-ION U. D. LSGM.-W., AUSTAUSCH V. AEUSSEREM U. INNEREM SAUERSTOFF 64-0036
DAMRAUER R., HALOGENMETHYL-METALL-VERB. 17. MITT. 63-0462
DANA G., NMR-UNTERS. D. KONFORM. V. ERYTHRO- U. THREO-ALPHA-GLYKOLEN, ANWEND. AUF D. STEREOCHEMIE D. RED. V. ALPHA.BETA-UNGESAETT. CARBONYLVERB. 55-0111
- MECHANISMUS D. DUPLIKATIVEN RED. V. ALPHA-UNGESAETT. CARBONYL-VERB. IN GGW. V. METALLEN. ANWEND. AUF D. SYNTH. V. SEKUNDAER-TERTIAEREN ALPHA-GLYKOLEN MIT 2 DOPPELBIND. 55-0232
- NMR-UNTERS. V. 2.2-DIMETHYL-1.3-DIOXOLANEN, WEND. AUF D. TRENN. U. CHARAKTERISIER. V. ERYTHRO- U. THREO-ALPHA-GLYKOLEN 55-0396
DANCE I. G., CHARAKTERISIER. DIMERER KOMPLEXE D. DITHIOLENTYPS 60-0059
DANCE J., DIELS-ALDER-ADDUKTE V. DICYANACETYLEN U. IHRE ELEKTRONENSPEKTREN 58-0267
DANDEGAONKER S. H., BROMCHLORBENZIMIDAZOLE 55-0409
- ANTIBAKTERIELLE WRKG. HALOGENSUBSTITUIERTER CHALKONE 56-0754
- ANTIBAKTERIELLE WRKG. V. HALOGENBENZIMIDAZOLEN 60-0819
DANECHPEJOUH H., PINAKOLIN-UMLAGERUNG V. ALPHA.ALPHA'-DIVINYL-GLYKOLEN 61-0348
DANEHY J. P., ALKAL. ZERS. ORGAN. DISULFIDE 3. MITT. 59-0220
DANEK O., DARST. V. FLUOR-ANALOGEN PHARMAKOLOG. AKT. SUBSTANZEN 58-0597
DANEN W. C., RK. V. RESONANZSTABILISIERTEN ANIONEN 30. MITT. 58-0207
DANES V., MECHANISMUS D. THERM. ZERS. V. GEMISCHTEN NICKEL(II)-MAGNESIUM- U. KOBALT(II)-MAGNESIUM-OXALATEN 61-0033
D'ANGELO J., EINW. V. ORGANOMAGNESIUMVERB. AUF ALPHA,BETA-UNGESAETT. ACETALE 3. MITT. 55-0299
- VERH. V. ZIMTALDEHYD-DIAETHYLACETAL GEGEN ORGANOMETALLVERB. 57-0416
- EINW. V. ORGANOMAGNESIUMVERB. AUF EINIGE V. 2-AETHOXY-

2.3-DIHYDRO-GAMMA-PYRAN ABGELEITETE ACETALE 58-0543
DANGJAN M. T., SYNTHESE VON CYCLISCHEN S-SUBSTITUIERTEN THIOAMID-DERIVATEN 60-0466
- SALZBLDG.-FAEHIGK. V. CYCL. THIONAMIDEN U. IHREN DERIV. 60-0467
- UMLAGER. V. DICHLORVINYLVERB. IN ALPHA-CHLORCARBONSAEUREN DURCH OX. MIT H2O2 IN ESSIGSAEUREANHYDRID 62-0349
DANG QUOC QUAN, HALOGENKETONE, MECHANISMUS D. DICHLORIER. V. CYCLANONEN 53-0278
- HALOGENKETONE, CIS.TRANS-2.6-DICHLOR-4-TERT.-BUTYL-CYCLOHEXANON 55-0306
DANIEL H., TRANSMETALLIER. D. PENTAPHENYLVERB. D. ELEMENTE D. FUENFTEN HAUPTGRUPPE MIT PHENYLLITHIUM 61-0038
- STRUKTUR U. UMLAGER. METALLIERTER QUARTAERER AMMONIUMSALZE 61-0287
DANIEL M., 4.5-DEHYDROPYRIMIDINE 1. MITT. 62-0651
DANIELI B., RK. V. BLEITETRAACETAT 1. MITT. 56-0383
- TRITERPENE AUS GLYCYRRHIZA GLABRA 5. MITT. 56-0673
- TRITERPENE AUS GLYCYRRHIZA GLABRA 6. MITT. 56-0674
DANIELI N., EIN NEUES ALKALOID V. CHINOLON-TYP AUS HAPLOPHYLUM TUBERCULATUM (RUTACEAE) 61-0725
DANIEWSKI A. R., FURAZANDERIV., 3.4-SYMM. SUBSTITUIERTE FUROXANE 59-0576
DANILOVA E. M., NITRO- U. AMINOAETHYLDERIV. V. CYCL. BETA-DIKETONEN. SYNTH. V. SUBSTITUIERTEN 1- U. 2-PYRROLINEN 55-0390
DANION-BGOT R., STRUKTU U. PHYSIKOCHEM. EIG. V. VERB. MIT AKTIVIERTEN DOPPELBIND. 2. MITT. 63-0231
DANION-BOUGOT R., MECHANISMUS D. UMLAGER. V. 3-ACETYL-3-AETHOXYCARBONYL-DELTA(1)-PYRAZOLINEN IN N-ACETYL-3-AETHOXYCARBONYL-DELTA(2)-PYRAZOLINE 56-0233
- CYCLOADDIT. V. DIAZOMETHAN AN ALKYLIDENMALONATE, THERMOLYSE D. ERHALTENEN DELTA(1)-PYRAZOLINE 59-0550
- 1.3-DIPOLARE CYCLOADDIT. AN VERB. MIT AKTIVIERTEN AETHYLENBIND. 4. MITT. 64-0635
DANISHEFSKY S., BIS-ANELLIER. MIT 6-VINYL-2-PICOLIN 58-0516
- RK. V. BETA-VINYL-ACRYLSAEURE-METHYLESTER MIT BETA-DICARBONYLVERB., EIN NEUER WEG ZU BRUECKENSYST. MIT FUNKTIONELLER GRUPPE 61-0513
- CYCLODEHYDRATAT. V. KETO-PYRIDINEN, SAEURESPALT. V. AETHYL-(2)-PYRIDYL-AETHERN MIT P-TOLUOLSULFONSAEURE 64-0697
DANJUSEVSKIJ J. L., DIENSYNTH. V. ALKYLMERCAPTOPHTHALSAEUREANHYDRIDEN AUS ALKYL-ALPHA-FURYL-SULFIDEN 60-0379
DANKLEFF M. A. P., LSGM.-EINFL. AUF D. OX. V. THIOXAN DURCH WASSERSTOFFPEROXID U. TERT.-BUTYL-HYDROPEROXID 63-0250
DANKSAS V. K., SYNTH. V. BETA-PHENYL-BETA-ALKYLAMINO-AETHOXY-BENZODIOXANEN-(1.4) U. IHREN BENZOLANALOGEN 55-0457
DANN O., ACETYLCHOLIN 17. MITT. 58-0819
DANNENBERG J. J., MOESSBAUER-EFFEKT IM FERROCENYLCARBONIUMION 55-0004
DANNER B., PHOTOCHEMIE V. PYRIDIN-N-OXIDEN, EINE NEUE PHENOLSYNTH. 55-0442
DANSETTE P., DARST. V. (14)C U. (3)H MARKIERTEN AROMAT. ALDEHYDEN U. SAEUREN 64-0458
DANSTED E., SYNTH. V. 2.10-EPOXYPINANEN 58-0744
DANYLUK S. S., KONFORM.-AENDER. IN D. RIBOSEGRUPPE V. DINUCLEOSIDMONO- U. -DIPHOSPHATEN. TEMP.-ABHAENGIGK. 63-0189
DARE D. L., BESTANDTEILE D. ZIGARETTENRAUCHS 10. MITT. 61-0329
DARIEV A. D., KATALYT. ALKYLIER. V. PYRIDIN U. SEINEN HOMOLOGEN. DARST. V. 3.5-LUTIDIN U. 3-ISOPROPYL-PYRIDIN 62-0614
DARLING T. R., CYCLOPROPANONE 7. MITT. 61-0534
DARNALL K. R., ACYLIER. MIT FREIEN RADIKALEN 64-0260
DARNAULT M., SYNTH. IN D. BENZOFURAN-REIHE 64-0591
DA ROCHA A. I., OCOTEA-ALKALOIDE, CHARAKTERISIER. U. STRUKTURAUFKLAER. V. VIER NEUEN APORPHIN-BASEN 61-0741
- ALKALOIDE AUS TABERNAEMONTANA RIEDELII U. T. RIGIDA 61-0833
DARRAGH K. V., ERZEUG. V. FLUORCHLORCARBEN DURCH D. QUECKSILBERMETH. 56-0264
DARTIGUENAVE Y., CU-HALOGENACETATE, NACHW. KRYOSKOP. UNTERS. U. THERMOLYSE V. CU(II)2(CH2BRCOO)4.6 H2O 64-0079
DAS B. C., ALKALOIDE AUS VOACANGA 9. MITT. 55-0504
- STRUKTUR U. STEREOCHEMIE V. SPERGULAGENSAEURE 58-0742
- TRITERPENOIDE 29. MITT. 58-0743
- ALKALOIDE AUS VOACANGA 10. MITT. 60-0713
DAS B. P., 3-SUBSTITUIERTE AMINO-4.5-DISUBSTITUIERTE 1.2.4-4H-TRIAZOLE U. ALDEHYDE AUS 1-ACYL-SEMICARBAZIDEN 59-0570
DAS K. G., STRUKTUR EINES RK.-PROD. V. NICKEL-ACETYLACETONAT 58-0011
- BIOSYNTHET. UNTERS. 1. MITT. 59-0808
DAS M. B. C., N-(BETA-(P-HYDRCXY-PHENYL)-AETHYL)-P-HYDROXY-ZIMTSAEUREAMID, EIN NEUES NATUERL. AMID AUS EVODIA BELAHE B. (RUTACEE) 64-0892
DA SETTIMO A., TETRAZOL-DERIV. V. 1.8-NAPHTHYRIDINEN 3. MITT. 53-0413
- UNTERS. AUF D. GEBIET D. ANTHYRIDINE 54-0420
- UNTERS. AUF D. GEBIET D. ANTHYRIDINE 3. MITT. 54-0421
DASEVSKIJ V. G., BESONDERH. D. STRUKTUR U. D. REAKTIVITAET EINIGER HALOGENNAPHTHOSAEUREN 1. MITT. 62-0130
- BESONDERH. D. STRUKTUR U. D. REAKTIVITAET V. HALOGENNAPHTHOESAEUREN 2. MITT. 63-0120
DASGUPTA S. K., SPALT. V. MIT 6-PHENYL-BICYCLO(3.1.0)HEXAN-2-ON VERWANDTEN VERB. IN GGW. V. CHLORWASSERSTOFF 62-0482
DA SILVA PEREIRA M. O., CHEMIE D. BRASILIAN. GUTTIFERAE 12. MITT. 60-0822
DASKEVIC L. B., KOHLENSUBOXID U. EINIGE SEINER RK. 28. MITT. 64-0746
DASUNIN V. M., SUBSTITUIERTE LACTONE U. IHRE FOLGERK. 12. MITT. 55-0303
DATHE C., SILICONE 112. MITT. 59-0044
DATTA S. K., NITRILOXIDE 11. MITT. 62-0583
DAUBEN H. J. JUN., EXALTATION D. DIAMAGNET. SUSZEPTIBILITAET ALS KRITERIUM FUER D. AROMAT. CHARAKTER 58-0083
DAUBEN W. G., PHOTOISOMERISIER. V. KONJUGIERTEN CYCLOPROPYLKETONEN 54-0344
- PHOTOCHEMIE V. 4.4-DIMETHYL-1-METHYLEN-CYCLOHEXEN-(2), EINEM METHYLEN-ANALOGEN V. CYCLOHEXENON 58-0320
- SOLVOLYSE V. BICYCLO(2.2.0)-HEXYL-(1)-METHYL-P-NITROBENZOAT 59-0485
- SOLVOLYSE V. 19-HYDROXYSTEROIDEN 60-0763
- SOLVOLYSE V. 1-CHLOR-BICYCLO(3.3.3)NONAN 61-0228
- SYNTH. U. SOLVOLYT. UMLAGER. D. SPIRO(2.3)HEXAN-4-METHANOL-SYST. 64-0281
DAULATABAD C. D., BROMCHLORBENZIMIDAZOLE 55-0409
DAUNE M., UNTERS. V. AG-DNS-KOMPLEXEN MIT HILFE D. STROEM.-DICHROISMUS 60-0804
DAUPHIN G., WEITERLEIT. D. ELEKTRONENEFFEKTE IN D. MOL. D. TRANS-4-HYDROXY-STILBENE U. D. 4-HYDROXY-TOLANE 54-0094
- ANWEND. D. UNTERS. D. SAEURE-DISSOZIAT. V. SULFONAMIDEN AUF STRUKTURPROBLEME 1. MITT. 55-0142
- ANWEND. D. UNTERS. D. SAEURE-DISSOZIATION V. SULFONAMIDEN AUF STRUKTURPROBLEME 2. MITT. 55-0143
DAVE H. R., SYNTH. U. ZIRKULARDICHROISMUS V. (R)-TARTRIMID U. (S)-MALIMID 53-0049
DAVE K. G., TETRAHYDROPYRIDINE 59-0596
DAVENPORT R. W., STEREOCHEM. BEZIEH. ZWISCHEN SULFOXIDEN, SULFILIMINEN U. SULFOXIMINEN 61-0151
DAVES G. D. JUN., COENZYM Q 94. MITT. 59-0132
- NEUE TOCOPHEROL-DIMERE 61-0802
- OXYDATIVE DIMERISIER. V. ALPHA-, BETA-, GAMMA- U. DELTA-TOCOPHEROLEN 61-0803
- COENZYM Q 103. MITT. 64-0900
DAVIAUD G., SYNTH. V. ALPHA-CHLOR-CYCLOPENTENONEN DURCH CYCLISIER. IN EINER FRIEDEL-CRAFTS-RK. 59-0410
DAVID B., CHLORKOHLENSTOFFDERIV. V. ZINN 63-0072
DAVID L., DURCH PROD. EINER CYCLISIER.-RK. V. ALLOOCIMEN KATALYSIERTE AROMATISIER. V. LIMONEN U. ISOMERISIER. V. OCTEN-(1) 58-0768
DAVIDOVA N., HYDROGENOLYSE V. INDAN AN EINEM NICKELKATALYSATOR, KINET. ANALYSE DURCH NICHTLINEARE REGRESS. D. DATEN D. ANFANGSGESCHW. 61-0199
DAVIDSON I. M. T., P(PI)-D(PI)-BIND. IN TRIMETHYLSILYLHALOGENIDEN 59-0149
DAVIDSON J. R., TERMOLYSE V. N-TRIMETHYLAMMONIO-BENZAMIDAT U. VERWANDTE VERB., IDENTIFIZIER. V. NEBENPROD. U. DEREN MOEGLICHER BLDG.-MECHANISMUS 56-0606
DAVIDSON J. S., EINWRKG. V. HYDRAZINHYDRAT AUF ISODITHIOBIURETE 56-0523
DAVIDSON M., NMR-UNTERS. D. CHEM. VERSCHIEB. V. PROTONEN IN HETEROCYCLEN 55-0073
- PRINS-RK. 14. MITT. 57-0236
- PRINS-RK. 15. MITT. 57-0237
- KONFORM. V. METADIOXANEN MITTELS NMR 62-0129
DAVIDSON R. D., CALCIFEROL U. VERWANDTE VERB. 8. MITT. 56-0728
DAVIDSON R. S., OX. DREIWERT. PHOSPHORVERB. DURCH DISULFIDE 55-0291
- CALCIFEROL U. VERWANDTE VERB. 9. MITT. 56-0729
- PHOTORED. V. CARBONYLVERB. DURCH AMINE 57-0261
- OX. V. DREIWERT. PHOSPHORESTERN DURCH DIMETHYLAMINORADIKALE 62-0295
- RK. D. TETRAPHENYLDIPHOSPHINS MIT ALIPHAT. CARBONSAEUREN U. ALDEHYDEN 63-0469
DAVIES A. G., RK. V. ORGANOMETALLVERB. 9. MITT. 57-0049
- ORGANOMETALL-RK. 10. MITT. 58-0055
- ORGANOMETALL. RK. 11. MITT. 63-0355
- ORGANOMETALL. RK. 12. MITT. 63-0356
DAVIES A. J., SAEUREKATALYSIERTE ZERS. EINIGER BETA-AZIDO-CARBONYL-VERB. 55-0244
DAVIES D. I., CYCLISIER.-RK. UNTER OX. V. CARBONSAEUREN MIT BLEITETRAACETAT 1. MITT. 53-0410
- FREIE-RADIKAL-RK. HALOGENIERTER POLYCYCL. BRUECKENVERB. 4. MITT. 54-0346
- FREIE-RADIKAL-RK. HALOGENIERTER POLYCYCL. BRUECKENVERB. 5. MITT. 55-0360
- FREIE-RADIKAL-RK. HALOGENIERTER POLYCYCL. BRUECKENVERB. 6. MITT. 55-0361
- ADDIT. V. POLYHALOGENMETHANEN U. VERWANDTEN VERB. AN NORBORNADIEN 57-0480
- FREIE-RADIKAL-RK. HALOGENIERTER POLYCYCL. BRUECKENVERB. 7. MITT. 59-0238
- HYDROGENOLYSE EINIGEN POLYCHLORIERTEN NORBORNENEN-(2)

U. SYNTH. V. 1.4-DICHLOR-NORBORNEN-(2) 59-0488
- 2-METHYLEN-NORBORNYL-(3)-NCRBORNEN-(2)-YL-(2)-METHYL, ALLYL-RADIKAL-SYST. 59-0489
- RK. FREIER RADIKALE V. HALOGENIERTEN POLYCYCL. BRUECKENRINGSYST. 8. MITT. 62-0493
- D. RADIKAL. ADDITION V. THIOPHENOL AN BORNYLEN U. APOBORNYLEN, STRUKTUR D. GEBILDETEN SULFIDE U. DURCH OXYDATION ENTSTEHENDEN SULFONE 64-0850
DAVIES D. W., DIPOLMOMENTE U. (14)N-QUADRUPOL-KOPPLUNGSKONST. HETEROCYCL. VERB. BERECHNUNGEN MIT ALLEN VALENZELEKTRONEN 56-0097
DAVIES G. R., MOL.-STRUKTUR V. DIMEREM PI-1.3-DIMETHYLALLYL-PALLADIUMCHLORID 56-0032
DAVIES J. C., POLYANIONEN U. IHRE KOMPLEXE 3. MITT. 63-0861
DAVIES J. H., GEOMETR. ISOMERIE BEI S-ALKYL-THIOHYDROXIMATEN, NEUER OXIM-ABBAU 58-0373
DAVIES J. L., SYNTH. V. 2.6-DIACETYL-DEUTEROPORPHYRIN-II-DIMETHYLESTER 63-0791
DAVIES J. V., POLYANIONEN U. IHRE KOMPLEXE 4. MITT. 63-0862
- POLYANIONEN U. IHRE KOMPLEXE 5. MITT. 63-0863
DAVIES M. C., REINIG. U. STRUKTUR V. SCHWEINE-CALCITONIN-1 63-0834
DAVIES M. T., MODIFIZIERTE STEROIDHORMONE 49. MITT. 62-0797
- MODIFIZIERTE STEROIDHORMONE 50. MITT. 62-0798
DAVIES W. D., PERFLUORMETHYLACETYLEN 64-0359
DAVIS A., THERM. UMLAGER. V. DIPHENYL-CARBONAT 58-0298
- THERM. ABBAU EINES POLYCARBONATS 58-0816
- RK. V. 1-(BETA-ARYL-AETHYL)-2-PYRIDONEN U. 2-(BETA-ARYL-AETHYL)-ISOCARBOSTYRILEN MIT PHOSPHOROXYCHLORID 60-0602
- RADIOLYSE U. PHOTOLYSE V. DIPHENYLCARBONAT 61-0316
DAVIS B. A., RK. EINFACHER NITRO-VERB. MIT UEBERGANGSMETALLOXALATEN, ZUR FRAGE INTERMEDIAER GEBILDETER NITRENE 57-0377
DAVIS B. R., CHEMIE D. PODOCARPACEAE, 14. MITT. 54-0526
- UMWANDL. V. PHYLLOCLADEN IN EIN NEOATISIRAN-SYST. 56-0679
- DIENON-PHENOL-UMLAGER. 2. MITT. 57-0449
- DIENON-PHENOL-UMLAGER. 3. MITT. 59-0449
- FERNKOPPL. U. LSGM.-VERSCHIEB. IN D. NMR-SPEKTREN V. BORNANDERIV. 60-0090
- DURCH BENZOL ALS LSGM. HERVORGERUFENE VERSCHIEB. IN D. NMR-SPEKTROSKOPIE 60-0195
- UMWANDL. V. CAMPHER 60-0735
- CHEMIE D. PODOCARPACEAE 15. MITT. 60-0743
DAVIS D. G., PARAMAGNET. (1)H-NMR-VERSCHIEB. BEI METMYOGLOBIN, METHAEMOGLOBIN U. HAEMIN-DERIV. 63-0136
DAVIS F. A., THIET (THIACYCLOBUTEN) 53-0327
- NEUE HETEROAROMAT. VERB. 27. MITT. 58-0108
- NEUE HETEROAROMAT. VERB. 30. MITT. 64-0753
DAVIS G. E., GESPANNTE RINGSYST. 6. MITT. 59-0481
DAVIS G. T., RED. ORGAN. VERB. DURCH KALIUMHEXACYANODI-NICCOLAT(I) IN HOMOGENEN LSG. 60-0326
- OX. V. AMINEN 5. MITT. 62-0203
DAVIS L. D., CYCL. AETHYLENKETALE V. GESPANNTEN ALPHA-CHLORIERTEN KETONEN 55-0357
- NMR-SPEKTREN V. KAEFIGKETONEN U. -KETALEN 60-0105
- CYCL. AETHYLENKETALE CHLORIERTER KAEFIG-KETONE. VERBESSERTE SYNTH. V. PENTACYCLO(5.3.0.0(2,6).0(3,9).-0(4,8))DECAN-5-ON 61-0571
DAVIS L. L., ANOMALE WOLFFSCHE UMLAGER. 64-0351
DAVIS M., CHEMOTHERAPIE D. SCHISTOSOMIASIS 9. MITT. 57-0382
- DARST. U. EIG. V. 3BETA-METHOXY-DELTA(4)-CHOLESTEN-6BETA-OL 62-0805
DAVIS M. A., TRANSANULARE RK. IN D. DIBENZO(A.D)CYCLOHEPTENREIHE 1. MITT. 54-0427
DAVIS R. E., LSGM.-EINFL. AUF D. C=O- U. S=O-VALENZSCHWING. IN CYCLOPROPANON U. AETHYLENEPISULFOXID 59-0105
- 1-METHYL-CYCLOBUTYL- U. CYCLOBUTYL-KATION ALS KLASSISCHE IONEN 6. MITT. 59-0147
- SCHWING.-EFFEKTE IN CARBONIUMIONEN 3. MITT. 60-0144
- ANTIMALARIAMITTEL, SUBSTITUIERTE 2-PHENYL-4-CHOLINMETHANOLE 63-0676
- SCHWING.-EFFEKTE BEI RK. V. CARBONIUMIONEN 4. MITT. 64-0161
DAVIS R. H., GEOMETR. ISOMERIE BEI S-ALKYL-THIOHYDROXIMATEN, NEUER OXIM-ABBAU 58-0373
DAVTJAN N. M., AMINE U. AMMONIUMSALZE 55. MITT. 61-0372
- AMINE U. AMMONIUMSALZE 56. MITT. 63-0403
DAVY H., ORGAN. SCHWEFELVERB. 21. MITT. 63-0595
DAWANS F., DARST. V. AMORPHEM POLYBUTADIEN-(1.2) 53-0592
DAWSON C. R., SYNTH. V. VERB. MIT STRUKTURELLER BEZIEH. ZU DEM EFEUGIFT URUSHIOL 2. MITT. 64-0426
DAWSON D. J., STEREOSELEKTIVE EINFUEHR. V. ANGULAEREN METHYLGRUPPEN 60-0748
DAX K., ALKAL. HYDROLYSE V. LIGNIN 2. MITT. 61-0650
DAY A. C., CYCLOADDITION V. DIAZOALKANEN AN KONJUGIERTE ALLENE 54-0375
- SYNTH. V. CREPENYNSAEURE 55-0245
DAY J., GEGENSEITIGE STEREOSPEZIF. UMWANDL. V. OPT. AKT. SULFOXIDEN, SULFILIMINEN U. SULFOXIMINEN 63-0418
DAY J. P., NICKELTETRACARBONYL, MECHANISMUS D. NUKLEOPHILEN SUBSTITUT. 61-0029
DAY M. C., WECHSELWRKG. ZWISCHEN IONEN U. LSGM., SOLVATATION D. NATRIUM-IONS 58-0023
DAY V. W., STRUKTUR DES TRANS-DIOXOTETRACYANOMOLYBDAT-(IV)-IONS IM KRISTALLINEN SALZ K3NA(MOO2(CN)4).6H2O 64-0017
DAY W. A., 1.2-DIMETHYL-5.7-DI-TERT.-BUTYL-SPIRO(2.5)OCTATRIEN-(1.4.7)-ON-(6), DARST. U. RK. 63-0552
DEACON G. B., ORGANOQUECKSILBERVERB. 5. MITT. 56-0060
- BINDUNGSISOMERIE IN PHENYLQUECKSILBERBENZOLSULFINAT 57-0005
- ORGANOQUECKSILBERVERB. 6. MITT. 61-0039
DEADMAN W., SOLVOLYT. VERDRAENGUNGSRK. IN TRIFLUORESSIGSAEURE 1. MITT. 60-0266
DEADMAN W. G., TRIFLUORACETOLYSE V. 2-PHENYL-AETHYL-P-TOLUOL-SULFONAT. BEWEIS FUER D. AUFTRETEN EINES PHENONIUM-IONS 54-0159
DEADY L. W., NEUE SYNTH. V. N-ARYL-AZETIDINEN 60-0477
DEAK G., UNTERS. D. DURCH BORTRIFLUORID U. POLYPHOSPHORSAEURE KATALYSIERTEN RK. V. AROMAT. ALDEHYDEN MIT BENZYLCYANID 58-0637
- DARST. U. UNTERS. V. LEWIS-SAEURE-KOMPLEXEN 2. MITT. 60-0047
- KINET. UNTERS. D. DURCH ANIONENAUSTAUSCHERHARZE KATALYSIERTEN CLAISEN-SCHMIDT-KONDENS. V. AROMAT. KETONEN U. ALDEHYDEN 60-0281
- DARST. U. UNTERS. V. LEWIS-SAEURE-KOMPLEXEN 3. MITT. 63-0750
DEAN C. S., UNTERS. UEBER BICYCLONONANE 4. MITT. 63-0571
DEAN F. M., UROTERPENOL-BETA-D-GLUCURONID 53-0536
- ADDUKTE AUS CHINONEN U. DIAZOALKANEN 5. MITT. 54-0190
- MASSENSPEKTREN ORGAN. VERB. 3. MITT. 55-0094
- INTRAMOL. DONATOR-AKZEPTOR-WECHSELWRKG. ZWISCHEN AROMAT. AMINEN U. CHINONEN 56-0102
DEAN H. G., CYCL. AMIDINE 21. MITT. 57-0614
DEAN R. R., NEGATIVES VORZEICHEN D. (31)P-(19)F SPIN-SPIN-KOPPL.-KONST. IN DI-ISOPROPYL-FLUOROPHOSPHAT 53-0067
DEAR R. E. A., PERHALOGENKETONE U. IHRE DERIV. 13. MITT. 59-0287
- CYCLOPROPANCARBONSAEUREFLUORID, EINE VERBESSERTE SYNTH. 62-0427
DEARNALEY D. P., TAUTOMERIE U. BROMIER. V. EINIGEN 1-HYDROXY-INDOL-2-CARBONSAEURE-DERIV. 59-0532
DE BARRIO M. C. G., NEUE SYNTH. V. TRANS-STILBENEN 57-0421
DE BARROS CORREA D., CHEMIE D. BRASILIAN. GUTTIFERAE 12. MITT. 60-0822
DE BIE D. A., HALOGENWANDERUNG BEI RK. V. HALOGENISOTHIAZOLEN MIT KALIUMAMID IN FL. PHASE 64-0650
DE BOER C. D., MULTIPLIZITAET D. PHOTOCHEM. REAKT. ZUSTANDES V. 1.2-DIPHENYL-CYCLOBUTEN 56-0321
DE BOER T. J., MECHANISMUS D. CYCLISIER. V. PSEUDOJONON MIT DEUTERIERTEN SAEUREN 53-0162
- V. BASEN KATALYSIERTER WASSERSTOFFAUSTAUSCH IN CYCLOPROPYLCYANID 53-0179
- C-NITROSO-VERB. 2. MITT. 54-0137
- RK. V. ALKYLIDENMALONITRILEN MIT DIAZOMETHAN 54-0298
- CHEMIE V. VERB. MIT KLEINEN RINGEN, 9. MITT. 55-0301
- NMR-SPEKTREN V. PROTONIERTEM 2.2'-DIMETHYL-BENZOPHENON 57-0113
- CHEMIE NIEDR.-GLIEDR.- RINGVERB. 11. MITT. 57-0312
- MASSENSPEKTROMETRIE V. ARALKYLVERB. MIT FUNKTIONELLER GRUPPE 3. MITT. 58-0124
- MASSENSPEKTROMETRIE V. ARALKYLVERB. MIT FUNKTIONELLER GRUPPE 4. MITT. 58-0125
- MASSENSPEKTROMETRIE V. ARALKYLVERB. MIT FUNKTIONELLER GRUPPE 5. MITT. 58-0126
- C-NITROSOVERB. 6. MITT. 60-0354
- CYCLISIER. V. GERANIOLEN U. CYCLISIER.-CYCLIALKYLIER.-KONKURRENZRK. EINIGER PHENYLDERIV. 60-0742
DE BOTTON M., DARST. V. CYCLOHEPTYL- BZW. CYCLOOCTYL-FORMALDEHYD U. 1-CYCLOHEPTYL- BZW. 1-CYCLOOCTYL-BUTEN-(1)-ON-(3) 61-0449
DE BROVETTO A. G., ZWEI NEUE ALKALOIDE AUS BERBERIS LAURINA BILLB 60-0716
DE BRUIN K. E., KINETIK U. MECHANISMUS D. SAEUREKATALYSIERTEN HYDRATISIER. V. PHENYL-BENZOYL-ACETYLEN 58-0270
DEBYE N. W. G., ZINN-119M-MOESSBAUER-UNTERS. V. FUENF- U. SECHSFACH KOORDINIERTEN ORGANOZINN(IV)-IONEN 63-0017
DE CARNERI I., UNTERS. V. VERB. GEGEN PROTOZOEN, SYNTH. U. BIOLOG. AKTIVITAET EINIGER STYRYLIMIDAZOL-DERIV. 57-0525
DE CASTIGLIONE R., SYNTH. V. ANALOGEN D. PHYSALAEMINS 1. MITT. 58-0793
- SYNTH. V. ANALOGEN D. PHYSALAEMINS 2. MITT. 58-0794
- SYNTH. V. ANALOGEN D. PHYSALAEMINS 3. MITT. 58-0795
DECHATRE Y., KATALYT. DEHYDRIER. V. ISOPROPYLALKOHOL UEBER ZINKOXID 2. MITT. 63-0246
DECODTS G., ALKYLIER. V. INDOLEN DURCH HYDROXYMETHYL- U. AMINOMETHYLPHENOLE 57-0513
- THERM. KONDENS. V. GRAMIN MIT POLYPHENOLEN, IMIDAZOL U. SEINEN DERIV. 61-0535
- NUCLEOPHILE SUBSTITUT. V. HYDROXYBENZYLHALOGENIDEN MIT INDOLEN IN WSS. MEDIUM 61-0564
DE COINTET P., UNTERS. IN D. HETEROCYCL. REIHE 14. MITT. 64-0631
DECOMBE J., HOMOPHTHALIMID U. 4-HYDROXY-CARBOSTYRIL 1. MITT. 55-0449
- 4-HYDROXY-CARBOSTYRILE 56-0564
- HOMOPHTHALIMID U. 4-HYDROXY-CARBOSTYRIL 2. MITT.

58-0643
- SYNTH. EINES MIT EPHEDRIN ISOMEREN PRIM. ALKOHOLS 59-0709
DEDEK V., CHEMIE ORGAN. FLUORVERB. 2. MITT. 56-0269
- CHEMIE ORGAN. FLUORVERB. 3. MITT. 61-0344
DEEKS R. H. L., BLDG. V. INDOLDERIV. BEI CYLISIER.-VERS. V. O-NITROPHENYL-BERNSTEINSAEURE 62-0547
DEEM M. L., 2.3-DIPHENYL-4.5-DIHYDROFURAN-5-SPIRO-DIPHENYLCYCLOPROPEN 63-0598
DEETH H. C., DITERPENOIDE 18. MITT. 63-0794
DEFAYE G., BICYCLO(10.3.0)PENTADECEN-(1,12)-ON-(13) U. BICYCLO(13.3.0)OCTADECEN-(1,15)-ON-(16) 57-0478
DEFAYE J., CHEMIE D. 2.5-ANHYDROZUCKER 8. MITT. 57-0641
- CHEMIE D. 2.5-ANHYDROZUCKER 9. MITT. 63-0601
DE FILIPPO D., THIOMORPHOLINON-(3) ALS LIGAND 1. MITT. 59-0092
DEFIVES D., ROLLE D. LSGM. BEI D. GASABSORPT. DURCH MOLEKULARSIEBE IN SUSPENSION 63-0039
DEGANI C., ALKALI-RK. V. GLUCOSE-6-PHOSPHAT 60-0690
DEGANI I., HETEROAROMAT. KATIONEN 11. MITT. 61-0618
- HETEROAROMATISCHE KATIONEN, 12. MITT. 61-0619
DE GAUDEMARIS G., THERM. STABILITAET V. POLYMEREN MIT ARYLCARBONAMIDOIMIDVERKNUEPFUNG 56-0739
- VOM 4-CYAN-2.2-DIMETHYL-BUTYRALDEHYD ABGELEITETE MONOMERE U. POLYMERE, KONDENS. D. ALDEHYDS U. D. 4-FORMYL-4.4DIMETHYL-BUTTERSAEURE MIT ACETON 64-0410
DEGLISE X., ZWEITER TRIPLETTZUSTAND V. DIACETYL 64-0334
DEGRAND C., EINFL. D. ADSORPT. D. DEPOLARISATORS ODER EINES PROD. D. ELEKTROCHEM. RK. AUF POLAROGRAPH. STROEME 3. MITT. 63-0036
- EINFL. D. ADSORPT. D. DEPOLARISATORS ODER EINES PROD. D. ELEKTROCHEM. RK. AUF POLAROGRAPH. STROEME 4. MITT. 63-0037
DE GRAW J. I., ALPHA-ACETOXY- U. ALPHA-HALOGENMETHYLKETONE AUS ACYLOXOSULFONIUMYLIDEN 61-0347
DEGRAW J. I., EXPERIMENTELL VERURSACHTE PHENYLKETONURIE 2. MITT. 60-0386
- EXPERIMENTELL INDUZIERTE PHENYLKETONURIE 3. MITT. 60-0571
DE GROOT A., ABNORME PINAKON-UMLAGER. 61-0551
- KRIST.-STRUKTUR V. 2.3-DI-TERT.-BUTYL-CHINOXALIN 63-0202
- SYNTH. U. EIG. V. STERISCH GEHINDERTEN BUTADIENEN, EINE MODIFIKATION D. CUGAEV-RK. 64-0354
DEGTJAREVA L. M., RK. V. 3.4-EPOXY-4-METHYL-PENTANON-(2) MIT WASSERSTOFFPEROXID 53-0198
DEGUCHI Y., ESR-HYPERFEINSTRUKTUR IN N-PIKRYL-CARBAZOLYL-(9)-AMINYL 61-0105
DEGUTIS J. A., N-ARYL-N-(2-HYDROXY-AETHYL)-GLYCINE U. IHRE LACTONE 64-0751
DE HAAN J. W., BLDG. U. STRUKTUR V. VIER TRIMETHYLCYCLOPENTADIENEN 62-0419
- THERM. ISOMERISIER. V. TRIMETHYLCYCLOPENTADIENEN 62-0420
DEHMLOW E. V., BLDG. GEMISCHTER PERCHLORALLEN-ALLEN-DIMERER BEI D. ZERS. V. NATRIUMTRICHLORACETAT IN GGW. V. ALLENEN 53-0286
- STRUKTUR U. STEREOCHEMIE V. ZWEI DIMEREN D. 1.3-DIPHENYL-ALLENS 54-0303
- DICHLORCYCLOBUTENONE AUS ALKINEN U. NATRIUMTRICHLORACETAT 56-0377
- CYCLOPROPENONCHEMIE 3. MITT. 56-0464
- CYCLOPROPENONCHEMIE 1. MITT. 58-0466
- CYCLOPROPENONCHEMIE 2. MITT. 58-0467
DEHN J. S., CHEM. VERSCHIEB. D. CYCLOPROPAN-CH2-PROTONEN BEI D. KERNRESONANZ UNSUBSTITUIERTER BICYCLO(X.1.0)ALKANE ALS FUNKTION D. RINGGROESSE 64-0115
DEHN R. L., NEUART. FRAGMENTIER.-RK. V. ALPHA.BETA-EPOXYKETONEN, SYNTH. V. ACETYLENKETONEN 53-0199
- SYNTH. V. ACETYLEN-SECO-STEROID-KETONEN 53-0558
DEHNE H., (20.0)PARACYCLOPHAN 60-0441
DEHNICKE K., D. SCHWING.-SPEKTREN EINIGER QUECKSILBERDIALKYLE U. -ARYLE 56-0009
- SYNTH., EIG., SCHWING.-SPEKTREN U. PROTONENRESONANZ-SPEKTREN V. ORGANOQUECKSILBERAZIDEN 57-0007
- DARST., EIG. U. SCHWING.-SPEKTREN V. DIALKYLMETALLAZIDEN D. ELEMENTE ALUMINIUM, GALLIUM, INDIUM U. THALLIUM 59-0009
DE IONGH H., DIREKTE ACYLIER. V. GLYCERYLPHOSPHORYLCHOLIN KURZMITT. 54-0236
DE JONG A. J., ISOMERISIER. V. KONJUGIERTEN U. KUMULIERTEN SYST. VORL. MITT. 55-0210
DE JONG J., ANIONEN V. CYCLOPENTADITHIOPHENEN, NEUE HETEROAROMAT. SYST. (VORL. MITT.) 57-0498
DE JONGH R. O., PHOTORK. AROMAT. MOL. 56-0253
DEKKER J., PHOTODIMERISAT. 1. MITT. 58-0503
- MASSENSPEKTROMETRIE 1. MITT. 60-0130
- PHOTODIMERISIER. 2. MITT. 64-0500
DEKKER M., ABFANGEN V. NITRENEN DURCH EISENCARBONYLE 56-0078
DEKKER T. G., PHOTODIMERISIER. 2. MITT. 64-0500
DE KOCK W. T., STRUKTUR D. VERMEERINS, EINES SESQUITERPENOIDEN DILACTONS AUS GEIGERIA AFRICANA GRIES 54-0527
- GAFRININ, EIN SESQUITERPENOID-LACTON AUS GEIGERIA AFRICANA GRIES 1. MITT. 60-0736
- GAFRININ, EIN SESQUITERPENOID-LACTON AUS GEIGERIA AFRICANA GRIES, 2. MITT. 60-0737
DE LA FUENTE G., MICROMERIA-TERPENOIDE 1. MITT. 55-0531
DE LA MARE P. B. D., PROD. D. CHLORIER. V. NAPHTHALIN, 1-METHYL-NAPHTHALIN U. MEHREREN CHLOR-METHYLNAPHTHALINEN MIT SULFURYLCHLORID 53-0299
- CHLORIER. V. 1-METHYL-NAPHTHALIN DURCH MOLEKULARES CHLOR 53-0300
- ISOTOPENEFFEKTE BEI D. CHLORIER. V. NAPHTHALIN 55-0167
- AROMAT. SUBSTITUT. MIT UMLAGER. 1. MITT. 59-0447
- NAPHTHALINDICHLORID U. SEINE DERIV., 1. MITT. 61-0493
DE LANGE C. A., BEST. D. KERNMAGNET. ABSCHIRMANISOTROPIEN V. GELOESTEN STOFFEN IN FLUESSIGKRIST.-LSGM. 63-0011
DE LAVIETER L., CYCLOHEXANDERIV. 6. MITT. 57-0149
DE LAVILLANDRE J., BERECHN. D. D-D-SPEKTRUMS D. HEXAFLUOROTITANAT(III)-IONS UNTER VERWEND. ANALYT. RADIALFUNKT. D. AUTOKOHAERENTEN FELDES IN D. NAEHER. D. KRIST.-FELDTHEORIE 2. MITT. 54-0001
- BERECHN. D. D-D-SPEKTRUMS D. OXOPENTAFLUOROMOLYBDAT-(V)-IONS UNTER VERW. TABELLIERTER RADIALFUNKT. D. AUTOKOHAERENTEN FELDES IN D. NAEHER. D. KRISTALLFELD-THEORIE 3. MITT. 54-0002
DELAZARI N. V., SYNTH. U. FOLGERK. V. 2.2.6-TRIMETHYL-6-CHLOR- U. 2.6-DIMETHYL-2.6-DICHLOR-1-OXA-2.6-DISILA-CYCLOHEXAN 62-0678
DEL BINO G., RK. V. (+)-TRIS-(2S)-1.2-DIMETHYL-BUTOXYMETHAN MIT KOHLENOXID U. WASSERSTOFF IN GGW. V. DICOBALTOCTACARBONYL 54-0218
DELBOS B., METALLKOMPLEXE V. 2-FORMYL-THIOPHENOXIM 54-0045
DELBOURGO R., VERBRENN.-PROD. V. AETHER-LUFT-GEMISCHEN FUER VERSCHIEDENE FLAMMEN U. FLAMMBEREICHE 56-0246
DELCEY M., HETEROCYCL. ANALOGE V. POLYARYLEN 63-0673
DEL CIMA F., REAKTIONSFAEHIGKEIT D. HALOGENE BEI D. AKTIVIERTEN AROMAT. NUCLEOPHILEN SUBSTITUTION 55-0185
- AKTIVIER. DURCH D. O-NITRO-GRUPPE BEI D. NUCLEOPHILEN AROMAT. SUBSTITUTION 62-0248
DELGRANGE J., KATALYT. OX. D. BUTENE AN V2O5-MOO3 57-0212
DELHAYE S., DARST. U. ALKAL. HYDROLYSE V. NITROSOVERB., D. VORSTUFEN D. DIAZOALKANE 60-0356
DELHOSTE J., SOLVOLYSE VON ALPHA-PHENYLAETHYLCHLORID IN WASSER-DIMETHYLSULFOXID-GEMISCHEN 61-0241
- SOLVOLYSE V. 1-BROM-ADAMANTAN IN DIMETHYLSULFOXID-WASSER-GEMISCHEN 63-0274
- SOLVOLYSE V. 1-BROM-ADAMANTAN IN AETHANOL-WASSER-GEMISCHEN 63-0275
DE LIGNY C. L., UNIVERSELLE PH-SKALA FUER LSG. BEI VERSCHIEDENEN TEMP. U. IN VERSCHIEDENEN LSGM. 55-0015
- PHYSIKAL. BEDEUT. D. AKTIVITAETSKOEFFIZIENTEN EINZELNER IONEN, WECHSELWRKG. D. IONEN ORGAN. SAEUREN U. BASEN MIT D. LSGM. U. D. EINFL. V. ALKYL- U. PHENYLGRUPPEN 55-0141
- UNIVERSELLE PH-SKALA IN METHANOL U. METHANOL-WASSER-GEMISCHE 55-0150
DELIWALA C. V., POTENTIELLE ANTIKREBSMITTEL 1. MITT. 57-0580
- SYNTH. NEUER PIPERAZINDERIV. MIT ZENTRALNERVENSYSTEM-DAEMPFENDER WRKG. 1. MITT. 60-0628
DELJAC A., ABS. KONFIG. V. (-)-BETA-HYDROXY-BETA-(M-HYDROXY-PHENYL)-PROPIONSAEURE 54-0261
- RK. D. ALPHA.GAMMA.DELTA.ZETA-TETRAKETONE MIT SELENTETRACHLORID U. SCHWEFELDICHLORID, SYNTH. V. 2.5-DIACYL-3.4-DIHYDROXY-SELENOPHENEN U. -THIOPHENEN 54-0365
DELJAGIN N. N., SPEKTRALUNTERS. D. KOMPLEXE V. 4-AMINO-U. 4-DIMETHYLAMINO-AZOBENZOL MIT SNCL4 54-0029
DELL H., METHYLSUBSTITUIERTE CYCLOHEXANDERIV. 2. MITT. 56-0409
- SPEKTROSKOPISCHE U. CHROMATOGRAPHISCHE CHARAKTERISIERUNG V. 2-SUBSTITUIERTEN RESORCINEN U. DEREN DIMETHYLAETHERN 57-0090
- 2-SUBSTITUIERTE RESORCINDIMETHYLAETHER 57-0348
- METHYLSUBSTITUIERTE CYCLOHEXANDERIV. 6. MITT. 64-0494
DELLA CASA C., REAKTIONSFAEHIGK. V. MANNICH-BASEN, X-ALKYLIER. V. AROMAT. U. HETEROCYCL. VERB. 59-0281
DELLA CASA D., ALKALOIDE AUS ZANTHOXYLUM CARIBAEUM LAM. 55-0511
DELL'AMICO V., NITRIER. V. 4-PHENYL-ISOXAZOL 56-0511
DELLE MONACHE F., EIN NEUES CATECHIN U. EIN DIMERES PROANTHOCYANIDIN AUS OURATEA SP. 54-0408
- INDENTIFIZIER. V. CICLACIDIN, EINEM ANTIBIOTIKUM AUS STREPTOMYCES CAPOAMUS SP. NOV. 57-0762
DELL'ERBA C., BISELENIENYLREIHE 2. MITT. 60-0500
DELLINGER M. H., AETHINYLIER. V. KETONEN MIT DILITHIUMACETYLID 59-0212
DELMAU J., NMR-NACHWEIS D. BEVORZUGTEN ROTAMEREN V. PENTEN-(2)-NITRILEN 53-0101
- NMR-UNTERS. C. CHEM. VERSCHIEB. V. PROTONEN IN HETEROCYCLEN 55-0073
- NMR-UNTERS. D. ZUSTANDES V. FORMOL IN WSS. LSG. IN ABWESENH. U. GGW. V. SCHWEFELSAEURE 55-0136
- KONFORM. V. METADIOXANEN MITTELS NMR 62-0129
DELMONT B., RK. D. HALOGENHYDRINE MIT ALKOXYTRIBUTYLZINN-VERB. 56-0067
DEL MONTE M. G., EINFL. V. PROTONENDONATOREN AUF D. MECHANISMUS D. POLAROGRAPH. RED. V. ACENAPHTHYLEN 58-0193
DE LONG D. C., ARANOTIN U. VERWANDTE METABOLITEN AUS ARACHNIOTUS AUREUS 1. MITT. 63-0852
DELPUECH J., PROTONENUEBERGAENGE BEI SUBSTITUIERTEN AMMONIUMSALZEN 1. MITT. 64-0231

DELPUECH J. J., KERNMAGNET. RESONANZSPEKTROSKOPIE, STICKSTOFFINVERS.-GESCHW. V. 1.2.6-TRIMETHYL-PIPERIDIN 56-0122
DELTON M. H., SYNTH. V. OPT. AKT. 1-C-PHENYL-GLYCERINEN U. IHREN DERIV. 64-0428
DELUZARCHE A., EINFL. D. TEMP. AUF D. CHLORIER. GESAETT. KW-STOFFE (LABOR.-MITT.) 58-0232
DE LUZE H., NMR-STRUKTURUNTERS. EINIGER IM AROMAT. KERN SUBSTITUIERTER EPOXIDE D. PHENYLAETHANS 63-0147
DE MAEYER L., DIELEKTR. DISPERS. U. CHEM. RELAXAT. 63-0004
DEMANGE-GUERIN G., UNTERS. V. REDOXSYST. D. P-BENZOCHINONS IN DIMETHYLFORMAMID 60-0223
DE MARE G. R., HETEROGENE PHOTOSENSIBILISIER. 64-0330
DE MARIA P., REAKTIVITAET V. MANNICH-BASEN 10. MITT. 56-0347
DEMARNE H., ACETYLENVERB. D. ELEMENTE D. GRUPPE IIIB, SYNTH. U. EIG. V. DIAETHYLALKINYLALUMINIUMVERB. 58-0044
- ACETYLENVERB. D. ELEMENTE D. GRUPPE IIIB. KOMPLEX GEBUNDENES TRIALKINYLALUMINIUM U. TRIALKINYLGALLIUM 58-0045
- ACETYLENVERB. D. ELEMENTE D. GRUPPE IIIB. DARST. U. EIG. FREIER U. KOMPLEX GEBUNDENER DIARYLALKINYLALUMI-NIUMVERB. 58-0046
DE MARTINO G., STICKSTOFFHALTIGE HETEROCYCL. VERB. 3. MITT. 60-0646
DE MAYO P., PHOTOHYDROLYSE V. VINYLESTERN 55-0204
DEMBINSKENE I. A., SYNTH. V. BETA-PHENYL-BETA-ALKYLAMINO-AETHOXY-BENZODIOXANEN-(1.4) U. IHREN BENZOLANALOGEN 55-0457
DEMCENKO N. P., DIPOLMOMENTE U. MOL.-STRUKTUR EINIGER OXAZOLDERIV. 62-0068
DEMERSEMAN P., BENZOFURAN 37. MITT. 56-0116
- BENZOFURAN 35. MITT. 57-0539
- BENZOFURAN 36. MITT. 60-0496
- RK. MIT PYRIDINHYDROCHLORID 64-0350
DEMETRESCU C., UNTERS. UEBER P-ACETYLAMINO-PHENYL-2-BENZYLIDEN-4-OXAZOLONE-5, SYNTH. V. VERB. MIT ANTITUBERKULOESER WRKG. 57-0793
DEMEYER D. E., SENSIBILISIER. D. STILBEN-ISOMERISIER. 56-0250
DEMISCH W. H., NUCLEOPHILE WRKG. D. ENTFERNTEN CYCLOPROPANRINGES BEI INTRAMOL. VERDRAENGUNGSRK., SYNTH. U. ACETOLYSE V. 2-(TRANS-BICYCLO-(3.1.0)HEXYL-(3))-AETHYL-P-NITRO-BENZOLSULFONAT 61-0514
DEMOLE E., SYNTH. VON (+-)-LOLIOLID, (+-)-ACTINIDIOLID, (+-)-DIHYDROACTINIDIOLID U. DERIV. AUS HOMOSAFRANSAEU-RE, SENSIBILISIERTE PHOTOOX. V. HOMOSAFRANSAEUREME-THYLESTER 60-0755
DE MOURGUES L., EINFL. V. WASSERSTOFF AUF D. DEHYDRIERUNG V. CYCLOHEXAN AN PLATIN 59-0199
- KATALYT. BEDEUT. D. BAS. ZENTREN V. ALUMINIUMOXID U. SILICIUMDIOXID-ALUMINIUMOXID BEI D. DEHYDRATAT. V. ALKOHOLEN 61-0278
DE MUNNO A., NITRIER. V. 4-PHENYL-ISOXAZOL 56-0511
- SYNTH. V. 1.2.5-THIADIAZOL-DERIV. 1. MITT. 56-0525
DEMUYNCK M., ORGAN. SCHWEFELVERB. 16. MITT. 53-0216
- ORGAN. SCHWEFELVERB. 21. MITT. 63-0595
DENBURG J. L., EINFL. D. PH AUF D. HYDROLYSE V. DREI ACYLIERTEN DIPEPTIDEN DURCH PEPSIN 58-0820
DENCE J. B., VERS. ZUR SYNTH. V. ALIPHAT. JODONIUMSALZEN 61-0438
DEN HARTOG H. J., RINGUMWANDL. BEI RK. V. HETEROCYCL. HALOGENVERB. MIT NUCLEOPHILEN 7. MITT. 56-0489
DEN HERTOG H. J., RINGUMLAGER. BEI RK. V. HETEROCYCL. HALOGENVERB. MIT NUCLEOPHILEN 11. MITT. 53-0166
DENIS J., KLEINE RINGE 21. MITT. 64-0549
DENISOVA G. V., RK. V. BROMMAGNESIUM-P-CHLOR(BROM)DIARYL-CARBINOLATEN MIT ESTERN 57-0419
DENISOVA L. I., CARBONYLIER. IN D. FRIEDEL-CRAFTS-RK., SYNTH. V. 1'.3'.4'-TRICHLORBENZO-1.3-OXATHIOLON-(2) 62-0555
DENIVELLE L., EINW. V. NOCL AUF SUBSTITUIERTE MONOPHENOLE 59-0353
DENKEWALTER R. G., SYNTH. V. PEPTIDEN IN WSS. MEDIUM 4. MITT. 62-0362
- THYROCALCITONIN 2. MITT. 63-0838
- SYNTH. V. PEPTIDEN IN WSS. MEDIUM 5. MITT. 63-0845
DENNEY D. B., CIS-TRANS-ISOMERISIER. V. ALLYLRADIKALEN 56-0265
- TRIPHENYLDIAETHOXYPHOSPHORAN U. TRIBUTYLDIAETHOXYPHOS-PHORAN 56-0325
- UMLAGER. EINIGER PHENOXYPHOSPHONIUMSALZE 57-0385
DENNEY D. Z., TRIPHENYLDIAETHOXYPHOSPHORAN U. TRIBUTYLDIAETHOXYPHOSPHORAN 56-0325
DENNIS A. J., CHEMIE V. ALIPHAT. DISULFIDEN 16. MITT. 59-0418
DENNIS W. H. JUN., RED. ORGAN. VERB. DURCH KALIUMHEXACYA-NODINICCOLAT(I) IN HOMOGENEN LSG. 60-0326
DENNY G. H. JUN., PHENYLESTER D. MILCHSAEURE 60-0349
DENO N. C., OXYDATIVE SPALT. V. AMINEN MIT WSS. BROM BEI 25 GRAD 64-0344
DENSCHLAG H. O., SENSIBILISIER. DURCH BENZOL U. DIREKTE PHOTOLYSE V. CYCLOBUTANON U. (2-T)CYCLOBUTANON IN D. GASPHASE 64-0335
DENSON D. D., EINE ALLG. SYNTH. MAKROCYCL. VERB. 58-0685
DENZEL T., WEITERE RK. D. TRIPHENYLPHOSPHINCYCLOPROPYLI-DENS 62-0589
DE OLIVEIRA G. G., CHEMIE D. BRASILIAN. GUTTIFERAE 12. MITT. 60-0822
DE ORTIZ C. Z., WASSERSTOFF-BINDUNG IN PYRIDIN 60-0198
DE PASQUALE R. J., RK. VON PERFLUORPHENOLATE MIT SUBSTITUERTEN PENTAFLUORBENZOLEN U. PERFLUORCYCLOHEXEN 59-0349
- RK. FLUORAROMAT. NITRILE MIT NATRIUMPENTAFLUORPHENOLAT 62-0389
DEPEZAY J., BLDG., STABILITAET U. SYNTHET. VERW. V. ORGANOLITHIUMVERB. AUS BETA-BROM- U. BETA-CHLOR-VINYLAETHERN 59-0312
DEPOVERE P., MECHANISMUS D. PINAKOLIN-UMLAGER. 1. MITT. 55-0316
DE PUY C. H., BLDG. U. UMLAGER. V. CARBONYLEISENKOMPLEXEN MIT SPIRO(2.4)HEPTADIEN-(4.6) 63-0083
DEPUY C. H., CHEMIE D. CYCLOPROPANOLE 6. MITT. 61-0474
- CHEMIE V. CYCLOPROPANOLEN 7. MITT. 64-0482
DE RANGO C., STEREOCHEMIE IN D. BETA-LACTAM-REIHE 3. MITT. 58-0142
DERANLEAU D. A., ELEKTRONEN-DONATOR-AKZEPTOR-KOMPLEXE BEI POLYPEPTIDEN, 2. MITT. 60-0200
DE RENZI A., RK. V. PRIM. AMINEN U. V. ACETATIONEN MIT ALKADIEN-PLATIN- U. -PALLADIUM-HALOGENID-KOMPLEXEN 56-0087
DE RIDDER J. J., MASSENSPEKTREN EINIGER TETRAALKYL-GERMANIUM-VERB. 57-0011
DERIEG M. E., BASEN-KATALYSIERTE ELIMINIER.-RK. SUBSTITUIERTER 2-(4-PYRIDYL)-AETHYLAMINE 61-0631
- CHINAZOLINE U. 1.4-BENZODIAZEPINE 38. MITT. 61-0686
DE RIJKE D., ABS. KONFIG. V. BETA-HYDROXY-VALIN 55-0104
DERKAC G. I., REDUZIERENDE CHLORIER. V. ARYLCARBONSAEURE-HYDRAZIDEN MIT PHOSPHORPENTACHLORID 57-0364
- RK. V. IMINOESTERN U. KETIMINEN MIT PHOSGEN U. OXALYLCHLORID 61-0477
- N-THIONYLCARBONSAEUREAMIDE U. -AMIDIN 62-0677
DERKAE G. I., NEUE METH. ZUR DARST. V. CHINAZOLONEN-(4) 60-0658
DERMANOVIC M., VERBESSERTE DARST. V. 3ALPHA-ACETOXY-11.20-DIOXO-5BETA-PREGNAN, D. WICHTIGSTEN ZWISCHENSTU-FE D. SYNTH. V. CORTICOSTEROIDEN MIT SAUERSTOFF IN 11-STELL. 55-0560
DERMER O. C., STEREOCHEMIE D. RK. V. AMMONIAK MIT BROMFUMAR- U. BROMMALEINSAEUREDIAETHYLESTER 58-0559
DE ROCH I. S., KINET. UNTERS. D. OX. V. POLYAETHERN IN FL. PHASE 63-0251
DEROCQUE J., 2.5-DIARYL-1.6.6AS(IV)-TRITHIA-3.4-DIAZA-PENTALENE 53-0395
- ORGAN. SCHWEFELVERB. 22. MITT. 63-0596
DERTOUZOS H., DARST. V. ORGANOMETALLVERB. D. IV. HAUPTGRUPPE MIT GEM.-DIHALOGEN-CYCLOPROPYLRESTEN 56-0393
- VINYLDERIV. V. METALLEN 24. MITT. 57-0030
DE RUDD F. P., SYNTH. U. EIG. V. PENTAMMINPYRIDINRUTHENI-UM(II) U. VERWANDTEN PENTAMMINRUTHENIUM-KOMPLEXEN V. AROMAT. STICKSTOFF-HETEROCYCLEN 60-0067
DES ABBAYES H., DARST. V. ALPHA-METHYL-ALPHA-ALKYL-BERNSTEINALDEHYDSAEURE-NITRILEN 56-0303
- ALPHA.ALPHA-DIMETHYL-SUCCINALDEHYDSAEURE U. IHRE DERIV. 56-0304
DESAI N. B., ALPHA-BROM-ALPHA-KETOL-PHOSPHATE U. EN-DIOL-BISPHOSPHATE 58-0443
- NUCLEOPHILE SUBSTITUT. AM FUENFWERT. PHOSPHOR, RK. V. 2.2.2-TRIALKOXY-1.3.2-P(V)-DIOXAPHOSPHOLEN MIT ALKOHOLEN 58-0611
DESAI R. B., MESOION. 1.3.4-THIADIAZOLE, RK. MIT AZODICARBONSAEUREDIALKYLESTERN U. BLDG. EINES NEUEN MESOION. SYST. 55-0480
- MESOION. 1.3.4-THIADIAZOLE, PHOTOCHEM. OXYDATIVE CYCLISIER. 57-0563
DESAI V. B., SYNTH. U. RK. EINIGER CYCLOHEXADIENONE 2. MITT. 59-0407
DE SANTIS A. M., METHOXY-DERIV. D. 5.5-DIPHENYL-HYDANTOINE U. 5-PHENYL-5-BENZYL-HYDANTOINE 57-0527
DESAVIGNY C. B., NITRIER. V. ALPHA-OLEFINEN IN NICHTKOMPLEXBILDENDEN LSGM. U. NEUE RK. D. PROD. 58-0339
DESCHAMPS J., KONFORMATIONSANALYSE D. CIS-2.6-DICHLOR- U. D. CIS-2.6-DIBROM-CYCLOHEXANONS 57-0156
DESCHAMPS M., UNTERS. D. KONFORM. V. 1-ALKYL-CYCLOHEXANOLEN DURCH INFRAROTSPEKTROSKOPIE 53-0099
DESCHAMPS M. N., KERNMAGNET. RESONANZSPEKTROSKOPIE, STICKSTOFFINVERS.-GESCHW. V. 1.2.6-TRIMETHYL-PIPERIDIN 56-0122
DESCHAMPS-DUTRIEUX M. J., VERGLEICHENDE UNTERS. D. PK-WERTE V. P-BENZOCHINONMONOOXIMEN U. O-METHYLDIOXIMEN 59-0192
DESCHAMPS-VALLET C., RK. V. 3-ARYL- U. 2-ARYLMETHYL-4-HYDROXY-CUMARINEN U. V. 3-ARYLMETHYLEN-2.4-DIOXO-CHROMANEN IN SAUREM MEDIUM 56-0541
DESCHLER H., 1H-2.1.5-BENZOTHIADIAZOCINE 2. MITT. 64-0771
DESCOTES G., NMR-NACHWEIS D. BEVORZUGTEN ROTAMEREN V. PENTEN-(2)-NITRILEN 53-0101
- DEHYDRATISIER. V. SUBSTITUIERTEN TETRAHYDRO-FURYL-CARBINOLEN 3. MITT. 54-0405
- AUF 3-ALKYLCYCLOHEXANONE ANGEWANDTE MANNICH-RK. 56-0391
- CYCLODEHYDRATISIER. V. GAMMA-UNGESAETT. KETONEN 58-0460
- CYCLODEHYDRATISIER. V. UNGESAETT. EPSILON-KETOLEN 61-0451

- THERM. ISOMERISIER. V. ALKENSAEURENITRILEN 63-0215

DE SELMS R. C., UNGEWOEHNL. ORIENTIER. BEI D. NITRIER. V. 3-HYDROXY-PYRIDINEN 58-0629

DESHPANDE V. H., VIER ANALOGE V. ARTOCARPIN U. CYCLOARTOCARPIN AUS MORUS ALBA 60-0725

DE SILVA L. B., OPT. AKT. GOSSYPOL AUS THESPESIA POPULNEA 57-0687

DE SIO F., SYNTH. U. UV-ABSCRPT.-SPEKTREN V. ISOXAZOLYL-(5)-POLYENALDEHYDEN 55-0059

- PYRIDAZINO(4.5-D)PYRIDAZIN, NEUER HETEROCYCLUS 55-0462

DESLONGCHAMPS P., EINSTUFENSYNTH. D. TWISTANRINGSYST. 8-ACETOXY-TWISTANON-(4) 61-0512

DESSAU R. M., OX. DURCH METALLSALZE 1. MITT. 59-0210

- OX. DURCH METALLSALZE 2. MITT. 63-0245

DESSAUX O., KINET. CHARAKTER D. CHEMILUMINESCENZ BEI D. RK. V. STICKSTOFF IM TRIPLETTZUSTAND MIT BENZOL BEI 77 GRAD K 54-0054

- CHEMILUMINESZENZ D. RK. D. STICKSTOFFS IM ((3)SIGMA(U)(+))-ZUSTAND MIT BENZOL 63-0125

DESSY G., STRUKTUR V. METALLDISELENOCARBAMATEN, KRISTALLSTRUKTUR V. NICKELDIAETHYLDISELENOCARBAMAT 56-0028

DESSY R. E., ELEKTROCHEMIE V. ORGANOMETALLVERB. 11. MITT. 61-0021

- ELEKTROCHEMIE V. ORGANOMETALLVERB. 12. MITT. 61-0022

- ELEKTROCHEMIE V. ORGANOMETALLVERB. 13. MITT. 61-0032

DE STEVENS G., SYNTH. V. 4.5-DIHYDRO-3H-1.3-BENZODIAZEPINEN U. 4.5-DIHYDRO-1H-2.4-BENZODIAZEPINEN 59-0645

DESVOYE M., BENZOFURAN 37. MITT. 56-0116

- BENZOFURAN 36. MITT. 60-0496

DESWARTE S., PHYSIKOCHEMISCHE UNTERS. V. 1-NITRO-ACETALDOXIM-(2) (METHAZONSAEURE) IN WSS. PUFFERLSG. 57-0202

DETRANO R., PHOTODIMERISIER. V. ANTHRACEN U. DESSEN MESO-SUBSTITUIERTEN DERIV. 62-0290

DETRE G., SYNTH. V. ACETYLEN-SECO-STEROID-KETONEN 53-0558

DETTMER H., UNTERS. AN HOCHSUBSTITUIERTEN AETHYLENEN U. GLYKOLEN 6. MITT. 64-0502

DETZER N., THERM. INSTABILE ALLENE 2. MITT. 58-0344

- THERM. INSTABILE ALLENE 3. MITT. 58-0345

DEUBZER B., UEBER AROMATENKOMPLEXE V. METALLEN 100. MITT. 53-0003

- UEBERGANGSMETALLBIND. DURCH EINE DONATOR-AKZEPTOR-WECHSELWRKG., (C5H5)2MOH2.MO(CO)5 U. VERWANDTE DERIV. 63-0078

DEUTSCH E., NUCLEOPHILIE D. VITAMINS B(12S) 62-0216

DEV S., SESQUITERPENOIDE AUS D. AETHER. OEL V. CYPERUS ROTUNDUS 55-0532

- EINE NEUE KLASSE V. TRITERPENOIDEN AUS AILANTHUS MALABARICA DC, MALABARICAN-DERIV. 55-0539

- ORGAN. RK. MIT POLYPHOSPHORSAEURE 7. MITT. 57-0278

- ORGAN. RK. MIT POLYPHOSPHORSAEURE 8. MITT. 57-0279

- ORGAN. RK. MIT POLYPHOSPHORSAEURE 9. MITT. 57-0280

- NMR-SPEKTROSKOPIE, KONFORM.-WECHSEL V. HUMULEN U. ZERUMBON 60-0099

- SESQUITERPENOIDE AUS D. HOLZ V. CEDRELA TOONA ROXB. PARTIALSYNTH. V. T-MUUROLOL, T-CADINOL U. CUBENOL, STRUKTUREN V. DELTA-CADINEN U. DELTA-CADINOL 60-0749

- NEUE FLAVONOIDE AUS PSORALEA CORYLIFOLIA 61-0608

- EINSTUF. UMWANDL. V. (+)-BETA-HIMACHALEN IN (+)-CUPAREN 61-0767

- DIREKTE KORRELAT. V. (+)-MALABARICOL MIT (+)-AMBREINOLID 61-0768

- SESQUITERPENE 27. MITT. 62-0751

- SESQUITERPENE 28. MITT. 62-0752

- SESQUITERPENE 29. MITT. 62-0753

- SESQUITERPENE 30. MITT. 62-0754

- SESQUITERPENE 31. MITT. 62-0755

- SESQUITERPENE 32. MITT. 62-0756

- SESQUITERPENE 33. MITT. 62-0757

- SESQUITERPENE 34. MITT. 62-0758

- ABS. STEREOCHEMIE V. HARDWICKISAEURE U. VERWANDTEN VERB 62-0769

- PARTIALSYNTH. V. KOLAVELOOL U. HARDWICKI-SAEURE 62-0770

- SESQUITERPENE 35. MITT. 64-0828

- SESQUITERPENE 36. MITT. 64-0829

- SESQUITERPENE 37. MITT. 64-0830

- SESQUITERPENE 38. MITT. 64-0831

- SESQUITERPENE 39. MITT. 64-0832

DEV V., PHOTOCHEM. UMWANDL. V. 3H-PYRAZOLEN IN CYCLOPROPENE U. 1.2-DIAZA-BICYCLO(2.1.0)PENTENE-(2) 57-0528

DE VALOIS P. J., ISOMERISIER. V. BROMTOLUOLEN UNTER D. EINFL. V. AL2BR6.HBR 60-0283

DEVAPRABHAKARA D., SYNTH. V. 3-METHOXY-17BETA-CARBOXY-DELTA(1.3.5(10).6.8)-OESTRAPENTAEN 57-0740

DE VARELA A. P. G., EINW. V. SUBSTITUIERTEN FORMAMIDEN AUF PHENYL-FORMYL-ACETONITRIL 1. MITT. 60-0397

DEVGAN O. N., TERPENOIDE 114. MITT. 56-0681

DEVIK O. G., BLDG. V. N-NITROSAMINEN DURCH D. MAILLARD-RK. 56-0314

DEVIS R., MECHANISMUS D. PINAKOLIN-UMLAGER. 1. MITT. 55-0316

- MECHANISMUS D. PINAKOLIN-UMLAGER. 2. MITT. 64-0496

DEVISSAGUET P., STEROIDALKALOIDE 67. MITT. 57-0673

- STEROIDALKALOIDE 68. MITT. 57-0674

- STEREOIDALKALOIDE 69. MITT. 57-0675

- STEROID-ALKALOIDE 70. MITT. 57-0676

- STEROIDALKALOIDE. NEUE ART GLYKOSTEROIDALKALOIDEN. HOLACURTIN U. HOLACURTENIN AUS D. BLAETTERN V. HOLARRHENA CURTISII KING ET GAMBLE (APOCYNACEEN) 58-0783

DEVOPERE P., MECHANISMUS D. PINAKOLIN-UMLAGER. 2. MITT. 64-0496

DE VRIES H., AROMAT. SULFONIER. 18. MITT. 54-0149

DE VRIES J. X., ZWEI NEUE ALKALOIDE AUS BERBERIS LAURINA BILLB 60-0716

DEWALD H., POTENTIELLE ANTIVIRUSMITTEL. GEGEN MASERN U. HERPES-VIREN AKTIVE CARBOBENZOXY-DI- U. -TRIPEPTIDE 58-0791

DEWALD R. R., RK. V. TRIAETHYL- U. TRIMETHYLBORAN MIT NATRIUM U. KALIUM IN FL. AMMONIAK 58-0305

DEWAR M. J. S., DURCH P-TOLUOL-SULFONSAEUREESTER GEBILDETE PI-MOL.-KOMPLEXE, D. KEINE LAD.-UEBERTRAG.-SPEKTREN ZEIGEN 56-0151

- SUBSTITUENTENEINFL. AUF D. (19)F-CHEM. VERSCHIEBUNGEN BEI GESAETTIGTEN SYST. 57-0103

- NEUE HETEROAROMAT. VERB. 27. MITT. 58-0108

- SOLVOLYSE V. 2-ARYL-AETHYL-P-TOLUOLSULFONATEN 59-0229

- GRUNDZUSTAND KONJUGIERTER MOL. 9. MITT. 61-0132

- PARTIELLE GESCHWINDIGKEITSKONSTANTEN DER NITRIERUNG VON 10-METHYL-10.9-BORAZAROPHENANTHREN 61-0219

- NEUE HETEROAROMAT. VERB. 28. MITT. 61-0680

- NEUE HETEROAROMAT. VERB. 29. MITT. 62-0668

- NEUE HETEROAROMAT. VERB. 31. MITT. 62-0669

- NEUE HETEROAROMAT. VERB. 30. MITT. 64-0753

DE WECK A. L., ZUR KENNTNIS D. BENZYLPENICILLOINSAEURE 54-0558

DEWEY R. S., SYNTH. V. PEPTIDEN IN WSS. MEDIUM 5. MITT. 63-0845

DEWEY V. C., SYNTH. U. BIOLOG. AKTIVITAET V. SUBSTITUIERTEN 2.6-DIAMINO-PYRIDINEN 57-0792

DEWINTER W., HETEROCYCL. ZWISCHENPROD. ZUR DARST. V. THERM. STABILEN POLYMEREN 2. MITT. 63-0625

DE WOLF N., KONFORM. NICHTAROMAT. RINGVERB. 38. MITT. 57-0147

DEYRUP J. A., DIIMIDBLDG. UEBER EINE AZIRIDINUMLAGER. 64-0571

DHAPALAPUR M. G., POTENTIELLE ANTIKREBSMITTEL 1. MITT. 57-0580

DHAR K. L., ISOLIER. U. STRUKTURBEST. V. (+)-DIAEUDESMIN, D. ERSTEN NATUERL. VORKOMMENDEN DIAXIAL SUBSTITUIERTEN 3.7-DIOXABICYCLO(3.3.0)OCTAN-LIGNAN 55-0580

DHAR M. M., VERW. EINES PURIN-CYCLONUCLEOSIDS ZUR SYNTH. EINES DINUCLEOSIDPHOSPHATS 56-0630

DHEER S. K., NEUE ALLG. METH. FUER D. SYNTH. V. DESOXYRIBOPOLYNUCLEOTIDEN MIT ENDSTAEND. 5' PHOSPHOMONOESTER-GRUPPE 63-0772

D'HEUREUSE G., MECHANISMUS D. PILOCARPIN-ISOMERISIER. 60-0715

- SYNTH. D. SYMM.-BIS-(1-METHYL-IMIDAZOLYL-(5))-AETHANS 64-0622

DIAZ A. F., (18)O-VERTEIL. BEI D. SOLVOLYSE V. EINFACHEN UNAKTIVEIRTEN ALKYL-ARYLSULFONATEN 61-0234

DICE J. R., 1-ALKYL-1-(2-MERCAPTOAETHYL)-GUANIDINE U. IHRE ENTSPRECHENDEN THIOHARNSTOFFE, DISULFIDE U. THIOSULFATE ALS ANTIBAKTERIELLE MITTEL 57-0319

DICKESON J. E., EIN DIQUARTERNAERES SALZ D. 1.5-NAPHTHYRIDINS 56-0554

DICKINSON C., KRISTALLSTRUKTUR EINES CARBANIONS, KALIUM-4.4-DINITRO-BUTEN-(2)-SAEUREAMID 61-0167

DICKINSON M. J., NUCLEOSIDE MIT VERZWEIGTEN ZUCKERN 3. MITT. 63-0766

DIDENKO L. A., BESONDERH. D. STRUKTUR U. D. REAKTIVITAET EINIGER HALOGENNAPHTHOSAEUREN 1. MITT. 62-0130

- BESONDERH. D. STRUKTUR U. D. REAKTIVITAET V. HALOGENNAPHTHOESAEUREN 2. MITT. 63-0120

- RK. V. HALOGENHALT. AROMAT. VERB. IN GGW. ORGAN. BASE 8. MITT. 64-0272

DIEBOLD J. L., WECHSELWRKG. V. 1.3-DIAXIAL-SCHWEFELATOMEN 62-0554

DIECK H. T., PI-ALLYL-KOMPLEXE D. MOLYBDAENS 1. MITT. 59-0072

DIEDRICH H., REDOXPOTENTIALE EINIGER 3'.4'-DIHYDROXYLIERTER FLAVON- U. FLAVANOLDERIV. 58-0190

- CHINONE V. FLAVON- U. FLAVONOLDERIV. 58-0620

DIEHL P., PROTONENRESONANZSPEKTRUM VON ORIENTIERTEM FURAN IN NEMATISCH-KRISTALLINFLUESSIGER LOESUNG 60-0108

DIEKMAN J., MASSENSPEKTROMETRIE BEI STRUKTURELLEN U. STEREOCHEM. PROBLEMEN 155. MITT. 64-0147

DIENSTBIEROVA V., AMINOZUCKER 12. MITT. 53-0475

DIETL H., DEWAR-HEXAMETHYLBENZOL-PALLADIUM(II)-CHLORID 53-0043

DIETRICH H., PHOTOFRAGMENTIER. V. OXIRANEN U. CYCLOPROPANEN. EINSCHIEB.-RK. V. PHENYLCARBEN, AUS VERSCHIEDENEN AUSGANGSVERB. DARGESTELLT 57-0345

DIETRICH K., NEUE AMID-DERIV. D. EPSILON-AMINOCAPRONSAEU-RE UND D. DI-EPSILON-AMINOCAPRONSAEURE 59-0336

DIETRICH M., DAS PERKINSCHE DIMERE 3-HYDROXY-BENZOCHINON-(1.2), EIN TRICYCLO(5.3.1.1(2.6))DODECAN-DERIV. 53-0312

DIETRICH P., AROMEN 15. MITT. 54-0568

DIETRICH S. M. C., BIOSYNTH. V. CONIUM-ALKYLOIDEN UNTER VERWENDUNG V. (14)C-KOHLENDIOXID, BEZIEH. ZWISCHEN GAMMA-CONICEIN, CONIIN U. N-METHYLCONIIN 61-0836

DIETSCHE W., RK. V. DREIWERT. PHOSPHORCHLORIDEN MIT ORTHOESTERN U. DEREN THIOANALOGA. DARST. V. C-PHOSPHORYLIERTEN FORMALDEHYDACETALEN 61-0432

DIETZ G., DIMERISIER.-PROD. V. ALPHA-CYAN-ZIMTSAEUREAMIDEN 53-0426
DIETZ R., RED. V. TETRAPHENYLALLEN U. VERWANDTEN VERB. IN APROT. LSGM. 58-0198
DIETZ R. E., STRUKTUR D. FL.-KRIST. ZUSTANDS V. CHOLESTERINDERIV. 64-0184
DIETZ S., AROMAT. VINYL-SULFONYLCHLORIDE 61-0433
DIETZ W., ORGAN. SCHWEFELVERB. 95. MITT. 56-0496
DIGNAN J. C., DIELS-ALDER-RK. V. POLYCYCL. AROMAT. AZONIA-VERB. MIT NUCLEOPHILEN PHILODIENEN 58-0628
DIJKSTRA D., OX. V. DREI N.N'-DIACETYL-2-DESOXY-INOSADIAMINEN-(1.3) MIT PERJODSAEURE U. EIN DREIZAEHNIGER KOMPLEX D. CIS-CIS-ISOMEREN 61-0206
- SYNTH. V. 2-DESOXY-INOSADIAMINEN-1.3 EINSCHLIESSLICH 2-DESOXY-STREPTAMIN 61-0690
DIJKSTRA G., MASSENSPEKTREN EINIGER TETRAALKYL-GERMANIUM-VERB. 57-0011
DILCHER H., ELEKTROPHILE SUBSTITUT. V. 3(5)-AMINO-PYRAZOL 53-0377
DILLER D., ALKYLIER. V. 8-HYDROXY-6-METHYLMERCAPTO-PURIN U. D. REAKTIVITAET V. 8-HYDROXY-3-METHYL-6-METHYLMERCAPTO-PURIN 60-0664
DI MODICA G., ULTRAVIOLETTSPEKTREN U. ELEKTRONENSTRUKTUR V. AETHERN, THIOAETHERN U. SELENOAETHERN D. NAPHTHALINS 64-0096
DIMROTH K., ARYLIERTE PHENANTHROLE AUS 2.4.6-TRIPHENYL-CHINOLEN U. ACETYLENCARBONSAEUREN 56-0423
DIMSDALE M. J., MESO-HYDROXYLIER. U. MESO-BENZOXYLIER. V. PYRIDIN-OKTAAETHYLHAEMOCHROM 58-0734
DINAN F. J., SYNTH. V. (D5)CHLORBENZOL MITTELS HOCHFREQUENZENTLAD. 61-0381
DINES M., STRUKTUR V. ELEKTRONENSTOSSFRAGMENTEN, D. C4H4O-RADIKALKATION AUS PYRON-(2) 62-0108
DINNER A., SYNTH. U. SPEKTROMETR. EIG. EINIGER 1.2-DITHIENYL-AETHENE U. 1-THIENYL-4-PHENYL-BUTADIENE 63-0608
DI NUNNO L., NUCLEOPHILE AROMAT. SUBSTITUT. 4. MITT. 61-0265
DINWOODIE A. H., BASEN-KATALYSIERTE RK. V. GLYOXAL 3. MITT. 56-0506
DIPASQUO V. J., SYNTH. V. PENTACYCLO(4.3.0.0(2,5).0(3,8)-.0(4,7))NONAN (HOMOCUBAN) U. EINIGEN DERIV. 62-0474
DIQUAL G., ISOXAZOLE 2. MITT. 55-0413
DIRANIA M. K. M., PHOTOLYSE V. ARYLOXY-ACETONEN 63-0603
DIRLAM J., METHOXY-SUBSTITUENTENEFFEKTE U. ANCHIMERE UNTERSTUETZ. IN D. SOLVOLYSE V. BENZONORBORNENYL-(2)-BROMBENZOLSULFONATEN 61-0233
DIRSCHERL R., SYNTH. V. QUERCETIN-3-GLYKOSIDEN 1. MITT. 58-0703
- SYNTH. V. QUERCETIN-3-GLYKOSIDEN 3. MITT. 61-0700
DI SANSEVERINO L. R., KRISTALLSTRUKTUR V. (+-)-1-ACETYL-16-METHYL-ASPIDOSPERMIDIN-4-METHOJODID 57-0168
- CHEM. UNTERS. AN MEERESINVERTEBRATEN 4. MITT. 62-0154
DISTANOV B. G., DARST. INDIVIDUELLER ISOMERER D. NATRIUM-N-DECYLBENZOLSULFONATS U. D. NATRIUM-N-HEXYLNAPHTHALINSULFONATS 59-0443
DISTEFANO L., D. SYNTH. V. PYRIDAZINO(4.5-D)PYRIDAZINEN, PYRAZINO(2.3-D)PYRIDAZINEN U. EINEM PYRIMIDO(4.5-D)PYRIDAZIN 60-0638
- SYNTH. V. DERIV. D. NEUEN PYRAZINO(2.3-D)TETRAZOLO(4.-5-B)PYRIDAZIN-RINGSYST. 60-0640
- EINSTUF. SYNTH. V. 1.4-DIAMINO-PHTHALAZIN AUS PHTHALONITRIL 60-0641
DITTMAR E. A., STEREOCHEMIE DER BASISCHEN HYDROLYSE VON TRANS-CHLOROHYDROXO-, D(STERN)-CIS-CHLORHYDROXO- U. D(STERN)-CIS-DICHLORO-BIS-(AETHYLENDIAMIN)-KOBALT(III) 60-0037
DITTMER D. C., THIET (THIACYCLOBUTEN) 53-0327
- DERIV. V. THIACYCLOBUTENEN (THIETE) 3. MITT. 62-0512
DI VAIRA M., FUENFFACH KOORDINIERTE NICKEL(II)-KOMPLEXE MIT HOHEM SPIN MIT GEMISCHTEN SALICYLALDIMIN-BRENZCATECHIN-LIGANDEN 54-0015
DIX D. T., KINETIK D. INVERSION V. ORGANOLITHIUM- U. -ALUMINIUMVERB. 57-0010
DIXNEUF P., STRUKTUR D. DURCH DIMETHYLAMINOMETHYLIER. V. METHYLFERROCEN ERHALTENEN AMINE 53-0037
- STRUKTUR D. BEI D. DIMETHYLAMINOMETHYLIER. V. MONOALKYL- U. 1.1'-DIALKYL-FERROCENEN ENTSTANDENEN PROD. U, IHRER DERIV. 62-0042
DIXON J. A., KINETIK D. THERM. ZERS. V. TERT.-BUTYL-LITHIUM IN KOHLENWASSERSTOFF-LSG. 56-0048
- ADDIT. AN U. ALKYLIER. V. NAPHTHALIN DURCH TERT.-BUTYLLITHIUM, KINETIK U. MECHANISMUS 60-0247
- RADIKALMECHANISMEN BEI RK. V. GRIGNARD-REAGENTIEN 63-0239
DIXON J. R., BICYCLONONANE 3. MITT. 61-0517
- UNTERS. UEBER BICYCLONONANE 4. MITT. 63-0571
DIXON K. R., CHEMIE D. METALLHYDRIDE 3. MITT. 62-0056
DIXON W. T., DIE FUNKT. V. SIGMA-ELEKTRONEN BEI AROMAT. SUBSTITUTION 57-0234
D'JACENKO S. A., 2.1.3-THIA- U. -SELENA-DIAZOLE 52. MITT. 62-0587
D'JAKONOV I. A., EXO-DELTA(2)-NORCARENYL-(7)-ISOCYANAT U. SEIN VERHALTEN BEI D. ISOMERISIER. NACH COPE 53-0315
- 1.3-DIPOLARE ADDIT. V. KETOCARBEN AN D. ACETYLENBIND. 55-0304
- STABILITAET V. CYCLOPROPENANIONEN U. OPT. AKTIVITAET V. SAEUREN D. CYCLOPROPENREIHE 56-0407
- DARST. D. EXO-7-HYDROXYMETHYL-3.4-BENZO-BICYCLO(4.1.0)HEPTENS-(3) ALS VORSTUFE D. 7-METHYLEN-3.4-BENZO-BICYCLO(4.1.0)HEPTENS-(3) 56-0438
- DELTA(2)- U. DELTA(3)-NORCARENYL-(7)-CARBINOLE ALS VORSTUFEN FUER 7-METHYLEN-DELTA(2)- U. -DELTA(3)-NORCARENE 56-0439
- CYCLOPROPANE U. CYCLOPROPENE, CIS- U. TRANS-1.2.3-TRIMETHYLOL-CYCLOPROPANE U. IHRE TRIACETATE 59-0402
- ISOMERISIER. V. EXO.EXO-1.3-DIPROPYL-BICYCLOBUTAN-2.4-DICARBONSAEUREDIMETHYLESTER UNTER EINW. V. ALBR3 60-0408
- RK. V. ALIPHAT. DIAZOVERB. MIT UNGESAETT. VERB. 26. MITT. 60-0419
- RK. D. AETHYLDIAZOACETATS MIT PYRIDIN-N-OXID IN GGW. V. KUPFERSTEARAT 61-0365
DJAPARIDZE K., PHOTOCHEM. UNTERS. EINES AN KIESELSAEURE-GEL ADSORBIERTEN SPIROPYRANS 56-0095
DJERASSI C., ALKALOIDE V. CALLICHILIA SUBSESSILIS 3. MITT. 53-0508
- MAKROLID-ANTIBIOTIKA 15. MITT. 53-0578
- MASSENSPEKTROMETRIE U. IHRE ANWEND. AUF STRUKTURELLE U. STEREOCHEM. PROBLEME 135. MITT. 54-0080
- ELEKTRONENSTOSSINDUZIERTE ELIMINIER. V. FLUORWASSER-STOFF AUS PRIM. ALKYLFLUORIDEN 55-0086
- MASSENSPEKTROMETRIE BEI STRUKTURELLEN U. STEREOCHEM. PROBLEMEN 138. MITT. 56-0136
- MASSENSPEKTROMETRIE IN STRUKTURELLEN U. STEREOCHEM. PROBLEMEN 144. MITT. 57-0126
- KATALYT. HYDRIER. U. DEUTERIER. V. STEROIDEN IN HOMOGENER PHASE 57-0726
- MASSENSPEKTROMETRIE BEI STRUKTURELLEN U. STEREOCHEM. PROBLEMEN 146. MITT. 58-0121
- MASSENSPEKTROMETRIE IN STRUKTURELLEN U. STEREOCHEM. PROBLEMEN 149. MITT. 58-0122
- TERPENOIDE 61. MITT. 58-0745
- MASSENSPEKTROMETRIE BEI STRUKTUR- U. STEREOCHEM. PROBLEMEN 152. MITT. 59-0014
- OPT. ROTATIONSDISPERSION 111. MITT. 59-0097
- MASSENSPEKTROMETRIE U. IHRE ANWEND. AUF STRUKTURELLE U. STEREOCHEM. PROBLEME 150. MITT. 59-0134
- FLECHTENINHALTSSTOFFE 31. MITT. 60-0122
- MASSENSPEKTROMETRIE BEI STRUKTURELLEN U. STEROCHEM. PROBLEMEN, 139. MITT. 60-0128
- MASSENSPEKTROMETRIE BEI STRUKTUR- U. STEREOCHEM. PROBLEMEN 148. MITT. 61-0108
- SELEKTIVE ACETALISIER. V. STEROIDKETONEN MIT (TRIS-TRIPHENYLPHOSPHIN)-RHODIUM(I)-CHLORID 61-0777
- MASSENSPEKTROMETRIE BEI STRUKTUR- U. STEREOCHEM. PROBLEMEN 142. MITT. 62-0099
- ALKALOID-UNTERS. 59. MITT. 62-0142
- CHEM. UNTERS. AN MEERESINVERTEBRATEN 4. MITT. 62-0154
- PYROLYSE EPIMERER NICHTDEUTERIERTER U. 2-DEUTERIERTER 2-METHYLCYCLOHEXYL-S-METHYL-XANTHOGENATE U. -ACETATE 62-0429
- MASSENSPEKTROMETRIE BEI STRUKTURELLEN U. STEREOCHEM. PROBLEMEN 154. MITT. 64-0146
- MASSENSPEKTROMETRIE BEI STRUKTURELLEN U. STEREOCHEM. PROBLEMEN 155. MITT. 64-0147
DJIRSARAI A., INSEKTIZIDE IM STOFFWECHSEL 15. MITT. 62-0850
DMITRENKO V. N., DERIV. D. P-AMINO-PHENYLSULFON-ALPHA-NITRO-PROPIONSAEUREAETHYLESTERS 62-0379
DMITRIEVA L. P., RK. V. HYDROXYLHALT. 1.3-DIOXOLANEN MIT MERCAPTANEN 57-0298
DMITRIEVA Z. T., AMINOMETHYLIERUNG DES ACETYLENS MIT DEM DIVINYLAETHER D. ÄTHANOLAMINS 59-0330
- EINFL. V. SUBSTITUENTEN AUF D. CYCLISIER. V. HYDROXYAETHYL-PROPARGYLAMINEN 64-0641
DMOCHOVSKAJA E. B., SYNTH. V. ORGANOCYCLOSILOXANEN MIT CYANALKYLGRUPPEN AM SILICIUM-ATOM 64-0418
DOAK G. O., DARST. EINIGER PHENOXAPHOSPHINDERIV. DURCH FRIEDEL-KRAFTS- U. DIAZO-RK. 58-0672
- ALKOXYTETRAPHENYLANTIMONVERB. 62-0026
DOANE W. M., RK. V. TRANS-VERKNUEPFTEN CYCL. KOHLENHYDRATCARBONATEN 54-0484
DOBBIE R. C., DARST. U. EIG. V. BIS-(TRIFLUORMETHYL)-DITHIOPHOSPHINSAEURE U. EINIGEN VERWANDTEN TRIFLUORMETHYLPHOSPHINSULFIDEN 61-0379
DOBBS H. E., RADIOTRACER-UNTERS. D. RK. V. DICHLORCARBEN MIT DIMETHYLINDOL 57-0203
- RADIOTRACER-UNTERS. EINER HETEROCYCL. RINGERWEITER.-RK. 61-0300
DOBENECK H. VON, STOKVIS-RK. 16. MITT. 59-0537
DOBINSON G. C., DIIMIDO-KOMPLEX V. PLATIN(II), RED. V. CIS-BIS-(TRIPHENYLPHOSPHIN)-PLATIN(II)-DICHLORID DURCH HYDRAZIN 53-0045
DOBIS O., REAKTIVITAET ORGAN. VERB. IN RADIKAL. RK. IN FL. PHASE, EINFUEHR. 57-0205
- REAKTIVITAET ORGAN. VERB. IN RADIKAL. RK. IN FL. PHASE 1. MITT. 57-0206
- KAEFIGRK. 1. MITT. 58-0205
- REAKTIVITAET ORGAN. VERB. BEI RK. MIT FREIEN RADIKALEN IN FL. PHASE 2. MITT. 60-0230
- REAKTIVITAET ORGAN. VERB. BEI RK. MIT FREIEN RADIKALEN IN FL. PHASE 3. MITT. 60-0231
DOBREV A., SYNTH. U. UMWANDL. D. N-SUBSTITUIERTEN 3-AMINOPROPANSAEUREN 3. MITT. 55-0264
- SYNTH. U. UMWANDL. D. N-SUBSTITUIERTEN 3-AMINOPROPANSAEUREN 4. MITT. 64-0491
DOBREVA I. D., SCHWEFEL ENTHALTENDE AETHER D. EINREIHE 64-0370

DOBRUSSKIN V., SIGMA-DIPHENYL-TETRAKIS-(PHENYLLITHIUM)-NIOB(II) 63-0074
DOBRZENIECKA R., SYNTH. V. 2.3-DIMETHYL-2-ISOBUTYL-5-PHENYL-DIHYDROFURYLIUMSALZEN DURCH CYCLISIER. V. 3.4.5-TRIMETHYL-1-PHENYL-HEPTIN-(1)-DIOL-(3.4) 54-0361
- FARB. DIHYDROFURYLIUMSALZE 4. MITT. 59-0516
DOBSON T. A., TRANSANULARE RK. IN D. DIBENZO(A.D)CYCLOHEPTENREIHE 1. MITT. 54-0427
DO CAO-THANG, FRIEDEL-CRAFTS-ACYLIER.-RK. V. POLYCYCL. AROMAT. KW-STOFFEN 5. MITT.
DOCENKO L. A., EINFL. V. SUBSTITUENTEN IM KERN AUF D. RICHT. D. PHOTOCHEM. ZERFALLS V. ALPHA-OXIDEN 54-0194
DOCENKO L. I., CHLORMETHYLIER. V. ARENSULFONYL-N-ALKYL-ARYLAMIDEN 5. MITT. 53-0247
DODMOV V. A., IR-SPEKTREN EINIGER PERCARBONATE U. PERCARBAMATE 63-0126
DODONOV V. A., PERBENZOYLALKYL(ARYL)CARBONATE 5. MITT. 54-0139
- PERACYLALKYL(ARYL)CARBONATE 6. MITT. 63-0495
- CHLORALKYLIER. V. TERT.-BUTYL-HYDROPEROXID 64-0363
DODSON R. M., RK. V. SCHWEFELMONOXID MIT DIENEN 56-0474
DOEMLING H. J., VORK. V. 5-HYDROXY-7.4'-DIMETHOXY-FLAVON IM BLATT V. ROSMARINUS OFFICINALIS L. 57-0794
DOEPFNER W., ISOLIER., AMINOSAEUREZUS. U. TRYPT. ABBAU V. THYROCALCITONIN AUS SCHWEINESCHILDDRUESEN 58-0790
DOEPKE W., STRUKTUR U. STEREOCHEMIE D. BUXIDINS U. BUXANDRINS 54-0516
- STRUKTUR U. STEREOCHEMIE D. ISOTAZETTINS 59-0700
- STRUKTUR U. STEREOCHEMIE D. AMUROLINS U. AMURONINS, ZWEIER NEUER ALKALOIDE VOM DIHYDROPROAPORPHIN-TYP 60. MITT. 60-0162
- STRUKTUR EINES NEUEN ALKALOIDS AUS VINCA MINOR 60-0714
- MECHANISMUS D. PILOCARPIN-ISOMERISIER. 60-0715
- EMOLEKULARSTRUKTUR-UNTERS. DURCH HOCHAUFLOESENDE MASSENSPEKTREN 9. MITT. 61-0107
- SYNTH. D. SYMM.-BIS-(1-METHYL-IMIDAZOLYL-(5))-AETHANS 64-0622
- STRUKTUREN V. AMURIN U. NUDAURIN 64-0805
DOEPP H., AUTOXYDATIONSGESCHW. U. REDOXPOTENTIAL BEI HYDROCHINON-, BRENZCATECHIN- U. RESORCINDERIV. 55-0163
DOEPPERT K., UMSETZ. V. DIAZOVERB. MIT AZOVERB. 7. MITT. 57-0560
DOERING W. VON E., SYNTH. V. BULLVALEN, BULLVALON U. BARBARALON SOWIE V. BARBARALON-DERIV. 54-0334
- BETA,GAMMA-UNGESAETT. SAEUREN U. ESTER DURCH PHOTOCHEM. ISOMERISIER. D. ENTSPRECHENDEN ALPHA,BETA-ANALOGEN 62-0346
DOERR I. L., NUCLEOSIDE 50. MITT. 62-0705
DOERSCHELN W., PHOTORK. V. HETEROCYCLEN 8. MITT. 54-0347
- PHOTORK. V. HETEROCYCLEN 9. MITT. 56-0503
- PHOTORK. V. HETEROCYCLEN 10. MITT. 62-0653
DOERSING K., METHYLSUBSTITUIERTE CYCLOHEXANDERIV. 2. MITT. 56-0409
- METHYLSUBSTITUIERTE CYCLOHEXANDERIV. 6. MITT. 64-0494
DOERSING M., SPEKTROSKOPISCHE U. CHROMATOGRAPHISCHE CHARAKTERISIERUNG V. 2-SUBSTITUIERTEN RESORCINEN U. DEREN DIMETHYLAETHERN 57-0090
DOHERTY J. R., FLAVANOIDEPOXIDE 5. MITT. 57-0572
DOKUNICHIN N. S., ANTHRACHINON-1.2.3-TRISULFONSAEURE 58-0512
- CHINONE 7. MITT. 64-0653
DOLAK L. A., NEUER WEG ZUR STEROID-TOTALSYNTH., NICHTENZYMAT. BIOGENESEARTIGE OLEFIN-CYCLISIER. UNTER STEREOSPEZIF. BLDG. V. FUENF ASYMMETRIEZENTREN 63-0823
DOLAN T. C. S., CARRAGHEENANE 3. MITT. 59-0797
- CARRAGHEENANE 4. MITT. 59-0798
DOLBIER W. R. JUN., METHYLENSPIROPENTAN 57-0473
- DISPIRO(2.0.2.2)OCTEN-(7) 64-0545
DOLBY L. J., TOTALSYNTH. V. (+-)-DASYCARPIDON U. (+-)-EPIDASYCARPIDON 63-0778
DOLCETTI G., THERMODYN. UNTERS. AN PENTAKOORDINIERTEN KOMPLEXEN 3. MITT. 56-0040
DOLEJS L., TERPENE 189. MITT. 55-0524
- MASSENSPEKTROMETR. UNTERS. D. WASSERABSPALT. AUS TERT.-BUTYL-CYCLOHEXANOLEN 57-0235
- MASSENSPEKTREN V. ISOPAVIN-ALKALOIDEN. STRUKTUR D. AMURENSINS U. AMURENSININS 58-0129
- 2.3-DIDESOXY-5.6-O-ISOPROPYLIDEN-D-ERYTHRO-HEXIT ALS NEBENPRODUKT BEI D. SYNTH. V. 3-DESOXY-1.2,5.6-DI-O-ISOPROPYLIDEN-ALPHA-D-RIBO-HEXOFURANOSE 59-0656
- PAPVERACEEN-ALKALOIDE 40. MITT. 61-0115
- TERPENE 194. MITT. 62-0782
DOLEJSEK Z., PHYSIKAL. EIG. U. CHEM. REAKTIVITAET V. ALTERNIERENDEN KW-STOFFEN U. VERWANDTEN VERB. 15. MITT. 61-0266
DOLESCHALL G., 1.2.4-TRIAZINE U. KONDENSIERTE DERIV. 1. MITT. 53-0465
- 1.2.4-TRIAZINE U. KONDENSIERTE DERIV. 3. MITT. 54-0465
- 1.2.4-TRIAZINE U. KONDENSIERTE DERIV 4. MITT. 54-0466
- 1.2.4-TRIAZINE U. KONDENSIERTE DERIV. 5. MITT. 60-0676
DOLFINI J. E., RK. V. ALPHA-NITRO-OMEGA-HALOGEN-ALKANEN MIT IMINEN, SYNTH. V. 3-NITRO-PYRROLIDINEN U. 3-NITRO-PIPERIDINEN 63-0575
DOLLET N., KALORIMETR. UNTERS. D. IONISAT.-RK. 2. MITT. 57-0190
- THERMODYNAM. GROESSEN D. DISSOZIAT. V. P-NITRO-PHENOL U. 2.6-DINITRO-PHENOL IN WASSER-METHANOL-GEMISCHEN 62-0178
DOLLINGER M., SYNTH. U. EIG. V. 2.6-DIHYDROXYLAMINO-PURIN U. SEINES 9-BETA-D-RIBOFURANOSYLDERIV. 57-0646
DOLLINGER M. R., SYNTH. U. BIOLOG. EIG. V. HYDROXYLAMINO-PURINEN U. VERSCHIEDENEN DERIVATEN 63-0871
DOLMAN D., KINETIK D. RK. V. OLEFINEN MIT HALOGENEN IN WSS. LSG. 3. MITT. 61-0223
DOLPHIN D., ALKYL-, ARYL- U. ACYL-METALL(III)-KOMPLEXE V. AETIOPORPHYRIN I 60-0731
DOMAREVA-MANDEL'STAM T. V., EXO-DELTA(2)-NORCARENYL-(7)-ISOCYANAT U. SEIN VERHALTEN BEI D. ISOMERISIER. NACH COPE 53-0315
DOMBROVSKIJ A. V., HALOGENARYLIER. V. UNGESAETT. VERB. MIT AROMAT. DIAZOVERB. 34. MITT. 59-0390
- HALOGENARYLIER. V. UNGESAETT. VERB. MIT AROMAT. DIAZOVERB. 33. MITT. 59-0419
DOMINIC R., EIN NEUES KOHLENOXID, SYNTH. V. HEXAHYDROXYBENZOL-TRIS-OXALAT 54-0441
DOMKA F., UNTERSCHIEDLICHE OXYDIERBARKEIT VON NIEDRIG- UND HOCHMOLEKULAREN ORGANISCHEN VERB. 60-0328
- INDIGOCARMIN, EIN HOCHEMPFINDLICHES SUBSTRAT IN D. REDOX-LOESUNGSKATALYSE, INSBESONDERE ZUM NACHWEIS V. MIKROSPUREN SOWIE D. KATALYT. EIG. ORGAN. VERB. U. PEROXYSAEUREN 64-0322
DOMNIN I. N., STABILITAET V. CYCLOPROPENANIONEN U. OPT. AKTIVITAET V. SAEUREN D. CYCLOPROPENREIHE 56-0407
DONAGHUE P. F., ELEKTRONENSTOSS-UNTERS. 29. MITT. 62-0100
DONALD A. S., SAEUREKATALYSIERTE ZERS. EINIGER BETA-AZIDO-CARBONYL-VERB. 55-0244
DONALDSON B. R., NMR-NACHW. FUER MIZELLBLDG. IN NATRIUM-4.4-DIMETHYL-4-SILAPENTAN-1-SULFONAT-LSG., D. PARAMAGNET. IONEN ENTHALTEN 61-0176
DONALDSON C. W., WEITERLEIT. D. SUBSTITUENTENEFFEKTE IM CHINOLIN 62-0176
DONARUMA L. G., KRIST.- U. MOL.-STRUKTUR V. 5.5A.10.14C-TETRAHYDRO-5A-PHENYLBENZ(A)INDENO(2.1-C)FLUOREN-5.10-DION (C30H18O2) 57-0172
DONATI M., ROLLE V. DIMETHYLFORMAMID BEI D. WECHSELWRKG. V. OLEFINEN MIT PALLADIUMCHLORID (NEUE METH. ZUR SYNTH. V. PI-ALLYL-PALLADIUM(II)-VERB. UNTER MILDEN BEDING.) 53-0044
DONNELLY B. J., DALBERGIA SPECIES 6. MITT. 60-0796
DONNELLY D. M. X., OPT. ROTAT.-DISPERS. 48. MITT. 56-0094
- DALBERGIA SPECIES 6. MITT. 60-0796
DONOGHUE E. M., RK. V. DEHYDROBENZOL MIT INDEN 62-0463
DONOHUE J. K., STRUKTUR D. THIELE-ESTERS, EINES DIMETHYLDICYCLOPENTADICARBOXYLATS 63-0557
DONSKAJA N. A., CYCLOPROPANE U. CYCLOBUTANE 52. MITT. 58-0480
DONZEL A., 1.2-VERSCHIEB. D. SAEUREAMIDGRUPPE BEI D. BENZILSAEUREUMLAGER. V. CHINISATIN 54-0177
DONZEL B., ELEKTRONEN-DONATOR-AKZEPTOR-KOMPLEXE BEI POLYPEPTIDEN, 2. MITT. 60-0200
DOOLEY J. F., 1.3-VERBRUECKTE AROMAT. SYST. 3. MITT. 62-0561
DOORAKIAN G. A., LEICHTE THERM. CYCLISIER. EINES STER. BEHINDERTEN DIENS 64-0473
DOORENBOS N. J., STEROIDE 30. MITT. 57-0723
DORAN M. A., NMR-UNTERS. D. LITHIUM-AUSTAUSCHES ZWISCHEN ORGANOLITHIUMVERB. U. LITHIUMHALOGENIDEN IN AETHER. LSG. 57-0006
- (13)C-(7)LI-SPIN-SPIN-KOPPL. IN ALKYLLITHIUMVERB. 63-0015
DORCHAI R. O., TRITERPENE 3. MITT. 58-0747
- STEROIDE 10. MITT. 58-0788
DORE M., MECHANISMUS D. C-ACYLIER., KINETIK D. BENZOYLIER. 62-0211
DORETTI L., REVERSIBLES REDOXSYST. R6SN2-R3SN(+) AN D. PLATINIERTEN PLATINELEKTRODE 59-0026
- ISOTOPENAUSTAUSCH- U. ELEKTROCHEM. UNTERS. D. REDOXSYST. PH6PB2-PH3PB(+) 63-0033
DORIS J., EINW. V. ALKYL-MAGNESIUMHALOGENIDEN AUF PYRONE-(2) 56-0535
DORKO E. A., SELEKTIVE DEUTERIERUNG D. VINYLPROTONEN V. CYCLOPROPEN 57-0208
DORMAN D., SESQUITERPENE 5. MITT. 61-0769
DORN H., FORMYLIER. V. ALKYL- U. ARALKYLHYDRAZINEN 53-0376
- ELEKTROPHILE SUBSTITUT. V. 3(5)-AMINO-PYRAZOL 53-0377
- POTENTIELLE ZYTOSTATIKA 10. MITT. 54-0387
DORN K., SPIROHETEROCYCL. VERB. 9. MITT. 58-0069
DORNSEIFFEN J. W., NMR-SPEKTREN V. PROTONIERTEM 2.2'-DIMETHYL-BENZOPHENON 57-0113
DOROFEENKO G. N., NEUE SYNTH. V. 2.6-SUBSTITUIERTEN PYRYLIUMSALZEN 53-0406
- SYNTH. V. DIARYL-OLEFINEN AUS PYRYLIUMSALZEN 55-0325
- SYNTH. V. 4-ALKOXYCHROMYLIUMSALZEN 64-0675
DOROFEEVA R. A., EINW. V. SILBERCARBOXYLATEN U. HALOGENEN AUF SULFOLENE 60-0504
DOROGOVA N. K., RESORCINDERIV. 2. MITT. 63-0508
DORSCH H., EXISTENZ NIEDERGLIEDRIGER CYCLOALKINE 8. MITT. 59-0396
- EXISTENZ NIEDERGLIEDR. CYCLOALKINE 9. MITT. 59-0397
DOSKOCILOVA D., PYRIDIN-REIHE 23. MITT. 54-0098
- SYNTH. U. NMR-SPEKTREN V. STEREOISOMEREN 1.3.5-TRICHLOR-CYCLOHEXANEN 63-0138
DOST F., STEREOSPEZIF. SYNTH. FUER H(1)-H(2)-TRANS-CYCLOPROPANE 59-0428
DOTY J. C., SENSIBILISIER. D. STILBEN-ISOMERISIER. 56-0250
- BOR-PHOTOCHEMIE 2. MITT. 57-0384
- PHENYLCYCLOHEXADIENE 61-0462

COTY L. F., DARST. U. EIG. V. BIS-(TRIFLUORMETHYL)-DITHIOPHOSPHINSAEURE U. EINIGEN VERWANDTEN TRIFLUORMETHYLPHOSPHINSULFIDEN 61-0379
DOU H. J. M., RADIKAL. PHENYLIER. V. 2.6-DIMETHYL-PYRIDIN U. SEINER KONJUGIERTEN SAEURE, THEORET. BERECHN. 55-0166
- RADIKALREAKTIVITAET IN D. THIAZOLREIHE 1. MITT. 57-0550
- RADIKALREAKTIVITAET IN D. THIAZOLREIHE 2. MITT. 57-0551
- RADIKALREAKTIVITAET IN D. THIAZOLREIHE 3. MITT. 57-0552
- NEUE METH. D. SELEKTIVEN PHENYLIER., FALL D. 4-METHYL-PYRIDINS 59-0214
- ELEKTROPHILE SUBSTITUT. BEI THIAZOLEN 60-0553
- RADIKAL. REAKTIVITAET V. ALKYLTHIAZOLEN IN SAUREM MEDIUM 60-0554
- RADIKAL. PHENYLIER. V. MONOMETHYL-, 2.4- U. 2.6-DIMETHYL-PYRIDIN MIT P-SUBSTITUIERTEN BENZOYLPEROXIDEN 60-0621
DOU H. M., RADIKAL. REAKTIVITAET V. MONOMETHYLPYRIDINEN, 2.6-, 3.5-DIMETHYL-PYRIDIN U. KONJUGIERTEN SAEUREN 55-0160
DOUCHERAT G., DISSOZIAT. V. ORGAN. VERB. IN WSS.-ORGAN. LSG. 3. MITT. 62-0182
DOUEK M., ANTIAROMAT. EFFEKTE IN CYAN-CYCLOPROPENYL-ANIONEN 63-0324
DOUGHERTY R. C., KERNMAGNET. RESONANZ-UNTERS. D. WECHSELWRKG. ZWISCHEN CHLOROPHYLL U. LIGANDEN 58-0171
DOUGHERTY T. J., EINFL. V. FLUOR BEI D. PHOTOELIMINIER.-RK. V. KETONEN 64-0379
DOUGHTY R. A., NICHTPLANARE CYCLOBUTANE, STER. KONTROLLE BEI D. DESAMINIER. V. CIS- U. TRANS-3-ISOPROPYLCYCLOBUTYLAMIN 53-0146
DOUGLAS A. G., TRENNUNG EINER KOMPLEXEN ALKAN-MISCHUNG AN EINEM 7A-MOLEKUELSIEB 60-0839
DOUGLAS B., OCOTEA-ALKALOIDE, CHARAKTERISIER. U. STRUKTURAUFKLAER. V. VIER NEUEN APORPHIN-BASEN 61-0741
- ALKALOIDE AUS CASSYTHA AMERICANA (C. FILIFORMIS L.) 64-0807
DOUGLAS J. L., PYRONE 2. MITT. 53-0400
DOUGLAS W., REDUZIER. D. UNSICHERH.-FAKTORS BEI D. UNTERS. SPONTANER SPALT. 53-0052
DOUGLASS I. B., DARST. V. SULFINYLCHLORIDEN 63-0377
DOUGLASS J. E., SYNTH. EINIGER 3.7-DIALKYL-3.7-DIAZA-BICYCLO(3.3.1)NONANE U. UNTERS. IHRER KONFORM. 58-0627
DOUHERET G., DIFFUSIONSPOTENTIALE U. UMGEBUNGSEINFL. IN WSS.-ALKOHOL. LSGM., ANWENDUNG D. GLAS-KALOMEL-ELEKTRODENSYST. ZUR EICHUNG IN DIESEN GEMISCHEN 59-0195
DOUKHAN R., DEHALOGENIER. V. ALPHA-BROMKETONEN OHNE ALPHA'-WASSERSTOFF MIT KALIUMCARBONAT IN WSS. DIOXAN-LSG. STEREOCHEMIE D. DARZENS-RK. 59-0500
DOUSSE R., ACYLIER. V. METHYLFLUORENEN 3. MITT. 62-0462
DOUVAN I., BASEN-KATALYSIERTE ELIMINIER.-RK. SUBSTITUIERTER 2-(4-PYRIDYL)-AETHYLAMINE 61-0631
DOUZON C., GLYCERIN-1-PROPARGYL-3-ALKYL(ARYL)-DIAETHER 55-0236
DOUZOU P., PHOTOCHEM. UNTERS. EINES AN KIESELSAEUREGEL ADSORBIERTEN SPIROPYRANS 56-0095
- PARAMAGNET. VERH. V. WURSTERS BLAU IN WSS. ALKOHOLEN ALS FUNKT. D. TEMP. 56-0100
DOVGAN' N. L., ADAMANTAN U. SEINE DERIV. 15. MITT. 59-0475
DOW A. W., TRIMETHYLSILYLDIAZOMETHAN U. TRIMETHYLSILYL-CARBEN 59-0339
DOWALO F., ALPHA-SUBSTITUIERTE SULFONAMIDE U. SULFONSAEUREN 1. MITT. 58-0415
DOWD J. E., STEREOCHEMIE 31. MITT. 63-0819
DOWD P., TRIMETHYLENMETHAN, HYPERFEINAUFSPALT. D. PROTONEN 63-0150
DOWNES J. E., QUATERN. BIPYRIDYLIUMSALZE U. VERWANDTE VERB. 2. MITT. 55-0453
DOWS D. A., BIMOL. LOESCHUNG D. TRIPLETTZUSTANDES V. BIACETYL IN D. DAMPFPHASE 63-0113
DOYLE M. P., VERSAGEN D. INZIPS D. HARTEN U. WEICHEN SAEUREN U. BASEN ZUR ERKLAER. D. ANTEILS CYCL. PROD. BEI D. ACETOLYSE V. 5-HEXENYLDERIV. 55-0176
- MEDIUM-EFFEKTE 2. MITT. 61-0237
- ACETOLYSE V. (1.1-D2)-4-BROMBUTYL-P-NITROBENZOLSULFONAT, BEWEIS FUER D. 1.4-BETEILIG. D. BROMS U. D. EXISTENZ EINES FUENFGLIEDRIGEN CYCL. BROMONIUMIONS WAEHREND D. ACETOLYSE 62-0233
DOYLE P., STRUKTUR U. SYNTH. V. PSEUDOCLOVEN A 56-0678
DOZARSKIJ A. F., NEUE RK. D. 2-AZIDO-BENZIMIDAZOLE 57-0523
DRAGO R. S., BEST. D. ISOTROPEN VERSCHIEB. IN PARAMAGNET. KOBALT(II)-KOMPLEXEN 61-0008
- KONTAKTVERSCHIEB., DELOKALISIER.-MECHANISMEN U. ERWEITERTE HUECKEL-BERECHN. FUER ALKYLAMINNICKEL(II)-KOMPLEXE 63-0009
- EINFL. V. LSGM. AUF ADDUKTBILDUNGSENTHALPIEN 64-0206
DRAGULESCU C., METALLKOMPLEXE D. ANTHRANIL-DIESSIGSAEURE (ANDA) 6. MITT. 57-0025
DRAKESMITH F. G., DARST. U. RK. D. LITHIUMDERIV. V. TRIFLUORPROPEN U. TRIFLUORPROPIN 58-0346
- DARST. U. RK. EINIGER FLUORHALT. VINYL-ORGANOMETALL-VERB. 58-0366
- RK. EINIGER FLUORHALT. VINYLLITHIUM-VERB. MIT TRIAETHYLCHLORSILAN 58-0391
DRAN R., ANWEND. D. DIECKMANN-RK. AUF D. DIESTER V. 1.2-BIS-(CARBOXYALKYL)-BENZOLEN AUS BETA-(2-CHLORMETHYL-4.5-METHYLENDIOXY-PHENYL)-PROPIONSAEURE 57-0520
DRAPKINA D. A., ANOMALE NITRIER. V. 5-BROM-SALICYLALDEHYD 1. MITT. 54-0255
- ANOMALE NITRIER. V. 5-BROM-SALICYLALDEHYD 2. MITT. 55-0170
DREFAHL G., CUMOLDERIV. ALS MODELLSUBSTANZEN FUER PARA-SUBSTITUIERTE POLYSTYROLE 56-0057
- POLYMERISATIONSFAEH. U. POLYMERE VERB. 8. MITT. 56-0746
- POLYMERISAT.-FAEH. U. POLYMERE VERB. 9. MITT. 59-0794
- STICKSTOFFHALT. STEROIDE 20. MITT. 63-0812
- KONFORM.-ANALYSE V. 2-AMINO-CYCLOHEXANOLEN-(1) 64-0107
- ROTAT.-ISOMERIE BEI CYCLOPENTANDERIV. 64-0167
- KONFORMATIONSANALYSE V. DERIV. DES 1.2-DIPHENYL-AETHANS 64-0168
DREIDING A. S., BLDG. V. HOMOFULVENEN 63-0559
- UMSETZ. D. DELTA(3)-CYCLOHEXENCARBALDEHYD-P-TOLUOLSULFONYLHYDRAZONS 64-0477
DRENTH W., ORGANOMETALLCHEMIE D. GRUPPE IV 27. MITT. 58-0033
- BASIZITAET V. ALKINYLPHOSPHINEN 61-0178
- CHEMIE V. ORGANOMETALLVERB. D. 4. GRUPPE 29. MITT. 63-0070
DRESSLER V., D. UMSETZ. V. MORPHOLINOCYCLOHEXEN MIT ZIMTALDEHYD ZU DERIV. D. PHENYLBICYCLO(3.3.1)NONANS 54-0458
DREUX J., EINW. V. ALKYL-MAGNESIUMHALOGENIDEN AUF PYRONE-(2) 56-0535
- KONDENS. V. FORMALDEHYD MIT CYCLOHEXANON 1. MITT. 57-0426
- KONDENS. V. FORMALDEHYD MIT CYCLOHEXANON, RED. V. MESO-2.2'-DIOXO-DICYCLOHEXYLMETHAN 59-0423
- KONDENS. V. SALIGENIN MIT CYCLOHEXANON, STEREOCHEMIE V. 4A-HYDROXY-1.2.3.4.4A.9A-HEXAHYDRO-XANTHEN 64-0683
DREVENY W., NEUE REAGENTIEN ZUM PAPIERCHROMATOGRAPH. NACHW. V. AMINOSAEUREN 3. MITT. 64-0708
DREWES S. E., MASSENSPEKTREN V. DERIV. EINIGER FLAVANDIOLE-(3.4) 61-0118
DREYER D. L., STRUKTUR V. ZAPOTIN 55-0433
- CHEMOTAXONOMIE V. RUTACEEN 2. MITT. 55-0589
- STRUKTUR V. THAMNOSIN, EINEM NEUART., DIMEREN CUMARINSYST. 58-0621
- CITRUS-BITTERSTOFFE 8. MITT. 61-0760
DRIESEN H. E., STEREOSPEZIF. FERNKOPPL. D. HYDROXYLPROTONEN IN PYRANOSEN 54-0111
DRILLAT J., OX. V. HETEROCYCLEN MIT MOL. SAUERSTOFF, AROMAT. N-HETEROCYCLEN 62-0633
DRINKUTH H., ZUR KENNTNIS D. 6.11-DICYANSPARTEINS U. D. 6.11-SPARTEINDICARBONSAEUREN 56-0641
DROESCHER H., SYNTH. V. BIS-(P-METHOXY-PHENYL)- U. BIS-(P-NITRO-PHENYL)-KETEN U. DEREN VERH. GEGENUEBER SAUERSTOFF U. NUCLEOPHILEN REAGENZIEN 62-0444
DRON D., DIASTEREOISOMERE ACYCL. ALKINOLE, UNTERS. D. NMR-SPEKTREN V. ALLEN. PHOSPHINOXIDEN 55-0216
DROZD V. N., CARBANIONEN, RK. V. MESOMEREN ANIONEN D. DIHYDROTHIOXANTHEN-DIOXIDS-(10.10) MIT ELEKTROPHILEN REAGENZIEN 55-0441
- MECHANISMUS D. UMLAGER. V. NAPHTHYL-MESITYLSULFONEN ZU SULFINSAEUREN 56-0549
- ORIENTIERENDER EINFL. D. SUBSTITUENTEN BEIM NUCLEOPHILEN ANGRIFF D. BENZOLRINGES 59-0424
- CARBANIONEN. RK.-FAEHIGK. LITHIUMORGANISCHER VERB. EINIGER DERIV. D. THIOXANTHENDIOXIDS-(10.10) 62-0601
- MECHANISMUS D. SMILES-UMLAGER. V. O-METHYL-DIARYLSULFONEN, D. AM METHYLREST SUBSTITUIERT SIND 63-0513
DROZDZ B., TERPENE 192. MITT. 62-0764
DRUCKREY E., RK. V. OXAZOLEN MIT SINGULETT-SAUERSTOFF 2. MITT. 62-0351
DRUSVJATSKAJA S. K., SAEUREAMIDE IN D. MANNICH-RK. 3. MITT. 60-0382
D'SOUZA R., SYNTH. U. EIG. V. 2-(ALPHA-HYDROXY-ALKYL)- U. 2-(ALPHA-ALKOXYCARBONYL)-SUBSTITUIERTEN 4-METHYL-5-(BETA-HYDROXY-AETHYL)-THIAZOLEN U. -THIAZOLIUMSALZEN 59-0566
DUA S. S., ELEKTRONEN-ABSORPT.-SPEKTREN D. RADIKALANIONEN U. -DIANIONEN V. AZOBENZOLDERIV. 57-0082
- POLYHALOGENORGANOMETALL- U. -NICHTMETALLVERB. 16. MITT. 59-0607
- POLYHALOGEN-ORGANOMETALL- U. -ORGANONICHTMETALLVERB. 19. MITT. 61-0639
- POLYHALOGENORGANOMETALL- U. -ORGANONICHTMETALLVERB. 23. MITT. 61-0640
- POLYHALOGEN-ORGANOMETALL- U. -ORGANONICHTMETALLVERB. 28. MITT. 62-0437
DUBAC J., RINGOEFFNUNG BEI GERMACYCLOBUTANEN DURCH RK. MIT SILANEN BZW. GERMANEN 53-0022
- MASSENSPEKTROMETRIE BEI STRUKTUR- U. STEREOCHEM. PROBLEMEN 152. MITT. 59-0014
- RINGERWEITER.-RK. V. GERMACYCLOBUTAN MIT MOL. SCHWEFEL U. SELEN 59-0058
- SYNTH. V. HYDROGEN- U. HALOGENGERMACYCLOBUTANEN. REAKTIVITAET GEGENUEBER NUCLEOPHILEN AGENZIEN (EINSCHLIESSL. ERRATUM, IBID. 267(1968)10,659) 64-0060
DUBAR J., EXPLOSIVE EIG. V. GEMISCHEN AUS HNO3, ACETANHYDRID U. WASSER 61-0304
DUBCENKO V. N., FREIE ACYL-RADIKALE 60-0344

DUBENKO R. G., BIS-(ARYLSULFONYL)-ACETONE X6. MITT. 58-0412
- RK. V. P-TOLYL-SULFONEN, D. EINE AKT. METHYLENGRUPPE ENTHALTEN, MIT ACRYLONITRIL U. NITROSTYROL 59-0356
- ARYLHYDRAZONE V. ARYLSULFONYLGLYOXYLSAEUREAETHYLESTERN 7. MITT. 59-0357
- BIS-(ARYLSULFONYL)-METHANE 4. MITT. 59-0358
- BIS-(ARYLSULFONYL)-METHANE 5. MITT. 60-0373
- ARYLHYDRAZONE V. ARYLSULFONYL-GLYOXYLSAEURE-AETHYLESTERN 5. MITT. 60-0527
- BIS-(ARYLSULFONYL)-METHANE 6. MITT. 61-0412
- SUBSTITUIERTE GLYOXYLSAEUREN 11. MITT. 61-0414
- SYNTH. U. UNTERS. V. TRIMETHYLENTRISULFONEN 10. MITT. 61-0684
- DARST. U. UNTERS. V. THIOCARBOHYDRAZIDEN 3. MITT. 63-0645
DUBERNAT J., STRUKTUR V. MAGNESIUM-, MANGAN-, EISEN-, KOBALT-, NICKEL- U. ZINKOXALAT-DIHYDRATEN, AUFTRETEN V. PACK.-FEHLERN 62-0008
DUBINA V. L., ARENSULFONYLBENZIMIDOCHLORIDE 3. MITT. 56-0353
DUBINSKAJA E. I., REAKTIVITAET V. P-NITRO-PHENYL-VINYLAETHER 62-0374
DUBOC C., UEBERSCHUSSGROESSEN. DICHTE U. MOLVOLUMEN V. BIN. LSG. ALIPHAT. ALKOHOLE IN TETRACHLORKOHLENSTOFF 57-0174
DUBOIS J., TOPOINFORMAT.-BEZIEH. ZWISCHEN D. STRUKTUR V. METHYLKETONEN U. IHRER RETENT.-ZEITEN IN D. DAMPFPHASENCHROMATOGRAPHIE 54-0126
- BEDEUT. D. WECHSELWRKG. IN D. INTERMEDIAERSTUFEN D. ALDOLISIER., KINET. U. THERMODYNAM. KONTROLLE D. GEMISCHTEN KETOLISIER. 54-0173
- KINETIK D. BROMADDIT. AN OLEFINE 14. MITT. 57-0242
- SCHNELLE SYNTH. U. KINET. KONTROLLE, KATALYT. KETOLISIER. IN SAUREM U. BAS. MEDIUM 57-0305
- BROMIER. V. POLYMETHYLBENZOLEN 2. MITT. 58-0228
- KINET. UNTERS. D. MECHANISMUS D. BROMIER. AROMAT. AMINE 1. MITT. 59-0216
- KINET. UNTERS. D. MECHANISMUS D. BROMIER. AROMAT. AMINE 2. MITT. 59-0217
- KINET. UNTERS. D. MECHANISMUS D. BROMIER. AROMAT. AMINE 3. MITT. 59-0218
- REAKTIVITAET V. AETHYLENVERB., BROMIER. 16. MITT. 62-0218
- REAKTIVITAET V. AETHYLENVERB., BROMIER. 17. MITT. 62-0219
- REAKTIVITAET V. AETHYLENVERB., BROMIER. 18. MITT. 62-0220
- REAKTIVITAET V. AETHYLENVERB. BEI BROMIER. 19. MITT. 63-0255
- REAKTIVITAET V. AETHYLENVERB. BEI D. BROMIER. 20. MITT. 63-0256
DUBOIS M., BEDEUT. D. WECHSELWRKG. IN D. INTERMEDIAERSTUFEN D. ALDOLISIER., KINET. U. THERMODYNAM. KONTROLLE D. GEMISCHTEN KETOLISIER. 54-0173
DUBOIS R. J., AZA-STEROIDE 4. MITT. 59-0747
DUBOSC J., KOPOLYMERISATION V. ZWEI SUBSTITUIERTEN BETA-PROPIOLACTONEN 57-0770
DUBOSE C. M. JUN., STEREOCHEMIE D. METHYLENGRUPPENUEBERTRAG. AUS SULFONIUMYLIDEN AN UNGESAETT. BICYCL. KETONE 64-0568
DUBUR G. J., DIBEPIN 2, EIN NEUES FARBREAGENZ AUF PRIM. ALIPHAT. AMINE 60-0844
- NACHWEIS VON 5-AMINO-PYRIMIDINEN 62-0859
DUCHER S., SAURE ALKOHOLYSE V. 3-HYDROXY-BUTANOLID 56-0302
DUCHON D'ENGENIERES M., SELEKTIVE ALKYLIER. V. ALKINOLEN IN FL. AMMONIAK 4. MITT. 58-0326
DUCLOS J., PROPARGYLIER. V. DIKETONEN 56-0273
DUDEK V., ASYMM. RK. 12. MITT. 53-0202
DUDLEY K. H., RK. V. N-HALOGENSUCCINIMIDEN MIT 2-HYDROXY-3-(BETA-ALKYL-VINYL)-NAPHTHOCHINONEN-(1.4) 57-0447
DUDOCK B. S., 'GREENHEART'-ALKALOIDE 3. MITT. 61-0730
DUDUKINA O. V., UMLAGER. V. BETA-SILYL-KETONEN ZU O-SILYL-SUBSTITUIERTEN ENOLEN 56-0330
DUERKSEN W. K., LADUNGSUEBERTRAGUNGSKOMPLEXE IN DER DAMPFPHASE 3. MITT. 60-0196
DUERR H., PHOTOCHEMIE KLEINER RINGE, 2. MITT. 54-0336
- PHOTOCHEMIE KLEINER RINGE 3. MITT. 59-0490
DUEWELL H., SYNTH. V. HETEROCYCL. VERB. 3. MITT. 57-0530
DUFF J. M., INDUKTIVE EFFEKTE IN ACYLSILANEN U. ACYLDISILANEN 59-0144
- THERM. U. BASENKATALYSIERTE UMLAGER. V. SILYLESSIGSAEUREN 64-0463
DUFFAUT N., ADDIT.-PROD. V. N.N-BIS-(TRIMETHYL-SILYL)-AMINO-NATRIUM MIT EINIGEN EPOXIDEN, IHRE EINW. AUF VERSCHIEDENE ALKYL-CHLOR-SILANE 54-0245
- RK. V. TRIMETHYLSILYLCHLORSULFONAT MIT TERT.-BUTYL-DERIV. 60-0365
DUFFEY D., GESCHW. D. WALLACH-UMLAGER. SUBSTITUIERTER AZOXYBENZOLE 63-0302
DUFFIELD A. M., ELEKTRONENSTOSSINDUZIERTE ELIMINIER. V. FLUORWASSERSTOFF AUS PRIM. ALKYLFLUORIDEN 55-0086
- MASSENSPEKTROMETRIE BEI STRUKTURELLEN U. STEREOCHEM. PROBLEMEN 138. MITT. 56-0136
- IDENTIFIZIER. EINES NEUEN TRITERPENS, 3-EPIMORETENOL, AUS D. RINDE V. SAPIUM SEBIFERUM ROXB. 56-0670
- MASSENSPEKTROMETRIE IN STRUKTURELLEN U. STEREOCHEM. PROBLEMEN 144. MITT. 57-0126
- MASSENSPEKTROMETR. U. THERM. FRAGMENTIER. 1-SUBSTITUIERTER 3-PHENYL-THIOHARNSTOFFE 58-0120
- TERPENOIDE 61. MITT. 58-0745
- MASSENSPEKTROMETRIE BEI STRUKTUR- U. STEREOCHEM. PROBLEMEN 152. MITT. 59-0014
- MASSENSPEKTROMETRIE BEI STRUKTURELLEN U. STEROCHEM. PROBLEMEN, 139. MITT. 60-0128
- MASSENSPEKTREN V. CHINOLIN- U. ISOCHINOLIN-N-OXIDEN 61-0109
- ELEKTRONENSTOSS-INDUZIERTE FRAGMENTIER. EINIGER PHENOTHIAZIN-DERIV. 64-0144
- MASSENSPEKTROMETRIE BEI STRUKTURELLEN U. STEREOCHEM. PROBLEMEN 154. MITT. 64-0146
DUFFIN H. C., KINETIK D. OX. SUBSTITUIERTER TOLUOLE MIT CHROMYLCHLORID 2. MITT. 57-0210
DUFRAISSE C., LABILE BIND. V. SAUERSTOFF AN KOHLENSTOFF BEI FUENFGLIEDR. HETEROCYCLEN, PHOTOOX. V. PENTAPHENYLPYRROL 53-0353
DUGAS H., SYNTH. IN D. LYCOPODIUM-ALKALOID-REIHE 7. MITT. 55-0509
DUGUAY G., ORGAN. SCHWEFELVERB. 3. MITT. 53-0363
- ORGANOSCHWEFELVERB. 4. MITT. 57-0398
- CYCLISIER. V. DITHIO-BETA-CARBONYL-VERB., SYNTH. V. 5-ARYL-3-METHYLMERCAPTO-DITHIOL-(1.2)-YLIUM-PERCHLORATEN 64-0619
DUHAMEL L., SYNTH. U. EIG. V. 1.2-ENDIAMINEN 57-0397
- DARST. V. FREIEN LINEAREN ALPHA-AMINO-ALDEHYDEN DURCH RK. V. SEK. AMINEN MIT ALPHA-BROM-ALDEHYDEN 60-0358
DUHAMEL P., SYNTH. U. EIG. V. 1.2-ENDIAMINEN 57-0397
- DARST. V. FREIEN LINEAREN ALPHA-AMINO-ALDEHYDEN DURCH RK. V. SEK. AMINEN MIT ALPHA-BROM-ALDEHYDEN 60-0358
DUHOLKE W. K., PHOTOCHEMIE V. SILICIUMVERB. 2. MITT. 60-0305
DUJMOVITS H., MECHANISMUS D. THERM. SPALT. V. ARYLMETHYL-TOSYLATEN 64-0312
DUKES M., TAXINE 7. MITT. 55-0579
DUKLER S., STRYCHNINDERIVATE UND IHRE UMWANDLUNG IN BRUCIN 64-0806
DULIEU J., EINW. V. ALUMINIUMCHLORID AUF METHYLOLEAT 60-0346
DULOU R., PHOTOCHEM. ADDIT. V. AMINEN AN ALPHA,BETA-UNGESAETT. ESTER 55-0391
DUMAITRE B., SULFOAETHYLIER. V. CYCL. HYDRAZIDEN 54-0349
- SULFONYLDERIV. U. SULFONATE V. CYCL. HYDRAZIDEN 58-0667
DUMONT C., METHYLEN-UEBERTRAG. AUF ALPHA,BETA-ACETYLEN-KETONE 61-0531
DUNCAN R. A., OZONISIER. V. PYREN. EIN MONOMERES OZONID, GEBILDET IN POLAREN LSGM. 63-0537
DUNCAN W. G., SYNTH. D. HAUPTKOMPONENTEN D. SEXUALLOCKSTOFFES AUS D. MAENNL. IPS CONFUSUS FRASS, 2-METHYL-6-METHYLEN-7-OCTEN-4-OL, 2-METHYL-6-METHYLEN-2.7-OCTADIEN-4-OL U. (+)-CIS-VERBENOL 64-0833
DUNCE M. E., CHEM. STRUKTUR D. PROD. D. TRANSFORMATION V. NATUERL. PYRIDINBASEN U. 5-HALOGENURACILEN DURCH MYCOBAKTERIEN 62-0844
- MIKROBIOLOG. UMWANDL. D. LATHYRINS 64-0905
DUNGWORTH G., TRENNUNG EINER KOMPLEXEN ALKAN-MISCHUNG AN EINEM 7A-MOLEKUELSIEB 60-0839
DUNITZ J. D., D. STRUKTUREN D. MITTLEREN RINGVERB. 12. MITT. 53-0105
- D. STRUKTUREN D. MITTLEREN RINGVERB. 13. MITT. 53-0106
- STRUKTUREN D. MITTLEREN RINGVERB. 14. MITT. 56-0037
- D. KRIST.-STRUKTUR D. 1.6,8.13-BIS-OXIDO-(14)-ANNULENS 56-0172
- STRUKTUREN DER MITTLEREN RINGVERB. 15. MITT. 60-0180
DUNKELBLUM E., KONFORMATION U. NMR V. CYCLOHEXANEN MIT LACTONBRUECKEN 56-0157
DUNLAP R. P., ENTFERNTE SEK. ISOTOPENEFFEKTE D. DEUTERIUMS 58-0248
DUNN A. R., KONFORM.-VERH. EINIGER DIHYDRO-1.4-THIAZINE 61-0138
DUNN G. L., SYNTH. V. PENTACYCLO(4.3.0.0(2,5).0(3,8)0(4,7))NONAN (HOMOCUBAN) U. EINIGEN DERIV. 62-0474
- STRUKTUR D. THIELE-ESTERS, EINES DIMETHYLDICYCLOPENTA-DICARBOXYLATS 63-0557
DUNNIGAN D. A., REDUKTIVE ALKYLIER. V. IMINEN U. ESTERN MIT NATRIUM IN AMMONIAK 64-0698
DUNNY S., ADDIT. V. TRICHLORSILAN AN CYCL. OLEFINE 61-0461
DUNOFF R. Y., PTERIDINE 5. MITT. 63-0701
- PTERIDINE 6. MITT. 63-0702
- PTERIDINE 8. MITT. 63-0704
- PTERIDINE 9. MITT. 63-0705
- PTERIDINE 11. MITT. 63-0707
DUNSTAN D. R., OPT. ROTAT.-DISPERS. 52. MITT. 63-0111
DUPHORN I., D. LIPOIDTEIL MOENOCINOL D. ANTIBIOTIKUMS MOENOMYCIN 62-0822
DUPIN J., SYNTH. U. CHEM. EIG. V. OXAZIRANEN 53-0325
DUPLAN J., NMR-NACHWEIS D. BEVORZUGTEN ROTAMEREN V. PENTEN-(2)-NITRILEN 53-0101
- NMR-UNTERS. D. CHEM. VERSCHIEB. V. PROTONEN IN HETEROCYCLEN 55-0073
DUPLAN J. C., KONFORM. V. METADIOXANEN MITTELS NMR 62-0129
DUPRE M., DARST. V. 2-METHYL-3-ACETYL-PYRONEN-(4) DURCH THERM. ZERS. V. DIACETYLESSIGESTER IN GGW. V. ACYL- U. AROYLMETHYLENTRIPHENYLPHOSPHORANEN 56-0542
- BLDG. NEUER 4-AROYLMETHYLEN-PYRANE DURCH THERM. ZERS. V. ALKYLACETESSIGSAEURE-AETHYLESTERN IN GGW. V. AROYLMETHYLEN-TRIPHENYL-PHOSPHORANEN 62-0600

DUPUIS P., ELEKTR. LEITFAEHIGK. EINIGER TETRACYANCHINODIMETHAN-KOMPLEXE 55-0148
- ELEKTR. LEITFAEHIGK. EINIGER NEUER TETRACYANCHINODIMETHAN-KOMPLEXE 55-0149
- ELEKTR. LEITFAEHIGK. V. MONOKRIST. D. KOMPLEXE AUS TETRACYANCHINODIMETHAN U. ORGAN. AMINEN 56-0192
DUPUY C., PHYSIKAL.-CHEM. UNTERS. D. THIAZOLRINGES 5. MITT. 55-0145
DUQUETTE L. G., STRUKTUR D. HALOGENWASSERSTOFFSALZE V. BERNSTEINSAEUREDINITRIL U. VERWANDTEN VERB. 55-0389
- STRUKTUR D. HALOGENWASSERSTOFFSALZE V. GLUTARSAEUREDINITRIL U. VERWANDTEN VERB. SOWIE IHRE UMWANDL. IN DIHYDROPYRIDINE 55-0448
- GLUTARSAEUREIMID-ANTIBIOTIKA 13. MITT. 59-0777
DURAND D. A., NIEDERGLIEDRIGE GELADENE RINGE 11. MITT. 62-0511
DURAND H., SYNTH. V. ALPHA-CHLOR-CYCLOPENTENONEN DURCH CYCLISIER. IN EINER FRIEDEL-CRAFTS-RK. 59-0410
DURAND R. R., ANWEND. V. GEL-MOLEKULARSIEBEN AUF D. BEST. D. ERSTEN KRIT. MICELLKONZ. V. WSS. NATRIUMALKANOAT-LSG. 63-0208
- GLEICHGEWICHT D. NATRIUMSALZ-LOESUNGEN V. ALKANSAEUREN MIT 'SEPHADEX'-GELEN. NACHW. D. ZWEITEN KRIT. MIZELL-KONZENTRAT. 64-0208
DUREAULT A., KONDENS. V. KETONEN MIT LITHIUM-DERIV. ACETYLENAMINEN, SYNTH. V. (AMINO-AETHINYL)-ALKOHOLEN 57-0275
- SUBSTITUT. U. ELIMINIER. V. POLYCHLOR-ENAMINEN DURCH MAGNESIUMORGAN. VERB. SYNTH. EINES CHLOR-ACETYLENAMINS, CL-CC-N(C6H5)2 59-0374
DURHAM L. J., DIREKTE BEOBACHT. D. MOLOZONID-OZONID-UMWANDL. 53-0068
- IDENTIFIZIER. EINES NEUEN TRITERPENS, 3-EPIMORETENOL, AUS D. RINDE V. SAPIUM SEBIFERUM ROXB. 56-0670
- TERPENOIDE 61. MITT. 58-0745
- OZONOLYSE 10. MITT. 62-0588
DURIG J. R., MITTLERE SCHWINGUNGSAMPLITUDEN DER BASTIANSEN-MORINO-SCHRUMPFUNGSEFFEKT UND THERMODYNAM. GROESSEN EINIGER ISOTOPENMARKIERTER MOLEKUELE DES KOHLENTRIOXIDS 60-0002
DURIX A., ISOLIER. U. SYNTH. V. ISOSCOPARIN 56-0665
DURST H. D., SQUALEN-BIOSYNTH., MECHANISMUS D. REDUKTIVEN DIMERISIER. V. FARNESYLPYROPHOSPHAT 62-0842
DUSCHINSKY R., SALPETERSAEUREESTER V. PYRIMIDIN-NUCLEOSIDEN 56-0635
DUSOLD L., GEGENSATZ PHOTOCHEM. PYROLYT. MODELLE ZUR MASSENSPEKTROSKOP. FRAGMENTIER., DESALKYLIER. V. N-ALKYL-2.4-DIPHENYL-PYRROLEN 63-0342
DUSOLD L. R., EIN CYCLOBUTADIENKATIONRADIKAL IM MASSENSPEKTROMETER, UNTERS. V. MASSENSPEKTROMETR. RK. DURCH KENNZEICHN. MIT P-FLUORSUBSTITUENTEN 60-0137
DUTSCHEWSKA H. B., NOTIZ UEBER D. OX. D. APORPHIN-BENZYL-ISOCHINOLIN-ALKALOIDE THALICARPIN U. THALMELATIN 53-0505
DUTTA N. L., ARYL-WANDER. BEI D. PICTET-GAMS-RK. 62-0622
DUTTA P. C., SYNTHET. UNTERS. AN TERPENOIDEN 11. MITT. 54-0323
- SYNTHET. UNTERS. AN TERPENOIDEN 12. MITT. 61-0775
DUTTA S., 3-SUBSTITUIERTE AMINO-4.5-DISUBSTITUIERTE 1.2.4-4H-TRIAZOLE U. ALDEHYDE AUS 1-ACYL-SEMICARBAZIDEN 59-0570
DUTTA S. P., TRITERPENOIDE 29. MITT. 58-0743
DUTTON F. E., ANTIKREBS- UND ANTIMALARIA-EIG. U. DARSTELLUNG VON ARYLAZOPYRIMIDINEN 63-0874
DUUS F., ELEKTRONENSTOSSUNTERS. 19. MITT. 60-0126
- UNTERS. AN ENTHIOLEN 2. MITT. 64-0143
- MONOTHIO-BETA-DICARBONYL-VERB. 64-0214
DUVAL D., STEREOCHEMIE D. RINGOEFFN. V. 8.9-EPOXY-CIS-HYDRINDANOL-(5) U. 8.9-EPOXY-CIS-HYDRINDANOL-(2) 59-0437
DU VIGNEAUD V., SYNTH. V. ACETON-OXYTOCIN AUS EINEM ISOPROPYLIDENDERIV. V. S-BENZYL-L-CYSTEINYL-L-TYROSIN 58-0797
- SYNTH. V. DESAMINO-OXYTOCIN MIT HILFE D. FEST-PHASEN-METHODE 60-0778
- ISOMERE DIMERE D. OXYTOCINS 64-0877
DUXBURY J. M., SULFOXIDE V. METHYL-2.6-ANHYDRO-2-THIO-ALPHA-D-ALTROPYRANOSID, ZUWEIS. D. SULFOXID-KONFIG. DURCH D. KERNMAGNET. RESONANZMETH. 54-0481
DVOLAITZKY M., MIT BIOLOG. AKT. STEROIDEN STRUKTURVERWANDTE P-METHOXYPHENYL-INDANDERIV. 63-0530
- RETENT. D. OPT. AKTIVITAET BEI D. HALOGENIER. OPT. AKT. KETONE, 2-(O-CARBOXY-BENZYL)-TETRALON-(1) 64-0264
DVORAK V., STRUKTUR V. H3(CO(CN)6) U. AG3(CO(CN)6) 54-0017
DWORSCHAK H., RK. D. TRIFLUORACETYL-AETHOXYCARBONYL-CARBENS 3. MITT. 57-0516
- RK. D. TRIFLUORACETYL-AETHOXYCARBONYL-CARBENS 4. MITT. 57-0517
DWUMA-BADU D., KONFIG.-ANALYSEN D. OXINDOL-ALKALOIDE V. RHYNCHOPHYLLIN-TYP, ABS. KONFIG. V. CILIAPHYLLIN, RHYNCHOCILIN, SPECIONOXEIN, ISOSPECIONOXEIN, ROTUNDIFOLIN U. ISOROTUNDIFOLIN 57-0151
DYATKIN B. L., ADDIT. V. NITROSYLFLUORID AN FLUOROLEFINE, RK.-MECHANISMUS 55-0370
DYCHANOV N. N., AMMONOLYSE D. ISOMEREN CHLOR-BENZOL-SULFONAMIDE 57-0362
DYEN M. E., CHEMIE D. EPOXYVERB. 21. MITT. 58-0601
DYER A., XANTHONE 9. MITT. 61-0603
DYER E., DAKIN-WEST-RK. V. 2-(PURINYL-(6)-MERCAPTO)-PROPIONSAEURE 59-0619
DYGOS J., SOLVOLYT. PI-RK.-WEG ZU AZABICYCLEN 63-0684
DYKE S. F., 1.2-DIHYDRO-ISOCHINOLINE 6. MITT. 57-0578
- 1.2-DIHYDROISOCHINOLINE 7. MITT. 58-0630
- CHEMIE V. KRYPTOPIN 1. MITT. 58-0720
- RK. V. 1-(BETA-ARYL-AETHYL)-2-PYRIDONEN U. 2-(BETA-ARYL-AETHYL)-ISOCARBOSTYRILEN MIT PHOSPHOROXYCHLORID 60-0602
- DIBENZO(A,H)CHINOLIZIN-DERIV. 62-0621
- EINFL. V. SAEUREN AUF EINIGE SUBSTITUIERTE ACETALDEHYDDIMETHYLAMINOACETALE 62-0679
- PSEUDOCRYPTOPINCHLORID 62-0725
- SYNTH. V. SANGUINARIN 64-0820
DYNESEN E., ELEKTRONENSTOSS-UNTERS. 21. MITT. 58-0132
DYSON J., REAKTIVITAET V. ORGANOPHOSPHORVERB. 22. MITT. 56-0333
DZIOBKOWSKI C., REINIG. U. STRUKTUR V. SCHWEINE-CALCITONIN-1 63-0834
DZIOMKO V. M., SYNTH. V. 4-PHENYL-8-HYDROXY-2.5.7-TRIMETHYL-CHINAZOLIN 64-0739
DZJUBA V. S., RK.-FAEHIGKEIT VON OLEFINEN BEI DER ISOMERISIERUNG IN GGW. KOMPLEXER ZIEGLER-KATALYSATOREN 61-0290

E

EABORN C., ALLG. METH. ZUR DARST. V. PLATIN(II)-SILYLDERIV. 54-0046
- AROMAT. SUBSTITUT. DURCH TRIMETHYLSILYLRADIKALE 54-0270
- ORGANOSILICIUMVERB. 41. MITT. 55-0271
- AROMAT. REAKTIVITAET 36. MITT. 60-0272
- DARST. V. ARYLSULFOCHLORIDEN AUS GRIGNARD-REAGENTIEN 62-0383
EACHUS A. E., RK. V. METHYL-RADIKALEN MIT AROMAT. KW-STOFFEN, EINFL. V. KONFORM. U. KOHLENSTOFF-WASSERSTOFF-ORIENTIER. AUF GESCHW., AKTIVIER.-ENERGIE U. A-FAKTOR 64-0248
EADE R. A., STEREOCHEMIE V. CEANOTHSAEURE 56-0154
EAKADATE M., SYNTH. V. PYRIDAZIN-1.2-DIOXIDEN 60-0660
EAKIN M. A., TRANSANULARE CYCLOPROPYL-TEILNAHME 54-0153
EARDLEY S., CEPHALOSPORANSAEUREN 6. MITT. 60-0799
EASTMAN D., RK. V. PHENYLCHLORDIAZIRIN MIT ALKYLLITHIUM-VERB. 53-0156
- RK. V. AZIRIDIN- U. OXIRANDERIV. MIT DIPHENYLJODONIUM-JODID 62-0506
EASTON D. B. J., DITHIOLREIHE 3. MITT DITHIOLCYANINE 59-0541
EBEL H. F., POLARITAET D. BIND. ZWISCHEN KW-STOFF U. ALKALIMETALLEN 2. MITT. 57-0129
EBEL M., STEREOSPEZIF. DESULFURIER. V. DISPIRO-DITHIOLANEN U. CIS- U. TRANS-BIS-(2-ARYL-3.1-BENZO-THIAZINYLIDENEN-(4)) 55-0474
- HETEROCYCL. SCHWEFELVERB. 31. MITT. 63-0631
EBEL S., KONDUKTOMETR. U. OSZILLOMETR. BEST. V. ALKALOIDEN MIT NATRIUMTETRAPHENYLBORAT 61-0847
EBELING J., PHOSPHAZENE 14. MITT. 59-0382
EBELING R., BEST. V. ZINK IN PFLANZEN 59-0820
EBERBACH W., PHOTOCHEM. UMWANDL. 15. MITT. 56-0444
EBERIUS W., 2DIMERE D. 1.2-DIMETHYL-CYCLOBUTADIENS2 57-0468
- DARSTELLUNG METHYLSUBSTITUIERTER CYCLOBUTADIENEISEN-TRICARBONYLE 62-0046
EBERSOLE R. C., UMLAGER. D. BEIDEN C(12)-EPIMEREN EINES GALLENSAEUREDERIV. IN EINE AETIOJERVAN-STRUKTUR 60-0773
- DIE AM C(13) ISOMEREN 5BETA-CHOLAJERVENE 63-0825
EBLE J. N., SYNTH. U. PHARMAKOLOG. BEURTEIL. EINIGER TETRAHYDROOXADIAZINONE U. EINIGER DIHYDROAMINOOXADIAZINE 60-0679
ECK D. L., TAUTOMERIE 6. MITT. 56-0479
ECKER F., N-SUBSTITUIERTE 6-METHOXY-BENZO(B)THIENYL-(3)-ALKYLAMINE 60-0507
ECKHARD I. F., STEROIDE U. ARYNE 1. MITT. 53-0562
- ARINCHEMIE 5. MITT. 59-0486
ECKHARDT G., ZIRKULARDICHROISMUS 27. MITT. 64-0085
ECKSTEIN F., SYNTH. V. OLIGO- U. POLYNUCLEOTIDEN 16. MITT. 59-0668
- URIDIN-2'.3'-O.O-CYCLOTHIOPHOSPHAT 63-0761
ECKSTEIN Z., CHINOLINDERIV. 4. MITT. 64-0688
EDELHOCH H., EIG. D. THYROGLOBULINS 16. MITT. 61-0817
EDELSON S. S., CYCLOPROPANONE 7. MITT. 61-0534
EDER M., SYNTH. V. HETEROCYCLEN 103. MITT. 56-0453
- SYNTH. V. HETEROCYCLEN 105. MITT. 56-0455
EDER U., HOCHSUBSTITUIERTE AETHYLENE U. GLYKOLE 8. MITT. 64-0504
EDLITZ-PFEFFERMANN Y., AUFSPALT. V. N-BENZYL-THREO-BETA-HYDROXY-DL-ASPARAGINSAEURE 55-0265
EDMAN J. R., BEDEUT. D. ZWEITEN TRIPLETTZUSTAENDE FUER D. PHOTOCHEMIE IN LSG. 1. MITT. 57-0268
EDMUNDS J. A. G., KUPFER(II)-KATALYSIERTE HYDROLYSE V. 8-HYDROXY-CHINOLIN-SULFAT 55-0173
EDMUNDSON R. S., CYCL. ORGANOPHOSPHOR-VERB. 7. MITT. 53-0468
EDWARDS J. A., STEROIDE 317. MITT. 60-0770
- STEROIDE 315. MITT. 61-0779
EDWARDS J. D., STRUKTUR U. PESTICIDE WRKG. V. DERIV. V. DINITROPHENOLEN 4. MITT. 56-0343

- STRUKTUR U. PESTIZIDE WRKG. V. DINITROPHENOLEN 5. MITT. 56-0344
EDWARDS J. M., ZWISCHENPROD. BEI D. PHOTOCHEM. RK. V. ACETON MIT STICKOXID 53-0183
EDWARDS J. O., LSGM.-EINFL. AUF D. OX. V. THIOXAN DURCH WASSERSTOFFPEROXID U. TERT.-BUTYL-HYDROPEROXID 63-0250
EDWARDS L. H., ORGANOSILICIUMVERB., 4. MITT. 60-0362
EECKHAUT Z., VERGLEICHENDE PMR-UNTERS. AN METHYL-, AETHYL- U. HALOGENMETHYLZINNHALOGENIDEN 58-0008
EFENDIEV Z. B., FURFURYLIDEN- U. BENZYLIDEN-P-AMINOPHENOLE U. EINIGE IHRER AETHER 60-0385
EFFENBERGER F., AMINOBENZOLE 3. MITT. 58-0397
- SYNTH. IN D. HETEROCYCL. REIHE 11. MITT. 58-0656
- ORTHOAMIDE 5. MITT. 63-0384
EFIMOVA G. A., BESTAENDIGK. D. CHINONRINGES V. DERIV. D. BENZO(G)CHINOXALIN-5.10-DIONS 56-0199
EFIMOVA T. A., AUTOX. D. ACETYLENKOHLENWASSERSTOFFE 2. MITT. 58-0399
EFNER H. F., DARST. V. 6-ARYL-TETRAHYDRO-1.3-OXAZIN-2-ONEN U. IHRE HYDROLYSE ZU 3-SUBSTITUIERTEN PROPYLAMINEN 63-0723
EFROS L. S., BESTAENDIGK. D. CHINONRINGES V. DERIV. D. BENZO(G)CHINOXALIN-5.10-DIONS 56-0199
EGAN C., BICYCLONONANE 3. MITT. 61-0517
EGENBURG I. Z., EXO-DELTA(2)-NORCARENYL-(7)-ISOCYANAT U. SEIN VERHALTEN BEI D. ISOMERISIER. NACH COPE 53-0315
EGG H., 5-METHYLMERCAPTO-, 5-METHYLSULFINYL- U. 5-METHYLSULFONYLURACIL 54-0455
- DARST. EINIGER DERIV. D. 3-HYDRAZINO-BENZISOTHIAZOL-1.1-DIOXIDS 64-0648
EGGART G., PHOTOCHEM. RK. 41. MITT. 56-0252
- STEROIDE U. SEXUALHORMONE 233. MITT. 56-0699
- STEROIDE U. SEXUALHORMONE 234. MITT. 62-0803
EGGER H., MASSENSPEKTREN CYCL. ACYLALE 54-0090
- CYMANTRENDERIV. 5. MITT. 64-0005
- MASSENSPEKTROMETRIE V. GALLENSAEUREN 64-0148
EGGER K. W., THERM. INTRAMOL. UMLAGER. V. METHYL-CYCLOHEPTATRIENEN-(1.3.5) IN D. GASPHASE 2. MITT. 57-0250
- THERM. INTRAMOL. UMLAGER. V. METHYL-CYCLOHEPTATRIENEN-(1.3.5) IN D. GASPHASE 3. MITT. 57-0251
- NO-KATALYSIERTE ISOMERISIER. V. TRANS-2.6-DIMETHYL-HEPTATRIEN-(1.3.6) IN D. GASPHASE 60-0290
- KINETIK DER THERMISCHEN CYCLISIERUNG VON 2.6-DIMETHYL-HEPTATRIEN-(1.3 CIS.5) IN DER GASPHASE 60-0299
EGLE A., MEHRWERT. ALKOHOLE AUS STERINEN U. STERINDERIV., 5. MITT. 56-0717
EGLI R. H., ZUS. D. KAKAO-AROMAS 53-0584
- ZUS. D. AROMAS V. SCHWARZEM TEE 2. MITT. 53-0585
EGLINTON G., INFRAROTUNTERS. D. KONKURRIERENDEN INTRAMOL. WASSERSTOFF-BIND. IN EINER REIHE V. BENZYLALKOHOLEN 60-0150
- TRENNUNG EINER KOMPLEXEN ALKAN-MISCHUNG AN EINEM 7A-MOLEKUELSIEB 60-0839
EGLITE G. K., SYNTH. V. 2.4-DINITRO-INDANDION-(1.3) 59-0436
EGUCHI S., CHRYSANTHEMSAEURE 1. MITT. 59-0491
- CHRYSANTHEMSAEURE 2. MITT. 59-0492
- UNTERS. UEBER HETEROAROMATIZITAET 15. MITT. 63-0634
EHMANN W. J., CYCLOTRIMERISIER. V. (1.1.1-D3)-BUTIN-(2) DURCH TRIPHENYL-TRIS-(TETRAHYDROFURAN)-CHROM(III) 58-0306
EHRET C., OX. V. GUAJOL DURCH PB-TETRAACETAT, STRUKTUR V. GUAJOXID U. SEINEM EPIMEREN 64-0847
EHSAN A., KONFORM. U. REAKTIVITAET 7. MITT. 58-0255
- EINE NEUE INTERPRETATION D. KINETIK D. RK. V. CARBONSAEUREN MIT DIAZODIPHENYLMETHAN IN TOLUOL 59-0261
EIBEN K., WEITERE RINGOEFFNUNGSRK. AM BENZOCYCLOBUTEN 64-0533
EIBL H., SYNTH. V. CHOLINPHCSPHATIDEN 1. MITT. 57-0327
- SYNTH. V. CHOLINPHOSPHATIDEN 2. MITT. 57-0328
- SYNTH. V. CHOLINPHOSPHATIDEN 5. MITT. 57-0331
EICHELE O., UEBER BASISCH SUBSTITUIERTE TRYPTAMINE U.TRYPTOPHOLE 1. MITT. 57-0504
EICHER T., RK.-WEISE D. CYCLOPROPENONSYST. 5. MITT. 54-0430
EICHHORN B., CYCL. ESTER V. PHOSPHIN- U. THIOPHOSPHINSAEUREN 59-0644
EICHHORN D., STICKSTOFFHALTIGE STEROIDE 19. MITT. 59-0753
- STICKSTOFFHALT. STEROIDE 20. MITT. 63-0812
EICHLER D., ALPHA-HALOGENIERTE AMINE 19. MITT. 53-0261
EICHLER P., TUBERKULOSTATIKA 3. MITT. 53-0421
EICKEN K. R., PHOTOCHEM. UMLAGER. IN ENAMIDEN 60-0311
EIDEN F., UNTERS. AN GAMMA-PYRONEN 15. MITT. 54-0397
- UNTERS. AN 4-PYRONEN 16. MITT. 54-0409
- 4-PYRONE 17. MITT. 62-0648
EIGEN M., DIELEKTR. DISPERS. U. CHEM. RELAXAT. 63-0004
EIGENDORF G., MASSENSPEKTREN V. 6-AZA- U. 11-AZA-STEROIDEN 55-0090
- AZASTEROIDE 7. MITT. 57-0734
EILERMANN L., GEOMETRIE D. BENZOLRINGES IM 1.2.4.5-TETRA-TERT.-BUTYL-BENZOL 62-0150
EILHAUER H. D., TUBERKULOSTATIKA 3. MITT. 53-0421
EINSTEIN J. R., DARST. U. STRUKTUR EINES PHOTODIMEREN D. 1-METHYLTHYMINS 55-0122
EINWILLER A., GERBSTOFFE AUS D. HOLZ D. EDELKASTANIE U. D. EICHE 3. MITT. 53-0497
- ELEKTRONENSTOSSINDUZIERTE ALKYL- U. WASSERSTOFFWANDER. BEI DIPHENSAEUREDERIV. 61-0114
EISCH J. J., CARBONYLIER. V. UNGESAETT. ORGANOALUMINIUM-VERB. 56-0061
- LEICHTE TRANS- U. CIS-HYDRIDOALUMINIER. EINIGER ALKINYLDERIV. D. ELEMENTE D. 4. GRUPPE 57-0341
- NICKEL-KATALYSIERTE HYDRIDOALUMINIER. V. ALKINEN U. D. EINFL. V. NICKEL AUF D. ZIEGLER-DIMERISIER. VON AETHYLENEN 62-0261
EISELE W., FRAGMENTIER.-RK. 21. MITT. 62-0682
EISENBRANDT K., EIN NEUES ANTIFUNGALES HEXAENANTIBIOTIKUM, HEXAMYCIN 1. MITT. 63-0890
- UNTERS. UEBER EIN ANTIFUNGALES HEXAENANTIBIOTIKUM, HEXAMYCIN 2. MITT. 63-0891
EISENBRAUN E. J., ABBAU V. (-)-4-METHYL-ISOPULEGON ZU (+)-2-ISOPROPYL-2-METHYL-BERNSTEINSAEURE 62-0760
- OXYDATIVE DECARBOXYLIER. V. GAMMA-OXO-SAEUREN MIT BLEIDIOXID 63-0348
- POLYALKYLIERTE AROMAT. KOHLENWASSERSTOFFE 2. MITT. 63-0528
EISENHARDT W., PHOTOCHEM. UMWANDL. V. CARBONYLVERB. MIT KLEINEN RINGEN 17. MITT. 62-0300
EISENSCHMIDT V., EINFACHE SYNTH. V. 3-AMINO- BZW. 3.5-DIAMINO-1.2.4-TRIAZOLEN 60-0555
EISNER T., VERTEIDIG.-MECHANISMEN V. ARTHROPODEN 23. MITT. 62-0852
EISNER U., HETEROCYCL. UMLAGER. 3. MITT. 53-0460
- MORPHINDERIV. 5. MITT. 61-0731
EISS R., STRUKTUR V. HEXAKIS-(ACETYL-ACETONATO)-AQUO-TRIKOBALT(II) 57-0016
EISTERT B., UMSETZ. V. CYCLOPENTADIENONEN 4. MITT. 55-0401
- RK. V. ALPHA-DICARBONYLVERB. U. CHINONEN MIT DIAZOALKANEN 9. MITT. 57-0457
- RK. V. ALPHA-DICARBONYLVERB. U. CHINONEN MIT DIAZOALKANEN 10. MITT. 58-0586
- D. VERSCHIEDENE VERH. EINIGER O-CHINONE U. D. BENZILS GEGEN DIMETHYL- U. DIAETHYLZINK, ANALOGIE ZUM VERH. GEGEN DIAZOMETHAN U. -AETHAN 59-0434
EITER K., CHEMIE V. INSEKTENSEXUALLOCKSTOFFEN, SYNTH. V. DL-10-ACETOXY-HEXADECEN-(7-CIS)-OL-(1), 12-ACETOXY-OCTADECEN-(9-CIS)-OL-(1) (''GYPLURE'') U. 1-ACETOXY-10-PROPYL-TRIDECADIEN-(5-TRANS. 9) 57-0294
EJDUS J. A., SYNTH. AUF D. GEBIET D. 5-NITROFURYL-(2)-POLYALKENALE U. 5-NITROFURYL-(2)-POLYALKENONE 8. MITT. 64-0588
EJDUS J. T., SYNTH. V. CARBONSAEUREDERIV. UNTER D. BEDING. D. SAEUREKATALYSE AUS CO, OLEFINEN U. ACYLIERBAREN VERB. 26. MITT. 58-0368
- SYNTH. V. CARBONSAEUREDERIV. AUS CO, OLEFINEN U. ACYLIERENDEN VERB. UNTER D. BEDING. D.SAUREN KATALYSE 27. MITT. 60-0343
- SYNTH. V. CARBONSAEUREDERIV. AUS CO, OLEFINEN U. ACYLIERENDEN VERB. DURCH SAURE KATALYSE 28. MITT. 61-0356
- SYNTHESE VON CARBONSAEUREDERIVATEN AUS CO OLEFINEN UND ACYLIERBAREN VERBINDUNGEN UNTER DEN BEDINGUNGEN DER SAUREN KATALYSE, 29. MITT. 64-0483
EJGES C. A., STRUKTUR U. UMWANDL. V. AROMAT. DIAZOVERB. 42. MITT. 59-0433
- STRUKTUR U. UMWANDL. V. AROMAT. DIAZOVERB. 43. MITT. 60-0149
EKBLAD M., ISOLIER. U. EIG. V. PHORATOXIN, EINEM TOX. PROTEIN AUS PHORADENDRON SEROTINUM (LORANTHACEAE) 53-0601
EKONG D. E. U., CHEMIE D. MELIACINE (LIMONOIDE), STRUKTUR V. NIMBOLID, EINEM NEUEN MELIACIN AUS AZADIRACHTA INDICA 53-0583
- CHEMIE D. INHALTSSTOFFE V. XYLOPIA AETHIOPICA. STRUKTUR D. XYLOPSAEURE. EINER NEUEN DITERPENSAEURE 58-0766
- WESTAFRIKAN. NUTZHOELZER 21. MITT. 61-0773
- WESTAFRIKAN. NUTZHOELZER 22. MITT. 61-0774
EKSTROEM B., HALBSYNTHET. PENICILLINE 7. MITT. 56-0733
- HALBSYNTHET. PENICILLINE 8. MITT. 61-0806
ELAD D., STRAHLUNGSINDUZIERTE AMIDIER. V. DIENEN 56-0445
- PHOTOALKYLIER. V. CYCL. ACETALEN 59-0493
- PHOTOALKYLIER. V. GAMMA-BUTYROLACTON MIT OLEFINEN 60-0586
- LICHTINDUZIERTE ADDIT. V. 2-PYRROLIDON AN OLEFINE 64-0607
EL-ASSAL L., STOBBE-KONDENS. 4. MITT. 60-0438
EL-ASSAL L. S., STOBBE KONDENS. 5. MITT. 60-0498
EL-BAKOUSH M. S., RK. V. PHOSPHORVERB. 16. MITT. 64-0461
EL'COV A. V., SYNTH. U. EIG. V. FIXIERTEN LACTIMEN IN D. AROMAT. LACTIM-LACTAMREIHE 1. MITT. 53-0447
- 8.9-DIHYDRO-XANTHINDERIV. 1. MITT. 58-0658
- DELTA(3)-PYRAZOLINE, DARST. U. EIG. 1. MITT. 61-0580
- SYNTH. V. DELTA(3)-PYRAZOLINEN U. PYRAZOLIUMIONEN 61-0581
- TROPONOIDE 3. MITT. 62-0542
- EIN NEUER FALL D. CLAISEN-UMLAGER. 63-0304
- TROPONOIDE 4. MITT. 63-0610
- 6-METHOXY-SUBSTITUIERTE 2-THIONIAAZULENE 63-0611
- DELTA(3)-PYRAZOLINE, DARST., EIG. 2. MITT. 64-0628
ELDER M., INTRAMOL. CHLOR-ZINN-KOORDINAT. IN EINEM ORGANOZINNDERIV. D. SIEBENFACH KOORDINIERTEN MOLYBDAENS 61-0017
- DARSTELLUNG UND STRUKTUR EINES GERMANIUMUEBERBRUECKTEN EISENCARBONYL-KOMPLEXES ((CH3)2GE)3FE2(CO)6 64-0071
EL DIN A. M. S., MECHANISMUS D. NINHYDRIN-RED. NACH POLAROGRAPH. UNTERS. IN METHANOL. LSG., EINFL. V.

PROTONENDONATOREN U. KATALYSATOREN AUF D. RED.-PROZESS 59-0196
ELENE J., KONKURRIERENDE HYDRIER. V. UNGESAETT. KW-STOFFEN 59-0200
EL-FAGHI M., CHEMIE D. SULFONESSIGSAEUREDERIV. 1. MITT. 63-0379
ELGUERO J., VERBESSERTE DARST. V. 3-METHYL-PYRROL 53-0351
- AZOLE 26. MITT. 53-0391
- STRUKTUR V. 4.4'-DIBROM-CINNAMALDAZIN 54-0117
- STEREOCHEMIE D. AZINE AUS ALPHA,BETA-UNGESAETT. CARBONYL-VERB. 54-0278
- AZOLREIHE 27. MITT. 55-0403
- AZOLREIHE 28. MITT. 55-0404
- AZOL-REIHE 29. MITT. 56-0504
- AZOL-REIHE 30. MITT. 56-0505
- SYNTH. U. NMR-UNTERS. V. AM STICKSTOFF DURCH GERMANIUM U. SILICIUM SUBSTITUIERTEN PYRAZOLEN U. INDAZOLEN 57-0112
- AZOLREIHE 32. MITT. 57-0529
- SYNTH. U. NMR-SPEKTREN V. AM STICKSTOFF DURCH PHOSPHOR SUBSTITUIERTEN PYRAZOLEN U. INDAZOLEN 57-0533
- NMR-UNTERS. D. STEREOCHEMIE V. ALDAZINEN U. KETAZINEN 59-0157
- AZOL-REIHE 31. MITT. 59-0547
- ANGEBL. STABILE N-PROTONIERTE FORM EINES ENAMINS 60-0668
- AZOLREIHE 33. MITT. 64-0632
EL-HAJ M. J. A., STEROIDHORMON-ANALOGE 3. MITT. 59-0744
ELIA V. J., RK. V. AMINEN 16. MITT. 56-0463
ELIEL E. L., KONFORM.-ANALYSE 13. MITT. 58-0149
- KONFORM.-ANALYSE, 14. MITT. 58-0150
- KONFORM.-ANALYSE 15. MITT. 60-0171
- KONFORM.-ANALYSE 16. MITT. 64-0176
ELINA A. S., CHINOXALIN-N-OXIDE 15. MITT. 64-0741
ELIX J. A., SYNTH. SUBSTITUIERTER PYOLUTEORINE 53-0356
- FURAN-CHEMIE 6. MITT. 59-0521
- FURAN-CHEMIE 7. MITT. 60-0495
ELJASBERG M. E., FERROCENDERIV. 54-0034
- CYANAETHYLIER. V. POLYKETONEN 61-0410
EL KAISSI F., BASENKATALYSIERTE SPALTUNG V. ALLYL-DERIV. V. ELEMENTEN D. GRUPPE IV A, 1. MITT. 59-0030
EL KHADEM H., RK. V. BENZIL-MONO- U. -BIS-ARYLHYDRAZONEN 61-0591
- 1-ARYL-1.2.3-TRIAZOLE 63-0653
- KOHLENHYDRAT-DERIV. V. 1-SUBSTITUIERTEN 1.2.3-TRIAZOLEN 2. MITT. 63-0754
- SYNTH. U. SPEKTREN V. 1-ARYL-PYRAZOLMONOCARBONSAEUREN 64-0637
EL KHADEM H. S., STRUKTUR V. ZUCKER-OSOTRIAZOLEN, KONFORM.- U. KONFIG.-WECHSELWRKG. D. POLYHYDROXYALKYL-KETTEN 59-0150
ELKIK E., DARST. V. ALDEHYDEN MIT AETHYLEN-GRUPPIER. IN ALPHA,BETA-STELL. 58-0353
- ALPHA-FLUORZIMTSAEUREESTER U. BETA-FLUORSTYROLE 2. MITT. 62-0090
ELLER K. I., ZUSAMMENGESETZTE LIPIDE 31. MITT. 59-0333
ELLERMANN J., SPIROHETEROCYCL. VERB. 9. MITT. 58-0069
ELLESTAD G. A., STRUKTUREN V. METHYL-ALDGAROSID A U. B AUS D. NEUTRALEN MACROLIDANTIBIOTIKUM ALDGAMYCIN E 54-0556
- KONDENS. MIT ACETANHYDRID 55-0551
- STRUKTUR V. FRENOLICIN 60-0789
ELLIOTT C. S., STABILITAET V. PEROXYRADIKALEN IN GGW. V. UEBERGANGSMETALL-IONEN, ESR-UNTERS. 54-0077
ELLIOTT M., SYNTH. V. 4-ALLYL- U. 4-BENZYL-2.6-DIMETHYL-BROMBENZOL AUS 2.6-XYLIDIN 53-0287
ELLIOTT R., ISOMERE PYRIDOPYRAZINE AUS TETRAAMINOPYRIDINEN MIT PYRUVALDEHYD UND BENZIL 64-0731
ELLIOTT R. D., POTENTIELLE FOLSAEURE-ANTAGONISTEN 3. MITT. 59-0615
ELLIOTT R. L., FUNKTIONELL SUBSTITUIERTE TRISILYLAMIN-DERIV. 58-0037
ELLIOTT W. H., GALLENSAEUREN 23. MITT. 58-0773
ELLIS M. C., THERM. UMLAGER. V. CYCLOPROPYL-KETIMINEN 1. MITT. 56-0653
ELLIS R. C., D. BIOGENESE ANALOGE SYNTH. V. XANTHONEN 53-0403
ELORANTA J., ESR-SPEKTREN D. NEGATIVEN IONEN V. OCTAHYDRO-, HEXAHYDRO- U. DIHYDROPHENANTHREN IN 1.2-DIMETHOXY-AETHAN 54-0075
- SPEKTREN D. NEGATIVEN IONEN D. PYRENS, D. 4.5-DIHYDROPYRENS U. D. 1.2.3.6.7.8-HEXAHYDROPYRENS IN 1.2-DIMETHOXY-AETHAN 55-0085
ELPHIMOFF-FELKIN I., BLDG. V. VINYLZWISCHENPROD. WAEHREND D. RED. NACH WOLFF-KISHNER ODER CAGLIOTI V. ALPHA,BETA-UNGESAETT. CYCLOALIPHAT. KETONEN 59-0205
ELSAKOV N. V., ALPHA.ALPHA'-DIHYDROXY-BIS-(HALOGENALKYL)-PEROXIDE 64-0366
EL-SCHERBINEY A., NITROMETHAN-KONDENS. MIT DIALDEHYDEN 14. MITT. 63-0481
- NITROMETHAN-KONDENS. MIT DIALDEHYDEN 11. MITT. 63-0523
ELSER W., RK. D. TROPONS, DIPHENYLCYCLOPROPENONS U. PHENALENONS MIT DIPHENYLKETEN U. BENZOLSULFONYLISOCYANAT 59-0508
EL-SHAFEI Z. M., RK. V. BENZIL-MONO- U. -BIS-ARYLHYDRAZONEN 61-0591
EL SHANTA M. S., DARST. U. EIG. EINIGER 3-ACETYL- U. 5-FORMYL-5-HALOGEN-BENZOL(B)THIOPHENE 54-0367
- RK. V. 3-ACETAMIDO-2-NITRO-BENZO(B)THIOPHEN U. SEINEN 5-CHLOR- U. 5-BROM-DERIV. 56-0481
ELSLAGER E. F., 3-PHENYLRHODANINE ALS ANTIMALARIA-WIRKSTOFFE 60-0541
- NEUE ANTITUBERKULOESE U. ANTILEPROT. AGENTIEN, 1-(3-(5.6.7.8-TETRAHYDRO-4-(PHENYLAZO- U. -3-PYRIDYLAZO)-1-NAPHTHYL-AMINO)-PROPYL)-PIPERIDINE U. AEHNLICHE VERB. 63-0675
- POTENTIELLE ANTIMALARIAMITTEL. 2-(DIALKYLAMINO-ALKYLAMINO)-3-(2-PYRIDYL)-CHINOXALINE 63-0898
ELSLAGER F., DARST. V. AMINOACRIDINEN U. TEST AUF INDUKT. V. LUNGENTUMOR-FLUORESZENZ BEI RATTEN 60-0807
ELSOM L. F., THALLIUM IN D. ORGAN. SYNTH. 3. MITT. 62-0320
EL'TSOV A. V., 2-THIONIA- U. 2-AZONIA-AZULENE 58-0563
- 1.3.7.9-TETRAMETHYL-8.9-DIHYDRO-XANTHIN U. SEINE CHEM. EIG. 58-0664
ELVIDGE J. A., CHEMIE D. HOPFEN-BESTANDTEILE 31. MITT. 53-0094
- O-CYAN-CINNAMONITRILE U. VERWANDTE VERB. 54-0279
- BUTADIENSULFON-CHEMIE 2. MITT. 55-0379
- BUTADIENSULFON-CHEMIE 4. MITT. 57-0118
- HALOGEN-O-PHENYLENDIAMINE U. V. IHNEN ABGELEITETE HETEROCYCLEN 2. MITT. 62-0501
- HETEROCYCL. IMINE U. AMINE 11. MITT. 62-0502
- CHEMIE D. HOPFENBESTANDTEILE 32. MITT. 62-0783
ELVING P. J., ELEKTROCHEM. RED. V. BENZOPHENON IN APROT. LSGM., EINFL. D. PROTONEN-VERFUEGBARK. 61-0190
ELWOOD T. A., EIN CYCLOBUTADIENKATIONRADIKAL IM MASSENSPEKTROMETER, UNTERS. V. MASSENSPEKTROMETR. RK. DURCH KENNZEICHN. MIT P-FLUORSUBSTITUENTEN 60-0137
EMEL'JANOV I. S., SYNTH. U. UMWANDL. V. ACETALEN AUF D. BASIS V. 3-PHENYL-PROPIN-(2)-OL-(1) 55-0238
EMEL'JANOV N. P., KONDENSATION V. CYCLOHEXADIEN-(1.3) MIT UNGESAETTIGTEN NITROVERB. 53-0316
EMERY E., SOLVOLYSE V. ALKYLDIAZOTATEN 4. MITT. 63-0266
EMILIOZZI R., BETA-D-GLUCOPYRANURONOSIDE V. HYDROXYSTEROIDEN D. ANDROSTAN-REIHE 59-0762
EMMETT J. C., INTRAMOL. ACYLIER. EINIGER HEXEN-, HEPTEN-U. OCTENSAEUREN 58-0371
EMMICK T. L., UNSYMM. SEK. PHOSPHINOXIDE, SYNTH., ISOTOPENAUSTAUSCH U. STEREOCHEM. UNTERS. 64-0462
EMOKPAE T. A., AROMAT. NUCLEOPHILE SUBSTITUT. 14. MITT. 60-0271
EMOVON E. U., THERM. ZERS. V. ALKYL-VINYLAETHERN 2. MITT. 60-0292
EMPTOZ G., EINE NEUE SYNTH. V. 2.6-DIMETHOXY-BENZOCHINON 55-0286
- NEUE ANTIAROLSYNTH. 56-0342
ENDO T., RK. V. QUECKSILBER(II)-SALZEN MIT BIS-(DIAETHYLTHIOCARBAMOYL)-DISULFID U. BENZOLSULFENYL-CHLORID 64-0384
ENDRES L. S., RK. V. AMINEN 16. MITT. 56-0463
ENG S. S., ELEKTRON. EINFL. BEI SOLVOLYSE-RK. 2. MITT. 59-0227
ENGBERTS J. B. F. N., BASENKATALYSIERTE ELIMINIER.-ADDIT.-RK. V. AETHYL-N-TOSYLMETHYL- ODER AETHYL-N-(ALPHA-TOSYL-BENZYL)-CARBAMATEN U. -THIO-CARBAMATEN (VORL. MITT.) 57-0375
- KOVALENTE SULFONYLMETHYLPERCHLORATE, MECHANISMUS D. HYDROLYSE 59-0225
- MECHANISMUS D. RK. V. ALPHA-DIAZOSULFONEN 3. MITT. 60-0254
- GEHINDERTE INNERE ROTATION BEI METHYL-N-METHYL-N-ARYLSULFONYLMETHYL-CARBAMATEN U. VERWANDTEN CARBAMATEN, WEITBEREICHSABSCHIRM. D. ESTERMETHYLGRUPPE DURCH EINEN AROMAT. RING 62-0123
ENGEL C. R., STEROIDE U. VERWANDTE PROD. 26. MITT. 60-0772
- STEROIDE U. VERWANDTE PROD. 27. MITT. 61-0786
ENGEL P. S., BETEILIG. V. KOHLENWASSERSTOFF-SINGULETTZUSTAENDEN BEI D. PHOTOLYSE V. AZOVERB. 63-0336
ENGEL R., MOL.-PHOTOCHEMIE 7. MITT. 63-0114
ENGELHARDT E. L., ANTIDEPRESSIVA. TETRABENAZINANTAGONIST. AKTIVITAET IN EINER REIHE V. 5H-DIBENZO(A,D)CYCLOHEPTEN-5-PROPYLAMINEN 60-0439
ENGELHARDT G., ALPHA-HALOGENAETHER 31. MITT. 53-0203
- (1)H-NMR-SPEKTROSKOP. UNTERS. ZUM SUBSTITUENTEN- U. KETTENLAENGENEINFL. AUF D. SIOSI-BIND.-STRUKTUR IN ALPHA.OMEGA-DISUBSTITUIERTEN POLYDIMETHYLSILOXANEN 57-0008
- SI-N-BIND. 29. MITT. 59-0441
ENGELMANN J. H., BENZOYLIER. D. NA-SALZES V. 5H-PHENANTHRIDINON-(6) U. O-N-BENZOYLWANDER. 64-0716
ENGGIST P., SYNTH. VON (+-)-LOLIOLID, (+-)-ACTINIDIOLID, (+-)-DIHYDROACTINIDIOLID U. DERIV. AUS HOMOSAFRANSAEURE, SENSIBILISIERTE PHOTOOX. V. HOMOSAFRANSAEUREMETHYLESTER 60-0755
- SYNTH. V. ROSEFURAN U. DEHYDROELSHOLTZION 61-0539
ENGLAND B. T., DIMROTH-UMLAGER. 9. MITT. 54-0450
ENGLAND D. C., FLUORKETENE 2. MITT. 59-0297
- RK. V. SULFIDIONEN MIT FLUORIERTEN OLEFINEN 63-0692
ENGLAND J. D., CHEM. U. BIOLOG. EIG. EINIGER DERIV. V. CIS- U. TRANS-1-HYDROXY-CHINOLIZIDIN 60-0591
ENGLERT M. E., REINIG. U. STRUKTUR V. SCHWEINE-CALCITONIN-1 63-0834
ENGLISH P. J. Q., INFRAROT-INTENSITAETEN ALS QUANTITATIVE MESS. INNERMOL. WECHSELWRKG. 4. MITT. 61-0084
ENSSLIN H., CYCLOPROPANVERB. 12. MITT. 62-0422
ENTWISTLE I. D., BESTANDTEILE D. ZIGARETTENRAUCHS 10. MITT. 61-0329

- BESTANDTEILE D. ZIGARETTENRAUCHS 11. MITT. 64-0521
ENTWISTLE N., 23XI-HYDROXY-LANCSTERIN, EIN NEUES TRITERPEN-PILZ-STOFFWECHSELPROD. AUS D. BASIDIOMYCET SCLERODERMA AURANTIUM PERS 62-0763
ENZELL C., ''ASTERINSAEURE'', EIN ACETYLENCAROTINOID 61-0746
ENZELL C. R., MASSENSPEKTROMETR. UNTERS. V. DITERPENEN 5. MITT. 54-0084
EPLEY T. D., EINFL. V. LSGM. AUF ADDUKTBILDUNGSENTHALPIEN 64-0206
EPPENBERGER U., SALPETERSAEUREESTER V. PYRIMIDIN-NUCLEOSIDEN 56-0635
- STEREOCHEMIE D. UMWANDL. V. DIHYDROTHEBAIN IN THEBAIN, SYNTH. V. MARKIERTEN THEBAINEN 59-0698
EPPLEY R. L., KINETIK D. THERM. ZERS. V. TERT.-BUTYL-LITHIUM IN KOHLENWASSERSTOFF-LSG. 56-0048
- ADDIT. AN U. ALKYLIER. V. NAPHTHALIN DURCH TERT.-BUTYLLITHIUM, KINETIK U. MECHANISMUS 60-0247
EPSZTEIN R., SYNTH. U. EIG. D. DIASTEREOISOMEREN HEXADIIN-(1.5)-DIOLE-(3.4) 56-0274
- NEUE HYDROXYLIERTE ACETYLENVERB. 58-0349
- ERWEITER. D. METH. ZUR SYNTH. V. ACETYLEN-ACETALEN NACH HOWK U. SAUER 58-0352
ERDEY L., AMMONIUM-SULFOSALICYLAT ALS KOMPLEXBILDNER IN DER IONENAUSTAUSCHCHROMATOGRAPHIE, 2. MITT. 64-0026
ERDTMAN H., CHEMIE D. ORDN. PCDOCARPALES 1. MITT. 56-0758
- CYCLOOLIGOMERE PHENOL-ALDEHYD-KONDENS.-PROD. 1. MITT. 60-0445
- EINIGE NEUE CEDRANDERIV. AUS JUNIPERUS FOETIDISSIMA WILLD., KONFIGURATION VON CEDROLSAEURE 61-0762
ERICKSON E. H., IRREVERSIBLE ENZYMINHIBITOREN 115. MITT. 60-0810
ERICKSON K., VERTEIDIG.-MECHANISMEN V. ARTHROPODEN 23. MITT. 62-0852
ERICKSON S. K., TRITIUM-VERTEIL. IN BUTTERSAEURE NACH KATALYT. HYDRIER. V. CROTON- BZW. TETROLSAEURE, BEWEIS FUER INTRAMOL. WASSERSTOFFUEBERGANG 58-0211
ERICSON U., MOLEKULARSPEKTROSKOPIE MITTELS ESCA (ELEKTRONENSPEKTROSKOPIE FUER CHEM. ANALYSE), LAD.-VERTEIL. IN STICKSTOFFVERB. 59-0102
ERICSSON L., VORK. V. GLYCERINALDEHYD-2-ARYLAETHERSTRUKTUREN IM LIGNIN 55-0575
ERIKSEN R., GEOMETR. ISOMERE V. CYCLOPHOSPHITEN 53-0461
ERIKSSON B., THIOPHEN-ANALOGE D. FLUORENS 1. MITT. 58-0575
ERIKSSON S. O., HYDROLYSE V. ANILIDEN 3. MITT. 56-0212
ERLENMEYER H., METALLION-KOMPLEXBLDG. FUENFGLIEDRIGER ALPHA-CARBOXYHETEROCYCLEN 59-0024
- METALL-IONEN U. H2O2 16. MITT. 62-0808
ERMACKOVA I. F., SYNTH. V. ORGANOCYCLOSILOXANEN MIT CYANALKYLGRUPPEN AM SILICIUM-ATOM 64-0418
ERMAN W. F., STEREOCHEMIE D. ACYL-HALOGENID-ADDIT. AN OLEFINE, INTRAMOL. CYCLISIER. V. 4-CIS-CYCLOOCTEN-1-CARBONSAEURECHLORID 62-0476
- TOTALSYNTH. V. DL-SABINEN, DL-TRANS-SABINENHYDRAT U. VERWANDTEN MONOTERPENEN 62-0759
ERMARCENKO V. I., DARST. U. SPEKTROSKOP. UNTERS. V. PEROXIDEN ALIPHAT. NITROACYLVERB. 55-0248
- ALPHA.ALPHA'-DIHYDROXY-BIS-(HALOGENALKYL)-PEROXIDE 64-0366
ERNEST I., SYNTHET. VERS. IN D. GRUPPE HYPOTENSIV WIRKSAMER ALKALOIDE 39. MITT. 61-0732
ERNST B., RK. MIT 1.4-DINITROBUTAN 56-0569
ERNST R. E., DIASTEREOISOMERE VIERFACH KOORDINIERTE KOMPLEXE 4. MITT. 61-0028
ERSOV B. A., ISOMEREN-UMWANDL. V. ALPHA-OXIDEN MIT BEWEGL. WASSERSTOFFATOMEN IN D. SEITENKETTE 13. MITT. 62-0498
- ISOMEREN-UMWANDL. V. ALPHA OXIDEN MIT BEWEGL. WASSERSTOFFATOMEN IN D. SEITENKETTE 12. MITT. 62-0593
- DARST. V. GAMMA-CARBALKOXY-DELTA-KETO-OXIDEN MIT EINEM REAKTIVEN WASSERSTOFFATOM IN D. SEITENKETTE 63-0585
ERSOVA T. V., EIGENSCHAFTEN V. ALKYLARYLTRIAZENEN 58-0431
ERYKALOV J. G., ORIENTIER. BEI D. SUBSTITUT. IN D. AROMAT. REIHE 21. MITT. 64-0304
ERZANOV K. B., 1.4-BIS-(1.2.5-TRIMETHYL-4-HYDROXY-PIPERIDYL-(4))-BUTADIIN-(1.3) U. SEINE RK. 60-0614
- HYDRIER. D. BETA- U. GAMMA-ISOMEREN V. 1.4-BIS-(1.2.5-TRIMETHYL-4-HYDROXY-PIPERIDYL-(4))-BUTADIIN-(1.3) 64-0249
ESCHENMOSER A., SYNTH. V. ACETYLEN-CARBONYLVERB. DURCH FRAGMENTIER. V. ALPHA.BETA-EPOXY-KETONEN MIT P-TOLUOLSULFONYLHYDRAZIN 54-0201
- FRAGMENTIER. V. ALPHA.BETA-EPOXY-KETOXIMEN ZU ACETYLENKETONEN 54-0202
ESCUDIER H., SOLVOLYSE D. 1-CHLOR-2.4.6-TRINITRO-BENZOLS IN WASSER-METHANOL-GEMISCHEN 57-0229
ESER H., D. STRUKTUREN D. MITTLEREN RINGVERB. 12. MITT. 53-0105
- D. STRUKTUREN D. MITTLEREN RINGVERB. 13. MITT. 53-0106
ESHIETT I. T., ISOLIER. U. STRUKTURAUFKLAER. EINIGER DERIV. V. DIMETHYLALLYL-CUMARIN, CHROMON, CHINOLIN U. PHENOL AUS FAGARA SPECIES U. AUS CEDRELOPSIS GREVEI 59-0787
ESKO K., ELEKTRONEN-DONATOR-AKZEPTOR-KOMPLEXE BEI POLYPEPTIDEN, 2. MITT. 60-0200
ESKOLA S., BETA- U. DELTA-FURFURAL-LAEVULINSAEUREN U. IHRE DERIV. (VORL. MITT.) 58-0572
ESLAKOV N. V., DARST. U. SPEKTROSKOP. UNTERS. V. PEROXIDEN ALIPHAT. NITROACYLVERB. 55-0248
ESPEJO O., BLDG. U. UMWANDL. V. ESTERN 76. MITT. 54-0453
- BLDG. U. UMWANDL. V. ESTERN 79. MITT. 58-0663
ESPENSON J. H., SALZISOMERIE D. CYANIDIONS, KINETIK U. MECHANISMUS D. RK. V. CHROM(II) U. CYANOKOBALT(III)-KOMPLEXEN 60-0032
- MECHANISMUS V. INNERSPHAEREN-ELEKTRONEN-AUSTAUSCH-RK. V. CHROM(II) U. CYANOAQUOCHROM(III)-KOMPLEXEN 62-0019
ESPINOSA F. G., CARBOXONIUMVERB. IN D. KOHLENHYDRATCHEMIE 3. MITT. 53-0479
- CARBOXONIUMVERB. IN D. KOHLENHYDRATCHEMIE 4. MITT. 57-0637
- CARBOXONIUMVERB. IN D. KOHLENHYDRATCHEMIE 5. MITT. 57-0638
- CARBOXONIUMVERB. IN D. KOHLENHYDRATCHEMIE 6. MITT. 57-0639
ESPOSITO P., IRIDOIDE, 3. MITT. 54-0498
- IRIDOIDE 5. MITT. 60-0695
ESSER H. O., ABBAU D. INSEKTIZIDES GS 13005 IN D. RATTE, STRUKTURAUFKLAER. D. WICHT. METABOLITE 60-0831
ESTERBAUER H., WRKG. V. ALDEHYDEN AUF GESUNDE U. MALIGNE ZELLEN, 2. MITT. 55-0239
- WRKG. V. ALDEHYDEN AUF GESUNDE U. MALIGNE ZELLEN, 3. MITT. 55-0240
ETEMADI A., SPEZIF. SPALT. V. LINEAREN, CYCLOPROPANRINGE ENTHALTENDEN ALDEHYDEN BEI D. MASSENSPEKTROMETRIE 56-0139
- NEUE BESTAETIG. D. STRUKTUR U. BIOGENESE V. ALPHA-AVI-MYCOLSAEUREN 56-0737
ETEMADI A. H., STRUKTUR D. ALPHA-MYCOLSAEUREN 55-0322
ETIENNE A., HYDRIER. V. BENZOCHINOLINDIONEN 58-0645
- 2-ACRYLOYL-ANTHRACHINON 59-0453
ETLIS V. S., RK. V. 3.4-EPOXY-4-METHYL-PENTANON-(2) MIT WASSERSTOFFPEROXID 53-0198
- 1.3-DIOXOLANE 1. MITT. 58-0588
- DARST. V. N-METHYL-N-PHENYL-METHYLCARBAMAT 59-0371
- RINGERWEITER.-RK. D. AZIRIDINRINGS 1. MITT. 62-0550
- RINGERWEITER.-RK. D. AZIDINRINGS 2. MITT. 64-0570
ETTEL V., NAPHTHOL AS-ANALOGE, ABGELEITET V. HARNSTOFFEN BZW. THIOHARNSTOFFEN AUS 5-AMINO-SALICYLSAEURE-ARYLAMIDEN 62-0393
ETTENHUBER E., SI-N-BIND. 28. MITT. 58-0446
ETTINGER R., SYNTH. U. STRUKTURUNTERS. V. 2.6-DIAMINOBENZO(1.2-D,4.5-D')BISTHIAZOL 63-0644
ETTORE R., THERMODYN. UNTERS. AN PENTAKOORDINIERTEN KOMPLEXEN 3. MITT. 56-0040
ETZOLA G., UMWANDL. D. L-ERYTHRO- IN D. L-THREO-KONFIG. AM INTAKTEN THYMIN-2'-DESOXYPENTOPYRANOSID 59-0675
ETZOLD G., PYRANOIDE THYMIN-O(2).3'-CYCLONUCLEOSIDE 55-0498
- ANOMERE THYMIN-NUCLEOSIDE D. 2-DESOXY-D-RIBOPYRANOSE U. 2-DESOXY-L-RIBOPYRANOSE 57-0651
- THYMIN-NUCLEOSIDE D. 2-DESOXY-D-XYLOPYRANOSE 58-0704
EUDY N. H., BEVORZUGTE HALBSESSELKONFORMATION D. A-RINGE IN DELTA(5,10)-OESTRENEN 55-0112
EUGSTER C. H., EQUISETUMALKALOIDE 8. MITT. 62-0736
EVANEGA G. R., ZUORDNUNG D. KONFIGURATION FUER PHOTOADDITIONSPROD. UNSYMM. CARBONYLE AN FURAN UNTER VERWEND. V. PSEUDOKONTAKT-VERSCHIEB. 58-0144
- PHOTOCYCLOADDIT. V. CARBOSTYRIL AN OLEFINE 61-0638
EVANS A. G., RK. V. RADIKAL-ANIONEN 6. MITT. 58-0209
EVANS D. E., CYCLOPROPANOSTEROIDE 62-0806
EVANS F. W., BLDG. V. ADDUKTEN ZWISCHEN FLUORIERTEN KETONEN U. METALLFLUORIDEN 63-0094
- BLDG. V. FLUORIERTEN AETHERN DURCH EINE MODIFIZIERTE HALOHYDRFIN-RK. 63-0370
EVANS J. M., DARST. V. BENZOTRIFURAZAN U. DESSEN KOMPLEXEN MIT ORGAN. MOL. 55-0424
- BICYCLONONANE 3. MITT. 61-0517
EVANS M. E., RK. V. KOHLENHYDRATEN MIT METHYLSULFONYL-CHLORID IN N.N-DIMETHYLFORMAMID, DARST. EINIGER ME-THYL-6-CHLOR-6-DESOXY-GLYKOSIDE 61-0689
EVANS M. L., SYNTH. U. DESULFURIER. V. 2.3.3-TRICHLOR U. 2.2.3-TRICHLOR-THIOXANEN 62-0639
EVANS M. T. A., BIOSYNTH. V. PHENOLEN 13. MITT. 56-0657
EVANS R. H., KONDENS. MIT ACETANHYDRID 55-0551
EVANS T. R., PHOTOCHEMIE VON ALPHA-KETOSAEUREN U. ALPHA-KETOESTERN, 6. MITT. 61-0311
EVANS W. H., UNTERS. AN CYCLOOCTANEN 1. MITT. 61-0510
EVENHUIS B., SYNTH. U. EIG. V. STERISCH GEHINDERTEN BUTADIENEN, EINE MODIFIKATION D. CUGAEV-RK. 64-0354
EVERETT G. D., DICHLORO-(1.4-DIOXAN-(O.O'))-ZINK(II) 64-0052
EVERETT J. L., CYTOAKT. AMINOSAEUREN U. PEPTIDE 13. MITT. 64-0517
EVNIN A. B., POLYCHLORNORBORNADIENYLLITHIUM-VERB. 63-0057
EVRARD P., KATION. POLYMERISAT. V. 4.5.6.7-TETRAMETHYL-INDEN 63-0865
EVSTIFEEV A. V., NUCLEOPHILE SUBSTITUTION IN DER AROMATISCHEN REIHE, 26. MITT. 61-0255
EVSTIGNEEVA R. P., SYNTH. V. CHELATEN D. 2.7.12.17-TETRAMETHYL-1.4.6.9.11.14.16.19-OCTAKETOCYCLOEICOSANS 54-0039
- CLAISEN-KONDENS. V. ALPHA.BETA-SUBSTITUIERTEN LAEVULINSAEUREESTERN 54-0300
- SPEKTRALE UNTERS. V. LAEVULINESTERN U. DEREN AKTIVITAET BEI D. CLAISEN-KONDENS. 55-0192
- SYNTH. V. BETA-DICARBONYL-VERB. 55-0307
- EINFL. ELEKTRONEGATIVER SUBSTITUENTEN AUF D. ELEKTRONENSPEKTREN V. PORPHYRINEN IN FORM D. DIKATIONEN 62-0071

- SYNTH. VON 1.4.5.8-TETRAMETHYL-2.3-DICARBAETHOXY-PORPHIN 64-0776
EWING D. F., SYNTH. V. 2.3-DIHYDRO-1H-(1)BENZOTHIENO(2.3-C)PYRROLEN U. VERWANDTEN AMINOMETHYLBENZO(B)THIOPHENEN 57-0511
- PROTONENMAGNET. RESONANZSPEKTREN V. BENZO(B)THIOPHEN-DERIV. 60-0109
EWINS R. C., LSGM.-TREND BEI D. EPOX. SUBSTITUIERTER ALKENE 56-0208
EXNER O., PROTONIER. MEHRWERTIGER ORGAN. BASEN 2. MITT. 58-0180
- UNTERS. IN D. PYRIDIN-REIHE 25. MITT. 63-0224
- KONFORM. V. AROMAT. SULFOESTERN AUS DIPOLMOMENTEN 64-0179
EYRING H., DIELEKTRIZITAETSKONST. V. GEMISCHEN U. V. EINIGEN WASSERSTOFFGEBUNDENEN FL. IM SUPERKRIT. BEREICH 63-0027
EZEKIEL A. D., STABILE PYRIDIN-ANHYDROBASEN 54-0425

F

FABER L., UEBERFUEHR. V. 1-BENZYL-ISOCHINOLINEN IN BERBINIUM-SALZE 6. MITT. 58-0724
FABIAN A. C., PHOTOCHEMIE V. UNGESAETT. KETONEN IN LSG. 14. MITT. 59-0268
FABIAN J., ORGAN. SCHWEFELVERB. 83. MITT. 55-0057
- LCAO-MO-BERECHN. AN SCHWEFELHALT. PI-SYST. 6. MITT. 55-0058
- ORGAN. SCHWEFELVERB. 91. MITT. 56-0188
FABINY D. L., PHOTOCYCLOADDIT. V. CARBOSTYRIL AN OLEFINE 61-0638
FABRE C., AROMAT. AMINOALKYLIER. DURCH RADIKAL. REKOMBINAT. 53-0159
FABRICNYJ B. P., BECKMANN-UMLAGER. D. THIOPHENO-(2'.3'-1.2)-CYCLOHEPTANON-(3)-OXIMS 56-0615
- SYNTH. ALIPHAT. AMINOSAEUREN AUS THIOPHENDERIV. 10. MITT. 61-0550
FABRYCY A., SYNTH. V. 2.3-DIMETHYL-2-ISOBUTYL-5-PHENYL-DIHYDROFURYLIUMSALZEN DURCH CYCLISIER. V. 3.4.5-TRIMETHYL-1-PHENYL-HEPTIN-(1)-DIOL-(3.4) 54-0361
- EINW. V. QUECKSILBERSALZEN AUF ACETYLENGLYKOLE 5. MITT. 58-0570
- FARB. DIHYDROFURYLIUMSALZE 4. MITT. 59-0516
- SYNTH. V. DIHYDROFURYLIUMSALZEN 59-0523
- BASIZITAET V. HYDROXYPHTHALANEN 10. MITT. 64-0216
FABRYOVA A., ASYMM. RK. 12. MITT. 53-0202
FACEY S., OX. V. 10-CHLOR-TRICYCLEN, EXO-6-CHLOR-CAMPHEN U. TRANS-8-CHLOR-CAMPHEN 63-0793
FACHMANN H., INHALTSSTOFFE V. ARZNEIPFLANZEN 18. MITT. 55-0538
FACKLER J. P. JUN., NUCLEOPHILE SUBSTITUT. V. KOORDINIERTEN XANTHOGENATEN U. DITHIOCARBAMATEN 54-0047
- SCHWEFELCHELATE 8. MITT. 63-0090
- FUENFFACH KOORDINIERTE PLATIN(II)- U. PALLADIUM(II)-KOMPLEXE 63-0100
FADEEVA T. M., CYCL. UNGESAETT. VERB. 30. MITT. 64-0476
FAESEL J., PEPTIDSYNTH. 35. MITT. 62-0817
FAGHERAZZI G., KRISTALL- U. MOLEKULARSTRUKTUR V. COC12H19, KATALYSATOR FUER D. DIMERISAT. V. BUTADIEN 57-0018
FAHEY R. C., POLARE ADDIT. AN OLEFINE U. ACETYLENE 5. MITT. 61-0281
FAHEY R. V., BEWEIS KONKURRIERENDER BI- U. TRIMOLEKULARER MECHANISMEN D. CHLORWASSERSTOFFADDIT. AN CYCLOHEXEN 54-0168
FAHR E., UMSETZ. V. DIAZOVERB. MIT AZOVERB. 8. MITT. 54-0431
- UMSETZ. V. DIAZOVERB. MIT AZOVERB. 7. MITT. 57-0560
- CARBONYL-AZO-VERB. 2. MITT. 61-0419
- CARBONYL-AZO-VERB. 3. MITT. 61-0420
FAHRBACH G., LIGANDENAUSTAUSCHRK. AN ORGAN. DERIV. D. TETRAVALENTEN TELLURS 58-0490
- TELLURSPIRANE 61-0568
FAILLI A., TOTALSYNTH. EINIGER MONOMERER VINCA-ALKALOIDE, DL-VINCADIN, DL-VINCAMINOREIN, DL-VINCAMINORIN, DL-VINCADIFFORMIN, DL-MINOVIN U. DL-VINCAMINORIDIN 64-0818
FAIRLIE J. C., SOLVOLYT. VERH. V. EXO- U. ENDO-BICYCLO(3.2.1)OCTAN-6-P-TOLUOLSULFONAT 64-0282
FAJDIGA T., 1-SUBSTITUT. V. 2-METHYL-4(5)-NITRO-IMIDAZOL 1. MITT. 57-0526
FAJKOS, STEROIDE 105. MITT. 53-0545
FAJKOS J., STEROIDE 107. MITT. 54-0540
- STEROIDE 110. MITT. 55-0548
- STEROIDE 112. MITT. 64-0865
FALCH E., SUBSTITUIERTE HETEROAROMAT. ANTHRANILSAEUREN MIT ANTIINFLAMMATORISCHER AKTIVITAET 63-0710
FALCK B., SYNTH. V. DIPEPTIDEN EINIGER BETA-AMINOSAEUREN UEBER ALPHA-DIAZOKETONE 63-0840
FALCO E., N(2)-HYDROXYASPARAGIN 57-0334
FALCO E. A., NUCLEOSIDE 47. MITT. 57-0648
- NUCLEOSIDE 48. MITT. 57-0649
- NUCLEOSIDE 51. MITT. 62-0706
FALCO M. R., ZWEI NEUE ALKALOIDE AUS BERBERIS LAURINA 60-0716
FALES H. M., TERPENALKOHOLE AUS HELICHRYSUM DENDROIDEUM 55-0543
- EINBAU V. NATRIUM-BUTYRAT IN METHYLEN-BIS-(BUTYRYLPHLOROGLUCINE) UEBER EINEN NEUEN BIOSYNTH.-WEG 60-0827
FALESCHINI S., ELEKTROPHILE ALIPHAT. SUBSTITUT. JODIER. U. BROMIER. V. ASYMM. ORGANOZINNVERB. 56-0047
FALIUS H., DARST. EINES FLUOROAMIDOPHOSPHATS 59-0047
FALJACHOV I. F., NITRIER. V. MEHRKERN. AROMAT. VERB. MIT UNKONDENSIERTEN RINGEN 5. MITT. 55-0171
FALK H., FERROCENDERIV. 36. MITT. 55-0002
- STEREOCHEMIE V. METALLOCENEN 12. MITT. 56-0002
- STEREOCHEMIE V. METALLOCENEN 15. MITT. 59-0003
- STEREOCHEMIE V. METALLOCENEN 16. MITT. 60-0003
- STEREOCHEMIE V. METALLOCENEN 19. MITT. 64-0002
- CYMANTRENDERIV. 5. MITT. 64-0005
FALKENBERG J., CYCLOADDIT. AKTIVER ACETYLENE AN 1.2-DITHIOL-THIONE-(3) U. IHRE 4-AZA-ANALOGEN 61-0572
FALLER J. W., STEREOCHEM. NICHT STARRE MOL. V. ORGANOMETALLVERB. 12. MITT. 60-0012
FALLIS A. G., PHOTOCHEMIE D. FENCHO IN HYDROXYLHALT. MEDIEN 55-0113
- ZERSETZUNG VON 1-DIAZO-3-(2.2.3-TRIMETHYL-CYCLOPENTEN-(3)-YL)-PROPANON-(2), NEUE SYNTH. U. UMLAGERUNG EINES TRICYCLO(3.2.1.0(3,6))OCTANONS-(4) 61-0516
FALSHAW C. P., OXYDATIVE DIMERISIER. V. 1.2.3.4-TETRAHYDRO-6-HYDROXY-7-ISOPROPYL-NAPHTHALIN 57-0448
FANG K., DEMETHYLIER. WAEHREND D. OXYDATIVEN PHOTOCYCLISIER. EINES ORTHO-METHYL-STILBENS 59-0456
FANGHAENEL E., LCAO-MO-BERECHN. AN SCHWEFELHALT. PI-SYST. 6. MITT. 55-0058
FANTA W. I., TOTALSYNTH. V. DL-SABINEN, DL-TRANS-SABINENHYDRAT U. VERWANDTEN MONOTERPENEN 62-0759
FARAONE G., KINETIK D. SUBSTITUT. D. AN PT(II) KOORDINIERTEN SNCL3-GRUPPE 2. MITT. 64-0030
FARBER S. J., HYDROLYSE V. PHOSPHORSAEURE-P-NITROPHENYL-DIPHENYL-ESTER 58-0234
FARBEROV M. I., SYNTH. V. DIARYLAETHANEN U. POLYCARBONSAEUREN 58-0494
- SYNTH. U. RK. V. ALPHA-HYDROXY-ISOBUTTERSAEUREESTERN 60-0351
FARCASIU D., ESR- U. UV-SPEKTROSKOP. NACHW. EINES DONATOR-AKZEPTO-KOMPLEXES IN PYRIDINLSG. V. TRIPHENYLPYRYLIUMPERCHLORAT 55-0137
- MOEGL. MECHANISMEN FUER EINIGE UMLAGER. UNTER EINSCHLUSS V. SIGMA-KOMPLEXEN 59-0249
FARCASIU M., ESR- U. UV-SPEKTROSKOP. NACHW. EINES DONATOR-AKZEPTO-KOMPLEXES IN PYRIDINLSG. V. TRIPHENYLPYRYLIUMPERCHLORAT 55-0137
FARGE D., SYNTH. V. (10-METHYL-PHENOTHIAZINYL)-ESSIGSAEUREN 55-0475
FARID S., STRAHLENCHEM. BLDG. U. PHOTOLYSE V. ALPHA-KETO-OXETANDERIV. AUS VINYLENCARBONAT 54-0353
- PHOTORK. V. O-CHINONEN MIT OLEFINEN, MECHANISMUS D. 1.4-CYCLOADDIT. 57-0262
- EIN NEUES FLAVON AUS BERGAMOTTOEL, SCHWACHE NMR-KOPPL. ZWISCHEN RING- U. METHOXYLPROTONEN 60-0724
FARINA F., PTERIDINE 6. MITT. 63-0702
FARINE J., EINE ALLG. SYNTH. MAKROCYCL. VERB. 58-0685
- PHOTOLYSE V. OZONIDEN 62-0305
FARKAS J., NUCLEINSAEUREKOMPONENTEN U. IHRE ANALOGA 94. MITT. 53-0487
- NUCLEINSAEUREKOMPONENTEN U. IHRE ANALOGA 96. MITT. 54-0461
- NUCLEINSAEUREKOMPONENTEN U. IHRE ANALOGA 97. MITT. 54-0494
- NUCLEINSAEUREKOMPONENTEN U. IHRE ANALOGA 98. MITT. 54-0495
- PYRIMIDINNUCLEOSID-SYNTH. U. O-N-GLYCOSYLWANDER. 54-0504
- NUCLEINSAEUREBESTANDTEILE U. IHRE ANALOGA 105. MITT. 56-0628
- SYNTH. V. 6-AZA-PSEUDOURIDIN AUS D. PROD. D. OZONOLYSE V. 2'.3'.5'-TRI-O-ACETYL-PSEUDOURIDIN 59-0681
FARKAS L., BESTANDTEILE V. IVA-ARTEN 9. MITT. 53-0401
- TRANSACYLIER.-RK. IN D. FLAVONOIDREIHE 2. MITT. 53-0404
- RING-ISOMERISIER. BEI FLAVONEN 2. MITT. 53-0522
- NH-VALENCHWING.-BANDEN UNTERHALB V. 3000 CM(-1) 2. MITT. 55-0065
- STRUKTURAUFKLAER. U. SYNTH. D. DIDYMINS, EINES ISOSAKURANETIN-7-BETA-RUTINOSIDS AUS MONARDA DIDYMA L. 58-0702
- SYNTH. V. QUERCETIN-3-GLYKOSIDEN 1. MITT. 58-0703
- ENDGUELT. KONSTIT.-AUFKLAER. U. SYNTH. V. NARIRUTIN, DIDYMIN, RHOIFOLIN, PONCIRIN U. FORTUNELLIN 59-0683
- NEUE SYNTH. V. 5.7-DIHYDROXY-3.4'.8-TRIMETHOXY-FLAVON U. 4'.5-DIHYDROXY-3.7-DIMETHOXY-FLAVON, ZWEI BESTANDTEILEN V. BEYERIA SPP. 60-0579
- SYNTH. V. QUERCETIN-3-GLYKOSIDEN 2. MITT. 61-0699
- SYNTH. V. QUERCETIN-3-GLYKOSIDEN 3. MITT. 61-0700
- ISOFLAVONGLYKOSIDE 9. MITT. 63-0759
- TRANSACYLIER.-RK. IN D. FLAVONOID-REIHE 3. MITT. 63-0760
- STRUKTUR V. ZAPOTIN U. ZAPOTININ 2. MITT. 64-0681
- AURONE U. AURONGLUCOSIDE 11. MITT. 64-0787
FARLEY C. E., RED. V. 2-HYDROXY-AETHYL-DISULFID DURCH PHOSPHINE U. SEK. PHOSPHINOXIDE ZU AETHYLENSULFID 53-0266
- SYNTH. V. PHOSTONEN U. DESOXYPHOSTONEN 53-0384
FARLEY T. M., COENZYM Q 94. MITT. 59-0132
FARMER R. F., KONFORM.-ISOMERISIER. BEI HEXAHYDRO-1.3.5-TRIAZINEN U. HEXAHYDROPYRIMIDINEN 57-0153

FARNHAM W. B., HYDROCHLORIER. V. 1-CHLOR- U. 2-CHLOR-NORBORNEN, DIRIGIERENDER EFFEKT D. CHLORS 62-0488

FARQUHAR E. L., GLEICHGEW. V. SCHWACHEN KOMPLEXEN DURCH LSG.-KALORIMETRIE 63-0209

FARRISSEY W. J. JUN., RK. D. 1,3-DIPHENYL-4-(PHENYLIMINO)-2-URETIDINONS 63-0292

FARRUGIA M. T., ABS. KONFIG. V. (-)-CORBASIL 61-0421

FARVER O., BLDG. U. DISPROPORTIONIER. V. 2.2'-BIPYRIDYL-THALLIUM(II)-KOMPLEXEN AN EINER QUECKSILBERTROPFELEKTRODE 53-0021

FASH F. J., EINFL. V. SUBSTITUENTEN AUF D. ESTERCARBONYL-ABSORPTION U. CHEMOREZEPTOR-RK. V. TROPANYL-PHENYLACETATEN 57-0802

FASONE S., ELEKTRONENSTRUKTUR V. PYRIDINDERIV., 5. MITT. 56-0144

FATIADI A. J., PERJODSAEURE, EIN NEUES OX.-MITTEL FUER POLYCYCL. AROMAT. KOHLENWASSERSTOFFE 56-0424

FAUBION B. D., UNTERS. D. TEMP.-ABHAENGIGK. D. ELEKTRONENSPINRESONANZ 3. MITT. 60-0114

FAUBL H., TOTALSYNTH. V. RAC.-ISONOOTKATON (ALPHA-VETIVON) 53-0531

FAUCHER H., ABHAENGIGK. D. KOPPLUNGSKONSTANTEN JC(13-H) V. D. ATOMLAD. AM BEISPIEL D. DIPROPYLCYCLOPROPENYL-IONS 63-0145

FAUGERE J., PHOTODIMERISIER. V. ANTHRACENDERIV. IM FESTEN ZUSTAND 54-0326

- RK. V. ORGANOMAGNESIUM-VERB. MIT 9-ACYL-ANTHRACENEN 59-0452

FAULKNER D. J., ALTERNATIVE SYNTH. V. 17-ACETYL-DELTA(12.14.16)-5ALPHA-AETIOJERVATRIEN-3BETA-OL 62-0730

FAULSTICH H., PEPTIDSYNTH. 35. MITT. 62-0817

- INHALTSSTOFFE D. GRUENEN KNOLLENBLAETTERPILZES 34. MITT. 62-0834

FAURAN C., GLYCERIN-1-PROPARGYL-3-ALKYL(ARYL)-DIAETHER 55-0236

FAUST G., DIMERISIER.-PROD. V. ALPHA-CYAN-ZIMTSAEUREAMIDEN 53-0426

FAUST J., 3-HALOGEN-ISOXAZOLIUMSALZE 57-0538

- DARST. HALOGENIERTER ISOTHIAZOLIUM- U. ISOXAZOLIUMSALZE 64-0615

- 4-CHLOR-THIOPYRYLIUMSALZE 64-0686

FAUSTINO M. E. M., UMSETZ. V. O-DIBENZOYL-BENZOL MIT KALIUM 57-0451

FAUVET J., TRENNUNG U. IDENTIFIZIER. V. LANGKETT. MONO- U. DIOLEFINEN DURCH GASCHROMATOGRAPHIE 57-0810

FAVA A., ASYMM. OX. BIVALENTER ORGAN. SCHWEFELVERBINDUNGEN. ABS. KONFIG. V. THIOLSULFINATEN U. SULFINATEN, DARGESTELLT DURCH STEREOSELEKTIVE OX. V. DISULFIDEN U. SULFENSAEUREESTERN 55-0273

- IONENPAAR-REKOMBINAT. BEI RACEMISIER. U. ISOMERISIER. V. SULFINATESTERN 64-0307

- THERM. RACEMISIER. V. ARENTHIOLSULFINSAEUREARYLESTERN, AUSSERGEWOEHNL. ANSTIEG D. RK.-GESCHW. BEI D. INVERS. AM S-ATOM D. SULFOXIDGRUPPE 64-0310

FAVIER R., GENAUE MESS. D. DIPOLMOMENTS V. VIER CYCL. AMINEN. BEWEIS FUER IHRE HYDRATISIER. U. CARBONISIER. 57-0075

- DIPOLMOMENTE V. SECHS AMINEN, RAEUML. ORIENTIER. IHRER VEKTOREN U. SCHEINBARE MOMENTE D. STICKSTOFF-KOHLENSTOFF-BIND. 64-0094

- NACHWEISVERSUCH VON AMIN-AMIN- UND AMIN-DIOXAN-WECHSELWIRKUNGEN DURCH WASSERSTOFFBINDUNGEN MITTELS DIELEKTRISCHER POLARISATIONSMESSUNGEN 64-0209

FAVINI G., ROTAT.-ISOMERIE IN CYCLOPROPAN- U. CYCLOBUTAN-DERIV. 1. MITT. 53-0086

- ELEKTRONENSTRUKTUR V. PYRIDINDERIV., 5. MITT. 56-0144

- ELEKTRONENSPEKTREN V. STICKSTOFFHETEROCYCLEN 2. MITT. 60-0075

- BERECHNETE GEOMETRIEN U. ENERGIEN AUF D. RK.-WEG D. COPE-UMLAGER. 60-0285

- KINETIK D. NUCLEOPHILEN SUBSTITUT. D. HALOGENS IN BETA-HALOGEN-VINYLKETONEN 61-0251

- ELEKTRONENSPEKTREN HETEROCYCL. STICKSTOFFVERB. 3. MITT. 64-0098

FAVORSKAJA I. A., ACETYLENKETONE IN D. MAGNESIUMORGAN. SYNTH. 53-0271

- SYNTH. SEK. ACETYLENALKOHOLE DURCH FAWORSKI-RK. IN HEXAMETAPOL 56-0270

- JOCIC-RK., SYNTH. SEKUNDAERER ACETYLENALKOHOLE 56-0372

- HYDRATISIER. D. VINYLPHENYLACETYLENS U. D. ISOPROPENYLPHENYLACETYLENS 60-0395

FAVORSKAJA T. A., INTERMOLEKULARE KONDENSATION V. MONOSUBSTITUIERTEN ACETYLENDERIV. MIT NITRILEN UNTER D. BEDINGUNGEN D. RADZISEVSKIJ-RK. 56-0256

- HYDRATISIER. V. PRIM.-TERT.- U. SEK.-TERT.-ACETYLEN-GAMMA-GLYKOLEN 60-0488

- HYDRATISIER. V. SEK.-TERT.-ACETYLEN-DELTA-GLYKOLEN 60-0623

FAWCETT J. K., MOLEKULAR- U. KRISTALLSTRUKTUR V. 1.2.3.4-TETRACHLOR-5.6-DIPHENYLCALICEN 53-0107

- KRISTALLSTRUKTUR V. (+-)-1-ACETYL-16-METHYL-ASPIDOSPERMIDIN-4-METHOJODID 57-0168

- HIRUNDIGENIN U. ANHYDROHIRUNDIGENIN,ZWEI NATUERL. 15-OXASTEROIDE PFLANZL. URSPRUNGS, CHEM. U. ROENTGEN-UNTERS. 64-0851

FAY C., GESCHMOLZENE SALZE ALS RK.-MEDIUM, NITRIER. V. ORGAN. VERB. IN GESCHMOLZENEN NITRATEN 55-0209

FAYAT C., BEWEIS FUER EINE KOPPL. D. CARBONYLGRUPPEN V. CYCL. IMIDEN U. ANHYDRIDEN DURCH MESS. D. INTEGRALEN INTENSITAETEN, MESS. D. WINKELS ZWISCHEN D. GEKOPPELTEN SCHWINGENDEN GRUPPEN 53-0060

- WAHRSCHEINL. KONFORM. V. DIBENZOYLPEROXID IN LSG. AUFGRUND D. UNTERS. D. CARBONYL-BANDEN IM IR-SPEKTRUM 57-0166

FAYEZ M. B. E., NATUERL. CUMARINE 9. MITT. 54-0406

- NATUERL. CHROMONE 4. MITT. 60-0582

- BESTANDTEILE EINHEIMISCHER PFLANZEN 12. MITT. 60-0712

- NATUERL. CHROMONE 8. MITT. 61-0606

FAZAKERLEY H., CEPHALOSPORANSAEURE 5. MITT. 53-0587

FEARON F. W. G., POLYHALOGENORGANOMETALL- U. -ORGANONICHTMETALLVERB. 22. MITT. 63-0464

FEATHER P., MODIFIZIERTE STEROID-HORMONE 48. MITT. 54-0543

FECHTIG B., MODIFIKAT. V. ANTIBIOTIKA 2. MITT. 64-0886

FEDELI W., STRUKTUREN DER MITTLEREN RINGVERB. 15. MITT. 60-0180

FEDERLIN P., REAKTIVITAET U. ELEKTROSTAT. MOL.-MODELL EINIGER ALKYLHALOGENIDE 56-0147

- POLAROGRAPH. RED. EINER REIHE HOMOLOGER ALPHA-BROM-ESTER 56-020C

- POLAROGRAPH. RED. EINER REIHE HOMOLOGER ALKYLPHENONE 56-0201

FEDIN E. I., KINET. UNTERS. D. TRANS-ENOL-ALDO-CIS-ENOL-UMLAGER. V. 2-FORMYL-2-PHENYL-ESSIGSAEURE-ALKYLESTERN 55-0138

- D. DITROPYLIUM-DIKATION 56-0395

- STRUKTUR V. CYCLOPENTADIENYL-DERIV. D. NICHTUEBERGANGSMETALLE D. PERIODEN V U. VI 63-0013

- AROMAT. HETEROCYCLEN 5. MITT. 64-0153

FEDOR L. R., NUCLEOPHILE MIZELLEN 2. MITT. 60-0261

FEDORONKO M., ELEKTRORED. V. DIACETYL U. ACETOIN 55-0153

- RK. V. O-PHENYLENDIAMIN MIT TRIOSEN 64-0629

FEDOROV L. A., STRUKTUR V. CYCLOPENTADIENYL-DERIV. D. NICHTUEBERGANGSMETALLE D. PERIODEN V U. VI 63-0013

FEDOROV O. I., SYNTH. V. 19-NORSTEROIDEN 1. MITT. 61-0783

FEDOROVA G. N., ZUSAMMENGESETZTE LIPIDE, SYNTH. V. 2-O-ACYL-3-BROM-PROPANDIOLEN-(1.2) 61-0357

FEDOROVA O. I., SYNTH. V. 19-NORSTEROIDEN 2. MITT. 61-0784

- SYNTH. V. 19-NORSTEROIDEN 3. MITT. 64-0860

FEDORUK N. A., SYNTH. V. KONDENSIERTEN AROMAT. HETEROCYCLEN DURCH 1.3-DIPOLARE ADDITIONSRK., 3-AZAPYRROCOLINE 63-0680

- SYNTH. V. KONDENSIERTEN AROMAT. HETEROCYCLEN DURCH 1.3-DIPOLARE ADDIT.-RK., 1.3A-DIAZA-PENTALENE 64-0630

FEDOTOV N. S., SILYLGRUPPENAUSTAUSCH V. SILYLESTERN U. -AETHERN, SYNTH. V. OXASILACYCLOALKANEN 62-0580

FEDOTOVA L. A., HETERODERIV. V. AZIRIDIN 7. MITT. 62-0508

FEENEY J., PROTONENMAGNET. RESONANZ CYCL. VERB. 6. MITT. 57-0092

FEHER-GABOR M., RK. EINIGER EINFACHER ORGAN. VERB. MIT HEISSER, KONZENTRIERTER SCHWEFELSAEURE 60-0840

FEHLHABER H., DIGITANOLGLYKOSIDE, 18. MITT. 54-0497

- ALKALOIDE AUS RHAMNACEEN 2. MITT. 56-0648

- ALKALOIDE AUS RHAMNACEEN 3. MITT. 56-0649

- ALKALOIDE AUS RHAMNACEEN 4. MITT. 59-0701

- STRUKTUR V. DIGACETIGENIN, KORREKTUR EINER KUERZLICH ERSCHIENENEN PUBLIKATION V. CHANDLER, COOMBE U. WATSON 62-0789

FEHLHAMMER W. P., PSEUDOHALOGENO-METALLVERB. 21. MITT. 56-0004

FEIGL D. M., BEVORZUGTE HALBSESSELKONFORMATION D. A-RINGE IN DELTA(5,10)-OESTRENEN 55-0112

FEIL M., SAEUREKATALYSIERTE RINGOEFFNUNG V. 1-OXA-SPIRO(2.6)NONAN, 1.5-WASSERSTOFFVERSCHIEB. 53-0174

FEINBERG R. S., ADDIT.-RK. HETEROCYCL. VERB. 29. MITT. 58-0549

FEINTE F., 2.3-DISUBSTITUIERTE FURANE U. PYRROLE 1. MITT. 53-0389

FEIST U., SYNTH. U. EIG. LANGKETT. 9.10-DIALKYLPHENANTHRENE 55-0335

FEISTEL G. R., NEUER TYP V. INTRAMOL. ANTIFERROMAGNETISMUS 63-0018

FEIT B., RK. ALPHA,BETA-UNGESAETT. NITRILE MIT KONZENTRIERTER SCHWEFELSAEURE 62-0361

FEIT E. D., PHOTOCHEMIE V. TERT.-BUTYL-ALKYLKETONEN IN LSG. 58-0315

FEKETE L., PHOSPHORENTHALTENDE KOBALTCARBONYLE 3. MITT. 59-0082

FELD D., TERPENOIDE 13. MITT. 55-0542

- VINYLSULFONIUMYLIDE ALS MOEGL. ENZYMAT. INTERMEDIAER-PROD., AUSTAUSCH U. UMLAGER. EINES VINYLSULFONIUMYLIDS 57-0301

FEL'DBLJUM V. S., RK.-FAEHIGKEIT VON OLEFINEN BEI DER ISOMERISIERUNG IN GGW. KOMPLEXER ZIEGLER-KATALYSATOREN 61-0290

- DIMERISIER. V. OLEFINEN UNTER D. EINFL. KOMPLEXER ZIEGLER-KATALYSATOREN, UNTERS. D. KATALYSATORS U. D. RK.-MECHANISMUS 63-0328

FELDER P. W., ORGANOQUECKSILBERVERB. 5. MITT. 56-0060

- BINDUNGSISOMERIE IN PHENYLQUECKSILBERBENZOLSULFINAT 57-0005

FELDKAMP J., UMSETZ. V. PHENYLACETYLENJODID BZW. -BROMID MIT BETA-DICARBONYLVERB. 55-0292

FEL'DMAN I. C., CYANAETHYLIER. EINIGER ARYLSULFINATE MIT ALPHA-CHLOR- U. ALPHA-BROM-ACRYLONITRIL 54-0250

- PYRIMIDINE, ALKYLIER. V. 2-AMINO-4-METHYL-6-OXO- U. -6-CHLOR-PYRIMIDIN 60-0655

FELDMAN M., CYCLODEHYDRATAT. V. KETO-PYRIDINEN, SAEURESPALT. V. AETHYL-(2)-PYRIDYL-AETHERN MIT P-TOLUOLSULFONSAEURE 64-0697
FELDMANN W., CHEMIE D. KONDENSIERTEN PHOSPHATE U. ARSENATE 53. MITT. 56-0054
FELDT R. J., BEWEIS FUER D. BLDG. ZWEIER TETRASUBSTITUIERTER ZWISCHENPROD. BEI D. ALKAL. HYDROLYSE V. AETHYLTHIONBENZOAT 61-0227
FELICI N., LEIT.-MECHANISMUS IN REINEM NITROBENZOL 57-0197
FELIX A. M., OX. V. 2.4-BENZODIAZEPIN-3-ONEN 63-0737
FELIX D., SYNTH. V. ACETYLEN-CARBONYLVERB. DURCH FRAGMENTIER. V. ALPHA.BETA-EPOXY-KETONEN MIT P-TOLUOLSULFONYLHYDRAZIN 54-0201
FELKIN H., TORS.-SPANN. UNTER EINSCHLUSS V. PARTIALBIND., STER. VERLAUF D. RK. ZWISCHEN ALLYLMAGNESIUMBROMID U. 4-TERT.-BUTYL-CYCLOHEXANON 61-0152
- PARTIALBIND. MIT TORS.-SPANN., STEREOCHEMIE D. RED. V. EINIGEN OFFENKETT. KETONEN MIT LITHIUMALUMINIUMHYDRID 61-0211
- EINW. V. PROPYL-MAGNESIUMBROMID AUF ALLYLALKOHOLE IN GGW. V. DICHLORO-BIS-(TRIPHENYLPHOSPHIN)-NICKEL, BLDG. V. OLEFINEN 63-0357
- EINW. V. BUTENYLMAGNESIUMBROMID AUF NITRILE, BLDG. V. VERZWEIGTEN KETONEN 63-0477
FELL B., PEROXID-INITIIERTE ANLAGER. V. STER. GEHINDERTEN MALONSAEUREDIALKYLESTERN AN OLEFINE 53-0223
- NEUE SYNTH. CYCL. KETONE DURCH STOECHIOMETR. HYDROCARBOXYLIER. V. 1.5-DIENEN MIT NICKELTETRACARBONYL 59-0476
- ISOMERENBLDG. BEI D. HYDROFORMYLIER. HOEHERMOL. OLEFINE MIT KOMPLEXEN KOBALT- U. RHODIUMKATALYSATOREN 62-0289
FELLER L. W., STEREOCHEMIE V. TRITYLVERB. 4. MITT. 63-0180
FELLMANN P., SCHNELLE SYNTH. U. KINET. KONTROLLE, KATALYT. KETOLISIER. IN SAUREM U. BAS. MEDIUM 57-0305
FELTEN J. J., GEHINDERTE LIGANDENSYST. CIS.CIS-TRIAMINOCYCLOHEXAN U. SEINE KOMPLEXE MIT CO(III) U. RH(III) 58-0072
FELTKAMP, KONFORM.-ANALYSE MIT HILFE D. KERNRESONANZSPEKTROSKOPIE, 8. MITT. 53-0543
- DESAMINIER. D. MENTHYL- U. CARVOMENTHYLAMINE MIT SALPETR. SAEURE 53-0544
FELTKAMP H., SYNTH. U. TRENN. D. 8 MENTHYL- U. CARVOMENTHYLAMINE 53-0542
- KONFORM.-ANALYSE MIT HILFE D. KERNRESONANZSPEKTROSKOPIE 9. MITT. 64-0510
FELTON S. M., UMLAGER. EINIGER PHENOXYPHOSPHONIUMSALZE 57-0385
FELZMANN J. H., HYDRIERENDE ISOMERISIER. V. CYCLODECADIEN-(1T.5C)-TRANS-EPOXID, EINE BEQUEME METH. ZUR HERST. V. CYCLODECANON 56-0378
FENDLER E. J., ZWISCHENPROD. BEI D. NUCLEOPHILEN AROMAT. SUBSTITUT. 2. MITT. 54-0166
- HYDROLYSE V. NITROPHENYL-SULFATEN 57-0225
- HYDROLYSE V. PHOSPHORSAEURE-P-NITROPHENYL-DIPHENYL-ESTER 58-0234
- ZWISCHENPROD. BEI NUCLEOPHILEN AROMAT. SUBSTITUT. 3. MITT. 61-0248
FENDLER J. H., ZWISCHENPROD. BEI D. NUCLEOPHILEN AROMAT. SUBSTITUT. 2. MITT. 54-0166
- HYDROLYSE V. NITROPHENYL-SULFATEN 57-0225
- ZWISCHENPROD. BEI NUCLEOPHILEN AROMAT. SUBSTITUT. 3. MITT. 61-0248
- DURCH BESTRAHL. INDUZIERTE HYDROXYLIER. V. NITROBENZOL IN WSS. LSG. 63-0329
FENG M. C., BESTANDTEILE V. DIPTEROCARPACEAE-HARZEN 1. MITT. 61-0772
FENICAL W., THERM. UMLAGER. V. CIS-BICYCLO(6.2.0)DECENEN-(9) U. EINE NEUE COPE-UMLAGER. 55-0356
FENICHEL L., DARST. U. UNTERS. V. LEWIS-SAEURE-KOMPLEXEN 3. MITT. 63-0750
FENNER H., UNTERS. AN 4-PYRONEN 16. MITT. 54-0409
FENOGLIO R. A., BLDG.-WAERMEN V. C4H6-KOHLENWASSERSTOFFEN 64-0192
FENSTER A. N., DIPHENYLZINNDINITRAT U. SYMM.-DINITROOXY-TETRAPHENYLDISTANNOXAN 58-0054
FENSTERMAKER J. C., WEITBEREICH-KOPPL. ZWISCHEN PROTONEN U. FLUOR IN EINEM STARREN SYST., NMR-SPEKTRUM V. 5-SUBSTITUIERTEN DIFLUOR-TETRACHLOR-BICYCLO(2.2.1)HEPTENEN 58-0102
FENTON D. E., STER. HINDER. IN PENTAFLUORPHENYL-VERB. D. ELEMENTE D. IV. GRUPPE 56-0012
FENYES J. G. E., NAPHTHALINCHEMIE 2. MITT. 57-0442
FERAUD P., EINIGE KONDENS.-RK. V. FORMOL MIT AMINOSAEUREN 63-0409
FERENCZ A., METALLKOMPLEXE D. ANTHRANIL-DIESSIGSAEURE (ANDA) 6. MITT. 57-0025
FERGUSON C. P., SYNTH. V. ACHT STEREOISOMEREN EINES TETRAHYDROCANNABIOL-ABKOEMMLINGS 59-0583
FERGUSON G., STRUKTUR U. ABS. STEREOCHEMIE V. CARYOPHYLLEN-''JOD-NITROSIT'' , EIN STABILES NITROSO-RADIKAL 54-0114
- KONSTITUTION U. STEREOCHEMIE V. EPSILON-CAESALPIN 55-0578
- STRUKTUR U. SYNTH. V. PSEUDOCLOVEN A 56-0678
- MOL.-KONFORM. 5. MITT. 60-0177
- KRIST.- U. MOLEKULARSTRUKTUR V. TRICARBONYLPHENANTHRENCHROM 61-0012
- KRISTALL- U. MOLEKULARSTRUKTUR VON TRICARBONYL-9.10-DIHYDROPHENANTHREN-CHROM 61-0013
FERGUSON L. N., AROMAT. CHARAKTER V. PYRONEN-(4) 57-0133
FERLES M., PYRIDINE 20. MITT. 53-0415
- PYRIDINE 21. MITT. 53-0416
- PYRIDIN-REIHE 23. MITT. 54-0098
- PYRIDINREIHE 24. MITT. 54-0099
- UNTERS. IN D. PYRIDIN-REIHE 25. MITT. 63-0224
- N.B-POLYMETHYLEN-DIMETHYLAMIN-BORANE ('1.1-DIMETHYL-1.2-AZABORACYCLOALKANE') 64-0562
- UNTERS. IN D. PYRIDINREIHE 27. MITT. 64-0694
FERNANDEZ C. M., PHOTOCHEM. UMWANDL. V. COLUPULON IN 4-DESOXYCOHUMULON 56-0669
FERNANDO Q., CHELATE V. ALUMINIUM(III) MIT 2-METHYL-CHINOLINOL-(8) 56-0026
- STRUKTUR EINES CHELATES V. KUPFER(II) MIT 1-(PYRIDYL-(2)-AZO)-2-NAPHTHOL 57-0014
- PROTOTROPIE-GLEICHGEW. IM ANREG.-ZUSTAND EINIGER CHINOLINOLE 60-0205
FERRAN J., SPEKTROSKOP. UNTERS. D. ELEKTR. HOCHSPANN.-ENTLAD. AN EINIGEN FLUORIERTEN ALIPHAT. KOHLENWASSERSTOFFEN 57-0195
- BEOBACHT. U. CHARAKTERISIER. V. NEUEN BANDEN D. EMITTIERENDEN MOL. CF2 59-0104
FERRAND E. F., CHEMIE D. ENOLATE 5. MITT. 64-0257
FERRARA G., FLUORANTHENDERIV. 7. MITT. 56-0108
FERRARI A., DURCH UNGESAETTIGTE KOHLENWASSERSTOFFE VERANLASSTE OX. V. KOBALT(II)-MESOPORPHYRIN IX-DIMETHYLESTER 63-0087
FERRARI F., EIN NEUES CATECHIN U. EIN DIMERES PROANTHOCYANIDIN AUS OURATEA SP. 54-0408
FERRARI G., EIN NEUES DITERPENOID MIT LABDAN-SKELETT 62-0778
FERRARINI P. L., TETRAZOL-DERIV. V. 1.8-NAPHTHYRIDINEN 3. MITT. 53-0413
- UNTERS. AUF D. GEBIET D. ANTHYRIDINE 54-0420
- UNTERS. AUF D. GEBIET D. ANTHYRIDINE 3. MITT. 54-0421
FERRARIO P., 4-ARALKYLAMINO-1.2.3.4-TETRAHYDRO-5H-1.4-BENZODIAZEPIN-5-ON-DERIV. 58-0682
FERRARIS G., ISOMERIE D. ARYL-ALKYL-FUROXANE, MOLEKULARSTRUKTUR D. METHYL-(P-BROMPHENYL)-FUROXANE 55-0125
FERRIER B. M., SYNTH. V. BULLVALEN, BULLVALON U. BARBARALON SOWIE V. BARBARALON-DERIV. 54-0334
FERRIER R. J., ZUCKER MIT VERZWEIGTER KETTE 8. MITT. 61-0693
- UNGESAETT. KOHLENHYDRATE 8. MITT. 61-0696
FESER M., NMR-UNTERS. D. GEHINDERTEN ROTAT. IN 1-ARYL-3.3-DIMETHYL-TRIAZENEN 62-0114
FETCHIN J. A., SCHWEFELCHELATE 8. MITT. 63-0090
- FUENFFACH KOORDINIERTE PLATIN(II)- U. PALLADIUM(II)-KOMPLEXE 63-0100
FETISOV G. A., MONOANILE D. GLUTACONALDEHYDS 3. MITT. 57-0182
FETISOVA M. M., MONOANILE D. GLUTACONALDEHYDS 3. MITT. 57-0182
FETIZON M., DURCH SAEURE KATALYSIERTE UMLAGER. V. ALPHA-DIOLEN IN D. REIHE D. 4.4-DIMETHYL-STEROIDE 2. MITT. 53-0560
- IR-SPEKTREN D. GLYKOLE 2. MITT. 54-0062
- SYNTH. V. DITERPENOIDSAEUREN 7. MITT. 54-0524
- NEUES BEISPIEL EINER SKELETT-UMLAGER. IN STEROIDEN 55-0546
- SYNTH. V. 2-KETOSTEROIDEN 56-0715
- BICYCLO(10.3.0)PENTADECEN-(1,12)-ON-(13) U. BICYCLO(13.3.0)OCTADECEN-(1,15)-ON-(16) 57-0478
- LSGM.-EFFEKTE U. ZUERCHER-REGELN IN D. KERNMAGNET. RESONANZ 2. MITT. 58-0112
FETTER F., VERWERT. V. THYMIN U. THYMIDIN ALS DNS-VORSTUFE IN CHLORELLA PYRENOIDOSA 64-0897
FEUER H., MICHAEL-RK. V. ENAMINEN MIT NITROOLEFINEN 58-0465
- MICHAEL-ADDIT. MIT 2.2-DIMETHYL-1.3-DINITROPROPAN 63-0359
FEUER J., ANWEND. EINER STOER.-MOL.-ORBITAL-METH. AUF D. KONKURRENZ V. 1.2- U. 1.4-CYCLOADDIT. 58-0265
- ANWEND. EINER PERTURBATIONS-MO-METH. AUF DIELS-ALDER-RK. MIT UNSYMM. DIENEN U. PHILODIENEN, VORAUSBEST. D. HAUPTPROD. 60-0274
- ROTAT.-BARRIEREN AUS SEMIEMPIR. MOL.-ORBITALBERECHN. 62-0117
FEUGEAS C., SYNTH. ALPHA,BETA-ACETYLEN. ACETALE 53-0359
- EINW. V. BETA-HALOGEN-ACETALEN AUF MAGNESIUM, SYNTH. V. ALKOXYCYCLOPROPANEN 61-0447
- DARST. V. GEMISCHTEN DREIWERTIGEN ALKOXYSULFIDEN 63-0354
- BLDG. V. ALLENEN AUS ALPHA.ALPHA'-DIBROMIERTEN GEMINALEN DIALKOXYVERB. BEI EINW. V. MAGNESIUM 64-0357
FEX H., HYDROGENSULFATE NATUERL. OESTROGENE 61-0778
FEYNS V., POTENTIELLE ANTI-KREBSMITTEL 4. MITT. 63-0869
FIANDACA P., EINW. V. SALPETERSAEURE AUF METHYLPHENYL-SULFOXID U. DIPHENYLSULFOXID 55-0277
- EINW. V. SALPETERSAEURE AUF EINIGE SULFURIERTE AROMAT. VERB. 2. MITT. 58-0413
FICHTEMAN W. L., NEUE CO- U. PT-KOMPLEXE V. DIPHENYLCYCLOPROPENON 59-0096
- STEREOCHEMIE D. ADDITION V. HYDROGEN-TETRACARBONYL-COBALTAT(-I) AN 1.2-DIPHENYL-CYCLOBUTEN-(1) 61-0464

FICINI J., KONDENS. V. KETONEN MIT LITHIUM-DERIV. ACETYLENAMINEN, SYNTH. V. (AMINO-AETHINYL)-ALKOHOLEN 57-0275

- STEREOCHEMIE D. RK. V. ORGANOMAGNESIUMVERB. MIT 2-ALKYL-CYCLOHEXANONEN, SYNTH. V. LACTONEN AUS CYCLOHEXANOL-2-ESSIGSAEUREN 57-0496

- BLDG., STABILITAET U. SYNTHET. VERW. V. ORGANOLITHIUM-VERB. AUS BETA-BROM- U. BETA-CHLOR-VINYLAETHERN 59-0312

- SUBSTITUT. U. ELIMINIER. V. POLYCHLOR-ENAMINEN DURCH MAGNESIUMORGAN. VERB. SYNTH. EINES CHLOR-ACETYLEN-AMINS, CL-CC-N(C6H5)2 59-0374

- SYNTH. V. 4-AMINO-CHINOLONEN-(2) DURCH RK. V. ACETYLENAMINEN MIT ARYLISOCYANATEN 59-0599

FICKES G. N., ION. RK. IN BICYCL. SYST. 5. MITT. 63-0267

- ION. RK. IN BICYCL. SYST. 6. MITT. 63-0268

- ION. RK. IN BICYCL. SYST. 7. MITT. 63-0269

FIDLEROVA Z., KONFORM. V. AROMAT. SULFOESTERN AUS DIPOLMOMENTEN 64-0179

FIEBIG H., SUBSTITUIERTE INDOLYL-(3)-ESSIGSAEUREAETHYL-ESTER U. DEREN FOLGEPROD. 55-0387

FIECCHI A., STEREOCHEM. VERLAUF D. 1.5-HYDRIDVERSCHIEB. BEI D. BIOSYNTH. V. OPHIOBOLINEN 55-0588

- STEREOCHEMIE D. WASSERSTOFFELIMINIER. AUS C(4) V. OPHIOBOLINEN 57-0701

- SCHICKSAL D. 15BETA-H-ATOMS V. LANOSTERIN IN D. CHOLESTERIN-BIOSYNTH. 64-0925

FIEDLER G., NITROSOVERB. 18. MITT. 59-0265

FIEDLER P., RK. V. SECHSGLIEDR. CYCL. HYDRAZIDEN MIT AROMAT. ALDEHYDEN 64-0662

FIEDLER W., DIMERISIER.-PROD. V. ALPHA-CYAN-ZIMTSAEUREAMIDEN 53-0426

FIEGGEN W., STRUKTUR U. PHYSIKAL. EIG. V. ALUMINIUMALKA-NOLATEN 1. MITT. 62-0006

FIELD D. S., HETEROCYCL. POLYFLUORVERB. 10. MITT. 53-0451

FIELDS D. L., DIELS-ALDER-RK. V. POLYCYCL. AROMAT. AZONIA-VERB. MIT NUCLEOPHILEN PHILODIENEN 58-0628

FIELDS E. K., ZERFALL V. DIBENZTHIOPHEN U. NAPHTHOTHIO-PHEN BEI ELEKTRONENSTOSS 59-01[illegible]

- AUSTAUSCH V. WASSERSTOFF- U. SAUERSTOFF-ATOMEN IN O-NITROTOLUOL BEI HOHEN TEMP. 59-0380

- ARYLIER. AROMAT. NITROVERB. BEI HOHEN TEMP. 4. MITT. 64-0424

FIELDS R., ORGANOSILICIUM-CHEMIE 3. MITT. 56-0059

- THERM. ISOMERISIER. V. 1.1-DICHLORCYCLOPROPANEN 56-0266

- FLUOR-NMR-SPEKTRUM EINIGER AROMAT. POLYFLUOR-VERB. 60-0100

- CYCLOADDIT.-RK. D. 2.2.2-TRIFLUOR-DIAZOAETHANS 63-0638

FIFE T. H., OXAZOLIDIN-HYDRCLYSE, TEILNAHME V. LSGM. U. PUFFER BEI D. RINGOEFFN. 59-0228

- STER. EFFEKTE BEI D. DURCH IMIDAZOL KATALYSIERTEN HYDROLYSE V. ESTERN D. N-ACETYLSERINAMIDS U. D. P-NITROPHENOLS 61-0244

FIGEYS H. P., PHYSIKAL.-CHEM. EIG. AROMAT. BRUECKENVERB., (2.2)-, (2.2.2)- U. (2.2.2.2)METACYCLOPHAN 58-0074

- ANWEND. D. LCAO-METH. BEI D. UNTERS. D. RK.-MECHANISMUS D. HYDRODIMERISIER. V. ACRYLSAEURENITRIL U. EINIGEN VERWANDTEN MONOMEREN 58-0300

FIGEYS M., ANWEND. D. LCAO-METH. BEI D. UNTERS. D. RK.-MECHANISMUS D. HYDRODIMERISIER. V. ACRYLSAEURENITRIL U. EINIGEN VERWANDTEN MONOMEREN 58-0300

FIGUERAS F., EINFL. V. WASSERSTOFF AUF D. DEHYDRIERUNG V. CYCLOHEXAN AN PLATIN 59-0199

FIGUERAS J., PHENYLCYCLOHEXADIENE 61-0462

FILIPESCU N., PHOTORED. V. BENZOPHENON IN ISOPROPYLALKO-HOL 60-0317

FILIPOWICZ B., NEUE SYNTH. D. COENZYMS D. BRENZTRAUBEN-SAEUREDECARBOXYLASE 53-0572

FILIPPI J., D. MONONITROCHINOLINE, DARST., SPEKTROSKOP. UNTERS. 58-0639

- DARST. U. SPEKTROSKOP. UNTERS. EINIGER 2-ARYLCHINOLINE 58-0640

FILIPPOVA A. C., REAKTIVITAET V. P-NITRO-PHENYL-VINYLAETHER 62-0374

FILLEUX-BLANCHARD M., KERNMAGNET. RESONANZUNTERS. D. STEREOCHEMIE V. KONJUGIERT-UNGESAETT. KETON- U. ALDEHYD-2.4-DINITRO-PHENYLHYDRAZONEN 64-0181

FINAR I. L., ANOMALE RK. ZWISCHEN 1-PHENYL-PYRAZOLCARBONSAEURE-(4)-METHYLESTER U. PHENYLMAGNESI-UMBROMID 57-0534

- SPEKTROSKOP. UNTERS. AN EINIGEN 1-PHENYL-PYRAZOL-DERIV. 58-0084

- RK. D. 1-PHENYL-PYRAZOLYL-(4)-MAGNESIUMBROMIDS 58-0600

- SULFONIER. V. ARYLPYRAZOLEN 2. MITT. 61-0584

FINCH A., STANDARDENTHALPIE D. BLDG. V. DIPHENYLBORIN-SAEURE 55-0129

FINCKENOR L., GLEICHZEIT. AETHINYLIER. U. VERESTER.-RK. 62-0795

FINGER C., DIELS-ALDER-SYNTH. V. HEXACHLOR-CYCLOPENTADIEN MIT DIHALOGEN-ALKENYL-CYCLOPROPANEN 55-0349

- ADDIT. V. DIHALOGENCARBENEN AN DIOLEFINE 58-0329

- DARST. V. 2-HALOGEN-DIENEN UEBER 1.1-DIHALOGEN-CYCLOPROPANE 61-0326

- ADDIT. V. HALOFORMEN AN POLARISIERTE DOPPELBIND. 61-0351

- RK.-WEISE V. 1.1-DIHALOGEN-CYCLOPROPANEN 61-0503

FINGEROVA H., OXYDAT.-MECHANISMUS D. O-AMINOAZOKOERPER MIT KUPFER(II)-SALZEN ZU 2-ARYL-4.5-ARYLEN-1.2.3-TRIAZOLDERIV. 57-0211

FINK G., RK. V. ALPHA-DICARBONYLVERB. U. CHINONEN MIT DIAZOALKANEN 9. MITT. 57-0457

FINK W., CHEMIE D. SI-N-BIND. 13. MITT. 62-0369

- CHEMIE D. SI-N-BIND. 14. MITT. 62-0370

- CHEMIE D. SI-N-BIND. 12. MITT. 62-0837

- CHEMIE D. SI-N-BIND. 15. MITT. 64-0412

- CHEMIE D. SI-N-BIND. 17. MITT. 64-0413

FINKELSTEIN J., 2.8-SUBSTITUIERTE 4-METHYL-2H-PHTHALAZINONE-(1) 60-0633

FINKELSTEIN M., EINE NEUE SYNTH. V. CIS-BICYCLO(4.2.0)OC-TAN-7.8-DIOL 54-0327

- RK. V. SALPETERSAEUREESTERN IN SCHWEFELSAEURE ENTHALTENDER ESSIGSAEURE 59-0346

FINNEGAN R. A., PHOTOCHEM. UNTERS. 6. MITT. 60-0389

- PHOTOCHEM. UNTERS. 7. MITT. 63-0330

FINSETH G. A., RED. ORGAN. VERB. DURCH KALIUMHEXACYANODI-NICCOLAT(I) IN HOMOGENEN LSG. 60-0326

FIRESTONE R. A., ANWEND. D. LINNETTSCHEN ELEKTRONENTHEOR-RIE IN D. ORGAN. CHEMIE 1. MITT. 59-0197

- ALPHA-HYDRAZINO-ANALOGE D. HISTIDINS 60-0529

- RACEMISIER. V. ALPHA-METHYL-ALPHA-ACETAMIDO-NITRILEN 61-0288

- SYNTH. V. L-ALPHA-METHYLDOPA AUS ASYMM. ZWISCHENPROD. 61-0422

- MECHANISMUS 1.3-DIPOLARER CYCLOADDIT. 64-0288

FIRL J., HETEROCYCLEN DURCH DIENSYNTH., PYRIDYLPYRROLE AUS DIELS-ALDER-ADDUKTEN V. NITROSOVERB. 57-0619

- ADDIT.-RK. D. NITROSOGRUPPE 9. MITT. 58-0670

FIRTH R. A., FUENFFACH KOORDINIERTE ORGANOKOBALT(III)-KOMPLEXE, ''GLEICHGEW.-WERTIGK.'' U. STEREOCHEMIE 55-0013

FIRTH W. C. JUN., RK. V. ISOCYANSAEURE MIT TRIFLUORESSIG-SAEURE-ANHYDRID, DARST. V. TRIFLUORACETYL-ISOCYANAT U. 2.2.2.2'.2'.2'-HEXAFLUOR-DIACETAMID 58-0367

FISCH M. H., MECHANISMUS D. PHOTOCHEM. UMLAGER. V. LUMISANTONIN 60-0318

- PHOTOPROD. DER BESTRAHLUNG VON LUMISANTONIN IN APROTISCHEM MEDIUM 60-0754

FISCHER E., SIEBENGLIEDRIGE HETEROCYCLEN 10. MITT. 53-0470

- TEMP.-ABHAENGIGK. D. PHOTOISOMERISIER. 6. MITT. 57-0265

- PHOTOSENSIBILISIERTE ISOMERISIER. V. AZOBENZOL 58-0319

FISCHER E. O., UEBER AROMATENKOMPLEXE V. METALLEN 100. MITT. 53-0003

- ELIMINIER. AUS AMINO-CARBEN-KOMPLEXEN 55-0030

- AROMATENKOMPLEXE V. METALLEN 102. MITT. 55-0033

- PENTACARBONYL-METHYL-METHYLAMINO-CARBEN-CHROM 56-0022

- CYCLOHEPTATRIENYL-CYCLOHEPTADIEN-(1.3)-CHROM(-I) 56-0073

- CYCLOPENTADIENYL-MOLYBDAEN(0)-CYCLOHEPTATRIENYL 57-0050

- UEBERGANGSMETALL-CARBEN-KOMPLEXE 3. MITT. 57-0051

- AROMATENKOMPLEXE V. METALLEN 103. MITT. 57-0061

- AROMATENKOMPLEXE V. METALLEN 104. MITT. 58-0062

- UEBERGANGSMETALL-CARBEN-KOMPLEXE 4. MITT. 59-0068

- UEBERGANGSMETALL-CARBEN-KOMPLEXE 5. MITT. 59-0069

- PENTACARBONYLTRIMETHYLSILOXYMETHYLCARBENCHROM(0) 59-0071

- HEXAMETHYL-DEWAR-BENZOL-METALL-TETRACARBONYLE D. VI. NEBENGRUPPE 59-0074

- UEBERGANGSMETALL-CARBEN-KOMPLEXE 7. MITT. 61-0048

- AROMATENKOMPLEXE V. METALLEN 107. MITT. 61-0049

- AROMATENKOMPLEXE V. METALLEN 106. MITT. 61-0058

- UMSETZ. V. FE2(CO)9 MIT HEXAMETHYL-DEWAR-BENZOL 62-0045

- UEBERGANGSMETALL-CARBEN-KOMPLEXE 6. MITT. 63-0012

FISCHER F., KONFORM.-ANALYSE V. 1.2-AMINOALKOHOLEN DURCH SYN-PARALLELE CYCLISIER. MIT KETONEN 63-0322

FISCHER G. W., ZYTOTOX. VERB. 1. MITT. 63-0479

FISCHER H., MOLEKULAR-ORBITAL-UNTERS. D. ISOMERISIER.-MECHANISMEN V. DIAZACUMULENEN 63-0177

FISCHER H. P., SOLVATATIONSEFFEKTE BEI D. BECKMANN-UMLAGER., STER. HINDER. FUER D. SOLVATATION 57-0249

- FRAGMENTIER.-RK. 19. MITT. 58-0284

FISCHER M., CHEM. SENSIBILISIER. BEI D. PHOTORED. V. BENZOPHENONIMIDEN 55-0324

- PHOTOCHEM. RK. 2. MITT. 58-0478

FISCHER N. H., D. STRUKTUR D. TAMAULIPIN-B, EIN NEUES GERMACRANOLID, U. D. THERM. UMWANDL. EINES TRANS-1.2-DIVINYL-CYCLOHEXAN-DERIV. IN EIN CYCLODECA-1.5-DIEN SYST. 56-0671

- STRUKTUR V. TAMAULIPIN-A, EIN NEUES GERMACRANOLID AUS AMBROSIA CONFERTIFLORA DC, (COMPOSITAE) 64-0827

FISCHER P. H. H., RADIKALANION VON CHINOXALINO(2.3-B)CHINOXALIN 60-0647

FISCHER R. H., STABILE CARBENOIDE 30. MITT. 64-0048

FISCHER U., CYCL. GEKREUZT-KONJUGIERTE BIND.-SYST. 14. MITT. 54-0330

- CYCL. GEKREUZT-KONJUGIERTE BIND.-SYST. 15. MITT. 54-0331

FISCHER W., BLDG. V. DIAZOALKANEN BEI D. RK. V. HYDRAZON-ANIONEN MIT P-TOLUOLSULFONYLAZID 58-0510

FISCHER W. F. JUN., CHEMIE V. CARBANIONEN 17. MITT. 61-0286

FISCHER-HJALMARS I., HALBEMPIR. PARAMETER V. PI-ELEKTRONENSYST. 3. MITT. 64-0158

FISCHMEISTER I., INFRAROTSPEKTREN SAEMTLICHER STELLUNGSISOMERER MONOHYDROXY- U. MONOKETOOCTADECAN-SAEUREN U. DEREN METHYLESTER 3. MITT. 53-0057

FISH V. B., BAKTERIZIDE U. FUNGIZIDE AKTIVITAET V. ANTHRANILSAEUREESTERN 60-0387
FISHER L. P., RK. V. ALKENPALLADIUMCHLORIDKOMPLEXEN MIT ALKOHOLEN 63-0098
FISHER L. V., THIOZUCKER, SYNTH. V. ADENINNUCLEOSIDEN V. 4-THIO-D-XYLOSE U. 4-THIO-D-ARABINOSE 58-0697
- SYNTH. U. RK. V. EINIGEN 8-SUBSTITUIERTEN PURINNUCLEOSIDEN 62-0707
FISHER M. H., STRUKTUR V. PALASONIN 60-0797
FISHER M. W., NEUE ANTITUBERKULOESE U. ANTILEPROT. AGENTIEN, 1-(3-(5.6.7.8-TETRAHYDRO-4-(PHENYLAZO- U. -3-PYRIDYLAZO)-1-NAPHTHYL-AMINO)-PROPYL)-PIPERIDINE U. AEHNLICHE VERB. 63-0675
FISHMAN J., ISOMERE ARYLMONOSULFATE V. OESTROGENBRENZCATECHINEN 59-0746
- NMR-SPEKTREN V. OESTROGEN-BRENZCATECHINEN 60-0094
FISHWICK S. E., RINGERWEITER. BEI D. ALKAL. HYDROLYSE V. PHOSPHETANIUMSALZEN 56-0492
FISK J. M., CARBONIUMIONENSALZE 11. MITT. 64-0479
FISNEROVA L., KETO-ENOL-TAUTOMERIE V. 1-PHENYL-3.5-DIOXO-4-(2-OXO-CYCLOHEXYLMETHYL)-PYRAZOLIDIN 55-0400
- 6-AMINOPENICILLANSAEURE-DERIV. 4. MITT. 55-0567
FITTON A. O., BROMIER. V. CUMOL U. EINIGEN 4-HYDROXY-CUMOLEN MIT N-BROM-SUCCINIMID 61-0388
- UNTERS. AN DITHIOCARBAMATEN 1. MITT. 61-0413
FITZEK A., UNTERS. IN D. STRAHLENCHEMIE 3. MITT. 54-0382
FITZGERALD B. M., 1-CARBAMOYL- U. 1-AMINOMETHYL-1.4-DIHYDRO-PYRROLO(3.4-B)INDOL-DERIV., BLDG. V. INDOLEN DURCH FRAGMENTIER. D. DURCH EINE SPANN.-SCHWELLE STABILISIERTEN 2-AMINO-INDOLIN-DERIV. 63-0615
FITZGERALD R. J., KONTAKTVERSCHIEB., DELOKALISIER.-MECHANISMEN U. ERWEITERTE HUECKEL-BERECHN. FUER ALKYLAMINNICKEL(II)-KOMPLEXE 63-0009
FITZGERALD W. R., ANATIONSRK. OKTAEDR. KOBALT(III)-KOMPLEXE 61-0026
FITZPATRICK M., CHEMIE CYCL. ENAMINOKETONE 3. MITT. 63-0670
FITZWATER D. R., KRIST.-STRUKTUR D. BICYCLOPHOSPHATS OP(OCH2)3CCH3 63-0196
FLAMENT I., PYRAZINE 1. MITT. 54-0452
- AROMEN 16. MITT. 56-0760
FLAMMANG R., PHYSIKAL.-CHEM. EIG. AROMAT. BRUECKENVERB., (2.2)-, (2.2.2)- U. (2.2.2.2)METACYCLOPHAN 58-0074
FLAMMANG-BARBIEUX M., SYNTH. V. POLYCYCL. AROMAT. VERB. 26. MITT. 63-0543
FLAMME W., KONFORM.-UNTERS. AM CIS-2.7-DICHLOR-CYCLOHEPTANON 57-0142
FLANAGAN P. J., STEROIDE 12. MITT. 60-0775
FLANAGAN P. W. K., POLYALKYLIERTE AROMAT. KOHLENWASSERSTOFFE 2. MITT. 63-0528
FLANNIGAN W. T., EISENCARBONYLKOMPLEXE SCHIFFSCHER BASEN 57-0053
FLATT R., CLEVE-SAEUREN, D. QUINAERE SYST. NA(+)-MG(2+)-1-AMINO-NAPHTHALIN-SULFONAT-(6)-1-AMINO-NAPHTHALIN-SULFONAT-(7)-CL(-)-H2O ZWISCHEN 0 U. 75 GRAD 58-0022
FLAUTT T. J., STEREOCHEMIE D. ELEKTROPHILEN SUBSTITUTION V. (+)-3-CAREN. PRINS- U. FRIEDEL-CRAFTS-ACETYLIER-RK. 58-0223
FLEISCHER E. B., KINETIK D. RK. V. HAEMATOPORPHYRINATOKOBALT(III) U. -EISEN(III) MIT CYANID U. THIOCYANAT BEWEIS FUER EINEN DISSOZIAT.-MECHANISMUS 63-0044
- MOL.- U. KRIST.-STRUKTUR V. PORPHYRINDISAEURE 63-0194
FLEISCHFRESSER B. E., ZWEI BLDG.-WEGE FUER CARBONIUMIONEN AUS OLEFINEN U. GEEIGNETEN ELEKTRONENAKZEPTOREN 61-0194
FLEISCHHACKER W., CYAN-NORMETHINE D. THEBAINS U. CODEINONS 53-0503
- ACYL-NORMETHINE AUS THEBAIN 53-0504
- VERLAUF D. HOFMANN-RK. AM THEBAIN, THEBAICYCLOMETHIN U. SEIN VERH. 59-0710
FLEMING I., 2EXO-HYDROXY-EPICAMPHER 62-0784
FLEMING W. C., SYNTH. D. 6- U. 7-HYDROXY-5.8-DIOXO-CARBOSTYRILE 61-0630
FLEMING W. L., SYNTH. U. SPEKTROMETR. EIG. EINIGER 1.2-DITHIENYL-AETHENE U. 1-THIENYL-4-PHENYL-BUTADIENE 63-0608
FLENTJE H., STRUKTUR U. STEREOCHEMIE D. AMUROLINS U. AMURONINS, ZWEIER NEUER ALKALOIDE VOM DIHYDROPROAPORPHIN-TYP 60. MITT. 60-0162
- STRUKTUREN V. AMURIN U. NUDAURIN 64-0805
FLES D., STER. KONTROLLE D. ASYMM. EINFUEHR. BEI D. MEERWEIN-PONNDORF-RED. V. BETA-SUBSTITUIERTEN ALPHA-PHTHALIMIDO-PROPIOPHENONEN 61-0202
FLETCHER H. G. JUN., SYNTH. V. 1.4.5-TRI-O-BENZOYL-2.3-DIDESOXY-D-ERYTHRO-2-HEXENULOPYRANOSE, DERIV. EINES GLYKALS V. KETOSETYP MIT ENDOCYCL. DOPPELBIND. 58-0686
- PMR-SPEKTREN V. PENTOFURANOSE-DERIV. 63-0133
- CYCLISIER. V. D-XYLO-HEXOS-5-ULOSE, CHEM. MODELL ZU BIOSYNTH. V. MYO- U. SCYLLOINOSITEN 63-0751
- SYNTH. MIT PARTIELL BENZYLIERTEN ZUCKERN 11. MITT. 63-0768
- SYNTH. MIT PARTIELL BENZYLIERTEN ZUCKERN 12. MITT. 63-0769
- SYNTH. MIT PARTIELL BENZYLIERTEN ZUCKERN 13. MITT. 63-0770
FLETCHER R., SYNTH. V. PORPHYRINEN UEBER B-BILENE 56-0662
FLEURY D., DEHYDRATISIER. V. DIHYDROXYACETON U. GLYCERINALDEHYD ZU METHYLGLYOXAL 61-0282
FLEURY J., HETEROCYCLISIER. V. ALPHA-ACYLAMINO-NITRILEN 2. MITT. 57-0540
- HETEROCYCLISIER. V. ALPHA-ACYLAMINO-NITRILEN 3. MITT. 57-0541
- HETEROCYCLISIERUNG V. ALPHA-ACYLAMINO-NITRILEN 4. MITT. 59-0558
FLEURY M., DEHYDRATISIER. V. DIHYDROXYACETON U. GLYCERINALDEHYD ZU METHYLGLYOXAL 61-0282
- RED. V. KROKONSAEURE AN EINER QUECKSILBERELEKTRODE, MECHANISMUS U. CHARAKTERISIER. D. REDUZIERTEN VERB. 64-0240
FLIEGL E., NUCLEOPHILE SUBSTITUTIONSRK. AN S-TRIAZIN-SYST. 1. MITT. 60-0256
FLIGGE M., DIELS-ALDER-SYNTH. V. HEXACHLOR-CYCLOPENTADIEN MIT DIHALOGEN-ALKENYL-CYCLOPROPANEN 55-0349
- ADDIT. V. DIHALOGENCARBENEN AN DIOLEFINE 58-0329
- DARST. V. 1.3-DIOXOLANEN AUS ALDEHYDEN U. EPOXIDEN IN NEUTRALEM MEDIUM 58-0589
- DARST. V. 2-HALOGEN-DIENEN UEBER 1.1-DIHALOGEN-CYCLOPROPANE 61-0326
- ADDIT. V. HALOFORMEN AN POLARISIERTE DOPPELBIND. 61-0351
FLINT J., RINGERWEITER. BEI D. ALKAL. HYDROLYSE V. PHOSPHETANIUMSALZEN 56-0492
FLISZAR S., OZONOLYSE V. CIS- U. TRANS-STILBEN IN GGW. V. (18)O-BENZALDEHYD 60-0567
- MASSENSPEKTROMETRIE V. CYCL. ORGAN. PEROXIDEN 63-0154
FLITSCH W., STRUKTUR D. PYRROLIZINS 59-0143
- PYRROL-2.5-DIESSIGESTER U. TAUTOMERE VERB. 59-0534
- SYNTH. U. RK. V. 5-AZAINDOLIZINEN U. 4A-AZA-(3.2.2)CYCLAZINDERIV. 59-0628
FLODGAARD H., INTRAMOL. WASSERSTOFFBRUECKENBIND. IM BILIRUBIN 56-0143
FLOM M. S., STEROIDHORMONE 4. MITT. 59-0745
FLOOD T. C., TRIMETHYLSILYLDIAZOMETHAN U. TRIMETHYLSILYLCARBEN 59-0339
FLORA T., D. THERM. ANALYSE D. IN D. HERST.-PROZESSEN D. FUNGICIDE CAPTAN U. FALTAN VORKOMMENDEN ORGAN. SYST. 1. MITT. 57-0814
FLORIANI C., N.N'-AETHYLEN-BIS-(SALICYLIDENAMINATO)-KOBALT(II), RED. OX. U. ALKYL- U. ACYL-DERIV. 59-0081
FLORINSKIJ F. S., SYNTH. NEUER AROMAT. TETRACARBONSAEURE-DIANHYDRIDE 62-0390
FLORY K., NITRILOXIDE 11. MITT. 62-0583
FLORY P. J., RAYLEIGH-STREUUNG AN GERADKETT. MOL. 63-0103
FLOSS H. G., BIOSYNTH. V. ERGOT-ALKALOIDEN (STEREOCHEMIE D. H-ELIMINIER. AM C(4)-ATOM D. MEVALONSAEURE) 53-0607
FLOWERDAY P., ACENAPHTHO(5.6-CD)(1.2.6)THIADIAZIN 59-0643
FLOWERS M. C., THERM. ZERS. V. 1.1-DIMETHYL-1-SILACYCLOBUTAN U. EINIGE RK. EINES INSTABILEN, EINE SILICIUM-KOHLENSTOFF-DOPPELBIND. ENTHALTENDEN ZWISCHENPROD. 54-0352
- KINET. UNTERS. D. THERM. ZERS. V. 1.1-DIMETHYL-1-SILACYCLOBUTAN IN D. GASPHASE 61-0295
FLOYD M. B., RK. HETEROCYCL. SYST. MIT SINGLETT-SAUERSTOFF, PHOTOSENSIBILISIERTE OXYGENIER. V. IMIDAZOLEN 62-0562
FLUCK E., KERNMAGNET. RESONANZ V. PHOSPHORVERB. 19. MITT. 59-0113
FLYGARE W. H., MIKROWELLENSPEKTRUM, STRUKTUR U. DIPOLMOMENT V. CYCLOPROPANON 59-0148
FLYNN J. J., STRUKTUR U. REAKTIVITAET CYCL. ESTER. AETHYLENSULFAT U. VINYLENSULFAT 63-0197
FLYNN K. G., UMLAGER. V. DIHYDRO-ANTHRACENDERIV. 56-0421
FOA M., CARBONYLIER. MIT EINLAGER. V. ACETYLEN, EINE NEUE KLASSE V. EPSILON-LACTONEN 59-0649
FOCHI R., HETEROAROMAT. KATIONEN 11. MITT. 61-0618
- HETEROAROMATISCHE KATIONEN, 12. MITT. 61-0619
FODOR G., OPT. DREH.-VERMOEGEN U. KONFORM. 2. MITT. 53-0050
- MECHANISMUS D. BLDG. V. 3-DESOXY-GLUCOSULOSE AUS GLUCOSE-3-PHOSPHAT ODER DIFRUCTOSYL-GLYCIN 57-0642
- NUCLEOPHILE DEQUARTERNISIERUNG VON KONDENSIERTEN AZETIDINIUMSALZEN, 2. MITT. 60-0476
- STEREOSELEKTIVE SYNTH. V. OPT. AKTIVEM CONHYDRIN 63-0777
FODOR P., EIG. D. THIOCARBONSAEURE-O-ALKYLESTER. EINE NEUE SYNTH. D. DELTA(2)-THIAZOLINE 59-0567
FOELDESI I., ALKYLIERUNG VON METHYLDICHLORSILAN U. METHYLDIMETHOXYSILAN MIT BUTYLLITHIUM U. BUTYLMAGNESIUMBROMID 60-0363
FOERSTER H., DARST. V. ALPHA-AMINOPHOSPHONSAEUREESTERN U. VERWANDTEN VERB. 59-0386
FOERSTER S., BEITRAG ZUR BIOGENESE D. ALPHA-TERTHIENYLS 60-0825
FOERY W., STUDIEN IN D. FLAVINREIHE 13. MITT. 54-0555
FOGARASI G., SCHWINGUNGSSPEKTREN V. SILACYCLOHEXANDERIV. U. SI-C-STRECKSCHWINGUNGSFREQUENZEN VERSCHIEDENGLIEDRIGER SILACYCLOALKANE 57-0087
FOGELBERG L., AROMATISIER. V. PARAFFIN-KW-STOFFEN 1. MITT. 56-0244
- AROMATISIER. V. PARAFFIN-KOHLENWASSERSTOFFEN 2. MITT. 56-0245
FOGLIA T. A., RK. V. N.N-DICHLOR-URETHAN MIT AETHERN, NEUART. SPALT.- U. CHLORIER.-RK. 53-0231
- PSEUDOHALOGENE 10. MITT. 59-0319
FOJTIK A., BEZIEH. D. GESAMTGESCHW.-KONST. ZUR DOSISINTENSITAET IN D. KINET. GLEICH. FUER D. RADIO-OX. V. CYSTIN IN WSS. LSG. 53-0181
FOKIN A. V., SYNTH. UNGESAETT. DIISOCYANATE 55-0257
FOLKERS K., COENZYM Q 94. MITT. 59-0132
- NEUE TOCOPHEROL-DIMERE 61-0802

- OXYDATIVE DIMERISIER. V. ALPHA-, BETA-, GAMMA- U. DELTA-TOCOPHEROLEN 61-0803
- COENZYM Q 103. MITT. 64-0900
FOLLI U., ASYMM. INDUKT. U. KONFIGURATIVE KORRELAT. BEI OX. AM SCHWEFEL 3. MITT. 63-0421
- ASYMM. INDUKT. U. KONFIGURATIVE KORRELAT. BEI OX. AM SCHWEFEL 4. MITT. 63-0422
FOMINA L. V., N-SUBSTITUIERTE BETA-(5-AMINO-FURYL-(2))-ACROLEINE 64-0585
FONKEN G. S., 11-ALKYLIERTE STEROIDE 6. MITT. 63-0814
FONT J., BLDG. U. RK. EINWERTIGER KOHLENSTOFF-ZWISCHENPROD. 2. MITT. 61-0034
FONTAINE G., SYNTH. IN D. BENZOFURAN-REIHE 64-0591
FONTAINE M. C., HETEROGENE PHOTOSENSIBILISIER. 64-0330
FONTANA A., N(ALPHA)-(2-NITRO-PHENYLSULFENYL)-O-TERT.-BUTYL-HYDROXYAMINOSAEUREN U. DEREN ''AKTIVIERTE ESTER'' 57-0335
- SYNTH. D. GLUCAGONS 15. MITT. 57-0747
FONZES L., ALAKALOIDE AUS FAGARA LEPRIEURII, ENGL., EIN ALKALOID AUS D. ACRIDON-GRUPPE IN FAGARA LEPRIEURII 60-0723
FOOKS A. G., CHEMIE D. HYDROXYCHINONE 3. MITT. 53-0251
FOOTE C. S., CHEMIE V. SINGULETT-SAUERSTOFF 4. MITT. 59-0206
- CHEMIE D. SINGULETT-SAUERSTOFFS 6. MITT. 62-0303
FOOTE R. S., VERDRAENG.-RK. UEBER FREIE RADIKALE AN EINEM HYDROPEROXID 53-0224
FOPPEMA R., RK. ZWISCHEN TRI-N-OCTYLAMIN U. SCHWEFELSAEURE 64-0220
FORBERG G. D., OX. V. AMINEN 5. MITT. 62-0203
FORBES E. J., TROPONE 1. MITT. 53-0280
- D. RK. V. 2.4-DINITRO-BENZALDEHYD MIT ALKALI 58-0309
- RK. V. O-NITRO-BENZALDEHYDEN MIT BASEN 58-0417
- PHOTOCHEM. UMWANDL. V. TROPOLONEN 4. MITT. 59-0411
- PHOTOCHEM. UMWANDL. V. TROPOLONEN 5. MITT. 59-0412
- SYNTH. U. SPEKTROSKOP. EIG. SUBSTITUIERTER U. VERBRUECKTER BIPHENYLE 60-0440
- PHOTOUMWANDL. V. TROPOLONEN 6. MITT. 61-0501
- (4.5-C)FUROTROPON, EIN NEUES HETEROCYCL. SYST. 64-0584
FORCHIASSIN M., VINYLAMINE 8. MITT. 60-0411
FORCHIONI A., AUS NITROVERB. DURCH PHOTOLYSE IN FL. PHASE GEBILDETE STICKOXIDRADIKALE 1. MITT. 57-0264
- DURCH PHOTOLYSE VON NITROVERB. IN FLUESSIGER PHASE GEBILDETE STICKOXIDE, 2. MITT. 59-0266
FORD J. A. JUN., FESTLEG. D. KUPPL.-STELLE IN 1-INDENYLIDENTRIPHENYLPHOSPHORAN FUER D. BLDG. V. AZO- U. PHOSPHOCYANIN-FARBSTOFFEN 58-0499
FORD P., SYNTH. U. EIG. V. PENTAMMINPYRIDINRUTHENIUM(II) U. VERWANDTEN PENTAMMINRUTHENIUM-KOMPLEXEN V. AROMAT. STICKSTOFF-HETEROCYCLEN 60-0067
FORD P. W., PYRIMIDIN-RK. 17. MITT. 63-0720
FORD W. T., ELEKTROPHILE SUBSTITUT. AN GESAETT. KOHLENSTOFF 38. MITT. 63-0284
- ELEKTROPHILE SUBSTITUT. AM GESAETT. KOHLENSTOFF 39. MITT. 63-0285
- ELEKTROPHILE SUBSTITUT. AM GESAETT. KOHLENSTOFF 40. MITT. 63-0286
FORGACS J., O-METHYL-STERIGMATOCYSTIN, EIN NEUES STOFFWECHSELPROD. AUS ASPERGILLUS FLAVUS, LINK EX FRIES 57-0766
FORLANI L., KINETIK U. MECHANISMUS D. RED.-RK. V. 1-HALOGEN-NAPHTHOLEN-(2) MIT SUBSTITUIERTEN THIOPHENOLATEN 56-0206
FOROST M. P., RAMAN-SPEKTREN U. STRUKTUR NICHTKONJUGIERTER DIIN-KOHLENWASSERSTOFFE, -SILICIUMKOHLENWASSERSTOFFE U. -THIOAETHER 62-0074
FORREST L. J., DIENON-PHENOL-UMLAGER. 2. MITT. 57-0449
FORREST T. P., ALPHA-HALOGENAETHER 37. MITT. 63-0627
FORSBERG J. H., TRIS- U. TETRAKIS-(AETHYLENDIAMIN)-CHELATE V. LANTHANIDEN(III) 61-0041
FORST W., MASSENSPEKTROMETRIE VON AZOMETHAN 64-0149
FORT G., BASEN-KATALYSIERTE RK. V. GLYOXAL 3. MITT. 56-0506
FORTINA L., PYROLYSE V. C4-KOHLENWASSERSTOFFEN IN GGW. V. AROMATEN 58-0293
FORWARD G. C., WALLACHS ANOMALE BENZYLIDENDERIV. 53-0538
- STRUKTUR U. STEREOCHEMIE D. BEI D. KONDENS. V. CARVENON MIT BENZALDEHYD ERHALTENEN HEXAHYDROISOCHROMANONS 61-0610
- CHEMIE D. BEI D. KONDENS. V. CARVENON MIT BENZALDEHYD ERHALTENEN HEXAHYDROISOCHROMANONS 61-0611
FOSSEL E. T., SYNTH. V. BULLVALEN, BULLVALON U. BARBARALON SOWIE V. BARBARALON-DERIV. 54-0334
FOSTER A. B., SULFOXIDE V. METHYL-2.6-ANHYDRO-2-THIO-ALPHA-D-ALTROPYRANOSID, ZUWEIS. D. SULFOXID-KONFIG. DURCH D. KERNMAGNET. RESONANZMETH. 54-0481
- RK. V. CYCLOHEXANDIOLEN-(1.2) U. METHYL-4.6-O-BENZYLIDEN-ALPHA-D-GLUCO- U. -GALAKTO-PYRANOSID MIT METHYLENHALOGENIDEN 56-0457
FOSTER R., STRUKTUR D. PROD. EINER JANOVSKY-RK., 1.3-DINITROBENZOL PLUS ALKALI IN ACETON 56-0117
FOUCAU A., STRUKTU U. PHYSIKOCHEM. EIG. V. VERB. MIT AKTIVIERTEN DOPPELBIND. 2. MITT. 63-0231
FOUCAUD A., BEWEIS FUER EINE KOPPL. D. CARBONYLGRUPPEN V. CYCL. IMIDEN U. ANHYDRIDEN DURCH MESS. D. INTEGRALEN INTENSITAETEN, MESS. D. WINKELS ZWISCHEN D. GEKOPPELTEN SCHWINGENDEN GRUPPEN 53-0060
- STEREOCHEMIE U. MECHANISMUS D. EPOX. V. OLEFINEN D. ZWEI AKTIVIERENDE SUBSTITUENTEN AN EINEM KOHLENSTOFF TRAGEN, MIT WASSERSTOFFPEROXID 53-0127
- DARST. V. DIASTEREOISOMEREN 3-BENZYL-4-PHENYL-4-METHYL (ODER AETHYL)-PYRROLIDINDIONEN-2.5 U. BEST. IHRER STRUKTUR DURCH KERNMAGNET. RESONANZ 56-0490
- RK. V. ALPHA-CYAN-ZIMTSAEUREAMID MIT ENAMINEN 56-0568
- UMWANDL. V. SUBSTITUIERTEN 3-CYAN-PYRROLIDIN-2.5-DIONEN IN 2-IMINO-3-METHOXYCARBONYL-PYRROLIDIN-5-ONE 59-0531
- UNTERS. D. KONFORM. V. SUBSTITUIERTEN N-(DIACYLAMINO)-SUCCINIMIDEN DURCH MAGNET. KERNRESONANZ 60-0174
FOULCHER C., RK. V. ALDEHYDEN MIT 2-AMINO-BENZAMIDOXIM 53-0456
FOULI F. A., GAMMA.GAMMA-DISUBSTITUIERTE ITACONSAEUREN 4. MITT. 59-0461
FOULKES D. M., ALKALOIDBIOSYNTH. 11. MITT. 57-0681
FOUQUEY C., REDUZIER. D. UNSICHERH.-FAKTORS BEI D. UNTERS. SPONTANER SPALT. 53-0052
- BEST. D. OPT. REINH. KRISTALLINER STOFFE DURCH EINE KALORIMETR. METH. 54-0051
FOURNARI P., HETEROCYCL. REIHE 10. MITT. 53-0408
- HETEROCYCL. REIHE 11. MITT. 53-0409
- UNTERS. IN D. HETEROCYCL. REIHE 12. MITT. 56-0476
- UNTERS. IN D. HETEROCYCL. REIHE 13. MITT. 56-0477
- UNTERS. IN D. HETEROCYCL. REIHE 14. MITT. 64-0631
FOURNIER C., HOMOPHTHALIMID U. 4-HYDROXY-CARBOSTYRIL 1. MITT. 55-0449
- 4-HYDROXY-CARBOSTYRILE 56-0564
- HOMOPHTHALIMID U. 4-HYDROXY-CARBOSTYRIL 2. MITT. 58-0643
FOURNIER E., RK. V. DIAETHYL-PYROCARBONAT MIT 2-MERCAPTO-BENZIMIDAZOL 62-0568
FOURNIER M., CYCLODEHYDRATISIER. V. GAMMA-UNGESAETT. KETONEN 58-0460
FOWLER F. W., STEREOCHEMIE 32. MITT. 63-0586
- STEREOCHEMIE 33. MITT. 63-0587
FOWLER J. S., RK. STER. GEHINDERTER PHENOLE MIT DIAZOMETHAN 58-0400
- SYNTH. U. ZERS. V. NITRONSAEURE-ALKYLESTERN D. 2.6-DI-TERT.-BUTYL-4-NITRO-PHENOLS 58-0420
- NUCLEOPHILE ADDIT.-ELIMINIERUNGS-RK. V. 1.2-DI-P-TOLUOLSULFONYL-AETHEN 61-0587
FOWLER M. S., DURCH RADIKALE KATALYSIERTE UMLAGER. V. TRISILANTHIOLEN 61-0037
FOWLES G. W. A., MOL.-STRUKTUR U. MAGNET. EIG. V. BIS-(TRIMETHYLAMIN)-CHROM-TRICHLORID 55-0005
FOX B. L., CHLORIER. V. DIAETHYLACETYLENDICARBOXYLAT MIT EISEN(III)CHLORID 61-0361
FOX J. E., PHOTOSENSIBILISIERTE OX. V. 3BETA-ACETOXY-DELTA(8)-LANOSTEN 56-0676
FOX J. J., 3-METHYL-2-BUTENYLAMINO-PURINE U. -PYRIMIDINE 57-0609
- NUCLEOSIDE 45. MITT. 57-0647
- NUCLEOSIDE 47. MITT. 57-0648
- NUCLEOSIDE 48. MITT. 57-0649
- NUCLEOSIDE 44. MITT. 58-0109
- NUCLEOSIDE 46. MITT. 58-0701
- NUCLEOSIDE 50. MITT. 62-0705
- NUCLEOSIDE 51. MITT. 62-0706
FOXTON M. W., CARBONYLIER. V. UNGESAETT. ORGANOALUMINIUM-VERB. 56-0061
- LEICHTE TRANS- U. CIS-HYDRIDOALUMINIER. EINIGER ALKINYLDERIV. D. ELEMENTE D. 4. GRUPPE 57-0341
- ADDIT.-RK. HETEROCYCL. VERB. 31. MITT. 58-0551
- ADDIT.-RK. HETEROCYCL. VERB. 33. MITT. 58-0553
- ADDITIONSRK. HETEROCYCLISCHER VERB. 34. MITT. 58-0554
- ADDIT.-RK. HETEROCYCL. VERB. 35. MITT. 61-0671
- NICKEL-KATALYSIERTE HYDRIDOALUMINIER. V. ALKINEN U. D. EINFL. V. NICKEL AUF D. ZIEGLER-DIMERISIER. VON AETHYLENEN 62-0261
FOY P., DURCH SAEURE KATALYSIERTE UMLAGER. V. ALPHA-DIOLEN IN D. REIHE D. 4.4-DIMETHYL-STEROIDE 2. MITT. 53-0560
- NEUES BEISPIEL EINER SKELETT-UMLAGER. IN STEROIDEN 55-0546
FRAEFEL W., TRYPSINHEMMSTOFFE AUS ASCARIS LUMBRICOIDES VAR. SUUM. 1. MITT. 54-0553
FRAENKEL G., KINETIK D. INVERSION V. ORGANOLITHIUM- U. -ALUMINIUMVERB. 57-0010
- FRAGMENTIER. EINER GRIGNARD-VERB. 57-0040
- STRUKTUR V. BUTYLLITHIUM-PYRIDIN-ADDUKTEN 60-0011
- BERECHN. V. (13)C- U. PROTONENCHEM. VERSCHIEB. IN PYRIDIN 64-0123
FRAINNET E., RK. V. TRIALKYLHYDROGENSILANEN MIT CARBONSAEUREANHYDRIDEN 54-0246
- DARST. V. ENOXY-SILANEN 55-0270
- WRKG. V. TRIALKYLSILANEN U. ALKOXYSILANEN AUF CARBONSAEUREESTER 56-0334
- UNTERS. D. KONSTIT. V. DISILANEN AUF CHEM. U. SPEKTROGRAPH. WEGE 64-0464
FRAISSARD J., ISOMERISIER. V. BUTEN-(1) DURCH ALUMOSILIKAT-KATALYSATOREN 55-0229
FRAISSE-JULLIEN R., ALKYLIER. U. SPEKTRALE UNTERS. V. ALPHA-FLUORESTERN 56-0292
FRANCESCH C., ALPHA-FLUORZIMTSAEUREESTER U. BETA-FLUORSTYROLE 2. MITT. 62-0090
FRANCESCHI G., TOTALE ABS. KONFIG. V. DAUNOMYCIN 63-0178
- STRUKTUR V. DAUNOMYCIN 63-0851
FRANCHINI P. F., SYNTH. U. UV-ABSORPT.-SPEKTREN V. ISOXAZOLYL-(5)-POLYENALDEHYDEN 55-0059
- DIPOLMOMENTE 5-SUBSTITUIERTER ISOXAZOLE 1. MITT. 57-0071

FRANCIK H., SYNTH. V. AMINOSAEUREN DURCH HOCHFREQUENTE ELEKTR. ENTLAD. 64-0404
FRANCINA A., HYDROLYSE VON DIAETHYLPHOSPHIT U. IHRE BEDEUTUNG FUER DIE CHROMATOGRAPHIE 61-0245
FRANCIS G., ''ASTERINSAEURE'', EIN ACETYLENCAROTINOID 61-0746
FRANCIS J. N., ZWEIZAEHN. PI-GEBUNDENER LIGAND, ABGELEITET V. 1.2-DICARBACLOVODODEKARBORAN(12) 60-0063
FRANCK R. W., KOMPRESSIONSEFFEKTE IN 1.4-DI-TERT.-BUTYL-NAPHTHALINEN, CHEMIE U. KERNMAGNET. RESONANZSPEKTREN 59-0110
FRANCK-NEUMANN M., SENSIBILISIERTE PHOTOCHEM. ZERS. V. PYRAZOLINEN 2. MITT. 62-0481
- TOTALSYNTH. V. ARISTOLON 63-0796
FRANCOIS H., VISKOSITAET U. DIELEKTR. EIG. V. KOLOPHONIUMHARZEN, HARZSAEUREN U. ABIETINSAEUREMETHYL-ESTER 3. MITT. 64-0093
- VISKOSITAET U. DIELEKTR. EIG. V. KOLOPHONIUMHARZEN, HARZSAEUREN U. ABIETINSAEUREMETHYLESTER 1. MITT. 64-0193
- VISKOSITAET U. DIELEKTR. EIG. V. KOLOPHONIUMHARZEN, HARZSAEUREN UND ABIETINSAEUREMETHYLESTER, 2. MITT. 64-0194
FRANCOIS M., DARST. CYCL. ESTER D. 2-(DIMETHYLAMINOMETHYL)-BENZOLBORONSAEURE 56-0458
FRANCOIS P., STEREOCHEMIE 22. MITT. 58-0782
FRANGOPOL M., STABILITAET U. GLEICHGEW. FREIER RADIKALE 3. MITT. 55-0286
FRANGOPOL P. T., STABILITAET U. GLEICHGEW. FREIER RADIKALE 3. MITT. 55-0286
FRANK D., FRAGMENTIER.-RK. AN CARBONYLVERB. MIT BETA-STAEND. ELEKTRO-NEGATIVEN SUBSTITUENTEN 5. MITT. 53-0313
- FRAGMENTIER.-RK. AN CARBONYLVERB. MIT BETA-STAEND. ELEKTRONEGATIVEN SUBSTITUENTEN 7. MITT. 54-0294
- FRAGMENTIER.-RK. AN CARBONYLVERB. MIT BETA-STAENDIGEN ELEKTRONEGATIVEN SUBSTITUENTEN 8. MITT. 55-0241
- FRAGMENTIER.-RK. AN CARBONYLVERB. MIT BETA-STAEND. ELEKTRONEGATIVEN SUBSTITUENTEN 9. MITT. 63-0588
FRANK F. J., DIPYRIDIN-CHROM(VI)-OXID-OX. V. ALKOHOLEN IN DICHLORMETHAN 63-0349
FRANK G., PHOTOSENSIBILISIERTE RK. V. ALPHA-PINEN 58-0764
FRANK H. P., ZUSTANDSDIAGRAMME V. POLYOLEFIN-DIISOOCTYLADIPAT 59-0793
FRANKE A., SYNTH. V. OLIGO- U. POLYNUCLEOTIDEN 16. MITT. 59-0668
FRANKE C., PHOTOCHEM. UMWANDL. 18. MITT. 62-0307
FRANKE W. H., ZUR KENNTNIS D. ISOTRUXENS 57-0459
FRANKE W. K., DIAZOESSIGSAEUREAZID 62-0365
FRANKEL E. N., UNTERS. IN DER ORGANOMETALLCHEMIE 24. MITT. 60-0236
- DURCH TRICARBONYLARENCHROM-KOMPLEXE KATALYSIERTE HOMOGENE 1.4-ADDIT. V. WASSERSTOFF 62-0202
FRANKEL M., SYNTH. D. GONGRINS U. EINIGER ANDERER AMIDINOUREIDO-CARBONSAEUREN 57-0339
FRANKLIN N. C., KONFORM.-ANALYSE MIT HILFE D. KERNRESONANZSPEKTROSKOPIE, 8. MITT. 53-0543
- KONFIG. U. KONFORM. V. 2-CARBOXY-CYCLOPENTANOLEN U. METHYL- U. AETHYLESTER 55-0108
- MAGNET. ANISOTROPIE U. INTERPRETAT. D. NMR-SPEKTREN V. LACTAMEN 1. MITT. 57-0096
FRANKLIN W. E., DISSOZIAT. U. DIELS-ALDER-RK. V. DICYCLOPENTADIENDICARBONSAEUREESTERN 59-0468
FRANKOVSKIJ C. S., P-HYDROXY-SUBSTITUIERTE BENZOLDERIV. 1. MITT. 55-0288
- P-HYDROXY-SUBSTITUIERTE BENZOLVERB. 3. MITT. 60-0207
FRANZ J., ISOLIER., AMINOSAEUREZUS. U. TRYPT. ABBAU V. THYROCALCITONIN AUS SCHWEINESCHILDDRUESEN 58-0790
FRANZISCHKA W., RK. AN INDOLDERIV. 5. MITT. 55-0447
FRANZUS B., SYNTH. V. EXO,EXO-5.6-DIDEUTERIO-SYN-7-ACETOXY-NORBORNEN U. EXO,EXO-5.6-DIDEUTERIO-2-NORBORNEN 61-0506
- 7-SYN- UND 7-ANTI-PROTONENABSORPTIONEN IN DEN KERNMAGNETISCHEN RESONANZ-SPEKTREN V. NORBORNENEN 64-0124
FRASER R. N., DURCH POLYPORUS PINICOLA (FR) GEBILDETE POLYSACCHARIDE 56-0752
FRASER R. T. M., MASSENSPEKTROMETRIE V. NITRATESTERN U. VERWANDTEN VERB. 1. MITT. 63-0164
FRATER G., THERM. UMWANDL. V. PHENYL-PENTADIEN-(2.4)-YL-AETHERN IN 4-(PENTADIEN-(2.4)-YL)-PHENOLE ALS BEISPIEL FUER (5.5)-SIGMATROP. UMLAGER. VORL. MITT. 58-0453
FRATIELLO A., SOLVATAT.-UNTERS. V. ALUMINIUMCHLORID IM DIMETHYLSULFOXID-W.-GEMISCHEN MITTELS NMR 55-0014
FRATINI A. V., KRISTALLSTRUKTUR VON ZWEI NEUEN POLYCYCLISCHEN PRODUKTEN C26H26O2 U. C24H20, DIE BEI DER PHOTOLYSE VON ANTI-(2.2) PARACYCLONAPHTHAN GEBILDET WERDEN 61-0164
FRAUNBERGER F., N-ACYL-TRIHALOGENACETALDIMINE ALS REAKTIVE ZWISCHENSTUFEN BEI ELIMINIER.-ADDIT.-RK. 6. MITT. 56-0315
- 2.2.2-TRIFLUOR-1-BENZYLOXYCARBONYLAMINO-AETHYL-REST ALS SCHUTZGRUPPE FUER D. HYDROXYLGRUPPEN D. SERINS U. THREONINS BEI PEPTIDSYNTH. 59-0767
FRAVOLINI A., KINET. UNTERS. UEBER D. RK. V. 2-METHYL-CHLORNITROBENZTHIAZOLEN MIT NATRIUMMETHYLAT IN METHANOL 58-0257
FRAY G. I., HOCHKONDENSIERTE POLYCYCL. RINGSYST. 1. MITT. 60-0459
FRAZAO S. C., QUART. AMMONIUM-VERB. AUS 5-METHYL-, 5-AETHYL- U. 5-HYDROXYMETHYL-3.7-DIOXA-1-AZA-BICYCLO(3.3.0)OCTAN 56-0514
FREDERICK J. L., DARST. V. CINCHOMERONSAEUREN DURCH OX. V. MERIMINEN U. 2.3-DIHYDRO-PYRROLO(3.4-C)PYRIDINEN U. RK. DIESER SAEUREN 60-0597
FREDGA A., SYNTHET. WUCHSSTOFFE 27. MITT. 58-0401
- SYNTHET. WUCHSSTOFFE 28. MITT. 58-0402
FREEAR J., FLUORIERTE ACETYLENE 1. MITT. 61-0373
FREEBURGER M. E., ''VIRTUELLE'' FERNKOPPL. IN EXO.EXO-3.6-DIBROM-BICYCLO(2.2.1)HEPTAN-2.5.DION 57-0109
FREEDMAN H. H., RESONANZSTABILISIERTE CARBANIONEN 2. MITT. 58-0006
- TETRAPHENYLCYCLOBUTADIEN-DERIVATE, 6. MITT. 61-0193
- LEICHTE THERM. CYCLISIER. EINES STER. BEHINDERTEN DIENS 64-0473
FREEDMAN L. D., DARST. EINIGER PHENOXAPHOSPHINDERIV. DURCH FRIEDEL-KRAFTS- U. DIAZO-RK. 58-0672
- ALKOXYTETRAPHENYLANTIMONVERB. 62-0026
FREEDMAN M. B., ANTIDEPRESSIVA. TETRABENAZINANTAGONIST. AKTIVITAET IN EINER REIHE V. 5H-DIBENZO(A,D)CYCLOHEP-TEN-5-PROPYLAMINEN 60-0439
FREEMAN J. P., 3.4-DIAZA-CYCLOPENTADIENONOIDE, DERIV. EINES NEUEN HETEROCYCL. SYST. 55-0411
- SYNTH. V. ALPHA-DIFLUORAMINOCARBINOLEN U. EINIGEN DERIV. 57-0326
FREEMAN P. K., REAKTIVE ZWISCHENSTUFEN IN BICYCLO(3.1.0)-HEXYL- U. BICYCLO(3.1.0)HEXYLIDEN-SYST. 4. MITT. 62-0473
- ADDIT. V. ELEMENTEN D. KETENS AN AUSGEWAEHLTE DIENE NACH DIELS-ALDER 64-0538
FREI V., KOORDINATIONSVERB. V. ORGAN. OXOSUBSTANZEN 29. MITT. 56-0062
FREIBERG J., ALPHA-HALOGENAETHER 31. MITT. 53-0203
- ALPHA-HALOGENAETHER 32. MITT. 55-0251
- ALPHA-HALOGENAETHER 33. MITT. 55-0282
- ALPHA-HALOGENAETHER 35. MITT. 61-0569
FREIJDLINA R. C., RK. V. THIOLEN MIT UNGESAETT. VERB. IN GGW. V. PENTACARBONYL-EISEN 56-0279
FREITAG D., RK. AM ''INDANOCYCLON'', DARST. D. 1.2.3.4-TETRAPHENYL-5.6-BENZO-PENTALENS 58-0521
- REAKTIVITAET V. CHRYSENCHINON GEGENUEBER DIBENZYLKETON U. PHENYLACETON 58-0522
FREITAG H., NACHTRAG U. BERICHTIG. ZUR 3. MITT. UEBER D. GLYKOSIDE D. BLAETTER V. ISOPLEXIS ISABELLIANA(WEBB) MASF. 53-0606
FREJDLINA R. C., RED. D. TRICHLORMETHYL ZUR DICHLORMETHYLGRUPPE DURCH EINW. TERTIAERER AMINE AUF POLYCHLORALKANE IN GGW. V. EISENVERB. 53-0205
FREJMANIS J. F., CYCL. BETA-AMINO-VINYLIMINE 5. MITT. 63-0529
- SPIROKETONE AUF D. BASIS V. BETA-DIKETONEN 2. MITT. 63-0554
FREMAUX B., PRINS-RK. 14. MITT. 57-0236
- PRINS-RK. 15. MITT. 57-0237
FREON P., DARST. U. REAKTIVITAET V. ALPHA-AETHOXYLIERTEN ORGANOCADMIUM- U. ORGANOZINKVERB. 63-0063
- REAKTIVITAET V. ORGANOCADMIUM- U. ORGANOZINK-VERB. GEGENUEBER N-BENZYLIDEN-ANILINEN 64-0054
FRESE E., ORGAN. SCHWEFELVERB. 53. MITT. 58-0613
- ORGAN. SCHWEFELVERB. 54. MITT. 58-0614
- ORGAN. SCHWEFELVERB. 55. MITT. 58-0615
- AUSTAUSCHRK. ZWISCHEN GEMINALEN DICHLORIDEN U. NICHT ENOLISIERBAREN THIOKETONEN 58-0619
- EINW. V. DIARYLDIAZOMETHANEN AUF DIXANTHOGEN U. XANTHOGENSAEUREANHYDRID SOWIE EINE EPISULFIDUMLAGER. 61-0483
FREUDENBERG B., DIREKTER NACHW. EINES AROMAT. DIAZONIUM-CARBOXYLATS ALS ZWISCHENSTUFE D. NITROSO-ACYL-ARYLAMIN-ZERFALLS 64-0448
FREUDENBERG K., OX.-PROD. D. FICHTENLIGNINS 55-0573
FREY D. W., HG-SENSIBILISIERTE PHOTOUMLAGER. V. 3.3.6.6-TETRAMETHYL-CYCLOHEXADIEN-(1.4) 56-0446
FREYTAG W., CIS-TRANS-ISOMERE ALIPHAT. ENOLACETATE 54-0229
FRIARY R. J., SYNTH. V. METHYL-DESISOPROPYL-DEHYDROABIETINAT. DITERPENOIDSYNTH. UEBER DEN AB-ABC-WEG 59-0717
- SYNTH. V. PODOCARPSAEURE 59-0718
FRICKE G., PYRIDOXIN-CHEMIE 17. MITT. 57-0754
FRID E. N., CYANAETHYLIER. V. POLYKETONEN 61-0410
FRIDKIN M., POLYMERE ALS CHEM. REAGENZIEN 2. MITT. 63-0844
FRIDMAN A. L., HYDROXYMETHYLIER. V. ALIPHAT. VERB. 53-0212
- NEUE UMWANDL. V. 1.1-DINITROAETHAN-SALZEN 57-0287
- SPALT. V. ALIPHAT. POLYNITROVERB. DURCH FORMALIN 62-0331
- CYCLISIER. V. NITROCARBONSAEUREESTERN, DIE DIE NITROSAMIN-GRUPPE ENTHALTEN, ZU N-SUBSTITUIERTEN SIGMA-LACTAMEN 62-0619
FRIDMAN S. G., CYANINFARBSTOFFE MIT ZWEI KONJUGIERTEN CHROMOPHOREN 6. MITT. 61-0533
FRIDMANN S., SYNTH. V. (D5)CHLORBENZOL MITTELS HOCHFREQUENZENTLAD. 61-0381
FRIDRICHSONS J., ABS. MOLEKULARSTRUKTUR V. KREYSIGININ U. MORPHIN 62-0155
FRIEBE R., VERBRENN.-ENTHALPIE U. DIAMAGNET. SUSZEPTIBILITAET V. TRANS-HEXATRIEN-(1.3.5) 59-0177

FRIED I. M., ALPHA-SUBSTITUIERTE SULFONAMIDE U. SULFONSAEUREN 1. MITT. 58-0415
FRIED J. H., STEROIDE 317. MITT. 60-0770
- CHEMIE VON DIFLUORCARBEN-ADDUKTEN MIT STERISCH GEHINDERTEN ACETYLENEN 64-0868
FRIEDEL H., PI-ALLYL-KOMPLEXE D. MOLYBDAENS 1. MITT. 59-0072
FRIEDEMANN D., ENDSTAENDIG (14)C-MARKIERTE C3-VERB. 53-0206
- DAS CARBENIUMION C3CL5(+) 53-0207
- CHLORAUSTAUSCH BEI ORGAN. VERB. 6. MITT. 62-0119
FRIEDIGER A., P-CARBOXYBENZOLDIAZONIUMCHLORID ALS REAGENS ZUR BEST. V. VERB. MIT AKT. METHYLENGRUPPEN 54-0595
FRIEDLAND D. J., EIN NEUES DIPYRROLYLDIPYRROMETHEN-PRODIGIOSIN-ANALOGES AUS SERRATIA MARCESCENS 58-0733
FRIEDMAN G., PHOTOALKYLIER. V. GAMMA-BUTYROLACTON MIT OLEFINEN 60-0586
- PHOTOAMIDIER. V. ACETYLENVERB. 63-0390
FRIEDMAN L., LSGM.-EINFL. AUF D. BAMFORD-STEVENS-RK. 58-0297
- THERMOLYSE-RK. V. BIPHENYLEN 58-0517
- ANOMALIEN BEI D. ACETYLIER. V. O- U. P-XYLOL 61-0397
- ELEKTRONENSTOSS U. THERM. FRAGMENTIER. V. BIPHENYLEN 62-0282
- PRIM. U. SEK. PROD. D. RK. V. DEHYDROBENZOL U. BENZOL BEI ERHOEHTEN TEMP. 62-0372
- APROT. DIAZOTIER. V. ANILIN IN GGW. V. JOD 62-0399
- APROT. DIAZOTIER. V. ARYLAMINEN IN AROMAT. LSGM., EINFL. STARKER SAEUREN 62-0436
FRIEDMAN M., RK. V. AMINOSAEUREN, PEPTIDEN U. PROTEINEN MIT ALPHA.BETA-UNGESAETT. VERB. 9. MITT. 58-0438
FRIEDMANN A., ELEKTROPHILE SUBSTITUT. BEI THIAZOLEN 60-0553
FRIEDMANN G., KINET. UNTERS. D. POLYMERISAT. V. TRANS-PENTADIEN-(1.3) IN TETRAHYDROFURANLSG. IN GGW. V. METALL. LITHIUM 56-0738
FRIEDMANN L., EINE BEQUEME METH. ZUR DARST. V. NIEDRIG SD. ALKOHOLEN U. AMINEN UEBER D. LITHIUMALUMINIUMHYDRID- U. -DEUTERID-RED. 61-0371
FRIEDRICH E. C., ELEKTROPHILE AROMAT. SUBSTITUTIONSRK. ZWISCHEN PLATIN(II)- SOWIE PALLADIUM(II)-CHLORIDEN U. N.N-DIMETHYL-BENZYLAMINEN 59-0090
FRIEDRICH E. G., KERNMAGNET. RESONANZSPEKTREN U. ULTRAVIOLETTSPEKTREN V. NEUTRALEN U. PROTONIERTEN CYCLOHEXADIENONEN 58-0097
FRIEDRICHSEN W., SYNTH. V. 2.3-DIMETHOXY-MORPHINANEN 61-0624
FRIESS S. L., EINFL. V. SUBSTITUENTEN AUF D. ESTERCARBONYLABSORPTION U. CHEMOREZEPTOR-RK. V. TROPANYL-PHENYLACETATEN 57-0802
FRINTS P. J. A., ISOMERISIER. V. CARBODIIMIDEN ZU CYANAMIDEN 62-0395
FRISONE G. J., SOLVOLYSE-MECHANISMUS, BETA-DEUTERIUM-ISOTOPENEFFEKTE BEI D. SOLVOLYSE V. TERT.-BUTYLCHLORID BEI KONST. IONISIER.-STAERKE U. EINFL. D. STRUKTUR D. RK.-TEILNEHMER AUF D. GEOMETRIE D. SN1-UEBERGANGSZUSTANDES 60-0259
FRITSCH J. M., VERWEND. V. TOLUOL-P-SULFONYLHYDRAZONEN BEI D. UNTERS. D. PARAMAGNET. ELEKTRONENRESONANZ V. TRIPLETTMETHYLENE 53-0076
- ELEKTROLYT. OX. V. ORGAN. VERB. 1. MITT. 58-0192
FRITZ D., ALKYLIERUNG VON METHYLDICHLORSILAN U. METHYLDIMETHOXYSILAN MIT BUTYLLITHIUM U. BUTYLMAGNESIUMBROMID 60-0363
FRITZ H., SYNTH. V. D-GLUCOPYRANO-(CIS-2',1'-C)-1,2,3,4-TETRAHYDRO-ISOCHINOLINEN 56-0619
- SYNTH. IN D. REIHE D. INDOLE U. INDOLALKALOIDE. 6. MITT. 57-0684
- D. STRUKTUR V. IMIDAZOLIN- U. IMIDAZOLIDIN-DERIV. AUS 2-AMINO-2-DESOXY-HEXOSEN 60-0692
FRITZ H. E., BASEN-KATALYT. RK. V. FLUOREN U. INDEN MIT LACTONEN U. HYDROXYSAEUREN 64-0518
- MICHAEL-RK. V. SALZEN D. ACRYLSAEURE 64-0519
FRITZ H. P., UEBER AROMATENKOMPLEXE V. METALLEN 100. MITT. 53-0003
- STRUKTUR V. DI-MY-JODO-TETRAMETHYL-MY-DIMETHYLSULFID-BIS-(DIMETHYLSULFID)-DIRHODIUM(III) 58-0019
FRITZE P., EXISTENZ NIEDERGLIEDR. CYCLOALKINE 12. MITT. 59-0400
- RK. V. CYCLOOCTIN MIT NICKEL-VERB. 61-0059
FRITZSCHE H., THIAZOLON-(2)-BIS-(BETA-CHLOR-AETHYL)-HYDRAZONE U. 2-AMINO-4-(BETA-CHLOR-AETHYL)-DIHYDRO-1.3.4-THIADIAZINE-DELTA(2) AUS 4-SUBSTITUIERTEN 1.1-BIS-(BETA-CHLOR-AETHYL)-THIOSEMICARBAZIDEN 53-0385
FROEHLICH P. M., AZA-STEROIDE 4. MITT. 59-0747
FROEMMING K., ENZYMAT. OX. V. LAUDANOSOLINMETHOBROMID ZU EINEM APORPHINALKALOID 57-0670
FROHBERG E., ALKALOIDE AUS RHAMNACEEN 4. MITT. 59-0701
FROLOV V. N., (3.3.3-TRIFLUOR-PROPYL)-METHYLCYCLOSILOXANE 2. MITT. 60-0035
FROMAGEOT H. P. M., SYNTH. V. OLIGORIBONUCLEOTIDEN 6. MITT. 62-0703
FROMMELD H., NITRILOXIDE 11. MITT. 62-0583
FROMSON J. M., TOTALSYNTH. EINIGER MONOMERER VINCA-ALKALOIDE, DL-VINCADIN, DL-VINCAMINOREIN, DL-VINCAMINORIN, DL-VINCADIFFORMIN, DL-MINOVIN U. DL-VINCAMINORIDIN 64-0818
FROST A. A., MOLEKULARSTRUKTUR-MODELL MIT FLUKTUIERENDEN SPHAER. GAUSS-ORBITALEN 4. MITT. 61-0133
FROST D. J., STEREOCHEMIE V. DELTA(7.24(28))-STIGMASTADIEN-3BETA-OL U. D. FUCOSTERINEN 63-0829
FRUIT P., PHOTOCHROMIE V. INDOLINOSPIROPYRANEN 2. MITT. 63-0104
FRUIT R. E. JUN., OXYDATIVE SPALT. V. AMINEN MIT WSS. BROM BEI 25 GRAD 64-0344
FRUWERT J., LSGM.-EINFL. AUF D. BANDENFORM D. CO-VALENZSCHWING. D. ACETONS 64-0104
FRY A. J., MECHANISMUS D. BLDG. V. 1-PHENYL-CYCLOBUTEN BEI D. RK. V. 1-PHENYL-1.4-DICHLOR-1-BUTEN MIT MAGNESIUM 58-0476
- STEREOSELEKTIVE ELEKTROCHEM. RED. V. GEMINALEN DIHALOGENCYCLOPROPANEN 61-0505
- HYDROCHLORIER. V. 1-CHLOR- U. 2-CHLOR-NORBORNEN, DIRIGIERENDER EFFEKT D. CHLORS 62-0488
FRY J. L., CARBONIUMIONEN 10. MITT. 53-0168
FRY W. F., AL2O3, KATALYSATOR U. TRAEGER 36. MITT. 59-0240
FRY W. J., TROPONE 1. MITT. 53-0280
FRYDRYCH R., DARST. U. EIG. D. ALKALIMETALL-BLEI(IV)-PERJODATE M(I)PB(IV)JO6 55-0008
FRYE C. L., BROMIER. V. ISOPREN 64-0355
FRYE J. L., RK. V. BENZIL MIT DEM METHYLSULFINYL-CARBANION, ERZEUG. D. METHYLSULFINYL-CARBANIONS IN GERINGER KONZ. DURCH DAS PHENOXID-ION 61-0537
FRYER R. I., BASEN-KATALYSIERTE ELIMINIER.-RK. SUBSTITUIERTER 2-(4-PYRIDYL)-AETHYLAMINE 61-0631
- CHINAZOLINE U. 1.4-BENZODIAZEPINE 38. MITT. 61-0686
- SYNTH. V. POLYCYCL. KONDENSIERTEN (1.2-A)PYRROLEN 62-0494
- OX. V. 2.4-BENZODIAZEPIN-3-ONEN 63-0737
FUCHS B., AEBL. NORBORNADIENONE-(7) 55-0359
- PHOTOCHEM. VERH. V. BRUECKENVERB. 2. MITT. 57-0469
- PHOTOLYT. ZERS. V. DIHYDROOXADIAZINONEN 59-0642
FUCHS J., HYDROLYSE AMPHOTERER METALLALKOXIDE 10. MITT. 58-0056
- HYDROLYSE AMPHOTERER METALLALKOXIDE 11. MITT. 58-0057
- HYDROLYSE AMPHOTERER METALLALKOXIDE 9. MITT. 58-0060
FUCHS P. JUN., EIN BICYCLO(2.1.0)PENTAN-PHENONIUMION 59-0438
FUCHS R., OX. V. CYCLOBUTANOLEN U. AROMAT. RINGEN MIT RUTHENIUMTETROXID 55-0164
- 1-CYANAMINO-2.2-DICYAN-AETHYLENE, N.N'-DICYAN-GUANIDINE U. O-AETHYL-N.N'-DICYAN-ISOHARNSTOFF 61-0367
- 5-CYAN-PYRIMIDIN-DERIV. DURCH CYCLISIERUNG V. 1-CYANAMINO-2.2-DICYAN-AETHYLENEN 61-0652
- PHOTOCHEM. UMWANDL. 17. MITT. 62-0543
- SYNTH. U. IONISAT.-KONST. V. M- U. P-SUBSTITUIERTEN CIS-3-PHENYL-CYCLOBUTANCARBONSAEUREN 63-0516
FUELDNER H. U., CHEMIE NUCLEOPHILER CARBENE 12. MITT. 56-0520
FUERESZ S., RIFAMYCINE 49. MITT. 60-0821
FUERST A., INSEKTENHORMONE, 9. MITT. 56-0700
FUERST H., DARST. D. PYRIDIN-3-SULFOCHLORIDS U. D. PYRIDIN-3-THIOLS 53-0422
- DARST. V. 2.3-DICHLORBUTEN-(2)-DIOL-(1.4) 55-0231
FUGANTI C., NARCICLASIN U. NARCIPRIMIN 58-0718
- ABS. KONFIG. V. PEDEROLACTON 64-0667
FUGNITTO R., NMR-UNTERS. D. STRUKTUR V. ADDIT.-PROD. D. AROMAT. ISOCYANATE AN ACYLMETHYLENTRIPHENYLPHOSPHORANE (ANWEND. D. (15)N-MARKIER.) 54-0107
FUHRHOP J., EIN-ELEKTRONEN-OX. V. MAGNESIUM-OKTAAETHYLPORPHIN 64-0825
FUJI K., STRUKTUREN V. LYTHRANIN, LYTHRANIDIN U. LYTHRAMIN, NEUEN ALKALOIDEN AUS LYTHRUM ANCEPS MAKINO 55-0506
FUJII H., RK. V. CARBONYLVERB. MIT ISOCYANID 62-0352
FUJIMOTO H., STEREOCHEMIE V. ASYMM. SILICIUM 10. MITT. 59-0445
- ORIENTAL. PFLANZENINHALTSSTOFFE 18. MITT. 64-0911
FUJIMOTO M., INTRAMOL. HYDRAZIDE U. HYDROXAMATE 1. MITT. 61-0553
- HYDRAZIDE U. INTRAMOL. HYDROXAMATE 2. MITT. 64-0602
- HYDRAZIDE U. INTRAMOL. HYDROXAMATE 3. MITT. 64-0603
FUJIMOTO Y., TOTALSYNTH. V. DL-EPIIBOGAMIN 63-0780
FUJINO A., DIMERE D. PERCHLOR-(3.4-DIMETHYLEN-CYCLOBUTENS) 2. MITT. 59-0479
FUJIOKA S., INSEKTENHORMONE 8. MITT. 64-0869
- INSEKTENHORMONE 9. MITT. 64-0870
FUJISAWA N., TOTALSYNTH. V. DITERPENOIDEN 9. MITT. 61-0755
FUJITA E., STRUKTUREN V. LYTHRANIN, LYTHRANIDIN U. LYTHRAMIN, NEUEN ALKALOIDEN AUS LYTHRUM ANCEPS MAKINO 55-0506
- SYNTH. V. ABIETAN U. UMWANDL. V. ENMEIN IN ENANTIOABIETAN 55-0521
- TERPENOIDE 7. MITT. 62-0748
FUJITA K., INTRAMOL. PROTONENUEBERGANG V. BICYCLOOCTYL-CARBONIUMION ZUM CYCLOOCTADIEN 53-0152
- STEREOCHEMIE KATION. ADDIT., PI,PI-TRANSANULARER RINGSCHLUSS V. 1.5-CYCLOOCTADIEN 53-0153
FUJITA S., PHOTOCHEMIE V. 1.2.3-TRIPHENYLAZIRIDIN 60-0300
FUJITA T., SYNTH. V. ABIETAN U. UMWANDL. V. ENMEIN IN ENANTIOABIETAN 55-0521
- TERPENOIDE 7. MITT. 62-0748
FUJITANI K., MENISPERMACEEN-ALKALOIDE 241. MITT. 59-0687
- MENISPERMACEEN-ALKALOIDE 242. MITT. 59-0688
- MENISPERMACEEN-ALKALOIDE 243. MITT. 59-0689
- MENISPERMACEEN-ALKALOIDE 244. MITT. 61-0719
- PHENOL-OX.-V. ISOCHINOLIN-ALKALOIDEN 1. MITT. 61-0720

- PHENOL-OX. V. ISOCHINOLIN-ALKALOIDEN 2. MITT. 61-0721
- ANTIPODENTRENN. V. DL-N-NORROMNEIN U. ABS. KONFIG. D. ROMNEINS 61-0722
- PHENOLOX. D. ISOCHINOLIN-ALKALOIDE 3. MITT. 64-0800

FUJIWARA T., KRIST.-STRUKTUR V. 6-OXO-LEUCOTYLIN-16BETA-(P-BROM-BENZOAT) 59-0171

FUJIWARA Y., AROMAT. SUBSTITUTION D. STYROL-PALLADIUMCHLORID-KOMPLEXES 2. MITT. 57-0417
- AROMAT. SUBSTITUT. V. OLEFINEN 4. MITT. 64-0493

FUKAMI H., SYNTH. V. HEXOSE-DERIV. AUS CYCLITEN 1. MITT. 55-0490
- SYNTH. V. 5-DESOXY-(+-)-ALLOSEDERIV. U. 4-DESOXY-(+-)-RIBOSE AUS MYOINOSIT 60-0691
- ISOLIER. U. STRUKTURAUFKLAER. V. THEASPIRON, BESTANDTEIL D. AETHER. TEE-OELS 62-0829

FUKAWA H., ISOLIER. EINES NEUEN POLYISOPRENYLKETONS AUS SEIDENWURM-FAECES 64-0841

FUKAWA I., BLDG. V. BIS-(O-(N-SUBSTITUIERTEN CYANAMINO)-PHENYL)-DISULFIDEN DURCH PHOTOLYSE V. 3-SUBSTITUIERTEN 2-NITROSIMINO-2.3-DIHYDRO-BENZTHIAZOLEN 62-0578

FUKAZAWA Y., STRUKTUREN D. PHOTOLYSEPROD. V. CAMPHER 63-0795

FUKUCHI H., PHARMAZEUTISCHE SUSPENSIONEN 1. MITT. 59-0818

FUKUI H., GIBBERELLIN A(23) IN UNREIFEN LUPINUS LUTEUS-SAMEN 59-0786

FUKUI M., RK. V. ORGANOMETALLVERB. D. IV. GRUPPE 9. MITT. 64-0064

FUKUMOTO K., SYNTH. V. VERB. D. HOMOAPORPHIN-TYPS DURCH OXYDATIVE PHENOL-KUPPL. 54-0509
- TOTALSYNTH. D. STEBISIMINS 56-0639
- UMLAGER. V. HOMOPROAPORPHIN U. D. KONFIG. V. ZWEI ISOMEREN HOMOPROAPORPHINEN 56-0645
- PHENOL. CYCLISIER. 1. MITT. 57-0679
- SYNTH. V. VERB. V. HOMOPROAPORPHIN-TYP DURCH OXYDATIVE PHENOLKUPPL. 58-0732
- SYNTH. V. HOMOPROAPORPHINEN DURCH OXYDATIVE PHENOLKUPPL. 2. MITT. 59-0684
- STRUKTUR V. CAPAURIMIN 61-0742
- UMLAGER. U. EINE NEUE ENOL-AETHER-ADDIT. BEI HOMOPROAPORPHINEN 61-0744
- TOTALSYNTH. V. STEBISIMIN 64-0821

FUKUMOTO Y., RK. V. ORGANOMETALLVERB. D. IV. GRUPPE 8. MITT. 62-0035

FUKUOKA F., SYNTH. NUCLEOSIDE U. NUCLEOTIDE 2. MITT. 62-0841

FUKUOKA M., BESTANDTEILE V. STEPHANOTIS JAPONICA MAKINO 62-0847

FUKUYAMA S., NEUE METH. ZUR DARST. V. THIOVINYLAETHERN U. UNSYMM. KETONEN 63-0473

FULKE J. W. B., STEREOCHEMIE V. MARRUBIIN 53-0537
- RK. D. DITERPENS MARRUBIIN U. VERWANDTER VERB. 60-0760

FULLER N. A., DEHYDRIER. EINIGER V. CYSTEIN ABGELEITETER THIAZOLINE 63-0650

FULLER R. W., N-SUBSTITUIERTE CYCLOPROPYLAMINE ALS MONOAMINOXYDASEHEMMER, STRUKTUR-AKTIVITAETSBEZIEH., VERSTAERK. D. DOPA-WRKG. BEI MAEUSEN U. IN VITRO-HEMM. D. KYNURAMIN-OX. 57-0804
- HEMM. V. MONOAMINOOXYDASE DURCH N-(PHENOXYAETHYL)-CYCLOPROPYLAMINE, KORRELAT. D. HEMMWRKG. MIT HAMMETT-KONST. U. NERNSTSCHEN VERTEIL.-KOEFF. 60-0812

FUNABASHI M., NICHT-ALDOL. DIMERISIER. V. N-PHENYL-2.3-O-ISOPROPYLIDEN-D-GLYCERALDIMIN 56-0558

FUNASAKA W., PHENYLFLUORCARBEN 61-0469

FUNDERBURK W. H., ANALGETIKA, ESTER VON PYRROLIDINYL-(3)-METHANOLEN 63-0901

FUNG B. M., INDIREKTE SPINSAETTIGUNG 2. MITT. 57-0105

FUNK J. D., 1-DIAZO-INDAN 54-0322

FUNKE P. T., BIOSYNTHET. UNTERS. 1. MITT. 59-0808
- BIOSYNTHETISCHE UNTERSUCHUNGEN 2. MITT. 64-0909

FURBERG S., KRISTALL- U. MOLEKULARSTRUKTUR V. DIHYDROTHYMIN 58-0155

FUREY R. L., PHOTOCHEM. BLDG. V. 1.3-DIAZETIDINEN 60-0479
- PHOTOCHEM. HYDROLYSE N-SUBSTITUIERTER IMINE 61-0484

FURLANI A., POLAROGRAPHIE V. KOMPLEXEN D. CYCLOHEXAN-1.4-DIAMIN-TETRAESSIGSAEURE 53-0017
- STABILITAETSKONST. EINIGER KOMPLEXE V. CYCLOHEXYLIMINO-DIESSIGSAEURE (CIDA) 56-0041

FURLENMEIER A., INSEKTENHORMONE, 9. MITT. 56-0700

FURNISS B. S., PARTIELL FLUORIERTE HETEROCYCL. VERB. 6. MITT. 59-0520

FURTH B., UNTERS. D. NITRO-ACETALDEHYDPHENYLHYDRAZONS U. VERWANDTER VERB. 64-0239

FURUKAWA J., SYNTH. V. CYCLOPROPANEN DURCH D. RK. V. OLEFINEN MIT DIALKYLZINK U. METHYLENJODID 57-0399
- STEREOSPEZIF. SYNTH. V. CYCLOPROPAN-DERIV. AUS OLEFINEN 63-0558

FURUKAWA M., SYNTH. NEUER PYRAZOLIN-DERIV. 62-0557
- MECHANISMUS D. RK. V. BIGUANIDEN MIT DIAETHYLOXALAT 62-0559
- ANTITUMOR-SUBSTANZEN 7. MITT. 62-0671

FURUKI K., STOFFWECHSEL V. ARZNEIMITTELN 9. MITT. 61-0845

FURUSAKI A., KRISTALL- U. MOLEKULARSTRUKTUR V. PERCHLOR-(1.4-DIMETHYL-5.8-DIMETHYLEN-CYCLOOCTATRIEN-(1.3.6)), C12CL14 59-0170

FURUTA T., KONFORM. U. REAKTIVITAET 5. MITT. 57-0097

FURUYA T., VORKOMMEN VON L-MAACKIAIN UND PTEROCARPIN IM KALLUSGEWEBE VON SOPHORA ANGUSTIFOLIA 64-0913

FURUYA Y., KINETIK DER TRIAETHYLENDIAMIN-KATALYSIERTEN AMINOLYSE VON N-PHENYL-PHENYLCARBAMATEN MIT ANILIN IN DIOXAN 60-0255

FUSCO G. C., UEBERBRUECKTE POLYCYCL. VERB. 49. MITT. 58-0531

FUSCO R., RINGOEFFN. IN D. PYRAZOLREIHE 55-0405

FUSEK J., KONFIG.-BEZIEH. ZWISCHEN ALKYLARYLMETHANOLEN U. ALKYLARYLMETHYLAMINOMETHANEN 63-0172

FYFE C. A., STRUKTUR D. PROD. EINER JANOVSKY-RK., 1.3-DINITROBENZOL PLUS ALKALI IN ACETON 56-0117
- NMR-UNTERS. V. MEISENHEIMER-VERB. D. PYRIDIN-REIHE 58-0105

G

GAASBEEK C. J., CHEMIE U. SPEKTROSKOPIE STARK SAURER LSG. 15. MITT. 62-0256

GABARD J., REDUZIER. D. UNSICHERH.-FAKTORS BEI D. UNTERS. SPONTANER SPALT. 53-0052
- STEREOCHEMIE D. REFORMATSKI-RK. 3. MITT. 58-0276

GABB E. G., ACYLTRIFLUORACETATE 3. MITT. 58-0226

GABEL N. W., ANALGET. WRKG. V. 1-SUBSTITUIERTEN 2.5-DIPHENYLPYRROLEN 60-0835

GABERT A., SYNTH. POLYMERER CHELATBILDNER AUF DEXTRANBASIS 1. MITT. 55-0263
- SYNTH. POLYMERER CHELATBILDNER AUF DEXTRANBASIS 2. MITT. 59-0796

GABLER W., GERBSTOFFE AUS D. HOLZ D. EDELKASTANIE U. D. EICHE 2. MITT. 53-0496

GABORIAUD R., SOLVOLYSE D. 1-CHLOR-2.4.6-TRINITRO-BENZOLS IN WASSER-METHANOL-GEMISCHEN 57-0229
- KINET. UNTERS. D. HYDROLYSE V. 1-CHLOR-2.4.6-TRINITRO-BENZOL 57-0232
- HYDROXID-METHYLAT-GLEICHGEW. U. VERH. V. ANIONSAEUREN IN WASSER-METHANOL-GEMISCHEN 60-0212
- ANION-SAEUREN V. DIPHENYLAMIN-DERIV. IN WASSER-ISOPROPANOL-GEMISCHEN, VGL. MIT NITRO-INDAZOLEN 64-0232
- ACIDITAET V. WASSER-BUTYLAMIN-MEDIEN 64-0233

GABOR-KLATSMANYI P., AMMONIUM-SULFOSALICYLAT ALS KOMPLEXBILDNER IN DER IONENAUSTAUSCHCHROMATOGRAPHIE, 2. MITT. 64-0026

GABRIO T., THIOACYLHALOGENIDE U. THIOAROYLISOTHIOCYANATE 63-0443
- BRENZCATECHYL-PHOSPHORYL-ISOTHIOCYANATE 63-0660

GADALLAH F. F., AROMAT. SUBSTITUT. 19. MITT. 61-0263

GADEKAR S. M., DARST. V. CINCHOMERONSAEUREN DURCH OX. V. MERIMINEN U. 2.3-DIHYDRO-PYRROLO(3.4-C)PYRIDINEN U. RK. DIESER SAEUREN 60-0597
- SYNTH. V. 6.7-DIHYDROXY-2-METHYL-4-CHINAZOLON 60-0643
- TETRAHYDROPYRROLO(3.4-C)PYRAZOLE 63-0636
- SYNTH. U. HYPOTENSIVE WRKG. V. 3-AMINO-4H-PYRROLO(3.4-C)ISOXAZOLEN U. DERIV. 63-0640

GADELLE C., KINET. UNTERS. D. RADIKAL. OX. D. ALKYLAROMATEN IN FL. PHASE DURCH SAUERSTOFF 58-0218

GADGIL D. D., CEROALBOLINSAEURE 61-0496
- STRUKTUR V. KERMESSAEURE 61-0749

GADREAU C., STRUKTU U. PHYSIKOCHEM. EIG. V. VERB. MIT AKTIVIERTEN DOPPELBIND. 2. MITT. 63-0231

GADRET M., KRISTALLSTRUKTUR V. 4-THIOCARBAMOYL-PYRIDIN 55-0124

GADZIEV F. R., GLYKOLAETHER U. IHRE DERIV. 120. MITT. 60-0370

GADZIZADE F. S., AETHER U. IHRE DERIV. 117. MITT. 58-0462

GAERTNER V. R., ALKYLIER. D. 3-SUBSTITUIERTEN 1.1-DIALKYL-AZETIDINIUM-KATIONEN UNTER RINGOEFFN., SUBSTITUENTEN-ENTROPIE-KONTROLLIERTE GLEICHGEW. ZWISCHEN GESPANNTEM RING U. KETTE 59-0503

GAEVA L. A., ANTHRACHINON-1.2.3-TRISULFONSAEURE 58-0512

GAGAN J. M. F., EIN NEUER PRAPARATIVER WEG ZU CHINOLINEN 55-0445
- ADDIT.-RK. HETEROCYCL. VERB. 30. MITT. 58-0550

GAGIU F., SYNTH. V. VERB. D. 2-ALLYLAMINO-THIAZOLS 56-0516
- SYNTH. V. NEUEN C-5 SUBSTITUIERTEN 2-(N-ALLYL-N-HALOACETYL)-AMINO-1.3.4-THIADIAZOLEN, VERB. MIT EVENTUELLER CYTOSTAT. WRKG. 59-0579

GAGNAIRE D., KERNMAGNET. RESONANZ V. PHOSPHORVERB., PHOSPHOLENE, ENTGEGENGESETZTE VORZEICHEN V. ZWEI (2)J(P-H)-KOPPL.-KONST. IM GLEICHEN P-CH2-FRAGMENT 53-0066
- NMR V. PHOSPHORDERIV. 4. MITT. 59-0116
- BEST. D. ANZAHL D. HYDROXYLGRUPPEN IN EINEM LIGNIN NACH BJOERKMAN DURCH NMR 59-0799
- ABHAENGIGK. D. KOPPLUNGSKONSTANTEN JC(13-H) V. D. ATOMLAD. AM BEISPIEL D. DIPROPYLCYCLOPROPENYLIONS 63-0145
- STEREOCHEM. UNTERS. IN D. REIHE D. TETRAHYDROFURANE 6. MITT. 64-0128
- NMR V. PHOSPHORDERIV. 5. MITT. 64-0129

GAIFFE A., DARST. V. DIALKYL- U. DIARYLOXYALKYLAMINEN AUS D. ENTSPRECHENDEN CYANAETHERN 59-0331
- GEWINN. V. ALDOAETHERN DURCH KATALYT. RED. D. ENTSPRECHENDEN CYANAETHER IN GGW. V. SEMICARBAZID 62-0340

GAILLARD J., RK. V. PRINS 13. MITT. 55-0187

GAILLARD-CUSIN F., WECHSELWRKG. RK.-FAEH. KETTEN BEI D. VERBRENN. V. METHAN BEI HOHER TEMP. 55-0202
- WECHSELWRKG. V. RK.-KETTEN BEI D. VERBRENN. V. METHAN BEI HOHER TEMP. 2. MITT. 64-0320

GAINES W. A., RACEMISIER. V. ALPHA-METHYL-ALPHA-ACETAMIDO-NITRILEN 61-0288

- SYNTH. V. L-ALPHA-METHYLDOPA AUS ASYMM. ZWISCHENPROD. 61-0422
GAJDZUROVA V. P., ATOPHANANALOGE D. FURANREIHE 62-0612
GAJEWSKI J. J., ALKYLVERSCHIEB. IN DIRADIKALEN, THERM. ISOMERISIER. V. ISOPROPENYLSPIROPENTAN 54-0119
GAL J., ZERS. V. N-NITROSO-N-BENZHYDRYL-BENZAMIDEN U. BEZIEH. D. PROD.-ANTEILIGKEIT V. BENZHYDRYLDIAZONIUM- U. DIPHENYLCARBONIUM-BENZOAT-IONENPAAREN IN HYDROXYLHALT. LSGM. 59-0257
GALAMON T., NEUE SYNTH. D. COENZYMS D. BRENZTRAUBENSAEU-REDECARBOXYLASE 53-0572
GALDECKI Z., SPEKTROPHOTOMETR. UNTERS. KRISTALLINER THIOCYANATOBISMUTATE IM IR 62-0002
GALE A., SYNTH. V. EQUILENIN, EQUILIN U. 17BETA-HYDROXY-DELTA(4)-OESTREN-3-ON 57-0724
GALE D. M., MASSENSPEKTREN V. FLUORKOHLENWASSERSTOFFEN 60-0118
- BEDEUT. D. ZWEITEN TRIPLETTZUSTAENDE FUER D. PHOTOCHEMIE IN LSG. 2. MITT. 61-0312
- FLUORALKYLAMINE 61-0415
- RK. V. CARBENEN MIT HEXAFLUORBENZOL 64-0528
GALE G. R., WRKG. V. BESTIMMTEN ARYLHYDROXAMSAEUREN AUF D. DESOXYRIBONUCLEINSAEURESYNTH. BEI EHRLICH-ASCITES-TUMORZELLEN IN VITRO 57-0779
GALEFFI C., LEUKOANTHOCYANIDINE AUS PELTOGYNE RECIFENSIS DUCKE 54-0402
GALIK V., STICKSTOFFHALT. VERB. IN ERDOEL U. ERDOELFRAKT. 4. MITT. 58-0634
GALLAIS F., MAGNET. ROTATION D. BIND. IN PHOSPHORVERB., MAGNETOOPT. UNTERS. D. (P-S)-BIND. 55-0053
- BLDG. V. ADDIT.-VERB. AUS TRIBUTYLGALLIUM U. TRIALKYLAMINEN, MAGNETOOPT. UNTERS. 59-0050
- MAGNET. U. MAGNETOOPT. UNTERS. VON ALKYLORTHOTITANATEN 60-0005
- MAGNET. U. MAGNETOOPT. UNTERS. EINIGER 1 ZU 1-ADDIT.-VERB. V. TICL4 MIT ALIPHAT. ESTERN, D. DONATOR-AKZEPTOR-BIND.(O(+)-(-)TI) 62-0005
GALLEGRA P., SILICIUMAROMAT. VERB. 1. MITT. 59-0533
- SILICIUMAROMAT. VERB., 2. MITT. 60-0393
GALLI A., DELTA(2)-ISOXAZOLINE 2. MITT. 61-0585
GALLI G., SCHICKSAL D. 15BETA-H-ATOMS V. LANOSTERIN IN D. CHOLESTERIN-BIOSYNTH. 64-0925
GALLI R., POLARE EFFEKTE BEI RADIKALRK., NEUER SELEKTIVER TYP D. RADIKAL. BROMIER. 54-0226
- POLARE U. STER. EFFEKTE BEI D. ABSPALT. V. WASSERSTOFF DURCH DIALKYLAMIN-KATIONEN 60-0296
- BIPOLARER CHARAKTER D. ALKYLRADIKALE AUS OXAZIRIDIN, OX. U. RED. DURCH ELEKTRONENUEBERTRAG. U. ABFANGEN DURCH STICKOXID 61-0529
GALLINA C., SYNTH. V. RAC. DESOXYMYCELIANAMID 61-0658
GALLIVAN R. M. JUN., HYDROBORIER. 26. MITT. 63-0351
GALLO A. A., HYDROXYLPROTONENKOPPL. BEI CYCLOHEXANOLEN. ROTAMERENPOPULAT. D. HYDROXYLGRUPPE 62-0146
GALLO G. G., KONFORM. V. AMYLOSE U. SEINEN VERWANDTEN VERB. 3. MITT. 57-0774
- RIFAMYCINE 56. MITT. 60-0791
GALLO R., EINFL. ELEKTRON. U. STER. EFFEKTE AUF D. MOBILITAET VERSCHIEDENER N-HETEROCYCLEN IN D. DUENNSCHICHTCHROMATOGRAPHIE. BEZIEH. ZWISCHEN D. R(F)-WERTEN DIESER IN 2-STELL. ALKYLIERTEN BASEN U. D. GESCHWINDIGKEITSKONSTANTEN D. QUATERNISIER. 57-0178
- PHYSIKAL.-CHEM. UNTERS. AM THIAZOL-RING 8. MITT. 57-0548
- PHYSIKAL.-CHEM. UNTERS. AM THIAZOL-RING 9. MITT. 57-0549
GALPIN D. R., VERW. DER KERNMAGNET. RESONANZ ALS KONTROLLE DER OPT.SPALT. 59-0721
GALSOMIAS J., RK. V. BETA-HYDROXY-TERT.-AMINEN MIT CHLORKOHLENSAEUREESTERN 58-0380
GALSTUCHOVA N. B., SYNTH. V. THIOHARNSTOFFDERIV. 5. MITT. 57-0603
GALT R. H. B., BIOSYNTH. V. GIBBERELLINEN 2. MITT. 57-0788
- NEUE STOFFWECHSELPROD. AUS GIBBERELLA FUJIKUROI 14. MITT. 58-0812
- GIBBERELLIN A(24), EIN ALDEHYD-GIBBERELLIN AUS GIBBERELLA FUJIKUROI 62-0831
GALY J., EINW. V. BETA-HALOGEN-ACETALEN AUF MAGNESIUM, SYNTH. V. ALKOXYCYCLOPROPANEN 61-0447
GAMA Y., NEUER EINFACHER WEG ZU TETRACYCL. ZWISCHENPROD. FUER D. SYNTH. V. DITERPENOID-ALKALOIDEN 59-0696
GAMBA A., ELEKTRONENSPEKTREN V. STICKSTOFFHETEROCYCLEN 2. MITT. 60-0075
GAMBARETTO G., FLUOR-CHLORDERIV. D. PROPANS 58-0370
GAMES D. E., EXTRAKTIVSTOFFE AUS MAMMEA AMERICANA L. 1. MITT. 56-0536
- EXTRAKTIVSTOFFE AUS MAMMEA AMERICANA L. 2. MITT. 56-0537
GAMES M. L., CHEMIE U. STRUKTUR V. PHORBOL, D. STAMMDITERPEN D. COCARCINOGENE D. CROTONOELS 63-0810
GAMSTEDT E., SYNTHET. WUCHSSTOFFE 27. MITT. 58-0401
- SYNTHET. WUCHSSTOFFE 28. MITT. 58-0402
GANCHER E., RK. V. CYANURCHLORID MIT METHYLENPHOSPHORANEN 60-0674
GANDHI S. K., SYNTH. EINIGER OXAZOLINONE-(5) 55-0414
GANDHI S. S., SYNTH. V. STEROIDALKALOIDEN U. SAPOGENINEN 7. MITT. 59-0708
GANDINI A., RK. D. KETENS U. D. SULFENS MIT 2-DIALKYLAMINOMETHYLENCYCLOHEXANONEN, 2-(GAMMA-DIALKYLAMINOACRYLOYL)-CYCLOHEXANONE U. AMINO-DELTA-SULTONE 54-0442
GANDOLFI R., INDENOISOXAZOL-DERIV. 53-0382
- FURYL-ISOXAZOL-DERIV. 59-0552
- 2-ISOXAZOLINDERIV. 1. MITT. 60-0536
- DELTA(2)-ISOXAZOLINE 2. MITT. 61-0585
GANELLIN C. R., AMINOALKYLIER. V. METALLDERIV. D. INDOLS 2. MITT. 55-0393
GANGULY A. K., BORTRIFLUORID KATALYSIERTE UMLAGER. V. 1.2-EPOXY-LUPAN-3-ON 53-0530
- CLAUSENIN-, ANTHOXYLETIN-, ALLOXANTHOXYLETIN-, XANTHYLETIN- U. NORDALBERGIN-SYNTH. 55-0435
GANIS P., STRUKTUREN D. MITTLEREN RINGVERB. 14. MITT. 56-0037
- D. KRIST.-STRUKTUR D. 1.6,8.13-BIS-OXIDO-(14)-ANNULENS 56-0172
GANJOO T. N., CHEM. U. PHYSIOLOG.-CHEM. STUDIEN AN DERMATOMYCETEN 4. MITT. 53-0520
GANSOW O. A., NMR-UNTERSUCHUNGEN DER GLEICHGEWICHTE VON PYRIDOXAMIN, PYRIDOXAL, 3-HYDROXY-PYRIDIN-4-ALDEHYD UND 3-HYDROXY-PYRIDIN-2-ALDEHYD IN WAESSRIGER LOESUNG 54-0218
GANTE J., PEPTIDAEHNLICHE SYST. 8. MITT. 61-0374
GANTER C., PHOTOCHEM. RK. 44. MITT. 59-0591
- SESQUITERPENE 5. MITT. 61-0769
GANUSCAK N. I., HALOGENARYLIER. V. UNGESAETT. VERB. MIT AROMAT. DIAZOVERB. 33. MITT. 59-0419
GAONI Y., KERNMAGNET. RESONANZ-SPEKTREN V. 2.7-DIOXA-BICYCLO(2.2.1)HEPTANEN 61-0094
- HASCHISCH 12. MITT. 62-0779
GAPLE R., HYDROHALOGENIER. U. DEUTEROHALOGENEIR. V. NORBORNENON-(7) 62-0475
GARABEDIAN M. E., BIMOL. LOESCHUNG D. TRIPLETTZUSTANDES V. BIACETYL IN D. DAMPFPHASE 63-0113
GARASCENKO Z. M., RK. V. VINYLOXYANILINEN MIT UNGESAETT. ALDEHYDEN 64-0453
GARBARINO G., BISELENIENYLREIHE 2. MITT. 60-0500
GARBER L. L., BIS-(1-SUBSTITUIERTE-TETRAZOLYL-(5))-NICKEL(II)-KOMPLEXE 58-0070
- SCHWING.-ANALYSE D. TETRAZOLAT-IONS U. DARST. V. BIS-(TETRAZOLATO)-KUPFER(II) 63-0001
GARBER M., NEUE SYNTH. V. 6-PHENYL-2.3.5.6-TETRAHYDRO-IMIDAZO(2.1-B)THIAZOL 62-0573
GARBESI A., ASYMM. OX. BIVALENTER ORGAN. SCHWEFELVERBIN-DUNGEN. ABS. KONFIG. V. THIOLSULFINATEN U. SULFINATEN, DARGESTELLT DURCH STEREOSELEKTIVE OX. V. DISULFIDEN U. SULFENSAEUREESTERN 55-0273
GARBISCH E. W. JUN., MECHANISMUS D. HOMOBENZYL-HYDROXYL-U. -ACETOXYL-HYDROGENOLYSE 53-0123
- EINFACHE SYNTH. V. CYCLOUNDECANON U. CYCLODECANON 63-0491
- KONFORM. V. 1.4-CYCLOHEXADIEN AUS STEREOISOMEREN ALLYL-ALLYL-KOPPL. 64-0178
GARCIA E. E., SYNTH. V. POLYCYCL. KONDENSIERTEN (1.2-A)PYRROLEN 62-0494
GARDENT J., EIG. V. 2-AMINO-4-BROM-1H-3-BENZAZEPIN U. SEINEN DERIV. 59-0650
GARDNER D. V., BIPHENYLENE 19. MITT. 63-0545
GARDNER H. M., PHOTOLYSE V. TRANS-BETA-BENZOYL-ACRYLSAERE 59-0271
GARDNER J. N., UMLAGER. V. 17ALPHA-HYDROPEROXY-PREGNAN-20-ONEN 62-0793
GARDNER P. D., D. HERKUNFT D. METHYLCYCLOPROPANE IN D. ALKEN-METHYLENCHLORID-METHYLLITHIUM-RK. 55-0342
GARDNER P. J., STANDARDENTHALPIE D. BLDG. V. DIPHENYLBORINSAEURE 55-0129
GAREGG P. J., SYNTH. V. 1-O-BETA-D-GALAKTOFURANOSYL-D-GLYCERINOL 56-0624
- SYNTH. V. UMBILICIN, (2-O-BETA-D-GALAKTOFURANOSYL-D-ARABIT) 61-0701
GARG A. K., BIOSYNTH. D. C9-10-EINHEIT V. CEPHAELIN 57-0795
GARG H. G., STRUKTUR V. XANTHIN-NUCLEOSIDEN, SYNTHETISIERT NACH D. SILYLMETH. 59-0678
GARG H. S., STRUKTUR V. BLIGHINON 59-0791
GARIBJAN V. A., UMLAGER. V. DICHLORVINYLVERB. IN ALPHA-CHLORCARBONSAEUREN DURCH OX. MIT H2O2 IN ESSIGSAEURE-ANHYDRID 62-0349
GARKUSA G. A., GAMMA-PYRONDERIV. 10. MITT. 54-0403
GARNER K., SYNTH. V. HETEROCYCL. VERB. 20. MITT. 56-0507
- LEICHTE SYNTH. D. INDOLINSYST. DURCH INTRAMOL. CYCLISIER. EINES ARYLCARBENS 57-0506
GARNERO J., VORK. V. P-MENTHATRIEN-(1.3.8) IM AETHERISCHEN OEL D. BLAETTER V. PETERSILIE AUS JUGOSLAWIEN 57-0796
- EIN NEUER NICHT ISOPRENER ALKOHOL C10H18O AUS ORMENIS MULTICAULIS 63-0806
GARNETT J. L., THIOPHEN U. FURAN ALS METALL-KATALYSATOR-GIFTE. NEUE METH. FUER D. SPEZIF. U. GENERELLE MARKIER. DIESER VERB. MIT WASSERSTOFFISOTOPEN 55-0161
- HOMOGENER TALL-KATALYSIERTER WASSERSTOFFISOTOPEN-AUSTAUSCH IN AROMAT. VERB., MARKIER. V. NITROBENZOL, BROMBENZOL, NAPHTHALIN U. ACETOPHENON 55-0220
- SPEZIFITAET D. HOMOGENEN METALLKATALYSIERTEN WASSERSTOFFISOTOPENAUSTAUSCHES V. POLYCYCLISCHEN AROMAT. KW-STOFFEN. BEWEIS FUER D. KOMPLEXBLDG. ZWISCHEN AROMAT. KW-STOFFEN U. UEBERGANGSMETALLEN 56-0222
- KATALYT. DEUTERIUMAUSTAUSCHRK. IN ORGAN. VERB. 49. MITT. 62-0251

GARNIER F., KINETIK D. BROMADDIT. AN OLEFINE 14. MITT. 57-0242
GARNIER R., NMR-SPEKTROMETRIE IN D. REIHE D. BENZTHIAZOLE, STRUKTURUNTERS. D. BASEN, D. QUATERN. SALZE, V. BENZTHIAZOLSPIROPYRANEN SOWIE D. AROMAT. CARBONYLDERIV. 57-0098
GAROFANO T., KONDENS. V. PHENOLAETHERN MIT ALIPHAT. ALDEHYDEN 22. MITT. 61-0495
- KONDENS. V. PHENOLAETHERN MIT ALIPHAT. ALDEHYDEN 23. MITT.- 64-0522
GARREAU R., ACETYLDERIV. D. CYCL. MALEYL- U. PHTHALYL-HYDRAZIDS 54-0456
GARRETT P. M., DARST. U. CHARAKTERISIER. D. IONEN (3)-DODEKAHYDRIDO-1.2- U. -1.7-DICARBAUNDEKABORAT(1-) 59-0039
- POLYEDRISCHE CARBORANE B9C2H11, B8C2H10, B7C2H9 U. B6C2H8 SOWIE D. SYST. B7C2H13 59-0040
GARRETT R. D., MIKROBIOLOG. UMWANDL. V. STEROIDEN 2. MITT. 57-0789
- MIKROBIOLOG. UMWANDL. V. STEROIDEN 1. MITT. 59-0804
GARRIE R., 1.3-DIPOLARE CYCLOADDIT. AN VERB. MIT AKTIVER AETHYLENBIND. 2. MITT. 64-0633
GARRILOV L. D., QUART. AMMONIUMSALZE V. BIS-(9-AZA-TRICYCLO(5.3.1.0(2.6))UNDECAN) 64-0710
GARRISON A. W., DURCH SAEURE KATALYSIERTE HYDROLYSE V. PHOSPHORAMIDSAEUREESTERN 64-0274
GARRISON D. R., DARST. U. DIAZOTIER. EINIGER O- U. P-AMINOPHENYLBENZOATE U. -BENZAMIDE 59-0446
GARRISON W. M., SPALT. D. PEPTID-BIND. DURCH GAMMASTRAHLEN 58-0390
GARRY R., BETA-ALLENALKOHOLE, SOLVOLYSE V. BETA-ALLENTOSYLATEN U. -CHLORIDEN 62-0330
GARST R. H., KINETIK D. REVERSIBLEN RK. V. PIPERIDIN MIT 2.4-DINITRO-ANISOL IN METHANOL. LSG. 64-0283
GARTHOFF D., DARST. U. CHARAKTERISIER. EINIGER THIOCYANATO- U. SELENOCYANATO-KOMPLEXE V. UEBERGANGS-METALLEN 53-0046
GASCO A., ULTRAVIOLETTSPEKTREN U. ELEKTRONENSTRUKTUR V. AETHERN, THIOAETHERN U. SELENOAETHERN D. NAPHTHALINS 64-0096
GASKELL A. J., SAEUREKATALYSIERTE C(3)-EPIMERISIER. V. RESERPIN U. DESERPIDIN 54-0129
GASOWSKI G. L., DURCH BESTRAHL. INDUZIERTE HYDROXYLIER. V. NITROBENZOL IN WSS. LSG. 63-0329
GASPERT B., RK. D. ALPHA.GAMMA.DELTA.ZETA-TETRAKETONE MIT SELENTETRACHLORID U. SCHWEFELDICHLORID, SYNTH. V. 2.5-DIACYL-3.4-DIHYDROXY-SELENOPHENEN U. -THIOPHENEN 54-0365
GASSMAN P. G., ''TWIST-BENT''-BIND. 53-0089
- 5BETA.7BETA-CYCLOSTEROIDE 53-0548
- ADDIT. V. ACETYLENEN AN ''GEBOGENE'' SIGMA-BIND. 60-0278
- KONKURRIERENDE CYCLOADDIT. U. RK. V. EN-TYP, MECHANISMUS D. RK. V. BICYCLO(2.1.0)PENTAN MIT ACETYLEN MIT ELEKTRONENUNTERSCHUSS 60-0279
- SILBERIONEN-KATALYSIERTE UMLAGERUNG V. N-CHLORAMINEN 60-0515
- 4-OCH3-BETEILIGUNG BEI SOLVOLYSEREAKTIONEN 61-0239
- ACETOLYSE V. 7.7-DIMETHOXY-BICYCLO(2.2.1)HEPTAN-(2-EXO)-P-TOLUOLSULFONAT 61-0240
- SOLVOLYT. PI-RK.-WEG ZU AZABICYCLEN 63-0684
- PHOTOCHEM. U. NICHT-PHOTOCHEM. WEGE ZU DERIV. V. 5BETA.7BETA-CYCLOCHOLESTAN, EINE NEUE KLASSE V. CYCLOSTEROIDEN 64-0855
GASTAMBIDE B., DARST. U. IDENTIFIZIER. V. SCLARENEN 57-0706
- UNTERS. UEBER ORGANOMETALLVERB., ACIDE WASSERSTOFFATOME BEI GESAETT. CYCL. GAMMA-LACTONEN 62-0529
GASTAMINZA A., SUBSTITUENTENEFFEKTE V. POSITIVEN POLEN BEI D. AROMAT. SUBSTITUT. 4. MITT. 62-0254
GATES J. W. JUN., RK. V. SAUREN REAGENZIEN MIT EPOXIDEN D. ADDUKTE AUS DIENEN U. CHINONEN 2. MITT. 58-0502
GATTA F., SYNTH. IN D. REIHE D. 1.5-DIPHENYL-BISPIDIN-9-ONS U. -9-OLS, 13. MITT. 54-0422
GATTEGNO D., POLAROGRAPHIE V. KOMPLEXEN D. CYCLOHEXAN-1.4-DIAMIN-TETRAESSIGSAEURE 53-0017
GATTI G., KONFIG. U. KONFORM. D. 2.3-DIMETHYL-1.4-DIOXANS DURCH NMR 55-0109
- KATALYT. RED. V. XANTHON 60-0572
GATTUSO M., SPIRO-DIISOXAZOLINE, 4. MITT. 60-0539
GAUDEMAR M., DARST. V. PROPARGYLBROMIDEN VOM TYP R-C-C-CH2BR 56-0268
- SYNTH. D. MONOBROMHYDRINE V. ACETYLEN-GAMMA-GLYKOLEN 57-0293
- ALPHA-ALLENYL-ALPHA'-HALOGEN-KETONE 57-0304
- STEREOCHEMIE D. REFORMATSKI-RK. 58-0153
GAUDEMAR-BARDONE F., STEREOCHEMIE D. REFORMATSKI-RK. 58-0153
GAUDEMER A., VARIATION D. KOPPLUNGSKONSTANTEN ALS FUNKTION D. LSGM. 57-0108
- INHALTSSTOFFE D. FRUECHTE V. UVARIA CATOCARPA (ANNONACEEN), STRUKTUR V. SENEPOXID U. SENEOL 60-0794
GAUDIANO G., RK. V. BENZONITRILOXID MIT SCHWEFEL-YLIDEN U. MIT D. ANION AUS DIMETHYLSULFOXID 56-0512
- RK. ZWISCHEN AZIDEN U. SCHWEFEL-YLIDEN, NEUE SYNTH. V. DELTA(2)-1.2.3-TRIAZOLINEN 56-0521
- RK. V. DIMETHYLOXOSULFONIUMMETHYLID MIT NITRILOXIDEN U. NITRILIMINEN 59-0551
GAUFRES R., SCHWINGUNGSSPEKTREN V. (D6)DIMETHYLQUECKSILBER U. UNTERSUCHUNG V. DIMETHYL-METALL-SCHWINGUNGEN 59-0012
GAUGER J., KONDENS.-PROD. DER QUADRATSAEURE MIT PRIM. U. SEK. AMINEN 59-0417
GAULT H., SYNTH. V. DIALKYLAMINOAETHYLAETHERN D. 6-HYDROXY-NICOTINSAEURE 57-0596
GAULT R., CHEMIE D. CYCL. ENAMINKETONE 1. MITT. 53-0439
- STEREOCHEMIE 30. MITT. 59-0601
GAULTIER J., KRISTALL- U. MOLEKULARSTRUKTUR V. 4-AMINO-NAPHTHOCHINON-(1.2)-HEMIHYDRAT 62-0161
- KRIST.- U. MOLEKULARSTRUKTUR EINES VITAMINS K3 63-0199
GAUNDER R., SYNTH. U. EIG. V. PENTAMMINPYRIDINRUTHENIUM (II) U. VERWANDTEN PENTAMMINRUTHENIUM-KOMPLEXEN V. AROMAT. STICKSTOFF-HETEROCYCLEN 60-0067
GAUR J. N., POLAROGRAPHIE D. BETA- U. GAMMA-PICOLIN-KOMPLEXE V. CADMIUM IN WSS. LSG. 60-0026
GAUTHERON B., ENDO- U. EXO-ISOMERIE IN D. FERROCENREIHE 53-0032
GAUTIER J., AMINOMETHYLIER. V. ARYLAMINEN 56-0362
- SELEKTIVE ALKYLIER. V. ALKINOLEN IN FL. AMMONIAK 4. MITT. 58-0326
GAUTIER J. A., GLYCERIN-1-PROPARGYL-3-ALKYL(ARYL)-DIAETHER 55-0236
GAUTRON R., PHOTOCHROMIE V. INDOLINOSPIROPYRANEN 2. MITT. 63-0104
- PHOTOCHROMIE V. INDOLINO-SPIROPYRANEN 1. MITT. 63-0667
- PHOTOCHROMIE V. INDOLINO-SPIROPYRANEN 3. MITT. 63-0668
GAUTSCHI F., SYNTH. V. ACETYLEN-CARBONYLVERB. DURCH FRAGMENTIER. V. ALPHA.BETA-EPOXY-KETONEN MIT P-TOLUOLSULFONYLHYDRAZIN 54-0201
GAUVREAU A., ANWEND. D. KATALYT. EIG. V. IONENAUSTAUSCHERHARZEN AUF EINIGE RK. AROMAT. N-BASEN 61-0305
GAVACH C., DIE MOEGLICHK. DER ENTSTEHUNG EINER UEBERSPANNUNG AN D. PHASENGRENZE ZWISCHEN ORGAN. U. WSS. LSG. 62-0184
GAVRILIS Z. B., NEUE ANTITUBERKULOESE U. ANTILEPROT. AGENTIEN, 1-(3-(5.6.7.8-TETRAHYDRO-4-(PHENYLAZO- U. -3-PYRIDYLAZO)-1-NAPHTHYL-AMINO)-PROPYL)-PIPERIDINE U. AEHNLICHE VERB. 63-0675
GAVRILOV L. D., SYNTH. V. CIS-BICYCLO(3.3.0)OCTANEN 53-0314
GAVRILOV N. N., SYNTH. U. UNTERS. EINIGER IMIDAZOL-DERIV. 3. MITT. 62-0664
GAVRILOVA T. F., TERPENOPHENOLE 30. MITT. 54-0531
- TERPENOPHENOLE 31. MITT. 55-0355
GAVRJUSINA V. M., EINFL. D. KATALYSATORS AUF D. MECHANISMUS D. POLYKONDENS. V. AETHYLEN BEI HOHEN TEMP. 55-0581
GAY R. L., ORTHOMETALLIER. N-SUBSTITUIERTER BENZOLSULFONAMIDE DURCH UEBERSCHUESS. N-BUTYLLITHIUM, KONDENS. MIT CARBONYLVERB., CYCLISIER. 59-0562
GEAR J. R., BIOSYNTH. D. C9-10-EINHEIT V. CEPHAELIN 57-0795
GEDYE R. N., ALLYLHALOGENIER. V. 3-METHYL-DELTA(2)-BUTENSAEUREMETHYLESTER 57-0310
GEELHAAR H. J., RK. AKT. METHYLENVERB. MIT AZIDEN 19. MITT. 61-0576
GEENS A., KERNMAGNET. RESONANZUNTERS. AN KETALEN, SESSEL-SESSEL-INVERSION BEIM CIS-2.2.7.7-TETRAMETHOXY-DEKALIN 56-0120
GEGIOU D., TEMP.-ABHAENGIGK. D. PHOTOISOMERISIER. 6. MITT. 57-0265
GEHLEN H., 2-AMINO-1.3.4-OXDIAZOLE 19. MITT. 59-0568
- 2-AMINO-1.3.4-OXDIAZOLE 20. MITT. 59-0569
- RINGOEFFN. V. 2-AMINO-1.3.4-OXDIAZOLEN MIT HYDRAZINCARBONSAEUREESTERN UNTER BLDG. V. DIAMINOGUANIDINEN U. DEREN RINGSCHLUSSRK. 59-0572
- 2-AMINO-1.3.4-OXDIAZOLE 21. MITT. 59-0577
- DARST. U. RK. D. DIPHENYL-(2-AMINO-1.3.4-OXDIAZOLYL-(5))-CARBINOLS 60-0560
- 2-AMINO-1.3.4-OXDIAZOLE 22. MITT. 63-0655
- BLDG. U. RK. V. 1.3.4-OXDIAZOLO(3.2-A)PYRIMIDINEN 63-0694
GEIER G., KOORDINATIONSTENDENZ D. MUREXID-IONS 54-0021
- KINETIK D. MUREXID-KOMPLEXBLDG. MIT KATIONEN VERSCHIEDENEN KOORDINATIONSCHARAKTERS, UNTERS. MITTELS D. TEMP.-SPRUNG-RELAXAT.-METH. 58-0025
GEIGER R., NEUE S-SCHUTZGRUPPEN FUER CYSTEIN 58-0796
- P-AMINO-BENZOYL-LYSIN-VASOPRESSIN U. P-AMINO-PHENYLACETYL-OXYTOCIN 61-0795
GEIGER S., DARST. V. 7-METHYL-OXINDOL 58-0584
- ARYL-CYAN-THIOACETAMIDE 63-0439
GEISE H. J., KONFORM. V. NICHTAROMAT. RINGVERB. 25. MITT. 57-0141
GEISELER G., ALKYLIER. V. BENZOL MIT 2-METHYL-HEPTEN-(1) 54-0247
- LSGM.-EINFL. AUF D. BANDENFORM D. CO-VALENZSCHWING. D. ACETONS 64-0104
GEISSLER H., UNTERS. AN ZINNVERB. 10. MITT. 56-0011
GEISSMAN T. A., BESTANDTEILE V. BRUCEA SUMATRANA ROXB 1. MITT. 58-0809
- SESQUITERPENLACTONE AUS ENCELIA FARINOSA GRAY. 59-0716
- STRUKTUR V. ARTABSIN 62-0777
GELAS J., SYNTH. V. PYRIDINBASEN AUS ALDEHYDEN U. KETONEN. MECHANISMUS 53-0436
- RK. V. AETHYLLITHIUM MIT DIMETHYLPYRAZINEN 59-0631
GELBCKE M., SYNTH. V. POLYCYCL. AROMAT. VERB. 26. MITT. 63-0543

GELIN R., AROMATISIER. D. ENOLAETHER V. BETA-DIKETONEN 57-0347

- SYNTH. U. EIG. V. DIHYDROPYRONEN-(4) U. UNGESAETT. BETA-DIKETONEN 58-0622

- EIG. D. BETA-PHENOXYACROLEINS, NUCLEOPHILE SUBSTITUT. 60-0336

- FRIEDEL-CRAFTS-RK. MIT 2.4-DICHLOR-PENTAN 60-0428

- RINGOEFFN. BEI 3-ACETYL-5.6-DIHYDRO-4-PYRONEN DURCH ALKALI 61-0349

GELIN S., AROMATISIER. D. ENOLAETHER V. BETA-DIKETONEN 57-0347

- SYNTH. U. EIG. V. DIHYDROPYRONEN-(4) U. UNGESAETT. BETA-DIKETONEN 58-0622

- FRIEDEL-CRAFTS-RK. MIT 2.4-DICHLOR-PENTAN 60-0428

- RINGOEFFN. BEI 3-ACETYL-5.6-DIHYDRO-4-PYRONEN DURCH ALKALI 61-0349

GELLING I., RING-OEFFN. BEI EINIGEN PYRIMIDINEN 54-0445

GEL'PERINA V. M., AMINOLYSE D. 1.4-BIS-(DIMETHYL-CHLORSILYL)-BENZOLS 64-0775

GELUS M., THERM. STABILITAET EINIGER METHYLDERIV. V. AROMAT. KW-STOFFEN 54-0182

GENESTE P., KONFORM.-ANALYSE BEWEGL. SYST. 3. MITT. 57-0159

- EINFL. D. KETTENLAENGE AUF DIE REAKTIVITAET ALIPHAT. KETONE GEGENUEBER DEM BORANAT-ION 62-0209

GENIES M., ELEKTROCHEM. OX. EINIGER PENTAPHENYLPYRROLE IN ORGAN. MEDIUM , ENTSPRECHENDE RADIKALKATIONEN 55-0152

- RADIKALKATION U. NEUTRALES RADIKAL V. 2.4.6-TRI-TERT.-BUTYL-ANILIN 56-0134

- ELEKTROCHEM. OX. V. PHENYLHYDRAZIN IM ORGAN. MILIEU. BLDG. V. PHENYLDIIMID 63-0448

GENKINA N. K., ELEKTROPHILE SUBSTITUT. AM AROMAT. KOHLENSTOFFATOM 9. MITT. 63-0281

- ELEKTROPHILE SUBSTITUTION AM AROMAT. KOHLENSTOFFATOM 10. MITT. 64-0031

- ELEKTROPHILE SUBSTITUTION AM AROMAT. KOHLENSTOFFATOM 11. MITT. 64-0032

GENNARO M. C., KOMPLEXBLDG. V. DIHYDROXYBENZOESAEUREN MIT D. URANYLION IN WSS. LSG. 61-0019

GENSCH K., OX. V. THIOAETHERN ZU SULFOXIDEN MIT JOD 2. MITT. 61-0212

GENSIKE R., RK. MIT ALUMINIUMALKYLEN 11. MITT. 59-0298

- RK. MIT ALUMINIUMALKYLEN 12. MITT. 63-0428

GENT P. A., STEREOCHEMIE D. ADDUKTES AUS DICHLORMETHYLEN U. 3-DESOXY-1.2-5.6-DI-O-ISOPROPYLIDEN-ALPHA-D-ERYTHRO-DELTA(3)-HEXENOFURANOSE 57-0169

- NUCLEOPHILE VERDRAENGUNGSRK. AN KOHLENHYDRATEN. 3. MITT. 59-0662

GENTILI B., FLAVONOIDE AUS CITRUS 9. MITT. 62-0704

GENTZSCH H., GLYKOSIDE V. HETEROCYCLEN 31. MITT. 60-0698

- GLYKOSIDE V. HETEROCYCLEN 32. MITT. 64-0784

GEORGE A. T., THERM. UMLAGER. V. KOBALTKOMPLEXEN MIT B7C2H9(2-)-LIGANDEN 60-0062

GEORGE H., PHOTOCHEM. RK. V. MANNICHBASEN AROMAT. AMINE 63-0331

GEORGE J. W., DARST. U. EINIGE EIG. V. DIMETHYLDITELLURID 61-0339

GEORGE M. V., ELEKTRONEN-ABSORPT.-SPEKTREN D. RADIKALANIONEN U. -DIANIONEN V. AZOBENZOLDERIV. 57-0082

- OX. MIT METALLOXIDEN 2. MITT. 58-0593

- RK. VON ACETYLENDICARBONSAEURE-DIMETHYLESTER, 1. MITT. 60-0511

- OX. MIT METALLOXIDEN 3. MITT. 64-0449

- PHOTOCHEM. U. THERM. UMWANDL. V. PHTHALOYLDIXANTHOGE-NAT 64-0589

GEORGE R., KOORDINAT. V. METALLIONEN IN LSG. 4. MITT. 64-0022

GEORGE T., DARST. V. CHINOLINO-HETEROCYCLEN 57-0623

GEORGE W. O., NMR-SPEKTREN V. ACETYLACET- U. MALONDIALDEHYD 58-0113

GEORGOULIS C., BEMERK. UEBER D. BLDG. V. SOLVATISIERTEN ORGANOMETALLVERB. 59-0033

- UNTERS. D. WECHSELWRKG. ZWISCHEN LEWIS-SAEUREN U. CARBONYLVERB. MITTELS INFRAROTABSORPT.-SPEKTROSKOPIE 63-0128

- LUFTOX. V. SOLVATISIERTEN ALPHA,BETA-UNGESAETT. ORGANOMETALLVERB. 63-0372

GERACE M., KONFORM.-UNTERS. 10. MITT. 63-0190

GERARD N., DRUCK-TEMP.-DIAGRAMME D. SYST. BAC2O4.N H2O-H2O-GAS 57-0022

GERASIMENKO J. E., CHEMIE D. PYRENS 5. MITT. 60-0442

GERASIMOV M. M., KONDENS. UNGESAETT. CYCL. SULFONE MIT ALDEHYDEN 62-0530

GERASIMOVA E. S., IONISAT.-KONST. V. NITROALKYLAMINEN 57-0184

GERBER N. N., N1-PYRROMYCINON, EIN NEUES TETRACENCHINON (ANTHRACYCLINON) AUS STREPTOMYCES SP. I-8 59-0781

- GEOSMIN AUS MIKROORGANISMEN IST TRANS-1.10-DIMETHYL-TRANS-9-DECALOL 62-0774

GERDES R. J., HERSTELL. V. HOCHGEREINIGTEM 1.4-DIOXAN, TETRAHYDROFURAN U. DIMETHOXY-AETHAN ALS LSGM. FUER ORGANOMETALLVERB. 56-0765

GERDING H., STRUKTUR U. PHYSIKAL. EIG. V. ALUMINIUMALKA-NOLATEN 1. MITT. 62-0006

GERECS A., INDOL U. INDOLDERIV. 1. MITT. 57-0512

- INDOL U. INDOLDERIV. 3. MITT. 63-0620

- PROTONENRESONANZSPEKTROSKOP. UNTERS. U. BLDG. V. O-ACETYL-D-GLUCONSAEURE-, D-MANNONSAEURE- U. D-XYLONSAEURE-1-5-LACTON-2.4-DINITRO-PHENYLHYDRAZON 64-0779

GERGEL' L. G., SULFANILIDE 26. MITT. 58-0409

GERHARDT W., DARST. V. N.N'-DIALKYLHARNSTOFFEN U. ALKYLISOCYANATEN AUS ALKYLHALOGENIDEN U. ALKALICYANA-TEN 63-0398

GERIG J. R., NMR-UNTERS. D. WECHSELWRKG. V. TRYPTOPHAN U. ALPHA-CHYMOTRYPSIN 63-0206

GERIG J. T., SPIN-KOPPL. BEI N-ACYLDIHYDROISOINDOLEN 55-0079

- SYNTH. U. UNTERS. V. PSEUDOAROMAT. VERB. 6. MITT. 57-0157

- RINGINVERSION D. METHYLENCYCLOHEXANS 59-0167

GERLACH H., STOFFWECHSELPROD. V. MIKROORGANISMEN, 60. MITT. 54-0362

- STOFFWECHSELPROD. V. MIKROORGANISMEN 58. MITT. 54-0576

GERLOCK J. L., ESR-UNTERS. D. ELEKTROLYSE V. TRIFLUORNITROSOMETHAN U. TRIFLUORNITROMETHAN, BIS-(TRIFLUORMETHYL)-SEMIDIAZOOXID 60-0216

GERNER K., FRAGMENTIER.-RK. AN CARBONYLVERB. MIT BETA-STAEND. ELEKTRONEGATIVEN SUBSTITUENTEN 7. MITT. 54-0294

GERO S. D., VERDRAENG.-RK. BEI FURANOIDSYST. 7. MITT. 53-0333

- EINE EINFACHE SYNTH. V. METHYL-(4-DESOXY-ALPHA-D-XYLO-HEXOPYRANOSID-2.3.6-TRIACETAT) (''METHYL-(4-DESOXYALPHA-D-GLUCOSID-2.3.6-TRIACETAT)'') 53-0484

- VERDRAENG.-RK. AN FURANOIDSYST. 6. MITT. 55-0499

- EINFUEHR. EINER DOPPELBINDUNG IN EIN TETRAHYDROFURAN-SYST. 5. MITT. 57-0640

- CYCLISIERUNGSRK. ZU AZIRIDINO-TETRAHYDROFURANEN 60-0497

- NUCLEOPHILE VERDRAENG.-RK. BEI TETRAHYDROFURANSYST. 8. MITT. 62-0528

- SYNTH. V. (1S.2R.4R.5S.6R)-1.2.4.5.6-PENTA-O-BENZOYL-MYOINOSIT 63-0489

- SYNTH. V. OPT. AKT. EPOXY-TETRAHYDROFURANEN 64-0592

GERRARD A. F., BEWEIS FUER EIN PLANARES ZWISCHENPROD. BEI D. ALKAL. SOLVOLYSE V. METHYL-N-CYCLOHEXYL-AMIDOTHIOPHOSPHORSAEURECHLORID 62-0238

GERRITSEN J., NMR-SPEKTREN VON EINIGEN SUBSTITUIERTEN BENZOLEN MIT D2H-SYMMETRIE IN EINEM NEMATISCHEN LOESUNGSMITTEL 64-0122

GERSMANN H. R., CHEMIE U. SPEKTROSKOPIE IN STARK SAUREN LSG., 11. MITT. 55-0083

GERSON F., ESR-SPEKTREN D. RADIKAL-IONEN ALKYLSUBSTITU-IERTER NICHT-ALTERNIERENDER KW-STOFFE 54-0074

- ESR-SPEKTRUM D. RADIKAL-ANIONS D. (18)ANNULEN-1.4,7.10,13.16-TRISULFIDS 59-0130

- D-ORBITALEFFEKTE IN SILICIUM-SUBSTITUIERTEN PI-ELEKTRONENSYST. 9. MITT. 62-0092

GERSTER J. F., PURIN-NUCLEOSIDE, 19. MITT. 61-0706

GERTNER D., SILICIUMHALT. BARBITURATE 57-0808

- SILICIUM ENTHALTENDE ORGANOZINN-POLYESTERDERIV. V. BIFUNKTIONELLEN SAEUREN 58-0050

- SYNTH. EINIGER 5-TRIMETHYLSILYL-INDOLE 62-0537

- DL-BETA-N.N-DIALKYLAMINOAETHYLESTER V. SUBSTITUIERTEN ALPHA-TRIMETHYLSILYLPHENYL-BETA-HYDROXYPROPIONSAEUREN 63-0458

- SILICIUM-HALTIGE AROMAT. CARBONSAEUREAMIDE 63-0459

GERTSEMA A., CHEMIE D. SULFOXIDE U. VERWANDTER VERB. 11. MITT. 63-0420

GERVAIS D., MAGNETOOPT. UNTERS. EINIGER ADDITIONS VERB. V. SNCL4 MIT ORGAN. ALIPHAT. ESTERN 60-0004

- MAGNET. U. MAGNETOOPT. UNTERS. VON ALKYLORTHOTITANATEN 60-0005

- MAGNET. U. MAGNETOOPT. UNTERS. EINIGER 1 ZU 1-ADDIT.-VERB. V. TICL4 MIT ALIPHAT. ESTERN, D. DONATOR-AKZEPTOR BIND.(O(+)-(-)TI) 62 0005

GERVAL P., UNTERS. D. KONSTIT. V. DISILANEN AUF CHEM. U. SPEKTROGRAPH. WEGE 64-0464

GESMUNDO F., SPEKTROSKOP. U. GRAVIMETR. UNTERS. D. GAS-FESTKOERPER-RK. V. CARBONYLVERB. U. WASSERFREIEM ZINKCHLORID 1. MITT. 64-0049

- SPEKTROSKOP. U. GRAVIMETR. UNTERS. D. GAS-FESTKOERPER-RK. V. CARBONYLVERB. U. W.-FREIEM ZINKCHLORID 2. MITT. 64-0050

GESNER B. D., CYCLOTETRAVERATRYLEN, EINE KONFORMATIONSBE-WEGLICHE STRUKTUR 59-0164

GESSER H. D., MASSENSPEKTREN V. FLUORACETYLACETONATO-KOMPLEXEN 53-0004

GEWALD K., HETEROCYCLEN AUS CH-ACIDEN NITRILEN 13. MITT. 58-0590

GHATAK U. R., AUF GIBBERELLINE U. VERWANDTE VERB. GERICHTETE SYNTHET. UNTERS. 60-0431

GHAZARIAN H. G., BEQUEME SYNTH. V. 2.5-PIPERAZINDIONEN 59-0617

GHE A. M., EINFL. V. PROTONENDONATOREN AUF D. MECHANISMUS D. POLAROGRAPH. RED. V. ACENAPHTHYLEN 58-0193

GHEORGHIU C., DARST. U. EIG. V. TRIS-(PALUDRIN)-NICKEL(III) 64-0074

GHERA E., UMLAGERUNGEN IN FUENFGLIEDRIGEN RINGEN MIT BEGRENZTER BEWEGLICHK. 61-0780

GHIRINGHELLI D., STRUKTUR V. PEDERON, EINE NEUE SUBSTANZ AUS PAEDERUS (COLEOPTERA STAPHYLINIDAE) 53-0588

- SEKRET.-BESTANDTEILE D. MANDIBULARDRUESEN D. AMEISE LASIUS (DENDROLASIUS)FULIGINOSUS 53-0610

- ABS. KONFIG. V. PEDEROLACTON 64-0667

GHISALBERTI E. L., 19-20-LACTONE D. KAURANREIHE 55-0527

GHOSAL M., DIHYDROBENZOFURAN-DERIV. IN WELCHEN J(TRANS-2.3) GROESSER ALS J(CIS-2.3) IST. 54-0071
GHOSE H. M., GEGENIONEN U. MIZELLGROESSE 2. MITT. 63-0210
GHOSH C. K., ASYMM. INDUKT., DEUTUNG FRUEHERER WERTE D. ASYMM. RED. 56-0209
GHOSH P. B., MOEGL. ANTILEUKAEM. U. IMMUNHEMMENDE ARZNEIMITTEL. DARST. U. PHARMAKOLOG. IN VITRO-PRUEF. V. EINIGEN BENZO-2.1.3-OXADIAZOLEN (BENZOFURAZANEN) U. IHREN N-OXIDEN (BENZOFUROXANEN) 60-0558
- DARST. U. UNTERS. EINIGER 5- U. 7-SUBSTITUIERTER 4-NITRO-BENZOFURAZANE U. IHRER N-OXIDE, EINE RETRO-BOULTON-KATRITZKY-UMLAGER. 60-0561
GIACOMETTI G., ELEKTRONENSPINRESONANZ TERT.-BUTYL-SUBSTITUIERTER SEMICHINONE, HYPERFEINSTRUKTUR D. TERT.-BUTYLPROTONEN 60-0113
GIANNINI U., KRISTALL- U. MOLEKULARSTRUKTUR V. COCl2H19, KATALYSATOR FUER D. DIMERISAT. V. BUTADIEN 57-0018
- DIPENTADIENYLCHROM 62-0039
GIANNOTTI C., D. ISOLIER. U. STRUKTUR ZWEIER DEHYDROFUROPELARGONE, NEUER SESQUITERPENE AUS D. AETHERISCHEN OEL V. GERANIUM BOURBON 60-0740
- STRUKTUR EINES NEUEN AUS GERANIUM BOURBON ISOLIERTEN NOR-SESQUITERPENS, 11-NOR-BOURBONANON-(1) 64-0846
GIAVARINI R., STRUKTUR U. BLDG.-KONST. D. PYRROL-CYCLOPENTANON- U. D. PYRROL-CYCLOHEXANON-KOMPLEXES. EINFL. D. LSGM. AUF D. ASSOZIAT. 64-0203
GIBIAN H., DARST. V. OPT. AKT. DICARBONSAEUREMONOESTERN DURCH MIKROBIOLOG. PARTIALVERSEIF. SYMM. DICARBONSAEUREESTER 59-0806
- MIKROBIOLOG. STEREOSPEZIF. UMSETZ. V. SYMM. DIOLEN 59-0807
GIBIAN M. J., PHOTORED. V. BENZOPHENON IN SEK. ALKOHOLEN 56-0251
GIBSON D. H., CHEMIE D. CYCLOPROPANOLE 6. MITT. 61-0474
- BLDG. U. UMLAGER. V. CARBONYLEISENKOMPLEXEN MIT SPIRO(2.4)HEPTADIEN-(4.6) 63-0083
GIBSON G. K. J., VERWANDTSCHAFT V. BESANTHRANIL ZU SEINEN STRUKTURISOMEREN U. VERWANDTEN VERB. 53-0373
GIBSON M. S., CYCLOADDIT.-RK. V. BETA-NITROSTYROL, D. UNTER DEHYDRIER. VERLAUFEN 54-0393
- NEUART. SYNTH. V. 1.3.4-BENZOTHDIAZINDERIV., D. BEGRIFF D. UEBERGANGSAKTIVIER. 55-0479
- TERMOLYSE V. N-TRIMETHYLAMMONIO-BENZAMIDAT U. VERWANDTE VERB., IDENTIFIZIER. V. NEBENPROD. U. DEREN MOEGLICHER BLDG.-MECHANISMUS 56-0606
- UMLAGER. WAEHREND D. DEHYDROBROMIER. V. N-(ALPHA-BROM-ARALKYLIDEN)-N'-(O-NITRO-PHENYL)-HYDRAZINEN U. EINE ANM. ZUR NITRIER. V. P-DIBROMBENZOL 57-0556
GIBSON T. W., FAWORSKI-UMLAGER. V. CIS- U. TRANS-CARVONTRIBROMID 1. MITT. 58-0739
GIDLEY G. C., FREIE RADIKAL. JODIER., EINE NEUART. SYNTH. 58-0340
- MECHANISMUS D. ADDIT. V. CHLOR AN OLEFINE DURCH JODBENZOLDICHLORID 58-0527
GIELEN M., SCHNELLE, UNTER HOHER AUSB. VERLAUFENDE SYNTH. EINER ORGANOZINNVERB. MIT VIER VERSCHIEDENEN AN ZINN GEBUNDENEN ALKYLGRUPPEN 59-0062
- ORGANOMETALLVERB. 7. MITT. 61-0010
GIESSE R., RK. MIT IMIDSAEUREESTERN 10. MITT. 62-0661
- RK. MIT IMIDASAEUREESTERN 11. MITT. 62-0662
GIEUSSE M., CHEMIE V. MIKROORGANISMEN 13. MITT. 61-0816
GIGG J., 1-O-BENZYL-L-GLYCERIN U. D-GLYCERIN-1.2-CARBONAT 53-0358
- SYNTH. V. CIS-1-O-OCTADECEN-(1)-YL-L-GLYCERIN 57-0297
GIGG R., 1-O-BENZYL-L-GLYCERIN U. D-GLYCERIN-1.2-CARBONAT 53-0358
- SYNTH. V. CIS-1-O-OCTADECEN-(1)-YL-L-GLYCERIN 57-0297
GILANI S. S. H., DIELS-ALDER-RK. MIT 4-PHENYL-1.2.4-TRIAZOLINDION-(3.5) 54-0394
GILARDEAU C., ORGAN. QUANTENCHEMIE 16. MITT. 60-0146
GILBERT A., 1.4-PHOTOADDIT. V. AMINEN AN BENZOL 54-0191
- PHOTOADDIT. V. DIPHENYLACETYLEN, CYCLOOCTADIEN-(1.3) U. CYCLOOCTEN AN ANTHRACHINON 62-0513
GILBERT B. C., ESR-UNTERS. 15. MITT. 58-0118
GILBERT D. A., CEPHALOSPORANSAEURE 5. MITT. 53-0587
GILBERT E. E., PERHALOGENKETONE U. IHRE DERIV. 13. MITT. 59-0287
- CYCLOPROPANCARBONSAEUREFLUORID, EINE VERBESSERTE SYNTH. 62-0427
GILBERT J., SYNTH. V. DIALKYLAMINOAETHYLAETHERN D. 6-HYDROXY-NICOTINSAEURE 57-0596
GILBERT P. A., (14)C-, (18)O- U. MASSENSPEKTRAL-UNTERS. D. PYROLYT. BLDG. V. KOHLENSUBOXID AUS O.O-DIACETYL-WEINSAEUREANHYDRID U. ACETOXYMALEINSAEUREANHYDRID 57-0256
- RADIOCHEM. UNTERS. D. PYROLYT. BLDG. V. KOHLENSUBOXID IM OXALESSIGSAEUREDIAETHYLESTER-ESSIGSAEUREANHYDRID-SYST., ISOTOPENAUSTAUSCH ZWISCHEN D. PROD. 57-0257
GILCHRIST M., NICHTLINEARE BEZIEH. ZWISCHEN STRUKTUR U. RK.-FAEHIGK. RK.-FAEHIGK. NUCLEOPHILER REAGENZIEN GEGENUEBER ESTERN 63-0237
GILCHRIST T. L., THERMOLYSE V. SALZEN 2-SUBSTITUIERTER ACRYLSAEUREN, NEUE RED.-METH. EINES VINYLBROMIDS 60-0432
- ADDIT.-RK. V. ESTERN D. FEIST-SAEURE 60-0458
- DARST. V. 3-BROM-2-PYRONEN U. IHRE RK. MIT BASEN 60-0583
GILES R. G. F., PHOTOCHEM. BLDG. V. BENZOXAZOLIN-DERIV. AUS AMINOCHINONEN 63-0643
GILL G. B., UMLAGER. V. 1.4-DISUBSTITUIERTEN 4-CHLORMETHYL-3.5-DICYAN-2.6-DIMETHYL-1.4-DIHYDRO-PYRIDINEN ZU 1.4-DISUBSTITUIERTEN 3.6-DICYAN-2.7-DIMETHYL-1H-AZEPINEN 63-0742
GILL S. J., GLEICHGEW. V. SCHWACHEN KOMPLEXEN DURCH LSG.-KALORIMETRIE 63-0209
GILLARD R. D., STEREOSELEKTIVE EFFEKTE IN PEPTID-KOMPLEXEN 56-0046
GILLER S. A., 6-(FURYL-(2))-IMIDAZO(2.1-B)THIAZOL UND SEINE DERIVATE 60-0543
- SYNTH. AUF D. GEBIET D. 5-NITROFURYL-(2)-POLYALKENALE U. 5-NITROFURYL-(2)-POLYALKENONE 8. MITT. 64-0588
- PYRIMIDINNUCLEOSIDANALOGE 2. MITT. 64-0742
GILLESPIE J. S. JUN., ANTIMALARIAMITTEL, SUBSTITUIERTE 2-PHENYL-4-CHOLINMETHANOLE 63-0676
GILLET H., SPEKTROPHOTOMETR. UNTERS. EINES KUPFERCHELATS V. 1.8DIHYDROXY-ANTHRACHINON-(9.10) (CHRYSAZIN) IN DIMETHYLSULFOXID 60-0028
GILLIGAN W. H., RK. V. UNGESAETT. KETONEN MIT POLYNITRO-ADDENDEN 61-0343
GILLIS B. T., OX. V. HYDRAZONEN 3. MITT. 59-0404
- OXYDATION VON AZINEN MIT BLEITETRAACETAT, 2. MITT. 61-0322
GILLIS R. G., TRIDEUTEROMETHYLIER. IN DIMETHYLSULFOXID 59-0283
GILLOT B., KATALYTISCHE OXYDATION VON KOHLENWASSERSTOFFEN DURCH CHROMSPINELLE 64-0254
GILMAN H., METHYLIER. V. TETRAKIS-(TRICHLORSILYL)-ALLEN 56-0332
- POLYHALOGEN-ORGANOMETALL- U. -ORGANOMETALLOID-VERB. 11. MITT. 56-0368
- POLYHALOGENORGANOMETALL- U. ORGANONICHTMETALLVERB. 12. MITT. 58-0092
- POLYHALOGENORGANOMETALL- U. -ORGANONICHTMETALLVERB. 13. MITT. 58-0449
- POLYHALOGENORGANOMETALL- U. -ORGANONICHTMETALLVERB. 14. MITT. 58-0450
- POLYHALOGENORGANOMETALL- U. ORGANONICHTMETALLOVERB. 15. MITT. 58-0451
- POLYHALOGENORGANOMETALL- U. -NICHTMETALLVERB. 17. MITT. 59-0341
- POLYHALOGENORGANOMETALL- U. -NICHTMETALLVERB. 16. MITT. 59-0607
- POLYHALOGEN-ORGANOMETALL- U. -ORGANONICHTMETALLVERB. 18. MITT. 61-0428
- POLYHALOGEN-ORGANOMETALL- U. -ORGANONICHTMETALLVERB. 20. MITT. 61-0429
- POLYHALOGEN-ORGANOMETALL- U. -ORGANONICHTMETALLVERB. 19. MITT. 61-0639
- POLYHALOGENORGANOMETALL- U. -ORGANONICHTMETALLVERB. 23. MITT. 61-0640
- POLYHALOGEN-ORGANOMETALL- U. -ORGANONICHTMETALLVERB. 28. MITT. 62-0437
- POLYHALOGEN-ORGANOMETALL- U. -ORGANONICHTMETALLVERB. 21. MITT. 63-0463
- POLYHALOGEN-ORGANOMETALL- U. -ORGANONICHTMETALLVERB. 22. MITT. 63-0464
- POLYHALOGENORGANOMETALL- U. -ORGANONICHTMETALLVERB. 29. MITT. 63-0465
GILMAN N. W., NEUE THERM. UMLAGER. V. ALLYLPHENYLURETHANEN 61-0416
GILON C., SYNTH. V. OMEGA-AMINOOXY-SAEUREN DURCH O-ALKYL-SPALT. V. LACTONEN, SYNTH. V. DL-CANALIN 55-0262
GILOW H. M., EINFL. V. POSITIV GELADENEN SUBSTITUENTEN BEI D. AROMAT. SUBSTITUT. 3. MITT. 58-0406
GIMESI O., CYANOMETR. BEST. SUBSTITUIERTER ISOCHINOLIN-DERIV. IN NICHTWAESSRIGER LSG. 58-0831
GINAK A. I., ALKYLIER. V. 5-BENZYLIDEN-RHODANIN 54-0390
GINDL H., URIDIN-2'.3'-O.O-CYCLOTHIOPHOSPHAT 63-0761
GINER-SOROLLA A., SYNTH. U. EIG. V. 2.6-DIHYDROXYLAMINO-PURIN U. SEINES 9-BETA-D-RIBOFURANOSYLDERIV. 57-0646
- DARST. U. EIG. EINIGER 6- U. 2.6-SUBSTITUIERTER PURINE 58-0657
- SYNTH. U. BIOLOG. EIG. V. HYDROXYLAMINOPURINEN U. VERSCHIEDENEN DERIVATEN 63-0871
GINESINA A. A., 2-THIONIA- U. 2-AZONIA-AZULENE 58-0563
- TROPONOIDE 3. MITT. 62-0542
- TROPONOIDE 4. MITT. 63-0610
- 6-METHOXY-SUBSTITUIERTE 2-THIONIAAZULENE 63-0611
GINSBURG D., PROPELLANE 3. MITT. 57-0491
- PROPELLANE 4. MITT. 61-0515
GINSBURG O. F., DARST. DES DIHYDROCHLORIDES VON N(EPSILON).N(EPSILON)-BIS(2-CHLORAETHYL)-L-LYSIN 64-0409
GINZBURG A. G., WASSERSTOFFISOTOPENAUSTAUSCH IN HEXASUBSTITUIERTEN BENZOLDERIV. 56-0335
GINZBURG O. F., TAUTOMERES GLEICHGEW. V. P-AMINOAZOVERB. IN SAUREN LSG. 4. MITT. 56-0103
- TRITYLIER. V. NITRO-ESSIGSAEUREESTER U. SEINEN DERIV. 57-0429
- HYDRATISIER. V. ACETYLENANALOGEN V. TRIPHENYLMETHAN-FARBSTOFFEN 60-0624
- 2-NITRO-3-HYDROXY-4-CHLOR-BENZOESAEURE 62-0391
- DARST. V. NITRO- U. AMINODERIV. D. DIPHENYLSULFIDES 63-0472
- TAUTOMERES GLEICHGEWICHT IN SAUREN LSG. V. P-AMINOAZO-VERB. 5. MITT. 64-0213
GIOVANOLI R., THERMOANALYT. UNTERS. 12. MITT. 64-0053
GIPSON R. M., SYNTH. U. BIOLOG. AKTIVITAET EINIGER CYCLOALKENALANINE 60-0412

- KONFORM. U. BIOLOG. AKTIVITAET V. CYCLOHEXADIEN-(1.4)-DERIV. 63-0182
GIRAL L., UMLAGER. V. (1-HYDROXY-CYCLOPENTYL)-CARBINOLEN 2. MITT. 56-0380
- ERYTHRO- U. THREO-2-PHENYL-3-CYCLOHEXYL-BUTANDIOL-(2.3) 56-0398
- ISOMERISIER. D. (1-PHENYL-CYCLOPROPYL)-KETONE IN GGW. V. ALUMINIUMCHLORID 62-0414
- 3-SUBSTITUIERTE TETRAHYDRONAPHTHALINONE-(2) 62-0460
GIRALDI P. N., UNTERS. V. VERB. GEGEN PROTOZOEN, SYNTH. U. BIOLOG. AKTIVITAET EINIGER STYRYLIMIDAZOL-DERIV. 57-0525
GIRARD J., ANWEND. D. RK. V. PAYNE U. SMITH AUF ALKYLCYCLANONE 54-0297
- STEREOCHEMIE V. HYDRINDAN 6. MITT. 56-0412
- KONFORM.-UNTERS. IN D. CYCLOBUTANREIHE 2- U. 3-TERT.-BUTYL-CYCLOBUTAN-CARBONSAEUREN SOWIE 2- U. 3-TERT.-BUTYL-CYCLOBUTANONE 60-0175
- EINFL. D. STRUKTUR AUF D. RICHT. D. OX. V. DEKALONEN-(2) U. PERHYDRINDANONEN-(5) DURCH H2O2 U. SEO2 62-0450
- KONFORM. IN D. CYCLOBUTAN-REIHE 2- U. 3-TERT.-BUTYL-CYCLOBUTANOLE 63-0490
GIRAUD M., KONDENS. V. BETA-CHLOR-VINYL-ALDEHYDEN MIT MALONSAEURE 64-0680
GIRDHAR H. L., MESS. D. WAERMEKAPAZITAET V. ANTHRACEN ZWISCHEN 5 U. 520 GRAD K 61-0170
GIRDLER R. B., FRIEDEL-CRAFTS-ACETYLIER. V. PHENANTHREN 57-0454
GIREVA R. N., SYNTH. U. UNTERS. EINIGER IMIDAZOL-DERIV. 3. MITT. 62-0564
GIRIJAVALLABHAN V. M., BLDG. V. ALLYLOXYANIONEN ODER -RADIKALEN, EINIGE VORLAEUFIGE BEOBACHT. 62-0775
GIROTRA N. N., TOTALSYNTH. D. MACROLIDS ZEARALENON 60-0788
GITIS S. S., RK. V. AROMAT. NITROVERB., 27. MITT. 54-0162
- RK. V. AROMAT. NITROVERB., 28. MITT. 54-0163
- RK. V. AROMAT. NITROVERB. 29. MITT. 60-0276
- RK. V. AROMAT. NITROVERB. 30. MITT. 60-0402
GIUDICELLI J., TAUTOMERIE 5-PHENYL-2-AMINO-SELENAZOLINONE-(4) = 5-PHENYL-2-IMINO-SELENAZOLIDINONE-(4) 60-0552
GIULIANI A. M., POLAROGRAPHIE V. KOMPLEXEN D. CYCLOHEXAN-1.4-DIAMIN-TETRAESSIGSAEURE 53-0017
GIULIANO C. R., CIS-TRANS-ISOMERISIER. U. IMPULSLASER-UNTERS. AN SUBSTITUIERTEN INDIGOFARBSTOFFEN 58-0285
GIUSTI G., SYNTH. ALPHA,BETA-ACETYLEN. ACETALE 53-0359
- BLDG. V. ALLENEN AUS ALPHA.ALPHA'-DIBROMIERTEN GEMINALEN DIALKOXYVERB. BEI EINW. V. MAGNESIUM 64-0357
GIVENS E. N., MECHANISMUS D. CHLORIER. V. ARENSULFENYL-CHLORIDEN 6. MITT. 58-0230
- SOLVOLYSE U. ABNORMER MECHANISMUS D. CHLORIER. V. 2-NITRO-BENZOLSULFENYLCHLORIDEN 58-0231
GIVENS R. S., ESR-WEITBEREICHSKOPPL.-KONST. FUER ALIPHAT. SEMIDIONE, THEORET. BEHANDL. 64-0139
GJOS N., NITRIER. V. 2- U. 3-PHENYL-THIOPHEN 58-0577
GLADYS C. L., EINDEUT. SPEZIFIKAT. D. STEREOISOMERIE AN DOPPELBIND. 57-0164
GLADYSEVA F. N., DARST. V. N-METHYL-N-PHENYL-METHYLCARBAMAT 59-0371
- RINGERWEITER.-RK. D. AZIRIDINRINGS 1. MITT. 62-0550
GLADYSEVA V. N., RINGERWEITER.-RK. D. AZIDINRINGS 2. MITT. 64-0570
GLASGOW D. G., IMIDAZO(5.1-A)ISOCHINOLINE 62-0624
GLASS C. A., DURCH TRICARBONYLARENCHROM-KOMPLEXE KATALYSIERTE HOMOGENE 1.4-ADDIT. V. WASSERSTOFF 62-0202
GLASS G. E., KRIST.- U. MOL.-STRUKTUR SOWIE LSG.-KONFORM. V. DIMETHYLGOLD(III)-HYDROXID, EINER ANORGAN. RINGVERB. MIT MITTLERER RINGGROESSE 60-0021
GLASS W. K., PHOTOCHEM. DARST. V. CHROM(III)-THIOLATEN 53-0029
GLAUDEMANS C. P. J., SYNTH. V. DREI VOLLACETYLIERTEN ALDOBIOURONSAEUREMETHYLESTERN, EINSCHLIESSL. 6-O-(METHYL-2.3.4-TRI-O-ACETYL-ALPHA-D-GLUCOPYRANOSYLURONAT)-TETRA-O-ACETYL-BETA-D-GLUCOPYRANOSE 62-0692
GLAZ A. I., RK. V. AROMAT. NITROVERB., 27. MITT. 54-0162
- RK. V. AROMAT. NITROVERB., 28. MITT. 54-0163
GLAZ A. S., RK. V. AROMAT. NITROVERB., 28. MITT. 54-0163
GLAZE W. H., 4-TERT.-BUTYL-CYCLOHEXYL-LITHIUM 56-0055
- CYCLOHEXYLMETALLVERB. 2. MITT. 63-0055
GLAZUNOVA E. M., TERT. DREIWERTIGE ALKOHOLE D. ACETYLEN- U. AETHYLENREIHE U. IHRE CHEMISCHEN RK., 37. MITT. 57-0296
GLEENAT R., KATALYSE DURCH IONENAUSTAUSCH, HYDRATAT. V. PROPARGYLVERB. 54-0222
GLEGHORN J. T., HETEROAROMAT. REAKTIVITAET 3. MITT. 60-0250
- HETEROAROMAT. REAKTIVITAET 4. MITT. 60-0251
GLEICHER G. J., BERECHN. ZUM CORANNULEN-SYST. 55-0098
- RADIKAL. WASSERSTOFFABSPALT. AUS SUBSTITUIERTEN CUMOLEN 58-0203
- FAKTOREN, D. D. GESCHW.-KONST. D. RK. AM ARYLMETHYLKOHLENSTOFFATOM BEEINFLUSSEN. ABSCHAETZ. D. WICHTIGK. STER. EFFEKTE IN D. SCF-LCAO-NAEHERUNG 64-0244
GLEITER R., WASSERSTOFFBRUECKENBIND. 17. MITT. 58-0169
- AMINOBENZOLE 3. MITT. 58-0397
GLEMSER O., RK. V. STICKSTOFFTRIFLUORID U. TETRAFLUOR-HYDRAZIN MIT VERSCHIEDENEN CN-VERB. 55-0017
- DARST. U. EIG. EINIGER SCHWEFELDIFLUORIDIMIDE 55-0018
- HYDROLYSE D. THIAZYLFLUORIDS U. TETRASCHWEFELTETRANITRIDS U. D. RK. V. NATRIUMTHIOSULFAT MIT SALZSAEURE 61-0036
GLENAT R., IR- U. NMR-SPEKTROGRAPHIE V. ALLEN-ACETATEN 53-0075
- INFRAROTABSORPT. V. TERT. PROPARGYLCARBINOLEN 54-0064
- UMLAGER. V. TERT. AETHINYLCARBINOLEN 1. MITT. 60-0332
- UMLAGER. V. TERT. AETHINYLCARBINOLEN 2. MITT. 60-0333
GLETSOS C., TOTALSYNTH. EINIGER MONOMERER VINCA-ALKALOIDE, DL-VINCADIN, DL-VINCAMINOREIN, DL-VINCAMINORIN, DL-VINCADIFFORMIN, DL-MINOVIN U. DL-VINCAMINORIDIN 64-0818
GLIBIN E. N., 2-NITRO-3-HYDROXY-4-CHLOR-BENZOESAEURE 62-0391
- NMR-SPEKTREN EINIGER TETRASUBSTITUIERTER BENZOLE 63-0135
GLICK M. D., STEREOCHEMIE D. DISKRETEN ACHTERKOORDINATION 5. MITT. 63-0020
GLINKA H., BASIZITAET V. HYDROXYPHTHALANEN 10. MITT. 64-0216
GLINSKI R. P., BEST. D. STEREOCHEMIE U. ABSOLUTEN KONFIGURATION V. C-4 U. C-5 V. 4-AMINE-4.6-DIDESOXY-HEXOSEN 60-0169
- 4.6-DIDESOXY-4-(N.N-DIMETHYLAMINO)-D-TALOPYRANOSE-HYDROCHLORID 62-0694
GLOCKNER P. W., EISENCARBONYL-KOMPLEXE MIT DIMEREN CYCLOOCTATETRAENEN 63-0081
GLOEDE J., DIMERISIER. EINES ALPHA-HALOGENAMINS UNTER ALPHA-ELIMINIER. 53-0596
- ALPHA-AMINOSAEUREN U. DERIV. 2. MITT. 59-0324
- AMINOSAEUREN U. PEPTIDE 79. MITT. 61-0558
GLOTTER E., LOESUNGSMITTELEFFEKTE AUF D. KERNMAGNET. RESONANZSPEKTREN V. STEROID-KETONEN 56-0132
- EPOXIDE 2. MITT. 56-0697
- EIN NEUES ALKALOID V. CHINOLON-TYP AUS HAPLOPHYLUM TUBERCULATUM (RUTACEAE) 61-0725
- EPOXIDE 3. MITT. 63-0252
GLOVER E. E., CYCL. QUATERNAERE AMMONIUMSALZE 5. MITT. 56-0594
GLOZMAN S. M., NITRIER. V. 2-CARBAETHOXYAMINO-CHROMON 62-0598
GLUCHOVCEV V. G., RK. V. FURANDERIV. MIT ALIPHAT. CARBONYLVERB. IN SAUREM MEDIUM 60-0493
- SYNTH. V. ESTERN D. FURANREIHE 62-0527
GLUCKMAN M. I., 3-SUBSTITUIERTE 1.4-BENZODIAZEPIN-2-ONE 63-0738
GLUSKOV R. G., NEUE SYNTH.-MOEGLICHKEIT FUER ALLOXAZINE 61-0659
- LACTAME 11. MITT. 64-0754
GLUSKOVA L. V., STRUKTUR U. RK. D. KONDENS.-PROD. V. PHENOLEN MIT UNGESAETT. CARBONYLVERB. 1. MITT. 60-0581
GNAD J., NEUES VERF. ZUR HERST. V. CARBONSAEUREAMIDEN 62-0316
GNOJ O., UMLAGER. V. 17ALPHA-HYDROPEROXY-PREGNAN-20-ONEN 62-0793
GOAD L. J., CYCLISIER. V. 2.3-OXIDO-SQUALEN ZU CYCLOARTENOL IN EINEM ZELLFREIEN SYST. AUS HOEHEREN PFLANZEN 58-0779
GOADBY S. C., BUTADIENSULFON-CHEMIE 1. MITT. 55-0378
GOCHMAN C., 3-SUBSTITUIERTE 1.4-BENZODIAZEPIN-2-ONE 63-0738
GODEFROI E. F., REDUKTIVE RINGSPALT. V. 1.3-DISUBSTITUIERTEN IMIDAZOLIUMJODIDEN DURCH NATRIUM-BORHYDRID 59-0326
GODFREY M., DIELS-ALDER-ADDUKTE V. DICYANACETYLEN U. IHRE ELEKTRONENSPEKTREN 58-0267
GODFROID J., SELBSTKONDENS. V. MESITYLOXID AN MAGNESIUMOXID BEI VERSCHIEDENEM DRUCK 1. MITT. 53-0218
- AUTOKONDENSAT. V. MESITYLOXID UEBER MAGNESIUM BEI VERSCHIEDENEN DRUECKEN 2. MITT. 64-0299
GODFROID J. J., KONDENS. V. ALPHA,BETA-UNGESAETT. ALDEHYDEN MIT ALPHA,BETA-UNGESAETT. KETONEN DURCH HETEROGENE KATALYSE IN D. GASPHASE 53-0288
GODIN J., ACETYLDERIV. D. CYCL. MALEYL- U. PHTHALYL-HYDRAZIDS 54-0456
GODING L. A., REVERSIBLE ABSPALT. D. KOHLENSTOFFATOMS 2 AUS 3-SUBSTITUIERTEN 4-HYDROXYCUMARINEN 58-0616
GODMAN J. L., VERLAENGER. V. ZUCKERKETTEN UEBER ACETYLEN. ZWISCHENPROD. 5. MITT. 59-0654
GODTFREDSEN W. O., VERRUCARINE U. RORIDINE 15. MITT. 53-0195
- BIOSYNTH. V. FUSIDSAEURE AUS SQUALEN-2.3-OXID 57-0791
GODZELLO T. M., SYNTH. V. DERIV. D. MALONDIALDEHYDS AUS PROPARGYLALDEHYD 58-0354
GOEBEL A., HETEROCYCL. SUBSTITUIERTE CYCLOPENTENOLONE U. CYCLOPENTADIENONE SOWIE IHRE RK. MIT UNGESAETT. VERB. 54-0417
GOEBEL W., DARST. D. PYRIDIN-3-SULFOCHLORIDS U. D. PYRIDIN-3-THIOLS 53-0422
GOEDICKE W., NEUE, KRIST. N-CARBONYL-AMINOSAEUREESTER 54-0238
GOEL A., MECHANISMUS D. UNGEWOEHNLICHEN UMLAGER. V. OMEGA-NITRO-CAMPHEN IN 7.7-DIMETHYL-TRICYCLO(2.2.1.0-(2.6))HEPTAN-L-CARBONSAEURE 62-0487
GOENDOES G., UMLAGER. V. STEROIDEN 3. MITT. 54-0546
- UMLAGER. V. STEROIDEN 5. MITT. 64-0871
GOERDELER J., MONOMERE U. DIMERE THIOCARBAMOYL-ISOTHIOCYANATE 61-0683
GOERING H. L., ION. RK. IN BICYCL. SYST. 5. MITT. 63-0267
- ION. RK. IN BICYCL. SYST. 6. MITT. 63-0268

- ION. RK. IN BICYCL. SYST. 7. MITT. 63-0269
- V. IONENPAARREKOMBINAT. BEGLEITETE TOSYLATSAUERSTOFF-GLEICHVERTEIL. 63-0270
- SULFONATSAUERSTOFFGLEICHVERTEIL. ALS EIN KRITERIUM FUER D. IONENPAARREKOMBINAT. 63-0271
GOERLITZER K., ANALYTIK EINIGER HYDROXYCUMARANONE-(3) 2. MITT. 61-0545
- POLYHYDROXYAURONE MIT VICINALEN HYDROXYLGRUPPEN 2. MITT. 61-0546
GOERTH H., UNTERS. UEBER HETEROCARBENE 9. MITT. 57-0479
GOESER P., CYCLOHEPTATRIENYL-CYCLOHEPTADIEN-(1.3)-CHROM(-I) 56-0073
- MASSENSPEKTROSKOP. UNTERS. AN UEBERGANGSMETALL-PI-KOMPLEXEN MIT FUENF-, SECHS- U. SIEBENGLIEDR. AROMAT. RINGLIGANDEN 59-0015
GOETH H., PHOTORK. V. HETEROCYCLEN 8. MITT. 54-0347
- PHOTORK. V. HETEROCYCLEN 9. MITT. 56-0503
- PHOTORK. V. HETEROCYCLEN 10. MITT. 62-0653
GOETTLICHER S., KRIST.-STRUKTUR D. PI-KOMPLEXES AUS PIKRINSAEURE U. 1-BROM-2-AMINO-NAPTHALIN 63-0191
GOETZ M., STRUKTUR DES TUBEROSTEMONINS 60-0707
GOETZ-BIENVENUEE E., REAKTIVITAET V. AETHYLENVERB. BEI BROMIER. 19. MITT. 63-0255
GOETZE U., SCHWING.-SPEKTREN V. TRIMETHYLSILYL-ALKYL-BZW. -PHENYL-AMINEN 59-0107
- HYDROLYT. SPALT. V. TRIS-(TRIMETHYLSILYL)-DERIV. D. ELEMENTE PHOSPHOR, ARSEN U. ANTIMON 62-0027
GOFFREDO O., SYNTH. V. ANALOGEN D. PHYSALAEMINS 1. MITT. 58-0793
- SYNTH. V. ANALOGEN D. PHYSALAEMINS 2. MITT. 58-0794
- KETO-ENOL-TAUTOMERIE IN FUENFATOM. HETEROCYCLEN 64-0212
GOGOL' N. A., HYDRIER. D. BETA- U. GAMMA-ISOMEREN V. 1.4-BIS-(1.2.5-TRIMETHYL-4-HYDROXY-PIPERIDYL-(4))-BUTADIIN-(1.3) 64-0249
GOH A. K., DITERPENE AUS GOODENIA RAMELII F. MUELL 57-0697
GOHAR A. M., RK. MIT SUBSTITUIERTEN 4-HYDROXY-CUMARINEN U. FUROCUMARINEN 61-0613
GOHLKE R. S., BEOBACHT. EINES ELEKTRONENSTOSSINDUZIERTEN ANIONS D. DODECAMETHYLCYCLOHEXASILANS 63-0158
GOLANKIEWICZ B., HYDRIER.-PROD. EINIGER CINCHONA-ALKALOIDE 2. MITT. 60-0711
- HYDRIER.-PROD. EINIGER ALKALOIDE D. CHINARINDE 3. MITT. 62-0722
GOLD A., TRIMETHYLENMETHAN, HYPERFEINAUFSPALT. D. PROTONEN 63-0150
GOLD H. J., HMO-UNTERS. D. ELEKTRON. KOPPL. BEI D. OELFUNKTIONELLEN KATALYSE 64-0029
GOLD V., ACETATKATALYSIERTE HYDROLYSE V. ARYLACETATEN 62-0237
GOLDBERG M. W., SYNTH. U. STEREOCHEMIE V. HYDROPHENANTHRENEN 6. MITT. 59-0454
GOLDBERG S. I., RED. V. BENZOYL-DIFERROCENYL-PHENYL-METHAN MIT LITHIUMTETRAHYDRIDOALUMINAT 64-0069
GOLDEN D. M., ALTERNATIV-ERKLAERUNG ELEKTROCYCL. RK., EINE QUANTITATIVE ENERGIEABSCHAETZUNG 61-0191
GOLDEN J. H., THERM. UMLAGER. V. DIPHENYL-CARBONAT 58-0298
- THERM. ABBAU EINES POLYCARBONATS 58-0816
- RADIOLYSE U. PHOTOLYSE V. DIPHENYLCARBONAT 61-0316
GOL'DFARB J. L., BECKMANN-UMLAGER. D. THIOPHENO-(2'.3'-1.2)-CYCLOHEPTANON-(3)-OXIMS 56-0615
- DIENSYNTH. V. ALKYLMERCAPTOPHTHALSAEUREANHYDRIDEN AUS ALKYL-ALPHA-FURYL-SULFIDEN 60-0379
- SYNTH. ALIPHAT. AMINOSAEUREN AUS THIOPHENDERIV. 10. MITT. 61-0550
- CHLORMETHYLIER. V. DERIV. D. DI-(2-THIENYL)-METHANS U. REDUKTIVE DESULFURIER. EINIGER DIAMINE AUS D. REIHE D. THIOPHENS 62-0531
GOLDFINGER P., HETEROGENE PHOTOSENSIBILISIER. 64-0330
GOLDMAN N. L., PHOTOCHEM. RK. V. BIPHENYLEN 1. MITT. 64-0341
GOLDSCHMIDT B. M., RK. V. GUANOSIN U. DESOXYGUANOSIN MIT GLYCIDALDEHYD 59-0682
GOLDSMITH E. J., PROTONENMAGNET. RESONANZSPEKTREN V. AETHYLENPHOSPHITEN U. AETHYLENSULFIT 58-0110
GOLDSTEIN D., OX. V. 10-CHLOR-TRICYCLEN, EXO-6-CHLOR-CAMPHEN U. TRANS-8-CHLOR-CAMPHEN 63-0793
GOLDSTEIN I. J., RK. ZWISCHEN KOHLENHYDRATEN U. PROTEINEN 14. MITT. 63-0774
GOLDSTEIN J. H., ADDITIVE PROTON-PROTON-KOPPL.-EFFEKTE IN DISUBSTITUIERTEN BENZOLEN 59-0114
GOLDSTEIN M. L., ABSOLUTE KONFIGURATION U. OPT. ROTATIONSDISPERSION V. METHYL-ALKYL-SULFOXIDEN 62-0145
GOL'DSTEJN I. P., STEREOCHEMIE V. DIPHENSUCCINDAN-DERIV. 53-0098
GOLDWHITE H., POLYFLUORALLYL- U. -PROPENYLDERIV. EINIGER UEBERGANGSELEMENTE U. ELEMENTE D. GRUPPE V 59-0075
GOLFIER M., IR-SPEKTREN D. GLYKOLE 2. MITT. 54-0062
- LSGM.-EFFEKTE U. ZUERCHER-REGELN IN D. KERNMAGNET. RESONANZ 2. MITT. 58-0112
GOLLNICK K., PHOTOSENSIBILISIERTE OXYGENIER. V. (-)-CARYOPHYLLEN U. ISOCARYOPHYLLEN, PHOTOCHEM. CARYOPHYLLEN-ISOCARYOPHYLLEN-UMLAGER. IN GGW. V. SCHWEFELVERB. 58-0317
GOLLWITZER R., URSACHE D. NACH D. ORCIN-METH. GEFUNDENEN UNTERSCHIEDL. HEXOSENGEH. V. FIBRINOGEN U. FIBRIN 57-0813
GOLOVIN E. T., MANNICH-RK. MIT HETEROCYCL. GAMMA-KETONEN 2. MITT. 62-0613
GOLOVINA E. F., SYNTH. U. UNTERS. V. HETEROCYCLEN MIT BIOLOG. AKTIVITAET 9. MITT. 60-0656
GOLOVKINA L. S., MASSENSPEKTROMETR. UNTERS. V. KOHLENHYDRATEN 10. MITT. 62-0102
- MASSENSPEKTROMETR. UNTERS. V. KOHLENHYDRATEN 11. MITT. 62-0103
GOLSER L., N-SUBSTITUIERTE 2-METHYL-3-AMINOACETYL-BENZO(B)THIOPHENE U. 2-METHYL-3-(ALPHA-HYDROXY-BETA-AMINO-AETHYL)-BENZO(B)-THIOPHENE 55-0384
- N-SUBSTITUIERTE BENZO(B)THIOPHEN-3-ACETAMIDE U. 3-(BETA-AMINO-AETHYL)-BENZO(B)THIOPHENE 55-0385
GOLUBEV A. A., PERACYLALKYL(ARYL)CARBONATE 6. MITT. 63-0495
GOLUBEV G. S., RELATIVE REAKTIVITAETEN D. ISOMEREN XYLOLE BEI D. KATALYT. FLUESSIGPHASEN-OX. 54-0145
GOLUBEV V. E., INDOL-DERIV. 31. MITT. 62-0545
GOLUBEVA G. V., DARST. V. HEPTADIIN-(4.6)-SAEURE U. DEREN DERIV. 59-0304
GOLUBSKI Z. E., PYROLYSE V. PHOSPHINATEN V. ALKOHOLEN D. P-MENTHAN-REIHE 53-0172
GOMBERT R., MIT CONGOCIDIN VERWANDTE AMIDINE U. GUANIDINE 2. MITT. 58-0440
- MIT CONGOCIDIN VERWANDTE AMIDINE U. GUANIDINE 3. MITT. 58-0441
GOMEL M., GENAUE MESS. D. DIPOLMOMENTS V. VIER CYCL. AMINEN. BEWEIS FUER IHRE HYDRATISIER. U. CARBONISIER. 57-0075
- MOLARE UEBERSCHUSSVOLUMINA U. PARTIELLE MOLARE UEBERSCHUSSVOLUMINA V. BIN. GEMISCHEN ORGAN. FL., GEMISCHE AUS EINEM POLAREN U. EINEM UNPOLAREN BESTANDTEIL 60-0187
- DIPOLMOMENTE V. SECHS AMINEN, RAEUML. ORIENTIER. IHRER VEKTOREN U. SCHEINBARE MOMENTE D. STICKSTOFF-KOHLENSTOFF-BIND. 64-0094
- UEBERSCHUSS- U. PARTIALVOL. V. WASSERSTOFFBINDUNGS-FREIEN GEMISCHEN AUS ZWEI POLAREN BESTANDTEILEN 64-0199
- STRUKTUR U. BLDG.-KONST. D. PYRROL-CYCLOPENTANON- U. D. PYRROL-CYCLOHEXANON-KOMPLEXES. EINFL. D. LSGM. AUF D. ASSOZIAT. 64-0203
- NACHWEISVERSUCH VON AMIN-AMIN- UND AMIN-DIOXAN-WECHSELWIRKUNGEN DURCH WASSERSTOFFBINDUNGEN MITTELS DIELEKTRISCHER POLARISATIONSMESSUNGEN 64-0209
GOMES A., CYCLOADDIT. V. KETEN U. IMINEN ZU SCHWEFELDIOXID 54-0388
GOMEZ G., SOLVOLYSE V. 1-BROM-ADAMANTAN IN DIMETHYLSULFOXID-WASSER-GEMISCHEN 63-0274
GOMIS P., DARST. U. EIG. EINIGER PHENOXYMETHYLPENICILLIN-ESTER 58-0808
GOMPPER R., EINFL. D. ANELLIER. AUF D. FARBE V. CHINONMETHIDEN, CHINODIMETHANEN U. ARYLCARBONIUMIONEN 57-0081
- RK. D. TROPONS, DIPHENYLCYCLOPROPENONS U. PHENALENONS MIT DIPHENYLKETEN U. BENZOLSULFONYLISOCYANAT 59-0508
GONCALVES H., RK. V. ALDEHYDEN MIT 2-AMINO-BENZAMIDOXIM 53-0456
GONDAL S. K., MASSENSPEKTREN V. TRIFLUORPHOSPHINCARBONYL-KOBALTSAEUREN 64-0014
GONOBOBLEV L. N., ALKAL. ISOMERISIER. D. ALPHA-ACETYLENOXIDE MIT OXIDRING IN BETA-STELL. ZUR DREIFACHBIND. 57-0292
GONZALEZ A., MICROMERIA-TERPENOIDE 1. MITT. 55-0531
GONZALEZ E., AZOLE 26. MITT. 53-0391
- ISOMERISIER. EINES STEROIDBORANS 56-0696
- AZOL-REIHE 31. MITT. 59-0547
GONZALEZ M. P., CHEMIE V. PEREZON 62-0742
GOODALL D. M., PROTONIER. V. NITROALKAN-ANIONEN MIT ESSIGSAEURE IN GEMISCHTEN H2O-D2O-LSG. 58-0302
GOODBURN T. G., SYNTH. U. EINIGE RK. V. (+-)-ALEURITINSAEURE 58-0376
GOODCHILD J., MASSENSPEKTREN ORGAN. VERB. 3. MITT. 55-0094
GOODMAN I., PURINTHIOGLYKOSIDE 1. MITT. 63-0763
GOODMAN L., SYNTH. V. DAUNOSAMIN 55-0486
- DL-WILLARDIIN-LOST 57-0606
- THIOZUCKER, SYNTH. V. ADENINNUCLEOSIDEN V. 4-THIO-D-XYLOSE U. 4-THIO-D-ARABINOSE 58-0697
- 2-FLUORAETHYLAMINE 3. MITT. 60-0630
- SYNTH. U. RK. V. EINIGEN 8-SUBSTITUIERTEN PURINNUCLEOSIDEN 62-0707
- INTRAMOL. VERDRAENG. DURCH BENACHBARTES O-THIOBENZOAT, SYNTH. V. 3'-THIO-ADENOSIN 63-0765
- VERZWEIGT-KETT. ZUCKER. SYNTH. V. ADENINNUCLEOSIDEN V. 3-DESOXY-3-C-HYDROXYMETHYL-D-ERYTHROFURANOSE U. 2-DESOXY-2-C-HYDROXYMETHYL-D-ERYTHROFURANOSE 64-0796
GOODMAN M. M., ALPHA-SUBSTITUIERTE SULFONAMIDE U. SULFONSAEUREN 1. MITT. 58-0415
- KORRIGIERTE STRUKTUR D. VERMEINTLICHEN 1.2.4-TRIAZA-CYCLOOCTATETRAENS 58-0674
GOODMAN P. A., FRIEDEL-CRAFTS-ACYLIER. V. AROMAT. HALOGENDERIV. 3. MITT. 61-0479
GOODWIN T. W., CYCLISIER. V. 2.3-OXIDO-SQUALEN ZU CYCLOARTENOL IN EINEM ZELLFREIEN SYST. AUS HOEHEREN PFLANZEN 58-0779
GOPALAKRISHNAN P. V., CHINOLIZONE 4. MITT. 53-0419
- UNGEWOEHNL. PYRIDONSALZE 60-0608
GORBENKO E. F., SUBSTITUIERTE GLYOXYLSAEUREN 11. MITT. 61-0414

GORDON A., TAUTOMERE PYRIDINE 11. MITT. 62-0171
- TAUTOMERE PYRIDINE 10. MITT. 62-0172
GORDON M., STEREOCHEMIE D. DEHALOGENIER. IN D. DAMPFPHASE V. MESO- U. DL-2.3-DIBROMBUTAN MIT ZINK 58-0343
GORDON M. S., MOLEKULAR-ORBITAL-UNTERS. D. ISOMERISIER.-MECHANISMEN V. DIAZACUMULENEN 63-0177
GORDON P. G., EINBAU V. NATRIUM-BUTYRAT IN METHYLEN-BIS-(BUTYRYLPHLOROGLUCINE) UEBER EINEN NEUEN BIOSYNTH.-WEG 60-0827
GORE B., PHARMAKOLOG. AKT. BENZO(B)THIOPHENDERIV. 4. MITT. 59-0524
GORE J., KLEINE RINGE 21. MITT. 64-0549
GORE P. H., FRIEDEL-CRAFTS-ACETYLIER. V. PHENANTHREN 57-0454
- FRIEDEL-CRAFTS-ACYLIER. V. AROMAT. HALOGENDERIV. 3. MITT. 61-0479
GORE R., AROMATISIER. V. PARAFFIN-KW-STOFFEN 1. MITT. 56-0244
- AROMATISIER. V. PARAFFIN-KOHLENWASSERSTOFFEN 2. MITT. 56-0245
GORE R. T. JUN., BROMIER. V. ISOPREN 64-0355
GORECKA W., SYNTH. V. AMINOSAEUREN DURCH HOCHFREQUENTE ELEKTR. ENTLAD. 64-0404
GORELIK M. V., CHINONE 11. MITT. 60-0433
- CHINONE 5. MITT. 64-0651
- CHINONE 6. MITT. 64-0652
- CHINONE 7. MITT. 64-0653
GORFINKEL' M. I., SYNTH. V. ALKYLANISOLEN U. ALKYLPHENOLEN MIT UNVERZWEIGTEN C5-, C8- U. C11-ALKYLKETTEN 64-0468
GORGUES A., ACIDOLYSE V. ACETALEN MIT AMEISENSAEURE 56-0283
- SYNTH. U. ZERS. EINES KONJUGIERTEN DIACETYLENALDEHYDS, 5-PHENYL-PENTADIIN-(2.4)-AL 57-0393
GORIZDRA T. E., RK. V. DIAETHYLOXALAT MIT EINIGEN AZOLIDONEN 60-0526
GORMAN A. A., ALKALOIDE 123. MITT. 54-0512
- ALKALOIDE 125. MITT. 54-0514
- OPT. ROTAT.-DISPERS. 51. MITT. 64-0089
GORMAN M., VINCA-ALKALOIDE 30. MITT. 58-0728
GORRINGE A. M., DIAZEPINE 6. MITT. 56-0612
GORSINA G. I., ALKOXYVERB. 21. MITT. 64-0724
GORSKOV V. I., RK. V. DIJODAETHYLEN MIT KUPFERACETYLENIDEN 58-0479
GOSCHENHOFER D., RK. MIT BLEITETRAACETAT 3. MITT. 57-0420
GOSDEN A. F., DIELS-ALDER-RK. V. O-BENZOCHINONEN 55-0352
GOSLING K., BIS-(TRIFLUORMETHYL)-DITHIOPHOSPHINSAEURE U. VERWANDTE DERIV. 61-0378
GOSSELCK J., VINYLSULFONIUMSALZE. REAKTIVITAETSBEEINFLUSS. DURCH SUBSTITUENTEN AN D. C=C-BIND. 57-0360
- STEREOSPEZIF. SYNTH. FUER H(1)-H(2)-TRANS-CYCLOPROPANE 59-0428
GOSSER L., ELEKTROPHILE SUBSTITUT. AN GESAETT. KOHLENSTOFF 38. MITT. 63-0284
GOTO G., ALKALOIDE AUS SPIRAEA JAPONICA L. FIL. 59-0702
- STRUKTUR V. SPIRADIN D 62-0731
GOTO K., ROENTGENSTRUKTURANALYSE V. ACUTUMIN U. SEINEM ACETAT, VERS. EINER GEKUERZTEN STRUKTURAUFKLAER. 63-0200
GOTO M., STRUKTUR D. UROTHIONS 54-0521
- SYNTH. DES UROTHIONS 62-0650
- INSEKTENHORMONE 8. MITT. 64-0869
GOTO S., KINETIK DER TRIAETHYLENDIAMIN-KATALYSIERTEN AMINOLYSE VON N-PHENYL-PHENYLCARBAMATEN MIT ANILIN IN DIOXAN 60-0255
- WRKG. EINER KOMBINAT. V. PHARMAKA AUF D. GASTROINTESTINALE RESORPT. 1. MITT. 61-0843
GOTO T., ORGAN. MASSENSPEKTROMETRIE 9. MITT. 55-0092
- SYNTH. V. LEONURIN 57-0683
- SYNTH. V. GRIFOLIN, EINEM ANTIBIOTIKUM AUS EINEM BASIDIOMYCETEN 57-0758
- (14)N-H-SPINKOPPL. IN PYRAZINMETHOJODIDEN 59-0119
- KINETIK D. RK. V. CHLORESSIGSAEURE MIT AMMONIAK IN WSS. LSG. 61-0250
- LUCIFERIN U. LUCIOPTERIN, ISOLIERT AUS DEM JAPAN. LEUCHTKAEFER LUCIOLA CRUCIATA 62-0743
- CYPRIDINA-BIOLUMINESZENZ, 4. MITT. 64-0091
- CYPRIDINA-BIOLUMINESZENZ 5. MITT. 64-0092
GOTOH S., KINETIK D. RK. V. P-BENZOCHINON MIT NATRIUMTHIOSULFAT 64-0315
GOTTARDI W., RK. V. BROM MIT SILBERCYANURATEN 54-0469
- BROMIER. MIT DIBROMOISOCYANURSAEURE UNTER IONISCHEN BEDING. 1. MITT. 60-0367
GOTTARELLI G., OXIMIER. V. 1.5-DIPHENYL-3.7-DIAETHYL-BISPIDINON-(9). EIN NEUES BEISPIEL FUER GEOMETR. ENANTIOMORPHIE 58-0631
GOTTFRIED N., UNTERS. IN D. 21-METHYL-STEROID-REIHE, ORGANOBORANUMLAGER. U. SYNTH. V. 21-METHYL-19-NOR-STEROIDEN 63-0817
GOTTHARDT H., 1.3-DIPOLARE CYCLOADDIT. 34. MITT. 58-0595
- 1.3-DIPOLARE CYCLOADDITIONEN 35. MITT. 58-0596
- 1.3-DIPOLARE CYCLOADDITIONEN 39. MITT. 59-0234
- 1.3-DIPOLARE CYCLOADDIT. 36. MITT. 59-0506
- 1.3-DIPOLARE CYCLOADDIT. 38. MITT. 59-0507
- 1.3-DIPOLARE CYCLOADDIT. 37. MITT. 59-0544
GOTTLIEB O. R., CHEMIE D. BRASILIAN. GUTTIFERAE 12. MITT. 60-0822
GOTTSEGEN A., NEUE SYNTH. V. 5.7-DIHYDROXY-3.4'.8-TRIMETHOXY-FLAVON U. 4'.5-DIHYDROXY-3.7-DIMETHOXY-FLAVON, ZWEI BESTANDTEILEN V. BEYERIA SPP. 60-0579
- STRUKTUR V. ZAPOTIN U. ZAPOTININ 2. MITT. 64-0681
GOUD A. N., FURANOVERB. 9. MITT. 55-0437
- FURANVERB. 15. MITT. 64-0587
GOUDMAND P., KINET. CHARAKTER D. CHEMILUMINESCENZ BEI D. RK. V. STICKSTOFF IM TRIPLETTZUSTAND MIT BENZOL BEI 77 GRAD K 54-0054
- CHEMILUMINESZENZ D. RK. D. STICKSTOFFS IM ((3)SIGMA(U)(+))-ZUSTAND MIT BENZOL 63-0125
GOUGH L. J., CALLITRISINSAEURE, EIN NEUES DITERPENOID 57-0702
GOUGH R. G., RADIKALMECHANISMEN BEI RK. V. GRIGNARD-REAGENTIEN 63-0239
GOULD C. W., HOMOLYT. ZERS. V. HYDROPEROXIDEN 4. MITT. 62-0276
GOULD E. S., ELEKTRONENUEBERGANG IN ORGAN. STRUKTUREINHEITEN 5. MITT. 61-0027
GOUNELLE Y., RK. V. DICHLOR-PHENYL-PHOSPHIN MIT ZINK IN GGW. V. ACRYLNITRIL 57-0773
GOURDENNE A., VERW. V. LEBENDEN KONJUGIERTEN DIEN-POLYMEREN IM HINBLICK AUF D. DARST. V. SEQUENZ-KOPOLYMEREN, 2. MITT. 56-0741
- VERW. V. LEBENDEN KONJUGIERTEN DIENPOLYMEREN IM HINBLICK AUF D. DARST. V. SEQUENZ-KOPOLYMEREN 3. MITT. 56-0742
GOURLEY R. N., ELEKTROCHEM. RED. IN GGW. TERT. AMINE, EINE ASYMM. SYNTH. V. 3.4-DIHYDRO-4-METHYL-CUMARIN 57-0568
GOURSOT P., MESS. D. WAERMEKAPAZITAET V. THIAZOL ZWISCHEN 5 U. 340 GRAD K 59-0176
- SPEZIF. WAERME V. 2-METHYL-THIAZOL ZWISCHEN 5 U. 300 GRAD K 60-0186
- MESS. D. WAERMEKAPAZITAET V. ANTHRACEN ZWISCHEN 5 U. 520 GRAD K 61-0170
- MESS. D. WAERMEKAPAZITAET V. BENZOTHIAZOL ZWISCHEN 4 U. 320 GRAD K 62-0163
- BEST. D. WAERMEN FUER UNENDL. VERDUENN. V. ALIPHAT. AETHERN IN CHLOROFORM 62-0164
GOUTAREL R., STEROIDALKALOIDE 65. MITT. 57-0672
- STEROIDALKALOIDE 67. MITT. 57-0673
- STEROIDALKALOIDE 68. MITT. 57-0674
- STEREOIDALKALOIDE 69. MITT. 57-0675
- STEROID-ALKALOIDE 70. MITT. 57-0676
- STEROID-ALKALOIDE 71. MITT. 57-0677
- SAEUREKATALYSIERTE UMLAGER. IN POLYCYCL. SYST., WANDER. D. C-19-METHYLGRUPPE EINES STEROIDS AUS D. 10BETA- IN D. 9BETA-STELL. 57-0743
- STEROIDALKALOIDE. NEUE ART GLYKOSTEROIDALKALOIDEN. HOLACURTIN U. HOLACURTENIN AUS D. BLAETTERN V. HOLARRHENA CURTISII KING ET GAMBLE (APOCYNACEEN) 58-0783
- STEROIDALKALOIDE 72. MITT. 59-0705
- PEPTIDALKALOIDE 5. MITT. 60-0722
GOUZERH M., RED. V. KROKONSAEURE AN EINER QUECKSILBERELEKTRODE, MECHANISMUS U. CHARAKTERISIER. D. REDUZIERTEN VERB. 64-0240
GOVINDACHARI T. R., STRUKTUR V. HEPTAPHYLLIN, EINEM CARBAZOLALKALOIDE AUS CLAUSENA HEPTAPHYLLA WT. ET ARN. 53-0513
- BORTRIFLUORID KATALYSIERTE UMLAGER. V. 1.2-EPOXY-LUPAN-3-ON 53-0530
- BESTANDTEILE V. MESUA FERREA L. 2. MITT. 54-0399
- CHEM. BESTANDTEILE V. CALOPHYLLUM APETALUM WILLD 54-0571
- COLLINUSIN, EIN NEUES LIGNANLACTON AUS CLEISTANTHUS COLLINUS (ROXB.) 54-0572
- HYDROXAMSAEUREN U. IHRE DERIV. 4. MITT. 55-0564
- CUMARINE AUS CLAUSENA DENTATA (WILLD.)R. AND S. 57-0569
- APETALACTON, EIN NEUES TRITERPENLACTON AUS CALOPHYLLUM ARTEN 63-0009
GOWAL H., STEREOCHEMIE V. METALLOCENEN 13. MITT. 56-0003
- STEREOCHEMIE V. METALLOCENEN 14. MITT. 59-0002
- STEREOCHEMIE V. METALLOCENEN 17. MITT. 64-0067
GOYA S., ANALYTISCH-CHEMISCHE UNTERS. V. STEROIDEN 12. MITT. 61-0089
GOYERT W., STABILE CARBENOIDE 29. MITT. 64-0047
GRABENKO A. D., SUBSTITUIERTE DIARYLAMIDE V. DITHIOCARBONSAEUREN 10. MITT. 53-0386
GRABOVSKAJA Z. M., EINFLUSS DES SCHWEFEL-ATOMS AUF DIE BEWEGLICHKEIT VON WASSERSTOFF-ATOMEN IN DER METHYLENGRUPPEN EINIGER HETEROCYCLISCHER VERBINDUNGEN 64-0756
GRABOYES H., PTERIDINE 8. MITT. 63-0704
- PTERIDINE 10. MITT. 63-0706
GRACEVA E. A., PYRIMIDINE 13. MITT. 64-0734
GRACIAN P., RED. V. KROKONSAEURE AN EINER QUECKSILBERELEKTRODE, MECHANISMUS U. CHARAKTERISIER. D. REDUZIERTEN VERB. 64-0240
GRADY F. J., PARAMAGNET. ELEKTRONENRESONANZUNTERS. AN MELANINEN 1. MITT. 63-0864
GRAEFE G., MANNICHBASEN V. ACETONYLTHEOBROMINEN 3. MITT. 55-0465
GRAESSLIN D., PRAEPARATIVE STRAHLENCHEM. HYDROXYLIER. SUBSTITUIERTER PHENOLE IN WSS. LSG. 53-0255
GRAESSMANN W., SYNTH. MIT ENAMINEN 14. MITT. 53-0234
- SYNTH. MIT ENAMINEN 13. MITT. 53-0472
GRAFF M., RK. V. UNGESAETT. KETONEN MIT POLYNITROADDENDEN 61-0343
GRAFF Y., RK. V. DISAEURE-(1.4)-ANHYDRIDEN MIT META-DISUBSTITUIERTEN AROMAT. VERB. 3. MITT. 56-0358

GRAGEROV I. P., KINET. ISOTOPENEFFEKT BEI D. RK. V. PHENYLRADIKALEN MIT CYCLOHEXAN 53-0193
- UNTERS. D. MECHANISMUS HOMOLYT. RK. IN LSG. MIT D. MASSENSPEKTROMETR. U. ISCTCPENMETH. 12. MITT. 58-0336
- UNTERS. D. MECHANISMUS D. HOMOLYT. RK. IN LSG. MIT D. MASSENSPEKTROMETR. U. ISOTOPENMETH. 13. MITT. 61-0323
- UNTERS. DES MECHANISMUS DER OX. V. BENZOL MIT HILFE DER MASSENSPEKTROMETR. U. DER ISOTOPENMETHODE 2. MITT. 62-0204
GRAHAM E. R. B., SYNTH. U. EIG. V. 2-AMINO-AETHYL-(BETA-D-GLUCOPYRANOSID) 63-0755
GRAHAM S. H., UNTERS. AN CYCLCCCTANEN 1. MITT. 61-0510
- BICYCLONONANE 3. MITT. 61-0517
- UNTERS. UEBER BICYCLONONANE 4. MITT. 63-0571
GRAHAM W. A. G., EIN NICHTSTEREOCHEM. WEG ZUR SILICIUMSTICKSTOFF-PI-BIND. 56-0145
- INTRAMOL. CHLOR-ZINN-KOORDINAT. IN EINEM ORGANOZINNDERIV. D. SIEBENFACH KOORDINIERTEN MOLYBDAENS 61-0017
- DARSTELLUNG UND STRUKTUR EINES GERMANIUMUEBERBRUECKTEN EISENCARBONYL-KOMPLEXES ((CH3)2GE)3FE2(CO)6 64-0071
GRAHAM W. H., SYNTH. V. ALPHA-DIFLUORAMINOCARBINOLEN U. EINIGEN DERIV. 57-0326
GRAKAUSKAS V., SYNTH. V. FLUCRAMMONIUMSALZEN 64-0040
GRAMACCIONI P., BERECHNETE GECMETRIEN U. ENERGIEN AUF D. RK.-WEG D. COPE-UMLAGER. 60-0285
GRAMAIN J., SYNTH. V. 2-KETOSTEROIDEN 56-0715
- LSGM.-EFFEKTE U. ZUERCHER-REGELN IN D. KERNMAGNET. RESONANZ 2. MITT. 58-0112
GRAMICCIONI L., SYNTH. V. 1.5-DICARBALKOXY-BISPIDINONEN-(9) 1. MITT. 54-0419
GRAMMATICAKIS P., DARST. U. UV-ABSORPT. EINIGER 2.4.6-TRIMETHYL-ANILE 55-0287
- ABSORPTION V. N.N'-DIARYL-HARNSTOFFEN IM MITTLEREN ULTRAVIOLETTEN U. SICHTBAREN BEREICH 2. MITT. 60-0081
- DARST. U. ABSORPT. IM MITTLEREN ULTRAVIOLETT V. 2.6-DIMETHOXY-BENZOYL-ARYLAMINEN 64-0452
GRAMS G. W., NUCLEOTID-CHEMIE 12. MITT. 62-0711
- NUCLEOTID-CHEMIE 11. MITT. 64-0792
GRANCHELLI F. E., STEROIDANALCGES V. TETRAHYDROCANNABINOL 60-0764
GRANDBERG I. I., MASSENSPEKTREN U. STRUKTUR ORGAN. VERB. 20. MITT. 54-0085
- MASSENSPEKTREN U. STRUKTUR ORGAN. VERB. 24. MITT. 61-0116
- PYRAZOLE 57. MITT. 62-0563
GRANDJEAN D., RADIOKRISTALLOGRAPHISCHE UNTERS. V. 3.7-DIMETHYL-1.5-DITHIA-3.7-DIAZA-CYCLOOCTAN, C6H14N2S2 55-0127
GRANDOLINI G., KINET. UNTERS. UEBER D. RK. V. 2-METHYL-CHLORNITROBENZTHIAZOLEN MIT NATRIUMMETHYLAT IN METHANOL 58-0257
- BENZO-BIS-THIAZOLE 6. MITT. 58-0604
- KERNMAGNET. RESONANZ V. SCHWEFEL- U. SELEN-ANALOGEN V. BENZOCYCLANONEN 60-0088
- NEUES ANTIBIOTIKUM AUS ASPERGILLUS FLAVIPES 62-0826
GRANGER R., ANWEND. D. RK. V. PAYNE U. SMITH AUF ALKYLCYCLANONE 54-0297
- TRANS- U. CIS-BICYCLO(6.4.0)DODECANONE-(10), VGL. D. STER. ORIENTIER. D. RED. V. ALPHA-AETHYLENKETONEN U. PHENOLEN 54-0345
- STEREOCHEMIE V. HYDRINDAN 6. MITT. 56-0412
- KONFORM.-UNTERS. IN D. CYCLOBUTANREIHE 2- U. 3-TERT.-BUTYL-CYCLOBUTAN-CARBONSAEUREN SOWIE 2- U. 3-TERT.-BUTYL-CYCLOBUTANONE 60-0175
- EINFL. D. STRUKTUR AUF D. RICHT. D. OX. V. DEKALONEN-(2) U. PERHYDRINDANONEN-(5) DURCH H2O2 U. SEO2 62-0450
- KONFORM. IN D. CYCLOBUTAN-REIHE 2- U. 3-TERT.-BUTYL-CYCLOBUTANOLE 63-0490
GRANIK V. G., NEUE SYNTH.-MOEGLICHKEIT FUER ALLOXAZINE 61-0659
GRANT D. M., KERNMAGNET. RESONANZ V. (13)C, 10. MITT. 58-0107
- (13)C-MAGNET. RESONANZ 11. MITT. 60-0107
GRANT P. K., STEREOCHEMIE V. CEANOTHSAEURE 56-0154
GRANTHAM R. K., HETEROCYCL. UNTERS. 5. MITT. 61-0666
GRASHEY R., 1.3-DIPOLARE CYCLCADDIT. 34. MITT. 58-0595
- 1.3-DIPOLARE CYCLOADDIT. 36. MITT. 59-0506
GRASS F., CHELATAUSTAUSCHER AUF OXINBASIS 2. MITT. 54-0023
GRASSBERGER M. A., BORVERB. 13. MITT. 57-0038
GRASSELLI P., GEM.-DIMETALLVERB., WITTIG-RK. V. METHYL-MG-HALOGENIDEN, EINE EINFACHE METH., UM METHYLENOLEFINE AUS ALDEHYDEN ODER KETCNEN ZU ERHALTEN 56-0262
GRASSMANN M., UMLAGER. V. O-ARENSULFONYL-PHENYLHYDROXYLAMINEN 57-0381
GRATZ J. P., STRUKTUR V. DIEN-PHOSPHONIGSAEUREDIHALOGENID-ADDITIONSPROD. U. D. DAVON ABGELEITETEN PHOSPHOLENEN U. PHOSPHOLENOXIDEN 61-0566
GRAUBAUM H., SILACYCLEN 6. MITT. 58-0612
GRAVEL D., PHOTOLYSE V. 4.6.6-TRIMETHYL-5.6-DIHYDRO-1H-PYRIDON-(2), EINE NEUE PHOTCCHEM. SPALTUNGSRK. 53-0192
GRAY A. C. G., UMLAGER. EINES BICYCLO(2.2.2)OCTADIENOLS ZU EINEM DIHYDROPENTALEN 63-0555
GRAY A. H., STRUKTUR DES TUBEROSTEMONINS 60-0707
GRAY C. J., SYNTH. U. SPEKTRCSKOP. EIG. SUBSTITUIERTER U. VERBRUECKTER BIPHENYLE 60-0440
GRAY G. A., UNTERS. D. MECHANISMUS V. IONEN-MOLEKUEL-RK. IN ACETONITRIL MITTELS IONENCYCLOTRONRESONANZ 61-0120
CRAY G. R., KONFORM. EINFACHER PEPTIDE 2. MITT. 64-0879
CRAY H. B., MOLEKULAR- U. ELEKTRONENSTRUKTUR D. DICHLORO-BIS-(DIARSIN)-NICKEL-MONOKATIONS 59-0017
GRAY J. S., AUROFUSARIN 56-0736
CRAY R. T., TERPENE 4. MITT. 55-0107
GRAYSON M., RED. V. 2-HYDROXY-AETHYL-DISULFID DURCH PHOSPHINE U. SEK. PHOSPHINOXIDE ZU AETHYLENSULFID 53-0266
- SYNTH. V. PHOSTONEN U. DESOXYPHOSTONEN 53-0384
GRAZIANI R., KRISTALLSTRUKTUR D. KOMPLEXES 1.2.6-TRICHLORO-BIS-(O-PHENYLENDIMETHYLAMIN-DIMETHYLARSIN)-RHODIUM(III) 55-0010
- KRIST.-STRUKTUR V. TRICHLORO-BIS-(O-METHOXYPHENYL-DIMETHYL-ARSIN)-RHODIUM(III) 57-0019
GRAZIANO M. L., NEUE METHODE ZUR SYNTH. V. 2-AETHOXY-FURANEN 54-0359
GREAM G. E., SYNTH. V. VIERGLIEDR. RINGACYLOINEN U. -ALPHA-DIKETONEN 62-0426
- CYCLISIER. D. 4-(CYCLOHEXEN-(1)-YL)-BUTYL-RADIKALS 63-0483
GREAVES E. O., PHOSPHOR-WASSERSTOFF-WECHSELWRKG. IN D. (1)H-KERNMAGNET. RESONANZ-SPEKTREN EINIGER ORGANO-KOBALT, -NICKEL- U. -PLATIN-KOMPLEXE 54-0009
GREAVES P. M., ALLENE 20. MITT. 58-0365
GREBENJUK A. D., GEKOPPELTE DREIKOMPONENTEN-FRIEDEL-CRAFTS-RK. KETOALKYLIER. V. BENZOL MIT OLEFINEN U. ACYLHALOGENIDEN IN GGW. V . ALCL3 59-0362
GRECO C. C., EINE EINFACHE THIOL-SYNTH. 61-0336
GREELEY R., PHOTOLYSE V. TRIPHENYLCARBONIUM-, TROPYLIUM- U. TRIPHENYLCYCLOPROPENIUM-IONEN 60-0306
GREEN B., 1-ALKYL-1-(2-MERCAPTOAETHYL)-GUANIDINE U. IHRE ENTSPRECHENDEN THIOHARNSTOFFE, DISULFIDE U. THIOSULFATE ALS ANTIBAKTERIELLE MITTEL 57-0319
GREEN D. C., DARST. V. GEMISCHTEN ORGANOZINN-CHLORIDEN DURCH UMVERTEIL.-RK. 61-0045
GREEN E. E., CHEM. VERSCHIEB. D. CYCLOPROPAN-CH2-PROTONEN BEI D. KERNRESONANZ UNSUBSTITUIERTER BICYCLO(X.1.0)ALKANE ALS FUNKTION D. RINGGROESSE 64-0115
GREEN G., STEROID-ALKALOIDE 71. MITT. 57-0677
GREEN J. W., VGL. D. RED. V. ALGINSAEURE NACH VERSCHIEDENEN METH. 56-0748
- 2.3.6-TRI-O-BENZOYL-ALPHA-D-GLUCOPYRANOSYL-BROMID, SYNTH. , METHANOLYSE U. VERS. ZUR SELBSTKONDENS. 61-0697
GREEN M., ADDIT.-RK. V. TRICARBONYL-CYCLOOCTATETRAEN-EISEN U. -RUTHENIUM 55-0042
- CARBONYLEIN-LAGER.-RK. V. ALKYL-TRICARBONYL-PI-CYCLOPENTADIENYL-MOLYBDAEN 56-0075
- RK. ZWISCHEN METHYLPENTACARBONYLMANGAN U. HEXAFLUORBUTADIEN-(1.3) 62-0040
- DARST. U. RK. V. CARBONYLCYCLOOCTATETRAENRUTHENIUMKOMPLEXEN 63-0095
GREEN M. J., ABS. KONFIG. U. OPT. ROTAT.-VERMOEGEN V. METHYLSULFINYLSTEROIDEN 55-0045
- (13)C-NMR-SPEKTROSKOPIE VON PYRAZOL U. EINIGEN SUBSTITUIERTEN PYRAZOLEN 61-0095
- MODIFIZIERTE STEROIDHORMONE 49. MITT. 62-0797
- STEROIDSCHWEFELVERB. 2. MITT. 63-0831
GREEN M. L. H., N-METALL-HYDRAZON-KOMPLEXE V. MOLYBDAEN U. WOLFRAM 54-0032
- ALKINYLDERIV. V. EISEN U. MOLYBDAEN 61-0052
GREEN M. M., LAGESELEKTIVITAET U. STEREOSPEZIFIZITAET BEI ELIMINIER.-RK. IN MASSENSPEKTREN 62-0105
- ABSOLUTE KONFIGURATION U. OPT. ROTATIONSDISPERSION V. METHYL-ALKYL-SULFOXIDEN 62-0145
- UNTERSCHEID. V. DIASTEREOMEREN H-ATOMEN DURCH MASSENSPEKTROMETRIE, DIREKTER ZUGANG ZUM UEBERGANGSZUSTAND EINER ELEKTRONENSTOSSINDUZIERTEN ELIMINIER.-RK. 64-0152
GREEN R. D., ANION-MOLEKUEL-KOMPLEXE IN LSG. 1. MITT. 64-0204
GREENE F. D., 9.9'-DEHYDRODIANTHRACEN 58-0513
GREENE P. T., MOL.-STRUKTUR U. MAGNET. EIG. V. BIS-(TRIMETHYLAMIN)-CHROM-TRICHLORID 55-0005
GREENFIELD S., EPOXIDE 2. MITT. 56-0697
- EPOXIDE 3. MITT. 63-0252
GREENHALGH C. W., RK. V. LEUKOCHINIZARINEN MIT ALKYLENDIAMINEN 62-0660
GREENHALGH P. F., REVIDIERTE STRUKTUREN D. ADDUKTE V. ERGOSTERYLACETAT MIT MALEINSAEUREANHYDRID 57-0722
GREENIUS H. F., DARST. V. VINBLASTIN-4-ACETYL-T U. SEINE VERTEIL. IM RATTENBLUT 60-0806
GREENWALD R. B., N-HYDROXY-SCHUTZGRUPPE BEI PYRIDON-SYNTH. 63-0683
GREENWOOD F. L., DIREKTE BEOBACHT. D. MOLOZONID-OZONID-UMWANDL. 53-0068
- OZONOLYSE 10. MITT. 62-0588
GREGOR V., CHEMIE D. BORANE 11. MITT. 59-0038
GREGOROWICZ Z., RK. ZWISCHEN BLEI(II)-IONEN U. 2.2'-DICINCHONINATIONEN 56-0071
GREGORY G. I., CEPHALOSPORANSAEURE 5. MITT. 53-0587
GREGORY H., POLYPEPTIDE 6. MITT. 59-0768
- POLYPEPTIDE 7. MITT. 59-0769
- POLYPEPTIDE 8. MITT. 59-0770
- POLYPEPTIDE 10. MITT. 61-0800
GREGORY M. J., D. RK. V. 2.4-DINITRO-BENZALDEHYD MIT ALKALI 58-0309
- RK. V. O-NITRO-BENZALDEHYDEN MIT BASEN 58-0417
- RK. V. TETRANITROMETHAN 1. MITT. 60-0253
GREGORY N. L., ELEKTRONENEINFANG BEI CHLORIERTEN BIPHENYLEN 60-0229

GREIG J. B., BEWEIS F. EINE NICHTOXYDATIVE CYCLISIER. V. SQUALEN IN D. BIOSYNTH. V. TETRAHYMANOL 64-0837
- STEREOCHEMIE D. TRITIUMS AN C(1) U. C(7) IN CHOLESTERIN ERHALTEN AUS (3R.2R)-(2-T)MEVALONSAEURE 64-0863
- BIOSYNTH. V. TETRAHYMANOL AUS (4R)-(4-(3)H.2-(14)C)MEVALONSAEURE 64-0906

GREKOV A. P., STRUKTUR U. RK.-FAEHIGK. V. HYDRAZINDERIV. 11. MITT. 55-0165
- STRUKTUR U. RK.-FAEHIGK. V. HYDRAZINDERIV. 12. MITT. 59-0213
- STRUKTUR U. RK.-FAEHIGK. V. HYDRAZINDERIV. 13. MITT. 63-0283
- STRUKTUR U. REAKTIVITAET V. HYDRAZIN-DERIV. 14. MITT. 64-0259

GRENIER P., POLARITAET V. STATIONAEREN PHASEN IN D. VERTEIL.-GASCHROMATOGRAPHIE 3. MITT. 58-0830
- POLARITAET D. STATIONAEREN PHASEN IN D. GASCHROMATOGRAPHIE 2. MITT. 60-0843

GRENZ M., POLYACETYLENVERB. 137. MITT. 54-0583
- POLYACETYLENVERB. 144. MITT. 58-0815
- NATUERL. VORKOMMENDE CUMARINE 3. MITT. 64-0679

GRETHE G., RAC. CIS- U. TRANS-1.2-DIMETHYL-4-HYDROXY-6.7-DIMETHOXY-1.2.3.4-TETRAHYDRO-ISOCHINOLIN, SYNTH. U. STEREOCHEMIE 56-0652
- SYNTH. IN D. ISOCHINOLINSERIE. SYNTH. V. 2.3-DIHYDRO-4(1H)-ISOCHINOLONEN 59-0592
- SYNTH. IN D. ISOCHINOLINSERIE, SYNTH. U. CHEMISCHE UMLAGER. V. 2.3-DIHYDRO-4(1H)-ISOCHINOLONEN 59-0593
- SYNTH. IN D. ISOCHINOLINREIHE, SELEKTIVE DEMETHYLIER. V. 6.7- U. 7.8-DIMETHOXY-2.3-DIHYDRO-4(1H)-ISOCHINOLONEN 59-0594
- TOTALSYNTH. V. PETALIN 64-0809

GREUNWALD I., ORGAN. FLUORVERB. 39. MITT. 55-0217

GREZEMKOVSKY R., STEROIDE 335. MITT. 59-0758
- STEROIDE 315. MITT. 61-0779

GRICAJ N. I., SYNTH. V. ALKYL-P-VINYL-BENZOLSULFONATEN U. IHRE EIG. 54-0277

GRICENKO T. M., SYNTH. EINIGER VERB. MIT URETHAN- U. AMIDGRUPPEN 53-0230

GRIENGL H., ALKAL. HYDROLYSE V. LIGNIN 2. MITT. 61-0650

GRIESBAUM K., MOEGL. BLDG.-WEISEN V. CYCLOBUTEN-OZONIDEN 58-0610
- CYCLOBUTANVERB. 5. MITT. 63-0134

GRIESHABER P., SAEUREAMID-RK. 50. MITT. 57-0308

GRIESSER R., TERN. KOMPLEXE IN LSG. 2. MITT. 54-0020
- METALLION-KOMPLEXBLDG. FUENFGLIEDRIGER ALPHA-CARBOXYHETEROCYCLEN 59-0024

GRIFANTINI M., RK. V. ALPHA-HYDROXYIMINO-DERIV. V. CARBONYLVERB. MIT BASEN 1. MITT. 57-0318
- RK. D. ALPHA-HYDROXYIMINO-DERIV. V. CARBONYLVERB. MIT BASEN 2. MITT. 60-0537
- RK. D. ALPHA-HYDROXYIMINO-DERIV. V. CARBONYLVERB. MIT BASEN 3. MITT. 60-0538

GRIFFIN B. E., SYNTH. V. OLIGORIBONUCLEOTIDEN 4. MITT. 57-0658
- SYNTH. V. OLIGORIBONUCLEOTIDEN 5. MITT. 60-0696

GRIFFIN C. E., ZWISCHENPROD. BEI D. NUCLEOPHILEN AROMAT. SUBSTITUT. 2. MITT. 54-0166
- PHOSPHONSAEUREN U. ESTER 19. MITT. 59-0381
- ZWISCHENPROD. BEI NUCLEOPHILEN AROMAT. SUBSTITUT. 3. MITT. 61-0248

GRIFFIN G., SPEKTROSKOPIE U. PHOTOCHEMIE V. PHENYLOXIRANEN 63-0345

GRIFFIN G. W., PHOTOFRAGMENTIER. V. OXIRANEN U. CYCLOPROPANEN. EINSCHIEB.-RK. V. PHENYLCARBEN, AUS VERSCHIEDENEN AUSGANGSVERB. DARGESTELLT 57-0345
- CHEMIE D. PHOTODIMEREN V. MALEIN- U. FUMARSAEURE-DERIV. 6. MITT. 61-0457

GRIFFIN S., SYNTH. U. UNTERS. V. PSEUDOAROMAT. VERB. 8. MITT. 60-0426

GRIFFITH M. G., KONFORM. V. 1.4-CYCLOHEXADIEN AUS STEREOISOMEREN ALLYL-ALLYL-KOPPL. 64-0178

GRIFFITHS J., PHOTOCHEM. UMWANDL. V. TROPOLONEN 4. MITT. 59-0411
- PHOTOCHEM. UMWANDL. V. TROPOLONEN 5. MITT. 59-0412
- PHOTOUMWANDL. V. TROPOLONEN 6. MITT. 61-0501
- MECHANISMUS D. DELTA(2.4)-CYCLOHEXADIENON-PHOTOISOMERISIER. 63-0346

GRIFFITHS J. R., KINETIK U. MECHANISMUS D. RK. V. 4(5)-FORMYL-IMIDAZOL MIT HYDROXYLAMIN 60-0294

GRIGG R., SYNTH. V. NICKEL-1-ALKYL-TETRADEHYDROCORRINEN 53-0524
- SYNTH. V. DEUTEROPORPHYRIN-IX U. PEMPTOPORPHYRIN 55-0517
- THERM. SIGMATROPE UMLAGER. BEI NI-KOMPLEXEN V. MAKROCYCL. PYRROLVERB. 56-0081
- FURAN-CHEMIE 5. MITT. 56-0470
- RK. V. AETHOXYCARBONYLNITREN MIT PORPHYRINEN, EINE RING-EXPANSION-KONTRAKTIONS-RK. D. PORPHYRINRINGES 56-0658
- ALKYL-, ARYL- U. ACYL-METALL(III)-KOMPLEXE V. AETIOPORPHYRIN I 60-0731
- SYNTH. D. DEUTERIOPORPHYRIN-IX-, PEMPTOPORPHYRIN- U. SPIROGRAVIS-PORPHYRIN-DIMETHYLESTER 62-0746
- ALKYLIER. U. THERM. SIGMATROPE UMLAGER. V. NICKEL-1-METHYL-TETRADEHYDROCORRINEN 62-0820

GRIGINA I. N., TERT. DREIWERTIGE ALKOHOLE D. ACETYLEN- U. AETHYLENREIHE U. IHRE CHEMISCHEN RK., 37. MITT. 57-0296

GRIGOR'EV A. A., ISOMERISIER. V. ALPHA-OLEFINEN IN PDCL2-LSG. 60-0331

GRIGOR'EV V. V., RK. V. AROMAT. NITROVERB., 27. MITT. 54-0162
- UNTERS. D. MECHANISMUS D. VERESTER. V. PHTHALSAEUREN U. D. UMESTER. V. PHTHALATEN MITTELS MARKIERTER ATOME 2. MITT. 57-0228

GRIGOR'EVA N. E., RK. V. DIANILEN D. GLUTACONALDEHYDS MIT ELEKTROPHILEN REAGENZIEN 1. MITT. 54-0220
- MONOANILE D. GLUTACONALDEHYDS 3. MITT. 57-0182

GRIGOR'EVA V. I., VINYLDERIV. V. 2.5-DIARYL-1.3.4-OXADIAZOLEN 60-0562

GRIGORJAN D. V., AMINE U. QUART. AMMONIUMSALZE 52. MITT. 53-0260
- AMINE U. AMMONIUMSALZE 57. MITT. 63-0404

GRIGORJAN E. A., DARST. U. RK. BETA,GAMMA-UNGESAETT. AMINE 8. MITT. 62-0636

GRIGSBY R. D., MASSENSPEKTROMETRIE 1. MITT. 64-0151

GRIM S. O., (31)P-NMR V. EINIGEN LUFTEMPFINDL. PHOSPHINMETHYLENEN 56-0123

GRIMALDI J., ADDIT. V. HCL U. HBR AN VINYLALLEN U. PROPENYLALLEN 53-0208

GRIMAUD J., UMLAGER.-UNTERS. MIT HILFE V. (14)C 3. MITT. 56-0370
- UMLAGER. NITROSO-DESAMINIER. V. (2-(14)C)-3-PHENYL-3-METHYL-2-AMINO-BUTAN 64-0348

GRIMISON A., WASSERSTOFF-BINDUNG IN PYRIDIN 60-0198

GRIMM U., NEUE ALKALIVERB. V. ELEMENTDIPYRIDYLEN D. CERS, TITANS, BERYLLIUMS U. MAGNESIUMS SOWIE TRIS-(2.2'-DIPYRIDYL)-MAGNESIUM 64-0056

GRIMME W., ELEKTRONENZUSTAENDE V. PERIMETER-PI-SYST. 3. MITT. 58-0091

GRIMSHAW J., MASSENSPEKTREN ORGAN. VERB. 4. MITT. 55-0095
- ELEKTROCHEM. RED. IN GGW. TERT. AMINE, EINE ASYMM. SYNTH. V. 3.4-DIHYDRO-4-METHYL-CUMARIN 57-0568
- ELEKTROCHEM. RK. 2. MITT. 57-0635
- ELEKTROCHEM. RK. 3. MITT. 58-0196
- ELEKTROCHEM. RK. 4. MITT. 58-0197
- IDENTIFIZIER. V. 3'.4'.5'.5.7-PENTAHYDROXY-FLAVON U. SEINEM 3'-MONOGLUCOSID 59-0680

GRIMWOOD B. E., GLEICHGEW. ZWISCHEN GAMMA-LACTONEN U. ALKENSAEUREN 53-0154

GRINENKO G. S., SYNTH. V. 19-NORSTEROIDEN 1. MITT. 61-0783
- SYNTH. V. 19-NORSTEROIDEN 2. MITT. 61-0784
- SYNTH. V. 19-NORSTEROIDEN 3. MITT. 64-0860

GRINEV A. N., CHINONE 42. MITT. 57-0495
- TETRAHYDROINDOL-DERIVATE 60-0520

GRINGAUZ A., O-ACETOXY-PHENYLESSIGSAEURE, EIN ASPIRIN-HOMOLOGES 63-0903

GRINSTEJN V. J., SYNTH. U. UNTERS. D. THIOCARBAMIDODERIV. V. BETA-DIKETONEN 3. MITT. 57-0439

GRINTER R., PHOTOHYDROLYSE V. MONOSUBSTITUIERTEN BENZOTRIFLUORIDEN 64-0333

GRISAR J. M., 3-HYDROXY-1-METHYL-4-(DIPHENYLMETHYLEN)-PIPERIDIN 63-0677

GRISDALE P. J., BOR-PHOTOCHEMIE 2. MITT. 57-0384
- PHENYLCYCLOHEXADIENE 61-0462

GRISEBACH H., STRUKTUREN V. GB1, GB1A U. GB2, EINER NEUEN GRUPPE V. BISFLAVONOIDEN, BEMERK. ZU D. VEROEFFENTLICH. V. A. PELTER 53-0523
- TBIOSYNTH. VERZWEIGTKETT. ZUCKER 62-0700

GRISKO N. I., UNTERS. D. MECHANISMUS D. VERESTER. V. PHTHALSAEUREN U. D. UMESTER. V. PHTHALATEN MITTELS MARKIERTER ATOME 2. MITT. 57-0228

GRIVNAK L. M., THIOSULFONSAEUREN 19. MITT. 57-0350
- THIOSULFONSAEUREN, 20. MITT. 64-0431

GRJAZIN E. E., NITRIER. V. MEHRKERN. AROMAT. VERB. MIT UNKONDENSIERTEN RINGEN 5. MITT. 55-0171

GROB C. A., RK. V. PROPIOLSAEURE U. PROPIOLSAEUREESTER MIT CYCLOHEXANON 53-0357
- FRAGMENTIER.-RK. 17. MITT. 56-0241
- FRAGMENTIER.-RK. 18. MITT. 56-0561
- FRAGMENTIER.-RK. 19. MITT. 58-0284
- FRAGMENTIER.-RK. 20. MITT. 62-0681
- FRAGMENTIER.-RK. 21. MITT. 62-0682
- FRAGMENTIERUNGSREAKTIONEN 22. MITT. 64-0306

GRODOWSKI M., PHOTOCHEM. RK. MIT ELEKTRONENUEBERGANG 3. MITT. 64-0326

GROEGER F. A., KINETIK D. GEOMETR. ISOMERISIER. N.N-DISUBSTITUIERTER HYDRAZONE 61-0224

GROEGER H., PHOSPHAZENE 8. MITT. 53-0069
- PHOSPHAZENE 7. MITT. 53-0267
- PHOSPHAZENE 9. MITT. 54-0042
- PHOSPHAZENE 11. MITT. 56-0365

GROEN S. H., PHOTOCYCLISIER.-RK. V. PHENYLTHIOAETHENEN 64-0593

GROENEVELD W. L., KOMPLEXE MIT NITRILGRUPPEN ENTHALTENDEN LIGANDEN 3. MITT. 55-0003
- KOMPLEXE MIT NITRILGRUPPEN ENTHALTENDEN LIGANDEN 1. MITT. 55-0019
- KOMPLEXE MIT NITRILGRUPPEN ENTHALTENDEN LIGANDEN 2. MITT. 55-0026
- KOMPLEXE MIT S=O-HALT. LIGANDEN 4. U. 5. MITT. 57-0004
- HALBEMPIR. ENERGIENIVEAU-DIAGRAMM V. OKTAEDR. NICKEL(II)-KOMPLEXEN 61-0001
- ANORGAN. KOMPLEXE MIT ESSIGSAEURE ALS LIGAND 61-0060

GROFF T. M., MASSENSPEKTROMETRIE V. LIPIDEN, ISOMERE NONIN-, NONEN- U. DIDEUTERONONENSAEUREMETHYLESTER 64-0142

GROGAN C. H., HYDRIERTE DIBENZ(E.G)ISOINDOLINDERIV. 57-0502
- IMIDOTHIAZOLE 57-0544
GROGAN M. J., INFRAROTSPEKTREN U. NORMALKOORDINATENANALYSE V. METALL-OLEFIN-KOMPLEXEN 2. MITT. 59-0007
GROHE K., CYANVINYLIER. MIT TRICHLORACRYLNITRIL 53-0225
- SYNTH. V. ALPHA-PYRIDONDERIV. AUS TRICHLORACRYLNITRIL U. BETA-KETOCARBONSAEUREESTERN 53-0425
- SYNTH. V. PYRIDONEN-(2.6) AUS TRICHLORACRYLNITRIL U. ALKYLMALONESTERN 60-0598
GROHMAN K., ASYMM. RK. 12. MITT. 53-0202
GROLIER J., KALORIMETR. BEST. D. UEBERSCHUSS-ENTHALPIEN V. GEMISCHEN AUS AETHYLACETAT U. ROPYLALKOHOL BEI 25 GRAD C 55-0135
- ANALYT. DARST. D. MOLAREN UEBERSCHUSS-ENTHALPIEN IN ABHAENGIGK. V. D. MOLENBRUECHEN FUER GEMISCHE V. AETHYLACETAT MIT METHANOL, AETHANOL U. N-PROPANOL 56-0179
GROMB S., KONFORMATIONSANALYSE D. CIS-2.6-DICHLOR- U. D. CIS-2.6-DIBROM-CYCLOHEXANONS 57-0156
GRONOWITZ S., OPT. AKT. BITHIENYLE 8. MITT. 53-0340
- OPT. AKT. BITHIENYLE 9. MITT. 53-0341
- D. RK. V. 4-(2'-FURYL)-PYRIMIDIN MIT SALPETERSAEURE IN ACETANHYDRID-ESSIGSAEURE 56-0580
- HETEROAROMAT. BORVERB. 2. MITT. 56-0607
- MASSENSPEKTREN HALOGENIERTER THIOPHENE 58-0127
- OPT. AKT. BITHIENYLE 10. MITT. 58-0279
- THIOPHEN-ANALOGE D. FLUORENS 1. MITT. 58-0575
- NITRIER. V. 2- U. 3-PHENYL-THIOPHEN 58-0577
- PROTONENMAGNET. RESONANZ V. THIOPHENEN 12. MITT. 61-0006
- SUBSTITUT.-RK. AN 2- U. 3-PYRIMIDYL-(4)-THIOPHEN 62-0645
GROOM T., KONFORM.-UNTERS. 10. MITT. 63-0190
GROS C., BESTANDTEILE V. MYCOBAKTERIEN 109. MITT. 60-0703
GROS G., ERYTHRO- U. THREO-2-PHENYL-3-CYCLOHEXYL-BUTANDIOL-(2.3) 56-0398
GROS R., OX. V. 3-METHOXY-17BETA-HYDROXY-DELTA(2.5(10))-OESTRADIEN NACH OPPENAUER 60-0767
GROSBORNE P., KINET. UNTERS. D. OX. V. POLYAETHERN IN FL. PHASE 63-0251
GROSEVA V. S., SELEKTIVE SUBSTITUT. D. HYDROXYLGRUPPEN IN MYO-INOSIT-O-DICYCLOHEXYLIDEN-DIACETALEN 63-0748
GROSS B., SOLVATISIERTE ALLYLMAGNESIUMVERB. 1. MITT. 56-0007
- SOLVATISIERTE ALLYLMAGNESIUMVERB. 2. MITT. 56-0056
- BEMERK. UEBER D. BLDG. V. SOLVATISIERTEN ORGANOMETALLVERB. 59-0033
- UNTERS. D. WECHSELWRKG. ZWISCHEN LEWIS-SAEUREN U. CARBONYLVERB. MITTELS INFRAROTABSORPT.-SPEKTROSKOPIE 63-0128
- LUFTOX. V. SOLVATISIERTEN ALPHA,BETA-UNGESAETT. ORGANOMETALLVERB. 63-0372
GROSS H., ALPHA-HALOGENAETHER 31. MITT. 53-0203
- DIMERISIER. EINES ALPHA-HALOGENAMINS UNTER ALPHA-ELIMINIER. 53-0596
- ALPHA-HALOGENAETHER 32. MITT. 55-0251
- ALPHA-HALOGENAETHER 33. MITT. 55-0282
- ALPHA-AMINOSAEUREN U. DERIV. 2. MITT. 59-0324
- AMINOSAEUREN U. PEPTIDE 79. MITT. 61-0558
- ALPHA-HALOGENAETHER 35. MITT. 61-0569
- ALPHA-HALOGENAETHER 37. MITT. 63-0627
- RK. V. ALKYLALUMINIUM-VERB. MIT ALPHA-CHLOR-AETHERN U. ALPHA-CHLOR-AMINEN 63-0669
GROSS J., REVERSIBLE REDOXSYST. V. WEITZ-TYP. POLAROGRAPH. UNTERS. 62-0186
GROSS L., VERB. MIT MITTELGROSSEN RINGEN 4. MITT. 63-0395
GROSS P., KONSTIT. U. PHYSIKALISCHE EIG. 12. MITT. 60-0348
GROSS P. M., ELEKTR. LEITFAEHIGK. EINIGER ACRIDIZINIUM-VERB. 63-0233
GROSSE D. J., LSGM.-EINFL. AUF D. C=O- U. S=O-VALENZSCHWING. IN CYCLOPROPANON U. AETHYLENEPISULFOXID 59-0105
GROSTIC M. F., LEICHTE SYNTH. EINES AMINALS V. BICYCLO(3.1.0)HEXANON-(6) U. V. ENDO-6-PIPERIDINO-BICYCLO(3.1.0)HEXAN 53-0435
- MASSENSPEKTROSKOP. BEZIEH. BEI STEROIDEN 1. MITT. 63-0153
GROSZKOWSKI S., ZYTOSTAT. BIS-HALOGENACYL-DERIV. V. PIPERAZIN U. 2-METHYL-PIPERAZIN 63-0873
GROTEWOLD J., PHOTOLYSE D. BIACETYLS IN GGW. V. TRIAETHYLBORAN 60-0309
GROTH P., KRIST.-STRUKTUR V. CYCLOHEXAN-1.4-DIOXIM 61-0158
- KRISTALLSTRUKTUR D. TRANS-FORM D. 4-AMINOMETHYL-CYCLOHEXANCARBONSAEURE 61-0159
GROTH W., NEUE SYNTH. V. 6-PHENYL-2.3.5.6-TETRAHYDRO-IMIDAZO(2.1-B)THIAZOL 62-0573
GROUT R. J., CYCL. AMIDINE 21. MITT. 57-0614
GROVE J. F., VERRUCARINE U. RORIDINE 15. MITT. 53-0195
- D. BESTANDTEILE V. GLUTINOSIN 60-0816
GROVES J. T., OXYDATIVE CYCLISIER. V. FARNESYLACETAT UEBER EIN FREIES RADIKAL 60-0747
GRUBB P. W., 7.7-DICARBOMETHOXY-CYCLOHEPTATRIEN 62-0477
GRUBBS R. H., THERM. UMLAGER. IN D. TETRA-ARYLCYCLOPROPEN-REIHE 54-0174
GRUBER L., PROTONIERTE CYCLOPROPAN-ZWISCHENPROD. BEI D. RK. V. CYCLOPROPAN MIT TRITIIERTER SCHWEFELSAEURE ODER MIT TRITIIERTEM LUCAS-REAGENZ 62-0329
- PROTONIERTE CYCLOPROPANE 2. MITT. 64-0276
GRUBER R., EINFACHE SYNTH. V. N-SUBSTUTUIERTEN 2.4-DIARYL-PYRROLEN 58-0579
- GEGENSATZ PHOTOCHEM. PYROLYT. MODELLE ZUR MASSENSPEKTROSKOP. FRAGMENTIER., DESALKYLIER. V. N-ALKYL-2.4-DIPHENYL-PYRROLEN 63-0342
GRUENANGER P., INDENOISOXAZOL-DERIV. 53-0382
- 2-ISOXAZOLINDERIV. 1. MITT. 60-0536
GRUENDEMANN E., STRUKTUR EINES NEUEN ALKALOIDS AUS VINCA MINOR 60-0714
GRUENER H., DITERT. CARBINOLE D. DEWAR-BENZOLS U. PRISMANS 56-0436
GRUENERT C., DARST. V. ALKYLFLUORIDEN AUS ALKOHOLEN U. WASSERFREIEM FL. FLUORWASSERSTOFF 59-0285
GRUETZMACHER H., PHOSPHINIDENE 4. MITT. 61-0679
GRUETZMACHER H. F., ELEKTRONENSTOSS-INDUZIERTE BLDG. V. BENZTHIAZOLIUM-IONEN AUS THIOFORMANILIDEN DURCH INTRAMOL. SUBSTITUT. 63-0162
GRUMELLI E., HYPOTENSIVE QUATERNAERE AMMONIUMSALZE MIT EINEM GUAJACOL- ODER THYMOLREST 63-0905
GRUM-GRZIMAJLO M. A., KOMPLEXE LIPIDE 32. MITT. 64-0407
GRUNDMANN C., NITRILOXIDE 10. MITT. 58-0324
- NITRILOXIDE 12. MITT. 59-0578
- NITRILOXIDE 11. MITT. 62-0583
GRUNDNES J., LSGM.-EINFL. AUF STARKE LAD.-UEBERTRAG.-KOMPLEXE 1. MITT. 62-0169
GRUNDON M. F., RK. V. ARYLALDEHYDAZINEN MIT STARKEN BASEN U. D. RK.-MECHANISMUS D. 1.2.4-TRIAZOLE 56-0522
- D. ROLLE D. ASYMM. EPOXYDAT. BEI D. BIOSYNTH. V. SAUERSTOFFHALT. ISOPRENOIDEN 56-0646
- CHINOLIN-ALKALOIDE 9. MITT. 56-0655
GRUNER H., SYNTH. AROMAT. SCHWEFELHALT. ARSONSAEUREN 2. MITT. 63-0457
GRUNWALD E., PROTONENAUSTAUSCH ZWISCHEN D. AMMONIUMION, TRIMETHYLAMMONIUMION U. W. GESCHW. D. DEHYDRATATIONSSCHRITTES, D. D. BIMOLEKULAREN PROTONENUEBERTRAG. VORANGEHT 57-0188
- HOEHERER ALS TERMOL. PROTONENUEBERGANG IN WAESSRIGEN LSG. V. IMIDAZOL 58-0185
- SUBSTITUENTENEINFL. AUF D. GESCHW. D. SAEUREKATALYSIERTEN PROTONENAUSTAUSCHES V. PHENOL IN METHANOL 60-0206
GRUNWELL J. R., PHOTOCHEMIE V. CYCL. MERCAPTOLEN 64-0725
GRUPE R., HYDRAZINVERB. ALS HETEROBESTANDTEILE IN PEPTIDEN 10. MITT. 54-0551
GRUSZECKI W., TUMORINHIBITOREN 41. MITT. 53-0430
- TUMORINHIBITOREN 42. MITT. 60-0605
- TUMORHEMMENDE VERB. 43. MITT. 62-0606
GRYCHTOL K., ASTERANE 4. MITT. 55-0348
GRYNKIEWICZ G., ALKALOIDE D. GATTUNG LYCOPODIUM 6. MITT. 60-0710
GRYSZKIEWICZ-TROCHIMOWSKI E., FLUORMETHANPHOSPHONSAEURE U. EINIGE DERIV. 56-0328
GSTIRNER F., PRUEF. V. DREI NATUERL. MAGENSAFTRESISTENTEN U. DUENNDARMLOESL. UEBERZUEGEN 53-0611
- EINFL. V. AEROSIL U. FUELLSTOFF R 972 AUF D. FLIESSEIG. V. PUDERROHSTOFFEN 54-0592
- HALTBARKEIT V. TRIGLYCERIDEN ALS SALBENGRUNDLAGE 60-0838
GUALTIERI F., RK. V. ALPHA-HYDROXYIMINO-DERIV. V. CARBONYLVERB. MIT BASEN 1. MITT. 57-0318
- RK. D. ALPHA-HYDROXYIMINO-DERIV. V. CARBONYLVERB. MIT BASEN 2. MITT. 60-0537
- RK. D. ALPHA-HYDROXYIMINO-DERIV. V. CARBONYLVERB. MIT BASEN 3. MITT. 60-0538
GUARALDI G., MECHANISMUS V. SUBSTITUTIONSRK. AM SULFINYL-SCHWEFEL 5. MITT. 59-0222
GUARD H. E., ERNEUTE UNTERS. EINER VERMEINTL. SH2-RK. RK. V. TRICHLORMETHYLRADIKALEN MIT ORGANOQUECKSILBERVERB. EINE NEUART. RADIKAL-ELIMINIER.-RK. 63-0243
GUASTALLA J., DIE MOEGLICHK. DER ENTSTEHUNG EINER UEBERSPANNUNG AN D. PHASENGRENZE ZWISCHEN ORGAN. U. WSS. LSG. 62-0184
GUBIN S. P., DEMERCURIER. EINIGER QUECKSILBERDERIV. V. FERROCEN U. CYCLOPENTADIENYLMANGANTRICARBONYL DURCH PROTONOLYSE 58-0035
- RK. V. HG MIT PI-ALLYL-VERB. D. NI, PD U. PT 59-0094
- EINFL. D. KOORDINAT. AN EIN METALL AUF D. RK.-FAEHIGK. PI-GEBUNDENER ORGAN. LIGANDEN 1. MITT. 62-0017
GUDZ' V. N., KATALYT. ALKYLIER. V. PYRIDIN U. SEINEN HOMOLOGEN, DARST. V. 3.5-LUTIDIN U. 3-ISOPROPYL-PYRIDIN 62-0614
GUDZENKO V. I., FARBE U. STRUKTUR V. 1-AMINO-2-BENZOYL-ANTHRACHINON- U. NAPHTH(2.3-C)ACRIDANTRION-(5.8.14)-DERIV. 58-0089
GUEDEL H. U., STRUKTUR V. H3(CO(CN)6) U. AG3(CO(CN)6) 54-0017
GUEDJ R., MASSENSPEKTROMETRIE, 1. MITT. 60-0138
- MASSENSPEKTROMETRIE, 2. MITT. 60-0139
GUELDNER R. C., DESAMINIER. V. 5-AMINO-DECAHYDROISOCHINOLINEN, EINE VERBESSERTE SYNTH. FUER 4A REF H.8A CIS H-U. 4A REF H.8A TRANS H-5TRANS-HYDROXY-DECAHYDROISOCHINOLINE 64-0700
GUELLA F., KINETIK D. NUCLEOPHILEN SUBSTITUT. D. HALOGENS IN BETA-HALOGEN-VINYLKETONEN 61-0251
GUENTHARD H. H., ESR-SPEKTRUM VON DIPHENYLPIKRYLHYDRAZYL (DPPH) 60-0115
GUENTHER E., FORMYLIER. V. DIMETHYLTHIOFORMAMID NACH VILSMEIER-HAACK 59-0314
- REAKTIONSFAEHIGKEIT VON SAEUREAMID-SAEURECHLORID-

KOMPLEXEN AUF BASIS DIMETHYLFORMAMID U. PYROSULFURYLCHLORID 60-0325
GUENTHER H., VALENZTAUTOMERIE U. GEHINDERTE ROTAT. IM N-AETHOXYCARBONYL-AZEPIN-EISENTRICARBONYL 54-0004
GUENTHER W. H. H., CALCIFEROL U. VERWANDTE VERB. 8. MITT. 56-0728
GUERRA A. M., SUBSTITUT.- U. ADDIT.-RK. V. 2-PHENYL-IMIDAZO(2.1-B)BENZOTHIAZOL 54-0389
GUERRIERI F., PI-ALLYL-NICKELHALOGENIDE MIT TERTIAEREN PHOSPHINEN U. KOHLENMONOXID ALS LIGANDEN U. IHRE RK. MIT ACETYLEN U. KOHLENMONOXID 53-0040
GUERTLER O., BEZIEHUNGEN ZWISCHEN POLAROGRAPH. U. SPEKTRALEM VERH. SUBSTITUIERTER FERROCENE 57-0026
GUESTEN H., HMO-BERECHN. AN DISUBSTITUIERTEN TRANS-STILBENEN 60-0157
- QUANTENAUSBEUTEN D. PHOTOCHEM. CIS-TRANS-ISOMERISIER. MONOSUBSTITUIERTER STILBENE 62-0297
- GAMMA-STRAHLEN-INDUZIERTE ADDIT. V. CHLORIERTEN METHANEN AN CYCL. OLEFINE 63-0482
- SYNTH. U. OX. V. PHENYLSUBSTITUIERTEN RESORCINEN 64-0495
GUETTE J., NEUE BEISPIELE D. UNTERSCHIEDLICHEN MAGNET. VERH. V. ENANTIOMEREN IN CHIRALEM MEDIUM 64-0132
GUGGENBERGER L. J., OKTAHYDRIDOTRIBORATOTETRACARBONYL-METALLATE V. CHROM, MOLYBDAEN U. WOLFRAM 57-0013
GUGGISBERG A., OPT. ROTAT.-DISPERS. 51. MITT. 64-0089
GUGLIELMETTI R., SYNTH. U. PHYSIKAL.-CHEM. EIG. V. SCHIFF-BASEN D. BENZOTHIAZOL-REIHE 53-0387
- SYNTH. U. QUATERNISIER. V. BENZOTHIAZOL-BASEN HINSICHTL. D. DARST. VERSCHIEDEN SUBSTITUIERTER SPIROPYRANVERB. 54-0391
- SYNTH. EINIGER BENZOTHIAZOL-SPIROPYRANE 54-0404
- NMR-SPEKTROMETRIE IN D. REIHE D. BENZTHIAZOLE, STRUKTURUNTERS. D. BASEN, D. QUATERN. SALZE, V. BENZTHIAZOLSPIROPYRANEN SOWIE D. AROMAT. CARBONYL-DERIV. 57-0098
GUHA S., PHYSIKAL. EIG. U. CHEM. REAKTIVITAET V. ALTERNIERENDEN KW-STOFFEN U. VERWANDTEN VERB. 12. MITT. 53-0115
GUIGUES F., DELTA-KETONSAEURENITRILE 56-0306
- CYCLISIERENDE HYDRIER. V. DELTA-KETONSAEURENITRILEN U. ALKAL. SPALT. D. ENTSTEHENDEN VERB. 56-0559
GUILARD R., UNTERS. IN D. HETEROCYCL. REIHE 12. MITT. 56-0476
- UNTERS. IN D. HETEROCYCL. REIHE 13. MITT. 56-0477
- BEVORZUGTE KONFORM. D. JODFORMYLTHIOPHENE U. D. 3-JOD-2.5-DIFORMYL-THIOPHENS 63-0185
GUILLAUMONT R., CITRATKOMPLEXE V. PROTACTINIUM(V) 63-0032
GUILLEMONAT A., TRANSAMINIER. ZWISCHEN TRIS-(DIAETHYLAMINO)-PHOSPHIN U. ZWEI PRIM. AROMAT. AMINEN, ANILIN U. P-TOLUIDIN, SYNTH. CYCL. VERB. 58-0038
- PHOTOOXIMIER. V. GESAETTIGTEN KW-STOFFEN MIT NITROSYLCHLORID 60-0338
- UMLAGER. BEI RK. V. BENZYLMAGNESIUMCHLORID 60-0366
- CHEM. KONSTIT. V. KORK 5. MITT. 60-0824
- ZUS. V. HANDELS- 'DIPROPYLENGLYKOL' 62-0332
- EINW. V. CHLORWASSERSTOFF- U. BROMWASSERSTOFFSAEURE AUF ALLEN-KOHLENWASSERSTOFFE 63-0365
GUILLOT J., TRENN. D. HEPTACHLOR- U. OKTACHLORCYCLOHEXAN-ISOMEREN, STRUKTURBEST. 64-0475
GUILLOUX E., DARST. V. UNSYMM. TREHALOSEDERIV., 6-O-METHANSULFONYL-TREHALOSE, 6-O-P-TOLUOLSULFONYL-TREHALOSE U. 3.6-MONOANHYDRO-TREHALOSE 57-0643
GUINOT A., BETA-DEUTERIUM-ISOTOPENEFFEKT BEI D. SOLVOLYSE V. ALPHA-PHENYLAETHYLCHLORID, NATUR D. UEBERGANGSZUSTANDES BEI D. SOLVOLYSE 54-0154
GUISO M., IRIDOIDE 2. MITT. 55-0495
- IRIDOIDE 5. MITT. 60-0695
GULATI A. S., RK. V. TRIS-DIALKYLAMINO-PHOSPHINEN MIT AROMAT. ALDEHYDEN 1. MITT. 58-0600
GULAYA V. E., STRUKTUR V. SPIROAETHERN, ERHALTEN AUS PROD. D. HEFEGAER. V. 3-METHOXY-8.14-SECO-D-HOMO-1.3.5(10).9(11)-OESTRATETRAENDION-(14.17A) 55-0558
GULYAS E., ABSORPTION, ROTATIONSDISPERSION U. ZIRKULARDICHROISMUS V. EINIGEN HYDROXY- U. AMINOSAEUREN 58-0079
GUNNING H. E., UMLAGERUNG U. POLARE RK. V. CARBAETHOXYMETHYLEN IN PROPANOL-(2) 60-0288
GUNSHER J., STEREOCHEMIE V. BICYCLO(3.2.1)OCTAN 16. MITT. 61-0201
GUNSTONE F. D., UMLAGER. EINES UNGESAETTIGTEN EPOXYESTERS ZU EINER CYCLOPROPANVERB. 55-0311
GUPTA C. M., ARZNEIMITTEL MIT WRKG. AUF D. ZENTRALNERVENSYST., DARST. SUBSTITUIERTER CHINAZOLONE U. CHINAZOLINE U. V. CHINAZOLINO-TETRAZEPINONEN U. -TETRAZOCINONEN 60-0632
GUPTA R. N., BIOSYNTH. V. LYCOPODIN 60-0826
GUPTA S. K., BEST. D. STEREOCHEMIE U. ABSOLUTEN KONFIGURATION V. C-4 U. C-5 V. 4-AMINE-4.6-DIDESOXY-HEXOSEN 60-0169
- STRUKTURELLE BIOCHEMIE 8. MITT. 62-0738
GUPTA Y. P., SYNTH. V. STEROID-SAPOGENINEN U. -ALKALOIDEN 5. MITT. 57-0719
- SYNTH. V. STEROID-SAPOGENINEN U. -ALKALOIDEN 6. MITT. 57-0720
- SYNTH. V. STEROID-SAPOGENINEN U. -ALKALOIDEN 4. MITT. 57-0736
GUREVIC A. I., DEHYDROHALOGENIERUNG V. CHLORCYANESSIGESTER 61-0458
GUREVICH A. I., STRUKTUR V. ABIKOVIROMYCIN 61-0808
GURINA S. L., SYNTH. D. N-(4-NAPHTHYL-(2)- U. N-(4-THIENYL-(2)-METHYLAMINO-BENZOYL)-DL-GLUTAMINSAEURE 64-0595
GUR'JANOVA E. N., STEREOCHEMIE V. DIPHENSUCCINDAN-DERIV. 53-0098
- UNTERS. D. MECHANISMUS D. VERESTER. V. PHTHALSAEUREN U. D. UMESTER. V. PHTHALATEN MITTELS MARKIERTER ATOME 2. MITT. 57-0228
GURVICH I. A., NEUART. SPALT.-TYP IN D. GIBBERELLIN-REIHE 54-0564
- MASSENSPEKTROMETRIE V. GIBBERELLINEN 2. MITT. 60-0120
GUSAROV A. V., VINYLAETHER V. HALOGENALKOHOLEN 2. MITT. 53-0214
GUSEL'NIKOV L. E., THERM. ZERS. V. 1.1-DIMETHYL-1-SILACYCLOBUTAN U. EINIGE RK. EINES INSTABILEN, EINE SILICIUM-KOHLENSTOFF-DOPPELBIND. ENTHALTENDEN ZWISCHENPROD. 54-0352
- KINET. UNTERS. D. THERM. ZERS. V. 1.1-DIMETHYL-1-SILACYCLOBUTAN IN D. GASPHASE 61-0295
GUSTAV K., HALBEMPIR. LCAO-MO-BERECHN. AN D. SOLVENSFREIEN MONOALKALI-2.2'-DIPYRIDYLEN 64-0001
GUSTAVSEN A. J., HYDRIER. V. BETA-AMINO-ALPHA.BETA-UNGESAETT. ESTERN 61-0460
GUT E., VERB. D. TRIBORANAT-8-ANIONS 61-0424
GUT J., RK. V. SECHSGLIEDR. CYCL. HYDRAZIDEN MIT AROMAT. ALDEHYDEN 64-0662
GUT M., UNTERS. IN D. 3.4-DIHYDROCUMARIN-MELILOTSAEURE-REIHE 61-0602
- RK. V. JODWASSERSTOFF MIT TERT. KETOLEN 61-0781
GUTHRIE R. D., EINE EINFACHE SYNTH. V. METHYL-(4-DESOXY-ALPHA-D-XYLO-HEXOPYRANOSID-2.3.6-TRIACETAT) (''METHYL-(4-DESOXYALPHA-D-GLUCOSID-2.3.6-TRIACETAT)'') 53-0484
- 6-PHENYLAZO-DELTA(5)-CHOLESTEN-3BETA-OL, D. SOG. ''3BETA.5ALPHA-DIHYDROXY-CHOLESTAN-6-ON-PHENYLHYDRAZON'' 53-0563
- 6-PHENYLAZO-CHOLESTAN-DERIV., UMERKENN. D. STRUKTUREN V. PRODUKTEN AUS PHENYLHYDRAZIN U. OZONISIERTEN CHOLESTERIN-DERIV. 53-0564
- N-HALT. KOHLEHYDRATDERIV. 16. MITT. 55-0491
- VERDRAENG.-RK. AN FURANOIDSYST. 6. MITT. 55-0499
- DEMONSTRAT. D. GEOMETR. ISOMERIE IN ARYLAZOALKANEN 56-0695
- ARYLAZOSTEROIDE 3. MITT. 63-0832
- PROTONENRESONANZSPEKTRUM V. METHYL-4.6-O-BENZYLIDEN-3-DESOXY-3-PHENYLAZO-ALPHA-D-GLUCOSID-2-ACETAT, TEILWEISE VIRTUELLE KOPPL. IN EINEM VIERSPIN-SYST. 64-0112
GUTMANN H., GASCHROMATOGRAPH. U. MASSENSPEKTROMETR. UNTERS. V. PHYTYLUBICHINON, VITAMIN K1 U. VITAMIN K2 54-0125
GUTMANN V., DONORSTAERKEN IN 1.2-DICHLORAETHAN 4. MITT. 59-0186
- RHODANO-, AZIDO- U. CYANOKOMPLEXE V. KOBALT(II) IN EINIGEN NICHTWSS. LSGM. 60-0029
GUTOWSKI G. E., BEST. D. STEREOCHEMIE U. ABSOLUTEN KONFIGURATION V. C-4 U. C-5 V. 4-AMINE-4.6-DIDESOXY-HEXOSEN 60-0169
GUTSCHE C. D., SAEUREKATALYSIERTE CYCLISIER. V. FARNESOL U. NEROLIDOL 57-0698
GUTTENBERGER J., SIGMA- ODER PI-BIND. BIFUNKTIONELLER DONATOREN IN MONOSUBSTITUIERTEN METALLCARBONYLEN 53-0030
- BLAUSAEURE- U. ISOBLAUSAEURE-DERIV. D. METALLHEXACARBONYLE 58-0059
GUTTMANN S., ISOLIER., AMINOSAEUREZUS. U. TRYPT. ABBAU V. THYROCALCITONIN AUS SCHWEINESCHILDDRUESEN 58-0790
- SYNTH. D. THYREOCALCITONINS 64-0876
GUZMAN A., BESTANDTEILE V. CACALIA DECOMPOSITA A. GRAY. 4. MITT. 57-0492
GYERMEK L., STEROIDE 310. MITT. 57-0009
GYOERFI Z., SYNTH. V. NEUEN C-5 SUBSTITUIERTEN 2-(N-ALLYL-N-HALOACETYL)-AMINO-1.3.4-THIADIAZOLEN, VERB. MIT EVENTUELLER CYTOSTAT. WRKG. 59-0579
GYURKOVICS I., DARST. U. UNTERS. V. LEWIS-SAEURE-KOMPLEXEN 2. MITT. 60-0047

H

HAAF A., SAMANDARIN U. VERWANDTE ALKALOIDE 18. MITT. 57-0801
HAAF F., SYNTH. D. TRITHIETANYLIUM-IONS 60-0475
HAAGE K., CYCL. POLYAETHER 1. MITT. 60-0625
- RK. V. ALKYLALUMINIUM-VERB. MIT ALPHA-CHLOR-AETHERN U. ALPHA-CHLOR-AMINEN 63-0669
HAAKE M., UEBER ALPHA-HALOGENIERTE AMINE 21. MITT. 53-0462
- ALPHA-HALOGENIERTE AMINE 22. MITT. 55-0472
- CHEMIE D. SULFOXIDE U. VERWANDTER VERB. 11. MITT. 63-0420
- SULFOXIDE U. VERWANDTE VERB. 10. MITT. 64-0434
HAAKE P., MASSENSPEKTROMETR. UNTERS. EINIGER DIALKYLPHOSPHINSAEUREN U. IHRER ALKYLESTER 57-0121
- BEST. D. BASIZITAET V. SULFOXIDEN AUS D. CHEM. VERSCHIEB. IN WSS. SCHWEFELSAEURE 57-0193
- PROTONENMAGNET. RESONANZSPEKTREN V. AETHYLENPHOSPHITEN U. AETHYLENSULFIT 58-0110
- PROTONENMAGNET. RESONANZSPEKTREN V. PLATIN(II)-KOMPLEXEN 3. MITT. 62-0020

HAARSTAD V. B., HYPOHALOGENIT-INDUZIERTE OXYDATIVE DECARBOXYLIER. V. ALPHA-AMINOSAEUREN 57-0483

HAAS M., ABSPALT. D. CH3O-GRUPPE AUS TRICARBONYL-1(ODER -2)-METHOXY-CYCLOHEXADIEN-(1.3)-EISEN-KOMPLEXEN, NEUE DARST. V. TRICARBONYL-PI-CYCLOHEXADIENYLEISEN-SALZEN 63-0084

HAAS M. A., MASSENSPEKTREN V. TRICARBONYL-CYCLOHEXADIEN-(1.3)-EISEN-DERIV. 58-0012

HABAGUCHI K., STRUKTUR V. LANSSAEURE U. IHRER BEGLEITVERB., EINES UNSYMM. ONOCERADIENDIONS 63-0801

HABERCOM M. S., THERMODYNAMISCHES GLEICHGEW. V. TRIMETHYLSILYL-DERIV. D. AETHYLENDIAMINS 61-0292

HABERER D., HYDROXYLAMINOLYSE N-SUBSTITUIERTER PHTHALIMIDE, EIN VERF. ZUR DARST. V. PEPTIDEN U. N-HYDROXY-PEPTIDEN 61-0801

HABERMEHL G., SAMANDARIN U. VERWANDTE ALKALOIDE 18. MITT. 57-0801

- KRIST.-STRUKTUR D. PI-KOMPLEXES AUS PIKRINSAEURE U. 1-BROM-2-AMINO-NAPTHALIN 63-0191

HABERSBERGEROVA A., VGL. D. AUSBEUTEN AN PARAMAGNET. TEILCHEN BEI D. RADIOLYSE V. GLAS. METHANOL DURCH BETA- U. GAMMA-BESTRAHL. 63-0340

HABIB M. S., CHINOXALINDERIV. 10. MITT. 58-0591

HABICHT E. R. JUN., ALTERNATIVE SYNTH. V. 17-ACETYL-DELTA(12.14.16)-5ALPHA-AETIOJERVATRIEN-3BETA-OL 62-0730

- 8ALPHA.9BETA-OESTRONMETHYLAETHER, EIN SCHWER FASSBARES WANNEN-C-RING-ISOMERES 63-0821

HABISCH D., LUFTOX. V. AMINALEN 59-0303

HABRAKEN C. L., PYRAZOLE 4. MITT. 57-0093

HACKEL R., CHEMIE V. TROPAN-DERIV. 2. MITT. 56-0656

HACKER R., SYNTH. V. KRISTALLIN-FL. VERB. 2. MITT. 56-0576

HACKMANN J. T., AMINOSUBSTITUIERTE GLYOXIME U. FUROXANE 64-0657

HADDADIN M. J., RK. V. 1.2.3.4-TETRAHYDRO-PHENAZIN-DI-N-OXID MIT ACETANHYDRID 63-0714

HADDOCK R. E., KONFIG.-ANALYSEN D. OXINDOL-ALKALOIDE V. RHYNCHOPHYLLIN-TYP, ABS. KONFIG. V. CILIAPHYLLIN, RHYNCHOCILIN, SPECIONOXEIN, ISOSPECIONOXEIN, ROTUNDIFOLIN U. ISOROTUNDIFOLIN 57-0151

HADFIELD J. R., STUDIEN UEBER D. BIOSYNTH. V. INDOLALKALOIDEN 64-0814

HAEFELINGER G., LICHTABSORPT.-SPEKTREN D. CAESIUMSALZE V. CARBANIONEN 1. MITT. 58-0087

- LICHTABSORPT.-SPEKTREN D. CAESIUMSALZE V. CARBANIONEN 2. MITT. 58-0088

HAENNI A. L., BIOCHEMIE D. CYCLITE 10. MITT. 54-0577

HAENSEL R., ABS.-KONFIG. D. KAWA-LACTONE 60-0168

- STRUKTUR V. SILYBIN (SILYBUM-SUBSTANZ E6), D. ERSTEN FLAVONOLIGNAN 62-0594

- INHALTSSTOFFE AUS PIPER-ARTEN 17. MITT. 64-0908

HAFFER G., POLYACETYLENVERB. 138. MITT. 54-0584

HAFNER K., 5.7-DIAZA-AZULEN 54-0473

HAGA K., SYNTH. V. HETEROCYCL. VERB. 226. MITT. 64-0691

HAGA M., SYNTH. MIT PARTIELL BENZYLIERTEN ZUCKERN 12. MITT. 63-0769

HAGEMAN H. J., KONFORM. OFFENKETT. VERB. 2. MITT. 62-0143

- KONFORM. NICHTAROMAT. RINGVERB. 45. MITT. 62-0144

HAGEMEIER L. D., RK. V. AMINEN 16. MITT. 56-0463

HAGEN E. L., SCHNELLE UMLAGER. D. TERT.-AMYL-KATIONS U. RELATIVE VORZEICHEN D. KOPPL.-KONST. 62-0085

HAGEN H., ACIDOLYSE EINIGER STABILER OZONIDE 54-0200

HAGEN R., UEBER D. ''PK'' ELEKTRONISCH ANGEREGTER AZULENIUM-KATIONEN 53-0116

- ELEKTRONENSPEKTRUM EINES VINYLOGEN TROPONS 56-0104

- SPEKTROSKOP. EIG. ALKYLSUBSTITUIERTER DIAZULYLE, PHOTOCHEM. DARST. D. 3.3'- U. D. 2.2'-DIGUAJAZULYLS 58-0524

HAGEN S., OPT. AKT. BITHIENYLE 9. MITT. 53-0341

HAGEN V., SILACYCLEN 8. MITT. 60-0523

HAGENMAIER H., FESTPHASENSYNTH. V. OXYTOCIN 61-0797

HAGER R. B., CHEMIE D. PHOTODIMEREN V. MALEIN- U. FUMARSAEURE-DERIV. 6. MITT. 61-0457

HAGIHARA N., DARST. V. CHINOLIN-DERIV. AUS SCHIFFSCHER BASE U. VINYLAETHER MIT DICOBALTOCTACARBONYL ALS KATALYSATOR 54-0428

HAGISHITA S., BEST. D. ABS. KONFIG. V. EINIGEN PHENYLALLENCARBONSAEUREN 54-0112

HAGIWARA H., DARST. V. NEREISTOXIN U. VERWANDTEN VERB. 2. MITT. 61-0574

HAGLID F., TETRAHYDROPYRIDINE 59-0596

HAGOPIAN L., OXAZOLIDIN-HYDROLYSE, TEILNAHME V. LSGM. U. PUFFER BEI D. RINGOEFFN. 59-0228

HAHN R. C., ELEKTR. EFFEKTE V. CYCLOALKYLGRUPPEN 64-0245

HAHN W. E., HYDROXY-CARBONYLDERIV. U. ANALOGA V. BENZOCYCLOHEPTEN 5. MITT. 62-0095

HAIDAR N. F., 1-ARENSULFONYL-PYRROLE 60-0517

HAIDUC I., POLYHALOGEN-ORGANOMETALL- U. -ORGANOMETALLOID-VERB. 11. MITT. 56-0368

- POLYHALOGENORGANOMETALL- U. ORGANONICHTMETALLVERB. 12. MITT. 58-0092

- POLYHALOGENORGANOMETALL- U. ORGANONICHTMETALLVERB. 12. MITT. 58-0092

- POLYHALOGEN-ORGANOMETALL- U. -ORGANONICHTMETALLVERB. 20. MITT. 61-0429

- POLYHALOGEN-ORGANOMETALL- U. -ORGANONICHTMETALLVERB. 21. MITT. 63-0463

- POLYHALOGENORGANOMETALL- U. -ORGANONICHTMETALLVERB. 29. MITT. 63-0465

HAIG T. J., SYNTH. V. HETEROCYCL. VERB. 3. MITT. 57-0530

HAINAUT D., DIEDERWINKEL U. KONFORM.-ANALYSE, GEOMETR. U. ENERGET. UNTERS. D. KONFORM.-INVERS. D. CYCLOHEXANS, CYCLOHEXANONS U. CYCLOHEXENS 57-0160

HAISOVA K., ALKALOIDE D. MOHNGEWAECHSE (PAPAVERACEAE) 36. MITT. 56-0643

HAJIEV S. N., THERMOCHEM. UNTERS. V. METALLORGAN. VERB. 1. MITT. 58-0164

HAJOS A., GEMINALE AMINOCARBINOLE 2. MITT. 53-0265

HAJOS Z. G., SYNTH. U. STEREOCHEMIE V. HYDROPHENANTHRENEN 6. MITT. 59-0454

- TOTALSYNTH. V. OPT. AKT. (-)-17BETA-HYDROXY-DELTA(9(10))-DES-A-ANDROSTEN-5-ON 60-0765

HAKALA M., KRISTALLDATEN U. ANDERE EIG. V. TRIS-(N-METHYL-AETHYLENDIAMIN)-NICKEL(II)-NITRAT 62-0013

HAKALA R., KINETIK D. RK. METHYLBENZOAT NATRIUMMETHYLAT IN METHANOL 54-0156

HAKANSON C., BLDG. V. PIKRINSAEURE BEI D. OX. V. O-NITRO-TOLUOL MIT SALPETERSAEURE 56-0340

HAKEN J. K., SYNTH. V. METHACRYLSAEURE-2-AETHYL-HEXYLESTER 56-0289

HAKR E., STRUKTUR D. AROMAT. ENAMINONITRILE 56-0373

HALA J., KOMPLEXE D. URANYLS MIT PHENOL. LIGANDEN 9. MITT. 53-0013

HALASA A. F., MICHAEL-ADDIT. MIT 2.2-DIMETHYL-1.3-DINITROPROPAN 63-0359

HALDORSEN D. K., DARST. V. AMINOACRIDINEN U. TEST AUF INDUKT. V. LUNGENTUMOR-FLUORESZENZ BEI RATTEN 60-0807

HALEY R. C., FERROCEN-DERIV. 18. MITT. 53-0035

HALL D., KRIST.-STRUKTUR D. KUPFER(II)-PYRIDOXYLIDEN-(+-)-VALIN-KOMPLEXES 53-0010

- INTRAMOL. CHLOR-ZINN-KOORDINAT. IN EINEM ORGANOZINNDERIV. D. SIEBENFACH KOORDINIERTEN MOLYBDAENS 61-0017

- DARSTELLUNG UND STRUKTUR EINES GERMANIUMUEBERBRUECKTEN EISENCARBONYL-KOMPLEXES ((CH3)2GE)3FE2(CO)6 64-0071

HALL D. E., SYNTH. V. 3-(2-ACETYLAMINO-AETHYL)-6-HYDROXY-5-METHOXY-INDOL (6-HYDROXYMELATONIN) 53-0354

HALL E. S., BIOGENET. MODELL-SYNTH. V. CALYCANTHACEEN-ALKALOIDEN 54-0508

- STUDIEN UEBER D. BIOSYNTH. V. INDOLALKALOIDEN 64-0814

HALL G., 1-(INDOLYL-(3))-PROPANDION-(1.2) U. VERWANDTE VERB. 57-0515

HALL J. E., AZASTEROIDE 7. MITT. 57-0734

HALL J. K. A., BLDG. V. ARINEN BEI D. RK. V. KALIUM-TERT.-BUTOXID MIT ARYLHALOGENIDEN 54-0339

HALL L. H., ANWEND. EINER PERTURBATIONS-MO-METH. AUF DIELS-ALDER-RK. MIT UNSYMM. DIENEN U. PHILODIENEN, VORAUSBEST. D. HAUPTPROD. 60-0274

- UNTERS. D. KOORDINATION EINIGER METALL(I)-SALZE D. KOMPLEXSAEURE HYDROGENAETHYLENDIAMINTETRAACETATOAQUO-FERRAT(III) DURCH MOESSBAUER-SPEKTROSKOPIE 61-0009

- STRUKTUR U. PHOTOLYSE D. KOMPLEXSAEURE HYDROGENAETHYLENDIAMINTETRAACETATOAQUOFERRAT(III) U. IHRER METALL(I)-SALZE 61-0035

- DARST. U. UNTERS. D. KOORDINATION D. KOMPLEXSAEURE DIHYDROGENDIAETHYLENTRIAMINPENTAACETATOFERRAT(III)-DIHYDRAT U. IHRER METALL(I)-SALZE 61-0054

- ROTAT.-BARRIEREN AUS SEMIEMPIR. MOL.-ORBITALBERECHN. 62-0117

HALL T. K., PHOTOLYSE V. OZONIDEN 62-0305

HALL W. K., ISOTOPENUNTERS. SAEUREKATALYSIERTER RK. 7. MITT. 59-0251

HALLBERG A., D. RK. V. 4-(2'-FURYL)-PYRIMIDIN MIT SALPETERSAEURE IN ACETANHYDRID-ESSIGSAEURE 56-0580

HALLE J., IONISATION D. V. AROMAT. NITROAMINEN ABGELEITETEN ANION. SAEUREN IN KONZ. WSS. NAOH- U. LIOH-LOESUNGEN 64-0229

HALLER G., FERROCENDERIV. 35. MITT. 55-0001

- FERROCENDERIV. 36. MITT. 55-0002

- STEREOCHEMIE V. METALLOCENEN 12. MITT. 56-0002

- STEREOCHEMIE V. METALLOCENEN 15. MITT. 59-0003

- STEREOCHEMIE V. METALLOCENEN 19. MITT. 64-0002

HALLER R., SYNTH. U. STRUKTUR V. 1H-BENZO(D)PYRIDO(2.1-B)THIAZOL-DERIV. 58-0632

HALLEUX A., VICINALE ENDIAMINE, RK. EINIGER TERT.-BETA-DICHLOR-ALKYLAMINE MIT LITHIUM-DIALKYLAMIDEN 64-0397

HALLGREN B., METHOXY-SUBSTITUIERTE GLYCERINAETHER, ISOLIERT AUS D. LEBEROEL D. GROENLANDHAIS 54-0590

HALLPAP P., BERECHN. ZUR STABILITAET V. CARBONIUMIONEN 57-0217

HALMANN M., ALKALI-RK. V. GLUCOSE-6-PHOSPHAT 60-0690

HALMOS M., EFFEKT AXIALER BETA-SUBSTITUENTEN AUF D. QUATERNISIER. BEI EINIGEN COCAIN-DERIV. 62-0212

HALPERN B., EIN EINFACHER WEG ZU STER. REINEN DIKETOPIPERAZINEN 59-061[illegible]

- GASCHROMATOGRAPHIE V. AMINOSAEUREN ALS N-THIOCARBONYL-ESTER-DERIV. 62-085[illegible]

- COTTON-EFFEKT D. KONDENS.-VERB. V. DIMEDON MIT OPT.-AKT. AMINEN 64-008[illegible]

- COTTON-EFFEKT V. KONDENS.-VERB. AUS DIMEDON U. DIHYDRORESORCIN MIT AMINOSAEUREN U. PEPTIDEN 64-0084

HALPERN J., ELEKTRONENUEBERTRAG.-RK. V. PENTACYANOCOBALTATEN(II) MIT VERSCHIEDENEN PENTACYANOCOBALTAT(III)-KOMPLEXEN 58-0028

HALPERN L. M., ANTIDEPRESSIVA. TETRABENAZINANTAGONIST. AKTIVITAET IN EINER REIHE V. 5H-DIBENZO(A,D)CYCLOHEPTEN-5-PROPYLAMINEN 60-0439

HALSALL T. G., EIN CHEM. MODELL FUER EINE MOEGL. OXYDATIVE UMLAGER. IN D. BIOSYNTH. V. TETRANORTRITER-

PENEN, DARST. V. METHYL-3ALPHA-ACETOXY-7-OXO-DELTA(14.13)-APOTIRUCALLA-DIEN-21-OAT 56-0677
- UNERWARTETE PROD. BEI D. RK. V. ORGANOBORANEN AUS ALPHA,BETA-UNGESAETT. KETONEN MIT ESSIGSAEURE-ACETANHYDRID 59-0448
HALTON B., THERM. UMLAGER. IN D. TETRA-ARYLCYCLOPROPEN-REIHE 54-0174
HAM N. S., ((1)H)-NMR-SPEKTREN V. EINIGEN PEPTIDEN D. L-LEUCINS U. GLYCINS 60-0097
HAMACHER H., FARBRK. D. ESERINS 55-0595
HAMADA T., AMINOSAEUREN U. PEPTIDE 4. MITT. 63-0406
HAMADA Y., AMARYLLIDACEEN-ALKALOIDE, UMWANDL. V. LYCORIN IN HIPPEASTRIN 57-0671
- AMARYLLIDACEEN-ALKALOIDE, ABSOLUTE KONFIGURATION D. DIASTEREOISOMEREN METHOJODIDE D. ALKALOIDE V. LYCORIN-TYP 60-0706
HAMAGUCHI F., SYNTH. V. PYRROLIDINDERIV. MIT ANTICHOLINERG. EIG. 4. MITT. 61-0555
HAMASHIMA Y., PYRIMIDIN-DERIV. U. VERWANDTE VERB. 50. MITT. 56-0730
- PYRIMIDIN-DERIV. U. VERWANDTE VERB. 51. MITT. 56-0731
- PYRIMIDIN-DERIV. U. VERWANDTE VERB. 52. MITT. 56-0732
HAMBOECK H., SYNTH. MIT NITRILEN 18. MITT. 64-0707
HAMELIN A., ADSORPT. V. PYRIDIN AN GOLD-EINKRISTALL-ELEKTRODENFLAECHEN D. ORIENTIER. (111) U. (110) 64-0202
HAMELIN J., 1.3-DIPOLARE CYCLOADDIT. AN VERB. MIT AKTIVIERTER AETHYLENBIND. 1. MITT. 63-0478
- 1.3-DIPOLARE CYCLOADDIT. AN VERB. MIT AKTIVER AETHYLENBIND. 2. MITT. 64-0633
HAMELIN M., ROENTGENOGRAPH. UNTERS. D. STRUKTUR V. KUPFERVIOLURAT, CU(C4O4N3H2)2.4H2O 57-0020
HAMELN J., 1.3-DIPOLARE CYCLOADDITIONEN AN VERB. MIT AKTIVIERTER AETHYLENBIND. 3. MITT. 64-0634
HAMER J., KONFORM.-ISOMERISIER. BEI HEXAHYDRO-1.3 5-TRIAZINEN U. HEXAHYDROPYRIMIDINEN 57-0153
HAMER N. K., METHYL-PHOSPHORAZIDAT-ANION, EIN SELEKTIV PHOSPHORYLIERENDES AGENZ 53-0149
- BEWEIS FUER EIN PLANARES ZWISCHENPROD. BEI D. ALKAL. SOLVOLYSE V. METHYL-N-CYCLOHEXYL-AMIDOTHIOPHOSPHOR-SAEURECHLORID 62-0238
HAMID A. M., UMLAGER. BEI HETEROCYCLEN 10. MITT. 54-0392
- THERM. ZERS. V. N-ALKYL-TRIARYL-PHOSPHONIUMALKOXIDEN 57-0388
- RK. D. PHENYLSULFINS U. D. PHENYLSULFENS 63-0425
HAMILTON J. A., RK. V. HYDRIDOPENTACYANOCOBALTAT MIT ANIONEN V. ALPHA,BETA-UNGESAETT. SAEUREN 61-0056
HAMILTON L., RK. V. AZIRIDIN- U. OXIRANDERIV. MIT DIPHENYLJODONIUMJODID 62-0506
HAMILTON W. C., KRIST.- U. MOL.-STRUKTUR V. 5.5A.10.14C-TETRAHYDRO-5A-PHENYLBENZ(A)INDENO(2.1-C)FLUOREN-5.10-DION (C30H18O2) 57-0172
- KRIST.- U. MOLEKULARSTRUKTUREN V. METHOXYTETRAPHENYL-ANTIMON(V) U. DIMETHOXYTRIPHENYLANTIMON(V) 61-0165
HAMMAKER R. M., EINFL. D. WASSERSTOFFBIND. AUF D. RING-KETTEN-TAUTOMERIE V. OXAZOLIDINEN 63-0212
HAMMANN W. C., 1.3-BIS-(M-BROM-PHENYL)- U. 1.3-BIS-(P-CHLOR-PHENYL)-DISILOXAN 61-0425
HAMMER H., INHALTSSTOFFE AUS D. WURZEL V. HARPAGOPHYTUM PROCUMBENS DC. 4. MITT. 61-0717
HAMMING M. C., POLYALKYLIERTE AROMAT. KOHLENWASSERSTOFFE 2. MITT. 63-0528
HAMMOND G. S., PHOTOUMLAGER. V. 1.4-EPOXY-1.4-DIHYDRONAPHTHALIN ZU BENZ(D)OXEPIN 57-0634
- REKOMBINAT.-GESCHW. V. CYANALKYL-RADIKALEN IN LSG. 60-0234
- MECHANISMEN D. PHOTOCHEM. RK. IN LSG. 52. MITT. 61-0314
- MECHANISMEN PHOTOCHEM. RK. IN LSG. 54. MITT. 63-0334
- MECHANISMEN PHOTOCHEM. RK. IN LSG. 55. MITT. 63-0335
HAMMONS J. H., ELEKTRONENSPEKTREN D. LITHIUMSALZE V. SUBSTITUIERTEN FLUORENEN, BEWEIS FUER D. PI-INDUKTIVEN EFFEKT V. UNBEANSPRUCHTEN ELEKTRONENPAAREN 61-0002
HAMON D. P. G., ALTERNATIVE SYNTH. V. 17-ACETYL-DELTA(12.14.16)-5ALPHA-AETIOJERVATRIEN-3BETA-OL 62-0730
HAMOR T. A., STEREOCHEMIE D. ADDUKTES AUS DICHLORMETHYLEN U. 3-DESOXY-1.2-5.6-DI-O-ISOPROPYLIDEN-ALPHA-D-ERYTHRO-DELTA(3)-HEXENOFURANOSE 57-0169
- STEREOCHEMIE D. DISKRETEN ACHTERKOORDINATION 5. MITT. 63-0020
HAMPEL W., CHEMIE U. BIOCHEMIE D. PFLANZENSTOFFE 21. MITT. 61-0615
HAMPRECHT G., GAMMA-TERT.-ALKYLPEROXY-GAMMA-LACTONE U. 3-TERT.-ALKYLPEROXY-PHTHALIDE, NEUE RADIKALGENERATOREN 62-0525
HAMPSHIRE J., POTENTIELLE FOLSAEUREANTAGONISTEN 3. MITT. 63-0880
HAMPSON P., (14)N-CHEM. VERSCHIEB. IN HARNSTOFFEN 63-0141
HAMSHER J., THERM. V. ERGOSTERIN U. DEHYDROCHOLESTERIN 58-0774
HAMURO J., CHLORCARBONYLIER. V. ADAMANTAN 63-0551
HANACK, UMLAGER. V. ACETYLENDERIV. ZU KLEINEN RINGEN 53-0279
HANACK M., CYCLOPROPANVERB. 12. MITT. 62-0422
HANAKI A., POTENTIOMETR. TITRATION V. AMINOALKYLISOTHI-URONIUMSALZEN 62-0265
HANANO M., RESORPT. U. AUSSCHEIDUNG V. PHARMAKA 9. MITT. 62-0853
- RESORPT. U. AUSSCHEID. V. ARZNEIMITTELN 10. MITT. 64-0926
- RESORPT. U. AUSSCHEID. V. ARZNEIMITTELN 11. MITT. 64-0927
HANAUER R., OCTAAETHYLPORPHYRIN 63-0788
HANCOCK C. K., BEZIEH. ZWISCHEN D. ELEKTRONENSPEKTREN U. D. ACIDITAET 5-SUBSTITUIERTER 2-NITRO-ANILINE U. IHRER STRUKTUR 63-0217
HANCOCK K. G., MECHANIST. ORGAN. PHOTOCHEMIE 31. MITT. 64-0337
HANCOCK R. A., NITRIER. UEBER NITROSIER. IN KOHLENSTOFFTETRACHLORID 53-0135
- AROMAT. NITRIER. IN TETRACHLORKOHLENSTOFF, EIN NEGATIVER TEMP.-KOEFFIZIENT 60-0252
HAND J. J., RACEMATSPALT. U. RACEMISIER. V. 6-PHENYL-2.3.5.6-TETRAHYDRO-IMIDAZO(2.1-B)THIAZOL-HYDROCHLORID (TETRAMISOL) 57-0543
- NEUE SYNTH. V. 6-PHENYL-2.3.5.6-TETRAHYDRO-IMIDAZO(2.1-B)THIAZOL 62-0573
HANDA K. L., WEITERE BESTANDTEILE V. NIM-OEL, D. KONSTITUTION V. MELDENIN 57-0709
HANDA R. N., POLYNUKLEARE AROMAT. KW-STOFFE 10. MITT. 53-0304
HANDFORD B. O., AMINOSAEUREN U. PEPTIDE 16. MITT. 61-0799
HANDLOSER L., NICHTPLANARES CYCLOBUTAN, SOLVOLYSE V. CIS- U. TRANS-3-ISOPROPYL-CYCLOBUTYLBROSYLAT 63-0272
HANDS A. R., ADDIT.-RK. HETEROCYCL. VERB. 33. MITT. 58-0553
- RK. V. NATRIUMHYDRID MIT OMEGA-HYDROXYALKYL-PHOSPHONIUM-, -ARSONIUM- U. -AMMONIUM-SALZEN 63-0467
HANESSIAN S., SYNTH. V. CHLOR-DESOXYZUCKERN 56-0616
HANIC F., KRIST.-STRUKTUR V. TRICARBONYL-ANTHRACEN-CHROM 56-0036
HANIOTIS Z., ESR-SPEKTRUM VON DIPHENYLPIKRYLHYDRAZYL (DPPH) 60-0115
HANISCH G., TERMINALE CYCL. KOHLENSAEUREDIESTER V. POLYHYDROXYALKYLVERB. 54-0482
HANKOVSZKY H. O., BENZAZOLE 5. MITT. 54-0371
- BENZAZEPINE 2. MITT. 64-0767
HANKOVSZKY O. H., BENZAZOLE 4. MITT. 53-0372
HANKS D. R., HETEROCYCL. VERB. AUS HARNSTOFF-DERIV. 13. MITT. 63-0654
HANNA D. P., CHEMIE D. TERPENE 6. MITT. 59-0728
HANNA I., SYNTH. V. 2-KETOSTEROIDEN 56-0715
HANNA M. W., BIND. IN DONATOR-AKZEPTOR-KOMPLEXEN 1. MITT. 57-0140
HANNA R., AUTOX. V. CYCL. KETONEN. ERGAENZENDE BEOBACHT. 56-0258
- ELIMINIER. DURCH HEXAMETAPOL 61-0785
HANNAH E. D., AZABENZOCYCLOHEPTENONE 7. MITT. 62-0683
HANNART J., STEROID-ALKALOIDE 71. MITT. 57-0677
HANOUSEK F., SOLVOLYSE V. BENZYLIDEN-DERIV. 4. MITT. 58-0239
- CHEMIE D. BORANE 10. MITT. 59-0037
HANSCH C., VORHANDENSEIN EINER PARABOL. ABHAENGIGK. D. ARZNEIMITTELWRKG. V. LIPOPHILEN CHARAKTER BEI EINER UNTERS. V. HYPNOTIKA 57-0807
- D. LINEARE FREIE ENERGIE-BEZIEH. ZWISCHEN VERTEIL.-KOEFF. U. WASSERLOESLICHK. ORGAN. FL. 58-0165
- STRUKTUR-AKTIVITAETS-KORRELAT. FUER ANTIBAKTERIELLE MITTEL BEI GRAMPOSITIVEN U. GRAMNEGATIVEN ZELLEN 63-0886
HANSELL P. G., BESTANDTEILE V. HOCHSD. ERDOEL-DESTILLATEN 12. MITT. 57-0452
HANSEN A., RK.-WEISE D. CYCLOPROPENONSYST. 5. MITT. 54-0430
HANSEN G., OPT. AKT. BITHIENYLE 8. MITT. 53-0340
HANSEN G. R., SYNTH. V. 1.4.7.10-TETRAAZA-CYCLODODECAN 63-0743
HANSEN H., DIENOL-BENZOL-UMLAGER. V. ALLYLDIENOLEN, AROMAT. (1.2)-, (3.3)- U. (3.4)-SIGMATROP. UMLAGER. 62-0412
HANSEN J. K., INTRAMOL. WASSERSTOFFBRUECKENBIND. IM BILIRUBIN 56-0143
HANSEN K., METHYLIERTE 1.2.3-TRIAZOLE 4. MITT. 53-0390
HANSON E. M., BIS-(TRIMETHYLSILYLDICHLORMETHYL)-QUECKSILBER(II),EIN NEUES U. BRAUCHBARES REAGENZ BEI D. SYNTH. V. ORGANOSILICIUMVERB. 62-0368
HANSON J. R., VERW. V. CHROM(II)-CHLORID 2. MITT. 54-0542
- NEUE STOFFWECHSELPROD. AUS GIBBERELLA FUJIKUROI 13. MITT. 54-0567
- CHEMIE D. TETRACYCL. DITERPENOIDE 7. MITT. 60-0745
- CHEMIE D. TETRACYCL. DITERPENOIDE 8. MITT. 60-0746
HANSON M. J., RK. V. CARBONYLVERB. IN ALKAL. LSG. 1. MITT. 58-0254
HANSON R. W., SYNTH. U. EIG. V. ANGIOTENSIN-ANALOGA, DIE IN 1- ODER 4-STELL. VMODIFIZIERT SIND. 57-0753
HANSSON B., PIMARICIN 7. MITT. 53-0576
HANSSON I., MOLEKULAR- UND KRISTALLSTRUKTUR VON HYDROGEN-BIS-(THIOGLYKOLATO)-ANTIMONAT(III) 64-0015
HANSTEIN W., KOHLENSTOFF-METALL-HYPERKONJUGAT. , ALPHA-METALLALKYLGRUPPEN ALS ELEKTRONENDONATOREN 54-0005
- MECHANISMUS D. WASSERSTOFFUEBERTRAG. MIT PYRIDINNUCLEOTIDEN 29. MITT. 57-0597
HANTZ A., HETEROORGAN. VERB. 35. MITT. 64-0046
HANTZSCH D., SYNTH. V. L-FELININ 57-0336
HANUS V., MASSENSPEKTROMETR. UNTERS. D. WASSERABSPALT. AUS TERT.-BUTYL-CYCLOHEXANOLEN 57-0235
- MASSENSPEKTREN V. ISOPAVIN-ALKALOIDEN. STRUKTUR D. AMURENSINS U. AMURENSININS 58-0129

- PAPVERACEEN-ALKALOIDE 40. MITT. 61-0115
HANZLIK R. P., EINSTUFENSYNTH. V. 1.5-DIENEN DURCH REDUKTIVE KUPPL. V. ALLYLALKOHOLEN 57-0704
- ENZYMAT. CYCLISIER. V. 15-NORSQUALEN-2.3-OXID 63-0805
HAPP G. P., BOR-PHOTOCHEMIE 2. MITT. 57-0384
HARA H., EIN NEUES CYCLONONATRIENSYST. AUS N-VERATRYL-AETHANOLAMIN-N-TOSYLAT 59-0459
- OX. V. CORYPALLIN U. SEINEM METHOJODID MIT FERRICYANID 61-0724
- FERRICYANID-OXYDATION D. DL-N-METHYL-ISOSALSOLIN U. SEINEM METHOJODID 62-0721
HARAN R., DARST. U. CHARAKTERISIER. EINIGER DIBUTYLGALLIUMVERB. 58-0047
- BLDG. V. ADDIT.-VERB. AUS TRIBUTYLGALLIUM U. TRIALKYLAMINEN, MAGNETOOPT. UNTERS. 59-0050
HARARY F., CHEM. GRAPHIK 5. MITT. 60-0322
HARASZTHY-PAPP M., DARST. U. UNTERS. V. LEWIS-SAEURE-KOMPLEXEN 2. MITT. 60-0047
- KINET. UNTERS. D. DURCH ANIONENAUSTAUSCHERHARZE KATALYSIERTEN CLAISEN-SCHMIDT-KONDENS. V. AROMAT. KETONEN U. ALDEHYDEN 60-0281
HARAYAMA T., INHALTSSTOFFE V. LYCOPODIUM-ARTEN 4. MITT. 59-0690
- UNTERS. UEBER D. BESTANDTEILE EINHEIM. LYCOPODIUM-PFLANZEN 5. MITT. 59-0691
- UNTERS. UEBER D. BESTANDTEILE EINHEIM. LYCOPODIUM-PFLANZEN 6. MITT. 59-0692
- BESTANDTEILE D. EINHEIM. LICOPODIUMGATT. 8. MITT. 62-00[illegible]6
- STRUKTUR D. SERRATANIDINS 62-0720
HARBOURNE D. A., DARST. U. WAHRSCHEINL. STRUKTUR V. (CH)2ASC=CAS(CH3)2CF2CF2FE3(CO)10 63-0086
HARDEGGER E., WELKSTOFFE U. ANTIBIOTIKA 36. MITT. 53-0237
- SYNTH. D. DL-FORM EINES NATUERL. PROSTAGLANDINS, VORL. MITT. 56-0719
- WELKSTOFFE U. ANTIBIOTIKA 37. MITT. 58-0389
HARDING C. J., SECHS-ZENTREN-UEBERGANGSZUSTAENDE BEI RK., AN DENEN HALOGENVERB. BETEILIGT SIND 56-0203
HARDING K., NEUE TOTALSYNTH. V. PROSTAGLANINEN D. E(1)- U. F(1)-REIHE, EINSCHLIESSLICH D. 11-EPIPROSTAGLANDINE 63-0837
HARDY G., EINFL. V. SAEUREN AUF EINIGE SUBSTITUIERTE ACETALDEHYDDIMETHYLAMINOACETALE 62-0679
HARDY P. M., VERW. V. BETA-METHYLMERCAPTOAETHYLESTERN ALS SCHUTZ FUER CARBOXYLGRUPPEN BEI D. PEPTIDSYNTH., ERSATZ DURCH BETA-METHYLSULFONYLAETHYLESTER 62-0812
HARDY W. B., RK. V. ORGAN. AZIDEN MIT KOHLENMONOXID, NEUE SYNTH. V. ISOCYANATEN 63-0444
HARE C. R., STRUKTUR V. BIS-(TOLUOL-P-SULFINATO)-KUPFER(II)-TETRAHYDRAT 54-0013
- STRUKTUR V. CIS-DINITRATO- BIS-(DIMETHYLSULFOXID)-PALLADIUM(II) 56-0025
- NACHW. D. WECHSELWRKG. MIT D. PYRAMIDENSPITZE IN KUPFER(II)-KOMPLEXEN V. POTENTIELL DREIZAEHN. ALPHA-AMINOSAEUREN MIT HILFE D. OPT. ROTAT.-DISPERS. 58-0003
HARE L. E., SYNTH. V. FURO(2.3-C)PYRIDIN-DERIV. 58-0625
- SYNTH. V. 3-PYRIDOXY-ALKANSAEUREN U. IHREN DERIV. 63-0674
HARGET A. J., KINETISCHE UNTERS. IN D. FLUOREN-REIHE 6. MITT. 58-0221
HARGREAVES M. K., SYNTH. U. ZIRKULARDICHROISMUS V. (R)-TARTRIMID U. (S)-MALIMID 53-0049
HARHASH A. H., VERH. V. OXAZOLINONEN-(5) U. THIAZOLINONEN-(5) GEGEN N-PHENYL-HYDROXYLAMIN U. PHENYLHYDRAZIN 62-0676
- RK. MIT 2.4-DISUBSTITUIERTEN DELTA(2)-OXAZOLINONEN-(5) 64-0642
HARKNESS A. L., DIE PHOTOCHEMISCHE UMLAGERUNG VON (1.3.5-D3)BENZOL 60-0302
HARLEY-MASON J., ALKALOIDE AUS DAPHNANDRA-ARTEN 7. MITT. 53-0510
- ALKALOIDE V. DAPHNANDRA-ARTEN 8. MITT. 53-0511
- ALKALOIDE AUS DAPHNANDRA-ARTEN 9. MITT. 53-0512
- EINFACHE TOTALSYNTH. V. (+-)-ASPIDOSPERMIDIN 54-0510
- TOTALSYNTH. V. (+-)-16-HYDROXY-DIHYDROCLEAVAMINEN U. PARTIALSYNTH. V. DESMETHOXYCARBONYLDESOXYVINBLASTIN 55-0507
HARMAN M., STUDIEN ZUR SYNTH. V. PROSTAGLANDINEN 59-0765
HARMAN R. E., THYROCALCITONIN 2. MITT. 63-0838
HARMANN W., PHOTOSENSIBILISIERTE C4-CYCLOADDIT. V. VINYLENCARBONAT AN OLEFINE 63-0626
HARMATHA J., STRUKTUR V. ADENOSTYLON U. ISOADENOSTYLON, ZWEI FUROEREMOPHILANEN AUS ADENOSTYLES ALLIARIAE (GOUAN) KERN 59-0733
HARMON A. B., CARBONIUMIONENSALZE 11. MITT. 64-0479
HARMON K. M., CARBONIUMIONENSALZE 11. MITT. 64-0479
HARMON R. E., ANTIKREBS- UND ANTIMALARIA-EIG. U. DARSTELLUNG VON ARYLAZOPYRIMIDINEN 63-0874
HARNDEN M., SYNTH. U. STEREOCHEMIE V. 1.4-DIAZA-BICYCLO(4.3.0)NONANTRION-(2.5.9) 56-0593
HARNDEN M. R., RK. V. SACCHAROSE U. TETRAHYDRO-2-HYDROXYMETHYL-PYRAN MIT DICHLORSILANEN 59-0664
- STRUKTUR D. DEHYDRATISIER.-PROD. D. GLUTAMINSAEURE 63-0699
HARPER D. J., UMLAGER. V. 1.4-DISUBSTITUIERTEN 4-CHLORMETHYL-3.5-DICYAN-2.6-DIMETHYL-1.4-DIHYDRO-PYRIDINEN ZU 1.4-DISUBSTITUIERTEN 3.6-DICYAN-2.7-DIMETHYL-1H-AZEPINEN 63-0742
HARPER J. F., SYNTH. V. 3.3-DIAETHYL-PIPERIDON-(2) 55-0452
HARPER S. H., CHEMIE V. FLECHTENINHALTSSTOFFEN 3. MITT. 53-0589
HARPOLD M. A., CHEMIE ALIPHAT. DISULFIDE 13. MITT. 54-0306
- CHEMIE V. ALIPHAT. DISULFIDEN 15. MITT. 59-0766
HARRILL R. W., SPEKTROSKOPISCHE UNTERS. AN MIT ISOTOPEN ANGEREICHERTEN MOLEKUELEN, 4. MITT. 60-0036
HARRIS C. M., NEUE SYNTH. V. FURANEN 59-0522
HARRIS D. R., ALKALOIDE D. PAPAVERACEEN 8. MITT. 64-0819
HARRIS G. H., SYNTH. U. PHARMAKOLOG. BEURTEIL. EINIGER TETRAHYDROOXADIAZINONE U. EINIGER DIHYDROAMINOOXADIAZINE 60-0679
HARRIS G. S., STRUKTUR V. TRIPHENYLPHOSPHINDIHALOGENIDEN IN LSG. 56-0189
HARRIS J. H., BENZIDIN-UMLAGER. 11. MITT. 59-0246
HARRIS J. J., DEHYDROFLUORIER. V. AMIN-NICHTMETALLFLUORIDEN 2. MITT. 62-0398
HARRIS L. S., STEROIDANALOGES V. TETRAHYDROCANNABINOL 60-0764
HARRIS M., TETRANORTRITERPENOIDE 8. MITT. 58-0752
HARRIS M. M., UNBEDEUTENDE STERISCHE VERZOEGER. D. RACEMISIER. D. 8'-METHYL-1.1'-BINAPHTHYL-8-CARBONSAEURE DURCH D. CARBOXY-GRUPPE 56-0417
HARRIS M. R., SYNTH. V. NUCLEINSAEUREN AN POLYMEREN 1. MITT. 56-0638
HARRIS R. K., NMR-UNTERS. V. SECHSGLIEDRIGEN RINGEN 1. MITT. 63-0142
HARRIS R. L. N., SYNTH. V. NICKEL-1-ALKYL-TETRADEHYDRO-CORRINEN 53-0524
- OX. V. THIOHARNSTOFFEN IN GGW. V. PYRROLEN 64-0613
HARRIS T. M., NEUE SYNTH. V. FURANEN 59-0522
- SYNTH. V. NATUERL. VORKOMMENDEN 2-PYRONEN UEBER D. 3.5-DIKETOSAEUREN 64-0670
HARRISON A. C., POLYFLUORCYCLOPENTADIENE 3. MITT. 53-0322
HARRISON B. L., D. 2-THIAPENTALENYLANION 54-0364
HARRISON C. R., BIPHENYLENE 18. MITT. 58-0526
HARRISON D. M., GIBBERELLIN A(24), EIN ALDEHYD-GIBBERELLIN AUS GIBBERELLA FUJIKUROI 62-0831
HARRISON D. R., ADDIT.-RK. HETEROCYCL. VERB. 30. MITT. 58-0550
- ADDIT.-RK. HETEROCYCL. VERB. 32. MITT. 58-0552
HARRISON I. T., ESTERTERPENE AUS EINEM INSEKTENWACHS, STRUKTUR V. CEROPLASTERINSAEURE U. CEROPLASTOL I 59-0739
HARRISON R., ARYN-CHEMIE 9. MITT. 60-0499
- ARIN-CHEMIE 11. MITT. 64-0579
HARRISON S., ESTERTERPENE AUS EINEM INSEKTENWACHS, STRUKTUR V. CEROPLASTERINSAEURE U. CEROPLASTOL I 59-0739
HARSANYI K., DIPHENYLPROPYLAMINDERIV. 2. MITT. 60-0421
- DIPHENYLPROPYLAMINDERIV. 3. MITT. 60-0422
HART H., PHOTOISOMERISIER. EINES HYDROXY-DIENONS ZU EINEM PYRON 53-0185
- MECHANISMUS D. DELTA(2.4)-CYCLOHEXADIENON-PHOTOISOMERISIER. 63-0346
- UMLAGER. EINES BICYCLO(2.2.2)OCTADIENOLS ZU EINEM DIHYDROPENTALEN 63-0555
- ORGAN. IONEN IN D. GASPHASE 19. MITT. 64-0150
HART N. K., KREYSIGININ, EIN HOMO-MORPHIN-ALKALOID AUS KREYSIGIA MULTIFLORA REICHB. 62-0156
HARTENSTEIN J. H., SYNTH. V. BULLVALEN, BULLVALON U. BARBARALON SOWIE V. BARBARALON-DERIV. 54-0334
HARTKE K., CARBODIIMIDE 8. MITT. 54-0470
HARTLEY D. B., REKOMBINAT. V. FORMYLRADIKALEN UNTER CHEMOLUMINESZENZ 57-0204
HARTMAN P. H., THERM. UMLAGER. V. 3-PHENYL-CYCLOBUTEN 59-0247
HARTMANN H., AUSTAUSCHRK. EINIGER AETHINYL-, DIAETHINYL-U. BUTADIINYL-ZINN-VERB. 64-0065
- DARST. SUBSTITUIERTER AMINOVINYLVERB. DURCH UMSETZ. ENTHIOLISIERBARER THIOCARBONYLVERB. MIT AMINEN 64-0551
HARTMANN I., MECHANISMUS D. SENSIBILISIERTEN U. UNSENSIBILISIERTEN PHOTODIMERISAT. V. ACENAPHTHYLEN IN LSG. 54-0192
HARTMANN M., ELEKTRONENSPINRESONANZ-SPEKTREN EINIGER IMINOXY-RADIKALE 54-0076
HARTMANN W., MECHANISMUS D. SENSIBILISIERTEN U. UNSENSIBILISIERTEN PHOTODIMERISAT. V. ACENAPHTHYLEN IN LSG. 54-0192
HARTSHORN M., VERTEIDIG.-MECHANISMEN V. ARTHROPODEN 23. MITT. 62-0852
HARTSHORN M. P., RK. V. EPOXIDEN 16. MITT. 53-0557
- SYNTH. V. 2.10-EPOXYPINANEN 58-0744
- RK. V. EPOXIDEN 15. MITT. 59-0763
HARTTER D. R., 7.7-DICARBOMETHOXY-CYCLOHEPTATRIEN 62-0477
- MECHANISMUS D. SAEUREKATALYSIERTEN DEHYDRATISIER. V. 1.2-DIPHENYL-AETHANOL 64-0292
- SUBSTITUENTENEINFL. AUF D. GESCHW. D. SAEUREKATALYSIERTEN DEHYDRATISIER. V. 1.2-DIARYL-AETHANOLEN 64-0293
HARTUNG A., TRANSANULARE RK. IN D. DIBENZO(A.D)CYCLOHEPTENREIHE 1. MITT. 54-0427
HARVEY C., ENZYMAT. U. CHEM. SYNTH. V. 1-BETA-D-ARABINOSYL-5-FLUOR-PYRIMIDIN-5'-PHOSPHATEN VERGLEICHENDE UNTERS. 63-0883
HARVEY G. R., SYNTH. V. 1H-AZIRIDIN-2-CARBONANILIDEN 59-0499
HARVEY R. G., METALL-AMMONIAK-RED. 2. MITT. 64-0508
- METALL-AMMONIAK-RED. 3. MITT. 64-0509
HASEGAWA A., TOTALSYNTH. V. KANAMYCIN-A 57-0763

- SYNTHESE VON KASUGANOBIOSAMIN 61-0712
- CYCL. POLYOLE 11. MITT. 62-0431
HASELBACH E., ELEKTRONENSTRUKTUR U. PHYSIKAL.-CHEM. EIG. V. AZOVERB. 13. MITT. 55-0100
- ELEKTRONENSTRUKTUR U. PHYSIKAL.-CHEM. EIG. V. AZO- VERB. 14. MITT. 58-0146
HASHEM M. M., RK. V. BENZIL-MONO- U. -BIS-ARYLHYDRAZONEN 61-0591
HASHIIZUME T., SYNTH. V. NUCLEOSIDANTIBIOTIKA 2. MITT. 63-0767
HASHIMOTO H., RK. V. BENZALDEHYD MIT ZINK-POLYHALOGENME- THAN-KOMPLEXEN AUS POLYHALOGENMETHANEN U. EINEM ZN-CU- PAAR 61-0389
- NEUE KUPFER(I)-KOMPLEXE MIT P-BENZOCHINON ALS LIGAND 63-0091
HASHIMOTO I., DARST. V. 1.4-DIKETONEN DURCH RK. V. LITHIUM-AROYLTRICARBONYLNICCOLATEN MIT ACETYLENEN 63-0429
HASHIMOTO M., D. KRISTALLSTRUKTUR V. PYRROLNITRIN 57-0171
- INHALTSSTOFFE V. LYCOPODIUM-ARTEN 4. MITT. 59-0690
- UNTERS. UEBER D. BESTANDTEILE EINHEIM. LYCOPODIUM- PFLANZEN 5. MITT. 59-0691
HASHIZUME T., SYNTH. V. NUCLEOSIDANTIBIOTIKA 4. MITT. 53-0494
HASHMALL J. A., GRUNDZUSTAND KONJUGIERTER MOL. 9. MITT. 61-0132
HASKELL T. H., STRUKTUR V. ACTINOBOLIN 59-0783
HASLAM E., GALLOTANNINE 14. MITT. 53-0495
- GALLOTANNINE 15. MITT. 56-0637
- SYNTH. V. 2- U. 3-GALLOYL-DERIV. D. ARBUTINS 62-0708
HASS D., ZUR FRAGE D. 'TETRAMETHOXOARSENATE' 57-0039
- NEUE DARST.-METH. V. ORTHOARSENSAEUREESTERN 63-0054
HASSALL C. H., BIOSYNTH. V. PHENOLEN 13. MITT. 56-0657
- BIOSYNTH. V. PHENOLEN 15. MITT. 57-0790
- AMINOSAEUREN U. PEPTIDE 7. MITT. 63-0847
- UNTERS. AN TETRACYCLIN 1. MITT. 63-0854
- BIOSYNTH. V. PHENOLEN 16. MITT. 64-0907
HASSAN M., SUBSTITUENTENEFFEKTE BEI D. HALOGENIER. 3. MITT. 61-0222
HASSAN M. M. A., STRUKTUR U. SPEKTROSKOPIE, PROD. V. 3- AMINO-1.1-DIPHENYL-PROPANEN MIT BROMCYAN 54-0355
- ARYLALKYLAMINO-ANALOGA V. ACYCL. ANALGETICA 63-0517
- EINFL. D. KONFIG. BEI METHADOL- U. NORMETHADOL- ANALGETIKA 63-0902
HASSEL O., KRIST.-CHEMIE V. BIN. SYST. AUS DONATOR- U. ACCEPTORMOL. 61-0162
- BEZIEH. ZWISCHEN D. KRIST.-STRUKTUR V. TETRAJODAETHY- LEN U. SEINER 1 ZU 1-PYRAZIN-VERB. 64-0188
HASSERODT U., CHEMIE D. SCHWEFELCHLORIDE 2. MITT. 57-0272
HASSNER A., STEREOCHEMIE 29. MITT. 57-0376
- STEREOCHEMIE 30. MITT. 59-0601
- STEREOCHEMIE 32. MITT. 63-0586
- STEREOCHEMIE 33. MITT. 63-0587
- STEREOCHEMIE 31. MITT. 63-0819
- STEREOCHEMIE 37. MITT. 64-0474
- STEREOCHEMIE 34. MITT. 64-0611
HASZELDINE R. N., POLYFLUORCYCLOPENTADIENE 3. MITT. 53-0322
- SYNTH. V. FLUORIDEN D. GRUPPE VB AUS N-FLUORVERB. 53-0438
- HETEROCYCL. POLYFLUORVERB. 10. MITT. 53-0451
- HETEROCYCL. POLYFLUORVERB. 11. MITT. 54-0438
- HETEROCYCL. POLYFLUORVERB. 12. MITT. 54-0439
- CARBEN-CH-EINFUEG.-RK. 55-0224
- HETEROCYCL. POLYFLUORVERB. 13. MITT. 55-0365
- ORGANOSILICIUM-CHEMIE 3. MITT. 56-0059
- EIN NEUER HEXAMETHYLBENZOL-RHODIUMCHLORID-KOMPLEX 56-0083
- PLATINKOMPLEX MIT HEXAFLUOR-DEWAR-BENZOL 56-0089
- THERM. ISOMERISIER. V. 1.1-DICHLORCYCLOPROPANEN 56-0266
- FLUOREOLEFINE 6. MITT. 58-0372
- PERFLUORALKYL-DERIV. D. STICKSTOFFS 26. MITT. 58-0385
- HETEROCYCL. POLYFLUORVERB. 14. MITT. 59-0633
- POLYFLUORALKYLDERIV. D. STICKSTOFFS 27. MITT. 60-0355
- PERFLUORMETHYLACETYLEN 64-0359
HATA G., AETHYLEN-BIS-(DIPHENYLPHOSPHIN)-KOMPLEXE V. EISEN U. KOBALT. WASSERSTOFFUEBERTRAG. ZWISCHEN LIGAND U. EISENATOM 62-0048
HATA S., EINFL. V. ELEKTRONENDONATOREN AUF D. PHOTOZERS. V. MENADION IN WSS. LSG. 3. MITT. 59-0183
- EINFL. V. ELEKTRONENDONATOREN AUF D. PHOTOZERS. V. MENADION IN WSS. LSG., 4. MITT. 64-0099
HATA T., ROENTGENSTRUKTURBEST. D. KONFORM. V. DIBENZO(B,F)TROPON 63-0198
HATADA K., ALKYLGRUPPEN-AUSTAUSCH IN EINEM GEMISCH V. TRIAETHYLALUMINIUM U. DIAETHYLALUMINIUMCHLORID 56-0130
- NMR-SPEKTREN V. KOORDINATIONSVERB. V. ALUMINIUMTRIAL- KYLEN MIT DONATOREN 57-0099
HATCH L. F., DICHLORO-(1.4-DIOXAN-(O.O'))-ZINK(II) 64-0052
HATCH R. L., D. HERKUNFT D. METHYLCYCLOPROPANE IN D. ALKEN-METHYLENCHLORID-METHYLLITHIUM-RK. 55-0342
HATTON R., SYNTH. V. FLUORIDEN D. GRUPPE VB AUS N- FLUORVERB. 53-0438
HATTORI K., D. KRISTALLSTRUKTUR V. PYRROLNITRIN 57-0171
HATTORI Y., BESTANDTEILE V. CONVALLARIA 9. MITT. 64-0937
HATZ R., DREIKOHLENSTOFFTAUTOMERIE V. NITROOLEFINEN 57-0290
HAUG A., ALKAL. ALGINAT-ABBAU 58-0817
- ''ASTERINSAEURE'', EIN ACETYLENCAROTINOID 61-0746
HAUG P., KETOCARBONSAEUREN, ISOLIERT AUS D. EOZAEN (COLORADO GREEN RIVER SHALE) 56-0305
HAUG W., GLYKOLSPALTENDE REAGENZIEN 4. MITT. 58-0435
HAUPTMANN H., 1.2.5-TRISUBSTITUIERTE ARSOLE 62-0549
HAUPTMANN S., SYNTH. U. EIG. V. NAPHTHALIN-1.8-DIALDEHYD 56-0414
- NEUE SYNTH. SUBSTITUIERTER THIOPHENE U. PYRROLE 59-0512
- MECHANISMUS DER HYDRAZONBILDUNG AUS ALPHA-HALOGEN- KETONEN U. HYDRAZIN 61-0399
- REAKTIVITAET D. CARBONYL- U. THIOCARBONYLGRUPPE IM MONOTHIO-DIBENZOYLMETHAN 63-0515
HAUSCHILD-ROGAT P., GLYKOSIDE U. AGLYKONE 301. MITT. 56-0631
- GLYKOSIDE U. AGLYKONE 302. MITT. 56-0632
HAUSER C. R., ORTHOMETALLIER. N-SUBSTITUIERTER BENZOLSULFONAMIDE DURCH UEBERSCHUESS. N-BUTYLLITHIUM, KONDENS. MIT CARBONYLVERB., CYCLISIER. 59-0562
- SYNTH. V. 4-PHENYL-1H-2.3-BENZOXAZIN 62-0664
- KONDENS. AN D. METHYLGRUPPE V. 6-, 4- U. 3-METHYL-1H- PYRIDONEN-(2) U. D. SCHWEFELANALOGA UEBER IHRE DILITHIUMSALZE, DARGESTELLT MIT N-BUTYLLITHIUM 63-0681
- BLDG. V. 1.3-DIANIONEN AUS 2- U. 3-ACETAMIDO-PYRIDINEN MIT BUTYLLITHIUM, KONDENS. MIT CARBONYLVERB. U. NITRILEN 63-0682
- KONDENS. AN METHYLGRUPPEN V. PHENYL-O- U. P- TOLYLSULFONEN MIT ELEKTROPHILEN VERB. IN GGW. V. NATRIUMAMID. TRUCE-SMILES-UMLAGER. 64-0429
- AROYLIER. V. N.N-DIMETHYL-GLYCINONITRIL ZU ALPHA- DIMETHYLAMINO-BETA-KETO-NITRILEN, CYCLISIER. MIT ACETOPHENON ZU 3-DIMETHYLAMINO-2-PYRIDONEN 64-0701
HAUSER E., GLYKOSIDE D. BLAETTER V. ISOPLEXIS CANARIENSIS (L.) G.DON. 2. MITT. 54-0499
HAUSIGK D., POLYCYCL. KOHLENWASSERSTOFFE DURCH CYCLI- ALKYLIER. 1. MITT. 58-0518
- POLYCYCL. KW-STOFFE DURCH CYCLI-ALKYLIER. 2. MITT. 58-0519
- INTERMOL. UMLAGER. V. 1.2.3.4-TETRAHYDRO-CHINOLIN 62-0623
HAUSMAN M., SYNTH. MOEGLICHER STOFFWECHSELPROD. V. CHLORPROMAZIN 2. MITT. 63-0725
HAUSMANN W. K., PARTIALSTRUKTUR D. ANTIBIOTIKUMS LL-AC541 54-0563
HAUTHAL H. G., RK. D. METHYLSULFINYL-CARBANIONS MIT DIMETHYLFORMAMID 64-0368
HAUW C., KRISTALL- U. MOLEKULARSTRUKTUR V. 4-AMINO- NAPHTHOCHINON-(1.2)-HEMIHYDRAT 62-0161
- KRIST.- U. MOLEKULARSTRUKTUR EINES VITAMINS K3 63-0199
HAVEL J., DURCH LEWIS-SAEUREN KATALYSIERTE ZERS. V. DIAZOALKANEN 56-0242
- KOMPLEXE D. URANYLS MIT PHENOL. LIGANDEN 10. MITT. 58-0828
HAVEL M., GESCHW. V. QUATERNISIER.-RK. V. KONFORMATIONS- STABILISIERTEN 10- U. 12-GLIEDR. N-METHYLAZACYCLOALKA- NEN, REAKTIVITAET V. RINGATOMEN UNTERSCHIEDL. KONFORMATIONSTYPEN 53-0155
- STEREOCHEM. UNTERS. 51. MITT. 61-0272
HAVELKOVA L., KOMPLEXE D. BORSAEURE MIT CHROMOTROPSAEURE U. IHRE ANWEND. IN D. MASSANALYSE 55-0603
- BORSAEURE-KOMPLEXE MIT 4-NITRO-BRENZKATECHIN U. ALIZARIN S 58-0168
HAVERLAND H., UNTERS. AN GAMMA-PYRONEN 15. MITT. 54-0397
HAVIGER A., RK. V. NITROSOPHENOLEN 2. MITT. 60-0670
HAVINGA E., KONFORM. NICHTAROMAT. RING-VERB. 41. MITT. 55-0071
- PHOTORK. AROMAT. MOL. 56-0253
- KONFORM. NICHTAROMAT. RINGVERB. 38. MITT. 57-0147
- KONFORM. NICHTAROMAT. RINGVERB. 42. MITT. 61-0139
- KONFORM. V. NICHTAROMAT. RINGVERB. 43. MITT. 61-0140
- KONFORM. NICHTAROMAT. RINGVERB. 45. MITT. 62-0144
- KONFORM. NICHTAROMAT. RINGVERB. 49. MITT. 63-0187
HAWES W., RINGERWEITER. BEI D. ALKAL. HYDROLYSE V. PHOSPHETANIUMSALZEN 56-0492
HAWKS G. H., THALLIUM IN D. ORGAN. SYNTH. 1. MITT. 62-0318
HAWLEY D. M., STRUKTUR U. ABS. STEREOCHEMIE V. CARYOPHYLLEN-''JOD-NITROSIT'' , EIN STABILES NITROSO- RADIKAL 54-0114
- STRUKTUR U. SYNTH. V. PSEUDOCLOVEN A 56-0678
HAWLITZKY N., SYNTH. U. STRUKTUR V. 1H-BENZO(D)PYRIDO- (2.1-B)THIAZOL-DERIV. 58-0632
HAWTHORNE F. M., THERM. UMLAGER. V. KOBALTKOMPLEXEN MIT B7C2H9(2-)-LIGANDEN 60-0062
- ZWEIZAEHN. PI-GEBUNDENER LIGAND, ABGELEITET V. 1.2- DICARBACLOVODODEKARBORAN(12) 60-0063
HAWTHORNE J. D., UMLAGER. V. IONEN IN D. MASSENSPEKTREN V. ORGANOMETALLVERB., INTERMEDIAERE BLDG. V. PI- KOMPLEXEN 61-0011
HAWTHORNE J. O., 2.2'-DIHYDROXYDIPHENYL-SULFON U. SEINE MONOAETHER 58-0407
HAWTHORNE M. F., DARST. U. CHARAKTERISIER. D. IONEN (3)- DODEKAHYDRIDO-1.2- U. -1.7-DICARBAUNDEKABORAT(1-) 59-0039
- POLYEDRISCHE CARBORANE B9C2H11, B8C2H10, B7C2H9 U. B6C2H8 SOWIE D. SYST. B7C2H13 59-0040
- PI-DICARBOLLYLDERIV. V. UEBERGANGSMETALLEN, METALLOCEN-ANALOGE 59-0041
- RUECKGEWINN. D. 1.2-DICARBACLOVODODEKABORAN(12)- STRUKTUR DURCH BOR-ATOM-EINFUEHR. MITTELS (3)-1.2-

DICARBOLLIDIONEN 59-0042
HAWTRY A. O., VERW. V. AMINOSAEURE-2.4.6-TRIBROM-PHENYLESTERN IN D. PEPTIDSYNTH. 55-0565
HAY J. V., STEREOCHEMIE D. DEHALOGENIER. IN D. DAMPFPHASE V. MESO- U. DL-2.3-DIBROMBUTAN MIT ZINK 58-0343
HAY R. W., EINFL. V. PI-GEBUNDENEN LIGANDEN AUF D. DURCH METALLIONEN KATALYSIERTE DECARBOXYLIER. V. ACETONDI-CARBONSAEURE 53-0171
- KUPFER(II)-KATALYSIERTE HYDROLYSE V. 8-HYDROXY-CHINOLIN-SULFAT 55-0173
HAYAMI J., QUARTAERES AMMONIUMFLUORID, EIN PROTONENENT-ZIEHENDES REAGENZ 59-0480
HAYASAKA T., PHENOL. CYCLISIER. 1. MITT. 57-0679
HAYASHI G., 4-OXO-1.2.3.4-TETRAHYDROCHINAZOLINE 1. MITT. 60-0629
HAYASHI N., STRUKTUR V. ISOSERICENIN, D. METHYLESTER EINER NEUEN SESQUITERPENSAEURE V. ELEMAN-TYP, ISOLIERT AUS NEOLITSEA SERICEA KOIDZ 60-0753
- SERICEALACTON U. DESOXYSERICEALACTON, METHYLESTER V. SESQUITERPENSAEUREN AUS NEOLITSEA SEVICEA KOIDZ. 62-0768
HAYASHI S., PHTHALSAEUREESTER AUS CRYPTOTAENIA CANADENSIS DC. VAR. JAPONICA MAKINO (UMBELLIFERAE) 56-0356
- STRUKTUR V. ISOSERICENIN, D. METHYLESTER EINER NEUEN SESQUITERPENSAEURE V. ELEMAN-TYP, ISOLIERT AUS NEOLITSEA SERICEA KOIDZ 60-0753
- SYNTH. NEUER PYRAZOLIN-DERIV. 62-0557
- MECHANISMUS D. RK. V. BIGUANIDEN MIT DIAETHYLOXALAT 62-0559
- ANTITUMOR-SUBSTANZEN 7. MITT. 62-0671
- SERICEALACTON U. DESOXYSERICEALACTON, METHYLESTER V. SESQUITERPENSAEUREN AUS NEOLITSEA SEVICEA KOIDZ. 62-0768
HAYASHI T., GASTROINTESTINALE RESORPT. V. NALIDIXINSAEURE 59-0814
- ISOLIER. U. STRUKTUR V. NEUEN TANSHINONEN 62-0745
HAYASHI Y., STRUKTUR U. STEREOCHEMIE V. BOSCHNIAKIN, BOSCHNIALACTON U. BOSCHNIALISAEURE, DEM OX.-PROD. V. BOSCHNIALACTON 55-0574
- SYNTH. V. LEONURIN 57-0683
- STRUKTUREN V. NAGILACTON A, B, C U. D, NEUE NOR- U. BISNORDITERPENOIDE 61-0765
- RK. V. DICHLORMALEIMIDEN MIT AMINEN 62-0539
HAYASHIDA T., ANTI-PLASMIN-AGENTIEN 61-0841
HAYAZAKI T., SYNTH. MOEGLICHER STOFFWECHSELPORD. V. CHLORPROMAZIN 2. MITT. 63-0725
HAYNES L. J., ALKALOIDE AUS CROTON-ARTEN 8. MITT. 61-0743
HAYTER R. G., NEUE DARST.-WEISE FUER MOLYBDAEN- U. WOLFRAM-PI-ALLYLKOMPLEXE 63-0077
HAYTOR R., ELEKTROCHEMIE V. ORGANOMETALLVERB. 12. MITT. 61-0022
HAYWARD E. C., SYNTH. V. CIS- U. TRANS-2-ISOAMYL-3.4-DIMETHYL-2.3-DIHYDRO-BENZOFURAN 58-0564
HAYWOOD-FARMER J., SPEKTRALE EIG. V. EXO- U. ENDO-TRICYCLO(3.2.1.0(2,4))OCTANON-(8) 55-0054
HAZEBROUCQ G., EIG. V. 2-AMINO-4-BROM-1H-3-BENZAZEPIN U. SEINEN DERIV. 59-0650
HAZELL R. G., NEUUNTERS. D. STRUKTUR V. 2.2'.2''-TRIAMINO-TRIAETHYLAMIN-TRIHYDROCHLORID 61-0161
HAZENBERG M. E., SYNTH. IN D. LYCOPODIUM-ALKALOID-REIHE 7. MITT. 55-0509
HAZY A. C., RK. V. CHLORAL MIT HYDRAZIN 63-0385
- SAEUREKATALYSIERTE RINGOEFFN. V. 6.8-DINITRO-1.3-BENZDIOXAN 64-0723
HEAD R. J., PYRROL-UNTERS. 13. MITT. 60-0512
HEADEN N., 3-PHENYLRHODANINE ALS ANTIMALARIA-WIRKSTOFFE 60-0541
HEANEY H., STEROIDE U. ARYNE 1. MITT. 53-0562
- ARINCHEMIE 5. MITT. 59-0486
- ARYN-CHEMIE 9. MITT. 60-0499
- ARIN-CHEMIE 10. MITT. 62-0466
- ARIN-CHEMIE 11. MITT. 64-0579
HEARD D. D., ROLLE D. DIMETHYLACETALE BEI D. BLDG. V. METHYLGLYKOSIDEN 59-0259
HEARST P. J., 'GREENHEART'-ALKALOIDE 3. MITT. 61-0730
HEASLEY V. L., BROMIER. V. ISOPREN 64-0355
- RK. D. CIS-U. TRANS-1.4-DICHLORBUTENS-(2) MIT NATRIUMAMID 64-0356
HEATH-BROWN B., UNTERS. IN D. INDOL-REIHE 4. MITT. 62-0634
HEATHCOCK C. H., SESQUITERPENOIDE 3. MITT. 60-0738
- SESQUITERPENOIDE 4. MITT. 62-0452
- EINFL. D. CYCLOPROPYLSUBSTITUT. AUF D. PI-PI( )-UEBERGANG V. EINFACHEN OLEFINEN 64-0101
HEBBORN P., ANTITUMOR- U. ANTIMIKROBIELLER TEST V. CROSEMPERIN, D. OTONECINESTER AUS CROTALARIA SEMPERFLORENS VENT 2. MITT. 63-0872
- POTENTIELLE FOLSAEUREANTAGONISTEN 3. MITT. 63-0880
HECHT H. G., NMR-UNTERSUCHUNG STERISCHER EFFEKTE IN 2-BUTENEN 64-0118
HECHT J. K., UMLAGER. V. 1.2.3.3-TETRACHLOR-CYCLOPROPAN-CIS-1.2-DIACETALDEHYD IN 2.3.4-TRICHLOR-BENZALDEHYD 63-0426
HECHT S. M., 6-(3-METHYL-BUTEN-(3)-YLAMINO)-PURIN, EIN HOCHAKTIVES CYTOKININ 55-0461
HECK R. F., 2-(PHENYLAZO)-PHENYL-KOMPLEXE D. UEBERGANGSMETALLE 57-0064
- PI-ALLYL-LIGANDENUEBERTRAG.-RK. ZWISCHEN KOBALT- U. PALLADIUMKOMPLEXEN 58-0073
HECKEMANN H., DUENNSCHICHTCHROMATOGRAPHIE PRIM. AROMAT. AMINE 1. MITT. 55-0601
- CHROMATOGRAPHISCHE UNTERS. AN CHLORSUBSTITUIERTEN AROMAT. AMINEN, 2. MITT. 55-0602
HECKENDORN R., SYNTH. V. 5-METHYL-3-OXA-A-NOR-5BETA-CHOLESTAN U. 3-OXA-DELTA(4)-CHOLESTEN-2-ON 53-0554
- SYNTH. D. 2.5-DIOLE D. A-NOR-5ALPHA- U. A-NOR-5BETA-CHOLESTANS 54-0545
- OXETANE V. A-NOR-STEROIDEN, 2A.5-OXIDO-A-NOR-5ALPHA-CHOLESTAN, 2BETA.5-OXIDO-A-NOR-5BETA-CHOLESTAN U. 2ALPHA-AETHYL-2BETA.2'-OXIDO-A-NOR-5ALPHA-CHOLESTAN 64-0861
HECKERT D. C., STEREOCHEMIE D. ELEKTROPHILEN SUBSTITUTION V. (+)-3-CAREN. PRINS- U. FRIEDEL-CRAFTS-ACETYLIER-RK. 58-0223
HEDAYA E., DARST. U. RK. STABILER PHOSPHORYLIDE, D. V. MALEINSAEUREANHYDRID-, MALEINSAEUREIMID- SOWIE ISOMALEINSAEUREIMID-DERIV. ABGELEITET SIND 60-0390
- THERM. UMLAGER. V. PHENYLNITREN ZU CYANCYCLOPENTADIEN 63-0305
HEDAYATULLAH M., CYANESTER V. AZOPHENOLEN 56-0530
- CHEMIE D. CYANSAEUREESTER 62-0355
HEDBERG K., MOLEKULARSTRUKTUR V. GASFOERM. 2.3-DIMETHYL-BUTADIEN 63-0166
HEDBERG L., MOLEKULARSTRUKTUR V. GASFOERM. 2.3-DIMETHYL-BUTADIEN 63-0166
HEDBLOM M., DARST. V. CIS- U. TRANS-P-DITHIAN-2.3-DICARBONSAEURE U. OPT. AUFSPALT. D. LETZTEREN 61-0651
HEDIN P. A., BESTANDTEILE D. BLUETENKNOSPEN D. BAUMWOLLE 8. MITT. 59-0719
HEDLUND K., SAEUREABBAU V. LIGNIN 1. MITT. 56-0350
HEDLUND-STOLTZ I., OPT. AKTIVE, CARBONYLKONJUGIERTE, EINFACH UNGESAETT., LANGKETT. VERB. 56-0290
HEDMAN J., MOLEKULARSPEKTROSKOPIE MITTELS ESCA (ELEKTRONENSPEKTROSKOPIE FUER CHEM. ANALYSE), LAD.-VERTEIL. IN STICKSTOFFVERB. 59-0102
HEEP U., VALENZTAUTOMERIE BEI HETEROCYCLEN 10. MITT. 61-0654
HEESING A., ISOMERIE U. TAUTOMERIE BEI N-HALOGEN-GUANIDINEN U. -AMIDINEN 53-0093
- FEARON-FARBSTOFFE U. IHRE RK. 55-0278
- SAKAGUCHI- U. FEARON-RK., STRUKTUR D. FARBSTOFFE, BILDUNGSMECHANISMUS U. SPEZIFITAET D. RK. 55-0279
HEFFRON P. J., OPT. AKTIVITAET AROMAT. CHROMOPHORE 5. MITT. 54-0049
- OPT. AKTIVE AROMAT. CHROMOPHORE. 4. MITT. 58-0076
HEGARTY A. F., SYNTH. U. UMLAGER. V. SAEUREAZIDHYDRAZONEN 56-0359
- FORMAZAN-SYNTH. AUS O-SUBSTITUIERTEN ARYLIDEN-ARYLHYDRAZINEN 56-0363
- KINETIK D. SYN-ANTI-UMWANDL. V. 2.4-DINITRO-PHENYLHYDRAZONEN 59-0241
- KINETIK D. GEOMETR. ISOMERISIER. N.N-DISUBSTITUIERTER HYDRAZONE 61-0224
HEGARTY B. F., ELEKTRON. EFFEKTE V. QUECKSILBERSUBSTITU-ENTEN 61-0007
HEGEDIC D., RED. EINIGER SULFONIUMSALZE MIT LITHIUMALUMINIUMHYDRID 64-0369
HEGEDUS L. S., GEGENSEIT. UMWANDL. NIEDR. VALENZZUSTAENDE V. PI-ALLYLNICKEL-KOMPLEXEN, NEUE SYNTH. V. PI-ALLYLNICKEL-DERIV. 62-0051
- VERLAUF V. ALLYL-KUPPL.-RK. UEBER ALLYLNICKEL-KOMPLEXE 62-0326
HEGYI J. R., N1-PYRROMYCINON, EIN NEUES TETRACENCHINON (ANTHRACYCLINON) AUS STREPTOMYCES SP. I-8 59-0781
HEHRE W. J., DEHYDROBENZOLE U. DEHYDROKONJUGIERTE MOL., WECHSELWRKG. V. ORBITALEN, D. DURCH SIGMA-BIND. GETRENNT SIND 60-0154
HEIBA E. I., OX. DURCH METALLSALZE 1. MITT. 59-0210
- OX. DURCH METALLSALZE 2. MITT. 63-0245
HEIDEMA J. H., RK. V. SULTONEN MIT CHYMOTRYPSIN, PH-ABHAENGIGK. D. SULFONYLIER. U. DESULFONYLIER. 61-0823
HEIDEPRIEM H., TOTALSYNTH. OPT. AKT. STEROIDE 5. MITT. 61-0794
HEIDER L., AMINOBENZOLE 3. MITT. 58-0397
HEIDHUES R., STRUKTUR D. PYRROLIZINS 59-0143
HEIDKER J. C., COENZYM Q 103. MITT. 64-0900
HEIDRICH D., MO-BERECHN. AN HETEROCYCLEN, 3. MITT. 60-0156
HEIL B., HOMOGENKATALYT. HYDRIER. V. ALDEHYDEN MIT RHODIUMCARBONYL-KATALYSATOREN 2. MITT. 58-0210
HEILBRONNER E., UEBER D. ''PK'' ELEKTRONISCH ANGEREGTER AZULENIUM-KATIONEN 53-0116
- ELEKTRONENSTRUKTUR U. PHYSIKAL.-CHEM. EIG. V. AZOVERB. 13. MITT. 55-0100
- ELEKTRONENSPEKTRUM EINES VINYLOGEN TROPONS 56-0104
- ELEKTRONENZUSTAENDE V. PERIMETER-PI-SYST. 3. MITT. 58-0091
- DOPPELBIND.-FIXIER. IN KONJUGIERTEN KW-STOFFEN 3. MITT. 58-0136
- ELEKTRONENSTRUKTUR U. PHYSIKAL.-CHEM. EIG. V. AZO-VERB. 14. MITT. 58-0146
- SPEKTROSKOP. EIG. ALKYLSUBSTITUIERTER DIAZULYLE, PHOTOCHEM. DARST. D. 3.3'- U. D. 2.2'-DIGUAJAZULYLS 58-0524
- PHOTOHYDROLYSE V. MONOSUBSTITUIERTEN BENZOTRIFLUORIDEN 64-0333
HEILMANN R., EPOX. V. ALPHA,BETA-AETHYLENKETONEN DURCH N-BROMSUCCINIMID, STEREOCHEMIE, SPEKTROSKOP. UNTERS. V. ALPHA-EPOXYKETONEN 57-0486

HEIMLICH B. N., ZERS. V. DIBENZO-THIOPHEN-DIOXID U. VERWANDTEN VERB. IN GGW. V. GESCHMOLZENEM ALKALI 59-0574
HEINDEL N. D., BAKTERIZIDE U. FUNGIZIDE AKTIVITAET V. ANTHRANILSAEUREESTERN 60-0387
- DIMERISIERENDE PHOTORED. V. 2-METHYL-BENZOPHENONEN 63-0339
HEINDL L., UMWANDL. V. ALPHA,BETA-UNGESAETT. ALDEHYDEN IN GESAETT. IMINO-ESTER UEBER D. ALPHA-CYAN-AMINE 57-0307
HEINE H. W., AZIRIDINE 17. MITT. 55-0468
- AZIRIDINE 18. MITT. 61-0577
HEINISCH L., O.N-HALBACETALE V. MESOXALDIAMIDEN U. DEREN UMSETZ. ZU ASYMM.-TRIAZINEN 56-0603
HEINOLA M., RK. V. SULFENYLCHLORIDEN U. IHREN DERIV. 2. MITT. 64-0290
HEINRICH B., THERM. INSTABILE ALLENE 4. MITT. 55-0227
HEINRICH G., BLITZPHOTOLYSE V. STILBENEN BEI 77 GRAD K IN FESTEM EPA 55-0062
HEINSOHN G. E., ADDITION V. NITROSYLCHLORID AN 3-METHYL-BUTADIEN-(1.2) 63-0362
HEINTZ D. N., AZA-DISPIRO(5.1.5.2)PENTADECENE 3. MITT. 58-0535
HEINZE G., SYNTH. U. EIG. LANGKETT. 9.10-DIALKYLPHENANTHRENE 55-0335
HEINZER J., ESR-SPEKTREN D. RADIKAL-IONEN ALKYLSUBSTITUIERTER NICHT-ALTERNIERENDER KW-STOFFE 54-0074
- ESR-SPEKTRUM D. RADIKAL-ANIONS D. (18)ANNULEN-1.4,7.10,13.16-TRISULFIDS 59-0130
- D-ORBITALEFFEKTE IN SILICIUM-SUBSTITUIERTEN PI-ELEKTRONENSYST. 9. MITT. 62-0092
HEISS J., NITROSOVERB. 18. MITT. 59-0265
- BIS-ACETYLENVERB., REAKTIVES VERH. IN ABHAENGIGK. V. D. GEGENSEITIGEN LAGE D. DREIFACHBIND. 59-0463
- ENERGET. UNTERS. ZUM MILLS-NIXON-EFFEKT, IONISIER.-ENERGIEN V. BENZOLMOL. MIT ANKONDENSIERTEN GESAETT. RINGEN 60-0119
- MASSENSPEKTROMETR. FRAGMENTIER. EINIGER SCHWEFELHALT. AROMAT. HETEROCYCLEN SOWIE IHRER SULFOXIDE U. SULFONE 61-0112
HEISZWOLF G. J., NMR-SPEKTREN U. KONFIG. V. PHENYLALLYL U. VERWANDTEN ANIONEN 57-0148
HELENE C., PHOSPHORESZENZ U. ELEKTRONENPARAMAGNET. RESONANZSPEKTREN EINIGER DERIV. D. CUMARINS 63-0152
HELFERICH B., SULTAME 13. MITT. 63-0573
HELFFERICH J., EIG. V. DIAZOSULFONATEN, 3. MITT. 55-0055
- EIG. V. DIAZOSULFONATEN 4. MITT. 55-0056
HELGSTRAND E., EIN TETRACYCL. KONDENSATIONSPRODUKT AUS 3-METHYL-PYRAZOLIN-5-ON 56-0604
HELLBERG L. H., HYDROLYSE V. 2-METHYL-CYCLOHEXANCARBONSAEURE-METHYLESTER, KONFORM.-ANALYSE EINIGER CYCLOHEXANCARBONSAEUREDERIV. 58-0245
HELLER D., GLYKOSIDE V. HETEROCYCLEN 25. MITT. 54-0493
HELLER H. G., STEREOCHEMIE U. ISOMERISIER. V. ALPHA-BENZYL-ALPHA'-BENZYLIDEN-BERNSTEINSAEURE U. VERWANDTEN VERB. 56-0408
- UEBERBESETZTE MOL. 3. MITT. 56-0429
- PHOTOUMLAGER. D. UEBERBESETZTEN KOHLENWASSERSTOFFS 9A.10-DIHYDRO-9-METHYL-10.15-DIPHENYL-9H-BENZO(5.6)INDENO(2.1-C)PHENANTHREN 61-0498
HELLIN M., NMR-UNTERS. D. ZUSTANDES V. FORMOL IN WSS. LSG. IN ABWESENH. U. GGW. V. SCHWEFELSAEURE 55-0136
- RK. V. PRINS 13. MITT. 55-0187
- PRINS-RK. 14. MITT. 57-0236
- PRINS-RK. 15. MITT. 57-0237
HELLNER E., KRIST.-STRUKTUR D. N.N'-DIMETHYL-TRANS-PERHYDRO-CYCLOPENTA(1.2-C,3.4-C')DIPYRROL-BIS-METHOJODIDS 63-0192
HELLSTROEM N., UNGESAETT. LACTONE U. MERCAPTANE 3. MITT. 58-0605
HELLWINKEL D., ELEKTROPHILE U. NUCLEOPHILE SUBSTITUT. RK. AN VERB. D. PENTAKOORDINIERTEN ARSENS 57-0433
- LIGANDENAUSTAUSCHRK. AN ORGAN. DERIV. D. TETRAVALENTEN TELLURS 58-0490
- TELLURSPIRANE 61-0568
HELMER F., AROMAT. SUBSTITUT. 18. MITT. 61-0262
HELMHOLDT R. B., KONFORM. V. ALLYL-DICYCLOPENTADIENYL-TITAN(III)-KOMPLEXEN 57-0001
HELMICK L. S., SAEUREN- U. BASENKATALYSIERTER DEUTERIUM-PROTIUM-AUSTAUSCH EINIGER POLYAZAINDENE 61-0249
- MASSENSPEKTREN EINIGER DI- U. TRIAZAINDENE 62-0098
HELMKAMP G. K., RK. V. METHANSULFENYLBROMID MIT SILBER-2.4.6-TRINITRO-BENZOLSULFONAT IN ORGAN. LSGM. 60-0199
HELQUIST P. M., SYNTH. U. ANION. EIG. V. 1.3-DITHIAN-1-OXID 64-0726
HELSLEY G. C., ANALGETIKA, ESTER VON PYRROLIDINYL-(3)-METHANOLEN 63-0901
HELTZIG M., DARST. D. PYRIDIN-3-SULFOCHLORIDS U. D. PYRIDIN-3-THIOLS 53-0422
HELWERTH R., SYMM. DI- U. TETRA-N-SUBSTITUIERTE IMIDOBISSULFAMIDE 63-0400
HEMESLEY P., SYNTH. NATUERL. KETOLE D. PYRETHRIN-REIHE 62-0425
HEMETSBERGER H., SYNTH. D. 6- U. 7-METHYL-SPIRO(4.5)DECA-DIEN-(6.9)-ONS-(8) 64-0544
HEMINGWAY J. C., TUMOR-INHIBITOREN 27. MITT. 57-0737
HEMINGWAY R. J., TUMOR-INHIBITOREN 27. MITT. 57-0737
- TUMOR-INHIBITOREN 29. MITT. 63-0858
- TUMORINHIBITOREN 31. MITT. 64-0838
HEMMERICH P., STUDIEN IN D. FLAVINREIHE 13. MITT. 54-0555
- FLAVINREIHE 15. MITT. 56-0589
HEMMERT F., 1.1-DIPHENYL-ALKANE U. IHRE DERIVATE 5. MITT. 64-0207
HENBEST H. B., LSGM.-TREND BEI D. EPOX. SUBSTITUIERTER ALKENE 56-0208
- ASPEKTE D. STEREOCHEMIE 19. MITT. 56-0711
- ASPEKTE D. STEREOCHEMIE 20. MITT. 56-0712
- ASPEKTE D. STEREOCHEMIE 21. MITT. 56-0713
- ASPEKTE D. STEREOCHEMIE 22. MITT. 56-0714
HENCHER J. L., MOLEKULARSTRUKTUR V. TRIMETHYLCYCLOPROPAN 60-0147
HENDERSON M. S., STEREOCHEMIE V. MARRUBIIN 53-0537
- RK. D. DITERPENS MARRUBIIN U. VERWANDTER VERB. 60-0760
- FURAN ENTHALTENDE DITERPENOIDE AUS SOLIDAGO SEROTINA AIT. 61-0751
HENDERSON R., TETRANORTRITERPENOIDE 8. MITT. 58-0752
- TETRANORTRITERPENOIDE 9. MITT. 58-0753
HENDLEY E. C., GESCHW. D. WALLACH-UMLAGER. SUBSTITUIERTER AZOXYBENZOLE 63-0302
HENDRICH A., STEREOCHEMIE D. CARANSYST., EPIMERE TRANS-CARYLAMINE-(5) 56-0667
- STEREOCHEMIE D. CARAN-SYST., STEREOISOMERE CARANONE-(5) U. CARANOLE-(5) 58-0754
HENDRICKSON J. B., SESQUITERPENE 5. MITT. 61-0769
HENDRIKS D., SPIRANE D. PYRIDINREIHE 53-0418
- VERH. V. DIOXYNAPHTHALINEN BEI D. UMSETZ. MIT N.N'-DIPHENYL-FORMAMIDIN 60-0429
HENDRIKS H. P. G., CHEMIE V. ACETYLENAETHERN 89. MITT. 61-0330
HENDRIX J. P., PROD.-VERTEIL. BEI D. METALLIER. EINIGER AROMAT. VERB. MIT N-BUTYLLITHIUM 57-0369
- STER. EFFEKTE BEI D. METALLIER. EINIGER AROMAT. VERB. MIT ALKYLLITHIUM 57-0370
HENERY-LOGAN K. R., RK. V. PHENYLAZID MIT OLEFINEN 58-0469
HENERY-LOGAN R., ASPERTOXIN, EIN HYDROXYDERIV. V. O-METHYL-STERIGMATOCYSTIN AUS AFLATOXIN-PRODUZIERENDEN KULTUREN V. ASPERGILLUS FLAVUS 62-0830
HENES G., CHINOIDER ZUSTAND 10. MITT. 63-0431
HENGGE E., DARST. UNSYMM. DISILANE MITTELS TRIMETHYLSILYLLITHIUM 59-0340
- DARST. U. EIG. V. METHYL-METHOXY-DISILANEN 59-0343
HENGSTBERGER H., RK. MIT PHOSPHORORGAN. VERB. 17. MITT. 59-0387
- RK. MIT PHOSPHORORGAN. VERB. 18. MITT. 59-0388
HENIS J. M. S., IONENCYCLOTRON.RESONANZUNTERS. D. IONMOL.-RK. IN METHANOL 59-0138
HENKE G., DOSIER.-GENAUIGK. EINZELDOSIERTER ARZNEIFORMEN, 2. MITT. 56-0764
- BEITRAG ZUR BIOGENESE D. ALPHA-TERTHIENYLS 60-0825
HENKENS R. W., KINETIK D. ZINK(II)-BIND. DURCH APOCARBOANHYDRASE 63-0881
HENNART C., N-(TRICHLORMETHANSULFENYL)-ISATINE 53-0350
- 1-TRICHLORMETHANSULFENYL-BENZIMIDAZOLE 56-0502
- WEGE ZUR SYNTH. HALOGENIERTER SULFENYLVERB. 57-0300
- 3-TRICHLORMETHANSULFENYL-1.2.3-BENZOTRIAZINON-(4) 57-0628
HENNIG H., BEZIEHUNGEN ZWISCHEN POLAROGRAPH. U. SPEKTRALEM VERH. SUBSTITUIERTER FERROCENE 57-0026
HENNINGER P. W., KONFORM. NICHTAROMAT. RINGVERB. 38. MITT. 57-0147
HENNIS H. E., GLUTARSAEUREIMID-ANTIBIOTIKA 13. MITT. 59-0777
HENRIKSEN L., ORGANOSELEN-VERB. 4. MITT. 56-0308
HENRIKSEN O., CARBAMINATE 16. MITT. 58-0301
HENRIKSEN U., ORGANOSELEN-VERB. 5. MITT. 56-0515
HENRY D. W., CHEMOTHERAPEUT. NITROHETEROCYCLEN, NITROPYRROL-2-CARBALDEHYD-DERIV. 60-0509
HENRY M. C., BIND. IN PI-OLEFIN-EISEN-TETRACARBONYLEN, VERGLEICHENDE UNTERS. D. IR- U. MASSENSPEKTREN 53-0001
HENRY P. M., NICKELTETRACARBONYL, MECHANISMUS D. NUKLEOPHILEN SUBSTITUT. 61-0029
- NEUE SYNTH. V. CARBONSAEUREN DURCH PD(II)-KATALYSIERTEN KOHLENMONOXID-EINBAU 61-0407
HENRY R. A., DARST. U. ZERS. V. 1-BENZILOYL-IMIDAZOL 59-0543
HENRY-BASCH E., DARST. U. REAKTIVITAET V. ALPHA-AETHOXYLIERTEN ORGANOCADMIUM- U. ORGANOZINKVERB. 63-0063
- REAKTIVITAET V. ORGANOCADMIUM- U. ORGANOZINK-VERB. GEGENUEBER N-BENZYLIDEN-ANILINEN 64-0054
- STEREOCHEMIE DER ADDITIONSREAKTIONEN VON CROTYLMETALLVERBINDUNGEN AN ALDEHYDE 64-0291
HENSEKE G., TERMINALE CYCL. KOHLENSAEUREDIESTER V. POLYHYDROXYALKYLVERB. 54-0482
- AETHEN-1.2-DIOLE DES CHINOXALINS U. 1-PHENYL-PYRAZOLO(3.4-B)CHINOXALINS 60-0652
HENSEN K., CHEMIE D. SILICIUM-STICKSTOFF-VERB. 65. MITT. 54-0433
- CHEMIE D. SILICIUM-STICKSTOFF-VERB. 66. MITT. 54-0434
- VERB. V. NICHTMETALLHALOGENIDEN MIT PYRIDIN U. SEINEN HOMOLOGEN 6. MITT. 54-0435
- CHEMIE D. SILICIUM-STICKSTOFF-VERB. 67. MITT. 59-0045
- CHEMIE D. SILICIUM-STICKSTOFF-VERB. 68. MITT. 59-0046
HENSENS O. D., ACETYLWANDER. ZWISCHEN D. 28- U. 16-HYDROXYLGRUPPEN V. PRIMULAGENIN A 62-0788
HENSTOCK J. B., RK. D. ACETYLENDICARBONSAEURE-DIMETHYLESTERS MIT MALONSAEURE-DERIV., PENTAMETHOXYCARBONYLCYCLOPENTADIENYL-ANION, TETRAMETHOXYCARBONYLCYCLOPENTADIENON, CYANTETRAMETHOXYFULVENOLAT-ANION U. VERWANDTE VERB. 54-0299

HENTSCHEL P., RK. V. DIHALOGENCARBENEN MIT ENOLAETHERN 58-0330
HEOTIS J. P., HYDROLYT. DIMERISIER. V. 5-AMINO-FURAN-2-CARBONSAEUREAETHYLESTER 61-0538
- SYNTHESE VON 4-OXO-GLUTARALDEHYD-SAEUREDERIVATEN AUS NITROFURANEN UND AMINOFURANEN 64-0640
HERALD D. L. JUN., STRUKTUR V. ACTINOBOLIN 59-0783
HERBELIN J. M., SYNTH. U. UNTERS. V. PSEUDOAROMAT. VERB. 6. MITT. 57-0157
HERBERT E. J., PHOTOCYCLISIER. V. ANILINO-PYRIDINEN ZU CARBOLINEN 60-0620
HERBERT G. T., SYNTH.-ASPEKTE D. CHEMIE V. STABILEN ISOTOPEN 4. MITT. 58-0325
HERBERT M., NEUE SYNTH. V. (8-14C)-BETA-NAPHTOL 57-0444
- ANALYSE V. DL-EPHEDRIN DURCH PAPIERELEKTROPHORESE, ANWEND. ZUR KONTROLLE D. CHEM. U. RADIOCHEM. REINH. V. (HYDROXYMETHYLEN-(14)C)DL-EPHEDRIN 64-0936
HERBERT R. B., 1-PHENAETHYL-ISOCHINOLIN-ALKALOIDE 1. MITT. 53-0515
- SYNTH. V. 2-METHOXY-PHENAZIN-1-CARBONSAEUREMETHYLESTER 60-0661
HERBERTZ T. W. M., EXPERIMENTELLE UNTERS. UEBER D. ABHAENGIGK. D. RK.-GESCHW. BEI D. PHOTOLYT. ZERS. V. AROMAT. DIAZOVERB. V. DEREN STRUKTUR 54-0181
HERBERZ M., 5-HALOGENIERTE N-HYDROXYPYRIMIDINE. 5-FLUOR-1-HYDROXYURACIL U. 5-FLUOR-3-OXYCYTOSIN 60-0666
HERBORT H., DEHYDRIER. V. TERT. AMINEN MIT HG(II)-AEDTA 13. MITT. 54-0413
- DEHYDRIER. V. TERT.AMINEN MIT HG(II)-AETHYLENDIAMINTETRAACETAT 14. MITT. 58-0647
HERKES F. E., FLUOROLEFINE 2. MITT. 63-0211
HERLEM-GAULIER D., STEROIDALKALOIDE 72. MITT. 59-0705
HERLINGER H., STEREOSELEKTIVE SYNTH. 3. MITT. 57-0246
HERMAN Z., ASSOZIATIVE IONISIER. BEI ZUSAMMENSTOESSEN METASTABILER EDELGASATOME MIT MEHRATOMIGEN MOL. 58-0014
HERMANEK S., CHEMIE D. BORANE 8. MITT. 59-0035
- CHEMIE D. BORANE 9. MITT. 59-0036
- CHEMIE D. BORANE 10. MITT. 59-0037
- CHEMIE D. BORANE 11. MITT. 59-0038
- SYNTH. V. (+)-1.3.3-TRIMETHYL-6-THIABICYCLO(2.2.2)OCTAN 64-0687
HERMANKOVA V., AMINOZUCKER 13. MITT. 54-0479
HERMANN H., THEORET. U. SPEKTROSKOP. UNTERS. AN INDIGOFARBSTOFFEN 7. MITT. 63-0606
- THEORET. U. SPEKTROSKOP. UNTERS. AN INDIGOFARBSTOFFEN 8. MITT. 63-0607
HERNDON W. C., ANWEND. EINER STOER.-MOL.-ORBITAL-METH. AUF D. KONKURRENZ V. 1.2- U. 1.4-CYCLOADDIT. 58-0265
- ANWEND. EINER PERTURBATIONS-MO-METH. AUF DIELS-ALDER-RK. MIT UNSYMM. DIENEN U. PHILODIENEN, VORAUSBEST. D. HAUPTPROD. 60-0274
- ROTAT.-BARRIEREN AUS SEMIEMPIR. MOL.-ORBITALBERECHN. 62-0117
HEROLD B. J., UMSETZ. V. O-DIBENZOYL-BENZOL MIT KALIUM 57-0451
HEROUT V., PFLANZENSUBSTANZEN 27. MITT. 53-0490
- NATURWACHSE 6. MITT. 54-0581
- TERPENE 188. MITT. 55-0523
- TERPENE 190. MITT. 55-0525
- TERPENE 191. MITT. 56-0170
- POLYPODIN B, EINE NEUE ECDYSON-AEHNL. SUBSTANZ AUS PFLANZL. MATERIAL 56-0706
- STRUKTUR V. ADENOSTYLON U. ISOADENOSTYLON, ZWEI FUROEREMOPHILANEN AUS ADENOSTYLES ALLIARIAE (GOUAN) KERN 59-0733
- STRUKTUR V. KABLICIN, D. HAUPTKOMPONENTE D. PETROLAETHEREXTRAKTES D. RHIZOME V. PETASITES KABLIKIANUS TAUSCH.EX BERCHT. U. V. PETASITES PARADOXUS (RETZ) BAUMG. 59-0789
- TERPENE 192. MITT. 62-0764
- TERPENE 194. MITT. 62-0782
- STRUKTUR VON ARTABSIN UND ABSINTHIN 64-0843
- TERPENE 195. MITT. 64-0844
HERPEL D., DOSIER.-GENAUIGK. EINZELDOSIERTER ARZNEIFORMEN, 2. MITT. 56-0764
HERRIOTT A. W., UMLAGER. V. ALLYLPHOSPHINITEN U. OPT. STABILITAET D. ALLYLPHOSPHINOXIDE 62-0270
HERRMANN M., STEREOCHEM. ZUORDNUNG IN D. PINANREIHE 60-0158
HERSHENSON F. M., SYNTH. V. ANELLIERTEN AZOLONEN AUS O-SUBSTITUIERTEN ARYLHYDROXAMSAEUREN 64-0554
HERTERICH I., UMLAGER. V. ACETYLENDERIV. ZU KLEINEN RINGEN 53-0279
HERTZLER D. V., OXYDATIVE DECARBOXYLIER. V. GAMMA-OXO-SAEUREN MIT BLEIDIOXID 63-0348
HERZ J. E., ISOMERISIER. EINES STEROIDBORANS 56-0696
HERZ W., BESTANDTEILE V. IVA-ARTEN 9. MITT. 53-0401
- HARZSAEUREN 13. MITT. 57-0708
HERZOG H. L., GLEICHZEIT. AETHINYLIER. U. VERESTER.-RK. 62-0795
HERZOG K., ROTAT.-ISOMERIE BEI DIMETHYLTRITHIOCARBONAT 54-0113
HERZOG S., ALKALIMETALL-ADDUKTE EINIGER NEUTRALKOMPLEXE D. EISENS MIT DIPYRIDYL U. DIPYRIDYLAEHNL. LIGANDEN 59-0076
- CARBOXYLATE V. UEBERGANGSMETALLEN 1. MITT. 60-0019
- ELEKTRONENREICHE NEUTRALKOMPLEXE D. EISENS MIT DIPYRIDYLAEHNL. LIGANDEN 60-0054
- ERSTMAL. DARST. V. DICHLORO-BIS-(2.2'-DIPYRIDYL)-SILICIUM, SI(BIPY)2CL2 63-0053
- NEUE ALKALIVERB. V. ELEMENTDIPYRIDYLEN D. CERS, TITANS, BERYLLIUMS U. MAGNESIUMS SOWIE TRIS-(2.2'-DIPYRIDYL)-MAGNESIUM 64-0056
HERZSCHUH H., CHEMIE ANGEREGTER ZUSTAENDE 3. MITT. 63-0686
HESLOT H., DARST. U. ALKAL. HYDROLYSE V. NITROSOVERB., D. VORSTUFEN D. DIAZOALKANE 60-0356
HESP B., ORGAN. PHOTOCHEMIE 5. MITT. 53-0323
HESS C. A., POTENTIELLE ANTIMALARIAMITTEL. 2-(DIALKYLAMINO-ALKYLAMINO)-3-(2-PYRIDYL)-CHINOXALINE 63-0898
HESS D., STRAHLENCHEM. BLDG. U. PHOTOLYSE V. ALPHA-KETO-UXETANDERIV. AUS VINYLENCARBONAT 54-0353
HESS H., ANTIHYPERTENSIVE 2-AMINO-4(3H)-CHINAZOLINONE 57-0608
- EINIGE NEUE 3-AMINO-2H-1.2.4-BENZO-THIADIAZIN-1.1-DIOXIDE 57-0630
HESS L. D., CIS-TRANS-ISOMERISIER. U. IMPULSLASER-UNTERS. AN SUBSTITUIERTEN INDIGOFARBSTOFFEN 58-0285
HESS P., SYNTH. V. PYRROLDERIV. 57-0503
HESS W. W., DIPYRIDIN-CHROM(VI)-OXID-OX. V. ALKOHOLEN IN DICHLORMETHAN 63-0349
HESSE A., PEROXYGENIER. V. ACETALEN 3. MITT. 58-0587
HESSE G., DREIKOHLENSTOFFTAUTOMERIE V. NITROOLEFINEN 57-0290
- NITRIL-YLIDE AUS ISONITRIL-TRIPHENYLBORAN-ADDUKTEN 62-0551
HESSE M., MASSENSPEKTROMETR. VERH. QUART. STICKSTOFFVERB. 8. MITT. 54-0087
- ALKALOIDE 124. MITT. 54-0513
- ALKALOIDE 125. MITT. 54-0514
- PHOTORK. V. HETEROCYCLEN 10. MITT. 62-0653
HESSE R. H., SYNTH. V. 18.19-DIOXYGENIERTEN STEROIDEN DURCH INTRAMOL. RADIKALPROZESSE 62-0792
HESTER J. B., AZEPINOINDOLE 1. MITT. 57-0632
HETFLEJS J., HALOGENMETHYL-METALLVERB. 15. MITT. 57-0029
HETTLER H., RK. MIT PSEUDOSACCHARINCHLORID 4. MITT. 60-0545
- RK. MIT PSEUDOSACCHARINCHLORID 5. MITT. 60-0546
HETZHEIM A., RINGSPALT. V. O.N-HETEROCYCLEN 2. MITT. 54-0377
HEUBACH G., MECHANISMUS D. OSAZONBLDG. 53-0120
- DARST. U. EINIGE EIG. V. PHENYLHYDRAZINO-ACETALDEHYD-PHENYLHYDRAZON, INSBESONDERE D. UMSETZ. ZU TETRAHYDRO-1.2.4-TRIAZIN-DERIV. 53-0464
HEUBLEIN G., STRUKTURAUFKLAER. D. ISOMEREN V. ALPHA-OXIMINO-CARBONSAEUREESTERN 55-0116
- BERECHN. ZUR STABILITAET V. CARBONIUMIONEN 57-0217
- STEREOSPEZIFITAET D. BROMADDIT. AN UNGESAETT. ESTER 60-0248
- SOLVATATION D. UEBERGANGSZUSTANDES BEI D. ELEKTROPHILEN BROMADDITION AN OLEFINE 62-0217
- KONFORM.-ANALYSE V. 2-AMINO-CYCLOHEXANOLEN-(1) 64-0107
- ROTAT.-ISOMERIE BEI CYCLOPENTANDERIV. 64-0167
- KONFORMATIONSANALYSE V. DERIV. DES 1.2-DIPHENYL-AETHANS 64-0168
HEUER G. E., SYNTH. V. AMIDINEN MITTELS PHOSPHONAT-CARBANIONEN 57-0365
HEWETT C. L., AMINOSTEROIDE 3. MITT. 61-0791
HEWGILL F. R., CYCLOHEXANRINGKONTRAKTION 54-0292
- OX. V. ALKOXYPHENOLEN 11. MITT. 56-0418
- OX. V. ALKOXYPHENOLEN 12. MITT. 63-0432
- OX. V. ALKOXYPHENOLEN 13. MITT. 63-0433
- OX. V. ALKOXYPHENOLEN 14. MITT. 63-0434
- OX. V. ALKOXYPHENOLEN 15. MITT. 63-0435
- OX. V. ALKOXYPHENOLEN 16. MITT. 63-0436
HEWSON K., ANALOGE V. 6-METHYL-9-BETA-D-RIBOFURANOSYLPURIN 57-0645
- SYNTH. V. 2-FLUOR-ADENOSIN 58-0699
HEY D. G., DARST. V. N-ARYL-4-TERT.-BUTYL-CYCLOHEXYLAMINEN UEBER ANILE ALS ZWISCHENPROD. 54-0302
HEY D. H., RK. V. (NITRO-BENZOYL)-PEROXIDEN MIT PYRIDIN 57-0367
- INTERNUCLEARE CYCLISIER. 23. MITT. 61-0561
- INTERNUCLEARE CYCLISIER. 24. MITT. 61-0562
- ZWISCHENKERNCYCLISIERUNG, 25. MITT. 61-0563
- PYROLYSE D. KALIUMSALZE V. 2'-FLUOR- U. 2'-BROM-BIPHENYLCARBONSAEURE-(2) 61-0612
- PYROLYSE V. 4-OXO-3-PHENYL-3.4-DIHYDRO-1.2.3-BENZOTRIAZIN 61-0682
- HOMOLYT. AROMAT. SUBSTITUT. 62-0258
HEYDER E., REINIG. U. STRUKTUR V. SCHWEINE-CALCITONIN-1 63-0834
HEYN B., VERHALTEN EINIGER METALLHALOGENIDE GEGENUEBER GLYKOLAETHERN 64-0072
HEYN H., PHOTOCHEM. UMWANDL. V. 3H-PYRAZOLEN IN CYCLOPROPENE U. 1.2-DIAZA-BICYCLO(2.1.0)PENTENE-(2) 57-0528
HEYNEKER H., 2.3-DIHYDRO-2-HYDROXY-BENZO(B)FURANON-(3), D. CYCL. HALBACETAL V. 2-HYDROXY-PHENYL-GLYOXAL 56-0473
HEYNS K., CARBOXONIUMVERB. IN D. KOHLENHYDRATCHEMIE 3. MITT. 53-0479
- CARBOXONIUMVERB. IN D. KOHLENHYDRATCHEMIE 4. MITT. 57-0637
- MONOSACCHARIDE MIT STICKSTOFFHALT. RING 16. MITT. 59-0659
HIATT J. E., SOLVOLYSE V. SPIRO(2.N)ALKYL-(4)-DINITROBENZOATEN 62-0232

HIATT R., HOMOLYT. ZERS. V. HYDROPEROXIDEN 1. MITT. 62-0273
- HOMOLYT. ZERS. V. HYDROPEROXIDEN 2. MITT. 62-0274
- HOMOLYT. ZERS. V. HYDROPEROXIDEN 3. MITT. 62-0275
- HOMOLYT. ZERS. V. HYDROPEROXIDEN 4. MITT. 62-0276
- HOMOLYT. ZERS. V. HYDROPEROXIDEN 5. MITT. 62-0277
HIBBERT F., GLEICHGEW. ZWISCHEN CARBONSAEUREN U. N-BUTYLAMIN IN DIAETHYLAETHER-LSG. 62-0168
- ACYLIER. 24. MITT. 62-0213
- ACYLIER. 25. MITT. 62-0214
HICKEY K. R., 3-HYDROXY-1-METHYL-4-(DIPHENYLMETHYLEN)-PIPERIDIN 63-0677
HICKMOTT P. W., LSGM.-EFFEKTE IN D. NMR-SPEKTROSKOPIE. DURCH BENZOL INDUZIERTE CHEM. VERSCHIEB. IN AMINEN 54-0072
HIDA M., RK. V. BENZALDEHYD MIT ZINK-POLYHALOGENMETHAN-KOMPLEXEN AUS POLYHALOGENMETHANEN U. EINEM ZN-CU-PAAR 61-0389
HIDEG K., BENZAZOLE 4. MITT. 53-0372
- BENZAZOLE 5. MITT. 54-0371
- BENZAZEPINE 2. MITT. 64-0767
HIGGINS C. E., THERMISCHE ZERSETZUNG VON TRI-SEK.-BUTYL-PHOSPHAT 61-0299
HIGGINS R., CHEMIE V. SINGULETT-SAUERSTOFF 4. MITT. 59-0206
HIGHTOWER J. W., ISOTOPENUNTERS. SAEUREKATALYSIERTER RK. 7. MITT. 59-0251
HIGUCHI T., OX. V. THIOAETHERN ZU SULFOXIDEN MIT JOD 2. MITT. 61-0212
HIIRAGI M., PHENOL. CYCLISIER. 1. MITT. 57-0679
- AZAMORPHINAN U. VERWANDTE VERB. 1. MITT. 61-0656
HIKINO H., STRUKTUR V. CAMPHERENON U. CAMPHERENOL 56-0687
- STRUKTUR V. PETEROSTERON, EINER NEUEN SUBSTANZ MIT INSEKTENHAEUTUNGS-AKTIVITAET AUS LASTREA THELYPTERIS U. ONOCLEA SENSIBILIS 57-0738
- FURANODIEN, EIN VORLAEUFER V. SESQUITERPENOIDEN MIT FURANRING 59-0519
- SESQUITERPENOIDE 17. MITT. 59-0724
- SESQUITERPENOIDE 18. MITT. 59-0725
- SESQUITERPENOIDE 19. MITT. 59-0726
- ABS. KONFIG. V. INOKOSTERON, EINER VERB. MIT INSEKTENHAEUT.-HORMONAKTIVITAET AUS ACHYRANTHES FAURIEI 61-0789
- SESQUITERPENOIDE 22. MITT. 61-0825
- STIMULIER. D. PROTEINSYNTH. IN MAEUSELEBER DURCH INSEKTENHAEUTUNGSHORMONE 61-0839
- STRUKTUR V. CURZERENON, EPICURZERENON U. ISOFURANOGERMACREN (CURZEREN) 62-0771
- STRUKTUR V. RUBROSTERON, EINEM NEUEN C19-METABOLITEN AUS INSEKTENHAEUT.-HORMON-AKTIVEN SUBSTANZEN AUS ACHYRANTHES RUBROFUSCA 62-0800
- STRUKTUR VON LEMMASTERON, EINER NEUARTIGEN C29-VERBINDUNG MIT INSEKTENHAEUTUNGSHORMON-AKTIVITAET AUS LEMMAPHYLLUM MICROPHYLLUM 64-0873
- ISOLIER. V. INSEKTENHAEUTUNGSSUBSTANZEN AUS PLEOPELTIS THUNBERGIANA, NEOCHEIROPTERIS ENSATA U. LEMMAPHYLLUM MICROPHYLLUM 64-0917
- INSEKTENHAEUTUNGS-SUBSTANZEN AUS PTERIDIUM AQUILINUM VAR. LATIUSCULUM 64-0918
HIKINO Y., STRUKTUR V. PETEROSTERON, EINER NEUEN SUBSTANZ MIT INSEKTENHAEUTUNGS-AKTIVITAET AUS LASTREA THELYPTERIS U. ONOCLEA SENSIBILIS 57-0738
- ABS. KONFIG. V. INOKOSTERON, EINER VERB. MIT INSEKTENHAEUT.-HORMONAKTIVITAET AUS ACHYRANTHES FAURIEI 61-0789
- SESQUITERPENOIDE 22. MITT. 61-0825
- STRUKTUR V. RUBROSTERON, EINEM NEUEN C19-METABOLITEN AUS INSEKTENHAEUT.-HORMON-AKTIVEN SUBSTANZEN AUS ACHYRANTHES RUBROFUSCA 62-0800
- STRUKTUR VON LEMMASTERON, EINER NEUARTIGEN C29-VERBINDUNG MIT INSEKTENHAEUTUNGSHORMON-AKTIVITAET AUS LEMMAPHYLLUM MICROPHYLLUM 64-0873
- ISOLIER. V. INSEKTENHAEUTUNGSSUBSTANZEN AUS PLEOPELTIS THUNBERGIANA, NEOCHEIROPTERIS ENSATA U. LEMMAPHYLLUM MICROPHYLLUM 64-0917
- INSEKTENHAEUTUNGS-SUBSTANZEN AUS PTERIDIUM AQUILINUM VAR. LATIUSCULUM 64-0918
HILBERS C. W., KERNMAGNET. RESONANZ-UNTERS. IN D. KOORDINATIONSCHEMIE 3. MITT. 57-0031
- NMR-SPEKTREN VON EINIGEN SUBSTITUIERTEN BENZOLEN MIT D2H-SYMMETRIE IN EINEM NEMATISCHEN LOESUNGSMITTEL 64-0122
HILDEBRAND R. P., TERPENOIDCHEMIE 14. MITT. 57-0713
HILDESHEIM J., VERDRAENG.-RK. BEI FURANOIDSYST. 7. MITT. 53-0333
- VERDRAENG.-RK. AN FURANOIDSYST. 6. MITT. 55-0499
- EINFUEHR. EINER DOPPELBINDUNG IN EIN TETRAHYDROFURAN-SYST. 5. MITT. 57-0640
- CHEMIE D. 2.5-ANHYDROZUCKER 8. MITT. 57-0641
- CYCLISIERUNGSRK. ZU AZIRIDINO-TETRAHYDROFURANEN 60-0497
- NUCLEOPHILE VERDRAENG.-RK. BEI TETRAHYDROFURANSYST. 8. MITT. 62-0528
HILDYARD E. M., OX. U. RED. V. 5-HYDROXY-2-METHYL-NAPHTHO(1.2-B)FURAN 55-0377
- SYNTH. EINIGER NAPHTHALIN-1.3.8-TRIOL-VORSTUFEN U. VERWANDTER VERB. 57-0446
HILFIKER F. R., ZWISCHENPROD. FUER 16-KETO- U. A-NORSTEROIDE U. DERIV. 58-0778
HILGETAG G., SYNTH. V. 2-ALKYL-CYCLOPENTAN- U. 2-ALKYL-CYCLOHEXANDIONEN-(1.3) DURCH CYCLISIER. VON GAMMA-BZW. DELTA-KETOCARBONSAEUREN 53-0282
- TOTALSYNTH. D. A-NOR-2.3-DIAZA-OESTRAN-RINGSYST. 53-0551
- DERIV. V. N-(ALPHA-TOSYLAMINOACYL)-BETA-ALANINEN 58-0387
- A-NOR-1-THIA-3-AZA-STEROIDE 59-0750
- SYNTH. D. EPIMEREN 3-AMINO-CYCLOPENTANCARBONSAEUREN 63-0497
- KONKURRENZ BEI D. DURCH SILBER-IONEN ASSISTIERTEN PHOSPHORYLIER., DARST. V. THYMIDIN-5'-NITRAT 64-0785
HILL E. A., RK. D. TRIANISYLMETHYLKATIONS MIT WASSER, HYDROXID U. AMMONIAK 62-0192
HILL H. A. O., UNTERS. D. ELEKTRON. DURCHDRING. IN KOBALT(III)-DIMETHYLGLYOXIM-KOMPLEXEN DURCH KERNMAGNET. RESONANZUNTERS. 54-0010
- KERNMAGNET. RESONANZUNTERS. V. MOL.-VERB. D. KOBALT(II)-MESOPORPHYRIN-IX-DIMETHYLESTER-KOMPLEXES 54-0012
- ISOLIER. U. UNTERS. V. MOLEKUELKOMPLEXEN AUS PORPHYRINEN U. AROMAT. NITROVERB. 54-0038
- FUENFFACH KOORDINIERTE ORGANOKOBALT(III)-KOMPLEXE, ''GLEICHGEW.-WERTIGK.'' U. STEREOCHEMIE 55-0013
- WEITERLEIT. V. ELEKTRONENEFFEKTEN IN EINIGEN ORGANOKOBALT(III)-BAE- U. -SALEN-KOMPLEXEN 56-0018
HILL H. C., MASSENSPEKTREN U. MOLEKULARSTRUKTUR 1. MITT. 57-0123
HILL J., 8-AZACHROMONE 53-0437
- PHOTOLYSE V. ARYLOXY-ACETONEN 63-0603
HILL J. T., UMLAGER. V. ESTERN IN D. GASPHASE 2. MITT. 58-0286
HILL M., EIN NEUER HEXAMETHYLBENZOL-RHODIUMCHLORID-KOMPLEX 56-0083
HILL M. E., FLUORIER. V. NITROAROMAT. AMINEN IN FL. FLUORWASSERSTOFF U. ACETONITRIL 62-0397
HILL R. K., STEREOCHEMIE THERM. RK. 3. MITT. 59-0242
- ABSOLUTE KONFIGURATION V. CYCLOHEXEN-(2)-OL-(1) 59-0401
- KONFIG. V. ZWISCHENVERB. BEI D. TOTALSYNTH. V. SHIKIMISAEURE 60-0410
- NEUE THERM. UMLAGER. V. ALLYLPHENYLURETHANEN 61-0416
HILL R. R., KLASS. CARBONIUMIONEN 1. MITT. 60-0263
- ANALYSE V. GEMISCHEN V. N-OCTENEN, OCTALINEN, TERT.-BUTYL-CYCLOHEXENEN, OCTANOLEN, DECALOLEN U. TERT.-BUTYL-CYCLOHEXANOLEN 60-0841
HILL S. A., SYNTH. V. THIAZOLOPYRIDINEN U. BIS-THIAZOLOPYRIDINEN 2. MITT. 56-0562
HILLE E., DICYCLOPENTADIENYL-BIS-(PHENOLATO)-ZIRKONIUM 59-0056
HILZENSAUER V., OLIGOPHENYLENBISDIPHENYLPHOSPHINE, BANDENZUORDNUNG IN UV-SPEKTREN TERTIAERER PHOSPHINE 54-0060
HIMICS J., TERPEN-FORMALDEHYD-REAKTIONEN, 2. MITT. 61-0756
HIMICS R. J., NEUART. PROD. AUS LEWIS-SAEURE-KATALYSIERTEN CAMPHENFORMALDEHYD-RK. 53-0321
- TERPEN-FORMALDEHYD RK. 3. MITT. 64-0834
HIMMELREICH J., ZIRKULARDICHROISMUS 23. MITT. 55-0047
HINDERMANN J., EINFL. D. TEMP. AUF D. CHLORIER. GESAETT. KW-STOFFE (LABOR.-MITT.) 58-0232
HINE J., KATALYSE D. ALPHA-WASSERSTOFFAUSTAUSCHES 8. MITT. 63-0290
HINES T., 7-SYN- UND 7-ANTI-PROTONENABSORPTIONEN IN DEN KERNMAGNETISCHEN RESONANZ-SPEKTREN V. NORBORNENEN 64-0124
HINMAN R. L., BASIZITAET V. ENAMINEN 57-0183
HINNEN A., PHOTOCHROMIE V. INDOLINO-SPIROPYRANEN 1. MITT. 63-0667
HINO K., SAPOGENIN-BESTANDTEILE D. BLAETTER V. PITTOSPORUM TOBIRA AIT 59-0742
HINOH H., TRITERPENOIDE AUS BUPLEURUM FALCATUM L. 3. MITT. 57-0695
- KONSTIT. V. SAPONINEN AUS BUPLEURUM FALCATUM L 57-0721
HINSHAW B. C., PURIN-NUCLEOSIDE 19. MITT. 61-0706
HINSHAW J. C., PI-ELEKTRONENBETEILIG. BEIM ENDO.ENDO-DIMETHANO-NAPHTHADIENYL-SYST. 59-0226
HINTERHOFER O., ANTHRACEN-9-SULFONSAEURE DURCH DIREKTE SULFONIER. V. ANTHRACEN 56-0422
HINTSCHE R., PYRANOIDE THYMIN-O(2).3'-CYCLONUCLEOSIDE 55-0498
- ANOMERE THYMIN-NUCLEOSIDE D. 2-DESOXY-D-RIBOPYRANOSE U. 2-DESOXY-L-RIBOPYRANOSE 57-0651
- UMWANDL. D. L-ERYTHRO- IN D. L-THREO-KONFIG. AM INTAKTEN THYMIN-2'-DESOXYPENTOPYRANOSID 59-0675
HIRAI K., PYRIMIDIN-DERIV. U. VERWANDTE VERB. 50. MITT. 56-0730
- PYRIMIDIN-DERIV. U. VERWANDTE VERB. 51. MITT. 56-0731
- PYRIMIDIN-DERIV. U. VERWANDTE VERB. 52. MITT. 56-0732
- PYRIMIDINDERIV. U. VERWANDTE VERB. 56. MITT. 64-0757
HIRAI S., STEREOCHEM. KONTROLLIERTE TOTALSYNTH. V. DL-IBOGAMIN U. DL-EPIIBOGAMIN 60-0719
HIRAOKA H., PHOTOISOMERISIER. V. 2-ALKYL-FURANEN ZU 3-ALKYL-FURANEN 63-0600
HIRAOKA T., PHOTOCHEMIE EINES STABILEN SULFOXONIUMYLIDS 59-0444
HIRATA M., NUCLEOSIDE U. NUCLEOTIDE 8. MITT. 61-0703
- NUCLEOSIDE U. NUCLEOTIDE 9. MITT. 61-0704
- NUCLEOSIDE U. NUCLEOTIDE 10. MITT. 62-0701
- NUCLEOSIDE U. NUCLEOTIDE 11. MITT. 62-0702

HIRATA T., TRITERPENE AUS ALISMA PLANTAGO-AQUATICA L. VAR. ORIENTALE SAMUELS 56-0683
- STRUKTUREN V. ALISOL B U. D. MONOACETAT V. ALISOL A - AUFTRETEN EINER ACYLWANDER. 58-0763
HIRATA Y., STRUKTUR V. APLYSIN-20 54-0092
- ZINK-RED. V. KETOSTEROIDEN 55-0550
- STRUKTUR V. ANISATIN U. NEOANISATIN, TOX. SESQUITERPENE AUS ILLICIUM ANISATUM L. 57-0689
- ANISATINSAEURE U. ISOANISATINSAEURE, ISOMERISIER.-PROD. V. ANISATIN 58-0810
- LEICHTE ACETYLIER. EINER TERT. HYDROXYGRUPPE SOWIE EIN UNGEWOEHNL. ENTSCHIRM.-PHAENOMEN DURCH EINE ACETOXYGRUPPE IN NMR-SPEKTREN 58-0811
- ALKALOIDE AUS SPIRAEA JAPONICA L. FIL. 59-0702
- STRUKTUR V. SPIRADIN D 62-0731
HIRIYAKKANAVAR J. G., RK. VON ACETYLENDICARBONSAEURE-DIMETHYLESTER, 1. MITT. 60-0511
HIROI K., CHEMIE DER AMINOSAEUREN 5. MITT. 62-0558
HIROSE K., ORGAN. MASSENSPEKTROMETRIE 9. MITT. 55-0092
- RK. V. PHENOLDERIV. MIT SULFOXIDEN 2. MITT. 61-0401
- RK. V. PHENOLDERIV. MIT SULFOXIDEN 3. MITT. 61-0402
- D. RK. D. PHENOLDERIV. MIT SULFOXIDEN 4. MITT. 64-0512
HIROSE Y., TERPENOIDE 16. MITT. 58-0762
- STRUKTUR V. SESQUICAREN 59-0731
- NEUE SESQUITERPENOIDE AUS SCHISANDRA CHINENSIS 61-0770
- DELTA-ELEMENOL U. EPI-DELTA-ELEMENOL 62-0772
HIROTA K., SYNTH.-RK. MIT KOMPLEXKATALYSATOREN 8. MITT. 59-0310
HIROTA N., PARAMAGNETISCHE ELEKTRONENRESONANZEN VON IONENPAAREN, STRUKTUREN UND GLEICHGEWICHTE VON ALKALIMETALL-NAPHTHALINID UND -ANTHRACENID 64-0136
- PARAMAGNET. ELEKTRONENRESONANZEN V. IONENPAAREN. KINETIK D. UMWANDL. V. VERSCHIEDENEN IONENPAAREN U. SCHNELLE ELEKTRONENUEBERTRAG.-RK. ZWISCHEN ANION U. NEUTRALMOL. 64-0137
HIRSCH A., BIS-(TRIALKYLGERMYL)-AMINE, IHRE METALLIER. U. UMSETZ. ZU TRIS-(TRIALKYLGERMYL)-AMINEN 61-0044
HIRSCH B., DARST. V. ALIPHAT. IMMONIUMVERB. MIT ORTHOAMEISENSAEUREESTER ALS WASSERBINDENDEM MITTEL 59-0292
HIRSCH C., 1.2.4-TRIAZOLE 18. MITT. 58-0606
HIRSCH J. A., D. ''GROESSE'' D. EINSAMEN PAARES AM STICKSTOFF 53-0092
- KONFORM.-ANALYSE 60. MITT. 60-0164
HIRSCHFELD A., MICHAEL-RK. V. ENAMINEN MIT NITROOLEFINEN 58-0465
HIRSCHMANN R., SYNTH. V. PEPTIDEN IN WSS. MEDIUM 4. MITT. 62-0362
- THYROCALCITONIN 2. MITT. 63-0838
HIRSJAERVI P., D. BLDG. D. BEIDEN ENDO-EXO-ISOMEREN ALPHA-FENCHENHYDRATE 54-0534
- KONFIG. V. ISOCAMPHANEN 64-0542
HIRSJAERVI V. P., KONFIG. V. ISOCAMPHANEN 64-0542
HIRST J., AROMAT. NUCLEOPHILE SUBSTITUT. 14. MITT. 60-0271
HIRST M., ALKALOIDBIOSYNTH. 11. MITT. 57-0681
HIRT C. A., ORGANOSILICIUM-CHEMIE 1. MITT. 56-0367
HISAMITSU T., SYNTH. V. ILLUDINEN 1. MITT. 54-0559
- SYNTH. V. ILLUDINEN 2. MITT. 60-0750
HISHMAT O. H., RK. MIT SUBSTITUIERTEN 4-HYDROXY-CUMARINEN U. FUROCUMARINEN 61-0613
HISKEY R. G., CHEMIE ALIPHAT. DISULFIDE 13. MITT. 54-0306
- CHEMIE V. ALIPHAT. DISULFIDEN 16. MITT. 59-0418
- CHEMIE V. ALIPHAT. DISULFIDEN 15. MITT. 59-0766
- SCHWEFELHALTIGE POLYPEPTIDE 8. MITT. 63-0842
HITCHINGS G. H., PURINTHIOGLYKOSIDE 1. MITT. 63-0763
HITE G., STEREOCHEM. UNTERS. AN ARZNEIMITTELN 5. MITT. 57-0806
HITZLER G., SYNTH. V. QUERCETIN-3-GLYKOSIDEN 2. MITT. 61-0699
HIX J. E. JUN., STEREOSELEKTIVITAET IN D. DURCH METALLKOMPLEXE KATALYSIERTEN HYDROLYSE V. AMINOSAEURE-ESTERN 61-0025
HJORTAAS K. E., KRIST.-STRUKTUR D. PERHYDROANTHRACEN-ISOMEREN VOM F. 121 GRAD 56-0171
HLAVKA J. J., 4-HYDROXY-PRAETETRAMIDE 59-0782
HO C., PARAMAGNET. (1)H-NMR-VERSCHIEB. BEI METMYOGLOBIN, METHAEMOGLOBIN U. HAEMIN-DERIV. 63-0136
HO P., SYNTH. IN D. DITERPEN-ALKALOID-REIHE 8. MITT. 59-0699
HOARD J. L., STEREOCHEMIE D. DISKRETEN ACHTERKOORDINAT. 4. MITT. 62-0014
- STEREOCHEMIE D. DISKRETEN ACHTERKOORDINATION 5. MITT. 63-0020
- STRUKTUR DES TRANS-DIOXOTETRACYANOMOLYBDAT(IV)-IONS IM KRISTALLINEN SALZ K3NA(MOO2(CN)4).6H2O 64-0017
HOARE D. G., RK. V. HYDROXAMSAEUREN MIT WASSERLOESL. CARBODIIMIDEN, EINE LOSSENSCHE UMLAGER. 60-0287
HOBBS C. F., 1.3-BIS-(M-BROM-PHENYL)- U. 1.3-BIS-(P-CHLOR-PHENYL)-DISILOXAN 61-0425
- ALKYLIER. V. ALKYLIDEN-BIS-(DIMETHYLAMINEN) 64-0343
HOBBS W. E., 7-EXO-BROM-2-OXABICYCLO(4.1.0)HEPTYL-(7)-LITHIUM 59-0587
HOBERG H., ORGANOALAN-KATALYSIERTE ADDIT. V. DIAZOMETHAN AN C-N-MEHRFACHBIND. 53-0393
- RK. D. JODMETHYL-DIALKYLALANE MIT C-N-MEHRFACHBIND. 57-0041
HOBSON J. D., CHEMIE D. 2-AZIDO-TROPONS 1. MITT. 53-0285
- SPALT. TERT. BASEN MIT CHLORAMEISENSAEURE-PHENYLESTER, RUECKBLDG. V. AJMALIN AUS 21-DESOXY-AJMALIN 54-0517
HOCH H., SYNTH. MIT ENAMINEN 15. MITT. 56-0384
HOCHMANN P., TABELLEN V. QUANTENCHEM. DATEN 13. MITT. 53-0087
HOCHSTETLER A. R., EINE PHOTOCHEM. EINGELEITETE UMLAGER. V. 1.2.3.4.4A.5.6.7-OCTAHYDRO-1.1.4A-TRIMETHYLNAPHTHALIN 53-0295
- SYNTH. V. (+-)-GEOSMIN U. ANDERER 1.10-DIMETHYL-DECALOL-(9)-ISOMERER 64-0513
HOCHU M., ISOMERISIER. UNTER D. EINFL. V. BASEN IN APROT. MEDIUM 58-0328
HOCKS P., INSEKTENHORMONE, 9. MITT. 56-0700
HODGES A. E., ZIRKULARDICHROISMUS IN KUPFER(II)-KOMPLEXEN V. BIS-(GLYCYL)-AETHYLENDIAMIN-ANALOGEN 61-0003
HODGES R. J., HOMOGENER TALL-KATALYSIERTER WASSERSTOFF-ISOTOPEN-AUSTAUSCH IN AROMAT. VERB., MARKIER. V. NITROBENZOL, BROMBENZOL, NAPHTHALIN U. ACETOPHENON 55-0220
- SPEZIFITAET D. HOMOGENEN METALLKATALYSIERTEN WASSERSTOFFISOTOPENAUSTAUSCHES V. POLYCYCLISCHEN AROMAT. KW-STOFFEN. BEWEIS FUER D. KOMPLEXBLDG. ZWISCHEN AROMAT. KW-STOFFEN U. UEBERGANGSMETALLEN 56-0222
HODGINS L. T., KORRELATION D. INFRAROT-STRECKSCHWINGUNGS-FREQUENZEN V. KETONEN, OLEFINEN U. OXIMEN 57-0086
HODGKIN D. C., KRIST.-STRUKTUR U. ABS. KONFIG. V. 3-O-(P-BROM-BENZOYL)-FUSIDSAEUREMETHYLESTER 57-0170
HODNETT E. M., LSGM.-EFFEKTE BEI D. CHLORIER. V. ISOBUTYLCHLORID U. TERT.-BUTYLCHLORID 61-0216
- SEK. BETA-ISOTOPENEFFEKT BEI D. PHOTOCHLORIER. V. 2-METHYL-(2-T)-PROPAN 61-0217
HODOS M., BENZO-DERIV. V. NITROCYCLOPENTADIEN 61-0494
HODSON D., EINW. V. P-TOLUOLSULFONYLAZID AUF BETA-KETO-SULFOXIDE 63-0424
HODSON H. F., ALKALOIDE AUS KALEBASSENCURARE U. STRYCHNOS-ARTEN 4. MITT. 56-0654
HOEFFINGER J., METHYL-HOMOLOGE D. PYRANTHRENS U. VIOLANTHRENS 64-0534
HOEFLE G., RK. V. INAMINEN MIT CARBONSAEURE- U. N-ACYL-AMINO-SAEUREANHYDRIDEN SOWIE ANLAGER. AN OXAZOLONE-(5) U. PSEUDOOXAZOLONE-(5) 57-0536
- MECHANISMUS D. DAKIN-WEST-RK. 59-0239
HOEFLER F., CHEMIE D. SILICIUM-STICKSTOFFVERB. 69. MITT. 64-0043
- CHEMIE D. SILICIUM-STICKSTOFF-VERB. 70. MITT. 64-0044
HOEFNAGEL M. A., CYCLOHEXANDERIV. 6. MITT. 57-0149
HOEGBERG S., CYCLOOLIGOMERE PHENOL-ALDEHYD-KONDENS.-PROD. 1. MITT. 60-0445
HOEHN M., UMSETZ. V. VINYLBROMID U. SUBSTITUIERTEN VINYLBROMIDEN MIT LITHIUM IN TETRAHYDROFURAN ZU LITHIUMACETYLIDEN 54-0207
HOEHNE E., SOLANUM-ALKALOIDE 82. MITT. 53-0102
- ALKALOIDE AUS VERATRUM ALBUM SSP. LOBELIANUM (BERNH.) SUESSENGUTH 14. MITT. 53-0507
HOEKSEMA H., CELESTICETIN 5. MITT. 58-0713
HOEKSTRA J. J., DIREKTE FLUORIER. V. NATRIUMDICYANAMID U. CYANGUANIDIN 64-0396
HOERHAMMER L., TRANSACYLIER.-RK. IN D. FLAVONOIDREIHE 2. MITT. 53-0404
- STRUKTURAUFKLAER. U. SYNTH. D. DIDYMINS, EINES ISOSAKURANETIN-7-BETA-RUTINOSIDS AUS MONARDA DIDYMA L. 58-0702
- SYNTH. V. QUERCETIN-3-GLYKOSIDEN 1. MITT. 58-0703
- ENDGUELT. KONSTIT.-AUFKLAER. U. SYNTH. V. NARIRUTIN, DIDYMIN, RHOIFOLIN, PONCIRIN U. FORTUNELLIN 59-0683
- SYNTH. V. QUERCETIN-3-GLYKOSIDEN 2. MITT. 61-0699
- SYNTH. V. QUERCETIN-3-GLYKOSIDEN 3. MITT. 61-0700
- ISOFLAVONGLYKOSIDE 9. MITT. 63-0759
- TRANSACYLIER.-RK. IN D. FLAVONOID-REIHE 3. MITT. 63-0760
HOERHOLD H., CUMOLDERIV. ALS MODELLSUBSTANZEN FUER PARA-SUBSTITUIERTE POLYSTYROLE 56-0057
- POLYMERISATIONSFAEH. U. POLYMERE VERB. 8. MITT. 56-0746
- POLYMERISAT.-FAEH. U. POLYMERE VERB. 9. MITT. 59-0794
HOERING R., SAEUREKATALYSIERTE RK. V. NITROSOVERB. 4. MITT. 53-0232
HOERMANN H., FARBRK. V. KOHLENHYDRATEN 4. MITT. 64-0780
- FARBRK. V. KOHLENHYDRATEN 5. MITT. 64-0781
HOERNFELDT A., UNGESAETT. GAMMA-THIOLACTONE 6. MITT. 56-0475
- UNGESAETTIGTE GAMMA-THIOLACTONE 7. MITT. 60-0502
- DIMERISIER. V. 5-METHYL-BUTENOLID 62-0518
HOEVER H., KATION. UMLAGER. V. NORBORNADIENDIMEREN IN D. KAEFIGKOHLENWASSERSTOFF HEPTACYCLO(9.3.0(1.11).0(2.6)-.0(3.10).0(4.8).0(7.14).0(9.13))TETRADECAN 54-0341
HOFF A., SCHWEFEL-STICKSTOFF-VERB. 2. MITT. 57-0034
- HYDROLYSE D. THIAZYLFLUORIDS U. TETRASCHWEFELTETRANITRIDS U. D. RK. V. NATRIUMTHIOSULFAT MIT SALZSAEURE 61-0036
HOFFERBERT W. L. JUN., HETEROCYCL. ZWISCHENPROD. ZUR DARST. V. THERM. STABILEN POLYMEREN 2. MITT. 63-0625
HOFFMAN D. M., IONENPAAR-PHAENOMENE BEI SULFONIUMKATION-ZWISCHENSTUFEN WAEHREND D. CHLOROLYSE V. KOHLENSTOFF-SCHWEFEL-BIND. 53-0133
HOFFMAN J. M., MECHANISMUS D. OLEFINBLDG. AUS BENZYLSULFOXIDEN UNTER VERW. V. PHENYLLITHIUM 64-0295
HOFFMANN E. G., BORVERB. 13. MITT. 57-0038
HOFFMANN H., RINGVERENG. BEI D. ELEKTROCHEM. RED. EINES 1.4-BENZODIAZEPIN-DERIV. 55-0464
- ORTHOAMIDE 2. MITT. 57-0258

- SAEUREAMID-RK. 50. MITT. 57-0308
- DARST. V. ALPHA-AMINOPHOSPHONSAEUREESTERN U. VERWANDTEN VERB. 59-0386

HOFFMANN H. M. R., E1CB-RK. 54-0171
- CYCLOADDITIONEN D. 2-METHYL-ALLYL-KATIONS AN KONJUGIERTE DIENE 58-0540

HOFFMANN I., UNTERS. D. DURCH BORTRIFLUORID U. POLYPHOSPHORSAEURE KATALYSIERTEN RK. V. AROMAT. ALDEHYDEN MIT BENZYLCYANID 58-0637

HOFFMANN K. A., MECHANISMUS EINIGER ELEKTROCHEMILUMINESZENTER PROZESSE 57-0070

HOFFMANN R., DEHYDROBENZOLE U. DEHYDROKONJUGIERTE MOL., WECHSELWRKG. V. ORBITALEN, D. DURCH SIGMA-BIND. GETRENNT SIND 60-0154
- D. ELEKTRONENSTRUKTUR V. CARBENEN 60-0184
- WASSERSTOFF-BINDUNG IN PYRIDIN 60-0198
- TRIMETHYLEN U. ADDIT. V. METHYLEN AN AETHYLEN 60-0232
- ISOCYANID-CYANID- U. ISOELEKTRON. UMLAGER. 63-0317

HOFFMANN R. W., THERM. SPALT. V. 7.7-DIMETHOXY-CYCLOHEPTATRIEN 54-0286
- TETRAMETHOXY-AETHYLEN 4. MITT. 55-0233
- TETRAMETHOXY-AETHYLEN 5. MITT. 55-0234
- PHOTOCHEM. UMLAGER. IN ENAMIDEN 60-0311

HOFFMANN S., N-(2-METHYLMERCAPTO-PYRIMIDINYL-(4))-AMINOSAEUREN 63-0696
- SEO2-OX. V. ACETESSIGALDEHYD-DIMETHYLACETAL 64-0381

HOFFMANN W., DIENON-PHENOL- U. DIENOL-BENZOL-UMLAGER. 59-0415

HOFFSOMMER R. D., ZERLEG. V. (+-)-ZEARALENON, BEST. D. ABS. KONFIG. BEI D. NATUERL. ENANTIOMEREN 53-0582
- TOTALSYNTH. D. MACROLIDS ZEARALENON 60-0788

HOFMAN P. S., RK. V. 4.4-DIMETHYL-1-PHENYL-ISOCHROMAN MIT JODWASSERSTOFFSAEURE U. PHOSPHOR 57-0455

HOFMANN K. D., CUMOLDERIV. ALS MODELLSUBSTANZEN FUER PARA-SUBSTITUIERTE POLYSTYROLE 56-0057
- POLYMERISATIONSFAEH. U. PLYMERE VERB. 8. MITT. 56-0746
- POLYMERISAT.-FAEH. U. POLYMERE VERB. 9. MITT. 59-0794

HOFMANN R., ZERS. ORGAN. HYDROPEROXIDE IN GGW. V. BASEN 56-0239

HOFMEISTER H., SYNTH. V. 1ALPHA.2ALPHA,6BETA.7BETA-DIMETHYLEN-STEROIDEN 59-0751

HOGAN J. C., PHOTOCHEM. SYNTH. V. CYCLOOCTADIEN-(1.5)- U. -(1.3)-EISENCARBONYLEN 62-0044

HOGANSON E. D., CHEMIE D. SULFONESSIGSAEUREDERIV. 1. MITT. 63-0379

HOGARTH M. J., ORGANOMETALLVERB. 6. MITT. 59-0080
- ORGANOMETALLVERB. 7. MITT. 62-0284

HOGBEN M. G., EIN NICHTSTEREOCHEM. WEG ZUR SILICIUMSTICKSTOFF-PI-BIND. 56-0145

HOGERVORST A., BASIZITAET V. ALKINYLPHOSPHINEN 61-0178

HOGEVEEN H., NMR-UNTERS. ZUR KINETIK D. SYST. NORBORNADIEN, DI-MY-CHLORO-DINORBORNADIEN-DIRHODIUM, ENTSTEH. EINES RHODIUM-KOMPLEXES MIT FUENFFACHER KOORDINAT. 55-0016
- CHEMIE U. SPEKTROSKOPIE IN STARK SAUREN LSG., 11. MITT. 55-0083
- CHEMIE U. SPEKTROSKOPIE IN STARK SAUREN LSG. 8. MITT. 55-0225
- KATALYT. EFFEKTE BEI D. VALENZISOMERISIER. V. HEXAMETHYLTETRACYCLO(2.2.0.0(2.6).0(3.5))-HEXAN 56-0232
- CHEMIE U. SPEKTROSKOPIE IN STARK SAUREN LSG. 12. MITT. 57-0076
- CHEMIE U. SPEKTROSKOPIE IN STARK SAUREN LSG. 13. MITT. 57-0077
- CHEMIE U. SPEKTROSKOPIE IN STARK SAUREN LSG. 7. MITT. 57-0185
- HYDRIER. V. HEXAMETHYLBICYCLO(2.2.0)HEXADIEN-(2.5) 57-0467
- CHEMIE U. SPEKTROSKOPIE STARK SAURER LSG. 15. MITT. 62-0256
- CHEMIE U. SPEKTROSKOPIE IN STARK SAUREN LSG. 14. MITT. 64-0309

HOHLNEICHER G., ELEKTRONENZUSTAENDE V. PERIMETER-PI-SYST. 3. MITT. 58-0091

HOJO M., PERI-EFFEKTE 1. MITT. 59-0194

HOLAND S., SYNTH. U. EIG. D. DIASTEREOISOMEREN HEXADIIN-(1.5)-DIOLE-(3.4) 56-0274

HOLDEN J. R., KRISTALLSTRUKTUR EINES CARBANIONS, KALIUM-4.4-DINITRO-BUTEN-(2)-SAEUREAMID 61-0167

HOLDEN K. G., STUDIEN ZUR SYNTH. V. PROSTAGLANDINEN 59-0765

HOLIFIELD B. M., HALOGEN-KETENE 4. MITT. 55-0343

HOLIK M., PYRIDINE 20. MITT. 53-0415
- PYRIDINREIHE 24. MITT. 54-0099
- ELEKTRONENSTRUKTUR U. CHEM. REAKTIVITAET V. 1-METHYL-2-PYRIDONEN 58-0137

HOLLAND J. M., 3-OXO-1.4-DIPHENYL-3H-2-BENZOPYRAN U. SEINE EISENCARBONYL-KOMPLEXE 54-0033

HOLLAND V. R., PEROXYDASEWRKG. 18. MITT. 57-0783

HOLLANDS R., INHALTSSTOFFE D. FRUECHTE V. UVARIA CATOCARPA (ANNONACEEN), STRUKTUR V. SENEPOXID U. SENEOL 60-0794

HOLLECK L., MECHANISMUS D. NINHYDRIN-RED. NACH POLAROGRAPH. UNTERS. IN METHANOL. LSG., EINFL. V. PROTONENDONATOREN U. KATALYSATOREN AUF D. RED.-PROZESS 59-0196

HOLLIMAN F. G., MASSENSPEKTREN V. ORGAN. VERB., 5. MITT. 56-0142
- SYNTH. V. 2-METHOXY-PHENAZIN-1-CARBONSAEUREMETHYLESTER 60-0661

HOLLINDEN C. S., VERBESSERTE POLYSTYROLE FUER D. FESTPHASEN-PEPTIDSYNTH., WELCHE D. ANWEND. D. N-ALPHA-CARBOBENZOXY-SCHUTZGRUPPE SOWIE D. AKTIVIER. MITTELS GEMISCHTER ANHYDRIDE ERMOEGLICHEN 59-0795

HOLLIS D. P., PROTONMAGNET. RESONANZ.UNTERS. D. INTER- U. INTRAMOL. WECHSELWRKG. BEI MONONUCLEOTIDEN 59-0185

HOLLISTER K. R., INTRAMOL. ALKYLIER. ALS WEG ZU CYCL. SULFONEN U. SULFIDEN 58-0404

HOLLOWAY C., RELATIVE VORZEICHEN V. J(195PT-1H) BEI OLEFIN-KOMPLEXEN 56-0020

HOLLOWAY W., NUCLEOPHILE SUBSTITUT. V. KOORDINIERTEN XANTHOGENATEN U. DITHIOCARBAMATEN 54-0047

HOLLSTEIN U., NEUE SYNTH. V. 1-METHYL-PHENAZIN 63-0698
- STRUKTUR EINES AUS RYANODIN ERHALTENEN C19-DIKETONS 64-0890
- STRUKTUR EINER AUS RYANODIN ERHALTENEN C19-SAEURE 64-0891

HOLLY F. W., INDOL- U. 4-AMINO-INDOL-NUCLEOSIDE 58-0698
- NUCLEOSIDE MIT VERZWEIGTEN ZUCKERN 3. MITT. 63-0766

HOLLY S., DARST. U. UNTERS. V. LEWIS-SAEURE-KOMPLEXEN 2. MITT. 60-0047
- DARST. U. UNTERS. V. LEWIS-SAEURE-KOMPLEXEN 3. MITT. 63-0750

HOLLYMAN D. R., AMINOALKYLIER. V. METALLDERIV. D. INDOLS 2. MITT. 55-0393

HOLM R. H., CHARAKTERISIER. DIMERER KOMPLEXE D. DITHIOLENTYPS 60-0059
- DIASTEREOISOMERE VIERFACH KOORDINIERTE KOMPLEXE 4. MITT. 61-0028
- NMR-UNTERSUCHUNGEN DER GLEICHGEWICHTE VON PYRIDOXAMIN, PYRIDOXAL, 3-HYDROXY-PYRIDIN-4-ALDEHYD UND 3-HYDROXY-PYRIDIN-2-ALDEHYD IN WAESSRIGER LOESUNG 64-0218

HOLM T., MECHANISMUS D. GRIGNARD-ADDIT.-RK. 5. MITT. 58-0269
- MECHANISMUS D. GRIGNARD-ADDIT.-RK. 6. MITT. 64-0297

HOLMAN R. T., MASSENSPEKTROMETRIE V. LIPIDEN, ISOMERE NONIN-, NONEN- U. DIDEUTERONONENSAEUREMETHYLESTER 64-0142

HOLMES J. L., AETHER. OELE U. IHRE BESTANDTEILE 35. MITT. 62-0762

HOLT A., ANOMALE WASSERSTOFFBIND. IN POLYPHENYLSILOXAN-ALPHA.OMEGA-DIOLEN 58-0174

HOLT G., EINW. V. P-TOLUOLSULFONYLAZID AUF BETA-KETO-SULFOXIDE 63-0424

HOLTSCHMIDT N., DARST. UNSYMM. DISILANE MITTELS TRIMETHYLSILYLLITHIUM 59-0340
- DARST. U. EIG. V. METHYL-METHOXY-DISILANEN 59-0343

HOLUB M., TERPENE 191. MITT. 56-0170
- TERPENE 192. MITT. 62-0764

HOLUBEK J., STEROID-DERIV., 54. MITT. 61-0787

HOLY A., NUCLEINSAEUREKOMPONENTEN U. IHRE ANALOGA, 95. MITT. 53-0488
- OLIGONUCLEOTIDE 17. MITT. 53-0489
- DARST. V. N-DIMETHYLAMINOMETHYLEN-DERIV., EINE NEUE METH. D. SELEKTIVEN SUBSTIT. V. NUCLEOSIDAMINO-GRUPPEN 54-0487
- OLIGONUCLEOTID-VERB. 20. MITT. 54-0490
- NUCLEINSAEURE-BESTANDTEILE U. IHRE ANALOGA 99. MITT. 54-0496
- OLIGONUCLEOTIDVERB. 21. MITT. 57-0656
- NUCLEINSAEURE-KOMPONENTEN U. IHRE ANALOGE 114. MITT. 64-0793
- OLIGONUCLEOTID-VERB. 24. MITT. 64-0795

HOLZAPFEL C. W., SYNTH. D. OCHRATOXINE A U. B, METABOLITEN V. ASPERGILLUS OCHRACEUS WILH. 55-0432
- ISOLIER. U. STRUKTUR V. CYCLOPIAZONSAEURE, EINEM TOXISCHEN STOFFWECHSELPROD. V. PENICILLIUM CYCLOPIUM WESTLING 60-0796
- ISOLIER. U. STRUKTUR EINES NEUEN DITERPENLACTONS AUS TRICHOTHECIUM ROSEUM LINK 61-0761

HOMER J., EFFEKTE V. ''NON-BONDED'' WECHSELWRKG. IN LSG. AUF PROTONENRESONANZVERSCHIEB. 54-0068

HOMNICK C. F., THYROCALCITONIN 2. MITT. 63-0838

HONDA K., KINET. ISOTOPENEFFEKT BEI D. SULFONYLIER.-RK. 57-0218

HONDA O., STRUKTUR D. BISNORDITERPENOIDS INUMAKILACTON A 61-0764

HONDA Y., STRUKTUR U. STEREOCHEMIE V. BOSCHNIAKIN, BOSCHNIALACTON U. BOSCHNIALISAEURE, DEM OX.-PROD. V. BOSCHNIALACTON 55-0574

HONG B. H., TUMORLOKALISIERENDE AGENZIEN 4. MITT. 60-0808

HONG C. I., PEPTIDE V. PYRIMIDINAMINOSAEUREN 63-0841

HONG S., CYCLOADDIT. 19. MITT. 62-0278

HONG S. Y., ELEKTRON. EINFL. BEI D. 1.3-CYCLOADDITION AN DIARYLNITRILIMINE 56-0225

HONMA T., ADDIT.-RK. V. GLYKALEN 2. MITT. 58-0692
- ADDIT.-RK. V. GLYKALEN 3. MITT. 58-0693

HOOGEBOOM T. J., RINGMETALLIER. V. TOLUOL MIT BUTYLLITHIUM IN GGW. V. N.N.N'.N'-TETRAMETHYL-AETHYLENDIAMIN 58-0040

HOOGENBOOM B. E., CHEMIE D. SULFONESSIGSAEUREDERIV. 1. MITT. 63-0379

HOOPER R. J., CHEMIE D. N-HALOGENAMINE 8. MITT. 54-0264

HOOVER J. R. E., SYNTH. VON TRICYCLO(3.3.0.0(3,7))OCTAN (BIS-NORODAMANTAN), SOLVOLYSE SEINER MONO- U. DICARBINOLE 59-0484
- SYNTH. V. PENTACYCLO(4.3.0.0(2,5).0(3,8).0(4,7))NONAN (HOMOCUBAN) U. EINIGEN DERIV. 62-0474

HOPE D. B., ISOMERE DIMERE D. OXYTOCINS 64-0877
HOPE P., EINW. V. SCHWEFELMONOCHLORID AUF PRIM. AROMAT. AMINE, D. HERZ-RK. 53-0396
- EINW. V. SCHWEFELMONOCHLORID AUF 2-ACYL-1.1-DIMETHYL-HYDRAZINE, BLDG. V. TETRAZANEN U. OXADIAZOLINEN 57-0562
HOPFF H., SILICIUMAROMAT. VERB. 1. MITT. 59-0533
- VINYL-AUSTAUSCH-RK., 1. MITT. 60-0339
- SILICIUMAROMAT. VERB., 2. MITT. 60-0393
- VINYL-AUSTAUSCHRK. 2. MITT. 62-0286
HOPFINGER A., SYNTH. U. EIG. HOEHERER 9-(1-ALKYL)-CARBAZOLE 64-0601
HOPGOOD D., GLEICHGEW.- U. STEREOCHEM. UNTERS. D. RK. V. AMINOSAEUREN U. IHREN ESTERN MIT NITRILTRIACETATKOMPLEXEN ZWEIWERT. METALLE 63-0042
- METALLKOMPLEX-KATALYSE D. BAS. HYDROLYSE V. VERSCHIEDENEN AMINOSAEUREESTERN, DIE MIT D. NITRILOTRIESSIGSAEUREKOMPLEX V. KUPFER(II) KOORDINIERT SIND 63-0043
HOPKINS C. Y., STERCULINSAEURE, EINE FETTSAEURE AUS D. SAMENOEL V. STERCULIA ALATA 61-0455
HOPKINS T. L., SYNTH. V. DI-O-ALKYL-S-ARYL-THIOPHOSPHATEN 59-0355
HOPPE K., FEARON-FARBSTOFFE U. IHRE RK. 55-0278
- SAKAGUCHI- U. FEARON-RK., STRUKTUR D. FARBSTOFFE, BILDUNGSMECHANISMUS U. SPEZIFITAET D. RK. 55-0279
HOPPER R. J., CHEMIE D. N-HALOGENAMINE 7. MITT. 54-0263
HORA J., STEROIDE 106. MITT. 53-0546
- EINE NEUARTIGE AROMATISIER.-RK. FUER STEROIDE 63-0827
- STEROIDE 114. MITT. 64-0866
HORAK M., BEST. D. VERZWEIG.-GRADES IN ALKANEN DURCH IR-SPEKTROSKOPIE 3. MITT ANALYT. VERW. 58-0829
HORAK V., STRUKTUR U. EIG. V. SCHWEFELHALT. VERB. 1. MITT. 53-0110
- STRUKTUR U. EIG. SCHWEFELHALT. VERB. 2. MITT. 54-0122
- STRUKTUR U. EIG. V. SCHWEFELHALT. VERB. 3. MITT. 54-0123
- NATRIUMBORHYDRIDRED. V. 2.3-DIHYDROTHIANAPHTHEN-3-ONEN 57-0499
HOREAU A., NEUE BEISPIELE D. UNTERSCHIEDLICHEN MAGNET. VERH. V. ENANTIOMEREN IN CHIRALEM MEDIUM 64-0132
HORI M., INSEKTENHORMONE 8. MITT. 64-0869
HORI T., UNTERS. AM DIAZABENZOBICYCLO(3.3.1)NONAN-SYST. 8. MITT. 61-0655
HORIBE I., SESQUITERPENOIDE, 16. MITT. 53-0539
- WURZELN V. LINDERA STRYCHNIFOLIA VILL. 14. MITT. 59-0729
HORII T., ARALKYLHYDRODISULFIDE 8. MITT. 61-0391
HORII Z., MUTTERKORNALKALOIDE U. VERWANDTE VERB. 15. MITT. 64-0799
HORIIKE M., LSGM.-EFFEKTE IN EINER PARTIELL ASYMM. SYNTH. 1. MITT. 61-0456
HORINO H., SYNTH. U. RK. V. 5-AZIDO-TROPOLONEN 56-0386
- AZOKUPPL. V. 5-SUBSTITUIERTEN TROPOLONEN. BLDG. V. 3-ARYLAZO-TROPOLONEN 61-0664
HORIUCHI M., ABSPALT. D. 4-HYDROXYL-GRUPPE BEI MORPHIN-ALKALOIDEN 9. MITT. 57-0667
HORMAN I., INTRAMOLEKULARE NUCLEOPHILE TEILNAHME, 5. MITT. 61-0231
- INTRAMOLEKULARE NUCLEOPHILE BETEILIG. 7. MITT. 64-0266
HORN D. H. S., SYNTHET. UNTERS. AN INSEKTENHORMONEN, SYNTH. EINES MOEGL. STOFFWECHSELPROD. V. CRUSTECDYSON (20-HYDROXY-ECDYSON) 54-0591
HORN P., EPIMERISIER. V. REPANDIN ZU OXYACANTHIN 53-0502
- SAEUREAMID-RK. 50. MITT. 57-0308
HORNER L., O-CHINONE 28. MITT. 53-0290
- O-CHINONE 30. MITT. 56-0230
- O-CHINONE 31. MITT. 58-0310
- DARST. D. OPT. AKT. METHYL-N-PROPYL-BENZYL-PHENYL-SILANS 61-0431
- PHOSPHORORGAN. VERB. 60. MITT. 62-0288
- O-CHINONE 32. MITT. 63-0173
- VERS. ZUM VORGANG D. WASSERSTOFFUEBERTRAG. 17. MITT. 64-0251
- WEITERE RINGOEFFNUNGSRK. AM BENZOCYCLOBUTEN 64-0533
HORNYAK G., 1.2.4-TRIAZINE U. KONDENSIERTE DERIV. 3. MITT. 54-0465
HORNYAK-HAMORI M., 1.2.4-TRIAZINE U. KONDENSIERTE DERIV. 3. MITT. 54-0465
- 1.2.4-TRIAZINE U. KONDENSIERTE DERIV. 5. MITT. 60-0676
HOROWITZ A., RADIOLYT. WASSERSTOFFAUSB. AUS LSG. CHLORSUBSTITUIERTER AETHYLENE IN CYCLOHEXAN 56-0248
HOROWITZ R. M., FLAVONOIDE AUS CITRUS 9. MITT. 62-0704
HORROCKS W. D. W. JUN., KINETIK D. LIGANDENAUSTAUSCHS IN TETRAEDR. KOMPLEXEN, UNTERS. D. LIGANDENAUSTAUSCHS EINIGER NICKEL(II)- U. KOBALT(II)-KOMPLEXE MIT TERTIAEREN PHOSPHINEN DURCH PROTONENMAGNET. RESONANZ 59-0029
HORSAK I., HERST. U. EIG. V. SELENSAEUREDIALKYLESTERN 54-0025
HORSLEY W. J., (13)C-NMR-UNTERS. AN AMINOSAEUREN U. PEPTIDEN 64-0127
HORSPOOL W. M., UNTERS. UEBER FERROCENDERIV. 1. MITT. 53-0002
- UNTERS. AN FERROCEN-DERIV. 3. MITT. 54-0036
- DARST. V. PHENOXYRADIKALEN 54-0248
- PHOTOCHEM. ADDIT. V. 1.2-NAPHTHOCHINONEN AN P-DIOXEN 56-0247
- CHEMIE D. O-BENZOCHINONE 1. MITT. 63-0722
HORSTMANN C., ISOLIER. V. FONTAPHILLIN, GENTIANIN U. 4-AMINO-NICOTINSAEUREMETHYLESTER AUS BLATTEXTRAKTEN V. FONTANESIA PHILLYREOIDES LABILL 53-0604
HORTON D., ANWEND. D. 220MHZ-KERNMAGNET. RESONANZ AUF D. LOES. STEREOCHEM. PROBLEME, D. ANOMERE KONFIG. U. BEVORZUGTE KONFORM. V. 1-THIO-ALPHA-L-ARABINOPYRANOSE-TETRAACETAT 54-0103
- STRUKTUR V. ZUCKER-OSOTRIAZOLEN, KONFORM.- U. KONFIG.-WECHSELWRKG. D. POLYHYDROXYALKYLKETTEN 59-0150
- VERLAENGER. D. ZUCKERKETTEN UEBER ACTYLEN. ZWISCHENPROD. 4. MITT. 59-0653
- VERLAENGER. V. ZUCKERKETTEN UEBER ACETYLEN. ZWISCHENPROD. 5. MITT. 59-0654
- KONFORM. V. ALPHA-D-IDOPYRANOSEPENTAACETAT 64-0173
HORTON N., RK. V. DIPHENYLCYCLOPROPENON MIT AKTIVIERTEN ISOCYANATEN, LEICHTE SYNTH. V. BESTIMMTEN IMINOCYCLOPROPENEN 56-0381
- UNGESAETT. HETEROCYCLISCHE SYST. 36. MITT. 61-0583
HOSAKA S., PHOTODIMERISIER. V. ACRYLNITRIL 57-0411
HOSHI A., VERTEIL. V. TEREPHTHALSAEURE IN GEWEBEN 59-0816
HOSHINO O., EIN NEUES CYCLONONATRIENSYST. AUS N-VERATRYL-AETHANOLAMIN-N-TOSYLAT 59-0459
- NEUARTIGE UMLAGER. EINES CHINOLINACETATES 59-0598
- OX. V. CORYPALLIN U. SEINEM METHOJODID MIT FERRICYANID 61-0724
- FERRICYANID-OXYDATION D. DL-N-METHYL-ISOSALSOLIN U. SEINEM METHOJODID 62-0721
HOSKINS B. F., STRUKTUR D. KOBALT(II)-DERIV. D. SCHWEFELCHELATES AUS DITHIOACETYLACETON 54-0014
HOSODA H., ANALYTISCH-CHEMISCHE UNTERS. V. STEROIDEN 12. MITT. 61-0089
HOSOMI A., THERMISCHE ISOMERISIERUNG VON CYCLOPROPYLSUBSTITUIERTEN SILANEN 61-0293
HOSSZU J. L., DARST. U. STRUKTUR EINES PHOTODIMEREN D. 1-METHYLTHYMINS 55-0122
HOSTER D. P., NEUE SKELETT-UMLAGER. WAEHREND D. ESTER-PYROLYSE 56-0240
HOSTETTLER F. D., LIGNANE AUS D. KERNHOLZ V. ULMUS THOMASII 1. MITT. 58-0813
HOTA N. K., BENZOCARBORAN 64-0042
HOUALLA D., SPIROPHOSPHORANE MIT PHOSPHOR-WASSERSTOFF-BIND. 56-0528
HOUDARD J., REVERSIBLE PHOTOLYSE V. PYRIDIN IN WSS. LSG. 54-0432
HOUGH T. L., CHINOLIZINE 11. MITT. 61-0645
- CHINOLIZINE 12. MITT. 61-0646
HOUGHTON L. E., ADDUKTE AUS CHINONEN U. DIAZOALKANEN 5. MITT. 54-0190
- INTRAMOL. DONATOR-AKZEPTOR-WECHSELWRKG. ZWISCHEN AROMAT. AMINEN U. CHINONEN 56-0102
HOUGHTON R. P., BLDG. V. AMIDEN MIT AMINOMAGNESIUMVERB. 53-0238
- RK. KOORDINIERTER LIGANDEN 3. MITT. 54-0410
- BEDING. D. DURCH CARBONIUMIONEN INITIIERTEN SPALT. V. CHRYSANTHEMSAEUREDERIV. ZU VERB. MIT ARTEMISYL-, SANTOLINYL- U. LAVANDULYLGERUEST 55-0530
- SELEKTIVER KATALYSATOR ZUR HYDROLYSE U. UMESTER. V. CARBONSAEUREESTERN 56-0260
- (14)C-, (18)O- U. MASSENSPEKTRAL-UNTERS. D. PYROLYT. BLDG. V. KOHLENSUBOXID AUS O.O-DIACETYL-WEINSAEURE-ANHYDRID U. ACETOXYMALEINSAEUREANHYDRID 57-0256
- RADIOCHEM. UNTERS. D. PYROLYT. BLDG. V. KOHLENSUBOXID IM OXALESSIGSAEUREDIAETHYLESTER-ESSIGSAEUREANHYDRID-SYST., ISOTOPENAUSTAUSCH ZWISCHEN D. PROD. 57-0257
- RK. KOORDINIERTER LIGANDEN 4. MITT. 63-0456
HOULIHAN W. J., PROD. AUS D. RK. V. MOLEKULAREM SAUERSTOFF MIT D. NATRIUMSALZEN V. 3-PHENYL-OXINDOLEN U. 3-PHENYL-CUMARANON-(2) 62-0495
- RK. EINIGER KETOSAEUREN MIT ANTHRANILSAEURE, ANTHRANILAMIDEN, ORTHANILAMIDEN U. SALICYLAMID 64-0720
HOULTON P. R., NEUES RINGSYST. AUS 1.8-DISTYRYL-NAPHTHALIN 59-0460
HOUSE H. O., DARST. U. ZERS. UNGESAETT. DIAZOESSIGSAEURE-ESTER 58-0386
- P-METHOXY-BENZYLIDENDERIV. D. BERNSTEIN- U. MALONSAEUREN 58-0456
- PERHYDROINDAN-DERIV. 8. MITT. 58-0528
- VERW. V. BETA-KETO-SULFONEN ALS SYNTHET. ZWISCHENPROD. 58-0529
- CHEMIE V. CARBANIONEN 14. MITT. 61-0283
- CHEMIE V. CARBANIONEN 15. MITT. 61-0284
- CHEMIE V. CARBANIONEN 16. MITT. 61-0285
- CHEMIE V. CARBANIONEN 17. MITT. 61-0286
- PERHYDROINDAN-DERIV. 9. MITT. 61-0486
- PERHYDROINDAN-DERIV. 10. MITT. 61-0487
HOUSER R. W., CHEMIE D. SULFONYLISOTHIOCYANATE 1. MITT. 58-0427
HOUSITY J., KRIST.-STRUKTUR V. 10-(2-DIAETHYLAMINO-AETHYL)-PHENOTHIAZINHYDROCHLORID 56-0173
HOUSTY J., BEST. D. KRIST.-STRUKTUR V. METHYL-PHENYL-BARBITAL (MEPHEBARBITAL) 61-0169
- ANWEND. D. SYMBOL-ADDIT.-METH. AUF D. RAUMGRUPPE P2(1)2(1)2(1), STRUKTUR V. 1.3-DIAETHYL-2-THIO-BARBITURSAEURE 62-0159
HOUTMAN H. J., EIG. V. DIAZOSULFONATEN, 3. MITT. 55-0055
- EIG. V. DIAZOSULFONATEN 4. MITT. 55-0056
HOUTMAN J. P. W., RADIOLYSE V. FL. N-PENTAN 64-0331
HOUVENAGHEL-CREVECOEUR N., CHEM. UNTERS. MARINER INVERTEBRATEN 3. MITT. 62-0747

HOWARD A. S., ALKALOIDE AUS DAPHNANDRA-ARTEN 7. MITT. 53-0510
HOWARD J. A., ABS. GESCHW.-KONST. BEI D. OX. V. KOHLENWASSERSTOFFEN 9. MITT. 59-0208
- ABS. GESCHW.-KONST. BEI D. OX. V. KW-STOFFEN 10. MITT. 59-0209
HOWARD R. D., ZWISCHENSTUFEN BEI DER ZERSETZUNG VON ALIPHATISCHEN DIAZOVERB., 5. MITT. 61-0296
HOWE D. V., PI-DICARBOLLYLDERIV. V. UEBERGANGSMETALLEN, METALLOCEN-ANALOGE 59-0041
HOWE G. R., BEZIEH. ZWISCHEN PARTIELLEN GESCHW.-FAKTOREN D. DETRITIIER. U. BERECHNETEN SIGMA(+)-WERTEN 54-0161
HOWE I., METHOXYGRUPPEN-WANDER. BEI D. MASSENSPEKTREN V. ALIPHAT. DIMETHYLESTERN 53-0081
- UNTERS. ZUR MASSENSPEKTROSKOPIE 23. MITT. 57-0127
HOWE R., 2.3-DIHYDRO-2-HYDROXY-BENZO(B)FURANON-(3), D. CYCL. HALBACETAL V. 2-HYDROXY-PHENYL-GLYOXAL 56-0473
HOWE R. K., RK. V. PYRIDINIUM-YLIDEN 55-0450
HOWGATE P., PERMANGANAT-OX. D. THYMIDINS 58-0717
HOWSAM R. W., PDCL-PI-ALLYL-KOMPLEXBLDG. EINIGER 3-OXO-DELTA(4)-STEROIDE 63-0099
HOYDA F., SOLVOLYT. PI-RK.-WEG ZU AZABICYCLEN 63-0684
HOYE A., DARST. V. (131)J-MARKIERTEN 3.5.3'-TRIJOD-L-THYRONIN U. L-THYROXIN IN KLEINEN MENGEN 64-0456
HOYER G., KONSTIT. U. PHYSIKAL. EIG. 11. MITT. 60-0401
HOYER H. W., DIFFERENTIALTHERMOANALYSE D. DIELS-ALDER-RK. V. CYCLOPENTADIEN 57-0243
- DIFFERENTIALTHERMOANALYSE D. OELSAEURE-ELAIDINSAEURE-ISOMERISIER. 61-0291
HOYLAND J. R., AB-INITIO-BIND.-ORBITAL-BERECHN. 1. MITT. 62-0121
HOYT E. B. JUN., ZERFALL V. THIIRAN-1.1-DIOXIDEN (EPISULFONEN) 58-0296
- RK. V. BASEN MIT BENZYL-DIBROMMETHYL-SULFON U. BENZHYDRYL-DIHALOGENMETHYL-SULFONEN 63-0512
HOYTE R. M., CIS-TRANS-ISOMERISIER. V. ALLYLRADIKALEN 56-0265
HRABAK F., KINETIK ELEMENTARER RK. D. CHLOROPRENS 57-0769
HRADETZKY F., SYNTH. V. HETEROCYCLEN 105. MITT. 56-0455
HRADIL J., EINFL. V. LSGM. AUF D. SELEKTIVITAET ELEKTROPHILER REAGENZIEN 1. MITT. 64-0263
HRANISAVLJEVIC J., VERBESSERTE DARST. V. 3ALPHA-ACETOXY-11.20-DIOXO-5BETA-PREGNAN, D. WICHTIGSTEN ZWISCHENSTUFE D. SYNTH. V. CORTICOSTEROIDEN MIT SAUERSTOFF IN 11-STELL. 55-0560
HRBEK J. JUN., ISOLIER. U. CHEMIE V. ALKALOIDEN AUS EINIGEN PFLANZEN D. D. GATT. PAPAVER 41. MITT. 56-0093
HROLOVIC P., DISSOZIAT.-KONST. V. 2-HYDROXY-BENZOPHENONDERIV. IM GRUND- U. ANGEREGTEN ZUSTAND 57-0186
HRIVNAK J., POLYSACCHARIDE D. SILBERWEIDE (SALIX ALBA L.), KONSTIT. V. 4-O-METHYL-GLUCURONOXYLAN 54-0582
HROMATKA O., HALOGENIER. V. 1-AMINOFLUOREN-9-ON 54-0325
- NEUES HETEROCYCL. RINGSYST., SYNTH. D. 2.3.4.8-TETRAHYDRO-ANTHRA(1.9-EF)-1.4-DIAZEPINDIONS-(3.8) 54-0475
- HALOGENIERTE DERIV. D. FLUORENO(1.9-EF)-1.4-DIAZEPINS 55-0483
- 1H-2.1.5-BENZOTHIADIAZOCINE 1. MITT. 64-0770
- 1H-2.1.5-BENZOTHIADIAZOCINE 2. MITT. 64-0771
- 1H-2.1.5-BENZOTHIADIAZOCINE 3. MITT. 64-0772
- 1H-2.1.5-BENZOTHIADIAZOCINE 4. MITT. 64-0773
HRUBAN L., UV-SPEKTRUM U. METHYLENDIOXY-GRUPPE V. EINIGEN AROMAT. VERB. U. ALKALOIDEN 54-0057
HRUSKA F. E., KONFORM.-AENDER. IN D. RIBOSEGRUPPE V. DINUCLEOSIDMONO- U. -DIPHOSPHATEN. TEMP.-ABHAENGIGK. 63-0189
HSIEH H. H., EINE NEUE REDUKTIVE RETRO-CLAISEN-RK. 54-0400
HSU F. M., HYDROHALOGENIER. U. DEUTEROHALOGENEIR. V. NORBORNENON-(7) 62-0475
HSU H. Y., INSEKTENHORMONE 5. MITT. 59-0756
HUANG C. W., PHOTOADDIT. V. INDEN U. ACRYLNITRIL 53-0306
HUANG H. H., RK. V. TERT.-BUTYL-PEROXID MIT TOLUOLDERIV. 56-0394
- ORGANOZINNVERB. 2. MITT. 58-0005
- MOLARE KERR-KONST. U. ANISOTROPE POLARISIERBARK. V. EINIGEN STER. GEHINDERTEN, AROMAT. NITROVERB. 62-0067
HUANG M. G., EINFACHE SYNTH. V. 1.3-OXATHIOLANEN AUS KETONEN U. 2-MERCAPTO-AETHANOL 63-0629
HUANG P. C., DIAZENE 1. MITT. 62-0403
- DIAZENE 2. MITT. 62-0404
- DIAZENE 3. MITT. 62-0405
- IRREVERSIBLE ENZYMINHIBITOREN 116. MITT. 63-0875
- IRREVERSIBLE ENZYMINHIBITOREN 120. MITT. 63-0879
HUANG S. J., BESTAEND. HALOGEN-ENAMINE, MOEGL. SOLVOLYSE V. SN1-TYP 62-0665
HUB L., ASYMM. RK. 25. MITT. 62-0446
HUBACHER M. H., BENZOL-RESORCIN-PHTHALINANHYDRID V. VON PECHMANN 61-0541
HUBBARD J. W., SYNTH. V. 3.5-BISHYDROXYMETHYL-6-METHYL-2-PYRIDON, EINEM PYRIDOXIN-ISOMEREN 57-0582
HUBER E., STOFFWECHSELPROD. V. MIKROORGANISMEN, 60. MITT. 54-0362
HUBER G., MOENOMYCIN 4. MITT. 53-0579
HUBER J. E., PHOTOOX. V. ENAMINEN, PARTIALSYNTH. V. PROGESTERON 62-0801
HUBER K., KROETENGIFTE 32. MITT. 54-0539
HUBER U. A., BLDG. V. HOMOFULVENEN 63-0559
HUBERT A. J., MULTIMAKROCYCL. VERB. 4. MITT. 54-0319
- NEUE METH. ZUR KATALYT. PARTIELLEN HYDRIER. V. DIOLEFINEN ZU MONOOLEFINEN, DARST. V. CYCLOALKENEN 55-0296
- MAKROCYCL. VERB. 13. MITT. 57-0253
- BASENKATALYSIERTE PROTOTROPE ISOMERISIER. 1. MITT. 58-0384
- BASENKATALYSIERTE PROTOTROPE ISOMERISIER. 2. MITT. 59-0509
HUCKERBY T. N., WASSERSTOFF-HALOGEN-WECHSELWRKG. IN ALUMINIUMHALOGENID-4-AETHYLPYRIDIN-KOMPLEXEN 56-0013
HUCKSTEP L. L., VINCA-ALKALOIDE 30. MITT. 58-0728
- ARANOTIN U. VERWANDTE METABOLITEN AUS ARACHNIOTUS AUREUS 1. MITT. 63-0852
HUDEC J., PHOTOCHEM. UMLAGER. V. DIALLYLVERB., NACHW. D. FEHLENS D. INVERS. D. WANDERNDEN ALLYLGRUPPE DURCH DEUTERIUMMARKIER. 53-0184
- PHOTOCHEM. 1-ALKYLIER. V. AMINEN DURCH BENZOESAEURE-ESTER 53-0197
- ORGANOMETALL. ZWISCHENPROD. 3. MITT. 54-0035
- ACETOLYSE V. 3.4-BENZOTRICYCLO(4.2.1.0(2.5))-3-NONEN-7-YL-P-TOLUOLSULFONATEN 54-0152
- BEZIEH. ZWISCHEN REAKTIVITAET U. KONFORMATIVER VERDREH. BEI D. ALDOLKONDENSAT. 54-0172
- RK. D. ACETYLENDICARBONSAEURE-DIMETHYL-ESTERS MIT MALONSAEURE-DERIV., PENTAMETHOXYCARBONYLCYCLOPENTADIENYL-ANION, TETRAMETHOXYCARBONYLCYCLOPENTADIENON, CYANTETRAMETHOXYFULVENOLAT-ANION U. VERWANDTE VERB. 54-0299
- FEHLENDE INVERSION D. WANDERNDEN ALLYL-GRUPPE BEI D. PHOTOCHEM. UMLAGER. EINES HEXADIEN-(1.5)-DERIV. 62-0428
- OPTISCHE UND PHOTOCHEMISCHE EIGENSCHAFTEN VON METHYLISOPULEGON 64-0329
HUDSON A., ESR V. ALIPHAT. NITROXIDEN 2. MITT. 60-0111
HUDSON A. G., POLYFLUORPHENAZINE 61-0660
HUDSON C. B., PYRROLIDIN ALS GEWOEHNL. VERUNREINIG. V. DELTA(3)-PYRROLIN, RICHTIGE STRUKTUR D. RK.-PROD. AUS ISATIN U. DELTA(3)-PYRROLIN 53-0352
HUDSON C. E., STEREOSPEZIFITAET IN D. BLDG. V. OZONIDEN U. GEKREUZTEN OZONIDEN (CROSS-OZONIDS) 61-0596
HUDSON H. R., FAKTOREN BEI D. BLDG. ISOMERENFREIER U. OPT. REINER ALKYLHALOGENIDE 5. MITT. 63-0361
HUDSON J. A., ACIDITAET V. KOHLENWASSERSTOFFEN 28. MITT. 58-0261
HUDSON R. F., EINBAURK. V. P-N-VERB. MIT ISOCYANATEN 56-0364
HUDYMA T. W., DARST. U. ENTZUENDUNGSHEMMENDE WRKG. EINIGER 5-(2-ANILINOPHENYL)-TETRAZOLE 57-0566
HUEBNER C. F., RK. V. DEHYDROBENZOL MIT INDEN 62-0463
HUEBNER H., ZERS. ORGAN. HYDROPEROXIDE IN GGW. V. BASEN 56-0239
- KINETIK U. MECHANISMUS D. BLDG. V. ARYLCYANIDEN AUS 4-ARYLIDENAMINO-1.2.4-TRIAZOLEN 58-0266
- ISOTOPIEEFFEKTE BEI AUTOXYDATIONEN 2. MITT. 59-0201
HUEBNER W., 3-VINYL-PYRAZOLOCHINONE 56-0376
HUECKEL W., KRYPTOIONEN-RK. ''KLASS.'' U. ''NICHTKLASS.'' IONEN 59-0174
HUEGI R., ELEKTRONEN- U. INFRAROTSPEKTREN V. HYDRATEN U. CLATHRATEN DES NICKELCYANIDS 59-0006
HUENIG S., SYNTH. MIT ENAMINEN 14. MITT. 53-0234
- SYNTH. MIT ENAMINEN 13. MITT. 53-0472
- SYNTH. MIT ENAMINEN 16. MITT. 56-0295
- SYNTH. MIT ENAMINEN 17. MITT. 56-0296
- SYNTH. MIT ENAMINEN 15. MITT. 56-0384
- HETEROCYCL. ARYLAZOQUART.-SALZE 1. MITT. 56-0459
- HETEROCYCL. ARYLAZOQUARTAERSALZE 2. MITT. 56-0460
- HETEROCYCL. ARYLAZOQUARTAERSALZE 3. MITT. 56-0461
- DARST. HETEROCYCL. TRIAZATRIMETHINCYANINE 58-0545
- PHENYLSUBSTITUIERTE 4.4'-DIPYRIDYLIUMSALZE 58-0644
- PENTAAZA-PENTAMETHINCYANINE 1. MITT. 59-0497
- PENTAAZA-PENTAMETHINCYANINE 2. MITT. 59-0498
- NEUE DARST. V. ALPHA.BETA-DIAZA-TRIMETHINCYANINEN 61-0625
- REVERSIBLE REDOXSYST. V. WEITZ-TYP. POLAROGRAPH. UNTERS. 62-0186
HUEPPI G., STEROIDE 336. MITT. 59-0759
HUESCHENS R., HOCHSUBSTITUIERTE AETHYLENE U. GLYKOLE 7. MITT. 64-0503
HUET J., KONDENS. V. FORMALDEHYD MIT CYCLOHEXANON 1. MITT. 57-0426
- KONDENS. V. FORMALDEHYD MIT CYCLOHEXANON, RED. V. MESO-2.2'-DIOXO-DICYCLOHEXYLMETHAN 59-0423
HUETHER H., PROTONENRESONANZ-SPEKTROSKOP. UNTERS. AN METHYLIERTEN CYCLOBUTADIEN-EISENTRICARBONYLEN ZUR KENNTNIS D. BIND.-VERHAELTNISSE D. KOMPLEX GEBUNDENEN CYCLOBUTADIENS 61-0005
HUETTEL R., OLEFIN-PALLADIUMCHLORID-KOMPLEXE 10. MITT. 57-0063
- OLEFIN-PALLADIUMCHLORID-KOMPLEXE 11. MITT. 59-0089
HUETTENRAUCH R., ANALYTIK D. ANTIBIOTIKA 7. MITT. 55-0596
- BEZIEH. ZWISCHEN PHYSIKAL.-CHEM. EIG. U. WIRKSAMK. BEI STEROIDEN 1. MITT. 57-0799
- ANALYTIK D. ANTIBIOTIKA 9. MITT. 58-0183
HUETTER R., STOFFWECHSELPRODUKTE V. MIKROORGANISMEN 57. MITT. 53-0577
- STOFFWECHSELPROD. V. MIKROORGANISMEN 58. MITT. 54-0576
HUFFMAN J. W., SYNTH.-WEG ZU EINIGEN STEROID-ALKALOIDEN 61-0727
HUGELIN B., KINET. UNTERS. D. POLYMERISAT. EINIGER KONJUGIERTER DIENE IN PENTANLSG. IN GGW. V. METALL.

LITHIUM 57-0772
HUGHES A. N., WECHSELWRKG. V. METHYLEN U. AETHYLCHLORID 56-0204
- RK. V. 1.2.5-TRIPHENYL-PHOSPHOL MIT ACETYLENDICARBON-SAEUREDIMETHYLESTER 61-0567
HUGHES D., HALOGEN-O-PHENYLENDIAMINE U. V. IHNEN ABGELEITETE HETEROCYCLEN 2. MITT. 62-0501
HUGHES J. B., VERLAENGER. D. ZUCKERKETTEN UEBER ACTYLEN. ZWISCHENPROD. 4. MITT. 59-0653
HUGHES M. N., KINETIK U. MECHANISMUS D. RK. ZWISCHEN SALPETRIGER SAEURE U. HYDROXYLAMIN 2. MITT. 60-0297
- KINETIK U. MECHANISMUS D. RK. ZWISCHEN SALPETR. SAEURE U. HYDROXYLAMIN 3. MITT. 62-0024
HUGHES N., RK. V. LEUKOCHINIZARINEN MIT ALKYLENDIAMINEN 62-0660
HUGHES N. A., BLDG. V. METHYL-2.6-ANHYDRO-3.4-O-ISOPROPYLIDEN-ALPHA- U. -BETA-D-TALOPYRANOSID DURCH EINE INTRAMOL. VERSCHIEB. BEI D. METHANOLYSE V. 1.6-ANHYDRO-3.4-O-ISOPROPYLIDEN-2-O-METHANSULFONYL-BETA-D-GALAKTOPYRANOSE 55-0488
HUGHES N. W., STEROIDE 29. MITT. 60-0774
- STRUKTUR V. DIGACETIGENIN 64-0852
HUGUENIN R., ISOLIER., AMINOSAEUREZUS. U. TRYPT. ABBAU V. THYROCALCITONIN AUS SCHWEINESCHILDDRUESEN 58-0790
HUI K. M., ORGANOZINNVERB. 2. MITT. 58-0005
HUI S. H., CHEM. VERH. V. LADUNGSUEBERTRAGUNGS-KOMPLEXEN 5. MITT. 63-0257
HUISGEN R., 1.3-DIPOLARE CYCLOADDIT. 33. MITT. 54-0385
- NEUES UEBER 1.3-CYCLOADDITIONEN 56-0259
- 1.3-DIPOLARE CYCLOADDIT. 34. MITT. 58-0595
- 1.3-DIPOLARE CYCLOADDITIONEN 35. MITT. 58-0596
- 1.3-DIPOLARE CYCLOADDITIONEN 39. MITT. 59-0234
- 1.3-DIPOLARE CYCLOADDIT. 36. MITT. 59-0506
- 1.3-DIPOLARE CYCLOADDIT. 38. MITT. 59-0507
- 1.3-DIPOLARE CYCLOADDIT. 37. MITT. 59-0544
- MECHANISMUS 1.3-DIPOLARER CYCLOADDIT., EINE ERWIDER. 64-0289
HUISMAN H. O., ADDIT. AN STEROIDPOLYENE 4. MITT. 53-0556
- HETEROCYCL. STEROIDE 10. MITT. 53-0559
- HETEROCYCL. STEROIDE 11. MITT. 57-0585
- TOTALSYNTH. V. ANTHRASTEROIDEN 1. MITT. 57-0731
- TOTALSYNTH. V. ANTHRASTEROIDEN 2. MITT. 57-0732
- TOTALSYNTH. V. ANTHRASTEROIDEN 3. MITT. 57-0733
- NEUE FORTSCHRITTE BEI D. TOTALSYNTH. D. HETEROCYCL. STEROIDE 58-0781
- POLYNUCLEARE HETEROCYCL. SYST. 5. MITT. 61-0523
- DIHYDROCHINOLONE 6. MITT. 64-0709
HUITRIC A. C., VERW. DER KERNMAGNET. RESONANZ ALS KONTROLLE DER OPT.SPALT. 59-0721
HUKE M., DARST. U. EIG. V. 6-AETHYL-NAPHTHOCHINON-(1.4) 55-0328
- ANALYTIK EINIGER HYDROXYCUMARANONE-(3) 2. MITT. 61-0545
- POLYHYDROXYAURONE MIT VICINALEN HYDROXYLGRUPPEN 2. MITT. 61-0546
HULBERT P. B., OPT. ROTAT.-DISPERS. 48. MITT. 56-0094
HULL L. A., OX. V. AMINEN 5. MITT. 62-0203
HULL R., REISSERT-VERB., RK. EINIGER THIOCARBONYLCHLORIDE MIT CHINOLIN, ISOCHINOLIN U. PYRIDIN 64-0566
HULLAR T. L., VINYLPHOSPHONATE, BEQUEME DARST. V. PHOSPHONSAEUREANALOGEN V. PHOSPHATMONOESTERN 55-0451
HULLEY G., RELATIVE VORZEICHEN V. J(195PT-1H) BEI OLEFIN-KOMPLEXEN 56-0020
HULSCHER J. B., KRIST.- U. MOL.-STRUKTUR V. 1.3.5.7-TETRAMETHOXY-2.6-DIOXA-ADAMANTAN 62-0157
HULTIN E., SECURIDACA-SAPONIN 56-0763
HUMPHREY I. R., TRANSAMINIER. V. N.N-DIMETHYLFORMAMID-AZIN 53-0392
HUNECK S., STEREOCHEMIE 20. MITT. 55-0556
- FLECHTENINHALTSSTOFFE 31. MITT. 60-0122
HUNEDY F., NUCLEOPHILE VERDRAENG.-RK. BEI KOHLENHYDRATEN 5. MITT. 63-0752
- SYNTH. V. 5-ACETAMIDO-5-DESOXY-D-LYXOPYRANOSE 64-0783
HUNGER P., SYNTH. U. EIG. V. NAPHTHALIN-1.8-DIALDEHYD 56-0414
HUNKELER F., BLDG. U. UMWANDL. V. ESTERN 77. MITT. 54-0273
HUNNEMAN D. H., VORBEHALT GEGENUEBER PHTHALATESTERN AUS CRYPTOTAENIA CANADENSIS 60-0378
HUNT C. F., 7-NORBORNADIENYLTRICARBONYLEISEN-KATION 63-0047
HUNZIKER F., SIEBENGLIEDRIGE HETEROCYCLEN 10. MITT. 53-0470
HURD C. D., RK. V. ACRIDIN MIT MALEIN- U. FUMARSAEURE 57-0600
HURLBUT J. A., IRREVERSIBLE ENZYMINHIBITOREN 113. MITT. 60-0814
- IRREVERSIBLE ENZYMINHIBITOREN 114. MITT. 60-0815
HURLEY R., AUSBEUTE D. TRIPLETTZUSTANDES AROMAT. NITROVERB. 61-0319
HURLOCK R. J., BROMIER. V. CUMOL U. EINIGEN 4-HYDROXY-CUMOLEN MIT N-BROM-SUCCINIMID 61-0388
- UNTERS. AN DITHIOCARBAMATEN 1. MITT. 61-0413
HURST D. T., DARST. V. ALPHA-(PYRIDYL-(2))-CARBONSAEUREAETHYLESTERN 64-0715
HURST J., PYRAZOLO(4.3-B)- U. PYRAZOLO(3.4-C)PYRIDINE, RK. V. 2- U. 4-BROMMETHYL-3-NITRO-PYRIDIN MIT AROMAT. AMINEN 63-0689
HURST J. K., RED. V. FUMARATOPENTAMMINKOBALT(III)-KOMPLEXEN DURCH METALLIONEN 60-0034
- SULFON- U. ESTERLIGANDEN IN PENTAMMINKOBALT(III)-KOMPLEXEN 60-0060
HUSBANDS G. E. M., ALKALOIDE AUS CROTON-ARTEN 8. MITT. 61-0743
HUSEBY R. M., 1.2.4-TRIAZOLE 19. MITT. 64-0733
HUSSAIN H. A., ESR V. ALIPHAT. NITROXIDEN 2. MITT. 60-0111
HUSSAIN M. A., KINETIK U. MECHANISMUS D. RK. ZWISCHEN SALPETR. SAEURE U. HYDROXYLAMIN 3. MITT. 62-0024
HUSSEY A. S., GESCHW. DER HYDRIERUNG VON CYCLOALKENEN IN DER FL. PHASE AN PT-AL-KATALYSATOREN 59-0198
HUTCHINS J. E. C., EINFL. V. HALOGENIDIONEN AUF D. ZERS. V. DIAZOESSIGSAEUREAETHYLESTER 58-0299
HUTCHINS R. O., FAWORSKI-UMLAGER. V. CIS- U. TRANS-CARVON-TRIBROMID 1. MITT. 58-0739
HUTCHINSON R. E. J., NEUE SYNTH. V. N-ARYL-AZETIDINEN 60-0477
- INFRAROTINTENSITAETEN ZUR QUANTITATIVEN MESSUNG INNERMOL. WECHSEL-WRKG. 3. MITT. 61-0083
HUTCHINSON S. A., CANADENSOLID, EIN ANTIFUNGALER METABOLIT V. PENICILLIUM CANADENSE 58-0571
HUTTON J., MECHANISMUS D. RK. V. NITROSOBENZOL DURCH ALKOHOLE 58-0220
HUTTON R. E., ORGANOSILICIUM-CHEMIE 3. MITT. 56-0059
HUTZLER A., UMSETZ. V. VINYLBROMID U. SUBSTITUIERTEN VINYLBROMIDEN MIT LITHIUM IN TETRAHYDROFURAN ZU LITHIUMACETYLIDEN 54-0207
HUYNH X. Q., REAKTIVITAET V. AETHYLENVERB., BROMIER. 17. MITT. 62-0219
HUYNH ANH HOA, EINW. V. NOCL AUF SUBSTITUIERTE MONOPHENOLE 59-0353
HUYSER E. S., REAKTIVITAETEN V. STER. BEHINDERTEN STYROLEN BEI D. ADDIT. V. FREIEN RADIKALEN 58-0202
- FREIE RADIKALALKYLIER. V. 2-HYDROXY-1.4-NAPHTHOCHINON 59-0439
- RK. V. BROM MIT STER. GEHINDERTEN OLEFIN-BIND. 61-0434
HWANG B., STUDIEN ZUR SYNTH. V. PROSTAGLANDINEN 59-0765
- OCOTEA-ALKALOIDE, CHARAKTERISIER. U. STRUKTURAUFKLAER. V. VIER NEUEN APORPHIN-BASEN 61-0741
HYDE R. M., EINFL. V. HALOGENIDIONEN AUF D. ZERS. V. DIAZOESSIGSAEUREAETHYLESTER 58-0299
HYMANS W. E., 5BETA.7BETA-CYCLOSTEROIDE 53-0548
- PHOTOCHEM. U. NICHT-PHOTOCHEM. WEGE ZU DERIV. V. 5BETA.7BETA-CYCLOCHOLESTAN, EINE NEUE KLASSE V. CYCLOSTEROIDEN 64-0855
HYNES J. B., WRKG. V. BESTIMMTEN ARYLHYDROXAMSAEUREN AUF D. DESOXYRIBONUCLEINSAEURESYNTH. BEI EHRLICH-ASCITES-TUMORZELLEN IN VITRO 57-0779

I

IACOBELLI J., DES-A-PREGNANE, ABBAU V. 11ALPHA-HYDROXY-PROGESTERON 59-0743
IAROSSI D., ASYMM. INDUKT. U. KONFIGURATIVE KORRELAT. BEI OX. AM SCHWEFEL 3. MITT. 63-0421
- ASYMM. INDUKT. U. KONFIGURATIVE KORRELAT. BEI OX. AM SCHWEFEL 4. MITT. 63-0422
IBE S., STRUKTUR V. ZWEI NEUEN AETHINYL-NOR-SESQUITERPENOIDEN, DEHYDROCHAMAECYNENOL U. DEHYDROCHA-MAECYNENAL, ISOLIERT AUS CHAMAECYPARIS FORMOSENSIS MATSUM 63-0798
IBEKWE S., ALLG. METH. ZUR DARST. V. PLATIN(II)-SILYLDERIV. 54-0046
IBUKA T., UNTERS. AN MORPHIN-ALKALOIDEN 3. MITT. 61-0723
- BESTANDTEILE D. EINHEIM. LICOPODIUMGATT. 8. MITT. 62-0096
- SYNTH. EINES MIT HASUBANAN-ALKALOIDEN VERWANDTEN RINGSYST. 63-0781
ICHIHARA A., SYNTH. V. ILLUDINEN 1. MITT. 54-0559
- EINFACHE STEREOSPEZIF. SYNTH. V. DL-MUSCARIN U. DL-ALLOMUSCARIN 60-0491
- SYNTH. V. ILLUDINEN 2. MITT. 60-0750
- TOTALSYNTH. V. DL-ILLUDIN M 63-0804
IDDON B., POLYFLUORHETEROCYCL. VERB. 10. MITT. 57-0588
IDE J., PHOTOCHEMIE EINES STABILEN SULFOXONIUMYLIDS 59-0444
- SULFOXONIUM-YLID-CHEMIE 5. MITT. 63-0419
IDOUX J. P., BEZIEH. ZWISCHEN D. ELEKTRONENSPEKTREN U. D. ACIDITAET 5-SUBSTITUIERTER 2-NITRO-ANILINE U. IHRER STRUKTUR 63-0217
IEVIN'S A. F., 8-MERCAPTO-CHINOLIN (THIOOXIN) U. SEINE DERIV. 39. MITT. 60-0209
IGARASHI K., ADDIT.-RK. V. GLYKALEN 2. MITT. 58-0692
- ADDIT.-RK. V. GLYKALEN 3. MITT. 58-0693
IGETA H., SYNTH. V. PYRIDAZIN-DERIV. 9. MITT. 64-0419
IGETA S., AROMAT. TRIPHENYLMETHYLIER., RK. ZWISCHEN BENZOYLPEROXIDEN U. TRIPHENYLMETHYL IN AROMAT. LSGM. 60-0226
IGNATOWICZ A., OXIDCARBIDE V. CHROM, MOLYBDAEN, WOLFRAM U. VANADIN 59-0073
IGNATOWICZ A. K., BLDG. U. STRUKTUR EINES SIGMA-ARYLDERIV. V. MOLYBDAEN, PI-C7H7MO(CO)2C6F5 63-0023
IGNATYEV V. M., STEREOSPEZIF. SELEKTIVE HYDRIER. V. 1.2-DIEN-PHOSPHONSAEUREESTERN 56-0205
IGOLEN J., SYNTH. V. TETRAHYDRO-ISOCHINOLINEN DURCH ARIN-SUBSTITUT. 58-0641
- SYNTH. EINES HEXAHYDRO-BENZ(CD)INDOL-SYST. DURCH 'ARIN-SUBSTITUT.' 60-0521

IGUCHI S., WRKG. EINER KOMBINAT. V. PHARMAKA AUF D. GASTROINTESTINALE RESORPT. 1. MITT. 61-0843
IHARA M., RACEMISIER. 1. MITT. 57-0680
- SYNTH. HETEROCYCL. VERB. 220. MITT. 63-0110
- RACEMISIER. 2. MITT. 63-0787
IIDA H., STRUKTUR V. CAPAURIMIN 61-0742
IIDAKA Y., RK. V. PYRIDOXAL MIT CYANID 64-0693
IITAKA Y., STRUKTUR V. CEPHALONSAEURE, EINEM PENTAPRENYLTERPENOID 54-0535
- BEST. D. ABSOLUTEN KONFIG. V. 1.1'-BINAPHTHYL U. SEINEN DERIV. MITTELS ROENTGENBEUG. 56-0158
- KRIST.-STRUKTUR V. KANAMYCIN 60-0178
IIZUKA T., PHOTOCHEM. RK. 42. MITT. 56-0704
IKAN R., SYNTH. IN D. INDOLREIHE 3. MITT. 53-0345
IKEDA K., ELEKTRONENEIG. V. N-HETEROARCMATEN 16. MITT. 59-0184
- SYNTHET. UNTERS. V. MOEGL. ANTIMETABOLITEN 11. MITT. 61-0702
IKEDA M., MAKROLID-ANTIBIOTIKA 15. MITT. 53-0578
IKEDA S., TRIPHENYLPHOSPHIN-KOMPLEXE V. RUTHENIUM U. RHODIUM, REVERSIBLE KOMBINAT. V. MOL. STICKSTOFF U. WASSERSTOFF MIT D. RUTHENIUMKOMPLEX 59-0087
- DIAETHYL-BIS-(DIPYRIDYL)-EISEN, KATALYSATOR FUER D. CYCLODIMERISIER. V. BUTADIEN 61-0302
- EINLAGER. V. CO2 IN D. CO-H-BIND. V. STICKSTOFF-TRIS-(TRIPHENYLPHOSPHIN)-KOBALTHYDRID 64-0073
IKEGUCHI K., NEUE FARBRK. V. HEXOSAMINEN 59-0819
IKEHARA M., OPT. ROTAT.-DISPERS. V. PURIN-CYCLONUKLEOSI-DEN 53-0053
- NEUART. METH. D. SYNTH. V. CYCLONUCLEOSIDEN. SYNTH. V. 8.5'-O-ANHYDRO-8-HYDROXY-ADENOSIN 57-0663
- UNTERS. V. NUCLEOSIDE U. NUCLEOTIDE 35. MITT. 61-0708
IKENAGA S., RK. V. QUECKSILBER(II)-SALZEN MIT BIS-(DIAETHYLTHIOCARBAMOYL)-DISULFID U. BENZOLSULFENYL-CHLORID 64-0384
IKURA K., UMLAGER. TERT. AMINOXIDE 21. MITT. 63-0687
IKUTA A., VORKOMMEN VON L-MAACKIAIN UND PTEROCARPIN IM KALLUSGEWEBE VON SOPHORA ANGUSTIFOLIA 64-0913
ILIOPULOS M. I., KONDENS. V. 1-OXO-ALKAN-1-PHOSPHONSAEURE-DIESTERN MIT PHENOLEN ZU 1.1-BIS-(P-HYDROXYPHENYL)-ALKAN-1-PHOSPHONSAEURE-DIESTERN IN GGW. V. SCHWEFELTRIOXYD 57-0434
ILLY H., ISOTOPENEFFEKTE AUF D. DAMPFDRUCK 3. MITT. 63-0205
ILTON M. A., SYNTH. MIT HOHER STEREOSELEKTIVITAET V. VERB. MIT TRANS-TRSUBSTITUIERTEN OLEFIN. BIND. 63-0363
ILVONEN P., KRIST.-DATEN U. ANDERE EIG. V. BIS-(N-(2-HYDROXY-AETHYL)-AETHYLENDIAMIN)-KUPFER(II)-NITRAT 62-0012
IMADA I., BESTANDTEILE D. HEFE 14. MITT. 56-0753
IMAGAWA T., ADDIT.-RK. V. GLYKALEN 3. MITT. 58-0693
IMAI S., INSEKTENHORMONE 8. MITT. 64-0869
- INSEKTENHORMONE 9. MITT. 64-0870
IMAMURA A., DEHYDROBENZOLE U. DEHYDROKONJUGIERTE MOL., WECHSELWRKG. V. ORBITALEN, D. DURCH SIGMA-BIND. GETRENNT SIND 60-0154
IMAMURA H., STRUKTUR D. BISNORDITERPENOIDS INUMAKILACTON A 61-0764
IMANARI R., ANALYT.-CHEM. UNTERS. AN STEROIDEN 10. MITT. 59-0754
IMANARI T., GASCHROMATOGRAPHISCHE TRENNUNG VON L-IDONAT UND D-GLUCONAT 64-0938
IMBACH J., NMR-SPEKTREN V. DERIV. VERSCHIEDEN SUBSTITUIERTER INDANONE U. TETRALONE 54-0066
- AZIRIDINYLKETONE 17. MITT. 60-0470
IMELIK B., ISOMERISIER. V. BUTEN-(1) DURCH ALUMOSILIKAT-KATALYSATOREN 55-0229
- ESR-UNTERSUCHUNG DER OXYDATION VON TRIPHENYLAMIN 64-0255
IMMEL U., D. STRUKTUR D. ALKALOIDS 'RUTAMIN' AUS RUTA GRAVEOLENS L. 56-0642
IMMER H., SYNTH. V. BENZOESAEURELACTONEN MITTLERER RINGGROESSE 64-0444
- KONDENS. V. O-PHENYLENDIAMIN MIT 2-METHYL- U. 2 AETHYLNAPHTHOCHION-(1.4) 64-0747
INA K., ISOLIER. U. STRUKTURAUFKLAER. V. THEASPIRON, BESTANDTEIL D. AETHER. TEE-OELS 62-0829
INA S., SYNTH. MOEGLICHER STOFFWECHSELPORD. V. CHLORPROMAZIN 2. MITT. 63-0725
INABA T., STRUKTUR V. THAMNOSIN, EINEM NEUART., DIMEREN CUMARINSYST. 58-0621
INAGAKI M., STRUKTUR V. SPIROPACHYSIN, EINEM NEUART. ALKALOID AUS PACHYSANDRA TERMINALIS SIEB. ET ZUCC. 61-0737
INAMASU S., LSGM.-EFFEKTE IN EINER PARTIELL ASYMM. SYNTH. 1. MITT. 61-0456
INAMOTO N., BLDG. V. BIS-(O-(N-SUBSTITUIERTEN CYANAMINO)-PHENYL)-DISULFIDEN DURCH PHOTOLYSE V. 3-SUBSTITUIERTEN 2-NITROSIMINO-2.3-DIHYDRO-BENZTHIAZOLEN 62-0578
INAOKA M., MEDIZIN.-CHEM. UNTERS. UEBER ANTIPLASMIN-ARZNEIMITTEL, TRENN. D. STEREOISOMEREN D. 4-AMINOMETHYL-CYCLOHEXANCARBONSAEURE U. IHRE KONFIGURA-TIONSZUORDN. 64-0490
INCH T. D., STEREOSPEZIF. SYNTH., ABS. KONFIG. V. ASYMM. BENZYLKOHLENSTOFFZENTREN 54-0480
- SULFOXIDE V. METHYL-2.6-ANHYDRO-2-THIO-ALPHA-D-ALTROPYRANOSID, ZUWEIS. D. SULFOXID-KONFIG. DURCH D. KERNMAGNET. RESONANZMETH. 54-0481
- ASYMM. SYNTH. 2. MITT. 63-0756
- ASYMM. SYNTH. 3. MITT. 63-0757
- RINGGROESSE U. KONFORM. EINIGER (5R)-5-C-ALKYL-5-C-PHENYL-D-XYLOSE-DERIV. 64-0183
INCZEDY J., AMMONIUM-SULFOSALICYLAT ALS KOMPLEXBILDNER IN DER IONENAUSTAUSCHCHROMATOGRAPHIE, 2. MITT. 64-0026
INDENBOM M. L., DIJODMETHYLAT V. 4.4'-BIS-(BETA-DIMETHYLAMINO-AETHYL-SULFAMIDO)-DIPHENYL 54-0313
INGLIS G. R., 1.2-O-AETHYLEN-PENTOPYRANOSEN 54-0486
INGOLD C., MECHANISMUS D. BENZIDIN- U. SEMIDINUMLAGER. 16. MITT. 58-0283
INGOLD C. K., MECHANISMUS D. BENZIDIN- U. SEMIDINUMLAGER. 18. MITT. 63-0311
- MECHANISMUS D. BENZIDIN- U. SEMIDINUMLAGER. 21. MITT. 63-0314
INGOLD K. U., KINETIK D. RED. V. TERT.-BUTYLCHLORID U. TERT.-BUTYLBROMID DURCH ORGANOZINNHYDRIDE 59-0207
- ABS. GESCHW.-KONST. BEI D. OX. V. KOHLENWASSERSTOFFEN 9. MITT. 59-0208
- ABS. GESCHW.-KONST. BEI D. OX. V. KW-STOFFEN 10. MITT. 59-0209
INHOFFEN H. H., ZUR WEITEREN KENNTNIS D. CHLOROPHYLLS U. D. HAEMINS 18. MITT. 61-0748
- HOCHSUBSTITUIERTE AETHYLENE UND GLYKOLE 9. MITT. 64-0321
- UNTERS. AN HOCHSUBSTITUIERTEN AETHYLENEN U. GLYKOLEN 6. MITT. 64-0502
- HOCHSUBSTITUIERTE AETHYLENE U. GLYKOLE 7. MITT. 64-0503
- HOCHSUBSTITUIERTE AETHYLENE U. GLYKOLE 8. MITT. 64-0504
INOKAWA S., PHOTOCHEM. ADDIT. V. PHOSPHINEN AN 5.6-DIDESOXY-1.2-OISOPROPYLIDEN-ALPHA-D-XYLO-DELTA(5)-HEXENOFURANOSE 64-0777
INOUE K., IMMUNOCHEM. UNTERS. V. PHOSPHOLIPIDEN 2. MITT. 59-0784
- SYNTH. NEUER PYRAZOLIN-DERIV. 62-0557
INOUE S., SYNTH. V. LEONURIN 57-0683
- LUCIFERIN U. LUCIOPTERIN, ISOLIERT AUS DEM JAPAN. LEUCHTKAEFER LUCIOLA CRUCIATA 62-0743
- CYPRIDINA-BIOLUMINESZENZ, 4. MITT. 64-0091
- CYPRIDINA-BIOLUMINESZENZ 5. MITT. 64-0092
- PYRIMIDIN-DERIV. 8. MITT. 64-0727
- PYRIMIDIN-DERIV. 9. MITT. 64-0728
- PYRIMIDIN-DERIV. 10. MITT. 64-0729
INOUYE H., UNGEWOEHNL. RK. D. DIAZOMETHANS MIT PHTHALIDCARBONSAEURE 55-0375
- IRIDOIDGLUCOSIDE AUS PAEDERIA SCANDENS (LOUR.) MERRILL VAR. MAIREI (LEVEILLE) HARA 58-0712
- ABS. STRUKTUR D. LOGANINS 62-0713
- BIOLOG. UMWANDL. V. SWEROSID IN GENTIOPIKROSID U. VINDOLIN U. BIOGENET. ASPEKT EINIGER INDOLALKALOIDE 63-0892
INOUYE S., IRIDOIDGLUCOSIDE AUS PAEDERIA SCANDENS (LOUR.) MERRILL VAR. MAIREI (LEVEILLE) HARA 58-0712
- STRUKTUR U. SYNTH. V. NOJIRIMYCIN 60-0787
- CHEM. ABWANDL. V. KANAMYCIN 2. MITT. 64-0883
INOUYE Y., LSGM.-EFFEKTE IN EINER PARTIELL ASYMM. SYNTH. 1. MITT. 61-0456
- PARTIELLE ASYMM. SYNTH. DURCH D. SIMMONS-SMITH-RK. 1. MITT. 63-0493
- PARTIAL-ASYMM. SYNTH. IN D. SIMMONS-SMITH-RK. 2. MITT. 63-0494
INSAKOVA V. A., ANOMALE NITRIER. V. 5-BROM-SALICYLALDEHYD 1. MITT. 54-0255
- ANOMALE NITRIER. V. 5-BROM-SALICYLALDEHYD 2. MITT. 55-0170
INSTITORIS E., PIPERAZIN-DERIV. 1. MITT. 53-0446
INUBUSHI Y., INHALTSSTOFFE V. LYCOPODIUM-ARTEN 4. MITT. 59-0690
- UNTERS. UEBER D. BESTANDTEILE EINHEIM. LYCOPODIUM-PFLANZEN 5. MITT. 59-0691
- UNTERS. UEBER D. BESTANDTEILE EINHEIM. LYCOPODIUM-PFLANZEN 6. MITT. 59-0692
- BESTANDTEILE D. EINHEIM. LICOPODIUMGATT. 8. MITT. 62-0096
- STRUKTUR D. SERRATANIDINS 62-0720
- TOTALSYNTH. V. OPT. AKT. NATUERLICHEM ISOTETRANDRIN, PHAEANTHIN U. TETRANDRIN 63-0782
INUI M., GIBBERELLIN A(23) IN UNREIFEN LUPINUS LUTEUS-SAMEN 59-0786
INUZUKA M., KONFORM. U. REAKTIVITAET 5. MITT. 57-0097
IOFFE B. V., UMLAGER. D. KOHLENSTOFFGERUESTES BEI D. CYCLISIER. UNGESAETT. ALKYL-HYDRAZONE 55-0410
- ISOMERISAT. V. ALKYLHYDRAZONEN U. HYDRAZON-AZO-GLEICHGEW.-LAGE 59-0250
- ALLYLHYDRAZONE U. IHRE ISOMERISIER. IN AZINE 59-0293
- SYNTH. U. EIG. V. MONOALKYLHYDRAZONEN 63-0381
IOFFE D. V., REDUZIERENDE METALLIER. V. CARBONYLVERB. 6. MITT. 56-0405
- REDUZIERENDE METALLIER. V. CARBONYLVERB. 7. MITT. 59-0368
- ALKYLIER. V. CARBANIONEN DURCH SALZE V. ALPHA-HALOGEN-SAEUREN 62-0310
- REDUZIERENDE METALLIER. V. CARBONYLVERB. 8. MITT. 64-0664
ION V., UNTERS. UEBER P-ACETYLAMINO-PHENYL-2-BENZYLIDEN-4-OXAZOLONE-5, SYNTH. V. VERB. MIT ANTITUBERKULOESER WRKG. 57-0793
IONESCU M., POTENTIELLE ANTI-KREBSMITTEL 4. MITT. 63-0869
IONIN B. I., STEREOSPEZIF. SELEKTIVE HYDRIER. V. 1.2-DIEN-PHOSPHONSAEUREESTERN 56-0205

- NMR-SPEKTREN EINIGER TETRASUBSTITUIERTER BENZOLE 63-0135
- UNTERS. D. BASIZITAET V. GAMMA-NITROKETONEN DURCH KERNMAGNET. RESONANZ 64-0221
- SAUERSTOFFHALT. HETEROCYCLEN 6. MITT. 64-0563
- SAUERSTOFFHALTIGE HETEROCYCLEN 7. MITT. 64-0564
IPAKTSCHI J., INTRAMOLEKULARE WECHSELWRKG. ZWISCHEN DREIFACHBIND. 2. MITT. 54-0332
- PHOTOCHEMISCHE RK. D. BENZOCYCLOBUTENDIONS-(1.2) 61-0536
IQBAL K., ULLMANN-RK. 1. MITT. 53-0310
- ADDITIONS-RK. AN KONJUGIERTEN DOPPELBIND. 2. MITT. 59-0425
IRELAND R. E., STEREOSELEKTIVE EINFUEHR. V. ANGULAEREN METHYLGRUPPEN 60-0748
IRGOLIC K., ARSONSAEUREN 61-0377
IRIARTE J., STEROIDE 310. MITT. 57-0809
IRIE H., TOTALSYNTH. V. DIHYDROCRININ U. VERWANDTEN VERB. 64-0822
IRIE T., BESTANDTEILE V. MEERESPFLANZEN 9. MITT. 61-0813
- BESTANDTEILE V. MEERESPFLANZEN 10. MITT. 62-0828
- SOLVOLYSE V. 6- U. 7-METHOXY-BENZONORBORNENYL-(2)-DERIV., DIRIGIERENDER EINFL. EINES METHOXY-SUBSTITUENTEN 63-0262
- INHALTSSTOFFE AUS MEERESPFLANZEN 8. MITT. 64-0889
IRVIN J. L., PEPTIDE V. PYRIMIDINAMINCSAEUREN 63-0841
- FLUORIERTE PYRIMIDINALDEHYDE, HEMM. D. NUCLEINSAEURE- U. PROTEINBIOSYNTH. IN EHRLICH-ASCITES-KARZINOM-ZELLEN IN VITRO 63-0870
IRVING J., AZIRIDINE 17. MITT. 55-0468
IRWIN K. C., HOMOLYT. ZERS. V. HYDROPEROXIDEN 2. MITT. 62-0274
- HOMOLYT. ZERS. V. HYDROPEROXIDEN 3. MITT. 62-0275
- HOMOLYT. ZERS. V. HYDROPEROXIDEN 4. MITT. 62-0276
- HOMOLYT. ZERS. V. HYDROPEROXIDEN 5. MITT. 62-0277
IRWIN W. J., SYNTH. V. PYRIDO(3.2-D)PYRIMIDINEN AUS 5-AMINO-PYRIMIDINEN 53-0454
- CHEMIE V. CYCLOPROPAN-PTCL2-KOMPLEXEN 60-0068
- MECHANISMUS D. HYDROGENOLYSE V. CYCLOPROPANEN AN PLATIN U. PALLADIUM 61-0441
ISAEV E. M., SYNTH. U. FOLGERK. V. SAUERSTOFFHALT. UNGESAETT. ORGAN. U. SILICIUMORGAN. VERB. 52. MITT. 61-0340
ISAKOV I. S., SYNTH. V. CHLORHALT. DIPHENOLEN MIT EINEM PHENYLREST AM ZENTRALEN C-ATOM 58-0487
ISAKSSON G., HINDER. D. INNEREN DREH. IN N.N-DIMETHYL-CYCLOPROPANCARBONSAEUREAMID U. THIOCARBONSAEUREAMID SOWIE D. UV-SPEKTRUM D. THIOCARBONSAEUREAMIDS 54-0093
ISAYAMA K., RK. V. THALLIUMACETAT, PIPERIDIN U. KOHLENMONOXID IN METHANOL 54-0426
- CARBONATBLDG. DURCH RK. V. KUPFERMETHOXID MIT KOHLENMONOXID 58-0381
- OXAMID-BLDG. DURCH RK. V. SILBERACETAT, AMIN U. KOHLENMONOXID 59-0309
- OXAMID-BLDG. BEI D. RK. V. KUPFERHALOGENID, LITHIUMAMID U. KOHLENMONOXID 63-0391
ISBELL A. F., FLUORID-INDUZIERTE SPALT. D. KOHLENSTOFF-PHOSPHOR-BIND. IN DIAETHYLTRICHLORMETHYLPHOSPHONAT. EINE NEUE QUELLE FUER DICHLORCARBEN U. DIALKYLFLUOROPHOSPHATE 62-0367
ISEGAWA Y., OXAMID-BLDG. DURCH RK. V. SILBERACETAT, AMIN U. KOHLENMONOXID 59-0309
ISELE P. R., BRUECKENKOPF-REAKTIVITAET IN BICYCLO(3.3.1)-NONANSYST. 61-0229
ISELIN B., SELEKTIVE ACIDOLYT. SPALT. V. ARALKYLOXYCARBONYL-AMINOSCHUTZGRUPPEN 62-0363
- PEPTIDSYNTH. UNTER VERW. D. 2-(P-DIPHENYLYL)-ISOPROPYLOXYCARBONYL (DPCC)-AMINOSCHUTZGRUPPE 62-0814
ISEMURA S., TOTALSYNTH. V. 2-DESOXY-DL- U. L-RIBOSE 53-0482
ISENBERG I., SYNTH. U. FLUORESZENZ-EIG. EINIGER N-METHYL-2-ANILINONAPHTHALIN-6-SULFONYL-DERIV. 60-0073
ISERSON H., FLUOREOLEFINE 6. MITT. 58-0372
ISFAN E., HETEROCYCL. ORGANOBOR-VERB. 7. MITT. 58-0036
ISHAQ M., SIGMA-PHENACYLKOMPLEXE V. UEBERGANGSMETALLEN 61-0053
ISHIDA T., PHTHALSAEUREESTER AUS CRYPTOTAENIA CANADENSIS DC. VAR. JAPONICA MAKINO (UMBELLIFERAE) 56-0356
ISHIDO Y., NUCLEOSIDE U. NUCLEOTIDE 22. MITT. 56-0636
ISHII H., BESTANDTEILE D. WURZELN V. LINDERA STRYCHNIFOLIA VILL. 13. MITT. 57-0694
- INHALTSSTOFFE V. LYCOPODIUM-ARTEN 4. MITT. 59-0690
- UNTERS. UEBER D. BESTANDTEILE EINHEIM. LYCOPODIUM-PFLANZEN 5. MITT. 59-0691
- UNTERS. UEBER D. BESTANDTEILE EINHEIM. LYCOPODIUM-PFLANZEN 6. MITT. 59-0692
- BESTANDTEILE D. EINHEIM. LICOPODIUMGATT. 8. MITT. 62-0096
- STRUKTUR D. SERRATANIDINS 62-0720
ISHII Y., RK. V. ACETYLACETONATO-(PI-ALLYL)-PALLADIUM(II)-KOMPLEXEN MIT KOHLENMONOXID U. KONJUGIERTEN DIENEN 56-0084
- RK. V. ORGANOMETALLVERB. D. IV. GRUPPE 8. MITT. 62-0035
- RK. V. ORGANOMETALLVERB. D. IV. GRUPPE 9. MITT. 64-0064
ISHIKAWA M., N-OXIDE HETEROCYCL. VERB. MIT PI-ELEKTRONENUNTERSCHUSS 11. MITT. 56-0556
- NEUE ANION. UMLAGER. 8. MITT. 58-0393
- INTRAMOL. HYDRAZIDE U. HYDROXAMATE 1. MITT. 61-0553
- HYDRAZIDE U. INTRAMOL. HYDROXAMATE 2. MITT. 64-0602
- HYDRAZIDE U. INTRAMOL. HYDROXAMATE 3. MITT. 64-0603
ISHIKAWA Y., DARST. N-METHYLIERTER HISTIDINE 60-0528
ISHIMARU H., PHENOL. CYCLISIER. 1. MITT. 57-0679
ISHITOBI H., SOLVOLYSE V. 6- U. 7-METHOXY-BENZONORBORNENYL-(2)-DERIV., DIRIGIERENDER EINFL. EINES METHOXY-SUBSTITUENTEN 63-0262
ISHIZAKI Y., LIGULARENOLID, EIN SESQUITERPENLACTON V. EREMOPHILAN-TYP 63-0802
ISHIZUMI K., CHEMIE V. NATRIUMBORHYDRID U. DIBORAN 4. MITT. 62-0308
ISIN Z. I., STEREOCHEMIE V. STICKSTOFFHETEROCYCLEN 15. MITT. 64-0712
ISLER O., SYNTH. IN D. CAROTINOID-REIHE 22. MITT. 53-0521
ISMAIL A. G., SYNTH. AN 3H-PYRIDO(4.3-D)PYRIMIDONEN-(4) AUS 4-AMINO-NICOTINSAEURE 57-0617
ISMAIL R. M., ORGANOSILICIUM-VERB. 10. MITT. 56-0608
- ORGANOSILICIUMVERB. 11. MITT. 63-0735
ISMAILOV A. G., VERESTER. V. PHENOLEN MIT CYCLOALKAN-, CYCLOALKEN- U. CYCLOALKADIEN-CARBONSAEURECHLORIDEN 58-0470
ISMAILOVA I., THERM. POLYMERISAT. V. ACETYLENKW-STOFFEN 53-0591
ISOBE K., ORGAN. THERM. RK. 4. MITT. 57-0408
ISOBE M., SYNTH. V. GRIFOLIN, EINEM ANTIBIOTIKUM AUS EINEM BASIDIOMYCETEN 57-0758
- (14)N-H-SPINKOPPL. IN PYRAZINMETHOJODIDEN 59-0119
- CYPRIDINA-BIOLUMINESZENZ 5. MITT. 64-0092
ISOLA M., IONENPAAR-REKOMBINAT. BEI RACEMISIER. U. ISOMERISIER. V. SULFINATESTERN 64-0307
ISOMURA K., INDOL-BLDG. DURCH PYROLYSE V. BETA-STYRYL-AZIDEN 63-0618
ISONO K., POLYOXINE, ANTIFUNGALE ANTIBIOTIKA 6. MITT. 57-0761
- POLYOXINE, ANTIFUNGALE ANTIBIOTICA 7. MITT. 59-0778
ISOTALO R., ASYMM. CARBONYL-VALENZSCHWING. IN D. IR-SPEKTREN V. ESTERN 56-0109
ISSER S. J., MASSENSPEKTROMETRIE BEI STRUKTURELLEN U. STEREOCHEM. PROBLEMEN 154. MITT. 64-0146
ISSLEIB K., PHOSPHINALKYLENE 2. MITT. 53-0268
- PHOSPHINALKYLENE 3. MITT. 53-0269
- ALKALI-PHOSPHORVERB. U. IHR REAKT. VERH. 53. MITT. 54-0241
- ALKALI-PHOSPHORVERB. U. IHR REAKT. VERH. 54. MITT. 54-0267
- KERNMAGNET. RESONANZ V. PHOSPHORVERB. 19. MITT. 59-0113
- CHEMIE D. PHOSPHINALKYLENE 4. MITT. 62-0247
- NATRIUM-PENTACYANO-PHOSPHIN-FERRATE(II) 64-0068
ITAI A., STRUKTUR V. CEPHALONSAEURE, EINEM PENTAPRENYL-TERPENOID 54-0535
- CHEM. UMWANDL. V. CEPHALONSAEURE 54-0561
ITAYA N., BIOCHEM. UNTERS. UEBER ''BAKANAE''-PILZE 76. MITT. 61-0814
- TOTALSYNTH. V. (+-)-GIBBERELLIN A2, A4, A9 U. A10 64-0893
ITAZAKI H., STEREOCHEMIE V. HALOGENIERTEN STEROIDEN, KRIST.-STRUKTUREN V. 9BETA-METHYLTESTOSTERON-17BETA-MONOBROMACETAT U. TESTOSTERON-17BETA-P-BROMBENZOAT 53-0104
ITO K., SESQUITERPENOIDE 18. MITT. 59-0725
ITO M., STRUKTUREN V. ARUNDOIN, CYLINDRIN U. FERNENOL. TRITERPENOIDE MIT FERNAN- U. ARBORANGRUPPEN AUS IMPERATA CYLINDRICA VAR. KOENIGII 57-0696
ITO N., SYNTH. V. ILLUDINEN 1. MITT. 54-0559
- EINFACHE STEREOSPEZIF. SYNTH. V. DL-MUSCARIN U. DL-ALLOMUSCARIN 60-0491
- SYNTH. V. ILLUDINEN 2. MITT. 60-0750
ITO S., ZUORDN. D. METHYLSIGNALE V. 3BETA-HYDROXY-OLEANENEN 53-0073
- STRUKTUR D. BISNORDITERPENOIDS INUMAKILACTON A 61-0764
- MALEINSAEUREANHYDRID-ADDUKTE V. TROPOLON U. 2-METHOXY-TROPON 62-0486
ITO T., STRUKTUR U. SYNTH. V. NOJIRIMYCIN 60-0787
- SYNTH. MOEGLICHER STOFFWECHSELPROD. V. CHLORPROMAZIN 2. MITT. 63-0725
ITO Y., SYNTH.-RK. MIT KOMPLEXKATALYSATOREN 8. MITT. 59-0310
- SYNTH.-RK. MIT KOMPLEXKATALYSATOREN 7. MITT. 59-0383
ITOH K., RK. V. ORGANOMETALLVERB. D. IV. GRUPPE 8. MITT. 62-0035
- RK. V. ORGANOMETALLVERB. D. IV. GRUPPE 9. MITT. 64-0064
ITOH M., HYDROGENOLYSE V. BICYCLISCHEN MONOTERPENEPOXIDEN IN GGW. V. RANEY-NI U. D. BEST. D. STRUKTUREN V. ALPHA- U. BETA-3.4-EPOXYCARAN 53-0528
- STABILE FREIE RADIKALE 4. MITT. 61-0175
ITOH N., SYNTH. U. STRUKTUR 4-SUBSTITUIERTER DECAHYDROISOCHINOLINDERIV. 62-0604
ITOH T., ACYLISOCYANATE 4. MITT. 60-0376
ITOHO K., KINETIK DER TRIAETHYLENDIAMIN-KATALYSIERTEN AMINOLYSE VON N-PHENYL-PHENYLCARBAMATEN MIT ANILIN IN DIOXAN 60-0255
IVANNIKOVA M. P., RK. V. 1-METHYL-BICYCLO(3.1.0)HEXAN U. 1-METHYL-BICYCLO(4.1.0)HEPTAN IN GGW. V. SILICAGEL U. BEI D. HYDRIER. AN PLATINKATALYSATOREN 59-0474
IVANOFF D., STRUKTUR EINIGER POLYFUNKTIONELLER ORGANOMAGNESIUMREAGENZIEN 57-0003
IVANOFF N., PHOTOISOMERISIER. V. PYRAZIN U. SEINEN METHYLDERIV. 53-0191

IVANOV C., SYNTH. U. UMWANDL. D. N-SUBSTITUIERTEN 3-AMINOPROPANSAEUREN 3. MITT. 55-0264
- SYNTH. U. UMWANDL. D. N-SUBSTITUIERTEN 3-AMINOPROPANSAEUREN 4. MITT. 64-0491
IVANOV G. E., DARST. U. EIG. V. AETHERN (ESTERN) D. THIOXANTHYDROLS 62-0602
IVANOV K. I., AUTOX. V. ACETYLENKOHLENWASSERSTOFFEN, 1. MITT. 57-0391
- AUTOX. D. ACETYLENKOHLENWASSERSTOFFE 2. MITT. 58-0399
- RK. D. ACETYLPEROXIDES MIT PRIM. AROMAT. AMINEN 63-0447
IVANOVA L. P., KINETIK D. OXIMIER. EINIGER ALPHA-DIKETONE 62-0264
- KINETIK D. OXIMIER. V. ALPHA-DIKETON-MONOXIMEN 63-0298
IVANOVA L. S., KATALYT. UMWANDL. V. TERPENEN 11. MITT. 57-0252
IVANOVSKAJA L. J., SYNTH. V. ALKYLANISOLEN U. ALKYLPHENOLEN MIT UNVERZWEIGTEN C5-, C8- U. C11-ALKYLKETTEN 64-0468
IVASCENKO S. P., LIPIDE 49. MITT. 54-0217
IVERSEN P. E., INTERMEDIAERE NITROSOVERB. BEI D. ELEKTROLYT. RED. V. NITROALKANEN 53-0118
- DARST. V. 2-THIAZOLCARBONSAEUREN 64-0644
IVIN S. Z., SYNTH. V. CYCLOPENTENYLMERCAPTANEN 57-0405
IVSIN V. P., SPALT. V. ALIPHAT. POLYNITROVERB. DURCH FORMALIN 62-0331
IVSIN W. P., HYDROXYMETHYLIER. V. ALIPHAT. VERB. 53-0212
IVSINA T. N., HYDROXYMETHYLIER. V. ALIPHAT. VERB. 53-0212
- SPALT. V. ALIPHAT. POLYNITROVERB. DURCH FORMALIN 62-0331
IWABUCHI K., NUCLEOSIDE U. NUCLEOTIDE 22. MITT. 56-0636
IWAKURA Y., RK. V. ALKYLIDEN-PSEUDOXAZOLONEN MIT AMINEN 57-0537
- RK. V. PSEUDOXAZOLONEN MIT STICKSTOFFWASSERSTOFFSAEURE 64-0639
IWAMOTO M., ANTIPLASMIN-ARZNEIMITTEL 1. MITT. 61-0842
IWAMOTO R. H., STRUKTUR V. DAUNOMYCIN 64-0887
IWAMOTO R. T., ELEKTROCHEMIE, PARAMAGNET. ELEKTRONENRESONANZ- U. SICHTBARE SPEKTREN V. KOBALT-, NICKEL- U. KUPFERPHTHALOCYANINAT SOWIE METALLFREIEM PHTHALOCYANIN IN DIMETHYLSULFOXID 60-0031
IWAMURA H., INTRAMOL. WECHSELWRKG. ZWISCHEN EINER HYDROXYLGRUPPE U. PI-ELEKTRONEN 22. MITT. 60-0082
- KORRELAT. KINET. UNTERS. DURCH NMR U. A. METH., GESCHW. D. INVERS. V. DOPPELT VERBRUECKTEN BIPHENYLEN DURCH NMR 60-0284
- SYNTH. V. NUCLEOSIDANTIBIOTIKA 2. MITT. 63-0767
IWAMURA M., INTRAMOL. WECHSELWRKG. ZWISCHEN EINER HYDROXYLGRUPPE U. PI-ELEKTRONEN 22. MITT. 60-0082
IWANAGA H., BLDG. V. ISOTAKT. ALPHA-METHIN-KONFIG. AM WACHSTUMSENDE V. POLYACRYLAT-ANIONEN 62-0836
IWASAKI S., PHOTOCHEM. RK. 45. MITT. 60-0404
- HEMM. U. STIMULIER. D. PROTEIN- U. NUCLEINSAEURE-BIOSYNTH. 2. MITT. 64-0898
IWASCHENKO A., THERM. DEHYDROHALOGENIER. V. 7.7-DIHALOGEN- U. 7-MONOHALOGEN-BICYCLO(4.1.0)HEPTANEN ZUR HERST. V. CYCLOHEPTATRIENEN-(1.3.5) U. CYCLOHEPTADIENEN-(1.3) 53-0275
IWASHIGE T., SYNTH. V. 5.6-AZIRIDINOZUCKERN 59-0658
IWATA T., ZIRKULARDICHROISMUS V. C(6)-SUBSTITUIERTEN DELTA(4)-3-OXO-STEROIDEN 59-0166
IYER V. S., HYDROXAMSAEUREN U. IHRE DERIV. 3. MITT. 55-0563
- HYDROXAMSAEUREN U. IHRE DERIV. 4. MITT. 55-0564
IZAWA M., BESTANDTEILE V. MEERESPFLANZEN 9. MITT. 61-0813
- BESTANDTEILE V. MEERESPFLANZEN 10. MITT. 62-0828
IZAWA Y., PHOTOINDUZIERTE RK. V. BENZYLMETHYLKETON 60-0374
IZMAIL'SKIJ V. A., DARST. U. EIG. V. AETHERN (ESTERN) D. THIOXANTHYDROLS 62-0602
IZMAJLOV B. A., GEMEINSAME HYDROLYSE V. GAMMA-TRIFLUORPROPENYLMETHYLDICHLORSILAN U.DIMETHYLDICHLORSILAN SOWIE POLYMERISATION D. ERHALTENEN PROD. 60-0043
IZQUIERDO M., DARST. U. EIG. EINIGER PHENOXYMETHYLPENICILLINESTER 58-0808
IZUMIYA N., RETROGRAMICIDIN S 62-0824

J

JABLONSKI R. J., STEREOCHEMIE D. TRIFLUORACETOLYSE V. (2-PHENYL-AETHYL)-BROSYLAT 59-0224
- KONFORM.-STABILITAET V. 2.3-DIBROM-PROPIONSAEURE-AETHYLESTER 62-0141
JACCARD S., BLDG. U. UMWANDL. V. ESTERN 78. MITT. 56-0590
JACHONTOV L. N., RK. V. 2-CHLOR-3-(BETA-CHLOR-AETHYL)-4.6-DIHYDROXY-PYRIDIN, SYNTH. V. DERIV. D. 5-AZA-BENZOFURANS 60-0525
JACKMANN L. M., RK. V. HYDRIDOPENTACYANOCOBALTAT MIT ANIONEN V. ALPHA,BETA-UNGESAETT. SAEUREN 61-0056
JACKSON A. H., SYNTH. V. 3-(2-ACETYLAMINO-AETHYL)-6-HYDROXY-5-METHOXY-INDOL (6-HYDROXYMELATONIN) 53-0354
- PYRROLE U. VERWANDTE VERB., 12. MITT. 54-0522
- NEUE SYNTH. V. PROTOPORPHYRIN-IX 55-0515
- RATIONELLE SYNTH. V. CHLCROCRUOROPORPHYRIN (SPIROGRAPHIS PORPHYRIN) U. PEMPTOPORPHYRIN 55-0516
- SYNTH. V. PORPHYRINEN UEBER B-BILENE 56-0662
- ELEKTROPHILE SUBSTITUTION AN INDOLEN 2. MITT. 57-0500
- DIBORAN ALS EIN REDUZIERENDES AGENS 2. MITT. 58-0580
- PYRROLE U. VERWANDTE VERB. 13. MITT. 58-0735
- PYRROLE U. VERWANDTE VERB. 14. MITT. 58-0736
- ELEKTROPHILE SUBSTITUT. AN INDOLEN 3. MITT. 60-0513
- NEUE RK. V. INDOLENINEN 63-0623
JACKSON B., INHALTSSTOFFE V. GUTTIFERAE 7. MITT. 56-0547
- EXTRAHIERTE STOFFE AUS GUTTIFEREN 8. MITT. 61-0831
JACKSON G. F. III, STEREOMUTATION VON ARSEN 60-0286
JACKSON R. A., AROMAT. SUBSTITUT. DURCH TRIMETHYLSILYLRADIKALE 54-0270
- ORGANOSILICIUMVERB. 41. MITT. 55-0271
JACKSON T. E., PIKRYLAMINO-SUBSTITUIERTE HETEROCYCLEN 3. MITT. 63-0652
JACKSON T. G., STICKSTOFFLOST-DERIV. IN D. PHENOTHIAZIN- U. BENZOPHENOTHIAZINREIHE 63-0726
- 12-AMINOACETYL-12H-BENZO(B)PHENOTHIAZIN-DERIV. 63-0730
JACKSON W. R., ASPEKTE D. STEREOCHEMIE 19. MITT. 56-0711
- ASPEKTE D. STEREOCHEMIE 20. MITT. 56-0712
- ASPEKTE D. STEREOCHEMIE 21. MITT. 56-0713
- ASPEKTE D. STEREOCHEMIE 22. MITT. 56-0714
- ADDITIONS-RK. AN KONJUGIERTEN DOPPELBIND. 2. MITT. 59-0425
JACOB K., CYCLOBUTENDERIV. D. PYRROLREIHE 2. MITT. 61-0565
JACOB T. A., THYROCALCITONIN 2. MITT. 63-0838
JACOBS S., KINETIK D. RK. V. HAEMATOPORPHYRINATOKOBALT-(III) U. -EISEN(III) MIT CYANID U. THIOCYANAT. BEWEIS FUER EINEN DISSOZIAT.-MECHANISMUS 63-0044
JACOBS T. L., ZUSAETZL. BEWEIS FUER EINE HOMOALLENYL-BETEILIG. 55-0181
- HYDROLYSE V. 2-METHYL-CYCLOHEXANCARBONSAEURE-METHYLESTER, KONFORM.-ANALYSE EINIGER CYCLOHEXANCARBONSAEUREDERIV. 58-0245
JACOBS W. J., CHEMIE D. METALLHYDRIDE 3. MITT. 62-0056
JACOBSON A. E., SYNTH. V. 6.7-BENZOMORPHAN AUS 4-PHENYL-PYRIDIN 59-0605
JACOBSON I. T., POLYCHINANE, EINFACHE SYNTH. V. TRICYCLO(5.2.1.0(4,10))DECATRIEN-(2.5.8) 56-0433
JACOBSON M., INSEKTEN-SEXUALLOCKSTOFFE 10. MITT. 60-0342
JACOBSON R. A., DARST. U. KRIST.-STRUKTUR V. PYRIDINIUMTETRACHLOROANTIMONAT(III) 56-0166
JACOBUS D. P., LABORATORIUMSMAESSIGE AUSWERT. D. PHOTOTOX. WIRKSAMK. V. CHINOLINMETHANOLEN 60-0829
JACOBUS J., DARST. V. (+)-N-METHYL-1-(1-NAPHTHYL)-AETHYLAMIN U. BEST. SEINER OPT. REINHEIT DURCH KERNMAGNET. RESONANZ 61-0490
JACOT-GUILLARMOD A., IR-ABSORPTIONS-SPEKTREN ZWISCHEN 2,5 U. 16 MY V. SEMICARBAZONEN 53-0059
- ORGANOMETALLVERB. 4. MITT. 59-0023
JACQUES G., 4.5-DEHYDROPYRIMIDINE 1. MITT. 62-0651
JACQUES J., REDUZIER. D. UNSICHERH.-FAKTORS BEI D. UNTERS. SPONTANER SPALT. 53-0052
- BEST. D. OPT. REINH. KRISTALLINER STOFFE DURCH EINE KALORIMETR. METH. 54-0051
- STEREOCHEMIE D. REFORMATSKI-RK. 3. MITT. 58-0276
- CHOLESTER. VERB. DURCH SPALT. V. NEMAT. RACEMATEN 60-0181
- ASYMM. 1.3-INDUKTION 2. MITT. 60-0244
- SAEUREN IN D. BIPHENYLREIHE 63-0519
- MIT BIOLOG. AKT. STEROIDEN STRUKTURVERWANDTE P-METHOXYPHENYL-INDANDERIV. 63-0530
- REDUZIER. D. UNSICHERHEITSFAKTORS BEI D. UNTERS. SPONTANER SPALT. 2. MITT. 64-0090
JACQUESY R., DIPOLARE 1.3-ADDITIONEN MIT KETOXIMEN, SYNTH. V. ISOXAZOLIDINEN 55-0415
JACQUIER R., VERBESSERTE DARST. V. 3-METHYL-PYRROL 53-0351
- AZOLREIHE, ISOXAZOLONE-(3) U. -(5) 53-0381
- AZOLE 26. MITT. 53-0391
- STRUKTUR V. 4.4'-DIBROM-CINNAMALDAZIN 54-0117
- STEREOCHEMIE U. AZINE AUS ALPHA,BETA UNGESAETT. CARBONYL-VERB. 54-0278
- AZOLREIHE 27. MITT. 55-0403
- AZOLREIHE 28. MITT. 55-0404
- AZOL-REIHE 29. MITT. 56-0504
- AZOL-REIHE 30. MITT. 56-0505
- AZOLREIHE 32. MITT. 57-0529
- NMR-UNTERS. D. STEREOCHEMIE V. ALDAZINEN U. KETAZINEN 59-0157
- AZOL-REIHE 31. MITT. 59-0547
- ANGEBL. STABILE N-PROTONIERTE FORM EINES ENAMINS 60-0668
- AZOLREIHE 33. MITT. 64-0632
JACQUIGNON P., CARCINOGENE STICKSTOFFVERB. 59. MITT. 57-0577
- HETEROCYCL. ANALOGE V. POLYARYLEN 63-0673
- METHYL-HOMOLOGE D. PYRANTHRENS U. VIOLANTHRENS 64-0534
- ANOMALES VERH. V. PHENYLHYDRAZONEN EINIGER BICYCL. KETONE MIT BRUECKE BEI D. FISCHER-RK., VGL. MIT D. PFITZINGER-RK. 64-0612
JAEGER E., SYNTH. D. GLUCAGONS 16. MITT. 57-0748
JAEGER W., NEUE AMID-DERIV. D. EPSILON-AMINOCAPRONSAEURE UND D. DI-EPSILON-AMINOCAPRONSAEURE 59-0336
JAEGGI K., GLYKOSIDE U. AGLYKONE 303. MITT. 56-0633
JAEHNCHEN G., BLDG. U. EIG. AROMAT. SULFINSAEUREHYDRAZIDE 57-0358
JAFFE G., PTERIDINE 7. MITT. 63-0703
- PTERIDINE 8. MITT. 63-0704
JAFFE G. E., PTERIDINE 10. MITT. 63-0706
JAFFRAIN M., DIELEKTR. EIG. D. EINSCHLUSSVERB. V. LANGKETT. MOL. IN HARNSTOFF, 12-BROM-TRICOSAN-

HARNSTOFF 62-0069
JAGGI H., KRISTALLSTRUKTUR EINES 1 ZU 2-CHROM(III)-KOMPLEXES V. SANDWICHTYPUS 60-0024
JAGMINAS R. S., UMWANDL. V. BICYCL. KW-STOFFEN MIT BRUECKENSYST. 6. MITT. 60-0451
JAGUPOL'SKIJ L. M., REDUZIERENDE CHLORIER. V. ARYLCARBONSAEUREHYDRAZIDEN MIT PHOSPHORPENTACHLORID 57-0364
- ALKYLBENZOTRIFLUORIDE 4. MITT. 62-0373
JAGUR-GRODZINSKI J., BLDG. V. CARBONIUMIONEN DURCH DISSOZIATIVE LAD.-UEBERTRAG. 61-0195
JAHN H., ANALYT. CHEMIE D. PLASTE 42. MITT. 59-0258
JAHNS H., RK. V. ALPHA-BROMPROPIONALDEHYD-DIAETHYLACETAL MIT TRIPHENYLPHOSPHIN 64-0459
JAHR K. F., HYDROLYSE AMPHOTERER METALLALKOXIDE 10. MITT. 58-0056
- HYDROLYSE AMPHOTERER METALLALKOXIDE 11. MITT. 58-0057
- HYDROLYSE AMPHOTERER METALLALKOXIDE 9. MITT. 58-0060
JAIN A. C., SYNTH. V. TETRA-O-METHYL-DISTEMONANTHIN U. VERWANDTEN DEHYDROPELTOGYNANDIONEN 61-0604
JAIN M. K., GEGEN HEUSCHRECKEN WIRKSAMER FRASSSCHUTZSTOFF (PHAGOREPELLENT) AUS ZWEI ARTEN D. MELIA 54-0528
JAIN P. C., FUENFFACH KOORDINIERTES ZINK(II) IN (ZN(NCS)(TREN))(SCN) 57-0021
- CHEM. U. PHARMAKOLOG. UNTERS. V. OMEGA-SUBSTITUIERTEN ALKYLAMINO-3-AMINO-PYRIDINEN 57-0579
JAKES J., NORMALKOORDINATEN-BERECHN. V. N-METHYL-ACETAMID 59-0145
JAKIMOVIC S. I., SYNTH. V. SILACYCLOBUTANEN AUS HALOGENALKYLMETHOXYSILANEN 64-0572
JAKLI G., ISOTOPENEFFEKTE AUF D. DAMPFDRUCK 3. MITT. 63-0205
JAKOBSEN H. J., 5-BROM- U. 5-CHLOR-3-THIOLEN-2-ON, ALLYL-UMLAGER. V. 5-BROM-3-THIOLEN-2-ON 53-0339
JAKOBSEN P., ENAMIN-CHEMIE 11. MITT. 62-0517
JAKOUBKOVA M., ORGANOGERMANIUMVERB. 1. MITT. 63-0030
JAKOVLEV S. V., HYDROXYISOINDOLINE 5. MITT. 57-0501
- HYDROXYISOINDOLINE 6. MITT. 58-0583
- HYDROXY-ISOINDOLINE 7. MITT. 61-0179
JAKOVLEVA T. V., RAMAN-SPEKTREN U. STRUKTUR NICHTKONJUGIERTER DIIN-KOHLENWASSERSTOFFE, -SILICIUMKOHLENWASSERSTOFFE U. -THIOAETHER 62-0074
JAKUBOVIC A. J., 1.1'-DISUBSTITUIERTE 2.2'-BIS-(PERFLUOR-N-PROPYL)-5.5'-DIBENZIMIDAZOLE 62-0567
JALLAGEAS J., SYNTH. V. BETA-ACETYLEN. CYCLANOLEN 55-0327
JALSOVSZKY G., APPROXIMATIVE NORMALKOORDINATENANALYSE V. 4-HALOGEN-PYRIDINEN 55-0101
JALYOWICZOR J., RK. V. CHLORDIOXID MIT ORGAN. VERB. 12. MITT. 59-0363
JAMES H., WECHSELWRKG. RK.-FAEH. KETTEN BEI D. VERBRENN. V. METHAN BEI HOHER TEMP. 55-0202
- WECHSELWRKG. V. RK.-KETTEN BEI D. VERBRENN. V. METHAN BEI HOHER TEMP. 2. MITT. 64-0320
JAMES K., SYNTH. V. D-PSICOSE-DERIV. NACH NEUEREN OX.-VERF. 57-0644
JAMES L. L., LANGSAME PROTONENUEBERTRAG. BEI DER AROMAT. NITRIER. 61-0225
- RK. V. CYCLOHEXADIENYL-KATIONEN, GLEICHZEITIGE ACETOXYLIER. U. HALOGENIER. V. AROMATEN 61-0226
JAMES R., PHENOLOX. U. BIOSYNTH. 18. MITT. 63-0786
JAMPEL E., SELEKTIVE PHOSPHORYLIER. V. AMINEN IN WSS. MEDIUM 63-0399
JAMPOL'SKAJA E. J., HALOGENDERIV. D. ACENAPHTHYLENS 4. MITT. 64-0520
JANAK J., PYRIDINREIHE 24. MITT. 54-0099
JANCSO G., ISOTOPENEFFEKTE AUF D. DAMPFDRUCK 3. MITT. 63-0205
JANCZEWSKI M., EINFL. D. MOLEKULARSTRUKTUR AUF D. OPT. EIG. V. SULFINYLVERB. 34. MITT. 62-0451
JANDA M., ELEKTROLYT. METHOXYLIER. V. 3-(5-METHYL-2-THIENYL)-PROPIONSAEURE-METHYLESTER 53-0337
- ELEKTROLYT. METHOXYLIER. V. 1-(3-THIENYL)-AETHANOL 53-0338
JANDACEK R. J., KONFORM. U. BIOLOG. AKTIVITAET V. CYCLOHEXADIEN-(1.4)-DERIV. 63-0182
JANDOVSKIJ V. N., SYNTH. V. 2-OXAZOLINEN AUS ALPHA-OXIDEN 58-0602
- KATALYT. DEHYDRATISIER. V. KERNSUBSTITUIERTEN ISOPROPYLPHENYL- U. DIMETHYLBENZYLCARBINOLEN 63-0471
- INTERMOL. ADDIT. V. EPOXIDEN AN CARBONYLVERB., RINGERWEITER. 63-0628
JANES N. F., SYNTH. V. 4-ALLYL- U. 4-BENZYL-2.6-DIMETHYL-BROMBENZOL AUS 2.6-XYLIDIN 53-0287
JANIGA E. R., SULFOXIDE U. VERWANDTE VERB. 10. MITT. 64-0434
JANIK A., MECHANISMUS D. THERM. OX. V. CIS-1.4-POLYBUTADIEN, 3. MITT. 56-0740
JANNAKOUDAKIS C., DURCH AROMAT. AMINE INDUZIERTE LSGM.-EFFEKTE IN D. NMR-SPEKTREN V. NITROALKANEN 64-0121
JANOT M., OX. V. EINIGEN TERTIAEREN AMINEN DURCH CHROMSAEUREANHYDRID IN PYRIDIN 55-0553
- STEROIDALKALOIDE 65. MITT. 57-0672
- STEROIDALKALOIDE 67. MITT. 57-0673
- STEROIDALKALOIDE 68. MITT. 57-0674
- STEREOIDALKALOIDE 69. MITT. 57-0675
- STEROID-ALKALOIDE 70. MITT. 57-0676
- SAEUREKATALYSIERTE UMLAGER. IN POLYCYCL. SYST., WANDER. D. C-19-METHYLGRUPPE EINES STEROIDS AUS D. 10BETA- IN D. 9BETA-STELL. 57-0743
- STEROIDALKALOIDE. NEUE ART GLYKOSTEROIDALKALOIDEN. HOLACURTIN U. HOLACURTENIN AUS D. BLAETTERN V. HOLARRHENA CURTISII KING ET GAMBLE (APOCYNACEEN) 58-0783
JANSEN H., SPEKTROSKOPISCHE U. CHROMATOGRAPHISCHE CHARAKTERISIERUNG V. 2-SUBSTITUIERTEN RESORCINEN U. DEREN DIMETHYLAETHERN 57-0090
- 2-SUBSTITUIERTE RESORCINDIMETHYLAETHER 57-0348
JANSSEN H. J., KINETIK D. UNKATALYSIERTEN UMESTER. V. MALONATEN 61-0303
JANSSEN M. J., ANIONEN V. CYCLOPENTADITHIOPHENEN, NEUE HETEROAROMAT. SYST. (VORL. MITT.) 57-0498
JANSSON I., ALKOHOLYSE V. ACETALEN IN BIN. ALKOHOL-GEMISCHEN 62-0225
JANZ G. J., DIFLUORCARBEN AUS DIFLUORCHLORACETONITRIL 64-0347
JANZEN E. G., ESR-UNTERS. D. ELEKTROLYSE V. TRIFLUORNITROSOMETHAN U. TRIFLUORNITROMETHAN, BIS-(TRIFLUORMETHYL)-SEMIDIAZOOXID 60-0216
- ORGANOMETALLRADIKALE 3. MITT. 63-0728
JANZSO G., STEREOCHEMIE V. 3-HYDROXY- U. 3-ACETOXYFLAVANONOXIMEN 53-0096
- RK. V. FLAVANON MIT SUBSTITUIERTEN HYDRAZINEN 55-0431
- RK. V. FLAVON MIT SUBSTITUIERTEN HYDRAZINEN 64-0676
JAOUNI T., OLIGONUCLEOTID-VERB. 23. MITT. 64-0794
JAQUENOUD P., SYNTH. D. THYREOCALCITONINS 64-0876
JAQUES B., SYNTH. V. 3.5-BISHYDROXYMETHYL-6-METHYL-2-PYRIDON, EINEM PYRIDOXIN-ISOMEREN 57-0582
JARBOE C. H., DIIMIDE V. CYCLOBUTAN-1.1-DICARBONSAEURE 57-0410
JARDON P., TRIPLETT-SINGULETT-ABSORPT. V. DIBENZOFURAN U. SEINEN ISOLOGEN 57-0084
JARES'KO N. S., RED. V. NAPHTHOL-CARBONSAEUREN 17. MITT. 61-0491
- RED. V. NAPHTHOLCARBONSAEUREN 18. MITT. 62-0457
JARKOVA E. G., SYNTH. U. STRUKTUR EINIGER PHENYLMERCAPTO- U. PHENYLSELENOALKENE V. ALLYLTYP 57-0351
JARKOVSKY J., AROMAT. DIAZO- U. AZOVERB. 73. MITT. 53-0294
JARMAN M., SYNTH. V. OLIGORIBONUCLEOTIDEN 4. MITT. 57-0658
JARREAU F., STEROIDALKALOIDE 68. MITT. 57-0674
- STEREOIDALKALOIDE 69. MITT. 57-0675
- STEROID-ALKALOIDE 71. MITT. 57-0677
- HOMALIN, EIN NEUER TYP EINES AUS HOMALIUM SP. AFRICAIN (FLAVOURTIACEAE) ISOLIERTEN ALKALOIDS 57-0682
- PEPTIDALKALOIDE 5. MITT. 60-0722
- STRUKTUR D. HOMALINS 64-0817
JARREAU F. X., STEROID-ALKALOIDE 70. MITT. 57-0676
JARVIE A. W., ANOMALE WASSERSTOFFBIND. IN POLYPHENYLSILO-XAN-ALPHA.OMEGA-DIOLEN 58-0174
JARVIE A. W. P., DIREKTE DARST. EINIGER PENTAFLUORPHENYL-HALT. SILANE 63-0466
JARVIS B. B., ZERFALL V. THIIRAN-1.1-DIOXIDEN (EPISULFONEN) 58-0296
- RK. V. BROM MIT ALPHA-PHENYL-ZIMTSAEURE 59-0420
- NUCLEOPHILE SUBSTITUT. IN ALPHA-STELL. ZU SULFONYLGRUPPEN 61-0392
- RK. D. NATRIUMMETHYLATS MIT ALPHA-BROMBENZYLSULFON U. 2.3-DIPHENYLTHIIREN-1.1-DIOXID 63-0303
- RK. V. BASEN MIT BENZYL-DIBROMMETHYL-SULFON U. BENZHYDRYL-DIHALOGENMETHYL-SULFONEN 63-0512
JARVIS J. A. J., STRUKTUR V. MY-DIPHENYLUREYLEN-BIS-(TRICARBONYLEISEN) 56-0031
JARY J., AMINOZUCKER 11. MITT. 53-0474
- AMINOZUCKER 12. MITT. 53-0475
- AMINOZUCKER 13. MITT. 54-0479
- SOLVOLYSE D. BENZYLIDENDERIV. 3. MITT. 55-0175
- SOLVOLYSE V. BENZYLIDEN-DERIV. 4. MITT. 58-0239
- AMINOZUCKER 14. MITT. 58-0689
- AMINOZUCKER 15. MITT. 58-0690
- AMINOZUCKER 16. MITT. 59-0655
- 2.3-DIDESOXY-5.6-O-ISOPROPYLIDEN-D-ERYTHRO-HEXIT ALS NEBENPRODUKT BEI D. SYNTH. V. 3-DESOXY-1.2,5.6-DI-O-ISOPROPYLIDEN-ALPHA-D-RIBO-HEXOFURANOSE 59-0656
- AMINOZUCKER 18. MITT. 62-0695
- AMINOZUCKER 19. MITT. 62-0696
- 3.6-DIDESOXY-D-XYLO-HEXOSE, 4.6-DIDESOXY-D-XYLO-HEXOSE U. IHRE DERIV. 62-0697
- LACTONE 11. MITT. 64-0778
JASCHE K., ALKALI-PHOSPHORVERB. U. IHR REAKT. VERH. 54. MITT. 54-0267
JASINA O. G., RK. V. 1-PHENYL-BUTIN-(1)-ON-(3) MIT FURFURALEN 60-0490
JASINSKA J., N-GLYKOSIDE MIT HETEROCYCL. AGLYKON 1. MITT. 59-0666
JASINSKI T., ANWEND. D. MUTAROTAT. V. N-GLYKOSIDEN ZUR UNTERS.V. SAEURENSTAERKEN 4. MITT. 58-0078
- KONDUKTOMETR. UNTERS. V. SAEURE-BASEN-GLEICHGEW. IN ACETON 2. MITT. 58-0182
- MUTAROTAT. V. N-GLYKOSIDEN ALS NEUE METH. ZUR UNTERS. D. SAEURESTAERKE 5. MITT. 59-0191
- SPEKTROPHOTOMETR. UNTERS. D. SAEURE-BASEN-GLEICHGEWICHTE ZWISCHEN NITROPHENOLEN U. PYRIDINDERIVATEN IN APROT. LSGM. 64-0217
JASUNSKIJ V. G., SYDNONE U. SYDNONIMINE 35. MITT. 53-0394
- SYDNONE U. SYDNONIMINE 31. MITT. 55-0422
- SYDNONE U. SYDNONIMINE 36. MITT. 55-0423
- SYDNONE U. SYDNONIMINE 38. MITT SYNTH. U. STRUKTUR V. N-EXO-NITROSO-DERIV. V. SYDNONIMINEN 56-0524
- SYDNONE U. SYDNONIMINE 40. MITT. 62-0584

JASWAL S. S., ALKALOIDE AUS ACONITUM PALMATUM.
KOHLENSTOFFSKELETT V. VAKOGNAVIN 61-0738
JASZCZYNSKI J., STICKSTOFFHALT. ANALOGA V. STEROIDEN 6.
MITT. 62-0791
JAUHAL G. S., CHEMIE V. KOMPLEXEN MIT METALLEN IN
NIEDRIGEN WERTIGKEITSSTUFEN, 2. MITT. 60-0069
JAUTELAT M., WRKG. V. 2.3-OXIDO-SQUALEN-STERINCYCLASE AUF
NICHTNATUERL., DURCH ALKYLIDENUEBERTRAG. V.
SULFONIUMALKYLIDEN AUF 4.8.13.17.21-PENTAMETHYLDOKOSA-
PENTAEN-(4.8.12.16.20)-AL HERGESTELLTE SUBSTRATE
63-0885
JAWORSKI T., DIENSYNTH. D. PYRIDINRINGES 2. MITT. 53-0428
JECK R., INHALTSSTOFFE D. GRUENEN KNOLLENBLAETTERPILZES
35. MITT. 62-0835
JEDLINSKI Z., MECHANISMUS D. THERM. OX. V. CIS-1.4-
POLYBUTADIEN, 3. MITT. 56-0740
JEFCOATE C. R. E., ELEKTRONENSPINRESONANZUNTERS. 14.
MITT. 58-0215
JEFFERIES P. R., 19-20-LACTONE D. KAURANREIHE 55-0527
- DITERPENE D. CASCARILLIN-GRUPPE AUS DODONAEA SPP.
55-0536
- DITERPENE AUS GOODENIA RAMELII F. MUELL 57-0697
JEFFERSON A., XANTHONE 9. MITT. 61-0603
JEFFERY E. A., ASSOZIIERTE PHENYLAETHINYL- U. OCTINYL-
METALLVERB. 58-0048
JEFFORD C. W., STEREOCHEMIE D. BICYCLO(3.2.1)OCTANS 11.
MITT. 54-0335
- STEREOCHEMIE V. BICYCLO(3.2.1)OCTAN 12. MITT. 55-0350
- STEREOCHEMIE V. BICYCLO(3.2.1)OCTAN 13. MITT. 57-0238
- STEREOCHEMIE V. BICYCLO(3.2.1)OCTAN 14. MITT. 57-0239
- STEREOCHEMIE VON BICYCLO(3.2.1)OCTAN, 17. MITT.
61-0091
- STEREOCHEMIE V. BICYCLO(3.2.1)OCTAN 16. MITT. 61-0201
- RK. V. 2-METHYL-NORBORNEN-(2) MIT N-BROM-SUCCINIMID
63-0565
JEFFS P. W., STRUKTUR U. STEREOCHEMIE D. AMUROLINS U.
AMURONINS, ZWEIER NEUER ALKALOIDE VOM DIHYDROPROAPOR-
PHIN-TYP 60. MITT. 60-0162
- EMOLEKULARSTRUKTUR-UNTERS. DURCH HOCHAUFLOESENDE
MASSENSPEKTREN 9. MITT. 61-0107
- STRUKTUREN V. AMURIN U. NUDAURIN 64-0805
JEGER O., PHOTOCHEM. RK. 41. MITT. 56-0252
- PHOTOCHEM. RK. 42. MITT. 56-0704
- PHOTOCHEM. RK. 46. MITT. 62-0802
JEHLICKA V., STRUKTURAUFKLAER. D. ISOMEREN V. ALPHA-
OXIMINO-CARBONSAEUREESTERN 55-0116
- STRUKTUR D. AROMAT. ENAMINONITRILE 56-0373
- KONFORM. V. AROMAT. SULFOESTERN AUS DIPOLMOMENTEN
64-0179
JELINEK F., SYNTH. V. ALLYLDICYCLOPENTADIENYLTITAN(III)-
KOMPLEXEN AUS DIENEN 59-0054
JELINEK V., SUBSTANZEN MIT ANTINEOPLAST. WRKG. 19. MITT.
54-0374
- SUBSTANZEN MIT ANTINEOPLAST. WRKG. 20. MITT. 56-0750
- SUBSTANZEN MIT ANTINEOPLAST. WRKG. 23. MITT. 61-0710
JELLINEK F., CYCLOPENTADIENYL-TRIPHENYLPHOSPHIN-
NICKEL(II)-HALOGENIDE 54-0040
- KONFORM. V. ALLYL-DICYCLOPENTADIENYL-TITAN(III)-
KOMPLEXEN 57-0001
JEMINET G., SPEKTRAL-UNTERS. D. MONO-, BIS-, TRIS- U.
TETRAKIS-(PHENYLMERCAPTO)-METHANE, EINFL. D.
WECHSELWRKG. D. SCHWEFELATOME 55-0061
JENA J. VON, MEHRWERT. ALKOHOLE AUS STERINEN U.
STERINDERIV., 5. MITT. 56-0717
JENCKS W. P., NICHTLINEARE BEZIEH. ZWISCHEN STRUKTUR U.
RK.-FAEHIGK. RK.-FAEHIGK. NUCLEOPHILER REAGENZIEN
GEGENUEBER ESTERN 63-0237
- MECHANISMUS D. AMINOLYSE V. METHYLFORMIAT 63-0260
- INTRAMOL. KATALYSE BEI RK. NUCLEOPHILER REAGENZIEN MIT
ASPIRIN 64-0316
JENEVEIN R. M., QUANT. UNTERS. IN D. STEREOCHEMIE, C.
ELEKTROCHEMIE 1. MITT. 58-0418
- QUANT. UNTERS. IN D. STEREOCHEMIE, B. PHOTOCHEMIE 3.
MITT. 58-0489
- QUANT. UNTERS. IN D. STEREOCHEMIE, ELEKTROCHEMIE 2.
MITT. 63-0509
JENG S., LACTAME 8. MITT. 58-0141
JENKINS H., ANALGETIKA, ESTER VON PYRROLIDINYL-(3)-
METHANOLEN 63-0901
JENKINS P. A., UNTERS. D. ABS. KONFIG. V. TRISUBSTITUIER-
TEN ALLENEN DURCH PARTIELLE HYDRIER. 54-0108
- STEREOCHEMIE D. DURCH PALLADIUM KATALYSIERTEN HYDRIER.
V. ALLENEN 54-0142
JENKINS S. R., INDOL- U. 4-AMINO-INDOL-NUCLEOSIDE 58-0698
- KETTENVERZWEIGTE NUCLEOSIDE 4. MITT. 64-0790
JENNINGS B. H., OX. V. 10-CHLOR-TRICYCLEN, EXO-6-CHLOR-
CAMPHEN U. TRANS-8-CHLOR-CAMPHEN 63-0793
JENNINGS K. R., METASTABILE UEBERGAENGE V. DREIFACHGELA-
DENEN IONEN 53-0084
JENNY E. F., SYNTH. V. BIS-(P-METHOXY-PHENYL)- U. BIS-(P-
NITRO-PHENYL)-KETEN U. DEREN VERH. GEGENUEBER
SAUERSTOFF U. NUCLEOPHILEN REAGENZIEN 62-0444
JENNY W., (2.2....)METACYCLOPHANE 54-0304
- STEREOSELEKTIVE UMWANDL. V. (2.2.2.2.2.2)METACYCLOPHAN
IN EIN ALL-TRANS-HEXAEN 56-0426
JENSEN B., PHOTOCHEM. UNTERS. 8. MITT. 56-0609
JENSEN E. R., BIOSYNTH. D. TETRACYCLINE 9. MITT. 61-0830
JENSEN F., ENERGIEBARRIERE D. KONFORM.-UMWANDL. V.
CYCLOPENTAMETHYLENDIMETHYLSILAN 62-0137
JENSEN F. R., INVERS.-BARRIERE SECHSGLIEDRIGER RINGE MIT
SP(2)-HYBRIDISIERTEM KOHLENSTOFF 59-0168
- BEVORZUGTE KONFORM. V. CYCLOHEXYL-GRIGNARDVERB.
63-0002
- ERMITTL. V. BEVORZUGTEN KONFORM. BEI CYCLOHEXYL-DERIV.
DURCH NMR-CHEM. VERSCHIEB. 63-0188
- ERNEUTE UNTERS. EINER VERMEINTL. SH2-RK. RK. V.
TRICHLORMETHYLRADIKALEN MIT ORGANOQUECKSILBERVERB.
EINE NEUART. RADIKAL-ELIMINIER.-RK. 63-0243
JENSEN K. A., ORGANOSELEN-VERB. 3. MITT. 56-0052
- THIOSAEUREN U. IHRE DERIV. 13. MITT. 56-0357
- ORGANOSELEN-VERB. 5. MITT. 56-0515
- ALKYLCYANATE 10. MITT. 58-0278
- THIOCARBONSAEUREN U. IHRE DERIV. 12. MITT. 58-0369
- THIOSAEUREN U. IHRE DERIV. 9. MITT. 61-0368
JENSEN L. H., KRISTALL- U. MOLEKULARSTRUKTUR V.
DIHYDROTHYMIN 58-0155
JENSEN M. A., VORAUSSAGE V. (29)SI-H- U. (13)C-H-KOPPL.-
KONST. IN SUBSTITUIERTEN SILANEN U. METHANEN 58-0115
- PROTONENRESONANZSPEKTRUM V. METHYL-4.6-O-BENZYLIDEN-3-
DESOXY-3-PHENYLAZO-ALPHA-D-GLUCOSID-2-ACETAT,
TEILWEISE VIRTUELLE KOPPL. IN EINEM VIERSPIN-SYST.
64-0112
JENSEN M. B., CARBAMINATE 16. MITT. 58-0301
JENSEN R. B., RK. V. CHLORAL MIT ALKOHOLEN 3. MITT.
64-0082
JENSEN S. L., CAROTINOIDE AUS BAKTERIEN 22. MITT. 53-0518
- CAROTINOIDE AUS BAKTERIEN 23. MITT. 53-0519
- BAKTERIELLE CAROTINOIDE 24. MITT. 56-0659
- BAKTERIELLE CAROTINOIDE 25. MITT. 56-0660
- ''ASTERINSAEURE'', EIN ACETYLENCAROTINOID 61-0746
JENSEN S. R., DARST. V. TERT.-BUTYLMALEINSAEURE U. IHREM
DI-TERT.-BUTYLESTER 56-0294
JENTE R., POLYACETYLENVERB. 136. MITT. 54-0588
- POLYACETYLENVERB. 145 .MITT. BIOGENESE D.
PHENYLHEPTATRIINS 59-0809
JENTZSCH K., ISOLIER. V. DIHYDROCAPSAICIN U.
HOMODIHYDROCAPSAICIN AUS CAPSICUM-FRUECHTEN 60-0800
JERKUNICA J. M., SIGMA-BETEILIG. U. SEK. DEUTERIUM-
ISOTOPEFFEKTE, NORBORNYLVERB. 57-0226
JERNIGAN H. L., RAYLEIGH-STREUUNG AN GERADKETT. MOL.
63-0103
JERSLEV B., KRISTALLSTRUKTUR V. ''TRICHLORPHENOLCHLOR''
U. EINIGEN ANALOGEN VERB. DER ALLGEMEINEN KONSTIT.
EINES 2.4.4.6-TETRAHALOGEN-CYCLOHEXA-2.5-DIEN-1-ONS
61-0160
JERZMANOWSKA Z., EINW. V. PRIM. U. SEK. AMINEN AUF
FLAVONDERIV. 54-0316
JESAITIS R. G., UNTERDRUECK. D. NICHTKLASS.
NORBORNYLTEILNAHME DURCH ALLYLTEILNAHME 55-0177
- DARST. EINIGER SPIROCYCLOPROPYLNORBONYL-VERB. 63-0553
JESCHKEIT H., PEPTIDSYNTH. MIT N-HYDROXY-GLUTARIMIDESTERN
57-0751
JEVANS A. W., SYNTH. U. EINIGE RK. V. (+-)-
ALEURITINSAEURE 58-0376
- STERCULINSAEURE, EINE FETTSAEURE AUS D. SAMENOEL V.
STERCULIA ALATA 61-0455
JEWETT J. G., ENTFERNTE SEK. ISOTOPENEFFEKTE D.
DEUTERIUMS 58-0248
JHON M. S., DIELEKTRIZITAETSKONST. V. GEMISCHEN U. V.
EINIGEN WASSERSTOFFGEBUNDENEN FL. IM SUPERKRIT.
BEREICH 63-0027
JILEK J. O., NEUROTROPE U. PSYCHOTROPE SUBSTANZEN 7.
MITT. 54-0471
- NEUROTROPE U. PSYCHOTROPE SUBSTANZEN 26. MITT. 64-0561
JINDRA H., BLDG. U. UMWANDL. V. ESTERN 76. MITT. 54-0453
JIRKOVSKY I., NEUROTROPE U. PSYCHOTROPE SUBSTANZEN 18.
MITT. 54-0472
JIZBA J., PFLANZENSUBSTANZEN 27. MITT. 53-0490
- POLYPODIN B, EINE NEUE ECDYSON-AEHNL. SUBSTANZ AUS
PFLANZL. MATERIAL 56-0706
JOACHIMSMANN-DUFRESNE G., UMLAGER. V. CARBONIUMIONEN IN
D. ISOSANTEN (2-METHYLEN-3-METHYL-BICYCLO(2.2.1)HEP-
TAN)-REIHE 58-0760
JOB B. E., STRUKTUR V. MY-DIPHENYLUREYLEN-BIS-
(TRICARBONYLEISEN) 56-0031
- PHOTOADDIT. V. ACRYLNITRIL AN BENZOL 60-0460
JOBSON R. B., SYNTH. V. 2- U. 4-BROMOESTRADIOL 62-0794
- SYNTH. V. 2- U. 4-FLUOROESTRADIOL 64-0859
JOCHIMS J. C., GERBSTOFFE AUS D. HOLZ D. EDELKASTANIE U.
D. EICHE 3. MITT. 53-0497
- STEREOSPEZIF. FERNKOPPL. D. HYDROXYLPROTONEN IN
PYRANOSEN 54-0111
- CARBODIIMIDE 4. MITT. 63-0442
JOCHUM C., INHALTSSTOFFE D. GRUENEN KNOLLENBLAETTERPILZES
34. MITT. 62-0834
JOCHUM H., SYNTH. V. HETEROCYCLEN MIT HYDROXYMETHYLENKE-
TONEN 9. MITT. 53-0424
JOERN W. A., RK. ZWISCHEN D. CHROM(II)-ION U.
ACETYLENDICARBONSAEURE, NATUR U. RK. V. ZWISCHENPROD.
58-0027
JOH T., DARST. V. CHINOLIN-DERIV. AUS SCHIFFSCHER BASE U.
VINYLAETHER MIT DICOBALTOCTACARBONYL ALS KATALYSATOR
54-0428
JOHNS S. R., KREYSIGININ, EIN HOMO-MORPHIN-ALKALOID AUS
KREYSIGIA MULTIFLORA REICHB. 62-0156
JOHNS W. F., TEILSYNTH. V. 18.19-DINORSTEROIDEN 58-0772
JOHNSON A. W., SYNTH. V. NICKEL-1-ALKYL-TETRADEHYDROCOR-
RINEN 53-0524
- SYNTH. V. DEUTEROPORPHYRIN-IX U. PEMPTOPORPHYRIN

55-0517
- THERM. SIGMATROPE UMLAGER. BEI NI-KOMPLEXEN V. MAKROCYCL. PYRROLVERB. 56-0081
- OXYDATIVE DIMERISIER. V. 1.2.3.4-TETRAHYDRO-6-HYDROXY-7-ISOPROPYL-NAPHTHALIN 57-0448
- ALKYL-, ARYL- U. ACYL-METALL(III)-KOMPLEXE V. AETIOPORPHYRIN I 60-0731
- CHEMIE V. YLIDEN 17. MITT. 62-0081
- SYNTH. D. DEUTERIOPORPHYRIN-IX-, PEMPTOPORPHYRIN- U. SPIROGRAVIS-PORPHYRIN-DIMETHYLESTER 62-0746
- ALKYLIER. U. THERM. SIGMATROPE UMLAGER. V. NICKEL-1-METHYL-TETRADEHYDROCORRINEN 62-0820
- VIOMYCIN. WEITERE ABBAUUNTERS., VORL. MITT. 62-0823
- UMLAGER. V. 1.4-DISUBSTITUIERTEN 4-CHLORMETHYL-3.5-DICYAN-2.6-DIMETHYL-1.4-DIHYDRO-PYRIDINEN ZU 1.4-DISUBSTITUIERTEN 3.6-DICYAN-2.7-DIMETHYL-1H-AZEPINEN 63-0742
JOHNSON B. D., TETRAHYDROPYRROLO(3.4-C)PYRAZOLE 63-0636
- SYNTH. U. HYPOTENSIVE WRKG. V. 3-AMINO-4H-PYRROLO(3.4-C)ISOXAZOLEN U. DERIV. 63-0640
JOHNSON B. F. G., RUTHENIUM-CARBONYL-CARBID-VERB. 55-0041
- RELATIVE VORZEICHEN V. J(195PT-1H) BEI OLEFIN-KOMPLEXEN 56-0020
JOHNSON B. G., STRAHLENCHEMIE V. BIOCHEM. DISULFIDEN 1. MITT. 57-0267
JOHNSON B. J., POLYPEPTIDE MIT EINER BEKANNTEN SICH WIEDERHOLENDEN SEQUENZ V. AMINOSAEUREN, SYNTH. V. POLY-(ALPHA- U. GAMMA-L-GLUTAMYL-L-ALANYL-GLYCIN) 57-0775
JOHNSON C. D., SAEUREKATALYSIERTER WASSERSTOFFAUSTAUSCH IN 2.6-DIMETHYL-4-PYRIDON, -PYRON U. THIOPYRON, EINFL. V. HETEROCYCL. SCHWEFEL, SAUERSTOFF U. STICKSTOFF AUF D. GESCHWINDIGKEIT D. ELEKTROPHILEN SUBSTITUTION 55-0183
JOHNSON C. R., STRUKTUR D. ADDIT.-VERB. V. QUECKSILBER-(II)-CHLORID MIT CIS-4-P-CHLORPHENYLTHIAN-1-OXID 54-0016
- CHEMIE D. SULFOXIDE 9. MITT. 56-0280
- STEREOSELEKTIVE UMLAGER. V. KONFORM.-BEWEGLICHEN EPOXIDEN 57-0437
- CHEMIE D. SULFOXIDE U. VERWANDTER VERB. 11. MITT. 63-0420
- SULFOXIDE U. VERWANDTE VERB. 10. MITT. 64-0434
JOHNSON D. A., EPIMETACILLIN 60-0792
JOHNSON D. B., LIGNANE AUS D. KERNHOLZ V. ULMUS THOMASII 1. MITT. 58-0813
JOHNSON D. H., ENTFERN. V. THIOPHEN AUS BENZOL MIT ALCL3 56-0338
- REDUKTIVE AMINIER. 2. MITT. 57-0337
- STEREOCHEMIE U. INVERSION V. TRIVALENTEM SAUERSTOFF 60-0165
JOHNSON D. N., ANALGETIKA, ESTER VON PYRROLIDINYL-(3)-METHANOLEN 63-0901
JOHNSON F., STRUKTUR D. HALOGENWASSERSTOFFSALZE V. BERNSTEINSAEUREDINITRIL U. VERWANDTEN VERB. 55-0389
- STRUKTUR D. HALOGENWASSERSTOFFSALZE V. GLUTARSAEUREDINITRIL U. VERWANDTEN VERB. SOWIE IHRE UMWANDL. IN DIHYDROPYRIDINE 55-0448
- GLUTARSAEUREIMID-ANTIBIOTIKA 13. MITT. 59-0777
JOHNSON J. E., AZA-DISPIRO(5.1.5.2)PENTADECENE 3. MITT. 58-0535
JOHNSON J. R. JUN., PROD.-VERTEIL. BEI D. METALLIER. EINIGER AROMAT. VERB. MIT N-BUTYLLITHIUM 57-0369
JOHNSON M. A., IRREVERSIBLE ENZYMINHIBITOREN 118. MITT. 63-0877
JOHNSON M. C., SYNTH. EINIGER HOCHSUBSTITUIERTER PYRIDINE, 2.7-NAPHTHYRIDINE U. 1H-PYRIMIDO(4.5.6-I.J)(2.7)NAPHTHYRIDINE 62-0659
JOHNSON M. D., CHLORIER. V. 1-METHYL-NAPHTHALIN DURCH MOLEKULARES CHLOR 53-0300
JOHNSON M. G., PHOTOADDIT. V. DIPHENYLACETYLEN, CYCLOOCTADIEN-(1.3) U. CYCLOOCTEN AN ANTHRACHINON 62-0513
JOHNSON M. R., DIMETHYLSULFURANYLIDENESSIGSAEUREAETHYLESTER 3. MITT. 61-0475
JOHNSON N. B., ANWEND. D. SPEKTROSKOPIE IM FERNEN INFRAROT ZUR CHARAKTERISIER. D. METALL-THIOCYANAT-BIND. IN PALLADIUM(II)-KOMPLEXEN 63-0005
JOHNSON R. E., UNTERS. DER ANORMALEN PROD. AUS D. RK. V. 2-THENYL- U. BENZYL-GRIGNARD-REAGENZIEN MITTELS GASCHROMATOGRAPHIE 63-0609
JOHNSON R. H., EINFL. V. HALOGENIDIONEN AUF D. ZERS. V. DIAZOESSIGSAEUREAETHYLESTER 58-0299
JOHNSON R. N., STER. U. POLARE EFFEKTE BEI D. KONFORM. V. BUTYROLACTONEN VORL. MITT. 56-0162
- STER. EINFL. AUF D. KONFORM. V. VALEROLACTONEN 56-0163
- ENZYM-INHIBITOREN 20. MITT. 57-0784
JOHNSON S., BIOSYNTH. D. TETRACYCLINE 9. MITT. 61-0830
JOHNSON S. M., MOL.-STRUKTUR EINES UNSYMM. 6A-THIATHIOPHTHENS 56-0167
- ABS. KONFIG. V. CALDARIOMYCIN 57-0158
JOHNSON W. D., RK. V. PHOSPHORIGSAEUREAMIDEN MIT 3-HYDROXY-2.2.4-TRIMETHYL-PENTEN-(3)-SAEURE-BETA-LACTON VORL. MITT. 55-0252
JOHNSON W. S., ALTERNATIVE SYNTH. V. 17-ACETYL-DELTA(12.14.16)-5ALPHA-AETIOJERVATRIEN-3BETA-OL 62-0730
- SYNTH. MIT HOHER STEREOSELEKTIVITAET V. VERB. MIT TRANS-TRSUBSTITUIERTEN OLEFIN. BIND. 63-0363
- 8ALPHA.9BETA-OESTRONMETHYLAETHER, EIN SCHWER FASSBARES WANNEN-C-RING-ISOMERES 63-0821
- NEUER WEG ZUR STEROID-TOTALSYNTH., NICHTENZYMAT. BIOGENESEARTIGE OLEFIN-CYCLISIER. UNTER STEREOSPEZIF. BLDG. V. FUENF ASYMMETRIEZENTREN 63-0823
JOHNSSON H., ANCHIMER UNTERSTUETZTE RK. V. SULFOXID 1. MITT. 54-0143
JOHNSTON D. O., GASCHROMATOGRAPH. UNTERS. D. GESCHW. D. METHANOLYSE V. MALONSAEUREDIAETHYLESTERN 58-0240
JOHNSTON J. D., TOTALSYNTH. V. DL-6-DESMETHYL-6-DESOXY-TETRACYCLIN 58-0804
JOHNSTON K. M., RK. V. UNGESAETT. SAEUREHALOGENIDEN 2. MITT. 56-0402
- UMWANDL. EINIGER ALPHA-ACETYLEN. KETONE U. VERWANDTER ALPHA.BETA-DIBROM-KETONE IN 3.5-DIARYL-ISOXAZOLE 64-0643
JOHNSTON R. D., RUTHENIUM-CARBONYL-CARBID-VERB. 55-0041
JOHNSTON T. E., D. RK. V. BENZYL-GRIGNARD-REAGENZ BEEINFLUSSENDE FAKTOREN 3. MITT. 64-0423
JOHNSTON T. P., SPERMIN- U. SPERMIDIN-VERWANDTE DERIV. D. 2-AMINO-AETHANTHIOLS 59-0325
JOHNSTONE R. A. W., ARYLWANDER. IN AROMAT. AMIDEN BEI D. MASSENSPEKTROMETRIE 53-0082
- MASSENSPEKTREN ORGAN. VERB. 3. MITT. 55-0094
- MASSENSPEKTREN ORGAN. VERB. 4. MITT. 55-0095
- MASSENSPEKTREN V. ORGAN. VERB., 5. MITT. 56-0142
- BESTANDTEILE D. ZIGARETTENRAUCHS 10. MITT. 61-0329
- MASSENSPEKTREN ORGAN. VERB. 6. MITT. 64-0157
- BESTANDTEILE D. ZIGARETTENRAUCHS 11. MITT. 64-0521
JOKAY L., CHEMIE FREIER RADIKALE, ESR-UNTERS. AM TRIPHENYLMETHYL-RADIKAL 58-0117
JOKLIK J., ORGANOSILICIUMVERB. 54. MITT. 54-0185
JOLLES J., LYSOZYME 61. MITT. 62-0815
JOLLES P., LYSOZYME 61. MITT. 62-0815
JOLLEY K. W., STER. HINDER. IN PENTAFLUORPHENYL-VERB. D. ELEMENTE D. IV. GRUPPE 56-0012
JOLLY P. W., PI-CYCLOPENTADIENYLPROPINYLDICARBONYLEISEN 62-0047
JONAS D. A., UNTERS. AN CYCLOOCTANEN 1. MITT. 61-0510
JONAS G., ISOSTERE METALLORGAN. VERB. 10. MITT. 61-0040
JONAS J., ALPHA-HALOGENAETHER 37. MITT. 63-0627
JONAS V., NMR-UNTERS. DES CHEM. AUSTAUSCHES 3. MITT. 61-0134
JONCZYK A., ARYLBORVERB. 14. MITT. 54-0271
JONES A. J., ROTAT.-KONST. U. DIPOLMOMENT V. 3.4-DIMETHYLEN-CYCLOBUTEN 53-0061
JONES A. S., PERMANGANAT-OX. D. THYMIDINS 58-0717
- RK. V. ACRYLSAEUREANHYDRID MIT ISOPROPYLIDENINOSIN 62-0714
- SYNTHET. POLYNUCLEOTIDANALOGA, 2. MITT. 62-0840
- SYNTHET. POLYNUCLEOTIDANALOGA 3. MITT. 63-0868
JONES B. D., RK. V. CYCLOHEXANDIOLEN-(1.2) U. METHYL-4.6-O-BENZYLIDEN-ALPHA-D-GLUCO- U. -GALAKTO-PYRANOSID MIT METHYLENHALOGENIDEN 56-0457
JONES C. J., DARST. U. KRIST.-STRUKTUR V. DI-MY-CHLORO-DICHLORO-DIMETHYL-TETRACARBONYL-DIIRIDIUM(II) 55-0043
JONES D. E. H., O-CYAN-CINNAMONITRILE U. VERWANDTE VERB. 54-0279
- HETEROCYCL. IMINE U. AMINE 11. MITT. 62-0502
JONES D. H., MIT CONGOCIDIN VERWANDTE AMIDINE U. GUANIDINE 4. MITT. 59-0495
- UNTERS. AN CYCLOOCTANEN 1. MITT. 61-0510
JONES D. N., ABS. KONFIG. U. OPT. ROTAT.-VERMOEGEN V. METHYLSULFINYLSTEROIDEN 55-0045
- REVIDIERTE STRUKTUREN D. ADDUKTE V. ERGOSTERYLACETAT MIT MALEINSAEUREANHYDRID 57-0722
- STEROIDSCHWEFELVERB. 2. MITT. 63-0831
JONES D. S., POLYPEPTIDE 7. MITT. 59-0769
JONES D. W., 3-OXO-1.4-DIPHENYL-3H-2-BENZOPYRAN U. SEINE EISENCARBONYL-KOMPLEXE 54-0033
- STRUKTUR VON ISOLAPACHENOL 60-0574
JONES E., PERFLUORACETYLTHIOPHENE 1. MITT. 62-0534
JONES E. N., RK. VON AMINEN MIT HALOGENALKANEN 1. MITT. 60-0301
JONES (SIR) E. R. H., EINFACHE DARST. V. 5ALPHA-ANDROSTAN-16-ON 54-0544
- SYNTH. V. CREPENYNSAEURE 55-0245
JONES F. B. JUN., STEREOCHEMIE AM TRIVALENTEN STICKSTOFF 2. MITT. 63-0181
JONES G., BAS. U. SAURE DERIV. D. 2.5-DIHYDRO-1H-1-BENZAZEPINS ALS MOEGL. THERAPEUT. WIRKSAME SUBSTANZEN 53-0471
- MASSENSPEKTROMETRIE U. IHRE ANWEND. AUF STRUKTURELLE U. STEREOCHEM. PROBLEME 135. MITT. 54-0080
- SYNTH. EINIGER N-SUBSTITUIERTER PIPERIDONE-(4) 57-0599
- MASSENSPEKTROMETRIE U. IHRE ANWEND. AUF STRUKTURELLE U. STEREOCHEM. PROBLEME 150. MITT. 59-0134
- 1-METHYL-2-HYDROXY-INDOLO(1.2-A)AZEPINIUMBROMID, EIN AZONIA-AZULENIUM-SALZ 60-0685
- CHINOLIZINE 11. MITT. 61-0645
- CHINOLIZINE 12. MITT. 61-0646
JONES J. H., AMINOSAEUREN U. PEPTIDE 26. MITT. 56-0727
- AMINOSAEUREN U. PEPTIDE 27. MITT. 57-0752
- AMINOSAEUREN U. PEPTIDE 28. MITT. 58-0802
- PYRAZIN-DIURETICA 5. MITT. 60-0627
- MASSENSPEKTREN V. AMINOSAEURE- U. PEPTIDDERIV. 1. MITT. 61-0122
- MASSENSPEKTREN V. AMINOSAEUREN U. PEPTIDDERIV. 2. MITT. 64-0156
JONES K., PARTIELLE HYDROLYSE V. AETHYLALANVERB. 63-0066

JONES L. B., ELEKTRON. EINFL. BEI SOLVOLYSE-RK. 2. MITT. 59-0227

- PHOTOLYSE V. TRIENEN 2. MITT. 60-0316

JONES M. JUN., SYNTH. V. BULLVALEN, BULLVALON U. BARBARALON SOWIE V. BARBARALON-DERIV. 54-0334

- BLDG. V. CYCLOPROPANEN BEI D. PHOTOSENSIBILISIERTEN ZERS. ALIPHAT. ALPHA-DIAZOKETONE 61-0520
- ADDIT. V. CYCLOPENTADIENYLIDEN AN HEXAFLUORBENZOL 64-0540

JONES M. M., STEREOSELEKTIVITAET IN D. DURCH METALLKOMPLEXE KATALYSIERTEN HYDROLYSE V. AMINOSAEURE-ESTERN 61-0025

JONES N. R., SYNTH. CYCL. MONO- U. DIKETODERIV. UEBER BISTHIO-CARBANIONEN 58-0649

JONES P. C., MEHRFACHE EINFUEHR. V. LITHIUM 2. MITT. 63-0460

JONES P. F., INDUKTIVE EFFEKTE IN ACYLSILANEN U. ACYLDISILANEN 59-0144

JONES P. H., CHEMISCHE VERAENDERUNGEN D. ERYTHROMYCIN-ANTIBIOTIKA 1. MITT. 59-0775

JONES P. R., ORGANOCADMIUM-REAGENZIEN 5. MITT. 62-0386

JONES R., NEUE HETEROAROMAT. VERB. 27. MITT. 58-0108

- NEUE HETEROAROMAT. VERB. 28. MITT. 61-0680
- NEUE HETEROAROMAT. VERB. 29. MITT. 62-0668
- NEUE HETEROAROMAT. VERB. 31. MITT. 62-0669

JONES R. A., PYRROLUNTERS. 12. MITT. 55-0074

- PYRROL-UNTERS. 13. MITT. 60-0512

JONES V. K., PHOTOLYSE V. TRIENEN 2. MITT. 60-0316

JONES W. J. JUN., D. 5.6-DIHYDRO-THIAZOLO(2.3-B)THIAZOLIUMSYSTEM 62-0579

JONES W. M., VERS. ZUR DARST. V. DIPHENYLCYCLOPROPENYLIDEN 3. MITT. 57-0414

- VERS. ZUR DARST. V. DIPHENYLCYCLOPROPENYLIDEN 4. MITT. 61-0466
- ALLGEMEINE METH. ZUR SYNTH. OPT. AKT. 1.3-DISUBSTITUIERTER ALLENKOHLENWASSERSTOFFE 63-0364

JONGEJAN H., RINGUMWANDL. BEI RK. V. HETEROCYCL. VERB. MIT NUCLEOPHILEN 9. MITT. 54-0354

JONKER H., EIG. V. DIAZOSULFONATEN, 3. MITT. 55-0055

- EIG. V. DIAZOSULFONATEN 4. MITT. 55-0056

JONSSON E., AEQUILIBRIER. U. RACEMISIER. V. SULFOXIDEN 53-0165

- RACEMISIER. V. SULFOXIDEN IN ESSIGSAEUREANHYDRID MIT LEWIS-SAEUREN ALS KATALYSATOREN 53-0167

JONSSON H., SPALT. U. KONFIG. V. THIOPHAN-3-CARBONSAEURE 58-0576

JORDANOV B., STRUKTUR EINIGER POLYFUNKTIONELLER ORGANOMAGNESIUMREAGENZIEN 57-0003

JORDENS P., STER. EFFEKTE IN HETEROCYCL. SYST. 4. MITT. 61-0549

JORGENSEN C. K., CHEMIE D. KOMPLEXE V. LIGANDEN MIT SCHWEREN DONATORATOMEN 2. MITT. 58-0010

JORGENSEN E. C., SYNTHESE VON 2.6-DIALKYL-PHENYL-4-NITRO-PHENYLAETHERN AUS STARK GEHINDERTEN PHENOLEN 61-0386

JORGENSON M. J., RK. V. BICYCLO(2.1.0)PENTANEN 1. MITT. 61-0518

- PHOTOCHEMIE V. ALPHA,BETA-UNGESAETT. ESTERN 4. MITT. 64-0102

JORIS L., WASSERSTOFFBRUECKENBIND. 17. MITT. 58-0169

JOSEPH T. C., SYNTH. V. DL-LYCOPODIN 60-0718

- SESQUITERPENE 29. MITT. 62-0753
- SESQUITERPENE 31. MITT. 62-0755
- SESQUITERPENE 32. MITT. 62-0756

JOSEPH-NATHAN P., CHEMIE V. PEREZON 62-0742

JOSHI B. C., UMWANDL. IN D. MORPHIN-REIHE 2. MITT. 60-0704

JOSHI B. S., STRUKTUR V. HEPTAPHYLLIN, EINEM CARBAZOL-ALKALOID AUS CLAUSENA HEPTAPHYLLA WT. U. ARN 53-0513

- CLAUSENIN-, ANTHOXYLETIN-, ALLOXANTHOXYLETIN-, XANTHYLETIN- U. NORDALBERGIN-SYNTH. 55-0435
- STRUKTUREN V. CLAUSENIN U. CLAUSENIDIN, ZWEI NEUEN PYRANOCUMARINEN AUS D. WURZELN V. CLAUSENA HEPTAPHYLLA WT. U. ARN. 55-0436
- STRUKTUR U. SYNTH. V. CORYMBOSIN, EINEM FLAVON AUS WEBERA CORYMBOSA WILLD. 55-0518
- STRUKTUR V. PIPLARTIN U. SYNTH. V. DIHYDROPIPLARTIN 61-0739

JOSHI G. S., SYNTH. V. STEROID-SAPOGENINEN U. -ALKALOIDEN 5. MITT. 57-0719

JOSHUA H., SYNTH. V. PEPTIDEN IN WSS. MEDIUM 5. MITT. 63-0845

JOSIEN M., UNTERS. D. SELBSTASSOZIAT. U. D. MOL.-KOMPLEXBLDG. D. DIPHENYLKETIMINS IN LSG. DURCH INFRAROTSPEKTROSKOPIE 63-0207

JOSKA J., STEROIDE 105. MITT. 53-0545

- STEROIDE 110. MITT. 55-0548
- STEROIDE 112. MITT. 64-0865

JOST F., UNTERS. D. SORPT. V. CYCLOHEXEN AN ALUMINIUMOXID MIT HILFE D. GASCHROMATOGRAPHIE 53-0111

JOST K., AMINOSAEUREN U. PEPTIDE 74. MITT. 53-0568

- AMINOSAEUREN U. PEPTIDE 78. MITT. 57-0750

JOTHAM R. W., BH2J-AETHERAT, BH2O(C2H5)2(+)J(-) U. D. ENTSPRECHENDEN TRIJODID-DERIV. ALS LANGLEBIGE ZWISCHENPROD. BEI D. RK. V. J2 MIT DIBORAN U. DIAETHYLAETHER 57-0036

JOUANY C., DARST. U. CHARAKTERISIER. EINIGER DIBUTYLGALLIUMVERB. 58-0047

JOULE J. A., SAEUREKATALYSIERTE C(3)-EPIMERISIER. V. RESERPIN U. DESERPIDIN 54-0129

JOULLIE M. M., CYCLOADDIT. V. KETEN U. IMINEN ZU SCHWEFELDIOXID 54-0388

- RED. CHINOLINE U. CHINOLINIUMVERB. 1. MITT. 60-0599
- SYNTH. V. PYRAZINO(2.3-B)CHINOXALINEN 61-0672
- WEITERLEIT. D. SUBSTITUENTENEFFEKTE IM CHINOLIN 62-0176
- 1.2.3-BENZOTIRIAZINE 3. MITT. 63-0733

JOUSSOT-DUBIEN J., REVERSIBLE PHOTOLYSE V. PYRIDIN IN WSS. LSG. 54-0432

JOVTSCHEFF A., STRUKTURAUFKLAER. D. ISOMEREN V. ALPHA-OXIMINO-CARBONSAEUREESTERN 55-0116

- HETEROLYT. ANLAGER. AN ACETYLEN-VERB. 1. MITT. 56-0336
- HETEROLYT. ANLAGER. AN ACETYLEN-VERB. 2. MITT. 56-0337
- CYCL. POLYAETHER 1. MITT. 60-0625

JOY D. R., CYCLOADDITIONEN D. 2-METHYL-ALLYL-KATIONS AN KONJUGIERTE DIENE 58-0540

JOYCE T. A., VERZOEGERTE FLUORESZENZ V. ANTHRACEN U. EINIGEN SUBSTITUIERTEN ANTHRACENEN 53-0054

- BLDG. ANGEREGTER KOMPLEXE DURCH TRIPLETT-WECHSELWRKG. 56-0181

JOYEUX M., PHOTOCHEM. UMWANDL. 17. MITT. 62-0543

JUBY P. F., DARST. U. ENTZUENDUNGSHEMMENDE WRKG. EINIGER 5-(2-ANILINOPHENYL)-TETRAZOLE 57-0566

JUGELT W., PROTONIER.-GESCHW.-KONST. U. SALZEFFEKTE IN D. SAEUREKATALYSIERTEN HYDROLYSE EINIGER ALIPHAT. DIAZOVERB. 57-0220

- STRUKTUR U. REAKTIVITAET ALIPHAT. DIAZOVERB. 4. MITT. 62-0228
- STRUKTUR U. REAKTIVITAET ALIPHAT. DIAZOVERB. 5. MITT. 62-0229
- SYNTH. V. DIPEPTIDEN EINIGER BETA-AMINOSAEUREN UEBER ALPHA-DIAZOKETONE 63-0840

JUGIE G., DARST. U. CHARAKTERISIER. V. ADDIT.-VERB. AUS TRIALKYLPHOSPHINEN (R3P) MIT MONOALKYLBORANEN (R'BH2) 63-0414

JUILLARD J., SAEUREN IN WASSER-METHANOL-GEMISCHEN 1. MITT. 63-0228

- SAEUREN IN WASSER-METHANOL-GEMISCHEN 2. MITT. 63-0229

JUKES A. E., POLYHALOGENORGANOMETALL- U. -ORGANONICHTMETALLVERB. 23. MITT. 61-0640

- POLYHALOGEN-ORGANOMETALL- U. -ORGANONICHTMETALLVERB. 28. MITT. 62-0437

JULA T. F., DARST. V. ORGANOMETALLVERB. D. IV. HAUPTGRUPPE MIT GEM.-DIHALOGEN-CYCLOPROPYLRESTEN 56-0393

- HALOGENMETHYL-METALL-VERB. 17. MITT. 63-0462
- TRIMETHYLMETALLHALOGEN-ELIMINIER. AUS TRIMETHYLSILYL-METHYL- U. TRIMETHYLZINNMETHYL-SUBSTITUIERTEN GEM.-DIHALOGENCYCLOPROPANEN 63-0498

JUL'CEVSKAJA S. D., RADIKALISCHE ADDITION VON NITRILEN AN OLEFINE 61-0355

JULIA M., OXYDIERENDE CYCLISIER. V. PHENAETHYLCYCLOHEXENEN ZU HYDROPHENANTHRENEN 57-0453

- CONGOCIDIN-AEHNL. AMIDINE U. GUANIDINE 1. MITT. 57-0759
- MIT CONGOCIDIN VERWANDTE AMIDINE U. GUANIDINE 2. MITT. 58-0440
- MIT CONGOCIDIN VERWANDTE AMIDINE U. GUANIDINE 3. MITT. 58-0441
- SYNTH. V. TETRAHYDRO-ISOCHINOLINEN DURCH ARIN-SUBSTITUT. 58-0641
- UNTERS. IN D. INDOLREIHE 20. MITT. 60-0141
- SYNTH. EINES HEXAHYDRO-BENZ(CD)INDOL-SYST. DURCH 'ARIN-SUBSTITUT.' 60-0521
- 3-ARYL-PIPERIDINE 1. MITT. 61-0635
- 3-ARYL-PIPERIDINE 2. MITT. 61-0636
- 3-ARYL-PIPERIDINE 3. MITT. 61-0637
- GROESSE D. DURCH RADIKAL. CYCLISIER GEBILDETEN RINGE 62-0196

JULIA S., VERW. V. 4.5-EPOXIDEN ZUR STEREOSELEKTIVEN EINFUEHR. EINES SUBSTITUENTEN IN 4-STELL. V. STEROIDEN, 9. MITT. 55-0557

- DARST. U. EIG. V. 3BETA-METHOXY-DELTA(4)-CHOLESTEN-6BETA-OL 62-0805

JULLIARD M., PHOTOOXIMIER. V. GESAETTIGTEN KW-STOFFEN MIT NITROSYLCHLORID 60-0338

JULLIEN J., SCHONENDE OX. IN D. GASPHASE 8. MITT. 59-0204

JUMAR A., WEITERE NUCLEOPHILE SUBSTITUT. AN ALKYLIERTEN 4-NITRO-5-CHLOR-IMIDAZOLEN 59-0545

JUMASEVA E. I., EINIGE DERIV. V. GAMMA-(BETA-CARBAETHOXY-BETA-FORMYL)U. GAMMA-(BETA-FORMYL)-BUTYROLACTONEN 57-0493

JUNEJA P. S., LSGM.-EFFEKTE BEI D. CHLORIER. V. ISOBUTYLCHLORID U. TERT.-BUTYLCHLORID 61-0216

- SEK. BETA-ISOTOPENEFFEKT BEI D. PHOTOCHLORIER. V. 2-METHYL-(2-T)-PROPAN 61-0217

JUNEK H., TAUTOMERIE-VERHAELTNISSE BEI GLUTAZINEN 55-0139

- SYNTH. V. HETEROCYCLEN 101. MITT. 56-0451
- SYNTH. V. HETEROCYCLEN 102. MITT. 56-0452
- SYNTH. V. HETEROCYCLEN 104. MITT. 56-0454
- SYNTH. MIT NITRILEN 15. MITT. 59-0609
- SYNTH. MIT NITRILEN 16. MITT. 59-0610
- UNTERS. ZUR TEMP.-ABHAENGIGK. CHARAKTERIST. IR-ABSORPT. 4. MITT. 60-0086
- SYNTH. MIT NITRILEN 17. MITT. 60-0622
- SYNTH. MIT NITRILEN 18. MITT. 64-0707

JUNG A., 1.1-DIPHENYL-ALKANE U. IHRE DERIVATE 5. MITT. 64-0207

JUNG D., KERNMAGNET. RESONANZUNTERS. V. BUTADIENEN-(1.3) 3. MITT. 62-0082

JUNG L., RK.-FAEHIGK. V. TRANS-BENZYLIDENBRENZTRAUBENSAEURE MIT KETONEN 2. MITT. 57-0396
- RK.-FAEHIGK. V. TRANS-BENZYLIDENBRENZTRAUBENSAEURE MIT KETONEN 1. MITT. 57-0431
JUNG M. J., MECHANISMUS D. ISOMERISIER. EINES OLEFINS U. SEINE MOEGL. BEZIEH. ZUM MECHANISMUS D. KATALYT. HYDRIER. MIT TRIS-(TRIPHENYLPHOSPHIN)-RHODIUMCHLORID 60-0289
JUNG R. H., EINFL. D. VISKOSITAET D. LSG. AUF D. RACEMISIER. OPT.-AKT. ATROPISOMERER BIPHENYL-VERB. 54-0179
JUNGE H., ORGAN. METALLKOMPLEXE 4. MITT. 59-0084
- ORGAN. METALLKOMPLEXE 3. MITT. 59-0085
- SYMMETRIE V. CARBOXYLAT., INFRAROT-SPEKTREN V. (18)O-MARKIERTEM NATRIUM-DEUTEROFORMIAT 61-0085
JUNGGREN E., STER. ISOTOPENEFFEKTE 2. MITT. 64-0300
JUNGHANS K., BLDG. V. BENZOPHENONKETALEN AUS DIPHENYLDIAZOMETHAN U. ALKOHOLEN BEI GGW. V. NINHYDRIN 59-0426
JUNKER P., RK. MIT DIAZOCARBONYLVERB. 25. MITT. 57-0438
- RK. MIT DIAZOCARBONYLVERB. 26. MITT. 62-0503
JURADO A., DARST. U. EIG. EINIGER PHENOXYMETHYLPENICILLINESTER 58-0808
JURCZAK J., CIS-TRANS-ISOMERIE V. 1-ALOXY-BUTADIENEN-(1.3) 59-0152
JURD L., ANTHOCYANIDINE U. VERWANDTE VERB. 12. MITT. 60-0576
- ANTHOCYANIDINE U. VERWANDTE VERB. 14. MITT. 61-0600
- ANTHOCYANIDINE U. VERWANDTE VERB. 13. MITT. 64-0824
JUREWICZ A. T., EINE BEQUEME METH. ZUR DARST. V. NIEDRIG SD. ALKOHOLEN U. AMINEN UEBER D. LITHIUMALUMINIUM-HYDRID- U. -DEUTERID-RED. 61-0371
JURION R., VERH. V. HUMINSAEUREN VERSCHIEDENER HERKUNFT BEI D. ELEKTROPHORESE 64-0896
JURJEV J., STRUKTUR U. EIG. SCHWEFELHALT. VERB. 2. MITT. 54-0122
JURSIK F., ISOMERIE D. BIS-(TYROSINATO)-KUPFER(II) 59-0001
- BIS-(GLYCINATO)-KOBALT(II), DARST. U. EINIGE EIG. 60-0058
JURZENKO T. I., SYNTH. U. ANALYSE V. EINIGEN TERT.-AMYL- U. TERT.-HEXYLPERESTERN 54-0596
- DARST. V. PERESTERN D. BUTTERSAEURE 55-0247
JUST G., ZERS. ORGAN. HYDROPEROXIDE IN GGW. V. BASEN 56-0239
- RK. V. BICYCLOBUTANEN MIT CARBONYLVERB. 57-0730
JUTZI P., SPALT. V. ORGANOZINN-PHOSPHINEN DURCH POLARE UNGESAETTIGTE VERB. 57-0044
JUTZI-MEBERT B., SYNTH. U. RK. V. N-METHYL-N-TRIMETHYLGERMYL-LITHIUMAMID 56-0066
JUVANI M., KUPFERKOMPLEXE MIT 1.2-DIAMINO-PROPAN 3. MITT. 62-0009
- KUPFERKOMPLEXE V. 1.2-DIAMINOPROPAN 5. MITT. 62-0011
JUZELEVSKIJ J. A., (3.3.3-TRIFLUOR-PROPYL)-METHYLCYCLOSILOXANE 2. MITT. 60-0035

K

KAAE S., FORMALE OX.-PROD. V. BIS-(TRICHLORMETHYL)-DISULFID U. -TRISULFID, EIN EXPERIMENTELLER VERS. 61-0335
KABACHNIK M. I., KINET. UNTERS. D. TRANS-ENOL-ALDO-CIS-ENOL-UMLAGER. V. 2-FORMYL-2-PHENYL-ESSIGSAEURE-ALKYLESTERN 55-0138
KABALKA G. W., RK. V. ORGANOBORANEN MIT BROMESSIGSAEURE-AETHYLESTER IN GGW. V. KALIUM-TERT.-BUTYLAT, EINE EINFACHE METH. ZUR UEBERFUEHR. V. OLEFINEN IN ESTER DURCH HYDROBORIER. 58-0394
- MONO- U. DIALKYLIERUNG V. DIHALOGENESSIGSAEUREAETHYLESTERN DURCH RK. MIT ORGANOBORANEN IN GGW. V. KALIUM-TERT.-BUTYLAT, BEQUEMES VERF. ZUR UMWANDLUNG V. OLEFINEN IN ALPHA-HALOGENALKAN- ODER DIALKYLESSIGSAEUREESTER DURCH HYDROBORNIERUNG 61-0359
KABANOVA M. A., LIPIDE 59. MITT. 61-0148
KACNEL'SON E. Z., P-HYDROXY-SUBSTITUIERTE BENZOLVERB. 3. MITT. 60-0207
KACOBASVILI V. J., TELOMERISAT. V. 1-HEXEN MIT TETRACHLORKOHLENSTOFF U. AETHYLJODID 55-0200
KADINA M. A., GEMEINSAME HYDROLYSE V. GAMMA-TRIFLUORPROPENYLMETHYLDICHLORSILAN U.DIMETHYLDICHLORSILAN SOWIE POLYMERISATION D. ERHALTENEN PROD. 60-0043
KADLEC O., MECHANISMUS D. THERM. ZERS. V. GEMISCHTEN NICKEL(II)-MAGNESIUM- U. KOBALT(II)-MAGNESIUM-OXALATEN 61-0033
KADOYA S., MEDIZIN.-CHEM. UNTERS. UEBER ANTIPLASMIN-ARZNEIMITTEL, TRENN. D. STEREOISOMEREN D. 4-AMINOMETHYL-CYCLOHEXANCARBONSAEURE U. IHRE KONFIGURATIONSZUORDN. 64-0490
KADYROV C. S., ALKYLIER. D. CUMOLS MIT GAMMA-BUTYROLACTON 60-0375
- KONDENSATION VON ANISOL UND PHENOL MIT GAMMA-BUTYROLACTON IN GEGENWART VON ALCL3 64-0442
KAEGI B., THIOSAEUREN U. IHRE DERIV. 9. MITT. 61-0368
KAEMMERER F., ANTIBIOTISCH WIRKSAME SUBSTANZEN D. TULPE (TULIPA GESNERIANA) 58-0807
KAEMPF B., DARST. U. REINIG. V. 2-ISOPROPYL-BUTADIEN-(1.3) 53-0210
- KINET. UNTERS. D. POLYMERISAT. EINIGER KONJUGIERTER DIENE IN PENTANLSG. IN GGW. V. METALL. LITHIUM 57-0772
KAEMPF E., BIOLOG. VERH. V. FETTSAEUREN MIT DREIFACHBIND. 3. MITT. 59-0815
KAEMPGEN-BOLTEN T., PRUEF. V. DREI NATUERL. MAGENSAFTRESISTENTEN U. DUENNDARMLOESL. UEBERZUEGEN 53-0611
KAESTNER P., DIAZOMETHANE 26. MITT. 62-0356
KAESZ H. D., SPEKTROSKOPISCHE UNTERS. AN MIT ISOTOPEN ANGEREICHERTEN MOLEKUELEN, 4. MITT. 60-0036
- UEBERGANGSMETALLBIND. DURCH EINE DONATOR-AKZEPTOR-WECHSELWRKG., (C5H5)2MOH2.MO(CO)5 U. VERWANDTE DERIV. 63-0078
KAFENGAUZ A. P., SEK. RK. BEI ERHAERT. V. POLYURETHANEN 1. MITT. 61-0411
KAFKA T. M., GLEICHGEW. ZWISCHEN GAMMA-LACTONEN U. ALKENSAEUREN 53-0154
KAFKA Z., STICKSTOFFHALT. VERB. IN ERDOEL U. ERDOELFRAKT. 4. MITT. 58-0634
KAGAN E. G., (3.3.3-TRIFLUOR-PROPYL)-METHYLCYCLOSILOXANE 2. MITT. 60-0035
KAGAN H. B., STEREOCHEMIE IN D. BETA-LACTAM-REIHE 3. MITT. 58-0142
- CYCLOADDIT. V. KETONEN AN IMINE 2. MITT. 62-0514
- STEREOCHEMIE IN D. REIHE D. BETA-LACTAME 4. MITT. 64-0576
- STRUKTUR V. TAMAULIPIN-A, EIN NEUES GERMACRANOLID AUS AMBROSIA CONFERTIFLORA DC, (COMPOSITAE) 64-0827
KAGARLICKIJ A. D., OX. ORGAN. VERB. 49. MITT. 60-0617
KAGAWA S., SYNTH. V. ILLUDINEN 1. MITT. 54-0559
- SYNTH. V. ILLUDINEN 2. MITT. 60-0750
- TOTALSYNTH. V. DL-ILLUDIN M 63-0804
KAHL D. C., D. ALKOHOLEINFL. AUF D. PROTONENAUSTAUSCHRK. IN DIMETHYLSULFOXID 1. MITT. 58-0303
KAHL W., STRUKTUR D. P-NITROBENZYLDERIV. V. BARBITURATEN 1. MITT. 56-0575
- STRUKTUR V. P-NITRO-BENZYL-DERIV. V. BARBITURATEN 2. MITT. 58-0661
- N-ACYLDERIV. V. BARBITURATEN 10. MITT. 59-0621
- N-ACYLDERIV. V. BARBITURATEN 11. MITT. 59-0622
KAHN O., NIEDERFREQUENTE SCHWING. IN KOBALT- U. MANGAN-CARBONYL-VERB. MIT ELEMENTEN D. GRUPPE IVB 60-0010
KAHNT F. W., TYROCALCITONIN 1. MITT. 58-0789
- THYROCALCITONIN 2. MITT. 62-0809
KAHOVEC J., ANTIOXYDANTIEN U. STABILISATOREN 16. MITT. 62-0438
KAI F., SYNTH. V. SUBSTITUIERTEN TRIJOD-ALLENEN 57-0389
KAIN J., UNTERS. D. METHYLESTER LANGKETT. FETTSAEUREN MIT ALPHA-STAENDIGER ALKOXY-GRUPPE 63-0130
KAISER A., RK. V. PROPIOLSAEURE U. PROPIOLSAEUREESTER MIT CYCLOHEXANON 53-0357
KAISER E. M., 1.3-DIALKALISALZE V. DIMETHYLSULFOXID 62-0440
KAISER E. T., RK. V. SULTONEN MIT CHYMOTRYPSIN, PH-ABHAENGIGK. D. SULFONYLIER. U. DESULFONYLIER. 61-0823
- STRUKTUR U. REAKTIVITAET CYCL. ESTER. AETHYLENSULFAT U. VINYLENSULFAT 63-0197
KAISER L., BERECHN. D. FREIEN UEBERSCHUSSENERGIE IM APOLAREN SYST. 60-0188
KAIYA T., FLUORENTHALTENDE 4-CHINOLINMETHANOLE ALS ANTIMALARIAMITTEL 60-0588
KAJFEZ F., 1-SUBSTITUT. V. 2-METHYL-4(5)-NITRO-IMIDAZOL 1. MITT. 57-0526
KAJI A., QUARTAERES AMMONIUMFLUORID, EIN PROTONENENTZIEHENDES REAGENZ 59-0480
KAJITA Y., MENISPERMACEEN-ALKALOIDE 244. MITT. 61-0719
KAJTAR J., BEST. D. AMINOSTICKSTOFFGEHALTS V. GAMMA-GLUTAMYLPEPTIDEN MIT HILFE EINES MODIFIZIERTEN VAN SLYKESCHEN VERFAHRENS 58-0832
- EINFACHE MIKROMETH. ZUR BEST. D. TERT.-BUTYLOXYCARBONYL-SCHUTZGRUPPE VERSCHIEDENER AMINOSAEUREN U. IHRER DERIV. 64-0934
KAJTAR M., MAGNET. NICHTAEQUIVALENZ V. ISOPROPYL-METHYL-PROTONEN AUF GRUND GEHINDERTER ROTAT. 53-0064
- QUATERNISIER. V. 1.2-DISUBSTITUIERTEN 6.7-DIMETHOXY-1.2.3.4-TETRAHYDRO-ISOCHINOLINEN 57-0591
- BEST. D. AMINOSTICKSTOFFGEHALTS V. GAMMA-GLUTAMYLPEPTIDEN MIT HILFE EINES MODIFIZIERTEN VAN SLYKESCHEN VERFAHRENS 58-0832
- STEREOCHEM. UNTERS. 3. MITT. 60-0609
KAKAC B., KETO-ENOL-TAUTOMERIE V. 1-PHENYL-3.5-DIOXO-4-(2-OXO-CYCLOHEXYLMETHYL)-PYRAZOLIDIN 55-0400
- 6-AMINOPENICILLANSAEURE-DERIV. 4. MITT. 55-0567
- SUBSTANZEN MIT ANTINEOPLAST. AKTIVITAET 22. MITT. 61-0077
- SYNTHET. VERS. IN D. GRUPPE HYPOTENSIV WIRKSAMER ALKALOIDE 39. MITT. 61-0732
KAKIHANA T., UNGESAETT. HETEROCYCL. SYST. 43. MITT. 64-0558
KAKINUMA K., OX. V. VERB. MIT AKT. METHYLENGRUPPEN DURCH SCHWERMETALLHALOGENIDE 1. MITT. 53-0138
KAKISAWA H., LABILITAET D. STICKSTOFF-SAUERSTOFF-BIND. V. ISOXAZOLEN BEI ELEKTRONENSTOSS 57-0125
- ISOXAZOL-AROMATISIER.-RK., VERS. D. SYNTH. V. DITERPENPHENOLEN 58-0755
- ISOLIER. U. STRUKTUR V. NEUEN TANSHINONEN 62-0745
- SYNTH. V. TANSHINON-II U. CRYPTOTANSHINON 63-0803
KAKIZAWA M., NEUER EINFACHER WEG ZU TETRACYCL. ZWISCHENPROD. FUER D. SYNTH. V. DITERPENOID-ALKALOIDEN 59-0696

KAKUDO M., KRIST.-STRUKTUR V. (PI-C5H5CO)2(TERT.-BUTYL-N)2CO 56-0030
KALABIN G. A., INNERMOL. ELEKTROPHILE VINYLIER. V. CHLORAL-ALKINYL-HALBACETALEN 55-0364
KALAUS G., CHEMIE D. HETEROCYCL., PSEUDOBAS. AMINOALKOHOLE 33. MITT. 60-0610
KALECIC I. V., SYNTH. V. CIS-BICYCLO(3.3.0)OCTANEN 53-0314
- MECHANISMUS D. SOLVOLYSE D. 1.2-BENZOCYCLOHEXENYL-(3)-METHYLTOSYLATS 57-0224
- ISOMERISIERENDE UMWANDL. V. ALKYLBENZOLEN 5. MITT. 59-0421
KALIBABCUK N. N., CHINO-BENZYL-UMLAGER. D. CHINOCHLORIDS D. JONOLS 59-0243
KALICHMAN I. D., EINFL. V. SUBSTITUENTEN AUF D. CYCLISIER. V. HYDROXYAETHYL-PROPARGYLAMINEN 64-0641
KALIES W., CARBOXYLATE V. UEBERGANGSMETALLEN 1. MITT. 60-0019
KALININA V. A., ADDIT. V. BENZOYLCARBEN AN 1.3-ENINKOHLENWASSERSTOFFE 63-0514
KALINOWSKI H. O., DISPIRO-(1.3.3-TRIMETHYL-INDOLIN-2.2'-2'H.8'H-BENZO(1.2-B, 3.4-B')DIPYRAN-8'.2''-1''.3''.3''-TRIMETHYINDOLIN) 55-0439
- VERH. V. DIOXYNAPHTHALINEN BEI D. UMSETZ. MIT N.N'-DIPHENYL-FORMAMIDIN 60-0429
KALISH N., BEQUEME, ALLG. SYNTH. V. AMIDINEN 62-0387
KALJAVIN V. A., BLDG. V. PHOSPHINMETHYLENEN BEI D. ZERS. V. PHOSPHONIUMSALZEN, D. EINE ESTERGRUPPE ENTHALTEN 60-0391
KALLAY F., STEREOCHEMIE V. 3-HYDROXY- U. 3-ACETOXYFLAVANONOXIMEN 53-0096
- RK. V. FLAVANON MIT SUBSTITUIERTEN HYDRAZINEN 55-0431
- RK. V. FLAVON MIT SUBSTITUIERTEN HYDRAZINEN 64-0676
KALLIORINNE K., DICHTEN U. DIELEKTRIZITAETSKONSTANTEN V. BENZOL-NITROMETHAN-GEMISCHEN 55-0052
- EINFL. D. LSGM. AUF D. RK.-GESCHW. 33. MITT. 55-0155
KALNIN' S. V., SYNTH. U. BASIZITAET V. ONIUMBETAINEN D. MALONESTERS 58-0375
KALTENHAEUSER W., PROANTHOCYANIDINE 10. MITT. 59-0715
KALVODA J., SYNTH. V. ACETYLEN-CARBONYLVERB. DURCH FRAGMENTIER. V. ALPHA.BETA-EPOXY-KETONEN MIT P-TOLUOLSULFONYLHYDRAZIN 54-0201
- STEROIDE 212. MITT. 59-0760
KALVODA L., SYNTH. MIT ANHYDROZUCKERN 5. MITT. 61-0691
KALYANARAMAN V., ELEKTRONEN-ABSORPT.-SPEKTREN D. RADIKALANIONEN U. -DIANIONEN V. AZOBENZOLDERIV. 57-0082
KAMACHI H., LABILITAET D. STICKSTOFF-SAUERSTOFF-BIND. V. ISOXAZOLEN BEI ELEKTRONENSTOSS 57-0125
KAMADA A., BIOLOG. AKTIVITAETEN V. ARZNEIMITTELN 3. MITT. 64-0929
- BIOLOG. AKTIVITAET V. ARZNEIMITTELN 4. MITT. 64-0930
KAMADA T., SYNTH. V. ILLUDINEN 1. MITT. 54-0559
- SYNTH. V. ILLUDINEN 2. MITT. 60-0750
KAMAJ G. C., ALKAL. ALKYLIER. V. ALIPHAT. ALDOXIMEN 61-0341
KAMAL A., BIOCHEMIE D. MIKROORGANISMEN 6. MITT. 53-0580
KAMAT S. Y., TERPENOIDE 113. MITT. 55-0528
KAMAT V. N., STRUKTUR V. HEPTAPHYLLIN, EINEM CARBAZOL-ALKALOID AUS CLAUSENA HEPTAPHYLLA WT. U. ARN 53-0513
- CLAUSENIN-, ANTHOXYLETIN-, ALLOXANTHOXYLETIN-, XANTHYLETIN- U. NORDALBERGIN-SYNTH. 55-0435
- STRUKTUREN V. CLAUSENIN U. CLAUSENIDIN, ZWEI NEUEN PYRANOCUMARINEN AUS D. WURZELN V. CLAUSENA HEPTAPHYLLA WT. U. ARN. 55-0436
- STRUKTUR V. PIPLARTIN U. SYNTH. V. DIHYDROPIPLARTIN 61-0739
KAMBER B., THYROCALCITONIN 3. MITT. 62-0810
KAMEDA Y., KONTAKT-ANTITUMORAKTIVITAET B. BACILLUS NATTO GEGENUEBER ZELLEN D. SOLIDEN EHRLICH-KARZINOMS 59-0802
- KONTAKT-ANTITUMORAKTIVITAET B. BACILLUS NATTO GEGENUEBER ZELLEN D. SOLIDEN EHRLICH-KARZINOMS 59-0802
- SYNTH. V. ACTINOMYCINAEHNLICHEN VERB. 1. MITT. 62-0821
KAMEL M., METALLKOMPLEXBILDENDE AZOFARBSTOFFE 7. MITT. 55-0336
KAMERDINEROV V. G., AMINONITRILUMLAGER. U. SPALT. V. 1.1-DIALKYL-DELTA(2)-TETRAHYDROPYRIDAZINIUMSALZEN 64-0738
KAMETANI T., SYNTH. V. VERB. D. HOMOAPORPHIN-TYPS DURCH OXYDATIVE PHENOL-KUPPL. 54-0509
- TOTALSYNTH. V. (+-)-GLAZIOVIN U. (+-)-PRONUCIFERIN DURCH OXYDATIVE PHENOLKUPPL. 55-0512
- SYNTH. V. HETEROCYCL. VERB. 205. MITT. 55-0513
- TOTALSYNTH. D. STEBISIMINS 56-0639
- UMLAGER. V. HOMOPROAPORPHIN U. D. KONFIG. V. ZWEI ISOMEREN HOMOPROAPORPHINEN 56-0645
- SYNTH. DIASTEREOISOMERER RACEMATE V. MELANTHIOIDIN ZUR STRUKTURBEST. DURCH MASSENSPEKTROMETRIE 56-0651
- PHENOL. CYCLISIER. 1. MITT. 57-0679
- RACEMISIER. 1. MITT. 57-0680
- UNGEWOEHNL. PROD. D. PHENOL. OX. V. DIHYDROXY-1-BENZYL-1.2.3.4-TETRAHYDRO-ISOCHINOLIN 58-0648
- SYNTH. V. VERB. V. HOMOPROAPORPHIN-TYP DURCH OXYDATIVE PHENOLKUPPL. 58-0732
- SYNTH. V. HOMOPROAPORPHINEN DURCH OXYDATIVE PHENOLKUPPL. 2. MITT. 59-0684
- SYNTH. V. HETEROCYCL. VERB. 209. MITT. 59-0685
- SYNTH. V. HETEROCYCLEN 210. MITT. 59-0686
- SYNTH. V. HETEROCYCLEN. 215. MITT. 61-0626
- NITRENE 1. MITT. 61-0648
- AZAMORPHINAN U. VERWANDTE VERB. 1. MITT. 61-0656
- STRUKTUR V. CAPAURIMIN 61-0742
- UMLAGER. U. EINE NEUE ENOL-AETHER-ADDIT. BEI HOMOPROAPORPHINEN 61-0744
- SYNTH. HETEROCYCL. VERB. 220. MITT. 63-0110
- RACEMISIER. 2. MITT. 63-0787
- SYNTH. V. HETEROCYCL. VERB. 226. MITT. 64-0691
- TOTALSYNTH. V. STEBISIMIN 64-0821
KAMIENSKI C. W., AETHINYLIER. V. KETONEN MIT DILITHIUMACETYLID 59-0212
KAMIKAWA T., RK. D. 2.6-DIMETHYL-4-METHOXY-BENZALDEHYDS MIT METHYLMAGNESIUMJODID U. D. VERHALTENSWEISE D. RK.-PROD. 60-0368
- STRUKTUR V. SCLERIN, EINEM STOFFWECHSELPROD. AUS SCLEROTINIA LIBERTIANA 60-0777
KAMINSKA B., CARBOBROMIER. V. FLUORANTHEN MIT OXALYLBROMID 53-0308
KAMIŃSKI H., FRAGMENTIER.-RK. AN CARBONYLVERB. MIT BETA-STAENDIGEN ELEKTRONEGATIVEN SUBSTITUENTEN 8. MITT. 55-0241
KAMINSKIJ A. J., RELATIVE REAKTIVITAETEN D. ISOMEREN XYLOLE BEI D. KATALYT. FLUESSIGPHASEN-OX. 54-0145
- RK. V. AROMAT. NITROVERB., 27. MITT. 54-0162
- RK. V. AROMAT. NITROVERB. 29. MITT. 60-0276
- RK. V. AROMAT. NITROVERB. 30. MITT. 60-0402
KAMINSKIJ V. A., DARST. U. EIG. V. 14-CYAN-DELTA(10)-DODEKAHYDRO-ACRIDIN 62-0625
KAMINSKY D., ANTIBAKTERIELLE CHINOLONE. OXOLINSAEURE U. VERWANDTE VERB. 57-0803
KAMINSKY L. S., NITRONE 5. MITT. 53-0355
- NITRONE 6. MITT. 55-0392
KAMIONSKA J., SYNTH. V. 2-HYDROXY-4-METHOXYBENZOPHENON 59-0427
KAMIYA K., STRUKTUR V. ARISTEROMYCIN 54-0557
- TRITERPENE AUS ALISMA PLANTAGO-AQUATICA L. VAR. ORIENTALE SAMUELS 56-0683
- ROENTGENSTRUKTURANALYSE V. ACUTUMIN U. SEINEM ACETAT, VERS. EINER GEKUERZTEN STRUKTURAUFKLAER. 63-0200
KAMIYA S., D. C-ALKYLAMINOMETHYLIER. V. PYRIDAZINOL-N-OXIDEN 3. MITT. 59-0626
KAMLET M. J., PK-WERTE V. 1.1-DINITRO-VERB. U. KONFORM. D. DINITROCARBANIONEN 63-0219
KAMP R., SPEKTROSKOPISCHE U. CHROMATOGRAPHISCHE CHARAKTERISIERUNG V. 2-SUBSTITUIERTEN RESORCINEN U. DEREN DIMETHYLAETHERN 57-0090
KAMPOURIS E. M., DARST. V. MONONITRO-PHLOROGLUCIN-METHYLAETHERN U. -BENZOLSULFONATEN 56-0339
KAMYSOVA A. A., RED. D. TRICHLORMETHYL ZUR DICHLORMETHYL-GRUPPE DURCH EINW. TERTIAERER AMINE AUF POLYCHLORALKA-NE IN GGW. V. EISENVERB. 53-0205
KAN R. O., PHOTOCHEM. BLDG. V. 1.3-DIAZETIDINEN 60-0479
- PHOTOCHEM. HYDROLYSE N-SUBSTITUIERTER IMINE 61-0484
KANAO M., NUCLEOSIDE U. NUCLEOTIDE 8. MITT. 61-0703
KANAOKA Y., AMINOSAEUREN U. PEPTIDE 2. MITT. 60-0603
- POLYPHOSPHATESTER ALS SYNTHET. AGENS 7. MITT. 61-0404
- AMINOSAEUREN U. PEPTIDE 4. MITT. 63-0406
KANATOMO S., KONTAKT-ANTITUMORAKTIVITAET B. BACILLUS NATTO GEGENUEBER ZELLEN D. SOLIDEN EHRLICH-KARZINOMS 59-0802
KANCHANAPEE P., ARZNEIPFLANZEN AUS THAILAND 4. MITT. 55-0329
KANDROR I. I., RK. V. THIOLEN MIT UNGESAETT. VERB. IN GGW. V. PENTACARBONYL-EISEN 56-0279
KANEKO C., N-OXIDE HETEROCYCL. VERB. MIT PI-ELEKTRONENUNTERSCHUSS 11. MITT. 56-0556
- N-OXIDE V. N-HETEROAROMATEN MIT PI-ELEKTRONENUNTER-SCHUSS 12. MITT. 56-0557
- N-OXIDE V. N-HETEROAROMATEN MIT PI-ELEKTRONENUNTER-SCHUSS 10. MITT. 56-0611
KANEKO H., BESTANDTEILE V. CORYDALIS SPS. 5. MITT. 60-0166
KANEKO M., OPT. ROTAT.-DISPERS. V. PURIN-CYCLONUKLEOSIDEN 53-0053
- NEUART. METH. D. SYNTH. V. CYCLONUCLEOSIDEN. SYNTH. V. 8.5'-O-ANHYDRO-8-HYDROXY-ADENOSIN 57-0663
- UNTERS. V. NUCLEOSIDE U. NUCLEOTIDE 35. MITT. 61-0708
KANEMATSU K., STRUKTUREN D. PHOTOCHEM. UMLAGER.-PROD. D. ACETYLENDICARBONSAEURE-DIMETHYLESTER-THEBAIN-ADDUKTES 55-0500
- AROMATENCHARAKTER V. HETEROCYCLEN 10. MITT. 59-0083
- SYNTH. V. 6.7-BENZOMORPHAN AUS 4-PHENYL-PYRIDIN 59-0605
KANESHIMA H., STOFFWECHSELWIRKUNGEN V. BORAT 6. MITT. 61-0840
KAN-FAN C., MODIFIZIER. D. POLONOVSKI-RK., EINW. V. TRIFLUORESSIGSAEUREANHYDRID AUF EIN AMINOXID 55-0552
- OX. V. EINIGEN TERTIAEREN AMINEN DURCH CHROMSAEURE-ANHYDRID IN PYRIDIN 55-0553
KANG J. W., UMWANDL. V. HEXAMETHYL-DEWAR-BENZOL IN PENTAMETHYLCYCLOPENTADIENYLRHODIUM(III)-CHLORID 63-0097
KANG S., UEBERTRAG.-RK. MIT BOR 15. MITT. 64-0294
KANGAS L. F., NICKELTETRACARBONYL, MECHANISMUS D. NUKLEOPHILEN SUBSTITUT. 61-0029
KANKAANPERAE A., KINETIK U. MECHANISMUS D. SCHNELLEN HYDROLYT. ZERS. V. KETEN-DIAETHYLACETAL U. 2-METHYLEN-1.3-DIOXOLAN 56-0221
- KINETIK D. HYDROLYSE V. 2-ALKOXY-TETRAHYDROFURAN U. 2-ALKOXY-TETRAHYDROPYRAN 60-0265
KANNO S., BIOGENESE-AEHNL. SYNTH. V. (+-)-ALPHA-CHAMIGREN 57-0692

KANO H., STRUKTUR EINER NEUEN KLASSE V. C-NUCLEOSID-ANTIBIOTICA, SHOWDOMYCIN 54-0560
- KRISTALLSTRUKTUR V. SHOWDOMYCIN U. SEINEN DERIV. 55-0120
- ISOXAZOLE 19. MITT. 59-0554
- BENZIMIDAZOL-N-OXIDE 8. MITT. 62-0560
- ORGAN. PHOTOCHEM. RK. 3. MITT. 62-0663
KANO K., PHOTOCHEM. RK. D. PYRIDAZIN-N-OXIDE 56-0583
KANOYA A., AROMAT. TRIPHENYLMETHYLIER., RK. ZWISCHEN BENZOYLPEROXIDEN U. TRIPHENYLMETHYL IN AROMAT. LSGM. 60-0226
KANTERS J. A., KONFORM. EINIGER CARBONSAEUREN U. IHRER DERIV. 54-0101
- KRIST.- U. MOL.-STRUKTUR V. 1.3.5.7-TETRAMETHOXY-2.6-DIOXA-ADAMANTAN 62-0157
KANTLEHNER W., SAEUREAMID-RK. 50. MITT. 57-0308
KAO W. P., RAUM- U. ZEITABHAENG. KONZ.-SCHWANK. IM SYST. ISOBUTTERSAEURE-WASSER AM KRIT. MISCH.-PUNKT 63-0204
KAPADIA V. H., SESQUITERPENOIDE AUS D. AETHER. OEL V. CYPERUS ROTUNDUS 55-0532
KAPECKI J. A., STRUKTUR D. ADDUKTS AUS 3-DIAZOBUTANON U. SCHWEFELKOHLENSTOFF 56-0168
KAPICAK L. A., STEREOSPEZIF. ADDIT. V. ORGANOARSENIDEN AN ALKINE 54-0318
KAPLAN E. R., STRUKTUR D. VERB. X U. Y, ZWEIER LABDAN-DITERPENOIDE AUS LEONOTIS LEONURUS 58-0765
KAPLAN F., GEOMETRIE V. MYRTENAL, ANALYSE D. KERNMAGNET. RESONANZSPEKTRUMS EINES BICYCLO(3.1.1)HEPTEN-(2)-SYSTEMS 63-0131
KAPLAN L., DIE PHOTOCHEMISCHE UMLAGERUNG VON (1.3.5-D3)BENZOL 60-0302
- PHOTOLYSE V. BENZOL-DAMPF, BENZVALEN-BLDG. BEI 2537 BIS 2370 A 63-0568
- RK. D. CYCLOBUTYLRADIKALS 64-0471
KAPLAN M., EINFACHE TOTALSYNTH. V. (+-)-ASPIDOSPERMIDIN 54-0510
KAPLAN M. L., SINGULETT-SAUERSTOFF IN D. OZONCHEMIE 58-0214
KAPOOR P. N., ALLG. METH. ZUR DARST. V. PLATIN(II)-SILYLDERIV. 54-0046
KAPOOR V., CHEM. U. PHARMAKOLOG. UNTERS. V. OMEGA-SUBSTITUIERTEN ALKYLAMINO-3-AMINO-PYRIDINEN 57-0579
KAPOVITS I., BINDUNGSSYSTEM D. N-ACYL-SULFILIMINE 5. MITT. 57-0089
KAPPE T., SYNTH. V. HETEROCYCLEN 96. MITT. 55-0426
- SYNTH. V. HETEROCYCLEN, 97. MITT. 55-0427
- SYNTH. V. HETEROCYCLEN 99. MITT. 56-0567
- SYNTH. V. HETEROCYCLEN 106. MITT. 59-0608
- SYNTH. V. HETEROCYCLEN 107. MITT. 60-0611
- SYNTH. V. HETEROCYCLEN 108. MITT. 60-0669
- SYNTH. V. HETEROCYCLEN 109. MITT. 64-0555
KAPPS M., STEVENS-UMLAGER. V. ALLYLSULFONIUM-SALZEN 59-0291
- RK. D. DIAZOMETHANS MIT DIALLYLSULFID U. ALLYLAETHERN UNTER KUPFERSALZ-KATALYSE 59-0403
KAPUR B. M., GLYKOSIDE U. AGLYKONE 299. MITT. 54-0502
- GLYKOSIDE U. AGLYKONE 300. MITT. 54-0503
- DESOXYZUCKER 43. MITT. 58-0691
KAPUSCINSKI J., THERM. ISOMERISIER. V. ALPHA-PINEN 1. MITT. 54-0175
KARABATSOS G. J., CARBONIUMIONEN 10. MITT. 53-0168
- ASYMM. INDUKT. 2. MITT. 55-0189
- RK. V. LITHIUM-ALUMINIUMHYDRID MIT AROMAT. HALOGENIDEN 59-0344
- STRUKTURUNTERS. DURCH KERNMAGNET. RESONANZ 15. MITT. 61-0146
- STRUKTURUNTERS. DURCH KERNMAGNET. RESONANZ 16. MITT. 61-0147
- STRUKTURUNTERS. DURCH KERNMAGNET. RESONANZ 17. MITT. 62-0126
- STRUKTUR-UNTERS. DURCH KERNMAGNET. RESONANZ 18. MITT. 62-0127
- STRUKTURUNTERS. DURCH KERNMAGNET. RESONANZ 19. MITT. 62-0128
- ISOTOPENEFFEKTE 2. MITT. 62-0227
KARABINOS J. V., RK. V. CHLORAL MIT HYDRAZIN 63-0385
- SAEUREKATALYSIERTE RINGOEFFN. V. 6.8-DINITRO-1.3-BENZODIOXAN 64-0723
KARACHANOV R. A., STEREOCHEM. UNTERS. 1. MITT. 56-0534
- SYNTH. V. ESTERN D. FURANREIHE 62-0527
KARACSONYI S., POLYSACCHARIDE D. SILBERWEIDE (SALIX ALBA L.), KONSTIT. V. 4-O-METHYL-GLUCURONOXYLAN 54-0582
- DURCH POLYPORUS PINICOLA (FR) GEBILDETE POLYSACCHARIDE 56-0752
KARADY S., 3-ARYL-2-METHYLSERINE 1. MITT. 63-0453
- 3-ARYL-2-METHYLSERINE 2. MITT. 63-0454
KARAFIATH E., PHOTOLYT. UMWANDL. EINES ALLENS IN EIN CYCLOPROPYLIDEN, PHOTOLYSE V. CYCLONONADIEN-(1.2) 61-0519
KARASH C. B., PTERIDINE 8. MITT. 63-0704
KARAULOV E. S., REFORMATSKY-RK. MIT 2.2'-METHYLEN-BIS-CYCLOHEXANON 59-0612
KARAVAN V. S., CHEM. RK. V. ALPHA-HALOGENKETONEN, 13. MITT. 56-0401
- RK. V. EIN BEWEGL. H-ATOM ENTHALTENDEN METALLDERIV. MIT ALPHA-HALOGENKETONEN 4. MITT. 56-0467
- RK. V. ALPHA-HALOGENKETONEN 14. MITT. 63-0282
- RK. V. ALPHA-HALOGENKETONEN 15. MITT. 64-0285
KARBA D., SYNTH.-VERS. V. SULFONYLTHIOHARNSTOFFEN 1. MITT. 55-0284
KARDAS I. E., 1.1'-DISUBSTITUIERTE 2.2'-BIS-(PERFLUOR-N-PROPYL)-5.5'-DIBENZIMIDAZOLE 62-0567
KARELE B., JODONIUMDERIV. V. BETA-DICARBONYLVERB. 11. MITT. 61-0453
KARELINA N. I., ALKOXYVERB. 21. MITT. 64-0724
KARGER E. R., 1-ALKYL-1-(2-MERCAPTOAETHYL)-GUANIDINE U. IHRE ENTSPRECHENDEN THIOHARNSTOFFE, DISULFIDE U. THIOSULFATE ALS ANTIBAKTERIELLE MITTEL 57-0319
KARGER M. H., SPALT. V. AETHERN DURCH GEMISCHTE SULFONSAEURE-CARBONSAEURE-ANHYDRIDE 64-0346
KARGIN J. M., RK. V. NATRIUMSALZEN V. URACILEN MIT PHOSPHORSAEURECHLORIDEN 1. MITT. 60-0657
KARIM A., TUMORINHIBITOREN 31. MITT. 64-0838
KARISIN A. P., KONDENS. V. 3.5.6.8-TETRACHLOR-ACENAPHTHENCHINON MIT 3-HYDROXY-THIONAPHTHEN U. SEINEN DERIV. 55-0382
- KONDENS. V. 5-BROM-, 3-BROM- U. 3-JOD-ACENAPHTHENCHINON MIT 3-HYDROXY-THIONAPHTHEN U. SEINEN DERIV. 60-0506
KARLE I. L., STRUKTUR V. BATRACHOTOXININ A, EINEM NEUART. STEROIDALKALOID AUS D. KOLUMBIAN. PFEILGIFTFROSCH PHYLLOBATES AUROTAENIA 61-0736
KARLE J., STRUKTUR V. BATRACHOTOXININ A, EINEM NEUART. STEROIDALKALOID AUS D. KOLUMBIAN. PFEILGIFTFROSCH PHYLLOBATES AUROTAENIA 61-0736
KARLINER J., SEQUENZANALYSE V. DISACCHARIDEN DURCH MASSENSPEKTROMETRIE 63-0163
KARLINSKAJA R. S., SYNTH. U. UMWANDL. V. PYRIMIDINDERIV. 17. MITT. 64-0736
- SYNTH. U. UMWANDL. V. PYRIMIDINDERIV. 18. MITT. 64-0737
KARLSEN E., SAURE OZONOLYSE V. BENZOL U. EINIGEN HOMOLOGEN 53-0125
KARLSTEDT N. B., ALLOXAZINE U. ISOALLOXAZINE 18. MITT. 64-0740
KARMAS G., NEUE STEROID-DIMERE 64-0857
KARNES H. A., SYNTH. U. POLAROGRAPH. RED. V. GESPANNTEN PHENANTHRENCHINONEN-EFFEKT 58-0195
KARPOV V. V., OX. V. PHENOLEN DURCH O2 IN GGW. V. CU-HALT. KOMPLEXEN 54-0257
- OXYDATIVE DI- U. TRIMERISIER. BEI D. OX. V. PHENOLEN IN GGW. KUPFERHALTIGER KOMPLEXE 62-0520
KARTASOV V. R., INTRAMOL. UMLAGER. BEI D. HALOGENIER. UNGESAETT. TERT. ALKOHOLE 61-0398
KASAI K., HERST. V. 3-HYDROXY-4-PHENYL-1.2.5-THIADIAZOL IN VERSCHIEDENEN LSGM. 62-0585
KASAI N., KRIST.-STRUKTUR V. (PI-C5H5CO)2(TERT.-BUTYL-N)2CO 56-0030
KASAL A., STEROIDE 108. MITT. 54-0541
KASCEEVA S. M., HYDRATISIER. D. VINYLPHENYLACETYLENS U. D. ISOPROPENYLPHENYLACETYLENS 60-0395
KASCHERES A. J., SAEUREKATALYSIERTE RINGOEFFNUNG V. 1-OXA-SPIRO(2.6)NONAN, 1.5-WASSERSTOFFVERSCHIEB. 53-0174
KASPAR E., DELTA(24(28))-DEHYDRO-ERGOSTERIN, ISOLIER. U. CHEM. RK. 57-0745
KASPAROV I. S., TSCHITSCHIBABIN-RK. AN PERIMIDINEN 60-0659
KASUMOV T. M., SYNTH. U. FOLGERK. V. BETA-(P-HALOGEN-PHENYLMERCAPTO)-AETHANTHIOLEN 63-0417
KATAEV E. G., SYNTH. U. STRUKTUR V. BROMVINYLSULFONEN 56-0345
- SYNTH. U. STRUKTUR EINIGER PHENYLMERCAPTO- U. PHENYLSELENOALKENE V. ALLYLTYP 57-0351
- DARST. P-SUBSTITUIERTER PHENYL-ALKENYLSELENIDE 57-0352
- RK. VON SELEN MIT PHENYLACETYLEN 60-0671
- RK. V. THIONYLNAPHTHYLAMINEN MIT CYCLOPENTEN 63-0727
KATAEVA L. M., RK. VON SELEN MIT PHENYLACETYLEN 60-0671
KATAGIRI S., ELEKTRONENSTRUKTUR U. SPEKTRUM V. BENZO(G)SESQUIFULVALEN 53-0088
KATAKAMI T., SYNTH. V. 1.5.10.14-TETRAMETHYL-6.7.8.9.15.16.17.18-OKTADEHYDRO-(18)ANNULEN 59-0394
KATAOKA N., EIN SECHSFACH KOORDINIERTER LOW-SPIN-KOBALT(II)-KOMPLEX 63-0088
KATAYAMA H., SYNTH. V. ABIETAN U. UMWANDL. V. ENMEIN IN ENANTIOABIETAN 55-0521
KATCHALSKI E., PHOSPHORYLIER.-PROD. V. POLY-DL(L)-SERIN 54-0575
- POLYMERE ALS CHEM. REAGENZIEN 2. MITT. 63-0844
KATERA K., STEREOCHEMIE D. AZIRIDINBLDG. DURCH LIALH4-RED. V. KETOXIMEN MIT BRUECKENRINGSYST., BENZO-BICYCLO(3.2.1)OCTENONOXIME 59-0501
KATHAWALA F., SYNTH. V. OLIGO- U. POLYNUCLEOTIDEN 13. MITT. 57-0664
- SYNTH. V. OLIGO- U. POLYNUCLEOTIDEN 14. MITT. 61-0718
KATKEVIC R. I., RK. V. 1-PHENYL-BUTIN-(1)-ON-(3) MIT FURFURALEN 60-0490
- FURYLALKINE 13. MITT. 61-0542
KATNIK R. J., STRUKTURISOMERENVERTEIL. IN RINGPOLYMEREN V. PROPYLENOXID 58-0683
KATO H., CYCLOADDIT. V. 3-PHENYL-SYDNON MIT PHENYLISOCYANAT 54-0395
- ELEKTRONENSTRUKTUR V. CARBONIUM-IONEN, ALKYL-KATIONEN U. PROTONIERTE KOHLENWASSERSTOFFE 60-0183
KATO J., STRUKTUREN NEUER GIBBERELLINE AUS UNREIFEN SAMEN V. CANAVALIA GLADIATA 55-0576
KATO K., FLUORENTHALTENDE 4-CHINOLINMETHANOLE ALS ANTIMALARIAMITTEL 60-0588
KATO M., PHOTOCHEM. ALKYLIER. V. STICKSTOFF-HETEROAROMATEN DURCH CARBONSAEUREN UNTER DECARBOXYLIER. 54-0429

- STRUKTUR U. STEREOCHEMIE V. BOSCHNIAKIN, BOSCHNIALACTON U. BOSCHNIALISAEURE, DEM OX.-PROD. V. BOSCHNIALACTON 55-0574
- ANALYT.-CHEM. UNTERS. AN STEROIDEN 10. MITT. 59-0754
- NEUE 1.6-CYCLOADDIT.-PROD. V. DEHYDROBENZOL 62-0684

KATO S., WASSERLOESL. KOHLENHYDRATE V. OPHIOPOGONIS-KNOLLEN 2. MITT. 59-0657

KATO T., NEUE METH. ZUR PHOSPHORYLIER. V. NUCLEOSIDEN ZU 5'-NUCLEOTIDEN 56-0634
- BIOGENESE-AEHNL. SYNTH. V. (+-)-ALPHA-CHAMIGREN 57-0692
- STRUKTUR V. BAKKENOLID-A 57-0703
- STRUKTUREN D. BAKKENOLIDE-B, -C U. -D, BESTIMMT MIT HILFE EINES KERN-OVERHAUSER-EFFEKTES 60-0752

KATONA F., STEROIDE 8. MITT. 64-0864

KATRITZKY A. R., UMLAGER. BEI HETEROCYCLEN 10. MITT. 54-0392
- EINIGE NEUE TERT.-BUTYLIER. BEI D. UMWANDL. V. PHENYL-SUBSTITUIERTEN 1.5-DIKETONEN IN PYRYLIUMSALZE 54-0398
- SAEUREKATALYSIERTER WASSERSTOFFAUSTAUSCH IN 2.6-DIMETHYL-4-PYRIDON, -PYRON U. THIOPYRON, EINFL. V. HETEROCYCL. SCHWEFEL, SAUERSTOFF U. STICKSTOFF AUF D. GESCHWINDIGKEIT D. ELEKTROPHILEN SUBSTITUTION 55-0183
- N-OXIDE U. VERWANDTE VERB. 32. MITT. 57-0592
- KONFORM.-GLEICHGEW. V. PIPERIDIN U. MORPHOLIN AUS D. IR-SPEKTREN VORL.MITT. 59-0156
- INFRAROTINTENSITAETEN ZUR QUANTITATIVEN MESSUNG INNERMOL. WECHSEL-WRKG. 3. MITT. 61-0083
- INFRAROT-INTENSITAETEN ALS QUANTITATIVE MESS. INNERMOL. WECHSELWRKG. 4. MITT. 61-0084
- STER. ANFORDER. V. SP(2)-HYBRIDISIERTEN EINSAMEN ELEKTRONENPAAREN 1. MITT. 62-0139
- STER. ANFORD. V. SP(2)-HYBRIDISIERTEN EINSAMEN ELEKTRONENPAAREN 2. MITT. 62-0140
- TAUTOMERE PYRIDINE 11. MITT. 62-0171
- TAUTOMERE PYRIDINE 10. MITT. 62-0173

KATSUBE J., SYNTH. U. KONFIG.-ANALYSE V. DL-MYXOVIROMYCIN 61-0807

KATSUMOTO K., EIN 8H-AZULENO(1.8-BC)THIOPHEN-DERIV. 59-0172
- AZULENO(1.8-BC)THIAPYRAN U. AZULENO(1.8-CD)AZEPIN 59-0646

KATSURAKAWA K., PERI-EFFEKTE 1. MITT. 59-0194

KATTAU R., N-SUBSTITUIERTE CYCLOPROPYLAMINE ALS MONOAMINOXYDASEHEMMER, STRUKTUR-AKTIVITAETSBEZIEH., VERSTAERK. D. DOPA-WRKG. BEI MAEUSEN U. IN VITRO-HEMM. D. KYNURAMIN-OX. 57-0804

KATZ J. J., KERNMAGNET. RESONANZ-UNTERS. D. WECHSELWRKG. ZWISCHEN CHLOROPHYLL U. LIGANDEN 58-0171

KATZ L. E., AZASTEROIDE 5. MITT. 63-0813

KATZ R., GALLENSAEURECHEMIE 3. MITT. 60-0771

KATZ T. J., SYNTH. V. BIS-(DIHYDRO-ASYMM.-INDACENYL)-DIEISEN 58-0064
- SYNTH. V. HOMOAZEPIN-DERIV. 63-0739

KATZHENDLER J., NUCLEOPHILE MIZELLEN 2. MITT. 60-0261

KATZIN L. I., OPT. AKT. AMINE 8. MITT. 58-0077
- ABSORPTION, ROTATIONSDISPERSION U. ZIRKULARDICHROISMUS V. EINIGEN HYDROXY- U. AMINOSAEUREN 58-0079

KAUFFMANN F., CHEMIE D. 2.5-ANHYDROZUCKER 9. MITT. 63-0601

KAUFFMANN T., HETARINE 10. MITT. 54-0380
- HETARINE 9. MITT. 54-0418

KAUFHOLD G., STEREOSELEKTIVE SYNTH. 4. MITT. 57-0247

KAUFMAN M. H., PHENYLMAGNESIUMBROMID-INDUZIERTE S(N)2'-RK. U. FLUORWANDER. BEI 1.1-DI-(CHLORDIFLUORMETHYL)-AETHYLEN 63-0470

KAUFMANN H., FRAGMENTIER. V. ALPHA.BETA-EPOXY-KETOXIMEN ZU ACETYLENKETONEN 54-0202
- GLYKOSIDE U. AGLYKONE 297. MITT. 54-0500
- DESOXYZUCKER 41. MITT. 56-0617
- DESOXYZUCKER 42. MITT. 56-0618
- GLYKOSIDE U. AGLYKONE 303. MITT. 56-0633
- SYNTH. HOEHERMOL. VERB. DURCH PHENOLDEHYDRIER. 4. MITT. 57-0666
- GLYKOSIDE U. AGLYKONE 304. MITT. 58-0707
- GLYKOSIDE U. AGLYKONE 307. MITT. 62-0716

KAUFMANN K., SAEUREKATALYSIERTE RINGOEFFNUNG V. 1-OXA-SPIRO(2.6)NONAN, 1.5-WASSERSTOFFVERSCHIEB. 53-0174
- SI-N-BIND. 29. MITT. 59-0441
- SAEUREKATALYSIERTE DEHYDRATISIER.-KONDENS. V. 1.4-CYCLOHEXANDIOL 63-0503

KAUL R. K., SYNTH. EINIGER OXAZOLINONE-(5) 55-0414

KAUPP G., OX. V. HYDRAZOBENZOL IN BAS. LSG. 63-0247

KAVALEK J., PROTONIER. MEHRWERTIGER ORGAN. BASEN 2. MITT. 58-0180
- UNTERS. IN D. CHINOXALINSERIE 5. MITT. 58-0660

KAWABATA N., SYNTH. V. CYCLOPROPANEN DURCH D. RK. V. OLEFINEN MIT DIALKYLZINK U. METHYLENJODID 57-0399
- STEREOSPEZIF. SYNTH. V. CYCLOPROPAN-DERIV. AUS OLEFINEN 63-0558

KAWAHARA N., C-NOR-D-HOMO-STEROIDE 8. MITT. 60-0766

KAWAI S., GASCHROMATOGRAPHIE V. BRENZCATECHINAMINEN, D. ALS TRIFLUORACETATE VORLIEGEN 64-0935

KAWAKAMI E., NEUER EINFACHER WEG ZU TETRACYCL. ZWISCHENPROD. FUER D. SYNTH. V. DITERPENOID-ALKALOIDEN 59-0696

KAWAKI T., NEUE KUPFER(I)-KOMPLEXE MIT P-BENZOCHINON ALS LIGAND 63-0091

KAWAMURA K., MECHANISMUS EINER NEUEN FARBREAKTION VON AMINOPYRIN UND SEINE ANWENDUNG ZUR BESTIMMUNG VON AMMONIAK 64-0620

KAWAMURA S., ARALKYLHYDRODISULFIDE 8. MITT. 61-0391

KAWANISHI S., BESTANDTEILE D. CHINES. ROHDROGE ''WUJIAPI'' 1. MITT. 61-0846

KAWANISI M., PHOTOCHEMIE BESTIMMTER NICHT ENOLISIERBARER BETA-DIKETONE 54-0291
- PHOTOCHEM. ALKYLIER. V. STICKSTOFF-HETEROAROMATEN DURCH CARBONSAEUREN UNTER DECARBOXYLIER. 54-0429
- PHOTOCHEM. RK. V. TRANS-ANETHOL 60-0415

KAWANO N., NEUE BISFLAVONE AUS PODOCARPUS- U. CHAMAECYPARIS-PFLANZEN 61-0607

KAWASAKI A., KINETIK D. RK. V. CHLORESSIGSAEURE MIT AMMONIAK IN WSS. LSG. 61-0250

KAWASAKI T., MANGIFERINMONOMETHYLAETHER AUS MANGIFERA INDICA L. 64-0912

KAWATA K., STEREOCHEM. KONTROLLIERTE TOTALSYNTH. V. DL-IBOGAMIN U. DL-EPIIBOGAMIN 60-0719

KAWATA M., RK. ZWISCHEN POLYNITROBENZOLEN U. AKT. METHYLENGRUPPEN 7. MITT. UEBER D. FARBIGEN SUBSTANZEN BEI D. JANOVSKY- U. ZIMMERMANN-RK. 64-0422

KAWATANI H., DARST. V. TERT.-BUTYLAZIDOFORMIAT 59-0302

KAWAZOE M., RK. ZWISCHEN POLYNITROBENZOLEN U. AKT. METHYLENGRUPPEN 7. MITT. UEBER D. FARBIGEN SUBSTANZEN BEI D. JANOVSKY- U. ZIMMERMANN-RK. 64-0422

KAWAZOE Y., STEREOCHEMIE IN LSG. 4. MITT. 64-0166
- UNTERS. BEI WASSERSTOFFAUSTAUSCH 9. MITT. 64-0692

KAWAZU K., PISCICIDE BESTANDTEILE V. CALOPHYLLUM INOPHILLUM LINN 61-0815

KAWIAK S., ORGANOXY-ISOCYANATO-SILANE 4. MITT. 53-0019

KAY I. T., SYNTH. V. NICKEL-1-ALKYL-TETRADEHYDROCORRINEN 53-0524

KAZAKOVA L. V., SUBSTITUIERTE HYDRAZIDE V. HYDROXYCARBON-SAEUREN 45. MITT. 62-0448

KAZANSKIJ B. A., SYNTH. U. ANTIBAKTERIELLE AKTIVITAET EINIGER P-ALKYLMERCAPTO-BETA-BENZOYL-ACRYLSAEUREN 53-0600

KAZARNOVSKIJ S. N., SYNTH. V. GUANIDINDERIV. AUS HARNSTOFF 55-0259

KAZICYNA L. A., SPEKTRALUNTERS. D. KOMPLEXE V. 4-AMINO-U. 4-DIMETHYLAMINO-AZOBENZOL MIT SNCL4 54-0029

KAZMIERCZAK R., INTRAMOL. RK. IN PEPTIDAEHNLICHEN SYST. 2. MITT. 58-0422

KEANA J. F. W., PHOTOLYSE D. STABILEN NITROXIDS 3-CARBAMOYL-2.2.5.5-TETRAMETHYL-PYRROLIN-1-OXYL, EINE NEUE PHOTOCYCLOELIMINIER. V. STICKSTOFFOXID 57-0508

KEANE D. D., FLAVANOIDEPOXIDE 5. MITT. 57-0572

KEASLING H. H., AZEPINOINDOLE 1. MITT. 57-0632

KEAVENEY W. P., DIRIGIERENDE EFFEKTE D. SUBSTITUENTEN BEI D. OZONOLYSE V. NAPHTHALINEN, SYNTH. V. PHTHALALDEHYDEN 59-0361

KECK J., SYNTH. D. METABOLITEN V. BISOLVON 53-0455

KEEFER R. M., INTRAMOLEKULARE NUCLEOPHILE TEILNAHME, 5. MITT. 61-0231
- INTRAMOL. NUCLEOPHILE TEILNAHME 6. MITT. 64-0265
- INTRAMOLEKULARE NUCLEOPHILE BETEILIG. 7. MITT. 64-0266

KEENE B. R. T., 6H-INDENO(2.1-G)CHINOLINE 63-0678

KEENER R. L., SYNTH. V. 6-SUBSTITUIERTEN THIENO(3.2-B)PYRROLEN 62-0538

KEETON R., SYNTH. V. NEZUKON 57-0711

KEFURT K., 2.3-DIDESOXY-5.6-O-ISOPROPYLIDEN-D-ERYTHRO-HEXIT ALS NEBENPRODUKT BEI D. SYNTH. V. 3-DESOXY-1.2,5.6-DI-O-ISOPROPYLIDEN-ALPHA-D-RIBO-HEXOFURANOSE 59-0656
- LACTONE 11. MITT. 64-0778

KEFURTOVA Z., 2.3-DIDESOXY-5.6-O-ISOPROPYLIDEN-D-ERYTHRO-HEXIT ALS NEBENPRODUKT BEI D. SYNTH. V. 3-DESOXY-1.2,5.6-DI-O-ISOPROPYLIDEN-ALPHA-D-RIBO-HEXOFURANOSE 59-0656
- LACTONE 11. MITT. 64-0778

KEGLEVIC D., GLUCURONSAEURE-ESTER 6. MITT. 59-0660

KEHRER F., IR-SPEKTROSKOP. UNTERS. IN D. CHINOPHTHALON-REIHE 56-0113

KEINER I., ANALYTIK D. ANTIBIOTIKA 9. MITT. 58-0183

KEINER J., ANALYTIK D. ANTIBIOTIKA 7. MITT. 55-0596

KEISER J. E., CHEMIE D. SULFOXIDE U. VERWANDTER VERB. 11. MITT. 63-0420

KEITEL I., ALPHA-AMINOSAEUREN U. DERIV. 2. MITT. 59-0324

KEITH L. H., STRUKTUR V. JESACONITIN 55-0501
- PYROLYSE U. STRUKTUR D. JESACONITINS 64-0808

KELECHSAEVA T. G., STEREOCHEMIE D. BETA-KETOVINYLIER. 63-0476

KELLER P., PHOTOCHEM. RK. 41. MITT. 56-0252
- STEROIDE U. SEXUALHORMONE 234. MITT. 62-0803

KELLER R. A., INTRAMOL. ENERGIEUEBERTRAG. ZWISCHEN TRIPLETTZUSTAENDEN V. SCHWACH WECHSELWIRKENDEN CHROMOPHOREN 1. MITT. 61-0073
- INTRAMOL. ENERGIEUEBERTRAG. ZWISCHEN TRIPLETTZUSTAENDEN V. SCHWACH WECHSELWIRKENDEN CHROMOPHOREN 2. MITT. 61-0074

KELLER R. N., ANWEND. D. SPEKTROSKOPIE IM FERNEN INFRAROT ZUR CHARAKTERISIER. D. METALL-THIOCYANAT-BIND. IN PALLADIUM(II)-KOMPLEXEN 63-0005

KELLERHALS H. P., PROTONENRESONANZSPEKTRUM VON ORIENTIERTEM FURAN IN NEMATISCH-KRISTALLINFLUESSIGER LOESUNG 60-0108

KELLER-SCHIERLEIN W., STOFFWECHSELPRODUKTE V. MIKROORGANISMEN 57. MITT. 53-0577
- STOFFWECHSELPROD. V. MIKROORGANISMEN 58. MITT. 54-0576

KELLEY C. J., SYNTH. V. OPT. AKT. CLELAND-REAGENZ ((-)-1.4-DITHIO-L(G)-THREIT) 63-0693

KELLOGG R. M., PHOTOCYCLISIER.-RK. V. PHENYLTHIOAETHENEN 64-0593
KELLY H. C., RED. V. ACETON MIT MORPHOLINBORAN 61-0334
KELLY J. F., STEREOSPEZIF. CYCLOADDITION V. CHLORSULFONYLISOCYANAT AN CIS- U. TRANS-BETA-METHYLSTYROL U. AN CIS- U. TRANS-HEXEN-(3) 59-0505
KELLY K. M., BESTANDTEILE V. HOCHSD. ERDOEL-DESTILLATEN 12. MITT. 57-0452
KELLY P., N-ARENSULFONYL-N'-ARENSULFENYL-SCHWEFEL-DIIMIDE 53-0245
- RK. V. TRICHLORMETHAN-SULFENYLCHLORID MIT STICKSTOFFVERB. 3. MITT. 56-0526
KELLY R. B., ISOLIER., CHARAKTERISIER. U. ABBAU-RK. V. NOGALAMYCIN 58-0806
KELLY R. W., SYNTHET. STEROIDE 1. MITT. 54-0549
- SYNTHET. STEROIDE 2. MITT. 56-0708
- SYNTHET. STEROIDE 3. MITT. 58-0786
KELLY T. R., SESQUITERPENOIDE 3. MITT. 60-0738
- SESQUITERPENOIDE 4. MITT. 62-0452
KELSEY J. E., TUMOR-INHIBITOREN 30. MITT. 63-0797
KEMME A. A., KRISTALLSTRUKTUR V. 1-AETHYLGERMATRAN 60-0023
- ATRANE 14. MITT. 62-0034
KEMMITT R. D. W., BLDG. V. METALLCARBONYL-KOMPLEXEN BEI D. RK. MIT TETRAFLUOR-AETHYLEN 54-0044
KEMP W., TETRAADDUKT AUS 3.3'-BI-INDENYL U. ACETYLENDICARBONSAEUREDIMETHYLESTER 53-0305
- DARST. V. 2.3'-BIS-INDENYL 56-0413
- NEUES RINGSYST. AUS 1.8-DISTYRYL-NAPHTHALIN 59-0460
KEMPER W., OLIGONUCLEOTID-VERB. 23. MITT. 64-0794
KEMPTER G., HETEROCYCLEN AUS AINO-KETONEN 12. MITT. 55-0443
- HETEROCYCLEN AUS AMINO-KETONEN 13. MITT. 64-0695
KENDE I., CHEMIE FREIER RADIKALE 6. MITT. 57-0119
KENNARD C. H. L., ROENTGENOGRAPH. UNTERS. D. KRISTALLSTRUKTUR V. METHYL-QUECKSILBER(II)-CYANID 53-0012
- STRUKTUR V. DICHLORO-AETHYLENDIAMINTETRAESSIGSAEURE-PALLADIUM(II)-PENTAHYDRAT, EIN BEISPIEL FUER EINEN HEXAFUNKTIONELLEN, ZWEIZAEHNIGEN LIGANDEN 56-0024
- STRUKTUR V. DICHLORO-AQUO-2.9-DIMETHYL-1.10-PHENANTHROLIN-KUPFER(II), BEISPIEL EINES DREISEIT.-BIPYRAMIDALEN KUPFER(II)-KOMPLEXES 56-0035
KENNARD O., MOLEKULAR- U. KRISTALLSTRUKTUR V. 1.2.3.4-TETRACHLOR-5.6-DIPHENYLCALICEN 53-0107
- KRISTALLSTRUKTUR V. (+-)-1-ACETYL-16-METHYL-ASPIDOSPERMIDIN-4-METHOJODID 57-0168
- CHEM. UNTERS. AN MEERESINVERTEBRATEN 4. MITT. 62-0154
- HIRUNDIGENIN U. ANHYDROHIRUNDIGENIN,ZWEI NATUERL. 15-OXASTEROIDE PFLANZL. URSPRUNGS, CHEM. U. ROENTGEN-UNTERS. 64-0851
KENNEDY R. M., BUXUS-ALKALOIDE, 12. MITT. 55-0502
KENNER G. W., PYRROLE U. VERWANDTE VERB., 12. MITT. 54-0522
- NEUE SYNTH. V. PROTOPORPHYRIN-IX 55-0515
- RATIONELLE SYNTH. V. CHLOROCRUOROPORPHYRIN (SPIROGRAPHIS PORPHYRIN) U. PEMPTOPORPHYRIN 55-0516
- SYNTH. V. PORPHYRINEN UEBER B-BILENE 56-0662
- PEPTIDE 25. MITT. 56-0721
- PYRROLE U. VERWANDTE VERB. 13. MITT. 58-0735
- PYRROLE U. VERWANDTE VERB. 14. MITT. 58-0736
- PEPTIDE 26. MITT. 60-0785
- PEPTIDE 27. MITT. 63-0846
KENNEWELL P. D., STER. ANFORDER. V. SP(2)-HYBRIDISIERTEN EINSAMEN ELEKTRONENPAAREN 1. MITT. 62-0139
- STER. ANFORD. V. SP(2)-HYBRIDISIERTEN EINSAMEN ELEKTRONENPAAREN 2. MITT. 62-0140
KENNEY G. W. J. JUN., STEREOCHEMIE AM TRIVALENTEN STICKSTOFF 2. MITT. 63-0181
KENT J. E., ROTAT.-KONST. U. DIPOLMOMENT V. 3.4-DIMETHYLEN-CYCLOBUTEN 53-0061
KENT M. E., THERM. UMLAGER. V. PHENYLNITREN ZU CYANCYCLOPENTADIEN 63-0305
KENT P. W., FLUORKOHLENHYDRATE 17. MITT. 56-0621
KENYON R. W., SYNTH. V. DEUTEROPORPHYRIN-IX U. PEMPTOPORPHYRIN 55-0517
- SYNTH. D. DEUTERIOPORPHYRIN-IX-, PEMPTOPORPHYRIN- U. SPIROGRAVIS-PORPHYRIN-DIMETHYLESTER 62-0746
KENYON W. G., PERHYDROINDAN-DERIV. 9. MITT. 61-0486
KEOGH M. F., BIOSYNTH. V. PIPERIDIN-ALKALOIDEN 57-0798
KEPPIE S. A., ORGANOSILYLDERIV. V. ZIRKONIUM, MOLYBDAEN U. WOLFRAM 55-0032
KERB U., INSEKTENHORMONE, 9. MITT. 56-0700
KERBER R. C., BENZO-DERIV. V. NITROCYCLOPENTADIEN 61-0494
KEREPES R., REAKTIVITAET ORGAN. VERB. BEI RK. MIT FREIEN RADIKALEN IN FL. PHASE 2. MITT. 60-0230
KERFANTO M., VERH. V. 2.3-DIMETHYL-ACETOXY-BENZOESAEUREN U. IHREN METHYLESTERN UNTER BEDINGUNGEN D. FRIES-UMLAGER. 55-0283
- SYNTH. V. P-SUBSTITUIERTEN PHENYLGLYOXALEN 63-0430
KERGOMARD A., BEITRAEGE ZUR ACETOLYSE V. AETHERN 3. MITT. 53-0147
- WEITERLEIT. D. ELEKTRONENEFFEKTE IN D. MOL. D. TRANS-4-HYDROXY-STILBENE U. D. 4-HYDROXY-TOLANE 54-0094
- SPEKTRAL-UNTERS. D. MONO-, BIS-, TRIS- U. TETRAKIS-(PHENYLMERCAPTO)-METHANE, EINFL. D. WECHSELWRKG. D. SCHWEFELATOME 55-0061
- ANWEND. D. UNTERS. D. SAEURE-DISSOZIAT. V. SULFONAMIDEN AUF STRUKTURPROBLEME 1. MITT. 55-0142
- ANWEND. D. UNTERS. D. SAEURE-DISSOZIATION V. SULFONAMIDEN AUF STRUKTURPROBLEME 2. MITT. 55-0143
- KATALYSE D. MUTAROTAT. D. TETRAMETHYLGLUCOSE DURCH IONENPAARE 58-0080
- DURCH PROD. EINER CYCLISIER.-RK. V. ALLOOCIMEN KATALYSIERTE AROMATISIER. V. LIMONEN U. ISOMERISIER. V. OCTEN-(1) 58-0768
KERN D. H., QUANT. UNTERS. IN D. STEREOCHEMIE B. PHOTOCHEMIE 2. MITT. 58-0488
- QUANT. UNTERS. IN D. STEREOCHEMIE, B. PHOTOCHEMIE 3. MITT. 58-0489
- QUANTITATIVE STUDIEN IN D. STEREOCHEMIE, PHOTOCHEMIE, 4. MITT. 61-0472
- QUANT. UNTERS. IN D. STEREOCHEMIE, PHOTOCHEMIE 5. MITT. 61-0473
KERN M., PROTON-ACCEPTORSTAERKE V. N-HEXYLAMIN, KALORIMETRISCHE UNTERS. D. KOMPLEXBLDG. V. N-HEXYLAMIN U. CHLOROFORM IM TERNAEREN SYST. 64-0210
KERN R. J., ZWOELFGLIEDR. POLYAETHERRINGE, CYCL. TETRAMERE EINIGER OLEFINOXIDE 58-0684
KERR A. K., KRISTALLSTRUKTUR V. (+-)-1-ACETYL-16-METHYL-ASPIDOSPERMIDIN-4-METHOJODID 57-0168
KERR D. A., V. BENZOPHENON ABGELEITETE METHYLMERCAPTOMETHYLNITRONE 62-0443
KERR K. A., MOLEKULAR- U. KRISTALLSTRUKTUR V. 1.2.3.4-TETRACHLOR-5.6-DIPHENYLCALICEN 53-0107
- HIRUNDIGENIN U. ANHYDROHIRUNDIGENIN,ZWEI NATUERL. 15-OXASTEROIDE PFLANZL. URSPRUNGS, CHEM. U. ROENTGEN-UNTERS. 64-0851
KERSTEN H., GEMEINSAME EINW. V. ELEMENTAREM SCHWEFEL U. GASFOERMIGEM AMMONIAK AUF KETONE 59. MITT. 55-0407
- GEMEINSAME EINW. V. EMENTAREM SCHWEFEL U. GASFOERM. AMMONIAK AUF KETONE 60. MITT. 55-0408
KESKE R. G., QUAL. STRUKTURUNTERS. IN FL. PHASE, VOLLSTAEND. R-WERT-ANALYSE V. 6-GLIEDR. RINGEN 55-0115
KESLER E., PHENANTHRO-IMIDAZOLE 54-0384
KESSAR S. V., SYNTH. V. STEROID-SAPOGENINEN U. -ALKALOIDEN 5. MITT. 57-0719
- SYNTH. V. STEROID-SAPOGENINEN U. -ALKALOIDEN 6. MITT. 57-0720
- SYNTH. V. STEROID-SAPOGENINEN U. -ALKALOIDEN 3. MITT. 57-0735
- SYNTH. V. STEROID-SAPOGENINEN U. -ALKALOIDEN 4. MITT. 57-0736
- SYNTH. V. STEROIDALKALOIDEN U. SAPOGENINEN 7. MITT. 59-0708
KESSELAAR F. H., TOTALSYNTH. V. ANTHRASTEROIDEN 2. MITT. 57-0732
KESSLER H., ZUR KENNTNIS D. CHINOIDEN ZUSTANDES 6. MITT. 53-0063
- NACHW. INNERMOL. BEWEGLICHK. DURCH NMR-SPEKTROMETRIE 2. MITT. 56-0165
- STEREOSELEKTIVE AETHERBLDG. DURCH DEHYDRATISIER. V. DIOLEN 59-0651
- NACHW. INNERMOL. BEWEGLICHK. DURCH NMR-SPEKTROMETRIE 3. MITT. 60-0160
- NACHW. INNERMOL. BEWEGLICHK. DURCH NMR-SPEKTROMETRIE 4. MITT. 61-0149
- UNTERS. AN DIAZOMETHANEN 27. MITT. 62-0483
KETLEY A. D., RK. V. ALKENPALLADIUMCHLORIDKOMPLEXEN MIT ALKOHOLEN 63-0098
KEULKS G. W., GESCHW. DER HYDRIERUNG VON CYCLOALKENEN IN DER FL. PHASE AN PT-AL-KATALYSATOREN 59-0198
KEVAN L., IONENINJEKTION, RK. V. ANGEREGTEM TERT.-C4H9(+) IN FL. ISOBUTYLEN 60-0307
KEVILL D. N., EFFEKTE D. AUSTRETENDEN GRUPPE AUF D. METHANOLYSE V. BENZOYLHALOGENIDEN IN ACETONITRIL 56-0215
KEZIERE R. J., STEREOSELEKTIVE SYNTH. V. (+-)-EREMOPHILADIEN-(3.11) U. VERWANDTEN VERB., ZUR VORGESCHLAGENEN STRUKTUR FUER EREMOPHILEN 57-0715
KHALAF H., ENDSTAENDIG (14)C-MARKIERTE C3-VERB. 53-0206
- CHLORISOTOPENAUSTAUSCH BEI ORGAN. VERB. 5. MITT. 56-0293
KHALIFA M. A. E., VERH. V. OXAZOLINONEN-(5) U. THIAZOLINONEN-(5) GEGEN N-PHENYL-HYDROXYLAMIN U. PHENYLHYDRAZIN 62-0676
KHALIL E. M., RK. MIT SUBSTITUIERTEN 4-HYDROXY-CUMARINEN U. FUROCUMARINEN 61-0613
KHAN A. A., STRUKTUR D. DIBENZOLSULFONYLHYDRAZINS U. SYNTH. U. CHARAKTERISIER. D. DIPHENYLSULFONYLDIIMIDS EINES NEUEN AZOVERB. 62-0377
KHAN M. A., DARST. U. RK. V. N.N'-DIACYL-N.N'-DIALKOXY-HYDRAZINEN 61-0358
KHAN M. K. A., SYNTHET. POLYNUCLEOTIDANALOGA 3. MITT. 63-0868
KHAN M. M. T., KINETIK DER REAKTION VON EISEN(III)-CHELATEN VON AMINOPOLYCARBONSAEUREN MIT ASCORBINSAEURE 64-0034
KHAN M. S., HEXAHYDROPYRIMIDINE 8. MITT. 60-0626
KHAN W. A., CARBANIONENCHARAKTER IN D. ALPHA-POSITION V. TERT. AMINEN BEI D. DIREKTEN ALKYLIER. 56-0360
KHANCHANDANI K. S., BIOSYNTHET. UNTERS. 1. MITT. 59-0808
- BIOSYNTHETISCHE UNTERSUCHUNGEN 2. MITT. 64-0909
KHANDELWAL G. D., PHOTOCHEM. ADDIT. V. 1.2-NAPHTHOCHINONEN AN P-DIOXEN 56-0247
KHANDKAROVA V. S., EINFL. D. KOORDINAT. AN EIN METALL AUF D. RK.-FAEHIGK. PI-GEBUNDENER ORGAN. LIGANDEN 1. MITT. 62-0017
KHANNA N. M., ARZNEIMITTEL MIT WRKG. AUF D. ZENTRALNERVENSYST., DARST. SUBSTITUIERTER CHINAZOLONE

U. CHINAZOLINE U. V. CHINAZOLINO-TETRAZEPINONEN U. -TETRAZOCINONEN 60-0632
KHANNA V. K., SYNTH. V. TETRA-C-METHYL-DISTEMONANTHIN U. VERWANDTEN DEHYDROPELTOGYNANDIONEN 61-0604
KHASTGIR H. N., IDENTIFIZIER. EINES NEUEN TRITERPENS, 3-EPIMORETENOL, AUS D. RINDE V. SAPIUM SEBIFERUM ROXB. 56-0670
- STEREOCHEMIE D. C(19)-ISOPROPENYL-SUBSTITUENTEN V. QUECKSILBER(II)-ACETAT-OXYDATIONSPRODUKTEN V. TRITERPENEN D. LUPANREIHE 56-0682
KHATKHATE G. V., SULFONIER. V. ARYLPYRAZOLEN 2. MITT. 61-0584
KHETAN S. K., RK. VON ACETYLENDICARBONSAEURE-DIMETHYLESTER, 1. MITT. 60-0511
KHETRAPAL C. L., PROTONENRESONANZSPEKTRUM VON ORIENTIERTEM FURAN IN NEMATISCH-KRISTALLINFLUESSIGER LOESUNG 60-0108
KHUONG-HUU Q., STEROIDALKALOIDE 67. MITT. 57-0673
- STEROIDALKALOIDE 68. MITT. 57-0674
- STEREOIDALKALOIDE 69. MITT. 57-0675
- STEROID-ALKALOIDE 70. MITT. 57-0676
- STEROID-ALKALOIDE 71. MITT. 57-0677
- SAEUREKATALYSIERTE UMLAGER. IN POLYCYCL. SYST., WANDER. D. C-19-METHYLGRUPPE EINES STEROIDS AUS D. 10BETA- IN D. 9BETA-STELL. 57-0743
- STEROIDALKALOIDE. NEUE ART GLYKOSTEROIDALKALOIDEN. HOLACURTIN U. HOLACURTENIN AUS D. BLAETTERN V. HOLARRHENA CURTISII KING ET GAMBLE (APOCYNACEEN) 58-0783
KHUONG-HUU-LAINE F., STEROIDALKALOIDE 72. MITT. 59-0705
KIANG A. K., STRUKTUR V. LANSSAEURE U. IHRER BEGLEITVERB., EINES UNSYMM. ONOCERADIENDIONS 63-0801
KIBAYASHI C., SYNTH. V. HETEROCYCLEN 210. MITT. 59-0686
KIBBEL H. U., CHEMIE D. BORACETATE 8. MITT. 60-0042
KIBBY C. L., UNTERSCHIEDL. RK.-FAEHIGK. V. DURCH PHOTODISSOZIAT. ERZEUGTEN TRIFLUORMETHYL- U. METHYLRADIKALEN 59-0275
KICE J. L., MECHANISMUS V. SUBSTITUTIONSRK. AM SULFINYL-SCHWEFEL 5. MITT. 59-0222
- RK.-MECHANISMEN V. THIOSULFINATEN (SULFENSAEUREANHYDRIDE) 2. MITT. 63-0323
KIDDER G. W., SYNTH. U. BIOLOG. AKTIVITAET V. SUBSTITUIERTEN 2.6-DIAMINO-PYRIDINEN 57-0792
KIDO F., STEREOCHEMIE V. ZIZANOESAEURE 59-0730
KIDWAI A. R., TRENNUNG U. CHARAKTERISIER. D. ALKALOIDE AUS SARCOCOCCA PRUNIFORMIS 53-0500
KIEFFER R., REINIG. V. KONJUGIERTEN DIENEN DURCH ZONENSCHMELZEN 53-0209
- DARST. U. REINIG. V. 2-ISOPROPYL-BUTADIEN-(1.3) 53-0210
- DARST. V. KONJUGIERTEN DIENEN 54-0209
- REINIG. V. ORGAN. SUBSTANZEN DURCH ZONENSCHMELZEN 54-0593
KIEHLMANN E., KINETIK U. ISOTOPENEFFEKTE BEI D. SOLVOLYSE V. AETHYLTRIFLUORMETHANSULFONAT 60-0267
KIELCZEWSKI M., SYNTH. OPT. AKT. NAPHTHYLEN-(1.7)-BIS-(ALPHA-OXY-PROPIONSAEUREN) 53-0298
KIELY D. E., CYCLISIER. V. D-XYLO-HEXOS-5-ULOSE, CHEM. MODELL ZU BIOSYNTH. V. MYO- U. SCYLLOINOSITEN 63-0751
KIENLE M. G., STEREOCHEM. VERLAUF D. 1.5-HYDRIDVERSCHIEB. BEI D. BIOSYNTH. V. OPHIOBOLINEN 55-0588
- STEREOCHEMIE D. WASSERSTOFFELIMINIER. AUS C(4) V. OPHIOBOLINEN 57-0701
- SCHICKSAL D. 15BETA-H-ATOMS V. LANOSTERIN IN D. CHOLESTERIN-BIOSYNTH. 64-0925
KIENZLE F., RK. D. NITROZUCKER 8. MITT. 63-0747
KIER L. B., MO-UNTERS. D. REAKTIONEN V. SYDNONEN 60-0143
- MOLEKULARBITALBERECHN. D. BEVORZUGTEN KONFORM. V. HISTAMIN U. EINE THEORIE UEBER SEINE ZWEISEITIGE AKTIVITAET 63-0174
- SYNTH. V. MESOION. DIALKYL-1.3.4-THIADIAZOLEN 63-0658
KIERSTEAD R. W., PHOTOLYSE EINES 5-OXO-STEROID-DERIV. 61-0782
KIESLICH K., DELTA(24(28))-DEHYDRO-ERGOSTERIN, ISOLIER. U. CHEM. RK. 57-0745
- DARST. V. OPT. AKT. DICARBONSAEUREMONOESTERN DURCH MIKROBIOLOG. PARTIALVERSEIF. SYMM. DICARBONSAEUREESTER 59-0806
- MIKROBIOLOG. STEREOSPEZIF. UMSETZ. V. SYMM. DIOLEN 59-0807
- TOTALSYNTH. OPT. AKT. STEROIDE 5. MITT. 61-0794
KIESSLING D., POLYCYCL. VERB. 18. MITT. 57-0465
- POLYCYCL. VERB. 19. MITT. 57-0466
KIETRICH H., SPEKTROSKOPIE U. PHOTOCHEMIE V. PHENYLOXIRANEN 63-0345
KIGASAWA K., PHENOL. CYCLISIER. 1. MITT. 57-0679
- AZAMORPHINAN U. VERWANDTE VERB. 1. MITT. 61-0656
KIHARA T., NEUE BISFLAVONE AUS PODOCARPUS- U. CHAMAECYPARIS-PFLANZEN 61-0607
KIKUCHI T., UMWANDL. V. EPIPACHYSANDRIN-A IN PACHYSTERMIN-A U. -B 59-0695
- STRUKTUR V. SPIROPACHYSIN, EINEM NEUART. ALKALOID AUS PACHYSANDRA TERMINALIS SIEB. ET ZUCC. 61-0737
- STRUKTUR V. CAPAURIMIN 61-0742
- ROENTGENSTRUKTURANALYSE V. ACUTUMIN U. SEINEM ACETAT, VERS. EINER GEKUERZTEN STRUKTURAUFKLAER. 63-0200
KILBOURN B. T., STRUKTUR V. MY-DIPHENYLUREYLEN-BIS-(TRICARBONYLEISEN) 56-0031
KILGER J., CYCLOADDIT. HETEROCYCL. ENDO-EXO-1.3-DIPOLE UNTER RINGOEFFN. 59-0539
KILIAN R., AMIDIER. V. PHENYLACETALDEHYD 56-0348
KILLE G., HETEROCYCLISIER. V. ALPHA-ACYLAMINO-NITRILEN 2. MITT. 57-0540
KILPI L., FLUORALKOHOLE 7. MITT. 56-0186
KILPI S., SAUERE-BASEN-DISSOZIATION DER AMINOBENZOESAEUREN IN EISESSIG 64-0222
KILTHAU G., ELEKTROPHILE U. NUCLEOPHILE SUBSTITUT.-RK. AN VERB. D. PENTAKOORDINIERTEN ARSENS 57-0433
KIM B., PHOTOCHEM. SYNTH. V. CYCLOPROPANDERIV. 63-0504
KIM C. J., STRUKTUREFFEKTE BEI SOLVOLYSE-RK. 3. MITT. 61-0242
KIM H. L., NEUER SYNTH.-WEG FUER AMARYLLIDACEEN-ALKALOIDE ANWEND. AUF D. SYNTH. V. MESEMBRIN U. MESEMBRININ 59-0706
KIM J. B., KINETIK D. AROMAT. HALOGENIER. 12. MITT. 61-0215
KIM L., REAKTIVITAETEN V. STER. BEHINDERTEN STYROLEN BEI D. ADDIT. V. FREIEN RADIKALEN 58-0202
- RK. V. BROM MIT STER. GEHINDERTEN OLEFIN-BIND. 61-0434
KIM Y. K., KOPPL. V. MONOBROMPERFLUORALKANCARBONSAEURE-ESTERN 58-0374
KIMURA B. Y., ABWESENH. V. (6)LI-(7)LI-SPIN-SPIN-KOPPL. IN ALKYLLITHIUMVERB. 63-0016
KIMURA M., BESTANDTEILE V. CONVALLARIA 10. MITT. 59-0741
- RK. ZWISCHEN POLYNITROBENZOLEN U. AKT. METHYLENGRUPPEN 7. MITT. UEBER D. FARBIGEN SUBSTANZEN BEI D. JANOVSKY-U. ZIMMERMANN-RK. 64-0422
- BESTANDTEILE V. CONVALLARIA 9. MITT. 64-0937
KIMURA T., SYNTH. V. BETA-CARBOLIN-DERIV. 8. MITT. 62-0719
KINDERMANN K., SYNTH. V. KRISTALLIN-FL. VERB. 2. MITT. 56-0576
KINDLER H., WELKSTOFFE U. ANTIBIOTIKA 36. MITT. 53-0237
KINDLER K., MECHANISMUS CHEM. RK. 24. MITT. 53-0201
KINDLEY W. R., REAKTIVE ZWISCHENSTUFEN IN BICYCLO(3.1.0)-HEXYL- U. BICYCLO(3.1.0)HEXYLIDEN-SYST. 4. MITT. 62-0473
KING B., RK. V. FERROCENYLACETYLENEN MIT METALLCARBONYLEN 54-0037
KING E. L., GLEICHGEW. IN SAUREN, WSS. LSG. V. PYRIDIN-N-OXID U. CHROM(III) 63-0029
KING K. F., SYNTH. V. ANELLIERTEN AZOLONEN AUS O-SUBSTITUIERTEN ARYLHYDROXAMSAEUREN 64-0554
KING M. L., THALICTRUM-ALKALOIDE 8. MITT. 61-0726
KING R. B., PROD. AUS D. RK. ZWISCHEN HEXACARBONYLMOLYBDAEN U. 8.9-DIHYDROINDEN 55-0031
- BEQUEME SYNTH. V. DIMANGAN-DEKACARBONYL AUS BILLIGEN AUSGANGSMATERIALIEN BEI ATMOSPHAERENDRUCK 58-0061
- MASSENSPEKTREN VON ORGANOMETALLVERB. 1. MITT. 60-0015
- MASSENSPEKTREN V. ORGANOMETALLVERB. 2. MITT. 60-0016
- MASSENSPEKTREN V. ORGANOMETALLVERB. 3. MITT. 60-0017
KING R. D., RK. V. SCHWEFELYLIDEN MIT METHYL-GLYKOPYRANOSIDULOSEN 53-0478
KING R. R., EPOXIDSPALT. ALS WEG EINER METHYLWANDER., MODELLUNTERS. IN D. CUCURBITACIN-SYNTH., IM RING A AROMATISIERTE 9BETA-METHYL-STEROIDE 56-0694
KING T. J., OXYDATIVE DIMERISIER. V. 1.2.3.4-TETRAHYDRO-6-HYDROXY-7-ISOPROPYL-NAPHTHALIN 57-0448
- OPT. AKT. GOSSYPOL AUS THESPESIA POPULNEA 57-0687
KINGSBURY C. A., KONFORM.-BEVORZUGUNG BEI DIASTEREOMEREN 3. MITT. 61-0142
KINGSTON B. M., ORGANOSILYLDERIV. V. ZIRKONIUM, MOLYBDAEN U. WOLFRAM 55-0032
KINGSTON D. G. I., TAUTOMERE BENZ(DE)ANTHRACEN-DERIV. U. VERWANDTE SYST. 55-0332
KINOMURA Y., PEPTIDE 20. MITT. 58-0798
KINOSHITA G., AROMATENCHARAKTER V. HETEROCYCLEN 10. MITT. 59-0083
KINOSHITA T., NEUE FARBRK. V. HEXOSAMINEN 59-0819
- 3-OXO-GLUCURONSAEURE 3. MITT. 62-0690
- OPT. ROTAT.-DISPERS. V. ALDIMINEN V. AMINOZUCKERN U. IHREN METALLCHELATEN 63-0107
KINRIANOV A. I., CYANINFARBSTOFFE MIT ZWEI KONJUGIERTEN CHROMOPHOREN 4. MITT. 56-0518
KINSTLE T. H., ELEKTRONENSTOSS-INDUZIERTE UMLAGER. V. BENZTROPONEN, 1.4-ARYL-WANDERUNGEN 60-0131
KIOVSKY T. E., STABILE CARBONIUMIONEN 61. MITT. 63-0258
KIPINJA A. E., SYNTH. V. LOKALANAESTHETIKA AUF D. BASIS V. BETA-DIKETONEN 3. MITT. 60-0427
KIPRIANOV A. I., CYANINFARBSTOFFE MIT ZWEI KONJUGIERTEN CHROMOPHOREN 3. MITT. 56-0517
- CYANINFARBSTOFFE MIT ZWEI KONJUGIERTEN CHROMOPHOREN 6. MITT. 61-0533
- GEGENSEIT. BEEINFLUSS. D. CHROMOPHOREN IN UEBER EINEN BENZOLREST VERBUNDENEN BIS-CYANINFARBSTOFFEN 62-0575
- CYANINFARBSTOFFE MIT BENZOL-, NAPHTHALIN- U. ANTHRACENKERN IN D. POLYMETHINKETTE 63-0646
KIPRIANOV G. I., DARSTELLUNG V. 6-METHYLDERIV. AUS PREGNAN-6ALPHA-OL-3.20-DION 53-0552
KIPRIANOVA L. A., KINETIK D. ADDIT. V. AETHANOL U. ESSIGSAEURE AN VINYLAETHER U. -ESTER 54-0169
KIRA M., GRIGNARD-REAGENZ AUS CHLORMETHYL-METHYLSULFID U. SEINE VERW. ZUR DARST. V. METHYLMERCAPTOMETHYL-SUBSTITUIERTEN POLYSILANEN 54-0240
KIRA M. A., SYNTH. U. RK. V. HETEROCYCL. ENAMINEN 1. MITT. 62-0515
- SYNTH. U. RK. V. ENAMINEN 2. MITT. 62-0516
- SYNTH. V. DIHYDROTETRAZINEN 64-0765
KIRBY A. J., REAKTIVITAET V. PHOSPHATESTERN, RK. V. MONOESTERN MIT NUKLEOPHILEN, V. D. BASIZITAET

UNABHAENG. NUKLEOPHILITAET BEI EINER BIMOL. SUBSTITUT.-RK. 58-0262
- PHENOLOX. U. BIOSYNTH. 17. MITT. 61-0837
KIRBY G. W., DARST. V. 5-HYDROXY(AR-3H)TRYPTOPHAN 53-0346
- PHENOLOX. U. BIOSYNTH. 15. MITT. 55-0591
- KONSTIT. U. BIOSYNTH. V. CAPSAICIN 58-0825
- PHENOLOX. U. BIOSYNTH. 17. MITT. 61-0837
- STEREOCHEMIE V. BETA-CARBOXY- U. BETA-HYDROXYMETHYL-MUCONSAEURE-DERIV. 63-0393
- PHENOLOX. U. BIOSYNTH. 18. MITT. 63-0786
KIRBY P., GEOMETR. ISOMERIE BEI S-ALKYL-THIOHYDROXIMATEN, NEUER OXIM-ABBAU 58-0373
KIRCHEISS A., KOMPLEXBLDG. D. NICKEL(II) MIT DL-2-METHYL-1.2-DIAMINO-PENTAN 63-0089
- KOMPLEXBLDG. D. NICKEL(II) MIT 1.1'-DIAMINO-DICYCLOHEXYL 64-0076
KIRCHHOFF K., ENDSTAENDIG (14)C-MARKIERTE C3-VERB. 53-0206
- DAS CARBENIUMION C3CL5(+) 53-0207
- CHLORISOTOPENAUSTAUSCH BEI ORGAN. VERB. 5. MITT. 56-0293
- NEF-RK. 5. MITT. 56-0472
- CHLORAUSTAUSCH BEI ORGAN. VERB. 6. MITT. 62-0119
KIRICENKO A. I., KATALYT. EINFL. V. ALKYLPYRIDINEN AUF D. BENZOYLIER. V. M-CHLORANILIN 60-0246
KIRILLOVA M. A., ENINAMINE 7. MITT. 64-0703
KIRILOV M., DARST., STRUKTUR U. RK.-FAEHIGK. D. MAGNESIUM-DIAETHYLPHOSPHONO-ACETONS, IR-SPEKTROSKOP. ANGABEN UEBER SEINE KATIONOTROPIE 54-0026
- DARST. U. EIG. D. DIALKYLESTER D. ALPHA-ACYLPHOSPHONACETONTRILE 59-0342
- WECHSELWRKG. ZWISCHEN PHOSPHORORGAN. VERB. MIT AKTIVER METHYLENGRUPPE U. SCHIFFSCHEN BASEN IN GGW. V. SAUREN U. ALKAL. KATALYSATOREN 1. MITT. 59-0385
KIRIYAMA N., STOFFWECHSELPROD. V. ASPERGILLUS FUMIGATUS (J-4), CHEM. STRUKTUR D. STOFFWECHSELPROD. 61-0824
KIRK D. N., RK. V. EPOXIDEN 15. MITT. 59-0763
KIRK G., ABS. KONFIG. V. (-)-CORBASIL 61-0421
KIRKIACHARIAN B., NACHW. D. BLDG. FREIER RADIKALE IM LAUFE D. THERMOLYSE AROMAT. ALDAZINE 53-0175
KIRKIACHARIAN B. S., RADIKALADDIT. AN UNDECEN-(10)-SAEURE-METHYLESTER 59-0300
- PHOSPHORESZENZ U. ELEKTRONENPARAMAGNET. RESONANZSPEKTREN EINIGER DERIV. D. CUMARINS 63-0152
KIRKIEN-KONASIEWICZ A. M., FRAGMENTIER. V. ORGAN. MOL. UNTER ELEKTRONENSTOSS 1. MITT. 58-0133
KIRKKIACHARIAN B. S., AETHER V. CUMARINEN, SYNTH. NEUER BENZOPYRONDERIV. DURCH THERM. KONDENS. 63-0666
KIRKPATRICK J., PTERIDINE 6. MITT. 63-0702
KIRMSE W., DESAMINIER.-RK. 1. MITT. 53-0157
- DESAMINIER.-RK. 2. MITT. 53-0158
- RK. D. BICYCLO(3.1.0)HEXYL-(3)-CARBENS 55-0347
- ISOTOPENEFFEKTE D. WASSERSTOFFVERSCHIEB. IN ALKYLCARBENEN 59-0252
- STEVENS-UMLAGER. V. ALLYLSULFONIUM-SALZEN 59-0291
- CARBEN-RK. MIT DERIV. D. DIMETHYLMALONDIALDEHYDS 59-0296
- RK. D. DIAZOMETHANS MIT DIALLYLSULFID U. ALLYLAETHERN UNTER KUPFERSALZ-KATALYSE 59-0403
- UMSETZ. EINIGER ORGAN. STICKSTOFFVERB. MIT DIAZOMETHAN UNTER KUPFERSALZ-KATALYSE 59-0416
- DESAMINIER.-RK. 3. MITT. 63-0485
- UMSETZ. D. DELTA(3)-CYCLOHEXENCARBALDEHYD-P-TOLUOLSULFONYLHYDRAZONS 64-0477
KIRPALANI N., BECKMANN-UMLAGER. V. ALPHA,BETA-UNGESAETT. OXIMEN 5. MITT. 56-0236
KIRRMANN A., ACYLIER. V. ENAMINEN AUS CYCLANONEN 2. MITT. 56-0385
- DARST. V. FREIEN LINEAREN ALPHA-AMINO-ALDEHYDEN DURCH RK. V. SEK. AMINEN MIT ALPHA-BROM-ALDEHYDEN 60-0358
KIRSANOV A. V., ALIPHAT. ESTER V. AREN-N-ALKYL-SULFONIMIDSAEUREN 53-0246
- CARBALKOXY-SCHWEFELDIOXID-MONOIMINE 55-0473
- DIALKYLAMINOSULFONYLMONOIMINOSCHWEFELDIOXIDE 56-0600
- BIS-(CARBALKOXYIMINO)-SCHWEFELDIOXIDE 56-0601
- AREN-N-ALKYL-IMINOSULFONSAEUREAMIDE (SULFAMIDINE) 57-0354
KIRSCH G., SYNTH. U. OX. V. PHENYLSUBSTITUIERTEN RESORCINEN 64-0495
KIRSCH J. F., MEHRFACHE STRUKTUR-REAKTIVITAETS-BEZIEH., ALKAL. HYDROLYSE V. AM ACYL- U. ARYL-REST SUBSTITUIERTEN BENZOESAEURE-PHENYLESTERN 58-0236
KIRSCHKE K., AROXYLE U. IHRE UMWANDL.-PROD. 3. MITT. 59-0589
KIRSCHNER S., ANWEND. D. PFEIFFER-EFFEKTS AUF D. SPALT. DISSYMM. KOORDINAT.-VERB. 61-0004
KISAN W., SEO2-OX. V. ACETESSIGALDEHYD-DIMETHYLACETAL 64-0381
KISE M., SULFOXIDE 23. MITT. 61-0214
KISELEV L. A., ORGAN. INSEKTOFUNGIZIDE 2. MITT. 60-0380
KISELEV V. D., DIEN-SYNTH. U. KOMPLEXE MIT LAD.-UEBERTRAG. 2. MITT. 57-0241
KISELEVA M. M., NEBENRK. BEI D. SYNTH. V. DIMETHYLDIOXAN AUS ISOBUTYLEN U. FORMALDEHYD 1. MITT. 53-0140
KISHI T., STRUKTUR V. ARISTEROMYCIN 54-0557
KISHI Y., SYNTH. V. LEONURIN 57-0683
- LUCIFERIN U. LUCIOPTERIN, ISOLIERT AUS DEM JAPAN. LEUCHTKAEFER LUCIOLA CRUCIATA 62-0743
KISHIDA Y., PHOTOCHEMIE EINES STABILEN SULFOXONIUMYLIDS 59-0444
- KRIST.-STRUKTUR V. 6-BENZOYL-3-HYDROXY-1-METHYL-5-PHENYL-THIABENZOL-1-OXID 62-0153
KISILENKO A. A., AREN-N-ALKYL-IMINOSULFONSAEUREAMIDE (SULFAMIDINE) 57-0354
KISLOVEC R. M., 1.3-DIOXOLANE 2. MITT. 62-0553
KISS A., THEORIE D. LICHTABSORPTION D. CYCLOPENTADIENYL-KOMPLEXE D. UEBERGANGSELEMENTE 63-0003
KISS I., ISOTOPENEFFEKTE AUF D. DAMPFDRUCK 3. MITT. 63-0205
KISS J., SYNTH. U. EIG. V. 2-(ALPHA-HYDROXY-ALKYL)- U. 2-(ALPHA-ALKOXYCARBONYL)-SUBSTITUIERTEN 4-METHYL-5-(BETA-HYDROXY-AETHYL)-THIAZOLEN U. -THIAZOLIUMSALZEN 59-0566
KITAGAWA I., UNERWARTETE IDENTITAET V. TEESAPOGENIN D (CAMELLIAGENIN A), EINEM NEBENSAPOGENIN AUS TEESAMEN, MIT DIHYDROPRIVEROGENIN A 56-0692
- PHOTOOX. V. OLEANOLSAEURE, BLDG. V. 11ALPHA.12ALPHA-EPOXY- U. 12ALPHA-HYDROXY-OLEANOLSAEURE-LACTONEN 57-0710
- ZWEI NEUE CHLORANTHRACHINONE AUS EINER FLECHTE ANAPTYCHIA OBSCURATA (NYL.) VAIN. 59-0713
- ZUR STEREOCHEMIE V. ZEORIN U. LEUCOTYLIN 59-0735
- SAPOGENIN-BESTANDTEILE D. BLAETTER V. PITTOSPORUM TOBIRA AIT 59-0742
- REVIDIERTE STRUKTUREN V. LUTEOSKYRIN, RUBROSKYRIN U. RUGULOSIN 62-0744
- PHOTOOX. V. ERYTHRODIOL 62-0767
- DREI NEUE, CHLOR ENTHALTENDE BISANTHRONYLE AUS D. FLECHTE, ANAPTYCHIA OBSCURATA VAIN 63-0790
KITAGAWA T., VIOMYCIN 1. MITT. 56-0734
KITAHARA K., SYNTHESE VON KASUGANOBIOSAMIN 61-0712
KITAHARA Y., ELEKTRONENSTRUKTUR U. SPEKTRUM V. BENZO(G)SESQUIFULVALEN 53-0088
- BIOGENESE-AEHNL. SYNTH. V. (+-)-ALPHA-CHAMIGREN 57-0692
- STRUKTUR V. BAKKENOLID-A 57-0703
- STRUKTUREN D. BAKKENOLIDE-B, -C U. -D, BESTIMMT MIT HILFE EINES KERN-OVERHAUSER-EFFEKTES 60-0752
- TETRACYCLO(3.3.0.0(2,8).0(4,6))OCTAN-1.5-DICARBONSAEURE 63-0556
KITAHONOKI K., STEREOCHEMIE D. AZIRIDINBLDG. DURCH LIALH4-RED. V. KETOXIMEN MIT BRUECKENRINGSYST., BENZO-BICYCLO(3.2.1)OCTENONOXIME 59-0501
- AZIRIDINBLDG. DURCH LITHIUM-ALUMINIUM-HYDRID-RED. V. OXIMEN 62-0505
- UEBERBRUECKTE RINGVERB. 3. MITT. 64-0567
KITANO M., SYNTH. EINES MIT HASUBANAN-ALKALOIDEN VERWANDTEN RINGSYST. 63-0781
KITAO T., ARALKYLHYDRODISULFIDE 8. MITT. 61-0391
KITAZAWA K., PHOTOOX. V. OLEANOLSAEURE, BLDG. V. 11ALPHA.12ALPHA-EPOXY- U. 12ALPHA-HYDROXY-OLEANOLSAEURE-LACTONEN 57-0710
- PHOTOOX. V. ERYTHRODIOL 62-0767
KITAZUME S., TRIPHENYLPHOSPHIN-KOMPLEXE V. RUTHENIUM U. RHODIUM, REVERSIBLE KOMBINAT. V. MOL. STICKSTOFF U. WASSERSTOFF MIT D. RUTHENIUMKOMPLEX 59-0087
KITCHING W., PROTOLYSE V. TRANS-2-CHLOR-VINYL-QUECKSILBERCHLORID IN DMSO 56-0219
- ELEKTRON. EFFEKTE V. QUECKSILBERSUBSTITUENTEN 61-0007
KITSUTAKA T., STOFFWECHSELWIRKUNGEN V. BORAT 6. MITT. 61-0840
KITTLE P. A., D. KINET. ISOTOPENEFFEKT BEI D. ANTHRACHINONBLDG. 62-0263
KITZING R., PHOTOCHEM. UMWANDL. 17. MITT. 62-0543
KIVIMAA S., FLUORALKOHOLE 4. MITT. 55-0132
KIVINEN A., FLUORALKOHOLE 4. MITT. 55-0132
- FLUORALKOHOLE, 5. MITT. 55-0133
- FLUORALKOHOLE 6. MITT. 56-0185
- FLUORALKOHOLE 7. MITT. 56-0186
- DIPOLMOMENTE V. EINIGEN FLUORALKOHOLEN 57-0073
KIVOKURCEVA L. N., TROPONOIDE 3. MITT. 62-0542
KIVOKURTSEVA L. N., 2-THIONIA- U. 2-AZONIA-AZULENE 58-0563
KIZIL'STEJN A. A., FORMYLIER. V. 3-METHOXY-PHENANTHREN 59-0455
KJAER A., ABSOLUTE KONFIGURATION U. OPT. ROTATIONSDISPERSION V. METHYL-ALKYL-SULFOXIDEN 62-0145
KLAEBOE P., DIMETHYLNITROSAMIN-MONOMER ODER DIMER IN LSG. 56-0180
- SCHWING.-SPEKTREN V. TETRAMETHYLENSULFOXID 61-0081
KLAMANN D., DIELS-ALDER-SYNTH. V. HEXACHLOR-CYCLOPENTADIEN MIT DIHALOGEN-ALKENYL-CYCLOPROPANEN 55-0349
- ADDIT. V. DIHALOGENCARBENEN AN DIOLEFINE 58-0329
- RK. V. DIHALOGENCARBENEN MIT ENOLAETHERN 58-0330
- DARST. V. 2-HALOGEN-AETHYLAETHERN 58-0331
- SULFONSAEURE-(BETA-CHLOR-ALKYL)-ESTER U. 1.2-ALKYLEN-GLYKOL-DISULFONATE AUS SULFOCHLORIDEN U. ALKYLENOXIDEN 58-0332
- RK. V. DIHALOGENCARBENEN MIT ACETYLENEN 58-0333
- DARST. V. 1.3-DIOXOLANEN AUS ALDEHYDEN U. EPOXIDEN IN NEUTRALEM MEDIUM 58-0589
- RK. V. DICHLORCARBEN MIT UNSUBSTITUIERTEN AROMATEN 59-0462
- DARST. V. 2-HALOGEN-DIENEN UEBER 1.1-DIHALOGEN-CYCLOPROPANE 61-0326
- UMWANDL. EINIGER ALDEHYDE U. KETONE IN ALPHA-HALOGEN-CARBONSAEUREESTER 61-0350
- ADDIT. V. HALOFORMEN AN POLARISIERTE DOPPELBIND. 61-0351

- RK.-WEISE V. 1.1-DIHALOGEN-CYCLOPROPANEN 61-0503
- MECHANISMUS D. THERM. SPALT. V. ARYLMETHYL-TOSYLATEN 64-0312
KLAMM H., DARST. VON HEXAFLUOROJODATEN(V) 64-0041
KLANBERG F., OKTAHYDRIDOTRIBORATOTETRACARBONYL-METALLATE V. CHROM, MOLYBDAEN U. WOLFRAM 57-0013
- UEBERGANGSMETALL-PI-KOMPLEXE V. PHOSPHIN 63-0101
KLASEK A., PYRROLIZIDIN-ALKALOIDE 13. MITT. 64-0812
KLASINC L., QUANTENAUSBEUTEN D. PHOTOCHEM. CIS-TRANS-ISOMERISIER. MONOSUBSTITUIERTER STILBENE 62-0297
- RED. EINIGER SULFONIUMSALZE MIT LITHIUMALUMINIUMHYDRID 64-0369
KLASINE L., HMO-BERECHN. AN DISUBSTITUIERTEN TRANS-STILBENEN 60-0157
KLAYMAN D. L., 2-AMINO-2-THIAZOLIN 4. MITT. 59-0560
KLEBANSKIJ A. L., (3.3.3-TRIFLUOR-PROPYL)-METHYLCYCLOSIL-OXANE 2. MITT. 60-0035
- SYNTH. V. ORGANOCYCLOSILOXANEN MIT CYANALKYLGRUPPEN AM SILICIUM-ATOM 64-0418
KLEEMANN A., RK. MIT DIAZOCARBONYLVERB. 27. MITT. 62-0504
KLEEV B. V., RK. V. ALDEHYDEN MIT OLEFINEN 4. MITT. 60-0405
KLEEVA L. P., KONDENS. V. AROMAT. VERB. MIT ALLYLHALOGENDERIV. 2. MITT. 56-0371
- KONDENS. AROMAT. VERB. MIT HALOGENIDEN V. ALLYLTYP 4. MITT. 64-0467
KLEIN F., PHOTOCHEM. UMWANDL. 25. MITT. 60-0319
KLEIN F. K., CEANOTHUS-ALKALOIDE, AMERICIN 62-0734
- STRUKTUR V. CEANOTHIN-B 64-0815
KLEIN F. M., AUSWERT. D. STER. EFFEKTE BEI ADDIT. AN SUBSTITUIERTE CYCLOHEXENE 62-0421
KLEIN G. M., HYDROLYT. DIMERISIER. V. 5-AMINO-FURAN-2-CARBONSAEUREAETHYLESTER 61-0538
KLEIN J., KONFORMATION U. NMR V. CYCLOHEXANEN MIT LACTONBRUECKEN 56-0157
KLEIN L., RK. V. ALPHA-DICARBONYLVERB. U. CHINONEN MIT DIAZOALKANEN 9. MITT. 57-0457
- RK. V. ALPHA-DICARBONYLVERB. U. CHINONEN MIT DIAZOALKANEN 10. MITT. 58-0586
- D. VERSCHIEDENE VERH. EINIGER O-CHINONE U. D. BENZILS GEGEN DIMETHYL- U. DIAETHYLZINK, ANALOGIE ZUM VERH. GEGEN DIAZOMETHAN U. -AETHAN 59-0434
KLEIN M., BESCHRAENKTE KONFORMATIVE INVERSION VON 1.8-(1.8-NAPHTHYLENDIMETHYL)-NAPHTHALIN 60-0170
KLEIN R. J., ORGAN. PEROXIDE 40. MITT. 59-0515
KLEIN W., INSEKTIZIDE IM STOFFWECHSEL 15. MITT. 62-0850
- INSEKTIZIDE IM STOFFWECHSEL 16. MITT. 62-0854
KLEINER H., CHEMIE NUCLEOPHILER CARBENE 12. MITT. 56-0520
KLEINERT H., DARST. V. 2.3-DICHLORBUTEN-(2)-DIOL-(1.4) 55-0231
KLEINSCHMIDT R. F., ISOMERISIER. U. CYCLISIER. V. OCTATRIENEN 59-0392
KLEMM L. H., INTRAMOL. DIELS-ALDER-RK. 5. MITT. 61-0570
- ALUMINIUMOXID-KATALYSIERTE RK. V. HYDROXYARENEN U. HYDROAROMAT. KETONEN 1. MITT. 62-0453
- DURCH ALUMINIUMOXIDKATALYSIERTE RK. V. HYDROXYARENEN U. HYDROAROMAT. KETONEN 2. MITT. 62-0454
- DURCH ALUMINIUMOXID-KATALYSIERTE RK. V. HYDROXYARENEN U. HYDROAROMAT. KETONEN 3. MITT. 62-0455
KLEMMENSEN P., MASSENSPEKTREN V. NITROSOVERB. 60-0125
- RK. ZWISCHEN ACYLOINEN U. SEK. AMINEN 60-0465
KLEMOLA A., WASSERCAMPFHYDROLYSE V. BIRKENHOLZ 3. MITT. 62-0848
- WASSERDAMPFHYDROLYSE V. BIRKENHOLZ 4. MITT. 62-0849
KLENBERG D., SYNTH. V. TRIENSAEUREN MIT DOPPELBINDUNGEN IN ALLYL-POSITION 62-0347
KLEPP M., SYNTH. V. ARSENSAEUREESTERN 60-0371
KLEWE B., STRUKTUR D. 1.1.2.2-TETRANITRO-AETHANDIID-ANIONS 54-0115
KLICNAR J., KORRELATIONEN ZWISCHEN CHEM. VERSCHIED. V. PROTONEN V. HYDROXYL- U. METHINGRUPPEN BEI NMR-SPEKTREN V. HYDROXYDERIV. SCHIFF'SCHER BASEN U. HAMMETT-SIGMA-KONSTANTEN 59-0112
KLIEGMAN J. M., MESOION. 1.3.4-THIADIAZOLE, RK. MIT AZODICARBONSAEUREDIALKYLESTERN U. BLDG. EINES NEUEN MESOION. SYST. 55-0480
- MESOION. 1.3.4-THIADIAZOLE, PHOTOCHEM. OXYDATIVE CYCLISIER. 57-0563
KLIMENKO S. K., RK. V. ALKYLIDEN-DICYCLOHEXANONEN MIT H2S 54-0307
KLIMISA G. P., DIPOLMOMENTE U. MOL.-STRUKTUR EINIGER OXAZOLDERIV. 62-0068
KLIMKO V. T., FUNKTIONELLE DERIV. V. MALONDIALDEHYD 18. MITT. 57-0332
KLIMOV G. A., NEUE DARST.-METH. FUER 4-SUBSTITUIERTE SYMM. OCTAHYDROACRIDINE 64-0702
KLING F., VERNETZ.-MECHANISMUS D. EPOXYVERB. 57-0771
KLINGER H., 7.7-DICARBOMETHOXY-CYCLOHEPTATRIEN 62-0477
KLINOT J., TRITERPENE 13. MITT. 53-0527
KLIVENYI F., RK. V. AROMAT. THIOLSULFINSAEUREESTERN MIT DINITROCHLORBENZOL 64-0435
KLJUEV S. M., ANWEND. V. HCLO4 BEI D. KONDENS. V. NITRILEN MIT ALKOHOLEN 58-0671
KLOETZER W., 5-HALOGENIERTE N-HYDROXYPYRIMIDINE. 5-FLUOR-1-HYDROXYURACIL U. 5-FLUOR-3-OXYCYTOSIN 60-0666
KLOIMSTEIN E., PYRIDAZINE MIT KERNGEBUNDENEM CHLOR 60-0662
KLOOSTERZIEL H., KONKURRIERENDE PHOTOISOMERISIER. V. 1-SUBSITUIERTEN CYCLOHEPTATRIENEN 56-0374
- NMR-SPEKTREN U. KONFIG. V. PHENYLALLYL U. VERWANDTEN ANIONEN 57-0148
- BLDG. U. STRUKTUR V. VIER TRIMETHYLCYCLOPENTADIENEN 62-0419
- THERM. ISOMERISIER. V. TRIMETHYLCYCLOPENTADIENEN 62-0420
KLOPFENSTEIN C., GEOMETRIE V. MYRTENAL, ANALYSE D. KERNMAGNET. RESONANZSPEKTRUMS EINES BICYCLO(3.1.1)HEP-TEN-(2)-SYSTEMS 63-0131
KLOSA J., SYNTH. IN D. THEOPHYLLINREIHE 12.ITT. SYNTH. V. ALPHA-METHYL-(THEOPHYLLINYL-(7))-ALANIN 55-0466
- SYNTH. IN D. THEOPHYLLINREIHE 13. MITT. 56-0577
- SYNTH. SPASMOLYT. WIRKSAMER SUBSTANZEN 23. MITT. 59-0430
KLOSE W., CHEM. UNTERS. MARINER INVERTEBRATEN 3. MITT. 62-0747
KLOSTERMEYER H., PEPTIDE 64. MITT. 53-0571
KLUIBER R. W., BROMIER. V. SALICYLALDIMIN-CHELATEN MIT N-BROM-SUCCINIMID 62-0050
KLUMPP E., SCHWEFELHALT. METALLCARBONYLE 9. MITT. 56-0080
KLUMPP G., SYNTH. V. BULLVALEN, BULLVALON U. BARBARALON SOWIE V. BARBARALON-DERIV. 54-0334
KLYNE W., OPT. ROTAT.-DISPERS. 48. MITT. 56-0094
- ZIRKULARDICHROISMUS 24. MITT. 62-0063
- OPT. ROTAT.-DISPERS. 51. MITT. 64-0089
KNAAK J., RK. V. STICKSTOFFTRIFLUORID U. TETRAFLUORHYDRA-ZIN MIT VERSCHIEDENEN CN-VERB. 55-0017
KNABE J., EPIMERISIER. V. REPANDIN ZU OXYACANTHIN 53-0502
- DEHYDRIER. V. TERT. AMINEN MIT HG(II)-AEDTA 13. MITT. 54-0413
- DEHYDRIER. V. TERT.AMINEN MIT HG(II)-AETHYLENDIAMINTE-TRAACETAT 14. MITT. 58-0647
- DIE KONSTIT. EINES KONDENS.-PROD. AUS HOMOPHTHALSAEU-REHALBESTERCHLORID, 3-(2'-CARBOMETHOXYBENZYL)-4-CARBOMETHOXYISOCUMARIN 64-0668
- UMSETZ. 3-SUBSTITUIERTER ISOCUMARINDERIV. 64-0669
KNACKMUSS H., STRUKTUR UND EIG. DES OXYDATIONSPROD. V. 5-AMINO-3-METHYL-PYRIDON-(2) 61-0623
KNIESE W., HETEROCYCL. ARYLAZOQUART.-SALZE 1. MITT. 56-0459
- HETEROCYCL. ARYLAZOQUARTAERSALZE 2. MITT. 56-0460
- HETEROCYCL. ARYLAZOQUARTAERSALZE 3. MITT. 56-0461
KNIGHT J. A., SYNTH. EINIGER 1.3-BENZODIOXANE U. EINE NEUE STRUKTUR V. AVERUFIN 56-0572
- PILZCHEMIE 22. MITT. 57-0767
KNIGHT J. C., STEROIDE U. VERWANDTE NATURSTOFFE 42. MITT. 56-0710
- STEROIDE U. VERWANDTE NATURPROD. 45. MITT. 62-0796
KNIGHT J. R., SUBSTITUIERTE CYCLOPENTADIENONRUTHENIUMTRI-CARBONYLKOMPLEXE 61-0063
KNIPE A. C., INTRAMOL. RK. 6. MITT. 58-0259
KNIPPSCHILD G., VEREINFACHTE DARST. V. CYCLODODECASCHWE-FEL, S12 57-0035
KNOBLER Y., SYNTH. V. OMEGA-AMINOOXY-SAEUREN DURCH O-ALKYL-SPALT. V. LACTONEN, SYNTH. V. DL-CANALIN 55-0262
KNOBLOCH W., SYNTH. IN D. BENZIMIDAZOLREIHE 7. MITT. 53-0368
KNOEBER M. C., KONFORM.-ANALYSE 16. MITT. 64-0176
KNOEFEL W., EINW. V. DIARYLDIAZOMETHANEN AUF DIXANTHOGEN U. XANTHOGENSAEUREANHYDRID SOWIE EINE EPISULFIDUMLA-GER. 61-0483
KNOEPPEL H., NEUE METH. ZUR UNTERS. V. MASSENSPEKTRUMRK. DURCH VERW. V. (14C)-VERB. 57-0124
KNOESEL R., MAKROMOL. LAD.-UEBERTRAG.-KOMPLEXE, EIG. D. POLY-N.N-DIMETHYLAMINO-STYROL-KOMPLEXE 57-0080
KNOLLMUELLER M., HALOGENIER. V. 1-AMINOFLUOREN-9-ON 54-0325
- NEUES HETEROCYCL. RINGSYST., SYNTH. D. 2.3.4.8-TETRAHYDRO-ANTHRA(1.9-EF)-1.4-DIAZEPINDIONS-(3.8) 54-0475
- HALOGENIERTE DERIV. D. FLUORENO(1.9-EF)-1.4-DIAZEPINS 55-0483
- 1H-2.1.5-BENZOTHIADIAZOCINE 1. MITT. 64-0770
- 1H-2.1.5-BENZOTHIADIAZOCINE 2. MITT. 64-0771
- 1H-2.1.5-BENZOTHIADIAZOCINE 3. MITT. 64-0772
- 1H-2.1.5-BENZOTHIADIAZOCINE 4. MITT. 64-0773
KNOOP J., 1.2-DITHIA-CYCLOPENTENE 11. MITT. 56-0495
KNORR R., 1.3-DIPOLARE CYCLOADDIT. 38. MITT. 59-0507
KNOTT E. B., FARBE U. KONFORM. BEI PYRAZOLON-AZOMETHIN-FARBSTOFFEN 63-0175
KNOWLES J. R., NAHEFFEKTE IN BIMOL. RK. IN LSG. 53-0139
KNOX G. R., FERROCEN-DERIV. 16. MITT. 53-0033
- FERROCEN-DERIV. 18. MITT. 53-0035
- FERROCEN-DERIV. 19. MITT. 53-0036
- KW-STOFF-METALLNITROSYLE 2. MITT. 55-0034
- ABFANGEN V. NITRENEN DURCH EISENCARBONYLE 56-0078
- EISENCARBONYLKOMPLEXE SCHIFFSCHER BASEN 57-0053
KNOX J. R., MOLEKULARSTRUKTUR V. BIS-(PI-CYCLOPENTADI-ENYL)-(TOLUOL-3.4-DITHIOLATO)-MOLYBDAEN 57-0012
- DITERPENE AUS GOODENIA RAMELII F. MUELL 57-0697
KNOX L., STEROIDE 335. MITT. 59-0758
KNOX L. H., CHEMIE VON DIFLUORCARBEN-ADDUKTEN MIT STERISCH GEHINDERTEN ACETYLENEN 64-0868
KNOX S. A. R., CARBONYL-ORGANOSILICIUM- U. -ZINN-NITHENIUM-KOMPLEXE 55-0040
KNUESEL F., STOFFWECHSELPRODUKTE V. MIKROORGANISMEN 57. MITT. 53-0577
KNUNYANTS I. L., ADDIT. V. NITROSYLFLUORID AN FLUOROLEFINE, RK.-MECHANISMUS 55-0370
- BIS-(TRIFLUORMETHYL)-KETEN, 8. MITT. 58-0335
KNUPFER H., 1.3-DIPOLARE CYCLOADDIT. 33. MITT. 54-0385

KNUTSON D., PHOTOCHEM. UNTERS. 6. MITT. 60-0389
- PHOTOCHEM. UNTERS. 7. MITT. 63-0330
KNUTSSON L., FAVORSKY-UMLAGER. 13. MITT. 56-0286
KOBAL V. M., BLDG. U. UMLAGER. V. CARBONYLEISENKOMPLEXEN MIT SPIRO(2.4)HEPTADIEN-(4.6) 63-0083
KOBAYASHI A., 1-ACYLINDOLE 4. MITT. 64-0604
KOBAYASHI K., C-NOR-D-HOMOSTEROIDE U. VERWANDTE ALKALOIDE 10. MITT. 61-0733
KOBAYASHI M., KINET. ISOTOPENEFFEKT BEI D. SULFONYLIER.-RK. 57-0218
KOBAYASHI N., WEITERE UNTERS. UEBER BIS-ANTHRACHINONE AUS PENICILLIUM ISLANDICUM SCPP 60-0726
- REVIDIERTE STRUKTUREN V. LUTEOSKYRIN, RUBROSKYRIN U. RUGULOSIN 62-0744
KOBAYASHI S., SYNTH.-RK. MIT KOMPLEXKATALYSATOREN 8. MITT. 59-0310
- SYNTH.-RK. MIT KOMPLEXKATALYSATOREN 7. MITT. 59-0383
- INDOL-BLDG. DURCH PYROLYSE V. BETA-STYRYL-AZIDEN 63-0618
KOBAYASHI T., NUCLEOSIDE U. NUCLEOTIDE 8. MITT. 61-0703
KOBE J., HETEROCYCLEN, 51. MITT. 54-0468
- HETEROCYCLEN 52. MITT. 57-0602
KOBOR J., QUATERNISIER. V. 1.2-DISUBSTITUIERTEN 6.7-DIMETHOXY-1.2.3.4-TETRAHYDRO-ISOCHINOLINEN 57-0591
- STEREOCHEM. UNTERS. 3. MITT. 60-0609
KOBS H., CHINOLIZIDINSYNTH. 54-0414
KOCA R., ANOMALIEN BEI D. ACETYLIER. V. O- U. P-XYLOL 61-0397
KOCH F., SYNTH. U. TRENN. D. 8 MENTHYL- U. CARVOMENTHYLAMINE 53-0542
- KONFORM.-ANALYSE MIT HILFE D. KERNRESONANZSPEKTROSKOPIE, 8. MITT. 53-0543
- DESAMINIER. D. MENTHYL- U. CARVOMENTHYLAMINE MIT SALPETR. SAEURE 53-0544
KOCH H. J., SYNTH. EINES ZUCKERS MIT VERZWEIGTER KETTE 61-0694
KOCH P., ASYMM. OX. BIVALENTER ORGAN. SCHWEFELVERBINDUNGEN. ABS. KONFIG. V. THIOLSULFINATEN U. SULFINATEN, DARGESTELLT DURCH STEREOSELEKTIVE OX. V. DISULFIDEN U. SULFENSAEUREESTERN 55-0273
- THERM. RACEMISIER. V. ARENTHIOLSULFINSAEUREARYLESTERN, AUSSERGEWOEHNL. ANSTIEG D. RK.-GESCHW. BEI D. INVERS. AM S-ATOM D. SULFOXIDGRUPPE 64-0310
KOCH R. O., RADIOLYSE V. FL. N-PENTAN 64-0331
KOCH T. H., PHOTOCHEM. UMWANDL. 25. MITT. 60-0319
KOCH U., VERH. V. ALIPHAT. SULFONSAEURECHLORIDEN IN GGW. V. VINYLCHLORID 63-0376
KOCH W., PHOTOLYSE EINES 5-CXC-STEROID-DERIV. 61-0782
KOCHAN L. M., DARST. V. CHLORALKYLPEROXIDEN 61-0331
KOCHETKOV N. K., MAKROCYCL. ORTHOESTER V. GLUCOSE, EIN NEUER ZUCKERDEIVATTYP 55-0489
KOCHETKOVA N. S., STRUKTUR V. CYCLOPENTADIENYL-DERIV. D. NICHTUEBERGANGSMETALLE D. PERIODEN V U. VI 63-0013
KOCHEVAR I., TRIPLETT-ENERGIE-UEBERTRAG. 3. MITT. 62-0298
KOCHI J. K., OX. V. DURCH DECARBOXYLIER. V. CARBONSAEUREN GEBILDETEN ALKYLRADIKALEN DURCH PB(IV)- U. CU(II)-IONEN 58-0212
- PHOTOCHEM. DECARBOXYLIER. V. SAEUREN MIT THALLIUM(III) 58-0361
- STEREOCHEMIE D. REDUKTIVEN ELIMINIER. DURCH CR(II)-KOMPLEXE 60-0241
- ALKENE AUS SAEUREN DURCH OXYDATIVE DECARBOXYLIER. 60-0323
- ALKENE AUS ALKYLHALOGENIDEN U. EPOXIDEN DURCH REDUKTIVE ELIMINIER. MIT CR(II)-KOMPLEXEN 61-0327
- REDUKTIVE CYCLISIER. V. ALPHA.OMEGA-DIHALOGENIDEN MIT CHROM(II)-KOMPLEXEN 61-0436
KOCHLOEFL K., UNTERS. D. SORPT. V. CYCLOHEXEN AN ALUMINIUMOXID MIT HILFE D. GASCHROMATOGRAPHIE 53-0111
- GASCHROMATOGRAPH. UNTERS. D. ADSORPT. V. ALIPHAT. U. ALICYCL. ALKOHOLEN AN AL2O3 54-0120
- EIG. V. NATRIUMDIHYDRIDO-BIS-(2-METHOXYAETHOXO)-ALUMINAT 1. MITT. 62-0313
KOCHS P., OLEFIN-PALLADIUMCHLORID-KOMPLEXE 11. MITT. 59-0089
KOCMA K., CHARAKTERISTIK D. METHANSULFONYLOXYGRUPPE ALS EIN DESAKTIVIERENDER O-,P-DIRIGIERENDER SUBSTITUENT DURCH IHR UV-ABSORPT.-SPEKTRUM 64-0100
KOCZKA K., HYDROGENOLYSE V. ALLYLESTERN 53-0122
- QUATERNISIER. V. 1.2-DISUBSTITUIERTEN 6.7-DIMETHOXY-1.2.3.4-TETRAHYDRO-ISOCHINOLINEN 57-0591
- STEREOCHEM. UNTERS. 3. MITT. 60-0609
KOCZOR I., STEREOCHEMIE V. 3-HYDROXY- U. 3-ACETOXYFLAVANONOXIMEN 53-0096
- RK. V. FLAVANON MIT SUBSTITUIERTEN HYDRAZINEN 55-0431
- RK. V. FLAVON MIT SUBSTITUIERTEN HYDRAZINEN 64-0676
KODAMA M., ZUORDN. D. METHYLSIGNALE V. 3BETA-HYDROXY-OLEANENEN 53-0073
- STRUKTUR D. BISNORDITERPENOIDS INUMAKILACTON A 61-0764
KODRATOFF Y., ESR-UNTERSUCHUNG DER OXYDATION VON TRIPHENYLAMIN 64-0255
KOEBRICH G., STABILE CARBENOIDE, 27. MITT. 54-0268
- STABILE CARBENOIDE 29. MITT. 64-0047
- STABILE CARBENOIDE 30. MITT. 64-0048
KOEHL W. J. JUN., OX. DURCH METALLSALZE 1. MITT. 59-0210
- OX. DURCH METALLSALZE 2. MITT. 63-0245
KOEHLER H., CHEMIE DES DICYANAMID- U. DES TRICYANMETHANID-IONS 11. MITT. 59-0066
- NEUE SYNTH. SUBSTITUIERTER THIOPHENE U. PYRROLE 59-0512
KOEHLER J., DARST. V. ALKYLKUPFER-VERB. 59-0086
KOEHNKE K., AETHEN-1.2-DIOLE DES CHINOXALINS U. 1-PHENYL-PYRAZOLO(3.4-B)CHINOXALINS 60-0652
KOELLING G., POLYCYCL. KOHLENWASSERSTOFFE DURCH CYCLIALKYLIER. 1. MITT. 58-0518
KOENIG B., ORGAN. SCHWEFELVERB. 56. MITT. 58-0546
KOENIG E., REVERSIBLER QUINTETT-SINGULETT-UEBERGANG IN DITHIOCYANATO-BIS-(2.2'-DIPYRIDYL)-EISEN(II) 60-0001
KOENIG H., DREIKOHLENSTOFFTAUTOMERIE V. NITROOLEFINEN 57-0290
KOENIG T., RK. V. TRICHLORACETYLCHLORID MIT 2-PICOLIN-N-OXID U. PYRIDYLCARBINOLEN 62-0610
KOENIG W., BETA-(1.2.3-TRIAZOLYL-(4))-ACROLEINE 3. MITT. 53-0389
- RK. V. INAMINEN MIT CARBONSAEURE- U. N-ACYL-AMINOSAEUREANHYDRIDEN SOWIE ANLAGER. AN OXAZOLONE-(5) U. PSEUDOOXAZOLONE-(5) 57-0536
- NEUE S-SCHUTZGRUPPEN FUER CYSTEIN 58-0796
KOENIGSDORFER K., UMSETZ. V. DIAZOVERB. MIT AZOVERB. 7. MITT. 57-0560
KOENIGSTEIN J., ELEKTRORED. V. DIACETYL U. ACETOIN 55-0153
- RK. V. O-PHENYLENDIAMIN MIT TRIOSEN 64-0629
KOENNECKE H., SYNTH. U. EIG. LANGKETT. 9.10-DIALKYLPHENANTHRENE 55-0335
KOEPF H., DI-PI-CYCLOPENTADIENYL-TITAN(IV)-PENTASELENID U.-PENTASULFID, ZWEI HETERO-CYCLOHEXACHALKOGENE IN FIXIERTER KONFORM. 57-0002
KOEPPEN B. H., KRISTALLINE NEOHESPERIDOSE 61-0692
KOERNER VON GUSTORF E., BIND. IN PI-OLEFIN-EISEN-TETRACARBONYLEN, VERGLEICHENDE UNTERS. D. IR- U. MASSENSPEKTREN 53-0001
- PHOTOCHEM. SYNTH. V. CYCLOOCTADIEN-(1.5)- U. -(1.3)-EISENCARBONYLEN 62-0044
KOESTER R., BORVERB. 13. MITT. 57-0038
KOESTER-PFLUGMACHER A., BIS-(TRIALKYLGERMYL)-AMINE, IHRE METALLIER. U. UMSETZ. ZU TRIS-(TRIALKYLGERMYL)-AMINEN 61-0044
KOFOD H., DIMETHYLAMINIER. V. CHLORPYRIDAZINEN 56-0579
KOGA K., BEST. D. ABSOLUTEN KONFIG. V. MERCAPTOBERNSTEINSAEURE DURCH CHEM. KORRELATION MIT GLYCERINALDEHYD 59-0159
- CHEMIE V. NATRIUMBORHYDRID U. DIBORAN 4. MITT. 62-0308
KOGAN L. M., STRUKTUR V. SPIROAETHERN, ERHALTEN AUS PROD. D. HEFEGAER. V. 3-METHOXY-8.14-SECO-D-HOMO-1.3.5(10).9(11)-OESTRATETRAENDION-(14.17A) 55-0558
- MIKROBIOLOGISCHE HYDROXYLIERUNG DER CHOLESTERINSEITENKETTE 60-0817
KOH H., SYNTH. V. HEXOSE-DERIV. AUS CYCLITEN 1. MITT. 55-0490
- SYNTH. V. 5-DESOXY-(+-)-ALLOSEDERIV. U. 4-DESOXY-(+-)-RIBOSE AUS MYOINOSIT 60-0691
KOHEN F., UMLAGER. V. C(20)-SUBSTITUIERTEN BISNORALLOCHOLANEN U. DERIV. 55-0547
KOHL H., DIGITANOLGLYKOSIDE 19. MITT. 64-0788
KOHLER F., ULTRASCHALLUNTERS. UEBER D. DIMERISAT. V. ESSIGSAEURE IN MISCHUNGEN MIT TETRACHLORKOHLENSTOFF 54-0128
KOHLHAAS F., RK. MIT IMIDSAEUREESTERN 8. MITT. 53-0398
KOHLI J. M., TRENNUNG U. CHARAKTERISIER. D. ALKALOIDE AUS SARCOCOCCA PRUNIFORMIS 53-0500
KOHLL C. F., DURCH PALLADIUM KATALYSIERTE RK. UNGESAETT. VERB. IN NICHTWSS. LSGM., PD(II)-KATALYSIERTER HALOGENERSATZ IN VINYLCHLORID DURCH CARBOXYLAT U. ALKOHOLAT 64-0275
KOHN B. D., DARST. V. NUCLEOSIDEN UEBER ISOPROPYLIDEN-ZUCKERDERIV. 3. MITT. 63-0764
KOHN P., DARST. V. NUCLEOSIDEN UEBER ISOPROPYLIDENZUCKER-DERIV. 3. MITT. 63-0764
KOIVISTOINEN P., QUANT. GASCHROMATOGRAPHIE V. NICHTFLUECHT. ORGAN. SAEUREN, ENTW. EINER METH. MIT INNEREM STANDARD 54-0594
KOIVULA K., EINFL. D. WASSERSTOFFBIND. AUF D. KINETIK D. ALKOHOLYSE V. ACETANHYDRID IN CYCLOHEXAN 53-0145
KOIZUMI T., NEUARTIGE DARST. V. THIOCARBONSAEURE-O-ESTERN 61-0406
- NEUE UMLAGER. IN THIOESTERN DURCH ELEKTRONENSTOSS 64-0155
KOJIMA A., UNTERS. UEBER HETEROAROMATIZITAET 15. MITT. 63-0634
KOJIMA M., STEREOCHEM. UNTERS., 38. MITT. 58-0694
KOLBAH D., 1-SUBSTITUT. V. 2-METHYL-4(5)-NITRO-IMIDAZOL 1. MITT. 57-0526
KOLC J., AMINOSAEUREN U. PEPTIDE 75. MITT. 53-0569
- SPEKTROSKOPIE U. PHOTOCHEMIE V. PHENYLOXIRANEN 63-0345
KOL'COVA, SYNTH. V. BETA-DICARBONYL-VERB. 55-0307
KOL'COVA G. N., SPEKTRALE UNTERS. V. LAEVULINESTERN U. DEREN AKTIVITAET BEI D. CLAISEN-KONDENS. 55-0192
KOLDOBSKIJ G. I., IONISAT.-KONST. V. NITROALKYLAMINEN 57-0184
- UNTERS. D. BASIZITAET V. GAMMA-NITROKETONEN DURCH KERNMAGNET. RESONANZ 64-0221
KOLENKO I. P., SYNTH. U. RK. HALOGENHALT. VERB. D. FURANREIHE 1. MITT. 60-0492
KOLESNIKOVA G. S., SYNTH. V. CHLORHALT. DIPHENOLEN MIT EINEM PHENYLREST AM ZENTRALEN C-ATOM 58-0487
KOLESOVA M. B., SYNTH. U. EIG. V. FIXIERTEN LACTIMEN IN D. AROMAT. LACTIM-LACTAMREIHE 1. MITT. 53-0447
KOLLENZ G., SYNTH. V. HETEROCYCLEN 108. MITT. 60-0669

KOLLMEYER W. D., ELEKTROPHILE SUBSTITUT. AM GESAETT. KOHLENSTOFFATOM 35. MITT. 61-0256

- ELEKTROPHILE SUBSTITUT. AM GESAETT. KOHLENSTOFFATOM 36. MITT. 61-0257
- ELEKTROPHILE SUBSTITUTION AM GESAETT. KOHLENSTOFF 37. MITT. 61-0258

KOLMAKOVA L. E., RK. V. THIOSULFONSAEUREESTERN MIT AMMONIAK U. ALKOHOLATEN 54-0253

KOLOBOVA N. E., ANIONOTROPE UMLAGER. TERT. BETA-ACETYLENALKOHOLE 53-0031

- KERNQUADRUPOLRESONANZEN V. (55)MN, (185)RE U. (187)RE IN CYCLOPENTADIENYLMANGAN(RHENIUM)TRICARBONYLEN 64-0010

KOLODZIEJCZYK A., CARBOBROMIER. V. FLUORANTHEN MIT OXALYLBROMID 53-0308

KOLOKOL'CEVA I. G., 1.3-DIPOLARE ADDIT. AN UNGESAETT. VERB. 21. MITT. 63-0520

KOLOSOV M. N., DEHYDROHALOGENIERUNG V. CHLORCYANESSIG-ESTER 61-0458

- STRUKTUR V. ABIKOVIROMYCIN 61-0808
- STRUKTUR V. AUREOLSAEURE (MITHRAMYCIN) 63-0853

KOLOSOVA M. O., SAEUREAMIDE IN D. MANNICH-RK. 3. MITT. 60-0382

KOLSAKER P., RK. V. MALEIN- U. CITRACONSAEUREANHYDRID MIT ACETYLACETON U. MIT ACETOACETAT 58-0565

KOLTHOFF I. M., DISSOZIAT.-KONST. V. UNGELADENEN U. EINWERT. KATION. SAEUREN IN DIMETHYLSULFOXID 57-0187

- ELEKTRONENABSORPT.-SPEKTREN V. IONENPAAREN AUS SUBSTITUIERTEN AMINPIKRATEN IN ACETONITRIL 63-0124
- PROTONIER. V. WASSER, ALKOHOLEN U. DIÄETHYLAETHER IN ACETONITRIL 64-0228

KOLTZENBURG G., PHOTOCHEM. RK. V. AROMATEN MIT KONJUGIERTEN DIENEN 2. MITT. 54-0195

- PHOTOCHEM. RK. V. AROMATEN MIT KONJUGIERTEN DIENEN 3. MITT. 55-0208

KOMACHINA M. I., KOMPLEXE LIPIDE 32. MITT. 64-0407

KOMAE H., AETHER. OELE U. IHRE BESTANDTEILE 40. MITT. 61-0771

- AETHER. OELE U. IHRE BESTANDTEILE 39. MITT. 63-0792

KOMARICA I. D., AZOLIDONE U. IHRE DERIV. 1. MITT. 64-0649

KOMAROV V. A., KINETIK D. OXIMIER. EINIGER ALPHA-DIKETONE 62-0264

- KINETIK D. OXIMIER. V. ALPHA-DIKETON-MONOXIMEN 63-0298

KOMEM A., PHOTOAMIDIER. V. ACETYLENVERB. 63-0390

KOMENDANTOV M. I., 1.3-DIPOLARE ADDIT. V. KETOCARBEN AN D. ACETYLENBIND. 55-0304

- STABILITAET V. CYCLOPROPENANIONEN U. OPT. AKTIVITAET V. SAEUREN D. CYCLOPROPENREIHE 56-0407
- RK. V. ALIPHAT. DIAZOVERB. MIT UNGESAETT. VERB. 26. MITT. 60-0419
- IR-SPEKTREN V. CYCLOPROPENEN, VALENZSCHWINGUNGSBANDE D. INTERCYCLISCHEN DOPPELBIND. 64-0105

KOMERS R., UNTERS. D. SORPT. V. CYCLOHEXEN AN ALUMINIUMOXID MIT HILFE D. GASCHROMATOGRAPHIE 53-0111

- GASCHROMATOGRAPH. UNTERS. D. ADSORPT. V. ALIPHAT. U. ALICYCL. ALKOHOLEN AN AL2O3 54-0120

KOMKOV I. P., PHENOLDERIV. V. PYRON-(2) 2. MITT. 64-0674

KOMORI S., NEUE SYNTH. V. 6-CHLOR-2-METHYL- U. 6-CHLOR-2-AETHYL-5-METHYL-3H-PYRIMIDON-(4) 61-0663

KOMORI T., AROMAT. TRIPHENYLMETHYLIER., RK. ZWISCHEN BENZOYLPEROXIDEN U. TRIPHENYLMETHYL IN AROMAT. LSGM. 60-0226

KON H., MODELLRK. D. BIOSYNTH. V. THYROXIN 11. MITT. 58-0159

- EIN SECHSFACH KOORDINIERTER LOW-SPIN-KOBALT(II)-KOMPLEX 63-0088

KONAKA R., MECHANISMEN D. OX. V. ANILIN U. VERWANDTEN VERB. IN BAS. LSG. 61-0207

KONARSKI J. M., STRUKTUR DES KOHLENSUBOXIDPOLYMEREN 60-0001

KONDO H., AETHYLEN-BIS-(DIPHENYLPHOSPHIN)-KOMPLEXE V. EISEN U. KOBALT. WASSERSTOFFUEBERTRAG. ZWISCHEN LIGAND U. EISENATOM 62-0048

KONDO K., PRAEPARATIVE U. STRUKTURUNTERS. AN SCHWEFEL-YLIDEN 55-0274

- RK. V. ISOPHORON-DIENAMINEN MIT DIENOPHILEN 58-0538

KONDO T., LIPIDFREISETZ. AUS ERYTHROZYTENMEMBRANEN DURCH OBERFLAECHENAKT. MITTEL 64-0920

KONDO Y., REDUKTIVE RINGOEFFN. V. GLUTARIMIDEN U. BARBITURATEN MIT NABH4 58-0544

- STEREOCHEMIE D. KATALYT. U. PHOTOINDUZIERTEN RED. V. THYMIDIN ZU DIHYDROTHYMIDIN U. HARNSTOFFALKOHOLEN 58-0714
- PHOTORED. V. URIDIN U. RED. V. DIHYDROURIDIN MIT NATRIUMBORHYDRID 58-0715
- SELEKTIVE PHOTOLYSE V. DIHYDROTHYMIDIN 63-0773

KONDRAT'EVA N. N., AROMAT. KOHLENWASSERSTOFFE 36. MITT. 53-0307

KONISHI K., PROD. D. RK. V. ISOHYDROCORIAMYRTIN U. ISOCORIAMYRTIN MIT PHENYLHYDRAZIN-ANALOGA 57-0765

KONIZER G. B., STEREOCHEMIE D. METHYLENGRUPPENUEBERTRAG. AUS SULFONIUMYLIDEN AN UNGESAETT. BICYCL. KETONE 64-0568

KONNERT J. H., KRIST.- U. MOL.-STRUKTUR SOWIE LSG.-KONFORM. V. DIMETHYLGOLD(III)-HYDROXID, EINER ANORGAN. RINGVERB. MIT MITTLERER RINGGROESSE 60-0021

KONNO C., ISOLIER. V. INSEKTENHAEUTUNGSSUBSTANZEN AUS PLEOPELTIS THUNBERGIANA, NECCHEIROPTERIS ENSATA U. LEMMAPHYLLUM MICROPHYLLUM 64-0917

KONNOVA G. S., DEHYDROHALOGENIERUNG V. CHLORCYANESSIG-ESTER 61-0458

KONO H., PYROLYSE V. CHLORIERTEN SILACYCLOPENTANEN 63-0624

KONONOVA T. P., CHINONE 7. MITT. 64-0653

KONOPIK N., BEST.. DISSOZIATIONSKONSTANTEN D. FORMEN H5Y(+), H4Y U. H3Y(-) D. AEDTE 55-0146

- KOMPLEXVERB. V. GERMANIUMSAEURE MIT AEDTE U. AEDTE-ANALOGEN 1. MITT. 64-0058

KONOVALOV A. I., DIEN-SYNTH. U. KOMPLEXE MIT LAD.-UEBERTRAG. 2. MITT. 57-0241

KONSTANTINOV P. A., CHLORMETHYLIER. V. DERIV. D. DI-(2-THIENYL)-METHANS U. REDUKTIVE DESULFURIER. EINIGER DIAMINE AUS D. REIHE D. THIOPHENS 62-0531

KOO W., CUMURRAYIN, EIN NEUES CUMARIN AUS MURRAYA PANICULATA (L.) JACK. 58-0623

KOOP H., DELTA(1)-PIPERIDEIN U. VERWANDTE VERB. 14. MITT. 61-0649

KOOPMAN H., CHEMIE, HERBIZIDE U. FUNGIZIDE AKTIVITAET V. 2.1.3-BENZOTHIADIAZOLEN 55-0425

KOOYMAN E. C., THERMOLYT. RK. V. ESTERN 3. MITT. 55-0195

- SCHWEFELVERB. IN FREIEN RADIKALRK. 1. MITT. 55-0198
- SCHWEFELVERB. IN FREIEN RADIKAL-RK. 2. MITT. 55-0199
- SCHWEFELVERB. IN FREIEN RADIKALRK. 3. MITT. 61-0294

KOOYMAN J. G. A., CHEMIE V. ACETYLENAETHERN 89. MITT. 61-0330

KOPECKY J., THEORET. STABILITAETSUNTERS. V. N-UNSUBSTITUIERTEN ISOINDOLEN 53-0091

- SYNTH. V. 1.4-DIHYDROXY- U. 1.4-DIHALOGEN-BICYCLO(2.2.2)OCTANEN 53-0320
- THERM. PHOSPHORYLIER. 4. MITT. 59-0674
- PHOTOCHEM. VERH. V. DIBENZODERIV. V. TROPON, TROPILIDEN U. HEPTAFULVEN 62-0294

KOPELEVIC V. M., COENZYM A. 2. MITT. 54-0554

KOPP D., HOCHSUBSTITUIERTE AETHYLENE U. GLYKOLE 8. MITT. 64-0504

KOPPEL G., RK. V. BETA-VINYL-ACRYLSAEURE-METHYLESTER MIT BETA-DICARBONYLVERB., EIN NEUER WEG ZU BRUECKENSYST. MIT FUNKTIONELLER GRUPPE 61-0513

KOPPLE K. D., BEQUEME SYNTH. V. 2.5-PIPERAZINDIONEN 59-0617

KOPTEVA N. I., ASYMM. ORGAN. ALPHA-OXIDE 28. MITT. 57-0494

KOPTJUG V. A., ''PENTAMETHYL-ANISOL'' MIT F. 119 GRAD 57-0407

- EINFL. D. SUBSTITUENTEN IN ISOMEREN VERB. 6. MITT. 58-0178
- RK. V. POLYALKYLSUBSTITUIERTEN AROMAT. VERB. 1. MITT. 61-0478
- CHEMIE D. ALPHA-HYDROXYAMINO-OXIMEN 10. MITT. 62-0566

KOPTYUG V., (13)C-NMR-SPEKTREN U. POSITIVE UEBERSCHUSS-LAD.-DICHTEN IM MESITYLENIUMION 64-0130

KOPTYUG V. A., TRICARBONYL-(HEPTAMETHYLCYCLOHEXADIENYL)-EISEN-KATION 58-0063

KOPUSOV L. I., SEK. RK. BEI ERHAERT. V. POLYURETHANEN 1. MITT. 61-0411

KOPYLOV V. V., 1.1'-DISUBSTITUIERTE 2.2'-BIS-(PERFLUOR-N-PROPYL)-5.5'-DIBENZIMIDAZOLE 62-0567

KORBELAJNEN E. S., KOHLENSUBOXID U. EINIGE SEINER RK. 28. MITT. 64-0746

KORBONITS D., DIPHENYLPROPYLAMINDERIV. 2. MITT. 60-0421

- DIPHENYLPROPYLAMINDERIV. 3. MITT. 60-0422

KORBUCH I. A., SYNTH. V. N(NH2)-(OMEGA-URACILYL-(5)-ALKYL)-ADENINEN 62-0655

KORCAGINA G. A., EINFL. V. LSGM. AUF D. ZUS. D. HALOGENIER.-PROD. V. OLEFINEN 55-0169

KORCZYNSKI A., INFRAROTSPEKTREN EINIGER QUECKSILBER(II)-THIOHARNSTOFFKOMPLEXE 60-0006

- IR-SPEKTREN EINIGER QUECKSILBER(II)-THIOHARNSTOFF-KOMPLEXE 60-0007
- KRISTALLSTRUKTUR V. HG(NH2CSNH2)2J2 60-0018

KORECZ L., CHEMIE D. KOMPLEXE V. LIGANDEN MIT SCHWEREN DONATORATOMEN 2. MITT. 58-0010

- CHEMIE D. KOMPLEXE V. LIGANDEN MIT SCHWEREN DONATORENATOMEN 1. MITT. 58-0024

KOREEDA M., INSEKTENHORMONE 5. MITT. 59-0756

KORENOWSKI T. F., BEQUEME SYNTH. V. DIMANGAN-DEKACARBONYL AUS BILLIGEN AUSGANGSMATERIALIEN BEI ATMOSPHAERENDRUCK 58-0061

KOREWA R., EINFL. D. DIELEKTRIZITAETSKONST. D. LSGM. AUF D. LOESLICHK. EINIGER 1 ZU 1-WERT. SALZE IN GGW. V. QUATERNAEREN AMMONIUMSALZEN 56-0177

- LOESLICHK. V. AMMONIUMSALZEN IN LSGM.-SYST. UNTERSCHIEDL. ACIDITAET 58-0166

KORGER H., GERBSTOFFE AUS D. HOLZ D. EDELKASTANIE U. D. EICHE 2. MITT. 53-0496

KORIDZE A. A., FERROCENDERIV. 54-0034

KORJAK E. B., PROD. D. JODIER. V. SALZEN BETA,GAMMA- U. GAMMA,DELTA-UNGESAETT. SAEUREN 59-0585

KORJAKOV V. I., 1.4-PIPERAZINE-BIS-(PIKRINSAEURE-N(BETA)-PHENYL-N(BETA)-(P-BIPHENYLYL)-HYDRAZYL)- U. 1.4-PIPERAZINE-BIS-(PIKRINSAEURE-N(BETA)-PHENYL-N(BETA)-(ALPHA-NAPHTHYL)-HYDRAZYL)-BIRADIKAL 56-0584

KORMER V. A., SYNTH. U. EIG. V. ALLENKOHLENWASSERSTOFFEN 13. MITT. 59-0389

KORNEEVA E. J., DELTA(2)- U. DELTA(3)-NORCARENYL-(7)-CARBINOLE ALS VORSTUFEN FUER 7-METHYLEN-DELTA(2)- U. -DELTA(3)-NORCARENE 56-0439

KORNET M. J., MANNICHBASEN V. 4-(METHYLTHIO)-PHENOL U. 3-METHYL-4-(METHYLTHIO)-PHENOL 63-0451

KORNEVA L. M., RK. V. 3.3-DIARYL-3-HYDROXY-PROPENYL-TRIMETHYLAMMONIUMSALZEN, SYNTH. V. 3-PHENYLINDENYL-(1)-TRIMETHYLAMMONIUMSALZEN 54-0320
KORNMANN R., ELEKTROCHEMIE V. ORGANOMETALLVERB. 12. MITT. 61-0022
KOROBICYNA I. K., PHOTOCHEM. UMLAGER. D. 2-DIAZO-CYCLOHEXANONS U. D. 2-DIAZO-CYCLOPENTANONS 58-0468
- CHEMIE D. FURANIDINKETONE 5. MITT. 60-0489
KOROBKO V. G., STRUKTUR V. ABIKOVIROMYCIN 61-0808
KOROHODA M. J., SYNTH. NEUER POTENTIELLER ANTIKONVUL-SANTIEN IN D. REIHE 3- U. 5-SUBSTITUIERTER 2-THIO-HYDANTOIN-DERIV. 2. MITT. 53-0371
KOROSTYSEVSKIJ I. Z., UNTERS. D. MECHANISMUS D. HOMOLYT. RK. IN LSG. MIT D. MASSENSPEKTROMETR. U. ISOTOPENMETH. 13. MITT. 61-0323
KORPELA J., N-METHYL-PYRROLIDON-(2) ALS MEDIUM FUER CHEM. RK. 6. MITT. 56-0175
KORSLOOT J. G., TOTALSYNTH. V. ANTHRASTEROIDEN 1. MITT. 57-0731
KORST J. J., TOTALSYNTH. V. DL-6-DESMETHYL-6-DESOXY-TETRACYCLIN 58-0804
KORSUNOV M. A., KONDENS. V. AMINOESTERN D. ACRYL- U. METHACRYLSAEURE MIT DIENEN 1. MITT. 55-0310
- ESTER ALPHA,BETA-UNGESAETT. SAEUREN MIT FUNKTIONELLEN GRUPPEN IM ALKOXYRADIKAL 1. MITT. 63-0405
- ESTER V. ALPHA,BETA-UNGESAETT. SAEUREN MIT FUNKTIONELLEN GRUPPEN IN D. ALKOHOLKOMPONENTE 2. MITT. 64-0386
- ESTER V. ALPHA,BETA-UNGESAETT. SAEUREN MIT FUNKTIONELLEN GRUPPEN IM ALKOXY-RADIKAL 3. MITT. 64-0400
KORSUNOV S. P., RK. V. 1-PHENYL-BUTIN-(1)-ON-(3) MIT FURFURALEN 60-0490
- FURYLALKINE 13. MITT. 61-0542
KORSUNOVA G. A., MIKROBIOLOG. UMWANDL. D. LATHYRINS 64-0905
KORT C. W. F., AROMAT. SULFONIER. 17. MITT. 54-0148
- SULFONIER. V. AROMATEN 19. MITT. 61-0218
KORTE F., HERST.AROMAT. PHOSPHONSAEUREESTER AUS ARYLHALOGENIDEN U. TRIALKYLPHOSPHITEN 55-0290
- HASCHISCH 14. MITT. 57-0699
- CHEM. KLASSIFIZIER. V. PFLANZEN 32. MITT. 58-0826
- HETEROCYCLIN DURCH ABFANGRK. AN GEOEFFNETEN ACYL-LACTONEN 6. MITT. 59-0623
- HETEROCYCLEN DURCH ABFANGRK. AN GEOEFFNETEN ACYL-LACTONEN 7. MITT. 59-0624
- HASCHISCH 18. MITT. 61-0753
- HASCHISCH 15. MITT. 62-0785
- HASCHISCH 16. MITT. 62-0786
- INSEKTIZIDE IM STOFFWECHSEL 15. MITT. 62-0850
- INSEKTIZIDE IM STOFFWECHSEL 16. MITT. 62-0854
KORVER J. A., SYNTH. V. N-ACETYL-N-(3-AMINO-2.4.6-TRIJOD-PHENYL)-BETA-AMINO-ALKANSAEUREN ZUR VERW. ALS ORALE CHOLECYSTOGRAPH. MITTEL 62-0408
KORVER O., DIELS-ALDER RK. ZWISCHEN STYROL U. TRANS-TRANS-HEXADIEN-(2.4), STRUKTUR U. KONFORM. V. ZWEI ISOMEREN ADDUKTEN 58-0477
KORVER P. K., NMR-SPEKTREN EINIGER SEKUNDAER SUBSTITUIERTER ADAMANTANE 1. MITT. 53-0072
KORYBUT-DASZKIEWICZ B., DIENSYNTH. D. PYRIDINRINGES 2. MITT. 53-0428
KORYTNYK W., PYRIDOXIN-CHEMIE 17. MITT. 57-0754
KOSCOVA A. G., ALKANSULFONSAEUREN 36. MITT. 57-0299
KOSER G. F., PHOTOLYSE GEHINDERTER SPIRO(2.5)OCTADIEN-(4.7)-ONE-(6) 57-0470
- HALONIUMYLIDE 2. MITT. 64-0440
- HALONIUMYLIDE 1. MITT. 64-0506
KOSHEL G. N., SYNTH. U. THERM. ZERS. V. N-ACETYL-TRIAZENEN 64-0451
KOSHIMIZU K., GIBBERELLIN A(23) IN UNREIFEN LUPINUS LUTEUS-SAMEN 59-0786
KOSHLAND D. E., RK. V. HYDROXAMSAEUREN MIT WASSERLOESL. CARBODIIMIDEN, EINE LOSSENSCHE UMLAGER. 60-0287
KOSICYNA E. I., SYNTH. U. UMWANDL. V. ACETALEN AUF D. BASIS V. 3-PHENYL-PROPIN-(2)-OL-(1) 55-0238
KOSKELA S., STABILITAETSKONSTANTEN D. PROTONIERUNG U. D. KOMPLEXBLDG. MIT CU(II) V. N.N-DIAETHYL-N'-METHYL-AETHYLENDIAMIN U. N.N.N'.N'-TETRAMETHYL-AETHYLENDIAMIN IN WSS. LSG. 53-0014
KOSKIKALLIO J., KINETIK D. METHANOLYSE V. METHYLPERCHLO-RAT IN DIOXAN-METHANOL U. ACETON-METHANOL-GEMISCHEN 53-0143
- DRUCKEINFL. U. MECHANISMUS D. JODID- U. SAEUREKATALY-SIERTEN HYDROLYSE V. DIAETHYLAETHER IN W. 53-0144
- EINFL. D. WASSERSTOFFBIND. AUF D. KINETIK D. ALKOHOLYSE V. ACETANHYDRID IN CYCLOHEXAN 53-0145
- KINETIK D. RK. METHYLBENZOAT NATRIUMMETHYLAT IN METHANOL 54-0156
- KINETIK D. HYDROLYSE V. ISOPROPYLCHLORID IN SCHWEFELSAEURE-WASSER-GEMISCHEN 54-0158
- KINETIK D. RK. V. METHYLPERCHLORAT MIT NCULEOPHILEN IN METHANOL 55-0180
KOSKINA I. M., SYNTH. SEK. ACETYLENALKOHOLE DURCH FAWORSKI-RK. IN HEXAMETAPOL 56-0270
KOSKINEN M., STABILITAETSKONSTANTEN D. PROTONIERUNG U. D. KOMPLEXBLDG. MIT CU(II) V. N.N-DIAETHYL-N'-METHYL-AETHYLENDIAMIN U. N.N.N'.N'-TETRAMETHYL-AETHYLENDIAMIN IN WSS. LSG. 53-0014
KOSMIDER A., FARB. DIHYDROFURYLIUMSALZE 4. MITT. 59-0516
KOSMINA N. V., DARST. V. N-ALKYL-2-PYRIDONIMINEN 58-0633
KOSMOL H., DARST. V. OPT. AKT. DICARBONSAEUREMONOESTERN DURCH MIKROBIOLOG. PARTIALVERSEIF. SYMM. DICARBON-SAEUREESTER 59-0806
- MIKROBIOLOG. STEREOSPEZIF. UMSETZ. V. SYMM. DIOLEN 59-0807
- TOTALSYNTH. OPT. AKT. STEROIDE 5. MITT. 61-0794
KOSOLAPOFF G. M., ALIPHAT. DIPHOSPHONSAEURETETRACHLORIDE 2. MITT. 53-0241
- STRUKTUREINFL. BEI RK. V. ORGANOPHOSPHORVERB. 2. MITT. 60-0364
- STRUKTUREINFL. BEI RK. V. ORGANOPHOSPHORVERB. 1. MITT. 60-0369
KOSOWER E. M., STABILE FREIE RADIKALE 4. MITT. 61-0175
- DREI-1.2.3.4-TETRABROM-CYCLOBUTANE 61-0440
- DIAZENE 1. MITT. 62-0403
- DIAZENE 2. MITT. 62-0404
- DIAZENE 3. MITT. 62-0405
- LSGM.-EFFEKTE AUF D. ELEKTRONENUEBERTRAG.-RK. V. PYRIDINYLRADIKALEN 63-0244
KOSSANYI J., UNTERS. D. NITRO-ACETALDEHYDPHENYLHYDRAZONS U. VERWANDTER VERB. 64-0239
KOST A. N., MASSENSPEKTREN U. STRUKTUR ORGAN. VERB. 22. MITT. 63-0156
- CYCLAMMONIUM-KATIONEN, 6. MITT. 64-0704
KOSTELNIK R., NMR-SPEKTROSKOP. PARAMETER MONOSUBSTITUIER-TER BENZOLE, HALOGENBENZOLE 55-0080
- NMR-SPEKTRALPARAMETER MONOSUBSTITUIERTER BENZOLE, NITROSOBENZOL, NITROBENZOL, ANILIN, N-METHYLANILIN, N.N-DIMETHYLANILIN, TRIMETHYLANILINIUMJODID, PHENOL, DIPHENYLAETHER U. ANISOL 56-0128
- NMR-SPEKTRALPARAMETER ORTHO-DISUBSTITUIERTER BENZOLE, ADDITIVITAET V. SUBSTITUENTENEFFEKTEN BEI PROTON-PROTONKOPPL.-KONST. 56-0129
- SUBSTITUENTENEFFEKTE BEI PROTON-PROTON-KOPPL., KONST. N-SUBSTITUIERTER PYRIDINE, CIS-KOPPL.-KONST. D. VINYLGRUPPE V. 2-SUBSTITUIERTEN 1.3-BUTADIENEN 57-0100
KOSTER D. F., KERNMAGNET. RESONANZUNTERS. V. BUTADIENEN-(1.3) 5. MITT. 62-0084
KOSTIKOV R. R., IR-SPEKTREN V. CYCLOPROPENEN, VALENZSCHWINGUNGSBANDE D. INTERCYCLISCHEN DOPPELBIND. 64-0105
KOSTROVA S. M., SYNTH. ALIPHAT. AMINOSAEUREN AUS THIOPHENDERIV. 10. MITT. 61-0550
KOSTURKIEWICZ Z., VORLAEUFIGE UNTERS. DER KRIST.-STRUKTUR V. THIAZOLINFARBSTOFFEN 1. MITT. 62-0148
- ROENTGENSTRUKTURANALYSE V. 8-BROM-2-HYDROXY-NAPHTHALIN 64-0186
KOSTYANOVSKY R. G., GEHINDERTE KONJUGATION EINSAMER ELEKTRONENPAARE IN ELEMENTEN DER 5. GRUPPE, 1. MITT. 61-0125
- MASSENSPEKTREN NEGATIVER IONEN V. ORGAN. VERB. V. ELEMENTEN D. IV-B-GRUPPE 62-0104
- STICKSTOFFINVERS. IN ALPHA-FLUORALKYLAZIRIDINEN 62-0138
KOSUGI Y., KINETIK D. DURCH CU-SALZE KATALYSIERTEN AUTOX. V. L-ASCORBINSAEURE IN WSS. LSG. 62-0200
KOTAI, SYNTH. V. PROTEINMODELLVERB. DURCH VERAENDER. D. SEITENGRUPPEN V. POLYAMINOSAEUREDERIV. 1. MITT. 55-0584
KOTAKE H., SYNTH. V. N.BETA-DIMETHYL-L-LEUCIN 60-0360
KOTAKE M., NEUE MONOTERPENOIDE AUS HOPFENOEL 59-0737
KOTANI R., RK. V. ACRIDIN MIT MALEIN- U. FUMARSAEURE 57-0600
KOTERA K., AMARYLLIDACEEN-ALKALOIDE, UMWANDL. V. LYCORIN IN HIPPEASTRIN 57-0671
- AZIRIDINBLDG. DURCH RED. V. DIBENZO(A.C)CYCLOHEPTADI-ENON-(6)-OXIM MIT LIALH4 60-0471
- AMARYLLIDACEEN-ALKALOIDE, ABSOLUTE KONFIGURATION D. DIASTEREOISOMEREN METHOJODIDE D. ALKALOIDE V. LYCORIN-TYP 60-0706
- AZIRIDINBLDG. DURCH LITHIUM-ALUMINIUM-HYDRID-RED. V. OXIMEN 62-0505
KOTKOWSKI S., ACYLIER. IN 10-STELL. V. PHENTHIAZIN MIT HILFE V. AKTIVIERTEM KIESELGUR 59-0636
KOTLJAREVSKY I. L., ANWEND. V. PARAMAGNET. ZUSAETZEN AUF D. STRUKTURBEST. V. EINIGEN PYRAZOLEN DURCH NMR 57-0115
KOTOKU Y., PHENYLFLUORCARBEN 61-0469
KOTON M. M., SYNTH. NEUER AROMAT. TETRACARBONSAEURE-DIANHYDRIDE 62-0390
KOTOUCEK M., DARST. EINIGER DERIV. D. GALLOCYANINMETHYLE-STERS 54-0460
- MECHANISMUS D. KEHRMANNSCHEN PHENOXAZONSYNTH. 57-0244
KOTOWSKI W., KINETIK D. METHYLFORMIATBLDG. ALS NEBENPRODUKT D. METHANOLSYNTH. 60-0235
KOTSCHETOV A. P., ALLYLHYDRAZONE U. IHRE ISOMERISIER. IN AZINE 59-0293
KOTSEN A. M., SYNTH. V. 6.7-DIHYDROXY-2-METHYL-4-CHINAZOLON 60-0643
KOTVA R., SUBSTANZEN MIT ANTINEOPLAST. WRKG. 23. MITT. 61-0710
KOUBEK E., DURCH BASE KATALYSIERTE ZERS. V. PEROXYPIVALINSAEURE IN WAESSRIGER LSG. 58-0290
KOUDIJS A., HETARINE 16. MITT. 56-0585
KOUTEK B., REAKTIVITAET D. METHOXYGRUPPEN D. ALKYLARYLAETHER BEI SUBSTITUT. 59-0230
KOVAC M., STER. KONTROLLE D. ASYMM. EINFUEHR. BEI D. MEERWEIN-PONNDORF-RED. V. BETA-SUBSTITUIERTEN ALPHA-PHTHALIMIDO-PROPIOPHENONEN 61-0202
KOVACIC P., CHEMIE D. N-HALOGENAMINE 10. MITT. 53-0284

- CHEMIE D. N-HALOGENAMINE 7. MITT. 54-0263
- CHEMIE D. N-HALOGENAMINE 8. MITT. 54-0264
- AROMAT. OX. 8. MITT. 58-0213
- CHEMIE V. DIARYLAZOALKANEN 2. MITT. 58-0294
- AROMAT. OX. 6. MITT. 61-0208
- AROMAT. OXYGENIER. 7. MITT. 63-0358

KOVACS J., SELEKTIVE RED. D. CARBOBENZOXY-GRUPPE IN CARBOBENZOXYAMINOSAEUREN U. PEPTID-P-NITROPHENYLESTERN 64-0878

KOVACS K., CHEM. UMWANDL. V. DIOLEN U. CYCL. AETHERN 22. MITT. 58-0560
- EFFEKT AXIALER BETA-SUBSTITUENTEN AUF D. QUATERNISIER. BEI EINIGEN COCAIN-DERIV. 62-0212
- N-O-ACYLWANDER. IN CIS- U. TRANS-2-AMINOMETHYL-CYCLOHEXANOL- U. CIS- U. TRANS-2-HYDROXYMETHYL-CYCLOHEXYLAMIN-DERIV. 62-0433
- CHEM. UMWANDL. V. DIOLEN U. CYCL. AETHERN 24. MITT. 64-0573
- CHEM. UMWANDL. V. DIOLEN U. CYCL. AETHERN 26 MITT. UNTERS. D. UMWANDL. V. 2.4-DIALKYL-OXETANEN IN GEGENWART V. PLATIN-KATALYSATOREN DURCH MIKROREAKTOR-TECHNIK 64-0575

KOVACS O. K. J., NACHBARGRUPPENBETEILIG. 1. MITT. 55-0298
- STEROIDE 8. MITT. 64-0864

KOVAL'CUK L. D., P-HYDROXY-SUBSTITUIERTE BENZOLDERIV. 1. MITT. 55-0288

KOVALENKO V. I., FREIE ACYL-RADIKALE 60-0344

KOVALEV V. G., KETOALDEHYDE 5. MITT. 60-0350

KOVALEVSKAJA R. N., RK. V. 1-BROM-2.3-EPOXY-3-METHYL-BUTAN MIT KALIUM-DIPHENYL-ACETONITRIL U. KALIUM-METHYL-CYAN-ESSIGSAEUREAETHYLESTER 54-0351

KOVAR J., AMINOZUCKER 12. MITT. 53-0475
- SOLVOLYSE D. BENZYLIDENDERIV. 3. MITT. 55-0175
- SOLVOLYSE V. BENZYLIDEN-DERIV. 4. MITT. 58-0239
- AMINOZUCKER 14. MITT. 58-0689
- AMINOZUCKER 15. MITT. 58-0690

KOVATS E. S., SYNTH. V. ROSEFURAN U. DEHYDROELSHOLTZION 61-0539

KOVELSKY A. C., HALOGENIER. V. NAPHTHO(2.3-C)-(1.2.5)-THIADIAZOL 63-0659

KOVYRZINA K. A., HYDRIERTE POLYPHENYLE 1. MITT. 58-0482

KOWOLLIK G., NEUER WEG ZU 3'-DESOXY-URIDIN AUS URIDIN 57-0652
- SUBSTITUT.-RK. MIT 5'-O-ARYLSULFONYL-THYMIDINEN 59-0676
- KONKURRENZ BEI D. DURCH SILBER-IONEN ASSISTIERTEN PHOSPHORYLIER., DARST. V. THYMIDIN-5'-NITRAT 64-0785

KOYAMA G., KRIST.-STRUKTUR V. KANAMYCIN 60-0178
- PYRIDOMYCIN 64-0884

KOYAMA H., STEREOCHEMIE V. HALOGENIERTEN STEROIDEN, KRIST.-STRUKTUREN V. 8BETA-METHYLTESTOSTERON-17BETA-MONOBROMACETAT U. TESTOSTERON-17BETA-P-BROMBENZOAT 53-0104
- STRUKTUR EINER NEUEN KLASSE V. C-NUCLEOSID-ANTIBIOTICA, SHOWDOMYCIN 54-0560
- KRISTALLSTRUKTUR V. SHOWDOMYCIN U. SEINEN DERIV. 55-0120

KOYAMA M., STRUKTUR V. SPIROPACHYSIN, EINEM NEUART. ALKALOID AUS PACHYSANDRA TERMINALIS SIEB. ET ZUCC. 61-0737

KOYAMA T., SYNTH. V. (8)(2.5)HETEROPHANEN 61-0687

KOYANO K., NMR-SPEKTREN U. MOLEKULARGEOMETRIE V. NITRONEN 60-0104

KOZIMA S., RK. V. DIPHENYLZINN MIT ALKYLHALOGENIDEN, NMR-SPEKTREN V. METHYLZINN- U. AETHYLZINNVERB. 57-0009
- DIREKTE SYNTH. V. ORGANOZINNVERB. 6. MITT. 58-0052

KOZLIK A., ABS. KONFIG. V. 2.8-DIMETHYL-2-AETHYL-1.2.3.4-TETRAHYDRO-PHENANTHREN, EINEM DEHYDRIER.-PROD. V. EINIGEN DITERPENOIDEN 58-0515

KOZLIKOV V. L., SILYLGRUPPENAUSTAUSCH V. SILYLESTERN U. -AETHERN, SYNTH. V. OXASILACYCLOALKANEN 62-0580

KOZLOV E. M., ALPHA.ALPHA'-DIHYDROXY-BIS-(HALOGENALKYL)-PEROXIDE 64-0366

KOZLOV V. V., ANTHRON, KATALYSATOR D. VERESTER. V. EINWERT. ALKOHOLEN U. MONOCARBONSAEUREN 54-0231

KOZLOVA S. P., SELEKTIVE SUBSTITUT. D. HYDROXYLGRUPPEN IN MYO-INOSIT-O-DICYCLOHEXYLIDEN-DIACETALEN 63-0748

KOZLOVSKII A. G., DEMERCURIER. EINIGER QUECKSILBERDERIV. V. FERROCEN U. CYCLOPENTADIENYLMANGANTRICARBONYL DURCH PROTONOLYSE 58-0035

KOZLOWSKI K., FARB. DIHYDROFURYLIUMSALZE 4. MITT. 59-0516
- SYNTH. V. DIHYDROFURYLIUMSALZEN 59-0523

KOZLOWSKI M. A., 3-ARYL-2-METHYLSERINE 2. MITT. 63-0454

KOZMA B., CHEM. UMWANDL. V. DIOLEN U. CYCL. AETHERN 23. MITT. 58-0561
- CHEM. UMWANDL. V. DIOLEN U. CYCL. AETHERN 25. MITT. 64-0574

KOZUKA S., UMLAGER. V. TERT.-AMIN-N-OXIDEN 19. MITT. 59-0244
- UMLAGER. V. TERT.-AMIN-N-OXIDEN 20. MITT. 59-0245

KOZYREVA N. P., SYNTH. V. BENZO(G)CHINOLIN-DERIV. 2. MITT. 62-0627
- SYNTH. V. BENZO(G)CHINOLIN-DERIV. 3. MITT. 62-0628

KRAAK A., STER. EFFEKTE IN HETEROCYCL. SYST. 4. MITT. 61-0549
- STER. EFFEKTE IN HETEROCYCL. SYST. 5. MITT. 62-0166

KRACHT D., BINDUNGSLAENGEN IN DIPHENYLOCTATETRAEN 57-0167

KRAEMER U., SYNTH. U. RK. V. 5-AZAINDOLIZINEN U. 4A-AZA-(3.2.2)CYCLAZINDERIV. 59-0628

KRAETZSCH L., ZERS. ORGAN. HYDROPEROXIDE IN GGW. V. BASEN 56-0239

KRAEVSKIJ A. A., MAKROCYCL. VERB. 10. MITT. 53-0277
- KOMPLIZIERTE LIPIDE 30. MITT. 63-0455

KRAFT K., PHOTOCHEM. RK. V. AROMATEN MIT KONJUGIERTEN DIENEN 2. MITT. 54-0195
- PHOTOCHEM. RK. V. AROMATEN MIT KONJUGIERTEN DIENEN 3. MITT. 55-0208

KRAFT M., UNTERDRUECK. D. MCLAFFERTY-UMLAGER. BEI D. MASSENSPEKTROMETR. FRAGMENTIER. V. SYST. MIT GERADER ELEKTRONENZAHL 54-0081
- MASSENSPEKTREN GERADKETTIGER ALIPHAT. KETONE 61-0123

KRAFT M. J., DARST. EINIGER P-BIPHENYLYL-ALPHA-DIKETONE 57-0425

KRAHN M. M., CALOPHYLLUM-PROD. 2. MITT. 62-0833

KRAHN R. C., ROTATIONSDISPERSION VON ZUCKERHETEROCYCLEN 2. MITT. 60-0071

KRAIHANZEL C. S., AETHINYLSILANE 3. MITT. 63-0550

KRAISS G., ALKYLIERUNG VON METHYLDICHLORSILAN U. METHYLDIMETHOXYSILAN MIT BUTYLLITHIUM U. BUTYLMAGNESIUMBROMID 60-0363
- STEREOSPEZIF. METHODEN D. AETHERBLDG. DURCH NUCLEOPHILE RK. V. 3ALPHA-SUBSTITUIERTEN TROPANEN 64-0810

KRALT T., ANTIKOAGULANTIEN 1. MITT. 55-0429
- ANTIKOAGULANTIEN 2. MITT. 55-0430

KRAMAROVA E. N., UMLAGER. V. BETA-SILYL-KETONEN ZU O-SILYL-SUBSTITUIERTEN ENOLEN 56-0330

KRAMER B. D., CYCLOADDIT. 5. MITT. 61-0442

KRAPCHO J., SYNTH. U. PHARMAKOLOG. AKTIVITAET V. MIT D. ANTIDEPRESSIVUM 5-(2-DIMETHYLAMINO-AETHYL)-2.3-DIHYDRO-2-PHENYL-1.5-BENZOTHIAZEPIN-4-ON (THIAZESIM) VERWANDTE VERB. 3. MITT. 60-0681

KRAPF H., ORGANOZINN-AZIDE U. ORGANOZINN-PHOSPHINIMINE 55-0025

KRASNAYA Z. A., NEUARTIGE SYNTH. V. SUBSTITUIERTEN FURANEN MIT HILFE V. ACETYLEN. ALKOXY-BETA-KETOESTERN 53-0331

KRASNOMOLOVA L. D., RHODANESSIGSAEUREESTER V. TERT. ACETYLEN- U. DIACETYLENGLYKOLEN 60-0353

KRASNOSCEK A. P., MASSENSPEKTREN U. STRUKTUR ORGAN. VERB. 20. MITT. 54-0085
- MASSENSPEKTREN U. STRUKTUR ORGAN. VERB. 21. MITT. 54-0086
- MASSENSPEKTREN U. STRUKTUR ORGAN. VERB. 24. MITT. 61-0116

KRASOTKINA B. E., ISOMERENVERTEIL. BEI D. CHLORIER. V. CHLORPROPANEN 2. MITT. 53-0204

KRASOVICKIJ B. M., METHOXYDERIV. V. BENZIMIDAZO(2.1-A)BENZ(DE)ISOCHINOLON-(7) 54-0423
- LUMINESZENZ EINIGER SCHWEFELHALT. HETEROCYCLEN U. IHRER SULFONE 60-0072

KRATKY B., UMKEHRBARK. D. DIOL-ADDITION AN D. OLEFIN. DOPPELBIND. D. AETHYLEN-1.2-DICARBONSAEUREN BEI D. POLYKONDENSATION IN D. SCHMELZE 58-0268

KRATOCHVIL M., ALPHA-HALOGENAETHER 37. MITT. 63-0627

KRAUCH C. H., PHOTOADDIT. V. MALEIN- U. DIMETHYLMALEINSAEUREANHYDRID AN INDEN U. 2-CHLOR-INDEN 54-0329
- STRAHLENCHEM. BLDG. U. PHOTOLYSE V. ALPHA-KETO-OXETANDERIV. AUS VINYLENCARBONAT 54-0353
- STRAHLUNGSINDUZIERTE AMIDIER. V. DIENEN 56-0445

KRAUS A., KONFORM. D. MENTHONE U. DEREN ISOMERISIER.-BESTREBEN 53-0097

KRAUS M., KINETIK D. RK. V. ALIPHAT. CARBONSAEUREN MIT ACETYLEN AM ZN-KATALYSATOR 53-0178
- EIG. V. NATRIUMDIHYDRIDO-BIS-(2-METHOXYAETHOXO)-ALUMINAT 1. MITT. 62-0313

KRAUS W., BICYCL. VERB. 9. MITT. 56-0448
- REDUKTIVE FRAGMENTIER. BICYCL. TOSYLOXYKETONE U. TOSYLOXYKETALE MIT LITHIUMALUMINIUMHYDRID 59-0203
- SOLVOLYSEN V. 9-OXO-BICYCLO(3.3.1)NONYL-(2-ENDO)-TOSYLAT U. 8-OXO-BICYCLO(3.2.1)OCTYL-(2-ENDO)-TOSYLAT 59-0223
- BICYCL. VERB. 10. MITT. 60-0449

KRAUSE A., UNTERSCHIEDLICHE OXYDIERBARKEIT VON NIEDRIG- UND HOCHMOLEKULAREN ORGANISCHEN VERB. 60-0328
- UNTERSTE GRENZE D. H2O2-KONZ., D. ZUR BLDG. V. ORGAN. U. ANORGAN. PERSAEUREN ERFORDERLICH IST 62-0343
- MECHANISMUS DER KATALYTISCHEN DEHYDRIERUNG UND DEHYDRATISIER. D. AMEISENSAEURE AN OXID- U. METALLKATALYSATOREN 64-0314
- INDIGOCARMIN, EIN HOCHEMPFINDLICHES SUBSTRAT IN D. REDOX-LOESUNGSKATALYSE, INSBESONDERE ZUM NACHWEIS V. MIKROSPUREN SOWIE D. KATALYT. EIG. ORGAN. VERB. U. PEROXYSAEUREN 64-0322

KRAUSE J. G., BLDG. N-SUBSTITUIERTER PYRAZOLE DURCH PYROLYSE BESTIMMTER ALPHA,BETA-UNGESAETT. AZINE 58-0592
- ENAZIN-CHEMIE 2. MITT. 63-0300

KRAUT J., MECHANISMUS D. EINFACHBIND.-VERKUERZ., NACHW. AUS D. KRISTALLSTRUKTUREN V. 1.1'-BIAPOCAMPHYL 1.1'-BINORBORNYL U. 1.1'-BIADAMANTYL 57-0137

KRAVCENKO A. L., SYNTH. EINIGER VERB. MIT URETHAN- U. AMIDGRUPPEN 53-0230

KRAVCENKO M. D., ABSORPT.-SPEKTREN V. 3-OXO-2.3-DIHYDRO-THIONAPHTHEN U. SEINEN DERIV. 9. MITT. 60-0079

KRAY L. R., SYNTH. V. (1-D)BENZALDEHYD UEBER EINE YLID-ZWISCHENSTUFE 59-0360
- ELEKTRONENSTOSS-INDUZIERTE FRAGMENTIER. EINIGER PHENOTHIAZIN-DERIV. 64-0144

KRBECKOVA A., MECHANISMUS D. KEHRMANNSCHEN PHENOXAZON-SYNTH. 57-0244
KREBS A., DEHYDROANNULENE MITTLERER RINGGROESSE 2. MITT. 53-0274
- STRUKTUR U. REAKTIVITAET D. CYCLOPROPENONE 2. MITT. 57-0116
KREBS B., ELEKTRONENABSORPT.-SPEKTREN V. VERB. MIT EINER CS3-GRUPPE 54-0061
KREBS F., ERSTMAL. DARST. V. DICHLORO-BIS-(2.2'-DIPYRIDYL)-SILICIUM, SI(BIPY)2CL2 63-0053
KREBS K., SILICIUMORGAN. VERB. 35. MITT. 58-0395
KREILICK R., NMR-UNTERS. AN EINER REIHE V. RADIKAL-RADIKAL-DIMERISIER.-RK. 63-0242
KREILICK R. W., NMR-SPEKTRUM EINES PHENOXY-RADIKALS, DI-TERT.-BUTYL-STICKOXID ALS SPIN-RELAXER 63-0137
KREISMAN P., MOLEKULAR- U. ELEKTRONENSTRUKTUR D. DICHLORO-BIS-(DIARSIN)-NICKEL-MONOKATIONS 59-0017
KREITER C. G., UEBER AROMATENKOMPLEXE V. METALLEN 100. MITT. 53-0003
- HEXAMETHYL-DEWAR-BENZOL-METALL-TETRACARBONYLE D. VI. NEBENGRUPPE 59-0074
- UMSETZ. V. FE2(CO)9 MIT HEXAMETHYL-DEWAR-BENZOL 62-0045
KREJCI J., HERST. U. EIG. V. SELENSAEUREDIALKYLESTERN 54-0025
KREPINSKY J., TERPENE 194. MITT. 62-0782
KRESPAN C. G., NEGATIVE SUBSTITUENTEN BEI D. CLAISEN-UMLAGER. 55-0302
- FLUORKETENE 2. MITT. 59-0297
- SYNTH. V. DICYANACETYLEN 59-0308
- FLUORALKYLAMINE 61-0415
- RK. V. SULFIDIONEN MIT FLUORIERTEN OLEFINEN 63-0692
KRESS T. J., NAPHTHYRIDIN-CHEMIE 9. MITT. 62-0608
KRESSIN H., FRAGMENTIER.-RK. AN CARBONYLVERB. MIT BETA-STAEND. ELEKTRONEGATIVEN SUBSTITUENTEN 6. MITT. 53-0328
KRESZE G., RK. MIT N-SULFINYLVERB. 8. MITT. 57-0356
- ADDIT.-RK. D. NITROSOGRUPPE 9. MITT. 58-0670
KRETCHMER R. A., STEREOSPEZIF. TOTALSYNTH. V. DL-LYCOPODIN 60-0717
KRETOV A. E., SYNTH. V. DERIV. D. DIHYDRO-(1.3)THIAZINO-(6.5-C)-CHINOLINS 1. MITT. 60-0673
KRETSCHMAR H. C., STEREOCHEMIE D. ACYL-HALOGENID-ADDIT. AN OLEFINE, INTRAMOL. CYCLISIER. V. 4-CIS-CYCLOOCTEN-1-CARBONSAEURECHLORID 62-0476
KREUTZKAMP N., DARST. V. O.N-DIALKYL-HYDROXYLAMINEN 54-0235
- DARST. U. EIG. V. ALPHA-AMINO-PHOSPHONIGSAEUREN 55-0266
- UMSETZUNGEN EINIGER ENAMINE V. BETA-DICARBONYLVERB. MIT UNTERPHOSPHORIGER SAEURE 61-0376
KREUZ K. L., RK. V. ALPHA-NITRO-KETONEN MIT MINERALSAEUREN 59-0301
KREYSIG D., VERBRENN.-ENTHALPIE U. DIAMAGNET. SUSZEPTIBILITAET V. TRANS-HEXATRIEN-(1.3.5) 59-0177
KRIEBITZSCH N., UEBER AROMATENKOMPLEXE V. METALLEN 100. MITT. 53-0003
KRIEF A., SYNTH. V. 4-AMINO-CHINOLONEN-(2) DURCH RK. V. ACETYLENAMINEN MIT ARYLISOCYANATEN 59-0599
KRIEG B., UEBER EINIGE NEUE IMIDAZOLDERIV. 56-0500
- SYNTH. V. BIS-1.2-DIKETONEN MIT VINYLENBRUECKEN 61-0480
KRIEG G., ORGANOMETALLVERB. D. II. HAUPTGRUPPE 6. MITT. 63-0060
KRIEG V., SCHWING.-SPEKTREN V. DIMETHYL- U. DIAETHYLALUMINIUMFLUORID 56-0010
KRIEGER H., AMINOMETHYLIER. V. NORBORNANON-(2) MIT MONOMETHYLAMIN, AMINOALKYLIERTE BICYCLO-ALKANONE 6. MITT. 53-0319
- UMLAGER. BEI D. ZERS. D. PHENYLAZIDADDUKTE D. ENOLATE CYCL. U. BICYCL. KETONE 56-0388
- DIENSYNTH. V. METHYLCYCLOPENTADIEN U. 2-CHLOR-ACRYLNITRIL 64-0543
KRIEGSMANN H., UNTERS. AN ZINNVERB. 10. MITT. 56-0011
- SI-N-BIND. 29. MITT. 59-0441
KRIMSLEY V., SUBSTITUT. IM HYDANTOINRING 7. MITT. 63-0635
KRINGS P., SYNTH. U. RK. V. SUBSTITUIERTEN 4-MERCAPTO-IMIDAZOLEN 60-0533
KRISHNA B., ELKTR. DIPOLMOMENT V. AMYLCINNAMAT, AMYLPHENYLACETAT, PHENYLPROPYLBUTYRAT, GERANYLFORMIAT U. GLYCERYLTRIACETAT 55-0051
KRISHNA V. G., LAD.-UEBERTRAG.-INTENSITAETEN V. JODKOMPLEXEN MIT N-HETEROCYCLEN 61-0076
KRISHNAMURTHY S. S., LADUNGSVERTEIL. IN U. ELEKTRISCHE MOMENTE V. ALIPHAT. SAEUREN 57-0072
KRISHNAMURTY H. G., OX. V. FLAVAN-DERIV. 64-0677
KRISHNAN K., RAMAN-SPEKTREN V. AETHYLENDIAMINTETRAESSIG-SAEURE U. IHREN METALL-KOMPLEXEN 63-0007
KRISHNAN V., ORGANOSELEN-VERB. 3. MITT. 56-0052
KRISTEK F., KORRELATIONEN ZWISCHEN CHEM. VERSCHIEB. V. PROTONEN V. HYDROXYL- U. METHINGRUPPEN BEI NMR-SPEKTREN V. HYDROXYDERIV. SCHIFF'SCHER BASEN U. HAMMETT-SIGMA-KONSTANTEN 59-0112
KRISTIAN P., DARST.-METH. FUER 3.5-DISUBSTITUIERTE 2-THIONO-TETRAHYDRO-1.3.5-THIADIAZINE 58-0677
KRISTOL L. D., ISOMERISIER. V. DELTA(2)-NORCAREN-7-CARBONSAEUREN 63-0541
KRIVOSAPKO N. G., KONDENS. V. 3.5.6.8-TETRACHLOR-ACENAPHTHENCHINON MIT 3-HYDROXY-THIONAPHTHEN U. SEINEN DERIV. 55-0382
- KONDENS. V. 5-BROM-, 3-BROM- U. 3-JOD-ACENAPHTHENCHINON MIT 3-HYDROXY-THIONAPHTHEN U. SEINEN DERIV. 60-0506
KRIVOZEJKO K. M., SYNTH. U. EIG. V. FIXIERTEN LACTIMEN IN D. AROMAT./LACTIM-LACTAMREIHE 1. MITT. 53-0447
- EIN NEUER FALL D. CLAISEN-UMLAGER. 63-0304
KRIZ O., ASYMM. RK. 26. MITT. 64-0546
KRJUKOVA L. M., AMINOESTER 6. MITT. 55-0201
KROENER M., UMLAGER.-RK. IN D. CYCLOOCTATRIEN-(1.3.5)-REIHE 54-0198
- RING-KETTEN-ISOMERISIER. V. 7-HYDROXY-CYCLOOCTATRI-ENEN-(1.3.5) 54-0283
KROESCHE H., UNTERS. AN HOCHSUBSTITUIERTEN AETHYLENEN U. GLYKOLEN 6. MITT. 64-0502
- HOCHSUBSTITUIERTE AETHYLENE U. GLYKOLE 7. MITT. 64-0503
KROGMANN K., HYDRIDOPENTACYANORHODATE 57-0062
KROLL M., MOL.-KOMPLEXE U. IHRE SPEKTREN 20. MITT. 60-0194
KRON L. A., VINYLOXYANILIDE 1. MITT. 54-0266
KRONENBERG M. E., PHOTORK. AROMAT. MOL. 56-0253
KRONTALE B. V., SYNTH. V. 2.4-DINITRO-INDANDION-(1.3) 59-0436
KROON J., KONFORM. EINIGER CARBONSAEUREN U. IHRER DERIV. 54-0101
KROPF H., RK. MIT BLEITETRAACETAT 3. MITT. 57-0420
KROPF R., KRIST.- U. MOL.-STRUKTUR V. 5.5A.10.14C-TETRAHYDRO-5A-PHENYLBENZ(A)INDENO(2.1-C)FLUOREN-5.10-DION (C30H18O2) 57-0172
KROPP P. J., STEREOCHEMIE D. ELEKTROPHILEN SUBSTITUTION V. (+)-3-CAREN. PRINS- U. FRIEDEL-CRAFTS-ACETYLIER-RK. 58-0223
KROUPOVA E., ABS. KONFIG. D. METHYL-PHENYLALKYL-METHYLAMINO-METHANE CH3-CH(NH-CH3)-(CH2)N-C6H5 57-0155
KROW G. R., ELEKTROPHILE ADDITIONEN AN HEXAMETHYLDEWAR-BENZOL 61-0499
- UNGESAETT. HETEROCYCL. SYST. 42. MITT. 64-0557
KRUBINER A. M., UNTERS. IN D. 21-METHYL-STEROID-REIHE, ORGANOBORANUMLAGER. U. SYNTH. V. 21-METHYL-19-NOR-STEROIDEN 63-0817
KRUCK T., METALLTRIFLUORPHOSPHIN-KOMPLEXE 20. MITT. 57-0067
KRUEGER U., UEBERFUEHR. V. 1-BENZYL-ISOCHINOLINEN IN BERBINIUM-SALZE 6. MITT. 58-0724
KRUG R., GUANIDINDERIV. 3. MITT. 59-0369
- GUANIDINDERIV. 4. MITT. 59-0370
KRUGER G., SAEUREBEHANDL. V. ENOLATANIONEN V. OESTRA- U. 19-HYDROXY-ANDROSTADIEN-(4.6)-DION-(3.17) U. VERWANDTE RK. 63-0820
KRUGGEL W. G., DARST. V. 5- U. 7-NITROCUMARANEN U. UNTERS. D. KERNMAGNET. RESONANZ 60-0483
KRUGLJAK J. L., HALOGEN-ALPHA-NITRO-CARBONSAEUREN 11. MITT. 64-0262
KRUGLOVA N. V., SYNTH. V. 4-PHENYL-8-HYDROXY-2.5.7-TRIMETHYL-CHINAZOLIN 64-0739
KRULL I. S., PHOTOCHEMIE UNGESAETT. KETONE IN LSG. 11. MITT. 57-0395
KRUMBIEGEL P., ISOTOPIEEFFEKTE BEI AUTOXYDATIONEN 2. MITT. 59-0201
KRUPICKA J., POLAROGRAPHIE V. CYCLOALKYL-DIMETHYL-AMINOXIDEN, POLAROGRAPH. METH. FUER KINET. UNTERS. D. AMINOXID-ELIMINIER.-RK. (COPE-ELIMINIER.) 53-0151
- GESCHW. V. QUATERNISIER.-RK. V. KONFORMATIONSSTABILI-SIERTEN 10- U. 12-GLIEDR. N-METHYLAZACYCLOALKANEN, REAKTIVITAET V. RINGATOMEN UNTERSCHIEDL. KONFORMATION-STYPEN 53-0155
- STEREOCHEM. UNTERS. 49. MITT. 61-0270
- STEREOCHEM. UNTERS. 51. MITT. 61-0272
- STEREOCHEM. UNTERS. 52. MITT. 61-0273
KRUPINA T. I., RK. V. ALKYLIDEN-DICYCLOHEXANONEN MIT H2S 54-0307
- NEUE PROD. D. RK. V. METHYLEN-BIS-CYCLOHEXANON MIT P2S5 54-0412
KRUTZ W., DERIV. V. N-(ALPHA-TOSYLAMINOACYL)-BETA-ALANINEN 58-0387
KRUTZSCH H. C., DARST. U. RK. EINES GEMISCHTEN HALOGEN-YLIDS 56-0366
KU A. Y., PROTONENAUSTAUSCH ZWISCHEN D. AMMONIUMION, TRIMETHYLAMMONIUMION U. W. GESCHW. D. DEHYDRATATIONS-SCHRITTES, D. D. BIMOLEKULAREN PROTONENUEBERTRAG. VORANGEHT 57-0188
KUBACKOVA M., POLYSACCHARIDE D. SILBERWEIDE (SALIX ALBA L.), KONSTIT. V. 4-O-METHYL-GLUCURONOXYLAN 54-0582
KUBAJ Z., NEUE SYNTH. VON BROM- U. AMINODERIVATEN DES 4-METHYL-8-ACETYL-UMBELLIFERONS 60-0577
- STRUKTUR U. EIG. EINIGER DERIV. D. 4.4'-DIMETHYL-ANGELICINS 1. MITT. 62-0591
KUBALA I., TOLUOLSULFONATE V. STERINEN 1. MITT. 58-0777
KUBELKA W., CONVALLARIA-GLYKOSIDE 7. MITT. 54-0506
- ISOLIER. V. DIHYDROCAPSAICIN U. HOMODIHYDROCAPSAICIN AUS CAPSICUM-FRUECHTEN 60-0800
KUBIK A., STEREOCHEMIE D. CARAN-SYST., STEREOISOMERE CARANONE-(5) U. CARANOLE-(5) 58-0754
KUBO I., NEUER BITTERSTOFF AUS ISODON JAPONICUS HARA 53-0535
KUBOTA I., OX. V. ALDEHYDEN IM ALKOHOL. MEDIUM MIT CAROSCHER SAEURE 64-0385
KUBOTA T., NEUER BITTERSTOFF AUS ISODON JAPONICUS HARA 53-0535
- TRITERPENOIDE AUS BUPLEURUM FALCATUM L. 3. MITT.

57-0695
- KONSTIT. V. SAPONINEN AUS BUPLEURUM FALCATUM L 57-0721
- RK. D. 2.6-DIMETHYL-4-METHOXY-BENZALDEHYDS MIT METHYLMAGNESIUMJODID U. D. VERHALTENSWEISE D. RK.-PROD. 60-0368
- STRUKTUR V. SCLERIN, EINEM STOFFWECHSELPROD. AUS SCLEROTINIA LIBERTIANA 60-0777
KUCENKO N. I., SYNTH. V. 2-ALKOXY-3-CHLOR-TETRAHYDROFURANEN 62-0519
KUCERA J., SYNTH. MIT DIMETHYLFORMAMID 24. MITT. 54-0237
KUCEROVA N. F., INDOLDERIV. 24. MITT. 60-0686
KUCHAR M., ADAMANTANVERB. 1. MITT. 59-0473
KUCHARCZYK N., NATRIUMBORHYDRIDRED. V. 2.3-DIHYDROTHIANAPHTHEN-3-ONEN 57-0499
- MUTTERKORN-ALKALOIDE 30. MITT. 58-0726
- EINIGE 2-(ALPHA-BROM-ARYLIDEN)-2.3-DIHYDROTHIANAPHTHEN-3-ONE 64-0594
KUCHEROV V. F., NEUARTIGE SYNTH. V. SUBSTITUIERTEN FURANEN MIT HILFE V. ACETYLEN. ALKOXY-BETA-KETOESTERN 53-0331
- NEUART. SPALT.-TYP IN D. GIBBERELLIN-REIHE 54-0564
- MASSENSPEKTROMETRIE V. GIBBERELLINEN 2. MITT. 60-0120
KUCHTENKO I. I., NUKLEOPHILE SUBSTITUT. D. SULFONATGRUPPE AROMAT. VERB. IN GGW. V. OX.-MITTELN 54-0164
KUCSMAN A., BINDUNGSSYSTEM D. N-ACYL-SULFILIMINE 5. MITT. 57-0089
KUCZYNSKI H., STEREOCHEMIE D. CARANSYST., EPIMERE TRANS-CARYLAMINE-(5) 56-0667
- STEREOCHEMIE D. CARAN-SYST., STEREOISOMERE CARANONE-(5) U. CARANOLE-(5) 58-0754
- ISOMERISIER. V. (+)-1.2-EPOXY-TRANS-P-MENTHAN U. (+)-TRANS-2.3-EPOXY-TRANS-P-MENTHAN MIT N-PROPYLLITHIUM, OPT. AKTIVES (+)-CARVENON 62-0750
KUDER J. E., MASSENSPEKTREN EINIGER DI- U. TRIAZAINDENE 62-0098
KUDINJA D. O., HETERODERIV. V. AZIRIDIN 7. MITT. 62-0508
KUDO T., ANALYT.-CHEM. UNTERS. AN STEROIDEN 10. MITT. 59-0754
KUDO Y., ASYMM. SYNTH. V. 3-HYDROXY-3-PHENYL-VALERIANSAEURE 55-0281
KUDRJASOVA N. D., KONDENSATION V. CYCLOHEXADIEN-(1.3) MIT UNGESAETTIGTEN NITROVERB. 53-0316
KUDRJAVSKAJA N. V., POLYMEROCYANINE 2. MITT. 60-0548
KUEHMSTEDT R., ELEKTRONENSPINRESONANZ-SPEKTREN EINIGER IMINOXY-RADIKALE 54-0076
KUEHNE M., DELTA(24(28))-DEHYDRO-ERGOSTERIN, ISOLIER. U. CHEM. RK. 57-0745
KUEHNHOLD M., FLUORIER. ORGAN. VERB. MIT CHLORTRIFLUORID 9. MITT. 64-0425
KUEMMEL R., ALKALI-PHOSPHORVERB. U. IHR REAKT. VERH. 53. MITT. 54-0241
KUEPPER F., CYCL. MONOMERE ORGANOQUECKSILBERVERB. 56-0058
- EISENDIARYLE MIT METALL-KOHLENSTOFF-SIGMA-BIND. 63-0082
KUGAJEVSKY I., BIOSYNTHET. UNTERS. 1. MITT. 59-0808
- AROMAT. OX. 6. MITT. 61-0208
KUGATOVA-SEMJAKINA G. P., STEREOCHEMIE U. RK.-FAEHIGK. V. UNGESAETT. VERB. 5. MITT. 53-0283
- STEREOCHEMIE U. REAKTIVITAET V. UNGESAETT. VERB. 6. MITT. 55-0060
KUGLER H. J., ORGAN. VERB. MIT 5-WERT. PHOSPHOR 37. MITT. 60-0565
- DIPOLARE TRIAMINO-OXY-PHOSPHONIUM-IONEN U. TRIAMINO-DIOXY-PHOSPHORANE DURCH RK. VON TRIAMINOPHOSPHINEN MIT ALPHA-DIKETONEN NACHWEIS DER KOEXISTENZ VON 4- U. 5FACH KOORDINIERTEM PHOSPHOR IN LOESUNG, (31)P-NMR-SPEKTREN 60-0566
- TRIALKYLPHOSPHITE ALS REAGENTIEN BEI C-C-KONDENS. V. ALPHA-DIKETONEN MIT ALPHA,BETA-UNGESAETT. ALDEHYDEN, HYDROLYSE V. 5-GLIEDR. CYCL. PENTAHYDROXYPHOSPHORANEN U. PHOSPHORSAEUREESTERN 61-0594
- ORGAN. VERB. MIT PENTAVALENTEM PHOSPHOR 38. MITT. 61-0595
KUHLA D. E., UNGESAETT. HETEROCYCL. SYST. 31. MITT. 54-0474
KUHN K., DARST. U. EIG. V. 6-AETHYL-NAPHTHOCHINON-(1.4) 55-0328
KUHN M., MITOSEHEMMENDE NATURSTOFFE 19. MITT. 53-0491
- MITOSEHEMMENDE NATURSTOFFE 20. MITT. 58-0710
KUHN R., RADIKALANION VON CHINOXALINO(2.3-B)CHINOXALIN 60-0647
KUHN W. L., STEREOCHEM. UNTERS. AN ARZNEIMITTELN 5. MITT. 57-0806
KUHNERT-BRANDSTAETTER M., BIN. SYST. V. ENANTIOMEREN KAWA-LACTONEN 64-0196
KUHRY J., CHEM. FORMEN D. BEI D. RK. (14)N(N, P)(14)C IN KALIUMCYANID GEBILDETEN RADIOKOHLENSTOFFS, RADIOLYT. ZERS. D. TARGETS IM LAUFE D. BESTRAHL. 64-0039
KUIK M., POLAROGRAPH. KATALYT. STROEME IN AMMONIAKPUFFER-LSG. MIT NICKEL(II) U. CYSTEIN 4.MITT. UEBER DIE ANWENDBARK. MATHEMAT. METH., DIE DIE ABHAENGIGK. KATALYT. STROEME V. D. KONZENTRATION D. ORGAN. VERB. U. D. METALLION BESCHREIBEN 58-0194
- POLAROGRAPH. KATALYT. STROEME IN AMMONIAKPUFFERLSG. MIT NICKEL(II) U. CYSTEIN 3. MITT. 64-0028
KUIVILA H. G., ADDITION V. ORGANOZINNHYDRIDEN AN INNERE OLEFINE 59-0061
- DARST. V. GEMISCHTEN ORGANOZINN-CHLORIDEN DURCH UMVERTEIL.-RK. 61-0045
- ADDITION V. NITROSYLCHLORID AN 3-METHYL-BUTADIEN-(1.2) 63-0362
KULDVERE A., SYNTH. V. 1-(3.5-DIMETHYL-4-METHOXY-CARBONYL-PHENYL)-2-HYDRAZINO-PROPAN 57-0383
KULIEV A. B., SYNTH. U. EINIGE FOLGERK. V. P-HALOGENTHIOPHENOLEN 62-0378
- SYNTH. U. FOLGERK. V. BETA-(P-HALOGEN-PHENYLMERCAPTO)-AETHANTHIOLEN 63-0417
KULIEV A. M., SYNTH. U. EINIGE FOLGERK. V. P-HALOGENTHIOPHENOLEN 62-0378
- SYNTH. U. FOLGERK. V. BETA-(P-HALOGEN-PHENYLMERCAPTO)-AETHANTHIOLEN 63-0417
KULIK V. F., SYNTH. EINIGER VERB. MIT URETHAN- U. AMIDGRUPPEN 53-0230
KULIKOVA A. E., PROD. D. KONDENS. V. TRICHLOR-AETHYLEN IN GGW. V. ALCL3 53-0273
KULIS L. F., KINETIK D. ADDIT. V. AETHANOL U. ESSIGSAEURE AN VINYLAETHER U. -ESTER 54-0169
KULKARNI C. L., MECHANISMUS D. BLDG. V. P-SUBSTITUIERTEN PROD. IN VERDRAENG.-RK. AN ALPHA-CHLOR-DIPHENYLACET-AMIDEN 62-0647
KULKARNI M. V., ABBAU V. (-)-4-METHYL-ISOPULEGON ZU (+)-2-ISOPROPYL-2-METHYL-BERNSTEINSAEURE 62-0760
KULKARNI S. B., ORGAN. RK. MIT POLYPHOSPHORSAEURE 7. MITT. 57-0278
- ORGAN. RK. MIT POLYPHOSPHORSAEURE 8. MITT. 57-0279
- ORGAN. RK. MIT POLYPHOSPHORSAEURE 9. MITT. 57-0280
KULPE S., INNERMOL. BINDG.-VERHAELTNISSE IM DIKALIUMSALZ D. 2.5-DIHYDROXY-1.4-BENZOCHINONS 62-0151
KULSA P., TOTALSYNTH. V. VELBANAMIN 62-0735
KUMADA M., GRIGNARD-REAGENZ AUS CHLORMETHYL-METHYLSULFID U. SEINE VERW. ZUR DARST. V. METHYLMERCAPTOMETHYL-SUBSTITUIERTEN POLYSILANEN 54-0240
- THERMISCHE ISOMERISIERUNG VON CYCLOPROPYLSUBSTITUIERTEN SILANEN 61-0293
- ALUMINIUMCHLORID-KATALYSIERTE RK. V. ORGANOSILICIUM-VERB. 5. MITT. 62-0366
- HYDROSILYLIER. V. CYCLOOCTADIENEN U. BICYCLO(3.3.0)OCTEN-(2) 63-0500
KUMAMOTO T., NEUE METH. ZUR DARST. V. THIOVINYLAETHERN U. UNSYMM. KETONEN 63-0473
KUMAR B., PHOTOCHEM. DARST. V. CHROM(III)-THIOLATEN 53-0029
- TERPENE 22. MITT. 60-0751
KUMAR R., SUBSTITUIERTE CHINAZOLONHYDRAZIDE ALS MOEGL. TUBERKULOSTATIKA 63-0712
KUMARI D., NEUART. PHOTOUMLAGER. V. LATIFOLIN 54-0520
KUMASHIRO I., SYNTH. V. ADENIN U. 4.5-DICYANIMIDAZOL AUS HCN IN FL. AMMONIAK 59-0616
- SYNTH. V. 2-ALKYLMERCAPTO-INOSIN-5'-PHOSPHATEN U. N(2)-METHYLIERTEN GUANOSIN-5'-PHOSPHATEN 61-0705
- SYNTH. V. 2-METHYLADENOSIN U. SEINEM 5'-PHOSPHAT 64-0791
KUMLER W. D., DIPOLMOMENTE U. PHARMAKOLOG. AKTIVITAET V. CYCL. HARNSTOFFEN, CYCL. THIOHARNSTOFFEN U. IHREN N.N'-DIMETHYL-VERB. 60-0830
KUMMER R., INTRAMOL. CHLOR-ZINN-KOORDINAT. IN EINEM ORGANOZINNDERIV. D. SIEBENFACH KOORDINIERTEN MOLYBDAENS 61-0017
KUMPFERT H., KONFORM.-UNTERS. AM CIS-2.7-DICHLOR-CYCLOHEPTANON 57-0142
KUNATH D., DIMERISIER. EINES ALPHA-HALOGENAMINS UNTER ALPHA-ELIMINIER. 53-0596
- ALPHA-AMINOSAEUREN U. DERIV. 2. MITT. 59-0324
KUNDU N. G., ERNEUTE UNTERS. D. RK. V. PIPERIDIN MIT 2.2.2-TRIFLUORAETHYLTHIOLACETAT 58-0237
KUNESCH G., KONDENS. V. O-PHENYLENDIAMIN MIT 2-METHYL- U. 2 AETHYLNAPHTHOCHION-(1.4) 64-0747
KUNESCH N., ALKALOIDE V. CALLICHILIA SUBSESSILIS 3. MITT. 53-0508
- ALKALOIDE AUS VOACANGA 9. MITT. 55-0504
- ALKALOIDE AUS VOACANGA 10. MITT. 60-0713
KUNIOKA E., HYDRIER. V. KONJUGIERTEN DIOLEFINEN MIT UEBERGANGSMETALL-PI-KOMPLEXEN 62-0323
KUNITOMO J., ANTIPODENTRENN. V. DL-N-NORROMNEIN U. ABS. KONFIG. D. ROMNEINS 61-0722
KUNOVSKAJA D. M., SPALT. V. NITROSOCHLORIDEN V. ALKYLISOCROTYLAETHERN U. DIAETHYLISOCROTYLAMIN 62-0341
KUNSTMANN M., KONDENS. MIT ACETANHYDRID 55-0551
KUNSTMANN M. P., STRUKTUREN V. METHYL-ALDGAROSID A U. B AUS D. NEUTRALEN MACROLIDANTIBIOTIKUM ALDGAMYCIN E 54-0556
- STRUKTUR V. FRENOLICIN 60-0789
KUNSTMANN R., WEITERE RK. D. TRIPHENYLPHOSPHINCYCLOPROPYLIDENS 62-0589
KUO C. H., ZERLEG. V. (+-)-ZEARALENON, BEST. D. ABS. KONFIG. BEI D. NATUERL. ENANTIOMEREN 53-0582
- TOTALSYNTH. D. MACROLIDS ZEARALENON 60-0788
KUO Y. H., EXTRAKTIVE KOMPONENTEN AUS DEM HOLZ V. TAIWANIA CRYPTOMERIOIDES HAYATA, NEUER SESQUITERPEN-KETOALKOHOL 64-0845
KUPCHAN S. M., BUXUS-ALKALOIDE, 12. MITT. 55-0502
- TUMOR-INHIBITOREN 27. MITT. 57-0737
- STEROIDHORMON-ANALOGE 3. MITT. 59-0744
- STEROIDHORMONE 4. MITT. 59-0745
- THALICTRUM-ALKALOIDE 8. MITT. 61-0726
- ISOLIER. U. STRUKTURAUFKLAER. V. VOACRISTIN-HYDROXYINDOLENIN 61-0729
- VERATRUM-ALKALOIDE 54. MITT. 63-0779
- TUMOR-INHIBITOREN 30. MITT. 63-0797
- TUMOR-INHIBITOREN 29. MITT. 63-0858

- TUMORINHIBITOREN 31. MITT. 64-0838
KUPCHIK E., EINIGE PHENYLANTIMON- U. -WISMUTDITHIOCARBAMATE 58-0058
KUPCHIK E. J., N-TRIARYLZINN- U. -BLEI-DERIVATE V. PURINEN 57-0048
KUPFERBERG H. J., STEREOCHEM. UNTERS. AN MEDIZIN. AGENTIEN 6. MITT. 60-0834
KUPIN B. S., HYDRATAT.-RICHT. BEI P-SUBSTITUIERTEN PHENYLMETHYLMERCAPTOACETYLENEN 57-0366
KUPLETŠKAJA N. B., SPEKTRALUNTERS. D. KOMPLEXE V. 4-AMINO- U. 4-DIMETHYLAMINO-AZOBENZOL MIT SNCL4 54-0029
KUPRANEC N. M., KONDENS. V. ALDEHYDEN MIT KETONEN, DIKETON-KONDENS. V. BETA-ACETYL- U. BETA-PROPIONYL-NAPHTHALIN MIT FURFUROL 60-0494
KUPRYSZEWSKI G., INTRAMOL. RK. IN PEPTIDAEHNLICHEN SYST. 2. MITT. 58-0422
KURABAYASHI K., THERM. ZERS. V. TROPYL-ACETALDEHYD-TOSYLHYDRAZON 53-0318
KURABAYASHI M., NMR-SPEKTREN V. FUTOENON U. DERIV., PARTIELLE ENTKOPPL. ALS HILFSMITTEL BEI D. ZUORDN. KOMPLEXER SPEKTREN U. WEITERE BEOBACHT. D. OVERHAUSER-EFFEKTES 60-0106
- STRUKTUR V. FUTOENON, EINEM NEUART. SPIRO-CYCLOHEXADIENONDERIV. 60-0798
- BESTANDTEIL D. KERNHOLZES V. TAXUS CUSPIDATA SIEB.ET ZUCC. 62-0846
KURAKINA N. A., GAMMA-PYRONDERIV. 10. MITT. 54-0403
KURANOVA I. L., OXIDE HOEHERER UNGESAETT. SAEUREN. RK. V. BRASSIDIN- U. ERUCASAEUREOXID MIT AMMONIAK 58-0388
KURC A. L., ELEKTROPHILE SUBSTITUT. AM AROMAT. KOHLENSTOFFATOM 6. MITT. 56-0216
- ELEKTROPHILE SUBSTITUTION AM AROMAT. KOHLENSTOFFATOM 7. MITT. 60-0258
- ELEKTROPHILE SUBSTITUT. AM AROMAT. C-ATOM 8. MITT. 61-0253
- ELEKTROPHILE SUBSTITUT. AM AROMAT. KOHLENSTOFFATOM 9. MITT. 63-0281
- ELEKTROPHILE SUBSTITUTION AM AROMAT. KOHLENSTOFFATOM 10. MITT. 64-0031
- ELEKTROPHILE SUBSTITUTION AM AROMAT. KOHLENSTOFFATOM 11. MITT. 64-0032
KUREK J. T., 2-PYRON-CARBALDEHYDE 63-0662
KURETANI K., WRKG. V. TEREPHTHALSAEURE AUF D. AKTIVITAET D. P-DIMETHYLAMINO-AZOBENZOL METABOLISIERENDEN ENZYME D. RATTENLEBER 59-0803
- VERTEIL. V. TEREPHTHALSAEURE IN GEWEBEN 59-0816
KURICEV V. A., SUBSTITUIERTE PYRIDINE, DARST. SUBSTITUIERTER STILBAZOLE U. DEREN RK. 60-0615
KURIHARA N., TOTALSYNTH. V. KANAMYCIN-A 57-0763
KURIHARA T., STRUKTUREN D. BAKKENOLIDE-B, -C U. -D, BESTIMMT MIT HILFE EINES KERN-OVERHAUSER-EFFEKTES 60-0752
- MUTTERKORNALKALOIDE U. VERWANDTE VERB. 15. MITT. 64-0799
KURITA M., PHOTOINDUZIERTE POLARE ADDIT. V. PROT. LSGM. AN CYCLOHEPTEN-(2)-ON 60-0314
- PHOTOCHEM. VERH. V. ENOLISIERBAREN BETA-DIKETONEN GEGENUEBER CYCLOOLEFINEN 60-0406
- PHOTOCHEM. RK. V. DELTA(2.6)-CYCLOHEPTADIENON 63-0560
KURIYAMA K., NMR-UNTERS. AN STEROIDEN 12. MITT. 59-0165
- ZIRKULARDICHROISMUS V. C(6)-SUBSTITUIERTEN DELTA(4)-3-OXO-STEROIDEN 59-0166
- PI-PI(STERN)-ZIRKULARDICHROISMUS V. ALPHA-CYCLOPROPYL-U. ALPHA-EPOXY-KETONEN 62-0060
KURIYAMA Y., RK. V. TRIALKYLAMINEN MIT SALPETERSAEURE IN EINER MISCHUNG V. ESSIGSAEURE U. ACETANHYDRID 61-0204
KURLAND R. J., PARAMAGNET. (1)H-NMR-VERSCHIEB. BEI METHYOGLOBIN, METHAEMOGLOBIN U. HAEMIN-DERIV. 63-0136
KURMANGALIEVA R. G., SYNTH. V. ALPHA-AMINO-ALPHA-OXIMINO-ACETONDERIV. 61-0417
KUROCKIN V. K., HALOGEN-ALPHA-NITRO-CARBONSAEUREN 11. MITT. 64-0262
KUROJAN R. A., CHEMIE D. UNGESAETT. VERB. 9. MITT. 58-0568
KUROSAWA E., BESTANDTEILE V. MEERESPFLANZEN 9. MITT. 61-0813
- BESTANDTEILE V. MEERESPFLANZEN 10. MITT. 62-0828
KUROSAWA H., METHYL-(PHENYLAETHINYL)- U. METHYL-(CYANO)-THALLIUM-DERIVATE 59-0051
KUROWSKY S. R., DEHYDRATISIER. V. HEXEN-(3)-DIOL-(2.5). BEWEIS FUER D. ALPHA-PROTONIER. EINES ALIPHAT. DIOLS 56-0284
KURRECK H., SUBSTITUIERTE PENTAPHENYL-CYCLOPENTADIENYL-VERB. U. TETRACYCLONE 4. MITT. 57-0423
KURSANOV D. N., WASSERSTOFFISOTOPENAUSTAUSCH IN HEXASUBSTITUIERTEN BENZOLDERIV. 56-0335
KURTEV B., OPT. DREH.-VERMOEGEN U. KONFORM. 2. MITT. 53-0050
KURTEV B. J., STEREOSPEZIF. SYNTH. V. PERHYDRO-1.4-DIAZEPINONIUMSALZEN AUS DIALKYLAMIDEN D. SUBSTITUIERTEN BETA-AMINOSAEUREN 55-0484
KURTIN W. E., ELEKTRONENSTRUKTUREN U. SPEKTREN EINIGER THEORET. INTERESSANTER NATURSTOFFE 1. MITT. 60-0145
KURTZ A. N., AEQUILIBRIER. D. DIASTEREOMEREN V. DICHLORPENTANEN, EIN MODELL-SYST. FUER POLYVINYLCHLORID 60-0203
KURTZ J., PHOSPHORYLIER.-PROD. V. POLY-DL(L)-SERIN 54-0575
KURUMA K., MECHANISMEN D. OX. V. ANILIN U. VERWANDTEN VERB. IN BAS. LSG. 61-0207
KURZ A. L., VERHAELTNIS D. C- U. O-ISOMEREN BEI D. AETHYLIER. V. ALKALI-ENOLATEN D. ACETESSIGSAEURE-AETHYLESTERS IN HEXAMETHYLPHOSPHORAMID U. DIMETHYLSULFOXID 63-0396
KURZ M. E., AROMAT. OX. 8. MITT. 58-0213
- AROMAT. OX. 6. MITT. 61-0208
- AROMAT. OXYGENIER. 7. MITT. 63-0358
KURZER F., TRIAZINE 3. MITT. 54-0462
- TRIAZINE 4. MITT. 54-0463
- HETEROCYCL. VERB. AUS HARNSTOFF-DERIV. 13. MITT. 63-0654
KUSAKA T., STRUKTUR V. ARISTEROMYCIN 54-0557
KUSAMA O., TOTALSYNTH. D. STEBISIMINS 56-0639
- TOTALSYNTH. V. STEBISIMIN 64-0821
KUSSNER C. L., LIPIDLOESL. 6-MERCAPTOPURIN-DERIV. 57-0605
- RK. EINIGER 4-CHLOR-5-NITRO-PYRIMIDINE MIT NATRIUMAZID, OXADIAZOLO(3.4-D)PYRIMIDIN-1-OXIDE 63-0713
KUSTIN K., RK. V. L-CARNOSIN MIT METALLIONEN. KUPFER(II) 62-0021
- RK. V. L-CARNOSIN MIT KOBALT(II) 63-0048
KUSUDA K., DIMERE D. PERCHLOR-(3.4-DIMETHYLEN-CYCLOBUTENS) 2. MITT. 59-0479
KUSUMI T., SYNTH. V. TANSHINON-II U. CRYPTOTANSHINON 63-0803
KUTA J., KUPFER(II)-ACETYLACETONATE U. IHRE ADSORPT. AN QUECKSILBER 54-0022
- DISSOZIATIONSKONSTANTEN D. PROTONIER. V. FUMAR- U. MALEINSAEURE IN SAUREM MEDIUM 58-0181
KUTASSY S., EINFACHE MIKROMETH. ZUR BEST. D. TERT.-BUTYLOXYCARBONYL-SCHUTZGRUPPE VERSCHIEDENER AMINOSAEUREN U. IHRER DERIV. 64-0934
KUTEK F., CHEMIE D. SELTENEREN ELEMENTE 43. MITT. 61-0042
- CHEMIE D. TETRAFLUOROBORATE 5. MITT. 63-0093
KUTEPOVA A. I., UNTERS. D. MECHANISMUS D. VERESTER. V. PHTHALSAEUREN U. D. UMESTER. V. PHTHALATEN MITTELS MARKIERTER ATOME 2. MITT. 57-0228
KUTHAN J., STRUKTUR D. AROMAT. ENAMINONITRILE 56-0373
- ELEKTRONENSTRUKTUR U. CHEM. REAKTIVITAET V. 1-METHYL-2-PYRIDONEN 58-0137
- ABS. KONFIG. V. 2.8-DIMETHYL-2-AETHYL-1.2.3.4-TETRAHYDRO-PHENANTHREN, EINEM DEHYDRIER.-PROD. V. EINIGEN DITERPENOIDEN 58-0515
- NMR-SPEKTREN U. REAKTIVITAET ORGAN. VERB. 1. MITT. 61-0099
KUTIKOVA G. A., STABILE NITROXID-RADIKALE AUS IMIDAZOLIN-N-OXIDEN 59-0546
KUTNEY J. P., MASSENSPEKTREN V. 6-AZA- U. 11-AZA-STEROIDEN 55-0090
- AZASTEROIDE 7. MITT. 57-0734
- STRUKTUR V. THAMNOSIN, EINEM NEUART., DIMEREN CUMARINSYST. 58-0621
- NEUART. TRITERPENE AUS SITKA SPRUCE (PICEA SITCHENSIS (BONG.)CARR) 58-0756
- STUDIEN UEBER D. BIOSYNTH. V. INDOLALKALOIDEN 64-0814
- TOTALSYNTH. EINIGER MONOMERER VINCA-ALKALOIDE, DL-VINCADIN, DL-VINCAMINOREIN, DL-VINCAMINORIN, DL-VINCADIFFORMIN, DL-MINOVIN U. DL-VINCAMINORIDIN 64-0818
KUTULJA L. A., BASIZITAET U. STRUKTUR V. HETEROCYCL. ALPHA.BETA-UNGESAETTIGTEN KETONEN, 5. MITT. 62-0177
KUTZELNIGG W., THEORIE D. RINGOEFFN. D. CYCLOPROPYLKATIONS ''EX STATU NASCENDI'' 55-0203
KUUSISTO R., STEREOISOMERE 2-CHLOR-2-CYAN-NORBORNENE-(5) 56-0447
KUWAJIMA I., RK. V. ALLYLQUECKSILBERJODID MIT ACYLHALOGENID 54-0206
KUZ'MICEV O. V., SYNTH. U. RK. V. ALPHA-HYDROXY-ISOBUTTERSAEUREESTERN 60-0351
KUZNECOV S. G., AMINOALKOHOLE D. ACETYLENREIHE 4. MITT. 53-0293
- AMINOALKOHOLE D. ACETYLENREIHE, 5. MITT. 54-0315
- REDUZIERENDE METALLIER. V. CARBONYLVERB. 6. MITT. 56-0405
- AMINOALKOHOLE D. ACETYLENREIHE 6. MITT. 58-0457
- REDUZIERENDE METALLIER. V. CARBONYLVERB. 7. MITT. 59-0368
KUZNECOVA E. A., SYNTH. V. 2-MERCAPTO-BENZTHIAZOLDERIV. 7. MITT. 62-0576
KUZNECOVA G. V., ORGAN. PESTIZIDE. DARST. V. ARYLOXYALKYLCARBONSAEUREN, -ESTERN U. -AMIDEN, D. IN D. SEITENKETTE VERSCHIEDENE SUBSTITUENTEN TRAGEN 64-0430
KUZNECOVA T. S., SYNTH. U. EINIGE FOLGERK. V. MONOVINYLAETHERN V. ACETYLEN-DELTA-GLYKOLEN 54-0214
KUZNESOF P. M., HALBEMPIRISCHE SCF-MO-BERECHNUNGEN AN METHYL-SUBSTITUIERTEN BORAZINEN U. BENZOLEN MIT VOLLSTAENDIGEN BASISSAETZEN V. VALENZORBITALEN 61-0129
KUZNEZOV S. G., SUBSTITUTION V. BEWEGLICHEM WASSERSTOFF DURCH AMINO-BUTINYLRESTE 56-0599
KUZUBOVA L. I., SYNTH. V. TETRAHYDROFURYL-(2)-ACETALDEHYD 62-0526
KUZUHARA H., SYNTH. MIT PARTIELL BENZYLIERTEN ZUCKERN 13. MITT. 63-0770
KVASNJUK-MUDRYJ F. V., SYNTH. V. 2.2.5.5-TETRAMETHYL-TETRAHYDROTHIOPHEN 60-0503
KVASOV B. A., D. DITROPYLIUM-DIKATION 56-0395
KWAN T., GASCHROMATOGRAPHISCHE TRENNUNG VON L-IDONAT UND D-GLUCONAT 64-0938

KWART H., IONENPAAR-PHAENOMENE BEI SULFONIUMKATION-ZWISCHENSTUFEN WAEHREND D. CHLOROLYSE V. KOHLENSTOFF-SCHWEFEL-BIND. 53-0133
- STEREOCHEMIE D. PROD.-BLDG. BEI D. CHLOROLYSE V. KOHLENSTOFF-SCHWEFEL-BIND. 53-0134
- NEUE SKELETT-UMLAGER. WAEHREND D. ESTER-PYROLYSE 56-0240
- MECHANISMUS D. CHLORIER. V. ARENSULFENYLCHLORIDEN 6. MITT. 58-0230
- SOLVOLYSE U. ABNORMER MECHANISMUS D. CHLORIER. V. 2-NITRO-BENZOLSULFENYLCHLORIDEN 58-0231
- STRUKTUR D. DIBENZOLSULFONYLHYDRAZINS U. SYNTH. U. CHARAKTERISIER. D. DIPHENYLSULFONYLDIIMIDS EINES NEUEN AZOVERB. 62-0377
KWIATKOWSKI G. T., PHOTOCHEMIE V. KONJUGIERTEN ACETYLEN-OLEFINEN U. CARBONYL-DERIV. 63-0338
KWIATKOWSKI M., CHLORIER.-KINETIK D. BENZOLS 53-0137
KYKER G. S., BIS-(BIS-(DIMETHYLAMINO)-CHLORBORAN)-TRIS-(TETRACHLOROTITAN(IV)), INFRAROT-UNTERS. 64-0009
- RK. V. TITANTETRACHLORID MIT BCL3, (CH3)2NBCL2, ((CH3)2N)2BCL, ((CH3)2N)3B, ((CH3)2N)2BCH3 U. B2(N(CH3)2)4 64-0057
KYNNERSLEY J. D., SYNTH. V. 2-METHOXY-PHENAZIN-1-CARBONSAEUREMETHYLESTER 60-0661

L

LAAKSO R., FLUORALKOHOLE 4. MITT. 55-0132
LAARHOVEN W. H., PHOTOLYSE V. DIBENZYLSULFID 54-0197
LAATO H., ASYMM. CARBONYL-VALENZSCHWING. IN D. IR-SPEKTREN V. ESTERN 56-0109
LABAN G., PRAEPARATIVE METHODEN ZUR DARSTELLUNG N.N-DISUBSTITUIERTER 1-AMINO-ALKENE-(1) (ALDEHYD-ENAMINE) 64-0392
LABARRE J., DARST. U. MAGNETOOPT. UNTERS. EINIGER TETRAKIS-(DIALKOXY-CHLOR-PHOSPHIN)-NICKEL-VERB. 55-0037
- MAGNETOOPT. UNTERS. EINIGER ADDITIONS VERB. V. SNCL4 MIT ORGAN. ALIPHAT. ESTERN 60-0004
- MAGNET. U. MAGNETOOPT. UNTERS. VON ALKYLORTHOTITANATEN 60-0005
- MAGNET. U. MAGNETOOPT. UNTERS. EINIGER 1 ZU 1-ADDIT.-VERB. V. TICL4 MIT ALIPHAT. ESTERN, D. DONATOR-AKZEPTOR-BIND.(O(+)-(-)TI) 62-0005
LABARRE J. F., DEUT. D. UNGEWOEHNL. MAGNETOOPT. VERH. V. CYCLOOCTATETRAEN, BEWEIS EINER DREIDIMENSIONALEN KONJUGAT. MITTELS D. FARADAY-EFFEKTES 56-0152
LABARRE M., MAGNET. ROTATION D. BIND. IN PHOSPHORVERB., MAGNETOOPT. UNTERS. D. (P-S)-BIND. 55-0053
LABEDZ L., VERW. V. ACENAPHTHEN ALS CHEM. ROHSTOFF 2. MITT. 54-0324
LABEEUW B., STER. ORIENTIER. D. EPOXYDATION V. STERINEN 4. MITT. 63-0830
LABIA R., OXYDIERENDE CYCLISIER. V. PHENAETHYLCYCLOHEXENEN ZU HYDROPHENANTHRENEN 57-0453
LABLACHE-COMBIER A., DIPOLARE 1.3-ADDITIONEN MIT KETOXIMEN, SYNTH. V. ISOXAZOLIDINEN 55-0415
LABLER L., TERPENE 189. MITT. 55-0524
- STEROIDE 111. MITT. 57-0727
- STEROIDE, 115. MITT. 64-0867
LABORIE, DESHALOGENIER.-RK. IN D. REIHE D. POLYOXYPHENYLENE 56-0744
LACASSE G., N-CARBONSAEUREESTER V. 1.2- U. 1.4-DIHYDRO-CHINOLINEN. EINE NEUE KLASSE V. IRREVERSIBLEN INAKTIVATOREN D. BRENZCATECHINAMIN-ALPHA-REZEPTOREN U. STARKEN ZENTRALNERVENSYST.-DEPRESSOREN 58-0638
LACHI M. P., DIPENTADIENYLCHROM 62-0039
LACHOWICZ A., DIREKTE DARST. D. CHINOLINDERIV. AUS NITROVERB. 6. MITT. 53-0058
LACK R. E., STEROIDE 29. MITT. 60-0774
- STEROIDE 31. MITT. 63-0833
- STRUKTUR V. DIGACETIGENIN 64-0852
LACKNER H., ACTINOMYCINE 31. MITT. 61-0804
LACOMBE L., NEUE BEISPIELE D. UNTERSCHIEDLICHEN MAGNET. VERH. V. ENANTIOMEREN IN CHIRALEM MEDIUM 64-0132
LACONCHE P., NMR-NACHWEIS D. BEVORZUGTEN ROTAMEREN V. PENTEN-(2)-NITRILEN 53-0101
- THERM. ISOMERISIER. V. ALKENSAEURENITRILEN 63-0215
LACOUME B., NMR. WEITREICHENDE (4)J-KOPPL. ZWISCHEN AXIALEN PROTONEN 55-0077
LACOUNT R. B., DIBENZOPENTALENOCHINON U. EIN RADIKAL-ANION. SALZ SEINES TETRACYANDIMETHANDERIV. 64-0539
LADD J. A., INFRAROTSPEKTREN U. SCHWING.-ZUORDN. D. ACETYLHALOGENIDE 58-0095
LADENBERGER V., BASEN-INDUZIERTE ELIMINIERUNGEN 1. MITT. 56-0226
- BASEN-INDUZIERTE ELIMINIER. 2. MITT. 56-0227
LADER H., UMWANDL. V. ALPHA,BETA-UNGESAETT. ALDEHYDEN IN GESAETT. IMINO-ESTER UEBER D. ALPHA-CYAN-AMINE 57-0307
LAFFITTE P., VERBRENN.-PROD. V. AETHER-LUFT-GEMISCHEN FUER VERSCHIEDENE FLAMMEN U. FLAMMBEREICHE 56-0246
LAGARDE B., DIESSIGSAEUREESTER D. PIPERIDINS 56-0566
LAGERCRANTZ C., ELEKTRONENSPIN-RESONANZ-UNTERS, V. STABILEN IMINOXYRADIKALEN, STRUKTUR D. RADIKALE, D. SICH AUS TETRANITROMETHAN U. 1.3-DICARBONYLVERB. BILDEN 64-0133
- DIVALENTE ANIONENRADIKALE V. EINIGEN ARYLDINITROMETHANVERB. 64-0134
LAGIER J., STRUKTUR V. MAGNESIUM-, MANGAN-, EISEN-, KOBALT-, NICKEL- U. ZINKOXALAT-DIHYDRATEN, AUFTRETEN V. PACK.-FEHLERN 62-0008
LAGRANGE R., SPEKTROSKOP. UNTERS. D. ELEKTR. HOCHSPANN.-ENTLAD. AN EINIGEN FLUORIERTEN ALIPHAT. KOHLENWASSERSTOFFEN 57-0195
- BEOBACHT. U. CHARAKTERISIER. V. NEUEN BANDEN D. EMITTIERENDEN MOL. CF2 59-0104
LAHEY F. N., SYNTH. V. DL-HERNANDIN 56-0650
- HALFORDIN U. ISOHALFORDIN, REVIDIERTE STRUKTUREN 57-0573
- CROPHYLLIN U. ACROPHYLLIDIN, ZWEI NEUE ALKALOIDE AUS ACRONYCHIA HAPLOPHYLLA 59-0707
LAHIRI J., PHOTODIMERISIER. V. ANTHRACEN U. DESSEN MESO-SUBSTITUIERTEN DERIV. 62-0290
LAHMANI F., PHOTOISOMERISIER. V. PYRAZIN U. SEINEN METHYLDERIV. 53-0191
LAHOURNERE J., UNGEWOEHNL. VERLAUF D. ALKYLIER. V. HALOGENIDEN D. ELEMENTE D. GRUPPE IVB MIT GRIGNARD-REAGENZIEN 1. MITT. 61-0031
LAILY A., DEHYDRATISIER. V. SUBSTITUIERTEN TETRAHYDROFURYL-CARBINOLEN 3. MITT. 54-0405
LAING S. B., SYNTHET. STEROIDE 4. MITT. 58-0787
- SYNTHET. STEROIDE 5. MITT. 59-0764
- SYNTHET. STEROIDE 6. MITT. 61-0792
LAIRD A. H., POLYPEPTIDE 6. MITT. 59-0768
LAIS B. R., RK. D. CIS-U. TRANS-1.4-DICHLORBUTENS-(2) MIT NATRIUMAMID 64-0356
LAITY J. L., EXALTATION D. DIAMAGNET. SUSZEPTIBILITAET ALS KRITERIUM FUER D. AROMAT. CHARAKTER 58-0083
LAKEMAN J., ADDIT. AN STEROIDPOLYENE 4. MITT. 53-0556
LAKIZO V. I., KONFIG. U. EIG. UNGESAETT. SAEUREN U. IHRER DERIV. 18. MITT. 62-0259
LAKOMY J., UNTERS. IN D. PYRIDIN-REIHE 25. MITT. 63-0224
LALA L. K., UEBER EINEN BICYCL. MECHANISMUS VERLAUFENDE RK. 58-0423
- TUMORLOKALISIERENDE AGENZIEN 4. MITT. 60-0808
LALANCETTE J. M., BORSULFID ALS AKZEPTOR V. ALKOXYGRUPPEN 56-0053
LALANDE R., MECHANISMUS D. RADIKAL. ADDITION V. ALDEHYDEN AN OLEFINE 54-0537
- RK. V. ORGANOMAGNESIUM-VERB. MIT 9-ACYL-ANTHRACENEN 59-0452
- VISKOSITAET U. DIELEKTR. EIG. V. KOLOPHONIUMHARZEN, HARZSAEUREN U. ABIETINSAEUREMETHYLESTER 3. MITT. 64-0093
- VISKOSITAET U. DIELEKTR. EIG. V. KOLOPHONIUMHARZEN, HARZSAEUREN U. ABIETINSAEUREMETHYLESTER 1. MITT. 64-0193
- VISKOSITAET U. DIELEKTR. EIG. V. KOLOPHONIUMHARZEN, HARZSAEUREN UND ABIETINSAEUREMETHYLESTER, 2. MITT. 64-0194
LALLEMAND J. Y., UNTERS. IN D. INDOLREIHE 20. MITT. 60-0141
LALOI-DIARD M., KINET. UNTERS. UEBER D. HYDROXYALKYLIER. EINIGER BETA-DIKETONE 5. MITT. 59-0215
LAMANT M., RED. V. OMEGA-BENZOYLALKANSAEUREN U. IHREN DERIV., DEHYDRATISIER. D. ERHALTENEN BIFUNKTIONELLEN VERB. 57-0371
LAMATY G., BETA-DEUTERIUM-ISOTOPENEFFEKT BEI D. SOLVOLYSE V. ALPHA-PHENYLAETHYLCHLORID, NATUR D. UEBERGANGSZUSTANDES BEI D. SOLVOLYSE 54-0154
- SEK. ISOTOPENEFFEKTE D. DEUTERIUMS BEI D. NUKLEOPHILEN ADDIT.-RK. V. CARBONYLVERB. 2. MITT. 56-0229
- KONFORM.-ANALYSE BEWEGL. SYST. 3. MITT. 57-0159
- EINFL. D. DEUTERIUM-SUBSTITUT. AUF D. GESCHW. ORGAN. RK. 11. MITT. 58-0244
- SOLVOLYSE VON ALPHA-PHENYLAETHYLCHLORID IN WASSER-DIMETHYLSULFOXID-GEMISCHEN 61-0241
- EINFL. D. KETTENLAENGE AUF DIE REAKTIVITAET ALIPHAT. KETONE GEGENUEBER DEM BORANAT-ION 62-0209
- SOLVOLYSE V. 1-BROM-ADAMANTAN IN DIMETHYLSULFOXID-WASSER-GEMISCHEN 63-0274
- SOLVOLYSE V. 1-BROM-ADAMANTAN IN AETHANOL-WASSER-GEMISCHEN 63-0275
- SYNTH. U. ABBAU-RK. V. IN BETA-STELLUNG STEREOSPEZIFISCH MONODEUTERIERTEN AMINEN 63-0496
LAMB R. W., STRUKTUREINFL. BEI RK. V. ORGANOPHOSPHORVERB. 1. MITT. 60-0369
LAMBERT C. A., P(PI)-D(PI)-BIND. IN TRIMETHYLSILYLHALOGENIDEN 59-0149
LAMBERT J. B., QUAL. STRUKTURUNTERS. IN FL. PHASE, VOLLSTAEND. R-WERT-ANALYSE V. 6-GLIEDR. RINGEN 55-0115
- STEREOCHEMIE U. INVERSION V. TRIVALENTEM SAUERSTOFF 60-0165
- STEREOMUTATION VON ARSEN 60-0286
LAMBERT J. L., UNTERS. D. KOORDINATION EINIGER METALL(I)-SALZE D. KOMPLEXSAEURE HYDROGENAETHYLENDIAMINTETRAACETATOAQUOFERRAT(III) DURCH MOESSBAUER-SPEKTROSKOPIE 61-0009
- STRUKTUR U. PHOTOLYSE D. KOMPLEXSAEURE HYDROGENAETHYLENDIAMINTETRAACETATOAQUOFERRAT(III) U. IHRER METALL(I)-SALZE 61-0035
- DARST. U. UNTERS. D. KOORDINATION D. KOMPLEXSAEURE DIHYDROGENDIAETHYLENTRIAMINPENTAACETATOFERRAT(III)-DIHYDRAT U. IHRER METALL(I)-SALZE 61-0054
LAMBERTI V., SYNTH. V. LACTONEN 3. MITT. 57-0315
- PHOTOLYSE V. TRANS-BETA-BENZOYL-ACRYLSAEURE 59-0271
LAMBERTON A. H., 2-(NAPHTHYL-(2))-BENZO(B)THIOPHEN 2. MITT. 56-0478

- NITRAMINE U. NITRAMIDE 13. MITT. 58-0103
LAMBERTON J. A., KREYSIGININ, EIN HOMO-MORPHIN-ALKALOID AUS KREYSIGIA MULTIFLORA REICHB. 62-0156
LAMBETH P. F., PHOTORED. V. CARBONYLVERB. DURCH AMINE 57-0261
LAMBIE A. J., HALOGEN-O-PHENYLENDIAMINE U. ABGELEITETE HETEROCYCLEN 1. MITT. 62-0500
LAMBOOY J. P., SYNTH. V. SUBSTITUIERTEN 4-DIMETHYLAMINO-AZOBENZOLEN U. TEST. D. WRKG. AN LACTOBACILLUS CASEI U. ESCHERICHIA COLI 63-0445
LAMCHEN M., NITRONE 5. MITT. 53-0355
- NITRONE 6. MITT. 55-0392
LAMER E., IDENTIFIZIER. V. 3'.4'.5'.5.7-PENTAHYDROXY-FLAVON U. SEINEM 3'-MONOGLUCOSID 59-0680
LAMM B., UNTERS. V. NUCLEOPHILEN AROMAT. SUBSTITUTIONSRK. 3. MITT. 58-0256
LAMMINSIVU U., KRIST.-DATEN U. ANDERE EIG. V. BIS-(N.N'-DIMETHYL-AETHYLENDIAMIN)-NICKEL(II)-BROMID U. -NITRAT 58-0020
LA MONICA G., RHODIUM(I)- U. IRIDIUM(I)-CARBONYLVERBIN-DUNGEN MIT ANIONISCHEN CHELATLIGANDEN 56-0085
LAMONICA G., SPEZIF. SPALT. V. LINEAREN, CYCLOPROPANRINGE ENTHALTENDEN ALDEHYDEN BEI D. MASSENSPEKTROMETRIE 56-0139
- NEUE BESTAETIG. D. STRUKTUR U. BIOGENESE V. ALPHA-AVI-MYCOLSAEUREN 56-0737
LAMONTAGNE M. P., OX. V. HYDRAZONEN 3. MITT. 59-0404
- OXYDATION VON AZINEN MIT BLEITETRAACETAT, 2. MITT. 61-0322
LAMOTTE A., HYDROLYSE VON DIAETHYLPHOSPHIT U. IHRE BEDEUTUNG FUER DIE CHROMATOGRAPHIE 61-0245
LANCASHIRE F., FLUORCYCLOHEXANE 12. MITT. 55-0294
LANCASTER J. E., STRUKTUREN V. METHYL-ALDGAROSID A U. B AUS D. NEUTRALEN MACROLIDANTIBIOTIKUM ALDGAMYCIN E 54-0556
LANCHEC G., AMINIER. V. ALKENEN MIT LANGEN KETTEN 58-0275
LANCMAN S. B., CHINONE 5. MITT. 64-0651
- CHINONE 6. MITT. 64-0652
LANDA S., STICKSTOFFHALT. VERB. IN ERDOEL U. ERDOELFRAKT. 4. MITT. 58-0634
LANDE S. S., STRUKTUR-UNTERS. DURCH KERNMAGNET. RESONANZ 18. MITT. 62-0127
LANDENBERGER V., BASEN-INDUZIERTE ELIMINIER. 3. MITT. 56-0228
LANDESBERG J. M., TRICARBONYL-NORBORNADIENON-(7)-EISEN 60-0056
LANDGRAF F. W., SYNTH. V. 2- U. 4-BROMOESTRADIOL 62-0794
LANDGREBE J. A., EIN STABILISIERTES CYCLOPROPYL-KATION. SYNTH. U. SOLVOLYSE V. 1-CHLOR-BICYCLOPROPYL 58-0241
- SYNTH., STEREOCHEMIE U. SOLVOLYSE V. 2-BROM-BICYCLOPROPYL U. VERWANDTEN VERB. 61-0463
- SAEUREKATALYSIERTE HYDROLYSE V. 1-ARYL-CYCLOPROPYLACE-TATEN, ELEKTROPHILE SPALT. D. CYCLOPROPANRINGES 62-0222
LANDIS P. S., NITROBENZO(B)THIOPHENE 60-0501
LANDIS W. R., PHOTORED. V. URIDIN U. RED. V. DIHYDROURIDIN MIT NATRIUMBORHYDRID 58-0715
LANDOLT R. G., RK. V. 9-NITROANTHRACEN MIT NATRIUMCYANID IN DIMETHYLFORMAMID 58-0511
LANDOR S. R., ALLENE 16. MITT. 55-0223
- CYCLOPROPANE AUS ALPHA,BETA-UNGESAETT. ESTERN U. DIMETHYLSULFOXONIUM-METHYLID 56-0387
- ALLENE 17. MITT. 58-0362
- ALLENE 18. MITT. 58-0363
- ALLENE 19. MITT. 58-0364
- ALLENE 20. MITT. 58-0365
LANDQUIST J. K., DIAMINOBENZOBISTHIAZOLE U. VERWANDTE VERB. 55-0418
- 2-ALKOXY-5-AMINO- U. -5-ARYLSULFONAMIDO-1.3.4-THIADIAZOLE U. VERWANDTE VERB. 57-0564
LANDREY J. R., BEWEIS F. EINE NICHTOXYDATIVE CYCLISIER. V. SQUALEN IN D. BIOSYNTH. V. TETRAHYMANOL 64-0837
- BIOSYNTH. V. TETRAHYMANOL AUS (4R)-(4-(3)H.2-(14)C)MEVALONSAEURE 64-0906
LANDWEHR H. K., RK. V. ISOCYANATEN MIT AZOMETHINEN, BEWEIS FUER EIN NEUES HETEROCYCL. ADDUKT 63-0731
LANE A. G., OZONISIER. V. BENZ(A)ANTHRACEN 59-0465
LANE D. W. J., HALOGEN-O-PHENYLENDIAMINE U. ABGELEITETE HETEROCYCLEN 1. MITT. 62-0500
LANEELLE G., CHEMIE V. MIKROORGANISMEN 13. MITT. 61-0816
LANET J., STER. ORIENTIER. D. EPOXYDATION V. STERINEN 4. MITT. 63-0830
LANEWALA M. A., ISOMERISIER. V. DIAETHYLBENZOLEN UNTER VERWENDUNG V. ZEOLITKATALYSATOREN 62-0266
LANEY D. H., THIOPHEN ALS KETTENVERLAENGERER 4. MITT. 57-0316
LANG G., ORGAN. SCHWEFELVERB. 17. MITT. 53-0364
LANG K. L., N-O-ACYLWANDER. IN CIS- U. TRANS-2-AMINOMETHYL-CYCLOHEXANOL- U. CIS- U. TRANS-2-HYDROXYMETHYL-CYCLOHEXYLAMIN-DERIV. 62-0433
LANG L. K., NACHBARGRUPPENBETEILIG. 1. MITT. 55-0298
LANG W., METALLTRIFLUORPHOSPHIN-KOMPLEXE 20. MITT. 57-0067
LANGE J. H., CHEMOTHERAPEUT. NITROHETEROCYCLEN, NITROPYRROL-2-CARBALDEHYD-DERIV. 60-0509
LANGEMANN A., INSEKTENHORMONE, 9. MITT. 56-0700
LANGEN P., PYRANOIDE THYMIN-O(2).3'-CYCLONUCLEOSIDE 55-0498
- ANOMERE THYMIN-NUCLEOSIDE D. 2-DESOXY-D-RIBOPYRANOSE U. 2-DESOXY-L-RIBOPYRANOSE 57-0651
- NEUER WEG ZU 3'-DESOXY-URIDIN AUS URIDIN 57-0652
- THYMIN-NUCLEOSIDE D. 2-DESOXY-D-XYLOPYRANOSE 58-0704
- UMWANDL. D. L-ERYTHRO- IN D. L-THREO-KONFIG. AM INTAKTEN THYMIN-2'-DESOXYPENTOPYRANOSID 59-0675
- SUBSTITUT.-RK. MIT 5'-O-ARYLSULFONYL-THYMIDINEN 59-0676
- KONKURRENZ BEI D. DURCH SILBER-IONEN ASSISTIERTEN PHOSPHORYLIER., DARST. V. THYMIDIN-5'-NITRAT 64-0785
LANGHAMMER L., BIN. SYST. V. ENANTIOMEREN KAWA-LACTONEN 64-0196
LANGS D. A., STRUKTUR V. BIS-(TOLUOL-P-SULFINATO)-KUPFER(II)-TETRAHYDRAT 54-0013
- STRUKTUR V. CIS-DINITRATO- BIS-(DIMETHYLSULFOXID)-PALLADIUM(II) 56-0025
LANKAMP H., NEUE INTERPRETATION D. MONOMER-DIMER-GLEICHGEWICHTS V. TRIPHENYLMETHYL- U. ALKYLSUBSTITU-IERTEN DIPHENYLMETHYL-RADIKALEN IN LSG. 57-0413
LANNEAU G., STEREOSPEZIF. RK. V. MAGNESIUMVERB. MIT EINEM AKT. BIFUNKTIONELLEN ORGANOSILAN 58-0507
LA NOCE T., SYNTH. V. ALPHA-HYDROXYLAMINOSAEUREN 1. MITT. 64-0402
- ALPHA-HYDROXYLAMINOSAEUREN U. DERIV. 2. MITT. 64-0403
LANSBURY P. T., UMLAGER. WAEHREND D. SAEUREKATALYSIERTEN SOLVOLYSE V. BENZOBICYCLO(3.2.1)OCTENYL- U. BENZOBICYCLO(2.2.2)OCTENYL-DERIV. 55-0193
- SOLVOLYT. CYCLISIER. V. 1-ALLYLINDENEN 55-0341
- THIANON-(3)- U. PIPERIDON-(3)-RINGSYST. 58-0636
- ZWISCHENPROD. FUER 16-KETO- U. A-NORSTEROIDE U. DERIV. 58-0778
- BESCHRAENKTE KONFORMATIVE INVERSION VON 1.8-(1.8-NAPHTHYLENDIMETHYL)-NAPHTHALIN 60-0170
LANTZ J., STRUKTUR EINER NEUEN TRITERPENSAEURE, SHOREASAEURE 63-0807
LANYI K., PIPERAZIN-DERIV. 1. MITT. 53-0446
LANZARINI G., PHOTOCHEM. UEBERFUEHR. V. STICKSTOFF IN ORGAN. VERB. IN VITRO 2. MITT. 60-0780
- PHOTOCHEM. UEBERFUEHR. V. STICKSTOFF IN ORGAN. VERB. IN VITRO 3. MITT. 60-0781
- PHOTOCHEMISCHE UEBERFUEHRUNG VON STICKSTOFF IN ORGANISCHE VERBINDUNGEN IN VITRO, 4. MITT. 64-0405
LAONIGRO G., DARST. V. ZWEI EPIMEREN TETRAMETHYLDECALONEN AUS SCLAREOL 60-0733
LAPAN E. I., RK. V. 2-CHLOR-3-(BETA-CHLOR-AETHYL)-4.6-DIHYDROXY-PYRIDIN, SYNTH. V. DERIV. D. 5-AZA-BENZOFURANS 60-0525
LAPIDOT Y., PHOSPHORYLIER.-PROD. V. POLY-DL(L)-SERIN 54-0575
LAPINA T. V., RK. V. SCHWEFEL MIT ORGANISCHEN VERB. 17. MITT. 60-0482
LAPKIN I. I., RK. V. ALPHA-CHLORIERTEN AETHERN IN GGW. V. ZINK 6. MITT. 56-0346
- RK. V. HALOGENMETALLALKOHOLATEN 21. MITT. 60-0505
- RK. V. ALPHA-CHLORIERTEN AETHERN IN GGW. V. ZINK 7. MITT. 62-0339
- RK. V. HALOGENMETALLALKOHOLATEN 24. MITT. 62-0413
- 1.3-DIOXOLANE 2. MITT. 62-0553
- NEUE SYNTH. MIT ZINKORGAN. VERB. 3. MITT SYNTH. V. ESTERN BETA-ALKOXY- U. BETA-ACYLOXY-SUBSTITUIERTER ALIPHAT. SAEUREN 64-0388
LA PLACA S. J., KRIST.- U. MOLEKULARSTRUKTUREN V. METHOXYTETRAPHENYLANTIMON(V) U. DIMETHOXYTRIPHENYL-ANTIMON(V) 61-0165
LAPORTHE Y., DITERPENE AUS JUNIPERUS PHOENICEA L. 1. MITT. 62-0765
- DITERPENE AUS JUNIPERUS PHOENICEA L 2. MITT. 62-0776
LAPOUYADE R., PHOTODIMERISIER. V. ANTHRACENDERIV. IM FESTEN ZUSTAND 54-0326
- MOL. OPT. ANISOTROPIEN EINIGER NAPHTHALIN- U. ANTHRACEN-DERIV. 55-0044
- RK. V. DEHYDROBENZOL MIT 9-VINYLANTHRACEN 56-0440
- PHOTODIMERISIER. V. 9-FLUOR-, 9-CHLOR- U. 9-BROM-ANTHRACEN 64-0342
LAPPERT M. F., METALLORGAN. DIAZOALKANE 53-0023
- DIMETHYLAMINO-TRIMETHYL-STANNAN, EIN KRAEFTIGES DEHYDROCHLORIERUNGSMITTEL 55-0024
- ORGANOSILYLDERIV. V. ZIRKONIUM, MOLYBDAEN U. WOLFRAM 55-0032
LAPPIN M., HETEROCYCL. POLYFLUORVERB. 14. MITT. 59-0633
LAPSIN N. M., RK. V. 1.1-DIPHENYL-AETHYLHYDROPEROXID MIT BENZOYLISOCYANAT U. PHENYLISOCYANAT 58-0485
LAPSINA Z. J., 1.3-DIPOLARE CYCLOADDITION AN NITRONSAEUREESTER AUS ARYLNITROMETHANEN 59-0556
LARAMY R. E., POLYALKYLIERTE AROMAT. KOHLENWASSERSTOFFE 2. MITT. 63-0528
LARCHEVEQUE M., RED. V. ALPHA-UNGESAETT. KETONEN ZU GESAETT. KETONEN MIT ALKALIMETALLEN IN HEXAMETHYLPHOS-PHORYLTRIAMID (HMPT) 59-0408
LARDICCI L., OPT. AKT. DIALKYLALUMINIUMHALOGENIDE 54-0027
- RK. V. (+)-TRIS-(2S)-1.2-DIMETHYL-BUTOXYMETHAN MIT KOHLENOXID U. WASSERSTOFF IN GGW. V. DICOBALTOCTACAR-BONYL 54-0218
LARGE G. B., RK.-MECHANISMEN V. THIOSULFINATEN (SULFENSAEUREANHYDRIDE) 2. MITT. 63-0323
LARGEAU C., KONFORM. U. REAKTIVITAET V. BICYCLO(4.N.0)-VERB. MIT TRANS-VERKNUEPF. 1. MITT. 62-0491
LARICE J., DARST. V. THIAZOLIDINEN AUS AZIRIDINEN 1. MITT. 56-0519
LARIONOVA J. A., SYNTH. V. ORGANOCYCLOSILOXANEN MIT CYANALKYLGRUPPEN AM SILICIUM-ATOM 64-0418
LARKIN J. M., STEREOCHEMIE 31. MITT. 63-0819

LAROCHE M., KATALYT. DEHYDRATISIER. V. LANGKETT. ALKOHOLEN 2. MITT. 54-0170
- KATALYT. DEHYDRATISIER. V. LANGKETT. ALKOHOLEN 3. MITT. 64-0296
LAROCHELLE R., YLID-CHEMIE 5. MITT. 62-0338
LARROUQUERE J., AETHOXYCARBONYLIER. V. HYDRAOXYLFUNKTIONEN BEI PHENOLEN U. PYRIDINEN 58-0642
LARSEN B., ALKAL. ALGINAT-ABBAU 58-0817
LARSEN C., N-ISOTHIOCYANATOAMINE 2. MITT. 53-0257
- N-ISOTHIOCYANATOAMINE 3. MITT. 56-0307
- ZERS. 4.4-DIALKYLSUBSTITUIERTER THIOSEMICARBAZIDE 56-0309
- N-ISOTHIOCYANATOAMINE. 5. MITT. 57-0320
- N-ISOTHIOCYANATO-AMINE 6. MITT. 57-0321
- MASSENSPEKTROMETRIE V. 1.2.4.5-TETRAZINEN 58-0130
- THIOSAEUREN U. IHRE DERIV. 9. MITT. 61-0368
- N-ISOTHIOCYANATOAMINE 4. MITT. 61-0586
LARSEN I. K., PHOTOCHEM. UNTERS. 8. MITT. 56-0609
LARSEN J. W., STABILITAET V. CARBONIUMIONEN IN LSG. 1. MITT. 58-0162
- STABILITAET V. CARBONIUMIONEN IN LSG. 2. MITT. 58-0163
LARSEN P. O., AMINOSAEUREN UND GAMMA-GLUTAMYLDERIV. IN SAMEN V. LUNARIA ANNUA L. 3. MITT. 54-0587
LARSON G. L., SYNTH. D. CIS- U. TRANS-ISOMEREN V. 2-TRIMETHYLSILYL-CYCLOHEXANOL 63-0499
LARSON J. K., P-METHOXY-BENZYLIDENDERIV. D. BERNSTEIN- U. MALONSAEUREN 58-0456
- VERW. V. BETA-KETO-SULFONEN ALS SYNTHET. ZWISCHENPROD. 58-0529
- PERHYDROINDAN-DERIV. 10. MITT. 61-0487
LARSSON F. C. V., ELEKTRONENSTOSS-UNTERS. 9. MITT. 53-0080
LASCH I., CHEMIE NUCLEOPHILER CARBENE 12. MITT. 56-0520
LASER J., POLYACETYLENVERB. 136. MITT. 54-0588
- POLYACETYLENVERB. 148. MITT. 61-0834
LASKAVY G., KETO-ENOL-GLEICHGEW. U. DECARBOXYLIER. D. OXALESSIGSAEURE 58-0291
LASKAWY G., D. METALLIONENKATALYTISCHE DECARBOXYLIER. D. OXALESSIGSAEURE (OES) 44. MITT. 58-0292
LASSAK E. V., PROTONENMAGNET. RESONANZ EINIGER CUMARINE U. 2.2-DIMETHYL-CHROMENE, WEITERE BEISPIELE FUER SPIN-SPIN-KOPPL. ZWISCHEN RINGEN 54-0073
LASSILA J. D., PHOTOCHEM. UMWANDL. 26. MITT DIREKTE BEOBACHT. V. KETENZWISCHENSTUFEN BEI PHOTOCHEM. RK. 62-0301
LAST H., ALKALOIDE AUS RHAMNACEEN 3. MITT. 56-0649
- ALKALOIDE AUS RHAMNACEEN 5. MITT. 62-0732
LATHAM D. W., ALIPHAT. HYDROXYSAEUREN 3. MITT. 61-0363
LATIF K. A., RANEY-NICKEL-DESULFURIER. EINIGER ORGANOSCHWEFELVERB. 60-0413
LATOWSKI T., PHOTOCHEM. EIG. V. HALOGENDERIV. D. ANILINS 4. MITT. 58-0313
- PHOTOCHEM. RK. MIT ELEKTRONENUEBERTRAG. 1. MITT. 62-0064
- PHOTOCHEM. RK. MIT ELEKTRONENUEBERGANG 3. MITT. 64-0326
LATTES A., AMINOMERCURIER. 2. MITT. 56-0261
- KONFIG. V. NATUERL. 2.3-DIMETHYL-GLYCERINSAEURE 56-0299
- ANWEND. D. KATALYT. EIG. V. IONENAUSTAUSCHERHARZEN AUF EINIGE RK. AROMAT. N-BASEN 61-0305
LATUSKINA R. M., SELEKTIVE BIS-BETA-HYDROXYAETHYLIER. V. DIAMINEN AN D. STAERKER BAS. AMINOGRUPPE 64-0401
LAUBENGAYER A. W., PARTIELLE HYDROLYSE V. AETHYLALANVERB. 63-0066
LAUER D., ROTAT.-BEHINDER. BEI SUBSTITUIERTEN BENZOPHENONEN U. BENZILEN 57-0134
- STABILE ROTATIONSISOMERE CARBONSAEUREAMIDE 59-0153
LAUFER D. A., REAGENZ FUER D. PEPTIDSYNTH., KOPOLY-(AETHYLEN-N-HYDROXY-MALEINIMID) 63-0043
LAUGHLIN R. G., SYNTH. U. EIG. ALIPHAT. SULFONAMIDMETHYLIMINE U. -BIS-METHYLIMINE 63-0380
LAUGHLIN R. G. W., D. ROLLE V. HYDROPEROXIDEN ALS KETTENSPALTENDE STOFFE BEI D. OX. V. HEPTAN IN D. KALTEN FLAMME 53-0124
LAUINGER C., KONFIG. D. ASPARAGINYL- U. ASPARAGYL-RESTES AUS D. BACITRACIN 61-0144
- 1.4-CYCLOHEXADIEN-1-ALANIN (2.5-DIHYDROPHENYLALANIN), EIN NEUER INHIBITOR V. PHENYLALANIN BEI RATTEN U. LEUCONOSTOC DEXTRANICUM 8086 63-0889
LAUNAY C., DARST. V. DIALKYL- U. DIARYLOXYALKYLAMINEN AUS D. ENTSPRECHENDEN CYANAETHERN 59-0331
- GEWINN. V. ALDOAETHERN DURCH KATALYT. RED. D. ENTSPRECHENDEN CYANAETHER IN GGW. V. SEMICARBAZID 62-0340
LAURENCE C., IR-SPEKTROSKOP. UNTERS. D. SUBSTITUENTENEFFEKTE AUF LAD.-UEBERTRAG.-KOMPLEXE 58-0096
LAURENT A., UMLAGER.-UNTERS. MIT HILFE V. (14)C 3. MITT. 56-0370
- UMLAGER. NITROSO-DESAMINIER. V. (2-(14)C)-3-PHENYL-3-METHYL-2-AMINO-BUTAN 64-0348
LAURENT J., NEUE DARST. V. ALKYL-DIFLUOR-BURANEN 56-0326
- DARST. U. CHARAKTERISIER. EINIGER DIBUTYLGALLIUMVERB. 58-0047
- BLDG. V. ADDIT.-VERB. AUS TRIBUTYLGALLIUM U. TRIALKYLAMINEN, MAGNETOOPT. UNTERS. 59-0050
- DARST. U. CHARAKTERISIER. V. ADDIT.-VERB. AUS TRIALKYLPHOSPHINEN (R3P) MIT MONOALKYLBORANEN (R'BH2) 63-0414
LAURENT P. A., QUART. AMMONIUM-VERB. AUS 5-METHYL-, 5-AETHYL- U. 5-HYDROXYMETHYL-3.7-DIOXA-1-AZA-BICYCLO(3.3.0)OCTAN 56-0514
LAURENT S., AUF 3-ALKYLCYCLOHEXANONE ANGEWANDTE MANNICH-RK. 56-0391
LAURENT-DIEUZEIDE E., ALKAL. HYDROLYSE V. CIS-2-CHLOR-CYCLOHEXANTHIOL U. CIS-2-CHLOR-CYCLOPENTANTHIOL 56-0220
- SYNTH., IDENTIFIZIER. U. STRUKTUR V. 2-CHLOR-CYCLANTHIOLEN 62-0423
LAURENT-DIEUZEIDE L., SOLVOLYSE V. 2-CHLOR-CYCLANTHIOLEN 62-0424
LAURICELLA R., SYNTH. V. MONO- U. DISUBSTITUIERTEN TETRADEUTERO-CYCLOHEXANEN U. -CYCLOHEXENEN (SUBSTITUENTEN COOR, F, CL, BR, OH) 60-0398
LAURIE V. W., CHARAKTERIST. SCHWING.-FREQUENZEN CYCL. KETONE 60-0083
LAUTENBERGER W. J., RK. VON AMINEN MIT HALOGENALKANEN 1. MITT. 60-0301
LAVAL-JEANTET A., BENZOFURAN 36. MITT. 60-0496
LAVAUX J., VERW. V. 4.5-EPOXIDEN ZUR STEREOSELEKTIVEN EINFUEHR. EINES SUBSTITUENTEN IN 4-STELL. V. STEROIDEN, 9. MITT. 55-0557
LAVERGNE J., VGL. D. RK. V. DIPHENYLGERMAN BZW. DIPHENYLSILAN MIT ACRYLNITRIL U. ALLYLCYANID 59-0060
LAVIE D., GEGEN HEUSCHRECKEN WIRKSAMER FRASSSCHUTZSTOFF (PHAGOREPELLENT) AUS ZWEI ARTEN D. MELIA 54-0528
- LOESUNGSMITTELEFFEKTE AUF D. KERNMAGNET. RESONANZSPEKTREN V. STEROID-KETONEN 56-0132
- EPOXIDE 2. MITT. 56-0697
- EIN NEUES ALKALOID V. CHINOLON-TYP AUS HAPLOPHYLUM TUBERCULATUM (RUTACEAE) 61-0725
- EPOXIDE 4. MITT. 61-0766
- EPOXIDE 3. MITT. 63-0252
- STRYCHNINDERIVATE UND IHRE UMWANDLUNG IN BRUCIN 64-0806
LAVIELLE G., EINW. V. NUCLEOPHILEN REAGENTIEN AUF VERSCHIEDENE GAMMA-HALOGEN-DELTA(BETA,GAMMA)-ALKENYLPHOSPHONATE 56-0327
LAVIRON E., EINFL. D. ADSORPT. D. DEPOLARISATORS ODER EINES PROD. D. ELEKTROCHEM. RK. AUF POLAROGRAPH. STROEME 3. MITT. 63-0036
- EINFL. D. ADSORPT. D. DEPOLARISATORS ODER EINES PROD. D. ELEKTROCHEM. RK. AUF POLAROGRAPH. STROEME 4. MITT. 63-0037
- EINFL. D. ADSORPT. D. DEPOLARISATORS ODER EINES PROD. D. ELEKTROCHEM. RK. AUF POLAROGRAPH. STROEME 5. MITT. 63-0038
- EINFLUSS DER ADSORPTION DES DEPOLARISATORS ODER EINES PROD. DER ELEKTROCHEMISCHEN RK. AUF POLAROGRAPHISCHE STROEME, 4. MITT. 64-0241
- UNTERS. IN D. HETEROCYCL. REIHE 14. MITT. 64-0631
LAVRINOVIC I. A., RK. V. 2-AETHYLENIMINO-2-PHENYL-INDANDION-(1.3) MIT ALKOHOLEN 59-0435
LAVRUSIN V. F., BASIZITAET U. STRUKTUR V. HETEROCYCL. ALPHA.BETA-UNGESAETTIGTEN KETONEN, 5. MITT. 62-0177
LAW D. C. F., DIELS-ALDER-RK. V. TETRAHALOGENCYCLOPROPENEN 62-0524
LAW H. D., SYNTH. U. EIG. V. ANGIOTENSIN-ANALOGA, DIE IN 1- ODER 4-STELL. VMODIFIZIERT SIND. 57-0753
LAWESSON S., ELEKTRONENSTOSS-UNTERS. 9. MITT. 53-0080
- ELEKTRONENSTOSS-UNTERS. 16. MITT. 58-0123
- ELEKTRONENSTOSS-UNTERS. 21. MITT. 58-0132
- MASSENSPEKTREN V. NITROSOVERB. 60-0125
- ELEKTRONENSTOSSUNTERS. 19. MITT. 60-0126
- ELEKTRONENSTOSSUNTERS. 22. MITT. 60-0127
- MASSENSPEKTROMETRIE BEI STRUKTURELLEN U. STEROCHEM. PROBLEMEN, 139. MITT. 60-0128
- SYNTH. V. POLYFUNKTIONELLEN CYCLOPROPANDERIV. 60-0407
- BEITRAEGE ZUR CHEMIE ALPHA-SUBSTITUIERTER SULFIDE 11. MITT. 60-0450
- RK. ZWISCHEN ACYLOINEN U. SEK. AMINEN 60-0465
- ENAMIN-CHEMIE MITT. RK. V. ENAMINEN MIT ALPHA-CHLOR-ACRYLNITRIL 61-0509
- ENAMIN-CHEMIE 11. MITT. 62-0517
- UNTERS. AN ENTHIOLEN 2. MITT. 64-0143
- MONOTHIO-BETA-DICARBONYL-VERB. 64-0214
LAWLER R. G., EINIGE VERALLGEMEINER. HINSICHT. D. RK. D. STELL. IM ARYL-KERN, D. ANKONDENSIERTEN SYST. MIT RINGSPANN. BENACHBART SIND 60-0225
LAWLOR J. M., RK. V. HYDRIDOPENTACYANOCOBALTAT MIT ANIONEN V. ALPHA,BETA-UNGESAETT. SAEUREN 61-0056
LAWRENCE G. L., D. LINEARE FREIE ENERGIE-BEZIEH. ZWISCHEN VERTEIL.-KOEFF. U. WASSERLOESLICHK. ORGAN. FL. 58-0165
LAWRENCE M. J., MANNICHBASEN V. 4-(METHYLTHIO)-PHENOL U. 3-METHYL-4-(METHYLTHIO)-PHENOL 63-0451
LAWRENCE R., ELEKTRONENSTOSS-FRAGMENTIER. EINIGER PYRIDONE-(2), PYRIDTHIONE-(2) U. 2-ALKYLMERCAPTOPYRIDINE 58-0131
LAWRENCE R. V., THERM. ISOMERISIER. V. ABIETINSAEURE 62-0761
LAWRIE W., EINE NEUE TRITERPENOIDSAEURE AUS LENZITES TRABEA 53-0541
- BIOSYNTH. V. EBURICOSAEURE AUS SESQUITERPENVORSTUFEN 54-0579
LAWS D. R. J., CHEMIE D. HOPFEN-BESTANDTEILE 31. MITT. 53-0094
- ALLENE 20. MITT. 58-0365
LAWSON A., SCHIFFSCHE BASEN 1. MITT. 58-0555
- SCHIFFSCHE BASEN 2. MITT. 58-0556

- SCHIFFSCHE BASEN, 3. MITT. 63-0522
LAWSON C. J., CARRAGHEENANE 6. MITT. 62-0838
LAWSON J. A., ORGAN. OXALATE 2. MITT. 63-0505
LAWTON E., PHOTOLYSE V. TETRAFLUORHYDRAZIN-CYCLOPROPAN-GEMISCHEN 62-0296
LAY A., INDOL U. INDOLDERIV. 3. MITT. 63-0620
LAYER A., RK. D. HYDRYLANIONEN 5. MITT. 62-0028
LAYER R. W., ISOMERISIER. AN D. C=N-DOPPELBIND. V. CHINONDIIMINEN 59-0188
LAYOLE J., KONFIG. V. NATUERL. 2.3-DIMETHYL-GLYCERINSAEURE 56-0299
LAYTON A. J., ISOTHIAZOLE 11. MITT. 59-0565
LAYTON R. M., RADIKAL. 1.5-UMLAGER. EINER TRICHLORMETHYL-GRUPPE 64-0420
LAZAR J., FLUORIERTE ANALOGE D. LEUCINS, METHIONINS U. VALINS 57-0333
LAZAR M., OX. U. ZERS. V. 3.3.4.4-TETRAPHENYL-HEXAN U. 1.1.2.2-TETRAPHENYL-CYCLOPENTAN 56-0207
- DISSOZIAT.-KONST. V. 2-HYDROXY-BENZOPHENONDERIV. IM GRUND- U. ANGEREGTEN ZUSTAND 57-0186
LAZAR P., VGL. D. NACH HUECKEL BERECHNETEN ELEKTRONEN-UEBERGANGSENERGIEN DELTA E2 MIT D. ENERGIEN D. ALPHA- U. BETA-ABSORPT.-BANDE POLYCYCL. KW-STOFFE 61-0131
LAZARIS A. J., SYNTH. D. MESOION. 1.3.4-THIADIAZOLONS-(2) U. 1.3.4-OXADIAZOLTHIONS-(2) 55-0420
LAZDINS I., (18)O-VERTEIL. BEI D. SOLVOLYSE V. EINFACHEN UNAKTIVEIRTEN ALKYL-ARYLSULFONATEN 61-0234
LAZENBY J. K., CEPHALOSPORANSAEURE 5. MITT. 53-0587
LAZUKINA L. A., GEGENSEIT. BEEINFLUSS. D. CHROMOPHOREN IN UEBER EINEN BENZOLREST VERBUNDENEN BIS-CYANINFARBSTOF-FEN 62-0575
LAZZARONI R., ALDOLKONDENS. V. GAMMA-FORMYL-BUTTERSAEUREESTERN 61-0364
- OPT. SPALT. EINIGER RAC. ALPHA-OLEFINE DURCH STEREOSELEKTIVE KOMPLEXBLDG. 62-0325
LEACH B. E., EINFL. V. LSGM. AUF D. KINETIK V. SUBSTITUT.-RK. V. NICKELCARBONYL 56-0049
- MECHANISMUS D. DURCH METALLIONEN KATALYSIERTEN HYDROLYSE V. AETHYLVALINAT- U. AETHYLLEUCINAT-N.N-DIESSIGSAEUREN 63-0040
- METALLIONEN-KATALYSE D. HYDROLYSE EINIGER AMINOSAEUREESTER-N.N-DIESSIGSAEUREN 63-0041
LEACH J. M., POLYFLUORIERTE BRUECKENKOPF-GRIGNARD-REAGENZIEN 54-0343
LEANDER K., UNTERS. V. ALKALOIDEN AUS ORCHIDEEN 8. MITT. 59-0693
- UNTERS. AN ORCHIDACEEN-ALKALOIDEN 9. MITT. 59-0694
LEANDRI G., BISELENIENYLREIHE 2. MITT. 60-0500
LEARD M., D. SILICONIUMIONENPROBLEM, MECHANISMUS D. RACEMISIER. V. CHLORSILANEN 64-0465
LEARY G., PHOTOCHEM. ENTMETHYLIER. V. 2-METHOXY-BENZOPHENONEN 57-0427
LEAVER D., DITHIOLREIHE 3. MITT DITHIOLCYANINE 59-0541
LEBEDEV D. D., DECACHLORPENTAN-SYNTH. 57-0285
LEBEDEV J. A., RK.-ENTHALPIE D. 1.3-DIPOLAREN CYCLOADDIT. V. NITRONAETHERN 62-0262
LE BERRE A., SYNTH. V. PYRRCLC(1.2-A)PYRIMIDINEN 53-0449
- SULFOAETHYLIER. V. CYCL. HYDRAZIDEN 54-0349
- ACETYLDERIV. D. CYCL. MALEYL- U. PHTHALYL-HYDRAZIDS 54-0456
- DIMERISAT. V. DIPHENYLISOBENZOFURAN UEBER EINEN INTERMEDIAEREN KOMPLEX MIT EINER SULFONSAEURE 56-0468
- SULFONYLDERIV. U. SULFONATE V. CYCL. HYDRAZIDEN 58-0667
- 2-ACRYLOYL-ANTHRACHINON 59-0453
LE BLEVEC J., DARST. V. 7-METHYL-OXINDOL 58-0584
LEBRETON J., SPEKTROSKOP. UNTERS. D. ELEKTR. HOCHSPANN.-ENTLAD. AN EINIGEN FLUORIERTEN ALIPHAT. KOHLENWASSER-STOFFEN 57-0195
- BEOBACHT. U. CHARAKTERISIER. V. NEUEN BANDEN D. EMITTIERENDEN MOL. CF2 59-0104
LEBRETON-OLIVEAU P., VORLAEUFIGE DATEN FUER SAEURE-BASE-RK. IN N-METHYLACETAMID 56-0191
LE BRIS M., DARST. V. BENZAZOLEN MIT UNGESAETT. SEITENKETTE, 1. MITT. 55-0402
LE CARPENTIER J., KRIST.-STRUKTUR D. ACETYLHEXACHLORDAN-TIMONATS, SBCL5-CH3COCL 55-0126
LECLAIRE A., RADIOKRISTALLOGRAPHISCHE UNTERS. V. 3.7-DIMETHYL-1.5-DITHIA-3.7-DIAZA-CYCLOOCTAN, C6H14N2S2 55-0127
LECLERCQ F., ANWEND. D. OX. MIT EINEM GEMISCH V. DIMETHYLSULFOXID U. ESSIGSAEUREANHYDRID ZUR DARST. EINIGER ALKYL- U. ARYLKETODESOXYHEXOPYRANOSIDE AUS DESOXYHEXOSIDEN MIT SCHUTZGRUPPEN 56-0623
LECLERCQ M., CHOLESTER. VERB. DURCH SPALT. V. NEMAT. RACEMATEN 60-0181
LECOMTE J., SYNTH. V. THIENO(2.3-D)PYRIMIDIN U. EINIGEN DERIV. 57-0616
- 5-METHYL-THIENO(2.3-D)PYRIMIDIN U. DERIV. 64-0748
LE COQ A., DARST. U. EIG. V. TRICHLOR-TETROLALDEHYD 60-0335
LE CORRE M., SYNTH. V. ALPHA-HALOGEN-GLUTACONSAEUREN U. IHREN ESTERN 56-0297
LEDAAL T., SAURE OZONOLYSE V. BENZOL U. EINIGEN HOMOLOGEN 53-0125
- GASCHROMAT. UNTERS. V. CYCL. KETONEN 54-0127
- ACIDOLYSE EINIGER STABILER OZONIDE 54-0200
- 1.1-DIHYDROPEROXYCYCLODODECAN 54-0285
- KONFORM. V. CYCL. KETONEN, LSGM.-VERSCHIEB. IM NMR 58-0147
- LSGM.-EFFEKTE IN D. NMR-SPEKTROSKOPIE, D. GEOMETRIE V. STOSSKOMPLEXEN AUS LSGM. U. GELOESTEM STOFF 60-0102
LEDERER E., PECTENOXANTHIN, CYNTHIAXANTHIN U. D. NEUE ACETYLEN. CAROTINOID PECTENOLON 54-0519
- BESTANDTEILE V. MYCOBAKTERIEN 110. MITT. 62-0813
LEDOCHOWSKI A., RK. AM C(9) V. ACRIDIN-DERIV. 3. MITT. 53-0142
- RK. AM C(9) V. ACRIDIN-DERIV. 5. MITT. 60-0257
- RK. AM C(9) V. ACRIDIN-DERIV. 4. MITT. 62-0221
LEDWITH A., INTRAMOL. DONATOR-AKZEPTOR-WECHSELWRKG. ZWISCHEN AROMAT. AMINEN U. CHINONEN 56-0102
LEE C., SUBSTITUIERTE 7.8.9.10-TETRAHYDRO-6H-CYCLOHEPTA(B)CHINOLINE 60-0593
LEE C. C., PROTONIERTE CYCLOPROPAN-ZWISCHENPROD. BEI D. RK. V. CYCLOPROPAN MIT TRITIIERTER SCHWEFELSAEURE ODER MIT TRITIIERTEM LUCAS-REAGENZ 62-0329
- PROTONIERTE CYCLOPROPANE 2. MITT. 64-0276
- PROTONIERTE CYCLOPROPANE 3. MITT. 64-0277
LEE C. M., KONFIG.-ANALYSEN D. OXINDOL-ALKALOIDE V. RHYNCHOPHYLLIN-TYP, ABS. KONFIG. V. CILIAPHYLLIN, RHYNCHOCILIN, SPECIONOXEIN, ISOSPECIONOXEIN, ROTUNDIFOLIN U. ISOROTUNDIFOLIN 57-0151
LEE D., POLARE ADDIT. AN OLEFINE U. ACETYLENE 5. MITT. 61-0281
LEE E. K. C., SENSIBILISIER. DURCH BENZOL U. DIREKTE PHOTOLYSE V. CYCLOBUTANON U. (2-T)CYCLOBUTANON IN D. GASPHASE 64-0335
LEE F. H., PHOTOCHEMIE UNGESAETT. KETONE IN LSG. 13. MITT. 60-0304
LEE H. H., SYNTH. V. LINDERON U. METHYL-LINDERON 53-0289
LEE H. L., SYNTH. IN D. ISOCHINOLINSERIE. SYNTH. V. 2.3-DIHYDRO-4(1H)-ISOCHINOLONEN 59-0592
- SYNTH. IN D. ISOCHINOLINSERIE, SYNTH. U. CHEMISCHE UMLAGER. V. 2.3-DIHYDRO-4(1H)-ISOCHINOLONEN 59-0593
- SYNTH. IN D. ISOCHINOLINREIHE, SELEKTIVE DEMETHYLIER. V. 6.7- U. 7.8-DIMETHOXY-2.3-DIHYDRO-4(1H)-ISOCHINOLONEN 59-0594
LEE H. P. K., PSEUDO-ROTAT. BEI (PCF3)5 54-0091
LEE J., FLUOR-NMR-SPEKTRUM EINIGER AROMAT. POLYFLUOR-VERB. 60-0100
LEE J. T. JUN., GLEICHGEW.-UNTERS., ENERGIEDIFFERENZEN FUER EINIGE 6-GLIEDRIGE HETEROCYCL. METHYLAMID-METHYLIMIDAT-ISOMERENPAARE 60-0204
LEE K., PHENOL-OX.-V. ISOCHINOLIN-ALKALOIDEN 1. MITT. 61-0720
LEE S. K., 1-CARBAMOYL- U. 1-AMINOMETHYL-1.4-DIHYDRO-PYRROLO(3.4-B)INDOL-DERIV., BLDG. V. INDOLEN DURCH FRAGMENTIER. D. DURCH EINE SPANN.-SCHWELLE STABILI-SIERTEN 2-AMINO-INDOLIN-DERIV. 63-0615
LEE S. L., OX. V. ALKOXYPHENOLEN 15. MITT. 63-0435
- OX. V. ALKOXYPHENOLEN 16. MITT. 63-0436
LEE W. S., PLEIADENSYST. 5. MITT. 55-0337
- PLEIADENSYST. 6. MITT. 57-0461
LEE W. W., DL-WILLARDIIN-LOST 57-0606
- 2-FLUORAETHYLAMINE 3. MITT. 60-0630
LEEGWATER A., ALPHA.ALPHA-DI-TERT.-BUTYL-BETA-PROPIOLACTON U. METHYL-DI-TERT.-BUTYLESSIGSAEURE AUS DI-TERT.-BUTYLKETEN 63-0593
LEERMAKERS P. A., PHOTOCHEMIE VON ALPHA-KETOSAEUREN U. ALPHA-KETOESTERN, 6. MITT. 61-0311
- LSGM.-EFFEKT AUF D. LEBENSDAUER D. PHOSPHORESZENZ U. PHOTOREAKTIVITAET V. BUTYROPHENON 62-0065
LEE-RUFF E., RK. V. BICYCLOBUTANEN MIT CARBONYLVERB. 57-0730
LEES P., ARIN-CHEMIE 10. MITT. 62-0466
- PURINE, PYRIMIDINE U. IMIDAZOLE 29. MITT. 63-0721
- ARIN-CHEMIE 11. MITT. 64-0579
LEFEBVRE G., EINFL. V. ZUSAETZEN BEI D. DIMERISIER. V. OLEFINEN DURCH GEMISCHE V. EDELMETALLSALZEN U. ORGANOALUMINIUMVERB. 54-0211
- ANWEND. D. DYNAM. GLEICHGEW. D. ISOMERISIER. AUF D. POLYMERISAT. V. OLEFINGEMISCHEN 2. MITT. 56-0234
LEFEVRE D., SYNTH. U. EIG. V. 1.2-ENDIAMINEN 57-0397
LE FEVRE R. J. W., AUSMASS D. LAD.-UEBERTRAG. IM GRUNDZUSTAND V. PI-PI-MOL.-KOMPLEXEN 56-0182
- KONFIG. EINIGER SCHWACHER BENZOLKOMPLEXE 58-0152
- MOL.-POLARISIERBARK., DIPOLMOMENTE U. MOLARE KERR-KONST. D. DINITROBENZOLE 61-0070
- MOLEKUELPOLARISIERBARKEIT, DIE MOLARE KERR-KONST. V. ANILIN U. DREI SUBSTITUIERTEN ANILINEN IN EINER ANZAHL NICHTPOLARER FL. 61-0071
- MOL.-POLARISIERBARK., D. EFFEKT V. PARA-SUBSTITUENTEN IN ANILINEN 62-0066
LEFFLER J. E., VERH. EINES DELTA-RADIKALES MIT FUNKTIONELLER PEROXID-GRUPPE 60-0228
- DISPERSION D. SUBSTITUENTENEFFEKTS IN ORGANOPHOSPHOR-VERB. 60-0298
LEFLER C. F., STEROIDE 78. MITT. 53-0547
LEFORT D., UNTERS. D. METHYLESTER LANGKETT. FETTSAEUREN MIT ALPHA-STAENDIGER ALKOXY-GRUPPE 63-0130
LE GALLIC N., NEUE HYDROXYLIERTE ACETYLENVERB. 58-0349
LEGLER G., ALKALOIDE AUS RHAMNACEEN 2. MITT. 56-0648
LE GOFF E., DIBENZOPENTALENOCHINON U. EIN RADIKAL-ANION. SALZ SEINES TETRACYANDIMETHANDERIV. 64-0539
LE GOFF M., RK. V. BETA-KETO-DITHIOSAEUREN U. DEREN DIMETHYLDERIV. MIT PRIM. ARYLAMINEN 64-0470
LE GOFFIC F., SYNTH. V. TETRAHYDRO-ISOCHINOLINEN DURCH ARIN-SUBSTITUT. 58-0641
- SYNTH. EINES HEXAHYDRO-BENZ(CD)INDOL-SYST. DURCH 'ARIN-SUBSTITUT.' 60-0521

LEGRAND L., STEREOSPEZIF. DESULFURIER. V. DISPIRO-DITHIOLANEN U. CIS- U. TRANS-BIS-(2-ARYL-3.1-BENZO-THIAZINYLIDENEN-(4)) 55-0474
- HETEROCYCL. SCHWEFELVERB. 31. MITT. 63-0631
LEGRAND M., ZIRKULARDICHROISMUS V. KONFORMATIONELLE BEWEGLICHK. 55-0050
LE GRAS J., DIELS-ALDER-RK. V. KETONEN MIT ALLEN-GRUPPIER. IN ALPHA-STELL. 57-0281
- RED. V. ALIPHAT. ALPHA-ALLENKETONEN 62-0354
LE GUEN Y., THIENO(2.3-D)PYRIDAZINE U. THIENO(3.4-D)PYRIDAZINE 56-0587
- 5-METHYL-THIENO(2.3-D)PYRIMIDIN U. DERIV. 64-0748
LE HENAFF P., EINIGE KONDENS.-RK. V. FORMOL MIT AMINOSAEUREN 63-0409
LEHMANN C., PHOTOCHEM. RK. 42. MITT. 56-0704
- STEROIDE U. SEXUALHORMONE 234. MITT. 62-0803
LEHMANN G., SYNTH. V. 2-ALKYL-CYCLOPENTAN- U. 2-ALKYL-CYCLOHEXANDIONEN-(1.3) DURCH CYCLISIER. VON GAMMA- BZW. DELTA-KETOCARBONSAEUREN 53-0282
- TOTALSYNTH. D. A-NOR-2.3-DIAZA-OESTRAN-RINGSYST. 53-0551
- A-NOR-1-THIA-3-AZA-STEROIDE 59-0750
- HYDROXYLAMINOLYSE N-SUBSTITUIERTER PHTHALIMIDE, EIN VERF. ZUR DARST. V. PEPTIDEN U. N-HYDROXY-PEPTIDEN 61-0801
LEHMANN H., DARST. V. 17BETA-HYDROXY-4'.5'-DIHYDRO-DELTA(1(10).2.4)-FURO(3'.2'-2.3)OESTRATRIEN 57-0742
- ZUR THEORIE D. ALPHA-KETOSAEUREN 17. MITT. 63-0253
LEHN J., NMR-UNTERS. D. KINETIK U. KONFORMATION 11. MITT. 60-0172
LEHN J. M., NMR-UNTERS. V. GESCHW.-PROZESSEN U. KONFORM. 9. MITT. 57-0143
- NMR-UNTERS. V. GESCHW.-PROZESSEN U. KONFORM. 10. MITT. 57-0144
LEHR R. E., HOCHSUBSTITUIERTE AETHYLENE UND GLYKOLE 9. MITT. 64-0321
LEHTONEN M., DIPOLMOMENTE V. EINIGEN FLUORALKOHOLEN 57-0073
LEIBNITZ E., SYNTH. POLYMERER CHELATBILDNER AUF DEXTRANBASIS 1. MITT. 55-0263
- UNTERS. UEBER D. DAMPF-FL.-PHASENGLEICHGEW. D. SYST. METHYLENCHLORID-CHLOROFORM-TETRACHLORKOHLENSTOFF BEI 45 GRAD CELSIUS UNTER VERW. EINER GASCHROMATOGRAPH. ANALYSENMETH. 59-0179
- SYNTH. POLYMERER CHELATBILDNER AUF DEXTRANBASIS 2. MITT. 59-0796
LEIBOVICI C., THEORET. BETRACHT. D. POLAROGRAPH. RED. V. UNSUBSTITUIERTEN P-CHINONEN 53-0119
- UNTERS. D. ELEKTRONENSPEKTRUMS V. P-XYLYLEN MIT D. PARISER-PARR-POPLE-METHODE 58-0093
- LADUNGSUEBERTRAGUNGSSPEKTREN VON NICHTSUBSTITUIERTEN P-CHINONEN 61-0078
- THEORET. UNTERS. D. SPEKTRUMS U. D. ELEKTRONENSTRUKTUR V. P-BENZOCHINONDIIMIN 62-0115
LEIDNER H., PTERINCHEMIE 25. MITT. 64-0744
LEINERT H., NITROMETHAN-KONDENS. MIT DIALDEHYDEN 13. MITT. 63-0480
- NITROMETHAN-KONDENS. MIT DIALDEHYDEN 12. MITT. 63-0486
LEISTNER E., EINVERLEIB. V. 1.4-NAPHTHOCHINON IN 1.2-DIHYDROXYANTHRACHINON (ALIZARIN) IN RUBIA TINCTORUM L 58-0824
- MEVALONSAEURE ALS VORLAEUFER D. SUBSTITUIERTEN BENZOLRINGES V. RUBIACEEN-ANTHRACHINONEN 59-0812
LEITCH L. C., DOPPELTE CYCLISIER. V. BIS-(2-CARBOXYPENTEN-(4)-YL)-BENZOLEN. DARST. V. POLYMETHYLIERTEN PHENANTHRENEN U. ANTHRACENEN 57-0436
- ORGAN. IONEN IN D. GASPHASE 19. MITT. 64-0150
LEITES L. A., RK. V. HG MIT PI-ALLYL-VERB. D. NI, PD U. PT 59-0004
LELIEVRE J., HYDROXID-METHYLAT-GLEICHGEW. U. VERH. V. ANIONSAEUREN IN WASSER-METHANOL-GEMISCHEN 60-0212
- ANION-SAEUREN V. DIPHENYLAMIN-DERIV. IN WASSER-ISOPROPANOL-GEMISCHEN, VGL. MIT NITRO-INDAZOLEN 64-0232
LEMAIRE H., NITROXIDE 24. MITT. 57-0106
- NITROXIDE 26. MITT. 60-0116
LEMAIRE J., ZWEITER TRIPLETTZUSTAND V. DIACETYL 64-0334
LEMATRE J., CYCLOADDIT. V. DIAZOMETHAN AN AKT. ACETYLENVERB. 62-0570
LEMAY E. H. JUN., RACEMISIER. V. L-CIS-(CR(EN)2CL2)CL.H2O IN FESTER PHASE 61-0047
LE MEN J., MODIFIZIER. D. POLONOVSKI-RK., EINW. V. TRIFLUORESSIGSAEUREANHYDRID AUF EIN AMINOXID 55-0552
- OX. V. EINIGEN TERTIAEREN AMINEN DURCH CHROMSAEURE-ANHYDRID IN PYRIDIN 55-0553
LEMKE S. M., BAKTERIZIDE U. FUNGIZIDE AKTIVITAET V. ANTHRANILSAEUREESTERN 60-0387
LEMKE T. F., BAKTERIZIDE U. FUNGIZIDE AKTIVITAET V. ANTHRANILSAEUREESTERN 60-0387
LEMKE T. L., SYNTH. V. 1.4-BENZOXATHIANEN 58-0650
LEMMETTI L., KUPFER-KOMPLEXE V. 1.2-PROPAN-DIAMIN, 2. MITT. 56-0038
- KRIST.-DATEN U. ANDERE EIG. V. BIS-(N.N'-DIMETHYL-AETHYLENDIAMIN)-NICKEL(II)-BROMID U. -NITRAT 58-0020
- KUPFERKOMPLEXE MIT 1.2-DIAMINO-PROPAN 3. MITT. 62-0009
- KUPFERKOMPLEXE V. 1.2-DIAMINOPROPAN 5. MITT. 62-0011
- KRIST.-DATEN U. ANDERE EIG. V. BIS-(N-(2-HYDROXY-AETHYL)-AETHYLENDIAMIN)-KUPFER(II)-NITRAT 62-0012
- KRISTALLDATEN U. ANDERE EIG. V. TRIS-(N-METHYL-AETHYLENDIAMIN)-NICKEL(II)-NITRAT 62-0013
LE MOAL H., STRUKTU U. PHYSIKOCHEM. EIG. V. VERB. MIT AKTIVIERTEN DOPPELBIND. 2. MITT. 63-0231
LE MOAN G., THERM. ZERS. V. BROMCHLORDIFLUORMETHAN IN GGW. V. SAUERSTOFF U. ANDEREN SAUERSTOFFHALT. GASEN 63-0320
LEMPERT K., 1.2.4-TRIAZINE U. KONDENSIERTE DERIV. 2. MITT. 53-0466
- VERLAUF D. ALKAL. SPALT. D. 3.3'- U. D. 4.4'-DINITRO-BENZILS, UNTERS. MITTELS (18)O-MARKIER. 54-0309
- 1.2.4-TRIAZINE U. KONDENSIERTE DERIV. 3. MITT. 54-0465
- 1.2.4-TRIAZINE U. KONDENSIERTE DERIV. 4. MITT. 54-0466
- HYDANTOINE, THIOHYDANTOINE, GLYKOCYAMIDINE 26. MITT. 57-0532
- 1.2.4-TRIAZINE U. KONDENSIERTE DERIV. 5. MITT. 60-0676
LEMPERT-SRETER M., 1.5-DIKETONE 3. MITT. 57-0440
LENARD K., EINDEUTIGE SYNTH. V. 6-SUBSTITUIERTEN PTERIDIN-8-OXIDEN, PTERIDINEN U. 7.8-DIHYDRO-PTERIDINEN 62-0652
LENDER E., SYNTH. V. HETEROCYCLEN 109. MITT. 64-0555
LENDLE W., SYNTH. MIT ENAMINEN 15. MITT. 56-0384
LENFANT G., TOPOINFORMAT.-BEZIEH. ZWISCHEN D. STRUKTUR V. METHYLKETONEN U. IHRER RETENT.-ZEITEN IN D. DAMPFPHASENCHROMATOGRAPHIE 54-0126
LENGERT H., FRAGMENTIER.-RK. AN CARBONYLVERB. MIT BETA-STAEND. ELEKTRONEGATIVEN SUBSTITUENTEN 9. MITT. 63-0588
LENGYEL J., WEITERE RK. D. TRIPHENYLPHOSPHINCYCLOPROPYLIDENS 62-0589
LENHERT P. G., KRIST.-STRUKTUR EINES SUBSTITUIERTEN ALKYLCOBALOXIMS 55-0009
LE NOBLE W., KINETIK V. RK. IN LSG. UNTER DRUCK 15. MITT. 56-0051
LENZ G. R., PHOTOCHEM. RK. V. ENAMIDEN 55-0260
- PHOTOCHEM. SYNTH. V. PROTOBERBERIN-ALKALOIDEN 56-0647
LENZI M., DEUT.-MOEGLICHKEITEN D. CHEM. VERSCHIEB. D. (31)P-ATOMS V. METALLCARBONYL-DERIV. 60-0014
LEONARD N. J., 6-(3-METHYL-BUTEN-(3)-YLAMINO)-PURIN, EIN HOCHAKTIVES CYTOKININ 55-0461
- DESALKYLIER. V. AROMAT. TERT. AMINEN MIT FORMIATEN 58-0429
- RK. EINES AZIRINS MIT ANILINIUMPERCHLORAT, EINE METH. ZUR DARST. V. ALPHA-AMMONIOANILEN 59-0376
- NIEDERGLIEDRIGE GELADENE RINGE 11. MITT. 62-0511
- SYNTHESE VON 3BETA-(3'-DESOXY-D-RIBOFURANOSYL)-ADENIN, EINEM ISOMEREN VON CORDYCEPIN 64-0789
LEONG K. N., EINFL. V. PI-GEBUNDENEN LIGANDEN AUF D. DURCH METALLIONEN KATALYSIERTE DECARBOXYLIER. V. ACETONDICARBONSAEURE 53-0171
LEONOV V. N., MASSENSPEKTROMETRIE V. STEROIDSYST. 15. MITT. 60-0121
LE PERCHEC P., THERM. CYCLISIER. V. EPSILON-ALKINYL-KETONEN 55-0305
LEPERT A., POLYMERISAT. V. BIS-INDENYLEN 4. MITT. 54-0321
LEPICHOVA C. V., SYNTHET. FARBSTOFFE 72. MITT. 64-0713
LEPICHOVA S. V., SYNTHET. FARBSTOFFE 66. MITT. 60-0080
LEPLEY A. R., CARBANIONENCHARAKTER IN D. ALPHA-POSITION V. TERT. AMINEN BEI D. DIREKTEN ALKYLIER. 56-0360
- RADIKALUEBERTAG. IN EINEM CIDNP-RASER 63-0241
LEPPARD D. G., AUTOXYDAT. V. 1-ALKYL-2-NAPHTHOLEN 53-0296
LEQUAN R., BEST. D. VORZEICHENS D. PROTONEN-PROTONEN-KOPPL. BEI ENINEN, TRANS-1-METHOXY-BUTEN-(1)-IN-(3) U. TRANS-1-METHOXY-PENTEN-(1)-IN-(3) 60-0110
LE QUAN MINH, ACETYLENVERB. DER ELEMENTE DER GRUPPE IVB, KINETISCHE UNTERS. DER SPALTUNG DER HETEROATOM-AETHINYL-BINDUNG 60-0039
SYNTH. V. ORGANOZINNVERB. MIT VIER VERSCHIEDENEN SUBSTITUENTEN 60-0048
LE QUESNE P. W., STRUKTUR U. STEREOCHEMIE EINIGER HALOGENDERIV. D. AUCUBINS 63-0776
LERAT J., CHEMIE D. ALPHA.BETA-AETHYLENDERIV. 1. MITT. 56-0318
LERAY A., INTRAMOL. WECHSELWRKG., ROTAT.-ISOMERE V. SUBSTITUIERTEN PHENYLAETHANEN C6H5-CH2-CH2-X (X=F, CL, BR, J OH, OTS) 55-0119
- INTRAMOL. WECHSELWRKG. 4. MITT. 58-0111
- STEREOCHEMIE V. EINIGEN BROMAETHINYLCYCLOPROPANEN, DIPOLMOMENT D. AETHINYLGRUPPE 62-0147
LERCH P., UNTERS. D. ENERGIEUEBERTRAG. IN FL. MEDIUM MITTELS SZINTILLAT.-LOESCH. 56-0096
LERCH U., STRUKTUR DER KONDENSATIONSPROD. AUS 5-HYDROXYMETHYLEN-PYRROLONEN UND PYRROLONEN 59-0536
LERER M., VERESTERUNG V. M-DIOXANEN 56-0570
LERIVEREND M., EINFACHE DARST. V. CYCLOPENTENONEN DURCH EINW. V. POLYPHOSPHORSAEURE AUF ESTER V. ALPHA,BETA-UNGESAETT. CARBONSAEUREN 61-0450
LERIVEREND P., STEREOCHEMIE V. 1.2-DIVINYL-CYCLOPENTANDIOLEN-(1.2) 64-0182
- KLEINE RINGE 21. MITT. 64-0549
LERNER L. M., DARST. V. NUCLEOSIDEN UEBER ISOPROPYLIDEN-ZUCKERDERIV. 3. MITT. 63-0764
LE ROUX P., PHENANTHRIDON-(6)-CARBONSAEURE-(4) 56-0565
LEROUX Y., EINW. V. MAGNESIUM AUF GAMMA- BZW. DELTA-HALOGEN-KETONE, SYNTH. V. CYCLANOLEN 57-0403
- DARST. V. TETRAHYDROFURAN- U. TETRAHYDROPYRAN-CARBONSAEURENITRILEN DURCH EINW. V. CUCN AUF GAMMA- U. DELTA-HALOGEN-KETONE 1. MITT. 58-0357
- MECHANISMUS D. EINW. V. KUPFER(I)-CYANID AUF GAMMA- U. DELTA-HALOGEN-KETONE 2. MITT. 58-0358

- EINW. V. MAGNESIUM U. LITHIUM AUF GAMMA- U. DELTA-HALOGEN-KETONE, UEBERGANG IN CYCLANOLE 3. MITT. 58-0359
- REAKTIVITAET V. MAGNESIUMALKOHOLATEN IN HEXAMETHYL-PHOSPHORSAEURETRIAMID (HMPT), ALKYLIER. DURCH HALOGEN-DERIV. 61-0333

LESBRE M., ADDITION V. PHENYL- U. CHLOR-PHENYL-GERMANEN AN EINIGE ALPHA- U. GAMMA-AETHYLENKETONE 54-0028
- RINGERWEITER.-RK. V. GERMACYCLOBUTAN MIT MOL. SCHWEFEL U. SELEN 59-0058
- VGL. D. RK. V. DIPHENYLGERMAN BZW. DIPHENYLSILAN MIT ACRYLNITRIL U. ALLYLCYANID 59-0060
- SYNTH. V. HYDROGEN- U. HALOGENGERMACYCLOBUTANEN. REAKTIVITAET GEGENUEBER NUCLEOPHILEN AGENZIEN (EINSCHLIESSL. ERRATUM, IBID. 267(1968)10,659) 64-0060

LESETICKY L., BIOCHEM. WICHTIGE MARKIERTE VERB. 3. MITT. 61-0657

LESINKA J., RK. V. TRIHALOGENESSIGSAEUREN 6. MITT. 57-0481

LESKA J., PI-ELEKTRONENSTRUKTUR D. 1.2-DIPYRIDYL-AETHYLENE 2. MITT. 55-0063

LESLIE V. J., RK. V. O-CHLORANIL MIT DIMETHYLBUTADIEN, EIN ZWISCHENPROD. D. CLAISENUMLAGER. 54-0401
- DIELS-ALDER-RK. V. O-BENZOCHINONEN 55-0352

LESNINI D. G., RK. D. CHLORIDIONS MIT 5-METHYL-2-CYCLOHEXENYL-CHLORID. DETAILLIERTER MECHANISMUS FUER EINE ANIONENGEFOERDERTE ALLYLUMLAGER. 58-0287

LESPAGNOL A., UNTERS. IN D. REIHE D. SULFAMIDE 55-0470
- DERIV. D. N-AMINO-N'-ARYLSULFONYL-PIPERAZINE 62-0646

LESPAGNOL C., UNTERS. IN D. REIHE D. SULFAMIDE 55-0470
- DERIV. D. N-AMINO-N'-ARYLSULFONYL-PIPERAZINE 62-0646

LESSARD M. V., BESTAEND. HALOGEN-ENAMINE, MOEGL. SOLVOLYSE V. SN1-TYP 62-0665

LESTER E. W., VERS. ZUR DARST. V. DIPHENYLCYCLOPROPENYLI-DEN 4. MITT. 61-0466

LETCHER R. M., CHEMIE V. FLECHTENINHALTSSTOFFEN 3. MITT. 53-0589

LETERRIER F., CHEM. METH. ZUR DARST. FREIER MOHNALKALOID-RADIKALE 53-0517
- PARAMAGNET. VERH. V. WURSTERS BLAU IN WSS. ALKOHOLEN ALS FUNKT. D. TEMP. 56-0100
- RK. V. P-BENZOCHINON MIT EINIGEN PHENOTHIAZINDERIV. 56-0602

LETSCH G., THIAZOLON-(2)-BIS-(BETA-CHLOR-AETHYL)-HYDRAZONE U. 2-AMINO-4-(BETA-CHLOR-AETHYL)-DIHYDRO-1.3.4-THIADIAZINE-DELTA(2) AUS 4-SUBSTITUIERTEN 1.1-BIS-(BETA-CHLOR-AETHYL)-THIOSEMICARBAZIDEN 53-0385

LETSINGER R. L., NUCLEOTID-CHEMIE 9. MITT. 59-0665
- NUCLEOTID-CHEMIE 12. MITT. 62-0711
- UNSYMM. SEK. PHOSPHINOXIDE, SYNTH., ISOTOPENAUSTAUSCH U. STEREOCHEM. UNTERS. 64-0462
- NUCLEOTID-CHEMIE 11. MITT. 64-0792

LETTRE H., FLUOR-DERIV. BIOGENER ALIPHAT. AMINOSAEUREN 56-0322
- MEHRWERT. ALKOHOLE AUS STERINEN U. STERINDERIV., 5. MITT. 56-0717

LEUNG C., UEBERTRAG. V. SUBSTITUENTENEFFEKTEN, VORHERRSCHENDER FELDEFFEKT 58-0184
- DARST. V. 4-SUBSTITUIERTEN BICYCLO(2.2.1)HEPTAN-1-CARBONSAEUREN 59-0471

LEUNG T., PHOTOCHEMIE V. ALPHA,BETA-UNGESAETT. ESTERN 4. MITT. 64-0102

LEUS Z. G., ISOMEREN-UMWANDL. V. ALPHA-OXIDEN MIT BEWEGL. WASSERSTOFFATOMEN IN D. SEITENKETTE 13. MITT. 62-0498
- ISOMEREN-UMWANDL. V. ALPHA-OXIDEN MIT BEWEGL. WASSERSTOFFATOMEN IN D. SEITENKETTE 12. MITT. 62-0593
- DARST. V. GAMMA-CARBALKOXY-DELTA-KETO-OXIDEN MIT EINEM REAKTIVEN WASSERSTOFFATOM IN D. SEITENKETTE 63-0585

LEUSINK A. J., CHEMIE D. ORGANOMETALLVERB. D. 4. GRUPPE 26. MITT. 58-0032
- ORGANOMETALLCHEMIE D. GRUPPE IV 27. MITT. 58-0033
- CHEMIE V. ORGANOMETALLVERB. D. 4. GRUPPE 28. MITT. 63-0069
- CHEMIE V. ORGANOMETALLVERB. D. 4. GRUPPE 29. MITT. 63-0070

LEUSSING D. L., KERNMAGNET. RESONANZ-UNTERS. D. WECHSELWRKG. ZWISCHEN CHLOROPHYLL U. LIGANDEN 58-0171

LEUTE R., CHEMIE SUBSTITUIERTER P-BENZOCHINONE 3. MITT. 54-0258

LEUTHARDT F., ALDOLASEN 14. MITT. 64-0902

LEUTZINGER E. E., PURIN-NUCLEOSIDE 18. MITT. 57-0661

LE VAN MY, ENTHALPIEN U. PROD. D. THERM. ZERS. V. WASSERFREIEN KOBALTALKANOATEN IN INERTER ATMOSPHAERE 60-0065
- THERMOLYSE V. KOBALTOXALATDIHYDRAT 61-0057

LEVAS E., SYNTH. V. ALPHA-HALOGEN-GLUTACONSAEUREN U. IHREN ESTERN 56-0297
- SYNTH. U. ZERS. EINES KONJUGIERTEN DIACETYLENALDEHYDS, 5-PHENYL-PENTADIIN-(2.4)-AL 57-0393
- DARST. U. EIG. V. TRICHLOR-TETROLALDEHYD 60-0335

LEVCENKO E. S., ALIPHAT. ESTER V. AREN-N-ALKYL-SULFONIMIDSAEUREN 53-0246
- SYNTH. V. N-ARYLSULFONYLDERIV. D. PYRROLIDINS, PYRROLINS U. PYRROLS 53-0347
- CARBALKOXY-SCHWEFELDIOXID-MONOIMINE 55-0473
- DIALKYLAMINOSULFONYLMONOIMINOSCHWEFELDIOXIDE 56-0600
- BIS-(CARBALKOXYIMINO)-SCHWEFELDIOXIDE 56-0601
- RK. V. MONOIMINOSCHWEFELDIOXIDDERIV. MIT DIEN-KOHLENWASSERSTOFFEN 57-0323
- AREN-N-ALKYL-IMINOSULFONSAEUREAMIDE (SULFAMIDINE) 57-0354
- ARENSULFINSAEUREAMIDINE 58-0411
- AREN-N-CARBAETHOXY-SULFON- U. -SULFINIMIDSAEURECHLORI-DE 61-0394

LEVCENKO N. I., ARENSULFONYLBENZIMIDCHLORIDE 3. MITT. 56-0353

LEVCHENKO T. S., NEUARTIGE SYNTH. V. SUBSTITUIERTEN FURANEN MIT HILFE V. ACETYLEN. ALKOXY-BETA-KETOESTERN 53-0331

LEVIN G., O-BENZYL-N-TERT.-BUTYLOXYCARBONYL-L-THREONIN 59-0334

LEVIN J. A., SYNTH. V. DERIV. D. DIHYDRO-(1.3)THIAZINO-(6.5-C)-CHINOLINS 1. MITT. 60-0673
- UMWANDL. V. 2.5-DIALKYL-1.3.4-OXADIAZOLEN IN 4-SUBSTITUIERTE 3.5-DIALKYL-1.2.4-TRIAZOLE 62-0582

LEVINA P. J., DELTA-LACTONE UND DELTA-LACTAME, 56. MITT. 64-0485

LEVINA R. J., AROMAT. KOHLENWASSERSTOFFF 36. MITT. 53-0307
- CYCLOPROPANE U. CYCLOBUTANE 52. MITT. 58-0480
- CYCLOPROPANE U. CYCLOBUTANE 53. MITT. 58-0481
- CYCLOPROPANE U. CYCLOBUTANE 58. MITT. 64-0541

LEVINE A. M., SAEUREKATALYSIERTE RINGOEFFNUNG V. 1-OXA-SPIRO(2.6)NONAN, 1.5-WASSERSTOFFVERSCHIEB. 53-0174

LEVINE R., RK. V. BETA-VINYL-ACRYLSAEURE-METHYLESTER MIT BETA-DICARBONYLVERB., EIN NEUER WEG ZU BRUECKENSYST. MIT FUNKTIONELLER GRUPPE 61-0513

LEVINE S. D., ENZYMATISCHER WEG ZU ALPHA-BROM-STEROIDKETONEN 61-0821
- ENZYMAT. BLDG. V. BROMHYDRIN 64-0872

LEVINE S. G., BEVORZUGTE HALBSESSELKONFORMATION D. A-RINGE IN DELTA(5,10)-OESTRENEN 55-0112

LEVINSKIJ M. B., RADIKALTELOMERISATION V. ISOPREN MIT TRICHLORBROMMETHAN U. TETRACHLORKOHLENSTOFF 62-0324

LEVISALLES J., STEREOCHEMIE 18. MITT. 55-0554
- STEREOCHEMIE 19. MITT. 55-0555
- STEREOCHEMIE 21. MITT. 56-0701
- TERPENOIDE 3. MITT. 58-0757
- TERPENOIDE 4. MITT. 58-0758
- STEREOCHEMIE 22. MITT. 58-0782

LEVIT A. F., KINET. ISOTOPENEFFEKT BEI D. RK. V. PHENYLRADIKALEN MIT CYCLOHEXAN 53-0193
- UNTERS. D. MECHANISMUS HOMOLYT. RK. IN LSG. MIT D. MASSENSPEKTROMETR. U. ISOTOPENMETH. 12. MITT. 58-0336
- UNTERS. DES MECHANISMUS DER OX. V. BENZOL MIT HILFE DER MASSENSPEKTROMETR. U. DER ISOTOPENMETHODE 2. MITT. 62-0204

LEVKOVSKAJA L. G., RK. V. AMINOMERCAPTODERIV. D. PYRIDINS, PYRIMIDINS U. PYRAZINS MIT ALPHA-CHLOR-ACETESSIGESTER 64-0743

LEVSINA K. V., EINIGE DERIV. V. GAMMA-(BETA-CARBAETHOXY-BETA-FORMYL)U. GAMMA-(BETA-FORMYL)-BUTYROLACTONEN 57-0493

LEVY A. C., 3-HYDROXY-1-METHYL-4-(DIPHENYLMETHYLEN)-PIPERIDIN 63-0677

LEVY E. C., EPOXIDE 4. MITT. 61-0766

LEVY G., MAGNETOOPT. UNTERS. D. KOHLENSTOFF-QUECKSILBER-BIND. 56-0099
- EINFL. D. TEMP. AUF D. CHLORIER. GESAETT. KW-STOFFE (LABOR.-MITT.) 58-0232

LEVY G. C., PROTONIERTE BETA-PHENYL-KETONE, INTRAMOL. PI-H-BIND. 64-0120

LEVY J. B., DARST. EINIGER PHENOXAPHOSPHINDERIV. DURCH FRIEDEL-KRAFTS- U. DIAZO-RK. 58-0672

LEVY M., STRUKTUR V. METHYLTHIOPHOSPHONSAEURE-O-ALKYLESTER 57-0342
- POLAROGRAPHIE V. BENZOCYCLANONEN 62-0190
- BAS. HYDROLYSE V. PHOSPHONATEN 1. MITT. 62-0245

LEWBART M. L., SYNTH. V. 4 PAAREN V. AM C-20 EPIMEREN, V. 5BETA-PREGNAN-3ALPHA-OL ABGELEITETEN SEITENKETTEN-EPOXIDEN 63-0815
- DARST. V. SECHS 20-DESOXYSTEROIDEN D. 3ALPHA-HYDROXY-5BETA-PREGNANREIHE U. DEREN VERW. BEI UNTERS. D. OPT. DREH. 63-0816

LEWIS A., EINIGE VERALLGEMEINER. HINSICHT. D. RK. D. STELL. IM ARYL-KERN, D. ANKONDENSIERTEN SYST. MIT RINGSPANN. BENACHBART SIND 60-0225

LEWIS D., RINGSPALT. V. CYCL. ACETALEN 3. MITT. 56-0571

LEWIS D. O., UNTERS. UEBER BICYCLONONANE 4. MITT. 63-0571

LEWIS E. S., UMLAGER. V. ESTERN IN D. GASPHASE 2. MITT. 58-0286

LEWIS F. D., KOHLENSTOFF-STICKSTOFF-SPALT. BEI D. PHOTOLYSE U. D. PYROLYSE V. TRIPHENYLMETHYLAZID 64-0338

LEWIS G. S., CYCLOPROPANOSTEROIDE 62-0806

LEWIS I. K., ELEKTROPHILE SUBSTITUT. AN ACENAPHTHEN U. ABGELEITETEN VERB. 1. MITT. 62-0467

LEWIS J., RUTHENIUM-CARBONYL-CARBID-VERB. 55-0041
- RELATIVE VORZEICHEN V. J(195PT-1H) BEI OLEFIN-KOMPLEXEN 56-0020

LEWIS J. D., MECHANISMUS D. PERJODSAEUREOX. V. ALPHA-GLYKOLEN 8. MITT. 58-0216

LEWIS J. E., PROTONENRESONANZSPEKTRUM V. METHYL-4.6-O-BENZYLIDEN-3-DESOXY-3-PHENYLAZO-ALPHA-D-GLUCOSID-2-ACETAT, TEILWEISE VIRTUELLE KOPPL. IN EINEM VIERSPIN-SYST. 64-0112

LEWIS J. R., OXYDATIVE KUPPL., ORTHO-PARA-CYCLISIER. V. HYDROXYBENZOPHENONEN 53-0402

LEWIS J. W., RED. V. 14-ALKENYL-CODEINONEN MIT NATRIUMBORHYDRID IN PYRIDIN 60-0705

- HYDROGENOLYSE V. ENAMINEN 1. MITT. 64-0606
LEWIS K. G., ACETYLWANDER. ZWISCHEN D. 28- U. 16-
HYDROXYLGRUPPEN V. PRIMULAGENIN A 62-0788
LEWIS K. O., SYNTH. V. PHOSPHOLIPIDEN 1. MITT. 63-0407
LEWIS P. M., KOMPPA-SYNTH. V. CAMPHERSAEURE 59-0734
LEWIS R. G., TETRAHYDROPYRIDINE 59-0596
LEWIS S. N., 3-HYDROXYMETHYL-4-ARYL-4-HYDROXY-
BUTANSAEURELACTONE, PODOPHYLLOTOXINANALOGA 55-0394
LEY R. V., STEREOSPEZIF. SYNTH., ABS. KONFIG. V. ASYMM.
BENZYLKOHLENSTOFFZENTREN 54-0480
ASYMM. SYNTH. 2. MITT. 63-0756
- ASYMM. SYNTH. 3. MITT. 63-0757
LEZNOFF C. C., UNGESAETT. MAKROCYCL. VERB. 55. MITT.
58-0459
LHOMME J., LONGIFOLEN 13. MITT. 61-0757
- LONGIFOLEN 14. MITT. 61-0758
- OX. V. CAMPHANOLEN DURCH BLEI-TETRAACETAT 61-0759
LHOMME M., SYNTH. V. BETA-GLUCOSIDEN D. CYCLOARTENOLS U.
D. LANOSTERINS 55-0496
LHUGUENOT J., SYNTH. U. GASCHROMATOGRAPH. VERH. V. C11-
CYCLOHEPTANHOMOLOGEN D. MENTHONE U. MENTHOLE 57-0406
LI C. H., SYNTH. EINES PEPTIDS MIT GESCHUETZTER
ENDSTAENDIGER DELTA-AMINO-VALERIANSAEURE, D. IN POSIT.
11-19 D. PEPTID-REIHENFOLGE IM ADRENOCORTICOTROPIN
ENTSPRICHT 62-0811
LI G. S., ADDIT. V. TRICHLORSILAN AN CYCL. OLEFINE
61-0461
LIANG C. K., CHEMIE V. DIARYLAZOALKANEN 2. MITT. 58-0294
LIANG J. S., NMR-SPEKTREN V. OESTROGEN-BRENZCATECHINEN
60-0094
LIANG K. S. Y., RK. V. (NITRO-BENZOYL)-PEROXIDEN MIT
PYRIDIN 57-0367
LIBERATORE F., DERIV. V. 2-HYDROXYMETHYL-DELTA(2)-
IMIDAZOLIN U. DELTA(2)-IMIDAZOLINYL-(2)-ESSIGSAEURE
60-0530
LIBERDA H. G., DURCH SAEURESPUREN GEFOERDERTE UMYLIDIER.,
URSPRUNG D. TEMPERATURABHAENGIGEN P-C-H-SPIN-SPIN-
KOPPL. 63-0327
LIBEREK B., AMINOSAEUREN U. PEPTIDE 26. MITT. 56-0727
- MASSENSPEKTREN V. AMINOSAEURE- U. PEPTIDDERIV. 1.
MITT. 61-0122
LIBERT H., SYNTH. D. 2.3.4-TRI-O-ACETYL-6-O-
((BENZYLTHIO)CARBONYL)-ALPHA-D-GALAKTOPYRANOSYLBROMIDS
54-0485
- DARST. D. 2.4.6-TRI-O-ACETYL-3-O-(BENZYLMERCAPTO-
CARBONYL)-ALPHA-D-GALAKTOPYRANOSYLBROMIDS 56-0620
- PROTONENRESONANZSPEKTROSKOP. UNTERS. V. GALAKTOSEDE-
RIV. 1. MITT. 64-0117
LIBERT L. I., STICKSTOFF ENTHALTENDE SILICIUMORGAN. VERB.
11. MITT. 64-0769
LIBERTI A., STRUKTUR VON NICKEL-KOMPLEXEN MIT BETA-
DIKETONEN MIT LANGER ALIPHATISCHER KETTE 60-0066
LIBMAN N. M., AMINOALKOHOLE D. ACETYLENREIHE 4. MITT.
53-0293
- AMINOALKOHOLE D. ACETYLENREIHE, 5. MITT. 54-0315
- DINATRIUMDERIV. D. 3.3-DIPHENYLPROPINS 55-0326
- SUBSTITUTION V. BEWEGLICHEM WASSERSTOFF DURCH AMINO-
BUTINYLRESTE 56-0599
- AMINOALKOHOLE D. ACETYLENREIHE 6. MITT. 58-0457
LICHOSERSTOV V. M., SYNTH. V. GLUTAR- U. GLUTACON-
ALDEHYD-ACETALEN AUS ALKOXYPYRANEN 53-0405
LICHTENTHALER F. W., NMR-STUDIEN AN ZUCKERN U. CYCLANOLEN
4. MITT. 59-0111
- NITROMETHAN-KONDENS. MIT DIALDEHYDEN 13. MITT. 63-0480
- NITROMETHAN-KONDENS. MIT DIALDEHYDEN 14. MITT. 63-0481
- NITROMETHAN-KONDENS. MIT DIALDEHYDEN 12. MITT. 63-0486
- NITROMETHAN-KONDENS. MIT DIALDEHYDEN 11. MITT. 63-0523
- NITROMETHAN-KONDENS. MIT DIALDEHYDEN 15. MITT. 63-0746
LICHTEROV V. R., 1.3-DIOXOLANE 1. MITT. 58-0588
LIDAK M. J., NEUE PYRIMIDYL-(1)-AMINOSAEUREN 63-0656
LIEBMAN S. A., ESR-NACHW. D. DIPHENYLMETHYLRADIKALS
57-0120
LIECHTI P., WELKSTOFFE U. ANTIBIOTIKA 37. MITT. 58-0389
LIEDHEGENER A., RK. CH-AKT. VERB. MIT AZIDEN 17. MITT.
58-0607
- ELEKTROPHILE RK. D. DIAZO-GRUPPE IN 2-DIAZO-1.3-
DIKETONEN 62-0315
- RK. CH-AKTIVER VERB. MIT AZIDEN 22. MITT. 62-0410
LIEDHOLM B., UNTERS. V. NUCLEOPHILEN AROMAT.
SUBSTITUTIONSRK. 3. MITT. 58-0256
LIEHR J., RK. V. PHOSPHORVERB. 15. MITT. 64-0671
LIEHR J. G., RK. V. PHOSPHORVERB. 14. MITT. 59-0514
LIEN E. J., DIPOLMOMENTE U. PHARMAKOLOG. AKTIVITAET V.
CYCL. HARNSTOFFEN, CYCL. THIOHARNSTOFFEN U. IHREN
N.N'-DIMETHYL-VERB. 60-0830
- STRUKTUR-AKTIVITAETS-KORRELAT. FUER ANTIBAKTERIELLE
MITTEL BEI GRAMPOSITIVEN U. GRAMNEGATIVEN ZELLEN
63-0886
LIENERT J., RK. MIT TRIPHENYLPHOSPHIN SOWIE DESSEN
HYDROBROMID U. DIBROMID 3. MITT. 57-0386
LIENGME B. V., DARST. U. WAHRSCHEINL. STRUKTUR V.
(CH)2ASC=CAS(CH3)2CF2CF2FE3(CO)10 63-0086
LIENHARD G. E., KINETIK D. PROTONENUEBERTRAG. V. ALPHA-C-
ATOM D. THIOESSIGSAEUREAETHYLESTERS U. SEINES
DIMETHYLIMINIUM-DERIV. 64-0278
LIEPMANN H., HOCHSUBSTITUIERTE AETHYLENE U. GLYKOLE 7.
MITT. 64-0503
LIER E. F., SYNTH. V. BETA-AMYRIN 61-0776
LIETZ G., SYNTH. IN D. BENZIMIDAZOLREIHE 7. MITT. 53-0368
LIFSCHITZ C., IONISATIONSPOTENTIALE BIOLOG. PURINE U.
PYRIMIDINE 55-0151
LIFSON S., D. STRUKTUREN D. MITTLEREN RINGVERB. 13. MITT.
53-0106
LIGHT K. K., RK. V. PHOSPHORVERB. 16. MITT. 64-0461
LIGHTNER D. A., SUBSTITUENTENEFFEKTE BEI D. M-42-UMLAGER.
V. N-BUTYL-BENZOLEN 63-0161
LILLFORD P. J., ACYLIER. 23. MITT. 58-0225
LILLIEN I., NICHTPLANARE CYCLOBUTANE, STER. KONTROLLE BEI
D. DESAMINIER. V. CIS- U. TRANS-3-ISOPROPYLCYCLOBUTYL-
AMIN 53-0146
- NICHTPLANARES CYCLOBUTAN, SOLVOLYSE V. CIS- U. TRANS-
3-ISOPROPYL-CYCLOBUTYLBROSYLAT 63-0272
LILLYA C. P., STERISCHE EINFL. AUF DIE ACIDITAET VON
METHYLEN-BIS-(DIALKYLSULFONIUM)-SALZEN 59-0193
- 7-NORBORNADIENYLTRICARBONYLEISEN-KATION 63-0047
LIM D., KINETIK DES ZERFALLS VON AZO-VERB. 1. MITT.
61-0298
LIM F. Y., STRUKTUR V. LANSSAEURE U. IHRER BEGLEITVERB.,
EINES UNSYMM. ONOCERADIENDIONS 63-0801
LIM P., STRUKTUR V. DAUNOMYCIN 64-0887
LIM P. K. K., RK. V. TERT.-BUTYL-PEROXID MIT TOLUOLDERIV.
56-0394
LIN H. H., SYNTH. V. 6-SUBSTITUIERTEN 9-(4-(BIS-(2-CHLOR-
AETHYL)-AMINO)-PHENYL)-PURINEN ALS POTENTIELLE
CYTOTOXICA 61-0670
LIN J., UNTERS. STRAHLENINDUZIERTER HAFTELEKTRONEN IN
GESAETT. KOHLENWASSERSTOFFEN MITTELS OPT. U.
ELEKTRONENSPINRESONANZ-SPEKTROSKOPIE 63-0333
LIN J. W., CHEMIE D. SINGULETT-SAUERSTOFFS 6. MITT.
62-0303
LIN K., WRKG. V. 2.3-OXIDO-SQUALEN-STERINCYCLASE AUF
NICHTNATUERL., DURCH ALKYLIDENUEBERTRAG. V.
SULFONIUMALKYLIDEN AUF 4.8.13.17.21-PENTAMETHYLDOKOSA-
PENTAEN-(4.8.12.16.20)-AL HERGESTELLTE SUBSTRATE
63-0885
LIN L. C., BASEN-KATALYSIERTE RK. V. EPOXIDEN 5. MITT.
64-0569
LIN M., TOTALSYNTH. V. (+-)-OCHOTENSIMIN 61-0740
LIN T., CUMURRAYIN, EIN NEUES CUMARIN AUS MURRAYA
PANICULATA (L.) JACK. 58-0623
LIN W. C., CUMURRAYIN, EIN NEUES CUMARIN AUS MURRAYA
PANICULATA (L.) JACK. 58-0623
LIN Y. T., EXTRAKTIVE KOMPONENTEN AUS DEM HOLZ V.
TAIWANIA CRYPTOMERIOIDES HAYATA, NEUER SESQUITERPEN-
KETOALKOHOL 64-0845
LINCHITZ H., PHOTOCHEM. ADDIT. V. ALKOHOLEN AN PURIN
63-0718
LINDA P., ELEKTROPHILE SUBSTITUT. AN FUENFGLIEDR.
HETEROCYCLEN 6. MITT. 61-0220
LINDBERG, POLYMERISIER. V. ISOEUGENOL 56-0745
LINDBERG B., UNTERS. D. SYNTH. U. ISOLIER. V. OXYDIERTEN
GLYCOSIDEN 53-0476
- DURCH POLYPORUS PINICOLA (FR) GEBILDETE POLYSACCHARIDE
56-0752
- VERTEILUNGS-GASCHROMATOGRAPHIE V. PARTIELL
METHYLIERTEN ALDITEN ALS ACETATE 56-0766
- POLYSACCHARIDE AUS D. ZELLWAENDEN V. AUREOBASIDIUM
(PULLULARIA) PULLULANS 1. MITT. 57-0786
- POLYSACCHARIDE AUS D. ZELLWAENDEN V. AUREOBASIDIUM
(PULLULARIA) PULLULANS 2. MITT. 57-0787
LINDBERG B. J., SULFINSAEUREN 6. MITT. 56-0110
- MOLEKULARSPEKTROSKOPIE MITTELS ESCA (ELEKTRONENSPEK-
TROSKOPIE FUER CHEM. ANALYSE), LAD.-VERTEIL. IN
STICKSTOFFVERB. 59-0102
- IR-SPEKTREN SUBSTITUIERTER NATRIUMBENZOATE IN
WAESSRIGER U. IN D2O-LSG. 64-0006
LINDBERG J. J., POTENTIOSTAT. UNTERS. D. ADSORPT. V.
AROMAT. AMINEN U. PHENOLEN AN PLATIN 62-0189
- DISSOZIAT. V. NITROGUAJACOLEN IN WSS. LSG. BEI 25 GRAD
C 64-0224
LINDBLOM T., CHLORBUTATRIEN. IDENTIFIZIER. U.
SPEKTROCHEM. CHARAKTERISIER. 64-0352
- DREI ISOMERE CHLORBUTENINE 64-0358
LINDE H., KROETENGIFTE 32. MITT. 54-0539
- INHALTSSTOFFE V. CIMICIFUGA RACEMOSA 2. MITT. 55-0522
- INHALTSSTOFFE V. CIMICIFUGA RACEMOSA 3. MITT. 57-0693
- INHALTSSTOFFE V. CIMICIFUGA RACEMOSA. 4. MITT. 58-0771
- INHALTSSTOFFE V. CIMICIFUGA RACEMOSA 5. MITT. 64-0910
LINDE H. H. A., NACHTRAG U. BERICHTIG. ZUR 3. MITT. UEBER
D. GLYKOSIDE D. BLAETTER V. ISOPLEXIS ISABELLIANA-
(WEBB) MASF. 53-0606
- GLYKOSIDE D. BLAETTER V. ISOPLEXIS CANARIENSIS (L.)
G.DON. 2. MITT. 54-0499
- INHALTSTOFFE V. ACHILLEA SANTOLINA L. (COMPOSITAE) 1.
MITT. 54-0533
- AUTOX. D. APOMORPHINS 62-0737
LINDENBERG K., ISOCHROMAN- U. ISOTHIOCHROMAN-REIHE 4.
MITT. 64-0663
LINDGREN B., SELENOCYANIER. V. PYRROLEN 58-0581
LINDNER H. H., AROMATENKOMPLEXE V. METALLEN 106. MITT.
61-0058
LINDNER R., PHOSPHINALKYLENE 2. MITT. 53-0268
- PHOSPHINALKYLENE 3. MITT. 53-0269
- CHEMIE D. PHOSPHINALKYLENE 4. MITT. 62-0247
LINDOW D. F., ELEKTRONENSTOSS U. THERM. FRAGMENTIER. V.
BIPHENYLEN 62-0282
- PRIM. U. SEK. PROD. D. RK. V. DEHYDROBENZOL U. BENZOL
BEI ERHOEHTEN TEMP. 62-0372

LINDQUIST R. N., KATALYSE DURCH SEKUNDAERVALENZKRAEFTE 4. MITT. 60-0277
LINDSEY A. S., VERWANDTSCHAFT V. BESANTHRANIL ZU SEINEM STRUKTURISOMEREN U. VERWANDTEN VERB. 53-0373
LINDY L. B., INTRAMOL. ALKYLIER. ALS WEG ZU CYCL. SULFONEN U. SULFIDEN 58-0404
LINEK A., TERPENE 191. MITT. 56-0170
LINEK K., ELEKTRORED. V. DIACETYL U. ACETOIN 55-0153
- RK. V. O-PHENYLENDIAMIN MIT TRIOSEN 64-0629
LINEVA V. S., KONDENS. V. 3.3-DIMETHYL-1-(P-TOLYL)-1-HYDROXY-PHTHALAN MIT ACET-, NITRO- U. CYANESSIGSAEURE-ESTERN 54-0360
LINGAFELTER E. C., FUENFFACH KOORDINIERTES ZINK(II) IN (ZN(NCS)(TREN))(SCN) 57-0021
LINGENS F., SYNTH. V. ENOLAETHERN D. BRENZTRAUBENSAEURE 57-0317
LINK H., SESQUITERPENE 5. MITT. 61-0769
LINK M., KINETIK D. AROMAT. HALOGENIER. 12. MITT. 61-0215
LINKE E., KONFORM.-ANALYSE V. 2-AMINO-CYCLOHEXANOLEN-(1) 64-0107
- ROTAT.-ISOMERIE BEI CYCLOPENTANDERIV. 64-0167
- KONFORMATIONSANALYSE V. DERIV. DES 1.2-DIPHENYL-AETHANS 64-0168
LINSCHEID P., NMR-UNTERS. D. KINETIK U. KONFORMATION 11. MITT. 60-0172
LINTNER M. A., PHOTOCYCLISIER. V. VERB., D. ZWEI ANTHRACENRINGE ENTHALTEN 58-0533
LIPKE B., ZUR KENNTNIS V. N-(HALOGENPHENYL)-PYRIDINIUMSALZEN 57-0589
LIPKIN A. E., SYNTHESE VON AZOMETHINEN AUF DER BASIS VON 4-PHENYL-2-AMINO-THIAZOL 64-0647
LIPNIK M., POTENTIELLE ANTIVIRUSMITTEL. GEGEN MASERN U. HERPES-VIREN AKTIVE CARBOBENZOXY-DI- U. -TRIPEPTIDE 58-0791
LIPOVIC V. G., MECHANISMUS D. SOLVOLYSE D. 1.2-BENZOCYCLOHEXENYL-(3)-METHYLTOSYLATS 57-0224
- ISOMERISIERENDE UMWANDL. V. ALKYLBENZOLEN 5. MITT. 59-0421
LIPP M., PROTOLYSE D. 2.3-DIMETHYL-CAMPHANDIOLS-(2.3) 57-0248
LIPPARD S. J., DARST. U. CHARAKTERISIER. V. OKTAHYDRIDOTRIBORATO-BIS-(TRIPHENYLPHOSPHIN)-KUPFER(I) 55-0038
- DARST. U. STRUKTURCHARAKTERISIER. V. SECHSFACH KOORDINIERTEN EISEN(III)-KOMPLEXEN MIT FE-S-S-BIND. 63-0026
LIPPI G., STEREOCHEMIE D. RINGOEFFN. EINIGER STILBAZOLOXIDE 60-0600
LIPPMAA E., (13)C-NMR-SPEKTREN U. POSITIVE UEBERSCHUSS-LAD.-DICHTEN IM MESITYLENIUMION 64-0130
LIPSCOMB W. N., MOL.-STRUKTUR V. VERATROBASIN 60-0179
LIPTAY G., THERMOANALYT. UNTERS. D. MOL.-VERB. U. MISCH. V. AMINOPHENAZON U. BARBITURATEN 53-0112
LISANSKIJ I. S., SYNTH. D. 2-PHENYL-VINYLCYCLOPROPANS 58-0483
LISBET R., BLDG. V. KOHLENWASSERSTOFFEN IN D. VERBRENN.-GASEN EINER METHANREICHEN METHAN-LUFT-FLAMME 59-0264
LISICYN V. N., RK. V. HALOGENHALT. AROMAT. VERB. IN GGW. ORGAN. BASEN 6. MITT. 60-0270
- BESONDERH. D. STRUKTUR U. D. REAKTIVITAET EINIGER HALOGENNAPHTHOESAEUREN 1. MITT. 62-0130
- BESONDERH. D. STRUKTUR U. D. REAKTIVITAET V. HALOGENNAPHTHOESAEUREN 2. MITT. 63-0120
- RK. V. HALOGENHALT. AROMAT. VERB. IN GGW. ORGAN. BASE 8. MITT. 64-0272
LISKA F., CHEMIE ORGAN. FLUORVERB. 2. MITT. 56-0269
- CHEMIE ORGAN. FLUORVERB. 3. MITT. 61-0344
LISKA J., UNTERS. D. ZINKKOMPLEXE V. 2-MERCAPTO-BENZTHIAZOL MIT HILFE D. EXTRAKTIONSMETH. 59-0019
- UNTERS. D. KUPFER(II)-KOMPLEXE V. 2-(2-HYDROXY-5-METHYL-PHENYL)-BENZTRIAZOL MIT HILFE D. EXTRAKT.-METH. 59-0020
LISO G., NEUE RK. V. BIS-(O-AMINO-PHENYL)-DISULFID MIT KETONEN 2. MITT. 63-0826
LISOVA V. S., DERIV. D. P-AMINO-PHENYLSULFON-ALPHA-NITRO-PROPIONSAEUREAETHYLESTERS 62-0379
LISSI E. A., PHOTOLYSE D. BIACETYLS IN GGW. V. TRIAETHYLBORAN 60-0309
LISSNEROVA M., NUCLEINSAEUREBESTANDTEILE U. IHRE ANALOGA 107. MITT. 58-0659
- NUCLEINSAEUREBESTANDTEILE U. IHRE ANALOGA 111. MITT. 59-0673
LISSORGUES B., STABILITAET U. KONSTIT. EINIGER SALZ U. KOMPLEXE D. MANDELSAEURE 63-0092
LIST P. H., PILZINHALTSSTOFFE 16. MITT. 61-0810
LISZI J., DAMPF-FL.-GLEICHGEW. ALKOHOLHALT. BINAERER GEMISCHE, ANWENDBARK. D. REGULAEREN TERN. A-A2-B-MISCH.-MODELLS 1. MITT. 60-0192
- DAMPF-FL.-GLEICHGEW. ALKOHOLHALT. BIN. GEMISCHE, ANWENDBARK. D. REGULAEREN TERN. A-A(2)-B-MISCH.-MODELLS 2. MITT 60-0193
LITAKA Y., ESTERTERPENE AUS EINEM INSEKTENWACHS, STRUKTUR V. CEROPLASTERINSAEURE U. CEROPLASTOL I 59-0739
LITCHFIELD G. J., ZU IMIDAZOLNUCLEOTIDEN FUEHRENDE WEITERE CHEM. UMWANDL. V. ZWISCHENSTUFEN IN D. REIHE D. PURINNUCLEOTID-BIOSYNTH. 53-0493
LITCHMAN W. M., (13)C-MAGNET. RESONANZ 11. MITT. 60-0107
LITKOWEZ A. K., ZERS. ORGAN. HYDROPEROXIDE IN GGW. V. BASEN 56-0239
LITT M. H., BLDG. V. ADDUKTEN ZWISCHEN FLUORIERTEN KETONEN U. METALLFLUORIDEN 63-0094
- BLDG. V. FLUORIERTEN AETHERN DURCH EINE MODIFIZIERTE HALOHYDRFIN-RK. 63-0370
- ADDIT. V. HEXAFLUORACETON AN KETENIMINE 63-0590
LITTELL R., VERH. V. 2-HALOGEN- U. 2-TRIFLUORMETHYL-1.4-BENZOCHINONEN IN D. NENITZESCU-INDOL-SYNTH. 63-0617
LITTLE J. H., PROTONENMAGNET. RESONANZ CYCL. VERB. 6. MITT. 57-0092
LITTLE R. G., STRUKTUR V. CIS-DINITRATO- BIS-(DIMETHYLSULFOXID)-PALLADIUM(II) 56-0025
LITTLE W. F., AUFTRETEN V. TROPYLIUMLIGANDEN IN D. MASSENSPEKTREN V. SUBSTITUIERTEN FERROCENEN 59-0013
LITTLEHAILES J. D., PHOTOADDIT. V. ACRYLNITRIL AN BENZOL 60-0460
LITTLEWOOD P. S., CALCIFEROL U. VERWANDTE VERB. 8. MITT. 56-0728
LITVAK V. V., NUCLEOPHILE SUBSTITUT. IN D. AROMAT. REIHE 25. MITT. 61-0254
LITVINENKO L. M., KATALYT. EINFL. V. ALKYLPYRIDINEN AUF D. BENZOYLIER. V. M-CHLORANILIN 60-0246
LIU M. Y., RELATIVE GESCHWINDIGKEITSKONSTANTEN FUER D. ANODISCHE OX. V. ALKYLCARBONSAEUREKALIUMSALZEN 61-0184
LIU R. S. H., BEDEUT. D. ZWEITEN TRIPLETTZUSTAENDE FUER D. PHOTOCHEMIE IN LSG. 1. MITT. 57-0268
- 2.3-BIS-(PERFLUORMETHYL)-BICYCLO(2.2.2)OCTATRIENE-(2.5.7) U. IHRE PHOTOUMLAGER.-RK. 57-0269
- BEDEUT. D. ZWEITEN TRIPLETTZUSTAENDE FUER D. PHOTOCHEMIE IN LSG. 2. MITT. 61-0312
- BEDEUT. D. ZWEITEN TRIPLETT-ZUSTAENDE FUER D. PHOTOCHEMIE IN LSG. 3. MITT. 61-0313
LIUZZO G., VORAUSSAGE V. AKTIVITAETSKOEFFIZIENTEN 61-0172
LIVELY D. H., ARANOTIN U. VERWANDTE METABOLITEN AUS ARACHNIOTUS AUREUS 1. MITT. 63-0852
LIVERIS M., AROMAT. SUBSTITUT. 18. MITT. 61-0262
LIVINGSTONE R., 3-OXO-2.3-DIHYDRO-1-OXAPHENALEN 53-0411
- STRUKTUR VON ISOLAPACHENOL 60-0574
LIWSCHITZ Y., N-CARBOXY-ANHYDRIDE V. THREO- U. ERYTHRO-3-HYDROXY-ASPARAGINSAEUREN U. POLY-DL-THREO-3-METHOXY-ASPARAGINSAEURE-4-METHYLESTER 53-0240
- AUFSPALT. V. N-BENZYL-THREO-BETA-HYDROXY-DL-ASPARAGINSAEURE 55-0265
- THREO-BETA-HYDROXY-ASPARAGYL-DIPEPTIDE 64-0882
LJATIER G. G., RK. V. DIPHENYLJODONIUMTETRAFLUOROBORAT MIT ANILIN 60-0295
LJUBCANSKAJA V. M., DARST. EINIGER P-BIPHENYLYL-ALPHA-DIKETONE 57-0425
LJUBIC M. S., POLYMEROCYANINE 2. MITT. 60-0548
- POLYMEROCYANINE 3. MITT. 60-0549
LLOYD D., BISMUTONIUM-YLID 55-0029
- EIN NEUER PRAPARATIVER WEG ZU CHINOLINEN 55-0445
- DIAZEPINE 6. MITT. 56-0612
- CHEMIE D. ARYLTETRAMINE 1. MITT. 60-0683
LLOYD H. A., TERPENALKOHOLE AUS HELICHRYSUM DENDROIDEUM 55-0543
LLOYD N. C., EINE NEUE METALLIER.-RK. V. N-LITHIO-TERT.-BUTYLAMINO-TRIMETHYL-SILAN 57-0340
- 1-TRIMETHYLSILYL-2.2.4.4-TETRAMETHYLCYCLODISILAZAN 57-0487
LOADER C. E., PHOTOCHEM. UNTERS. 5. MITT. 53-0330
- PHOTOCHEM. UNTERS. 6. MITT. 58-0646
- UNTERS. IN D. PHOTOCHEMIE 7. MITT. 63-0538
LOADMAN M. J. R., CYCL. QUATERNAERE AMMONIUMSALZE 5. MITT. 56-0594
LOBEEVA T. S., LIPIDE, NEUE METH. ZUR SYNTH. V. DL-ERYTHRO-2-BENZYLAMINO-1.3-DIHYDROXY-OCTADECAN 60-0357
LOCHINGER W., KONFORM. D. N-ACETYL-NEURAMINSAEURE 59-0154
LOCHON P., MONOQUARTAERE U. DIQUARTAERE AMMONIUMSALZE D. 2.6-DIMETHYL-BENZO(1.2-D, 5.4-D')BISTHIAZOLS 57-0547
- REAKTIVITAET D. METHYLGRUPPEN IN 2- U. 6-STELL. V. BIS-QUART. SALZEN D. 2.6-DIMETHYL-BENZO(1.2-D,4.5-D')BISTHIAZOLS. DARST. V. DERIV. MIT ZWEI KONJUGIERTEN POLYMETHINSEQUENZEN 60-0551
LOCK C. J. L., STRUKTUR V. DICHLORO-BIS-(PENTAN-(2.4)-DIONATO)-RHENIUM(IV) 56-0027
LOCKE A. W., KINETIK U. MECHANISMUS D. SAEUREKATALYSIER-TEN HYDROLYSE V. NITROALKANEN 58-0249
LOCKE J., ZWEIKERN. NITROSYL-EISEN-KOMPLEXE V. DIPHENYL-DITHIOLEN-TYP 57-0055
LOCKHART I. M., ANALGETIKA MIT AZETIDINSTRUKTUR 63-0899
LOCKSLEY H. D., INHALTSSTOFFE V. GUTTIFERAE 7. MITT. 56-0547
- EXTRAHIERTE STOFFE AUS GUTTIFEREN 8. MITT. 61-0831
LODER J. W., CHIRALITAET D. DISULFIDSYST. IM (+)-TROPIN-1.2-DITHIOLAN-3-CARBOXYLAT 60-0167
LOEFGREN N., SYNTH. V. 1-(3.5-DIMETHYL-4-METHOXY-CARBONYL-PHENYL)-2-HYDRAZINO-PROPAN 57-0383
LOEFROTH G., AUSB. BEIM ABBAU FESTER KOHLENHYDRATE DURCH STRAHL. 56-0249
LOEMKER J. E., ADDITIVE PROTON-PROTON-KOPPL.-EFFEKTE IN DISUBSTITUIERTEN BENZOLEN 59-0114
LOENING K. L., EINDEUT. SPEZIFIKAT. D. STEREOISOMERIE AN DOPPELBIND. 57-0164
LOESCHEN R. L., PHOTOCHEM. RK., DIE HOEHER ANGEREGTE ZUSTAENDE EINSCHLIESST 62-0292
LOESEL W., XANTHORIN, EIN ANTHRACHINOPIGMENT AUS XANTHORIA ELEGANS (LINK) TH. FR. 55-0519
LOEV B., ALPHA-SUBSTITUIERTE SULFONAMIDE U. SULFONSAEUREN 1. MITT. 58-0415
- KORRIGIERTE STRUKTUR D. VERMEINTLICHEN 1.2.4-TRIAZA-

CYCLOOCTATETRAENS 58-0674
LOEW L., DARST. V. 1-DEUTERO-BENZALDEHYDEN DURCH RED. MIT LITHIUMALUMINIUMDEUTERID AUS N-TERT.-BUTYLBENZAMIDEN 61-0396
LOEWENSTEIN R. M. J., FULVENE U. THERMOCHROME AETHYLENE 49. MITT. 63-0119
LOEWENTHAL H. J. E., SELEKTIVE CARBANIONSUBSTITUT. IN EINEM 1.2.3.4-TETRAHYDRO-FLUORENON-(1) 63-0534
LOGAN R. H. JUN., PARTIELLE GESCHWINDIGKEITSKONSTANTEN DER NITRIERUNG VON 10-METHYL-10.9-BORAZAROPHENANTHREN 61-0219
- NEUE HETEROAROMAT. VERB. 29. MITT. 62-0668
LOGOTHETIS A. L., CHEMIE D. TETRAFLUORHYDRAZINS 4. MITT. 64-0393
LOGUIDICE F., KRISTALL- U. MOLEKULARSTRUKTUR V. COC12H19, KATALYSATOR FUER D. DIMERISAT. V. BUTADIEN 57-0018
LOHS K., ZYTOTOX. VERB. 1. MITT. 63-0479
LOHSE C., THIOCARBONSAEUREN U. IHRE DERIV. 12. MITT. 58-0369
LOLJA D. O., SYNTH. AUF D. GEBIET D. 5-NITROFURYL-(2)-POLYALKENALE U. 5-NITROFURYL-(2)-POLYALKENONE 8. MITT. 64-0588
LOMAS D., HETEROCYCL. POLYFLUORVERB. 11. MITT. 59-0606
- DISPIRO(2.0.2.2)OCTEN-(7) 64-0545
LOMAS J. S., ISOTOPENEFFEKTE BEI D. CHLORIER. V. NAPHTHALIN 55-0167
LOMBARDINO J. G., ANTIINFLAMMATOR. 2-ARYL-1.3-INDANDIONE 60-0424
- SYNTH. VON 6-METHOXY-IMIDAZO(1.2-B)PYRIDAZINEN 60-0637
LONCHAMBON G., DIMERISAT. V. DIPHENYLISOBENZOFURAN UEBER EINEN INTERMEDIAEREN KOMPLEX MIT EINER SULFONSAEURE 56-0468
LONG A. G., CEPHALOSPORANSAEURE 5. MITT. 53-0587
- CEPHALOSPORANSAEUREN 6. MITT. 60-0799
LONG D. W., NEUE SYNTH. V. 6-PHENYL-2.3.5.6-TETRAHYDRO-IMIDAZO(2.1-B)THIAZOL 62-0573
LONG F. A., PROTONIER. V. NITROALKAN-ANIONEN MIT ESSIGSAEURE IN GEMISCHTEN H2O-D2O-LSG. 58-0302
- PROTONIER.-GLEICHGEW. V. AZULEN-1-CARBONSAEURE 63-0227
- DECARBOXYLIER. V. AZULEN-1-CARBONSAEURE IN SAURER WSS. LSG. 63-0319
LONG G. G., ALKOXYTETRAPHENYLANTIMONVERB. 62-0026
LONG L. JUN., RK. V. TETRAHYDRO-2H-1.3-OXAZIN-2-THION U. METHYLJODID 60-0667
- RK. V. KOHLENHYDRATEN MIT METHYLSULFONYLCHLORID IN N.N-DIMETHYLFORMAMID, DARST. EINIGER METHYL-6-CHLOR-6-DESOXY-GLYKOSIDE 61-0689
LONG L. H., BH2J-AETHERAT, BH2O(C2H5)2(+)J(-) U. D. ENTSPRECHENDEN TRIJODID-DERIV. ALS LANGLEBIGE ZWISCHENPROD. BEI D. RK. V. J2 MIT DIBORAN U. DIAETHYLAETHER 57-0036
LONGERAY R., KONDENS. V. SALIGENIN MIT CYCLOHEXANON, STEREOCHEMIE V. 4A-HYDROXY-1.2.3.4.4A.9A-HEXAHYDRO-XANTHEN 64-0683
LONGEVIALLE P., MASSENSPEKTROMETRIE V. 1-HYDROXY-3-AMINO-STEROIDEN 56-0141
LONGONE D. T., UMWANDL. V. CYCLOPROPYLBROMIDEN IN CYCLOPROPYLOXY-DERIV. 55-0300
LONGRIDGE J. L., PROTONIER.-GLEICHGEW. V. AZULEN-1-CARBONSAEURE 63-0227
- DECARBOXYLIER. V. AZULEN-1-CARBONSAEURE IN SAURER WSS. LSG. 63-0319
LONGWORTH J. W., DARST. U. STRUKTUR EINES PHOTODIMEREN D. 1-METHYLTHYMINS 55-0122
LONSCAKOVA T. I., 2.4.6-TRINITRO-TRIOPHENOLE 3. MITT. 62-0381
LOO S. N., C32-TRITERPENOID AUS EINER IN HONG-KONG VORKOMMENDEN PFLANZE 53-0534
LOOKER J. J., DARST. U. RK. EINIGER STABILER DIBENZOTROPYLIUM- U. DIHYDRODIBENZOTROPYLIUMIONEN 61-0497
LOPATIN B. V., ANWEND. V. HCLO4 BEI D. KONDENS. V. NITRILEN MIT ALKOHOLEN 58-0671
LOPATINA K. I., ANWEND. V. HCLO4 BEI D. KONDENS. V. NITRILEN MIT ALKOHOLEN 58-0671
LOPSIN N. M., IR-SPEKTREN EINIGER PERCARBONATE U. PERCARBAMATE 63-0126
LOPUSINSKAJA T. I., HYDROXYACETYLENVERB. 4. MITT. 55-0261
LORBERTH J., METALLORGAN. DIAZOALKANE 53-0023
- ORGANOZINN-AZIDE U. ORGANOZINN-PHOSPHINIMINE 55-0025
- (1)H-NMR-SPEKTREN D. ALKYLHALOGENSTANNANE 56-0015
LORCK H., BIOSYNTH. V. FUSIDSAEURE AUS SQUALEN-2.3-OXID 57-0791
LORD W. M., RK. IN N.N-DIMETHYL-FORMAMID 2. MITT. 60-0435
LORENCE R. J., ENDO-6-HYDROXY-TRICYCLO(3.2.0.0(2.7))HEPTAN 56-0430
LORENZ D., RK. D. METHYLSULFINYL-CARBANIONS MIT DIMETHYLFORMAMID 64-0368
LORENZ P., PEPTIDSYNTH. IN FESTER PHASE AM PHENOL-FORMALDEHYD-HARZ 61-0798
LORIERS J., DARST. U. SPEKTRALVERHV. EUROPIUM-NAPHTHALINSULFONAT 55-0023
- KOMPLEXE D. HYDRAZINDESSIGSAEURE MIT SELTENERDMETALLEN, ANWEND. AUF D. TRENN. DURCH IONENAUSTAUSCH 59-0052
LORNE R., VERW. V. 4.5-EPOXIDEN ZUR STEREOSELEKTIVEN EINFUEHR. EINES SUBSTITUENTEN IN 4-STELL. V. STEROIDEN, 9. MITT. 55-0557
- DARST. U. EIG. V. 3BETA-METHOXY-DELTA(4)-CHOLESTEN-6BETA-OL 62-0805
LOSACKER P., SYNTH. IN D. REIHE D. INDOLE U. INDOLALKALOIDE. 6. MITT. 57-0684
LOSEE M. L., AETHINYLSILANE 3. MITT. 63-0550
LOSSE G., NEUE, KRIST. N-CARBONYL-AMINOSAEUREESTER 54-0238
- PEPTIDSYNTH. IN FESTER PHASE AM PHENOL-FORMALDEHYD-HARZ 61-0798
- SYNTH. V. STEREOISOMEREN D. ENNIATINS B 63-0849
- MODELLVERS. ZUR PRAEBIOLOG. ENTSTEH. V. POLYPEPTIDEN 63-0866
LOSSING F. P., THERM. ZERS. V. ORGANOMETALLVERB. IN D. IONENQUELLE EINES MASSENSPEKTROMETERS 58-0013
- THERM. UMLAGER. V. PHENYLNITREN ZU CYANCYCLOPENTADIEN 63-0305
LOTH H., REDOXPOTENTIALE EINIGER 3'.4'-DIHYDROXYLIERTER FLAVON- U. FLAVANOLDERIV. 58-0190
- CHINONE V. FLAVON- U. FLAVONOLDERIV. 58-0620
LOTT J., RED. MIT ALKOXYALUMINIUMHYDRIDEN 1. MITT. 61-0203
LOUDON A. G., ALKALOIDE AUS HUNTERIA UMBELLATA-SAMEN 53-0499
- SECHS-ZENTREN-UEBERGANGSZUSTAENDE BEI RK., AN DENEN HALOGENVEERB. BETEILIGT SIND 56-0203
- FRAGMENTIER. V. ORGAN. MOL. UNTER ELEKTRONENSTOSS 1. MITT. 58-0133
LOUIS E. J., RK. V. BIS-(TRIMETHYLSILYL)-QUECKSILBER MIT FLUORENON-(9) 62-0461
LOUNASMAA M., RK. V. CHINONEN MIT ESSIGSAEUREANHYDRID IN GGW. V. NATRIUMACETAT, 3. MITT. 56-0341
- RK. D. CHINONE MIT ACETANHYDRID IN GEGENWART V. NATRIUMACETAT 4. MITT. 58-0421
- RK. V. CHINONEN MIT ACETANHYDRID IN GGW. V. NATRIUMACETAT 5. MITT. 61-0400
LOURENS G. J., IRREVERSIBLE ENZYMHEMMER 109. MITT. 57-0780
- IRREVERSIBLE ENZYMHEMMER 110. MITT. 57-0781
- IRREVERSIBLE ENZYMHEMMER 112. MITT. 57-0782
LOURY M., HERKUNFT D. FORMIATE U. ANDERER FLUECHTIGER ESTER AUS AUTOXYDIERTEN FETTEN 59-0307
LOUVET F., HYDRIER. V. BENZOCHINOLINDIONEN 58-0645
LOUW R., PHENYLIER. EINIGER ARENE IN D. GASPHASE 53-0131
- THERMOLYT. RK. V. ESTERN 3. MITT. 55-0195
LOVASZ M., PIPERAZIN-DERIV. 1. MITT. 53-0446
LOVE P., EINFL. POLARER SUBSTITUIENTEN AUF D. LEWIS-SAEUREN-BASEN-GLEICHGEW. IN D. GASPHASE 1. MITT. 63-0218
LOVE S. J., RK. V. 2-PHENYL-1-PYRROLIN MIT PHENYLISOCYANAT 64-0608
LO VECCHIO G., SPIRO-DIISOXAZOLINE, 4. MITT. 60-0539
LOVETT J. R., SYNTH. V. GESAETT. U. UNGESAETT. ALPHA-DIFLUORAMINOAETHERN 64-0398
LOWE J. U. JUN., DI-(CYCLOPROPYLCARBONYL)-FUROXAN 59-0575
LOWE M. J., CPT. ROTAT. V. RIBONUCLEASE 59-0792
LOWEREY M. K., DURCH LEWIS-SAEUREN KATALYSIERTE ZERS. V. DIAZOALKANEN 56-0242
LOWRY J. B., STER. U. POLARE EFFEKTE BEI D. KONFORM. V. BUTYROLACTONEN VORL. MITT. 56-0162
LOZACH G., RADIOCHEM. DIMERISAT. V. FESTEM ACENAPHTHYLEN 64-0531
LOZAC'H N., ORGAN. SCHWEFELVERB. 3. MITT. 53-0363
- PARTIALBIND. ZWISCHEN SCHWEFELATOMEN, 5-(1.2-DITHIOLYLIDEN-(3)-METHYL)-1.2-DITHIOL-THIONE-(3) 55-0398
- STEREOSPEZIF. DESULFURIER. V. DISPIRO-DITHIOLANEN U. CIS- U. TRANS-BIS-(2-ARYL-3.1-BENZO-THIAZINYLIDENEN-(4)) 55-0474
- ORGANOSCHWEFELVERB. 4. MITT. 57-0398
- HETEROCYCL. SCHWEFELVERB. 30. MITT. 63-0630
- HETEROCYCL. SCHWEFELVERB. 31. MITT. 63-0631
LOZENICYNA A. S., SYNTH. U. EINIGE FOLGERK. V. MONOVINYLAETHERN V. ACETYLEN-DELTA-GLYKOLEN 54-0214
LUCAS W., POLYACETYLENVERB. 136. MITT. 54-0588
- POLYACETYLENVERB. 148. MITT. 61-0834
LUCENKO L. N., THIOSULFONSAEUREN 21. MITT. 64-0432
LUCHE J., STEREOCHEMIE IN D. REIHE D. BETA-LACTAME 4. MITT. 64-0576
LUCHE J. L., STEREOCHEMIE IN D. BETA-LACTAM-REIHE 3. MITT. 58-0142
- CYCLOADDIT. V. KETONEN AN IMINE 2. MITT. 62-0514
LUCHE-RONTEIX M. J., RETENT. D. OPT. AKTIVITAET BEI D. HALOGENIER. OPT. AKT. KETONE, 2-(O-CARBOXY-BENZYL)-TETRALON-(1) 64-0264
LUCKENBACH R., PHOSPHORORGAN. VERB. 60. MITT. 62-0288
LUCKIJ A. E., DIPOLMOMENTE U. MOL.-STRUKTUR EINIGER OXAZOLDERIV. 62-0068
LUCKNER M., STRUKTUR U. SYNTH. V. ECHINORIN, EINEM ALKALOID AUS ECHINOPS RITRO L. U. SPHAEROCEPHALUS L. (ASTERACEAE) 58-0725
LUDI A., STRUKTUR V. H3(CO(CN)6) U. AG3(CO(CN)6) 54-0017
- ELEKTRONEN- U. INFRAROTSPEKTREN V. HYDRATEN U. CLATHRATEN DES NICKELCYANIDS 59-0006
LUDWICZAK R. S., TOLUOLSULFONATE V. STERINEN 1. MITT. 58-0777
- CHEM. BESTANDTEILE V. INONOTUS OBLIQUUS (PERS.) PIL. 7. MITT. 62-0749
LUECKE B., A-NOR-1-THIA-3-AZA-STEROIDE 59-0750
LUECKE E., SYNTH. MIT ENAMINEN 14. MITT. 53-0234
- SYNTH. MIT ENAMINEN 13. MITT. 53-0472
LUEDKE H., MONOMERE U. DIMERE THIOCARBAMOYL-ISOTHIOCYANATE 61-0683

LUEHRS K., MECHANISMUS CHEM. RK. 24. MITT. 53-0201
LUENING B., UNTERS. V. ORCHIDACEEN-ALKALOIDEN 6. MITT. 56-0640
- UNTERS. V. ALKALOIDEN AUS ORCHIDEEN 8. MITT. 59-0693
- UNTERS. AN ORCHIDACEEN-ALKALOIDEN 9. MITT. 59-0694
LUETTKE W., THEORET. U. SPEKTROSKOP. UNTERS. AN INDIGOFARBSTOFFEN 7. MITT. 63-0606
- THEORET. U. SPEKTROSKOP. UNTERS. AN INDIGOFARBSTOFFEN 8. MITT. 63-0607
LUETTRINGHAUS A., KONFORM.-ENANTIOMERIE 3. MITT. 54-0180
LUETZOW A. E., SYNTH. V. 2-CARBOXY-5-NITROBENZIMIDAZOL-3-OXIDEN DURCH INTRAMOL. OX. V. ALPHA-(2.4-DINITROPHE- - NYLAMINO)-ALPHA.BETA-UNGESAETT. ACYL-DERIV. 53-0374
LUFT P., PILZINHALTSSTOFFE 16. MITT. 61-0810
LUFT R., BEST. D. BATHOCHROMEN METHYLSUBSTITUENTENEFFEKTS AUF D. ABSORPT.-MAX. D. N-V-BANDE V. ALPHA,BETA-UNGESAETT. CARBONYLVERB. MIT HILFE D. LCAO-METH.,D. HUECKEL-NAEHERUNG U. D. OMEGA-METH. 56-0106
LUGOVKIN B. P., SYNTH. V. DIALKYLESTERN D. PYRIDYL-(2)-(ARYLAMINO)-METHYLPHOSPHONSAEUREN 60-0613
LUGTON W. G. D., 1.2-DIHYDRO-ISOCHINOLINE 6. MITT. 57-0578
- RK. V. 1-(BETA-ARYL-AETHYL)-2-PYRIDONEN U. 2-(BETA-ARYL-AETHYL)-ISOCARBOSTYRILEN MIT PHOSPHOROXYCHLORID 60-0602
- DIBENZO(A,H)CHINOLIZIN-DERIV. 62-0621
LUI C. Y., STABILE CARBONIUMIONEN 72. MITT. 64-0191
LUKA Z., STRUKTUR U. SYNTH. V. OROBOSID U. EINE NEUE SYNTH. V. SANTAL 60-0699
LUKACS G., STEROIDKOMPONENTEN EINHEIM. PFLANZEN 54. MITT. 61-0790
LUKAS J., STABILE CARBONIUM-IONEN 54. MITT. 59-0122
LUKASIEWICZ A., RK. V. TRIHALOGENESSIGSAEUREN 7. MITT. 57-0179
- RK. V. TRIHALOGENESSIGSAEUREN 6. MITT. 57-0481
LUKASZEWSKI H., EIN NEUES BESTAENDIGES FREIES RADIKAL 62-0673
LUKEVIC E., STICKSTOFF ENTHALTENDE SILICIUMORGAN. VERB. 11. MITT. 64-0769
LUK'JANEC E. A., LIGANDENAUSTAUSCH IM FERROCEN 61-0051
LUK'JANOV O. A., RK. D. DINITROMETHYLNITRONSAEUREMETHYLESTERS MIT 1.3- U. 1.4-DIENEN 59-0555
LUKKARI S., POTENTIOMETR. U. SPEKTROPHOTOMETR. UNTERS. UEBER D. DISSOZIAT. V. PILOCARPIN IN WSS. LSG. 64-0223
LUKNICKIJ F. I., SYNTH. U. RK. V. BETA-LACTONEN 5. MITT. 57-0313
- SYNTH. U. RK. V. BETA-LACTONEN 7. MITT. 57-0314
- AETHER D. 4.4.4-TRICHLOR-3-HYDROXY-BUTTERSAEURE 62-0353
LUKOSAJTENE K. K., N-ARYL-N-(2-HYDROXY-AETHYL)-GLYCINE U. IHRE LACTONE 64-0751
LUMBROSO H., DIPOLMOMENTE U. KONFORM. D. MOL. 5. MITT. 57-0161
- ELEKTR. MOMENTE V. THIOESSIGSAEURE, N-METHYL-THIOPROPIONAMID U. IHREN DIMEREN 60-0074
- KONFORM. VON O-AMINO-PHENOL, O-AMINO-THIOPHENOL U. O-AMINO-ANISOL 60-0173
- ELEKTR. MOMENTE V. N.N-DIMETHYL-BANZAMID, -THIO- U. -SELENOBENZAMID U. V. N.N-DIMETHYL-BENZAMIDIN 63-0116
- BEVORZUGTE KONFORM. D. JODFORMYLTHIOPHENE U. D. 3-JOD-2.5-DIFORMYL-THIOPHENS 63-0185
LUMBROSO-BADER N., NMR-UNTERS. D. KOMPLEXBLDG. V. PYRROL 58-0175
LUMME P., HYDRAZIN 1. MITT. 54-0018
LUNAZZI L., RADIKAL-ANIONEN D. CHINOLINS U. SEINER METHYL-DERIV. 59-0129
LUND H., INTERMEDIAERE NITROSOVERB. BEI D. ELEKTROLYT. RED. V. NITROALKANEN 53-0118
- QUATERNIER.-RK. 2. MITT. 53-0445
- ELEKTROORGAN. PRAEPARAT. 23. MITT. 57-0199
- ELEKTROLYT. RED. V. OXIMEN U. SEMICARBAZONEN IN ALKAL. LSG. 63-0236
LUND K., ADDITION V. GRIGNARD-REAGENTIEN AN PYRIDAZINE 5. MITT. 56-0578
LUNDE P., QUATERNIER.-RK. 2. MITT. 53-0445
LUNDELL S., KUPFER-KOMPLEXE V. 1.2-PROPAN-DIAMIN, 2. MITT. 56-0038
- KUPFERKOMPLEXE MIT 1.2-DIAMINO-PROPAN 3. MITT. 62-0009
- KUPFER-KOMPLEX MIT 1.2-DIAMINO-PROPAN 4. MITT. 62-0010
- KUPFERKOMPLEXE V. 1.2-DIAMINOPROPAN 5. MITT. 62-0011
- CU-KOMPLEXE V. 1.2-DIAMINO-PROPAN 6. MITT. 64-0008
LUNDIN B. N., NITROSIER. V. ACETONDECARBONSAEUREDIAETHYLESTER 53-0227
LUNDIN G., UNTERS. V. ORCHIDACEEN-ALKALOIDEN 6. MITT. 56-0640
LUNDIN R., ANTHOCYANIDINE U. VERWANDTE VERB. 12. MITT. 60-0576
LUNDIN R. E., MYCOTOXINE, ERZEUGT DURCH FUSARIUM NIVALE (FRIES) CESATI, ISOLIERT AUS FESTUCA ARUNDINACEA SCHREB. - SYNTH. V. 4-ACETAMIDO-4-HYDROXY-2-BUTENSAEURE-GAMMA-LACTON 58-0566
- 3-HYDROXY-6.7-DIMETHOXY-DIFUROXANTHON, EIN NEUER METABOLIT V. ASPERGILLUS FLAVUS 62-0832
LUNDINA I. B., NEUER FALL V. TETRAZOL-AZID-TAUTOMERIE 60-0569
LUNDQUIST K., VORK. V. GLYCERINALDEHYD-2-ARYLAETHERSTRUKTUREN IM LIGNIN 55-0575
- SAEUREABBAU V. LIGNIN 1. MITT. 56-0350
LUNDSTED L. G., VIELFACHE MEHRZENTREN-RK. V. PERFLUORIERTEN KETONEN MIT OLEFINEN 64-0360
LUNDT I., UMLAGER. V. TETRA-O-BENZOYL-2-DESOXY-BETA-D-ARABINO-HEXOPYRANOSE IN 3.6-DI-O-BENZOYL-2-DESOXY-ALPHA-D-RIBO-HEXOPYRANOSYL-FLUORID MIT WASSERFREIER HF 53-0481
LUNDVALL K., HYDROGENSULFATE NATUERL. OESTROGENE 61-0778
LUNKWITZ K., DARST. V. ALDEHYD- U. KETONITRILEN AUS CYCL. ALPHA-DIMETHYLAMINOOXIMEN 59-0316
LUNN W. H. W., ADAMANTAN-CHEMIE 1. MITT. 63-0572
LUNSFORD C. D., ANALGETICA, DERIV. D. ALPHA-PHENYL-3-PYRROLIDINESSIGSAEURE 63-0900
- ANALGETIKA, ESTER VON PYRROLIDINYL-(3)-METHANOLEN 63-0901
LUNT E., NEUE CINNOLINSYNTH. 3. MITT. 53-0453
- ISOTHIAZOLE 11. MITT. 59-0565
- NEUE CINNOLINSYNTH. 4. MITT. 59-0629
- NEUE CINNOLINSYNTH. 5. MITT. 61-0668
- NEUE CINNOLINSYNTH. 6. MITT. 61-0669
LUPPA D., LSGM.-EINFL. AUF D. BANDENFORM D. CO-VALENZSCHWING. D. ACETONS 64-0104
LUSCIK V. B., SYNTH. U. RK. V. BETA-HYDROXY-AETHYL-N-ALKYL-CARBAMATEN 55-0256
LUSINCHI X., STEROIDALKALOIDE 63. MITT. 55-0503
- STEROIDALKALOIDE, SYNTH. V. 13BETA-CYAN-18-NOR-STEROIDEN AUS CONESSIN 56-0716
- STEROIDALKALOIDE 65. MITT. 57-0672
- STEROIDALKALOIDE, DARST. V. AN C-18 U. C-19 SUBSTITUIERTEN STEROIDEN AUS CONESSIA, SYNTH. V. 18-NOR-13BETA-CYAN-19-HYDROXY-PROGESTERON 64-0874
LUSTIG E., ASPERTOXIN, EIN HYDROXYDERIV. V. O-METHYL-STERIGMATOCYSTIN AUS AFLATOXIN-PRODUZIERENDEN KULTUREN V. ASPERGILLUS FLAVUS 62-0830
LUSTIG M., DARST. V. BIS-(DIFLUOR-FLUOROXYMETHYL)-PEROXID 54-0213
LUTH H., KRIST.-STRUKTUR V. (2-CIS-PROPENYLPHENYL)-DIPHENYLPHOSPHIN-TETRACARBONYL-MOLYBDAEN(O) 53-0006
LUTSENKO I. F., UMLAGER. V. BETA-SILYL-KETONEN ZU O-SILYL-SUBSTITUIERTEN ENOLEN 56-0330
LUTTENEGGER T. J., NUCLEOPHILE OEFFN. D. OXETANRINGES V. 3.5-ANHYDRO-1.2-O-ISOPROPYLIDEN-BETA-L-IDOFURANOSE U. -ALPHA-D-XYLOFURANOSE 58-0687
LUTZ P., STEREOSPEZIF. FERNKOPPL. D. HYDROXYLPROTONEN IN PYRANOSEN 54-0111
- KONFORM. D. N-ACETYL-NEURAMINSAEURE 59-0154
LUTZ R. E., LSGM.-EINFL. AUF D. CIS-TRANS-GLEICHGEW. EINIGER AZIRIDIN-KETONE 59-0187
- ANTIMALARIAMITTEL 4. MITT. 60-0463
LUTZ R. P., STEREOCHEMIE D. CHLOR-AUSTAUSCHES IN DESYLCHLORID 64-0286
LUUKKONEN E., KRISTALLDATEN U. ANDERE EIG. V. BIS-(N.N'-DIAETHYL-AETHYLENDIAMIN)-KUPFER(II)-NITRAT, -NITRATDIHYDRAT U. -BROMIDDIHYDRAT 60-0022
LUX H., OXIDCARBIDE V. CHROM, MOLYBDAEN, WOLFRAM U. VANADIN 59-0073
L'VOVA S. D., SYNTH. V. CHELATEN D. 2.7.12.17-TETRAMETHYL-1.4.6.9.11.14.16.19-OCTAKETOCYCLOEICOSANS 54-0039
- CLAISEN-KONDENS. V. ALPHA.BETA-SUBSTITUIERTEN LAEVULINSAEUREESTERN 54-0300
- SPEKTRALE UNTERS. V. LAEVULINESTERN U. DEREN AKTIVITAET BEI D. CLAISEN-KONDENS. 55-0192
LWOWSKI W., UMLAGER. V. O-ARENSULFONYL-PHENYLHYDROXYLAMINEN 57-0381
- NITRENE IM SINGULETT- U. TRIPLETT-ZUSTAND 3. MITT. 59-0553
LYDIATE J., HETEROCYCL. UNTERS. 5. MITT. 61-0666
LYER K. N., ABBAU V. HARZSAEUREN ZU SYNTHET. VERWENDBAREN ZWISCHENPRODUKTEN 64-0839
LYLE G. G., ROTATIONSDISPERS.-UNTERS. 6. MITT. 64-0086
LYLE R. E., KONFORM. V. 3.5-DIMETHYL-2.6-DIPHENYL-4-PIPERINOLEN 55-0118
LYNCH B. M., NMR-SPEKTREN AROMAT. AMINE U. AMIDE 1. MITT. 62-0076
LYNCH D. M., SYNTH. V. P-HYDROXYBENZYL-GRUPPEN ENTHALTENDEN HORMONANALOGEN 60-0776
LYNCH P. P., HYDROGENOLYSE V. ENAMINEN 1. MITT. 64-0606
LYSAK A. N., CHEMIE D. ALPHA-HYDROXYAMINO-OXIMEN 10. MITT. 62-0566
LYTHGOE B., TAXINE 7. MITT. 55-0579
- CALCIFEROL U. VERWANDTE VERB. 8. MITT. 56-0728
- CALCIFEROL U. VERWANDTE VERB. 9. MITT. 56-0729

M

MAASBOEL A., UEBERGANGSMETALL-CARBEN-KOMPLEXE 7. MITT. 61-0048
MAASS A. R., PTERIDINE 12. MITT. 63-0708
MAAT L., ABS. KONFIG. V. BETA-HYDROXY-VALIN 55-0104
- RK. V. SARKOSIN U. PIPECOLINSAEURE MIT PHENYL- U. METHYLISOTHIOCYANAT 61-0579
MABILLE P., FRIEDEL-CRAFTS-ACYLIER.-RK. V. POLYCYCL. AROMAT. KW-STOFFEN 5. MITT. 60-0446
MABRY T. J., D. STRUKTUR D. TAMAULIPIN-B, EIN NEUES GERMACRANOLID, U. D. THERM. UMWANDL. EINES TRANS-1.2-DIVINYL-CYCLOHEXAN-DERIV. IN EIN CYCLODECA-1.5-DIEN SYST. 56-0671
- STRUKTUR U. STEREOCHEMIE V. ZWEI NEUEN DIHYDROFLAVONOL-GLYKOSIDEN 57-0659
- NEUES ISOFLAVON-GLYKOSID AUS BAPTISIA AUSTRALIS 58-0700

- ISOLIER., STRUKTUR U. SYNTH. V. SCAPOSIN, EINEM NEUEN FLAVON V. HYMENOXYS SCAPOSA DC. (COMPOSITAE) 62-0741
- STRUKTUR V. TAMAULIPIN-A, EIN NEUES GERMACRANOLID AUS AMBROSIA CONFERTIFLORA DC, (COMPOSITAE) 64-0827

MACCAGNANI G., CARBANIONEN 3. MITT. 61-0261

MACCARONE E., EINW. V. SALPETERSAEURE AUF METHYLPHENYL-SULFOXID U. DIPHENYLSULFOXID 55-0277
EINW. V. SALPETERSAEURE AUF EINIGE SULFURIERTE AROMAT. VERB. 2. MITT. 58-0413

MACCHIA B., DARST. U. STEREOCHEMISCHE CHARAKTERISIERUNG DER DIASTEREOISOMEREN 1-PHENYL-4-TERT.-BUTYL-CYCLOHEXENOIDE U. 1-PHENYL-4-TERT.-BUTYL-CYCLOHEXAN-1.2-DIOLE 60-0414
- STEREOCHEMIE D. RINGOEFFN. EINIGER STILBAZOLOXIDE 60-0600

MACCHIA F., DARST. U. STEREOCHEMISCHE CHARAKTERISIERUNG DER DIASTEREOISOMEREN 1-PHENYL-4-TERT.-BUTYL-CYCLOHEXENOIDE U. 1-PHENYL-4-TERT.-BUTYL-CYCLOHEXAN-1.2-DIOLE 60-0414

MACCIO Z., ZWEI NEUE ALKALOIDE AUS BERBERIS LAURINA BILLB 60-0716

MACCOLL A., SECHS-ZENTREN-UEBERGANGSZUSTAENDE BEI RK., AN DENEN HALOGENVEERB. BETEILIGT SIND 56-0203
- FRAGMENTIER. V. ORGAN. MOL. UNTER ELEKTRONENSTOSS 1. MITT. 58-0133

MACCONAILL R. J., BEWEIS D. OXIM-ANCHIMERIE MITTELS ISOTOPENTECHNIKEN 53-0379

MACDIARMID A. G., MASSENSPEKTREN V. TRIFLUORPHOSPHINCAR-BONYLKOBALTSAEUREN 64-0014

MACDONALD A. A., DICYCLOPENTA(EF,KL)HEPTALEN(AZUPYREN) 63-0542

MACDONALD B. C., NMR-SPEKTREN AROMAT. AMINE U. AMIDE 1. MITT. 62-0076

MACDONALD D. B., NMR-SPEKTREN V. FLUORBENZOLEN 2. MITT.. 57-0101

MACDONALD D. L., DARST. V. ZUCKERPHOSPHATEN DURCH AUSTAUSCH V. PRIM. SULFONYLOXYGRUPPEN 62-0693

MACDONALD M. C., INTRAMOL. ALKYLIER. V. O-TERT.-BUTYL-GRUPPEN IN 2.4.6-TRI-TERT.-BUTYL-BENZYL-ALKOHOL U. -METHYLAETHER 58-0500

MACDONALD P. L., BERICHTIGTE STRUKTUR FUER NEOGMELINOL, KONFIG.-BEST. BEI TETRAHYDROFURANOID-LIGNANEN 53-0334

MACFARLANE A. J., ISOLIER. U. UNTERS. V. MOLEKUELKOM-PLEXEN AUS PORPHYRINEN U. AROMAT. NITROVERB. 54-0038

MACGREGOR D. J., PYROLYSE D. KAEFIG-PHOTODIMEREN V. 2.6-DIMETHYL-4-PYRON 56-0532

MACGREGOR P. T., CIS-TRANS-ISOMERISIER. V. ALLYLRADIKALEN 56-0265

MACH J., CHEMIE D. SELTENERDMETALLE 19. MITT. 64-0024

MACH K., IR-SPEKTREN V. ALUMINIUMTRIALKYL-KOMPLEXEN MIT ALKALIMETALLFLUORIDEN 2. MITT. 54-0007
- ELEKTRONENSPINRESONANZUNTERS. V. DISSOZIATIVEN ELEKTRONENEINFANG-PROZESSEN IN GAMMA-BESTRAHLTEN AMINOSAEUREN 56-0133

MACHLIS L., STRUKTUR V. SIRENIN 60-0779

MACHOVA M., NAPHTHOL AS-ANALOGE, ABGELEITET V. HARNSTOFFEN BZW. THIOHARNSTOFFEN AUS 5-AMINO-SALICYLSAEURE-ARYLAMIDEN 62-0393

MACIAS A., VERHAELTNIS D. C- U. O-ISOMEREN BEI D. AETHYLIER. V. ALKALI-ENOLATEN D. ACETESSIGSAEURE-AETHYLESTERS IN HEXAMETHYLPHOSPHORAMID U. DIMETHYL-SULFOXID 63-0396

MACINTYRE I., TYROCALCITONIN 1. MITT. 58-0789

MACK C. H., DISSOZIAT. U. DIELS-ALDER-RK. V. DICYCLOPENTADIENDICARBONSAEUREESTERN 59-0468
- KINETIK D. UNKATALYSIERTEN UMESTER. V. MALONATEN 61-0303

MACK H., INTRAMOLEKULARE WECHSELWRKG. ZWISCHEN DREIFACHBIND. 3. MITT. 59-0464

MACK W., RADIKAL. CHLORIER. V. ALKYLCHLORIDEN 55-0172

MACKAY K. M., PMR-SPEKTREN V. AETHYLHALOGENSILANEN 59-0128

MACKAY M. F., ABS. MOLEKULARSTRUKTUR V. KREYSIGININ U. MORPHIN 62-0155

MACKELLAR F. A., ISOLIER., CHARAKTERISIER. U. ABBAU-RK. V. NOGALAMYCIN 58-0806

MACKOR A., C-NITROSO-VERB. 2. MITT. 54-0137
- C-NITROSOVERB. 6. MITT. 60-0354

MACKRODT W. C., DIPOLMOMENTE U. (14)N-QUADRUPOL-KOPPLUNGSKONST. HETEROCYCL. VERB. BERECHNUNGEN MIT ALLEN VALENZELEKTRONEN 56-0097

MACLEAN C., NEUE INTERPRETATION D. MONOMER-DIMER-GLEICHGEWICHTS V. TRIPHENYLMETHYL- U. ALKYLSUBSTITU-IERTEN DIPHENYLMETHYL-RADIKALEN IN LSG. 57-0413
- NMR-SPEKTREN VON EINIGEN SUBSTITUIERTEN BENZOLEN MIT D2H-SYMMETRIE IN EINEM NEMATISCHEN LOESUNGSMITTEL 64-0122

MACLEAN D. B., STRUKTUR U. KONFIGURATION VON ZWEI NEUEN TETRAHYDROPROTOBERBERINEN AUS CORYDALIS CASEANA A., CASEAMIN U. CASEADIN 57-0678
- BIOSYNTH. V. LYCOPODIN 60-0826

MACLEAN I., TRENNUNG EINER KOMPLEXEN ALKAN-MISCHUNG AN EINEM 7A-MOLEKUELSIEB 60-0839

MACLEOD J. K., PEPTIDE 25. MITT. 56-0721
- HALFORDIN U. ISOHALFORDIN, REVIDIERTE STRUKTUREN 57-0573

MACMILLAN J., NEUES GIBBERELLIN IM SAMEN V. PHASEOLUS MULTIFLORUS 54-0570
- IDENTIFIZIER. V. BAMBUS-GIBBERELLIN IN PHASEOLUS MULTIFLORUS DURCH KOMBINIERTE GASCHROMATOGRAPHIEMAS-SENSPEKTROMETRIE 55-0577
- UNTERS. V. GIBBERELLINEN AUS PHASEOLUS MULTIFLORUS DURCH KOMBINIERTE GASCHROMATOGRAPHIE-MASSENSPEKTROSKO-PIE, VORK. V. GIBBERELLIN A(20) (PHARBITIS-GIBBERELLIN) U. STRUKTUR D. VERB. B 59-0790
- GIBBERELLIN A(24), EIN ALDEHYD-GIBBERELLIN AUS GIBBERELLA FUJIKUROI 62-0831

MACNAIR R. N., MECHANISMUS FUER D. NACHLASSEN D. THERMOCHROMIE V. TRIPHENYLMETHAN-LEUCOSULFITEN 63-0112

MACOJAN S. G., CYCL. DIMERISIER. V. ISOPROPENYLAETHINYL-CARBINOLEN 53-0332
- STYROLDERIV. 8. MITT. 54-0276

MACOMBER R., ZUSAETZL. BEWEIS FUER EINE HOMOALLENYL-BETEILIG. 55-0181

MACRAE D. M., INDUKTIVE EFFEKTE IN ACYLSILANEN U. ACYLDISILANEN 59-0144

MACROSSON W. D. K., MOL.-KONFORM. 5. MITT. 60-0177

MACTINA K. A., RESORCINDERIV. 2. MITT. 63-0508

MADAN O. P., STEREOISOMERIE AM PHOSPHOR IN CYCL. OXYPHOSPHORANEN, D. RK. V. PHOSPHONIGSAEURE- U. PHOSPHINIGSAEUREESTERN MIT 3-BENZYLIDEN-PENTANDION-(2.4) 60-0544

MADEJA K., REVERSIBLER QUINTETT-SINGULETT-UEBERGANG IN DITHIOCYANATO-BIS-(2.2'-DIPYRIDYL)-EISEN(II) 60-0001

MADEJA-KOTKOWSKA Z., HYDROXY-CARBONYLDERIV. U. ANALOGA V. BENZOCYCLOHEPTEN 5. MITT. 62-0095

MADELMONT C., DUENNSCHICHTCHROMATOGRAPHIE AN KIESELGEL-AKTIVKOHLE, TRENN. V. GESAETT. FETTSAEUREN U. IHREN METHYLESTERN 55-0600
- DICKSCHICHTCHROMATOGRAPHIE V. ORGAN. VERB. AN SILICAGEL-AKTIVKOHLE, ENTSPRECHEND IHREM APOLAREN CHARAKTER, ANWEND. BEI D. PRAEPARATIVEN TRENN. V. METHYLESTERN D. GESAETT. FETTSAEUREN 64-0933

MADER P. M., KINETIK D. HYDROLYSE V. P-DIMETHYLAMINOPHE-NYL-ISOCYANAT IN WSS. LSG. 64-0267

MADHAV R., STRUKTURUNTERS. V. SCHELLACKHARZ 55-0605
- OX. V. FLAVAN-DERIV. 64-0677

MADLUNG C., PEPTIDSYNTH. IN FESTER PHASE AM PHENOL-FORMALDEHYD-HARZ 61-0798

MADSEN J. O., BEITRAEGE ZUR CHEMIE ALPHA-SUBSTITUIERTER SULFIDE 11. MITT. 60-0450
- ENAMIN-CHEMIE MITT. RK. V. ENAMINEN MIT ALPHA-CHLOR-ACRYLNITRIL 61-0509

MADSEN P., ELEKTRONENSTOSSUNTERS. 19. MITT. 60-0126
- SYNTH. V. POLYFUNKTIONELLEN CYCLOPROPANDERIV. 60-0407

MAEDA K., STRUKTUR V. TELOMYCIN 58-0805
- KRIST.-STRUKTUR V. KANAMYCIN 60-0178
- PYRIDOMYCIN 64-0884

MAEDA M., NEUE FARBRK. V. HEXOSAMINEN 59-0819
- 3-OXO-GLUCURONSAEURE 3. MITT. 62-0690
- SYNTH. NUCLEOSIDE U. NUCLEOTIDE 2. MITT. 62-0841
- OPT. ROTAT.-DISPERS. V. ALDIMINEN V. AMINOZUCKERN U. IHREN METALLCHELATEN 63-0107

MAEDA T., ACETALISIER. D. L-SORBOSE 62-0698

MAEKAWA E., KONSTITUTION D. FARBSTOFFE AUS O-ACYL-BENZOPHENON U. AMMONIAK 59-0529

MAEKITIE O., STABILITAET V. LANTHAN-CHELATEN D. 1.2-NAPHTHOCHINON-2-OXIM-4-SULFONSAEURE IN WSS. KALIUMCHLORIDLSG. 53-0015
- STABILITAETSGRAD V. CHELATEN EINIGER SELTENERDMETALLE MIT 2-NITROSO-1-NAPHTHOL-4-SULFONSAEURE 56-0063
- POTENTIOMTR. UNTERS. D. STABILITAET V. LANTHANIDEN-CHELATEN D. NITROSO-R-SAEURE 60-0027
- DISSOZIAT. V. DIACETYLMONOXIM U. ALPHA-ISONITROSO-PROPIOPHENON IN WSS. LSG. 64-0225

MAER K. JUN., STRUKTUR V. TITAN-EISEN-CYANOKOMPLEXEN 63-0021

MAERKL G., SYNTH. V. 1.1.2-TRICHLOR-PENTEN-(1)-AL-(5) 58-0360
- 1-PHENYL-PHOSPHOL 60-0524
- 1.2.5-TRISUBSTITUIERTE ARSOLE 62-0549
- 'NICHTKLASS.' PHOSPHABENZOLE 63-0691
- SYNTH. U. RK. EINES PHOSPHA-CYCLOHEXADIENONS 64-0718

MAERTEN G., OX.-PROD. V. THIOCARBONSAEUREAMIDEN 17. MITT. 61-0154
- STRUKTUR D. THIOAMIDE U. IHRER DERIV. 1. MITT. 61-0156

MAEVSKIJ J. V., PHENOLDERIV. V. PYRON-(2) 2. MITT. 64-0674

MAGALHAES M. T., CHEMIE D. BRASILIAN. GUTTIFERAE 12. MITT. 60-0822

MAGAT M., RK. ORGAN. RADIKALE IN FESTER PHASE 62-0199

MAGDELEINE M., STEROIDALKALOIDE 72. MITT. 59-0705

MAGER H. I. X., GEKOPPELTE U. UNGEKOPPELTE PROZESSE BEI D. AUTOXYDATION TEILWEISE REDUZIERTER PTERIDINE U. FLAVINE 54-0447

MAGGI N., RIFAMYCINE 56. MITT. 60-0791
- RIFAMYCINE 49. MITT. 60-0821

MAGGIONI P., DEHYDROHALOGENIER. V. PHTHALYL-BETA-ALANIN-CHLORID U. RK. D. ENTSPRECHENDEN ANHYDRIDS 53-0233

MAGIDSON O. J., DERIV. D. N-(PYRIMIDYL-(4))-AETHYLAMINS 62-0654
- N-(PYRIMIDINYL-(4))-AETHYLAMINE 2. MITT. 64-0735

MAGNUSON V. R., DARST. U. KRIST.-STRUKTUR V. (CH3)5AL2N(C6H5)2, MY-DIPHENYLAMINO-MY-METHYL-TETRAMETHYLDIALUMINIUM 63-0024

MAGOMEDOV G. K., ANIONOTROPE UMLAGER. TERT. BETA-ACETYLENALKOHOLE 53-0031

MAGOON E. F., RED. V. ACETYLENEN U. KONJUGIERTEN DIOLEFINEN DURCH LITHIUMALUMINIUMHYDRID 55-0211

MAGUE J. T., STEREOSPEZIF. VINYLHALOGENID-SUBSTITUTIONEN 3. MITT. 62-0052
MAGUER P., VERH. V. 2.3-DIMETHYL-ACETOXY-BENZOESAEUREN U. IHREN METHYLESTERN UNTER BEDINGUNGEN D. FRIES-UMLAGER. 55-0283
MAGUET L., VERESTERUNG V. M-DIOXANEN 56-0570
MAGYAR G., HERST. V. 7-KETO-STEROIDVERB. 63-0828
MAHADANE S. V., ELKTR. DIPOLMOMENT V. AMYLCINNAMAT, AMYLPHENYLACETAT, PHENYLPROPYLBUTYRAT, GERANYLFORMIAT U. GLYCERYLTRIACETAT 55-0651
MAHAJAN J. R., SYNTHET. UNTERS. AN TERPENOIDEN 12. MITT. 61-0775
MAHAJAN R. K., SYNTH. V. STEROID-SAPOGENINEN U. -ALKALOIDEN 5. MITT. 57-0719
- SYNTH. V. STEROID-SAPOGENINEN U. -ALKALOIDEN 4. MITT. 57-0736
- SYNTH. V. STEROIDALKALOIDEN U. SAPOGENINEN 7. MITT. 59-0708
MAHAJAN S. N., STEREOCHEMIE V. BICYCLO(3.2.1)OCTAN 16. MITT. 61-0201
MAHISHI N., SYNTH. V. 3-METHOXY-17BETA-CARBOXY-DELTA(1.3.5(10).6.8)-OESTRAPENTAEN 57-0740
MAHLER H., STEROID-ALKALOIDE 71. MITT. 57-0677
MAHLER W., SAUERSTOFFABSPALT. DURCH CARBENE 57-0284
MAHMOUD B. H., SYNTH. D. GEOMETR. ISOMEREN D. 1.2.4-TRIMETHYLCYCLOHEXANS 59-0393
- NATUR D. SCHWEFELVERB.-TYPEN IM BAKR-ROHOEL 63-0906
MAHONE L. G., GLEICHGEW. DER FLUOR- U. WASSERSTOFF-UMVERTEILUNG AN SILICIUM 59-0178
MAHRAN M. R., PHOSPHORORGAN. VERB. 6. MITT. 61-0488
MAIER D. P., BOR-PHOTOCHEMIE 2. MITT. 57-0384
MAIER G., VALENZTAUTOMERIE BEI HETEROCYCLEN 9. MITT. 61-0653
- VALENZTAUTOMERIE BEI HETEROCYCLEN 10. MITT. 61-0654
MAIER K. A., HALOGENIER. V. 1-AMINOFLUOREN-9-ON 54-0325
- NEUES HETEROCYCL. RINGSYST., SYNTH. D. 2.3.4.8-TETRAHYDRO-ANTHRA(1.9-EF)-1.4-DIAZEPINDIONS-(3.8) 54-0475
- HALOGENIERTE DERIV. D. FLUORENO(1.9-EF)-1.4-DIAZEPINS 55-0483
MAIER L., ORGAN. PHOSPHORVERB. 28. MITT. 54-0243
- ORGAN. PHOSPHORVERB. 29. MITT. 54-0244
- ORGAN. PHOSPHORVERB. 30. MITT. 54-0272
- ORGAN. PHOSPHORVERB. 31. MITT. 60-0392
MAIERHOFER A., N-ACYL-TRIHALOGENACETALDIMINE ALS REAKTIVE ZWISCHENSTUFEN BEI ELIMINIER.-ADDIT.-RK. 6. MITT. 56-0315
- N-ACYL-TRIHALOGENACETALDIMINE ALS REAKTIVE ZWISCHENSTUFEN BEI ELIMINIER.-ADDIT.-RK. 7. MITT. 63-0632
MAILLARD A., EINFL. D. TEMP. AUF D. CHLORIER. GESAETT. KW-STOFFE (LABOR.-MITT.) 58-0232
MAILLET M., FORMYLIER., OXALYLIER. U. ACETYLIER. IN ALPHA-STELLUNG D. CARBONYLS V. 4-OXO-4.5.6.7-BENZO(B)THIOPHEN U. D. SYNTH. V. 2.6-DIALKYL-PHENOLEN 63-0612
MAIRE J., INFRAROT-UNTERS. V. DIALKYLDIMETHOXYSTANNANEN 64-0007
MAIS R. H. B., STRUKTUR V. MY-DIPHENYLUREYLEN-BIS-(TRICARBONYLEISEN) 56-0031
- MOL.-STRUKTUR V. DIMEREM PI-1.3-DIMETHYLALLYL-PALLADIUMCHLORID 56-0032
MAITLIS P. M., DEWAR-HEXAMETHYLBENZOL-PALLADIUM(II)-CHLORID 53-0043
- PHOSPHOR-WASSERSTOFF-WECHSELWRKG. IN D. (1)H-KERNMAGNET. RESONANZ-SPEKTREN EINIGER ORGANO-KOBALT, -NICKEL- U. -PLATIN-KOMPLEXE 54-0009
- UMWANDL. V. HEXAMETHYL-DEWAR-BENZOL IN PENTAMETHYL-CYCLOPENTADIENYLRHODIUM(III)-CHLORID 63-0097
MAITTE P., SYNTH. IN D. BENZOFURAN-REIHE 64-0591
MAJER J. R., PHOTOLYSE V. ACETYLCHLORID 61-0317
MAJERUS G., SYNTH. V. POLYCYCL. VERB. DURCH UMLAGER. 1. MITT. 56-0410
- SYNTH. V. POLYCYCL. VERB. DURCH UMLAGER. 2. MITT. 56-0411
MAJESKI E. J., KONTROLLIERTE POTENTIALOX. V. ANTHRACEN IN ACETONITRIL 2. MITT. 58-0191
MAJHOFER B., STER. KONTROLLE D. ASYMM. EINFUEHR. BEI D. MEERWEIN-PONNDORF-RED. V. BETA-SUBSTITUIERTEN ALPHA-PHTHALIMIDO-PROPIOPHENONEN 61-0202
MAJO F. R., HOMOLYT. ZERS. V. HYDROPEROXIDEN 1. MITT. 62-0273
MAJOR A., RING-ISOMERISIER. BEI FLAVONEN 2. MITT. 53-0522
MAJORAL J., CYCL. PHOSPHORSAEUREESTER 2. MITT. 55-0482
- SYNTH. U. SPEKTROGRAPH. UNTERS. EINIGER CYCL. ESTER 57-0631
MAKAROV M. G., RK. V. ALDEHYDEN MIT OLEFINEN 4. MITT. 60-0405
MAKAROV Y. V., KERNQUADRUPOLRESONANZEN V. (55)MN, (185)RE U. (187)RE IN CYCLOPENTADIENYLMANGAN(RHENIUM)TRICARBONYLEN 64-0010
MAKAROVA A. N., DIAETHYLESTERS V. 2.5-BIS-(N-ALPHA-ALANINO)-3.6-DIAETHYLENIMINO-P-BENZOCHINON IM SAUREN U. ALKAL. MEDIUM 54-0449
MAKI A. H., ELEKTRONENGRUNDZUSTAND D. BIS-(MALEONITRILDITHIOLATO)-NICCOLAT-MONOANIONS. SCHWEFEL-(33)-HYPERFEINWECHSELWRKG. 62-0004
MAKI Y., STERISCHER EFFEKT BEI DER SMILES-UMLAGERUNG 62-0667
MAKIN S. M., SYNTH. V. GLUTAR- U. GLUTACON-ALDEHYD-ACETALEN AUS ALKOXYPYRANEN 53-0405
MAKINO H., ESR-HYPERFEINSTRUKTUR IN N-PIKRYL-CARBAZOLYL-(9)-AMINYL 61-0105
MAKLEIT S., PFLANZL. NATURSTOFFE MIT EINER NITROGRUPPE 7. MITT. 54-0372
- HYDROLYSE-PROD. D. DESERTOMYCINS 62-0827
MAKOSZA M., RK. V. ORGAN. ANIONEN 9. MITT. 57-0363
- RK. ORGAN. ANIONEN 14. MITT. 64-0455
MAKSIMEC V. P., EINIGE METHOXYDERIV. V. 6-NITRO-9-AMINO-ACRIDIN 62-0626
MAKSIMOV A. A., 1.4-PIPERAZINE-BIS-(PIKRINSAEURE-N(BETA)-PHENYL-N(BETA)-(P-BIPHENYLYL)-HYDRAZYL)- U. 1.4-PIPERAZINE-BIS-(PIKRINSAEURE-N(BETA)-PHENYL-N(BETA)-(ALPHA-NAPHTHYL)-HYDRAZYL)-BIRADIKAL 56-0584
MAKSIMOV V. I., SYNTH. V. 19-NORSTEROIDEN 1. MITT. 61-0783
- SYNTH. V. 19-NORSTEROIDEN 2. MITT. 61-0784
- SYNTH. V. 19-NORSTEROIDEN 3. MITT. 64-0860
MAKULA D., EIG. D. BETA-PHENOXYACROLEINS, NUCLEOPHILE SUBSTITUT. 60-0336
MALANDAIN H., SYNTH. U. EIG. V. 1.2-ENDIAMINEN 57-0397
MALASCUK N. I., HALOGENARYLIER. V. UNGESAETT. VERB. MIT AROMAT. DIAZOVERB. 33. MITT. 59-0419
MALASNICKI L., SYNTH. V. 2-HYDROXY-4-METHOXYBENZOPHENON 59-0427
MALAVAL C., MITTLERE OPT. POLARISIERBARK. V. POLYSUBSTITUIERTEN ALKANEN 56-0091
MAL'CEV V. I., EPR-UNTERS. D. PHOTOCHEM. RK. V. FESTEN H2O2-LSG. IN METHYLACETAT, METHYLFORMIAT U. ESSIGSAEURE BEI 77 GRAD K 61-0310
MAL'CEVA V. A., SUBSTITUIERTE HYDRAZIDE V. HYDROXYCARBONSAEUREN 48. MITT. 63-0518
MALCHER E., IDENTIFIZIER. V. 3'.4'.5'.5.7-PENTAHYDROXY-FLAVON U. SEINEM 3'-MONOGLUCOSID 59-0680
MALECK G., ISOMERIE U. TAUTOMERIE BEI N-HALOGEN-GUANIDINEN U. -AMIDINEN 53-0093
MALEK G., NEUES REAGENZ FUER PEPTID-SYNTH. 60-0784
MALEK J., EIG. V. NATRIUMDIHYDRIDO-BIS-(2-METHOXYAETHOXO)-ALUMINAT 1. MITT. 62-0313
MALEY J. R., KATALYT. RK. MIT AZOMETHINEN 10. MITT. 63-0325
MALINOVSKIJ M. S., ISOMERISIER. V. ACETYLEN-ALPHA-EPOXIDEN MIT BETA-STAENDIGER DREIFACHBIND. ZUM EPOXIDRING 55-0230
- SULFANILIDE 26. MITT. 58-0409
- SULFANILIDE 24. MITT. 64-0627
MALJUTINA L. K., ANTHRON, KATALYSATOR D. VERESTER. V. EINWERT. ALKOHOLEN U. MONOCARBONSAEUREN 54-0231
MALKES L. J., SULFODERIV. V. 1.4-DISTYRYLBENZOLEN 61-0476
MALLABY R., SYNTH. V. (+-)-(2-(14)C)ABSCISSAEURE 63-0811
MALLAMS A. K., PECTENOXANTHIN, CYNTHIAXANTHIN U. D. NEUE ACETYLEN. CAROTINOID PECTENOLON 54-0519
MALLINSON P. R., STRUKTUR V. TRIS-(1.3.2-BENZODIOXABOROLYL-(2))-AMIN, (C6H4BO2)3N 55-0123
MALLON B. J., STEREOCHEM. UNTERS. 47. MITT. 61-0150
MALLORY F. B., BEWEIS F. EINE NICHTOXYDATIVE CYCLISIER. V. SQUALEN IN D. BIOSYNTH. V. TETRAHYMANOL 64-0837
- BIOSYNTH. V. TETRAHYMANOL AUS (4R)-(4-(3)H.2-(14)C)MEVALONSAEURE 64-0906
MALLORY R. A., UMLAGER. V. C(20)-SUBSTITUIERTEN BISNORALLOCHOLANEN U. DERIV. 55-0547
MALPASS J. R., CHEMIE D. 2-AZIDO-TROPONS 1. MITT. 53-0285
- UNGESAETT. HETEROCYCL. SYST. 42. MITT. 64-0557
MALRIEU J. P., UNTERS. IN D. INDOLREIHE 20. MITT. 60-0141
MALTER M. Q., SOLVOLYSE P.P'-DISUBSTITUIERTER BENZHYDRYLHALOGENIDE 64-0271
MALTESE M., STABILITAETSKONST. EINIGER KOMPLEXE V. CYCLOHEXYLIMINO-DIESSIGSAEURE (CIDA) 56-0041
MALUNOWICZ I., ASPEKTE D. STEREOCHEMIE 22. MITT. 56-0714
MALYSKO T. M., RK. D. ALPHA-EPOXIDE V. CYCLENEN 2. MITT. 60-0473
- RK. V. CYCLEN-ALPHA-OXIDEN 3. MITT. 62-0507
MAMAEV V. M., EINFL. ELEKTRONEGATIVER SUBSTITUENTEN AUF D. ELEKTRONENSPEKTREN V. PORPHYRINEN IN FORM D. DIKATIONEN 62-0071
MAMAEV V. P., SELEKTIVE BIS-BETA-HYDROXY-AETHYLIER. V. DIAMINEN AN D. SCHWAECHER BASISCHEN AMINOGRUPPE 59-0373
- SELEKTIVE BIS-BETA-HYDROXYAETHYLIER. V. DIAMINEN AN D. STAERKER BAS. AMINOGRUPPE 64-0401
- PYRIMIDINE 13. MITT. 64-0734
MAMANTOV A., STER. HINDER. BEI ADDIT. V. DICHLORCARBEN AN OLEFINE 63-0295
MAMEDOV F. A., ABSPALT.-RK. V. GAMMA-HALOGENAETHERN D. CYCLOHEXANS 61-0445
MAMEDOV S., AETHER U. IHRE DERIV. 118. MITT. 53-0242
- AETHER U. IHRE DERIV. 117. MITT. 58-0462
- GLYKOLAETHER U. IHRE DERIV. 120. MITT. 60-0370
MAMLOK L., STABILITAET V. ISOLIERTEN DOPPELBIND. BEI STEROIDEN 56-0703
MAMONTOVA I. V., RADIKALTELOMERISATION V. ISOPREN MIT TRICHLORBROMMETHAN U. TETRACHLORKOHLENSTOFF 62-0324
MANCHANDA A. H., 2.3-DIHYDRO-O-(2-PYRROLYLCARBONYL)-VIRGILIN, EIN ALKALOID AUS READEA MEMBRANACEAE GILLESPIE (RUBIACEAE) 59-0697
MANDAVA N., NUCLEOPHILE DEQUARTERNISIERUNG VON KONDENSIERTEN AZETIDINIUMSALZEN, 2. MITT. 60-0476
MANDELBAUM A., 'METASTABILE PEAKS' FUER ZWEISTUFIGE FRAGMENTIERUNGEN 56-0138

- UMLAGER. D. OXIDE V. HOPEN-I U. HOPEN-II UNTER EINW. V. BORTRIFLUORID 57-0714
- LAD.-WANDER. IN MOL.- U. FRAGMENT-IONEN 63-0159

MANDEL'STAM T. V., DARST. D. EXO-7-HYDROXYMETHYL-3.4-BENZO-BICYCLO(4.1.0)HEPTENS-(3) ALS VORSTUFE D. 7-METHYLEN-3.4-BENZO-BICYCLO(4.1.0)HEPTENS-(3) 56-0438
- DELTA(2)- U. DELTA(3)-NORCARENYL-(7)-CARBINOLE ALS VORSTUFEN FUER 7-METHYLEN-DELTA(2)- U. -DELTA(3)-NORCARENE 56-0439
- RK. D. AETHYLDIAZOACETATS MIT PYRIDIN-N-OXID IN GGW. V. KUPFERSTEARAT 61-0365
- ISOMERISIER. V. DELTA(2)-NORCAREN-7-CARBONSAEUREN 63-0541

MANDOLINI L., PROD., KINETIK U. MECHANISMUS D. CHLORIER. V. 2.3-DIMETHYL-BENZOTHIOPHEN IN ESSIGSAEURE 61-0221

MANDREKAR S. S., SYNTH. NEUER PIPERAZINDERIV. MIT ZENTRALNERVENSYSTEMDAEMPFENDER WRKG. 1. MITT. 60-0628

MANECKE G., 3-VINYL-PYRAZOLOCHINONE 54-0376
- UEBER EINIGE NEUE IMIDAZOLDERIV. 56-0500
- KONDENS.-PROD. DER QUADRATSAEURE MIT PRIM. U. SEK. AMINEN 59-0417
- SYNTH. V. BIS-1.2-DIKETONEN MIT VINYLENBRUECKEN 61-0480
- ADDIT. V. VINYLDIAZOMETHAN AN AKTIVIERTE DREIFACHBIND. ZU 3-VINYL-PYRAZOLEN 61-0582

MANEGOLD J. H., ACTINOMYCINE 30. MITT. 55-0569

MANGINI A., RADIKAL-ANIONEN D. CHINOLINS U. SEINER METHYL-DERIV. 59-0129

MANGONI L., STEREOCHEMIE V. MARRUBIIN 57-0768
- SYNTH. U. STEROCHEMIE V. ZWEI NEUEN ISOAMBREINOLIDEN 60-0732
- DARST. V. ZWEI EPIMEREN TETRAMETHYLDECALONEN AUS SCLAREOL 60-0733
- STEREOCHEMIE V. MARRUBIIN 60-0734

MANGRAVITE J. A., HYPERKONJUGAT. D. KOHLENSTOFF-METALLBIND. IN METALLOCENEN, WASSERSTOFFAUSTAUSCH BEI PHENYLFERROCEN 54-0124
- MECHANISMEN D. ELEKTROPHILEN SUBSTITUT. V. METALLOCENEN, D. 'INSIDE-OUTSIDE'-BEZIEH. 54-0165

MANHAS M. S., LACTAME 5. MITT. 55-0371
- LACTAME 8. MITT. 58-0141
- PHOTORK. 5. MITT. 64-0438

MANI J., SENSIBILISIERTE PHOTOOX. V. DEHYDRO-BETA-JONYLIDEN-ESSIGSAEUREMETHYLESTERN, UMLAGER. D. ENTSPRECHENDEN PEROXIDE 62-0499

MANIA D., STRUKTUR V. TELOMYCIN 58-0805
- EPIMETACILLIN 60-0792

MANINGER I., SYNTH. V. HETEROCYCLEN 106. MITT. 59-0608

MANISSE N., THERM. UMLAGER. V. ALKEN-(1)-IN-(5)-OLEN-(3) U. V. 3.4-DIMETHYL-HEXADIIN-(1.5)-DIOL-(3.4) 64-0361

MANITTO P., RK. V. BLEITETRAACETAT 1. MITT. 56-0383
- TRITERPENE AUS GLYCYRRHIZA GLABRA 5. MITT. 56-0673
- TRITERPENE AUS GLYCYRRHIZA GLABRA 6. MITT. 56-0674

MANMADE A., BORTRIFLUORID KATALYSIERTE UMLAGER. V. 1.2-EPOXY-LUPAN-3-ON 53-0530

MANMADE A. H., CLAUSENIN-, ANTHOXYLETIN-, ALLOXANTHOXYLETIN-, XANTHYLETIN- U. NORDALBERGIN-SYNTH. 55-0435

MANN B. E., KERNMAGNET. RESONANZUNTERS. V. MOL.-VERB. D. KOBALT(II)-MESOPORPHYRIN-IX-DIMETHYLESTER-KOMPLEXES 54-0012
- FUENFFACH KOORDINIERTE ORGANOKOBALT(III)-KOMPLEXE, ''GLEICHGEW.-WERTIGK.'' U. STEREOCHEMIE 55-0013

MANN C. K., ANOD. METHOXYLIER. TERT. AMINE 58-0428

MANN G., KONFORM. U. PHYSIKAL. DATEN V. ALKANEN U. CYCLANEN 3. MITT. 62-0418

MANNERING G. C., 6H-INDENO(2.1-G)CHINOLINE 63-0678

MANNINEN K., AMINOMETHYLIER. V. NORBORNANON-(2) MIT MONOMETHYLAMIN, AMINOALKYLIERTE BICYCLO-ALKANONE 6. MITT. 53-0319
- SAEURE-KATALYSIERTE RK. V. 2-PHENYL-OXETAN MIT ALKOHOLEN 57-0490

MANNING A. R., STEROIDE 8. MITT. 53-0567

MANNING J. H., VGL. D. RED. V. ALGINSAEURE NACH VERSCHIEDENEN METH. 56-0748

MANNING M., SYNTH. EINES GESCHUETZTEN NONAPEPTIDAMIDS MIT DER AMINOSAEURESEQUENZ DES OXYTOCINS NACH DER MERRIFIELD-METHODE 60-0783

MANNSCHRECK A., PROTONENRESONANZ-UNTERS. ZUR SYN-ANTI-ISOMERIE BEI IMINO-KOHLENSAEUREESTERN U. IMINO-THIOKOHLENSAEUREESTERN 56-0164
- UNTERS. UEBER SCHIFFSCHE BASEN 6. MITT. 56-0237
- UNTERS. AN SIEBENRING-SYST. 5. MITT. 59-0466
- PROTONENRESONANZ-UNTERS. ZUR INNEREN ROTAT. 5. MITT. 62-0122

MANO K., DIMERE D. PERCHLOR-(3.4-DIMETHYLEN-CYCLOBUTENS) 2. MITT. 59-0479

MANOJLOVIC-MUIR L., KUPFER(II)-ASPIRINAT 55-0007

MANSELL V. G., NMR-SPEKTREN V. ACETYLACET- U. MALONDIALDEHYD 58-0113

MANSER G. E., HYDROLYSE EINIGER NORBORNYLSULFITE U. VERWANDTER VERB. 60-0262
- SAEUREKATALYSIERTE HYDROLYSE V. AETHYLENSULFOXID 62-0235

MANSFIELD K. T., ADDIT. V. ACETYLENEN AN ''GEBOGENE'' SIGMA-BIND. 60-0278
- KONKURRIERENDE CYCLOADDIT. U. RK. V. EN-TYP, MECHANISMUS D. RK. V. BICYCLO(2.1.0)PENTAN MIT ACETYLEN MIT ELEKTRONENUNTERSCHUSS 60-0279

MANSKE R. H. F., OPT. ROTAT.-DISPERS. U. A. KONFIG. 12. MITT. 55-0046
- STRUKTUR U. KONFIGURATION VON ZWEI NEUEN TETRAHYDROPROTOBERBERINEN AUS CORYDALIS CASEANA A., CASEAMIN U. CASEADIN 57-0678

MANSON J. M., TRANSANULARE RK. IN D. DIBENZO(A.D)CYCLO-HEPTENREIHE 1. MITT. 54-0427

MANSOUR H. A. R., 1-ARYL-1.2.3-TRIAZOLE 63-0653

MANSSON M., D. VERBRENN.- U. BLDG.-ENTHALPIE V. DIKETEN 61-0171

MANTECON J., HOCHSELEKTIVE ALLYLBROMIERUNG IN EINEM BICYCL. SYST. 61-0540

MANTIONE R., KERNMAGNET. RESONANZ-UNTERS. V. ACETYLENACETALEN U. IHREN UMLAGER.-PROD. IN ALKAL. MEDIUM 53-0276
- MAGNET. NICHTAEQUIVALENZ IN D. KERNRESONANZ 3. MITT. 55-0081
- ISOMERISIER. V. AETHERN MIT ALPHA-STAEND. ACETYLEN-GRUPPIER., D. KEINEN PHENYL-REST ENTHALTEN 64-0364

MANTOVANI E., STABILITAETSKONST. EINIGER KOMPLEXE V. CYCLOHEXYLIMINO-DIESSIGSAEURE (CIDA) 56-0041

MANTSCH H., UV-SPEKTROSKOP. UNTERS. AN ACRIDIN-N-OXID 62-0072
- UV-SPEKTROSKOP. UNTERS. AN N-HETEROCYCLEN 63-0121

MANUEL G., MASSENSPEKTROMETRIE BEI STRUKTUR- U. STEREOCHEM. PROBLEMEN 152. MITT. 59-0014

MANUKIAN B. K., IR-SPEKTROSKOP. UNTERS. IN D. CHINOPHTHALONREIHE 56-0113

MARAKATKINA M. A., DIENSYNTH. V. ALKYLMERCAPTOPHTHALSAEU-REANHYDRIDEN AUS ALKYL-ALPHA-FURYL-SULFIDEN 60-0379

MARATHE K. G., FLAVANOIDEPOXIDE 5. MITT. 57-0572

MARAVAL P., OPT. ANISOTROPIEN U. KONFORM. V. N-ALKANEN IN FL. ZUSTAND U. IN LSG. 56-0092

MARAZZI-UBERTI E., SYNTH. U. PHARMAKOLOG. EIG. V. N-DERIV. D. 5.6-DIHYDRO-7H.12H-DIBENZ(C.F)AZOCINS, EIN NEUES TRICYCL. SYST. 57-0636

MARBET R., RK. V. TERT. VINYL-CARBINOLEN MIT VINYL-AETHERN, NEUE METH. ZUR HERSTELL. V. GAMMA,DELTA -UNGESAETT. ALDEHYDEN 54-0219
- RK. V. TERT. VINYL-CARBINOLEN MIT ISOPROPENYL-AETHER, NEUE METH. ZUR HERST. V. GAMMA,DELTA-UNGESAETT. KETONEN 54-0221

MARCANTONATOS M., FLUORESZENZRK. D. BORSAEURE MIT 2-HYDROXY-4-METHOXY-4'-CHLOR-BENZOPHENON IN KONZ. SCHWEFELSAEURE-ESSIGSAEURE-MEDIUM U. D. EINFL. BESTIMMTER EIG. D. MEDIUMS 54-0058

MARCHAND A., UNTERS. D. KONFORM. V. 1-ALKYL-CYCLOHEXANOLEN DURCH INFRAROTSPEKTROSKOPIE 53-0099
- UNTERS. V. ORGANOSILICIUMVERB. DURCH INFRAROTSPEKTRO-GRAPHIE 4. MITT. 61-0087
- UNTERS. D. KONSTIT. V. DISILANEN AUF CHEM. U. SPEKTROGRAPH. WEGE 64-0464

MARCHAND A. P., BRUECKEN-PROTONENABSORPT. IN D. KERNMAGNET. RESONANZ-SPEKTREN V. NORBORNEN U. VERWANDTEN SYST. 64-0125

MARCHAND E., DI- U. MONONITRILE ALPHA-SUBSTITUIERTER ALPHA-PHENYL-PIMELINSAEUREN 57-0368
- ALPHA-SUBSTITUIERTE ALPHA-PHENYL-PIMELINSAEUREN U. D. ENTSPRECHENDEN CYCLOHEXANONE 57-0430
- ALPHA.ALPHA-DISUBSTITUIERTE DICARBONSAEUREN U. SAEUREN MIT GEMISCHTER FUNKTION U. IHRE DERIV. 40. MITT. 64-0499

MARCHAND J., PEPTIDALKALOIDE 5. MITT. 60-0722

MARCHESE G., NUKLEOPHILE RK. V. AETHYLENDERIV. 10. MITT. 57-0233

MARCHINI P., NEUE RK. V. BIS-(O-AMINO-PHENYL)-DISULFID MIT KETONEN 2. MITT. 63-0826

MARCIACQ-ROUSSELOT M., NMR-UNTERS. V. INTERMOL. EFFEKTEN ZWISCHEN ALIPHAT. MERCAPTANEN U. STICKSTOFFVERB. AUSTAUSCHPHAENOMENE 55-0082

MARCINIEC B., UNTERSCHIEDLICHE OXYDIERBARKEIT VON NIEDRIG- UND HOCHMOLEKULAREN ORGANISCHEN VERB. 60-0328
- INDIGOCARMIN, EIN HOCHEMPFINDLICHES SUBSTRAT IN D. REDOX-LOESUNGSKATALYSE, INSBESONDERE ZUM NACHWEIS V. MIKROSPUREN SOWIE D. KATALYT. EIG. ORGAN. VERB. U. PEROXYSAEUREN 64-0322

MARDASEV J. S., KINETIK D. DEHYDRIER. V. CYCLOHEXAN AN NICKEL-KATALYSATOREN 64-0250

MARDLE M. J., REAKTIVE ACYL-DIPEPTIDE ALS MOEGL. PENICILLIN-ANALOGE 1. MITT. 58-0800

MARECEK H., D. BN-HAUPTBANDE IN D. IR-SPEKTREN V. N-H-BORAZINDERIV., KURZE MITT. 56-0008
- IR-SPEKTROSKOP. UNTERS. AN 1.3-DIOXA- U. 1.3-DIAZA-2-BORACYCLOPENTANDERIV. 56-0114

MARECHAL E., POLYMERISAT. V. BIS-INDENYLEN 4. MITT. 54-0321
- KATION. POLYMERISAT. V. 4.5.6.7-TETRAMETHYL-INDEN 63-0865

MAREI A., NEF-RK. 5. MITT. 56-0472

MAREKOV N. L., STRUKTUR D. GENTIOFLAVINS, EINES NEUEN ALKALOIDS AUS EINIGEN GENTIANA-ARTEN 58-0719

MAREMMANI C., STABILITAETSKONST. EINIGER KOMPLEXE V. CYCLOHEXYLIMINO-DIESSIGSAEURE (CIDA) 56-0041

MAREN T. H., IN -VITRO-HEMMWRKG. V. SULFONAMIDEN AUF CARBOANHYDRASEN AUS ROTEN BLUTKOERPERCHEN, EINFL. D. VARIATION V. IONEN U. SUBSTRAT AUF D. HYDRATATIONSRK. 60-0813

MARES F., ACIDITAET V. KW-STOFFEN 27. MITT. 58-0260
- ACIDITAET V. KOHLENWASSERSTOFFEN 28. MITT. 58-0261
- ACIDITAET V. KOHLENWASSERSTOFFEN 29. MITT. 62-0255

MARETINA I. A., RK. V. 4-BROMPENTEN-(2) MIT VINYL- U. ISOPROPENYL-ACETYLEN 55-0228

- ENINAMINE 8. MITT. 56-0111
- SCHWEFEL ENTHALTENDE AETHER D. ENINREIHE 64-0370
- ENINAMINE 9. MITT. 64-0399
- ENINAMINE 7. MITT. 64-0703

MARGARETHA P., ORGAN. LEWISSAEUREN 7. MITT. 60-0535
MARGERUM D. W., DURCH TRIAETHYLENTETRAMIN KATALYSIERTER LIGANDENAUSTAUSCH ZWISCHEN TRIGLYCINATO-CUPRAT(II)-(CUH(-2)L(-)) U. AETHYLENDIAMINTETRAACETAT-ION 57-0032
- PROTONENUEBERTRAG.-RK. MIT CU(II)-TRIGLYCIN-(CUH(-2)L(-)) 58-0030

MARGERUM J. D., CIS-TRANS-ISOMERISIER. U. IMPULSLASER-UNTERS. AN SUBSTITUIERTEN INDIGOFARBSTOFFEN 58-0285
MARHOUL A., DARST. V. ESTERN EINIGER ALPHA-NITROSO-CYCLOALKANCARBONSAEUREN 58-0471
MARIANI C., BERECHNETE GEOMETRIEN U. ENERGIEN AUF D. RK.-WEG D. COPE-UMLAGER. 60-0285
MARICLE D. L., MECHANISMUS EINIGER ELEKTROCHEMILUMINES-ZENTER PROZESSE 57-0070
MARINI-BETTOLO G. B., LEUKOANTHOCYANIDINE AUS PELTOGYNE RECIFENSIS DUCKE 54-0402
MARINO G., ELEKTROPHILE SUBSTITUT. AN FUENFGLIEDR. HETEROCYCLEN 6. MITT. 61-0220
MARION J. P., ZUS. D. KAKAO-AROMAS 53-0584
- ZUS. D. AROMAS V. SCHWARZEM TEE 2. MITT. 53-0585

MARIOTTI J., KONKURRIERENDE HYDRIER. V. UNGESAETT. KW-STOFFEN 59-0200
MARIOTTI V., UNTERS. V. VERB. GEGEN PROTOZOEN, SYNTH. U. BIOLOG. AKTIVITAET EINIGER STYRYLIMIDAZOL-DERIV. 57-0525
MARITZ F., FLUORENACENE U. FLUORENAPHENE, SYNTH. IN D. INDENOFLUORENREIHE 12. MITT. 64-0530
MAR'JANOVSKIJ V. M., ANOMALE RPRODUKTE AUS D. RK. V. 2.3-DINITROANISOL MIT BENZYLAMIN 60-0531
- SYNTH. U. UNTERS. EINIGER IMIDAZOL-DERIV. 3. MITT. 62-0564

MARK H., PHOTORK. 5. MITT. 64-0438
MARKEES D. G., SYNTH. U. BIOLOG. AKTIVITAET V. SUBSTITUIERTEN 2.6-DIAMINO-PYRIDINEN 57-0792
MARKERT J., UMSETZ. V. DIAZOVERB. MIT AZOVERB. 8. MITT. 54-0431
MARKHAM K. R., STRUKTUR U. STEREOCHEMIE V. ZWEI NEUEN DIHYDROFLAVONOL-GLYKOSIDEN 57-0659
- NEUES ISOFLAVON-GLYKOSID AUS BAPTISIA AUSTRALIS 58-0700

MARKIW R. T., METHANOL ALS METHYLIER.-MITTEL. EINE NEUE, BEQUEME METHYLIER. V. THYMIDIN 58-0711
MARKO L., SCHWEFELHALT. METALLCARBONYLE 9. MITT. 56-0080
- PHOSPHORHALT. KOBALTCARBONYLE 2. MITT. 58-0067
- HOMOGENKATALYT. HYDRIER. V. ALDEHYDEN MIT RHODIUMCARBONYL-KATALYSATOREN 2. MITT. 58-0210
- PHOSPHORENTHALTENDE KOBALTCARBONYLE 3. MITT. 59-0082

MARKOV P., THEORET. BETRACHT. D. DIELS-ALDERSCHEN RK. AUF GRUND D. LCAO-MO-THEORIE 3. MITT. 60-0280
MARKOVIC I. S., SYNTH. V. 4-PHENYL-8-HYDROXY-2.5.7-TRIMETHYL-CHINAZOLIN 64-0739
MARKOVSKIJ L. N., ALIPHAT. ESTER V. AREN-N-ALKYL-SULFONIMIDSAEUREN 53-0246
- AREN-N-ALKYL-IMINOSULFONSAEUREAMIDE (SULFAMIDINE) 57-0354

MARKS D. L., OX. V. SILANEN 2. MITT. 58-0448
MARKS K., ISOMERISIER. V. (+)-1.2-EPOXY-TRANS-P-MENTHAN U. (+)-TRANS-2.3-EPOXY-TRANS-P-MENTHAN MIT N-PROPYLLITHIUM, OPT. AKTIVES (+)-CARVENON 62-0750
MARKS R. E., SAEUREKATALYSIERTE ZERS. EINIGER BETA-AZIDO-CARBONYL-VERB. 55-0244
MARKS T. J., (31)P-NMR V. EINIGEN LUFTEMPFINDL. PHOSPHINMETHYLENEN 56-0123
MARLBOROUGH D. I., REAGENZ FUER D. PEPTIDSYNTH., KOPOLY-(AETHYLEN-N-HYDROXY-MALEINIMID) 63-0843
MAROLEWSKI T., PHOTOCHEM. ADDIT. V. POLYHALOGENMETHANEN AN OLEFINE 58-0431
MARONI G., FLUORANTHENDERIV. 7. MITT. 56-0108
MARONI P., THERMODYNAM. AKTIVIER.-FUNKT. U. MECHANISMUS D. ALKAL. SPALT. V. ACTYLACETON 53-0173
MARONI S., RK. V. BLEITETRAACETAT 1. MITT. 56-0383
MAROS L., ANALYTIK DER 1.2-GLYKOLE U. POLYOXYVERB. 7. MITT. 60-0846
- ANALYTIK D. 1.2-GLYKOLE U. POLYOXYVERB. 8. MITT. 60-0847
- ANALYTIK D. 1.2-GLYKOLE U. POLYOXYVERB. 9. MITT. 60-0848
- ANALYTIK D. 1.2-GLYKOLE U. POLYOXYVERB. 10. MITT. 60-0849
- NEUERE ANALYT. ANWEND. D. OX. V. ORGAN. VERB. DURCH BROM 2. MITT. 62-0857
- NEUERE ANALYT. ANWEND. D. OX. V. ORGAN. VERB. DURCH BROM 3. MITT. 62-0858
- MECHANISMUS D. ZWEISTUF. OX. D. FURFUROLS U. FURFURYLALKOHOLS MIT BROM U. BROMCHLOR IN WSS. LSG. 63-0249

MARPLES B. A., STEROIDE U. ARYNE 1. MITT. 53-0562
- ARINCHEMIE 5. MITT. 59-0486

MARQUARDING D., STEREOSELEKTIVE SYNTH. 3. MITT. 57-0246
MARQUARDT F., ISOCHINOLINE 1. MITT. 53-0432
- ISOCHINOLINE 2. MITT. 53-0433
- DARST. V. DERIV. D. DIBENZO(A.E)-CYCLOOCTADIENS DURCH PYROLYSE V. BENZOCYCLOBUTENEN 55-0335

MARQUET A., RETENT. D. OPT. AKTIVITAET BEI D. HALOGENIER. OPT. AKT. KETONE, 2-(O-CARBOXY-BENZYL)-TETRALON-(1) 64-0264
MARQUET J., 2.3-DISUBSTITUIERTE FURANE U. PYRROLE 1. MITT. 53-0329
- NEUE SYNTH. V. 2-FORMYL-FUROESAEURE-(3) U. DARST. V. 4-AMINO-FURO(2.3-D)PYRIDAZIN 56-0591
- SYNTH. V. NEUEN ANALOGEN D. PURIN-BASEN, IN 4-STELL. SUBSTITUIERTE PYRROLO(2.3-D)PYRIDAZINE 56-0592
- 2.3-DISUBSTITUIERTE FURANE U. PYRROLE 2. MITT. 59-0513

MARQUEZ L., ISOMERISIER. EINES STEROIDBORANS 56-0696
MARR G., UNSYMM. DISUBSTITUIERTE FERROCENE 4. MITT. 57-0052
- ELEKTROPHILE SUBSTITUT. IN METALLOCENEN 1. MITT. 58-0065
- MAGNET. NICHTAEQUIVALENZ V. METHYLENGRUPPENPROTONEN BEI 1.2-DISUBSTITUIERTEN FERROCENEN 62-0003
- 2.7- U. 2.10-DISUBSTITUIERTE BIFERROCENYLE 62-0043

MARSAU P., KRIST.-STRUKTUR V. 10-(2-DIAETHYLAMINO-AETHYL)-PHENOTHIAZINHYDROCHLORID 56-0173
- KRIST.-STRUKTUR V. 10-(2-DIMETHYLAMINO-PROPYL-(1))-PHENOTHIAZIN-HYDROBROMID 60-0182

MARSH C. R., RK. V. ORGANOKUPFERVERB. MIT HALOGENOLEFINEN 57-0288
MARSH J. P. JUN., SYNTH. V. DAUNOSAMIN 55-0486
MARSH M. M., HEMM. V. MONOAMINOOXYDASE DURCH N-(PHENOXYAETHYL)-CYCLOPROPYLAMINE, KORRELAT. D. HEMMWRKG. MIT HAMMETT-KONST. U. NERNSTSCHEN VERTEIL.-KOEFF. 60-0812
- ABBAU V. (-)-4-METHYL-ISOPULEGON ZU (+)-2-ISOPROPYL-2-METHYL-BERNSTEINSAEURE 62-0760
- ARANOTIN U. VERWANDTE METABOLITEN AUS ARACHNIOTUS AUREUS 1. MITT. 63-0852

MARSH R., MOLEKULAR- U. ELEKTRONENSTRUKTUR D. DICHLORO-BIS-(DIARSIN)-NICKEL-MONOKATIONS 59-0017
MARSHALL A. S., THERM. U. PHOTOLYT. ZERS. V. 2.3-DIAZIDO-1.4-NAPHTHOCHINON U. VERWANDTEN AZIDOCHINONEN 61-0308
MARSHALL D. R., DIAZEPINE 6. MITT. 56-0612
MARSHALL J. A., EINE PHOTOCHEM. EINGELEITETE UMLAGER. V. 1.2.3.4.4A.5.6.7-OCTAHYDRO-1.1.4A-TRIMETHYLNAPHTHALIN 53-0295
- TOTALSYNTH. V. RAC.-ISONOOTKATON (ALPHA-VETIVON) 53-0531
- NEUER WEG ZU CYCLODIENEN-(1.5) UEBER ALKYLBORAN-FRAGMENTIER. 54-0281
- STEREOSELEKTIVE SYNTH. V. ALPHA- U. BETA-AGAROFURAN 58-0741
- METHYLIER. V. 10-METHYL-1(9)-OCTALONEN-(2) DURCH ORGANOKUPFERREAGENTIEN 59-0440
- TOTALSYNTH. V. RAC. BULNESOL 59-0738
- SYNTH. V. (+-)-GEOSMIN U. ANDERER 1.10-DIMETHYL-DECALOL-(9)-ISOMERER 64-0513

MARSHALL J. L., 4-OCH3-BETEILIGUNG BEI SOLVOLYSEREAKTIO-NEN 61-0239
- ACETOLYSE V. 7.7-DIMETHOXY-BICYCLO(2.2.1)LHEPTAN-(2-EXO)-P-TOLUOLSULFONAT 61-0240

MARSHALL J. T. B., 7-O-BETA-D-GLUCOSYL-8-C-BETA-D-GLUCOSYL-4'-METHYL-APIGENIN, EIN NEUES FLAVON AUS TREMA ASPERA 61-0716
MARSHALL T. H., ELASTASE-KATALYSIERTE HYDROLYSE V. P-NITROPHENYL-TRIMETHYLACETAT 57-0785
MARSIGNY L., SPEKTROSKOP. UNTERS. D. ELEKTR. HOCHSPANN.-ENTLAD. AN EINIGEN FLUORIERTEN ALIPHAT. KOHLENWASSER-STOFFEN 57-0195
- BEOBACHT. U. CHARAKTERISIER. V. NEUEN BANDEN D. EMITTIERENDEN MOL. CF2 59-0104

MARSILI A., UMLAGER. D. OXIDE V. HOPEN-I U. HOPEN-II UNTER EINW. V. BORTRIFLUORID 57-0714
- NEUARTIGE UMLAGER. V. 2-BENZYL-3-(ALPHA-BROM-BENZYLIDEN)-PHTHALIMIDIN 62-0620

MARSMAN J. W., CHEMIE V. ORGANOMETALLVERB. D. 4. GRUPPE 28. MITT. 63-0069
MARSTRANDER A., UNTERS. D. MOL.-STRUKTUR AN TRICYCLO(3.3.2.0(4,6))DECATRIEN-(2.7.9) (BULLVALEN) IN D. GASPHASE MITTELS ELEKTRONENBEUG. 54-0096
MARSZAK I., SYNTH. U. EIG. D. DIASTEREOISOMEREN HEXADIIN-(1.5)-DIOLE-(3.4) 56-0274
- NEUE HYDROXYLIERTE ACETYLENVERB. 58-0349
- ERWEITER. D. METH. ZUR SYNTH. V. ACETYLEN-ACETALEN NACH HOWK U. SAUER 58-0352

MARTANI A., BENZO-BIS-THIAZOLE 6. MITT. 58-0604
- CARCINOGENE STICKSTOFFVERB. 60. MITT. 59-0510

MARTEAU J., RK. V. TRIFLUORACETALDEHYD MIT OLEFINEN 60-0334
MARTEL R., N-CARBONSAEUREESTER V. 1.2- U. 1.4-DIHYDRO-CHINOLINEN. EINE NEUE KLASSE V. IRREVERSIBLEN INAKTIVATOREN D. BRENZCATECHINAMIN-ALPHA-REZEPTOREN U. STARKEN ZENTRALNERVENSYST.-DEPRESSOREN 58-0638
MARTELL A. E., BLDG., HYDROLYSE U. HYDROXOKOMPLEXBLDG. V. URAN(IV)-CHELATEN 57-0024
- GLEICHGEW. V. METALL-IONEN MIT BRENZCATECHIN U. 3.5-DI-TERT.-BUTYL-BRENZCATECHIN 64-0033
- KINETIK DER REAKTION VON EISEN(III)-CHELATEN VON AMINOPOLYCARBONSAEUREN MIT ASCORBINSAEURE 64-0034

MARTELLI S., RK. D. ALPHA-HYDROXYIMINO-DERIV. V. CARBONYLVERB. MIT BASEN 3. MITT. 60-0538
MARTIN A., FURAN ENTHALTENDE DITERPENOIDE AUS SOLIDAGO SEROTINA AIT. 61-0751
MARTIN C., CYANSAEUREESTER 14. MITT. 55-0254
- CYANSAEUREESTER 15. MITT. 55-0255

- CYANSAEUREESTER 13. MITT. 55-0476
MARTIN D. J., EINE EINFACHE THIOL-SYNTH. 61-0336
MARTIN D. L., HYPOCHOLESTERAEM. MITTEL 4. MITT. 60-0837
MARTIN D. M. G., EINGESCHRAENKTE ROTAT. BEI METHYLIERTEN DERIV. V. ADENOSIN U. CYTIDIN 57-0131
- CHEMIE V. 1- U. N(6)-DIMETHYLALLYL-DERIV. D. ADENOSINS U. ADENINS 64-0798
MARTIN G., DIPOLMOMENTE EINIGER AETHYLEN. DINITRILE U. NITRILESTER 56-0098
- RADIKALIONEN-LSG. V. ALKALIMETALLEN IN HEXAMETHYLPHOSPHOTRIAMID (HMPT), QUELLE FUER WASSERSTOFF U. METHYLEN, NACHW. D. ISOTOPENAUSTAUSCHES 57-0276
- SYNTH. V. ALPHA-CHLOR-CYCLOPENTENONEN DURCH CYCLISIER. IN EINER FRIEDEL-CRAFTS-RK. 59-0410
- TAUTOMERIE HETEROCYCL. VERB. 5. MITT. 63-0648
MARTIN G. C. J., AUROFUSARIN 56-0736
MARTIN G. J., KERNMAGNET. RESONANZ-UNTERS. V. ACETYLENACETALEN U. IHREN UMLAGER.-PROD. IN ALKAL. MEDIUM 53-0276
- NMR-UNTERS. D. STRUKTUR V. ADDIT.-PROD. D. AROMAT. ISOCYANATE AN ACYLMETHYLENTRIPHENYLPHOSPHORANE (ANWEND. D. (15)N-MARKIER.) 54-0107
- MAGNET. NICHTAEQUIVALENZ IN D. KERNRESONANZ 3. MITT. 55-0081
- NMR-UNTERS. AN METALLORGAN. VERB. 4. MITT. 56-0019
- NMR-UNTERS. D. GEHINDERTEN ROTAT. 2. MITT. 56-0153
- NMR-UNTERS. AN 2-BENZOYL- U. 2-THIOBENZOYL-THIOPHENEN 2. MITT. 59-0117
- NMR-UNTERS. AN 2-BENZOYL- U. 2-THIOBENZOYLTHIOPHENEN 3. MITT. 59-0118
- KERNMAGNET. RESONANZUNTERS. D. STEREOCHEMIE V. KONJUGIERT-UNGESAETT. KETON- U. ALDEHYD-2.4-DINITROPHENYLHYDRAZONEN 64-0181
MARTIN H., PHOTOCHEMISCHE UMWANDLUNGEN, 16. MITT. 60-0454
MARTIN H. A., KONFORM. V. ALLYL-DICYCLOPENTADIENYL-TITAN(III)-KOMPLEXEN 57-0001
- SYNTH. V. ALLYLDICYCLOPENTADIENYLTITAN(III)-KOMPLEXEN AUS DIENEN 59-0054
MARTIN J., TRANSANULARE CYCLOPROPYL-TEILNAHME 54-0153
- STRUKTUR U. SYNTH. V. PSEUDOCLOVEN A 56-0678
MARTIN J. A., ALKALOID-BIOSYNTH. 10. MITT. 53-0608
MARTIN J. C., FREIE CYCLOPROPYLCARBINYL-RADIKALE, HEXACYCLOPROPYLAETHAN 55-0196
MARTIN J. L., EPOXYKETONE 7. MITT. 63-0583
MARTIN J. S., ANION-MOLEKUEL-KOMPLEXE IN LSG. 1. MITT. 64-0204
MARTIN K. R., AETHINYLIER. V. KETONEN MIT DILITHIUMACETYLID 59-0212
MARTIN M., THERMOLYSE V. EXO.EXO- U. ENDO.ENDO-5.6-DIMETHYL-2.3-DIAZA-BICYCLO(2.2.2)OCTEN-(2) 53-0450
- STEREOCHEMIE D. 1.2-CYCLOADDIT. AN D. BICYCLO(2.1.0)-PENTAN-SYST. 55-0188
- SYNTH. V. ALPHA-CHLOR-CYCLOPENTENONEN DURCH CYCLISIER. IN EINER FRIEDEL-CRAFTS-RK. 59-0410
MARTIN M. L., KERNMAGNET. RESONANZ-UNTERS. V. ACETYLENACETALEN U. IHREN UMLAGER.-PROD. IN ALKAL. MEDIUM 53-0276
- MAGNET. NICHTAEQUIVALENZ IN D. KERNRESONANZ 3. MITT. 55-0081
- NMR-UNTERS. AN METALLORGAN. VERB. 4. MITT. 56-0019
- NMR-UNTERS. AN 2-BENZOYL- U. 2-THIOBENZOYL-THIOPHENEN 2. MITT. 59-0117
- NMR-UNTERS. AN 2-BENZOYL- U. 2-THIOBENZOYLTHIOPHENEN 3. MITT. 59-0118
MARTIN R., FRIES-RK. 3. MITT. 62-0322
MARTIN R. B., DOPPELOKTANTENREGEL FUER PLANARE KOMPLEXE V. UEBERGANGSMETALLIONEN 58-0004
MARTIN R. H., PHYSIKAL.-CHEM. UNTERS. AN INDOLALKALOIDMODELLEN, 7. MITT. 53-0440
- PHYSIKAL.-CHEM. EIG. AROMAT. BRUECKENVERB., (2.2)-, (2.2.2)- U. (2.2.2.2)METACYCLOPHAN 58-0074
- ANWEND. D. NMR-SPEKTROSKOPIE AUF POLYKONDENSIERTE AROMAT. SYST. 15. MITT. 62-0079
- INDOL-ALKALOIDE 16. MITT. 62-0080
- SYNTH. V. POLYCYCL. AROMAT. VERB. 26. MITT. 63-0543
MARTIN R. J. L., KONFORM.-ANALYSE 13. MITT. 58-0149
- KONFORM.-ANALYSE, 14. MITT. 58-0150
MARTIN R. O., BIOSYNTH. V. CONIUM-ALKYLOIDEN UNTER VERWENDUNG V. (14)C-KOHLENDIOXID, BEZIEH. ZWISCHEN GAMMA-CONICEIN, CONIIN U. N-METHYLCONIIN 61-0836
MARTIN T. A., N-ACYLCYSTEINE 63-0408
- CYSTEINANALOGE ALS POTENTIELLE AMINOSAEUREANTAGONISTEN IN BAKTERIEN 63-0888
MARTINEK M., DARST. EINIGER DERIV. D. GALLOCYANINMETHYLESTERS 54-0460
MARTINET P., TRENN. DIASTEREOISOMERER ALPHA-GLYKOLE 54-0215
- ROLLE U. EINFL. D. PROTONEN BEI D. POLAROGRAPH. RED. EINIGER ALPHA,BETA-AETHYLEN-KETONE IN WSS. MEDIUM 55-0154
MARTINEZ A. P., DL-WILLARDIIN-LOST 57-0606
- 2-FLUORAETHYLAMINE 3. MITT. 60-0630
MARTINEZ J., BEST. D. KRIST.-STRUKTUR V. THIOBARBITURSAEURE 54-0118
- KRIST.-STRUKTUR V. 10-(2-DIAETHYLAMINO-AETHYL)-PHENOTHIAZINHYDROCHLORID 56-0173
MARTINMAA J., EINFL. D. LSGM. AUF D. RK.-GESCHW. 35. MITT. 55-0157
- EINFL. D. LSGM. AUF D. RK.-GESCHW. 36. MITT. 55-0158
MARTIN-SMITH M., BENZO(B)THIOPHENDERIV. 5. MITT. 53-0342
- BENZO(B)THIOPHENDERIV. 6. MITT. 53-0343
MARTIROSJAN G. T., AMINE U. QUART. AMMONIUMSALZE 52. MITT. 53-0260
- AMINE U. AMMONIUMSALZE 55. MITT. 61-0372
- DARST. U. RK. BETA,GAMMA-UNGESAETT. AMINE 8. MITT. 62-0636
- AMINE U. AMMONIUMSALZE 56. MITT. 63-0403
- AMINE U. AMMONIUMSALZE 57. MITT. 63-0404
MARTY C., STRUKTUR V. METHYLTHIOPHOSPHONSAEURE-O-ALKYLESTER 57-0342
- BAS. HYDROLYSE V. PHOSPHONATEN 1. MITT. 62-0245
- BAS. HYDROLYSE V. PHOSPHONATEN 2. MITT. 62-0246
MARTY R. A., DITERPENOIDE 18. MITT. 63-0794
MARTYNENKO A. S., RK. V. AROMAT. NITROVERB., 27. MITT. 54-0162
MARTYNOV I. V., HALOGEN-ALPHA-NITRO-CARBONSAEUREN 11. MITT. 64-0262
MARTYNOV V. S., DIAETHYLESTERS V. 2.5-BIS-(N-ALPHA-ALANINO)-3.6-DIAETHYLENIMINO-P-BENZOCHINON IM SAUREN U. ALKAL. MEDIUM 54-0449
MARTYNOVA V. P., KONDENS. AROMAT. VERB. MIT HALOGENIDEN V. ALLYLTYP 3. MITT. 57-0392
- ALPHA-UMLAGER. V. 4-(3-CHLOR-BUTEN-(2)-YL-OXY)-TOLUOL UNTER ZNCL2-EINFL. 58-0403
MARUISHI T., ISOXAZOL-AROMATISIER.-RK., VERS. D. SYNTH. V. DITERPENPHENOLEN 58-0755
MARULLO N. P., GEHINDERTE ROTATION UM D. N-N-EINFACHBIND. LINEARE BEZIEH. ZWISCHEN ROTATIONSGESCHW. U. SUBSTITUENTEN 58-0139
- 7-SUBSTITUIERTE 2.3-DIAZA-BICYCLO(2.2.1)HEPTAN-DERIV., SYNTH. EINES STABILEN KETONHYDRATES 64-0623
MARUMO S., SYNTH. V. JUSTICIDIN B U. VERWANDTEN VERB. 53-0586
MARUYAMA M., TUMOR-INHIBITOREN 30. MITT. 63-0797
MARX B., EINW. V. DIAETHYL-ZINK AUF BENZALDEHYD, KINETIK D. RK. U. EINFL. V. METALLHALOGENIDEN 63-0299
MARX H., PROANTHOCYANIDINE 10. MITT. 59-0715
MARX M., MASSENSPEKTROMETRIE IN STRUKTURELLEN U. STEREOCHEM. PROBLEMEN 149. MITT. 58-0122
MARX R., RK. V. BETA-KETOESTERN MIT PBO U. PB(OCH2C6H5)2, PARAMAGNET. VERB. IN FESTER PHASE U. IN LSG. 55-0027
MARZEC A., DIREKTE DARST. D. CHINOLINDERIV. AUS NITROVERB. 6. MITT. 53-0058
MARZIANO N., EINW. V. SALPETERSAEURE AUF METHYLPHENYLSULFOXID U. DIPHENYLSULFOXID 55-0277
- EINW. V. SALPETERSAEURE AUF EINIGE SULFURIERTE AROMAT. VERB. 2. MITT. 58-0413
MARZIN C., STRUKTUR V. 4.4'-DIBROM-CINNAMALDAZIN 54-0117
- STEREOCHEMIE D. AZINE AUS ALPHA,BETA-UNGESAETT. CARBONYL-VERB. 54-0278
- NMR-UNTERS. D. STEREOCHEMIE V. ALDAZINEN U. KETAZINEN 59-0157
MASAKI M., TOTALSYNTH. V. ALBONURSIN 55-0467
MASAKI Y., MENISPERMACEEN-ALKALOIDE 243. MITT. 59-0689
- PHENOL-OX.-V. ISOCHINOLIN-ALKALOIDEN 1. MITT. 61-0720
- PHENOL-OX. V. ISOCHINOLIN-ALKALOIDEN 2. MITT. 61-0721
- TOTALSYNTH. V. OPT. AKT. NATUERLICHEM ISOTETRANDRIN, PHAEANTHIN U. TETRANDRIN 63-0782
- PHENOLOX. D. ISOCHINOLIN-ALKALOIDE 3. MITT. 64-0800
MASAMUNE S., THERMOLYSE U. PHOTOLYSE V. 3.3A.5A.6.6A.6B-HEXAHYDRO-3.6-AETHENO-CYCLOPROP(G)INDAZOL 63-0637
MASAMUNE T., PHOTOINDUZIERTE TRANSFORMAT. 3. MITT. 55-0207
- C-NOR-D-HOMOSTEROIDE U. VERWANDTE ALKALOIDE 10. MITT. 61-0733
- INHALTSSTOFFE AUS MEERESPFLANZEN 8. MITT. 64-0889
MASAR S., DIENSYNTH. V. METHYLCYCLOPENTADIEN U. 2-CHLORACRYLNITRIL 64-0543
MASEK R. C., NUCLEOPHILE SUBSTITUT. V. KOORDINIERTEN XANTHOGENATEN U. DITHIOCARBAMATEN 54-0067
MASEN R., DIIMIDO-KOMPLEX V. PLATIN(II), RED. V. CIS-BIS-(TRIPHENYLPHOSPHIN)-PLATIN(II)-DICHLORID DURCH HYDRAZIN 53-0045
MASEVSKAJA M. S., SUBSTITUIERTE HYDRAZIDE V. HYDROXYCARBONSAEUREN 48. MITT. 63-0518
MASHITA K., BLDG. V. BIS-(O-(N-SUBSTITUIERTEN CYANAMINO)-PHENYL)-DISULFIDEN DURCH PHOTOLYSE V. 3-SUBSTITUIERTEN 2-NITROSIMINO-2.3-DIHYDRO-BENZTHIAZOLEN 62-0578
MASKILL R., KINETIK D. RK. V. N2 MIT CYCLOPENTADIENYLTITAN-KOMPLEXEN 54-0024
MASLER L., EXTRAZELLULARE POLYSACCHARIDE VON LIPOMYCES STARKEYI LODDER ET KREGER VAN RIJ, ISOLIERUNG U. STRUKTURMERKMALE VON GALAKTOMANNAN 61-0818
MASON C. T., SYNTH. U. DESULFURIER. V. 2.3.3-TRICHLOR U. 2.2.3-TRICHLOR-THIOXANEN 62-0639
MASON K. G., BUTADIENSULFON-CHEMIE 1. MITT. 55-0378
- BUTADIENSULFON-CHEMIE 2. MITT. 55-0379
- BUTADIENSULFON-CHEMIE 3. MITT. 55-0380
MASON M. M., PHOTOCHEM. RED. V. NORBORNENEN 55-0354
MASON R., MOL.-STRUKTUR V. 1.6-EPOXY(10)ANNULEN 55-0121
MASON S. F., ZIRKULARDICHROISMUS U. ABSOLUTE KONFIG. D. ARGEMONINS 54-0102
MASSAUX M., RADIOKRISTALLOGRAPH. UNTERS. DER VERB. CUBR.CH3CN 61-0018
MASSE J., D. SILICONIUMIONENPROBLEM, MECHANISMUS D. RACEMISIER. V. CHLORSILANEN 64-0465
- SYNTH. U. EIG. CYCL. ALPHA-SILYLKETONE 64-0719
MASSE J. P., ZERLEG. EINES ASYMM. CYCLOSILANS. STEREOSPEZIF. SUBSTITUT.-RK. 57-0601

MASSERINI A., STRUKTUR U. ISOMERIE V. PROD. D. S-ACYLVINYLIER. HYDROLYSIERTER N-BENZYL-THIAZOLIUMSALZE 58-0651
MASSEY A. G., STER. HINDER. IN PENTAFLUORPHENYL-VERB. D. ELEMENTE D. IV. GRUPPE 56-0012
- SYNTH. 4-SUBSTITUIERTER 1-PHENYLAETHINYL-TETRAFLUORBENZOLE 56-0396
- PERFLUORPHENYLDERIV. D. ELEMENTE 14. MITT. 58-0039
- PERFLUORPHENYLDERIV. D. ELEMENTE 15. MITT. 58-0547
- PERFLUORPHENYLDERIV. D. ELEMENTE 16. MITT. 61-0043
- SYNTH. V. MONOSUBSTITUIERTEN HEPTAFLUORBIPHENYLENEN 18. MITT. 62-0470
MASSEY V., FLAVINREIHE 15. MITT. 56-0589
MASSO-BERT M., MAGNET. U. MAGNETOOPT. UNTERS. EINIGER 1 ZU 1-ADDIT.-VERB. V. TICL4 MIT ALIPHAT. ESTERN, D. DONATOR-AKZEPTOR-BIND.(O(+)-(-)TI) 62-0005
MASSON J., ACETYLENVERB. DER ELEMENTE DER GRUPPE IV B. KINET. UNTERS. D. SPALT. D. HETEROATOM-AETHINYL-BIND. 60-0039
MASSON S., MECHANISMUS D. RK. V. DICHLORJODBENZOL MIT AETHYLENVERB. 61-0521
MASSOT J., BESTANDTEILE V. MYCOBAKTERIEN 109. MITT. 60-0703
MASSOT J. C., BESTANDTEILE V. MYCOBAKTERIEN 110. MITT. 62-0813
MASTALERZ P., PYROLYSE V. PHOSPHINATEN V. ALKOHOLEN D. P-MENTHAN-REIHE 53-0172
MASTHOFF R., ORGANOMETALLVERB. D. II. HAUPTGRUPPE 6. MITT. 63-0060
MASUGI T., STERISCHER EFFEKT BEI DER SMILES-UMLAGERUNG 62-0667
MASUI M., N.N-BIS-(1-CYAN-ALKYL)-HYDROXYLAMINE 4. MITT. 54-0239
- POTENTIALKONTROLLIERTE ELEKTROLYSE 13. MITT. 60-0217
MATAKA S., N-SULFINYL-VERB. 2. MITT. 64-0714
MATERIKOVA R. B., STRUKTUR V. CYCLOPENTADIENYL-DERIV. D. NICHTUEBERGANGSMETALLE D. PERIODEN V U. VI 63-0013
MATEVOSJAN R. O., CHEMIE D. FREIEN RADIKALE D. HYDRAZINREIHE 50. MITT. 54-0314
- 1.4-PIPERAZINE-BIS-(PIKRINSAEURE-N(BETA)-PHENYL-N(BETA)-(P-BIPHENYLYL)-HYDRAZYL)- U. 1.4-PIPERAZINE-BIS-(PIKRINSAEURE-N(BETA)-PHENYL-N(BETA)-(ALPHA-NAPHTHYL)-HYDRAZYL)-BIRADIKAL 56-0584
- CHEMIE D. FREIEN RADIKALE D. HYDRAZINREIHE 49. MITT. 60-0076
MATHAI T. P., NEUER TYP V. INTRAMOL. ANTIFERROMAGNETISMUS 63-0018
MATHES K., MEHRWERT. ALKOHOLE AUS STERINEN U. STERINDERIV., 5. MITT. 56-0717
MATHEW M. P., VERALLGEMEINERTE MITTLERE QUADRAT. SCHWINGUNGSAMPLITUDEN U. SCHRUMPFEFFEKT IN CH3C-CCH3 U. CF3C-CCF3 60-0152
MATHIAS A., (14)N-CHEM. VERSCHIEB. IN HARNSTOFFEN 63-0141
MATHIESON A. M., ABS. MOLEKULARSTRUKTUR V. KREYSIGININ U. MORPHIN 62-0155
MATHIEU J., ASYMM. SYNTH. AUS VERB. MIT TRIGONAL GEBUNDENEM KOHLENSTOFF 60-0330
MATHIEU R., DEUT.-MOEGLICHKEITEN D. CHEM. VERSCHIEB. D. (31)P-ATOMS V. METALLCARBONYL-DERIV. 60-0014
MATHIS F., STEREOCHEMIE EINIGER SPIROPHOSPHORANE 57-0565
- EINIGE HETEROCYCL. PHOSPHORVERB. 59-0580
MATHISON I. W., ISOCHINOLINE ALS CHOLINESTERASE-INHIBITOREN 1. MITT. 57-0583
- DESAMINIER. V. 5-AMINO-DECAHYDROISOCHINOLINEN, EINE VERBESSERTE SYNTH. FUER 4A REF H.8A CIS H- U. 4A REF H.8A TRANS H-5TRANS-HYDROXY-DECAHYDROISOCHINOLINE 64-0700
MATJUSECEVA G. I., REDUZIERENDE CHLORIER. V. ARYLCARBONSAEUREHYDRAZIDEN MIT PHOSPHORPENTACHLORID 57-0364
- ALKYLBENZOTRIFLUORIDE 4. MITT. 62-0373
MATKOVICS B., STEROIDE 8. MITT. 64-0864
- UMLAGER. V. STEROIDEN 5. MITT. 64-0871
MATKOVICS M., UMLAGER. V. STEROIDEN 3. MITT. 54-0546
MATOLCSY G., DITHIOCARBAMAT-FUNGIZIDE 2. MITT. 58-0594
MATRKA M., ELEKTROPHILE EIG. D. ARYLDIAZONIUMIONS 53-0117
- ZUR ALLG. GUELTIGK. D. HYDROLYT. RK. AROMAT. DIAZOVERB. ZU SALPETR. SAEURE U. D. TRIAZENVERB. 53-0258
MATSCHE N., EINFL. V. SUBBAKTERIOSTAT. CHLORAMPHENICOLKO-KONZ. AUF BAKTERIELLES WACHSTUM IN KONTINUIERL. KULTUR 54-0580
MATSUDA A., SAPOGENIN-BESTANDTEILE D. BLAETTER V. PITTOSPORUM TOBIRA AIT 59-0742
MATSUDA H., STRUKTUR V. APLYSIN-20 54-0092
MATSUDA M., AROMAT. SUBSTITUTION D. STYROL-PALLADIUMCHLORID-KOMPLEXES 2. MITT. 57-0417
- AROMAT. SUBSTITUT. V. OLEFINEN 4. MITT. 64-0493
MATSUI K., SYNTH. V. ACTINOMYCINAEHNLICHEN VERB. 1. MITT. 62-0821
MATSUI M., OX. V. VERB. MIT AKT. METHYLENGRUPPEN DURCH SCHWERMETALLHALOGENIDE 1. MITT. 53-0138
- BIOCHEM. UNTERS. UEBER 'BAKANAE'-PILZE 75. MITT. 54-0573
- SYNTH. EINES GEMISCHES V. (+-)-DEHYDROJUVABION U. SEINEM STEREOISOMEREN 55-0541
- VERS. ZUR TOTALSYNTH. V. POLYCYCL. TERPENEN 6. MITT. 56-0684
- TOTALSYNTH. V. DITERPENOIDEN 8. MITT. 61-0754
- TOTALSYNTH. V. DITERPENOIDEN 9. MITT. 61-0755
- SYNTH. V. VERB. MIT JUVENILHORMONAKTIVITAET 1. MITT. 61-0796
- BIOCHEM. UNTERS. UEBER ''BAKANAE''-PILZE 76. MITT. 61-0814
- VERS. ZUR TOTALSYNTH. V. POLYCYCL. TERPENEN 7. MITT. 62-0766
- DITERPENOIDE 18. MITT. 63-0794
- TOTALSYNTH. V. (+-)-GIBBERELLIN A2, A4, A9 U. A10 64-0893
MATSUI T., PHOTOLYSEMECHANISMUS V. GESPANNTEN CYCLOALKANONEN 53-0188
MATSUKAWA Y., AZIRIDINBLDG. DURCH RED. V. DIBENZO(A.C)-CYCLOHEPTADIENON-(6)-OXIM MIT LIALH4 60-0471
MATSUMOTO A., HYDRAZIDE U. INTRAMOL. HYDROXAMATE 2. MITT. 64-0602
- HYDRAZIDE U. INTRAMOL. HYDROXAMATE 3. MITT. 64-0603
MATSUMOTO H., CHEMIE D. VERB. MIT KUMULIERTEN DOPPELBIND. 4. MITT. 62-0402
- PYROLYSE V. CHLORIERTEN SILACYCLOPENTANEN 63-0624
MATSUMOTO K., DARST. U. EIG. EINIGER ACYLGUANIDINE 59-0318
MATSUMOTO N., BESTANDTEILE D. HEFE 14. MITT. 56-0753
MATSUMOTO S., PYRIMIDIN-DERIV. U. VERWANDTE VERB. 50. MITT. 56-0730
- PYRIMIDINDERIV. U. VERWANDTE VERB. 54. MITT. 61-0662
- TOTALSYNTH. V. OPT. AKT. NATUERLICHEM ISOTETRANDRIN, PHAEANTHIN U. TETRANDRIN 63-0782
- TOTALSYNTH. V. DL-ILLUDIN M 63-0804
- PYRIMIDINDERIV. U. VERWANDTE VERB. 56. MITT. 64-0757
MATSUMOTO T., SYNTH. V. ILLUDINEN 1. MITT. 54-0559
- NEUER EINFACHER WEG ZU TETRACYCL. ZWISCHENPROD. FUER D. SYNTH. V. DITERPENOID-ALKALOIDEN 59-0696
- EINFACHE STEREOSPEZIF. SYNTH. V. DL-MUSCARIN U. DL-ALLOMUSCARIN 60-0491
- SYNTH. V. ILLUDINEN 2. MITT. 60-0750
- TOTALSYNTH. V. DL-ILLUDIN M 63-0804
MATSUMURA Y., UNTERS. V. TRIORGANOSTIBINSULFIDEN U. IHREN KOMPLEXEN 57-0047
- VERB. MIT KLEINEN RINGEN 18. MITT. 59-0088
MATSUNAGA M., NEUER EINFACHER WEG ZU TETRACYCL. ZWISCHENPROD. FUER D. SYNTH. V. DITERPENOID-ALKALOIDEN 59-0696
MATSUNAGA S., STRUKTUR U. STEREOCHEMIE V. ABIESLACTON 61-0752
MATSUO H., CHEMIE DER AMINOSAEUREN 4. MITT. 62-0603
MATSUURA A., STEREOCHEMIE D. AZIRIDINBLDG. DURCH LIALH4-RED. V. KETOXIMEN MIT BRUECKENRINGSYST., BENZO-BICYCLO(3.2.1)OCTENONOXIME 59-0501
MATSUURA S., LUCIFERIN U. LUCIOPTERIN, ISOLIERT AUS DEM JAPAN. LEUCHTKAEFER LUCIOLA CRUCIATA 62-0743
MATSUURA T., PHTHALSAEUREESTER AUS CRYPTOTAENIA CANADENSIS DC. VAR. JAPONICA MAKINO (UMBELLIFERAE) 56-0356
- MECHANISMUS D. PHOTOCHEM. BLDG. V. BICYCLO(2.1.0)PEN-TANONEN-(2) 56-0432
- MODELLRK. D. BIOSYNTH. V. THYROXIN 11. MITT. 58-0159
- STRUKTUR V. ISOSERICENIN, D. METHYLESTER EINER NEUEN SESQUITERPENSAEURE V. ELEMAN-TYP, ISOLIERT AUS NEOLITSEA SERICEA KOIDZ 60-0753
- PHOTOINDUZIERTE RK. 9. MITT. 61-0387
- PHOTO-INDUZIERTE RK. 15. MITT. 62-0304
- SERICEALACTON U. DESOXYSERICEALACTON, METHYLESTER V. SESQUITERPENSAEUREN AUS NEOLITSEA SEVICEA KOIDZ. 62-0768
MATSU-URA Y., KRIST.-STRUKTUR V. (PI-C5H5CO)2(TERT.-BUTYL-N)2CO 56-0030
MATTERN G., PTERINCHEMIE 21. VORL. MITT. HYDROXYLIER. D. TRYPTOPHANS MITTELS TETRAHYDROPTERINS UNTER PHYSIOLOG. BEDING. 53-0348
MATTESON D. S., EIN METHANTETRABORONSAEUREESTER 61-0380
- BENZOCARBORAN 64-0042
- ELEKTRONEN-CHARAKTER D. VINYLISOCYANIDS 64-0391
MATTHEWS C. N., VERWEND. V. TOLUOL-P-SULFONYLHYDRAZONEN BEI D. UNTERS. D. PARAMAGNET. ELEKTRONENRESONANZ V. TRIPLETTMETHYLENE 53-0076
- PEPTIDBLDG. V. DIAMINOMALEINSAEURENITRIL (HCN-TETRAMERES) 59-0772
- PEPTIDBLDG. AUS AMINOMALONITRIL (HCN TRIMERES) 59-0773
- CYCLOADDIT.-RK. V. TRIPHENYL-PHOSPHORANYLIDENKETEN 64-0481
MATTHEWS V., HETEROCYCL. POLYFLUORVERB. 13. MITT. 55-0365
- HETEROCYCL. POLYFLUORVERB. 14. MITT. 59-0633
MATTHEY K., BEZIEH. ZWISCHEN PHYSIKAL.-CHEM. EIG. U. WIRKSAMK. BEI STEROIDEN 1. MITT. 57-0799
MATTOCKS A. R., ISOMERISIER. D. AETHYLIDENGRUPPE IM SAEUREREST D. RETRORSINS 58-0730
- ANACROTIN AUS CROTALARIA INCANA 58-0731
MATTOX J. R., POLYALKYLIERTE AROMAT. KOHLENWASSERSTOFFE 2. MITT. 63-0528
MATTSSON O. H., INTRAMOL. OXYDATIVE KUPPL. IN METHYLEN-BIS-CYCLOHEXANDIONEN-(1.3) MIT FE(FE(CN)6) 61-0504
MATUSZEWSKI B., PHOTOCHEM. UNTERS. AM SYSTEM V. MONOCHLORESSIGSAEURE U. AETHYLEN IN BENZOL 64-0325
MATVEENCEVA M. S., ACYLPEROXIDE 19. MITT. 61-0383
MATVEEVA Z. M., UNGESAETT. AZOVERB.-EIN NEUER TYP V. DIENEN BEI D. DIELS-ALDER -RK. 60-0653
MATYUKHINA L. H., STRUKTUR V. ALNINCANON, EIN C31-DAMMARAN-TRITERPEN 60-0759
MAUJEAN A., STEREOCHEMIE D. RK. V. ORGANOMAGNESIUMVERB. MIT 2-ALKYL-CYCLOHEXANONEN, SYNTH. V. LACTONEN AUS

CYCLOHEXANOL-2-ESSIGSAEUREN 57-0496
MAUL J. J., KONFORM.-ANALYSE 61. MITT. 64-0169
MAULDING D. R., CHEMILUMINESZENZ BEI RK. ELEKTROPHILER OXAMIDE MIT H2O2 U. FLUORESZIERENDEN VERB. 58-0081
MAUME B., SYNTH. U. GASCHROMATOGRAPH. VERH. V. C11-CYCLOHEPTANHOMOLOGEN D. MENTHONE U. MENTHOLE 57-0406
MAUME G., SYNTH. V. 3-AMINOSTEROIDEN. KONDENS. V. 5ALPHA-CHOLESTANON-(3)- U. CHOLESTEN-(4)-ON-(3) MIT EINIGEN AMINOSAEUREAETHYLESTERN IN GGW. V. PALLADIUM-KOHLE U. WASSERSTOFF 57-0739
MAUMY M., GROESSE D. DURCH RADIKAL. CYCLISIER. GEBILDETEN RINGE 62-0196
MAUREL R., KONKURRIERENDE HYDRIER. V. UNGESAETT. KW-STOFFEN 59-0200
MAURER A. H., MECHANISMUS EINIGER ELEKTROCHEMILUMINESZENTER PROZESSE 57-0070
MAURER F., O-CHINONE 32. MITT. 63-0173
MAURET P., DEHYDRATAT. V. CYCLOHEXANOL, ISOMERISIER. U. KONDENS. V. CYCLOHEXEN AN SI-AL-KATALYSATOREN 61-0444
MAUREY M., ELEKTROCHEMIE V. DIPHENYLENDIOXID IN ORGAN. U. WAESSRIG-ORGAN. MILIEU, PRIMAERE BLDG. EINES RADIKALKATIONS 61-0187
MAUREY-MEY M., OX.-POTENTIALE U. IONISAT.-POTENTIALE EINIGER PHENYLDERIV. D. THIAZOLS 64-0238
MAURIN R., RED. V. 1-CHLOR-ALLEN-DIMEREN 54-0282
- ANWEND. D. RK. V. SIMMONS U. SMITH AUF DELTA(ALPHA.BETA)-ALKADIENALKOHOLE 54-0338
- SOLVOLYSE D. DIMEREN V. 1-CHLOR-ALLENEN 55-0297
- SUBSTITUIERTE SPIRO(2.3)HEXANOLE-(4) 55-0351
MAURY G., BEWEGL. KETO-ALLYL-SYST. 6. MITT. 63-0525
- BEWEGLICHE KETO-ALLYL-SYST. 7. MITT. 63-0526
MAURY J., BERECHN. D. FREIEN UEBERSCHUSSENERGIE IM APOLAREN SYST. 60-0188
MAUTNER H. G., MIT ACETYLCHOLIN U. CHOLIN VERWANDTE SCHWEFEL- U. SELENVERB. 7. MITT. 63-0895
MAUZE B., ADDITION EINER ALPHA,BETA-UNGESAETTIGTEN ORGANOZINKVERB. AN EINE NICHT KONJUGIERTE C=C-DOPPELBIND. 58-0043
- RK. V. ALKEN-(2)-YL-METALLVERB. MIT GEM.-AMINOAETHERN U. GEM.-AMINOTHIOAETHERN 64-0373
MAUZERALL D., EIN-ELEKTRONEN-OX. V. MAGNESIUM-OKTAAETHYLPORPHIN 64-0825
MAVOUNGOU-GOMES L., AUSDEHN. D. DIENSYNTH. AUF FURANVERB. MIT ELEKTRONENANZIEHENDEN GRUPPEN IN ALPHA-STELLUNG 55-0376
MAY B., BETA-(1.2.3-TRIAZOLYL-(4))-ACROLEINE 3. MITT. 53-0389
MAY D. P., SPEKTROSKOPIE V. MOL.-PHOTOELEKTRONEN 7. MITT. 58-0090
MAY E. L., SYNTH. V. 6.7-BENZOMORPHAN AUS 4-PHENYL-PYRIDIN 59-0605
MAY G. S., RK. V. TRI-N-BUTYL-ZINNHYDRID MIT DIORGANOZINNDICHLORIDEN 56-0069
MAYCOCK J. R., SAEUREKATALYSIERTE CYCLISIER. V. FARNESOL U. NEROLIDOL 57-0698
MAYENCE G., ORGANOMETALLVERB. 7. MITT. 61-0010
MAYER C., EQUISETUMALKALOIDE 8. MITT. 62-0736
MAYER H., SYNTH. IN D. CAROTINOID-REIHE 22. MITT. 53-0521
MAYER K. K., THERMOLYSE U. PHOTOLYSE V. 3-SUBSTITUIERTEN DELTA(2)-1.4.2-DIOXAZOLINONEN-(5), DELTA(2)-1.4.2-DIOXAZOLINTHIONEN-(5) U. 5-SUBSTITUIERTEN DELTA(4)-1.3.2.4-DIOXATHIAZOLIN-S-OXIDEN 57-0553
- THERMOLYSE U. PHOTOLYSE V. 3.4-DIPHENYL-DELTA(2)-1.2.4-OXADIAZOLINON-(5) U. 2.4-DIPHENYL-DELTA(2)-1.3.4-OXADIAZOLINON-(5) 57-0561
MAYER R., PFLANZENINHALTSSTOFFE 13. MITT. 53-0486
- ROTAT.-ISOMERIE BEI DIMETHYLTRITHIOCARBONAT 54-0113
- ORGAN. SCHWEFELVERB. 83. MITT. 55-0057
- ORGAN. SCHWEFELVERB. 91. MITT. 56-0188
- ORGAN. SCHWEFELVERB. 95. MITT. 56-0496
- 3-HALOGEN-ISOXAZOLIUMSALZE 57-0538
- AROMAT. DIMERCAPTANE U. THIOPHENOLE DURCH RED. D. SULFOCHLORIDE NACH WAGNER 60-0372
- EINFACHE METH. ZUR HERST. V. THIOCARBONSAEURE-S-ARYLESTERN AUS CARBONSAEUREN U. AROMAT. SULFOCHLORIDEN 63-0437
- PRAEPARATIVE METHODEN ZUR DARSTELLUNG N.N-DISUBSTITUIERTER 1-AMINO-ALKENE-(1) (ALDEHYD-ENAMINE) 64-0392
- DARST. SUBSTITUIERTER AMINOVINYLVERB. DURCH UMSETZ. ENTHIOLISIERBARER THIOCARBONYLVERB. MIT AMINEN 64-0551
MAYER S., DARST. V. AMINOLACTAMEN 58-0442
- 1-(AMINOALKYL)-PIPERIDONE-(2) 59-0604
MAYER W., CYANVINYLIER. MIT TRICHLORACRYLNITRIL 53-0225
- GERBSTOFFE AUS D. HOLZ D. EDELKASTANIE U. D. EICHE 2. MITT. 53-0496
- GERBSTOFFE AUS D. HOLZ D. EDELKASTANIE U. D. EICHE 3. MITT. 53-0497
- SYNTH. V. PYRIDONEN-(2.6) AUS TRICHLORACRYLNITRIL U. ALKYLMALONESTERN 60-0598
- ELEKTRONENSTOSSINDUZIERTE ALKYL- U. WASSERSTOFFWANDER. BEI DIPHENSAEUREDERIV. 61-0114
MAYERBOECK B., KINET. UNTERS. D. ESSIGSAEUREANHYDRID-METHANOL-RK. MIT HILFE D. KERNRESONANZSPEKTROSKOPIE 60-0269
MAYFIELD C. B., GEHINDERTE ROTATION UM D. N-N-EINFACHBIND. LINEARE BEZIEH. ZWISCHEN ROTATIONSGESCHW. U. SUBSTITUENTEN 58-0139
MAYO F. R., DIMERISAT. V. STYROL 60-0443
MAYS M. J., UMLAGER. V. IONEN IN D. MASSENSPEKTREN V. ORGANOMETALLVERB., INTERMEDIAERE BLDG. V. PI-KOMPLEXEN 61-0011
MAYS R. P., ANALGETIKA, ESTER VON PYRROLIDINYL-(3)-METHANOLEN 63-0901
MAZAC C. J., RELATIVE GESCHW. D. RK. D. METHYLEN-RADIKALS MIT SILICIUM-WASSERSTOFF-, SILICIUM-DEUTERIUM- U. KOHLENSTOFF-WASSERSTOFF-BIND. IM METHYLSILAN-SYST. 63-0240
MAZEJKA I. B., STICKSTOFF ENTHALTENDE SILICIUMORGAN. VERB. 11. MITT. 64-0769
MAZENGO R. Z., UNBEDEUTENDE STERISCHE VERZOEGER. D. RACEMISIER. D. 8'-METHYL-1.1'-BINAPHTHYL-8-CARBONSAEURE DURCH D. CARBOXY-GRUPPE 56-0417
MAZEROLLES P., RINGOEFFNUNG BEI GERMACYCLOBUTANEN DURCH RK. MIT SILANEN BZW. GERMANEN 53-0022
- MASSENSPEKTROMETRIE BEI STRUKTUR- U. STEREOCHEM. PROBLEMEN 152. MITT. 59-0014
- RINGERWEITER.-RK. V. GERMACYCLOBUTAN MIT MOL. SCHWEFEL U. SELEN 59-0058
- VGL. D. RK. V. DIPHENYLGERMAN BZW. DIPHENYLSILAN MIT ACRYLNITRIL U. ALLYLCYANID 59-0060
- SYNTH. V. HYDROGEN- U. HALOGENGERMACYCLOBUTANEN. REAKTIVITAET GEGENUEBER NUCLEOPHILEN AGENZIEN (EINSCHLIESSL. ERRATUM, IBID. 267(1968)10,659) 64-0060
MAZET M., SAURE DEHYDRATISIER. V. 2.2-DIMETHYL-PROPANDIOL-(1.3) U. V. ANDEREN IN 2-STELLUNG DISUBSTITUIERTEN PROPANDIOLEN-(1.3) 1. MITT. 53-0215
MAZIARCZYK H., EINFL. D. MOLEKULARSTRUKTUR AUF D. OPT. EIG. V. SULFINYLVERB. 34. MITT. 62-0451
MAZONSKI T., DIREKTE DARST. D. CHINOLINDERIV. AUS NITROVERB. 6. MITT. 53-0058
- CARBOBROMIER. V. FLUORANTHEN MIT OXALYLBROMID 53-0308
MAZUR Y., SPALT. V. AETHERN DURCH GEMISCHTE SULFONSAEURE-CARBONSAEURE-ANHYDRIDE 64-0346
MAZUREK J., AROYLISOTHIOCYANATE ALS REAGENZIEN FUER INDOLIZINE 3. MITT. 58-0635
MCADOO D. J., BIND. IN PI-OLEFIN-EISEN-TETRACARBONYLEN, VERGLEICHENDE UNTERS. D. IR- U. MASSENSPEKTREN 53-0001
MCALLISTER T., THERM. UMLAGER. V. PHENYLNITREN ZU CYANCYCLOPENTADIEN 63-0305
MCBREARTY C. F. JUN., ARSONSAEUREN 61-0377
MCCABE P. H., KONSTIT. U. STEREOCHEMIE V. SOLIDAGENON 56-0672
MCCALL M. T., PHOTOISOMERISIER. V. 1.2-BIS-(PYRIDYL-(4))-AETHYLEN MIT GERINGER AUSB. 62-0293
MCCAMISH M., CROPHYLLIN U. ACROPHYLLIDIN, ZWEI NEUE ALKALOIDE AUS ACRONYCHIA HAPLOPHYLLA 59-0707
MCCANTS D. JUN., CHEMIE D. SULFOXIDE U. VERWANDTER VERB. 11. MITT. 63-0420
MCCAPRA F., BIOGENET. MODELL-SYNTH. V. CALYCANTHACEEN-ALKALOIDEN 54-0508
- CHEMOLUMINESZENZ EINES ANALOGEN D. CYPRIDINA LUCIFERINS 55-0463
- STRUKTUR U. CHEMIE V. HIRSUTSAEURE 55-0570
MCCARTHY E. D., SYNTH. V. VGL.-SUBSTANZEN ZUR CHARAKTERISIER. EINES AUS PRAECAMBIUM-SEDIMENTEN ISOLIERTEN C21-ISOPRENOID-ALKANS 54-0208
MCCARTY F. J., SYNTH. U. PHARMAKOLOGIE EINER REIHE V. 1-ARALKYL-BUTEN-(3)-YLAMINEN 63-0896
MCCAULLY R. J., 5-ARYL-1.5-DIHYDRO-2H-1.4-BENZODIAZEPIN-2-ONE 57-0633
- EINE ALLGEMEINE METH. ZUR DARST. V. 2-ACETAMIDO-ACETANILIDEN MIT EINER ZWEITEN FUNKTIONELLEN GRUPPE IN D. 2 STELL. U. D. MOEGL. BLDG. V. 3-ACETAMIDO-1.3-DIHYDRO-2H-1.4-BENZODIAZEPIN-2-ON 58-0678
- 3-SUBSTITUIERTE 1.4-BENZODIAZEPIN-2-ONE 63-0738
MCCAUSLAND J. H., STRUKTUR D. DIEN-SELENDIOXID-ADDUKTE 57-0625
MCCAY I. H., RK.-WEG-SELEKTIVITAET, KONKURRENZ ZWISCHEN KAEFIG-BLDG. U. PHOTODECHLORIER. IN EINIGEN ALICYCL. SYST. 59-0627
MCCLANAHAN J. L., ADDIT. V. FORMALDEHYD AN LAEVOPIMARSAEURE U. DEREN METHYLESTER 59-0720
MCCLANAHAN M., IMIDAZO(5.1-A)ISOCHINOLINE 62-0624
MCCLENAGHAN I., SYNTHET. STEROIDE 2. MITT. 56-0708
MCCLEVERTY J. A., ZWEIKERN. NITROSYL-EISEN-KOMPLEXE V. DIPHENYL-DITHIOLEN-TYP 57-0055
MCCLOUD G. T., PARTIAL-SPALT. EINIGER ORGAN. RACEMATE DURCH EXTRAKT. AUS LSGM. 64-0345
MCCLURE J. D., DIMERISIER. V. ACRYLNITRIL ZU 1.4-DICYAN-BUTEN-(1) MIT RUTHENIUM-KOMPLEXEN 59-0263
MCCLUSKEY J. G., SPALT. TERT. BASEN MIT CHLORAMEISENSAEURE-PHENYLESTER, RUECKBLDG. V. AJMALIN AUS 21-DESOXY-AJMALIN 54-0517
MCCONAGHY J. S. JUN., PERJODATOX. V. 4.4.6.6-TETRAMETHYL-CYCLOHEXANTRIOL-(1.2.3) 57-0519
MCCORKINDALE N. J., CANADENSOLID, EIN ANTIFUNGALER METABOLIT V. PENICILLIUM CANADENSE 58-0571
MCCORMACK J. J., PTERIDINE 34. MITT. 57-0613
MCCORMICK A., IDENTIFIZIER. V. BAMBUS-GIBBERELLIN IN PHASEOLUS MULTIFLORUS DURCH KOMBINIERTE GASCHROMATOGRAPHIEMASSENSPEKTROMETRIE 55-0577
- EXTRAKTIVSTOFFE AUS MAMMEA AMERICANA L. 1. MITT. 56-0536
- EXTRAKTIVSTOFFE AUS MAMMEA AMERICANA L. 2. MITT. 56-0537
- QUANT. ANALYSE V. GEMISCHEN AUS DITERPENKOHLENWASSERSTOFFEN DURCH GASCHROMATOGRAPHIE-MASSENSPEKTROMETRIE 57-0812

MCCORMICK J. R. D., BIOSYNTH. D. TETRACYCLINE 9. MITT. 61-0830
MCCOY E. A., STRUKTUR- U. ACIDITAETSBEZIEH. IN OLEFINISCHEN CARBONSAEUREN 64-0219
MCCOY L. L., STRUKTUR- U. ACIDITAETSBEZIEH. IN OLEFINISCHEN CARBONSAEUREN 64-0219
MCCRAE J. M., BRUECKENRINGSYST. 13. MITT. 55-0319
MCCRINDLE R., STEREOCHEMIE V. MARRUBIIN 53-0537
- TETRANORTRITERPENOIDE 3. MITT. 54-0525
- KONSTIT. U. STEREOCHEMIE V. SOLIDAGENON 56-0672
- KONSTIT. V. GRANDIFOLIOLENON, EINEM NEUEN TRITERPENOID AUS KHAYA GRANDIFOLIOLA 56-0680
- WEITERE BESTANDTEILE V. NIM-OEL, D. KONSTITUTION V. MELDENIN 57-0709
- TETRANORTRITERPENOIDE 4. MITT. 58-0748
- TETRANORTRITERPENOIDE 5. MITT. 58-0749
- TETRANORTRITERPENOIDE 6. MITT. 58-0750
- TETRANORTRITERPENOIDE 7. MITT. 58-0751
- TETRANORTRITERPENOIDE 8. MITT. 58-0752
- TETRANORTRITERPENOIDE 9. MITT. 58-0753
- KONFIG. V. ZWISCHENVERB. BEI D. TOTALSYNTH. V. D-(-)-SHIKIMISAEURE 60-0409
- RK. D. DITERPENS MARRUBIIN U. VERWANDTER VERB. 60-0760
- FURAN ENTHALTENDE DITERPENOIDE AUS SOLIDAGO SEROTINA AIT. 61-0751
MCCRINDLE R. M., SOLVOLYT. VERH. V. EXO- U. ENDO-BICYCLO(3.2.1)OCTAN-6-P-TOLUOLSULFONAT 64-0282
MCCULLAGH L., PHOTOCHEM. ZERS. V. 1H-1.2.3-TRIAZOLDERIV. 61-0589
MCCULLOUGH J. J., PHOTOADDIT. V. INDEN U. ACRYLNITRIL 53-0306
MCCURDY J. T., MIKROBIOLOG. UMWANDL. V. STEROIDEN 2. MITT. 57-0789
- MIKROBIOLOG. UMWANDL. V. STEROIDEN 1. MITT. 59-0804
MCDANIEL D. H., EINFL. D. LSGM. AUF D. BASIZITAET STER. GEHINDERTER PYRIDINE 63-0216
MCDANIEL R. S., NMR-UNTERS. D. GEHINDERTEN ROTAT. IN 1-ARYL-3.3-DIMETHYL-TRIAZENEN 62-0114
MCDONAGH A. F., RING-KETTEN-TAUTOMERIE V. DERIV. D. O-HYDROXYBENZYLAMINS MIT ALDEHYDEN U. KETONEN 58-0176
- RING-KETTEN-TAUTOMERIE V. DERIV. D. O-HYDROXY-BENZYLAMINS MIT ALDEHYDEN U. KETONEN, NMR-SPEKTREN V. IMMONIUM-IONEN 58-0177
MCDONALD E., HOMOAPORPHIN-SYST. U. VERWANDTE DIENONE, ISOLIER., STRUKTUR U. SYNTH. 54-0511
MCDONALD F. R., (13)C- U. (1)H-KERNMAGNET. ABSCHIRM. U. ELEKTR. EFFEKTE V. ORTHO-SUBSTITUENTEN BEI MONOSUBSTITUIERTEN PYRIDINEN 62-0078
MCDONALD R. N., GESPANNTE RINGSYST. 6. MITT. 59-0481
MCDOWELL M. V., MASSENSPEKTREN V. TRIFLUORPHOSPHINCARBONYLKOBALTSAEUREN 64-0014
MCDOWELL S. T., KONFORM. EINFACHER PEPTIDE 2. MITT. 64-0879
MCENTEE T. E. JUN., MASSENSPEKTREN V. BIS-1.3-DITHIOLANEN U. BIS-1.3-DITHIANEN, FRAGMENTIER.-MECHANISMEN U. DEUTERIUMISOTOPENEFFEKTE 60-0123
MCEWEN R. S., STRUKTUR D. ADDIT.-VERB. V. QUECKSILBER-(II)-CHLORID MIT CIS-4-P-CHLORMETHYLTHIAN-1-OXID 54-0016
MCEWEN W. E., DARST. U. ZERS. V. CYMANTRENYL-DIPHENYL-BENZYL-PHOSPHONIUMHYDROXID 59-0027
- KRIST.- U. MOLEKULARSTRUKTUREN V. METHOXYTETRAPHENYL-ANTIMON(V) U. DIMETHOXYTRIPHENYLANTIMON(V) 61-0165
MCFADDEN W. H., MYCOTOXINE, ERZEUGT DURCH FUSARIUM NIVALE (FRIES) CESATI, ISOLIERT AUS FESTUCA ARUNDINACEA SCHREB. - SYNTH. V. 4-ACETAMIDO-4-HYDROXY-2-BUTENSAEURE-GAMMA-LACTON 58-0566
MCFARLAND J. W., CHEMIE D. SULFONYLISOTHIOCYANATE 1. MITT. 58-0427
MCFARLANE W., NEGATIVES VORZEICHEN D. (31)P-(19)F SPIN-SPIN-KOPPL.-KONST. IN DI-ISOPROPYL-FLUOROPHOSPHAT 53-0067
- (31)P-NMR V. EINIGEN LUFTEMPFINDL. PHOSPHINMETHYLENEN 56-0123
MCGAHREN W. J., DIHYDROISOCUMARINE AUS D. SPORORMIA-PILZ 62-0843
MCGHIE J. F., THIOPHEN ALS KETTENVERLAENGERER 4. MITT. 57-0316
- SYNTH. U. EINIGE RK. V. (+-)-ALEURITINSAEURE 58-0376
- SYNTH. V. BETA-AMYRIN 61-0776
MCGILLIVRAY G., PYRROLE U. VERWANDTE VERB. 13. MITT. 58-0735
MCGRATH M. J. A., STEREOCHEMIE V. CEANOTHSAEURE 56-0154
MCGREGOR M. L., RED. V. BENZOYL-DIFERROCENYL-PHENYL-METHAN MIT LITHIUMTETRAHYDRIDOALUMINAT 64-0069
MCGREGOR S. D., VERS. ZUR DARST. V. DIPHENYLCYCLOPROPENYLIDEN 3. MITT. 57-0414
MCINERNEY E. F., N-TRIARYLZINN- U. -BLEI-DERIVATE V. PURINEN 57-0048
MCINTYRE J. S., KOSTANECKI-ROBINSON-ACYLIER. U. -CYCLISIER. V. 3-ACYL-4-HYDROXY-2-PYRONEN 63-0663
MCINTYRE P. S., CHINOLINE - EINE NEUE HYDROXYMETHYLIER.-RK. 61-0634
MCINTYRE P. T., 2-AMINO-2-THIAZOLIN 4. MITT. 59-0560
MCINTYRE R. W., DARST. V. VINBLASTIN-4-ACETYL-T U. SEINE VERTEIL. IM RATTENBLUT 60-0806
MCKECHNIE J. S., KRISTALLSTRUKTUR V. AZULEN-DIMOLYBDAEN-HEXACARBONYL 53-0008
- STRUKTUR D. DURCH BENZILSAEURE-UMLAGER. V. 3ALPHA.17BETA-DIACETOXY-11-HYDROXY-12-OXO-DELTA(9,11)-5BETA-ANDROSTEN ERHALTENEN VERB., UNGEWOEHNL. STRUKTUR MIT 3 FUENFGLIEDR. CIS-KONDENSIERTEN RINGEN 61-0168
MCKEEVER L. D., (13)C-(7)LI-SPIN-SPIN-KOPPL. IN ALKYLLITHIUMVERB. 63-0015
MCKELLAR J. F., PRIMAERPROZESSE BEI D. PHOTOLYSE V. 9.10-ANTHRACHINON-2-SULFONSAUREM NATRIUM IN WSS. LSG. 53-0186
MCKELVEY J. B., DIREKTE SYNTH. V. 1.1.4.4-TETRAAETHYL-PIPERAZINIUM-DICHLORID 58-0652
MCKEON J. E., BENZYL-OX. MIT PALLADIUM(II)-ACETAT 63-0415
MCKERVEY M. A., LSGM.-TREND BEI D. EPOX. SUBSTITUIERTER ALKENE 56-0208
MCKILLOP A., THALLIUM IN D. ORGAN. SYNTH. 1. MITT. 62-0318
- THALLIUM IN D. ORGAN. SYNTH. 2. MITT. 62-0319
- THALLIUM IN D. ORGAN. SYNTH. 3. MITT. 62-0320
MCKILLOP T. F. W., STRUKTUR U. SYNTH. V. PSEUDOCLOVEN A 56-0678
MCKINLEY S. V., ION. CHARAKTER V. ALLYLLITHIUM 58-0001
- RESONANZSTABILISIERTE CARBANIONEN 2. MITT. 58-0006
MCKINNEY T. M., D. DICYANOAETHYLENANIONENREST, EINE NEUE SPIN-MARKIER. 64-0140
MCKINNON D. M., DITHIOLREIHE 3. MITT DITHIOLCYANINE 59-0541
MCLAFFERTY F. W., CHARAKTERISTIKEN METASTABILER IONEN, CHARAKTERISIER. ISOMERER MOL. 56-0135
- SUBSTITUENTENEINFL. IN MONOMOLEKULAREN IONENZERS. 8. MITT. 58-0119
MCLAY G. W., BRUECKENRINGSYST. 13. MITT. 55-0319
- THALLIUM IN D. ORGAN. SYNTH. 2. MITT. 62-0319
- THERMO-MICHAEL-RK. 1. MITT. 64-0478
MCLEAN J., EINE NEUE TRITERPENOIDSAEURE AUS LENZITES TRABEA 53-0541
- BIOSYNTH. V. EBURICOSAEURE AUS SESQUITERPENVORSTUFEN 54-0579
MCLEAN N. J., CHEMIE D. ORDN. PODOCARPALES 1. MITT. 56-0758
MCLEAN S., TOTALSYNTH. V. (+-)-OCHOTENSIMIN 61-0740
MCLENNAN D. J., DURCH BASEN KATALYSIERTE ISOMERISIER. V. 1.2.4-TRIJODBENZOL 61-0382
MCLLROY R. J., EIN XYLAN AUS PERENNIERENDEM RAIGRAS (LOLIUM PERENNE) 53-0597
MCMAHON D. H., KONFORM. V. 3.5-DIMETHYL-2.6-DIPHENYL-4-PIPERINOLEN 55-0118
MCMAHON R. E., DEMETHYLIER.-UNTERS. 5. MITT. 60-0811
MCMANUS J. M., DARST. V. 1.2.4-BENZOTHIADIAZINEN 60-0680
MCMENAMIN P. J., SYNTH. V. OXIMEN, DIE DIE FERROINGRUPPE ENTHALTEN 63-0671
MCMILLAN I., KONFORM.-VERH. EINIGER DIHYDRO-1.4-THIAZINE 61-0138
MCMILLAN M., ESR-UNTERS. 17. MITT. 62-0194
MCMORRIS T. C., STRUKTUR D. BASIDIOMYCETEN-O-CHINONS, PHLEBIARUBRON, U. SEINES NEUART. ACETYLIER.-PROD. 54-0518
MCMURRY T. B. H., RK. V. FORMALDEHYD MIT METHYLENVERB. 1. MITT. 53-0397
- CHEMIE D. SANTONENS 1. MITT. 54-0130
- KONDENS.-PROD. V. (+)-MENTHOFURAN MIT CARBONYLVERB. 54-0538
MCMURTREY K. D., ELEKTRONENSTOSS-FRAGMENTIER. V. DIMETHYLAMINOACETON U. 2-DIMETHYLAMINOCYCLOHEXANON 61-0110
MCMURTRY R. J., RK. EINIGER ALICYCL. 1.2-DIHALOGEN-POLYFLUOROLEFINE MIT AETHANOL. KALILAUGE. D. EFFEKT D. RINGGROESSE AUF D. PROD.-VERTEIL. 58-0458
MCNAMARA P. M., ACYLTRIFLUORACETATE 3. MITT. 58-0226
- ACYL-TRIFLUORACETATE 4. MITT. 58-0227
MCNEAL J. P., PROTONENMAGNET. RESONANZSPEKTREN V. AETHYLENPHOSPHITEN U. AETHYLENSULFIT 58-0110
MCNEIL D. W., THERM. UMLAGER. V. PHENYLNITREN ZU CYANCYCLOPENTADIEN 63-0305
MCNEIL M., ZERS. EINIGER TERT. ALPHA-ACYL-HYPOCHLORITE 56-0257
MCOMIE J. F. W., BIPHENYLENE 18. MITT. 58-0526
- DEMETHYLIER. V. ARYLMETHYLAETHERN MIT BORTRIBROMID 60-0416
- PYRIMIDINE 17. MITT. 60-0663
- BIPHENYLENE 19. MITT. 63-0545
MCPHAIL A. T., TUMOR-INHIBITOREN 29. MITT. 63-0858
- TUMORINHIBITOREN 31. MITT. 64-0838
MCQUILLIN F. J., DURCH POLARE SUBSTITUENTEN BEWIRKTE STEREOSELEKTIVITAET BEI D. ALKYLIER. V. KETONEN 57-0445
- CHEMIE V. CYCLOPROPAN-PTCL2-KOMPLEXEN 60-0068
- MECHANISMUS D. HYDROGENOLYSE V. CYCLOPROPANEN AN PLATIN U. PALLADIUM 61-0441
- PDCL-PI-ALLYL-KOMPLEXBLDG. EINIGER 3-OXO-DELTA(4)-STEROIDE 63-0099
MCRAE J. A., INSTABILE ZWISCHENVERB. 51. MITT. 61-0103
MCVEY S., FERROCEN-DERIV. 17. MITT. 53-0034
MCVICKER G. B., SPEKTROSKOP. EIG. V. DICYCLOPENTADIENYL-BERYLLIUM U. SEINER KOMPLEXVERB. MIT AROMAT. LSGM. 63-0010
MCWHINNIE W. R., EINSCHLUSSVERB. AUS HEXAPHENYLDIZINN U. TETRAPHENYLZINN 58-0051
MEADOR J. D., TERPEN-FORMALDEHYD RK. 3. MITT. 64-0834
MEAKINS G. D., DARST. V. N-ARYL-4-TERT.-BUTYL-CYCLOHEXYLAMINEN UEBER ANILE ALS ZWISCHENPROD. 54-0302
- EINFACHE DARST. V. 5ALPHA-ANDROSTAN-16-ON 54-0544
- NITROSTEROIDE 5. MITT. 58-0085

- INTRAMOL. BIND. U. RELATIVE STABILITAETEN V. SYN- U. ANTI-ALPHA-OXIMINO-KETONEN 58-0769
- DARST. U. KONFORM. V. 1-ALKYL- U. 1-ARYL-4-TERT.-BUTYL-CYCLOHEXANOLEN 61-0446
MEASE A. D., INTRAMOLEKULARE NUCLEOPHILE TEILNAHME, 5. MITT. 61-0231
MECCA T. G., NACHW. D. WECHSELWRKG. MIT D. PYRAMIDENSPITZE IN KUPFER(II)-KOMPLEXEN V. POTENTIELL DREIZAEHN. ALPHA-AMINOSAEUREN MIT HILFE D. OPT. ROTAT.-DISPERS. 58-0003
MECHIN B., NMR-UNTERS. AN METALLORGAN. VERB. 4. MITT. 56-0019
MECHOULAM R., HASCHISCH 12. MITT. 62-0779
- STEREOSPEZIFISCH MARKIERTES DELTA(1(6))-TETRAHYDROCANNABINOL 62-0780
MECKEL W., 1.6-ADDITION V. TERT.-BUTYLMAGNESIUMCHLORID AN ANTHRACHINON 63-0536
MEDARY R. T., STEREOCHEMIE D. BICYCLO(3.2.1)OCTANS 11. MITT. 54-0335
MEDINA J. D., STRUKTUR V. TABERPSYCHIN 58-0729
MEDVEDEVA A. S., HYDRATISIER. V. PRIM.-TERT.- U. SEK.-TERT.-ACETYLEN-GAMMA-GLYKOLEN 60-0488
- HYDRATISIER. V. SEK.-TERT.-ACETYLEN-DELTA-GLYKOLEN 60-0623
MEDYANTZEVA E. A., AKOPLANARITAET AROMAT. AZOMETHINE 53-0095
MEDZIHRADSZKY-SCHWEIGER H., EINFACHE MIKROMETH. ZUR BEST. D. TERT.-BUTYLOXYCARBONYL-SCHUTZGRUPPE VERSCHIEDENER AMINOSAEUREN U. IHRER DERIV. 64-0934
MEEHAN G. V., PYROLYT. ELIMINIER. V. ALDEHYDEN AUS N-ALKOXY-LACTAMEN U. -THIOLACTAMEN 56-0243
MEEK D. W., KOORDINAT. MIT POSITIV GELADENEN PHOSPHORLIGANDEN 57-0058
MEEK J. S., RK. STER. GEHINDERTER PHENOLE MIT DIAZOMETHAN 58-0400
- SYNTH. U. ZERS. V. NITRONSAEURE-ALKYLESTERN D. 2.6-DI-TERT.-BUTYL-4-NITRO-PHENOLS 58-0420
- NUCLEOPHILE ADDIT.-ELIMINIERUNGS-RK. V. 1.2-DI-P-TOLUOLSULFONYL-AETHEN 61-0587
MEHANDALE A. R., DESOXYERYTHROLACCIN U. LACCAINSAEURE D 61-0750
MEHEUX P., MONOQUARTAERE U. DIQUARTAERE AMMONIUMSALZE D. 2.6-DIMETHYL-BENZO(1.2-D, 5.4-D')BISTHIAZOLS 57-0547
- REAKTIVITAET D. METHYLGRUPPEN IN 2- U. 6-STELL. V. BIS-QUART. SALZEN D. 2.6-DIMETHYL-BENZO(1.2-D,4.5-D')BISTHIAZOLS. DARST. V. DERIV. MIT ZWEI KONJUGIERTEN POLYMETHINSEQUENZEN 60-0551
MEHREN R., VERB. MIT UROTROPIN-STRUKTUR 38. MITT. 57-0598
MEHROTRA R. N., ABHAENGIGK. D. KINETIK EINIGER OXYDATIONSRK. V. D. ACIDITAET 63-0248
MEHTA G., SESQUITERPENE 28. MITT. 62-0752
- SESQUITERPENE 36. MITT. 64-0829
MEIBOOM S., NMR-SPEKTREN V. ENANTIOMEREN IN OPT. AKTIVEN FL. KRIST. 61-0101
- STRUKTUR D. FL.-KRIST. ZUSTANDS V. CHOLESTERINDERIV. 64-0184
MEIENHOFER J., FESTPHASENSYNTH. V. (LYSIN)-VASOPRESSIN UEBER EIN KRISTALLINES, GESCHUETZTES NONAPEPTID ALS ZWISCHENSTUFE 63-0835
MEIER H., KERNRESONANZUNTERS. ZUM MILLS-NIXON-EFFEKT, RINGSTROMDEFEKT BEI BENZOLMOL. MIT ANKONDENSIERTEN GESAETT. RINGEN 53-0062
- ENERGET. UNTERS. ZUM MILLS-NIXON-EFFEKT, IONISIER.-ENERGIEN V. BENZOLMOL. MIT ANKONDENSIERTEN GESAETT. RINGEN 60-0119
MEIER J., EINE INFRAROTSPEKTROMETR. ANALYSENMETH. FUER 5-CHLOR-7-JOD-8-HYDROXY-CHINOLIN 54-0597
MEIER W., UEBER D. ''PK'' ELEKTRONISCH ANGEREGTER AZULENIUM-KATIONEN 53-0116
MEINERT H., DARST. VON HEXAFLUOROJODATEN(V) 64-0061
MEINHOLD H., DARST. D. 2-METHYLEN-CYCLOBUTANONS-(1) 59-0405
MEINWALD J., STARK GESPANNTE BICYCL. SYST. 12. MITT. 58-0530
- SYNTH. V. BICYCLO(2.1.1)HEXEN-(2) 58-0542
- HYDROLYT. DIMERISIER. V. 5-AMINO-FURAN-2-CARBONSAEUREAETHYLESTER 61-0538
- VERTEIDIG.-MECHANISMEN V. ARTHROPODEN 23. MITT. 62-0852
- PHOTOCHEMIE V. LSG. EINIGER BICYCL. KETONE 63-0566
MEINWALD Y. C., VERTEIDIG.-MECHANISMEN V. ARTHROPODEN 23. MITT. 62-0852
MEISEL H., GEMEINSAME EINW. V. ELEMENTAREM SCHWEFEL U. GASFOERMIGEM AMMONIAK AUF KETONE 59. MITT. 55-0407
- STRUKTUR EINES NEUEN ALKALOIDS AUS VINCA MINOR 60-0714
MEISLICH H., NEUE SYNTH. V. DIARYLAETHERN 57-0346
MEISSNER U., ZUSAMMENHANG ZWISCHEN KONSTIT. U. INSEKTIZIDER WRKG. EINIGER ACETYLPHENYLESTER D. PHOSPHOR- U. THIOPHOSPHORSAEURE 59-0817
MEISTER M., NEUE SYNTH. V. 6-METHYL-3-PYRIDINOL 53-0420
MEIXNER A. E., STRUKTUR D. FL.-KRIST. ZUSTANDS V. CHOLESTERINDERIV. 64-0184
MELAMED N. V., P-HYDROXY-SUBSTITUIERTE BENZOLDERIV. 1. MITT. 55-0288
MELERA A., TETRANORTRITERPENOIDE 9. MITT. 58-0753
MELKONJAN N. S., DARST. U. RK. BETA,GAMMA-UNGESAETT. AMINE 8. MITT. 62-0636
MELLER A., IR-SPEKTREN V. 2.4.6-TRIS(DIMETHYLAMINO)- U. 2.4.6-TRIS(DIMETHYLAMINO(D6))-BORAZINDERIV. 54-0063
- IR-SPEKTRUM V. (10)B-MARKIERTEM 1.3.5-TRIMETHYL-2.4.6-TRICHLOR-BORAZIN 55-0067
- IR-UNTERS. AN B-TRIS-(DIMETHYLAMINO)-BOROXIN U. TRIS-(D6-DIMETHYLAMINO)-BOROXIN 55-0068
- D. BN-HAUPTBANDE IN D. IR-SPEKTREN V. N-H-BORAZINDERIV., KURZE MITT. 56-0008
- IR-SPEKTROSKOP. UNTERS. AN 1.3-DIOXA- U. 1.3-DIAZA-2-BORACYCLOPENTANDERIV. 56-0114
- CHLORIER. V. METHYLBORAZINDERIV. 64-0414
MELLINGEN K., GEOMETR. ISOMERE V. CYCLOPHOSPHITEN 53-0461
MELLONI G., SYNTH. U. REAKTIVITAET V. (1.2-DIARYL-2-ARYLMERCAPTO-VINYL)-2.4.6-TRINITRO-BENZOLSULFONATEN 64-0497
MEL'NIKOV N. N., SYNTH. N-SUBSTITUIERTER CARBAMOYL-OXIME 55-0285
- ORGAN. INSEKTOFUNGIZIDE 2. MITT. 60-0380
MELNIKOV N. N., ORGAN. PESTIZIDE. DARST. V. ARYLOXYALKYLCARBONSAEUREN, -ESTERN U. -AMIDEN, D. IN D. SEITENKETTE VERSCHIEDENE SUBSTITUENTEN TRAGEN 64-0430
MEL'NIKOV V. V., ANIONEN V. DINITROMETHYLVERB. 6. MITT. 60-0084
MELTZER R. I., ANTIBAKTERIELLE CHINOLONE. OXOLINSAEURE U. VERWANDTE VERB. 57-0803
MELVILLE D. B., DARST. N-METHYLIERTER HISTIDINE 60-0528
MELZACKA M., STRUKTUR D. P-NITROBENZYLDERIV. V. BARBITURATEN 1. MITT. 56-0575
- STRUKTUR V. P-NITRO-BENZYL-DERIV. V. BARBITURATEN 2. MITT. 58-0661
- N-ACYLDERIV. V. BARBITURATEN 10. MITT. 59-0621
MELZER M. S., WECHSELWRKG. V. KUPFER(II) MIT PYRIMIDINBASEN 55-0039
MENÀRD M., N-CARBONSAEUREESTER V. 1.2- U. 1.4-DIHYDRO-CHINOLINEN. EINE NEUE KLASSE V. IRREVERSIBLEN INAKTIVATOREN D. BRENZCATECHINAMIN-ALPHA-REZEPTOREN U. STARKEN ZENTRALNERVENSYST.-DEPRESSOREN 58-0638
MENCIER B., EINFL. V. WASSERSTOFF AUF D. DEHYDRIERUNG V. CYCLOHEXAN AN PLATIN 59-0199
MENDELSOHN J., RK. V. ALKOXYTRIALKYLSTANNANEN MIT ENOLESTERN, BLDG. V. C-SN- ODER O-SN-VERB. 56-0068
- UNGEWOEHNL. VERLAUF D. ALKYLIER. V. HALOGENIDEN D. ELEMENTE D. GRUPPE IVB MIT GRIGNARD-REAGENZIEN 1. MITT. 61-0031
MENDIVE J. J., PEPTIDE 25. MITT. 56-0721
- PEPTIDE 26. MITT. 60-0785
MENESSY I., METALLKOMPLEXE D. ANTHRANIL-DIESSIGSAEURE (ANDA) 6. MITT. 57-0025
MENET A., CYCLODEHYDRATISIER. V. UNGESAETT. EPSILON-KETOLEN 61-0451
MENG L. Y. C., EINE NEUE PHOSPHORORGAN. RK. MIT MULTIPLER BIND.-SPALT. BZW. -KNUEPF. 54-0308
MENGER F. M., EINFL. V. HARNSTOFF U. ANDEREN REAGENZIEN AUF D. REAKTIVITAET V. ASSOZIIERTEM P-NITRO-PHENYL-LAURAT 61-0232
- D. ALLG. BASEN- ALLG. SAEUREN-MECHANISMUS D. ALPHA-CHYMOTRYPSIN-WRKG. 61-0822
MENIN J., TAUTOMERIE V. 3-PHENYL-5-AMINO(ODER -METHYLAMINO)-1.2.4-OXADIAZOL U. 3-PHENYL-5-IMINO-(ODER METHYLIMINO-DELTA(2))-1.2.4-OXADIAZOLIN 59-0190
- TAUTOMERIE 5-PHENYL-2-AMINO-SELENAZOLINONE-(4) = 5-PHENYL-2-IMINO-SELENAZOLIDINONE-(4) 60-0552
- CHARAKTERISIER. D. PRIM. AMINOFUNKT. IM NAHEN INFRAROT DURCH PARTIELLE DEUTERIER., ANWEND. AUF D. UNTERS. D. AMINO-IMINO-TAUTOMERIE IN D. HETEROCYCL. REIHE 63-0214
MENNICKE W., UMSETZ. V. CYCLOPENTADIENONEN 4. MITT. 55-0401
MENTZER C., NACHW. D. BLDG. FREIER RADIKALE IM LAUFE D. THERMOLYSE AROMAT. ALDAZINE 53-0175
- RK. V. 3-ARYL- U. 2-ARYLMETHYL-4-HYDROXY-CUMARINEN U. V. 3-ARYLMETHYLEN-2.4-DIOXO-CHROMANEN IN SAUREM MEDIUM 56-0541
- SYNTH. V. ALLOPTAEROXYLIN, EINEM CHROMON AUS PTAEROXYLON OBLIQUUM 56-0544
- AETHER V. CUMARINEN, SYNTH. NEUER BENZOPYRONDERIV. DURCH THERM. KONDENS. 63-0666
MENZEL H., TRIMETHYLSILYLDIAZOMETHAN U. TRIMETHYLSILYL-CARBEN 59-0339
MERCANTINI R., NEUES ANTIBIOTIKUM AUS ASPERGILLUS FLAVIPES 62-0826
MERCER A. J. H., RK. V. NATRIUMHYDRID MIT OMEGA-HYDROXYALKYL-PHOSPHONIUM-, -ARSONIUM- U. -AMMONIUM-SALZEN 63-0467
MERCHANT J. R., SYNTH. U. RK. EINIGER CYCLOHEXADIENONE 2. MITT. 59-0407
MERCIER C., SYNTH. V. ALLOPTAEROXYLIN, EINEM CHROMON AUS PTAEROXYLON OBLIQUUM 56-0544
MERCIER D., SYNTH. V. (1S.2R.4R.5S.6R)-1.2.4.5.6-PENTA-O-BENZOYL-MYCINOSIT 63-0489
MERCIER J., DARST. V. HYDROXY-EPOXY-STEARINSAEURE-METHYLESTER DURCH AUTOX. V. OELSAEURE-METHYLESTER 55-0369
MERCK Y., PHYSIKAL.-CHEM. UNTERS. AN INDOLALKALOID-MODELLEN 6. MITT. 53-0114
MERENYI F., 2-ACYLCYCLOPENTAN-1.3-DIONE 56-0382
MERENYI R., MOL. MIT SCHNELLER U. REVERSIBLER VALENZISOMERISIER. 13. MITT. 55-0345
- MOL. MIT SCHNELLER U.REVERSIBLER VALENZISOMERISIER., 14. MITT. 55-0346
- MOLEKUELE MIT FLUKTUIERENDEN BIND. 16. MITT. 64-0548
MERESZ O., MASSENSPEKTREN V. SYMM.-TETRAZINEN, RED. ZU DIHYDRO-SYMM.-TETRAZINEN IN D. IONENQUELLE DES

MASSENSPEKTROMETERS 64-0154
MERGER F., PRAEPARATIVE STRAHLENCHEM. HYDROXYLIER. SUBSTITUIERTER PHENOLE IN WSS. LSG. 53-0255
MERINOVA G. V., RK. EINES CHLORHYDRINS U. EINES ALPHA-OXIDES D. DIACETYLENREIHE MIT AMINEN 1. MITT. 58-0582
MERK W., EIN BENZOHOMOTROPYLIUM-KATION 58-0525
MERKLE H. R., STABILE CARBENOIDE, 27. MITT. 54-0268
MERLE G., 7-OXO-4.5.6.7-TETRAHYDRO-BENZO(B)THIOPHEN U. SEINE METHYLDERIV. 64-0597
- 8-OXO-5.6.7.8-TETRAHYDRO-4H-CYCLOHEPTA(B)THIOPHEN U. DERIV. 64-0598
MERLE-AUBRY L., UMWANDL. U. KOMPLEXE V. POLYMEREN 1. MITT. 55-0582
MERLIN J., ANWEND. D. DIBENZYLPHOSPHORSAEURE BEI D. FL.-FL.-EXTRAKT. 1. MITT. 56-0178
- HYDROLYSE VON DIAETHYLPHOSPHIT U. IHRE BEDEUTUNG FUER DIE CHROMATOGRAPHIE 61-0245
MERLINI L., NATUERL. CHROMENE, 5. MITT. 54-0407
- NATUERL. CHROMENE 3. MITT. 57-0685
- ALKALOIDE AUS GAMBIR, BEZIEHUNGEN ZWISCHEN OUROUPARIN U. GAMBIRTANNIN U. SYNTH. V. OXOGAMBIRTANNIN 58-0721
- NATUERL. CHROMENE 6. MITT. 60-0573
MERRIEN A., TRITERPENE ALS ZWISCHENPROD. D. BITTERSTOFFBIOSYNTH. V. SIMARUBACEEN 57-0797
MERRIFIELD R. B., SYNTH. V. DESAMINO-OXYTOCIN MIT HILFE D. FEST-PHASEN-METHODE 60-0778
MERTES M. P., BISQUART. AMMONIUM-INDOLINE U. -PERHYDROINDOLE ALS GANGLIENBLOCKER 57-0805
- SYNTH. V. FURO(2.3-C)PYRIDIN-DERIV. 58-0625
- SYNTH. V. 3-PYRIDOXY-ALKANSAEUREN U. IHREN DERIV. 63-0674
MERZ A., 'NICHTKLASS.' PHOSPHABENZOLE 63-0691
MERZ K. W., SYNTH. U. STRUKTUR V. 1H-BENZO(D)PYRIDO(2.1-B)THIAZOL-DERIV. 58-0632
MESHREKI M. H., 1-ARYL-1.2.3-TRIAZOLE 63-0653
MESHRI D. T., BIS-(TRIFLUORMETHYL)-KETEN-DERIV. MIT FLUORSULFATO-, DIFLUORAMINO-, FLUORIMINO- U. (ODER) FLUOROXYGRUPPEN 61-0346
MESKE-SCHUELLER J., EXISTENZ NIEDERGLIEDR. CYCLOALKINE 9. MITT. 59-0397
- EXISTENZ NIEDERGLIEDRIGER CYCLOALKINE 10. MITT. 59-0398
- EXISTENZ NIEDERGLIEDRIGER CYCLOALKINE 11. MITT. 59-0399
MESQUITA A. A. L., CHEMIE D. BRASILIAN. GUTTIFERAE 12. MITT. 60-0822
MESR M., SYNTH. V. (10-METHYL-PHENOTHIAZINYL)-ESSIGSAEUREN 55-0475
MESSER W. R., PHOTOISOMERISIER. V. 1.4.5-TRIMETHYL-IMIDAZOL U. 1.3.5-TRIMETHYL-PYRAZOL 56-0501
MESSINGER P., DARST. V. O.N-DIALKYL-HYDROXYLAMINEN 54-0235
MESSMER A., KINET. DEUTERIUMISOTOPEN-EFFEKT BEI AZOKUPPLUNG IN APROT. MEDIUM VORL. MITT. 59-0262
MESTER L., SEQUENZ D. ZUCKER U. AMINOSAEUREN D. GKOPEPTIDE D. FIBRINOGENS 55-0592
- URSACHE D. NACH D. ORCIN-METH. GEFUNDENEN UNTERSCHIEDL. HEXOSENGEH. V. FIBRINOGEN U. FIBRIN 57-0813
- NMR-UNTERS. (15)N-SUBSTITUIERTER N-HALT. ZUCKERDERIV. 1. MITT. 64-0131
MESTICHELLI L., KINETIK D. RK. V. HAEMATOPORPHYRINATOKOBALT(III) U. -EISEN(III) MIT CYANID U. THIOCYANAT. BEWEIS FUER EINEN DISSOZIAT.-MECHANISMUS 63-0044
MESTRONI G., WASSERLOESL. ALKYLKOBALT-CHELATE ALS ORGANOMETALL. KOMPLEXKATIONEN 53-0039
- WEITERLEIT. V. ELEKTRONENEFFEKTEN IN EINIGEN ORGANOKOBALT(III)-BAE- U. -SALEN-KOMPLEXEN 56-0018
- RED. D. KOBALTCHELATE V. BIS-(ACETYLACETON)-AETHYLENDIIMIN U. SYNTH. V. ORGANOKOBALTDERIV. 57-0056
- RED. V. KOBALT-CHELATEN V. N.N'-BIS-(SALICYLIDEN)-AETHYLENDIAMIN U. SYNTH. V. ORGANOKOBALTDERIV. 57-0057
MESURE A. D., HYDROLYSE EINIGER NORBORNYLSULFITE U. VERWANDTER VERB. 60-0262
- SAEUREKATALYSIERTE HYDROLYSE V. AETHYLENSULFOXID 62-0235
MESZAROS L., PYROPHORES BLEI ALS NEUES AGENZ IN EINER D. WURTZ-SYNTH. AEHNLICHEN RK. 55-0222
MESZAROS P., BEST. DISSOZIATIONSKONSTANTEN D. FORMEN H5Y(+), H4Y U. H3Y(-) D. AEDTE 55-0146
- KOMPLEXVERB. V. GERMANIUMSAEURE MIT AEDTE U. AEDTE-ANALOGEN 1. MITT. 64-0058
METALLIDIS A., SYNTH. V. HETEROCYCLEN 102. MITT. 56-0452
METASCH W., FRAGMENTIER.-RK. AN CARBONYLVERB. MIT BETA-STAEND. ELEKTRONEGATIVEN SUBSTITUENTEN 7. MITT. 54-0294
METH-COHN O., LSGM.-EFFEKTE IN D. NMR-SPEKTROSKOPIE. DURCH BENZOL INDUZIERTE CHEM. VERSCHIEB. IN AMINEN 54-0072
- SYNTH. V. DIHYDROBENZIMIDAZOLEN 56-0498
- UNGEWOEHNLICHE RK. V. ARYLDIAZONIUMSULFONATEN MIT ORTHOSTAENDIGEN TERTIAEREN AMINO-SUBSTITUENTEN 61-0524
- OXYDATIVE CYCLISIER. V. C-SUBSTITUIERTEN ANILINEN U. BENZOESAEUREN MIT MANGANDIOXID 64-0722
METLER T., SYNTH. MIT DIACETYLENKETONEN, 5-GLIEDRIGE RINGE DURCH ANTI-MICHAEL-ADDITION 64-0578
METRAS F., UNGEWOEHNL. VERLAUF D. ALKYLIER. V. HALOGENIDEN D. ELEMENTE D. GRUPPE IVB MIT GRIGNARD-REAGENZIEN 1. MITT. 61-0031
METYS J., NEUROTROPE U. PSYCHOTROPE SUBSTANZEN 15. MITT. 53-0469
- NEUROTROPE U. PSYCHOTROPE SUBSTANZEN 18. MITT. 54-0472
METYSOVA J., NEUROTROPE U. PSYCHOTROPE SUBSTANZEN 7. MITT. 54-0471
METZGER C., RK. V. N-ALKYL-IMINOKOHLENSAEURE-(O.O BZW. S.S)-DIALKYLESTERN 1. MITT. 59-0320
- RK. V. N-ALKYL-IMINOKOHLENSAEURE-(O.O BZW. S.S)-DIALKYLESTERN 2. MITT. 59-0321
- RK. V. N-ALKYL-IMINOKOHLENSAEURE-(O.O BZW. S.S)-DIALKYLESTERN 3. MITT. 59-0322
- RK. V. N-ALKYL-IMINOKOHLENSAEURE-(O.O BZW. S.S)-DIALKYLESTERN 4. MITT. 59-0323
METZGER J., SYNTH. U. PHYSIKAL.-CHEM. EIG. V. SCHIFF-BASEN D. BENZOTHIAZOL-REIHE 53-0387
- SYNTH. U. QUATERNISIER. V. BENZOTHIAZOL-BASEN HINSICHTL. D. DARST. VERSCHIEDEN SUBSTITUIERTER SPIROPYRANVERB. 54-0391
- SYNTH. EINIGER BENZOTHIAZOL-SPIROPYRANE 54-0404
- PHYSIKAL.-CHEM. UNTERS. D. THIAZOLRINGES 6. MITT. 55-0099
- PHYSIKAL.-CHEM. UNTERS. D. THIAZOLRINGES 5. MITT. 55-0145
- RADIKAL. PHENYLIER. V. 2.6-DIMETHYL-PYRIDIN U. SEINER KONJUGIERTEN SAEURE, THEORET. BERECHN. 55-0166
- DARST. V. THIAZOLIDINEN AUS AZIRIDINEN 1. MITT. 56-0519
- NMR-SPEKTROMETRIE IN D. REIHE D. BENZTHIAZOLE, STRUKTURUNTERS. D. BASEN, D. QUATERN. SALZE, V. BENZTHIAZOLSPIROPYRANEN SOWIE D. AROMAT. CARBONYLDE.-RIV. 57-0098
- VISKOSIMETRIE V. THIAZOL U. D. SYST. THIAZOL-TETRACHLORKOHLENSTOFF U. THIAZOL-CYCLOHEXAN 57-0176
- EINFL. ELEKTRON. U. STER. EFFEKTE AUF D. MOBILITAET VERSCHIEDENER N-HETEROCYCLEN IN D. DUENNSCHICHTCHROMATOGRAPHIE. BEZIEH. ZWISCHEN D. R(F)-WERTEN DIESER IN 2-STELL. ALKYLIERTEN BASEN U. D. GESCHWINDIGKEITSKONSTANTEN D. QUATERNISIER. 57-0178
- KRYOMETR. UNTERS. V. ASSOZIAT.-ERSCHEIN. IN FL. ZUSTAND 2. MITT. 57-0180
- REAKTIVITAET IN D. THIAZOL-REIHE, WRKG. V. N-BUTYLLITHIUM AUF 2-METHYL-THIAZOL 57-0546
- PHYSIKAL.-CHEM. UNTERS. AM THIAZOL-RING 8. MITT. 57-0548
- PHYSIKAL.-CHEM. UNTERS. AM THIAZOL-RING 9. MITT. 57-0549
- RADIKALREAKTIVITAET IN D. THIAZOLREIHE 1. MITT. 57-0550
- RADIKALREAKTIVITAET IN D. THIAZOLREIHE 2. MITT. 57-0551
- RADIKALREAKTIVITAET IN D. THIAZOLREIHE 3. MITT. 57-0552
- MESS. D. WAERMEKAPAZITAET V. THIAZOL ZWISCHEN 5 U. 340 GRAD K 59-0176
- NEUE METH. D. SELEKTIVEN PHENYLIER., FALL D. 4-METHYL-PYRIDINS 59-0214
- ELEKTROPHILE SUBSTITUT. BEI THIAZOLEN 60-0553
- PHASENDIAGRAMME BINAERER GEMISCHE, THIAZOL-CYCLOHEXAN, THIAZOL-TETRACHLORKOHLENSTOFF, THIAZOL-BENZOL 64-0200
METZNER W., PHOTOADDIT. V. MALEIN- U. DIMETHYLMALEINSAEUREANHYDRID AN INDEN U. 2-CHLOR-INDEN 54-0329
- PHOTOSENSIBILISIERTE ADDITION V. INDEN AN CIS- U. TRANS-1.2-DICHLOR-AETHYLEN 59-0269
MEUER V., SYNTH. MIT ENAMINEN 14. MITT. 53-0234
- SYNTH. MIT ENAMINEN 13. MITT. 53-0472
MEUNIER J., HETEROCYCL. REIHE 10. MITT. 53-0408
- HETEROCYCL. REIHE 11. MITT. 53-0409
- RK. V. P-BENZOCHINON MIT EINIGEN PHENOTHIAZINDERIV. 56-0602
- FORM EINER SMEKT. PHASE 61-0157
MEYER C., KOINHIBITIONSEFFEKT ZWISCHEN NICKELOXID U. METHANOL GEGENUEBER D. AUTOX. V. BENZYLAETHER 56-0210
MEYER D. R., 3-HYDROXY-1-METHYL-4-(DIPHENYLMETHYLEN)-PIPERIDIN 63-0677
MEYER G. R., OEKONOM. DARST. V. AETHANOL-OD 61-0332
MEYER H., DIBROMSUBSTITUIERTE PROPYL- U. CYCLOHEXYLZINN-VERB. 58-0053
MEYER J. A., RK. V. METHYL-RADIKALEN MIT AROMAT. KW-STOFFEN, EINFL. V. KONFORM. U. KOHLENSTOFF-WASSERSTOFF-ORIENTIER. AUF GESCHW., AKTIVIER.-ENERGIE U. A-FAKTOR 64-0248
MEYER J. D., SELEKTIVE MARKIER. EINIGER 4-AMINO-PYRIDINE DURCH WASSERSTOFF-DEUTERIUM-AUSTAUSCH 57-0593
- DEUTERODECARBOXYLIER., EINE BEQUEME METH. ZUR DARST. MARKIERTER PYRIDINE 60-0601
MEYER K., NACHTRAG U. BERICHTIG. ZUR 3. MITT. UEBER D. GLYKOSIDE D. BLAETTER V. ISOPLEXIS ISABELLIANA(WEBB) MASF. 53-0606
- GLYKOSIDE D. BLAETTER V. ISOPLEXIS CANARIENSIS (L.) G.DON. 2. MITT. 54-0499
- KROETENGIFTE 32. MITT. 54-0539
MEYER M., KRYOMETR. UNTERS. V. ASSOZIAT.-ERSCHEIN. IN FL. ZUSTAND 2. MITT. 57-0180
- VISCOSIMETR. UNTERS. V. AROMAT. AZA-BASEN IN TETRACHLORKOHLENSTOFF-LSG. 64-0195
MEYER P., GASCHROMATOGRAPH. U. MASSENSPEKTROMETR. UNTERS. V. PHYTYLUBICHINON, VITAMIN K1 U. VITAMIN K2 54-0125
MEYER R., VISKOSIMETRIE V. THIAZOL U. D. SYST. THIAZOL-TETRACHLORKOHLENSTOFF U. THIAZOL-CYCLOHEXAN 57-0176
- KRYOMETR. UNTERS. V. ASSOZIAT.-ERSCHEIN. IN FL.

ZUSTAND 2. MITT. 57-0180
- VISCOSIMETR. UNTERS. V. AROMAT. AZA-BASEN IN TETRACHLORKOHLENSTOFF-LSG. 64-0195
- PHASENDIAGRAMME BINAERER GEMISCHE, THIAZOL-CYCLOHEXAN, THIAZOL-TETRACHLORKOHLENSTOFF, THIAZOL-BENZOL 64-0200
MEYER R. B. JUN., IRREVERSIBLE ENZYMINHIBITOREN 116. MITT. 63-0875
- IRREVERSIBLE ENZYMINHIBITOREN 119. MITT. 63-0878
MEYER S., CYCL. AMIDINE AUS DIAMINEN 56-0563
MEYER W. C., 1.2- U. 1.4-CYCLOADDIT. V. CHLORSULFONYLISOCYANAT AN DIENE 64-0560
MEYER W. L., TOTALSYNTH. V. DITERPENOIDEN, A-B-C-SKELETT 5. MITT. 62-0773
MEYERS A. I., CHEMIE D. CYCL. ENAMINKETONE 1. MITT. 53-0439
- CYCL. ENAMINKETONE 2. MITT. 56-0555
- RED. V. 5.6-DIHYDRO-4H-1.3-OXAZINEN ZU TETRAHYDRO-1.3-OXAZINEN U. BLDG. V. C(1)-DEUTERIERTEN ALDEHYDEN 56-0596
- ANWEND. V. 220 MHZ-NMR ZUR LSG. STEREOCHEM. PROBLEME 3. MITT. 61-0153
- CHEMIE CYCL. ENAMINOKETONE 3. MITT. 63-0670
- RED. GEKREUZTKONJUGIERTER 1-PYRROLINE MIT NATRIUMBORHYDRID, BLDG. EINES 1-AZA-BICYCLO(3.2.0)HEPTANS 64-0609
MEYERSON S., CARBONIUMIONEN 10. MITT. 53-0168
- ZERFALL V. DIBENZTHIOPHEN U. NAPHTHOTHIOPHEN BEI ELEKTRONENSTOSS 59-0131
- AUSTAUSCH V. WASSERSTOFF- U. SAUERSTOFF-ATOMEN IN O-NITROTOLUOL BEI HOHEN TEMP. 59-0380
- ORGAN. IONEN IN D. GASPHASE 19. MITT. 64-0150
- ARYLIER. AROMAT. NITROVERB. BEI HOHEN TEMP. 4. MITT. 64-0424
MEZARAUPS G. P., 8-MERCAPTO-CHINOLIN (THIOOXIN) U. SEINE DERIV. 39. MITT. 60-0209
MEZERICKIJ V. V., NEUE SYNTH. V. 2.6-SUBSTITUIERTEN PYRYLIUMSALZEN 53-0406
- SYNTH. V. DIARYL-OLEFINEN AUS PYRYLIUMSALZEN 55-0325
- NEUE AMINOALKYL- U. VINYLDERIV. V. PYRIDIN U. CHINOLIN 60-0616
- SYNTH. V. 4-ALKOXYCHROMYLIUMSALZEN 64-0675
MEZIOU F., POLAROGRAPH. RED. EINER REIHE HOMOLOGER ALPHA-BROM-ESTER 56-0200
- POLAROGRAPH. RED. EINER REIHE HOMOLOGER ALKYLPHENONE 56-0201
M'HIRSI M., PHENYLCYCLOSILANE 62-0025
MIANA G. A., WOLFF-UMLAGER. V. ALPHA-ACETOXY-DIAZOKETONEN 55-0214
MICETICH R. G., PENICILLINE U. CEPHALOSPORINE AUS ISOTHIAZOLYLESSIGSAEUREN 57-0756
- PENICILLINE AUS 3- U. 5-PHENYLISOTHIAZOL-4-CARBONSAEUREN U. ALKOXY-DERIV. 57-0757
MICH T. F., ENDO-6-HYDROXY-TRICYCLO(3.2.0.0(2.7))HEPTAN 56-0430
MICHAEL C., UMSETZ. V. SAEUREDERIV. U. HALOGENSILANEN MIT ALKALIMETALLEN 6. MITT. 57-0401
MICHAELS R. J., NUKLEOPHILE VERDRAENG. EINES DIANIONS DURCH EIN ANDERES 63-0715
- RK. AMBIDENTER ANIONEN MIT EINEM AMBIDENTEN ELEKTROPHILEN 64-0501
MICHAJLENKO F. A., CYANINFARBSTOFFE MIT ZWEI KONJUGIERTEN CHROMOPHOREN 4. MITT. 56-0518
MICHAJLJUCENKO N. K., CYANINFARBSTOFFE AUS SIEBENGLIEDRIGEN HETEROCYCL. SYST. 5. MITT. 64-0768
MICHAJLOV B. M., BROMIER. D. 1-(OMEGA-AETHYLMERCAPTOMETHYLEN)-2.6.6-TRIMETHYLCYCLOHEXENS-(2) 59-0413
MICHAJLOV I. A., MASSENSPEKTREN U. STRUKTUR ORGAN. VERB. 23. MITT. 62-0101
MICHAJLOVA I. F., POLAROGRAPH. UNTERS. V. DIHYDRO-NAPHTHOXAZOLEN 60-0220
MICHAJLOVA V. N., CYANAETHYLIER. EINIGER ARYLSULFINATE MIT ALPHA-CHLOR- U. ALPHA-BROM-ACRYLONITRIL 54-0250
- ARYL-ALLYL-SULFONE, NUKLEOPHILE ADDIT. V. DIAZOMETHAN AN ARYL-ALLYL-SULFONE 54-0381
- RK. V. ARYL-ALLYL-SULFONEN 55-0276
- PYRIMIDINE, ALKYLIER. V. 2-AMINO-4-METHYL-6-OXO- U. -6-CHLOR-PYRIMIDIN 60-0655
MICHALEVA A. I., RK. V. HYDROXYLHALT. 1.3-DIOXOLANEN MIT MERCAPTANEN 57-0298
MICHALOWSKI Z., O-CHLOR-PHENOXY-CHLORSILANE 1. MITT. 59-0352
MICHALSKI C., NITRIER. V. ALPHA-OLEFINEN IN NICHTKOMPLEXBILDENDEN LSGM. U. NEUE RK. D. PROD. 58-0339
MICHALSKI J., AUF D. PISHSCHIMUKA-RK. BASIERENDER CHEM. BEWEIS FUER D. WALDENSCHE UMKEHR AM THIOPHOSPHORYL-ZENTRUM, SYNTH. V. OPT. AKTIVEN N.N-DIAETHYL-PHOSPHONSAEUREAMIDCHLORIDEN 63-0411
MICHEEVA L. F., DERIV. D. P-AMINO-PHENYLSULFON-ALPHA-NITRO-PROPIONSAEUREAETHYLESTERS 62-0379
MICHEEVA N. N., SUBSTITUIERTE PYRIDINE, DEHYDRIER., DESAMINIER. U. N-DEMETHYLIER. V. 1.2.5-TRIMETHYL-4-AMINO-PIPERIDIN U. N-(1.2.5-TRIMETHYL-PIPERIDYL-(4))-BENZYLIDENAMIN 62-0615
MICHEJDA C. J., PHOTOCHEM. U. THERM. ZERS. V. 2.2-DIPHENYL-5-CIPHENYLMETHYLEN-1.3.4-OXADIAZOLIN 61-0318
MICHEL E., ANOMALE UMLAGER. EINES ALPHA-BROM-ALLENS IN GGW. V. NATRIUMCYANID 59-0306
MICHEL H., FLAVONE AUS D. BLATT V. ROSMARINUS OFFICINALIS L. 63-0789
MICHELL A. J., IR-SPEKTREN EINIGER O-METHYLDERIV. V. GLUCOSE U. XYLOSE 62-0073
MICHELOT R., EINFL. V. ACYLIER.-MITTELN AUF D. VERLAUF D. POLONOVSKI-RK. 55-0312
MICHIELLI R. F., ELEKTROCHEM. RED. V. BENZOPHENON IN APROT. LSGM., EINFL. D. PROTONEN-VERFUEGBARK. 61-0190
MICHNIEWICZ J. J., NEUE ALLG. METH. FUER D. SYNTH. V. DESOXYRIBOPOLYNUCLEOTIDEN MIT ENDSTAEND. 5'-PHOSPHOMONOESTER-GRUPPE 63-0772
MICHON V., PROTONENUEBERGAENGE BEI SUBSTITUIERTEN AMMONIUMSALZEN 1. MITT. 64-0231
MICNER B. I., LIPIDE 57. MITT. 59-0332
- ZUSAMMENGESETZTE LIPIDE 31. MITT. 59-0333
- LIPIDE, NEUE METH. ZUR SYNTH. V. DL-ERYTHRO-2-BENZYLAMINO-1.3-DIHYDROXY-OCTADECAN 60-0357
MICROMASTORAS E. D., STRUKTURUMERKENN. V. DIHYDRO-VIC.-TETRAZINEN 3. MITT. 57-0557
MICUCCI D. D., SYNTH. U. PHARMAKOLOGIE EINER REIHE V. 1-ARALKYL-BUTEN-(3)-YLAMINEN 63-0896
MIDDLETON B. S., OX. V. ALKOXYPHENOLEN 11. MITT. 56-0418
MIDDLETON E. J., SYNTHET. UNTERS. AN INSEKTENHORMONEN, SYNTH. EINES MOEGL. STOFFWECHSELPROD. V. CRUSTECDYSON (20-HYDROXY-ECDYSON) 54-0591
MIDGLEY J. M., SYNTH. V. 4ALPHA-METHYL-CHOLESTEN-(8,9)-3BETA-OL 57-0725
MIESEL J. L., PHOTOISOMERISIER. V. 1.4.5-TRIMETHYL-IMIDAZOL U. 1.3.5-TRIMETHYL-PYRAZOL 56-0501
MIETHE R., POLYACETYLENVERB. 142. MITT. 56-0291
MIGDAL S., SILICIUM ENTHALTENDE ORGANOZINN-POLYESTERDERIV. V. BIFUNKTIONELLEN SAEUREN 58-0050
MIGINIAC L., ADDITION EINER ALPHA,BETA-UNGESAETTIGTEN ORGANOZINKVERB. AN EINE NICHT KONJUGIERTE C=C-DOPPELBIND. 58-0043
- RK. V. ALKEN-(2)-YL-METALLVERB. MIT GEM.-AMINOAETHERN U. GEM.-AMINOTHIOAETHERN 64-0373
MIGINIAC P., ELEKTROPHILE SUBSTITUTIONSRK. AN SUBSTITUIERTEN ALPHA.BETA-UNGESAETTIGTEN ORGANO-ZINK-, -MAGNESIUM- U. -LITHIUM-VERB. 63-0360
MIGIRDICYAN E., PHOTOLYSE V. METHYLDERIV. D. BENZOLS IN FESTER LSG., ENTDECKUNG NEUER ZWISCHENSTUFEN 60-0321
MIGNOT A., DARST. V. AROMAT.-ALIPHAT. SULFONEN (NOTIZ) 58-0414
MIHAI G., SYDNONE 2. MITT. 57-0558
- SYDNONE 3. MITT. 57-0559
MIHASHI S., VORK. V. DITERPENEN D. (-)-PIMARANTYPS IN ARALIA CORDATA THUNB. 56-0689
MIHELIC E. L., 2.2'-DIHYDROXYDIPHENYL-SULFON U. SEINE MONOAETHER 58-0407
MIIKKI K., KINETIK D. HYDROLYSE V. 2-ALKOXY-TETRAHYDROFURAN U. 2-ALKOXY-TETRAHYDROPYRAN 60-0265
MIKERINA A. L., SYNTH. U. ANTIBAKTERIELLE AKTIVITAET EINIGER P-ALKYLMERCAPTO-BETA-BENZOYL-ACRYLSAEUREN 53-0600
MIKHAIL A. A., STEREOCHEM. UNTERS. AN MEDIZIN. AGENTIEN 6. MITT. 60-0834
MIKI H., CHEMIE D. VERB. MIT KUMULIERTEN DOPPELBIND. 4. MITT. 62-0402
MIKI M., HYDROGENOLYSE V. BICYCLISCHEN MONOTERPENEPOXIDEN IN GGW. V. RANEY-NI U. D. BEST. D. STRUKTUREN V. ALPHA- U. BETA-3.4-EPOXYCARAN 53-0528
MIKI T., MEDIZIN.-CHEM. UNTERS. UEBER ANTIPLASMIN-ARZNEIMITTEL, TRENN. D. STEREOISOMEREN D. 4-AMINOMETHYL-CYCLOHEXANCARBONSAEURE U. IHRE KONFIGURATIONSZUORDN. 64-0490
MIKOLAJCZYK M., AUF D. PISHSCHIMUKA-RK. BASIERENDER CHEM. BEWEIS FUER D. WALDENSCHE UMKEHR AM THIOPHOSPHORYL-ZENTRUM, SYNTH. V. OPT. AKTIVEN N.N-DIAETHYL-PHOSPHONSAEUREAMIDCHLORIDEN 63-0411
MIKRJUKOVA L. A., SUBSTITUIERTE HYDRAZIDE V. HYDROXYCARBONSAEUREN 45. MITT. 62-0448
MIKSCHE G. E., VORK. V. GLYCERINALDEHYD-2-ARYLAETHER-STRUKTUREN IM LIGNIN 55-0575
MIKSOVSKY F., KINETIK D. BROMIER. D. ACETESSIGESTERS IN WSS. LSG. 59-0219
MIKSTAJS U. J., RK. V. 2-AETHYLENIMINO-2-PHENYL-INDANDION-(1.3) MIT ALKOHOLEN 59-0435
MIKULSHINA V. V., VGL. D. BASIZITAET V. ARSONIUM- U. PHOSPHONIUMYLIDEN 63-0221
MILAS N. A., ORGAN. PEROXIDE 40. MITT. 59-0515
MILBURN R. M., SAUERSTOFFAUSTAUSCH ZWISCHEN D. TRIOXALATORHODIUM(III)-ION U. D. LSGM.-W., AUSTAUSCH V. AEUSSEREM U. INNEREM SAUERSTOFF 64-0036
MILEO J., VOM 4-CYAN-2.2-DIMETHYL-BUTYRALDEHYD ABGELEITETE MONOMERE U. POLYMERE, KONDENS. D. ALDEHYDS U. D. 4-FORMYL-4.4DIMETHYL-BUTTERSAEURE MIT ACETON 64-0410
MILES D. H., TERPENE 22. MITT. 60-0751
MILES F. B., SOLVOLYSE V. NORBORNYL-(7)-P-BROM-BENZOLSULFONAT 60-0453
- SUBSTITUENTENEINFL. AUF D. GESCHW. D. SAEUREKATALYSIERTEN DEHYDRATISIER. V. 1.2-DIARYL-AETHANOLEN 64-0293
MILES M. G., KRIST.- U. MOL.-STRUKTUR SOWIE LSG.-KONFORM. V. DIMETHYLGOLD(III)-HYDROXID, EINER ANORGAN. RINGVERB. MIT MITTLERER RINGGROESSE 60-0021
- RK. V. BETA-DICARBONYLVERB. MIT TETRAKIS-(DIMETHYLAMINO)-TITAN 62-0031
MILEWICH L., ZIRKULARDICHROISMUS 24. MITT. 62-0063
MILKOWSKI J. D., SYNTH. V. PEPTIDEN IN WSS. MEDIUM 4. MITT. 62-0362

MILL T., DIALKYLPOLYOXIDE 59-0274
- HOMOLYT. ZERS. V. HYDROPEROXIDEN 1. MITT. 62-0273
- HOMOLYT. ZERS. V. HYDROPEROXIDEN 2. MITT. 62-0274
- HOMOLYT. ZERS. V. HYDROPEROXIDEN 3. MITT. 62-0275
MILLA E., HYPOTENSIVE QUATERNAERE AMMONIUMSALZE MIT EINEM GUAJACOL- ODER THYMOLREST 63-0905
MILLAR I. T., DARST. U. RK. V. 2.2'-BIPHENYLYLEN-BIS-(DIAETHYLPHOSPHIN). BLDG. V. CYCL. DIQUATERNAEREN DIBROMIDEN MIT ALKYLENDIBROMIDEN SOWIE ART U. WAHRSCHEINLICHER MECHANISMUS IHRER THERM. ZERS. 54-0477
- UNGEWOEHNL. NIEDRIGE P-C-H-KOPPL.-KONST. IN D. NMR-SPEKTREN V. PHOSPHONIUMSALZEN U. PHOSPHINOXIDEN 58-0106
- DIELS-ALDER-ADDUKTE V. ANTHROL-(9) 60-0436
MILLAR P. G., ELEKTROCHEM. RED. IN GGW. TERT. AMINE, EINE ASYMM. SYNTH. V. 3.4-DIHYDRO-4-METHYL-CUMARIN 57-0568
MILLARD B. J., MASSENSPEKTREN ORGAN. VERB. 3. MITT. 55-0094
- MASSENSPEKTREN V. ORGAN. VERB., 5. MITT. 56-0142
MILLARD M. M., STEREOISOMERE V. ORGANOCYCLOSILTHIANEN 63-0184
MILLEN M. H., ELEKTRONENSPINRESONANZSPEKTREN EINIGER FREIER HYDROXYLAMINRADIKALE 4. MITT. 61-0102
MILLER A. H., UMWANDL. V. CYCLOPROPYLBROMIDEN IN CYCLOPROPYLOXY-DERIV. 55-0300
MILLER A. W., PEPTID-CYCLISIER., ANWEND. V. BIS-O-PHENYLEN-PYROPHOSPHIT 55-0566
MILLER D. B., REAKTIVE ACYL-DIPEPTIDE ALS MOEGL. PENICILLIN-ANALOGE 2. MITT. 58-0801
MILLER D. W., MASSENSPEKTROMETRIE 1. MITT. 64-0151
MILLER E. F., STERISCHE EINFL. AUF DIE ACIDITAET VON METHYLEN-BIS-(DIALKYLSULFONIUM)-SALZEN 59-0193
MILLER H. W., RK. V. N-HALOGENSUCCINIMIDEN MIT 2-HYDROXY-3-(BETA-ALKYL-VINYL)-NAPHTHOCHINONEN-(1.4) 57-0447
MILLER J. A., PHOSPHORSAEUREESTER, 1. MITT. 64-0685
MILLER J. G., RK. VON AMINEN MIT HALOGENALKANEN 1. MITT. 60-0301
MILLER L. L., ANODISCH INITIIERTE JODIER. U. SEITENKETTEN-SUBSTITUT.-RK. V. AROMATEN 60-0219
MILLER L. S., CYCL. AETHYLENKETALE V. GESPANNTEN ALPHA-CHLORIERTEN KETONEN 55-0357
- CYCL. AETHYLENKETALE CHLORIERTER KAEFIG-KETONE. VERBESSERTE SYNTH. V. PENTACYCLO(5.3.0.0(2,6).0(3,9).-0(4,8))DECAN-5-ON 61-0571
MILLER M. A., D. ''GROESSE'' D. EINSAMEN PAARES AM STICKSTOFF 53-0092
- KONFORM.-ANALYSE 60. MITT. 60-0164
MILLER N., NUCLEOSIDE 47. MITT. 57-0648
MILLER P. S., NUCLEOTID-CHEMIE 12. MITT. 62-0711
MILLER R. D., EIN INNERLICH GESAETT. STARRES CYCLONONAN-DERIV. 63-0492
MILLER S. I., ZERS. V. N-NITROSO-N-BENZHYDRYL-BENZAMIDEN U. BEZIEH. D. PROD.-ANTEILIGKEIT V. BENZHYDRYLDIAZONI-UM- U. DIPHENYLCARBONIUM-BENZOAT-IONENPAAREN IN HYDROXYLHALT. LSGM. 59-0257
- SYNTH. MIT DIACETYLENKETONEN, 5-GLIEDRIGE RINGE DURCH ANTI-MICHAEL-ADDITION 64-0578
MILLET B., 3-ARYL-PIPERIDINE 1. MITT. 61-0635
MILLIE P., UNTERS. IN D. INDOLREIHE 20. MITT. 60-0141
MILLIET P., STEROIDALKALOIDE, SYNTH. V. 13BETA-CYAN-18-NOR-STEROIDEN AUS CONESSIN 56-0716
- STEROIDALKALOIDE 65. MITT. 57-0672
MILLIGAN D. V., EINFL. D. IONENPAARES AUF GESCHW. U. RICHT. D. ALKYLIER. V. OXIMSALZEN 62-0215
MILLIGAN W. O., STRUKTUR V. TITAN-EISEN-CYANOKOMPLEXEN 63-0021
MILLS J., N-SUBSTITUIERTE CYCLOPROPYLAMINE ALS MONOAMINOXYDASEHEMMER, STRUKTUR-AKTIVITAETSBEZIEH., VERSTAERK. D. DOPA-WRKG. BEI MAEUSEN U. IN VITRO-HEMM. D. KYNURAMIN-OX. 57-0804
- HEMM. V. MONOAMINOOXYDASE DURCH N-(PHENOXYAETHYL)-CYCLOPROPYLAMINE, KORRELAT. D. HEMMWRKG. MIT HAMMETT-KONST. U. NERNSTSCHEN VERTEIL.-KOEFF. 60-0812
MILLS J. C., ROENTGENOGRAPH. UNTERS. D. KRISTALLSTRUKTUR V. METHYL-QUECKSILBER(II)-CYANID 53-0012
MILLS J. S., UMWANDL. V. CIS- IN TRANS-ABIENOL, RK. MIT QUECKSILBER(II)-ACETAT 56-0690
MILLS O. S., PENTACARBONYL-METHYL-METHYLAMINO-CARBEN-CHROM 56-0022
- DREIFACH BRUECKENBILDENDER STICKSTOFF, EIN DREIKERNIGER EISENCARBONYL-DIPHENYLDIAZOMETHAN-KOMPLEX 56-0023
- KRIST.-STRUKTUR V. TRICARBONYL-ANTHRACEN-CHROM 56-0036
- EISEN-KOMPLEXE V. DIARYL-DIAZOMETHANEN 56-0077
- KOHLENSTOFFVERB. D. UEBERGANGSMETALLE 10. MITT. 58-0017
- KOHLENSTOFFVERB. D. UEBERGANGSMETALLE 11. MITT. 58-0018
MILLS S. D., NEUER METABOLIT AUS ASPERGLLUS MELLEUS 55-0587
MILNE G. W. A., BEWEIS FUER D. INTERMOLEKULAREN MECHANISMUS D. PHOTOISOMERISIER. V. N-NITROSODIALKYLA-MINEN ZU AMIDOXIMEN 54-0196
MILNE H. B., PEPTIDSYNTH. DURCH OX. V. N-ACYL-ALPHA-AMINOSAEURE-PHENYLHYDRAZIDEN 2. MITT. 58-0792
MIL'NER R. S., VINYLDERIV. V. 2.5-DIARYL-1.3.4-OXADIAZOLEN 60-0562
MILO-GOLDZWEIG I., EIN NEUES BENZOFURAN AUS SAMEN V. STYRAX OFFICINALIS L. 56-0471
MILOVANOVA S. N., SYNTH. U. ANTIBAKTERIELLE AKTIVITAET EINIGER P-ALKYLMERCAPTO-BETA-BENZOYL-ACRYLSAEUREN 53-0600
MILSTEIN I. M., NEUART. SPALT.-TYP IN D. GIBBERELLIN-REIHE 54-0564
- MASSENSPEKTROMETRIE V. GIBBERELLINEN 2. MITT. 60-0120
MILSTIEN J. B., STER. EFFEKTE BEI D. DURCH IMIDAZOL KATALYSIERTEN HYDROLYSE V. ESTERN D. N-ACETYLSERIN-AMIDS U. D. P-NITROPHENOLS 61-0244
MIL'VICKAJA E. M., RK. V. 1-METHYL-BICYCLO(3.1.0)HEXAN U. 1-METHYL-BICYCLO(4.1.0)HEPTAN IN GGW. V. SILICAGEL U. BEI D. HYDRIER. AN PLATINKATALYSATOREN 59-0474
MINAMI H., PEPTIDE 20. MITT. 58-0798
MINAMI K., UMWANDL. V. EPIPACHYSANDRIN-A IN PACHYSTERMIN-A U. -B 59-0695
MINAMI T., UEBER D. CHEMIE V. VERB. MIT KUMULIERTEN DOPPELBIND. 3. MITT. 62-0394
- CHEMIE D. VERB. MIT KUMULIERTEN DOPPELBIND. 4. MITT. 62-0402
MINAMOTO K., CHEMIE D. 1.2.4-TRIAZINS 7. MITT. 55-0478
MINAS H., RK. V. ALPHA-DICARBONYLVERB. U. CHINONEN MIT DIAZOALKANEN 9. MITT. 57-0457
MINATO H., SESQUITERPENOIDE, 16. MITT. 53-0539
- WURZELN V. LINDERA STRYCHNIFOLIA VILL. 14. MITT. 59-0729
- SESQUITERPENOIDE 17. MITT. 59-0740
- BIOCHEM. UMWANDL. V. PFLANZENSTEROIDEN 2. MITT. 61-0835
MINCHAM W. A., 19-20-LACTONE D. KAURANREIHE 55-0527
MINCZEWSKI J., ZUS. V. KOMPLEXEN IM SYST.(HGJ4)(2-)-CAPROLACTAM 62-0030
MINISCI F., POLARE EFFEKTE BEI RADIKALRK., NEUER SELEKTIVER TYP D. RADIKAL. BROMIER. 54-0226
- POLARE U. STER. EFFEKTE BEI D. ABSPALT. V. WASSERSTOFF DURCH DIALKYLAMIN-KATIONEN 60-0296
- BIPOLARER CHARAKTER D. ALKYLRADIKALE AUS OXAZIRIDIN, OX. U. RED. DURCH ELEKTRONENUEBERTRAG. U. ABFANGEN DURCH STICKOXID 61-0529
MINK G., KATALYT. HYDRIER. (DEUTERIER.) V. CYCLOHEXEN AM PLATINKATALYSATOR, 1. MITT. 57-0207
MINK J., IR- U. UV-SPEKTREN V. QUECKSILBERORGAN. VERB. 4. MITT. 59-0005
MINKIN V. I., AKOPLANARITAET AROMAT. AZOMETHINE 53-0095
- STRUKTUR U. UMWANDL. V. AROMAT. DIAZOVERB. 42. MITT. 59-0433
- STRUKTUR U. UMWANDL. V. AROMAT. DIAZOVERB. 43. MITT. 60-0149
MINN F. L., PHOTORED. V. BENZOPHENON IN ISOPROPYLALKOHOL 60-0317
MINN O. K., KOMPLEXE D. HYDRAZINDESSIGSAEURE MIT SELTENERDMETALLEN, ANWEND. AUF D. TRENN. D. IONENAUSTAUSCH 59-0052
MINNIER C. E., DAKIN-WEST-RK. V. 2-(PURINYL-(6)-MERCAPTO)-PROPIONSAEURE 59-0619
MINNIKIN D. E., MYCOLSAEUREN AUS MENSCHEN- U. VOGEL-TUBERKELBAZILLEN 54-0310
- METHOXYMYCOL- U. KETOMYCOLSAEUREN AUS MENSCHL. TUBERKELBAZILLEN 56-0389
MINOR C. A., AZULENO(1.8-BC)THIAPYRAN U. AZULENO(1.8-CD)AZEPIN 59-0646
MINSSEN-GUETTE M., SAEUREN IN D. BIPHENYLREIHE 63-0519
- MIT BIOLOG. AKT. STEROIDEN STRUKTURVERWANDTE P-METHOXYPHENYL-INDANDERIV. 63-0530
MINYARD J. P., BESTANDTEILE D. BLUETENKNOSPEN D. BAUMWOLLE 8. MITT. 59-0719
MIOCQUE M., GLYCERIN-1-PROPARGYL-3-ALKYL(ARYL)-DIAETHER 55-0236
- PROPARGYLIER. V. DIKETONEN 56-0273
- AMINOMETHYLIER. V. ARYLAMINEN 56-0362
- SELEKTIVE ALKYLIER. V. ALKINOLEN IN FL. AMMONIAK 4. MITT. 58-0326
- DARST. V. PENTIN-(4)-SAEURENITRIL AUS ACETONITRIL 63-0388
MION L., SYNTH. V. BETA-ACETYLEN. CYCLANOLEN 55-0327
MION M., SYNTH. V. BETA-ACETYLEN. CYCLANOLEN 55-0327
MIREK J., INTRAMOL. WASSERSTOFFBIND. 1. MITT. 56-0107
- AROYLISOTHIOCYANATE ALS REAGENZIEN FUER INDOLIZINE 3. MITT. 58-0635
MIRGOROD J. A., DARST. INDIVIDUELLER ISOMERER D. NATRIUM-N-DECYLBENZOLSULFONATS U. D. NATRIUM-N-HEXYLNAPHTHA-LINSULFONATS 59-0443
MIRONOV G. S., SYNTH. V. DIARYLAETHANEN U. POLYCARBON-SAEUREN 58-0494
MIRONOV V. A., CYCL. UNGESAETT. VERB. 30. MITT. 64-0476
MIRONOV V. F., ATRANE 14. MITT. 62-0034
- SILYLGRUPPENAUSTAUSCH V. SILYLESTERN U. -AETHERN, SYNTH. V. OXASILACYCLOALKANEN 62-0580
MIROSNICENKO E. A., RK.-ENTHALPIE D. 1.3-DIPOLAREN CYCLOADDIT. V. NITRONAETHERN 62-0262
MIRRINGTON R. N., HARZSAEUREN 13. MITT. 57-0708
MIRSKOV R. G., ALPHA-HALOGENALKYLAETHER V. ACETYLENALKO-HOLEN 64-0362
MIRSKOVA A. N., INNERMOL. ELEKTROPHILE VINYLIER. V. CHLORAL-ALKINYL-HALBACETALEN 55-0364
MIRZA N. A., PHOTOCHEM. 1-ALKYLIER. V. AMINEN DURCH BENZOESAEUREESTER 53-0197
MISAKA Y., VERBESSERTE SYNTH. V. (+-)-LYCORAMIN 57-0669
MISCENKO V. F., NEUE AMINOALKYL- U. VINYLDERIV. V. PYRIDIN U. CHINOLIN 60-0616

MISHIMA H., NMR-SPEKTREN V. FUTOENON U. DERIV., PARTIELLE ENTKOPPL. ALS HILFSMITTEL BEI D. ZUORDN. KOMPLEXER SPEKTREN U. WEITERE BEOBACHT. D. OVERHAUSER-EFFEKTES 60-0106
- STRUKTUR V. FUTOENON, EINEM NEUART. SPIRO-CYCLOHEXADIENONDERIV. 60-0798
- BESTANDTEIL D. KERNHOLZES V. TAXUS CUSPIDATA SIEB.ET ZUCC. 62-0846
MISHRA A., NITRENE IM SINGULETT- U. TRIPLETT-ZUSTAND 3. MITT. 59-0553
MISHRA M. B., KOMPLEXBLDG. ZWISCHEN URANYLIONEN U. THIOPROPIONSAEURE 64-0025
MISIAK T., SPEKTROPHOTOMETR. UNTERS. D. SAEURE-BASEN-GLEICHGEWICHTE ZWISCHEN NITROPHENOLEN U. PYRIDINDERIVATEN IN APROT. LSGM. 64-0217
MISLOW K., DARST. V. (+)-N-METHYL-1-(1-NAPHTHYL)-AETHYLAMIN U. BEST. SEINER OPT. REINHEIT DURCH KERNMAGNET. RESONANZ 61-0490
- ABSOLUTE KONFIGURATION U. OPT. ROTATIONSDISPERSION V. METHYL-ALKYL-SULFOXIDEN 62-0145
- UMLAGER. V. ALLYLPHOSPHINITEN U. OPT. STABILITAET D. ALLYLPHOSPHINOXIDE 62-0270
MISONO A., DIAETHYL-BIS-(DIPYRIDYL)-EISEN, KATALYSATOR FUER D. CYCLODIMERISIER. V. BUTADIEN 61-0302
MISRA B. N., SULFONAMIDE V. HYDROXYLAMINDERIV. 57-0355
MISRA R., ABS. STEREOCHEMIE V. HARDWICKISAEURE U. VERWANDTEN VERB. 62-0769
- PARTIALSYNTH. V. KOLAVELOOL U. HARDWICKI-SAEURE 62-0770
MISRA V. S., POTENTIELLE ANTIVIRUS- U. ANTITUBERKULOSE-MITTEL 2. MITT. 55-0381
- POTENTIELLE ANTIVIRUS- U. ANTITUBERKULOSEMITTEL 3. MITT. 55-0416
- POTENTIELLE ANTIVIRUS-VERB. 2. MITT. 59-0559
MITANI M., ORGAN. SYNTH. DURCH ELEKTROLYSE 1. MITT. 63-0461
MITCHARD D. A., STEREOCHEMIE D. DURCH PALLADIUM KATALYSIERTEN HYDRIER. V. ALLENEN 54-0142
MITCHELL C. D., DURCH TRIMERISIER. V. BUTANDION-(2.3) DARGESTELLTES SELEKTIVES REAGENZ ZUR MODIFIZIER. V. ARGININ IN PROTEINEN 60-0803
MITCHELL E. D., MASSENSPEKTROMETRIE 1. MITT. 64-0151
MITCHELL M. J., OCOTEA-ALKALOIDE, CHARAKTERISIER. U. STRUKTURAUFKLAER. V. VIER NEUEN APORPHIN-BASEN 61-0741
MITCHELL R. H., UNGESAETT. MAKROCYCL. VERB. 52. MITT. 58-0504
- UNGESAETT. MAKROCYCL. VERB. 54. MITT. 58-0523
- UNGESAETT. MAKROCYCL. VERB. 61. MITT. 62-0468
MITCHELL R. W., SELEKTIVE DEUTERIERUNG D. VINYLPROTONEN V. CYCLOPROPEN 57-0208
MITIN J. V., ESTER V. N-ACYL-AMINOSAEUREN AUS DIMETHYLAMINOPHENOLEN 64-0408
MITOMA C., EXPERIMENTELL VERURSACHTE PHENYLKETONURIE 2. MITT. 60-0386
- EXPERIMENTELL INDUZIERTE PHENYLKETONURIE 3. MITT. 60-0571
MITRA C. R., TRITERPEN-KOHLENWASSERSTOFFE AUS OLEANDRA WALLICHII 55-0534
MITRA M. N., GALLENSAEUREN 23. MITT. 58-0773
MITSCH R. A., POLYMERISAT. V. DIFLUORDIAZIRIN 60-0802
- ORGAN. FLUORSTICKSTOFFVERB. 10. MITT. 63-0582
MITSCHER L. A., STRUKTUREN V. METHYL-ALDGAROSID A U. B AUS D. NEUTRALEN MACROLIDANTIBIOTIKUM ALDGAMYCIN E 54-0556
- DIHYDROISOCUMARINE AUS D. SPORORMIA-PILZ 62-0843
MITSUHASHI H., C-NOR-D-HOMO-STEROIDE 8. MITT. 60-0766
- BESTANDTEILE V. STEPHANOTIS JAPONICA MAKINO 62-0847
- BESTANDTEILE D. ASCLEPIADACEEN 22. MITT. 64-0853
- C-NOR-D-HOMO-STEROIDE 9. MITT. 64-0854
MITSUHASHI K., UNTERS. AM DIAZABENZOBICYCLO(3.3.1)NONAN-SYST. 8. MITT. 61-0655
MITSUI R., AMARYLLIDACEEN-ALKALOIDE, ABSOLUTE KONFIGURATION D. DIASTEREOISOMEREN METHOJODIDE D. ALKALOIDE V. LYCORIN-TYP 60-0706
MITSUI S., ASYMM. SYNTH. V. 3-HYDROXY-3-PHENYL-VALERIANSAEURE 55-0281
MITSUI T., GIBBERELLIN A(23) IN UNREIFEN LUPINUS LUTEUS-SAMEN 59-0786
- PISCICIDE BESTANDTEILE V. CALOPHYLLUM INOPHILLUM LINN 61-0815
MITTAL M. L., ELEKTROMETR. UNTERS. AN QUECKSILBER-(II)-VANADATEN, HG(II)-METAVANADAT 55-0028
MIURA H., NEUE BISFLAVONE AUS PODOCARPUS- U. CHAMAECYPARIS-PFLANZEN 61-0607
MIURA I., NMR-SPEKTREN V. FUTOENON U. DERIV., PARTIELLE ENTKOPPL. ALS HILFSMITTEL BEI D. ZUORDN. KOMPLEXER SPEKTREN U. WEITERE BEOBACHT. D. OVERHAUSER-EFFEKTES 60-0106
MIURA K., SYNTHET. UNTERS. V. MOEGL. ANTIMETABOLITEN 11. MITT. 61-0702
MIURA T., VIOMYCIN 1. MITT. 56-0734
MIWA T., NEUE 1.6-CYCLOADDIT.-PROD. V. DEHYDROBENZOL 62-0684
MIXICH G., CHEM. VERH. DES ANTIPHLOGISTICUMS ''AZAPROPAZON'' (MI 85)=3-DIMETHYLAMINO-7-METHYL-1.2-(N-PROPYLMALONYL)-1.2-DIHYDRO-1.2.4-BENZOTRIAZIN 60-0677
MIYAKE A., AETHYLEN-BIS-(DIPHENYLPHOSPHIN)-KOMPLEXE V. EISEN U. KOBALT. WASSERSTOFFUEBERTRAG. ZWISCHEN LIGAND U. EISENATOM 62-0048
MIYAKI M., TRANSGLYKOSYLIER. V. PYRIMIDINEN ZU PURINEN 58-0716
MIYAMOTO M., TRITERPENE AUS ALISMA PLANTAGO-AQUATICA L. VAR. ORIENTALE SAMUELS 56-0683
- STRUKTUREN V. ALISOL B U. D. MONOACETAT V. ALISOL A - AUFTRETEN EINER ACYLWANDER. 58-0763
MIYAMOTO T., ABSPALT. D. 4-HYDROXYL-GRUPPE BEI MORPHIN-ALKALOIDEN 10. MITT. 57-0668
MIYANISI T., RK. V. DIPHENYLZINN MIT ALKYLHALOGENIDEN, NMR-SPEKTREN V. METHYLZINN- U. AETHYLZINNVERB. 57-0009
MIYANO S., RK. V. BENZALDEHYD MIT ZINK-POLYHALOGENMETHAN-KOMPLEXEN AUS POLYHALOGENMETHANEN U. EINEM ZN-CU-PAAR 61-0389
MIYASHI T., PHOTODIMERISIER. V. 2-METHYL-4.5-BENZOTROPON-(1) 61-0500
MIYAZAKI K., THERM. UMLAGER. V. THIONCARBAMATEN ZU THIOLCARBAMATEN 62-0267
MIYAZAKI M., ISOMERE ARYLMONOSULFATE V. OESTROGENBRENZCATECHINEN 59-0746
- BESTANDTEIL D. KERNHOLZES V. TAXUS CUSPIDATA SIEB.ET ZUCC. 62-0846
MIYAZAKI S., AZIRIDINBLDG. DURCH RED. V. DIBENZO(A.C)CYCLOHEPTADIENON-(6)-OXIM MIT LIALH4 60-0471
- AZIRIDINBLDG. DURCH LITHIUM-ALUMINIUM-HYDRID-RED. V. OXIMEN 62-0505
MIZOGUCHI T., O-BENZYL-N-TERT.-BUTYLOXYCARBONYL-L-THREONIN 59-0334
MIZUHARA Y., SYNTH. U. KATALYT. HYDRIER. V. 3ALPHA.19-DIHYDROXY-DELTA(5)-CHOLESTEN U. SEINER DERIV. 58-0775
MIŻUKAMI Y., STABILITAET V. ARZNEIMITTELN 17. MITT. 62-0855
MIZUNO H., THERM. UMLAGER. V. OPT. AKT. ALPHA-HYDROXY-IMINEN ZU ALPHA-AMINO-KETONEN 55-0289
MIZUNO K., STRUKTUR V. ARISTEROMYCIN 54-0557
- EINFL. V. ELEKTRONENDONATOREN AUF D. PHOTOZERS. V. MENADION IN WSS. LSG. 3. MITT. 59-0183
MIZUNO Y., SYNTHET. UNTERS. V. MOEGL. ANTIMETABOLITEN 11. MITT. 61-0702
MIZUSHIMA H., OXYDIERENDE WRKG. V. HAEMOPEPTIDEN D. CYTOCHROM C 64-0899
MIZUTANI T., VERBESSERTE SYNTH. V. (+-)-LYCORAMIN 57-0669
MJAGKOVA G. I., HOEHERE SAEUREN D. ALIPHAT. REIHE 21. MITT. 53-0220
- SAEUREN D. ALIPHAT. REIHE 22. MITT. 57-0306
MKRJAN G. M., CHEMIE V. AETHERN MIT UNGESAETT. RESTEN 12. MITT. 63-0368
MLADENOVA-ORLINOVA L., AMINOSAEUREN U. PEPTIDE 77. MITT. 55-0562
MLADENOVIC S., UEBER EINEN BICYCL. MECHANISMUS VERLAUFENDE RK. 58-0423
MLADENOVIC S. A., KUPFER(I)-SUBSTITUTIONEN, FURO(3.2-B)PYRIDINE, FURO(3.2-C)PYRIDINE U. 1H-THIENO(3.4-C)PYRANONE-(1) AUS KUPFER(I)-ACETYLIDEN 63-0574
MLODNICKA T., DIE MOEGLICHK. DER ENTSTEHUNG EINER UEBERSPANNUNG AN D. PHASENGRENZE ZWISCHEN ORGAN. U. WSS. LSG. 62-0184
MNOUCEK K., SUBSTANZEN MIT ANTINEOPLAST. AKTIVITAET 22. MITT. 61-0077
MO L., 1-PHENAETHYL-ISOCHINOLIN-ALKALOIDE 1. MITT. 53-0515
MOCALKIN V. N., GLEICHZEIT. BERECHN. D. SPEKTREN U. D. PI-ELEKTRONEN-POLARISIERBARK. KONJUGIERTER MOL. NACH D. HUECKELSCHEN NAEHER. 55-0103
MOCHALINA E. P., ADDIT. V. NITROSYLFLUORID AN FLUOROLEFINE, RK.-MECHANISMUS 55-0370
MOCHIDA I., ELIMINIER. V. CHLORWASSERSTOFF AUS 1.1.2-TRICHLOR-AETHAN AN IONEN-AUSGETAUSCHTEN MOLEKULARSIEBEN 63-0293
- DEHYDROCHLORIER. U. DECHLORIER. V. CHLORAETHANEN AN CHROMOXID-KATALYSATOREN 63-0294
MOCK W. L., STRUKTUR D. DIEN-SELENDIOXID-ADDUKTE 57-0625
MOCTOSLAVSKIJ M. A., ABSORPT.-SPEKTREN V. 3-OXO-2.3-DIHYDRO-THIONAPHTHEN U. SEINEN DERIV. 9. MITT. 60-0079
MOCZAR E., SEQUENZ D. ZUCKER U. AMINOSAEUREN D. GKOPEPTIDE D. FIBRINOGENS 55-0592
MODENA G., NUKLEOPHILE RK. V. AETHYLENDERIV. 10. MITT. 57-0233
- ADDIT. V. SULFENYLCHLORIDEN AN ACETYLENE 7. MITT. 63-0474
- ADDIT. V. SULFENYLCHLORIDEN AN ACETYLENE 8. MITT. 63-0475
- SYNTH. U. REAKTIVITAET V. (1.2-DIARYL-2-ARYLMERCAPTO-VINYL)-2.4.6-TRINITRO-BENZOLSULFONATEN 64-0497
MODRO T. A., SUBSTITUENTENEFFEKTE V. POSITIVEN POLEN BEI D. AROMAT. SUBSTITUT. 3. MITT. 62-0253
- SUBSTITUENTENEFFEKTE V. POSITIVEN POLEN BEI D. AROMAT. SUBSTITUT. 4. MITT. 62-0254
MOED H. D., ANTIKOAGULANTIEN 1. MITT. 55-0429
MOEDRITZER K., BEVORZUGTER AUSTAUSCH V. BROM U. BRUECKENSAUERSTOFF ZWISCHEN DIMETHYLGERMANIUM- U. DIMETHYLSILICIUM-EINHEITEN 57-0042
- UMVERTEILUNGSGLEICHGEW. V. SI-GEBUNDENEM WASSERSTOFF U. CHLOR IN METHYLSILYL-SPEZIES 59-0189
- KONKURRENZGLEICHGEW. V. AUSTAUSCHBAREN SUBSTITUENTEN ZWISCHEN METHYL- U. DIMETHYLGERMANIUM-RESTEN 63-0049
MOEHRLE H., KONFIG. U. KONFORM. V. 2-CARBOXY-CYCLOPENTANOLEN U. METHYL- U. AETHYLESTER 55-0108
- AMIDIER. V. PHENYLACETALDEHYD 56-0348
- CYCL. AMIDINE AUS DIAMINEN 56-0563
- MAGNET. ANISOTROPIE U. INTERPRETAT. D. NMR-SPEKTREN V.

LACTAMEN 1. MITT. 57-0096
- GLYKOLSPALTENDE REAGENZIEN 4. MITT. 58-0435
- DARST. V. AMINOLACTAMEN 58-0442
- 1-(AMINOALKYL)-PIPERIDONE-(2) 59-0604
- DARST. EINIGER CIS-TRANS ISOMERER AMINOALKOHOLE 60-0606
- STER. VERLAUF V. DEHYDRIER. BEI BETEILIG. NUCLEOPHILER NACHBARGRUPPEN 64-0489
MOELLER T., TRIS- U. TETRAKIS-(AETHYLENDIAMIN)-CHELATE V. LANTHANIDEN(III) 61-0041
MOERSDORF K., DERIV. D. 1.3-DIOXOLANONS-(4) U. 1.3-OXATHIOLANONS-(5) 64-0617
MOFFATT J. G., CARBODIIMID-SULFOXID-RK. 7. MITT. 58-0351
MOGER D., KATALYT. HYDRIER. (DEUTERIER.) V. CYCLOHEXEN AM PLATINKATALYSATOR, 1. MITT. 57-0207
MOHAMMAD A., QUANT. ASPEKTE D. LEWIS-ACIDITAET, 12. MITT. 60-0025
MOHAMMAD M., LSGM.-EFFEKTE AUF D. ELEKTRONENUEBERTRAG.-RK. V. PYRIDINYLRADIKALEN 63-0244
MOHAMMAD N., CHEMIE V. TROPAN-DERIV. 2. MITT. 56-0656
MOHAMMADY A., CHINOXALINDERIV. 10. MITT. 58-0591
MOHOS B., CHEMIE FREIER RADIKALE, ESR-UNTERS. AM TRIPHENYLMETHYL-RADIKAL 58-0117
MOISE C., 1.2-DISUBSTITUIERTE U. UEBERBRUECKTE DERIV. V. FERROCEN 53-0038
MOISEEV I. I., ISOMERISIER. V. ALPHA-OLEFINEN IN PDCL2-LSG. 60-0331
MOJSAK I. E., NITRIER. V. MEHRKERN. AROMAT. VERB. MIT UNKONDENSIERTEN RINGEN 5. MITT. 55-0171
- NITROLYSE V. ORGAN. HALOGENIDEN 1. MITT. 59-0288
MOKHTAR H., SYNTH. U. SPEKTREN V. 1-ARYL-PYRAZOLMONOCARBONSAEUREN 64-0637
MOKROUSOV B. I., ''PENTAMETHYL-ANISOL'' MIT F. 119 GRAD 57-0407
- RK. V. POLYALKYLSUBSTITUIERTEN AROMAT. VERB. 1. MITT. 61-0478
MOKRUSIN V. S., SYNTH. U. UNTERS. V. HETEROCYCLEN MIT BIOLOG. AKTIVITAET 9. MITT. 60-0656
MOLCANOVA T. C., RHODANESSIGSAEUREESTER V. TERT. ACETYLEN- U. DIACETYLENGLYKOLEN 60-0353
MOLDENHAUER W., EINFL. V. ALKALI AUF ZUCKEROSAZONE U. PHENYLHYDRAZONE 53-0480
MOLDOWAN J. M., STEREOCHEMIE AM TRIVALENTEN STICKSTOFF 2. MITT. 63-0181
MOLE T., ASSOZIIERTE PHENYLAETHINYL- U. OCTINYL-METALLVERB. 58-0048
- ALKINYLDERIV. V. EISEN U. MOLYBDAEN 61-0052
MOLENAAR E., ALPHA-THIOPYRAN-1.1-DIOXID, EINE ERNEUTE UNTERS. D. STRUKTUR V. GAMMA-THIOPYRAN-1.1-DIOXID 55-0440
- ALPHA-HALOGENVINYL-SULFOXIDE, UEBERPRUEF. D. STRUKTUR V. EINIGEN BETA-HALOGEN-VINYL-SULFOXIDEN 61-0337
MOLENAAR E. J. F., CHEMIE NIEDR.-GLIEDR.- RINGVERB. 11. MITT. 57-0312
MOLEVA N. I., DARSTELLUNG V. 6-METHYLDERIV. AUS PREGNAN-6ALPHA-OL-3.20-DION 53-0552
MOLHO D., KONDENS. V. BETA-CHLOR-VINYL-ALDEHYDEN MIT MALONSAEURE 64-0680
MOLIN Y. N., ANWEND. V. PARAMAGNET. ZUSAETZEN AUF D. STRUKTURBEST. V. EINIGEN PYRAZOLEN DURCH NMR 57-0115
- STABILE NITROXID-RADIKALE AUS IMIDAZOLIN-N-OXIDEN 59-0546
MOLL F., KONDENSIERTE AZETIDINONE-(2) 1. MITT. 60-0607
- KONDENSIERTE AZETIDINONE-(2) 2. MITT. 61-0627
- KONDENSIERTE AZETIDINONE-(2), 3. MITT. 61-0628
- KONDENSIERTE AZETIDINONE-(2) 4. MITT. 61-0629
MOLL H., BLDG. U. UMWANDL. V. ESTERN 77. MITT. 54-0273
MOLLAN R. C., CHEMIE D. SANTONENS 1. MITT. 54-0130
MOLLER J., MASSENSPEKTROMETRIE V. EINIGEN CARBOSTYRILEN 54-0083
- MASSENSPEKTROMETRIE V. 1.2.4.5-TETRAZINEN 58-0130
- MASSENSPEKTREN EINIGER TRIARYLAETHYLENE 64-0141
MOLLOV N. M., NOTIZ UEBER D. OX. D. APORPHIN-BENZYL-ISOCHINOLIN-ALKALOIDE THALICARPIN U. THALMELATIN 53-0505
MOLNAR A., HYDROGENOLYSE V. ALLYLESTERN 53-0122
MOLNAR I. P., ANALYTIK D. 1.2-GLYKOLE U. POLYOXYVERB. 9. MITT. 60-0848
- ANALYTIK D. 1.2-GLYKOLE U. POLYOXYVERB. 10. MITT. 60-0849
MOLTON P., NOCHMAL. UNTERS. D. RK. V. MALEINSAEUREANHYDRID MIT ACETYLACETON, ACETESSIGSAEUREAETHYLESTER U. RESORCIN 54-0357
MOLTON P. M., RK. V. MALEINSAEUREANHYDRID MIT DIMEDON 58-0573
MOMSENKO A. P., SYNTH. V. DERIV. D. DIHYDRO-(1.3)THIAZINO(6.5-C)-CHINOLINS 1. MITT. 60-0673
MONACO D. J., RK. V. PHOSPHORVERB. 15. MITT. 64-0671
MONAHAN A. R., DIFLUORCARBEN AUS DIFLUORCHLORACETONITRIL 64-0347
MONAHAN A. S., GESPANNTE ORGAN. MOL. 1. MITT. 62-0472
- GESPANNTE ORGAN. MOL. 2. MITT. 62-0609
MONAHAN M. W., BEWEIS KONKURRIERENDER BI- U. TRIMOLEKULARER MECHANISMEN D. CHLORWASSERSTOFFADDIT. AN CYCLOHEXEN 54-0168
MONDELLI R., NATUERL. CHROMENE, 5. MITT. 54-0407
- NATUERL. CHROMENE 3. MITT. 57-0685
- NARCICLASIN U. NARCIPRIMIN 58-0718
- TOTALE ABS. KONFIG. V. DAUNOMYCIN 63-0178
- STRUKTUR V. DAUNOMYCIN 63-0851
- DITERPENE AUS SIDERITIS SICULA UCRIA 64-0826
MONDER C., KLASSIFIZIERUNG V. STEROIDALKOHOLEN DURCH NMR-SPEKTROSKOPIE 56-0124
MONDON A., DARST. EINES PHENOL. TETRAHYDRO-2-BENZAZEPINS MIT FREIER P-STELL. 59-0648
MONEY T., PYRONE 2. MITT. 53-0400
MONIN J., SUCCINYLIER. V. 1.1'-TRIMETHYLEN-FERROCEN 56-0079
MONNERET C., SAEUREKATALYSIERTE UMLAGER. IN POLYCYCL. SYST., WANDER. D. C-19-METHYLGRUPPE EINES STEROIDS AUS D. 10BETA- IN D. 9BETA-STELL. 57-0743
MONNIER D., FLUORESZENZRK. D. BORSAEURE MIT 2-HYDROXY-4-METHOXY-4'-CHLOR-BENZOPHENON IN KONZ. SCHWEFELSAEURE-ESSIGSAEURE-MEDIUM U. D. EINFL. BESTIMMTER EIG. D. MEDIUMS 54-0058
MONOT M., NMR-UNTERS. D. KONFORM. V. ERYTHRO- U. THREO-ALPHA-GLYKOLEN, ANWEND. AUF D. STEREOCHEMIE D. RED. V. ALPHA.BETA-UNGESAETT. CARBONYLVERB. 55-0111
- NMR-UNTERS. V. 2.2-DIMETHYL-1.3-DIOXOLANEN, WEND. AUF D. TRENN. U. CHARAKTERISIER. V. ERYTHRO- U. THREO-ALPHA-GLYKOLEN 55-0396
MONOT M. R., MECHANISMUS D. DUPLIKATIVEN RED. V. ALPHA-UNGESAETT. CARBONYL-VERB. IN GGW. V. METALLEN. ANWEND. AUF D. SYNTH. V. SEKUNDAER-TERTIAEREN ALPHA-GLYKOLEN MIT 2 DOPPELBIND. 55-0232
- PHOTOCHEM. U. KATALYT. ISOMERISIER. V. ALKYLIERTEN 2-PHENYL-2.3-DIHYDRO-FURANEN 56-0400
MONROE B. M., MECHANISMEN D. PHOTOCHEM. RK. IN LSG. 52. MITT. 61-0314
MONROE P. A., RK. STER. GEHINDERTER PHENOLE MIT DIAZOMETHAN 58-0400
MONTANA A. F., DICYCLOPENTA(EF,KL)HEPTALEN(AZUPYREN) 63-0542
MONTANARI F., RK. V. SULFIDEN MIT PHENYLJODIDDICHLORID IN WSS. PYRIDIN, SYNTH. V. SULFON-FREIEN SULFOXIDEN U. (18)O-MARKIERTEN SULFOXIDEN 59-0359
- CARBANIONEN 3. MITT. 61-0261
- ASYMM. INDUKT. U. KONFIGURATIVE KORRELAT. BEI OX. AM SCHWEFEL 3. MITT. 63-0421
- ASYMM. INDUKT. U. KONFIGURATIVE KORRELAT. BEI OX. AM SCHWEFEL 4. MITT. 63-0422
MONTAVON M., SYNTH. IN D. CAROTINOID-REIHE 22. MITT. 53-0521
MONTGINOUL C., DARST. TRICYCL. N- U. C-HETEROCYCLEN AUS CYANAETHYL-ENAMINEN 55-0366
MONTGOMERY J. A., LIPIDLOESL. 6-MERCAPTOPURIN-DERIV. 57-0605
- ANALOGE V. 6-METHYL-9-BETA-D-RIBOFURANOSYLPURIN 57-0645
- DERIV. U. ANALOGE V. 6-MERCAPTOPURIN-RIBONUCLEOTIDEN 57-0776
- SYNTH. V. 2-FLUOR-ADENOSIN 58-0699
- DARST. V. 9-AMINO-9H-PURINEN 2. MITT. 59-0614
- POTENTIELLE FOLSAEURE-ANTAGONISTEN 3. MITT. 59-0615
- RK. EINIGER 4-CHLOR-5-NITRO-PYRIMIDINE MIT NATRIUMAZID, OXADIAZOLO(3.4-D)PYRIMIDIN-1-OXIDE 63-0713
- SYNTH. D. NUCLEOSIDES AUS FAKTOR G, GLEICHZEIT. BLDG. D. ANOMEREN PURINUCLEOSIDE AUS EINEM ACYCLGLYKOSYL-HALOGENID 63-0762
- ISOMERE PYRIDOPYRAZINE AUS TETRAAMINOPYRIDINEN MIT PYRUVALDEHYD UND BENZIL 64-0731
MONTGOMERY L. K., CYCLOADDIT. 5. MITT. 61-0442
MONTHEARD J., ALPHA-PINENEPOXID, RK. IM STARK BAS. MEDIUM, RK. MIT LITHIUMALANAT U. LITHIUM-HYDRID IN TERT. AMINEN 58-0759
MONTHONY J., KOORDINAT.-CHEMIE V. BLEI(IV), OX. V. ALKOHOLEN 54-0146
MONTI H., ANWEND. D. SIMMONS-SMITH-RK. AUF D. SYNTH. V. ALPHA-CYCLOPROPAN-KETONEN 54-0290
- STEREOSPEZIF. SYNTH. V. ALPHA-SUBSTITUIERTEN CYCLOPROPYL-KETONEN. CIS- U. TRANS-1-ACETYL-1.2-DIMETHYL-CYCLOPROPAN 59-0406
- STEREOCHEMIE V. EINIGEN BROMAETHINYLCYCLOPROPANEN, DIPOLMOMENT D. AETHINYLGRUPPE 62-0147
MONTIES B., EIG. V. CHLOROPLAST-CAROTINOIDEN, RK. V. VIOLAXANTHIN MIT ALCL3 59-0714
MONTIJN P. P., ISOMERISIER. V. KONJUGIERTEN U. KUMULIERTEN SYST. VORL. MITT. 55-0210
- CHEMIE V. ACETYLENAETHERN 89. MITT. 61-0330
MOODIE I. M., PERFLUORACETYLTHIOPHENE 1. MITT. 62-0534
MOODIE R. B., PROTONIER.-GLEICHGEW. V. AMIDEN U. VERWANDTEN VERB. 2. MITT. 60-0208
- HETEROAROMAT. REAKTIVITAET 3. MITT. 60-0250
- HETEROAROMAT. REAKTIVITAET 4. MITT. 60-0251
MOON B. J., 1.2-DIHYDROISOCHINOLINE 7. MITT. 58-0630
- SYNTH. V. SANGUINARIN 64-0820
MOON S., STEREOSELEKTIVITAET D. OXYMERCURIER. V. CYCLOALKEN-(2)-OLEN-(1). STEREOSPEZIF. SYNTH. V. TRANS-1.3-DIOLEN 57-0400
MOONEY E. F., NMR-SPEKTREN V. 1.2.3.4-TETRAFLUOR-DIBENZOFURAN U. EINIGEN SEINER DERIV. 54-0067
- KERNMAGNET. RESONANZ-UNTERS. D. DONATOR-AKZEPTOR-WECHSELWRKG. IN BORHALOGENID-KOMPLEXEN 6. MITT 58-0173
MOORE C., SYNTH. EINIGER N-SUBSTITUIERTER PIPERIDONE-(4) 57-0599
MOORE D., SYNTH. V. MONOSUBSTITUIERTEN HEPTAFLUORBIPHENYLENEN 18. MITT. 62-0470

MCORE D. W., PHENYLMAGNESIUMBROMID-INDUZIERTE S(N)2'-RK. U. FLUORWANDER. BEI 1.1-DI-(CHLORDIFLUORMETHYL)-AETHYLEN 63-0470
MCORE E. E., UMLAGER. V. N.N'-DIMETHYL-HYDRAZOBENZOL 58-0433
MOORE H. W., DURCH BENZOL U. PYRIDIN INDUZIERTE VERSCHIEB. D. PROTONENRESONANZ IN EPOXIDEN U. AETHERN, EIN HILFSMITTEL ZUR STRUKTURAUFKLAER. 61-0092
MCORE J. A., HETEROCYCL. UNTERS. 27. MITT. 60-0684
- RK. V. 2-PHENYL-1-PYRROLIN MIT PHENYLISOCYANAT 64-0608
MOORE R. E., UNSYMM. DISUBSTITUIERTE FERROCENE 4. MITT. 57-0052
- SPINOCHROMSYNTH. 61-0747
- MAGNET. NICHTAEQUIVALENZ V. METHYLENGRUPPENPROTONEN BEI 1.2-DISUBSTITUIERTEN FERROCENEN 62-0003
- 2.7- U. 2.10-DISUBSTITUIERTE BIFERROCENYLE 62-0043
MOORE R. H., MECHANISMUS D. BLDG. V. 1-PHENYL-CYCLOBUTEN BEI D. RK. V. 1-PHENYL-1.4-DICHLOR-1-BUTEN MIT MAGNESIUM 58-0476
- STEREOSELEKTIVE ELEKTROCHEM. RED. V. GEMINALEN DIHALOGENCYCLOPROPANEN 61-0505
MCOSMAYER A., SESQUIXANTHYDRYL, EIN ''EBENES'' TRIARYLMETHYLRADIKAL 53-0407
MOPPETT C. E., NONADRIDE, 5. MITT. 59-0805
MORACCI F. M., NEUE RK. V. BIS-(O-AMINO-PHENYL)-DISULFID MIT KETONEN 2. MITT. 63-0826
MORALLEE K. G., UNTERS. D. ELEKTRON. DURCHDRING. IN KOBALT(III)-DIMETHYLGLYOXIM-KOMPLEXEN DURCH KERNMAGNET. RESONANZUNTERS. 54-0010
- WEITERLEIT. V. ELEKTRONENEFFEKTEN IN EINIGEN ORGANOKOBALT(III)-BAE- U. -SALEN-KOMPLEXEN 56-0018
MORANDI C., KONFIG. U. KONFORM. D. 2.3-DIMETHYL-1.4-DIOXANS DURCH NMR 55-0109
- KATALYT. RED. V. XANTHON 60-0572
MORAVEC J., NUCLEINSAEUREBESTANDTEILE U. IHRE ANALOGA 112. MITT. 62-0709
MCRAVEK J., THERM. PHOSPHORYLIER. 4. MITT. 59-0674
- BIOCHEM. WICHTIGE MARKIERTE VERB. 3. MITT. 61-0657
MORAWETZ H., SELEKTIVE KATALYT. EINFL. STARK IONISIERTER POLYKATIONEN AUF D. ESTERSOLVOLYSE 58-0246
MORDINI C., TRENN. D. HEPTACHLOR- U. OKTACHLORCYCLOHEXAN-ISOMEREN, STRUKTURBEST. 64-0475
MOREAU C., DISSOZIAT. SUBSTITUIERTER ESSIG-, PROPION- U. BUTTERSAEUREN IN WASSER U. METHANOL 58-0186
MCREAU M., KONDENS. V. SALIGENIN MIT CYCLOHEXANON, STEREOCHEMIE V. 4A-HYDROXY-1.2.3.4.4A.9A-HEXAHYDRO-XANTHEN 64-0683
MCREAU P., SYNTH. V. BETA-ACETYLEN. CYCLANOLEN 55-0327
- KONFORM. U. REAKTIVITAET V. BICYCLO(4.N.0)VERB. MIT TRANS-VERKNUEPF. 1. MITT. 62-0491
MOREAU R., ALLG. EIG. D. CHLORDIOXID-METHAN-FLAMME 53-0018
MOREAU R. C., EIG. D. THIOCARBONSAEURE-O-ALKYLESTER. EINE NEUE SYNTH. D. DELTA(2)-THIAZOLINE 59-0567
MOREL C. J., D. STRUKTUR V. IMIDAZOLIN- U. IMIDAZOLIDIN-DERIV. AUS 2-AMINO-2-DESOXY-HEXOSEN 60-0692
MOREL G., DARST. V. DIASTEREOISOMEREN 3-BENZYL-4-PHENYL-4-METHYL (ODER AETHYL)-PYRROLIDINDIONEN-2.5 U. BEST. IHRER STRUKTUR DURCH KERNMAGNET. RESONANZ 56-0490
- BLDG. V. KOHLENWASSERSTOFFEN IN D. VERBRENN.-GASEN EINER METHANREICHEN METHAN-LUFT-FLAMME 59-0264
- DARST. U. ALKAL. HYDROLYSE V. NITROSOVERB., D. VORSTUFEN D. DIAZOALKANE 60-0356
MCREL J., SYNTH. IN D. THIOPHEN-REIHE 59-0527
- DICYAN- U. DIFORMYL-DERIV. V. THIOPHEN U. SELENOPHEN 62-0533
MORELLI D., DIIMIDO-KOMPLEX V. PLATIN(II), RED. V. CIS-BIS-(TRIPHENYLPHOSPHIN)-PLATIN(II)-DICHLORID DURCH HYDRAZIN 53-0045
MCRELLI D. JUN., ROLLE V. DIMETHYLFORMAMID BEI D. WECHSELWRKG. V. OLEFINEN MIT PALLADIUMCHLORID (NEUE METH. ZUR SYNTH. V. PI-ALLYL-PALLADIUM(II)-VERB. UNTER MILDEN BEDING.) 53-0044
MORELLI I., UMLAGER. D. OXIDE V. HOPEN-I U. HOPEN-II UNTER EINW. V. BORTRIFLUORID 57-0714
MORENO J., STRUKTUR DES NATRIUMSALZES VON SULFANILAMIDMO-NOHYDRAT 64-0018
MORET C. L., MOL.-STRUKTUR V. (C13H20N(+))BR(-) 60-0176
MORGAN E. D., RK. V. TRITHION U. SEINEN SALZEN MIT AMINEN 53-0360
MORGAN G. L., SPEKTROSKOP. EIG. V. DICYCLOPENTADIENYLBE-RYLLIUM U. SEINER KOMPLEXVERB. MIT AROMAT. LSGM. 63-0010
MORGAN J. W., ABSOLUTE KONFIGURATION V. CYCLOHEXEN-(2)-OL-(1) 59-0401
- NEUE THERM. UMLAGER. V. ALLYLPHENYLURETHANEN 61-0416
MORGAN M. S., 2.2'-DIHYDROXYDIPHENYL-SULFON U. SEINE MONOAETHER 58-0407
MCRGAN T. D. B., KINETIK U. MECHANISMUS D. RK. ZWISCHEN SALPETRIGER SAEURE U. HYDROXYLAMIN 2. MITT. 60-0297
MORGENSTERN J., AROMAT. DIMERCAPTANE U. THIOPHENOLE DURCH RED. D. SULFOCHLORIDE NACH WAGNER 60-0372
- EINFACHE METH. ZUR HERST. V. THIOCARBONSAEURE-S-ARYLESTERN AUS CARBONSAEUREN U. AROMAT. SULFOCHLORIDEN 63-0437
MORI H., SYNTH. V. ECDYSON 62-0790
MORI K., BIOCHEM. UNTERS. UEBER 'BAKANAE'-PILZE 75. MITT. 54-0573
- SYNTH. EINES GEMISCHES V. (+-)-DEHYDROJUVABION U. SEINEM STEREOISOMEREN 55-0541
- VERS. ZUR TOTALSYNTH. V. POLYCYCL. TERPENEN 6. MITT. 56-0684
- TOTALSYNTH. V. DITERPENOIDEN 8. MITT. 61-0754
- TOTALSYNTH. V. DITERPENOIDEN 9. MITT. 61-0755
- SYNTH. V. VERB. MIT JUVENILHORMONAKTIVITAET 1. MITT. 61-0796
- BIOCHEM. UNTERS. UEBER ''BAKANAE''-PILZE 76. MITT. 61-0814
- VERS. ZUR TOTALSYNTH. V. POLYCYCL. TERPENEN 7. MITT. 62-0766
- DITERPENOIDE 18. MITT. 63-0794
- TOTALSYNTH. V. (+-)-GIBBERELLIN A2, A4, A9 U. A10 64-0893
MORI T., PHOTOCHEM. VERH. V. ENOLISIERBAREN BETA-DIKETONEN GEGENUEBER CYCLOOLEFINEN 60-0406
- SYNTH. V. (8)(2.5)HETEROPHANEN 61-0687
MORI Y., C-NOR-D-HOMOSTEROIDE U. VERWANDTE ALKALOIDE 10. MITT. 61-0733
MORIARTY R. M., MESOION. 1.3.4-THIADIAZOLE, RK. MIT AZODICARBONSAEUREDIALKYLESTERN U. BLDG. EINES NEUEN MESOION. SYST. 55-0480
- MESOION. 1.3.4-THIADIAZOLE, PHOTOCHEM. OXYDATIVE CYCLISIER. 57-0563
MORICONI E. J., RK. V. CHLORSULFONYLISOCYANAT MIT BI- U. TRICYCL. BRUECKENOLEFINEN 58-0536
- STEREOSPEZIF. CYCLOADDITION V. CHLORSULFONYLISOCYANAT AN CIS- U. TRANS-BETA-METHYLSTYROL U. AN CIS- U. TRANS-HEXEN-(3) 59-0505
- DARST. U. RK. V. CYCL. AMIDINEN 63-0576
- 1.2- U. 1.4-CYCLOADDIT. V. CHLORSULFONYLISOCYANAT AN DIENE 64-0560
MORIFUJI K., DIAETHYL-BIS-(DIPYRIDYL)-EISEN, KATALYSATOR FUER D. CYCLODIMERISIER. V. BUTADIEN 61-0302
MORIGUCHI I., PROTEINBIND. 1. MITT. 64-0921
- PROTEINBINDUNGEN 2. MITT. 64-0922
- PROTEINBIND. 3. MITT. 64-0923
- PROTEINBIND. 4. MITT. 64-0924
MORIKAWA K., DELTA-ELEMENOL U. EPI-DELTA-ELEMENOL 62-0772
MORIMOTO H., BESTANDTEILE D. HEFE 14. MITT. 56-0753
MORIMOTO K., ZWEI NEUE CHLORANTHRACHINONE AUS EINER FLECHTE ANAPTYCHIA OBSCURATA (NYL.) VAIN. 59-0713
- DREI NEUE, CHLOR ENTHALTENDE BISANTHRONYLE AUS D. FLECHTE, ANAPTYCHIA OBSCURATA VAIN 63-0790
MORIMOTO T., KINETIK D. DURCH CU-SALZE KATALYSIERTEN AUTOX. V. L-ASCORBINSAEURE IN WSS. LSG. 62-0200
MORIMOTO Y., D. KRISTALLSTRUKTUR V. PYRROLNITRIN 57-0171
MORISAKI M., BIOSYNTH. V. OPHIOBOLINEN MIT DOPPELT MARKIERTEM MEVALONAT 61-0828
MORISHITA E., STOFFWECHSELPROD. V. PILZEN 28. MITT. 62-0739
- STOFFWECHSELPROD. V. PILZEN 29. MITT. 62-0740
MORITA A., KINETIK DER TRIAETHYLENDIAMIN-KATALYSIERTEN AMINOLYSE VON N-PHENYL-PHENYLCARBAMATEN MIT ANILIN IN DIOXAN 60-0255
MORITA J., UNTERS. UEBER DIGITALIS-GLYKOSIDE DIE STRUKTUR VON PURPUROGENIN 59-0755
MORITA Z., PRAEPARATIVE U. STRUKTURUNTERS. AN SCHWEFEL-YLIDEN 55-0274
MORITANI I., CARBENOID-RK., RK. V. DIBROMDIPHENYLMETHAN, 9.9-DIBROM-FLUOREN U. 9.9-DICHLOR-9H-TRIBENZO(A.C.E)-CYCLOHEPTEN MIT ALKYLLITHIUM IN GGW. V. OLEFINEN 53-0196
- AROMAT. SUBSTITUTION D. STYROL-PALLADIUMCHLORID-KOMPLEXES 2. MITT. 57-0417
- AROMAT. SUBSTITUT. V. OLEFINEN 4. MITT. 64-0493
MORIUTI S., HOMOGENE KATALYSE BEI D. ZERS. V. DIAZOVERB. DURCH KUPFERCHELATE. ASYMMETRISCHE CARBENOIDRK. 62-0309
MORIWAKE T., HETEROCYCLEN 3. MITT. 63-0679
MORIYAMA H., INSEKTENHORMONE 6. MITT. 59-0757
- CYCLISIER. V. TRANS.TRANS-FARNESYLSAEURE-METHYLESTER UNTER VERW. V. KATIONENAUSTAUSCHERHARZEN 62-0287
MORIYAMA M., NMR-UNTERS. AN STEROIDEN 12. MITT. 59-0165
- ZIRKULARDICHROISMUS V. C(6)-SUBSTITUIERTEN DELTA(4)-3-OXO-STEROIDEN 59-0166
MORIZUR J., 1.4-ADDIT. IN D. FURANREIHE, 1. MITT. 55-0374
- UNTERS. D. NITRO-ACETALDEHYDPHENYLHYDRAZONS U. VERWANDTER VERB. 64-0239
MORLACCHI F., DERIV. V. 2-HYDROXYMETHYL-DELTA(2)-IMIDAZOLIN U. DELTA(2)-IMIDAZOLINYL-(2)-ESSIGSAEURE 60-0530
MORLEY J. S., POLYPEPTIDE 4. MITT. 56-0720
- POLYPEPTIDE 5. MITT. 57-0338
- POLYPEPTIDE 6. MITT. 59-0768
- POLYPEPTIDE 7. MITT. 59-0769
- POLYPEPTIDE 8. MITT. 59-0770
- POLYPEPTIDE 9. MITT. 59-0771
- POLYPEPTIDE 10. MITT. 61-0800
MORNON J., KRIST.-STURKTUR V. N-(4-CHLOR-PHENYL)-PHTHALIMID 58-0158
MOROE M., ORGANOMETALLVERB. 7. MITT. 62-0041
MOROI R., MEDIZIN.-CHEM. UNTERS. UEBER ANTIPLASMIN-ARZNEIMITTEL, TRENN. D. STEREOISOMEREN D. 4-AMINOMETHYL-CYCLOHEXANCARBONSAEURE U. IHRE KONFIGURA-TIONSZUORDN. 64-0490
MORON J., TRITERPENE ALS ZWISCHENPROD. D. BITTERSTOFFBIO-SYNTH. V. SIMARUBACEEN 57-0797
MOROZOVA I. D., NITRIER. V. MEHRKERN. AROMAT. VERB. MIT NICHTKONDENSIERTEN RINGEN 3. MITT. 58-0229
- NITRIER. MEHRKERN. AROMAT. VERB. MIT NICHTKONDENSIER-

TEN RINGEN, RK.-FAEHIGK. U. STRUKTUR V. DIPHENYL U. 1.3.5-TRIPHENYL-BENZOL 64-0160
- INDIZES DER REAKTIONSFAEHIGKEIT VON PHENYLBENZOLEN 64-0243
MOROZOWICH W., SYNTH. U. KINETIK D. HYDROLYSE V. LINCOMYCINACETALEN 64-0268
MORRILL T. C., AZULENO(1.8-BC)THIAPYRAN U. AZULENO(1.8-CD)AZEPIN 59-0646
MORRIS D. E., KINETIK U. MECHANISMUS V. SUBSTITUTIONSRK. V. DINITROSYLDICARBONYLEISEN(0) 63-0045
- KATALYT. U. LSGM.-EFFEKT AUF SUBSTITUT.-RK. V. DINITROSYLDICARBONYLEISEN(0) 63-0046
MORRIS G. F., AROYLIER. V. N.N-DIMETHYL-GLYCINONITRIL ZU ALPHA-DIMETHYLAMINO-BETA-KETO-NITRILEN, CYCLISIER. MIT ACETOPHENON ZU 3-DIMETHYLAMINO-2-PYRIDONEN 64-0701
MORRIS M. D., ZWISCHENPROD. BEI D. ANOD. OX. V. CARBOXYLATEN, CHRONOPOTENTIOMETRIE 64-0236
MORRIS P. J., POLYHALOGENORGANOMETALL- U. -ORGANONICHTMETALLVERB. 13. MITT. 58-0449
MORRIS S. R., 12-AMINOACETYL-12H-BENZO(B)PHENOTHIAZIN-DERIV. 63-0730
MORRISON D. A., EIN NEUES DIPYRROLYLDIPYRROMETHEN-PRODIGIOSIN-ANALOGES AUS SERRATIA MARCESCENS 58-0733
MORRISON G. A., 3BETA-METHOXY-CHOLESTAN-4BETA.5ALPHA-DIOL U. VERWANDTE VERB. 56-0698
MORRISON G. C., NEUER WEG D. SYNTH. V. MORPHIN 53-0514
- VERSCHIEDENE VORLAEUFER IN SYNTH. V. BIOGENESE-TYP 3. MITT. 62-0724
MORRISON H., DEHYDRATISIER. V. HEXEN-(3)-DIOL-(2.5), BEWEIS FUER D. ALPHA-PROTONIER. EINES ALIPHAT. DIOLS 56-0284
- ORGAN. PHOTOCHEMIE 6. MITT. 64-0332
MORRISON I. G., FERROCEN-DERIV. 16. MITT. 53-0033
- FERROCEN-DERIV. 17. MITT. 53-0034
- FERROCEN-DERIV. 19. MITT. 53-0036
MORRISON J. D., ASYMMETRISCHE UEBERTRAG. V. DIASTEREOMEREN WASSERSTOFFATOMEN BEI D. GRIGNARD-RED. V. KETONEN 59-0202
MORRISON W. H. III, PHOTOLYSE V. OZONIDEN 62-0305
MORSE R. L., MECHANIST. U. AUFKLAERENDE PHOTOCHEMIE 30. MITT. 59-0272
MORTON G., STRUKTUREN V. METHYL-ALDGAROSID A U. B AUS D. NEUTRALEN MACROLIDANTIBIOTIKUM ALDGAMYCIN E 54-0556
MORTON R. B., ADDUKTE AUS CHINONEN U. DIAZOALKANEN 5. MITT. 54-0190
MORYGANOV B. N., PERBENZOYLALKYL(ARYL)CARBONATE 5. MITT. 54-0139
MOSENCEVA L. V., MASSENSPEKTREN U. STRUKTUR ORGAN. VERB. 22. MITT. 63-0156
MOSER E., PENTACARBONYLTRIMETHYLSILOXYMETHYLCARBENCHROM-(0) 59-0071
- KERNMAGNET. RESONANZUNTERS. V. BUTADIENEN-(1.3) 4. MITT. 62-0083
- UEBERGANGSMETALL-CARBEN-KOMPLEXE 6. MITT. 63-0012
MOSER J., PHOTOCHEM. RK. 44. MITT. 59-0591
MOSER P., ELEKTRONEN-DONATOR-AKZEPTOR-KOMPLEXE BEI POLYPEPTIDEN, 2. MITT. 60-0200
MOSER R. E., VERWEND. V. TOLUOL-P-SULFONYLHYDRAZONEN BEI D. UNTERS. D. PARAMAGNET. ELEKTRONENRESONANZ V. TRIPLETTMETHYLENE 53-0076
- PEPTIDBLDG. V. DIAMINOMALEINSAEURENITRIL (HCN-TETRAMERES) 59-0772
- PEPTIDBLDG. AUS AMINOMALONITRIL (HCN TRIMERES) 59-0773
MOSHER C. W., SYNTH. V. DAUNOSAMIN 55-0486
MOSHER H. S., NMR-NICHTAEQUIVALENZ V. DIASTEREOMEREN ESTERN ALPHA-SUBSTITUIERTER PHENYLESSIGSAEUREN, ANWEND. ZUR BEST. D. STEREOCHEM. REINH. 64-0126
MOSHER M. W., DARST. U. RK. V. N.N'-DIACYL-N.N'-DIALKOXY-HYDRAZINEN 61-0358
MOSHUK G., EIN KLASSISCHES ANIONRADIKAL AUS TRANS-BICYCLO(6.1.0)NONATRIEN-(2.4.6) 61-0106
MOSIMANN P., STRUKTURELLE PROBLEME D. DICYCLOPENTADIENYL-TITANS 54-0003
MOSINA G. S., SYNTH. V. DELTA-METHYL-SORBINSAEURE 62-0348
MOSKALENKO L. N., HOEHERE SAEUREN D. ALIPHAT. REIHE 21. MITT. 53-0220
MOSKIN P. A., SYNTH. V. 2-ALKOXY-3-CHLOR-TETRAHYDROFURANEN 62-0519
MOSKOVKINA E. M., RELATIVE REAKTIVITAETEN D. ISOMEREN XYLOLE BEI D. KATALYT. FLUESSIGPHASEN-OX. 54-0145
MOSS G. P., BIOSYNTH. V. STEROIDEN U. TERPENOIDEN 1. MITT. 64-0916
MOSS M. Y., STER. EFFEKT BEI D. PHOTOOX. V. SEK. ALKOHOLEN DURCH BENZOPHENON 53-0190
MOSS R. A., 1-DIAZO-INDAN 54-0322
- PHOTOLYSE V. PHENYL-BROM-DIAZIRIN U. BLDG. V. PHENYL-BROM-CARBEN 55-0315
- PHENYLFLUORCARBEN 60-0394
- SOLVOLYSE V. ALKYLDIAZOTATEN 3. MITT. 61-0435
- SOLVOLYSE V. ALKYLDIAZOTATEN 5. MITT. 62-0244
- SOLVOLYSE V. ALKYLDIAZOTATEN 4. MITT. 63-0266
- STER. HINDER. BEI ADDIT. V. DICHLORCARBEN AN OLEFINE 63-0295
MOST C. F. JUN., PEPTIDSYNTH. DURCH OX. V. N-ACYL-ALPHA-AMINOSAEURE-PHENYLHYDRAZIDEN 2. MITT. 58-0792
MOSTOVA M. I., ISOMERISIER. V. EXO.EXO-1.3-DIPROPYL-BICYCLOBUTAN-2.4-DICARBONSAEUREDIMETHYLESTER UNTER EINW. V. ALBR3 60-0408
MOTL O., TERPENE 194. MITT. 62-0782
MOTOMURA M., AZIRIDINBLDG. DURCH RED. V. DIBENZO(A.C)CYCLOHEPTADIENON-(6)-OXIM MIT LIALH4 60-0471
MOTT L., RK. MIT TRIPHENYLPHOSPHIN SOWIE DESSEN HYDROBROMID U. DIBROMID 3. MITT. 57-0386
MOULINES F., RK. V. DEHYDROBENZOL MIT 9-VINYLANTHRACEN 56-0440
MOUNET J., KONDENS. V. FORMALDEHYD MIT CYCLOHEXANON, RED. V. MESO-2.2'-DIOXO-DICYCLOHEXYLMETHAN 59-0423
MOURNING M. C., HOFMANN-ELIMINIER. BEI CYCL. VERB. 61-0276
MOUSSA G. E. M., PHENYLPROPIOLSAEUREN 8. MITT. 57-0464
MOUSSERON-CANET M., DEUT. D. NMR-SPEKTREN EINIGER DERIV. D. 18BETA- U. 18ALPHA-GLYCYRRHETINSAEURE 57-0107
- STEREOCHEMIE D. REFORMATSKI-RK. 1. MITT. 60-0282
- SENSIBILISIERTE PHOTOOX. V. DEHYDRO-BETA-JONYLIDEN-ESSIGSAEUREMETHYLESTERN, UMLAGER. D. ENTSPRECHENDEN PEROXIDE 62-0499
- STER. ORIENTIER. D. EPOXYDATION V. STERINEN 4. MITT. 63-0830
- STEREOCHEMIE D. REFORMATSKI-RK. 2. MITT. 64-0298
MOUSSET G., TRENN. DIASTEREOISOMERER ALPHA-GLYKOLE 54-0215
MOUVIER G., REAKTIVITAET V. AETHYLENVERB., BROMIER. 16. MITT. 62-0218
- REAKTIVITAET V. AETHYLENVERB., BROMIER. 18. MITT. 62-0220
MOWERY P. C., EINIGE VERALLGEMEINER. HINSICHT. D. RK. D. STELL. IM ARYL-KERN, D. ANKONDENSIERTEN SYST. MIT RINGSPANN. BENACHBART SIND 60-0225
MOWTHORPE D. J., FLUOR-NMR-SPEKTRUM EINIGER AROMAT. POLYFLUOR-VERB. 60-0100
MOZA P. N., STRUKTUR V. PEEPULOIDIN, EINEM ALKALOID AUS PIPER PEEPULOIDES 59-0703
MROZ C. T., RK. V. HYDRAZINEN MIT ESTERN U. CARBONSAEUREN 59-0366
MUCHAMEDOVA L. A., RK. D. ALPHA-EPOXIDE V. CYCLENEN 2. MITT. 60-0473
- RK. V. CYCLEN-ALPHA-OXIDEN 3. MITT. 62-0507
MUCHAMETSIN F. M., NEUE UMWANDL. V. 1.1-DINITROAETHAN-SALZEN 57-0287
- CYCLISIER. V. NITROCARBONSAEUREESTERN, DIE DIE NITROSAMIN-GRUPPE ENTHALTEN, ZU N-SUBSTITUIERTEN SIGMA-LACTAMEN 62-0619
MUCHANOVA T. I., CHINONE 42. MITT. 57-0495
MUCHITDINOVA N. A., NEUE STICKSTOFFHALT. ALPHA-OXIDE 62-0540
- 1.4-DIOXANE-OX.-PROD. V. N-VINYL-LACTAMEN 62-0635
MUCK D. L., SYNTH. U. KERNMAGNETISCHE-RESONANZ-ANALYSE V. CYCLOPROPYL- U. 1-BICYCLO(N.1.0)ALKYLAMINEN 58-0537
MUDRECOVA I. I., BENZ- U. NAPHTHAZOLE 21. MITT. 64-0616
MUECKE W., ABBAU D. INSEKTIZIDES GS 13005 IN D. RATTE, STRUKTURAUFKLAER. D. WICHT. METABOLITE 60-0831
MUEDRECOVA I. I., NEUER FALL V. TETRAZOL-AZID-TAUTOMERIE 60-0569
MUEGGLER-CHAVAN F., ZUS. D. KAKAO-AROMAS 53-0584
- ZUS. D. AROMAS V. SCHWARZEM TEE 2. MITT. 53-0585
MUEHLHOFER E., RK. D. HYDRYLANIONEN 2. MITT. 59-0064
MUEHLRADT P., DESOXYZUCKER 42. MITT. 56-0618
MUEHLSTAEDT H., SYNTH. V. ALIPHAT. VINYL-KETO-VERB. 59-0315
MUEHLSTAEDT M., KONFORM.-UNTERS. AM CIS-2.7-DICHLOR-CYCLOHEPTANON 57-0142
- DARST. D. 2-METHYLEN-CYCLOBUTANONS-(1) 59-0405
- AMINOMETHYLIER. D. HETEROCYCLOALKANONE-(3) 59-0494
- STEREOCHEM. ZUORDNUNG IN D. PINANREIHE 60-0158
- VERLAUF D. THERM. ADDIT. V. VINYLAETHERN AN ALPHA-METHYLENKETONE 60-0580
- UMLAGER. BEIM ALKAL. ABBAU V. 1-DIALKYLAMINO-ALKANDIIN-(2.4)-METHOJODIDEN 62-0327
- KONFORM. U. PHYSIKAL. DATEN V. ALKANEN U. CYCLANEN 3. MITT. 62-0418
- CHEMIE ANGEREGTER ZUSTAENDE 3. MITT. 63-0686
MUELLER A., ELEKTRONENABSORPT.-SPEKTREN V. VERB. MIT EINER CS3-GRUPPE 54-0061
MUELLER B., STRUKTUR U. STEREOCHEMIE D. BUXIDINS U. BUXANDRINS 54-0516
MUELLER E., KERNRESONANZUNTERS. ZUM MILLS-NIXON-EFFEKT, RINGSTROMDEFEKT BEI BENZOLMOL. MIT ANKONDENSIERTEN GESAETT. RINGEN 53-0062
- SESQUIXANTHYDRYL, EIN ''EBENES'' TRIARYLMETHYLRADIKAL 53-0407
- PHOTOOXIMIER. V. (1.4.7-D3)NORBORNAN U. (1.3.5.7-D4)ADAMANTAN 55-0358
- SYNTH. HOEHERMOL. VERB. DURCH PHENOLDEHYDRIER. 4. MITT. 57-0666
- EINW. FREIER RADIKALE AUF DIAZOALKANE 2. MITT. 58-0208
- NITROSOVERB. 18. MITT. 59-0265
- BIS-ACETYLENVERB., REAKTIVES VERH. IN ABHAENGIGK. V. D. GEGENSEITIGEN LAGE D. DREIFACHBIND. 59-0463
- ENERGET. UNTERS. ZUM MILLS-NIXON-EFFEKT, IONISIER.-ENERGIEN V. BENZOLMOL. MIT ANKONDENSIERTEN GESAETT. RINGEN 60-0119
- PALLADIUM(II)- U. PLATIN(IV)-KOMPLEXE V. 1.2-BIS-(PHENYLAETHINYL)-BENZOL 62-0058
- DIAZOMETHANE 26. MITT. 62-0356
- UNTERS. AN DIAZOMETHANEN 27. MITT. 62-0483
MUELLER F., KLASSIFIZIER. PHOSPHORHALT. LIGANDEN IN METALLCARBONYL-DERIV. NACH D. PI-ACCEPTORSTAERKE 53-0047
- INHALTSSTOFFE V. ARZNEIPFLANZEN 19. MITT. 58-0823

MUELLER G., VERLAUF D. THERM. ADDIT. V. VINYLAETHERN AN ALPHA-METHYLENKETONE 60-0580
MUELLER G. P., CARRAGHEENANE 4. MITT. 59-0798
MUELLER H., UEBER D. FUROCUMARINGLUCOSID 'RUTARIN' AUS D. WEINRAUTE 56-0625
- KOORDINATIONSVERB. DES TRIPHENYLCHROMS MIT 2.2'-DIPYRIDYL U. 1.10-PHENANTHROLIN 59-0070
- 4-PYRONE 17. MITT. 62-0648
- CHELATE V. BETA-DIKETONDERIV. 11. MITT. 64-0075
MUELLER H. K., THYRONIN- U. THYROXINAEHNL. AMINOALKOHOLE 3. MITT. 58-0436
- THYRONIN- U. THYROXINAEHNL. AMINOALKOHOLE 4. MITT. 58-0437
MUELLER J., CYCLOHEPTATRIENYL-CYCLOHEPTADIEN-(1.3)-CHROM(-I) 56-0073
- DARST., EIG. U. SCHWING.-SPEKTREN V. DIALKYLMETALLAZIDEN D. ELEMENTE ALUMINIUM, GALLIUM, INDIUM U. THALLIUM 59-0009
- MASSENSPEKTROSKOP. UNTERS. AN UEBERGANGSMETALL-PI-KOMPLEXEN MIT FUENF-, SECHS- U. SIEBENGLIEDR. AROMAT. RINGLIGANDEN 59-0015
MUELLER K., CHEMIE U. BIOCHEMIE D. PFLANZENSTOFFE 20. MITT. 61-0614
MUELLER R., SILICONE 112. MITT. 59-0044
MUELLER W., INSEKTIZIDE IM STOFFWECHSEL 16. MITT. 62-0854
MUELLER W. H., SUBSTITUENTENEINFL. AUF D. RINGOEFFN. V. EPISULFONIUMIONEN 61-0279
- FAKTOREN, D. D. NATUR D. EPISULFONIUMIONS BEI D. SULFENYLCHLORID-ADDIT. AN TERMINALE OLEFINE BEEINFLUSSEN 61-0280
- RK. V. SULFENYLCHLORIDEN MIT ALLEN 62-0334
- BETA-CHLOR-ALKYLSULFENAMIDE. ADDIT. V. DIMETHYLAMINOSULFENYLCHLORID AN UNGESAETT. KOHLENWASSERSTOFFE 63-0378
MUELLER W. J., RK. D. TRIANISYLMETHYLKATIONS MIT WASSER, HYDROXID U. AMMONIAK 62-0192
MUELLER-WESTERHOFF U., 5.7-DIAZA-AZULEN 54-0473
MUENSCH H., PROTONENRESONANZ-UNTERS. ZUR INNEREN ROTAT. 5. MITT. 62-0122
MUETTERTIES E. L., UEBERGANGSMETALL-PI-KOMPLEXE V. PHOSPHIN 63-0101
MUFFLER H., ORTHOAMIDE 5. MITT. 63-0384
MUFTI A. S., DIELS-ALDER-RK. V. ORGANO-SN-MALEINATEN 53-0025
MUGENSKI E., RHENIUM(IV)-PHTHALOCYANIN-KOMPLEXE 3. MITT. 59-0018
MUGNIER R., CYCLODEHYDRATISIER. V. GAMMA-UNGESAETT. KETONEN 58-0460
MUI J. Y., HALOGENMETHYL-METALL-VERB. 17. MITT. 63-0462
MUIR C. N., RK. V. EPOXIDEN 16. MITT. 53-0557
MUIR D. M., KLASS. CARBONIUMIONEN 1. MITT. 60-0263
MUIR K. W., KRIST.- U. MOLEKULARSTRUKTUR V. TRICARBONYLPHENANTHRENCHROM 61-0012
- KRISTALL- U. MOLEKULARSTRUKTUR VON TRICARBONYL-9.10-DIHYDROPHENANTHREN-CHROM 61-0013
- STRUKTUR D. 1 ZU 2-ADDUKTS AUS INDEN U. DIMETHYLACETYLENDICARBOXYLAT, ROENTGENSTRUKTURANALYSE EINES DIBROMDERIV. 63-0201
MUKAI T., THERM. ZERS. V. TROPYL-ACETALDEHYD-TOSYLHYDRAZON 53-0318
- ORGAN. PHOTOCHEMIE 6. MITT. 55-0096
- ORGAN. THERM. RK. 4. MITT. 57-0408
- ORGAN. THERM. RK. 6. MITT. 60-0403
- PHOTODIMERISIER. V. 2-METHYL-4.5-BENZOTROPON-(1) 61-0500
- AZOKUPPL. V. 5-SUBSTITUIERTEN TROPOLONEN. BLDG. V. 3-ARYLAZO-TROPOLONEN 61-0664
- ORGAN. PHOTOCHEMIE 8. MITT. 64-0550
MUKAIYAMA T., RK. V. ALLYLQUECKSILBERJODID MIT ACYLHALOGENID 64-0306
- NEUE METH. ZUR DARST. V. THIOVINYLAETHERN U. UNSYMM. KETONEN 63-0473
- RK. V. ISOTHIOAMIDEN U. THIOAMIDIUMJODIDEN 63-0736
- RK. V. QUECKSILBER(II)-SALZEN MIT BIS-(DIAETHYLTHIOCARBAMOYL)-DISULFID U. BENZOLSULFENYLCHLORID 64-0384
MUKERJEE S. K., NEUART. PHOTOUMLAGER. V. LATIFOLIN 54-0520
MUKHAMADALIEV N., BIS-(TRIFLUORMETHYL)-KETEN, 8. MITT. 58-0335
MUKHERJEE D. K., STRUKTUR U. STEREOCHEMIE V. SPERGULAGENSAEURE 58-0742
MUKHERJEE R., SESQUITERPENLACTONE AUS ENCELIA FARINOSA GRAY. 59-0716
MUKHERJEE T. K., ELEKTRONENAFFINITAET POLYNUCLEARER AKZEPTOREN. NITRODERIV. V. FLUOREN-DELTA(9.ALPHA)-MALONITRIL 57-0201
MUKHERJI S. M., POLYNUKLEARE AROMAT. KW-STOFFE 10. MITT. 53-0304
- MEHRKERN. AROMAT. KW-STOFFE 11. MITT. 64-0526
MUKHOPADHYAY S. K., SYNTHET. UNTERS. AN TERPENOIDEN 11. MITT. 54-0323
MULJIANI Z., SYNTH. V. CHROMANEN U. BENZOPYRYLIUMSALZEN UNTER HYDRID-TRANSFER 57-0570
MULLEN K., EINE UEBERPRUEF. D. SYNTH. V. PERFLUOR-GAMMA-BUTYROLACTON 56-0301
- PERFLUORMETHYLACETYLEN 64-0359
MULLENBACH G., ZERLEG. V. (+-)-ZEARALENON, BEST. D. ABS. KONFIG. BEI D. NATUERL. ENANTIOMEREN 53-0582
MULLER H. C., PERHYDROINDAN-DERIV. 10. MITT. 61-0487
MULLER J., SYNTH. IN D. BENZO(E)NAPHTHO(1.8-BC)THIOPYRAN-REIHE 61-0622
MUMMENHOFF P., HASCHISCH 18. MITT. 67-0753
MUNAKATA K., SYNTH. V. JUSTICIDIN B U. VERWANDTEN VERB. 53-0586
MUNCH J. H., SULFON-ALPHA-ELIMINIER. U. VERWANDTE DIAZOAETHANZERS. 57-0415
MUNCH-PETERSEN J. JUN., DARST. V. TERT.-BUTYLMALEINSAEURE U. IHREM DI-TERT.-BUTYLESTER 56-0294
MUNDAY R., UNTERS. D. KONFORM.-AENDER. V. 4.5-DISUBSTITUIERTEN PHENANTHRENEN MITTELS NMR-SPEKTROSKOPIE 58-0145
MUNDY J. W., BETA-APO-PODOPHYLLINSAEUREMETHYLESTER. BERICHTIGTE STRUKTUR 57-0456
MUNEYAMA K., OPT. ROTAT.-DISPERS. V. PURIN-CYCLONUKLEOSIDEN 53-0053
MUNEYUKI R., SUBSTITUENTENEFFEKTE U. ARYLBETEILIG. BEI D. SOLVOLYSE V. BETA-(SYN-BENZONORBORNENYL-(9))-AETHYL-P-BROM-BENZOLSULFONATEN 58-0247
MUNGALL W., NACHW. D. WECHSELWRKG. MIT D. PYRAMIDENSPITZE IN KUPFER(II)-KOMPLEXEN V. POTENTIELL DREIZAEHN. ALPHA-AMINOSAEUREN MIT HILFE D. OPT. ROTAT.-DISPERS. 58-0003
MUNIER R. L., DUENNSCHICHTCHROMATO-ELEKTROPHORESE V. AMINOSAEUREN AUF CELLULOSEPULVER 4. MITT. 55-0598
- DUENNSCHICHTCHROMATO-ELEKTROPHOROSE V. AMINOSAEUREN AUF CELLULOSEPULVER 5. MITT. 55-0599
MUNK K., PALLADIUM(II)- U. PLATIN(IV)-KOMPLEXE V. 1.2-BIS-(PHENYLAETHINYL)-BENZOL 62-0058
MUNK M. E., STRUKTUR V. ACTINOBOLIN 59-0783
MUNOZ A., CYCL. PHOSPHORSAEUREESTER 2. MITT. 55-0482
- EINW. V. BENZOESAEURE AUF PHOSPHORSAEURE-AETHYLAETHYLENESTER 56-0354
- SYNTH. U. SPEKTROGRAPH. UNTERS. EINIGER CYCL. ESTER 57-0631
MUNRO H. D., CURVULARIN 6. MITT. 58-0426
MUNRO M. H. G., HOMOAPORPHIN-SYST. U. VERWANDTE DIENONE, ISOLIER., STRUKTUR U. SYNTH. 54-0511
MUNSHI J. F., RED. CHINOLINE U. CHINOLINIUMVERB. 1. MITT. 60-0599
MUNSON M. S. B., IONISCHE ALKYLIER. IM GASZUSTAND 57-0214
MUQUET M., NATUERLICHES 17-ACETYL-AJMALIN 63-0784
MURAE T., 5.6-DIMETHOXY-2-ISOPROPENYL-BENZOFURAN AUS LIGULARIA STENOCEPHALA MATSUM. ET KOIDZ. 60-0823
MURAHASHI S., CARBENOID-RK., RK. V. DIBROMDIPHENYLMETHAN, 9.9-DIBROM-FLUOREN U. 9.9-DICHLOR-9H-TRIBENZO(A.C.E)-CYCLOHEPTEN MIT ALKYLLITHIUM IN GGW. V. OLEFINEN 53-0196
MURAI A., C-NOR-D-HOMOSTEROIDE U. VERWANDTE ALKALOIDE 10. MITT. 61-0733
MURAI F., STRUKTUR U. STEREOCHEMIE V. BOSCHNIAKIN, BOSCHNIALACTON U. BOSCHNIALISAEURE, DEM OX.-PROD. V. BOSCHNIALACTON 55-0574
MURAI S., NEUE ANION. UMLAGER. 8. MITT. 58-0393
MURAKAMI N., STOFFWECHSEL V. ARZNEIMITTELN 8. MITT. 61-0844
- STOFFWECHSEL V. ARZNEIMITTELN 9. MITT. 61-0845
MURAKAMI Y., BEST. D. ABSOLUTEN KONFIG. V. MERCAPTOBERNSTEINSAEURE DURCH CHEM. KORRELATION MIT GLYCERINALDEHYD 59-0159
MURASEVA V. S., INDOL-DERIV. 29. MITT. 62-0544
MURATA E., INSEKTENHORMONE 8. MITT. 64-0869
- INSEKTENHORMONE 9. MITT. 64-0870
MURATA I., ELEKTRONENSTRUKTUR U. SPEKTRUM V. BENZO(G)SESQUIFULVALEN 53-0088
- TETRACYCLO(3.3.0.0(2,8).0(4,6))OCTAN-1.5-DICARBONSAEURE 63-0556
MURATA T., TRITERPENE AUS ALISMA PLANTAGO-AQUATICA L. VAR. ORIENTALE SAMUELS 56-0683
- BESTANDTEILE D. HEFE 14. MITT. 56-0753
- STRUKTUREN V. ALISOL B U. D. MONOACETAT V. ALISOL A - AUFTRETEN EINER ACYLWANDER. 58-0763
MURATELLE C., AZOLREIHE 33. MITT. 64-0632
MURAVIC-ALEKSANDR C. L., 8.9-DIHYDRO-XANTHINDERIV. 1. MITT. 58-0658
MURAVICH-ALEXANDER K. L., 1.3.7.9-TETRAMETHYL-8.9-DIHYDRO-XANTHIN U. SEINE CHEM. EIG. 58-0664
MURAYAMA K., LINIENVERBREITER. IN D. NMR-SPEKTREN D. METHYLPROTONEN AN PIPERIDINRINGEN 59-0115
MURAYAMA S., SYNTH. V. DL-TETRAHYDROEREMOPHILON 63-0800
MURDOCK K. C., 2-OXAZOLIDINONE AUS EINER N-DEALKYLIER.-RK. V. PHOSGEN MIT DIALKYLAMINOALKOHOLEN, ISOLIER. U. REAKTIVITAET EINES QUARTERNAEREN N-ACYL-AMMONIUM ZWISCHENPROD. 62-0572
MURDOCK L. L., SYNTH. V. DI-O-ALKYL-S-ARYL-THIOPHOSPHATEN 59-0355
MURMANN R. K., UNTERSUCHUNG DES LIGANDENAUSTAUSCHES AN IONEN DES TYPS (RE(AMIN)4O2)(+) MIT HILFE V. MARKIERTEN LIGANDEN 64-0035
MUROFUSHI N., STRUKTUREN NEUER GIBBERELLINE AUS UNREIFEN SAMEN V. CANAVALIA GLADIATA 55-0576
MUROI M., STRUKTUR V. ARISTEROMYCIN 54-0557
MUROV S. L., MECHANISMEN PHOTOCHEM. RK. IN LSG. 54. MITT. 63-0334
MURPHY D., KETOHEXOSEN 1. MITT. 53-0483
MURPHY J., CHEMIE VON DIFLUORCARBEN-ADDUKTEN MIT STERISCH GEHINDERTEN ACETYLENEN 64-0868
MURPHY J. W., STEROIDE 317. MITT. 60-0770
MURR B. L., EINFL. D. DEUTERIUM-SUBSTITUT. AUF D. GESCHW. ORGAN. RK. 11. MITT. 58-0244

- STEREOCHEMIE V. TRITYLVERB. 3. MITT. 63-0179
- STEREOCHEMIE V. TRITYLVERB. 4. MITT. 63-0180
MURRAY A. W., OXAZOLO(3.2-C)- U. THIAZOLO(3.2-C)(1.2.3)BENZOTRIAZINIUM-SALZE 57-0626
- EIN NEUES, V. 3.4-DIHYDRO-4-OXO-1.2.3-BENZO-TRIAZIN ABGELEITETES HETEROAROMAT. RINGSYST. 57-0627
MURRAY J. P., KINETIK D. DURCH EIN SAURES HARZ ODER EINE SAURE LSG. KATALYSIERTEN HYDROLYSE V. ALIPHAT. ESTERN MIT SUBTITUENTEN IN D. ALKYLGRUPPE IN 1 ZU 3 WASSER-ACETON 62-0242
MURRAY R. D. H., KONSTIT. U. STEREOCHEMIE V. SOLIDAGENON 56-0672
- FURAN ENTHALTENDE DITERPENOIDE AUS SOLIDAGO SEROTINA AIT. 61-0751
MURRAY R. W., SINGULETT-SAUERSTOFF IN C. OZONCHEMIE 58-0214
- BEWEIS FUER EINEN NEUEN MECHANISMUS D. OZONOLYSE 61-0210
- OZONOLYSE, KONZENTRATIONS- UND LOESUNGSMITTELEFFEKTE 64-0353
MURTHY A. S. N., 1-METHYL-CYCLOBUTYL- U. CYCLOBUTYL-KATION ALS KLASSISCHE IONEN 6. MITT. 59-0147
- SCHWING.-EFFEKTE BEI RK. V. CARBONIUMIONEN 4. MITT. 64-0161
MURTO J., FLUORALKOHOLE 4. MITT. 55-0132
- FLUORALKOHOLE, 5. MITT. 55-0133
- FLUORALKOHOLE 6. MITT. 56-0185
- FLUORALKOHOLE 7. MITT. 56-0186
- DIPOLMOMENTE V. EINIGEN FLUORALKOHOLEN 57-0073
MUSABEKOV J. S., RESORCINDERIV. 2. MITT. 63-0508
MUSAJO L., PHOTORK. ZWISCHEN BENZO(A)PYREN U. PYRIMIDIN- U. PURINBASEN BEI 3655 A 59-0613
MUSCO A., STEREOCHEM. NICHT STARRE MOL. V. ORGANOMETALL-VERB. 12. MITT. 60-0012
- STEREOCHEM. NICHT STARRE MOLEKUELE V. ORGANOMETALL-VERB. 13. MITT. 60-0055
MUSGRAVE O. C., CURVULARIN 6. MITT. 58-0426
MUSGRAVE W. K. R., POLYFLUORHETEROCYCL. VERB. 10. MITT. 57-0588
- PARTIELL FLUORIERTE HETEROCYCL. VERB. 6. MITT. 59-0520
- HETEROCYCL. POLYFLUORVERB. 11. MITT. 59-0606
MUSIAL L., SYNTH. NEUER POTENTIELLER ANTIKONVULSANTIEN IN D. REIHE 3- U. 5-SUBSTITUIERTER 2-THIOHYDANTOIN-DERIV. 2. MITT. 53-0371
MUSKALO I. G., CYANINFARBSTOFFE MIT ZWEI KONJUGIERTEN CHROMOPHOREN 3. MITT. 56-0517
MUSKALO I. L., CYANINFARBSTOFFE MIT ZWEI KONJUGIERTEN CHROMOPHOREN 4. MITT. 56-0518
MUSKALO L. K., CYANINFARBSTOFFE AUS SIEBENGLIEDRIGEN HETEROCYCL. SYST. 5. MITT. 64-0768
MUSKER W. K., SYNTH. D. CIS- U. TRANS-ISOMEREN V. 2-TRIMETHYLSILYL-CYCLOHEXANOL 63-0499
- STICKSTOFF-YLIDE 4. MITT. 64-0311
MUSLINER W. J., RK. V. SAUREN REAGENZIEN MIT EPOXIDEN D. ADDUKTE AUS DIENEN U. CHINONEN 2. MITT. 58-0502
MUSSO H., UEBER WASSERSTOFFBRUECKEN 9. MITT. 53-0113
- AUTOXYDATIONSGESCHW. U. REDOXPOTENTIAL BEI HYDROCHINON-, BRENZCATECHIN- U. RESORCINDERIV. 55-0163
- ASTERANE 4. MITT. 55-0348
- ORGAN. METALLKOMPLEXE 4. MITT. 59-0004
- ORGAN. METALLKOMPLEXE 3. MITT. 59-0085
- SYMMETRIE V. CARBOXYLAT., INFRAROT-SPEKTREN V. (18)O-MARKIERTEM NATRIUM-DEUTEROFORMIAT 61-0085
- ANTIPODENTRENN. V. BIPHENYLDERIV. DURCH CHROMATOGRAPHIE 61-0482
- ORCEINFARBSTOFFE 26. MITT. 61-0677
MUSTAFA A., PHOSPHORORGAN. VERB. 6. MITT. 61-0488
- RK. MIT SUBSTITUIERTEN 4-HYDROXY-CUMARINEN U. FUROCUMARINEN 61-0613
- VERH. V. OXAZOLINONEN-(5) U. THIAZOLINONEN-(5) GEGEN N-PHENYL-HYDROXYLAMIN U. PHENYLHYDRAZIN 62-0676
- RK. MIT 2.4-DISUBSTITUIERTEN DELTA(2)-OXAZOLINONEN-(5) 64-0642
MUSTAFAEV R. I., RADIKALISCHE ADDITION VON NITRILEN AN OLEFINE 61-0355
MUSTAFAEV R. M., SYNTH. U. FOLGE-RK. V. SAUERSTOFFHALT. UNGESAETT. ORGAN. VERB. 43. MITT. 59-0289
MUSZALSKA A., CHINOLINDERIV. 4. MITT. 64-0688
MUSZKAT K. A., TEMP.-ABHAENGIGK. D. PHOTOISOMERISIER. 6. MITT. 57-0265
MUTAI K., INTRAMOL. WECHSELWRKG. ZWISCHEN D. NH-GRUPPE U. PI-ELEKTRONEN 5. MITT. 60-0153
MUTALAPOVA R. I., ALKYLIER. V. PHOSPHORYLVERB. 56-0324
MUTH E. F., RK. EINES AZIRINS MIT ANILINIUMPERCHLORAT, EINE METH. ZUR DARST. V. ALPHA-AMMONIOANILEN 59-0376
MUTHUKUMARASWAMY N., BESTANDTEILE V. MESUA FERREA L. 2. MITT. 54-0399
- CUMARINE AUS CLAUSENA DENTATA (WILLD.)R. AND S. 57-0569
MUTIN J., DRUCK-TEMP.-DIAGRAMME D. SYST. BAC2O4.N H2O-H2O-GAS 57-0022
- THERM. ABBAU D. ADDIT.-VERB. BAC2O4.H2C2O4.2H2O 58-0042
MUTSCHLER E., MIKROBIOLOG. UMWANDL. N-HALT. SUBSTRATE 2. MITT. 53-0599
- BAS. SUBSTITUIERTE 1.8-DIOXO-OCTAHYDROXANTHENE 1. MITT. 56-0533
- UEBER BASISCH SUBSTITUIERTE TRYPTAMINE U.TRYPTOPHOLE 1. MITT. 57-0504
- BAS. SUBSTITUIERTE 1.8-DIOXO-OCTAHYDROXANTHENE 2. MITT. 58-0617
- MIKROBIOLOG. UMWANDL. N-HALT. SUBSTRATE 3. MITT. 61-0826
- MIKROBIOLOG. UMWANDL. N-HALT. SUBSTRATE 4. MITT. 61-0827
MUXFELDT H., BLDG. V. CYCLOPENTANDION-(1.3)-DERIV. AUS OXAZOLONEN 62-0449
MUZALEWSKI F., REAKTIVITAET D. AMINOGRUPPE V. SULFANILAMIDEN 2. MITT. 56-0213
- RK. AM C(9) V. ACRIDIN-DERIV. 5. MITT. 60-0257
MYATT J., ELEKTRONENSPINRESONANZUNTERS. D. RED. AROMAT. VERB. DURCH QUATERN. AMMONIUMAMALGAME 55-0084
MYCYK D. D., FORMYLIER. V. ARENSULFONYL-N-METHYL-ARYLAMIDEN 54-0251
MYERS P. L., HYDROBORIER.-OX. V. ABIETINSAEURE 58-0770
MYHRE P. C., LANGSAME PROTONENUEBERTRAG. BEI DER AROMAT. NITRIER. 61-0225
- RK. V. CYCLOHEXADIENYL-KATIONEN, GLEICHZEITIGE ACETOXYLIER. U. HALOGENIER. V. AROMATEN 61-0226
MYLARI B. L., ANOMALE WOLFFSCHE UMLAGER. 64-0351
MYLES A., 3-METHYL-2-BUTENYLAMINO-PURINE U. -PYRIMIDINE 57-0609
MYSKA J., NEUE ESTER D. DL-2.3-DICHLOR-2-METHYLPROPIONSAEURE 57-0309
- NAPHTHOL AS-ANALOGE, ABGELEITET V. HARNSTOFFEN BZW. THIOHARNSTOFFEN AUS 5-AMINO-SALICYLSAEURE-ARYLAMIDEN 62-0393
MYSKINA L. A., RK. V. AMINOMERCAPTODERIV. D. PYRIDINS, PYRIMIDINS U. PYRAZINS MIT ALPHA-CHLOR-ACETESSIGESTER 64-0743
MYSYK D. D., CHLORMETHYLIER. V. ARENSULFONYL-N-ALKYL-ARYLAMIDEN 5. MITT. 53-0247
- FORMYLIER. V. 1-ARENSULFONYLAMIDO-NAPHTHALINEN 53-0297
- SULFOCHLORIER. V. 4-(ARENSULFONYL-N-METHYLAMINO)-1.3-XYLOLEN 54-0252

N

NAAROVA M., HERST. U. EIG. V. AETHYLENDIAMINTETRAESSIGSAEURE-KOMPLEXEN 8. MITT. 64-0066
NABETANI S., ISOLIER. V. INSEKTENHAEUTUNGSSUBSTANZEN AUS PLEOPELTIS THUNBERGIANA, NECCHEIROPTERIS ENSATA U. LEMMAPHYLLUM MICROPHYLLUM 64-0917
NABEYA A., RED. V. 5.6-DIHYDRO-4H-1.3-OXAZINEN ZU TETRAHYDRO-1.3-OXAZINEN U. BLDG. V. C(1)-DEUTERIERTEN ALDEHYDEN 56-0596
NABIKA K., RK. V. DIPHENYLZINN MIT ALKYLHALOGENIDEN, NMR-SPEKTREN V. METHYLZINN- U. AETHYLZINNVERB. 57-0009
NABNEY J., 2.3-DIHYDRO-O-(2-PYRROLYLCARBONYL)-VIRGILIN, EIN ALKALOID AUS READEA MEMBRANACEAE GILLESPIE (RUBIACEAE) 59-0697
NABORS J., TERPENE 22. MITT. 60-0751
NACASCH C., GLEICHZEIT. VORK. ZWEIER ARTEN V. MYCOSIDEN IM MYCOBACTERIUM KANSASII 53-0598
NACCACHE C., ESR-UNTERSUCHUNG DER OXYDATION VON TRIPHENYLAMIN 64-0255
NACCI V., DERIV. V. 2-HYDROXYMETHYL-DELTA(2)-IMIDAZOLIN U. DELTA(2)-IMIDAZOLINYL-(2)-ESSIGSAEURE 60-0530
- STICKSTOFFHALTIGE HETEROCYCL. VERB. 3. MITT. 60-0646
NACE H. R., NORSTEROIDE 7. MITT. 59-0748
NADAMUNI G., SYNTH. V. 8-ISO-19-NOR-ANTHRATESTOSTERON U. 8-ISO-10-ISO-19-NOR-TESTOSTERON 62-0799
NADEAU R. G., ROLLE D. STRUKTUR D. SUBSTRATS BEI D. INITIER. D. ENZYMAT. CYCLISIER. V. 2.3-EPOXY-SQUALEN. UNTERS. MIT 2.3-CIS-2.3-EPOXY-1'-NORSQUALEN U. 2.3-TRANS-2.3-EPOXY-1'-NORSQUALEN 58-0818
NADER E., PROANTHOCYANIDINE 10. MITT. 59-0715
NADER F., PROANTHOCYANIDINE 10. MITT. 59-0715
NADEZDINA L. B., ESTER V. N-ACYL-AMINOSAEUREN AUS DIMETHYLAMINOPHENOLEN 64-0408
NADOR K., STEREOSPEZIF. METHODEN D. AETHERBLDG. DURCH NUCLEOPHILE RK. V. 3ALPHA-SUBSTITUIERTEN TROPANEN 64-0810
NAESAENEN R., STABILITAETSKONSTANTEN D. PROTONIERUNG U. D. KOMPLEXBLDG. MIT CU(II) V. N.N-DIAETHYL-N'-METHYL-AETHYLENDIAMIN U. N.N.N'.N'-TETRAMETHYL-AETHYLENDIAMIN IN WSS. LSG. 53-0014
- KRIST.-DATEN U. ANDERE EIG. V. BIS-(N.N'-DIMETHYL-AETHYLENDIAMIN)-NICKEL(II)-BROMID U. -NITRAT 58-0020
- KRISTALLDATEN U. ANDERE EIG. V. BIS-(N.N'-DIAETHYL-AETHYLENDIAMIN)-KUPFER(II)-NITRAT, -NITRATDIHYDRAT U. -BROMIDDIHYDRAT 60-0022
- KRIST.-DATEN U. ANDERE EIG. V. BIS-(N-(2-HYDROXY-AETHYL)-AETHYLENDIAMIN)-KUPFER(II)-NITRAT 62-0012
- KRISTALLDATEN U. ANDERE EIG. V. TRIS-(N-METHYL-AETHYLENDIAMIN)-NICKEL(II)-NITRAT 62-0013
NAGABHUSHANAM M., ORGAN. VERB. MIT FUENFWERTIGEM PHOSPHOR 30. MITT. 60-0464
NAGAI M., RK. AKTIVIERTER AMIDE 2. MITT. 57-0509
- RK. AKTIVIERTER AMIDE 3. MITT. 57-0510
NAGAI T., RK. V. 1.4-BIS-(ALPHA-DIAZO-BENZYL)-BENZOL MIT SCHWEFELDIOXID 61-0481
- VIERGLIEDRIGE CYCLISCHE SULFONE AUS BENZYLSULFONYLFLUORID, KETENDIAETHYLACETAL U. PHENYLLITHIUM 61-0532
- BLDG. V. SPIROVERB. 2. MITT. 63-0549
NAGAI U., CHLORIER. MIT DIPHENYLSULFOXID U. SAEURECHLORIDEN 55-0218
NAGAI Y., ANTIPODENTRENN. V. DL-N-NORROMNEIN U. ABS. KONFIG. D. ROMNEINS 61-0722

- PYROLYSE V. CHLORIERTEN SILACYCLOPENTANEN 63-0624
NAGAKURA N., UNGEWOEHNL. RK. D. DIAZOMETHANS MIT PHTHALIDCARBONSAEURE 55-0375
NAGAMATSU A., ANTI-PLASMIN-AGENTIEN 61-0841
NAGANAWA H., PYRIDOMYCIN 64-0884
NAGARAJAN G., MITTLERE SCHWINGUNGSAMPLITUDEN DER BASTIANSEN-MORINO-SCHRUMPFUNGSEFFEKT UND THERMODYNAM. GROESSEN EINIGER ISOTOPENMARKIERTER MOLEKUELE DES KOHLENTRIOXIDS 60-0002
NAGARAJAN K., LSGM.- U. TEMP.-ABHAENGIGK. D. NMR-SPEKTREN V. N-FORMYL- U. N-THIOACETYL-INDOLIN 55-0075
- HYDROXAMSAEUREN U. IHRE DERIV. 3. MITT. 55-0563
- MECHANISMUS D. BLDG. V. P-SUBSTITUIERTEN PROD. IN VERDRAENG.-RK. AN ALPHA-CHLOR-DIPHENYLACETAMIDEN 62-0647
NAGARAJAN R., ARANOTIN U. VERWANDTE METABOLITEN AUS ARACHNIOTUS AUREUS 1. MITT. 63-0852
NAGASAKI T., SESQUITERPENOIDE 17. MITT. 59-0740
NAGASAMPAGI B. A., SESQUITERPENOIDE AUS D. HOLZ V. CEDRELA TOONA ROXB. PARTIALSYNTH. V. T-MUUROLOL, T-CADINOL U. CUBENOL, STRUKTUREN V. DELTA-CADINEN U. DELTA-CADINOL 60-0749
NAGASHIMA K., JULIMYCINE 2. MITT. 64-0885
NAGATA W., STEREOCHEMIE V. HALOGENIERTEN STEROIDEN, KRIST.-STRUKTUREN V. 8BETA-METHYLTESTOSTERON-17BETA-MONOBROMACETAT U. TESTOSTERON-17BETA-P-BROMBENZOAT 53-0104
- STEREOCHEM. KONTROLLIERTE TOTALSYNTH. V. DL-IBOGAMIN U. DL-EPIIBOGAMIN 60-0719
NAGPAL K. L., VERW. EINES PURIN-CYCLONUCLEOSIDS ZUR SYNTH. EINES DINUCLEOSIDPHOSPHATS 56-0630
NAGY F., KATALYT. HYDRIER. (DEUTERIER.) V. CYCLOHEXEN AM PLATINKATALYSATOR, 1. MITT. 57-0207
NAGY-MAGOS Z., PHOSPHORHALT. KOBALTCARBONYLE 2. MITT. 58-0067
- PHOSPHORENTHALTENDE KOBALTCARBONYLE 3. MITT. 59-0082
NAIDN R. S. M., NEUUNTERSUCHUNG DER ORIENTIERUNG DER HALOGENSUBSTITUT. DURCH KERNMAGNETRESONANZ-SPEKTROSKOPIE 61-0126
NAIK V. G., SESQUITERPENOIDE AUS D. AETHER. OEL V. CYPERUS ROTUNDUS 55-0532
NAIMAN J., RK. ALPHA,BETA-UNGESAETT. NITRILE MIT KONZENTRIERTER SCHWEFELSAEURE 62-0361
NAIR M. D., ISOCHINOLINE 1. MITT. 53-0432
- LSGM.- U. TEMP.-ABHAENGIGK. D. NMR-SPEKTREN V. N-FORMYL- U. N-THIOACETYL-INDOLIN 55-0075
NAIR M. G. R., 1.4-DIPHOSPHONIA-CYCLOOCTEN- U. -CYCLOOCTADIEN-SALZE, BLDG. , HYDROLYSE U. VERSUCHTE UMWANDL. IN 1.4-DIPHOSPHA-CYCLOOCTATETRAENE 59-0652
NAIR V., RK. EINES AZIRINS MIT ANILINIUMPERCHLORAT, EINE METH. ZUR DARST. V. ALPHA-AMMONIOANILEN 59-0376
- RK. V. AZIRINEN MIT DIAZOMETHAN ZU ALYLAZIDEN 63-0584
NAITO T., UNTERS. V. ISOTHIAZOLEN 1. MITT. 59-0563
- UNTERS. V. ISOTHIAZOLEN 2. MITT. 59-0564
- NUCLEOSIDE U. NUCLEOTIDE 8. MITT. 61-0703
- ANTIPLASMIN-ARZNEIMITTEL 1. MITT. 61-0842
- HERST. V. 3-HYDROXY-4-PHENYL-1.2.5-THIADIAZOL IN VERSCHIEDENEN LSGM. 62-0585
- MEDIZIN.-CHEM. UNTERS. UEBER ANTIPLASMIN-ARZNEIMITTEL, TRENN. D. STEREOISOMEREN D. 4-AMINOMETHYL-CYCLOHEXAN-CARBONSAEURE U. IHRE KONFIGURATIONSZUORDN. 64-0490
- PYRIMIDIN-DERIV. 8. MITT. 64-0727
- PYRIMIDIN-DERIV. 9. MITT. 64-0728
- PYRIMIDIN-DERIV. 10. MITT. 64-0729
NAJER H., TAUTOMERIE V. 3-PHENYL-5-AMINO(ODER -METHYLAMINO)-1.2.4-OXADIAZOL U. 3-PHENYL-5-IMINO-(ODER METHYLIMINO-DELTA(2))-1.2.4-OXADIAZOLIN 59-0190
- TAUTOMERIE 5-PHENYL-2-AMINC-SELENAZOLINONE-(4) = 5-PHENYL-2-IMINO-SELENAZOLIDINONE-(4) 60-0552
- CHARAKTERISIER. D. PRIM. AMINOFUNKT. IM NAHEN INFRAROT DURCH PARTIELLE DEUTERIER., ANWEND. AUF D. UNTERS. D. AMINO-IMINO-TAUTOMERIE IN D. HETEROCYCL. REIHE 63-0214
NAJMAN L., ZYTOSTAT. BIS-HALOGENACYL-DERIV. V. PIPERAZIN U. 2-METHYL-PIPERAZIN 63-0873
NAKABAYASHI N., ELEKTRONENUEBERGANGSPOLYMERE 33. MITT. 64-0673
NAKABAYASHI T., ARALKYLHYDRODISULFIDE 8. MITT. 61-0391
NAKADAIRA Y., STRUKTUR V. VIER NEUEN TAXININ-ABKOEMMLINGEN U. EINE PHOTOCHEM. TRANSANULARE RK. 56-0668
- KERN-OVERHAUSER-EFFEKT, RELATIVE STEREOCHEMIE U. KONFORMATION V. TAXAN-DERIV. 57-0165
- STRUKTUR V. LANSSAEURE U. IHRER BEGLEITVERB., EINES UNSYMM. ONOCERADIENDIONS 63-0801
NAKADATE M., RK. ZWISCHEN POLYNITROBENZOLEN U. AKT. METHYLENGRUPPEN 7. MITT. UEBER D. FARBIGEN SUBSTANZEN BEI D. JANOVSKY- U. ZIMMERMANN-RK. 64-0422
NAKAGAWA M., TOTALSYNTH. V. 2-DESOXY-DL- U. L-RIBOSE 53-0482
- BEST. D. ABS. KONFIG. V. EINIGEN PHENYLALLENCARBON-SAEUREN 54-0112
- ELEKTRONENSPEKTREN V. EINIGEN ALPHA.OMEGA-DIARYLPOLYINEN 59-0103
- SYNTH. V. 1.5.10.14-TETRAMETHYL-6.7.8.9.15.16.17.18-OKTADEHYDRO-(18)ANNULEN 59-0394
- BISCHLER-NAPIERALSKI-RK. MIT UNGESAETT. LACTAMEN. SYNTH. V. 5.6.9.10.11.12-HEXAHYDRO-2.3-DIMETHOXY-BENZO(4.5-A)BENZO(F)CHINOLIZINIUM- U. DIHYDROSEMPERVI-RIN-SALZEN 62-0605
NAKAGAWA S., UNTERS. V. ISOTHIAZOLEN 1. MITT. 59-0563
- UNTERS. V. ISOTHIAZOLEN 2. MITT. 59-0564
NAKAGAWA T., NITROMETHAN-KONDENS. MIT DIALDEHYDEN 14. MITT. 63-0481
- NITROMETHAN-KONDENS. MIT DIALDEHYDEN 15. MITT. 63-0746
NAKAGAWA Y., STRUKTUR EINER NEUEN KLASSE V. C-NUCLEOSID-ANTIBIOTICA, SHOWDOMYCIN 54-0560
- KRISTALLSTRUKTUR V. SHOWDOMYCIN U. SEINEN DERIV. 55-0120
- SAPOGENIN-BESTANDTEILE D. BLAETTER V. PITTOSPORUM TOBIRA AIT 59-0742
- STOFFWECHSEL V. ARZNEIMITTELN 8. MITT. 61-0844
NAKAHARA Y., STRUKTUR D. SERRATANIDINS 62-0720
NAKAI T., HETEROSUBSTITUIERTE CARBONIUMIONEN 1. MITT. 53-0361
- HETEROSUBSTITUIERTE CARBONIUMIONEN 2. MITT. 53-0362
NAKAI Y., NUCLEOSIDE U. NUCLEOTIDE 8. MITT. 61-0703
NAKAJIMA M., SYNTH. V. HEXOSE-DERIV. AUS CYCLITEN 1. MITT. 55-0490
- STRUKTUR U. STEREOCHEMIE V. BOSCHNIAKIN, BOSCHNIALACTON U. BOSCHNIALISAEURE, DEM OX.-PROD. V. BOSCHNIALACTON 55-0574
- TOTALSYNTH. V. KANAMYCIN-A 57-0763
- SYNTH. V. 5-DESOXY-(+-)-ALLOSEDERIV. U. 4-DESOXY-(+-)-RIBOSE AUS MYOINOSIT 60-0691
- SYNTHESE VON KASUGANOBIOSAMIN 61-0712
NAKAJIMA T., VORK. EINES NEUEN AUF D. GLATTE MUSKULATUR AKT. WIRKENDEN PEPTIDS U. V. BRADYKININ IN D. HAUT V. RANA NIGROMACULATA HALLOWELL 64-0919
NAKAMA M., 4-OXO-1.2.3.4-TETRAHYDROCHINAZOLINE 1. MITT. 60-0629
NAKAMAYE K. L., BEVORZUGTE KONFORM. V. CYCLOHEXYL-GRIGNARDVERB. 63-0002
NAKAMINAMI G., TOTALSYNTH. V. 2-DESOXY-DL- U. L-RIBOSE 53-0482
- SYNTH. V. 1.5.10.14-TETRAMETHYL-6.7.8.9.15.16.17.18-OKTADEHYDRO-(18)ANNULEN 59-0394
NAKAMOTO K., INFRAROTSPEKTREN U. NORMALKOORDINATENANALYSE V. METALL-OLEFIN-KOMPLEXEN 2. MITT. 59-0007
NAKAMURA A., KATALYT. OX. V. ISOCYANIDEN, EIN NICKEL-SAUERSTOFF-KOMPLEX 53-0041
- NEUE FARBRK. V. HEXOSAMINEN 59-0819
NAKAMURA K., PRAEPARATIVE U. STRUKTURUNTERS. AN SCHWEFEL-YLIDEN 55-0274
- GASTROINTESTINALE RESORPT. V. NALIDIXINSAEURE 59-0814
NAKAMURA M., BESTANDTEILE D. WURZELN V. LINDERA STRYCHNIFOLIA VILL. 13. MITT. 57-0694
NAKAMURA S., STRUKTUREN V. LYTHRANIN, LYTHRANIDIN U. LYTHRAMIN, NEUEN ALKALOIDEN AUS LYTHRUM ANCEPS MAKINO 55-0506
- EIN PROSAPOGENIN AUS POLYGALA SENEGA U. POLYGALA TENUIFOLIA 56-0691
- STRUKTUR V. ANISATIN U. NEOANISATIN, TOX. SESQUITERPENE AUS ILLICIUM ANISATUM L. 57-0689
- STRUKTUR V. TELOMYCIN 58-0805
- LEICHTE ACETYLIER. EINER TERT. HYDROXYGRUPPE SOWIE EIN UNGEWOEHNL. ENTSCHIRM.-PHAENOMEN DURCH EINE ACETOXYGRUPPE IN NMR-SPEKTREN 58-0811
NAKANE R., AMARYLLIDACEEN-ALKALOIDE, UMWANDL. V. LYCORIN IN HIPPEASTRIN 57-0671
- BORFLUORID-KATALYSIERTE ALKYLIER. 3. MITT. 58-0222
NAKANISHI K., STRUKTUR V. VIER NEUEN TAXININ-ABKOEMMLINGEN U. EINE PHOTOCHEM. TRANSANULARE RK. 56-0668
- KERN-OVERHAUSER-EFFEKT, RELATIVE STEREOCHEMIE U. KONFORMATION V. TAXAN-DERIV. 57-0165
- INSEKTENHORMONE 5. MITT. 59-0756
- INSEKTENHORMONE 6. MITT. 59-0757
- STRUKTUR V. LANSSAEURE U. IHRER BEGLEITVERB., EINES UNSYMM. ONOCERADIENDIONS 63-0801
- INSEKTENHORMONE 8. MITT. 64-0869
- INSEKTENHORMONE 9. MITT. 64-0870
NAKANISHI T., KRIST.-STRUKTUR V. 6-OXO-LEUCOTYLIN-16BETA-(P-BROM-BENZOAT) 59-0171
- ZUR STEREOCHEMIE V. ZEORIN U. LEUCOTYLIN 59-0735
NAKANISKHI K., CYCLISIER. V. TRANS.TRANS-FARNESYLSAEURE-METHYLESTER UNTER VERW. V. KATIONENAUSTAUSCHERHARZEN 62-0287
NAKANO, DAPHNIPHYLLUM-ALKALOIDE 2. MITT. 55-0508
NAKANO T., PHOTOCHEM. UMWANDL. 22. MITT. 58-0416
NAKAO M., 1-ACYLINDOLE 4. MITT. 64-0604
NAKASE Y., D. VERBRENN.- U. BLDG.-ENTHALPIE V. DIKETEN 61-0171
NAKASHIMA R., KONFIG. V. ECHINULIN 54-0454
NAKASHIMA T., INDOL-REIHE 5. MITT. 64-0802
NAKASUJI K., ELEKTRONENSPEKTREN V. EINIGEN ALPHA.OMEGA-DIARYLPOLYINEN 59-0103
NAKATA B. T., ARYLPYRROLYLMETHENE 55-0388
NAKATA H., STRUKTUR D. DURCH ELEKTRONENBESCHUSS AUS 2-PYRONEN ENTSTANDENEN M-CO-IONS 54-0089
- LABILITAET D. STICKSTOFF-SAUERSTOFF-BIND. V. ISOXAZOLEN BEI ELEKTRONENSTOSS 57-0125
NAKATA T., BISCHLER-NAPIERALSKI-RK. MIT UNGESAETT. LACTAMEN. SYNTH. V. 5.6.9.10.11.12-HEXAHYDRO-2.3-DIMETHOXY-BENZO(4.5-A)BENZO(F)CHINOLIZINIUM- U. DIHYDROSEMPERVIRIN-SALZEN 62-0605
NAKATANI M., RK. D. 2.6-DIMETHYL-4-METHOXY-BENZALDEHYDS MIT METHYLMAGNESIUMJODID U. D. VERHALTENSWEISE D. RK.-PROD. 60-0368
NAKATANI Y., OX. V. VERB. MIT AKT. METHYLENGRUPPEN DURCH SCHWERMETALLHALOGENIDE 1. MITT. 53-0138

NAKATSUJI H., ELEKTRONENSTRUKTUR V. CARBONIUM-IONEN, ALKYL-KATIONEN U. PROTONIERTE KOHLENWASSERSTOFFE 60-0183
NAKATSUKA N., THERMOLYSE U. PHOTOLYSE V. 3.3A.5A.6.6A.6B-HEXAHYDRO-3.6-AETHENO-CYCLOPROP(G)INDAZOL 63-0637
NAKATSUKA T., TERPENOIDE 16. MITT. 58-0762
NAKAYA S., PHARMAZEUTISCHE SUSPENSIONEN 1. MITT. 59-0818
NAKAYAMA Y., STRUKTUR V. CEPHALONSAEURE, EINEM PENTAPRENYLTERPENOID 54-0535
NAKAZAWA K., SYNTH. V. HINOKIFLAVON 56-0540
NAKAZAWA T., ORGAN. THERM. RK. 4. MITT. 57-0408
- ORGAN. THERM. RK. 6. MITT. 60-0403
NAKELE V. A., CYCL. BETA-AMINO-VINYLIMINE 5. MITT. 63-0529
NALEPA K., RK. D. AZLACTONE MIT AMINOVERB. 2. MITT. 54-0383
NAMBA H., HETEROCYCLEN 3. MITT. 63-0679
NAMBARA T., ANALYT.-CHEM. UNTERS. AN STEROIDEN 10. MITT. 59-0754
- ANALYTISCH-CHEMISCHE UNTERS. V. STEROIDEN 12. MITT. 61-0089
- STOFFWECHSELPROD. V. 3-DESOXY-OESTRON IM KANINCHENURIN 61-0838
NAMIKOSHI H., RK. V. 1.4-BIS-(ALPHA-DIAZO-BENZYL)-BENZOL MIT SCHWEFELDIOXID 61-0481
NAMTVEDT J., HETEROAROMAT. BORVERB. 2. MITT. 56-0607
NANGLE B. J., OPT. ROTAT.-DISPERS. 48. MITT. 56-0094
NANNI P., SPEKTROSKOP. U. GRAVIMETR. UNTERS. D. GAS-FESTKOERPER-RK. V. CARBONYLVERB. U. WASSERFREIEM ZINKCHLORID 1. MITT. 64-0049
- SPEKTROSKOP. U. GRAVIMETR. UNTERS. D. GAS-FESTKOERPER-RK. V. CARBONYLVERB. U. W.-FREIEM ZINKCHLORID 2. MITT. 64-0050
- SPEKTROSKOP. U. GRAVIMETR. UNTERS. D. GAS-FESTKOERPER-RK. V. CARBONYLVERB. U. WASSERFREIEM ZINKCHLORID 3. MITT. 64-0051
NANNIPIERI E., BROMIER. EINIGER INDOL-DERIV. 54-0368
NANOS C., SYNTH. U. EIG. V. 2.6-DIHYDROXYLAMINO-PURIN U. SEINES 9-BETA-D-RIBOFURANOSYLDERIV. 57-0646
- SYNTH. U. BIOLOG. EIG. V. HYDROXYLAMINOPURINEN U. VERSCHIEDENEN DERIVATEN 63-0871
NAPOLANO E., STRUKTUR U. BIOGENESE V. PHAEOMELANIN 2. MITT. 56-0598
NAQUI M. A., SYNTH. V. DIHYDROBENZIMIDAZOLEN 56-0498
NARANG S. A., NEUE ALLG. METH. FUER D. SYNTH. V. DESOXYRIBOPOLYNUCLEOTIDEN MIT ENDSTAEND. 5'-PHOSPHOMONOESTER-GRUPPE 63-0772
NARASAKA K., RK. V. ALLYLQUECKSILBERJODID MIT ACYLHALOGENID 54-0206
NARAYANAN C. R., STEREOCHEM. UNTERS. DURCH (1)H-NMR-SPEKTROSKOPIE 8. MITT. 59-0160
- STEREOCHEM. UNTERS. DURCH (1)H-NMR-SPEKTROSKOPIE 9. MITT. 59-0161
- STEREOCHEM. UNTERS. DURCH (1)H-NMR-SPEKTROSKOPIE 10. MITT. 59-0162
- STEREOCHEM. UNTERS. DURCH (1)H-NMR-SPEKTROSKOPIE 11. MITT. 59-0163
NARAYANAN K. V., STEREOCHEMIE GEHINDERTER BENZOPHENONE, SYNTH. U. OPT. TRENN. V. 3-CARBOXYMETHYL-2.2'.4.4'.6.-6'-HEXAMETHYL-3'-NITRO-BENZOPHENON 59-0432
NARBUT A. V., REDUZIERENDE CHLORIER. V. ARYLCARBONSAEURE-HYDRAZIDEN MIT PHOSPHORPENTACHLORID 57-0364
NARUTO S., BESTANDTEILE V. CORYDALIS SPS. 5. MITT. 60-0166
NASATYR' J. G., PYRIMIDINNUCLEOSIDANALOGE 2. MITT. 64-0742
NASE B., FUNGIZIDE AUF D. BASIS V. KOHLENSAEURE- U. THIOKOHLENSAEUREDERIVATEN 60-0820
NASIELSKI J., SCHNELLE, UNTER HOHER AUSB. VERLAUFENDE SYNTH. EINER ORGANOZINNVERB. MIT VIER VERSCHIEDENEN AN ZINN GEBUNDENEN ALKYLGRUPPEN 59-0062
NASINI G., ALKALOIDE AUS GAMBIR, BEZIEHUNGEN ZWISCHEN OUROUPARIN U. GAMBIRTANNIN U. SYNTH. V. OXOGAMBIRTAN-NIN 58-0721
NASIPURI D., ASYMM. INDUKT., DEUTUNG FRUEHERER WERTE D. ASYMM. RED. 56-0209
NASLUND L. A., BASENKATALYSIERTE ISOMERISIER. V. VINYLCYCLOHEXEN U. DIPENTEN 58-0277
NASO F., NUKLEOPHILE RK. V. AETHYLENDERIV. 10. MITT. 57-0233
NASSR M. A. M., KOHLENHYDRAT-DERIV. V. 1-SUBSTITUIERTEN 1.2.3-TRIAZOLEN 2. MITT. 63-0754
NATORI S., ARZNEIPFLANZEN AUS THAILAND 4. MITT. 55-0329
- STRUKTUREN V. ARUNDOIN, CYLINDRIN U. FERNENOL. TRITERPENOIDE MIT FERNAN- U. ARBORANGRUPPEN AUS IMPERATA CYLINDRICA VAR. KOENIGII 57-0696
- STRUKTUREN D. ARDISIACHINONE A, B U. C, BIS-(BENZOCHINONYL)-OLEFINDERIV. AUS ARDISIA SIEBOLDII MIQUEL 59-0788
NATSUBORI A., BORFLUORID-KATALYSIERTE ALKYLIER. 3. MITT. 58-0222
NATTA G., KRISTALL- U. MOLEKULARSTRUKTUR V. COC12H19, KATALYSATOR FUER D. DIMERISAT. V. BUTADIEN 57-0018
NATTAGHE A., SOLVATAT. U. SALZEFFEKT BEI HOHER KONZENTRATION IN EINER MONOMOL. NUCLEOPHILEN SUBSTITUT.-RK. 60-0273
NATVIG T., SUBSTITUIERTE HETEROAROMAT. ANTHRANILSAEUREN MIT ANTIINFLAMMATORISCHER AKTIVITAET 63-0710
NAUDET M., ROLLE DER LOESUNGSMITTEL BEI DER BILDUNG UND ZERSETZUNG DER ZWISCHENPRODUKTE DER REAKTION ZWISCHEN OELSAEUREMETHYLESTER U. QUECKSILBER(II)-ACETAT 64-0055
NAUMANN K., ASTERANE 4. MITT. 55-0348
NAUTA W. T., NEUE INTERPRETATION D. MONOMER-DIMER-GLEICHGEWICHTS V. TRIPHENYLMETHYL- U. ALKYLSUBSTITU-IERTEN DIPHENYLMETHYL-RADIKALEN IN LSG. 57-0413
- SYNTH. V. 2.3.5-TRIMETHYL-TEREPHTHALSAEURE 61-0409
- NEUE SYNTH. V. 1-AMINO-3-ARYL-ISOCHINOLINEN 61-0633
NAVARRO A., POLYMORPHIE D. URAN(IV)-FORMIATS 62-0007
NAVECH J., CYCL. PHOSPHORSAEUREESTER 2. MITT. 55-0482
- EINW. V. BENZOESAEURE AUF PHOSPHORSAEURE-AETHYL-AETHYLENESTER 56-0354
- SYNTH. U. SPEKTROGRAPH. UNTERS. EINIGER CYCL. ESTER 57-0631
NAVES Y., IR-ABSORPTIONS-SPEKTREN ZWISCHEN 2,5 U. 16 MY V. SEMICARBAZONEN 53-0059
- FLUECHT. PFLANZENSTOFFE 203. MITT. 55-0590
NAVRATIL O., UNTERS. D. ZINKKOMPLEXE V. 2-MERCAPTO-BENZTHIAZOL MIT HILFE D. EXTRAKTIONSMETH. 59-0019
- UNTERS. D. KUPFER(II)-KOMPLEXE V. 2-(2-HYDROXY-5-METHYL-PHENYL)-BENZTRIAZOL MIT HILFE D. EXTRAKT.-METH. 59-0020
NAYA K., STRUKTUR V. PETASITIN, EINEM NEUEN SESQUITERPEN AUS PETASITES JAPONICUS MAXIM 57-0716
NAYA Y., NEUE MONOTERPENOIDE AUS HOPFENOEL 59-0737
NAYAK B., ALKAL. HYDROLYSE V. BENZAMID, N-METHYL- U. N.N-DIMETHYL-BENZAMID 59-0221
NAYAK U. R., NEUE FLAVONOIDE AUS PSORALEA CORYLIFOLIA 61-0608
- SESQUITERPENE 28. MITT. 62-0752
- SESQUITERPENE 35. MITT. 64-0828
- SESQUITERPENE 36. MITT. 64-0829
NAYLER J. H. C., REAKTIVE ACYL-DIPEPTIDE ALS MOEGL. PENICILLIN-ANALOGE 1. MITT. 58-0800
- REAKTIVE ACYL-DIPEPTIDE ALS MOEGL. PENICILLIN-ANALOGE 2. MITT. 58-0801
NAZAR M., BIOSYNTH. V. PHENOLEN 15. MITT. 57-0790
NAZAROVA Z. N., N-SUBSTITUIERTE 5-AMINO-FURYL-VINYLKETONE 58-0569
- RK.-FAEHIGK. V. 4.5-DIHALOGENFURFUROLEN 61-0543
- N-SUBSTITUIERTE BETA-(5-AMINO-FURYL-(2))-ACROLEINE 64-0585
NEADLE D. J., PHOTOLYSE V. N-(2.4-DINITRO-PHENYL)-AMINOSAEUREN ZU 2-SUBSTITUIERTEN 5-NITRO-BENZIMIDAZOL-3-OXIDEN 53-0375
NEANEY H., PHOTOISOMERISIER. V. 5.6.7.8-TETRAFLUOR-1.4-DIHYDRO-1.4-AETHENO-NAPHTHALIN, TETRAFLUORDEHYDROBEN-ZOL IM MASSENSPEKTRUM 53-0189
NEATH G., RING-OEFFN. BEI EINIGEN PYRIMIDINEN 54-0445
- UNTERS. AN HETEROCYCLEN 4. MITT. 61-0665
NECECKAJA O. A., ISOMERIE BEI KETON-UMLAGER., ISOMERISIER. V. (1-ALKYL-CYCLOHEXYL)-PHENYLKETONEN 64-0498
NECHVATAL A., ALLYLHALOGENIER. V. 3-METHYL-DELTA(2)-BUTENSAEUREMETHYLESTER 57-0310
NEEL J., ELEKTR. LEITFAEHIGK. EINIGER TETRACYANCHINODIME-THAN-KOMPLEXE 55-0148
- ELEKTR. LEITFAEHIGK. EINIGER NEUER TETRACYANCHINODIME-THAN-KOMPLEXE 55-0149
- ELEKTR. LEITFAEHIGK. V. MONOKRIST. D. KOMPLEXE AUS TETRACYANCHINODIMETHAN U. ORGAN. AMINEN 56-0192
- MONOQUARTAERE U. DIQUARTAERE AMMONIUMSALZE D. 2.6-DIMETHYL-BENZO(1.2-D, 5.4-D')BISTHIAZOLS 57-0547
- REAKTIVITAET D. METHYLGRUPPEN IN 2- U. 6-STELL. V. BIS-QUART. SALZEN D. 2.6-DIMETHYL-BENZO(1.2-D,4.5-D')BISTHIAZOLS. DARST. V. DERIV. MIT ZWEI KONJUGIERTEN POLYMETHINSEQUENZEN 60-0551
NEETER R., DIHYDROCHINOLONE 6. MITT. 64-0709
NEFEDOV V. A., LIGANDENAUSTAUSCH IM FERROCEN 61-0051
NEFEDOW O., THERM. DEHYDROHALOGENIER. V. 7.7-DIHALOGEN-U. 7-MONOHALOGEN-BICYCLO(4.1.0)HEPTANEN ZUR HERST. V. CYCLOHEPTATRIENEN-(1.3.5) U. CYCLOHEPTADIENEN-(1.3) 53-0275
NEGOITA N., STABILITAET U. GLEICHGEW. FREIER RADIKALE 3. MITT. 55-0286
NEGORO T., UMLAGER. V. TERT.-AMIN-N-OXIDEN 19. MITT. 59-0244
- UMLAGER. V. TERT.-AMIN-N-OXIDEN 20. MITT. 59-0245
NEHER R., TYROCALCITONIN 1. MITT. 58-0789
- THYROCALCITONIN 2. MITT. 62-0809
NEHRING R., UMSETZ. V. CYCL. IMIDSAEUREESTERN MIT CARBONSAEURECHLORIDEN 57-0322
NEIDLEIN R., N-ACYL-C-CHLORNITRILIUMSALZE 62-0388
NEIDLEMAN S. L., ENZYMATISCHER WEG ZU ALPHA-BROM-STEROIDKETONEN 61-0821
NEIDLMAN S. L., ENZYMAT. BLDG. V. BROMHYDRIN 64-0872
NEIMAN Z., ALKYLIER. V. 8-HYDROXY-6-METHYLMERCAPTO-PURIN U. D. REAKTIVITAET V. 8-HYDROXY-3-METHYL-6-METHYLMERCAPTO-PURIN 60-0664
NEJLAND O., JODONIUMDERIV. V. BETA-DICARBONYLVERB. 11. MITT. 61-0453
NEJLAND O. J., SYNTH. U. BASIZITAET V. ONIUMBETAINEN D. MALONESTERS 58-0375
NEKRASOVA G. V., KONDENS. V. 3.3-DIMETHYL-1-(P-TOLYL)-1-HYDROXY-PHTHALAN MIT ACET-, NITRO- U. CYANESSIGSAEURE-ESTERN 54-0360
NEL W., GAFRININ, EIN SESQUITERPENOID-LACTON AUS GEIGERIA AFRICANA GRIES 1. MITT. 60-0736
NELKE J. M., ADDIT. AN D. DREIFACHBIND. 8. MITT. 55-0362
NELSEN S. F., PYRACYLENRADIKALANION 6. MITT. 53-0077
- RADIKALANIONEN V. UNGESAETT. ESTERN, D. MALEIN-

FUMARSAEURE- U. PHTHALSAEURE-SYST. 53-0108
- DURCH BORSAEURE KATALYSIERTE ALDEHYD- U. KETON-KONDENSATIONSRK. 59-0279
NELSON D. A., NMR-BEOBACHT. EINER GEOMETR. ISOMERIE BEI ALIPHAT. AZOMETHINEN 56-0127
NELSON D. B., STRUKTUR V. ACTINOBOLIN 59-0783
NELSON E. R., NEUE METHYLIERTE URONSAEURE AUS PAPIERBREIHYDROLYSATEN 64-0888
NEL'SON I. V., ANIONEN V. DINITROMETHYLVERB. 6. MITT. 60-0084
NELSON L. E., DISILYLIER. KONJUGIERTER DIENE, KONFIG. V. DIEN-ANION-RADIKALEN U. DIANIONEN 63-0410
NELSON N. J., D. ALKOHOLEINFL. AUF D. PROTONENAUSTAUSCH-RK. IN DIMETHYLSULFOXID 1. MITT. 58-0303
- D. ALKOHOLEINFL. AUF D. PROTONENAUSTAUSCHRK. IN DIMETHYLSULFOXID 2. MITT. 58-0304
NELSON P. F., NEUE METHYLIERTE URONSAEURE AUS PAPIERBREIHYDROLYSATEN 64-0888
NELSON P. H., STEROIDE 317. MITT. 60-0770
NELSON P. J., PHOTOCHEM. UMWANDL. 25. MITT. 60-0319
NELSON R., EINFL. D. PH AUF D. HYDROLYSE V. DREI ACYLIERTEN DIPEPTIDEN DURCH PEPSIN 58-0820
NELSON V. R., STUDIEN UEBER D. BIOSYNTH. V. INDOLALKALOIDEN 64-0814
- TOTALSYNTH. EINIGER MONOMERER VINCA-ALKALOIDE, DL-VINCADIN, DL-VINCAMINOREIN, DL-VINCAMINORIN, DL-VINCADIFFORMIN, DL-MINOVIN U. DL-VINCAMINORIDIN 64-0818
NELSON W. L., BLDG. EINES OXAZOLIDINS BEI D. VERSUCHTEN REDUKTIVEN METHYLIER. V. CIS-3-AMINO-BICYCLO(2.2.2)OCTANOL-(2) NACH ESCHWEILER-CLARKE 63-0639
NEMCOV M. S., NEBENRK. BEI D. SYNTH. V. DIMETHYLDIOXAN AUS ISOBUTYLEN U. FORMALDEHYD 1. MITT. 53-0140
NEMEC J., 3.6-DIDESOXY-D-XYLO-HEXOSE, 4.6-DIDESOXY-D-XYLO-HEXOSE U. IHRE DERIV. 62-0697
- LACTONE 11. MITT. 64-0778
NEMEC L., OXYDAT.-MECHANISMUS D. O-AMINOAZOKOERPER MIT KUPFER(II)-SALZEN ZU 2-ARYL-4.5-ARYLEN-1.2.3-TRIAZOLDERIV. 57-0211
NEMECEK O., KETO-ENOL-TAUTOMERIE V. 1-PHENYL-3.5-DIOXO-4-(2-OXO-CYCLOHEXYLMETHYL)-PYRAZOLIDIN 55-0400
- 6-AMINOPENICILLANSAEURE-DERIV. 4. MITT. 55-0567
NEMERJUK M. P., RK. V. AMINOMERCAPTODERIV. D. PYRIDINS, PYRIMIDINS U. PYRAZINS MIT ALPHA-CHLOR-ACETESSIGESTER 64-0743
NEMES A., NH-VALENZSCHWING.-BANDEN BEI KLEINEREN WELLENZAHLEN ALS 3000 CM(-1) 4. MITT. 62-0172
NEMES I., REAKTIVITAET ORGAN. VERB. BEI RK. MIT FREIEN RADIKALEN IN FL. PHASE 2. MITT. 60-0230
- REAKTIVITAET ORGAN. VERB. BEI RK. MIT FREIEN RADIKALEN IN FL. PHASE 3. MITT. 60-0231
NEMETH I., OXYDAT.-MECHANISMUS D. O-AMINOAZOKOERPER MIT KUPFER(II)-SALZEN ZU 2-ARYL-4.5-ARYLEN-1.2.3-TRIAZOLDERIV. 57-0211
NEMETH P. E., PTERIDINE 7. MITT. 63-0703
NEMIROVSKIJ V. D., SYNTH. U. RK. V. BETA-HYDROXY-AETHYL-N-ALKYL-CARBAMATEN 55-0256
NEMOTO H., SYNTH. V. HETEROCYCLEN. 215. MITT. 61-0626
NENITZESCU C. D., D. ETARD-RK. U. D. MECHANISMUS D. OX. V. KW-STOFFEN MIT CHROMSAEURE 62-0321
NEPLJUEV V. M., BIS-(ARYLSULFONYL)-METHANE 4. MITT. 59-0358
- BIS-(ARYLSULFONYL)-METHANE 5. MITT. 60-0373
- BIS-(ARYLSULFONYL)-METHANE 6. MITT. 61-0412
NERDEL F., FRAGMENTIER.-RK. AN CARBONYLVERB. MIT BETA-STAEND. ELEKTRO-NEGATIVEN SUBSTITUENTEN 5. MITT. 53-0313
- FRAGMENTIER.-RK. AN CARBONYLVERB. MIT BETA-STAEND. ELEKTRONEGATIVEN SUBSTITUENTEN 6. MITT. 53-0328
- FRAGMENTIER.-RK. AN CARBONYLVERB. MIT BETA-STAEND. ELEKTRONEGATIVEN SUBSTITUENTEN 7. MITT. 54-0294
- FRAGMENTIER.-RK. AN CARBONYLVERB. MIT BETA-STAENDIGEN ELEKTRONEGATIVEN SUBSTITUENTEN 8. MITT. 55-0241
- DIELS-ALDER-SYNTH. V. HEXACHLOR-CYCLOPENTADIEN MIT DIHALOGEN-ALKENYL-CYCLOPROPANEN 55-0349
- ADDIT. V. DIHALOGENCARBENEN AN DIOLEFINE 58-0329
- RK. V. DIHALOGENCARBENEN MIT ENOLAETHERN 58-0330
- DARST. V. 2-HALOGEN-AETHYLAETHERN 58-0331
- SULFONSAEURE-(BETA-CHLOR-ALKYL)-ESTER U. 1.2-ALKYLEN-GLYKOL-DISULFONATE AUS SULFOCHLORIDEN U. ALKYLEN-OXIDEN 58-0332
- RK. V. DIHALOGENCARBENEN MIT ACETYLENEN 58-0333
- DIELS-ALDER-RK. MIT TERPENKETONEN 58-0508
- DARST. V. 1.3-DIOXOLANEN AUS ALDEHYDEN U. EPOXIDEN IN NEUTRALEM MEDIUM 58-0589
- RK. V. DICHLORCARBEN MIT UNSUBSTITUIERTEN AROMATEN 59-0462
- DARST. V. 2-HALOGEN-DIENEN UEBER 1.1-DIHALOGEN-CYCLOPROPANE 61-0326
- UMWANDL. EINIGER ALDEHYDE U. KETONE IN ALPHA-HALOGEN-CARBONSAEUREESTER 61-0350
- ADDIT. V. HALOFORMEN AN POLARISIERTE DOPPELBIND. 61-0351
- UV-LICHTINDUZIERTE ADDIT. V. MALEINSAEUREANHYDRID AN O-METHYL-BENZOPHENON 61-0489
- FRAGMENTIER.-RK. AN CARBONYLVERB. MIT BETA-STAEND. ELEKTRONEGATIVEN SUBSTITUENTEN 9. MITT. 63-0588
NERLEKAR P. G., ADDIT. V. TRICHLORSILAN AN CYCL. OLEFINE 61-0461
NERURKAR S. A., BISQUART. AMMONIUM-INDOLINE U. -PERHYDROINDOLE ALS GANGLIENBLOCKER 57-0805
NESI R., PYRIDAZINO(4.5-D)PYRIDAZIN, NEUER HETEROCYCLUS 55-0462
NESMEJANOV A. N., ANIONOTROPE UMLAGER. TERT. BETA-ACETYLENALKOHOLE 53-0031
- RK. V. 3.3-DIARYL-3-HYDROXY-PROPENYL-TRIMETHYLAMMONIUMSALZEN, SYNTH. V. 3-PHENYLINDENYL-(1)-TRIMETHYLAMMONIUMSALZEN 54-0320
- STEREOCHEMIE D. BETA-KETOVINYLIER. 63-0476
NESMEJANOV N. A., BLDG. V. PHOSPHINMETHYLENEN BEI D. ZERS. V. PHOSPHONIUMSALZEN, D. EINE ESTERGRUPPE ENTHALTEN 60-0391
NESMEYANOV A. N., DEMERCURIER. EINIGER QUECKSILBERDERIV. V. FERROCEN U. CYCLOPENTADIENYLMANGANTRICARBONYL DURCH PROTONOLYSE 58-0035
- RK. V. HG MIT PI-ALLYL-VERB. D. NI, PD U. PT 59-0094
- STRUKTUR V. CYCLOPENTADIENYL-DERIV. D. NICHTUEBERGANGSMETALLE D. PERIODEN V U. VI 63-0013
- KERNQUADRUPOLRESONANZEN V. (55)MN, (185)RE U. (187)RE IN CYCLOPENTADIENYLMANGAN(RHENIUM)TRICARBONYLEN 64-0010
NESMEYANOV N. A., VGL. D. BASIZITAET V. ARSONIUM- U. PHOSPHONIUMYLIDEN 63-0221
NESS R. K., SYNTH. V. 1.4.5-TRI-O-BENZOYL-2.3-DIDESOXY-D-ERYTHRO-2-HEXENULOPYRANOSE, DERIV. EINES GLYKALS V. KETOSETYP MIT ENDOCYCL. DOPPELBIND. 58-0686
- SYNTH. MIT PARTIELL BENZYLIERTEN ZUCKERN 11. MITT. 63-0768
- SYNTH. MIT PARTIELL BENZYLIERTEN ZUCKERN 12. MITT. 63-0769
NESTADT B., DERIV. D. 5-DESOXY-5-THIO-D-XYLOSE 60-0689
NESTEROV L. V., ALKYLIER. V. PHOSPHORYLVERB. 56-0324
NESTEROVA A. G., 2.1.3-THIA- U. -SELENADIAZOLE 50. MITT. 60-0568
NESVADBA H., REDUKTIVE ABSPALT. V. PEPTIDSCHUTZGRUPPEN MIT NATRIUM IN FL. AMMONIAK 54-0599
NESYNOV E. P., RK. V. CARBAZINSAEUREARYLESTER MIT SUBSTITUIERTEN HYDRAZINEN 62-0392
NEUBAUER A., SYNTHESEN U. NMR-SPEKTREN V. CHALKONEPOXIDEN 64-0108
NEUBERGER A., SYNTH. U. EIG. V. 2-AMINO-AETHYL-(BETA-D-GLUCOPYRANOSID) 63-0755
NEUBERT P., BEST. V. ZINK IN PFLANZEN 59-0820
NEUENSCHWANDER M., RK. V. HALOGENIERTEN S-TRIAZINEN MIT CYCLOPENTADIENYLNATRIUM 2. MITT. 54-0464
- RK. V. HALOGENIERTEN SYMM.-TRIAZINEN MIT CYCLOPENTADIENYLNATRIUM 3. MITT. 59-0639
NEUGEBAUER F. A., KONSTIT. D. RADIKAL. ZWISCHENSTUFE ZWISCHEN FORMAZAN U. TETRAZOLIUMSALZ 61-0598
NEUMANN F. W., MECHANISMUS DER BILD. U. HYDROLYSE V. DIPHENYLAETHER BEI DER BASISCHEN HYDROLYSE V. CHLORBENZOL 60-0268
NEUMANN R., 2-AMINO-1.3.4-OXDIAZOLE 20. MITT. 59-0569
NEUMANN R. C. JUN., NMR-UNTERS. DES CHEM. AUSTAUSCHES 3. MITT. 61-0134
- HOCHDRUCKUNTERS. 2. MITT. 62-0283
NEUMANN W. P., ORGANOZINNVERB. 16. MITT. 53-0026
- ORGANOZINNVERB. 17. MITT. 53-0027
- ORGANOZINNVERB. 18. MITT. 53-0028
NEUMANNOVA J., SUBSTANZEN MIT ANTINEOPLAST. WRKG. 20. MITT. 56-0750
NEUNER-JEHLE N., SCHLUESSELBRUCHSTUECKE IN D. MASSEN-SPEKTREN V. ALKALOIDEN 7. MITT. 59-0141
- ELEKTRONENSTOSS-INDUZIERTE UMLAGER. IN ALPHA-SUBSTITUIERTEN STICKSTOFF-HETEROCYCLEN 61-0117
NEUNHOEFFER H., DIAZOESSIGSAEUREAZID 62-0365
NEUNHOEFFER O., HYDROXYLAMINOLYSE N-SUBSTITUIERTER PHTHALIMIDE, EIN VERF. ZUR DARST. V. PEPTIDEN U. N-HYDROXY-PEPTIDEN 61-0801
NEUSS N., VINCA-ALKALOIDE 30. MITT. 58-0728
- ARANOTIN U. VERWANDTE METABOLITEN AUS ARACHNIOTUS AUREUS 1. MITT. 63-0852
NEVEU C., DI- U. MONONITRILE ALPHA-SUBSTITUIERTER ALPHA-PHENYL-PIMELINSAEUREN 57-0368
- ALPHA-SUBSTITUIERTE ALPHA-PHENYL-PIMELINSAEUREN U. D. ENTSPRECHENDEN CYCLOHEXANONE 57-0430
- ALPHA.ALPHA-DISUBSTITUIERTE DICARBONSAEUREN U. SAEUREN MIT GEMISCHTER FUNKTION U. IHRE DERIV. 40. MITT. 64-0499
NEVILLE G. A., AETHER. OELE U. IHRE BESTANDTEILE 40. MITT. 61-0771
- AETHER. OELE U. IHRE BESTANDTEILE 35. MITT. 62-0762
NEWALLIS P. E., RK. V. CARBAMOYLCHLORIDEN MIT THIOCYANAT-IONEN 63-0397
NEWBOLD G. T., HALOGEN-O-PHENYLENDIAMINE U. ABGELEITETE HETEROCYCLEN 1. MITT. 62-0500
- HALOGEN-O-PHENYLENDIAMINE U. V. IHNEN ABGELEITETE HETEROCYCLEN 2. MITT. 62-0501
NEWKOME G. R., KONFIG. V. ZWISCHENVERB. BEI D. TOTALSYNTH. V. SHIKIMISAEURE 60-0410
NEWLANDS M. J., POLYFLUORALKYLDERIV. D. STICKSTOFFS 27. MITT. 60-0355
NEWMAN B. C., STEROIDE 30. MITT. 61-0793
NEWMAN E. R., UMLAGER. V. ESTERN IN D. GASPHASE 2. MITT. 58-0286
NEWMAN H., PHOTOCHEMIE V. 3.5-DIPHENYL-1.2.4-OXADIAZOL. 1. MITT. 61-0592
- PHOTOCHEMIE V. 3.5-DIPHENYL-1.2.4-OXADIAZOL 2. MITT. 61-0593

NEWMAN M. S., SYNTH. U. POLAROGRAPH. RED. V. GESPANNTEN PHENANTHRENCHINONEN-EFFEKT 58-0195
- UEBER EINEN BICYCL. MECHANISMUS VERLAUFENDE RK. 58-0423
- GEM.-DIALKYL-EFFEKT 2. MITT. 60-0768
- GEM.-DIALKYL-EFFEKT 3. MITT. 60-0769
- ALPHA.ALPHA-DI-TERT.-BUTYL-BETA-PROPIOLACTON U. METHYL-DI-TERT.-BUTYLESSIGSAEURE AUS DI-TERT.-BUTYLKETEN 63-0593
- RADIKAL. 1.5-UMLAGER. EINER TRICHLORMETHYL-GRUPPE 64-0420
NEWTON M. G., MOL.-STRUKTUR EINES UNSYMM. 6A-THIATHIOPHTHENS 56-0167
NEWTON R. F., PROTONENMAGNET. RESONANZ AN VERB. MIT BRUECKENKOPF-STICKSTOFFATOMEN 3. MITT. 60-0161
- PROTONENMAGNET. RESONANZ-UNTERS.V.VERB. MIT BRUECKENKOPF-STICKSTOFF-ATOMEN 4. MITT. 60-0163
- PROTONENMAGNET. RESONANZUNTERS. AN VERB. MIT BRUECKENSTICKSTOFFATOMEN 6. MITT. 64-0111
NG S. C., MOLARE KERR-KONST. U. ANISOTROPE POLARISIERBARK. V. EINIGEN STER. GEHINDERTEN, AROMAT. NITRO-VERB. 62-0067
NGUYEN-DANG T., AN AMINOSAEURE U. PEPTIDE GEBUNDENE STEROIDE, 2. MITT. 56-0702
NGUYEN-DAT-XUONG, NEUE SYNTH. V. (8-14C)-BETA-NAPHTOL 57-0444
- ANALYSE V. DL-EPHEDRIN DURCH PAPIERELEKTROPHORESE, ANWEND. ZUR KONTROLLE D. CHEM. U. RADIOCHEM. REINH. V. (HYDROXYMETHYLEN-(14)C)DL-EPHEDRIN 64-0936
NGUYEN DINH NGUYEN, MASSENSPEKTROSKOPISCHE UNTERS. D. METHYLESTER LANGKETTIGER NORMALER MONO-CARBONSAEUREN SOWIE (2)H- BZW. (13)C-MARKIERTER ANALOGA 60-0124
NGUYEN-HOANG-NAM, NEUE SYNTH. V. (8-14C)-BETA-NAPHTOL 57-0444
- ANALYSE V. DL-EPHEDRIN DURCH PAPIERELEKTROPHORESE, ANWEND. ZUR KONTROLLE D. CHEM. U. RADIOCHEM. REINH. V. (HYDROXYMETHYLEN-(14)C)DL-EPHEDRIN 64-0936
NGUYEN THANH THUONG, (OMEGA-HALOGEN-ALKYL)-THIOPHOSPHORSAEUREAMIDE, DARST. V. 2-OXO-THIAZAPHOSPHOLANEN U. 2-OXO-THIAZAPHOSPHORINANEN 64-0565
- OMEGA-HALOGEN-ALKYL-THIOPHOSPHORAMIDE, DARST. V. 2-OXO-THIAZAPHOSPHOLANEN U. 2-OXO-THIAZAPHOSPHORINANEN 64-0764
NGUYEN THOAI, UMWANDL. U. KOMPLEXE V. POLYMEREN 1. MITT. 55-0582
- BECKMANN-UMLAGER. V. ALPHA,BETA-UNGESAETT. OXIMEN 4. MITT. 56-0235
- BECKMANN-UMLAGER. V. ALPHA,BETA-UNGESAETT. OXIMEN 5. MITT. 56-0236
NGUYEN THOI-LAI, ALKYLIER. U. SPEKTRALE UNTERS. V. ALPHA-FLUORESTERN 56-0292
NHU-HUNG-PHUNG, EINFL. V. ZUSAETZEN BEI D. DIMERISIER. V. OLEFINEN DURCH GEMISCHE V. EDELMETALLSALZEN U. ORGANOALUMINIUMVERB. 54-0211
NIBBERING N. M. M., MASSENSPEKTROMETRIE V. ARALKYLVERB. MIT FUNKTIONELLER GRUPPE 3. MITT. 58-0124
- MASSENSPEKTROMETRIE V. ARALKYLVERB. MIT FUNKTIONELLER GRUPPE 4. MITT. 58-0125
- MASSENSPEKTROMETRIE V. ARALKYLVERB. MIT FUNKTIONELLER GRUPPE 5. MITT. 58-0126
- STRUKTUR U. PHYSIKAL. EIG. V. ALUMINIUMALKANOLATEN 1. MITT. 62-0006
NIBI S., SYNTH. U. HYPOTENSIVE WRKG. V. 3-AMINO-4H-PYRROLO(3.4-C)ISOXAZOLEN U. DERIV. 63-0640
NICHOL K. J., NITRIER. V. 3-METHOXY-FLUORANTHEN 64-0535
NICHOLAS P. P., CHLORIERUNG VON OLEFINEN MIT CU(II)-CHLORID, UNTERS. MIT TRANS-AETHYLEN-D2, CIS- U. TRANS-2-BUTEN 64-0261
NICHOLS D. I., BLDG. V. METALLCARBONYL-KOMPLEXEN BEI D. RK. MIT TETRAFLUOR-AETHYLEN 54-0044
NICHOLSON D. A., METALLIERTE METHYLENDIPHOSPHONSAEURE-ESTER, DARST., CHARAKTERISIER. U. SYNTHET. ANWEND. 63-0412
NICHOLSON G. C., DILITHIUMSALZ V. HEXAFLUORPROPANDIOL-(2.2) 63-0056
NICHOLSON H., EINE UNTERS. MIT UNTERBROCHENEM DURCHFLUSS D. GESCHW., MIT D. DAS 4.4'.4''-TRIMETHOXYTRIPHENYL-CARBONIUMION IN DIOXAN-WASSER-GEMISCHEN AUFTRITT U. VERSCHWINDET 58-0188
NICHOLSON W. H., ALPHA-HYDRAZINO-ANALOGE D. HISTIDINS 60-0529
NICKON A., TRIAXAN 63-0562
NICLAS H., CYANSAEUREESTER 15. MITT. 55-0255
NICLAUSE M., RADIKALKETTENRK., BEISPIEL D. PYROLYSE REINER ALKANE IN D. GASPHASE 62-0285
- ZWEITER TRIPLETTZUSTAND V. DIACETYL 64-0334
NICODEM D. E., IMIN-PHOTOALKYLIER. PAPAVERIN, PHENANTHRIDIN, U. EIN ALLG. MECHANISMUS 61-0728
NICOLAESCU A., DARST. U. EIG. V. TRIS-(PALUDRIN)-NICKEL(III) 64-0074
NICOLAIDES E., POTENTIELLE ANTIVIRUSMITTEL. GEGEN MASERN U. HERPES-VIREN AKTIVE CARBOBENZOXY-DI- U. -TRIPEPTIDE 58-0791
NICOLAISEN F., WASSERSTOFF-DEUTERIUM-AUSTAUSCH IN TRYPTOPHAN 54-0187
- INTERPRETAT. V. PROTONENMAGNET. RESONANZSPEKTREN V. ALPHA-AMINOSAEUREN IN BEZUG AUF ROTATIONSISOMERE 56-0119
NICOLAS M., BLDG. V. TERT. ALKOHOLEN AUS ACETON-OLEFIN-GEMISCHEN DURCH ELEKTROCHEM. RED. U. NACHFOLGENDE KUPPL.-RK. 56-0399
NICOLAUS R. A., NEUE METHODE ZUR SYNTH. V. 2-AETHOXY-FURANEN 54-0359
- STRUKTUR U. BIOGENESE V. PHAEOMELANIN 2. MITT. 56-0598
- SYNTH. V. 2H-1.4-THIAZINEN 59-0634
- SYNTH. V. 1.4-BENZTHIAZINEN 59-0635
- RINGVERENG. EINIGER 3.5-DIARYL-2H-1.4-THIAZINE DURCH HYDROGENOLYSE 64-0645
- STRUKTUR U. BIOGENESE V. PHAEOMELANIN 4. MITT. 64-0823
NICOLELLA V., DISTAMYCIN A 1. MITT. 53-0574
NICOLETTI R., SUBSTITUENTENEFFEKTE BEI D. M-42-UMLAGER. V. N-BUTYL-BENZOLEN 63-0161
NICOLOVA R., ISOMERISIER. V. BUTENEN AN BIFUNKTIONELLEN KATALYSATOREN BEI TIEFER TEMP. 54-0210
NICULESCU-DUVAZ I., POTENTIELLE ANTI-KREBSMITTEL 4. MITT. 63-0869
NICULESCU-MAJEWSKA H., PROTONENMAGNET.-RESONANZ-SPEKTREN V. CHELATISIERTEN BOR- U. BERYLLIUM-BIS-(1.3-DIKETONATEN) 60-0096
NIEDBALLA U., POLYACETYLENVERB. 140. MITT. 55-0395
NIEDHALLA U., POLYACETYLENVERB. 144. MITT. 58-0815
NIEDRICH H., HYDRAZINVERB. ALS HETEROBESTANDTEILE IN PEPTIDEN 9. MITT. 54-0550
- HYDRAZINVERB. ALS HETEROBESTANDTEILE IN PEPTIDEN 10. MITT. 54-0551
NIEHAUS W. G. JUN., BEST. D. LAGE D. DOPPELBIND. IN MEHRFACH UNGESAETT. FETTSAEUREN DURCH KOMBINAT. V. GASCHROMATOGRPHIE U. MASSENSPEKTROMETRIE 55-0093
NIELSEN A. T., VERDRAENG. V. NITRIT-ION AUS EINEM 1.3-DINITRO-ALKAN BEI D. BLDG. EINES ISOXAZOLIN-2-OXIDS 63-0641
NIELSEN N. B., PHOTOCHEMIE D. ALKYL-BETA-NAPHTHYLAETHER. STER. HEMM. BEI D. DIMERISIER.-RK. 58-0501
NIELSEN P. H., N-ISOTHIOCYANATOAMINE 2. MITT. 53-0257
- N-ISOTHIOCYANATOAMINE 3. MITT. 56-0307
- N-ISOTHIOCYANATOAMINE. 5. MITT. 57-0320
- N-ISOTHIOCYANATO-AMINE 6. MITT. 57-0321
- N-ISOTHIOCYANATOAMINE 4. MITT. 61-0586
NIEMANN E., CYANATVERB. U. DEREN REAKTIVES VERH. 8. MITT. 64-0063
NIEMEYER D., PHOTO- U. STRAHLENCHEM. STUDIEN 6. MITT. 62-0396
NIEMEYER J., RHODOMYCINE, 12. MITT. 55-0568
- RHODOMYCINE 13. MITT. 61-0805
NIENHOUSE E. J., SOLVOLYT. CYCLISIER. V. 1-ALLYLINDENEN 55-0341
NIERMANN H., ORGANOZINNVERB. 17. MITT. 53-0027
NIESS R., AMINOBENZOLE 3. MITT. 58-0397
NIGAM H. L., KOMPLEXBLDG. ZWISCHEN URANYLIONEN U. THIOPROPIONSAEURE 64-0025
NIGAM I. C., AETHER. OELE U. IHRE BESTANDTEILE 40. MITT. 61-0771
- AETHER. OELE U. IHRE BESTANDTEILE 35. MITT. 62-0762
- AETHER. OELE U. IHRE BESTANDTEILE 39. MITT. 63-0792
NIGHTINGALE D. V., AZA-DISPIRO(5.1.5.2)PENTADECENE 3. MITT. 58-0535
NIIDA T., STRUKTUR U. SYNTH. V. NOJIRIMYCIN 60-0787
NIKIFOROVA A. P., MANNICH-RK. MIT HETEROCYCL. GAMMA-KETONEN 2. MITT. 62-0613
NIKISIN G. I., DURCH AUTOX. INITIIERTE RADIKAL. ADDIT. V. KETONEN AN ALPHA-OLEFINE 56-0379
NIKITIN V. I., TERT. DREIWERTIGE ALKOHOLE D. ACETYLEN- U. AETHYLENREIHE U. IHRE CHEMISCHEN RK., 37. MITT. 57-0296
NIKITIN V. M., VINYLAETHER, DIE DREIWERT. PHOSPHOR ENTHALTEN 2. MITT. 62-0336
NIKITINA A. A., ACETYLENKETONE IN D. MAGNESIUMORGAN. SYNTH. 53-0271
NIKLAUS P., IR-SPEKTROSKOP. UNTERS. IN D. CHINOPHTHALON-REIHE 56-0113
NIKOLAEV G. M., STEREOCHEMIE U. RK.-FAEHIGK. V. UNGESAETT. VERB. 5. MITT. 53-0283
- STEREOCHEMIE U. REAKTIVITAET V. UNGESAETT. VERB. 6. MITT. 55-0060
NIKOLAEVA A. D., ALKAL. ALKYLIER. V. ALIPHAT. ALDOXIMEN 61-0341
NIKOLAJEWSKI H. E., DARST. V. ALIPHAT. IMMONIUMVERB. MIT ORTHOAMEISENSAEUREESTER ALS WASSERBINDENDEM MITTEL 59-0292
NIKOL'SKIJ N. S., GEMEINSAME HYDROLYSE V. GAMMA-TRIFLUORPROPENYLMETHYLDICHLORSILAN U.DIMETHYLDICHLORSILAN SOWIE POLYMERISATION D. ERHALTENEN PROD. 60-0043
NIKONOVA L. A., MECHANISMUS D. SMILES-UMLAGER. V. O-METHYL-DIARYLSULFONEN, D. AM METHYLREST SUBSTITUIERT SIND 63-0513
NIKULINA M. G., 2.1.3-THIA- UND -SELENA-DIAZOLE 51. MITT. 62-0586
NILLES G. P., TOTALSYNTH. V. (+-)-1-DESAZA-1-THIARESERPIN 62-0723
NILOVANOVIC A., ABSOLUT STER. VERLAUF D. HYDROLYSE DURCH ALPHA-CHYMOTRYPSIN. ALPHA-BENZYL-BERNSTEIN-, ALPHA-METHYL-BETA-PHENYL-PROPION- U. ALPHA-METHYL-BERNSTEINSAEUREESTER 64-0441
NILSSON A., WASSERSTOFF-ISOTOPENEFFEKTE BEI D. BROMIER. V. 1.3.5-TRIAETHYL-BENZOL, 2-BROM-1.3.5-TRIAETHYL-BENZOL U. 2.4-DIBROM-1.3.5-TRIAETHYL-BENZOL 57-0215
NILSSON B., CYCLOOLIGOMERE PHENOL-ALDEHYD-KONDENS.-PROD. 1. MITT. 60-0445
- STEREOCHEMIE EINES INAKT. RACEMATS D. NORBORMIDS,

EINES SELEKTIVEN RATTENGIFTS 64-0164
NILSSON E., MOOSPIGMENTE 5. MITT. 54-0586
- MOOS-PIGMENTE 7. MITT. 56-0661
NILSSON J. L. G., ABLAUF D. BIOSYNTH. V. TRYPTOPHAN ZU PSILOCYBIN 59-0811
- NEUE TOCOPHEROL-DIMERE 61-0802
- OXYDATIVE DIMERISIER. V. ALPHA-, BETA-, GAMMA- U. DELTA-TOCOPHEROLEN 61-0803
- STABILES CARBAMIDSAEUREANHYDRID 64-0447
NILSSON M., BLDG. V. PIKRINSAEURE BEI D. OX. V. O-NITRO-TOLUOL MIT SALPETERSAEURE 56-0340
- 2-ACYLCYCLOPENTAN-1.3-DIONE 56-0382
- RK. V. PHENYLKUPFER MIT JODARENEN 62-0434
NILSSON O., HERST. V. UV-TRANSPARENTEN, GESAETT. KW-STOFFEN 54-0059
NIMROD D. M., KRIST.-STRUKTUR D. BICYCLOPHOSPHATS OP(OCH2)3CCH3 63-0196
NINOMIYA I., MUTTERKORNALKALOIDE U. VERWANDTE VERB. 15. MITT. 64-0799
NISHIBE S., SYNTH. MOEGLICHER STOFFWECHSELPORD. V. CHLORPROMAZIN 2. MITT. 63-0725
NISHIDA S., TOTALSYNTH. V. DL-ILLUDIN M 63-0804
NISHIGUCHI H., ESR-HYPERFEINSTRUKTUR IN N-PIKRYL-CARBAZOLYL-(9)-AMINYL 61-0105
NISHIHARA A., OX. V. ALDEHYDEN IM ALKOHOL. MEDIUM MIT CAROSCHER SAEURE 64-0385
NISHIHARA Y., CHEMIE D. ENAMINE 1. MITT. 53-0380
NISHIJIMA K., RK. V. CARBOMETHOXYMERCURICHLORID MIT PI-OLEFIN- U. PI-ALLYL-PDCL2-KOMPLEXEN 54-0205
- CARBONATBLDG. DURCH RK. V. KUPFERMETHOXID MIT KOHLENMONOXID 58-0381
- OXAMID-BLDG. DURCH RK. V. SILBERACETAT, AMIN U. KOHLENMONOXID 59-0309
- OXAMID-BLDG. BEI D. RK. V. KUPFERHALOGENID, LITHIUMAMID U. KOHLENMONOXID 63-0391
NISHIKAWA K., CYPRIDINA-BIOLUMINESZENZ 5. MITT. 64-0092
NISHIKAWA M., STRUKTUR V. ARISTEROMYCIN 54-0557
- TRITERPENE AUS ALISMA PLANTAGO-AQUATICA L. VAR. ORIENTALE SAMUELS 56-0683
- ROENTGENSTRUKTURANALYSE V. ACUTUMIN U. SEINEM ACETAT, VERS. EINER GEKUERZTEN STRUKTURAUFKLAER. 63-0200
NISHIMOTO K., STRUKTUREN V. ARUNDOIN, CYLINDRIN U. FERNENOL. TRITERPENOIDE MIT FERNAN- U. ARBORANGRUPPEN AUS IMPERATA CYLINDRICA VAR. KOENIGII 57-0696
NISHIMOTO N., ABS. KONFIG. V. INOKOSTERON, EINER VERB. MIT INSEKTENHAEUT.-HORMONAKTIVITAET AUS ACHYRANTHES FAURIEI 61-0789
- STIMULIER. D. PROTEINSYNTH. IN MAEUSELEBER DURCH INSEKTENHAEUTUNGSHORMONE 61-0839
- STRUKTUR V. RUBROSTERON, EINEM NEUEN C19-METABOLITEN AUS INSEKTENHAEUT.-HORMON-AKTIVEN SUBSTANZEN AUS ACHYRANTHES RUBROFUSCA 62-0800
NISHIMURA D., TOTALSYNTH. V. KANAMYCIN-A 57-0763
NISHIMURA J., SYNTH. V. CYCLOPROPANEN DURCH D. RK. V. OLEFINEN MIT DIALKYLZINK U. METHYLENJODID 57-0399
- STEREOSPEZIF. SYNTH. V. CYCLOPROPAN-DERIV. AUS OLEFINEN 63-0558
NISHIMURA T., UNERWARTETE IDENTITAET V. TEESAPOGENIN D (CAMELLIAGENIN A), EINEM NEBENSAPOGENIN AUS TEESAMEN, MIT DIHYDROPRIVEROGENIN A 56-0692
NISHINAGA A., MODELLRK. D. BIOSYNTH. V. THYROXIN 11. MITT. 58-0159
NISHINAGA T., UMWANDL. V. EPIPACHYSANDRIN-A IN PACHYSTERMIN-A U. -B 59-0695
- STRUKTUR V. SPIROPACHYSIN, EINEM NEUART. ALKALOID AUS PACHYSANDRA TERMINALIS SIEB. ET ZUCC. 61-0737
NISHINO H., HILBERT-JOHNSON-VERF. ZUR PYRIMIDINNUCLEOSID-SYNTH. 60-0702
NISHIWAKI T., ORGANOPHOSPHORVERB. 5. MITT. 57-0302
- MASSENSPEKTROSKOP. UNTERS. V. 2-ALKYL-BENZIMIDAZOLEN, HINWEIS AUF D. FRAGMENTIER. UEBER CHINOXALINIUM-IONEN 58-0134
NISHIZAWA T., PROTEINBIND. 3. MITT. 64-0923
NISHIZIMA Y., SYNTH. NEUER PYRAZOLIN-DERIV. 62-0557
- MECHANISMUS D. RK. V. BIGUANIDEN MIT DIAETHYLOXALAT. 62-0559
- ANTITUMOR-SUBSTANZEN 7. MITT. 62-0671
NITECKI D. E., EIN EINFACHER WEG ZU STER. REINEN DIKETOPIPERAZINEN 59-0618
NITRA C. R., STRUKTUR V. BLIGHINON 59-0791
NITTA I., KRISTALL- U. MOLEKULARSTRUKTUR V. PERCHLOR-(1.4-DIMETHYL-5.8-DIMETHYLEN-CYCLOOCTATRIEN-(1.3.6)), C12CL14 59-0170
- ROENTGENSTRUKTURANALYSE V. ACUTUMIN U. SEINEM ACETAT, VERS. EINER GEKUERZTEN STRUKTURAUFKLAER. 63-0200
NITTA T., TETRACYCLO(3.3.0.0(2,8).0(4,6))OCTAN-1.5-DICARBONSAEURE 63-0556
NIU J. H. Y., VIELFACHE MEHRZENTREN-RK. V. PERFLUORIERTEN KETONEN MIT OLEFINEN 64-0360
NIVARD R. J. F., PHOTOLYSE V. DIBENZYLSULFID 54-0197
NOACK K., INFRAROTSPEKTREN (13)CO-SUBSTITUIERTER METHYL- U. ACETYLMANGANPENTACARBONYLE 59-0011
NOBLES W. L., VERWENDUNG V. 1.3-DI-(4-PIPERIDYL)-PROPAN IN D. MANNICH-RK., DARST. V. BETA-AMINOKETONEN 57-0584
NODIFF E. A., SYNTH. MOEGLICHER STOFFWECHSELPORD. V. CHLORPROMAZIN 2. MITT. 63-0725
NOE J. L., CYCL. SILICIUM-VERB. 5. MITT. 59-0611
NOELL C. W., ANTIKREBSAKTIVITAET V. P.P-BIS-(2-METHYL-1-AZIRIDINYL)-N-2-PYRIMIDINYL-PHOSPHINSAEUREAMID (METHYLPHOSPHAZIN) U. VERWANDTEN VERB. 57-0777
- PYRIMIDINE 21. MITT. 60-0636
NOETH H., METALL-BOR-VERB. 5. MITT. 53-0042
- KERNRESONANZSPEKTROSKOP. UNTERS. AN BOR-VERB. 2. MITT. 54-0011
- ORGANOZINN-AZIDE U. ORGANOZINN-PHOSPHINIMINE 55-0025
- CHEMIE D. BORS 41. MITT. 58-0447
- NMR-SPEKTROSKOP. UNTERS. AN BORVERB. 3. MITT. 59-0127
- BEITRAEGE ZUR CHEMIE D. BORS 40. MITT. 59-0337
- METALL-BOR-VERB. 6. MITT. 61-0055
- NMR-SPEKTROSKOP. UNTERS. AN ALKYL-VERB. 3. MITT. 61-0098
NOGAJDELI A. I., SYNTH. V. PHENANTHREN-DERIV. 58-0514
NOGAMI H., RESORPT. U. AUSSCHEIDUNG V. PHARMAKA 9. MITT. 62-0853
- RESORPI. U. AUSSCHEID. V. ARZNEIMITTELN 10. MITT. 64-0926
- RESORPT. U. AUSSCHEID. V. ARZNEIMITTELN 11. MITT. 64-0927
NOGRADI M., BESTANDTEILE V. IVA-ARTEN 9. MITT. 53-0401
- TRANSACYLIER.-RK. IN D. FLAVONOIDREIHE 2. MITT. 53-0404
- ENDGUELT. KONSTIT.-AUFKLAER. U. SYNTH. V. NARIRUTIN, DIDYMIN, RHOIFOLIN, PONCIRIN U. FORTUNELLIN 59-0683
- NEUE SYNTH. V. 5.7-DIHYDROXY-3.4'.8-TRIMETHOXY-FLAVON U. 4'.5-DIHYDROXY-3.7-DIMETHOXY-FLAVON, ZWEI BESTANDTEILEN V. BEYERIA SPP. 60-0579
- SYNTH. V. QUERCETIN-3-GLYKOSIDEN 3. MITT. 61-0700
- TRANSACYLIER.-RK. IN D. FLAVONOID-REIHE 3. MITT. 63-0760
- STRUKTUR V. ZAPOTIN U. ZAPOTININ 2. MITT. 64-0681
NOGRADY T., LADUNGSUEBERTRAGUNGS-KOMPLEXE IN D. MEDIZIN. CHEMIE 1. MITT. 60-0833
NOGUCHI I., UNGEWOEHNL. PROD. D. PHENOL. OX. V. DIHYDROXY-1-BENZYL-1.2.3.4-TETRAHYDRO-ISOCHINOLIN 58-0648
NOHL A., KATALYT. BEDEUT. D. BAS. ZENTREN V. ALUMINIUMOXID U. SILICIUMDIOXID-ALUMINIUMOXID BEI D. DEHYDRATAT. V. ALKOHOLEN 61-0278
NOJIMA M., BLDG. V. SPIROVERB. 2. MITT. 63-0549
NOJIMA S., IMMUNOCHEM. UNTERS. V. PHOSPHOLIPIDEN 2. MITT. 59-0784
NOLDE C., ELEKTRONENSTOSS-UNTERS. 16. MITT. 58-0123
NOLLET A. J. H., TOTALSYNTH. V. ANTHRASTEROIDEN 1. MITT. 57-0731
NOLTES J. G., ORGANOGERMANIUMVERB., 8. MITT. 57-0043
- RK. V. ALPHA-FUNKTIONELL-SUBSTITUIERTEN ORGANOZINN-VERB. NACH REFORMATSKI 57-0045
- ORGANOZINKVERB. 9. MITT. 62-0029
NOMA T., NEUE KUPFER(I)-KOMPLEXE MIT P-BENZOCHINON ALS LIGAND 63-0091
NONHEBEL D. C., STER. HINDER. D. ENOLISIER. V. TRIACYLMETHANEN 53-0250
- ACYLIER. V. METALLCHELATEN 3. MITT. 54-0043
- SPEKTROSKOP. UNTERS. V. TAUTOMEREN SYST. 1. MITT. 59-0008
- NMR-SPEKTREN V. VERB. MIT INTRAMOL. H-BRUECKENBIND. 1. MITT. 60-0091
NORD G., BLDG. U. DISPROPORTIONIER. V. 2.2'-BIPYRIDYL-THALLIUM(II)-KOMPLEXEN AN EINER QUECKSILBERTROPFELEKTRODE 53-0021
NORDBERG R., MOLEKULARSPEKTROSKOPIE MITTELS ESCA (ELEKTRONENSPEKTROSKOPIE FUER CHEM. ANALYSE), LAD.-VERTEIL. IN STICKSTOFFVERB. 59-0102
NORDLANDER J. E., TRIFLUORACETOLYSE V. 2-PHENYL-AETHYL-P-TOLUOL-SULFONAT. BEWEIS FUER D. AUFTRETEN EINES PHENONIUM-IONS 54-0159
- SOLVOLYT. VERDRAENGUNGSRK. IN TRIFLUORESSIGSAEURE 1. MITT. 60-0266
NORDLING C., MOLEKULARSPEKTROSKOPIE MITTELS ESCA (ELEKTRONENSPEKTROSKOPIE FUER CHEM. ANALYSE), LAD.-VERTEIL. IN STICKSTOFFVERB. 59-0102
NORDMEYER F., RED. V. PENTAAMMINOKOBALT(III)-KOMPLEXEN SUBSTITUIERTER PYRIDINE DURCH CHROM(II) 60-0033
NORIN T., CHEMIE D. ORDN. PODOCARPALES 1. MITT. 56-0758
- EINIGE NEUE CEDRANDERIV. AUS JUNIPERUS FOETIDISSIMA WILLD., KONFIGURATION VON CEDROLSAEURE 61-0762
NORMAN R. O. C., ESR-UNTERS. 15. MITT. 58-0118
- ELEKTRONENSPINRESONANZUNTERS. 14. MITT. 58-0215
- RK. V. BLEITETRAACETAT 12. MITT. 58-0219
- ELEKTRONSPIN-RESONANZ 16. MITT. 58-0323
- AMIN-OX. 1. MITT. 60-0238
- ESR-UNTERS. 17. MITT. 62-0194
- RK. V. BLEITETRAACETAT 13. MITT. 63-0510
NORMANT H., NEUE DARST. V. ALPHA-SUBSTITUIERTEN KETONEN AUS NITRILEN DURCH RED. MIT ORGANOMETALLVERB. U. ALKYLIEREN 53-0217
- KERNMAGNET. RESONANZ-UNTERS. V. ACETYLENACETALEN U. IHREN UMLAGER.-PROD. IN ALKAL. MEDIUM 53-0276
- EINW. V. NUCLEOPHILEN REAGENTIEN AUF VERSCHIEDENE GAMMA-HALOGEN-DELTA(BETA,GAMMA)-ALKENYLPHOSPHONATE 56-0327
- RADIKALIONEN-LSG. V. ALKALIMETALLEN IN HEXAMETHYLPHOSPHOTRIAMID (HMPT), QUELLE FUER WASSERSTOFF U. METHYLEN, NACHW. D. ISOTOPENAUSTAUSCHES 57-0276
- EINW. V. MAGNESIUM AUF GAMMA- BZW. DELTA-HALOGEN-KETONE, SYNTH. V. CYCLANOLEN 57-0403
- HEXAMETHYLPHOSPHORYLTRIAMID (HMPT) IN D. ORGAN. CHEMIE 59-0282
- RED. V. ALPHA-UNGESAETT. KETONEN ZU GESAETT. KETONEN MIT ALKALIMETALLEN IN HEXAMETHYLPHOSPHORYLTRIAMID

(HMPT) 59-0408
NORTEN D. G., HYDROLYSE V. ALPHA-NITRO-BENZHYDRYLCHLORID 63-0277
NORTH B., PHOTOCHEM. SYNTH. V. CYCLOBUTADIENCYCLOPENTADIENYLKOBALT 59-0079
NORTON J. R., BENZOL-INDUZIERTE KERNMAGNET. RESONANZ- U. DIPOLMOMENT-VERSCHIEB. V. 5-GLIEDR. RINGEN MIT HETEROATOMEN 64-0114
NORTON K., BIOSYNTH. V. GIBBERELLINEN 2. MITT. 57-0788
- BIOSYNTH. V. GIBBERELLINEN 3. MITT. 61-0829
NORTON R. V., DARST. V. SULFINYLCHLORIDEN 63-0377
NOSAN V. N., SYNTH. U. ANALYSE V. EINIGEN TERT.-AMYL- U. TERT.-HEXYLPERESTERN 54-0596
NOTARI R. E., KATALYSE D. ALPHA-WASSERSTOFFAUSTAUSCHES 8. MITT. 63-0290
NOULS J. C., PHYSIKAL.-CHEM. UNTERS. AN INDOLALKALOIDMODELLEN, 7. MITT. 53-0440
- ANWEND. D. NMR-SPEKTROSKOPIE AUF POLYKONDENSIERTE AROMAT. SYST. 15. MITT. 62-0079
- INDOL-ALKALOIDE 16. MITT. 62-0080
NOUNOU P., THEORET. DEUT. D. DISSOZIAT. AROMAT. MOL. DURCH ELEKTRONENSTOSS 60-0140
NOUZOVA S., DARST. V. FLUOR-ANALOGEN PHARMAKOLOG. AKT. SUBSTANZEN 58-0597
NOVACEK A., CYANAETHYLIER. V. HARNSTOFFDERIV. 54-0444
- NUCLEINSAEUREBESTANDTEILE U. IHRE ANALOGA 107. MITT. 58-0659
- NUCLEINSAEUREBESTANDTEILE U. IHRE ANALOGA 111. MITT. 59-0673
- RK. V. SECHSGLIEDR. CYCL. HYDRAZIDEN MIT AROMAT. ALDEHYDEN 64-0662
NOVAK J., DARST. U. IDENTIFIZIER. EINIGER ALIPHAT. MONOGLYCIDYLAETHER 54-0350
NOVAK L., EINFL. D. FELDEFFEKTES AUF D. NEIG. EINIGER CHINOLIZINONDERIV. ZUR KETALBLDG. 57-0245
NOVAK P., ASYMMETR. DECARBOXYLIER. 23. MITT. 59-0723
- AMINOZUCKER 18. MITT. 62-0695
NOVAK V., UMKEHRBARK. D. DIOL-ADDITION AN D. OLEFIN. DOPPELBIND. D. AETHYLEN-1.2-DICARBONSAEUREN BEI D. POLYKONDENSATION IN D. SCHMELZE 58-0268
NOVELLI A., NEUE SYNTH. V. TRANS-STILBENEN 57-0421
- METHOXY-DERIV. D. 5.5-DIPHENYL-HYDANTOINE U. 5-PHENYL-5-BENZYL-HYDANTOINE 57-0527
- EINW. V. SUBSTITUIERTEN FORMAMIDEN AUF PHENYL-FORMYL-ACETONITRIL 1. MITT. 60-0397
NOVER L., STRUKTUR V. ERYCANOSID, EINEM CARDENOLIDGLYKOSID AUS ERYSIMUM CANESCENS ROTH 57-0653
NOVIKOV E. G., SYNTH. EINIGER PYRIDYLSUBSTITUIERTER HARNSTOFFE U. THIOHARNSTOFFE 60-0612
- PYRIDYLAETHYLIER.-RK. V. N-ARYLDITHIOCARBAMINSAEUREN 62-0617
- RK. V. 3- U. 4-AMINOPYRIDINEN MIT ISOCYANATEN U. ISOTHIOCYANATEN 62-0618
NOVIKOV S. S., RK. D. DINITROMETHYLNITRONSAEUREMETHYLESTERS MIT 1.3- U. 1.4-DIENEN 59-0555
- 1.3-DIPOLARE CYCLOADDITION AN NITRONSAEUREESTER AUS ARYLNITROMETHANEN 59-0556
- 1.3-DIPOLARE CYCLOADDIT. BEIM O-METHYLESTER D. NITRODIMETHYLMALONATS 59-0557
NOVIKOVA E. I., SYNTH. U. UNTERS. EINIGER IMIDAZOL-DERIV. 3. MITT. 62-0564
NOVINSON T., IMIDAZO(5.1-A)ISOCHINOLINE 62-0624
NOVOTNY L., STRUKTUR V. ADENOSTYLON U. ISOADENOSTYLON, ZWEI FUROEREMOPHILANEN AUS ADENOSTYLES ALLIARIAE (GOUAN) KERN 59-0733
- STRUKTUR V. KABLICIN, D. HAUPTKOMPONENTE D. PETROLAETHEREXTRAKTES D. RHIZOME V. PETASITES KABLIKIANUS TAUSCH.EX BERCHT. U. V. PETASITES PARADOXUS (RETZ) BAUMG. 59-0789
- TERPENE 194. MITT. 62-0782
NOVOZILOV A. V., SAEUREN D. ALIPHAT. REIHE 22. MITT. 57-0306
NOWACK G. P., GESCHW. DER HYDRIERUNG VON CYCLOALKENEN IN DER FL. PHASE AN PT-AL-KATALYSATOREN 59-0198
NOWAK K., GUANIDINDERIV. 3. MITT. 59-0369
- GUANIDINDERIV. 4. MITT. 59-0370
NOWELL I. N., KRISTALLSTRUKTUR D. DICARBONYL-CYCLOPENTADIENYLKOBALT-QUECKSILBER(II)-CHLORID-KOMPLEXES 53-0011
NOWIZKAJA N., THERM. DEHYDROHALOGENIER. V. 7.7-DIHALOGEN- U. 7-MONOHALOGEN-BICYCLO(4.1.0)HEPTANEN ZUR HERST. V. CYCLOHEPTATRIENEN-(1.3.5) U. CYCLOHEPTADIENEN-(1.3) 53-0275
NOYCE D. S., KINETIK U. MECHANISMUS D. SAEUREKATALYSIERTEN HYDRATISIER. V. PHENYL-BENZOYL-ACETYLEN 58-0270
- KINETIK D. SAEUREKATALYSIERTEN DEHYDRATISIER. V. ALPHA-METHYL-BETA-HYDROXY-BETA-ARYLPROPIONSAEUREN 59-0232
- KINETIK D. SAEUREKATALYSIERTEN HYDRATAT. V. 1-PHENYL-PROPIN 59-0233
- SAEUREKATALYSIERTE HYDRATAT. V. PHENYLACETYLEN, BEWEIS FUER D. BLDG. EINES INTERMEDIAEREN VINYL-KATIONS 59-0236
- ISOTOPENEFFEKTE BEI D. SAEUREKATALYSIERTEN HYDRATAT. V. PHENYLACETYLENEN 59-0237
- D. KINET. ISOTOPENEFFEKT BEI D. ANTHRACHINONBLDG. 62-0263
- MECHANISMUS D. SAEUREKATALYSIERTEN DEHYDRATISIER. V. 1.2-DIPHENYL-AETHANOL 64-0292
- SUBSTITUENTENEINFL. AUF D. GESCHW. D. SAEUREKATALYSIERTEN DEHYDRATISIER. V. 1.2-DIARYL-AETHANOLEN 64-0293
NOYES R. M., RK. D. CHLORIDIONS MIT 5-METHYL-2-CYCLOHEXENYL-CHLORID. DETAILLIERTER MECHANISMUS FUER EINE ANIONENGEFOERDERTE ALLYLUMLAGER. 58-0287
NOYORI R., RED. V. GEM.-DIBROMCYCLOPROPANEN MIT CHROM(II)-SULFAT 53-0311
- PHOTOCHEMIE BESTIMMTER NICHT ENOLISIERBARER BETA-DIKETONE 54-0291
- PHOTOCHEM. ALKYLIER. V. STICKSTOFF-HETEROAROMATEN DURCH CARBONSAEUREN UNTER DECARBOXYLIER. 54-0429
- PHOTOCHEMIE V. 1.2.3-TRIPHENYLAZIRIDIN 60-0300
- PHOTOINDUZIERTE POLARE ADDIT. V. PROT. LSGM. AN CYCLOHEPTEN-(2)-ON 60-0314
- PHOTOCHEM. VERH. V. ENOLISIERBAREN BETA-DIKETONEN GEGENUEBER CYCLOOLEFINEN 60-0406
- PHOTOCHEM. RK. V. TRANS-ANETHOL 60-0415
- ASYMM. RINGOEFFN. V. GEM. DIBROMCYCLOPROPANEN ZU ALLENKOHLENWASSERSTOFFEN 61-0439
- SYNTH. V. (8)(2.5)HETEROPHANEN 61-0687
- HOMOGENE KATALYSE BEI D. ZERS. V. DIAZOVERB. DURCH KUPFERCHELATE. ASYMMETRISCHE CARBENOIDRK. 62-0309
- PHOTOCHEM. RK. V. DELTA(2.6)-CYCLOHEPTADIENON 63-0560
NOZAKI H., RED. V. GEM.-DIBROMCYCLOPROPANEN MIT CHROM(II)-SULFAT 53-0311
- PHOTOCHEMIE BESTIMMTER NICHT ENOLISIERBARER BETA-DIKETONE 54-0291
- PHOTOCHEM. ALKYLIER. V. STICKSTOFF-HETEROAROMATEN DURCH CARBONSAEUREN UNTER DECARBOXYLIER. 54-0429
- PRAEPARATIVE U. STRUKTURUNTERS. AN SCHWEFEL-YLIDEN 55-0274
- RK. V. ISOPHORON-DIENAMINEN MIT DIENOPHILEN 58-0538
- PHOTOCHEMIE V. 1.2.3-TRIPHENYLAZIRIDIN 60-0300
- PHOTOINDUZIERTE POLARE ADDIT. V. PROT. LSGM. AN CYCLOHEPTEN-(2)-ON 60-0314
- PHOTOCHEM. VERH. V. ENOLISIERBAREN BETA-DIKETONEN GEGENUEBER CYCLOOLEFINEN 60-0406
- PHOTOCHEM. RK. V. TRANS-ANETHOL 60-0415
- ASYMM. RINGOEFFN. V. GEM. DIBROMCYCLOPROPANEN ZU ALLENKOHLENWASSERSTOFFEN 61-0439
- SYNTH. V. (8)(2.5)HETEROPHANEN 61-0687
- HOMOGENE KATALYSE BEI D. ZERS. V. DIAZOVERB. DURCH KUPFERCHELATE. ASYMMETRISCHE CARBENOIDRK. 62-0309
- PHOTOCHEM. RK. V. DELTA(2.6)-CYCLOHEPTADIENON 63-0560
NOZOE S., STRUKTUR V. CEPHALONSAEURE, EINEM PENTAPRENYLTERPENOID 54-0535
- CHEM. UMWANDL. V. CEPHALONSAEURE 54-0561
- BIOSYNTH. V. OPHIOBOLINEN MIT DOPPELT MARKIERTEM MEVALONAT 61-0828
- ISOLIER. U. STRUKTUR V. SICCANOCHROMENEN 63-0799
NOZOE T., SYNTH. U. RK. V. 5-AZIDO-TROPOLONEN 56-0386
- AZOKUPPL. V. 5-SUBSTITUIERTEN TROPOLONEN. BLDG. V. 3-ARYLAZO-TROPOLONEN 61-0664
- MALEINSAEUREANHYDRID-ADDUKTE V. TROPOLON U. 2-METHOXY-TROPON 62-0486
- STRUKTUR V. ZWEI NEUEN AETHINYL-NOR-SESQUITERPENOIDEN, DEHYDROCHAMAECYNENOL U. DEHYDROCHAMAECYNENAL, ISOLIERT AUS CHAMAECYPARIS FORMOSENSIS MATSUM 63-0798
NUDELMAN A., STEREOCHEM. VERLAUF D. ESTER-AMID-AUSTAUSCHS ZU OPT.-AKT. PHOSPHIN- U. SULFINSAEUREAMIDEN 64-0317
NUEBEL G., PTERIDINE 34. MITT. 59-0625
NUERNBERG R., HETARINE 10. MITT. 54-0380
- HETARINE 9. MITT. 54-0418
NUGENT M. J., STER. U. ELEKTRON. EFFEKTE IM (2.2)PARACYCLOPHANSYST. 56-0435
NUGTEREN D. H., NICHT-ENZYMAT. UMWANDL. V. ALL-CIS-8.11.14-EICOSATRIENSAEURE IN PROSTAGLANDIN E1 57-0746
NUHN P., GLYKOSIDE V. HETEROCYCLEN 28. MITT. 56-0626
- GLYKOSIDE V. HETEROCYCLEN 30. MITT. 60-0697
- NMR-SPEKTROSKOP. UNTERS. V. ARZNEIMITTELN 2. MITT. 64-0165
NUMABE S., SESQUITERPENOIDE 17. MITT. 59-0724
NUMATA M., DARST. V. NEREISTOXIN U. VERWANDTEN VERB. 2. MITT. 61-0574
NUMAZAWA M., STOFFWECHSELPROD. V. 3-DESOXY-OESTRON IM KANINCHENURIN 61-0838
NUNES A., CYANESTER V. AZOPHENOLEN 56-0530
NURGATIN V. V., 2.4.6-TRINITRO-THIOPHENOLE 2. MITT. 62-0380
- 2.4.6-TRINITRO-THIOPHENOLE 3. MITT. 62-0381
NURIDZANJAN K. A., ORGAN. PESTIZIDE. DARST. V. ARYLOXYALKYLCARBONSAEUREN, -ESTERN U. -AMIDEN, D. IN D. SEITENKETTE VERSCHIEDENE SUBSTITUENTEN TRAGEN 64-0430
NUROK D., TRENN. V. DIASTEREOISOMEREN DURCH VERTEIL.-GASCHROMATOGRAPHIE, ESTER D. BUTAN-2.3-DIOLS 60-0842
NUSSBAUM A. L., ENZYMAT. U. CHEM. SYNTH. V. 1-BETA-D-ARABINOSYL-5-FLUOR-PYRIMIDIN-5'-PHOSPHATEN VERGLEICHENDE UNTERS. 63-0883
NUTT R. F., NUCLEOSIDE MIT VERZWEIGTKETTIGEN ZUCKERN 2. MITT. 57-0650
- NUCLEOSIDE MIT VERZWEIGTEN ZUCKERN 3. MITT. 63-0766
NUTTING W. H., STRUKTUR V. SIRENIN 60-0779
NYBURG S. C., KRIST.-STRUKTUR EINES THYMIN-PHOTODIMEREN (''THYMER E'') 54-0116
NYGARD B., POLAROGRAPH. UNTERS. V. ORGAN. SELENVERB. 2. MITT. 54-0136
- POLAROGRAPH. UNTERS. ORGAN. SELENVERB., 4. MITT. 56-0194
- POLAROGRAPH. UNTERS. ORGAN. SELENVERB. 5. MITT.

56-0195
- POLAROGRAPH. UNTERS. ORGAN. SELENVERB. 7. MITT. 56-0196
- POLAROGRAPH. UNTERS. ORGAN. SCHWEFELVERB., 1. MITT. 56-0197
- POLAROGRAPH. UNTERS. ORGAN. SCHWEFELVERB., 2. MITT. 56-0198

NYITRAI J., 1.2.4-TRIAZINE U. KONDENSIERTE DERIV. 2. MITT. 53-0466
- HYDANTOINE, THIOHYDANTOINE, GLYKOCYAMIDINE 26. MITT. 57-0532

NYQUIST E. B., SYNTH. V. PYRAZINO(2.3-B)CHINOXALINEN 61-0672

O

OAE S., UMLAGER. V. TERT.-AMIN-N-OXIDEN 19. MITT. 59-0244
- UMLAGER. V. TERT.-AMIN-N-OXIDEN 20. MITT. 59-0245
- SULFOXIDE 23. MITT. 61-0214
- UMLAGER. TERT. AMINOXIDE 21. MITT. 63-0687

OAKENFULL D. G., ACETATKATALYSIERTE HYDROLYSE V. ARYLACETATEN 62-0237

OBERC M., ENZYMATISCHER WEG ZU ALPHA-BROM-STEROIDKETONEN 61-0821

OBEREIGNER B., SYNTH. U. NMR-SPEKTREN V. STEREOISOMEREN 1.3.5-TRICHLOR-CYCLOHEXANEN 63-0138

OBERHAENSLI P., ANALYSE V. GEMISCHEN V. N-OCTENEN, OCTALINEN, TERT.-BUTYL-CYCLOHEXENEN, OCTANOLEN, DECALOLEN U. TERT.-BUTYL-CYCLOHEXANOLEN 60-0841

OBERHAUSER R., HYDROLYSE AMPHOTERER METALLALKOXIDE 10. MITT. 58-0056
- HYDROLYSE AMPHOTERER METALLALKOXIDE 9. MITT. 58-0060

OBERLE K. H., RK. V. PHOSPHORVERB. 16. MITT. 64-0461

OBERZILL W., EINFL. V. SUBBAKTERIOSTAT. CHLORAMPHENICOL-KONZ. AUF BAKTERIELLES WACHSTUM IN KONTINUIERL. KULTUR 54-0580

OBESCALOVA N. V., RK.-FAEHIGKEIT VON OLEFINEN BEI DER ISOMERISIERUNG IN GGW. KOMPLEXER ZIEGLER-KATALYSATOREN 61-0290
- DIMERISIER. V. OLEFINEN UNTER D. EINFL. KOMPLEXER ZIEGLER-KATALYSATOREN, UNTERS. D. KATALYSATORS U. D. RK.-MECHANISMUS 63-0328

OBI K., PHOTOCHEMIE V. SILICIUMVERB. 2. MITT. 60-0305

OBI N., RK. ZWISCHEN POLYNITROBENZOLEN U. AKT. METHYLENGRUPPEN 7. MITT. UEBER D. FARBIGEN SUBSTANZEN BEI D. JANOVSKY- U. ZIMMERMANN-RK. 64-0422

OBIER M., CU-HALOGENACETATE, NACHW. KRYOSKOP. UNTERS. U. THERMOLYSE V. CU(II)2(CH2BRCOO)4.6 H2O 64-0079

O'BRIEN B. C., JODIERTE PHENYLALANINE. UNTERS. FUER DIE SELEKTIVE LOKALISIER. IM PANKREAS U. HERSTELL. V. 3.4.5-TRIJODPHENYLALANIN 57-0800

O'BRIEN D. E., PYRIMIDINE 22. MITT. 60-0631

O'BRIEN D. F., KINETIK D. RK. V. NA-1-PHENYL-1H-TETRAZOL-5-THIOLAT MIT SUBSTITUIERTEN 1.4-NAPHTHOCHINON-2.3-EPOXIDEN 58-0264

O'BRIEN R. E., SYNTH. V. 18.19-DIOXYGENIERTEN STEROIDEN DURCH INTRAMOL. RADIKALPROZESSE 62-0792

O'BRIEN S., MOL.-STRUKTUR V. DIMEREM PI-1.3-DIMETHYLALLYL-PALLADIUMCHLORID 56-0032

O'BRIEN T. A., VGL. D. STABILITAETEN U. METALL-KOHLENSTOFF-BINDUNGSLAENGEN FUER EINIGE SIGMA-ARYL-NICKEL-KOMPLEXE 55-0036
- BLDG. U. STRUKTUR EINES SIGMA-ARYLDERIV. V. MOLYBDAEN, PI-C7H7MO(CO)2C6F5 63-0023

O'BRYANT S. A., SYNTH. U. BIOLOG. EIG. V. HYDROXYLAMINO-PURINEN U. VERSCHIEDENEN DERIVATEN 63-0871

OBRYCKI R., PHOSPHONSAEUREN U. ESTER 19. MITT. 59-0381

O'CALLAGHAN C. N., EINE NEUE SYNTH. D. BISTHIOSEMICARBAZONE V. PENTANDION-(2.4) 56-0285

OCCOLOWITZ J. L., WEITBEREICHSWECHSELWRKG. 1. MITT. 61-0260

OCCUPATI G., NMR-UNTERS. D. PROTONENAUSTAUSCHGESCHW., INVERS.-GESCHW. D. STICKSTOFFS U. RELATIVE 'GROESSE' D. METHYLGRUPPEN U. -NH(+)-PROTONEN IN N.N'-DIMETHYLPIPERAZINHYDROCHLORIDEN 57-0102

OCHIAI M., RK. AKTIVIERTER AMIDE 3. MITT. 57-0510

O'CONNOR B. R., RK. V. CIS- U. TRANS-1.2-DIMETHOXY-1-CHLOR-AETHYLENEN MIT ALKYLLITHIUM-REAGENZIEN 63-0373

O'CONNOR C., ALKAL. HYDROLYSE V. BENZAMID, N-METHYL- U. N.N-DIMETHYL-BENZAMID 59-0221

O'CONNOR M. J., DIASTEREOISOMERE VIERFACH KOORDINIERTE KOMPLEXE 4. MITT. 61-0028

ODA J., PARTIAL-ASYMM. SYNTH. IN D. SIMMONS-SMITH-RK. 2. MITT. 63-0494

ODA N., SYNTH. MOEGLICHER STOFFWECHSELPORD. V. CHLORPROMAZIN 2. MITT. 63-0725

ODA R., INTRAMOL. PROTONENUEBERGANG V. BICYCLOOCTYL-CARBONIUMION ZUM CYCLOOCTADIEN 53-0152
- STEREOCHEMIE KATION. ADDIT., PI,PI-TRANSANULARER RINGSCHLUSS V. 1.5-CYCLOOCTADIEN 53-0153
- RK. V. DEHYDROBENZOL MIT CS2 53-0249
- VERB. MIT KLEINEN RINGEN 16. MITT. 57-0221
- KLEINRINGVERB. 17. MITT. 57-0402
- VERB. MIT KLEINEN RINGEN 18. MITT. 59-0088
- VERB. MIT KLEINEN RINGEN 20. MITT. 59-0256
- RK. V. DICHLORMALEIMIDEN MIT AMINEN 62-0539
- NICHTSTEREOSPEZIF. CYCLOADDITION V. DEHYDROBENZOL MIT CIS- U. TRANS-PROPENYLMETHYLAETHER 63-0544
- CHLORCARBONYLIER. V. ADAMANTAN 63-0551

ODAIRA Y., NEUE OXETANE AUS CARBONSAEUREESTERN, PHOTOCYCLOADDITION V. CYAN-AMEISENSAEURE-AETHYLESTER U. OLEFINEN 53-0326
- BLDG. V. DICHLORMETHYLENCARBEN DURCH PHOTOCHEM. RK. V. PERCHLORVINYL-PHENYL-QUECKSILBER 57-0475

ODDO N., NEUES ANTIBIOTIKUM AUS ASPERGILLUS FLAVIPES 62-0826

ODEYEMI '., DISSOZIAT. V. NITROGUAJACOLEN IN WSS. LSG. BEI 25 GRAD C 64-0224

ODHAM G., SYNTH. V. 2D.4D.6D-, 2D.4L.6D-, 2L.4D.6D- U. 2L.4L.6DTRIMETHYLNONANSAEUREMETHYLESTER 54-0225

O'DONNELL M., CNDO-2-BERECHN. V. RELATIVEN BASENSTAERKEN 63-0226

O'DONOVAN D. G., BIOSYNTH. V. PIPERIDIN-ALKALOIDEN 57-0798

OE K., PHOTOCHEMIE V. HETEROCYCL. VERB. 1. MITT. 64-0658

OEFELE K., 1.3-DIMETHYL-4-IMIDAZOLINYLIDEN-(2)-PENTACARBONYLCHROM, EIN NEUER UEBERGANGSMETALL-CARBEN-KOMPLEX 62-0038

OEHLSCHLAGER A. C., NMR-UNTERS. D. GEHINDERTEN ROTAT. IN 1-ARYL-3.3-DIMETHYL-TRIAZENEN 62-0114

OEHME G., THEORIE D. ALPHA-KETOSAEUREN 10. MITT. 61-0136
- ZUR THEORIE D. ALPHA-KETOSAEUREN 17. MITT. 63-0253

OELOFSEN W., SYNTH. EINES PEPTIDS MIT GESCHUETZTER ENDSTAENDIGER DELTA-AMINO-VALERIANSAEURE, D. IN POSIT. 11-19 D. PEPTID-REIHENFOLGE IM ADRENOCORTICOTROPIN ENTSPRICHT 62-0811

OELRICHS P., 7-O-BETA-D-GLUCOSYL-8-C-BETA-D-GLUCOSYL-4'-METHYL-APIGENIN, EIN NEUES FLAVON AUS TREMA ASPERA 61-0716

OELSCHLAEGER H., RINGVERENG. BEI D. ELEKTROCHEM. RED. EINES 1.4-BENZODIAZEPIN-DERIV. 55-0464

OELTMANN T. N., NMR-UNTERS. V. DITERPEN-ALKALOIDEN 60-0093

OESTERBERG R., MODELLSYST. FUER D. CU-PROTEIN-WECHSELWRKG., MEHRKERN. CU(II)-KOMPLEXE V. GLYCYLHISTIDYLGLYCIN 64-0078

OESTMAN B., NMR-BEST. D. REAKTIVITAETSVERHAELTNISSE BEI D. KONKURRENZ-O-NITRIER.-RK. V. BENZYL- U. THENYLALKOHOLEN 53-0136

OETTING F., H-UEBERTRAG. DURCH COENZYMMODELLE IN WSS. MEDIUM 64-0901

O'FERRALL R. A. M., ZERS. V. N-NITROSO-N-BENZHYDRYL-BENZAMIDEN U. BEZIEH. D. PROD.-ANTEILIGKEIT V. BENZHYDRYLDIAZONIUM- U. DIPHENYLCARBONIUM-BENZOAT-IONENPAAREN IN HYDROXYLHALT. LSGM. 59-0257

OFFENHAUER R. D., DURCH BORSAEURE KATALYSIERTE ALDEHYD- U. KETON-KONDENSATIONSRK. 59-0279

OFFERMANN K., STEREOSELEKTIVE SYNTH. 3. MITT. 57-0246

OFFERMANNS H., SYNTH. U. RK. V. SUBSTITUIERTEN 4-MERCAPTO-IMIDAZOLEN 60-0533

OGAN A. U., CHEMIE D. INHALTSSTOFFE V. XYLOPIA AETHIOPICA. STRUKTUR D. XYLOPSAEURE, EINER NEUEN DITERPENSAEURE 58-0766

OGASAWARA K., SYNTH. V. HETEROCYCL. VERB. 205. MITT. 55-0513
- NITRENE 1. MITT. 61-0648

OGATA M., PHOTOCHEM. RK. D. PYRIDAZIN-N-OXIDE 56-0583
- STEROIDKOMPONENTEN V. KULTURPFLANZEN 53. MITT. 56-0693
- ORGAN. PHOTOCHEM. RK. 3. MITT. 62-0663

OGATA R. T., SPINOCHROMSYNTH. 61-0747

OGATA Y., PHOTOINDUZIERTE RK. V. BENZYLMETHYLKETON 60-0374
- RK. V. TRIALKYLAMINEN MIT SALPETERSAEURE IN EINER MISCHUNG V. ESSIGSAEURE U. ACETANHYDRID 61-0204
- KINETIK D. RK. V. CHLORESSIGSAEURE MIT AMMONIAK IN WSS. LSG. 61-0250
- KINETIK D. DURCH CU-SALZE KATALYSIERTEN AUTOX. V. L-ASCORBINSAEURE IN WSS. LSG. 62-0200
- KINETIK D. RK. V. P-BENZOCHINON MIT NATRIUMTHIOSULFAT 64-0315

OGAWA H., STRUKTUREN D, ARDISIACHINONE A, B U. C, BIS-(BENZOCHINONYL)-OLEFINDERIV. AUS ARDISIA SIEBOLDII MIQUEL 59-0788

OGAWA S., ABS. KONFIG. V. INOKOSTERON, EINER VERB. MIT INSEKTENHAEUT.-HORMONAKTIVITAET AUS ACHYRANTHES FAURIEI 61-0789
- STIMULIER. D. PROTEINSYNTH. IN MAEUSELEBER DURCH INSEKTENHAEUTUNGSHORMONE 61-0839
- STRUKTUR V. RUBROSTERON, EINEM NEUEN C19-METABOLITEN AUS INSEKTENHAEUT.-HORMON-AKTIVEN SUBSTANZEN AUS ACHYRANTHES RUBROFUSCA 62-0800

OGAWA T., BIOCHEM. UNTERS. UEBER 'BAKANAE'-PILZE 75. MITT. 54-0573
- VERS. ZUR TOTALSYNTH. V. POLYCYCL. TERPENEN 6. MITT. 56-0684
- BIOCHEM. UNTERS. UEBER ''BAKANAE''-PILZE 76. MITT. 61-0814
- VERS. ZUR TOTALSYNTH. V. POLYCYCL. TERPENEN 7. MITT. 62-0766
- TOTALSYNTH. V. (+-)-GIBBERELLIN A2, A4, A9 U. A10 64-0893

OGAWA Y., GIBBERELLIN A(23) IN UNREIFEN LUPINUS LUTEUS-SAMEN 59-0786

OGAWARA H., PYRIDOMYCIN 64-0884

OGDEN P. H., WSS. HYDROLYSE V. PERFLUOR-ALPHA.OMEGA-BIS-AZOMETHINEN 56-0311
- POLYMERISAT. V. DIFLUORDIAZIRIN 60-0802
- DILITHIUMSALZ V. HEXAFLUORPROPANDIOL-(2.2) 63-0056
- METALLDERIV. V. FLUORIERTEN GEM.-DIOLEN 63-0058

- PHOTOLYSE V. PERFLUOR-2.3-DIAZABUTADIEN-(1.3) U. PERFLUORACYLFUORIDEN 64-0395

OGIHARA Y., WEITERE UNTERS. UEBER BIS-ANTHRACHINONE AUS PENICILLIUM ISLANDICUM SCPP 60-0726

- REVIDIERTE STRUKTUREN V. LUTEOSKYRIN, RUBROSKYRIN U. RUGULOSIN 62-0744

OGINO K., UMLAGER. V. TERT.-AMIN-N-OXIDEN 19. MITT. 59-0244

OGISO A., NMR-SPEKTREN V. FUTOENON U. DERIV., PARTIELLE ENTKOPPL. ALS HILFSMITTEL BEI D. ZUORDN. KOMPLEXER SPEKTREN U. WEITERE BEOBACHT. D. OVERHAUSER-EFFEKTES 60-0106

- STRUKTUR V. FUTOENON, EINEM NEUART. SPIRO-CYCLOHEXADIENONDERIV. 60-0798

- ABBAU V. HARZSAEUREN ZU SYNTHET. VERWENDBAREN ZWISCHENPRODUKTEN 64-0839

OGLOBLIN K. A., SPALT. V. NITROSOCHLORIDEN V. ALKYLISOCROTYLAETHERN U. DIAETHYLISOCROTYLAMIN 62-0341

OGLOBLINA R. I., BENZ- U. NAPHTHAZOLE 21. MITT. 64-0616

OGNYANOV I., ALKALOIDE AUS VINCA HERBACEA W.K. 11. MITT. 55-0505

OGURA K., MECHANISMUS D. PHOTOCHEM. BLDG. V. BICYCLO(2.1.0)PENTANONEN-(2) 56-0432

OGURI K., SYNTH. V. KODEIN- U. MORPHINGLUCURONIDEN 57-0662

OHARA M., RK. V. TRIPHENYLPHOSPHIN MIT TRI-N-BUTYLZINN-TRICHLORACETAT 63-0441

OHASHI M., LABILITAET D. STICKSTOFF-SAUERSTOFF-BIND. V. ISOXAZOLEN BEI ELEKTRONENSTOSS 57-0125

- ISOXAZOL-AROMATISIER.-RK., VERS. D. SYNTH. V. DITERPENPHENOLEN 58-0755

- ISOLIER. U. STRUKTUR V. NEUEN TANSHINONEN 62-0745

OHIGASHI H., PISCICIDE BESTANDTEILE V. CALOPHYLLUM INOPHILLUM LINN 61-0815

OHKI E., SYNTH. V. 5.6-AZIRIDINOZUCKERN 59-0658

- 1.3-DIPOLARE CYCLOADDITIONS-RK. V. AZIRIDINDICARBON-SAEUREIMID 64-0605

- SYNTH. V. TRICYCL. AMINEN AUS AZABICYCLOVERB. UEBER CARBENE 64-0690

OHKI S., SYNTH. V. PYRROLIDINDERIV. MIT ANTICHOLINERG. EIG., 3. MITT. 61-0554

- SYNTH. V. PYRROLIDINDERIV. MIT ANTICHOLINERG. EIG. 4. MITT. 61-0555

OHLOFF G., SYNTH. V. ACETYLEN-CARBONYLVERB. DURCH FRAGMENTIER. V. ALPHA.BETA-EPOXY-KETONEN MIT P-TOLUOLSULFONYLHYDRAZIN 54-0201

- EN-SYNTH. MIT SINGULETT-SAUERSTOFF, FARBSTOFF-SENSIBILISIERTE PHOTOOX. V. (-)-CARYOPHYLLEN U. D. STEREOCHEMIE D. DARGESTELLTEN CARYOPHYLLADIENOLE 60-0756

- DARST. V. (-)-ISO-CARYOPHYLLEN AUS (-)-CARYOPHYLLEN DURCH PHOTOCHEM. ERZEUGTE THIYLRADIKALE 60-0757

OHME R., LUFTOX. V. AMINALEN 59-0303

- SYNTH. D. HYDRAZINS U. SEINER ALKYLDERIV. 59-0327

- SYNTH. U. NACHW. V. MONOALKYLHYDRAZINEN 59-0328

- HYDRAZINE U. AZOVERB. AUS DIAMIDEN D. SCHWEFELSAEURE 62-0358

OHMOTO T., STRUKTUREN V. ARUNDOIN, CYLINDRIN U. FERNENOL. TRITERPENOIDE MIT FERNAN- U. ARBORANGRUPPEN AUS IMPERATA CYLINDRICA VAR. KOENIGII 57-0696

OHNESORGE W. E., KONTROLLIERTE POTENTIALOX. V. ANTHRACEN IN ACETONITRIL 2. MITT. 58-0191

OHNISHI Y., NEUE UMLAGER. IN THIOESTERN DURCH ELEKTRONENSTOSS 64-0155

OHNMACHT C. J., INDOLOTHIAPYRYLIUM-VERB. 4. MITT. 61-0617

OHNO A., LSGM.-EINFL. AUF D. C=O- U. S=O-VALENZSCHWING. IN CYCLOPROPANON U. AETHYLENEPISULFOXID 59-0105

- 1-METHYL-CYCLOBUTYL- U. CYCLOBUTYL-KATION ALS KLASSISCHE IONEN 6. MITT. 59-0147

- SCHWING.-EFFEKTE IN CARBONIUMIONEN 3. MITT. 60-0144

- NEUARTIGE DARST. V. THIOCARBONSAEURE-O-ESTERN 61-0406

- NEUE UMLAGER. IN THIOESTERN DURCH ELEKTRONENSTOSS 64-0155

OHNO K., ORGAN. SYNTH. MIT HILFE V. EDELMETALLVERB. 34. MITT. 57-0273

- ORGAN. SYNTH. MIT HILFE V. EDELMETALLVERB. 35. MITT. 57-0274

OHNO M., CHRYSANTHEMSAEURE 1. MITT. 59-0491

- CHRYSANTHEMSAEURE 2. MITT. 59-0492

- LSGM.-EFFEKTE IN EINER PARTIELL ASYMM. SYNTH. 1. MITT. 61-0456

OHOKA M., NEUE SYNTH. V. 6-CHLOR-2-METHYL- U. 6-CHLOR-2-AETHYL-5-METHYL-3H-PYRIMIDON-(4) 61-0663

OHSE H., DARST. U. RK. V. BETA-TRICHLORMETHYL-BETA-LACTONEN 56-0300

- DARST. U. FRAGMENTIER. V. BETA.BETA-BIS-(TRICHLORMETHYL)-BETA-PROPIOLACTON 60-0478

OHSHIRO Y., CHEMIE D. VERB. MIT KUMULIERTEN DOPPELBIND. 4. MITT. 62-0402

OHTA G., BUXUS-ALKALOIDE, 12. MITT. 55-0502

OHTA K., SYNTH. V. JUSTICIDIN B U. VERWANDTEN VERB. 53-0586

- STRUKTUR D. UROTHIONS 54-0521

OHTA M., CYCLOADDIT. V. 3-PHENYL-SYDNON MIT PHENYLISOCYANAT 54-0395

- TOTALSYNTH. V. ALBONURSIN 55-0467

OHTA Y., STRUKTUR V. SESQUICAREN 59-0731

- NEUE SESQUITERPENOIDE AUS SCHISANDRA CHINENSIS 61-0770

OHTSURU M., (14)N-H-SPINKOPPL. IN PYRAZINMETHOJODIDEN 59-0119

- SUBSTITUENTENEFFEKTE AUF D. CHEM. VERSCHIEB. V. METHYLPROTONEN IN SUBSTITUIERTEN PHENYLTRIMETHYLSILANEN U. TERT.-BUTYLBENZOLEN 63-0139

OIDA S., 1.3-DIPOLARE CYCLOADDITIONS-RK. V. AZIRIDINDICARBONSAEUREIMID 64-0605

- SYNTH. V. TRICYCL. AMINEN AUS AZABICYCLOVERB. UEBER CARBENE 64-0690

OINE T., 4-OXO-1.2.3.4-TETRAHYDROCHINAZOLINE 1. MITT. 60-0629

OIRY J., CHLORMETHYLIER. V. HALOGENIERTEN ODER ALKYLIERTEN METHOXY-NAPHTHALINEN 56-0416

OISHI T., RK. AKTIVIERTER AMIDE 2. MITT. 57-0509

- RK. AKTIVIERTER AMIDE 3. MITT. 57-0510

- TETRAHYDROPYRIDINE 59-0596

- TOTALSYNTH. V. DL-EPIIBOGAMIN 63-0780

OJIMA J., SYNTH. V. 1.5.10.14-TETRAMETHYL-6.7.8.9.15.16.-17.18-OKTADEHYDRO-(18)ANNULEN 59-0394

OKA H., ANODISCHE METHYLIER. V. BENZALDEHYD 60-0214

OKABE K., GINKGOLIDE 55-0545

- ABSPALT. D. 4-HYDROXYL-GRUPPE BEI MORPHIN-ALKALOIDEN 10. MITT. 57-0668

- INTRAMOL. HYDRAZIDE U. HYDROXAMATE 1. MITT. 61-0553

OKADA S., HEMM. U. STIMULIER. D. PROTEIN- U. NUCLEINSAEURE-BIOSYNTH. 2. MITT. 64-0898

OKADA T., CHEMIE D. PTERINE 20. MITT. 53-0448

- CHEMIE D. PTERINE 22. MITT. 54-0144

- PHOTOCHEMIE BESTIMMTER NICHT ENOLISIERBARER BETA-DIKETONE 54-0291

- AZIRIDINBLDG. DURCH RED. V. DIBENZO(A.C)CYCLOHEPTADIENON-(6)-OXIM MIT LIALH4 60-0471

- AZIRIDINBLDG. DURCH LITHIUM-ALUMINIUM-HYDRID-RED. V. OXIMEN 62-0505

- RK. V. TRIPHENYLPHOSPHIN MIT TRI-N-BUTYLZINN-TRICHLORACETAT 63-0441

OKADA Y., PEPTIDE 20. MITT. 58-0798

OKAHARA M., NEUE SYNTH. V. 6-CHLOR-2-METHYL- U. 6-CHLOR-2-AETHYL-5-METHYL-3H-PYRIMIDON-(4) 61-0663

OKAIDA J., STRUKTUR U. STEREOCHEMIE V. ABIESLACTON 61-0752

OKAMATO Y., DRUCKEINFL. BEI ORGAN. VERB. 5. MITT. 62-0401

OKAMOTO Y., MENISPERMACEEN-ALKALOIDE 243. MITT. 59-0689

- ROENTGENSTRUKTURANALYSE V. ACUTUMIN U. SEINEM ACETAT, VERS. EINER GEKUERZTEN STRUKTURAUFKLAER. 63-0200

OKAMURA W. H., SYNTH. V. HOMOAZEPIN-DERIV. 63-0739

OKANISHI T., STEROIDBESTANDTEILE V. KULTURPFLANZEN 52. MITT. 62-0787

- STEROIDBESTANDTEILE V. KULTURPLANZEN 51. MITT. 62-0845

OKANO A., ANTIPLASMIN-ARZNEIMITTEL 1. MITT. 61-0842

- MEDIZIN.-CHEM. UNTERS. UEBER ANTIPLASMIN-ARZNEIMITTEL, TRENN. D. STEREOISOMEREN D. 4-AMINOMETHYL-CYCLOHEXAN-CARBONSAEURE U. IHRE KONFIGURATIONSZUORDN. 64-0490

OKANO S., RK. V. KOHLENSUBOXID, BLDG. U. STRUKTUR V. PYRONEN AUS ACETYLACETON, BENZOYLACETON U. ACETON 63-0664

OKANO T., ELEKTRONENEIG. V. N-HETEROAROMATEN 16. MITT. 59-0184

- ELEKTRON. EIG. V. N-HETEROAROMATEN 19. MITT. 62-0839

OKAWARA M., HETEROSUBSTITUIERTE CARBONIUMIONEN 1. MITT. 53-0361

- HETEROSUBSTITUIERTE CARBONIUMIONEN 2. MITT. 53-0362

OKAWARA R., UNTERS. V. TRIORGANOSTIBINSULFIDEN U. IHREN KOMPLEXEN 57-0047

- METHYL-(PHENYLAETHINYL)- U. METHYL-(CYANO)-THALLIUM-DERIVATE 59-0051

- RK. V. TRIPHENYLPHOSPHIN MIT TRI-N-BUTYLZINN-TRICHLORACETAT 63-0441

OKAYAMA K., ORGAN. THERM. RK. 6. MITT. 60-0403

OKAZAKI I., ISOLIER. U. STRUKTUR V. NEUEN TANSHINONEN 62-0745

OKAZAKI K., RK. V. DEHYDROBENZOL MIT CS2 53-0249

- NICHTSTEREOSPEZIF. CYCLOADDITION V. DEHYDROBENZOL MIT CIS- U. TRANS-PROPENYLMETHYLAETHER 63-0544

O'KEEFE J. H., KATALYT. DEUTERIUMAUSTAUSCHRK. IN ORGAN. VERB. 49. MITT. 62-0251

OKHLOBYSTIN O. Y., ELEKTRONENUEBERGANG ALS ERSTER SCHRITT BEI D. NUCLEOPHILEN SUBSTITUT. 63-0288

OKI M., INTRAMOL. WECHSELWRKG. ZWISCHEN EINER HYDROXYLGRUPPE U. PI-ELEKTRONEN 22. MITT. 60-0082

- INTRAMOL. WECHSELWRKG. ZWISCHEN D. NH-GRUPPE U. PI-ELEKTRONEN 5. MITT. 60-0153

- KORRELAT. KINET. UNTERS. DURCH NMR U. A. METH., GESCHW. D. INVERS. V. DOPPELT VERBRUECKTEN BIPHENYLEN DURCH NMR 60-0284

OKIGAWA M., UNGEWOEHNL. RK. D. DIAZOMETHANS MIT PHTHALIDCARBONSAEURE 55-0375

- IRIDOIDGLUCOSIDE AUS PAEDERIA SCANDENS (LOUR.) MERRILL VAR. MAIREI (LEVEILLE) HARA 58-0712

OKLOBDZIJA M., 1-SUBSTITUT. V. 2-METHYL-4(5)-NITRO-IMIDAZOL 1. MITT. 57-0526

OKOGUN J. I., WESTAFRIKAN. NUTZHOELZER 21. MITT. 61-0773

- WESTAFRIKAN. NUTZHOELZER 22. MITT. 61-0774

OKORIE D. A., LIMONOIDE AUS D. HOLZ V. TRICHILIA HEUDELOTTII PLANCH. EX OLIV 64-0849

OKROKOVA I. S., MECHANISMUS D. KONDENS. V. BENZOL MIT HALOGENALLYLKOMPONENTEN 54-0147

OKU A., VERB. MIT KLEINEN RINGEN 16. MITT. 57-0221

OKUBO K., SYNTH. V. N.BETA-DIMETHYL-L-LEUCIN 60-0360

OKUDA S., STRUKTUR V. CEPHALONSAEURE, EINEM PENTAPRENYLTERPENOID 54-0535

- CHEM. UMWANDL. V. CEPHALONSAEURE 54-0561

- UNTERS. AN MORPHIN-ALKALOIDEN 3. MITT. 61-0723
- BIOSYNTH. V. OPHIOBOLINEN MIT DOPPELT MARKIERTEM MEVALONAT 61-0828
- ISOLIER. U. STRUKTUR V. SICCANOCHROMENEN 63-0799
OKUDA T., UNGEWOEHNL. RK. D. DIAZOMETHANS MIT PHTHALIDCARBONSAEURE 55-0375
- PROD. D. RK. V. ISOHYDROCORIAMYRTIN U. ISOCORIAMYRTIN MIT PHENYLHYDRAZIN-ANALOGA 57-0765
OKUI S. JUN., STIMULIER. D. PROTEINSYNTH. IN MAEUSELEBER DURCH INSEKTENHAEUTUNGSHORMONE 61-0839
OKUMA T., ANTI-PLASMIN-AGENTIEN 61-0841
OKUMURA J., HERST. V. 3-HYDROXY-4-PHENYL-1.2.5-THIADIAZOL IN VERSCHIEDENEN LSGM. 62-0585
OKUMURA K., 4-OXO-1.2.3.4-TETRAHYDROCHINAZOLINE 1. MITT. 60-0629
OKUMURA T., STEREOCHEM. KONTROLLIERTE TOTALSYNTH. V. DL-IBOGAMIN U. DL-EPIIBOGAMIN 60-0719
OKUNO T., NEUER EINFACHER WEG ZU TETRACYCL. ZWISCHENPROD. FUER D. SYNTH. V. DITERPENOID-ALKALOIDEN 59-0696
OKUSA G., D. C-ALKYLAMINOMETHYLIER. V. PYRIDAZINOL-N-OXIDEN 3. MITT. 59-0626
OLAH G. A., STABILE CARBONIUMIONEN 59. MITT. 58-0242
- STABILE CARBONIUMIONEN 60. MITT. 58-0243
- TABILE CARBONIUM-IONEN 53. MITT. 59-0121
- STABILE CARBONIUM-IONEN 54. MITT. 59-0122
- STABILE CARBONIUM-IONEN 55. MITT. 59-0123
- STABILE CARBONIUM-IONEN 56. MITT. 59-0124
- STABILE CARBONIUM-IONEN 57. MITT. 59-0125
- STABILE CARBONIUMIONEN 64. MITT. 61-0197
- CHEMIE IN SUPERSAEUREN 1. MITT. 63-0238
- STABILE CARBONIUMIONEN 61. MITT. 63-0258
- STABILE CARBONIUMIONEN 62. MITT. 63-0259
- STABILE CARBONIUMIONEN 72. MITT. 64-0191
OLAVI P., SOLVATAT. U. KINETIK D. HYDROLYSE V. METHYLJODID IN W.-DIOXAN- U. W.-DIMETHYLSULFOXID-GEMISCHEN 54-0155
- DRUCK- U. TEMP.-EFFEKT AUF D. GESCHW. D. SOLVOLYSE V. TERT.-BUTYLBROMID IN VERSCHIEDENEN LSGM. 54-0157
- NUCLEOPHILE SUBSTITUT. DURCH PERCHLORATIONEN. KINETIK D. RK. V. PERCHLORSAEURE MIT AETHYLENOXID U. OXETAN IN FEUCHTEM DIOXAN 54-0160
- KINETIK D. SAEUREKATLYSIERTEN SPALT. D. 2-METHYL-OXETAN-RINGES 54-0188
OLBRICH H., SYNTH. U. RK. EINES PHOSPHA-CYCLOHEXADIENONS 64-0718
OL'DEKOP J. A., DI-TERT.-BUTYLPEROXYSULFAMIDO-ESSIGSAEURE U. IHRE DERIV. 53-0235
- ACYLPEROXIDE 18. MITT. 60-0377
- ACYLPEROXIDE 19. MITT. 61-0383
OLEJNIK A. F., 1.1'-DISUBSTITUIERTE 2.2'-BIS-(PERFLUOR-N-PROPYL)-5.5'-DIBENZIMIDAZOLE 62-0567
OLEJNIKOVA E. B., RK. V. KETOVINYLAETHERN MIT IOCIC-REAGENS 64-0469
OLES S. R., BEQUEME, ALLG. SYNTH. V. AMIDINEN 62-0387
OLESCH B., 7- U. 8-RINGVERB. 5. MITT. 53-0272
OLIJNSMA T., BASENKATALYSIERTE ELIMINIER.-ADDIT.-RK. V. AETHYL-N-TOSYLMETHYL- ODER AETHYL-N-(ALPHA-TOSYL-BENZYL)-CARBAMATEN U. -THIO-CARBAMATEN (VORL. MITT.) 57-0375
OLIN S. S., OXYDATIVE CYCLISIER. V. FARNESYLACETAT UEBER EIN FREIES RADIKAL 60-0747
OLIVARD J., SYNTHESE VON 4-OXO-GLUTARALDEHYD-SAEUREDERIVATEN AUS NITROFURANEN UND AMINOFURANEN 64-0640
OLIVER A. J., EIN NICHTSTEREOCHEM. WEG ZUR SILICIUMSTICK-STOFF-PI-BIND. 56-0145
OLIVER J. A., PHOTOCHEM. ENTMETHYLIER. V. 2-METHOXY-BENZOPHENONEN 57-0427
OLIVER J. E., CHEMIE V. CARBANIONEN 14. MITT. 61-0283
OLIVER J. P., ORGANOGALLIUMVERB. 5. MITT. 64-0012
OLIVER R. W. A., SYNTH. U. SPEKTROSKOPISCHE EIG. EINIGER HALOGEN-1.2-NAPHTHOCHINONE 62-0456
OLIVER W. H., SYNTH. V. PERFLUORIERTEN OMEGA-NITROSO-CARBONSAEUREESTERN 63-0387
OLIVETO E. P., TOTALSYNTH. V. OPT. AKT. (-)-17BETA-HYDROXY-DELTA(9(10))-DES-A-ANDROSTEN-5-ON . 60-0765
- UNTERS. IN D. 21-METHYL-STEROID-REIHE, ORGANOBORANUM-LAGER. U. SYNTH. V. 21-METHYL-19-NOR-STEROIDEN 63-0817
OLIVIERI R., NEUES ANTIBIOTIKUM AUS ASPERGILLUS FLAVIPES 62-0826
OLLIS W. D., D. EXTRAKT. V. MILLETTIA DURA(DUNN), D. KONSTIT. V. DURLETTON, DURMILLON, MILLDURON, MILLETTON U. MILLETTOSIN 55-0434
OLMSTEAD H. D., CHEMIE V. CARBANIONEN 15. MITT. 61-0284
OLOFSON R. A., UNTERS. D. SYNTH. V. ERWEITERTEN BETA-CARBONYL-VERB. 59-0584
OLOFSSON J., POLAROGRAPH. UNTERS. ORGAN. SELENVERB. 7. MITT. 56-0196
OLSCHWANG D., DARST. V. GEMISCHTEN DREIWERTIGEN ALKOXYSULFIDEN 63-0354
OLSEN C. E., DARST. V. 5-HYDROXY-DELTA(2)-1.2.3-TRIAZOLINEN AUS ORGAN. AZIDEN U. ALIPHAT. KETONEN 64-0655
OLSON A., RK. V. HYDROXAMSAEUREN MIT WASSERLOESL. CARBODIIMIDEN, EINE LOSSENSCHE UMLAGER. 60-0287
OLSON E. S., OEFFN. D. RINGES B V. LANOSTERIN DURCH BECKMANN-SPALT. EINES GAMMA-KETO-OXIM-TOSYLATS 58-0740
OLSSON A., HYDROGENSULFATE NATUERL. OESTROGENE 61-0778
OLSSON K., POLYTHIAADAMANTANE 5. MITT. 56-0573
- POLYTHIAADAMANTANE 6. MITT. 56-0574
OLTHOF R., BINDUNGSLAENGEN IN DIPHENYLOCTATETRAEN 57-0167
O'MANT D. M., DARST. U. CHEM. EIG. V. 4-HYDROXY-2-OXO-3-ACYL-5-ARYLIDEN-2.5-DIHYDRO-THIOPHENDERIV., EINER NEUEN KLASSE V. IMMUNOSUPPRESSIVEN AGENZIEN 63-0613
OMAR M. M., DAMPFDRUCKE, SUBL.-WAERMEN U. VERDAMPF.-WAERMEN GERADKETT. AETHYLESTER 54-0121
OMAR M. T., PHENYLPROPIOLSAEUREN 8. MITT. 57-0464
OMAR N. M., DELTA(3)-PYRAZOLINE, DARST. U. EIG. 1. MITT. 61-0580
- SYNTH. V. DELTA(3)-PYRAZOLINEN U. PYRAZOLIUMIONEN 61-0581
- DELTA(3)-PYRAZOLINE, DARST., EIG. 2. MITT. 64-0628
OMAROV T. T., SYNTH. SUBSTITUIERTER SYMM. TRIAZINE 64-0758
OMELANCZUK J., AUF D. PISHSCHIMUKA-RK. BASIERENDER CHEM. BEWEIS FUER D. WALDENSCHE UMKEHR AM THIOPHOSPHORYL-ZENTRUM, SYNTH. V. OPT. AKTIVEN N.N-DIAETHYL-PHOSPHONSAEUREAMIDCHLORIDEN 63-0411
OMI J., NEUER EINFACHER WEG ZU TETRACYCL. ZWISCHENPROD. FUER D. SYNTH. V. DITERPENOID-ALKALOIDEN 59-0696
OMORI A., RK. V. KOHLENSUBOXID, BLDG. U. STRUKTUR V. PYRONEN AUS ACETYLACETON, BENZOYLACETON U. ACETON 63-0664
OMRAN S. M. A., GAMMA.GAMMA-DISUBSTITUIERTE ITACONSAEUREN 4. MITT. 59-0461
OMURA K., PHOTOINDUZIERTE RK. 9. MITT. 61-0387
ONA H., STRUKTUREN V. NAGILACTON A, B, C U. D, NEUE NOR- U. BISNORDITERPENOIDE 61-0765
ONG C. C., ORGAN. OXALATE 2. MITT. 63-0505
- ORGAN. OXALATE 3. MITT. 63-0532
ONO N., QUARTAERES AMMONIUMFLUORID, EIN PROTONENENTZIE-HENDES REAGENZ 59-0480
ONO S., RK. V. ISOTHIOAMIDEN U. THIOAMIDIUMJODIDEN 63-0736
ONODA R., STRUKTUR V. BAKKENOLID-A 57-0703
- STRUKTUREN D. BAKKENOLIDE-B, -C U. -D, BESTIMMT MIT HILFE EINES KERN-OVERHAUSER-EFFEKTES 60-0752
ONODA T., INTRAMOL. WECHSELWRKG. ZWISCHEN EINER HYDROXYLGRUPPE U. PI-ELEKTRONEN 22. MITT. 60-0082
ONOPRIENKO V. V., STRUKTUR V. ABIKOVIROMYCIN 61-0808
ONORE M. J., D- U. L-FILIFOLON, MONOTERPENOIDE CYCLOBUTANONE MIT D. BICYCLO(3.2.0)HEPTAN-RINGSYST. 55-0526
OOI S., STRUKTUR EINES CHELATES V. KUPFER(II) MIT 1-(PYRIDYL-(2)-AZO)-2-NAPHTHOL 57-0014
OOSHIRO H., SYNTH. V. ACTINOMYCINAEHNLICHEN VERB. 1. MITT. 62-0821
OOSTERHOFF L. J., WASSERSTOFFATOMUEBERTRAG. V. ALKANEN U. AROMAT. PROTONENKOMPLEXEN AUF AROMAT. KATIONEN U. CHINONE 54-0141
ORAZI O. O., UNTERS. AN PFLANZEN 13. MITT. 57-0595
ORBAN E., THERMOANALYT. UNTERS. D. MOL.-VERB. U. MISCH. V. AMINOPHENAZON U. BARBITURATEN 53-0112
- STRUKTUR V. MOLEKUELVERB. AUS AMIDAZOPHEN U. BARBITURATEN 58-0170
ORCHIN M., MECHANISMUS D. SULFAMINSAEUREESTER-UMLAGER. 58-0382
- DARST. U. EIG. EINIGER CIS-CARBONYLPHOSPHINPLATIN(II)-KOMPLEXE, (PTX2(CO)(PR3)) 59-0095
- NEUE CO- U. PT-KOMPLEXE V. DIPHENYLCYCLOPROPENON 59-0096
- STEREOCHEMIE D. ADDITION V. HYDROGEN-TETRACARBONYL-COBALTAT(-I) AN 1.2-DIPHENYL-CYCLOBUTEN-(1) 61-0464
ORDELT Z., UMKEHRBARK. D. DIOL-ADDITION AN D. OLEFIN. DOPPELBIND. D. AETHYLEN-1.2-DICARBONSAEUREN BEI D. POLYKONDENSATION IN D. SCHMELZE 58-0268
ORENSKI P. J., ELEKTRONENSPEKTREN V. CARBONSAEUREDERIV. 5. MITT. 58-0086
OREZZI P., TOTALE ABS. KONFIG. V. DAUNOMYCIN 63-0178
- STRUKTUR V. DAUNOMYCIN 63-0851
OREZZI P. G., DISTAMYCIN A 1. MITT. 53-0574
ORGORODNIKOVA N. A., DARST. U. UNTERS. V. DEKACHLOR-O-CARBORAN (O-B10CL10C2H2) 59-0043
ORHANOVIC M., QUECKSILBER(II)-KATALYSIERTE ISOMERISAT. D. S-GEBUNDENEN MONOTHIOCYANATOCHROM(III)-KOMPLEXES 57-0033
ORIENTI M., DIPOLMOMENTE 5-SUBSTITUIERTER ISOXAZOLE 1. MITT. 57-0071
ORIOLI P. L., FUENFFACH KOORDINIERTE NICKEL(II)-KOMPLEXE MIT HOHEM SPIN MIT GEMISCHTEN SALICYLALDIMIN-BRENZCATECHIN-LIGANDEN 54-0015
ORLANDO C. M. JUN., SCHWEFELWANDER. IN D. CURTIUS-RK. V. PHENYL-CHLORTHIOFORMIAT 53-0244
- PHOTORK. 5. MITT. 64-0438
- KUPFER(I)CHLORID-AMIN KATALYSIERTE OX. V. 2.6-DI-TERT.-BUTYL-P-KRESOL MIT SAUERSTOFF 64-0439
ORLOVA A. N., KONDENS. V. 3.3-DIMETHYL-1-(P-TOLYL)-1-HYDROXY-PHTHALAN MIT ACET-, NITRO- U. CYANESSIGSAEURE-ESTERN 54-0360
ORLOVA E. K., EINIGE RK. V. DERIV. D. 4.4-DICHLOR-PYRAN-DICARBONSAEURE-(2.6) 62-0599
ORLOVA S. E., 1.3-DIOXOLANE IN D. IOCIC-RK. 59-0290
ORRELL K. G., POLYFLUORCYCLOPENTADIENE 3. MITT. 53-0322
ORTEGA A., BESTANDTEILE V. ZALUZANIA-SPEZIES 2. MITT. 54-0566
ORVIS R. L., HYPOHALOGENIT-INDUZIERTE OXYDATIVE DECARBOXYLIER. V. ALPHA-AMINOSAEUREN 57-0483
ORWIG B., ZERS. EINIGER TERT. ALPHA-ACYL-HYPOCHLORITE 56-0257

OSAKI K., ROENTGENSTRUKTURANALYSE V. ACUTUMIN U. SEINEM ACETAT, VERS. EINER GEKUERZTEN STRUKTURAUFKLAER. 63-0200
OSANOVA L. K., NEUE DARST. V. CYCLOHEXANDIONEN-(1.3) 54-0293
OSAWA E., DICHLORCYCLOPROPENON 64-0480
OSBORNE C. E., STRUKTURUNTERS. DURCH KERNMAGNET. RESONANZ 16. MITT. 61-0147
OSECKAJA V. A., SYNTH. U. ANALYSE V. EINIGEN TERT.-AMYL- U. TERT.-HEXYLPERESTERN 54-0596
OSIECKI J. H., FREIE RADIKALE 1. MITT. 59-0548
OSINOVA I. N., NEUARTIGE TAUTOMERIE V. HYDRAZIDEN UNGESAETTIGTER SAEUREN 57-0524
OSIPOVA-G. A., SYNTH. UNGESAETT. DIISOCYANATE 55-0257
OSKAJA V. P., SYNTH. V. 2.4-DINITRO-INDANDION-(1.3) 59-0436
OSMAN M. A., VINYL-AUSTAUSCH-RK., 1. MITT. 60-0339
- VINYL-AUSTAUSCHRK. 2. MITT. 62-0286
OSOBIK D. I., KONDENS. V. 5-BROM-, 3-BROM- U. 3-JOD-ACENAPHTHENCHINON MIT 3-HYDROXY-THIONAPHTHEN U. SEINEN DERIV. 60-0506
OSONOI K., RK. V. QUECKSILBER(II)-SALZEN MIT BIS-(DIAETHYLTHIOCARBAMOYL)-DISULFID U. BENZOLSULFENYL-CHLORID 64-0384
OSSIP P. S., MASSENSPEKTROMETR. UNTERS. EINIGER DIALKYLPHOSPHINSAEUREN U. IHRER ALKYLESTER 57-0121
OSSKO A., CHLORIER. V. METHYLBORAZINDERIV. 64-0414
OSTACOLI G., KOMPLEXBLDG. V. DIHYDROXYBENZOESAEUREN MIT D. URANYLION IN WSS. LSG. 61-0019
OSTERMAN-GOLKAR S., SYNTH. V. 2-HYDROXYAETHYL-METHANSULFONSAEUREESTER 64-0367
OSTERROHT C., PHOSPHINIDENE 4. MITT. 61-0679
OSTROGOVICH G., NUCLEOPHILE SUBSTITUTIONSRK. AN S-TRIAZIN-SYST. 1. MITT. 60-0256
OSTROUMOV Y. A., AKOPLANARITAET AROMAT. AZOMETHINE 53-0095
OSTROWSKA J., EUTEKT. GEMISCHE V. CYCLOHEXYLAMIN-WASSER 60-0191
O'SULLIVAN A. M., DALBERGIA SPECIES 6. MITT. 60-0796
O'SULLIVAN M., MECHANISMUS. D. BENZIDIN- U. SEMIDINUMLAGER. 19. MITT. 63-0312
- MECHANISMUS D. BENZIDIN- U. SEMIDINUMLAGER. 21. MITT. 63-0314
- MECHANISMUS D. BENZIDIN- U. SEMIDINUMLAGER. 22. MITT. 63-0315
O'SULLIVAN W. I., FLAVANOIDEPOXIDE 5. MITT. 57-0572
OTAKA T., STIMULIER. D. PROTEINSYNTH. IN MAEUSELEBER DURCH INSEKTENHAEUTUNGSHORMONE 61-0839
OTANI I., PHOTOCHEM. RK. V. TRANS-ANETHOL 60-0415
OTELEANU R., ZYTOSTAT. BIS-HALOGENACYL-DERIV. V. PIPERAZIN U. 2-METHYL-PIPERAZIN 63-0873
OTH J. F. M., MOL. MIT SCHNELLER U. REVERSIBLER VALENZISOMERISIER. 13. MITT. 55-0345
- MOL. MIT SCHNELLER U.REVERSIBLER VALENZISOMERISIER., 14. MITT. 55-0346
- MOL. MIT FLUKTUIERENDEN BIND. 15. MITT. 64-0547
- MOLEKUELE MIT FLUKTUIERENDEN BIND. 16. MITT. 64-0548
OTHMAN A. A., DIHYDROAROMAT. VERB. IN D. DIELS-ALDER RK. 2. MITT. 64-0536
OTOMASU H., SYNTH. V. TRIMETHYLHYDROCHINON 61-0384
OTSUKA S., KATALYT. OX. V. ISOCYANIDEN, EIN NICKEL-SAUERSTOFF-KOMPLEX 53-0041
- KRIST.-STRUKTUR V. (PI-C5H5CO)2(TERT.-BUTYL-N)2CO 56-0030
OTTENBRITE R. M., CIS-4A.5.8.8A-TETRAHYDRO-6.7-DIBROMMETHYL-NAPHTHOCHINON AUS 2.3-DIBROMMETHYL-BUTADIEN-(1.3) 55-0330
OTTER B. A., NUCLEOSIDE 45. MITT. 57-0647
- NUCLEOSIDE 51. MITT. 62-0706
OTTINGER R., EINFL. V. ALKYLGRUPPEN IN 4-STELL. AUF D. CHEM. VERSCHIEB. V. METHYLGRUPPEN IN 1-STELL. IN PIPERIDINIUMSALZEN 59-0120
- KONFORM.-ANALYSE DURCH KERNMAGNET. RESONANZ 5. MITT. 62-0125
- KONFORM.-ANALYSE DURCH NMR 6. MITT. 62-0132
OTTO H., N-(ALPHA-HALOGENALKYL)-CARBONSAEUREAMIDE 12. MITT. 56-0486
OUAKI R., INFRAROT-UNTERS. V. DIALKYLDIMETHOXYSTANNANEN 64-0007
OUANNES C., ASYMM. 1.3-INDUKTION 2. MITT. 60-0244
OUCHI K., GESCHW. D. RK. V. EINIGEN SUBSTITUIERTEN ANILINEN MIT PHENYLISOTHIOCYANAT U. BEZIEH. ZU D. CHEM. VERSCHIEB. D. AMINC-PROTONEN 63-0297
OUELLETTE R. J., 1.3-ACETOXYL-BETEILIG. BEI D. SOLVOLYSE V. ORGANOQUECKSILBERVERB. 57-0027
- OX. V. SILANEN 2. MITT. 58-0448
- OXYDATIVE SPALTUNG V. CYCLOPROPANEN, 4. MITT. 60-0242
OURISSON G., SYNTH. V. BETA-GLUCOSIDEN D. CYCLOARTENOLS U. D. LANOSTERINS 55-0496
- AUTOX. V. CYCL. KETONEN. ERGAENZENDE BEOBACHT. 56-0258
- SYNTH. V. POLYCYCL. VERB. DURCH UMLAGER. 1. MITT. 56-0410
- SYNTH. V. POLYCYCL. VERB. DURCH UMLAGER. 2. MITT. 56-0411
- SYNTH. V. POLYCYCL. VERB. DURCH UMLAGER. 3. MITT. 57-0435
- EPOXYDATION V. TETRACYCL. TRITERPENEN 57-0705
- FURANOLIGULARENON 60-0758
- STRUKTUR V. ALNINCANON, EIN C31-DAMMARAN-TRITERPEN 60-0759
- LONGIFOLEN 13. MITT. 61-0757
- LONGIFOLEN 14. MITT. 61-0758
- OX. V. CAMPHANOLEN DURCH BLEI-TETRAACETAT 61-0759
- ENON-BENZOL-UMLAGER. 1. MITT. 62-0458
- ENON-BENZOL-UMLAGER. 2. MITT. 62-0459
- ANALOGE V. TETRAHYDROCANNABINOLEN U. VERWANDTEN PROD. 1. MITT. 62-0596
- ANALOGE V. TETRAHYDROCANNABINOLEN U. VERWANDTEN PROD. 2. MITT. 62-0597
- TOTALSYNTH. V. ARISTOLON 63-0796
- ENON-BENZOL-UMLAGER. 3. MITT. 64-0514
- ENON-BENZOL-UMLAGER. 4. MITT. 64-0515
- SEYCHELLEN, EIN NEUES TRICYCLISCHES SESQUITERPEN 64-0842
- OX. V. GUAJOL DURCH PB-TETRAACETAT, STRUKTUR V. GUAJOXID U. SEINEM EPIMEREN 64-0847
OVANESJAN E. A., CHEMIE V. AETHERN MIT UNGESAETT. RESTEN 12. MITT. 63-0368
OVERBERGER C. G., SELEKTIVE KATALYT. EINFL. STARK IONISIERTER POLYKATIONEN AUF D. ESTERSOLVOLYSE 58-0246
- SYNTH. U. OPT. ROTATIONSDISPERSIONSSTUDIEN V. ASYMM. THIEPANONEN-(2) 64-0766
- ANION. RINGOEFFN.-POLYMERISAT. V. THIOLACTONEN 64-0894
- OPT. ROTAT.-DISPERS.-STUDIEN V. ASYMM. POLY(THIOL-ESTERN) 64-0895
OVEREND W. G., RK. V. SCHWEFELYLIDEN MIT METHYL-GLYKOPYRANOSIDULOSEN 53-0478
- ZUCKER MIT VERZWEIGTER KETTE 8. MITT. 61-0693
- NEUER WEG ZU VERZWEIGTKETT. ZUCKERN DURCH C-ALKYLIER. V. METHYLGLYKOPYRANOSIDULOSEN 62-0715
OVERSBY J. P., ELEKTRONENSPINRESONANZUNTERS. V. DISSOZIATIVEN ELEKTRONENEINFANG-PROZESSEN IN GAMMA-BESTRAHLTEN AMINOSAEUREN 56-0133
OVERTON K. H., TETRANORTRITERPENOIDE 3. MITT. 54-0525
- TETRANORTRITERPENOIDE 4. MITT. 58-0748
- TETRANORTRITERPENOIDE 5. MITT. 58-0749
- TETRANORTRITERPENOIDE 6. MITT. 58-0750
- TETRANORTRITERPENOIDE 7. MITT. 58-0751
- TETRANORTRITERPENOIDE 8. MITT. 58-0752
- TETRANORTRITERPENOIDE 9. MITT. 58-0753
- KONFIG. V. ZWISCHENVERB. BEI D. TOTALSYNTH. V. D-(-)-SHIKIMISAEURE 60-0409
OVERWATER J. J. I., PHOTOLYSE V. CYCLOPROPANCARBALDEHYD BEI 313 NM, EIN MOEGLICHES BEISPIEL FUER TRIPLETT-TRIPLETT-AUFHEB. 61-0309
OVSJANNIKOVA L. A., NEUARTIGE TAUTOMERIE V. HYDRAZIDEN UNGESAETTIGTER SAEUREN 57-0524
- RK. V. ASYMMETRISCH DISUBSTITUIERTEN HYDRAZINEN MIT DERIV. ALPHA,BETA-UNGESAETT. SAEUREN 7. MITT. 60-0345
OVSJANNIKOVA Z. G., HALOGEN-ALPHA-NITRO-CARBONSAEUREN 11. MITT. 64-0262
OWEN D. A., DARST. U. CHARAKTERISIER. D. IONEN (3)-DODEKAHYDRIDO-1.2- U. -1.7-DICARBAUNDEKABORAT(1-) 59-0039
OWEN E. C., ABBAU V. RIBOFLAVIN DURCH BAKTERIEN 57-0755
OWEN G. S., RK. V. CYCLOHEXADIENYL-KATIONEN, GLEICHZEITIGE ACETOXYLIER. U. HALOGENIER. V. AROMATEN 61-0226
OWEN T. C., STRAHLENCHEMIE V. BIOCHEM. DISULFIDEN 1. MITT. 57-0267
OWENS R. M., UNTERS. D. TEMP.-ABHAENGIGK. D. ELEKTRONENSPINRESONANZ 3. MITT. 60-0114
OWSLEY D. C., RK. V. METHANSULFENYLBROMID MIT SILBER-2.4.6-TRINITRO-BENZOLSULFONAT IN ORGAN. LSGM. 60-0199
OWSTON P. G., STRUKTUR V. MY-DIPHENYLUREYLEN-BIS-(TRICARBONYLEISEN) 56-0031
- MOL.-STRUKTUR V. DIMEREM PI-1.3-DIMETHYLALLYL-PALLADIUMCHLORID 56-0032
OWYANG R., DIMERISIER. V. ACRYLNITRIL ZU 1.4-DICYAN-BUTEN-(1) MIT RUTHENIUM-KOMPLEXEN 59-0263
OYAMA T., BORFLUORID-KATALYSIERTE ALKYLIER. 3. MITT. 58-0222
OZAKI H., SYNTH. V. ACTINOMYCINAEHNLICHEN VERB. 1. MITT. 62-0821
OZASA T., VIOMYCIN 1. MITT. 56-0734
OZCAN M., EINFL. D. LSGM. AUF D. BASIZITAET STER. GEHINDERTER PYRIDINE 63-0216
OZEGOWSKI W., SYNTH. V. ALIPHAT. VINYL-KETO-VERB. 59-0315
CZOL J. J., NEUE DARST. V. AMINODERIV. 2-SUBSTITUIERTER INDANDIONE-(1.3) 58-0498
OZOLA E. J., SYNTH. V. ACYLNAPHTHOCHINONEN-(1.4) AUS INDANDIONEN-(1.3) 57-0441
- NEUE DARST. V. AMINODERIV. 2-SUBSTITUIERTER INDANDIONE-(1.3) 58-0498

P

PAAL Z., DEHYDROCYCLISIER. AN METALL. KATALYSATOREN 2. MITT. 53-0121
- DEHYDROCYCLISIER. AN METALL. KATALYSATOREN 3. MITT. 57-0209
- DEHYDROCYCLISIER. AN METALLKATALYSATOREN 4. MITT. 60-0400
PAASIVIRTA J., STEREOISOMERE 2-CHLOR-2-CYAN-NORBORNENE-(5) 56-0447
- TRENN. U. NMR-SPEKTREN EINIGER NORBORNADIOLE U. METHYLNORBORNADIOLE 62-0077
- ALKAL. ABBAU V. DEHYDRONORCAMPHER ZU ISOMEREN CYCLOPENTENYLESSIGSAEUREN 62-0230

PAASONEN P. K., AUTOX. V. NATURSTOFFEN 1. MITT. 56-0707
PAAVOLA S., BETA- U. DELTA-FURFURAL-LAEVULINSAEUREN U. IHRE DERIV. (VORL. MITT.) 58-0572
PAC C., PHOTOCHEM. RK. D. DIMETHYLANILINS IN GGW. V. SAEUREN 60-0312
PACAK J., SYNTH. MIT ANHYDROZUCKERN 5. MITT. 61-0691
PACHLER K. G. R., STRUKTUR D. VERMEERINS, EINES SESQUITERPENOIDEN DILACTONS AUS GEIGERIA AFRICANA GRIES 54-0527
- GAFRININ, EIN SESQUITERPENOID-LACTON AUS GEIGERIA AFRICANA GRIES 1. MITT. 60-0736
- GAFRININ, EIN SESQUITERPENOID-LACTON AUS GEIGERIA AFRICANA GRIES, 2. MITT. 60-0737
PACHOMOV V. I., AMINOLYSE D. 1.4-BIS-(DIMETHYL-CHLORSILYL)-BENZOLS 64-0775
PACHTER I. J., PTERIDINE 7. MITT. 63-0703
- PTERIDINE 8. MITT. 63-0704
- PTERIDINE 10. MITT. 63-0706
PACKER R. J., 8-HYDROXY-NAPHTHOYL-(1)-VERB. 55-0331
PADALKA N. Z., DARST. V. PERESTERN D. BUTTERSAEURE 55-0247
PADDON-ROW M. N., ISOMERISIER. IN ANALOGIE ZUR DIMROTH-UMLAGER. 2. MITT. 54-0176
- DIMROTH-UMLAGER. 10. MITT. 54-0451
- PYRIMIDIN-RK. 17. MITT. 63-0720
PADGETT C. D., SYNTH. V. PERFLUORIERTEN OMEGA-NITROSO-CARBONSAEUREESTERN 63-0387
PADMANABHAN S., STEROIDE 6. MITT. 53-0555
PADWA A., RK. V. PHENYLCHLORDIAZIRIN MIT ALKYLLITHIUM-VERB. 53-0156
- NEUART. UMLAGER. BEI D. EINW. V. HYDRAZINEN AUF CIS-DIBENZOYL-STILBENOXID 57-0484
- EINFACHE SYNTH. V. N-SUBSTUTUIERTEN 2.4-DIARYL-PYRROLEN 58-0579
- PHOTOCHEM. UMWANDL. V. CARBONYLVERB. MIT KLEINEN RINGEN 17. MITT. 62-0300
- RK. V. AZIRIDIN- U. OXIRANDERIV. MIT DIPHENYLJODONIUM-JODID 62-0506
- GEGENSATZ PHOTOCHEM. PYROLYT. MODELLE ZUR MASSENSPEKTROSKOP. FRAGMENTIER., DESALKYLIER. V. N-ALKYL-2.4-DIPHENYL-PYRROLEN 63-0342
- KORRELAT. V. KRISTALL- U. MOLEKULARSTRUKTUR MIT D. NMR-SPEKTRUM EINES BICYCLO(1.1.1)PENTAN-DERIV. 64-0189
PAEGLE R. A., NEUE PYRIMIDYL-(1)-AMINOSAEUREN 62-0656
PAETSCH J., TRANSMETALLIER. D. PENTAPHENYLVERB. D. ELEMENTE D. FUENFTEN HAUPTGRUPPE MIT PHENYLLITHIUM 61-0038
- STRUKTUR U. UMLAGER. METALLIERTER QUARTAERER AMMONIUMSALZE 61-0287
PAGANI G., NUCLEOPHILE SUBSTITUT. V. ALPHA-CHLOR-KETONEN, 1-PHENYL-MERCAPTO- U. 1-PHENYLSULFONYL-3-CHLOR-PROPANON 55-0184
- RINGOEFFN. IN D. PYRAZOLREIHE 55-0405
- CYCL. SULFONE 4. MITT. 56-0548
- STRUKTUR U. ISOMERIE V. PROD. D. S-ACYLVINYLIER. HYDROLYSIERTER N-BENZYL-THIAZOLIUMSALZE 58-0651
- CYCL. SULFONE 5. MITT. 58-0673
- CYCL. SULFONE 6. MITT. 59-0637
PAGANI S. B., CYCL. SULFONE 6. MITT. 59-0637
PAGANOU A., NEUE METH. D. PEPTIDSYNTH. 5. MITT. 53-0239
PAGE C. B., SYNTH. V. CREPENYNSAEURE 55-0245
- BESTANDTEILE EINHEIM. UMBELLIFERAE 1. MITT. 56-0538
PAGE T. F. JUN., STRUKTUR V. ZUCKER-OSOTRIAZOLEN, KONFORM.- U. KONFIG.-WECHSELWRKG. D. POLYHYDROXYALKYL-KETTEN 59-0150
PAGENKOPF G. K., DURCH TRIAETHYLENTETRAMIN KATALYSIERTER LIGANDENAUSTAUSCH ZWISCHEN TRIGLYCINATO-CUPRAT(II)-(CUH(-2)L(-)) U. AETHYLENDIAMINTETRAACETAT-ION 57-0032
PROTONENUEBERTRAG.-RK. MIT CU(II)-TRIGLYCIN (CUH(-2)L(-)) 58-0030
PAGILAGAN R. U., RINGSCHLUSS BEI D. MICHAELIS-ARBUZOV-RK. V. TRIALKYLPHOSPHITEN MIT PHTHALOYLCHLORID 55-0372
PAI B. R., BESTANDTEILE V. MESUA FERREA L. 2. MITT. 54-0399
- CUMARINE AUS CLAUSENA DENTATA (WILLD.)R. AND S. 57-0569
PAIARO G., RK. V. PRIM. AMINEN U. V. ACETATIONEN MIT ALKADIEN-PLATIN- U. -PALLADIUM-HALOGENID-KOMPLEXEN 56-0087
PAILER M., PFLANZL. NATURSTOFFE MIT EINER NITROGRUPPE 7. MITT. 54-0372
- ZUS. EINER MITTLEREN SIEDEFRAKTION D. SEEFELDER SCHIEFEROELS 54-0600
- KONSTIT. D. TORMENTOLS (TORMENTOSID) 55-0535
- O-ALKYLIER. V. PHENOLEN U. CARBONSAEUREN MIT DIALKYLSULFATEN U. ALKYLTOSYLATEN IN DIMETHYLFORMAMID 59-0345
- DERIV. D. 1.3-DIOXOLANONS-(4) U. 1.3-OXATHIOLANONS-(5) 64-0617
PAIS M., STEROIDALKALOIDE 68. MITT. 57-0674
- STEROIDALKALOIDE 69. MITT. 57-0675
- STEROID-ALKALOIDE 70. MITT. 57-0676
- HOMALIN, EIN NEUER TYP EINES AUS HOMALIUM SP. AFRICAIN (FLAVOURTIACEAE) ISOLIERTEN ALKALOIDS 57-0682
- PEPTIDALKALOIDE 5. MITT. 60-0722
- STRUKTUR D. HOMALINS 64-0817
PAISLEY H. M., VERWANDTSCHAFT V. BESANTHRANIL ZU SEINEM STRUKTURISOMEREN U. VERWANDTEN VERB. 53-0373
- MASSENSPEKTREN V. ISOMEREN 1. MITT. 60-0135

PAJANACCI P., SOLVOLYSE V. 1-BROM-ADAMANTAN IN AETHANOL-WASSER-GEMISCHEN 63-0275
PAJUNEN A., ELEMENTARZELLE U. RAUMGRUPPE V. BIS-(1.2-DIAMINO-2-METHYLPROPAN)-KUPFER(II)-PERCHLORAT 57-0017
- ELEMENTARZELLE U. RAUMGRUPPE V. BIS-(1.3-DIAMINO-BUTAN)-KUPFER(II)-PERCHLORAT 62-0015
- KRIST.-STRUKTUR V. DIAQUO-BIS-(1.3-DIAMINOPROPAN)-NICKEL(II)-NITRAT 64-0016
- DIELEKTRIZITAETSKONST. U. OBERFLAECHENSPANN. V. DIMETHYLSULFOXID-W.-GEMISCHEN 64-0201
PAK C. A., MECHANISMUS D. UMLAGER. V. NAPHTHYL-MESITYLSULFONEN ZU SULFINSAEUREN 56-0549
PAKNIKAR S. K., D- U. L-FILIFOLON, MONOTERPENOIDE CYCLOBUTANONE MIT D. BICYCLO(3.2.0)HEPTAN-RINGSYST. 55-0526
- AETHER. OELE U. IHRE BESTANDTEILE 40. MITT. 61-0771
PAKRASHI S. C., INDISCHE ARZNEIPFLANZEN 16. MITT. 53-0533
- UNTERS. V. INDISCHEN ARZNEIPFLANZEN 14. MITT. 57-0665
PALA G., NEUE SYNTH. V. 4.4'-DIHYDROXY-DIPHENYL-(2-PYRIDYL)-METHAN 57-0587
- SYNTH. U. PHARMAKOLOG. EIG. V. N-DERIV. D. 5.6-DIHYDRO-7H.12H-DIBENZ(C.F)AZOCINS, EIN NEUES TRICYCL. SYST. 57-0636
- NEUE SYNTHESE UND PHYSIKALISCH-CHEMISCHE EIGENSCHAFTEN VON DI-NATRIUM-P.P'-PICOLYLIDEN-(2)-BIS-(PHENYLSULFAT)('NATRIUM-PICOSULFAT') 64-0705
PALAGYI J., PHOSPHORHALT. KOBALTCARBONYLE 2. MITT. 58-0067
PALAMIDESSI G., ISOXAZOLE 1. MITT. 55-0412
- ISOXAZOLE 2. MITT. 55-0413
- BESTAENDIGE ALPHA-AMINOAETHER V. PYRAZIN- U. PYRIMIDINDERIV. 62-0649
PALAVEDA J. JUN., SYNTH. V. PEPTIDEN IN WSS. MEDIUM 5. MITT. 63-0845
PALECEK J., AZABICYCLO-VERB. 8. MITT. 55-0444
PALECEK M., UV-SPEKTREN V. SULFOXIDEN U. SULFONEN 53-0055
- UV-SPEKTREN V. UNGESAETT. SULFIDEN U. AETHERN 54-0056
PALETA O., ADDIT.-RK. D. HALOGENOLEFINE 4. MITT. 55-0226
- ADDITIONSRK. VON HALOGENOLEFINEN, 5. MITT. 61-0325
PALEVEDA J. JUN., SYNTH. V. PEPTIDEN IN WSS. MEDIUM 5. MITT. 63-0845
PALINKAS J., DARST. U. UNTERS. V. LEWIS-SAEURE-KOMPLEXEN 3. MITT. 63-0750
PALLAUD R., EINFL. V. LSGM., METALLSALZEN U. ORGAN. HALOGENIDEN AUF RK. V. GRIGNARD-REAGENZIEN 53-0200
- BLDG. V. TERT. ALKOHOLEN AUS ACETON-OLEFIN-GEMISCHEN DURCH ELEKTROCHEM. RED. U. NACHFOLGENDE KUPPL.-RK. 56-0399
- O- U. P-ORIENTIER. BEI D. DIMERISIER.-RK. UEBER ORGANOMAGNESIUM- U. ORGANOLITHIUMVERB. IN GGW. GERINGER MENGEN V. UEBERGANGSMETALLHALOGENIDEN. BESONDERER FALL D. CYCLANYLDIMEREN 57-0283
- SYNTH. V. TERT. CYCL. U. TERPEN. ALKOHOLEN DURCH KONDENS. V. ORGANOLITHIUM-VERB. MIT D. ENTSPRECHENDEN KETONEN 57-0718
- EINFL. V. METALL-ACETATEN U. -ACETYLACETONATEN ALS INITIATOREN BEI D. UEBER RADIKALE VERLAUFENDEN DARST. V. DIPHENYL U. ALPHA.ALPHA'-DINAPHTHYL MIT ORGANO-MAGNESIUM- U. ORGANOLITHIUM-VERB. 63-0531
PALLOS L., AURONE U. AURONGLUCOSIDE 11. MITT. 64-0787
PALM J. H., CYCLOHEXANDERIV. 6. MITT. 57-0149
PALM R., DARST. U. RK. V. BETA-TRICHLORMETHYL-BETA-LACTONEN 56-0300
PALMER A. J., GEOMETR. ISOMERE V. FLUOROLEFINEN 62-0260
PALMER M. H., CHINOLINE - EINE NEUE HYDROXYMETHYLIER.-RK. 61-0634
PALMER P. J., CYCLOPROPANOSTEROIDE 62-0806
PALOMBARI R., STRUKTUR VON NICKEL-KOMPLEXEN MIT BETA-DIKETONEN MIT LANGER ALIPHATISCHER KETTE 60-0066
PALOMO-COLL A. L., WASSERLOESL. VITAMIN K3, ENANTIOSOLVOMERE MIT DMSO 58-0803
PALONEN M., POTENTIOMETR. U. SPEKTROPHOTOMETR. UNTERS. UEBER D. DISSOZIAT. V. PILOCARPIN IN WSS. LSG. 64-0223
PALOPOLI F. P., SYNTH. U. PHARMAKOLOGIE EINER REIHE V. 1-ARALKYL-BUTEN-(3)-YLAMINEN 63-0896
PALSKY A., KONDENS. V. FORMALDEHYD MIT CYCLOHEXANON 1. MITT. 57-0426
PALUMBO R., RK. V. PRIM. AMINEN U. V. ACETATIONEN MIT ALKADIEN-PLATIN- U. -PALLADIUM-HALOGENID-KOMPLEXEN 56-0087
PALYI G., UNTERS. D. POLAROGRAPH. ADSORPT. V. DERIV. D. 4.4'-BIS-(TRIAZINYL-(2)-AMINO)-STILBEN-2.2'-DISULFONSAEURE MIT HILFE D. POLARISATIONSMETH. MIT DREIECKSPANN.-IMPULSEN 58-0199
PANARIN E. F., SYNTH. V. METHACRYLAMIDOPHENOLEN U. METHACRYLAMIDOPHENOXYSAEUREN 62-0406
PANATTONI C., KRISTALLSTRUKTUR D. KOMPLEXES 1.2.6-TRICHLORO-BIS-(O-PHENYLENDIMETHYLAMIN-DIMETHYLARSIN)-RHODIUM(III) 55-0010
- KRIST.-STRUKTUR V. TRICHLORO-BIS-(O-METHOXYPHENYL-DIMETHYL-ARSIN)-RHODIUM(III) 57-0019
- METALLKOMPLEXE V. CYANKOHLENSTOFFEN 5. MITT. 58-0015
PANCHARTEK J., KUPPL.-KINETIK D. BENZOLDIAZONIUMSALZE MIT 2-NAPHTHOL-6-SULFONSAEURE 59-0260
PANCURKIN V. I., SYNTH. BAS. AMIDE V. DIARYLGLYKOLSAEUREN 55-0323
- SYNTH. V. DIARYLGLYKOLSAEURE-N-(DIALKYLAMINOALKYL)-ANILIDEN 59-0431
PANDE C. S., SYNTH. EINIGER OXAZOLINONE-(5) 55-0414

PANDE K. C., RK. V. AMMONIUMSALZEN MIT ORGANOMETALLOXIDEN, -HYDROXIDEN U. ALKOXIDEN, BEQUEME SYNTH. V. ORGANOZINNHALOGENIDEN U. -PSEUDOHALOGENIDEN 63-0073
PANDEY G. N., TRITERPEN-KOHLENWASSERSTOFFE AUS OLEANDRA WALLICHII 55-0534
PANDEY R. C., SESQUITERPENE 30. MITT. 62-0754
- ABS. STEREOCHEMIE V. HARDWICKISAEURE U. VERWANDTEN VERB. 62-0769
PANDIT G. A. D., TRIAXAN 63-0562
PANDIT U. K., HETEROCYCL. STEROIDE 10. MITT. 53-0559
- HETEROCYCL. STEROIDE 11. MITT. 57-0585
- POLYNUCLEARE HETEROCYCL. SYST. 5. MITT. 61-0523
PANETTA C. A., EPIHETACILLIN 60-0792
PANFILOVA Z. F., CARBONYLIER. V. ALPHA.BETA'-DIPIPERIDIN MIT KOHLENOXID 64-0711
PANGON G., BLDG. V. HETEROCYCLEN DURCH DIMERISAT. ODER INTRAMOL. CYCLISAT. V. O-CARBOXY-PHENYLACETONITRIL 63-0685
PANKINA Z. A., SYDNONE U. SYDNONIMINE 35. MITT. 53-0394
- SYNTH. V. 4-OXO-1.2.4-TRIAZINO(4.5-A)BENZIMIDAZOL U. EINIGEN SEINER DERIV. 62-0675
PANKOVA M., STEREOCHEM. UNTERS. 46. MITT. 60-0264
PANNETIER G., KINET. CHARAKTER D. CHEMILUMINESCENZ BEI D. RK. V. STICKSTOFF IM TRIPLETTZUSTAND MIT BENZOL BEI 77 GRAD K 54-0054
- N-H...N-WASSERSTOFFBIND. 8. MITT. 56-0183
- N-H...N-WASSERSTOFFBIND., 9. MITT. 56-0184
- PROTON-ACCEPTORSTAERKE V. N-HEXYLAMIN, KALORIMETRISCHE UNTERS. D. KOMPLEXBLDG. V. N-HEXYLAMIN U. CHLOROFORM IM TERNAEREN SYST. 64-0210
PANOV P., ALKALOIDE AUS VINCA HERBACEA W.K. 11. MITT. 55-0505
PANSARE V. S., SESQUITERPENE 27. MITT. 62-0751
PAOLETTI E. G., SCHICKSAL D. 15BETA-H-ATOMS V. LANOSTERIN IN D. CHOLESTERIN-BIOSYNTH. 64-0925
PAOLETTI P., FUENFFACH KOORDINIERTES ZINK(II) IN (ZN(NCS)(TREN))(SCN) 57-0021
PAOLETTI R., SCHICKSAL D. 15BETA-H-ATOMS V. LANOSTERIN IN D. CHOLESTERIN-BIOSYNTH. 64-0925
PAOLINI J. P., HETEROCYCL. SYST. MIT STICKSTOFF ALS BRUECKENKOPF 1. MITT. 59-0638
- SYNTH. U. PHARMAKOLOGIE EINER REIHE V. 1-ARALKYL-BUTEN-(3)-YLAMINEN 63-0896
PAOLONI L., ELEKTRONENSTRUKTUR U. CHEM. EIG. V. 1.2.4-OXADIAZOL, BIS-1.2.4-OXADIAZOLEN U. ANDEREN DERIV. 57-0130
- QUANTENCHEM. VORAUSSAGEN BETREFFS ZWEIER UNBEKANNTER MESOION. VERB. 60-0142
PAPA A. J., RK. V. TRANS-1.2.3-TRICYAN-CYCLOPROPAN-1.2.3-TRICARBONSAEURE-TRIAETHYLESTER MIT BASEN, BLDG. EINES SUBSTITUIERTEN CYCLOPROPANANION-RADIKALS 64-0486
PAPADOPOULOS E. P., 1-ARENSULFONYL-PYRROLE 60-0517
- ALKYLIER. V. ALKALIMETALLSALZEN D. PYRROLS MIT ALLYL-U. N-PROPYLTOSYLAT 61-0557
PAPAIOANNOU C. G., ISOTOPENEFFEKTE 2. MITT. 62-0227
PAPERNAJA I. B., MASSENSPEKTROMETRIE V. GIBBERELLINEN 2. MITT. 60-0120
- UMBLDG. V. CHOLSAEURE DURCH KULTUREN V. MYCOBACTERIUM N 1210 60-0818
PAPERNO T. J., NITRO- U. AMINOAETHYLDERIV. V. CYCL. BETA-DIKETONEN. SYNTH. V. SUBSTITUIERTEN 1- U. 2-PYRROLINEN 55-0390
PAPINI P., ALKYLIER. EINIGER PYRAZOLIN- U. PYRAZOLIDINDITHIOCARBONSAEUREN 4. MITT. 61-0578
PAPP S., NATRIUM-PENTACYANO-PHOSPHIN-FERRATE(II) 64-0068
PAPPAS J. J., DIRIGIERENDE EFFEKTE D. SUBSTITUENTEN BEI D. OZONOLYSE V. NAPHTHALINEN, SYNTH. V. PHTHALALDEHYDEN 59-0361
- RK. V. CYANURCHLORID MIT METHYLENPHOSPHORANEN 60-0674
PAPPAS S. P., BESTRAHL. V. O-PHTHALALDEHYD IN DEUTERIERTEN LSGM. 62-0306
- SUBSTITUENTENEFFEKTE BEI D. PHOTOADDIT. V. DIPHENYLACETYLEN AN 1.4-NAPHTHOCHINONE 64-0527
PAQUER D., ORGAN. SCHWEFELVERB. 21. MITT. 63-0595
PAQUETTE L. A., UNGESAETT. HETEROCYCL. SYST. 31. MITT. 54-0474
- ALPHA-HALOGENSULFONE 8. MITT. 55-0353
- RK. V. DIPHENYLCYCLOPROPENON MIT AKTIVIERTEN ISOCYANATEN, LEICHTE SYNTH. V. BESTIMMTEN IMINOCYCLOPROPENEN 56-0381
- UNGESAETT. HETEROCYCL. SYST. 35. MITT. 58-0624
- DIRIGIERENDE EFFEKTE BEI D. CHLORIER. V. CHLORMETHYL-BENZYL-SULFIDEN 61-0390
- VERH. V. TRANSANNULAR ANGEORDNETEN DIAZO- U. KETOFUNKT. IN CYCLODODECANEN 61-0452
- ELEKTROPHILE ADDITIONEN AN HEXAMETHYLDEWARBENZOL 61-0499
- UNGESAETT. HETEROCYCLISCHE SYST. 36. MITT. 61-0583
- UNGESAETT. HETEROCYCL. SYST. 37. MITT. 61-0685
- UNGESAETT. HETEROCYCL. SYST. 38. MITT. 63-0592
- UNGESAETT. HETEROCYCL. SYST. 42. MITT. 64-0557
- UNGESAETT. HETEROCYCL. SYST. 43. MITT. 64-0558
- UNGESAETT. HETEROCYCL. SYST. 44. MITT. 64-0559
- UNGESAETT. HETEROCYCL. SYST. 39. MITT. 64-0774
PAQUOT C., DARST. V. HYDROXY-EPOXY-STEARINSAEURE-METHYLESTER DURCH AUTOX. V. OELSAEURE-METHYLESTER 55-0369
- EINW. V. ALUMINIUMCHLORID AUF METHYLOLEAT 60-0346
PARAGAMIAN V., SYNTH. U. ALKYLIER. EINIGER PYRIMIDO(1.2-A)INDOLE 62-0643
PARAMESWARAN K. N., ALKAL. ZERS. ORGAN. DISULFIDE 3. MITT. 59-0220
PARASCHIV M., HETEROCYCL. ORGANOBOR-VERB. 7. MITT. 58-0036
PARDHASARADHI M., STRUKTUR D. SOG. ROTEN ''METHYL-AETHERS'' V. DIOSPYRIN 54-0363
PARDINI R. S., COENZYM Q 103. MITT. 64-0900
PARELLO J., STEROIDALKALOIDE. NEUE ART GLYKOSTEROIDALKALOIDEN. HOLACURTIN U. HOLACURTENIN AUS D. BLAETTERN V. HOLARRHENA CURTISII KING ET GAMBLE (APOCYNACEEN) 58-0783
- STRUKTUR D. PHYLLANTHINS, NEBENALKALOID AUS PHYLLANTHUS DISCOIDEN MUELL. ARG. (EUPHORBIACEEN) 60-0721
- MASSENSPEKTREN V. SECURININ U. HYDRIERTEN DERIV. 62-0112
- NMR-UNTERS. (15)N-SUBSTITUIERTER N-HALT. ZUCKERDERIV. 1. MITT. 64-0131
PARFENOV E. A., LIPIDE 47. MITT. 54-0216
- LIPIDE 50. MITT. 55-0367
- LIPIDE 52. MITT. 56-0275
- LIPIDE 53. MITT. 56-0276
- LIPIDE 54. MITT. 56-0277
PARFITT L. T., ADDIT. V. POLYHALOGENMETHANEN U. VERWANDTEN VERB. AN NORBORNADIEN 57-0480
PARFITT R. T., SYNTH. V. 6.7-BENZOMORPHAN AUS 4-PHENYL-PYRIDIN 59-0605
- CHEM. FREISETZ. V. NOREPINEPHRIN AUS D. MAEUSEHERZEN 3. MITT. 63-0893
- NOREPINEPHRIN-FREISETZ. AUS D. MAEUSEHERZEN AUF CHEM. WEGE 4. MITT. 63-0894
PARHAM W. E., 1.3-VERBRUECKTE AROMAT. SYST. 3. MITT. 62-0561
PARINI C., FLUORANTHENDERIV. 7. MITT. 56-0108
PARIS M. R., BEST. D. STABILITAETSKONST. U. D. ZIRKULARDICHROISMUS EINIGER GEMISCHTER KUPFERCHELATE 62-0001
PARISH J. H., KLASS. CARBONIUMIONEN 1. MITT. 60-0263
- ANALYSE V. GEMISCHEN V. N-OCTENEN, OCTALINEN, TERT.-BUTYL-CYCLOHEXENEN, OCTANOLEN, DECALOLEN U. TERT.-BUTYL-CYCLOHEXANOLEN 60-0841
PARK C. H., MAKROBICYCL. AMINE 1. MITT. 62-0686
- MAKROBICYCL. AMINE 2. MITT. 62-0687
- MAKROBICYCL. AMINE 3. MITT. 62-0688
PARK J. D., RK. EINIGER ALICYCL. 1.2-DIHALOGEN-POLYFLUOROLEFINE MIT AETHANOL. KALILAUGE. D. EFFEKT D. RINGGROESSE AUF D. PROD.-VERTEIL. 58-0458
PARK J. Y., RK. V. BENZIL MIT DEM METHYLSULFINYL-CARBANION, ERZEUG. D. METHYLSULFINYL-CARBANIONS IN GERINGER KONZ. DURCH DAS PHENOXID-ION 61-0537
PARKANYI C., PHYSIKAL. EIG. U. CHEM. REAKTIVITAET V. ALTERNIERENDEN KW-STOFFEN U. VERWANDTEN VERB. 15. MITT. 61-0266
PARKER A. J., HALOGENAUSTAUSCH AN GESAETT. C-ATOM IN DIMETHYLFORMAMID, VGL. D. EXPERIMENTELLEN GESCHW. U. ARRHENIUSPARAMETER MIT BERECHNETEN WERTEN V. INGOLD 58-0263
- ELIMINIER.-RK. E2C-MECHANISMUS 61-0192
PARKER C. A., VERZOEGERTE FLUORESZENZ V. ANTHRACEN U. EINIGEN SUBSTITUIERTEN ANTHRACENEN 53-0054
- BLDG. ANGEREGTER KOMPLEXE DURCH TRIPLETT-WECHSELWRKG. 56-0181
PARKER C. O., SYNTH. V. ALPHA-DIFLUORAMINOCARBINOLEN U. EINIGEN DERIV. 57-0326
PARKER V. D., MECHANISMUS D. ANOD. ACETAMIDIER. 61-0185
- ANODISCHE SEITENKETTENSUBSTITUTION, METHOXYLIERUNG VON TETRALIN 61-0186
- ELEKTROCHEM. SUBSTITUT.. DURCH CYANAT-IONEN 62-0185
PARKER W., TRANSANULARE CYCLOPROPYL-TEILNAHME 54-0153
- STRUKTUR U. SYNTH. V. PSEUDOCLOVEN A 56-0678
- SOLVOLYT. VERH. V. EXO- U. ENDO-BICYCLO(3.2.1)OCTAN-6-P-TOLUOLSULFONAT 64-0282
PARMAR S. S., SUBSTITUIERTE CHINAZOLONHYDRAZIDE ALS MOEGL. TUBERKULOSTATIKA 63-0712
PARR J. E., INTRAMOL. ALKYLIER. ALS WEG ZU CYCL. SULFONEN U. SULFIDEN 58-0404
PARRAVICINI F., ALPHA-HYDROXYLAMINOSAEUREN U. DERIV. 2. MITT. 64-0403
PARRIS M., ZIRKULARDICHROISMUS IN KUPFER(II)-KOMPLEXEN V. BIS-(GLYCYL)-AETHYLENDIAMIN-ANALOGEN 61-0003
PARRISH D. R., SYNTH. U. STEREOCHEMIE V. HYDROPHENANTHRENEN 6. MITT. 59-0454
- TOTALSYNTH. V. OPT. AKT. (-)-17BETA-HYDROXY-DELTA(9(10))-DES-A-ANDROSTEN-5-ON 60-0765
PARRISH F. W., RK. V. KOHLENHYDRATEN MIT METHYLSULFONYL-CHLORID IN N.N-DIMETHYLFORMAMID, DARST. EINIGER METHYL-6-CHLOR-6-DESOXY-GLYKOSIDE 61-0689
PARROT J., DIESSIGSAEUREESTER D. PIPERIDINS 56-0566
PARRY G. V., ALKALOIDBIOSYNTH. 11. MITT. 57-0681
PARRY K. A. W., KINETIK D. THERM. ISOMERISIER. V. 1.1-DICHLORCYCLOPROPAN IN D. GASPHASE 56-0231
PARRY R. J., ROTAT.-ISOMERIE EINES VINYLOGEN AMINS 57-0150
PARS H. G., STEROIDANALOGES V. TETRAHYDROCANNABINOL 60-0764
PARSHALL G. W., WASSERSTOFF-DEUTERIUM-AUSTAUSCH IN EINEM KOBALT-STICKSTOFF-KOMPLEX 60-0038
PARSONS C. A., NAHEFFEKTE IN BIMOL. RK. IN LSG. 53-0139
PARSONS C. T., DARST. U. UNTERS. EINIGER 1-NORBORNENYL-U. NORBORNENYL-1-CARBINYL-DERIV. 59-0469

PARTALE H., PHOTOADDIT. V. MALEIN- U. DIMETHYLMALEINSAEU-REANHYDRID AN INDEN U. 2-CHLOR-INDEN 54-0329
PARTCH R., KOORDINAT.-CHEMIE V. BLEI(IV), OX. V. ALKOHOLEN 54-0146
PARTCHAMAZAD I., UMLAGER. BEI RK. V. BENZYLMAGNESIUMCHLO-RID 60-0366
PARTENHEIMER W., EINFL. V. LSGM. AUF ADDUKTBILDUNGS-ENTHALPIEN 64-0206
PARTHASARATHY P. C., VIER ANALOGE V. ARTOCARPIN U. CYCLOARTOCARPIN AUS MORUS ALBA 60-0725
PARTHASARATHY R., STEREOCHEMIE IN D. BETA-LACTAM-REIHE 3. MITT. 58-0142
PARTRIDGE J. J., TOTALSYNTH. V. RAC. BULNESOL 59-0738
PARTRIDGE M. W., PYRAZOLO-ASYMM.-TRIAZINE 3. MITT. 53-0467
- ISOMERIE DISUBSTITUIERTER TRICYCLOCHINAZOLINE 54-0446
- CYCL. AMIDINE 21. MITT. 57-0614
PARULKAR A., ELIMINIER. AN 1.2-DIARYL-4-DIMETHYLAMINO-BUTANOLEN-(2) 3. MITT. 61-0141
PASCAL G., ANWEND. D. WITTIG-RK. AUF D. SYNTH. MARKIERTER MOL. (BETA,GAMMA.GAMMA'.DELTA-(14)C4)DL-ISOLEUCIN 62-0364
PASCENKO N. M., DIMERISIER. V. OLEFINEN UNTER D. EINFL. KOMPLEXER ZIEGLER-KATALYSATOREN, UNTERS. D. KATALYSATORS U. D. RK.-MECHANISMUS 63-0328
PASCOE P. F., (2-AMINO-AETHYL)-SCHWEFELSAEUREBETAIN AUS HYDROXYAETHYLCARBAMIDSAEUREBETAIN 56-0312
- DARST. V. DIMETHYLCARBAMIDSAEUREBETAIN 56-0313
PASEK W., N-ACYLDERIV. V. BARBITURATEN 10. MITT. 59-0621
PASERO J., CHLORMETHYLIER. V. P-FLUOR-MANDELSAEURE U. UNTERS. D. RK.-PROD. 55-0397
PASETTI A., EPOXIDE V. FLUORVERB. 1. MITT. 61-0526
- FLUORIERTE EPOXIDE 2. MITT. 61-0527
- UNTERS. UEBER FLUORIERTE EPOXIDE 3. MITT. 61-0528
PASHAYAN D., EINFACHE SYNTH. V. N-SUBSTUTUIERTEN 2.4-DIARYL-PYRROLEN 58-0579
- GEGENSATZ PHOTOCHEM. PYROLYT. MODELLE ZUR MASSENSPEKTROSKOP. FRAGMENTIER., DESALKYLIER. V. N-ALKYL-2.4-DIPHENYL-PYRROLEN 63-0342
PASHEGOROVA V. S., CYCL. UNGESAETT. VERB. 30. MITT. 64-0476
PASKO J., INTRAMOL. WASSERSTOFFBIND. 1. MITT. 56-0107
PASKUCZ L., HETEROORGANISCHE VERB. 34. MITT. 59-0049
PASKUROV N. G., RK. V. NATRIUMSALZEN V. URACILEN MIT PHOSPHORSAEURECHLORIDEN 1. MITT. 60-0657
PASSERINI R., EINW. V. SALPETERSAEURE AUF METHYLPHENYL-SULFOXID U. DIPHENYLSULFOXID 55-0277
- EINW. V. SALPETERSAEURE AUF EINIGE SULFURIERTE AROMAT. VERB. 2. MITT. 58-0413
PASSL W., VERLAUF D. HOFMANN-RK. AM THEBAIN, THEBAICYCLOMETHIN U. SEIN VERH. 59-0710
PASTERNACK R. F., RK. V. L-CARNOSIN MIT METALLIONEN. KUPFER(II) 62-0021
- RK. V. L-CARNOSIN MIT KOBALT(II) 63-0048
PASTO D. J., OEKONOM. DARST. V. AETHANOL-OD 61-0332
- AUSWERT. D. STER. EFFEKTE BEI ADDIT. AN SUBSTITUIERTE CYCLOHEXENE 62-0421
- UEBERTRAG.-RK. MIT BOR 15. MITT. 64-0294
PASTOREK R., LANTHANTARTRATE IM NEUTRALEN U. ALKAL. BEREICH 60-0044
PASTOUR P., METALLKOMPLEXE V. 2-FORMYL-THIOPHENOXIM 54-0045
- DIFORMYLPYRIDIN-N-OXIDE 55-0455
- JODDERIV. D. SELENOPHENS, 3-FORMYL-SELENOPHEN 56-0482
- SYNTH. IN D. THIOPHEN-REIHE 59-0527
- DICYAN- U. DIFORMYL-DERIV. V. THIOPHEN U. SELENOPHEN 62-0533
- EINIGE EIG. D. PYRIDO(2.3-D)PYRIDAZINS 63-0719
PATCHORNIK A., DIE RK. VON ASPARAGIN, GLUTAMIN U. DEREN DERIV. MIT PHOSGEN 61-0375
- POLYMERE ALS CHEM. REAGENZIEN 2. MITT. 63-0844
PATEL A. N., ALLENE 16. MITT. 55-0223
PATEL A. R., ANTIMALARIAMITTEL 4. MITT. 60-0463
PATEL M. B., ALKALOIDE AUS HUNTERIA UMBELLATA-SAMEN 53-0499
PATEL N. R., SYNTH. V. OMEGA-DIALKYLAMINOALKYLAMINO-PYRAZINO(2.3-D)-, -PYRIDO(2.3-D)-, -IMIDAZO(4.5-C)- U. -IMIDAZO(4.5-D)PYRIDAZINEN 60-0635
PATERNOSTRO M. P., KONDENS. V. PHENOLAETHERN MIT ALIPHAT. ALDEHYDEN 21. MITT. 61-0470
- KONDENS. V. PHENOLAETHERN MIT ALIPHAT. ALDEHYDEN 22. MITT. 61-0495
PATHAK S. R., SOLVOLYSE V. 2.2-DIMETHYL-CHOLESTERYLME-THANSULFONAT 57-0741
PATIL F., FURANOLIGULARENON 60-0758
- STRUKTUR V. ALNINCANON, EIN C31-DAMMARAN-TRITERPEN 60-0759
PATNAIK G. K., CHEM. U. PHARMAKOLOG. UNTERS. V. OMEGA-SUBSTITUIERTEN ALKYLAMINO-3-AMINO-PYRIDINEN 57-0579
PATOURAUX D., SYNTH. EINES MIT EPHEDRIN ISOMEREN PRIM. ALKOHOLS 59-0709
PATTENDEN G., SYNTH. NATUERL. KETOLE D. PYRETHRIN-REIHE 62-0425
PATTENDEN G. E., UMLAGER.-PROD. D. 1-AETHOXY-VINYLESTER V. KETOSAEUREN 56-0456
PATTERSON E. L., PARTIALSTRUKTUR D. ANTIBIOTIKUMS LL-AC541 54-0563
- STRUKTUR V. FRENOLICIN 60-0789
PATTERSON J. M., THERM. ISOMERISIER. TRISUBSTITUIERTER PYRROLE 63-0616
- HALOGENIER. V. NAPHTHO(2.3-C)-(1.2.5)-THIADIAZOL 63-0659
PATTISON V. A., RK. V. CHLORAMEISENSAEUREARYLESTERN MIT DIMETHYLFORMAMID, EINE LEICHTE 'IN SITU' SYNTH. V. ALPHA-CHLORKRESOLEN 61-0385
PATWARDHAN A. V., ORGAN. VERB. MIT 5-WERTIGEM PHOSPHOR 36. MITT. 58-0497
- DIPOLARE TRIAMINO-OXY-PHOSPHONIUM-IONEN U. TRIAMINO-DIOXY-PHOSPHORANE DURCH RK. VON TRIAMINOPHOSPHINEN MIT ALPHA-DIKETONEN NACHWEIS DER KOEXISTENZ VON 4- U. 5FACH KOORDINIERTEM PHOSPHOR IN LOESUNG, (31)P-NMR-SPEKTREN 60-0566
- ORGAN. VERB. MIT PENTAVALENTEM PHOSPHOR 38. MITT. 61-0595
PATY M., DIESSIGSAEUREESTER D. PIPERIDINS 56-0566
PAUDLER W. W., SYNTH. V. DIBENZO(B.F)(1.5)DIAZOCIN 56-0614
- SYNTH. U. THERM. UMLAGER. EINIGER METHOJODIDE V. SYMM.-TRIAZOLO(4.3-A)PYRIDINEN 60-0596
- SAEUREN- U. BASENKATALYSIERTER DEUTERIUM-PROTIUM-AUSTAUSCH EINIGER POLYAZAINDENE 61-0249
- MASSENSPEKTREN EINIGER DI- U. TRIAZAINDENE 62-0098
- NAPHTHYRIDIN-CHEMIE 9. MITT. 62-0608
- SYNTH. V. SUBSTITUIERTEN IMIDAZO(1.2-A)PYRIDINEN UEBER YLID-AEHNL. ZWISCHENPROD. 62-0611
PAUKSTELIS J. V., EINFL. D. WASSERSTOFFBIND. AUF D. RING-KETTEN-TAUTOMERIE V. OXAZOLIDINEN 63-0212
PAUL B. K., 3-SUBSTITUIERTE AMINO-4.5-DISUBSTITUIERTE 1.2.4-4H-TRIAZOLE U. ALDEHYDE AUS 1-ACYL-SEMICARBAZI-DEN 59-0570
PAUL F., MAGNETOOPT. UNTERS. EINIGER ADDITIONS VERB. V. SNCL4 MIT ORGAN. ALIPHAT. ESTERN 60-0004
PAUL H., DERIV. V. N-(ALPHA-TOSYLAMINOACYL)-BETA-ALANINEN 58-0387
- SYNTH. D. EPIMEREN 3-AMINO-CYCLOPENTANCARBONSAEUREN 63-0497
PAUL I. C., KRISTALLSTRUKTUR V. AZULEN-DIMOLYBDAEN-HEXACARBONYL 53-0008
- MOL.-STRUKTUR EINES UNSYMM. 6A-THIATHIOPHTHENS 56-0167
- STRUKTUR D. ADDUKTS AUS 3-DIAZOBUTANON U. SCHWEFELKOHLENSTOFF 56-0168
- ABS. KONFIG. V. CALDARIOMYCIN 57-0158
- STRUKTUR D. DURCH BENZILSAEURE-UMLAGER. V. 3ALPHA.17BETA-DIACETOXY-11-HYDROXY-12-OXO-DELTA(9,11)-5BETA-ANDROSTEN ERHALTENEN VERB., UNGEWOEHNL. STRUKTUR MIT 3 FUENFGLIEDR. CIS-KONDENSIERTEN RINGEN 61-0168
PAUL M., WRKG. V. TRIALKYLSILANEN U. ALKOXYSILANEN AUF CARBONSAEUREESTER 56-0334
PAUL N. C., MASSENSPEKTROMETRIE V. NITRATESTERN U. VERWANDTEN VERB. 1. MITT. 63-0164
PAUL R., KONDENS. V. 1.3-DIPOLAREN SYST. MIT VINYLAETHERN 1. MITT. 57-0518
- REINIG. U. STRUKTUR V. SCHWEINE-CALCITONIN-1 63-0834
PAULI G., RELAIS-SYNTH. V. HETEROCYCLEN 3. MITT. 60-0675
PAULL K. D., SYNTH. D. 6- U. 7-HYDROXY-5.8-DIOXO-CARBOSTYRILE 61-0630
PAULMIER C., JODDERIV. D. SELENOPHENS, 3-FORMYL-SELENOPHEN 56-0482
- DICYAN- U. DIFORMYL-DERIV. V. THIOPHEN U. SELENOPHEN 62-0533
PAULSEN H., CARBOXONIUMVERB. IN D. KOHLENHYDRATCHEMIE 3. MITT. 53-0479
- MONOSACCHARIDE MIT STICKSTOFFHALTIGEM RING 14. MITT. 54-0052
- MONOSACCHARIDE MIT STICKSTOFFHALT. RING, 15. MITT. 54-0053
- CARBOXONIUMVERB. IN D. KOHLENHYDRATCHEMIE 4. MITT. 57-0637
- CARBOXONIUMVERB. IN D. KOHLENHYDRATCHEMIE 5. MITT. 57-0638
- CARBOXONIUMVERB. IN D. KOHLENHYDRATCHEMIE 6. MITT. 57-0639
- STRUKTUR D. PYRROLIZINS 59-0143
- MONOSACCHARIDE MIT STICKSTOFFHALT. RING 16. MITT. 59-0659
- ZIRKULARDICHROISMUS V. AZIDO-ZUCKERN 63-0105
- KONFORM. V. ALPHA-D-IDOPYRANOSEPENTAACETAT 64-0173
PAULSON D. R., EPOXIDE KLEINER RINGSYSTEME, 1. MITT. 61-0525
PAULUS E. F., KOHLENSTOFFVERB. D. UEBERGANGSMETALLE 10. MITT. 58-0017
- STRUKTUR V. DI-MY-JODO-TETRAMETHYL-MY-DIMETHYLSULFID-BIS-(DIMETHYLSULFID)-DIRHODIUM(III) 58-0019
PAUSON P. L., FERROCEN-DERIV. 16. MITT. 53-0033
- FERROCEN-DERIV. 17. MITT. 53-0034
- FERROCEN-DERIV. 19. MITT. 53-0036
- DARST. V. PHENOXYRADIKALEN 54-0248
- BIOSYNTH. V. EBURICOSAEURE AUS SESQUITERPENVORSTUFEN 54-0579
- KW-STOFF-METALLNITROSYLE 2. MITT. 55-0034
- EISEN-KOMPLEXE V. DIARYL-DIAZOMETHANEN 56-0077
- EISENCARBONYLKOMPLEXE SCHIFFSCHER BASEN 57-0053
- SYNTH. V. SYMM. TRISUBSTITUIERTEN BENZOLDERIV. 59-0348
- FERROCEN-DERIV. 20. MITT. 60-0057
PAUSON P. S., FERROCEN-DERIV. 18. MITT. 53-0035
PAUST J., TOTALSYNTH. V. PROSTAGLANDINEN, SYNTH. D. REINEN DL-E(1)-, -F(1ALPHA), -F(1BETA), -A(1) U. -B(1)-HORMONE 63-0836
PAUTRAT R., RK. V. TRIFLUORACETALDEHYD MIT OLEFINEN 60-0334

PAUWELS P. J. S., FARBE U. KONFORM. BEI PYRAZOLON-AZOMETHIN-FARBSTOFFEN 63-0175
PAVAN M., SEKRET.-BESTANDTEILE D. MANDIBULARDRUESEN D. AMEISE LASIUS (DENDROLASIUS)FULIGINOSUS 53-0610
PAVEL' G. V., KONDENS. V. ALDEHYDEN U. KETONEN 18. MITT. 64-0454
PAVELKO N. V., SYNTH. V. DIARYLAETHANEN U. POLYCARBON-SAEUREN 58-0494
PAVIENSKY L., ELEKTROLYT. METHOXYLIER. V. 1-(3-THIENYL)-AETHANOL 53-0338
PAVLIKOVA J., FURANE 8. MITT. 62-0521
PAVLOS J., KONFORM. EINFACHER PEPTIDE 2. MITT. 64-0879
PAVLOVA L. A., HYDROXYISOINDOLINE 5. MITT. 57-0501
- HYDROXYISOINDOLINE 6. MITT. 58-0583
- HYDROXY-ISOINDOLINE 7. MITT. 61-0179
- EINFL. V. SUBSTITUENTEN AUF D. ACIDITAET HETEROCYCL. AMBIDENTER IONEN 61-0180
- EINFL. V. O-SUBSTITUENTEN AUF D. BASIZITAET V. HYDROXYPHTHALANEN 61-0181
PAVLOVA L. M., OXIDE HOEHERER UNGESAETT. SAEUREN. RK. V. BRASSIDIN- U. ERUCASAEUREOXID MIT AMMONIAK 58-0388
PAVLOVA N. N., RK. V. ALPHA-CHLORIERTEN AETHERN IN GGW. V. ZINK 7. MITT. 62-0339
PAVLOVIC D., RED. EINIGER SULFONIUMSALZE MIT LITHIUMALUMINIUMHYDRID 64-0369
PAWLAK Z., KONDUKTOMETR. UNTERS. V. SAEURE-BASEN-GLEICHGEW. IN ACETON 2. MITT. 58-0182
PAWLENKO S., THERMOCHEMIE D. METALLORGAN. VERB. 1. MITT. 55-0011
PAWSON B. A., GEHINDERTE ROTAT. BEI SUBSTITUIERTEN PARACYCLOPHANEN 58-0148
- MOLEKULARASYMMETRIE 8. MITT. 58-0541
PAYLING D. W., ARYLWANDER. IN AROMAT. AMIDEN BEI D. MASSENSPEKTROMETRIE 53-0082
PAYNE G. B., AETHYL-(DIMETHYLSULFURYLIDEN)-ACETAT 2. MITT. 61-0362
- DIMETHYLSULFURANYLIDENESSIGSAEUREAETHYLESTER 3. MITT. 61-0475
PAYNE R. A., CYCLOSERINPEPTIDE 64-0457
PAYNE T. G., DITERPENE D. CASCARILLIN-GRUPPE AUS DODONAEA SPP. 55-0536
- DITERPENE AUS GOODENIA RAMELII F. MUELL 57-0697
PAYO E., HOCHSELEKTIVE ALLYLBROMIERUNG IN EINEM BICYCL. SYST. 61-0540
PAZDERNIK L. R. J., STEREOISOMERE V. ORGANOCYCLOSILTHIA-NEN 63-0184
PAZDERNIK T. L., STEREOCHEM. UNTERS. AN ARZNEIMITTELN 5. MITT. 57-0806
PAZDZERSKI A., KATALYT. DEHYDRATISIER. V. LANGKETT. ALKOHOLEN 2. MITT. 54-0170
- TRENNUNG U. IDENTIFIZIER. V. LANGKETT. MONO- U. DIOLEFINEN DURCH GASCHROMATOGRAPHIE 57-0810
- KATALYT. DEHYDRATISIER. V. LANGKETT. ALKOHOLEN 3. MITT. 64-0296
PEARCE C. A., EINE NEUE METALLIER.-RK. V. N-LITHIO-TERT.-BUTYLAMINO-TRIMETHYL-SILAN 57-0340
- 1-TRIMETHYLSILYL-2.2.4.4-TETRAMETHYLCYCLODISILAZAN 57-0487
PEARCE R., AROMAT. SUBSTITUT. DURCH TRIMETHYLSILYLRADIKA-LE 54-0270
PEARCY L. Z., KINETIK D. UNKATALYSIERTEN UMESTER. V. MALONATEN 61-0303
PEARLMUTTER A. F., KINETIK D. WECHSELWRKG. V. KUPFER(II) U. GLYCIN IN WSS. LSG. 59-0028
PEARSON D. E., STER. EFFEKT BEI D. PHOTOOX. V. SEK. ALKOHOLEN DURCH BENZOPHENON 53-0190
PEARSON J., RK. V. METHYL-RADIKALEN MIT AROMAT. KW-STOFFEN, EINFL. V. KONFORM. U. KOHLENSTOFF-WASSERSTOFF-ORIENTIER. AUF GESCHW., AKTIVIER.-ENERGIE U. A-FAKTOR 64-0248
PEARSON J. M., KAEFIGRK. 1. MITT. 58-0205
- KAEFIGRK. 2. MITT. 58-0206
- ZWEI BLDG.-WEGE FUER CARBONIUMIONEN AUS OLEFINEN U. GEEIGNETEN ELEKTRONENAKZEPTOREN 61-0194
PEARSON R. G., NUKLEOPHILE REAKTIVITAETSKONST. GEGENUEBER METHYLJODID U. TRANS-(PT(PY)2CL2) 58-0029
- NICKELTETRACARBONYL, MECHANISMUS D. NUKLEOPHILEN SUBSTITUT. 61-0029
- HALOGEN-1.4-DIOXANE U. IHRE DERIV. 4. MITT. 62-0638
PEASTON W. C., AZABENZOCYCLOHEPTENONE 7. MITT. 62-0683
PEC K. J., NEUE PYRIMIDYL-(1)-AMINOSAEUREN 62-0656
PEC P., 1-ARYL-6-AZAURACILE 7. MITT. 54-0467
PECEV N., KATALYT. ENTALKYLIER. V. ALKYLAROMAT. VERB. 17. MITT. 61-0205
PECHER J., INDOL-ALKALOIDE 16. MITT. 62-0080
PECHERER B., SYNTH. U. BIOLOG. EIG. V. 1-DIMETHYLAMINO-3-METHYL-3-(3-HYDROXYPHENYL)-BUTAN, EIN POTENTIELLES ANALGETIKUM 60-0384
PECHET M. M., SYNTH. V. 18.19-DIOXYGENIERTEN STEROIDEN DURCH INTRAMOL. RADIKALPROZESSE 62-0792
PECIAR C., ORD-UNTERS. 3. MITT. 61-0069
PECK D. W., BASEN-KATALYT. RK. V. FLUOREN U. INDEN MIT LACTONEN U. HYDROXYSAEUREN 64-0518
- MICHAEL-RK. V. SALZEN D. ACRYLSAEURE 64-0519
PECKA J., STRUKTUR U. EIG. V. SCHWEFELHALT. VERB. 1. MITT. 53-0110
- STRUKTUR U. EIG. SCHWEFELHALT. VERB. 2. MITT. 54-0122
- STRUKTUR U. EIG. V. SCHWEFELHALT. VERB. 3. MITT. 54-0123
PEDDLE G. J., UMLAGER. V. BIS-(TRIORGANYLSILYL)-CARBINOLEN 63-0309
PEDERSEN B., DMR- U. PMR-UNTERS. PARTIELL DEUTERIERTER KRIST. 1. MITT. 64-0011
PEDERSEN C., METHYLIERTE 1.2.3-TRIAZOLE 4. MITT. 53-0390
- UMLAGER. V. TETRA-O-BENZOYL-2-DESOXY-BETA-D-ARABINO-HEXOPYRANOSE IN 3.6-DI-O-BENZOYL-2-DESOXY-ALPHA-D-RIBO-HEXOPYRANOSYL-FLUORID MIT WASSERFREIER HF 53-0481
- DARST. V. 5-HYDROXY-DELTA(2)-1.2.3-TRIAZOLINEN AUS ORGAN. AZIDEN U. ALIPHAT. KETONEN 64-0655
PEDERSEN C. T., THIOSAEUREN U. IHRE DERIV. 9. MITT. 61-0368
- ISOBENZOTHIOPHENE 2. MITT. 61-0573
- MASSENSPEKTREN EINIGER TRIARYLAETHYLENE 64-0141
PEDERSEN J., RACEMATSPALT. U. KONFIG. V. 1.2-DITHIOLAN-3-CARBONSAEURE 64-0618
PEDLER A. E., POLYFLUORPHENAZINE 61-0660
PEDRAZZOLI A., SALICYLOYLHYDRAZIN-DERIV. 58-0425
- NEUE 4-ARALKYLAMINO-2.3.4.5-TETRAHYDRO-1.4-BENZOXAZEPIN-5-ON-DERIV. 58-0681
- 4-ARALKYLAMINO-1.2.3.4-TETRAHYDRO-5H-1.4-BENZODIAZEPIN-5-ON-DERIV. 58-0682
PEERDEMAN A. F., KONFORM. EINIGER CARBONSAEUREN U. IHRER DERIV. 54-0101
PEGEL K. H., EXTRAKTE SUEDAFRIKAN. PFLANZEN 1. MITT. 55-0514
PEHAM H., CYCL. ACYLALE 20. MITT. 55-0459
PEHK T., (13)C-NMR-SPEKTREN U. POSITIVE UEBERSCHUSSLAD.-DICHTEN IM MESITYLENIUMION 64-0130
PEIFFER G., TRANSAMINIER. ZWISCHEN TRIS-(DIAETHYLAMINO)-PHOSPHIN U. ZWEI PRIM. AROMAT. AMINEN, ANILIN U. P-TOLUIDIN, SYNTH. CYCL. VERB. 58-0038
- ZUS. V. HANDELS- 'DIPROPYLENGLYKOL' 62-0332
- RK. V. N-BROM-PHTHALIMID MIT D. CIS- U. TRANS-ISOMEREN V. 1-AETHOXY-BUTEN-(1) 62-0546
PEIFFER R., HYDROLYSE V. 2-METHYL-CYCLOHEXANCARBONSAEURE-METHYLESTER, KONFORM.-ANALYSE EINIGER CYCLOHEXANCAR-BONSAEUREDERIV. 58-0245
- ORGAN. PHOTOCHEMIE 6. MITT. 64-0332
PEKKARINEN A., KINETIK D. ENTFAERB. V. CHLORPHENOLROT IN ALKAL. WSS. LSG. 64-0313
PEKKARINEN L., KINETIK D. ENTFAERB. V. CHLORPHENOLROT IN ALKAL. WSS. LSG. 64-0313
PELC B., STEROIDE 47. MITT. 55-0549
- STEROIDDERIV. 52. MITT. 57-0729
- STEROID-DERIV., 54. MITT. 61-0787
PEL'KIS A. S., DARST. U. UNTERS. V. THIOCARBOHYDRAZIDEN 3. MITT. 63-0645
PEL'KIS P. S., SUBSTITUIERTE DIARYLAMIDE V. DITHIOCARBONSAEUREN 10. MITT. 53-0386
- SYNTH. V. N-TRICHLORMETHYLMERCAPTOAMINOSULFONYL-DERIV. D. 1.4-DIPHENYL-THIOSEMICARBAZIDES 57-0372
- BIS-(ARYLSULFONYL)-ACETONE X6. MITT. 58-0412
- RK. V. P-TOLYL-SULFONEN, D. EINE AKT. METHYLENGRUPPE ENTHALTEN, MIT ACRYLONITRIL U. NITROSTYROL 59-0356
- ARYLHYDRAZONE V. ARYLSULFONYLGLYOXYLSAEUREAETHYLESTERN 7. MITT. 59-0357
- BIS-(ARYLSULFONYL)-METHANE 4. MITT. 59-0358
- BIS-(ARYLSULFONYL)-METHANE 5. MITT. 60-0373
- ARYLHYDRAZONE V. ARYLSULFONYL-GLYOXYLSAEURE-AETHYLESTERN 5. MITT. 60-0527
- BIS-(ARYLSULFONYL)-METHANE 6. MITT. 61-0412
- SYNTH. U. UNTERS. V. TRIMETHYLENTRISULFONEN 10. MITT. 61-0684
- RK. V. CARBAZINSAEUREARYLESTER MIT SUBSTITUIERTEN HYDRAZINEN 62-0392
PELLETIER S. W., STRUKTUR V. JESACONITIN 55-0501
- EIN PROSAPOGENIN AUS POLYGALA SENEGA U. POLYGALA TENUIFOLIA 56-0691
- NMR-UNTERS. V. DITERPEN-ALKALOIDEN 60-0093
- STEREOSELEKTIVE SYNTH. V. RAC.-ANDROGRAPHOLIDLACTON 63-0857
- PYROLYSE U. STRUKTUR D. JESACONITINS 64-0808
- ABBAU V. HARZSAEUREN ZU SYNTHET. VERWENDBAREN ZWISCHENPRODUKTEN 64-0839
PELLINO E., DIPENTADIENYLCHROM 62-0039
PELLIZER G., WEITERLEIT. V. ELEKTRONENEFFEKTEN IN EINIGEN ORGANOKOBALT(III)-BAE- U. -SALEN-KOMPLEXEN 56-0018
- RED. V. KOBALT-CHELATEN V. N.N'-BIS-(SALICYLIDEN)-AETHYLENDIAMIN U. SYNTH. V. ORGANOKOBALTDERIV. 57-0057
PELOSO A., THERMODYN. UNTERS. AN PENTAKOORDINIERTEN KOMPLEXEN 3. MITT. 56-0040
PELTER A., MASSENSPEKTREN V. SAUERSTOFF-HETEROCYCLEN 5. MITT. 53-0085
- BERICHTIGTE STRUKTUR FUER NEOGMELINOL, KONFIG.-BEST. BEI TETRAHYDROFURANOID-LIGNANEN 53-0334
- ISOLIER. U. STRUKTURBEST. V. (+)-DIAEUDESMIN, D. ERSTEN NATUERL. VORKOMMENDEN DIAXIAL SUBSTITUIERTEN 3.7-DIOXABICYCLO(3.3.0)OCTAN-LIGNAN 55-0580
- MASSENSPEKTREN EINIGER LIGNANE D. 1-PHENYL-1.2.3.4-TETRAHYDRONAPHTHALIN-REIHE 57-0122
- STRUKTUR V. PEEPULOIDIN, EINEM ALKALOID AUS PIPER PEEPULOIDES 59-0703
- D. STRUKTUREN V. GB1, GB1A U. GB2, BIOSYNTH. V. ISOFLAVONEN 59-0712
- STRUKTUR V. SILYBIN (SILYBUM-SUBSTANZ E6), D. ERSTEN FLAVONOLIGNAN 62-0594
PELZ K., NEUROTROPE U. PSYCHOTROPE SUBSTANZEN 14. MITT. 53-0414
- NEUROTROPE U. PSYCHOTROPE SUBSTANZEN 26. MITT. 64-0561

PENCEV V., HYDROGENOLYSE V. INDAN AN EINEM NICKELKATALYSATOR, KINET. ANALYSE DURCH NICHTLINEARE REGRESS. D. DATEN D. ANFANGSGESCHW. 61-0199
PENCO S., DISTAMYCIN A 1. MITT. 53-0574
- DISTAMYCIN A 2. MITT. 53-0575
- STRUKTUR V. DAUNOMYCIN 63-0851
PENCZEK S., BLDG. V. CARBONIUMIONEN DURCH DISSOZIATIVE LAD.-UEBERTRAG. 61-0195
PENDERGAST W., HETEROCYCL. UNTERS. 6. MITT. 61-0667
PENE C., BENZOFURAN 37. MITT. 56-0116
PENJUGALOVA Z. P., SYNTH. U. UNTERS. V. HETEROCYCLEN MIT BIOLOG. AKTIVITAET 9. MITT. 60-0656
PENMAN A., CARRAGHEENANE 4. MITT. 59-0798
PENOT J. P., REDUZIER. D. UNSICHERHEITSFAKTORS BEI D. UNTERS. SPONTANER SPALT. 2. MITT. 64-0090
PENTIMALLI L., SUBSTITUT.- U. ADDIT.-RK. V. 2-PHENYL-IMIDAZO(2.1-B)BENZOTHIAZOL 54-0389
PENTIN J. A., IR- U. UV-SPEKTREN V. QUECKSILBERORGAN. VERB. 4. MITT. 59-0005
PENTTILA A., EINBAU V. NATRIUM-BUTYRAT IN METHYLEN-BIS-(BUTYRYLPHLOROGLUCINE) UEBER EINEN NEUEN BIOSYNTH.-WEG 60-0827
PENTTINEN K., POTENTIOSTAT. UNTERS. D. ADSORPT. V. AROMAT. AMINEN U. PHENOLEN AN PLATIN 62-0189
- DISSOZIAT. V. NITROGUAJACOLEN IN WSS. LSG. BEI 25 GRAD C 64-0224
PEOVER M. E., RED. V. TETRAPHENYLALLEN U. VERWANDTEN VERB. IN APROT. LSGM. 58-0198
PEPPER E. S., NMR-SPEKTREN V. FLUORBENZOLEN 2. MITT. 57-0101
PERCHE J., Z. TI.CHEMIE D. CARBAZOLE, 2. MITT. 56-0488
- BEQUEME DARST. V. IN MESO-STELLUNG MONO- U. DISUBSTITUIERTEN PHENANTHREN-DERIV. 59-0602
PERCHERON F., DARST. V. UNSYMM. TREHALOSEDERIV., 6-O-METHANSULFONYL-TREHALOSE, 6-O-P-TOLUOLSULFONYL-TREHALOSE U. 3.6-MONOANHYDRO-TREHALOSE 57-0643
PERCIVAL A., HALOGEN-O-PHENYLENDIAMINE U. ABGELEITETE HETEROCYCLEN 1. MITT. 62-0500
PERCY R. K., DARST. U. KONFORM. V. 1-ALKYL- U. 1-ARYL-4-TERT.-BUTYL-CYCLOHEXANOLEN 61-0446
PERECHOD'KO V. S., ALKAL. ALKYLIER. V. ALIPHAT. ALDOXIMEN 61-0341
PEREFERKOVIC A. N., RK. V. SCHWEFEL MIT ORGAN. VERB. 14. MITT. 57-0353
PEREKALIN V. V., SYNTH. V. DL-LYSIN 53-0236
- SYNTH. V. NITROSPIROCYCLOPROPANEN 54-0337
- SYNTH. V. 1.4-BIS-(2-NITRO-3.3-DICARBOMETHOXYCYCLOPROPYL)-BENZOL 55-0321
- NITRO- U. AMINOAETHYLDERIV. V. CYCL. BETA-DIKETONEN. SYNTH. V. SUBSTITUIERTEN 1- U. 2-PYRROLINEN 55-0390
- NITRO-TRINITROCYCLOMETHYLIER V. ALKENEN DURCH TETRANITROMETHAN 56-0513
- NITRO-O-TRINITROMETHYLIER. D. 1-PHENYL-CYCLOHEXENS MIT TETRANITROMETHAN 57-0422
- NITROALKEN-CHELATE 61-0061
PEREPLETCIK B. M., HALOGENARYLIER. V. UNGESAETT. VERB. MIT AROMAT. DIAZOVERB. 34. MITT. 59-0390
PERETJAZKO M. Z., SYNTH. V. N-TRICHLORMETHYLMERCAPTOAMINOSULFONYL-DERIV. D. 1.4-DIPHENYL-THIOSEMICARBAZIDS 57-0372
PERETTIE D. J., DIFLUORCARBEN AUS DIFLUORCHLORACETONITRIL 64-0347
PEREVALOVA E. G., DEMERCURIER. EINIGER QUECKSILBERDERIV. V. FERROCEN U. CYCLOPENTADIENYLMANGANTRICARBONYL DURCH PROTONOLYSE 58-0035
PEREYRE M., AUSTAUSCHRK. ZWISCHEN ALKOXYZINNVERB. U. HYDROGENSILANEN 53-0024
- SELEKTIVE REDUKTION D. OLEFIN. TEILS V. ALPHA-AETHYLEN. NITRILEN U. ESTERN MITTELS ORGANOZINNHYDRIDEN 55-0215
- RK. V. ALKOXYTRIALKYLSTANNANEN MIT ENOLESTERN, BLDG. V. C-SN- ODER O-SN-VERB. 56-0068
- RK. D. SN-O-C-KETTE, AUSTAUSCH ZWISCHEN D. SI- BZW. GE-ALKYLOXY-DERIV. U. D. ALPHA-FUNKTIONELLEN SI-VERB. 56-0070
- DARST. V. ORGANOMETALLVERB. D. IV. HAUPTGRUPPE MIT GEM.-DIHALOGEN-CYCLOPROPYLRESTEN 56-0393
PERICHON J., VORLAEUFIGE DATEN FUER SAEURE-BASE-RK. IN N-METHYLACETAMID 56-0191
- LEITFAEHIGK. V. GEMISCHEN AUS N-METHYL-ACETAMID U. BROM 57-0196
- ELEKTROCHEMIE IN TETRAHYDROFURANLSG. 3. MITT. 60-0221
- ELEKTROCHEMIE IN TETRAHYDROFURANLSG. 4. MITT. 60-0222
- UNTERS. D. METHYLESTER LANGKETT. FETTSAEUREN MIT ALPHA-STAENDIGER ALKOXY-GRUPPE 63-0130
PERIE J. J., AMINOMERCURIER. 2. MITT. 56-0261
PERIN F., KERNMAGNET. RESONANZ V. SCHWEFEL- U. SELEN-ANALOGEN V. BENZOCYCLANONEN 60-0088
- HETEROCYCL. ANALOGE V. POLYARYLEN 63-0673
PERINET G., ENTHALPIEN U. PROD. D. THERM. ZERS. V. WASSERFREIEN KOBALTALKANOATEN IN INERTER ATMOSPHAERE 60-0065
- THERMOLYSE V. KOBALTOXALATDIHYDRAT 61-0057
PERKINS M. J., RK. V. (NITRO-BENZOYL)-PEROXIDEN MIT PYRIDIN 57-0367
- ACENAPHTHO(5.6-CD)(1.2.6)THIADIAZIN 59-0643
PERLMAN R. L., EIG. D. THYROGLOBULINS 16. MITT. 61-0817
PERL-MOLNAR I., ANALYTIK DER 1.2-GLYKOLE U. POLYOXYVERB. 7. MITT. 60-0846
- ANALYTIK D. 1.2-GLYKOLE U. POLYOXYVERB. 8. MITT. 60-0847
PERNER J., PROANTHOCYANIDINE 10. MITT. 59-0715
PEROTTI A., INDENOISOXAZOL-DERIV. 53-0382
PERRAUD R., ANWEND. D. SIMMONS-SMITH-RK. AUF D. DARST. V. CYCLOPROPYLALKOHOLEN U. -AMINEN 62-0417
PERRIER M., ORGAN. SCHWEFELVERB. 22. MITT. 63-0596
PERRIER-DATIN A., UNTERS. D. SELBSTASSOZIAT. U. D. MOL.-KOMPLEXBLDG. D. DIPHENYLKETIMINS IN LSG. DURCH INFRAROTSPEKTROSKOPIE 63-0207
PERRIN D. D., PTERIDINE 34. MITT. 59-0625
PERRIN R., AENDER.D.AUSBEUTE AN O-HYDROXY- U. P-HYDROXY-BENZOESAEURE BEI D. CARBOXYLIER. V. FUENF ALKALIMETALLPHENOLATEN 54-0262
PERRINS N. C., EINE NEUE PHOTOCHEM. RK. D. BENZOLRINGS 55-0205
PERRIOT P., DARST. V. PROPARGYLBROMIDEN VOM TYP R-C-C-CH2BR 56-0268
- SYNTH. D. MONOBROMHYDRINE V. ACETYLEN-GAMMA-GLYKOLEN 57-0293
PERRON R., DUENNSCHICHTCHROMATOGRAPHIE AN KIESELGEL-AKTIVKOHLE, TRENN. V. GESAETT. FETTSAEUREN U. IHREN METHYLESTERN 55-0600
- EINW. V. ALUMINIUMCHLORID AUF METHYLOLEAT 60-0346
- EINW. V. ALUMINIUMCHLORID AUF ESTER V. GESAETTIGTEN ALIPHAT. SAEUREN 60-0347
- DICKSCHICHTCHROMATOGRAPHIE V. ORGAN. VERB. AN SILICAGEL-AKTIVKOHLE, ENTSPRECHEND IHREM APOLAREN CHARAKTER, ANWEND. BEI D. PRAEPARATIVEN TRENN. V. METHYLESTERN D. GESAETT. FETTSAEUREN 64-0933
PERRON Y. G., N-CARBONSAEUREESTER V. 1.2- U. 1.4-DIHYDROCHINOLINEN. EINE NEUE KLASSE V. IRREVERSIBLEN INAKTIVATOREN D. BRENZCATECHINAMIN-ALPHA-REZEPTOREN U. STARKEN ZENTRALNERVENSYST.-DEPRESSOREN 58-0638
PERRONNET J., DARST. EINIGER 3-THIA-STEROID-S.S-DIOXIDEN U. IHRE KONFORM. 62-0804
PERROT C., DARST. V. SUBSTITUIERTEN 2.3-DIARYL-BENZO(B)FURANEN 53-0335
PERROTEY J., UNTERS. AN BERYLLIUMCHLORIDEN, -BROMIDEN U. -JODIDEN 2. MITT. 63-0059
PERROTTI A., NEUE 4-ARALKYLAMINO-2.3.4.5-TETRAHYDRO-1.4-BENZOXAZEPIN-5-ON-DERIV. 58-0681
PERSIN G. N., SYNTH. U. ANTIBAKTERIELLE AKTIVITAET EINIGER P-ALKYLMERCAPTO-BETA-BENZOYL-ACRYLSAEUREN 53-0600
PERSON H., RK. V. ALPHA-CYAN-ZIMTSAEUREAMID MIT ENAMINEN 56-0568
PERSON M., HETEROCYCL. REIHE 10. MITT. 53-0408
- HETEROCYCL. REIHE 11. MITT. 53-0409
- UNTERS. IN D. HETEROCYCL. REIHE 12. MITT. 56-0476
- UNTERS. IN D. HETEROCYCL. REIHE 13. MITT. 56-0477
- EINFLUSS DER ADSORPTION DES DEPOLARISATORS ODER EINES PROD. DER ELEKTROCHEMISCHEN RK. AUF POLAROGRAPHISCHE STROEME, 4. MITT. 64-0241
PERSON W. B., INTENSITAETEN IM FERNEN IR V. JODKOMPLEXEN 58-0094
PERSON Y., DARST. V. 7-METHYL-OXINDOL 58-0584
- ARYL-CYAN-THIOACETAMIDE 63-0439
PERSSON C., ZWEITER TRIPLETTZUSTAND V. DIACETYL 64-0334
PERST H., ARYLIERTE PHENANTHROLE AUS 2.4.6-TRIPHENYL-CHINOLEN U. ACETYLENCARBONSAEUREN 56-0423
PERVEEV F. J., ALKAL. ISOMERISIER. D. ALPHA-ACETYLENOXIDE MIT OXIDRING IN BETA-STELL. ZUR DREIFACHBIND. 57-0292
- UMWANDL. TERTIAERER AMINOALKOHOLE D. ACETYLENREIHE IN DERIV. D. CYCLOPENTADIENS 57-0618
- RK. EINES CHLORHYDRINS U. EINES ALPHA-OXIDES D. DIACETYLENREIHE MIT AMINEN 1. MITT. 58-0582
- DARST. V. N-ALKYL-2-PYRIDONIMINEN 58-0633
PERZ R., UMLAGER. V. 9-HYDROXY- U. 9-METHOXY-FLUORENYL-(9)-CARBINOLEN IN SCHWEFELSAEURE 61-0485
PESIN V. G., 2.1.3-THIA- U. -SELENADIAZOLE 50. MITT. 60-0568
- 2.1.3-THIA- UND -SELENA-DIAZOLE 51. MITT. 62-0586
- 2.1.3-THIA- U. -SELENA-DIAZOLE 52. MITT. 62-0587
PESSON M., ARYL-CYAN-THIOACETAMIDE 63-0439
- 2-DIALKYLAMINOMETHYL- U. 2-(2-DIALKYLAMINO-AETHYL)-3-ARYL-3.4-DIHYDRO-CHINAZOLINONE-(4) 64-0749
PESTRIKOV S. V., ISOMERISIER. V. ALPHA-OLEFINEN IN POCL2-LSG. 60-0331
PESTUNOVIC V. A., RK. V. SCHWEFEL MIT ORGAN. VERB. 14. MITT. 57-0353
PETE J., STEREOCHEMIE 21. MITT. 56-0701
PETEK M., KUPFER(II)-ACETYLACETONATE U. IHRE ADSORPT. AN QUECKSILBER 54-0022
PETER D., THERM. ISOMERISIER. V. 1.1-DICHLORCYCLOPROPANEN 56-0266
PETER H., MODIFIKAT. V. ANTIBIOTIKA 2. MITT. 64-0886
PETERS A. T., RK. IN N.N-DIMETHYL-FORMAMID 2. MITT. 60-0435
PETERS H., PYRROL-2.5-DIESSIGESTER U. TAUTOMERE VERB. 59-0534
PETERS O., RINGSPALT. V. O.N-HETEROCYCLEN 2. MITT. 54-0377
PETERSEN R. C., EINE NEUE SYNTH. V. CIS-BICYCLO(4.2.0)OCTAN-7.8-DIOL 54-0327
PETERSON D. J., CARBONYL-OLEFINIER.-RK. UNTER VERW. SILYLSUBSTITUIERTER ORGANOMETALLVERB. 59-0286
PETERSON L. I., CHEMIE D. PHOTODIMEREN V. MALEIN- U. FUMARSAEURE-DERIV. 6. MITT. 61-0457
PETERSON L. K., PSEUDO-ROTAT. BEI (PCF3)5 54-0091
- SYNTH. V. N.N-DIMETHYL-N'.N'-BIS-(TRIFLUORMETHYL)-

ARSINO-HYDRAZIN 55-0267
PETERSON P. E., LSGM. GERINGER NUCLEOPHILIE 10. MITT. 61-0267
- LSGM. V. GERINGER NUCLEOPHILIE 11. MITT. 61-0268
- 1.4- U. 1.5-HALOGENVERSCHIEB. BEI D. SOLVOLYSE PRIM. NOSYLATE 62-0234
PETERSSON G., MASSENSPEKTROMETR. IDENTIFIZIER. V. ALDONOLACTONEN ALS TRIMETHYLSILYLAETHER 53-0083
PETESCH P., CHEMIE D. SILICIUM-STICKSTOFF-VERB. 65. MITT. 54-0433
- CHEMIE D. SILICIUM-STICKSTOFF-VERB. 66. MITT. 54-0434
- VERB. V. NICHTMETALLHALOGENIDEN MIT PYRIDIN U. SEINEN HOMOLOGEN 6. MITT. 54-0435
- CHEMIE D. SILICIUM-STICKSTOFF-VERB. 68. MITT. 59-0046
PETIGARA R. B., SYNTH. NEUER PIPERAZINDERIV. MIT ZENTRALNERVENSYSTEMDAEMPFENDER WRKG. 1. MITT. 60-0628
PETIT F., KATALYT. ISOMERISIER. V. CAMPHEN 57-0717
PETIT L., CHEMIE D. ALPHA.BETA-AETHYLENDERIV. 1. MITT. 56-0318
- CHEMIE D. ALPHA,BETA-AETHYLENDERIV. 2. MITT. 60-0361
- RK. V. DIAETHYL-PYROCARBONAT MIT 2-MERCAPTO-BENZIMIDAZOL 62-0568
PETIT-RAMEL M., BEST. D. STABILITAETSKONST. U. D. ZIRKULARDICHROISMUS EINIGER GEMISCHTER KUPFERCHELATE 62-0001
PETJUNIN P. A., AMIDE U. HYDRAZIDE D. OXALSAEURE 14. MITT. 55-0191
- AMIDE U. HYDRAZIDE D. OXALSAEURE 15. MITT. 58-0410
PETKE J. D., SCF-BERECHN. D. GEOMETRIE V. PROTONIERTEM CYCLOPROPAN 64-0162
PETLICNAJA L. I., SYNTH. V. NEUEN ARYLIDENDERIV. D. 3-AMINO-RHODANINS 60-0547
PETRANEK J., POLAROGRAPH. U. ELEKTRONENPARAMAGNET. RESONANZ-UNTERS. D. EINELEKTRON-RED. ALKYLIERTER BENZOCHINONE 57-0200
PETRARCA A. E., EINDEUT. SPEZIFIKAT. D. STEREOISOMERIE AN DOPPELBIND. 57-0164
PETRAS S. A., ALKOXYVERB. 27. MITT. 53-0226
PETRELLIS P., SPEKTROSKOPIE U. PHOTOCHEMIE V. PHENYLOXIRANEN 63-0345
PETRENKO G. P., CIS- U. TRANS-ISOMERE V. 1.2.5-TRIBROM-ACENAPHTHEN 58-0509
- SUBSTITUT. V. HALOGENDERIV. D. ACENAPHTHYLENS 59-0450
- HALOGENDERIV. D. ACENAPHTHYLENS 4. MITT. 64-0520
PETRISSANS J., KONFORMATIONSANALYSE D. CIS-2.6-DICHLOR- U. D. CIS-2.6-DIBROM-CYCLOHEXANONS 57-0156
PETRITSCH K., SYNTH. V. HETEROCYCLEN 98. MITT. 55-0428
PETROV A. A., GESETZMAESSIGK. BEI D. ADDIT. V. DIACETYLENEN 13. MITT. 54-0212
- RK. V. 4-BROMPENTEN-(2) MIT VINYL- U. ISOPROPENYL-ACETYLEN 55-0228
- ENINAMINE 8. MITT. 56-0111
- STEREOSPEZIF. SELEKTIVE HYDRIER. V. 1.2-DIEN-PHOSPHONSAEUREESTERN 56-0205
- GESETZMAESSIGK. BEI ADDIT. V. DIACETYLENEN 14. MITT. 57-0291
- HYDRATAT.-RICHT. BEI P-SUBSTITUIERTEN PHENYLMETHYLMER-CAPTOACETYLENEN 57-0366
- 1.3-BIPOLARE ADDIT. AN UNGESAETT. VERB. 18. MITT. 57-0555
- GESETZMAESSIGK. D. ADDIT. AN KONJUGIERTE ENINKETONE 5. MITT. 58-0355
- GESETZMAESSIGK. D. ADDIT. AN KONJUGIERTE ENINKETONE 6. MITT. 58-0356
- ALPHA-UMLAGER. V. 4-(3-CHLOR-BUTEN-(2)-YL-OXY)-TOLUOL UNTER ZNCL2-EINFL. 58-0403
- 1.3-DIPOLARE ADDIT. AN UNGESAETT. VERB. 19. MITT. 60-0556
- EPR-UNTERS. D. PHOTOCHEM. RK. V. FESTEN H2O2-LSG. IN METHYLACETAT, METHYLFORMIAT U. ESSIGSAEURE BEI 77 GRAD K 61-0310
- RAMAN-SPEKTREN U. STRUKTUR NICHTKONJUGIERTER DIIN-KOHLENWASSERSTOFFE, -SILICIUMKOHLENWASSERSTOFFE U. -THIOAETHER 62-0074
- 1.3-DIPOLARE ADDIT. AN UNGESAETT. VERB. 21. MITT. 63-0520
- SCHWEFEL ENTHALTENDE AETHER D. ENINREIHE 64-0370
- ENINAMINE 9. MITT. 64-0399
- DIENSYNTH. MIT NITROALKENINEN 64-0472
- ENINAMINE 7. MITT. 64-0703
PETROV G., DARST., STRUKTUR U. RK.-FAEHIGK. D. MAGNESIUM-DIAETHYLPHOSPHONO-ACETONS, IR-SPEKTROSKOP. ANGABEN UEBER SEINE KATIONOTROPIE 54-0026
- DARST. U. EIG. D. DIALKYLESTER D. ALPHA-ACYLPHOSPHONACETONTRILE 59-0342
PETROV K. D., FURFURYLIDEN- U. BENZYLIDEN-P-AMINOPHENOLE U. EINIGE IHRER AETHER 60-0385
- N.N'-BIS-(BETA-HYDROXYAETHYL)-ALPHA.ALPHA'-DIAMINO-P-XYLOL, N-(BETA-HYDROXYAETHYL)- U. N.N'-BIS-(BETA-HYDROXYAETHYL)-9.10-DIAMINOMETHYLANTHRACEN 64-0523
PETROVA J., WECHSELWRKG. ZWISCHEN PHOSPHORORGAN. VERB. MIT AKTIVER METHYLENGRUPPE U. SCHIFFSCHEN BASEN IN GGW. V. SAUREN U. ALKAL. KATALYSATOREN 1. MITT. 59-0385
PETROVA R. G., RK. V. THIOLEN MIT UNGESAETT. VERB. IN GGW. V. PENTACARBONYL-EISEN 56-0279
PETROVSKII P. V., KINET. UNTERS. D. TRANS-ENOL-ALDO-CIS-ENOL-UMLAGER. V. 2-FORMYL-2-PHENYL-ESSIGSAEURE-ALKYLESTERN 55-0138
PETROW V., MODIFIZIERTE STEROID-HORMONE 48. MITT. 54-0543
- MODIFIZIERTE STEROIDHORMONE 49. MITT. 62-0797
PETROWSKI G., EIN KLASSISCHES ANIONRADIKAL AUS TRANS-BICYCLO(6.1.0)NONATRIEN-(2.4.6) 61-0106
PETRU F., ABS. KONFIG. V. 2.8-DIMETHYL-2-AETHYL-1.2.3.4-TETRAHYDRO-PHENANTHREN, EINEM DEHYDRIER.-PROD. V. EINIGEN DITERPENOIDEN 58-0515
- ISOMERIE D. BIS-(TYROSINATO)-KUPFER(II) 59-0001
- BIS-(GLYCINATO)-KOBALT(II), DARST. U. EINIGE EIG. 60-0058
PETRUS C., AZOLREIHE, ISOXAZOLONE-(3) U. -(5) 53-0381
PETRUS F., AZOLREIHE, ISOXAZOLONE-(3) U. -(5) 53-0381
PETRY G., TAUTOMERIE V. 3-PHENYL-5-AMINO(ODER -METHYLAMINO)-1.2.4-OXADIAZOL U. 3-PHENYL-5-IMINO-(ODER METHYLIMINO-DELTA(2))-1.2.4-OXADIAZOLIN 59-0190
- CHARAKTERISIER. D. PRIM. AMINOFUNKT. IM NAHEN INFRAROT DURCH PARTIELLE DEUTERIER., ANWEND. AUF D. UNTERS. D. AMINO-IMINO-TAUTOMERIE IN D. HETEROCYCL. REIHE 63-0214
PETRYKA Z. J., STEREOSPEZIF. SYNTH. V. CIS-CIS-STERCOBILINOGEN U. CIS-CIS-STERCOBILIN 56-0663
PETRZILKA T., INHALTSSTOFFE D. HASCHISCH 3. VORL. MITT. UMWANDL. V. (-)-DELTA(6,1)-3.4-TRANS-TETRAHYDROCANNA-BINOL IN (-)-DELTA(1,2)-3.4-TRANS-TETRAHYDROCANNABINOL 54-0569
- PHOTOHYDROLYSE V. MONOSUBSTITUIERTEN BENZOTRIFLUORIDEN 64-0333
PETTERSEN R. C., MOL. GEOMETRIE V. OXO-(DESOXOPHYLLOERY-THROAETIOPORPHYRINATO)-VANADIN, EINEM ANALOGEN D. CHLOROPHYLLS 64-0019
PETTERSON R. C., PHOTOFRAGMENTIER. V. OXIRANEN U. CYCLOPROPANEN. EINSCHIEB.-RK. V. PHENYLCARBEN, AUS VERSCHIEDENEN AUSGANGSVERB. DARGESTELLT 57-0345
PETTIT G. R., STEROIDE U. VERWANDTE NATURSTOFFE 41. MITT. 54-0547
- STEROIDE U. VERWANDTE NATURSTOFFE 42. MITT. 56-0710
- SYNTH. D. 6- U. 7-HYDROXY-5.8-DIOXO-CARBOSTYRILE 61-0630
- STRUKTURELLE BIOCHEMIE 8. MITT. 62-0738
- STEROIDE U. VERWANDTE NATURPROD. 45. MITT. 62-0796
PETTIT L. D., VGL. D. DONATOREIG. V. ELEMENTEN D. GRUPPE VIB 56-0042
- SAEUREDISSOZIAT.-KONST. V. SUBSTITUIERTEN PHENYLMERCAPTO- U. PHENYLSELENOESSIGSAEUREN 62-0181
PETTIT R., CYCLOBUTADIEN-METALLCARBONYL-KOMPLEXE 56-0082
- EIN BENZOHOMOTROPYLIUM-KATION 58-0525
- CYCLOBUTADIEN-PI-CYCLOPENTADIENYL-KOBALT 59-0078
- PI-CYCLOPENTADIENYLPROPINYLDICARBONYLEISEN 62-0047
PETUCHOV V. A., ULTRAVIOLETTSPEKTREN V. SILACYCLOBUTANEN 60-0077
PETUCHOVA N. P., ALPHA,BETA-UNGESAETT. THIOACETATE 3. MITT. 61-0448
- STEREOCHEMIE V. BICYCL. BRUECKENSYST. 1. MITT. 61-0511
PETVOSJAN V. S., EINFL. V. LSGM. AUF D. PMR-SPEKTREN D. QUECKSILBERDIPHENYLS 56-0014
PETZOLDT K., DELTA(24(28))-DEHYDRO-ERGOSTERIN, ISOLIER. U. CHEM. RK. 57-0745
PEYRON L., VORK. V. P-MENTHATRIEN-(1.3.8) IM AETHERISCHEN OEL D. BLAETTER V. PETERSILIE AUS JUGOSLAWIEN 57-0796
- EIN NEUER NICHT ISOPRENER ALKOHOL C10H18O AUS ORMENIS MULTICAULIS 63-0806
PEYRONEL, AROMAT. MOL.-KOMPLEXE 13. MITT. 60-0049
PEYRONEL G., AROMAT. MOL.-KOMPLEXE 14. MITT. 60-0050
- AROMAT. MOL.-KOMPLEXE 15. MITT. 60-0051
PEZERAT H., STRUKTUR V. MAGNESIUM-, MANGAN-, EISEN-, KOBALT-, NICKEL- U. ZINKOXALAT-DIHYDRATEN, AUFTRETEN V. PACK.-FEHLERN 62-0008
PFAENDER P., MASSENSPEKTROSKOP. FRAGMENTIER. U. SEQUENZANALYSE EINFACHER N-BENZYLOXYCARBONYL-TRYPTOPHYLPEPTIDESTER 53-0613
PFAFF I., STICKSTOFFHALT. STEROIDE 17. MITT. 53-0549
PFALZGRAF L. G., MOLEKULARSTRUKTUR V. NIOB(V)- U. TANTAL(V)-METHANOLAT IN NICHTPOLARER LSG. NACHW. EINES SCHNELLEN INTRAMOLEKULAREN AUSTAUSCHPROZESSES 64-0013
PFAU M., PHOTOCHEM. ADDIT. V. AMINEN AN ALPHA,BETA-UNGESAETT. ESTER 55-0391
- KONFIGURATIONS- U. KONFORMATIONSUNTERS. V. GAMMA-LACTONEN DURCH KERNMAGNET. RESONANZ 56-0159
PFAU M. A., DIMERISIERENDE PHOTORED. V. 2-METHYL-BENZOPHENONEN 63-0339
PFEFFER P., STRYCHNINDERIVATE UND IHRE UMWANDLUNG IN BRUCIN 64-0806
PFEFFER P. E., D. STER. VERLAUF D. THERM. UMLAGER. V. METHYLBICYCLOBUTANEN 62-0485
- SYNTH. U. CHEMIE V. EINIGEN TRICYCLO(4.2.1.0(2,5))NO-NAN-DERIV. 64-0537
PFEIFFER F. R., GLYCERINLIPOIDE 1. MITT. 63-0375
PFENNINGER E., PHOTOCHEM. RK. 46. MITT. 62-0802
PFLEGEL P., POLAROGRAPHIE V. HETEROCYCLEN 6. MITT. 64-0730
PFLEIDERER W., PTERIDINE 34. MITT. 59-0625
PFUELLER U., UMLAGER. BEIM ALKAL. ABBAU V. 1-DIALKYLAMINO-ALKANDIIN-(2.4)-METHOJODIDEN 62-0327
PHAN-TAN-LUU R., PHYSIKAL.-CHEM. UNTERS. D. THIAZOLRINGES 6. MITT. 55-0099
- PHYSIKAL.-CHEM. UNTERS. D. THIAZOLRINGES 5. MITT. 55-0145
PHILBIN E. M., FLAVANOIDEPOXIDE 5. MITT. 57-0572
PHILION R., DES-A-PREGNANE, ABBAU V. 11ALPHA-HYDROXY-PROGESTERON 59-0743
PHILIP B. H., DURCH LEWIS-SAEUREN KATALYSIERTE ZERS. V. DIAZOALKANEN 56-0242

- RK. V. 1-PHENYL-CYCLOPENTAN-CARBONITRIL MIT METHYLMAGNESIUMJODID. BLDG. V. BIS-(1-PHENYL-CYCLOPENTYL)-KETON 62-0442

PHILIPP A., SYNTH. IN D. DITERPEN-ALKALOID-REIHE 8. MITT. 59-0699

PHILIPS J. C., ALPHA-HALOGENSULFONE 8. MITT. 55-0353
- UNGESAETT. HETEROCYCL. SYST. 44. MITT. 64-0559

PHILIPSBORN W. VON, LSGM.-EFFEKTE IN KERNRESONANZSPEKTREN GESAETT. KW-STOFFE 58-0104
- PROTONENRESONANZ-SPEKTREN D. 3.5-CYCLOHEXADIEN-1-ON-SYST. (ORTHO-DIENONE) 62-0089

PHILLIPPS G. H., SYNTH. V. EQUILENIN, EQUILIN U. 17BETA-HYDROXY-DELTA(4)-OESTREN-3-ON 57-0724

PHILLIPS A. A., NEUE ANTITUBERKULOESE U. ANTILEPROT. AGENTIEN, 1-(3-(5.6.7.8-TETRAHYDRO-4-(PHENYLAZO- U. -3-PYRIDYLAZO)-1-NAPHTHYL-AMINO)-PROPYL)-PIPERIDINE U. AEHNLICHE VERB. 63-0675

PHILLIPS D. D., PROTONEN-AUSTAUSCH- U. EPIMERISIER.-GESCHW. V. DL- U. MESO-ALPHA-METHYLBENZYL-SULFON 58-0281

PHILLIPS E., HETEROCYCL. POLYFLUORVERB. 12. MITT. 54-0439

PHILLIPS G. O., PRIMAERPROZESSE BEI D. PHOTOLYSE V. 9.10-ANTHRACHINON-2-SULFONSAUREM NATRIUM IN WSS. LSG. 53-0186
- POLYANIONEN U. IHRE KOMPLEXE 3. MITT. 63-0861
- POLYANIONEN U. IHRE KOMPLEXE 4. MITT. 63-0862
- POLYANIONEN U. IHRE KOMPLEXE 5. MITT. 63-0863

PHILLIPS G. T., NATUERL. VORKOMMENDE THIOPHENE 4. MITT. 54-0366
- ABSORPT.-SPEKTREN U. SYNTH. EINIGER 2.2'-BITHIENYLDERIV. 55-0064

PHILLIPS W. G., CHEMIE D. SULFOXIDE 9. MITT. 56-0280

PHILLIPSON J. D., KONFIG.-ANALYSEN D. OXINDOL-ALKALOIDE V. RHYNCHOPHYLLIN-TYP, ABS. KONFIG. V. CILIAPHYLLIN, RHYNCHOCILIN, SPECIONOXEIN, ISOSPECIONOXEIN, ROTUNDIFOLIN U. ISOROTUNDIFOLIN 57-0151
- CHEMISCHE BESTAETIG. D. KONFIG. FUER D. INDOL-ALKALOIDE SPECIOGYNIN, SPECIOCILIATIN, MITRACILIATIN U. HIRSUTIN 60-0709

PHILOGENE E., AN AMINOSAEURE U. PEPTIDE GEBUNDENE STEROIDE, 2. MITT. 56-0702

PHUNG N. H., ANWEND. D. DYNAM. GLEICHGEW. D. ISOMERISIER. AUF D. POLYMERISAT. V. OLEFINGEMISCHEN 2. MITT. 56-0234

PIACENTI F., RK. V. (+)-TRIS-(23)-1.2-DIMETHYL-BUTOXYMETHAN MIT KOHLENOXID U. WASSERSTOFF IN GGW. V. DICOBALTOCTACARBONYL 54-0218
- ALDOLKONDENS. V. GAMMA-FORMYL-BUTTERSAEUREESTERN 61-0364
- SYNTH. V. PI-ALLYLRUTHENIUMTRICARBONYLHALOGENIDEN 63-0096

PIALA J. J., SYNTH. U. PHARMAKOLOG. AKTIVITAET V. MIT D. ANTIDEPRESSIVUM 5-(2-DIMETHYLAMINO-AETHYL)-2.3-DIHYDRO-2-PHENYL-1.5-BENZOTHIAZEPIN-4-ON (THIAZESIM) VERWANDTE VERB. 3. MITT. 60-0681

PIANKA M., STRUKTUR U. PESTICIDE WRKG. V. DERIV. V. DINITROPHENOLEN 4. MITT. 56-0343
- STRUKTUR U. PESTIZIDE WRKG. V. DINITROPHENOLEN 5. MITT. 56-0344
- STRUKTUR U. PESTIZIDE AKTIVITAETEN V. DINITROPHENOL-DERIV. 7. MITT. 57-0428

PIANTADOSI C., PEPTIDE V. PYRIMIDINAMINOSAEUREN 63-0841
- FLUORIERTE PYRIMIDINALDEHYDE, HEMM. D. NUCLEINSAEURE- U. PROTEINBIOSYNTH. IN EHRLICH-ASCITES-KARZINOM-ZELLEN IN VITRO 63-0870

PIATAK D. M., STEROIDE MIT AROMAT. RING A 12. MITT. 61-0137

PIATKOWSKI K., STEREOCHEMIE D. CARAN-SYST., STEREOISOMERE CARANONE-(5) U. CARANOLE-(5) 58-0754

PIAZZA M. J., ROTATIONSDISPERS.-UNTERS. 6. MITT. 64-0086

PICARD J., ADDIT.-PROD. V. N.N-BIS-(TRIMETHYL-SILYL)-AMINO-NATRIUM MIT EINIGEN EPOXIDEN, IHRE EINW. AUF VERSCHIEDENE ALKYL-CHLOR-SILANE 54-0245

PICHAT L., NEUE SYNTH. V. (8-14C)-BETA-NAPHTOL 57-0444
- ANWEND. D. WITTIG-RK. AUF D. SYNTH. MARKIERTER MOL. (BETA,GAMMA.GAMMA'.DELTA-(14)C4)DL-ISOLEUCIN 62-0364
- ANALYSE V. DL-EPHEDRIN DURCH PAPIERELEKTROPHORESE, ANWEND. ZUR KONTROLLE D. CHEM. U. RADIOCHEM. REINH. V. (HYDROXYMETHYLEN-(14)C)DL-EPHEDRIN 64-0936

PICHLER A., EINFL. D. TEMP. AUF D. CHLORIER. GESAETT. KW-STOFFE (LABOR.-MITT.) 58-0232

PICK C., EINFL. V. AEROSIL U. FUELLSTOFF R 972 AUF D. FLIESSEIG. V. PUDERROHSTOFFEN 54-0592

PICK J., MISCH.-WAERMEN NORMALER ALKOHOLE MIT CYCLOHEXAN VORL. MITT. 55-0134

PICKARD A. L., ORGANOINDIUM-CHEMIE 2. MITT. 63-0067

PICKERT P. E., ISOMERISIER. V. DIAETHYLBENZOLEN UNTER VERWENDUNG V. ZEOLITKATALYSATOREN 62-0266

PICKETT J. B., ORGANOMETALLRADIKALE 3. MITT. 63-0728

PIEKARSKI S., POLAROGRAPH. RED. EINER REIHE HOMOLOGER ALPHA-BROM-ESTER 56-0200
- POLAROGRAPH. RED. EINER REIHE HOMOLOGER ALKYLPHENONE 56-0201

PIELICHOWSKI J., UMSETZ. V. 9-VINYL-CARBAZOL MIT NATRIUMHYPOHALOGENITEN 62-0536

PIEMONTI C., HOCHSELEKTIVE ALLYLBROMIERUNG IN EINEM BICYCL. SYST. 61-0540

PIERCE J. B., CYCLOPROPANE 23. MITT. 63-0502

PIERCE O. R., KOPPL. V. MONOBROMPERFLUORALKANCARBON-SAEUREESTERN 58-0374

PIERENS R. K., MOL.-POLARISIERBARK., D. EFFEKT V. PARA-SUBSTITUENTEN IN ANILINEN 62-0066

PIERRE G., ELEKTROCHEMISCHE EIG. DES THIOCYANATIONS U. VON DITHIOCYAN IN ACETONITRIL, ELEKTROCHEMISCHE THIOCYANIERUNG 60-0030

PIERRE J., LSGM.-EFFEKTE BEI NMR-UNTERS. 3. MITT. 53-0071
- KERNMAGNET. RESONANZ BEI KLEINEN RINGEN 5. MITT. 56-0126
- EPOX. V. ALPHA,BETA-AETHYLENKETONEN DURCH N-BROMSUCCINIMID, STEREOCHEMIE, SPEKTROSKOP. UNTERS. V. ALPHA-EPOXYKETONEN 57-0486
- DARST. D. SULFONSAEUREESTER V. AETHYLENALKOHOLEN U. EPOXYALKOHOLEN 59-0502

PIERRE J. S., INTRAMOL. KATALYSE BEI RK. NUCLEOPHILER REAGENZIEN MIT ASPIRIN 64-0316

PIERRE-PIERRE M., CIS- U. TRANS-2-VINYL-4.5-DIMETHYL-THIAZOLIN 62-0581

PIERS E., STEREOSELEKTIVE SYNTH. V. (+-)-EREMOPHILADIEN-(3.11) U. VERWANDTEN VERB., ZUR VORGESCHLAGENEN STRUKTUR FUER EREMOPHILEN 57-0715

PIERSON G. O., KONFORM.-ANALYSE EINIGER 2-ALKOXY-TETRAHYDROPYRANE 64-0174

PIETRA F., REAKTIONSFAEHIGKEIT D. HALOGENE BEI D. AKTIVIERTEN AROMAT. NUCLEOPHILEN SUBSTITUTION 55-0185
- AKTIVIER. DURCH D. O-NITRO-GRUPPE BEI D. NUCLEOPHILEN AROMAT. SUBSTITUTION 62-0248

PIETRA S., NUCLEOPHILE RK. V. 2-NITRO-PHENAZIN-10-OXID 2. MITT. 58-0653
- NUCLEOPHILE RK. V. 2-NITRO-PHENAZIN 3. MITT. 58-0654

PIETRASANTA Y., HEXASUBSTITUIERTE TETRAHYDROPYRIDAZINE 56-0595
- DODEKAHYDROPHENANTHREN-REIHE 9. MITT. 60-0437

PIETSCH H., UEBER WASSERSTOFFBRUECKEN 9. MITT. 53-0113

PIETTA P., 2.2.2-TRIFLUOR-1-ACYLAMINO-AETHYL-RESTE ALS SCHUTZGRUPPEN FUER D. IMINOGRUPPE D. HISTIDINS BEI PEPTIDSYNTH. 56-0725
- 2.2.2-TRIFLUOR-1-BENZYLOXYCARBONYLAMINO-AETHYL-REST ALS SCHUTZGRUPPE FUER D. HYDROXYLGRUPPEN D. SERINS U. THREONINS BEI PEPTIDSYNTH. 59-0767

PIETTA P. G., DEHYDROHALOGENIER. V. PHTHALYL-BETA-ALANIN-CHLORID U. RK. D. ENTSPRECHENDEN ANHYDRIDS 53-0233
- SYNTH. D. N-TERMINALEN TETRAPEPTIDS D. ALPHA-KETTE D. MENSCHL. HAEMOGLOBINS, SOWIE PHYSIKAL.-CHEM. DATEN D. RK. SEINER NH2-GRUPPE MIT CO2 U. H(+)-IONEN 53-0570

PIFFARETTI D., HEXASUBSTITUIERTE TETRAHYDROPYRIDAZINE 56-0595

PIFFERI G., AUF D. ZENTRALNERVENSYST. WIRKENDE SUBSTANZEN. SYNTH. U. CHEM. EIG. V. 3-SUBSTITUIERTEN 1-AMINO-AZETIDINONEN, IHRE UMLAGER. IM SAUREN MEDIUM ZU 4-SUBSTITUIERTEN PYRAZOLIDINONEN-(3) 56-0465

PIFFERI P. G., PHOTOCHEM. UEBERFUEHR. V. STICKSTOFF IN ORGAN. VERB. IN VITRO 3. MITT. 60-0781
- PHOTOCHEMISCHE UEBERFUEHRUNG VON STICKSTOFF IN ORGANISCHE VERBINDUNGEN IN VITRO, 4. MITT. 64-0405

PIGENET C., ELEKTR. MOMENTE V. THIOESSIGSAEURE, N-METHYL-THIOPROPIONAMID U. IHREN DIMEREN 60-0074
- KONFORM. VON O-AMINO-PHENOL, O-AMINO-THIOPHENOL U. O-AMINO-ANISOL 60-0173
- ELEKTR. MOMENTE V. N.N-DIMETHYL-BANZAMID, -THIO- U. -SELENOBENZAMID U. V. N.N-DIMETHYL-BENZAMIDIN 63-0116
- BEVORZUGTE KONFORM. D. JODFORMYLTHIOPHENE U. D. 3-JOD-2.5-DIFORMYL-THIOPHENS 63-0185

PIGNATARO S., THERM. ZERS. V. ORGANOMETALLVERB. IN D. IONENQUELLE EINES MASSENSPEKTROMETERS 58-0013

PIGNOLET L. H., KINETIK D. LIGANDENAUSTAUSCHS IN TETRAEDR. KOMPLEXEN, UNTERS. D. LIGANDENAUSTAUSCHS EINIGER NICKEL(II)- U. KOBALT(II)-KOMPLEXE MIT TERTIAEREN PHOSPHINEN DURCH PROTONENMAGNET. RESONANZ 59-0029

PIGULEVSKIJ G. V., OXIDE HOEHERER UNGESAETT. SAEUREN. RK. V. BRASSIDIN- U. ERUCASAEUREOXID MIT AMMONIAK 58-0388

PIHLAJA K., ABHAENGIGK. D. (1)H-NMR-SPEKTRUMS V. GLEICHGEW. ZWISCHEN KONFORM.-ISOMEREN 64-0116
- ENERGIEDIFFERENZEN ZWISCHEN SESSEL- U. SCHIEFER BOOTFORM AM 1.3-DIOXANRING 64-0211

PIKE M. T., STEREOSELEKTIVE SYNTH. V. ALPHA- U. BETA-AGAROFURAN 58-0741

PIKE R. K., BIOSYNTH. V. PHENOLEN 16. MITT. 64-0907

PIKE W. T., ABBAU KONDENSIERTER TANNINE, STRUKTUR D. TANNINS AUS GEWOEHNL. HEIDEKRAUT 56-0749

PIKUNAJTE L. A., SYNTH. V. BETA-PHENYL-BETA-ALKYLAMINO-AETHOXY-BENZODIOXANEN-(1.4) U. IHREN BENZOLANALOGEN 55-0457

PILAR J., POLAROGRAPH. U. ELEKTRONENPARAMAGNET. RESONANZ-UNTERS. D. EINELEKTRON-RED. ALKYLIERTER BENZOCHINONE 57-0200

PILGRAM K., DARST. U. FRAGMENTIER. V. BETA.BETA-BIS-(TRICHLORMETHYL)-BETA-PROPIOLACTON 60-0478

PILJUGIN G. T., SYNTHET. FARBSTOFFE 66. MITT. 60-0080
- SYNTHET. FARBSTOFFE 71. MITT. 60-0618
- SYNTHET. FARBSTOFFE 51. MITT. 62-0629
- SYNTHET. FARBSTOFFE 67. MITT. 62-0630
- SYNTHET. FARBSTOFFE 68. MITT. 62-0631
- SYNTHET. FARBSTOFFE 69. MITT. 62-0632
- SYNTHET. FARBSTOFFE 72. MITT. 64-0713

PILLING R. L., PI-DICARBOLLYLDERIV. V. UEBERGANGSMETAL-LEN, METALLOCEN-ANALOGE 59-0041

PILLONI G., LSGM.-EFFEKTE BEI D. JODSPALT. V. TETRAORGANOBLEIVERB. 58-0034

PILOT J. F., STEREOISOMERIE AM PHOSPHOR IN CYCL. OXYPHOSPHORANEN, D. RK. V. PHOSPHONIGSAEURE- U. PHOSPHINIGSAEUREESTERN MIT 3-BENZYLIDEN-PENTANDION-(2.4) 60-0544
- VERB. MIT PENTAVALENTEM U. TETRAVALENTEM PHOSPHOR DURCH RK. V. TRIVALENTEN PHOSPHORVERB. MIT ALPHA,BETA-UNGESAETT. KETONEN. DIPOLARE IONEN DURCH RK. TERTIAERER PHOSPHINE MIT 3-BENZYLIDEN-2.4-PENTANDION 62-0409
PIMENTEL G. C., POTENTIALFUNKT. U. BIND. IN FREIEN RADIKALEN D. FORM X-CO 64-0190
PINCOCK R. E., SPEKTRALE EIG. V. EXO- U. ENDO-TRICYCLO(3.2.1.0(2,4))OCTANON-(8) 55-0054
PINCUK N. M., PROD. D. KONDENS. V. TRICHLOR-AETHYLEN IN GGW. V. ALCL3 53-0273
PINDER A. R., CHEMIE V. OTTONIA VAHLII, KTH. 1. MITT. 57-0521
PINDER R. M., ANTIMALARIAMITTEL 2. MITT. 60-0461
PINE S. H., SYNTH. V. TRIARYLALKYLAMMONIUMSALZEN 64-0450
PINEAU J., EINFL. D. HALOGENS V. BENZYLHALOGENIDEN AUF D. C-BENZYLIER. V. PHLORACETOPHENONEN 56-0406
- WRKG. V. WSS.-METHANOL. SCHWEFELSAEURE AUF D. EPOXIDE V. 2'-METHOXYMETHOXY-CHALKONEN U. UEBERGANG IN D. ENTSPRECHENDEN FLAVANOLE 56-0545
- SYNTH. U. SAEUREISOMERISIER. V. 6- U. 8-BENZYL-CHRYSINEN 56-0546
PINES A., UNTERS. D. INNEREN ROTAT. V. DIMETHYLFORMAMID MITTELS D. GESTALT D. GESAMT-NMR-KURVE 63-0167
PINES H., AL2O3, KATALYSATOR U. TRAEGER 36. MITT. 59-0240
- AL2O3, KATALYSATOR U. TRAEGER 37. MITT. 63-0487
- HOMOGENE BASEN-KATALYSIERTE ADDIT. V. AROMAT. ALKYLHETEROCYCLEN AN KONJUGIERTE KOHLENWASSERSTOFFE 63-0577
PINES S. H., 3-ARYL-2-METHYLSERINE 1. MITT. 63-0453
- 3-ARYL-2-METHYLSERINE 2. MITT. 63-0454
PINHEY J. T., PROTONENMAGNET. RESONANZ EINIGER CUMARINE U. 2.2-DIMETHYL-CHROMENE, WEITERE BEISPIELE FUER SPIN-SPIN-KOPPL. ZWISCHEN RINGEN 54-0073
PINKUS A. G., EINE NEUE PHOSPHORORGAN. RK. MIT MULTIPLER BIND.-SPALT. BZW. -KNUEPF. 54-0308
PINNOCK H. A., ALKYL-, ARYL- U. ACYL-METALL(III)-KOMPLEXE V. AETIOPORPHYRIN I 60-0731
PINO P., RK. V. (+)-TRIS-(2S)-1.2-DIMETHYL-BUTOXYMETHAN MIT KOHLENOXID U. WASSERSTOFF IN GGW. V. DICOBALTOCTA-CARBONYL 54-0218
- NITRIER. V. 4-PHENYL-ISOXAZOL 56-0511
- KRISTALL- U. MOLEKULARSTRUKTUR V. COC12H19, KATALYSATOR FUER D. DIMERISAT. V. BUTADIEN 57-0018
- BEZIEH. ZWISCHEN ABS. KONFIG. U. D. VORZEICHEN D. OPT. DREH. BEI 2.3-DIMETHYL-PENTANSAEURE 61-0145
- ALDOLKONDENS. V. GAMMA-FORMYL-BUTTERSAEUREESTERN 61-0364
- OPT. SPALT. EINIGER RAC. ALPHA-OLEFINE DURCH STEREOSELEKTIVE KOMPLEXBLDG. 62-0325
- SYNTH. V. PI-ALLYLRUTHENIUMTRICARBONYLHALOGENIDEN 63-0096
- SYNTH. V. OPT. AKT. U. RAC. 2.6.8-TRIMETHYL-NONANON-(4) U. 2.4.8.10-TETRAMETHYL-UNDECANON-(6) 64-0378
PINSON J., ELEKTROCHEM. RED. EINIGER 1.2-DIIMINE 61-0674
PINTO F. G., WEITERE ASPEKTE D. BEGUENSTIGTEN THERM. ZERS. GEMISCHTER KOHLENSAEUREANHYDRIDE 63-0347
PIODA L. A. R., KOMPLEXE V. ENNIATINEN U. ANDEREN ANTIBIOTIKA MIT ALKALIMETALL-IONEN 59-0779
PIOZZI F., UMWANDL. V. TETRAHYDROINDOXAZENDERIV. IN TETRAHYDROINDAZOLDERIV. 56-0497
- NARCICLASIN U. NARCIPRIMIN 58-0718
- DITERPENE AUS SIDERITIS SICULA UCRIA 64-0826
PIPER J. R., SPERMIN- U. SPERMIDIN-VERWANDTE DERIV. D. 2-AMINO-AETHANTHIOLS 59-0325
PIPPERT D. L., D. CARBONIUMION D. ALL-TRANS-RETINYLACETATS, SPEKTROSKOP. NACHW. U. IDENTIFIZIER. ABSORBIERENDER SPEZIES, EINFL. D. UMGEB. AUF SPEKTRALEIG. 60-0303
PIRILAE L., D. BLDG. D. BEIDEN ENDO-EXO-ISOMEREN ALPHA-FENCHENHYDRATE 54-0534
PIRISI R., STICKSTOFFHETEROCYCLEN 3. MITT. 60-0644
PIRKLE W. H., NICHTAEQUIVALENZ D. NMR-SPEKTREN V. ENANTIOMEREN IN OPT. AKT. LSGM. 3. MITT. 53-0074
- RK. V. 1.2.4-TRIAZOLIN-3.5-DIONEN MIT MONOOLEFINEN 53-0388
- 4-OXA-TRICYCLO(3.1.0.0(2,6))HEXANON-(3) (TRICYCLO-(2(3,6)1.1.0)PYRANON-(2)) 56-0469
- PHOTOLYSE GEHINDERTER SPIRO(2.5)OCTADIEN-(4.7)-ONE-(6) 57-0470
- STRUKTUR V. ELEKTRONENSTOSSFRAGMENTEN, D. C4H4O-RADIKALKATION AUS PYRON-(2) 62-0108
- NMR-SPEKTROSKOPIE IN OPT.-AKTIVEN LSGM. 5. MITT. 62-0133
- 1.2-DIMETHYL-5.7-DI-TERT.-BUTYL-SPIRO(2.5)OCTATRIEN-(1.4.7)-ON-(6), DARST. U. RK. 63-0552
- HALONIUMYLIDE 2. MITT. 64-0440
- HALONIUMYLIDE 1. MITT. 64-0506
PIRLEA M., METALLKOMPLEXE D. ANTHRANIL-DIESSIGSAEURE (ANDA) 6. MITT. 57-0025
PIROZKOV S. D., SYNTH. V. CARBONSAEUREDERIV. UNTER D. BEDING. D. SAEUREKATALYSE AUS CO, OLEFINEN U. ACYLIERBAREN VERB. 26. MITT. 58-0368
- SYNTH. V. CARBONSAEUREDERIV. AUS CO, OLEFINEN U. ACYLIERENDEN VERB. UNTER D. BEDING. D. SAUREN KATALYSE 27. MITT. 60-0343
- SYNTH. V. CARBONSAEUREDERIV. AUS CO, OLEFINEN U. ACYLIERENDEN VERB. DURCH SAURE KATALYSE 28. MITT. 61-0356
- SYNTHESE VON CARBONSAEUREDERIVATEN AUS CO OLEFINEN UND ACYLIERBAREN VERBINDUNGEN UNTER DEN BEDINGUNGEN DER SAUREN KATALYSE, 29. MITT. 64-0483
PISCHEL H., OLIGONUCLEOTID-VERB. 20. MITT. 54-0490
- GLYKOSIDE V. HETEROCYCLEN 23. MITT. 54-0491
- NUCLEOTIDANALOGA V. 1-(BETA-D-RIBOFURANOSYL)-PYRIDON-(2) 55-0492
- SYNTH. V. 1-O-ACETYL-2.3-DI-O-BENZOYL-5-DESOXY-5-JOD-BETA-D-RIBOFURANOSE U. D. ENTSPRECHENDEN HALOGENOSE 64-0786
- NUCLEINSAEURE-KOMPONENTEN U. IHRE ANALOGE 114. MITT. 64-0793
PISCITELLI M., SYNTH. U. REAKTIVITAET V. (1.2-DIARYL-2-ARYLMERCAPTO-VINYL)-2.4.6-TRINITRO-BENZOLSULFONATEN 64-0497
PISKALA A., NUCLEINSAEUREBESTANDTEILE U. IHRE ANALOGA 101. MITT. 55-0477
- NUCLEINSAEUREBESTANDTEILE U. IHRE ANALOGA, 104. MITT. 56-0605
PISKORSKA-CHLEBOWSKA A., RED. D. ACETYLDERIV. V. PYRIDINIUM-N-GLYKOSIDEN MIT NATRIUMBORHYDRID 59-0667
- EINW. V. PYRIDIN AUF EINIGE ACETO-BROM-DISACCHARIDE 62-0691
PISKOV V. B., NEUE DARST. V. CYCLOHEXANDIONEN-(1.3) 54-0293
PISKUNOVA G. F., SUBSTITUIERTE HYDRAZIDE V. HYDROXYCARBONSAEUREN 42. MITT. 54-0311
PISZKIEWICZ D., GLYKOSID-HYDROLYSE 2. MITT. 61-0243
PITCHFORK E. D., TRIAZINE 3. MITT. 54-0462
- TRIAZINE 4. MITT. 54-0463
PITHA J., N-VINYL-DERIV. V. SUBSTITUIERTEN PYRIMIDINEN U. PURINEN 62-0642
PITKAENEN I., THERMODYNAMIK D. BLDG. ANION. CHELATE 3. MITT. 62-0016
PITKAENEN I. P., THERMODYNAMIK D. BLDG. ANION. CHELATE 4. MITT. 62-0167
PITMAN I. H., OX. V. THIOAETHERN ZU SULFOXIDEN MIT JOD 2. MITT. 61-0212
PITRE D., AUFTRENN. D. JODOPANSAEURE IN OPT. ISOMERE 60-0388
PITT C. G., DURCH RADIKALE KATALYSIERTE UMLAGER. V. TRISILANTHIOLEN 61-0037
- THERMODYNAMISCHES GLEICHGEW. V. TRIMETHYLSILYL-DERIV. D. AETHYLENDIAMINS 61-0292
PITTS A. D., PI-DICARBOLLYLDERIV. V. UEBERGANGSMETALLEN, METALLOCEN-ANALOGE 59-0041
PITTS J. N. JUN., PHOTORED. V. CYCLOPENTANON U. CYCLOHEXANON 53-0187
- PHOTOCHEM. UNTERS. IN STARREN MATRIZEN 2. MITT. 60-0308
- MOLEKULARSTRUKTUR U. PHOTOCHEM. REAKTIVITAET 6. MITT. 60-0315
PIVCOVA H., SPIROBIINDANTETROLE AUS 3-TERT.-ALKYL-BRENZCATECHINEN 63-0564
PIWOWARSKA B., RK. ZWISCHEN BLEI(II)-IONEN U. 2.2'-DICINCHONINATIONEN 56-0071
PIZZALA L., SYNTH. V. MONO- U. DISUBSTITUIERTEN TETRADEUTERO-CYCLOHEXANEN U. -CYCLOHEXENEN (SUBSTITUENTEN COOR, F, CL, BR, OH) 60-0398
PIZZOLATO G., STERISCHE GESCHWINDIGKEITSVERGROESSERUNG BEI DER NEWMAN-KWART-UMLAGERUNG, VERGLEICH MIT DER CHAPMAN-UMLAGERUNG 64-0303
PLACE R. D., DARST. U. CHARAKTERISIER. EINIGER NEUER PENTAFLUORSULFANYLOXYALKANE U. -ALKENE 63-0369
PLANE R. A., RAMAN-SPEKTREN V. AETHYLENDIAMINTETRAESSIGSAEURE U. IHREN METALL-KOMPLEXEN 63-0007
- KINETIK D. VERDRAENG. D. MAGNESIUM-IONS AUS PORPHYRIN DURCH SAEUREN 63-0050
PLAT M., LSGM.-EFFEKTE BEI NMR-UNTERS. 3. MITT. 53-0071
- ALKALOIDE V. CALLICHILIA SUBSESSILIS 3. MITT. 53-0508
- UNTERS. D. STEREOCHEMIE V. GEM.-DISUBSTITUIERTEN CYCLOPROPANEN MIT HILFE D. KERNMAGNET. RESONANZ 56-0160
PLATA M. G., NEUE PYRIMIDYL-(1)-AMINOSAEUREN 62-0656
PLATE A. F., RK. V. 1-METHYL-BICYCLO(3.1.0)HEXAN U. 1-METHYL-BICYCLO(4.1.0)HEPTAN IN GGW. V. SILICAGEL U. BEI D. HYDRIER. AN PLATINKATALYSATOREN 59-0474
- UMWANDL. V. BICYCL. KW-STOFFEN MIT BRUECKENSYST. 6. MITT. 60-0451
- UMWANDLUNGEN V. BICYCLISCHEN KOHLENWASSERSTOFFEN MIT BRUECKENSYST., 7. MITT. 60-0452
PLEAU J., EINFL. V. LSGM., METALLSALZEN U. ORGAN. HALOGENIDEN AUF RK. V. GRIGNARD-REAGENZIEN 53-0200
- SYNTH. V. TERT. CYCL. U. TERPEN. ALKOHOLEN DURCH KONDENS. V. ORGANOLITHIUM-VERB. MIT D. ENTSPRECHENDEN KETONEN 57-0718
PLECHOTKINA M. M., JOCIC-RK., SYNTH. SEKUNDAERER ACETYLENALKOHOLE 56-0372
PLEISS M. G., HETEROCYCL. UNTERS. 27. MITT. 60-0684
PLEMENKOV V. V., RK. V. THIONYLNAPHTHYLAMINEN MIT CYCLOPENTEN 63-0727
PLENAT F., DARST. TRICYCL. N- U. O-HETEROCYCLEN AUS CYANAETHYL-ENAMINEN 55-0366
- DURCH SAEURE KATALYSIERTE OX. V. SPIROCYCLANONEN MIT WASSERSTOFFPEROXID 62-0492
PLESEK J., CHEMIE D. BORANE 8. MITT. 59-0035
- CHEMIE D. BORANE 9. MITT. 59-0036

- CHEMIE D. BORANE 10. MITT. 59-0037
- CHEMIE D. BORANE 11. MITT. 59-0038
- SYNTH. V. (+)-1.3.3-TRIMETHYL-6-THIABICYCLO(2.2.2)OCTAN 64-0687

PLESS J., SYNTH. D. THYREOCALCITONINS 64-0876
PLESSAS N. R., SYNTH. V. CHLOR-DESOXYZUCKERN 56-0616
PLESSISDU T. A., NIEDERMOL. PROD. D. RADIOLYSE V. AETHYLEN IN WSS. LSG. 53-0180
PLEVEY R. G., AROMAT. POLYFLUOR-VERB. 40. MITT. 62-0535
- AROMAT. POLYFLUOR-VERB. 41. MITT. 63-0427

PLIENINGER H., SYNTH. V. PYRROLDERIV. 57-0503
- DIENON-PHENOL- U. DIENOL-BENZOL-UMLAGER. 59-0415
- STRUKTUR DER KONDENSATIONSPROD. AUS 5-HYDROXYMETHYLEN-PYRROLONEN UND PYRROLONEN 59-0536

PLIML J., SYNTH. EINES KRISTALLINEN 1.1'-DISACCHARIDS AUS 2-DESOXY-D-RIBOSE 53-0477
PLISOV A. K., KONFIG. U. EIG. UNGESAETT. SAEUREN U. IHRER DERIV. 18. MITT. 62-0259
PLOETZ W., HYDROLYSE AMPHOTERER METALLALKOXIDE 11. MITT. 58-0057
PLOUIN D., INFRAROTABSORPT. V. TERT. PROPARGYLCARBINOLEN 54-0064
- KATALYSE DURCH IONENAUSTAUSCH, HYDRATAT. V. PROPARGYLVERB. 54-0222

PLUEMPE H., 1-ACYL-4-ALKOXYPYRAZOLE 53-0366
- IN 4-STELLUNG SUBSTITUIERTE PYRAZOLE 53-0367

PO H. N., OX. V. OXALAT-IONEN DURCH PEROXODISULFAT 4. MITT. 60-0237
POCHA P., ELIMINIER. AN 1.2-DIARYL-4-DIMETHYLAMINO-BUTANOLEN-(2) 3. MITT. 61-0141
POCHAN J. M., MIKROWELLENSPEKTRUM, STRUKTUR U. DIPOLMOMENT V. CYCLOPROPANON 59-0148
POCHINI A., ALKYLIER. V. INDOL-NA ALS AMBIFUNKTIONELLEM NUKLEOPHILEM SYST. 53-0344
POCHODENKO V. D., CHINO-BENZYL-UMLAGER. D. CHINOCHLORIDS D. JONOLS 59-0243
POCINOK V. J., AZID-TETRAZOL-GLEICHGEW. IN D. THIAZOLO(2.3-E)TETRAZOL-REIHE 64-0215
- RK. V. AZIDEN U. KONDENSIERTEN TETRAZOLEN MIT HALOGENMAGNESIUMORGAN. U. LI-ORGAN. VERB. 64-0660

POCK H., ISOLIER. V. DIHYDROCAPSAICIN U. HOMODIHYDROCAPSAICIN AUS CAPSICUM-FRUECHTEN 60-0800
PODESVA C., DERIV. V. 1-AMINO-ADAMANTAN 63-0548
PODLAHA J., HERST. U. EIG. V. AETHYLENDIAMINTETRAESSIGSAEURE-KOMPLEXEN 8. MITT. 64-0066
PODLAHOVA J., HERST. U. EIG. V. AETHYLENDIAMINTETRAESSIGSAEURE-KOMPLEXEN 8. MITT. 64-0066
PODMORE W. D., ADAMANTAN-CHEMIE 1. MITT. 63-0572
PODSTATA J., AROMAT. DIAZO- U. AZOVERB. 75. MITT. 53-0243
- AZOKUPPL. V. H-SAEURE-MOLEKUELEN UNTEREINANDER U. SYNTH. V. FARBSTOFFEN MIT EINEM HEXAAZA-(18)-ANNULEN-SKELETT 60-0688

PODUSKA K., AMINOSAEUREN U. PEPTIDE 79. MITT. 61-0558
PODWINSKI B., EINW. V. PRIM. U. SEK. AMINEN AUF FLAVONDERIV. 54-0316
POEHLMANN K., RK. D. BICYCLO(3.1.0)HEXYL-(3)-CARBENS 55-0347
POEL D. E., PHOTOCHEM. RK. 46. MITT. 62-0802
POETHKE W., ANALYTIK D. ANTIBIOTIKA 7. MITT. 55-0596
POGORZEL'SKAJA N. A., ENINAMINE 8. MITT. 56-0111
- SCHWEFEL ENTHALTENDE AETHER D. ENINREIHE 64-0370
- ENINAMINE 9. MITT. 64-0399

POGOSJAN A. A., CHEMIE V. AETHERN MIT UNGESAETT. RESTEN 12. MITT. 63-0368
POGOSJAN G. M., CYCL. DIMERISIER. V. ISOPROPENYLAETHINYLCARBINOLEN 53-0332
- STYROLDERIV. 8. MITT. 54-0276

POGREBNAJA L. F., KOMPLIZIERTE LIPIDE 30. MITT. 63-0455
POHL R. L., ELEKTROCHEMIE V. ORGANOMETALLVERB. 11. MITT. 61-0021
- ELEKTROCHEMIE V. ORGANOMETALLVERB. 13. MITT. 61-0032

POHLAND A. E., NMR-SPEKTREN V. DERIV. VERSCHIEDEN SUBSTITUIERTER INDANONE U. TETRALONE 54-0066
- AZIRIDINYLKETONE 17. MITT. 60-0470

POHLOUDEK-FABINI R., CHEM. U. PHYSIOLOG.-CHEM. STUDIEN AN DERMATOMYCETEN 4. MITT. 53-0520
POILBLANC R., DEUT.-MOEGLICHKEITEN D. CHEM. VERSCHIEB. D. (31)P-ATOMS V. METALLCARBONYL-DERIV. 60-0014
POINTER D. J., CHEMIE U. STRUKTUR V. PHORBOL, D. STAMMDITERPEN D. COCARCINOGENE D. CROTONOELS 63-0810
POIRIER Y., KONDENS. V. ALPHA-CHLOR-BENZYLIDEN-PHENYLHYDRAZIN MIT 5-ARYL-1.2-DITHIOLTHIONEN-(3) 60-0564
POISSON J., ALKALOIDE V. CALLICHILIA SUBSESSILIS 3. MITT. 53-0508
- STEREOCHEMIE D. OXINDOLALKALOIDE 53-0509
- ALKALOIDE AUS VOACANGA 9. MITT. 55-0504
- ALKALOIDE AUS VOACANGA 10. MITT. 60-0713
- NATUERLICHES 17-ACETYL-AJMALIN 63-0784

POJARLIEFF I. G., KINETIK D. CYCLISIER. V. 3-UREIDOPROPIONSAEURE ZU DIHYDROURACIL IN SALZSAEURE 55-0197
POJARLIEVA T., PYRROL-UNTERS. 13. MITT. 60-0512
POKSOON H., BECKMANN-UMLAGER. V. ALPHA,BETA-UNGESAETT. OXIMEN 4. MITT. 56-0235
POLACZKOWA W., KONJUGAT. IM O-TERPHENYL-SYST. 2. MITT. 54-0132
POLANSKY O. E., CYCL. ACYLALE 20. MITT. 55-0459
- ORGAN. LEWISSAEUREN 7. MITT. 60-0535
- THEORET. ABSCHAETZ. D. PK-WERTE EINIGER ORGAN. LEWISSAEUREN 8. MITT. 64-0226
- ZUR KENNTNIS CYCL. ACYLALE 21. MITT. 64-0227

POLETAEVA I. A., HYDRATISIER. V. ACETYLENANALOGEN V. TRIPHENYLMETHANFARBSTOFFEN 60-0624
POLGAR N., MYCOLSAEUREN AUS MENSCHEN- U. VOGEL-TUBERKELBAZILLEN 54-0310
- METHOXYMYCOL- U. KETOMYCOLSAEUREN AUS MENSCHL. TUBERKELBAZILLEN 56-0389
- 3-HYDROXY-2-METHYL- U. 3-HYDROXY-2.4-DIMETHYL-SUBSTITUIERTE LANGKETT. CARBONSAEUREESTER 63-0392
- MYCOLIPANOLSAEUREN 63-0394

POLINOVSKIJ G. A., SULFANILIDE 24. MITT. 64-0627
POLIVKA Z., AZABICYCLO-VERB. 8. MITT. 55-0444
- N.B-POLYMETHYLEN-DIMETHYLAMIN-BORANE ('1.1-DIMETHYL-1.2-AZABORACYCLOALKANE') 64-0562

POLJAKOVA A. A., MASSENSPEKTREN U. STRUKTUR ORGAN. VERB. 20. MITT. 54-0085
- MASSENSPEKTREN U. STRUKTUR ORGAN. VERB. 21. MITT. 54-0086
- MASSENSPEKTRUM U. STRUKTUR ORGAN. VERB. 23. MITT. 58-0128
- MASSENSPEKTREN U. STRUKTUR ORGAN. VERB. 24. MITT. 61-0116
- MASSENSPEKTREN U. STRUKTUR ORGAN. VERB. 23. MITT. 62-0101
- MASSENSPEKTREN U. STRUKTUR ORGAN. VERB. 22. MITT. 63-0156

POLJAKOVA S. G., SYNTH. V. ALPHA-ALKYLSUBSTITUIERTEN MAKROCYCL. LACTONEN 1. MITT. 53-0221
- SYNTH. V. ALPHA-ALKYLSUBSTITUIERTEN MAKROCYCL. LACTONEN 2. MITT. 53-0222

POLJANSKAJA A. S., SYNTH. V. DL-LYSIN 53-0236
POLLACK R. M., MECHANISMUS D. SAEUREKATALYSIERTEN DEHYDRATISIER. V. 1.2-DIPHENYL-AETHANOL 64-0292
POLLAK A., HETEROCYCLEN 53. MITT. 60-0649
POLLER R. C., DIELS-ALDER-RK. V. ORGANO-SN-MALEINATEN 53-0025
- EINSCHLUSSVERB. AUS HEXAPHENYLDIZINN U. TETRAPHENYLZINN 58-0051

POLLITT R. J., PHOTOLYSE V. N-(2.4-DINITRO-PHENYL)-AMINOSAEUREN ZU 2-SUBSTITUIERTEN 5-NITRO-BENZIMIDAZOL-3-OXIDEN 53-0375
POLONSKY J., STOFFWECHSELPROD. V. OOSPORA VIRESCENS (LINK) WALLR. VIRESCENOL A 54-0530
- TRITERPENE ALS ZWISCHENPROD. D. BITTERSTOFFBIOSYNTH. V. SIMARUBACEEN 57-0797
- INHALTSSTOFFE D. FRUECHTE V. UVARIA CATOCARPA (ANNONACEEN), STRUKTUR V. SENEPOXID U. SENEOL 60-0794
- KONDENS. V. O-PHENYLENDIAMIN MIT 2-METHYL- U. 2 AETHYLNAPHTHOCHION-(1.4) 64-0747
- N-(BETA-(P-HYDROXY-PHENYL)-AETHYL)-P-HYDROXY-ZIMTSAEUREAMID, EIN NEUES NATUERL. AMID AUS EVODIA BELAHE B. (RUTACEE) 64-0892

POLYA J. B., TRIAZOLE 9. MITT. 60-0557
POMERANCEVA E. G., RK. V. EPOXIDEN MIT MERCAPTANEN 55-0237
POMERANTZ M., THERM. UMLAGER. V. 3-PHENYL-CYCLOBUTEN 59-0247
POMMIER J., RK. D. HALOGENHYDRINE MIT ALKOXYTRIBUTYLZINNVERB. 56-0067
- SYNTH. U. STRUKTUR V. STANNOXACYCLOALKANEN 62-0036
- SILAOXACYCLOALKANE DURCH RK. V. DICHLORDIALKYLSILANEN MIT DIOLEN, SYNTH. U. REGELN ZUR VORAUSSAGE D. STRUKTUR 62-0689

POMYKACEK J., NEUROTROPE U. PSYCHOTROPE SUBSTANZEN 7. MITT. 54-0471
PONOMARCUK M. P., UNTERS. D. MECHANISMUS D. HOMOLYT. RK. IN LSG. MIT D. MASSENSPEKTROMETR. U. ISOTOPENMETH. 13. MITT. 61-0323
PONOMARENKO V. A., NEUE STICKSTOFFHALT. ALPHA-OXIDE 62-0540
- 1.4-DIOXANE-OX.-PROD. V. N-VINYL-LACTAMEN 62-0635

PONOMAREV A. I., SYNTH. V. ORGANOCYCLOSILOXANEN MIT CYANALKYLGRUPPEN AM SILICIUM-ATOM 64-0418
PONOMAREV F. G., ASYMM. ORGAN. ALPHA-OXIDE 28. MITT. 57-0494
PONOMAREV G. V., EINFL. ELEKTRONEGATIVER SUBSTITUENTEN AUF D. ELEKTRONENSPEKTREN V. PORPHYRINEN IN FORM D. DIKATIONEN 62-0071
- SYNTH. VON 1.4.5.8-TETRAMETHYL-2.3-DICARBAETHOXY-PORPHIN 64-0776

PONOSOVA E. S., SUBSTITUIERTE HYDRAZIDE V. HYDROXYCARBONSAEUREN 42. MITT. 54-0311
PONSINET G., EPOXYDATION V. TETRACYCL. TRITERPENEN 57-0705
PONSOLD K., STICKSTOFFHALT. STEROIDE 17. MITT. 53-0549
- STICKSTOFFHALT. STEROIDE 18. MITT. 53-0550
- STICKSTOFFHALTIGE STEROIDE 19. MITT. 59-0753
- STICKSTOFFHALT. STEROIDE 20. MITT. 63-0812

PONTI P. P., RK. V. DIMETHYLOXOSULFONIUMMETHYLID MIT NITRILOXIDEN U. NITRILIMINEN 59-0551
PONTICELLO G. S., VGL. EINES THIEPINS MIT EINEM THIEPIN-S-OXID U. EINEM THIEPIN-S.S-DIOXID 62-0680
- MECHANISMUS D. OLEFINBLDG. AUS BENZYLSULFOXIDEN UNTER VERW. V. PHENYLLITHIUM 64-0295

PONTICELLO I. S., REAKT. AROMAT. HETEROCYCLEN MIT 4-WERT. SCHWEFEL, 2. MITT. 53-0412
- MECHANISMUS D. OLEFINBLDG. AUS BENZYLSULFOXIDEN UNTER VERW. V. PHENYLLITHIUM 64-0295

POON L., SYNTH. IN D. LYCOPODIUM-ALKALOID-REIHE 8. MITT. 55-0510
POPLAVSKAJA I. A., SYNTH. V. ALPHA-AMINO-ALPHA-OXIMINO-ACETONDERIV. 61-0417
POPOFF I. C., ANTIMALARIAMITTEL 1. MITT RED. V. SYDNONDERIV. 63-0656
- ANTIMALARIAMITTEL 2. MITT. 63-0657
POPOV S. S., STRUKTUR D. GENTIOFLAVINS, EINES NEUEN ALKALOIDS AUS EINIGEN GENTIANA-ARTEN 58-0719
POPOVA A. A., ALPHA.ALPHA'-DIHYDROXY-BIS-(HALOGENALKYL)-PEROXIDE 64-0366
POPOVA E. P., RK. V. SCHWEFEL MIT ORGANISCHEN VERB. 17. MITT. 60-0482
POPOVA R. J., FUNKTIONELLE DERIV. V. MALONQIALDEHYD 19. MITT. 64-0374
POPOWSKI E., SILANOLE 7. MITT. 60-0845
POPP F. D., AZA-STEROIDE 4. MITT. 59-0747
- AZASTEROIDE 5. MITT. 63-0813
POPPER T. L., 3-HYDROXYMETHYL-4-ARYL-4-HYDROXY-BUTANSAEURELACTONE, PODOPHYLLOTOXINANALOGA 55-0394
PORAJ-KOSIC B. A., AMINOESTER 6. MITT. 55-0201
- STRUKTUR U. UMWANDL. V. AROMAT. DIAZOVERB. 42. MITT. 59-0433
- STRUKTUR U. UMWANDL. V. AROMAT. DIAZOVERB. 43. MITT. 60-0149
PORFIR'EVA J. I., GESETZMAESSIGK. BEI D. ADDIT. V. DIACETYLENEN 13. MITT. 54-0212
- GESETZMAESSIGK. BEI ADDIT. V. DIACETYLENEN 14. MITT. 57-0291
PORNIN R., RK. V. DIOLEN MIT OLIGOMEREN U. POLYMEREN CHLORPHOSPHAZENEN 2. MITT. 59-0048
POROWSKA N., KONJUGAT. IM 1.2.3-TRIPHENYL-BENZOLMOL. 1. MITT. 53-0292
PORTE A. L., STRUKTUR U. ABS. STEREOCHEMIE V. CARYOPHYLLEN-''JOD-NITROSIT'' ,-EIN STABILES NITROSO-RADIKAL 54-0114
PORTER Q. N., MASSENSPEKTREN V. DIMEDON-DERIV. V. ALDEHYDEN 59-0136
PORTER S. K., DARST. U. KRIST.-STRUKTUR V. PYRIDINIUM-TETRACHLOROANTIMONAT(III) 56-0166
PORTER T. H., SYNTH. U. BIOLOG. AKTIVITAET EINIGER CYCLOALKENALANINE 60-0412
- DL-2-INDANGLYCIN UND DL-BETA-TRIMETHYLSILYLALANIN 60-0425
PORTMANN P., TRYPSINHEMMSTOFFE AUS ASCARIS LUMBRICOIDES VAR. SUUM. 1. MITT. 54-0553
PORTNOVA S. L., INDOLDERIV. 24. MITT. 60-0686
PORTNOY C. E., EINFL. V. HARNSTOFF U. ANDEREN REAGENZIEN AUF D. REAKTIVITAET V. ASSOZIIERTEM P-NITRO-PHENYL-LAURAT 61-0232
PORTNOY N. A., SUBSTITUENTENEFFEKTE BEI D. PHOTOADDIT. V. DIPHENYLACETYLEN AN 1.4-NAPHTHOCHINONE 64-0527
PORTOGHESE P. S., STEREOCHEM. UNTERS. AN ARZNEIMITTELN 5. MITT. 57-0806
- STEREOCHEM. UNTERS. AN MEDIZIN. AGENTIEN 6. MITT. 60-0834
POSCH H., ULTRASCHALLUNTERS. UEBER D. DIMERISAT. V. ESSIGSAEURE IN MISCHUNGEN MIT TETRACHLORKOHLENSTOFF 54-0128
POSJAGIN G. S., SUBSTITUIERTE HYDRAZIDE V. HYDROXYCARBON-SAEUREN 42. MITT. 54-0311
- SUBSTITUIERTE HYDRAZIDE D. HYDROXYCARBONSAEUREN 43. MITT. 58-0224
POSJAGINA E. J., SUBSTITUIERTE HYDRAZIDE D. HYDROXYCARBONSAEUREN 43. MITT. 58-0224
POSKOZIM P. S., UNTERS. AN EINIGEN ORGANOTRICHLORGERMA-NEN, DARGESTELLT AUS CAESIUMTRICHLOROGERMANAT(II) 59-0057
POSLER J., POTENTIELLE ANTIVIRUSMITTEL. GEGEN MASERN U. HERPES-VIREN AKTIVE CARBOBENZOXY-DI- U. -TRIPEPTIDE 58-0791
- SYNTH. V. METHYL-DESISOPROPYL-DEHYDROABIETINAT. DITERPENOIDSYNTH. UEBER DEN AB-ABC-WEG 59-0717
POSLINSKA H., SYNTH. V. TETRAHYDROFURFURYLAMIN 59-0517
POSPISEK J., STEROID-DERIV. 51. MITT. 57-0728
POSPISIL J., OX. V. BRENZCATECHIN 6. MITT. 56-0351
- ANTIOXYDANTIEN U. STABILISATOREN 16. MITT. 62-0438
- SPIROBIINDANTETROLE AUS 3-TERT.-ALKYL-BRENZCATECHINEN 63-0564
POSPISIL L., DISSOZIATIONSKONSTANTEN D. PROTONIER. V. FUMAR- U. MALEINSAEURE IN SAUREM MEDIUM 58-0181
POST A., SYNTH. V. DELTA-AMINO-LAEVULINSAEURE-ANALOGEN ALS MOEGL. ANTIMALARIAMITTEL 63-0423
POST H. W., SILICIUMORGAN. VERB. 47. MITT. 56-0449
POSTA A., ADDIT.-RK. D. HALOGENOLEFINE 4. MITT. 55-0226
- ADDITIONSRK. VON HALOGENOLEFINEN, 5. MITT. 61-0325
POSTAWKA A., CHARAKTERISTIK D. METHANSULFONYLOXYGRUPPE ALS EIN DESAKTIVIERENDER O-,P-DIRIGIERENDER SUBSTITUENT DURCH IHR UV-ABSORPT.-SPEKTRUM 64-0100
POSTERNAK T., BIOCHEMIE D. CYCLITE 10. MITT. 54-0577
- CYCLIT-REIHE 36. MITT. 54-0578
- UNTERS. IN D. CYCLITREIHE 37. MITT. 62-0111
POSTOVSKIJ I. J., NEUER FALL V. TETRAZOL-AZID-TAUTOMERIE 60-0569
- SYNTH. V. 1-SUBSTITUIERTEN 2.5-BIS-CHLORMETHYL-PYRROLIDINEN 62-0541
- TAUTOMERIE V. 5-AMINO-TETRAZOL 6. MITT. 62-0590
POTACEK M., SYNTH. V. 2.2-BIS-(4-HYDROXY-3.5-BIS-(BENZOTRIAZOLYL-(2))-PHENYL)-PROPAN 59-0573
POTAPOV V. M., NEUE ANWEND. D. SPEKTRALPOLARIMETRIE 55-0048
POTARINA T. M., SYNTH. UNGESAETT. DIISOCYANATE 55-0257
POTEMKIN G. F., RK.-FAEHIGK. V. 4.5-DIHALOGENFURFUROLEN 61-0543
POTIER P., MODIFIZIER. D. POLONOVSKI-RK., EINW. V. TRIFLUORESSIGSAEUREANHYDRID AUF EIN AMINOXID 55-0552
- OX. V. EINIGEN TERTIAEREN AMINEN DURCH CHROMSAEURE-ANHYDRID IN PYRIDIN 55-0553
POTIN P., REAKTIVITAET V. AMINOALKOHOLEN D. TRANS-DECALIN-REIHE 2. MITT. 57-0443
POTTHAST R., 1-PHENYL-PHOSPHOL 60-0524
POTTS K. T., 1.2.4-TRIAZOLE 18. MITT. 58-0606
- 1.2.4-TRIAZOLE 19. MITT. 64-0733
POULTER C. D., SOLVOLYSE V. 1-CHLOR-BICYCLO(3.3.3)NONAN 61-0228
POULTER S. R., EINFL. D. CYCLOPROPYLSUBSTITUT. AUF D. PI-PI( )-UEBERGANG V. EINFACHEN OLEFINEN 64-0101
POUPART J., EINSTUFENSYNTH. D. TWISTANRINGSYST. 8-ACETOXY-TWISTANON-(4) 61-0512
POURCELOT G., DIELS-ALDER-RK. MIT ALLENISCHEN ACETYLENISCHEN SULFONEN 61-0522
POUSSET J., STEREOCHEMIE D. OXINDOLALKALOIDE 53-0509
- NATUERLICHES 17-ACETYL-AJMALIN 63-0784
POVLOCK T. P., AETHERSPALT. DURCH BORTRIJODID 54-0203
POWELL P., METALL-BOR-VERB. 6. MITT. 61-0055
POWERS J. C., MASSENSPEKTROMETRIE V. EINFACHEN INDOLEN 63-0155
POZARSKIJ A. F., ANOMALE RPRODUKTE AUS D. RK. V. 2.3-DINITROANISOL MIT BENZYLAMIN 60-0531
- TSCHITSCHIBABIN-RK. AN PERIMIDINEN 60-0659
- CHARAKTER DER WECHSELWIRKUNG DES PHENYL- UND IMIDAZOLRINGES IN N-ARYL-IMIDAZOLEN, 3. MITT. 64-0258
POZARSKIJ F. T., AUFSPALT. V. FURANKERNEN IN 2-FURYL-BENZIMIDAZOLEN 60-0532
PRAAT A. P., CHEMIE U. SPEKTROSKOPIE IN STARK SAUREN LSG., 11. MITT. 55-0083
- KERNMAGNET. RESONANZ-UNTERS. IN D. KOORDINATIONSCHEMIE 3. MITT. 57-0031
- KERNMAGNET. RESONANZUNTERS. IN D. KOORDINATIONSCHEMIE 4. MITT. 62-0053
PRABHAKAR S., STEREOSELEKTIVE SYNTH. V. RAC.-ANDROGRAPHOLIDLACTON 63-0857
PRACEJUS H., OPT. ROTAT.-DISPERS. U. ZIRCULARDICHROISMUS 9. MITT. 57-0069
PRADHAN B. P., IDENTIFIZIER. EINES NEUEN TRITERPENS, 3-EPIMORETENOL, AUS D. RINDE V. SAPIUM SEBIFERUM ROXB. 56-0670
PRADHAN S. K., BLDG. V. ALLYLOXYANIONEN ODER -RADIKALEN, EINIGE VORLAEUFIGE BEOBACHT. 62-0775
PRAEFCKE K., EINW. V. DIARYLDIAZOMETHANEN AUF DIXANTHOGEN U. XANTHOGENSAEUREANHYDRID SOWIE EINE EPISULFIDUMLA-GER. 61-0483
- STEREOISOMERE U. PHOTOCHEMIE D. 2.3,6.7,2'.3',6'.7'-TETRABENZO-HEPTAFULVALENS 62-0469
- PHOTOCHEM. DIMERISIER. D. 2.3,6.7,2'.3',6'.7'-TETRABENZO-HEPTAFULVALENS ZU EINER KAEFIGVERB. (CAGE-COMPOUND) 63-0563
PRAGER J. H., METALLDERIV. V. FLUORIERTEN GEM.-DIOLEN 63-0058
PRAGER R. H., SELEKTIVE DEMETHYLIER. V. 3.4-DIMETHOXY-BENZALDEHYD 53-0130
PRAGNELL M., SYNTH. D. TRITHIETANYLIUM-IONS 60-0475
PRAJER-JANCZEWSKA L., CHARAKTERISTIK D. METHANSULFONYL-OXYGRUPPE ALS EIN DESAKTIVIERENDER O-, P-DIRIGIERENDER SUBSTITUENT DURCH IHR UV-ABSORPT.-SPEKTRUM 64-0100
PRAKASH D., CHEM. BESTANDTEILE V. CALOPHYLLUM APETALUM WILLD 54-0571
- APETALACTON, EIN NEUES TRITERPENLACTON AUS CALOPHYLLUM-ARTEN 63-0809
PRANGE T., ANWEND. D. DIECKMANN-RK. AUF D. DIESTER V. 1.2-BIS-(CARBOXYALKYL)-BENZOLEN AUS BETA-(2-CHLORMETHYL-4.5-METHYLENDIOXY-PHENYL)-PROPIONSAEURE 57-0520
PRASAD M., HETEROCYCL. STEROIDE, KONDENSAT. V. BRENZTRAUBENSAEURE MIT 5ALPHA-ANDROSTAN-17BETA-OL-3-ON 59-0761
PRASAD N., UNGESAETT. KOHLENHYDRATE 8. MITT. 61-0696
PRASIL Z., MASSENSPEKTROMETRIE VON AZOMETHAN 64-0149
PRAT M., KOPOLYMERISATION V. ZWEI SUBSTITUIERTEN BETA-PROPIOLACTONEN 57-0770
PRATT A. C., RELATIVE GESCHW. D. CHROMSAEUREOX. STEREOISOMERER CIS-CARANOLE 53-0128
- KONDENS.-PROD. V. (+)-MENTHOFURAN MIT CARBONYLVERB. 54-0538
- SYNTH. U. KONFIG. EINIGER STEREOISOMERER CORANYLAMINE 55-0544
- CHEMIE D. TERPENE 5. MITT. 59-0727
PRATT A. D., 23XI-HYDROXY-LANOSTERIN, EIN NEUES TRITERPEN-PILZ-STOFFWECHSELPROD. AUS D. BASIDIOMYCET SCLERODERMA AURANTIUM PERS 62-0763
PRATT J. M., KINETIK D. RK. V. N2 MIT CYCLOPENTADIENYLTI-TAN-KOMPLEXEN 54-0024
- FUENFFACH KOORDINIERTE ORGANOKOBALT(III)-KOMPLEXE, ''GLEICHGEW.-WERTIGK.'' U. STEREOCHEMIE 55-0013
PRATT R. N., KETEN 3. MITT. 53-0441
- KETEN 5. MITT. 63-0741
PRAVDIC N., GLUCURONSAEURE-ESTER 4. MITT. 59-0660
PRAVEDNIKOV A. N., 1.1'-DISUBSTITUIERTE 2.2'-BIS-(PERFLUOR-N-PROPYL)-5.5'-DIBENZIMIDAZOLE 62-0567

PREAU-JOSEPH N., CONGOCIDIN-AEHNL. AMIDINE U. GUANIDINE 1. MITT. 57-0759
PREER J. R., MOLEKULAR- U. ELEKTRONENSTRUKTUR D. DICHLORO-BIS-(DIARSIN)-NICKEL-MONOKATIONS 59-0017
PREGOSIN P. S., DARST. V. 1-DEUTERO-BENZALDEHYDEN DURCH RED. MIT LITHIUMALUMINIUMDEUTERID AUS N-TERT.-BUTYLBENZAMIDEN 61-0396
PREIBISCH H., DARST. V. ALKYLFLUORIDEN AUS ALKOHOLEN U. WASSERFREIEM FL. FLUORWASSERSTOFF 59-0285
PREININGER V., ISOLIER. U. CHEMIE D. ALKALOIDE EINIGER PAPAVERARTEN 37. MITT. 53-0498
PREJEAN G., STEREOSPEZIF. VINYLHALOGENID-SUBSTITUTIONEN 3. MITT. 62-0052
PREJZNER J., ORGANOXY-ISOCYANATO-SILANE 4. MITT. 53-0019
- ORIENTIER. D. FRIEDEL-CRAFTS-ACYLIER. V. ALPHA- U. BETA-NAPHTHOLDERIV. 7. MITT. 64-0511
PRELOG V., STOFFWECHSELPRODUKTE V. MIKROORGANISMEN 57. MITT. 53-0577
PREMUZIC E., VERW. V. CHROM(II)-CHLORID 2. MITT. 54-0542
- ZIRKULARDICHROISMUS V. PLATIN-OLEFIN-KOMPLEXEN 56-0005
PRENTICE J. B., METALLIERTE METHYLENDIPHOSPHONSAEURE-ESTER, DARST., CHARAKTERISIER. U. SYNTHET. ANWEND. 63-0412
PREOBRAZENSKIJ N. A., LIPIDE 46. MITT. 53-0219
- HOEHERE SAEUREN D. ALIPHAT. REIHE 21. MITT. 53-0220
- MAKROCYCL. VERB. 10. MITT. 53-0277
- SYNTH. V. CHELATEN D. 2.7.12.17-TETRAMETHYL-1.4.6.9.11.14.16.19-OCTAKETOCYCLOEICOSANS 54-0039
- LIPIDE 47. MITT. 54-0216
- LIPIDE 49. MITT. 54-0217
- CLAISEN-KONDENS. V. ALPHA.BETA-SUBSTITUIERTEN LAEVULINSAEUREESTERN 54-0300
- COENZYM A. 2. MITT. 54-0554
- SPEKTRALE UNTERS. V. LAEVULINESTERN U. DEREN AKTIVITAET BEI D. CLAISEN-KONDENS. 55-0192
- SYNTH. V. BETA-DICARBONYL-VERB. 55-0307
- LIPIDE 50. MITT. 55-0367
- LIPIDE 52. MITT. 56-0275
- LIPIDE 53. MITT. 56-0276
- LIPIDE 54. MITT. 56-0277
- LIPIDE 51. MITT. 56-0321
- LIPIDE 56. MITT. 57-0295
- SAEUREN D. ALIPHAT. REIHE 22. MITT. 57-0306
- ZUSAMMENGESETZTE LIPIDE 31. MITT. 59-0333
- LIPIDE, NEUE METH. ZUR SYNTH. V. DL-ERYTHRO-2-BENZYLAMINO-1.3-DIHYDROXY-OCTADECAN 60-0357
- LIPIDE 59. MITT. 61-0148
- ZUSAMMENGESETZTE LIPIDE, SYNTH. V. 2-O-ACYL-3-BROM-PROPANDIOLEN-(1.2) 61-0357
- UNTERS. V. LIPIDEN 61. MITT. 62-0333
- KOMPLIZIERTE LIPIDE 30. MITT. 63-0455
- SELEKTIVE SUBSTITUT. D. HYDROXYLGRUPPEN IN MYO-INOSIT-O-DICYCLOHEXYLIDEN-DIACETALEN 63-0748
- KOMPLEXE LIPIDE 32. MITT. 64-0407
- SYNTH. VON 1.4.5.8-TETRAMETHYL-2.3-DICARBAETHOXY-PORPHIN 64-0776
PREOBRAZHENSKAYA M. N., GLYCOSYLINDOLE 7. MITT. 55-0494
PREOBROZENSKIJ N. A., LIPIDE 57. MITT. 59-0332
PRESCOTT B., EINIGE NEUE SALZE D. LUCANTHONS ALS POTENTIELLE ANTIKREBSMITTEL 57-0778
PRESTON F. J., EISENCARBONYLKOMPLEXE SCHIFFSCHER BASEN 57-0053
- SYNTH. V. POLYFUNKTIONELLEN CYCLOPROPANDERIV. 60-0407
PRESTON H. S., STRUKTUR V. DICHLORO-AQUO-2.9-DIMETHYL-1.10-PHENANTHROLIN-KUPFER(II), BEISPIEL EINES DREISEIT.-BIPYRAMIDALEN KUPFER(II)-KOMPLEXES 56-0035
PRESTON J., HETEROCYCL. ZWISCHENPROD. ZUR DARST. V. THERM. STABILEN POLYMEREN 2. MITT. 63-0625
PRETELLI E., SYNTH. U. QUATERNISIER. V. BENZOTHIAZOL-BASEN HINSICHTL. D. DARST. VERSCHIEDEN SUBSTITUIERTER SPIROPYRANVERB. 54-0391
PRETI C., THIOMORPHOLINON-(3) ALS LIGAND 1. MITT. 59-0092
PRETSCH E., LINEARE KORRELAT. D. CHEM. VERSCHIEB. D. VINYLPROTONEN MIT D. LCAO-MO-PI-ELEKTRONENDICHTEN IN META- U. PARA-SUBSTITUIERTEN STYROLEN U. ZIMTSAEUREN 56-0149
PRETTRE M., ESR-UNTERSUCHUNG DER OXYDATION VON TRIPHENYLAMIN 64-0255
PREUD'HOMME J., PRISTINAMYCIN, ISOLIER., CHARAKTERISIER. U. IDENTIFIZIER. D. KOMPONENTEN 59-0780
PREUSCHHOF H., HYDRAZINE U. AZOVERB. AUS DIAMIDEN D. SCHWEFELSAEURE 62-0358
PREVOST C., SOLVATISIERTE ALLYLMAGNESIUMVERB. 2. MITT. 56-0056
- BEMERK. UEBER D. BLDG. V. SOLVATISIERTEN ORGANOMETALLVERB. 59-0033
- BASISCHE ISOMERISIERUNG V. HEPTENEN 61-0328
- UNTERS. D. WECHSELWRKG. ZWISCHEN LEWIS-SAEUREN U. CARBONYLVERB. MITTELS INFRAROTABSORPT.-SPEKTROSKOPIE 63-0128
- LUFTOX. V. SOLVATISIERTEN ALPHA,BETA-UNGESAETT. ORGANOMETALLVERB. 63-0372
PREVOT A., HERKUNFT D. FORMIATE U. ANDERER FLUECHTIGER ESTER AUS AUTOXYDIERTEN FETTEN 59-0307
PREWEDOURAKIS E., SYNTH. V. HETEROCYCLEN 103. MITT. 56-0453
- SYNTH. V. HETEROCYCLEN 105. MITT. 56-0455
PREY V., DIPOLMESS. AN PYRANOSE- U. FURANOSE-MODELLSUBSTANZEN 61-0072
PREZEWOWSKY K., 15BETA.16BETA-METHYLEN-STEROIDE 59-0752
PRIB O. A., SYNTH. V. ALKYL-P-VINYL-BENZOLSULFONATEN U. IHRE EIG. 54-0277
PRICE A. W., UROTERPENOL-BETA-D-GLUCURONID 53-0536
PRICE B. J., GEHINDERTE ROTAT. NO-DIACYLHYDROXYLAMINEN 55-0097
PRICE C. C., SYNTH. V. 6-SUBSTITUIERTEN 9-(4-(BIS-(2-CHLOR-AETHYL)-AMINO)-PHENYL)-PURINEN ALS POTENTIELLE CYTOTOXICA 61-0670
PRICE D., TRICHLORNITROSOMETHAN 1. MITT. 61-0173
PRICE R., SYNTH. V. MONOSUBSTITUIERTEN HEPTAFLUORBIPHENYLENEN 18. MITT. 62-0470
PRICE S. J., CHEMIE V. OTTONIA VAHLII, KTH. 1. MITT. 57-0521
PRICHOD'KO N. M., SULFANILIDE 24. MITT. 64-0627
PRIESNER R., ISOCHROMAN- U. ISOTHIOCHROMAN-REIHE 4. MITT. 64-0663
PRIEST W. J., THERM. U. PHOTOLYT. ZERS. V. 2.3-DIAZIDO-1.4-NAPHTHOCHINON U. VERWANDTEN AZIDOCHINONEN 61-0308
PRIESTAP H. A., STRUKTUR D. 1-DIMETHYLAMINOAETHYL-PHENANTHRENBASE AUS ARISTOLOCHIA ARGENTINA GRIS 53-0581
PRIGODA S. V., RADIKALTELOMERISATION V. ISOPREN MIT TRICHLORBROMMETHAN U. TETRACHLORKOHLENSTOFF 62-0324
PRIHRADNY L., KINET. UNTERS. D. DURCH ANIONENAUSTAUSCHER-HARZE KATALYSIERTEN CLAISEN-SCHMIDT-KONDENS. V. AROMAT. KETONEN U. ALDEHYDEN 60-0281
PRIJS B., TERN. KOMPLEXE IN LSG. 4. MITT. 56-0045
- METALLION-KOMPLEXBLDG. FUENFGLIEDRIGER ALPHA-CARBOXYHETEROCYCLEN 59-0024
PRIKRYL J., LANGWIRKENDE SULFONAMIDE 4. MITT. 64-0745
PRILEPSKAJA A. N., CYCLAMMONIUM-KATIONEN, 6. MITT. 64-0704
PRILEZAEVA E. N., ALPHA,BETA-UNGESAETT. THIOACETATE 3. MITT. 61-0448
- STEREOCHEMIE V. BICYCL. BRUECKENSYST. 1. MITT. 61-0511
PRINCE M., SCHWEFELWANDER. IN D. CURTIUS-RK. V. PHENYL-CHLORTHIOFORMIAT 53-0244
PRINCE R., BLDG. U. UMWANDL. V. ESTERN 77. MITT. 54-0273
PRING B. G., DIBENZOFURANE 11. MITT. 64-0581
- DIBENZOFURANE 12. MITT. 64-0582
- KOMPLEXE DIBENZOFURANE 13. MITT. 64-0583
PRINZBACH H., PHOTOCHEMIE D. CYCLOHEXADIENE 9. MITT. 53-0317
- CYCL. GEKREUZT-KONJUGIERTE BIND.-SYST. 14. MITT. 54-0330
- CYCL. GEKREUZT-KONJUGIERTE BIND.-SYST. 15. MITT. 54-0331
- PHOTOCHEM. UMWANDL. 15. MITT. 56-0444
- PHOTOCHEMISCHE UMWANDLUNGEN, 16. MITT. 60-0454
- PHOTOCHEM. UMWANDL. 18. MITT. 62-0307
- PHOTOCHEM. UMWANDL. 17. MITT. 62-0543
PRISTAS M., NUCLEINSAEUREBESTANDTEILE UND DEREN ANALOGA 113. MITT. 62-0710
PRITZKOW W., SAEUREKATALYSIERTE RK. V. NITROSOVERB. 3. MITT. 53-0211
- SAEUREKATALYSIERTE RK. V. NITROSOVERB. 4. MITT. 53-0232
- ZERS. ORGAN. HYDROPEROXIDE IN GGW. V. BASEN 56-0239
- DARST. V. ALDEHYD- U. KETONITRILEN AUS CYCL. ALPHA-DIMETHYLAMINOOXIMEN 59-0316
PRIVAT DE GARILHE M., ARABINOSIDPHOSPHATE, SYNTH. U. BIOLOG. EIG. 62-0718
PROCHAZKA M., UV-SPEKTREN V. SULFOXIDEN U. SULFONEN 53-0055
- UV-SPEKTREN V. UNGESAETT. SULFIDEN U. AETHERN 54-0056
- NUCLEOPHILE ADDITION V. BUTANTHIOL AN CYCLOPENTEN-DERIV. 54-0287
- MODELL-VERB. VON HYDROPHILEN GELEN, 1. MITT. 61-0353
PROCHOROV A. B., HOEHERE SAEUREN D. ALIPHAT. REIHE 21. MITT. 53-0220
PROCTER S. A., KETEN 4. MITT. 54-0476
PROCTOR G. R., RK. V. PHENYLGLYOXAL-HYDRAT MIT EINIGEN AROMAT. AMINEN 57-0379
- NEUE AROMAT. SYST. 5. MITT. 62-0471
- AZABENZOCYCLOHEPTENONE 7. MITT. 62-0683
PROCTOR S. A., KETEN 3. MITT. 53-0441
PROESCH U., SCHNELL VERLAUFENDE PROTONENTRANSFER- U. ELEKTRONENTRANSFERRK. 63-0321
PROKAI B., THERM. ZERS. V. METALLORGAN. SCHWERMETALLTRI-HALOGENACETATEN IN GGW. V. OLEFINEN 63-0071
PROME J., LOKALISIER. EINES CYCLOPROPAN-RINGES IN EINER ALIPHAT. VERB. DURCH MASSENSPEKTROGRAPHIE D. DURCH OX. ERHALTENEN KETONE 59-0409
PROMEL R., 4.5-DEHYDROPYRIMIDINE 1. MITT. 62-0651
PROMONENKOV V. K., SYNTH. V. CYCLOPENTENYLMERCAPTANEN 57-0405
PROPP K., MONOSACCHARIDE MIT STICKSTOFFHALT. RING 16. MITT. 59-0659
PROSTAKOV N. S., SUBSTITUIERTE PYRIDINE, DARST. SUBSTITUIERTER STILBAZOLE U. DEREN RK. 60-0615
- SUBSTITUIERTE PYRIDINE, DEHYDRIER., DESAMINIER. U. N-DEMETHYLIER. V. 1.2.5-TRIMETHYL-4-AMINO-PIPERIDIN U. N-(1.2.5-TRIMETHYL-PIPERIDYL-(4))-BENZYLIDENAMIN 62-0615
- SUBSTITUIERTE PYRIDINE, 4-PHENYL-2.5-DIAROYL- U. 4-PHENYL-2.5-DIAMINO-PYRIDINE 62-0616
PROTA G., STRUKTUR U. BIOGENESE V. PHAEOMELANIN 2. MITT. 56-0598
- STRUKTUR U. BIOGENESE V. PHAEOMELANIN 4. MITT. 64-0823

PROTIVA M., NEUROTROPE U. PSYCHOTROPE SUBSTANZEN 13. MITT. 53-0303
- NEUROTROPE U. PSYCHOTROPE SUBSTANZEN 14. MITT. 53-0414
- NEUROTROPE U. PSYCHOTROPE SUBSTANZEN 15. MITT. 53-0469
- NEUROTROPE U. PSYCHOTROPE SUBSTANZEN 16. MITT. 54-0333
- NEUROTROPE U. PSYCHOTROPE SUBSTANZEN 7. MITT. 54-0471
- NEUROTROPE U. PSYCHOTROPE SUBSTANZEN 18. MITT. 54-0472
- NEUROTROPE U. PSYCHOTROPE SUBSTANZEN 26. MITT. 64-0561
PROTOPOPOVA T. V., RK. V. CARBAMINSAEUREESTERN MIT ORTHOESTERN 55-0258
- FUNKTIONELLE DERIV. V. MALCNDIALDEHYD 19. MITT. 64-0374
PROTZ W., RK. V. BROM MIT ALPHA-PHENYL-ZIMTSAEURE 59-0420
PROUT C. K., MOLEKULARSTRUKTUR V. BIS-(PI-CYCLOPENTADIENYL)-(TOLUOL-3.4-DITHIOLATC)-MOLYBDAEN 57-0012
PROX A., ARYLWANDER. IN AROMAT. AMIDEN BEI D. MASSENSPEKTROMETRIE 53-0082
- MASSENSPEKTROMETR. UNTERS. EINIGER NATUERL. C-GLUCOSYLVERB. 62-0097
PRUDENT N., PARTIALBIND. MIT TORS.-SPANN., STEREOCHEMIE D. RED. V. EINIGEN OFFENKETT. KETONEN MIT LITHIUMALUMINIUMHYDRID 61-0211
PRYCE R. J., NEUES GIBBERELLIN IM SAMEN V. PHASEOLUS MULTIFLORUS 54-0570
- IDENTIFIZIER. V. BAMBUS-GIBBERELLIN IN PHASEOLUS MULTIFLORUS DURCH KOMBINIERTE GASCHROMATOGRAPHIEMASSENSPEKTROMETRIE 55-0577
- UNTERS. V. GIBBERELLINEN AUS PHASEOLUS MULTIFLORUS DURCH KOMBINIERTE GASCHROMATOGRAPHIE-MASSENSPEKTROSKOPIE, VORK. V. GIBBERELLIN A(20) (PHARBITIS-GIBBERELLIN) U. STRUKTUR D. VERB. B 59-0790
PRYCE-JONES T., SULFONHYDRAZIDE U. VERWANDTE VERB. 9. MITT. 64-0103
PRYDE C. A., VINYLAZID-CHEMIE. THERM. INDUZIERTE RK. 64-0553
PRYSTAS M., NUCLEINSAEUREBESTANDTEILE U. IHRE ANALOGA 102. MITT. 56-0582
- NUCLEINSAEUREBESTANDTEILE 103. MITT. 56-0627
- NUCLEINSAEUREBESTANDTEILE U. IHRE ANALOGA 106. MITT. 57-0655
- NUCLEINSAEUREBESTANDTEILE UND DEREN ANALOGA 113. MITT. 62-0710
PRZIJALGOVSKAJA N. M., RED. V. NAPHTHOL-CARBONSAEUREN 17. MITT. 61-0491
- RED. V. NAPHTHOLCARBONSAEUREN 18. MITT. 62-0457
PRZYBYLSKA M., ROENTGENSTRAHLEN-ANALYSE V. SPARTEIN-N(16)-OXID-SESQUIPERCHLORAT (C15H26N2O)2.3HCLO4 62-0152
PRZYWARSKA-BONIECKA H., RHENIUM(IV)-PHTHALOCYANIN-KOMPLEXE 3. MITT. 59-0018
PTAK M., PHOSPHORESZENZ U. ELEKTRONENPARAMAGNET. RESONANZSPEKTREN EINIGER DERIV. D. CUMARINS 63-0152
PTICYNA O. A., RK. V. DIPHENYLJODONIUMTETRAFLUOROBORAT MIT ANILIN 60-0295
PTICYNA V. A., SPEKTRALUNTERS. D. KOMPLEXE V. 4-AMINO- U. 4-DIMETHYLAMINO-AZOBENZOL MIT SNCL4 54-0029
PTOMANOVA J., DISSOZIATIONSKONSTANTEN D. PROTONIER. V. FUMAR- U. MALEINSAEURE IN SAUREM MEDIUM 58-0181
PU L. S., EINLAGER. V. CO2 IN D. CO-H-BIND. V. STICKSTOFF-TRIS-(TRIPHENYLPHOSPHIN)-KOBALTHYDRID 64-0073
PUAR M. S., SUBSTITUENTENEINFL. AUF D. GESCHW. D. SAEUREKATALYSIERTEN PROTONENAUSTAUSCHES V. PHENOL IN METHANOL 60-0206
PUCCI S., SYNTH. V. OPT. AKT. U. RAC. 2.6.8-TRIMETHYL-NONANON-(4) U. 2.4.8.10-TETRAMETHYL-UNDECANON-(6) 64-0378
PUCIN V. A., DARST. V. PERESTERN D. BUTTERSAEURE 55-0247
PUCKNAT J., PROPELLANE 3. MITT. 57-0491
PUCYKIN J. G., CHEMIE D. ALPHA-HYDROXYLAMINOXIME 11. MITT. 54-0301
PUDDEPHATT R. J., RK. V. ORGANOMETALLVERB. 9. MITT. 57-0049
- ORGANOMETALL-RK. 10. MITT. 58-0055
- ORGANOMETALL. RK. 12. MITT. 63-0356
PUFAHL K., ISOLIER. V. FONTAPHILLIN, GENTIANIN U. 4-AMINO-NICOTINSAEUREMETHYLESTER AUS BLATTEXTRAKTEN V. FONTANESIA PHILLYREOIDES LABILL 53-0604
PUGACEVA S. A., RELATIVE REAKTIVITAETEN D. ISOMEREN XYLCLE BEI D. KATALYT. FLUESSIGPHASEN-OX. 54-0145
PUGMIRE R. J., KERNMAGNET. RESONANZ V. (13)C, 10. MITT. 58-0107
PUJOL L., INTRAMOL. WECHSELWRKG., ROTAT.-ISOMERE V. SUBSTITUIERTEN PHENYLAETHANEN C6H5-CH2-CH2-X (X=F, CL, BR, J OH, OTS) 55-0119
- INTRAMOL. WECHSELWRKG. 4. MITT. 58-0111
- ELEKTRONENSTRUKTUR V. STICKSTOFF-HETEROCYCLEN, EINE VERBESSERTE LCAO-METH. 2. MITT. 62-0113
PULLMAN B., IONISATIONSPOTENTIALE BIOLOG. PURINE U. PYRIMIDINE 55-0151
PULST M., EINW. V. NATRIUMSULFID AUF ALPHA-CHLOR-ALPHA'-FORMYL-STILBENE U. 1-CHLOR-2-FORMYL-CYCLOALKENE-(1) 62-0441
PUMA B. M., SYNTH. U. ALKYLIER. EINIGER PYRIMIDO(1.2-A)INDOLE 62-0643
PUNJA N., CYCLOPROPANE AUS ALPHA,BETA-UNGESAETT. ESTERN U. DIMETHYLSULFOXONIUM-METHYLID 56-0387
PUPPIS M., N.N'-AETHYLEN-BIS-(SALICYLIDENAMINATO)-KOBALT(II), RED. OX. U. ALKYL- U. ACYL-DERIV. 59-0081
PURCELL W. P., ANWEND. D. REGRESSIONSANALYSE BEI D. ANTITUMORWRKG. VERSCHIEDENER ACETYLEN. CARBAMATE 60-0805
PURKAYASTHA R., AMINOSAEUREN U. PEPTIDE 29. MITT. 62-0816
PURMORT J. I., ION. CHARAKTER V. ALLYLLITHIUM 58-0001
PUSKAREVA Z. V., SYNTH. U. UNTERS. V. HETEROCYCLEN MIT BIOLOG. AKTIVITAET 9. MITT. 60-0656
- SYNTH. D. N-(4-NAPHTHYL-(2)- U. N-(4-THIENYL-(2)-METHYLAMINO-BENZOYL)-DL-GLUTAMINSAEURE 64-0595
PUSKAS M., HYDROLYSE-PROD. D. DESERTOMYCINS 62-0827
PUSTOSKIN G. I., DARST. INNERER SALZE V. 2(3)-AMINOALKYLDERIV. D. TRITHIOKOHLENSAEURE 58-0379
- FOLGERK. V. TRITHIOKOHLENSAEURE-2(3)-AMINOALKYLESTERN 62-0497
- RK. V. AMMONIUMDITHIOCARBAZINAT MIT BETA(GAMMA)-HALOGENALKYLAMINEN 64-0390
PUSTOVAROV V. S., N-SUBSTITUIERTE BETA-(5-AMINO-FURYL-(2))-ACROLEINE 64-0585
PUSZYNSKI A., P-AMINO-BENZOLSULFONSAEURE-(2-HALOGEN-PYRIDYL-(4)-AMIDE) 53-0431
PUZICKIJ K. V., SYNTH. V. CARBONSAEUREDERIV. UNTER D. BEDING. D. SAEUREKATALYSE AUS CO, OLEFINEN U. ACYLIERBAREN VERB. 26. MITT. 58-0368
- SYNTH. V. CARBONSAEUREDERIV. AUS CO, OLEFINEN U. ACYLIERENDEN VERB. UNTER D. BEDING. D. SAUREN KATALYSE 27. MITT. 60-0343
- SYNTH. V. CARBONSAEUREDERIV. AUS CO, OLEFINEN U. ACYLIERENDEN VERB. DURCH SAURE KATALYSE 28. MITT. 61-0356
- SYNTHESE VON CARBONSAEUREDERIVATEN AUS CO OLEFINEN UND ACYLIERBAREN VERBINDUNGEN UNTER DEN BEDINGUNGEN DER SAUREN KATALYSE, 29. MITT. 64-0483
PYKE D. A., POLYFLUORARYL-ORGANOMETALL-VERB. 6. MITT. 60-0046
PYL T., KONDENS. V. OXALAMIDRAZON U. N.N'-DIAMINOGUANIDIN MIT ALPHA-HALOGEN-KETONEN 57-0586
PYUN H., LSGM.-EINFL. AUF D. OX. V. THIOXAN DURCH WASSERSTOFFPEROXID U. TERT.-BUTYL-HYDROPEROXID 63-0250
PYUSKYULEV B., ALKALOIDE AUS VINCA HERBACEA W.K. 11. MITT. 55-0505
PYY L., DRUCKEINFL. U. MECHANISMUS D. JODID- U. SAEUREKATALYSIERTEN HYDROLYSE V. DIAETHYLAETHER IN W. 53-0144

Q

QASEEM M. A., KERNMAGNET. RESONANZ-UNTERS. D. DONATOR-AKZEPTOR-WECHSELWRKG. IN BORHALOGENID-KOMPLEXEN 6. MITT. 58-0173
QASSEEM M. A., DIHYDROAROMAT. VERB. IN D. DIELS-ALDER RK. 2. MITT. 64-0536
QUAST H., DARST. HETEROCYCL. TRIAZATRIMETHINCYANINE 58-0545
- PENTAAZA-PENTAMETHINCYANINE 1. MITT. 59-0497
- PENTAAZA-PENTAMETHINCYANINE 2. MITT. 59-0498
- DARST. HETEROCYCL. SPIRANE 59-0538
- NEUE DARST. V. ALPHA.BETA-DIAZA-TRIMETHINCYANINEN 61-0625
QUEGUINER G., DIFORMYLPYRIDIN-N-OXIDE 55-0455
- DIPOLMOMENTE U. KONFORM. D. MOL. 5. MITT. 57-0161
- EINIGE EIG. D. PYRIDO(2.3-D)PYRIDAZINS 63-0719
QUELET R., EINW. V. ORGANOMAGNESIUMVERB. AUF ALPHA,BETA-UNGESAETT. ACETALE 3. MITT. 55-0299
QUEST B., TAUTOMERIE U. BROMIER. V. EINIGEN 1-HYDROXY-INDOL-2-CARBONSAEURE-DERIV. 59-0532
QUILICO A., STRUKTUR V. PEDERON, EINE NEUE SUBSTANZ AUS PAEDERUS (COLEOPTERA STAPHYLINIDAE) 53-0588
QUIMBY O. T., METALLIERTE METHYLENDIPHOSPHONSAEUREESTER, DARST., CHARAKTERISIER. U. SYNTHET. ANWEND. 63-0412
QUIN L. D., STRUKTUR V. ISOPREN-PHENYLPHOSPHONIGSAEURE-DIHALOGENID-CYCLOADDUKTEN 54-0369
- STRUKTUR V. DIEN-PHOSPHONIGSAEUREDIHALOGENID-ADDITIONSPROD. U. D. DAVON ABGELEITETEN PHOSPHOLENEN U. PHOSPHOLENOXIDEN 61-0566
QUINIOU H., ORGAN. SCHWEFELVERB. 3. MITT. 53-0363
- ORGANOSCHWEFELVERB. 4. MITT. 57-0398
- RK. V. BETA-KETO-DITHIOSAEUREN U. DEREN DIMETHYLDERIV. MIT PRIM. ARYLAMINEN 64-0470
- 3-FORMYL-2.5-DIARYL-1.6.6A(S(IV))-TRITHIAPENTALENE 64-0599
- CYCLISIER. V. DITHIO-BETA-CARBONYL-VERB., SYNTH. V. 5-ARYL-3-METHYLMERCAPTO-DITHIOL-(1.2)-YLIUM-PERCHLORATEN 64-0619
QUINLAN J. E., D. LINEARE FREIE ENERGIE-BEZIEH. ZWISCHEN VERTEIL.-KOEFF. U. WASSERLOESLICHK. ORGAN. FL. 58-0165
QURESHI A. A., BIOCHEMIE D. MIKRCORGANISMEN 6. MITT. 53-0580
QURESHI E. A., HETEROAROMAT. REAKTIVITAET 3. MITT. 60-0250
- HETEROAROMAT. REAKTIVITAET 4. MITT. 60-0251
QURESHI I. H., STRUKTUR U. CHEMIE V. HIRSUTSAEURE 55-0570

R

RAAP R., PENICILLINE U. CEPHALOSPORINE AUS ISOTHIAZOLYL-ESSIGSAEUREN 57-0756
- PENICILLINE AUS 3- U. 5-PHENYLISOTHIAZOL-4-CARBONSAEUREN U. ALKOXY-DERIV. 57-0757

RABAN M., NICHTAEQUIVALENZ D. CHEM. VERSCHIEB. IN EINEM SULPHINAMID U. EINEM SULPHENAMID 55-0070
- DARST. V. (+)-N-METHYL-1-(1-NAPHTHYL)-AETHYLAMIN U. BEST. SEINER OPT. REINHEIT DURCH KERNMAGNET. RESONANZ 61-0490
- STEREOCHEMIE AM TRIVALENTEN STICKSTOFF 2. MITT. 63-0181
RABESIAKA J., UNTERS. UEBER ORGANOMAGNESIUMVERB. IN TERT. AMINEN 2. MITT. 64-0365
RABIDEAU P. W., THERMOLYSE-RK. V. BIPHENYLEN 58-0517
RABINOVIC A. S., KOMBINIERTE GASCHROMATOGRAPH.-MASSENSPEKTROMETR. METH. ZUR ANALYSE D. RK.-PROD. V. 1.3-DICHLOR-2-METHYLEN-PROPAN MIT ALKOHOL. LSG. V. KOH 63-0374
RABINOVITZ M., DERIV. V. 5H-DIBENZO(B.F)AZEPIN 58-0679
- UNTERS. D. INNEREN ROTAT. V. DIMETHYLFORMAMID MITTELS D. GESTALT D. GESAMT-NMR-KURVE 63-0167
RABINOWITZ J., BLDG. U. UMWANDL. V. ESTERN 77. MITT. 54-0273
- BLDG. U. UMWANDL. V. ESTERN 76. MITT. 54-0453
- BLDG. U. UMWANDL. V. ESTERN 78. MITT. 56-0590
- BLDG. U. UMWANDL. V. ESTERN 79. MITT. 58-0663
RABUL O. M., RK. D. AETHYLDIAZOACETATS MIT PYRIDIN-N-OXID IN GGW. V. KUPFERSTEARAT 61-0365
RACHLIN A. I., SYNTH. IN D. EMETIN-REIHE 14. MITT. 64-0804
RACINSKIJ F. J., ABGESCHIRMTE PHENOLE 5. MITT. 57-0361
RACKHAM D. M., ANOMALE RK. ZWISCHEN 1-PHENYL-PYRAZOLCARBONSAEURE-(4)-METHYLESTER U. PHENYLMAGNESIUMBROMID 57-0534
- SPEKTROSKOP. UNTERS. AN EINIGEN 1-PHENYL-PYRAZOL-DERIV. 58-0084
RACKOW B., ZUM INFORMAT.-NULLTHEOREM 25. MITT. 60-0189
RACKOW S., CYANSAEUREESTER 15. MITT. 55-0255
RADECKA C., AETHER. OELE U. IHRE BESTANDTEILE 40. MITT. 61-0771
RADEMAKER P. D., DIHYDROCHINOLONE 6. MITT. 64-0709
RADFORD D. V., AUSMASS D. LAD.-UEBERTRAG. IM GRUNDZUSTAND V. PI-PI-MOL.-KOMPLEXEN 56-0182
- KONFIG. EINIGER SCHWACHER BENZOLKOMPLEXE 58-0152
RADICS L., MAGNET. NICHTAEQUIVALENZ V. ISOPROPYL-METHYL-PROTONEN AUF GRUND GEHINDERTER ROTAT. 53-0064
- STEREOCHEMIE V. 3-HYDROXY- U. 3-ACETOXYFLAVANONOXIMEN 53-0096
- QUATERNISIER. V. 1.2-DISUBSTITUIERTEN 6.7-DIMETHOXY-1.2.3.4-TETRAHYDRO-ISOCHINOLINEN 57-0591
- STEREOCHEM. UNTERS. 3. MITT. 60-0609
RADKOWSKY A., CHROMSAEURE-OX. V. 1-METHYLCYCLOBUTANOL, ERSTES BEISPIEL EINER DIREKTEN OX. EINES TERT. ALKOHOLS 62-0205
RADLICK P., THERM. UMLAGER. V. CIS-BICYCLO(6.2.0)DECENEN-(9) U. EINE NEUE COPE-UMLAGER. 55-0356
RADOM L., MOLEKUELPOLARISIERBARKEIT, DIE MOLARE KERR-KONST. V. ANILIN U. DREI SUBSTITUIERTEN ANILINEN IN EINER ANZAHL NICHTPOLARER FL. 61-0071
RADOUCH J., ELEKTROLYT. METHOXYLIER. V. 3-(5-METHYL-2-THIENYL)-PROPIONSAEURE-METHYLESTER 53-0337
RADSCHEIT K., UNTERS. AN HOCHSUBSTITUIERTEN AETHYLENEN U. GLYKOLEN 6. MITT. 64-0502
RADY G., CYANOMETR. BEST. SUBSTITUIERTER ISOCHINOLIN-DERIV. IN NICHTWAESSRIGER LSG. 58-0831
RAEISAENEN K., D. BLDG. D. BEIDEN ENDO-EXO-ISOMEREN ALPHA-FENCHENHYDRATE 54-0534
RAETZSCH M., GASPHASENVERH. D. BIN. GEMISCHS TETRACHLORMETHAN-BENZOL 63-0203
RAFFERTY G. A., ZUCKER MIT VERZWEIGTER KETTE 8. MITT. 61-0693
RAGAB M. S., INHALTSTOFFE V. ACHILLEA SANTOLINA L. (COMPOSITAE) 1. MITT. 54-0533
- AUTOX. D. APOMORPHINS 62-0737
RAGUE SCHLEYER P. VON, BRUECKENKOPF-REAKTIVITAET IN BICYCLO(3.3.1)NONANSYST. 61-0229
RAGUOTENE N. V., TRITYLIER. V. N-(BETA-CYAN-AETHYL)-ARYLAMINEN 58-0496
- NEUE UMTRITYLIER.-RK. 63-0507
RAHMAN A. U., DOPPELTE ACYLIER. V. AROMAT. KOHLENWASSER-STOFFEN 8. MITT. 64-0596
RAHMAN W., EIN NEUES BIFLAVONYL AC3 AUS ARAUCARIA CUNNINGHAMII 58-0618
RAHN D., TRIARYLIERTE BICYCLO(3.1.0)HEXANOLE-(3) UND TRIS-HOMOCYCLOPROPENYL-KATIONEN 55-0344
RAHN R. O., DARST. U. STRUKTUR EINES PHOTODIMEREN D. 1-METHYLTHYMINS 55-0122
RAIMONDI M., ELEKTRONENSTRUKTUR V. PYRIDINDERIV., 5. MITT. 56-0144
- ELEKTRONENSPEKTREN HETEROCYCL. STICKSTOFFVERB. 3. MITT. 64-0098
RAJAGOPAL S., FURANOVERB. 9. MITT. 55-0437
- FURANVERB., 11. MITT. 56-0543
- FURANVERB. 14. MITT. 64-0586
- FURANVERB. 15. MITT. 64-0587
RAJAGOPALAN K., UNGEWOEHNL. PYRIDONSALZE 60-0608
RAJAPPA S., HYDROXAMSAEUREN U. IHRE DERIV. 3. MITT. 55-0563
- HYDROXAMSAEUREN U. IHRE DERIV. 4. MITT. 55-0564
RAJBENBACH L. A., RADIOLYT. WASSERSTOFFAUSB. AUS LSG. CHLORSUBSTITUIERTER AETHYLENE IN CYCLOHEXAN 56-0248
RAJSNER M., NEUROTROPE U. PSYCHOTROPE SUBSTANZEN 15. MITT. 53-0469
- NEUROTROPE U. PSYCHOTROPE SUBSTANZEN 26. MITT. 64-0561
RAJZMANN M., RK. V. N-BROM-PHTHALIMID MIT D. CIS- U. TRANS-ISOMEREN V. 1-AETHOXY-BUTEN-(1) 62-0546
RAKHIT S., RK. V. JODWASSERSTOFF MIT TERT. KETOLEN 61-0781
RAKOFF H., MASSENSPEKTROMETRIE V. LIPIDEN, ISOMERE NONIN-, NONEN- U. DIDEUTERONONENSAEUREMETHYLESTER 64-0142
RAKSA M. A., SYNTH. UNGESAETT. DIISOCYANATE 55-0257
RAKUSAN J., AROMAT. DIAZO- U. AZOVERB. 74. MITT. 53-0291
RALL' K. B., RICHT. D. ELEKTROPHILEN U. NUCLEOPHILEN ADDIT. AN NITROALKENINE 63-0366
- DIENSYNTH. MIT NITROALKENINEN 64-0472
RALPH E. K. III, HOEHERER ALS TERMOL. PROTONENUEBERGANG IN WAESSRIGEN LSG. V. IMIDAZOL 58-0185
RAMAGE R., HOMOAPORPHIN-SYST. U. VERWANDTE DIENONE, ISOLIER., STRUKTUR U. SYNTH. 54-0511
RAMAMOORTHY B., TERPENOIDE 8. MITT. 56-0688
RAMBAUD R., RK. V. AETHYLLITHIUM MIT DIMETHYLPYRAZINEN 59-0631
RAMEY K. C., STEREOCHEMIE VON BICYCLO(3.2.1)OCTAN, 17. MITT. 61-0091
RAMIREZ F., ALPHA-BROM-ALPHA-KETOL-PHOSPHATE U. EN-DIOL-BISPHOSPHATE 58-0443
- ORGAN. VERB. MIT 5-WERTIGEM PHOSPHOR 36. MITT. 58-0497
- RK. V. TRIS-DIALKYLAMINO-PHOSPHINEN MIT AROMAT. ALDEHYDEN 1. MITT. 58-0608
- NUCLEOPHILE SUBSTITUT. AM FUENFWERT. PHOSPHOR, RK. V. 2.2.2-TRIALKOXY-1.3.2-P(V)-DIOXAPHOSPHOLEN MIT ALKOHOLEN 58-0611
- ORGAN. VERB. MIT FUENFWERTIGEM PHOSPHOR 30. MITT. 60-0464
- STEREOISOMERIE AM PHOSPHOR IN CYCL. OXYPHOSPHORANEN, D. RK. V. PHOSPHONIGSAEURE- U. PHOSPHINIGSAEUREESTERN MIT 3-BENZYLIDEN-PENTANDION-(2.4) 60-0544
- ORGAN. VERB. MIT 5-WERT. PHOSPHOR 37. MITT. 60-0565
- DIPOLARE TRIAMINO-OXY-PHOSPHONIUM-IONEN U. TRIAMINO-DIOXY-PHOSPHORANE DURCH RK. VON TRIAMINOPHOSPHINEN MIT ALPHA-DIKETONEN NACHWEIS DER KOEXISTENZ VON 4- U. 5FACH KOORDINIERTEM PHOSPHOR IN LOESUNG, (31)P-NMR-SPEKTREN 60-0566
- NEUE SYNTH. V. BETA-KETO-ALPHA-HYDROXY-SAEURECHLORIDEN, ALPHA-HYDROXY-BETA-DIKETONEN U. IHREN PHOSPHAT-ESTERN 61-0366
- TRIALKYLPHOSPHITE ALS REAGENTIEN BEI C-C-KONDENS. V. ALPHA-DIKETONEN MIT ALPHA,BETA-UNGESAETT. ALDEHYDEN, HYDROLYSE V. 5-GLIEDR. CYCL. PENTAHYDROXYPHOSPHORANEN U. PHOSPHORSAEUREESTERN 61-0594
- ORGAN. VERB. MIT PENTAVALENTEM PHOSPHOR 38. MITT. 61-0595
- VERB. MIT PENTAVALENTEM U. TETRAVALENTEM PHOSPHOR DURCH RK. V. TRIVALENTEN PHOSPHORVERB. MIT ALPHA,BETA-UNGESAETT. KETONEN. DIPOLARE IONEN DURCH RK. TERTIAERER PHOSPHINE MIT 3-BENZYLIDEN-2.4-PENTANDION 62-0409
- PENTAPHENOXYPHOSPHORAN 64-0427
RAMLOW G., 3-VINYL-PYRAZOLOCHINONE 54-0376
RAMM P. J., STEREOCHEMIE D. TRITIUMS AN C(1) U. C(7) IN CHOLESTERIN ERHALTEN AUS (3R.2R)-(2-T)MEVALONSAEURE 64-0863
RAMPAL A. L., SYNTH. V. STEROID-SAPOGENINEN U. -ALKALOIDEN 5. MITT. 57-0719
- SYNTH. V. STEROID-SAPOGENINEN U. -ALKALOIDEN 6. MITT. 57-0720
- SYNTH. V. STEROID-SAPOGENINEN U. -ALKALOIDEN 3. MITT. 57-0735
- SYNTH. V. STEROID-SAPOGENINEN U. -ALKALOIDEN 4. MITT. 57-0736
- SYNTH. V. STEROIDALKALOIDEN U. SAPOGENINEN 7. MITT. 59-0708
RAMSAY G. C., PHOTOCHEM. UMWANDL. 21. MITT. 53-0194
RAMSES N., STOBBE-KONDENS. 4. MITT. 60-0438
RAMSEY J. A., INFRAROTSPEKTREN U. SCHWING.-ZUORDN. D. ACETYLHALOGENIDE 58-0095
RAMSEY J. S., ELEKTROCHEM. RK. 3. MITT. 58-0196
- ELEKTROCHEM. RK. 4. MITT. 58-0197
RAMSTAD E., CUMURRAYIN, EIN NEUES CUMARIN AUS MURRAYA PANICULATA (L.) JACK. 58-0623
RANADE V. V., TUMORLOKALISIERENDE AGENZIEN 4. MITT. 60-0808
RANBY B., AROMATISIER. V. PARAFFIN-KW-STOFFEN 1. MITT. 56-0244
- AROMATISIER. V. PARAFFIN-KOHLENWASSERSTOFFEN 2. MITT. 56-0245
RANDALL E. W., KERNMAGNET. RESONANZ U. INFRAROTUNTERS. V. (15)N-SUBSTITUIERTEM TRIMETHYLSILYL-, -GERMYL- U. -STANNYLANILIN, (P-D)-PI-WECHSELWRKG. IN D. BIND. V. STICKSTOFF MIT ELEMENTEN D. GRUPPE IV 63-0014
RANDALL F. J., CHEMIE V. YLIDEN 17. MITT. 62-0081
RANDALL L., SYNTH. U. BIOLOG. EIG. V. 1-DIMETHYLAMINO-3-METHYL-3-(3-HYDROXYPHENYL)-BUTAN, EIN POTENTIELLES ANALGETIKUM 60-0384
RANDIC M., HYBRIDISIERUNG IN NORBORNAN U. EINIGEN DERIV. DURCH DIE METHODE DER MAXIMALEN UEBERLAPPUNG 61-0130
RANDO R. R., BETA,GAMMA-UNGESAETT. SAEUREN U. ESTER DURCH PHOTOCHEM. ISOMERISIER. D. ENTSPRECHENDEN ALPHA,BETA-ANALOGEN 62-0346
RANE D. F., STRUKTUR U. SYNTH. V. CORYMBOSIN, EINEM FLAVON AUS WEBERA CORYMBOSA WILLD. 55-0518
RANGANATHAN S., MECHANISMUS D. UNGEWOEHNLICHEN UMLAGER. V. OMEGA-NITRO-CAMPHEN IN 7.7-DIMETHYL-TRICYCLO(2.2.1-.0(2.6))HEPTAN-L-CARBONSAEURE 62-0487

RANGASWAMI S., SCILLARENIN-BIS-L-RHAMNOSID, EIN NEUES HERZGLYKOSID AUS SCILLA INDICA RO. 55-0497
RANGASWAMY M., OX. V. ALDEHYDEN DURCH CE(4+)-IONEN IN WSS. PERCHLORSAEURE 64-0372
RANJON A., LABILE BIND. V. SAUERSTOFF AN KOHLENSTOFF BEI FUENFGLIEDR. HETEROCYCLEN, PHOTOX. V. PENTAPHENYLPYRROL 53-0353
RANSBOTYN G., KONFORM.-ANALYSE DURCH KERNMAGNET. RESONANZ 5. MITT. 62-0125
- KONFORM.-ANALYSE DURCH NMR 6. MITT. 62-0132
RANSLEY D. L., WEITBEREICHSEFFEKTE BEI D. ALKYLIER. V. BENZOL MIT DICHLORALKANEN 62-0371
RANZI B. M., STEREOCHEM. VERLAUF D. 1.5-HYDRIDVERSCHIEB. BEI D. BIOSYNTH. V. OPHIOBOLINEN 55-0588
- STEREOCHEMIE D. WASSERSTOFFELIMINIER. AUS C(4) V. OPHIOBOLINEN 57-0701
RAO A. V. R., CEROALBOLINSAEURE 61-0496
- STRUKTUR V. KERMESSAEURE 61-0749
- DESOXYERYTHROLACCIN U. LACCAINSAEURE D 61-0750
RAO B. S., 2.3-DIHYDRO-2-HYDROXY-BENZO(B)FURANON-(3), D. CYCL. HALBACETAL V. 2-HYDROXY-PHENYL-GLYOXAL 56-0473
RAO C. N. R., ELEKTRONEN-ABSORPT.-SPEKTREN D. RADIKALANIONEN U. -DIANIONEN V. AZOBENZOLDERIV. 57-0082
RAO C. S., CHEM. UNTERS. V. DIOSPYROS-ARTEN 5. MITT. 55-0540
RAO D. S. R., BROM-ADDIT. AN EINIGE UNGESAETT. SULFONE 63-0254
RAO D. V., PHOTOLYSE V. TRANS-BETA-BENZOYL-ACRYLSAERE 59-0271
RAO G. S. K., UMWANDL.-RK. V. ALPHA-PINEN 2. MITT. 53-0070
- TERPENOIDE 4. MITT. 55-0533
- TERPENOIDE 8. MITT. 56-0688
RAO G. S. R. S., STEROIDHORMONE 19. MITT. 56-0718
- DURCH TRIS-TRIPHENYLPHOSPHIN-RHODIUMCHLORID KATALYSIERTE OX. 62-0311
- OLEFIN-ISOMERISIER. DURCH TRIS-(TRIPHENYLPHOSPHIN)-RHODIUMCHLORID 64-0308
RAO G. V., ALKAL. HYDROLYSE V. DICARBONSAEUREESTERN IN WSS. DIMETHYLSULFOXID 56-0218
- ALKALOIDE AUS KALEBASSENCURARE U. STRYCHNOS-ARTEN 4. MITT. 56-0654
RAO H. N. S., EINSTUF. UMWANDL. V. (+)-BETA-HIMACHALEN IN (+)-CUPAREN 61-0767
RAO K. B., CHEMIE CYCL. ENAMINOKETONE 3. MITT. 63-0670
RAO K. G. S., UMWANDL. V. ALPHA-PINEN 1. MITT. 54-0295
RAO K. V., ALKALOIDE AUS CASSYTHA AMERICANA (C. FILIFORMIS L.) 64-0807
RAO R. V. K., SCILLARENIN-BIS-L-RHAMNOSID, EIN NEUES HERZGLYKOSID AUS SCILLA INDICA RO. 55-0497
RAO U. R., BESTANDTEILE V. MESUA FERREA L. 2. MITT. 54-0399
RAO V. S. B., NATUERL. VORKOMMENDE CUMARINE 3. MITT. 64-0679
RAO V. S. R., THEORET. UNTERS. UEBER D. KONFORM. V. ALDOPYRANOSEN 57-0145
RAPAPORT E., SYNTH. IN D. INDOLREIHE 3. MITT. 53-0345
RAPHAEL R. A., INFRAROTUNTERS. D. KONKURRIERENDEN INTRAMOL. WASSERSTOFF-BIND. IN EINER REIHE V. BENZYLALKOHOLEN 60-0150
RAPHALEN D., VERH. V. 2.3-DIMETHYL-ACETOXY-BENZOESAEUREN U. IHREN METHYLESTERN UNTER BEDINGUNGEN D. FRIES-UMLAGER. 55-0283
RAPIN A., BIOCHEMIE D. CYCLITE 10. MITT. 54-0577
RAPOPORT H., DARST. U. EIG. EINIGER ACYLGUANIDINE 59-0318
- STEREOCHEMIE D. UMWANDL. V. DIHYDROTHEBAIN IN THEBAIN, SYNTH. V. MARKIERTEN THEBAINEN 59-0698
- STRUKTUR V. SIRENIN 60-0779
- SYNTH. V. CYCLOPENIN 60-0793
- CEANOTHUS-ALKALOIDE, AMERICIN 62-0734
- STRUKTUR V. CEANOTHIN-B 64-0815
- STRUKTUR EINES AUS RYANODIN ERHALTENEN C19-DIKETONS 64-0890
- STRUKTUR EINER AUS RYANODIN ERHALTENEN C19-SAEURE 64-0891
RAPP R., VERB. MIT MITTELGROSSEN RINGEN 4. MITT. 63-0395
RAPPE C., HALOGENIER. V. KETONEN 7. MITT. 53-0132
- HALOGENIER. V. KETONEN 8. MITT. 56-0211
- FAVORSKY-UMLAGER. 13. MITT. 56-0286
- DARST. U. STRUKTUR V. HALOGENSUBSTITUIERTEN UNGESAETT. ALIPHAT. SAEUREN 56-0287
- DEHALOGENIERENDE DECARBOXYLIER. U. ANDERE ELIMINIER.-RK. V. 2.3-DIBROM-2-METHYL-BERNSTEINSAEURE, DARST. V. CIS- U. TRANS-3-BROM-METHACRYLSAEURE 56-0288
- HALOGENIER. V. KETONEN 9. MITT. 61-0246
- SAEUREKATALYSIERTER DEUTERIUMAUSTAUSCH IN CYCLOPROPYLACETON 61-0264
- ANWEND. EINER ERWEITERTEN HUECKEL-METH. AUF D. BERECHN. V. GESCHW.-VERHAELTNISSEN U. AKTIVIER.-ENERGIEN, D. ENOLISIER. EINIGER METHYLKETONE 62-0269
RAPPOPORT Z., ULTRAVIOLETT-SPEKTREN V. NITROPHENYLHYDRAZONEN IN NEUTRALER LSG., SUBSTITUENTEN- U. LSGM.-EFFEKTE 60-0078
- E1CB-MECHANISMEN 63-0296
RASBERGER M., RK. MIT PHOSPHORORGAN. VERB. 15. MITT. 60-0324
RASENBERGER E., GASPHASENVERH. D. BIN. GEMISCHS TETRACHLORMETHAN-BENZOL 63-0203
RASHMAN R. M., SYNTH. U. SPEKTROSKOPISCHE EIG. EINIGER HALOGEN-1.2-NAPHTHOCHINONE 62-0456
RASMADZJAN K. A., AMINE U. AMMONIUMVERB. 53. MITT. 59-0329
RASMUSSEN M., SYNTHESE VON 3BETA-(3'-DESOXY-D-RIBOFURANOSYL)-ADENIN, EINEM ISOMEREN VON CORDYCEPIN 64-0789
RASMUSSEN S. E., NEUUNTERS. D. STRUKTUR V. 2.2'.2''-TRIAMINO-TRIAETHYLAMIN-TRIHYDROCHLORID 61-0161
RASSAT A., NITROXIDE 24. MITT. 57-0106
- NITROXIDE 26. MITT. 60-0116
RASSOLOVA G. V., VINYLOXYANILIDE 2. MITT. 56-0355
RATAJCZAK A., CARBANION-CARBONIUM-IONENPAARE ALS ZWISCHENSTUFEN BEI RACEMISIER.-, SOLVOLYSE- U. RINGERWEITER.-RK. 61-0306
RATEB L., SYNTH. U. SPEKTREN V. 1-ARYL-PYRAZOLMONOCARBONSAEUREN 64-0637
RATHKE M. W., RK. V. KOHLENMONOXID MIT TRIALKYLBORANEN BEI ATMOSPHAEREN-DRUCK IN GGW. V. LITHIUM-TRIMETHOXYALUMINIUMHYDRID, EIN BEQUEMES VERFAHREN ZUR UEBERFUEHR. V. OLEFINEN NACH HYDROBORIER. IN ALDEHYDE 57-0303
- RK. V. ORGANOBORANEN MIT BROMESSIGSAEUREAETHYLESTER IN GGW. V. KALIUM-TERT.-BUTYLAT, EINE EINFACHE METH. ZUR UEBERFUEHR. V. OLEFINEN IN ESTER DURCH HYDROBORIER. 58-0394
- MONO- U. DIALKYLIERUNG V. DIHALOGENESSIGSAEUREAETHYLESTERN DURCH RK. MIT ORGANOBORANEN IN GGW. V. KALIUM-TERT.-BUTYLAT, BEQUEMES VERF. ZUR UMWANDLUNG V. OLEFINEN IN ALPHA-HALOGENALKAN- ODER DIALKYLESSIGSAEUREESTER DURCH HYDROBORNIERUNG 61-0359
RATHOUSKY J., ORGANOSILICIUMVERB. 52. MITT. 54-0183
- UNTERS. D. SORPT. V. BENZOL, TOLUOL U. EINIGEN ARYLHALOGENIDEN AN SILICIUM, KUPFER U. SILICIUM-KUPFER-GEMISCHEN DURCH PULS-GASCHROMATOGRAPHIE 59-0182
RATKOVICS F., DAMPF-FL.-GLEICHGEW. ALKOHOLHALT. BINAERER GEMISCHE, ANWENDBARK. D. REGULAEREN TERN. A-A2-B-MISCH.-MODELLS 1. MITT. 60-0192
- DAMPF-FL.-GLEICHGEW. ALKOHOLHALT. BIN. GEMISCHE, ANWENDBARK. D. REGULAEREN TERN. A-A(2)-B-MISCH.-MODELLS 2. MITT 60-0193
RATLE G., STRUKTUR D. HOMALINS 64-0817
RATLIFF T. B., SYNTH. EINIGER 3.7-DIALKYL-3.7-DIAZA-BICYCLO(3.3.1)NONANE U. UNTERS. IHRER KONFORM. 58-0627
RATNIKOVA T. N., ISOMERISIER. V. DELTA(2)-NORCAREN-7-CARBONSAEUREN 63-0541
RATTI E., KONFIG. D. ASPARAGINYL- U. ASPARAGYL-RESTES AUS D. BACITRACIN 61-0144
RATTLE G., HOMALIN, EIN NEUER TYP EINES AUS HOMALIUM SP. AFRICAIN (FLAVOURTIACEAE) ISOLIERTEN ALKALOIDS 57-0682
RATTS K. W., RK. V. PYRIDINIUM-YLIDEN 55-0450
- NEUE UMLAGER. V. SULFONIUM-YLIDEN 58-0454
RATUSKY J., TRANSCARBOXYLIER.-RK. V. KALIUMBENZOAT U. D. KALIUMSALZEN V. BENZOL-POLYCARBONSAEUREN 53-0161
- TRANSCARBOXYLIER.-RK. V. SALZEN ORGAN. SAEUREN 5. MITT. 64-0443
RAUBACH H., ANALYT. CHEMIE D. PLASTE 42. MITT. 59-0258
RAUE G., HERST. CYCL. ACETAL 53-0444
RAUE H., SYNTH. V. STEREOISOMEREN D. ENNIATINS B 63-0849
RAUH R. D., LSGM.-EFFEKT AUF D. LEBENSDAUER D. PHOSPHORESZENZ U. PHOTOREAKTIVITAET V. BUTYROPHENON 62-0065
RAUHUT M. M., CHEMILUMINESZENZ BEI RK. ELEKTROPHILER OXAMIDE MIT H2O2 U. FLUORESZIERENDEN VERB. 58-0081
RAULINS N. R., DARST. V. 5- U. 7-NITROCUMARANEN U. UNTERS. D. KERNMAGNET. RESONANZ 60-0483
RAUSCH D. A., DIREKTE FLUORIER. V. NATRIUMDICYANAMID U. CYANGUANIDIN 64-0396
RAUSCH M. D., VGL. D. STABILITAETEN U. METALL-KOHLENSTOFF-BINDUNGSLAENGEN FUER EINIGE SIGMA-ARYL-NICKEL-KOMPLEXE 55-0036
- ORGANOMETALL. PI-KOMPLEXE 14. MITT. 57-0065
- BLDG. U. STRUKTUR EINES SIGMA-ARYLDERIV. V. MOLYBDAEN, PI-C7H7MO(CO)2C6F5 63-0023
- 7-NORBORNADIENYLTRICARBONYLEISEN-KATION 63-0047
RAUSS-GODINEAU J., ANIONOTROPE UMLAGER. V. DIARYLALKINOLEN 58-0475
RAVENNA F., HYPOTENSIVE QUATERNAERE AMMONIUMSALZE MIT EINEM GUAJACOL- ODER THYMOLREST 63-0905
RAWLINSON D. J., RK. V. DIPHENYLPHOSPHINIGSAEURECHLORID MIT BENZOYLPEROXID 64-0460
RAWLS H. R., SINGULETT-SAUERSTOFF U. D. START D. AUTOX. V. FETTSAEUREN 60-0239
RAY A. B., VENOTERPIN - NEUES MONOTERPENOID-ALKALOID AUS D. FRUECHTEN V. ALSTONIA VENENATA R.BR. 62-0728
RAY P. K., SYNTH. V. D-PSICOSE-DERIV. NACH NEUEREN OX.-VERF. 57-0644
RAYCHAUDHURI R., KORREKTUR D. STRUKTUR DES KONDENS.-PROD. V. N-(P-METHOXY-PHENYL)-ANTHRANILSAEURE 64-0732
RAYMOND F. A., REAKTIVE ZWISCHENSTUFEN IN BICYCLO(3.1.0)-HEXYL- U. BICYCLO(3.1.0)HEXYLIDEN-SYST. 4. MITT. 62-0473
RAYMOND P., EINW. V. NATRIUMAMID AUF QUATERN. AMMONIUMVERB. 2. MITT. 63-0578
RAYNER D. R., GEGENSEITIGE STEREOSPEZIF. UMWANDL. V. OPT. AKT. SULFOXIDEN, SULFILIMINEN U. SULFOXIMINEN 63-0418
RAZARENOVA M. M., RK. D. ACETYLPEROXIDES MIT PRIM. AROMAT. AMINEN 63-0447
RAZDAN R. K., STEROIDANALOGES V. TETRAHYDROCANNABINOL 60-0764

RAZENBERG E., KONKURRIERENDE PHOTOISOMERISIER. V. 1-SUBSITUIERTEN CYCLOHEPTATRIENEN 56-0374
RAZIN V. V., ISOMERISIER. V. EXO.EXO-1.3-DIPROPYL-BICYCLOBUTAN-2.4-DICARBONSAEUREDIMETHYLESTER UNTER EINW. V. ALBR3 60-0408
RAZUMOVSKY S. D., QUANT. ABSCHAETZ. D. SUBSTITUENTENEFFEKTS BEI D. BIND.-LSG. DURCH OZONISIER. MIT HILFE D. ''L.F.E.R.''-REGEL 53-0129
RAZUVAEV G. A., PERBENZOYLALKYL(ARYL)CARBONATE 5. MITT. 54-0139
- RK. V. 1.1-DIPHENYL-AETHYLHYDROPEROXID MIT BENZOYLISOCYANAT U. PHENYLISOCYANAT 58-0485
- PERACYLALKYL(ARYL)CARBONATE 6. MITT. 63-0495
- CHLORALKYLIER. V. TERT.-BUTYL-HYDROPEROXID 64-0363
REA E. J. F., ELEKTROCHEM. RK. 2. MITT. 57-0635
READ J. M. JUN., ADDITIVE PROTON-PROTON-KOPPL.-EFFEKTE IN DISUBSTITUIERTEN BENZOLEN 59-0114
READHEAD M. J., RED. V. 14-ALKENYL-CODEINONEN MIT NATRIUMBORHYDRID IN PYRIDIN 60-0705
REAM B. C., BENZYL-OX. MIT PALLADIUM(II)-ACETAT 63-0415
REBEK M., PFROPFVERSUCHE AN CELLULOSE MIT SILOXANEN 54-0574
REBSDAT S., SAEUREAMID-RK. 50. MITT. 57-0308
- ORTHOAMIDE 3. MITT. 63-0382
- ORTHOAMIDE 4. MITT. 63-0383
REBUFFO S., ZWEI NEUE ALKALOIDE AUS BERBERIS LAURINA BILLB 60-0716
RECKZIEGEL A., CYCLOHEPTATRIENYL-CYCLOHEPTADIEN-(1.3)-CHROM(-I) 56-0073
REDAELLI S., DISTAMYCIN A 2. MITT. 53-0575
REDDY M. L. N., PERFLUORPHENYLDERIV. D. ELEMENTE 15. MITT. 58-0547
REDDY T. B., ANOD. OX. V. ORGAN. VERB. 3. MITT. 57-0198
REDMOND J. W., EINFL. D. TEMP. AUF D. ZUS. D. RK.-PROD. BEI D. RK. V. AETHOXYCARBONYLNITREN MIT ANTHRACEN U. MIT BUTEN-(2) 60-0434
REECE C. A., SYNTH. D. HAUPTKOMPONENTEN D. SEXUALLOCKSTOFFES AUS D. MAENNL. IPS CONFUSUS FRASS, 2-METHYL-6-METHYLEN-7-OCTEN-4-OL, 2-METHYL-6-METHYLEN-2.7-OCTADIEN-4-OL U. (+)-CIS-VERBENOL 64-0833
REED R., HYDROLYSE V. 2-METHYL-CYCLOHEXANCARBONSAEUREMETHYLESTER, KONFORM.-ANALYSE EINIGER CYCLOHEXANCARBONSAEUREDERIV. 58-0245
REED R. A., BUTADIENSULFON-CHEMIE 1. MITT. 55-0378
REED R. I., ELEKTRONENSTOSS U. MOL.-DISSOZIAT. 18. MITT. 55-0088
- EISENCARBONYLKOMPLEXE SCHIFFSCHER BASEN 57-0053
- MASSENSPEKTREN U. MOLEKULARSTRUKTUR 1. MITT. 57-0123
REED S. F. JUN., RADIKALRK. V. TETRAFLUORHYDRAZIN, ALLYLHALOGENIDE 63-0402
REEDIJK J., KOMPLEXE MIT NITRILGRUPPEN ENTHALTENDEN LIGANDEN 3. MITT. 55-0003
- KOMPLEXE MIT NITRILGRUPPEN ENTHALTENDEN LIGANDEN 2. MITT. 55-0026
- HALBEMPIR. ENERGIENIVEAU-DIAGRAMM V. OKTAEDR. NICKEL(II)-KOMPLEXEN 61-0001
REEKE G. M. JUN., MOL.-STRUKTUR V. VERATROBASIN 60-0179
REES A. H., ALKALOIDE AUS HUNTERIA UMBELLATA-SAMEN 53-0499
REES C. W., UMLAGER. V. VINYLAZIRIDINEN ZU PYRROLINEN 56-0483
- STEREOSPEZIF. ADDIT. V. AMINO-NITREN AN MONO- U. DIENE 56-0510
- THERMOLYSE V. SALZEN 2-SUBSTITUIERTER ACRYLSAEUREN, NEUE RED.-METH. EINES VINYLBROMIDS 60-0432
- ADDIT.-RK. V. ESTERN D. FEIST-SAEURE 60-0458
- DARST. V. 3-BROM-2-PYRONEN U. IHRE RK. MIT BASEN 60-0583
- INTERNUCLEARE CYCLISIER. 23. MITT. 61-0561
- INTERNUCLEARE CYCLISIER. 24. MITT. 61-0562
- ZWISCHENKERNCYCLISIERUNG, 25. MITT. 61-0563
- PYROLYSE D. KALIUMSALZE V. 2'-FLUOR- U. 2'-BROM-BIPHENYLCARBONSAEURE-(2) 61-0612
- PYROLYSE V. 4-OXO-3-PHENYL-3.4-DIHYDRO-1.2.3-BENZOTRIAZIN 61-0682
REES D. A., D. STRUKTUR V. ALGINSAEURE 6. MITT. 56-0747
- CARRAGHEENANE 3. MITT. 59-0797
- CARRAGHEENANE 4. MITT. 59-0798
- CARRAGHEENANE 6. MITT. 62-0838
REES D. P., PHOTOCHEMIE D. ALKYL-BETA-NAPHTHYLAETHER. STER. HEMM. BEI D. DIMERISIER.-RK. 58-0501
REES H. H., CYCLISIER. V. 2.3-OXIDO-SQUALEN ZU CYCLOARTENOL IN EINEM ZELLFREIEN SYST. AUS HOEHEREN PFLANZEN 58-0779
REES R. G., 1.2-O-ALKYLIDEN-ALPHA-D-GLYKOPYRANOSEN, 1. MITT. 53-0485
- BEQUEME DARST. V. DI-N-BUTYLZINNDIPHENOLATEN 59-0065
- (13)C-NMR-SPEKTROSKOPIE VON PYRAZOL U. EINIGEN SUBSTITUIERTEN PYRAZOLEN 61-0095
REESE C. B., EINGESCHRAENKTE ROTAT. BEI METHYLIERTEN DERIV. V. ADENOSIN U. CYTIDIN 57-0131
- SYNTH. V. OLIGORIBONUCLEOTIDEN 4. MITT. 57-0658
- SYNTH. V. OLIGORIBONUCLEOTIDEN 5. MITT. 60-0696
- SYNTH. V. OLIGORIBONUCLEOTIDEN 6. MITT. 62-0703
- CHEMIE V. 1- U. N(6)-DIMETHYLALLYL-DERIV. D. ADENOSINS U. ADENINS 64-0798
REESE M. C., KONFORM.-ANALYSE 15. MITT. 60-0171
REEVE W., KONKURRIERENDE REAKTIVITAETEN V. HYDROXID-, METHOXID-, AETHOXID- U. ALLYLOXID-IONEN BEI S(N)1- UND S(N)2-VERDRAENG.-RK. 62-0249
REEVES P. C., CYCLOBUTADIEN-METALLCARBONYL-KOMPLEXE 56-0082
- CYCLOBUTADIEN-PI-CYCLOPENTADIENYL-KOBALT 59-0078
REGAN T. H., BOR-PHOTOCHEMIE 2. MITT. 57-0384
- DIELS-ALDER-RK. V. POLYCYCL. AROMAT. AZONIA-VERB. MIT NUCLEOPHILEN PHILODIENEN 58-0628
- PHENYLCYCLOHEXADIENE 61-0462
REGEL W., PROTONENRESONANZ-SPEKTREN D. 3.5-CYCLOHEXADIEN-1-ON-SYST. (ORTHO-DIENONE) 62-0089
REGGIANI M., KONFORM. V. AMYLOSE U. SEINEN VERWANDTEN VERB. 3. MITT. 57-0774
REGITZ M., RK. CH-AKT. VERB. MIT AZIDEN 17. MITT. 58-0607
- RK. CH-AKTIVER VERB. MIT AZIDEN 18. MITT. 61-0459
- RK. AKT. METHYLENVERB. MIT AZIDEN 19. MITT. 61-0576
- ELEKTROPHILE RK. D. DIAZO-GRUPPE IN 2-DIAZO-1.3-DIKETONEN. 62-0315
- RK. CH-AKTIVER VERB. MIT AZIDEN 22. MITT. 62-0410
REGNAULT A., DOPPELTE CYCLISIER. V. BIS-(2-CARBOXYPENTEN-(4)-YL)-BENZOLEN. DARST. V. POLYMETHYLIERTEN PHENANTHRENEN U. ANTHRACENEN 57-0436
REHMAN M. A., RK. V. PHENYLGLYOXAL-HYDRAT MIT EINIGEN AROMAT. AMINEN 57-0379
REHSE K., FRAGMENTIER.-RK. AN CARBONYLVERB. MIT BETA-STAEND. ELEKTRO-NEGATIVEN SUBSTITUENTEN 5. MITT. 53-0313
REICH H., STRUKTUREINFL. BEI RK. V. ORGANOPHOSPHORVERB. 1. MITT. 60-0369
REICH H. J., TRANSANULAR GELENKTE, ELEKTROPHILE SUBSTITUT. V. (2.2)PARACYCLOPHAN 60-0444
REICHARD D. W., STRUKTUR V. 'ISOMEREN' MOL.-IONEN V. UNGESAETT. KW-STOFFEN 58-0161
REICHARDT C., SYNTH. MIT SUBSTITUIERTEN MALONDIALDEHYDEN, 3. MITT. 54-0348
REICHEL D., SYNTH. V. HETEROCYCLEN 100. MITT. 56-0450
REICHEL L., CHEMIE U. BIOCHEMIE D. PFLANZENSTOFFE 20. MITT. 61-0614
- CHEMIE U. BIOCHEMIE D. PFLANZENSTOFFE 21. MITT. 61-0615
- SYNTHESEN U. NMR-SPEKTREN V. CHALKONEPOXIDEN 64-0108
- RK. V. ALPHA-BROMPROPIONALDEHYD-DIAETHYLACETAL MIT TRIPHENYLPHOSPHIN 64-0459
REICHEL S., SILICONE 112. MITT. 59-0044
REICHENBACHER P. H., RELATIVE GESCHWINDIGKEITSKONSTANTEN FUER D. ANODISCHE OX. V. ALKYLCARBONSAEUREKALIUMSALZEN 61-0184
- D. 3.3-DIMETHYL-BUTYL-(1)-KATION 62-0191
- ZWISCHENPROD. BEI D. ANOD. OX. V. CARBOXYLATEN, CHRONOPOTENTIOMETRIE 64-0236
- D. 3.3-DIMETHYL-BUTYL-(2)-KATION, PINAKOLYL-KATION 64-0237
REICHERT C., MASSENSPEKTREN V. FLUORACETYLACETONATO-KOMPLEXEN 53-0004
REICHSTEIN P., GLYKOSIDE U. AGLYKONE 297. MITT. 54-0500
- GLYKOSIDE U. AGLYKONE 298. MITT. 54-0501
REICHSTEIN T., GLYKOSIDE U. AGLYKONE 295. MITT. 53-0492
- GLYKOSIDE U. AGLYKONE 297. MITT. 54-0500
- GLYKOSIDE U. AGLYKONE 298. MITT. 54-0501
- GLYKOSIDE U. AGLYKONE 299. MITT. 54-0502
- GLYKOSIDE U. AGLYKONE 300. MITT. 54-0503
- DESOXYZUCKER 41. MITT. 56-0617
- DESOXYZUCKER 42. MITT. 56-0618
- GLYKOSIDE U. AGLYKONE 301. MITT. 56-0631
- GLYKOSIDE U. AGLYKONE 302. MITT. 56-0632
- GLYKOSIDE U. AGLYKONE 303. MITT. 56-0633
- GLYKOSIDE U. AGLYKONE 304. MITT. 58-0707
- GLYKOSIDE U. AGLYKONE 305. MITT. 58-0708
- GLYKOSIDE U. AGLYKONE 306. MITT. 58-0709
- GLYKOSIDE U. AGLYKONE 307. MITT. 62-0716
- GLYKOSIDE U. AGLYKONE 308. MITT. 62-0717
- PYRROLIZIDIN-ALKALOIDE 13. MITT. 64-0812
- HIRUNDIGENIN U. ANHYDROHIRUNDIGENIN, ZWEI NATUERL. 16-OXASTEROIDE PFLANZL. URSPRUNGS, CHEM. U. ROENTGEN-UNTERS. 64-0851
REID D. H., PHYSIKAL. EIG. U. CHEM. REAKTIVITAET V. ALTERNIERENDEN KOHLENWASSERSTOFFEN U. VERWANDTEN VERB. 14. MITT. 61-0064
REID S. T., BENZO(B)THIOPHENDERIV. 5. MITT. 53-0342
- BENZO(B)THIOPHENDERIV. 6. MITT. 53-0343
REILLY G. J., DARST. U. ZERS. V. CYMANTRENYL-DIPHENYL-BENZYL-PHOSPHONIUMHYDROXID 59-0027
REIMLINGER H., RK. V. DIAZOFLUOREN MIT ACETYLEN 53-0370
- BASENKATALYSIERTE PROTOTROPE ISOMERISIER. 2. MITT. 59-0509
- SYNTH. UNGESAETT. PYRAZOL-DERIV. 1. MITT. 62-0571
REINE A. H., CHEMIE D. CYCL. ENAMINKETONE 1. MITT. 53-0439
- ANWEND. V. 220 MHZ-NMR ZUR LSG. STEREOCHEM. PROBLEME 3. MITT. 61-0153
- CHEMIE CYCL. ENAMINOKETONE 3. MITT. 63-0670
REINECKE M. G., ERSATZ-ARIN, NEUER MECHANISMUS D. CINE-SUBSTITUT. 58-0258
REINHARDT H. G., DARST. U. VALENZISOMERISIER. V. CYCLOBUTENEN MIT ''SEITLICH'' ANKONDENSIERTEN RINGEN 57-0458
REINHART H., UEBERFUEHR. V. 1-BENZYL-ISOCHINOLINEN IN BERBINIUM-SALZE 6. MITT. 58-0724
REINHECKEL H., HALOGEN- U. STICKSTOFFHALT. DERIV. ALIPHAT. CARBONSAEUREN 5. MITT. 54-0223
- HALOGEN- U. STICKSTOFFHALT. DERIV. ALIPHAT. CARBONSAEUREN 6. MITT. 54-0224

- STRUKTURAUFKLAER. D. ISOMEREN V. ALPHA-OXIMINO-CARBONSAEUREESTERN 55-0116
- HALOGEN- U. STICKSTOFFHALT. DERIV. ALIPHAT. CARBONSAEUREN 7. MITT. 55-0249
- RK. MIT ALUMINIUMALKYLEN 11. MITT. 59-0298
- CYCL. POLYAETHER 1. MITT. 60-0625
- RK. MIT ALUMINIUMALKYLEN 12. MITT. 63-0428
- RK. V. ALKYLALUMINIUM-VERB. MIT ALPHA-CHLOR-AETHERN U. ALPHA-CHLOR-AMINEN 63-0669

REINHOLD D. F., ALPHA-HYDRAZINO-ANALOGE D. HISTIDINS 60-0529
- RACEMISIER. V. ALPHA-METHYL-ALPHA-ACETAMIDO-NITRILEN 61-0288
- SYNTH. V. L-ALPHA-METHYLDOPA AUS ASYMM. ZWISCHENPROD. 61-0422

REINHOLD V. N., DARST. N-METHYLIERTER HISTIDINE 60-0528

REININGER W., XANTHORIN, EIN ANTHRACHINOPIGMENT AUS XANTHORIA ELEGANS (LINK) TH. FR. 55-0519

REINISCH G., NEUE AMID-DERIV. D. EPSILON-AMINOCAPRONSAEURE UND D. DI-EPSILON-AMINOCAPRONSAEURE 59-0336

REINTJES M., PI-DICARBOLLYLDERIV. V. UEBERGANGSMETALLEN, METALLOCEN-ANALOGE 59-0041

REISCH J., UNTERS. IN D. STRAHLENCHEMIE 3. MITT. 54-0382
- PHOTO- U. STRAHLENCHEM. STUDIEN 6. MITT. 62-0396
- THIOPHENE U. SELENOPHENE AUS ALPHA-PROPINYL-CARBONYL-VERB. 63-0605

REISSE J., EINFL. V. ALKYLGRUPPEN IN 4-STELL. AUF D. CHEM. VERSCHIEB. V. METHYLGRUPPEN IN 1-STELL. IN PIPERIDINIUMSALZEN 59-0120
- KONFORM.-ANALYSE DURCH KERNMAGNET. RESONANZ 5. MITT. 62-0125
- KONFORM.-ANALYSE DURCH NMR 6. MITT. 62-0132

REISSMANN S., PEPTIDE 9. MITT. 60-0782

REIST E. J., THIOZUCKER, SYNTH. V. ADENINNUCLEOSIDEN V. 4-THIO-D-XYLOSE U. 4-THIO-D-ARABINOSE 58-0697
- SYNTH. U. RK. V. EINIGEN 8-SUBSTITUIERTEN PURINNUCLEOSIDEN 62-0707
- VERZWEIGT-KETT. ZUCKER. SYNTH. V. ADENINNUCLEOSIDEN V. 3-DESOXY-3-C-HYDROXYMETHYL-D-ERYTHROFURANOSE U. 2-DESOXY-2-C-HYDROXYMETHYL-D-ERYTHROFURANOSE 64-0796

REJOAN A., UNTERS. IN DER ORGANOMETALLCHEMIE 24. MITT. 60-0236

REKASEVA A. F., KINETIK D. ADDIT. V. AETHANOL U. ESSIGSAEURE AN VINYLAETHER U. -ESTER 54-0169

RELIAUD C., DURCH SAEURE KATALYSIERTE OX. V. SPIROCYCLANONEN MIT WASSERSTOFFPEROXID 62-0492

RELLES H. M., STER. GESCHW.-VERGROESSER. BEI D. CHAPMAN-UMLAGER. 64-0302
- STERISCHE GESCHWINDIGKEITSVERGROESSERUNG BEI DER NEWMAN-KWART-UMLAGERUNG, VERGLEICH MIT DER CHAPMAN-UMLAGERUNG 64-0303

REMANICK A. H., SYNTH. V. FLUORAMMONIUMSALZEN 64-0040

REMBARZ G., RK. MIT 1.4-DINITROBUTAN 56-0569

REMERS W. A., BIRCH-RED. V. QUATERN. TRYPTAMIN-SALZEN 56-0487

REMPP P., AROMAT. ANIONENRADIKALE, METALLIERUNGSREAGENZIEN U. POLYMERISATIONSINITIATOREN 62-0197

RENARD J., OZONOLYSE V. CIS- U. TRANS-STILBEN IN GGW. V. (18)O-BENZALDEHYD 60-0567

RENARD M., KATALYSE D. MUTAROTAT. D. TETRAMETHYLGLUCOSE DURCH IONENPAARE 58-0080

RENAULT C., SYNTH. V. PYRROLO(1.2-A)PYRIMIDINEN 53-0449

RENAULT J., AMINOCHINOLINE 2. MITT. 63-0688

RENFREW A. H., NEUE AROMAT. SYST. 5. MITT. 62-0471

RENFROE H. B., VALENZTAUTOMERES EINES CIS-15.16-DIHYDROPYRENS 61-0502

RENFROW A., TRANSANULARE UMLAGER. V. 9.10-DIHYDRO-ANTHRACEN-DERIV. 63-0308

RENFROW W. B., RK. V. O-BENZOYL-OXIMEN MIT NATRIUMHYDRID, SUBSTITUIERTE ISOXAZOLE U. D. NEBER UMLAGER. 58-0419
- TRANSANULARE UMLAGER. V. 9.10-DIHYDRO-ANTHRACEN-DERIV. 63-0308

RENK E., FRAGMENTIER.-RK. 21. MITT. 62-0682

RENNER R., EINW. FREIER RADIKALE AUF DIAZOALKANE 2. MITT. 58-0208

RENOVITCH G. A., MAGNET. U. SPEKTRALE EIG. V. (FE(EN)3)CL3 64-0004

RENS J., IR-SPEKTREN D. GLYKOLE 2. MITT. 54-0062

RENTOV O. A., RK. V. DIPHENYLJODONIUMTETRAFLUOROBORAT MIT ANILIN 60-0295

REPLOGLE L. L., EIN 8H-AZULENO(1.8-BC)THIOPHEN-DERIV. 59-0172
- AZULENO(1.8-BC)THIAPYRAN U. AZULENO(1.8-CD)AZEPIN 59-0646

RERAT C., STRUKTUR V. 4.4'-DIBROM-CINNAMALDAZIN 54-0117
- BEST. D. ABS. KONFIG. U. VERFEINER. D. MOL.-STRUKTUR V. 2-BROM-2-NITRO-FENCHAN 59-0173

RERICHA R., BEST. D. VERZWEIG.-GRADES IN ALKANEN DURCH IR-SPEKTROSKOPIE 3. MITT ANALYT. VERW. 58-0829

RESCHKE T., KONSTIT. D. RESISTOMYCINS 62-0825

RESHEF N., PROPELLANE 3. MITT. 57-0491

RESIBOIS B., DIELS-ALDER-RK. MIT ZWEI SILACYCLOPENTADIEN-VERB. 59-0496

RESPESS W. L., SYNTH. EINIGER PENTAFLUORPHENYLMAGNESIUM-VERB. 58-0041

RESPLANDY A., PHENANTHRIDON-(6)-CARBONSAEURE-(4) 56-0565

RESSLER C., KONFIG. D. ASPARAGINYL- U. ASPARAGYL-RESTES AUS D. BACITRACIN 61-0144
- 1.4-CYCLOHEXADIEN-1-ALANIN (2.5-DIHYDROPHENYLALANIN), EIN NEUER INHIBITOR V. PHENYLALANIN BEI RATTEN U. LEUCONOSTOC DEXTRANICUM 8086 63-0889

REST A. J., RK. ZWISCHEN METHYLPENTACARBONYLMANGAN U. HEXAFLUORBUTADIEN-(1.3) 62-0040

RETCOFSKY H. L., (13)C- U. (1)H-KERNMAGNET. ABSCHIRM. U. ELEKTR. EFFEKTE V. ORTHO-SUBSTITUENTEN BEI MONOSUBSTITUIERTEN PYRIDINEN 62-0078

RETEZEANU M., ZYTOSTAT. BIS-HALOGENACYL-DERIV. V. PIPERAZIN U. 2-METHYL-PIPERAZIN 63-0873

REUSCH W., HG-SENSIBILISIERTE PHOTOUMLAGER. V. 3.3.6.6-TETRAMETHYL-CYCLOHEXADIEN-(1.4) 56-0446

REUTEL I., ALKALOIDE AUS STERCULIACEEN 1. MITT. 64-0816

REUTOV O. A., SPEKTRALUNTERS. D. KOMPLEXE V. 4-AMINO- U. 4-DIMETHYLAMINO-AZOBENZOL MIT SNCL4 54-0029
- EINFL. V. LSGM. AUF D. PMR-SPEKTREN D. QUECKSILBERDIPHENYLS 56-0014
- ELEKTROPHILE SUBSTITUT. AM AROMAT. KOHLENSTOFFATOM 6. MITT. 56-0216
- STEREOCHEMIE D. OEFFN. D. CYCLOPROPANRINGS, RK. V. NORCARAN MIT QUECKSILBERNITRAT U. NITRILEN 57-0472
- ELEKTROPHILE SUBSTITUTION AM AROMAT. KOHLENSTOFFATOM 7. MITT. 60-0258
- BLDG. V. PHOSPHINMETHYLENEN BEI D. ZERS. V. PHOSPHONIUMSALZEN, D. EINE ESTERGRUPPE ENTHALTEN 60-0391
- ELEKTROPHILE SUBSTITUT. AM AROMAT. C-ATOM 8. MITT. 61-0253
- STRUKTUREFFEKTE BEI D. POLAROGRAPHIE QUECKSILBERORGAN. KATIONEN 63-0035
- VGL. D. BASIZITAET V. ARSONIUM- U. PHOSPHONIUMYLIDEN 63-0221
- ELEKTROPHILE SUBSTITUT. AM AROMAT. KOHLENSTOFFATOM 9. MITT. 63-0281
- VERHAELTNIS D. C- U. O-ISOMEREN BEI D. AETHYLIER. V. ALKALI-ENOLATEN D. ACETESSIGSAEUREAETHYLESTERS IN HEXAMETHYLPHOSPHORAMID U. DIMETHYLSULFOXID 63-0396
- ELEKTROPHILE SUBSTITUTION AM AROMAT. KOHLENSTOFFATOM 10. MITT. 64-0031
- ELEKTROPHILE SUBSTITUTION AM AROMAT. KOHLENSTOFFATOM 11. MITT. 64-0032

REUTOV V. A., PROTOLYSE V. DIPHENYLQUECKSILBER MIT CARBONSAEUREN 62-0018

REVANKAR G. R., ANTIBAKTERIELLE WRKG. HALOGENSUBSTITUIERTER CHALKONE 56-0754

REVEILLON F., DARST. V. HYDROXY-EPOXY-STEARINSAEURE-METHYLESTER DURCH AUTOX. V. OELSAEURE-METHYLESTER 55-0369

REVEL M., EINW. V. BENZOESAEURE AUF PHOSPHORSAEURE-AETHYL-AETHYLENESTER 56-0354

REVENKO O. M., CYANAETHYLIER. V. POLYKETONEN 61-0410

REVERDY G., ADDIT. V. ANTHRONYLIDENCARBEN AN EINE KOHLENSTOFF-KOHLENSTOFFBIND., STER. EFFEKTE BEIM AETHYLEN U. SEINEN PHENYLDERIV. 59-0451

REVNAKAR G. R., ANTIBAKTERIELLE WRKG. V. HALOGENBENZIMIDAZOLEN 60-0819

REY M., BLDG. V. HOMOFULVENEN 63-0559
- UMSETZ. D. DELTA(3)-CYCLOHEXENCARBALDEHYD-P-TOLUOLSULFONYLHYDRAZONS 64-0477

REY P., NITROXIDE 24. MITT. 57-0106
- NITROXIDE 26. MITT. 60-0116

REYES J., CHEMIE V. PEREZON 62-0742

REYMOND D., ZUS. D. KAKAO-AROMAS 53-0584
- ZUS. D. AROMAS V. SCHWARZEM TEE 2. MITT. 53-0585
- CYCLIT-REIHE 36. MITT. 54-0578

REYNAUD P., EIG. D. THIOCARBONSAEURE-O-ALKYLESTER. EINE NEUE SYNTH. D. DELTA(2)-THIAZOLINE 59-0567

REYNAUD R., DISSOZIAT. V. SAEUREN U. BASEN IN GEMISCHEN AUS WASSER U. ORGAN. LSGM. 2. MITT. 57-0191
- DISSOZIAT. V. SAEUREN U. BASEN IN GEMISCHEN AUS W. U. ORGAN. LSGM. 3. MITT. 57-0192
- DIELEKTRIZITAETSKONST. U. IHRE ABWEICH. V. IDEALEN DIELEKTR. VERH. BEI GEMISCHEN V. ORGAN. VERB. MIT WASSER 59-0101
- BEST. D. PK-WERTE V. ESSIG- U. BENZOESAEURE SOWIE EINIGER AMINE IN GEMISCHEN V. W. U. N-METHYL-ACETAMID BEI 25 GRAD 63-0232
- DISSOZIAT. V. SAEUREN U. BASEN IN GEMISCHEN AUS WASSER U. ORGAN. LSGM. 4. MITT. 64-0230

REYNOLDS G. A., THERM. U. PHOTOLYT. ZERS. V. 2.3-DIAZIDO-1.4-NAPHTHOCHINON U. VERWANDTEN AZIDOCHINONEN 61-0308
- DARST. V. PYRYLIUMSALZEN IN GEGENWART V. CHALKON U. BORTRIFLUORIDAETHERAT 61-0601

REYNOLDS G. F., NICHTPLANARES CYCLOBUTAN, SOLVOLYSE V. CIS- U. TRANS-3-ISOPROPYL-CYCLOBUTYLBROSYLAT 63-0272

REZNICENKO L. A., SYNTH. U. UNTERS. EINIGER IMIDAZOL-DERIV. 3. MITT. 62-0564

REZNIK V. S., RK. V. NATRIUMSALZEN V. URACILEN MIT PHOSPHORSAEURECHLORIDEN 1. MITT. 60-0657

REZVUCHIN A. I., RK. V. POLYALKYLSUBSTITUIERTEN AROMAT. VERB. 1. MITT. 61-0478

REZVUKHIN A., (13)C-NMR-SPEKTREN U. POSITIVE UEBERSCHUSSLAD.-DICHTEN IM MESITYLENIUMION 64-0130

RHEINGANS J., ALKALOIDE AUS RHAMNACEEN 2. MITT. 56-0648

RHODES A. P., NEUE P-CHLORPHENOXYCARBANILIDE U. IHRE BAKTERIOSTATISCHE WRKG. 57-0373

RHODES C. A., D. EXTRAKT. V. MILLETTIA DURA(DUNN), D. KONSTIT. V. DURLETTON, DURMILLON, MILLDURON, MILLETTON U. MILLETTOSIN 55-0434

RIBALDI M., STOFFWECHSELPROD. V. OOSPORA VIRESCENS (LINK) WALLR. VIRESCENOL A 54-0530

RIBERA A., ABSCHIRM. D. ORTHO-PROTONEN IN D. NMR-SPEKTREN V. N-(2-SUBSTITUIERTEN-PHENYL)-AMIDEN 57-0114
RICARD D., EPOXYNITRILE 5. MITT. 55-0368
RICARD M., DOPPELTE DIENADDIT. D. DICYANACETYLENS AN 9.10-DIPHENYL-ANTHRACEN 61-0508
RICCA A., ALKYLIER. V. INDOL-NA ALS AMBIFUNKTIONELLEM NUKLEOPHILEM SYST. 53-0344
RICCA G. S., KOLLISIONSKOMPLEXE U. NMR-SPEKTREN 1. MITT. 58-0099
RICCI A., GERUCH U. CHEM. KONSTIT. BEI STRUKTURANALOGEN V. TERT.-BUTYL-TETRALONEN-(1) 56-0531
- CARCINOGENE STICKSTOFFVERB. 59. MITT. 57-0577
- BENZO-BIS-THIAZOLE 6. MITT. 58-0604
- CARCINOGENE STICKSTOFFVERB. 60. MITT. 59-0510
- KERNMAGNET. RESONANZ V. SCHWEFEL- U. SELEN-ANALOGEN V. BENZOCYCLANONEN 60-0088
- GERUCH U. CHEM. KONSTIT. IN TERT.-BUTYL-CHROMANONEN 64-0665
RICCIARDI R. J., RK. D. 1,3-DIPHENYL-4-(PHENYLIMINO)-2-URETIDINONS 63-0292
RICE L. M., HYDRIERTE DIBFNZ(E.G)ISOINDOLINDERIV. 57-0502
- IMIDOTHIAZOLE 57-0544
- SPIRANE 14. MITT. 60-0592
RICE S. N., NITRENE IM SINGULETT- U. TRIPLETT-ZUSTAND 3. MITT. 59-0553
RICEVUTO V., KINETIK D. SUBSTITUT. D. AN PT(II) KOORDINIERTEN SNCL3-GRUPPE 2. MITT. 64-0030
RICH P., STEREOSPEZIF. SYNTH., ABS. KONFIG. V. ASYMM. BENZYLKOHLENSTOFFZENTREN 54-0480
- ASYMM. SYNTH. 2. MITT. 63-0756
- ASYMM. SYNTH. 3. MITT. 63-0757
- RINGGROESSE U. KONFORM. EINIGER (5R)-5-C-ALKYL-5-C-PHENYL-D-XYLOSE-DERIV. 64-0183
RICH W. M., SYNTH. V. OMEGA-DIALKYLAMINOALKYLAMINO-PYRAZINO(2.3-D)-, -PYRIDO(2.3-D)-, -IMIDAZO(4.5-C)- U. -IMIDAZO(4.5-D)PYRIDAZINEN 60-0635
RICHARDS E. E., DARST. V. N-ARYL-4-TERT.-BUTYL-CYCLOHEXYLAMINEN UEBER ANILE ALS ZWISCHENPROD. 54-0302
- NITROSTEROIDE 5. MITT. 58-0085
- INTRAMOL. BIND. U. RELATIVE STABILITAETEN V. SYN- U. ANTI-ALPHA-OXIMINO-KETONEN 58-0769
- DARST. U. KONFORM. V. 1-ALKYL- U. 1-ARYL-4-TERT.-BUTYL-CYCLOHEXANOLEN 61-0446
RICHARDS E. M., RINGERWEITER. V. 9-SUBSTITUIERTEN 9-PHOSPHAFLUORENEN ZU 9.10-DIHYDRO-9-PHOSPHAPHENANTHREN-9-OXIDEN 54-0370
RICHARDS J. H., MOESSBAUER-EFFEKT IM FERROCENYLCARBONIUM-ION 55-0004
- OEFFN. D. RINGES B V. LANOSTERIN DURCH BECKMANN-SPALT. EINES GAMMA-KETO-OXIM-TOSYLATS 58-0740
- MECHANISMUS D. PHOTOCHEM. UMLAGER. V. LUMISANTONIN 60-0318
- PHOTOPROD. DER BESTRAHLUNG VON LUMISANTONIN IN APROTISCHEM MEDIUM 60-0754
RICHARDS J. T., ELEKTRONENANLAGER. AN DCL BEI D. GAMMA-RADIOLYSE V. DCL-LOESUNGEN IN CYCLOHEXAN 57-0260
RICHARDS K. E., RK. V. EPOXIDEN 16. MITT. 53-0557
- SYNTH. V. 2.10-EPOXYPINANEN 58-0744
- DIELS-ALDER-ADDUKTE V. ANTHROL-(9) 60-0436
RICHARDSON A. C., NUCLEOPHILE SUBSTITUTIONSRK. BEI SULFONATEN 3. MITT. 64-0782
RICHARDSON K., THERM. SIGMATROPE UMLAGER. BEI NI-KOMPLEXEN V. MAKROCYCL. PYRROLVERB. 56-0081
RICHARDSON M. T., RK. V. FORMALDEHYD MIT METHYLENVERB. 1. MITT. 53-0397
RICHARDSON R. D., DARST. U. RK. EINIGER FLUORHALT. VINYL-ORGANOMETALL-VERB. 58-0366
RICHER D., 2-DIALKYLAMINOMETHYL- U. 2-(2-DIALKYLAMINO-AETHYL)-3-ARYL-3.4-DIHYDRO-CHINAZOLINONE-(4) 64-0749
RICHEY H. G. JUN., INTRAMOL. CYCLISIER. V. ACETYLEN. GRIGNARD-VERB. 59-0395
RICHMAN J. A., ANALGETIKA, ESTER VON PYRROLIDINYL-(3)-METHANOLEN 63-0901
RICHMAN R. J., STEREOCHEMIE 34. MITT. 64-0611
RICHMOND R. R., RED. ORGAN. VERB. DURCH KALIUMHEXACYANO-DINICCOLAT(I) IN HOMOGENEN LSG. 60-0326
RICHTER R., EIN DIMERES D. DIPHENYLCARBODIIMIDS 57-0488
- NITRILOXIDE 10. MITT. 58-0324
- NITRILOXIDE 12. MITT. 59-0578
RICHTER W., MASSENSPEKTROMETR. ELIMINIER. V. NEUTRALPARTIKELN AUS MOLEKEL- U. FRAGMENT-IONEN 54-0088
RICHTER W. J., ENZYMAT. CYCLISIER. V. 15-NORSQUALEN-2.3-OXID 63-0805
RICK E. A., ENDO-ADDIT. V. FREIEN RADIKALEN AN NORBORNADIEN 62-0479
RICKARDS R. W., BIOCHEMIE D. MIKROORGANISMEN 6. MITT. 53-0580
RICKBORN B., DARST. V. SPIRO(2.5)OCTAN-6-ON, KATALYT. HYDRIER. EINES VINYLCYCLOPROPANS 61-0507
RICO M., ABSCHIRM. D. ORTHO-PROTONEN IN D. NMR-SPEKTREN V. N-(2-SUBSTITUIERTEN-PHENYL)-AMIDEN 57-0114
RICROCH N., INHALTSSTOFFE D. FRUECHTE V. UVARIA CATOCARPA (ANNONACEEN), STRUKTUR V. SENEPOXID U. SENEOL 60-0794
RIDD J. H., SUBSTITUENTENEFFEKTE V. POSITIVEN POLEN BEI D. AROMAT. SUBSTITUT. 3. MITT. 62-0253
- SUBSTITUENTENEFFEKTE V. POSITIVEN POLEN BEI D. AROMAT. SUBSTITUT. 4. MITT. 62-0254
RIDDELL F. G., NMR-UNTERS. D. KINETIK U. KONFORMATION 11. MITT. 60-0172
RIDGWAY R. W., ASYMMETRISCHE UEBERTRAG. V. DIASTEREOMEREN WASSERSTOFFATOMEN BEI D. GRIGNARD-RED. V. KETONEN 59-0202
RIDL H. F., AMINOALKYLIER. V. METALLDERIV. D. INDOLS 2. MITT. 55-0393
RIECHE A., VERBESSERTES VERF. ZUR HERST. V. EPSILON-CAPROLACTAM-HYDROPEROXID 56-0610
- PEROXYGENIER. V. ACETALEN 3. MITT. 58-0587
- FRAGMENTIER. STICKSTOFFHALT. PEROXIDE 59-0280
- AROXYLE U. IHRE UMWANDL.-PROD. 3. MITT. 59-0589
RIECK G., THYRONIN- U. THYROXINAEHNL. AMINOALKOHOLE 3. MITT. 58-0436
- THYRONIN- U. THYROXINAEHNL. AMINOALKOHOLE 4. MITT. 58-0437
RIED W., RK. MIT IMIDSAEUREESTERN 8. MITT. 53-0398
- UMSETZ. MIT IMIDSAEUREESTERN 9. MITT. 53-0399
- HETEROCYCL. SUBSTITUIERTE CYCLOPENTENOLONE U. CYCLOPENTADIENONE SOWIE IHRE RK. MIT UNGESAETT. VERB. 54-0417
- RK. MIT DIAZOCARBONYLVERB. 25. MITT. 57-0438
- RK. AM ''INDANOCYCLON'', DARST. D. 1.2.3.4-TETRAPHENYL-5.6-BENZO-PENTALENS 58-0521
- REAKTIVITAET V. CHRYSENCHINON GEGENUEBER DIBENZYLKETON U. PHENYLACETON 58-0522
- RK. MIT DIAZOCARBONYLVERB. 28. MITT. 62-0465
- RK. MIT DIAZOCARBONYLVERB. 26. MITT. 62-0503
- RK. MIT DIAZOCARBONYLVERB. 27. MITT. 62-0504
- RK. MIT IMIDSAEUREESTERN 10. MITT. 62-0661
- RK. MIT IMIDASAEUREESTERN 11. MITT. 62-0662
- RK. MIT IMIDSAEUREESTERN 12. MITT. 64-0656
- RK. V. AMIDRAZONEN MIT VICINALEN TRIKETONEN 64-0761
- RK. V. PHENYLCYCLOBUTENDION MIT AMIDRAZONEN U. P-TOSYLHYDRAZID 64-0762
RIEDEL A., UEBERGANGSMETALL-CARBEN-KOMPLEXE 3. MITT. 57-0051
RIEDL P., BEST. D. SALPETRIGSAEURE-ALKOHOL-ALKYLNITRIT-GLEICHGEW. MIT HILFE D. ''THERMODYNAMIK D. ZWISCHEN-RK.'' U. D. KINETIK D. O-NITROSIER. D. ALKOHOLE DURCH NITRITACIDIUMION 55-0168
RIEHL J., PERHYDROINDAN-DERIV. 9. MITT. 61-0486
RIEHL M., QUART. AMMONIUM-VERB. AUS 5-METHYL-, 5-AETHYL- U. 5-HYDROXYMETHYL-3.7-DIOXA-1-AZA-BICYCLO(3.3.0)OCTAN 56-0514
RIEKE R. D., EIN CYCLOBUTADIENKATIONRADIKAL IM MASSENSPEKTROMETER, UNTERS. V. MASSENSPEKTROMETR. RK. DURCH KENNZEICHN. MIT P-FLUORSUBSTITUENTEN 60-0137
RIEKER A., ZUR KENNTNIS D. CHINOIDEN ZUSTANDES 6. MITT. 53-0063
- SESQUIXANTHYDRYL, EIN ''EBENES'' TRIARYLMETHYLRADIKAL 53-0407
- NACHW. INNERMOL. BEWEGLICHK. DURCH NMR-SPEKTROMETRIE 2. MITT. 56-0165
- ZUR KENNTNIS D. CHINOIDEN ZUSTANDES 8. MITT. 57-0474
- SYNTH. HOEHERMOL. VERB. DURCH PHENOLDEHYDRIER. 4. MITT. 57-0666
- EINW. FREIER RADIKALE AUF DIAZOALKANE 2. MITT. 58-0208
- CHINOIDER ZUSTAND 10. MITT. 63-0431
RIEMSCHNEIDER R., KONSTIT. U. PHYSIKALISCHE EIG. 12. MITT. 60-0348
- KONSTIT. U. PHYSIKAL. EIG. 11. MITT. 60-0401
RIESS J. G., MAGNET. RESONANZ VON PHOSPHONATEN 4. MITT. 55-0076
- MOLEKULARSTRUKTUR V. NIOB(V)- U. TANTAL(V)-METHANOLAT IN NICHTPOLARER LSG. NACHW. EINES SCHNELLEN INTRAMOLEKULAREN AUSTAUSCHPROZESSES 64-0013
RIESTER A., GERBSTOFFE AUS D. HOLZ D. EDELKASTANIE U. D. EICHE 2. MITT. 53-0496
RIESZ E., CHEM. KONSTIT. U. AFFINITAET ZU MAKROMOLEKULAREN VERB. 4. MITT. 59-0640
- DARST. EINES NEUEN REAKT. AZOFARBSTOFFES 61-0675
RIGAU J. J., CHEMIE D. SULFOXIDE U. VERWANDTER VERB. 11. MITT. 63-0420
RIGAUDY J., PHOTOLYSE EINES DIHYDROPYRIDAZINS. RK. D. DICARBAMATDERIV. (VORL. MITT.) 58-0665
- DARST. V. 2.4.6-TRI-TERT.-BUTYL-PHENYLHYDRAZIN U. 2.4.6-TRIPHENYL-PHENYLHYDRAZIN 60-0430
- DOPPELTE DIENADDIT. D. DICYANACETYLENS AN 9.10-DIPHENYL-ANTHRACEN 61-0508
RIGBY A., BROMIER. V. CUMOL U. EINIGEN 4-HYDROXY-CUMOLEN MIT N-BROM-SUCCINIMID 61-0388
- UNTERS. AN DITHIOCARBAMATEN 1. MITT. 61-0413
RIGBY W., AUROFUSARIN 56-0736
RIGGS N. V., KOPPL.-KONST. U. DIFFERENZEN D. FREIEN ENERGIE BEI INVERTIERENDEN SYST. 56-0161
- STER. U. POLARE EFFEKTE BEI D. KONFORM. V. BUTYROLACTONEN VORL. MITT. 56-0162
- STER. EINFL. AUF D. KONFORM. V. VALEROLACTONEN 56-0163
- STRUKTUREN D. TOXINE AUS ZWEI ARTEN V. FUSARIUM TRICINCTUM 61-0811
- WEITBEREICHSKOPPL. IN ESTERN 63-0143
RIGNY R., VERESTER. D. =NOH-GRUPPE MIT EINER SAEURE IN GGW. VON DICYCLOHEXYLCARBODIIMID 62-0384
RIJKENS F., RADIKAL. ADDIT. 1. MITT. 55-0309
RILEY J. G., SYNTH. V. POLYCYCL. KONDENSIERTEN (1.2-A)PYRROLEN 62-0494
RILEY T., ACETATKATALYSIERTE HYDROLYSE V. ARYLACETATEN 62-0237
RIM Y. S., KONFORMATIONSANALYSE D. KOHLENSTOFF-SAUERSTOFF-BINDUNG V. ALKOHOLEN UNTER VERW. V. J(HCOH) 61-0143

RIMPLER M., 2-AMINO-THIAZOLIN-CARBONSAEURE-(4) U. IHRE ESTER 57-0545
- SYNTH. V. MONOACYLDERIV. D. 2-AMINOPENTHIAZOLINS AUS AZOLIDEN 62-0670
RINAUDO J., QUANT. UNTERS. ZUR RADIKAL-REAKTIVITAET V. 1-METHYL-NAPHTHALIN 56-0415
RINDONE B., EIN NEUES DITERPENOID MIT LABDAN-SKELETT 62-0778
RINEHART K. L. JUN., ABS. KONFIG. V. CALDARIOMYCIN 57-0158
- DARST. U. UNGEWOEHNL. MASSENSPEKTREN V. 3.4.4-TRIMETHYL-5-OXO-TRANS-2-HEXENSAEURE U. VERWANDTEN VERB. 58-0377
- FRAGMENTIER. V. (1-(13)C)ANILIN IM MASSENSPEKTROMETER 59-0140
- MASSENSPEKTROSKOP. BEZIEH. BEI STEROIDEN 1. MITT. 63-0153
- AUFTRETEN EINES TROPYLIUM-IONS MIT STATIST. VERTEIL. D. MARKIER. IM MASSENSPEKTRUM V. (1ALPHA-(13)C2)TOLUOL 63-0160
RINGBOM A., STABILITAETSKONST. D. SILBERKOMPLEXE V. POLYAMINOPOLYCARBONSAEUREN 64-0023
RINGOLD H. J., ANWEND. HOCHWIRKSAMER CHINONE 1. MITT. 53-0565
RINGSHAW D. J., SYNTHETISCHE HYDROXYROTENOIDE 57-0571
RINIKER B., TYROCALCITONIN 1. MITT. 58-0789
- THYROCALCITONIN 2. MITT. 62-0809
- THYROCALCITONIN 3. MITT. 62-0810
RINKLER H. A., DESAMINIER.-RK. 2. MITT. 53-0158
RINKUS G. A., VINYLAETHER, DIE DREIWERT. PHOSPHOR ENTHALTEN 2. MITT. 62-0336
RINNERT H., MAGNET. ROTATION U. ROTATIONSDISPERSION DER PRIMAEREN ALKOHOLE 63-0109
RIO G., LABILE BIND. V. SAUERSTOFF AN KOHLENSTOFF BEI FUENFGLIEDR. HETEROCYCLEN, PHOTOOX. V. PENTAPHENYLPYRROL 53-0353
RIOS T., STEVIN, EIN NEUES PSEUDOGUAJANOLID AUS STEVIA ROMBIFOLIA H.B.K. 55-0572
RIOULT P., ORGAN. SCHWEFELVERB. 18. MITT. 53-0365
RIPAMONTI A., PYRAZOLIDINONE-(3) U. DELTA(2)-PYRAZOLINONE-(5), NEUE RESULTATE 59-0542
RIPLEY R. A., PHOTOUMWANDL. V. TROPOLONEN 6. MITT. 61-0501
RIPPERGER H., SOLANUM-ALKALOIDE 82. MITT. 53-0102
- OPT. ROTAT.-DISPERS. U. ZIRCULARDICHROISMUS 9. MITT. 57-0069
RISALITI A., VINYLAMINE 8. MITT. 60-0411
RISINGER G. E., EINE NEUE REDUKTIVE RETRO-CLAISEN-RK. 54-0400
- SQUALEN-BIOSYNTH., MECHANISMUS D. REDUKTIVEN DIMERISIER. V. FARNESYLPYROPHOSPHAT 62-0842
RIST C. E., RK. V. TRANS-VERKNUEPFTEN CYCL. KOHLENHYDRATCARBONATEN 54-0484
RITCHIE A. C., EINW. V. P-TOLUOLSULFONYLAZID AUF CYCL. AZOMETHINE 58-0548
RITCHIE C. D., ACIDITAET IN WASSERFREIEN LSGM. 6. MITT. 63-0220
- PROTONENUEBERTRAG. IN DIPOLAREN APROT. LSGM. 4. MITT. 64-0246
RITCHIE G. L. D., AUSMASS D. LAD.-UEBERTRAG. IM GRUNDZUSTAND V. PI-PI-MOL.-KOMPLEXEN 56-0182
- KONFIG. EINIGER SCHWACHER BENZOLKOMPLEXE 58-0152
- MOL.-POLARISIERBARK., DIPOLMOMENTE U. MOLARE KERR-KONST. D. DINITROBENZOLE 61-0070
- MOLEKUELPOLARISIERBARKEIT, DIE MOLARE KERR-KONST. V. ANILIN U. DREI SUBSTITUIERTEN ANILINEN IN EINER ANZAHL NICHTPOLARER FL. 61-0071
RITCHIE P. D., PYROLYSEUNTERS. 23. MITT. 59-0255
RITTEL W., THYROCALCITONIN 2. MITT. 62-0809
- THYROCALCITONIN 3. MITT. 62-0810
RITTER A., TETRAMERISIER. D. CARBOMETHOXYCARBENS 62-0637
- PHOTOCHEM. SYNTH. V. CYCLOPROPANDERIV. 63-0504
RITTER J. J., RK. V. DIBORTETRAHALOGENIDEN MIT UNGESAETT. ORGANOMETALLVERB. 61-0030
RITTER W., N-SUBSTITUIERTE 2-THIOXO-1.3-THIAZOLIDIN-4.5-DIONE 55-0417
RITTERSDORF W., CYCLISIER. V. NEROL U. LINALOOL DURCH SOLVOLYSE IHRER PHOSPHATESTER 57-0219
RITTIG F., SYNTH. U. EINIGE RK. V. PHENYLBORJODID 57-0037
RIVA A., PHOTOCHEM. UEBERFUEHR. V. STICKSTOFF IN ORGAN. VERB. IN VITRO 2. MITT. 60-0780
- PHOTOCHEMISCHE UEBERFUEHRUNG VON STICKSTOFF IN ORGANISCHE VERBINDUNGEN IN VITRO, 4. MITT. 64-0405
RIVET- LE GUELLEC P., DIPOLMOMENTE EINIGER AETHYLEN. DINITRILE U. NITRILESTER 56-0098
RIVETT D. E. A., STRUKTUR D. VERB. X U. Y, ZWEIER LABDAN-DITERPENOIDE AUS LEONOTIS LEONURUS 58-0765
RIVIER J., PHOTOCHEMIE D. CYCLOHEXADIENE 9. MITT. 53-0317
RIVIERE P., ADDITION V. PHENYL- U. CHLOR-PHENYL-GERMANEN AN EINIGE ALPHA- U. GAMMA-AETHYLENKETONE 54-0028
- REAKTIVITAET V. PHENYLHALOGEN-GERMANEN 56-0065
RIVIERE-BAUDET M., SYNTH. U. NMR-UNTERS. V. AM STICKSTOFF DURCH GERMANIUM U. SILICIUM SUBSTITUIERTEN PYRAZOLEN U. INDAZOLEN 57-0112
RIX M. J., DURCH ELEKTRONENSTOSS INDUZIERTE ACETALDEHYDABSPALTUNG 60-0133
RIZ J., VERW. V. 4.5-EPOXIDEN ZUR STEREOSELEKTIVEN EINFUEHR. EINES SUBSTITUENTEN IN 4-STELL. V. STEROIDEN, 9. MITT. 55-0557
RIZZI G. P., RK. V. METHYLPYRAZINEN MIT ORGANO-LITHIUM-REAGENZIEN 62-0641
- ALTERNATIVE SYNTH. V. 17-ACETYL-DELTA(12.14.16)-5ALPHA-AETIOJERVATRIEN-3BETA-OL 62-0730
RJABCEV A. N., STRUKTUREFFEKTE BEI D. POLAROGRAPHIE QUECKSILBERORGAN. KATIONEN 63-0035
RJABININ N. A., SYNTH. U. RK. HALOGENHALT. VERB. D. FURANREIHE 1. MITT. 60-0492
RJABOJ V. I., TRITYLIER. V. NITRO-ESSIGSAEUREESTER U. SEINEN DERIV. 57-0429
RJABOKOBYLKO J. S., ANOMALE NITRIER. V. 5-BROM-SALICYLALDEHYD 1. MITT. 54-0255
- ANOMALE NITRIER. V. 5-BROM-SALICYLALDEHYD 2. MITT. 55-0170
RJAPLOVA T. I., LIPIDE 54. MITT. 56-0277
RO K., STRUKTUREN D. BAKKENOLIDE-B, -C U. -D, BESTIMMT MIT HILFE EINES KERN-OVERHAUSER-EFFEKTES 60-0752
ROACH J. A. G., STRAHLENCHEMIE V. BIOCHEM. DISULFIDEN 1. MITT. 57-0267
ROBAS E. J., SYNTH. V. CHLORHALT. DIPHENOLEN MIT EINEM PHENYLREST AM ZENTRALEN C-ATOM 58-0487
ROBB J. C., PHOTOLYSE V. ACETYLCHLORID 61-0317
ROBBA M., THIENO(2.3-D)PYRIDAZINE U. THIENO(3.4-D)PYRIDAZINE 56-0587
- SYNTH. V. FURO(2.3-D)PYRIDAZINEN 57-0615
- SYNTH. V. THIENO(2.3-D)PYRIMIDIN U. EINIGEN DERIV. 57-0616
- 5-METHYL-THIENO(2.3-D)PYRIMIDIN U. DERIV. 64-0748
ROBBE P., CYCLODEHYDRATISIER. V. UNGESAETT. EPSILON-KETOLEN 61-0451
ROBCOVA T. I., LIPIDE 51. MITT. 56-0321
ROBERT A., STEREOCHEMIE U. MECHANISMUS D. EPOX. V. OLEFINEN D. ZWEI AKTIVIERENDE SUBSTITUENTEN AN EINEM KOHLENSTOFF TRAGEN, MIT WASSERSTOFFPEROXID 53-0127
ROBERT D., BEST. D. ANZAHL D. HYDROXYLGRUPPEN IN EINEM LIGNIN NACH BJOERKMAN DURCH NMR 59-0799
ROBERT J., NMR V. PHOSPHORDERIV. 4. MITT. 59-0116
ROBERT J. B., KERNMAGNET. RESONANZ V. PHOSPHORVERB., PHOSPHOLENE, ENTGEGENGESETZTE VORZEICHEN V. ZWEI (2)J(P-H)-KOPPL.-KONST. IM GLEICHEN P-CH2-FRAGMENT 53-0066
- NMR V. PHOSPHORDERIV. 5. MITT. 64-0129
ROBERT J. C., SYNTH. V. (+-)-DI-O-METHYL-CURVULARIN 53-0473
ROBERT-LOPES M. T., MASSENSPEKTREN U. MOLEKULARSTRUKTUR 1. MITT. 57-0123
ROBERTS B. G., CHEMILUMINESZENZ BEI RK. ELEKTROPHILER OXAMIDE MIT H2O2 U. FLUORESZIERENDEN VERB. 58-0081
ROBERTS B. P., ORGANOMETALL. RK. 11. MITT. 63-0355
ROBERTS D. D., EINFL. BENACHBARTER HYDROXYLGRUPPEN BEI SOLVOLYSERK. GEWOEHNL. RING-P-TOLUOLSULFONATE 58-0235
ROBERTS D. T. JUN., AUFTRETEN V. TROPYLIUMLIGANDEN IN D. MASSENSPEKTREN V. SUBSTITUIERTEN FERROCENEN 59-0013
ROBERTS E. C., DARST. V. 2-CARBAETHOXY-CYCLOPENTAN-1.3-DION 58-0472
ROBERTS G. A. F., PHENYLHYDRAZIN-DERIV. V. ZUCKERN 1. MITT. 56-0622
ROBERTS H. L., DURCH OSMIUM-TETROXID KATALYSIERTE OX. V. OLEFINEN 59-0211
ROBERTS J. C., PILZCHEMIE 22. MITT. 57-0767
ROBERTS J. D., NMR-SPEKTROSKOPIE, (13)C-KOPPL.-KONST. V. ORGANOMETALLVERB. 60-0013
- NMR-SPEKTROSKOPIE, KONFORM.-WECHSEL V. HUMULEN U. ZERUMBON 60-0099
- VERS. ZUR SYNTH. V. ALIPHAT. JODONIUMSALZEN 61-0438
- KERNMAGNET. RESONANZ-SPEKTROSKOPIE, (13)C-SPEKTREN V. 5-GLIEDR. AROMAT. HETEROCYCLEN 64-0119
- KERNMAGNET. RESONANZ-SPEKTROSKOPIE, KONFORM. U. KONFORM.-GLEICHGEW. D. BIS-(TRIFLUORMETHYL)-TETRACHLORAETHANS 64-0177
ROBERTS J. S., STRUKTUR U. ABS. STEREOCHEMIE V. CARYOPHYLLEN-''JOD-NITROSIT'' , EIN STABILES NITROSO-RADIKAL 54-0114
ROBERTS K. D., GLYKOSIDE U. AGLYKONE 295. MITT. 53-0492
ROBERTS R. M. G., BASENKATALYSIERTE SPALTUNG V. ALLYL-DERIV. V. ELEMENTEN D. GRUPPE IV A, 1. MITT. 59-0030
- KINETIK U. MECHANISMUS D. SPALTUNG V. ALLYL-DERIV. V. ELEMENTEN D. GRUPPE IVA DURCH QUECKSILBER(II)-SALZE 1. MITT. 59-0031
- KINETIK U. MECHANISMUS D. SPALT. V. ALLYLDERIV. D. GRUPPE 4A DURCH QUECKSILBER(II)-SALZE 2. MITT. 59-0032
ROBERTS S. M., NUCLEOPHILE RK. V. PENTACHLORPYRIDIN-1-OXID U. PENTACHLORPYRIDIN 54-0415
- AROMAT. POLYCHLOR-VERB. 1. MITT. 63-0690
ROBERTSON A. V., PYRROLIDIN ALS GEWOEHNL. VERUNREINIG. V. DELTA(3)-PYRROLIN, RICHTIGE STRUKTUR D. RK.-PROD. AUS ISATIN U. DELTA(3)-PYRROLIN 53-0352
ROBERTSON G. B., DIIMIDO-KOMPLEX V. PLATIN(II), RED. V. CIS-BIS-(TRIPHENYLPHOSPHIN)-PLATIN(II)-DICHLORID DURCH HYDRAZIN 53-0045
- KRISTALL- U. MOLEKULARSTRUKTUR V. ACETYLACETONATO-DICARBONYL-RHODIUM(I) U. EINIGER FLUORSUBSTITUIERTER KOMPLEXE 55-0006
ROBINS P. A., RAC. CIS- U. TRANS-FORM V. 2-CYCLOHEXYL-CYCLOHEXANESSIGSAEURE 55-0320
ROBINS R. D., 1.3-ACETOXYL-BETEILIG. BEI D. SOLVOLYSE V. ORGANOQUECKSILBERVERB. 57-0027
- OXYDATIVE SPALTUNG V. CYCLOPROPANEN, 4. MITT. 60-0242
ROBINS R. K., PURIN-NUCLEOSIDE 18. MITT. 57-0661
- PYRROLO(2.3-D)PYRIMIDIN-NUCLEOSID-ANTIBIOTIKA.

TOTALSYNTH. U. STRUKTUR V. TOYOCAMYCIN (UNAMYCIN B, VENGICID, ANTIBIOTIKUM E-212) U. SANGIVAMYCIN (BA-90912) 58-0706
- PURIN-NUCLEOSIDE 19. MITT. 61-0706
- SYNTH. V. CHINAZOLIN-NUCLEOSIDEN 61-0707
- PURIN-NUCLEOSIDE 20. MITT. 63-0771

ROBINSON B., MECHANISMUS D. INDAZOLBLDG. DURCH CYCLISIER. V. M- U. P-NITROPHENYLHYDRAZONEN MITTELS POLYPHOSPHORSAEURE ALS KATALYSATOR 56-0508

ROBINSON C. H., ZIRKULARDICHROISMUS 24. MITT. 62-0063

ROBINSON D. A., ADDITIONSRK. HETEROCYCL. VERB. 37. MITT. 63-0580
- ADDIT.-RK. V. HETEROCYCLEN 38. MITT. 63-0581

ROBINSON D. J., STRUKTUR V. DICHLORO-AETHYLENDIAMINTETRA-ESSIGSAEURE-PALLADIUM(II)-PENTAHYDRAT, EIN BEISPIEL FUER EINEN HEXAFUNKTIONELLEN, ZWEIZAEHNIGEN LIGANDEN 56-0024

ROBINSON G. C., RELATIVE GESCHW. U. PROD. D. PYROLYSE V. ALKYLSUBSTITUIERTEN GEM.-DICHLORCYCLOPROPANEN 59-0253

ROBINSON L., ELEKTROLYTEINFL. AUF SAEUREKATALYSIERTE ESTER-HYDROLYSEN 60-0260

ROBINSON M. J. T., EIN EINFACHER, WIRKSAMER KATALYSATOR ZUR DARST. V. ALKYLDERIV. D. ADAMANTANS 56-0442
- NMR-CHEM. VERSCHIEB. ALS KRITERIEN D. KONFORM. D. STICKSTOFFATOMS IN PIPERIDINEN 59-0155

ROBINSON P. J., KINETIK D. THERM. ISOMERISIER. V. 1.1-DICHLORCYCLOPROPAN IN D. GASPHASE 56-0231

ROBINSON R., RK. V. TRITHION U. SEINEN SALZEN MIT AMINEN 53-0360

ROBLES E. C., DIREKTE ACYLIER. V. GLYCERYLPHOSPHORYL-CHOLIN KURZMITT. 54-0236

ROBLOT G., STEROIDALKALOIDE 63. MITT. 55-0503
- STEROIDALKALOIDE, DARST. V. AN C-18 U. C-19 SUBSTITUIERTEN STEROIDEN AUS CONESSIA, SYNTH. V. 18-NOR-13BETA-CYAN-19-HYDROXY-PROGESTERON 64-0874

ROBSON A., KRIST.-STRUKTUR V. (2-CIS-PROPENYLPHENYL)-DIPHENYLPHOSPHIN-TETRACARBONYL-MOLYBDAEN(O) 53-0006

ROBSON E., NITROSOACETYLENE 63-0367

ROBSON P., ERZEUG. V. NITRENEN AUS ALKANAMIDATEN U. ALKANSULFONAMIDATEN 61-0198

ROCA F. F., KATALYT. BEDEUT. D. BAS. ZENTREN V. ALUMINIUMOXID U. SILICIUMDIOXID-ALUMINIUMOXID BEI D. DEHYDRATAT. V. ALKOHOLEN 61-0278

ROCEK J., CHROMSAEURE-OX. V. 1-METHYLCYCLOBUTANOL, ERSTES BEISPIEL EINER DIREKTEN OX. EINES TERT. ALKOHOLS 62-0205

ROCHAT A. C., CLEVE-SAEUREN, D. QUINAERE SYST. NA(+)-MG(2+)-1-AMINO-NAPHTHALIN-SULFONAT-(6)-1-AMINO-NAPHTHALIN-SULFONAT-(7)-CL(-)-H2O ZWISCHEN 0 U. 75 GRAD 58-0022

ROCHE E. B., MO-UNTERS. D. REAKTIONEN V. SYDNONEN 60-0143

ROCHELMEYER H., MIKROBIOLOG. UMWANDL. N-HALT. SUBSTRATE 3. MITT. 61-0826
- MIKROBIOLOG. UMWANDL. N-HALT. SUBSTRATE 4. MITT. 61-0827

ROCHLITZ J., EINFL. D. 2.3-CYCLISIER. U. D. SUBSTITUT. IN 6-STELL. AUF D. ELEKTRONENSPEKTREN EINIGER CHINOLINE 61-0079

ROCHOW E. G., ORGANOSILICIUMVERB. 57. MITT. 63-0140

ROCKETT B. W., UNSYMM. DISUBSTITUIERTE FERROCENE 4. MITT. 57-0052
- UNSYMM. DISUBSTITUIERTE FERROCENE 5. MITT. 59-0077
- MAGNET. NICHTAEQUIVALENZ V. METHYLENGRUPPENPROTONEN BEI 1.2-DISUBSTITUIERTEN FERROCENEN 62-0003
- 2.7- U. 2.10-DISUBSTITUIERTE BIFERROCENYLE 62-0043

RODDA H. J., ELEKTRONENSTOSS-UNTERS. 29. MITT. 62-0100

RODE K., POLYACETYLENVERB. 137. MITT. 54-0583
- POLYACETYLENVERB. 143. MITT. 58-0814
- POLYACETYLENVERB. 147. MITT. 61-0809
- POLYACETYLENVERB. 150. MITT. 63-0856

RODEBAUGH R. M., 1-ALKYL-AZETIDIN-2-CARBONSAEUREN 63-0589

RODEKIRCH G., ANALYT. CHEMIE D. PLASTE 42. MITT. 59-0258

RODERICK H. R., SYNTH. EINIGER OESTRADIOLDERIV. MIT SAUERSTOFF IN 12-STELLUNG 53-0561

RODES L. G., SUBSTITUIERTE PYRIDINE, 4-PHENYL-2.5-DIAROYL- U. 4-PHENYL-2,5-DIAMINO-PYRIDINE 62-0616

RODEWALD P. G., NITROBENZO(B)THIOPHENE 60-0501

RODEWALD W. J., ALKALOIDE D. GATTUNG LYCOPODIUM 6. MITT. 60-0710
- STICKSTOFFHALT. ANALOGA V. STEROIDEN 6. MITT. 62-0791

RODGERS G. C. JUN., STOFFWECHSELPRODUKTE V. MIKROORGANISMEN 57. MITT. 53-0577

RODGERS M. A. J., SPALT. D. PEPTID-BIND. DURCH GAMMASTRAHLEN 58-0390

RODGERS M. G., TRENN. POLARER U. STER. EFFEKTE 6. MITT. 58-0250
- TRENN. POLARER U. STER. EFFEKTE 7. MITT. 58-0251

RODGERS P. G., SECHS-ZENTREN-UEBERGANGSZUSTAENDE BEI RK., AN DENEN HALOGENVEERB. BETEILIGT SIND 56-0203

RODIG O. R., OZONOLYSE V. GEKREUZT KONJUGIERTEM 3-OXO-DELTA(1.4)-STEROID 59-0749

RODIN J. O., SYNTH. D. HAUPTKOMPONENTEN D. SEXUALLOCK-STOFFES AUS D. MAENNL. IPS CONFUSUS FRASS, 2-METHYL-6-METHYLEN-7-OCTEN-4-OL, 2-METHYL-6-METHYLEN-2.7-OCTADIEN-4-OL U. (+)-CIS-VERBENOL 64-0833

RODIN R. L., SELEKTIVE RED. D. CARBOBENZOXY-GRUPPE IN CARBOBENZOXYAMINOSAEUREN U. PEPTID-P-NITROPHENYLESTERN 64-0878

RODINA L. L., PHOTOCHEM. UMLAGER. D. 2-DIAZO-CYCLOHEXANONS U. D. 2-DIAZO-CYCLOPENTANONS 58-0468

RODINA N. B., STEREOCHEMIE D. OEFFN. D. CYCLOPROPANRINGS, RK. V. NORCARAN MIT QUECKSILBERNITRAT U. NITRILEN 57-0472

RODMAR S., UNGESAETT. LACTONE U. MERCAPTANE 3. MITT. 58-0605

RODRICKS J. V., ASPERTOXIN, EIN HYDROXYDERIV. V. O-METHYL-STERIGMATOCYSTIN AUS AFLATOXIN-PRODUZIERENDEN KULTUREN V. ASPERGILLUS FLAVUS 62-0830

RODRIGO S. I., OXYDATIVE DIMERISIER. V. 1.2.3.4-TETRAHYDRO-6-HYDROXY-7-ISOPROPYL-NAPHTHALIN 57-0448

RODRIGUEZ H. R., SYNTH. V. 4.5-DIHYDRO-3H-1.3-BENZODIAZEPINEN U. 4.5-DIHYDRO-1H-2.4-BENZODIAZEPINEN 59-0645

RODRIGUEZ M., STRAHLENCHEMIE V. BIOCHEM. DISULFIDEN 1. MITT. 57-0267

RODRIGUEZ-HAHN L., BESTANDTEILE V. CACALIA DECOMPOSITA A. GRAY. 4. MITT. 57-0492

RODZIEWICZ W., O-CHLOR-PHENOXY-CHLORSILANE 1. MITT. 59-0352

ROE R. JUN., HALOGENIERTE KETENE 6. MITT. 60-0337

ROEBKE H., METHYLIER. V. 10-METHYL-1(9)-OCTALONEN-(2) DURCH ORGANOKUPFERREAGENTIEN 59-0440

ROEDER E., DARST. V. 2-SKATYL-ALKYL-PYRIDINEN 64-0689

ROEDIG A., CYANVINYLIER. MIT TRICHLORACRYLNITRIL 53-0225
- SYNTH. V. ALPHA-PYRIDONDERIV. AUS TRICHLORACRYLNITRIL U. BETA-KETOCARBONSAEUREESTERN 53-0425
- THERM. INSTABILE ALLENE 4. MITT. 55-0227
- THERM. INSTABILE ALLENE 2. MITT. 58-0344
- THERM. INSTABILE ALLENE 3. MITT. 58-0345
- SYNTH. V. 1.1.2-TRICHLOR-PENTEN-(1)-AL-(5) 58-0360
- SYNTH. V. PYRIDONEN-(2.6) AUS TRICHLORACRYLNITRIL U. ALKYLMALONESTERN 60-0598

ROELFSEMA W. A., RINGUMWANDL. BEI RK. V. HETEROCYCL. HALOGENVERB. MIT NUCLEOPHILEN 7. MITT. 56-0489

ROELOFS W. L., 3A.4.5.6-TETRAHYDRO-SUCCINIMIDO(3.4-B)ACENAPHTHEN-10-ON, EIN POTENTIELLES ANTIKONVULSANS 60-0510

ROEMER R., RK. D. HYDRYLANIONEN 5. MITT. 62-0028

ROESEL E., UEBERFUEHR. V. 1-BENZYLISOCHINOLINEN IN BERBINIUM-SALZE 5. MITT. 58-0723

ROESKY H. W., SCHWEFEL-STICKSTOFF-VERB. 2. MITT. 57-0034
- PHOSPHORVERB. 11. MITT. 58-0408
- PHOSPHORVERB. 10. MITT. 58-0445
- HYDROLYSE D. THIAZYLFLUORIDS U. TETRASCHWEFELTETRANI-TRIDS U. D. RK. V. NATRIUMTHIOSULFAT MIT SALZSAEURE 61-0036

ROESLER P., HETEROCYCLISIER. V. ALPHA-ACYLAMINO-NITRILEN 3. MITT. 57-0541
- HETEROCYCLISIERUNG V. ALPHA-ACYLAMINO-NITRILEN 4. MITT. 59-0558

ROEST B. C., CYCLISIER. V. GERANIOLEN U. CYCLISIER.-CYCLIALKYLIER.-KONKURRENZRK. EINIGER PHENYLDERIV. 60-0742

ROETTELE H., MOL. MIT SCHNELLER U. REVERSIBLER VALENZISOMERISIER. 13. MITT. 55-0345
- MOL. MIT SCHNELLER U.REVERSIBLER VALENZISOMERISIER., 14. MITT. 55-0346
- MOL. MIT FLUKTUIERENDEN BIND. 15. MITT. 64-0547
- MOLEKUELE MIT FLUKTUIERENDEN BIND. 16. MITT. 64-0548

ROFFEY P., FURAN-CHEMIE 5. MITT. 56-0470
- SYNTH. EINIGER 1.3-BENZODIOXANE U. EINE NEUE STRUKTUR V. AVERUFIN 56-0572
- PILZCHEMIE 22. MITT. 57-0767

ROGER A., SELBSTKONDENS. V. MESITYLOXID AN MAGNESIUMOXID BEI VERSCHIEDENEM DRUCK 1. MITT. 53-0218
- AUTOKONDENSAT. V. MESITYLOXID UEBER MAGNESIUM BEI VERSCHIEDENEN DRUECKEN 2. MITT. 64-0299

ROGERS D., STRUKTUR U. REAKTIVITAET V. RINGOLEFINEN MITTLERER GROESSE 56-0202

ROGERS F. E., KATALYSE D. ALPHA-WASSERSTOFFAUSTAUSCHES 8. MITT. 63-0390

ROGERS G. T., EINE NEUE VON RICHTER-RK. 59-0379
- BLDG. V. ZWEI NUCLEOSID-ISOMEREN BEI D. RK. EINES KRIST. 1.2-CIS-GLYKOSYLHALOGENIDS MIT EINEM PURIN-SCHWERMETALLSALZ 59-0677

ROGERS I. H., NEUART. TRITERPENE AUS SITKA SPRUCE (PICEA SITCHENSIS (BONG.)CARR) 58-0756

ROGERS N. A. J., DIHYDROAROMAT. VERB. IN D. DIELS-ALDER RK. 2. MITT. 64-0536

ROGERS T. G., GLUTARIMIDDIANION, EINE NEUE ZUR SYNTH. GEEIGNETE ZWISCHENSTUFE 55-0250

ROGGERO J., DARST. V. THIAZOLIDINEN AUS AZIRIDINEN 1. MITT. 56-0519
- CIS- U. TRANS-2-VINYL-4.5-DIMETHYL-THIAZOLIN 62-0581

ROGIC M. M., RK. V. ORGANOBORANEN MIT BROMESSIGSAEURE-AETHYLESTER IN GGW. V. KALIUM-TERT.-BUTYLAT, EINE EINFACHE METH. ZUR UEBERFUEHR. V. OLEFINEN IN ESTER DURCH HYDROBORIER. 58-0394
- MONO- U. DIALKYLIERUNG V. DIHALOGENESSIGSAEUREAETHYLE-STERN DURCH RK. MIT ORGANOBORANEN IN GGW. V. KALIUM-TERT.-BUTYLAT, BEQUEMES VERF. ZUR UMWANDLUNG V. OLEFINEN IN ALPHA-HALOGENALKAN- ODER DIALKYLESSIGSAEU-REESTER DURCH HYDROBORNIERUNG 61-0359

ROKACH J., STRAHLUNGSINDUZIERTE AMIDIER. V. DIENEN 56-0445

ROL N. C., BEZIEH. ZWISCHEN MOLEKUELSTRUKTUR U. MASSENSPEKTREN 2. MITT. 62-0109

ROLAND W. P., GASCHROMATOGRAPH. UNTERS. D. GESCHW. D. METHANOLYSE V. MALONSAEUREDIAETHYLESTERN 58-0240

ROLF L., 3.4-DICHLOR-THIOPHENE AUS BUTADIIN-DERIV. 55-0386

ROLLE F. R., AROMAT. NITRIER. IN TETRACHLORKOHLENSTOFF, EIN NEGATIVER TEMP.-KOEFFIZIENT 60-0252

ROLLE W., ZERS. ORGAN. HYDROPEROXIDE IN GGW. V. BASEN 56-0239

ROLLMANN L. D., ELEKTROCHEMIE, PARAMAGNET. ELEKTRONENRESONANZ- U. SICHTBARE SPEKTREN V. KOBALT-, NICKEL- U. KUPFERPHTHALOCYANINAT SOWIE METALLFREIEM PHTHALOCYANIN IN DIMETHYLSULFOXID 60-0031

ROMAN M., HETEROCYCL. ORGANOBOR-VERB. 7. MITT. 58-0036

ROMANCEVIC M. K., ALKYL-TERT.-ALKYLPEROXIDE D. DIMETHYLENGLYKOLS 55-0235

ROMANO J. A., 2.8-SUBSTITUIERTE 4-METHYL-2H-PHTHALAZINONE-(1) 60-0633

ROMANO U., EINW. V. SALPETERSAEURE AUF METHYLPHENYLSULFOXID U. DIPHENYLSULFOXID 55-0277

ROMANOVA I. B., CARBONYLIER. V. ALPHA.BETA'-DIPIPERIDIN MIT KOHLENOXID 64-0711

ROMANOVSKAJA L. P., KONDENSATION V. CYCLOHEXADIEN-(1.3) MIT UNGESAETTIGTEN NITROVERB. 53-0316

ROMAS E., HETEROCYCL. ORGANOBOR-VERB. 7. MITT. 58-0036

ROMBACH R., EINFL. V. HILFSSTOFFEN BEI D. HERST. V. ARZNEIZUBEREIT. 19. MITT. 64-0932

ROMEO A., SYNTH. V. RAC. DESOXYMYCELIANAMID 61-0658

ROMEO R., KINETIK D. SUBSTITUT. D. AN PT(II) KOORDINIERTEN SNCL3-GRUPPE 2. MITT. 64-0030

ROMERS C., MOLEKULAR- U. KRISTALLSTRUKTUR V. 1.2.3.4-TETRACHLOR-5.6-DIPHENYLCALICEN 53-0107
- KONFORM. V. NICHTAROMAT. RINGVERB. 25. MITT. 57-0141
- KRIST.-STRUKTUR V. 6.6'-METHYLENDIPHENANTHRIDIN 61-0163

ROMERSBERGER J. A., RK. V. AMINOSAEUREN, PEPTIDEN U. PROTEINEN MIT ALPHA.BETA-UNGESAETT. VERB. 9. MITT. 58-0438

ROMO J., BESTANDTEILE V. ZALUZANIA-SPEZIES 2. MITT. 54-0566
- STEVIN, EIN NEUES PSEUDOGUAJANOLID AUS STEVIA ROMBIFOLIA H.B.K. 55-0572
- BESTANDTEILE V. CACALIA DECOMPOSITA A. GRAY. 4. MITT. 57-0492

ROMO DE VIVAR A., BESTANDTEILE V. ZALUZANIA-SPEZIES 2. MITT. 54-0566
- STEVIN, EIN NEUES PSEUDOGUAJANOLID AUS STEVIA ROMBIFOLIA H.B.K. 55-0572

RONAYNE J., ZUSAMMENHANG ZWISCHEN LSGM.-VERSCHIEB. V. PROTONENRESONANZEN U. STER. UMGEB. 56-0121
- STATIST. VERTEIL. D. WASSERSTOFFS IN PYRIDIN NACH ELEKTRONENSTOSS 56-0137
- LSGM.-EFFEKTE BEI D. NMR-SPEKTROSKOPIE 13. MITT. 57-0117
- MASSENSPEKTROSKOP. UNTERS. 21. MITT. 57-0128
- MASSENSPEKTROMETRIE 27. MITT. 60-0136
- DURCH BENZOL U. PYRIDIN INDUZIERTE VERSCHIEB. D. PROTONENRESONANZ IN EPOXIDEN U. AETHERN, EIN HILFSMITTEL ZUR STRUKTURAUFKLAER. 61-0092

RONDEST J., N-(BETA-(P-HYDROXY-PHENYL)-AETHYL)-P-HYDROXY-ZIMTSAEUREAMID, EIN NEUES NATUERL. AMID AUS EVODIA BELAHE B. (RUTACEE) 64-0892

RONY P. R., POLYFUNKTIONELLE KATALYSE 1. MITT. 63-0108

RONZANI N., KONDENS. V. ALPHA,BETA-UNGESAETT. ALDEHYDEN MIT ALPHA,BETA-UNGESAETT. KETONEN DURCH HETEROGENE KATALYSE IN D. GASPHASE 53-0288

ROONEY C. S., ALPHA-HYDRAZINO-ANALOGE D. HISTIDINS 60-0529

ROPER W. R., FUENFFACH KOORDINIERTE IRIDIUM(I)- U. RHODIUM(I)-KOMPLEXE AUS METALLCARBONYL-ANIONEN 62-0054

ROQUE J. P., SEK. ISOTOPENEFFEKTE D. DEUTERIUMS BEI D. NUKLEOPHILEN ADDIT.-RK. V. CARBONYLVERB. 2. MITT. 56-0229

ROQUES B., THIENO(2.3-D)PYRIDAZINE U. THIENO(3.4-D)PYRIDAZINE 56-0587

ROSATI R. L., TOTALSYNTH. V. VELBANAMIN 62-0735

ROSE B., AUFTRETEN D. RADIKALANIONS V. NITROBENZOL BEI D. LEIT. IN REINEM NITROBENZOL IN STARKEM ELEKTR. FELD 54-0133

ROSE J. E., BRUECKEN-PROTONENABSORPT. IN D. KERNMAGNET. RESONANZ-SPEKTREN V. NORBORNEN U. VERWANDTEN SYST. 64-0125

ROSE M. L., SYNTH. U. POLAROGRAPH. RED. V. GESPANNTEN PHENANTHRENCHINONEN-EFFEKT 58-0195

ROSELIEB H., ACETYLCHOLIN 17. MITT. 58-0819

ROSEN M., UNGESAETT. HETEROCYCL. SYST. 38. MITT. 63-0592

ROSENBAUM A., RK. MIT SALZEN V. DISELENOXANTHOGEN- U. DISELENOCARBAMINSAEUREN 59-0317

ROSENBAUM H., KONFORM.-ENANTIOMERIE 3. MITT. 54-0180

ROSENBERG E., ZINN-119M-MOESSBAUER-UNTERS. V. FUENF- U. SECHSFACH KOORDINIERTEN ORGANOZINN(IV)-IONEN 63-0017

ROSENBERG H. M., CHLORIER. V. DIAETHYLACETYLENDICARBOXYLAT MIT EISEN(III)CHLORID 61-0361
- PHOTOCYCLOADDIT. V. DIPHENYLACETYLEN AN 2.3-DIHYDROPYRAN 62-0592

ROSENBERGER M., EINW. V. P-TOLUOLSULFONYLAZID AUF CYCL. AZOMETHINE 58-0546

ROSENBLATT D. H., RED. ORGAN. VERB. DURCH KALIUMHEXACYANONICCOLAT(I) IN HOMOGENEN LSG. 60-0326
- OX. V. AMINEN 5. MITT. 62-0203

ROSENBLOOM J. P., PTERIDINE 10. MITT. 63-0706

ROSENBLUM M., RK. V. FERROCENYLACETYLENEN MIT METALLCARBONYLEN 54-0037
- PHOTOCHEM. SYNTH. V. CYCLOBUTADIENCYCLOPENTADIENYLKOBALT 59-0079
- PHOTOLYT. ZERS. V. DIHYDROOXADIAZINONEN 59-0642
- STRUKTUR D. CONVICINS 59-0679

ROSENBLUTH R., SYNTH. U. FLUORESZENZ-EIG. EINIGER N-METHYL-2-ANILINONAPHTHALIN-6-SULFONYL-DERIV. 60-0073

ROSENFELD D. D., SYNTH. V. GESAETT. U. UNGESAETT. ALPHA-DIFLUORAMINOAETHERN 64-0398

ROSENKRANZ H. J., ALKALOIDE 126. MITT. 60-0720

ROSENMAN H., CHLORO-TRIS-(TRIPHENYLPHOSPHIN)-RHODIUM KATALYSIERTE OX. V. ALKYLBENZOLEN 53-0126
- KATALYT. DECARBONYLIER. V. AROYL- ZU ARYLJODIDEN 63-0438

ROSENSTOCK P. D., SYNTH. U. PHARMAKOLOGIE EINER REIHE V. 1-ARALKYL-BUTEN-(3)-YLAMINEN 63-0896

ROSENTHAL A., SYNTH. EINES ZUCKERS MIT VERZWEIGTER KETTE 61-0694

ROSENTHAL D., STEROIDE 78. MITT. 53-0547

ROSENTHAL H., SELEKTIVE CARBANIONSUBSTITUT. IN EINEM 1.2.3.4-TETRAHYDRO-FLUORENON-(1) 63-0534

ROSENTHAL I., PHOTOALKYLIER. V. CYCL. ACETALEN 59-0493

ROSENTHAL R., NITRIER. V. ALPHA-OLEFINEN IN NICHTKOMPLEXBILDENDEN LSGM. U. NEUE RK. D. PROD. 58-0339

ROSENTHALER J., ISOLIER., AMINOSAEUREZUS. U. TRYPT. ABBAU V. THYROCALCITONIN AUS SCHWEINESCHILDDRUESEN 58-0790

ROSLAJA G. I., SYNTH. U. UMWANDL. V. OXO- U. THIODERIV. D. 1.3-THIAZANS 3. MITT. 64-0755

ROSMUS P., ROTAT.-ISOMERIE BEI DIMETHYLTRITHIOCARBONAT 54-0113

ROSNATI V., NUCLEOPHILE SUBSTITUT. V. ALPHA-CHLOR-KETONEN, 1-PHENYL-MERCAPTO- U. 1-PHENYLSULFONYL-3-CHLOR-PROPANON 55-0184
- RINGOEFFN. IN D. PYRAZOLREIHE 55-0405

ROSS D. L., FLUORIER. V. NITROAROMAT. AMINEN IN FL. FLUORWASSERSTOFF U. ACETONITRIL 62-0397

ROSS R. A., SECHS-ZENTREN-UEBERGANGSZUSTAENDE BEI RK., AN DENEN HALOGENVEERB. BETEILIGT SIND 56-0203

ROSS R. T., REDUKTIVE SPALT. V. TRIPTYCEN-DERIV. 62-0464

ROSS S. D., EINE NEUE SYNTH. V. CIS-BICYCLO(4.2.0)OCTAN-7.8-DIOL 54-0327
- RK. V. SALPETERSAEUREESTERN IN SCHWEFELSAEURE ENTHALTENDER ESSIGSAEURE 59-0346

ROSS W. A., THIOPHEN ALS KETTENVERLAENGERER 4. MITT. 57-0316

ROSS W. J., SYNTH. V. PANTHERIN U. VERWANDTEN VERB. 57-0542

ROSSI G., VORAUSSAGE V. AKTIVITAETSKOEFFIZIENTEN 61-0172

ROSSI J., ANWEND. D. RK. V. PAYNE U. SMITH AUF ALKYLCYCLANONE 54-0297
- STEREOCHEMIE V. HYDRINDAN 6. MITT. 56-0412
- KONFORM.-UNTERS. IN D. CYCLOBUTANREIHE 2- U. 3-TERT.-BUTYL-CYCLOBUTAN-CARBONSAEUREN SOWIE 2- U. 3-TERT.-BUTYL-CYCLOBUTANONE 60-0175
- EINFL. D. STRUKTUR AUF D. RICHT. D. OX. V. DEKALONEN-(2) U. PERHYDRINDANONEN-(5) DURCH H2O2 U. SEO2 62-0450
- KONFORM. IN D. CYCLOBUTAN-REIHE 2- U. 3-TERT.-BUTYL-CYCLOBUTANOLE 63-0490

ROSSI R., RK. V. (+)-TRIS-(2S)-1.2-DIMETHYL-BUTOXYMETHAN MIT KOHLENOXID U. WASSERSTOFF IN GGW. V. DICOBALTOCTACARBONYL 54-0218
- SYNTH. U. CHARAKTERISIER. V. RAC.-ERYTHRO-2.3-DIMETHYL-PENTANSAEURE 54-0230
- BEZIEH. ZWISCHEN ABS. KONFIG. U. D. VORZEICHEN D. OPT. DREH. BEI 2.3-DIMETHYL-PENTANSAEURE 61-0145

ROSSI-BERNARDI L., SYNTH. D. N-TERMINALEN TETRAPEPTIDS D. ALPHA-KETTE D. MENSCHL. HAEMOGLOBINS, SOWIE PHYSIKAL.-CHEM. DATEN D. RK. SEINER NH2-GRUPPE MIT CO2 U. H(+)-IONEN 53-0570

ROSSIELLO L. A., ABSORPTIONSSPEKTREN EINIGER KOMPLEXE V. PT(II) U. PD(II) MIT BIPYRIDYL U. PHENANTHROLIN 54-0006

ROSSIGNOL J., BENZOFURAN 36. MITT. 60-0496

ROSSITER W. J., RK. D. BENZOTROPENIUMIONS, 1.2-BENZOCYCLOHEPTATRIEN-7-METHYLAETHER U. 3.4-BENZOCYCLOHEPTATRIEN-7-METHYLAETHER MIT METHYL- U. 2-PROPYL-GRIGNARDREAGENZIEN 57-0460

ROSSO J., D. SYST. WASSER-TERT.-BUTANOL 64-0198

ROSSWAG H., GEHINDERTE ROTAT. UM D. C-N-BIND. BEI S- U. SE-ANALOGEN DIMETHYLBENZAMIDEN 54-0110
- GEHINDERTE ROTAT. UM D. C-N-BIND. BEI N.N-DIMETHYL-BENZAMIDIN U. EINIGEN DERIV. 62-0118
- ELEKTR. MOMENTE V. N.N-DIMETHYL-BANZAMID, -THIO- U. -SELENOBENZAMID U. V. N.N-DIMETHYL-BENZAMIDIN 63-0116

ROSTETTER C., WELKSTOFFE U. ANTIBIOTIKA 36. MITT. 53-0237
- WELKSTOFFE U. ANTIBIOTIKA 37. MITT. 58-0389

ROSTOKER M., NEUART. UMLAGER. BEI D. EINW. V. HYDRAZINEN AUF CIS-DIBENZOYL-STILBENOXID 57-0484

ROTH A., RK. V. ORGANOZINN- U. ORGANOBLEIPHOSPHINEN MIT PHENYLAZID 56-0072

ROTH H., REDUKTIVE ABSPALT. V. PEPTIDSCHUTZGRUPPEN MIT NATRIUM IN FL. AMMONIAK 54-0599

ROTH H. J., DARST. V. OMEGA-AMINOSAEUREN AUS CYCLANON-MANNICHBASEN 1. MITT. 56-0552
- AMINOMETHYLIER. V. XANTHIN, HYPOXANTHIN, ADENIN, GUANIN U. HARNSAEURE 57-0611
- ACETOLYSE V. MANNICHBASEN 8. MITT. 57-0621
- D. 3 ISOMEREN MORPHOLIN-MANNICHBASEN D. PAEONOLS 57-0622
- PHOTOCHEM. RK. V. MANNICHBASEN AROMAT. AMINE 63-0331

ROTH J. S., EINFACHE METH. ZUR SYNTH. V. O(2).5'-CYCLODESOXYURIDIN 61-0711
ROTH W. R., THERMOLYSE V. EXC.EXC- U. ENDO.ENDO-5.6-DIMETHYL-2.3-DIAZA-BICYCLO(2.2.2)OCTEN-(2) 53-0450
- STEREOCHEMIE D. 1.2-CYCLOADDIT. AN D. BICYCLO(2.1.0)-PENTAN-SYST. 55-0188
ROTHBAECHER H., KONFORM. D. MENTHONE U. DEREN ISOMERISIER.-BESTREBEN 53-0097
ROTHBERG I., SUBSTITUT.-RK. IN CYCL.SYST. S(N)2-RK. EINIGER CYCLOPENTYL-P-TOLUOLSULFONATE 55-0182
ROTHE L., DARST. V. 2-OXO-4-THIONO-1.2.3.4-TETRAHYDRO-CHINAZOLINEN 57-0612
ROTHE W. E., LABORATORIUMSMAESSIGE AUSWERT. D. PHOTOTOX. WIRKSAMK. V. CHINOLINMETHANOLEN 60-0829
ROTHENBERG F., BROMIER. V. POLYMETHYLBENZOLEN 2. MITT. 58-0228
ROTHENWOEHRER W., REDUKTIVE FRAGMENTIER. BICYCL. TOSYLOXYKETONE U. TOSYLOXYKETALE MIT LITHIUMALUMINIUM-HYDRID 59-0203
- SOLVOLYSEN V. 9-OXO-BICYCLO(3.3.1)NONYL-(2-ENDO)-TOSYLAT U. 8-OXO-BICYCLO(3.2.1)OCTYL-(2-ENDO)-TOSYLAT 59-0223
ROTHSCHEIN K., ERMITTL. D. AZO-HYDRAZO-TAUTOMEREN-GLEICHGEW. IN HYDROXY-AZOVERB. MITTELS NMR 63-0213
ROTHSTEIN E., VERS. MIT THIOACETALEN U. VERWANDTEN SUBSTANZEN 4. MITT. 59-0294
- VERS. MIT THIOACETALEN U. VERWANDTEN SUBSTANZEN 5. MITT. 59-0295
ROTHUIZEN J. W., PHENYLIER. EINIGER ARENE IN D. GASPHASE 53-0131
ROTSTEIJN J. I., ISOMERENVERTEIL. BEI D. CHLORIER. V. CHLORPROPANEN 2. MITT. 53-0204
ROUCHAUD J., SELEKTIVE KONTAKTKATALYSE BEI D. OX. V. FL. CYCLOHEXAN 62-0206
ROUDAUT R., UNTERS. D. KONFORM. V. SUBSTITUIERTEN N-(DIACYLAMINO)-SUCCINIMIDEN DURCH MAGNET. KERNRESONANZ 60-0174
ROUESSAC A., ORGAN. SCHWEFELVERB. 20. MITT. 63-0594
- ORGAN. SCHWEFELVERB. 21. MITT. 63-0595
ROUESSAC F., THERM. CYCLISIER. V. EPSILON-ALKINYL-KETONEN 55-0305
ROUET J., AROMATISIER. D. ENOLAETHER V. BETA-DIKETONEN 57-0347
ROULLEAU M., EINFL. D. ELEKTR. FELDES AUF D. KRISTALLISAT.-GESCHW. V. SALOL 56-0176
ROUSE R. A., MOLEKULARSTRUKTUR-MODELL MIT FLUKTUIERENDEN SPHAER. GAUSS-ORBITALEN 4. MITT. 61-0133
ROUSSEAU A., NITROXIDE 24. MITT. 57-0106
ROUSSEAU R. J., PURIN-NUCLEOSIDE 20. MITT. 63-0771
ROUSSEAU Y., MASSENSPEKTROMETRIE V. CYCL. ORGAN. PEROXIDEN 63-0154
ROUSSI G., EINW. V. BUTENYLMAGNESIUMBROMID AUF NITRILE, BLDG. V. VERZWEIGTEN KETONEN 63-0477
ROUVIER C., REAKTIVITAET V. 1-ALKYL-1-AETHOXY-BUTEN-(1)-INEN-(3) 1. MITT. 58-0347
- REAKTIVITAET V. 1-ALKYL-1-AETHOXY-BUTEN-(1)-INEN-(3) 2. MITT. 58-0348
- REAKTIVITAET VON 1-ALKYL-1-AETHOXY-BUTEN-(1)-INEN-(3) 3. MITT. 64-0376
- REAKTIVITAET V. 1-ALKYL-1-AETHOXY-BUTEN-(1)-INEN-(3) 4. MITT. 64-0377
ROUVIERE J., RAMAN-SPEKTROSKOP. BEST. D. SCHEINBAREN ASSOZIAT.-KONST. V. PYRIDIN-ALKOHOL- U. PYRIDIN-WASSER-KOMPLEXEN 56-0187
ROUX G., VISKOSITAET U. DIELEKTR. EIG. V. KOLOPHONIUMHARZEN, HARZSAEUREN U. ABIETINSAEUREMETHYLESTER 3. MITT. 64-0093
- VISKOSITAET U. DIELEKTR. EIG. V. KOLOPHONIUMHARZEN, HARZSAEUREN U. ABIETINSAEUREMETHYLESTER 1. MITT. 64-0193
- VISKOSITAET U. DIELEKTR. EIG. V. KOLOPHONIUMHARZEN, HARZSAEUREN UND ABIETINSAEUREMETHYLESTER, 2. MITT. 64-0194
ROUZAUD J., UMLAGER. V. (1-HYDROXY-CYCLOPENTYL)-CARBINOLEN 2. MITT. 56-0380
- ERYTHRO- U. THREO-2-PHENYL-3-CYCLOHEXYL-BUTANDIOL-(2.3) 56-0398
- UMLAGER. V. 9-HYDROXY- U. 9-METHOXY-FLUORENYL-(9)-CARBINOLEN IN SCHWEFELSAEURE 61-0485
- 3-SUBSTITUIERTE TETRAHYDRONAPHTHALINONE-(2) 62-0460
ROVEILLO J., MOLARE UEBERSCHUSSVOLUMINA U. PARTIELLE MOLARE UEBERSCHUSSVOLUMINA V. BIN. GEMISCHEN ORGAN. FL., GEMISCHE AUS EINEM POLAREN U. EINEM UNPOLAREN BESTANDTEIL 60-0187
- UEBERSCHUSS- U. PARTIALVOL. V. WASSERSTOFFBINDUNGS-FREIEN GEMISCHEN AUS ZWEI POLAREN BESTANDTEILEN 64-0199
ROW L. R., NEUE TRITERPENE AUS BARRINGTONIA ACUTANGULA GAERTN 3. MITT. 53-0529
- CHEM. UNTERS. V. DIOSPYROS-ARTEN 5. MITT. 55-0540
ROWAN T., BIOSYNTH. V. PTERIDINEN 5. MITT. 58-0737
ROWE C. A. JUN., BASENKATALYSIERTE ISOMERISIER. V. VINYLCYCLOHEXEN U. DIPENTEN 58-0277
ROWE J. W., STRUKTUR U. STEREOCHEMIE V. ABIESLACTON 61-0752
ROWELL R. M., NUCLEOPHILE OEFFN. D. OXETANRINGES V. 3.5-ANHYDRO-1.2-O-ISOPROPYLIDEN-BETA-L-IDOFURANOSE U. -ALPHA-D-XYLOFURANOSE 58-0687
ROWLAND A. T., SYNTH. U. CHARAKTERISIER. V. 6-OXO-CHOLESTANEN MIT OXETANON-STRUKTUR IM RING B 64-0856
ROWLAND F. S., MOL.-ANREG. DURCH RUECKSTOSS-TRITIUM, BEWEIS FUER D. 1.2-HX-ELIMINIER. AUS AETHYLFLUORID U. AETHYLCHLORID 58-0273
- UNIMOL. FOLGERK. D. RUECKSTOSS-TRITIUM-RK. MIT DICHLORMETHAN, BLDG. V. MONOCHLORCARBEN 58-0312
- RK. V. METHYLEN IM TRIPLETT-ZUSTAND MIT SAUERSTOFF, BLDG. V. MOL. WASSERSTOFF, KOHLENMONOXID U. KOHLENDIOXID 60-0320
- SCHNELLES ZEITMASS FUER WASSERSTOFF-ABSPALT. DURCH RUECKSTOSS-TRITIUMATOME, UNGLEICHGEW.-ALLYLRADIKALE AUS PROPYLEN 64-0247
- RK. V. ENERGIEREICHEN CHLORATOMEN MIT METHYLCHLORID IN D. GASPHASE 64-0324
ROWLAND S. P., DISSOZIAT. U. DIELS-ALDER-RK. V. DICYCLOPENTADIENDICARBONSAEUREESTERN 59-0468
- KINETIK D. UNKATALYSIERTEN UMESTER. V. MALONATEN 61-0303
ROWLANDS J. R., ELEKTRONENSPINRESONANZUNTERS. AN FREIEN RADIKALEN, DIE BEI 77 GRAD K IN O-METHYL-ISOHARNSTOFF-HYDROCHLORID DURCH ROENTGENBESTRAHLUNG ERZEUGT WERDEN 61-0097
- UNTERS. V. MIT ROENTGENSTRAHLEN BESTRAHLTEM DL-METHIONIN DURCH ELEKTRONENSPINRESONANZ 61-0104
ROWLE P. J., FREIE-RADIKAL-RK. HALOGENIERTER POLYCYCL. BRUECKENVERB. 5. MITT. 55-0360
ROWLETT R. J. JUN., ANTIMALARIAMITTEL, SUBSTITUIERTE 2-PHENYL-4-CHOLINMETHANOLE 63-0676
ROWLEY E. K., CHEMISCHE VERAENDERUNGEN D. ERYTHROMYCIN-ANTIBIOTIKA 1. MITT. 59-0775
ROWLEY P. J., FREIE-RADIKAL-RK. HALOGENIERTER POLYCYCL. BRUECKENVERB. 6. MITT. 55-0361
- FREIE-RADIKAL-RK. HALOGENIERTER POLYCYCL. BRUECKENVERB. 7. MITT. 59-0238
- D. RADIKAL. ADDITION V. THIOPHENOL AN BORNYLEN U. APOBORNYLEN, STRUKTUR D. GEBILDETEN SULFIDE U. DURCH OXYDATION ENTSTEHENDEN SULFONE 64-0850
ROWSELL D. G., POLYFLUORALLYL- U. -PROPENYLDERIV. EINIGER UEBERGANGSELEMENTE U. ELEMENTE D. GRUPPE V 59-0075
ROY A. K., ELEKTRONENSPINRESONANZUNTERS. V. DISSOZIATIVEN ELEKTRONENEINFANG-PROZESSEN IN GAMMA-BESTRAHLTEN AMINOSAEUREN 56-0133
ROY C. H., METALLIERTE METHYLENDIPHOSPHONSAEUREESTER, DARST., CHARAKTERISIER. U. SYNTHET. ANWEND. 63-0412
ROY J., MECHANISMUS D. BENZIDIN- U. SEMIDINUMLAGER. 16. MITT. 58-0283
ROY N., SYNTH. V. DREI VOLLACETYLIERTEN ALDOBIOURONSAEU-REMETHYLESTERN, EINSCHLIESSL. 6-O-(METHYL-2.3.4-TRI-O-ACETYL-ALPHA-D-GLUCOPYRANOSYLURONAT)-TETRA-O-ACETYL-BETA-D-GLUCOPYRANOSE 62-0692
ROY R. B., RK. V. BENZOYL-PEROXID MIT AROMAT. N.N-DIALKYL-AMINEN U. AEHNL. VERB. 2. MITT. 57-0343
- RK. V. BENZOYL-PEROXID MIT AROMAT. N.N-DIALKYL-AMINEN U. AEHNL. VERB. 3. MITT. 57-0344
ROY S. K., OPT. ROTATIONSDISPERSION U. ABSOLUTE KONFIGURATION 10. MITT. 53-0048
- TAUTOMERE PYRIDINE 10. MITT. 62-0173
- 1.2.4-TRIAZOLE 19. MITT. 64-0733
ROYER R., BENZOFURAN 37. MITT. 56-0116
- BENZOFURAN 35. MITT. 57-0539
- BENZOFURAN 36. MITT. 60-0496
- RK. MIT PYRIDINHYDROCHLORID 64-0350
ROYO G., STEREOSPEZIF. RK. V. MAGNESIUMVERB. MIT EINEM AKT. BIFUNKTIONELLEN ORGANOSILAN 58-0507
ROYSTON A., VGL. D. DONATOREIG. V. ELEMENTEN D. GRUPPE VIB 56-0042
- SAEUREDISSOZIAT.-KONST. V. SUBSTITUIERTEN PHENYLMERCAPTO- U. PHENYLSELENOESSIGSAEUREN 62-0181
ROZANCEV G. G., 1.1'-DISUBSTITUIERTE 2.2'-BIS-(PERFLUOR-N-PROPYL)-5.5'-DIBENZIMIDAZOLE 62-0567
ROZKOVA N. K., SYNTH. U. ENTBLAETTERNDE AKTIVITAET V. (BENZTHIAZOLYL-(2)) (5-CHLORPYRIDYL-(3))-SULFID 62-0851
ROZUM J. S., AZID-TETRAZOL-GLEICHGEW. IN D. THIAZOLO(2.3-E)TETRAZOL-REIHE 64-0215
RUANE M., ELIMINIER.-RK. E2C-MECHANISMUS 61-0192
RUBCOV M. V., RK. V. 2-CHLOR-3-(BETA-CHLOR-AETHYL)-4.6-DIHYDROXY-PYRIDIN, SYNTH. V. DERIV. D. 5-AZA-BENZOFURANS 60-0525
RUBEZHOV A. Z., RK. V. HG MIT PI-ALLYL-VERB. D. NI, PD U. PT 59-0094
RUBIN M. B., PROPELLANE 4. MITT. 61-0515
RUBIN R. M., SYNTH. V. BULLVALEN, BULLVALON U. BARBARALON SOWIE V. BARBARALON-DERIV. 54-0334
RUBINSTEIN M., KINET. UNTERS. UEBER D. HYDROXYALKYLIER. EINIGER BETA-DIKETONE 5. MITT. 59-0215
RUCCIA M., UMWANDL. V. TETRAHYDROINDOXAZENDERIV. IN TETRAHYDROINDAZOLDERIV. 56-0497
- 5H(4H)-IMIDAZOLONE-4(5). 4(5)-ISONITROSO-IMIDAZOLONE U. IHRE UMWANDL. IN 1.2.4-OXADIAZOL-3-CARBONSAEUREAMI-DE 2. MITT. 64-0577
RUCH M., SPIRANE D. PYRIDINREIHE 53-0418
RUCHADZE E. G., EIGENSCHAFTEN V. ALKYLARYLTRIAZENEN 58-0431
RUCKIN V. E., SYNTH. N-SUBSTITUIERTER CARBAMOYL-OXIME 55-0285
RUDAJA M. N., CHEMIE D. FREIEN RADIKALE D. HYDRAZINREIHE 50. MITT. 54-0314
RUDAKOV G. A., KINETIK U. MECHANISMUS D. ALKAL. HYDROLYSE V. ESTERN 3. MITT. 53-0141
- KATALYT. UMWANDL. V. TERPENEN 11. MITT. 57-0252

RUDDICK J. D., TETRAMETHYLPLATIN-DERIV. 56-0086
RUDEN R. A., PHOTOCHEM. RK. V. BIPHENYLEN 1. MITT. 64-0341
RUDENKO A. P., EINFL. D. KATALYSATORS AUF D. MECHANISMUS D. POLYKONDENS. V. AETHYLEN BEI HOHEN TEMP. 55-0581
RUDENKOV A. I., ISOMERISIERENDE UMWANDL. V. ALKYLBENZOLEN 5. MITT. 59-0421
RUDINGER J., AMINOSAEUREN U. PEPTIDE 74. MITT. 53-0568
- AMINOSAEUREN U. PEPTIDE 77. MITT. 55-0562
- AMINOSAEUREN U. PEPTIDE 78. MITT. 57-0750
- AMINOSAEUREN U. PEPTIDE 79. MITT. 61-0558
RUDLER H., TERPENOIDE 3. MITT. 58-0757
- TERPENOIDE 4. MITT. 58-0758
RUDNER B., DEHYDROFLUORIER. V. AMIN-NICHTMETALLFLUORIDEN 2. MITT. 62-0398
RUDOLF K., CHARAKTERISTIK D. METHANSULFONYLOXYGRUPPE ALS EIN DESAKTIVIERENDER O-,P-DIRIGIERENDER SUBSTITUENT DURCH IHR UV-ABSORPT.-SPEKTRUM 64-0100
RUDOL'FI T. A., SUBSTITUIERTE LACTONE U. IHRE FOLGERK. 12. MITT. 55-0303
RUDOLPH W., UNTERS. AN HOCHSUBSTITUIERTEN AETHYLENEN U. GLYKOLEN 6. MITT. 64-0502
RUECHARDT C., GAMMA-TERT.-ALKYLPEROXY-GAMMA-LACTONE U. 3-TERT.-ALKYLPEROXY-PHTHALIDE, NEUE RADIKALGENERATOREN 62-0525
- DIREKTER NACHW. EINES AROMAT. DIAZONIUM-CARBOXYLATS ALS ZWISCHENSTUFE D. NITROSO-ACYL-ARYLAMIN-ZERFALLS 64-0448
RUECKER G., INHALTSSTOFFE V. ARZNEIPFLANZEN 18. MITT. 55-0538
- INHALTSSTOFFE V. ARZNEIPFLANZEN 19. MITT. 58-0823
- BEITRAG ZUR BIOGENESE D. ALPHA-TERTHIENYLS 60-0825
- STRUKTUR D. NARDOSINONS 63-0860
RUEDIGER W., CHEM. UNTERS. MARINER INVERTEBRATEN 3. MITT. 62-0747
RUEEGG R., SYNTH. IN D. CAROTINOID-REIHE 22. MITT. 53-0521
- GASCHROMATOGRAPH. U. MASSENSPEKTROMETR. UNTERS. V. PHYTYLUBICHINON, VITAMIN K1 U. VITAMIN K2 54-0125
RUEFENACHT K., GS 13005, EIN NEUER INSEKTIZIDER PHOSPHORSAEUREESTER 60-0563
RUEHLMANN K., UMSETZ. V. SAEUREDERIV. U. HALOGENSILANEN MIT ALKALIMETALLEN 5. MITT. 55-026?
- UMSETZ. V. SAEUREDERIV. U. HALOGENSILANEN MIT ALKALIMETALLEN 6. MITT. 57-0401
- SI-N-BIND. 28. MITT. 58-0446
- SILACYCLEN 6. MITT. 58-0612
- SI-N-BIND. 29. MITT. 59-0441
- SI-N-BIND. 26. MITT. 59-0511
- SILACYCLEN 8. MITT. 60-0523
RUETER J., RK. CH-AKTIVER VERB. MIT AZIDEN 18. MITT. 61-0459
RUFER C., TOTALSYNTH. OPT. AKT. STEROIDE 5. MITT. 61-0794
RUFF F., BINDUNGSSYSTEM D. N-ACYL-SULFILIMINE 5. MITT. 57-0089
- SYNTH. U. RK. V. ENAMINEN 2. MITT. 62-0516
- PROTONENRESONANZSPEKTROSKOP. UNTERS. U. BLDG. V. O-ACETYL-D-GLUCONSAEURE-, D-MANNONSAEURE- U. D-XYLONSAEURE-1-5-LACTON-2.4-DINITRO-PHENYLHYDRAZON 64-0779
RUFF J. K., DARST. V. BIS-(DIFLUOR-FLUOROXYMETHYL)-PEROXID 54-0213
- DARST. V. FLUORDINITROACETONITRIL U. FLUORDINITROACETAMID 61-0352
RUGGLES A. C., SYNTH.-WEG ZU EINIGEN STEROID-ALKALOIDEN 61-0727
RUIDER G., PHENYLSUBSTITUIERTE 4.4'-DIPYRIDYLIUMSALZE 58-0644
RULEWICZ G., UNTERS. UEBER D. DAMPF-FL.-PHASENGLEICHGEW. D. SYST. METHYLENCHLORID-CHLOROFORM-TETRACHLORKOHLENSTOFF BEI 45 GRAD CELSIUS UNTER VERW. EINER GASCHROMATOGRAPH. ANALYSENMETH. 59-0179
RUMIN R., PHOTOISOMERISIER. IN D. CYCLOHEXADIEN-(1.3)-REIHE 2. MITT. 59-0267
- PHOTOISOMERISIER. IN D. CYCLOHEXADIEN-(1.3)-REIHE 2. MITT. 63-0332
RUMJANCEV N. P., KONDENSATION V. 1-NITRO-2-(P-HYDROXY-M-METHOXY-PHENYL)-AETHYLEN U. P-DIMETHYLAMINO-NITROSTYROL MIT NITROMETHAN IN FL. AMMONIAK 60-0383
- SYNTH. EINIGER NITROALKOHOLE IN FL. AMMONIAK 62-0376
RUMJANCEVA E. G., ACETYLENKETONE IN D. MAGNESIUMORGAN. SYNTH. 53-0271
RUMJANCEVA K. S., KONDENSATION V. 1-NITRO-2-(P-HYDROXY-M-METHOXY-PHENYL)-AETHYLEN U. P-DIMETHYLAMINO-NITROSTYROL MIT NITROMETHAN IN FL. AMMONIAK 60-0383
- SYNTH. EINIGER NITROALKOHOLE IN FL. AMMONIAK 62-0376
RUMMEL M., MIKROBIOLOG. UMWANDL. N-HALT. SUBSTRATE 2. MITT. 53-0599
RUMMEL S., ISOTOPIEEFFEKTE BEI AUTOXYDATIONEN 2. MITT. 59-0201
RUMPF P., KATALYT. DEHYDRATISIER. V. LANGKETT. ALKOHOLEN 2. MITT. 54-0170
- AMINIER. V. ALKENEN MIT LANGEN KETTEN 58-0275
- DARST. V. AROMAT.-ALIPHAT. SULFONEN (NOTIZ) 58-0414
- TAUTOMERIE HETEROCYCL. VERB. 5. MITT. 63-0648
- BLDG. V. HETEROCYCLEN DURCH DIMERISAT. ODER INTRAMOL. CYCLISAT. V. O-CARBOXY-PHENYLACETONITRIL 63-0685
- HERST. U. UNTERS. V. FESTEN BAS. KATALYSATOREN 64-0323
RUNDEL W., DIAZOMETHANE 26. MITT. 62-0356
RUNGE J., RED. D. 1.2.3.4-TETRAHYDRO-ANTHRACENS MIT NATRIUM IN FL. AMMONIAK 53-0301
RUNGE K., PFLANZENINHALTSSTOFFE 13. MITT. 53-0486
RUNOVA L. M., N.N'-BIS-(BETA-HYDROXYAETHYL)-ALPHA.ALPHA'-DIAMINO-P-XYLOL, N-(BETA-HYDROXYAETHYL)- U. N.N'-BIS-(BETA-HYDROXYAETHYL)-9.10-DIAMINOMETHYLANTHRACEN 64-0523
RUNQUIST O. A., KONFORM.-ANALYSE EINIGER 2-ALKOXY-TETRAHYDROPYRANE 64-0174
RUPILIUS W., ISOMERENBLDG. BEI D. HYDROFORMYLIER. HOEHERMOL. OLEFINE MIT KOMPLEXEN KOBALT- U. RHODIUMKATALYSATOREN 62-0289
RUPP H., CARBONYL-AZO-VERB. 2. MITT. 61-0419
- CARBONYL-AZO-VERB. 3. MITT. 61-0420
RUPPERT J., SYNTH. V. PYRROLDERIV. 57-0503
RUPPRECHT H., EINFL. V. HILFSSTOFFEN BEI D. HERST. V. ARZNEIZUBEREIT. 18. MITT. 64-0931
RUSH J. E., EINDEUT. SPEZIFIKAT. D. STEREOISOMERIE AN DOPPELBIND. 57-0164
RUSH R. V., DIRIGIERENDE EFFEKTE D. SUBSTITUENTEN BEI D. OZONOLYSE V. NAPHTHALINEN, SYNTH. V. PHTHALALDEHYDEN 59-0361
RUSSEL G. B., CHIRALITAET D. DISULFIDSYST. IM (+)-TROPIN-1.2-DITHIOLAN-3-CARBOXYLAT 60-0167
RUSSELL C. R., RK. V. TRANS-VERKNUEPFTEN CYCL. KOHLENHYDRATCARBONATEN 54-0484
RUSSELL D. R., KRISTALLSTRUKTUR D. DICARBONYL-CYCLOPENTADIENYLKOBALT-QUECKSILBER(II)-CHLORID-KOMPLEXES 53-0011
RUSSELL G. A., RK. V. RESONANZSTABILISIERTEN ANIONEN 30. MITT. 58-0207
- OX. V. HYDRAZOBENZOL IN BAS. LSG. 63-0247
RUSSELL J., PERSULFAT-OX. V. CARBONSAEUREN 3. MITT. 60-0584
RUSSELL R. L., RK. V. METHYLEN IM TRIPLETT-ZUSTAND MIT SAUERSTOFF, BLDG. V. MOL. WASSERSTOFF, KOHLENMONOXID U. KOHLENDIOXID 60-0320
RUSSO G., RK. V. BLEITETRAACETAT 1. MITT. 56-0383
- TRITERPENE AUS GLYCYRRHIZA GLABRA 5. MITT. 56-0673
- TRITERPENE AUS GLYCYRRHIZA GLABRA 6. MITT. 56-0674
RUSSO R. V., SUBSTITUT.-RK. IN CYCL.SYST. S(N)2-RK. EINIGER CYCLOPENTYL-P-TOLUOLSULFONATE 55-0182
RUSSO T. J., CHEMIE D. ENOLATE 5. MITT. 64-0257
RUSTIDGE D. W., REAKTIVE ACYL-DIPEPTIDE ALS MOEGL. PENICILLIN-ANALOGE 1. MITT. 58-0800
RUTOLO D. A. JUN., DIMETHYLSULFONIOMETHOXYCARBONYLMETHYLID 56-0278
RUVEDA E. A., STRUKTUR D. 1-DIMETHYLAMINOAETHYL-PHENANTHRENBASE AUS ARISTOLOCHIA ARGENTINA GRIS 53-0581
RUZICKA E., DARST. EINIGER DERIV. D. GALLOCYANINMETHYLESTERS 54-0460
- RK. V. NITROSOPHENOLEN, 1. MITT. 56-0597
- RK. V. NITROSOPHENOLEN 2. MITT. 60-0670
RUZICKA V., DARST. V. ESTERN EINIGER ALPHA-NITROSO-CYCLOALKANCARBONSAEUREN 58-0471
- EINFL. DER ALDEHYDSTRUKTUR AUF DIE HYDRIERUNGSGESCHWINDIGKEIT IN DER GASPHASE AN KUPFERKATALYSATOREN 61-0200
RUZNIKOV V. A., EINIGE METHOXYDERIV. V. 6-NITRO-9-AMINO-ACRIDIN 62-0626
RYABININ A. A., STRUKTUR V. ALNINCANON, EIN C31-DAMMARAN-TRITERPEN 60-0759
RYAN K. J., INTRAMOL. VERDRAENG. DURCH BENACHBARTES O-THIOBENZOAT, SYNTH. V. 3'-THIO-ADENOSIN 63-0765
RYANG M., DARST. V. 1.4-DIKETONEN DURCH RK. V. LITHIUM-AROYLTRICARBONYLNICCOLATEN MIT ACETYLENEN 63-0429
RYBA O., POLAROGRAPH. U. ELEKTRONENPARAMAGNET. RESONANZ-UNTERS. D. EINELEKTRON-RED. ALKYLIERTER BENZOCHINONE 57-0200
RYBACK G., SYNTH. V. (+-)-(2-(14)C)ABSCISSAEURE 63-0811
RYBAKOVA M. N., RK. V. BROMMAGNESIUM-P-CHLOR(BROM)DIARYL-CARBINOLATEN MIT ESTERN 57-0419
RYBINA D. N., COENZYM A. 2. MITT. 54-0554
RYBINSKAJA M. I., RK. V. 3.3-DIARYL-3-HYDROXY-PROPENYL-TRIMETHYLAMMONIUMSALZEN, SYNTH. V. 3-PHENYLINDENYL-(1)-TRIMETHYLAMMONIUMSALZEN 54-0320
- STEREOCHEMIE D. BETA-KETOVINYLIER. 63-0476
RYCHECK M., DARST. U. EIG. EINIGER CIS-CARBONYLPHOSPHIN-PLATIN(II)-KOMPLEXE, (PTX2(CO)(PR3)) 59-0095
RYDON H. N., VERW. V. BETA-METHYLMERCAPTOAETHYLESTERN ALS SCHUTZ FUER CARBOXYLGRUPPEN BEI D. PEPTIDSYNTH., ERSATZ DURCH BETA-METHYLSULFONYLAETHYLESTER 62-0812
RYHAGE R., MASSENSPEKTROMETR. UNTERS. V. DITERPENEN 5. MITT. 54-0084
- BEST. D. LAGE D. DOPPELBIND. IN MEHRFACH UNGESAETT. FETTSAEUREN DURCH KOMBINAT. V. GASCHROMATOGRPHIE U. MASSENSPEKTROMETRIE 55-0093
RYKOWSKI Z., RED. V. 2.3-EPOXY-PINAN MIT LITHIUM IN AMINEN MIT NIEDR. MOL.-GEW. 54-0532
RYSAKOVA E. I., TAUTOMERIE V. 5-AMINO-TETRAZOL 6. MITT. 62-0590
RYZKOVA T. S., AMMONOLYSE D. ISOMEREN CHLOR-BENZOL-SULFONAMIDE 57-0362
RYZOVA S. N., AETHER U. IHRE DERIV. 117. MITT. 58-0462

S

SAAKJAN A. A., CYCL. DIMERISIER. V. ISOPROPENYLAETHINYL-

CARBINOLEN 53-0332
SAALFELD F. E., MASSENSPEKTREN V. TRIFLUORPHOSPHINCARBONYLKOBALTSAEUREN 64-0014
SAARINEN H., DISSOZIAT. V. DIACETYLMONOXIM U. ALPHA-ISONITROSO-PROPIOPHENON IN WSS. LSG. 64-0225
SABADIE J., SYNTH. V. 4- U. 4.4''-SUBSTITUIERTEN PARATERPHENYLDERIV. 57-0412
SABAROV J. S., CYCLOPROPANE U. CYCLOBUTANE 52. MITT. 58-0480
- CYCLOPROPANE U. CYCLOBUTANE 53. MITT. 58-0481
- CYCLOPROPANE U. CYCLOBUTANE 58. MITT. 64-0541
SABIROV S. S., TERT. DREIWERTIGE ALKOHOLE D. ACETYLEN- U. AETHYLENREIHE U. IHRE CHEMISCHEN RK., 37. MITT. 57-0296
SABLE H. Z., CYCL. POLYOLE 11. MITT. 62-0431
SABNIS S. S., POTENTIELLE ANTIKREBSMITTEL 1. MITT. 57-0580
SABOL M. A., STEREOCHEM. BEZIEH. ZWISCHEN SULFOXIDEN, SULFILIMINEN U. SULFOXIMINEN 61-0151
SACCONI L., FUENFFACH KOORDINIERTE NICKEL(II)-KOMPLEXE MIT HOHEM SPIN MIT GEMISCHTEN SALICYLALDIMIN-BRENZCATECHIN-LIGANDEN 54-0015
SACH G. S., PYRROLE U. VERWANDTE VERB., 12. MITT. 54-0522
SACHABUTDINOV A. G., MECHANISMUS D. SOLVOLYSE D. 1.2-BENZOCYCLOHEXENYL-(3)-METHYLTOSYLATS 57-0224
SACHAROVSKIJ V. G., EINFL. V. SUBSTITUENTEN AUF D. CYCLISIER. V. HYDROXYAETHYL-PROPARGYLAMINEN 64-0641
SACHDEV K., TRIMETHYLENMETHAN, HYPERFEINAUFSPALT. D. PROTONEN 63-0150
SACHETTO J., MECHANISMUS D. BLDG. V. 3-DESOXY-GLUCOSULOSE AUS GLUCOSE-3-PHOSPHAT ODER DIFRUCTOSYL-GLYCIN 57-0642
SACHMAMEDBEKOVA A. Z., KINETIK D. ADDITION V. ALPHA-CHLOR-DIMETHYLAETHER AN 2-CHLOR-BUTADIEN-(1.3) 60-0275
SACHNAZARJAN G. M., UMLAGER. V. DICHLORVINYLVERB. IN ALPHA-CHLORCARBONSAEUREN DURCH OX. MIT H2O2 IN ESSIGSAEUREANHYDRID 62-0349
SACHS A., ELEKTRONENSTOSSINDUZIERTE ALKYL- U. WASSERSTOFFWANDER. BEI DIPHENSAEUREDERIV. 61-0114
SACHS W. H., SAEUREKATALYSIERTER DEUTERIUMAUSTAUSCH IN CYCLOPROPYLACETON 61-0264
- ANWEND. EINER ERWEITERTEN HUECKEL-METH. AUF D. BERECHN. V. GESCHW.-VERHAELTNISSEN U. AKTIVIER.-ENERGIEN, D. ENOLISIER. EINIGER METHYLKETONE 62-0269
SACKMANN E., NMR-SPEKTREN V. ENANTIOMEREN IN OPT. AKTIVEN FL. KRIST. 61-0101
- STRUKTUR D. FL.-KRIST. ZUSTANDS V. CHOLESTERINDERIV. 64-0184
- POLARISAT. OPT. UEBERGAENGE V. FARBIGEN MOL., AUSGERICHTET IN EINER GEORDNETEN GLASMATRIX 64-0185
SADEE W., CHEMIE U. ANALYTIK V. BENZODIAZEPINDERIV. 3. MITT. 53-0612
SADLER J. L., ELEKTROCHEM. RED. V. AROMAT. AZOVERB. 61-0189
SADOVSKAYA V. L., MASSENSPEKTROMETRIE V. STEROID-SYST. 9. MITT. 53-0078
SADYCH-ZADE S. I., RADIKALISCHE ADDITION VON NITRILEN AN OLEFINE 61-0355
- SYNTH. V. CYANHALT. EPOXY-VERB. 62-0509
SAEED M. A., ABS. KONFIG. U. OPT. ROTAT.-VERMOEGEN V. METHYLSULFINYLSTEROIDEN 55-0045
- STEROIDSCHWEFELVERB. 2. MITT. 63-0831
SAEGUSA T., RK. V. CARBOMETHOXYMERCURICHLORID MIT PI-OLEFIN- U. PI-ALLYL-PDCL2-KOMPLEXEN 54-0205
- RK. V. THALLIUMACETAT, PIPERIDIN U. KOHLENMONOXID IN METHANOL 54-0426
- CARBONATBLDG. DURCH RK. V. KUPFERMETHOXID MIT KOHLENMONOXID 58-0381
- OXAMID-BLDG. DURCH RK. V. SILBERACETAT, AMIN U. KOHLENMONOXID 59-0309
- SYNTH.-RK. MIT KOMPLEXKATALYSATOREN 8. MITT. 59-0310
- SYNTH.-RK. MIT KOMPLEXKATALYSATOREN 7. MITT. 59-0383
- RK. V. CARBONYLVERB. MIT ISOCYANID 62-0352
- DARST. U. EIG. V. AETHYLZINK-2.2.2-TRICHLOR-AETHOXID 63-0062
- OXAMID-BLDG. BEI D. RK. V. KUPFERHALOGENID, LITHIUMAMID U. KOHLENMONOXID 63-0391
SAEKI H., SYNTH. V. 5.6-AZIRIDINOZUCKERN 59-0658
SAEKI Y., DAPHNIPHYLLUM-ALKALOIDE 2. MITT. 55-0508
SAETTONE M. F., BROMIER. EINIGER INDOL-DERIV. 54-0368
SAFAR M., STICKSTOFFHALT. VERB. IN ERDOEL U. ERDOELFRAKT. 4. MITT. 58-0634
SAFONOVA T. F., RK. V. AMINOMERCAPTODERIV. D. PYRIDINS, PYRIMIDINS U. PYRAZINS MIT ALPHA-CHLOR-ACETESSIGESTER 64-0743
SAFONOVA T. S., EINIGE DERIV. V. GAMMA-(BETA-CARBAETHOXY-BETA-FORMYL)U. GAMMA-(BETA-FORMYL)-BUTYROLACTONEN 57-0493
SAFRONOVA L. P., HYDRATISIER. V. PRIM.-TERT.- U. SEK.-TERT.-ACETYLEN-GAMMA-GLYKOLEN 60-0488
SAGDEEV R. Z., STABILE NITROXID-RADIKALE AUS IMIDAZOLIN-N-OXIDEN 59-0546
SAGGIOMO A. J., FLUORENTHALTENDE 4-CHINOLINMETHANOLE ALS ANTIMALARIAMITTEL 60-0588
SAGIDULLIN R. R., RK. D. ALPHA-EPOXIDE V. CYCLENEN 2. MITT. 60-0473
- RK. V. CYCLEN-ALPHA-OXIDEN 3. MITT. 62-0507
SAGLIETTO G., GASCHROMATOGRAPHIE V. METHYLHYDRAZINEN, WECHSELWRKG. MIT D. STATIONAEREN PHASE 57-0811
SAGNER Z., ELEKTROPHILE EIG. D. ARYLDIAZONIUMIONS 53-0117
- ZUR ALLG. GUELTIGK. D. HYDROLYT. RK. AROMAT. DIAZOVERB. ZU SALPETR. SAEURE U. D. TRIAZENVERB. 53-0258
SAGRAMORA L., ASYMM. OX. BIVALENTER ORGAN. SCHWEFELVERBINDUNGEN. ABS. KONFIG. V. THIOLSULFINATEN U. SULFINATEN, DARGESTELLT DURCH STEREOSELEKTIVE OX. V. DISULFIDEN U. SULFENSAEUREESTERN 55-0273
SAHINI V. E., ELEKTRONENSPINRESONANZ-SPEKTREN EINIGER IMINOXY-RADIKALE 54-0076
SAIKO O., ISOLIER. V. DIHYDROCAPSAICIN U. HOMODIHYDROCAPSAICIN AUS CAPSICUM-FRUECHTEN 60-0800
SAINSBURY M., 1.2-DIHYDRO-ISOCHINOLINE 6. MITT. 57-0578
- 1.2-DIHYDROISOCHINOLINE 7. MITT. 58-0630
- DIBENZO(A,H)CHINOLIZIN-DERIV. 62-0621
- EINFL. V. SAEUREN AUF EINIGE SUBSTITUIERTE ACETALDEHYDDIMETHYLAMINOACETALE 62-0679
- SYNTH. V. SANGUINARIN 64-0820
SAINT-RUF G., NACHW. D. BLDG. FREIER RADIKALE IM LAUFE D. THERMOLYSE AROMAT. ALDAZINE 53-0175
- THERMOLYSE V. UNSYMM. ALDAZINDERIV. D. FLUORENYLIDEN-(9)-HYDRAZINS, MECHANISMUS D. BLDG. V. 1.2-DIARYLAETHYLENEN AUS AROMAT. ALDAZINEN 56-0420
- Z, TI.CHEMIE D. CARBAZOLE, 2. MITT. 56-0488
- THERMOLYSE AROMAT. ALDAZINE 4. MITT. 59-0137
- CARCINOGENE STICKSTOFFVERB. 60. MITT. 59-0510
- BEQUEME DARST. V. IN MESO-STELLUNG MONO- U. DISUBSTITUIERTEN PHENANTHREN-DERIV. 59-0602
- THERMOLYSE V. AZINEN 5. MITT. 64-0466
SAITO I., PHOTO-INDUZIERTE RK. 15. MITT. 62-0304
SAITO T., SYNTH. V. N.BETA-DIMETHYL-L-LEUCIN 60-0360
- DIAETHYL-BIS-(DIPYRIDYL)-EISEN, KATALYSATOR FUER D. CYCLODIMERISIER. V. BUTADIEN 61-0302
SAITO Y., KONTAKT-ANTITUMORAKTIVITAET B. BACILLUS NATTO GEGENUEBER ZELLEN D. SOLIDEN EHRLICH-KARZINOMS 59-0802
SAJUS L., KINET. UNTERS. D. OX. V. POLYAETHERN IN FL. PHASE 63-0251
SAKABE N., ALKALOIDE AUS SPIRAEA JAPONICA L. FIL. 59-0702
SAKAE T., SYNTH. V. 5-DESOXY-(+-)-ALLOSEDERIV. U. 4-DESOXY-(+-)-RIBOSE AUS MYOINOSIT 60-0691
SAKAI M., INTRAMOL. HYDRAZIDE U. HYDROXAMATE 1. MITT. 61-0553
- HYDRAZIDE U. INTRAMOL. HYDROXAMATE 2. MITT. 64-0602
- HYDRAZIDE U. INTRAMOL. HYDROXAMATE 3. MITT. 64-0603
SAKAI S., RK. V. ACETYLACETONATO-(PI-ALLYL)-PALLADIUM(II)-KOMPLEXEN MIT KOHLENMONOXID U. KONJUGIERTEN DIENEN 56-0084
- PYRIMIDINDERIV. U. VERWANDTE VERB. 54. MITT. 61-0662
SAKAKI S., STRUKTUREN D. ARDISIACHINONE A, B U. C, BIS-(BENZOCHINONYL)-OLEFINDERIV. AUS ARDISIA SIEBOLDII MIQUEL 59-0788
SAKAKIBARA J., EIN NEUES CYCLONONATRIENSYST. AUS N-VERATRYL-AETHANOLAMIN-N-TOSYLAT 59-0459
- OX. V. CORYPALLIN U. SEINEM METHOJODID MIT FERRICYANID 61-0724
- FERRICYANID-OXYDATION D. DL-N-METHYL-ISOSALSOLIN U. SEINEM METHOJODID 62-0721
SAKAKIBARA T., BLDG. V. DICHLORMETHYLENCARBEN DURCH PHOTOCHEM. RK. V. PERCHLORVINYL-PHENYL-QUECKSILBER 57-0475
SAKAMAKI K., UMWANDL. V. ALPHA,BETA-UNGESAETTIGTEN NITRILEN IN GESAETTIGTE ALDEHYDE DURCH DIKOBALTOCTACARBONYL 56-0281
SAKAN F., SYNTH. V. ILLUDINEN 1. MITT. 54-0559
- SYNTH. V. ILLUDINEN 2. MITT. 60-0750
- TOTALSYNTH. V. DL-ILLUDIN M 63-0804
SAKAN T., STRUKTUR U. STEREOCHEMIE V. BOSCHNIAKIN, BOSCHNIALACTON U. BOSCHNIALISAEURE, DEM OX.-PROD. V. BOSCHNIALACTON 55-0574
- STEREOSPEZIF. SYNTH. V. DL-VERBENALOL 61-0609
- STRUKTUREN V. NAGILACTON A, B, C U. D, NEUE NOR- U. BISNORDITERPENOIDE 61-0765
SAKATA K., STOFFWECHSELPROD. V. PILZEN 38. MITT. 63-0739
SAKATA T., SYNTH. V. HEXOSE-DERIV. AUS CYCLITEN 1. MITT. 55-0490
SAKATANI Y., MENISPERMACEEN-ALKALOIDE 241. MITT. 59-0687
- PHENOLOX. D. ISOCHINOLIN-ALKALOIDE 3. MITT. 64-0800
SAKATO Y., ISOLIER. U. STRUKTURAUFKLAER. V. THEASPIRON, BESTANDTEIL D. AETHER. TEE-OELS 62-0829
SAKIROVA F. J., UMWANDLUNG VON 3-PHENYL-OXAZOLIDIN IN P.P'-BIS-(OXAZOLODINYL-(3))-DIPHENYLMETHAN 60-0540
SAKSENA A. K., STRUKTUR V. HEPTAPHYLLIN, EINEM CARBAZOL-ALKALOID AUS CLAUSENA HEPTAPHYLLA WT. U. ARN 53-0513
- STRUKTUREN V. CLAUSENIN U. CLAUSENIDIN, ZWEI NEUEN PYRANOCUMARINEN AUS D. WURZELN V. CLAUSENA HEPTAPHYLLA WT. U. ARN. 55-0436
- STRUKTUR V. PIPLARTIN U. SYNTH. V. DIHYDROPIPLARTIN 61-0739
SAKUMA S., BESTANDTEILE D. CHINES. ROHDROGE ''WUJIAPI'' 1. MITT. 61-0846
SAKURAI A., STRUKTUR D. UROTHIONS 54-0521
- SYNTH. DES UROTHIONS 62-0650
SAKURAI H., D. STRUKTUR D. 2 ZU 1-ADDUKTS AUS BENZOPHENON U. FURAN 54-0109
- GRIGNARD-REAGENZ AUS CHLORMETHYL-METHYLSULFID U. SEINE VERW. ZUR DARST. V. METHYLMERCAPTOMETHYL-SUBSTITUIERTEN POLYSILANEN 54-0240
- PHOTOCHEM. RK. D. DIMETHYLANILINS IN GGW. V. SAEUREN 60-0312
- THERMISCHE ISOMERISIERUNG VON CYCLOPROPYLSUBSTITUIERTEN SILANEN 61-0293
- ALUMINIUMCHLORID-KATALYSIERTE RK. V. ORGANOSILICIUM-

VERB. 5. MITT. 62-0366
- SUBSTITUENTENEFFEKTE AUF D. CHEM. VERSCHIEB. V. METHYLPROTONEN IN SUBSTITUIERTEN PHENYLTRIMETHYLSILANEN U. TERT.-BUTYLBENZOLEN 63-0139
SAKURAI Y., SESQUITERPENOIDE 17. MITT. 59-0724
SALAHUDDIN A., KONDUKTOMETR. UNTERS. D. WECHSELWRKG. V. QUECKSILBER(II) MIT ORGAN. SAEUREN 59-0022
SALAMEH A. S., RK. V. 1.2.3.4-TETRAHYDRO-PHENAZIN-DI-N-OXID MIT ACETANHYDRID 63-0714
SALAMIN L., FLUORENACENE U. FLUORENAPHENE, SYNTH. IN D. INDENOFLUORENREIHE 11. MITT. 64-0529
SALAMON T., DAMPF-FL.-GLEICHGEW. ALKOHOLHALT. BINAERER GEMISCHE, ANWENDBARK. D. REGULAEREN TERN. A-A2-B-MISCH.-MODELLS 1. MITT. 60-0192
- DAMPF-FL.-GLEICHGEW. ALKOHOLHALT. BIN. GEMISCHE, ANWENDBARK. D. REGULAEREN TERN. A-A(2)-B-MISCH.-MODELLS 2. MITT 60-0193
SALAMONE J. C., SELEKTIVE KATALYT. EINFL. STARK IONISIERTER POLYKATIONEN AUF D. ESTERSOLVOLYSE 58-0246
SALAQUE A., PECTENOXANTHIN, CYNTHIAXANTHIN U. D. NEUE ACETYLEN. CAROTINOID PECTENOLON 54-0519
SALAVINA I. F., BECKMANN-UMLAGER. D. THIOPHENO-(2'.3'-1.2)-CYCLOHEPTANON-(3)-OXIMS 56-0615
- SYNTH. ALIPHAT. AMINOSAEUREN AUS THIOPHENDERIV. 10. MITT. 61-0550
SALCE L., PURINTHIOGLYKOSIDE 1. MITT. 63-0763
SALDABOL N. O., 6-(FURYL-(2))-IMIDAZO(2.1-B)THIAZOL UND SEINE DERIVATE 60-0543
SALEEM M., VORSTUFEN ZU HUGERHOFFS BASE 62-0577
SALEH A. A., BESTANDTEILE EINHEIMISCHER PFLANZEN 12. MITT. 60-0712
SALEM L., THEORIE D. INTERMOL. ORBITALE D. WECHSELWRKG. ZWISCHEN KONJUGIERTEN SYST. 1. MITT. 58-0200
- THEORIE D. INTERMOL. ORBITALE D. WECHSELWRKG. ZWISCHEN KONJUGIERTEN SYST. 2. MITT. 58-0201
SALEMNIK G., STRUKTUR D. CONVICINS 59-0679
SALERNI O. L., SYNTH. V. DELTA-AMINO-LAEVULINSAEURE-ANALOGEN ALS MOEGL. ANTIMALARIAMITTEL 63-0423
SAL'I E., ORGAN. FLUOR-VERB. 40. MITT. 62-0314
SALIMOVA B. A., VERESTER. V. PHENOLEN MIT CYCLOALKAN-, CYCLOALKEN- U. CYCLOALKADIEN-CARBONSAEURECHLORIDEN 58-0470
SALINGER R. M., ACIDITAET V. SILANTHIOLEN 58-0189
SALISBURY K., UEBERBESETZTE MOL. 3. MITT. 56-0429
- PHOTOUMLAGER. D. UEBERBESETZTEN KOHLENWASSERSTOFFS 9A.10-DIHYDRO-9-METHYL-10.15-DIPHENYL-9H-BENZO(5.6)INDENO(2.1-C)PHENANTHREN 61-0498
SALLAVO K., HYDRAZIN 1. MITT. 54-0018
SALLE R., THERM. STABILITAET V. POLYMEREN MIT ARYLCARBONAMIDOIMIDVERKNUEPFUNG 56-0739
SALMINEN K., D. BLDG. D. BEIDEN ENDO-EXO-ISOMEREN ALPHA-FENCHENHYDRATE 54-0534
- QUANT. GASCHROMATOGRAPHIE V. NICHTFLUECHT. ORGAN. SAEUREN, ENTW. EINER METH. MIT INNEREM STANDARD 54-0594
SALMOND W. G., 5-METHYL-ISOINDOLO(1.2-B)BENZIMIDAZOL-DERIV., EIN NEUES AROMAT. SYST. 55-0406
SALMON-LEGAGNEUR F., DARST. V. ALPHA-METHYL-ALPHA-ALKYL-BERNSTEINALDEHYDSAEURE-NITRILEN 56-0303
- ALPHA.ALPHA-DIMETHYL-SUCCINALDEHYDSAEURE U. IHRE DERIV. 56-0304
- DI- U. MONONITRILE ALPHA-SUBSTITUIERTER ALPHA-PHENYL-PIMELINSAEUREN 57-0368
- ALPHA-SUBSTITUIERTE ALPHA-PHENYL-PIMELINSAEUREN U. D. ENTSPRECHENDEN CYCLOHEXANONE 57-0430
- ALPHA.ALPHA-DISUBSTITUIERTE DICARBONSAEUREN U. SAEUREN MIT GEMISCHTER FUNKTION U. IHRE DERIV. 40. MITT. 64-0499
SALTIKOVA I. A., STRUKTUR V. ALNINCANON, EIN C31-DAMMARAN-TRITERPEN 60-0759
SALVADORI P., OPT. AKT. DIALKYLALUMINIUMHALOGENIDE 54-0027
- OPT. SPALT. EINIGER RAC. ALPHA-OLEFINE DURCH STEREOSELEKTIVE KOMPLEXBLDG. 62-0325
SALVATORI T., RK. V. BLEITETRAACETAT 1. MITT. 56-0383
SALVINIEN J., RAMAN-SPEKTROSKOP. BEST. D. SCHEINBAREN ASSOZIAT.-KONST. V. PYRIDIN-ALKOHOL- U. PYRIDIN-WASSER-KOMPLEXEN 56-0187
SALZMANN J., CHARAKTERISIER. EINER NEUEN ORGANOMETALL. TITAN-ZINK-VERB. 60-0045
- ACETYLACETONATO-DERIV. V. ZWEI- U. DREIWERTIGEN TITAN 62-0032
- RK. V. NIEDERWERT. DI-CYCLOPENTADIENYL-TITAN-VERB. MIT SAUERSTOFF U. STICKSTOFFMONOXID 62-0033
SALZMANN J. J., STRUKTURELLE PROBLEME D. DICYCLOPENTADIENYLTITANS 54-0003
SALZWEDEL M., GAMMA-RADIOLYSE V. BROMBENZOL-ALKOHOL-LSG. 57-0271
SAM J., CHEM. U. BIOLOG. EIG. EINIGER DERIV. V. CIS- U. TRANS-1-HYDROXY-CHINOLIZIDIN 60-0591
- POTENTIELLE ANTIKREBS- U. ANTIVIRALE MITTEL SUBSTITUIERTE 3-(1'-(2'.3'.4'-TRI-O-BENZOYL-BETA-D-RIBOPYRANOSYL))-2-BENZOXAZOLONE 60-0694
SAMANTA T. B., INDISCHE ARZNEIPFLANZEN 16. MITT. 53-0533
SAMARAJ L. I., NEUE METH. ZUR DARST. V. CHINAZOLONEN-(4) 60-0658
- RK. V. IMINOESTERN U. KETIMINEN MIT PHOSGEN U. OXALYLCHLORID 61-0477
- N-THIONYLCARBONSAEUREAMIDE U. -AMIDIN 62-0677
SAMARCEVA I. V., EINFL. V. SUBSTITUENTEN AUF D. ACIDITAET HETEROCYCL. AMBIDENTER IONEN 61-0180
SAMEK Z., AMINOSAEUREN U. PEPTIDE 76. MITT. 54-0065
- TERPENE 188. MITT. 55-0523
- TERPENE 190. MITT. 55-0525
- STRUKTUR V. ADENOSTYLON U. ISOADENOSTYLON, ZWEI FUROEREMOPHILANEN AUS ADENOSTYLES ALLIARIAE (GOUAN) KERN 59-0733
- STRUKTUR V. KABLICIN, D. HAUPTKOMPONENTE D. PETROLAETHEREXTRAKTES D. RHIZOME V. PETASITES KABLIKIANUS TAUSCH.EX BERCHT. U. V. PETASITES PARADOXUS (RETZ) BAUMG. 59-0789
- TERPENE 192. MITT. 62-0764
- STRUKTUR VON ARTABSIN UND ABSINTHIN 64-0843
- TERPENE 195. MITT. 64-0844
SAMITOV J. J., ALKOXYVERB. 27. MITT. 53-0226
- SYNTH. U. STRUKTUR V. BROMVINYLSULFONEN 56-0345
- CIS-TRANS-ISOMERISIER. IN D. 2.5-DIALKYL- U. D. 2.5-DIALKYL-5-ALKOXYALKYL-1.3-DIOXANREIHE 64-0305
- ALKOXYVERB. 21. MITT. 64-0724
SAMIUZZAMAN, SPEKTROSKOP. UNTERS. V. ORGANOPHOSPHORVERB. 2. MITT. 57-0085
SAMMES P. G., CHLORIER. MIT DIPHENYLSULFOXID U. SAEURECHLOIDEN 55-0218
- PHOTOCHEM. UMWANDL. 22. MITT. 58-0416
SAMNE S., VERESTER. D. =NOH-GRUPPE MIT EINER SAEURE IN GGW. VON DICYCLOHEXYLCARBODIIMID 62-0384
SAMOCHVALOV G. I., RADIKALTELOMERISATION V. ISOPREN MIT TRICHLORBROMMETHAN U. TETRACHLORKOHLENSTOFF 62-0324
SAMOJLOVA M. J., RK. V. VINYLOXYANILINEN MIT UNGESAETT. ALDEHYDEN 64-0453
SAMOJLOVA Z. E., STICKSTOFFINVERS. IN ALPHA-FLUORALKYLAZIRIDINEN 62-0138
SAMOJLOVIC T. I., SYNTH. V. DL-LYSIN 53-0236
SAMS J. R., DARST. U. WAHRSCHEINL. STRUKTUR V. (CH)2ASC=CAS(CH3)2CF2CF2FE3(CO)10 63-0086
SAMSURIN A. A., SYNTHET. UNTERS. GAMMA-SUBSTITUIERTER RESORCINE 1. MITT. 57-0394
- KETOALDEHYDE 5. MITT. 60-0350
- SYNTHET. UNTERS. V. GAMMA-SUBSTITUIERTEN RESORCINEN 2. MITT. 64-0505
SAMUEL J. W. B., D. STRUKTUR V. ALGINSAEURE 6. MITT. 56-0747
SAMUELS E., HALOGENIER. V. PORPHIN U. OKTAAETHYLPORPHIN 57-0688
SAMUELSON O., MASSENSPEKTROMETR. IDENTIFIZIER. V. ALDONOLACTONEN ALS TRIMETHYLSILYLAETHER 53-0083
- NEUE METHYLIERTE URONSAEURE AUS PAPIERBREIHYDROLYSATEN 64-0888
SAMUELSSON G., ISOLIER. U. EIG. V. PHORATOXIN, EINEM TOX. PROTEIN AUS PHORADENDRON SEROTINUM (LORANTHACEAE) 53-0601
SAMUSIK B. N., INTERMOLEKULARE KONDENSATION V. MONOSUBSTITUIERTEN ACETYLENDERIV. MIT NITRILEN UNTER D. BEDINGUNGEN D. RADZISEVSKIJ-RK. 56-0256
SANCHEZ M., SPIROPHOSPHORANE MIT PHOSPHOR-WASSERSTOFF-BIND. 56-0528
- EINIGE HETEROCYCL. PHOSPHORVERB. 59-0580
SANDA V., STEROIDE 107. MITT. 54-0540
SANDEL V. R., RESONANZSTABILISIERTE CARBANIONEN 2. MITT. 58-0006
- TETRAPHENYLCYCLOBUTADIEN-DERIVATE, 6. MITT. 61-0193
SANDERMANN W., DITERPENE 4. MITT. 58-0746
SANDERS J. R., N-METALL-HYDRAZON-KOMPLEXE V. MOLYBDAEN U. WOLFRAM 54-0032
SANDERS R., AUSTAUSCH ZWISCHEN DIMETHYLBERYLLIUM U. BERYLLIUMDIBROMID IN DIAETHYLAETHER 55-0020
SANDHAGEN H., VERLAUF D. DEHYDROBROMIER. BEI 4-BROM-2.2-DIMETHYL-CYCLOHEXANDION-(1.3) 53-0281
- EXISTENZ V. DERIV. D. CYCLOHEXEN-(4)-DIONS-(1.3) 61-0454
SANDHOLM B., POLYMERISIER. V. ISOEUGENOL 56-0745
SANDHU M. A., FERROCEN-DERIV. 18. MITT. 53-0035
- FERROCEN-DERIV. 19. MITT. 53-0036
- FERROCEN-DERIV. 20. MITT. 60-0057
SANDLER M., DARST. V. 5-HYDROXY(AR-3H)TRYPTOPHAN 53-0346
SANDOSHAM J., ADDIT. V. TETRACHLORCYCLOPENTADIEN AN DIENOPHILE 59-0477
SANDRIN E., SYNTH. D. THYREOCALCITONINS 64-0876
SANDRIS C., GEOMETR. ISOMERIE V. ALPHA.BETA-AETHYLEN. SAEUREN 1. MITT. 62-0124
- GEOMETR. ISOMERIE V. ALPHA.BETA-AETHYLEN. SAEUREN 2. MITT. 62-0175
- GEOMETR. ISOMERIE V. ALPHA.BETA-AETHYLEN. SAEUREN 3. MITT. 62-0415
SANDRUK M. I., STRUKTUR U. RK.-FAEHIGK. V. HYDRAZINDERIV. 13. MITT. 63-0283
- STRUKTUR U. REAKTIVITAET V. HYDRAZIN-DERIV. 14. MITT. 64-0259
SANDSTROEM J., HINDER. D. INNEREN DREH. IN N.N-DIMETHYL-CYCLOPROPANCARBONSAEUREAMID U. THIOCARBONSAEUREAMID SOWIE D. UV-SPEKTRUM D. THIOCARBONSAEUREAMIDS 54-0093
- MASSENSPEKTROMETRIE BEI STRUKTURELLEN U. STEREOCHEM. PROBLEMEN 138. MITT. 56-0136
- NMR-SPEKTREN U. KONFORM. V. EINFACHEN N-METHYLTHIOAMIDEN 56-0156
SANDUSKY W. R., JODIERTE PHENYLALANINE. UNTERS. FUER DIE SELEKTIVE LOKALISIER. IM PANKREAS U. HERSTELL. V. 3.4.5-TRIJODPHENYLALANIN 57-0800

SANEYOSHI M., SYNTH. NUCLEOSIDE U. NUCLEOTIDE 2. MITT. 62-0841
SANFORD E., EIN NICHTKLASS. FREIES RADIKAL 60-0185
SANGAL S. P., METALLCHELATE V. LANTHANIDEN IN WSS. LSG. U. IHRE ANALYT. ANWEND. 53-0016
SANGSTER A. M. W., BIOSYNTH. V. PHENOLEN 13. MITT. 56-0657
SANIGOEK U., NMR-UNTERS. V. PERYLEN- U. CORONENDERIV. 61-0090
SANKEY G. H., UNGESAETT. KOHLENHYDRATE 8. MITT. 61-0696
SANNICOLO F., NUCLEOPHILE SUBSTITUT. V. ALPHA-CHLOR-KETONEN, 1-PHENYL-MERCAPTO- U. 1-PHENYLSULFONYL-3-CHLOR-PROPANON 55-0184
SANO H., AMINOCYCLITE 19. MITT. 62-0432
- PROTEINBIND. 1. MITT. 64-0921
SANO K., ALKAL. HYDROLYSE V. GELBEN AZOMETHIN-FARBSTOFFEN 62-0243
SANO Y., FESTPHASENSYNTH. V. (LYSIN)-VASOPRESSIN UEBER EIN KRISTALLINES, GESCHUETZTES NONAPEPTID ALS ZWISCHENSTUFE 63-0835
SANSOULET J., VARIATION D. KOPPLUNGSKONSTANTEN ALS FUNKTION D. LSGM. 57-0108
- DEHALOGENIER. V. ALPHA-BROMKETONEN OHNE ALPHA'-WASSERSTOFF MIT KALIUMCARBONAT IN WSS. DIOXAN-LSG. STEREOCHEMIE D. DARZENS-RK. 59-0500
SANTACROCE C., SYNTH. V. 2H-1.4-THIAZINEN 59-0634
- SYNTH. V. 1.4-BENZTHIAZINEN 59-0635
- RINGVERENG. EINIGER 3.5-DIARYL-2H-1.4-THIAZINE DURCH HYDROGENOLYSE 64-0645
SANTAPPA M., OX. V. ALDEHYDEN DURCH CE(4+)-IONEN IN WSS. PERCHLORSAEURE 64-0372
SANTAVY F., 1-PHENAETHYL-ISOCHINOLIN-ALKALOIDE 1. MITT. 53-0515
- UV-SPEKTRUM U. METHYLENDIOXY-GRUPPE V. EINIGEN AROMAT. VERB. U. ALKALOIDEN 54-0057
- ISOLIER. U. CHEMIE V. ALKALOIDEN AUS EINIGEN PFLANZEN D. D. GATT. PAPAVER 41. MITT. 56-0093
- KONSTITUT. D. ROTEN PROD. D. PAPAVERRUBINE 61-0735
- PYRROLIZIDIN-ALKALOIDE 13. MITT. 64-0812
SANTE ANGELONI A., OXIMIER. V. 1.5-DIPHENYL-3.7-DIAETHYL-BIS-PIDINON-(9). EIN NEUES BEISPIEL FUER GEOMETR. ENANTIOMORPHIE 58-0631
SANTELLI M., HYDROLYSE D. TOSYLATE BETA-ALLEN. ALKOHOLE 57-0404
SANTESSON J., CHEM. UNTERS. UEBER FLECHTEN 4. MITT. 53-0605
- CHEM. UNTERS. AN FLECHTEN 6. MITT. 56-0755
- CHEMIE D. FLECHTEN 7. MITT. 56-0756
SANTHANAM K. S. V., ELEKTROCHEMIE V. ORGANOPHOSPHORVERB. 2. MITT. 60-0218
SANTHANAM P. S., INTRAMOL. DIELS-ALDER-RK. 5. MITT. 61-0570
SANTIAGO A., PHOTOCHROME FULGIDE. SPEKTROSKOPIE U. MECHANISMUS D. PHOTORK. 64-0336
SANTIAGO C., STEREOCHEMIE V. TRITYLVERB. 3. MITT. 63-0179
SANTORO A. V., DIFFERENTIALTHERMOANALYSE D. DIELS-ALDER-RK. V. CYCLOPENTADIEN 57-0243
- DIFFERENTIALTHERMOANALYSE D. OELSAEURE-ELAIDINSAEURE-ISOMERISIER. 61-0291
SANTOS E., COTTON-EFFEKT D. KONDENS.-VERB. V. DIMEDON MIT OPT.-AKT. AMINEN 64-0083
- COTTON-EFFEKT V. KONDENS.-VERB. AUS DIMEDON U. DIHYDRORESORCIN MIT AMINOSAEUREN U. PEPTIDEN 64-0084
SAPOSNIKOV V. N., CHEM. STRUKTUR D. PROD. D. TRANSFORMATION V. NATUERL. PYRIDINBASEN U. 5-HALOGENURACILEN DURCH MYCOBAKTERIEN 62-0844
SAQUET M., ORGAN. SCHWEFELVERB. 19. MITT. 53-0256
- EINW. V. HYDRAZIN U. PHENYLHYDRAZIN AUF DIMETHYLDERIV. V. BETA-CARBONYLDITHIOSAEUREN, SYNTH. V. PYRAZOLEN 57-0531
- RK. V. MAGNESIUMVERB. MIT D. DIMETHYLDERIV. V. BETA-CARBONYL-DITHIOSAEUREN 60-0340
SARAF S. D., SYNTH. V. 2.3-DIHYDRO-1H-(1)BENZOTHIENO(2.3-C)PYRROLEN U. VERWANDTEN AMINOMETHYLBENZO(B)THIOPHENEN 57-0511
SARANIN S. A., RK. V. EIN BEWEGL. H-ATOM ENTHALTENDEN METALLDERIV. MIT ALPHA-HALOGENKETONEN 4. MITT. 56-0467
SARANTAKIS D., 2-FLUOR-PYRIDIN-N-OXID U. SEINE RK. MIT AMINOSAEUREDERIV. 57-0590
SARBAEV T. G., 1.4-BIS-(1.2.5-TRIMETHYL-4-HYDROXY-PIPERIDYL-(4))-BUTADIIN-(1.3) U. SEINE RK. 60-0614
- HYDRIER. D. BETA- U. GAMMA-ISOMEREN V. 1.4-BIS-(1.2.5-TRIMETHYL-4-HYDROXY-PIPERIDYL-(4))-BUTADIIN-(1.3) 64-0249
SAREL S., GALLENSAEURECHEMIE 3. MITT. 60-0771
SARFATI R., HOMALIN, EIN NEUER TYP EINES AUS HOMALIUM SP. AFRICAIN (FLAVOURTIACEAE) ISOLIERTEN ALKALOIDS 57-0682
- STRUKTUR D. HOMALINS 64-0817
SARGENT G. D., NUCLEOPHILE WRKG. D. ENTFERNTEN CYCLOPROPANRINGES BEI INTRAMOL. VERDRAENGUNGSRK., SYNTH. U. ACETOLYSE V. 2-(TRANS-BICYCLO-(3.1.0)HEXYL-(3))-AETHYL-P-NITRO-BENZOLSULFONAT 61-0514
SARGENT L. J., UMWANDL. IN D. MORPHIN-REIHE 2. MITT. 60-0704
SARGENT M. V., SYNTH. SUBSTITUIERTER PYOLUTEORINE 53-0356
- FURAN-CHEMIE 5. MITT. 56-0470
- SYNTH. EINIGER 1.3-BENZODIOXANE U. EINE NEUE STRUKTUR V. AVERUFIN 56-0572
- FURAN-CHEMIE 6. MITT. 59-0521
- FURAN-CHEMIE 7. MITT. 60-0495
SARKAR G., ASYMM. INDUKT., DEUTUNG FRUEHERER WERTE D. ASYMM. RED. 56-0209
SARKOVA N. M., INDOLDERIV. 24. MITT. 60-0686
SARMA A. S., SPALT. V. MIT 6-PHENYL-BICYCLO(3.1.0)HEXAN-2-ON VERWANDTEN VERB. IN GGW. V. CHLORWASSERSTOFF 62-0482
SARMA B. D., KOMPLEXE V. N-HYDROXYAETHYL-AETHYLENDIAMIN 60-0061
SARMA M. R., STEREOCHEM. UNTERS. DURCH (1)H-NMR-SPEKTROSKOPIE 8. MITT. 59-0160
- STEREOCHEM. UNTERS. DURCH (1)H-NMR-SPEKTROSKOPIE 10. MITT. 59-0162
SARNIN G. P., NITRIER. V. MEHRKERN. AROMAT. VERB. MIT UNKONDENSIERTEN RINGEN 5. MITT. 55-0171
- NITRIER. V. MEHRKERN. AROMAT. VERB. MIT NICHTKONDENSIERTEN RINGEN 3. MITT. 58-0229
- 2.4.6-TRINITRO-THIOPHENOLE 2. MITT. 62-0380
- 2.4.6-TRINITRO-THIOPHENOLE 3. MITT. 62-0381
- NITRIER. MEHRKERN. AROMAT. VERB. MIT NICHTKONDENSIERTEN RINGEN, RK.-FAEHIGK. U. STRUKTUR V. DIPHENYL U. 1.3.5-TRIPHENYL-BENZOL 64-0160
- INDIZES DER REAKTIONSFAEHIGKEIT VON PHENYLBENZOLEN 64-0243
SARODNICK G., HETEROCYCLEN AUS AMINO-KETONEN 13. MITT. 64-0695
SAROVA G. I., PYRAZOLE 57. MITT. 62-0563
SARPAL P. D., SYNTH. V. TETRA-O-METHYL-DISTEMONANTHIN U. VERWANDTEN DEHYDROPELTOGYNANDIONEN 61-0604
SARRY B., SIGMA-DIPHENYL-TETRAKIS-(PHENYLLITHIUM)-NIOB(II) 63-0074
- SIGMA-PHENYL(PHENYLLITHIUM)-KOMPLEXE D. TANTALS 63-0075
- RK. V. MOLYBDAENHALOGENIDEN MIT METALLORGAN. VERB. 63-0076
SARTI N., SYNTH. IN D. REIHE D. 1.5-DIPHENYL-BISPIDIN-9-ONS U. -9-OLS, 13. MITT. 54-0422
SARTI-FANTONI P., SYNTH. U. UV-ABSORPT.-SPEKTREN V. ISOXAZOLYL-(5)-POLYENALDEHYDEN 55-0059
SARTORELLI A. C., SYNTH. U. BIOLOG. AKTIVITAET V. 8-AZA-9-CYCLOPENTYL-PURINEN 63-0700
SARTORI P., RK. V. PERFLUORMONOCARBONSAEUREN 5. MITT. 53-0253
SARVER E. W., DIMERISIERENDE PHOTORED. V. 2-METHYL-BENZOPHENONEN 63-0339
SARYCEVA I. K., LIPIDE 49. MITT. 54-0217
SASADA Y., ROENTGENSTRUKTURBEST. D. KONFORM. V. DIBENZO(B,F)TROPON 63-0198
SASAKAWA Y., INSEKTENHORMONE 9. MITT. 64-0870
SASAKI F., SYNTH. V. HETEROCYCL. VERB. 209. MITT. 59-0685
SASAKI K., ALKALOIDE AUS SPIRAEA JAPONICA L. FIL. 59-0702
SASAKI T., CHEMIE D. 1.2.4-TRIAZINS 7. MITT. 55-0478
- STRUKTUREN D. PHOTOCHEM. UMLAGER.-PROD. D. ACETYLENDICARBONSAEURE-DIMETHYLESTER-THEBAIN-ADDUKTES 55-0500
- HETEROAROMATIZITAET 11. MITT. 58-0338
- AROMATENCHARAKTER V. HETEROCYCLEN 10. MITT. 59-0083
- CHRYSANTHEMSAEURE 1. MITT. 59-0491
- CHRYSANTHEMSAEURE 2. MITT. 59-0492
- UNTERS. UEBER HETEROAROMATIZITAET 15. MITT. 63-0634
SASIADEK M., UNTERS. UEBER D. THERM. EIG. EINIGER PIKRATE 57-0175
SASLOVA V. T., FURYLALKINE 13. MITT. 61-0542
SASSE D., UEBERFUEHR. V. 1-BENZYLISOCHINOLINEN IN BERBINIUM-SALZE 5. MITT. 58-0723
SASSE W. H. F., DARST. U. PHOTOISOMERISIERUNG VON 7.8-DIPHENYL-2.3-BENZO-BICYCLO(4.2.0)OCTATRIEN-(2.4.7) U. 4.5-DIPHENYLBENZOCYCLOOCTATETRAEN 60-0310
SASTRY B. V. R., CHOLINESTERASE-KATALYSIERTE HYDROLYSE V. LACTOYLCHOLINEN U. SUBSTRATHEMM. D. CHOLINESTERASE 63-0884
SASTRY C. S. P., NEUE TRITERPENE AUS BARRINGTONIA ACUTANGULA GAERTN 3. MITT. 53-0529
SATCHELL D. N. P., GLEICHGEW. ZWISCHEN CARBONSAEUREN U. N-BUTYLAMIN IN DIAETHYLAETHER-LSG. 62-0168
SATCHELL D. P. N., ACYLIER. 23. MITT. 58-0225
- QUANT. ASPEKTE D. LEWIS-ACIDITAET, 12. MITT. 60-0025
- ACYLIER. 24. MITT. 62-0213
- ACYLIER. 25. MITT. 62-0214
SATGE J., ADDITION V. PHENYL- U. CHLOR-PHENYL-GERMANEN AN EINIGE ALPHA- U. GAMMA-AETHYLENKETONE 54-0028
- REAKTIVITAET V. PHENYLHALOGEN-GERMANEN 56-0065
- SYNTH. U. NMR-UNTERS. V. AM STICKSTOFF DURCH GERMANIUM U. SILICIUM SUBSTITUIERTEN PYRAZOLEN U. INDAZOLEN 57-0112
- EINW. V. ALDEHYDEN AUF DIAETHYL-(TRIAETHYLGERMYL)-PHOSPHIN 64-0061
SATHE S. S., COLLINUSIN, EIN NEUES LIGNANLACTON AUS CLEISTANTHUS COLLINUS (ROXB.) 54-0572
SATO E., AMINOSAEUREN U. PEPTIDE 2. MITT. 60-0603
- POLYPHOSPHATESTER ALS SYNTHET. AGENS 7. MITT. 61-0404
SATO K., CUMARINE 5. MITT. 64-0672
SATO S., CYCLOADDIT. V. 3-PHENYL-SYDNON MIT PHENYLISOCYANAT 54-0395
- KRIST.-STRUKTUR V. 6-BENZOYL-3-HYDROXY-1-METHYL-5-PHENYL-THIABENZOL-1-OXID 62-0153
SATO T., STEREOCHEMIE V. HALOGENIERTEN STEROIDEN, KRIST.-STRUKTUREN V. 8BETA-METHYLTESTOSTERON-17BETA-MONOBROMACETAT U. TESTOSTERON-17BETA-P-BROMBENZOAT 53-0104
- KRISTALLSTRUKTUR V. SHOWDOMYCIN U. SEINEN DERIV.

55-0120
- NUCLEOSIDE U. NUCLEOTIDE 22. MITT. 56-0636
- PYROLYSE ORGAN. VERB. 4. MITT. 58-0378
- ELEKTRONENSTOSSFRAGMENTIER. V. DELTA(1(7))-MENTHENON-(2) U. DELTA(8(9))-MENTHENON-(2) 61-0111
SATO Y., ELEKTRON. EIG. V. N-HETEROAROMATEN 19. MITT. 62-0839
SATOH D., UNTERS. UEBER DIGITALIS-GLYKOSIDE DIE STRUKTUR VON PURPUROGENIN 59-0755
SATOH F., SYNTH. V. VERB. D. HOMOAPORPHIN-TYPS DURCH OXYDATIVE PHENOL-KUPPL. 54-0509
- UMLAGER. V. HOMOPROAPORPHIN U. D. KONFIG. V. ZWEI ISOMEREN HOMOPROAPORPHINEN 56-0645
- SYNTH. V. VERB. V. HOMOPROAPORPHIN-TYP DURCH OXYDATIVE PHENOLKUPPL. 58-0732
- SYNTH. V. HOMOPROAPORPHINEN DURCH OXYDATIVE PHENOLKUPPL. 2. MITT. 59-0684
- UMLAGER. U. EINE NEUE ENOL-AETHER-ADDIT. BEI HOMOPROAPORPHINEN 61-0744
SATTSANGI P. D., SYNTH. EINES PYRIDOXAL-ANALOGEN, 4.5-DIFORMYL-3-HYDROXY-2-METHYL-PYRIDIN 62-0818
SAUCY G., RK. V. TERT. VINYL-CARBINOLEN MIT VINYL-AETHERN, NEUE METH. ZUR HERSTELL. V. GAMMA,DELTA - UNGESAETT. ALDEHYDEN 54-0219
- RK. V. TERT. VINYL-CARBINOLEN MIT ISOPROPENYL-AETHER, NEUE METH. ZUR HERST. V. GAMMA,DELTA-UNGESAETT. KETONEN 54-0221
SAUER J., THERMOLYSE U. PHOTOLYSE V. 3-SUBSTITUIERTEN DELTA(2)-1.4.2-DIOXAZOLINONEN-(5), DELTA(2)-1.4.2-DIOXAZOLINTHIONEN-(5) U. 5-SUBSTITUIERTEN DELTA(4)-1.3.2.4-DIOXATHIAZOLIN-S-OXIDEN 57-0553
- THERMOLYSE U. PHOTOLYSE V. 3.4-DIPHENYL-DELTA(2)-1.2.4-OXADIAZOLINON-(5) U. 2.4-DIPHENYL-DELTA(2)-1.3.4-OXADIAZOLINON-(5) 57-0561
SAUERBIER M., BIS-ACETYLENVERB., REAKTIVES VERH. IN ABHAENGIGK. V. D. GEGENSEITIGEN LAGE D. DREIFACHBIND. 59-0463
- PALLADIUM(II)- U. PLATIN(IV)-KOMPLEXE V. 1.2-BIS-(PHENYLAETHINYL)-BENZOL 62-0058
SAUERS R. F., RK. V. SCHWEFELMONOXID MIT DIENEN 56-0474
SAUERS R. R., PHOTOCHEM. RED. V. NORBORNENEN 55-0354
- PHOTOISOMERISIER. V. BICYCLO(3.2.1)OCTADIEN 59-0470
- SYNTH. U. CHEMIE V. EINIGEN TRICYCLO(4.2.1.0(2,5))NONAN-DERIV. 64-0537
SAUKOV P. I., RK. V. AROMAT. NITROVERB., 27. MITT. 54-0162
- UNTERS. D. MECHANISMUS D. VERESTER. V. PHTHALSAEUREN U. D. UMESTER. V. PHTHALATEN MITTELS MARKIERTER ATOME 2. MITT. 57-0228
SAUNDERS B. C., PEROXYDASEWRKG. 18. MITT. 57-0783
SAUNDERS J. K., KREYSIGININ, EIN HOMO-MORPHIN-ALKALOID AUS KREYSIGIA MULTIFLORA REICHB. 62-0156
SAUNDERS M., SYNTH. V. BULLVALEN, BULLVALON U. BARBARALON SOWIE V. BARBARALON-DERIV. 54-0334
- SCHNELLE UMLAGER. D. TERT.-AMYL-KATIONS U. RELATIVE VORZEICHEN D. KOPPL.-KONST. 62-0085
SAUNDERS W. H. JUN., MECHANISMEN V. ELIMINIER.-RK. 10. MITT. 61-0275
- KOHLENSTOFF-STICKSTOFF-SPALT. BEI D. PHOTOLYSE U. D. PYROLYSE V. TRIPHENYLMETHYLAZID 64-0338
SAURBORN E., KRITERIUM FUER D. BLDG. ZWITTERION. ZWISCHENPROD. BEI D. PHOTOCHEMIE V. CYCLOHEXADIEN-(2.5)-ONEN 63-0337
SAUS A., GEMEINSAME EINW. V. ELEMENTAREM SCHWEFEL U. GASFOERMIGEM AMMONIAK AUF KETONE 59. MITT. 55-0407
- GEMEINSAME EINW. V. EMENTAREM SCHWEFEL U. GASFOERM. AMMONIAK AUF KETONE 60. MITT. 55-0408
SAUSEN G. N., CHEMIE D. TETRAFLUORHYDRAZINS 4. MITT. 64-0393
- CHEMIE D. TETRAFLUORHYDRAZINS 5. MITT. 64-0394
SAUSIN' A. E., SYNTH. U. UNTERS. D. THIOCARBAMIDODERIV. V. BETA-DIKETONEN 3. MITT. 57-0439
SAUTER F., RINGSCHLUSSRK. ZU METHOXYSUBSTITUIERTEN BENZO(B)THIOPHEN-3-ESSIGSAEUREN 55-0383
- N-SUBSTITUIERTE 2-METHYL-3-AMINOACETYL-BENZO(B)THIOPHENE U. 2-METHYL-3-(ALPHA-HYDROXY-BETA-AMINO-AETHYL)-BENZO(B)-THIOPHENE 55-0384
- N-SUBSTITUIERTE BENZO(B)THIOPHEN-3-ACETAMIDE U. 3-(BETA-AMINO-AETHYL)-BENZO(B)THIOPHENE 55-0385
- BENZO(B)THIOPHENE MIT HALOGENSUBSTITUT. IN 5-STELL. 56-0480
- N-SUBSTITUIERTE 6-METHOXY-BENZO(B)THIENYL-(3)-ALKYLAMINE 60-0507
- RINGSCHLUSSREAKTION ZU DERIV. D. BETA-(BENZO(B)THIENYL-(3))-PROPIONSAEURE 60-0508
SAUTER F. J., PERHYDROINDAN-DERIV. 9. MITT. 61-0486
SAVAGE D. S., AMINOSTEROIDE 3. MITT. 61-0791
SAVAGE M. P., UMLAGER. V. ALLYL. PHOSPHINEN 54-0274
- EINIGE RK. V. DIPHENYL-1-PHENYLVINYL-PHOSPHIN 59-0391
SAVEL'EV V. L., O-HYDROXY-PHENYL-PROPIOLSAEURE 54-0280
SAVIGNAC P., (OMEGA-HALOGEN-ALKYL)-THIOPHOSPHORSAEUREAMIDE, DARST. V. 2-OXO-THIAZAPHOSPHOLANEN U. 2-OXO-THIAZAPHOSPHORINANEN 64-0565
- OMEGA-HALOGEN-ALKYL-THIOPHOSPHORAMIDE, DARST. V. 2-OXO-THIAZAPHOSPHOLANEN U. 2-OXO-THIAZAPHOSPHORINANEN 64-0764
SAVIN V. I., SYNTH. V. THIOPHEN-NAPHTHALIN-ANALOGEN D. CHALKONS 62-0532
SAVOLAINEN M., EINFL. D. LSGM. AUF D. RK.-GESCHW. 34. MITT. 55-0156
SAVOSTIANOFF D., KONFIGURATIONS- U. KONFORMATIONSUNTERS. V. GAMMA-LACTONEN DURCH KERNMAGNET. RESONANZ 56-0159
SAVOST'JANOVA I. A., 1.3-DIPOLARE CYCLOADDITION AN NITRONSAEUREESTER AUS ARYLNITROMETHANEN 59-0556
- 1.3-DIPOLARE CYCLOADDIT. BEIM O-METHYLESTER D. NITRODIMETHYLMALONATS 59-0557
SAVRDA J., SYNTH. V. D. N-TERMINALEN SEQUENZ D. RINDERTRYPSINOGENS ENTSPRECHENDEN PEPTIDEN 1. MITT. 64-0880
SAWA Y., DARST. V. 1.4-DIKETONEN DURCH RK. V. LITHIUM-AROYLTRICARBONYLNICCOLATEN MIT ACETYLENEN 63-0429
SAWA Y. K., ABSPALT. D. 4-HYDROXYL-GRUPPE BEI MORPHIN-ALKALOIDEN 9. MITT. 57-0667
- ABSPALT. D. 4-HYDROXYL-GRUPPE BEI MORPHIN-ALKALOIDEN 10. MITT. 57-0668
- PI-PI(STERN)-ZIRKULARDICHROISMUS V. ALPHA-CYCLOPROPYL-U. ALPHA-EPOXY-KETONEN 62-0060
SAWADA S., PARTIELLE ASYMM. SYNTH. DURCH D. SIMMONS-SMITH-RK. 1. MITT. 63-0493
- PARTIAL-ASYMM. SYNTH. IN D. SIMMONS-SMITH-RK. 2. MITT. 63-0494
SAWADA Y., VIOMYCIN 1. MITT. 56-0734
SAWAI M., SYNTH. V. ECDYSON 62-0790
SAWAKI Y., RK. V. TRIALKYLAMINEN MIT SALPETERSAEURE IN EINER MISCHUNG V. ESSIGSAEURE U. ACETANHYDRID 61-0204
- KINETIK D. RK. V. P-BENZOCHINON MIT NATRIUMTHIOSULFAT 64-0315
SAWHNEY S. N., PHARMAKOLOG. AKT. BENZO(B)THIOPHENDERIV. 4. MITT. 59-0524
- PHARMAKOLOGISCH AKTIVE BENZO(B)THIOPHENDERIV. 5. MITT. 59-0525
- ANTIMALARIAMITTEL 3. MITT. 60-0462
SAWYER A. K., RK. V. TRI-N-BUTYL-ZINNHYDRID MIT DIORGANOZINNDICHLORIDEN 56-0069
SAWYER J. L., NEUE SYNTH. V. 6-PHENYL-2.3.5.6-TETRAHYDRO-IMIDAZO(2.1-B)THIAZOL 62-0573
SAXENA A., POTENTIELLE ANTIVIRUS- U. ANTITUBERKULOSEMITTEL 2. MITT. 55-0381
- POTENTIELLE ANTIVIRUS- U. ANTITUBERKULOSEMITTEL 3. MITT. 55-0416
SAXENA R. S., ELEKTROMETR. UNTERS. AN QUECKSILBER-(II)-VANADATEN, HG(II)-METAVANADAT 55-0028
SAYIGH A. A. R., ZWEISTUFIGE POLARE CYCLOADDIT. V. SULFONYLISOCYANATEN AN CARBODIIMID 58-0473
- RK. D. 1,3-DIPHENYL-4-(PHENYLIMINO)-2-URETIDINONS 63-0292
SAYO H., POTENTIALKONTROLLIERTE ELEKTROLYSE 13. MITT. 60-0217
SAYRAC T., VALENZTAUTOMERIE BEI HETEROCYCLEN 9. MITT. 61-0653
SBRANA G., SYNTH. V. PI-ALLYLRUTHENIUMTRICARBONYLHALOGENIDEN 63-0096
SCALA A., STEREOCHEM. VERLAUF D. 1.5-HYDRIDVERSCHIEB. BEI D. BIOSYNTH. V. OPHIOBOLINEN 55-0588
- STEREOCHEMIE D. WASSERSTOFFELIMINIER. AUS C(4) V. OPHIOBOLINEN 57-0701
- SCHICKSAL D. 15BETA-H-ATOMS V. LANOSTERIN IN D. CHOLESTERIN-BIOSYNTH. 64-0925
SCARLATA G., SUBSTANTIVITAET V. AZOFARBSTOFFEN 2. MITT. 58-0505
- SUBSTANTIVITAET V. AZOFARBSTOFFEN 3. MITT. 64-0939
SCARPATI M. L., IRIDOIDE, 3. MITT. 54-0498
- IRIDOIDE 2. MITT. 55-0495
- IRIDOIDE 5. MITT. 60-0695
SCARPATI R., NEUE METHODE ZUR SYNTH. V. 2-AETHOXY-FURANEN 54-0359
SCERBAKOVA L. I., RK. V. DIANILEN D. GLUTACONALDEHYDS MIT ELEKTROPHILEN REAGENZIEN 1. MITT. 54-0220
SCERBO L., BICYCLO(2.1.1)HEXEN-(2) 62-0480
SCHAAFSMA S. E., CHEMIE NIEDR.-GLIEDR.- RINGVERB. 11. MITT. 57-0312
SCHAAL C., SYNTH. V. 2-ARYL-OXETANEN 56-0466
- RED. V. 2-ARYL-OXETANEN DURCH GEMISCHTE HYDRIDE 57-0349
SCHAAL R., KINET. UNTERS. D. HYDROLYSE V. 1-CHLOR-2.4.6-TRINITRO-BENZOL 57-0232
- HYDROXID-METHYLAT-GLEICHGEW. U. VERH. V. ANIONSAEUREN IN WASSER-METHANOL-GEMISCHEN 60-0212
- IONISATION D. V. AROMAT. NITROAMINEN ABGELEITETEN ANION. SAEUREN IN KONZ. WSS. NAOH- U. LIOH-LOESUNGEN 64-0229
- ACIDITAET V. WASSER-BUTYLAMIN-MEDIEN 64-0233
SCHADE G., PHOTOSENSIBILISIERTE OXYGENIER. V. (-)-CARYOPHYLLEN U. ISOCARYOPHYLLEN, PHOTOCHEM. CARYOPHYLLEN-ISOCARYOPHYLLEN-UMLAGER. IN GGW. V. SCHWEFELVERB. 58-0317
SCHAECHTER K., KINETIK D. KATALYT. DEHYDRIER. V. HYDROAROMAT. VERB. 9. MITT. 62-0201
- KATALYT. ABBAU V. ALKOHOLEN AN METALLEN 62-0281
SCHAEFER H., WANDERUNGSTENDENZ V. ALKYLGRUPPEN BEI D. WITTIG-UMLAGER. 62-0268
SCHAEFER J., STRUKTURISOMERENVERTEIL. IN RINGPOLYMEREN V. PROPYLENOXID 58-0683
SCHAEFER J. P., STRUKTUR V. THIOTHIXEN 53-0103
- STRUKTUR V. ANISOMYCIN 58-0154
- KRIST.-STRUKTUR V. 1.1.2.2-TETRACARBOMETHOXY-AETHAN, KONFORM. D. CARBOMETHOXYGRUPPE 62-0149
SCHAEFER L., CYCLOHEXANDERIV. 6. MITT. 57-0149
SCHAEFER W., CHEMIE SUBSTITUIERTER P-BENZOCHINONE 3. MITT. 54-0258

- CHEMIE SUBSTITUIERTER P-BENZOCHINONE 4. MITT. 54-0259
- CHEMIE SUBSTITUIERTER BENZOCHINONE 5. MITT. 54-0260
- AKTIVIER. AN C(3) D. 3-HYDROXY-PHENOXAZON-(2)-SYST. 54-0459
- GEMEINSAME EINW. V. ELEMENTAREM SCHWEFEL U. GASFOERMIGEM AMMONIAK AUF KETONE 59. MITT. 55-0407
- GEMEINSAME EINW. V. EMENTAREM SCHWEFEL U. GASFOERM. AMMONIAK AUF KETONE 60. MITT. 55-0408
- CHEMIE SUBSTITUIERTER P-BENZOCHINONE 6. MITT. 61-0678

SCHAEFFER H. J., ENZYMINHIBITOREN 19. MITT. 57-0604
- ENZYM-INHIBITOREN 20. MITT. 57-0784

SCHAFFNER K., PHOTOCHEM. RK. 41. MITT. 56-0252
- PHOTOCHEM. RK. 42. MITT. 56-0704
- PHOTOCHEM. RK. 43. MITT. 58-0316
- PHOTOCHEM. RK. 45. MITT. 60-0404
- ZIRKULARDICHROISMUS 29. MITT. 62-0062
- PHOTOCHEM. RK. 46. MITT. 62-0802

SCHALLER H., SYNTH. V. 1.1.2-TRICHLOR-PENTEN-(1)-AL-(5) 58-0360

SCHALLER K., DIE KONSTIT. EINES KONDENS.-PROD. AUS HOMOPHTHALSAEUREHALBESTERCHLORID, 3-(2'-BARBOMETHOXY-BENZYL)-4-CARBOMETHOXYISOCUMARIN 64-0668
- UMSETZ. 3-SUBSTITUIERTER ISOCUMARINDERIV. 64-0669

SCHALTEGGER H., RK. V. HALOGENIERTEN S-TRIAZINEN MIT CYCLOPENTADIENYLNATRIUM 2. MITT. 54-0464
- RK. V. HALOGENIERTEN SYMM.-TRIAZINEN MIT CYCLOPENTADIENYLNATRIUM 3. MITT. 59-0639

SCHANEL L., ORGANOSILICIUMVERB. 52. MITT. 54-0183
- UNTERS. D. SORPT. V. BENZOL, TOLUOL U. EINIGEN ARYLHALOGENIDEN AN SILICIUM, KUPFER U. SILICIUM-KUPFER-GEMISCHEN DURCH PULS-GASCHROMATOGRAPHIE 59-0182

SCHANK K., HYDRIERENDE ISOMERISIER. V. CYCLODECADIEN-(1T.5C)-TRANS-EPOXID, EINE BEQUEME METH. ZUR HERST. V. CYCLODECANON 56-0378
- ALLG. DARST.-METH. V. ACI-REDUKTONEN AUF OXYDATIVEM WEG 58-0695
- UMSETZ. V. ALPHA-HALOGENAETHERN MIT NATRIUM-ARYLSULFINATEN 64-0436

SCHARF D. J., THIANON-(3)- U. PIPERIDON-(3)-RINGSYST. 58-0636

SCHARF H., KATION. UMLAGER. V. NORBORNADIENDIMEREN IN D. KAEFIGKOHLENWASSERSTOFF HEPTACYCLO(9.3.0(1.11).0(2.6)-.0(3.10).0(4.8).0(7.14).0(9.13))TETRADECAN 54-0341
- PRAEPARATIVE PHOTOCHEM. SYNTH. 9. MITT. 54-0342

SCHARMANN H., CIS-TRANS-ISOMERE ALIPHAT. ENOLACETATE 54-0229

SCHASCHEL E., IR-SPEKTREN V. 2.4.6-TRIS(DIMETHYLAMINO)-U. 2.4.6-TRIS(DIMETHYLAMINC(D6))-BORAZINDERIV. 54-0063
- WECHSELWRKG. ZWISCHEN IONEN U. LSGM., SOLVATATION D. NATRIUM-IONS 58-0023

SCHATZ V. B., JODIERTE PHENYLALANINE. UNTERS. FUER DIE SELEKTIVE LOKALISIER. IM PANKREAS U. HERSTELL. V. 3.4.5-TRIJODPHENYLALANIN 57-0800

SCHAUB F., GLYKOSIDE U. AGLYKONE 307. MITT. 62-0716
- GLYKOSIDE U. AGLYKONE 308. MITT. 62-0717

SCHAUR R. J., SYNTH. MIT NITRILEN 15. MITT. 59-0609
- SYNTH. MIT NITRILEN 16. MITT. 59-0610

SCHECHTER H., LSGM.-EINFL. AUF D. BAMFORD-STEVENS-RK. 58-0297

SCHECKENBACH F., UMSETZ. V. DIAZOVERB. MIT AZOVERB. 7. MITT. 57-0560

SCHEER I., UMLAGER. V. C(20)-SUBSTITUIERTEN BISNORALLOCHOLANEN U. DERIV. 55-0547

SCHEFFLER K., SESQUIXANTHYDRYL, EIN ''EBENES'' TRIARYLMETHYLRADIKAL 53-0407
- ESR-UNTERS. EINER MODELL-PHENOXAZIN-SYNTH. 57-0620
- ESR-SPEKTRUM D. PHENOXAZINYLS U. D. PHENOXAZINYL-N-OXIDS 63-0151

SCHEGK E., IN 4-STELLUNG SUBSTITUIERTE PYRAZOLE 53-0367

SCHEIBER P., STEREOSPEZIF. METHODEN D. AETHERBLDG. DURCH NUCLEOPHILE RK. V. 3ALPHA-SUBSTITUIERTEN TROPANEN 64-0810

SCHEIDEGGER U., MAGNET. ANISOTROPIE U. INTERPRETAT. D. NMR-SPEKTREN V. LACTAMEN 1. MITT. 57-0096
- NITROMETHAN-KONDENS. MIT DIALDEHYDEN 13. MITT. 63-0480

SCHEINBAUM M. L., ADDIT. V. DISTICKSTOFFTRIOXID AN NORBORNEN 64-0836

SCHEINER P., ADDIT. V. ARYLAZIDEN AN SPANN.-FREIE OLEFINE 57-0554
- PHOTOZERS. V. TRIAZOLINEN, STEREOCHEMIE U. MECHANISMUS 59-0574
- PHOTOLYSE V. TRIAZOLINEN, DARST. V. AZIRIDINEN 60-0472

SCHEINMANN F., ANWEND. BENZOL-INDUZIERTER LSGM.-VERSCHIEB. BEI PROTONENMAGNET. RESONANZSPEKTREN, STRUKTUR V. DIMETHYLMANGOSTIN U. MANGOSTIN 55-0069
- INHALTSSTOFFE V. GUTTIFERAE 7. MITT. 56-0547
- XANTHONE 9. MITT. 61-0603
- EXTRAHIERTE STOFFE AUS GUTTIFEREN 8. MITT. 61-0831

SCHEIT K., SYNTH. V. OLIGO- U. POLYNUCLEOTIDEN 16. MITT. 59-0668
- SYNTH. V. 4-THIOURIDIN-5'-DIPHOSPHAT, 4-THIOURIDIN-5'-TRIPHOSPHAT U. 4-THIOTHYMIDIN-5'-TRIPHOSPHAT 61-0698

SCHEITHAUER S., DARST. SUBSTITUIERTER AMINOVINYLVERB. DURCH UMSETZ. ENTHIOLISIERBARER THIOCARBONYLVERB. MIT AMINEN 64-0551

SCHELER H., MECHANISMUS D. RK. V. NATRIUMORTHOSTANNAT(IV) MIT METHANOL 64-0062

SCHELLENBERGER A., THEORIE D. ALPHA-KETOSAEUREN 10. MITT. 61-0136
- ZUR THEORIE D. ALPHA-KETOSAEUREN 17. MITT. 63-0253

SCHELLMAN J. A., OPT. ROTAT. V. RIBONUCLEASE 59-0792

SCHEMBARI G., PYROLYSE V. C4-KOHLENWASSERSTOFFEN IN GGW. V. AROMATEN 58-0293

SCHENCK G., DARST. U. EIG. V. 6-AETHYL-NAPHTHOCHINON-(1.4) 55-0328
- ANALYTIK EINIGER HYDROXYCUMARANONE-(3) 2. MITT. 61-0545
- POLYHYDROXYAURONE MIT VICINALEN HYDROXYLGRUPPEN 2. MITT. 61-0546

SCHENCK G. O., MECHANISMUS D. SENSIBILISIERTEN U. UNSENSIBILISIERTEN PHOTODIMERISAT. V. ACENAPHTHYLEN IN LSG. 54-0192
- PHOTOCHEMIE D. DELTA(4)-IMIDAZOLINONE-(2) 1. MITT. 56-0499
- TETRAMERISIER. D. CARBOMETHOXYCARBENS 62-0637

SCHENCK H. U., ADDIT. V. VINYLDIAZOMETHAN AN AKTIVIERTE DREIFACHBIND. ZU 3-VINYL-PYRAZOLEN 61-0582

SCHENK H., VINYLSULFONIUMSALZE. REAKTIVITAETSBEEINFLUSS. DURCH SUBSTITUENTEN AN D. C=C-BIND. 57-0360
- STEREOSPEZIF. SYNTH. FUER H(1)-H(2)-TRANS-CYCLOPROPANE 59-0428

SCHENK H. P., SYNTH. D. DL-FORM EINES NATUERL. PROSTAGLANDINS, VORL. MITT. 56-0719

SCHENKER K., SYNTH. V. 2- U. 3-(1.2.3.6-TETRAHYDROPYRIDYL)-INDOLEN 59-0600
- SYNTH. V. 1.4-BENZOXAZEPINEN U. IHRE UMLAGER. IN ISOCHINOLINE 60-0687

SCHENONE P., RK. D. KETENS U. D. SULFENS MIT 2-DIALKYLAMINOMETHYLENCYCLOHEXANONEN, 2-(GAMMA-DIALKYLAMINOACRYLOYL)-CYCLOHEXANONE U. AMINO-DELTA-SULTONE 54-0442

SCHEPPELE S. E., NACHBARGRUPPENEFFEKTE BEI FREIEN RADIKALRK. THERM. ZERS. V. 1.1'.2.2'-TETRAPHENYL-AZOAETHAN U. 1.1'.2.2'-TETRAPHENYL-AZOAETHAN U. 1.1'.2.2'-TETRAPHENYL-(1.1'-D2)-AZOAETHAN 58-0295
- MASSENSPEKTROMETRIE 1. MITT. 64-0151

SCHEPPERS G., PHOTOCHEMIE KLEINER RINGE, 2. MITT. 54-0336

SCHERER K. V. JUN., SOLVOLYSE V. BICYCLO(2.2.0)-HEXYL-(1)-METHYL-P-NITROBENZOAT 59-0485

SCHERER P. R., CHELATE V. ALUMINIUM(III) MIT 2-METHYL-CHINOLINOL-(8) 56-0026

SCHERHAUFER A., DONORSTAERKEN IN 1.2-DICHLORAETHAN 4. MITT. 59-0186

SCHERILLO G., STRUKTUR U. BIOGENESE V. PHAEOMELANIN 2. MITT. 56-0598
- STRUKTUR U. BIOGENESE V. PHAEOMELANIN 4. MITT. 64-0823

SCHEROWSKY G., DARST. V. 1.3-DIOXOLANEN AUS ALDEHYDEN U. EPOXIDEN IN NEUTRALEM MEDIUM 58-0589

SCHERZ H., BLDG. V. MALONDIALDEHYD BEI D. BESTRAHL. WSS. GLUCOSELSG. 64-0375

SCHETTY G., RINGSPANN. IN PENTACYCL. AZOFARBSTOFF-CHROM(III)-KOMPLEXEN 54-0030
- PENTACYCL. CHROM(III)-KOMPLEX AUS 1.6-BIS-(2-AMINO-BENZOLSULFONAMIDO)-HEXAN U. BETA-NAPHTHOL 56-0074
- SULFONYLGRUPPENHALT. LIGANDEN IN CHROMKOMPLEXEN V. DREI- U. SECHSZAEHNIGEN MONO- BZW. DISAZOFARBSTOFFEN AUS 4.5-DIPHENYL-IMIDAZOL ALS KUPPLUNGSKOMPONENTE 60-0052
- DARST. EINES 1 ZU 2-CHROM(III)-KOMPLEXES VOM SANDWICHTYP FUER FOURIER-ANALYSE 60-0053
- STER. ANORDN. V. CHROM(III)- U. KOBALT(III)-1 ZU 2-AZOFARBSTOFF-KOMPLEXEN MIT ANNELLIERTEN 5-5- U. 5-6-CHELATRINGEN, GEBILDET MIT AZOFARBSTOFFEN AUS 4.5-DIPHENYL-IMIDAZOL ALS KUPPL.-KOMPONENTE 60-0064

SCHEU D., CHEM. RASSEN BEI ARZNEIPFLANZEN 6. MITT. 61-0832

SCHEUER P. J., SPINOCHROMSYNTH. 61-0747

SCHEUFELE D. S., POLYANIONEN U. IHRE KOMPLEXE 3. MITT. 63-0861
- POLYANIONEN U. IHRE KOMPLEXE 4. MITT. 63-0862
- POLYANIONEN U. IHRE KOMPLEXE 5. MITT. 63-0863

SCHIAVELLI M. D., KINETIK D. SAEUREKATALYSIERTEN HYDRATAT. V. 1-PHENYL-PROPIN 59-0233
- SAEUREKATALYSIERTE HYDRATAT. V. PHENYLACETYLEN, BEWEIS FUER D. BLDG. EINES INTERMEDIAEREN VINYL-KATIONS 59-0236
- ISOTOPENEFFEKTE BEI D. SAEUREKATALYSIERTEN HYDRATAT. V. PHENYLACETYLENEN 59-0237

SCHICK H., SYNTH. V. 2-ALKYL-CYCLOPENTAN- U. 2-ALKYL-CYCLOHEXANDIONEN-(1.3) DURCH CYCLISIER. VON GAMMA-BZW. DELTA-KETOCARBONSAEUREN 53-0282
- A-NOR-1-THIA-3-AZA-STEROIDE 59-0750

SCHIELE C., SPIRANE D. PYRIDINREIHE 53-0418
- DISPIRO-(1.3.3-TRIMETHYL-INDOLIN-2.2'-2'H.8'H-BENZO(1.2-B, 3.4-B')DIPYRAN-8'.2''-1''.3''.3''-TRIMETHYINDOLIN) 55-0439
- KONDENS. N-METHYLIERTER METHYLSUBSTITUIERTER HETEROAROMATEN MIT AROMAT. O-HYDROXYALDEHYDEN 57-0482
- ZUR BLDG. V. TRIMETHYLINDOLINOSPIROPYRANEN U. IHRER 4-(2-METHYLEN)-1.3.3-TRIMETHYL-INDOLINYLDERIV. 57-0507
- VERH. V. DIOXYNAPHTHALINEN BEI D. UMSETZ. MIT N.N'-DIPHENYL-FORMAMIDIN 60-0429

SCHIEMANN G., FLUORIER. ORGAN. VERB. MIT CHLORTRIFLUORID 9. MITT. 64-0425

SCHIENE R., KONFORM.-ANALYSE V. 1.2-AMINOALKOHOLEN DURCH SYN-PARALLELE CYCLISIER. MIT KETONEN 63-0322

SCHIMPFKY C., DARST. U. EIG. V. ALPHA-AMINO-PHOSPHONIGSAEUREN 55-0266
- UMSETZUNGEN EINIGER ENAMINE V. BETA-DICARBONYLVERB. MIT UNTERPHOSPHORIGER SAEURE 61-0376

SCHINDLBAUER H., OLIGOPHENYLENBISDIPHENYLPHOSPHINE, BANDENZUORDNUNG IN UV-SPEKTREN TERTIAERER PHOSPHINE 54-0060
- BEST. V. SUBSTITUENTENKONSTANTEN EINIGER PHOSPHORHALT. GRUPPEN AUS (19)F-NMR-SPEKTREN 4-FLUOR-PHENYLSUBSTITUIERTER ORGANO-PHOSPHORVERB. 54-0269
- ANTHRACEN-9-SULFONSAEURE DURCH DIREKTE SULFONIER. V. ANTHRACEN 56-0422
SCHINDLER F., KOORDINATIONSVERB. V. METALLALKYLEN MIT TRIMETLAMINOXID, TRIMETHYLPHOSPHINOXID U. DIMETHYLSULFOXID 55-0022
- ISOSTERE METALLORGAN. VERB. 11. MITT. 63-0080
SCHINSKI W., PHOTOCHEM. RED. V. NORBORNENEN 55-0354
SCHIRMANN J., ALPHA.ALPHA'-DISUBSTITUIERTE ISOBUTENE, 3. MITT. 56-0375
- EINW. V. ALKYL-MAGNESIUMHALOGENIDEN AUF PYRONE-(2) 56-0535
SCHIRMER J., VERBRENN.-ENTHALPIE U. DIAMAGNET. SUSZEPTIBILITAET V. TRANS-HEXATRIEN-(1.3.5) 59-0177
SCHIROLI A., SEITENKETTEN-REAKTIVITAET V. INDOL-DERIV. RK. V. INDOLYL-(3)-METHYL-TRIMETHYLAMMONIUMMETHYLSULFAT MIT NATRIUM-P-METHYL-THIOPHENOLAT 61-0259
SCHLEIGH W. R., BUXUS-ALKALOIDE, 12. MITT. 55-0502
- AZA-STEROIDE 4. MITT. 59-0747
- ISOLIER. U. STRUKTURAUFKLAER. V. VOACRISTIN-HYDROXYINDOLENIN 61-0729
SCHLESSINGER R. H., REAKT. AROMAT. HETEROCYCLEN MIT 4-WERT. SCHWEFEL, 2. MITT. 53-0412
- RK. V. VERB. MIT 'VIERWERTIGEM SCHWEFEL' 60-0587
- STEREOSPEZIF. TOTALSYNTH. V. DL-LYCOPODIN 60-0717
- VGL. EINES THIEPINS MIT EINEM THIEPIN-S-OXID U. EINEM THIEPIN-S.S-DIOXID 62-0680
- MECHANISMUS D. OLEFINBLDG. AUS BENZYLSULFOXIDEN UNTER VERW. V. PHENYLLITHIUM 64-0295
SCHLESSINGER R. N., MULTIPLIZITAET D. PHOTOCHEM. REAKT. ZUSTANDES V. 1.2-DIPHENYL-CYCLOBUTEN 58-0321
SCHLEYER P. VON R., WASSERSTOFFBRUECKENBIND. 17. MITT. 58-0169
SCHLOEGL K., FERROCENDERIV. 35. MITT. 55-0001
- FERROCENDERIV. 36. MITT. 55-0002
- STEREOCHEMIE V. METALLOCENEN 13. MITT. 56-0003
- STEREOCHEMIE V. METALLOCENEN 14. MITT. 59-0002
- STEREOCHEMIE V. METALLOCENEN 16. MITT. 60-0003
- STEREOCHEMIE V. METALLOCENEN 17. MITT. 64-0067
- FERROCENDERIV. 39. MITT. 64-0070
SCHLOMAN W. W. JUN., EINFACHE SYNTH. V. 1.3-OXATHIOLANEN AUS KETONEN U. 2-MERCAPTO-AETHANOL 63-0629
SCHLOSBERG R. H., CHEMIE IN SUPERSAEUREN 1. MITT. 63-0238
SCHLOSBERG S. B., SYNTH. U. CHEMIE V. EINIGEN TRICYCLO(4.2.1.0(2,5))NONAN-DERIV. 64-0537
SCHLOSSER M., BASEN-INDUZIERTE ELIMINIERUNGEN 1. MITT. 56-0226
- BASEN-INDUZIERTE ELIMINIER. 2. MITT. 56-0227
- BASEN-INDUZIERTE ELIMINIER. 3. MITT. 56-0228
- OLEFINIER. MIT PHOSPHOR-YLIDEN 1. MITT. 56-0263
SCHLOZ U., SYNTH. 5'-MODIFIZIERTER ADENOSINDERIV. 58-0705
SCHLUDE H., CHEMIE SUBSTITUIERTER P-BENZOCHINONE 3. MITT. 54-0258
- CHEMIE SUBSTITUIERTER P-BENZOCHINONE 4. MITT. 54-0259
- CHEMIE SUBSTITUIERTER BENZOCHINONE 5. MITT. 54-0260
- AKTIVIER. AN C(3) D. 3-HYDROXY-PHENOXAZON-(2)-SYST. 54-0459
- CHEMIE SUBSTITUIERTER P-BENZOCHINONE 6. MITT. 61-0678
SCHMALL E., SYNTH. V. GESAETT. U. UNGESAETT. ALPHA-DIFLUORAMINOAETHERN 64-0398
SCHMEISSER K., KONFIG.-BEST. V. 2-AMINO-TETRALOLEN MIT HILFE V. NMR-SPEKTREN 64-0163
SCHMID G., METALL-BOR-VERB. 5. MITT. 53-0042
- DARST. V. ALDEHYD- U. KETONITRILEN AUS CYCL. ALPHA-DIMETHYLAMINOOXIMEN 59-0316
- METALL-BOR-VERB. 6. MITT. 61-0055
SCHMID G. H., RK. V. SULFENYLCHLORIDEN U. IHREN DERIV. 2. MITT. 64-0290
SCHMID H., PHOTORK. V. HETEROCYCLEN 8. MITT. 54-0347
- ALKALOIDE 123. MITT. 54-0512
- ALKALOIDE 124. MITT. 54-0513
- ALKALOIDE 125. MITT. 54-0514
- MECHANISMUS D. IONISAT. D. WASSERS U. SEINE BEZIEH. ZUM MECHANISMUS D. ALLG. SAEURE-BASENKATALYSE D. GLUCOSE-MUTAROTAT. 55-0128
- BEST. D. SALPETRIGSAEURE-ALKOHOL-ALKYLNITRIT-GLEICHGEW. MIT HILFE D. ''THERMODYNAMIK D. ZWISCHEN-RK.'' U. D. KINETIK D. O-NITROSIER. D. ALKOHOLE DURCH NITRITACIDIUMION 55-0168
- PHOTORK. V. HETEROCYCLEN 9. MITT. 56-0503
- OLEFIN-PALLADIUMCHLORID-KOMPLEXE 10. MITT. 57-0063
- THERM. UMWANDL. V. PHENYL-PENTADIEN-(2.4)-YL-AETHERN IN 4-(PENTADIEN-(2,4)-YL)-PHENOLE ALS BEISPIEL FUER (5.5)-SIGMATROP. UMLAGER. VORL. MITT. 58-0453
- KINETIK D. BROMIER. D. ACETESSIGESTERS IN WSS. LSG. 59-0219
- KINET. UNTERS. D. ESSIGSAEUREANHYDRID-METHANOL-RK. MIT HILFE D. KERNRESONANZSPEKTROSKOPIE 60-0269
- MECHANISMUS D. IONISIER. SCHWACHER SAEUREN U. SEINE BEZIEH. ZUM MECHANISMUS D. ALLG. SAEURE-BASEN-KATALYSE D. GLUCOSE-MUTAROTAT. 60-0291
- ALKALOIDE 126. MITT. 60-0720
- DIENOL-BENZOL-UMLAGER. V. ALLYLDIENOLEN, AROMAT. (1.2)-, (3.3)- U. (3.4)-SIGMATROP. UMLAGER. 62-0412
- PHOTORK. V. HETEROCYCLEN 10. MITT. 62-0653
- OPT. ROTAT.-DISPERS. 51. MITT. 64-0089
SCHMID J., 2.2.2-TRIFLUOR-1-BENZYLOXYCARBONYLAMINO-AETHYL-REST ALS SCHUTZGRUPPE FUER D. HYDROXYLGRUPPEN D. SERINS U. THREONINS BEI PEPTIDSYNTH. 59-0767
SCHMID L., SYNTH. EINES TRANS-2.3-ZUCKERCARBONATS 54-0483
- SYNTH. D. 2.3.4-TRI-O-ACETYL-6-O-((BENZYLTHIO)CARBONYL)-ALPHA-D-GALAKTOPYRANOSYLBROMIDS 54-0485
- DARST. D. 2.4.6-TRI-O-ACETYL-3-O-(BENZYLMERCAPTOCARBONYL)-ALPHA-D-GALAKTOPYRANOSYLBROMIDS 56-0620
- SYNTH. V. ARSENSAEUREESTERN 60-0371
- PYRIMIDINDERIV. 60-0665
- PROTONENRESONANZSPEKTROSKOP. UNTERS. V. GALAKTOSE-DERIV. 1. MITT. 64-0117
SCHMID R. W., SYNTH. V. HETEROCYCLEN 98. MITT. 55-0428
SCHMIDBAUR H., KOORDINATIONSVERB. V. METALLALKYLEN MIT TRIMETLAMINOXID, TRIMETHYLPHOSPHINOXID U. DIMETHYLSULFOXID 55-0022
- PROTONENAUSTAUSCH-PHAENOMENE BEI TRIALKYL-ALKYLIDEN-PHOSPHORANEN 58-0100
- REINDARST. U. EIG. V. TRIALKYL-ALKYLIDEN-PHOSPHORANEN 58-0392
- ISOSTERE METALLORGAN. VERB. 10. MITT. 61-0040
- RK. V. METHYLSTANNYL- U. METHYLGERMANYLAZIDEN MIT PHOSPHINEN 63-0068
- ISOSTERE METALLORGAN. VERB. 11. MITT. 63-0080
SCHMIDPETER A., PHOSPHAZENE 8. MITT. 53-0069
- PHOSPHAZENE 7. MITT. 53-0267
- PHOSPHAZENE 9. MITT. 54-0042
- PHOSPHAZENE 11. MITT. 56-0365
- PHOSPHAZENE 14. MITT. 59-0382
SCHMIDT A., IMIDIUMAZID-HEXACHLOROANTIMONATE(V) MESOMERIESTABILISIERTE AZIDE 54-0228
- AZIDOFORMAMIDINIUM- U. AZIDOFORMIMIDIUMAZIDSALZE, MESOMERIESTABILISIERTE AZIDE 55-0253
- SYNTH. MIT NITRILEN 17. MITT. 60-0622
- RK.-MECHANISMUS D. BLDG. V. MELAMIN AUS ISOCYANSAEURE 60-0678
SCHMIDT B., INHALTSSTOFFE AUS PIPER-ARTEN 17. MITT. 64-0908
SCHMIDT D., PROTONIER.-GESCHW.-KONST. U. SALZEFFEKTE IN D. SAEUREKATALYSIERTEN HYDROLYSE EINIGER ALIPHAT. DIAZOVERB. 57-0220
SCHMIDT G., PYRIMIDINNUCLEOSID-SYNTH. U. O-N-GLYCOSYLWANDER. 54-0504
- SYNTH. EINES INSULIN-B-KETTEN-POLYMEREN 56-0726
- VINYLSULFONIUMSALZE. REAKTIVITAETSBEEINFLUSS. DURCH SUBSTITUENTEN AN D. C=C-BIND. 57-0360
- STEREOSPEZIF. SYNTH. FUER H(1)-H(2)-TRANS-CYCLOPROPANE 59-0428
SCHMIDT H. M., SPALT. D. KOHLENSTOFF-SILICIUMBIND. IN 1-ALKINYLSILANEN DURCH SILBERNITRAT, SCHUTZ V. ENDSTAEND. DREIFACHBIND BEI HYDRIER. DURCH D. TRIMETHYLSILYL-GRUPPE 55-0269
SCHMIDT M., DI-PI-CYCLOPENTADIENYL-TITAN(IV)-PENTASELENID U. -PENTASULFID, ZWEI HETERO-CYCLOHEXACHALKOGENE IN FIXIERTER KONFORM. 57-0002
- VEREINFACHTE DARST. V. CYCLODODECASCHWEFEL, S12 57-0035
- SYNTH. U. EINIGE RK. V. PHENYLBORJODID 57-0037
- SYNTH. V. 1.2-DITHIOLIUMSALZEN AUS SULFANEN U. DIKETONEN 57-0522
SCHMIDT M. W., AROMATENKOMPLEXE V. METALLEN 102. MITT. 55-0033
SCHMIDT O., 15BETA.16BETA-METHYLEN-STEROIDE 59-0752
SCHMIDT P., NEUE CO- U. PT-KOMPLEXE V. DIPHENYLCYCLOPROPENON 59-0096
SCHMIDT R., NOTIZ ZUR ARBEIT V. A. MUSTAFA U. A.K. MANSOUR ''STUDIEN AN N-GLYKOSYLCHINOLONEN'' 54-0492
SCHMIDT R. R., SYNTH. 5'-MODIFIZIERTER ADENOSINDERIV. 58-0705
- POLARE 1.4-CYCLOADDIT. 5. MITT. 63-0717
SCHMIDT U., BETA-POLYCARBONYLVERB. 3. MITT. 54-0232
- BETA-POLYCARBONYLVERB. 4. MITT. 54-0233
- METHYLENAKTIVITAET SCHWEFELHALT. MALONSAEUREDERIV. 55-0190
- PHOSPHINIDENE 4. MITT. 61-0679
SCHMIDT W., ROENTGENKRISTALLOGRAPH. DATEN V. ADDUKTEN EINIGER TRIS-(BETA-DIKETONATO)-EUROPIUM(III)-CHELATE 60-0020
SCHMIDT W. H., KRIST.- U. MOLEKULARSTRUKTUR V. 2-DESYLIDEN-1.3-DITHIOLAN 56-0169
SCHMIDTKE H., DARST. U. CHARAKTERISIER. EINIGER THIOCYANATO- U. SELENOCYANATO-KOMPLEXE V. UEBERGANGSMETALLEN 53-0046
SCHMIDTNER K., SPEKTROSKOP. UNTERS. AN KOMPLEXVERB. 12. MITT. 54-0008
SCHMIEGEL W. W., SYNTH. V. PODOCARPSAEURE 59-0718
SCHMIR G. L., BEZIEHUNGEN ZWISCHEN DER HYDROLYSE VON IMIDSAEUREESTERN UND DEN MECHANISMEN ENTSPRECHENDER ACYL-UEBERTRAGUNGS-REAKTIONEN 64-0273
SCHMITT E., DARST. HETEROCYCL. SPIRANE 59-0538
- NEUE DARST. V. ALPHA.BETA-DIAZA-TRIMETHINCYANINEN 61-0625
SCHMITT R. D., ELEKTRONENGRUNDZUSTAND D. BIS-(MALEONITRILDITHIOLATO)-NICCOLAT-MONOANIONS. SCHWEFEL-(33)-HYPERFEINWECHSELWRKG. 62-0004
SCHMITZ E., FRAGMENTIER. STICKSTOFFHALT. PEROXIDE 59-0280
- LUFTOX. V. AMINALEN 59-0303
- SYNTH. U. NACHW. V. MONOALKYLHYDRAZINEN 59-0328
SCHMOOK F. P., BIOSYNTH. D. GENTISINSAEURE 54-0589

SCHMUTTE P., BICYCL. VERB. 10. MITT. 60-0449
SCHMUTZ J., SIEBENGLIEDRIGE HETEROCYCLEN 10. MITT. 53-0470
SCHNABEL E., PEPTIDE 64. MITT. 53-0571
SCHNABEL G., UNTERS. AN SIEBENRING-SYST. 5. MITT. 59-0466
SCHNAUTZ N., TERPENE 22. MITT. 60-0751
SCHNEIDER B., ORGANOZINNVERB. 16. MITT. 53-0026
- ORGANOZINNVERB. 17. MITT. 53-0027
- ORGANOZINNVERB. 18. MITT. 53-0028
- NORMALKOORDINATEN-BERECHN. V. N-METHYL-ACETAMID 59-0145
SCHNEIDER C. A., DARST. U. UNTERS. EINIGER 1-NORBORNENYL- U. NORBORNENYL-1-CARBINYL-DERIV. 59-0469
SCHNEIDER C. H., ZUR KENNTNIS D. BENZYLPENICILLOINSAEURE 54-0558
SCHNEIDER D. F., CAROTINOIDE U. VERWANDTE VERB. 17. MITT. 53-0525
SCHNEIDER G., NACHBARGRUPPENBETEILIG. 1. MITT. 55-0298
- UEBER D. FUROCUMARINGLUCOSID 'RUTARIN' AUS D. WEINRAUTE 56-0625
- D. STRUKTUR D. ALKALOIDS 'RUTAMIN' AUS RUTA GRAVEOLENS L. 56-0642
- GIBBERELLINE 12. MITT. 57-0764
SCHNEIDER J., THERM. SPALT. V. 7.7-DIMETHOXY-CYCLOHEPTATRIEN 54-0286
- RK. V. CYCLOPENTANON MIT BENZYLIDEN-CYANESSIGSAEURE 54-0440
- TETRAMETHOXY-AETHYLEN 4. MITT. 55-0233
- TETRAMETHOXY-AETHYLEN 5. MITT. 55-0234
SCHNEIDER J. J., DARST. V. SECHS 20-DESOXYSTEROIDEN D. 3ALPHA-HYDROXY-5BETA-PREGNANREIHE U. DEREN VERW. BEI UNTERS. D. OPT. DREH. 63-0816
SCHNEIDER K., KONJUGAT. IN MAKROCYCL. BIND.-SYST. 10. MITT. 59-0458
SCHNEIDER L., PRIM. DISAZOFARBSTOFFE MIT AMINONAPHTHOL-SULFONSAEUREN 58-0506
SCHNEIDER P., UNTERS. D. SORPT. V. CYCLOHEXEN AN ALUMINIUMOXID MIT HILFE D. GASCHROMATOGRAPHIE 53-0111
SCHNEIDER R. J. J., AROMATENKOMPLEXE V. METALLEN 107. MITT. 61-0049
SCHNEIDER R. S., BLDG. V. CYCLOPENTANDION-(1.3)-DERIV. AUS OXAZOLONEN 62-0449
SCHNELLER S. W., 1.2.4-TRIAZOLE 19. MITT. 64-0733
SCHNIERLE F., STOKVIS-RK. 16. MITT. 59-0537
SCHNOES H. K., KETOCARBONSAEUREN, ISOLIERT AUS D. EOZAEN (COLORADO GREEN RIVER SHALE) 56-0305
- EMOLEKULARSTRUKTUR-UNTERS. DURCH HOCHAUFLOESENDE MASSENSPEKTREN 9. MITT. 61-0107
- ISOLIER. U. STRUKTURAUFKLAER. V. VOACRISTIN-HYDROXYINDOLENIN 61-0729
SCHOEBERL A., SYNTH. V. L-FELININ 57-0336
- 2-AMINO-THIAZOLIN-CARBONSAEURE-(4) U. IHRE ESTER 57-0545
- SYNTH. V. MONOACYLDERIV. D. 2-AMINOPENTHIAZOLINS AUS AZOLIDEN 62-0670
SCHOELLKOPF U., UNTERS. UEBER HETEROCARBENE 9. MITT. 57-0479
- WANDERUNGSTENDENZ V. ALKYLGRUPPEN BEI D. WITTIG-UMLAGER. 62-0268
SCHOELLNHAMMER G., 1H-2.1.5-BENZOTHIADIAZOCINE 2. MITT. 64-0771
SCHOEN J., RK. V. CYCLOHEXEN-ENAMINEN MIT PHENYLISOTHIO-CYANAT U. MIT DIPHENYLCARBODIIMID 56-0581
SCHOEN M., SIGMA-PHENYL(PHENYLLITHIUM)-KOMPLEXE D. TANTALS 63-0075
- RK. V. MOLYBDAENHALOGENIDEN MIT METALLORGAN. VERB. 63-0076
SCHOEN W., VERBESSERTES VERF. ZUR HERST. V. EPSILON-CAPROLACTAM-HYDROPEROXID 56-0610
SCHOENBECK F., ANTIBIOTISCH WIRKSAME SUBSTANZEN D. TULPE (TULIPA GESNERIANA) 58-0807
SCHOENBECK R., PYRIDAZINE MIT KERNGEBUNDENEM CHLOR 60-0662
SCHOENBERG A., PHOTOLYSE D. 9.9-DIXANTHOGENYL-XANTHENS 55-0438
- ORGAN. SCHWEFELVERB. 51. MITT. 57-0575
- ORGAN. SCHWEFELVERB. 52. MITT. 57-0576
- ORGAN. SCHWEFELVERB. 56. MITT. 58-0546
- ORGAN. SCHWEFELVERB. 53. MITT. 58-0613
- ORGAN. SCHWEFELVERB. 54. MITT. 58-0614
- ORGAN. SCHWEFELVERB. 55. MITT. 58-0615
- AUSTAUSCHRK. ZWISCHEN GEMINALEN DICHLORIDEN U. NICHT ENOLISIERBAREN THIOKETONEN 58-0619
- BLDG. V. BENZOPHENONKETALEN AUS DIPHENYLDIAZOMETHAN U. ALKOHOLEN BEI GGW. V. NINHYDRIN 59-0426
- EINW. V. DIARYLDIAZOMETHANEN AUF DIXANTHOGEN U. XANTHOGENSAEUREANHYDRID SOWIE EINE EPISULFIDUMLAGER. 61-0483
- STEREOISOMERE U. PHOTOCHEMIE D. 2.3,6.7,2'.3',6'.7'-TETRABENZO-HEPTAFULVALENS 62-0469
- PHOTOCHEM. DIMERISIER. D. 2.3,6.7,2'.3',6'.7'-TETRABENZO-HEPTAFULVALENS ZU EINER KAEFIGVERB. (CAGE-COMPOUND) 63-0563
SCHOENBORN J. E., DIASTEREOISOMERE VIERFACH KOORDINIERTE KOMPLEXE 4. MITT. 61-0028
SCHOENECKER B., STICKSTOFFHALT. STEROIDE 17. MITT. 53-0549
SCHOENES F. J., RAUM- U. ZEITABHAENG. KONZ.-SCHWANK. IM SYST. ISOBUTTERSAEURE-WASSER AM KRIT. MISCH.-PUNKT 63-0204
SCHOENEWALDT E. F., SYNTH. V. PEPTIDEN IN WSS. MEDIUM 5. MITT. 63-0845
SCHOENFELD M., 6H-PYRIMIDO(2.1-B)CHINAZOLONE-(6) U. 10H-PYRIMIDO(4.3-B)CHINAZOLONE-(10) 60-0651
SCHOEPF C., UMSETZ. V. VINYLBROMID U. SUBSTITUIERTEN VINYLBROMIDEN MIT LITHIUM IN TETRAHYDROFURAN ZU LITHIUMACETYLIDEN 54-0207
- DELTA(1)-PIPERIDEIN U. VERWANDTE VERB. 14. MITT. 61-0649
SCHOFIELD K., HETEROAROMAT. REAKTIVITAET 3. MITT. 60-0250
- HETEROAROMAT. REAKTIVITAET 4. MITT. 60-0251
SCHOLES G., ELEKTRONENANLAGER. AN DCL BEI D. GAMMA-RADIOLYSE V. DCL-LOESUNGEN IN CYCLOHEXAN 57-0260
SCHOLZ H. VON, ISOTOPENEFFEKTE D. WASSERSTOFFVERSCHIEB. IN ALKYLCARBENEN 59-0252
- INTRAMOL. CYCLISIER. V. ACETYLEN. GRIGNARD-VERB. 59-0395
SCHOLZ M., NEUE SYNTH. SUBSTITUIERTER THIOPHENE U. PYRROLE 59-0512
- MO-BERECHN. AN HETEROCYCLEN, 3. MITT. 60-0156
- CHEMIE ANGEREGTER ZUSTAENDE 3. MITT. 63-0686
SCHOMANN P., RK. MIT IMIDSAEUREESTERN 12. MITT. 64-0656
- RK. V. AMIDRAZONEN MIT VICINALEN TRIKETONEN 64-0761
- RK. V. PHENYLCYCLOBUTENDION MIT AMIDRAZONEN U. P-TOSYLHYDRAZID 64-0762
SCHOMBURG G., BORVERB. 13. MITT. 57-0038
SCHOOK W., PARAMAGNET. ELEKTRONENRESONANZEN V. IONENPAAREN. KINETIK D. UMWANDL. V. VERSCHIEDENEN IONENPAAREN U. SCHNELLE ELEKTRONENUEBERTRAG.-RK. ZWISCHEN ANION U. NEUTRALMOL. 64-0137
SCHOONE J. C., KONFORM. EINIGER CARBONSAEUREN U. IHRER DERIV. 54-0101
SCHOTT G., SILANOLE 7. MITT. 60-0845
SCHOWEN B. J., KINETIK D. NEUTRALEN U. ALKAL. HYDROLYSE V. TRIMETHYLSULFONIUM- U. BENZYLMETHYLPHENYLSULFONIUM-SALZEN 64-0269
SCHOWEN K. B., MECHANISMUS D. PRINS-RK., KINETIK U. PROD.-ZUS. IN ESSIGSAEURE 63-0291
SCHOWEN R. L., MECHANISMUS D. PRINS-RK., KINETIK U. PROD.-ZUS. IN ESSIGSAEURE 63-0291
SCHRADER B., STRUKTUR U. REAKTIVITAET D. CYCLOPROPENONE 2. MITT. 57-0116
SCHRADER R., MECHANISCH AKTIVIERTE KONTAKTE 6. MITT. 58-0311
SCHRAM E. P., BIS-(BIS-(DIMETHYLAMINO)-CHLORBORAN)-TRIS-(TETRACHLOROTITAN(IV)), INFRAROT-UNTERS. 64-0009
- RK. V. TITANTETRACHLORID MIT BCL3, (CH3)2NBCL2, ((CH3)2N)2BCL, ((CH3)2N)3B, ((CH3)2N)2BCH3 U. B2(N(CH3)2)4 64-0057
SCHRAML J., ORGANOSILICIUMVERB. 57. MITT. 63-0140
SCHRAUZER G. N., NUCLEOPHILIE D. VITAMINS B(12S) 62-0216
- EISENCARBONYL-KOMPLEXE MIT DIMEREN CYCLOOCTATETRAENEN 63-0081
SCHREIBER J., SYNTH. V. ACETYLEN-CARBONYLVERB. DURCH FRAGMENTIER. V. ALPHA.BETA-EPOXY-KETONEN MIT P-TOLUOLSULFONYLHYDRAZIN 54-0201
SCHREIBER K., SOLANUM-ALKALOIDE 82. MITT. 53-0102
- ALKALOIDE AUS VERATRUM ALBUM SSP. LOBELIANUM (BERNH.) SUESSENGUTH 14. MITT. 53-0507
- SOLANUM-ALKALOIDE 85. MITT. 53-0516
- ISOLIER. V. FONTAPHILLIN, GENTIANIN U. 4-AMINO-NICOTINSAEUREMETHYLESTER AUS BLATTEXTRAKTEN V. FONTANESIA PHILLYREOIDES LABILL 53-0604
- GIBBERELLINE 13. MITT. 54-0505
- KONFIG. U. UMSETZ. V. 20-STEREOISOMEREN 20-CHLOR-16BETA-HYDROXY-PREGNANEN, HETEROLYT. FRAGMENTIER. ZU 16.17-SECOSTEROIDALDEHYDEN 57-0744
- GIBBERELLINE 12. MITT. 57-0764
- DIRIGIERENDE EFFEKTE BEI D. CHLORIER. V. CHLORMETHYL-BENZYL-SULFIDEN 61-0390
- ALKALOIDE AUS VERATRUM ALBUM SSP. LOBELIANUM (BERNH.) SUESSENGUTH 17. MITT. 62-0729
SCHREINER A. F., HALBEMPIRISCHES MODELL D. MOLEKUELZU-STAENDE FUER CR(CO)6, FE(CO)5 U. NI(CO)4 64-0003
SCHRIESHEIM A., BASENKATALYSIERTE ISOMERISIER. V. VINYLCYCLOHEXEN U. DIPENTEN 58-0277
SCHRILTZ D. M. VON, GEGENSEITIGE STEREOSPEZIF. UMWANDL. V. OPT. AKT. SULFOXIDEN, SULFILIMINEN U. SULFOXIMINEN 63-0418
SCHROEDER D. C., FL. KRIST. 1. MITT. 59-0180
SCHROEDER E., PEPTIDSYNTH. 42. MITT. 59-0774
- TOTALSYNTH. OPT. AKT. STEROIDE 5. MITT. 61-0794
SCHROEDER G., MOL. MIT SCHNELLER U. REVERSIBLER VALENZISOMERISIER. 13. MITT. 55-0345
- MOL. MIT SCHNELLER U.REVERSIBLER VALENZISOMERISIER., 14. MITT. 55-0346
- MOL. MIT FLUKTUIERENDEN BIND. 15. MITT. 64-0547
- MOLEKUELE MIT FLUKTUIERENDEN BIND. 16. MITT. 64-0548
SCHROEDER J. P., FL. KRIST. 1. MITT. 59-0180
SCHROEDER L. R., 2.3.6-TRI-O-BENZOYL-ALPHA-D-GLUCOPYRANOSYL-BROMID, SYNTH. , METHANOLYSE U. VERS. ZUR SELBSTKONDENS. 61-0697
SCHROEDER P., STRUKTUR U. SYNTH. V. ECHINORIN, EINEM ALKALOID AUS ECHINOPS RITRO L. U. SPHAEROCEPHALUS L. (ASTERACEAE) 58-0725
SCHROEER H., VERHALTEN EINIGER METALLHALOGENIDE GEGENUEBER GLYKOLAETHERN 64-0072
SCHROEER R., PHOSPHINIDENE 4. MITT. 61-0679
SCHROLL, MASSENSPEKTREN V. NITROSOVERB. 60-0125
SCHROLL G., ELEKTRONENSTOSS-UNTERS. 9. MITT. 53-0080

- ELEKTRONENSTOSS-UNTERS. 21. MITT. 58-0132
- ELEKTRONENSTOSSUNTERS. 22. MITT. 60-0127
- MASSENSPEKTROMETRIE BEI STRUKTURELLEN U. STEROCHEM. PROBLEMEN, 139. MITT. 60-0128
- RK. ZWISCHEN ACYLOINEN U. SEK. AMINEN 60-0465

SCHUBER F. J., SEK. ISOTOPIE-EFFEKT BEI D. OX. D. (1-T)AETHANOLS DURCH ADH 55-0585

SCHUBERT H., SYNTH. V. KRISTALLIN-FL. VERB. 2. MITT. 56-0576
- WEITERE NUCLEOPHILE SUBSTITUT. AN ALKYLIERTEN 4-NITRO-5-CHLOR-IMIDAZOLEN 59-0545
- (20.0)PARACYCLOPHAN 60-0441

SCHUBERTH H., UNTERS. UEBER D. DAMPF-FL.-PHASENGLEICHGEW. D. SYST. METHYLENCHLORID-CHLOROFORM-TETRACHLORKOHLENSTOFF BEI 45 GRAD CELSIUS UNTER VERW. EINER GASCHROMATOGRAPH. ANALYSENMETH. 59-0179

SCHUDEL P., SYNTH. V. ALPHA- U. BETA-SINENSAL 56-0686

SCHUE F., KINET. UNTERS. D. PCLYMERISAT. EINIGER KONJUGIERTER DIENE IN PENTANLSG. IN GGW. V. METALL. LITHIUM 57-0772

SCHUELER H., ORGANOMETALLVERB. D. II. HAUPTGRUPPE 6. MITT. 63-0060

SCHUETTE H., BIOSYNTH. V. MULTIFLORIN IN LUPINUS DIGITATUS 59-0813
- DESAMINIER.-RK. 3. MITT. 63-0485

SCHUETZ P. E., TAUTOMERE BENZ(DE)ANTHRACEN-DERIV. U. VERWANDTE SYST. 55-0332
- HALOGENDERIV. V. 2.6-DIHYDROXY-ANTHRACEN 55-0333
- OX. U. RED. V. METHOXY-ANTHRACENEN U. DEREN DERIV. 55-0334
- DIHYDROPYRAN-DERIV. DURCH DIMERISIER. V. CROTONALDEHYD 64-0684

SCHUETZ R. D., TOTALSYNTH. V. (+-)-1-DESAZA-1-THIARESERPIN 62-0723

SCHUIJL P. J. W., KETEN-S.N-ACETALE AUS THIOAMIDEN 61-0345
- DARST. V. THIOAMIDEN AUS ALKINTHIOLATEN U. AMIDEN 61-0354

SCHULEK E., RK. EINIGER EINFACHER ORGAN. VERB. MIT HEISSER, KONZENTRIERTER SCHWEFELSAEURE 60-0840

SCHULENBERG J. W., ISOLIER. V. KRIST. KETO-ENOL-TAUTOMEREN, UMWANDL. IN INDOLE U. OXINDOLE 60-0516

SCHULLER J., CHEMIE D. ARYLTETRAMINE 1. MITT. 60-0683

SCHULLER W. H., THERM. ISOMERISIER. V. ABIETINSAEURE 62-0761

SCHULMAN F. C., SOLVOLYSE V. ALKYLDIAZOTATEN 4. MITT. 63-0266

SCHULMAN S., PROTOTROPIE-GLEICHGEW. IM ANREG.-ZUSTAND EINIGER CHINOLINOLE 60-0205

SCHULMANN J., SYNTH. V. BIS-(DIHYDRO-ASYMM.-INDACENYL)-DIEISEN 58-0064

SCHULTE D., BIND.-EIG. D. SILICIUMS IN D. SILICIUM-SILICIUM-BIND. V. ALKOXY-DISILANEN 54-0070

SCHULTE K. E., UMSETZ. V. PHENYLACETYLENJODID BZW. -BROMID MIT BETA-DICARBONYLVERB. 55-0292
- 3.4-DICHLOR-THIOPHENE AUS BUTADIIN-DERIV. 55-0386
- INHALTSSTOFFE V. ARZNEIPFLANZEN 18. MITT. 55-0538
- DOSIER.-GENAUIGK. EINZELDOSIERTER ARZNEIFORMEN, 2. MITT. 56-0764
- INHALTSSTOFFE V. ARZNEIPFLANZEN 19. MITT. 58-0823
- BEITRAG ZUR BIOGENESE D. ALPHA-TERTHIENYLS 60-0825
- THIOPHENE U. SELENOPHENE AUS ALPHA-PROPINYL-CARBONYL-VERB. 63-0605

SCHULTE-ELTE K. H., SYNTH. V. ACETYLEN-CARBONYLVERB. DURCH FRAGMENTIER. V. ALPHA.BETA-EPOXY-KETONEN MIT P-TOLUOLSULFONYLHYDRAZIN 54-0201
- EN-SYNTH. MIT SINGULETT-SAUERSTOFF, FARBSTOFF-SENSIBILISIERTE PHOTOOX. V. (-)-CARYOPHYLLEN U. D. STEREOCHEMIE D. DARGESTELLTEN CARYOPHYLLADIENOLE 60-0756
- DARST. V. (-)-ISO-CARYOPHYLLEN AUS (-)-CARYOPHYLLEN DURCH PHOTOCHEM. ERZEUGTE THIYLRADIKALE 60-0757

SCHULTE-FROHLINDE D., PRAEPARATIVE STRAHLENCHEM. HYDROXYLIER. SUBSTITUIERTER PHENOLE IN WSS. LSG. 53-0255
- BLITZPHOTOLYSE V. STILBENEN BEI 77 GRAD K IN FESTEM EPA 55-0062
- GAMMA-RADIOLYSE V. BROMBENZOL-ALKOHOL-LSG. 57-0271
- MECHANISMUS D. HOMOLYT. AROMAT. HYDROXYLIER. 3. MITT. 61-0315
- GAMMA-STRAHLEN-INDUZIERTE ADDIT. V. CHLORIERTEN METHANEN AN CYCL. OLEFINE 63-0482
- SYNTH. U. OX. V. PHENYLSUBSTITUIERTEN RESORCINEN 64-0495

SCHULTENOVER D. G., DARST. U. UNTERS. EINIGER 1-NORBORNENYL- U. NORBORNENYL-1-CARBINYL-DERIV. 59-0469
- RK. V. 1-PHENYL-CYCLOPENTAN-CARBONITRIL MIT METHYLMAGNESIUMJODID. BLDG. V. BIS-(1-PHENYL-CYCLOPENTYL)-KETON 62-0442

SCHULTZ A. G., RK. V. VERB. MIT 'VIERWERTIGEM SCHWEFEL' 60-0587
- MECHANISMUS D. OLEFINBLDG. AUS BENZYLSULFOXIDEN UNTER VERW. V. PHENYLLITHIUM 64-0295

SCHULTZ J. E., FREIE CYCLOPROPYLCARBINYL-RADIKALE, HEXACYCLOPROPYLAETHAN 55-0196

SCHULTZE G. R., DAS CARBENIUMION C3CL5(+) 53-0207

SCHULZ C. O., GEOMETRIE V. MYRTENAL, ANALYSE D. KERNMAGNET. RESONANZSPEKTRUMS EINES BICYCLO(3.1.1)HEPTEN-(2)-SYSTEMS 63-0131

SCHULZ G., SYNTH. V. 1ALPHA.2ALPHA,6BETA.7BETA-DIMETHYLEN-STEROIDEN 59-0751
- 15BETA.16BETA-METHYLEN-STEROIDE 59-0752

SCHULZ H., POLYACETYLENVERB. 136. MITT. 54-0588
- SYNTH. V. 1.2-DITHIOLIUMSALZEN AUS SULFANEN U. DIKETONEN 57-0522
- LINOLSAEURE ALS ZWISCHENPROD. BEI D. BIOGENESE NATUERL. ACETYLENVERB. 60-0828

SCHULZ J., HETARINE 10. MITT. 54-0380

SCHULZ L., STEREOSELEKTIVITAET D. RADIKAL. ADDIT. V. BROMDICYANMETHAN AN CYCL. ALKENE 54-0151

SCHULZ M., AROXYLE U. IHRE UMWANDL.-PROD. 3. MITT. 59-0589

SCHULZ R. C., EINFL. D. VISKOSITAET D. LSG. AUF D. RACEMISIER. OPT.-AKT. ATROPISOMERER BIPHENYL-VERB. 54-0179

SCHULZE K., UMLAGER. BEIM ALKAL. ABBAU V. 1-DIALKYLAMINO-ALKANDIIN-(2.4)-METHOJODIDEN 62-0327

SCHULZE W., THIAZOLON-(2)-BIS-(BETA-CHLOR-AETHYL)-HYDRAZONE U. 2-AMINO-4-(BETA-CHLOR-AETHYL)-DIHYDRO-1.3.4-THIADIAZINE-DELTA(2) AUS 4-SUBSTITUIERTEN 1.1-BIS-(BETA-CHLOR-AETHYL)-THIOSEMICARBAZIDEN 53-0385
- RK.-VERH. V. BIS-(BETA-CHLOR-AETHYL)-TRICYANVINYLAMIN IM VGL. ZU N.N-BIS-(BETA-CHLOR-AETHYL)-P-TRICYANVINYL-ANILIN 54-0448

SCHUMACHER H., PHOTOLYSE V. TRIPHENYLCARBONIUM-, TROPYLIUM- U. TRIPHENYLCYCLOPROPENIUM-IONEN 60-0306

SCHUMANN D., POLYACETYLENVERB. 141. MITT. 55-0089
- SCHLUESSELBRUCHSTUECKE IN D. MASSEN-SPEKTREN V. ALKALOIDEN 7. MITT. 59-0141
- POLYACETYLENVERB. 149. MITT. 63-0855

SCHUMANN E., DARST. V. OMEGA-AMINOSAEUREN AUS CYCLANON-MANNICHBASEN 1. MITT. 56-0552
- PHOTOCHEM. RK. V. MANNICHBASEN AROMAT. AMINE 63-0331

SCHUMANN H., RK. V. ORGANOZINN- U. ORGANOBLEIPHOSPHINEN MIT PHENYLAZID 56-0072
- SPALT. V. ORGANOZINN-PHOSPHINEN DURCH POLARE UNGESAETTIGTE VERB. 57-0044

SCHUMANN-RUIDISCH I., SYNTH. U. RK. V. N-METHYL-N-TRIMETHYLGERMYL-LITHIUMAMID 56-0066

SCHURIG V., (1)H-KERNRESONANZ-UNTERS. AN FUENFRINGCHELATEN 63-0008

SCHURZ J., PFROPFVERSUCHE AN CELLULOSE MIT SILOXANEN 54-0574

SCHUSTER D. I., PHOTOCHEM. ISOMERISIER. U. RADIKAL-FRAGMENTIER. V. 10-HYDROXYMETHYL-DELTA(1,9)-OCTALON-(2) 56-0434
- PHOTOCHEMIE UNGESAETT. KETONE IN LSG. 11. MITT. 57-0395
- PHOTOCHEMIE V. UNGESAETT. KETONEN IN LSG. 14. MITT. 59-0268
- PHOTOCHEMIE UNGESAETT. KETONE IN LSG. 13. MITT. 60-0304

SCHUSTER I., PROTONENRESONANZSPEKTROSKOP. UNTERS. U. BLDG. V. O-ACETYL-D-GLUCONSAEURE-, D-MANNONSAEURE- U. D-XYLONSAEURE-1-5-LACTON-2.4-DINITRO-PHENYLHYDRAZON 64-0779

SCHUSTER P., PI-ELEKTRONENSTRUKTUR V. IMINOPHOSPHORANEN 54-0097
- CYCL. ACYLALE 18. MITT. 55-0458
- ORGAN. LEWISSAEUREN 7. MITT. 60-0535
- PYRIMIDINDERIV. 60-0665
- THEORET. ABSCHAETZ. D. PK-WERTE EINIGER ORGAN. LEWISSAEUREN 8. MITT. 64-0226
- ZUR KENNTNIS CYCL. ACYLALE 21. MITT. 64-0227

SCHUSTER R., SOLVATAT.-UNTERS. V. ALUMINIUMCHLORID IM DIMETHYLSULFOXID-W.-GEMISCHEN MITTELS NMR 55-0014

SCHWAB J., LAGESELEKTIVITAET U. STEREOSPEZIFIZITAET BEI ELIMINIER.-RK. IN MASSENSPEKTREN 62-0105

SCHWACHULA G., THERM. STABILITAET V. MONO- U. DISUBSTITUIERTEN ALKYLAROMATEN 56-0238

SCHWAM H., SYNTH. V. PEPTIDEN IN WSS. MEDIUM 5. MITT. 63-0845

SCHWANDT I., KONKURRENZ BEI D. DURCH SILBER-IONEN ASSISTIERTEN PHOSPHORYLIER., DARST. V. THYMIDIN-5'-NITRAT 64-0785

SCHWANG H., D. ISOLIER. U. STRUKTUR ZWEIER DEHYDROFUROPELARGONE, NEUER SESQUITERPENE AUS D. AETHERISCHEN OEL V. GERANIUM BOURBON 60-0740
- STRUKTUR EINES NEUEN AUS GERANIUM BOURBON ISOLIERTEN NOR-SESQUITERPENS, 11-NOR-BOURBONANON-(1) 64-0846

SCHWARTZ L. H., SAEUREKATALYSIERTE RINGOEFFNUNG V. 1-OXA-SPIRO(2.6)NONAN, 1.5-WASSERSTOFFVERSCHIEB. 53-0174
- SAEUREKATALYSIERTE DEHYDRATISIER.-KONDENS. V. 1.4-CYCLOHEXANDIOL 63-0503

SCHWARTZ M. A., SYNTH. V. METHYL-DESISOPROPYL-DEHYDROABIETINAT. DITERPENOIDSYNTH. UEBER DEN AB-ABC-WEG 59-0717

SCHWARTZ M. M., VERH. EINES DELTA-RADIKALES MIT FUNKTIONELLER PEROXID-GRUPPE 60-0228

SCHWARZ A., GAMMA-STRAHLEN-INDUZIERTE ADDIT. V. CHLORIERTEN METHANEN AN CYCL. OLEFINE 63-0482

SCHWARZ H., ALKAL. HYDROLYSE V. LIGNIN 2. MITT. 61-0650

SCHWARZ J. C. P., TETRANORTRITERPENOIDE 6. MITT. 58-0750
- NMR-NACHW. FUER MIZELLBLDG. IN NATRIUM-4.4-DIMETHYL-4-SILAPENTAN-1-SULFONAT-LSG., D. PARAMAGNET. IONEN ENTHALTEN 61-0176

SCHWARZER R., ORGANOARSENVERB. 11. MITT. 56-0392
- ARSEN-ORGANO-VERB. 10. MITT. 57-0387

SCHWARZHANS K. E., PSEUDOHALOGENO-METALLVERB. 20. MITT. 56-0088
- STRUKTUR V. DI-MY-JODO-TETRAMETHYL-MY-DIMETHYLSULFID-BIS-(DIMETHYLSULFID)-DIRHODIUM(III) 58-0019
SCHWARZMANN G., SYNTH. EINIGER ORGANOFUNKTIONELLER METHYLGERMANIUMVERB. 59-0059
SCHWEITZER G. K., PARTIAL-SPALT. EINIGER ORGAN. RACEMATE DURCH EXTRAKT. AUS LSGM. 64-0345
SCHWEIZER E. E., RK. V. PHOSPHORVERB. 13. MITT. 58-0474
- RK. V. PHOSPHORVERB. 14. MITT. 59-0514
- RK. V. PHOSPHORVERB. 16. MITT. 64-0461
- RK. V. PHOSPHORVERB. 15. MITT. 64-0671
SCHWEIZER M. P., PROTONMAGNET. RESONANZ.UNTERS. D. INTER- U. INTRAMOL. WECHSELWRKG. BEI MONONUCLEOTIDEN 59-0185
SCHWENKER G., GEHINDERTE ROTAT. UM D. C-N-BIND. BEI S- U. SE-ANALOGEN DIMETHYLBENZAMIDEN 54-0110
- GEHINDERTE ROTAT. UM D. C-N-BIND. BEI N.N-DIMETHYL-BENZAMIDIN U. EINIGEN DERIV. 62-0118
- ELEKTR. MOMENTE V. N.N-DIMETHYL-BANZAMID, -THIO- U. -SELENOBENZAMID U. V. N.N-DIMETHYL-BENZAMIDIN 63-0116
SCHWERIN S. G., DARST. U. CHARAKTERISIER. D. IONEN (3)-DODEKAHYDRIDO-1.2- U. -1.7-DICARBAUNDEKABORAT(1-) 59-0039
SCHWILLE D., SYNTH. 5'-MODIFIZIERTER ADENOSINDERIV. 58-0705
SCHWOCHAU M., BETA-POLYCARBONYLVERB. 3. MITT. 54-0232
- BETA-POLYCARBONYLVERB. 4. MITT. 54-0233
SCHWYZER R., ELEKTRONEN-DONATOR-AKZEPTOR-KOMPLEXE BEI POLYPEPTIDEN; 2. MITT. 60-0200
SCIARINI L. J., SYNTH. U. BIOLOG. AKTIVITAET V. 8-AZA-9-CYCLOPENTYL-PURINEN 63-0700
SCIESSL H. W., DIIMID-BLDG. BEI D. BAS. ZERS. V. N.N-DIMETHYL-N-PHENYL-HYDRAZINIUM-CHLORID 58-0455
SCIPANOV V. P., TAUTOMERIE V. 5-AMINO-TETRAZOL 6. MITT. 62-0590
SCKOLNICK B. R., PHOTOCHEMIE UNGESAETT. KETONE IN LSG. 13. MITT. 60-0304
SCOLASTICO C., KOLLISIONSKOMPLEXE U. NMR-SPEKTREN 1. MITT. 58-0099
- EIN NEUES DITERPENOID MIT LABDAN-SKELETT 62-0778
SCOPES P. M., OPT. ROTAT.-DISPERS. 52. MITT. 63-0111
SCORRANO G., ADDIT. V. SULFENYLCHLORIDEN AN ACETYLENE 7. MITT. 63-0474
- ADDIT. V. SULFENYLCHLORIDEN AN ACETYLENE 8. MITT. 63-0475
SCORTONI V., NEUARTIGE UMLAGER. V. 2-BENZYL-3-(ALPHA-BROM-BENZYLIDEN)-PHTHALIMIDIN 62-0620
SCOTT A. I., MASSENSPEKTROMETR. UNTERS. EINER BIOSYNTH., UMWANDL. V. DEUTERO-M-KRESOL IN PATULIN 54-0082
- BIOGENET. MODELL-SYNTH. V. CALYCANTHACEEN-ALKALOIDEN 54-0508
- STRUKTUR U. CHEMIE V. HIRSUTSAEURE 55-0570
- ZIRKULARDICHROISMUS V. PLATIN-OLEFIN-KOMPLEXEN 56-0005
- PHOTOSENSIBILISIERTE OX. V. 3BETA-ACETOXY-DELTA(8)-LANOSTEN 56-0676
SCOTT F. L., BEWEIS D. OXIM-ANCHIMERIE MITTELS ISOTOPENTECHNIKEN 53-0379
- SYNTH. U. UMLAGER. V. SAEUREAZIDHYDRAZONEN 56-0359
- FORMAZAN-SYNTH. AUS O-SUBSTITUIERTEN ARYLIDEN-ARYLHYDRAZINEN 56-0363
- FREIE RADIKALRK. ZWISCHEN SUBSTITUIERTEN HYDRAZINEN U. SULFAMOYLHALOGENIDEN 57-0325
- KINETIK D. SYN-ANTI-UMWANDL. V. 2.4-DINITRO-PHENYLHYDRAZONEN 59-0241
- KINETIK D. GEOMETR. ISOMERISIER. N.N-DISUBSTITUIERTER HYDRAZONE 61-0224
- UNGEWOEHNL. VIELSEITIGE VILSMEIER-HAACK-REAGENZIEN 61-0395
- ABFANGEN DER HYDRAZINORADIKALE BEI DER OX. V. ARYLHYDRAZINEN 61-0418
- RK. V. SUBSTITUIERTEN 2-ALKYL-2H-TETRAZOLYL (5) HYDRAZONEN MIT BROM U. BLEITETRAACETAT, WEGE ZU 6-ARYL-1-METHYL-(1.2.4)TRIAZOLO(4.3-D)TETRAZOLEN 64-0661
SCOTT K. R., IMIDOTHIAZOLE 57-0544
- SPIRANE 14. MITT. 60-0592
SCOTT M. D., KRISTALLINE MODIFIKAT. V. SALICYLIDENAMINO-GUANIDIN 54-0256
- VILSMEIER-ADDUKTE V. DIMETHYLFORMAMID 63-0389
SCOTT M. K., RK. V. NITRILEN MIT SOLVATISIERTEN ELEKTRONEN 2. MITT. 60-0215
- SYNTH. V. MESOION. DIALKYL-1.3.4-THIADIAZOLEN 63-0658
- UNGESAETT. HETEROCYCL. SYST. 39. MITT. 64-0774
SCOTT R. N., LEWIS-SAEURE-ADDUKTE PLANARER VIERFACH KOORDINIERTER D(8)-KOMPLEXE, BF3-(IRCLCO(P(C6H5)3)2) U. VERWANDTE SYST. 59-0091
SCOTT-BURDEN T., VERW. V. AMINOSAEURE-2.4.6-TRIBROM-PHENYLESTERN IN D. PEPTIDSYNTH. 55-0565
SCOTTON M., PYRIDAZINO(4.5-D)PYRIDAZIN, NEUER HETEROCYCLUS 55-0462
SCRIABINE A., ANTIHYPERTENSIVE 2-AMINO-4(3H)-CHINAZOLINONE 57-0608
SCRIBE P., PHOTOCHEM. U. KATALYT. ISOMERISIER. V. ALKYLIERTEN 2-PHENYL-2.3-DIHYDRO-FURANEN 56-0400
SCRIBNER R. M., STEROIDSYNTH. MIT CYANAZID 1. MITT. 55-0559
SCROWSTON R. M., DARST. U. EIG. EINIGER 3-ACETYL- U. 5-FORMYL-5-HALOGEN-BENZO(B)THIOPHENE 54-0367
- RK. V. 3-ACETAMIDO-2-NITRO-BENZO(B)THIOPHEN U. SEINEN 5-CHLOR- U. 5-BROM-DERIV. 56-0481
- PROTONENMAGNET. RESONANZSPEKTREN V. BENZO(B)THIOPHEN-DERIV. 60-0109
SCUKINA M. N., SYNTH. V. THIOHARNSTOFFDERIV. 5. MITT. 57-0603
- SYNTH. V. 4-OXO-1.2.4-TRIAZINO(4.5-A)BENZIMIDAZOL U. EINIGEN SEINER DERIV. 62-0675
- SYNTH. V. SUBSTITUIERTEN IMIDAZO(5,1-B)BENZIMIDAZOLEN 2. MITT. 64-0625
- SYNTH. V. SUBSTITUIERTEN IMIDAZO(5.1-B)BENZIMIDAZOLEN 3. MITT. 64-0626
SEARLE R., SENSIBILISIER. D. STILBEN-ISOMERISIER. 56-0250
- PHOTOCYCLISIER. V. VERB., D. ZWEI ANTHRACENRINGE ENTHALTEN 58-0533
SEARLE R. J. G., EINBAURK. V. P-N-VERB. MIT ISOCYANATEN 56-0364
SEARS C. T. JUN., RK. ZWISCHEN ACETYLENEN U. DODEKACARBONYLTRIRUTHENIUM 58-0071
SEASE J. W., MECHANISMUS D. ELEKTROLYT. RED. D. KOHLENSTOFF-HALOGEN-BIND. 2. MITT. 63-0235
SEBASTIANI E., VORAUSSAGE V. AKTIVITAETSKOEFFIZIENTEN 61-0172
SEBENDA J., ALKAL. POLYMERISAT. V. 6-CAPROLACTAM 30. MITT. 54-0443
SECHTMAN N. M., STEREOCHEM. UNTERS. 1. MITT. 56-0534
SEDEN T. P., RK. V. STYROL U. VERWANDTEN VERB. MIT N.N-DICHLOR-SULFONAMIDEN 60-0474
SEDZIK D., RED. V. 2.3-EPOXY-PINAN MIT LITHIUM IN AMINEN MIT NIEDR. MOL.-GEW. 54-0532
- RED. V. ALPHA- U. BETA-3.4-EPOXY-CARAN MIT LITHIUM IN AETHYLAMIN 56-0675
SEEBACH D., SYNTH. CYCL. MONO- U. DIKETODERIV. UEBER BISTHIO-CARBANIONEN 58-0649
SEEFLUTH H., UMSETZ. V. SAEUREDERIV. U. HALOGENSILANEN MIT ALKALIMETALLEN 5. MITT. 55-0268
SEELA F., SYNTH. V. 4.6-DIDESMETHYL-4.6-DIMETHOXY-ACTINOMYCIN C1 57-0760
SEELIG G., BIOSYNTH. V. MULTIFLORIN IN LUPINUS DIGITATUS 59-0813
SEELIGER A., STEREOSPEZIF. FERNKOPPL. D. HYDROXYLPROTONEN IN PYRANOSEN 54-0111
SEELIGER W., UMSETZ. V. CYCL. IMIDSAEUREESTERN MIT CARBONSAEURECHLORIDEN 57-0322
SEELKOPF C., ALKALOIDGLYKOSIDE D. FRUECHTE V. SOLANUM MAMMOSUM L. 58-0822
SEELYE R. N., DESAMINIER. V. 19-NOR-4-AMINO-DELTA(8.11.13)-ABIETATRIEN 59-0732
- POTENTIELLE ANTITUMORMITTEL 7. MITT. 60-0590
SEGAL R., EIN NEUES BENZOFURAN AUS SAMEN V. STYRAX OFFICINALIS L. 56-0471
SEGRE A. L., KONFIG. U. KONFORM. D. 2.3-DIMETHYL-1.4-DIOXANS DURCH NMR 55-0109
SEIBER R. P., IMIN-PHOTOALKYLIER. PAPAVERIN, PHENANTHRIDIN, U. EIN ALLG. MECHANISMUS 61-0728
SEIBL J., STOFFWECHSELPROD. V. MIKROORGANISMEN 58. MITT. 54-0576
SEIDE W., NEUE SYNTH. CYCL. KETONE DURCH STOECHIOMETR. HYDROCARBOXYLIER. V. 1.5-DIENEN MIT NICKELTETRACARBO-NYL 59-0476
SEIDEL W. C., NUCLEOPHILE SUBSTITUT. V. KOORDINIERTEN XANTHOGENATEN U. DITHIOCARBAMATEN 54-0047
- SCHWEFELCHELATE 8. MITT. 63-0090
- FUENFFACH KOORDINIERTE PLATIN(II)- U. PALLADIUM(II)-KOMPLEXE 63-0100
SEIDELMANN D., HOCHSUBSTITUIERTE AETHYLENE U. GLYKOLE 8. MITT. 64-0504
SEIDL H., D-ORBITALEFFEKTE IN SILICIUM-SUBSTITUIERTEN PI-ELEKTRONENSYST. 9. MITT. 62-0092
- D-ORBITALEFFEKTE IN SILICIUM-SUBSTITUIERTEN PI-ELEKTRONENSYST. 6. MITT. 63-0168
SEIDL L., KONDENS. V. OXALAMIDRAZON U. N.N'-DIAMINOGUANIDIN MIT ALPHA-HALOGEN-KETONEN 57-0586
SEIDLOVA V., NEUROTROPE U. PSYCHOTROPE SUBSTANZEN 13. MITT. 53-0303
SEIFERT B., CHEMIE DES DICYANAMID- U. DES TRICYANMETHA-NID-IONS 11. MITT. 59-0066
SEIFFERT W., UV-SPEKTROSKOP. UNTERS. AN ACRIDIN-N-OXID 62-0072
- UV-SPEKTROSKOP. UNTERS. AN N-HETEROCYCLEN 63-0121
SEIKEL M. K., LIGNANE AUS D. KERNHOLZ V. ULMUS THOMASII 1. MITT. 58-0813
SEILER D., PROANTHOCYANIDINE 10. MITT. 59-0715
- PHENOLISCHE NATURSTOFFE, 9. MITT. 64-0797
SEILER N., CHEMIE V. TROPAN-DERIV. 2. MITT. 56-0656
SEILER P., UEBER D. ''PK'' ELEKTRONISCH ANGEREGTER AZULENIUM-KATIONEN 53-0116
- PHOTOHYDROLYSE V. MONOSUBSTITUIERTEN BENZOTRIFLUORIDEN 64-0333
SEITZ G., CYCLOPENTADIENYLIDENE 2. MITT. 57-0567
- STABILE SCHWEFELYLIDE DES CYCLOPENTADIEN-TETRACARBONSAEUREESTERS 58-0463
- CYCLOPENTADIENYLIDENE 3. MITT. 61-0599
- PERHYDRO-CYCLOPENTA(1.2-C,3.4-C')DIPYRROL, -DIFURAN U. -DITHIOPHEN 63-0597
- DELTA-AMINOALKOHOLE DER PYRROLIDINREIHE 64-0600
SEITZ L. M., ABWESENH. V. (6)LI-(7)LI-SPIN-SPIN-KOPPL. IN ALKYLLITHIUMVERB. 63-0016
SEJMAN B. M., SYNTH. V. DI- U. TETRAHYDROPYRROLEN 1. MITT. 60-0518
- SYNTH. V. DI- U. TETRAHYDROPYRROLEN 2. MITT. 60-0519
SEJN S. M., NUCLEOPHILE SUBSTITUT. IN D. AROMAT. REIHE 25. MITT. 61-0254

- NUCLEOPHILE SUBSTITUTION IN DER AROMATISCHEN REIHE, 26. MITT. 61-0255

SEJNKMAN A. K., CYCLAMMONIUM-KATIONEN, 6. MITT. 64-0704

SEKERA A., DARST. V. UNSYMM. SULFIDEN DURCH RK. V. ORGANOMAGNESIUMVERB. MIT DIMETHYLSULFOXID 53-0248

SEKI S., SYNTH. V. SUBSTITUIERTEN TRIJOD-ALLENEN 57-0389

SEKIDO M., VERBESSERTE SYNTH. V. (+-)-LYCORAMIN 57-0669

SEKIYA M., NUCLEOSIDE U. NUCLEOTIDE 22. MITT. 56-0636

- DESALKYLIER. V. AROMAT. TERT. AMINEN MIT FORMIATEN 58-0429

SELBY I. A., ADDIT.-RK. HETEROCYCL. VERB. 28. MITT. 54-0436

SELEGNY E., UMWANDL. U. KOMPLEXE V. POLYMEREN 1. MITT. 55-0582

- OPT. SPALT. V. ZWEI RACEMISCHEN, DURCH PHENOLGRUPPEN SUBSTITUIERTEN BERNSTEINSAEUREN, CHARAKTERISIER. D. OPT. ISOMEREN U. BEST. IHRER KONFIG. DURCH ROTATIONS-DISPERSION 64-0446

SELEZNENKO L. V., ARENSULFINSAEUREAMIDINE 58-0411

SELIGA M., RADIAT.-CHEM. ANILINHERST. 59-0372

SELIM M., TAUTOMERIE HETEROCYCL. VERB. 5. MITT. 63-0648

- TAUTOMERIE HETEROCYCL. VERB. 5. MITT. 63-0648

SELIM M. I. B., GAMMA.GAMMA-DISUBSTITUIERTE ITACONSAEUREN 4. MITT. 59-0461

SELIMOV B. N., EPR-UNTERS. D. PHOTOCHEM. RK. V. FESTEN H2O2-LSG. IN METHYLACETAT, METHYLFORMIAT U. ESSIGSAEURE BEI 77 GRAD K 61-0310

SELKE E., DURCH TRICARBONYLARENCHROM-KOMPLEXE KATALYSIERTE HOMOGENE 1.4-ADDIT. V. WASSERSTOFF 62-0202

SELLEY D. B., PHOTOCHEMIE V. KONJUGIERTEN ACETYLEN-OLEFINEN U. CARBONYL-DERIV. 63-0338

SELLING H. A., ISOMERISIER. V. KONJUGIERTEN U. KUMULIERTEN SYST. VORL. MITT. 55-0210

SELMAN C. M., 4-TERT.-BUTYL-CYCLOHEXYL-LITHIUM 56-0055

- CYCLOHEXYLMETALLVERB. 2. MITT. 63-0055

SELTZER S., NACHBARGRUPPENEFFEKTE BEI FREIEN RADIKALRK. THERM. ZERS. V. 1.1'.2.2'-TETRAPHENYL-AZOAETHAN U. 1.1'.2.2'-TETRAPHENYL-AZOAETHAN U. 1.1'.2.2'-TETRAPHENYL-(1.1'-D2)-AZOAETHAN 58-0295

SELVA A., STRUKTUR V. PEDERON, EINE NEUE SUBSTANZ AUS PAEDERUS (COLEOPTERA STAPHYLINIDAE) 53-0588

- SEKRET.-BESTANDTEILE D. MANDIBULARDRUESEN D. AMEISE LASIUS (DENDROLASIUS)FULIGINOSUS 53-0610

SELVARAJAN R., STEREOCHEMIE GEHINDERTER BENZOPHENONE, SYNTH. U. OPT. TRENN. V. 3-CARBOXYMETHYL-2.2'.4.4'.6.-6'-HEXAMETHYL-3'-NITRO-BENZOPHENON 59-0432

SEMBDNER G., GIBBERELLINE 13. MITT. 54-0505

- GIBBERELLINE 12. MITT. 57-0764

SEMENOVA G. V., SYNTH. V. 1.4-BIS-(2-NITRO-3.3-DICARBOMETHOXYCYCLOPROPYL)-BENZOL 55-0321

SEMENOVA L. O., NEUE DARST. V. PHENYL-CYAN-METHYLEN 54-0296

SEMERENKO L. V., CHLORMETHYLIER. V. DERIV. D. DI-(2-THIENYL)-METHANS U. REDUKTIVE DESULFURIER. EINIGER DIAMINE AUS D. REIHE D. THIOPHENS 62-0531

SEMIN G. K., KERNQUADRUPOLRESONANZEN V. (55)MN, (185)RE U. (187)RE IN CYCLOPENTADIENYLMANGAN(RHENIUM)TRICARBONYLEN 64-0010

SEMMELHACK M. F., GEGENSEIT. UMWANDL. NIEDR. VALENZZUSTAENDE V. PI-ALLYLNICKEL-KOMPLEXEN, NEUE SYNTH. V. PI-ALLYLNICKEL-DERIV. 62-0051

- VERLAUF V. ALLYL-KUPPL.-RK. UEBER ALLYLNICKEL-KOMPLEXE 62-0326

- NEUER WEG ZUR STEROID-TOTALSYNTH., NICHTENZYMAT. BIOGENESEARTIGE OLEFIN-CYCLISIER. UNTER STEREOSPEZIF. BLDG. V. FUENF ASYMMETRIEZENTREN 63-0823

SEMONSKY M., SUBSTANZEN MIT ANTINEOPLAST. WRKG. 19. MITT. 54-0374

- SUBSTANZEN MIT ANTINEOPLAST. WRKG. 20. MITT. 56-0750

- MUTTERKORN-ALKALOIDE 30. MITT. 58-0726

- SUBSTANZEN MIT ANTINEOPLAST. AKTIVITAET 22. MITT. 61-0077

- SUBSTANZEN MIT ANTINEOPLAST. WRKG. 23. MITT. 61-0710

- MUTTERKORN-ALKALOIDE 31. MITT. 61-0734

- EINIGE 2-(ALPHA-BROM-ARYLIDEN)-2.3-DIHYDRO-THIANAPHTHEN-3-ONE 64-0594

SEMPLE B. M., EINIGE NEUE TERT.-BUTYLIER. BEI D. UMWANDL. V. PHENYL-SUBSTITUIERTEN 1.5-DIKETONEN IN PYRYLIUMSALZE 54-0398

SEN D. N., STRUKTUR EINES RK.-PROD. V. NICKEL-ACETYLACETONAT 58-0011

SEN P. N., HUECKEL-BERECHN. AN DECACYCLEN 54-0095

SENGUPTA P., TERPENOIDE 61. MITT. 58-0745

SENJUTA G. V., AUTOX. V. ACETYLENKOHLENWASSERSTOFFEN, 1. MITT. 57-0391

SENNING A., QUASI-WITTIG-RK. MIT N-SULFINYLVERB. 3. MITT. 53-0229

- N-ARENSULFONYL-N'-ARENSULFENYL-SCHWEFEL-DIIMIDE 53-0245

- DERIV. D. TRICHLORMETHYL-THIOLCARBAMATS 54-0234

- RK. V. TRICHLORMETHANSULFENYLCHLORID MIT STICKSTOFFVERB. 2. MITT. 54-0249

- RK. V. TRICHLORMETHAN-SULFENYLCHLORID MIT STICKSTOFFVERB. 3. MITT. 56-0526

- FORMALE OX.-PROD. V. BIS-(TRICHLORMETHYL)-DISULFID U. -TRISULFID, EIN EXPERIMENTELLER VERS. 61-0335

SENSI P., RIFAMYCINE 49. MITT. 60-0821

SEO S., REVIDIERTE STRUKTUREN V. LUTEOSKYRIN, RUBROSKYRIN U. RUGULOSIN 62-0744

SEPEL' A. V., DIPOLMOMENTE U. MOL.-STRUKTUR EINIGER OXAZOLDERIV. 62-0068

SEPP D. T., KONFORM. U. ANOMEREN-EFFEKT V. 2-OXY-SUBSTITUIERTEN TETRAHYDROPYRANEN 60-0159

SEPULCHRE A., CYCLISIERUNGSRK. ZU AZIRIDINO-TETRAHYDROFURANEN 60-0497

- SYNTH. V. OPT. AKT. EPOXY-TETRAHYDROFURANEN 64-0592

SERAFIN B., ARYLBORVERB. 14. MITT. 54-0271

SERAFINOWA B., RK. ORGAN. ANIONEN 14. MITT. 64-0455

SERAJA V. I., MONOESTER V. CHINONDIOXIMEN 59-0364

SEREBRENNIKOVA G. A., LIPIDE 46. MITT. 53-0219

- LIPIDE 47. MITT. 54-0216

- LIPIDE 50. MITT. 55-0367

- LIPIDE 52. MITT. 56-0275

- LIPIDE 53. MITT. 56-0276

- LIPIDE 54. MITT. 56-0277

- LIPIDE 51. MITT. 56-0321

- LIPIDE 56. MITT. 57-0295

- ZUSAMMENGESETZTE LIPIDE, SYNTH. V. 2-O-ACYL-3-BROM-PROPANDIOLEN-(1.2) 61-0357

- UNTERS. V. LIPIDEN 61. MITT. 62-0333

SEREBRJAKOVA N. V., BENZ- U. NAPHTHAZOLE 21. MITT. 64-0616

SEREBRJAKOVA T. V., LIPIDE 46. MITT. 53-0219

SEREBRYAKOV E. P., MASSENSPEKTROMETRIE V. GIBBERELLINEN 2. MITT. 60-0120

SERFASS R. E., SYNTH. V. KOBALTCARBONYLEN BEI NIEDR. DRUCK 58-0068

SERGEEV V. A., SYNTH. V. BIS-PHENOLEN MIT EINEM POLY-P-PHENOLENOXID-SKELETT 58-0486

- 2.1.3-THIA- U. -SELENADIAZOLE 50. MITT. 60-0568

- 2.1.3-THIA- UND -SELENA-DIAZOLE 51. MITT. 62-0586

SERGEEVA M. E., RK. V. ACRYLOYL- U. METHACRYLOYL-ISOTHIOCYANAT MIT AROMAT. AMINEN 53-0458

SERGEEVA Z. F., ISOMERENVERHAELTNISSE BEI AZOKUPPLUNG, 9. MITT. 61-0301

SERGEEVA Z. I., SYNTH. U. EIG. V. MONOALKYLHYDRAZONEN 63-0381

SERNE H., DARST. V. BETA-KETO-SYMM.-TRIAZINEN 59-0641

SERUM J. W., MASSENSPEKTROMETR. U. THERM. FRAGMENTIER. 1-SUBSTITUIERTER 3-PHENYL-THIOHARNSTOFFE 58-0120

SERVE D., ELEKTROCHEM. EIG. V. STICKSTOFFOXIDEN IN ORGAN. MEDIEN, SYST. NO-NO(+) 63-0034

SERVE P., PHOTOCYCLOADDIT. V. DIPHENYLACETYLEN AN 2.3-DIHYDROPYRAN 62-0592

SERVIS K. L., (D3)METHYL-ISOTOPENEFFEKTE U. D. URSACHE FUER ALPHA-METHYLSUBSTITUENTEN-EFFEKTE 58-0238

- DEMETHYLIER. WAEHREND D. OXYDATIVEN PHOTOCYCLISIER. EINES ORTHO-METHYL-STILBENS 59-0456

SERVOZ-GAVIN P., AUFTRETEN D. RADIKALANIONS V. NITROBENZOL BEI D. LEIT. IN REINEM NITROBENZOL IN STARKEM ELEKTR. FELD 54-0133

SERZANINA V. A., SYNTH. U. UMWANDL. V. PYRIMIDINDERIV. 17. MITT. 64-0736

- SYNTH. U. UMWANDL. V. PYRIMIDINDERIV. 18. MITT. 64-0737

SESHADRI T. R., STRUKTURUNTERS. V. SCHELLACKHARZ 55-0605

- SYNTH. V. MANGIFERIN 60-0700

- SYNTH. V. TETRA-O-METHYL-DISTEMONANTHIN U. VERWANDTEN DEHYDROPELTOGYNANDIONEN 61-0604

- BESTANDTEILE V. SESELI SIBIRICUM, KONSTIT. U. SYNTH. V. SIBIRICIN, EINEM NEUEN CUMARIN 61-0605

- OX. V. FLAVAN-DERIV. 64-0677

SETHI V. S., KETO-ENOL-GLEICHGEW. U. DECARBOXYLIER. D. OXALESSIGSAEURE 58-0291

- D. METALLIONENKATALYTISCHE DECARBOXYLIER. D. OXALESSIGSAEURE (OES) 44. MITT. 58-0292

SETINEK K., REAKTIVITAET D. METHOXYGRUPPEN D. ALKYLARYLAETHER BEI SUBSTITUT. 59-0230

- KATALYT. ENTALKYLIER. V. ALKYLAROMAT. VERB. 17. MITT. 61-0205

SETKINA V. N., WASSERSTOFFISOTOPENAUSTAUSCH IN HEXASUBSTITUIERTEN BENZOLDERIV. 56-0335

- WASSERSTOFF-ISOTOPENAUSTAUSCH IN D. 3.5-DIMETHYL-ISOXAZOL-CARBONSAEURE-(4) 62-0257

SETSER D. W., BLDG. V. SCHWINGUNGSANGEREGTEM 1.2-DICHLORAETHAN DURCH QUECKSILBER-PHOTOSENSIBILISIERUNG V. DICHLORMETHAN 58-0318

SETTEPANI J. A., HETEROCYCL. AMINE 2. MITT. 64-0624

SETTIMJ G., SYNTH. IN D. REIHE D. 1.5-DIPHENYL-BISPIDIN-9-ONS U. -9-OLS, 13. MITT. 54-0422

SETTIMODA A., BROMIER. EINIGER INDOL-DERIV. 54-0368

SETTINE R. L., ADDIT. V. FORMALDEHYD AN LAEVOPIMARSAEURE U. DEREN METHYLESTER 59-0720

SEVALDINA I. M., SUBSTITUIERTE HYDRAZIDE V. HYDROXYCARBONSAEUREN 42. MITT. 54-0311

SEVBO D. P., DARST. V. NITRO- U. AMINODERIV. D. DIPHENYLSULFIDES 63-0472

SEVCENKO E. A., METHOXYDERIV. V. BENZIMIDAZO(2.1-A)BENZ(DE)ISOCHINOLON-(7) 54-0423

SEVCENKO Z. A., SYNTH. SEK. ACETYLENALKOHOLE DURCH FAWORSKI-RK. IN HEXAMETAPOL 56-0270

SEVCIK S., MODELL-VERB. VON HYDROPHILEN GELEN, 1. MITT. 61-0353

SEVCUK L. G., MECHANISMUS D. OX. D. BENZOLS U. SEINER DERIV. MIT PEROXOSALPETR. SAEURE 62-0375

SEVERINA L. O., UMBLDG. V. CHOLSAEURE DURCH KULTUREN V. MYCOBACTERIUM N 1210 60-0818

SEVERN D. J., DREI 1.2.3.4-TETRABROM-CYCLOBUTANE 61-0440

SEYBOLD D., D. SCHWING.-SPEKTREN EINIGER QUECKSILBERDIAL-
KYLE U. -ARYLE 56-0009
- SYNTH., EIG., SCHWING.-SPEKTREN U. PROTONENRESONANZ-
SPEKTREN V. ORGANOQUECKSILBERAZIDEN 57-0007
SEYDEN-PENNE J., LSGM.-EFFEKTE BEI NMR-UNTERS. 3. MITT.
53-0071
- UNTERS. D. STEREOCHEMIE V. GEM.-DISUBSTITUIERTEN
CYCLOPROPANEN MIT HILFE D. KERNMAGNET. RESONANZ
56-0160
- BEST. D. KONFIG. V. 2-PHENOXYMETHYL-2-METHYL-
CYCLOPROPAN-CARBONSAEURE (F. 102 GRAD) AUF CHEM. WEGE
56-0390
- RED. V. 2-ARYL-OXETANEN DURCH GEMISCHTE HYDRIDE
57-0349
SEYFARTH H. E., SYNTH. V. 4-HYDROXY-OCTEN-(2)-AL-(1)-
DIAETHYLACETAL U. UEBERGANG IN 2-N-BUTYL-FURAN 58-0567
- PEROXYGENIER. V. ACETALEN 3. MITT. 58-0587
SEYFERTH D., ERZEUG. V. FLUORCHLORCARBEN DURCH D.
QUECKSILBERMETH. 56-0264
- DARST. V. ORGANOMETALLVERB. D. IV. HAUPTGRUPPE MIT
GEM.-DIHALOGEN-CYCLOPROPYLRESTEN 56-0393
- HALOGENMETHYL-METALLVERB. 15. MITT. 57-0029
- VINYLDERIV. V. METALLEN 24. MITT. 57-0030
- EINE NEUARTIGE SYNTH. FUER SYMM. KETONE AUF D.
GRUNDLAGE V. ORGANOQUECKSILBERVERB. 58-0492
- TRIMETHYLSILYLDIAZOMETHAN U. TRIMETHYLSILYLCARBEN
59-0339
- BIS-(TRIMETHYLSILYLDICHLORMETHYL)-QUECKSILBER(II),EIN
NEUES U. BRAUCHBARES REAGENZ BEI D. SYNTH. V.
ORGANOSILICIUMVERB. 62-0368
- POLYCHLORNORBORNADIENYLLITHIUM-VERB. 63-0057
- THERM. ZERS. V. METALLORGAN. SCHWERMETALLTRIHALOGEN-
ACETATEN IN GGW. V. OLEFINEN 63-0071
- HALOGENMETHYL-METALL-VERB. 17. MITT. 63-0462
- TRIMETHYLMETALLHALOGEN-ELIMINIER. AUS TRIMETHYLSILYL-
METHYL- U. TRIMETHYLZINNMETHYL-SUBSTITUIERTEN GEM.-
DIHALOGENCYCLOPROPANEN 63-0498
SHABAN M. A. E., KOHLENHYDRAT-DERIV. V. 1-SUBSTITUIERTEN
1.2.3-TRIAZOLEN 2. MITT. 63-0754
SHABTAI J., ALUMINIUMOXID-KATALYSIERTE RK. V.
HYDROXYARENEN U. HYDROAROMAT. KETONEN 1. MITT. 62-0453
- DURCH ALUMINIUMOXIDKATALYSIERTE RK. V. HYDROXYARENEN
U. HYDROAROMAT. KETONEN 2. MITT. 62-0454
- DURCH ALUMINIUMOXID-KATALYSIERTE RK. V. HYDROXYARENEN
U. HYDROAROMAT. KETONEN 3. MITT. 62-0455
SHADBOLT R. S., PYRIMIDINE 3. MITT. 59-0630
- PYRIMIDINE 4. MITT. 62-0658
SHAFER J. A., IDENTIFIZIER. V. SPEZIF. WECHSEL-WRKG.
ZWISCHEN AMINOSAEUREN 64-0205
SHAFFER G. W., PHOTOISOMERISIER. V. KONJUGIERTEN
CYCLOPROPYLKETONEN 54-0344
SHAFFER J. W., SUBSTITUT. IM HYDANTOINRING 7. MITT.
63-0635
SHAFI'EE A., STEREOCHEM. UNTERS. AN ARZNEIMITTELN 5.
MITT. 57-0806
SHAH A., PHOTOCHEM. U. THERM. UMWANDL. V. PHTHALOYLDIXAN-
THOGENAT 64-0589
SHAH H. C., SYNTH. V. 6-SUBSTITUIERTEN 9-(4-(BIS-(2-
CHLOR-AETHYL)-AMINO)-PHENYL)-PURINEN ALS POTENTIELLE
CYTOTOXICA 61-0670
SHAH S. W., DARST. V. 5-HYDROXY(AR-3H)TRYPTOPHAN 53-0346
SHAHAK I., ORGAN. FLUORVERB. 39. MITT. 55-0217
- ORGAN. FLUOR-VERB. 40. MITT. 62-0314
- NEUE DARST. D. DIBENZ(B,F)AZEPIN- U. DIBENZ(B,F)OXE-
PIN-SYST. 63-0740
SHAIKH I. N., DESOXYERYTHROLACCIN U. LACCAINSAEURE D
61-0750
SHAMMA M., STEREOCHEMIE D. OXINDOLALKALOIDE 53-0509
- 'GREENHEART'-ALKALOIDE 3. MITT. 61-0730
SHAMSI S. A., CHINOXALINDERIV. 10. MITT. 58-0591
SHANI A., MECHANISMUS D. ENERGIEUEBERTRAG. V.
N,PI(STERN)-TRIPLETTZUSTAND V. CARBONYLVERB. AUF
EINFACHE OLEFINE 63-0343
SHANMUGANATHAN S., BROM-ADDIT. AN EINIGE UNGESAETT.
SULFONE 63-0254
SHANNON J. S., PHOTOCHEMIE EINIGER AROMAT. SCHIFFSCHER
BASEN SOWIE NMR-SPEKTREN EINIGER BENZO(F)CHINOLINE
61-0307
SHANNON P. V. R., RELATIVE GESCHW. D. CHROMSAEUREOX.
STEREOISOMERER CIS-CARANOLE 53-0128
- SYNTH. U. KONFIG. EINIGER STEREOISOMERER CORANYLAMINE
55-0544
- CHEMIE D. TERPENE 5. MITT. 59-0727
- CHEMIE D. TERPENE 6. MITT. 59-0728
SHAPIRO E., GLEICHZEIT. AETHINYLIER. U. VERESTER.-RK.
62-0795
SHAPIRO J., SECHS-ZENTREN-UEBERGANGSZUSTAENDE BEI RK., AN
DENEN HALOGENVEERB. BETEILIGT SIND 56-0203
SHAPIRO R., RK. V. NINHYDRIN MIT CYTOSIN-DERIV. 58-0662
SHAPIRO R. H., TOSYLHYDRAZONE 4. MITT. 57-0240
- MASSENSPEKTROMETR. U. THERM. FRAGMENTIER. 1-
SUBSTITUIERTER 3-PHENYL-THIOHARNSTOFFE 58-0120
- MASSENSPEKTREN V. BIS-1.3-DITHIOLANEN U. BIS-1.3-
DITHIANEN, FRAGMENTIER.-MECHANISMEN U. DEUTERIUMISOTO-
PENEFFEKTE 60-0123
- MASSENSPEKTREN V. CHINOLIN- U. ISOCHINOLIN-N-OXIDEN
61-0109
SHARAF S. M., SOLVOLYSE D. 2-(DELTA(2)-CYCLOHEXENYL)-
AETHYL-SYST. 64-0270

SHARMA C. P., ELEKTROMETR. UNTERS. AN QUECKSILBER-(II)-
VANADATEN, HG(II)-METAVANADAT 55-0028
SHARMA G. M., ANTIBAKTERIELLE SUBSTANZEN AUS SCHWAEMMEN
2. MITT. 54-0562
SHARMA K. S., POLYNUKLEARE AROMAT. KW-STOFFE 10. MITT.
53-0304
- MEHRKERN. AROMAT. KW-STOFFE 11. MITT. 64-0526
SHARMA R. K., ANTITUMOR- U. ANTIMIKROBIELLER TEST V.
CROSEMPERIN, D. OTONECINESTER AUS CROTALARIA
SEMPERFLORENS VENT 2. MITT. 63-0872
SHARMA S. C., STEROIDE U. WALDENSCHE UMKEHR. 61. MITT.
56-0709
- STEROIDE U. WALDENSCHE UMKEHR. 62. MITT. 58-0784
SHARMA V. K., POLAROGRAPHIE D. BETA- U. GAMMA-PICOLIN-
KOMPLEXE V. CADMIUM IN WSS. LSG. 60-0026
SHARP J. C., CHEMIE D. SULFOXIDE 9. MITT. 56-0280
SHARP J. T., BLDG. V. ARINEN BEI D. RK. V. KALIUM-TERT.-
BUTOXID MIT ARYLHALOGENIDEN 54-0339
SHARP R. L., HYDROBORIER. 27. MITT. 63-0352
SHARPE R. R., PRIMAERPROZESSE BEI D. PHOTOLYSE V. 9.10-
ANTHRACHINON-2-SULFONSAUREM NATRIUM IN WSS. LSG.
53-0186
SHARPLESS K. B., EINSTUFENSYNTH. V. 1.5-DIENEN DURCH
REDUKTIVE KUPPL. V. ALLYLALKOHOLEN 57-0704
- ENZYMAT. CYCLISIER. V. 15-NORSQUALEN-2.3-OXID 63-0805
SHARTS C. M., N.N-DIFLUOR-ALKYLAMINE DURCH DIREKTE
FLUORIER. D. ALKYLAMINE 61-0369
SHASHA B. S., RK. V. TRANS-VERKNUEPFTEN CYCL.
KOHLENHYDRATCARBONATEN 54-0484
SHAVEL J. JUN., NEUER WEG D. SYNTH. V. MORPHIN 53-0514
- VERSCHIEDENE VORLAEUFER IN SYNTH. V. BIOGENESE-TYP 3.
MITT. 62-0724
SHAW B. L., DARST. U. KRIST.-STRUKTUR V. DI-MY-CHLORO-
DICHLORO-DIMETHYL-TETRACARBONYL-DIIRIDIUM(II) 55-0043
- TETRAMETHYLPLATIN-DERIV. 56-0086
SHAW B. W., KOHLENSTOFFVERB. D. UEBERGANGSMETALLE 11.
MITT. 58-0018
SHAW G., ZU IMIDAZOLNUCLEOTIDEN FUEHRENDE WEITERE CHEM.
UMWANDL. V. ZWISCHENSTUFEN IN D. REIHE D. PURINNUCLEO-
TID-BIOSYNTH. 53-0493
- PURINE, PYRIMIDINE U. IMIDAZOLE 27. MITT. 57-0660
- PURINE, PYRIMIDINE U. IMIDAZOLE 29. MITT. 63-0721
- PURINE, PYRIMIDINE U. IMIDAZOLE 28. MITT. 63-0775
SHAW M. A., RK. V. PHOSPHINEN MIT ACETYLENEN 4. MITT.
56-0369
- MASSENSPEKTROSKOPIE, 22. MITT. 61-0113
- RK. V. PHOSPHINEN MIT ACETYLENEN 5. MITT. 63-0468
SHAW R., KINETIK U. MECHANISMUS DER RK. V. CLO-RADIKALEN
MIT ALKANEN IN DER GASPHASE 62-0193
SHAW R. A., ADDIT.-VERB. V. HEXAMETHYLBENZOL U.
TRIPHENYL-DERIV. D. 5. GRUPPE D. PERIODENSYST. 62-0170
SHAW S. J., BUTYLBORONSAEUREESTER ALS DERIV. FUER
GASCHROMATOGRAPHIE-MASSENSPEKTROMETRIE V. HOPFENBE-
STANDTEILEN 62-0860
SHDO J. G., PHENYLMAGNESIUMBROMID-INDUZIERTE S(N)2'-RK.
U. FLUORWANDER. BEI 1.1-DI-(CHLORDIFLUORMETHYL)-
AETHYLEN 63-0470
SHECHTER H., RK. V. DISTICKSTOFFTETROXID MIT
ACENAPHTHYLEN, DIELS-ALDER RK. U. PHOTODIMERISIER. V.
1-NITRO- U. 1.2-DINITRO-ACENAPHTHYLEN 58-0532
- RK. V. KONJUGIERTEN NITROOLEFINEN MIT PHOSPHORANEN U.
MIT DIMETHYLSULFOXIONIUMMETHYLID ZU YLIDEN U.
NITROCYCLOPROPANEN 61-0437
- ADDIT. V. ELEKTRONEGATIV SUBSTITUIERTEN AZIDEN AN
ALLENE 61-0590
- ELEKTR. EFFEKTE V. CYCLOALKYLGRUPPEN 64-0245
SHEEHAN J. C., STRUKTUR V. TELOMYCIN 58-0805
SHEFTER E., KORRELAT. V. KRISTALL- U. MOLEKULARSTRUKTUR
MIT D. NMR-SPEKTRUM EINES BICYCLO(1.1.1)PENTAN-DERIV.
64-0189
SHEHAB A. H., STOBBE-KONDENS. 4. MITT. 60 0430
SHEINSON R. S., ESR-NACHW. D. DIPHENYLMETHYLRADIKALS
57-0120
SHELDEN H. R., DURCH BENZOL U. PYRIDIN INDUZIERTE
VERSCHIEB. D. PROTONENRESONANZ IN EPOXIDEN U. AETHERN,
EIN HILFSMITTEL ZUR STRUKTURAUFKLAER. 61-0092
SHELDON R. A., RK. D. TETRAPHENYLDIPHOSPHINS MIT ALIPHAT.
CARBONSAEUREN U. ALDEHYDEN 63-0469
SHELTON J. C., STARK GESPANNTE BICYCL. SYST. 12. MITT.
58-0530
SHELTON J. R., CHEMIE V. DIARYLAZOALKANEN 2. MITT.
58-0294
SHELTON K. W., SYNTH. V. NICKEL-1-ALKYL-TETRADEHYDROCOR-
RINEN 53-0524
- THERM. SIGMATROPE UMLAGER. BEI NI-KOMPLEXEN V.
MAKROCYCL. PYRROLVERB. 56-0081
- ALKYLIER. U. THERM. SIGMATROPE UMLAGER. V. NICKEL-1-
METHYL-TETRADEHYDROCORRINEN 62-0820
SHEN K., KRIST.- U. MOLEKULARSTRUKTUREN V. METHOXYTETRA-
PHENYLANTIMON(V) U. DIMETHOXYTRIPHENYLANTIMON(V)
61-0165
SHENG M. N., DURCH METALLE KATALYSIERTE HYDROPEROXID-OX.
2. MITT. 59-0277
SHEPELAVY J. N., ELEKTRONENZUSTAND V. PHOTOLYT. ERZEUGTEM
CYANNITREN 58-0160
SHEPHERD R. G., ASYMM.-TRIAZINE 2. MITT. 62-0674
SHEPPARD A. H., PILZCHEMIE 22. MITT. 57-0767
SHEPPARD R. C., PEPTIDE 25. MITT. 56-0721
- PEPTIDE 26. MITT. 60-0785
- PEPTIDE 27. MITT. 63-0846

SHEPPARD W. A., FLUORIERTE ANALOGE D. LEUCINS, METHIONINS U. VALINS 57-0333
- FLUORIERTE ORGANOKUPFERVERB. 61-0062
SHERADSKY T., SYNTH. V. OMEGA-AMINOOXY-SAEUREN DURCH O-ALKYL-SPALT. V. LACTONEN, SYNTH. V. DL-CANALIN 55-0262
- SYNTH. D. GONGRINS U. EINIGER ANDERER AMIDINOUREIDO-CARBONSAEUREN 57-0339
- ULTRAVIOLETT-SPEKTREN V. NITROPHENYLHYDRAZONEN IN NEUTRALER LSG., SUBSTITUENTEN- U. LSGM.-EFFEKTE 60-0078
- NEUE METH. ZUR AMINIER. V. ANION. STICKSTOFF 60-0327
SHERER J. P., HEXACYCL. AROMAT. DIAZONIASYST. AUS BIS-(BROMMETHYL)-NAPHTHALINEN 63-0672
SHERMAN P. D. JUN., CARBONYLTEILNAHME BEI D. SOLVOLYSE V. KETONDERIV., BEOBACHT. U. ISOLIER. V. INTERMEDIAEREN 64-0280
SHERRINGTON C., VGL. D. DONATOREIG. V. ELEMENTEN D. GRUPPE VIB 56-0042
- SAEUREDISSOZIAT.-KONST. V. SUBSTITUIERTEN PHENYLMERCAPTO- U. PHENYLSELENOESSIGSAEUREN 62-0181
SHETH U. K., SYNTH. NEUER PIPERAZINDERIV. MIT ZENTRALNERVENSYSTEMDAEMPFENDER WRKG. 1. MITT. 60-0628
SHEW D. C., TOTALSYNTH. V. DITERPENOIDEN, A-B-C-SKELETT 5. MITT. 62-0773
SHIBAO M., WRKG. EINER KOMBINAT. V. PHARMAKA AUF D. GASTROINTESTINALE RESORPT. 1. MITT. 61-0843
SHIBATA H., TOTALSYNTH. V. KANAMYCIN-A 57-0763
- SYNTHESE VON KASUGANOBICSAMIN 61-0712
SHIBATA K., SYNTH. V. ECDYSON 62-0790
SHIBATA S., VORK. V. ISOUSNINSAEURE IN FLECHTEN U. BEZIEH. ZUR ISODIHYDROUSNINSAEURE AUS DIHYDROUSNIN-SAEURE 55-0571
- VORK. V. DITERPENEN D. (-)-PIMARANTYPS IN ARALIA CORDATA THUNB. 56-0689
- WEITERE UNTERS. UEBER BIS-ANTHRACHINONE AUS PENICILLIUM ISLANDICUM SOPP 60-0726
- BESTANDTEILE D. CHINES. ROHDROGE ''WUJIAPI'' 1. MITT. 61-0846
- STOFFWECHSELPROD. V. PILZEN 28. MITT. 62-0739
- STOFFWECHSELPROD. V. PILZEN 29. MITT. 62-0740
- REVIDIERTE STRUKTUREN V. LUTEOSKYRIN, RUBROSKYRIN U. RUGULOSIN 62-0744
- ORIENTAL. PFLANZENINHALTSSTOFFE 18. MITT. 64-0911
SHIBUYA M., TOTALSYNTH. V. 2-DESOXY-DL- U. L-RIBOSE 53-0482
- TERPENOIDE 7. MITT. 62-0748
SHIBUYA S., SYNTH. V. HETEROCYCLEN 210. MITT. 59-0686
SHIELDS J. E., THEORET. STABILITAETSUNTERS. V. N-UNSUBSTITUIERTEN ISOINDOLEN 53-0091
- PHOTOCHEM. VERH. V. DIBENZODERIV. V. TROPON, TROPILIDEN U. HEPTAFULVEN 62-0294
- KONFORM. EINFACHER PEPTIDE 2. MITT. 64-0879
SHIINA K., POLYHALOGENORGANOMETALL- U. -ORGANONICHTME-TALLVERB. 14. MITT. 58-0450
SHIMA K., RACEMISIER. 2. MITT. 63-0787
SHIMANOUCHI H., ROENTGENSTRUKTURBEST. D. KONFORM. V. DIBENZO(B,F)TROPON 63-0198
SHIMAOKA A., BIOCHEM. UMWANDL. V. PFLANZENSTEROIDEN 2. MITT. 61-0835
SHIMIDZU T., NUCLEOTID-CHEMIE 9. MITT. 59-0665
SHIMIZU B., VERBESSERTE DARST. V. 3-METHYL-PYRROL 53-0351
- TRANSGLYKOSYLIER. V. PYRIMIDINEN ZU PURINEN 58-0716
SHIMIZU H., DRUCKEINFL. BEI ORGAN. VERB. 5. MITT. 62-0401
SHIMIZU K., BESTANDTEIL D. KERNHOLZES V. TAXUS CUSPIDATA SIEB.ET ZUCC. 62-0846
SHIMIZU M., ANTIPLASMIN-ARZNEIMITTEL 1. MITT. 61-0842
- MEDIZIN.-CHEM. UNTERS. UEBER ANTIPLASMIN-ARZNEIMITTEL, TRENN. D. STEREOISOMEREN D. 4-AMINOMETHYL-CYCLOHEXAN-CARBONSAEURE U. IHRE KONFIGURATIONSZUORDN. 64-0490
SHIMIZU T., SYNTH.-RK. MIT KOMPLEXKATALYSATOREN 8. MITT. 59-0310
- ISOLIER. EINES NEUEN POLYISOPRENYLKETONS AUS SEIDENWURM-FAECES 64-0841
SHIMIZU Y., C-NOR-D-HOMO-STEROIDE 8. MITT. 60-0766
- BESTANDTEILE D. ASCLEPIADACEEN 22. MITT. 64-0853
- C-NOR-D-HOMO-STEROIDE 9. MITT. 64-0854
SHIMODAIRA T., NEUE OXETANE AUS CARBONSAEUREESTERN, PHOTOCYCLOADDITION V. CYAN-AMEISENSAEURE-AETHYLESTER U. OLEFINEN 53-0326
SHIMOKAWA N., IRIDOIDGLUCOSIDE AUS PAEDERIA SCANDENS (LOUR.) MERRILL VAR. MAIREI (LEVEILLE) HARA 58-0712
SHIMOMURA O., LUCIFERIN U. LUCIOPTERIN, ISOLIERT AUS DEM JAPAN. LEUCHTKAEFER LUCIOLA CRUCIATA 62-0743
SHIN C., TOTALSYNTH. V. ALBONURSIN 55-0467
SHIN H., SYNTH. V. ILLUDINEN 1. MITT. 54-0559
- SYNTH. V. ILLUDINEN 2. MITT. 60-0750
- TOTALSYNTH. V. DL-ILLUDIN M 63-0804
SHIN H. G., SYNTH. V. SUBSTITUIERTEN IMIDAZO(1.2-A)PYRIDINEN UEBER YLID-AEHNL. ZWISCHENPROD. 62-0611
SHINDO M., UNTERS. V. TRIORGANOSTIBINSULFIDEN U. IHREN KOMPLEXEN 57-0047
SHINE H. J., BENZIDINUMLAGER. 10. MITT. 53-0170
- BENZIDIN-UMLAGER. 11. MITT. 59-0246
SHINE R. J., STEREOCHEMIE D. OXINDOLALKALOIDE 53-0509
- 'GREENHEART'-ALKALOIDE 3. MITT. 61-0730
SHINER V. J. JUN., EINFL. D. DEUTERIUM-SUBSTITUT. AUF D. GESCHW. ORGAN. RK. 11. MITT. 58-0244
SHINGU K., BEST. D. ABS. KONFIG. V. EINIGEN PHENYLALLENCARBONSAEUREN 54-0112
SHINKAI I., ACENAPHTHENDERIV. 18. MITT. 63-0533
SHINOHARA M., TRITERPENE AUS ALISMA PLANTAGO-AQUATICA L. VAR. ORIENTALE SAMUELS 56-0683
- STRUKTUREN V. ALISOL B U. D. MONOACETAT V. ALISOL A - AUFTRETEN EINER ACYLWANDER. 58-0763
SHINOZUKA M., KONFORM. U. REAKTIVITAET 5. MITT. 57-0097
SHIOI S., TOTALSYNTH. V. 2-DESOXY-DL- U. L-RIBOSE 53-0482
SHIOIRI T., BEST. D. ABSOLUTEN KONFIG. V. 1.1'-BINAPHTHYL U. SEINEN DERIV. MITTELS ROENTGENBEUG. 56-0158
- INDOL-REIHE 4. MITT. 64-0801
- INDOL-REIHE 5. MITT. 64-0802
SHIOTA M., SYNTH. U. KATALYT. HYDRIER. V. 3ALPHA.19-DIHYDROXY-DELTA(5)-CHOLESTEN U. SEINER DERIV. 58-0775
SHIOTANI S., UNTERS. AM DIAZABENZOBICYCLO(3.3.1)NONAN-SYST. 8. MITT. 61-0655
SHIOTANI Y., STRUKTUREN NEUER GIBBERELLINE AUS UNREIFEN SAMEN V. CANAVALIA GLADIATA 55-0576
SHIOZAKI M., BIOCHEM. UNTERS. UEBER ''BAKANAE''-PILZE 76. MITT. 61-0814
- TOTALSYNTH. V. (+-)-GIBBERELLIN A2, A4, A9 U. A10 64-0893
SHIRAHAMA H., SYNTH. V. ILLUDINEN 1. MITT. 54-0559
- SYNTH. V. ILLUDINEN 2. MITT. 60-0750
- TOTALSYNTH. V. DL-ILLUDIN M 63-0804
SHIRAHATA K., STRUKTUR V. BAKKENOLID-A 57-0703
- STRUKTUREN D. BAKKENOLIDE-B, -C U. -D, BESTIMMT MIT HILFE EINES KERN-OVERHAUSER-EFFEKTES 60-0752
SHIRK J. S., POTENTIALFUNKT. U. BIND. IN FREIEN RADIKALEN D. FORM X-CO 64-0190
SHIRLEY D. A., PROD.-VERTEIL. BEI D. METALLIER. EINIGER AROMAT. VERB. MIT N-BUTYLLITHIUM 57-0369
- STER. EFFEKTE BEI D. METALLIER. EINIGER AROMAT. VERB. MIT ALKYLLITHIUM 57-0370
- STICKSTOFFLOST-DERIV. IN D. PHENOTHIAZIN- U. BENZOPHENOTHIAZINREIHE 63-0726
SHIRO M., STEREOCHEMIE V. HALOGENIERTEN STEROIDEN, KRIST.-STRUKTUREN V. 8BETA-METHYLTESTOSTERON-17BETA-MONOBROMACETAT U. TESTOSTERON-17BETA-P-BROMBENZOAT 53-0104
- KRISTALLSTRUKTUR V. SHOWDOMYCIN U. SEINEN DERIV. 55-0120
SHIROM M., SAETTIGUNG U. ENTLEERUNG V. ELEKTRONENHAFT-STELLEN IN KOHLENWASSERSTOFF-GLAESERN 61-0183
SHIROTA Y., VIERGLIEDRIGE CYCLISCHE SULFONE AUS BENZYLSULFONYLFLUORID, KETENDIAETHYLACETAL U. PHENYLLITHIUM 61-0532
SHIVE W., SYNTH. U. BIOLOG. AKTIVITAET EINIGER CYCLOALKENALANINE 60-0412
- DL-2-INDANGLYCIN UND DL-BETA-TRIMETHYLSILYLALANIN 60-0425
- KONFORM. U. BIOLOG. AKTIVITAET V. CYCLOHEXADIEN-(1.4)-DERIV. 63-0182
SHOJI J., BESTANDTEILE D. CHINES. ROHDROGE ''WUJIAPI'' 1. MITT. 61-0846
SHOJI Y., MALEINSAEUREANHYDRID-ADDUKTE V. TROPOLON U. 2-METHOXY-TROPON 62-0486
SHONE R. L., RK. V. LITHIUM-ALUMINIUMHYDRID MIT AROMAT. HALOGENIDEN 59-0344
SHONO T., STRUKTUR U. STEREOCHEMIE V. BOSCHNIAKIN, BOSCHNIALACTON U. BOSCHNIALISAEURE, DEM OX.-PROD. V. BOSCHNIALACTON 55-0574
- VERB. MIT KLEINEN RINGEN 16. MITT. 57-0221
- KLEINRINGVERB. 17. MITT. 57-0402
- VERB. MIT KLEINEN RINGEN 18. MITT. 59-0088
- VERB. MIT KLEINEN RINGEN 20. MITT. 59-0256
- ORGAN. SYNTH. DURCH ELEKTROLYSE 1. MITT. 63-0461
SHOPPEE C. W., STEROIDE U. WALDENSCHE UMKEHR. 61. MITT. 56-0709
- STEROIDE U. WALDENSCHE UMKEHR. 62. MITT. 58-0784
- STEROIDE 29. MITT. 60-0774
- STEROIDE 30. MITT. 61-0793
- STEROIDE 31. MITT. 63-0833
- STRUKTUR V. DIGACETIGENIN 64-0852
SHORTER J., TRENN. POLARER U. STER. EFFEKTE 6. MITT. 58-0250
- TRENN. POLARER U. STER. EFFEKTE 7. MITT. 58-0251
- KONFORM. U. REAKTIVITAET 7. MITT. 58-0255
- EINE NEUE INTERPRETATION D. KINETIK D. RK. V. CARBONSAEUREN MIT DIAZODIPHENYLMETHAN IN TOLUOL 59-0261
- TRENN. POLARER U. STER. EFFEKTE 8. MITT. 63-0276
SHOTTER R. G., RK. V. UNGESAETT. SAEUREHALOGENIDEN 2. MITT. 56-0402
- UMWANDL. EINIGER ALPHA-ACETYLEN. KETONE U. VERWANDTER ALPHA.BETA-DIBROM-KETONE IN 3.5-DIARYL-ISOXAZOLE 64-0643
SHOULDERS B. A., KONFORM. U. BIOLOG. AKTIVITAET V. CYCLOHEXADIEN-(1.4)-DERIV. 63-0182
SHOUPE T. S., SYNTH. U. CHARAKTERISIER. V. 6-OXO-CHOLESTANEN MIT OXETANON-STRUKTUR IM RING B 64-0856
SHPAN-GABRIELITH S. R., GEGEN HEUSCHRECKEN WIRKSAMER FRASSSCHUTZSTOFF (PHAGOREPELLENT) AUS ZWEI ARTEN D. MELIA 54-0528
SHREEVE J. M., BIS-(TRIFLUORMETHYL)-KETEN-DERIV. MIT FLUORSULFATO-, DIFLUORAMINO-, FLUORIMINO- U. (ODER) FLUOROXYGRUPPEN 61-0346
SHRIVER D. F., LEWIS-SAEURE-ADDUKTE PLANARER VIERFACH KOORDINIERTER D(8)-KOMPLEXE, BF3-(IRCLCO(P(C6H5)3)2) U. VERWANDTE SYST. 59-0091
- HALBEMPIRISCHE SCF-MO-BERECHNUNGEN AN METHYL-SUBSTITUIERTEN BORAZINEN U. BENZOLEN MIT VOLLSTAEN-

DIGEN BASISSAETZEN V. VALENZORBITALEN 61-0129
SHROFF J. R., N(4)-SUBSTITUIERTE N(1)-TOLUOLSULFONYLPIPERAZINE 57-0610
SHUBIN V. G., TRICARBONYL-(HEPTAMETHYLCYCLOHEXADIENYL)-EISEN-KATION 58-0063
SHUIKIN N. I., CHEM. UMWANDL. V. DIOLEN U. CYCL. AETHERN 26 MITT. UNTERS. D. UMWANDL. V. 2.4-DIALKYL-OXETANEN IN GEGENWART V. PLATIN-KATALYSATOREN DURCH MIKROREAKTOR-TECHNIK 64-0575
SHUKLA O. P., BIOSYNTHET. UNTERS. 1. MITT. 59-0808
SHULAMAN J. I., DIREKTE SYNTH. V. OPT.-AKT. TRANS-CYCLOOCTEN, OPT.-AKT. TRANS-BICYCLO(6.1.0)NONAN 63-0561
SHULGIN A. T., AETHYLHOMOLOGE V. 2.4.5-TRIMETHOXYPHENYLISOPROPYLAMIN 57-0380
SHULMAN F. C., SOLVOLYSE V. ALKYLDIAZOTATEN 3. MITT. 61-0435
SHU-MEI TANG S., EINFACHE METH. ZUR SYNTH. V. O(2).5'-CYCLODESOXYURIDIN 61-0711
SHURPIK A., PHOTOISOMERISIER. V. BICYCLO(3.2.1)OCTADIEN 59-0470
SHUTTLEWORTH A. J., DARST. V. 1-(NAPHTHYL-(1))-8-PHENYL-NAPHTHALIN (8-PHENYL-1.1'-BINAPHTHYL) 61-0492
SHUTTLEWORTH R., HALOGENIER. V. PORPHIN U. OKTAAETHYLPORPHIN 57-0688
SHVARTSBERG M. S., ANWEND. V. PARAMAGNET. ZUSAETZEN AUF D. STRUKTURBEST. V. EINIGEN PYRAZOLEN DURCH NMR 57-0115
SHVO Y., SYNTH. V. HETEROCYCLEN AUS O-AMINONITRILEN 30. MITT. 63-0818
SIANESI D., EPOXIDE V. FLUORVERB. 1. MITT. 61-0526
- FLUORIERTE EPOXIDE 2. MITT. 61-0527
- UNTERS. UEBER FLUORIERTE EPOXIDE 3. MITT. 61-0528
SIBAEVA R. P., KRISTALLSTRUKTUR V. 1-AETHYLGERMATRAN 60-0023
SIBILLE S., VORLAEUFIGE DATEN FUER SAEURE-BASE-RK. IN N-METHYLACETAMID 56-0191
SIBRAL W., SYNTH. EINES TRANS-2.3-ZUCKERCARBONATS 54-0483
- DARST. D. 2.4.6-TRI-O-ACETYL-3-O-(BENZYLMERCAPTOCARBONYL)-ALPHA-D-GALAKTOPYRANOSYLBROMIDS 56-0620
- PYRIMIDINDERIV. 60-0665
- PROTONENRESONANZSPEKTROSKOP. UNTERS. V. GALAKTOSEDERIV. 1. MITT. 64-0117
SICA D., SYNTH. V. 2H-1.4-THIAZINEN 59-0634
- SYNTH. V. 1.4-BENZTHIAZINEN 59-0635
- RINGVERENG. EINIGER 3.5-DIARYL-2H-1.4-THIAZINE DURCH HYDROGENOLYSE 64-0645
SICHER J., GESCHW. V. QUATERNISIER.-RK. V. KONFORMATIONS-STABILISIERTEN 10- U. 12-GLIEDR. N-METHYLAZACYCLOALKANEN, REAKTIVITAET V. RINGATOMEN UNTERSCHIEDL. KONFORMATIONSTYPEN 53-0155
- STEREOCHEM. UNTERS. 43. MITT. 54-0100
- STEREOCHEM. UNTERS. 44. MITT. 54-0167
- STEREOCHEM. UNTERS. 45. MITT. 57-0181
- STEREOCHEM. UNTERS. 46. MITT. 60-0264
- STEREOCHEM. UNTERS. 47. MITT. 61-0150
- STEREOCHEM. UNTERS. 48. MITT. 61-0269
- STEREOCHEM. UNTERS. 49. MITT. 61-0270
- STEREOCHEM. UNTERS. 50 . MITT. MECHANISMUS V. ELIMINIER.-RK. 13. MITT. 61-0271
- STEREOCHEM. UNTERS. 51. MITT. 61-0272
- STEREOCHEM. UNTERS. 52. MITT. 61-0273
SICHIEV I. A., SYNTH. U. FOLGE-RK. V. SAUERSTOFFHALT. UNGESAETT. ORGAN. VERB. 43. MITT. 59-0289
- SYNTH. U. FOLGERK. V. SAUERSTOFFHALT. UNGESAETT. ORGAN. U. SILICIUMORGAN. VERB. 52. MITT. 61-0340
SICHMAMEDBEKOVA A. Z., ABSPALT.-RK. V. GAMMA-HALOGENAETHERN D. CYCLOHEXANS 61-0445
SICKFELD J., KONSTIT. U. PHYSIKALISCHE EIG. 12. MITT. 60-0348
SIDDALL J. B., SYNTHET. UNTERS. AN INSEKTENHORMONEN, SYNTH. EINES MOEGL. STOFFWECHSELPROD. V. CRUSTECDYSON (20-HYDROXY-ECDYSON) 54-0591
- STEROIDE 336. MITT. 59-0759
SIDDAPPA S., SYNTH. V. 1-(3-AMINO-PROPYL)-INDOLEN U. 3-INDOLYL-(1)-PROPIONSAEUREN 57-0514
- INDOLE AUS CHINONEN, SYNTH. V. 1-ALKYL-5-HYDROXY-2-PHENYL-INDOL-DERIV. 64-0614
SIDDIQUI I. A., FARBRK. V. KOHLENHYDRATEN 4. MITT. 64-0780
SIDDONS P. T., SYNTH. V. EQUILENIN, EQUILIN U. 17BETA-HYDROXY-DELTA(4)-OESTREN-3-ON 57-0724
SIDEL'KOVSKAJA F. P., NEUE STICKSTOFFHALT. ALPHA-OXIDE 62-0540
- 1.4-DIOXANE-OX.-PROD. V. N-VINYL-LACTAMEN 62-0635
SIDELKOVSKAJA F. P., SALZBLDG.-FAEHIGK. V. CYCL. THIONAMIDEN U. IHREN DERIV. 60-0467
SIDHU G. S., STRUKTUR D. SOG. ROTEN ''METHYLAETHERS'' V. DIOSPYRIN 54-0363
SIDKY M. M., PHOSPHORORGAN. VERB. 6. MITT. 61-0488
SIDOROV V. G., NITRO- U. AMINO-ARYLALKYLSILANE U. -SILOXANE 59-0384
SIEBER A., FRAGMENTIER.-RK. 17. MITT. 56-0241
- FRAGMENTIER.-RK. 18. MITT. 56-0561
SIEBER P., SELEKTIVE ACIDOLYT. SPALT. V. ARALKYLOXYCARBONYL-AMINOSCHUTZGRUPPEN 62-0363
- THYROCALCITONIN 3. MITT. 62-0810
- PEPTIDSYNTH. UNTER VERW. D. 2-(P-DIPHENYLYL)-ISOPROPYLOXYCARBONYL (DPOC)-AMINOSCHUTZGRUPPE 62-0814
SIEBERT W., SYNTH. U. EINIGE RK. V. PHENYLBORJODID 57-0037
SIECZKOWSKI J., TRICARBONYL-NORBORNADIENON-(7)-EISEN 60-0056
SIEDEL W., NEUE S-SCHUTZGRUPPEN FUER CYSTEIN 58-0796
- P-AMINO-BENZOYL-LYSIN-VASOPRESSIN U. P-AMINO-PHENYLACETYL-OXYTOCIN 61-0795
SIEGBAHN K., MOLEKULARSPEKTROSKOPIE MITTELS ESCA (ELEKTRONENSPEKTROSKOPIE FUER CHEM. ANALYSE), LAD.-VERTEIL. IN STICKSTOFFVERB. 59-0102
SIEGEL A., ORGANOMETALL. PI-KOMPLEXE 14. MITT. 57-0065
SIEGEL H., VERS. ZUM VORGANG D. WASSERSTOFFUEBERTRAG. 17. MITT. 64-0251
SIEGLE P., SUBSTITUIERTE PENTAPHENYL-CYCLOPENTADIENYL-VERB. U. TETRACYCLONE 4. MITT. 57-0423
SIEMION I. Z., MECHANISMUS DER RACEMISIERUNG BEI AZLACTONRK. 59-0378
- LSGM.-EFFEKT BEI D. OPT. ROTAT.-DISPERS. V. CARBOBENZOXYAMINOSAEUREN 62-0059
SIEMONS J., DIELEKTR. EIG. D. EINSCHLUSSVERB. V. LANGKETT. MOL. IN HARNSTOFF, 12-BROM-TRICOSAN-HARNSTOFF 62-0069
SIENKIEWICZ J., ZYTOSTAT. BIS-HALOGENACYL-DERIV. V. PIPERAZIN U. 2-METHYL-PIPERAZIN 63-0873
SIEPER H., CHEM. KLASSIFIZIER. V. PFLANZEN 32. MITT. 58-0826
SIEVERTSSON H., STABILES CARBAMIDSAEUREANHYDRID 64-0447
SIFFERT O., 3-ARYL-PIPERIDINE 2. MITT. 61-0636
- 3-ARYL-PIPERIDINE 3. MITT. 61-0637
SIGALEVSKIJ V. A., CHEMIE D. PYRENS 5. MITT. 60-0442
SIGEL H., TERN. KOMPLEXE IN LSG. 2. MITT. 54-0020
- TERN. KOMPLEXE IN LSG. 4. MITT. 56-0045
- METALLION-KOMPLEXBLDG. FUENFGLIEDRIGER ALPHA-CARBOXYHETEROCYCLEN 59-0024
- METALL-IONEN U. H2O2 16. MITT. 62-0808
SIGWALT C., PHOTOCHEMIE V. PYRIDIN-N-OXIDEN, EINE NEUE PHENOLSYNTH. 55-0442
SIGWALT P., VERW. V. LEBENDEN KONJUGIERTEN DIEN-POLYMEREN IM HINBLICK AUF D. DARST. V. SEQUENZ-KOPOLYMEREN, 2. MITT. 56-0741
- VERW. V. LEBENDEN KONJUGIERTEN DIENPOLYMEREN IM HINBLICK AUF D. DARST. V. SEQUENZ-KOPOLYMEREN 3. MITT. 56-0742
- KATION. POLYMERISAT. V. 4.5.6.7-TETRAMETHYL-INDEN 63-0865
- DARST. U. POLYMERISAT. V. (+)-PROPYLENSULFID 63-0867
SIH J. C., ISOCHINOLINSYNTH. 7. MITT. 59-0597
SIJAN Z. V., CYMOLDERIV. 6. MITT. 55-0275
- CYCLAMMONIUM-KATIONEN, 6. MITT. 64-0704
SIKEMEIER C., INHALTSSTOFFE D. HASCHISCH 3. VORL. MITT. UMWANDL. V. (-)-DELTA(6,1)-3.4-TRANS-TETRAHYDROCANNABINOL IN (-)-DELTA(1,2)-3.4-TRANS-TETRAHYDROCANNABINOL 54-0569
SIKL D., EXTRAZELLULARE POLYSACCHARIDE VON LIPOMYCES STARKEYI LODDER ET KREGER VAN RIJ, ISOLIERUNG U. STRUKTURMERKMALE VON GALAKTOMANNAN 61-0818
SIKORSKA-TOMICKA H., KOMPLEXE V. CAPROLACTAM MIT JODOBISMUTATEN 59-0067
- ZUS. V. KOMPLEXEN IM SYST.(HGJ4)(2-)-CAPROLACTAM 62-0030
SILBERMAN H., PHOTOCHEMIE EINIGER AROMAT. SCHIFFSCHER BASEN SOWIE NMR-SPEKTREN EINIGER BENZO(F)CHINCLINE 61-0307
SILHAN W., NEBENPROD. D. PYROLYSE V. 6-ACETOXY-3A.6.7.7A-TETRAHYDRO-4.6.7A-TRIMETHYL-7-OXO-3H-INDAZOL 59-0351
SILHANKOVA A., PYRIDIN-REIHE 23. MITT. 54-0098
- UNTERS. IN D. PYRIDIN-REIHE 25. MITT. 63-0224
- UNTERS. IN D. PYRIDINREIHE 27. MITT. 64-0694
SILLION B., THERM. STABILITAET V. POLYMEREN MIT ARYLCARBONAMIDOIMIDVERKNUEPFUNG 56-0739
- VOM 4-CYAN-2.2-DIMETHYL-BUTYRALDEHYD ABGELEITETE MONOMERE U. POLYMERE, KONDENS. D. ALDEHYDS U. D. 4-FORMYL-4.4DIMETHYL-BUTTERSAEURE MIT ACETON 64-0410
SIL'NIKOVA A. G., AROMAT. KOHLENWASSERSTOFFE 36. MITT. 53-0307
SIL'NIKOVA L. N., RK. EINES CHLORHYDRINS U. EINES ALPHA-OXIDES D. DIACETYLENREIHE MIT AMINEN 1. MITT. 58-0582
SILOV E. A., NUKLEOPHILE SUBSTITUT. D. SULFONATGRUPPE AROMAT. VERB. IN GGW. V. OX.-MITTELN 54-0164
- PROD. D. JODIER. V. SALZEN BETA,GAMMA- U. GAMMA,DELTA-UNGESAETT. SAEUREN 59-0585
SILOV G. I., RK. V. EPOXIDEN MIT MERCAPTANEN 55-0237
SILVER M. S., EINFL. D. PH AUF D. HYDROLYSE V. DREI ACYLIERTEN DIPEPTIDEN DURCH PEPSIN 58-0820
SILVERMAN R. A., RK. V. THIOLEN MIT 2.5-DIHYDRO-2.5-DIMETHOXYFURAN, SYNTH. D. 2-FURYL-THIOAETHER 63-0599
SILVERSTEIN R. M., SYNTH. D. HAUPTKOMPONENTEN D. SEXUALLOCKSTOFFES AUS D. MAENNL. IPS CONFUSUS FRASS, 2-METHYL-6-METHYLEN-7-OCTEN-4-OL, 2-METHYL-6-METHYLEN-2.7-OCTADIEN-4-OL U. (+)-CIS-VERBENOL 64-0833
SILVERTON E. W., STEREOCHEMIE D. DISKRETEN ACHTERKOORDINAT. 4. MITT. 62-0014
SILVERTON J. V., STEREOCHEMIE D. DISKRETEN ACHTERKOORDINAT. 4. MITT. 62-0014
SILVESTRI N. H., EPIHETACILLIN 60-0792
SIM D., KINETIK D. RK. V. ALIPHAT. CARBONSAEUREN MIT ACETYLEN AM ZN-KATALYSATOR 53-0178
SIM G. A., STRUKTUR D. ADDIT.-VERB. V. QUECKSILBER(II)-CHLORID MIT CIS-4-P-CHLORPHENYLTHIAN-1-OXID 54-0016
- MOL.-KONFORM. 4. MITT. 58-0156

- KRIST.- U. MOLEKULARSTRUKTUR V. TRICARBONYLPHENANTHRENCHROM 61-0012
- STRUKTUR D. 1 ZU 2-ADDUKTS AUS INDEN U. DIMETHYLACETYLENDICARBOXYLAT, ROENTGENSTRUKTURANALYSE EINES DIBROMDERIV. 63-0201
- TUMOR-INHIBITOREN 29. MITT. 63-0858
- TUMORINHIBITOREN 31. MITT. 64-0838

SIM K. Y., BESTANDTEILE V. BRUCEA SUMATRANA ROXB 1. MITT. 58-0809

SIMALTY M., NMR-UNTERS. D. STRUKTUR V. ADDIT.-PROD. D. AROMAT. ISOCYANATE AN ACYLMETHYLENTRIPHENYLPHOSPHORANE (ANWEND. D. (15)N-MARKIER.) 54-0107
- DARST. V. 2-METHYL-3-ACETYL-PYRONEN-(4) DURCH THERM. ZERS. V. DIACETYLESSIGESTER IN GGW. V. ACYL- U. AROYLMETHYLENTRIPHENYLPHOSPHORANEN 56-0542
- PYRYLIUMKATIONS DURCH DOPPELTE PROTONIERUNG EINES DELTA-DIKETONS IN EINM MESOMEREN SYST. (PYRYLOCYANIN), NEUER FARBINDIKATOR FUER ACIDIMETRIE IN NICHTWSS. MILIEU 59-0582
- HETEROCYCLISIER. V. ENOLISIERBAREN ACETYLENGAMMA.DELTA-KETONEN, NEUE GRUPPE SAUERSTOFF- U. PHOSPHORHALT. KATION. HETEROCYCLEN 61-0681
- BLDG. NEUER 4-AROYLMETHYLEN-PYRANE DURCH THERM. ZERS. V. ALKYLACETESSIGSAEURE-AETHYLESTERN IN GGW. V. AROYLMETHYLEN-TRIPHENYL-PHOSPHORANEN 62-0600

SIMANSKAJA N. P., POLAROGRAPH. UNTERS. V. DIHYDRONAPHTHOXAZOLEN 60-0220

SIMCHEN G., SYNTH. IN D. HETEROCYCL. REIHE 10. MITT. 55-0456
- ORTHOAMIDE 2. MITT. 57-0258
- SAEUREAMID-RK. 50. MITT. 57-0308
- SYNTH. IN D. HETEROCYCL. REIHE 11. MITT. 58-0656
- ORTHOAMIDE 3. MITT. 63-0382
- ORTHOAMIDE 4. MITT. 63-0383

SIMEONE J. F., SYNTH. V. PODOCARPSAEURE 59-0718

SIMES J. J. H., STEREOCHEMIE V. CEANOTHSAEURE 56-0154

SIMMONS H. D. JUN., UEBER AROMATENKOMPLEXE V. METALLEN 100. MITT. 53-0003

SIMMONS H. E., MAKROBICYCL. AMINE 1. MITT. 62-0686
- MAKROBICYCL. AMINE 2. MITT. 62-0687
- MAKROBICYCL. AMINE 3. MITT. 62-0688

SIMMONS T., RK. V. ALPHA-NITRO-KETONEN MIT MINERALSAEUREN 59-0301

SIMOLIN A. V., MASSENSPEKTROMETRIE V. GIBBERELLINEN 2. MITT. 60-0120

SIMON A., PHOSPHORHALT. KOBALTCARBONYLE 2. MITT. 58-0067
- MEHRFACHE STRUKTUR-REAKTIVITAETS-BEZIEH., ALKAL. HYDROLYSE V. AM ACYL- U. ARYL-REST SUBSTITUIERTEN BENZOESAEURE-PHENYLESTERN 58-0236

SIMON B., 2-AMINO-1.3.4-OXDIAZOLE 22. MITT. 63-0655
- BLDG. U. RK. V. 1.3.4-OXDIAZOLO(3.2-A)PYRIMIDINEN 63-0694

SIMON H., MECHANISMUS D. OSAZONBLDG. 53-0120
- DARST. U. EINIGE EIG. V. PHENYLHYDRAZINO-ACETALDEHYDPHENYLHYDRAZON, INSBESONDERE D. UMSETZ. ZU TETRAHYDRO-1.2.4-TRIAZIN-DERIV. 53-0464
- EINFL. V. ALKALI AUF ZUCKEROSAZONE U. PHENYLHYDRAZONE 53-0480
- TRITIUM-VERTEIL. IN BUTTERSAEURE NACH KATALYT. HYDRIER. V. CROTON- BZW. TETROLSAEURE, BEWEIS FUER INTRAMOL. WASSERSTOFFUEBERGANG 58-0211
- WEITERE NUCLEOPHILE SUBSTITUT. AN ALKYLIERTEN 4-NITRO-5-CHLOR-IMIDAZOLEN 59-0545

SIMON W., LINEARE KORRELAT. D. CHEM. VERSCHIEB. D. VINYLPROTONEN MIT D. LCAO-MO-PI-ELEKTRONENDICHTEN IN META- U. PARA-SUBSTITUIERTEN STYROLEN U. ZIMTSAEUREN 56-0149
- KOMPLEXE V. ENNIATINEN U. ANDEREN ANTIBIOTIKA MIT ALKALIMETALL-IONEN 59-0779
- MAGNETO-OPT. ROTAT.-DISPERS. V. GESAETT. ALIPHAT. KW-STOFFEN 64-0087
- UNTERSCHEID. AEQUATORIAL-AEQUATORIAL U. AEQUATORIAL-AXIAL SUBSTITUIERTER CYCLOHEXANDERIV. MIT HILFE D. MAGNETO-OPT. ROTAT.-DISPERS. (MORD) 64-0088

SIMONAITIS R., PHOTORED. V. CYCLOPENTANON U. CYCLOHEXANON 53-0187
- MOLEKULARSTRUKTUR U. PHOTOCHEM. REAKTIVITAET 6. MITT. 60-0315

SIMONEN T., KUPFER-KOMPLEXE V. 1.2-PROPAN-DIAMIN, 2. MITT. 56-0038

SIMONET J., ROLLE U. EINFL. D. PROTONEN BEI D. POLAROGRAPH. RED. EINIGER ALPHA,BETA-AETHYLEN-KETONE IN WSS. MEDIUM 55-0154

SIMONET N., SAEUREN IN WASSER-METHANOL-GEMISCHEN 1. MITT. 63-0228

SIMONETTA M., BERECHNETE GEOMETRIEN U. ENERGIEN AUF D. RK.-WEG D. COPE-UMLAGER. 60-0285
- MO-BERECHN. FUER D. NUCLEOPHILE AROMAT. SUBSTITUT.-RK. BEI AZAVERB. 61-0247
- KINET. LSGM.-ISOTOPENEFFEKT BEI D. AROMAT. NUCLEOPHILEN SUBSTITUT. 62-0250

SIMONITSCH E., ZUS. EINER MITTLEREN SIEDEFRAKTION D. SEEFELDER SCHIEFEROELS 54-0600

SIMONNIN M., ALLENPHOSPHORVERB., EINFL. D. SUBSTITUENTEN D. PHOSPHORS AUF D. NMR-PARAMETER, RELATIVE VORZEICHEN D. PHOSPHOR-PROTON-KOPPLUNG 56-0131
- BEST. D. VORZEICHENS D. PROTONEN-PROTONEN-KOPPL. BEI ENINEN, TRANS-1-METHOXY-BUTEN-(1)-IN-(3) U. TRANS-1-METHOXY-PENTEN-(1)-IN-(3) 60-0110

SIMONNIN M. P., EINFL. D. TEMP. AUF D. NMR-SPEKTREN V. AMINOPHOSPHORVERB., DIMETHYLAMINO-PHENYL-CHLORPHOSPHIN 55-0078

SIMONOV A. M., ANOMALE RPRODUKTE AUS D. RK. V. 2.3-DINITROANISOL MIT BENZYLAMIN 60-0531
- AUFSPALT. V. FURANKERNEN IN 2-FURYL-BENZIMIDAZOLEN 60-0532
- TSCHITSCHIBABIN-RK. AN PERIMIDINEN 60-0659
- CHARAKTER DER WECHSELWIRKUNG DES PHENYL- UND IMIDAZOLRINGES IN N-ARYL-IMIDAZOLEN, 3. MITT. 64-0258

SIMONS B. K., ELEKTRONENSTOSS-UNTERS. 29. MITT. 62-0100

SIMONS J. P., EINE NEUE PHOTOCHEM. RK. D. BENZOLRINGS 55-0205

SIMONS J. W., RELATIVE GESCHW. D. RK. D. METHYLENRADIKALS MIT SILICIUM-WASSERSTOFF-, SILICIUM-DEUTERIUM- U. KOHLENSTOFF-WASSERSTOFF-BIND. IM METHYLSILAN-SYST. 63-0240

SIMONS R. M., FLAVANOIDEPOXIDE 5. MITT. 57-0572

SIMONSEN S. H., KONFORM. U. BIOLOG. AKTIVITAET V. CYCLOHEXADIEN-(1.4)-DERIV. 63-0182

SIMPSON P. G., ALKALOID-UNTERS. 59. MITT. 62-0142

SIMPSON R. N. F., UMLAGER. V. IONEN IN D. MASSENSPEKTREN V. ORGANOMETALLVERB., INTERMEDIAERE BLDG. V. PI-KOMPLEXEN 61-0011

SIMS J. J., BESTANDTEILE V. BRUCEA SUMATRANA ROXB 1. MITT. 58-0809

SIMS L. B., SCHWING.-ANALYSE D. TETRAZOLAT-IONS U. DARST. V. BIS-(TETRAZOLATO)-KUPFER(II) 63-0001

SIMS P., SYNTH. V. 8- U. 9-HYDROXY-BENZO(A)PYREN U. D. ROLLE D. PROD. IM BENZO(A)PYREN-STOFFWECHSEL 57-0463

SINEOKOV A. P., RK. V. ACRYLOYL- U. METHACRYLOYLISOTHIOCYANAT MIT AROMAT. AMINEN 53-0458
- DARST. V. N-METHYL-N-PHENYL-METHYLCARBAMAT 59-0371
- RINGERWEITER.-RK. D. AZIRIDINRINGS 1. MITT. 62-0550
- RINGERWEITER.-RK. D. AZIDINRINGS 2. MITT. 64-0570

SINGER E., BLDG. V. BENZOPHENONKETALEN AUS DIPHENYLDIAZOMETHAN U. ALKOHOLEN BEI GGW. V. NINHYDRIN 59-0426

SINGER H., (1)H-NMR-SPEKTROSKOP. UNTERS. AN 2.3-DISUBSTITUIERTEN DERIV. DES HEXACHLORBICYCLOHEPTENS 57-0094
- (1)H-NMR-SPEKTROSKOP. UNTERS. AN 1.3-DISUBSTITUIERTEN DERIV. D. 4.5.6.7.8.8-HEXACHLOR-1.3.3A.4.7.7A-HEXAHYDRO-4.7-METHANO-ISOBENZOFURANS 57-0095

SINGER M. I. C., BISMUTONIUM-YLID 55-0029

SINGERMAN A., N-CARBOXY-ANHYDRIDE V. THREO- U. ERYTHRO-3-HYDROXY-ASPARAGINSAEUREN U. POLY-DL-THREO-3-METHOXY-ASPARAGINSAEURE-4-METHYLESTER 53-0240
- AUFSPALT. V. N-BENZYL-THREO-BETA-HYDROXY-DL-ASPARAGINSAEURE 55-0265
- THREO-BETA-HYDROXY-ASPARAGYL-DIPEPTIDE 64-0882

SINGH B., PHOTOCHEM. UMLAGER. V. 1.1.4-TRIPHENYL-2.3-BENZOXAZIN, BLDG. EINES OXAZIRINODIHYDROISOINDOLS 64-0752

SINGH B. B., MECHANISMUS D. UNGEWOEHNLICHEN UMLAGER. V. OMEGA-NITRO-CAMPHEN IN 7.7-DIMETHYL-TRICYCLO(2.2.1.0-(2.6))HEPTAN-L-CARBONSAEURE 62-0487

SINGH G., SYNTH. U. PMR-UNTERS. EINIGER TETRALKYLBLEI-DERIV. 56-0016

SINGH H., STEROIDE 6. MITT. 53-0555
- STRUKTURUNTERS. V. SCHELLACKHARZ 55-0605
- SIGMA-DIPHENYL-TETRAKIS-(PHENYLLITHIUM)-NIOB(II) 63-0074
- RED. GEKREUZTKONJUGIERTER 1-PYRROLINE MIT NATRIUMBORHYDRID, BLDG. EINES 1-AZA-BICYCLO(3.2.0)HEPTANS 64-0609

SINGH I., SPINOCHROMSYNTH. 61-0747

SINGH N., ALKALOIDE AUS ACONITUM PALMATUM. KOHLENSTOFFSKELETT V. VAKOGNAVIN 61-0738

SINGH S., CYCL. ENAMINKETONE 2. MITT. 56-0555
- CHEMIE CYCL. ENAMINOKETONE 3. MITT. 63-0670

SINGH S. N., PHOTOCHEM. U. THERM. UMWANDL. V. PHTHALOYLDIXANTHOGENAT 64-0589

SINGHAL G. H., ANTIMALARIAMITTEL 1. MITT RED. V. SYDNONDERIV. 63-0656
- ANTIMALARIAMITTEL 2. MITT. 63-0657

SINGLETON A., UV-SPEKTREN V. ANILIN, 2-, 3-, 4-AMINO-PYRIDINEN U. EINIGEN IHRER DERIV. IN N-HEXAN, 1.4-DIOXAN, AETHANOL U. WASSER 63-0123

SINGLETON D. M., STEREOCHEMIE D. REDUKTIVEN ELIMINIER. DURCH CR(II)-KOMPLEXE 60-0241
- ALKENE AUS ALKYLHALOGENIDEN U. EPOXIDEN DURCH REDUKTIVE ELIMINIER. MIT CR(II)-KOMPLEXEN 61-0327
- REDUKTIVE CYCLISIER. V. ALPHA.OMEGA-DIHALOGENIDEN MIT CHROM(II)-KOMPLEXEN 61-0436

SINGLETON E., DARST. U. KRIST.-STRUKTUR V. DI-MY-CHLORO-DICHLORO-DIMETHYL-TETRACARBONYL-DIIRIDIUM(II) 55-0043

SINGLETON S., ELEKTR. DIPOLMOMENTE V. CHLORANILINEN U. EINIGEN CHLOR-, BROM- U. NITRO-SUBSTITUIERTEN AMINOPYRIDINEN IN BENZOL U. 1.4-DIOXAN 63-0117

SINJAVSKAJA L. P., SYNTHET. UNTERS. GAMMA-SUBSTITUIERTER RESORCINE 1. MITT. 57-0394
- SYNTHET. UNTERS. V. GAMMA-SUBSTITUIERTEN RESORCINEN 2. MITT. 64-0505

SINKORENKO S. V., SYNTHET. FARBSTOFFE 71. MITT. 60-0618
- SYNTHET. FARBSTOFFE 51. MITT. 62-0629
- SYNTHET. FARBSTOFFE 67. MITT. 62-0630
- SYNTHET. FARBSTOFFE 69. MITT. 62-0632

SINNEMA A., RK. V. SARKOSIN U. PIPECOLINSAEURE MIT PHENYL- U. METHYLISOTHIOCYANAT 61-0579

SINNREICH J., LICHTINDUZIERTE ADDIT. V. 2-PYRROLIDON AN OLEFINE 64-0607
SIPP K. A., LSGM. V. GERINGER NUCLEOPHILIE 11. MITT. 61-0268
SIRCAR J. C., CHEMIE CYCL. ENAMINOKETONE 3. MITT. 63-0670
SIS J. D., MIKROBIOLOGISCHE HYDROXYLIERUNG DER CHOLESTERINSEITENKETTE 60-0817
SISIDO K., RK. V. DIPHENYLZINN MIT ALKYLHALOGENIDEN, NMR-SPEKTREN V. METHYLZINN- U. AETHYLZINNVERB. 57-0009
- DIREKTE SYNTH. V. ORGANOZINNVERB. 6. MITT. 58-0052
SISKIN G. V., SELEKTIVE BIS-BETA-HYDROXY-AETHYLIER. V. DIAMINEN AN D. SCHWAECHER BASISCHEN AMINOGRUPPE 59-0373
- SELEKTIVE BIS-BETA-HYDROXYAETHYLIER. V. DIAMINEN AN D. STAERKER BAS. AMINOGRUPPE 64-0401
SISTI A., RINGERWEITER.-VERF. 1. MITT. 58-0491
SISTI A. J., NEUE METH. D. RINGERWEITER. 2. MITT. 56-0441
SITZKI A., UMSETZ. V. SAEUREDERIV. U. HALOGENSILANEN MIT ALKALIMETALLEN 6. MITT. 57-0401
SITZMANN M. E., PK-WERTE V. 1.1-DINITRO-VERB. U. KONFORM. D. DINITROCARBANIONEN 63-0219
SIZOV S. J., BLDG. V. NITROALKANEN BEIM THERM. ZERFALL V. NITROACYLPEROXIDEN 58-0342
SJOEBERG B., HALBSYNTHET. PENICILLINE 7. MITT. 56-0733
- HALBSYNTHET. PENICILLINE 8. MITT. 61-0806
- MODELLSYST. FUER D. CU-PROTEIN-WECHSELWRKG., MEHRKERN. CU(II)-KOMPLEXE V. GLYCYLHISTIDYLGLYCIN 64-0078
SJOLANDER N. O., BIOSYNTH. D. TETRACYCLINE 9. MITT. 61-0830
SJUKJUROV N. S. S., SYNTH. U. FOLGERK. V. BETA-(P-HALOGEN-PHENYLMERCAPTO)-AETHANTHIOLEN 63-0417
SKALA V., ELEKTRONENSTRUKTUR U. CHEM. REAKTIVITAET V. 1-METHYL-2-PYRIDONEN 58-0137
SKANCKE A., SCF MO-UNTERS. UNGESAETT. CYCL. KW-STOFFE 61-0124
SKANCKE P. N., SCF MO-UNTERS. UNGESAETT. CYCL. KW-STOFFE 61-0124
SKARZYNSKA-KLENTAK T., SPEKTROPHOTOMETR. UNTERS. D. SAEURE-BASEN-GLEICHGEWICHTE ZWISCHEN NITROPHENOLEN U. PYRIDINDERIVATEN IN APROT. LSGM. 64-0217
SKATTEBOL L., THIOPYRAN-1.1-DIOXID-DERIV. DURCH ADDIT. V. AMINEN AN PROPARGYL-SULFON 59-0590
SKELL P. S., RELATIVE GESCHWINDIGKEITSKONSTANTEN FUER D. ANODISCHE OX. V. ALKYLCARBONSAEUREKALIUMSALZEN 61-0184
- D. 3.3-DIMETHYL-BUTYL-(1)-KATION 62-0191
- ZWISCHENPROD. BEI D. ANOD. OX. V. CARBOXYLATEN, CHRONOPOTENTIOMETRIE 64-0236
- D. 3.3-DIMETHYL-BUTYL-(2)-KATION, PINAKOLYL-KATION 64-0237
SKELTON F. S., SYNTH. V. 6-SUBSTITUIERTEN THIENO(3.2-B)PYRROLEN 62-0538
SKERJANC J., WECHSELWRKG. ZWISCHEN POLYELEKTROLYTEN U. EINFACHEN ELEKTROLYTEN 3. MITT. 63-0031
SKINNER W. A., EXPERIMENTELL VERURSACHTE PHENYLKETONURIE 2. MITT. 60-0386
- EXPERIMENTELL INDUZIERTE PHENYLKETONURIE 3. MITT. 60-0571
SKLJAEV V. S., SYNTH. BAS. AMIDE V. DIARYLGLYKOLSAEUREN 55-0323
- SYNTH. EINIGER OMEGA-PHENYLALKYLAMINEN AUS OMEGA-CHLOR-CARBONSAEUREN 58-0430
- SYNTH. V. DIARYLGLYKOLSAEURE-N-(DIALKYLAMINOALKYL)-ANILIDEN 59-0431
- SYNTH. U. KINETIK D. BLDG. V. O-(OMEGA-AMINO-ALKYL)-TRIPHENYL-ESSIGSAEURELACTAMEN 63-0744
SKODA J., THERM. PHOSPHORYLIER. 4. MITT. 59-0674
SKOLDINOV A. P., RK. V. CARBAMINSAEUREESTERN MIT ORTHOESTERN 55-0258
- FUNKTIONELLE DERIV. V. MALONDIALDEHYD 18. MITT. 57-0332
- SYNTH. V. DERIV. D. MALONDIALDEHYDS AUS PROPARGYLALDEHYD 58-0354
- FUNKTIONELLE DERIV. V. MALONDIALDEHYD 19. MITT. 64-0374
SKOL'NIK J. S., HALOGENARYLIER. V. UNGESAETT. VERB. MIT AROMAT. DIAZOVERB. 34. MITT. 59-0390
SKOLNIK S., POLYNUCLEARE HETEROCYCL. SYST. 5. MITT. 61-0523
SKOP S. L., KOMBINIERTE GASCHROMATOGRAPH.-MASSENSPEKTROMETR. METH. ZUR ANALYSE D. RK.-PROD. V. 1.3-DICHLOR-2-METHYLEN-PROPAN MIT ALKOHOL. LSG. V. KOH 63-0374
SKOROBOGATOVA M. S., UMWANDL. V. 2.5-DIALKYL-1.3.4-OXADIAZOLEN IN 4-SUBSTITUIERTE 3.5-DIALKYL-1.2.4-TRIAZOLE 62-0582
SKOROCHODOV S. S., SYNTH. U. RK. V. BETA-HYDROXY-AETHYL-N-ALKYL-CARBAMATEN 55-0256
SKOWRONSKI R., PROTOTROP. ISOMERISAT. V. 9-(PROPIN-(2)-YL-(1))-ANTHRACEN U. SEINEN DERIV., SYNTH. U. SPEKTROGRAPH. UNTERS. 53-0169
- KINET. ANALYSE D. ISOMERISIER. V. 9-(PROPIN-(1)-YL-(2))-ANTHRACEN U. SEINEN DERIV. IN BAS. MEDIUM 54-0178
- BENZOLE U. ANTHRACENE MIT UNGESAETT. SEITENKETTEN 57-0450
SKRABAL P., RADIKALANION VON CHINOXALINO(2.3-B)CHINOXALIN 60-0647
SKRAMSTAD J. E., OPT. AKT. BITHIENYLE 10. MITT. 58-0279
- THIOPHEN-ANALOGE D. FLUORENS 1. MITT. 58-0575
SKRIPCENKO V. K., STRUKTUR U. RK.-FAEHIGK. V. HYDRAZINDERIV. 11. MITT. 55-0165
- STRUKTUR U. RK.-FAEHIGK. V. HYDRAZINDERIV. 12. MITT. 59-0213
SKRIPNIK L. I., RK. V. AZIDEN U. KONDENSIERTEN TETRAZOLEN MIT HALOGENMAGNESIUMORGAN. U. LI-ORGAN. VERB. 64-0660
SKRJABIN G. K., UMBLDG. V. CHOLSAEURE DURCH KULTUREN V. MYCOBACTERIUM N 1210 60-0818
SKROWACZEWSKA Z., NITROALKYLPYRIDINALDEHYDE 4. MITT. 53-0429
- UV-SPEKTREN V. 3-NITROPYRIDIN U. EINIGEN 6-SUBSTITUIERTEN DERIV. 1. MITT. 64-0097
SKROWRONSKI R., KONFIG.-BEST. BEI V. PHENANTHRENCHINON, V. BENZIL U. V. ACENAPHTHENCHINON ABGELEITETEN PROPARGYL. DIOLEN 63-0527
SKRYABIN G. K., MIKROBIOLOGISCHE HYDROXYLIERUNG DER CHOLESTERINSEITENKETTE 60-0817
SKULNIK D., KINETIK V. RK. IN LSG. UNTER DRUCK 15. MITT. 56-0051
SKVARCENKO V. R., AROMAT. KOHLENWASSERSTOFFE 36. MITT. 53-0307
SKVORCOV J. M., RK. V. KETOVINYLAETHERN MIT IOCIC-REAGENS 64-0469
SKVORCOVA G. G., VINYLOXYANILIDE 1. MITT. 54-0266
- VINYLOXYANILIDE 2. MITT. 56-0355
- RK. V. VINYLOXYANILINEN MIT UNGESAETT. ALDEHYDEN 64-0453
SKVOROVA H., SUBSTANZEN MIT ANTINEOPLAST. WRKG. 20. MITT. 56-0750
SKWAREK M., STEREOCHEMIE V. EPOXYDIER.-RK., EPOXYDIER. V. (-)-TRANS-ISOLIMONEN U. (-)-TRANS-P-MENTHEN-(2)-OL-(8) 59-0722
SLACK R., ISOTHIAZOLE 12. MITT. 63-0729
SLADKOV A. M., RK. V. DIJODAETHYLEN MIT KUPFERACETYLENIDEN 58-0479
SLADKOVA T. A., DARST. V. AMINODERIV. EINIGER STICKSTOFFHALT. HETEROCYCLEN 60-0468
SLAGEL R. C., AMINIMIDE. 6. MITT. 62-0344
SLAMA K., TERPENE 189. MITT. 55-0524
- STEROIDE 111. MITT. 57-0727
- STEROIDE, 115. MITT. 64-0867
SLATCHER R. P., SYNTH. V. PSEUDOURIDIN U. V. 5-BETA-D-RIBOFURANOSYLURIDIN 61-0714
SLATER C. D., HYDROLYSE V. ALPHA-NITRO-BENZHYDRYLCHLORID 63-0277
SLATER D. H., PHOTOLYSE V. 1.1'-AZOISOBUTAN IN D. DAMPFPHASE BEI 3660 A. RK. D. FREIEN ISOBUTYL-RADIKALS 58-0314
SLATER G. P., KONFIG. V. ECHINULIN 54-0454
SLATER I. H., N-SUBSTITUIERTE CYCLOPROPYLAMINE ALS MONOAMINOXYDASEHEMMER, STRUKTUR-AKTIVITAETSBEZIEH., VERSTAERK. D. DOPA-WRKG. BEI MAEUSEN U. IN VITRO-HEMM. D. KYNURAMIN-OX. 57-0804
SLATES H. L., TOTALSYNTH. D. MACROLIDS ZEARALENON 60-0788
SLAUGH L. H., RED. V. ACETYLENEN U. KONJUGIERTEN DIOLEFINEN DURCH LITHIUMALUMINIUMHYDRID 55-0211
- DIMERISIER. V. ACRYLNITRIL ZU 1.4-DICYAN-BUTEN-(1) MIT RUTHENIUM-KOMPLEXEN 59-0263
- HYDRIERUNG VON BENZOL ZU PHENYLCYCLOHEXAN MIT ALKALIMETALL-KATALYSATOREN AUF TRAEGERN 64-0492
SLAVIK J., ISOLIER. U. CHEMIE D. ALKALOIDE EINIGER PAPAVERARTEN 37. MITT. 53-0498
- ALKALOIDE D. MOHNGEWAECHSE (PAPAVERACEAE) 36. MITT. 56-0643
- ALKALOIDE D. MOHNGEWAECHSE (PAPAVERACEAE) 37. MITT. 56-0644
- PAPVERACEEN-ALKALOIDE 40. MITT. 61-0115
SLAVIK V., OXYDAT.-MECHANISMUS D. O-AMINOAZOKOERPER MIT KUPFER(II)-SALZEN ZU 2-ARYL-4.5-ARYLEN-1.2.3-TRIAZOLDERIV. 57-0211
SLAVIKOVA L., ISOLIER. U. CHEMIE D. ALKALOIDE EINIGER PAPAVERARTEN 37. MITT. 53-0498
- ALKALOIDE D. MOHNGEWAECHSE (PAPAVERACEAE) 36. MITT. 56-0643
SLESSOR K. N., UNTERS. D. SYNTH. U. ISOLIER. V. OXYDIERTEN GLYCOSIDEN 53-0476
SLETTEN E., KRIST.-STRUKTUR EINES ZWEIKERN. 2-1-ADENIN-KUPFER-KOMPLEXES 56-0029
SLETZINGER M., ALPHA-HYDRAZINO-ANALOGE D. HISTIDINS 60-0529
- RACEMISIER. V. ALPHA-METHYL-ALPHA-ACETAMIDO-NITRILEN 61-0288
- SYNTH. V. L-ALPHA-METHYLDOPA AUS ASYMM. ZWISCHENPROD. 61-0422
- 3-ARYL-2-METHYLSERINE 1. MITT. 63-0453
- 3-ARYL-2-METHYLSERINE 2. MITT. 63-0454
SLOBODIN J. M., THERM. POLYMERISAT. V. ACETYLENKW-STOFFEN 53-0591
- SPIRO(2.5)OCTAN 56-0437
- THERMOPOLYMERES D. PHENYLACETYLENS V. LEBEDEV 58-0539
SLONOVA L. A., SYNTH. V. DERIV. D. MALONDIALDEHYDS AUS PROPARGYLALDEHYD 58-0354
SLOUKA J., 1-ARYL-6-AZAURACILE 7. MITT. 54-0467
- 1-ARYL-6-AZA-URACILE 8. MITT. 64-0759
- CYCLISIERUNGSREAKTIONEN VON HYDRAZONEN, 1. MITT. 64-0760
SLUYS- V. D. VLUGT M. J. V. D., WASSERSTOFFATOMUEBERTRAG. V. ALKANEN U. AROMAT. PROTONENKOMPLEXEN AUF AROMAT. KATIONEN U. CHINONE 54-0141
SLYKOVA N. I., RK. D. DINITROMETHYLNITRONSAEUREMETHYLESTERS MIT 1.3- U. 1.4-DIENEN 59-0555
SMADJA W., BASISCHE ISOMERISIERUNG V. HEPTENEN 61-0328

SMALE G., ELEKTROCYCL. UMWANDL. D. CYCLOPROPYL- ZUM ALLYL-ANION, GESAMTBIND. -SCF MO-METH. 63-0316
SMALLEY R. K., SYNTH. V. 2-SUBSTITUIERTEN 4H-3.1-BENZOXAZINONEN-(4) 63-0724
SMALLWOOD B. M., PURINE, PYRIMIDINE U. IMIDAZOLE 28. MITT. 63-0775
SMART B. E., SYNTH. V. DELTA-AMINO-LAEVULINSAEURE-ANALOGEN ALS MOEGL. ANTIMALARIAMITTEL 63-0423
SMEARING T. J., RK. V. HYDRAZINEN MIT ESTERN U. CARBONSAEUREN 59-0366
SMEDMAN L., CYCLOSATIVEN, EIN TETRACYCL. SESQUITERPEN AUS ABIES MAGNIFICA MURRAY 64-0840
SMEJKAL J., SYNTH. V. 1.4-DIHYDROXY- U. 1.4-DIHALOGEN-BICYCLO(2.2.2)OCTANEN 53-0320
SMENTOWSKI F. J., UNTERS. D. TEMP.-ABHAENGIGK. D. ELEKTRONENSPINRESONANZ 3. MITT. 60-0114
SMETHURST B., ACYL-TRIFLUORACETATE 4. MITT. 58-0227
SMIATACZOWA K., ANWEND. D. MUTAROTAT. V. N-GLYKOSIDEN ZUR UNTERS.V. SAEURENSTAERKEN 4. MITT. 58-0078
- MUTAROTAT. V. N-GLYKOSIDEN ALS NEUE METH. ZUR UNTERS. D. SAEURESTAERKE 5. MITT. 59-0191
SMIDSROD O., ALKAL. ALGINAT-ABBAU 58-0817
SMIRNOV J. D., ELEKTRORED. V. NITRILEN 7. MITT. 59-0299
SMIRNOV S. K., ELEKTRORED. V. NITRILEN 7. MITT. 59-0299
SMIRNOV V. A., SYNTHESE VON AZOMETHINEN AUF DER BASIS VON 4-PHENYL-2-AMINO-THIAZOL 64-0647
SMIRNOV V. V., SYNTH. V. 2.2.5.5-TETRAMETHYL-TETRAHYDROTHIOPHEN 60-0503
SMIRNOVA G. L., SUBSTITUIERTE HYDRAZIDE V. HYDROXYCARBONSAEUREN 48. MITT. 63-0518
SMIRNOVA N. B., NEUER FALL V. TETRAZOL-AZID-TAUTOMERIE 60-0569
SMIRNOVA O. V., SYNTH. V. CHLORHALT. DIPHENOLEN MIT EINEM PHENYLREST AM ZENTRALEN C-ATOM 58-0487
SMIRNOVA T. S., 1.3-DIPOLARE ADDIT. V. KETOCARBEN AN D. ACETYLENBIND. 55-0304
SMISSMAN E. E., SYNTH. V. 1.4-BENZOXATHIANEN 58-0650
- WECHSELWRKG. V. 1.3-DIAXIAL-SCHWEFELATOMEN 62-0554
- MECHANISMUS D. PRINS-RK., KINETIK U. PROD.-ZUS. IN ESSIGSAEURE 63-0291
SMIT P., HETARINE 16. MITT. 56-0585
SMITH A. B. III, AZIRIDINE 18. MITT. 61-0577
SMITH A. E., ELEKTROPHILE SUBSTITUTION AN INDOLEN 2. MITT. 57-0500
SMITH A. J., ELEKTRON. EFFEKTE V. QUECKSILBERSUBSTITUENTEN 61-0007
SMITH B. C., ADDIT.-VERB. V. HEXAMETHYLBENZOL U. TRIPHENYL-DERIV. D. 5. GRUPPE D. PERIODENSYST. 62-0170
SMITH B. H. JUN., DARST. V. 9-AMINO-9H-PURINEN 2. MITT. 59-0614
SMITH C., ELEKTROCHEMIE V. ORGANOMETALLVERB. 12. MITT. 61-0022
SMITH C. L., DEUTERODECARBOXYLIER., EINE BEQUEME METH. ZUR DARST. MARKIERTER PYRIDINE 60-0601
SMITH C. P., ALPHA-BROM-ALPHA-KETOL-PHOSPHATE U. EN-DIOL-BISPHOSPHATE 58-0443
- ORGAN. VERB. MIT 5-WERTIGEM PHOSPHOR 36. MITT. 58-0497
- RK. V. TRIS-DIALKYLAMINO-PHOSPHINEN MIT AROMAT. ALDEHYDEN 1. MITT. 58-0608
- NUCLEOPHILE SUBSTITUT. AM FUENFWERT. PHOSPHOR, RK. V. 2.2.2-TRIALKOXY-1.3.2-P(V)-DIOXAPHOSPHOLEN MIT ALKOHOLEN 58-0611
- ORGAN. VERB. MIT FUENFWERTIGEM PHOSPHOR 30. MITT. 60-0464
- STEREOISOMERIE AM PHOSPHOR IN CYCL. OXYPHOSPHORANEN, D. RK. V. PHOSPHONIGSAEURE- U. PHOSPHINIGSAEUREESTERN MIT 3-BENZYLIDEN-PENTANDION-(2.4) 60-0544
- ORGAN. VERB. MIT 5-WERT. PHOSPHOR 37. MITT. 60-0565
- DIPOLARE TRIAMINO-OXY-PHOSPHONIUM-IONEN U. TRIAMINO-DIOXY-PHOSPHORANE DURCH RK. VON TRIAMINOPHOSPHINEN MIT ALPHA-DIKETONEN NACHWEIS DER KOEXISTENZ VON 4- U. 5FACH KOORDINIERTEM PHOSPHOR IN LOESUNG, (31)P-NMR-SPEKTREN 60-0566
- NEUE SYNTH. V. BETA-KETO-ALPHA-HYDROXY-SAEURECHLORIDEN, ALPHA-HYDROXY-BETA-DIKETONEN U. IHREN PHOSPHAT-ESTERN 61-0366
- TRIALKYLPHOSPHITE ALS REAGENTIEN BEI C-C-KONDENS. V. ALPHA-DIKETONEN MIT ALPHA,BETA-UNGESAETT. ALDEHYDEN, HYDROLYSE V. 5-GLIEDR. CYCL. PENTAHYDROXYPHOSPHORANEN U. PHOSPHORSAEUREESTERN 61-0594
- ORGAN. VERB. MIT PENTAVALENTEM PHOSPHOR 38. MITT. 61-0595
- VERB. MIT PENTAVALENTEM U. TETRAVALENTEM PHOSPHOR DURCH RK. V. TRIVALENTEN PHOSPHORVERB. MIT ALPHA,BETA-UNGESAETT. KETONEN. DIPOLARE IONEN DURCH RK. TERTIAERER PHOSPHINE MIT 3-BENZYLIDEN-2.4-PENTANDION 62-0409
- PENTAPHENOXYPHOSPHORAN 64-0427
SMITH D., FRAGMENTIER. V. ORGAN. MOL. UNTER ELEKTRONENSTOSS 1. MITT. 58-0133
SMITH D. C. C., 8-HYDROXY-NAPHTHOYL-(1)-VERB. 55-0331
- 7.12-DIHYDROPLEIADENDION-(7.12), DARST. U. RK. MIT GRIGNARD-REAGENZIEN 56-0428
SMITH D. H., EMOLEKULARSTRUKTUR-UNTERS. DURCH HOCHAUFLOESENDE MASSENSPEKTREN 9. MITT. 61-0107
SMITH D. M., NEUE ASPEKTE D. ZERS. V. N-NITROSOACYLACRYL-AMINEN, FRAGE D. ARIN-BETEILIG. 53-0259
SMITH G., SYNTH. V. EQUILENIN, EQUILIN U. 17BETA-HYDROXY-DELTA(4)-OESTREN-3-ON 57-0724
SMITH H., SYNTH. V. CYCLOPENIN 60-0793
SMITH H. E., TERPENE 4. MITT. 55-0107
- OPT. AKT. AMINE 8. MITT. 58-0077
- RING-KETTEN-TAUTOMERIE V. DERIV. D. O-HYDROXYBENZYL-AMINS MIT ALDEHYDEN U. KETONEN 58-0176
- RING-KETTEN-TAUTOMERIE V. DERIV. D. O-HYDROXY-BENZYLAMINS MIT ALDEHYDEN U. KETONEN, NMR-SPEKTREN V. IMMONIUM-IONEN 58-0177
SMITH H. J., SYNTHETISCHE HYDROXYROTENOIDE 57-0571
SMITH J., ACYLIER. V. METALLCHELATEN 3. MITT. 54-0043
SMITH J. I. C., CHINAZOLINE, 11. MITT. 61-0235
SMITH J. M., POLYPEPTIDE 6. MITT. 59-0768
- POLYPEPTIDE 8. MITT. 59-0770
- POLYPEPTIDE 9. MITT. 59-0771
SMITH J. R., DIELS-ALDER-RK. V. 2-ARYL-FURANEN 54-0358
SMITH J. R. L., AMIN-OX. 1. MITT. 60-0238
SMITH K. M., SYNTH. V. PORPHYRINEN UEBER B-BILENE 56-0662
- PYRROLE U. VERWANDTE VERB. 13. MITT. 58-0735
- PYRROLE U. VERWANDTE VERB. 14. MITT. 58-0736
SMITH M. A., BUTADIENSULFON-CHEMIE 1. MITT. 55-0378
- BUTADIENSULFON-CHEMIE 2. MITT. 55-0379
- BUTADIENSULFON-CHEMIE 3. MITT. 55-0380
SMITH M. B., KONSTIT. D. GRIGNARD-REAGENZES 3. MITT. 55-0012
SMITH M. C., ENZYMAT. ERFORDERNISSE D. ''KONZERTIERTEN'' GRUNDGERUESTUMLAGER. 58-0761
SMITH P., ELEKTROPHILE SUBSTITUT. AN INDOLEN 3. MITT. 60-0513
- SYNTH. V. DL-LYCOPODIN 60-0718
- NEUE RK. V. INDOLENINEN 63-0623
SMITH P. A. S., CARBENRK. EINES DIAZOMETHYLTRIAZOLS. GEGENSATZ ZUM ISOSTEREN AZID 61-0588
SMITH P. J., ANOD. METHOXYLIER. TERT. AMINE 58-0428
SMITH P. W. G., PEPTID-CYCLISIER., ANWEND. V. BIS-O-PHENYLEN-PYROPHOSPHIT 55-0566
SMITH R. A. J., FLECHTEN U. PILZE 4. MITT. 53-0540
- FLECHTEN U. PILZE 5. MITT. 64-0848
SMITH R. E., KONDENS. AN D. METHYLGRUPPE V. 6-, 4- U. 3-METHYL-1H-PYRIDONEN-(2) U. D. SCHWEFELANALOGA UEBER IHRE DILITHIUMSALZE, DARGESTELLT MIT N-BUTYLLITHIUM 63-0681
- AROYLIER. V. N,N-DIMETHYL-GLYCINONITRIL ZU ALPHA-DIMETHYLAMINO-BETA-KETO-NITRILEN, CYCLISIER. MIT ACETOPHENON ZU 3-DIMETHYLAMINO-2-PYRIDONEN 64-0701
SMITH R. F., TERMOLYSE V. N-TRIMETHYLAMMONIO-BENZAMIDAT U. VERWANDTE VERB., IDENTIFIZIER. V. NEBENPROD. U. DEREN MOEGLICHER BLDG.-MECHANISMUS 56-0606
- RK. V. HYDRAZINEN MIT ESTERN U. CARBONSAEUREN 59-0366
SMITH R. H., PHOTOCHEM. RED. V. AROMAT. NITROVERB. IN TRIAETHYLPHOSPHIT 58-0322
SMITH R. L., SCHWEFELHALTIGE POLYPEPTIDE 8. MITT. 63-0842
SMITH S. D., CYCL. SILICIUM-VERB. 5. MITT. 59-0611
SMITH S. G., BEWEIS FUER D. BLDG. ZWEIER TETRASUBSTITU-IERTER ZWISCHENPROD. BEI D. ALKAL. HYDROLYSE V. AETHYLTHIONBENZOAT 61-0227
- EINFL. D. IONENPAARES AUF GESCHW. U. RICHT. D. ALKYLIER. V. OXIMSALZEN 62-0215
SMITH S. W., GEM.-DIALKYL-EFFEKT 2. MITT. 60-0768
- GEM.-DIALKYL-EFFEKT 3. MITT. 60-0769
SMITH W. B., KOLBE-ELEKTROLYSE ALS QUELLE FREIER RADIKALE IN LSG. 5. MITT. 58-0334
SMITH W. T. JUN., N-SULFINYLHYDRAZIN-ANALOGE V. STICKSTOFF-LOST 63-0401
- HALOGENIER. V. NAPHTHO(2.3-C)-(1.2.5)-THIADIAZOL 63-0659
SMITHERMAN H. C., AROMAT. CHARAKTER V. PYRONEN-(4) 57-0133
SMITHERS M. J., POLYPEPTIDE 8. MITT. 59-0770
SMITHIES A. C., DARST. U. EIG. EINIGER CIS-CARBONYLPHOSPHINPLATIN(II)-KOMPLEXE, (PTX2(CO)(PR3)) 59-0095
SMOLINSKY G., VINYLAZID-CHEMIE. THERM. INDUZIERTE RK. 64-0553
SMOLJAN Z. S., EINFL. V. LSGM. AUF D. ZUS. D. HALOGENIER.-PROD. V. OLEFINEN 55-0169
SMRT J., OLIGONUCLEOTIDE 17. MITT. 53-0489
- OLIGONUCLEOTIDVERB. 18. MITT. 54-0488
- OLIGONUCLEOTIDVERB. 19. MITT. 54-0489
- NUCLEINSAEUREBESTANDTEILE U. IHRE ANALOGE 100. MITT. 55-0493
- OLIGONUCLEOTID-VERB. 22. MITT. 61-0709
- NUCLEINSAEUREBESTANDTEILE U. IHRE ANALOGA 112. MITT. 62-0709
- OLIGONUCLEOTID-VERB. 23. MITT. 64-0794
SMUSKEVIC J. I., RK. V. ALDEHYDEN MIT OLEFINEN 4. MITT. 60-0405
SMUTNY E. J., RK. V. TRITHION U. SEINEN SALZEN MIT AMINEN 53-0360
SMYSER G. L., ACETOLYSE V. (1.1-D2)-4-BROMBUTYL-P-NITROBENZOLSULFONAT, BEWEIS FUER D. 1.4-BETEILIG. D. BROMS U. D. EXISTENZ EINES FUENFGLIEDRIGEN CYCL. BROMONIUMIONS WAEHREND D. ACETOLYSE 62-0233
SNADER K., PTERIDINE 8. MITT. 63-0704
SNAREY M., STER. ANFORDER. V. SP(2)-HYBRIDISIERTEN EINSAMEN ELEKTRONENPAAREN 1. MITT. 62-0139
- STER. ANFORD. V. SP(2)-HYBRIDISIERTEN EINSAMEN ELEKTRONENPAAREN 2. MITT. 62-0140
SNATZKE G., ZIRKULARDICHROISMUS 25. MITT. 53-0051
- DIGITANOLGLYKOSIDE, 18. MITT. 54-0497
- ZIRKULARDICHROISMUS 23. MITT. 55-0047
- TERPENE 188. MITT. 55-0523

- ABS.-KONFIG. D. KAWA-LACTONE 60-0168
- STEROIDE MIT AROMAT. RING A 12. MITT. 61-0137
- ZIRKULARDICHROISMUS 29. MITT. 62-0062
- ZIRKULARDICHROISMUS 24. MITT. 62-0063
- STRUKTUR V. DIGACETIGENIN, KORREKTUR EINER KUERZLICH ERSCHIENENEN PUBLIKATION V. CHANDLER, COOMBE U. WATSON 62-0789
- ZIRKULARDICHROISMUS 27. MITT. 64-0085

SNAVELY F. A., UNTERS. D. TAUTOMERIE IN ARYLAZOPYRAZOLONEN U. VERWANDTEN HETEROCYCLEN DURCH KERNMAGNET. RESONANZSPEKTROSKOPIE 59-0142

SNEADER W. E., BENZO(B)THIOPHENDERIV. 6. MITT. 53-0343

SNEDEKER E. H., REINIG. U. STRUKTUR V. SCHWEINE-CALCITONIN-1 63-0834

SNELLGROVE R., KINETIK D. VERDRAENG. D. MAGNESIUM-IONS AUS PORPHYRIN DURCH SAEUREN 63-0050

SNIDER W. H., SYNTH. V. HOMOAZEPIN-DERIV. 63-0739

SNOBL D., 2.3-DIDESOXY-5.6-O-ISOPROPYLIDEN-D-ERYTHRO-HEXIT ALS NEBENPRODUKT BEI D. SYNTH. V. 3-DESOXY-1.2,5.6-DI-O-ISOPROPYLIDEN-ALPHA-D-RIBO-HEXOFURANOSE 59-0656

SNOW M. L., 1.4-CYCLOHEXADIEN-1-ALANIN (2.5-DIHYDROPHENYLALANIN), EIN NEUER INHIBITOR V. PHENYLALANIN BEI RATTEN U. LEUCONOSTOC DEXTRANICUM 8086 63-0889

SNOWDEN B. S. JUN., BENZOL-INDUZIERTE KERNMAGNET. RESONANZ- U. DIPOLMOMENT-VERSCHIEB. V. 5-GLIEDR. RINGEN MIT HETEROATOMEN 64-0114

SNYDER E. E., 7-SYN- UND 7-ANTI-PROTONENABSORPTIONEN IN DEN KERNMAGNETISCHEN RESONANZ-SPEKTREN V. NORBORNENEN 64-0124

SNYDER E. I., STEREOCHEMIE D. TRIFLUORACETOLYSE V. (2-PHENYL-AETHYL)-BROSYLAT 59-0224
- KONFORM.-STABILITAET V. 2.3-DIBROM-PROPIONSAEURE-AETHYLESTER 62-0141

SNYDER H. R., RK. V. 9-NITROANTHRACEN MIT NATRIUMCYANID IN DIMETHYLFORMAMID 58-0511
- SYNTH. V. 6-SUBSTITUIERTEN THIENO(3.2-B)PYRROLEN 62-0538

SNYDER J. P., DURCH SAEURESPUREN GEFOERDERTE UMYLIDIER., URSPRUNG D. TEMPERATURABHAENGIGEN P-C-H-SPIN-SPIN-KOPPL. 63-0327

SNYDER L. C., NMR-SPEKTREN V. ENANTIOMEREN IN OPT. AKTIVEN FL. KRIST. 61-0101
- STRUKTUR D. FL.-KRIST. ZUSTANDS V. CHOLESTERINDERIV. 64-0184

SOBEL H., NUKLEOPHILE REAKTIVITAETSKONST. GEGENUEBER METHYLJODID U. TRANS-(PT(PY)2CL2) 58-0029

SOBTI R. R., DIREKTE KORRELAT. V. (+)-MALABARICOL MIT (+)-AMBREINOLID 61-0768

SOCHA J., UNTERS. IN D. CHINOXALINSERIE 5. MITT. 58-0660

SOCHOR I. N., ANIONEN V. DINITROMETHYLVERB. 6. MITT. 60-0084

SOCILIN E. G., ALKYLIER. V. 5-BENZYLIDEN-RHODANIN 54-0390

SODE L. G., RK. V. PHENYL-GLYCIDYL-AETHER MIT TERT. AMINEN IN PHENOL 61-0274

SODTKE U., PHOTOLYSE D. 9.9-DIXANTHOGENYL-XANTHENS 55-0438
- STEREOISOMERE U. PHOTOCHEMIE D. 2.3,6.7,2'.3',6'.7'-TETRABENZO-HEPTAFULVALENS 62-0469
- PHOTOCHEM. DIMERISIER. D. 2.3,6.7,2'.3',6'.7'-TETRABENZO-HEPTAFULVALENS ZU EINER KAEFIGVERB. (CAGE-COMPOUND) 63-0563

SOEDERVALL M., UMLAGER. BEI D. ZERS. D. PHENYLAZIDADDUKTE D. ENOLATE CYCL. U. BICYCL. KETONE 56-0388

SOEDERVALL T., N-METHYL-2-PYRROLIDON ALS MEDIUM FUER CHEM. RK. 7. MITT. 57-0194

SOEDIGDO S., THERM. ISOMERISIER. TRISUBSTITUIERTER PYRROLE 63-0616

SOFER H., KINETIK D. BROMIER. D. ACETESSIGESTERS IN WSS. LSG. 59-0219
- KINET. UNTERS. D. ESSIGSAEUREANHYDRID-METHANOL-RK. MIT HILFE D. KERNRESONANZSPEKTROSKOPIE 60-0269

SOH K. S., SYNTH. V. DL-HERNANDIN 56-0650

SOHAR P., GEMINALE AMINOCARBINOLE 2. MITT. 53-0265
- NH-VALENCHWING.-BANDEN UNTERHALB V. 3000 CM(-1) 2. MITT. 55-0065
- NH-VALENZSCHWING.-BANDEN UNTERHALB V. 3000 CM(-1) 3. MITT. 55-0066
- EINFL. D. FELDEFFEKTES AUF D. NEIG. EINIGER CHINOLIZINONDERIV. ZUR KETALBLDG. 57-0245
- 1.5-DIKETONE 3. MITT. 57-0440
- STRUKTUR V. MOLEKUELVERB. AUS AMIDAZOPHEN U. BARBITURATEN 58-0170
- THEORET. INTERPRETATION D. DIFFUSEN STRUKTUR V. ASSOZIERTEN OH- U. NH-VALENZSCHWING.-BANDEN MIT SUBMAXIMA (VON CHELATBANDEN) 60-0085
- NH-VALENZSCHWING.-BANDEN BEI KLEINEREN WELLENZAHLEN ALS 3000 CM(-1) 4. MITT. 62-0172

SOIFER V. S., STRUKTUR V. AUREOLSAEURE (MITHRAMYCIN) 63-0853

SOIGNET D. M., DIREKTE SYNTH. V. 1.1.4.4-TETRAAETHYL-PIPERAZINIUM-DICHLORID 58-0652

SOIMAJAERVI J., ALKOHOLYSE V. ACETALEN IN BIN. ALKOHOL-GEMISCHEN 62-0225

SOINE T. O., OPT. ROTAT.-DISPERS. U. A. KONFIG. 12. MITT. 55-0046

SOININEN K., DISSOZIAT. V. DIACETYLMONOXIM U. ALPHA-ISONITROSO-PROPIOPHENON IN WSS. LSG. 64-0225

SOJO C. M., ALKALOIDE AUS ZANTHOXYLUM CARIBAEUM LAM. 55-0511

SOKOL H. A., SPALT. D. PEPTID-BIND. DURCH GAMMASTRAHLEN 58-0390

SOKOLOFF S., EIN NEUES BENZOFURAN AUS SAMEN V. STYRAX OFFICINALIS L. 56-0471
- THREO-BETA-HYDROXY-ASPARAGYL-DIPEPTIDE 64-0882

SOKOLOV D. V., STEREOCHEMIE V. STICKSTOFFHETEROCYCLEN 15. MITT. 64-0712
- SYNTH. SUBSTITUIERTER SYMM. TRIAZINE 64-0758

SOKOLOV S. D., NITRIER. V. 3-PHENYL-ISOXAZOLIN-(2) 53-0378
- WASSERSTOFF-ISOTOPENAUSTAUSCH IN D. 3.5-DIMETHYL-ISOXAZOL-CARBONSAEURE-(4) 62-0257

SOKOLOV S. V., SYNTH. V. 1-SUBSTITUIERTEN 2.5-BIS-CHLORMETHYL-PYRROLIDINEN 62-0541

SOKOLOV V. I., STEREOCHEMIE D. OEFFN. D. CYCLOPROPAN-RINGS, RK. V. NORCARAN MIT QUECKSILBERNITRAT U. NITRILEN 57-0472

SOKOLOVA T. A., NEUARTIGE TAUTOMERIE V. HYDRAZIDEN UNGESAETTIGTER SAEUREN 57-0524
- RK. V. ASYMMETRISCH DISUBSTITUIERTEN HYDRAZINEN MIT DERIV. ALPHA,BETA-UNGESAETT. SAEUREN 7. MITT. 60-0345

SOKOLOVA V. N., DERIV. D. N-(PYRIMIDYL-(4))-AETHYLAMINS 62-0654
- N-(PYRIMIDINYL-(4))-AETHYLAMINE 2. MITT. 64-0735

SOKOLOVSKAJA N. G., ISOMERENVERTEIL. BEI D. CHLORIER. V. CHLORPROPANEN 2. MITT. 53-0204

SOKOLOVSKAJA S. V., PHENOLDERIV. V. PYRON-(2) 2. MITT. 64-0674

SOKOLOWSKA T., MUTAROTAT. V. N-GLYKOSIDEN ALS NEUE METH. ZUR UNTERS. D. SAEURESTAERKE 5. MITT. 59-0191

SOKOLOWSKI J., ANWEND. D. MUTAROTAT. V. N-GLYKOSIDEN ZUR UNTERS.V. SAEURENSTAERKEN 4. MITT. 58-0078
- MUTAROTAT. V. N-GLYKOSIDEN ALS NEUE METH. ZUR UNTERS. D. SAEURESTAERKE 5. MITT. 59-0191
- N-GLYKOSIDE MIT HETEROCYCL. AGLYKON 1. MITT. 59-0666

SOKOVA E. A., SYNTH. U. ANTIBAKTERIELLE AKTIVITAET EINIGER P-ALKYLMERCAPTO-BETA-BENZOYL-ACRYLSAEUREN 53-0600
- P'-ALKYLMERCAPTO-CHALKONE U. P-ALKYLMERCAPTO-FURFURYLIDENACETOPHENONE 54-0378

SOLAR S. L., SYNTH. U. STRUKTURUNTERS. V. 2.6-DIAMINOBENZO(1.2-D,4.5-D')BISTHIAZOL 63-0644

SOLARINO L., PYROLYSE V. C4-KOHLENWASSERSTOFFEN IN GGW. V. AROMATEN 58-0293

SOLBJOER T., 1.1-DIHYDROPEROXYCYCLODODECAN 54-0285

SOLINE S., LEITFAEHIGK. V. GEMISCHEN AUS N-METHYL-ACETAMID U. BROM 57-0196

SOLLADIE G., STEREOCHEMIE D. RINGOEFFN. V. 8.9-EPOXY-CIS-HYDRINDANOL-(5) U. 8.9-EPOXY-CIS-HYDRINDANOL-(2) 59-0437

SOLLADIE-CAVALLO A., DERIV. D. OXY- U. THIO-DIESSIGSAEURE 2. MITT. 58-0151

SOLODOVNIKOV S. P., EPR-SPEKTREN D. ANIONRADIKALE V. PIAZTHIOL, PIAZSELENOL SOWIE DEREN ALPHA- U. BETA-CHLORDERIV. 62-0093

SOLOMKO Z. F., SULFANILIDE 26. MITT. 58-0409
- SULFANILIDE 24. MITT. 64-0627

SOLOMON B. S., PRIM. PROZESSE IN D. PHOTOCHEMIE V. BICYCL. AZOVERB. 62-0299

SOLOMON C., DERIV. V. 1-AMINO-ADAMANTAN 63-0548

SOLOMON S., THIOPYRAN-1.1-DIOXID-DERIV. DURCH ADDIT. V. AMINEN AN PROPARGYL-SULFON 59-0590

SOMERVILLE A. W., SYNTH. U. SPEKTROSKOPISCHE EIG. EINIGER HALOGEN-1.2-NAPHTHOCHINONE 62-0456

SOMIN I. N., SYNTH. UNSYMMETRISCH N-SUBSTITUIERTER POLYMETHYLENPOLYAMINE 58-0383

SOMMER H., STRUKTUR DER KONDENSATIONSPROD. AUS 5-HYDROXYMETHYLEN-PYRROLONEN 59-0536

SOMMER J., STABILE CARBONIUM IONEN 53. MITT. 60-0121

SOMMER L., KOMPLEXE D. URANYLS MIT PHENOL. LIGANDEN 10. MITT. 58-0828

SOMMER L. H., STEREOCHEMIE V. ASYMM. SILICIUM 10. MITT. 59-0445

SOMMER R., ADDITION V. ORGANOZINNHYDRIDEN AN INNERE OLEFINE 59-0061
- DARST. V. GEMISCHTEN ORGANOZINN-CHLORIDEN DURCH UMVERTEIL.-RK. 61-0045

SOMMERMANN E. F., RED. V. 9.10-ANTHRACHINONEN 2. MITT. 62-0187

SOMOGYI L., HYDROLYSE-PROD. D. DESERTOMYCINS 62-0827

SONDHEIMER F., UNGESAETT. MAKROCYCL. VERB. 55. MITT. 58-0459
- UNGESAETT. MAKROCYCL. VERB. 52. MITT. 58-0504
- UNGESAETT. MAKROCYCL. VERB. 54. MITT. 58-0523
- UNGESAETT. MAKROCYCL. VERB. 61. MITT. 62-0468

SONG P., ELEKTRONENSTRUKTUREN U. SPEKTREN EINIGER THEORET. INTERESSANTER NATURSTOFFE 1. MITT. 60-0145

SONGSTAD J., RK. ZWISCHEN NA-DIAETHYLPHOSPHIT U. EINIGEN OMEGA-CHLORALKANOLEN-(1) 56-0323
- NUKLEOPHILE REAKTIVITAETSKONST. GEGENUEBER METHYLJODID U. TRANS-(PT(PY)2CL2) 58-0029

SONNEK G., RK. V. ALKYLALUMINIUM-VERB. MIT ALPHA-CHLOR-AETHERN U. ALPHA-CHLOR-AMINEN 63-0669

SONNTAG C. VON, STRAHLENCHEMIE V. ALKOHOLEN 1. MITT. 57-0259

SONNTAG F. I., KRITERIUM FUER D. BLDG. ZWITTERION. ZWISCHENPROD. BEI D. PHOTOCHEMIE V. CYCLOHEXADIEN-(2.5)-ONEN 63-0337

SONODA N., RK. V. KOHLENSUBOXID, BLDG. U. STRUKTUR V. PYRONEN AUS ACETYLACETON, BENZCYLACETON U. ACETON 63-0664
SOOD M. S., BESTANDTEILE V. SESELI SIBIRICUM, KONSTIT. U. SYNTH. V. SIBIRICIN, EINEM NEUEN CUMARIN 61-0605
SOPOVA A. S., SYNTH. V. NITROSPIROCYCLOPROPANEN 54-0337
- SYNTH. V. 1.4-BIS-(2-NITRO-3.3-DICARBOMETHOXYCYCLOPROPYL)-BENZOL 55-0321
- NITROALKEN-CHELATE 61-0061
SORBA J., UNTERS. D. METHYLESTER LANGKETT. FETTSAEUREN MIT ALPHA-STAENDIGER ALKOXY-GRUPPE 63-0130
SORENSEN A. M., KRISTALLSTRUKTUR V. ''TRICHLORPHENOL-CHLOR'' U. EINIGEN ANALOGEN VERB. DER ALLGEMEINEN KONSTIT. EINES 2.4.4.6-TETRAHALOGEN-CYCLOHEXA-2.5-DIEN-1-ONS 61-0160
SORENSEN N. A., ''ASTERINSAEURE'', EIN ACETYLENCAROTINOID 61-0746
SORM F., SYNTH. EINES KRISTALLINEN 1.1'-DISACCHARIDS AUS 2-DESOXY-D-RIBOSE 53-0477
- NUCLEINSAEUREKOMPONENTEN U. IHRE ANALOGA 94. MITT. 53-0487
- OLIGONUCLEOTIDE 17. MITT. 53-0489
- STEROIDE 105. MITT. 53-0545
- AMINOSAEUREN U. PEPTIDE 75. MITT. 53-0569
- NUCLEINSAEUREKOMPONENTEN U. IHRE ANALOGA 96. MITT. 54-0461
- OLIGONUCLEOTIDVERB. 18. MITT. 54-0488
- NUCLEINSAEUREKOMPONENTEN U. IHRE ANALOGA 97. MITT. 54-0494
- TERPENE 188. MITT. 55-0523
- TERPENE 189. MITT. 55-0524
- TERPENE 190. MITT. 55-0525
- NUCLEINSAEUREBESTANDTEILE U. IHBE ANALOGA 105. MITT. 56-0628
- POLYPODIN B, EINE NEUE ECDYSON-AEHNL. SUBSTANZ AUS PFLANZL. MATERIAL 56-0706
- NUCLEINSAEUREBESTANDTEILE U. IHRE ANALOGA 106. MITT. 57-0655
- STEROIDE 111. MITT. 57-0727
- NUCLEINSAEUREBESTANDTEILE U. IHRE ANALOGA 108. MITT. 59-0670
- NUCLEINSAEUREBESTANDTEILE U. IHRE ANALOGA 109. MITT. 59-0671
- NUCLEINSAEUREBESTANDTEILE U. IHRE ANALOGA 110. MITT. 59-0672
- SYNTH. V. 6-AZA-PSEUDOURIDIN AUS D. PROD. D. OZONOLYSE V. 2'.3'.5'-TRI-O-ACETYL-PSEUDOURIDIN 59-0681
- STRUKTUR V. ADENOSTYLON U. ISOADENOSTYLON, ZWEI FUROEREMOPHILANEN AUS ADENOSTYLES ALLIARIAE (GOUAN) KERN 59-0733
- STRUKTUR V. KABLICIN, D. HAUPTKOMPONENTE D. PETROLAETHEREXTRAKTES D. RHIZOME V. PETASITES KABLIKIANUS TAUSCH.EX BERCHT. U. V. PETASITES PARADOXUS (RETZ) BAUMG. 59-0789
- TERPENE 192. MITT. 62-0764
- STRUKTUR VON ARTABSIN UND ABSINTHIN 64-0843
- TERPENE 195. MITT. 64-0844
- STEROIDE 112. MITT. 64-0865
- STEROIDE 114. MITT. 64-0866
- STEROIDE 115. MITT. 64-0867
SOROKIN M. F., RK. V. PHENYL-GLYCIDYL-AETHER MIT TERT. AMINEN IN PHENOL 61-0274
SOROKINA L. P., UNTERS. D. RK. V. N-PROPYLMAGNESIUMBROMID MIT AETHYLFORMIAT 55-0221
SOROKINA V. S., EINFL. V. O-SUBSTITUENTEN AUF D. BASIZITAET V. HYDROXYPHTHALANEN 61-0181
SOSNOVSKY G., RK. V. DIPHENYLPHOSPHINIGSAEURECHLORID MIT BENZOYLPEROXID 64-0460
SOSNOWSKI G., PTERIDINE 12. MITT. 63-0708
SOSTAKOVSKIJ M. F., VINYLOXYANILIDE 2. MITT. 56-0355
- VINYLAETHER, D. EINE EPOXYGRUPPE ENTHALTEN 1. MITT. 56-0462
- RK. V. HYDROXYLHALT. 1.3-DIOXOLANEN MIT MERCAPTANEN 57-0298
- AMINOMETHYLIERUNG DES ACETYLENS MIT DEM DIVINYLAETHER D. AETHANOLAMINS 59-0330
- BESONDERH. D. RADIKAL. ADDIT. V. MERCAPTANEN AN VINYLALKINYLAETHER 62-0337
- REAKTIVITAET V. P-NITRO-PHENYL-VINYLAETHER 62-0374
- ALPHA-HALOGENALKYLAETHER V. ACETYLENALKOHOLEN 64-0362
- RK. V. VINYLOXYANILINEN MIT UNGESAETT. ALDEHYDEN 64-0453
- RK. V. KETOVINYLAETHERN MIT ICCIC-REAGENS 64-0469
- EINFL. V. SUBSTITUENTEN AUF D. CYCLISIER. V. HYDROXYAETHYL-PROPARGYLAMINEN 64-0641
SOSTAKOVSKIJ V. M., SYNTH. V. 5-OXO-3-OXAHEPTANCARBONSAEUREESTERN U. IHRE CYCLISIER. ZU DIOXANON- U. MORPHOLINONHOMOLOGEN 64-0721
SOUCHAY P., ELEKTROCHEM. RED. V. PHENYLGLYOXYLAMID U. PHENYLGLYOXYLHYDROXAMSAEURE 56-0193
- PHYSIKOCHEMISCHE UNTERS. V. 1-NITRO-ACETALDOXIM-(2) (METHAZONSAEURE) IN WSS. PUFFERLSG. 57-0202
- DEHYDRATISIER. V. DIHYDROXYACETON U. GLYCERINALDEHYD ZU METHYLGLYOXAL 61-0282
- RED. V. KROKONSAEURE AN EINER QUECKSILBERELEKTRODE, MECHANISMUS U. CHARAKTERISIER. D. REDUZIERTEN VERB. 64-0240
SOUKUP H., FERROCENDERIV. 39. MITT. 64-0070
SOULEYROL A., BLDG. NEGATIVER IONEN AUS ALLYLALKOHOL U. ACROLEIN 62-0183
SOULIER J., CYCLOADDIT. V. DIAZOMETHAN AN AKT. ACETYLENVERB. 62-0570
SOULIER R., REAKTIVITAET IN D. DIGLYKOLREIHE 1. MITT. 58-0337
- REAKTIVITAET IN DER DIGLYKOLREIHE 2. MITT. 62-0435
SOUNDARARAJAN S., LADUNGSVERTEIL. IN U. ELEKTRISCHE MOMENTE V. ALIPHAT. SAEUREN 57-0072
SOUTH A. JUN., OXYDATIVE SPALTUNG V. CYCLOPROPANEN, 4. MITT. 60-0242
SOUTHAM R. M., KLASS. CARBONIUMIONEN 1. MITT. 60-0263
- ANALYSE V. GEMISCHEN V. N-OCTENEN, OCTALINEN, TERT.-BUTYL-CYCLOHEXENEN, OCTANOLEN, DECALOLEN U. TERT.-BUTYL-CYCLOHEXANOLEN 60-0841
SOUTHWICK P. L., KRIST.- U. MOL.-STRUKTUR V. 5.5A.10.14C-TETRAHYDRO-5A-PHENYLBENZ(A)INDENO(2.1-C)FLUOREN-5.10-DION (C30H18O2) 57-0172
- 1-CARBAMOYL- U. 1-AMINOMETHYL-1.4-DIHYDRO-PYRROLO(3.4-B)INDOL-DERIV., BLDG. V. INDOLEN DURCH FRAGMENTIER. D. DURCH EINE SPANN.-SCHWELLE STABILISIERTEN 2-AMINO-INDOLIN-DERIV. 63-0615
SOWADA R., SYNTH. MIT N.N'-DISUBSTITUIERTEN SCHWEFELSAEUREDIAMIDEN 8. MITT. 57-0324
SOWERBY D. B., OXID- U. NITRAT-DERIV. V. TRIPHENYLARSIN U. -PHOSPHIN 61-0430
SOWINSKI F., EINFUEHR. EINER FUNKTIONELLEN GRUPPE AM C(5)-ATOM IN PYRIMIDINEN. NEUE WEGE ZU AZAPTERIDINEN U. PURINEN. SYNTH. V. FERVENULIN 60-0790
SPAČU P., DARST. U. EIG. V. TRIS-(PALUDRIN)-NICKEL(III) 64-0074
SPAGNOLO P., VINYL-RADIKALE. HOMOLYT. AROMAT. SUBSTITUT. MIT DELTA(1)-CYCLOHEXENYL-(1)-RADIKALEN 61-0468
SPANDE T. F., RK. V. TRYPTOPHAN- U. TRYPTAMINDERIV. U. ANDEREN INDOLEN MIT 2-HYDROXY-5-NITRO-BENZYLBROMID (KOSHLAND'S REAGENZ) 63-0621
SPANGENBERG H., BEHINDERTE INNERE ROTAT. FREIER MOL. - STAND D. ENTW. IN EXPERIMENT U. THEORIE 57-0154
SPAN'KO I. V., KATALYT. EINFL. V. ALKYLPYRIDINEN AUF D. BENZOYLIER. V. M-CHLORANILIN 60-0246
SPANSWICK J., TETRAADDUKT AUS 3.3'-BI-INDENYL U. ACETYLENDICARBONSAEUREDIMETHYLESTER 53-0305
SPANSWICK J. S., DARST. V. 2.3'-BIS-INDENYL 56-0413
SPASSKAJA R. I., SYNTH. V. GUANIDINDERIV. AUS HARNSTOFF 55-0259
SPASSKY N., DARST. U. POLYMERISAT. V. (+)-PROPYLENSULFID 63-0867
SPASSOV S. L., STRUKTURAUFKLAER. D. ISOMEREN V. ALPHA-OXIMINO-CARBONSAEUREESTERN 55-0116
- HETEROLYT. ANLAGER. AN ACETYLEN-VERB. 1. MITT. 56-0336
- HETEROLYT. ANLAGER. AN ACETYLEN-VERB. 2. MITT. 56-0337
SPAZIANO V. T., SYNTH. V. 6-SUBSTITUIERTEN 9-(4-(BIS-(2-CHLOR-AETHYL)-AMINO)-PHENYL)-PURINEN ALS POTENTIELLE CYTOTOXICA 61-0670
SPEAKE R. N., STRUKTUR V. CYTOCHALASIN A U. B 53-0590
SPEAKMAN P. R. H., ERZEUG. V. NITRENEN AUS ALKANAMIDATEN U. ALKANSULFONAMIDATEN 61-0198
SPECKAMP W. N., ADDIT. AN STEROIDPOLYENE 4. MITT. 53-0556
- DIHYDROCHINOLONE 6. MITT. 64-0709
SPECTOR R. H., 1.2.3-BENZOTIRIAZINE 3. MITT. 63-0733
SPEDDING H., KRISTALLINE MODIFIKAT. V. SALICYLIDENAMINO-GUANIDIN 54-0256
- VILSMEIER-ADDUKTE V. DIMETHYLFORMAMID 63-0389
SPEERT A., NEUE SYNTH. V. DIARYLAETHERN 57-0346
SPEIGHT J. G., CARBEN-CH-EINFUEG.-RK. 55-0224
SPENCER R. P., 3.5-DICHLOR-TYROSIN, DARST. D. D- U. L-FORM 62-0407
SPENCER T. A., SYNTH. V. METHYL-DESISOPROPYL-DEHYDROABIETINAT. DITERPENOIDSYNTH. UEBER DEN AB-ABC-WEG 59-0717
- SYNTH. V. PODOCARPSAEURE 59-0718
SPENGEL S., NACHTRAG U. BERICHTIG. ZUR 3. MITT. UEBER D. GLYKOSIDE D. BLAETTER V. ISOPLEXIS ISABELLIANA(WEBB) MASF. 53-0606
- GLYKOSIDE D. BLAETTER V. ISOPLEXIS CANARIENSIS (L.) G.DON. 2. MITT. 54-0499
SPENSER I. D., BIOSYNTH. V. LYCOPODIN 60-0826
SPIALTER L., BEZIEH. ZWISCHEN D. SI-H-REAKTIVITAET U. D. INFRAROT-VALENZFREQUENZ BEI D. RK. V. SILANEN MIT OZON 61-0024
SPICER L., SYSTEMATIK U. MECHANISMUS V. RK. HEISSER HALOGENATOME, TREND D. TOTALAUSB. 62-0022
- VERLAUF U. MECHANISMUS V. RK. HEISSER HALOGENATOME, PROD.-VERTEIL. 62-0023
SPICER L. D., NEUE SYNTH. V. 6-PHENYL-2.3.5.6-TETRAHYDRO-IMIDAZO(2.1-B)THIAZOL 62-0573
SPICKETT R. G. W., BICYCL. PYRIMIDINDERIV. MIT EINEM BRUECKENKOPF-N-ATOM 3. MITT. 61-0075
SPICYNA L. M., CHEM. RK. V. ALPHA-HALOGENKETONEN, 13. MITT. 56-0401
- RK. V. ALPHA-HALOGENKETONEN 15. MITT. 64-0285
SPIEGELBERG H., SYNTH. U. EIG. V. 2-(ALPHA-HYDROXY-ALKYL)- U. 2-(ALPHA-ALKOXYCARBONYL)-SUBSTITUIERTEN 4-METHYL-5-(BETA-HYDROXY-AETHYL)-THIAZOLEN U. -THIAZOLIUMSALZEN 59-0566
SPIETHOFF W., BIS-(N'-CARBAMOYL-GUANIDINO)-METHAN, EINE NEUE VERB. AUS DICYANDIAMID U. FORMALDEHYD 56-0310
SPIJKERMAN J. J., UNTERS. D. KOORDINATION EINIGER METALL(I)-SALZE D. KOMPLEXSAEURE HYDROGENAETHYLENDIAMINTETRAACETATOAQUOFERRAT(III) DURCH MOESSBAUER-SPEKTROSKOPIE 61-0009
- DARST. U. UNTERS. D. KOORDINATION D. KOMPLEXSAEURE

DIHYDROGENDIAETHYLENTRIAMINPENTAACETATOFERRAT(III)-
DIHYDRAT U. IHRER METALL(I)-SALZE 61-0054
SPILNERS I. J., FERRICINIUMSALZE 57-0054
SPINELLI D., BISELENIENYLREIHE 2. MITT. 60-0500
SPIRO V. B., SYNTH. V. DI- U. TETRAHYDROPYRROLEN 1. MITT. 60-0518
- SYNTH. V. DI- U. TETRAHYDROPYRROLEN 2. MITT. 60-0519
SPITELLER G., UNTERDRUECK. D. MCLAFFERTY-UMLAGER. BEI D. MASSENSPEKTROMETR. FRAGMENTIER. V. SYST. MIT GERADER ELEKTRONENZAHL 54-0081
- STRUKTUR U. STEREOCHEMIE D. BUXIDINS U. BUXANDRINS 54-0516
- SCHLUESSELBRUCHSTUECKE IN D. MASSEN-SPEKTREN V. ALKALOIDEN 7. MITT. 59-0141
- ANWEND. D. MASSENSPEKTROMETRIE ZUR STRUKTURAUFKLAER. V. ALKALOIDEN 8. MITT. 59-0711
- STRUKTUR EINES NEUEN ALKALOIDS AUS VINCA MINOR 60-0714
- MASSENSPEKTREN GERADKETTIGER ALIPHAT. KETONE 61-0123
- ANWEND. D. MASSENSPEKTROMETRIE ZUR STRUKTURAUFKLAER. V. ALKALOIDEN 9. MITT. 61-0745
SPITELLER-FRIEDMANN M., STRUKTUR U. STEREOCHEMIE D. BUXIDINS U. BUXANDRINS 54-0516
- ANWEND. D. MASSENSPEKTROMETRIE ZUR STRUKTURAUFKLAER. V. ALKALOIDEN 8. MITT. 59-0711
- ANWEND. D. MASSENSPEKTROMETRIE ZUR STRUKTURAUFKLAER. V. ALKALOIDEN 9. MITT. 61-0745
SPITZER W. A., PHOTOCHEMIE V. 4.4-DIMETHYL-1-METHYLEN-CYCLOHEXEN-(2), EINEM METHYLEN-ANALOGEN V. CYCLOHEXENON 58-0320
SPLITTER J. S., BESTRAHL. V. 3-SUBSTITUIERTEN 2-PHENYL-OXAZIRIDINEN, DEUTL. BEWEIS FUER PHENYLNITREN 59-0270
SPOERK H., PFROPFVERSUCHE AN CELLULOSE MIT SILOXANEN 54-0574
SPOHN R. J., EINE NEUARTIGE SYNTH. FUER SYMM. KETONE AUF D. GRUNDLAGE V. ORGANOQUECKSILBERVERB. 58-0492
SPORKA K., EINFL. DER ALDEHYDSTRUKTUR AUF DIE HYDRIERUNGSGESCHWINDIGKEIT IN DER GASPHASE AN KUPFERKATALYSATOREN 61-0200
SPOTSWOOD T. M., PYRROLUNTERS. 12. MITT. 55-0074
SPRAGG R. A., NMR-UNTERS. V. SECHSGLIEDRIGEN RINGEN 1. MITT. 63-0142
SPRING D. J., POLYFLUORARYL-ORGANOMETALLVERB. 7. MITT. 62-0496
- POLYFLUORARYLORGANOMETALL-VERB. 8. MITT. 63-0604
SPRINZL M., NUCLEINSAEUREKOMPONENTEN U. IHRE ANALOGA 98. MITT. 54-0495
- NUCLEINSAEUREBESTANDTEILE U. IHRE ANALOGA 105. MITT. 56-0628
SPRIO V., STICKSTOFFHETEROCYCLEN 3. MITT. 60-0644
- KERNUMWANDL. DURCH HYDROGENOLYSE 4. MITT. 60-0645
SPROESSLER B., SYNTH. V. ENOLAETHERN D. BRENZTRAUBENSAEURE 57-0317
SPRYSKOV A. A., ORIENTIER. BEI D. SUBSTITUT. IN D. AROMAT. REIHE 19. MITT. 59-0442
- ORIENTIER. BEI D. SUBSTITUT. IN D. AROMAT. REIHE 21. MITT. 64-0304
SPULAK F. VON, HASCHISCH 14. MITT. 57-0699
SPUNTA G., HETEROAROMATISCHE KATIONEN, 12. MITT. 61-0619
SPURLOCK L. A., RK. V. CARBAMOYLCHLORIDEN MIT THIOCYANAT-IONEN 63-0397
SQUIRES T. G., SUBSTITUENTENEINFL. AUF D. (19)F-CHEM. VERSCHIEBUNGEN BEI GESAETTIGTEN SYST. 57-0103
SREJBERT A. I., DARST. U. SPEKTROSKOP. UNTERS. V. PEROXIDEN ALIPHAT. NITROACYLVERB. 55-0248
- BLDG. V. NITROALKANEN BEIM THERM. ZERFALL V. NITROACYLPEROXIDEN 58-0342
- DARST. V. CHLORALKYLPEROXIDEN 61-0331
- ALPHA.ALPHA'-DIHYDROXY-BIS-(HALOGENALKYL)-PEROXIDE 64-0366
SRIBNAJA V. P., SYNTH. V. TETRACARBOCYANINEN UNTER AUFSPALT. D. PYRYLIUMRINGES V. BENZOPYRYLOCYANINEN 64-0678
SRINIVASAN R., ABS. KONFIG. V. CALDARIOMYCIN 57-0158
- DARST. U. UNGEWOEHNL. MASSENSPEKTREN V. 3.4.4-TRIMETHYL-5-OXO-TRANS-2-HEXENSAEURE U. VERWANDTEN VERB. 58-0377
- KINETIK D. THERM. ISOMERISIER. V. BICYCLO(1.1.1)PENTAN U. 1.3-DIMETHYL-BICYCLO(1.1.1)PENTAN 63-0306
- KRITERIUM FUER D. BLDG. ZWITTERION. ZWISCHENPROD. BEI D. PHOTOCHEMIE V. CYCLOHEXADIEN-(2.5)-ONEN 63-0337
- PHOTOISOMERISIER. V. 2-ALKYL-FURANEN ZU 3-ALKYL-FURANEN 63-0600
SRIVASTAVA K. C., ANALYSE D. FETTEN OELES D. SAMEN V. LUFFA GRAVEOLENS 55-0594
SRIVASTAVA M. C., ANALYSE D. FETTEN OELES D. SAMEN V. LUFFA GRAVEOLENS 55-0594
SRIVASTAVA P. K., VORSTUFEN ZU HUGERHOFFS BASE 62-0577
SRIVASTAVA R. M., MASSENSPEKTREN V. 1.2.4-OXADIAZOLINEN 60-0117
SRIVASTAVA S. C., ELKTR. DIPOLMOMENT V. AMYLCINNAMAT, AMYLPHENYLACETAT, PHENYLPROPYLBUTYRAT, GERANYLFORMIAT U. GLYCERYLTRIACETAT 55-0051
SRIVASTAVA S. N., ROENTGENSTRAHLEN-ANALYSE V. SPARTEIN-N(16)-OXID-SESQUIPERCHLORAT (C15H26N2O)2.3HCLO4 62-0152
SROGL J., FURANE 8. MITT. 62-0521
- SPALT. V. 5-BROMFURFURYLALKOHOLDERIV. MIT CHLORWASSERSTOFF 62-0522
STAAB H. A., INTRAMOLEKULARE WECHSELWRKG. ZWISCHEN DREIFACHBIND. 2. MITT. 54-0332
- PROTONENRESONANZ-UNTERS. ZUR SYN-ANTI-ISOMERIE BEI IMINO-KOHLENSAEUREESTERN U. IMINO-THIOKOHLENSAEURE-ESTERN 56-0164
- UNTERS. UEBER SCHIFFSCHE BASEN 6. MITT. 56-0237
- ROTAT.-BEHINDER. BEI SUBSTITUIERTEN BENZOPHENONEN U. BENZILEN 57-0134
- KONJUGAT. IN MAKROCYCL. BIND.-SYST. 11. MITT. 59-0133
- STABILE ROTATIONSISOMERE CARBONSAEUREAMIDE 59-0153
- KONJUGAT. IN MARKOCYCL. BIND.-SYST. 10. MITT. 59-0458
- INTRAMOLEKULARE WECHSELWRKG. ZWISCHEN DREIFACHBIND. 3. MITT. 59-0464
- PHOTOCHEMISCHE RK. D. BENZOCYCLOBUTENDIONS-(1.2) 61-0536
STABBA R., HETARINE 10. MITT. 54-0380
STACEY M., NUCLEOPHILE VERDRAENGUNGSRK. AN KOHLENHYDRATEN. 3. MITT. 59-0662
- SYNTH. V. 5-ACETAMIDO-5-DESOXY-D-LYXOPYRANOSE 64-0783
STACY G. W., TAUTOMERIE 6. MITT. 56-0479
- TAUTOMERENCHEMIE V. THIAZOLIDINEN 7. MITT. 60-0542
STADDON B. W., BESTANDTEILE D. STINKDRUESEN D. WASSERKAEFERS ILYOCORIS CIMICOIDES (L.) (HETEROPTERA, NAUCORIDAE) 55-0593
STADLER D., ELEKTROPHILE RK. D. DIAZO-GRUPPE IN 2-DIAZO-1.3-DIKETONEN 62-0315
STADLER P. A., MUTTERKORNALKALOIDE 68. MITT. 64-0811
STADNICUK M. D., HALOGENARYLIER. V. UNGESAETT. VERB. MIT AROMAT. DIAZOVERB. 33. MITT. 59-0419
STAEDTER W., MECHANISCH AKTIVIERTE KONTAKTE 6. MITT. 58-0311
STAELLBERG G., METHOXY-SUBSTITUIERTE GLYCERINAETHER, ISOLIERT AUS D. LEBEROEL D. GROENLANDHAIS 54-0590
STAHL E., CHEM. RASSEN BEI ARZNEIPFLANZEN 6. MITT. 61-0832
STAINTON P., MASSENSPEKTREN V. SAUERSTOFF-HETEROCYCLEN 5. MITT. 53-0085
STALEY S. W., STRUKTUR V. 'ISOMEREN' MOL.-IONEN V. UNGESAETT. KW-STOFFEN 58-0161
STALICK W. M., HOMOGENE BASEN-KATALYSIERTE ADDIT. V. AROMAT. ALKYLHETEROCYCLEN AN KONJUGIERTE KOHLENWASSERSTOFFE 63-0577
STAM C. H., GEOMETRIE D. BENZOLRINGES IM 1.2.4.5-TETRA-TERT.-BUTYL-BENZOL 62-0150
STAMBERG J., MODELL-VERB. VON HYDROPHILEN GELEN, 1. MITT. 61-0353
STAMMER C. H., CYCLOSERINPEPTIDE 64-0457
STANBANK D. J., VERS. MIT THIOACETALEN U. VERWANDTEN SUBSTANZEN 4. MITT. 59-0294
- VERS. MIT THIOACETALEN U. VERWANDTEN SUBSTANZEN 5. MITT. 59-0295
STANCIOFF D. J., CARRAGHEENANE 4. MITT. 59-0798
STANEK J., NEUE ESTER D. DL-2.3-DICHLOR-2-METHYLPROPIONSAEURE 57-0309
STANFIELD R. A., KRIST.- U. MOL.-STRUKTUR V. 5.5A.10.14C-TETRAHYDRO-5A-PHENYLBENZ(A)INDENO(2.1-C)FLUOREN-5.10-DION (C30H18O2) 57-0172
STANINEC V. I., PROD. D. JODIER. V. SALZEN BETA,GAMMA- U. GAMMA,DELTA-UNGESAETT. SAEUREN 59-0585
STANLEY N. F., CARRAGHEENANE 4. MITT. 59-0798
STANOVNIK B., HETEROCYCLEN, 51. MITT. 54-0468
- BLDG. V. PYRIMIDO(1.2-B)PYRIDAZINEN, EINEM NEUEN BICYCL.-TRIAZAHETEROCYCL. SYST. 56-0586
- HETEROCYCLEN 52. MITT. 57-0602
- HETEROCYCLEN 53. MITT. 60-0649
STAPLEFORD K. S. J., STRUKTUR D. NALGIOLAXINS 56-0735
STARK A., FRAGMENTIER. STICKSTOFFHALT. PEROXIDE 59-0280
STARKOV A. V., SYNTH. V. DELTA-METHYL-SORBINSAEURE 62-0348
STARKOV S. P., STRUKTUR U. RK. D. KONDENS.-PROD. V. PHENOLEN MIT UNGESAETT. CARBONYLVERB. 1. MITT. 60-0581
STARNES W. H. JUN., RK. V. TRIARYLMETHANOLEN MIT BLEITETRAACETAT. MECHANISMUS D. BLEITETRAACETATOX. V. EINWERT. ALKOHOLEN 61-0471
STAROSTINA T. I., PERBENZOYLALKYL(ARYL)CARBONATE 5. MITT. 54-0139
- PERACYLALKYL(ARYL)CARBONATE 6. MITT. 63-0495
STASKEVIC O. M., SYNTHET. FARBSTOFFE 71. MITT. 60-0618
- SYNTHET. FARBSTOFFE 67. MITT. 62-0630
STASKEVIC V. V., SYNTHET. FARBSTOFFE 71. MITT. 60-0618
- SYNTHET. FARBSTOFFE 51. MITT. 62-0629
- SYNTHET. FARBSTOFFE 67. MITT. 62-0630
STAUDACHER D., KONDENS. N-METHYLIERTER METHYLSUBSTITUIERTER HETEROAROMATEN MIT AROMAT. O-HYDROXYALDEHYDEN 57-0482
STAUNER T., FLUORENACENE U. FLUORENAPHENE, SYNTH. IN D. INDENOFLUORENREIHE 12. MITT. 64-0530
STAUNTON J., ALKALOIDBIOSYNTH. 11. MITT. 57-0681
STAVAUX M., PARTIALBIND. ZWISCHEN SCHWEFELATOMEN, 5-(1.2-DITHIOLYLIDEN-(3)-METHYL)-1.2-DITHIOL-THIONE-(3) 55-0398
- HETEROCYCL. SCHWEFELVERB. 30. MITT. 63-0630
STAVROVSKAJA A. V., RK. V. CARBAMINSAEUREESTERN MIT ORTHOESTERN 55-0258
- FUNKTIONELLE DERIV. V. MALONDIALDEHYD 19. MITT. 64-0374
STAVROVSKAJA V. I., SAEUREAMIDE IN D. MANNICH-RK. 3. MITT. 60-0382
STECHER K., BLDG. V. TRIBENZOCYCLOHEPTATRIENYLIUM-IONEN AUS TRIBENZOCYCLOHEPTATRIENOLEN 53-0309
STECKELBERG W., ANTIPODENTRENN. V. BIPHENYLDERIV. DURCH CHROMATOGRAPHIE 61-0482

- ORCEINFARBSTOFFE 26. MITT. 61-0677
STEDMAN G., KINETIK U. MECHANISMUS D. RK. ZWISCHEN SALPETRIGER SAEURE U. HYDROXYLAMIN 2. MITT. 60-0297
- KINETIK U. MECHANISMUS D. RK. ZWISCHEN SALPETR. SAEURE U. HYDROXYLAMIN 3. MITT. 62-0024
STEDMAN R. J., CYCL. AETHYLENKETALE V. GESPANNTEN ALPHA-CHLORIERTEN KETONEN 55-0357
- NMR-SPEKTREN V. KAEFIGKETONEN U. -KETALEN 60-0105
- CYCL. AETHYLENKETALE CHLORIERTER KAEFIG-KETONE. VERBESSERTE SYNTH. V. PENTACYCLO(5.3.0.0(2,6).0(3,9).-0(4,8))DECAN-5-ON 61-0571
STEDRONSKY E. R., ZERS. V. N-NITROSO-N-BENZHYDRYL-BENZAMIDEN U. BEZIEH. D. PROD.-ANTEILIGKEIT V. BENZHYDRYLDIAZONIUM- U. DIPHENYLCARBONIUM-BENZOAT-IONENPAAREN IN HYDROXYLHALT. LSGM. 59-0257
STEEL C., PRIM. PROZESSE IN D. PHOTOCHEMIE V. BICYCL. AZOVERB. 62-0299
STEELE K., STEREOISOMERE V. ORGANOCYCLOSILTHIANEN 63-0184
STEELINK C., D- U. L-FILIFOLON, MONOTERPENOIDE CYCLOBUTANONE MIT D. BICYCLO(3.2.0)HEPTAN-RINGSYST. 55-0526
STEERE D. E., 7.12-DIHYDROPLEIADENDION-(7.12), DARST. U. RK. MIT GRIGNARD-REAGENZIEN 56-0428
STEFANAC Z., RK. D. ALPHA.GAMMA.DELTA.ZETA-TETRAKETONE MIT SELENTETRACHLORID U. SCHWEFELDICHLORID, SYNTH. V. 2.5-DIACYL-3.4-DIHYDROXY-SELENOPHENEN U. -THIOPHENEN 54-0365
- KOMPLEXE V. ENNIATINEN U. ANDEREN ANTIBIOTIKA MIT ALKALIMETALL-IONEN 59-0779
STEFANI A. P., LSGM.-EINFL. BEI ELEKTRONEUTRALEN RK. 1. MITT. 61-0196
STEFANIAK L., ARYLBORVERB. 14. MITT. 54-0271
STEFANOVIC D., HYBRIDISIERUNG IN NORBORNAN U. EINIGEN DERIV. DURCH DIE METHODE DER MAXIMALEN UEBERLAPPUNG 61-0130
- RED. EINIGER SULFONIUMSALZE MIT LITHIUM-ALUMINIUMHYDRID 64-0369
STEFANOVIC M., VERBESSERTE DARST. V. 3ALPHA-ACETOXY-11.20-DIOXO-5BETA-PREGNAN, D. WICHTIGSTEN ZWISCHENSTUFE D. SYNTH. V. CORTICOSTEROIDEN MIT SAUERSTOFF IN 11-STELL. 55-0560
STEFANOVSKY J., OPT. DREH.-VERMOEGEN U. KONFORM. 2. MITT. 53-0050
STEFANOVSKY J. N., STEREOSPEZIF. SYNTH. V. PERHYDRO-1.4-DIAZEPINONIUMSALZEN AUS DIALKYLAMIDEN D. SUBSTITUIERTEN BETA-AMINOSAEUREN 55-0484
- STEREOSELEKTIVE SYNTH. EINIGER AMIDESTER D. (+-)-ERYTHRO-2.3-DIPHENYL-GLUTARSAEURE 60-0420
- STEREOSPEZIF. SYNTH. U. KONFIG. D. (+-)-THREO-3-DIMETHYLAMINO-1-ARYL-2-PHENYL-1-PROPANOLE 60-0423
STEFFAN G., PHOTOCHEMIE D. DELTA(4)-IMIDAZOLINONE-(2) 1. MITT. 56-0499
STEFFEN M., OX.-PROD. V. THIOCARBONSAEUREAMIDEN 18. MITT. 61-0155
STEFFKOVA J., AMINOZUCKER 11. MITT. 53-0474
- AMINOZUCKER 16. MITT. 59-0655
- AMINOZUCKER 19. MITT. 62-0696
STEGER E., ROTAT.-ISOMERIE BEI DIMETHYLTRITHIOCARBONAT 54-0113
STEGLICH W., XANTHORIN, EIN ANTHRACHINOPIGMENT AUS XANTHORIA ELEGANS (LINK) TH. FR. 55-0519
- N-ACYL-TRIHALOGENACETALDIMINE ALS REAKTIVE ZWISCHENSTUFEN BEI ELIMINIER.-ADDIT.-RK. 6. MITT. 56-0315
- 2.2.2-TRIFLUOR-1-ACYLAMINO-AETHYL-RESTE ALS SCHUTZGRUPPEN FUER D. IMINOGRUPPE D. HISTIDINS BEI PEPTIDSYNTH. 56-0725
- RK. V. INAMINEN MIT CARBONSAEURE- U. N-ACYL-AMINO-SAEUREANHYDRIDEN SOWIE ANLAGER. AN OXAZOLONE-(5) U. PSEUDOOXAZOLONE-(5) 57-0536
- MECHANISMUS D. DAKIN-WEST-RK. 59-0239
- RK. V. AMINOSAEUREN MIT TRIFLUORESSIGSAEUREANHYDRID 2. MITT. 59-0518
- 2.2.2-TRIFLUOR-1-BENZYLOXYCARBONYLAMINO-AETHYL-REST ALS SCHUTZGRUPPE FUER D. HYDROXYLGRUPPEN D. SERINS U. THREONINS BEI PEPTIDSYNTH. 59-0767
- N-ACYL-TRIHALOGENACETALDIMINE ALS REAKTIVE ZWISCHENSTUFEN BEI ELIMINIER.-ADDIT.-RK. 7. MITT. 63-0632
STEGMANN H. B., ESR-UNTERS. EINER MODELL-PHENOXAZIN-SYNTH. 57-0620
- ESR-SPEKTRUM D. PHENOXAZINYLS U. D. PHENOXAZINYL-N-OXIDS 63-0151
STEHLIK G., UNTERS. AN D. FREIEN NUCLEOTIDEN AUS HEFE NACH GAMMA-BESTRAHL. 59-0800
- BLDG. V. MALONDIALDEHYD BEI D. BESTRAHL. WSS. GLUCOSELSG. 64-0375
STEHOWER K., CHEMIE V. TRITYLLITHIUM, KONDENS. MIT BENZOPHENON IN TETRAHYDROPYRAN 62-0439
STEIN J., 2-AMINO-1.3.4-OXDIAZOLE 19. MITT. 59-0568
STEIN M. L., RK. V. ALPHA-HYDROXYIMINO-DERIV. V. CARBONYLVERB. MIT BASEN 1. MITT. 57-0318
- RK. D. ALPHA-HYDROXYIMINO-DERIV. V. CARBONYLVERB. MIT BASEN 2. MITT. 60-0537
- RK. D. ALPHA-HYDROXYIMINO-DERIV. V. CARBONYLVERB. MIT BASEN 3. MITT. 60-0538
STEIN N., EINFL. V. W. AUF D. PHOTORED. AROMAT. KETONE DURCH TERTIAERE AMINE 58-0495
STEINBERG E., SUBSTITUT. IM HYDANTOINRING 7. MITT. 63-0635
STEINBERG H., V. BASEN KATALYSIERTER WASSERSTOFFAUSTAUSCH IN CYCLOPROPYLCYANID 53-0179
- RK. V. ALKYLIDENMALONITRILEN MIT DIAZOMETHAN 54-0298
- CHEMIE V. VERB. MIT KLEINEN RINGEN, 9. MITT. 55-0301
- CHEMIE NIEDR.-GLIEDR.- RINGVERB. 11. MITT. 57-0312
STEINEGGER E., LEGUMINOSEN-ALKALOIDE 16. MITT. 58-0727
STEINER E. C., KINET. UNTERS. D. WANDER. D. DOPPELBIND. IN ALLYLOXYPOLYAETHERALKOHOLATEN 58-0031
STEINFELDER K., FLECHTENINHALTSSTOFFE 31. MITT. 60-0122
STEINGRABER O. J., ANOMALE FLUORESZENZCHARAKTERISTIKA V. FLUORANTHEN U. EINIGEN SEINER DERIV. 58-0082
STEINLE G., HYDROXYLAMINOLYSE N-SUBSTITUIERTER PHTHALIMIDE, EIN VERF. ZUR DARST. V. PEPTIDEN U. N-HYDROXY-PEPTIDEN 61-0801
STEINLEITNER H., RELAIS-SYNTH. V. HETEROCYCLEN 3. MITT. 60-0675
STEINMAUS H., CHEMIE NUCLEOPHILER CARBENE 12. MITT. 56-0520
- CHEMIE NUCLEOPHILER CARBENE 13. MITT. 57-0535
STEJNBERG R. M., DARST. DES DIHYDROCHLORIDES VON N(EPSILON).N(EPSILON)-BIS(2-CHLORAETHYL)-L-LYSIN 64-0409
STENDEL R., STEREOSPEZIFITAET D. BROMADDIT. AN UNGESAETT. ESTER 60-0248
STENER A., AROMAT. AZOVERB. 4. MITT. 60-0381
STENZEL J., CHEM. RK. IN SALZSCHMELZEN 14. MITT. 54-0242
STEPANJANC A. U., UNTERS. D. STRUKTUR CHEM. VERB. MIT HILFE D. NMR-SPEKTRUMS 6. MITT. 60-0672
STEPANOV B. I., ISOMERENVERHAELTNISSE BEI AZOKUPPLUNG, 9. MITT. 61-0301
- MECHANISMUS D. DECARBONYLIER. V. CARBONSAEURECHLORIDEN BEI D. FRIEDEL-CRAFTS-ACYLIER. 63-0318
STEPANOV F. N., ADAMANTAN U. SEINE DERIV. 15. MITT. 59-0475
STEPANOV I. P., EINFL. V. SUBSTITUENTEN IM KERN AUF D. RICHT. D. PHOTOCHEM. ZERFALLS V. ALPHA-OXIDEN 54-0194
- NEUE DARST. V. PHENYL-CYAN-METHYLEN 54-0296
- PHOTOLYSE V. 2.3-DIPHENYL-GLYCIDSAEUREMETHYLESTER 57-0485
STEPANOVA O. S., ALKOXYVERB. 21. MITT. 64-0724
STEPANOVA T. N., SYNTH. V. 2-MERCAPTO-BENZTHIAZOLDERIV. 7. MITT. 62-0576
STEPANOVA Z. V., VINYLOXYANILIDE 1. MITT. 54-0266
- VINYLOXYANILIDE 2. MITT. 56-0355
STEPHEN A., CYCL. ACYLALE 18. MITT. 55-0458
- NMR-UNTERS. (15)N-SUBSTITUIERTER N-HALT. ZUCKERDERIV. 1. MITT. 64-0131
- ZUR KENNTNIS CYCL. ACYLALE 21. MITT. 64-0227
STEPHEN A. M., TRENN. V. DIASTEREOISOMEREN DURCH VERTEIL.-GASCHROMATOGRAPHIE, ESTER D. BUTAN-2.3-DIOLS 60-0842
STEPHENS M., ANALGETIKA MIT AZETIDINSTRUKTUR 63-0899
STEPHENS R., POLYFLUORIERTE BRUECKENKOPF-GRIGNARD-REAGENZIEN 54-0343
- AROMAT. POLYFLUORVERB. 38. MITT. 54-0356
- FLUORCYCLOHEXANE 12. MITT. 55-0294
- AROMAT. POLYFLUOR-VERB. 41. MITT. 63-0427
STERBA V., ELEKTROPHILE EIG. D. ARYLDIAZONIUMIONS 53-0117
- ZUR ALLG. GUELTIGK. D. HYDROLYT. RK. AROMAT. DIAZOVERB. ZU SALPETR. SAEURE U. D. TRIAZENVERB. 53-0258
- KUPPL.-KINETIK D. BENZOLDIAZONIUMSALZE MIT 2-NAPHTHOL-6-SULFONSAEURE 59-0260
STERIN C. E., RK. V. 1-METHYL-BICYCLO(3.1.0)HEXAN U. 1-METHYL-BICYCLO(4.1.0)HEPTAN IN GGW. V. SILICAGEL U. BEI D. HYDRIER. AN PLATINKATALYSATOREN 59-0474
- UMWANDL. V. BICYCL. KW-STOFFEN MIT BRUECKENSYST. 6. MITT. 60-0451
STERK H., TAUTOMERIE-VERHAELTNISSE BEI GLUTAZINEN 55-0139
- UNTERS. ZUR TEMP.-ABHAENGIGK. CHARAKTERIST. IR-ABSORPT. 1. MITT. 59-0108
- VERS. ZUR ISOMERISIER. V. O-HYDROXYAZOBENZOLEN DURCH UV-STRAHLEN 59-0365
- UNTERS. ZUR TEMP.-ABHAENGIGK. CHARAKTERIST. IR-ABSORPT. 4. MITT. 60-0086
- TEMP.-ABHAENGIGK. CHARAKTERIST. IR-ABSORPT. 5. MITT. 64-0106
- SYNTH. MIT NITRILEN 18. MITT. 64-0707
STERK L., SYNTH. U. NACHW. V. MONOALKYLHYDRAZINEN 59-0328
STERLIN S. R., ADDIT. V. NITROSYLFLUORID AN FLUOROLEFINE, RK.-MECHANISMUS 55-0370
STERMITZ F. R., ELEKTRONENSTOSS-FRAGMENTIER. V. DIMETHYLAMINOACETON U. 2-DIMETHYLAMINOCYCLOHEXANON 61-0110
- IMIN-PHOTOALKYLIER. PAPAVERIN, PHENANTHRIDIN, U. EIN ALLG. MECHANISMUS 61-0728
- ALKALOIDE D. PAPAVERACEEN 8. MITT. 64-0819
STERN E. S., BUTADIENSULFON-CHEMIE 1. MITT. 55-0378
- BUTADIENSULFON-CHEMIE 2. MITT. 55-0379
- BUTADIENSULFON-CHEMIE 3. MITT. 55-0380
STERN R. L., BLDG. N-SUBSTITUIERTER PYRAZOLE DURCH PYROLYSE BESTIMMTER ALPHA,BETA-UNGESAETT. AZINE 58-0592
- ENAZIN-CHEMIE 2. MITT. 63-0300
STERNBACH L. H., CHINAZOLINE U. 1.4-BENZODIAZEPINE 38. MITT. 61-0686
STERNBERG I. J., SPIROKETONE AUF D. BASIS V. BETA-DIKETONEN 2. MITT. 63-0554

STERNHELL S., PHOTOCHEMIE EINIGER AROMAT. SCHIFFSCHER BASEN SOWIE NMR-SPEKTREN EINIGER BENZO(F)CHINOLINE 61-0307
STERNLICHT H., (13)C-NMR-UNTERS. AN AMINOSAEUREN U. PEPTIDEN 64-0127
STETTER H., VERLAUF D. DEHYDROBROMIER. BEI 4-BROM-2.2-DIMETHYL-CYCLOHEXANDION-(1.3) 53-0281
- VERB. MIT UROTROPIN-STRUKTUR 38. MITT. 57-0598
- VERB. MIT UROTROPIN-STRUKTUR 39. MITT. 59-0472
- EXISTENZ V. DERIV. D. CYCLOHEXEN-(4)-DIONS-(1.3) 61-0454
STETTER K. H., PSEUDOHALOGENO-METALLVERB. 21. MITT. 56-0004
- PSEUDOHALOGENO-METALLVERB. 20. MITT. 56-0088
STEUDEL R., MATRIX-ISOLIER. D. TRICHLORMETHYL-RADIKALS 55-0159
STEVENS C. L., BEST. D. STEREOCHEMIE U. ABSOLUTEN KONFIGURATION V. C-4 U. C-5 V. 4-AMINE-4.6-DIDESOXY-HEXOSEN 60-0169
- 4.6-DIDESOXY-4-(N.N-DIMETHYLAMINO)-D-TALOPYRANOSE-HYDROCHLORID 62-0694
STEVENS I. D. R., DIELS-ALDER-RK. MIT 4-PHENYL-1.2.4-TRIAZOLINDION-(3.5) 54-0394
STEVENS J. D., PMR-SPEKTREN V. PENTOFURANOSE-DERIV. 63-0133
- SYNTH. MIT PARTIELL BENZYLIERTEN ZUCKERN 11. MITT. 63-0768
STEVENS J. O., SCHIFFSCHE BASEN 2. MITT. 58-0556
- SCHIFFSCHE BASEN, 3. MITT. 63-0522
STEVENS M. F. G., PYRAZOLO-ASYMM.-TRIAZINE 3. MITT. 53-0467
- TRIAZINE U. VERWANDTE VERB. 2. MITT. 58-0675
STEVENS R. R., STICKSTOFF-YLIDE 4. MITT. 64-0311
STEVENS R. V., THERM. UMLAGER. V. CYCLOPROPYL-KETIMINEN 1. MITT. 56-0653
- TETRAHYDROPYRIDINE 59-0596
- THERM. UMLAGER. V. CYCLOPROPYLIMINEN 2. MITT. 62-0726
STEVENS T. E., UMLAGER. V. ORGAN. DIFLUORAMINEN, AROMAT. NUCLEOPHILE UMLAGER. IN FLUORSULFONSAEURE 56-0361
- 2-AZOXY-BENZOESAEUREN ALS VORSTUFEN D. DEHYDROBENZOLS 59-0377
STEVENS T. S., ZERS. V. P-TOLUOLSULFONYLHYDRAZONEN DURCH ALKALIEN 2. MITT. 54-0379
- HALOGENIER. V. PORPHIN U. OKTAAETHYLPORPHIN 57-0688
- SYNTH. V. SYMM. TRISUBSTITUIERTEN BENZOLDERIV. 59-0348
STEVENSON D., PIPERIDINOXYCARBONYLAMINOSAEUREN, EINE NEUE AMINO-SCHUTZGRUPPE 54-0416
- OX. V. 10-CHLOR-TRICYCLEN, EXO-6-CHLOR-CAMPHEN U. TRANS-8-CHLOR-CAMPHEN 63-0793
STEVENSON K. L., PARTIELLE PHOTO-RACEMATSPALT., VORL. ERGEBNISSE AN OXALATO-CHROM(III)-KOMPLEXEN 63-0052
STEVENSON M. J., FLUOREOLEFINE 6. MITT. 58-0372
STEWARD A. R., VORHANDENSEIN EINER PARABOL. ABHAENGIGK. D. ARZNEIMITTELWRKG. V. LIPOPHILEN CHARAKTER BEI EINER UNTERS. V. HYPNOTIKA 57-0807
STEWART H. N. M., BESTANDTEILE V. HOCHSD. ERDOEL-DESTILLATEN 12. MITT. 57-0452
STEWART I., SYNTH. V. (-)-BETA-METHOXYSYNEPHRIN 58-0434
STEWART J. C., BIOSYNTH. V. GIBBERELLINEN 3. MITT. 61-0829
- LITHIUMALUMINIUMHYDRID-RED. EINES CYCL. ANHYDRIDS ZUM DELTA-LACTON 63-0859
STEWART J. M., O-BENZYL-N-TERT.-BUTYLOXYCARBONYL-L-THREONIN 59-0334
STEWART O. J., OXYDATIVE KUPPL. V. PHENOLEN DURCH DIPHENOCHINON 55-0317
- DARST. U. RK. D. LITHIUMDERIV. V. TRIFLUORPROPEN U. TRIFLUORPROPIN 58-0346
- DARST. U. RK. EINIGER FLUORHALT. VINYL-ORGANOMETALL-VERB. 58-0366
- RK. EINIGER FLUORHALT. VINYLLITHIUM-VERB. MIT TRIAETHYLCHLORSILAN 58-0391
STEYN P. S., SYNTH. D. OCHRATOXINE A U. B, METABOLITEN V. ASPERGILLUS OCHRACEUS WILH. 55-0432
- ISOLIER. U. STRUKTUR EINES NEUEN DITERPENLACTONS AUS TRICHOTHECIUM ROSEUM LINK 61-0761
STIBOR I., SPALT. V. 5-BROMFURFURYLALKOHOLDERIV. MIT CHLORWASSERSTOFF 62-0522
STIBR B., CHEMIE D. BORANE 8. MITT. 59-0035
- CHEMIE D. BORANE 9. MITT. 59-0036
- SYNTH. V. (+)-1.3.3-TRIMETHYL-6-THIABICYCLO(2.2.2)OC-TAN 64-0687
STICKER R. E., UNTERS. IN D. PINAN-REIHE, SYNTH. V. ''(+-)-ORTHODEN'' 60-0744
STICKLER J. C., RK. V. 1.2.4-TRIAZOLIN-3.5-DIONEN MIT MONOOLEFINEN 53-0388
STICZAY T., ORD-UNTERS. 3. MITT. 61-0069
STIDDARD M. H. F., SCHWING.- U. ELEKTRONENSPEKTREN V. UEBERGANGSMETALLCARBONYLKOMPLEXEN 4. MITT. 63-0006
STIEN M. L., EINFL. V. ALKYLGRUPPEN IN 4-STELL. AUF D. CHEM. VERSCHIEB. V. METHYLGRUPPEN IN 1-STELL. IN PIPERIDINIUMSALZEN 59-0120
STILES P. J., AUSMASS D. LAD.-UEBERTRAG. IM GRUNDZUSTAND V. PI-PI-MOL.-KOMPLEXEN 56-0182
- KONFIG. EINIGER SCHWACHER BENZOLKOMPLEXE 58-0152
STILLE J. K., ''VIRTUELLE'' FERNKOPPL. IN EXO.EXO-3.6-DIBROM-BICYCLO(2.2.1)HEPTAN-2.5.DION 57-0109
STILLER K., RK. HETEROCYCL. SYST. MIT SINGLETT-SAUERSTOFF, PHOTOSENSIBILISIERTE OXYGENIER. V. IMIDAZOLEN 62-0562
STIMSON V. R., SECHS-ZENTREN-UEBERGANGSZUSTAENDE BEI RK., AN DENEN HALOGENVEERB. BETEILIGT SIND 56-0203
STIRLING C. J. M., ELIMINIER.-ADDIT. 14. MITT. 57-0277
- INTRAMOL. RK. 6. MITT. 58-0259
- INTRAMOL. RK. 7. MITT. 58-0308
STJERNSTROEM N. E., EIN TETRACYCL. KONDENSATIONSPRODUKT AUS 3-METHYL-PYRAZOLIN-5-ON 56-0604
- DIBENZOFURANE 11. MITT. 64-0581
- DIBENZOFURANE 12. MITT. 64-0582
- KOMPLEXE DIBENZOFURANE 13. MITT. 64-0583
STOCK A., H-UEBERTRAG. DURCH COENZYMMODELLE IN WSS. MEDIUM 64-0901
STOCK J. A., STRUKTUR V. TELOMYCIN 58-0805
STOCK L. M., CHEMIE D. BICYCLO(2.2.2)OCTANE 8. MITT. 57-0104
STOCKER J. H., QUANT. UNTERS. IN D. STEREOCHEMIE, C. ELEKTROCHEMIE 1. MITT. 58-0418
- QUANT. UNTERS. IN D. STEREOCHEMIE B. PHOTOCHEMIE 2. MITT. 58-0488
- QUANT. UNTERS. IN D. STEREOCHEMIE, B. PHOTOCHEMIE 3. MITT. 58-0489
- QUANTITATIVE STUDIEN IN D. STEREOCHEMIE, PHOTOCHEMIE, 4. MITT. 61-0472
- QUANT. UNTERS. IN D. STEREOCHEMIE, PHOTOCHEMIE 5. MITT. 61-0473
- QUANT. UNTERS. IN D. STEREOCHEMIE, ELEKTROCHEMIE 2. MITT. 63-0509
STOECKEL K., HIRUNDIGENIN U. ANHYDROHIRUNDIGENIN,ZWEI NATUERL. 15-OXASTEROIDE PFLANZL. URSPRUNGS, CHEM. U. ROENTGEN-UNTERS. 64-0851
STOECKER F., ESR-UNTERS. EINER MODELL-PHENOXAZIN-SYNTH. 57-0620
STOECKLIN W., GLYKOSIDE U. AGLYKONE 297. MITT. 54-0500
- GLYKOSIDE U. AGLYKONE 298. MITT. 54-0501
- GLYKOSIDE U. AGLYKONE 303. MITT. 56-0633
- GLYKOSIDE U. AGLYKONE 304. MITT. 58-0707
- GLYKOSIDE U. AGLYKONE 305. MITT. 58-0708
- GLYKOSIDE U. AGLYKONE 306. MITT. 58-0709
- GLYKOSIDE U. AGLYKONE 307. MITT. 62-0716
- GLYKOSIDE U. AGLYKONE 308. MITT. 62-0717
- HIRUNDIGENIN U. ANHYDROHIRUNDIGENIN,ZWEI NATUERL. 15-OXASTEROIDE PFLANZL. URSPRUNGS, CHEM. U. ROENTGEN-UNTERS. 64-0851
STOERR K., CHEMIE V. TROPAN-DERIV. 2. MITT. 56-0656
STOFFEY D. G., S.S-(2-ACETAMIDO-AETHYL)-DITHIOPEROXY-THIOPHOSPHORSAEURE-O.O-DIALKYLESTER 62-0335
STOILOV L., CYCL. POLYAETHER 1. MITT. 60-0625
STOJANAC N., ELEKTRONENSPEKTREN EINIGER THIOAMIDE U. IHRER S- U. N-SUBSTITUIERTEN DERIV. 56-0105
STOKES J. B., HETEROCYCL. AMINE 2. MITT. 64-0624
STOKES J. C., BEQUEME SYNTH. V. DIMANGAN-DEKACARBONYL AUS BILLIGEN AUSGANGSMATERIALIEN BEI ATMOSPHAERENDRUCK 58-0061
STOKR J., SYNTH. U. NMR-SPEKTREN V. STEREOISOMEREN 1.3.5-TRICHLOR-CYCLOHEXANEN 63-0138
STOLJAROVA T. A., SYNTH. V. DIARYLAETHANEN U. POLYCARBONSAEUREN 58-0494
STOLJAROVA T. J., ISOMERISIER. V. BETA-DIAETHYLAMINOAL-KYLCHLORIDEN U. IHRE UMSETZ. MIT BENZILSAEURE 58-0493
STOLL M., PYRAZINE 1. MITT. 54-0452
- AROMEN 15. MITT. 54-0568
- AROMEN 16. MITT. 56-0760
STOLOFF L., ASPERTOXIN, EIN HYDROXYDERIV. V. O-METHYL-STERIGMATOCYSTIN AUS AFLATOXIN-PRODUZIERENDEN KULTUREN V. ASPERGILLUS FLAVUS 62-0830
STOLOW R. D., HYDROXYLPROTONENKOPPL. BEI CYCLOHEXANOLEN. ROTAMERENPOPULAT. D. HYDROXYLGRUPPE 62-0146
- KONFORM.-UNTERS. 10. MITT. 63-0190
STONE A., MOLEKULAR- U. KRIST.-STRUKTUR V. PORPHYRINDI-SAEURE 63-0194
STONE B. E., POLYPEPTIDE 5. MITT. 57-0330
STONE C. A., ANTIDEPRESSIVA. TETRABENAZINANTAGONIST. AKTIVITAET IN EINER REIHE V. 5H-DIBENZO(A,D)CYCLOHEP-TEN-5-PROPYLAMINEN 60-0439
STONE F. G. A., CARBONYL-ORGANOSILICIUM- U. -ZINN-NITHENIUM-KOMPLEXE 55-0040
- RK. ZWISCHEN ACETYLENEN U. DODEKACARBONYLTRIRUTHENIUM 58-0071
- RK. ZWISCHEN METHYLPENTACARBONYLMANGAN U. HEXAFLUORBUTADIEN-(1.3) 62-0040
STONE J. A., DDIT. V. DIENOPHILEN AN D. ACRIDIZINIUM-ION 59-0595
STOODLEY R. J., KONFORM.-VERH. EINIGER DIHYDRO-1.4-THIAZINE 61-0138
STOPSKIJ V. S., ISOMERISAT. V. ALKYLHYDRAZONEN U. HYDRAZON-AZO-GLEICHGEW.-LAGE 59-0250
- SYNTH. U. EIG. V. MONOALKYLHYDRAZONEN 63-0381
STORA C., VERFEINER. D. ROENTGENSTRUKTUR V. 3.5-DIBROM-4-HYDROXY-TRIPHENYLCARBINOL MIT D. I.B.M. 704 57-0173
STORCK K., DARST. U. EIG. V. ALPHA-AMINO-PHOSPHONIGSAEU-REN 55-0266
- UMSETZUNGEN EINIGER ENAMINE V. BETA-DICARBONYLVERB. MIT UNTERPHOSPHORIGER SAEURE 61-0376
STORCK W., 3-VINYL-PYRAZOLOCHINONE 54-0376
STORK G., STEREOSPEZIF. TOTALSYNTH. V. DL-LYCOPODIN 60-0717
STORR A., PARTIELLE HYDROLYSE V. AETHYLALANVERB. 63-0066
STORY P. R., EINE ALLG. SYNTH. MAKROCYCL. VERB. 58-0685
- BAEYER-VILLIGER-RK. ALS QUELLE FUER ''ANOMALE'' OZONOLYSEPROD. 59-0313

- MECHANISMEN D. OZONOLYSE, REDUKTIVE SPALT. V. OZONIDEN 61-0209
- BEWEIS FUER EINEN NEUEN MECHANISMUS D. OZONOLYSE 61-0210
- PHOTOLYSE V. OZONIDEN 62-0305
- OZONOLYSE, KONZENTRATIONS- UND LOESUNGSMITTELEFFEKTE 64-0353

STOTHERS J. B., FREIE KONFORM.-ENERGIE V. CH2OR-GRUPPEN, BESTIMMT DURCH (13)C-KERNMAGNETRESONANZ 56-0155

STOTZ D. S., CHEMIE D. ENOLATE 5. MITT. 64-0257

STOUT E. I., RK. V. TRANS-VERKNUEPFTEN CYCL. KOHLENHYDRATCARBONATEN 54-0484

STOUT G. H., CALOPHYLLUM-PROD. 2. MITT. 62-0833

STOUT M. G., SYNTH. V. CHINAZOLIN-NUCLEOSIDEN 61-0707

STOWE M. E., VERS. ZUR DARST. V. DIPHENYLCYCLOPROPENYLIDEN 4. MITT. 61-0466

STOWELL J. K., BLDG. V. 11-OXOINDENO(1.2-C)ISOCUMARIN 59-0581

STRAIN H. H., KERNMAGNET. RESONANZ-UNTERS. D. WECHSELWRKG. ZWISCHEN CHLOROPHYLL U. LIGANDEN 58-0171

STRAND T. G., ELEKTRONENBEUG.-UNTERS. V. GASF. TETRACHLORAETHYLEN U. TETRAJODAETHYLEN 56-0148

STRANSKY K., NATURWACHSE 6. MITT. 54-0581

STRANSKY Z., OXAZINE ALS ACIDOBAS. INDIKATOREN 4. MITT. 55-0147
- RK. V. NITROSOPHENOLEN, 1. MITT. 56-0597
- MECHANISMUS D. KEHRMANNSCHEN PHENOXAZONSYNTH. 57-0244
- OXAZINE ALS AZIDOBAS. INDIKATOREN 5. MITT. 63-0225

STRATING J., ALPHA-THIOPYRAN-1.1-DIOXID, EINE ERNEUTE UNTERS. D. STRUKTUR V. GAMMA-THIOPYRAN-1.1-DIOXID 55-0440
- BASENKATALYSIERTE ELIMINIER.-ADDIT.-RK. V. AETHYL-N-TOSYLMETHYL- ODER AETHYL-N-(ALPHA-TOSYL-BENZYL)-CARBAMATEN U. -THIO-CARBAMATEN (VORL. MITT.) 57-0375
- SYNTH. V. SUBSTITUIERTEN ADAMANTANEN AUS DEHYDROADAMANTAN 59-0478
- ALPHA-HALOGENVINYL-SULFOXIDE, UEBERPRUEF. D. STRUKTUR V. EINIGEN BETA-HALOGEN-VINYL-SULFOXIDEN 61-0337
- CHEMIE D. SULFINE 6. MITT. 62-0382

STRAUB A. S., PTERIDINE 6. MITT. 63-0702

STRAUB P. A., ELEKTRONENSPEKTRUM EINES VINYLOGEN TROPONS 56-0104
- SPEKTROSKOP. EIG. ALKYLSUBSTITUIERTER DIAZULYLE, PHOTOCHEM. DARST. D. 3.3'- U. D. 2.2'-DIGUAJAZULYLS 58-0524

STRAUSS H., UMSETZ. V. VINYLBROMID U. SUBSTITUIERTEN VINYLBROMIDEN MIT LITHIUM IN TETRAHYDROFURAN ZU LITHIUMACETYLIDEN 54-0207

STRAUSS K., ALKIN-AMINE 11. MITT. 62-0548

STRAUSS M. J., INTRAMOLEKULARE NUCLEOPHILE TEILNAHME, 5. MITT. 61-0231
INTRAMOL. NUCLEOPHILE TEILNAHME 6. MITT. 64-0265
- INTRAMOLEKULARE NUCLEOPHILE BETEILIG. 7. MITT. 64-0266

STRAUSS U. P., WECHSELWRKG. ZWISCHEN POLYELEKTROLYTEN U. EINFACHEN ELEKTROLYTEN 3. MITT. 63-0031

STRAUSZ O. P., UMLAGERUNG U. POLARE RK. V. CARBAETHOXYMETHYLEN IN PROPANOL-(2) 60-0288
- PHOTOCHEMIE V. SILICIUMVERB. 2. MITT. 60-0305
- BLDG. U. RK. EINWERTIGER KOHLENSTOFF-ZWISCHENPROD. 2. MITT. 61-0034

STRAWN K. G., OX. V. PRIM. AMINEN ZU NITROALKANEN DURCH OZON 58-0341

STRECKER R. A., RED. V. ARYL-ALKYL-SULFOXIDEN DURCH JODID-IONEN IN SAURER LESUNG 64-0252

STREIB W. E., KRIST.- U. MOL.-STRUKTUR EINES 1.3-DIAZA-2.4-DIBOROLIDIN-DERIV. 58-0157

STREIBL M., NATURWACHSE 6. MITT. 54-0581

STREICHER W., DERIV. D. 1.3-DIOXOLANONS-(4) U. 1.3-OXATHIOLANONS-(5) 64-0617

STREICHFUSS D., BIS-ACETYLENVERB., REAKTIVES VERH. IN ABHAENGIGK. V. D. GEGENSEITIGEN LAGE D. DREIFACHBIND. 59-0463

STREINZ L., NUCLEOPHILE ADDITION V. BUTANTHIOL AN CYCLOPENTEN-DERIV. 54-0287

STREITH J., PHOTOCHEMIE V. PYRIDIN-N-OXIDEN, EINE NEUE PHENOLSYNTH. 55-0442
- STEREOSPEZIF. PHOTOCHEM. SYNTH. V. DERIV. D. AROMADENDRANS 63-0808

STREITWIESER A. JUN., LICHTABSORPT.-SPEKTREN D. CAESIUMSALZE V. CARBANIONEN 1. MITT. 58-0087
- LICHTABSORPT.-SPEKTREN D. CAESIUMSALZE V. CARBANIONEN 2. MITT. 58-0088
- ACIDITAET V. KW-STOFFEN 27. MITT. 58-0260
- ACIDITAET V. KW-STOFFEN 28. MITT. 58-0261
- EINIGE VERALLGEMEINER. HINSICHT. D. RK. D. STELL. IM ARYL-KERN, D. ANKONDENSIERTEN SYST. MIT RINGSPANN. BENACHBART SIND 60-0225
- KINETIK U. ISOTOPENEFFEKTE BEI D. SOLVOLYSE V. AETHYLTRIFLUORMETHANSULFONAT 60-0267
- ACIDITAET V. KOHLENWASSERSTOFFEN 29. MITT. 62-0255

STRELISKY J., RING-ISOMERISIER. BEI FLAVONEN 2. MITT. 53-0522

STRIDER W., ENZYMAT. U. CHEM. SYNTH. V. 1-BETA-D-ARABINOSYL-5-FLUOR-PYRIMIDIN-5'-PHOSPHATEN VERGLEICHENDE UNTERS. 63-0883

STRILKO P. S., STEREOCHEMIE D. PROD.-BLDG. BEI D. CHLOROLYSE V. KOHLENSTOFF-SCHWEFEL-BIND. 53-0134

STRINGHAM R. S., DIALKYLPOLYOXIDE 59-0274

STRINO E., SYNTH. V. OPT. AKT. U. RAC. 2.6.8-TRIMETHYL-NONANON-(4) U. 2.4.8.10-TETRAMETHYL-UNDECANON-(6) 64-0378

STROCCHI A., IR-SPEKTREN D. GEOMETR. ISOMEREN V. EIN-, ZWEI- UND DREIFACH UNGESAETT. SAEUREN MIT ACHTZEHN KOHLENSTOFFATOMEN 61-0082

STROH H., SUBSTITUIERTE INDOLYL-(3)-ESSIGSAEUREAETHYLESTER U. DEREN FOLGEPROD. 55-0387
- BLDG. U. EIG. AROMAT. SULFINSAEUREHYDRAZIDE 57-0358
- KONDENS. V. CARBONYLVERB. MIT HYDRAZINEN 21. MITT. 58-0688
- HETEROCYCLEN AUS LAEVULINSAEURE 1. MITT. 59-0632

STROHMEIER W., SIGMA- ODER PI-BIND. BIFUNKTIONELLER DONATOREN IN MONOSUBSTITUIERTEN METALLCARBONYLEN 53-0030
- KLASSIFIZIER. PHOSPHORHALT. LIGANDEN IN METALLCARBONYL-DERIV. NACH D. PI-ACCEPTORSTAERKE 53-0047

STROM E. T., BENZOL-INDUZIERTE KERNMAGNET. RESONANZ- U. DIPOLMOMENT-VERSCHIEB. V. 5-GLIEDR. RINGEN MIT HETEROATOMEN 64-0114

STRONG F. M., STRUKTUREN D. TOXINE AUS ZWEI ARTEN V. FUSARIUM TRICINCTUM 61-0811

STRONG P. L., TAUTOMERENCHEMIE V. THIAZOLIDINEN 7. MITT. 60-0542

STRUBLE D. L., EINIGE CIS- U. TRANS-DEKAHYDROISOCHINOLIN-DERIV. U. IHRE NMR-SPEKTREN. EIN BEMERKENSWERT STABILER KONDENSIERTER CYCLOHEXANRING IN VERZERRTER WANNENFORM 57-0152
- STEREOCHEMIE D. MICHAEL-ADDIT. 57-0409
- CYCLISIER. D. 4-(CYCLOHEXEN-(1)-YL)-BUTYL-RADIKALS 63-0483

STRUEBER F., SIEBEN- U. ACHTRINGVERB. 7. MITT. 64-0110

STRUNZ G. M., STRUKTUR DES TUBEROSTEMONINS 60-0707
- SYNTH. EINES INDOLDERIV., D. EIN STRUKTURELEMENT D. TUBEROSTEMONINS IST 60-0708

STRZALKO T., UNTERS. D. STEREOCHEMIE V. GEM.-DISUBSTITUIERTEN CYCLOPROPANEN MIT HILFE D. KERNMAGNET. RESONANZ 56-0160
- BEST. D. KONFIG. V. 2-PHENOXYMETHYL-2-METHYL-CYCLOPROPAN-CARBONSAEURE (F. 102 GRAD) AUF CHEM. WEGE 56-0390

STRZELECKA H., NMR-UNTERS. D. STRUKTUR V. ADDIT.-PROD. D. AROMAT. ISOCYANATE AN ACYLMETHYLENTRIPHENYLPHOSPHORANE (ANWEND. D. (15)N-MARKIER.) 54-0107
- DARST. V. 2-METHYL-3-ACETYL-PYRONEN-(4) DURCH THERM. ZERS. V. DIACETYLESSIGESTER IN GGW. V. ACYL- U. AROYLMETHYLENTRIPHENYLPHOSPHORANEN 56-0542
- PYRYLIUMKATIONS DURCH DOPPELTE PROTONIERUNG EINES DELTA-DIKETONS IN EINM MESOMEREN SYST. (PYRYLOCYANIN), NEUER FARBINDIKATOR FUER ACIDIMETRIE IN NICHTWSS. MILIEU 59-0582
- BLDG. NEUER 4-AROYLMETHYLEN-PYRANE DURCH THERM. ZERS. V. ALKYLACETESSIGSAEURE-AETHYLESTERN IN GGW. V. AROYLMETHYLEN-TRIPHENYL-PHOSPHORANEN 62-0600

STRZELECKI L., KOPOLYMERE D. MALEINSAEUREANHYDRIDS 1. MITT. 53-0593
- COPOLYMERE D. MALEINSAEUREANHYDRIDS 2. MITT. 53-0594
- COPOLYMERE D. MALEINSAEUREANHYDRIDS 3. MITT. 53-0595

STUART J. D., KONTROLLIERTE POTENTIALOX. V. ANTHRACEN IN ACETONITRIL 2. MITT. 58-0191

STUART K. L., NEUE APORPHIN-ALKALOIDE AUS CROTON WILSONII GRISEB. 54-0515
- ALKALOIDE AUS CROTON-ARTEN 8. MITT. 61-0743

STUART R. S., SYNTH.-ASPEKTE D. CHEMIE V. STABILEN ISOTOPEN 4. MITT. 58-0325

STUART T. W., ORGAN. QUANTENCHEMIE 19. MITT. 63-0122

STUBBLEFIELD V. S., PHOTOCHEMIE V. ACETYLENVERB., PHOTOCHEM. RED. EINIGER KONJUGIERTER ACETYLENCARBONYL-VERB. 64-0380

STUBBS J. K., ADDIT.-RK. HETEROCYCL. VERB. 35. MITT. 61-0671

STUCHLIK J., CHEMIE D. BORANE 9. MITT. 59-0036

STUCKY G. D., ASSOZIAT. V. GRIGNARD-REAGENZ 56-0033
- SEMIPOLARE METALL-STICKSTOFF-PI-BIND. IM BIS-(DIMETHYLAMIDO)-BERYLLIUM 56-0034
- MG(AL(OCH3)2(CH3)2)2.DIOXAN. EINE NEUE KOMPLEXVERB. EINES METALLALKOXIDS U. EINES DONATORMOLEKUELS 63-0019
- DARST. U. KRIST.-STRUKTUR V. (CH3)5AL2N(C6H5)2, MY-DIPHENYLAMINO-MY-METHYL-TETRAMETHYLDIALUMINIUM 63-0024

STUDENEER A., RK. D. TROPONS, DIPHENYLCYCLOPROPENONS U. PHENALENONS MIT DIPHENYLKETEN U. BENZOLSULFONYLISOCYANAT 59-0508

STUDZINSKIJ O. P., CHEMIE D. FURANIDINKETONE 5. MITT. 60-0489

STUEHR J., KINETIK D. WECHSELWRKG. V. KUPFER(II) U. GLYCIN IN WSS. LSG. 59-0028

STUETZ P., RINGSCHLUSSRK. ZU METHOXYSUBSTITUIERTEN BENZO(B)THIOPHEN-3-ESSIGSAEUREN 55-0383
- N-SUBSTITUIERTE BENZO(B)THIOPHEN-3-ACETAMIDE U. 3-(BETA-AMINO-AETHYL)-BENZO(B)THIOPHENE 55-0385
- RINGSCHLUSSREAKTION ZU DERIV. D. BETA-(BENZO(B)THIENYL-(3))-PROPIONSAEURE 60-0508

STUMP E. C., SYNTH. V. PERFLUORIERTEN OMEGA-NITROSO-CARBONSAEUREESTERN 63-0387

STUMPF O., HOCHSUBSTITUIERTE AETHYLENE U. GLYKOLE 7. MITT. 64-0503

STURM K., P-AMINO-BENZOYL-LYSIN-VASOPRESSIN U. P-AMINO-PHENYLACETYL-OXYTOCIN 61-0795

STURROCK M. G., OZONISIER. V. PYREN. EIN MONOMERES OZONID, GEBILDET IN POLAREN LSGM. 63-0537

STURTEVANT J. M., KINETIK D. ZINK(II)-BIND. DURCH APOCARBOANHYDRASE 63-0881
STURTZ G., EINW. V. NUCLEOPHILEN REAGENTIEN AUF VERSCHIEDENE GAMMA-HALOGEN-DELTA(BETA,GAMMA)-ALKENYLPHOSPHONATE 56-0327
STUZKA V., OXAZINE ALS ACIDOBAS. INDIKATOREN 4. MITT. 55-0147
- OXAZINE ALS SAEURE-BASE-INDIKATOREN 6. MITT. 55-0597
- MECHANISMUS D. KEHRMANNSCHEN PHENOXAZONSYNTH. 57-0244
- OXAZINE ALS AZIDOBAS. INDIKATOREN 5. MITT. 63-0225
SU S. C. K., IDENTIFIZIER. V. SPEZIF. WECHSEL-WRKG. ZWISCHEN AMINOSAEUREN 64-0205
SUAMI T., AMINOCYCLITE 19. MITT. 62-0432
SUAREZ J., DIELEKTR. DISPERS. U. CHEM. RELAXAT. 63-0004
SUBBOTIN A. I., MECHANISMUS D. BLDG. V. VINYLCHLORID BEI D. THERM. CHLORIER. V. AETHYLEN 54-0150
- THERMISCHE CHLORIERUNG VON VINYLCHLORID 60-0249
SUBINA L. V., SULFODERIV. V. 1.4-DISTYRYLBENZOLEN 61-0476
SUBRAMANIAM P. S., BESTANDTEILE V. MESUA FERREA L. 2. MITT. 54-0399
- CUMARINE AUS CLAUSENA DENTATA (WILLD.)R. AND S. 57-0569
SUBRAMANIAM P. V., WEITERE RINGOEFFNUNGSRK. AM BENZOCYCLOBUTEN 64-0533
SUBRAMANIAN G. B. V., STRUKTURUNTERS. V. SCHELLACKHARZ 55-0605
SUBRAMANIAN L. R., UMWANDL.-RK. V. ALPHA-PINEN 2. MITT. 53-0070
- UMWANDL. V. ALPHA-PINEN 1. MITT. 54-0295
SUCHIYA T., MASSENSPEKTROMETR. UNTERS. V. SANTONINEN U. IHREN DERIV. 55-0091
SUCHOMLINOV A. K., EINIGE METHOXYDERIV. V. 6-NITRO-9-AMINO-ACRIDIN 62-0626
SUCHY M., TERPENE 188. MITT. 55-0523
- TERPENE 190. MITT. 55-0525
- OPT. ROTATIONSDISPERSION 111. MITT. 59-0097
- TERPENE 195. MITT. 64-0844
SUCIU N., SYDNONE 2. MITT. 57-0558
- SYDNONE 3. MITT. 57-0559
SUCKER H., ACETYLCHOLIN 17. MITT. 58-0819
SUCROW W., DELTA(7.24(28))-STIGMASTADIENOL-(3BETA) AUS KUERBIS 61-0788
SUDARSANAM V., BESTANDTEILE V. IVA-ARTEN 9. MITT. 53-0401
SUDMEIER J. L., NMR-UNTERS. D. PROTONENAUSTAUSCHGESCHW., INVERS.-GESCHW. D. STICKSTOFFS U. RELATIVE 'GROESSE' D. METHYLGRUPPEN U. -NH(+)-PROTONEN IN N.N'-DIMETHYLPIPERAZINHYDROCHLORIDEN 57-0102
SUEHIRO T., AROMAT. TRIPHENYLMETHYLIER., RK. ZWISCHEN BENZOYLPEROXIDEN U. TRIPHENYLMETHYL IN AROMAT. LSGM. 60-0226
SUEMEGI L., CHEMIE FREIER RADIKALE 6. MITT. 57-0119
SUESS F., GLYKOSIDE V. HETEROCYCLEN 29. MITT. 57-0654
SUEYOSHI S., SYNTH. V. PYRIDAZIN-1.2-DIOXIDEN 60-0660
SUFFNESS M. I., VERATRUM-ALKALOIDE 54. MITT. 63-0779
SUGAHARA H., PHENOL. CYCLISIER. 1. MITT. 57-0679
SUGAVANAM B., SYNTH. V. 8-ISO-19-NOR-ANTHRATESTOSTERON U. 8-ISO-10-ISO-19-NOR-TESTOSTERON 62-0799
SUGIHARA Y., CYCLISIER. V. TRANS.TRANS-FARNESYLSAEURE-METHYLESTER UNTER VERW. V. KATIONENAUSTAUSCHERHARZEN 62-0287
SUGINOME H., PHOTOINDUZIERTE TRANSFORMAT. 3. MITT. 55-0207
SUGIURA S., SYNTH. V. LEONURIN 57-0683
- CYPRIDINA-BIOLUMINESZENZ, 4. MITT. 64-0891
- CYPRIDINA-BIOLUMINESZENZ 5. MITT. 64-0892
- PYRIMIDIN-DERIV. 8. MITT. 64-0727
- PYRIMIDIN-DERIV. 9. MITT. 64-0728
- PYRIMIDIN-DERIV. 10. MITT. 64-0729
SUGIYAMA N., PHOTOCHEM. CYCLOADDIT. V. THIOBENZOPHENON AN KONJUGIERTE DIENE 61-0616
SUGIYAMA S., KONSTITUTION D. FARBSTOFFE AUS O-ACYL-BENZOPHENON U. AMMONIAK 59-0529
SUGIYAMA Y., TOTALSYNTH. V. 2-DESOXY-DL- U. L-RIBOSE 53-0482
SUGOWDZ G., PHOTOCHEMIE EINIGER AROMAT. SCHIFFSCHER BASEN SOWIE NMR-SPEKTREN EINIGER BENZO(F)CHINOLINE 61-0307
SUHADOLNIK R. J., 7-DESAZAADENIN-RIBONUCLEOSIDE. VERW. D. PERJODATOX. BEI ABBAUUNTERS. 59-0776
- BIOSYNTHET. UNTERS. 1. MITT. 59-0808
SUHR H., KERNRESONANZUNTERS. ZUM MILLS-NIXON-EFFEKT, RINGSTROMDEFEKT BEI BENZOLMOL. MIT ANKONDENSIERTEN GESAETT. RINGEN 53-0062
- ENERGET. UNTERS. ZUM MILLS-NIXON-EFFEKT, IONISIER.-ENERGIEN V. BENZOLMOL. MIT ANKONDENSIERTEN GESAETT. RINGEN 60-0119
- DIAZOMETHANE 26. MITT. 62-0356
SULEZKO A. A., CYANINFARBSTOFFE MIT BENZOL-, NAPHTHALIN- U. ANTHRACENKERN IN D. POLYMETHINKETTE 63-0646
SULLIVAN H. R., DEMETHYLIER.-UNTERS. 5. MITT. 60-0811
SULLIVAN J. M., DARST. V. 6-ARYL-TETRAHYDRO-1.3-OXAZIN-2-ONEN U. IHRE HYDROLYSE ZU 3-SUBSTITUIERTEN PROPYLAMINEN 63-0723
SULLIVAN P. D., HYPERFEINAUFSPALT. IN ESR-SPEKTREN V. NATUERL. VORKOMMENDEM (33)SCHWEFEL 64-0138
SULLIVAN R., RK. EINIGER ALICYCL. 1.2-DIHALOGEN-POLYFLUOROLEFINE MIT AETHANOL. KALILAUGE. D. EFFEKT D. RINGGROESSE AUF D. PROD.-VERTEIL. 58-0458
SULOV L. M., TERPENOPHENOLE 31. MITT. 55-0355
SULSTON J. E., SYNTH. V. OLIGORIBONUCLEOTIDEN 6. MITT. 62-0703
SULTANBAWA M. U. S., NEUER WEG ZUR STEROID-TOTALSYNTH., NICHTENZYMAT. BIOGENESEARTIGE OLEFIN-CYCLISIER. UNTER STEREOSPEZIF. BLDG. V. FUENF ASYMMETRIEZENTREN 63-0823
SULTANOV J. M., SYNTH. U. EINIGE FOLGERK. V. P-HALOGENTHIOPHENOLEN 62-0378
- SYNTH. U. FOLGERK. V. BETA-(P-HALOGEN-PHENYLMERCAPTO)-AETHANTHIOLEN 63-0417
SULTANOV R. A., SYNTH. V. CYANHALT. EPOXY-VERB. 62-0509
SUMI A., STRUKTUREN V. LYTHRANIN, LYTHRANIDIN U. LYTHRAMIN, NEUEN ALKALOIDEN AUS LYTHRUM ANCEPS MAKINO 55-0506
SUMIKI Y., BIOCHEM. UNTERS. UEBER 'BAKANAE'-PILZE 75. MITT. 54-0573
- BIOCHEM. UNTERS. UEBER ''BAKANAE''-PILZE 76. MITT. 61-0814
- VERS. ZUR TOTALSYNTH. V. POLYCYCL. TERPENEN 7. MITT. 62-0766
- TOTALSYNTH. V. (+-)-GIBBERELLIN A2, A4, A9 U. A10 64-0893
SUMINOV S. I., SELEKTIVE WILLGERODT-KINDLER-RK. V. 2-METHYL-5-VINYL-PYRIDIN 62-0666
SUMMERS L. A., EIN DIQUARTERNAERES SALZ D. 1.5-NAPHTHYRIDINS 56-0554
- CHEM. KONSTIT. U. AKTIVITAET V. BIPYRIDYLIUM-HERBICIDEN 1. MITT. 60-0604
SUN C., NMR-SPEKTROSKOP. PARAMETER MONOSUBSTITUIERTER BENZOLE, HALOGENBENZOLE 55-0080
- NMR-SPEKTRALPARAMETER MONOSUBSTITUIERTER BENZOLE, NITROSOBENZOL, NITROBENZOL, ANILIN, N-METHYLANILIN, N.N-DIMETHYLANILIN, TRIMETHYLANILINIUMJODID, PHENOL, DIPHENYLAETHER U. ANISOL 56-0128
SUNAGAWA M., ZUORDN. D. METHYLSIGNALE V. 3BETA-HYDROXY-OLEANENEN 53-0073
- STRUKTUR D. BISNORDITERPENOIDS INUMAKILACTON A 61-0764
SUNBURY R., SYNTH. U. BIOLOG. EIG. V. 1-DIMETHYLAMINO-3-METHYL-3-(3-HYDROXYPHENYL)-BUTAN, EIN POTENTIELLES ANALGETIKUM 60-0384
SUNDARARAJAN P. R., THEORET. UNTERS. UEBER D. KONFORM. V. ALDOPYRANOSEN 57-0145
SUNDBERG R. J., PHOTOCHEM. RED. V. AROMAT. NITROVERB. IN TRIAETHYLPHOSPHIT 58-0322
- INDOLE AUS O-NITROSTYROLEN, SYNTH. U. RK. V. 2-INDOLYL-4-PIPERIDYLMETHYLKETON 59-0528
SUNDBOM M., HALBEMPIR. PARAMETER V. PI-ELEKTRONENSYST. 3. MITT. 64-0158
SUNDERMEYER W., CHEM. RK. IN SALZSCHMELZEN 14. MITT. 54-0242
SUNDT E., SYNTH. V. ACETYLEN-CARBONYLVERB. DURCH FRAGMENTIER. V. ALPHA.BETA-EPOXY-KETONEN MIT P-TOLUOLSULFONYLHYDRAZIN 54-0201
- AROMEN 15. MITT. 54-0568
SUNG M., ELEKTRONENSTOSS-INDUZIERTE UMLAGER. V. BENZTROPONEN, 1.4-ARYL-WANDERUNGEN 60-0131
SUNG S., VGL. D. NACH HUECKEL BERECHNETEN ELEKTRONENUEBERGANGSENERGIEN DELTA E2 MIT D. ENERGIEN D. ALPHA- U. BETA-ABSORPT.-BANDE POLYCYCL. KW-STOFFE 61-0131
SUNJIC V., 1-SUBSTITUT. V. 2-METHYL-4(5)-NITRO-IMIDAZOL 1. MITT. 57-0526
SUNKO D. E., SIGMA-BETEILIG. U. SEK. DEUTERIUM-ISOTOPEFFEKTE, NORBORNYLVERB. 57-0226
- (D3)METHYL-ISOTOPENEFFEKTE U. D. URSACHE FUER ALPHA-METHYLSUBSTITUENTEN-EFFEKTE 58-0238
SUNNER S., D. VERBRENN.- U. BLDG.-ENTHALPIE V. DIKETEN 61-0171
SUPANEKAR V. R., ALKYLSUBSTITUIERTE BENZOESAEUREN 3. MITT. 61-0408
SURBEY D. L., 3.4-DIAZA-CYCLOPENTADIENONOIDE, DERIV. EINES NEUEN HETEROCYCL. SYST. 55-0411
SURIKOVA T. P., CYCLOPROPANE U. CYCLOBUTANE 58. MITT. 64-0541
SUROV J. N., BASIZITAET U. STRUKTUR V. HETEROCYCL. ALPHA.BETA-UNGESAETTIGTEN KETONEN, 5. MITT. 62-0177
SURRIDGE J. H., SYNTH. V. EXO,EXO-5.6-DIDEUTERIO-SYN-7-ACETOXY-NORBORNEN U. EXO,EXO-5.6-DIDEUTERIO-2-NORBORNEN 61-0506
SURZUR J., PHYSIKAL.-CHEM. UNTERS. D. THIAZOLRINGES 5. MITT. 55-0145
- PHYSIKAL.-CHEM. UNTERS. AM THIAZOL-RING 9. MITT. 57-0549
SURZUR J. M., EINFL. ELEKTRON. U. STER. EFFEKTE AUF D. MOBILITAET VERSCHIEDENER N-HETEROCYCLEN IN D. DUENNSCHICHTCHROMATOGRAPHIE. BEZIEH. ZWISCHEN D. R(F)-WERTEN DIESER IN 2-STELL. ALKYLIERTEN BASEN U. D. GESCHWINDIGKEITSKONSTANTEN D. QUATERNISIER. 57-0178
SUSCHITZKY H., THERM. CYCLISIER. AROMAT. NITROVERB. 53-0434
- NUCLEOPHILE RK. V. PENTACHLORPYRIDIN-1-OXID U. PENTACHLORPYRIDIN 54-0415
- SYNTH. V. HETEROCYCL. VERB. 20. MITT. 56-0507
- UNGEWOEHNLICHE RK. V. ARYLDIAZONIUMSULFONATEN MIT ORTHOSTAENDIGEN TERTIAEREN AMINO-SUBSTITUENTEN 61-0524
- AROMAT. POLYCHLOR-VERB. 1. MITT. 63-0690
- REDUKTIVE CYCLISIER. AROMAT. NITROVERB. ZU BENZIMIDAZOLEN MIT TITANCHLORID 64-0552
- OXYDATIVE CYCLISIER. V. O-SUBSTITUIERTEN ANILINEN U. BENZOESAEUREN MIT MANGANDIOXID 64-0722
SUSERINA N. P., DELTA-LACTONE UND DELTA-LACTAME, 56. MITT. 64-0485
SUSKO T. P., PHOTOCHEM. UMLAGER. D. 2-DIAZO-CYCLOHEXANONS U. D. 2-DIAZO-CYCLOPENTANONS 58-0468

SUSLOVA K. G., KONDENS. UNGESAETT. CYCL. SULFONE MIT ALDEHYDEN 62-0530
SUSUKI T., ORGAN. SYNTH. MIT METALLKOMPLEXEN 1. MITT. 59-0305
SUSZ B. P., ADDIT.-VERB. V. LEWIS-SAEUREN 30. MITT. 56-0064
SUSZKO J., SYNTH. OPT. AKT. NAPHTHYLEN-(1.7)-BIS-(ALPHA-OXY-PROPIONSAEUREN) 53-0298
- HYDRIER.-PROD. EINIGER CINCHONA-ALKALOIDE 2. MITT. 60-0711
- HYDRIER.-PROD. EINIGER ALKALOIDE D. CHINARINDE 3. MITT. 62-0722
SUTCLIFFE F. K., NITRIER. V. 1-THIAPHENALEN 61-0621
SUTCLIFFE H., TRICHLORNITROSOMETHAN 1. MITT. 61-0173
SUTCLIFFE L. H., STER. HINDER. IN PENTAFLUORPHENYL-VERB. D. ELEMENTE D. IV. GRUPPE 56-0012
SUTER A. K., CYCLOADDITIONEN D. 2-METHYL-ALLYL-KATIONS AN KONJUGIERTE DIENE 58-0540
SUTER P., STOFFWECHSELPRODUKTE V. MIKROORGANISMEN 57. MITT. 53-0577
SUTER P. J., 2-PYRUVOYLAMINO-BENZAMID, EIN METABOLIT V. PENICILLIUM CHRYSOGENUM U. P. NOTATUM 55-0586
SUTER S. R., SYNTH. VON TRICYCLO(3.3.0.0(3,7))OCTAN (BIS-NORODAMANTAN), SOLVOLYSE SEINER MONO- U. DICARBINOLE 59-0484
SUTEU F., KONFORM. D. MENTHONE U. DEREN ISOMERISIER.-BESTREBEN 53-0097
SUTHERLAND I. O., GEHINDERTE ROTAT. NO-DIACYLHYDROXYLAMINEN 55-0097
- D. EXTRAKT. V. MILLETTIA DURA(DUNN), D. KONSTIT. V. DURLETTON, DURMILLON, MILLDURON, MILLETTON U. MILLETTOSIN 55-0434
- NITRAMINE U. NITRAMIDE 13. MITT. 58-0103
- UNTERS. D. KONFORM.-AENDER. V. 4.5-DISUBSTITUIERTEN PHENANTHRENEN MITTELS NMR-SPEKTROSKOPIE 58-0145
SUTHERLAND J. K., STRUKTUR U. REAKTIVITAET V. RINGOLEFINEN MITTLERER GROESSE 56-0202
- 2-FLUOR-PYRIDIN-N-OXID U. SEINE RK. MIT AMINOSAEUREDERIV. 57-0590
- NONADRIDE, 5. MITT. 59-0805
SUTHERLAND M. D., PIGMENTE V. MEERESTIEREN 8. MITT. 56-0664
- TERPENOIDCHEMIE 14. MITT. 57-0713
SUTHERLAND R. G., UNTERS. UEBER FERROCENDERIV. 1. MITT. 53-0002
- UNTERS. AN FERROCEN-DERIV. 3. MITT. 54-0036
SUTIN N., QUECKSILBER(II)-KATALYSIERTE ISOMERISAT. D. S-GEBUNDENEN MONOTHIOCYANATOCHROM(III)-KOMPLEXES 57-0033
SUTTER B., DIENOL-BENZOL-UMLAGER. V. ALLYLDIENOLEN, AROMAT. (1.2)-, (3.3)- U. (3.4)-SIGMATROP. UMLAGER. 62-0412
SUTTON B., PTERIDINE 6. MITT. 63-0702
SUTTON J. C., REAKTIVE ZWISCHENSTUFEN IN BICYCLO(3.1.0)-HEXYL- U. BICYCLO(3.1.0)HEXYLIDEN-SYST. 4. MITT. 62-0473
SUTTON M. E., THERM. CYCLISIER. AROMAT. NITROVERB. 53-0434
- REDUKTIVE CYCLISIER. AROMAT. NITROVERB. ZU BENZIMIDAZOLEN MIT TITANCHLORID 64-0552
- OXYDATIVE CYCLISIER. V. O-SUBSTITUIERTEN ANILINEN U. BENZOESAEUREN MIT MANGANDIOXID 64-0722
SUVOROV B. V., OX. ORGAN. VERB. 49. MITT. 60-0617
SUVOROV N. N., GLYCOSYLINDOLE 7. MITT. 55-0494
- INDOL-DERIV. 29. MITT. 62-0544
- INDOL-DERIV. 31. MITT. 62-0545
SUVOROVA G. N., RK. V. ALIPHAT. DIAZOVERB. MIT UNGESAETT. VERB. 26. MITT. 60-0419
SUVOROVA K. M., CHLORMETHYLIER. V. DERIV. D. DI-(2-THIENYL)-METHANS U. REDUKTIVE DESULFURIER. EINIGER DIAMINE AUS D. REIHE D. THICPHENS 62-0531
SUZUKI A., HYDROGENOLYSE V. BICYCLISCHEN MONOTERPENEPOXIDEN IN GGW. V. RANEY-NI U. D. BEST. D. STRUKTUREN V. ALPHA- U. BETA-3.4-EPOXYCARAN 53-0528
SUZUKI E., PYRIMIDIN-DERIV. 8. MITT. 64-0727
- PYRIMIDIN-DERIV. 9. MITT. 64-0728
- PYRIMIDIN-DERIV. 10. MITT. 64-0729
SUZUKI H., PROD. D. CHLORIER. V. NAPHTHALIN, 1-METHYL-NAPHTHALIN U. MEHREREN CHLOR-METHYLNAPHTHALINEN MIT SULFURYLCHLORID 53-0299
- AROMAT. SUBSTITUT. MIT UMLAGER. 1. MITT. 59-0447
- NMR-SPEKTREN U. MOLEKULARGEOMETRIE V. NITRONEN 60-0104
- NAPHTHALINDICHLORID U. SEINE DERIV., 1. MITT. 61-0493
- SYNTH. V. ACTINOMYCINAEHNLICHEN VERB. 1. MITT. 62-0821
SUZUKI I., SYNTH. V. PYRIDAZIN-1.2-DIOXIDEN 60-0660
SUZUKI K., RK. V. NITROSOBENZOLEN MIT ARALKYLAMINEN 57-0378
- DURCH UNGESAETTIGTE KOHLENWASSERSTOFFE VERANLASSTE OX. V. KOBALT(II)-MESOPORPHYRIN IX-DIMETHYLESTER 63-0087
- SYNTH. MOEGLICHER STOFFWECHSELPORD. V. CHLORPROMAZIN 2. MITT. 63-0725
SUZUKI K. T., ISOLIER. U. STRUKTUR V. SICCANOCHROMENEN 63-0799
SUZUKI M., MAKROLID-ANTIBIOTIKA 15. MITT. 53-0578
- STERISCHER EFFEKT BEI DER SMILES-UMLAGERUNG 62-0667
- INHALTSSTOFFE AUS MEERESPFLANZEN 8. MITT. 64-0889
SUZUKI N., STRUKTUR V. CAMPHERENON U. CAMPHERENOL 56-0687
SUZUKI S., POLYOXINE, ANTIFUNGALE ANTIBIOTIKA 6. MITT. 57-0761
- POLYOXINE, ANTIFUNGALE ANTIBIOTICA 7. MITT. 59-0778
SUZUKI Y., KONSTITUTION D. FARBSTOFFE AUS O-ACYL-BENZOPHENON U. AMMONIAK 59-0529
SVACKIN J. P., NEUE PYRIMIDYL-(1)-AMINOSAEUREN 62-0656
- CHEM. STRUKTUR D. PROD. D. TRANSFORMATION V. NATUERL. PYRIDINBASEN U. 5-HALOGENURACILEN DURCH MYCOBAKTERIEN 62-0844
- MIKROBIOLOG. UMWANDL. D. LATHYRINS 64-0905
SVAJKA O. P., DIPOLMOMENTE U. MOL.-STRUKTUR EINIGER OXAZOLDERIV. 62-0068
SVATEK E., SUBSTANZEN MIT ANTINEOPLAST. WRKG. 19. MITT. 54-0374
- NEUROTROPE U. PSYCHOTROPE SUBSTANZEN 7. MITT. 54-0471
- LANGWIRKENDE SULFONAMIDE 4. MITT. 64-0745
SVEC V. I., LIPIDE 59. MITT. 61-0148
- KOMPLIZIERTE LIPIDE 30. MITT. 63-0455
SVECOVA-SILOVSKAJA K. D., SYNTH. N-SUBSTITUIERTER CARBAMOYL-OXIME 55-0285
- ORGAN. INSEKTOFUNGIZIDE 2. MITT. 60-0380
SVEDOV V. I., CHINONE 42. MITT. 57-0495
- TETRAHYDROINDOL-DERIVATE 60-0520
SVENSSON S., VERTEILUNGS-GASCHROMATOGRAPHIE V. PARTIELL METHYLIERTEN ALDITEN ALS ACETATE 56-0766
SVESNIKOV N. N., MEROCYANINFARBSTOFFE-DERIV. V. 3-AETHYL-THIAZOLIDINTHION-(4)-ON-(2) 62-0574
SVETLAKOV N. V., NITROLYSE V. ORGAN. HALOGENIDEN 1. MITT. 59-0288
SVIRIDOVA N. G., OLIGOMERE ACETOXYSILOXANE 1. MITT. 56-0329
SVOBODA M., GESCHW. V. QUATERNISIER.-RK. V. KONFORMATIONSSTABILISIERTEN 10- U. 12-GLIEDR. N-METHYLAZACYCLOALKANEN, REAKTIVITAET V. RINGATOMEN UNTERSCHIEDL. KONFORMATIONSTYPEN 53-0155
- STEREOCHEM. UNTERS. 47. MITT. 61-0150
- STEREOCHEM. UNTERS. 50 . MITT. MECHANISMUS V. ELIMINIER.-RK. 13. MITT. 61-0271
- STEREOCHEM. UNTERS. 51. MITT. 61-0272
SWAIN C. G., KINETIK D. NEUTRALEN U. ALKAL. HYDROLYSE V. TRIMETHYLSULFONIUM- U. BENZYLMETHYLPHENYLSULFONIUMSALZEN 64-0269
SWAIN E. J., RK. V. ALPHA-NITRO-OMEGA-HALOGEN-ALKANEN MIT IMINEN, SYNTH. V. 3-NITRO-PYRROLIDINEN U. 3-NITRO-PIPERIDINEN 63-0575
SWAMINATHAN S., STEREOCHEMIE GEHINDERTER BENZOPHENONE, SYNTH. U. OPT. TRENN. V. 3-CARBOXYMETHYL-2.2'.4.4'.6.-6'-HEXAMETHYL-3'-NITRO-BENZOPHENON 59-0432
SWAN G. A., CHEM. WRKG. D. GAMMA-BESTRAHL. AUF ORGAN. SYST. 13. MITT. 56-0254
- KATALYT. HYDRIER. V. DERIV. D. 2-NITRO-PHENYLBRENZTRAUBENSAEURE 56-0491
- RK. V. BENZOYL-PEROXID MIT AROMAT. N.N-DIALKYL-AMINEN U. AEHNL. VERB. 2. MITT. 57-0343
- RK. V. BENZOYL-PEROXID MIT AROMAT. N.N-DIALKYL-AMINEN U. AEHNL. VERB. 3. MITT. 57-0344
- HERST. V. CINNOLINEN U. INDOLEN AUS 2.BETA-DINITROSTYROLEN 58-0669
SWAN R. J., OPT. ROTAT.-DISPERS. 48. MITT. 56-0094
- OPT. ROTAT.-DISPERS. 51. MITT. 64-0089
SWANN D. A., AXIALE U. AEQUATORIALE THIOLE 3. MITT. 58-0776
SWANSIGER W. A., BEZIEH. ZWISCHEN D. SI-H-REAKTIVITAET U. D. INFRAROT-VALENZFREQUENZ BEI D. RK. V. SILANEN MIT OZON 61-0024
SWEETING L. M., DIASTEREOMERE WECHSELWRKG. IN LSG. 62-0134
SWENTON J. S., CYCLOADDIT. 5. MITT. 61-0442
- CYCLOADDIT. 6. MITT. 61-0443
- KRITERIUM FUER D. BLDG. ZWITTERION. ZWISCHENPROD. BEI D. PHOTOCHEMIE V. CYCLOHEXADIEN-(2.5)-ONEN 63-0337
- PHOTOCHEMIE 2-SUBSTITUIERTER BIARYLE 2. MITT. 63-0521
SWERN D., RK. V. N.N-DICHLOR-URETHAN MIT AETHERN, NEUART. SPALT.- U. CHLORIER.-RK. 53-0231
- CHEMIE D. EPOXYVERB. 21. MITT. 58-0601
- PSEUDOHALOGENE 10. MITT. 59-0319
SWIERCZEWSKI G., EINW. V. PROPYL-MAGNESIUMBROMID AUF ALLYLALKOHOLE IN GGW. V. DICHLORO-BIS-(TRIPHENYLPHOSPHIN)-NICKEL, BLDG. V. OLEFINEN 63-0357
SWIFT W. T. III, NEUES ISOFLAVON-GLYKOSID AUS BAPTISIA AUSTRALIS 58-0700
SWINBOURNE E. S., SECHS-ZENTREN-UEBERGANGSZUSTAENDE BEI RK., AN DENEN HALOGENVEERB. BETEILIGT SIND 56-0203
SWINBOURNE F. J., SULFONHYDRAZIDE U. VERWANDTE VERB. 9. MITT. 64-0103
SWINNEY B., STEREOCHEMIE U. ISOMERISIER. V. ALPHA-BENZYL-ALPHA'-BENZYLIDEN-BERNSTEINSAEURE U. VERWANDTEN VERB. 56-0408
SY M., CHLORMETHYLIER. V. HALOGENIERTEN ODER ALKYLIERTEN METHOXY-NAPHTHALINEN 56-0416
- FORMYLIER., OXALYLIER. U. ACETYLIER. IN ALPHA-STELLUNG D. CARBONYLS V. 4-OXO-4.5.6.7-BENZO(B)THIOPHEN U. D. SYNTH. V. 2.6-DIALKYL-PHENOLEN 63-0612
SYCKOVA L. D., CYCLOPROPANE U. CYCLOBUTANE 52. MITT. 58-0480
SYDOW E. VON, MASSENSPEKTROMETR. IDENTIFIZIER. V. ALDONOLACTONEN ALS TRIMETHYLSILYLAETHER 53-0083
- AROMASTOFFE D. PREISSELBEEREN 1. MITT. 53-0602
- AROMASTOFFE V. VACCINIUM-ARTEN 2. MITT. 56-0757
SYDYKOV B. T., STEREOCHEMIE V. STICKSTOFFHETEROCYCLEN 15. MITT. 64-0712
- SYNTH. SUBSTITUIERTER SYMM. TRIAZINE 64-0758
SYKES P. J., SYNTHET. STEROIDE 1. MITT. 54-0549

- SYNTHET. STEROIDE 2. MITT. 56-0708
- SYNTHET. STEROIDE 3. MITT. 58-0786
- SYNTHET. STEROIDE 4. MITT. 58-0787
- SYNTHET. STEROIDE 5. MITT. 59-0764
- SYNTHET. STEROIDE 6. MITT. 61-0792

SYMONS E. A., H-AUSTAUSCH IN 1.3.5-TRINITRO-BENZOL, EINFL. V. BASEN 53-0150
SYMONS M. C. R., IINSTABILE ZWISCHENVERB. 51. MITT. 61-0103
SYNERHOLM M. E., STEREOCHEMIE THERM. RK. 3. MITT. 59-0242
- NEUE THERM. UMLAGER. V. ALLYLPHENYLURETHANEN 61-0416

SYPER L., AG(II) ALS OXYDANS FUER ORGAN. VERB. 54-0204
SYRBE E., KONFORM.-ANALYSE MIT HILFE D. KERNRESONANZSPEKTROSKOPIE 9. MITT. 64-0510
SYTNIK Z. P., POLYMEROCYANINE 2. MITT. 60-0548
- POLYMEROCYANINE 3. MITT. 60-0549

SZABADOS L., SEQUENZ D. ZUCKER U. AMINOSAEUREN D. GKOPEPTIDE D. FIBRINOGENS 55-0592
- URSACHE D. NACH D. ORCIN-METH. GEFUNDENEN UNTERSCHIEDL. HEXOSENGEH. V. FIBRINOGEN U. FIBRIN 57-0813

SZABO A., OPTISCHE UND PHOTOCHEMISCHE EIGENSCHAFTEN VON METHYLISOPULEGON 64-0329
SZABO F., WELKSTOFFE U. ANTIBIOTIKA 36. MITT. 53-0237
- WELKSTOFFE U. ANTIBIOTIKA 37. MITT. 58-0389

SZABO L., SYNTH. IN D. ISOCHINOLINREIHE, 4. MITT. 56-0224
- PHOSPHORYLIERTE ZUCKER 12. MITT. 61-0695

SZABO P., PHOSPHORENTHALTENDE KOBALTCARBONYLE 3. MITT. 59-0082
- PHOSPHORYLIERTE ZUCKER 12. MITT. 61-0695

SZABO Z., PIPERAZIN-DERIV. 1. MITT. 53-0446
SZABOLCS J., UNTERS. UEBER CAROTINOIDFARBSTOFFE 7. MITT. 56-0666
- STRUKTUR V. LYCOXANTHIN U. LYCOPHYLL 60-0727

SZAKACS-PINTER M., NEUERE ANALYT. ANWEND. D. OX. V. ORGAN. VERB. DURCH BROM 2. MITT. 62-0857
- NEUERE ANALYT. ANWEND. D. OX. V. ORGAN. VERB. DURCH BROM 3. MITT. 62-0858
- MECHANISMUS D. ZWEISTUF. OX. D. FURFUROLS U. FURFURYLALKOHOLS MIT BROM U. BROMCHLOR IN WSS. LSG. 63-0249

SZANTAY C., EINFL. D. FELDEFFEKTES AUF D. NEIG. EINIGER CHINOLIZINONDERIV. ZUR KETALBLDG. 57-0245
- SYNTH. V. (-)-CORYNANTHEIDIN 59-0704
- CHEMIE D. HETEROCYCL., PSEUDOBAS. AMINOALKOHOLE 33. MITT. 60-0610

SZCZEPANIK R., EINFL. D. HARNSTOFFZUSATZES AUF D. FORM D. KURVEN D. PHASENGLEICHGEW. FESTFL. IN ZWEI- U. DREIKOMPONENTENSYST., WASSER-GLYCERIN-HARNSTOFF 58-0167
SZEIMIES G., THERM. UMLAGER. V. TRICYCLO(4.1.0.0(2,7))-HEPTAN 59-0248
SZEJTLI J., SAEUREKATALYSIERTE HYDROLYSE V. ALPHA- U. BETA-METHYLGLUCOPYRANOSID 62-0236
SZEKELY T., ALKYLIERUNG VON METHYLDICHLORSILAN U. METHYLDIMETHOXYSILAN MIT BUTYLLITHIUM U. BUTYLMAGNESIUMBROMID 60-0363
SZEKERKE M., CYTOAKT. AMINOSAEUREN U. PEPTIDE 14. MITT. 64-0881
SZELL T., SYNTH. 2.3-DISUBSTITUIERTER CHROMONE, CYCLISIER. V. ENOLESTERN D. O-ACYLOXYPHENYL-ALKYL-KETONE 54-0411
SZENDEY G. L., UNTERS. V. OCSIERAEROSOLEN 1. MITT. 58-0827
SZIMAN O., KINET. DEUTERIUMISOTOPEN-EFFEKT BEI AZOKUPPLUNG IN APROT. MEDIUM VORL. MITT. 59-0262
SZINAI S. S., ADAMANTAN-CHEMIE 1. MITT. 63-0572
SZKRYBALO W., KONFORMATIONSANALYSE 59. MITT. 59-0151
SZMUSZKOVICZ J., LEICHTE SYNTH. EINES AMINALS V. BICYCLO(3.1.0)HEXANON-(6) U. V. ENDO-6-PIPERIDINO-BICYCLO(3.1.0)HEXAN 53-0435
SZOEKE A., RINGISOMERISAT. V. ISOFLAVON-GLUCOSIDEN 3. MITT. 60-0701
SZOEKE S., UEBERTRAGBARK. V. KRAFTFELDERN BEI ISOELEKTRON. MOL., NORMALKOORDINATENANALYSIS V. PYRAZIN-DI-N-OXID- U. P-DIFLUOR-BENZOL 54-0048
- INFRAROT- U. RAMAN-SPEKTREN V. PYRAZIN-DI-N-OXID 57-0088

SZPONAR Z., LSGM.-EFFEKTE AUF D. GESCHW. D. ACYLIER. V. N-METHYLANILIN DURCH SAEUREANHYDRIDE 2. MITT. 64-0256
SZTANKAI G., VERNETZ.-MECHANISMUS D. EPOXYVERB. 57-0771
SZTARICSKAI F., HYDROLYSE-PROD. D. DESERTOMYCINS 62-0827
SZWARC M., KAEFIGRK. 1. MITT. 58-0205
- KAEFIGRK. 2. MITT. 58-0206
- ZWEI BLDG.-WEGE FUER CARBONIUMIONEN AUS OLEFINEN U. GEEIGNETEN ELEKTRONENAKZEPTOREN 61-0194
- BLDG. V. CARBONIUMIONEN DURCH DISSOZIATIVE LAD.-UEBERTRAG. 61-0195
- RK. V. METHYL-RADIKALEN MIT AROMAT. KW-STOFFEN, EINFL. V. KONFORM. U. KOHLENSTOFF-WASSERSTOFF-ORIENTIER. AUF GESCHW., AKTIVIER.-ENERGIE U. A-FAKTOR 64-0248

SZYKULA J., RED. V. ALPHA- U. BETA-3.4-EPOXY-CARAN MIT LITHIUM IN AETHYLAMIN 56-0675

T

TABACIK V., KONFORM.-ANALYSE DURCH NMR 1. MITT. 57-0162
- KONFORM.-ANALYSE DURCH NMR 2. MITT. 57-0163

TABACIK-WLOTZKA C., DITERPENE AUS JUNIPERUS PHOENICEA L. 1. MITT. 62-0765
- DITERPENE AUS JUNIPERUS PHOENICEA L 2. MITT. 62-0776

TABASIDZE N. I., SYNTH. V. PHENANTHREN-DERIV. 58-0514
TABELLO K. I. Y., ALKYLIER. V. ALKALIMETALLSALZEN D. PYRROLS MIT ALLYL- U. N-PROPYLTOSYLAT 61-0557
TABUSHI I., INTRAMOL. PROTONENUEBERGANG V. BICYCLOOCTYL-CARBONIUMION ZUM CYCLOOCTADIEN 53-0152
- STEREOCHEMIE KATION. ADDIT., PI,PI-TRANSANULARER RINGSCHLUSS V. 1.5-CYCLOOCTADIEN 53-0153
- RK. V. DEHYDROBENZOL MIT CS2 53-0249
- NICHTSTEREOSPEZIF. CYCLOADDITION V. DEHYDROBENZOL MIT CIS- U. TRANS-PROPENYLMETHYLAETHER 63-0544
- CHLORCARBONYLIER. V. ADAMANTAN 63-0551

TACCONI G., SCHMIDT-RK. V. OXINDOLYL- U. OXINDOLYLIDENKETONEN 61-0559
TACHIBANA S., CHEMIE DER AMINOSAEUREN 4. MITT. 62-0603
TACHIKAWA E., SCHNELLES ZEITMASS FUER WASSERSTOFF-ABSPALT. DURCH RUECKSTOSS-TRITIUMATOME, UNGLEICHGEW.-ALLYLRADIKALE AUS PROPYLEN 64-0247
TADA H., UNTERS. V. NUCLEOSIDE U. NUCLEOTIDE 35. MITT. 61-0708
- PI-PI(STERN)-ZIRKULARDICHROISMUS V. ALPHA-CYCLOPROPYL-U. ALPHA-EPOXY-KETONEN 62-0060

TADDEI F., RADIKAL-ANIONEN D. CHINOLINS U. SEINER METHYL-DERIV. 59-0129
- CARBANIONEN 3. MITT. 61-0261

TADROS S., PSEUDOHALOGENO-METALLVERB. 21. MITT. 56-0004
PSEUDOHALOGENO-METALLVERB. 20. MITT. 56-0088
TAFT R. W., EINFL. POLARER SUBSTITUIENTEN AUF D. LEWIS-SAEUREN-BASEN-GLEICHGEW. IN D. GASPHASE 1. MITT. 63-0218
TAGLIAVINI G., ELEKTROPHILE ALIPHAT. SUBSTITUT. JODIER. U. BROMIER. V. ASYMM. ORGANOZINNVERB. 56-0047
- LSGM.-EFFEKTE BEI D. JODSPALT. V. TETRAORGANOBLEIVERB. 58-0034
- REVERSIBLES REDOXSYST. R6SN2-R3SN(+) AN D. PLATINIERTEN PLATINELEKTRODE 59-0026
- VERH. V. ORGANOZINNCHLORIDEN ALS CHLORIDIONENAKZEPTOR IN NICHTWSS. LSGM. 61-0020
- ISOTOPENAUSTAUSCH- U. ELEKTROCHEM. UNTERS. D. REDOXSYST. PH6PB2-PH3PB(+) 63-0033

TAGUCHI H., VORK. V. ISOUSNINSAEURE IN FLECHTEN U. BEZIEH. ZUR ISODIHYDROUSNINSAEURE AUS DIHYDROUSNINSAEURE 55-0571
TAGUCHI T., STEREOCHEM. UNTERS., 38. MITT. 58-0694
TAHILRAMANI R., DARST. V. CHINOLINO-HETEROCYCLEN 57-0623
TAHK F. C., OXINDOLE 2. MITT. 61-0560
TAI J. C., ORGAN. QUANTENCHEMIE 19. MITT. 63-0122
TAI W. T., ALPHA-HALOGENKETONE 6. MITT. 58-0282
TAIGEL G., STEREOSPEZIF. FERNKOPPL. D. HYDROXYLPROTONEN IN PYRANOSEN 54-0111
- KONFORM. D. N-ACETYL-NEURAMINSAEURE 59-0154

TAIMR L., SPIROBIINDANTETROLE AUS 3-TERT.-ALKYL-BRENZCATECHINEN 63-0564
TAJIMA Y., HYDRIER. V. KONJUGIERTEN DIOLEFINEN MIT UEBERGANGSMETALL-PI-KOMPLEXEN 62-0323
TAKABAYASHI F., ELEKTRONENSPEKTREN V. MONOSUBSTITUIERTEN ANTHRACHINONEN U. LSGM.-EFFEKTE 57-0079
TAKACS F., DERIV. D. 1.3-DIOXOLANONS-(4) U. 1.3-OXATHIOLANONS-(5) 64-0617
TAKACS K., DIPHENYLPROPYLAMINDERIV. 3. MITT. 60-0422
TAKADA S., GINKGOLIDE 55-0545
- STRUKTUR V. ANISATIN U. NEOANISATIN, TOX. SESQUITERPENE AUS ILLICIUM ANISATUM L. 57-0689
- ANISATINSAEURE U. ISOANISATINSAEURE, ISOMERISIER.-PROD. V. ANISATIN 58-0810
- LEICHTE ACETYLIER. EINER TERT. HYDROXYGRUPPE SOWIE EIN UNGEWOEHNL. ENTSCHIRM.-PHAENOMEN DURCH EINE ACETOXYGRUPPE IN NMR-SPEKTREN 58-0811

TAKAGI I., STRUKTUR V. PETASITIN, EINEM NEUEN SESQUITERPEN AUS PETASITES JAPONICUS MAXIM 57-0716
TAKAGI K., PHOTOINDUZIERTE RK. V. BENZYLMETHYLKETON 60-0374
TAKAHASHI H., ORGAN. SYNTH. MIT HILFE V. EDELMETALLVERB. 36. MITT. 62-0057
- AZIRIDINBLDG. DURCH LITHIUM-ALUMINIUM-HYDRID-RED. V. OXIMEN 62-0505
- UEBERBRUECKTE RINGVERB. 3. MITT. 64-0567

TAKAHASHI K., THIET (THIACYCLOBUTEN) 53-0327
- UNTERS. V. ISOTHIAZOLEN 1. MITT. 59-0563
- UNTERS. V. ISOTHIAZOLEN 2. MITT. 59-0564

TAKAHASHI M., TETRACYCLO(3.3.0.0(2,8).0(4,6))OCTAN-1.5-DICARBONSAEURE 63-0556
TAKAHASHI N., STRUKTUREN NEUER GIBBERELLINE AUS UNREIFEN SAMEN V. CANAVALIA GLADIATA 55-0576
TAKAHASHI S., SYNTHESE VON KASUGANOBIOSAMIN 61-0712
- STRUKTUREN V. NAGILACTON A, B, C U. D, NEUE NOR- U. BISNORDITERPENOIDE 61-0765
- BENZIMIDAZOL-N-OXIDE 8. MITT. 62-0560

TAKAHASHI T., KONFORM. U. REAKTIVITAET 5. MITT. 57-0097
- 5.6-DIMETHOXY-2-ISOPROPENYL-BENZOFURAN AUS LIGULARIA STENOCEPHALA MATSUM. ET KOIDZ. 60-0823
- STRUKTUR D. BISNORDITERPENOIDS INUMAKILACTON A 61-0764
- LIGULARENOLID, EIN SESQUITERPENLACTON V. EREMOPHILAN-TYP 63-0802

TAKAHASHI Y., RK. V. ACETYLACETONATO-(PI-ALLYL)-PALLADIUM(II)-KOMPLEXEN MIT KOHLENMONOXID U. KONJUGIERTEN DIENEN 56-0084
TAKAI T., RK. V. DICHLORMALEIMIDEN MIT AMINEN 62-0539

TAKA-ISHI N., RK. V. CARBONYLVERB. MIT ISOCYANID 62-0352
TAKAKI H., ESR-HYPERFEINSTRUKTUR IN N-PIKRYL-CARBAZOLYL-(9)-AMINYL 61-0105
TAKAKU M., PRAEPARATIVE U. STRUKTURUNTERS. AN SCHWEFEL-YLIDEN 55-0274
TAKAMATSU R., WRKG. EINER KOMBINAT. V. PHARMAKA AUF D. GASTROINTESTINALE RESORPT. 1. MITT. 61-0843
TAKAMI F., TOTALSYNTH. V. OPT. AKT. NATUERLICHEM ISOTETRANDRIN, PHAEANTHIN U. TETRANDRIN 63-0782
TAKAMIZAWA A., PYRIMIDIN-DERIV. U. VERWANDTE VERB. 50. MITT. 56-0730
- PYRIMIDIN-DERIV. U. VERWANDTE VERB. 51. MITT. 56-0731
- PYRIMIDIN-DERIV. U. VERWANDTE VERB. 52. MITT. 56-0732
- PYRIMIDINDERIV. U. VERWANDTE VERB. 54. MITT. 61-0662
- PYRIMIDINDERIV. U. VERWANDTE VERB. 56. MITT. 64-0757
TAKANASHI S., RK. V. PYRIDOXAL MIT CYANID 64-0693
TAKANO S., SYNTH. DIASTEREOISOMERER RACEMATE V. MELANTHIOIDIN ZUR STRUKTURBEST. DURCH MASSENSPEKTROMETRIE 56-0651
- SYNTH. V. HETEROCYCL. VERB. 209. MITT. 59-0685
- 1-(2-MERCAPTO-AETHYL)-PHTHALAZINE U. VERWANDTE VERB. 60-0639
- RINGOEFFN. V. N-(1-PHTHALAZYL)- U. N-(4-CHINAZOLYL)-AZIRIDINEN 60-0642
- SYNTH. V. HETEROCYCLEN. 215. MITT. 61-0626
- SYNTH. V. HETEROCYCL. VERB. 226. MITT. 64-0691
TAKANO Y., UEBERBRUECKTE RINGVERB. 3. MITT. 64-0567
TAKASE K., STRUKTUR V. ZWEI NEUEN AETHINYL-NOR-SESQUITERPENOIDEN, DEHYDROCHAMAECYNENOL U. DEHYDROCHAMAECYNENAL, ISOLIERT AUS CHAMAECYPARIS FORMOSENSIS MATSUM 63-0798
TAKASHIMA H., SYNTH. V. DESAMINO-OXYTOCIN MIT HILFE D. FEST-PHASEN-METHODE 60-0778
TAKASUGI M., C-NOR-D-HOMOSTEROIDE U. VERWANDTE ALKALOIDE 10. MITT. 61-0733
TAKASUGI N., GASTROINTESTINALE RESORPT. V. NALIDIXINSAEURE 59-0814
TAKATS J., STEREOCHEM. NICHT STARRE MOL. V. ORGANOMETALLVERB. 11. MITT. 59-0016
- STRUKTUR V. 1.3.5-TRIMETHYL-7-METHYLEN-CYCLOOCTATRIEN-(1.3.5)-DIEISENPENTACARBONYL, EINEM ANOMALEN RK.-PROD. AUS 1.3.5.7-TETRAMETHYL-CYCLOOCTATETRAEN U. MEHRKERNIGEN EISENCARBONYLEN 61-0016
TAKAYA H., HOMOGENE KATALYSE BEI D. ZERS. V. DIAZOVERB. DURCH KUPFERCHELATE. ASYMMETRISCHE CARBENOIDRK. 62-0309
TAKAYAMA H., BEWEIS EINES RADIKALMECHANISMUS ODER V. RADIKALMECHANISMEN FUER D. DESDIAZONIER. IN ALKAL.-ALKOHOL. LSGM. 63-0446
TAKEDA A., ANODISCHE METHYLIER. V. BENZALDEHYD 60-0214
TAKEDA H., THERM. ISOMERISIER. V. ABIETINSAEURE 62-0761
TAKEDA K., STEROIDKOMPONENTEN V. KULTURPFLANZEN 53. MITT. 56-0693
- BESTANDTEILE D. WURZELN V. LINDERA STRYCHNIFOLIA VILL. 13. MITT. 57-0694
- WURZELN V. LINDERA STRYCHNIFOLIA VILL. 14. MITT. 59-0729
- STEROIDKOMPONENTEN EINHEIM. PFLANZEN 54. MITT. 61-0790
- BIOCHEM. UMWANDL. V. PFLANZENSTEROIDEN 2. MITT. 61-0835
- STEROIDBESTANDTEILE V. KULTURPFLANZEN 52. MITT. 62-0787
TAKEDA T., STOFFWECHSELPROD. V. PILZEN 28. MITT. 62-0739
- STOFFWECHSELPROD. V. PILZEN 29. MITT. 62-0740
TAKEDA Y., BIOLOG. UMWANDL. V. SWEROSID IN GENTIOPIKROSID U. VINDOLIN U. BIOGENET. ASPEKT EINIGER INDOLALKALOIDE 63-0892
TAKEHANA K., PARTIELLE ASYMM. SYNTH. DURCH D. SIMMONS-SMITH-RK. 1. MITT. 63-0493
TAKEMOTO T., STRUKTUR V. CAMPHERENON U. CAMPHERENOL 56-0687
- STRUKTUR V. PETEROSTERON, EINER NEUEN SUBSTANZ MIT INSEKTENHAEUTUNGS-AKTIVITAET AUS LASTREA THECYPTERIS U. ONOCLEA SENSIBILIS 57-0738
- FURANODIEN, EIN VORLAEUFER V. SESQUITERPENOIDEN MIT FURANRING 59-0519
- SESQUITERPENOIDE 17. MITT. 59-0724
- SESQUITERPENOIDE 18. MITT. 59-0725
- SESQUITERPENOIDE 19. MITT. 59-0726
- ABS. KONFIG. V. INOKOSTERON, EINER VERB. MIT INSEKTENHAEUT.-HORMONAKTIVITAET AUS ACHYRANTHES FAURIEI 61-0789
- SESQUITERPENOIDE 22. MITT. 61-0825
- STIMULIER. D. PROTEINSYNTH. IN MAEUSELEBER DURCH INSEKTENHAEUTUNGSHORMONE 61-0839
- STRUKTUR V. CURZERENON, EPICURZERENON U. ISOFURANOGERMACREN (CURZEREN) 62-0771
- STRUKTUR V. RUBROSTERON, EINEM NEUEN C19-METABOLITEN AUS INSEKTENHAEUT.-HORMON-AKTIVEN SUBSTANZEN AUS ACHYRANTHES RUBROFUSCA 62-0800
- STRUKTUR VON LEMMASTERON, EINER NEUARTIGEN C29-VERBINDUNG MIT INSEKTENHAEUTUNGSHORMON-AKTIVITAET AUS LEMMAPHYLLUM MICROPHYLLUM 64-0873
- ISOLIER. V. INSEKTENHAEUTUNGSSUBSTANZEN AUS PLEOPELTIS THUNBERGIANA, NEOCHEIROPTERIS ENSATA U. LEMMAPHYLLUM MICROPHYLLUM 64-0917
- INSEKTENHAEUTUNGS-SUBSTANZEN AUS PTERIDIUM AQUILINUM VAR. LATIUSCULUM 64-0918
TAKENAKA S., ELEKTRON. EIG. V. N-HETEROAROMATEN 19. MITT. 62-0839
TAKENISHI T., NEUE METH. ZUR PHOSPHORYLIER. V. NUCLEOSIDEN ZU 5'-NUCLEOTIDEN 56-0634
- SYNTH. V. ADENIN U. 4.5-DICYANIMIDAZOL AUS HCN IN FL. AMMONIAK 59-0616
- SYNTH. V. 2-ALKYLMERCAPTO-INOSIN-5'-PHOSPHATEN U. N(2)-METHYLIERTEN GUANOSIN-5'-PHOSPHATEN 61-0705
- SYNTH. V. 2-METHYLADENOSIN U. SEINEM 5'-PHOSPHAT 64-0791
TAKESHITA A., ORGAN. PHOTOCHEMIE 8. MITT. 64-0550
TAKESHITA H., MALEINSAEUREANHYDRID-ADDUKTE V. TROPOLON U. 2-METHOXY-TROPON 62-0486
- STRUKTUREN D. PHOTOLYSEPROD. V. CAMPHER 63-0795
TAKEUCHI K., GROSSES GESCHW.-VERHAELTNIS V. EXO- U. ENDO-VERB. U. UEBERWIEGENDE EXO-SUBSTITUT. BEI D. SOLVOLYSE V. 2-P-METHOXY-PHENYL-NORBORNYL-(2)-DERIV., CHARAKTERISTIKA EINES HOCHSTABILISIERTEN KLASS. NORBORNYLKATIONS 63-0264
- SOLVOLYSE V. 2-ARYL-NORBORNYL-(2)-P-NITRO-BENZOATEN, D. DEAKTIVIERENDE SUBSTITUENTEN IM AROMAT. RING ENTHALTEN, NEUE METH. ZUR AUSWERT. D. BEDEUT. D. SIGMA-BETEILIG. AN D. SOLVOLYSE V. NORBORNYLDERIV. 63-0265
TAKEYA Y., GASTROINTESTINALE RESORPT. V. NALIDIXINSAEURE 59-0814
TAKHISTOV V. V., ELEKTRONENSTOSS U. MOL.-DISSOZIAT. 18. MITT. 55-0088
TALASEK V., ELUTIONSCHROMATOGRAPHIE AN KATIONENAUSTAUSCHERN 2. MITT. 59-0181
TALBOT R. J. E., MECHANIST. UNTERS. IN STARK BAS. MEDIEN 6. MITT. 63-0289
TALBOTT R. L., FLUORKOHLENSTOFFPEROXIDE, SYNTH. V. PEROXIDEN AUS BIS-(FLUORFORMYL)-PEROXID 63-0371
TALIK T., DARST. U. EIG. V. 2-FLUOR-3.5-DINITRO-PYRIDIN 53-0427
- P-AMINO-BENZOLSULFONSAEURE-(2-HALOGEN-PYRIDYL-(4)-AMIDE) 53-0431
- DARST. U. EIG. V. 2-FLUOR-4-NITRO-PYRIDIN 54-0424
- UMSETZ. V. 9-VINYL-CARBAZOL MIT NATRIUMHYPOHALOGENITEN 62-0536
TALIK Z., DARST. U. EIG. V. 2-FLUOR-3.5-DINITRO-PYRIDIN 53-0427
- DARST. U. EIG. V. 2-FLUOR-4-NITRO-PYRIDIN 54-0424
- 2-FLUOR-5-NITRO-6-METHYLPYRIDIN 1. MITT. 56-0550
- PYRIDOTRIAZOLE U. PYRIDOIMIDAZOLE 2. MITT. 56-0553
TALLER R. A., STRUKTURUNTERS. DURCH KERNMAGNET. RESONANZ 15. MITT. 61-0146
- STRUKTURUNTERS. DURCH KERNMAGNET. RESONANZ 17. MITT. 62-0126
- STRUKTURUNTERS. DURCH KERNMAGNET. RESONANZ 19. MITT. 62-0128
TALLIER J. A., THERM. POLYMERISAT. V. ACETYLENKW-STOFFEN 53-0591
TAM S. W., MASSENSPEKTROMETRIE 27. MITT. 60-0136
- MASSENSPEKTROMETRIE 26. MITT. 61-0119
TAMAGAKI S., UMLAGER. V. TERT.-AMIN-N-OXIDEN 19. MITT. 59-0244
- UMLAGER. V. TERT.-AMIN-N-OXIDEN 20. MITT. 59-0245
TAMANO T., NEUE 1.6-CYCLOADDIT.-PROD. V. DEHYDROBENZOL 62-0684
TAMARI M. G., SYNTH. V. 1-METHYL-N(2)-ALKYL-GUANINEN 60-0648
- SYNTH. V. N(6)-ALKYLDERIV. D. 2.6-DIAMINO-PURINS 62-0644
TAMAS J., MASSENSPEKTRUM V. TETRAMETHYLSILAN, ZERS. DURCH ELEKTRONENBESCHUSS, VORL. MITT. 62-0106
TAMBORSKI C., SYNTH. EINIGER PENTAFLUORPHENYLMAGNESIUM-VERB. 58-0041
- RK. VON PERFLUORPHENOLATE MIT SUBSTITUERTEN PENTAFLUORBENZOLEN U. PERFLUORCYCLOHEXEN 59-0349
- RK. FLUORAROMAT. NITRILE MIT NATRIUMPENTAFLUORPHENOLAT 62-0389
TAMEMASA O., HEMM. U. STIMULIER. D. PROTEIN- U. NUCLEINSAEURE-BIOSYNTH. 2. MITT. 64-0898
TAMM C., ZIRKULARDICHROISMUS 25. MITT. 53-0051
- VERRUCARINE U. RORIDINE 15. MITT. 53-0195
- SYNTH. V. 5-METHYL-3-OXA-A-NOR-5BETA-CHOLESTAN U. 3-OXA-DELTA(4)-CHOLESTEN-2-ON 53-0554
- SYNTH. D. 2.5-DIOLE D. A-NOR-5ALPHA- U. A-NOR-5BETA-CHOLESTANS 54-0545
- OXETANE V. A-NOR-STEROIDEN, 2A.5-OXIDO-A-NOR-5ALPHA-CHOLESTAN, 2BETA.5-OXIDO-A-NOR-5BETA-CHOLESTAN U. 2ALPHA-AETHYL-2BETA.2'-OXIDO-A-NOR-5ALPHA-CHOLESTAN 64-0861
TAMRES M., LADUNGSUEBERTRAGUNGSKOMPLEXE IN DER DAMPFPHASE 3. MITT. 60-0196
TAMURA C., MOL.-KONFORM. 4. MITT. 58-0156
- KRIST.-STRUKTUR V. 6-BENZOYL-3-HYDROXY-1-METHYL-5-PHENYL-THIABENZOL-1-OXID 62-0153
TAMURA S., STRUKTUREN NEUER GIBBERELLINE AUS UNREIFEN SAMEN V. CANAVALIA GLADIATA 55-0576
TAMURA Z., RK. V. PYRIDOXAL MIT CYANID 64-0693
- GASCHROMATOGRAPHIE V. BRENZCATECHINAMINEN, D. ALS TRIFLUORACETATE VORLIEGEN 64-0935
TAN C., DIREKTER NACHW. EINES AROMAT. DIAZONIUM-CARBOXYLATS ALS ZWISCHENSTUFE D. NITROSO-ACYL-ARYLAMIN-ZERFALLS 64-0448
TAN C. H., SYNTH. V. LINDERON U. METHYL-LINDERON 53-0289
TAN H. W., HYDROHALOGENIER. U. DEUTEROHALOGENEIR. V. NORBORNENON-(7) 62-0475

TAN S. F., SYNTH. U. RK. V. 7-METHYL-PYRANO(4.3-B)PYRAN-2.5-DION 59-0586
TAN Y. T., SELEKTIVE DEMETHYLIER. V. 3.4-DIMETHOXY-BENZALDEHYD 53-0130
TANABE M., NEUART. FRAGMENTIER.-RK. V. ALPHA.BETA-EPOXYKETONEN, SYNTH. V. ACETYLENKETONEN 53-0199
- SYNTH. V. ACETYLEN-SECO-STEROID-KETONEN 53-0558
TANAHASHI Y., 5.6-DIMETHOXY-2-ISOPROPENYL-BENZOFURAN AUS LIGULARIA STENOCEPHALA MATSUM. ET KOIDZ. 60-0823
- LIGULARENOLID, EIN SESQUITERPENLACTON V. EREMOPHILAN-TYP 63-0802
TANAKA H., OPT. ROTAT.-DISPERS. V. PURIN-CYCLONUKLEOSIDEN 53-0053
- NUCLEOSIDE U. NUCLEOTIDE 22. MITT. 56-0636
TANAKA K., ABSPALT. D. 4-HYDROXYL-GRUPPE BEI MORPHIN-ALKALOIDEN 9. MITT. 57-0667
TANAKA M., METHYL-(PHENYLAETHINYL)- U. METHYL-(CYANO)-THALLIUM-DERIVATE 59-0051
TANAKA O., VORK. V. DITERPENEN D. (-)-PIMARANTYPS IN ARALIA CORDATA THUNB. 56-0689
TANAKA Y., PHOTODIMERISIER. V. 2-METHYL-4.5-BENZOTROPON-(1) 61-0500
TANCJURA G. F., ALKOXYVERB. 27. MITT. 53-0226
TANCUK J. V., SYNTH. U. UNTERS. V. TRIMETHYLENTRISULFONEN 10. MITT. 61-0684
TANG A. H., AZEPINOINDOLE 1. MITT. 57-0632
TANG S., GESPANNTE ORGAN. MOL. 2. MITT. 62-0609
TANG Y., MOL.-ANREG. DURCH RUECKSTOSS-TRITIUM, BEWEIS FUER D. 1.2-HX-ELIMINIER. AUS AETHYLFLUORID U. AETHYLCHLORID 58-0273
- UNIMOL. FOLGERK. D. RUECKSTOSS-TRITIUM-RK. MIT DICHLORMETHAN, BLDG. V. MONOCHLORCARBEN 58-0312
- SCHNELLES ZEITMASS FUER WASSERSTOFF-ABSPALT. DURCH RUECKSTOSS-TRITIUMATOME, UNGLEICHGEW.-ALLYLRADIKALE AUS PROPYLEN 64-0247
TANIDA H., SUBSTITUENTENEFFEKTE U. ARYLBETEILIG. BEI D. SOLVOLYSE V. BETA-(SYN-BENZONORBORNENYL-(9))-AETHYL-P-BROM-BENZOLSULFONATEN 58-0247
- SOLVOLYSE V. 6- U. 7-METHOXY-BENZONORBORNENYL-(2)-DERIV., DIRIGIERENDER EINFL. EINES METHOXY-SUBSTITUENTEN 63-0262
TANIGUCHI H., INDOL-BLDG. DURCH PYROLYSE V. BETA-STYRYL-AZIDEN 63-0618
TANIYAMA H., VIOMYCIN 1. MITT. 56-0734
TANNER D. D., FREIE RADIKAL. JODIER., EINE NEUART. SYNTH. 58-0340
- MECHANISMUS D. ADDIT. V. CHLOR AN OLEFINE DURCH JODBENZOLDICHLORID 58-0527
TANNER H., RK. V. AMINOSAEUREN MIT TRIFLUORESSIGSAEUREANHYDRID 2. MITT. 59-0518
TANTASEVA F. R., SYNTH. U. STRUKTUR V. BROMVINYLSULFONEN 56-0345
TAO I. Y. C., SYNTH. U. LITHIUM-AMMONIAK-RED. V. 7-METHOXYCHROMAN 60-0575
TAPIERO C., SYNTH. U. ABBAU-RK. V. IN BETA-STELLUNG STEREOSPEZIFISCH MONODEUTERIERTEN AMINEN 63-0496
TARACS K., DIPHENYLPROPYLAMINDERIV. 2. MITT. 60-0421
TARASZKA M. J., SYNTH. U. KINETIK D. HYDROLYSE V. LINCOMYCINACETALEN 64-0268
TARBELL D. S., SYNTH. V. CIS- U. TRANS-2-ISOAMYL-3.4-DIMETHYL-2.3-DIHYDRO-BENZOFURAN 58-0564
- ZERS.-MECHANISMUS EINIGER CARBONSAEURE-THIOLCARBONSAEURE-ANHYDRIDE 63-0301
TARIZIA G., VERW. V. 2-HALOGEN-PYRIDIN-N-OXIDEN IN D. PEPTIDCHEMIE 1. MITT. 56-0722
TARJASINOVA D. D., AMINOMETHYLIERUNG DES ACETYLENS MIT DEM DIVINYLAETHER D. AETHANOLAMINS 59-0330
TARLI F., FLUORIERTE EPOXIDE 2. MITT. 61-0527
- UNTERS. UEBER FLUORIERTE EPOXIDE 3. MITT. 61-0528
TARNOPOL'SKAJA M. M., SYNTH. V. TETRAHYDROFURYL-(2)-ACETALDEHYD 62-0526
- SAUERSTOFFHALT. HETEROCYCLEN 6. MITT. 64-0563
- SAUERSTOFFHALTIGE HETEROCYCLEN 7. MITT. 64-0564
TARNOPOL'SKIJ J. I., SYNTH. V. TETRAHYDROFURYL-(2)-ACETALDEHYD 62-0526
- SAUERSTOFFHALT. HETEROCYCLEN 6. MITT. 64-0563
- SAUERSTOFFHALTIGE HETEROCYCLEN 7. MITT. 64-0564
TARODI B., UMLAGER. V. STEROIDEN 5. MITT. 64-0871
TARRAGO G., AZOL-REIHE 29. MITT. 56-0504
- AZOL-REIHE 30. MITT. 56-0505
- ANGEBL. STABILE N-PROTONIERTE FORM EINES ENAMINS 60-0668
TARRANT P., DARST. U. RK. D. LITHIUMDERIV. V. TRIFLUORPROPEN U. TRIFLUORPROPIN 58-0346
- DARST. U. RK. EINIGER FLUORHALT. VINYL-ORGANOMETALL-VERB. 58-0366
- RK. EINIGER FLUORHALT. VINYLLITHIUM-VERB. MIT TRIAETHYLCHLORSILAN 58-0391
- DISPIRO(2.0.2.2)OCTEN-(7) 64-0545
TARRATT H. J. F., EIN EINFACHER, WIRKSAMER KATALYSATOR ZUR DARST. V. ALKYLDERIV. D. ADAMANTANS 56-0442
TARRIDEC P., PRISTINAMYCIN, ISOLIER., CHARAKTERISIER. U. IDENTIFIZIER. D. KOMPONENTEN 59-0780
TARTAKOVSKAYA L. M., NITRO- U. AMINO-ARYLALKYLSILANE U. -SILOXANE 59-0384
TARTAKOVSKIJ V. A., RK. D. DINITROMETHYLNITRONSAEUREMETHYLESTERS MIT 1.3- U. 1.4-DIENEN 59-0555
- 1.3-DIPOLARE CYCLOADDITION AN NITRONSAEUREESTER AUS ARYLNITROMETHANEN 59-0556
- 1.3-DIPOLARE CYCLOADDIT. BEIM O-METHYLESTER D. NITRODIMETHYLMALONATS 59-0557
- RK.-ENTHALPIE D. 1.3-DIPOLAREN CYCLOADDIT. V. NITRONAETHERN 62-0262
TARUSOVA N. B., SELEKTIVE SUBSTITUT. D. HYDROXYLGRUPPEN IN MYO-INOSIT-O-DICYCLOHEXYLIDEN-DIACETALEN 63-0748
TASAKA K., ALPHA-BROM-ALPHA-KETOL-PHOSPHATE U. EN-DIOL-BISPHOSPHATE 58-0443
- NUCLEOPHILE SUBSTITUT. AM FUENFWERT. PHOSPHOR, RK. V. 2.2.2-TRIALKOXY-1.3.2-P(V)-DIOXAPHOSPHOLEN MIT ALKOHOLEN 58-0611
TASHIRO M., CHEMIE D. ENAMINE 1. MITT. 53-0380
- ACYLISOCYANATE 4. MITT. 60-0376
- ACENAPHTHENDERIV. 18. MITT. 63-0533
- PHOTOCHEMIE V. HETEROCYCL. VERB. 1. MITT. 64-0658
- N-SULFINYL-VERB. 2. MITT. 64-0714
TATARINOVA A. A., SYNTH. U. UMWANDL. V. ACETALEN AUF D. BASIS V. 3-PHENYL-PROPIN-(2)-OL-(1) 55-0238
TATARINOVA A. F., VINYLAETHER, D. EINE EPOXYGRUPPE ENTHALTEN 1. MITT. 56-0462
TATAUROV V. G., SYNTH. V. 1-SUBSTITUIERTEN 2.5-BIS-CHLORMETHYL-PYRROLIDINEN 62-0541
TATCHELL A. R., 1.2-O-ALKYLIDEN-ALPHA-D-GLYKOPYRANOSEN, 1. MITT. 53-0485
- SYNTH. V. D-PSICOSE-DERIV. NACH NEUEREN OX.-VERF. 57-0644
TATEISHI M., SYNTH. V. TANSHINON-II U. CRYPTOTANSHINON 63-0803
TATEMATSU A., STRUKTUR D. DURCH ELEKTRONENBESCHUSS AUS 2-PYRONEN ENTSTANDENEN M-CO-IONS 54-0089
- ORGAN. MASSENSPEKTROMETRIE 9. MITT. 55-0092
- LABILITAET D. STICKSTOFF-SAUERSTOFF-BIND. V. ISOXAZOLEN BEI ELEKTRONENSTOSS 57-0125
TATLOW J. C., POLYFLUORIERTE BRUECKENKOPF-GRIGNARD-REAGENZIEN 54-0343
- AROMAT. POLYFLUORVERB. 38. MITT. 54-0356
- FLUORCYCLOHEXANE 12. MITT. 55-0294
- RK. V. ORGANOKUPFERVERB. MIT HALOGENOLEFINEN 57-0288
- AROMAT. POLYFLUORVERB. 39. MITT. 57-0418
- POLYFLUORPHENAZINE 61-0660
- AROMAT. POLYFLUOR-VERB. 40. MITT. 62-0535
TATSUNO Y., KATALYT. OX. V. ISOCYANIDEN, EIN NICKEL-SAUERSTOFF-KOMPLEX 53-0041
TATTA K. R., SYNTH. POLYCYCL. VERB., 8. MITT. 60-0448
TAUB D., ZERLEG. V. (+-)-ZEARALENON, BEST. D. ABS. KONFIG. BEI D. NATUERL. ENANTIOMEREN 53-0582
- TOTALSYNTH. D. MACROLIDS ZEARALENON 60-0788
TAUBE H., RED. V. PENTAAMMINOKOBALT(III)-KOMPLEXEN SUBSTITUIERTER PYRIDINE DURCH CHROM(II) 60-0033
- RED. V. FUMARATOPENTAMMINKOBALT(III)-KOMPLEXEN DURCH METALLIONEN 60-0034
- SULFON- U. ESTERLIGANDEN IN PENTAMMINKOBALT(III)-KOMPLEXEN 60-0060
- SYNTH. U. EIG. V. PENTAMMINPYRIDINRUTHENIUM(II) U. VERWANDTEN PENTAMMINRUTHENIUM-KOMPLEXEN V. AROMAT. STICKSTOFF-HETEROCYCLEN 60-0067
TAUBER G., HALOGEN- U. STICKSTOFFHALT. DERIV. ALIPHAT. CARBONSAEUREN 7. MITT. 55-0249
TAUTOU H., BEITRAEGE ZUR ACETOLYSE V. AETHERN 3. MITT. 53-0147
TAVARES R., BIOSYNTHETISCHE UNTERSUCHUNGEN 2. MITT. 64-0909
TAVERNIER D., KERNMAGNET. RESONANZUNTERS. AN KETALEN, SESSEL-SESSEL-INVERSION BEIM CIS-2.2.7.7-TETRAMETHOXY-DEKALIN 56-0120
TAVS P., HERST.AROMAT. PHOSPHONSAEUREESTER AUS ARYLHALOGENIDEN U. TRIALKYLPHOSPHITEN 55-0290
TAYLOR D. A. H., EXTRAKTE AUS KHAYA SENEGALENSIS A. JUSS 53-0532
- ISOLIER. U. STRUKTURAUFKLAER. EINIGER DERIV. V. DIMETHYLALLYL-CUMARIN, CHROMON, CHINOLIN U. PHENOL AUS FAGARA SPECIES U. AUS GEDRELOPSIS GREVEI 60-0787
- LIMONOIDE AUS D. HOLZ V. TRICHILIA HEUDELOTTII PLANCH. EX OLIV 64-0849
TAYLOR D. R., STRUKTUR V. SORBIFOLIN, EINEM CHROMON AUS SPATHELIA SORBIFOLIA L. 56-0539
- ALUMINIUMOXID-KATALYSIERTE RK. V. HYDROXYARENEN U. HYDROAROMAT. KETONEN 1. MITT. 62-0453
- DURCH ALUMINIUMOXIDKATALYSIERTE RK. V. HYDROXYARENEN U. HYDROAROMAT. KETONEN 2. MITT. 62-0454
- DURCH ALUMINIUMOXID-KATALYSIERTE RK. V. HYDROXYARENEN U. HYDROAROMAT. KETONEN 3. MITT. 62-0455
- PERFLUORMETHYLACETYLEN 64-0359
TAYLOR E. C., DIMETHYLOXOSULFONIUM-2-METHYLAMINO-BENZOYLMETHYLID, EIN NEUES STABILES YLID, DAS IN HETEROCYCL. SYNTH. EINGESETZT WIRD 58-0405
- EINFUEHR. EINER FUNKTIONELLEN GRUPPE AM C(5)-ATOM IN PYRIMIDINEN. NEUE WEGE ZU AZAPTERIDINEN U. PURINEN. SYNTH. V. FERVENULIN 60-0790
- THALLIUM IN D. ORGAN. SYNTH. 1. MITT. 62-0318
- THALLIUM IN D. ORGAN. SYNTH. 2. MITT. 62-0319
- THALLIUM IN D. ORGAN. SYNTH. 3. MITT. 62-0320
- EINDEUTIGE SYNTH. V. 6-SUBSTITUIERTEN PTERIDIN-8-OXIDEN, PTERIDINEN U. 7.8-DIHYDRO-PTERIDINEN 62-0652
- SYNTH. V. HETEROCYCLEN AUS O-AMINONITRILEN 30. MITT. 63-0818
TAYLOR G. A., KETEN 3. MITT. 53-0441
- D. BILDL. DARST. ELEKTRON. ANGEREGTER ZWISCHENSTUFEN BEI PHOTOCHEM. RK. 54-0138
- KETEN 4. MITT. 54-0476
- KETEN 5. MITT. 63-0741

TAYLOR G. L., TRENN. V. DIASTEREOISOMEREN DURCH VERTEIL.-GASCHROMATOGRAPHIE, ESTER D. BUTAN-2.3-DIOLS 60-0842
TAYLOR G. R., MECHANISMUS D. ALKAL. HYDROLYSE V. METHYL-2-BENZOYL-BENZOATEN 56-0214
- RK. V. CARBONYLVERB. IN ALKAL. LSG. 1. MITT. 58-0254
TAYLOR J. A., RK. V. KUPFERACETYLIDEN MIT HALOGENACETYLENEN 62-0312
TAYLOR J. B., RK. D. THEBAINON A-ENOL-METHYLAETHERS MIT P-BENZOCHINON 63-0785
TAYLOR K. G., 7-EXO-BROM-2-OXABICYCLO(4.1.0)HEPTYL-(7)-LITHIUM 59-0587
- 4.6-DIDESOXY-4-(N.N-DIMETHYLAMINO)-D-TALOPYRANOSE-HYDROCHLORID 62-0694
TAYLOR R., AROMAT. DETRITIIER. 3. MITT. 62-0252
TAYLOR R. L., NUCLEOPHILE WRKG. D. ENTFERNTEN CYCLOPROPANRINGES BEI INTRAMOL. VERDRAENGUNGSRK., SYNTH. U. ACETOLYSE V. 2-(TRANS-BICYCLO-(3.1.0)HEXYL-(3))-AETHYL-P-NITRO-BENZOLSULFONAT 61-0514
TAYLOR W. I., ALKALOIDE AUS DAPHNANDRA-ARTEN 7. MITT. 53-0510
- ALKALOIDE 124. MITT. 54-0513
TAYLOR-PAPADIMITRIOU J., NEUE METH. D. PEPTIDSYNTH. 5. MITT. 53-0239
TCHELITCHEFF S., KONDENS. V. 1.3-DIPOLAREN SYST. MIT VINYLAETHERN 1. MITT. 57-0518
- EINW. V. NATRIUMAMID AUF QUATERN. AMMONIUMVERB. 2. MITT. 63-0578
TCHERVIN I. I., STICKSTOFFINVERS. IN ALPHA-FLUORALKYLAZIRIDINEN 62-0138
TCHOUBAR B., RED. V. ALPHA-UNGESAETT. KETONEN ZU GESAETT. KETONEN MIT ALKALIMETALLEN IN HEXAMETHYLPHOSPHORYLTRIAMID (HMPT) 59-0408
TEAGUE P. C., FLAVANOIDEPOXIDE 5. MITT. 57-0572
TEBBE F. N., DARST. U. CHARAKTERISIER. D. IONEN (3)-DODEKAHYDRIDO-1.2- U. -1.7-DICARBAUNDEKABORAT(1-) 59-0039
- POLYEDRISCHE CARBORANE B9C2H11, B8C2H10, B7C2H9 U. B6C2H8 SOWIE D. SYST. B7C2H13 59-0040
TEBBY J. C., RINGERWEITER. V. 9-SUBSTITUIERTEN 9-PHOSPHAFLUORENEN ZU 9.10-DIHYDRO-9-PHOSPHAPHENANTHREN-9-OXIDEN 54-0370
- RK. V. PHOSPHINEN MIT ACETYLENEN 4. MITT. 56-0369
- UNGEWOEHNL. NIEDRIGE P-C-H-KOPPL.-KONST. IN D. NMR-SPEKTREN V. PHOSPHONIUMSALZEN U. PHOSPHINOXIDEN 58-0106
- MASSENSPEKTROSKOPIE, 22. MITT. 61-0113
- RK. V. PHOSPHINEN MIT ACETYLENEN 5. MITT. 63-0468
TEDDER J. M., NITROSOACETYLENE 63-0367
- PHOTOLYSE V. 3-DIAZO-2.4.5-TRIPHENYL-PYRROL 63-0622
- CHEMIE D. O-BENZOCHINONE 1. MITT. 63-0722
TEDESCHI E., STRYCHNINDERIVATE UND IHRE UMWANDLUNG IN BRUCIN 64-0806
TEFERTILLER B. A., CHEMIE V. CARBANIONEN 15. MITT. 61-0284
TEGYEY Z., UMLAGER. V. STEROIDEN 3. MITT. 54-0546
TEICHMANN H., KONKURRENZ BEI D. DURCH SILBER-IONEN ASSISTIERTEN PHOSPHORYLIER., DARST. V. THYMIDIN-5'-NITRAT 64-0785
TEICHNER S. J., KATALYT. DEHYDRIER. V. ISOPROPYLALKOHOL UEBER ZINKOXID 2. MITT. 63-0246
TEIGE W., ANALYT. CHEMIE D. PLASTE 42. MITT. 59-0258
TEITEL S., SYNTH. IN D. EMETIN-REIHE 14. MITT. 64-0804
TELLIER J., KONKURRIERENDE HYDRIER. V. UNGESAETT. KW-STOFFEN 59-0200
TEL'NJUK E. N., HALOGENDERIV. D. ACENAPHTHYLENS 4. MITT. 64-0520
TEMME G. H., SOLVOLYSE V. ALKYLDIAZOTATEN 5. MITT. 62-0244
TEMNIKOVA T. I., EINFL. V. SUBSTITUENTEN IM KERN AUF D. RICHT. D. PHOTOCHEM. ZERFALLS V. ALPHA-OXIDEN 54-0194
- NEUE DARST. V. PHENYL-CYAN-METHYLEN 54-0296
- RK. V. 1-BROM-2.3-EPOXY-3-METHYL-BUTAN MIT KALIUM-DIPHENYL-ACETONITRIL U. KALIUM-METHYL-CYAN-ESSIGSAEUREAETHYLESTER 54-0351
- CHEM. RK. V. ALPHA-HALOGENKETONEN, 13. MITT. 56-0401
- RK. V. EIN BEWEGL. H-ATOM ENTHALTENDEN METALLDERIV. MIT ALPHA-HALOGENKETONEN 4. MITT. 56-0467
- PHOTOLYSE V. 2.3-DIPHENYL-GLYCIDSAEUREMETHYLESTER 57-0485
- SYNTH. V. 2-OXAZOLINEN AUS ALPHA-OXIDEN 58-0602
- ISOMEREN-UMWANDL. V. ALPHA-OXIDEN MIT BEWEGL. WASSERSTOFFATOMEN IN D. SEITENKETTE 13. MITT. 62-0498
- ISOMEREN-UMWANDL. V. ALPHA-OXIDEN MIT BEWEGL. WASSERSTOFFATOMEN IN D. SEITENKETTE 12. MITT. 62-0593
- RK. V. ALPHA-HALOGENKETONEN 14. MITT. 63-0282
- KATALYT. DEHYDRATISIER. V. KERNSUBSTITUIERTEN ISOPROPYLPHENYL- U. DIMETHYLBENZYLCARBINOLEN 63-0471
- DARST. V. GAMMA-CARBALKOXY-DELTA-KETO-OXIDEN MIT EINEM REAKTIVEN WASSERSTOFFATOM IN D. SEITENKETTE 63-0585
- INTERMOL. ADDIT. V. EPOXIDEN AN CARBONYLVERB., RINGERWEITER. 63-0628
- RK. V. ALPHA-HALOGENKETONEN 15. MITT. 64-0285
TEMPE J., DARST. U. ALKAL. HYDROLYSE V. NITROSOVERB., D. VORSTUFEN D. DIAZOALKANE 60-0356
TEMPEL A., CHEMIE, HERBIZIDE U. FUNGIZIDE AKTIVITAET V. 2.1.3-BENZOTHIADIAZOLEN 55-0425
TEMPLE C. JUN., LIPIDLOESL. 6-MERCAPTOPURIN-DERIV. 57-0605
- DARST. V. 9-AMINO-9H-PURINEN 2. MITT. 59-0614
- POTENTIELLE FOLSAEURE-ANTAGONISTEN 3. MITT. 59-0615
- RK. EINIGER 4-CHLOR-5-NITRO-PYRIMIDINE MIT NATRIUMAZID, OXADIAZOLO(3.4-D)PYRIMIDIN-1-OXIDE 63-0713
- ISOMERE PYRIDOPYRAZINE AUS TETRAAMINOPYRIDINEN MIT PYRUVALDEHYD UND BENZIL 64-0731
TEMPLE D., CHEM. U. BIOLOG. EIG. EINIGER DERIV. V. CIS- U. TRANS-1-HYDROXY-CHINOLIZIDIN 60-0591
TEMPLE R. B., GESCHMOLZENE SALZE ALS RK.-MEDIUM, NITRIER. V. ORGAN. VERB. IN GESCHMOLZENEN NITREN 55-0209
TEMPLE R. D., DISPERSION D. SUBSTITUENTENEFFEKTS IN ORGANOPHOSPHORVERB. 60-0298
TEMPLE S., RK. V. SULFURYLFLUORID U. SULFONYLFLUORIDEN MIT FLUOROLEFINEN 58-0350
TEMPLETON R., CURVULARIN 6. MITT. 58-0426
TENDICK F. H., DARST. V. AMINOACRIDINEN U. TEST AUF INDUKT. V. LUNGENTUMOR-FLUORESZENZ BEI RATTEN 60-0807
TENGLER H., KONDENS. V. CARBONYLVERB. MIT HYDRAZINEN 21. MITT. 58-0686
TENNANT G., CHEMIE V. POLYAZAHETEROCYCL. VERB. 3. MITT. 57-0629
TENNENHOUSE G. J., KOMPLEXE V. N-HYDROXYAETHYL-AETHYLENDIAMIN 60-0061
TEPLINSKAJA R. B., SPEKTRALE UNTERS. V. LAEVULINESTERN U. DEREN AKTIVITAET BEI D. CLAISEN-KONDENS. 55-0192
- SELEKTIVE SUBSTITUT. D. HYDROXYLGRUPPEN IN MYO-INOSIT-O-DICYCLOHEXYLIDEN-DIACETALEN 63-0748
TEPTINA N. V., RK. D. ALPHA-EPOXIDE V. CYCLENEN 2. MITT. 60-0473
- RK. V. CYCLEN-ALPHA-OXIDEN 3. MITT. 62-0507
TERABE S., MECHANISMEN D. OX. V. ANILIN U. VERWANDTEN VERB. IN BAS. LSG. 61-0207
TERADA A., STEREOCHEMIE 30. MITT. 59-0601
TERANISHI S., AROMAT. SUBSTITUTION D. STYROL-PALLADIUMCHLORID-KOMPLEXES 2. MITT. 57-0417
- AROMAT. SUBSTITUT. V. OLEFINEN 4. MITT. 64-0493
TERASHIMA M., TETRAHYDROPYRIDINE 59-0596
TERASHIMA S., THERM. UMLAGER. V. OPT. AKT. ALPHA-HYDROXY-IMINEN ZU ALPHA-AMINO-KETONEN 55-0289
TERAYAMA Y., NEUARTIGE UMLAGER. EINES CHINOLINACETATES 59-0598
TER BORG A. P., KONKURRIERENDE PHOTOISOMERISIER. V. 1-SUBSTITUIERTEN CYCLOHEPTATRIENEN 56-0374
TERENT'EV A. P., EIGENSCHAFTEN V. ALKYLARYLTRIAZENEN 58-0431
TERENT'EV P. B., MASSENSPEKTREN U. STRUKTUR ORGAN. VERB. 22. MITT. 63-0156
TERESCENKO G. F., UNTERS. D. BASIZITAET V. GAMMA-NITROKETONEN DURCH KERNMAGNET. RESONANZ 64-0221
TERNAY A. L. JUN., NMR-UNTERS. V. KONFORMEREN PRIORITAETEN BEI ISOMEREN THIOXANTHENOL-S-OXIDEN U. VERWANDTEN VERB. 64-0172
TERRELL R. C., AROMAT. POLYFLUORVERB. 39. MITT. 57-0418
TERRIER F., AKTIVITAET D. METHANOLS IN KONZ. ALKALIMETHYLAT-LSG. 57-0177
- IONISATION D. V. AROMAT. NITROAMINEN ABGELEITETEN ANION. SAEUREN IN KONZ. WSS. NAOH- U. LIOH-LOESUNGEN 64-0229
TER-SARKISJAN G. S., BROMIER. D. 1-(OMEGA-AETHYLMERCAPTO-METHYLEN)-2.6.6-TRIMETHYLCYCLOHEXENS-(2) 59-0413
TERTOV B. A., AUFSPALT. V. FURANKERNEN IN 2-FURYL-BENZIMIDAZOLEN 60-0532
TERTZAKIAN G., ARYLPYRROLYLMETHENE 55-0388
TERUI Y., NMR-UNTERS. ALIPHAT. N-HALT. VERB. 8. MITT. 59-0126
- NMR-UNTERS. AN STEROIDEN 12. MITT. 59-0165
TESTA A. C., AUSBEUTE D. TRIPLETTZUSTANDES AROMAT. NITROVERB. 61-0319
TESTA E., AUF D. ZENTRALNERVENSYST. WIRKENDE SUBSTANZEN. SYNTH. U. CHEM. EIG. V. 3-SUBSTITUIERTEN 1-AMINO-AZETIDINONEN, IHRE UMLAGER. IM SAUREN MEDIUM ZU 4-SUBSTITUIERTEN PYRAZOLIDINONEN-(3) 56-0465
- PYRAZOLIDINONE-(3) U. DELTA(2)-PYRAZOLINONE-(5), NEUE RESULTATE 59-0542
- 2.6-DIALKYL-PIPERAZINE 4. MITT. 63-0709
- 2.6-DIALKYL-PIPERAZINE 5. MITT. 63-0711
- SYNTH. V. ALPHA-HYDROXYLAMINOSAEUREN 1. MITT. 64-0402
- ALPHA-HYDROXYLAMINOSAEUREN U. DERIV. 2. MITT. 64-0403
TESTE J., EINW. V. SCHWEFEL AUF EINIGE 3-THIONO-5-ALKENYL-1.2-DITHIOLE 56-0494
TETENYI P., DEHYDROCYCLISIER. AN METALL. KATALYSATOREN 2. MITT. 53-0121
- DEHYDROCYCLISIER. AN METALL. KATALYSATOREN 3. MITT. 57-0209
- DEHYDROCYCLISIER. AN METALLKATALYSATOREN 4. MITT. 60-0400
- KINETIK D. KATALYT. DEHYDRIER. V. HYDROAROMAT. VERB. 9. MITT. 62-0201
- KATALYT. ABBAU V. ALKOHOLEN AN METALLEN 62-0281
TETU O., TAUTOMERIE HETEROCYCL. VERB. 5. MITT. 63-0648
TEUBER H., DAS PERKINSCHE DIMERE 3-HYDROXY-BENZOCHINON-(1.2), EIN TRICYCLO(5.3.1.1(2.6))DODECAN-DERIV. 53-0312
- RK. MIT NITROSODISULFONAT 36. MITT. 53-0423
- SYNTH. V. HETEROCYCLEN MIT HYDROXYMETHYLENKETONEN 9. MITT. 53-0424
TEUBNER J. K., TRANSANULARE UMLAGER. V. 9.10-DIHYDRO-ANTHRACEN-DERIV. 63-0308
TEWARI J. P., ANALYSE D. FETTEN OELES D. SAMEN V. LUFFA GRAVEOLENS 55-0594

TEXIER P., VERW. V. GESCHMOLZENEN QUARTERN. AMMONIUMSALZEN ALS LSGM. IN D. ELEKTROCHEMIE 60-0213
- OX. MEHRKERN. AROMAT. KOHLENWASSERSTOFFE IN GESCHMOLZENEM SBCL3 BEI 99 GRAD CELSIUS 62-0208
TEYSSIE P., DARST. V. AMORPHEM POLYBUTADIEN-(1.2) 53-0592
TEZUKA T., ORGAN. PHOTOCHEMIE 6. MITT. 55-0096
THACKER D., NUCLEOSIDE 5. MITT. 58-0289
THADANI C. K., FRIEDEL-CRAFTS-ACETYLIER. V. PHENANTHREN 57-0454
THAKUR C. P., ADDIT.-VERB. V. HEXAMETHYLBENZOL U. TRIPHENYL-DERIV. D. 5. GRUPPE D. PERIODENSYST. 62-0170
THALACKER V. P., KERNMAGNET. RESONANZSPEKTRALPARAMETER IN BICYCLO(3.1.1)HEPTANEN, ALPHA-PINEN, MYRTENAL U. VERBENON 63-0132
THALER W. A., SUBSTITUENTENEINFL. AUF D. RINGOEFFN. V. EPISULFONIUMIONEN 61-0279
THALLER V., SYNTH. V. CREPENYNSAEURE 55-0245
THAMES S. F., ORGANOSILICIUMVERB., 4. MITT. 60-0362
THANKARAJAN N., STRUKTUR EINES RK.-PROD. V. NICKEL-ACETYLACETONAT 58-0011
THAP D. M., UMLAGERUNG U. POLARE RK. V. CARBAETHOXYMETHYLEN IN PROPANOL-(2) 60-0288
- BLDG. U. RK. EINWERTIGER KOHLENSTOFF-ZWISCHENPROD. 2. MITT. 61-0034
THE K. I., SYNTH. V. N.N-DIMETHYL-N'.N'-BIS-(TRIFLUORMETHYL)-ARSINO-HYDRAZIN 55-0267
THEISEN C., EINIGE PHENYLANTIMON- U. -WISMUTDITHIOCARBAMATE 58-0058
THEISEN M. C., EXPERIMENTELL VERURSACHTE PHENYLKETONURIE 2. MITT. 60-0386
- EXPERIMENTELL INDUZIERTE PHENYLKETONURIE 3. MITT. 60-0571
THEODOROPULOS S., DARST. U. RK. STABILER PHOSPHORYLIDE, D. V. MALEINSAEUREANHYDRID-, MALEINSAEUREIMID- SOWIE ISOMALEINSAEUREIMID-DERIV. ABGELEITET SIND 60-0390
THEUS P., UNTERS. UEBER NITRO-THIOPHEN- U. NITRO-FURANDERIV. 2. MITT. 58-0562
- NITROTHIOPHEN- U. NITROFURANDERIV. 4. MITT. 64-0903
- NITROTHIOPHEN- U. NITROFURANDERIV. 5. MITT. 64-0904
- NITROTHIOPHEN- U. NITROFURANDERIV. 3. MITT. 64-0928
THEVARASA M., EINSCHLUSSVERB. AUS HEXAPHENYLDIZINN U. TETRAPHENYLZINN 58-0051
THIAGARAJAN V., MECHANISMUS D. OX. V. ALKOHOLEN DURCH BROM 60-0240
THIELE K., DARST. V. ALKYLKUPFER-VERB. 59-0086
THIEME H., SAEUREKATALYSIERTE RK. V. NITROSOVERB. 3. MITT. 53-0211
- ISOLIERUNG U. KONSTITUTIONSAUFKLAERUNG EINES NEUEN FLAVONOLGLUCOSIDS AUS D. BLAETTERN V. SALIX ALBA L 61-0713
- FLAVONGLYKOSIDE D. BLAETTER V. SALIX REPENS L, ISOLIER. U. KONSTIT.-AUFKLAER. D. CAESIOSIDS 62-0712
THIEME P., DARST. V. 2.4-DIBENZYLIDEN-CYCLOBUTANONEN 57-0424
THIERY-CAILLY C., SPEKTROSKOP. UNTERS. D. FOLSAEURE 57-0083
THIES P. W., WIRKSTOFFE D. BALDRIANS, KONSTIT. D. VALEPOTRIATE 57-0691
THIES R. W., V. IONENPAARREKOMBINAT. BEGLEITETE TOSYLATSAUERSTOFFGLEICHVERTEIL. 63-0270
- SULFONATSAUERSTOFFGLEICHVERTEIL. ALS EIN KRITERIUM FUER D. IONENPAARREKOMBINAT. 63-0271
THIJS L., CHEMIE D. SULFINE 6. MITT. 62-0382
THIRION C., MAGNET. ROTATION U. ROTATIONSDISPERSION DER PRIMAEREN ALKOHOLE 63-0109
THIROT G., QUANTITATIVE BEZIEH. ZWISCHEN STRUKTUR U. REAKTIVITAET ORGAN. VERB. 3. MITT. 63-0230
THOMA K., EINFL. V. HILFSSTOFFEN BEI D. HERST. V. ARZNEIZUBEREIT. 18. MITT. 64-0931
- EINFL. V. HILFSSTOFFEN BEI D. HERST. V. ARZNEIZUBEREIT. 19. MITT. 64-0932
THOMAS A. F., SYNTH. U. STRUKTUR V. ALPHA-SINENSAL 54-0529
- MASSENSPEKTROMETRIE U. ORGAN. ANALYSE 11. MITT. 56-0140
THOMAS D. W., ISOLIER. U. STRUKTURAUFKLAER. V. VOACRISTIN-HYDROXYINDOLENIN 61-0729
- HYDROXYINDOLENIN-DERIV. D. VOACANGINS, EIN NEUES INDOL-ALKALOID AUS VOACANGA AFRICANA 64-0803
THOMAS G., UNTERS. V. BERYLLIUMKOMPLEXEN 2. MITT. 60-0040
THOMAS H. G., VERB. MIT UROTROPIN-STRUKTUR 39. MITT. 59-0472
THOMAS H. J., DERIV. U. ANALOGE V. 6-MERCAPTOPURIN-RIBONUCLEOTIDEN 57-0776
- SYNTH. D. NUCLEOSIDES AUS FAKTOR G, GLEICHZEIT. BLDG. D. ANOMEREN PURINUCLEOSIDE AUS EINEM ACYCLGLYKOSYL-HALOGENID 63-0762
THOMAS I., REVIDIERTE STRUKTUREN D. ADDUKTE V. ERGOSTERYLACETAT MIT MALEINSAEUREANHYDRID 57-0722
THOMAS J., REAKTIVITAET V. ORGANOCADMIUM- U. ORGANOZINK-VERB. GEGENUEBER N-BENZYLIDEN-ANILINEN 64-0054
THOMAS J. O., AMINOSAEUREN U. PEPTIDE 7. MITT. 63-0847
THOMAS M. B., BIOSYNTH. V. ROTENOIDEN, BEWEIS D. 1,2-ARYL-WANDER. U. D. ISOFLONOIDART. BLDG. D. RINGE A, C U. D IN ROTENON U. AMORPHIGENIN 53-0609
- ISOLIER., STRUKTUR U. SYNTH. V. SCAPOSIN, EINEM NEUEN FLAVON V. HYMENOXYS SCAPOSA DC. (COMPOSITAE) 62-0741
THOMAS R., BIS-ACETYLENVERB., REAKTIVES VERH. IN ABHAENGIGK. V. D. GEGENSEITIGEN LAGE D. DREIFACHBIND. 59-0463
THOMAS R. E., TRICHLORMETHYLIER.-RK. 3. MITT. 61-0405
THOMAS T. F., PRIM. PROZESSE IN D. PHOTOCHEMIE V. BICYCL. AZOVERB. 62-0299
THOMAS W. A., BEVORZUGTE KONFORM. D. ISOCYANATO-GRUPPE 55-0106
THOMASSIN R., MECHANISMUS D. C-ACYLIER., KINETIK D. BENZOYLIER. 62-0211
THOMASSON J. E., EINFUEHR. V. SCHWEFELDIOXID 5. MITT. 63-0079
THOMMEGAY C., DUENNSCHICHTCHROMATO-ELEKTROPHORESE V. AMINOSAEUREN AUF CELLULOSEPULVER 4. MITT. 55-0598
- DUENNSCHICHTCHROMATO-ELEKTROPHOROSE V. AMINOSAEUREN AUF CELLULOSEPULVER 5. MITT. 55-0599
THOMPSON A. C., BESTANDTEILE D. BLUETENKNOSPEN D. BAUMWOLLE 8. MITT. 59-0719
THOMPSON G., LSGM. GERINGER NUCLEOPHILIE 10. MITT. 61-0267
THOMPSON H. W., SYNTH. V. TRIPTINDAN 59-0467
THOMPSON J., ANOMALE WASSERSTOFFBIND. IN POLYPHENYLSILOXAN-ALPHA.OMEGA-DIOLEN 58-0174
THOMPSON J. A., STEREOSPEZIFITAET IN D. BLDG. V. OZONIDEN U. GEKREUZTEN OZONIDEN (CROSS-OZONIDS) 61-0596
THOMPSON J. G., RK. V. PHOSPHORVERB. 13. MITT. 58-0474
THOMPSON J. M. C., BASEN-KATALYSIERTE RK. V. GLYOXAL 3. MITT. 56-0506
THOMPSON M., URAN(VI)-KOMPLEXE V. 8-HYDROXY-CHINOLIN U. DERIV. 56-0076
THOMPSON R. C., VERW. V. BETA-METHYLMERCAPTOAETHYLESTERN ALS SCHUTZ FUER CARBOXYLGRUPPEN BEI D. PEPTIDSYNTH., ERSATZ DURCH BETA-METHYLSULFONYLAETHYLESTER 62-0812
THOMSON A., ORGAN. PHOTOCHEMIE 7. MITT. 57-0270
THOMSON J. B., NEUE ASPEKTE D. ZERS. V. N-NITROSOACYL-ACRYLAMINEN, FRAGE D. ARIN-BETEILIG. 53-0259
- STEROIDE 8. MITT. 53-0567
- STEROIDE 11. MITT. 56-0705
- TRITERPENE 3. MITT. 58-0747
- STEROIDE 10. MITT. 58-0788
- STEROIDE 12. MITT. 60-0775
- MASSENSPEKTROMETRIE BEI STRUKTURELLEN U. STEREOCHEM. PROBLEMEN 155. MITT. 64-0147
THOMSON J. K., VERLAENGER. D. ZUCKERKETTEN UEBER ACTYLEN. ZWISCHENPROD. 4. MITT. 59-0653
THOMSON R. H., NATUERL. VORKOMMENDE CHINONE 9. MITT. 53-0526
- DIMERES D. 2.3-DIHYDRO-2.3-DIHYDROXY-BENZOCHINONS 55-0460
- NATUERL. VORKOMMENDE CHINONE 10. MITT. 55-0520
- BIOGENESE V. ANTHRACHINONEN IN RUBIACEAE 56-0762
- NATUERL. CHINONE 11. MITT. 57-0686
- PERSULFAT-OX. V. CARBONSAEUREN 3. MITT. 60-0584
- RK. V. BIPHENYL-CARBONSAEURE-(2)-SILBERSALZEN MIT JOD 60-0585
- NATUERLICH VORKOMMENDE CHINONE 12. MITT. 60-0728
- NATUERL. VORKOMMENDE CHINONE 13. MITT. 60-0729
- NATUERL. VORKOMMENDE CHINONE 14. MITT. 60-0730
THORNE N., GEHINDERTE ROTAT. UM DIE ALIPHAT. KOHLENSTOFF-KOHLENSTOFFBIND. IN 1.2-DISUBSTITUIERTEN TETRAARYL-AETHANEN 59-0169
THORNTON E. R., MASSENSPEKTROSKOP. MECHANISMEN. FRAGMENTIER. V. N-ALKYL-3-CYAN-1.4-DIHYDRO-PYRIDINEN. KINET. ISOTOPENEFFEKTE BEI D. ABSTOSS. V. DEUTERIUM AUS D. 4-STELL. U. UEBERGANG V. QUANTEN- ZUM REIN KLASS. ISOTOPENEFFEKT 60-0129
- SOLVOLYSE-MECHANISMUS, BETA-DEUTERIUM-ISOTOPENEFFEKTE BEI D. SOLVOLYSE V. TERT.-BUTYLCHLORID BEI KONST. IONISIER.-STAERKE U. EINFL. D. STRUKTUR D. RK.-TEILNEHMER AUF D. GEOMETRIE D. SN1-UEBERGANGSZUSTANDES 60-0259
THORP R. G., FUENFFACH KOORDINIERTE ORGANOKOBALT(III)-KOMPLEXE, ''GLEICHGEW.-WERTIGK.'' U. STEREOCHEMIE 55-0013
THORPE D. H., UMLAGER. V. DIPHENYLAMIN-DERIV. 1. MITT. 54-0437
THORPE J. E., 2-(NAPHTHYL-(2))-BENZO(B)THIOPHEN 2. MITT. 56-0478
- NITRAMINE U. NITRAMIDE 13. MITT. 58-0103
- (1)H-KERNMAGNET. RESONANZ-SPEKTREN EINIGER QUADRATSAEUREAMIDE 61-0096
THROCKMORTON J. R., SULFONAMIDE V. HYDROXYLAMINDERIV. 57-0355
THUILLIER A., ORGAN. SCHWEFELVERB. 19. MITT. 53-0256
- EINW. V. HYDRAZIN U. PHENYLHYDRAZIN AUF DIMETHYLDERIV. V. BETA-CARBONYLDITHIOSAEUREN, SYNTH. V. PYRAZOLEN 57-0531
- MECHANISMUS D. RK. V. DICHLORJODBENZOL MIT AETHYLENVERB. 61-0521
THUILLIER G., BLDG. V. HETEROCYCLEN DURCH DIMERISAT. ODER INTRAMOL. CYCLISAT. V. O-CARBOXY-PHENYLACETONITRIL 63-0685
THURMAN J. C., DECARBOXYLIER. 6. MITT. 61-0297
THUY V. M., EINW. V. ORGANOMAGNESIUMVERB. AUF EINIGE V. 2-AETHOXY-2.3-DIHYDRO-GAMMA-PYRAN ABGELEITETE ACETALE 58-0543
THYAGARAJAN B. S., CHINULIZONE 4. MITT. 53-0419
- UNGEWOEHNL. PYRIDONSALZE 60-0608
TIBBETTS M. S., TERPENE 5. MITT. 54-0523
- TERPENOIDE 114. MITT. 56-0681
TICHEK H., UMLAGER. BEIM ALKAL. ABBAU V. 1-DIALKYLAMINO-ALKANDIIN-(2.4)-METHOJODIDEN 62-0327
TICHY M., STEREOCHEM. UNTERS. 43. MITT. 54-0100

- TABELLEN V. QUANTEN-CHEM. DATEN 14. MITT. 56-0150
- STEREOCHEM. UNTERS. 45. MITT. 57-0181
- STEREOCHEM. UNTERS. 46. MITT. 60-0264
- PHYSIKAL. EIG. U. CHEM. REAKTIVITAET V. ALTERNIERENDEN KOHLENWASSERSTOFFEN U. VERWANDTEN VERB. 14. MITT. 61-0064
- STEREOCHEM. UNTERS. 52. MITT. 61-0273

TICKAJA V. D., RK. V. DIANILEN D. GLUTACONALDEHYDS MIT ELEKTROPHILEN REAGENZIEN 1. MITT. 54-0220

TICOZZI C., RK. ZWISCHEN AZIDEN U. SCHWEFEL-YLIDEN, NEUE SYNTH. V. DELTA(2)-1.2.3-TRIAZOLINEN 56-0521

TICO B. K., RK. V. 2.2-DIALKYL-1.2-DIHYDRO-CHINOLINEN 5. MITT. 61-0644

TIDWELL T. T., INFRAROTINTENSITAETEN ZUR QUANTITATIVEN MESSUNG INNERMOL. WECHSEL-WRKG. 3. MITT. 61-0083
- INFRAROT-INTENSITAETEN ALS QUANTITATIVE MESS. INNERMOL. WECHSELWRKG. 4. MITT. 61-0084

TIECCO M., VINYL-RADIKALE. HOMOLYT. AROMAT. SUBSTITUT. MIT DELTA(1)-CYCLOHEXENYL-(1)-RADIKALEN 61-0468
- RK. EINIGER DIAZOAMINOVERB. MIT BLEITETRAACETAT 63-0506

TIEDT H., UNTERS. UEBER NITRO-THIOPHEN- U. NITRO-FURANDERIV. 2. MITT. 58-0562
- NITROTHIOPHEN- U. NITROFURANDERIV. 5. MITT. 64-0904
- NITROTHIOPHEN- U. NITROFURANDERIV. 3. MITT. 64-0928

TIEFENTHALER H., PHOTORK. V. HETEROCYCLEN 8. MITT. 54-0347
- PHOTORK. V. HETEROCYCLEN 9. MITT. 56-0503

TIETZ E., DERIV. V. N-(ALPHA-TOSYLAMINOACYL)-BETA-ALANINEN 58-0387

TIKHOMIROVA O. B., MIKROBIOLOGISCHE HYDROXYLIERUNG DER CHOLESTERINSEITENKETTE 60-0817

TILAK B. D., SYNTH. V. CHROMANEN U. BENZOPYRYLIUMSALZEN UNTER HYDRID-TRANSFER 57-0570

TILAK M. A., VERBESSERTE POLYSTYROLE FUER D. FESTPHASEN-PEPTIDSYNTH., WELCHE D. ANWEND. D. N-ALPHA-CARBOBENZOXY-SCHUTZGRUPPE SOWIE D. AKTIVIER. MITTELS GEMISCHTER ANHYDRIDE ERMOEGLICHEN 59-0795

TILICENKO M. N., REFORMATSKY-RK. MIT 2.2'-METHYLEN-BIS-CYCLOHEXANON 59-0612
- KONDENS. V. ALDEHYDEN MIT KETONEN, DIKETON-KONDENS. V. BETA-ACETYL- U. BETA-PROPIONYL-NAPHTHALIN MIT FURFUROL 60-0494
- DARST. U. EIG. V. 14-CYAN-DELTA(10)-DODEKAHYDRO-ACRIDIN 62-0625
- KONDENS. V. ALDEHYDEN U. KETONEN 18. MITT. 64-0454
- NEUE DARST.-METH. FUER 4-SUBSTITUIERTE SYMM. OCTAHYDROACRIDINE 64-0702
- NEUE DARST.-METH. FUER 4-SUBSTITUIERTE SYMM. OCTAHYDROACRIDINE 64-0702

TILLETT J. G., GESCHW.-ERHOEH. D. ALKAL. HYDROLYSE CYCL. ESTER ANORGAN. SAUERSTOFFSAEUREN 55-0174
- D. H(0)-ACIDITAETSFUNKT. IN WSS. 2-BUTOXY-AETHANOL 58-0026
- UMESTER. IN KONKURRENZ MIT NUCLEOPHILER VERDRAENG. BEI CYCL. U. OFFENKETT. ORGAN. SULFITEN 59-0231
- HYDROLYSE EINIGER NORBORNYLSULFITE U. VERWANDTER VERB. 60-0262
- DURCH SAEURE KATALYSIERTE HYDROLYSE V. 3-DIAZO-1-METHOXYCARBONYLOXY-1-PHENYL-ACETON 61-0238
- SAEUREKATALYSIERTE HYDROLYSE V. AETHYLENSULFOXID 62-0235

TILNEY-BASSETT J. F., RK. D. 1.2.3.4-TETRAFLUORBENZOLS U. VERWANDTER VERB. 55-0313

TIMBERLAKE J. W., FREIE CYCLOPROPYLCARBINYL-RADIKALE, HEXACYCLOPROPYLAETHAN 55-0196

TIMMONS C. J., PHOTOCHEM. UNTERS. 5. MITT. 53-0330
- PHOTOCHEM. UNTERS. 6. MITT. 58-0646
- SPEKTROSKOP. UNTERS. 3. MITT. 60-0101
- UNTERS. IN D. PHOTOCHEMIE 7. MITT. 63-0538

TIMOFEEVA R. V., POLYMEROCYANINE 2. MITT. 60-0548
- POLYMEROCYANINE 3. MITT. 60-0549

TIMPE H., KINETIK U. MECHANISMUS D. BLDG. V. ARYLCYANIDEN AUS 4-ARYLIDENAMINO-1.2.4-TRIAZOLEN 58-0266
- RELAIS-SYNTH. V. HETEROCYCLEN 3. MITT. 60-0675

TINCHER C. A., ELEKTROCHEM. RED. V. ORGANOSILICIUMVERB. 63-0234

TINLAND B., PARAMETRISIER. D. METHYLGRUPPE IN D. HALBEMPIR. PARISER-PARR-POPLE-METH., ANWEND. AUF TOLUOL U. MESITYLEN 60-0151

TIPPING A. E., PERFLUORALKYL-DERIV. D. STICKSTOFFS 26. MITT. 58-0385
- POLYFLUORALKYLDERIV. D. STICKSTOFFS 27. MITT. 60-0355
- FLUORIERTE ACETYLENE 1. MITT. 61-0373

TIROUFLET J., ENDO- U. EXO-ISOMERIE IN D. FERROCENREIHE 53-0032
- 1.2-DISUBSTITUIERTE U. UEBERBRUECKTE DERIV. V. FERROCEN 53-0038
- ASYMM. INDUKT. IN D. BENZOL-CHROMTRICARBONYL-REIHE 54-0031
- SUCCINYLIER. V. 1.1'-TRIMETHYLEN-FERROCEN 56-0079

TISCENKO A. D., RK. V. HALOGENHALT. AROMAT. VERB. IN GGW. ORGAN. BASEN 6. MITT. 60-0270

TISCENKOVA I. F., SYDNONE U. SYDNONIMINE 35. MITT. 53-0394

TISLER M., HETEROCYCLEN, 51. MITT. 54-0468
- BLDG. V. PYRIMIDO(1.2-B)PYRIDAZINEN, EINEM NEUEN BICYCL.-TRIAZAHETEROCYCL. SYST. 56-0586
- HETEROCYCLEN 52. MITT. 57-0602
- HETEROCYCLEN 53. MITT. 60-0649

TISSERAND M., UMLAGER. D. BENZOYLOXYGRUPPE V. ALLYLBENZOATEN BEI D. EINW. V. SILBERJODID-BENZOAT-KOMPLEXEN, GLEICHZEIT. BLDG. V. SYMM. U. UNSYMM. TRIESTERN U. DUENNSCHICHTCHROMATOGRAPH. BEST. BEIDER ISOMEREN 53-0254

TISSIER C., DISSOZIAT.-KONST. V. EINIGEN PYRIDYLALKANOLEN 55-0144
- DISSOZIATIONSKONST. EINIGER 1.2-BIS-PYRIDYL-AETHANDIOLE-(1.2) 60-0211

TISSIER M., DISSOZIAT.-KONST. V. EINIGEN PYRIDYLALKANOLEN 55-0144
- DISSOZIATIONSKONST. EINIGER 1.2-BIS-PYRIDYL-AETHANDIOLE-(1.2) 60-0211

TISUE G. T., UMLAGER. V. O-ARENSULFONYL-PHENYLHYDROXYL-AMINEN 57-0381

TITOV E. A., MONOESTER V. CHINONDIOXIMEN 59-0364
- N-ARYL-CHINONIMINOXIMAETHER U. -ESTER 62-0385

TITOVA Z. S., RK. VON SELEN MIT PHENYLACETYLEN 60-0671

TITTENSOR J. R., PERMANGANAT-OX. D. THYMIDINS 58-0717
- RK. V. ACRYLSAEUREANHYDRID MIT ISOPROPYLIDENINOSIN 62-0714

TITUS D. D., DARST. V. 5- U. 7-NITROCUMARANEN U. UNTERS. D. KERNMAGNET. RESONANZ 60-0483

TITUS R. L., TOTALSYNTH. V. (+-)-1-DESAZA-1-THIARESERPIN 62-0723

TITZ M., TABELLEN V. QUANTENCHEM. DATEN 13. MITT. 53-0087

TJOA B. T., TRITERPENE 23. MITT. 57-0700

TJOA S. S., ALKALOIDE AUS TABERNAEMONTANA RIEDELII U. T. RIGIDA 61-0833

TKAC A., THEORIE D. AKTIVITAET V. ZIEGLER-NATTA-KATALYSATOREN(TICL4-AL(ISO-C4H9)3) 1. MITT. 63-0051
- THEORIE D. AKTIVITAET V. ZIEGLER-NATTA-KATALYSATOREN (TICL4 + AL(I-C4H9)3) 2. MITT. 64-0038

TKATCHENKO I., STEREOCHEMIE 18. MITT. 55-0554
- STEREOCHEMIE 19. MITT. 55-0555

TOBAZEON R., LEIT.-MECHANISMUS IN REINEM NITROBENZOL 57-0197

TOBEY S. W., DIELS-ALDER-RK. V. TETRAHALOGENCYCLOPROPENEN 62-0524

TOBIAS M. A., ROTAT.-BARRIEREN V. O-(N.N-DIMETHYL-CARBAMOYL)-OXIMEN 57-0139

TOBIAS R. S., KRIST.- U. MOL.-STRUKTUR SOWIE LSG.-KONFORM. V. DIMETHYLGOLD(III)-HYDROXID, EINER ANORGAN. RINGVERB. MIT MITTLERER RINGGROESSE 60-0021

TOBITA S., ABS. STRUKTUR D. LOGANINS 62-0713

TOCANNE J., ABS. KONFIG. V. OPT. AKT. PARACONSAEURE 63-0602

TOCHTERMANN W., BLDG. V. TRIBENZOCYCLOHEPTATRIENYLIUM-IONEN AUS TRIBENZOCYCLOHEPTATRIENOLEN 53-0309
- UNTERS. AN SIEBENRING-SYST. 5. MITT. 59-0466
- PHOTOCHEM. UMWANDL. 18. MITT. 62-0307

TODA F., RK. V. ALKYLIDEN-PSEUDOXAZOLONEN MIT AMINEN 57-0537
- ZUORD. D. INFRAROTBANDEN DES DIPHENYLCYCLOPROPENONS 63-0129
- MOLEKULARKOMPLEXE V. ACETYLENALKOHOLEN MIT N- U. PI-DONATOREN 63-0511
- RK. V. PSEUDOXAZOLONEN MIT STICKSTOFFWASSERSTOFFSAEURE 64-0639

TODA T., SYNTH. U. RK. V. 5-AZIDO-TROPOLONEN 56-0386
- AZOKUPPL. V. 5-SUBSTITUIERTEN TROPOLONEN. BLDG. V. 3-ARYLAZO-TROPOLONEN 61-0664

TODD A. R., PYROLYSE V. 4-OXO-3-PHENYL-3.4-DIHYDRO-1.2.3-BENZOTRIAZIN 61-0682
- LACTAME 11. MITT. 64-0754

TODD J. F. J., SYSTEMATIK U. MECHANISMUS V. RK. HEISSER HALOGENATOME, TREND D. TOTALAUSB. 62-0022

TODD P. F., ELEKTRONENSPINRESONANZUNTERS. D. RED. AROMAT. VERB. DURCH QUATERN. AMMONIUMAMALGAME 55-0084
- STRUKTUR V. MY-DIPHENYLUREYLEN-BIS-(TRICARBONYLEISEN) 56-0031

TODESCO P. E., KINETIK U. MECHANISMUS D. RED.-RK. V. 1-HALOGEN-NAPHTHOLEN-(2) MIT SUBSTITUIERTEN THIOPHENOLATEN 56-0206
- NUCLEOPHILE AROMAT. SUBSTITUT. 4. MITT. 61-0265

TODOR G., SYNTH. V. VERB. D. 2-ALLYLAMINO-THIAZOLS 56-0516

TODRES Z. V., ERR-SPEKTREN D. ANIONRADIKALE V. PIAZTHIOL, PIAZSELENOL SOWIE DEREN ALPHA- U. BETA-CHLORDERIV. 62-0093
- AROMAT. HETEROCYCLEN 5. MITT. 64-0153

TOEI K., MONOSACCHARIDE MIT STICKSTOFFHALTIGEM RING 14. MITT. 54-0052
- MONOSACCHARIDE MIT STICKSTOFFHALT. RING, 15. MITT. 54-0053

TOEKE L., CHEMIE D. HETEROCYCL., PSEUDOBAS. AMINOALKOHOLE 33. MITT. 60-0610

TOEMOESKOEZI I., RK. MIT ALKYLIDENPHOSPHORANEN 18. MITT. 61-0426

TOERNQUIST J., QUANT. ANALYSE V. POLYAETHYLENGLYKOLEN DURCH GASCHROMATOGRAPHIE NACH SILYLIER. 56-0743

TOEROEK F., SCHWINGUNGSSPEKTREN V. SILACYCLOHEXANDERIV. U. SI-C-STRECKSCHWINGUNGSFREQUENZEN VERSCHIEDENGLIEDRIGER SILACYCLOALKANE 57-0087

TOEROEK-KALMAR A., DARST. U. UNTERS. V. LEWIS-SAEURE-KOMPLEXEN 2. MITT. 60-0047

TOFFLER F., SYNTH. V. 1.5-DICARBALKOXY-BISPIDINONEN-(9) 1. MITT. 54-0419

TOHMA M., BESTANDTEILE V. CONVALLARIA 10. MITT. 59-0741
- BESTANDTEILE V. CONVALLARIA 9. MITT. 64-0937

TOIVONEN H., RK. D. 2-METHYL-ISOBORNEOLS U. D. 2-METHYL-FENCHOLS IN KONZ. SALPETERSAEURE 62-0271
TOKI S., D. STRUKTUR D. 2 ZU 1-ADDUKTS AUS BENZOPHENON U. FURAN 54-0109
TOKOROYAMA T., STRUKTUR V. SCLERIN, EINEM STOFFWECHSEL-PROD. AUS SCLEROTINIA LIBERTIANA 60-0777
TOKUHIRO T., BERECHN. V. (13)C- U. PROTONENCHEM. VERSCHIEB. IN PYRIDIN 64-0123
TOKUOKA Y., SESQUITERPENOIDE 22. MITT. 61-0825
TOKURA N., RK. V. 1.4-BIS-(ALPHA-DIAZO-BENZYL)-BENZOL MIT SCHWEFELDIOXID 61-0481
- VIERGLIEDRIGE CYCLISCHE SULFONE AUS BENZYLSULFONYLFLUORID, KETENDIAETHYLACETAL U. PHENYLLITHIUM 61-0532
- BLDG. V. SPIROVERB. 2. MITT. 63-0549
TOKUYAMA K., ACETALISIER. D. L-SORBOSE 62-0698
TOKUYAMA T., PHOTOCYCLISIER. V. TYROSINEN, THYRAMINEN, BRENZCATECHINAMINEN U. NORMESCALIN 58-0680
- STRUKTUR V. BATRACHOTOXININ A, EINEM NEUART. STEROIDALKALOID AUS D. KOLUMBIAN. PFEILGIFTFROSCH PHYLLOBATES AUROTAENIA 61-0736
TOKUZEN R., SYNTH. NUCLEOSIDE U. NUCLEOTIDE 2. MITT. 62-0641
TOLBA M. N., SYNTH. V. DIHYDROTETRAZINEN 64-0765
TOLDY L., PHENTHIAZINDERIV. 7. MITT. 53-0459
TOLMACEV A. I., SYNTH. V. TETRACARBOCYANINEN UNTER AUFSPALT. D. PYRYLIUMRINGES V. BENZOPYRYLOCYANINEN 64-0678
TOLMAN R. L., PYRROLO(2.3-D)PYRIMIDIN-NUCLEOSID-ANTIBIOTIKA. TOTALSYNTH. U. STRUKTUR V. TOYOCAMYCIN (UNAMYCIN B, VENGICID, ANTIBIOTIKUM E-212) U. SANGIVAMYCIN (BA-90912) 58-0706
TOLMAN V., SYNTH. MONOFLUORIERTER ALIPHAT. AMINOSAEUREN 56-0319
TOMALIA D. A., STRUKTUR U. REAKTIVITAET CYCL. ESTER. AETHYLENSULFAT U. VINYLENSULFAT 63-0197
TOMASIC J., GLUCURONSAEURE-ESTER 4. MITT. 59-0660
TOMASIK D., NEUE METH. D. HALOGENIER. V. PYRIDIN 56-0551
TOMASIK P., NEUE METH. D. HALOGENIER. V. PYRIDIN 56-0551
- UV-SPEKTREN V. 3-NITROPYRIDIN U. EINIGEN 6-SUBSTITUIERTEN DERIV. 1. MITT. 64-0097
TOMBESI O. L., DOPPELTE ACYLIER. V. AROMAT. KOHLENWASSERSTOFFEN 8. MITT. 64-0596
TOMBOULIAN P., CHEMIE V. TRITYLLITHIUM, KONDENS. MIT BENZOPHENON IN TETRAHYDROPYRAN 62-0439
TOMIE M., DESALKYLIER. V. AROMAT. TERT. AMINEN MIT FORMIATEN 58-0429
TOMIIE Y., ROENTGENSTRUKTURANALYSE V. ACUTUMIN U. SEINEM ACETAT, VERS. EINER GEKUERZTEN STRUKTURAUFKLAER. 63-0200
TOMIIE Y. JUN., STRUKTUR V. APLYSIN-20 54-0092
TOMILENKO E. I., NUKLEOPHILE SUBSTITUT. D. SULFONATGRUPPE AROMAT. VERB. IN GGW. V. OX.-MITTELN 54-0164
TOMILOV A. P., ELEKTRORED. V. NITRILEN 7. MITT. 59-0299
TOMIOKA K., RK. V. ALKYLIDEN-PSEUDOXAZOLONEN MIT AMINEN 57-0537
TOMIOKA S., EINFL. V. ELEKTRONENDONATOREN AUF D. PHOTOZERS. V. MENADION IN WSS. LSG. 3. MITT. 59-0183
TOMITA B., TERPENOIDE 16. MITT. 58-0762
TOMITA K., KRIST.-STRUKTUR V. 6-OXO-LEUCOTYLIN-16BETA-(P-BROM-BENZOAT) 59-0171
TOMITA M., MENISPERMACEEN-ALKALOIDE 241. MITT. 59-0687
- MENISPERMACEEN-ALKALOIDE 242. MITT. 59-0688
- MENISPERMACEEN-ALKALOIDE 243. MITT. 59-0689
- MENISPERMACEEN-ALKALOIDE 244. MITT. 61-0719
- PHENOL-OX.-V. ISOCHINOLIN-ALKALOIDEN 1. MITT. 61-0720
- PHENOL-OX. V. ISOCHINOLIN-ALKALOIDEN 2. MITT. 61-0721
- KUPFER(II)-OXID ALS WIRKSAMER KATALYSATOR BEI D. METHYLENIER. V. BRENZCATECHINEN 62-0552
- ROENTGENSTRUKTURANALYSE V. ACUTUMIN U. SEINEM ACETAT, VERS. EINER GEKUERZTEN STRUKTURAUFKLAER. 63-0200
- SYNTH. EINES MIT HASUBANAN-ALKALOIDEN VERWANDTEN RINGSYST. 63-0781
- PHENOLOX. D. ISOCHINOLIN-ALKALOIDE 3. MITT. 64-0800
TOMIZAWA M., LIPIDFREISETZ. AUS ERYTHROZYTENMEMBRANEN DURCH OBERFLAECHENAKT. MITTEL 64-0920
TOMKO J., ALKALOIDE AUS VERATRUM ALBUM SSP. LOBELIANUM (BERNH.) SUESSENGUTH 14. MITT. 53-0507
- SOLANUM-ALKALOIDE 85. MITT. 53-0516
- ALKALOIDE AUS VERATRUM ALBUM SSP. LOBELIANUM (BERNH.) SUESSENGUTH 17. MITT. 62-0729
TOMLINSON A. J., PERFLUORPHENYLDERIV. D. ELEMENTE 14. MITT. 58-0039
TOMMILA E., DICHTEN U. DIELEKTRIZITAETSKONSTANTEN V. BENZOL-NITROMETHAN-GEMISCHEN 55-0052
- MISCH.-WAERMEN D. SYST. AETHYLENGLYKOL-DIMETHYLAETHER-WASSER 55-0131
- EINFL. D. LSGM. AUF D. RK.-GESCHW. 33. MITT. 55-0155
- EINFL. D. LSGM. AUF D. RK.-GESCHW. 34. MITT. 55-0156
- EINFL. D. LSGM. AUF D. RK.-GESCHW. 35. MITT. 55-0157
- EINFL. D. LSGM. AUF D. RK.-GESCHW. 36. MITT. 55-0158
- DIELEKTRIZITAETSKONST. U. OBERFLAECHENSPANN. V. DIMETHYLSULFOXID-W.-GEMISCHEN 64-0201
TOMODA M., WASSERLOESL. KOHLENHYDRATE V. OPHIOPOGONIS-KNOLLEN 2. MITT. 59-0657
TOMOEDA M., KONFORM. U. REAKTIVITAET 5. MITT. 57-0097
TONETTI I., UNTERS. AUF D. GEBIET D. ANTHYRIDINE 54-0420
- UNTERS. AUF D. GEBIET D. ANTHYRIDINE 3. MITT. 54-0421
TONEY J., ASSOZIAT. V. GRIGNARD-REAGENZ 56-0033
TONG B. P., SAEUREKATALYSIERTE RINGOEFFN. BEI EINIGEN PYRIMIDIN-DERIV. 64-0750
TONG W., D. RK. V. BENZYL-GRIGNARD-REAGENZ BEEINFLUSSENDE FAKTOREN 3. MITT. 64-0423
TONG Y. C., STRUKTUR U. REAKTIVITAET CYCL. ESTER. AETHYLENSULFAT U. VINYLENSULFAT 63-0197
TONOLO A., NEUES ANTIBIOTIKUM AUS ASPERGILLUS FLAVIPES 62-0826
TOOME V., SYNTH. IN D. ISOCHINOLINREIHE, SELEKTIVE DEMETHYLIER. V. 6.7- U. 7.8-DIMETHOXY-2.3-DIHYDRO-4(1H)-ISOCHINOLONEN 59-0594
TOPORCER L. H., DISILYLIER. KONJUGIERTER DIENE, KONFIG. V. DIEN-ANION-RADIKALEN U. DIANIONEN 63-0410
TOPSOM R. D., NEUE SYNTH. V. N-ARYL-AZETIDINEN 60-0477
- INFRAROTINTENSITAETEN ZUR QUANTITATIVEN MESSUNG INNERMOL. WECHSEL-WRKG. 3. MITT. 61-0083
- INFRAROT-INTENSITAETEN ALS QUANTITATIVE MESS. INNERMOL. WECHSELWRKG. 4. MITT. 61-0084
- ELEKTROPHILE SUBSTITUT. AN ACENAPHTHEN U. ABGELEITETEN VERB. 1. MITT. 62-0467
TORF S. F., STEREOCHEMIE V. DIPHENSUCCINDAN-DERIV. 53-0098
- ISOMERISIER. V. BETA-DIAETHYLAMINOALKYLCHLORIDEN U. IHRE UMSETZ. MIT BENZILSAEURE 58-0493
TORGOV I. V., MASSENSPEKTROMETRIE V. STEROID-SYST. 9. MITT. 53-0078
- STRUKTUR V. SPIROAETHERN, ERHALTEN AUS PROD. D. HEFEGAER. V. 3-METHOXY-8.14-SECO-D-HOMO-1.3.5(10).-9(11)-OESTRATETRAENDION-(14.17A) 55-0558
- MASSENSPEKTROMETRIE V. STEROIDSYST. 15. MITT. 60-0121
- MIKROBIOLOGISCHE HYDROXYLIERUNG DER CHOLESTERINSEITENKETTE 60-0817
- UMBLDG. V. CHOLSAEURE DURCH KULTUREN V. MYCOBACTERIUM N 1210 60-0818
TORI K., (14)N-H-SPINKOPPL. IN PYRAZINMETHOJODIDEN 59-0119
- NMR-UNTERS. ALIPHAT. N-HALT. VERB. 8. MITT. 59-0126
- NMR-UNTERS. AN STEROIDEN 12. MITT. 59-0165
- ZIRKULARDICHROISMUS V. C(6)-SUBSTITUIERTEN DELTA(4)-3-OXO-STEROIDEN 59-0166
- LIGULARENOLID, EIN SESQUITERPENLACTON V. EREMOPHILAN-TYP 63-0802
TORII S., ANODISCHE METHYLIER. V. BENZALDEHYD 60-0214
TORII Y., RK. V. ALKYLIDEN-PSEUDOXAZOLONEN MIT AMINEN 57-0537
- RK. V. PSEUDOXAZOLONEN MIT STICKSTOFFWASSERSTOFFSAEURE 64-0639
TOROMANOFF E., STEREOCHEMIE D. KINET. RED. V. CYCL. ALPHA.BETA-METHYLEN- U. ALPHA.BETA-EPOXYKETONEN 64-0349
TORRACCA A. M. V., LEUKOANTHOCYANIDINE AUS PELTOGYNE RECIFENSIS DUCKE 54-0402
TORRE G., ASYMM. INDUKT. U. KONFIGURATIVE KORRELAT. BEI OX. AM SCHWEFEL 3. MITT. 63-0421
TORREILLES E., 3-SUBSTITUIERTE TETRAHYDRONAPHTHALINONE-(2) 62-0460
TORRES L., OX. V. HETEROCYCLEN MIT MOL. SAUERSTOFF, AROMAT. N-HETEROCYCLEN 62-0633
TORRES M., MAGNETOOPT. UNTERS. EINIGER DIALKYLPHOSPHINE 56-0101
TORSELL K., ELEKTRONENSPIN-RESONANZ-UNTERS. V. STABILEN IMINOXYRADIKALEN, STRUKTUR D. RADIKALE, D. SICH AUS TETRANITROMETHAN U. 1.3-DICARBONYLVERB. BILDEN 64-0133
TORSSELL K., DIVALENTE ANIONENRADIKALE V. EINIGEN ARYLDINITROMETHANVERB. 64-0134
TORTI G., FLUORANTHENDERIV. 7. MITT. 56-0108
TORTORELLA C., 2-FLUOR-PYRIDIN-N-OXID U. SEINE RK. MIT AMINOSAEUREDERIV. 57-0590
TORTORELLA V., VERW. V. 2-HALOGEN-PYRIDIN-N-OXIDEN IN D. PEPTIDCHEMIE 1. MITT. 56-0722
- VERW. V. 2-HALOGEN-PYRIDIN-N-OXIDEN IN D. PEPTIDCHEMIE. VERW. V. 2-FLUOR-PYRIDIN-N-OXID FUER D. GRADUELLEN ABBAU 2. MITT. 56-0723
- 2-FLUOR-PYRIDIN-N-OXID U. SEINE RK. MIT AMINOSAEUREDERIV. 57-0590
- OPT. ROTATIONSDISPERSIONSKURVEN V. 2-AMINO-PYRIDIN-1-OXID-DERIV. 5. MITT. 61-0065
- OPT. ROTATIONSDISPERS. V. N-(PYRIDYL-(2)-N-OXID)-AMINOVERB. 3. MITT. 61-0066
- OPT. ROTATIONSDISPERSION V. N-(PYRIDYL-(2)-N-OXID)-AMINOVERB. 4. MITT. 61-0067
- SYNTH. V. RAC. DESOXYMYCELIANAMID 61-0658
TOSUNJAN A. C., CHEMIE D. UNGESAETT. VERB. 9. MITT. 58-0568
TOTH A., CHEMIE D. KOMPLEXE V. LIGANDEN MIT SCHWEREN DONATORENATOMEN 1. MITT. 58-0024
- ULTRAVIOLETTSPEKTROSKOP. UNTERS. D. SAEURE-BASE-GLEICHGEW. V. PYRIMIDIN-DERIV. 1. MITT. 63-0222
TOTH G., THERMOANALYT. UNTERS. D. MOL.-VERB. U. MISCH. V. AMINOPHENAZON U. BARBITURATEN 53-0112
- UNTERS. UEBER CAROTINOIDFARBSTOFFE 7. MITT. 56-0666
- STRUKTUR V. MOLEKUELVERB. AUS AMIDAZOPHEN U. BARBITURATEN 58-0170
TOTH I., PHENTHIAZINDERIV. 7. MITT. 53-0459
TOTH T., INDOL U. INDOLDERIV. 1. MITT. 57-0512
- INDOL U. INDOLDERIV. 3. MITT. 63-0620
TOTTMAR O., MOOSPIGMENTE 5. MITT. 54-0586
TOUBOUL E., VERDOPPELNDE RED. V. DELTA(2)-CYCLOHEXENON, DARST. V. 3.3'-DIOXO-DICYCLOHEXYL-(1.1') U. 3.3'-DIHYDROXYDICYCLOHEXYL-(1.1') 56-0403
TOURATIER P., CHEMIE D. ALPHA.BETA-AETHYLENDERIV. 1. MITT. 56-0318

- CHEMIE D. ALPHA,BETA-AETHYLENDERIV. 2. MITT. 60-0361
TOURE V., POLAROGRAPHIE V. BENZOCYCLANONEN 62-0190
TOURNAYAN L., THERM. ZERS. V. NICKELOXALAT 60-0041
TOWNSEND L. B., PURIN-NUCLEOSIDE 18. MITT. 57-0661
- PYRROLO(2.3-D)PYRIMIDIN-NUCLEOSID-ANTIBIOTIKA. TOTALSYNTH. U. STRUKTUR V. TOYOCAMYCIN (UNAMYCIN B, VENGICID, ANTIBIOTIKUM E-212) U. SANGIVAMYCIN (HA-90912) 58-0706
- PURIN-NUCLEOSIDE 19. MITT. 61-0706
- PURIN-NUCLEOSIDE 20. MITT. 63-0771
TOWNSHEND A., POLAROGRAPH. STRUKTURBEWEIS D. SOGENANNTEN PHENYL-THIOHYDANTOINSAEURE 54-0135
TOYNE K. J., KONFORM. U. REAKTIVITAET 7. MITT. 58-0255
- EINE NEUE INTERPRETATION D. KINETIK D. RK. V. CARBONSAEUREN MIT DIAZODIPHENYLMETHAN IN TOLUOL 59-0261
TOYODA M., ISOLIER. EINES NEUEN POLYISOPRENYLKETONS AUS SEIDENWURM-FAECES 64-0841
TOYOOKA Y., MALEINSAEUREANHYDRID-ADDUKTE V. TROPOLON U. 2-METHOXY-TROPON 62-0486
TOZYO T., BESTANDTEILE D. WURZELN V. LINDERA STRYCHNIFOLIA VILL. 13. MITT. 57-0694
TRAETTEBERG M., UNTERS. D. EINFACH- U. DOPPELBIND. ZWISCHEN SP(2)-HYBRIDISIERTEN KOHLENSTOFFATOMEN MITTELS D. GAS-ELEKTRONENBEUGUNGS-METH. 2. MITT. 64-0159
TRAGER W. F., KONFIG.-ANALYSEN D. OXINDOL-ALKALOIDE V. RHYNCHOPHYLLIN-TYP, ABS. KONFIG. V. CILIAPHYLLIN, RHYNCHOCILIN, SPECIONOXEIN, ISOSPECIONOXEIN ROTUNDIFOLIN U. ISOROTUNDIFOLIN 57-0151
- CHEMISCHE BESTAETIG. D. KONFIG. FUER D. INDOL-ALKALOIDE SPECIOGYNIN, SPECIOCILIATIN, MITRACILIATIN U. HIRSUTIN 60-0709
TRAHANOVSKY W. S., VERSAGEN D. PRINZIPS D. HARTEN U. WEICHEN SAEUREN U. BASEN ZUR ERKLAER. D. ANTEILS CYCL. PROD. BEI D. ACETOLYSE V. 5-HEXENYLDERIV. 55-0176
- MEDIUM-EFFEKTE 2. MITT. 61-0237
- ACETOLYSE V. (1.1-D2)-4-BROMBUTYL-P-NITROBENZOLSULFONAT, BEWEIS FUER D. 1.4-BETEILIG. D. BROMS U. D. EXISTENZ EINES FUENFGLIEDRIGEN CYCL. BROMONIUMIONS WAEHREND D. ACETOLYSE 62-0233
- ORGAN. OXALATE 2. MITT. 63-0505
- ORGAN. OXALATE 3. MITT. 63-0532
TRAMBOUZE Y., ISOMERISIER. V. BUTENEN AN BIFUNKTIONELLEN KATALYSATOREN BEI TIEFER TEMP. 54-0210
- EINFL. V. WASSERSTOFF AUF D. DEHYDRIERUNG V. CYCLOHEXAN AN PLATIN 59-0199
- THERM. ZERS. V. NICKELOXALAT 60-0041
- KATALYT. BEDEUT. D. BAS. ZENTREN V. ALUMINIUMOXID U. SILICIUMDIOXID-ALUMINIUMOXID BEI D. DEHYDRATAT. V. ALKOHOLEN 61-0278
TRAMONTINI M., REAKTIVITAET V. MANNICH-BASEN 10. MITT. 56-0347
- REAKTIONSFAEHIGK. V. MANNICH-BASEN, X-ALKYLIER. V. AROMAT. U. HETEROCYCL. VERB. 59-0281
TRANCIK R. J., KATION. AROMAT. SUBSTITUTION AM BRUECKENKOPF V. 1-SUBSTITUIERTEN APOCAMPHANEN 63-0287
TRAN NHUT THANH, SYNTH. U. TRENN. D. 8 MENTHYL- U. CARVOMENTHYLAMINE 53-0542
- KONFORM.-ANALYSE MIT HILFE D. KERNRESONANZSPEKTROSKOPIE, 8. MITT. 53-0543
- DESAMINIER. D. MENTHYL- U. CARVOMENTHYLAMINE MIT SALPETR. SAEURE 53-0544
TRANTER G. C., OXID- U. NITRAT-DERIV. V. TRIPHENYLARSIN U. -PHOSPHIN 61-0430
TRAPP C., ELEKTRONENSPINRESONANZ TERT.-BUTYL-SUBSTITUIERTER SEMICHINONE, HYPERFEINSTRUKTUR D. TERT.-BUTYLPROTONEN 60-0113
TRATT K., 1.2.3.4.6-PENTAAZA-INDENE ('8-AZA-PURINE') 3. MITT. 58-0668
TRAUT H., SYNTH. IN D. HETEROCYCL. REIHE 10. MITT. 55-0456
TRAUTWEIN W., CARBOXONIUMVERB. IN D. KOHLENHYDRATCHEMIE 3. MITT. 53-0479
- CARBOXONIUMVERB. IN D. KOHLENHYDRATCHEMIE 4. MITT. 57-0637
- CARBOXONIUMVERB. IN D. KOHLENHYDRATCHEMIE 5. MITT. 57-0638
- CARBOXONIUMVERB. IN D. KOHLENHYDRATCHEMIE 6. MITT. 57-0639
TRAVEN' V. F., MECHANISMUS D. DECARBONYLIER. V. CARBONSAEURECHLORIDEN BEI D. FRIEDEL-CRAFTS-ACYLIER. 63-0318
TRAYLOR T. G., KOHLENSTOFF-METALL-HYPERKONJUGAT. , ALPHA-METALLALKYLGRUPPEN ALS ELEKTRONENDONATOREN. 54-0005
- HYPERKONJUGAT. D. KOHLENSTOFF-METALLBIND. IN METALLOCENEN, WASSERSTOFFAUSTAUSCH BEI PHENYLFERROCEN 54-0124
- MECHANISMEN D. ELEKTROPHILEN SUBSTITUT. V. METALLOCENEN, D. 'INSIDE-OUTSIDE'-BEZIEH. 54-0165
- MECHANISMUS D. EINFACHBIND.-VERKUERZ., NACHW. AUS D. KRISTALLSTRUKTUREN V. 1.1'-BIAPOCAMPHYL 1.1'-BINORBORNYL U. 1.1'-BIADAMANTYL 57-0137
TRAYNARD J., DARST. V. TETRASUBSTITUIERTEN ALLENEN 57-0289
- TRANSAMINIER. ZWISCHEN TRIS-(DIAETHYLAMINO)-PHOSPHIN U. ZWEI PRIM. AROMAT. AMINEN, ANILIN U. P-TOLUIDIN, SYNTH. CYCL. VERB. 58-0038
- UMLAGER. BEI RK. V. BENZYLMAGNESIUMCHLORID 60-0366
- ZUS. V. HANDELS- 'DIPROPYLENGLYKOL' 62-0332
TRAYNARD P., STEREOCHEM. STRUKTUR U. ENERGIEDIAGRAMM V. PHENYLTHIENYLKETONEN 63-0186
- VGL. D. PHOTORED. REAKTIVITAET D. PHENYL-THIENYL-KETONE MIT D. D. BENZOPHENONS 63-0341
TRAYNHAM J. G., CHEM. VERSCHIEB. D. CYCLOPROPAN-CH2-PROTONEN BEI D. KERNRESONANZ UNSUBSTITUIERTER BICYCLO(X.1.0)ALKANE ALS FUNKTION D. RINGGROESSE 64-0115
TREBINGER K., ZUR KENNTNIS D. 6.11-DICYANSPARTEINS U. D. 6.11-SPARTEINDICARBONSAEUREN 56-0641
TREBOGANOV A. D., MAKROCYCL. VERB. 10. MITT. 53-0277
TRECKER D. J., VERDRAENG.-RK. UEBER FREIE RADIKALE AN EINEM HYDROPEROXID 53-0224
TREFONAS L. M., MOL.-STRUKTUR V. (C13H20N(+))BR(-) 60-0176
TREHAN I. R., KLASSIFIZIERUNG V. STEROIDALKOHOLEN DURCH NMR-SPEKTROSKOPIE 56-0124
TREIBS A., CYCLOBUTENDERIV. D. PYRROLREIHE 2. MITT. 61-0565
TREIBS W., ESTER D. CHROMSAEURE 3. MITT. 55-0179
- AZULENALDEHYDE AUS AZULENEN U. ORTHOAMEISENSAEURE-ESTERN. 55-0338
TREICHEL P. M., BIS-(CYCLOPENTADIENYL)-NIOB-KOMPLEXE MIT DER MOLEKUELEINHEIT S2 ALS LIGAND 61-0046
- DARST. U. STRUKTUR V. (PI-C5H5)2NBJ2 U. (PI-C5H5)2NBJ3 62-0037
TREMPER H. S., CARBONIUMION-SILAN-HYDRIDUEBERTRAG.-RK. 1. MITT. 63-0501
TRENKE K. M., NEBENRK. BEI D. SYNTH. V. DIMETHYLDIOXAN AUS ISOBUTYLEN U. FORMALDEHYD 1. MITT. 53-0140
TRENSE U., PHOTOOXIMIER. V. (1.4.7-D3)NORBORNAN U. (1.3.5.7-D4)ADAMANTAN 55-0358
TREPANIER D. L., SYNTH. U. PHARMAKOLOG. BEURTEIL. EINIGER TETRAHYDROOXADIAZINONE U. EINIGER DIHYDROAMINOOXADIAZINE 60-0679
TRESCOVA E. G., P'-ALKYLMERCAPTO-CHALKONE U. P-ALKYLMERCAPTO-FURFURYLIDENACETOPHENONE 54-0378
- CYCLOPROPANE U. CYCLOBUTANE 52. MITT. 58-0480
TRESTIANU A., PROTONENMAGNET.-RESONANZ-SPEKTREN V. CHELATISIERTEN BOR- U. BERYLLIUM-BIS-(1.3-DIKETONATEN) 60-0096
TRIACA M., CHEM. KONSTIT. V. KORK 5. MITT. 60-0824
TRIER K., BEST. V. ZINK IN PFLANZEN 59-0820
TRIGALO F., PHOSPHORYLIERTE ZUCKER 12. MITT. 61-0695
TRIGGLE A. M., POTENTIELLE FOLSAEUREANTAGONISTEN 3. MITT. 63-0880
TRIGGLE D. J., DARST. U. DIAZOTIER. EINIGER O- U. P-AMINOPHENYLBENZOATE U. -BENZAMIDE 59-0446
- POTENTIELLE FOLSAEUREANTAGONISTEN 3. MITT. 63-0880
TRIMITSIS G. B., ZWEIFACHE AROYLIER. BESTIMMTER AMIDE MIT HILFE V. NATRIUMHYDRID 59-0367
TRINAJSTIC N., HETEROCYCL. SAUERSTOFF- U. SCHWEFELANALOGE D. (18)ANNULENS KURZE MITT. 55-0102
- ELEKTRONENSPEKTREN EINIGER THIOAMIDE U. IHRER S- U. N-SUBSTITUIERTEN DERIV. 56-0105
- BERECHN. V. KOHLENSTOFF-SCHWEFEL-BIND.-LAENGEN 59-0146
TRIPPETT S., UMLAGER. V. ALLYL. PHOSPHINEN 54-0274
- RINGERWEITER. BEI D. ALKAL. HYDROLYSE V. PHOSPHETANIUMSALZEN 56-0492
- THERM. ZERS. V. N-ALKYL-TRIARYL-PHOSPHONIUMALKOXIDEN 57-0388
- EINIGE RK. V. DIPHENYL-1-PHENYLVINYL-PHOSPHIN 59-0391
- RK. D. PHENYLSULFINS U. D. PHENYLSULFENS 63-0425
- RK. D. TETRAPHENYLDIPHOSPHINS MIT ALIPHAT. CARBONSAEUREN U. ALDEHYDEN 63-0469
TRISLER J. C., RK. V. BENZIL MIT DEM METHYLSULFINYL-CARBANION, ERZEUG. D. METHYLSULFINYL-CARBANIONS IN GERINGER KONZ. DURCH DAS PHENOXID-ION 61-0537
TRITLE G. L., PI-BETEILIG. U. EXO,ENDO-GESCHW.-VERHAELTNIS D. SOLVOLYSE V. METHOXY- U. NITROSUBSTITUIERTEN BENZONORBORNEN-2-YL-DERIV. 63-0263
TRIVEDI G. K., TERPENOIDE 114. MITT. 56-0681
TROFIMENKO S., PYRAZOL-1-DITHIOCARBOXYLATE 59-0084
TROFIMOV B. A., VINYLAETHER V. HALOGENALKOHOLEN 2. MITT. 53-0214
- VINYLAETHER, D. EINE EPOXYGRUPPE ENTHALTEN 1. MITT. 56-0462
- 1.3-DIOXOLANE IN D. IOCIC-RK. 59-0290
- AMINOMETHYLIERUNG DES ACETYLENS MIT DEM DIVINYLAETHER D. AETHANOLAMINS 59-0330
- VINYLAETHER, DIE DREIWERT. PHOSPHOR ENTHALTEN 2. MITT. 62-0336
- EINFL. V. SUBSTITUENTEN AUF D. CYCLISIER. V. HYDROXYAETHYL-PROPARGYLAMINEN 64-0641
TROFIMOV F. A., CHINONE 42. MITT. 57-0495
TROFIMOVSKAJA V. P., ALKANSULFONSAEUREN 36. MITT. 57-0299
TROILO G., FLUOR-CHLORDERIV. D. PROPANS 58-0370
TROJANEK J., STEROID-DERIV. 51. MITT. 57-0728
TROMEUR M., BICYCLO(10.3.0)PENTADECEN-(1,12)-ON-(13) U. BICYCLO(13.3.0)OCTADECEN-(1,15)-ON-(16) 57-0478
TROMPEN W. P., AMINOSUBSTITUIERTE GLYOXIME U. FUROXANE 64-0657
TRONCHE P., VEREINIG. D. BUTENOLIDS MIT GAMMA-PYRONRINGEN 63-0665
TRONICH W., PROTONENAUSTAUSCH-PHAENOMENE BEI TRIALKYL-ALKYLIDEN-PHOSPHORANEN 58-0100
- REINDARST. U. EIG. V. TRIALKYL-ALKYLIDEN-PHOSPHORANEN 58-0392
TROST B., PTERIDINE 6. MITT. 63-0702
TROST B. M., PYRACYLENRADIKALANION 6. MITT. 53-0077

- EINE BESONDERE SCHWEFELYLIDRK., ZUR FRAGE D. R4S ZWISCHENSTUFEN 59-0526
- YLID-CHEMIE 5. MITT. 62-0338
TROVATO S., ROTAT.-ISOMERIE IN CYCLOPROPAN- U. CYCLOBUTAN-DERIV. 1. MITT. 53-0086
TROXLER F., MUTTERKORNALKALOIDE 68. MITT. 64-0811
TROZZI M., KINETIK D. SUBSTITUT. D. AN PT(II) KOORDINIERTEN SNCL3-GRUPPE 2. MITT. 64-0030
TRUBAJCUK B. A., UNTERS. V. LIPIDEN 61. MITT. 62-0333
TRUCE W. E., INTRAMOL. ALKYLIER. ALS WEG ZU CYCL. SULFONEN U. SULFIDEN 58-0404
- MASSENSPEKTROSKOP. UNTERS. V. METHANSULFONSAEUREESTERN 64-0145
TRUCKS R. O., KINET. UNTERS. D. WANDER. D. DOPPELBIND. IN ALLYLOXYPOLYAETHERALKOHOLATEN 58-0031
TRUEB W., EQUISETUMALKALOIDE 8. MITT. 62-0736
TRUSCHEIT E., CHEMIE V. INSEKTENSEXUALLOCKSTOFFEN, SYNTH. V. DL-10-ACETOXY-HEXADECEN-(7-CIS)-OL-(1), 12-ACETOXY-OCTADECEN-(9-CIS)-OL-(1) (''GYPLURE'') U. 1-ACETOXY-10-PROPYL-TRIDECADIEN-(5-TRANS. 9) 57-0294
TRUTER M. R., KRIST.-STRUKTUR V. (2-CIS-PROPENYLPHENYL)-DIPHENYLPHOSPHIN-TETRACARBONYL-MOLYBDAEN(O) 53-0006
TSAI C., KRIST.- U. MOL.-STRUKTUR EINES 1.3-DIAZA-2.4-DIBOROLIDIN-DERIV. 58-0157
TSANGARIS J. M., DOPPELOKTANTENREGEL FUER PLANARE KOMPLEXE V. UEBERGANGSMETALLIONEN 58-0004
TSATSAS G., BLDG. V. ZWEI NEUARTIGEN HETEROCYCLEN 55-0481
TSCHAMMER H. VON, FRAGMENTIER.-RK. 21. MITT. 62-0682
- FRAGMENTIERUNGSREAKTIONEN 22. MITT. 64-0306
TSCHESCHE R., DIGITANOLGLYKOSIDE, 18. MITT. 54-0497
- ALKALOIDE AUS RHAMNACEEN 2. MITT. 56-0648
- ALKALOIDE AUS RHAMNACEEN 3. MITT. 56-0649
- TRITERPENE 23. MITT. 57-0700
- ANTIBIOTISCH WIRKSAME SUBSTANZEN D. TULPE (TULIPA GESNERIANA) 58-0807
- ALKALOIDE AUS RHAMNACEEN 4. MITT. 59-0701
- ALKALOIDE AUS RHAMNACEEN 5. MITT. 62-0732
- STRUKTUR V. DIGACETIGENIN, KORREKTUR EINER KUERZLICH ERSCHIENENEN PUBLIKATION V. CHANDLER, COOMBE U. WATSON 62-0789
- D. LIPOIDTEIL MOENOCINOL D. ANTIBIOTIKUMS MOENOMYCIN 62-0822
- DIGITANOLGLYKOSIDE 19. MITT. 64-0788
- ALKALOIDE AUS STERCULIACEEN 1. MITT. 64-0816
TSINA R. V., RK. V. TRIAETHYL- U. TRIMETHYLBORAN MIT NATRIUM U. KALIUM IN FL. AMMONIAK 58-0305
TS'O P. O. P., PROTONMAGNET. RESONANZ.UNTERS. D. INTER- U. INTRAMOL. WECHSELWRKG. BEI MONONUCLEOTIDEN 59-0185
- N-VINYL-DERIV. V. SUBSTITUIERTEN PYRIMIDINEN U. PURINEN 62-0642
TSOUCARIS G., STEREOCHEMIE IN D. BETA-LACTAM-REIHE 3. MITT. 58-0142
TSUCHIHASHI G., NEUARTIGE DARST. V. THIOCARBONSAEURE-O-ESTERN 61-0406
- NEUE UMLAGER. IN THIOESTERN DURCH ELEKTRONENSTOSS 64-0155
TSUCHIYA T., ELEKTRONENSTOSSFRAGMENTIER. V. DELTA(1(7))-MENTHENON-(2) U. DELTA(8(9))-MENTHENON-(2) 61-0111
- SYNTH. V. PYRIDAZIN-DERIV. 9. MITT. 64-0419
TSUDA K., STRUKTUR V. CEPHALONSAEURE, EINEM PENTAPRENYLTERPENOID 54-0535
- CHEM. UMWANDL. V. CEPHALONSAEURE 54-0561
- BIOSYNTH. V. OPHIOBOLINEN MIT DOPPELT MARKIERTEM MEVALONAT 61-0828
TSUDA M., STEREOCHEMIE IN LSG. 4. MITT. 64-0166
TSUDA T., RK. V. CARBOMETHOXYMERCURICHLORID MIT PI-OLEFIN- U. PI-ALLYL-PDCL2-KOMPLEXEN 54-0205
- RK. V. THALLIUMACETAT, PIPERIDIN U. KOHLENMONOXID IN METHANOL 54-0426
- CARBONATBLDG. DURCH RK. V. KUPFERMETHOXID MIT KOHLENMONOXID 58-0381
- OXAMID-BLDG. DURCH RK. V. SILBERACETAT, AMIN U. KOHLENMONOXID 59-0309
- OXAMID-BLDG. BEI D. RK. V. KUPFERHALOGENID, LITHIUMAMID U. KOHLENMONOXID 63-0391
TSUGE O., CHEMIE D. ENAMINE 1. MITT. 53-0380
- ACYLISOCYANATE 4. MITT. 60-0376
- ACENAPHTHENDERIV. 18. MITT. 63-0533
- PHOTOCHEMIE V. HETEROCYCL. VERB. 1. MITT. 64-0658
- N-SULFINYL-VERB. 2. MITT. 64-0714
TSUJI A., NEUE FARBRK. V. HEXOSAMINEN 59-0819
- 3-OXO-GLUCURONSAEURE 3. MITT. 62-0690
- STABILITAET V. ARZNEIMITTELN 17. MITT. 62-0855
- OPT. ROTAT.-DISPERS. V. ALDIMINEN V. AMINOZUCKERN U. IHREN METALLCHELATEN 63-0107
TSUJI J., ORGAN. SYNTH. MIT HILFE V. EDELMETALLVERB. 34. MITT. 57-0273
- ORGAN. SYNTH. MIT HILFE V. EDELMETALLVERB. 35. MITT. 57-0274
- ORGAN. SYNTH. MIT METALLKOMPLEXEN 1. MITT. 59-0305
- ORGAN. SYNTH. MIT HILFE V. EDELMETALLVERB. 36. MITT. 62-0057
TSUJI K., UNTERS. STRAHLENINDUZIERTER HAFTELEKTRONEN IN GESAETT. KOHLENWASSERSTOFFEN MITTELS OPT. U. ELEKTRONENSPINRESONANZ-SPEKTROSKOPIE 63-0333
TSUJI N., JULIMYCINE 1. MITT. 60-0786
- JULIMYCINE 2. MITT. 64-0885
TSUJINO Y., BIS-RADIKALKATION V. DIPHENOTHIAZINYL 62-0116
TSUKAMOTO H., SYNTH. V. KODEIN- U. MORPHINGLUCURONIDEN 57-0662
TSUKITANI Y., POTENTIALKONTROLLIERTE ELEKTROLYSE 13. MITT. 60-0217
TSUKUDA Y., STEREOCHEMIE V. HALOGENIERTEN STEROIDEN, KRIST.-STRUKTUREN V. 8BETA-METHYLTESTOSTERON-17BETA-MONOBROMACETAT U. TESTOSTERON-17BETA-P-BROMBENZOAT 53-0104
- STRUKTUR EINER NEUEN KLASSE V. C-NUCLEOSID-ANTIBIOTICA, SHOWDOMYCIN 54-0560
- KRISTALLSTRUKTUR V. SHOWDOMYCIN U. SEINEN DERIV. 55-0120
TSUNAKAWA N., GASTROINTESTINALE RESORPT. V. NALIDIXINSAEURE 59-0814
TSUNEDA K., SYNTH. V. ECDYSON 62-0790
TSUNENO T., PHOTOINDUZIERTE TRANSFORMAT. 3. MITT. 55-0207
TSURUGI J., ARALKYLHYDRODISULFIDE 8. MITT. 61-0391
TSURUOKA T., STRUKTUR U. SYNTH. V. NOJIRIMYCIN 60-0787
TSURUTA H., THERM. ZERS. V. TROPYL-ACETALDEHYD-TOSYLHYDRAZON 53-0318
- ORGAN. PHOTOCHEMIE 8. MITT. 64-0550
TSUTSUI M., DURCH UNGESAETTIGTE KOHLENWASSERSTOFFE VERANLASSTE OX. V. KOBALT(II)-MESOPORPHYRIN IX-DIMETHYLESTER 63-0087
TSUTSUMI S., NEUE OXETANE AUS CARBONSAEUREESTERN, PHOTOCYCLOADDITION V. CYAN-AMEISENSAEURE-AETHYLESTER U. OLEFINEN 53-0326
- BLDG. V. DICHLORMETHYLENCARBEN DURCH PHOTOCHEM. RK. V. PERCHLORVINYL-PHENYL-QUECKSILBER 57-0475
- RK. V. BENZYLHALOGENIDEN MIT NICKELCARBONYL IN VERSCHIEDENEN LSGM. 59-0347
- DARST. V. 1.4-DIKETONEN DURCH RK. V. LITHIUM-AROYLTRICARBONYLNICCOLATEN MIT ACETYLENEN 63-0429
- RK. V. KOHLENSUBOXID, BLDG. U. STRUKTUR V. PYRONEN AUS ACETYLACETON, BENZOYLACETON U. ACETON 63-0664
TUBUL A., ROLLE DER LOESUNGSMITTEL BEI DER BILDUNG UND ZERSETZUNG DER ZWISCHENPRODUKTE DER REAKTION ZWISCHEN OELSAEUREMETHYLESTER U. QUECKSILBER(II)-ACETAT 64-0055
TUCHAGUES J., NEUE DARST. V. ALKYL-DIFLUOR-BORANEN 56-0326
- EINW. V. BORTRIFLUORID AUF DIALKYLBORINSAEUREANHYDRIDE 63-0413
TUCHTENHAGEN G., SILACYCLEN 6. MITT. 58-0612
- SI-N-BIND. 26. MITT. 59-0511
TUCKER B., ZWEISTUFIGE POLARE CYCLOADDIT. V. SULFONYLISOCYANATEN AN CARBODIIMID 58-0473
TUCKER L. C. N., NUCLEOPHILE VERDRAENG.-RK. AN KOHLENHYDRATEN 2. MITT. 59-0661
- NUCLEOPHILE VERDRAENG.-RK. BEI KOHLENHYDRATEN 5. MITT. 63-0752
TUCKER N. I., PLATINKOMPLEX MIT HEXAFLUOR-DEWAR-BENZOL 56-0089
- HETEROCYCL. POLYFLUORVERB. 14. MITT. 59-0633
TUCKER R. B., KINETIK D. OX. SUBSTITUIERTER TOLUOLE MIT CHROMYLCHLORID 2. MITT. 57-0210
TUEDDES F., CHEMIE FREIER RADIKALE 6. MITT. 57-0119
- CHEMIE FREIER RADIKALE, ESR-UNTERS. AM TRIPHENYLME-THYL-RADIKAL 58-0117
TUEMMLER R., FLECHTENINHALTSSTOFFE 31. MITT. 60-0122
TUFARIELLO J. J., ENDO-6-HYDROXY-TRICYCLO(3.2.0.0(2.7))-HEPTAN 56-0430
TUGARINOVA I. N., PYRIDYLAETHYLIER.-RK. V. N-ARYLDITHIOCARBAMINSAEUREN 62-0617
- RK. V. 3- U. 4-AMINOPYRIDINEN MIT ISOCYANATEN U. ISOTHIOCYANATEN 62-0618
TUL'CINSKAJA L. S., ALLOXAZINE U. ISOALLOXAZINE 18. MITT. 64-0740
TULINSKY A., KRIST.- U. MOLEKULARSTRUKTUR V. 2-DESYLIDEN-1.3-DITHIOLAN 56-0169
TULJAGANOV. S. R., UMWANDLUNG VON 3-PHENYL-OXAZOLIDIN IN P.P'-BIS-(OXAZOLODINYL-(3))-DIPHENYLMETHAN 60-0540
TULLY W. R., ADDIT.-RK. HETEROCYCL. VERB. 36. MITT. 63-0579
TUNDO A., RK. EINIGER DIAZOAMINOVERB. MIT BLEITETRAACETAT 63-0506
TUNEMOTO D., PRAEPARATIVE U. STRUKTURUNTERS. AN SCHWEFEL-YLIDEN 55-0274
TUNMANN P., INHALTSSTOFFE AUS D. WURZEL V. HARPAGOPHYTUM PROCUMBENS DC. 4. MITT. 61-0717
TUOMINEN H., KINETIK U. MECHANISMUS D. SCHNELLEN HYDROLYT. ZERS. V. KETEN-DIAETHYLACETAL U. 2-METHYLEN-1.3-DIOXOLAN 56-0221
TURBA C., SYNTH. U. PHARMAKOLOG. EIG. V. N-DERIV. D. 5.6-DIHYDRO-7H.12H-DIBENZ(C.F)AZOCINS, EIN NEUES TRICYCL. SYST. 57-0636
TURBANOVA E. S., GESETZMAESSIGK. BEI D. ADDIT. V. DIACETYLENEN 13. MITT. 54-0212
- GESETZMAESSIGK. BEI ADDIT. V. DIACETYLENEN 14. MITT. 57-0291
TURK C. F., SYNTH. U. PHARMAKOLOG. AKTIVITAET V. MIT D. ANTIDEPRESSIVUM 5-(2-DIMETHYLAMINO-AETHYL)-2.3-DIHYDRO-2-PHENYL-1.5-BENZOTHIAZEPIN-4-ON (THIAZESIM) VERWANDTE VERB. 3. MITT. 60-0681
TURKEVIC N. M., SYNTH. V. NEUEN ARYLIDENDERIV. D. 3-AMINO-RHODANINS 60-0547
TURKKI V., MISCH.-WAERMEN D. SYST. AETHYLENGLYKOL-DIMETHYLAETHER-WASSER 55-0131
TURLEY P. C., PROTONENMAGNET. RESONANZSPEKTREN V. PLATIN(II)-KOMPLEXEN 3. MITT. 62-0020
TURNBULL J. H., AXIALE U. AEQUATORIALE THIOLE 3. MITT. 58-0776

TURNER A. B., ANWEND. HOCHWIRKSAMER CHINONE 1. MITT. 53-0565
- LSGM.-EINFL. AUF D. CIS-TRANS-GLEICHGEW. EINIGER AZIRIDIN-KETONE 59-0187
TURNER D. W., PHOTOELEKTRONENSPEKTREN V. ACETYLEN,DIACETYLEN U. D. ENTSPRECHENDEN DEUTERIERTEN VERB. 53-0056
- SPEKTROSKOPIE V. MOL.-PHOTOELEKTRONEN 7. MITT. 58-0090
- TETRANORTRITERPENOIDE 8. MITT. 58-0752
- PHENOLOX. U. BIOSYNTH. 18. MITT. 63-0786
TURNER R. B., STEREOCHEM. UNTERS. 47. MITT. 61-0150
TURNER R. H., 12-AMINOACETYL-12H-BENZO(B)PHENOTHIAZIN-DERIV. 63-0730
TURNER R. W., RK. V. STYROL U. VERWANDTEN VERB. MIT N.N-DICHLOR-SULFONAMIDEN 60-0474
TURNER W., RK. V. TRITHION U. SEINEN SALZEN MIT AMINEN 53-0360
TURNER W. B., STRUKTUR V. CYTOCHALASIN A U. B 53-0590
- UMLAGER. V. 1-AMINO-2-NITRO-CYCLOPENTANCARBONSAEURE 55-0454
- 2-PYRUVOYLAMINO-BENZAMID, EIN METABOLIT V. PENICILLIUM CHRYSOGENUM U. P. NOTATUM 55-0586
- NEUER METABOLIT AUS ASPERGLLUS MELLEUS 55-0587
TURPIN R., MAGNETOOPT. UNTERS. EINIGER DIALKYLPHOSPHINE 56-0101
TURRO N. J., MOLEKUELPHOTOCHEMIE 6. MITT. 61-0321
- CYCLOPROPANONE 7. MITT. 61-0534
- MOL.-PHOTOCHEMIE 7. MITT. 63-0114
- MOLEKULAR-PHOTOCHEMIE 8. MITT. 63-0344
TURSCH B., CHEM. UNTERS. AN MEERESINVERTEBRATEN 4. MITT. 62-0154
- CHEM. UNTERS. MARINER INVERTEBRATEN 3. MITT. 62-0747
TURVEY J. R., WASSERLOESL. POLYSACCHARIDE D. ROTALGE LAURENCIA PINNATIFIDA 1. MITT. 61-0819
- WASSERLOESL. POLYSACCHARIDE D. ROTALGE LAURENCIA PINNATIFIDA, 2. MITT. 61-0820
TWIGG M. V., RK. V. 3-ACETAMIDO-2-NITRO-BENZO(B)THIOPHEN U. SEINEN 5-CHLOR- U. 5-BROM-DERIV. 56-0481
TWOMEY D., EINE NEUE SYNTH. D. BISTHIOSEMICARBAZONE V. PENTANDION-(2.4) 56-0285
TYLLI H., PHOTOCHEM. CIS-TRANS-ISOMERISIER. V. SUBSTITUIERTEN DIBENZYLIDENSUCCINANHYDRIDEN 64-0327
TYMAN J. H. P., IDENTIFIZIER. EINES NEUEN PHENOLS IN CASHEW-NUSSSCHALEN-FL. 55-0272
TYMINSKI I. J., KONFORM.-ANALYSE 60. MITT. 60-0164
- GLYOXALSULFAT, TEILWEISE STRUKTURBEST. DURCH DIPOLMOMENTE 63-0115
TYRLIK S., RK. V. BETA-KETOESTERN MIT PBO U. PB(OCH2C6H5)2, PARAMAGNET. VERB. IN FESTER PHASE U. IN LSG. 55-0027
- AKTIVIERUNG DURCH KOORDINATION 1. MITT. 59-0034
TYSON C. A., ELEKTRONENSPINRESONANZ TERT.-BUTYL-SUBSTITUIERTER SEMICHINONE, HYPERFEINSTRUKTUR D. TERT.-BUTYLPROTONEN 60-0113
- GLEICHGEW. V. METALL-IONEN MIT BRENZCATECHIN U. 3.5-DI-TERT.-BUTYL-BRENZCATECHIN 64-0033
TYUTYULKOV N., THEORET. BETRACHT. D. DIELS-ALDERSCHEN RK. AUF GRUND D. LCAO-MO-THEORIE 3. MITT. 60-0280
TZSCHACH A., ORGANOARSENVERB. 11. MITT. 56-0392
- ARSEN-ORGANO-VERB. 10. MITT. 57-0387
- CUBANE, POLYEDR. VERB. MIT WUERFELSTRUKTUR 63-0547

U

UABOONKUL S., RK. V. 1.2.5-TRIPHENYL-PHOSPHOL MIT ACETYLENDICARBONSAEUREDIMETHYLESTER 61-0567
UBERSAX R. W., 5-SUBSTITUIERTE BICYCLO(2.1.1)HEXENE 62-0484
UCCIANI E., ROLLE DER LOESUNGSMITTEL BEI DER BILDUNG UND ZERSETZUNG DER ZWISCHENPRODUKTE DER REAKTION ZWISCHEN OELSAEUREMETHYLESTER U. QUECKSILBER(II)-ACETAT 64-0055
UCHIDA A., SYNTH. MIT DIACETYLENKETONEN, 5-GLIEDRIGE RINGE DURCH ANTI-MICHAEL-ADDITION 64-0578
UCHIDA Y., DIAETHYL-BIS-(DIPYRIDYL)-EISEN, KATALYSATOR FUER D. CYCLODIMERISIER. V. BUTADIEN 61-0302
UCHIN L. J., RK. V. DIJODAETHYLEN MIT KUPFERACETYLENIDEN 58-0479
UCHIYAMA M., STIMULIER. D. PROTEINSYNTH. IN MAEUSELEBER DURCH INSEKTENHAEUTUNGSHORMONE 61-0839
UCHTMAN V. A., ORGANOMETALL. SCHWEFELKOMPLEXE 13. MITT. 63-0025
UCKO D., DARST. U. CHARAKTERISIER. V. OKTAHYDRIDOTRIBORATO-BIS-(TRIPHENYLPHOSPHIN)-KUPFER(I) 55-0038
UDA H., STEREOCHEMIE V. ZIZANOESAEURE 59-0730
UDDIN M., GALLOTANNINE 15. MITT. 56-0637
- SYNTH. V. 2- U. 3-GALLOYL-DERIV. D. ARBUTINS 62-0708
UDDIN Z., CHEMIE D. O-BENZOCHINONE 1. MITT. 63-0722
UDDING A. C., SYNTH. V. SUBSTITUIERTEN ADAMANTANEN AUS DEHYDROADAMANTAN 59-0478
UDRE V. E., RK. V. SCHWEFEL MIT ORGAN. VERB. 14. MITT. 57-0353
- LUMINESZENZ EINIGER SCHWEFELHALT. HETEROCYCLEN U. IHRER SULFONE 60-0072
- RK. V. SCHWEFEL MIT ORGAN. VERB. 16. MITT. 60-0481
UDUPA S. R., MIKROBIOLOG. UMWANDL. V. FLAVANON 64-0682
UEBEL J. J., KONFORM.-ANALYSE AN METHYLENCYCLOHEXANOXID 55-0114
UEDA M., STOFFWECHSEL V. ARZNEIMITTELN 8. MITT. 61-0844
- STOFFWECHSEL V. ARZNEIMITTELN 9. MITT. 61-0845
UEDA S., ZINK-RED. V. KETOSTEROIDEN 55-0550
- RK. V. ISOPHORON-DIENAMINEN MIT DIENOPHILEN 58-0538
- BIOLOG. UMWANDL. V. SWEROSID IN GENTIOPIKROSID U. VINDOLIN U. BIOGENET. ASPEKT EINIGER INDOLALKALOIDE 63-0892
UEDA T., HILBERT-JOHNSON-VERF. ZUR PYRIMIDINNUCLEOSID-SYNTH. 60-0702
- SYNTHET. UNTERS. V. MOEGL. ANTIMETABOLITEN 11. MITT. 61-0702
- SYNTH. MOEGLICHER STOFFWECHSELPORD. V. CHLORPROMAZIN 2. MITT. 63-0725
UEKAMA K., ELEKTRONENEIG. V. N-HETEROAROMATEN 16. MITT. 59-0184
UEKI T., KRIST.-STRUKTUR V. (PI-C5H5CO)2(TERT.-BUTYL-N)2CO 56-0030
UEMATSU T., 7-DESAZAADENIN-RIBONUCLEOSIDE. VERW. D. PERJODATOX. BEI ABBAUUNTERS. 59-0776
UENO T., TOTALSYNTH. V. KANAMYCIN-A 57-0763
UENO Y., HETEROSUBSTITUIERTE CARBONIUMIONEN 1. MITT. 53-0361
UESHIMA T., DARST. U. EIG. V. AETHYLZINK-2.2.2-TRICHLOR-AETHOXID 63-0062
UGAROVA N. N., REAKTIVITAET ORGAN. VERB. BEI RK. MIT FREIEN RADIKALEN IN FL. PHASE 3. MITT. 60-0231
UGGLA R., KUPFER-KOMPLEXE V. 1.2-PROPAN-DIAMIN, 2. MITT. 56-0038
- KUPFERKOMPLEXE MIT 1.2-DIAMINO-PROPAN 3. MITT. 62-0009
- KUPFER-KOMPLEX MIT 1.2-DIAMINO-PROPAN 4. MITT. 62-0010
- KUPFERKOMPLEXE V. 1.2-DIAMINOPROPAN 5. MITT. 62-0011
- CU-KOMPLEXE V. 1.2-DIAMINO-PROPAN 6. MITT. 64-0008
UGI I., STEREOSELEKTIVE SYNTH. 3. MITT. 57-0246
- STEREOSELEKTIVE SYNTH. 4. MITT. 57-0247
UGO R., ROLLE V. DIMETHYLFORMAMID BEI D. WECHSELWRKG. V. OLEFINEN MIT PALLADIUMCHLORID (NEUE METH. ZUR SYNTH. V. PI-ALLYL-PALLADIUM(II)-VERB. UNTER MILDEN BEDING.) 53-0044
- DIIMIDO-KOMPLEX V. PLATIN(II), RED. V. CIS-BIS-(TRIPHENYLPHOSPHIN)-PLATIN(II)-DICHLORID DURCH HYDRAZIN 53-0045
- KRISTALL- U. MOLEKULARSTRUKTUR V. ACETYLACETONATO-DICARBONYL-RHODIUM(I) U. EINIGER FLUORSUBSTITUIERTER KOMPLEXE 55-0006
- RHODIUM(I)- U. IRIDIUM(I)-CARBONYLVERBINDUNGEN MIT ANIONISCHEN CHELATLIGANDEN 56-0085
- IRIDIUMDICARBONYL-BETA-DIKETONATE 57-0066
UHDE G., SYNTH. V. ROSEFURAN U. DEHYDROELSHOLTZION 61-0539
UHLEMANN E., REAKTIVITAET D. CARBONYL- U. THIOCARBONYL-GRUPPE IM MONOTHIO-DIBENZOYLMETHAN 63-0515
- CHELATE V. BETA-DIKETONDERIV. 11. MITT. 64-0075
UJIIE T., EXPERIMENTELLE ANTIKREBS-UNTERS. 34. MITT. 59-0801
UJSZASZY K., MASSENSPEKTRUM V. TETRAMETHYLSILAN, ZERS. DURCH ELEKTRONENBESCHUSS, VORL. MITT. 62-0106
UKAI S., ORGAN. MASSENSPEKTROMETRIE 9. MITT. 55-0092
- RK. V. PHENOLDERIV. MIT SULFOXIDEN 2. MITT. 61-0401
- RK. V. PHENOLDERIV. MIT SULFOXIDEN 3. MITT. 61-0402
- D. RK. D. PHENOLDERIV. MIT SULFOXIDEN 4. MITT. 64-0512
ULBRICHT H., SYNTH. V. ALIPHAT. VINYL-KETO-VERB. 59-0315
ULBRICHT K., ORGANOGERMANIUMVERB. 3. MITT. 59-0010
- ORGANOGERMANIUMVERB. 1. MITT. 63-0030
ULBRICHT T. L. V., NUCLEOSIDE 5. MITT. 58-0289
- EINE NEUE VON RICHTER-RK. 59-0379
- PYRIMIDINE 3. MITT. 59-0630
- BLDG. V. ZWEI NUCLEOSID-ISOMEREN BEI D. RK. EINES KRIST. 1.2-CIS-GLYKOSYLHALOGENIDS MIT EINEM PURIN-SCHWERMETALLSALZ 59-0677
- STRUKTUR V. XANTHIN-NUCLEOSIDEN, SYNTHETISIERT NACH D. SILYLMETH. 59-0678
- PYRIMIDINE 4. MITT. 62-0658
ULDRIKIS J. R., NACHWEIS VON 5-AMINO-PYRIMIDINEN 62-0859
ULEHLOVA E., TRITERPENE 13. MITT. 53-0527
ULLMAN E. F., FREIE RADIKALE 1. MITT. 59-0548
ULLMANN E., EINFL. V. HILFSSTOFFEN BEI D. HERST. V. ARZNEIZUBEREIT. 18. MITT. 64-0931
- EINFL. V. HILFSSTOFFEN BEI D. HERST. V. ARZNEIZUBEREIT. 19. MITT. 64-0932
ULM K., SULFONSAEURE-(BETA-CHLOR-ALKYL)-ESTER U. 1.2-ALKYLEN-GLYKOL-DISULFONATE AUS SULFOCHLORIDEN U. ALKYLENOXIDEN 58-0332
- RK. V. DIHALOGENCARBENEN MIT ACETYLENEN 58-0333
- ADDIT. V. HALOFORMEN AN POLARISIERTE DOPPELBIND. 61-0351
ULRICH H., ZWEISTUFIGE POLARE CYCLOADDIT. V. SULFONYLISOCYANATEN AN CARBODIIMID 58-0473
UMANI-RONCHI A., RK. V. BENZONITRILOXID MIT SCHWEFEL-YLIDEN U. MIT D. ANION AUS DIMETHYLSULFOXID 56-0512
- RK. ZWISCHEN AZIDEN U. SCHWEFEL-YLIDEN, NEUE SYNTH. V. DELTA(2)-1.2.3-TRIAZOLINEN 56-0521
- RK. V. DIMETHYLOXOSULFONIUMMETHYLID MIT NITRILOXIDEN U. NITRILIMINEN 59-0551
UMEZAWA B., EIN NEUES CYCLONONATRIENSYST. AUS N-VERATRYL-AETHANOLAMIN-N-TOSYLAT 59-0459
- NEUARTIGE UMLAGER. EINES CHINOLINACETATES 59-0598
- OX. V. CORYPALLIN U. SEINEM METHOJODID MIT FERRICYANID 61-0724
- FERRICYANID-OXYDATION D. DL-N-METHYL-ISOSALSOLIN U. SEINEM METHOJODID 62-0721
UMEZAWA H., KRIST.-STRUKTUR V. KANAMYCIN 60-0178
- PYRIDOMYCIN 64-0884

UNANUE A., KONFORM.-BEST. V. POLYPHENYLVERB. MIT HILFE
DEPOLARISIERTER RAYLEIGH-STREUUNG 2. MITT. 59-0158
UNDERWOOD G. R., SYNTH. U. RK. EINIGER TETRAHYDROCHINOLI-
ZINIUMSALZE, MOEGLICHE VORSTUFEN FUER CYCL.(3.3.3)AZIN
62-0607
- ESR-WEITBEREICHSKOPPL.-KONST. FUER ALIPHAT. SEMIDIONE,
THEORET. BEHANDL. 64-0139
UNGURENASU C., RK. V. PYROBCRTETRAACETAT MIT
ANTHRANILSAEURE U. 3.3'-DICARBOXY-BENZIDIN 63-0734
UNNI M. K., HYDROBORIER. 25. MITT. 63-0350
UNO F., SYNTH. V. BICYCLO(2.1.1)HEXEN-(2) 58-0542
UNTERHALT B., VERH. UNGESAETT. KETOXIME UNTER D. BEDING.
D. BECKMANN-UMLAGER. 2. MITT. 54-0312
- SYNTH. V. 4-PYRAZOLON-N.N'-DIOXIDEN 55-0399
- STRUKTUR D. DIAZACYCLOPENTADIENON-SYST. 60-0534
- ISOCHROMAN- U. ISOTHIOCHRCMAN-REIHE 4. MITT. 64-0663
UPADYSEVA A. V., SPEKTRALUNTERS. D. KOMPLEXE V. 4-AMINO-
U. 4-DIMETHYLAMINO-AZOBENZOL MIT SNCL4 54-0029
UPCHURCH D. G., DEPROTONIER. V. BIPYRIDYLAETHYLENDIAMIN-
PLATIN(II)-JODID 59-0093
UPPSTROEM B., NMR-SPEKTREN U. KONFORM. V. EINFACHEN N-
METHYLTHIOAMIDEN 56-0156
URASAKI I., KINETIK DER TRIAETHYLENDIAMIN-KATALYSIERTEN
AMINOLYSE VON N-PHENYL-PHENYLCARBAMATEN MIT ANILIN IN
DIOXAN 60-0255
URBANSKI T., FURAZANDERIV., 3.4-SYMM. SUBSTITUIERTE
FUROXANE 59-0576
- CHINOLINDERIV. 4. MITT. 64-0688
URBAS B., ABS. KONFIG. V. (-)-BETA-HYDROXY-BETA-(M-
HYDROXY-PHENYL)-PROPIONSAEURE 54-0261
URBERG K., METALL-AMMONIAK-RED. 2. MITT. 64-0508
- METALL-AMMONIAK-RED. 3. MITT. 64-0509
URICKAJA M. J., RK. V. 2-CHLOR-3-(BETA-CHLOR-AETHYL)-4.6-
DIHYDROXY-PYRIDIN, SYNTH. V. DERIV. D. 5-AZA-
BENZOFURANS 60-0525
URRY G., RK. V. BIS-(TRIMETHYLSILYL)-QUECKSILBER MIT
FLUORENON-(9) 62-0461
URRY W. H., ZERLEG. V. (+-)-ZEARALENON, BEST. D. ABS.
KONFIG. BEI D. NATUERL. ENANTIOMEREN 53-0582
- VIELFACHE MEHRZENTREN-RK. V. PERFLUORIERTEN KETONEN
MIT OLEFINEN 64-0360
USACENKO V. G., CIS- U. TRANS-ISOMERE V. 1.2.5-TRIBROM-
ACENAPHTHEN 58-0509
- SUBSTITUT. V. HALOGENDERIV. D. ACENAPHTHYLENS 59-0450
- HALOGENDERIV. D. ACENAPHTHYLENS 4. MITT. 64-0520
USAKOVA T. M., DARST. V. HEPTADIIN-(4.6)-SAEURE U. DEREN
DERIV. 59-0304
USCHOLD R. E., ACIDITAET IN WASSERFREIEN LSGM. 6. MITT.
63-0220
- PROTONENUEBERTRAG. IN DIPOLAREN APROT. LSGM. 4. MITT.
64-0246
USENKO I. K., SYNTH. V. TETRACARBOCYANINEN UNTER
AUFSPALT. D. PYRYLIUMRINGES V. BENZOPYRYLOCYANINEN
64-0678
USENKO J. N., BIS-(ARYLSULFONYL)-ACETONE X6. MITT.
58-0412
- RK. V. P-TOLYL-SULFONEN, D. EINE AKT. METHYLENGRUPPE
ENTHALTEN, MIT ACRYLONITRIL U. NITROSTYROL 59-0356
- ARYLHYDRAZONE V. ARYLSULFONYLGLYOXYLSAEUREAETHYLESTERN
7. MITT. 59-0357
- ARYLHYDRAZONE V. ARYLSULFONYL-GLYOXYLSAEURE-
AETHYLESTERN 5. MITT. 60-0527
USHER D. A., SOLVOLYSE V. 4(5)-(2-AMINO-3-BROM-PROPYL)-
IMIDAZOL 57-0230
- INHIBIT. D. NACHBARGRUPPENTEILNAHME AN RK. DURCH
CHELATBLDG. EINFL. V. CU(2+) AUF D. SOLVOLYSE V. 4(5)-
(2-AMINO-3-BROM-PROPYL)-IMIDAZOL 57-0231
USHER G. E., OPTISCHE UND PHOTOCHEMISCHE EIGENSCHAFTEN
VON METHYLISOPULEGON 64-0329
USKOKOVIC M., RAC. CIS- U. TRANS-1.2-DIMETHYL-4-HYDROXY-
6.7-DIMETHOXY-1.2.3.4-TETRAHYDRO-ISOCHINOLIN, SYNTH.
U. STEREOCHEMIE 56-0652
- SYNTH. IN D. ISOCHINOLINSERIE. SYNTH. V. 2.3-DIHYDRO-
4(1H)-ISOCHINOLONEN 59-0592
- SYNTH. IN D. ISOCHINOLINSERIE, SYNTH. U. CHEMISCHE
UMLAGER. V. 2.3-DIHYDRO-4(1H)-ISOCHINOLONEN 59-0593
- SYNTH. IN D. ISOCHINOLINREIHE, SELEKTIVE DEMETHYLIER.
V. 6.7- U. 7.8-DIMETHOXY-2.3-DIHYDRO-4(1H)-
ISOCHINOLONEN 59-0594
- DES-A-PREGNANE, ABBAU V. 11ALPHA-HYDROXY-PROGESTERON
59-0743
- TOTALSYNTH. V. PETALIN 64-0609
USTAVSCIKOV B. F., SYNTH. U. RK. V. ALPHA-HYDROXY-
ISOBUTTERSAEUREESTERN 60-0351
UST'-KACKINCEV V. F., SUBSTITUIERTE HYDRAZIDE D.
HYDROXYCARBONSAEUREN 43. MITT. 58-0224
USTYNJUK J. A., CARBANIONEN, RK. V. MESOMEREN ANIONEN D.
DIHYDROTHIOXANTHEN-DIOXIDS-(10.10) MIT ELEKTROPHILEN
REAGENZIEN 55-0441
USUBOVA E. N., SYNTH. U. EINIGE FOLGERK. V. P-
HALOGENTHIOPHENOLEN 62-0378
UTEG K., RINGOEFFN. V. 2-AMINO-1.3.4-OXDIAZOLEN MIT
HYDRAZINCARBONSAEUREESTERN UNTER BLDG. V. DIAMINOGUA-
NIDINEN U. DEREN RINGSCHLUSSRK. 59-0572
- DARST. U. RK. D. DIPHENYL-(2-AMINO-1.3.4-OXDIAZOLYL-
(5))-CARBINOLS 60-0560
UTKIN J. E., SYNTH. V. CYCLOPENTENYLMERCAPTANEN 57-0405
UTLEY J. H. P., SUBSTITUENTENEFFEKTE BEI D. ELEKTROPHILEN
SUBSTITUT. IN DESAKTIVIERTEN SYST. 1. MITT. 58-0233
- SUBSTITUENTENEFFEKTE V. POSITIVEN POLEN BEI D. AROMAT.
SUBSTITUT. 4. MITT. 62-0254
UTNE T., SYNTH. V. 2- U. 4-BROMOESTRADIOL 62-0794
- SYNTH. V. 2- U. 4-FLUOROESTRADIOL 64-0859
UVAROVA N. I., PFLANZENSUBSTANZEN 27. MITT. 53-0490
UYEO S., VERBESSERTE SYNTH. V. (+-)-LYCORAMIN 57-0669
- UMWANDL. V. EPIPACHYSANDRIN-A IN PACHYSTERMIN-A U. -B
59-0695
- STRUKTUR U. STEREOCHEMIE V. ABIESLACTON 61-0752
- TOTALSYNTH. V. DIHYDROCRININ U. VERWANDTEN VERB.
64-0822
UZAN R., KINET. UNTERS. D. MECHANISMUS D. BROMIER.
AROMAT. AMINE 3. MITT. 59-0218
UZAREWICZ A., BROMIER. V. DIMETHYLAETHYLBENZOLEN DURCH N-
BROM-SUCCINIMID 64-0421

V

VAEAENAENEN P., CU-KOMPLEXE V. 1.2-DIAMINO-PROPAN 6.
MITT. 64-0008
VAHRENCAMP H., NMR-SPEKTROSKOP. UNTERS. AN BORVERB. 3.
MITT. 59-0127
VAHRENKAMP H., KERNRESONANZSPEKTROSKOP. UNTERS. AN BOR-
VERB. 2. MITT. 54-0011
- (1)H-NMR-SPEKTREN D. ALKYLHALOGENSTANNANE 56-0015
- CHEMIE D. BORS 41. MITT. 58-0447
- NMR-SPEKTROSKOP. UNTERS. AN ALKYL-VERB. 3. MITT.
61-0098
- ORGANOMETALL. SCHWEFELKOMPLEXE 13. MITT. 63-0025
VAIDYA V. M., REAGENZ FUER D. PEPTIDSYNTH., KOPOLY-
(AETHYLEN-N-HYDROXY-MALEINIMID) 63-0843
VAISAROVA V., ORGANOSILICIUMVERB. 53. MITT. 54-0184
- ORGANOSILICIUMVERB. 55. MITT. 59-0099
- ORGANOSILICIUMVERB. 56. MITT. 59-0100
VAJNSTEJN F. M., NUKLEOPHILE SUBSTITUT. D. SULFONATGRUPPE
AROMAT. VERB. IN GGW. V. OX.-MITTELN 54-0164
VALADE J., AUSTAUSCHRK. ZWISCHEN ALKOXYZINNVERB. U.
HYDROGENSILANEN 53-0024
- UNTERS. D. KONFORM. V. 1-ALKYL-CYCLOHEXANOLEN DURCH
INFRAROTSPEKTROSKOPIE 53-0099
- SELEKTIVE REDUKTION D. OLEFIN. TEILS V. ALPHA-
AETHYLEN. NITRILEN U. ESTERN MITTELS ORGANOZINNHYDRI-
DEN 55-0215
- RK. D. HALOGENHYDRINE MIT ALKOXYTRIBUTYLZINNVERB.
56-0067
- RK. V. ALKOXYTRIALKYLSTANNANEN MIT ENOLESTERN, BLDG.
V. C-SN- ODER O-SN-VERB. 56-0068
- RK. D. SN-O-C-KETTE, AUSTAUSCH ZWISCHEN D. SI- BZW.
GE-ALKYLOXY-DERIV. U. D. ALPHA-FUNKTIONELLEN SI-VERB.
56-0070
- UNGEWOEHNL. VERLAUF D. ALKYLIER. V. HALOGENIDEN D.
ELEMENTE D. GRUPPE IVB MIT GRIGNARD-REAGENZIEN 1.
MITT. 61-0031
- UNTERS. V. ORGANOSILICIUMVERB. DURCH INFRAROTSPEKTRO-
GRAPHIE 4. MITT. 61-0087
- SYNTH. U. STRUKTUR V. STANNOXACYCLOALKANEN 62-0036
- SILAOXACYCLOALKANE DURCH RK. V. DICHLORDIALKYLSILANEN
MIT DIOLEN, SYNTH. U. REGELN ZUR VORAUSSAGE D.
STRUKTUR 62-0689
VALDEZ C., POLYFLUORALLYL- U. -PROPENYLDERIV. EINIGER
UEBERGANGSELEMENTE U. ELEMENTE D. GRUPPE V 59-0075
VALENTA Z., SYNTH. IN D. LYCOPODIUM-ALKALOID-REIHE 7.
MITT. 55-0509
VALENTIN E., VINYLAMINE 8. MITT. 60-0411
VALENTIN J., UMSETZ. MIT IMIDSAEUREESTERN 9. MITT.
53-0399
VALENTINI F., ELEKTROCHEM. RED. V. PHENYLGLYOXYLAMID U.
PHENYLGLYOXYLHYDROXAMSAEURE 56-0193
VALETTE G., ADSORPT. V. PYRIDIN AN GOLD-EINKRISTALL-
ELEKTRODENFLAECHEN D. ORIENTIER. (111) U. (110)
64-0303
VALJASKO N. N., AMIDE U. HYDRAZIDE D. OXALSAEURE 15.
MITT. 58-0410
VALOVOJ V. A., MASSENSPEKTRUM U. STRUKTUR ORGAN. VERB.
23. MITT. 58-0128
VALSECCHI G. P., SYNTH. V. 1.5-DICARBALKOXY-BISPIDINONEN-
(9) 1. MITT. 54-0419
VALTER R. E., SYNTH. V. LOKALANAESTHETIKA AUF D. BASIS V.
BETA-DIKETONEN 3. MITT. 60-0427
VALTER S. P., SYNTH. V. LOKALANAESTHETIKA AUF D. BASIS V.
BETA-DIKETONEN 3. MITT. 60-0427
VAN'T HOF H. A., MECHANISMUS D. CYCLISIER. V. PSEUDOJONON
MIT DEUTERIERTEN SAEUREN 53-0162
VANAG G. J., SYNTH. V. ACYLNAPHTHOCHINONEN-(1.4) AUS
INDANDIONEN-(1.3) 57-0441
- NEUE DARST. V. AMINODERIV. 2-SUBSTITUIERTER
INDANDIONE-(1.3) 58-0498
- DIBEPIN 2, EIN NEUES FARBREAGENZ AUF PRIM. ALIPHAT.
AMINE 60-0844
VAN ALBADA M. P., ISOMERISIER. V. BROMTOLUOLEN UNTER D.
EINFL. V. AL2BR6.HBR 60-0283
VAN ALLAN J. A., DARST. V. PYRYLIUMSALZEN IN GEGENWART V.
CHALKON U. BORTRIFLUORIDAETHERAT 61-0601
VANALLEN J. A., THERM. U. PHOTOLYT. ZERS. V. 2.3-DIAZIDO-
1.4-NAPHTHOCHINON U. VERWANDTEN AZIDOCHINONEN 61-0308
VAN AUKEN T. V., ENDO-ADDIT. V. FREIEN RADIKALEN AN
NORBORNADIEN 62-0479
VAN BEEK L. K. H., EIG. V. DIAZOSULFONATEN, 3. MITT.
55-0055
- EIG. V. DIAZOSULFONATEN 4. MITT. 55-0056

VAN BEKKUM H., CYCLOHEXANDERIV. 6. MITT. 57-0149
VAN BINST G., PHYSIKAL.-CHEM. UNTERS. AN INDOLALKALOID-MODELLEN 6. MITT. 53-0114
- PHYSIKAL.-CHEM. UNTERS. AN INDOLALKALOIDMODELLEN, 7. MITT. 53-0440
- INDOL-ALKALOIDE 16. MITT. 62-0080
VAN BOOM J. H., ISOMERISIER. V. KONJUGIERTEN U. KUMULIERTEN SYST. VORL. MITT. 55-0210
- WECHSELBEZIEH. V. THIOAETHERN, D. KONJUGIERTE SYST. MIT 6-ELEKTRONEN ENTHALTEN (BASENKATALYSIERTE ISOMERISIER. IN FL. AMMONIAK) 61-0338
VAN BRUGGEN E., RADIKAL. ADDIT. 1. MITT. 55-0309
VAN BRUIJNSVOORT A., GEOMETRIE D. BENZOLRINGES IM 1.2.4.5-TETRA-TERT.-BUTYL-BENZOL 62-0150
VAN-CATLEDGE A., KONFORM.-ANALYSE 60. MITT. 60-0164
VAN-CATLEDGE F. A., KONFORMATIONSANALYSE 59. MITT. 59-0151
VAN DAALEN J. J., CHEMIE, HERBIZIDE U. FUNGIZIDE AKTIVITAET V. 2.1.3-BENZOTHIADIAZOLEN 55-0425
VAN DEN AKKER M., CYCLOPENTADIENYL-TRIPHENYLPHOSPHIN-NICKEL(II)-HALOGENIDE 54-0040
VAN DEN BERG G. R., ORGANOPHOSPHORVERB. 6. MITT. 62-0411
- ORGANOPHOSPHORVERB. 7. MITT. 64-0417
VAN DEN BERGHE E. V., PMR-SPEKTROSKOP. UNTERS. D. CHEM. BIND. IN METHYLZINNHALOGENID-PYRIDIN-KOMPLEXEN 58-0007
VAN DEN BRINK H. M., SYNTH. V. OXYTOCINSAEURE U. OXYTOCIN UEBER TRIAZOLIDINE AUS AKT. ESTERN MIT HILFE D. FESTPHASENMETH. 62-0807
VAN DER GOOT H., NEUE SYNTH. V. 1-AMINO-3-ARYL-ISOCHINOLINEN 61-0633
VAN DER KELEN G. P., PMR-SPEKTROSKOP. UNTERS. D. CHEM. BIND. IN METHYLZINNHALOGENID-PYRIDIN-KOMPLEXEN 58-0007
- VERGLEICHENDE PMR-UNTERS. AN METHYL-, AETHYL- U. HALOGENMETHYLZINNHALOGENIDEN 58-0008
- PMR-SPEKTREN V. FUNKTIONELL SUBSTITUIERTEN AETHYLZINNVERB. 58-0009
VAN DER KERK G. J. M., RK. V. ALPHA-FUNKTIONELL-SUBSTITUIERTEN ORGANOZINNVERB. NACH REFORMATSKI 57-0045
VAN DER LINDE R., NMR-SPEKTREN V. PROTONIERTEM 2.2'-DIMETHYL-BENZOPHENON 57-0113
VAN DER MAEDEN F. P. B., CHEMIE V. VERB. MIT KLEINEN RINGEN, 9. MITT. 55-0301
VAN DER MEER H., GEOMETRIE D. BENZOLRINGES IM 1.2.4.5-TETRA-TERT.-BUTYL-BENZOL 62-0150
VAN DER PLAS H. C., RINGUMWANDL. BEI RK. V. HETEROCYCL. VERB. MIT NUCLEOPHILEN 9. MITT. 54-0354
- HETARINE 16. MITT. 56-0585
- HALOGENWANDERUNG BEI RK. V. HALOGENISOTHIAZOLEN MIT KALIUMAMID IN FL. PHASE 64-0650
VANDERSMISSEN A., 4.5-DEHYDROPYRIMIDINE 1. MITT. 62-0651
VAN DER STELT C., RK. V. 4.4-DIMETHYL-1-PHENYL-ISOCHROMAN MIT JODWASSERSTOFFSAEURE U. PHOSPHOR 57-0455
VAN DER VEEK A. P. M., KONFORM. NICHTAROMAT. RINGVERB. 44. MITT. 64-0109
VAN DER VLIES C., RK. V. 4.4-DIMETHYL-1-PHENYL-ISOCHROMAN MIT JODWASSERSTOFFSAEURE U. PHOSPHOR 57-0455
VAN DER WERF S., GEHINDERTE INNERE ROTATION BEI METHYL-N-METHYL-N-ARYLSULFONYLMETHYL-CARBAMATEN U. VERWANDTEN CARBAMATEN, WEITBEREICHSABSCHIRM. D. ESTERMETHYLGRUPPE DURCH EINEN AROMAT. RING 62-0123
VAN DEURSEN F. W., NMR-SPEKTREN EINIGER SEKUNDAER SUBSTITUIERTER ADAMANTANE 1. MITT. 53-0072
VAN DINE G. W., D. ELEKTRONENSTRUKTUR V. CARBENEN 60-0184
- ISOCYANID-CYANID- U. ISOELEKTRON. UMLAGER. 63-0317
VAN DONGEN J. P. C. M., ISOMERISIER. V. KONJUGIERTEN U. KUMULIERTEN SYST. VORL. MITT. 55-0210
VAN DORP D. A., NICHT-ENZYMAT. UMWANDL. V. ALL-CIS-8.11.14-EICOSATRIENSAEURE IN PROSTAGLANDIN E1 57-0746
VAN DUUREN B. L., RK. V. GUANOSIN U. DESOXYGUANOSIN MIT GLYCIDALDEHYD 59-0682
VAN DYKE C. H., RELATIVE LEWIS-BASENSTAERKE V. DIMETHYLSULFID U. DIGERMYLSULFID 54-0019
- RK. V. ORGANOSILICIUMAETHERN MIT WOLFRAMHEXAFLUORID 56-0331
VANE G. W., ZIRKULARDICHROISMUS U. ABSOLUTE KONFIG. D. ARGEMONINS 54-0102
VANECEK S., LANGWIRKENDE SULFONAMIDE 4. MITT. 64-0745
VANEL R., SAEUREKATALYSIERTE UMLAGER. 20. MITT. 62-0489
- SAEUREKATALYSIERTE UMLAGER. 21. MITT. 62-0490
VAN ES T., DERIV. D. 5-DESOXY-5-THIO-D-XYLOSE 60-0689
VAN GINKEL C. H. D., ACETYLENTHIOLESTER ALS QUELLE FUER THIOKETENE 54-0227
VAN HELDEN R., DURCH PALLADIUM KATALYSIERTE RK. UNGESAETT. VERB. IN NICHTWSS. LSGM., PD(II)-KATALYSIERTER HALOGENERSATZ IN VINYLCHLORID DURCH CARBOXYLAT U. ALKOHOLAT 64-0275
VAN HES R., HETEROCYCL. STEROIDE 11. MITT. 57-0585
- POLYNUCLEARE HETEROCYCL. SYST. 5. MITT. 61-0523
VAN HOEVEN W., SYNTH. V. VGL.-SUBSTANZEN ZUR CHARAKTERISIER. EINES AUS PRAECAMBIUM-SEDIMENTEN ISOLIERTEN C21-ISOPRENOID-ALKANS 54-0208
VAN KONINGSVELD H., KRIST.-STRUKTUR U. KONFORM. V. GLYCERIN 62-0158
VAN KOTEN G., MASSENSPEKTREN EINIGER TETRAALKYL-GERMANIUM-VERB. 57-0011
VAN LANDUYT D. C., DARST. V. 5- U. 7-NITROCUMARANEN U. UNTERS. D. KERNMAGNET. RESONANZ 60-0483
VAN LEAR G. E., FRAGMENTIER. V. (1-(13)C)ANILIN IM MASSENSPEKTROMETER 59-0140
- AUFTRETEN EINES TROPYLIUM-IONS MIT STATIST. VERTEIL. D. MARKIER. IM MASSENSPEKTRUM V. (1ALPHA-(13)C2)TOLUOL 63-0160
VAN LEEUWEN P. W. N. M., KOMPLEXE MIT S=O-HALT. LIGANDEN 4. U. 5. MITT. 57-0004
- HALBEMPIR. ENERGIENIVEAU-DIAGRAMM V. OKTAEDR. NICKEL(II)-KOMPLEXEN 61-0001
- ANORGAN. KOMPLEXE MIT ESSIGSAEURE ALS LIGAND 61-0060
- ACETYLACETON ALS EIN LIGAND IN NICKEL(II)-PERCHLORAT 64-0077
VAN LEUSEN A. M., DIMETHYLOXOSULFONIUM-2-METHYLAMINO-BENZOYLMETHYLID, EIN NEUES STABILES YLID, DAS IN HETEROCYCL. SYNTH. EINGESETZT WIRD 58-0405
VAN MEURS N., NMR-SUBSTITUENTENKONST. IN BENZOLDERIV. 61-0093
VAN SANTEN P. J., SINGULETT-SAUERSTOFF U. D. START D. AUTOX. V. FETTSAEUREN 60-0239
VAN TAMELEN E. E., HYPOHALOGENIT-INDUZIERTE OXYDATIVE DECARBOXYLIER. V. ALPHA-AMINOSAEUREN 57-0483
- EINSTUFENSYNTH. V. 1.5-DIENEN DURCH REDUKTIVE KUPPL. V. ALLYLALKOHOLEN 57-0704
- BIOSYNTH. V. FUSIDSAEURE AUS SQUALEN-2.3-OXID 57-0791
- ROLLE D. STRUKTUR D. SUBSTRATS BEI D. INITIER. D. ENZYMAT. CYCLISIER. V. 2.3-EPOXY-SQUALEN. UNTERS. MIT 2.3-CIS-2.3-EPOXY-1'-NORSQUALEN U. 2.3-TRANS-2.3-EPOXY-1'-NORSQUALEN 58-0818
- PHOTOLYSE V. TRIPHENYLCARBONIUM-, TROPYLIUM- U. TRIPHENYLCYCLOPROPENIUM-IONEN 60-0306
- ENZYMAT. CYCLISIER. V. 15-NORSQUALEN-2.3-OXID 63-0805
- PHOTOLYT. ISOMERISIER. V. POLY-TERT.-BUTYL-FURANEN 64-0339
VAN THUIJL J., KRIST.-STRUKTUR V. 6.6'-METHYLENDIPHENANTHRIDIN 61-0163
VAN TIGGELEN A., CHEM. RK. BEI NIEDRIGEM DRUCK IN EINER ELEKTRISCHEN HOCHFREQUENZENTLAD. 1. MITT. 64-0318
- CHEM. RK. B. NIEDRIGEM DRUCK IN EINER ELEKTR. HOCHFREQUENZENTLAD. 2. MITT. 64-0319
VAN TONDER G., GAFRININ, EIN SESQUITERPENOID-LACTON AUS GEIGERIA AFRICANA GRIES 1. MITT. 60-0736
VAN VEEN A., CYCLOHEXANDERIV. 6. MITT. 57-0149
- RK. V. SARKOSIN U. PIPECOLINSAEURE MIT PHENYL- U. METHYLISOTHIOCYANAT 61-0579
VAN VOORST J. D. W., C-NITROSO-VERB. 2. MITT. 54-0137
VAN VUUREN P. J., PHOTODIMERISAT. 1. MITT. 58-0503
VAN WAZER J. R., BEVORZUGTER AUSTAUSCH V. BROM U. BRUECKENSAUERSTOFF ZWISCHEN DIMETHYLGERMANIUM- U. DIMETHYLSILICIUM-EINHEITEN 57-0042
- UMVERTEILUNGSGLEICHGEW. V. SI-GEBUNDENEM WASSERSTOFF U. CHLOR IN METHYLSILYL-SPEZIES 59-0189
- KONKURRENZGLEICHGEW. V. AUSTAUSCHBAREN SUBSTITUENTEN ZWISCHEN METHYL- U. DIMETHYLGERMANIUM-RESTEN 63-0049
VAN WIJNEN M., V. BASEN KATALYSIERTER WASSERSTOFFAUSTAUSCH IN CYCLOPROPYLCYANID 53-0179
VAN WIJNEN W. T., V. BASEN KATALYSIERTER WASSERSTOFFAUSTAUSCH IN CYCLOPROPYLCYANID 53-0179
VAN ZWET H., SCHWEFELVERB. IN FREIEN RADIKALRK. 1. MITT. 55-0198
- SCHWEFELVERB. IN FREIEN RADIKAL-RK. 2. MITT. 55-0199
- SCHWEFELVERB. IN FREIEN RADIKALRK. 3. MITT. 61-0294
VAN ZYL A., EIG. D. THYROGLOBULINS 16. MITT. 61-0817
VARADY J., STRUKTUR U. SYNTH. V. OROBOSID U. EINE NEUE SYNTH. V. SANTAL 60-0699
- RINGISOMERISAT. V. ISOFLAVON-GLUCOSIDEN 3. MITT. 60-0701
VARFOLOMEEV A. A., NITROLYSE V. ORGAN. HALOGENIDEN 1. MITT. 59-0288
VARLAMOVA A. N., RK. V. AROMAT. NITROVERB. 29. MITT. 60-0276
VARMA K. R., SYNTH. V. (-)-(3S)- U. (+)-(3R)-4-METHYL-3-DEUTERO-PENTANOL-(1) U. (-)-(3S)- U. (+)-(3R)-3-DEUTERO-ISOCAPRONSAEURE 64-0383
- STEREOCHEMIE D. TRITIUMS AN C(1) U. C(7) IN CHOLESTERIN ERHALTEN AUS (3R.2R)-(2-T)MEVALONSAEURE 64-0863
VARMA R. S., VERWENDUNG V. 1.3-DI-(4-PIPERIDYL)-PROPAN IN D. MANNICH-RK., DARST. V. BETA-AMINOKETONEN 57-0584
VARSANYI G., UEBERTRAGBARK. V. KRAFTFELDERN BEI ISOELEKTRON. MOL., NORMALKOORDINATENANALYSIS V. PYRAZIN-DI-N-OXID- U. P-DIFLUOR-BENZOL 54-0048
- INFRAROT- U. RAMAN-SPEKTREN V. PYRAZIN-DI-N-OXID 57-0088
- THEORET. INTERPRETATION D. DIFFUSEN STRUKTUR V. ASSOZIERTEN OH- U. NH-VALENZSCHWING.-BANDEN MIT SUBMAXIMA (VON CHELATBANDEN) 60-0085
- CHARAKTERIST. NORMALSCHWING. IN BENZOLDERIV. 3. MITT. 64-0095
VARTANJAN S. A., CHEMIE D. VINYLACETYLENS 78. MITT. 56-0316
- CHEMIE D. UNGESAETT. VERB. 9. MITT. 58-0568
VARVOGLIS A. G., REAKTIVITAET V. PHOSPHATESTERN, RK. V. MONOESTERN MIT NUKLEOPHILEN, V. D. BASIZITAET UNABHAENG. NUKLEOPHILITAET BEI EINER BIMOL. SUBSTITUT.-RK. 58-0262
VARY S., NMR-SPEKTREN EINIGER 5.5-DISUBSTITUIERTER-1.3-DIOXANE 64-0113
- NMR-SPEKTREN U. KONFORMATION EINIGER TETRAHYDRO-1.3-OXAZINE 64-0171
VASAKIDZE E. J., DELTA-LACTONE UND DELTA-LACTAME, 56. MITT. 64-0485
VASIL'EV N. P., RK. V. HYDROXYLHALT. 1.3-DIOXOLANEN MIT MERCAPTANEN 57-0298

VASIL'EVSKAJA T. A., HALOGEN-ALPHA-NITRO-CARBONSAEUREN 11. MITT. 64-0262
VASILEVSKY S. F., ANWEND. V. PARAMAGNET. ZUSAETZEN AUF D. STRUKTURBEST. V. EINIGEN PYRAZOLEN DURCH NMR 57-0115
VASILJEVA T. E., STRUKTUR V. AUREOLSAEURE (MITHRAMYCIN) 63-0853
VASJAK J. S., BLDG. V. PHOSPHINMETHYLENEN BEI D. ZERS. V. PHOSPHONIUMSALZEN, D. EINE ESTERGRUPPE ENTHALTEN 60-0391
VASKA L., LEWIS-SAEURE-ADDUKTE PLANARER VIERFACH KOORDINIERTER D(8)-KOMPLEXE, BF3-(IRCLCO(P(C6H5)3)2) U. VERWANDTE SYST. 59-0091
VASS G., NMR-UNTERS. (15)N-SUBSTITUIERTER N-HALT. ZUCKERDERIV. 1. MITT. 64-0131
VASSOVA A., ALKALOIDE AUS VERATRUM ALBUM SSP. LOBELIANUM (BERNH.) SUESSENGUTH 14. MITT. 53-0507
- ALKALOIDE AUS VERATRUM ALBUM SSP. LOBELIANUM (BERNH.) SUESSENGUTH 17. MITT. 62-0729
VASTINE F. D., FUENFFACH KOORDINIERTE IRIDIUM(I)- U. RHODIUM(I)-KOMPLEXE AUS METALLCARBONYL-ANIONEN 62-0054
VASVAR J., VERNETZ.-MECHANISMUS D. EPOXYVERB. 57-0771
VATNE R. D., DARST. U. BAKTEREOSTAT. AKTIVITAET EINIGER HALOGENAETHYL-IMIDAZOLE GEGEN HISTOMONAS 60-0832
VATSURO K. V., KINET. UNTERS. D. TRANS-ENOL-ALDO-CIS-ENOL-UMLAGER. V. 2-FORMYL-2-PHENYL-ESSIGSAEURE-ALKYLESTERN 55-0138
VAUGHAN J., NEUE SYNTH. V. N-ARYL-AZETIDINEN 60-0477
- ELEKTROPHILE SUBSTITUT. AN ACENAPHTHEN U. ABGELEITETEN VERB. 1. MITT. 62-0467
- MILLS NIXON EFFEKT 2. MITT. 64-0284
VAUGHAN J. D., CNDO-2-BERECHN. V. RELATIVEN BASENSTAERKEN 63-0226
VAUGHAN K., OXAZOLO(3.2-C)- U. THIAZOLO(3.2-C)(1.2.3)BENZOTRIAZINIUM-SALZE 57-0626
- EIN NEUES, V. 3.4-DIHYDRO-4-OXO-1.2.3-BENZO-TRIAZIN ABGELEITETES HETEROAROMAT. RINGSYST. 57-0627
VAUGHAN T. A., SUBSTITUENTENEFFEKTE BEI D. ELEKTROPHILEN SUBSTITUT. IN DESAKTIVIERTEN SYST. 1. MITT. 58-0233
VAUGHAN W. R., STEREOCHEMIE D. PYRROLIDINADDIT. AN BICYCLO(2.2.2)OCTEN-(2)-CARBONSAEURENITRILEN-(2) 64-0610
VAZ A. X., GLYKOSIDE D. BLAETTER V. ISOPLEXIS CANARIENSIS (L.) G.DON. 2. MITT. 54-0499
VDOVIN V. M., SCHWINGUNGSSPEKTREN V. SILACYCLOHEXANDERIV. U. SI-C-STRECKSCHWINGUNGSFREQUENZEN VERSCHIEDENGLIEDRIGER SILACYCLOALKANE 57-0087
VDOVIN V. N., ULTRAVIOLETTSPEKTREN V. SILACYCLOBUTANEN 60-0077
VEBER D. F., SYNTH. V. PEPTIDEN IN WSS. MEDIUM 4. MITT. 62-0362
- THYROCALCITONIN 2. MITT. 63-0838
- SYNTH. V. PEPTIDEN IN WSS. MEDIUM 5. MITT. 63-0845
VECCHI M., GASCHROMATOGRAPH. U. MASSENSPEKTROMETR. UNTERS. V. PHYTYLUBICHINON, VITAMIN K1 U. VITAMIN K2 54-0125
VECERA M., KORRELATIONEN ZWISCHEN CHEM. VERSCHIEB. V. PROTONEN V. HYDROXYL- U. METHINGRUPPEN BEI NMR-SPEKTREN V. HYDROXYDERIV. SCHIFF'SCHER BASEN U. HAMMETT-SIGMA-KONSTANTEN 59-0112
- KUPPL.-KINETIK D. BENZOLDIAZONIUMSALZE MIT 2-NAPHTHOL-6-SULFONSAEURE 59-0260
- ERMITTL. D. AZO-HYDRAZO-TAUTOMEREN-GLEICHGEW. IN HYDROXY-AZOVERB. MITTELS NMR 63-0213
- PROTONIER. MEHRWERT. ORGAN. BASEN 3. MITT. 63-0223
VEDEJS E., RK. V. DEHYDROBENZOL MIT CYCLOOCTATETRAEN 62-0478
- TOTALSYNTH. V. PROSTAGLANDINEN, SYNTH. D. REINEN DL-E(1)-, -F(1ALPHA), -F(1BETA), -A(1) U. -B(1)-HORMONE 63-0836
VEENLAND J. U., MECHANISMUS D. CYCLISIER. V. PSEUDOJONON MIT DEUTERIERTEN SAEUREN 53-0162
- NMR-SPEKTREN V. PROTONIERTEM 2.2'-DIMETHYL-BENZOPHENON 57-0113
- ISOMERISIER. V. BROMTOLUOLEN UNTER D. EINFL. V. AL2BR6.HBR 60-0283
- CYCLISIER. V. GERANIOLEN U. CYCLISIER.-CYCLIALKYLIER.-KONKURRENZRK. EINIGER PHENYLDERIV. 60-0742
VEGLIO C., KINET. NACHW. FUER EINE ZWEISTUF. 1.3-CYCLOADDITION 55-0186
VEIBEL S., P-CARBOXYBENZOLDIAZONIUMCHLORID ALS REAGENS ZUR BEST. V. VERB. MIT AKT. METHYLENGRUPPEN 54-0595
VEJCMAN A. M., DARSTELLUNG V. 6-METHYLDERIV. AUS PREGNAN-6ALPHA-OL-3.20-DION 53-0552
VEJDELEK Z. J., 6-AMINOPENICILLANSAEURE-DERIV. 4. MITT. 55-0567
VELAPOLDI R., DURCH UNGESAETTIGTE KOHLENWASSERSTOFFE VERANLASSTE OX. V. KOBALT(II)-MESOPORPHYRIN IX-DIMETHYLESTER 63-0087
VELARDE E., P'-ALKYLMERCAPTO-CHALKONE U. P-ALKYLMERCAPTO-FURFURYLIDENACETOPHENONE 54-0378
- ADDIT. V. DIFLUORCARBEN AN EIN EN-IN-SYST. IN EINEM STEROIDMOL. 63-0824
- CHEMIE VON DIFLUORCARBEN-ADDUKTEN MIT STERISCH GEHINDERTEN ACETYLENEN 64-0868
VELDKAMP W., AZEPINOINDOLE 1. MITT. 57-0632
VELGOVA H., STEROIDE 111. MITT. 57-0727
VELLTURO A. F., CHEMIE D. PHOTODIMEREN V. MALEIN- U. FUMARSAEURE-DERIV. 6. MITT. 61-0457
VELLUZ L., ZIRKULARDICHROISMUS V. KONFORMATIONELLE BEWEGLICHK. 55-0050
VENANZI L. M., NEUE SYNTH. V. 3.4-BENZO-PHENANTHREN 56-0427
VENIARD L., DIELS-ALDER-RK. MIT ALLENISCHEN ACETYLENISCHEN SULFONEN 61-0522
VENIEN F., SYNTH. V. P-SUBSTITUIERTEN PHENYLGLYOXALEN 63-0430
VENIER C. G., GRUNDZUSTAND KONJUGIERTER MOL. 9. MITT. 61-0132
VENKATARAMAN K., VIER ANALOGE V. ARTOCARPIN U. CYCLOARTOCARPIN AUS MORUS ALBA 60-0725
- CEROALBOLINSAEURE 61-0496
- STRUKTUR V. KERMESSAEURE 61-0749
- DESOXYERYTHROLACCIN U. LACCAINSAEURE D 61-0750
VENKATASUBRAMANIAN N., ALKAL. HYDROLYSE V. DICARBONSAEUREESTERN IN WSS. DIMETHYLSULFOXID 56-0218
- MECHANISMUS D. OX. V. ALKOHOLEN DURCH BROM 60-0240
VENKATESWARLU K., VERALLGEMEINERTE MITTLERE QUADRAT. SCHWINGUNGSAMPLITUDEN U. SCHRUMPFEFFEKT IN CH3C-CCH3 U. CF3C-CCF3 60-0152
VENTER D. P., MASSENSPEKTROMETRIE 1. MITT. 60-0130
VENTER K. K., SYNTH. AUF D. GEBIET D. 5-NITROFURYL-(2)-POLYALKENALE U. 5-NITROFURYL-(2)-POLYALKENONE 8. MITT. 64-0588
VENTURELLA P., STRUKTUR D. PROD. D. RK. V. O-HYDROXYCHALKON MIT HYDROXYLAMIN 60-0418
- DITERPENE AUS SIDERITIS SICULA UCRIA 64-0826
VENTURI M. T., CARBONYLIER. MIT EINLAGER. V. ACETYLEN, EINE NEUE KLASSE V. EPSILON-LACTONEN 59-0649
- BESTAENDIGE ALPHA-AMINOAETHER V. PYRAZIN- U. PYRIMIDINDERIV. 62-0649
VENTURI T., KETO-ENOL-TAUTOMERIE IN FUENFATOM. HETEROCYCLEN 64-0212
VERBIT L., OPT. AKTIVITAET AROMAT. CHROMOPHORE 5. MITT. 54-0049
- OPT. AKTIVE AROMAT. CHROMOPHORE. 4. MITT. 58-0076
VERBOVSKAJA T. M., CYANINFARBSTOFFE MIT ZWEI KONJUGIERTEN CHROMOPHOREN 3. MITT. 56-0517
VERCELLOTTI J. R., SYNTH. V. 2-CARBOXY-5-NITROBENZIMIDAZOL-3-OXIDEN DURCH INTRAMOL. OX. V. ALPHA-(2.4-DINITROPHENYLAMINO)-ALPHA.BETA-UNGESAETT. ACYL-DERIV. 53-0374
VERDIECK J. F., PARTIELLE PHOTO-RACEMATSPALT., VORL. ERGEBNISSE AN OXALATO-CHROM(III)-KOMPLEXEN 63-0052
VERDIER C., SCHONENDE OX. IN D. GASPHASE 8. MITT. 59-0204
VERDONCK L., VERGLEICHENDE PMR-UNTERS. AN METHYL-, AETHYL- U. HALOGENMETHYLZINNHALOGENIDEN 58-0008
- PMR-SPEKTREN V. FUNKTIONELL SUBSTITUIERTEN AETHYLZINNVERB. 58-0009
VERDUCCI J., AZOLREIHE, ISOXAZOLONE-(3) U. -(5) 53-0381
VERES K., SYNTH. MONOFLUORIERTER ALIPHAT. AMINOSAEUREN 56-0319
VERESAGIN L. I., QUART. AMMONIUMSALZE V. BIS-(9-AZATRICYCLO(5.3.1.0(2.6))UNDECAN) 64-0710
VERESCAGIN L. I., SYNTH. V. CIS-BICYCLO(3.3.0)OCTANEN 53-0314
- RK. V. 1-PHENYL-BUTIN-(1)-ON-(3) MIT FURFURALEN 60-0490
- FURYLALKINE 13. MITT. 61-0542
VERESCAGINA A. A., KINETIK U. MECHANISMUS D. ALKAL. HYDROLYSE V. ESTERN 3. MITT. 53-0141
VERESCAGINA N. N., NEUER FALL V. TETRAZOL-AZID-TAUTOMERIE 60-0569
VERESZINSKIJ I. V., DECACHLORPENTAN-SYNTH. 57-0285
VERHOEVEN K. G., WASSERSTOFFATOMUEBERTRAG. V. ALKANEN U. AROMAT. PROTONENKOMPLEXEN AUF AROMAT. KATIONEN U. CHINONE 54-0141
VERHOEYE L., THERMODYNAM. EIG. D. MISCHUNGEN V. HEXAN U. CHLOROFORM 60-0190
VERKADE J. G., KRIST.-STRUKTUR D. BICYCLOPHOSPHATS OP(OCH2)3CCH3 63-0196
VERKADE P. E., CYCLOHEXANDERIV. 6. MITT. 57-0149
VERMA S. M., WEITBEREICHSKOPPL. IN ESTERN 63-0143
VERNENGO M. J., ALKALOIDE AUS DAPHNANDRA-ARTEN 7. MITT. 53-0510
VERNET J. L., DODEKAHYDROPHENANTHREN-REIHE 9. MITT. 60-0437
VERNIER V. G., ANTIDEPRESSIVA. TETRABENAZINANTAGONIST. AKTIVITAET IN EINER REIHE V. 5H-DIBENZO(A,D)CYCLOHEPTEN-5-PROPYLAMINEN 60-0439
VERNIERES J., DARST. V. 2.4.6-TRI-TERT.-BUTYL-PHENYLHYDRAZIN U. 2.4.6-TRIPHENYL-PHENYLHYDRAZIN 60-0430
VERNIN G., RADIKAL. REAKTIVITAET V. MONOMETHYLPYRIDINEN, 2.6-, 3.5-DIMETHYL-PYRIDIN U. KONJUGIERTEN SAEUREN 55-0160
- RADIKAL. PHENYLIER. V. 2.6-DIMETHYL-PYRIDIN U. SEINER KONJUGIERTEN SAEURE, THEORET. BERECHN. 55-0166
- REAKTIVITAET D. MONOMETHYLTHIAZOLE GEGENUEBER FREIEN PHENYL-RADIKALEN IN NICHTSAUREM MEDIUM 55-0419
- EINFL. ELEKTRON. U. STER. EFFEKTE AUF D. MOBILITAET VERSCHIEDENER N-HETERCCYCLEN IN D. DUENNSCHICHTCHROMATOGRAPHIE. BEZIEH. ZWISCHEN D. R(F)-WERTEN DIESER IN 2-STELL. ALKYLIERTEN BASEN U. D. GESCHWINDIGKEITSKONSTANTEN D. QUATERNISIER. 57-0178
- RADIKALREAKTIVITAET IN D. THIAZOLREIHE 1. MITT. 57-0550
- RADIKALREAKTIVITAET IN D. THIAZOLREIHE 2. MITT. 57-0551
- RADIKALREAKTIVITAET IN D. THIAZOLREIHE 3. MITT. 57-0552

- NEUE METH. D. SELEKTIVEN PHENYLIER., FALL D. 4-METHYL-PYRIDINS 59-0214
- ELEKTROPHILE SUBSTITUT. BEI THIAZOLEN 60-0553
- RADIKAL. REAKTIVITAET V. ALKYLTHIAZOLEN IN SAUREM MEDIUM 60-0554
- RADIKAL. PHENYLIER. V. MONOMETHYL-, 2.4- U. 2.6-DIMETHYL-PYRIDIN MIT P-SUBSTITUIERTEN BENZOYLPEROXIDEN 60-0621

VERNY M., PROPARGYL-UMLAGER. 3. MITT. 64-0382
- PROPARGYL-UMLAGER. 4. MITT. 64-0389

VERRIER J., KERNMAGNET. RESONANZ V. PHOSPHORVERB., PHOSPHOLENE, ENTGEGENGESETZTE VORZEICHEN V. ZWEI (2)J(P-H)-KOPPL.-KONST. IM GLEICHEN P-CH2-FRAGMENT 53-0066
- NMR V. PHOSPHORDERIV. 5. MITT. 64-0129

VERRIER M., BLDG. V. VINYLZWISCHENPROD. WAEHREND D. RED. NACH WOLFF-KISHNER ODER CAGLICTI V. ALPHA,BETA-UNGESAETT. CYCLOALIPHAT. KETONEN 59-0205

VERT M., OPT. SPALT. V. ZWEI RACEMISCHEN, DURCH PHENOLGRUPPEN SUBSTITUIERTEN BERNSTEINSAEUREN, CHARAKTERISIER. D. OPT. ISOMEREN U. BEST. IHRER KONFIG. DURCH ROTATIONS-DISPERSION 64-0446

VERTER H. S., EIN NEUES KOHLENOXID, SYNTH. V. HEXAHYDROXYBENZOL-TRIS-OXALAT 54-0441

VESCHAMBRE H., WEITERLEIT. D. ELEKTRONENEFFEKTE IN D. MOL. D. TRANS-4-HYDROXY-STILBENE U. D. 4-HYDROXY-TOLANE 54-0094
- ANWEND. D. UNTERS. D. SAEURE-DISSOZIAT. V. SULFONAMIDEN AUF STRUKTURPROBLEME 1. MITT. 55-0142
- ANWEND. D. UNTERS. D. SAEURE-DISSOZIATION V. SULFONAMIDEN AUF STRUKTURPROBLEME 2. MITT. 55-0143

VESELA H., SUBSTANZEN MIT ANTINEOPLAST. WRKG. 23. MITT. 61-0710

VESELY F., MISCH.-WAERMEN NORMALER ALKOHOLE MIT CYCLOHEXAN VORL. MITT. 55-0134

VESELY Z., STEROID-DERIV. 51. MITT. 57-0728

VESSIERE R., BETA-ALLENALKOHOLE, SOLVOLYSE V. BETA-ALLENTOSYLATEN U. -CHLORIDEN 62-0330
- PROPARGYL-UMLAGER. 3. MITT. 64-0382
- PROPARGYL-UMLAGER. 4. MITT. 64-0389

VESTERGAARD J. H., P-CARBOXYBENZOLDIAZONIUMCHLORID ALS REAGENS ZUR BEST. V. VERB. MIT AKT. METHYLENGRUPPEN 54-0595

VESTIN R., CHLORBUTATRIEN. IDENTIFIZIER. U. SPEKTROCHEM. CHARAKTERISIER. 64-0352
- DREI ISOMERE CHLORBUTENINE 64-0358

VETESNIK P., PROTONIER. MEHRWERT. ORGAN. BASEN 1. MITT. 58-0179
- PROTONIER. MEHRWERTIGER ORGAN. BASEN 2. MITT. 58-0180
- ERMITTL. D. AZO-HYDRAZO-TAUTOMEREN-GLEICHGEW. IN HYDROXY-AZOVERB. MITTELS NMR 63-0213
- PROTONIER. MEHRWERT. ORGAN. BASEN 3. MITT. 63-0223

VETROVA V. V., SYNTH. V. DIARYLAETHANEN U. POLYCARBON-SAEUREN 58-0494

VETTER W., MASSENSPEKTROMETR. ELIMINIER. V. NEUTRALPARTIKELN AUS MOLEKEL- U. FRAGMENT-IONEN 54-0088
- GASCHROMATOGRAPH. U. MASSENSPEKTROMETR. UNTERS. V. PHYTYLUBICHINON, VITAMIN K1 U. VITAMIN K2 54-0125

VETTORI L. P., 4-HYDROXY-CUMARIN U. DERIV. 7. MITT. 58-0676

VEZZOSI I. M., AROMAT. MOL.-KOMPLEXE 13. MITT. 60-0049
- AROMAT. MOL.-KOMPLEXE 14. MITT. 60-0050
- AROMAT. MOL.-KOMPLEXE 15. MITT. 60-0051

VIALARD A., KRIST.-STRUKTUR V. DIBROM-PINORESINOL-DIMETHYLAETHER 62-0160

VIALLARD A., KALORIMETR. BEST. D. UEBERSCHUSS-ENTHALPIEN V. GEMISCHEN AUS AETHYLACETAT U. ROPYLALKOHOL BEI 25 GRAD C 55-0135
- ANALYT. DARST. D. MOLAREN UEBERSCHUSS-ENTHALPIEN IN ABHAENGIGK. V. D. MOLENBRUECHEN FUER GEMISCHE V. AETHYLACETAT MIT METHANOL, AETHANOL U. N-PROPANOL 56-0179

VIALLE J., ORGAN. SCHWEFELVERB. 16. MITT. 53-0216
- ORGAN. SCHWEFELVERB. 17. MITT. 53-0364
- ORGAN. SCHWEFELVERB. 18. MITT. 53-0365
- 2.5-DIARYL-1.6.6AS(IV)-TRITHIA-3.4-DIAZA-PENTALENE 53-0395
- ORGAN. SCHWEFELVERB. 21. MITT. 63-0595
- ORGAN. SCHWEFELVERB. 22. MITT. 63-0596

VIANI R., ZUS. D. KAKAO-AROMAS 53-0584
- ZUS. D. AROMAS V. SCHWARZEM TEE 2. MITT. 53-0585

VICKERS S., DARST. U. DIAZOTIER. EINIGER O- U. P-AMINOPHENYLBENZOATE U. -BENZAMIDE 59-0446

VICTOR B. L., NMR-UNTERSUCHUNG STERISCHER EFFEKTE IN 2-BUTENEN 64-0118

VICTOR R. R., BASEN-INDUZIERTE DEHALOGENIER. V. ARYLHALOGENIDEN IN TERT.-BUTYLALKOHOL-DIMETHYLSULFOXID U. AEHNL. LSGM.-GEMISCHEN 58-0398

VID L. V., RK. V. THIOSULFONSAEUREESTERN MIT AMMONIAK U. ALKOHOLATEN 54-0253
- RK. V. SULFINSAEUREN MIT SULFENSAEUREESTERN 61-0393

VIDA J. A., UNTERS. IN D. 3.4-DIHYDROCUMARIN-MELILOTSAEURE-REIHE 61-0602
- 1-CARBAMOYL- U. 1-AMINOMETHYL-1.4-DIHYDRO-PYRROLO(3.4-B)INDOL-DERIV., BLDG. V. INDOLEN DURCH FRAGMENTIER. D. DURCH EINE SPANN.-SCHWELLE STABILISIERTEN 2-AMINO-INDOLIN-DERIV. 63-0615

VIDAL B., EINFL. D. KETTENLAENGE AUF DIE REAKTIVITAET ALIPHAT. KETONE GEGENUEBER DEM BORANAT-ION 62-0209

VIDAL M., KERNMAGNET. RESONANZ BEI KLEINEN RINGEN 5. MITT. 56-0126
- METHYLEN-UEBERTRAG. AUF ALPHA,BETA-ACETYLEN-KETONE 61-0531

VIDENCHEFT C., UMWANDL. V. BICYCL. KW-STOFFEN MIT BRUECKENSYST. 6. MITT. 60-0451

VIEBOECK F., CYAN-NORMETHINE D. THEBAINS U. CODEINONS 53-0503
- ACYL-NORMETHINE AUS THEBAIN 53-0504
- VERLAUF D. HOFMANN-RK. AM THEBAIN, THEBAICYCLOMETHIN U. SEIN VERH. 59-0710

VIEHE H. G., BASENKATALYSIERTE PROTOTROPE ISOMERISIER. 1. MITT. 58-0384
- ALPHA-CHLOR-ENAMINE 1. MITT. 62-0357
- VICINALE ENDIAMINE, RK. EINIGER TERT.-BETA-DICHLOR-ALKYLAMINE MIT LITHIUM-DIALKYLAMIDEN 64-0397
- ALPHA-CHLOR-ENAMINE 2. MITT. 64-0406

VIELBERG F., CHEMIE D. SILICIUM-STICKSTOFF-VERB. 66. MITT. 54-0434
- CHEMIE D. SILICIUM-STICKSTOFF-VERB. 67. MITT. 59-0045
- CHEMIE D. SILICIUM-STICKSTOFF-VERB. 68. MITT. 59-0046

VIELES P., REAKTIVITAET IN D. DIGLYKOLREIHE 1. MITT. 58-0337
- RK. V. BETA-HYDROXY-TERT.-AMINEN MIT CHLORKOHLENSAEU-REESTERN 58-0380
- STABILITAET U. KONSTIT. EINIGER SALZ U. KOMPLEXE D. MANDELSAEURE 63-0092

VIERFOND J., AMINOMETHYLIER. V. ARYLAMINEN 56-0362

VIERTLER H., SUKZESSIVE ANOD. METHOXYLIER. EINIGER RINGSUBSTITUIERTER PHENYLESSIGSAEUREN 62-0188

VIEUX A., EXTRAKT. V. SALZ- U. SCHWEFELSAEURE DURCH TRIISOOCTYLAMIN IN VERSCHIEDENEN ORGAN. LSGM. U. GLEICHGEW. ZWISCHEN WSS. U. ORGAN. PHASE D. SALZE AUS D. SAEUREN U. D. AMIN 56-0039

VIGDORCHIK M. M., GLYCOSYLINDOLE 7. MITT. 55-0494

VIGDOROVIC O. A., DIEN-SYNTH. U. KOMPLEXE MIT LAD.-UEBERTRAG. 2. MITT. 57-0241

VIGEVANI A., KONFORM. V. AMYLOSE U. SEINEN VERWANDTEN VERB. 3. MITT. 57-0774
- RIFAMYCINE 56. MITT. 60-0791

VIGNAU M., TOTALSYNTH. V. OESTRON U. ASYMM. UMWANDL. 55-0561

VIITALA A., FLUORALKOHOLE 6. MITT. 56-0185

VIL'DAVSKAJA A. I., RICHT. D. ELEKTROPHILEN U. NUCLEOPHILEN ADDIT. AN NITROALKENINE 63-0366
- DIENSYNTH. MIT NITROALKENINEN 64-0472

VILES P., ZIRKULARDICHROISMUS-UNTERS. D. SYST. MILCHSAEURE-CHROM(III) IN WSS. LSG. 56-0006

VILJANSKAJA E. D., RK. D. ACETYLPEROXIDES MIT PRIM. AROMAT. AMINEN 63-0447

VILKAS E., GLEICHZEIT. VORK. ZWEIER ARTEN V. MYCOSIDEN IM MYCOBACTERIUM KANSASII 53-0598
- BESTANDTEILE V. MYCOBAKTERIEN 109. MITT. 60-0703
- BESTANDTEILE V. MYCOBAKTERIEN 110. MITT. 62-0813

VILKAS M., ALKYLIER. V. INDOLEN DURCH HYDROXYMETHYL- U. AMINOMETHYLPHENOLE 57-0513
- NUCLEOPHILE SUBSTITUT. V. HYDROXYBENZYLHALOGENIDEN MIT INDOLEN IN WSS. MEDIUM 61-0564
- SELEKTIVE PHOSPHORYLIER. V. AMINEN IN WSS. MEDIUM 63-0399

VILLANI A. J., PTERIDINE 10. MITT. 63-0706
- PTERIDINE 11. MITT. 63-0707

VILLARICA R. M., SYNTH. V. METHYL-DESISOPROPYL-DEHYDROABIETINAT. DITERPENOIDSYNTH. UEBER DEN AB-ABC-WEG 59-0717

VILLAUME M., DIPOLARE 1.3-ADDITIONEN MIT KETOXIMEN, SYNTH. V. ISOXAZOLIDINEN 55-0415

VILLIERAS J., HALOGENMAGNESIUMENOLATE 2. MITT. 57-0311
- POLYHALOGENOLATE 1. MITT. 58-0327

VINCE R., ENZYMINHIBITOREN 19. MITT. 57-0604

VINCENT E., NMR-SPEKTROMETRIE IN D. REIHE D. BENZTHIAZOLE, STRUKTURUNTERS. D. BASEN, D. QUATERN. SALZE, V. BENZTHIAZOLSPIROPYRANEN SOWIE D. AROMAT. CARBONYLDERIV. 57-0098
- RK. V. N-BROM-PHTHALIMID MIT D. CIS- U. TRANS-ISOMEREN V. 1-AETHOXY-BUTEN-(1) 62-0546

VINCENT E. J., PHYSIKAL.-CHEM. UNTERS. D. THIAZOLRINGES 6. MITT. 55-0099

VINCENT J., SYNTH. V. CYCLOPROPYLIDENCYCLOALKANEN 55-0314

VINCENT R. L., MOL.-STRUKTUR V. VERATROBASIN 60-0179

VINCENT S., DURCH PROD. EINER CYCLISIER.-RK. V. ALLOOCIMEN KATALYSIERTE AROMATISIER. V. LIMONEN U. ISOMERISIER. V. OCTEN-(1) 58-0768

VINECKAJA J. M., LUMINESZENZ EINIGER SCHWEFELHALT. HETEROCYCLEN U. IHRER SULFONE 60-0072

VINEK G., BEST. DISSOZIATIONSKONSTANTEN D. FORMEN H5Y(+), H4Y U. H3Y(-) D. AEDTE 55-0146

VINEY M., DARST. V. ALPHA-(PYRIDYL-(2))-CARBONSAEURE-AETHYLESTERN 64-0715

VINGIELLO F. A., ISOMERISIER. V. 12-PHENYL-BENZ(A)ANTHRACEN 54-0328

VINKLER E., RK. V. AROMAT. THIOLSULFINSAEUREESTERN MIT DINITROCHLORBENZOL 64-0435

VINOGRADOV M. G., DURCH AUTOX. INITIIERTE RADIKAL. ADDIT. V. KETONEN AN ALPHA-OLEFINE 56-0379

VINOT N., SYNTH. V. 6.7-SUBSTITUIERTEN 2.4-DIHYDROXY-PTERIDINEN 61-0676

VIOLA H., ORGAN. SCHWEFELVERB. 83. MITT. 55-0057

VIOSSAT B., CHEM. METH. ZUR DARST. FREIER MOHNALKALOID-RADIKALE 53-0517

VIPOND H. J., ISOMERIE DISUBSTITUIERTER TRICYCLOCHINAZOLINE 54-0446

- CYCL. AMIDINE 21. MITT. 57-0614

VIRO M., OXYANIONCHELATE V. O-DIPHENOLEN 2. MITT. 64-0197

- KONFIG. V. ISOCAMPHANEN 64-0542

VIRTANEN I., SOLVATAT. U. KINETIK D. HYDROLYSE V. METHYLJODID IN W.-DIOXAN- U. W.-DIMETHYLSULFOXID-GEMISCHEN 54-0155

- DRUCK- U. TEMP.-EFFEKT AUF D. GESCHW. D. SOLVOLYSE V. TERT.-BUTYLBROMID IN VERSCHIEDENEN LSGM. 54-0157

- NUCLEOPHILE SUBSTITUT. DURCH PERCHLORATIONEN. KINETIK D. RK. V. PERCHLORSAEURE MIT AETHYLENOXID U. OXETAN IN FEUCHTEM DIOXAN 54-0160

- KINETIK D. SAEUREKATLYSIERTEN SPALT. D. 2-METHYL-OXETAN-RINGES 54-0188

VIRTANEN P. O. I., N-METHYL-PYRROLIDON-(2) ALS MEDIUM FUER CHEM. RK., 4. MITT. 55-0130

- N-METHYL-PYRROLIDON-(2) ALS MEDIUM FUER CHEM. RK. 5. MITT. 56-0174

- N-METHYL-PYRROLIDON-(2) ALS MEDIUM FUER CHEM. RK. 6. MITT. 56-0175

- N-METHYL-2-PYRROLIDON ALS MEDIUM FUER CHEM. RK. 7. MITT. 57-0194

- SAEURE-KATALYSIERTE RK. V. 2-PHENYL-OXETAN MIT ALKOHOLEN 57-0490

VISCHER E., MODIFIKAT. V. ANTIBIOTIKA 2. MITT. 64-0886

VISCONTINI M., PTERINCHEMIE 21. VORL. MITT. HYDROXYLIER. D. TRYPTOPHANS MITTELS TETRAHYDROPTERINS UNTER PHYSIOLOG. BEDING. 53-0348

- CHEMIE D. PTERINE 20. MITT. 53-0448

- CHEMIE D. PTERINE 22. MITT. 54-0144

- PTERINCHEMIE 25. MITT. 64-0744

VISHWAPAUL, BESTANDTEILE V. SESELI SIBIRICUM, KONSTIT. U. SYNTH. V. SIBIRICIN, EINEM NEUEN CUMARIN 61-0605

VISNEVSKIJ O. V., RK. V. IMINOESTERN U. KETIMINEN MIT PHOSGEN U. OXALYLCHLORID 61-0477

VISNJAKOVA T. R., FERROCENDERIV. 54-0034

VISSER G. J., STRUKTUR EINES THIOPYRAN-1.1-DIOXIDS 57-0574

- KRIST.-STRUKTUR V. 2.3-DI-TERT.-BUTYL-CHINOXALIN 63-0202

VISSER H. D., ORGANOGALLIUMVERB. 5. MITT. 64-0012

VISSER J. P., ABS. KONFIG. V. BETA-HYDROXY-VALIN 55-0104

VISWANATHAN N., CHEM. BESTANDTEILE V. CALOPHYLLUM APETALUM WILLD 54-0571

- COLLINUSIN, EIN NEUES LIGNANLACTON AUS CLEISTANTHUS COLLINUS (ROXB.) 54-0572

- RK. V. ORGANOSILICIUMAETHERN MIT WOLFRAMHEXAFLUORID 56-0331

- APETALACTON, EIN NEUES TRITERPENLACTON AUS CALOPHYLLUM-ARTEN 63-0809

VISWANATHAN N. S., IONENINJEKTION, RK. V. ANGEREGTEM TERT.-C4H9(+) IN FL. ISOBUTYLEN 60-0307

VITALI R. A., THYROCALCITONIN 2. MITT. 63-0838

VITAN M., POTENTIELLE ANTI-KREBSMITTEL 4. MITT. 63-0869

VITEK A., EINE ALLG. METH. ZUR BERECHN. D. UEBERZAEHL. INNEREN KOORDINATEN V. CYCL. MOL. 61-0135

VITERBO D., ISOMERIE D. ARYL-ALKYL-FUROXANE, MOLEKULARSTRUKTUR D. METHYL-(P-BROMPHENYL)-FUROXANE 55-0125

VITOL M. J., CHEM. STRUKTUR D. PROD. D. TRANSFORMATION V. NATUERL. PYRIDINBASEN U. 5-HALOGENURACILEN DURCH MYCOBAKTERIEN 62-0844

- MIKROBIOLOG. UMWANDL. D. LATHYRINS 64-0905

VITOVEC J., ABSORPTION VON ACETYLEN U. KOHLENDIOXID IN WASSER, XYLOL U. METHANOL IN EINER FUELLKOERPERKOLONNE 61-0849

VITTORY R. L., SYNTH. IN D. REIHE D. 1.5-DIPHENYL-BISPIDIN-9-ONS U. -9-OLS, 13. MITT. 54-0422

VITVICKIJ A. I., BERECHN. V. BLDG.-ENTHALPIEN V. HALOGENDERIV. ALIPHAT. KW-STOFFE 53-0109

- DISSOZIAT.-ENERGIE D. C-HALOGEN- U. C-H-BIND. IN D. MOL. V. HALOGENIERTEN PARAFFINKOHLENWASSERSTOFFEN 57-0138

VIVES J., CYCL. PHOSPHORSAEUREESTER 2. MITT. 55-0482

VIVONA N., UMWANDL. V. TETRAHYDROINDOXAZENDERIV. IN TETRAHYDROINDAZOLDERIV. 56-0497

- 5H(4H)-IMIDAZOLONE-4(5). 4(5)-ISONITROSO-IMIDAZOLONE U. IHRE UMWANDL. IN 1.2.4-OXADIAZOL-3-CARBONSAEURE-AMIDE 2. MITT. 64-0577

VJALYCH E. P., VINYLAETHER, D. EINE EPOXYGRUPPE ENTHALTEN 1. MITT. 56-0462

VLADIMIROV S. S., MONOESTER V. CHINONDIOXIMEN 59-0364

VLAHOV R., TERPENE 191. MITT. 56-0170

VLASOV V. M., SYNTH. U. EINIGE FOLGERK. V. MONOVINYL-AETHERN V. ACETYLEN-DELTA-GLYKOLEN 54-0214

- SYNTH. U. UMWANDL. V. ACETALEN AUF D. BASIS V. 3-PHENYL-PROPIN-(2)-OL-(1) 55-0238

- HYDRATISIER. V. PRIM.-TERT.- U. SEK.-TERT.-ACETYLEN-GAMMA-GLYKOLEN 60-0488

- HYDRATISIER. V. SEK.-TERT.-ACETYLEN-DELTA-GLYKOLEN 60-0623

- BESONDERH. D. RADIKAL. ADDIT. V. MERCAPTANEN AN VINYLALKINYLAETHER 62-0337

- ALPHA-HALOGENALKYLAETHER V. ACETYLENALKOHOLEN 64-0362

VLATTAS I., MASSENSPEKTREN V. 6-AZA- U. 11-AZA-STEROIDEN 55-0090

- TOTALSYNTH. V. PROSTAGLANDINEN, SYNTH. D. REINEN DL-E(1)-, -F(1ALPHA), -F(1BETA), -A(1) U. -B(1)-HORMONE 63-0836

- NEUE TOTALSYNTH. V. PROSTAGLANINEN D. E(1)- U. F(1)-REIHE, EINSCHLIESSLICH D. 11-EPIPROSTAGLANDINE 63-0837

VOEGTLE F., PROTONENRESONANZ-UNTERS. ZUR SYN-ANTI-ISOMERIE BEI IMINO-KOHLENSAEUREESTERN U. IMINO-THIOKOHLENSAEUREESTERN 56-0164

- UNTERS. UEBER SCHIFFSCHE BASEN 6. MITT. 56-0237

- STER. WECHSELWRKG. IM INNERN MAKROCYCL. VERB. 1. MITT. 63-0745

VOELCKER C., 6H-PYRIMIDO(2.1-B)CHINAZOLONE-(6) U. 10H-PYRIMIDO(4.3-B)CHINAZOLONE-(10) 60-0651

VOELTER W., KATALYT. HYDRIER. U. DEUTERIER. V. STEROIDEN IN HOMOGENER PHASE 57-0726

- SELEKTIVE ACETALISIER. V. STEROIDKETONEN MIT (TRIS-TRIPHENYLPHOSPHIN)-RHODIUM(I)-CHLORID 61-0777

VOETT V., UMLAGER. V. ACETYLENDERIV. ZU KLEINEN RINGEN 53-0279

VOGEL E., ELEKTRONENZUSTAENDE V. PERIMETER-PI-SYST. 3. MITT. 58-0091

VOGEL G., STOFFWECHSELPRODUKTE V. MIKROORGANISMEN 57. MITT. 53-0577

- 2-PYRON-CARBALDEHYDE 63-0662

VOGEL H., PEROXID-INITIERTE ANLAGER. V. STER. GEHINDERTEN MALONSAEUREDIALKYLESTERN AN OLEFINE 53-0223

VOGEL P., PHOTOCHEM. UMWANDL. 18. MITT. 62-0307

VOGT B. R., SYNTH. V. TRICYCLO(4.3.1.0(3,8))DECAN (ISOADAMANTAN) U. SOLVOLYSE SEINES C(3)-CARBINOLS 59-0482

- SYNTH. V. TRICYCLO(4.3.0.0(3.8))NONAN (TWIST-BRENDAN) U. HOMOADAMANTAN, NEUER SYNTH.-WEG ZU HOMOADAMANTANEN 59-0483

- SYNTH. VON TRICYCLO(3.3.0.0(3,7))OCTAN (BIS-NORADAMANTAN), SOLVOLYSE SEINER MONO- U. DICARBINOLE 59-0484

VOHRA M. M., CHEM. U. PHARMAKOLOG. UNTERS. V. OMEGA-SUBSTITUIERTEN ALKYLAMINO-3-AMINO-PYRIDINEN 57-0579

VOIGNIER F., INFRAROT-PHOTODISSOZIATION V. AETHYLCHLORID 62-0291

VOIGT B., SYNTH. POLYMERER CHELATBILDNER AUF DEXTRANBASIS 1. MITT. 55-0263

- SYNTH. POLYMERER CHELATBILDNER AUF DEXTRANBASIS 2. MITT. 59-0796

VOIGT D., MAGNET. ROTATION D. BIND. IN PHOSPHORVERB., MAGNETOOPT. UNTERS. D. (P-S)-BIND. 55-0053

- MAGNETOOPT. UNTERS. EINIGER DIALKYLPHOSPHINE 56-0101

VOIGTLAENDER H., NMR-SPEKTROSKOP. UNTERS. AN ACETYLIERTEN DIGITALIS-GLYKOSIDEN 60-0098

VOJAKOVSKAJA E. E., UMWANDL. TERTIAERER AMINOALKOHOLE D. ACETYLENREIHE IN DERIV. D. CYCLOPENTADIENS 57-0618

VOJCECHOVSAJA A. L., SUBSTITUIERTE LACTONE U. IHRE FOLGERK. 12. MITT. 55-0303

VOJTOVA N. P., DI-TERT.-BUTYLPEROXYSULFAMIDO-ESSIGSAEURE U. IHRE DERIV. 53-0235

VOKAC K., STRUKTUR VON ARTABSIN UND ABSINTHIN 64-0843

VOLGER H. C., NMR-UNTERS. ZUR KINETIK D. SYST. NORBORNADIEN, DI-MY-CHLORO-DINORBORNADIEN-DIRHODIUM, ENTSTEH. EINES RHODIUM-KOMPLEXES MIT FUENFFACHER KOORDINAT. 55-0016

- KATALYT. EFFEKTE BEI D. VALENZISOMERISIER. V. HEXAMETHYLTETRACYCLO(2.2.0.0(2.6).0(3.5))-HEXAN 56-0232

- NMR-UNTERS. D. LIGANDENAUSTAUSCHES AN DIOLEFINKOMPLEXEN V. RH(I) U. IRIDIUM(I) 57-0028

- HYDRIER. V. HEXAMETHYLBICYCLO(2.2.0)HEXADIEN-(2.5) 57-0467

- CHEMIE U. SPEKTROSKOPIE IN STARK SAUREN LSG. 14. MITT. 64-0309

- MECHANISMUS D. PALLADIUM(II)-KATALYSIERTEN SYNTH. V. VINYLACETAT AUS VINYLCHLORID 64-0387

VOLKERT O., PRAEPARATIVE STRAHLENCHEM. HYDROXYLIER. SUBSTITUIERTER PHENOLE IN WSS. LSG. 53-0255

- MECHANISMUS D. HOMOLYT. AROMAT. HYDROXYLIER. 3. MITT. 61-0315

VOLKOV J. P., SYNTH. V. DELTA-METHYL-SORBINSAEURE 62-0348

VOLKOVA G. I., INTERMOLEKULARE KONDENSATION V. MONOSUBSTITUIERTEN ACETYLENDERIV. MIT NITRILEN UNTER D. BEDINGUNGEN D. RADZISEVSKIJ-RK. 56-0256

VOLKOVA L. M., SYNTH. U. FOLGERK. V. 2.2.6-TRIMETHYL-6-CHLOR- U. 2.6-DIMETHYL-2.6-DICHLOR-1-OXA-2.6-DISILA-CYCLOHEXAN 62-0678

VOLKOVA L. V., KOMPLEXE LIPIDE 32. MITT. 64-0407

VOLODARSKIJ L. B., CHEMIE D. ALPHA-HYDROXYLAMINOXIME 11. MITT. 54-0301

- CHEMIE D. ALPHA-HYDROXYAMINO-OXIMEN 10. MITT. 62-0566

VOLODARSKY L. B., STABILE NITROXID-RADIKALE AUS IMIDAZOLIN-N-OXIDEN 59-0546

VOLOSIN G. A., SYNTH. U. EIG. V. ACRYLOYLAMINOANTHRACHINONFARBSTOFFEN, D. ZUR KOPOLYMERISAT. MIT VINYLMONOMEREN BEFAEHIGT SIND 64-0524

VOLOVEL'SKIJ L. N., SYNTH. V. TRIPHENYLAETHYLENDERIV. 3. MITT. 54-0305

VOL'PIN M. E., D. DITROPYLIUM-DIKATION 56-0395

VOLPONI L., KRISTALLSTRUKTUR D. KOMPLEXES 1.2.6-TRICHLORO-BIS-(O-PHENYLENDIMETHYLAMIN-DIMETHYLARSIN)-RHODIUM(III) 55-0010

- KRIST.-STRUKTUR V. TRICHLORO-BIS-(O-METHOXYPHENYL-DIMETHYL-ARSIN)-RHODIUM(III) 57-0019

- KOMPLEXE V. IR(III) MIT O-PHENYLEN-BIS-(DIMETHYLARSIN) 64-0080

VOLYNSKIJ V. E., NITROALKEN-CHELATE 61-0061

VONKEMAN H., NICHT-ENZYMAT. UMWANDL. V. ALL-CIS-8.11.14-EICOSATRIENSAEURE IN PROSTAGLANDIN E1 57-0746
VO-QUANG L., CYCLOADDIT. V. DIAZOALKANEN AN KONJUGIERTE ENINE 59-0549
VOQUANG L., DARST. V. SPIROPENTANEN AUS ALLEN-KW-STOFFEN 56-0443
VO-QUANG Y., CYCLOADDIT. V. DIAZOALKANEN AN ALKOXYALLENE 62-0569
VOQUANG Y., DARST. V. SPIROPENTANEN AUS ALLEN-KW-STOFFEN 56-0443
VORBRUEGGEN H., REAKTIVE ISOCYANATE, 1. MITT. 59-0284
VORLICEK J., KUPPL.-KINETIK D. BENZOLDIAZONIUMSALZE MIT 2-NAPHTHOL-6-SULFONSAEURE 59-0260
VOROB'EV J. P., SYNTH. V. BIS-PHENOLEN MIT EINEM POLY-P-PHENOLENOXID-SKELETT 58-0486
VOROB'EV L. N., GESETZMAESSIGK. BEI ADDIT. V. DIACETYLENEN 14. MITT. 57-0291
- KINETIK D. ADDITION V. ALPHA-CHLOR-DIMETHYLAETHER AN 2-CHLOR-BUTADIEN-(1.3) 60-0275
VOROB'EVA R. P., INNERMOL. LADUNGSUEBERGANGSKOMPLEXE IN HYDRIERTEN CHINOLINEN 62-0075
VORONKOV M. G., RK. V. SCHWEFEL MIT ORGAN. VERB. 14. MITT. 57-0353
- LUMINESZENZ EINIGER SCHWEFELHALT. HETEROCYCLEN U. IHRER SULFONE 60-0072
- RK. V. SCHWEFEL MIT ORGAN. VERB. 16. MITT. 60-0481
- RK. V. SCHWEFEL MIT ORGANISCHEN VERB. 17. MITT. 60-0482
- ATRANE 14. MITT. 62-0034
- ALKAL. HYDROLYSE V. AETHERN 62-0224
- HETERODERIV. V. AZIRIDIN 7. MITT. 62-0508
- STICKSTOFF ENTHALTENDE SILICIUMORGAN. VERB. 11. MITT. 64-0769
VORONOV V. K., ANWEND. V. PARAMAGNET. ZUSAETZEN AUF D. STRUKTURBEST. V. EINIGEN PYRAZOLEN DURCH NMR 57-0115
VORSANGER J., ANHYDROBASE D. 2.3-DIMETHYL-BENZTHIAZOLIUM-IONS 1. MITT. 60-0201
- ANHYDROBASE DES 2.3-DIMETHYL-BENZTHIAZOLIUMIONS, 2. MITT. 60-0202
- D. BASEN D. 3-METHYL-BENZOTHIAZOLIUM-IONS, ZUR EXISTENZ EINES HETEROCYCL. CARBENS 60-0550
VOS A., KONFORM. V. ALLYL-DICYCLOPENTADIENYL-TITAN(III)-KOMPLEXEN 57-0001
- BINDUNGSLAENGEN IN DIPHENYLOCTATETRAEN 57-0167
- STRUKTUR EINES THIOPYRAN-1.1-DIOXIDS 57-0574
- KRIST.-STRUKTUR V. 2.3-DI-TERT.-BUTYL-CHINOXALIN 63-0202
VOSER W., STOFFWECHSELPRODUKTE V. MIKROORGANISMEN 57. MITT. 53-0577
VOSS H., CHEMIE D. SILICIUM-STICKSTOFF-VERB. 68. MITT. 59-0046
VOSS J., EPR-UNTERS. AN THIOAMIDEN 1. MITT. 60-0112
VOTICKY Z., ALKALOIDE AUS VERATRUM ALBUM SSP. LOBELIANUM (BERNH.) SUESSENGUTH 17. MITT. 62-0729
VOTTERO P., STEREOCHEM. UNTERS. IN D. REIHE D. TETRAHYDROFURANE 6. MITT. 64-0128
VOVELLE C., VERBRENN.-PROD. V. AETHER-LUFT-GEMISCHEN FUER VERSCHIEDENE FLAMMEN U. FLAMMBEREICHE 56-0246
VOVSI B. A., SYNTH. U. RK. V. BETA-LACTONEN 5. MITT. 57-0313
- SYNTH. U. RK. V. BETA-LACTONEN 7. MITT. 57-0314
- AETHER D. 4.4.4-TRICHLOR-3-HYDROXY-BUTTERSAEURE 62-0353
VRBA Z., SULFURIER. 11. MITT. 58-0432
VREBOSCH J., CHEM. RK. BEI NIEDRIGEM DRUCK IN EINER ELEKTRISCHEN HOCHFREQUENZENTLAD. 1. MITT. 64-0318
- CHEM. RK. B. NIEDRIGEM DRUCK IN EINER ELEKTR. HOCHFREQUENZENTLAD. 2. MITT. 64-0319
VRIEZE K., NMR-UNTERS. D. LIGANDENAUSTAUSCHES AN DIOLEFINKOMPLEXEN V. RH(I) U. IRIDIUM(I) 57-0028
- KERNMAGNET. RESONANZ-UNTERS. IN D. KOORDINATIONSCHEMIE 3. MITT. 57-0031
- KERNMAGNET. RESONANZUNTERS. IN D. KOORDINATIONSCHEMIE 4. MITT. 62-0053
VSETECKA V., NUCLEOPHILE ADDITION V. BUTANTHIOL AN CYCLOPENTEN-DERIV. 54-0287
VTOROV I. B., ZUSAMMENGESETZTE LIPIDE, SYNTH. V. 2-O-ACYL-3-BROM-PROPANDIOLEN-(1.2) 61-0357
VUL'FSON N. S., MASSENSPEKTROMETR. UNTERS. V. KOHLENHYDRATEN 10. MITT. 62-0102
- MASSENSPEKTROMETR. UNTERS. V. KOHLENHYDRATEN 11. MITT. 62-0103
VUOLLE M., SPEKTREN D. NEGATIVEN IONEN D. PYRENS, D. 4.5-DIHYDROPYRENS U. D. 1.2.3.6.7.8-HEXAHYDROPYRENS IN 1.2-DIMETHOXY-AETHAN 55-0085
VYCUDILIK W., METHYLTHIOMETHYLIER. V. AROMAT. AMINEN, N-ARYL-S.S-DIMETHYL-SULFIMIDE ALS ZWISCHENSTUFEN 63-0449
VYSOCKAJA N. A., MECHANISMUS D. OX. D. BENZOLS U. SEINER DERIV. MIT PEROXOSALPETR. SAEURE 62-0375
VYSOCKIJ V. I., NEUE DARST.-METH. FUER 4-SUBSTITUIERTE SYMM. OCTAHYDROACRIDINE 64-0702
VYSTRCIL A., TRITERPENE 13. MITT. 53-0527

W

WAACK R., NMR-UNTERS. D. LITHIUM-AUSTAUSCHES ZWISCHEN ORGANOLITHIUMVERB. U. LITHIUMHALOGENIDEN IN AETHER. LSG. 57-0006
- (13)C-(7)LI-SPIN-SPIN-KOPPL. IN ALKYLLITHIUMVERB. 63-0015
WACHTMEISTER C. A., INTRAMOL. OXYDATIVE KUPPL. IN METHYLEN-BIS-CYCLOHEXANDIONEN-(1.3) MIT FE(FE(CN)6) 61-0504
- SYNTH. V. 2-HYDROXYAETHYL-METHANSULFONSAEUREESTER 64-0367
WACKER H., MECHANISMUS D. OSAZONBLDG. 53-0120
- DARST. U. EINIGE EIG. V. PHENYLHYDRAZINO-ACETALDEHYD-PHENYLHYDRAZON, INSBESONDERE D. UMSETZ. ZU TETRAHYDRO-1.2.4-TRIAZIN-DERIV. 53-0464
WACKER O., SYNTH. V. D-GLUCOPYRANO-(CIS-2',1'-C)-1,2,3,4-TETRAHYDRO-ISOCHINOLINEN 56-0619
- D. STRUKTUR V. IMIDAZOLIN- U. IMIDAZOLIDIN-DERIV. AUS 2-AMINO-2-DESOXY-HEXOSEN 60-0692
WADA S., PROTEINBIND. 1. MITT. 64-0921
- PROTEINBIND. 3. MITT. 64-0923
- PROTEINBIND. 4. MITT. 64-0924
WADDINGTON H. R. J., REAKTIVE ACYL-DIPEPTIDE ALS MOEGL. PENICILLIN-ANALOGE 1. MITT. 58-0800
- REAKTIVE ACYL-DIPEPTIDE ALS MOEGL. PENICILLIN-ANALOGE 2. MITT. 58-0801
WADDINGTON-FEATHER S. M., CALCIFEROL U. VERWANDTE VERB. 9. MITT. 56-0729
WADE A. P., UROTERPENOL-BETA-D-GLUCURONID 53-0536
WADE R., SYNTH. V. N.N-DI-(2-CHLOR-AETHYL)-(3.5-(3)H2)-ANILIN HOHER SPEZIF. AKTIVITAET 63-0450
- CYTOAKT. AMINOSAEUREN U. PEPTIDE 14. MITT. 64-0881
WADIA M. S., ARYL-WANDER. BEI D. PICTET-GAMS-RK. 62-0622
WADIS M. S., SESQUITERPENOIDE AUS D. AETHER. OEL V. CYPERUS ROTUNDUS 55-0532
WADSWORTH W. W., 2.3.6-TRI-O-BENZOYL-ALPHA-D-GLUCOPYRANOSYL-BROMID, SYNTH. , METHANOLYSE U. VERS. ZUR SELBSTKONDENS. 61-0697
WAECHTERSHAEUSER G., DESAMINIER.-RK. 1. MITT. 53-0157
WAGATSUMA N., AZAMORPHINAN U. VERWANDTE VERB. 1. MITT. 61-0656
WAGENER E. H., GEHINDERTE ROTATION UM D. N-N-EINFACHBIND. LINEARE BEZIEH. ZWISCHEN ROTATIONSGESCHW. U. SUBSTITUENTEN 58-0139
WAGNER G., GLYKOSIDE V. HETEROCYCLEN 23. MITT. 54-0491
- NOTIZ ZUR ARBEIT V. A. MUSTAFA U. A.K. MANSOUR ''STUDIEN AN N-GLYKOSYLCHINOLONEN'' 54-0492
- GLYKOSIDE V. HETEROCYCLEN 25. MITT. 54-0493
- NUCLEOTIDANALOGA V. 1-(BETA-D-RIBOFURANOSYL)-PYRIDON-(2) 55-0492
- GLYKOSIDE V. HETEROCYCLEN 28. MITT. 56-0626
- DARST. V. 2-OXO-4-THIONO-1.2.3.4-TETRAHYDRO-CHINAZOLINEN 57-0612
- GLYKOSIDE V. HETEROCYCLEN 29. MITT. 57-0654
- GLYKOSIDE V. HETEROCYCLEN 30. MITT. 60-0697
- GLYKOSIDE V. HETEROCYCLEN 31. MITT. 60-0698
- POLAROGRAPHIE V. HETEROCYCLEN 6. MITT. 64-0730
- GLYKOSIDE V. HETEROCYCLEN 32. MITT. 64-0784
- SYNTH. V. 1-O-ACETYL-2.3-DI-O-BENZOYL-5-DESOXY-5-JOD-BETA-D-RIBOFURANOSE U. D. ENTSPRECHENDEN HALOGENOSE 64-0786
WAGNER H., TRANSACYLIER.-RK. IN D. FLAVONOIDREIHE 2. MITT. 53-0404
- EINFL. D. ANELLIER. AUF D. FARBE V. CHINONMETHIDEN, CHINODIMETHANEN U. ARYLCARBONIUMIONEN 57-0081
- STRUKTURAUFKLAER. U. SYNTH. D. DIDYMINS, EINES ISOSAKURANETIN-7-BETA-RUTINOSIDS AUS MONARDA DIDYMA L. 58-0702
- SYNTH. V. QUERCETIN-3-GLYKOSIDEN 1. MITT. 58-0703
- ENDGUELT. KONSTIT.-AUFKLAER. U. SYNTH. V. NARIRUTIN, DIDYMIN, RHOIFOLIN, PONCIRIN U. FORTUNELLIN 59-0683
- SYNTH. V. QUERCETIN-3-GLYKOSIDEN 2. MITT. 61-0699
- SYNTH. V. QUERCETIN-3-GLYKOSIDEN 3. MITT. 61-0700
- ISOFLAVONGLYKOSIDE 9. MITT, 63-0759
- TRANSACYLIER.-RK. IN D. FLAVONOID-REIHE 3. MITT. 63-0760
WAGNER P. J., TRIPLETT-ENERGIE-UEBERTRAG. 3. MITT. 62-0298
WAGNER S. J., DARST. U. UNTERS. EINIGER 1-NORBORNENYL- U. NORBORNENYL-1-CARBINYL-DERIV. 59-0469
WAGNER W. J., DARST. U. UNTERS. EINIGER 1-NORBORNENYL- U. NORBORNENYL-1-CARBINYL-DERIV. 59-0469
WAHL G. H. JUN., STRUKTUR D. CYCLOHEPTATRIEN-TETRACYANO-AETHYLEN-DIELS-ALDER-ADDUKTES 63-0176
WAHL R., SAEUREAMID-RK. 50. MITT. 57-0308
- SYNTH. IN D. HETEROCYCL. REIHE 11. MITT. 58-0656
WAHREN M., ZERS. ORGAN. HYDROPEROXIDE IN GGW. V. BASEN 56-0239
- REVERSIBLE HYDROLYT. RINGOEFFN. AN AMINOHETEROAROMATEN 2. MITT. 57-0222
- REVERSIBLE HYDROLYT. RINGOEFFNUNGEN AN AMINOHETEROAROMATEN 3. MITT. 57-0223
- KINETIK U. MECHANISMUS D. BLDG. V. ARYLCYANIDEN AUS 4-ARYLIDENAMINO-1.2.4-TRIAZOLEN 58-0266
WAI C. M., RK. V. ENERGIEREICHEN CHLORATOMEN MIT METHYLCHLORID IN D. GASPHASE 64-0324
WAIGHT E. S., PECTENOXANTHIN, CYNTHIAXANTHIN U. D. NEUE ACETYLEN. CAROTINOID PECTENOLON 54-0519
- ELEKTRONENSTOSS-FRAGMENTIER. EINIGER PYRIDONE-(2), PYRIDTHIONE-(2) U. 2-ALKYLMERCAPTOPYRIDINE 58-0131
- MASSENSPEKTREN V. BENZOCYCLOALKENONEN U. IHREN ENOL-ACETATEN 60-0134
- STRUKTUR V. LYCOXANTHIN U. LYCOPHYLL 60-0727
- MASSENSPEKTROMETRIE V. DIMEDON- U. ANHYDRODIMEDON-DERIV. EINIGER ALDEHYDE 61-0121

WAISS A. C. JUN., ANTHOCYANIDINE U. VERWANDTE VERB. 14. MITT. 61-0600
- 3-HYDROXY-6.7-DIMETHOXY-DIFUROXANTHON, EIN NEUER METABOLIT V. ASPERGILLUS FLAVUS 62-0832
WAITE R. O., NEUER WEG D. SYNTH. V. MORPHIN 53-0514
- VERSCHIEDENE VORLAEUFER IN SYNTH. V. BIOGENESE-TYP 3. MITT. 62-0724
WAJER T. A. J. W., C-NITROSO-VERB. 2. MITT. 54-0137
- C-NITROSOVERB. 6. MITT. 60-0354
WAKAMATSU H., UMWANDL. V. ALPHA,BETA-UNGESAETTIGTEN NITRILEN IN GESAETTIGTE ALDEHYDE DURCH DIKOBALTOCTA-CARBONYL 56-0281
WAKAMATSU S., PHOTODIMERISIER. V. ACRYLNITRIL 57-0411
WAKAMATSU T., TOTALSYNTH. V. DL-EPIIBOGAMIN 63-0780
WAKEFIELD B. J., POLYCHLORAROMAT. VERB. 2. MITT. 63-0065
WAKI M., RETROGRAMICIDIN S 62-0824
WAKSELMAN C., ACYLIER. V. ENAMINEN AUS CYCLANONEN 2. MITT. 56-0385
- ACYLIER. V. ENAMINEN AUS CYCLANONEN 1. MITT. 56-0404
WAKSELMAN M., ALKYLIER. V. INDOLEN DURCH HYDROXYMETHYL- U. AMINOMETHYLPHENOLE 57-0513
- THERM. KONDENS. V. GRAMIN MIT POLYPHENOLEN, IMIDAZOL U. SEINEN DERIV. 61-0535
- NUCLEOPHILE SUBSTITUT. V. HYDROXYBENZYLHALOGENIDEN MIT INDOLEN IN WSS. MEDIUM 61-0564
- SELEKTIVE PHOSPHORYLIER. V. AMINEN IN WSS. MEDIUM 63-0399
WALASZEK E. J., BISQUART. AMMONIUM-INDOLINE U. -PERHYDROINDOLE ALS GANGLIENBLOCKER 57-0805
WALBORSKY H. M., LSGM.-EFFEKTE IN EINER PARTIELL ASYMM. SYNTH. 1. MITT. 61-0456
- CYCLOPROPANE 23. MITT. 63-0502
WALBRICK J. M., ALLGEMEINE METH. ZUR SYNTH. OPT. AKT. 1.3-DISUBSTITUIERTER ALLENKOHLENWASSERSTOFFE 63-0364
WALDMAN H., ESR-NACHW. D. DIPHENYLMETHYLRADIKALS 57-0120
WALDNER E. E., ALKALOIDE 124. MITT. 54-0513
WALDVOGEL G., INSEKTENHORMONE, 9. MITT. 56-0700
WALETZKY E., RACEMATSPALT. U. RACEMISIER. V. 6-PHENYL-2.3.5.6-TETRAHYDRO-IMIDAZO(2.1-B)THIAZOL-HYDROCHLORID (TETRAMISOL) 57-0543
WALIA J. S., UMWANDL. V. ALPHA,BETA-UNGESAETT. ALDEHYDEN IN GESAETT. IMINO-ESTER UEBER D. ALPHA-CYAN-AMINE 57-0307
WALIA P. S., UMWANDL. V. ALPHA,BETA-UNGESAETT. ALDEHYDEN IN GESAETT. IMINO-ESTER UEBER D. ALPHA-CYAN-AMINE 57-0307
WALKER D. C., STRAHL.-INDUZIERTE ISOMERISIER. IN ORGAN. KRIST. 55-0194
WALKER H., UMSETZ. V. PHENYLACETYLENJODID BZW. -BROMID MIT BETA-DICARBONYLVERB. 55-0292
- 3.4-DICHLOR-THIOPHENE AUS BUTADIIN-DERIV. 55-0386
WALKER J., CHEMIE V. MICROCOCCIN P. 11. MITT. 54-0565
- RAC. CIS- U. TRANS-FORM V. 2-CYCLOHEXYL-CYCLOHEXANESSIGSAEURE 55-0320
- 2-THIAZOLIN-CARBONSAEURE-(4) 63-0649
- DEHYDRIER. EINIGER V. CYSTEIN ABGELEITETER THIAZOLINE 63-0650
WALKER R. T., SYNTHET. POLYNUCLEOTIDANALOGA, 2. MITT. 62-0840
- SYNTHET. POLYNUCLEOTIDANALOGA 3. MITT. 63-0868
WALKER W. H., FLAVINREIHE 15. MITT. 56-0589
WALKER W. M., AMIN-OX. 1. MITT. 60-0238
WALL D. K., AZIRIDINYLKETONE 17. MITT. 60-0470
WALL H. M., ZUCKER MIT VERZWEIGTER KETTE 8. MITT. 61-0693
- TRENN. POLARER U. STER. EFFEKTE 8. MITT. 63-0276
WALL M. E., STEROIDE 78. MITT. 53-0547
WALLACE T. J., ZERS. V. DIBENZO-THIOPHEN-DIOXID U. VERWANDTEN VERB. IN GGW. V. GESCHMOLZENEM ALKALI 58-0574
WALLAERT R., ROLLE D. LSGM. BEI D. GASABSORPT. DURCH MOLEKULARSIEBE IN SUSPENSION 65-0039
WALLBILLICH G., 1.3-DIPOLARE CYCLOADDIT. 33. MITT. 54-0385
WALLBILLICH G. E. H., CYCLOADDIT. 5. MITT. 61-0442
WALLENFELS K., MECHANISMUS D. WASSERSTOFFUEBERTRAG. MIT PYRIDINNUCLEOTIDEN 29. MITT. 57-0597
- STABILE EIN-, ZWEI- U. DREIWERT. HYDRAZYLE D. CYANKOHLENSTOFFREIHE 58-0439
WALLENSTAETTER W., QUANT. BEST. V. GLYCYRRHIZINSAEURE IN WURZEL U. EXTRAKT D. SUESSHOLZES MITTELS ACETANHY-DRID-SCHWEFELSAEURE 53-0603
WALLER G. R., MASSENSPEKTROMETRIE 1. MITT. 64-0151
WALLING C., CHEMIE D. ALKOXYRADIKALE 62-0198
WALLIS A. F. A., SYNTH. V. 4ALPHA-METHYL-CHOLESTEN-(8,9)-3BETA-OL 57-0725
WALLIS S. R., ZIRKULARDICHRCISMUS 24. MITT. 62-0063
WALLSTROEM E., PROTONENAFFINITAET EINES N-ATOMS IN EINEM KONJUGIERTEN PI-SYST. 61-0127
- CIS-TRANS-ISOMERISIER. SCHIFFSCHER BASEN 64-0328
WALS L., SYNTH. V. 2.3.5-TRIMETHYL-TEREPHTHALSAEURE 61-0409
WALSH E. J., ZERS. EINIGER TERT. ALPHA-ACYL-HYPOCHLORITE 56-0257
WALSH T., RK. V. BLEITETRAACETAT MIT MALONSAEURE 61-0360
WALSH T. D., REDUKTIVE SPALT. V. TRIPTYCEN-DERIV. 62-0464
WALSINGHAM R. W., ORGANOSILICIUMVERB. 41. MITT. 55-0271
WALSTRA P., AMINOSUBSTITUIERTE GLYOXIME U. FUROXANE 64-0657
WALTER B. H., SYNTH. EINIGER SUBSTITUIERTER 4-ACETYL-OXAZOLE U. D. ENTSPRECHENDEN SAEUREN 63-0642
WALTER D., WANDERUNGSTENDENZ V. ALKYLGRUPPEN BEI D. WITTIG-UMLAGER. 62-0268
WALTER K., FORMYLIER. V. ALKYL- U. ARALKYLHYDRAZINEN 53-0376
WALTER W., EPR-UNTERS. AN THIOAMIDEN 1. MITT. 60-0112
- OX.-PROD. V. THIOCARBONSAEUREAMIDEN 17. MITT. 61-0154
- OX.-PROD. V. THIOCARBONSAEUREAMIDEN 18. MITT. 61-0155
- STRUKTUR D. THIOAMIDE U. IHRER DERIV. 1. MITT. 61-0156
- ELEKTRONENSTOSS-INDUZIERTE BLDG. V. BENZTHIAZOLIUM-IONEN AUS THIOFORMANILIDEN DURCH INTRAMOL. SUBSTITUT. 63-0162
WALTER-LEVY L., UNTERS. AN BERYLLIUMCHLORIDEN, -BROMIDEN U. -JODIDEN 2. MITT. 63-0059
WALTEROVA D., KONSTITUT. D. ROTEN PROD. D. PAPAVERRUBINE 61-0735
WALTERS S. L., RK. V. TETRANITROMETHAN 1. MITT. 60-0253
WALTHER B., KERNMAGNET. RESONANZ V. PHOSPHORVERB. 19. MITT. 59-0113
WALTHER W., GASCHROMATOGRAPH. U. MASSENSPEKTROMETR. UNTERS. V. PHYTYLUBICHINON, VITAMIN K1 U. VITAMIN K2 54-0125
WALTON D. R. M., DARST. V. ARYLSULFOCHLORIDEN AUS GRIGNARD-REAGENTIEN 62-0383
WALTON E., NUCLEOSIDE MIT VERZWEIGTKETTIGEN ZUCKERN 2. MITT. 57-0650
- INDOL- U. 4-AMINO-INDOL-NUCLEOSIDE 58-0698
- NUCLEOSIDE MIT VERZWEIGTEN ZUCKERN 3. MITT. 63-0766
- KETTENVERZWEIGTE NUCLEOSIDE 4. MITT. 64-0790
WAMHOFF H., HETEROCYCLIN DURCH ABFANGRK. AN GEOEFFNETEN ACYL-LACTONEN 6. MITT. 59-0623
- HETEROCYCLEN DURCH ABFANGRK. AN GEOEFFNETEN ACYL-LACTONEN 7. MITT. 59-0624
WAN C., STRUKTUR V. DICHLORO-BIS-(PENTAN-(2.4)-DIONATO)-RHENIUM(IV) 56-0027
WAN K., PROTONIERTE CYCLOPROPAN-ZWISCHENPROD. BEI D. RK. V. CYCLOPROPAN MIT TRITIIERTER SCHWEFELSAEURE ODER MIT TRITIIERTEM LUCAS-REAGENZ 62-0329
- PROTONIERTE CYCLOPROPANE 3. MITT. 64-0277
WANDERS A. C. M., KINETIK D. DESULFONIER. V. BENZOLSULFONSAEUREN U. TOLUOLSULFONSAEUREN IN WSS. H2SO4 55-0178
WANG B. J., MASSENSPEKTROSKOP. MECHANISMEN. FRAGMENTIER. V. N-ALKYL-3-CYAN-1.4-DIHYDRO-PYRIDINEN. KINET. ISOTOPENEFFEKTE BEI D. ABSTOSS. V. DEUTERIUM AUS D. 4-STELL. U. UEBERGANG V. QUANTEN- ZUM REIN KLASS. ISOTOPENEFFEKT 60-0129
WANG C., PHOTOCHEM. ADDIT. V. PHOSPHINEN AN 5.6-DIDESOXY-1.2-DISOPROPYLIDEN-ALPHA-D-XYLO-DELTA(5)-HEXENOFURANO-SE 64-0777
WANG J. T., RELATIVE LEWIS-BASENSTAERKE V. DIMETHYLSULFID U. DIGERMYLSULFID 54-0019
WANG T., KINETIK D. PROTONENUEBERTRAG. V. ALPHA-C-ATOM D. THIOESSIGSAEUREAETHYLESTERS U. SEINES DIMETHYLIMINIUM-DERIV. 64-0278
WANG W. F. K., EFFEKTE D. AUSTRETENDEN GRUPPE AUF D. METHANOLYSE V. BENZOYLHALOGENIDEN IN ACETONITRIL 56-0215
WANGER M., SALZEFFEKTE BEI D. RACEMISIER. V. BIPHENYLEN, 1. MITT. 53-0176
WANNAGAT U., CHEMIE D. SILICIUM-STICKSTOFF-VERB. 65. MITT. 54-0433
- CHEMIE D. SILICIUM-STICKSTOFF-VERB. 66. MITT. 54-0434
- VERB. V. NICHTMETALLHALOGENIDEN MIT PYRIDIN U. SEINEN HOMOLOGEN 6. MITT. 54-0435
- CHEMIE D. SILICIUM-STICKSTOFF-VERB. 67. MITT. 59-0045
- CHEMIE D. SILICIUM-STICKSTOFF-VERB. 68. MITT. 59-0046
- CHEMIE D. SILICIUM-STICKSTOFFVERB. 69. MITT. 64-0043
- CHEMIE D. SILICIUM-STICKSTOFF-VERB. 70. MITT. 64-0044
WANZLICK H., CHEMIE NUCLEOPHILER CARBENE 12. MITT. 56-0520
- CHEMIE NUCLEOPHILER CARBENE 13. MITT. 57-0535
WARD H. R., ULTRAVIOLETT-PHOTOLYSE V. FL. BENZOL IM VAKUUM, PHOTOISOMERISAT. V. BZL. ZU DEWAR-BENZOL 59-0276
- PHOTOLYT. UMWANDL. EINES ALLENS IN EIN CYCLOPROPYLI-DEN, PHOTOLYSE V. CYCLONONADIEN-(1.2) 61-0519
- CARBONYLTEILNAHME BEI D. SOLVOLYSE V. KETONDERIV., BEOBACHT. U. ISOLIER. V. INTERMEDIAEREN 64-0280
WARD J. E. H., UMLAGER. V. BIS-(TRIORGANYLSILYL)-CARBINOLEN 63-0309
WARD J. P., BAS. SPALT. V. 5-CHLOR-PENTANON-(2)-ACETALEN 53-0148
- STEREOCHEMIE V. DELTA(7.24(28))-STIGMASTADIEN-3BETA-OL U. D. FUCOSTERINEN 63-0829
WARD R. S., STATIST. U. NICHTSTATIST. ZERSETZUNGSWEISE V. BENZONITRIL DURCH ELEKTRONENSTOSS 54-0078
- RK. V. PHOSPHINEN MIT ACETYLENEN 4. MITT. 56-0369
- MASSENSPEKTROMETRIE 24. MITT. 59-0139
- MASSENSPEKTROSKOPIE, 22. MITT. 61-0113
- MASSENSPEKTROMETRIE 28. MITT. 62-0107
- RK. V. PHOSPHINEN MIT ACETYLENEN 5. MITT. 63-0468
WARD S. D., MASSENSPEKTREN ORGAN. VERB. 6. MITT. 64-0157
WARING C., CYCLISIER.-RK. UNTER OX. V. CARBONSAEUREN MIT BLEITETRAACETAT 1. MITT. 53-0410
WARKENTIN J., EIN NICHTKLASS. FREIES RADIKAL 60-0185
- ACETATKATALYSIERTE ENOLISIER. V. 2-BUTANON 61-0289
- OX. MIT BLEITETRAACETAT 2. MITT DELTA(3)-1.3.4-OXADIAZOLINE AUS KETOCARBOHYDRAZONEN U. EIN DELTA(3)-1.3.4-THIADIAZOLIN AUS ACETONTHIOCARBOHYDRAZON 63-0651

WARNE T. M. JUN., TOTALSYNTH. V. RAC.-ISONOOTKATON (ALPHA-VETIVON) 53-0531
WARNHOFF E. W., ALPHA-HALOGENKETONE 6. MITT. 58-0282
WARNOCK W. D. C., TETRANORTRITERPENOIDE 3. MITT. 54-0525
- TETRANORTRITERPENOIDE 7. MITT. 58-0751
WARRELL D. C., TROPONE 1. MITT. 53-0280
WARREN H. D., ANTIKREBS- UND ANTIMALARIA-EIG. U. DARSTELLUNG VON ARYLAZOPYRIMIDINEN 63-0874
WARREN K. D., KINETISCHE UNTERS. IN D. FLUOREN-REIHE 6. MITT. 58-0221
WARREN L. F. JUN., PI-DICARBOLLYLDERIV. V. UEBERGANGSMETALLEN, METALLOCEN-ANALOGE 59-0041
WARREN M. E., STEREOCHEMIE D. UMWANDL. V. DIHYDROTHEBAIN IN THEBAIN, SYNTH. V. MARKIERTEN THEBAINEN 59-0698
WARREN M. E. JUN., OPT. AKT. AMINE 8. MITT. 58-0077
WARRENER R. N., RK. V. ANGEREGTEN IMIDEN U. ANHYDRIDEN, PHOTOLYSE V. CYCLOHEXADIEN-IMIDEN, N-SUBSTITUENTENEFFEKTE U. BICYCLO(2.2.0)HEXEN-BLDG. 54-0193
- 1.3-THIAZINE ALS PYRIMIDINVORSTUFEN 4. MITT. 55-0469
- PYROLYT. ELIMINIER. V. ALDEHYDEN AUS N-ALKOXY-LACTAMEN U. -THIOLACTAMEN 56-0243
- RK.-WEG-SELEKTIVITAET, KONKURRENZ ZWISCHEN KAEFIG-BLDG. U. PHOTODECHLORIER. IN EINIGEN ALICYCL. SYST. 59-0627
WARSHAWSKY A., 2-AZA-PHENALON-HYDROCHLORID 57-0594
WARSZAWSKI S., DARST. EINES NEUEN REAKT. AZOFARBSTOFFES 61-0675
WARTBURG A. VON, MITOSEHEMMENDE NATURSTOFFE 19. MITT. 53-0491
- MITOSEHEMMENDE NATURSTOFFE 20. MITT. 58-0710
WARTHEN D., SYNTH. V. CIS-9-TETRADECENOL-(1)-ACETAT, D. SEXUAL-PHEROMON D. SPODOPTERA FRUGIPERDA 60-0341
- INSEKTEN-SEXUALLOCKSTOFFE 10. MITT. 60-0342
WASADA N., MASSENSPEKTROMETR. UNTERS. V. SANTONINEN U. IHREN DERIV. 55-0091
- ELEKTRONENSTOSSFRAGMENTIER. V. DELTA(1(7))-MENTHENON-(2) U. DELTA(8(9))-MENTHENON-(2) 61-0111
WASHBOURN K., NEUE CINNOLINSYNTH. 3. MITT. 53-0453
- NEUE CINNOLINSYNTH. 4. MITT. 59-0629
- NEUE CINNOLINSYNTH. 5. MITT. 61-0668
WASIELEWSKI C., DEPSIPEPTIDSYNTH. 4. MITT. 56-0724
WASS J., RATIONELLE SYNTH. V. CHLOROCRUOROPORPHYRIN (SPIROGRAPHIS PORPHYRIN) U. PEMPTOPORPHYRIN 55-0516
WASSEF M. E., RK. MIT SUBSTITUIERTEN 4-HYDROXY-CUMARINEN U. FUROCUMARINEN 61-0613
WASSERMAN E., SYNTH. V. KOHLENSTOFF-MAKROCYCLEN BIS C(120) 63-0484
WASSERMAN H. H., EIN NEUES DIPYRROLYLDIPYRROMETHEN-PRODIGIOSIN-ANALOGES AUS SERRATIA MARCESCENS 58-0733
- RK. V. OXAZOLEN MIT SINGULETT-SAUERSTOFF 2. MITT. 62-0351
- RK. HETEROCYCL. SYST. MIT SINGLETT-SAUERSTOFF, PHOTOSENSIBILISIERTE OXYGENIER. V. IMIDAZOLEN 62-0562
WASSON J. S., PHOTOHYDROLYSE V. VINYLESTERN 55-0204
WATANABE E., MASSENSPEKTROMETR. UNTERS. V. SANTONINEN U. IHREN DERIV. 55-0091
- HEMM. U. STIMULIER. D. PROTEIN- U. NUCLEINSAEURE-BIOSYNTH. 2. MITT. 64-0898
WATANABE H., ORTHOMETALLIER. N-SUBSTITUIERTER BENZOLSULFONAMIDE DURCH UEBERSCHUESS. N-BUTYLLITHIUM, KONDENS. MIT CARBONYLVERB., CYCLISIER. 59-0562
- ORGAN. PHOTOCHEMIE 8. MITT. 64-0550
- OXYDIERENDE WRKG. V. HAEMOPEPTIDEN D. CYTOCHROM C 64-0899
WATANABE I., ESTERTERPENE AUS EINEM INSEKTENWACHS, STRUKTUR V. CEROPLASTERINSAEURE U. CEROPLASTOL I 59-0739
WATANABE K., PRAEPARATIVE U. STRUKTURUNTERS. AN SCHWEFEL-YLIDEN 55-0274
WATANABE M., STEREOCHEM. UNTERS., 38. MITT. 58-0694
- STRUKTUR V. LANSSAEURE U. IHRER BEGLEITVERB., EINES UNSYMM. ONOCERADIENDIONS 63-0801
WATANABE Y., SYNTH. U. KATALYT. HYDRIER. V. 3ALPHA.19-DIHYDROXY-DELTA(5)-CHOLESTEN U. SEINER DERIV. 58-0775
- OCOTEA-ALKALOIDE, CHARAKTERISIER. U. STRUKTURAUFKLAER. V. VIER NEUEN APORPHIN-BASEN 61-0741
WATANI N., UNERWARTETE IDENTITAET V. TEESAPOGENIN D (CAMELLIAGENIN A), EINEM NEBENSAPOGENIN AUS TEESAMEN, MIT DIHYDROPRIVEROGENIN A 56-0692
WATELLE-MARION G., DRUCK-TEMP.-DIAGRAMME D. SYST. BAC2O4.N H2O-H2O-GAS 57-0022
- THERM. ABBAU D. ADDIT.-VERB. BAC2O4.H2C2O4.2H2O 58-0042
WATERS J. A., NATRIUMBORHYDRID-RED. V. STEROID-KETONEN MIT U. OHNE UV-BESTRAHL. 58-0780
WATERS T. N., KRIST.-STRUKTUR D. KUPFER(II)-PYRIDOXYLIDEN-(+-)-VALIN-KOMPLEXES 53-0010
WATERS W., MECHANISMUS D. RK. V. NITROSOBENZOL DURCH ALKOHOLE 58-0220
WATERS W. A., RK. D. N-CARBAZOLYL-RADIKALS 59-0535
- ELEKTRONENSPINRESONANZSPEKTREN EINIGER FREIER HYDROXYLAMINRADIKALE 4. MITT. 61-0102
WATKINS R. J., PHOTOLYSE U. PYROLYSE V. CYCLO-OCTEN-(4)-ON 55-0206
- SYNTH. V. HOMOALLYLALKOHOLEN 58-0461
WATKINS W. B., DESAMINIER. V. 19-NOR-4-AMINO-DELTA(8.11.13)-ABIETATRIEN 59-0732
- CHEMIE D. PODOCARPACEAE 15. MITT. 60-0743
WATSON C. J., STEREOSPEZIF. SYNTH. V. CIS-CIS-STERCOBILINOGEN U. CIS-CIS-STERCOBILIN 56-0663
WATSON D. G., MOLEKULAR- U. KRISTALLSTRUKTUR V. 1.2.3.4-TETRACHLOR-5.6-DIPHENYLCALICEN 53-0107
- KRISTALLSTRUKTUR V. (+-)-1-ACETYL-16-METHYL-ASPIDOSPERMIDIN-4-METHOJODID 57-0168
- CHEM. UNTERS. AN MEERESINVERTEBRATEN 4. MITT. 62-0154
- HIRUNDIGENIN U. ANHYDROHIRUNDIGENIN,ZWEI NATUERL. 15-OXASTEROIDE PFLANZL. URSPRUNGS, CHEM. U. ROENTGEN-UNTERS. 64-0851
WATSON J., EINE NEUE TRITERPENOIDSAEURE AUS LENZITES TRABEA 53-0541
- BIOSYNTH. V. EBURICOSAEURE AUS SESQUITERPENVORSTUFEN 54-0579
- CHARAKTERISIER. V. 1.2- U. 1.3-DIOLEN DURCH GASCHROMATOGRAPHIE-MASSENSPEKTROMETRIE 54-0598
WATSON K. J., REVERSIBLER QUINTETT-SINGULETT-UEBERGANG IN DITHIOCYANATO-BIS-(2.2'-DIPYRIDYL)-EISEN(II) 60-0001
WATSON M. B., D. ABS. KONFIG. EINIGER ARYL- U. ALKYLSUBSTITUIERTER 3-PHENYL-PROPIONSAEUREN 58-0424
WATSON R. A., RK. V. BLEITETRAACETAT 12. MITT. 58-0219
- RK. V. BLEITETRAACETAT 13. MITT. 63-0510
WATSON T. R., STRUKTUR D. DIGACETIGENINS 60-0761
WATT A. E., PMR-SPEKTREN V. AETHYLHALOGENSILANEN 59-0128
WATT A. N., STEROIDE 311. MITT. 63-0822
WATT D. S., SYNTH. V. PODOCARPSAEURE 59-0718
WATT G. W., DEPROTONIER. V. BIPYRIDYLAETHYLENDIAMINPLATIN(II)-JODID 59-0093
WATT R., PMR-SPEKTREN V. AETHYLHALOGENSILANEN 59-0128
WATTS D. W., ANATIONSRK. OKTAEDR. KOBALT(III)-KOMPLEXE 61-0026
WATTS G. B., STANDARDENTHALPIE D. BLDG. V. DIPHENYLBORINSAEURE 55-0129
WATTS M. L., DEMETHYLIER. V. ARYLMETHYLAETHERN MIT BORTRIBROMID 60-0416
- BIPHENYLENE 19. MITT. 63-0545
WATTS P., EINFL. D. KONFORM. AUF D. HYDROLYSE CYCL. ACETALE 62-0239
WATTS W. E., FERROCEN-DERIV. 18. MITT. 53-0035
- FERROCEN-DERIV. 19. MITT. 53-0036
- FERROCEN-DERIV. 20. MITT. 60-0057
- VERBRUECKTE FERROCENE 1. MITT. 61-0050
WAWERSIK H., AROMATENKOMPLEXE V. METALLEN 103. MITT. 57-0061
WAWZONEK S., BLDG. V. 11-OXOINDENO(1.2-C)ISOCUMARIN 59-0581
WAXMAN B. H., STEREOSELEKTIVITAET D. OXYMERCURIER. V. CYCLOALKEN-(2)-OLEN-(1). STEREOSPEZIF. SYNTH. V. TRANS-1.3-DIOLEN 57-0400
WAYNE R. S., NEUE SYNTH. V. 6-PHENYL-2.3.5.6-TETRAHYDRO-IMIDAZO(2.1-B)THIAZOL 62-0573
WEATHERSTON J., BESTANDTEILE D. STINKDRUESEN D. WASSERKAEFERS ILYOCORIS CIMICOIDES (L.) (HETEROPTERA, NAUCORIDAE) 55-0593
WEAVER L. C., 7-OXABICYCLO(2.2.1)HEPTAN-2.3-DICARBONIMIDE MIT ANTIKONVULSIVER WRKG. 63-0904
WEAVER T. D., SYNTH. V. METHYL-DESISOPROPYL-DEHYDROABIETINAT. DITERPENOIDSYNTH. UEBER DEN AB-ABC-WEG 59-0717
WEBB A. F., BEQUEME DARST. V. DI-N-BUTYLZINNDIPHENOLATEN 59-0065
WEBB J. G. K., NMR-SPEKTREN AROMAT. AMINE U. AMIDE 1. MITT. 62-0076
WEBB T., VIOMYCIN. WEITERE ABBAUUNTERS., VORL. MITT. 62-0823
WEBBER J. M., SULFOXIDE V. METHYL-2.6-ANHYDRO-2-THIO-ALPHA-D-ALTROPYRANOSID, ZUWEIS. D. SULFOXID-KONFIG. DURCH D. KERNMAGNET. RESONANZMETH. 54-0481
WEBER A., ALKALIMETALL-ADDUKTE EINIGER NEUTRALKOMPLEXE D. EISENS MIT DIPYRIDYL U. DIPYRIDYLAEHNL. LIGANDEN 59-0076
- ELEKTRONENREICHE NEUTRALKOMPLEXE D. EISENS MIT DIPYRIDYLAEHNL. LIGANDEN 60-0054
WEBER J. P., ELEKTRONENZUSTAENDE V. PERIMETER-PI-SYST. 3. MITT. 58-0091
WEBER K., O-CHINONE 28. MITT. 53-0290
WEBER P., LEGUMINOSEN-ALKALOIDE 16. MITT. 58-0727
WEBER R., ADDIT.-VERB. V. LEWIS-SAEUREN 30. MITT. 56-0064
WEBER S., TOTALSYNTH. D. MACROLIDS ZEARALENON 60-0788
WEBSTER B. R., DURCH ELEKTRONENSTOSS INDUZIERTE ACETALDEHYDABSPALTUNG 60-0133
WEBSTER D. E., ELEKTROPHILE SUBSTITUT. IN METALLOCENEN 1. MITT. 58-0065
- BASIZITAET V. ORGANOSILICIUM-, ORGANOGERMANIUM- U. ORGANOZINNSUBSTITUIERTEN PYRIDINEN 61-0182
- SOLVOLYSE V. 2-TRIMETHYLSILYL-PYRIDIN DURCH ALKOHOLE U. W. 61-0236
- SOLVOLYSE V. 2-TRIMETHYLSILYL-X-METHYL-PYRIDINEN (X=3-6) DURCH METHANOL U. WASSER 63-0273
WECHTER W. J., 11-ALKYLIERTE STEROIDE 6. MITT. 63-0814
WEDDLETON R. F., 3A.4.5.6-TETRAHYDRO-SUCCINIMIDO(3.4-B)ACENAPHTHEN-10-ON, EIN POTENTIELLES ANTIKONVULSANS 60-0510
WEDGWOOD J. J., RK. V. PIKRYLAZID MIT OLEFINEN 59-0487
WEEDON B. C. L., CAROTINOIDE U. VERWANDTE VERB. 17. MITT. 53-0525
- PECTENOXANTHIN, CYNTHIAXANTHIN U. D. NEUE ACETYLEN. CAROTINOID PECTENOLON 54-0519
WEEKS T. J. JUN., GLEICHGEW. IN SAUREN, WSS. LSG. V. PYRIDIN-N-OXID U. CHROM(III) 63-0029
WEGE D., PHOTOCHEM. UMWANDL. 21. MITT. 53-0194
- EIN INTERMOL. ''GEDAECHTNIS-EFFEKT'' BEI D. BLDG. U.

D. EINFANG EINES POTENTIELL SYMM. TRICYCLOOCTYLKATIONS 63-0278
- BEVORZUGTE BLDG. EINES SYMM. GEGENUEBER EINEM UNSYMM. CYCLOPROPYLCARBINYL-KATION, KONKURRIERENDE VICINALE U. TRANS-ANULARE HYDRID-VERSCHIEB. IM TRICYCLO(3.2.1.0-(2.7))OCTYL-(4)-SYST. 63-0279
- EIN UMWEG-MECHANISMUS D. BLDG. EINES CYCLOPROPYLCARBINYLKATIONS, ANOMALE WANDER.-BEFAEHIG. EINES CYCLOPROPYLRINGS IM VGL. ZUM CYCLOPENTYLRING IM NORTRICYCLYLCARBINYLKATION 63-0280
WEGENER P., D. AZABULLVALENSYST. 55-0485
WEGER W., WRKG. V. ALDEHYDEN AUF GESUNDE U. MALIGNE ZELLEN, 2. MITT. 55-0239
- WRKG. V. ALDEHYDEN AUF GESUNDE U. MALIGNE ZELLEN, 3. MITT. 55-0240
WEGFAHRT P., SYNTH. V. CYCLOPENIN 60-0793
WEGLER R., RK.. V. N-ALKYL-IMINOKOHLENSAEURE-(0.0 BZW. S.S)-DIALKYLESTERN 1. MITT. 59-0320
- RK. V. N-ALKYL-IMINOKOHLENSAEURE-(0.0 BZW. S.S)-DIALKYLESTERN 2. MITT. 59-0321
- RK. V. N-ALKYL-IMINOKOHLENSAEURE-(0.0 BZW. S.S)-DIALKYLESTERN 3. MITT. 59-0322
- RK. V. N-ALKYL-IMINOKOHLENSAEURE-(0.0 BZW. S.S)-DIALKYLESTERN 4. MITT. 59-0323
WEGMANN A., GASCHROMATOGRAPHIE V. AMINOSAEUREN ALS N-THIOCARBONYL-ESTER-DERIV. 62-0856
WEGNER G., ELEKTRONENUEBERGANGSPOLYMERE 33. MITT. 64-0673
WEGNER P., SILICIUMORGAN. VERB. 34. MITT. 55-0421
WEGNER P. A., DARST. U. CHARAKTERISIER. D. IONEN (3)-DODEKAHYDRIDO-1.2- U. -1.7-DICARBAUNDEKABORAT(1-) 59-0039
- PI-DICARBOLLYLDERIV. V. UEBERGANGSMETALLEN, METALLOCEN-ANALOGE 59-0041
- RUECKGEWINN. D. 1.2-DICARBACLOVODODEKABORAN(12)-STRUKTUR DURCH BOR-ATOM-EINFUEHR. MITTELS (3)-1.2-DICARBOLLIDIONEN 59-0042
WEHINGER E., INTRAMOLEKULARE WECHSELWRKG. ZWISCHEN DREIFACHBIND. 3. MITT. 59-0464
WEHLAN H., TOTALSYNTH. D. A-NOR-2.3-DIAZA-OESTRAN-RINGSYST. 53-0551
WEHNER H. W., CYCLOPENTADIENYL-MOLYBDAEN(0)-CYCLOHEPTATRIENYL 57-0050
- AROMATENKOMPLEXE V. METALLEN 104. MITT. 58-0062
WEHRLI F. W., LINEARE KORRELAT. D. CHEM. VERSCHIEB. D. VINYLPROTONEN MIT D. LCAO-MO-PI-ELEKTRONENDICHTEN IN META- U. PARA-SUBSTITUIERTEN STYROLEN U. ZIMTSAEUREN 56-0149
WEHRLI H., PHOTOCHEM. RK. 41. MITT. 56-0252
- STEROIDE U. SEXUALHORMONE 233. MITT. 56-0699
- PHOTOCHEM. RK. 42. MITT. 56-0704
- PHOTOCHEM. RK. 46. MITT. 62-0802
- STEROIDE U. SEXUALHORMONE 234. MITT. 62-0803
WEI C. H., DARST. U. STRUKTUR EINES PHOTODIMEREN D. 1-METHYLTHYMINS 55-0122
WEI L., ZERS.-MECHANISMUS EINIGER CARBONSAEURE-THIOLCARBONSAEURE-ANHYDRIDE 63-0301
WEI P. H. L., RINGSCHLUSSRK. MIT NITRILEN 2. MITT. 63-0697
WEIDENBRUCH M., RK. V. PERFLUORMONOCARBONSAEUREN 5. MITT. 53-0253
WEIDENHOFFER Z., KATALYT. ENTALKYLIER. V. ALKYLAROMAT. VERB. 16. MITT. 54-0140
WEIDLEIN J., SCHWING.-SPEKTREN V. DIMETHYL- U. DIAETHYLALUMINIUMFLUORID 56-0010
WEIDLER-KUBANEK A., BLDG. V. ADDUKTEN ZWISCHEN FLUORIERTEN KETONEN U. METALLFLUORIDEN 63-0094
- BLDG. V. FLUORIERTEN AETHERN DURCH EINE MODIFIZIERTE HALOHYDRFIN-RK. 63-0370
- ADDIT. V. HEXAFLUORACETON AN KETENIMINE 63-0590
WEIDMANN H., RK. D. D GLUCURONSAEURE 7. MITT. 60-0693
- CHEMIE CYCL. ENAMINOKETONE 3. MITT. 63-0670
WEIGERT F. J., NMR-SPEKTROSKOPIE, (13)C-KOPPL.-KONST. V. ORGANOMETALLVERB. 60-0013
- KERNMAGNET. RESONANZ-SPEKTROSKOPIE, (13)C-SPEKTREN V. 5-GLIEDR. AROMAT. HETEROCYCLEN 64-0119
- KERNMAGNET. RESONANZ-SPEKTROSKOPIE, KONFORM. U. KONFORM.-GLEICHGEW. D. BIS-(TRIFLUORMETHYL)-TETRACHLORAETHANS 64-0177
WEILAND J., GIBBERELLINE 13. MITT. 54-0505
WEILER E. D., NMR-SPEKTREN V. DERIV. VERSCHIEDEN SUBSTITUIERTER INDANONE U. TETRALONE 54-0066
WEILER L. S., MASSENSPEKTREN V. SYMM.-TETRAZINEN, RED. ZU DIHYDRO-SYMM.-TETRAZINEN IN D. IONENQUELLE DES MASSENSPEKTROMETERS 64-0154
WEILL-RAYNAL J., TOTALSYNTH. V. OESTRON U. ASYMM. UMWANDL. 55-0561
- ASYMM. SYNTH. AUS VERB. MIT TRIGONAL GEBUNDENEM KOHLENSTOFF 60-0330
WEIMANN L., STRUKTUR DES KOHLENSUBOXIDPOLYMEREN 60-0801
WEIMANN T., UNTERSTE GRENZE D. H2O2-KONZ., D. ZUR BLDG. V. ORGAN. U. ANORGAN. PERSAEUREN ERFORDERLICH IST 62-0343
WEINBERG N. L., ANOD. OX. V. ORGAN. VERB. 3. MITT. 57-0198
- N-CARBONSAEUREESTER V. 1.2- U. 1.4-DIHYDRO-CHINOLINEN. EINE NEUE KLASSE V. IRREVERSIBLEN INAKTIVATOREN D. BRENZCATECHINAMIN-ALPHA-REZEPTOREN U. STARKEN ZENTRALNERVENSYST.-DEPRESSOREN 58-0638
WEINBLUM D., KRIST.-STRUKTUR EINES THYMIN-PHOTODIMEREN (''THYMER E'') 54-0116
WEINER S., REKOMBINAT.-GESCHW. V. CYANALKYL-RADIKALEN IN LSG. 60-0234
WEINER S. A., MECHANISMEN D. PHOTOCHEM. RK. IN LSG. 52. MITT. 61-0314
WEINGARTEN H., ELEKTROLYT. OX. V. ORGAN. VERB. 1. MITT. 58-0192
- SYNTH. U. CHEMIE D. 3-PHENYL-2-PROPINYL-MULTIAMINE 60-0396
- RK. V. TETRAKIS-(DIMETHYLAMINO)-TITAN MIT TETRAMETHYLOXAMID 61-0370
- RK. V. BETA-DICARBONYLVERB. MIT TETRAKIS-(DIMETHYLAMINO)-TITAN 62-0031
- ALKYLIER. V. ALKYLIDEN-BIS-(DIMETHYLAMINEN) 64-0343
WEINGES K., PROANTHOCYANIDINE 10. MITT. 59-0715
- PHENOLISCHE NATURSTOFFE, 9. MITT. 64-0797
WEINMAN J., FREIE VALENZSCHWINGUNG NY(OH) D. HYDROXYLGRUPPEN V. STEROIDEN, FREQUENZ, INTENSITAET U. FORM D. BANDE 56-0112
WEINSHENKER N. M., 9.9'-DEHYDRODIANTHRACEN 58-0513
WEINSTEIN B., UNTERSCHIEDL. CHEM. VERSCHIEB. D. METHYLEN-PROTONEN IN GLYCYL-DIPEPTIDEN 56-0118
- AMINOSAEUREN U. PEPTIDE 16. MITT. 61-0799
WEINSTOCK J., STUDIEN ZUR SYNTH. V. PROSTAGLANDINEN 59-0765
- PTERIDINE 5. MITT. 63-0701
- PTERIDINE 6. MITT. 63-0702
- PTERIDINE 7. MITT. 63-0703
- PTERIDINE 8. MITT. 63-0704
- PTERIDINE 9. MITT. 63-0705
- PTERIDINE 10. MITT. 63-0706
- PTERIDINE 11. MITT. 63-0707
- PTERIDINE 12. MITT. 63-0708
- DEHYDROBENZOL-BLDG. DURCH DESULFAMYLIER. 64-0507
WEINSTOCK L. T., PYRIMIDINE 22. MITT. 60-0631
WEINTRAUB L., BEQUEME, ALLG. SYNTH. V. AMIDINEN 62-0387
WEIS J., SUBSTITUIERTE HETEROAROMAT. ANTHRANILSAEUREN MIT ANTIINFLAMMATORISCHER AKTIVITAET 63-0710
WEISBACH J. A., STUDIEN ZUR SYNTH. V. PROSTAGLANDINEN 59-0765
- OCOTEA-ALKALOIDE, CHARAKTERISIER. U. STRUKTURAUFKLAER. V. VIER NEUEN APORPHIN-BASEN 61-0741
- GLYCERINLIPOIDE 1. MITT. 63-0375
- ALKALOIDE AUS CASSYTHA AMERICANA (C. FILIFORMIS L.) 64-0807
WEISBUCH F., VERDOPPELNDE RED. V. DELTA(2)-CYCLOHEXENON, DARST. V. 3.3'-DIOXO-DICYCLOHEXYL-(1.1') U. 3.3'-DIHYDROXYDICYCLOHEXYL-(1.1') 56-0403
WEISBURGER E., RK. V. NITROSOBENZOLEN MIT ARALKYLAMINEN 57-0378
WEISE A., CYANSAEUREESTER 14. MITT. 55-0254
- CYANSAEUREESTER 15. MITT. 55-0255
- CYANSAEUREESTER 13. MITT. 55-0476
WEISE J. K., SYNTH. U. OPT. ROTATIONSDISPERSIONSSTUDIEN V. ASYMM. THIEPANONEN-(2) 64-0766
- ANION. RINGOEFFN.-POLYMERISAT. V. THIOLACTONEN 64-0894
- OPT. ROTAT.-DISPERS.-STUDIEN V. ASYMM. POLY(THIOL-ESTERN) 64-0895
WEISFLOG J., NEUE SYNTH. SUBSTITUIERTER THIOPHENE U. PYRROLE 59-0512
WEISGERBER G., KATION. UMLAGER. V. NORBORNADIENDIMEREN IN D. KAEFIGKOHLENWASSERSTOFF HEPTACYCLO(9.3.0(1.11).0-(2.6).0(3.10).0(4.8).0(7.14).0(9.13))TETRADECAN 54-0341
WEISGERBER I., CHEM. KLASSIFIZIER. V. PFLANZEN 32. MITT. 58-0826
- INSEKTIZIDE IM STOFFWECHSEL 15. MITT. 62-0850
WEISLEDER D., GEOMETRIE V. MYRTENAL, ANALYSE D. KERNMAGNET. RESONANZSPEKTRUMS EINES BICYCLO(3.1.1)HEPTEN-(2)-SYSTEMS 63-0131
WEISS D., INHALTSSTOFFE AUS PIPER-ARTEN 17. MITT. 64-0908
WEISS D. S., MOLEKUELPHOTOCHEMIE 6. MITT. 61-0321
WEISS E., GLYKOSIDE U. AGLYKONE 295. MITT. 53-0492
- GLYKOSIDE U. AGLYKONE 301. MITT. 56-0631
- GLYKOSIDE U. AGLYKONE 302. MITT. 56-0632
- METALLALKYLVERB. 6. MITT. 57-0015
- METALL-ALKYL-VERB. 8. MITT. 61-0014
WEISS E. R., RK. V. ELEKTROPHILEN MIT EINIGEN IMINEN D. CYCLOHEXANONS U. ISOBUTYRALDEHYDS 64-0488
WEISS F., ALPHA.ALPHA'-DISUBSTITUIERTE ISOBUTENE, 3. MITT. 56-0375
WEISS M. J., BIRCH-RED. V. QUATERN. TRYPTAMIN-SALZEN 56-0487
- VERH. V. 2-CARBOMETHOXY- U. 2-ACETYL-1.4-BENZOCHINON BEI D. NENITZESCU-INDOL-SYNTH. 58-0578
WEISS R., KRIST.-STRUKTUR D. ACETYLHEXACHLOROANTIMONATS, SBCL5-CH3COCL 55-0126
WEISS U., OPT. AKTIVITAET NICHTPLANARER KONJUGIERTER DIENE 4. MITT. 54-0050
- MORPHINDERIV. 5. MITT. 61-0731
WEISSENFELS M., NEUE SYNTH. SUBSTITUIERTER THIOPHENE U. PYRROLE 59-0512
- EINW. V. NATRIUMSULFID AUF ALPHA-CHLOR-ALPHA'-FORMYL-STILBENE U. 1-CHLOR-2-FORMYL-CYCLOALKENE-(1) 62-0441
WEISSMAN S. I., DIREKTE MESS. D. GESCHW. D. WASSERSTOFFATOMAUSTAUSCHES ZWISCHEN EINEM PHENOL U. SEINEM PHENOXY-RADIKAL 60-0233
WEISSMANN G., DELTA(8(9).15)-ISOPIMARSAEURE IM BALSAM V. PINUS PEUCE, GRISEBACH 61-0812
WEISZ I., NUCLEOPHILE DEQUARTERNISIERUNG VON KONDENSIERTEN AZETIDINIUMSALZEN, 2. MITT. 60-0476

- EFFEKT AXIALER BETA-SUBSTITUENTEN AUF D. QUATERNISIER. BEI EINIGEN COCAIN-DERIV. 62-0212
WEITMAN R., EIN NEUES ALKALOID V. CHINOLON-TYP AUS HAPLOPHYLUM TUBERCULATUM (RUTACEAE) 61-0725
WELCH D. E., DARST. U. BAKTEREOSTAT. AKTIVITAET EINIGER HALOGENAETHYL-IMIDAZOLE GEGEN HISTOMONAS 60-0832
WELCH D. K., DEUTERIUM-ISOTOPENEFFEKT IN EINEM NICHTWAESSRIGEN SAEURE-BASE-SYST. 58-0021
WELFLE H., POTENTIELLE ZYTOSTATIKA 10. MITT. 54-0387
WELLER W. T., SYNTH. V. LACTONEN 3. MITT. 57-0315
WELLMAN K. M., NACHW. D. WECHSELWRKG. MIT D. PYRAMIDENSPITZE IN KUPFER(II)-KOMPLEXEN V. POTENTIELL DREIZAEHN. ALPHA-AMINOSAEUREN MIT HILFE D. OPT. ROTAT.-DISPERS. 58-0003
WELLS C. H. J., MASSENSPEKTREN V. ISOMEREN 1. MITT. 60-0135
WELLS E. E. JUN., VERS. ZUR DARST. V. DIPHENYLCYCLOPROPENYLIDEN 4. MITT. 61-0466
WELLS E. J., PSEUDO-ROTAT. BEI (PCF3)5 54-0091
WELLS J., RK. V. SCHWEFELYLIDEN MIT METHYL-GLYKOPYRANOSIDULOSEN 53-0478
WELLS P. R., PROTOLYSE V. TRANS-2-CHLOR-VINYL-QUECKSILBERCHLORID IN DMSO 56-0219
WELLS R. D., 1.2-O-ALKYLIDEN-ALPHA-D-GLYKOPYRANOSEN, 1. MITT. 53-0485
WELLS W. L., METHYLZINN-LITHIUM-VERB. DARST. U. EIG. V. TRIS-(TRIMETHYL-STANNYL)-STANNYLLITHIUM-TRIS-(TETRAHYDROFURAN) 57-0046
WELSCH J. E., DURCH BASE KATALYSIERTE ZERS. V. PEROXYPIVALINSAEURE IN WAESSRIGER LSG. 58-0290
WELTZIEN H. U., SYNTH. V. CHOLINPHOSPHATIDEN 1. MITT. 57-0327
- SYNTH. V. CHOLINPHOSPHATIDEN 3. MITT. 57-0329
- SYNTH. V. CHOLINPHOSPHATIDEN 4. MITT. 57-0330
WELVART Z., AROMAT. AMINOALKYLIER. DURCH RADIKAL. REKOMBINAT. 53-0159
- STEREOCHEMIE D. RED. V. IMMONIUMSALZEN DURCH ORGANOMAGNESIUMVERB. 57-0213
WEMMERS A., CYCLOHEXANDERIV. 6. MITT. 57-0149
WEMPEN I., NUCLEOSIDE 47. MITT. 57-0648
- NUCLEOSIDE 44. MITT. 58-0109
WENCHANG J., DOPPELOKTANTENREGEL FUER PLANARE KOMPLEXE V. UEBERGANGSMETALLIONEN 58-0004
WENDLBERGER G., SYNTH. D. GLUCAGONS 17. MITT. 57-0749
WENDLER N. L., ZERLEG. V. (+-)-ZEARALENON, BEST. D. ABS. KONFIG. BEI D. NATUERL. ENANTIOMEREN 53-0582
- TOTALSYNTH. D. MACROLIDS ZEARALENON 60-0788
WENDLING E., BERECHN. D. D-D-SPEKTRUMS D. HEXAFLUOROTITANAT(III)-IONS UNTER VERWEND. ANALYT. RADIALFUNKT. D. AUTOKOHAERENTEN FELDES IN D. NAEHER. D. KRIST.-FELDTHEORIE 2. MITT. 54-0001
- BERECHN. D. D-D-SPEKTRUMS D. OXOPENTAFLUOROMOLYBDAT-(V)-IONS UNTER VERW. TABELLIERTER RADIKALFUNKT. D. AUTOKOHAERENTEN FELDES IN D. NAEHER. D. KRISTALLFELD-THEORIE 3. MITT. 54-0002
- THERMOGRAVIMETR., DIFFERENTIALTHERMOANALYT., RADIOKRISTALLOGRAPH. U. SPEKTROSKOP. (IR U. RAMAN, 2000 BIS 200 CM(-1)) UNTERS. AN NATRIUM-, KALIUM- U. AMMONIUMOXALATOMONOMOLYBDATEN U. -WOLFRAMATEN 4. MITT. 60-0008
WENK F., PYRIDINDERIV. ALS KOMPLEXBILDNER 8. MITT. 56-0560
WENKERT E., TETRAHYDROPYRIDINE 59-0596
- ANOMALE WOLFFSCHE UMLAGER. 64-0351
- KONDENS. V. O-PHENYLENDIAMIN MIT 2-METHYL- U. 2 AETHYLNAPHTHOCHION-(1.4) 64-0747
WENNERSTROEM O., RK. V. PHENYLKUPFER MIT JODARENEN 62-0434
WENTLAND M. P., THERM. UMLAGER. V. CYCLOPROPYLIMINEN 2. MITT. 62-0726
WENTRUP C., RK. ANGEREGTER MOL. 2. MITT. 54-0189
- RK. ANGEREGTER MOL. 4. MITT. 62-0279
- RK. ANGEREGTER MOL. 5. MITT. 62-0280
WENTWORTH R. A. D., GEHINDERTE LIGANDENSYST. CIS.CIS-TRIAMINOCYCLOHEXAN U. SEINE KOMPLEXE MIT CO(III) U. RH(III) 58-0072
WENZL R., VALENZTAUTOMERIE U. GEHINDERTE ROTAT. IM N-AETHOXYCARBONYL-AZEPIN-EISENTRICARBONYL 54-0004
WEPSTER B. M., CYCLOHEXANDERIV. 6. MITT. 57-0149
WERBEL L. M., 3-PHENYLRHODANINE ALS ANTIMALARIA-WIRKSTOFFE 60-0541
- NEUE ANTITUBERKULOESE U. ANTILEPROT. AGENTIEN, 1-(3-(5.6.7.8-TETRAHYDRO-4-(PHENYLAZO- U. -3-PYRIDYLAZO)-1-NAPHTHYL-AMINO)-PROPYL)-PIPERIDINE U. AEHNLICHE VERB. 63-0675
- POTENTIELLE ANTIMALARIAMITTEL. 2-(DIALKYLAMINO-ALKYLAMINO)-3-(2-PYRIDYL)-CHINOXALINE 63-0898
WERBER G., KONDENS. V. PHENOLAETHERN MIT ALIPHAT. ALDEHYDEN 22. MITT. 61-0495
WERBER G. P., BIS-(CYCLOPENTADIENYL)-NIOB-KOMPLEXE MIT DER MOLEKUELEINHEIT S2 ALS LIGAND 61-0046
- DARST. U. STRUKTUR V. (PI-C5H5)2NBJ2 U. (PI-C5H5)2NBJ3 62-0037
WERMUTH C., HETEROCYCL. STEROIDE, KONDENSAT. V. BRENZTRAUBENSAEURE MIT 5ALPHA-ANDROSTAN-17BETA-OL-3-ON 59-0761
WERNER D., TUMORINHIBITOREN 31. MITT. 64-0838
WERNER E., RK. MIT PHOSPHORORGAN. VERB. 13. MITT. 53-0270
- NEUE SYNTH. SUBSTITUIERTER THIOPHENE U. PYRROLE 59-0512
WERNER G., CHEMIE V. TROPAN-DERIV. 2. MITT. 56-0656
WERNER W., ALPHA-AMINOALKYLIER. MIT BIS-(2-CHLORAETHYL)-AMIN 4. MITT. 59-0457
WERSTIUK N. H., SESQUITERPENOIDE 14. MITT. 57-0712
WERTHER H. U., CYCL. ESTER U. THIOESTER V. PHOSPHON-, THIOPHOSPHON- U. SELENOPHOSPHONSAEUREN 64-0556
- CYCL. ESTER D. METHANARSINSAEURE 64-0659
WESSELY F., CYCL. ACYLALE 18. MITT. 55-0458
- CYCL. ACYLALE 20. MITT. 55-0459
- ZUR KENNTNIS CYCL. ACYLALE 21. MITT. 64-0227
WESSLING D., ALLG. DARST.-METH. V. ACI-REDUKTONEN AUF OXYDATIVEM WEG 58-0695
WEST B. D., REVERSIBLE ABSPALT. D. KOHLENSTOFFATOMS 2 AUS 3-SUBSTITUIERTEN 4-HYDROXYCUMARINEN 58-0616
WEST D. E., DEMETHYLIER. V. ARYLMETHYLAETHERN MIT BORTRIBROMID 60-0416
WEST D. W., ABBAU V. RIBOFLAVIN DURCH BAKTERIEN 57-0755
WEST P., ION. CHARAKTER V. ALLYLLITHIUM 58-0001
WEST P. W., OX. MIT BLEITETRAACETAT 2. MITT DELTA(3)-1.3.4-OXADIAZOLINE AUS KETOCARBOHYDRAZONEN U. EIN DELTA(3)-1.3.4-THIADIAZOLIN AUS ACETONTHIOCARBOHYDRAZON 63-0651
WEST R., ACIDITAET V. SILANTHIOLEN 58-0189
- NEUE ANION. UMLAGER. 8. MITT. 58-0393
- MEHRFACHE EINFUEHR. V. LITHIUM 2. MITT. 63-0460
- DICHLORCYCLOPROPENON 64-0480
WESTLAND R., POTENTIELLE ANTIVIRUSMITTEL. GEGEN MASERN U. HERPES-VIREN AKTIVE CARBOBENZOXY-DI- U. -TRIPEPTIDE 58-0791
WESTLAND R. D., 1-ALKYL-1-(2-MERCAPTOAETHYL)-GUANIDINE U. IHRE ENTSPRECHENDEN THIOHARNSTOFFE, DISULFIDE U. THIOSULFATE ALS ANTIBAKTERIELLE MITTEL 57-0319
WESTLEY J. W., UNTERSCHIEDL. CHEM. VERSCHIEB. D. METHYLEN-PROTONEN IN GLYCYL-DIPEPTIDEN 56-0118
- EIN EINFACHER WEG ZU STER. REINEN DIKETOPIPERAZINEN 59-0618
- GASCHROMATOGRAPHIE V. AMINOSAEUREN ALS N-THIOCARBONYL-ESTER-DERIV. 62-0856
WESTMORE J. B., MASSENSPEKTREN V. FLUORACETYLACETONATO-KOMPLEXEN 53-0004
WESTMORELAND L. L., ANWEND. D. SPEKTROSKOPIE IM FERNEN INFRAROT ZUR CHARAKTERISIER. D. METALL-THIOCYANAT-BIND. IN PALLADIUM(II)-KOMPLEXEN 63-0005
WESTON R. E. JUN., UNTERSCHIEDL. RK.-FAEHIGK. V. DURCH PHOTODISSOZIAT. ERZEUGTEN TRIFLUORMETHYL- U. METHYLRADIKALEN 59-0275
WESTPHAL G., HETEROCYCLEN AUS LAEVULINSAEURE 1. MITT. 59-0632
- HETEROCYCLEN AUS LAEVULINSAEURE 4. MITT. 64-0621
WESTPHAL O., SYNTH. V. CHOLINPHOSPHATIDEN 1. MITT. 57-0327
- SYNTH. V. CHOLINPHOSPHATIDEN 2. MITT. 57-0328
- SYNTH. V. CHOLINPHOSPHATIDEN 3. MITT. 57-0329
- SYNTH. V. CHOLINPHOSPHATIDEN 4. MITT. 57-0330
- SYNTH. V. CHOLINPHOSPHATIDEN 5. MITT. 57-0331
WESTRUM E. F., MESS. D. WAERMEKAPAZITAET V. ANTHRACEN ZWISCHEN 5 U. 520 GRAD K 61-0170
WESTRUM E. F. JUN., MESS. D. WAERMEKAPAZITAET V. THIAZOL ZWISCHEN 5 U. 340 GRAD K 59-0176
- SPEZIF. WAERME V. 2-METHYL-THIAZOL ZWISCHEN 5 U. 300 GRAD K 60-0186
- MESS. D. WAERMEKAPAZITAET V. BENZOTHIAZOL ZWISCHEN 4 U. 320 GRAD K 62-0163
WESTWOOD R., PROTONENMAGNET. RESONANZSPEKTREN V. BENZO(B)THIOPHEN-DERIV. 60-0109
WETTERMARK G., SUBSTITUENTEN-EFFEKTE BEI D. CIS-TRANS-ISOMERISIER. UEBER D. KOHLENSTOFF-STICKSTOFF-DOPPELBIND. 53-0164
- PROTONENAFFINITAET EINES N-ATOMS IN EINEM KONJUGIERTEN PI-SYST. 61-0127
- CIS-TRANS-ISOMERISIER. SCHIFFSCHER BASEN 64-0328
WETZCHEWALD H. J., EXPERIMENTELLE UNTERS. UEBER D. ABHAENGIGK. D. RK.-GESCHW. BEI D. PHOTOLYT. ZERS. V. AROMAT. DIAZOVERB. V. DEREN STRUKTUR 54-0181
WETZEL E. R., PARTIALSTRUKTUR D. ANTIBIOTIKUMS LL-AC541 54-0563
WEUFFEN W., UNTERS. UEBER NITRO-THIOPHEN- U. NITRO-FURANDERIV. 2. MITT. 58-0562
- NITROTHIOPHEN- U. NITROFURANDERIV, 3. MITT. 64-0928
WEWERKA D., RK. D. D-GLUCURONSAEURE 2. MITT. 60-0693
WEXLER S., CHEMIE V. SINGULETT-SAUERSTOFF 4. MITT. 59-0206
WEYELL D. J., CYCLOPROPANOSTEROIDE 62-0806
WEYENBERG D. R., GLEICHGEW. DER FLUOR- U. WASSERSTOFF-UMVERTEILUNG AN SILICIUM 59-0178
- DISILYLIER. KONJUGIERTER DIENE, KONFIG. V. DIEN-ANION-RADIKALEN U. DIANIONEN 63-0410
- CHEMIE D. SILYLENE 1. MITT. 64-0416
WEYERSTAHL P., DIELS-ALDER-SYNTH. V. HEXACHLOR-CYCLOPENTADIEN MIT DIHALOGEN-ALKENYL-CYCLOPROPANEN 55-0349
- ADDIT. V. DIHALOGENCARBENEN AN DIOLEFINE 58-0329
- RK. V. DIHALOGENCARBENEN MIT ENOLAETHERN 58-0330
- DARST. V. 2-HALOGEN-AETHYLAETHERN 58-0331
- SULFONSAEURE-(BETA-CHLOR-ALKYL)-ESTER U. 1.2-ALKYLEN-GLYKOL-DISULFONATE AUS SULFOCHLORIDEN U. ALKYLENOXIDEN 58-0332
- DARST. V. 2-HALOGEN-DIENEN UEBER 1.1-DIHALOGEN-CYCLOPROPANE 61-0326
- ADDIT. V. HALOFORMEN AN POLARISIERTE DOPPELBIND.

61-0351
- FRAGMENTIER.-RK. AN CARBONYLVERB. MIT BETA-STAEND. ELEKTRONEGATIVEN SUBSTITUENTEN 9. MITT. 63-0588
- MECHANISMUS D. THERM. SPALT. V. ARYLMETHYL-TOSYLATEN 64-0312
WEYGAND F., N-ACYL-TRIHALOGENACETALDIMINE ALS REAKTIVE ZWISCHENSTUFEN BEI ELIMINIER.-ADDIT.-RK. 6. MITT. 56-0315
- 2.2.2-TRIFLUOR-1-ACYLAMINO-AETHYL-RESTE ALS SCHUTZGRUPPEN FUER D. IMINOGRUPPE D. HISTIDINS BEI PEPTIDSYNTH. 56-0725
- RK. D. TRIFLUORACETYL-AETHOXYCARBONYL-CARBENS 3. MITT. 57-0516
- RK. D. TRIFLUORACETYL-AETHOXYCARBONYL-CARBENS 4. MITT. 57-0517
- RK. V. INAMINEN MIT CARBONSAEURE- U. N-ACYL-AMINO-SAEUREANHYDRIDEN SOWIE ANLAGER. AN OXAZOLONE-(5) U. PSEUDOOXAZOLONE-(5) 57-0536
- 2.2.2-TRIFLUOR-1-BENZYLOXYCARBONYLAMINO-AETHYL-REST ALS SCHUTZGRUPPE FUER D. HYDROXYLGRUPPEN D. SERINS U. THREONINS BEI PEPTIDSYNTH. 59-0767
- N-ACYL-TRIHALOGENACETALDIMINE ALS REAKTIVE ZWISCHENSTUFEN BEI ELIMINIER.-ADDIT.-RK. 7. MITT. 63-0632
WHALEY H. A., STRUKTUR V. FRENOLICIN 60-0789
WHALLEY W. B., D. BIOGENESE ANALOGE SYNTH. V. XANTHONEN 53-0403
- SYNTH. V. 4ALPHA-METHYL-CHOLESTEN-(8,9)-3BETA-OL 57-0725
WHARTON C. W., KINETIK D. BROMELIN-KATALYSIERTEN HYDROLYSE V. ALPHA-N-BENZOYL-L-ARGININ-AETHYLESTER U. ALPHA-N-BENZOYL-L-ARGININAMID 56-0751
WHARTON E. J., ZWEIKERN. NITROSYL-EISEN-KOMPLEXE V. DIPHENYL-DITHIOLEN-TYP 57-0055
WHEATLEY P. J., STRUKTUR V. ANISOMYCIN 58-0154
WHEATON T. A., SYNTH. V. (-)-BETA-METHOXYSYNEPHRIN 58-0434
WHEELER D. M. S., SYNTH. V. DITERPENOIDSAEUREN 7. MITT. 54-0524
WHEELER J. C., PHASENUEBERGAENGE U. KRIT. PUNKTE IN EINEM DREIKOMPONENTEN-MODELLSYST. 63-0028
WHEELER M. M., SYNTH. V. DITERPENOIDSAEUREN 7. MITT. 54-0524
WHELAN J., TOTALSYNTH. V. (+-)-OCHOTENSIMIN 61-0740
WHEWELL R. J., VGL. D. DONATOREIG. V. ELEMENTEN D. GRUPPE VIB 56-0042
- SAEUREDISSOZIAT.-KONST. V. SUBSTITUIERTEN PHENYLMERCAPTO- U. PHENYLSELENOESSIGSAEUREN 62-0181
WHIDDON S. E., SYNTH. V. KOBALTCARBONYLEN BEI NIEDR. DRUCK 58-0068
WHIPPLE E. B., ZUORDNUNG D. KONFIGURATION FUER PHOTOADDITIONSPROD. UNSYMM. CARBONYLE AN FURAN UNTER VERWEND. V. PSEUDOKONTAKT-VERSCHIEB. 58-0144
WHISTLER R. L., NUCLEOPHILE OEFFN. D. OXETANRINGES V. 3.5-ANHYDRO-1.2-O-ISOPROPYLIDEN-BETA-L-IDOFURANOSE U. -ALPHA-D-XYLOFURANOSE 58-0687
- PHOTOCHEM. ADDIT. V. PHOSPHINEN AN 5.6-DIDESOXY-1.2-OISOPROPYLIDEN-ALPHA-D-XYLO-DELTA(5)-HEXENOFURANOSE 64-0777
WHITAKER K. E., BIPHENYLENE, SYNTH. V. 1-NITRO- U. 1-AMINO-BIPHENYLEN 55-0340
- BENZOCYCLOOCTATETRAENE 1. MITT. 57-0462
- BENZOCYCLOOCTATETRAENE 2. MITT. 63-0546
WHITE A. F., CHEMIE D. TETRACYCL. DITERPENOIDE 7. MITT. 60-0745
- CHEMIE D. TETRACYCL. DITERPENOIDE 8. MITT. 60-0746
WHITE A. M., STABILE CARBONIUMIONEN 64. MITT. 61-0197
WHITE E. C., CHOLINESTERASE-KATALYSIERTE HYDROLYSE V. LACTOYLCHOLINEN U. SUBSTRATHEMM. D. CHOLINESTERASE 63-0884
WHITE J. D., CYCLOTETRAVERATRYLEN, EINE KONFORMATIONSBEWEGLICHE STRUKTUR 59-0164
WHITE J. E., RK. D. N-CARBAZOLYL-RADIKALS 59-0535
WHITE S. S. JUN., RED. V. ACETON MIT MORPHOLINBORAN 61-0334
WHITE W. N., UMLAGER. V. N.N'-DIMETHYL-HYDRAZOBENZOL 58-0433
WHITEAR B. R. D., RK. D. ACETYLENDICARBONSAEURE-DIMETHYLESTERS MIT MALONSAEURE-DERIV., PENTAMETHOXYCARBONYLCYCLOPENTADIENYL-ANION, TETRAMETHOXYCARBONYLCYCLOPENTADIENON, CYANTETRAMETHOXYFULVENOLAT-ANION U. VERWANDTE VERB. 54-0299
WHITEHOUSE M. W., MOEGL. ANTILEUKAEM. U. IMMUNHEMMENDE ARZNEIMITTEL. DARST. U. PHARMAKOLOG. IN VITRO-PRUEF. V. EINIGEN BENZO-2.1.3-OXADIAZOLEN (BENZOFURAZANEN) U. IHREN N-OXIDEN (BENZOFUROXANEN) 60-0558
WHITEHOUSE R. D., ABS. KONFIG. U. OPT. ROTAT.-VERMOEGEN V. METHYLSULFINYLSTEROIDEN 55-0045
- STEROIDSCHWEFELVERB. 2. MITT. 63-0831
WHITEHURST J. S., ZIRKULARDICHROISMUS U. ABSOLUTE KONFIG. D. ARGEMONINS 54-0102
WHITELEY R., VERS. MIT THIOACETALEN U. VERWANDTEN SUBSTANZEN 4. MITT. 59-0294
- VERS. MIT THIOACETALEN U. VERWANDTEN SUBSTANZEN 5. MITT. 59-0295
WHITER P. F., ALLENE 16. MITT. 55-0223
WHITESIDES G. M., GEHINDERTE ROTAT. BEI SUBSTITUIERTEN PARACYCLOPHANEN 58-0148
- CYCLOTRIMERISIER. V. (1.1.1-D3)-BUTIN-(2) DURCH TRIPHENYL-TRIS-(TETRAHYDROFURAN)-CHROM(III) 58-0306
WHITESIDES T. H., PHOTOLYT. ISOMERISIER. V. POLY-TERT.-BUTYL-FURANEN 64-0339
WHITFIELD G. F., FRIEDEL-CRAFTS-RK. V. N-ALKENSAEUREN MIT BENZOL 62-0317
- DIELS-ALDER-RK. LANGKETT. UNGESAETT. FETTSAEUREN 64-0487
WHITHAM G. H., UMLAGER. V. 3-METHYL-CAREN-(4)-ON-(2) 57-0690
- SOLVOLYSE V. 2.2-DIMETHYL-CHOLESTERYLMETHANSULFONAT 57-0741
- RED. V. 3-ACETOXY-4-METHOXY-CHOLESTADIEN-(3.5) MIT NABH4, EINFL. D. METHOXYL-SUBSTITUT. AUF D. PROTONIER. EINES KONJUGIERTEN DIENOLAT-ANIONS 58-0785
WHITHING D. A., STEREOCHEMIE U. STRUKTUR IN D. TETRAHYDRO-1-THIO-PYRON-(4)- U. TETRAHYDRO-PYRON-(4)-REIHE 61-0620
WHITING A. F., METASTABILE UEBERGAENGE V. DREIFACHGELADENEN IONEN 53-0084
WHITING D. A., WALLACHS ANOMALE BENZYLIDENDERIV. 53-0538
- HELIOPSIS SCABRA-EXTRAKTE, STRUKTUR U. STEREOCHEMIE ZWEIER NEUER LIGNANE 59-0785
- STRUKTUR U. STEREOCHEMIE D. BEI D. KONDENS. V. CARVENON MIT BENZALDEHYD ERHALTENEN HEXAHYDROISOCHROMANONS 61-0610
- CHEMIE D. BEI D. KONDENS. V. CARVENON MIT BENZALDEHYD ERHALTENEN HEXAHYDROISOCHROMANONS 61-0611
WHITING G. C., KONFIG. V. NATUERL. 2.3-DIMETHYL-GLYCERINSAEURE 56-0299
WHITING M. C., NEUE SYNTH. V. 3.4-BENZO-PHENANTHREN 56-0427
- KLASS. CARBONIUMIONEN 1. MITT. 60-0263
- STEREOCHEM. UNTERS. 46. MITT. 60-0264
- ANALYSE V. GEMISCHEN V. N-OCTENEN, OCTALINEN, TERT.-BUTYL-CYCLOHEXENEN, OCTANOLEN, DECALOLEN U. TERT.-BUTYL-CYCLOHEXANOLEN 60-0841
WHITLOCK H. W., OCTAAETHYLPORPHYRIN 63-0788
WHITLOCK H. W. JUN., ENZYMAT. ERFORDERNISSE D. ''KONZERTIERTEN'' GRUNDGERUESTUMLAGER. 58-0761
- EIN BICYCLO(2.1.0)PENTAN-PHENONIUMION 59-0438
WHITNEY T. A., DIASTEREOMERE WECHSELWRKG. IN LSG. 62-0134
WHITTEN D. G., PHOTOISOMERISIER. V. 1.2-BIS-(PYRIDYL-(4))-AETHYLEN MIT GERINGER AUSB. 62-0293
WHITTEN J. L., SCF-BERECHN. D. GEOMETRIE V. PROTONIERTEM CYCLOPROPAN 64-0162
WHITTINGHAM A., DIREKTE DARST. EINIGER PENTAFLUORPHENYL-HALT. SILANE 63-0466
WHITTLE C. P., ALKYLWANDER. U. NITREN-FORMIMIN-ELIMINIER. IN HETEROAROMAT. ALKYLAMINOVERB. 63-0165
WHITTLE J. A., BIOSYNTH. V. STEROIDEN U. TERPENOIDEN 1. MITT. 64-0916
WIBBERLEY D. G., SYNTH. V. PYRIDO(3.2-D)PYRIMIDINEN AUS 5-AMINO-PYRIMIDINEN 53-0454
- SYNTH. AN 3H-PYRIDO(4.3-D)PYRIMIDONEN-(4) AUS 4-AMINO-NICOTINSAEURE 57-0617
- PYRAZOLO(4.3-B)- U. PYRAZOLO(3.4-C)PYRIDINE, RK. V. 2- U. 4-BROMMETHYL-3-NITRO-PYRIDIN MIT AROMAT. AMINEN 63-0689
WIBERG K. B., ANWEND. D. METH. D. VOLLSTAEND. VERNACHLAESSIG. D. DIFFERENTIALUEBERLAPPUNG. (CNDO) NACH POPLE-SANTRY-SEGAL AUF EINIGE KOHLENWASSERSTOFFE U. IHRE KATIONEN 57-0136
- SOLVOLYSE V. BICYCLO(2.1.0)PENTYL-(5)-METHYL- U. BICYCLO(3.1.0)HEXYL-(6)-METHYL-TOSYLATEN 57-0227
- ANWEND. D. POPLE-SANTRY-SEGAL-CNDO-METH. AUF D. CYCLOPROPYL-, D. CYCLOBUTYL-KATION U. AUF BICYCLOBUTAN 58-0135
- THERM. UMLAGER. V. TRICYCLO(4.1.0.0(2,7))HEPTAN 59-0248
- SOLVOLYSE V. SPIRO(2.N)ALKYL-(4)-DINITROBENZOATEN 62-0232
- 5-SUBSTITUIERTE BICYCLO(2.1.1)HEXENE 62-0484
- BLDG.-WAERMEN V. C4H6-KOHLENWASSERSTOFFEN 64-0192
WICHA J., EINFACHE DARST. V. 5ALPHA-ANDROSTAN-16-ON 54-0544
- 'METASTABILE PEAKS' FUER ZWEISTUFIGE FRAGMENTIERUNGEN 56-0138
- UMSETZ. D. STEROIDEN NEOPENTYL-SYST. 4. MITT. 64-0875
WICHERT Z., EINW. V. QUECKSILBERSALZEN AUF ACETYLENGLYKOLE 5. MITT. 58-0570
WICHOLAS M. L., BEST. D. ISOTROPEN VERSCHIEB. IN PARAMAGNET. KOBALT(II)-KOMPLEXEN 61-0008
WICKRAMASINGHE J. A. F., RED. V. 3-ACETOXY-4-METHOXY-CHOLESTADIEN-(3.5) MIT NABH4, EINFL. D. METHOXYL-SUBSTITUT. AUF D. PROTONIER. EINES KONJUGIERTEN DIENOLAT-ANIONS 58-0785
WIDDOWSON D. A., PHENOLOX. U. BIOSYNTH. 18. MITT. 63-0786
WIDMANN L., REAKTIVITAET D. CARBONYL- U. THIOCARBONYL-GRUPPE IM MONOTHIO-DIBENZOYLMETHAN 63-0515
WIDOM B., PHASENUEBERGAENGE U. KRIT. PUNKTE IN EINEM DREIKOMPONENTEN-MODELLSYST. 63-0028
WIEBELHAUS V. D., PTERIDINE 12. MITT. 63-0708
WIEBER M., SYNTH. EINIGER ORGANOFUNKTIONELLER METHYLGERMANIUMVERB. 59-0059
- CYCL. ESTER V. PHOSPHIN- U. THIOPHOSPHINSAEUREN 59-0644
- CYCL. ESTER U. THIOESTER V. PHOSPHON-, THIOPHOSPHON- U. SELENOPHOSPHONSAEUREN 64-0556
- CYCL. ESTER D. METHANARSINSAEURE 64-0659
WIECHERT K., DARST. V. ALKYLFLUORIDEN AUS ALKOHOLEN U. WASSERFREIEM FL. FLUORWASSERSTOFF 59-0285

WIECHERT R., INSEKTENHORMONE, 9. MITT. 56-0700
- SYNTH. V. 1ALPHA.2ALPHA,6BETA.7BETA-DIMETHYLEN-STEROIDEN 59-0751
- 15BETA.16BETA-METHYLEN-STEROIDE 59-0752
WIECZOREK J. S., RK. V. TRICHLORACETYLCHLORID MIT 2-PICOLIN-N-OXID U. PYRIDYLCARBINOLEN 62-0610
WIECZORKOWSKI J., NUCLEINSAEUREBESTANDTEILE U. IHRE ANALOGA 110. MITT. 59-0672
WIEDEMAN W., CHEMIE V. CYCLOPROPANOLEN 7. MITT. 64-0482
WIEDEMANN H., EINFL. D. TEMP. AUF D. CHLORIER. GESAETT. KW-STOFFE (LABOR.-MITT.) 58-0232
WIEDEMANN H. G., THERMOANALYT. UNTERS. 12. MITT. 64-0053
WIEDEMANN R., CYCLOADDIT. AKTIVER ACETYLENE AN 1.2-DITHIOL-THIONE-(3) U. IHRE 4-AZA-ANALOGEN 61-0572
WIEDENMANN R., CYCLOADDIT. HETEROCYCL. ENDO-EXO-1.3-DIPOLE UNTER RINGOEFFN. 59-0539
WIEDHAUP K., TOTALSYNTH. V. ANTHRASTEROIDEN 1. MITT. 57-0731
- TOTALSYNTH. V. ANTHRASTEROIDEN 2. MITT. 57-0732
- TOTALSYNTH. V. ANTHRASTEROIDEN 3. MITT. 57-0733
WIEGRAEBE W., UNTERS. AN D. P-N-DOPPELBIND. 6. MITT. 61-0080
WIEGREBE W., UEBERFUEHR. V. BENZYLISOCHINOLINEN IN BERBINIUM-SALZE 3. MITT. 53-0501
- UEBERFUEHR. V. 1-BENZYLISOCHINOLINEN IN BERBINIUM-SALZE 4. MITT. 58-0722
- UEBERFUEHR. V. 1-BENZYLISOCHINOLINEN IN BERBINIUM-SALZE 5. MITT. 58-0723
- UEBERFUEHR. V. 1-BENZYL-ISOCHINOLINEN IN BERBINIUM-SALZE 6. MITT. 58-0724
WIELAND P., STEROIDE 211. MITT. 53-0553
- FRAGMENTIER. V. ALPHA.BETA-EPOXY-KETOXIMEN ZU ACETYLENKETONEN 54-0202
WIELAND T., MONOTHIOHYDROCHINONAETHER ALS VERMITTLER EINER OXYDATIVEN SYNTH. V. ADENOSIN-DI- U. -TRIPHOSPHAT (ADP U. ATP) 54-0507
- MODELLVERSUCHE ZUR OXYDATIVEN PHOSPHORYLIER. 7. MITT. 56-0629
- PEPTIDSYNTH. 35. MITT. 62-0817
- INHALTSSTOFFE D. GRUENEN KNOLLENBLAETTERPILZES 34. MITT. 62-0834
- INHALTSSTOFFE D. GRUENEN KNOLLENBLAETTERPILZES 35. MITT. 62-0835
WIEMANN J., SELBSTKONDENS. V. MESITYLOXID AN MAGNESIUMOXID BEI VERSCHIEDENEM DRUCK 1. MITT. 53-0218
- KONDENS. V. ALPHA,BETA-UNGESAETT. ALDEHYDEN MIT ALPHA,BETA-UNGESAETT. KETONEN DURCH HETEROGENE KATALYSE IN D. GASPHASE 53-0288
- ELEKTROLYT. RED. V. ALPHA,BETA-UNGESAETTIGTEN ESTERN U. NITRILEN, AUCH IM GEMISCH 55-0219
- MECHANISMUS D. DUPLIKATIVEN RED. V. ALPHA-UNGESAETT. CARBONYL-VERB. IN GGW. V. METALLEN. ANWEND. AUF D. SYNTH. V. SEKUNDAER-TERTIAEREN ALPHA-GLYKOLEN MIT 2 DOPPELBIND. 55-0232
- DUPLIKATIVE RED. V. BETA-DIKETONEN 1. MITT. 55-0373
- 1.4-ADDIT. IN D. FURANREIHE, 1. MITT. 55-0374
- BECKMANN-UMLAGER. V. ALPHA,BETA-UNGESAETT. OXIMEN 4. MITT. 56-0235
- BECKMANN-UMLAGER. V. ALPHA,BETA-UNGESAETT. OXIMEN 5. MITT. 56-0236
- PHOTOCHEM. U. KATALYT. ISOMERISIER. V. ALKYLIERTEN 2-PHENYL-2.3-DIHYDRO-FURANEN 56-0400
- VERDOPPELNDE RED. V. DELTA(2)-CYCLOHEXENON, DARST. V. 3.3'-DIOXO-DICYCLOHEXYL-(1.1') U. 3.3'-DIHYDROXYDICYCLOHEXYL-(1.1') 56-0403
- PINAKOLIN-UMLAGERUNG V. ALPHA.ALPHA'-DIVINYL-GLYKOLEN 61-0348
- DUPLIKATIVE RED. V. ZIMTALDEHYD, BLDG.-MECHANISMUS V. PARATERPHENYL 62-0207
- STEREOCHEMIE D. COPE-UMLAGER. V. HEXADIEN-(1.5)-DIOLEN-(3.4), UNTERS. D. C1-C6-BINDUNG 62-0272
- AUTOKONDENSAT. V. MESITYLOXID UEBER MAGNESIUM BEI VERSCHIEDENEN DRUECKEN 2. MITT. 64-0299
WIERSEMA A. K., STER. EFFEKTE IN HETEROCYCL. SYST. 4. MITT. 61-0549
WIESBOECK R. A., DARST. V. FLUORDINITROACETONITRIL U. FLUORDINITROACETAMID 61-0352
WIESEL M., THERMOLYSE U. PHOTOLYSE V. 3.3A.5A.6.6A.6B-HEXAHYDRO-3.6-AETHENO-CYCLOPROP(G)INDAZOL 63-0637
WIESNER K., SYNTH. IN D. LYCOPODIUM-ALKALOID-REIHE 7. MITT. 55-0509
- SYNTH. IN D. DITERPEN-ALKALOID-REIHE 8. MITT. 59-0699
WIGFIELD D. C., STUDIEN UEBER D. BIOSYNTH. V. INDOLALKALOIDEN 64-0814
WIJERS H. E., ACETYLENTHIOLESTER ALS QUELLE FUER THIOKETENE 54-0227
WIKBERG H., STABILITAETSKONST. D. SILBERKOMPLEXE V. POLYAMINOPOLYCARBONSAEUREN 64-0023
WILCHEK M., DIE RK. VON ASPARAGIN, GLUTAMIN U. DEREN DERIV. MIT PHOSGEN 61-0375
- RK. V. TRYPTOPHAN- U. TRYPTAMINDERIV. U. ANDEREN INDOLEN MIT 2-HYDROXY-5-NITRO-BENZYLBROMID (KOSHLAND'S REAGENZ) 63-0621
WILCKO T., ZERS. EINIGER TERT. ALPHA-ACYL-HYPOCHLORITE 56-0257
WILCOX C. F., UEBERTRAG. V. SUBSTITUENTENEFFEKTEN, VORHERRSCHENDER FELDEFFEKT 58-0184
WILCOX C. F. JUN., UNTERDRUECK. D. NICHTKLASS. NORBORNYLTEILNAHME DURCH ALLYLTEILNAHME 55-0177
- STABILITAET V. MOLEKUELEN MIT (4N)-RINGEN 58-0140
- DARST. V. 4-SUBSTITUIERTEN BICYCLO(2.2.1)HEPTAN-1-CARBONSAEUREN 59-0471
- STRUKTUREN V. NORBORNAN U. 1.4-DICHLOR-NORBORNAN AUS ELEKTRONENBEUG.-UNTERS. 63-0171
- DARST. EINIGER SPIROCYCLOPROPYLNORBONYL-VERB. 63-0553
WILCOX M., SYNTH. U. HERBICID-AKTIVITAET V. 1.1-DIMETHYL-U. 2-METHYL-4-PHENYL-SEMICARBAZIDEN 57-0374
WILDAY P. S., BROMIER. V. ISOPREN 64-0355
WILDE H., MECHANISMUS DER HYDRAZONBILDUNG AUS ALPHA-HALOGEN-KETONEN U. HYDRAZIN 61-0399
WILES L. A., EINW. V. SCHWEFELMONOCHLORID AUF PRIM. AROMAT. AMINE, D. HERZ-RK. 53-0396
- EINW. V. SCHWEFELMONOCHLORID AUF 2-ACYL-1.1-DIMETHYL-HYDRAZINE, BLDG. V. TETRAZANEN U. OXADIAZOLINEN 57-0562
WILES M. R., SYNTH. 4-SUBSTITUIERTER 1-PHENYLAETHINYL-TETRAFLUORBENZOLE 56-0396
- PERFLUORPHENYLDERIV. D. ELEMENTE 14. MITT. 58-0039
WILEY C. E., IN -VITRO-HEMMWRKG. V. SULFONAMIDEN AUF CARBOANHYDRASEN AUS ROTEN BLUTKOERPERCHEN, EINFL. D. VARIATION V. IONEN U. SUBSTRAT AUF D. HYDRATATIONSRK. 60-0813
WILEY G. A., RADIKAL. ADDIT. AN BENZONORBORNADIEN 58-0274
- METHOXY-SUBSTITUENTENEFFEKTE U. ANCHIMERE UNTERSTUETZ. IN D. SOLVOLYSE V. BENZONORBORNENYL-(2)-BROMBENZOLSULFONATEN 61-0233
WILEY M., 3-HYDROXY-6.7-DIMETHOXY-DIFUROXANTHON, EIN NEUER METABOLIT V. ASPERGILLUS FLAVUS 62-0832
WILEY P. F., ISOLIER., CHARAKTERISIER. U. ABBAU-RK. V. NOGALAMYCIN 58-0806
WILGUS H. S. III, RK. V. SAUREN REAGENZIEN MIT EPOXIDEN D. ADDUKTE AUS DIENEN U. CHINONEN 2. MITT. 58-0502
WILHELM A., DISPIRO-(1.3.3-TRIMETHYL-INDOLIN-2.2'-2'H.8'H-BENZO(1.2-B, 3.4-B')DIPYRAN-8'.2''-1''.3''.3''-TRIMETHYINDOLIN) 55-0439
WILHELM E., VEREINFACHTE DARST. V. CYCLODODECASCHWEFEL, S12 57-0035
WILHELM F., UNTERS. V. AG-DNS-KOMPLEXEN MIT HILFE D. STROEM.-DICHROISMUS 60-0804
WILHELM M. A., POLYALKYLIERTE AROMAT. KOHLENWASSERSTOFFE 2. MITT. 63-0528
WILK M., EINFL. D. 2.3-CYCLISIER. U. D. SUBSTITUT. IN 6-STELL. AUF D. ELEKTRONENSPEKTREN EINIGER CHINOLINE 61-0079
- EINW. V. JODDAMPF AUF IM TRAEGERMATERIAL AKTIVIERT ADSORBIERTE ALKALOIDE (RK.-CHROMATOGRAPHIE) 61-0848
WILKINS C. L., KINETIK U. ISOTOPENEFFEKTE BEI D SOLVOLYSE V. AETHYLTRIFLUORMETHANSULFONAT 60-0267
WILKINSON G. S., UROTERPENOL-BETA-D-GLUCURONID 53-0536
WILLARD J. E., SAETTIGUNG U. ENTLEERUNG V. ELEKTRONEN-HAFTSTELLEN IN KOHLENWASSERSTOFF-GLAESERN 61-0183
WILLARD J. J., RK. V. CYCLOHEXANDIOLEN-(1.2) U. METHYL-4.6-O-BENZYLIDEN-ALPHA-D-GLUCO- U. -GALAKTO-PYRANOSID MIT METHYLENHALOGENIDEN 56-0457
WILLCOTT M. R. III, BORNADIEN-THERMOLYSE, EIN NEUER ZUGANG ZUM TRIMETHYLTROPILIDEN-LABYRINTH. 63-0567
WILLECOMME B., UNTERS. IN D. REIHE D. SULFAMIDE 55-0470
- DERIV. D. N-AMINO-N'-ARYLSULFONYL-PIPERAZINE 62-0646
WILLEFORD B. R. JUN., UEBER AROMATENKOMPLEXE V. METALLEN 100. MITT. 53-0003
WILLEMS H., SYNTH. D. THYREOCALCITONINS 64-0876
WILLETT J. D., BIOSYNTH. V. FUSIDSAEURE AUS SQUALEN-2.3-OXID 57-0791
- PHOTOCHEMIE V. CYCL. MERCAPTOLEN 64-0725
WILLEY G. R., DONATOREIG. V. HEXAMETHYLCYCLOTRISILAZAN 64-0045
WILLHALM B., MASSENSPEKTROMETRIE U. ORGAN. ANALYSE 11. MITT. 56-0140
- BLDG. U. UMWANDL. V. ESTERN 78. MITT. 56-0590
- AROMEN 16. MITT. 56-0760
- BLDG. U. UMWANDL. V. ESTERN 79. MITT. 58-0663
WILLIAMS C. S., BLDG. V. AMIDEN MIT AMINOMAGNESIUMVERB. 53-0238
- SELEKTIVER KATALYSATOR ZUR HYDROLYSE U. UMESTER. V. CARBONSAEUREESTERN 56-0260
- RK. KOORDINIERTER LIGANDEN 4. MITT. 63-0456
WILLIAMS D. H., METHOXYGRUPPEN-WANDER. BEI D. MASSENSPEKTREN V. ALIPHAT. DIMETHYLESTERN 53-0081
- ALKALOIDE V. DAPHNANDRA-ARTEN 8. MITT. 53-0511
- STATIST. U. NICHTSTATIST. ZERSETZUNGSWEISE V. BENZONITRIL DURCH ELEKTRONENSTOSS 54-0078
- ZUSAMMENHANG ZWISCHEN LSGM.-VERSCHIEB. V. PROTONENRESONANZEN U. STER. UMGEB. 56-0121
- STATIST. VERTEIL. D. WASSERSTOFFS IN PYRIDIN NACH ELEKTRONENSTOSS 56-0137
- RK. V. PHOSPHINEN MIT ACETYLENEN 4. MITT. 56-0369
- CALCIFEROL U. VERWANDTE VERB. 9. MITT. 56-0729
- LSGM.-EFFEKTE BEI D. NMR-SPEKTROSKOPIE 13. MITT. 57-0117
- UNTERS. ZUR MASSENSPEKTROSKOPIE 23. MITT. 57-0127
- MASSENSPEKTROSKOP. UNTERS. 21. MITT. 57-0128
- LSGM.-EFFEKTE BEI D. NMR-SPEKTROSKOPIE, VERSCHIEB. D. METHOXYL-RESONANZEN IN FLAVONEN DURCH BENZOL, EINE MOEGLICHK. ZUR STRUKTURERMITTL. 58-0098
- MASSENSPEKTROMETRIE 24. MITT. 59-0139
- MASSENSPEKTROMETRIE 27. MITT. 60-0136
- DURCH BENZOL U. PYRIDIN INDUZIERTE VERSCHIEB. D. PROTONENRESONANZ IN EPOXIDEN U. AETHERN, EIN HILFSMITTEL ZUR STRUKTURAUFKLAER. 61-0092
- MASSENSPEKTROSKOPIE, 22. MITT. 61-0113

- MASSENSPEKTROMETRIE 26. MITT. 61-0119
- 7-O-BETA-D-GLUCOSYL-8-C-BETA-D-GLUCOSYL-4'-METHYL-APIGENIN, EIN NEUES FLAVON AUS TREMA ASPERA 61-0716
- MASSENSPEKTROMETRIE 28. MITT. 62-0107
- RK. V. PHOSPHINEN MIT ACETYLENEN 5. MITT. 63-0468

WILLIAMS D. J., NMR-UNTERS. AN EINER REIHE V. RADIKAL-RADIKAL-DIMERISIER.-RK. 63-0242

WILLIAMS F., UNTERS. STRAHLENINDUZIERTER HAFTELEKTRONEN IN GESAETT. KOHLENWASSERSTOFFEN MITTELS OPT. U. ELEKTRONENSPINRESONANZ-SPEKTROSKOPIE 63-0333

WILLIAMS G. H., HOMOLYT. RK. V. PERFLUORIERTEN AROMATEN 1. MITT. 58-0484

WILLIAMS G. J., VERB. MIT MITTELGROSSEN RINGEN 4. MITT. 63-0395
- OZONOLYSE, KONZENTRATIONS- UND LOESUNGSMITTELEFFEKTE 64-0353

WILLIAMS I. A., PHOTOCHEM. ADDIT. V. ALKOHOLEN AN D. DOPPELBIND. V. DELTA(16)-20-OXO-STEROIDEN 54-0548

WILLIAMS J. C., STEREOCHEMIE D. DURCH PALLADIUM KATALYSIERTEN HYDRIER. V. ALLENEN 54-0142

WILLIAMS J. G., PTERIDINE 5. MITT. 63-0701
- PTERIDINE 11. MITT. 63-0707

WILLIAMS J. L. R., SENSIBILISIER. D. STILBEN-ISOMERISIER. 56-0250
- BOR-PHOTOCHEMIE 2. MITT. 57-0384
- PHENYLCYCLOHEXADIENE 61-0462

WILLIAMS J. M. JUN., RAMBERG-BAECKLUND-RK. V. BENZYL-ALPHA-HALOGEN-BENZYL- U. -HALOGENMETHYL-SULFONEN 58-0272
- PROTONEN-AUSTAUSCH- U. EPIMERISIER.-GESCHW. V. DL- U. MESO-ALPHA-METHYLBENZYL-SULFON 58-0281
- ZERFALL V. THIIRAN-1.1-DIOXIDEN (EPISULFONEN) 58-0296
- RK. D. NATRIUMMETHYLATS MIT ALPHA-BROMBENZYLSULFON U. 2.3-DIPHENYLTHIIREN-1.1-DIOXID 63-0303
- RK. V. BASEN MIT BENZYL-DIBROMMETHYL-SULFON U. BENZHYDRYL-DIHALOGENMETHYL-SULFONEN 63-0512

WILLIAMS J. R., PHOTODIMERES CITRACONSAEUREANHYDRID, STRUKTUR U. STEREOCHEMIE 59-0414
- CYCLOPROPANONE 7. MITT. 61-0534

WILLIAMS K. R., STUDIEN ZUR SYNTH. V. PROSTAGLANDINEN 59-0765
- GLYCERINLIPOIDE 1. MITT. 63-0375

WILLIAMS L. G., STEREOCHEMIE D. RK. V. AMMONIAK MIT BROMFUMAR- U. BROMMALEINSAEUREDIAETHYLESTER 58-0559

WILLIAMS L. L., STRUKTUR DES PROD. AUS AZIBENZIL U. SCHWEFELKOHLENSTOFF 59-0540

WILLIAMS N. R., RK. V. SCHWEFELYLIDEN MIT METHYL-GLYKOPYRANOSIDULOSEN 53-0478
- RK. V. METHYL-2.3-ANHYDRO-BETA-D-RIBO-PYRANOSID MIT D. CYANID-ION, SCHEINBARE CIS-OEFFN. EINES EPOXIDRINGES 55-0487
- ZUCKER MIT VERZWEIGTER KETTE 8. MITT. 61-0693
- NEUER WEG ZU VERZWEIGTKETT. ZUCKERN DURCH C-ALKYLIER. V. METHYLGLYKOPYRANOSIDULOSEN 62-0715

WILLIAMS R. E., NUCLEOPHILE VERDRAENG.-RK. BEI TETRAHYDROFURANSYST. 8. MITT. 62-0528

WILLIAMS R. J. P., KERNMAGNET. RESONANZUNTERS. V. MOL.-VERB. D. KOBALT(II)-MESOPORPHYRIN-IX-DIMETHYLESTER-KOMPLEXES 54-0012
- ISOLIER. U. UNTERS. V. MOLEKUELKOMPLEXEN AUS PORPHYRINEN U. AROMAT. NITROVERB. 54-0038

WILLIAMS R. L., CHEMIE D. ARYLTETRAMINE 1. MITT. 60-0683

WILLIAMS R. O., PROTONENMAGNET. RESONANZ-UNTERS. V. VERB. MIT BRUECKENSTICKSTOFFATOMEN 5. MITT. 64-0170

WILLIAMS T., RAC. CIS- U. TRANS-1.2-DIMETHYL-4-HYDROXY-6.7-DIMETHOXY-1.2.3.4-TETRAHYDRO-ISOCHINOLIN, SYNTH. U. STEREOCHEMIE 56-0652
- DES-A-PREGNANE, ABBAU V. 11ALPHA-HYDROXY-PROGESTERON 59-0743

WILLIAMSON D. G., REAKTIVITAET V. C20 61-0320
- GESCHW. V. OZON-OLEFIN-RK. IN TETRACHLORKOHLENSTOFF-LSG. 64-0253

WILLIAMSON J., GESCHMOLZENE SALZE ALS RK.-MEDIUM, NITRIER. V. ORGAN. VERB. IN GESCHMOLZENEN NITREN 55-0209

WILLIAMSON K. L., WEITBEREICH-KOPPL. ZWISCHEN PROTONEN U. FLUOR IN EINEM STARREN SYST., NMR-SPEKTRUM V. 5-SUBSTITUIERTEN DIFLUOR-TETRACHLOR-BICYCLO(2.2.1)HEPTENEN 58-0102

WILLIAMSON S. M., DARST. U. CHARAKTERISIER. EINIGER NEUER PENTAFLUORSULFANYLOXYALKANE U. -ALKENE 63-0369

WILLIAMSON W. R. N., TRIHALOGENMETHYLVERB. V. POTENTIELLEM THERAPEUTISCHEM INTERESSE 7. MITT. 53-0213

WILLIS C. R., STRUKTUR V. SORBIFOLIN, EINEM CHROMON AUS SPATHELIA SORBIFOLIA L. 56-0539

WILLITZER H., RK.-VERH. V. BIS-(BETA-CHLOR-AETHYL)-TRICYANVINYLAMIN IM VGL. ZU N.N-BIS-(BETA-CHLOR-AETHYL)-P-TRICYANVINYL-ANILIN 54-0448

WILLS M. T., AZETIDINE 2. MITT. 59-0504
- AZETIDINE 3. MITT. 63-0591

WILSHIRE J. F. K., MAGNETISCH NICHTAEQUIVALENTE PHENYLGRUPPEN IN N.N-DIPHENYL-SUBSTITUIERTEN AROMAT. SAEUREAMIDEN 57-0111

WILSON D. A., V. BENZOPHENON ABGELEITETE METHYLMERCAPTO-METHYLNITRONE 62-0443

WILSON D. V., PURINE, PYRIMIDINE U. IMIDAZOLE 27. MITT. 57-0660
- PURINE, PYRIMIDINE U. IMIDAZOLE 28. MITT. 63-0775

WILSON E. R., RINGSCHLUSS DURCH WURTZ-RK. EINE BEQUEME CYCLOBUTANSYNTH. 55-0295
- SYNTH. U. KERNMAGNETISCHE-RESONANZ-ANALYSE V. CYCLOPROPYL- U. 1-BICYCLO(N.1.0)ALKYLAMINEN 58-0537

WILSON G. E. JUN., EINFACHE SYNTH. V. 1.3-OXATHIOLANEN AUS KETONEN U. 2-MERCAPTO-AETHANOL 63-0629

WILSON J., EQUISETUMALKALOIDE 8. MITT. 62-0736

WILSON J. D., EXALTATION D. DIAMAGNET. SUSZEPTIBILITAET ALS KRITERIUM FUER D. AROMAT. CHARAKTER 58-0083
- RK. V. TETRAKIS-(DIMETHYLAMINO)-TITAN MIT TETRAMETHYLOXAMID 61-0370

WILSON J. M., MASSENSPEKTREN V. TRICARBONYL-CYCLOHEXADIEN-(1.3)-EISEN-DERIV. 58-0012

WILSON J. W., WASSERSTOFF-HALOGEN-WECHSELWRKG. IN ALUMINIUMHALOGENID-4-AETHYLPYRIDIN-KOMPLEXEN 56-0013
- SOLVOLYSE EINER HOMOPROPARGYLVERB., 2.2-DIMETHYL-PENTIN-(3)-YL-(1)-TOSYLAT 62-0226
- ALLGEMEINE METH. ZUR SYNTH. OPT. AKT. 1.3-DISUBSTITUIERTER ALLENKOHLENWASSERSTOFFE 63-0364
- PTERIDINE 10. MITT. 63-0706
- PTERIDINE 12. MITT. 63-0708
- PHOTOCHEMIE V. ACETYLENVERB., PHOTOCHEM. RED. EINIGER KONJUGIERTER ACETYLENCARBONYLVERB. 64-0380

WILSON L. A., TRIPHENYLDIAETHOXYPHOSPHORAN U. TRIBUTYLDIAETHOXYPHOSPHORAN 56-0325

WILSON N. K., BERECHN. V. (13)C- U. PROTONENCHEM. VERSCHIEB. IN PYRIDIN 64-0123

WILSON R., ELEKTRONENSPINRESONANZ V. RADIKALEN, D. PHOTOLYT. AUS AROMAT. CARBONYLVERB. ERZEUGT WURDEN, D. DIPHENYLHYDROXYMETHYL- U. ALPHA-HYDROXY-BENZYL-RADIKAL 58-0116
- RED. V. TETRAPHENYLALLEN U. VERWANDTEN VERB. IN APROT. LSGM. 58-0198

WILSON R. C., ULLMANN-RK. 1. MITT. 53-0310

WILSON R. G., ZUSAMMENHANG ZWISCHEN LSGM.-VERSCHIEB. V. PROTONENRESONANZEN U. STER. UMGEB. 56-0121
- LSGM.-EFFEKTE BEI D. NMR-SPEKTROSKOPIE, VERSCHIEB. D. METHOXYL-RESONANZEN IN FLAVONEN DURCH BENZOL, EINE MOEGLICHK. ZUR STRUKTURERMITTL. 58-0098

WILT J. W., PD-KATALYSIERTE DECARBONYLIER. V. BETA-PHENYL-ISOVALERALDEHYD. EINE BEMERKENSWERTE EINSCHRAENK. D. NEOPHYL-UMLAGER. 59-0254
- DARST. U. UNTERS. EINIGER 1-NORBORNENYL- U. NORBORNENYL-1-CARBINYL-DERIV. 59-0469
- RK. V. 1-PHENYL-CYCLOPENTAN-CARBONITRIL MIT METHYLMAGNESIUMJODID. BLDG. V. BIS-(1-PHENYL-CYCLOPENTYL)-KETON 62-0442

WILZBACH K. E., DIE PHOTOCHEMISCHE UMLAGERUNG VON (1.3.5-D3)BENZOL 60-0302
- PHOTOLYSE V. BENZOL-DAMPF, BENZVALEN-BLDG. BEI 2537 BIS 2370 A 63-0568

WINDER C. V., ANALGETIKA MIT AZETIDINSTRUKTUR 63-0899

WINDGASSEN R. J., NUCLEOPHILIE D. VITAMINS B(12S) 62-0216

WINDHOFF J., RK. V. DIHALOGENCARBENEN MIT ACETYLENEN 58-0333
- RK. V. DICHLORCARBEN MIT UNSUBSTITUIERTEN AROMATEN 59-0462

WINGROVE A. S., CYCLOADDIT. 5. MITT. 61-0442

WINKLER R. E., SYNTH. V. TETRACENCHINONEN 56-0425
- FARBSTOFFE AUS NAPHTHAZARIN-1.3-DIEN-ADDUKTEN 60-0455

WINKLER T., LSGM.-EFFEKTE IN KERNRESONANZSPEKTREN GESAETT. KW-STOFFE 58-0104

WINN M., REDUKTIVE ALKYLIER. V. IMINEN U. ESTERN MIT NATRIUM IN AMMONIAK 64-0698

WINOKUR M., NMR-SPEKTROSKOPIE, (13)C-KOPPL.-KONST. V. ORGANOMETALLVERB. 60-0013

WINSCOM C. J., ZWEIKERN. NITROSYL-EISEN-KOMPLEXE V. DIPHENYL-DITHIOLEN-TYP 57-0055

WINSON P. H., KERNMAGNET. RESONANZ-UNTERS. D. DONATOR-AKZEPTOR-WECHSELWRKG. IN BORHALOGENID-KOMPLEXEN 6. MITT. 58-0173

WINSTEAD M. B., SUBSTITUT. IM HYDANTOINRING 7. MITT. 63-0635

WINSTEIN S., EIN KLASSISCHES ANIONRADIKAL AUS TRANS-BICYCLO(6.1.0)NONATRIEN-(2.4.6) 61-0106
- ELIMINIER.-RK. E2C-MECHANISMUS 61-0192
- METHOXY-SUBSTITUENTENEFFEKTE U. ANCHIMERE UNTERSTUETZ. IN D. SOLVOLYSE V. BENZONORBORNENYL-(2)-BROMBENZOLSULFONATEN 61-0233
- (18)O-VERTEIL. BEI D. SOLVOLYSE V. EINFACHEN UNAKTIVEIRTEN ALKYL-ARYLSULFONATEN 61-0234
- PROTONIERTE BETA-PHENYL-KETONE, INTRAMOL. PI-H-BIND. 64-0120

WINSTON A., TRICHLORMETHYLIER.-RK. 3. MITT. 61-0405

WINTER M., SYNTH. V. ACETYLEN-CARBONYLVERB. DURCH FRAGMENTIER. V. ALPHA.BETA-EPOXY-KETONEN MIT P-TOLUOLSULFONYLHYDRAZIN 54-0201
- AROMEN 15. MITT. 54-0568

WINTER R. E. K., TOTALSYNTH. V. PROSTAGLANDINEN, SYNTH. D. REINEN DL-E(1)-, -F(1ALPHA), -F(1BETA), -A(1) U. -B(1)-HORMONE 63-0836

WINTERFELD K., CHINOLIZIDINSYNTH. 54-0414
- ZUR KENNTNIS D. 6.11-DICYANSPARTEINS U. D. 6.11-SPARTEINDICARBONSAEUREN 56-0641

WINTERFELDT E., ADDIT. AN D. DREIFACHBIND. 8. MITT. 55-0362
- ADDIT. AN D. DREIFACHBIND. 9. MITT. 55-0363
- RK. AN INDOLDERIV. 5. MITT. 55-0447

WINTERNITZ F., ALAKALOIDE AUS FAGARA LEPRIEURII, ENGL., EIN ALKALOID AUS D. ACRIDON-GRUPPE IN FAGARA

LEPRIEURII 60-0723
WINTERS R. E., MASSENSPEKTROMETR. UNTERS. VON STRUKTORISOMEREN 1. MITT. 60-0132
WINTERS T. E., STRUKTUR V. ARTABSIN 62-0777
- UNTERS. AN TETRACYCLIN 1. MITT. 63-0854
WIPF H., KOMPLEXE V. ENNIATINEN U. ANDEREN ANTIBIOTIKA MIT ALKALIMETALL-IONEN 59-0779
- MAGNETO-OPT. ROTAT.-DISPERS. V. GESAETT. ALIPHAT. KW-STOFFEN 64-0087
- UNTERSCHEID. AEQUATORIAL-AEQUATORIAL U. AEQUATORIAL-AXIAL SUBSTITUIERTER CYCLOHEXANDERIV. MIT HILFE D. MAGNETO-OPT. ROTAT.-DISPERS. (MORD) 64-0088
WIRTH H. O., ANOMALE FLUORESZENZCHARAKTERISTIKA V. FLUORANTHEN U. EINIGEN SEINER DERIV. 58-0082
WIRTH J. G., CARBENRK. EINES DIAZOMETHYLTRIAZOLS. GEGENSATZ ZUM ISOSTEREN AZID 61-0588
WISE L. D., UNGESAETT. HETEROCYCL. SYST. 35. MITT. 58-0624
WISE M. L., VERH. V. TRANSANNULAR ANGEORDNETEN DIAZO- U. KETOFUNKT. IN CYCLODODECANEN 61-0452
WISEMAN E. H., ANTIINFLAMMATOR. 2-ARYL-1.3-INDANDIONE 60-0424
WISHNOK J. S., ULTRAVIOLETT-PHOTOLYSE V. FL. BENZOL IM VAKUUM, PHOTOISOMERISAT. V. BZL. ZU DEWAR-BENZOL 59-0276
WITANOWSKI M., (14)N-KERNMAGNET. RESONANZ 5. MITT. 55-0072
WITKOP B., REDUKTIVE RINGOEFFN. V. GLUTARIMIDEN U. BARBITURATEN MIT NABH4 58-0544
- PHOTOCYCLISIER. V. TYROSINEN, THYRAMINEN, BRENZCATECHINAMINEN U. NORMESCALIN 58-0680
- STEREOCHEMIE D. KATALYT. U. PHOTOINDUZIERTEN RED. V. THYMIDIN ZU DIHYDROTHYMIDIN U. HARNSTOFFALKOHOLEN 58-0714
- PHOTORED. V. URIDIN U. RED. V. DIHYDROURIDIN MIT NATRIUMBORHYDRID 58-0715
- NATRIUMBORHYDRID-RED. V. STEROID-KETONEN MIT U. OHNE UV-BESTRAHL. 58-0780
- STRUKTUR V. BATRACHOTOXININ A, EINEM NEUART. STEROIDALKALOID AUS D. KOLUMBIAN. PFEILGIFTFROSCH PHYLLOBATES AUROTAENIA 61-0736
- RK. V. TRYPTOPHAN- U. TRYPTAMINDERIV. U. ANDEREN INDOLEN MIT 2-HYDROXY-5-NITRO-BENZYLBROMID (KOSHLAND'S REAGENZ) 63-0621
- SELEKTIVE PHOTOLYSE V. DIHYDROTHYMIDIN 63-0773
- CHEM. FREISETZ. V. NOREPINEPHRIN AUS D. MAEUSEHERZEN 3. MITT. 63-0893
- NOREPINEPHRIN-FREISETZ. AUS D. MAEUSEHERZEN AUF CHEM. WEGE 4. MITT. 63-0894
WITMER L., ZERS. EINIGER TERT. ALPHA-ACYL-HYPOCHLORITE 56-0257
WITTE H., NITRIL-YLIDE AUS ISONITRIL-TRIPHENYLBORAN-ADDUKTEN 62-0551
WITTE J. F., RK. V. O-BENZOYL-OXIMEN MIT NATRIUMHYDRID, SUBSTITUIERTE ISOXAZOLE U. D. NEBER UMLAGER. 58-0419
WITTENBERG E., NUCLEOSIDE U. VERWANDTE VERB. 3. MITT. 59-0669
WITTENBROOK L. S., DIRIGIERENDE EFFEKTE BEI D. CHLORIER. V. CHLORMETHYL-BENZYL-SULFIDEN 61-0390
WITTENBURG E., THYMIN-NUCLEOSIDE D. 2-DESOXY-D-XYLOPYRANOSE 58-0704
- NUCLEOSIDE U. VERWANDTE VERB. 5. MITT. 63-0758
WITTIG G., EXISTENZ NIEDERGLIEDRIGER CYCLOALKINE 8. MITT. 59-0396
- EXISTENZ NIEDERGLIEDR. CYCLOALKINE 9. MITT. 59-0397
- EXISTENZ NIEDERGLIEDRIGER CYCLOALKINE 10. MITT. 59-0398
- EXISTENZ NIEDERGLIEDRIGER CYCLOALKINE 11. MITT. 59-0399
- EXISTENZ NIEDERGLIEDR. CYCLOALKINE 12. MITT. 59-0400
- RK. V. CYCLOOCTIN MIT NICKEL-VERB. 61-0059
WITTMANN H., SYNTH. V. HETEROCYCLEN 98. MITT. 55-0428
- SYNTH. V. HETEROCYCLEN 100. MITT. 56-0450
- VERS. ZUR ISOMERISIER. V. C-HYDROXYAZOBENZOLEN DURCH UV-STRAHLEN 59-0365
- NEUE REAGENTIEN ZUM PAPIERCHROMATOGRAPH. NACHW. V. AMINOSAEUREN 3. MITT. 64-0708
WITTSTRUCK T., STEROID-DERIV., 54. MITT. 61-0787
WIX G., UMWANDL. V. STEROIDEN DURCH ABSIDIA ORCHIDIS 1. MITT. 58-0821
WLADISLAW B., SUKZESSIVE ANOD. METHOXYLIER. EINIGER RINGSUBSTITUIERTER PHENYLESSIGSAEUREN 62-0188
WOCAK J., ENZYMAT. OX. EINES HYDROCHINONPHOSPHATES, ORT D. BIND.-AUFSPALT. 63-0882
WOELCKE U., FLUOR-DERIV. BIOGENER ALIPHAT. AMINOSAEUREN 56-0322
WOELFFLING D., MIKROBIOLOG. UMWANDL. N-HALT. SUBSTRATE 3. MITT. 61-0826
- MIKROBIOLOG. UMWANDL. N-HALT. SUBSTRATE 4. MITT. 61-0827
WOESSNER D. E., BENZOL-INDUZIERTE KERNMAGNET. RESONANZ-U. DIPOLMOMENT-VERSCHIEB. V. 5-GLIEDR. RINGEN MIT HETEROATOMEN 64-0114
WOHLLEBE J., EINFACHE SYNTH. V. CYCLOUNDECANON U. CYCLODECANON 63-0491
WOJCICKI A., EINFUEHR. V. SCHWEFELDIOXID 5. MITT. 63-0079
WOJCIECHOWSKA H., DARST. V. 2.4-DINITRO-PHENYL-DERIV. V. TYROSIN 53-0264
- AKABORI-METH. D. HYDRAZINOLYSE V. PEPTIDBIND. 54-0552
WOJCIECHOWSKI J., SYNTH. V. TETRAHYDROFURFURYLAMIN 59-0517
WOJNAROWSKI W., STEREOCHEMIE V. BICYCLO(3.2.1)OCTAN 13. MITT. 57-0238
- STEREOCHEMIE V. BICYCLO(3.2.1)OCTAN 14. MITT. 57-0239
- RK. V. 2-METHYL-NORBORNEN-(2) MIT N-BROM-SUCCINIMID 63-0565
WOJNOWSKA-MAKARUK H., CHINOLINDERIV. 4. MITT. 64-0688
WOJTCZAK J., STRUKTUR DES KOHLENSUBOXIDPOLYMEREN 60-0801
- PHOTOCHEM. UNTERS. AM SYSTEM V. MONOCHLORESSIGSAEURE U. AETHYLEN IN BENZOL 64-0325
WOJTKIEWICZ-MATENKO B., ACYLIER. IN 10-STELL. V. PHENTHIAZIN MIT HILFE V. AKTIVIERTEM KIESELGUR 59-0636
WOJTKOWIAK B., IR-SPEKTROSKOP. UNTERS. D. SUBSTITUENTEN-EFFEKTE AUF LAD.-UEBERTRAG.-KOMPLEXE 58-0096
WOLD S., PROTONENBEWEGLICHK. IM INDEN-RINGSYST. 11. MITT. 58-0138
- DIVALENTE ANIONENRADIKALE V. EINIGEN ARYLDINITROME-THANVERB. 64-0134
WOLF A. P., KRIST.- U. MOLEKULARSTRUKTUREN V. METHOXYTETRAPHENYLANTIMON(V) U. DIMETHOXYTRIPHENYLAN-TIMON(V) 61-0165
WOLF F., THERM. STABILITAET V. MONO- U. DISUBSTITUIERTEN ALKYLAROMATEN 56-0238
- FORMYLIER. V. DIMETHYLTHIOFORMAMID NACH VILSMEIER-HAACK 59-0314
- ZUSAMMENHANG ZWISCHEN KONSTIT. U. INSEKTIZIDER WRKG. EINIGER ACETYLPHENYLESTER D. PHOSPHOR- U. THIOPHOS-PHORSAEURE 59-0817
- REAKTIONSFAEHIGKEIT VON SAEUREAMID-SAEURECHLORID-KOMPLEXEN AUF BASIS DIMETHYLFORMAMID U. PYROSULFURYL-CHLORID 60-0325
- VERH. V. ALIPHAT. SULFONSAEURECHLORIDEN IN GGW. V. VINYLCHLORID 63-0376
- KOMPLEXVERB. AUF BASIS V. POLYAETHYLENSULFID MIT PYRIDINEN 64-0696
WOLF F. J., THYROCALCITONIN 2. MITT. 63-0838
WOLF N., RK. D. D-GLUCURONSAEURE 2. MITT. 60-0693
WOLF R., SPIROPHOSPHORANE MIT PHOSPHOR-WASSERSTOFF-BIND. 56-0528
- SYNTH. U. NMR-SPEKTREN V. AM STICKSTOFF DURCH PHOSPHOR SUBSTITUIERTEN PYRAZOLEN U. INDAZOLEN 57-0533
- EINIGE HETEROCYCL. PHOSPHORVERB. 59-0580
WOLF R. A., RK. V. O-BENZOYL-OXIMEN MIT NATRIUMHYDRID, SUBSTITUIERTE ISOXAZOLE U. D. NEBER UMLAGER. 58-0419
WOLF V., ALKIN-AMINE 11. MITT. 62-0548
WOLFE J. F., GLUTARIMIDDIANION, EINE NEUE ZUR SYNTH. GEEIGNETE ZWISCHENSTUFE 55-0250
- ZWEIFACHE AROYLIER. BESTIMMTER AMIDE MIT HILFE V. NATRIUMHYDRID 59-0367
- BLDG. V. 1.3-DIANIONEN AUS 2- U. 3-ACETAMIDO-PYRIDINEN MIT BUTYLLITHIUM, KONDENS. MIT CARBONYLVERB. U. NITRILEN 63-0682
WOLFE S., D. ART D. V. EINER TERT.-BUTYLGRUPPE AUF EINIGE CYCLOHEXANVERB. AUSGEUEBTEN ZWANGES 54-0104
- ATROPISOMERIE BEI CYCLOHEXANEN 54-0105
- METH. ZUR BEST. 1.3-DIAXIALER WECHSELWRKG. 54-0106
WOLFF G., SEYCHELLEN, EIN NEUES TRICYCLISCHES SESQUITERPEN 64-0842
WOLFF H. P., PROTONENRESONANZ-SPEKTROSKOP. UNTERS. AN METHYLIERTEN CYCLOBUTADIEN-EISENTRICARBONYLEN ZUR KENNTNIS D. BIND.-VERHAELTNISSE D. KOMPLEX GEBUNDENEN CYCLOBUTADIENS 61-0005
- DARSTELLUNG METHYLSUBSTITUIERTER CYCLOBUTADIENEISEN-TRICARBONYLE 62-0046
WOLFF M. E., SYNTH. U. AKTIVITAET EINIGER NITROSTEROIDE 60-0762
WOLFF R. E., STRUKTUR EINER NEUEN TRITERPENSAEURE, SHOREASAEURE 63-0807
WOLFGANG R., SYSTEMATIK U. MECHANISMUS V. RK. HEISSER HALOGENATOME, TREND D. TOTALAUSB. 62-0022
- VERLAUF U. MECHANISMUS V. RK. HEISSER HALOGENATOME, PROD.-VERTEIL. 62-0023
WOLFNER A., VERLAUF D. ALKAL. SPALT. D. 3.3'- U. D. 4.4'-DINITRO-BENZILS, UNTERS. MITTELS (18)O-MARKIER. 54-0309
- 1.2.4-TRIAZINE U. KONDENSIERTE DERIV. 3. MITT. 54-0465
- TRANSACYLIER.-RK. IN D. FLAVONOID-REIHE 3. MITT. 63-0760
WOLFROM M. L., RK. V. ALKYLVINYLAETHERN MIT METHYL-ALPHA-D-GLUCOPYRANOSID 61-0688
WOLFRUM R., METALLALKYLVERB. 6. MITT. 57-0015
- METALL-ALKYL-VERB. 8. MITT. 61-0014
WOLFSBERGER W., RK. V. METHYLSTANNYL- U. METHYLGERMANYLA-ZIDEN MIT PHOSPHINEN 63-0068
WOLINSKY J., SYNTH. U. BISDECARBOXYLIER. V. OXO-BICYCLO(2.2.X)ALKANDICARBONSAEURE-ANHYDRIDEN 57-0471
- FAWORSKI-UMLAGER. V. CIS- U. TRANS-CARVON-TRIBROMID 1. MITT. 58-0739
- THERM. V. ERGOSTERIN U. DEHYDROCHOLESTERIN 58-0774
WOLLAST P., INDOL-ALKALOIDE 16. MITT. 62-0080
WOLLHEIM R., RK. V. ALPHA-DICARBONYLVERB. U. CHINONEN MIT DIAZOALKANEN 9. MITT. 57-0457
WOLLMANN H., CHEM. U. PHYSIOLOG.-CHEM. STUDIEN AN DERMATOMYCETEN 4. MITT. 53-0520
WOLOVSKY R., SYNTH. V. KOHLENSTOFF-MAKROCYCLEN BIS C(120) 63-0484
WOLTER G., FORMYLIER. V. DIMETHYLTHIOFORMAMID NACH VILSMEIER-HAACK 59-0314
- REAKTIONSFAEHIGKEIT VON SAEUREAMID-SAEURECHLORID-

KOMPLEXEN AUF BASIS DIMETHYLFORMAMID U. PYROSULFURYL-CHLORID 60-0325
WONG A., ANALGETIKA MIT AZETIDINSTRUKTUR 63-0899
WONG C. F., STRUKTUR EINER AUS RYANODIN ERHALTENEN C19-SAEURE 64-0891
WONG C. M., ALPHA-HALOGENKETONE 6. MITT. 58-0282
WONG S. K., SECHS-ZENTREN-UEBERGANGSZUSTAENDE BEI RK., AN DENEN HALOGENVEERB. BETEILIGT SIND 56-0203
WOOD D. C., ADDIT.-RK. V. TRICARBONYL-CYCLOOCTATETRAEN-EISEN U. -RUTHENIUM 55-0042
WOOD H. C. S., BIOSYNTH. V. PTERIDINEN 5. MITT. 58-0737
- PHOSPHORSAEUREESTER, 1. MITT. 64-0685
WOOD J. S., MOL.-STRUKTUR U. MAGNET. EIG. V. BIS-(TRIMETHYLAMIN)-CHROM-TRICHLORID 55-0005
WOOD K. R., FLUORKOHLENHYDRATE 17. MITT. 56-0621
WOODCOCK D. J., NITROSOACETYLENE 63-0367
WOODGATE P. D., DIENON-PHENOL-UMLAGER. 3. MITT. 59-0449
WOODMAN D. J., STABILE ENOLESTER AUS N-TERT.-BUTYL-5-METHYL-ISOXAZOLIUMPERCHLORAT 60-0352
- QUATERNIER. V. ISOXAZOLEN MIT ALKOHOLEN U. PERCHLORSAEURE 64-0638
WOODS D. K., BEDING. D. DURCH CARBONIUMIONEN INITIIERTEN SPALT. V. CHRYSANTHEMSAEUREDERIV. ZU VERB. MIT ARTEMISYL-, SANTOLINYL- U. LAVANDULYLGERUEST 55-0530
WOODS M. C., STRUKTUR V. VIER NEUEN TAXININ-ABKOEMMLINGEN U. EINE PHOTOCHEM. TRANSANULARE RK. 56-0668
- KERN-OVERHAUSER-EFFEKT, RELATIVE STEREOCHEMIE U. KONFORMATION V. TAXAN-DERIV. 57-0165
- STRUKTUR V. BAKKENOLID-A 57-0703
- NMR-SPEKTREN V. FUTOENON U. DERIV., PARTIELLE ENTKOPPL. ALS HILFSMITTEL BEI D. ZUORDN. KOMPLEXER SPEKTREN U. WEITERE BEOBACHT. D. OVERHAUSER-EFFEKTES 60-0106
- STRUKTUREN D. BAKKENOLIDE-B, -C U. -D, BESTIMMT MIT HILFE EINES KERN-OVERHAUSER-EFFEKTES 60-0752
- STRUKTUR V. FUTOENON, EINEM NEUART. SPIRO-CYCLOHEXADIENONDERIV. 60-0798
- TETRACYCLO(3.3.0.0(2,8).0(4,6))OCTAN-1.5-DICARBONSAEURE 63-0556
WOODWARD R. B., TOTALSYNTH. V. DL-6-DESMETHYL-6-DESOXY-TETRACYCLIN 58-0804
- STABILE ENOLESTER AUS N-TERT.-BUTYL-5-METHYL-ISOXAZOLIUMPERCHLORAT 60-0352
- 2EXO-HYDROXY-EPICAMPHER 62-0784
- HOCHSUBSTITUIERTE AETHYLENE UND GLYKOLE 9. MITT. 64-0321
WOOLDRIDGE K. R. H., SYNTH. EINIGER 4-HYDROXY- U. 4-METHOXY-NAPHTHYLALANINE 56-0419
- MIT CONGOCIDIN VERWANDTE AMIDINE U. GUANIDINE 4. MITT. 59-0495
WOOLLEY D. W., O-BENZYL-N-TERT.-BUTYLOXYCARBONYL-L-THREONIN 59-0334
WOOLSEY G. B., CHARGE-TRANSFER-KOMPLEXE V. N-METHYL-ACETAMID U. ANDEREN AMIDEN 62-0165
WOOTTON M., STEREOCHEMIE V. CEANOTHSAEURE 56-0154
WORK S. D., ADDIT. V. TRICHLORSILAN AN CYCL. OLEFINE 61-0461
WORKMAN R., SYNTH. HOEHERMOL. VERB. DURCH PHENOLDEHYDRIER. 4. MITT. 57-0666
WORM M., DARST. D. OPT. AKT. METHYL-N-PROPYL-BENZYL-PHENYL-SILANS 61-0431
WORMSER Y., ANWEND. V. GEL-MOLEKULARSIEBEN AUF D. BEST. D. ERSTEN KRIT. MICELLKONZ. V. WSS. NATRIUMALKANOAT-LSG. 63-0208
- GLEICHGEWICHT D. NATRIUMSALZ-LOESUNGEN V. ALKANSAEUREN MIT 'SEPHADEX'-GELEN. NACHW. D. ZWEITEN KRIT. MIZELL-KONZENTRAT. 64-0208
WORRALL I. J., WASSERSTOFF-HALOGEN-WECHSELWRKG. IN ALUMINIUMHALOGENID-4-AETHYLPYRIDIN-KOMPLEXEN 56-0013
WORTHINGTON N. W., PRIMAERPROZESSE BEI D. PHOTOLYSE V. 9.10-ANTHRACHINON-2-SULFONSAUREM NATRIUM IN WSS. LSG. 53-0186
WORTHLEY S., SYNTH. V. VIERGLIEDR. RINGACYLOINEN U. -ALPHA-DIKETONEN 62-0426
WRAGG W. R., NEUE CINNOLINSYNTH. 3. MITT. 53-0453
- NEUE CINNOLINSYNTH. 4. MITT. 59-0629
- NEUE CINNOLINSYNTH. 5. MITT. 61-0668
WRIEDE P. A., MOLEKULAR-PHOTOCHEMIE 8. MITT. 63-0344
WRIGHT A. E., PYROLYSEUNTERS. 23. MITT. 59-0255
WRIGHT D. L., 7-OXABICYCLO(2.2.1)HEPTAN-2.3-DICARBONIMIDE MIT ANTIKONVULSIVER WRKG. 63-0904
WRIGHT G. J., NEUE SYNTH. V. N-ARYL-AZETIDINEN 60-0477
- ELEKTROPHILE SUBSTITUT. AN ACENAPHTHEN U. ABGELEITETEN VERB. 1. MITT. 62-0467
- MILLS NIXON EFFEKT 2. MITT. 64-0284
WRIGHT H. B., HYPOCHOLESTERAEM. MITTEL 4. MITT. 60-0837
WRIGHT J., SYNTHESE VON 2.6-DIALKYL-PHENYL-4-NITRO-PHENYLAETHERN AUS STARK GEHINDERTEN PHENOLEN 61-0386
WRIGHT J. L. C., CANADENSOLID, EIN ANTIFUNGALER METABOLIT V. PENICILLIUM CANADENSE 58-0571
WRIGHT M., ANALGETIKA MIT AZETIDINSTRUKTUR 63-0899
WRIGHT M. R., ARRHENIUS-PARAMETER D. ALKAL. HYDROLYSE V. ESTERN IN WSS. LSG. 2. MITT. 62-0240
- ARRHENIUS-PARAMETER D. ALKAL. HYDROLYSE V. ESTERN IN WSS. LSG. 3. MITT. 62-0241
WRIGHT S. H. B., BICYCL. PYRIMIDINDERIV. MIT EINEM BRUECKENKOPF-N-ATOM 3. MITT. 61-0075
WRIGHT W. G., EXTRAKTE SUEDAFRIKAN. PFLANZEN 1. MITT. 55-0514
WRIGLESWORTH M. J., EIN CHEM. MODELL FUER EINE MOEGL. OXYDATIVE UMLAGER. IN D. BIOSYNTH. V. TETRANORTRITERPENEN, DARST. V. METHYL-3ALPHA-ACETOXY-7-OXO-DELTA(14.13)-APOTIRUCALLA-DIEN-21-OAT 56-0677
WROBEL J. T., BIOSYNTH. V. LYCOPODIN 60-0826
WRZECIONO U., CHEM. BESTANDTEILE V. INONOTUS OBLIQUUS (PERS.) PIL. 7. MITT. 62-0749
WSNER K., SYNTH. IN D. LYCOPODIUM-ALKALOID-REIHE 8. MITT. 55-0510
WU E., BEWEGL. KETO-ALLYL-SYST. 5. MITT. 63-0524
- BEWEGL. KETO-ALLYL-SYST. 6. MITT. 63-0525
- BEWEGLICHE KETO-ALLYL-SYST. 7. MITT. 63-0526
WU M. T., STEROIDE 30. MITT. 57-0723
WU T. C., ORGANOSILICIUM-CHEMIE 1. MITT. 56-0367
WUCHERPFENNIG W., RK. MIT N-SULFINYLVERB. 8. MITT. 57-0356
- RK. MIT N-SULFINYLVERB. 9. MITT. 57-0357
WUEEST H., SYNTH. D. BETA-SINENSALS 56-0685
WUENSCH E., N(ALPHA)-(2-NITRO-PHENYLSULFENYL)-O-TERT.-BUTYL-HYDROXYAMINOSAEUREN U. DEREN ''AKTIVIERTE ESTER'' 57-0335
- SYNTH. D. GLUCAGONS 15. MITT. 57-0747
- SYNTH. D. GLUCAGONS 16. MITT. 57-0748
- SYNTH. D. GLUCAGONS 17. MITT. 57-0749
WUENSCHE C., KONJUGAT. IN MAKROCYCL. BIND.-SYST. 11. MITT. 59-0133
- ELEKTRONENSTOSSINDUZIERTE ALKYL- U. WASSERSTOFFWANDER. BEI DIPHENSAEUREDERIV. 61-0114
WUERSCH P., PHOTOCHEM. UMWANDL. 18. MITT. 62-0307
WUEST H., TOTALSYNTH. V. RACEMISCHEN DEHYDROFUROPELARGONEN 60-0739
WUESTHOFF M. T., DARST. V. SPIRO(2.5)OCTAN-6-ON, KATALYT. HYDRIER. EINES VINYLCYCLOPROPANS 61-0507
WULFF G., TRITERPENE 23. MITT. 57-0700
- ANTIBIOTISCH WIRKSAME SUBSTANZEN D. TULPE (TULIPA GESNERIANA) 58-0807
WULFSON N. S., MASSENSPEKTROMETRIE V. STEROID-SYST. 9. MITT. 53-0078
- MASSENSPEKTROMETRIE V. STEROID-SYST. 10. MITT. 53-0079
- MASSENSPEKTROMETRIE V. GIBBERELLINEN 2. MITT. 60-0120
- MASSENSPEKTROMETRIE V. STEROIDSYST. 15. MITT. 60-0121
- MIKROBIOLOGISCHE HYDROXYLIERUNG DER CHOLESTERINSEITEN-KETTE 60-0817
- UMBLDG. V. CHOLSAEURE DURCH KULTUREN V. MYCOBACTERIUM N 1210 60-0818
WURMB-GERLICH D., UNTERS. UEBER SCHIFFSCHE BASEN 6. MITT. 56-0237
WYATT P. A. H., EINE UNTERS. MIT UNTERBROCHENEM DURCHFLUSS D. GESCHW., MIT D. DAS 4.4'.4''-TRIMETHOXYTRIPHENYLCARBONIUMION IN DIOXAN-WASSER-GEMISCHEN AUFTRITT U. VERSCHWINDET 58-0188
WYCKOFF K. K., TRIFLUORMETHYL-FURANE 60-0484
WYLDE J., ALKAL. HYDROLYSE V. CIS-2-CHLOR-CYCLOHEXANTHIOL U. CIS-2-CHLOR-CYCLOPENTANTHIOL 56-0220
- SYNTH., IDENTIFIZIER. U. STRUKTUR V. 2-CHLOR-CYCLANTHIOLEN 62-0423
- SOLVOLYSE V. 2-CHLOR-CYCLANTHIOLEN 62-0424
WYLDE R., REAKTIVITAET V. AMINOALKOHOLEN D. TRANS-DECALIN-REIHE 2. MITT. 57-0443
- SYNTH. U. ABBAU-RK. V. IN BETA-STELLUNG STEREOSPEZIFISCH MONODEUTERIERTEN AMINEN 63-0496
WYLIE A. G., PERSULFAT-OX. V. CARBONSAEUREN 3. MITT. 60-0584
WYLLIE S. G., MASSENSPEKTROMETRIE BEI STRUKTURELLEN U. STEREOCHEM. PROBLEMEN 146. MITT. 58-0121
WYNBERG H., SYNTH. V. SUBSTITUIERTEN ADAMANTANEN AUS DEHYDROADAMANTAN 59-0478
- STER. EFFEKTE IN HETEROCYCL. SYST. 4. MITT. 61-0549
- ABNORME PINAKON-UMLAGER. 61-0551
- STER. EFFEKTE IN HETEROCYCL. SYST. 5. MITT. 62-0166
- KRIST.-STRUKTUR V. 2.3-DI-TERT.-BUTYL-CHINOXALIN 63-0202
- SYNTH. U. EIG. V. STERISCH GEHINDERTEN BUTADIENEN, EINE MODIFIKATION D. CUGAEV-RK. 64-0354
- PHOTOCYCLISIER.-RK. V. PHENYLTHIOAETHENEN 64-0593
WYNN C. M., STEREOCHEMIE D. PYRROLIDINADDIT. AN BICYCLO(2.2.2)OCTEN-(2)-CARBONSAEURENITRILEN-(2) 64-0610
WYRZYKIEWICZ E., ESSIG- U. ALPHA-PROPIONSAEUREN, DERIV. V. 4'-SUBSTITUIERTEM TRANS-STILBENOL-(4) 59-0422

Y

YAGI H., SYNTH. V. VERB. D. HOMOAPORPHIN-TYPS DURCH OXYDATIVE PHENOL-KUPPL. 54-0509
- TOTALSYNTH. V. (+-)-GLAZIOVIN U. (+-)-PRONUCIFERIN DURCH OXYDATIVE PHENOLKUPPL. 55-0512
- UMLAGER. V. HOMOPROAPORPHIN U. D. KONFIG. V. ZWEI ISOMEREN HOMOPROAPORPHINEN 56-0645
- PHENOL. CYCLISIER. 1. MITT. 57-0679
- SYNTH. V. VERB. V. HOMOPROAPORPHIN-TYP DURCH OXYDATIVE PHENOLKUPPL. 58-0732
- SYNTH. V. HOMOPROAPORPHINEN DURCH OXYDATIVE PHENOLKUPPL. 2. MITT. 59-0684
- STRUKTUR V. CAPAURIMIN 61-0742
- UMLAGER. U. EINE NEUE ENOL-AETHER-ADDIT. BEI HOMOPROAPORPHINEN 61-0744
YAGNITINSKY B., HASCHISCH 12. MITT. 62-0779

YAHYA H., NMR-STUDIEN AN ZUCKERN U. CYCLANOLEN 4. MITT. 59-0111
YAJIMA H., PEPTIDE 20. MITT. 58-0798
- DARST. V. TERT.-BUTYLAZIDOFORMIAT 59-0302
YAKSHIN V. V., GEHINDERTE KONJUGATION EINSAMER ELEKTRONENPAARE IN ELEMENTEN DER 5. GRUPPE, 1. MITT. 61-0125
YAKTIN H. K., TRIFLUORMETHYL-FURANE 60-0484
YALE H. L., 5.11-DIHYDROBENZ(B.E)(1.4)OXAZEPIN-5-CARBOXAMIDE VERB., D. ZUR BEHANDL. V. EPILEPSIE U. TRIGEMINUS-NEURALGIE DIENEN KOENNEN 60-0682
- DARST. V. 2-HYDROXYAMINO-ALPHA.ALPHA.ALPHA-TRIFLUOR-P-TOLUOLSULFONAMID DURCH KATALYT. HYDRIER. U. SEINE VERW. IN D. SYNTH. V. 2.3-DIHYDRO-4H-1.2.4-BENZOTHIADIAZIN-4-OL-1.1-DIOXIDEN, IR- U. KERNMAGNET. RESONANZ-SPEKTREN 64-0763
YALPANI M., MASSENSPEKTROMETR. UNTERS. EINER BIOSYNTH., UMWANDL. V. DEUTERO-M-KRESOL IN PATULIN 54-0082
YAMADA H., RESORPT. U. AUSSCHEIDUNG V. PHARMAKA 9. MITT. 62-0853
- RESORPT. U. AUSSCHEID. V. ARZNEIMITTELN 10. MITT. 64-0926
- RESORPT. U. AUSSCHEID. V. ARZNEIMITTELN 11. MITT. 64-0927
YAMADA K., GINKGOLIDE 55-0545
- STRUKTUR V. ANISATIN U. NEOANISATIN, TOX. SESQUITERPENE AUS ILLICIUM ANISATUM L. 57-0689
- ANISATINSAEURE U. ISOANISATINSAEURE, ISOMERISIER.-PROD. V. ANISATIN 58-0810
- LEICHTE ACETYLIER. EINER TERT. HYDROXYGRUPPE SOWIE EIN UNGEWOEHNL. ENTSCHIRM.-PHAENOMEN DURCH EINE ACETOXYGRUPPE IN NMR-SPEKTREN 58-0811
- PHOTOCHEM. CYCLOADDIT. V. THIOBENZOPHENON AN KONJUGIERTE DIENE 61-0616
YAMADA M., SYNTH. V. PYRIDAZIN-DERIV. 9. MITT. 64-0419
YAMADA S., THERM. UMLAGER. V. OPT. AKT. ALPHA-HYDROXY-IMINEN ZU ALPHA-AMINO-KETONEN 55-0289
- BEST. D. ABSOLUTEN KONFIG. V. 1.1'-BINAPHTHYL U. SEINEN DERIV. MITTELS ROENTGENBEUG. 56-0158
- N-OXIDE V. N-HETEROAROMATEN MIT PI-ELEKTRONENUNTER-SCHUSS 10. MITT. 56-0611
- BEST. D. ABSOLUTEN KONFIG. V. MERCAPTOBERNSTEINSAEURE DURCH CHEM. KORRELATION MIT GLYCERINALDEHYD 59-0159
- CHEMIE V. NATRIUMBORHYDRID U. DIBORAN 4. MITT. 62-0308
- CHEMIE DER AMINOSAEUREN 5. MITT. 62-0558
- CHEMIE DER AMINOSAEUREN 4. MITT. 62-0603
- EINDEUT. FESTLEG. D. ABS. KONFIG. IM BIPHENYL-, BIANTHRYL- U. BIANTHRACHINONYL-SYST. 64-0525
- INDOL-REIHE 4. MITT. 64-0801
- INDOL-REIHE 5. MITT. 64-0802
YAMADA Y., SYNTH. V. ADENIN U. 4.5-DICYANIMIDAZOL AUS HCN IN FL. AMMONIAK 59-0616
- 4-OXO-1.2.3.4-TETRAHYDROCHINAZOLINE 1. MITT. 60-0629
YAMAGUCHI A., KINET. ISOTOPENEFFEKT BEI D. SULFONYLIER.-RK. 57-0218
YAMAGUCHI '., ELEKTRONENSPEKTRUM D. TROPON-MOL. 57-0078
- CYANINFARBSTOFFSYNTH. 2. MITT. 62-0342
YAMAGUCHI S., UNTERS. AN MORPHIN-ALKALOIDEN 3. MITT. 61-0723
YAMAGUTI T., RK. V. ISOPHORON-DIENAMINEN MIT DIENOPHILEN 58-0538
YAMAGUTI Z., PHOTOCHEMIE BESTIMMTER NICHT ENOLISIERBARER BETA-DIKETONE 54-0291
YAMAKAMI H., STRUKTUR D. UROTHIONS 54-0521
YAMAKAWA K., ORGANOMETALLVERB. 7. MITT. 62-0041
YAMAKI K., SYNTH. V. HETEROCYCL. VERB. 209. MITT. 59-0685
YAMAMORI H., ALUMINIUMCHLORID-KATALYSIERTE RK. V. ORGANOSILICIUM-VERB. 5. MITT. 62-0366
YAMAMOTO A., TRIPHENYLPHOSPHIN-KOMPLEXE V. RUTHENIUM U. RHODIUM, REVERSIBLE KOMBINAT. V. MOL. STICKSTOFF U. WASSERSTOFF MIT D. RUTHENIUMKOMPLEX 59-0087
- DIAETHYL-BIS-(DIPYRIDYL)-EISEN, KATALYSATOR FUER D. CYCLODIMERISIER. V. BUTADIEN 61-0302
- EINLAGER. V. CO2 IN D. CO-H-BIND. V. STICKSTOFF-TRIS-(TRIPHENYLPHOSPHIN)-KOBALTHYDRID 64-0073
YAMAMOTO H., 1-ACYL-INDOLE 2. MITT. 59-0530
- PTERIDIN-UNTERS. 35. MITT. 62-0657
- 1-ACYLINDOLE 4. MITT. 64-0604
- GASCHROMATOGRAPHISCHE TRENNUNG VON L-IDONAT UND D-GLUCONAT 64-0938
YAMAMOTO J., SYNTH. NEUER PYRAZOLIN-DERIV. 62-0557
- MECHANISMUS D. RK. V. BIGUANIDEN MIT DIAETHYLOXALAT 62-0559
- ANTITUMOR-SUBSTANZEN 7. MITT. 62-0671
YAMAMOTO K., HYDROSILYLIER. V. CYCLOOCTADIENEN U. BICYCLO(3.3.0)OCTEN-(2) 63-0500
YAMAMOTO Y., STOFFWECHSELPROD. V. ASPERGILLUS FUMIGATUS (J-4), CHEM. STRUKTUR D. STOFFWECHSELPROD. 61-0824
YAMAMURA S., STRUKTUR V. APLYSIN-20 54-0092
- GINKGOLIDE 55-0545
- ZINK-RED. V. KETOSTEROIDEN 55-0550
YAMAMURA Y., ANTI-PLASMIN-AGENTIEN 61-0841
YAMANA S., BEZIEH. ZWISCHEN MOLARER DREHUNG U. STRUKTUR BEI POLY-O-ACETYL-KOHLENHYDRATEN 2. MITT. 58-0075
- MOL. ROTAT. VOLL ACETYLIERTER ALDOPYRANOSYLHALOGENIDE IM VERHAELTNIS ZU IHRER STRUKTUR, BEZIEH. ZWISCHEN MOL. ROTAT. (M)(D)(20) U. D. ATOMREFRAKT. R(D) D. HALOGENS 60-0070
- BEZIEH. ZWISCHEN MOLARER DREHUNG U. STRUKTUR BEI POLY-O-ACETYL-KOHLENHYDRATEN 3. MITT. 63-0106
YAMANA T., STABILITAET V. ARZNEIMITTELN 17. MITT. 62-0855
YAMANAKA H., PHENYLFLUORCARBEN 61-0469
YAMANAKA T., NITRENE 1. MITT. 61-0648
YAMAOKA N., NUCLEOSIDE 45. MITT. 57-0647
YAMASHIRO D., SYNTH. V. ACETON-OXYTOCIN AUS EINEM ISOPROPYLIDENDERIV. V. S-BENZYL-L-CYSTEINYL-L-TYROSIN 58-0797
- ISOMERE DIMERE D. OXYTOCINS 64-0877
YAMASHIRO O., UMWANDL. V. EPIPACHYSANDRIN-A IN PACHYSTERMIN-A U. -B 59-0695
YAMASHITA S., OPT. AKT. MEERWEIN-PONNDORF-KATALYSATOR U. SEINE VERW. BEI ASYMM. RED. 57-0282
YAMAUCHI H., ZWEI NEUE CHLORANTHRACHINONE AUS EINER FLECHTE ANAPTYCHIA OBSCURATA (NYL.) VAIN. 59-0713
- DREI NEUE, CHLOR ENTHALTENDE BISANTHRONYLE AUS D. FLECHTE, ANAPTYCHIA OBSCURATA VAIN 63-0790
YAMAUCHI T., AROMAT. TRIPHENYLMETHYLIER., RK. ZWISCHEN BENZOYLPEROXIDEN U. TRIPHENYLMETHYL IN AROMAT. LSGM. 60-0226
YAMAZAKI A., SYNTH. V. 2-ALKYLMERCAPTO-INOSIN-5'-PHOSPHATEN U. N(2)-METHYLIERTEN GUANOSIN-5'-PHOSPHATEN 61-0705
- SYNTH. V. 2-METHYLADENOSIN U. SEINEM 5'-PHOSPHAT 64-0791
YAMAZAKI H., SYNTH. V. NUCLEOSIDANTIBIOTIKA 4. MITT. 53-0494
YAMAZAKI K., PYROLYSE V. CHLORIERTEN SILACYCLOPENTANEN 63-0624
YAMAZAKI M., BIOLOG. AKTIVITAETEN V. ARZNEIMITTELN 3. MITT. 64-0929
- BIOLOG. AKTIVITAET V. ARZNEIMITTELN 4. MITT. 64-0930
YANAGI K., KOMPRESSIONSEFFEKTE IN 1.4-DI-TERT.-BUTYL-NAPHTHALINEN, CHEMIE U. KERNMAGNET. RESONANZSPEKTREN 59-0110
YANAGIDA S., NEUE SYNTH. V. 6-CHLOR-2-METHYL- U. 6-CHLOR-2-AETHYL-5-METHYL-3H-PYRIMIDON-(4) 61-0663
YANAGIYA M., NEUER EINFACHER WEG ZU TETRACYCL. ZWISCHENPROD. FUER D. SYNTH. V. DITERPENOID-ALKALOIDEN 59-0696
YANAI R., WRKG. V. TEREPHTHALSAEURE AUF D. AKTIVITAET D. P-DIMETHYLAMINO-AZOBENZOL METABOLISIERENDEN ENZYME D. RATTENLEBER 59-0803
YANDLE J. R., KINETISCHE UNTERS. IN D. FLUOREN-REIHE 6. MITT. 58-0221
YANG N. C., PHOTOCHEM. RK. V. ENAMIDEN 55-0260
- PHOTOCHEM. ADDIT. V. POLYHALOGENMETHANEN AN OLEFINE 56-0431
- PHOTOCHEM. SYNTH. V. PROTOBERBERIN-ALKALOIDEN 56-0647
- PHOTOCHEMIE V. TERT.-BUTYL-ALKYLKETONEN IN LSG. 58-0315
- PHOTOCHEM. RK., DIE HOEHER ANGEREGTE ZUSTAENDE EINSCHLIESST 62-0292
- MECHANISMUS D. ENERGIEUEBERTRAG. V. N,PI(STERN)-TRIPLETTZUSTAND V. CARBONYLVERB. AUF EINFACHE OLEFINE 63-0343
YANG T., THALICTRUM-ALKALOIDE 8. MITT. 61-0726
YANKEELOV J. A. JUN., DURCH TRIMERISIER. V. BUTANDION-(2.3) DARGESTELLTES SELEKTIVES REAGENZ ZUR MODIFIZIER. V. ARGININ IN PROTEINEN 60-0803
YANKELEVICH S., AEBL. NORBORNADIENONE-(7) 55-0359
YANKOV L., SESQUITERPENOIDE AUS D. HOLZ V. CEDRELA TOONA ROXB. PARTIALSYNTH. V. T-MUUROLOL, T-CADINOL U. CUBENOL, STRUKTUREN V. DELTA-CADINEN U. DELTA-CADINOL 60-0749
YANUKA Y., GALLENSAEURECHEMIE 3. MITT. 60-0771
YAO A. N., NEUE UMLAGER. V. SULFONIUM-YLIDEN 58-0454
YAROSLAVSKY S., SELEKTIVE KATALYT. EINFL. STARK IONISIERTER POLYKATIONEN AUF D. ESTERSOLVOLYSE 58-0246
YARROW J. M., HOCHKONDENSIERTE POLYCYCL. RINGSYST. 1. MITT. 60-0459
YARTSEVA I. V., STRUKTUR V. AUREOLSAEURE (MITHRAMYCIN) 63-0853
YARWOOD J., PROTONENRESONANZSPEKTREN AROMAT. AMINE U. IHRER LADUNGSUEBERTRAG.-KOMPLEXE MIT JOD U. JODMONOCHLORID 53-0065
- INTENSITAETEN IM FERNEN IR V. JODKOMPLEXEN 58-0094
YASUDA F., STEROIDKOMPONENTEN V. KULTURPFLANZEN 53. MITT. 56-0693
- STEROIDKOMPONENTEN EINHEIM. PFLANZEN 54. MITT. 61-0790
- STEROIDBESTANDTEILE V. KULTURPFLANZEN 52. MITT. 62-0787
- STEROIDBESTANDTEILE V. KULTURPLANZEN 51. MITT. 62-0845
YASUDA S., NEUER EINFACHER WEG ZU TETRACYCL. ZWISCHENPROD. FUER D. SYNTH. V. DITERPENOID-ALKALOIDEN 59-0696
YASUDA Y., SYNTH. V. 10-GLIEDRIGEN CYCL. RING-AMINEN AUS CHINOLIZIDIN 62-0685
YASUI B., INHALTSSTOFFE V. LYCOPODIUM-ARTEN 4. MITT. 59-0690
- UNTERS. UEBER D. BESTANDTEILE EINHEIM. LYCOPODIUM-PFLANZEN 5. MITT. 59-0691
- UNTERS. UEBER D. BESTANDTEILE EINHEIM. LYCOPODIUM-PFLANZEN 6. MITT. 59-0692
YASUOKA N., KRIST.-STRUKTUR V. (PI-C5H5CO)2(TERT.-BUTYL-N)2CO 56-0030
YATES P., PHOTOCHEMIE D. FENCHO IN HYDROXYLHALT. MEDIEN 55-0113
- PYROLYSE D. KAEFIG-PHOTODIMEREN V. 2.6-DIMETHYL-4-PYRON 56-0532
- STRUKTUR DES PROD. AUS AZIBENZIL U. SCHWEFELKOHLEN-

STOFF 59-0540
- ZERSETZUNG VON 1-DIAZO-3-(2.2.3-TRIMETHYL-CYCLOPENTEN-(3)-YL)-PROPANON-(2), NEUE SYNTH. U. UMLAGERUNG EINES TRICYCLO(3.2.1.0(3,6))OCTANONS-(4) 61-0516
- MASSENSPEKTREN V. SYMM.-TETRAZINEN, RED. ZU DIHYDRO-SYMM.-TETRAZINEN IN D. IONENQUELLE DES MASSENSPEKTRO-METERS 64-0154
YAX E., SYNTH. V. POLYCYCL. VERB. DURCH UMLAGER. 1. MITT. 56-0410
- SYNTH. V. POLYCYCL. VERB. DURCH UMLAGER. 2. MITT. 56-0411
- SYNTH. V. POLYCYCL. VERB. DURCH UMLAGER. 3. MITT. 57-0435
YEKUNDI K., BIOLOG. VERH. V. FETTSAEUREN MIT DREIFACHBIND. 3. MITT. 59-0815
YEN E. H., STEREOCHEMIE V. BICYCLO(3.2.1)OCTAN 12. MITT. 55-0350
YEOWELL D. A., ALKALOIDE AUS KALEBASSENCURARE U. STRYCHNOS-ARTEN 4. MITT. 56-0654
YIANNIOS C. N., RK. V. CHLORAL MIT HYDRAZIN 63-0385
YIJIMA C., N.N-BIS-(1-CYAN-ALKYL)-HYDROXYLAMINE 4. MITT. 54-0239
YIM N. C. F., DEHYDROBENZOL-BLDG. DURCH DESULFAMYLIER. 64-0507
YODER C. H., UNTERS. D. TAUTOMERIE IN ARYLAZOPYRAZOLONEN U. VERWANDTEN HETEROCYCLEN DURCH KERNMAGNET. RESONANZSPEKTROSKOPIE 59-0142
YOFFE S. T., KINET. UNTERS. D. TRANS-ENOL-ALDO-CIS-ENOL-UMLAGER. V. 2-FORMYL-2-PHENYL-ESSIGSAEURE-ALKYLESTERN 55-0138
YOKOE I., N-OXIDE HETEROCYCL. VERB. MIT PI-ELEKTRONENUNTERSCHUSS 11. MITT. 56-0556
- N-OXIDE V. N-HETEROAROMATEN MIT PI-ELEKTRONENUNTER-SCHUSS 12. MITT. 56-0557
YOKOTA T., STRUKTUREN NEUER GIBBERELLINE AUS UNREIFEN SAMEN V. CANAVALIA GLADIATA 55-0576
YONEDA Y., ELIMINIER. V. CHLORWASSERSTOFF AUS 1.1.2-TRICHLOR-AETHAN AN IONEN-AUSGETAUSCHTEN MOLEKULARSIE-BEN 63-0293
- DEHYDROCHLORIER. U. DECHLORIER. V. CHLORAETHANEN AN CHROMOXID-KATALYSATOREN 63-0294
YONEMITSU O., PHOTOCYCLISIER. V. TYROSINEN, THYRAMINEN, BRENZCATECHINAMINEN U. NORMESCALIN 58-0680
- AMINOSAEUREN U. PEPTIDE 2. MITT. 60-0603
- POLYPHOSPHATESTER ALS SYNTHET. AGENS 7. MITT. 61-0404
- AMINOSAEUREN U. PEPTIDE 4. MITT. 63-0406
YONEZAWA T., ELEKTRONENSTRUKTUR V. CARBONIUM-IONEN, ALKYL-KATIONEN U. PROTONIERTE KOHLENWASSERSTOFFE 60-0183
YOON N. M., SELEKTIVE RED. 12. MITT. 63-0353
- BORHYDRID-KATALASIERTE RK. V. DIBORAN MIT EPOXIDEN, ANTI-MARKOVNIKOV-OEFFN. V. TRISUBSTITUIERTEN EPOXIDEN 63-0488
YOSHIDA N., GESCHW. D. RK. V. EINIGEN SUBSTITUIERTEN ANILINEN MIT PHENYLISOTHIOCYANAT U. BEZIEH. ZU D. CHEM. VERSCHIEB. D. AMINO-PROTONEN 63-0297
YOSHIDA T., KRIST.-STRUKTUR V. (PI-C5H5CO)2(TERT.-BUTYL-N)2CO 56-0030
- PROD. D. RK. V. ISOHYDROCORIAMYRTIN U. ISOCORIAMYRTIN MIT PHENYLHYDRAZIN-ANALOGA 57-0765
- ABS. STRUKTUR D. LOGANINS 62-0713
YOSHIDA Z., ELEKTRONENSPEKTREN V. MONOSUBSTITUIERTEN ANTHRACHINONEN U. LSGM.-EFFEKTE 57-0079
- PERI-EFFEKTE 1. MITT. 59-0194
YOSHIFUJI S., SYNTH. V. 10-GLIEDRIGEN CYCL. RING-AMINEN AUS CHINOLIZIDIN 62-0685
YOSHIHIRA K., ARZNEIPFLANZEN AUS THAILAND 4. MITT. 55-0329
- STRUKTUREN D, ARDISIACHINONE A, B U. C, BIS-(BENZOCHINONYL)-OLEFINDERIV. AUS ARDISIA SIEBOLDII MIQUEL 59-0788
YOSHII E., MASSENSPEKTROMETR. UNTERS. V. SANTONINEN U. IHREN DERIV. 55-0091
YOSHIKAWA M., NEUE METH. ZUR PHOSPHORYLIER. V. NUCLEOSIDEN ZU 5'-NUCLEOTIDEN 56-0634
YOSHIKOSHI A., STEREOCHEMIE V. ZIZANOESAEURE 59-0730
YOSHIMURA H., SYNTH. V. KODEIN- U. MORPHINGLUCURONIDEN 57-0662
YOSHIMURA J., NICHT-ALDOL. DIMERISIER. V. N-PHENYL-2.3-O-ISOPROPYLIDEN-D-GLYCERALDIMIN 56-0558
YOSHIMURA T., KLEINRINGVERB. 17. MITT. 57-0402
- VERB. MIT KLEINEN RINGEN 18. MITT. 59-0088
YOSHINO A., RK. V. PYRIDOXAL MIT CYANID 64-0693
YOSHINO M., SYNTH. V. PYRROLIDINDERIV. MIT ANTICHOLINERG. EIG., 3. MITT. 61-0554
- SYNTH. V. PYRROLIDINDERIV. MIT ANTICHOLINERG. EIG. 4. MITT. 61-0555
YOSHINO T., NUCLEOSIDE U. NUCLEOTIDE 22. MITT. 56-0636
- BLDG. V. ISOTAKT. ALPHA-METHIN-KONFIG. AM WACHSTUMSENDE V. POLYACRYLAT-ANIONEN 62-0836
YOSHIOKA M., PHOTOCHEM. CYCLOADDIT. V. THIOBENZOPHENON AN KONJUGIERTE DIENE 61-0616
YOSHIOKA T., HETEROAROMATIZITAET 11. MITT. 58-0338
- LINIENVERBREITER. IN D. NMR-SPEKTREN D. METHYLPROTONEN AN PIPERIDINRINGEN 59-0115
YOSHIOKA Y., UNTERS. BEI WASSERSTOFFAUSTAUSCH 9. MITT. 64-0692
YOSHISATO E., RK. V. BENZYLHALOGENIDEN MIT NICKELCARBONYL IN VERSCHIEDENEN LSGM. 59-0347
YOSHITAKE A., TOTALSYNTH. V. DIHYDROCRININ U. VERWANDTEN VERB. 64-0822
YOSHIZAWA I., BESTANDTEILE V. CONVALLARIA 10. MITT. 59-0741
- BESTANDTEILE V. CONVALLARIA 9. MITT. 64-0937
YOSHIZUMI H., LABILITAET D. STICKSTOFF-SAUERSTOFF-BIND. V. ISOXAZOLEN BEI ELEKTRONENSTOSS 57-0125
YOSIOKA I., UNERWARTETE IDENTITAET V. TEESAPOGENIN D (CAMELLIAGENIN A), EINEM NEBENSAPOGENIN AUS TEESAMEN, MIT DIHYDROPRIVEROGENIN A 56-0692
- PHOTOOX. V. OLEANOLSAEURE, BLDG. V. 11ALPHA.12ALPHA-EPOXY- U. 12ALPHA-HYDROXY-OLEANOLSAEURE-LACTONEN 57-0710
- ZWEI NEUE CHLORANTHRACHINONE AUS EINER FLECHTE ANAPTYCHIA OBSCURATA (NYL.) VAIN. 59-0713
- ZUR STEREOCHEMIE V. ZEORIN U. LEUCOTYLIN 59-0735
- SAPOGENIN-BESTANDTEILE D. BLAETTER V. PITTOSPORUM TOBIRA AIT 59-0742
- PHOTOOX. V. ERYTHRODIOL 62-0767
- DREI NEUE, CHLOR ENTHALTENDE BISANTHRONYLE AUS D. FLECHTE, ANAPTYCHIA OBSCURATA VAIN 63-0790
YOUNG A. E., STRUKTUR U. REAKTIVITAET CYCL. ESTER. AETHYLENSULFAT U. VINYLENSULFAT 63-0197
YOUNG D. C., DARST. U. CHARAKTERISIER. D. IONEN (3)-DODEKAHYDRIDO-1.2- U. -1.7-DICARBAUNDEKABORAT(1-) 59-0039
- PI-DICARBOLLYLDERIV. V. UEBERGANGSMETALLEN, METALLOCEN-ANALOGE 59-0041
YOUNG D. W., PHOTOSENSIBILISIERTE OX. V. 3BETA-ACETOXY-DELTA(8)-LANOSTEN 56-0676
- 2.3-DIHYDRO-O-(2-PYRROLYLCARBONYL)-VIRGILIN, EIN ALKALOID AUS READEA MEMBRANACEAE GILLESPIE (RUBIACEAE) 59-0697
YOUNG G. T., PIPERIDINOXYCARBONYLAMINOSAEUREN, EINE NEUE AMINO-SCHUTZGRUPPE 54-0416
- AMINOSAEUREN U. PEPTIDE 26. MITT. 56-0727
- AMINOSAEUREN U. PEPTIDE 27. MITT. 57-0752
- AMINOSAEUREN U. PEPTIDE 28. MITT. 58-0802
- AMINOSAEUREN U. PEPTIDE 29. MITT. 62-0816
YOUNG H., HARZSAEUREN 13. MITT. 57-0708
- FLECHTEN U. PILZE 5. MITT. 64-0848
YOUNG I. M., HETEROCYCL. POLYFLUORVERB. 11. MITT. 54-0438
- HETEROCYCL. POLYFLUORVERB. 12. MITT. 54-0439
YOUNG J. R., ORGANOCADMIUM-REAGENZIEN 5. MITT. 62-0386
YOUNG R. C., D. H(0)-ACIDITAETSFUNKT. IN WSS. 2-BUTOXY-AETHANOL 58-0026
- HYDROLYSE EINIGER NORBORNYLSULFITE U. VERWANDTER VERB. 60-0262
YOUNG R. H., PHOTOISOMERISIER. EINES HYDROXY-DIENONS ZU EINEM PYRON 53-0185
YOUNG R. N., DARST. U. KONFORM. V. 1-ALKYL- U. 1-ARYL-4-TERT.-BUTYL-CYCLOHEXANOLEN 61-0446
YOUNG T. E., INDOLOTHIAPYRYLIUM-VERB. 4. MITT. 61-0617
YOUNGSON G. W., D. ABS. KONFIG. EINIGER ARYL- U. ALKYLSUBSTITUIERTER 3-PHENYL-PROPIONSAEUREN 58-0424
YOUSIF G., SUBSTITUENTENEFFEKTE BEI D. HALOGENIER. 3. MITT. 61-0222
YOUSSEF A. A., SOLVOLYSE D. 2-(DELTA(2)-CYCLOHEXENYL)-AETHYL-SYST. 64-0270
YOUSSEF A. K., ISOMERISIER. V. 12-PHENYL-BENZ(A)ANTHRACEN 54-0328
YOUSSEFYEH R. D., PHOTOALKYLIER. V. GAMMA-BUTYROLACTON MIT OLEFINEN 60-0586
- BEWEIS FUER EINEN NEUEN MECHANISMUS D. OZONOLYSE 61-0210
- OZONOLYSE, KONZENTRATIONS- UND LOESUNGSMITTELEFFEKTE 64-0353
YOVANIDIS C., NEUE METH. D. PEPTIDSYNTH. 5. MITT. 53-0239
YOVANOVITCH O., VORLAEUFIGE DATEN FUER SAEURE-BASE-RK. IN N-METHYLACETAMID 56-0191
YRJAENAE I., KINETIK D. HYDROLYSE V. ISOPROPYLCHLORID IN SCHWEFELSAEURE-WASSER-GEMISCHEN 54-0158
YU L., VORLAEUFIGE DATEN FUER SAEURE-BASE-RK. IN N-METHYLACETAMID 56-0191
- LEITFAEHIGK. V. GEMISCHEN AUS N-METHYL-ACETAMID U. BROM 57-0196
YUDIS M. D., GENTAMICIN-ANTIBIOTIKA, ISOLIER. U. CHARAKTERISIER. V. METHYL-GAROSAMINID, EINEM NEUEN AMINO-HEXOPYRANOSID 53-0100
YUEN G. U., SYNTH. V. OPT. AKT. 1-C-PHENYL-GLYCERINEN U. IHREN DERIV. 64-0428
YUFIT S. S., NEUARTIGE SYNTH. V. SUBSTITUIERTEN FURANEN MIT HILFE V. ACETYLEN. ALKOXY-BETA-KETOESTERN 53-0331
YUGE E., ANTIPODENTRENN. V. DL-N-NORROMNEIN U. ABS. KONFIG. D. ROMNEINS 61-0722
YUH H. Y., KOLBE-ELEKTROLYSE ALS QUELLE FREIER RADIKALE IN LSG. 5. MITT. 58-0334
YUKI H., ALKYLGRUPPEN-AUSTAUSCH IN EINEM GEMISCH V. TRIAETHYLALUMINIUM U. DIAETHYLALUMINIUMCHLORID 56-0130
- NMR-SPEKTREN V. KOORDINATIONSVERB. V. ALUMINIUMTRI-ALKYLEN MIT DONATOREN 57-0099
YUPRAPHAT T., HYDRIER. V. M-KRESOLAETHERN MIT PLATIN-RHODIUM NACH NISHIMURA 56-0376
- KONFIG.-BEST. V. 2-AMINO-TETRALOLEN MIT HILFE V. NMR-SPEKTREN 64-0163
YURA Y., SULFOXONIUM-YLID-CHEMIE 5. MITT. 63-0419
YURIEV Y. N., QUANT. ABSCHAETZ. D. SUBSTITUENTENEFFEKTS BEI D. BIND.-LSG. DURCH OZONISIER. MIT HILFE D. ''L.F.E.R.''-REGEL 53-0129
YUSUF H. M., NITRAMINE U. NITRAMIDE 13. MITT. 58-0103

YVAN P., BERECHN. D. ENERGIEN D. ZWEI ERSTEN SINGULETT-SINGULETT-UEBERGAENGE BEI AROMAT. KW-STOFFEN 62-0070
YVERNAULT T., SAURE DEHYDRATISIER. V. 2.2-DIMETHYL-PROPANDIOL-(1.3) U. V. ANDEREN IN 2-STELLUNG DISUBSTITUIERTEN PROPANDIOLEN-(1.3) 1. MITT. 53-0215

Z

ZABEL D. E., CHEMIE V. CYCLOPROPANOLEN 7. MITT. 64-0482
ZABORSKY O. R., STRUKTUR U. REAKTIVITAET CYCL. ESTER. AETHYLENSULFAT U. VINYLENSULFAT 63-0197
ZABURDJAEVA S. N., CHLORALKYLIER. V. TERT.-BUTYL-HYDROPEROXID 64-0363
ZACHARKIN L. I., UNTERS. D. RK. V. N-PROPYLMAGNESIUMBROMID MIT AETHYLFORMIAT 55-0221
ZACHAROVA S. V., RK. V. FURANDERIV. MIT ALIPHAT. CARBONYLVERB. IN SAUREM MEDIUM 60-0493
- SYNTH. V. ESTERN D. FURANREIHE 62-0527
ZACHAROVA T. A., AZID-TETRAZOL-GLEICHGEW. IN D. THIAZOLO(2.3-E)TETRAZOL-REIHE 64-0215
ZACHS E. R., METHOXYDERIV. V. BENZIMIDAZO(2.1-A)BENZ(DE)ISOCHINOLON-(7) 54-0423
ZADEH J. A., HERST. U. UNTERS. V. FESTEN BAS. KATALYSATOREN 64-0323
ZAEHNER H., STOFFWECHSELPRODUKTE V. MIKROORGANISMEN 57. MITT. 53-0577
- STOFFWECHSELPROD. V. MIKROORGANISMEN 58. MITT. 54-0576
ZAENKER P., HETEROCYCLEN AUS AINO-KETONEN 12. MITT. 55-0443
ZAEV E. E., ANWEND. V. PARAMAGNET. ZUSAETZEN AUF D. STRUKTURBEST. V. EINIGEN PYRAZOLEN DURCH NMR 57-0115
ZAGATA L. A., ALKAL. HYDROLYSE V. AETHERN 62-0224
ZAGOREVSKIJ V. A., O-HYDROXY-PHENYL-PROPIOLSAEURE 54-0280
- ANWEND. V. HCLO4 BEI D. KONDENS. V. NITRILEN MIT ALKOHOLEN 58-0671
- INDOLDERIV. 24. MITT. 60-0686
- NITRIER. V. 2-CARBAETHOXYAMINO-CHROMON 62-0598
- EINIGE RK. V. DERIV. D. 4.4-DICHLOR-PYRAN-DICARBONSAEURE-(2.6) 62-0599
ZAHN H., PEPTIDE 64. MITT. 53-0571
- SYNTH. EINES INSULIN-B-KETTEN-POLYMEREN 56-0726
ZAHORSZKY U. I., ORGAN. METALLKOMPLEXE 3. MITT. 59-0085
ZAHRADNIK R., PHYSIKAL. EIG. U. CHEM. REAKTIVITAET V. ALTERNIERENDEN KW-STOFFEN U. VERWANDTEN VERB. 12. MITT. 53-0115
- TABELLEN V. QUANTEN-CHEM. DATEN 14. MITT. 56-0150
- PHYSIKAL. EIG. U. CHEM. REAKTIVITAET V. ALTERNIERENDEN KOHLENWASSERSTOFFEN U. VERWANDTEN VERB. 14. MITT. 61-0064
- PHYSIKAL. EIG. U. CHEM. REAKTIVITAET V. ALTERNIERENDEN KW-STOFFEN U. VERWANDTEN VERB. 15. MITT. 61-0266
ZAIDLEWICZ M., OX. V. 1.3-DIMETHYL-1-AETHYL-CYCLOHEXADIEN-(3.5) MIT SELENDIOXID 60-0399
- BROMIER. V. DIMETHYLAETHYLBENZOLEN DURCH N-BROM-SUCCINIMID 64-0421
ZAIKIN V. G., MASSENSPEKTROMETRIE V. STEROID-SYST. 10. MITT. 53-0079
- MASSENSPEKTROMETRIE V. STEROIDSYST. 15. MITT. 60-0121
- MIKROBIOLOGISCHE HYDROXYLIERUNG DER CHOLESTERINSEITEN-KETTE 60-0817
ZAITSCHEK D. V., EIN NEUES BENZOFURAN AUS SAMEN V. STYRAX OFFICINALIS L. 56-0471
ZAJACEK J. G., DURCH METALLE KATALYSIERTE HYDROPEROXID-OX. 2. MITT. 59-0277
ZAJCEVA G. I., CHEMIE ORGAN. OXIDE 29. MITT. 64-0371
ZAJCEVA N. T., GEKOPPELTE DREIKOMPONENTEN-FRIEDEL-CRAFTS-RK. KETOALKYLIER. V. BENZOL MIT OLEFINEN U. ACYLHALOGENIDEN IN GGW. V. ALCL3 59-0362
ZAKHARKIN L. I., DARST. U. UNTERS. V. DEKACHLOR-O-CARBORAN (O-B10CL10C2H2) 59-0043
ZAKHARYCHEV A. V., MASSENSPEKTROMETRIE V. STEROID-SYST. 9. MITT. 53-0078
ZALESSKAJA T. E., ISOMERIE BEI KETON-UMLAGER., ISOMERISIER. V. (1-ALKYL-CYCLOHEXYL)-PHENYLKETONEN 64-0498
ZALEWSKA B., POLAROGRAPH. KATALYT. STROEME IN AMMONIAKPUFFERLSG. MIT NICKEL(II) U. CYSTEIN 3. MITT. 64-0028
ZALKOW L. H., DIHYDROBENZOFURAN-DERIV. IN WELCHEN J(TRANS-2.3) GROESSER ALS J(CIS-2.3) IST. 54-0071
- TERPENE 22. MITT. 60-0751
- TERPENE 23. MITT. 62-0781
ZALKOW V. B., TERPENE 23. MITT. 62-0781
ZALUKAEV L. P., RK. V. 2-NITRO-2-PHENYLINDANDION-(1.3) MIT WASSER 60-0578
- INNERMOL. LADUNGSUEBERGANGSKOMPLEXE IN HYDRIERTEN CHINOLINEN 62-0075
- INTRAMOL. DONATOR-AKZEPTOR-WECHSEL-WRKG. IM 1.3-DIPHENYL-4-PHTHALOYL-BUTANON-(1) 62-0445
ZALUKAEVA E. A., INTRAMOL. DONATOR-AKZEPTOR-WECHSEL-WRKG. IM 1.3-DIPHENYL-4-PHTHALOYL-BUTANON-(1) 62-0445
ZALUSKI M., SYNTH. V. FURO(2.3-D)PYRIDAZINEN 57-0615
ZAMAN A., TRENNUNG U. CHARAKTERISIER. D. ALKALOIDE AUS SARCOCOCCA PRUNIFORMIS 53-0560
ZAMBITO A. J., PHENYLESTER D. MILCHSAEURE 60-0349
ZAMIR L., STRUKTUR D. CONVICINS 59-0679
ZAMOJSKI A., CIS-TRANS-ISOMERIE V. 1-ALOXY-BUTADIENEN-(1.3) 59-0152
- RK. VON MESOXAL- U. GLYOXYLSAEUREESTERN MIT FURAN SYNTH. VON 2-(1.2-DIHYDROXYAETHYL)-FURAN 60-0486
ZAMORANI A., PHOTOCHEM. UEBERFUEHR. V. STICKSTOFF IN ORGAN. VERB. IN VITRO 2. MITT. 60-0780
- PHOTOCHEM. UEBERFUEHR. V. STICKSTOFF IN ORGAN. VERB. IN VITRO 3. MITT. 60-0781
- PHOTOCHEMISCHE UEBERFUEHRUNG VON STICKSTOFF IN ORGANISCHE VERBINDUNGEN IN VITRO, 4. MITT. 64-0405
ZANATI G., OZONOLYSE V. GEKREUZT KONJUGIERTEM 3-OXO-DELTA(1.4)-STEROID 59-0749
ZANDER J. M., BEWEIS F. EINE NICHTOXYDATIVE CYCLISIER. V. SQUALEN IN D. BIOSYNTH. V. TETRAHYMANOL 64-0837
- BIOSYNTH. V. TETRAHYMANOL AUS (4R)-(4-(3)H.2-(14)C)MEVALONSAEURE 64-0906
ZANDER M., PHENYLDIAZOMETHAN ALS CYCLISIER.-MITTEL 2. MITT. 55-0471
- ZUR KENNTNIS D. ISOTRUXENS 57-0459
- NMR-UNTERS. V. PERYLEN- U. CORONENDERIV. 61-0090
- RK. D. DIAZOALKANE 2. MITT. 61-0423
ZANELLA P., VERH. V. ORGANOZINNCHLORIDEN ALS CHLORIDIONENAKZEPTOR IN NICHTWSS. LSGM. 61-0020
ZANESCO C. R., IR-ABSORPTIONS-SPEKTREN ZWISCHEN 2,5 U. 16 MY V. SEMICARBAZONEN 53-0059
ZANKER V., UV-SPEKTROSKOP. UNTERS. AN ACRIDIN-N-OXID 62-0072
- UV-SPEKTROSKOP. UNTERS. AN N-HETEROCYCLEN 63-0121
ZANKOWSKA-JASINSKA W., WELKSTOFFE U. ANTIBIOTIKA 36. MITT. 53-0237
- WELKSTOFFE U. ANTIBIOTIKA 37. MITT. 58-0389
ZAORAL M., AMINOSAEUREN U. PEPTIDE 75. MITT. 53-0569
ZAPEVALOVA N. P., RK. V. ASYMMETRISCH DISUBSTITUIERTEN HYDRAZINEN MIT DERIV. ALPHA,BETA-UNGESAETT. SAEUREN 7. MITT. 60-0345
ZAPUNNAJA K. V., VINYLOXYANILIDE 2. MITT. 56-0355
ZARA-KACZIAN E., DARST. U. UNTERS. V. LEWIS-SAEURE-KOMPLEXEN 2. MITT. 60-0047
ZARETSKAYA I. I., MIKROBIOLOGISCHE HYDROXYLIERUNG DER CHOLESTERINSEITENKETTE 60-0817
ZARETSKII V. I., MASSENSPEKTROMETRIE V. STEROID-SYST. 9. MITT. 53-0078
- MASSENSPEKTROMETRIE V. STEROID-SYST. 10. MITT. 53-0079
- MASSENSPEKTROMETRIE V. GIBBERELLINEN 2. MITT. 60-0120
- MASSENSPEKTROMETRIE V. STEROIDSYST. 15. MITT. 60-0121
- MIKROBIOLOGISCHE HYDROXYLIERUNG DER CHOLESTERINSEITEN-KETTE 60-0817
- UMBLDG. V. CHOLSAEURE DURCH KULTUREN V. MYCOBACTERIUM N 1210 60-0818
ZARINJA G. J., 6-(FURYL-(2))-IMIDAZO(2.1-B)THIAZOL UND SEINE DERIVATE 60-0543
ZARKOV V. V., SEK. RK. BEI ERHAERT. V. POLYURETHANEN 1. MITT. 61-0411
ZARLI B., KOMPLEXE V. IR(III) MIT O-PHENYLEN-BIS-(DIMETHYLARSIN) 64-0080
ZAUGG H. E., NUKLEOPHILE VERDRAENG. EINES DIANIONS DURCH EIN ANDERES 63-0715
- RK. AMBIDENTER ANIONEN MIT EINEM AMBIDENTEN ELEKTROPHILEN 64-0501
- REDUKTIVE ALKYLIER. V. IMINEN U. ESTERN MIT NATRIUM IN AMMONIAK 64-0698
ZAVADA J., POLAROGRAPHIE V. CYCLOALKYL-DIMETHYL-AMINOXIDEN, POLAROGRAPH. METH. FUER KINET. UNTERS. D. AMINOXID-ELIMINIER.-RK. (COPE-ELIMINIER.) 53-0151
- STEREOCHEM. UNTERS. 44. MITT. 54-0167
- STEREOCHEM. UNTERS. 48. MITT. 61-0269
- STEREOCHEM. UNTERS. 49. MITT. 61-0270
- STEREOCHEM. UNTERS. 50 . MITT. MECHANISMUS V. ELIMINIER.-RK. 13. MITT. 61-0271
- STEREOCHEM. UNTERS. 51. MITT. 61-0272
- STEREOCHEM. UNTERS. 52. MITT. 61-0273
ZAVADSKAJA M. I., RK. D. AETHYLENTHIOHARNSTOFFS MIT MONOCHLORESSIGSAEURE U. AROMAT. ALDEHYDEN IN EISESSIG 58-0603
- RK. D. 2-IMIDAZOLIN-THIONS MIT MONOCHLORESSIGSAEURE IN EISESSIG 63-0647
ZAVARIN E., CYCLOSATIVEN, EIN TETRACYCL. SESQUITERPEN AUS ABIES MAGNIFICA MURRAY 64-0840
ZAV'JALOV V. I., ULTRAVIOLETTSPEKTREN V. SILACYCLOBUTANEN 60-0077
ZAWADOWSKI T., RK. V. ACETYLCHLORID, -BROMID U. -JODID MIT HYDROXYMETHYLDERIV. D. PHENOLS 59-0350
ZAWADZKI W., WRKG. V. FUNKENENTLAD. AUF EINE MISCH. V. METHAN, AMMONIAK U. WASSER 62-0359
ZAYED E. M., VERH. V. OXAZOLINONEN-(5) U. THIAZOLINONEN-(5) GEGEN N-PHENYL-HYDROXYLAMIN U. PHENYLHYDRAZIN 62-0676
- RK. MIT 2.4-DISUBSTITUIERTEN DELTA(2)-OXAZOLINONEN-(5) 64-0642
ZAYED S. M. A. D., PHOSPHORORGAN. VERB. 6. MITT. 61-0488
ZAZJAN A. A., SYNTHESE VON CYCLISCHEN S-SUBSTITUIERTEN THIOAMID-DERIVATEN 60-0466
ZBIRAL E., RK. MIT PHOSPHORORGAN. VERB. 13. MITT. 53-0270
- RK. MIT PHOSPHORORGAN. VERB. 14. MITT. 58-0444
- RK. MIT PHOSPHORORGAN. VERB. 17. MITT. 59-0387
- RK. MIT PHOSPHORORGAN. VERB. 18. MITT. 59-0388
- RK. MIT PHOSPHORORGAN. VERB. 15. MITT. 60-0324
ZBORILOVA L., HERST. U. EIG. V. SELENSAEUREDIALKYLESTERN 54-0025
ZBORUCKI Z., 3.3-DIALLYL-OXINDOLE U. IHRE HYDRIER.-PROD. 60-0514
ZDANOVIC E. S., COENZYM A. 2. MITT. 54-0554

ZDANSKY G., IN ALPHA-, BETA- ODER GAMMA-STELL. METHYLSUBSTITUIERTE METHIONINE U. SELENOMETHIONINE 56-0320
- 5-(BENZYLMERCAPTOALKYL)- U. 5-(BENZYLSELENOALKYL)-SUBSTITUIERTE HYDANTOINE, HYDANTOINSYNTH. ZUR DARST. V. SELENOAMINOSAEUREN 64-0411
ZDERO C., POLYACETYLENVERB. 141. MITT. 55-0089
- ISOLIER. V. (-)-ALPHA-SANTALAL AUS PIQUERIA TRINERVA 59-0736
- NMR-SPEKTREN DEUTERIERTER ACETYLENVERB. 60-0183
- EINE ANOMALE GRIGNARD-RK. 63-0416
- POLYACETYLENVERB. 149. MITT. 63-0855
ZEDECK M. S., SYNTH. U. BIOLOG. AKTIVITAET V. 8-AZA-9-CYCLOPENTYL-PURINEN 63-0700
ZEE-CHENG K., RK. V. HYDRAZIN U. METHYLHYDRAZIN MIT URACIL-5-CARBALDEHYD, EINE UNGEWOEHNL. PYRIMIDIN-PYRAZOL-UMLAGER. 59-0620
ZEECK A., 3.3'(5.5')-BIPYRAZOLYL-DERIV. DURCH OX. D. DIAZOMETHAN-ADDUKTES V. BIS-(NAPHTHOCHINON-(1.4)-YL-(2)) 53-0369
ZEEH B., HETEROCYCLEN AUS ISOCYANIDEN 2. MITT. 53-0349
- MASSENSPEKTROMETRIE U. IHRE ANWEND. AUF STRUKTURELLE U. STEREOCHEM. PROBLEME 135. MITT. 54-0080
- MASSENSPEKTROMETRIE U. IHRE ANWEND. AUF STRUKTURELLE U. STEREOCHEM. PROBLEME 150. MITT. 59-0134
- MASSENSPEKTROMETR. FRAGMENTIER. EINIGER SCHWEFELHALT. AROMAT. HETEROCYCLEN SOWIE IHRER SULFOXIDE U. SULFONE 61-0112
- DIAZOMETHANE 26. MITT. 62-0356
- HETEROCYCLEN AUS ISONITRILEN 3. MITT. 63-0614
ZEFIROV N. S., STEREOCHEM. UNTERS. 1. MITT. 56-0534
- INTRAMOL. CYCLISIER. V. TYP EINER 1.3-DIPOLAREN ADDIT. 61-0597
- KONFORM. V. CYCLOHEXENCARBONSAEUREDERIV. 62-0131
- RK. D. FUMARONITRILS MIT NATRIUMAZID 64-0654
ZEFIROVA L. I., CARBANIONEN, RK. V. MESOMEREN ANIONEN D. DIHYDROTHIOXANTHEN-DIOXIDS-(10.10) MIT ELEKTROPHILEN REAGENZIEN 55-0441
- ORIENTIERENDER EINFL. D. SUBSTITUENTEN BEIM NUCLEOPHILEN ANGRIFF D. BENZOLRINGES 59-0424
- CARBANIONEN. RK.-FAEHIGK. LITHIUMORGANISCHER VERB. EINIGER DERIV. D. THIOXANTHENDIOXIDS-(10.10) 62-0601
ZEHNDER K., ISOLIER., AMINOSAEUREZUS. U. TRYPT. ABBAU V. THYROCALCITONIN AUS SCHWEINESCHILDDRUESEN 58-0790
ZEID I., SULTAME 13. MITT. 63-0573
ZEIGER G., 2-AMINO-1.3.4-OXDIAZOLE 21. MITT. 59-0577
ZEILER A. G., SYNTH. V. DIBENZO(B.F)(1.5)DIAZOCIN 56-0614
ZEISS G. D., D. ELEKTRONENSTRUKTUR V. CARBENEN 60-0184
ZEJFMAN V. I., SYNTH. U. ANTIBAKTERIELLE AKTIVITAET EINIGER P-ALKYLMERCAPTO-BETA-BENZOYL-ACRYLSAEUREN 53-0600
ZELCAN G. I., ATRANE 14. MITT. 62-0034
ZELENIN K. N., UNGESAETT. AZOVERB.-EIN NEUER TYP V. DIENEN BEI D. DIELS-ALDER -RK. 60-0653
- AMINONITRILUMLAGER. U. SPALT. V. 1.1-DIALKYL-DELTA(2)-TETRAHYDROPYRIDAZINIUMSALZEN 64-0738
ZELENINA N. S., RK. V. ALPHA-CHLORIERTEN AETHERN IN GGW. V. ZINK 6. MITT. 56-0346
ZELENSKAJA M. G., NEUE STICKSTOFFHALT. ALPHA-OXIDE 62-0540
- 1.4-DIOXANE-OX.-PROD. V. N-VINYL-LACTAMEN 62-0635
ZELLER K., MASSENSPEKTROMETR. FRAGMENTIER. EINIGER SCHWEFELHALT. AROMAT. HETEROCYCLEN SOWIE IHRER SULFOXIDE U. SULFONE 61-0112
ZELLER N., ZUR KENNTNIS D. CHINOIDEN ZUSTANDES 8. MITT. 57-0474
ZELVAKOVA E. G., LIPIDE 59. MITT. 61-0148
ZELWER C., STEREOCHEMIE IN D. BETA-LACTAM-REIHE 3. MITT. 58-0142
ZEMLICKA J., DARST. V. N-DIMETHYLAMINOMETHYLEN-DERIV., EINE NEUE METH. D. SELEKTIVEN SUBSTIT. V. NUCLEOSID-AMINO-GRUPPEN 54-0487
- AMINOACYLDERIV. V. NUCLEOSIDEN, NUCLEOTIDEN U. POLYNUCLEOTIDEN 3. MITT. 57-0657
ZEMSKOVA I. I., ANTHRACHINON-1.2.3-TRISULFONSAEURE 58-0512
ZENDA H., THERMOLYSE U. PHOTOLYSE V. 3.3A.5A.6.6A.6B-HEXAHYDRO-3.6-AETHENO-CYCLOPROP(G)INDAZOL 63-0637
ZENK M. H., EINVERLEIB. V. 1.4-NAPHTHOCHINON IN 1.2-DIHYDROXYANTHRACHINON (ALIZARIN) IN RUBIA TINCTORUM L 58-0824
- MEVALONSAEURE ALS VORLAEUFER D. SUBSTITUIERTEN BENZOLRINGES V. RUBIACEEN-ANTHRACHINONEN 59-0812
ZENOU J., EINFL. V. METALL-ACETATEN U. -ACETYLACETONATEN ALS INITIATOREN BEI D. UEBER RADIKALE VERLAUFENDEN DARST. V. DIPHENYL U. ALPHA.ALPHA'-DINAPHTHYL MIT ORGANOMAGNESIUM- U. ORGANOLITHIUM-VERB. 63-0531
ZERNAKOVA L. A., SYNTH. V. CYCLOPENTENYLMERCAPTANEN 57-0405
ZERVAS L., NEUE METH. D. PEPTIDSYNTH. 5. MITT. 53-0239
ZESKO T. E., RK. V. ALPHA-HALOGENKETONEN 14. MITT. 63-0282
ZHDANOV Y. A., AKOPLANARITAET AROMAT. AZOMETHINE 53-0095
ZIEGENHORN K., KOMPLEXVERB. AUF BASIS V. POLYAETHYLENSULFID MIT PYRIDINEN 64-0696
ZIEGLER E., SYNTH. V. HETEROCYCLEN 98. MITT. 55-0428
- SYNTH. V. HETEROCYCLEN 100. MITT. 56-0450
- SYNTH. V. HETEROCYCLEN 101. MITT. 56-0451
- SYNTH. V. HETEROCYCLEN 102. MITT. 56-0452
- SYNTH. V. HETEROCYCLEN 103. MITT. 56-0453
- SYNTH. V. HETEROCYCLEN 104. MITT. 56-0454
- SYNTH. V. HETEROCYCLEN 105. MITT. 56-0455
- VERS. ZUR ISOMERISIER. V. O-HYDROXYAZOBENZOLEN DURCH UV-STRAHLEN 59-0365
- SYNTH. V. HETEROCYCLEN 106. MITT. 59-0608
- SYNTH. V. HETEROCYCLEN 107. MITT. 60-0611
- SYNTH. V. HETEROCYCLEN 108. MITT. 60-0669
- SYNTH. V. HETEROCYCLEN 109. MITT. 64-0555
- SYNTH. V. HETEROCYCLEN 110. MITT. 64-0706
- NEUE REAGENTIEN ZUM PAPIERCHROMATOGRAPH. NACHW. V. AMINOSAEUREN 3. MITT. 64-0708
ZIEGLER F. E., ALKYLIER. V. CYCL. ENAMINEN, SYNTH. D. QUEBRACHAMIN-SKELETTS 62-0727
ZIEGLER G. R., PHOTOUMLAGER. V. 1.4-EPOXY-1.4-DIHYDRONAPHTHALIN ZU BENZ(D)OXEPIN 57-0634
- EINIGE VERALLGEMEINER. HINSICHT. D. RK. D. STELL. IM ARYL-KERN, D. ANKONDENSIERTEN SYST. MIT RINGSPANN. BENACHBART SIND 60-0225
ZIEGLER J., UNTERS. D. WECHSELWRKG. ZWISCHEN LEWIS-SAEUREN U. CARBONYLVERB. MITTELS INFRAROTABSORPT.-SPEKTROSKOPIE 63-0128
ZIEGLER P. F., MECHANISMUS D. SULFAMINSAEUREESTER-UMLAGER. 58-0382
ZIELINSKA E., SYNTH. U. EIG. HOEHERER 9-(1-ALKYL)-CARBAZOLE 64-0601
ZIELINSKI S., UNTERSTE GRENZE D. H2O2-KONZ., D. ZUR BLDG. V. ORGAN. U. ANORGAN. PERSAEUREN ERFORDERLICH IST 62-0343
ZIEMEK P., PALLADIUM(II)- U. PLATIN(IV)-KOMPLEXE V. 1.2-BIS-(PHENYLAETHINYL)-BENZOL 62-0058
ZIESERL J. F. JUN., LEICHTE SYNTH. EINES AMINALS V. BICYCLO(3.1.0)HEXANON-(6) U. V. ENDO-6-PIPERIDINO-BICYCLO(3.1.0)HEXAN 53-0435
ZIFFER H., OPT. AKTIVITAET NICHTPLANARER KONJUGIERTER DIENE 4. MITT. 54-0050
- PHOTODIMERES CITRACONSAEUREANHYDRID, STRUKTUR U. STEREOCHEMIE 59-0414
ZIKAN V., SUBSTANZEN MIT ANTINEOPLAST. WRKG. 19. MITT. 54-0374
- SUBSTANZEN MIT ANTINEOPLAST. AKTIVITAET 22. MITT. 61-0077
ZIL'BERMAN E. N., PROD. D. KONDENS. V. TRICHLOR-AETHYLEN IN GGW. V. ALCL3 53-0273
- RK. V. EPOXIDEN MIT MERCAPTANEN 55-0237
- SYNTH. V. FL. TELOMEREN AUS VINYLCHLORID U. TETRACHLORKOHLENSTOFF 57-0286
ZILKHA A., SILICIUMHALT. BARBITURATE 57-0808
- SILICIUM ENTHALTENDE ORGANOZINN-POLYESTERDERIV. V. BIFUNKTIONELLEN SAEUREN 58-0050
- RK. ALPHA,BETA-UNGESAETT. NITRILE MIT KONZENTRIERTER SCHWEFELSAEURE 62-0361
- SYNTH. EINIGER 5-TRIMETHYLSILYL-INDOLE 62-0537
- DL-BETA-N.N-DIALKYLAMINOAETHYLESTER V. SUBSTITUIERTEN ALPHA-TRIMETHYLSILYLPHENYL-BETA-HYDROXYPROPIONSAEUREN 63-0458
- SILICIUM-HALTIGE AROMAT. CARBONSAEUREAMIDE 63-0459
ZIMMER H., SYNTH. V. AMIDINEN MITTELS PHOSPHONAT-CARBANIONEN 57-0365
- STER. GEHINDERTE ORGANOMETALL-VERB. D. IV. GRUPPE D. PERIOD. SYST. 7. MITT. 59-0063
- IMIDAZO(5.1-A)ISOCHINOLINE 62-0624
- 3ALPHA-JOD-CHOLESTAN 64-0862
ZIMMERMAN H. E., SULFON-ALPHA-ELIMINIER. U. VERWANDTE DIAZOAETHANZERS. 57-0415
- MECHANIST. U. AUFKLAERENDE PHOTOCHEMIE 30. MITT. 59-0272
- MECHANIST. ORGAN. PHOTOCHEMIE 31. MITT. 64-0337
ZIMONT S. L., GEHINDERTE KONJUGATION EINSAMER ELEKTRONENPAARE IN ELEMENTEN DER 5. GRUPPE, 1. MITT. 61-0125
ZINGARO R. A., ARSONSAEUREN 61 0377
ZINKEVIC E. P., MAKROCYCL. VERB. 10. MITT. 53-0277
ZIOLKOWSKI J., INFRAROTSPEKTREN EINIGER QUECKSILBER(II)-THIOHARNSTOFFKOMPLEXE 60-0006
- IR-SPEKTREN EINIGER QUECKSILBER(II)-THIOHARNSTOFF-KOMPLEXE 60-0007
ZIRKLE C. L., N-HYDROXY-SCHUTZGRUPPE BEI PYRIDON-SYNTH. 63-0683
ZIRVI K. A., DIIMIDE V. CYCLOBUTAN-1.1-DICARBONSAEURE 57-0410
ZITKO B., SYNTH. V. 4.5-DIHYDRO-3H-1.3-BENZODIAZEPINEN U. 4.5-DIHYDRO-1H-2.4-BENZODIAZEPINEN 59-0645
ZIVOGLAZOVA L. E., SYNTHET. FARBSTOFFE 69. MITT. 62-0632
ZLOBINA V. I., DINATRIUMDERIV. D. 3.3-DIPHENYLPROPINS 55-0326
ZLOCEVSKAJA A. V., SYNTHET. FARBSTOFFE 68. MITT. 62-0631
ZMURENKO L. A., NITRIER. V. 2-CARBAETHOXYAMINO-CHROMON 62-0598
ZOBACOVA A., AMINOZUCKER 13. MITT. 54-0479
ZOLOTAREVA N. P., UMWANDL. V. 2.5-DIALKYL-1.3.4-OXADIAZOLEN IN 4-SUBSTITUIERTE 3.5-DIALKYL-1.2.4-TRIAZOLE 62-0582
ZOLOTUCHINA K. G., HALOGENARYLIER. V. UNGESAETT. VERB. MIT AROMAT. DIAZOVERB. 33. MITT. 59-0419
ZOLTEWICZ J. A., SELEKTIVE MARKIER. EINIGER 4-AMINO-PYRIDINE DURCH WASSERSTOFF-DEUTERIUM-AUSTAUSCH 57-0593
- DEUTERODECARBOXYLIER., EINE BEQUEME METH. ZUR DARST. MARKIERTER PYRIDINE 60-0601
ZOOK H. D., CHEMIE D. ENOLATE 5. MITT. 64-0257

ZORETIC P. A., ALKYLIER. V. CYCL. ENAMINEN, SYNTH. D. QUEBRACHAMIN-SKELETTS 62-0727
ZORN H., ANTHRACEN-9-SULFONSAEURE DURCH DIREKTE SULFONIER. V. ANTHRACEN 56-0422
ZOTCIK N. V., SPEKTRALE UNTERS. V. LAEVULINESTERN U. DEREN AKTIVITAET BEI D. CLAISEN-KONDENS. 55-0192
ZOTOV S. B., SYNTH. V. 2.2.5.5-TETRAMETHYL-TETRAHYDROTHIOPHEN 60-0503
ZOTOVA S. A., SYDNONE U. SYDNONIMINE 36. MITT. 55-0423
- SYDNONE U. SYDNONIMINE 40. MITT. 62-0584
ZSCHUNKE A., AMINOMETHYLIER. D. HETEROCYCLOALKANONE-(3) 59-0494
- STEREOCHEM. ZUORDNUNG IN D. PINANREIHE 60-0158
- SIEBEN- U. ACHTRINGVERB. 7. MITT. 64-0110
ZUBEK A., FORMYLIER. V. ALKYL- U. ARALKYLHYDRAZINEN 53-0376
- SYNTH. D. HYDRAZINS U. SEINER ALKYLDERIV. 59-0327
ZUBER H., THYROCALCITONIN 2. MITT. 62-0809
ZUBIANI G., GEM.-DIMETALLVERB., WITTIG-RK. V. METHYL-MG-HALOGENIDEN, EINE EINFACHE METH., UM METHYLENOLEFINE AUS ALDEHYDEN ODER KETONEN ZU ERHALTEN 56-0262
ZUBRICKIJ L. M., LITHIUMALLENE 12. MITT. 56-0267
ZUCKERMAN J. J., KERNMAGNET. RESONANZ U. INFRAROTUNTERS. V. (15)N-SUBSTITUIERTEM TRIMETHYLSILYL-, -GERMYL- U. -STANNYLANILIN, (P-D)-PI-WECHSELWRKG. IN D. BIND. V. STICKSTOFF MIT ELEMENTEN D. GRUPPE IV 63-0014
- ZINN-119M-MOESSBAUER-UNTERS. V. FUENF- U. SECHSFACH KOORDINIERTEN ORGANOZINN(IV)-IONEN 63-0017
ZUECH E. A., ISOMERISIER. U. CYCLISIER. V. OCTATRIENEN 59-0392
ZUELICKE L., BEHINDERTE INNERE ROTAT. FREIER MOL. - STAND D. ENTW. IN EXPERIMENT U. THEORIE 57-0154
ZUERNER H., HETEROCYCLEN AUS AINO-KETONEN 12. MITT. 55-0443
ZUK R. A., PYRIMIDINNUCLEOSIDANALOGE 2. MITT. 64-0742
ZUMAN P., POLAROGRAPH. STRUKTURBEWEIS D. SOGENANNTEN PHENYL-THIOHYDANTOINSAEURE 54-0135
- SUBSTANZEN MIT ANTINEOPLAST. AKTIVITAET 22. MITT. 61-0077
ZURABJAN S. E., SYNTH. ALIPHAT. AMINOSAEUREN AUS THIOPHENDERIV. 10. MITT. 61-0550
ZURAVLEV S. V., SYNTH. V. 2-MERCAPTO-BENZTHIAZOLDERIV. 7. MITT. 62-0576
ZURAVLEVA I. L., PROTOLYSE V. DIPHENYLQUECKSILBER MIT CARBONSAEUREN 62-0018
ZUUR A. P., KOMPLEXE MIT NITRILGRUPPEN ENTHALTENDEN LIGANDEN 3. MITT. 55-0003
- KOMPLEXE MIT NITRILGRUPPEN ENTHALTENDEN LIGANDEN 1. MITT. 55-0019
ZVEREV V. V., NITRIER. V. MEHRKERN. AROMAT. VERB. MIT NICHTKONDENSIERTEN RINGEN 3. MITT. 58-0229
- NITRIER. MEHRKERN. AROMAT. VERB. MIT NICHTKONDENSIER-TEN RINGEN, RK.-FAEHIGK. U. STRUKTUR V. DIPHENYL U. 1.3.5-TRIPHENYL-BENZOL 64-0160
- INDIZES DER REAKTIONSFAEHIGKEIT VON PHENYLBENZOLEN 64-0243
ZVEZDIN V. L., SYNTH. V. FL. TELOMEREN AUS VINYLCHLORID U. TETRACHLORKOHLENSTOFF 57-0286
ZVEZDINA E. A., NEUE RK. D. 2-AZIDO-BENZIMIDAZOLE 57-0523
ZVJAGINA A. B., SYNTH. D. 2-PHENYL-VINYLCYCLOPROPANS 58-0483
ZVONKOVA E. N., LIPIDE 57. MITT. 59-0332
- ZUSAMMENGESETZTE LIPIDE 31. MITT. 59-0333
- LIPIDE, NEUE METH. ZUR SYNTH. V. DL-ERYTHRO-2-BENZYLAMINO-1.3-DIHYDROXY-OCTADECAN 60-0357
ZWANENBURG B., KOVALENTE SULFONYLMETHYLPERCHLORATE, MECHANISMUS D. HYDROLYSE 59-0225
- MECHANISMUS D. RK. V. ALPHA-DIAZOSULFONEN 3. MITT. 60-0254
- CHEMIE D. SULFINE 6. MITT. 62-0382
ZWEIG A., MECHANISMUS EINIGER ELEKTROCHEMILUMINESZENTER PROZESSE 57-0070
ZWICK A., SYNTH. D. GLUCAGONS 15. MITT. 57-0747
- SYNTH. D. GLUCAGONS 16. MITT. 57-0748
ZYCZYNSKA I., CHEM. BESTANDTEILE V. POLNISCHEN INDUSTRIELLVERWERTBAREN PFLANZEN 2. MITT. 56-0759
- TOLUOLSULFONATE V. STERINEN 1. MITT. 58-0777
ZYGMUNT W. A., CYSTEINANALOGE ALS POTENTIELLE AMINOSAEUREANTAGONISTEN IN BAKTERIEN 63-0888
ZYLKIEWICZ E., RK. AM C(9) V. ACRIDIN-DERIV. 5. MITT. 60-0257
- RK. AM C(9) V. ACRIDIN-DERIV. 4. MITT. 62-0221
ZYMALKOWSKI F., HYDRIER. V. M-KRESOLAETHERN MIT PLATIN-RHODIUM NACH NISHIMURA 56-0376
- KONFIG.-BEST. V. 2-AMINO-TETRALOLEN MIT HILFE V. NMR-SPEKTREN 64-0163

Sachregister

Das Sachregister enthält in alphabetischer Folge die für die referierten Originalveröffentlichungen als wesentlich erkannten Stichwörter (Sach- und Verbindungsklassenbegriffe, anorganische Verbindungen u. a.). Im Gegensatz zum kumulierten Jahresregister wurden Hinweise sowie Verweisungen von einzelnen Stichwörtern auf benutzte verwandte, über- oder untergeordnete Registrierorte eingeschoben. Kurztexte erläutern die Eintragungen unter den Stichwörtern.

Bei umfangreichen Stichwörtern, wie Acetylenverbindungen, wurden die Eintragungen nach den Rubriken:

0 = Allgemeines

1 = Vorkommen

2 = Darstellung

3 = Physikalische Eigenschaften

5 = Reaktionen

6 = Biochemische Eigenschaften

7 = Verwendung

8 = Analyse

geordnet. Auch umfangreiche Elementstichwörter wurden unterteilt, z. B. die Abschnitte ‚Verbindungen' von Elementen in organische und anorganische. Der Abschnitt Verbindungen, organische, enthält keine Einzelverbindungen mehr, diese sind nur noch im Formelregister zu suchen. Bei umfangreichen Stichwörtern, die nicht nach dem obigen Schema unterteilt werden konnten, wurden neue Unterabschnitte geschaffen (z. B. bei Farbstoffen, Hormonen, Photochemie usw.). Der Registrierort von Sauerstoffsäuren des Phosphors und Schwefels sowie deren Derivaten heißt ‚Phosphorsauerstoffsäuren' bzw. Schwefelsauerstoffsäuren.

Sachregister

A

ACENAPHTHYLENE
ACENAPHTHEN U. ABGELEITETE VERB., ELEKTROPHILE
SUBSTITUT. 1. MITT. 62-0467
ACENAPHTHENDERIV., 18. MITT. 63-0533
HALOGEN-, 4.MITT. 64-0520
1.2.5-TRIBROM-ACENAPHTHENE, KONFIG. 58-0509
ACENAPHTHYLENE, ISOLIER. AUS ZIGARETTENRAUCH 64-0521
2-(2-OXO-ACENAPHTHYLIDEN)-THIONAPHTHEN-3-ONE, DARST.
AUS ACENAPHTHENCHINONEN U. 3-HYDROXY-THIONAPHTHENEN

2-BENZHYDRYL- U. 2-BENZHYDRYL-ACENAPHTHENONE, DARST.
AUS BENZYLIDENACENAPHTHENONEN U. ARYL-MG-BROMIDEN
63-0533
HALOGENACENAPHTHENE, DARST. AUS ACENAPHTHYLENEN U.
HALOGENEN 64-0520
HALOGEN-, DARST. AUS HALOGENACENAPHTHENEN U. O2
64-0520
2-(2-OXO-ACENAPHTHYLIDEN)-THIONAPHTHEN-3-ONE,
ELEKTRONENSPEKTREN 60-0506
HALOGENACENAPHTHENE, OX. MIT O2 64-0520
BROM-, HALOGENIER. 59-0450
HALOGENIER. 64-0520
ACETALE (UND KETALE)
* S. AUCH DIOXOLE
* S. AUCH OXATHIOLE
* CYCL. - S.U. RINGSYSTEME (HETEROCYCLEN)
KETEN-, DARST. AUS TRICHLORACRYLNITRIL U. PHENOL
53-0225
FORMALDEHYD-(NITROPHENOXY-AETHYL)-ALKYL-, DARST.
53-0242
INNERE, V. HYDROXY-PIVALOPHENON, SYNTH. 53-0328
ACETYLEN-, DARST. AUS (1.3-DIOXOLANYL-(2)-AETHINYL)-NA
U. CARBONYLVERB. BZW. DIALKYLSULFATEN 53-0359
ALKOXYMETHYL-ALKYLPEROXYMETHYLAETHER, DARST. AUS
HALOGENMETHYL-ALKYLAETHER U. TERT.-ALKYL-
HYDROXYMETHYL-PEROXIDEN 55-0235
ASYMM. ACETALDEHYD-, DARST. AUS ALKYLVINYLAETHERN U.
3-PHENYL-PROPIN-(2)-OL 55-0238
HYDROXYAMINOSAEURE-ALKYL-ALDEHYDACETALE, DARST.
56-0321
CHINOLIZINONKETALE, BLDG. AUS D. KETONEN (EINFL. D.
FELDEFFEKTES) 57-0245
ALPHA.BETA-UNGESAETT. ALPHA-HALOGENACETALE, SYNTH. AUS
ENOLAETHERN U. DIHALOGENCARBENEN 58-0330
ACETYLEN-, DARST. 58-0352
MALONDIALDEHYD-, DARST. AUS PROPARGYLALDEHYD U.
ALKOHOLEN 58-0354
(2.2.2-TRICHLOR-1-CYCLOHEXENYL-AETHYL)-ALKYL-
FORMALDEHYD-, DARST. AUS D. CYCLOHEXENYLCARBINOLEN U.
CHLORMETHYL-ALKYLAETHERN 58-0462
BENZOPHENONKETALE, DARST. AUS DIPHENYL-DIAZONMETHAN
U. EINWERT. ALKOHOLEN 59-0426
BENZALDEHYD-, BLDG. AUS 1.2.3-TRIPHENYL-AZIRIDIN U.
ALKOHOLEN 60-0300
PROPANDIALDI-, DARST. AUS BETA-PHENOXYACROLEIN U.
ALKOHOLEN 60-0336
FORMALDEHYDALKYL-(3-METHOXY-1-PHENYLPROPYL)-, DARST.
AUS 1-PHENYL-3-METHOXY-PROPANOL-(1) U.
CHLORMETHYLAETHERN 60-0370
1-(2-BROM-AETHOXY)-4-ALKOXYMETHOXY-ALKINE, DARST. AUS
1-(2-BROM-AETHOXY)-ALKINOLEN-(4) U. CHLORMETHYLAETHERN
61-0340
C-PHOSPHORYLIERTE FORMALDEHYD-, DARST. AUS
ORTHOESTERN U. PHOSPHORIGSAEURECHLORIDEN 61-0432
DIALKOXYMETHANPHOSPHONATE, DARST. AUS
ORTHOAMEISENSAEUREESTERN U. PCL3 61-0569
OXOSTEROID-3-DIALKYL-, DARST. DURCH SELEKTIVE
ACETALISIER. MIT TRIS-(TRIPHENYLPHOSPHIN)-RHODIUM(I)-
CHLORID 61-0777
L-SORBOSE-ACETALE, DARST. 62-0698
ARYLOXY-ACETONDIMETHYL-, DARST. AUS ARYLOXYACETONEN
DURCH UV-PHOTOLYSE 63-0603
LINCOMYCIN-, DARST. AUS LINCOMYCIN U. ALDEHYDEN
64-0268
ALPHA.ALPHA'-DIBROM-, DARST. 64-0357
BLDG. ALS NEBENPROD. BEI D. DARST. V. OXIMEN 58-0338
5ALPHA-ANDROSTANON- U. -DION-MONO- U. -DIALKYLEN-,
DARST. (KINETIK) 60-0768
ANDROSTANONALKYLENKETALE, DARST. (KINETIK) 60-0769
CHOLESTANON-3-AETHYLENKETALE, ORD U. CD 62-0063
CHLORALHALB- V. OPT.-AKT. ALKOHOLEN, MUTAROTAT.
64-0082
ACETYLEN-, NMR 53-0276
ALPHA.ALPHA'-DIBROM-, RK. ZU ALLENEN 64-0357
CHLORAT-ALKINYL-SEMI-, VINYLIER. 55-0364
ALPHA-AMINO-ACETALDEHYDDIMETHYL-, CYCLISIER. DURCH
EINW. V. SAEUREN 62-0679
3-HALOGEN-ACROLEIN-, ISOMERISIER. 64-0374
ACETYLEN-, UMLAGER. IN ALKAL. MEDIUM 53-0276
PEROXYGENIER., 3. MITT. 58-0587
BROMIERENDE SPALT. 55-0282
5ALPHA-ANDROSTANON- U. -DION-MONO- U. -DIALKYLEN-,
HYDROLYSE (KINETIK) 60-0768
ANDROSTANONALKYLENKETALE, HYDROLYSE (KINETIK) 60-0769
BETA-HALOGEN-, RK. MIT MG ZU ALKOXY-CYCLOPROPANEN
61-0447
LINCOMYCIN-, HYDROLYSE (KINETIK) 64-0268
FORM- U. ACETALDEHYD-DIALKYL-, ALKOHOLYSE (KINETIK)
62-0225
ALPHA, BETA-UNGESAETT., EINW. V. ORGANOMAGNESIUMVERB.,
3. MITT. 55-0299
RK. MIT GRIGNARDVERB. 58-0543
DIALKYLFORMAMID-DIALKYL-, RK. MIT ISOTHIO-
CYANATEN (MECHANISMUS) 63-0383
TRIMETHYLPENTINOL-ALKOXYMETHYL-AETHER, MANNICH-RK.
55-0261
ACIDOLYSE MIT AMEISENSAEURE 56-0283
ACETOLYSE
* S. UNTER SOLVOLYSE
ACETYLENE
* S. KOHLENWASSERSTOFFE (ACETYLENE)
ACETYLENKOHLENWASSERSTOFFE
* S. UNTER KOHLENWASSERSTOFFE (ACETYLENE)
ACETYLENVERBINDUNGEN (ALLGEMEINES)
* S. AUCH UNGESAETTIGTE VERBINDUNGEN
INTRAMOL. WECHSELWRKG. ZWISCHEN DREIFACHBIND., 2.
MITT. 54-0332
POLY-, 137. MITT. 54-0583
POLY-, 138. MITT. 54-0584
POLY-, 139. MITT. 54-0585
POLY-, 136. MITT. 54-0588
POLY-, 141. MITT. 55-0089
HYDROXY-, 4.MITT. 55-0261
ENINAMINE, 8.MITT. 56-0111
POLY-, 142. MITT. 56-0291
TERT. DREIWERT. ALKOHOLE D. ACETYLEN- U. AETHYLENREIHE
U. IHRE CHEMISCHEN RK., 37. MITT. 57-0296
PHENYLPROPIOLSAEUREN, 8. MITT. 57-0464
AMINOALKOHOLE D. ACETYLENREIHE, 6. MITT. 58-0457
POLY-, 143. MITT. 58-0814
POLY-, 144. MITT. 58-0815
POLY-, 145.MITT. 59-0809
POLY-, 146. MITT. 59-0810
ACETYLENAETHER, 89. MITT. 61-0330
FLUORIERTE ACETYLENE, 1. MITT. 61-0373
FURYLALKINE, 13. MITT. 61-0542
POLY-, 147. MITT. 61-0809
POLY-, 148. MITT. 61-0834
ALKIN-AMINE, 11. MITT. 62-0548
ACETYLENAETHER, CHEMIE, 90. MITT. 62-0595
AETHINYLSILANE, 3. MITT. 63-0550
POLY-, 149. MITT. 63-0855
POLY-, 150. MITT. 63-0856
FERROCEN-, 8. MITT. 64-0070
ENINAMINE, 9. MITT. 64-0399
ENINAMINE, 7. MITT. 64-0703
ALKINYL-ME(II, III)-VERB., STRUKTUR 58-0048
ALKINOLE, KONFIG. 55-0216
4.5-DIARYL-OCTADIIN-(1.7)-DIOLE-(4.5), KONFIG.
63-0527
1-AETHINYL-2-BROM-CYCLOPROPANE, KONFIG. 62-0147
ACETYLENVERBINDUNGEN (VORKOMMEN, DARSTELLUNG)
POLY-, VORK. IN UMBELLIFEREN 54-0585
POLY-, ISOLIER. AUS OPOPANAX CHIRONIUM 58-0814

POLY-, ISOLIER. AUS CHRYSANTHEMUM FRUTESCENS 58-0815
POLY-, ISOLIER. AUS OENANTHE CROCATA 61-0809
POLY-, ISOLIER. AUS D. WURZELN V. PITTOSPORUM BUCHANANI 63-0856
NATUERL., BIOGENESE (LINOLSAEURE ALS ZWISCHENPROD.) 60-0828
SPIROKETALENOLAETHERPOLYINE, BIOGENESE 61-0834
POLY-, BIOGENESE D. TRIBUS ANTHEMIDEAE 54-0588
THIOENOLAETHERPOLYINE, BIOGENESE 59-0810
ACETYLENCARBONYLVERB., DARST. AUS ALPHA.BETA-EPOXY-KETONEN 54-0201
VINYLOXYMETHYLALKINOLE, DARST. AUS 4-VINYLOXY-BUTINEN-(1) U. METHYLALKYLKETONEN 54-0214
4-AMINO-2-BUTINOLE, DARST. AUS ACETYLENAETHERN BZW. -ALKOHOLEN U. IMMONIUMSALZEN 54-0315
1.8-BIS-(ARYL-AETHINYL)-NAPHTHALINE, DARST. 54-0332
17ALPHA-HALOGENAETHINYL-17BETA-HYDROXY-STEROIDE, DARST. AUS 17ALPHA-AETHINYL-STEROIDEN 54-0543
PROPARGYLBROMIDE, DARST. AUS 1-METHOXY-ALKINEN-(2) MIT ACETYLBROMID 56-0268
ACETYLENALKOHOLE, DARST. AUS ALDEHYDEN U. ACETYLEN 56-0270
ALKADIIN-(1.OMEGA)-DIOLE, DARST. AUS DIKETONEN U. PROPARGYLMAGNESIUMBROMID 56-0273
POLYINSAEURE-ISOBUTYLAMIDE, DARST. 56-0291
SEK. ACETYLENALKOHOLE, DARST. AUS ALDEHYDEN U. AETHINYL-MGBR 56-0372
PHENYL-TETRAFLUORPHENYLACETYLENE, DARST. 56-0396
1-DIAETHYLAMINO-5,5-DIPHENYL-ALKINE-(2), DARST. AUS 4-DIAETHYLAMINO-1-CHLOR-BUTIN-(2) U. 1.1-DIPHENYL-ALKANEN 56-0599
AMINOAETHINYL-ALKOHOLE, DARST. AUS KETONEN U. LI-(AMINO-ACETYLENIDEN) 57-0275
OLEFIN., DARST. AUS KUPFERACETYLIDEN U. JODALKENEN 57-0288
BETA.GAMMA-EPOXY-ALKINE, DARST. 57-0292
GAMMA-BROM-ALKIN-(ALPHA,BETA)-OLE, DARST. 57-0293
2.5.6-TRIALKOXY-ALKINE-(3), DARST. AUS 2.6-DIALKOXY-ALKIN-(3)-OLEN-(5) 57-0296
AROMAT. FLUORACETYLENE, DARST. AUS LITHIUM-PHENYLACETYLID U. AROMAT. POLYFLUORVERB. 57-0418
1-AMINO-ALKIN-(3)-OLE-(2), DARST. AUS 1.2-EPOXYALKINEN-(3) U. CYCL. SEK. AMINEN 57-0618
TERT.-ALKINYLALKOHOLE, DARST. AUS KETONEN U. DIAETHYL-ALKINYL-AL 58-0044
ASSOZIIERTE ALKINYL-ME(II, III)-VERB., DARST. 58-0048
-ACETALE, DARST. 58-0352
(PROPIN-(1)-YL)-AMINE, DARST. AUS (PROPIN-(2)-YL)-AMINEN 58-0384
1-ALKOXY-4-METHYL-PENTIN-(2)-OLE-(4) U. IHRE ALKOXYMETHYLAETHER, DARST. 59-0289
3-VINYL-PROPIN-(2)-YL-BETA-HYDROXY-AETHYLAETHER, DARST. AUS ALKYL-1.3-DIOXOLANEN U. VINYLAETHINYLMAGNESIUMBROMID (IN BZL. BEI 90 GRAD) 59-0290
ACETYLENAMINE, DARST. AUS DIAETHANOLAMIN-DIVINYLAETHER, PARAFORMALDEHYD U. ACETYLENEN 59-0330
N-PROPIN-(1)-YL-HETEROCYCLEN, DARST. AUS N-(PROPIN-(2)-YL)-HETEROCYCLEN 59-0509
D-PENTIN-(1)-TRIOL-(3.4.5)-DERIV., DARST. 59-0653
ALS ZWISCHENPROD. BEI D. VERLAENGER. V. ZUCKERKETTEN, 5. MITT. 59-0654
ENINE, DARST. AUS TERT. AETHINYLCARBINOLEN 60-0333
ALKINYL-BIS-RHODAN- BZW. TRICHLOR-ESSIGSAEUREESTER, DARST. AUS ALKINDIOLEN 60-0353
1-(2-BROM-AETHOXY)-ALKINOLE-(4), DARST. AUS ALKINOL-O.1-DIMAGNESIUMBROMIDEN U. CHLORMETHYL-BETA-BROM-AETHYLAETHER 61-0340
ALKIN-(1)-YL-OXIRANE, DARST. AUS ACETYLENKETONEN U. DIMETHYLSULFONIUMMETHYLID 61-0531
1-AETHINYL-2-BROM-CYCLOPROPANE, DARST. AUS DIBROMCARBEN U. ALKIN-(1)-ENEN-(3) 62-0147
1.3-DIIN-VERB., DARST. AUS CU-ACETYLIDEN U. HALOGENACETYLENEN 62-0312
BIS-(POLYHALOGENARYL)-, DARST. AUS POLYHALOGENARYL-CU-VERB. U. HALOGEN-KW-STOFFEN 62-0437
NITROSOACETYLENE, DARST. AUS METALL-ACETYLENIDEN U. NOCL 63-0367
METALLORGAN. ACETYLEN-DERIV. MIT ELEMENTEN D. 4. U. 5. HAUPTGRUPPE, DARST. 64-0065
ALPHA- HALOGENALKYL-ALKINYLAETHER, DARST. AUS ALKINOLEN U. ALDEHYDEN 64-0362
ALPHA-AETHOXY-ALKINE, DARST. AUS ALKIN-(1)-YLMAGNESIUMHALOGENID U. AETHYL-CHLORALKYL-AETHERN 64-0364
1-AETHOXY-ALKINE-(3), BLDG. AUS 1-AETHOXY-ALKINEN-(2) 64-0364
1-METHOXY-4-ALKYLMERCAPTO-BUTEN-(1)-INE-(3), DARST. DURCH THIYLIER. MIT ALKYLHALOGENIDEN U.S, NANH2 64-0370
VINYLOXYALKINOLE, DARST. AUS PHENYLAETHINYL-MG-BR U. KETOVINYLAETHERN 64-0469
4-NITRO-5-(ALKINYL-(1))-CYCLOHEXENE, DARST. AUS 1-NITRO-ALKEN-(1)-INEN-(3) U. BUTADIEN-(1.3) 64-0472
POLY-, DARST. AUS 3-(TETRAHYDROPYRANYL-(2)-OXY)-PROPIN-(1) U. TRANS-1-BROM-PENTEN-(3)-IN-(1)-OL-(5) 54-0584
ALKINOLE, DARST. 55-0216
1-DIALKYLAMINO-4-DIARYLAMINO-BUTINE-(2), DARST. AUS 4-DIALKYLAMINO-1-CHLOR-BUTINEN-(2) U. SEK. AROMAT. AMINEN 56-0599
2.6-DIALKOXY-ALKIN-(3)-OLE-(5), DARST. AUS 3-ALKOXY-ALKINEN(1) U. ALPHA-ALKOXYKETONEN 57-0296
TRIPHENYLMETHYLACETYLENE, TRIPHENYLMETHYLAETHINYL-SILANE U. -GERMANE, DARST. 60-0039
3-PHENYL-PROPIN-(2)-YL-MULTIAMINE, DARST. AUS PHENYLACETYLEN U. POLY-DIMETHYLAMINO-METHANE 60-0396
DIPHENYL-PHENYLACETYLENYL-CARBONIUM-PERCHLORATE, DARST. AUS DIPHENYL-PHENYLACETYLENYL-CARBINOLEN U. HCLO4 60-0624
N.N- BIS-(TRIFLUORMETHYL)-AETHINYL-AMINE, DARST. 61-0373
AETHINYL-FURANCHALKONE, DARST. 61-0542
PYRAZOLYL-, DARST. 62-0571
1-AMINO-1.5-DIPHENYL-3-OXO-PENTEN-(1)-INE-(4), DARST. AUS DIPHENYLAETHINYLKETON U. AMINEN 64-0578
ENINAMINE, DARST. AUS HETEROCYCL. AMINEN U. DIACETYLEN 64-0703
ACETYLENVERBINDUNGEN (PHYSIKAL. EIGENSCHAFTEN)
TERT. PROPARGYL-ALKOHOLE, IR 54-0064
TRIPHENYLMETHYLACETYLENE, TRIPHENYLMETHYLAETHINYL-SILANE U. -GERMANE, UV U. IR 60-0039
(2-HYDROXYMETHYL-DIPHENYL)-, IR 60-0150
DIPHENYL-PHENYLACETYLENYL-CARBONIUM-PERCHLORATE, ABSORPTIONSSPEKTREN IM SICHTBAREN 60-0624
1.5-DIINE, RAMAN-SPEKTRUM 62-0074
(2-HYDROXYMETHYL-DIPHENYL)-, INTRAMOL. H-BIND. 60-0150
ACETYLENCARBONSAEUREESTER, MASSENSPEKTREN (FRAGMENTIER.-SCHEMATA) 55-0089
1-AETHINYL-2-BROM-CYCLOPROPANE, DIPOLMOMENT 62-0147
2-METHYL-5-ALKINYL-PYRIDINE, MASSENSPEKTREN 63-0156
ELEKTRONENSTOSSINDUZIERTE FRAGMENTIER. , 2. MITT. 63-0855
ALKINOLE, NMR 55-0216
DEUTERIERTE, NMR 60-0103
ENINE, PROTONEN-PROTONEN-KOPPL. 60-0110
ALKINYLPHOSPHINE, BASIZITAET 61-0178
4-HYDROXY-TOLANE, PK-WERTE U. SIGMA-KONST. 54-0094
ALIPHAT. HYDROXY-, INNERMOL. WECHSELWRKG. OH-PI-ELEKTRONEN (ENTHALPIE) 61-0177
ACETYLENVERBINDUNGEN (REAKTIONEN)
ADDIT. AN D. DREIFACHBIND., 8. MITT. 55-0362
ADDIT. AN D. DREIFACHBIND., 9. MITT 55-0363
HETEROLYT. ANLAGER., 1.MITT. 56-0336
HETEROLYT. ANLAGER., 2. MITT. 56-0337
ALKINOLE, SELEKTIVE ALKYLIER. IN FL. NH3, 4. MITT. 58-0326
1-ALKYL-1-AETHOXY-BUTEN-(1)-INE-(3), REAKTIVITAET, 1. MITT. 58-0347
1-ALKYL-1-AETHOXY-BUTEN-(1)-INE-(3), REAKTIVITAET , 2. MITT. 58-0348
KONJUGIERTE ENINKETONE, GESETZMAESSIGK. D. ADDIT., 5. MITT. 58-0355
KONJUGIERTE ENINKETONE, ADDIT.-RK. 58-0355
KONJUGIERTE ENINKETONE, GESETZMAESSIGK. D. ADDIT., 6. MITT. 58-0356
BIS-, REAKTIVES VERH. (EINFL. D. GEGENSEIT. LAGE D. DREIFACHBIND.) 59-0463
3-PHENYL-PROPIN-(2)-YL-MULTIAMINE, RK. 60-0396
PROPINYLSULFONE, DIELS-ALDER-RK. 61-0522
1-NITRO-ALKEN-(1)-INE-(3), ELEKTROPHILE U. NUCLEOPHILE ADDIT.-RK. 63-0366
1-ALKYL-1-AETHOXY-BUTEN-(1)-INE-(3), REAKTIVITAET, 3. MITT. 64-0376
1-ALKYL-1-AETHOXY-BUTEN-(1)-INE-(3), REAKTIVITAET, 4. MITT. 64-0377
TERT. AETHINYLCARBINOLE, RK. IN GGW. V. DOWEX 50 BZW. H2SO4 60-0332
AETHINYL- U. BUTADIINYL-SN-VERB., AUSTAUSCHRK. 64-0065
UMLAGER. ZU KLEIN-RING-VERB. 53-0279
PROPARGYL-ANTHRACENE, ISOMERISIER. MIT K-TERT.-BUTYLAT 54-0178
INTRAMOL. CYCLISIER. V. GRIGNARD-VERB. MIT ACETYLEN-GRUPPEN 59-0395
TERT. AETHINYLCARBINOLE, UMLAGER., 1. MITT. 60-0332
TERT. AETHINYLCARBINOLE, UMLAGER., 2. MITT. DEHYDRATISIER.-HYDRATISIER. (MECHANISMUS) 60-0333
ACETYLENAETHER, CYCLOTETRAMERISIER. 62-0595
ALKEN-(1)-IN-(5)-OLE-(3), ISOMERISIER. 64-0361
BETA.GAMMA-EPOXY-ALKINE, ISOMERISIER. 57-0292
3-HALOGEN-4-METHOXY- PHENYLPROPIOLSAEUREN, SELBSTKONDENS. 57-0464
FERROCEN-, CYCLOTRIMERISIER. 64-0070
1-AETHOXY-ALKINE-(2), ISOMERISIER. 64-0364
1-TRIALKYLAMMONIO-ALKADIINE-(2.4)-VERB. , ALKAL. ABBAU 62-0327
SCHUTZ D. ENDSTAEND. C-C-DREIFACHBIND. DURCH D. TRIMETHYLSILYLGRUPPE BEI HYDRIER. 55-0269
ACETYLENCARBONYLVERB., PHOTOCHEM. RED. MIT UV-LICHT UNTER N2 64-0380
FERROCENYL-, RK. MIT METALLCARBONYLEN 54-0037
PROPINE, HYDRATAT. IN GGW. EINES HG(II)-HALT. AUSTAUSCHERS 54-0222
1.4-DIARYL-BUTADIINE, RK. MIT SCL2 ZU DIARYL-THIOPHENEN 55-0386

PHENYL-METHYLMERCAPTO-ACETYLENE, RICHT. D. HYDRATAT. 57-0366
RK. MIT RU3(CO)12 58-0071
PHENYL-BENZOYL-ACETYLENE, SAEUREKATALYSIERTE HYDRATISIER. (KINETIK U. MECHANISMUS) 58-0270
KONJUGIERTE ENINKETONE, BROMIER. U. HYDROBROMIER. 58-0356
ACETYLENGLYKOLE, RK. MIT QUECKSILBERSALZEN, 5. MITT. 58-0570
PHENYLACETYLENE, HYDRATAT. (MECHANISMUS, KINETIK) 59-0236
PHENYL-, HYDRATAT. (KINETIK, ISOTOPENEFFEKT) 59-0237
ACETYLEN-GAMMA-GLYKOLE, HYDRATISIER. IN AE. (HGSO4) 60-0488
SEK.-TERT.-ACETYLEN-DELTA-GLYKOLE, HYDRATISIER. IN AE. (H2SO4) 60-0623
DIPHENYL-PHENYLACETYLENYL-CARBONIUM-PERCHLORATE, RK. MIT H2SO4 60-0624
1-ALKYL-1-AETHOXY-BUTEN-(1)-INE-(3), HYDROLYSE (KINETIK, MECHANISMUS) 64-0376
AETHOXYALKENINE, HYDROLYSE IN SAUREM MEDIUM, 1. MITT. 64-0376
ENINE, HYDRATISIER. (MECHANISMUS) 60-0333
AETHOXYALKENINE, HYDROLYSE IN SAUREM MEDIUM, 2. MITT. (AETHOXYALKENINOLE, HYDROLYSE (MECHANISMUS)) 64-0377
RK. MIT BICYCLO(2.1.0)PENTAN (KINETIK, MECHANISMUS) 60-0279
ALKIN-(1)-YLKETONE, PHOTORK. MIT ISOBUTYLEN 63-0338
ACETYLENDIOLE, MOL.-KOMPLEXE MIT OLEFINEN U. AROMAT. KW-STOFFEN 63-0511
RK. MIT BICYCLO(2.1.0)PENTAN 60-0278
RK. MIT 5-ARYL-3H-1.2.4-DITHIAZOLTHIONEN-(3) 53-0364
ACETYLENDICARBONSAEUREESTER, RK. MIT BENZOPYRIDINEN 58-0550
ACETYLENDIOLE, MOL.-KOMPLEXE MIT HALOGENALKANEN 63-0511
STER. GEHINDERTE, RK. MIT CF2 64-0868
CHLORHYDRINEN U. ALPHA-OXIDE D. DIACETYLENREIHE, RK. MIT AMINEN, 1. MITT. 58-0582
AMINO-, RK. MIT ARYLISOCYANATEN 59-0599
LI-ACETYLENIDE, RK. MIT AZIDEN 60-0556
AKTIVIERTE, RK. MIT VINYLDIAZOMETHAN 61-0582
RK. MIT DIAZOMETHAN 62-0570
RK. MIT DIAZOPROPIN 62-0571
ACETYLENDIOLE, MOL.-KOMPLEXE MIT AMINEN 63-0511
DIAETHINYLKETONE, RK. MIT AMINEN 64-0578
DIAETHINYLKETONE, RK. MIT MERCAPTANEN 64-0578
RK. MIT ORGAN. PHOSPHINEN, 4. MITT. 56-0369
RK. MIT ORGAN. PHOSPHINEN, 5. MITT. 63-0468
ALKINYLSILANE, STEREOSPEZ. ADDIT. V. DIISOBUTYL-ALH 57-0341
RK. MIT ORGANOZINNHYDRIDEN (MECHANISMUS) 58-0032
ALKINE, HYDRIDOALUMINIER. MIT DIISOBUTYLALUMINIUMHYDRID 62-0261
1-AMINO-ALKINE-(1), RK. MIT PHOSGEN U. THIOPHOSGEN 62-0357
ACETYLENDIOLE, MOL.-KOMPLEXE MIT KETONEN 63-0511
ADDIT.-RK. MIT PHENANTHRIDIN-5-OXIDEN 54-0436
ACETYLEN. DIPOLAROPHILE, 1.3-CYCLOADDIT. V. SYDNONEN 58-0595
CYCLOADDIT. AN 1.2-DITHIOL- BZW. 1.2.4-DITHIAZOL-THIONE-(3) 61-0572
1-AMINO-ALKINE-(1), RK. MIT SAEURECHLORIDEN 62-0357
PHOTOAMIDIER. 63-0390
1-AMINO-ALKINE-(1), RK. MIT THIONYLCHLORID BZW. AROMAT. SULFONYLCHLORIDEN 62-0357
ACETYLENVERBINDUNGEN (BIOCHEMIE)
FETTSAEUREN MIT DREIFACHBIND., BIOLOG. VERH., 3. MITT. 59-0815
AETHINYL-FURANCHALKONE, ANTIBIOT. WRKG. 61-0542
ALKINYLALKOHOLE U. -CARBAMATE, BEZIEH. ZWISCHEN WRKG. U. LIPOPHILEM CHARAKTER 57-0807
ACETYLEN. CARBAMATE, ANTITUMORWRKG. 60-0805
ACETYLIERUNG
* S. UNTER ACYLIERUNG
ACIDITAET
* S. UNTER DISSOZIATION,ELEKTROLYTISCHE
ACIDOLYSE
* S. UNTER SOLVOLYSE
ACRIDINE
4-AMINOMETHYL-ACRIDON-DERIV.,2. MITT. 53-0430
4-ACYLAMINOMETHYL-ACRIDONE, DARST. AUS 4-AMINOMETHYL-ACRIDON U. SAEURECHLORIDEN 53-0430
DARST. AUS ACYL-DIPHENYLAMINEN 54-0437
9.10-DISUBSTITUIERTE ACRIDANE, DARST. AUS ACRIDINEN U. DIMETHYL-KETEN 54-0476
9-PYRIDINIO-, DARST. AUS 9-CHLORACRIDINEN U. PY. 60-0605
9-AMINO-, DARST. 60-0807
4-DIALKYLAMINOMETHYL-, DARST. AUS 4-BROMMETHYL-ACRIDIN U. SEK. AMINEN 62-0606
4-SUBSTITUIERTE SYMM. OCTAHYDRO-, DARST. AUS D. 4-LITHIUMDERIV. 64-0702
METHOXY-6-NITRO-9-AMINOALKYLAMINO-, DARST. AUS METHOXY-6-NITRO-9-CHLOR-ACRIDINEN U. DIALKYLAMINOALKYLAMINEN 62-0626
RK. AM C(9), 3. MITT. 53-0142
RK. AN C(9), 5. MITT. 60-0257
RK. AM C(9), 4.MITT. 62-0221
9-CHLOR-, HYDROLYSE (KINETIK) 53-0142
9-CHLOR-, HYDROLYSE (KINETIK) 60-0257
NITRO-9-CHLOR-, HYDROLYSE (KINETIK) 62-0221
9-SUBSTITUIERTE, RK. MIT DIMETHYL-KETEN 54-0476
METHOXY-6-NITRO-9-AMINOALKYLAMINO-, ANTIMIKROBIELLE WRKG. 62-0626
9-PYRIDINIO-, TUMORINHIBITOR-WRKG. 60-0605
9-AMINO-, INDUKT. V. LUNGENTUMORFLUORESZENZ BEI RATTEN 60-0807
4-DIALKYLAMINOMETHYL-, ANTITUMOR-AKTIVITAET 62-0606
ACRIDIZINE
6.11-DIHYDROACRIDIZINIUMSALZE, DARST. AUS ACRIDIZINIUMSALZEN DURCH KATALYT. RED. 61-0632
ACRIDIZINIUMVERB., ELEKTR. LEITFAEHIGK. 63-0233
ACTINOMYCINE
30. MITT. 55-0569
31. MITT. 61-0804
ACTINOMYCINAEHNLICHE VERB., SYNTH., 1. MITT. (DARST. AUS N-(4-METHYL-3-HYDROXY-ANTHRANOYL)-AMINOSAEUREESTERN) 62-0821
U. ACTINOMYCINAEHNL. CHROMOPEPTIDE, SYNTH., 4. MITT. 55-0569
U. -AEHNL. CHROMOPEPTIDE, SYNTH., 5. MITT. (DARST. AUS ACTINOMYCINSAEUREN) 61-0804
ACYLALE
CYCL., 18. MITT. 55-0458
CYCL., 20. MITT. 55-0459
1.1-BIS-ACYLOXY-2-ACYLOXYMERCURI-AETHANE, DARST. AUS BIS-ACYLOXY-HG U. VINYLESTERN 62-0286
CYCL.-, MASSENSPEKTREN 54-0090
CYCL., ALKYLIDENMELDRUMSAEUREN, RK. MIT CH2N2 55-0458
ACYLGRUPPEN
-UEBERTRAG. (MECHANISMUS) 64-0273
ACYLIERUNG
* S. AUCH FRIEDEL-CRAFTS-REAKTIONEN
* S. AUCH VERESTERUNG
C-ACYLIER. (MECHANISMUS) 62-0211
24. MITT. 62-0213
25. MITT. 62-0214
23. MITT. (DURCH KETENE, UEBERGANGSZUSTAND) 58-0225
MIT FREIEN RADIKALEN 64-0260
C- V. AROMATEN U. AETHYLENVERB. (MECHANISMUS), 5. MITT. 54-0288
V. METALLCHELATEN, 3. MITT. 54-0043
V. BETA-DIKETON-METALLCHELATEN (STER. EFFEKTE D. LIGANDEN) 54-0043
FRIEDEL-CRAFTS-ACETYLIER. V. 3-ACETOXY-1-METHYL-DELTA (1.3.5(10).6)-OESTRATETRAENEN 61-0787
V. NUCLEOPHILEN VERB. DURCH ALKYLCYANATE 55-0255
ACETYLIER. V. O- U. P-XYLOL (ANOMALIEN) 61-0397
BENZOYLIER. V. AROMAT. KW-STOFFEN IN GGW. V. ALCL3 (KINETIK U. MECHANISMUS) 62-0211
V. METHYLFLUORENEN, 3. MITT. 62-0462
DOPPELTE, V. AROMAT. KW-STOFFEN, 8. MITT. 64-0596
C- V. AROMATEN U. AETHYLENVERB. (MECHANISMUS) 6. MITT. 54-0254
V. CYCLOHEXEN (MECHANISMUS) 54-0288
V. HETEROCYCLEN 64-0596
FORMYLIER V. ALKYL- U. ARALKYL-HYDRAZINEN MIT METHYLFORMIAT (RK.-RICHT.) 53-0376
V. ENAMINEN AUS CYCLANONEN , 2. MITT. (NMR-UNTERS.) 56-0385
V. ENAMINEN AUS CYCLANONEN , 1. MITT. (MECHANISMUS) 56-0404
V. AMINEN MIT VINYLESTERN 57-0277
V. ANILINEN DURCH KETENE (KINETIK, MECHANISMUS) 58-0225
BENZOYLIER. V. M-CHLOR-ANILIN (EINFL. V. ALKYL-PYRIDINEN) 60-0246
SPONTANE U. KATALYSIERTE BENZOYLIER. V. BUTYLAMIN (KINETIK) 62-0214
V. N-METHYL-ANILIN DURCH SAEUREANHYDRIDE, (LSGM.-EFFEKTE AUF D. GESCHW.), 2. MITT. 64-0256
ACETYLIER. V. 5-HYDROXY-CHROMENEN (EINFL. AUF NMR) 54-0407
FRIEDEL-CRAFTS- V. ALPHA- U. BETA-NAPHTHOLDERIV., (ORIENTIER.), 7. MITT. 64-0511
TRANSACYLIER. IN D. FLAVONOIDREIHE, 2. MITT. 53-0404
V. BETA-DICARBONYLVERB. 62-0318
V. 4-OXO-TETRAHYDRO-BENZOTHIOPHEN 63-0612
V. HETEROAROMAT. N-OXIDEN MIT ACETANHYDRID (KINETIK U. MECHANISMUS) 59-0244
V. HETEROAROMAT. N-OXIDEN MIT ACETANHYDRID (MECHANISMUS) 59-0245
INTRAMOL., V. HEXEN-, HEPTEN-, OCTENSAEUREN 58-0371
ZEIFACHE - V. SAEUREAMIDEN 59-0367
V. CARBONSAEUREHYDRAZIDEN MIT BENZOESAEURE-(P-NITRO-PHENYLESTER) 63-0283
TRANSACYLIER. IN D. FLAVONOIDREIHE, 3. MITT. 63-0760
ACYLWANDERUNG
* S. UNTER UMLAGERUNGEN
ACYLOIN-KONDENSATION
* S. UNTER KONDENSATIONSREAKTIONEN
ADAMANTANE
VERB. MIT UROTROPIN-STRUKTUR, 39. MITT. 59-0472
1. MITT. 59-0473
15. MITT. 59-0475
ADAMANTYLGRUPPE IN MEDIZIN. AGENTIEN, 5. MITT. 60-0811
-CHEMIE, 1. MITT. 63-0572

ALKYL-, DARST. DURCH KATALYT. (TERT.-BUTYLBROMID-ALBR3) UMLAGER. V. PERHYDRO-KW-STOFFEN 56-0442
-CARBONSAEURE-PYRIDOXOLYLESTER, DARST. AUS ISCPROPYLIDEN-PYRIDOXOLEN U. ADAMANTANCARBONSAEU-RECHLORID 57-0754
CARBOXYMETHYL-, DARST. AUS .1-DICHLOR-AETHYLEN U. BROMADAMANTANEN 58-0520
DARST. AUS DEHYDROADAMANTAN 59-0478
1-(3-ARYL-3-OXO(HYDROXY,ARYL)-PROPYLAMINO)-, DARST. AUS 1-AMINO-ADAMANTANHYDROCHLORID , HCHO, ALKYL-ARYL-KETONEN U. CH2O 63-0548
CHLORCARBONYL-, DARST. AUS ADAMANTAN U. OXALYLCHLORID 63-0551
-1.3-DICARBONSAEUREDERIV., DARST. 59-0472
-ALDEHYDE, DARST. 59-0475
ADAMANTYL-(1)-ALPHA-LACTAME, DARST. AUS ADAMANTYL-(1)-CHLORESSIGSAEUREAMIDEN 62-0510
1.2-DISUBSTITUIERTE, DARST. AUS ADAMANTANOL-(1) 63-0572
ADAMANTANONE U. -DIONE, UV 64-0085
2-OXO- U. 2.6-DIOXO-, ORD U. CD 59-0097
ADAMANTANONE U. -DIONE, CD 64-0085
ADAMANTYL-(1)-ALPHA-LACTAME, RK. 62-0510
ADDITIONSREAKTIONEN
* ADDIT. V. HALOGEN(WASSERSTOFFEN)
* S. UNTER HALOGENIERUNG
* PHOTOCHEM.- S. UNTER PHOTOCHEMIE...
V. ORGAN. RADIKALEN AN DOPPELBIND. IN FESTER PHASE (UEBERSICHT) 62-0199
SIMMONS-SMITH-RK., PARTIELLE ASYMM. SYNTH. DURCH --, 1.MITT. 63-0493
SIMMONS-SMITH-RK., PARTIAL-ASYMM. SYNTH., 2. MITT. 63-0494
ELIMINIER.-ADDIT.-RK. MIT N-ACYL-TRIHALOGEN-ACETALDIMINEN ALS ZWISCHENSTUFEN, 6. MITT. 56-0315
-ELIMINIER.-RK., N-ACYL-TRIHALOGENACETALDIMINE ALS REAKTIVE ZWISCHENSTUFEN, 7. MITT. 63-0632
RADIKAL., 1. MITT. 55-0309
ELIMINIER.-ADDIT., 15. MITT. 57-0277
D. NITROSOGRUPPE, 9.MITT) 58-0670
THERMO-MICHAEL-RK., 1. MITT. 64-0478
PRINS-RK., 13. MITT. 55-0187
PRINS-RK., 14. MITT. 57-0236
PRINS-RK., 15. MITT. 57-0237
ADDITIONSREAKTIONEN (SPEZIELLE STOFFE)
HYDRATAT. V. PROPINEN IN GGW. V. HG(II)-HALT. IONENAUSTAUSCHERN 54-0222
RICHT. D. HYDRATAT. BEI P.SUBSTITUIERTEN PHENYL-METHYLMERCAPTO-ACETYLENEN 57-0366
HYDRATISIER. V. PHENYL-BENZOYL-ACETYLENDERIV. (KINETIK U. MECHANISMUS) 58-0270
V. PHENYLACETYLENEN (MECHANISMUS, KINETIK) 59-0236
HYDRO- U. DEUTEROHALOGENIER. V. NORBORNENON-(7) (STEREOCHEM. VERLAUF) 62-0475
V. NOF AN FLUOR-OLEFINE (MECHANISMUS) 55-0370
V. HCLO4 AN CYCL. OXIDE (KINETIK) 54-0160
V. CHLOR AN NORBORNEN MIT JODBENZOLDICHLORID (MECHANISMUS) 58-0527
AN KONJUGIERTEN DOPPELBIND., 2. MITT. 59-0425
V. BRN3 AN OLEFINE (LSGM.-BETEILIG.) 64-0474
HYDROBORIER., 25. MITT. 63-0350
HYDROBORIER., 26. MITT. 63-0351
HYDROBORIER., 27. MITT. 63-0352
V. B2H6 AN EPOXIDE (ANTI-MARKOVNIKOV-RINGOEFFN.) 63-0488
HYDROBORIER. V. OLEFINEN (KINETIK) 64-0294
V. ORGANO-SN-HYDRIDEN AN OLEFINE (KATALYSE DURCH AL-ALKYLE, MECHANISMUS) 53-0027
V. PHENYL- U. CHLOR-PHENYL-GERMANEN AN ALPHA- U. GAMMA-AETHYLEN. KETONE 54-0028
CIS- V. DIISOBUTYLALUMINIUMHYDRID AN ACETYLENE 56-0061
TRANS-ADDIT. V. ORGANOZINNHYDRIDEN AN ACETYLENVERB. 58-0032
V. LI-ORGAN. VERB. AN STER. GEHINDERTE CHINONE U. CHINOLE (MECHANISMUS) 63-0431
V. NUCLEOPHILEN AN ENAMINOKETONE 56-0555
MICHAEL- V. ORGAN. LEWIS-SAEUREN (BEZIEH. ZUR ACIDITAET) 64-0226
ADDIT. V. HSICL3 AN CYCL. OLEFINE 61-0461
V. CYCLO-OCTAN AN UNGESAETT. VERB. 55-0309
V. ACETYLENEN AN VINYL-ALKYL-KETONE UEBER LI-ACETYLIDE (TECHNIK D. VERF.) 59-0212
V. 1-PHENYL-PROPIN (KINETIK) 59-0233
V. PHENYLACETYLENEN (KINETIK, ISOTOPEN-EFFEKT) 59-0237
V. TRIFLUORESSIGSAEURE AN ALKYLCYCLOPROPANE (KINETIK) 61-0267
V. HETEROCYCL. VERB., 28.MITT. 54-0436
V. HETEROCYCL. VERB., 30. MITT. 58-0550
V. HETEROCYCLEN, 38. MITT. 63-0581
RADIKAL., V. POLYHALOGENMETHANEN AN 2.3-DICHLOR-NORBORNADIEN-(2.5) 54-0346
V. HALOGEN-CARBENEN AN VINYL(ALLYL)-VERB. V. C, SI U. GE 57-0030
V. BROMTRICHLORMETHAN AN STER. BEHINDERTE STYROLE (REAKTIVITAET) 58-0202
V. HALOGENMETHANEN AN BENZCNORBORNADIEN (MECHANISMUS) 58-0274
V. CHLORDIMETHYLAETHER AN 2-CHLOR-BUTADIEN-(1.3) 60-0275
V. DIFLUORCARBEN AN EIN EN-IN-STEROID 63-0824
1.4- V. AMINEN AN BZL. 54-0191
V. AMINEN AN OLEFINE (MECHANISMUS) 58-0275
V. LI-ACETYLENIDEN AN AZIDE 60-0556
V. ARYLAZIDEN AN NORMANVERB. 63-0520
V. HETEROCYCL. AMINEN AN DIACETYLEN 64-0703
V. A. AN VINYLAETHER U. -ESTER (KINETIK) 54-0169
V. ALPHA-HALOGENAETHERN AN DIACETYLENE (GESETZMAESSIGK.) 54-0212
V. ALKOHOLEN AN DELTA(16)-20-OXOSTEROIDE 54-0548
V. ALKANOLEN AN TETRAFLUORAETHYLEN (EINFL. D. LSGM.) 56-0272
V. DIOLEN AN AETHYLEN-1.2-DICARBONSAEUREN BEI D. POLYKONDENS. IN D. SCHMELZE (UMKEHRBARK.) 58-0268
V. N-PROPANOL U. AETHYL-CHLORMETHYL-AETHER AN 1-VINYL-CYCLOHEXEN-(3)-DIOXID 60-0473
NUCLEOPHILE, V. BUTANTHIOL AN CYCLOPENTENE U. -HEXENE 54-0287
RADIKAL., V. THIOLEN AN 2.3-DICHLOR-NORBORNADIEN-(2.5) 54-0346
V. BUTAN-THIOL-(1) AN STER. BEHINDERTE STYROLE (REAKTIVITAET) 58-0202
RADIKAL. V. MERCAPTANEN AN VINYL-ALKINAETHER 62-0337
V. DIMETHYLAMINOSULFENYLCHLORID AN UNGESAETT. KW-STOFFE 63-0378
STEREOSPEZIF., V. ARSINEN AN ALKINE 54-0318
HYDROSILYLIER., V. CYCLOOCTADIENEN U. BICYCLO(3.3.0)OCTEN-(2) 63-0500
V. TRIMETHYLSILYLAMINEN AN CHLORAL 64-0064
V. N.N-DICHLOR-URETHAN AN UNGESAETT. VERB. 59-0319
V. RHODAN AN UNGESAETT. ALIPHAT. ESTER (KINETIK) 62-0259
V. ANILINEN AN PHENYLISOTHIOCYANATE (KINETIK, HAMMETT-KONST. U. CHEM. VERSCHIEB.) 63-0297
V. DIMETHYLKETEN AN CHINOLINE , ISOCHINOLINE U. PHENANTHRIDIN 53-0441
RADIKAL., V. ALDEHYDEN AN OLEFINE (MECHANISMUS) 54-0537
V. FORMALDEHYD AN ALPHA-METHYL-STYROL IN HOMOGENER WSS. PHASE (KINETIK) 55-0187
MICHAEL-ADDIT. V. METHYLVINYLKETON AN 1-ACETYL-2-BENZYL-3-CARBOMETHOXY-4-PIPERIDON (KINETIK) 56-0224
V. FORMOL AN DELTA(2)-BUTENE (KINETIK) 57-0236
V. FORMOL AN DELTA(2)-BUTENE (STEREOSELEKTIVITAET) 57-0237
V. AETHANOL AN BENZOYLACETON BZW. DIMEDON (KINETIK) 59-0215
V. ALDEHYDEN AN CYCLOALKENE (MECHANISMUS) 60-0405
THERM., V. VINYLAETHERN AN CYCL. ALPHA-METHYLENKETONE 60-0580
PRINS-RK. V. HYDROXYSTYROLEN MIT CH2O 61-0650
PRINS-RK., V. FORMALDEHYD MIT ANETHOL (MECHANISMUS, KINETIK) 63-0291
THERM. MICHAEL-RK. MIT KETONEN 64-0478
RADIKAL., V. BROM-DICYANMETHAN AN CYCL. ALKENE (STEREOSELEKTIVITAET) 54-0151
BF3-KATALYSIERTE ADDIT. V. NITRILOXIDEN AN CN-DOPPELBIND. -SYST. 59-0578
V. TETRACYAN-AETHYLEN -OXID AN UNGESAETT. KW-STOFFE 60-0485
CYANAETHYLIER. V. AROMAT. N-BASEN IN GGW. V. AMBERLYST 15 BZW. DOWEX 11 61-0305
V. METHOXYMETHYL-ACETAT AN CYCLOOCTADIEN-(1.5) (STEREOCHEMIE) 53-0153
ANLAGER. V. STER. GEHINDERTEN MALONSAEUREDIALKYLESTERN AN OCTENE 53-0223
V. ESSIGSAEURE AN VINYLAETHER U. -ESTER (KINETIK) 54-0169
V. ACETYLENESTERN AN PHENANTHRIDIN-5-OXID 54-0436
V. N-BROM-SUCCINIMID AN DIPHENYL-ACETYLEN (STEREOCHEMIE U. KINETIK) 56-0336
V. ESSIGSAEURE AN OLEFINE 57-0280
MICHAEL-ADDIT. V. MALONSAEUREDIAETHYLESTER AN 4-TERT.-BUTYL-1-CYAN-CYCLOHEXEN STEREOCHEM. 57-0409
V. ESTERN MIT AKT. CH2-GRUPPE AN UNDECEN-(10)-SAEURE-METHYLESTER 59-0300
V. TRIFLUORESSIGSAEURE AN 4-PHENYL-BUTENE-(1) (KINETIK, HAMMETT-KONST.) 61-0268
SIMMONS-SMITH-RK. V. UNGESAETT. CARBONSAEUREESTERN (STER. VERLAUF) 63-0493
V. TRICHLORMETHANSULFENYLCHLORID AN UNGESAETT. NORBORNANE 60-0450
V. SULFENYLCHLORIDEN AN ACETYLENE , 7. MITT. (LSGM.-EINFL.) 63-0474
V. SULFENYLCHLORIDEN AN ACETYLENE , 8. MITT. (EINFL. V. SAEUREN) 63-0475
V. 2.4-DINITRO-BENZOLSULFENYLCHLORID AN 1-PHENYL-PROPIN (KINETIK, MECHANISMUS) 64-0290
V. CCL2 AN OLEFINE, STER. HINDER. (KINETIK) 63-0295
V. GLYKALEN, 2. MITT. 58-0692
V. GLYKALEN, 3. MITT. 58-0693
1.3-BIPOLARE ADDIT. AN UNGESAETT. VERB., 18. MITT. 57-0555
NUCLEOPHILE AN PIERIDIN-2-THIOLE 57-0613
AN D. DREIFACHBIND., 8. MITT. 55-0362
AN D. DREIFACHBIND., 9. MITT. 55-0363
1.3-DIPOLARE AN UNGESAETT. VERB., 21. MITT. 63-0520
V. HYDROGENSULFIT AN KETONE (KINETIK) 56-0229

V. DIACETYLENEN (GESETZMAESSIGK.) , 13. MITT. 54-0212
HETEROLYT. ANLAGER. AN ACETYLENVERB., 1.MITT. 56-0336
HETEROLYT. ANLAGER. AN ACETYLENVERB., 2. MITT. 56-0337
V. DIACETYLENEN, 14.-MITT. 57-0291
V. TERT.-BUTYLLITHIUM AN NAPHTHALIN (MECHANISMUS) 60-0247
AN OLEFINE U. ACETYLENE, 5. MITT. 61-0281
HYDROBORIER. V. 1-SUBSTITUIERTEN BUTENEN-(3) 63-0350
HYDROBORIER. V. 1-SUBSTITUIERTEN BUTENEN-(2) (KINETIK) 63-0351
HYDROBORIER. V. 1-SUBSTITUIERTEN BUTENEN-(1) (KINETIK) 63-0352
1.4- IN D. FURANREIHE, 1.MITT. 55-0374
AN HETEROCYCLEN, 29. MITT. 58-0549
HETEROCYCL. VERB., 31. MITT. 58-0551
V. HETEROCYCL. VERB., 32. MITT. 58-0552
V. HETEROCYCL. VERB., 33. MITT. 58-0553
V. HETEROCYCL. VERB. , 34. MITT. 58-0554
V. HETEROCYCL. VERB., 35. MITT. 61-0671
V. HETEROCYCL. VERB., 36. MITT. 63-0579
V. HETEROCYCL. VERB., 36. MITT. 63-0579
V. HETEROCYCL. VERB., 37. MITT. 63-0580
D. HALOGENOLEFINE, 4. MITT. 55-0226
V. HALOGENOLEFINEN, 5. MITT. 61-0325
MICHAEL- AN DIHYDROTHIOPHENDIOXIDE 55-0378
V. CH- U. NH-ACIDEN VERB. AN N-SUBSTITUIERTE IMINODITHIOKOHLENSAEURE-DIMETHYLESTER 59-0321
AN ISOCYANATE (TRIALKYL(ARYL)BLEIMETHOXID-KATALYSE) 63-0356
AN CARBONYLVERB. (MECHANISMUS) 55-0189
AN KONJUGIERTEN ENINKETONEN, GESETZMAESSIGK., 5. MITT. 58-0355
AN KONJUGIERTEN ENINKETONEN (GESETZMAESSIGK.), 6. MITT. 58-0356
D. BORANAT-IONS AN ALIPHAT. KETONE (KINETIK) 62-0209
NUKLEOPHILE, AN CARBONYLVERB. (SEK. D-ISOTOPENEFFEKT), 2. MITT. 56-0229
V. KCN AN N-SUBSTITUIERTE PYRIDINIUMIONEN 60-0277
AN NITRILE (TRIALKYL(ARYL)BLEIMETHOXID-KATALYSE) 63-0356
BR2-ADDIT. AN ALPHA-ALKENCARBONSAEUREAETHYLESTER (STEREOSPEZIFITAET) 60-0248
AN STEROIDPOLYENE, 4. MITT. 53-0556
ADDITIONSREAKTIONEN (CYCLOADDITIONEN)
* PHOTOCYCLOADDIT. S. UNTER PHOTOCHEMIE...
1.3-DIPOLARE CYCLOADDIT., 33.MITT. 54-0385
1.3-CYCLO-(VORTRAG) 56-0259
DIEN-SYNTH. U. KOMPLEXE MIT LAD.-UEBERTRAG., 2. MITT. (RK.-FAEHIGK. V. DIENOPHILEN U. IHRE FAEHIGK. ZUR KOMPLEX-BLDG.) 57-0241
CYCLO- V. KONJUGIERTEN SYST. (THEORIE D. INTERMOL. ORBITALE) 58-0201
KONKURRENZ V. 1.2- U. 1.4-CYCLO-, BERECHN. NACH PERTURBATIONAL-MO-METH. 58-0265
1.3-DIPOLARE CYCLO-, 34. MITT. 58-0595
1.3-DIPOLARE CYCLO-, 35. MITT. 58-0596
CYCLO-, (ANWEND. D. LINNETT-ELEKTRONEN-THEORIE) 59-0197
1.3-DIPOLARE CYCLO-, 39.MITT. 59-0234
1.3-DIPOLARE CYCLO-,36. MITT. 59-0506
1.3-DIPOLARE CYCLO-, 38. MITT. 59-0507
1.3-DIPOLARE CYCLO-, 37. MITT. 59-0544
DIELS-ALDER-RK., THEORET. BETRACHT. AUF GRUND D. LCAO-MO-THEORIE, 3. MITT. 60-0280
CYCLOADDIT. , 5. MITT. 61-0442
CYCLO-, 6. MITT. 61-0443
INTRAMOL. DIELS-ALDER-RK., 5. MITT. 61-0570
POLARE 1.4-CYCLO-, 5. MITT. 63-0717
1.3-DIPOLARE CYCLO-, MECHANISMUS 64-0288
1.3-DIPOLARE CYCLO-, MECHANISMUS 64-0289
DIELS-ALDER-RK. DIHYDROAROMAT. VERB. IN D. --, 2. MITT. 64-0536
DIPOLARE CYCLOADDIT. AN VERB. MIT AKTIVIERTER AETHYLENBIND., 3. MITT. 64-0634
1.3-DIPOLARE CYCLO- AN VERB. MIT AKTIVIERTEN DOPPELBIND., 4. MITT. 64-0635
DIELS-ALDER-RK V. ORGANOZINN-MALEINATEN 53-0025
CYCLO-, 19. MITT. 62-0278
CYCLOADDIT. V. BZL. U. NAPHTHALIN AN ISOPREN (MECHANISMUS) 55-0208
DIELS-ALDER-RK. V. CYCLOPENTADIEN (DIFFERENTIALTHERMOANALYSE) 57-0243
DIELS-ALDER-RK. V. TRANS-TRANS-HEXADIEN-(2.4) AN STYROL 58-0477
DIELS-ALDER- V. ASYMM. BUTADIENEN (VORAUSBEST. D. HAUPTPROD. MITTELS PERTURBAT.-MO-METH.) 60-0274
CYCLO- D. 2-METHYL-ALLYL-KATIONS AN CYCLOPENTA- U. -HEXADIEN 58-0540
CYCLO- V. ACETYLENEN AN BICYCLO(2.1.0)PENTAN 60-0278
CYCLO- , 1.3-DIPOLARE, AN VERB. MIT AKTIVIERTER AETHYLENBIND., 1. MITT. 63-0478
1.2-CYCLOADDIT. AN D. BICYCLO(2.1.0)PENTAN-SYST. (STEREOCHEMIE) 55-0188
INTRAMOL.(2PI+2SIGMA)- THERMO-CYCLOADDIT. V. TRICYCLO (3.2.1.0(2.4))OCTENEN-(6) 60-0454
V. CARBEN AN 1.3-DIOXOLANYLOLEFINE (SIMMONS-SMITH-RK.) 54-0290
DIELS-ALDER-RK. V. 2-ARYL-FURANEN 54-0358
CYCLO- D. 2-METHYL-ALLYL-KATIONS AN FURAN 58-0540
DIELS-ALDER-RK. V. PERFLUORCYCLOPENTADIEN 53-0322
DIELS-ALDER- V. 1.2.3.4-TETRACHLOR-CYCLOPENTADIEN AN DIENOPHILE 59-0477
CYCLO- V. ISOMEREN TRIFLUORBENZYNEN 60-0499
DIELS-ALDER-RK. V. TETRAHALOGENCYCLOPROPENEN (MECHANISMUS) 62-0524
CYCLOADDIT. V. 2-ALKYL-BUTADIENEN U. 1.1-DICHLOR-2.2-DIFLUOR-AETHYLEN (MECHANISMUS, EINFL. D. KONFORM.) 61-0442
CYCLO- V. 1.1-DICHLOR-2.2-DIFLUOR-AETHYLEN AN BUTADIEN (MECHANISMUS) 61-0443
CYCLO- V. CH2N2 AN C-N-MEHRFACHBIND. (KATALYSE DURCH ORGANO-AL-VERB.) 53-0393
DIELS-ALDER- RK. V. DIENEN MIT NITROSOVERB. 58-0670
DIELS-ALDER- V. ANTHROL-(9) 60-0436
DIELS-ALDER- MIT ALLEN. U. ACETYLEN. SULFONEN 61-0522
DIELS-ALDER-RK. V. SPIROSILACYCLOPENTADIENEN 59-0496
CYCLO- V. CHLORSULFONYL-ISOCYANAT AN CIS- U. CIS-BETA-METHYL-STYROL U. AN CIS- U. CIS-HEXEN-(3) (STEREOSPEZIFITAET) 59-0505
1.3-DIPOLARE V. VINYL-ISOCYANID AN DIPHENYLDIAZOMETHAN 64-0391
CYCLO- V. ISOCYANATEN AN TRIPHENYLPHOSPHORANYLIDENKETEN 64-0481
DIELS-ALDER- MIT 4-PHENYL-1.2.4-TRIAZOLINDION-(3.5) 54-0394
CYCLO- V. UNGESAETT. ALDEHYDEN MIT BENZYLIDEN-ACETONEN 53-0268
DIELS-ALDER- V. O-CHINONEN MIT CYCLOPENTADIEN 55-0352
DIELS-ALDER-RK. V. ALKYL-(PROPADIEN-(1.2)-YL)-KETONEN 57-0281
CYCLO- V. 2.2-DIMETHYL-CYCLOPROPANON 61-0534
CYCLO- V. KETENEN, ALDEHYDEN U. KETONEN AN TRIPHENYLPHOSPHORANYLIDENKETEN 64-0481
CYCLO- V. KETENEN AN IMINE , 2. MITT. 62-0514
CYCLO- V. CH3J AN PHOSPHORANYLIDENKETENIMINE 64-0481
CYCLO V. ENAMINEN MIT NITRONEN 53-0380
DIELS-ALDER-RK. V. NUCLEOPHILEN PHILODIENEN MIT POLYCYCL. AROMAT. AZONIAVERB. 58-0628
1.3-DIPOLARE CYCLO- V. 3-NITRO-DELTA(2)-ISOXAZOLIN-N-OXID AN AETHYLEN (RK.-ENTHALPIE) 62-0262
1.3-CYCLO- V. SYDNONEN AN ACETYLEN. DIPOLAROPHILE 58-0595
1.3-CYCLO- V. SYDNONEN AN ALKENE 58-0596
CYCLO- V. SYDNONEN MIT DIPOLAROPHILEN VERB. (KINETIK, MECHANISMUS) 59-0234
1.6-CYCLO- V. DIHYDROBENZOL AN BENZOLDIAZONIUM-O-CARBOXYLAT 62-0684
CYCLO- V. ACRYLNITRIL AN INDEN 53-0306
1.3-CYCLO- V. 3.5-DICHLOR-2.4.6-TRIMETHYL-BENZONITRILOXID AN SULFINYLANILINE (KINETIK U. MECHANISMUS) 55-0186
CYCLO- V. FURAN MIT NITRILIMINEN 58-0598
1.3-DIPOLARE CYCLOADDIT. V. NITRILIMINEN 54-0385
PHOTOCYCLO- V. CYANAMEISEN-ESTER AN OLEFINE 53-0326
DIELS-ALDER-RK. V. CYCLODIENEN MIT DICHLORMALEINSAEUREANHYDRID 54-0342
DIEN-RK. V. 2-SUBSTITUIERTEN FURANEN MIT ACETHYLENDICARBONSAEURE-DIMETHYLESTER 55-0376
DIELS-ALDER- V. DICYCLOPENTADIENDICARBONSAEUREESTERN (KINETIK) 59-0468
CYCLO- V. ACETYLENEN AN 3.4-TETRAMETHYLEN-ISOTHIAZOLINTHIONEN-(5) UNTER RINGCEFFN. 59-0539
CYCLO- V. DIENOPHILEN AN D. ACRIDIZINIUM-ION (KINETIK) 59-0595
DIELS-ALDER-RK. V. LAEVOPIMARSAEURE U. -METHYLESTER MIT FORMALDEHYD 59-0720
CYCLO- V. ACETYLENCARBONSAEUREESTERN AN BICYCLO(2.1.0) PENTAN (KINETIK, MECHANISMUS) 60-0279
DIELS-ALDER RK. V. MERCAPTOFURANEN MIT MALEINSAEUREANHYDRID 60-0379
DIELS-ALDER- MIT INDEN-DICARBONSAEURE-DERIV. 61-0487
MALEINSAEUREANHYDRID-ADDUKTE V. TROPOLONEN 62-0486
1.3-DIPOLARE CYCLO- V. AZIRIDINDICARBONSAEUREIMID 64-0605
1.3-DIPOLARE CYCLO- AN VERB. MIT AKT. AETHYLENBIND., 2. MITT. 64-0633
CYCLO- V. DIAZOMETHAN AN ALPHA-CYANACRYLATE (STER. VERLAUF) 63-0478
POLARE 1.4-CYCLO-, V. N-ARYL-TRICHLORACETONIT + RILIUMSALZEN AN N-ARYL-TRICHLORACETIMIDCHLORIDE 63-0717
1.3-DIPOLARE CYCLO- V. DIAZOMETHAN AN BETA-SUBSTITUIERTE ALPHA-ACETYL-ACRYLSAEUREESTER 64-0635
CYCLO V. SULFONYLISOCYANATEN AN C=N-BIND. 53-0463
2-STUF. POLARE CYCLO- V. SULFONYLISOCYANATEN AN CARBODIIMIDE 58-0473
CYCLO- V. DEHYDROBENZOL AN METHYL-PROPENYL-AETHER (STEREOSPEZIFITAET) 63-0544
DIELS-ALDER-RK. MIT TERPENKETONEN 58-0508
ADDITIONSVERBINDUNGEN
* S. UNTER KOMPLEXVERBINDUNGEN (UND KOMPLEXBILDNER)
ADSORPTION
* -WAERME (U. -ENERGIE) S. DORT
V. CYCLOHEXEN AN AL2O3 53-0111
V. AROMAT. KW-STOFFEN AN CU U. SI 59-0182
V. PY. AN AU-EINKRISTALLELEKTRODEN 64-0202
V. ARYLHALOGENIDEN AN CU U. SI 59-0182
V. ALIPHAT. U. ALICYCL. ALKOHOLEN AN AL2O 54-0120

V. KATION. ARZNEISTOFFEN AN AEROSIL (MECHANISMUS U. QUANT. ABLAUF) 64-0931
ADSORPTIONSWAERME (U. -ENERGIE)
V. CYCLOHEXEN 53-0111
V. AROMAT. KW-STOFFEN AN CU U. SI 59-0182
V. ARYLHALOGENIDEN AN CU U. SI 59-0182
AEROSOLE
* S. AUCH ARZNEIMITTEL
AETHANOLYSE
* S. UNTER SOLVOLYSE
AETHER (ALLGEMEINES)
* AMINOAETHER, PHENOLAETHER S. DORT
* ARYL- S. UNTER PHENOLAETHER
* CYCL. S. UNTER RINGSYSTEME (HETEROCYCLEN)
* ENOL- S. UNTER ENOLE (UND ENOLAETHER)
* GLYKOL- BZW. POLYGLYKOLAETHER S. UNTER GLYKOLE, GLY-
* KOLAETHER
ALPHA-HALOGEN-, 31. MITT.
MICHAELIS-ARBUSOW-RK. MIT ALPHA-CHLORAETHERN U. ALPHA-CHLORAMINEN 53-0203
AETHER U. IHRE DERIV., 118. MITT. 53-0242
ALPHA-HALOGEN-, 32.MITT. 55-0251
ALPHA-HALOGEN, 33. MITT. 55-0282
U. DERIV., 117. MITT. 58-0462
ACETYLEN-, 89. MITT. 61-0330
ALPHA-HALOGEN-, 35. MITT. 61-0569
ACETYLEN-, CHEMIE, 90. MITT. 62-0595
MIT UNGESAETT. RESTEN, CHEMIE, 12. MITT. 63-0368
ALPHA-HALOGEN-, 37. MITT. 63-0627
AETHER (VORKOMMEN, DARSTELLUNG)
METHOXYGLYCERIN-, ISOLIER. AUS D. LEBERTRAN D. GROENLANDHAIS 54-0590
SPIRO-, BLDG. BEI D. HEFEGAER. V. 3-METHOXY-8.14-SECO-D-HOMO-1.3.5(10).9(11)-OESTRATETRAENDION-(14.17A) 55-0558
2-ALKOXYAETHYLVINYLAETHER, DARST. AUS 2-CHLOR-AETHYL-VINYLAETHER 53-0214
1-METHOXY-3-HALOGEN-ALKEN-(2)-INE-(4), DARST. AUS DIACETYLENEN U. HALOGENDIMETHYLAETHERN 54-0212
MONOGLYCIDYL-, DARST. AUS ALIPHAT. ALKOHOLEN U. 1-CHLOR-2.3-EPOXY-PROPAN 54-0350
GLYCERINPROPARGYLALKYL(ARYL)-, DARST. AUS 1-PROPARGYLOXY-2.3-EPOXY-PROPAN U. ALKOHOLEN 55-0236
CYCLOPROPYL-, DARST. AUS CYCLOPROPYLBROMIDEN 55-0300
ALKYL-(1.1.2.2-TETRAFLUOR-AETHYL)- DARST. AUS TETRAFLUORAETHYLEN U. ALKANOLEN 56-0272
CIS-TRANS-ISOMERE 3-ALKYLCYCLOHEXYL-, DARST. 56-0376
2.5.6-TRIALKOXY-ALKINE-(3), DARST. AUS 2.6-DIALKOXY-ALKIN-(3)-OLEN-(5) 57-0296
2.6-DIALKOXY-ALKEN-(3)-OLE-(5), DARST. 57-0296
(4-MERCAPTO-CYCLOPENTEN-(2)-YLMETHYL)-, DARST. AUS 1-CHLOR-4-ALKOXYMETHYL-CYCLOPENTENEN U. THIOHARNSTOFF 57-0405
BIS-(DIARYLMETHYL)-, DARST. AUS BROMMAGNESIUM-DIARYLCARBINOLATEN 57-0419
2-HALOGEN-AETHYL-, DARST. 58-0331
TRIDEUTEROMETHYL-, DARST. 59-0283
(CYCLOPROPYLMETHYL)- U. BUTEN-(3)-YL-, DARST. AUS ALLYLAETHERN U. DIAZOMETHAN 59-0403
3.4-DIMETHOXY-THIOPHENE, DARST. 59-0527
1-PHENYL-3-METHOXY-1-ALKOXYMETHOXY-PROPANE, DARST. AUS 1-PHENYL-3-METHOXY-PROPANOL-(1) U. CHLORMETHYLAETHERN 60-0370
TERT.-ALKYL-, DARST. AUS TERT. MG-ALKOHOLATEN U. ALKYLHALOGENIDEN 61-0333
ALKOXYMETHYL-CYCLOHEXENE-(2), DARST. AUS 1-HALOGEN-2-ALKOXYMETHYL-CYCLOHEXANEN U. METHANOL. KOH 61-0445
ALKOXY-CYCLOPROPANE, DARST. AUS BETA-CHLOR-ACETALEN U. MG 61-0447
ALDO-, DARST. AUS CYANAETHERN 62-0340
EPOXYAETHER-NITRILE, DARST. AUS CYAN-ALLYLAETHERN BZW. CYCL. CYAN-OLEFINEN U. PERESSIGSAEURE 62-0509
2.3-DIMETHYL-BUTEN-(2)-YL-ALKYL-, DARST. AUS 2.3-DIMETHYL-BUTYL-ALKYLAETHERN 63-0368
FLUORIERTE, DARST. AUS PERFLUORKETON-METALLFLUORID-ADDUKTEN, OLEFINEN U. HALOGENEN 63-0370
TRITYL-, DARST. AUS TRITYL-AMINEN U. ALKOHOLEN 63-0507
ALPHA-HALOGENALKYL-ALKINYL-, DARST. AUS ALDEHYDEN U. ALKINOLEN 64-0362
ALPHA-AETHOXY-ALKINE, DARST. AUS ALKIN-(1)-YLMAGNESIUMHALOGENID U. CHLORALKYL-AETHYL-AETHER 64-0364
1-AETHOXY-ALKINE-(3), BLDG. AUS 1-AETHOXY-ALKINEN-(2) 64-0364
ARYL-ALKOXYMETHYL-SULFONE U. -SULFINSAEUREESTER, DARST. AUS ALPHA-HALOGEN-AETHERN U. NA-ARYLSULFINATEN 64-0436
1-ALKOXYMETHYL-4.6-DINITRO-PHENOLE, DARST. AUS 6.8-DINITRO-1.3-BENZDIOXAN 64-0723
TROPYL- U. PSEUDOTROPYL-, STEREOSPEZIF. DARST. AUS 3ALPHA-MESYLOXY-TROPAN BZW. 3ALPHA-CHLOR-TROPAN 64-0810
2-AETHOXY-FURANE, DARST. 54-0359
1-(VINYLOXYALKOXY)-PROPYLEN-2.3-OXIDE, DARST. AUS VINYL-HYDROXY-ALKYL-AETHERN U. EPICHLORHYDRIN 56-0462
2.6-DIALKOXY-ALKIN-(3)-OLE-(5), DARST. AUS 3-ALKOXY-ALKINEN(1) U. ALPHA-ALKOXYKETONEN 57-0296
AROYLMETHOXYESSIGSAEUREN, DARST. AUS DIGLYKOLSAEUREANHYDRID U. AROMATEN 58-0337
GLYKOLAETHER-ESTER, DARST. 60-0348
AETHER (PHYSIKAL. EIGENSCHAFTEN)
UNGESAETT., UV-SPEKTREN (VGL. MIT ANDEREN PHYSIKAL. EIG.) 54-0056
1-ALKOXY-BUTADIENE-(1.3), UV U. IR 59-0152
EINFL. ALPHA-STANDIGER AETHERGRUPPEN AUF D. INTENSITAET D. CN-BANDE IM IR-SPEKTRUM 60-0086
1-ALKOXY-BUTADIENE-(1.3), CIS-TRANS-ISOMERIE 59-0152
POLY-O-METHYL-POLYOLE, MASSENSPEKTREN 62-0102
DIALKYL-, NMR-CHEM. VERSCHIEB. 54-0070
DIASTEREOMERE ALLEN-, NMR (MAGNET. NICHTAEQUIVALENZ) 55-0081
NMR (EINFL. V. BZL. U. PY. AUF VERSCHIEB. D. RESONANZ) 61-0092
BASIZITAET (NMR-BEST.) 60-0210
LINEARE BEZIEH. ZWISCHEN VERTEIL.-KOEFF. U. W.-LOESLICHK. 58-0165
GLYKOLAETHER-ESTER, VISKOSITAET (KONSTIT.-EINFL.) 60-0348
ALIPHAT., VERDUENN.-WAERME IN CHLOROFORM 62-0164
AETHER (REAKTIONEN)
ALPHA-CHLOR-, RK. IN GGW. V. ZN, 6. MITT. 56-0346
ALPHA-CHLORIERTE, RK. IN GGW. V. ZN, 7. MITT. 62-0339
DIGLYCIDYL-, VERNETZ.-RK. MIT DIAMINEN (KINETIK) 57-0771
LI-BENZYL-ALKYL-AETHER, WITTIG-UMLAGER. , WANDER. V. ALKYLGRUPPEN 62-0268
ALKENYL-, ISOMERISIER. MIT FE(CO)5 62-0345
ACETYLEN-, CYCLOTETRAMERISIER. 62-0595
1-AETHOXY-ALKINE-(2), ISOMERISIER. 64-0364
5-BROM-4-AETHOXY-ALKINE-(1), DEHYDROBROMIER. 58-0347
UBICHINONE Q, PYROLYSE D. CH3O-GRUPPE 59-0132
2.3-DIMETHYL-BUTEN-(2)-YL-ALKYL-, 1.4-SPALT. ZU DIMETHYLBUTADIEN 63-0368
ETARD-RK. (MECHANISMUS, UEBERSICHT) 62-0321
CYAN-, HYDRIER. 59-0331
2-METHOXYMETHYL-PYRIMIDINE U. -PYRIDINE, REDUKTIVE SPALT. D. AETHERBIND. 64-0745
SPALT. MIT BJ3 54-0203
BROMIERENDE SPALT. 55-0282
DIALKYL-, ALKAL. HYDROLYSE (KINETIK) 62-0224
AETHOXYALKENINE, HYDROLYSE IN SAUREM MEDIUM, 1. MITT. 64-0376
AETHOXYALKENINE, HYDROLYSE IN SAUREM MEDIUM, 2. MITT. 64-0377
HALOGEN-DIMETHYL-, RK. MIT DIACETYLENEN (GESETZMAESSIGK.) 54-0212
PHOTORK. MIT 4-METHYL-CINNOLIN U. CHINOXALINEN 62-0653
ALPHA-CHLOR-, RK. MIT MERCAPTANEN (ZN) 56-0346
KOORDINATIONSVERB. MIT AL-TRIALKYLEN 57-0099
ACETOLYSE IN GGW. V. HCLO4 (KINETIK) 53-0147
SYMM. DIALKYL- RK. MIT N.N-DICHLOR-URETHAN 53-0231
RK. MIT GEMISCHTEN SULFONSAEURE-CARBONSAEUREANHYDRIDEN 64-0346
ALPHA-HALOGEN-, MICHAEL-ARBUSOW-RK. MIT PHOSPHITEN 53-0203
ALKYLVINYLAETHER, RK. MIT METHYL-ALPHA-D-GLUCOPYRANOSID 61-0688
AETHINIERUNG
* S. UNTER ALKYLIERUNG
AETHYLENVERBINDUNGEN (ALLGEMEINES)
* S. AUCH CHALKONE
* S. AUCH ENOLE (UND ENOLAETHER)
* S. AUCH STILBENE
* S. AUCH STYROLE
ALLENE, 16. MITT. 55-0223
THERM. INSTABILE ALLENE, 4. MITT. 55-0227
POLY-, 140. MITT. 55-0395
ENINAMINE, 8.MITT. 56-0111
LI-ALLENE, 12. MITT. 56-0267
ALPHA.BETA-AETHYLENDERIV. CHEMIE, 1. MITT. 56-0318
ALPHA.ALPHA'-DISUBSTITUIERTE ISOBUTENE, 3. MITT. 56-0375
TERT. DREIWERT. ALKOHOLE D. ACETYLEN- U. AETHYLENREIHE U. IHRE CHEMISCHEN RK., 37. MITT. 57-0296
ALLENE, THERM. INSTABILE, 2. MITT. 58-0344
ALLENE, THERM. INSTABILE, 3. MITT. 58-0345
ALLENE, 17. MITT. 58-0362
ALLENE, 18. MITT. 58-0363
ALLENE, 19.MITT. 58-0364
ALLENE, 20. MITT. 58-0365
ALPHA.BETA-, 2. MITT. 60-0361
VINYLAMINE, 8. MITT. 60-0411
THERMOCHROME AETHYLENE, U. FULVENE, 47. MITT. 60-0447
THERMOCHROME AETHYLENE U. FULVENE, 49. MITT. 63-0119
ENAZIN-CHEMIE, 2. MITT. 63-0300
ALPHA.BETA-UNGESAETT. CARBONSAEUREESTER MIT FUNKTIONELLEN GRUPPEN IM ALKOXYRADIKAL, 1. MITT. 63-0405
BEWEGL. KETO-ALLYL-SYST., 5. MITT. 63-0524
BEWEGL. KETO-ALLYL-SYST., 6. MITT. 63-0525
BEWEGL. KETO-ALLYL-SYST., 7. MITT. KINETIK 63-0526
THERMOCHROME AETHYLENE U. FULVENE, 50.MITT. 63-0539
ENTHIOLE, 2. MITT. 64-0143
HOCHSUBSTITUIERTE -- U. GLYKOLE, 9. MITT. 64-0321
ENINAMINE, 9. MITT. 64-0399
ESTER V. ALPHA,BETA-UNGESAETT. SAEUREN MIT FUNKTIONELLEN GRUPPEN IM ALKOXY-RADIKAL, 3. MITT. 64-0400

HOCHSUBSTITUIERTE, U. GLYKOLE, 6. MITT. 64-0502
HOCHSUBSTITUIERTE - U. GLYKOLE, 7. MITT. 64-0503
HOCHSUBSTITUIERTE- U. GLYKOLE, 8. MITT. 64-0504
VERB. MIT AKTIVIERTER AETHYLENBIND., 1.3-DIPOLARE CYCLOADDIT., 4. MITT. 64-0635
ENINAMINE, 7. MITT. 64-0703
AETHYLENVERBINDUNGEN (STEREOCHEMIE)
2-AETHOXYCARBONYL-VINYL-KETONE, KONFIG. 54-0359
UNGESAETT. FETTSAEUREN, BEST. D. LAGE D. DOPPELBIND DURCH KOMBINIERTE GASCHROMATOGRAPHIE-MASSENSPEKTROSKOPIE 55-0093
GEKREUZT-KONJUGIERTE CAROTENALE, KONSTIT. 56-0659
ACRYLSAEUREHYDRAZIDE, TAUTOMERIE 57-0524
BIS-(HYDROXY-METHOXYBENZOCHINONYL)-ALKENE, KONSTIT. 59-0788
ALLENE, ABS. KONFIG. 54-0108
KONFIG.-BEST. 57-0117
2-FORMAMIDO-2'-ACYL-DIVINYLSULFIDE, CIS-TRANS-ISOMERISIER. 58-0651
ALPHA.BETA-UNGESAETT. SAEUREN, GEOMETR. ISOMERIE, 1. MITT. 62-0124
ALPHA.BETA-UNGESAETT. SAEUREN, GEOMETR. ISOMERIE, 2. MITT. 62-0175
MUCONSAEUREDERIV., KONFIG. 63-0393
CYCLOPROPYLACRYLESTER, KONFORM. 64-0102
KONJUGIERT UNGESAETT. DINITROPHENYLHYDRAZONE, KONFIG. 64-0181
AETHYLENVERBINDUNGEN (VORKOMMEN, DARSTELLUNG)
BIS-(HYDROXY-METHOXYBENZOCHINONYL)-ALKENE, ISOLIER. AUS ARDISIA SIEBOLDII 59-0788
1.1'-DIALKENYL-FERROCENE, DARST. AUS 1.1'-DIACYL-FERROCENEN U. ALKYL-MG-HALOGENIDEN 54-0036
ALKEN-(4)-ALE, DARST. AUS VINYLCARBINOLEN MIT VINYLAETHERN 54-0219
ALKEN-(5)-ONE-(2), DARST. AUS TERT. VINYLCARBINOLEN U. ISOPROPENYL-METHYLAETHER 54-0221
ALPHA-GLYKOLE MIT 2 DOPPELBIND., DARST. 55-0232
(2-PROPYLAMINO-VINYL)-KETONE, DARST. AUS N-PROPEN-(1)-YL-N-PROPYLAMIDEN 55-0260
TRIALKYLSILYLOXY-ALKENE, DARST. AUS NA-ENOLATEN U. CHLOR-TRIALKYLSILANEN 55-0270
VINYLPHOSPHONATE, DARST. 55-0451
VINYLCHLORIDE, DARST. AUS ALDEHYDEN U. CHLORMETHYL-TRIPHENYL-PHOSPHONIUMCHLORID MIT PHENYL-LI 56-0228
ALPHA-HALOGENGLUTACONSAEUREN DARST. AUS TRIHALOGENACROLEINEN U. AETHOXYCARBONYLMETHYLEN-PHOSPHORANEN 56-0297
1-DIALKYLAMINO-ALKATRIENE-(2.3.4), DARST. AUS DIALKYLAMINO-VINYLAETHINYL-ALKANEN 56-0316
BROMVINYL-SULFONE, DARST. AUS 1.2-DIBROM-AETHYL-SULFONEN 56-0345
1.2-DIARYL-, BLDG. AUS AROMAT. ALDAZINEN 56-0420
1-DIALKYLAMINOSULFONYLAMINO-BUTENE-(3), DARST. AUS 2-DIALKYLAMINOSULFONYL-1-OXO-3.6-DIHYDRO-1.2-THIAZINEN 56-0600
GLUTACONALDEHYD-MONOANILE, DARST. 57-0182
ACETYLEN., DARST. AUS KUPFERACETYLIDEN U. JODALKENEN 57-0288
2.6-DIALKOXY-ALKEN-(3)-OLE-(5), DARST. 57-0296
ALPHA'-HALOGEN-ALPHA-ALLENYLKETONE, DARST. AUS ALLENYL-MAGNESIUMBROMID U. ALPHA-HALOGEN-CARBONSAEUREESTERN 57-0304
3-HALOGENMETHYL-BUTEN-(2)-SAEUREN, DARST. DURCH ALLYLHALOGENIER. 57-0310
PHENYL-ALKENYL-SULFIDE U. -SELENIDE, DARST. AUS ALKENYLCHLORIDEN U. THIOPHENYL BZW. SELENOPHENOL 57-0351
PHENYL-ALKEN-(2)-YL-SELENIDE, DARST. AUS NA-SELENOPHENOLATEN U. ALKENYLHALOGENIDEN 57-0352
VINYLSULFONIUMVERB., DARST. AUS PHENACYLMETHYLSULFID V. BENZALDEHYDEN 57-0360
TRIJOD-ALLENE, DARST. AUS 3-ARYLMERCAPTO- BZW. 3-CHLOR-PROPINEN-(1) U. J2 (BZW. 1-JODALKINE) 57-0389
1.5-DIENE, SYNTH. DURCH REDUKTIVE KUPPL. V. ALLYLALKOHOLEN 57-0704
TRIALKYLSTANNYLALKENE, DARST. AUS TRIALKYLSTANNAN U. ACETYLENVERB. (MECHANISMUS) 58-0032
ALPHA,BETA-UNGESAETT. ALDEHYDE, DARST. AUS ALPHA-CHLORALDEHYD-AETHYLENACETALEN 58-0353
POLYFLUORVINYLAMINE, DARST. 58-0385
XANTHYLIDEN-(9)- U. THIOXANTHYLIDEN-(9)-ESSIGSAEUREAETHYLESTER, DARST. AUS D. THIOKETONEN U. DIAZOESSIGESTER 58-0613
2-FORMAMIDO-2'-ACYL-DIVINYLSULFIDE, DARST. AUS BETA-CHLOR-VINYL-PHENYL-KETON U. N-ARALKYL-THIAZOLIUMCHLORIDEN 58-0651
ALPHA,BETA-UNGESAETT. ALDEHYDE BZW. AROMAT. KETONE, DARST. DURCH ALDOL-KONDENS. IN GGW. V. H3BO3, B2O3 ODER 10-HYDROXY-10.9-BOROXAROPHENANTHREN 59-0279
HALOGENALKENE, DARST. AUS ALKINOLEN U. SBF4 59-0287
3-VINYL-PROPIN-(2)-YL-BETA-HYDROXY-AETHYLAETHER, PENTEN-(4)-IN-(2)-YL-(1)-BETA-HYDROXY-AETHYLAETHER 59-0290
ALKYL-HEXADIEN-(1.5)-YL-(3)-SULFIDE, DARST. AUS DIALLYLSULFONIUMSALZEN 59-0291
BIS-AETHOXYCARBONYL-ALPHA-METHYLEN-KETONE, DARST. AUS DIMETHYLAMINOMETHYL-OXO-DICARBONSAEURE-DIAETHYLESTER-HYDROCHLORIDEN DURCH PYROLYSE 59-0315
BETA-ARYL-ACRYLAMIDE, DARST. AUS ALPHA-CHLOR-BETA-ARYL-PROPIONSAEUREAMIDEN 59-0390
VINYL-GRIGNARD-VERB., DARST. DURCH CYCLISIER. V. ACETYLEN-GRIGNARD-VERB. 59-0395
N-ALLENYL-HETEROCYCLEN, DARST. AUS N-(PROPIN-(2)-YL)-HETEROCYCLEN 59-0509
VINYL-KETOXIME, DARST. AUS DIMETHYLOXOSULFON + NIUMMETHYLID U. NITRILOXIDEN 59-0551
ENINE, DARST. AUS TERT. AETHINYLCARBINOLEN 60-0333
METHACRYLSAEUREESTER, DARST. AUS ALPHA-HYDROXY-ISOBUTTERSAEUREESTERN 60-0351
3.3-DIALLYL-OXINDOLE, DARST. AUS OXINDOLEN U. ALLYLBROMID 60-0514
UNGESAETT. POLYCARBONSAEUREAETHYLESTER, DARST. 61-0362
1-AMINO-2.2-DICYAN-AETHYLENE, DARST. AUS SUBSTITUIERTEN AETHYLENEN 61-0367
BIS-1.2-DIKETONE MIT VINYLENBRUECKEN, DARST. AUS 4-FORMYL-BENZIL U. VINYLENVERB. 61-0480
3-VINYL-PYRAZOLE, DARST. AUS VINYLDIAZOMETHAN U. ACETYLENEN 61-0582
FLUOROLEFINE, DARST. V. GEOMETR. ISOMEREN 62-0260
BETA.GAMMA-UNGESAETT. SAEUREN U. ESTER, DARST. AUS ALPHA.BETA-UNGESAETT. VERB. 62-0346
1-AMINO-1-CHLOR-2-ACYL-ALKENE-(1), DARST. AUS 1-AMINO-ALKINEN-(1) 62-0357
(1- BZW. 3-ARYL-ALLYL)-ARYLSULFIDE, DARST. AUS ARYLMAGNESIUMBROMIDEN, AETHYLENVERB. U. THIOPHENOLEN 62-0413
ALLENDERIV., SYNTH. U. EIG., 14. MITT. 62-0416
1-NAPHTHOYL-2-THIENYL-(2)-AETHYLENE, DARST. AUS ACETYLNAPHTHALINEN U. 2-FORMYL-THIOPHENEN 62-0532
1-NAPHTHYL-2-THENOYL-(2)-AETHYLENE, DARST. AUS 2-ACETYL-THIOPHENEN U. NAPHTHALDEHYDEN 62-0532
1- U. 4-VINYL-PYRAZOLE, DARST. AUS BETA-HYDROXY-AETHYLPYRAZOLEN 62-0563
N-VINYLPURINE U. -PYRIMIDINE, DARST. 62-0642
TRANS-, STEREOSELEKTIVE SYNTH. AUS CYCLOPROPYL-ALKENOLEN 63-0363
2.3-DIMETHYL-BUTEN-(2)-YL-AETHER, DARST. AUS 3-CHLOR-2.3-DIMETHYL-BUTYLAETHERN 63-0368
DIALKYLAMINOPENTADIENE-(2.4), DARST. AUS N.N.N'.N'-TETRAALKYLMETHYLENDIAMINEN, ISOPREN U. ACETYLCHLORID IN CH2CL2 63-0404
VINYLTHIOAETHER, DARST. AUS ALKYLIDENPHOSPHORANEN, SULFENYLCHLORIDEN U. ALDEHYDEN 63-0473
ALPHA-CYANACRYLATE, SYNTH. 63-0478
N.N-DISUBSTITUIERTE 1-AMINO-ALKENE-(1), DARST. (UEBERSICHT) 64-0392
ALPHA-CHLOR-BETA-CHLORCARBONYL-ENAMINE, DARST. AUS PHOSGEN U. N.N-DISUBSTITUIERTEN SAEUREAMIDEN 64-0406
HETEROCYCL., DARST. AUS ALDAZINEN 64-0466
2-CHLORALKENYL-TETRAHYDROFURANE, DARST. AUS 2-CHLOR-TETRAHYDROFURAN U. DIENEN 64-0564
1.5-DIARYLMERCAPTO-3-OXO-PENTADIENE-(1.4), DARST. AUS DIAETHINYLKETONEN U. MERCAPTANEN 64-0578
2-AETHOXYCARBONYL-VINYL-KETONE, DARST. AUS 2-AETHOXY-FURAN 54-0359
POLY-, AUS CENTAUREA MURICATA, DARST. 55-0395
1-DIALKYLAMINO-4-ALKYLMERCAPTO-1-BUTENONE, DARST. AUS 1-DIALKYLAMINO-4-ALKYLMERCAPTO-BUTEN-(1)-INEN-(3) 56-0111
BETA-ALLEN. ALDEHYDE, DARST. AUS VINYL-PROPARGYL-AETHERN 56-0282
VINYLESTER, DARST. 57-0277
STABILE ENOLESTER, DARST. AUS N-TERT.-BUTYL-5-METHYL-ISOXAZOLIUM-PERCHLORAT 60-0352
TETRAHYDROXYAURONE, DARST. AUS HYDROXYCUMARANONEN-(3) U. TRIACETYLGALLUSALDEHYD 61-0546
METHACRYLSAEURE-TERT.-AMINOALKYLESTER, DARST. AUS METHACRYLSAEURE U. AMINOALKOHOLEN (PHENTHIAZIN, NA-METHYLAT, TI-TETRABUTYLAT) 63-0405
1.2-DITHIENYL-AETHENE, DARST. AUS METHYLTHIOPHENEN 63-0608
1-ARALKYL-BUTEN-(3)-YLAMINE U. 2-ARALKYL-PENTEN-(4)-YLAMINE, DARST. AUS 2-ARALKYL-PENTEN-(4)-SAEUREDERIV. 63-0896
6-OXO-ALKADIENE-(1.2), BLDG. AUS ALKEN-(1)-IN-(5)-OLEN-(3) 64-0361
1.2-DIMERCAPTO-4-AMINO-BUTADIENE, DARST. AUS ENINAMINEN U. MERCAPTANEN 64-0399
(METH)ACRYLSAEURE-AMINOALKYLESTER, DARST. AUS AMINOALKOHOLEN U. ACRYLATEN 64-0400
ARYLMERCAPTOVINYLSULFONATE, DARST. AUS ARYLSULFENYL-2.4.6-TRINITRO-BENZOLSULFONATEN U. TOLAN ODER 4.4'-DIMETHYL-TOLAN 64-0497
1.2-BIS-(3-OXO-CYCLOHEXYL)-, DARST. AUS D. ENTSPRECHENDEN 4-OXO-DERIV. 64-0502
1.2-DIAETHYL-1.2-DICYCLOALKYL-, DARST. DURCH ACYLOINKONDENS. V. 4- U. 3-AETHYLEN- BZW. PHENYLENDIOX-CYCLOHEXAN-(BZW. -PENTAN)-CARBONSAEUREESTERN 64-0503
OMEGA-DIMETHYLAMINO-ALKENE-(1), DARST. 64-0562
ENINAMINE, DARST. AUS HETEROCYCL. AMINEN U. DIACETYLEN 64-0703
AETHYLENVERBINDUNGEN (PHYSIKAL. EIGENSCHAFTEN)
VERB. MIT AKTIVIERTEN DOPPELBIND., STRUKTUR U. PHYSIKOCHEM. EIG., 2. MITT. 63-0231
ALPHA,BETA-UNGESAETT. CARBONYLVERB., BERECHN. D. CH3-GRUPPEN-EFFEKTS AUF D. ABSORPT.-MAX. 56-0106
DIPYRIDYL-, UV 56-0144

1.2-BIS-(1.2.4-OXADIAZOLYL)-AETHYLENE, BERECHN. V. SINGLETT-SINGLETT- BZW. SINGLETT-TRIPLETT-UEBERGAENGEN 57-0130
1-ALKOXY-BUTADIENE-(1.3), (CIS- U. TRANS), UV-SPEKTREN 59-0152
1-ALKOXY-BUTADIENE-(1.3), (CIS U. TRANS), IR-SPEKTREN 59-0152
TETRAHYDROXYAURONE, UV 61-0546
TETRAHYDROXYAURONE, IR 61-0546
ALKENYLSILANE, IR, UV 63-0168
1.2-DITHIENYL-AETHENE, ELEKTRONENSPEKTREN 63-0608
1.2-DIPYRIDYL-. OSZILLATORENSTAERKEN (HMO-BERECHN.) 55-0063
GLUTACONALDEHYD-MONOANILE, UV -SPEKTREN (EINFL. D. NATUR U. STELL. D. SUBSTITUENTEN AM BENZOLRING) 57-0182
CYCLOPROPYLACRYL- U. 4-METHYL-PENTEN-(2)-SAEUREESTER, UV 64-0102
NICHTPLANARE KONJUGIERTE DIENE, OPT. AKTIVITAET 54-0050
3.3-DIARYLPROPENE-(1), OPT. ROTAT.-DISPERS. 56-0094
1.2-DIPYRIDYL-, PI-ELEKTRONENSTRUKTUR, 2. MITT. 55-0063
1.2-BIS-(1.2.4-OXADIAZOLYL)-AETHYLENE, MOL.-DIAGRAMME 57-0130
1-ALKOXY-BUTADIENE-(1.3), CIS-TRANS -ISOMERIE 59-0152
OLEFIN. ALKOHOLE, INTRAMOL. OH-PI-WECHSELWRKG. (KONFORM. U. FREQUENZVERSCHIEB.) 60-0082
ALKENYLSILANE, ELEKTRONENSTRUKTUR 63-0168
CYCLOPROPYLACRYLESTER, KONJUGAT. 64-0102
DIPYRIDYL-, ELEKTRONENZUSTAENDE U. PI-PI(STERN)-UEBERGAENGE 56-0144
EINE EINFACHE METH. ZUR LOKALISIER. V. AETHYLENBIND. DURCH MASSENSPEKTROMETRIE 54-0079
DIPYRIDYL-, DIPOLMOMENTE 56-0144
DIASTEREOMERE ALLENVERB., NMR (MAGNET. NICHTAEQUIVALENZ) 55-0081
PHOSPHINYLALLENE, NMR (EINFL. D. SUBSTITUENTEN AM P AUF D. P-H-KOPPL.) 56-0131
2-SUBSTITUIERTE 1.3-BUTADIENE, KOPPL.-KONST. (BEZIEH. ZU SUBSTITUENTENEFFEKTEN) 57-0100
AETHYLENE, KOPPL.-KONST. (BEZIEH. ZU SUBSTITUENTENEFFEKTEN) 57-0100
ENINE, PROTONEN-PROTONEN-KOPPL. 60-0110
1.3-BUTADIENE, NMR-UNTERS., 3. MITT. 62-0082
HALOGENBUTADIENE-(1.3), NMR 62-0082
1.3-BUTADIENE, NMR-UNTERS., 4. MITT. 62-0083
1.3-BUTADIENE, NMR-UNTERS., 5.MITT. 62-0084
RADIKALANIONEN V. TRIMETHYLSILYL-, ESR 62-0092
CYCLOPROPYLACRYL- U. 4-METHYL-PENTEN-(2)-SAEUREESTER, NMR 64-0102
NMR (LSGM.-EINFL.) 57-0117
ACRYLSAEUREN, ACIDITAET U. KONSTIT. 64-0219
AETHYLENVERBINDUNGEN (REAKTIONEN)
ENAMINE IN SYNTH., 16. MITT. 56-0295
ENAMINE IN SYNTH., 17. MITT. 56-0296
ENAMINE IN SYNTH., 15. MITT. 56-0384
NUKLEOPHILE RK., 10. MITT. 57-0233
VINYLAETHER, KONDENS. MIT 1.3-DIPOLAREN VERB., 1. MITT. 57-0518
KONJUGIERTE ENINKETONE, GESETZMAESSIGK. D. ADDIT., 5. MITT. 58-0355
KONJUGIERTE ENINKETONE, GESETZMAESSIGK. D. ADDIT., 6. MITT. 58-0356
OLEFIN. CARBONSAEUREN, INTRAMOL. ACYLIER. 58-0371
KONJUGIERTE DOPPELBIND., ADDIT.-RK., 2. MITT. 59-0425
(VERW. FUER ASYMM. SYNTH. (LITERATURUEBERSICHT)) 60-0330
VINYL-AUSTAUSCH-RK., 1. MITT. 60-0339
DELTA(1)-OLEFINE, VERW. ZUR PHOTOALKYLIER. V. GAMMA-BUTYROLACTON 60-0586
BETA-HALOGENVINYLKETONE, NUCLEOPHILE SUBSTITUT. (KINETIK) 61-0251
ALLENSULFONE, DIELS-ALDER-RK. 61-0522
REAKTIVITAET, BROMIER., 16. MITT. 62-0218
REAKTIVITAET, BROMIER., 17. MITT. 62-0219
REAKTIVITAET, BROMIER., 18.MITT. 62-0220
VINYL-AUSTAUSCH-RK., 2. MITT. 62-0286
1-NITRO-ALKEN-(1)-INE-(3), ELEKTROPHILE U. NUCLEOPHILE ADDIT.-RK. 63-0366
VERB. MIT AKT. AETHYLENBIND., 1.3-DIPOLARE CYCLOADDIT., 2. MITT. 64-0633
AKTIVIERTE, 1.3-DIPOLARE CYCLOADDIT., 3. MITT. 64-0634
ALPHA,BETA-UNGESAETT. OXIME, BECKMANN-UMLAGER., 4. MITT. 56-0235
ALPHA,BETA-UNGESAETT. OXIME, BECKMANN-UMLAGER., 5. MITT. 56-0236
ALLYLVERB., CIS-TRANS-ISOMERISIER. 56-0265
BETA-ALLEN. ALDEHYDE, ISOMERISIER. 56-0282
GLUTACONALDEHYD-MONOANILE, TAUTOMERIE (EINFL. D. NATUR U. STELL. D. SUBSTITUENTEN AM BENZOLRING) 57-0182
NITROOLEFINE, DREIKOHLENSTOFF-TAUTOMERIE 57-0290
TRIALKYLSTANNYLALKENE, ISOMERISIER. 58-0033
ALLYLACETATE, UMLAGER. (KINETIK, MECHANISMUS) 58-0286
VINYL-(PENTADIEN-(1.4)-YL-(3))-AETHER, COPE-CLAISEN-UMLAGER. (SUBSTITUENTENEINFL.) 58-0288
KONJUGIERTE DIENE, RK. MIT D. 2-METHYL-ALLYL-KATION 58-0540
1.6-DIENE, PHOTOLYSE 58-0738
ALLYLGERMANE, SPALT. DURCH HG(II)-SALZE (KINETIK) 59-0032
DIVINYLGLYKOLE, PINAKOLIN-UMLAGER. 61-0348
ALLYL-PHENYLURETHANE, UMLAGER. 61-0416
HEXADIENDIOLE, COPE-UMLAGER. (STER. VERLAUF) 62-0272
ALLYLSULFONIUMSALZE, UMLAGER. IN GGW. V. BUTYL-LI 62-0338
ALKENYLESTER U. -AETHER, ISOMERISIER. MIT FE(CO)5 62-0345
N-VINYL-LACTAME, OXYDATIVE CYCLISIER. (PERESSIGSAEURE) 62-0635
ALKENSAEURENITRILE, THERM. ISOMERISIER. (TEMP.- U. SUBSTITUENTENEINFL.) 63-0215
VERB. MIT AKTIVIERTER AETHYLENBIND., 1.3-DIPOLARE CYCLOADDIT., 1. MITT. 63-0478
2.3-OXIDO-SQUALENDERIV., CYCLISIER. DURCH 2.3-OXIDO-SQUALEN-STERINCYCLASE 63-0885
ALKEN-(1)-IN-(5)-OLE-(3), ISOMERISIER. 64-0361
3-HALOGENACROLEINACETALE, ISOMERISIER. 64-0374
PHENYLMERCAPTO-AETHENE, PHOTOCYCLISIER. 64-0593
ALLYLHYDRAZONE, ISOMERISIER. 59-0243
GAMMA-UNGESAETT. KETONE, CYCLODEHYDRATISIER. 58-0460
3-PHENYL-ALLYL-STANNANEN, ALKAL. SPALT. (KINETIK) 59-0030
BASENKATALYSIERTE SPALT. V. ALLYLDERIV. V. ELEMENTEN D. GRUPPE IVA, 1. MITT. 59-0030
ALLYLDERIV. D. GRUPPE IVA, SPALT. DURCH HG(II)-SALZE (KINETIK, MECHANISMUS), 1. MITT. 59-0031
ALLYL-DERIV. D. GRUPPE 4A, SPALT. DURCH HG-SALZE (KINETIK U.MECHANISMUS), 2. MITT. 59-0032
TRIENE, PHOTOLYSE, 2. MITT. 60-0316
ARYLMERCAPTOVINYLSULFONATE, ZERS. 64-0497
VINYLSULFONIUMSALZE (EINFL. V. SUBSTITUENTEN AUF D. REAKTIVITAET) 57-0360
3-PHENYL-ALLYL-SILANE, ALKAL. SPALT. (KINETIK) 59-0030
2.3-DIMETHYL-BUTEN-(2)-YL-AETHER, 1.4-SPALT. 63-0368

OX. MIT OSO4 59-0211
1-SUBSTITUIERTE BUTENE-(3), HYDROBORIER. 63-0350
1-SUBSTITUIERTE BUTENE-(2), HYDROBORIER. (KINETIK) 63-0351
1-SUBSTITUIERTE BUTENE-(1), HYDROBORIER. (KINETIK) 63-0352
ALLENE, PD-KATALYSIERTE HYDRIER. (STEREOCHEMIE) 54-0142
ALPHA.BETA-UNGESAETT. KETONE, POLAROGRAPH. RED. (MECHANISMUS) 55-0154
ALPHA-AETHYLEN. NITRILE U. ESTER, SELEKTIVE RED. D. C-C-DOPPELBIND. MIT ORGANOZINNHYDRIDEN 55-0215
ALPHA,BETA-UNGESAETT. ESTER U. NITRILE, ELEKTROLYT. RED. 55-0219
1.2-DIEN-PHOSPHONSAEUREESTER, STEREOSPEZIF. HYDRIER. 56-0205
KONJUGIERTE OLEFINCARBONSAEUREN, SELEKTIVE HYDRIER. AN AROMATEN-TRICARBONYL-CR(0)-KOMPLEXEN 60-0236
BETA-AMINO-ALPHA.BETA-UNGESAETT. ESTER, HYDRIER. (PD-KOHLE) 61-0460
ALPHA- ALLENKETONE, RK. NACH REFORMATSKY BZW. MIT AL-TRIISOPROPYLAT 62-0354
ALLYLALKOHOLE, RED. MIT PROPYL-MGBR-DICHLORO-BIS-(TRIPHENYLPHOSPHIN)-NI 63-0357
ENAMINE, HYDROGENOLYSE, 1. MITT. 64-0606
QUANT. ABSCHAETZ. D. SUBSTITUENTENEFFEKTS BEI D. BIND.-LSG. DURCH OZONISIER. MIT HILFE D. ''L.F.E.R.''-REGEL 53-0129
VINYLBROMIDE, RK. MIT LI 54-0207
VINYLESTER, PHOTOHYDROLYSE 55-0204
TOSYLATE ALLEN. ALKOHOLE, HYDROLYSE 57-0404
KONJUGIERTE ENINKETONE, BROMIER. U. HYDROBROMIER. 58-0356
ALPHA-ALKENCARBONSAEUREAETHYLESTER, BR2-ADDIT. (STEREOSPEZIFITAET) 60-0248
VINYL-ORGANOMETALLVERB. RK. MIT DIBORTETRAHALOGENIDEN 61-0030
OLEFINE, RK. MIT HALOGEN IN WSS. LSG. (KINETIK), 3. MITT. 61-0223
UNGESAETT. CARBONSAEUREN, BROMIER. (KINETIK) 61-0223
ALKENOLE, BROMIER. MIT NABR (KINETIK) 62-0219
BETA-ALLEN-TOSYLATE- U. -CHLORIDE, SOLVOLYSE (MECHANISMUS) 62-0330
ALKENYLSULFONE, BROM-ADDIT. (KINETIK) 63-0254
REAKTIVITAET BEI D. BROMIER., 19. MITT. (KINETIK U. MECHANISMUS) 63-0255
REAKTIVITAET BEI D. BROMIER., 20. MITT. 63-0256
PHENYLVINYLKETONE, RK. MIT NAN3 (STEREOCHEMIE) 63-0476
AETHOXYALKENINE, HYDROLYSE IN SAUREM MEDIUM, 1. MITT. 64-0376
AETHOXYALKENINE, HYDROLYSE IN SAUREM MEDIUM, 2. MITT. 64-0377
ARYLMERCAPTOVINYLSULFONATE, RK. MIT HCL 64-0497
OMEGA-DIMETHYLAMINO-ALKENE-(1), RK. MIT NABH4 64-0562
ENINE, HYDRATISIER. (MECHANISMUS) 60-0333
ALLYLVERB., BROMIER. (POLARER SUBSTITUENTENEFFEKT) 63-0256
ALKYL-(PROPADIEN-(1.2)-YL)-KETONE RK. MIT DIENEN-(1.3) 57-0281

KONJUGIERTE DIENE, PHOTOCHEM. RK. MIT AROMATEN, 2. MITT. 54-0195
KONJUGIERTE DIENE, PHOTOCHEM. RK. MIT AROMATEN, 3. MITT. 55-0208
HALOGENIDE V. ALLYL-TYP, KONDENS. MIT AROMAT. VERB., 3. MITT. 57-0392
VINYLCHLORIDE, REAKTIVITAET, (EINFL. V. STEREOCHEMIE U. SUBSTITUENTEN) 56-0228
VINYLVERB., ADDIT. V. DICHLOR- U. DIFLUOR-CARBEN 57-0030
ALLYLVERB., ADDIT. V. DICHLOR-CARBEN 57-0030
ADDIT. V. HALOFORMEN 61-0351
VINYLHALOGENIDE, STEREOSPEZIF. SUBSTITUT., 3. MITT. 62-0052
ALLENE, CYCLOADDIT. V. DIAZOALKANEN 54-0375
ALLYLAETHER, RK. MIT CH2N2 (CU-SALZ-KATALYSE) 59-0403
ALKOXYALLENE, CYCLOADDIT. AN. DIAZOALKANE 62-0569
ALPHA-CYANACRYLATE, CYCLOADDIT. V. CH2N2 (STER. VERLAUF) 63-0478
3-SUBSTITUIERTE 2-ACETYL-ACRYLSAEUREESTER, ADDIT. V. DIAZOMETHAN 64-0635
ARYLMERCAPTOVINYLSULFONATE, RK. MIT CH3OH 64-0497
ARYLMERCAPTOVINYLSULFONATE, RK. MIT THIOPHENOL 64-0497
OMEGA-DIMETHYLAMINO-ALKENE-(1), RK. MIT TRIAETHYLAMIN-BORAN 64-0562
ESSIGSAEUREENOLESTER, RK. MIT TRIBUTYLMETHOXYSTANNAN 56-0068
RK. MIT N.N-DICHLOR-URETHAN 59-0319
BETA-DIAETHYLAMINO-VINYLKETONE, RK. MIT P-BENZOCHINON 57-0495
1.3-CYCLO ADDIT. V. SYDNONEN 58-0596
NUCLEOPHILE, RK. MIT POLYCYCL. AROMAT. AZONIAVERB. 58-0628
CYCLOPROPYL-VINYL-VERB., RK. MIT BIS-(BENZONITRIL)-DICHLORO-PALLADIUM(II) 59-0088
C-ACYLIER. (MECHANISMUS), 6. MITT. 54-0254
C-ACYLIER. (MECHANISMUS), 5. MITT. 54-0288
DIENE, RK. MIT ACRYL- U. METHACRYLSAEURE-AMINOESTERN, 1. MITT. 55-0310
ENAMINE, RK. MIT ALPHA-CYAN-ZIMTSAEUREAMID 56-0568
RK. V. AMINOSAEUREN, PEPTIDEN U. PROTEINEN MIT ALPHA. BETA-UNGESAETT. VERB., 9.MITT. 58-0438
4-PHENYL-BUTENE-(1), RK. MIT TRIFLUORESSIGSAEURE (KINETIK, HAMMETT-KONST.) 61-0268
HOMOALLENYLVERB., ACETOLYSE (KINETIK) 55-0181
RK. MIT BIS-(METHOXYCARBONYL)-METHYL-NITRONSAEUREMETHYLESTER 59-0557
ALKYLVINYLAETHER, RK. MIT METHYL-ALPHA-D-GLUCOPYRANOSID 61-0688
AETHYLENVERBINDUNGEN (BIOCHEMIE)
METHACRYLSAEUREPHENYLESTER, BEZIEH. ZWISCHEN STRUKTUR U. BAKTERIOSTAT. AKTIVITAET AUF GRAMPOSITIVE U. GRAMNEGATIVE ZELLEN 63-0886
1-ARALKYL-BUTEN-(3)-YLAMINE U. 2-ARALKYL-PENTEN-(4)-YLAMINE, PHARMAKOLOG. EIG. 63-0896
1.2-DIAETHYL-1.2-DICYCLOALKYL-, ANDROGENE WRKG. 64-0503
AETHYLIERUNG
* S. UNTER ALKYLIERUNG (UND ARYLIERUNG)
AGLYKONE
* S. UNTER GLYKOSIDE
AKTIVITAETSKOEFFIZIENT
AKTIVITAET V. METHANOL IN METHANOL. ALKALIMETHYLAT 57-0177
RELATIVER, V. ALIPHAT. ALKOHOLEN (GASCHROMATOGRAPHIE) 58-0830
V. KETON-ALKAN-GEMISCHEN, VORAUSSAGE 61-0172
D. IONEN V. ORGAN. SAEUREN U. BASEN (WECHSELWRKG. MIT D. LSGM., SUBSTITUENTENEINFL.) 55-0141
ALDEHYDE (ALLGEMEINES)
* AMINOALDEHYDE S.DORT
BETA-(1.2.3-TRIAZOLYL)-ACROLEINE,3. MITT. 53-0389
NITROALKYL-PYRIDIN-,4. MITT. 53-0429
KETO-, 5. MITT. 60-0350
CYCLOOLIGOMERE KONDENS.-PROD. MIT PHENOLEN, 1. MITT 60-0445
ALPHA.BETA-UNGESAETTT. GAMMA-ALDEHYDKETONE, PHOTOCHEMIE, 1. MITT. 62-0802
MALONDI-, FUNKTIONELLE DERIV., 19.MITT. 64-0374
GEKREUZT-KONJUGIERTE CAROTENALE, KONSTIT. 56-0659
FORMYLPYRIDINE, KONFORM. 57-0161
JOD-THIOPHEN-, KONFORM. 63-0185
ALDEHYDE (DARSTELLUNG)
4-ARYLSULFONAMIDO-1-NAPHTH-, DARST. DURCH FORMYLIER. D. NAPHTHALINE 53-0297
NITROALKYL-PYRIDIN-, DARST. 53-0429
ALKEN-(4)-ALE, DARST. AUS VINYL-CARBINOLEN MIT VINYL-AETHERN(H(+)) 54-0219
N-METHYLARENSULFAMIDO-ANIS-, DARST. DURCH FORMYLIER. 54-0251
ISOXAZOLYLPOLYEN-, DARST. 55-0059
AZULEN-, DARST. AUS AZULENEN U. ORTHOAMEISEN + SAEUREESTERN 55-0338
DIFORMYL-PYRIDIN-N-OXIDE, DARST. 55-0455
GESAETT., DARST. AUS ALPHA,BETA-UNGESAETT. NITRILEN U. DIKOBALTOCTACARBONYL 56-0281
3-CYANBUTYR-, DARST. AUS ALPHA-ALKYL-PROPIONITRILEN U. BROMACETAL 56-0303
(1-D)-, DARST. AUS 5.6-DIHYDRO-4H-1.3-OXAZINEN U. NABD4 56-0596
DARST. AUS OLEFINEN DURCH HYDROBORIER. U. RK. MIT (CO) 57-0303
ALPHA-ALKOXY-ACROLEINE, BETA-SUBSTITUIERTE, DARST. AUS 1.1.2.3.3-PENTAALKOXY-PROPANEN 57-0332
ALPHA,BETA-UNGESAETT., DARST. AUS ALPHA-HALOGENALDEHYDAETHYLENACETALEN 58-0353
3.3-DIARYL-ACRYL-, DARST. AUS DIARYLALKINOLEN 58-0475
PURIN-6-, DARST. AUS 6-METHYL-PURINEN 58-0657
ALPHA,BETA-UNGESAETT., DARST. DURCH ALDOL-KONDENS. IN GGW. V. H3BO3, B2O3 ODER 10-HYDROXY-10.9-BOROXAROPHENANTHREN 59-0279
ALIPHAT. OMEGA-CYAN-, DARST. AUS 2-DIMETHYLAMINO-CYCLOALKANONOXIMEN 59-0316
PHTHALDI-, DARST. AUS NAPHTHALINEN BZW. 2.3-BENZODIOXANEN 59-0361
ADAMANTAN-, DARST. 59-0475
UNGESAETT., DARST. AUS BETA-PHENOXYACROLEIN U. ORGANO-MG-HALOGENIDEN 60-0336
2.4-DIAMINO-6-ARYLAMINO-PYRIMIDIN-5-CARB-, DARST. 60-0631
1-DEUTERO-BENZ-, DARST. AUS N-TERT.-BUTYL-BENZAMIDEN 61-0396
ALDO-AETHER, DARST. AUS CYANAETHERN 62-0340
BIS-(2-FORMYL-CYCLOALKEN-(1)-YL)-SULFIDE, DARST. 62-0441
DIFORMYLSELENOPHENE U. -THIOPHENE, DARST. 62-0533
PHENYLGLYOXALE, P-SUBSTITUIERTE, SYNTH. 63-0430
2-PYRON-CARB-, DARST. AUS 2-PYRON-CARBONSAEURECHLORIDEN 63-0662
(5-NITROFURYL-(2))-POLYALKENALE U. -POLYALKENONE, SYNTH., 8. MITT. 64-0588
BETA-ALLEN. -, DARST. AUS VINYL-PROPARGYL-AETHERN 56-0282
BROMTHIOPHENCARB-, DARST. AUS BROMTHIOPHENEN U. DMF BZW. AUS THIOPHENCARBALDEHYDEN 56-0476
4-FORMYL-GAMMA-BUTYROLACTONE, DARST. AUS FORMYLBERNSTEINSAEUREESTERN 57-0493
ALPHA'-MERCAPTO-STILBENYL-(ALPHA)-, DARST. AUS ALPHA'-CHLOR-ALPHA-FORMYLSTILBENEN U. NA2S 62-0441
ALDEHYDE (PHYSIKAL. EIGENSCHAFTEN)
UNGESAETT., UV-SPEKTREN (PARISER-PARR-BERECHN.) 63-0122
ISOXAZOLYLPOLYEN-, UV -SPEKTREN 55-0059
ALKYL-CYCLOPROPYL-ALKYL-, MASSENSPEKTRUM 56-0139
DIMEDON-DERIV., MASSENSPEKTREN 59-0136
JOD-THIOPHEN-, DIPOLMOMENTE 63-0185
FORMYLPYRIDINE, DIPOLMOMENTE 57-0161
BROMTHIOPHENCARB-, NMR (CHEM. VERSCHIEB., KOPPL.-KONST.) 56-0476
AROMAT., NMR 57-0098
ALDEHYDE (REAKTIONEN)
BETA-(1.2.3-TRIAZOLYL)-ACROLEINE KONDENS.-RK. MIT CH2-AKT. VERB. 53-0389
MALONDI-, SYNTH. MIT SUBSTITUIERTEN-, 3.MITT. 54-0348
4.5-DIHALOGEN-FURFUROLE, RK.-FAEHIGK. 61-0543
BETA-ALLEN. -, ISOMERISIER. 56-0282
ALIPHAT. 1.5-DI-, CYCLISIER. MIT NITROMETHYLVERB. (STER. VERLAUF) 63-0480
DECARBONYLIER. DURCH RH-VERB. 57-0274
O-NITRO-BENZ-, RK. MIT NAOH U. NA-METHOXID 58-0417
RK. MIT H2O2 64-0366
OX. MIT CE(CLO4)4 (KINETIK) 64-0372
MILDE HOMOGENE HYDRIER. MIT IRH3(P(C6H5)3)3 54-0199
BETA-TOSYLOXY-, RED. MIT KOMPLEX-HYDRIDEN 55-0241
HOMOGENE HYDRIER. MIT RHODIUMCARBONYL-KATALYSATOREN, 2. MITT. 58-0210
HYDRIER. IN D. GASPHASE AN CU (KINETIK) 61-0200
ADDUKTE MIT TICL4 56-0064
BLDG. V. ADDIT.-VERB. MIT ZNCL2 IN D. GASPHASE 64-0049
RADIKAL. ADDIT. AN OLEFINE (MECHANISMUS) 54-0537
RK. MIT OLEFINEN, 4. MITT. 60-0405
RK. MIT THIAMINHYDROCHLORID BZW. MIT NATRIUM-2-(N-(2-METHYL-4-AMINO-PYRIMIDINYL-(5)-METHYL)-N-FORMYLAMINO)-5-HYDROXY-PENTEN-(2)-THIOLAT-(3) 56-0730
ADDIT. AN M-DINITROBENZOL (MECHANISMUS) 60-0276
DI-, KONDENS. MIT NITRO-METHAN , 13. MITT. 63-0480
DI-, KONDENS. MIT CH3NO2, 14. MITT. 63-0481
DI-, NITROMETHAN-KONDENS., 12. MITT. 63-0486
DI-, KONDENS. MIT CH3NO2, 11. MITT. 63-0523
DI- NITROMETHAN-KONDENS., 15.MITT. 63-0746
DI-, AROMAT., RK. MIT NITROALKANEN 63-0523
RK. MIT 3-HYDROXY-PHENAETHYLAMINEN 57-0679
ALIPHAT., KONDENS. MIT PHENOLAETHERN , 21. MITT. 61-0470
ALIPHAT., KONDENS. MIT PHENOLAETHERN, 22. MITT. 61-0495
BETA-TOSYLOXY-, FRAGMENTIER.- RK. MIT ALKOHOLEN 63-0588
ALIPHAT., KONDENS. MIT PHENOLAETHERN, 23. MITT. 64-0522
DI-, RK. MIT 2-NITRO-AETHANOL 63-0486
AROMAT., RK. MIT TRIS-DIALKYLAMINO-PHOSPHINEN, 1.MITT. 58-0608
RK. MIT TETRAPHENYLDIPHOSPHIN 63-0469
NITROBENZ-, RK. MIT TRIS-DIALKYLAMINO-PHOSPHINEN 58-0608

RK. MIT ORGANO-SN-VERB. 57-0045
ADDIT. V. CROTYLMETALLVERB., STEREOCHEMIE 64-0291
DELTA(5)- STEROID-19-, RK. MIT CH3LI (STER. VERLAUF) 64-0875
ALPHA,BETA-UNGESAETT. KONDENS. V. ALPHA,BETA-UNGESAETT. ALDEHYDEN MIT ALPHA,BETA-UNGESAETT. KETONEN DURCH HETEROGENE KATALYSE IN D. GASPHASE 53-0288
DI-, AROMAT., RK. MIT ACETOPHENON 63-0523
KONDENS. MIT KETONEN, 18. MITT. 64-0454
RK. MIT TRIPHENYLPHOSPHORANYLIDENKETEN 64-0481
AROMAT., RK. MIT BENZYLCYANID IN GGW. V. BF3 ODER POLYPHOSPHORSAEURE 58-0637
RK. MIT 3-FLUOR-3-AETHOXYCARBONYL-BRENZTRAUBENSAEURE-AETHYLESTER 62-0314
AROMAT., RK. MIT 6-GLIEDR. CYCL. HYDRAZIDEN 64-0662
ALDEHYDE (BIOCHEMIE)
5-FLUOR- U. 2-MERCAPTO-4-HYDROXYPYRIMIDIN-6-, HEMM. D. RNS-, DNS- U. PROTEINBIOSYNTH. IN EHRLICH-ASCITES-KARZINOM IN VITRO 63-0870
4-FORMYL-GAMMA-BUTYROLACTONE, ANTIVIRUS-AKTIVITAET 57-0493
WRKG. AUF GESUNDE U. MALIGNE ZELLEN, 2. MITT. 55-0239
WRKG. AUF GESUNDE U. MALIGNE ZELLEN, 3. MITT. 55-0240
ALDOLKONDENSATION
* S. UNTER KONDENSATIONSREAKTIONEN
ALGEN
CHLORELLA PYRENOIDOSA, VERWERT. V. THYMIN U. THYMIDIN ALS DNS-VORSTUFE 64-0897
CHONDRUS CRISPUS KAPPA-CARRAGHEENAN (UNTERS. D. STRUKTUR U.GELEIG.) 59-0798
GIGARTINA ACICULARIS, KAPPA-CARRAGHEENAN (STRUKTURUNTERS.) 59-0798
GIGARTINA RADULA, KAPPA-CARRAGHEENAN (STRUKTURUNTERS.) 59-0798
GIGARTINA STELLATA, KAPPA-CARRAGHEENAN (STRUKTURUNTERS.) 59-0798
LAURENCIA PINNATIFIDA, (ROTALGE), W.-LOESL. POLYSACCHARIDE , 1. MITT. (PARTIALSTRUKTUREN) 61-0819
LAURENCIA PINNATIFIDA, (ROTALGE), W.-LOESL. POLYSACCHARIDE, 2. MITT. (PARTIALSTRUKTUR D. GALAKTANSULFAT S) 61-0820
GIGARTINA PISTILLATA, KAPPA-CARRAGHEENAN (STRUKTURUNTERS.) 59-0798
ALGINSAEURE
RED. (VGL. VERSCHIEDENER METH.) 56-0748
STRUKTUR , 6. MITT. (STRUKTURELLE ABWEICH. EINZELNER PROBEN) 56-0747
U. ALGINATE, ALKAL. ABBAU 58-0817
ENZYMAT. ABBAU 58-0817
ALICYCLEN
* KOHLENWASSERSTOFFE(ALICYCLISCHE)S.DORT
* RINGSYSTEME (ALICYCLEN) S. DORT
ALIPHATISCHE VERBINDUNGEN
ENDSTAENDIG (14)C-MARKIERTE C3-VERB. 53-0206
ELEKTROPHILE SUBSTITUT. AN GESAETT. KOHLENSTOFF, 38. MITT. 63-0284
ELEKTROPHILE SUBSTITUT. AM GESAETT. KOHLENSTOFF , 39. MITT. 63-0285
ELEKTROPHILE SUBSTITUT. AM GESAETT. KOHLENSTOFF , 40. MITT. 63-0286
SUBSTITUIERTE ALKANE, KOPPL.-KONST. (BERECHN.) 57-0162
METHYL- U. AETHYLDERIV., NMR-CHEM. VERSCHIEB. V. C-13 U. H (THEORET. DEUT.) 58-0101
SUBSTITUIERTE METHANE, (13)C-H-KOPPL.-KONST. (BERECHN.) 58-0115
ALKYLVERB., NMR-UNTERS., 3. MITT. 61-0098
ELEKTROPHILE SUBSTITUT. AM GESAETT. KOHLENSTOFF, 37. MITT. 61-0258
ALKALIMETALLE
UMSETZ. V. SAEUREDERIV. U. HALOGENSILANEN MIT , 6. MITT. 57-0401
RK. MIT AROMAT. KW-STOFFEN (UEBERSICHT) 62-0197
UMSETZ. MIT SAEUREDERIV. U. HALOGENSILANEN, 5.MITT. 55-0268
-KATALYSATOREN ZUR HYDRIER. V. BZL. IN GGW. V. AL2O3, SIO2, C, MGO BZW. K2CO3 64-0492
IR-SPEKTREN V. AL-TRIALKYL-KOMPLEXEN MIT MIT ALKALIMETALLFLUORIDEN, 2. MITT. 54-0007
ALKALIMETALLVERBINDUNGEN
AL-TRIALKYL-KOMPLEXE MIT ALKALIMETALLFLUORIDEN, 2. MITT. 54-00 7
POLARITAET D. BIND. ZWISCHEN C U. ALKALIMETALLEN, 2. MITT. 57-0129
ALKALIPHOSPHORVERB. U. IHR REAKT. VERH., 54. MITT. 54-0267
ALKALOIDE
* AUS SPEZIELLEN PFLANZEN S. UNTER D. NACHST. STICHWORT
* AUS MUTTERKORN S. DORT
STEROID-, 2. MITT. 57-0676
ISOCHINOLIN-, TOTALSYNTH. 57-0679
PROTOBERBERINE, RACEMISIER. UNTER BEDING. D. KATALYT. HYDROGENOLYSE MIT PTO2-KATALYSATOR 57-0680
DITERPEN-, SYNTH. , 8. MITT. 59-0699
126. MITT. 60-0720
-UNTERS., 59. MITT. 62-0142
9-AMINO-9-DESOXY-CINCHONA-, DARST. 62-0738
PYRROLIZIDIN-, 13.MITT. 64-0812
INDOL-, PHYSIKAL.-CHEM. UNTERS. AN MODELLEN, 6. MITT. 53-0114
PHYSIKAL.-CHEM. UNTERS. AN INDOLALKALOIDMODELLEN, 7. MITT. ZUORDN. D. GEOMETRIE D. BEIDEN ISOMEREN 3-AETHYLIDEN-1-AZABICYCLO(2.2.2)OCTANE MIT HILFE D. OVERHAUSER-KERNEFFEKTS (NOE) 53-0440
1-PHENAETHYL-ISOCHINOLIN-ALKALOIDE, 1. MITT., SUBSTANZEN AUS PFLANZEN D. UNTERFAMILIE WURMBAEOIDAE U. IHRE DERIV., 68. MITT.(KONSTIT. U. SYNTH. V. (-)-MELANTHIOIDIN, EINEM BIS-PHENAETHYLISOCHINOLIN-ALKALOID) 53-0515
123. MITT. 54-0512
124.MITT. 54-0513
125. MITT. 54-0514
STEROID-, 63. MITT. 55-0503
CHINOLIN-, 9. MITT. 56-0655
STEROID-, 65. MITT. 57-0672
STEROID-, 67. MITT. 57-0673
STEROID-, 68. MITT. 57-0674
STEROID-, 69. MITT. 57-0675
STEROID-, 71. MITT. 57-0677
SAMANDARIN-, 18. MITT. 57-0801
STEROID-, 72. MITT. 59-0705
PEPTID-, 5. MITT. 60-0722
MORPHIN-, 3. MITT. 61-0723
MORPHINDERIV., 5. MITT. 61-0731
C-NOR-D-HUMOSTEROIDE U. VERWANDTE -, 10. MITT. 61-0733
INDOL-, 16. MITT. 62-0080
127.MITT. 64-0089
BIOSYNTH., 1. MITT. 64-0914
BIOSYNTH., 2. MITT. 64-0915
EPIKRYPTOPINE, KONSTIT. 58-0720
ANWEND. D. MASSENSPEKTROMETRIE ZUR STRUKTURAUFKLAER., 8. MITT. 59-0711
LYCORIN-, ABS. KONFIG. D. DIASTEREOISOMEREN METHOJODIDE 60-0706
ERYTHRINA-, KONSTIT. 63-0786
OXINDOL- STEREOCHEMIE (KONFORM.) 53-0509
ARGEMONIN-, ORD U. ABS. KONFIG. 55-0046
OXINDOL-, ABS. KONFIG. 57-0151
CORYNOLIN U. VERWANDTE VERB., KONFORM. 60-0166
INDOL-, KONFIG. 60-0709
JERVIN U. VERWANDTE-, KONFIG. 63-0779
JERVIN-, KONFIG. AM C(9) (S.3467) 61-0733
ISOLIER. AUS GAMBIR 58-0721
BIOSYNTH. V. ERGOT-ALKALOIDEN (STEREOCHEMIE D. H-ELIMINIER. AM C(4)-ATOM D. MEVALONSAEURE) 53-0607
ALKALOID-BIOSYNTH., 10. MITT.(ENDSTUFEN D. BIOSYNTH. V. MORPHINALKALOIDEN) 53-0608
BIOSYNTH., 11. MITT. 57-0681
PIPERIDIN-, BIOSYNTH. IN PUNICA GRANATA NANA, WITHANIA SOMNIFERA BZW. LOBELIA SYPHILITICA 57-0798
INDOL-, BIOGENESE 63-0892
DARST. V. ACYL-NORMETHINE AUS THEBAIN 53-0504
SPARTEIN-6.11-DICARBONSAEUREN, DARST. 56-0641
PROTOBERBERIN-, PHOTOSYNTH. 56-0647
MORPHIN- U. KODEINGLUCURONIDE, DARST. 57-0662
CHINAZOLIN- AUS GLYCOSMIS ARBOREA, WECHSELSEIT. DARST. 57-0665
INDOL- U. INDOLE, DARST., 6. MITT. 57-0684
STEROID- U. STEROIDSAPOGENINE, SYNTH., 5. MITT. 57-0719
STEROID- U. -SAPOGENINE, SYNTH., 6. MITT. 57-0720
STEROID- U. -SAPOGENINE, SYNTH., 3. MITT. 57-0735
STEROID- U. STEROIDSAPOGENINE, SYNTH., 4. MITT. 57-0736
BERBINIUMSALZE, DARST. AUS 1-BENZYL-ISOCHINOLINEN 58-0722
BERBINIUMSALZE, DARST. AUS 1-BENZYL-ISOCHINOLINEN 58-0723
BERBINIUMSALZE, DARST. AUS 1-BENZYL-ISOCHINOLINEN 58-0724
HOMOPROAPORPHINE, DARST. 58-0732
DAURICIN-BASEN, SYNTH., 3. MITT. 59-0689
MARKIERTE THEBAINE, DARST. 59-0698
STEROID- U. SAPOGENINE, SYNTH., 7. MITT. 59-0708
2.3-DIMETHOXY-6-OXO-MORPHINANE, DARST. AUS 1-VERATRYL-CHINOLINEN DURCH CYCLISIER. MIT H2SO4 61-0624
STEROID-, SYNTH.-WEG 61-0727
SYNTHET. VERS. IN D. GRUPPE HYPOTENSIV WIRKSAMER --, 39.MITT. 61-0732
QUEBRACHAMIN-SKELETT, SYNTH. 62-0727
ERYTHRINA-, BIOSYNTH. 63-0786
CHININANALOGA, SYNTHET., 1. MITT. 64-0699
VOBASINDERIV., DARST. 64-0801
2.3.11-TRIALKOXY-BERBINE, DARST. AUS (+-)-2.3-DIMETHOXY-5.6.8.8A BETA.9.10.13.13A ALPHA-OCTAHYDRO-11H-DIBENZO(A,G)CHINOLIZINON-(11) -HYDROBROMID 64-0804
PROAPORPHIN-, SYNTH. 64-0813
DIHYDROCRININ- U. ANALOGE, TOTALSYNTH. 64-0822
CORALYN-DERIV., DARST. AUS PAPAVERIN-DERIV. 58-0724
UV -SPEKTREN (EINFL. V. METHYLENDIOXYGRUPPEN) 54-0057
CORALYN-DERIV., UV-SPEKTREN 58-0724
PROTOBERBERINE, ORD U. CD 63-0110
INDOLIN-, ORD U. ABS. KONFIG. 64-0089
ISOPAVIN-, MASSENSPEKTREN 58-0129
SCHLUESSELBRUCHSTUECKE IN D. MASSENSPEKTREN, 7. MITT. 59-0141
BENZOPHENANTHRIDIN-, MASSENSPEKTROSKOP. DATEN 61-0115

ANWEND. D. MASSENSPEKTROMETRIE ZUR STRUKTURAUFKLAER., 9. MITT. 61-0745
SECURININ-, MASSENSPEKTREN (FRAGMENTIER.-MECHANISMUS) 62-0112
VOBASINDERIV. MASSENSPEKTREN 64-0802
CHINOLIZIDIN- MIT LACTAMGRUPPE, MASSENSPEKTREN 59-0141
CORALYN-DERIV., NMR 58-0724
DITERPEN-, NMR 60-0093
BENZOPHENANTHRIDIN-, NMR 61-0115
SERRATININDERIV., MASSENSPEKTREN 62-0096
MORPHIN-REIHE, UMWANDL., 2. MITT. 60-0704
COCAINDERIV., QUATERNISIER., EINFL. D. BETA-SUBSTITUTION 62-0212
HOMOPROAPORPHINE, UMLAGER. U. ENOL-AETHER-ADDIT. 61-0744
INDOL- MIT D. GRUPPIER. C6H5-N-C-N (RING-KETTEN-TAUTOMERIE) 57-0684
MORPHIN-, ABSPALT. D. 4-HYDROXYL-GRUPPE, 9. MITT. 57-0667
MORPHIN-, ABSPALT. D. 4-HYDROXYL-GRUPPE, 10.MITT. 57-0668
TROPAN-, OX. MIT KMNO4 56-0656
ISOCHINOLIN-, PHENOLOX., 3. MITT. 64-0800
14-ALKENYL-CODEINONE, RED. MIT NABH4 60-0705
EINFL. AUF D. ELEKTROCHEM. RED. V. CUMARINEN 57-0568
RESERPANE U. YOHIMBANE, EINFL. AUF NOREPINEPHRIN-FREISETZ. AUS MAEUSEHERZEN (STRUKTUR-EINFL.) 63-0894
NACHW. DURCH RK.-CHROMATOGRAPHIE 61-0848
QUANT. BEST. MIT KALIGNOST 61-0847
ALKALOIDE AUS SPEZIELLEN PFLANZEN
D. GATTUNG LYCOPODIUM, 6.MITT. 60-0710
AUS STERCULIACEEN, 1. MITT. 64-0816
AUS MELOCHIA CORCHORIFOLIA , PEPTID 64-0816
AUS AMARYLLIDACEEN, MASSENSPEKTREN 61-0107
AUS AMARYLLIDACEEN, SYNTH.-WEG 59-0706
AUS BUXUS, 12. MITT. 55-0502
AUS BUXUS BALEARICA, ISOLIER. V. CYCLOXOBUXIDINEN U. CYCLOXOBUXOXAZIN C 59-0705
AUS BUXUS SEMPERVIRENS, STRUKTUR 55-0502
AUS BUXUS SEMPERVIRENS, ISOLIER. V. BENZAMID-ALKALOIDEN 55-0502
AUS CALLICHILIA SUBSESSILI ALKALOIDE V. CALLICHILIA SUBSESSILIS, 3. MITT.(CALLICHILIN) 53-0508
AUS CALYCANTHACEEN, BIOGENET. MODELL-SYNTH. 54-0508
AUS CEANOTHUS INTEGERRIMUS, ISOLIER. V. INTEGERRIN 59-0701
AUS CHINARINDE, HYDRIER.-PROD. , 3. MITT. 62-0722
AUS CINCHONA, HYDRIER.-PROD., 2. MITT. 60-0711
AUS CONIUM, BIOSYNTH. 61-0836
AUS CROTON-ARTEN, 8. MITT. 61-0743
AUS CROTON LINEARIS, ISOLIER. V. MORPHINANDIENONDERIV. 61-0743
AUS CROTON WILSONII, ISOLIER. V. NEUEN APORPHIN-ALKALOIDEN 54-0515
AUS DAPHNIPHYLLUM , 2. MITT. 55-0508
AUS DAPHNANDRA, 7. MITT. 53-0510
AUS DAPHNANDRA, 8. MITT. 53-0511
AUS DAPHNANDRA, 9. MITT. 53-0512
AUS EQUISETUM, 8. MITT. 62-0736
AUS FAGARA LEPRIEURII , ISOLIER. V. 1-HYDROXY-2.3-DIMETHOXY-N-METHYL-ACRIDON 60-0723
AUS 'GREENHEART', 3. MITT. 61-0730
AUS HOMALIUM, ISOLIER. V. HOMALIN 57-0682
AUS HUNTERIA UMBELLATA 53-0499
AUS LAURELIA NOVAE-ZELANDI VORK. 53-0506
AUS LEGUMINOSEN, 16. MITT. 58-0727
AUS LYCOPODIUM, SYNTH., 7. MITT. 55-0509
AUS LYCOPODIUM, SYNTH., 8. MITT. 55-0510
AUS LYCOPODIUM FLABELLIFORME, BIOSYNTH. 60-0826
AUS LYCOPODIUM SELAGO, ISOLIER. 60-0710
AUS LYTHRUM ANCEPS, LYTHRANIN, LYTHRANIDIN U. LYTHRAMIN 55-0506
AUS MENISPERMACEEN, 241. MITT. 59-0687
AUS MENISPERMACEEN, 242. MITT. 59-0688
AUS MENISPERMACEEN, 243. MITT. 59-0689
AUS MENISPERMACEEN, 244. MITT. 61-0719
AUS MOHN RADIKAL-BLDG. 53-0517
AUS MUTTERKORN, 30. MITT. 58-0726
AUS OCOTEA-ARTEN, ISOLIER. V. NEUEN APORPHIN-BASEN 61-0741
AUS OCOTEA RODIAEI (DEMERARA-GRUENHOLZ), STRUKTURELLE BEZIEH. 56-0657
AUS ORCHIDACEAE, 9. MITT. 59-0694
AUS ORCHIDACEEN, 6. MITT. 56-0640
AUS ORCHIDEEN, 8. MITT. 59-0693
AUS PAPAVERACEEN, 8. MITT. 64-0819
AUS PAPAVERACEEN, 36. MITT. 56-0643
AUS PAPAVERACEEN, 37. MITT. 56-0644
AUS PAPVERACEEN, 40. MITT. 61-0115
AUS PAPAVERARTEN 37. MITT. ALKALOIDE AUS D. ARTEN PAPAVER PERSICUM LINDL. U. P. CAUCASICUM MARSCH.-BIEB. 53-0498
AUS PAPAVER, ISOLIER. U. CHEMIE, 41. MITT. 56-0093
AUS PAPAVER SOMNIFERU BIOSYNTH. 53-0608
AUS PHYLLOBATES AUROTAENIA, ISOLIER. V. BATRACHOTOXININ A, BATRACHOTOXIN, ISOBATRACHOTOXIN U. PSEUDOBATRACHOTOXIN 61-0736
AUS RHAMNACEEN, 4. MITT. 59-0701
AUS RHAMNACEEN, 2. MITT. 56-0648
AUS RHAMNACEEN, 3. MITT. 56-0649
AUS RHAMNACEEN , 5.MITT. (FRANGANIN U. FRANGUFOLIN) 62-0732
AUS SALAMANDRA MACULOSA MACULOSA, BIOSYNTH. AUS CHOLESTERIN 57-0801
AUS SARCOCOCCA PRUNIFORMI, KONSTIT. 53-0500
AUS SARCOCOCCA PRUNIFORMI, ISOLIER. 53-0500
AUS SENECIO-ARTEN , PYRROLIZIDIN-, 64-0812
AUS SOLANUM MACROCARPUM 60-0712
AUS SOLANUM MAMMOSUM, ISOLIER. V. ALKALOIDGLYKOSIDEN 58-0822
AUS SOLANUM, 82. MITT. 53-0102
AUS VERATRUM ALBUM SUBSP. LOBELIANUM, 13. MITT.(SYNTH. D. VERATRUM-ALKALOIDS VERAZIN AUS TOMATIDEN-(5)-OL-(3BETA)) 53-0516
AUS SPIRAEA JAPONICA, SPIRADIN A, B U. C, KONSTIT. 59-0702
AUS STRYCHNOS-ARTEN U. KALEBASSENCURARE, 4. MITT. 56-0654
AUS TABERNAEMONTANA SPEZIES 61-0833
AUS THALICTRUM DASYCARPUM, ISOLIER. 61-0726
AUS THALICTRUM, 8. MITT. 61-0726
AUS VERATRU SOLANUM-ALKALOIDE, 85.MITT., ALKALOIDE AUS VERATRUM ALBUM SUBSP. LOBELIANUM 13. MITT.(SYNTH. D. VERATRUM-ALKALOIDS VERAZIN AUS TOMATIDEN-(5)-OL-(3BETA)) 53-0516
AUS VERATRUM-, 54. MITT. 63-0779
AUS VERATRUM ALBUM SSP. LOBELIANUM (BERNH.) SUESSENGUTH, 14.MITT.(VERALKAMIN, EIN NEUART. STEROIDALKALOID-TYP MIT EINEM 17BETA-METHYL-18-NOR-17-ISOCHOLESTAN-KOHLENSTOFFGERUEST) 53-0507
AUS VERATRUM ALBUM SSP. LOBELIANUM (BERNH.) SUESSENGUTH, 17. MITT. 62-0729
AUS VINCA-ARTEN, BIOSYNTH. V. INDOLALKALOIDEN 64-0814
AUS VINCA, TOTALSYNTH. 64-0818
AUS VINCA HERBACEA, 11.MITT. 55-0505
AUS VINCA MINOR, ISOLIER. V. 1-DESOXY-1-DESMETHOXYCARBONYL-1-OXO-VINCIN 60-0714
AUS VINCA ROSEA VINCA, 30.MITT. 58-0728
AUS VOACANGA, 9. MITT. 55-0504
AUS VOACANGA, 10. MITT. 60-0713
AUS VOACANGA AFRICANA, 'DIMERE', KONSTIT. 60-0713
AUS WALTHERIA AMERICANA, ADUETINE, KONSTIT. 60-0722
AUS ZANTHOXYLUM CARIBAEUM, ISOLIER. V. 5-METHOXY-CANTHINON-(6) U. N-METHYL-ISOCORYDINIUMJODID 55-0511
ALKANE
* S. KOHLENWASSERSTOFFE (PARAFFINE)
ALKENE
* S. KOHLENWASSERSTOFFE (OLEFINE)
ALKINE
* S. KOHLENWASSERSTOFFE (ACETYLENE)
ALKINYLIERUNG
* S. UNTER ALKYLIERUNG
ALKOHOLE (ALLGEMEINES)
* AMINOALKOHOLE, GLYKOLE U. PHENOLE S. DORT
* ZUCKERALKOHOLE S. UNTER KOHLENHYDRATE (DERIVATE)
* S. AUCH CYCLITE
* S. AUCH ENOLE (UND -AETHER)
* S. AUCH HALOGENHYDRINE
* S. AUCH HYDROXYSAEUREN
* S. AUCH HYDROXYVERBINDUNGEN
FLUOR-, 5. MITT. 55-0133
ACETYLEN-, 4.MITT. 55-0261
FLUOR-, 6.MITT. 56-0185
FLUOR-, 7. MITT. 56-0186
TERT. DREIWERT., D. ACETYLEN- U. AETHYLENREIHE, U. IHRE CHEMISCHEN RK., 37. MITT. 57-0296
BAS. SUBSTITUIERTE TRYPTAMINE U. TRYPTOPHOLE, 1. MITT. 57-0504
MONOCYCL. TERPEN , 8.MITT. 64-0835
BEST. D. ABS. KONFIG. DURCH ASYMM. MEERWEIN-PONNDORF-VERLEY-RED. 53-0202
ALKYLARYLCARBINOLE, ABS. KONFIG. 55-0105
ALKINOLE, KONFIG. 55-0216
CYCLOHEXYLCARBINOLDERIV., FREIE KONFORM.-ENERGIE 56-0155
2.2'-DIHYDROXY-DICYCLOHEXYLMETHANE, STEREOCHEMIE 57-0426
4-TERT.-BUTYL-CYCLOHEXANOLE, KONFORM. 61-0446
CYCLOHEXANOLE, ROTAMERENKONFORM. (NMR) 62-0146
ALKYLARYLMETHANOLE, KONFIG. U. OPT. ROTAT. 63-0172
TERT.-BUTYLCYCLOBUTANOLE, KONFORM. 63-0490
1-ALKYL-CYCLOHEXANOLE, BEST. D. KONFORM. DURCH IR-SPEKTREN 53-0099
ALKYLCYCLOHEPTANOLE, KONFORM. 64-0110
ALKOHOLE (DARSTELLUNG)
ALIPHAT. NITRO-, DARST. AUS HALOGEN-NITROVERB. U. FORMALIN 53-0212
ACETYLEN-, DARST. AUS ACETYLENKETONEN U. MG-ORGAN. VERB. 53-0271
(1-HYDROXY-2-CYAN-AETHYL)-FERROCENE, DARST. 54-0034
7-HYDROXY-CYCLOOCTATRIENE-(1.3.5), DARST. 54-0283
ALKADIEN-(2.3)-, DARST. AUS DIBROMCARBEN U. 3.3-DIMETHYL-ALLYLALKOHOLEN 54-0338
SPIROPENTYL-METHYL-, DARST. AUS ALKADIEN-(2.3)-OLEN DURCH SIMMONS-SMITH-RK. 54-0338
UNGESAETT., DARST. AUS ACETYLEN-ALPHA-EPOXIDEN 55-0230

SEK. BETA-ALKYLMERCAPTO-ALKYL-, DARST. AUS EPOXIDEN U. MERCAPTANEN 55-0237
BETA-ACETYLEN. CYCLANOLE, DARST. AUS EPOXIDEN U. LI-ACETYLENID (ALS AETHYLENDIAMIN-KOMPLEX) 55-0327
1.3.5-TRIARYL-BICYCLO(3.1.0)HEXANOLE-(3), DARST. AUS 1.5-DIPHENYL-BICYCLO(3.1.0)HEXANON-(3) U. ARYL-LI BZW. ARYL-MG-BROMIDEN 55-0344
SPIRO(2.3)HEXANOLE-(4), DARST. 55-0351
ATAKT. SEK. U. TERT. ALIPHAT. POLY-, DARST. DURCH RED. V. POLYVINYLKETONEN, 1. MITT. 55-0582
POLYFLUORALKANOLE, DARST. DURCH ADDIT. V. PROPANOL-(2) AN TRIFLUORCHLORAETHYLEN 56-0269
ACETYLEN-, DARST. AUS ALDEHYDEN U. ACETYLEN 56-0270
SEK. ACETYLEN-, DARST. AUS ALDEHYDEN U. AETHINYL-MGBR 56-0372
2-NITROARYL-1-ARYLAETHANOLE, DARST. AUS NITRO-TOLUOLEN U. ARYLALDEHYDEN 56-0397
TERT., BLDG. AUS ACETON-OLEFIN-GEMISCHEN DURCH ELEKTROCHEM. RED. 56-0399
DITERT. CARBINOLE D. DEWAR-BENZOLS U. PRISMANS, DARST. 56-0436
NORCARENYL-7-CARBINOLE, DARST. AUS NORCARENYL-7-CARBONSAEUREAETHYLESTERN 56-0439
1.1-DINITRO-ALKANOLE-(3), DARST. AUS 2-(2-NITROAETHOXY)-3.3-DINITRO-ISOXAZOLIDINEN 56-0513
MEHRWERT., AUS STERINEN U. STERIN-DERIV., 5. MITT. 56-0717
OPT. AKT. SEK., DARST. AUS ASYMM. KETONEN MIT (+)-ALUMINIUM-TRIS-(2-METHYL-BUTYLAT) 57-0282
TERT. 2.6-DIALKOXY-ALKEN (ALKIN)-(3)-OLE-(5), DARST. AUS 3-ALKOXYALKINEN-(1) U. ALPHA-ALKOXYKETONEN 57-0296
ALPHA-DIFLUORAMINO-CARBINOLE, DARST. AUS CARBONYLVERB. U. DIFLUORAMIN 57-0326
CYCLANOLE, DARST. AUS BROMKETONEN 57-0403
METHYLEN-CYCLOBUTANOLE, DARST. AUS TOSYLATEN ALLEN. ALKOHOLE 57-0404
CYCL. TERT., SYNTH. AUS CYCL. KETONEN U. ORGANO-LI-VERB. 57-0718
TERT.-ALKINYL-, DARST. AUS KETONEN U. DIAETHYL-ALKINYL-AL 58-0044
ALPHA-NITRO-, DARST. AUS ALKENEN-(1) U. NO2 58-0339
AETHOXYALKENINOLE, DARST. AUS 4-AETHOXY-ALKEN-(3)-INEN-(1) 58-0348
CYCLANOLE, DARST. AUS GAMMA- U. DELTA-HALOGEN-KETONEN MIT MG U. LI 58-0359
CARBINOLE, DARST. AUS F-HALT.-VINYL-ORGANOMETALL-VERB. U. CARBONYL-VERB. 58-0366
HOMOALLYL-, DARST. AUS 3.4-EPOXYALKENEN 58-0461
HARNSTOFF-, DARST. AUS THYMIDIN 58-0714
(2-SULFAMOYL-PHENYL)-CARBINOLE, DARST. AUS BENZOLSULFONAMIDEN U. KETONEN 59-0562
ISOTHIAZOLYLMETHYL-, DARST. 59-0565
4-METHYL-5-(2-HYDROXY-AETHYL)-THIAZOLE, DARST. AUS THIOAMIDEN U. 3-BROM-5-ACETOXY-PENTANON-(2) 59-0566
2-(HYDROXYAETHYL)-9-AZA-INDOLIZIDINONE-(1), DARST. AUS ALPHA-ACYL-GAMMA-BUTYROLACTONEN U. PIPERIDAZIN 59-0624
D-PENTIN-(1)-TRIOL-(3.4.5)-DERIV., DARST. 59-0653
DARST. DURCH ASYMM. RED. V. KETONEN MIT BETA-STAEND. ASYMMETRIEZENTRUM 60-0244
AZIRIDINYLCARBINOLE, DARST. AUS 2-PHENYL-3-AROYL-AZIRIDINEN DURCH HYDRIER. 60-0470
(5-ALKOXY-1.2.4-TRIAZOLYL-(3))-BENZHYDROLE, DARST. AUS DIPHENYL-(2-AMINO-1.3.4-OXDIAZOLYL-(5))-CARBINOL U. ALKOHOLEN 60-0560
2-PIPERIDINOMETHYL-CYCLANOLE, DARST. D. REINEN CIS-TRANS-ISOMERE 60-0606
PYRIDYL-HYDROXYMETHYLPHOSPHONSAEUREESTER, DARST. AUS ALPHA-PYRIDYL-ALDEHYD U. PHOSPHORIGSAEURE-DIALKYLESTERN 60-0613
1-PHENYL-2-PHTHALIMIDO-PROPANOLE, DARST. D. THREO- U. ERYTHRO-FORMEN AUS 2-PHTHALIMIDO-PROPIOPHENONEN 61-0202
2-O-ACYL-PROPANDIOLE, DARST. AUS GLYCIDEN U. ACYLHALOGENIDEN 61-0357
NIEDR. SD., DARST. AUS CARBONSAEUREN 61-0371
HYDROXYMETHYL-CHINOLINE, DARST. AUS CHINOLINEN U. HYDROXYLAMIN-O-SULFONSAEURE IN CH3OH 61-0634
NORBORNANOLE, BLDG. AUS NORBORNEN-VERB. MIT HCOOH ODER PERAMEISENSAEURE ODER CH3CCOH 62-0077
DARST. AUS CARBONSAEUREN MIT NABH4 62-0308
NITRAMINO-NITRO-, DARST. AUS POLYNITRO-NITRAMINEN MIT CH2O 62-0331
1-PHENYL-2-NITRO-ALKANOLE, DARST. AUS BENZALDEHYDEN U. NITROALKANEN IN FL. NH3 62-0376
ALLYLCYCLOHEXADIENOLE, DARST. AUS ALLYLCYCLOHEXA-DIENONEN 62-0412
CYCLOPROPYL-, DARST. DURCH SIMMONS-SMITH-RK. 62-0417
4-SUBSTITUIERTE BUTANOLE-(1), DARST. AUS ENTSPRECHENDEN BUTENEN-(1) 63-0350
1-HYDROXYMETHYL-1-NITRO-CYCLANOLE, DARST. AUS DIALDEHYDEN U. 2-NITRO-AETHANOL 63-0486
STEREOISOMERE TRIMETHYLSILYL-CYCLOHEXANOLE, DARST. AUS 1-TRIMETHYLSILYL-CYCLOHEXEN 63-0499
6-HYDROXY-INDOLE U. -INDOLINE, DARST. 63-0620
1.2-DIARYL-AETHANOLE, DARST. 64-0293
2(BZW. 4)-ALKYL(ARYL)THIO-BUTEN-(3(BZW. 2))-OLE-(1), DARST. AUS DIVINYLOXID U. ALKYL(ARYL)MERCAPTANEN 64-0371
OPT. AKT. 1-C-PHENYLGLYCERINE, DARST. AUS 2.3-O-ISOPROPYLIDEN-D-GLYCERINALDEHYD U. LI-PHENYL 64-0428
VINYLOXYALKINOLE, DARST. AUS PHENYLAETHINYLMA + GNESIUMBROMID U. KETOVINYLAETHERN 64-0469
1-PHENYL-CYCLOHEXANOLE, DARST. AUS D. KETONEN MIT PHENYL-MGBR 64-0494
1.10-DIMETHYL-9-DECALOLE, DARST. AUS 8.9-EPOXY-DECALINEN 64-0513
PYRROLIDIN-DELTA-ALKOHOLE, DARST. AUS TETRAHYDROPHTHALIMIDEN 64-0600
1.1.3-TRIARYL-2-CINNAMOYLAMINO-ALLYL-, DARST. AUS 2-STYRYL-4-BENZYLIDEN-DELTA(2)-OXAZOLINONEN-(5) U. ARYL-MG-HALOGENIDEN 64-0642
ALKINOLE, DARST. 55-0216
2-CARBAMOYLOXY-AETHYL-, DARST. AUS AETHYLENCARBONAT U. AMINEN 55-0256
ACETYLEN-, DARST. 58-0349
4-TERT.-BUTYL-CYCLOHEXANOLE, DARST. 61-0446

ALKOHOLE (PHYSIKAL. EIGENSCHAFTEN)
TERT. PROPARGYL-, IR -ABSORPT. 54-0064
O-HYDROXYMETHYL-TOLANE, -STILBENE U. -BIBENZYLE, IR 60-0150
17(20,21)-MONO(DI,TRI)SUBSTITUIERTE 3ALPHA-OXY-5BETA-PREGNANE, MOL.-ROTAT. 63-0816
OLEFIN., INTRAMOL. OH-PI-WECHSELWRKG. (KONFORM. U. FREQUENZVERSCHIEB.) 60-0082
KONFORM. D. C-O-BIND. 61-0143
O-HYDROXYMETHYL-TOLANE, -STILBENE U. -BIBENZYLE, INTRAMOL. H-BIND. 60-0150
CYCL. ALLYL-, MASSENSPEKTROSKOPIE 55-0087
CYANHYDRINE, MASSENSPEKTREN 60-0128
POLY-O-METHYL-POLYOLE, MASSENSPEKTREN 62-0102
ENANTIOMERE NICHTAEQUIVALENZ D. NMR-SPEKTREN V. IN OPT. AKT. LSGM., 3. MITT. 53-0074
ALKINOLE, NMR 55-0216
PYRIDYLMETHANOLE, PROTONIERTE, NMR 59-0124
PRIM. ALIPHAT., MAGNET. ROTAT. 63-0109
ALKYLCYCLOHEPTANOLE, NMR 64-0110
NORBORNANOLE, NMR 62-0077
PYRIDYL-, DISSOZIAT.-KONST. 55-0144
WSS. ALIPHAT., DIFFUS.-POTENTIALE 59-0195
CHINOLINOLE, PROTOTROPE GLEICHGEW.-KONST. D. ERSTEN ANREG.-ZUSTANDES AUS EMISSIONS- U. ABSORPT.-MAXIMA 60-0205
HOEHERE , EINFL. AUF D. POLAROGRAPH. RED. V. MALEIN-U. PHENYLGLYOXYLSAEURE 61-0188
DIPHENYLALLYL-, PK (W.-METHANOL) 62-0182
PROTONIER.-KONST. IN ACETONITRIL 64-0228
ALIPHAT., UEBERSCHUSS-ENTHALPIEN V. GEMISCHEN MIT AETHYLACETAT (ABHAENGIGK. V. MOLENBRUCH) 56-0179
ALIPHAT., UEBERSCHUSSDICHTEN U. -MOLVOL. D. LSG. IN TETRACHLORKOHLENSTOFF 57-0174
LINEARE BEZIEH. ZWISCHEN VERTEIL.-KOEFF. U. W.-LOESLICHK. 58-0165
ALIPHAT., AKTIVITAETSKOEFF. 58-0830
-HALT. BIN. GEMISCHE, DAMPF-FL.-GLEICHGEW., REGULAERES TERN. A-A2-B-MISCH.-MODELL, 1. MITT. 60-0192
ALIPHAT. ACETYLEN-, INNERMOL. WECHSELWRKG. OH-PI-ELEKTRONEN (ENTHALPIE) 61-0177
ALIPHAT., DAMPFDRUCK (D-ISOTOPENEFFEKT) 63-0205
ALIPHAT. U. ALICYCL.-, ADSORPT. AN AL2O3 54-0120
NORBORNANOLE, CHROMATOGRAPH. TRENN. V. NORBORNADIOL-GEMISCHEN 62-0077
ALIPHAT., RETENT.-INDICES 58-0830
ALKANOLE, MISCH.-WAERMEN MIT CYCLOHEXAN 55-0134
ASSOZIAT.-KONST. MIT PY. 56-0187
ASSOZIAT. MIT W. (NAEHER.-BERECHN. MITTELS D. GITTER-MODELLS) 60-0231
ALIPHAT., ASSOZIAT. MIT CHLOROPHYLLEN 58-0171
1.1-DIPHENYL-ALKANOLE-(1), ASSOZIAT. -ENTHALPIE 64-0207

ALKOHOLE (REAKTIONEN)
NMR-BEST. D. REAKTIVITAETSVERHAELTNISSE BEI D. KONKURRENZ-O-N'TRIER.-RK. V. BENZYL- U. THENYLALKOHOLEN 53-0136
STRAHLENCHEMIE, 1. MITT. 57-0259
ALKINOLE, SELEKTIVE ALKYLIER. IN FL. NH3 , 4. MITT. 58-0326
ACETYLEN-, AMINOMETHYLIER. U. ALKYLIER. 58-0349
TERT. AETHINYLCARBINOLE, RK. IN GGW. V. DOWEX 50 BZW. H2SO4 60-0332
ANIONOTROPE UMLAGER. TERT. BETA-ACETYLENALKOHOLE 53-0031
CYCL. DIMERISIER. V. ISOPROPENYLAETHINYLCARBINOLEN 53-0332
2-METHYLCYCLANOLE, EPIMERISIER. MIT AL-ISOPROPYLAT 54-0100
OPT.-AKT. ALPHA-IMINO-, THERM. UMLAGER. 55-0289
(1-HYDROXY-CYCLOPENTYL)-CARBINOLE, UMLAGER., 2. MITT. 56-0380
DIARYLALKINOLE, UMLAGER. NACH MEYER U. SCHUSTER 58-0475
TERT. AETHINYLCARBINOLE, UMLAGER., 1. MITT. 60-0332
TERT. AETHINYLCARBINOLE, UMLAGER., 2. MITT. DEHYDRATISIER.-HYDRATISIER. (MECHANISMUS) 60-0333
9-HYDROXY- U. 9-METHOXY-FLUORENYL-(9)-CARBINOLE, UMLAGER. IN H2SO4 61-0485
2-AROYLAMINO-CYCLOHEXANOLE, N-O-ACYLWANDER. (KINETIK) 62-0433
SPIRO-, DEHYDRATISIER. (MECHANISMUS) 62-0490

9.10-DIHYDRO-ANTHRANOLE, UMLAGER. BEI D. DEHYDRATISIER. 63-0308
BIS-(TRIORGANOSILYL)-CARBINOLE, UMLAGER. IN GGW. V. AMINEN (KINETIK) 63-0309
ALKEN-(1)-IN-(5)-OLE-(3), ISOMERISIER. 64-0361
7-HYDROXY-CYCLOOCTATRIENE-(1.3.5), RING-KETTEN-ISOMERISIER. 54-0283
ALLYLCYCLOHEXADIENOLE, DIENOL-BENZOL- UMLAGER. 62-0412
KATALYT. DEHYDRATISIER. , 2.MITT. EINFL. D. STELL. D. OH-GRUPPE U. D. KETTENLAENGE 54-0170
TETRAHYDRO-FURYL-CARBINOLE, DEHYDRATISIER. V. SUBSTITUIERTEN-, 3.MITT. (STEREOCHEMIE) 54-0405
14ALPHA-HYDROXYSTEROIDE, DEHYDRATISIER. 56-0703
TERT.-BUTYL-CYCLOHEXANOLE, DEHYDRATISIER. (MECHANISMUS) 57-0235
DEHYDRATAT. (AKT. ZENTREN V. AL2O3 BZW. AL2O3-SIO2) 61-0278
CYCLOPROPANOLE, SPALT. DURCH ELEKTROPHILES HALOGEN 61-0474
KATALYT. ABBAU AN METALLEN (KINETIK) 62-0281
5-BROMFURFURYL-, SPALT. MIT HCL 62-0522
ALKYL-AR(ALK)YL-CARBINOLE, DEHYDRATISIER. (PROD.-VERTEIL.) 63-0471
ALKYL(PHENYL)CYCLOHEXANOLE, DEHYDRATISIER. (AL-KATALYSATOR, MECHANISMUS) 63-0487
LANGKETT., KATALYT. DEHYDRATISIER., 3. MITT. 64-0296
DEUTERIERTE ISOPROPANOLE, UV-PHOTOLYSE 57-0259
1.2-DIARYL-AETHANOLE, DEHYDRATISIER. MIT H2SO4 (KINETIK,STRUKTUREINFL.) 64-0293
CIS-CARANOLE, RELATIVE GESCHW. D. CHROMSAEUREOX. 53-0128
SEK. STER. EFFEKT BEI D. PHOTOOX. V. SEK. ALKOHOLEN DURCH BENZOPHENON 53-0190
OX. MIT PB-TETRAACETAT (KINETIK) 54-0146
DEHYDRIER. MIT AGO 54-0204
CYCLOHEXAN-POLYOLE, BIOCHEM. OX 54-0578
CYCLOBUTANOLE, OX. MIT RUO4 55-0164
CYCLOPROPANOLE, OX. DURCH METALLIONEN 57-0312
OX. MIT BR2 (MECHANISMUS U. KINETIK) 60-0240
N.N'-DIACETYL- 2-DESOXY-INOSADIAMINE-(1.3), PERJODATOX. (MECHANISMUS) 61-0206
TRIARYLMETHANOLE, OX. MIT BLEITETRAACETAT 61-0471
ISOCHINOLIN-, PHENOL-OX., 1. MITT. 61-0720
ISOCHINOLIN-, PHENOLOX., 2. MITT. 61-0721
ALLYL. STEROID-, EPOX. MIT CRO3 63-0252
PRIM. U. SEK., OX. MIT DIPYRIDIN-CHROM(VI)-OXID-KOMPLEX 63-0349
SEK. U. TERT., OX. MIT PB-TETRAACETAT (MECHANISMUS) 63-0510
2-PIPERIDINOMETHYL-CYCLOALKANOLE, DEHYDRIER. (STER. VERLAUF) 64-0489
CYCLOPENTYL-ALKYL-CARBINOLE, OX. 56-0380
ALLYLALKOHOLE, REDUKTIVE KUPPL. 57-0704
RK. MIT NITROSOBENZOL UNTER DESSEN RED. (MECHANISMUS U. KINETIK) 58-0220
ALLYL-, RED. MIT PROPYL-MGBR-DICHLORO-BIS-(TRIPHENYLPHOSPHIN)-NI 63-0357
ALPHA-(TRIMETHYLAMMONIOVINYL)-BENZHYDROLE, RK. MIT HCLO4 54-0320
ALKYL-, RK. MIT HNO2 (MIT D. NITRIT-ACIDIUM-ION, KINETIK U. GLEICHGEW.) 55-0168
NITROALKANOLE, RK. MIT SF4 61-0324
HYDROXYALKYLPEROXIDE, CHLORIER. 61-0331
PRIM. GESAETT., CARBONYLIER. ((CO), H3PO4) 61-0356
ALKENOLE, BROMIER. MIT NABR (KINETIK) 62-0219
OMEGA-HYDROXYALKYL-PHOSPHONIUM-, -ARSONIUM- U. -AMMONIUMVERB., RK. MIT NAH 63-0467
AETHOXYALKENINOLE, HYDROLYSE (MECHANISMUS) 64-0377
CYCLOALKANOLE, CARBONYLIER. 64-0483
RK. MIT PDCL2-ALKENKOMPLEXEN (RK.-ABLAUF) 63-0098
HYDROXYBENZYL-, RK. MIT INDOLEN 57-0513
RK. MIT HEXAFLUOREPOXYPROPAN 61-0527
ALIPHAT., VERDRAENG.- RK. MIT ARALKYLBROMIDEN (RELATIVE NUCLEOPHILIE) 62-0249
ALKADIEN-(2.3)-, RK. MIT CH2J2 U. ZN-CU-PAAR 54-0338
VINYL-CARBINOLE, RK. MIT VINYLAETHERN 54-0219
TERT.VINYL-CARBINOLE, RK. MIT ISOPROPENYL-METHYL-AETHER 54-0221
RK. MIT 2-AETHYLENIMINO-2-PHENYL-INDANDION-(1.3) 59-0435
PHOTOADDIT. AN CIS-CYCLOHEPTEN-(2)-ON 60-0314
RK. MIT CHLORAL, 3. MITT. 64-0082
ALPHA.ALPHA-DIALKYL-O-HYDROXY-BENZYL-, RK. MIT ACETONITRIL (HCLO4) 58-0671
RK. MIT ACETANHYDRID (KINETIK) (MECHANISMUS) 53-0145
EINWERT., RK. MIT CARBONSAEUREN MITTELS ANTHRON ALS VERESTER.-KATALYSATOR (ERMITTL. D. OPTIMALEN BEDING.) 54-0231
TRIFLUORACETYLIER. MIT TRIFLUORESSIGSAEUREANHYDRID (KINETIK) 58-0227
CU-KATALYSIERTE RK. MIT DIAZOESSIGSAEUREAETHYLESTER 59-0310
HYDROXYMETHYLPHENOLE, RK. MIT ACETYLHALOGENIDEN 59-0350
RK. MIT ESTERN (STRUKTUR-REAKTIVITAETS-BEZIEH.) 63-0237
2-CARBAMOYLOXY-AETHYL-, RK. MIT TOSYLCHLORID 55-0256
ADDIT. AN DELTA(16)-20-OXO-STEROIDE 54-0548
ALIPHAT., EINFL. AUF D. THERM. ZERS. V. N-NITROSO-N-BENZHYDRYL-BENZAMIDEN 59-0257
EINFL. AUF D. ZERS. V. BIS-(P-CHLOR-PHENYL)-DIAZOMETHAN 61-0296
ALKOHOLE (BIOCHEMIE)
BEZIEH. ZWISCHEN STRUKTUR U. BAKTERIOSTAT. AKTIVITAET AUF GRAMPOSITIVE U. GRAMNEGATIVE ZELLEN 63-0886
CHINOLIN-(4)-YL-METHANOLE, PHOTOTOXIZITAET AN MAEUSEN 60-0829
TERT. U. ACETYLEN- BEZIEH. ZWISCHEN WRKG. U. LIPOPHILEM CHARAKTER 57-0807
OCTANOLE, HYDROXYDECALINE, TERT.-BUTYL-CYCLOHEXANOLE,
ALKOHOLE (ANALYSE)
QUANT. GASCHROMATOGRAPH. BEST. IN GEMISCHEN V. 60-0841
ALKOHOLE, ALKOHOLATE
ALKOXY-METHYL-TITANCHLORIDE, DARST. 59-0055
AL-ALKANOLATE, STRUKTUR U. PHYSIKAL. EIG., 1. MITT. 62-0006
RK. V. HALOGENMETALLALKOHOLATEN , 21.MITT. 60-0505
HALOGENMETALLALKOHOLATE, RK., 24. MITT. 62-0413
TETRAMETHYLAMMONIUMALKOXIDE, PYROLYT. DEMETHYLIER. (MECHANISMUS) 64-0311
AMPHOTERE METALLALKOXIDE, HYDROLYSE, 10. MITT. 58-0056
AMPHOTERE METALLALKOXIDE, HYDROLYSE, 11. MITT. 58-0057
AMPHOTERE METALLALKOXIDE, HYDROLYSE, 9. MITT. 58-0060
TERT. MG-ALKOHOLATE, RK. IN HMPT MIT ALKYLHALOGENIDEN 61-0333
ALKALI-ALKOXIDE, EINFL. D. KATIONS AUF D. STEREOCHEMIE V. ALKOXY-AUSTAUSCH BEI ASYMM. SI-VERB. 59-0445
NA-ALKOHOLATE, RK. MIT OKTAFLUOR-3.3'-DIPYRIDYL (EINFL. IHRER KONSTIT.) 59-0606
ALKOHOLYSE
* S. UNTER SOLVOLYSE
ALKOXIDE
* S. UNTER ALKOHOLE
ALKOXYGRUPPEN
METHYLENDIOXY-GRUPPEN U. UV -SPEKTREN V. AROMATEN U. ALKALOIDEN 54-0057
ALKOXYVERB., 27. MITT. 53-0226
ALKOXYVERB., 21. MITT. 64-0724
ALKOXID-IONEN, RELATIVE NUCLEOPHILIE 62-0249
B2S3 ALS AKZEPTOR 56-0053
ALKYLENIMINE
AZIRIDINE, 17. MITT. 55-0468
AZIRIDINE, 11. MITT. 58-0557
AZIRIDINE, 12. MITT. 58-0558
AZIRIDINYLKETONE, 17. MITT. 60-0470
AZIRIDINE, 18. MITT. 61-0577
HETERODERIV. V. AZIRIDIN, 7. MITT. 62-0508
AZIRIDINYLKETONE, CIS-TRANS-GLEICHGEW. (EINFL. V. LSGM. U. BASENKONZ.) 59-0187
INVERS. AM N-ATOM 58-0557
ALPHA-FLUORALKYLAZIRIDINE, N-INVERS. (NMR-UNTERS.) 62-0138
3-AZIRIDINOBENZOXAZOLIN-2-ONE, DARST. AUS 2-OXO-BENZOXAZOLINYL-(3)-NITREN U. MONO- U. DIENEN 56-0510
TRANS-2.3-DIALKOXYCARBONYL-AZIRIDINE, DARST. AUS BROMDICARBONSAEUREDIESTERN U. NH3 (STEREOCHEMIE) 58-0559
AZIRIDIN-2-CARBONANILIDE, DARST. AUS ACRYLANILIDEN U. 1.1-DIMETHYLHYDRAZIN 59-0499
5.6-AZIRIDINOZUCKER, DARST. 59-0658
N-TOSYL-AZIRIDINE, SYNTH. AUS N.N-DICHLOR-SULFONAMIDEN U. OLEFI-NEN 60-0474
AETHYLENIMINO-PYRIMIDINE, DARST. AUS CHLORPYRIMIDINEN U. AETHYLENIMIN 60-0654
ALPHA-FLUORALKYLAZIRIDINE, DARST. 62-0138
AZIRINE, DARST. AUS VINYLAZIDEN [illegible]
AZIRIDINYLCARBINOLE, DARST. AUS 2-PHENYL-3-AROYL-AZIRIDINEN 60-0470
AZIRIDINE, DARST. AUS KET- BZW. ALD-OXIMEN U. LIALH4, 62-0505
N-ALKYLMERCAPTO-, DARST. AUS AETHYLENIMIN U. SULFENYLCHLORIDEN 62-0508
DELTA(1)-AZIRINE, DARST. AUS VINYLAZIDEN 63-0586
N-HALOGEN-, NMR-SPEKTREN 58-0557
N-CHLOR-, NMR -SPEKTREN 58-0558
AZIRIDINE, RK. ZU THIAZOLIDINEN, 1. MITT. 56-0519
RINGERWEITER.-RK. D. AZIRIDIN-RINGES , 1. MITT. 62-0550
DELTA(1)-AZIRINE, RK. 63-0586
DELTA(2)-AZIRINE, INSTABILITAET 63-0587
AZIRIDINE, RINGERWEITER.-RK., 2.MITT. 64-0570
VINYLAZIRIDINE, UMLAGER. 56-0483
2-AROYL-3-ARYL-AZIRIDINE, UMLAGER. (DIPHENYLJODONIUMJODID) 62-0506
AZIRIDIN-2-CARBONSAEUREHYDRAZIDE, UMLAGER. ZU 3-AMINO-PROPIONHYDRAZIDEN 64-0571
2-PHENYL-3-AROYL-AZIRIDINE, RED. 60-0470
AZIRIDINE, RK. MIT SCHWEFELKOHLENSTOFF 62-0505
DELTA(1)- AZIRINE, RK. MIT SAEURECHLORIDEN 63-0587
ALKYLENOXIDE (EPOXIDE)
EPOXY-NITRILE, 5. MITT. 55-0368
VINYLAETHER MIT EINER EPOXYGRUPPE, 1. MITT. 56-0462
EPOXIDE, 3. MITT. 56-0697
ASYMM. ORGAN. ALPHA-OXIDE, 28. MITT. 57-0494
FLAVANOIDEPOXIDE, 5.MITT. 57-0572

EPOXY-VERB., 21. MITT. 58-0601
EPOXIDE KLEINER RINGSYST., 1. MITT. 61-0525
EPOXYFLUORVERB., 1. MITT. 61-0526
FLUORIERTE, 2. MITT. 61-0527
FLUORIERTE EPOXIDE, 3.MITT. 61-0528
EPOXYNITRILE, 6. MITT. 61-0530
EPOXIDE, 4. MITT. 61-0766
EPOXIDE, 3. MITT. 63-0252
EPOXYKETONE, 7. MITT. 63-0583
STYROLOXIDE, KONFORM. 63-0147
20.21(U. 17.20)-EPOXY-5BETA-PREGNAN-3ALPHA-OLE, KONFIG. 63-0815
D. CYCLOHEXANREIHE, KONFORM.-GLEICHGEW. 55-0114
GLYKOLGLYCIDYLAETHER, DARST. AUS EPICHLORHYDRIN U. GLYKOLEN (MECHANISMUS) 53-0324
1-GLYCIDYLOXY-ALKANOLE-(2), DARST. AUS ALLYLALKOHOL U. 1.2-EPOXY-ALKANEN 54-0216
MONOGLYCIDYLAETHER, DARST. AUS ALIPHAT. ALKOHOLEN U. 1-CHLOR-2.3-EPOXY-PROPAN 54-0350
GLYCIDYL-ALKENYL-AETHER, DARST. AUS 1-ALLYLOXY-2-TOSYLOXY-ALKANEN 55-0367
ALKENGLYCIDAETHER, DARST. 56-0276
ALKINYLENOXIDE, DARST. 57-0292
NITROSTILBENOXIDE, DARST. AUS NITROBENZALDEHYDEN 58-0608
SULFONSAEUREEPOXYALKYLESTER, DARST. AUS SULFONSAEUREAETHYLENESTERN BZW. AUS EPOXYALKOHOLEN 59-0502
STILBAZOLOXIDE, DARST. 60-0600
2-ALKIN-(1)-YL-, DARST. AUS ACETYLENKETONEN U. DIMETHYLSULFONIUMMETHYLID 61-0531
EPOXYAETHER-NITRILE, DARST. AUS CYAN-ALLYLAETHERN BZW. CYCL. CYAN-OLEFINEN U. PERESSIGSAEURE 62-0509
PYRROLIDINO-PROPENOXIDE, DARST. 62-0540
2-(3-CARBALKOXY-4-OXO-ALKYL)-OXIRANE, DARST. DURCH EPOX. 63-0585
TRANS-CHALKONEPOXIDE, DARST. AUS TRANS-CHALKONEN U. ALKAL. H2O2 64-0108
SPIRO-NORBORNAN-, DARST. AUS NORBORNANONEN U. METHYLIDEN 64-0568
1-(VINYLOXY-ALKOXY)-PROPYLEN-2.3-OXIDE, DARST. AUS VINYL-HYDROXY-ALKYL-AETHERN U. EPICHLORHYDRIN 56-0462
EPOXYFLUORVERB., SYNTH. 61-0526
EPOXYNITRILE, DARST. AUS ALPHA-BROMKETONEN 61-0530
20.21(U. 17.20)-EPOXY-5BETA-PREGNAN-3ALPHA-OLE, DARST. 63-0815
ALPHA-EPOXY-KETONE, KONFORM. U. CD 62-0060
ACYL-, UV- U. IR-SPEKTREN 57-0486
ACETYL- CHEM. VERSCHIEB. (LSGM.-EFFEKTE) 53-0071
ACYL-, NMR-SPEKTREN 57-0486
NMR (EINFL. V. BZL. U. PY. AUF VERSCHIEB. D. RESONANZ) 61-0092
STYROLOXIDE, NMR 63-0147
TRANS-CHALKONEPOXIDE, NMR 64-0108
RK. V. EPOXIDEN, 16. MITT. 53-0557
4.5-EPOXY-STEROIDE, STEREOSELEKTIVE RK. ZUR EINFUEHR. EINES SUBSTITUENTEN IN 4-STELL. V. STEROIDEN, 9. MITT. 55-0557
RK., 15. MITT. 59-0763
ALPHA-EPOXY-CYCLENE, RK., 2. MITT. 60-0473
CYCLEN-ALPHA-OXIDE, RK., 3. MITT. 62-0507
BASEN-KATALYSIERTE RK., 5. MITT. 64-0569
STILBAZOLOXIDE, STEREOCHEMIE D. RINGOEFFN.-RK. 60-0600
ACETYLEN-, ISOMERISIER. 55-0230
ACYL-, PHOTOISOMERISIER. , 2. MITT. 56-0704
2-(1-HYDROXY-INDANYL-(1))-PROPENOXIDE, STEREOSELEKTIVE UMLAGER. 57-0437
EPOXY-AETHER, VERNETZ.-RK. MIT AMINEN (KINETIK) 57-0771
ALPHA-OXIDE MIT BEWEGL. H-ATOMEN IN D. SEITENKETTE, ISOMEREN-UMWANDL., 13.MITT. 62-0498
2-ACYL-3-ARYL-OXIRANE, UMLAGER. (DIPHENYLJODONIUMJODID) 62-0506
ALPHA-OXIDE MIT BEWEGL. H-ATOMEN IN D. SEITENKETTE, ISOMEREN-UMWANDL., 12. MITT. 62-0593
2.3-OXIDO-SQUALENDERIV., CYCLISIER. DURCH 2.3-OXIDO-SQUALEN-STERINCYCLASE 63-0885
ALKINYLENOXIDE, ISOMERISIER. 57-0292
ALPHA.BETA-EPOXYKETONE ZERS. DURCH P-TOLUOLSULFONSAEURE 53-0199
PHOTOLYSE (EINFL. D. SUBSTITUENTEN) 54-0194
ALPHA-OXIMINO-, FRAGMENTIER.- RK. 54-0202
OXIRANE, RINGOEFFN.-RK. (KINETIK) 59-0258
BETA-SUBSTITUIERTE, EPOXIDE, REDUKTIVE ELIMINIER. MIT CR(II)-KOMPLEXEN (KINETIK, SUBSTITUENTENEINFL.) 61-0327
PHENYLOXIRANE, PHOTOLYSE 63-0345
EPOXIDE, 'MIXED HYDRIDE'-RED. MIT LIALH4-AL-TRIHALOGENID 60-0243
RED. MIT ALKOXYALUMINIUMHYDRIDEN 61-0203
TRISUBSTITUIERTE, RK. MIT B2H6 OHNE BZW. IN GGW. V. BH4(-) (ANTI-MARKOVNIKOV-OEFFN.) 63-0488
D. CYCLOHEXANREIHE, RK. MIT THIOSULFAT (KINETIK) 55-0114
OXIDE HOEHERER UNGESAETT. SAEUREN, RK. MIT NH3 58-0388
RK. MIT N.N-BIS-TRIMETHYLSILYL-AMINO-NA 54-0245
ALIPHAT. EPOXIDE RK. MIT KOCN 58-0601
RK. MIT SULFOCHLORIDEN 58-0332

ALKYLENSULFIDE (EPISULFIDE)
PHENYL-THIIRAN-1.1-DIOXIDE (EPISULFONE), DARST. 58-0296
EPISULFONIUMIONEN, RINGOEFFN. 61-0279
EPISULFONIUMIONEN , RINGOEFFN. 61-0280
PHENYL-THIIRAN-1.1-DIOXIDE (EPISULFONE), ZERFALL DURCH SOLVOLYSE U. PHOTOLYSE (KINETIK) 58-0296

ALKYLGRUPPEN
METHYLGRUPPEN, EINFL. AUF D. ABSORPT.-MAX. V. ALPHA, BETA-UNGESAETT. CARBONYLVERB. 56-0106
-AUSTAUSCH IN TRIAETHYLALUMINIUM-DIAETHYLALUMINIUMCHLORID-GEMISCH 56-0130
EINFL. AUF AROMAT. NUCLEOPHILE SUBSTITUT. (KINETIK, ORIENTIER.) 61-0262

ALKYLHALOGENIDE
* S. UNTER KOHLENWASSERSTOFFE (HALOGENIERTE)

ALKYLIERUNG (UND ARYLIERUNG)
* PHOTO- S. UNTER PHOTOCHEMIE UND STRAHLENCHEMIE
* S. AUCH FRIEDEL-CRAFTS-REAKTIONEN
INDOL ALS ALKYLIERENDES AGENS IN D. FRIEDEL-CRAFTS-RK. 62-0724
CYCLI- ZU POLYCYCL. KOHLENWASSERSTOFFEN, 1. MITT. 58-0518
CYCLI- ZU POLYCYCL. KW-STOFFEN, 2. MITT. 58-0519
TRICHLORMETHYLIER.-RK., 3. MITT. 61-0405
OLEFINIER. MIT PHOSPHOR-YLIDEN , 1. MITT. 56-0263
BF3-KATALYSIERTE, 3. MITT. 58-0222

ALKYLIERUNG (VON SPEZIELLEN VERBINDUNGEN)
ALPHA-AMINO- MIT BIS-(2-CHLORAETHYL)-AMIN, 4. MITT. 59-0457
V. HALOGENIDEN D. ELEMENTE D. GRUPPE IVB MIT GRIGNARD-REAGENZIEN, 1. MITT. 61-0031
V. GECL4 MIT GRIGNARD-VERB. UEBER EINE GE-MG-BIND. 61-0031
V. INDOL-NA ALS AMBIFUNKTIONELLEM NUKLEOPHILEM SYST. 53-0344
AMINO- V. METALLDERIV. D. INDOLS , 2. MITT. 55-0393
V. ALKYLZINNHYDRIDEN MIT TRIALKYL-AL-VERB. 53-0026
METHYLENIER. V. ARYLTRICHLORGERMANEN MIT DIAZOMETHAN (KINETIK) 57-0029
V. KETIMIN-METALL-DERIV. 53-0217
AETHYLIER. V. ALKALI-ACETESSIGESTERENOLATEN (C-O-ISOMEREN-VERHAELTNIS) 63-0396
V. NUCLEOPHILEN VERB. DURCH ALKYLCYANATE 55-0255
AROMAT. TRIPHENYLMETHYLIER. V. AROMAT. LSGM. MIT TRIPHENYLMETHYLRADIKAL U. BENZYLPEROXIDEN (MECHANISMUS) 60-0226
V. BZL. MIT ALLYLHALOGENIDEN (MECHANISMUS) 54-0147
V. BZ. MIT 2-METHYL-HEPTEN -(1) 54-0247
V. OLEFINEN DURCH BUTAN U. ISOBUTAN IM MASSENSPEKTROMETER UNTER HOHEM DRUCK 57-0214
BRUECKENKOPF- V. INDANDERIV. UEBER CYCLOPROPANDERIV. 58-0528
V. NAPHTHALIN DURCH TERT.-BUTYLLITHIUM (KINETIK , MECHANISMUS) 60-0247
V. BENZOL MIT 1-DODECEN BZW. TRANS-6-DODECEN IN GGW. V. ALCL3-HCL (AUCH IN NITROMETHAN U. 2-PHENYL-DECAN) 62-0210
ARYLIER. V. AROMATEN (UEBERSICHT) 62-0258
V. BZL. MIT DICHLORALKANEN 62-0371
AMINOMETHYLIER. V. ACETYLENEN MIT DIAETHANOLAMIN-DIVINYLAETHER 59-0330
STEREOSELEKTIVE EINFUEHR. V. ANGULAEREN METHYLGRUPPEN 60-0748
QUATERNIER. V. PYRIDAZINEN, 2. MITT. 53-0445
V. CHINOLIN, ISOCHINOLIN U. ACRIDIN MIT CARBONSAEUREN 54-0429
V. PYRIDINEN MIT METHYL-JODID (EINFL. D. LSGM. AUF D. GESCHW.) 55-0155
V. TETRAHYDROISOCHINOLINEN (ZUS. D. PROD.) 57-0591
QUATERNISIER. V. 1.2-DISUBSTITUIERTEN 1.2.3.4-TETRAHYDRO-ISOCHINOLINEN, 1. MITT. 60-0609
QUATERNISIER. V. N-METHYL-AZACYCLOALKANEN (KINETIK, EINFL. D. RINGGROESSE) 61-0272
QUATERNISIER. V. 1.2.5- TRIMETHYL-PYRROLIDINEN (KINETIK) 61-0554
V. N-SUBSTITUIERTEN IMIDAZOLEN U. BENZIMIDAZOLEN (KINETIK) 64-0258
V. ARYL-JODOSOACETATEN MIT AROMAT. KW-STOFFEN ZU DIARYL-JODONIUMSALZEN (KINETIK) 58-0307
QUATERNISIER V. N-METHYL-AZACYCLOALKANEN (KINETIK) 53-0155
V. TERT. AMINEN , RK.-MECHANISMUS 56-0360
V. AROMAT. AMINEN IN GGW. V. AMBERLYST 15 61-0305
METHYLTHIOMETHYLIER. V. ANILINEN MIT DMSO (MECHANISMUS) 63-0449
ARYLIER. AROMAT. NITROVERB. BEI HOHEN TEMP., 4.MITT. 64-0424
VINYLIER. V. CHLORAL-ALKINYL-HALBACETALEN 55-0364
SELEKTIVE, V. ALKINOLEN IN FL. NH3 , 4. MITT. 58-0326
INTRAMOL., V. 2.4.6-TRI-TERT.-BUTYL-BENZYLALKOHOL U. SEINEM METHYLAETHER 58-0500
TRIDEUTEROMETHYLIER. V. GEHINDERTEN HYDROXYLGRUPPEN IN DMSO 59-0283
V. ENOLATANIONEN (KINETIK, LSGM.-EINFL.) 64-0257
METHYLMERCAPTOMETHYLIER. V. METHOXYPHENOLEN MIT DMSO-ACETANHYDRID 64-0433
O- V. PHENOLEN MIT DIALKYLSULFATEN BZW. ALKYLTOSYLATEN IN DMF 59-0345

METHYLIER. V. 5-AZA-CYTOSIN (EINFL. D. METHYLIER.-MITTELS) 56-0665
C- U. O-METHYLIER.V. CYCL. ENAMINKETONEN (STER. U. LSGM.-EINFL.) 53-0439
C-BENZYLIER. V. PHLORACETOPHENONEN MIT BENZYLHALOGENIDEN (EINFL. D. HALOGENS) 56-0406
STEREOSELEKTIVE, V. KETONEN (EINFL. POLARER SUBSTITUENTEN) 57-0445
AETHINYLIER. V. KETONEN MIT DI-LI-ACETYLID (TECHNIK D. VERF.) 59-0212
AMINO- V. CYCL. ALKYL-ARYL-KETONEN 59-0457
V. 4-TERT.-BUTYL-CYCLOHEXANON 61-0284
V. BETA-DICARBONYLVERB. 62-0318
V. OXIMATEN, EINFL. D. IONENPAARES (MECHANISMUS, KINETIK) 62-0215
REDUKTIVE -- V. IMINEN MIT NA U. NH3 64-0698
C-ALKYLAMINOMETHYLIER. V. PYRIDAZINOL-N-OXIDEN, 3. MITT. 59-0626
KONKURRENZ- V. ACETONITRILEN 57-0363
TRITYLIER. V. N-(2-CYAN-AETHYL)-ANILINEN 58-0496
V. 1-CYAN-4-TERT.-BUTYLCYCLOHEXAN 61-0285
PHOTOCHEM. 1-ALKYLIER. V. AMINEN DURCH BENZOESAEUREESTER 53-0197
V. ALPHA-FLUORCARBONSAEUREESTERN 56-0292
V. GLYKOLSAEUREARYLHYDRAZIDEN (KINETIK, MECHANISMUS) 58-0224
V. AETHYLDIHALOGENACETATEN 61-0359
TRICHLORMETHYLIER. V. BENZOESAEUREANHYDRIDEN IN GGW. V. 1.2-DIMETHOXY-AETHAN 61-0465
V. PYRAZOLIN- U. PYRAZOLIDINDITHIOCARBONSAEUREN, 4. MITT. 61-0578
V. OMEGA- PHENYLCARBONSAEURECHLORIDEN MIT AETHYLALUMINIUMSESQUICHLORID ALS REAKTANT U. KATALYSATOR 63-0428
REDUKTIVE -- V. ESTERN MIT NA U. NH3 64-0698
V. 1-ACETYL-4-TERT.-BUTYL-CYCLOHEXAN 61-0285
V. CARBANIONEN MIT NA-CHLORACETAT 62-0310
CHLORMETHYLIER. V. ARENSULFONYL-N-ALKYL-ARYLAMIDEN, 5. MITT. 53-0247
HYDROXYMETHYLIER. V. CHINOLINEN MIT HYDROXYLAMIN-O-SULFONSAEURE IN CH3OH 61-0634
SELEKTIVE BIS-BETA-HYDROXY-AETHYLIER. D. SCHWAECHER BAS. AMINOGRUPPE V. DIAMINEN 59-0373
SELEKTIVE HYDROXYAETHYLIER. V. DIAMINEN (EINFL. V. KATALYSATOREN U. TEMP.) 64-0401
HYDROXYALKYLIER. V. BETA-DIKETONEN, KINETIK, 5. MITT. 59-0215
HALOGENARYLIER. V. UNGESAETT. VERB. MIT AROMAT. DIAZOVERB., 33. MITT. 59-0419
PHENYLIER. V. 1-METHYL-NAPHTHALIN (KINETIK) 56-0415
PHENYLIER. EINIGER ARENE IN D. GASPHASE, MECHANISMUS 53-0131
ARYLIER. V. AROMAT. VERB. MIT BENZOLDIAZONIUM-TETRAFLUOROBORAT 61-0263
RADIKAL. PHENYLIER. V. PYRIDINEN (THEORET. BERECHN.) 55-0166
PHENYLIER. V. 4-METHYL-PYRIDIN (PROD.-VERHAELTNIS) 59-0214
ULLMANN-RK., 1.MITT. (RK. V. 2.3-DIJOD-NITROBENZOL MIT CU-BRONZE) 53-0310

ALLENE
* S. UNTER AETHYLENVERBINDUNGEN

ALLYLIERUNG
* S. UNTER ALKYLIERUNG

ALLYLVERBINDUNGEN
* S. UNTER AETHYLENVERBINDUNGEN

ALUMINIUM
VERLAUF D. RK. MIT ORGAN. HALOGENVERB. 59-0033
EINFL. ALS DOTIER.-MITTEL AUF D. RK. V. HALBLEITER-SI MIT CH3CL 54-0185

ALUMINIUMVERBINDUNGEN (ORGANISCHE)
ORGANO-AL-VERB., KATALYSATOREN FUER CH2N2-ADDIT. AN C-N-MEHRFACHBIND. 53-0393
PENTAFLUORPHENYL-AL-VERB., DARST. U. EIG. 55-0021
KOORDINATIONSVERB. V. AL-TRIMETHYL-U. AL-TRIAETHYL MIT DONATOREN (NMR-UNTERS.) 57-0099
METHYLALANE, PMR 61-0098
TRIMETHYLALUMINIUM, RK. (CH3)3POAL(CH3)3, (CH3)3NOAL(CH3)3, (CH3)2SOAL(CH3)3, DARST. 55-0022
AL-VINYLDIISOBUTYL-VERB., DARST. DURCH CIS-ADDIT. V. TRIAETHYLALUMINIUM U. DIAETHYLALUMINIUMCHLORID, NMR 56-0130
MESITYLENIUM-AL2CL7 BZW. -AL2BR7, NMR 64-0130
ALKENYL-AL-VERB., IR-SPEKTREN 56-0007
ALLYL-AL-VERB., RK. MIT KETOVERB. 56-0056
4-AETHYL-PYRIDIN-AL-HALOGENID-KOMPLEXE, PMR-SPEKTRUM 56-0013
OPT.-AKT. ALKOXY-LITHIUM-ALUMINIUMHYDRIDE, ASYMM. RK. MIT KETONEN 55-0162
(AL(OH)(C10H8ON)2OH(CHCL3)), (ALOH(C10H8ON)2)2, DARST. 56-0026
ALKOXO-AL-HYDRIDE, RED. V. EPOXIDEN, 1. MITT. 61-0203
AL-ALKANOLATE, STRUKTUR U. PHYSIKAL. EIG., 1. MITT. (AL-ISOPROPANOLATE, MASSENSPEKTREN) 62-0006
POLYFLUORARYL-ORGANOMETALL-VERB., 5.MITT. EINLAGER. EINES OLEFINS IN EINE FLUORKOHLENSTOFF-ALUMINIUM-VERB., EIN OLEFINALUMINIUM-SYST. MIT PI-BIND. 53-0020
AL-TRIALKYLE, TRANSALKYLIER. MIT ALKYLZINNHYDRIDEN 53-0026
(NAF- BZW. KF-AL-TRIALKYL)-, IR SPEKTREN 54-0007
BIS-((S)-2-METHYL-BUTYL)-AL-HALOGENIDE, DARST. AUS (+)-TRIS-((S)-2-METHYL-BUTYL)-ALUMINIUM(III), OPT. ROTAT.-DISPERS. 54-0027
ORGANO-ALUMINIUM-CHLORIDE ALS KATALYSATOREN D. DIMERISIER. V. OLEFINEN 54-0211
DIALKYL-AL-HYDRIDE, AL-TRIALKYLE, THERMOCHEM. WERTE 55-0011
DIMETHYL- U. DIAETHYL-ALF, SCHWING.-SPEKTREN, MOL.-STRUKTUR 56-0010
AETHYL-AL-VERB. U. EDELMETALLCHLORIDE ALS KATALYSATOREN BEI D. ISOMERISIER. V. OLEFINGEMISCHEN 56-0234
JODMETHYL-DIALKYLALANE, RK. MIT C-N-MEHRFACHBIND. 57-0041
DIISOBUTYL-ALH, STEREOSPEZIF. ADDIT. AN ALKINYLSILANE U. -GERMANE 57-0341
DIAETHYLALKINYLALUMINIUMVERB., SYNTH. EIG. 58-0044
TRIALKINYLALUMINIUM-SOLVATE MIT ELEKTRONENDONATOREN, DARST. 58-0045
DIPHENYLALKINYLALUMINIUM, FREI U. KOMPLEXIERT, DARST. U. EIG. 58-0046
AL-ALKYLE, RK., 11. MITT. (AETHYL-AL-SESQUICHLORID, TRIAETHYL-AL U. DIAETHYL-ALH, RK. MIT CHLORMETHANEN) 59-0298
AL-TRIALKYL, DARST., RK. D. AETHERATES MIT IMINOPHOSPHORAN, TRIALKYL-AL-KOMPLEXE V. IMINOTRIALKYLPHOSPHORANEN, DARST. 61-0040
CL-UEBERBRUECKTE ISOBUTYL-AL-ISOBUTYL-TI(III)-VERB., DARST., EPR-UNTERS. 63-0051
AETHYLALANVERB., PARTIELLE HYDROLYSE, KOMPLEXBLDG. V. AETHYLALUMOXANEN MIT TRIMETHYLAMIN 63-0066
ALKYL-AL-VERB., RK. MIT ALPHA-CHLORAETHERN U. ALPHA-CHLOR-AMINEN 63-0669
DI-MY-CHLORO-TI(III)-AL(I-C4H9)-KOMPLEXE, BLDG., KATALYT. AKTIVITAET, SPEKTREN 64-0038
MASSENSPEKTRUM D. TRI- BZW. HEXAFLUORACETYLACETONATES 53-0004
AL-(1-(13)C), (1.5-(13)C2), (2.4-(13)C2), (3-(13)C) U. (1.3.5-(13)C3)ACETYLACETONATE, DARST. 59-0085
AL-TARTRAT-, AL-TARTRATSULFAT- U. NA-AL-TARTRATHYDROXID-HYDRATE, BLDG., ROENTGENBEUG.-DIAGRAMM 56-0062
ALUMINIUMALKYLE, RK., 12. MITT. 63-0428
ORGANO-AL-VERB. AUS CROTYLBROMID, LUFT-OX. 63-0372
AL-ALKYLE ALS KATALYSATOREN D. HYDROSTANNIER. V. ALPHA-OLEFINEN 53-0027
ALCL3-KOMPLEXE MIT ARYLCYANIDEN, DARST., ALKYLIER. 55-0254

ALUMINIUMVERBINDUNGEN (ANORGANISCHE)
AL2BR6.HBR, ISOMERISIER. V. BROMTOLUOLEN UNTER D. EINFL. V. 60-0283
ALH2CL, RK. MIT PYRROLIDINO-CYCLOALKENEN 64-0606
ALHCL2, RK. MIT PYRROLIDINO-CYCLOALKENEN 64-0606
ALCL2HSO4, ALKYLIER. V. BENZOL MIT 1-DODECEN BZW. TRANS-6-DODECEN IN GGW. V. 62-0210
ALCL3 RK. MIT OKTAFLUORXANTHON 53-0253
ALCL3, RK. V. NCL3 MIT P-CYMOL IN GGW. V. ALCL3 54-0263
RK. V. NCL3 MIT P-CYMOL IN GGW. V. ALCL3 54-0264
ALCL3-KATALYSIERTE RK. V. ORGANOSILICIUM-VERB., 5. MITT. 62-0366
ALCL3, EINFL. AUF D. IR-SPEKTRUM V. KETONEN 63-0128
ALCL3.6H2O EINFL. AUF D. DECARBOXYLIER. V. OXALESSIGSAEURE 58-0292
ALCL3, SOLVATAT.-UNTERS. V. ALUMINIUMCHLORID IM DIMETHYLSULFOXID-W.-GEMISCHEN MITTELS NMR 55-0014
ALCL3-HCL, ALKYLIER. V. BENZOL MIT 1-DODECEN BZW. TRANS-6-DODECEN IN GGW. V. 62-0210
ALCL3, ADDUKTBLDG. MIT AMINEN 60-0025
ALCL3, KOMPLEXBLDG. MIT 2-METHYL-CHINOLINOL-(8) 56-0076
ALCL3, RK. MIT VIOLAXANTHIN (KINETIK) 59-0714
ALCL3, KOMPLEXBLDG. MIT DIMETHYLGLYKOLAETHER 64-0072
ALCL3, RK. MIT BIS-(DIBENZOYLMETHANATO)-BOR-CHLORID 58-0036
ALCL3, VERW. ZUR ENTFERN. V. THIOPHEN AUS BZL. 56-0338
ALCL3, EINFL. AUF D. BENZOYLIER. V. KW-STOFFEN 62-0211
ALCL3-KATALYSIERTE RK. V. TRISILANEN 62-0366
ALH3, SELEKTIVE RED. V. SUBSTITUIERTEN CARBONSAEUREN, OXIMEN, AMIDEN, KETOESTERN U. EPOXIDEN 63-0353
ALH3, RK. MIT ALPHA-PINENEPOXID 58-0759
ALH3, RK. MIT PYRROLIDINO-CYCLOALKENEN 64-0606
(AL2O3, SORPT. V. CYCLOHEXEN AN AL2O3 53-0111
AL2O3, ADSORPT. V. ALIPHAT. U. ALICYCL. ALKOHOLEN 54-0120
AL2O3, EINFL. D. BAS. ZENTREN AUF D. DEHYDRATAT. V. ALKOHOLEN 61-0278
GAMMA-AL2O3, EINFL. AUF POLYKONDENS. V. AETHYLEN BEI HOHEN TEMP. 55-0581
AL2O3, EINFL. AUF D. STEREOSELEKTIVITAET D. UMLAGER. V. ERYTHRO- U. THREO-1-METHYL-1-(1-HYDROXY-INDANYL-(1))-OXIRAN 57-0437
AL2O3, KATALYSATOR U. TRAEGER, 36. MITT. (EINFL. V. NICHTSAUREM AL2O3 AUF PHENYLWANDERUNG IN 1-METHYL-1-PHENYL-CYCLOHEXAN) 59-0240
AL2O3, DURCH -KATALYSIERTE RK. V. HYDROXYARENEN U. HYDROAROMAT. KETONEN, 2. MITT. 62-1454

AL2O3, DURCH -KATALYSIERTE RK. V. HYDROXYARENEN U. HYDROAROMAT. KETONEN, 3. MITT. 62-0455
AL2O3, KATALYSATOR U. TRAEGER, 37. MITT. 63-0487
AL2O3, EINFL. AUF DEHYDRATISIER. V. ALKYL(PHENYL) CYCLOHEXANOLEN (MECHANISMUS) 63-0487
AL2O3, EINFL. AUF HYDRIER. V. BZL. IN GGW. V. ALKALIEN 64-0492
AL-SILICATE, TRENN. V. CYCL. ALKANEN AN CA-AL-SILICAT 60-0839
ALUMOSILICAT, EINFL. AUF POLYKONDENS. V. AETHYLEN BEI HOHEN TEMP. 55-0581
ALUMOSILICATE, EINFL. D. BAS. ZENTREN V. SIO2-AL2O3 AUF D. DEHYDRATAT. V. ALKOHOLEN 61-0278
ALCL2HSO4, ALKYLIER. V. BENZOL MIT 1-DODECEN BZW. TRANS-6-DODECEN IN GGW. V. 62-0210
AL2(SO4)3, 12-HYDRAT, BLDG., KRIST.-STRUKTUR 56-0062

AMIDALE
ALPHA-CHLOR-ALDEHYD-N.N'-DIALKOXYCARBONYL-, DARST. AUS N.N-DICHLOR-URETHAN MIT AETHERN 53-0231
AMIDALE, DARST. AUS PHENYLACETALDEHYD U. PRIM. SAEUREAMIDEN 56-0348
N-(ACYLAMINOMETHYL)-N-TERT.-BUTYL-ANILINE, DARST. AUS HALOGENACETAMIDEN, CH2O U. N-TERT.-BUTYL-ANILIN 60-0382

AMIDE, ANORGANISCHE
TRIS-(TRIALKYLGERMYL)-AMINE, DARST. AUS BIS-(TRIAETHYLGERMYL)-AMIDEN U. TRIALKYLBROMGERMANEN 61-0044

AMIDE, ORGANISCHE
* S. UNTER SAEUREAMIDE

AMIDINE
* S. UNTER SAEUREAMIDINE

AMIDOXIME
* S. UNTER SAEUREAMIDOXIME

AMINALE
KETEN-, DARST. AUS TRICHLORACRYLNITRIL U. AMIN 53-0225
MESOXALDIAMIDHALB-, DARST. AUS MESOXALESTERN U. ALIPHAT. AMINEN 56-0603
N.N'-DIARYL-PHENYLGLYOXAL-, DARST. AUS PHENYLGLYOXAL-HYDRAT U. ANILINEN 57-0379
ISOBUTYRALDEHYD-DIARYL-, DARST. 59-0303
GEM. DIANILINO-PERFLUORPROPIONANILIDE, DARST. AUS PERFLUORPROPYLEN-OXID U. ANILINEN 61-0528
2.4-DITHIO-PARABANSAEURE-O.N-ACETALE, DARST. AUS DIALKYLFORMAMID-DIALKYLACETALEN U. ISOTHIOCYANATEN 63-0382
GESAETT. U. UNGESAETT. ALPHA-DIFLUORAMINO-AETHER, DARST. 64-0398
GEMINALE-DIAMINO-HETEROCYCLEN, DARST. AUS GEMINALE-DICHLOR-ALPHA.ALPHA'-DIOXO-HETEROCYCLEN U. SEK. CYCL. AMINEN 64-0555
ISOBUTYRALDEHYD-DIARYL-, LUFTOX. 59-0303
GEM.-AMINO(THIO)AETHER, RK. MIT ALKEN-(2)-YL-METALLVERB. 64-0373
ESTER-, RK. MIT ISOTHIOCYANATEN (MECHANISMUS) 63-0383

AMINALESTER
* S. UNTER AMIDALE

AMINE (ALLGEMEINES)
* AMINOZUCKER S. UNTER KOHLENHYDRATE-DERIVATE
* S. AUCH AMIDALE
* S. HALOGENAMINE (N-)
* S. AUCH MANNICH-BASEN
* S. AUCH STICKSTOFFLOSTE
* WEITERE AMINOVERB., WIE AMINOAETHER USW., S. DORT
U. QUART. AMMONIUMSALZE, 52.MITT. 53-0260
CHEMIE D. N-HALOGENAMINE, 2. MITT. 53-0284
EN- CHEMIE D. ENAMINE 1.MITT. DIPOLARE CYCLOADDIT.-RK. V. ENAMINEN MIT NITRONEN 53-0360
4-AMINOMETHYL-ACRIDON-DERIV, 2. MITT. 53-0430
ALPHA-HALOGENIERTE AMINE, 21.MITT. 53-0462
N-HALOGEN-, 7. MITT. 54-0263
N-HALOGEN-, CHEMIE, 8. MITT. 54-0264
-ESTER, 6. MITT. 55-0201
ALPHA-HALOGENIERTE-, 22. MITT. 55-0472
ENIN-, 8.MITT. 56-0111
N-ISOTHIOCYANATO-, 3.MITT. 56-0307
N-ISOTHIOCYANATO-, 5. MITT. 57-0320
N-ISOCYANATO-, 6. MITT. 57-0321
OPT. AKT., 8. MITT. 58-0077
AMINOBENZOLE, 3. MITT. 58-0397
AMINOZUCKER, 15. MITT. 58-0690
U. AMMONIUMVERB., 53. MITT. 59-0329
AMINOZUCKER, 16. MITT. 59-0655
VINYL-, 8. MITT. 60-0411
DIPHENYLPROPYLAMINDERIV., 2. MITT. 60-0421
DIPHENYLPROPYLAMINDERIV., 3. MITT. 60-0422
2-FLUOR-AETHYL-, 3. MITT. 60-0630
MIT D. ANTIDEPRESSIVUM 5-(2-DIMETHYLAMINO-AETHYL)-2.3-DIHYDRO-2-PHENYL-1.5-BENZOTHIAZEPIN-4-ON (THIAZESIM) VERWANDTE VERB., SYNTH. U. PHARMAKOLOG. AKTIVITAET, 3. MITT. 60-0681
ARYLTETRAMINE, 1. MITT. 60-0683
- U. AMMONIUMSALZE, 55. MITT. 61-0372
EN-, 10. MITT. 61-0509
2- U. 3-AMINO-5ALPHA-ANDROSTANE, AMINOSTEROIDE, 3. MITT. 61-0791
ALPHA-CHLOR-ENAMINE, 1. MITT. 62-0357
AMINOCYCLITE, 19. MITT. 62-0432
HALOGEN-O-PHENYLENDI- U. ABGELEITETE HETEROCYCLEN, 1. MITT. 62-0500
HETEROCYCL., 11. MITT. 62-0502
HEREROCYCL. EN-, SYNTH. U. RK., 1. MITT. 62-0515
EN-, 2. MITT. 62-0516
EN-, CHEMIE, 11. MITT. 62-0517
ALKIN-, 11. MITT. 62-0548
BETA.GAMMA-UNGESAETT., DARST. U. RK., 8. MITT. 62-0636
MAKROBICYCL., 3. MITT. 62-0688
U. AMMONIUMSALZE, 56. MITT. 63-0403
U. AMMONIUMSALZE, 57. MITT. 63-0404
CYCL. BETA-AMINOVINYLIMINE, 5. MITT. 63-0529
PIKRYLAMINO-SUBSTITUIERTE HETEROCYCLEN, 3. MITT. 63-0652
AMINOCHINOLINE, 2. MITT. 63-0688
TERT., ORGANO-MG-VERB. IN --, 2. MITT. 64-0365
ENINAMINE, 9. MITT. 64-0399
ALPHA-CHLOR-EN-, 2.MITT. 64-0406
HETEROCYCL., 2. MITT. 64-0624
ENIN-, 7. MITT. 64-0703
N-(PYRIMIDINYL-(4))-AETHYL-, 2. MITT. 64-0735
HALOGEN-O-PHENYLENDI- U. V. IHNEN ABGELEITETE HETEROCYCLEN, 2. MITT. 62-0501
AMINO-N-HETEROCYCLEN AMINO-IMINO-TAUTOMERIE 63-0214
PHENYLAETHYLAMINE, BEST. D. ABS. KONFIG. AUS D. ORD-KURVEN 53-0048
MENTHYL- U. CARVOMENTHYL-, KONFIG. 53-0542
CARANYL-AMINE, KONFIG. 55-0544
1-ARYL-2-CYAN-VINYL-, KONFIG. 56-0373
CARANYL-, KONFORM. 59-0727
N-(OMEGA-(P-NITRO-PHENYL)-ALKYL)-ANILINE, KONFORM. 60-0153
MAKROBICYCL., EINKAPSEL. V. HALOGENIDIONEN 62-0688
(1-ARYL-ALKYL)-METHYL-, KONFIG. U. OPT. ROTAT. 63-0172
CYCLOHEXYL-, BEZIEH. ZWISCHEN KONFORM., MOL.-RADIUS U. KP.-, D.- U. N(D)-WERTEN 64-0180
AMINO-P-MENTHANE KONFIG. U. KONFORM. 53-0543
TRANS-CARANYL-(5)-, ABS. KONFIG. 56-0667
1.2-DIARYL-4-DIMETHYLAMINO-BUTENE-(1), KONFIG. 61-0141

AMINE (DARSTELLUNG)
AMINOMETHYL-FERROCENE, DARST. 53-0037
N.N'-DIARYL-DI-, DARST. V. O.O'-DISUBSTITUIERTEN VERB. AUS BIS-BENZIMIDSAEUREESTERN DURCH CHAPMAN-UMLAGER. U. ANSCHLIESSENDE HYDROLYSE 53-0263
3.4.5-TRIPHENYL-ANILINE, DARST. AUS TRIPHENYLCYCLOHEXENONOXIMEN 53-0292
AMITRIPHYLI 5-(3-DIMETHYLAMINOPROPYLIDEN)-10.11-DIHYDRODIBENZO(A.D)CYCLOHEPTENE, DARST. (NEUROTROPE VERB.) 53-0303
4-AMINOMETHYL-ACRIDON-DERIV., DARST. V. ACYLDERIV. 53-0430
(4-(2-HALOGEN-PYRIDYL-(4)-AMINOSULFONYL)-PHENYL-, DARST. 53-0431
DARST. V. SEK.- U. TERT.-(AMINODIBROMBENZYL)-CYCLOHEXYL-AMINEN 53-0455
N-AMINOMETHYL-UROTROPINIUM-SALZE, DARST. 53-0462
11-AMINO-DIBENZO-1.4-DIAZEPINE, DARST. 53-0470
17ALPHA-AMINO-PREGNANE, DARST. AUS D. AZIDOVERB. 53-0549
STEROID-, DARST. DURCH RED. D. AZIDOVERB. MIT NABH4 U. TRIS(ALPHA.ALPHA'-DIPYRIDYL)-KOBALT(II)-BROMID 53-0550
AMINOMETHYL-PHOSPHOR-VERB., DARST. AUS AMINEN, HCHO U. WEISSEM P 54-0243
ALKYLAMINOMETHYL-PHOSPHOR-VERB., DARST. AUS SEK. AMIN, HCHO U. H3PO2 54-0244
O-AMINOALKYL-SILANOLE, DARST. 54-0245
AMINO-CYMOLE, DARST. AUS CHLOR-TOLUIDINEN U. DIISOPROPYLAETHER 54-0265
N-ARYL-4-TERT.-BUTYL-CYCLOHEXYL-, DARST. AUS 4-TERT.-BUTYL-CYCLOHEXANON U. AROMAT. AMINEN 54-0302
AMINO-SULTONE, DARST. AUS 2-DIALKYLAMINOMETHYLEN-CYCLOHEXANONEN U. METHANSULFONSAEURE 54-0442
3-AMINO-ACRYLNITRILE, DARST. AUS PYRIMIDINEN 54-0445
2.6-DIDESOXY-D-ALTROSYL-(2)-, DARST. 54-0479
EN-, DARST. AUS KETONEN 55-0243
ALLYL-BIS-CYANALKYL-, DARST. AUS HALOGENNITRILEN U. ALLYLAMIN 55-0263
ALPHA-AMINOALKYL-PHOSPHONIGSAEUREN, DARST. AUS AZOMETHINEN U. H3PO2 55-0266
ARYL-2-SEK.-AMINOPROPYL-SULFONE, DARST. AUS ARYL-ALLYL-SULFONEN U. SEK. AMINEN 55-0276
CYCLOHEXEN-(4)-YLCARBONYLOXYAETHYL-, DARST. AUS BUTADIEN-(1.3) U. N.N-DISUBSTITUIERTEN ACRYLSAEURE-AMINOAETHYLESTERN 55-0310
DIARYLGLYKOYL-AMINOALKYL-, DARST. AUS N-ALKYL-OXAMID-ESTERN U. ARYL-MG-BROMIDEN 55-0323
BENZHYDRYL-, DARST. AUS BENZOPHENONIMIDEN IN ISOPROPANOL DURCH PHOTORED. 55-0324
N.N-DIALKYL-3.5-XYLIDINE, DARST. AUS 2.4.6-TRIMETHYL-PYRYLIUMPERCHLORAT U. SEK. AMINEN 55-0325
DIALKYLAMINO-TRANS-STILBENE, DARST. AUS 2.4.6-TRIMETHYL-PYRYLIUMPERCHLORAT , AROMAT. ALDEHYDEN U. SEK. AMINEN 55-0325
3-(2-AMINO-AETHYL)-BENZO(B)THIOPHENE, DARST. 55-0385
INDOLYLALKYL-, DARST. 55-0393

ALPHA-AMINO-THIOAMIDE, DARST. AUS IMIDAZOLIDIN-4-THIONEN 55-0408
AMINO-ISOXAZOLE, DARST. AUS D. ISOXAZOLONEN 55-0413
2-OXO-1.2-DIHYDRO-1.3.5-TRIAZINYL-(4)-, DARST. 55-0477

ALKATRIEN-(2.3.4)-YL-DIALKYL-, DARST. AUS DIALKYLAMINO-VINYLAETHINYL-ALKANEN 56-0316
P-FLUORSULFOOXY-ANILINE, DARST. AUS 1-PHENYL-1-DIFLUORAMINO-AETHANEN MIT HSO3F DURCH UMLAGER. 56-0361

(4-AMINOMETHYL-PHENYL)-DIALKYL-, DARST. AUS DIALKYLANILINEN,CH2O U. CYCL. SEK. AMINEN 56-0362
1-PHENYL-N-(TERT.-AMINO-ALKYL)-CYCLOHEXYL-, DARST. AUS CYCLOHEXANONEN, AMINEN U. PHENYL-LI 56-0409
TETRAHYDROINDAZOLYL-(3)-, DARST. AUS TETRAHYDRO-INDOXAZEN-3-CARBONSAEUREN U. HYDRAZINEN 56-0497
5-ANILINO-4H-1.2.4-TRIAZOLYL-(3)-, DARST. AUS ISODITHIOBIURETEN U. HYDRAZINHYDRAT 56-0523
DIMETHYLAMINOPYRIDAZINE, DARST. AUS CHLORPYRIDAZINEN U. DIMETHYLAMIN 56-0579
1-DIAETHYLAMINO-5.5-DIPHENYL-ALKINE-(2), DARST. AUS 4-DIAETHYLAMINO-1-CHLOR-BUTIN-(2) U. 1.1-DIPHENYL-ALKANEN 56-0599
TRANS-CARANYL-(5)-, DARST. 56-0667
(S)-OMEGA-PHENYL-2-METHYLAMINO-ALKANE, DARST. AUS D. RACEMATEN 57-0155
HALOGENALKYLMERCAPTO-, DARST. (UEBERSICHT) 57-0300
GUANYLMERCAPTOAETHYL-, DARST. AUS ALKYLAMINO-AETHYLBROMIDEN U. THIOHARNSTOFF 57-0319
ALPHA.BETA-DIAMINOSTYROLE, DARST. AUS ALPHA-CHLOR-PHENYLACETALDEHYD U. SEK. AMINEN 57-0397
1-ARYL-3-ARYLAMINO-DELTA(2)-BUTENTHIONE, DARST. 57-0398

BENZO(B)THIENYLMETHYL-, DARST. 57-0511
INDOLYL-(1)-PROPYL-, DARST. AUS 1-(2-CYAN-AETHYL)-INDOLEN 57-0514
4-(1-AMINOALKENYL)-OXAZOLIN-(2 ODER 3)-ONE-(5), DARST. AUS 1-AMINOALKINEN U. OXAZOLIN-(2)-ONEN-(5) 57-0536
(3-HYDROXY-ISOXAZOLYL-ALKYL)-, DARST. 57-0542
2-(TETRAZOLYL-(5))-DIPHENYL-, DARST. AUS ANTHRANILONITRILEN U. NAN3 57-0566
4-OXO-3.4-DIHYDROCHINAZOLINYL-(2)-, DARST. AUS 2-CHLOR-3H-CHINAZOLINONEN-(4) 57-0608
4-OXO-3.4-DIHYDROCHINAZOLINYL-(2)-, DARST. AUS ANTHRANILSAEUREHYDRAZIDEN U. AMEISENSAEURE 57-0608
3-AMINO-CHOLESTANE, DARST. 57-0739
POLYMETHYLENPOLY-, DARST. AUS NITRILEN 58-0383
POLYAMINO-POLYMETHYLENNITRILE, DARST. AUS AMINEN 58-0383

DIALKYL-(PROPIN-(1)-YL)- U. ALLEN-, DARST. AUS DIALKYL-(PROPIN-(2)-YL)-AMINEN DURCH ISOMERISIER. 58-0384

N-TRIALKYL-AETHYLENDI-, DARST. AUS AETHYLENDIAMINEN U. TRIALKYLSILYLCHLORIDEN 58-0393
OMEGA-PHENYLALKYL-, DARST. AUS OMEGA-CHLORCARBONSAEUREN 58-0430
PHENYL-DIAETHYLAMINO-ALKINE, DARST. AUS 1-PHENYL-1-METHOXY-PROPIN-(2) U. DIAETHYLAMINO-ALKYLCHLORID 58-0457

DIAETHYLAMINOCHLORALKANE, DARST. AUS DIAETHYLAMINOALKANOLEN U. THIONYLCHLORID 58-0493
3-SULFONAMIDO-CUMARINYL-(4)-, DARST. AUS 4-CHLOR-CUMARINYL-(3)-SULFOCHLORID U. PRIM. AMINEN 58-0676
(2-HYDROXIMINO-CYCLOALKYL)-DIMETHYL-, DARST. AUS ALPHA-CHLOROXIMEN BZW. DIMEREN ALPHA-CHLORNITROSOVERB. U. DIMETHYLAMIN 59-0316
AETHYLENDI-, DARST. AUS IMIDAZOLIUMJODIDEN U. NABH4 59-0326

ACETYLEN-, DARST. AUS DIAETHANOLAMIN-DIVINYLAETHER, PARAFORMALDEHYD U. ACETYLENEN 59-0330
2-ANILINO-2-PHENYL-AETHANPHOSPHONSAEUREESTER, DARST. AUS PHOSPHONSAEUREESTERN U. SCHIFFSCHEN BASEN 59-0385
ALPHA-AMINO-PHOSPHINOXIDE, DARST. AUS N-FLUORSULFONYL-ALDIMINEN U. SEK. PHOSPHINOXIDEN 59-0386
4.4'-BIS-(4-AMINO-BUTEN-(2)-YL)-DIPHENYLE, DARST. AUS AMINEN U. D. CHLORBUTENYLVERB. 59-0419
BENZILSAEURE-(3-DIALKYLAMINO-1-PHENYLPROPYLESTER), DARST. AUS BENZILSAEURE U. 1-CHLOR-1-ARYL-3-DIALKYLAMINOPROPANEN 59-0430
BENZILSAEURE-N-(DIALKYLAMINOALKYL)-ANILIDE, DARST. AUS N-(DIALKYLAMINOALKYL)-OXANILSAEUREAETHYLESTER U. ARYLMAGNESIUMHALOGENIDEN 59-0431
N.N.N'.N'-TETRAALKYL-PROPAN-1.3-DI-, DARST. AUS 1.1-DIALKYL-AZETIDINIUMVERB. U. SEK. AMINEN 59-0503
BENZOTHENYL-(3)-(2-CHLOR-AETHYL)-ALKYL-, DARST. 59-0524

3-PHENYL-ISOXAZOLYL-(4)-ALKYL-, DARST. 59-0554
ISOTHIAZOLYLMETHYL-, DARST. 59-0565
3(5)-AMINO-2H-THIOPYRAN-1.1-DIOXIDE, DARST. AUS PROPARGYL-SULFONEN U. AMINEN 59-0590
4-AMINO-CHINOLONE-(2), DARST. AUS ARYLISOCYANATEN MIT ACETYLENAMINEN 59-0599
1-(AMINOALKYL)-PIPERIDONE-(2), DARST. AUS 1-(AMINOALKYL)-PIPERIDINEN U. HG-ACETAT (MECHANISMUS) 59-0604

1-ANILINO-CYCLOPENTEN-2-CARBONSAEUREANILIDE, DARST. AUS 2-KETO-CYCLOPENTANCARBONSAEUREAETHYLESTER U. ANILINEN 59-0747
BLDG. DURCH LOSSENSCHE UMLAGER. V. HYDROXAMSAEUREN (KINETIK U. MECHANISMUS) 60-0287

SILYLALKYLAMINOAETHAN-THIOLE U. THIOSULFATE, DARST. 60-0362
ENAMINE, DARST. AUS PHENYL-FORMYL-ACETONITRIL U. SUBSTITUIERTEN FORMAMIDEN 60-0397
6-NITROPROPYL-CYCLOHEXENYL-(1)-, DARST. AUS NITROPROPENEN U. ENAMINEN 60-0411
N-(3-AMINO-PROPYL)-N-HETEROCYCLEN, DARST. AUS D. N-HETEROCYCLEN U. ACRYLNITRIL 60-0468
TETRAHYDROFURYL-(2)-, DARST. AUS ALPHA-CHLOR-TETRAHYDROFURAN U. AMINEN 60-0492
BENZO(B)THIENYL-(3)-ALKYL-, DARST. 60-0507
FURAZANYL-(3)- U. 3.3'-BIFURAZANYLYL-(4)- U. -PIKRYL-, DARST. 60-0559
PYRIDYL-ARYLAMINOMETHYLPHOSPHONSAEUREESTER, DARST. AUS PICOLINYLIDEN-(2)-ARYLAMINEN U. PHOSPHORIGSAEUREDIALKYLESTERN 60-0613
ARYL-(2.4-DIAMINO-5-FORMYL-PYRIMIDINYL-(6))-, DARST. 60-0631

DIALKYLAMINOALKYLAMINO-AZINO(BZW. IMIDAZO)PYRIDAZINE, DARST. AUS D. CHLORVERB. U. OMEGA-DIALKYLAMINO-ALKYLAMINEN 60-0635
9-AMINO-ACRIDINE, DARST. 60-0807
CYCLOHEXYL- BZW. DECALYL-DIMETHYL-, DARST. DURCH SCHMIDT-RK. BZW. AUS D. EPIMEREN TOSYLATEN 61-0273
2.2-DICYAN-VINYL-, DARST. AUS SUBSTITUIERTEN AETHYLENEN 61-0367
NIEDR. SD., DARST. AUS SAEURENITRILEN 61-0371
N.N-BIS-(TRIFLUORMETHYL)-AETHINYL-, DARST. 61-0373
ALPHA-AMINO-GAMMA-OXO-ALKYL-PHOSPHORIGSAEUREN, DARST. AUS BETA-CARBONYLENAMINEN MIT H3PO2 61-0376
POLYFLUORALKYL-, DARST. AUS HEXAFLUOR-ISOPROPYLIDENAMIN U. NUCLEOPHILEN KW-STOFFEN 61-0415
1-CHLOR-1-CYAN-2-AMINO-CYCLOBUTANE, DARST. AUS ALPHA-CHLOR-ACRYLNITRIL U. ENAMINEN 61-0509
1-DIALKYLAMINOALKYL-3-PHENYL-PIPERIDINE, DARST. AUS 3-PHENYL-PIPERIDIN 61-0635
1-AMINOALKYL-3-METHOXYPHENYL(NAPHTHYL-, TETRALYL-)-PIPERIDINE, DARST. 61-0636
2.2- DIMETHYL-1.2-DIHYDRO-CHINOLINYL-(4)-METHYL-, DARST. AUS 4-BROMMETHYL-2.2-DIMETHYL-1.2-DIHYDRO-CHINOLINEN U. AMINEN 61-0642
AMINO-CHINOLIZINIUMSALZE, DARST. AUS PYRIDINIUMSALZEN U. DIKETONEN 61-0645
4-AMINO-CINNOLINE, DARST. 61-0668
FERROCENYLMETHYL-DIMETHYL-, DARST. MIT TETRAMETHYL-DIAMINOMETHAN 62-0042
TERT.-N.N-DIMETHYL-, DARST. DURCH LEUCKART-RK. 62-0430

2-AMINOMETHYLEN-PYRROLENINE, DARST. AUS PYRROL-CARBALDEHYD-(2) U. SEK. AMINEN 62-0516
AMINO-CHLOR-PYRROLINDIONE, DARST. AUS DICHLORMALEIMIDEN U. AMINEN 62-0539
1-ARYL-2.5-BIS-(AMINOMETHYL)-PYRROLIDINE, DARST. 62-0541

AMINO-1.X-NAPHTHYRIDINE, DARST. AUS 1.X-NAPHTHYRIDINEN 62-0608
4-PHENYL-2.5-DIAMINO-PYRIDINE, DARST. 62-0616
2.6-DIAMINO-PURINE, DARST. AUS 2.4.6-TRIAMINO-5-NITROSO-PYRIMIDINEN U. AMEISENSAEURE 62-0644
HALOGEN-EN-, DARST. 62-0665
O.O'-BIS-(PYRIDYL-(4)-AMINO)-DIPHENYLDISULFIDE, DARST. DURCH SMILES-UMLAGER. 62-0667
4-AMINO-6-ALKOXY-1.3.5-TRIAZINYL-(2)-METHYL-, DARST. AUS N-AMIDINO-O-ALKYL-ISOHARNSTOFFEN, CHLORESSIGSAEUREAETHYLESTER U. AMINEN 62-0671
UNGESAETT. SEK., DARST. AUS ALDIMINEN U. ORGANOMETALLVERB. 63-0360
DIALKYLAMINOPENTADIENE, DARST. AUS N.N.N'.N'-TETRAALKYLMETHYLENDIAMINEN, ISOPREN U. ACETYLCHLORID IN CH2CL2 63-0404
METHACRYLSAEURE TERT.-AMINOALKYLESTER, DARST. AUS METHACRYLSAEURE U. AMINOALKOHOLEN (PHENTHIAZIN, NA-METHYLAT, TI-TETRABUTYLAT) 63-0405
(2-(P-HALOGEN-PHENYLMERCAPTO)-AETHYL)-AMINOMETHYLTHIOAETHER, DARST. AUS HALOGENPHENYLMERCAPTOAETHANTHIOLEN, AMINEN U. CH2O 63-0417
O-METHYLMERCAPTOMETHYL-ANILINE, DARST. AUS ANILINEN U. DMSO 63-0449
AMINODIPHENYLSULFIDE, DARST. 63-0472
1.3-DIAMINO-2-NITRO-CYCLOHEXANE, DARST. AUS GLUTARDIALDEHYD, NITRO-METHAN U. AMINEN 63-0481
2-AMINO-3-DEUTERO-TETRALINE, STEREOSPEZIF. SYNTH. AUS TRANS-1.4.4A.5.6.7.8.8A-OKTAHYDRO-NAPHTHALIN 63-0496
1-(3.3-DIARYL-PROPYLAMINO)-ADAMANTANE, DARST. AUS D. 3-ARYL-3-HYDROXY-PROPYLAMINO-VERB. NACH FRIEDEL-CRAFTS 63-0548

1-AMINOMETHYL-1.4-DIHYDRO-PYRROLO(3.4-B)INDOLE, DARST. AUS 4.5-DI-CARBAMOYL-PYRROLIDIN-2.3-DIONEN UEBER D. 3-PHENYLHYDRAZONO-VERB. (MECHANISMUS) 63-0615
3-(1-DIALKYLAMINO-ALKYL)-1.2.4-TRIAZOLIN-(2)-ONE-(5), DARST. AUS 1-DIALKYLAMINO-FETTSAEUREHYDRAZIDEN U. KCNO 63-0655

1-(2-DIALKYLAMINO-ACYLAMINO)-5-BENZAMIDO-GUANIDINE, DARST. AUS 1-DIALKYLAMINO-FETTSAEUREHYDRAZIDEN U. 5-PHENYL-2-AMINO-1.3.4-OXDIAZOL 63-0655
3-ARYL-PROPYLAMINE, 3-SUBSTITUIERTE, DARST. AUS 6-ARYL-TETRA-HYDRO-1.3-OXAZIN-2-ONEN 63-0723
HYDROXYCHLORPROMAZINE, DARST. AUS 2'-BROM-2-FORMAMIDO(AMINO)-DIPHENYLSULFIDEN 63-0725

12-AMINOACETYL-12H-BENZO(B)PHENOTHIAZINE, DARST. 63-0730
2-(OMEGA-DIALKYLAMINO-ALKYLAMINO)-3-(PYRIDYL-(2))-CHINOXALINE, DARST. AUS 2-CHLOR-3-(PYRIDYL-(2))-CHINOXALINEN U. OMEGA-DIALKYLAMINO-ALKYLAMINEN 63-0898
N-(1-ARYL-ALKYL)-ANILINE, DARST. AUS N-BEZYLIDEN-ANILINEN U. DIAETHYLCADMIUM BZW. -ZINK 64-0054
ACRYLSAEURE (BZW. 2-METHOXY-PROPIONSAEURE)-TERT.-AMINO-ALKYLESTER, DARST. AUS METHYLACRYLAT U. TERT.-AMINOALKOHOLEN 64-0386
N.N-DISUBSTITUIERTE ALKEN-(1)-YL-, DARST. (UEBERSICHT) 64-0392
VIC. ENDI-, DARST. AUS TERT.-BETA-DICHLOR-ALKYLAMINEN U. LI-DIALKYLAMIDEN 64-0397
(METH)ACRYLSAEURE-AMINOALKYLESTER, DARST. AUS AMINOALKOHOLEN U. ACRYLATEN 64-0400
BETA-ARYLAMINO-THIOZIMTSAEUREAMIDE, DARST. AUS ANILINEN U. BETA-HYDROXY-DITHIOZIMTSAEUREN 64-0470
OMEGA-DIMETHYLAMINO-ALKANBORONSAEUREN, DARST. AUS N.B-POLYMETHYLEN-DIMETHYLAMINBORANEN 64-0562
DIAMINO-FUROXANE, DARST. AUS DIAMINO-AMPHI-GLYOXIMEN 64-0657
2-DIMETHYLAMINO-3-KETONITRILE, DARST. AUS N.N-DIMETHYL-GLYCINONITRIL U. BENZOESAEUREMETHYLESTERN 64-0701
3-DIMETHYLAMINO-2-PYRIDONE, DARST. AUS AROYL-N.N-DIMETHYL-GLYCINONITRILEN U. ACETOPHENON 64-0701
2-(P-AMINO-PHENYL)-CHINOLINE, DARST. 64-0704
4-DIALKYLAMINO-BUTYRONITRILE, DARST. AUS 1.1-DIALKYL-DELTA(2)-TETRAHYDROPYRIDAZINIUMSALZEN 64-0738
2-AMINOALKYL-3.4-DIHYDRO-CHINAZOLINONE-(4), SYNTH. AUS N-AMINOACYL-ANTHRANILAMIDEN 64-0749
TETRAAMINOTETRADEOXYHEXAPYRANOSIDE, DARST. 64-0782
MENTHYL- U. CARVOMENTHYL-, DARST. AUS (-)-(MENTHON-OXIM) BZW. ISOMENTHON-OXIM 53-0542
ALPHA-AMINOALKYL-PHOSPHONIGSAEUREN, DARST. AUS PRIM. AMINEN, KETONEN U. H3PO2 55-0266
CARANYL-AMINE, SYNTH. 55-0544
SEK. U. TERT., DARST. AUS AMIDEN DURCH RED. MIT NABH4 UEBER IMIDOAETHER 56-0317
3-DIALKYLAMINO-PROPENYLPHOSPHONSAEUREN, DARST. AUS HALOGENALKENYLPHOSPHONSAEUREESTERN 56-0327
1-ARYL-2-CYAN-VINYL-, DARST. AUS BENZONITRILEN U. ACETONITRIL 56-0373
(4-DIARYLAMINO-BUTIN-(2)-YL)-DIALKYL-, DARST./AUS 4-DIALKYLAMINO-1-CHLOR-BUTINEN-(2) U. SEK. AROMAT. AMINEN 56-0599
ALKYLAMINO-3-AMINO-PYRIDINE(-CHINOLINE), DARST. AUS ALKYLAMINONITROPYRIDINEN (-CHINOLINEN) U. H2 (RANEY-NI) 57-0579
3.20-DIAMINO-PREGNENE-(5), DARST. 57-0677
POLYFLUORVINYL-, DARST. 58-0385
N-SULFANILYL-OXAMIDE, DARST. AUS D. ESTERN U. AMINEN 58-0410
3.6-DIAMINO-3.6-DIDESOXY-L-TALOSE-DERIV., DARST. 58-0690
AMINOBUTYLAMINOPROPYLAMINOAETHANTHIOLE, DARST. 59-0325
1.5-BIS-DIALKYLAMINO-2.3-DICHLOR-PENTENE-(2), DARST. AUS D. PENTINEN-(2) U. CL2 59-0329
AMINOARYL-ALKYLSILOXANE, DARST. AUS D. NITROVERB. 59-0384
ALPHA-AMINOMETHANPHOSPHONSAEUREN, DARST. AUS N-FLUORSULFONYL-ALDIMINEN U. DIALKYLPHOSPHITEN 59-0386
O(P)-AMINO-PHENYL-BENZOATE, DARST. AUS D. NITROVERB. 59-0446
3-(ALKYLAMINOMETHYL)-5(7)-HALOGEN-BENZO(B)THIOPHENE, DARST. 59-0525
CARANYL-, DARST. 59-0727
(3-ARYL-3-METHYLBUTYL)-DIMETHYL-, DARST. 60-0384
3-PHENYL-PROPIN-(2)-YL-MULTI-, DARST. AUS PHENYLACETYLEN U. POLY-DIMETHYLAMINO-METHANEN 60-0396
3.3-BIS-(P-AMINO-PHENYL)-PROPYLAMINE, DARST. 60-0421
N-SUBSTITUIERTE 3.3-DIPHENYL-PROPYLAMINE, DARST. 60-0422
(5H-DIBENZO(A,D)CYCLOHEPTENYL-(5))-PROPYL-, DARST. 60-0439
5-(2-FLUOR-AETHYLAMINO)-URACILE, DARST. AUS 5-AMINO-URACILEN U. 2-BROM-1-FLUOR-AETHAN 60-0630
N-AMINOALKYL-BENZOTHIAZEPINONE, -1.3-BENZOTHIAZINONE U. SAEURE-(N-AMINOALKYL-O-BENZYLMERCAPTO-ANILIDE), DARST. 60-0681
TERT., DARST. AUS SEK.- U. 1.1.1.3-TETRACHLOR-PROPAN 61-0372
BIS-BENZYLMERCAPTO-PROPYL-(2)-, DARST. AUS 2.3-DICHLOR-PROPYLAMINEN U. NA-BENZYLMERCAPTID 61-0574
2- U. 3-AMINO-5ALPHA-ANDROSTANE, DARST. 61-0791
1-AMINO-1-CHLOR-2-ACYL-ALKENE-(1), DARST. AUS 1-AMINO-ALKINEN-(1) 62-0357
HALOGEN-O-PHENYLENDI- , DARST. AUS BENZOTRIAZOLEN 62-0500
(METHOXY-6-NITRO-ACRIDINYL-(9))-(AMINOALKYL)-, DARST. AUS METHOXY-6-NITRO-9-CHLOR-ACRIDINEN U. DIALKYLAMINOALKYLAMINEN 62-0626
N-(PYRIMIDINYL-(4))-AETHYL-, DARST. AUS 4-CHLOR-PYRIMIDINEN U. BETA-ARYL-AETHYLAMINEN 62-0654
4-AMINO-6-ALKOXY-1.3.5-TRIAZIN-6-CARBONSAEUREDERIV., DARST. AUS N-AMIDINO-O-ALKYL-ISOHARNSTOFFEN U. ESTERN 62-0671
4-DIMETHYLAMINO-AZOBENZOLE, DARST. 63-0445
SILYLPHENYL-HYDROXY-PROPIONSAEUREAMINOAETHYLESTER, DARST. 63-0458
1.3-DIAMINO-2-NITRO-CYCLOHEXANE, DARST. AUS 2TRANS-NITRO-CYCLOHEXANDIOL-(1REF.3CIS) U. AMINEN 63-0481
AMINODEUTERO-1-TERT.-BUTYL-CYCLOHEXANE, STEREOSPEZIF. SYNTH. AUS 4-TERT.-BUTYL-CYCLOHEXEN-(1) 63-0496
CYCL. BETA-AMINOVINYLIMINE, DARST. AUS BETA-AETHOXY-VINYLIMINEN U. AROMAT. AMINEN 63-0529
5-(1-DIALKYLAMINO-ALKYL)-2-AMINO-1.3.4-OXADIAZOLE, DARST. AUS 1-DIALKYLAMINO-FETTSAEUREHYDRAZIDEN U. BRCN 63-0655
N-(4-(HETERO)ARYLAZO-5.6.7.8-TETRAHYDRO-NAPHTHYL-(1))-3-PIPERIDINO-PROPYLAMINE, DARST. 63-0675
1-ARALKYL-BUTEN-(3)-YL- U. 2-ARALKYL-PENTEN-(4)-YL-, DARST. AUS 2-ARALKYL-PENTEN-(4)-SAEUREDERIV. 63-0896
ALKENYL-, DARST. AUS ALKEN-(2)-YL-METALLVERB. U. AMINOAETHERN BZW. -THIOAETHERN 64-0373
1.2-DIMERCAPTO-4-AMINO-BUTADIENE, DARST. AUS ENINAMINEN U. MERCAPTANEN 64-0399
P-BICYCLOALKYL-ANILINE, DARST. AUS P-BICYCLOALKYL-ACETANILIDEN ODER -BENZOESAEUREAMIDEN 64-0541
OMEGA-DIMETHYLAMINO-ALKENE-(1), DARST. 64-0562
DIAMINO-AMPHI-GLYOXIME, DARST. AUS DICHLORGLYOXIMDIACETAT U. AMINEN 64-0657
ISO(THIO)CHROMANYL-(1)-ALKYL-, DARST. AUS AMINOALKYLCHLORIDEN U. 1-CYAN-ISOCHROMAN BZW. -ISOTHIOCHROMANE 64-0663
ENIN-, DARST. AUS HETEROCYCL. AMINEN U. DIACETYLEN 64-0703
N-(PYRIMIDINYL-(4))-AETHYL-, DARST. AUS 4.6-DICHLOR-PYRIMIDINEN U. ARYLAETHYLAMINEN 64-0735
N- U. ISOALKYL-, TRENN. UEBER N-SILYL-DERIV. 59-0338

AMINE (PHYSIKAL. EIGENSCHAFTEN)
BORAZINYL-DIALKYL-, IR -SPEKTREN 54-0063
AMINOMETHYL-PHOSPHOR-VERB., IR-SPEKTREN 54-0243
P-AMINOAZOBENZOLE, STRUKTUR U. UV- U. SICHTBARE ABSORPT.-MAX. IN SAURER LSG. 56-0103
ANILINE, LAD.-UEBERTRAG.-KOMPLEXE MIT JCN, IR 58-0096
ANILINE, UV-SPEKTREN 60-0078
N-(OMEGA-(P-NITRO-PHENYL)-ALKYL)-ANILINE, UV 60-0153
ANILINE U. AMINOPYRIDINE, UV 63-0123
AMINPIKRATE, IR-SPEKTREN 63-0124
5-SUBSTITUIERTE 2-NITRO-ANILINE, UV (SUBSTITUENTEN-EINFL.) 63-0217
AROMAT., BERECHN. D. ELEKTRONENUEBERGAENGE 64-0158
AMINPIKRATE, UV-SPEKTREN 63-0124
1-PHENYLAETHYLAMINDERIV., ORD 55-0048
ALPHA- U. BETA- ARYLALKYL-, ORD 58-0077
N-(PYRIDYL-(2)-N-OXID)-, ORD, 3. MITT. 61-0066
ALPHA.ALPHA'- DIARYLAMINO-BIBENZYLE, SPONTANE RACEMATSPALT. 64-0090
ANILINE, KERR-KONST. IN NICHTPOLAREN FL. 61-0071
ANILINE, KERR-KONST. 62-0066
2.6-DISUBSTITUIERTE ANILINE, GEHINDERTE ROTAT. 62-0122
ALKYLAMIN-NI-KOMPLEXE, MO-BERECHN. 63-0009
AROMAT. VERHAELTNIS ZWISCHEN PK U. MOL.-ORBITAL 53-0115
N-(OMEGA-(P-NITRO-PHENYL)-ALKYL)-ANILINE, INTRAMOL. CHARGE-TRANSFER 60-0153
AROMAT., BERECHN. D. BINDUNGSLAENGEN U. ELEKTRONENDICHTE 64-0158
(PHENOTHIAZINYL-(10)-ALKYL)-DIMETHYL-, MASSENSPEKTREN 60-0138
ANILINE, DIPOLMOMENT U. KONFORM. 60-0173
ANILINE, MOL.-POLARISIERBARK. U. DIPOLMOMENTE 61-0071
ANILINE, DIPOLMOMENTE 62-0066
CHLOR-ANILINE U. AMINOPYRIDINE, DIPOLMOMENTE U. DK 63-0117
HETEROAROMAT. ALKYL-, MASSENSPEKTREN (ALKYLWANDER. U. NITREN-FORMIMIN-ELIMINIER.) 63-0165
DIPOLMOMENTE 64-0094
AROMAT., BERECHN. D. IONISIER.-POTENTIALS U. D. DIPOLMOMENTS 64-0158
ANILINE, NMR-SPEKTREN (EINFL. D. LSGM.) 54-0072
NMR V. GEMISCHEN MIT MERCAPTANEN (AUSTAUSCH-EFFEKTE) 55-0082
SULFANILAMIDE, NMR -UNTERS. V. N(1)-SUBSTITUENTENEFFEKTEN 60-0087
1.2-DIARYL-4-DIMETHYLAMINO-BUTENE-(1), NMR 61-0141
AROMAT., U. AMIDE, NMR-SPEKTREN, 1. MITT. (NMR (LINEARE BEZIEH. ZWISCHEN AMINOPROTONENVERSCHIEB. U. HAMMETT-KONST.)) 62-0076
AROMAT.-, EINFL. AUF NMR V. NITROALKANEN 64-0121
2.6-DISUBSTITUIERTE ANILINE, NMR 62-0122
ALKYLAMIN-NI-KOMPLEXE, NMR 63-0009
AETHYLENDI-, PROTONIER.-KONST. 53-0014
AROMAT., BASIZITAET 53-0115
BIPHENYLYL-(4)-, DISSOZIAT.-KONST. 54-0132
ALPHA-(TRICHLORMETHYL)-, BASIZITAET 57-0179
ENAMINE, VERGLEICHENDE BASIZITAET SUNTERS. 57-0183
3-NITROALKYL-, IONISAT.-KONST. 57-0184
AROMAT. U. HETEROCYCL., DISSOZIAT. IN WSS. ORGAN. LSGM. 57-0191
AROMAT., KATHOD. ADSORPT. AN PT, WRKG. ALS KORROS.-INHIBITOREN (POTENTIOSTAT. UNTERS.) 62-0189

AMINPIKRATE, DISSOZIAT.-KONST. 63-0124
BASIZITAET IN D. GASPHASE (SUBSTITUENTENEINFL.) 63-0218
ANILINE, DISSOZIAT. IN DMSO 63-0220
O-PHENYLENDI-, PK-WERTE IN WSS. H2SO4 U. HAMMETT'SCHE SAEUREFUNKT. 63-0223
ALKYL- U. DIMETHYLAMMONIUMIONEN, PK-WERTE (STRUKTUREINFL.) 63-0230
ANILINE, PK IN W.-N-METHYL-ACETAMID-GEMISCHEN 63-0232
P-BICYCLOALKYL-ANILINE, PK-WERTE 64-0541
DISSOZIAT.-KONST. IN DMSO U. ACETONITRIL 57-0187
5-SUBSTITUIERTE 2-NITRO-ANILINE, PK(A)-WERTE (SUBSTITUENTEN-EINFL.) 63-0217
ANILINE, SELBSTASSOZIAT. (BIND.-ENERGIE) 56-0184
AMINOMETHYL-PHOSPHOR-VERB., OBERFLAECHENSPANN. 54-0243
PRIM. AROMAT., DUENNSCHICHTCHROMATOGRAPHIE 1. MITT. 55-0601
CL-SUBSTITUIERTE AROMAT., CHROMATOGRAPHIE , 2. MITT. 55-0602
AMINOMETHYL-PHOSPHOR-VERB., LOESLICHK. 54-0243
SULFO-NAPHTHYL-,(CLEVE-SAEUREN), LOESLICHK.-DIAGRAMM D. SYST. MIT NA(+)-MG(2+)-CL(-)-W. 58-0022
AMINE (REAKTIONEN)
EN-, IN SYNTH., 14. MITT. 53-0234
EN-, IN SYNTH., 13. MITT. 53-0472
CYANAETHYL-EN-, RK. ZU TRICYCL. N- U. O-HETEROCYCLEN 55-0366
SULFANILAMIDE, REAKTIVITAET D. AMINOGRUPPE , 2. MITT. 56-0213
EN-IN SYNTH., 16. MITT. 56-0295
EN- IN SYNTH., 17. MITT. 56-0296
EN- IN SYNTH., 15. MITT. 56-0384
RK. 16.MITT. 56-0463
3-PHENYL-PROPIN-(2)-YL-MULTI-, RK. 60-0396
AROMAT., DURCH IONENAUSTAUSCHERHARZE KATALYSIERTE RK. 61-0305
S-AMINOALKYL-ISOTHIURONIUM-DIBROMIDE , POTENTIOMETR. TITRAT. 62-0265
RK. MIT NUCLEOPHILEN VERB. (KINETIK) 63-0237
O-AMINONITRILE, SYNTH. V. HETEROCYCLEN AUS -, 30. MITT. 63-0818
2-DIALKYLAMINO-2-PHENYL-ACETONITRILE, KATALYT. ALKYLIER. 64-0455
DIPHENYL-, UMLAGER., 1. MITT. 54-0437
AMINO-HETEROAROMATEN, REVERSIBLE HYDROLYT. RINGOEFFN., 2.MITT. 57-0222
AMINO-HETEROAROMATEN, REVERSIBLE HYDROLYT. RINGOEFFN. 57-0223
PYRIDYL-(4)-, SELEKTIVE DEUTERIER. 57-0593
O-TERT.-AMINO-ARYLDIAZOSULFONSAEUREN, CYCLISIER. 61-0524
ALPHA-AMINO-ACETALDEHYDDIMETHYLACETALE, CYCLISIER. DURCH EINW. V. SAEUREN 62-0679
P-AMINO-AZOVERB., TAUTOMERES GLEICHGEW. IN SAURER LSG., 5. MITT. 64-0213
N-TRIALKYL-AETHYLENDI-, ANION. UMLAGER. IN GGW. V. N-BUTYLLITHIUM 58-0393
DIAETHYLAMINOCHLORALKANE, ISOMERISIER. 58-0493
3-DIALKYLAMINO-PROPYLCHLORIDE, CYCLISIER. ZU 1.1-DIALKYL-AZETIDINIUMCHLORIDEN (GLEICHGEW.-KONST.) 59-0503
DIALKYLAMINOAZOBENZOLE, TAUTOMERIE 64-0213
PYRAZOLON-(5)-YL-(4)-, PHCTOLYSE IN W. 54-0382
AMINOKETOXIME, FRAGMENTIER., 4. MITT. 56-0241
ALPHA-AMINO-KETOXIME, FRAGMENTIER., 5. MITT. 56-0561
GAMMA-AMINO-KETOXIME, VERS. D. 7-ZENTREN-FRAGMENTIER. 58-0284
ANILINHALOGENDERIV., PHOTOCHEMIE, 4. MITT. 58-0313
POLYFLUORVINYL-, UMLAGER. U. PYROLYSE 58-0305
AROMAT. TERT., DESALKYLIER. DURCH TRIAETHYLAMMONIUM-FORMIAT BZW. TRIMETHYLAMMONIUM-FORMIAT 58-0429
BENZHYDRYL-, PHOTOLYT. FRAGMENTIER. 58-0478
BENZYL-, PHOTOLYT. FRAGMENTIER. 58-0478
2-AZOXY-BENZOESAEUREN BZW. ALKALI-SALZE, PYROLYSE 59-0377
TRITHIOKOHLENSAEURE-OMEGA-AMINOALKYLESTER, ZERS. BEIM KOCHEN BZW. MIT ALKOHOL. HCL, DANN KOCHEN MIT H2O2 62-0497
AMINODEUTERO-1-TERT.-BUTYL-CYCLOHEXANE U. 2-AMINO-3-DEUTERO-TETRALINE, DESAMINIER. 63-0496
(2-HYDROXIMINO-CYCLOALKYL)-DIMETHYL-, BECKMANN-FRAGMENTIER. 59-0316
AMINO-P-MENTHANE, RK. MIT PERESSIGSAEURE 53-0543
TERT.-, DEHYDRIER. MIT HG(II)-AEDTA 13. MITT. 54-0413
TERT. STEROID-, OX. MIT CRO3-PY. 55-0553
TERT., DEHYDRIER. MIT HG(II)-AETHYLENDIAMINTETRAACETAT, 14.MITT. 58-0647
TERT., OX. MIT HYDROPEROXIDEN 59-0277
OX., 1. MITT. 60-0238
OX., 5. MITT. 62-0203
EN-, PHOTOOX. 62-0303
ENAMINE, PHOTOOX. 62-0801
POLYCHLOR-PYRIDIN-, OX. MIT PEROXYSAEUREN 63-0690
TERT., OXYDATIVE SPALT. MIT WSS. BROM BEI 25 GRAD 64-0344
AROMAT. DI-, OX. MIT MNO2 64-0449
ALIPHAT., OX. MIT PERMANGANAT (MECHANISMUS, KINETIK, ISOTOPENEFFEKT) 62-0203
HYDRIER. 56-0599
1.3-BIS-BENZYLMERCAPTO-PROPYL-(2)-, RED. 61-0574
EN-, HYDROGENOLYSE , 1. MITT. 64-0606
MERCURIERTE, SELEKTIVE RED. 56-0261
AETHYLENDI- KOMPLEXBLDG. N-SUBSTITUIERTER AETHYLENDIAMINE MIT CU(II), STABILITAETSKONST. 53-0014
DESAMINIER. V. EINFACHEN ALIPHAT. AMINEN IN PROTONENFREIEN MEDIEN 53-0177
PRIM. AROMAT., RK. MIT S2CL2 (HERZ-RK., MECHANISMUS) 53-0396
MENTHYL- U. CARVOMENTHYL-, DESAMINIER. (PROD.-ZUS.) 53-0544
BENZYL-, KOMPLEXBLDG. MIT LI2PDCL4 IN K2PTCL4 59-0090
ALKYLENDIAMIN-PT-KOMPLEXE, DEPROTONIER. DURCH BASEN 59-0093
AROMAT., BROMIER. (KINETIK, MECHANISMUS) 1. MITT. 59-0216
AROMAT., BROMIER. (KINETIK, MECHANISMUS) 2. MITT. 59-0217
AROMAT., BROMIER. (KINETIK, MECHANISMUS) 59-0218
AMINOARYL-ALKYLSILOXANE, DIAZOTIER. 59-0384
ANILINE, ADDUKTBLDG. MIT ALCL3 (KINETIK) 60-0025
TRIALKYL-, RK. MIT HNO3 IN GGW. V. ACETANHYDRID U. ESSIGSAEURE 61-0204
AMINOCHINOLIZINIUMSALZE, RK. MIT BR2 BZW. HNO2 61-0646
ARALKYLOXYCARBONYL-SCHUTZGRUPPEN, SELEKTIVE SPALT. MIT 80 PZIG. ESSIGSAEURE 62-0363
ANILINE, APROT. DIAZOTIER. IN GGW. V. J2 (MECHANISMUS) 62-0399
ARYL-, APROT. DIAZOTIER. IN SUBSTITUIERTEN BZL. 62-0436
HALOGEN-EN-, HYDROLYSE 62-0665
OMEGA-DIMETHYLAMINO-ALKENE-(1), RK. MIT NABH4 64-0562
TERT. ARYL-, BROMIER. (KINETIK) 59-0216
PRIM., RK. MIT PF5 62-0398
1.4-PHOTOADDIT. AN BZL. 54-0191
ANILINE, PI-KOMPLEXE MIT BZL. (BLDG.-ENERGIE) 56-0183
ALIPHAT., RK. MIT OLEFINEN (TERT.-BUTYLPEROXID) 58-0275
LI-DIALKYLAMIDE, RK. MIT VINYL-PHENYL-ACETYLEN 62-0416
HETEROCYCL. ADDIT. AN DIACETYLEN 64-0703
AMINOESTER D. ACRYL- U. METHACRYLSAEURE, KONDENS. MIT DIENEN, 1. MITT. 55-0310
TERT.-, ALKYLIER. AN D. ALPHA-STELL. (MECHANISMUS) 56-0360
RK. MIT HALOGENALKANEN, 1. MITT. 60-0301
EN-, RK. MIT STYROLOXID 62-0517
N-(2-CYAN-AETHYL)-ARYLAMINE, N- U. C-TRITYLIER. 58-0496
SEK., RK. MIT 1.1.1.3-TETRACHLOR-PROPAN 61-0372
CYCLOHEXYL- BZW. DECALYL-DIMETHYL-, RK. MIT CH3J (KINETIK) 61-0273
ARALKYL-, RK. MIT NITROSOBENZOLEN 57-0378
2-(PYRIDYL-(4))-AETHYL-, BASEN-KATALYSIERTE ELIMINIER.-RK. 61-0631
AMIN-NICHTMETALLFLUORIDE, DEHYDROFLUORIER., 2. MITT. 62-0398
ALPHA-HALOGENIERTE RK. MIT PHENOLAETHERN 53-0261
RK. MIT CHLORHYDRINEN U. ALPHA-OXIDEN D. DIACETYLENREIHE, 1. MITT. 58-0582
RK. MIT 2.2'-DIHYDROXY-BIPHENYL BZW. 2.2'-DIHYDROXY-BINAPHTHYL-(1.1') BZW. 1.8-DIHYDROXY-NAPHTHALIN U. TICL4 59-0053
DI-, SELEKTIVE BIS-BETA-HYDROXYAETHYLIER. D. SCHWAECHER BAS. AMINOGRUPPE 59-0373
O(P)-AMINO-PHENYL-BENZOATE, DIAZOTIER. U. KUPPL. MIT NAPHTHOL-(2) 59-0446
TERT., RK. MIT PHENYL-GLYCIDYL-AETHER IN PHENOL (KINETIK) 61-0274
TRITYL-, RK. MIT ALKOHOLEN ZU TRITYL-AETHERN 63-0507
MOL.-KOMPLEXE MIT ACETYLENDIOLEN 63-0511
DI-, SELEKTIVE HYDROXYALKYLIER. 64-0401
OMEGA-DIMETHYLAMINO-ALKENE-(1), RK. MIT TRIAETHYLAMIN-BORAN 64-0562
HALOGENALKYL-, RK. MIT INDOLYLMAGNESIUMJODIDEN 55-0393
POLYCHLOR-EN-, RK. MIT MAGNESIUMORGAN. VERB. 59-0374
AROMAT., RK. MIT ACRYLOYL-ISOTHIOCYANAT ODER METHACRYLOYL-ISOTHIOCYANAT 53-0458
TERT.-, SPALT. MIT CHLORAMEISENSAEURE-PHENYLESTER 54-0517
PHENYLENDI-, RK. MIT ISOTHIOCYANATEN 55-0418
CYCLOHEXEN-EN-, RK. MIT PHENYLISOTHIOCYANAT 56-0581
PRIM. -, RK. MIT 1-ACYLSEMICARBAZIDEN 59-0570
ANILINE, RK. MIT PHENYL-ISOTHIOCYANATEN (KINETIK, HAMMETT-KONST. U. CHEM. VERSCHIEB.) 63-0297
PRIM. AROMAT., RK. MIT SCHWEFELKOHLENSTOFF U. DICYCLOHEXYLCARBONDIIMID 63-0442
PRIM. U. SEK. --, RK. MIT FLAVONEN (MECHANISMUS) 54-0316
AROMAT., RED.-MITTEL FUER AROMAT. KETONE 57-0261
3-HYDROXY-PHENAETHYL-, RK. MIT ALDEHYDEN U. KETONEN 57-0679
BETA.GAMMA-UNGESAETT., KONDENS. MIT FORMALDEHYD 62-0636

RK. MIT 2-(ALPHA-AMINO-BENZYL)-INDENONEN BZW. 3-AMINO-2-BENZAL-INDANONEN, KINETIK 63-0526
RK. MIT 1.8-TRIMETHYLEN-CHINISATINHYDRAT 64-0708
RK. MIT 2-AMINO-3-PHENACYL-1.3.4-OXADIAZOLIUMBROMIDEN 54-0377
PHOTORK. MIT 2-CYANCHINOLIN-1-OXIDEN 56-0556
RK. MIT THIAMIN, 1. MITT. 56-0731
EN- DIPOLARE CYCLOADDIT.-RK. MIT NITRONEN 53-0380
RK. MIT 2-CYAN-5-METHYL-3.1-BENZOXAZEPIN 56-0557
RK. MIT BROM-CARBONSAEURENITRILEN 60-0361
EN-, RK. MIT 2-CHLOR-ACRYLNITRIL 61-0509
PHOTOCHEM. 1-ALKYLIER. V. AMINEN DURCH BENZOESAEUREESTER 53-0197
RK. MIT TRITHION U. SEINEN SALZEN ZU 3-AMINO-THIOACRYLAMIDEN 53-0360
RK. MIT N.N-DIMETHYL-FORMAMID-AZIN 53-0392
TOLUIDINE, FORMYLIER. U. CHLORIER. 54-0265
RK. MIT AZLACTONEN , 2. MITT. 54-0383
DI-, RK. MIT POLY-GAMMA-METHYL-L-GLUTAMAT (C6H11NO4)X 55-0584
CYCLOALKENYL-(1)-, ACYLIER. , 2. MITT. (NMR-UNTERS.) 56-0385
EN-, AUS CYCLANONEN, ACYLIER. , 1. MITT. (MECHANISMUS) 56-0404
EN-, RK. MIT ALPHA-CYAN-ZIMTSAEUREAMID 56-0568
DI-, RK. MIT O-METHOXYCARBONYL-PHENYL-ISOTHIOCYANAT 56-0590
ACYLIER. DURCH RK. MIT VINYLESTERN 57-0277
AROMAT. N.N-DIALKYL-, RK. MIT BENZOYL-PEROXID, 2. MITT. 57-0343
ANILINE, RK. MIT BENZOYL-PEROXID 57-0343
AROMAT. N.N-DIALKYL-, RK. MIT BENZOYL-PEROXID, 3. MITT. 57-0344
SCHWACH BAS., RK. MIT DICHLORESSIGSAEURE (KONDUKTOMETR. GLEICHGEW.-BEST.) 58-0182
DIAETHYLAMINOCHLORALKANE, RK. MIT BENZILSAEURE 58-0493
AROMAT., IN D. AMINOMETHYLIER. V. SAEUREAMIDEN 60-0382
PRIM. U. SEK. AROMAT., RK. MIT CEPHALOSPORANSAEUREN 60-0799
RK. MIT PHENYLACETATEN (STRUKTUR-REAKTIVITAETS-BEZIEH.) 63-0237
RK. MIT METHYLFORMIAT (KINETIK) 63-0260
PRIM. AROMAT., RK. MIT DIACETYLPEROXID 63-0447
S(N)2- RK. MIT METHYLPERCHLORAT IN METHANOL (KINETIK) 55-0180
PRIM. AROMAT., RK. MIT TRIS-(DIAETHYLAMINO)-PHOSPHIN 58-0038
RK. MIT ARYLPHOSPHATEN (KINETIK) 58-0262
RK. MIT ISOPENTYLNITRIT (MECHANISMUS) 58-0336
SELEKTIVE PHOSPHORYLIER. MIT BARIUM-(1-METHYL-IMIDAZOLIO-(3)-PHOSPHONAT)-CHLORID BZW. BARIUM-BIS-(GAMMA-PICOLINIUMPHOSPHAT) 63-0399
EINFL. AUF D. PHOTORED. V. AROMAT. KETONEN (KINETIK) 57-0266
EINFL. AUF DEN STER. VERLAUF DER UV-INDUZIERTEN PINAKOLBLDG. AUS (7-(14)C)ACETOPHENON 61-0472
TERT., EINFL. AUF D. RK. V. ALKYL-MG-VERB. MIT KETONEN 64-0365

AMINE (BIOCHEMIE)
3.20-DIAMINO-PREGNENE-(5), WRKG. AUF DNS AUS E. COLI 57-0677
N-SULFANILYL-OXAMIDE, BAKTERIOSTAT. WRKG. 58-0410
(METHOXY-6-NITRO-ACRIDINYL-(9))-(AMINOALKYL)-, ANTIMIKROBIELLE WRKG. 62-0626
4-DIMETHYLAMINO-AZOBENZOLE, HEMM. V. ESCHERICHIA COLI 63-0445
N-(4-(HETERO)ARYLAZO-5.6.7.8-TETRAHYDRO-NAPHTHYL-(1))-3-PIPERIDINO-PROPYLAMINE, HEMM. V. MYCOBACTERIUM TUBERCULOSIS U. M. LEPRAEMURIUM 63-0675
BEZIEH. ZWISCHEN STRUKTUR U. BAKTERIOSTAT. AKTIVITAET AUF GRAMPOSITIVE U. GRAMNEGATIVE ZELLEN 63-0886
GUANYLMERCAPTOAETHYL-, WRKG. AUF STREPTOCOCCUS PYOGENES U. STAPHYLOCOCCUS AUREUS 57-0319
3-(ALKYLAMINOMETHYL)-5(7)-HALOGEN-BENZO(B)THIOPHENE, ANTISEROTONINAKTIVITAET 59-0525
5-(2-FLUOR-AETHYLAMINO)-URACILE, KEINE ANTITUMOR-WRKG. 60-0630
SILYLPHENYL-HYDROXY-PROPIONSAEUREAMINOAETHYLESTER, ANTICHOLINERG. WRKG. 63-0458
1-ARALKYL-BUTEN-(3)-YL- U. 2-ARALKYL-PENTEN-(4)-YL-, PHARMAKOLOG. EIG. 63-0896
ISO(THIO)CHROMANYL-(1)-ALKYL-, ANTITUSSIVE U. SPASMOLYT. WRKG. 64-0663
9-AMINO-ACRIDINE, INDUKT. V. LUNGENTUMORFLUORESZENZ BEI RATTEN 60-0807
3-(4-PHENYLPIPERIDINO)-PROPYLDERIV., PHARMAKOLOG. WRKG. 53-0414
ALKYLAMINO-3-AMINO-PYRIDINE(-CHINOLINE), PHARMAKOLOG. UNTERS. 57-0579
CYCLOPROPYL-, WRKG. ALS MONOAMINOXYDASEHEMMER, KYNURAMIN-OXYDANS U. DOPA-STIMULANS 57-0804
PHENYL-DIAETHYLAMINO-ALKINE, CHOLINOLYT. WRKG. 58-0457
AMINOBUTYLAMINOPROPYLAMINOAETHANTHIOLE, POTENTIELLE STRAHLENSCHUTZWRKG. 59-0325
(3-ARYL-3-METHYLBUTYL)-DIMETHYL-, ANALGET. WRKG. 60-0384
(5H-DIBENZO(A,D)CYCLOHEPTENYL-(5))-PROPYL-, ANTIDEPRESSIVA 60-0439
N-AMINOALKYL-BENZOTHIAZEPINONE, -1.3-BENZOTHIAZINONE U. SAEURE-(N-AMINOALKYL-O-BENZYLMERCAPTO-ANILIDE), ANTIDEPRESSIVE U. ANTISEROTONIN-WRKG. 60-0681
2-(TETRAZOLYL-(5))-DIPHENYL-, ANTIPHLOGIST. WRKG. 57-0566
4-OXO-3.4-DIHYDROCHINAZOLINYL-(2)-, ANTIHYPERTENSIVE WRKG. 57-0608

AMINE (ANALYSE)
PRIM. ALIPHAT., NACHW. MIT DIBEPIN 2 60-0844
5-AMINO-PYRIMIDINE, NACHW. DURCH FARBRK. MIT BINDON 62-0859

AMINIERUNG
REDUKTIVE, 2. MITT. 57-0337
V. OLEFINEN (MECHANISMUS) 58-0275
N-, V. PYRROLEN MIT O-(2.4-DINITRO-PHENYL)-HYDROXYLAMIN 60-0327
V. 6-BROM- U. 5-BROM-4-TERT.-BUTYL-PYRIMIDIN (MECHANISMUS) 56-0585
V. CHLORNITRO-2.1.3-BENZTHIADIAZOLEN 62-0586
TRANS- V. 1-METHYL-4-FORMYL-PYRIDINIUMJODID (KINETIK, MECHANISMUS, PH-ABHAENGIGK.) 63-0325
REDUKTIVE, V. HYDROXY-PIVALINSAEURE 57-0337
N-, V. IMIDEN MIT O-(2.4-DINITRO-PHENYL)-HYDROXYLAMIN 60-0327
N-, V. SULFONAMIDEN MIT O-(2.4-DINITRO-PHENYL)-HYDROXYLAMIN 60-0327
V. N.N'-DI-BENZOLSULFONYL-1.4-BENZOCHINONDIIMINEN 64-0636
TRANS- ZWISCHEN TRIS-(DIAETHYLAMINO)-PHOSPHIN U. PRIM. AROMAT. AMINEN 58-0038

AMINIMINE
AMINIMIDE, 6. MITT. 62-0344
AMINIMIDE, DARST. AUS CARBONSAEUREESTERN, UNSYMM. DISUBSTITUIERTEN HYDRAZINEN U. EPOXIDEN 62-0344

AMINOAETHER
ALPHA- V. HYDROPYRAZINEN U. HYDROPYRIMIDINEN, KONSTIT. 62-0649
2-AMINOAETHYLVINYLAETHER DARST. 53-0214
AMINOMETHYL-PHENOLAETHER, DARST. DURCH AMINOMETHYLIER. D. PHENOLAETHER 53-0261
1-ALKOXY-5-DIALKYLAMINO-PENTINE, DARST. AUS 1-ALKOXY-PROPINEN U. 1-BROM-2-DIALKYLAMINO-AETHANEN 53-0293
2'-ALKOXY-2'-NITROANILINO-ACETOPHENONE, DARST. AUS PHENYLGLYOXAL-HYDRAT U. NITROANILINEN 57-0379
1-TRIALKOXYPHENYL-2-AMINOPROPANE, DARST. AUS D. NITROPROPENEN 57-0380
6-(AMINOAETHOXY)-NICOTINSAEUREDERIV., DARST. AUS HYDROXYBERNSTEINSAEURE BZW. ACETESSIGSAEURE-AETHYLESTER 57-0596
DIALKYL- U. DIARYLOXY-ALKYLAMINE, DARST. 59-0331
1-PHENYL-1-AMINOALKYL-CYCLOHEXYLAETHER, DARST. AUS 1-PHENYL-CYCLOHEXANOLEN U. AMINOALKYLCHLORIDEN 64-0494
2-ARYLOXY-1-PHENYLAETHYL-AKYLAMINE, DARST. DURCH LEUCKART-RK. V. BETA-ARYLOXYACETOPHENONEN U. ALKYLIER. 55-0457
2-ALKOXYAETHYLAMINO-INDANDIONE-(1.3), DARST. AUS 2-AETHYLENIMINO-2-PHENYL-INDANDION-(1.3)-PIKRAT U. ALKOHOLEN 59-0435
ALPHA- V. HYDROPYRAZINEN U. HYDROPYRIMIDINEN, DARST. AUS 2-SULFANILAMIDO-PYRAZINEN BZW. -PYRIMIDINEN 62-0649
AMINO-PHENOLAETHER, OX. U. SPALT. MIT NAJO4 58-0435
2-ALKOXYAETHYLAMINO-INDANDIONE-(1.3), RK. MIT TERT. AMINEN 59-0435
N-(PHENOXYAETHYL)-CYCLOPROPYLAMINE, HEMM. V. MONOAMINO-OXYDASE (EINFL. D. KONSTIT.) 60-0812
2-AMINOAETHYLVINYLAETHER, ANALEPT. WRKG. 53-0214
2-ARYLOXY-1-PHENYLAETHYL-AKYLAMINE, LOKALANAESTHET. WRKG. D. HYDROCHLORIDE 55-0457
1-PHENYL-1-AMINOALKYL-CYCLOHEXYLAETHER, CORONAR- U. KREISLAUFWIRKSAMK. SOWIE BLUTDRUCKSENKENDER EFFEKT D. QUATERNAEREN SALZE 64-0494

AMINOALDEHYDE
2-ALKYL-3-DIMETHYLAMINO-ACROLEINE, DARST. AUS DIMETHYLFORMAMID U. ALKYLMALONSAEUREN 54-0237
3-AMINO-ACROLEINE, DARST. AUS BETA-PHENOXYACROLEIN U. AMINEN 60-0336
ALPHA-, DARST. AUS SEK. AMINEN U. ALPHA-BROM-ALDEHYDEN 60-0358
UNGESAETT. N.N-DIMETHYL-, INNERE ROTAT. (NMR-UNTERS.) 56-0153

AMINOALKOHOLE
* AMINOPHENOLE S. DORT
GEM., 2. MITT. 53-0265
AMINOALKOHOLE D. ACETYLENREIHE, 4. MITT. 53-0293
D. TRANS-DECALINS, REAKTIVITAET, 2. MITT. 57-0443
THYRONIN U. THYROXINAEHNL., 3. MITT. 58-0436
THYRONIN- U. THYROXINAEHNL., 3. MITT. 58-0437
D. ACETYLENREIHE, 6. MITT. 58-0457
HETEROCYCL. PSEUDOBAS., 33. MITT. 60-0610
2-AMINO-CYCLOHEXANOLE-(1), KONFORM. 64-0107
2-AMINO-TETRALOLE, KONFIG. 64-0163
1-ALKYL-TRANS-2-AMINO-CYCLOPENTANOLE-(1), ROTAT.-ISOMERIE 64-0167
M-DIDESOXY-INOSAMINE, KONFIG. U. KONFORM. 59-0111
DIASTEREOMERE 1.2-, KONFORM.-ANALYSE 63-0322

4-AMINO-2-BUTINOLE, DARST. AUS ACETYLENAETHERN BZW. -ALKOHOLEN U. IMMONIUMSALZEN 54-0315
1'-HYDROXY-BETA-ALKYLAMINO-CHALKONE, DARST. AUS FLAVONEN MIT AMINEN 54-0316
ALPHA.BETA-DI-, DARST. AUS ALPHA.BETA-DIAMINOCARBONSAEUREESTERN MIT LIALH4 56-0318
1-PHENYL-3-AMINO-PROPANOLE, DARST. AUS LI-DERIV. V. KETONEN U. AMINOAETHYLCHLORIDEN 56-0405
(AMINO-AETHINYL)-ALKOHOLE, DARST. AUS KETONEN U. LI-(AMINO-ACETYLENIDEN) 57-0275
1-AMINO-ALKIN-(3)-OLE-(2), DARST. AUS 1.2-EPOXYALKINEN-(3) U. CYCL. SEK. AMINEN 57-0618
M-DIDESOXY-INOSAMINE, DARST. 59-0111
6-(OMEGA-AMINO-1-HYDROXY-ALKYL)-BENZOTHIAZOLE, DARST. 60-0462
F-HALT. 4-(2-AMINO-1-HYDROXY-AETHYL)-CHINOLINE,, DARST. 60-0588
2-DESOXY-INOSADIAMINE-1.3, DARST. AUS 2.6-DINITRO-PYROGALLOL 61-0690
INOSADIAMINE, DARST. 62-0431
DARST. AUS AMINEN U. EPOXIDEN 63-0405
1-(3-ARYL-3-HYDROXY-PROPYLAMINO)-ADAMANTANE, DARST. AUS D. 3-OXO-VERB. 63-0548
DIARYL-TERT.-AMINOMETHYL-CARBINOLE, DARST. AUS NA-TERT.-AMINOMETHANSULFONATEN U. DIARYLKETON-DI-NA-VERB. 63-0715
DARST. AUS ALKYLAMINEN U. ALKYLENOXIDEN 64-0400
N.N-BIS-HYDROXYAETHYL-DIAMINE, DARST. DURCH SELEKTIVE HYDROXYAETHYLIER. 64-0401
BIS-(2-HYDROXYAETHYLAMINOMETHYL)-AROMATEN, DARST. AUS AMINOAETHANOLEN U. BIS-CHLORMETHYL--AROMATEN 64-0523
N.N-DIALKYL-1-(2-ARYL-CHINOLINYL-(4))-AETHANOLAMINE, DARST. AUS 2CINCHONINSAEUREN 63-0676
SUBSTITUIERTE, MASSENSPEKTREN 60-0133
M-DIDESOXY-INOSAMINE, NMR 59-0111
DIALKYL-, RK. MIT PHOSGEN 62-0572
1.2-DIARYL-4-DIMETHYLAMINO-BUTANOLE-(2), ELIMINIER. AN -, 3. MITT. 61-0141
3-AMINO-2-HYDROXY-TRANS-DECALINE, RK. MIT NANO2 57-0443
ACETYLENAMINOALKOHOLE, VERAETHER. 53-0293
BETA-HYDROXY-TERT.-AMINE, RK. MIT CHLORKOHLENSAEUREESTERN 58-0380
DIASTEREOMERE,1.2-, SYN-PARALLELE CYCLISIER. MIT KETONEN (EINFL. STER. FAKTOREN, KINETIK) 63-0322
TERT.-, RK. MIT METHYLACRYLAT 64-0386
RK. MIT METHACRYLSAEURE-METHYLESTER 64-0400
N.N-DIALKYL-1-(2-ARYL-CHINOLINYL-(4))-AETHANOLAMINE, ANIMALARIA-WRKG. GEGEN PLASMODIUM BERGHEI BEI MAEUSEN 63-0676
6-(OMEGA-AMINO-1-HYDROXY-ALKYL)-BENZOTHIAZOLE, ANTIMALARIAWRKG. 60-0462
F-HALT. 4-(2-AMINO-1-HYDROXY-AETHYL)-CHINOLINE, ANTIMALARIA-WRKG. 60-0588
METHADOL- U. NORMETHADOLDERIV., ANALGET. WRKG. (EINFL. D. KONFIG.) 63-0902
TRIFLUORACETYL- BRENZCATECHIN-, GASCHROMATOGRAPH. NACHW. 64-0935
AMINOALKYLIERUNG
* S. UNTER KONDENSATIONSREAKTIONEN
AMINOKETONE (ALLGEMEINES)
* S. AUCH MANNICH-BASEN
AMINOALKYLIERTE BICYCLO-ALKANONE,6. MITT. 53-0319
CHEMIE D. CYCL. ENAMINKETONE 1.MITT. C- U. O-METHYLLIER., STER. U. LSGM.-EINFL. 53-0439
AMINOKETONE (DARSTELLUNG)
AMINOMETHYL-NORBORNANONE, DARST. 53-0319
AMINO-CHINONE, DARST. AUS 2.5-DIMETHOXY-P-BENZOCHINONEN U. AMINEN 54-0259
1' HYDROXY-BETA-ALKYLAMINO-CHALKONE, DARST. AUS FLAVONEN U. AMINEN 54-0316
AMINOACRYLOYL-CYCLOHEXANONE, DARST. AUS 2-(DIALKYLAMINOMETHYLEN)-CYCLOHEXANON U. KETEN 54-0442
(2-PROPYLAMINO-VINYL)-KETONE, DARST. AUS N-PROPEN-(1)-YL-N-PROPYL-ACYLAMINEN 55-0260
ALPHA-, DARST. AUS ALPHA-HYDROXY-IMINEN 55-0289
2-AMINOAETHYL-CYCLOALKANDIONE-(1.3), DARST. AUS D. NITROAETHYLVERB. 55-0390
7-AMINO-PHENOXAZONE,DARST. AUS P-BENZOCHINON-DICHLORDIIMID U. PHENOLEN 55-0597
1-DIALKYLAMINO-4-ALKYLMERCAPTO-1-BUTENONE, DARST. AUS 1-DIALKYLAMINO-4-ALKYLMERCAPTO-BUTEN-(1)-INEN-(3) 56-0111
2-DIMETHYLAMINO-3-ALKYL-CYCLOHEXANONE, DARST. 56-0391
1-PHENYL-4-AMINO-BUTANOLONE, DARST. AUS DI-LI-KETONEN U. AMINOAETHYLNITRILEN 56-0405
PHENYL-(AETHOXY-NITROANILINOMETHYL)-KETONE, DARST. AUS PHENYLGLYOXAL-HYDRAT U. NITROANILINEN 57-0379
1-AMINO-2-BENZOYL-ANTHRACHINONE, DARST. 58-0089
6-ARYLAMINO-NAPHTH(2.3-C)ACRIDANTRIONE-(5.8.14),, DARST. 58-0089
PHENACYLAMINE, DARST. AUS ACETOPHENON-O-BENZOYL-OXIMEN (NEBER-UMLAGER.) 58-0419
2-AMINO-INDANDIONE-(1.3), DARST. AUS AMINEN U. INDANDIONEN-(1.3) IN GGW. V. BR2 58-0498
2-ARYLIMINIO-4-ARYLAMINO-CYCLOBUTEN-1-ON-3-OXIDE, DARST. AUS QUADRATSAEURE U. ARYLAMINEN 59-0417
2-(3-AMINO-PROPIONYL)-ANTHRACHINONE, DARST. AUS 2-ACETYL-ANTHRACHINON, SYMM.-TRIOXAN U. SEK. AMINEN 59-0453
BIS-(CHLORAETHYLAMINO)-METHYL-CYCLOALKENONE, DARST. AUS CYCLOALKENONEN U. BIS-(2-CHLORAETHYL)-AMIN-HYDROCHLORID 59-0457
AMINOMETHYL-HETEROCYCLOALKANONE-(3), DARST. DURCH AMINOMETHYLIER. 59-0494
(1-ACETOXY-2-DIALKYLAMINO-VINYL)-KETONE, DARST. AUS METHYL-BETA-DIALKYLAMINO-VINYLKETONEN U. BLEI-TETRAACETAT 60-0359
ALKYLAMINO-ANTHRACHINONE, DARST. AUS CHLORANTHRACHINONEN IN DMF 60-0435
QUADRATSAEUREAMIDE, DARST. AUS 3.4-DIAETHOXY-CYCLOBUTEN-(3)-DION-(1.2) U. AMINEN 61-0096
2-AMINO-BENZOPHENONE, DARST. AUS 3-PHENYL-OXINDOLEN DURCH OX. 62-0495
4-DIALKYLAMINOMETHYL-ACRIDONE, DARST. AUS 4-N'.N'-DIALKYL-AMINO-9-CHLOR-ACRIDINEN 62-0606
TRIMETHYL-3-AMINOMETHYL-PIPERIDONE-(4), DARST. AUS 1.2.5-TRIMETHYL-PIPERIDON-(4), FORMALDEHYD U. AMINEN 62-0613
1.4-BIS-ALKYLAMINO-ANTHRACHINONE, DARST. AUS CHINIZARINEN U. ALKYLENDIAMINEN 62-0660
ALPHA-(P-ANISIDINO)-DESOXY-BENZOINE, DARST. AUS ALPHA-BROM-DESOXYBENZOINEN U. P-ANISIDIN 63-0282
AMINOMETHYL-(2-SUBSTITUIERTE AETHYL)-, DARST. 63-0423
2-(ALPHA-AMINO-BENZYL)-4.4-DIMETHYL-1-OXO-1.4-DIHYDRO-NAPHTHALINE, DARST. AUS D. ALPHA-BROM-VERB. 63-0524
3-AMINO-2-BENZAL-INDANONE, DARST. AUS 3-BROM-2-BENZAL-1-INDANON U. AMINEN (KINETIK) 63-0525
1-(3-ARYL-3-OXO-PROPYLAMINO)-ADAMANTANE, DARST. AUS 1-AMINO-ADAMANTANHYDROCHLORID, HCHO, CH2O U. ALKYLARYLKETONEN 63-0548
3-(1-AMINO-AETHYLIDEN)-5-ARYLIDEN-THIOPHAN-2.4-DIONE,, DARST. 63-0613
(2.4-DIBENZOYL-BUTYL-(1))-DIAETHYLAMINE, DARST. AUS 1.5-DIPHENYL-PENTANDIONEN-(1.5), CH2O U. DIAETHYLAMIN 64-0454
1-AMINO-1.5-DIPHENYL-3-OXO-PENTEN-(1)-INE-(4), DARST. AUS DIPHENYLAETHINYLKETON U. AMINEN 64-0578
ALKYL(ARYL)AMINO-ANTHRA(1.2-C)-1.2.5-THIADIAZOLDIONE, DARST. AUS ANTHRA(1.2-C)-1.2.5-THIADIAZOLDION-(6.11) U. ANILINEN 64-0651
4-AMINO-ANTHRA(1.2-C)-1.2.5-OXADIAZOLDIONE-(6.11), DARST. AUS ANTHRA(1.2-C)-1.2.5-OXADIAZOLDION-(6.11) U. AMINEN 64-0653
2-DIMETHYLAMINO-3-KETO-NITRILE, DARST. AUS N.N-DIMETHYL-GLYCINONITRIL U. BENZOESAEUREMETHYLESTERN 64-0701
3-AMINOACETYL-BENZO(B)THIOPHENE, DARST. 55-0384
2-ALKYLAMINO-2-PHENYL-INDANDIONE-(1.3), DARST. AUS 2-AETHYLENIMINO-2-PHENYL-INDANDION-(1.3)-PIKRAT U. ALKOHOLEN 59-0435
ALPHA-, DARST. AUS ACYLOINEN U. SEK. AMINEN 60-0465
AMINOKETONE (PHYSIKAL. EIGENSCHAFTEN)
3-ARYLAMINOMETHYL-NAPHTHO-CHINONE-(1.4), SPEKTRUM (INTRAMOL. CHARGE-TRANSFER-WECHSELWRKG.) 56-0102
1-AMINO-2-BENZOYL-ANTHRACHINONE, ELEKTRONENSPEKTREN 58-0089
6-ARYLAMINO-NAPHTH(2.3-C)ACRIDANTRIONE-(5.8.14), ELEKTRONENSPEKTREN 58-0089
5.5-DIMETHYL-3-OXO-DELTA(1)-CYCLOHEXENYL-AMINE, COTTON-EFFEKT 64-0083
UNGESAETT. N.N-DIMETHYL-, INNERE ROTAT. (NMR-UNTERS.) 56-0153
ALPHA-, MASSENSPEKTREN 60-0465
ALPHA-DIMETHYLAMINO-KETONE, MASSENSPEKTREN 61-0110
QUADRATSAEUREAMIDE, NMR 61-0096
AMINOKETONE (REAKTIONEN)
RK. ZU HETEROCYCLEN , 12. MITT. 55-0443
RK. ZU HETEROCYCLEN, 13. MITT. 64-0695
2-(N-ALKYL-ANILINO)-1.4-NAPHTHOCHINONE, PHOTOCHEM. CYCLISIER. 62-0663
2-AMINOAETHYL-CYCLOALKANDIONE-(1.3), CYCLISIER. 55-0390
3-AMINOACETYL-BENZO(B)THIOPHENE, RED. 55-0384
BETA-DIALKYLAMINO-PROPIOPHENONE, RK. MIT N-HETEROCYCLEN 59-0281
2-ALKYLAMINO-2-PHENYL-INDANDIONE-(1.3), RK. MIT TERT. AMINEN 59-0435
2-(ALPHA-AMINO-BENZYL)-INDENONE, AMIN-AUSTAUSCH-RK. (KINETIK) 63-0526
BETA-DIALKYLAMINO-PROPIOPHENONE, RK. MIT BETA-NAPHTHOL 59-0281
BETA-, RK. MIT THIOPHENOLEN 56-0347
AMINOKETONE (BIOCHEMIE)
4-DIALKYLAMINOMETHYL-ACRIDONE, ANTITUMOR-AKTIVITAET 62-0606
7-AMINO-PHENOXAZONE,EIGN. ALS SAEURE-BASE-INDIKATOREN 55-0597
AMINOLYSE
* S. UNTER SOLVOLYSE
AMINOMETHYLIERUNG
* S. UNTER KONDENSATIONSREAKTIONEN
AMINOPHENOLE
O-(1-AMINOALKYL)-PHENOLE, DARST. 58-0671
4-METHYLMERCAPTO-2-DIALKYLAMINO-METHYL-PHENOLE, DARST. NACH MANNICH 63-0451

N-ACYL-AMINOSAEURE-DIMETHYLAMINOPHENYLESTER, DARST. AUS N-ACYL-AMINOSAEUREN U. DIMETHYLAMINOPHENOLEN 64-0408
3-AMINOMETHYL-5-HYDROXY-BENZO(B)THIOPHENE, DARST. 57-0497
HYDROXY-SULFONAPHTHYLAMINE, KUPPL. ZU PRIM. DIAZOFARBSTOFFEN 58-0506
O-, RK. MIT SUBSTITUIERTEN P-BENZOCHINONEN 61-0678
3-AMINOMETHYL-5-HYDROXY-BENZO(B)THIOPHENE, MONOAMINOOXYDASEHEMM. 57-0497
3.5-DIHYDROXY-PHENAETHYLAMINE U. NOREPINEPHRINE, NOREPINEPHRIN-FREISETZENDE AKTIVITAET AM HERZEN (MAUS) 63-0893

AMINOSAEUREN (ALLGEMEINES)
U. PEPTIDE, 74. MITT. 53-0568
U. PEPTIDE, 75. MITT. 53-0569
U. PEPTIDE, 76. MITT. 54-0065
U. PEPTIDE GEBUNDEN AN STEROIDE, 2. MITT. 56-0702
U. PEPTIDE, 26. MITT. 56-0727
U. PEPTIDE, 78. MITT. 57-0750
U. PEPTIDE, 27. MITT. 57-0752
U. PEPTIDE, 28. MITT. 58-0802
ALPHA- U. DERIV., 2. MITT. 59-0324
U. PEPTIDE, 2. MITT. 60-0603
U. PEPTIDE, 79. MITT. 61-0558
U. PEPTIDE, 16. MITT. 61-0799
ALPHA-ALKYL-ALPHA-, 9. MITT. 62-0558
CHEMIE, 4. MITT. 62-0603
U. PEPTIDE, 29. MITT. 62-0816
U. PEPTIDE, 4. MITT. 63-0406
3-ARYL-2-METHYLSERINE, 1. MITT. 63-0453
3-ARYL-2-METHYL-SERINE, 2.MITT. 63-0454
U. PEPTIDE, 7. MITT. 63-0847
AEDTE U. AEDTE-ANALOGE, KOMPLEXVERB. MIT GERMANIUMSAEURE, 1.MITT. 64-0058
5. MITT. 62-0558
DEKALIN-, KONFIG. 56-0509
U. PEPTIDE, 77. MITT. 55-0562

AMINOSAEUREN (VORKOMMEN, DARSTELLUNG)
U. GAMMA-GLUTAMYLDERIV. IN SAMEN V. LUNARIA ANNUA, 3. MITT. 54-0587
PHTHALYL-BETA-ALANYL-, DARST. AUS PHTHALYL-BETA-ALANIN-ANHYDRID U. AMINOSAEUREESTERN U. HYDROLYSE 53-0233
LANGKETT. OMEGA-, DARST. LANGKETT. OMEGA-AMINOSAEUREN AUS 2-(MORPHOLINO-CYCLOHEXENYL)-1-AZA-CYCLOALKENEN 53-0234
SCHIFFSCHE BASEN V. AMINOSAEURE-AMIDEN, DARST. 53-0238
CYSTATHIONIN-DERIV., DARST. 53-0568
N-CARBONYL-, DARST. AUS D. AMINOESTERN U. PHOSGEN 54-0238
N-PHOSPHINOACYL-, DARST. AUS PHOSPHINOCARBONSAEUREN 54-0241
PIPERIDINOXYCARBONYL-, DARST. AUS ALPHA-ISOCYANATO-CARBONSAEUREESTERN U. 1-HYDROXYPIPERIDIN (AMINO-SCHUTZGRUPPE) 54-0416
N-SUBSTITUIERTE-3-AMINOPROPANSAEUREN, SYNTH. U. RK., 3. MITT. 55-0264
3-BENZOYLAMINO-PROPANSAEUREN, DARST. AUS 3-HYDROXY-CARBONSAEUREESTERN U. BENZONITRIL 55-0264
BETA-, ESTER, DARST. AUS AMINEN U. CROTONSAEURE-AETHYLESTER 55-0391
ALIPHAT. MONOFLUOR-, DARST. 56-0319
METHIONINE U. SELENOMETHIONINE, DARST. AUS S-BENZYL-HOMOCYSTEINEN BZW. IHREN SE-ANALOGEN 56-0320
HYDROXYAMINOSAEURE-ALKYL-ALDEHYDACETALE, DARST. 56-0321
ALIPHAT. FLUOR-, DARST. 56-0322
4-HYDROXY- U. 4-METHOXY-NAPHTHYL-(1)-ALANINE, DARST. 56-0419
DEKALIN-, DARST. AUS DEKALIN-SPIROHYDANTOINEN 56-0509
OMEGA-, DARST. AUS CYCLANON-MANNICHBASEN, 1. MITT. 56-0552
2-CARBOXYALKYLAMINO-PYRIDIN-1-OXIDE, DARST. MIT 2-FLUOR-PYRIDIN-N-OXID 56-0722
N-(2-NITRO-PHENYLSULFENYL)-TERT.-BUTOXY-, ESTER, DARST. AUS TERT.-BUTOXY-AMINOSAEUREN 57-0335
N-TERT.-BUTYLOXYCARBONYL-, (2.4.5-TRICHLOR-PHENYLESTER), SYNTH. AUS D. SAEUREN MIT 2.4.5-TRICHLOR-PHENOL 57-0338
P-DIALKYLAMINOACYLAMIDO-PHENOLAETHER,DARST. 57-0382
ACYL-, AMIDE, DARST. AUS ALKYLIDEN-PSEUDOXAZOLONEN-(5) U. SEK. AMINEN 57-0537
O-GLUTARIMIDO-, DARST. 57-0751
-PIPERIDYL-(1)-ESTER, DARST. AUS 1-HYDROXY-PIPERIDIN U. AMINOSAEUREN 57-0752
ALLEN., DARST. AUS ALLENALDEHYDEN 58-0362
ALLEN., DARST. AUS BROMALLENEN U. FORMAMINO-MALONSAEURE-DIAETHYLESTER 58-0363
GLYCIN- U. L-SERINDERIV. D. LYCOMARASMINREIHE, DARST. 58-0389
N-ARYLSULFONYL-N-ARYL-BETA-ALANINDERIV., DARST. 58-0409
N-ALKYL-PHENYLALANINE, DARST. AUS DL-PHENYLALANIN U. ALPHA.BETA-UNGESAETT. VERB. 58-0438
N-ALKYL-EPSILON-AMINOCAPRONSAEUREN, DARST. AUS EPSILON-AMINOCAPRONSAEURE U. ALPHA.BETA-UNGESAETT. VERB. 58-0438
ANTHRANILSAEUREMETHYLESTER, BLDG. AUS O-NITROTOLUOLEN IN METHANOL BEI HOHEN TEMP. 59-038
N-BENZYLAMINOACYL-O-METHYL-ISOHARNSTOFFE, DARST. AUS BENZOYLAMINOSAEURE-AZLACTONEN, -ANHYDRIDEN BZW. -P-NITROPHENYLESTERN U. O-METHYLISOHARNSTOFF 59-0369
CYCLOALKENALANINE, DARST. AUS CYCLOALKEN-METHYLBROMIDEN BZW. -ACETALDEHYDEN 60-0412
N-METHYL-HISTIDINE, DARST. 60-0528
PHOTOSYNTH. AUS AETHYLENGLYKOL U. HYDROXYLAMIN 60-078
N-(PYRIDYL-(2)-N-OXID)-AMINOSAEUREAMIDE, DARST. 61-0067
2-(2-CARBOOXY-ANILINO)-CARBONSAEUREAMIDE, DARST. AUS ANTHRANILSAEURE-AETHYLESTER, ISOCYANATEN U. DIAZOALKANEN 61-0423
BETA-AMINO-CARBONSAEUREESTER, DARST. AUS D. ALPHA.BETA-UNGESAETT. VERB. 61-0460
ALIPHAT., SYNTH. AUS THIOPHENDERIV., 10. MITT. 61-0550
BLDG. AUS METHAN , NH3 U. H2O (GLIMMENTLAD.) 62-0359
BETA-, DARST. AUS ALPHA,BETA-UNGESAETT. NITRILEN 62-0361
3-(P-AMINO-PHENYLSULFONYL)-PROPIONSAEUREDERIV., DARST. 62-0379
1-GLYCYL-PYRAZOLINE, DARST. AUS 1-(CHLORACETYL)-3.5.5-TRIMETHYL-PYRAZOLIN U. SEK. AMINEN 62-0557
2.1.3-BENZTHIADIAZOLYL-ALANINE, DARST. , AUS (2.2-DICARBAETHOXY-2-ACETYLAMINO-AETHYL)-2.1.3-BENZTHIADIAZOLEN 62-0587
BETA-PYRIMIDYL-(1)-ALPHA-ALANINE, DARST. 62-0656
PEPTID-BETA-METHYLSULFONYL-AETHYLESTER, DARST. AUS BETA-METHYLMERCAPTO-AETHYLESTERN 62-0812
N-ACYLCYSTEINE, DARST. AUS CYSTEINEN BZW. CYSTIN 63-0408
N'-SUBSTITUIERTE GLYCINHYDRAZIDE U. N(CONH2)-SUBSTITUIERTE GLYCINAMIDE, DARST. 63-0423
N-(2-METHYLMERCAPTO-PYRIMIDINYL-(4))-, DARST. AUS 2-METHYLMERCAPTO-4-CHLOR-PYRIMIDIN U. AMINOSAEUREN ODER AMINOSAEURETRIMETHYLSILYLESTERN 63-0696
N-HETEROAROMAT. ANTHRANILSAEUREN, DARST. AUS ANTHRANILSAEURE U. SUBSTITUIERTEN PYRIMIDINEN 63-0710
N-AROYL-ANTHRANILSAEUREN, DARST. AUS 4H-3.1-BENZOXAZINONEN-(4) 63-0724
BLDG. AUS NH3, CH4 U. W. 64-0404
ALPHA-CHLOR-BETA-CHLORCARBONYL-ENAMINE, DARST. AUS PHOSGEN U. N.N-DISUBSTITUIERTEN SAEUREAMIDEN 64-0406
N-ACYL-AMINOSAEURE-DIMETHYLAMINOPHENYLESTER, DARST. 64-0408
GAMMA-BENZYLMERCAPTO- U. -SELENO-, DARST. AUS 5-BENZYLMERCAPTO(SELENO)ALKYL-HYDANTOINEN 64-0411
(14)C-AMINOBENZOESAEUREN, DARST. AUS (2.3.4.5-(14)C4) TOLUOL 64-0458
N-SUBSTITUIERTE 3-AMINOPROPANSAEUREN, SYNTH. U. UMWANDL., 4. MITT. 64-0491
9-AMINOACYL-XANTHYDROLE-(9), DARST. 64-0664
-PLASMALOGENE, DARST. 56-0321
N-(5-NITRO-6-METHYLPYRIDYL-(2))-, DARST. AUS 2-FLUOR-5-NITRO-6-METHYL-PYRIDIN U. AMINOSAEUREN 56-0550
N-TERT.-BUTYLOXYCARBONYL-, DARST. MIT TERT.-BUTYL-(2.4.5-TRICHLOR-PHENYL)-CARBONAT 57-0338
N-ACYL-AMINOSAEURE-PHENYLHYDRAZIDE, DARST. 58-0792
ALPHA.BETA- DIAMINO-CARBONSAEURENITRILE, DARST. AUS BROM-CARBONSAEURENITRILEN 60-0361
ANTHRANILSAEUREESTER, DARST. AUS ISATOSAEUREANHYDRIDEN U. ALKOHOLEN 60-0387
N-AMINOGUANYL-, DARST. AUS AMINOSAEUREN U. S-METHYL-ISOTHIOSEMICARBAZID-HYDROJODID ODER N-P-TOLUOLSULFONYL-IMINODITHIOKOHLENSAEUREDIMETHYLESTER 61-0374
N-ACETYL-N-(AMINO-TRIJOD-PHENYL)-BETA-, DARST. 62-0408
3-ARYL-2-METHYLSERINE, DARST. AUS PROPIONSAEUREESTERN 63-0453
ALPHA-AMINO-SAEUREAMIDE, DARST. AUS ALPHA-AMINO-SAEURE-AETHYLESTERN U. AMINOMAGNESIUM-VERB. 63-0456
(1-ACYLAMINO-CYCLOHEXYL)-ESSIGSAEUREN, DARST. AUS (1-HYDROXY-CYCLOHEXYL)-ESSIGSAEURE-AETHYLESTER U. NITRILEN 64-0491

AMINOSAEUREN (PHYSIKAL. EIGENSCHAFTEN)
UV-ABSORPT. 58-0079
KUPFER(II)-AMINOSAEUREKOMPLEXE, ZIRKULARDICHROISMUS 58-0004
ORD U. CD 58-0079
N-(PYRIDYL-(2)-N-OXID)-, ORD 61-0066
CU-CHELATE, ZIRKULARDICHROISMUS 62-0001
CARBOBENZOXY-, ORD (LSGM.-EFFEKT) 62-0059
N-(5.5-DIMETHYL-3-OXO-CYCLOHEXEN-(1)-YL)-, ORD 64-0084
N-(PYRIDYL-(2)-N-OXID)-AMINOSAEUREAMIDE, ORD 61-0067
ALPHA-, ROTATIONSISOMERIE 56-0119
MASSENSPEKTREN V. - U. PEPTIDDERIV., 1. MITT. 61-0122
PEPTIDDERIV., MASSENSPEKTREN, 2. MITT. 64-0156
N-BENZYLOXYCARBONYLDERIV., MASSENSPEKTREN 61-0122
PHTHALOYL-, MASSENSPEKTREN 64-0156
ALPHA-, KMR 56-0119
(N.N.O-D3), ESR NACH GAMMA-BESTRAHL. 56-0133
(13)C-NMR ALS FUNKT. V. PH 64-0127
ESR NACH GAMMA-BESTRAHL. 56-0133
ALKYLENDIAMIN-ESSIGSAEUREN, PROTONIER.-KONST. 56-0190

DEKALIN-, PK-WERTE 56-0509
P-AMINO-BENZOESAEUREN, PK -WERTE (STRUKTUREINFL.) 63-0230

AMINOBENZOESAEUREN, PK-BEST. IN EISESSIG 64-0222
NITRANILINO-, CHLORANILINONITRO- U. NITROPYRIDYLAMINOBENZOESAEUREN, PK(2) 64-0229
NITRODIPHENYLAMINCARBONSAEUREN, PK IN W.-ISOPROPANOL-GEMISCHEN 64-0232
N-ALKYL-PHENYLALANINE, BASIZITAET (SUBSTITUENTENEINFL.) 58-0438
N-ALKYL-EPSILON-AMINOCAPRONSAEUREN, BASIZITAET (SUBSTITUENTENEINFL.) 58-0438
AG-KOMPLEXE V. POLYAMINCPOLYCARBONSAEUREN, STABILITAETSKONST. 64-0023
CU-CHELATE, STABILITAETSKONST. 62-0001
DUENNSCHICHT CHROMATO-ELEKTROPHORESE AUF CELLULOSEPULVER, 4. MITT. 55-0598
DUENNSCHICHT CHROMATO-ELEKTROPHORESE AUF CELLULOSEPULVER, 5. MITT. 55-0599
LOESLICHK. IN W., INTERMOL. WECHSELWRKG. 64-0205

AMINOSAEUREN (REAKTIONEN)
RK. V. --, PEPTIDEN U. PROTEINEN MIT ALPHA.BETA-UNGESAETT. VERB., 9.MITT. 58-0438
-BETA-METHYLSULFONYL-AETHYLESTER, VERW. IN D. PEPTIDSYNTH. 62-0812
-METHYLSULFONYL-AETHYLESTER, VERW. IN D. PEPTID-SYNTH. ALS COOH-SCHUTZGRUPPE 62-0812
N-(2.4-DINITROPHENYL)-DERIV., CYCLISIER. ZU BENZIMIDAZOL-1-OXIDEN 53-0374
N-CHLORACETYL-ARYL-, PHOTOCYCLISIER. 58-0680
3-ARYL-2-METHYL-SERINE, INVERS. D. ERYTHRO- U. THREO-FORMEN 63-0454
N-(2.4-DINITRO-PHENYL)-, PHOTO-RK. ZU 6-NITRO-BENZIMIDAZOL-1-OXIDEN 53-0375
ALPHA-, HYPOHALOGENIT-INDUZIERTE OXYDATIVE DECARBOXYLIER. 57-0483
ALPHA-, THERM. DECARBOXYLIER. IN GGW. V. KETONEN 58-0555
N-ACYL-AMINOSAEURE-PHENYLHYDRAZIDE, PEPTIDSYNTH. DURCH OX. V. -, 2. MITT. 58-0792
BETA-AMINO-ALPHA.BETA-UNGESAETT. ESTER, HYDRIER. (PD-KOHLE) 61-0460
CARBOBENZOXY-, SELEKTIVE RED. D. CARBOBENZOXYGRUPPE 64-0878
POLYAMINOPOLYCARBOXYLATE, KOMPLEXBLDG. MIT TL(I) U. TL(III) 56-0043
POLYAMINOPOLYCARBOXYLATE, KOMPLEXBLDG. MIT DREI- U. VIERWERT. METALLIONEN 56-0044
ASPARAGIN- BZW. GLUTAMINDERIV., RK. MIT PHOSGEN 61-0375
ARALKYLOXYCARBONYL-AMINOSCHUTZGRUPPEN, SELEKTIVE SPALT. MIT 80 PZIG. ESSIGSAEURE 62-0363
AMINOSAEUREESTER-N.N-DIESSIGSAEUREN, HYDROLYSE (KINETIK) 63-0041
KOORDINIERTE ESTER, BAS. HYDROLYSE, KATALYSIERT DURCH D. CU(NTA)-ION 63-0043
GLUTAMINSAEUREDIESTER, SELEKTIVE UMESTER. D. ALPHA-ESTERGRUPPE IN GGW. V. DI-MY-METHOXO-BIS (PENTANDIONATO-2.4)-DIKUPFER(II) 56-0260
KONDENS. MIT FORMALDEHYD 63-0409
RK. MIT 1.8-TRIMETHYLEN-CHINISATINHYDRAT 64-0708
AROMAT., RK. MIT IMIDSAEUREESTERN 53-0399
N-BENZYLOXYCARBONYL-, RK. MIT AMINOSAEUREESTER-HYDROCHLORIDEN IN GGW. V. DICYCLOHEXYLCARBODIIMID, TRIAETHYLAMIN 55-0564
-PIPERIDYL-(1)-ESTER, VERW. ZUR PEPTIDSYNTH. 56-0727
PRIM. ALPHA-, DAKIN-WEST-RK. (MECHANISMUS) 59-0239
RK. MIT TRIFLUORESSIGSAEUREANHYDRID , 2. MITT. 59-0518
-DERIV., EDA KOMPLEX-BLDG. MIT PHTHALIMIDEN (ASSOZIAT.-KONST., BLDG.-ENTHALPIEN, ABSORPT.-SPEKTREN) 60-0200
AMINO-THIOPHEN-CARBONSAEUREESTER, RK. MIT IMIDSAEUREESTERN 62-0661
U. -ESTER, RK. MIT NTA-M(II)-KOMPLEXEN, KINETIK 63-0042
POLYAMINOCARBONSAEURE-FE(III)-CHELATE, RK. MIT L-ASCORBINSAEURE 64-0034
AMINOSAEURE-2.4.6-TRIBROM-PHENYLESTER, RK. MIT GLYCIN (VERW. IN D. PEPTID-SYNTH.) 55-0565
O-GLUTARIMIDO-, RK. MIT AMINOSAEUREN BZW. -ESTERN 57-0751
-(2-HYDROXY-PHENYLESTER), ANCHIMERE BESCHLEUNIG. D. AMINOLYSE 58-0802

AMINOSAEUREN (BIOCHEMIE)
CYTOAKT.- U. PEPTIDE, 13. MITT. 64-0517
CYTOAKT. -- U. PEPTIDE, 14. MITT. 64-0881
N.N'-DIACYL-LYSINE, HEMM. V. PLASMIN 61-0841
OMEGA-, ANTIPLASMIN-AKTIVITAET 61-0842
EINBAU IN GLIOTOXIN DURCH TRICHODERMA VIRIDE 64-0909
FLUORIERTE, WRKG. AUF D. WACHSTUM V. E. COLI. 57-0333
ANTHRANILSAEUREESTER, BAKTERIZIDE U. FUNGIZIDE WRKG. 60-0387
1-AMINOCYCLOPENTANCARBONSAEUREN, WACHSTUMSHEMM. V. ESCHERICHIA COLI 63-0887
CYSTEINE, AMINOSAEURE-ANTAGONISTEN IN LEUCONOSTOC MESENTEROIDES U. ESCHERICHIA COLI 63-0888
CYCLOALKENALANINE, MIKROBIZIDE WRKG. 60-0412
EINFL. AUF TOXIZITAET V. 1-AMINO-3-METHYL-CYCLOPENTANCARBONSAEURE-(1) 63-0887
1-AMINOCYCLOPENTANCARBONSAEUREN, TOXIZITAET GEGENUEBER MAEUSEN 63-0887
JOD-PHENYLALANINE, SELEKTIVE LOKALISIER. IM PANKREAS 57-0800
N-HETEROAROMAT. ANTHRANILSAEUREN, ANTIINFLAMMATOR. WRKG. 63-0710
N-ACETYL-N-(AMINO-TRIJOD-PHENYL)-BETA-, VERW. ALS CHOLECYSTOGRAPH. MITTEL 62-0408
N.N-BIS-(2-CHLOR-AETHYL)-AMINO-METHYL-BENZOESAEUREN, ANTITUMORWRKG. 63-0869
DANSYL-LOST-, HEMM. V. WALKER-KARZINOM 64-0517

AMINOSAEUREN (ANALYSE)
GASCHROMATOGRAPH. TRENN. NACH UEBERFUEHR. IN N-THIOCARBONYL-ESTER-DERIV. 62-0856
NEUE REAGENTIEN ZUM PAPIERCHROMATOGRAPH. NACHW., 3. MITT. 64-0708
MIKRO BEST. V. TERT.-BUTYLOXYCARBONYL-SCHUTZGRUPPEN V. - 64-0934
N-(5-NITRO-6-METHYLPYRIDYL-(2))-, ANALYT. VERW. 56-0550

AMINOXIDE
* S. AUCH NITRONE
V. N-HETEROAROMATEN MIT PI-ELEKTRONENUNTERSCHUSS, 11. MITT. 56-0556
N-OXIDE V. N-HETEROAROMATEN MIT PI-ELEKTRONENUNTERSCHUSS, 12. MITT. 56-0557
V. N-HETEROAROMATEN MIT PI-ELEKTRONENUNTERSCHUSS, 10. MITT. 56-0611
N-OXIDE U. VERWANDTE VERB., 32. MITT. 57-0592
BENZIMIDAZOL-N-OXIDE, 8. MITT. 62-0560
2-CARBOXY-5-NITRO-BENZIMIDAZOL-3-OXIDE, DARST. AUS ALPHA-(2.4-DINITRO-PHENYLAMINO-ALPHA,BETA-UNGESAETT. ACYLDERIV. 53-0374
6-NITRO-BENZIMIDAZOL-1-OXIDE, DARST. AUS N-(2.4-DINITRO-PHENYL)-AMINOSAEUREN 53-0375
4-PYRAZOLON-N.N'-DIOXIDE, DARST. AUS ALPHA,BETA-UNGESAETT. KETOXIMEN U. HNO_3 55-0399
3.4-DIAZA-CYCLOPENTADIENONOXIDE, DARST. AUS KETONEN BZW. ALPHA,BETA-UNGESAETT. OXIMEN U. HNO_2 55-0411
DIFORMYL-PYRIDIN-N-OXIDE, SYNTH. V. DIFORMYLPYRIDINEN 55-0455
ACYLMETHYLAMINO-PYRIDIN-N-OXIDE, DARST. AUS 2-FLUOR-PYRIDIN-N-OXID U. AMINOSAEUREN 57-0590
DARST. AUS TERT. AMINEN 59-0277
TETRAMETHYL-1-OXYL-DELTA(2)-IMIDAZOLIN-3-OXIDE, DARST. 59-0548
FUROXANE, DARST. 59-0575
3.4-DISUBSTITUIERTE FUROXANE, DARST. AUS ALPHA-DIAZO-KETONEN U. N_2O_4 59-0576
DIAZACYCLOPENTADIENON-DIOXIDE, DARST. AUS 1.3-DISUBSTITUIERTEN PROPENON-OXIMEN U. HNO_2 (ALS OXIM) ODER HNO_3-HNO_2 60-0534
BENZOFUROXANE, DARST. 60-0558
5- U. 7-SUBSTITUIERTE 4-NITRO-BENZOFUROXANE, DARST. AUS 5- U. 7-CHLOR-4-NITRO-BENZOFUROXANEN U. NUCLEOPHILEN 60-0561
PYRIDAZIN-1.2-DIOXIDE, DARST. AUS PYRIDAZINEN 60-0660
BENZIMIDAZOL-N-OXIDE, DARST. 62-0560
2-ISOIMIDAZOL-N-OXIDE, DARST. AUS N'-HYDROXY-IMIDAZOLIN-N-OXIDEN 62-0566
6-SUBSTITUIERTE PTERIDIN-8-OXIDE, DARST. 62-0652
OXADIAZOLO(3.4-D)PYRIMIDIN-1-OXIDE, DARST. AUS 4-CHLOR-5-NITRO-PYRIMIDINEN U. NA-AZID 63-0713
DIAMINO-FUROXANE, DARST. AUS DIAMINO-AMPHI-GLYOXIMEN 64-0657
2-CARBOXYALKYLAMINO-PYRIDIN-1-OXIDE, DARST. 56-0722
2-AMINO-PYRIDIN-1-OXIDE,, ORD , 5. MITT. 61-0065
N-(PYRIDYL-(2)-N-OXID)-AMINOVERB., ORD , 3. MITT. 61-0066
N-(PYRIDYL-(2)-N-OXID)-AMINOVERB., ORD , 4.MITT. 61-0067
MASSENSPEKTREN 54-0087
CHINOLIN- U. ISOCHINOLIN-N-OXIDE, MASSENSPEKTREN 61-0109
CHINOLIN-N-OXIDE, PHOTOLYSE 56-0609
PYRIDIN-N-OXIDE, UMLAGER. DURCH UV-BESTRAHL. 55-0442
TERT., UMLAGER., 19. MITT. 59-0244
TERT., UMLAGER., 20. MITT. 59-0245
TERT., UMLAGER., 21. MITT. 63-0687
4-PHENYL-CHINAZOLIN-3-OXIDE, PHOTOLYSE 56-0611
CYCLOALKYL-DIMETHYL- COPE-ELIMINIER. (POLAROGRAPH. UNTERS. D. KINETIK) 53-0151
2-HYDROXY-TRANS-DECALINYL-(3)-DIMETHYL-, PYROLYSE 57-0443
PYRIDAZIN-N-OXIDE, VERW. ZUR OX. V. AROMAT. KW-STOFFEN 64-0419
HETEROAROMAT., RK. MIT DIMETHYLKETEN 63-0741
CHINOLIN- U. CINNOLIN-N-OXIDE, NITRIER. (KINETIK, MECHANISMUS) 60-0251
FLUOR-NITRO-ANILIN-N-OXIDE, RK. MIT METHYLAT (KINETIK, ARRHENIUS-PARAMETER, SUBSTITUENTENEFFEKTE) 60-0271
2-HALOGEN-PYRIDIN- U. -PICOLIN-N-OXIDE, RK. MIT METHYLAT-IONEN (KINETIK) 61-0262
PYRIDAZINOL-N-OXIDE, C-ALKYLAMINOMETHYLIER., 3. MITT. 59-0626
PHENANTHRIDIN-5-OXIDE, RK. MIT ACETYLENESTERN 54-0436
2-HALOGEN-PYRIDIN-N-OXIDE, RK. MIT PEPTIDEN, 1. MITT. 56-0722

2-ALKYLPYRIDIN-N-OXIDE, RK. MIT ACETANHYDRID 57-0592
HETEROARCMAT., RK. MIT ACETANHYDRID (MECHANISMUS) 59-0245
HETEROAROMAT., RK. MIT ESSIGSAEUREANHYDRID (KINETIK U. ISOTOPENEFFEKT) 59-0244
BENZOFUROXANE, ANTILEUKAEM. U. IMMUNHEMMENDE WRKG. 60-0558
CHINOXALIN-N-OXIDE, 15. MITT. 64-0741
CHINOXALIN-N-OXIDE, OX. 64-0741
CHINOXALIN-N-OXIDE, ACETYLIER. 64-0741

AMINOZUCKER
* S. UNTER KOHLENHYDRATE (DERIVATE)

AMMONIAK
POLAROGRAPH. KATALYT. STROEME IN NH3-PUFFERLSG. MIT NI(II) U. CYSTEIN, 3. MITT. 64-0028
METALL-NH3-RED., 2. MITT. 64-0508
METALL-NH3-RED., 2. MITT. 64-0509
INVERS.-BARRIERE 63-0177
MOLEKULARSTRUKTUR 63-0177
DISSOZIAT.-KONST. IN DMSO U. ACETONITRIL 57-0187
IONENAUSTAUSCHVERH. 59-0181
KONST. D. RELATIVEN NUKLEOPHILEN REAKTIVITAET BEZ. CH3J U. (PTCL2PY2) 58-0029
PROTONENAUSTAUSCH MIT METHYL-AMMONIUMIONEN IN WSS. LSG. (NMR) 57-0188
RK. MIT METHAN U. H2O (GLIMMENTLAD., STATIONAERES ODER STROEMENDES SYST.) 62-0359
RK. MIT CH4 U. W. 64-0404
RK. MIT CH3J (KINETIK, KONST. D. RELATIVEN NUKLEOPHILEN REAKTIVITAET) 58-0029
RK. MIT 3-PHENYL-4-(BETA-CHLOR-AETHYL)-ISOXAZOL BZW. 3-PHENYL-4-(GAMMA-CHLOR-PROPYL)-ISOXAZOL IN HCL, DANN NAOH 59-0554
RK. MIT TRANS-(PTCL2PY2) (KINETIK, KONST. D. RELATIVEN NUKLEOPHILEN REAKTIVITAET) 58-0029
NH4OH RK. MIT ALPHA.BETA-DIHALOGEN-AETHYLAETHERN U. BETA-DIKETONEN 53-0329
RK. MIT 2.2'-DIHYDROXY-BIPHENYL U. TICL4 59-0053
KATALYT. RK. MIT TRIMETHYLSILYLPHTHALSAEUREN 59-0533
RK. MIT 2.5-DIMETHOXY-P-BENZOCHINONEN 54-0259
NH3, RK. MIT 3.5-DIMETHOXY-4.7-DIHYDRO-2.1-BENZISOXAZOLDION-(4.7) 54-0260
GEMEINSAME EINW. MIT ELEMENTAREM S AUF KETONE, 59. MITT. 55-0407
GEMEINSAME EINW. MIT ELEMENTAREM S AUF KETONE, 60. MITT. 55-0408
RK. MIT O-ACYL-BENZOPHENONEN 59-0529
FL.-, RK. MIT 1-TERT.-BUTYL-3.3-DIPHENYL-AZIRIDINON 56-0463
RK. MIT ESSIGSAEURE-ALPHA.BETA-DIBROM-AETHYLESTER U. 4.4-DIAETHOXY-3-OXO-BUTTERSAEURE-AETHYLESTER 56-0592
NH4OH, RK. MIT 4.4-DIALKOXY-3-OXO-BUTTERSAEUREESTERN U. ALPHA.BETA-DIHALOGEN-AETHYLACETATEN 59-0513
RK. MIT CHLORESSIGSAEURE (KINETIK) 61-0250
NH4OH RK. MIT ALPHA.BETA-DIHALOGEN-AETHYLACETATEN U.BETA-DIKETONEN 53-0329
RK. MIT DIPHENYL-THIOPHOSPHINYL-ISOTHIOCYANAT BZW. DIPHENYLTHIOPHOSPHINSAEURE-THIOUREID 53-0267
RK. MIT N-ACETYL-THIOSULFANILSAEURE-O-NITROPHENYLESTER 54-0253
COLORIMETR. BEST. (COLORIMETRIE V. 4-(4-OXO-CYCLOHEXADIEN-(2.5)-YLIDEN-AMINO)-ANTIPYRIN) 64-0620

AMMONIAKATE
NI(CN)2-NH3-SOLVATE, IR-, ELEKTRONENSPEKTRUM, KRIST.-STRUKTUR 59-0006

AMMONIUMVERBINDUNGEN (NH4(+)-VERBINDUNGEN)
* PRIM., SEK. U. TERT. AMMONIUMVERB. S. UNTER AMINE, OR-
* GANISCHE
U. AMINE, 52. MITT. 53-0260
U. AMINE, 53. MITT. 59-0329
U. AMINE, 55. MITT. 61-0372
AMMONIUMHYDROGENDIAETHYLENTRIAMINPENTAACETATOFERRAT (III), DARST., 61-0054
NH3FHSO4, NH3FCLO4, DARST. 64-0040
AMMONIUMAETHYLENDIAMINTETRAACETATOAQUOFERRAT(III), MOESSBAUER-SPEKTRUM 61-0009
NH4-TRIOXOOXALATOMOLYBDAT(VI)-HYDRATE, IR 60-0008
NH4-AETHYLENDIAMINTETRAACETATOAQUOFERRAT(III), MOLEKULARSTRUKTUR D. HYDRATS 61-0035
AMMONIUMAETHYLENDIAMINTETRAACETATOAQUOFERRAT(III), KOORDINAT. 61-0009
AMMONIUMHYDROGENDIAETHYLENTRIAMINPENTAACETATOFERRAT (III), KOORDINAT. 61-0054
NH4-TRIOXOOXALATOMOLYBDAT(VI)-HYDRATE, TGA 60-0008
NH4-TRIOXOOXALATOMOLYBDAT(VI)-HYDRATE, DTA 60-0008
AMMONIUMCARBAMAT, STANDARD-BLDG.-ENTHALPIE 64-0021
AMMONIUM-SULFOSALICYLAT ALS KOMPLEXBILDNER IN DER IONENAUSTAUSCHCHROMATOGRAPHIE, 2. MITT. 64-0026
AMMONIUM-HEXAOXO-AETHYLENDIAMINTETRAACETATODIMOLYBDAT, DARST., EIG. 64-0066
DARST. V. NH4-SALZEN 6-AZA-URIDIN BZW. -CYTIDIN ENTHALTENDER OLIGONUCLEOTIDE 53-0489
NH4-AETHYLENDIAMINTETRAACETATOAQUOFERRAT(III), UV-PHOTOLYSE D. HYDRATS 61-0035
NH4(PO2F(NH2)), DARST. AUS NH4F U. DIAMIDOPHOSPHORSAEURE 59-0047
RK. MIT ORGANOZINN(IV)-OXIDEN, -HYDROXIDEN U. -ALKOXIDEN 63-0073
(NH4)2SNCL6, MOESSBAUER-VERSCHIEB. 54-0029
NH4F, RK. MIT DIAETHYLTRICHLORMETHYLPHOSPHONAT (SPALT. D. C-P-BIND.) 62-0367
NH4B3H8, DARST. AUS TLB3H8 U. NH4J 61-0424
NH4B3H8, ZERS. BEIM ERHITZEN IN W. 61-0424
NH4NO3, EINFL. AUF D. ANOD. OX. V. N.N-DIMETHYL-ANILIN IN METHANOL 57-0198
NH4PBJO6, DARST. AUS BLEITETRAACETAT, PERJODSAEURE U. ALKALINITRAT, 55-0008
NH4PBJO6, KRIST.-STRUKTUR 55-0008
(NH4)2NI(H2O)6(SO4)2, SPEKTRALDATEN IM SICHTBAREN BEREICH 61-0001
(NH4)2NI(H2O)6(SO4)2, LIGANDENFELDBEHANDL. 61-0001
(NH4)2NI(H2O)6(SO4)2, MAGNET. SUSCEPTIBILITAET 61-0001
(NH4)2S5, RK. MIT (PI-C5H5)2TICL2 57-0002
(NH4)7H13TA16O55, DARST. AUS (NH4)8H12TA18O55 DURCH THERM. ZERS. 58-0057
(NH4)8H12TA18O55, DARST. AUS TANTAL(V)-SAEURE-PENTAAETHYLESTER U. NH3-W. 58-0057
(NH4)8H12TA18O55, THERM. ZERS. 58-0057

AMMONIUMVERBINDUNGEN, QUARTAERE (ALLGEMEINES)
* S. AUCH IMMONIUMVERBINDUNGEN
U. AMINE, 52.MITT. 53-0260
QUART. BIPYRIDYLIUMSALZE U. VERWANDTE VERB., 2. MITT. 55-0453
HETEROCYCL. ARYLAZOQUARTAERSALZE, 2. MITT. 56-0460
CYCL.-, 5. MITT. 56-0594
U. AMINE, 53. MITT. 59-0329
CHINOLINIUMVERB., U. CHINOLINE, RED., 1. MITT. 60-0599
U. AMINE, 55. MITT. 61-0372
CYCLAMMONIUM-KATIONEN, 6. MITT. 64-0704
3-DIPHENYLMETHYLEN-PYRROLIDINIUMSALZE, STEREOCHEMIE 61-0555

AMMONIUMVERBINDUNGEN, QUARTAERE (DARSTELLUNG)
1(2)-METHYLPYRIDAZINIUMJODIDE, DARST. (ZUS. D. GEMISCHE) 53-0445
MONOQUART. UROTROPINIUMHALOGENIDE, DARST. 53-0462
3-PHENYLINDENYL-(1)-TRIMETHYL-, DARST. AUS 3.3-DIARYL-3-HYDROXYPROPENYL-TRIMETHYLAMMONIUMSALZEN 54-0320
BENZOTHIAZOLIUMVERB., DARST. 54-0391
1.3.4-OXADIAZOLIUMSALZE, DARST. 54-0396
2-AMINO-5.5-DIHALOGEN-1-PYRROLINIUMSALZE, DARST. AUS BERNSTEINSAEUREDINITRIL U. HALOGENWASSERSTOFFEN 55-0389
1.1- U. 1.2-DIMETHYL-PYRAZOLINIUMVERB.,DARST. 55-0404
1-METHYL-2-(ALPHA-HYDROXY-BENZYL)-PYRIDIUM-CHLORIDE, DARST. AUS 1-METHYL-2-CARBOXY-PYRIDINIUM-CHLORID U. BENZALDEHYDEN 55-0450
PERHYDRO-1.4-DIAZEPINONIUMSALZE, STEREOSPEZIF. SYNTH. AUS DIALKYLAMIDEN V. BETA-AMINOSAEUREN 55-0484
ARYLAZO-PYRIDINIUMSALZE, DARST.. DURCH ALKYLIER. V. PHENYLAZOPYRIDINEN 56-0461
ARYLAZO-PYRIDINIUMSALZE, DARST.. DURCH ALKYLIER. V. PHENYLAZOPYRIDINEN 56-0461
DIOXA-AZONIA-BICYCLO(3.3.0)OCTAN-HALOGENIDE, DARST. 56-0514
NITRO-DIHYDRO-1.4-DIAZEPINIUMSALZE, DARST. DURCH NITRIER. 56-0613
QUATERN. METHYL-(O-HYDROXYARYLVINYL)-HETEROAROMATEN, DARST. AUS AROMAT. O-HYDROXYALDEHYDEN U. HETEROCYCL. QUATERN. AMMONIUMJODIDEN 57-0482
3-HALOGEN-ISOXAZOLIUMSALZE, DARST. AUS 3-HALOGEN-ISOXAZOLEN BZW. AUS ISOXAZOLINONEN-(3) MIT OXALYLCHLORID 57-0538
5-AMINO-OXAZOLIUM-(3)-CHLORIDE, DARST. AUS ALPHA-ACYLAMINONITRILEN 57-0541
V. 2.6-DIMETHYL-BENZO(1.2-D, 5.4-D')BISTHIAZOL, DARST. 57-0547
N(1).N(6)-BIS-(PYRIDINIOAETHYLIDEN)-OXALAMIDRAZON-DIHALOGENIDE, DARST. AUS N(1).N(6)-BIS-(ALPHA-HALOGENAETHYLIDEN)-OXALAMIDRAZONEN U. PYRIDIN 57-0586
OXAZOLO(3.2-C)- U. THIAZOLO(3.2-C)(1.2.3)BENZO-TRIAZINIUMSALZE, DARST. AUS 3.4-DIHYDRO-4-OXO-1.2.3-BENZOTRIAZIN U. ALPHA-HALOGEN-KETONEN 57-0626
DIMETHYLAMINO-INDOLIN- U. -PERHYDROINDOL-DIMETHOJODIDE, DARST. AUS AMINOINDOLINEN BZW. -PERHYDROINDOLEN 57-0805
2-AZONIA-AZULENE, DARST. AUS 1.3.5.7-TETRAMETHYL-2-PHENYL-6-OXO-2.6-DIHYDRO-CYCLOHEPTA(C)PYRROL 58-0563
3.3-DIMETHYL-2-PHENYL-1-ARYL-3H-ISOINDOLIUMSALZE, DARST. AUS 1-HYDROXY-3.3-DIMETHYL-2-PHENYL-ISOINDOLINEN 58-0583
PHENYLSUBSTITUIERTE 4.4'-DIPYRIDYLIUMSALZE, DARST. DURCH KROEHNKE SYNTH. 58-0644
1.3.7.9-TETRAMETHYL-XANTHINIUM-SALZE, DARST. 58-0658
4-METHYL-5-(2-HYDROXY-AETHYL)-THIAZOLIUMSALZE, DARST. 59-0566
2-BENZYL-4-HYDROXY-ISOCHINOLINIUMCHLORIDE, DARST. AUS 2.3-DIHYDRO-ISOCHINOLONEN-(4) MIT HG-ACETAT 59-0593
QUATERN. P-AMMONIOMETHYL-AZOVERB., DARST. AUS (P-CHLORMETHYL-PHENYL)-AZOVERB. 59-0603
METHYL-SYMM.-TRIAZOLO(4.3-A)PYRIDINIUMJODIDE, DARST. 60-0596
9-PYRIDINIO-ACRIDINE, DARST. AUS 9-CHLOR-ACRIDINEN U. PY. 60-0605
STEREOISOMERE 1-METHYL-6.7-DIMETHOXY-1.2.3.4-TETRAHYDRO-ISOCHINOLINIUMSALZE, DARST. 60-0609

N.N-POLYMETHYLEN-HYDROINDOLINIUMVERB., DARST. AUS ALPHA-CHLOR-ACRYLNITRIL U. ENAMINEN 61-0509
3-DIPHENYLMETHYLEN-PYRROLIDINIUMSALZE, DARST. AUS N-ALKYL-2-METHYL-3-DIPHENYLMETHYLEN-PYRROLIDINEN U. ALKYLHALOGENIDEN 61-0555
6.11-DIHYDROACRIDIZINIUMSALZE, DARST. AUS ACRIDIZINIUMSALZEN DURCH KATALYT. RED. 61-0632
AMINO-CHINOLIZINIUMSALZE, DARST. AUS PYRIDINIUMSALZEN U. DIKETONEN 61-0645
2-AZONIA-AZULENE, DARST. AUS 1.3.5.7-TETRAMETHYL-2-PHENYL-2.6-DIHYDRO-CYCLOHEPTA(C)PYRROL-6-ON U. ALKYL- BZW. ARYL-MAGNESIUM-HALOGENIDEN 62-0542
5.6-DIHYDRO-THIAZOLO(2.3-B)THIAZOLIUMSALZE, DARST. 62-0579
ASYMM. 1-ARYL-2-(FORMAZANYL-(3))-CHINOLINIUM-PERCHLORATE, DARST. AUS 1-PHENYL-2-PHENYLHYDRA-ZONOMETHYL-CHINOLINIUMPERCHLORAT U. ARYLDIAZONIUMCHLORIDEN 62-0629
5-(1-ARYL-CHINOLINIO-(2)-YL)-TETRAZOLIUMDIPERCHLORATE, DARST. AUS D. FORMAZANEN MIT HNO3 62-0629
1-ARYL-5.6-BENZO-CHINALDINIUMSALZE, DARST. AUS N-ARYL-BETA-NAPHTHYLAMINEN U. PARALDEHYD 62-0631
BENZTHIAZOLIUMIONEN, BLDG. AUS THIOFORMANILIDEN 63-0162
HEXACYCL. AROMAT. DIAZONIA-VERB., DARST. AUS BIS-PYRIDINIOMETHYL-NAPHTHALIN-DIBROMIDEN 63-0672
N.N.N'.N'-TETRAMETHYL-AMIDINIUMSALZE, DARST. AUS N.N.N'.N'-TETRAMETHYL-KETENAMINALEN 64-0343
TRIARYLALKYL-, DARST. AUS TRIARYLAMINEN U. TRIMETHYLOXONIUM-TETRAFLUOROBORAT 64-0450
5-HALOGEN-ISOXAZOLIUMSALZE, DARST. AUS 5-HALOGEN-ISOXAZOLEN 64-0615
1.2- DIMETHYL-3.4-POLYMETHYLENPYRAZOLIUMSALZE, DARST. AUS DELTA(3)-PYRAZOLINEN MIT TRITYLCHLORID BZW. CCL4 64-0628
ISOXAZOLIUMSALZE, DARST. AUS ISOXAZOLEN MIT ALKOHOLEN U. HCLO4 64-0638
TETRAHYDRO-IMIDAZO(2.1-B)THIAZOLIUMVERB., DARST. AUS 2-IMINO-3-CHLORAETHYL-THIAZOLIDINEN 54-0387
PYRIDO(1.2-A)PYRAZINIUM-(5)-SALZE, DARST. 56-0594
BIS-QUATERN. SALZE V. 4-(PYRIDINYL-) U. 4-(CHINOLINYLCARBAMOYL)-N-(CHINOLINYLCARBONYL)-ANILINEN U. VERWANDTEN VERB., DARST. 60-0589
BIS-QUATERN. SALZE V. TEREPHTHALSAEURE-BIS-(P-PYRIDYLAMINOCARBONYL-ANILIDEN), DARST. 60-0590
4-(P-NITRO-PHENYLHYDRAZONOMETHYL)-1-ARYL-CHINOLINIUMSALZE, DARST. AUS 4-(P-NITRO-PHENYLAZOMETHYLEN)-1-ARYL-1.4-DIHYDRO-CHINOLINEN 60-0618
DARST. AUS TERT. AMINEN U. ALKYL- ODER ALKENYLHALOGENIDEN 61-0372
POLYMETHYLENPYRAZOLIUMIONEN, DARST. AUS POLYMETHYLENPYRAZOLINEN 61-0581
AZETIDINIUMVERB., DARST. 62-0511
TETRAHYDROCHINOLIZINIUMSALZE, DARST. 62-0607
SYMM. 1-ARYL-2-(FORMAZANYL-(3))-CHINOLINIUMPER-RCHLORATE, DARST. AUS CHINALDINIUMARYLPERCHLORATEN U. ARYLDIAZONIUMCHLORIDEN 62-0629
1-PHENYL-4-ARYLHYDRAZONOMETHYL-CHINOLINIUMPERCHLORATE, DARST. AUS 1-PHENYL-LEPIDINIUMPERCHLORAT U. DIAZOAMINOBENZOLEN 62-0630
UNSYMM. BIS-CHINOLYL-TRIMETHINCYANINSALZE,, DARST. AUS 1-ARYL-2-(2-(N-PHENYL-ACETAMIDO)-VINYL)-CHINOLINIUMVERB. U. METHYLCHINOLINIUMSALZEN 62-0632
THIONOBENZOYLCHOLIN-ISOLOGE, DARST. AUS 2-DIMETHYLAMINO-AETHANOL (THIOL, SELENOL) U. THIONOBENZOYLCHLORID 63-0895
OMEGA-AMMONIO-GUAJACOL- U. THYMOL-POLYOXYAE-THYLENAETHERJODIDE, DARST. 63-0905
3-HALOGEN-ISOTHIAZOLIUMSALZE, DARST. AUS ISOTHIAZOLINON-(3) U. OXALYLHALOGENIDEN 64-0613
4-(P-NITRO-PHENYLHYDRAZONOMETHYL)-1-ARYL-
AMMONIUMVERBINDUNGEN, QUARTAERE (PHYSIKAL. EIGENSCHAFTEN)
CHINOLINIUMSALZE, ABSORPT. IM SICHTBAREN BEREICH 60-0618
1-ARYL-2-(FORMAZANYL-(3))-CHINOLINIUMPERCHLORATE, ABSORPT.-SPEKTREN 62-0629
UNSYMM. BIS-CHINOLYL-TRIMETHINCYANINSALZE, SICHTBARES SPEKTRUM 62-0632
1-PHENYL-4-ARYLHYDRAZONOMETHYL-CHINOLINIUMPERCHLORATE, HALOCHROMIE 62-0630
ANILINIUMSALZE, GEHINDERTE ROTAT. 62-0122
MASSENSPEKTROMETR. VERH., 8. MITT. 54-0087
DIAZONIA-PHENANTHRENE, -PYRENE U. DIPYRIDYLIUMVERB., POLAROGRAPH. UNTERS. D. REVERSIBLEN REDOX-SYST. 62-0186
ACRIDIZINIUMVERB., ELEKTR. LEITFAEHIGK. 63-0233
BENZTHIAZOLIUMSALZE, NMR (KONSTIT.-EINFL., HAMMETT-BEZIEH.) 57-0098
1.1-DIMETHYL-PIPERIDINIUMJODIDE, CHEM. VERSCHIEB. (EINFL. V. 4-ALKYLGRUPPEN) 59-0120
BICYCL., VICINALE H-N-SPIN-KOPPL. 59-0126
ANILINIUMSALZE, NMR 62-0122
TETRAALKYL-, ELEKTROAKTIVITAET D. SCHMELZEN (VERW. IN D. ELEKTROCHEMIE) 60-0213
TETRABUTYL-, IN THF-LSG., ELEKTROAKTIVITAET 60-0221
SUBSTITUIERTE, PROTONENUEBERGAENGE , 1. MITT. 64-0231
CETYLPYRIDINIUMSALZE, MIZELLGROESSE U. -FORM (EINFL. D. GEGENIONS, LICHTSTREUUNGSUNTERS.) 63-0210
TETRAALKYLAMMONIUMHALOGENIDE, H-BIND. D. ANIONS MIT HALOFORMEN 64-0204
AMMONIUMVERBINDUNGEN, QUARTAERE (REAKTIONEN)
CYCLOALKYLTRIMETHYL-, ABBAU MIT K-ALKOHOLATEN (STEREOCHEMIE U. KINETIK) 54-0167
1.1- U. 1.2-DIMETHYL-PYRAZOLINIUMVERB., DEUTERIER. 55-0404
HETEROCYCL. ARYLAZO-, AMBIDENTES VERH. GEGEN NUCLEOPHILE 56-0459
BENZO- U. NAPHTHO(2.1-D)THIAZOLIUMSALZE, RK. ZU CARBENEN 56-0520
AROMAT. AZONIAVERB., DIELS-ALDER-RK. 58-0628
TETRAHYDROCHINOLIZINIUMSALZE, RK. 62-0607
1.1-DIALKYL-AZETIDINIUMCHLORIDE, ALKYLIER. V. AKT. NUCLEOPHILEN 59-0503
2-O-HYDROXY-STYRYL-PYRIDINIUM-SALZE, VERS. D. CYCLISIER. 53-0418
TETRAHYDRO-IMIDAZO(2.1-B)THIAZOLIUMVERB., SPALT. MIT NAOH 54-0387
N-AMMONIO-BENZAMIDATE, THERMOLYSE 56-0606
1.1-DIALKYL-AZETIDINIUMCHLORIDE, RINGOEFFN. ZU 3-DIALKYLAMINO-PROPYLCHLORIDEN (GLEICHGEW.-KONST.) 59-0503
KONDENSIERTE AZETIDINIUMSALZE, NUCLEOPHILE DEQUARTERNISIER., 2. MITT. 60-0476
CYCLOALKYLTRIMETHYLAMMONIUMCHLORIDE, STER. VERLAUF D. AMIN-ELIMINIER. (MECHANISMUS) 61-0269
CYCL., HOFMANN-ELIMINIER. (MECHANISMUS) 61-0276
1-TRIALKYLAMMONIO-ALKADIINE-(2.4)-VERB. , ALKAL. ABBAU 62-0327
TETRAMETHYLAMMONIUMALKOXIDE,PYROLYT. DEMETHYLIER. (MECHANISMUS) 64-0311
1.1-DIALKYL-DELTA(2)-TETRAHYDROPYRIDAZINIUMSALZE, ALKAL. SPALT. 64-0738
3-AMMONIO-2-HYDROXY-TRANS-DECALIN-JODIDE, ABBAU NACH HOFMANN BZW. NACH WITTIG 57-0443
QUART. PYRIDINIUMVERB., RED. MIT ALH3 ZU D. TETRAHYDROPYRIDINEN 53-0415
QUATERN. TRYPTAMIN-SALZE,BIRCH- RED. 56-0487
IMIDAZOLIUMJODIDE, REDUKTIVE RINGSPALT. MIT NABH4 59-0326
PYRIDINIUMSALZE, RED. MIT NA2S2O4 60-0245
POLYMETHYLENPYRAZOLIUMIONEN, NABH4-RED. 61-0581
DIALKYLPYRIDIN-METHOMETHYLSULFATE, KATHOD. RED. 64-0694
CHINOLINIUMVERB., RED. MIT NA2S2O4 BZW. NAHSO3 60-0599
METHYLBENZYLGRUPPENHALT., HYDROLYT. SPALT. 53-0260
N-JODPHENYL-PYRIDINIUMCHLORIDE, RK. MIT CL2 57-0589
(4-ALKYL-PHENYL)-TRIMETHYLAMMONIUMPERCHLORATE, NITRIER. (KINETIK, MECHANISMUS) 58-0233
PYRIDINIUMIONEN, ADDIT. V. KCN (KINETIK, GLEICHGEWICHTSKONST.) 60-0277
AMINOCHINOLIZINIUMSALZE, RK. MIT BR2 BZW. HNO2 61-0646
TRIMETHYLAMMONIOALKYLBENZOLE, NITRIER. (SUBSTITUENTEN-EFFEKTE, KINETIK) 62-0253
OMEGA-HYDROXYALKYL-, RK. MIT NAH 63-0467
RK. MIT NANH2, 2. MITT. 63-0578
ISOTHIOAMIDIUMJODIDE, RK. MIT HYDRAZINEN 63-0736
2-AMINO-3-PHENACYL-1.3.4-OXADIAZOLIUMBROMIDE, RK. MIT AMINEN 54-0377
HETEROCYCL. ARYLAZOQUARTAERSALZE, REDUZIERDE O-P-SUBSTITUT. MIT NAOH BZW. HCL BZW. AMINEN 56-0460
TRIMETHYLAMMONIUMBROMIDE, RK. MIT NA-ALKOHOLATEN (E2-MECHANISMUS, SUBSTITUENTEN- U. ISOTOPEN-EFFEKT) 61-0275
TRIMETHYL-SKATYL-, RK. MIT NA-P-METHYL-THIOPHENOLAT (KINETIK, MECHANISMUS) 61-0259
HETEROCYCL. IMMONIUMVERB., RK. MIT FORMYL(ODER HYDROXYMETHYLEN) MALONDIALDEHYD 56-0348
AZETIDINIUMVERB., RK. MIT N-OXIDEN 62-0511
AMMONIUMVERBINDUNGEN, QUARTAERE (BIOCHEMIE)
N(1)-ALKYL-NIKETHAMIDCHLORIDE, BEZIEH. ZWISCHEN STRUKTUR U. BAKTERIOSTAT. AKTIVITAET AUF GRAMPOSITIVE U. GRAMNEGATIVE ZELLEN 63-0886
9-PYRIDINIO-ACRIDINE, TUMORINHIBITOR-WRKG. 60-0605
THIONOBENZOYLCHOLIN-ISOLOGE, BLOCKIERENDE WRKG. AUF D. RIESEN-AXON BEIM TINTENFISCH U. D. EINZELZELL-ELEKTROPLAX-PRAEP. 63-0895
OMEGA-AMMONIO-GUAJACOL- U. THYMOL-POLYOXYAE-THYLENAETHERJODIDE, SPASMOLYT., HYPOTENSIVE U. GANGLIENBLOCKENDE WRKG. 63-0905
BIS-QUATERN. SALZE V. 4-(PYRIDINYL-) U. 4-(CHINOLINYLCARBAMOYL)-N-(CHINOLINYLCARBONYL)-ANILINEN U. VERWANDTEN VERB., WRKG. GEGEN L1210-LEUKAEMIE 60-0589
BIS-QUATERN. SALZE V. TEREPHTHALSAEURE-BIS-(P-PYRIDYLAMINOCARBONYL-ANILIDEN), WRKG. GEGEN D. L 1210-LEUKAEMIE-SYST. 60-0590
GANGLIENBLOCKIERENDE WRKG. 57-0805
3-DIPHENYLMETHYLEN-PYRROLIDINIUMSALZE, ANTI-ACETYLCHOLIN-AKTIVITAET 61-0555
1-PHENYL-4-ARYLHYDRAZONOMETHYL-CHINOLINIUMPERCHLORATE, VERW. ALS BAUMWOLL- U. WOLLFARBSTOFFE 62-0630
AMMONIUMVERBINDUNGEN, QUARTAERE (ANALYSE)
1-PHENYL-4-ARYLHYDRAZONOMETHYL-CHINOLINIUMPERCHLORATE, VERW. ALS SAEURE-BASEN-INDIKATOR 62-0630
AMYLOPEKTIN
ZERS. MIT 4,3 PZ. W. DURCH GAMMA-STRAHLEN 56-0249

AMYLOSE
U. VERWANDTE VERB., KONFORM., 3.MITT. 57-0774
O-METHYL-, KONFORM. 57-0774
TRI-O-METHYL-, DARST. 57-0774
TRI-O-METHYL-, IR-SPEKTRUM 57-0774
TRI-O-METHYL-, PMR 57-0774
ANABOLIKA
* S. UNTER STOFFWECHSEL
ANAESTHETIKA
* S. UNTER ARZNEIMITTEL
ANALEPTIKA
* S. UNTER ARZNEIMITTEL
ANALGETIKA
* S. UNTER ARZNEIMITTEL
ANALYSE
* SPEZIELLER STOFFE S. DORT
ANALYT. EIG. V. CHELATEN V. LANTHANIDEN MIT CHINOIDEN BZW. PHENOL. FARBSTOFFEN IN WSS. LSG. 53-0016
ANDROGENE
* S. HORMONE-TESTISHORMONE
ANHYDRIDE VON CARBONSAEUREN
* S. UNTER SAEUREANHYDRIDE
ANHYDROZUCKER
* S. UNTER KOHLENHYDRATE (DERIVATE)
ANILE
* S. SCHIFFSCHE BASEN (ANILE, AZOMETHINE)
ANILINE
* S. UNTER AMINE, ORGANISCHE
ANISOTROPIE
* S. UNTER D. ENTSPRECHENDEN STICHWOERTERN
ANNULENE
UEBERBRUECKTE (10)-, C-H-ACIDITAET 62-0179
DEHYDRO- MITTLERER RINGGROESSE, 2.MITT. 53-0274
ANOMERISIERUNGEN
* S. UNTER UMLAGERUNGEN
ANREGUNGSVORGAENGE IN ATOMEN UND MOLEKUELEN
* (EINSCHLIESSLICH LOESCHVORGAENGEN)
ENERGIEUEBERTRAG. (SZINTILLAT.-LOESCH.) 56-0096
LOESCH. V. ANGEREGTEN ZUSTAENDEN V. UNGESAETT. KETONEN DURCH DIENE IN HOHER KONZ. 59-0268
LOESCH. ANGEREGTER ZUSTAENDE V. DIAETHYLKETON DURCH PARAMAGNET. METALLCHELATE 59-0273
TRIPLETT- U. SINGULETT-ZUSTAENDE BEI D. PHOTOCHEMIE V. CYCLOHEPTADIEN-(3.5)-ON 60-0304
INTRAMOL. ENERGIEUEBERTRAG. ZWISCHEN D. TRIPLETTZUSTAENDEN V. SCHWACH WECHSELWIRKENDEN CHROMOPHOREN, 1. MITT. 61-0073
INTRAMOL. ENERGIEUEBERTRAG. ZWISCHEN D. TRIPLETTZUSTAENDEN V. SCHWACH WECHSELWIRKENDEN CHROMOPHOREN, 2. MITT. 61-0074
TRIPLETTENERGIE-UEBERTRAG., 3. MITT. (WIRKSAMK. D. DIFFUS. BEI D. TRIPLETTENERGIE-UEBERTRAG.) 62-0298
FLUORESZENZ-LOESCH. V. NAPHTHALIN DURCH POLYCYCL. KW-STOFFE 63-0334
SINGULETTZUSTAENDE V. AROMAT. KW-STOFFEN (BETEILIG. AN D. PHOTOLYSE V. AZOVERB.) 63-0336
FLUORESZENZ-LOESCH. V. AROMAT. KW-STOFFEN DURCH AZOVERB. 63-0336
FINGER-PRINT-METH. ZUM NACHW. V. TRIPLETTS 64-0337
ANTHELMINTHIKA
* S. UNTER ARZNEIMITTEL
ANTHOCYANIDINE
PRO-, 10. MITT. 59-0715
U. VERWANDTE VERB., 12. MITT. 60-0576
U. VERWANDTE VERB., 14. MITT. 61-0608
U. VERWANDTE VERB., 13. MITT. 64-0824
LEUKO- AUS PELTOGYNE RECIFENSIS 54-0402
PROCYANIDINE, ISOLIER. AUS FRUECHTEN 59-0715
ELEKTRONENSTRUKTUR (MO-UNTERS.) 60-0145
ANTHRACENE
* S. AUCH FARBSTOFFE (ANTHRACHINONFARBSTOFFE)
9.10-ANTHRACHINONE, RED., 2. MITT. 62-0187
MESO-DIHYDRO-, CHEMIE, 2. MITT. 63-0535
POLYHYDROXYANTHRACHINONE, STRUKTUR 58-0826
BIANTHRYL-SYST., ABS. KONFIG. 64-0525
BIS-ANTHRACHINONE, ISOLIER. AUS D. MYZEL V. PENICILLIUM ISLANDICUM 60-0726
ANTHRACHINONE, ISOLIER. AUS TABEBUIA AVELLANEDAE 55-0520
CHLORANTHRACHINONE, VORK. IN ANAPTYCHIA OBSCURATA 59-0713
ANTHRACHINONE, ISOLIER. AUS GALIUM SP . U. ASPERULA ODORATA 60-0729
POLYHYDROXYANTHRACHINONE, ISOLIER. AUS RHAMNUS FALLAX 58-0826
METHYL-, ISOLIER. AUS OKLAHOMA-ERDOEL 57-0452
ANTHRACHINONE, BIOGENESE IN RUBIACEAE 56-0762
HALOGEN-2.6-DIHYDROXY-, DARST. 55-0333
POLYMETHYL-, DARST. AUS 1.2-BIS-(2-CARBOXY-PENTEN-(4)-YL)-BENZOL 57-0436
9.10-DIALKINYL-, DARST. 57-0450
1-AMINO-2-BENZYL-ANTHRACHINONE, DARST. 58-0089
9-CYAN-, DARST. AUS D. NITROVERB. U. NACN 58-0511
10.10'-DIACYLTETRAHYDROBIANTHRYLE-(9.9'), DARST. AUS 9-ACYL-ANTHRACENEN 59-0452
2-(3-AMINO-PROPIONYL)-ANTHRACHINONE, DARST. AUS 2-ACETYL-ANTHRACHINON, SYMM. TRIOXAN U. AMINEN 59-0453
ALKYLAMINO-ANTHRACHINONE, DARST. AUS CHLORANTHRACHINONEN IN DMF 60-0435
1.4-BIS-ALKYLAMINO-ANTHRACHINONE, DARST. AUS CHINIZARINEN U. ALKYLENDIAMINEN 62-0660
METHYL-, DARST. 57-0452
9.10-DIALKYL-ANTHRACENE, DARST. DURCH DEHYDRATISIERENDE UMLAGER. V. 9.10-DIHYDRO-ANTHRANOLEN 63-0308
DIMETHYLANTHRACHINONE, DARST. 63-0535
1-ACRYLOYLAMINO-ANTHRACHINONE, DARST. AUS BETA-CHLOR-PROPIONYLCHLORID U. 1-AMINO-ANTHRACHINONEN 64-0524
MONOSUBSTITUIERTE ANTHRACHINONE, ELEKTRONENSPEKTREN (LSGM.-EINFL.) 57-0079
1-AMINO-2-BENZYL-ANTHRACHINONE, ELEKTRONENSPEKTREN 58-0089
VERZOEGERTE FLUORESZENZ 53-0054
MOL. OPT. ANISOTROPIE (MESS. MIT HILFE D. RAYLEIGH-STREUUNG) 55-0044
DEFORMAT.-ENERGIE BEI D. PHOTODIMERISIER. (BERECHN.) 62-0290
9.10-ANTHRACHINONE, POLAROGRAPHIE 62-0187
PROPARGYL-, ISOMERISIER. MIT K-TERT.-BUTYLAT 54-0178
PHOTODIMERISIER. U. FLUORESZENZ 54-0326
9-HALOGEN-, PHOTODIMERISIER. 64-0342
PROPINYL- PROTOTROP. ISOMERISIER. 53-0169
METHOXY-, OX. 55-0334
DIHYDRO-, DEHYDRIER. 56-0421
METHOXY-, RED. 55-0334
DIHYDRO-, AETHANOLYSE 56-0421
ALS DONATOREN BEI PHOTORK. 57-0268
ANTHRACENE, SENSIBILLISATORWRKG. BEI D. PHOTORK. (UV) V. BUTADIEN-(1.3), CIS- U. TRANS-PIPERYLEN U. ACRYLONITRIL 61-0312
ANTHRACHINONFARBSTOFFE
* S. FARBSTOFFE (ANTHRACHINONFARBSTOFFE)
ANTHRASTEROIDE
* S. UNTER RINGSYSTEME
ANTHYRIDINE
* S. UNTER RINGSYSTEME (HETEROCYCLEN)
ANTIBIOTIKA
* NUCLEOSID- S. UNTER NUCLEOSIDE
GENTAMICIN-, ISOLIER. 53-0100
WELKSTOFFE U. ANTIBIOTIKA,36. MITT.(SYNTH. V. VERB. D. LYCOMARASMIN-REIHE) 53-0237
MARKOLID-, 15. MITT. 53-0578
AUS ACTINOMYCETEN, 56. MITT. 55-0568
U. WELKSTOFFE, 37. MITT. 58-0389
GLUTARSAEUREIMID-, 13. MITT. 59-0777
C-NUCLEOSID-, STRUKTUR EINER NEUER KLASSE 54-0560
MOENOMYCIN, KONSTIT. V. LIPOIDTEILEN 62-0822
AUS ACTINOMYCETEN, 57. MITT. 61-0805
GLUTINOSIN, ZUS. 60-0816
SYNTH. V. NUCLEOSIDANTIBIOTIKA,4.MITT. 53-0494
NUCLEOSIDANTIBIOTIKA, SYNTH., 2. MITT. 63-0767
NEBULARIN-ANALOGE, DARST. AUS PURIN U. O-ACETYL-MONOSACCHARIDEN 63-0767
MODIFIKAT., 2. MITT. 64-0886
DESERTOMYCIN, HYDROLYSEPROD. 62-0827
LINCOMYCINACETALE, HYDROLYSE 64-0268
ANTIBIOT. WIRKSAMK. V. TULIPOSIDEN U. ALPHA-METHYLEN-BUTYROLACTONEN 58-0807
ANALYTIK, 7. MITT. 55-0596
ANALYTIK , 9. MITT. 58-0183
ANTICHOLINERGIKA
* S. UNTER NERVEN
ANTICONVULSIVA
* S. UNTER ARZNEIMITTEL (SPEZIELLE GRUPPEN)
ANTIDEPRESSIVA
* S. UNTER NERVEN
ANTIDIABETIKA
* S. UNTER DIABETES
ANTIMITOTIKA
* S. UNTER ZELLEN
ANTIMONVERBINDUNGEN
METHYLTHIOCYANAT-SBCL5-ADDIT.-PROD., BLDG. AUS C-CHLOR-ALKYLMERCAPTOMETHYLENSULFONAMIDEN 62-0388
DARST. D. OKTAFLUORXANTHON -SBCL5-KOMPLEXES AUS OKTAFLUORXANTHON U. SBCL5 53-0253
6-(DIPHENYLSTIBIN-MERCAPTO)-PURIN, DARST. , KONSTIT.-UNTERS. 57-0048
PHENYLANTIMONALKYL- U. -ARYLDITHIOCARBAMATE, DARST., IR, UV 58-0058
METALL-ACETONITRIL-HEXACHLOROANTIMONATE, IR-SPEKTREN 55-0003
N-ACYL-C-CHLORNITRILIUM-HEXACHLOROANTIMONAT(V), BLDG. U. EIG. 62-0388
HYDROGEN-ANTIMON-BIS-(THIOGLYKOLAT) , DARST. AUS SB2O3 U. THIOGLYKOLSAEURE , KRIST.-STRUKTUR 64-0015
ADDIT.-PROD. AUS DIHALOGENMETHYLENSULFONAMID U. SBCL5, BLDG. 62-0388
PYRIDINIUMTETRACHLOROANTIMONAT(III), KRIST.-STRUKTUR 56-0166
SBFE2(CO)8, POLAROGRAPH. U. CYCL.-VOLTAMMETR. VERH. 61-0022
SBCL4N3, DARST. AUS NAN3 U. SBCL5 55-0253
SBCL4N3,RK. MIT CHLORFORMIMIDIUMCHLORID-HEXACHLOROANTIMONAT(V) BZW. CHLORFORMIMIDIUMAZID-HEXACHLOROANTIMONAT(V) 55-0253
(SBCL4N3)2, RK. MIT IMIDIUMCHLORID-HEXACHLOROANTIMONATEN(V) 54-0228
SBCL3, EINFL. AUF D. RACEMISIER. OPT. AKT. SI-VERB. 64-0465

SBCL5, RK. MIT CHLORACETONITRILEN 54-0228
SBCL5, ADDUKT-BLDG. MIT LSGM. (RK.-ENTHALPIEN) 59-0186
SBCL5, KOMPLEXBLDG. MIT DIMETHYLGLYKOLAETHER 64-0072
SBCL5 RK. MIT OKTAFLUORXANTHON U. BZL. 53-0253
SBCL5, MPLEXBLDG. MIT METALLCHLORIDEN U. ACETONITRIL 55-0019
SBCL5, RK. MIT N-DICHLORMETHYLEN-CARBONSAEUREAMIDEN 62-0388
SBCL5, RK. MIT BIS-(1.3-DIKETONATO)-BOR-CHLORIDEN 58-0036
SBCL5, RK. MIT DIHALOGEN- BZW. C-CHLOR-ALKYLMERCAPTO-METHYLENSULFONAMID 62-0388
SBCL5,RK. MIT GLUCOSEDERIV. U. IODPYRANOSE 53-0479
SBCL5, EINFL. AUF D. TOLUCL-CX. MIT DIISOPROPYLPEROXYDICARBONAT 58-0213
SBCL4N3, DARST. AUS NATRIUMAZID U. SBCL5 55-0253
SBCL4N3, RK. MIT CHLORFORMIMIDIUMCHLORID-HEXACHLOROANTIMONAT(V) BZW. CHLORFORMIMIDIUMAZID-HEXACHLOROANTIMONAT(V) 55-0253
SBF3, RK. MIT CHLORSULFURYLISOCYANAT 57-0034
ANTINEOPLASTIKA
* S. UNTER TUMOREN
ANTIOXYDANTIEN UND ANTIOZONANTIEN
ANTIOXYDANTIEN U. STABILISATOREN, 16. MITT. 62-0438
ANTIPHLOGISTIKA
* S. UNTER ARZNEIMITTEL (SPEZIELLE GRUPPEN)
ANTIPLASMIN
* S. UNTER ENZYME
ANTIPYRETIKA
* S. UNTER ARZNEIMITTEL
ANTITUMORMITTEL
* S. UNTER TUMOREN
ARGON
ANGEREGTE METASTABILE AR-ATOME, STOSSRK. MIT KW-STOFFEN (ASSOZIATIVE IONISIER.), BLDG. V. ARC2H2(+) BZW. ARNO(+) 58-0014
EINFL. AUF STRAHLENCHEM. ANILINDARST. AUS BZL. U. NH3 59-0372
AROMASTOFFE
D. SCHWARZEN TEES 53-0585
AROMEN,15. MITT. 54-0568
V. VACCINIUM-ARTEN, 2. MITT. VACCINIUM MACROCARPON AIT 56-0757
AROMEN, 16. MITT., KAKAOAROMA , 3. MITT. 56-0760
AROMASTOFFE D. PREISSELBEEREN 1. MITT.(VACCINIUM VITIS-IDAEA) 53-0602
KAKAOAROMA 2. MITT. 54-0568
AROMATEN
* KOHLENWASSERSTOFFE(AROMATISCHE) S.DORT
* RINGSYSTEME (AROMATEN) S. DORT
ARSENSAUERSTOFFSAEUREN
CHEMIE D. KONDENSIERTEN PHOSPHATE U. ARSENATE, 53. MITT. 56-0054
H3ASO3, RK. MIT FRUCTOSE, KINETIK D. KOMPLEXBLDG. 62-0167
ORTHOARSENSAEUREN, ESTER DARST. AUS ALKALIALKOHOLATEN U. AS-TRIALKYLESTERN 63-0054
ALKYLAMMONIUM-DIALKOXOARSENATE(V), BLDG. AUS ORTHOARSENSAEUREPENTAALKYLESTERN U. ALKYLAMINEN U. ALKOHOLEN 57-0039
H3ASO4-ESTER, SYNTH. 60-0371
ARSENVERBINDUNGEN
ALKYLAMMONIUM-HEXAALKOXOARSENATE(V), BLDG., ZERS. 57-0039
TRIMETHYLSILYL-ARSINE, DARST. 62-0027
ARSENIGSAEURE-FRUCTOSE-1 ZU 1-CHELATE, BLDG. (KINETIK) 62-0167
ASCL3, RK. MIT ALKYL-PHENYLAETHINYL-SN-VERB. ZU TRIS-(PHENYLAETHINYL)-ARSIN 64-0065
ARSENANE
TRIPHENYL-BENZOYLMETHYLEN-, DARST. AUS ARSONIUMSALZEN 63-0221
DARST. AUS ARSONIUMVERB. U. METALLORGAN. VERB. 57-0433
TRIPHENYL-BENZOYLMETHYLEN-, BASIZITAET (VGL. MIT D. ANALOGEN PHOSPHONIUMYLIDEN) 63-0221
ELEKTROPHILE U. NUCLEOPHILE SUBSTITUT.-RK. 57-0433
ARSINE
THIOCARBAMOYL-, DARST. AUS LI-ORGANOARSIDEN U. ISOTHIOCYANATEN 56-0392
CARBAMOYL-, SYNTH. AUS ARSINEN U. ISOCYANATEN 57-0387
AETHINYL-, DARST. AUS AETHINYL-SN-VERB. 64-0065
1.2-DIMETHYL-1.2-DIPHENYL-DIARSIN, STEREOMUTAT. 60-0286
RK. MIT TRIALKYL(ARYL)ARSINKOMPLEXEN V. RH(I) U. IR(I) 57-0028
ARSON(IG)SAEUREN
ALKYLARSONSAEUREN, DARST. AUS BIS-(DIAETHYLAMINO)-CHLORARSIN U. GRIGNARD-VERB. 61-0377
AROMAT. S-HALT. ARSONSAEUREN, SYNTH., 2. MITT. 63-0457
ARSONSAEUREN, PK -WERTE IN W.-METHANOL-GEMISCHEN 63-0228
ARSONIUMVERBINDUNGEN
CYCL. BIPHENYLEN-2.2-DI-, DARST. 54-0477
CYCL. BIPHENYLEN-2.2-DI-, PYROLYSE 54-0477
RK. MIT NAH 63-0467
ARYLIERUNG
* S. UNTER ALKYLIERUNG
ARZNEIMITTEL (ALLGEMEINES)
* KAPSELN S. DORT
* TABLETTEN S. DORT
* ANTIKOAGULANTIEN S. UNTER BLUT
* IMMUNOSUPPRESSIVA S. UNTER IMMUNISIERUNG
* S. AUCH SUSPENSIONEN
STEREOCHEM. UNTERS., 5.MITT. 57-0806
MEDIZIN. AGENTIEN MIT D. ADAMANTYLGRUPPE, 5. MITT. 60-0811
STEREOCHEM. UNTERS. AN MEDIZIN. AGENTIEN, 6. MITT. 60-0834
STABILITAET, 17. MITT. 62-0855
NMR-SPEKTROSKOP. UNTERS., 2.MITT. 64-0165
KATION., SORPT. AN AEROSIL 64-0931
TRIHALOGENMETHYLVERB. V. POTENTIELLEM THERAPEUTISCHEM INTERESSE,7. MITT.(SELEKTIVE RED.) 53-0213
PHARMAKOLOG. AKT. BENZO(B)THIOPHENE, 5. MITT. 59-0525
(DARST. V. ANTIULZEROGENEN PHENOTHIAZINEN) 53-0459
BIOLOG. AKTIVITAET, 3. MITT. 64-0929
BIOLOG. AKTIVITAET, 4. MITT. 64-0930
RESORPT. U. AUSSCHEID., 10. MITT., BEZIEH. ZWISCHEN CHEM. STRUKTUR U. RESORPT., 2. MITT. 64-0926
RESORPT. U. AUSSCHEIDUNG, 11. MITT., BEZIEH. ZWISCHEN CHEM. STRUKTUR U. RESORPT., 3. MITT. 64-0927
STOFFWECHSEL, 8. MITT. 61-0844
STOFFWECHSEL, 9. MITT. 61-0845
RESORPT. U. AUSSCHEID., 9. MITT. 62-0853
WENIG RESORBIERBARE, EINFL. V. COFFEIN AUF D. RESORPT. 61-0843
WRKG. EINER KOMBINAT. V. PHARMAKA AUF D. GASTROINTESTINALE RESORPT., 1. MITT. 61-0843
PRUEF. V. DREI NATUERL. MAGENSAFTRESISTENTEN U. DUENNDARMLOESL. UEBERZUEGEN FUER DRAGEES 53-0611
PUDERROHSTOFFE, FLIESSEIG. 54-0592
DOSIERAEROSOLE, 1. MITT. 58-0827
EINFL. V. HILFSSTOFFEN BEI D. HERST. V. ARZNEIZUBEREIT., 18. MITT. 64-0931
EINFL. V. HILFSSTOFFEN BEI D. HERST. V. ARZNEIZUBEREIT., 19. MITT. 64-0932
DOSIER.-GENAUIGK. EINZELDOSIERTER ARZNEIFORMEN, 2. MITT. 56-0764
TITRAT. V. BENZODIAZEPINDERIV. IN ARZNEIMITTELFORMEN 53-0612
LOKALANAESTHETIKA, 2-ARYLOXY- U. 2-(1.4-BENZODIOXANYL-
ARZNEIMITTEL (SPEZIELLE GRUPPEN)
(5)-OXY)-1-PHENYL-AETHYL-ALKYLAMINHYDROCHLORIDE 55-0457
LOKALANAESTHETIKA, DARST. AUF D. BASIS V. BETA-DIKETONEN, 3.MITT. 60-0427
ANAESTHETIKA, 5.6-DIHYDRO-7H.12H-DIBENZ(C.F)AZOCIN-N-DERIV. 57-0636
ANALGET. WRKG. V. METHADOL- U. NORMETHADOLDERIV., EINFL. D. KONFIG. 63-0902
ANALGETIKA, VERBRUECKTE MEPIRIDINANALOGA, DARST. 60-0834
ANALGETIKA, 1.3-DIMETHYL-4-PHENYL-4-ACYLOXY-PIPERIDINE 57-0146
ANALGETIKA, 1-SUBSTITUIERTE 2.5-DIPHENYL-PYRROLE (DARST.) 60-0835
ANALGETIKA, 3.5-DICYAN-PYRIDINDERIV. , DARST. 61-0647
ANALGETIKA, 1-PROPIONYL-CIS-2.6-DIMETHYL-PIPERAZINE 63-0709
ANALGETIKA, 1-ARALKYL-BUTEN-(3)-YL- U. 2-ARALKYL-PENTEN-(4)-YLAMINE, DARST. 63-0896
ANALGETIKA, 1.3-DIALKYL-3-ARYL-AZETIDINE, DARST. 63-0899
ANALGETIKA, (N-ALKYL-PYRROLIDIN-(3))-DIPHENYLESSIGSAEUREAETHYLESTER, DARST. 63-0900
ANALGETIKA, (3-ARYL-3-METHYLBUTYL)-DIMETHYLAMINE, DARST. 60-0384
ANALGETIKA, (PYRROLIDINYL-(3))-PHENYLCARBINOLESTER, DARST. 63-0901
ANALGETIKA, 5.6-DIHYDRO-7H.12H-DIBENZ(C.F)AZOCIN-N-DERIV. 57-0636
ANALGETIKA, (3-ARYL-3-METHYLBUTYL)-DIMETHYLAMINE, ANALGET. WRKG. 60-0384
ANALGET. WRKG. V. CIS-O-ACETOXY-ZIMTSAEURE (MAUS) AN MAEUSEN 63-0903
CHEMOTHERAPIE D. SCHISTOSOMIASIS, 9. MITT. 57-0382
ANTHELMINTHIKA, WRKG. V. (-)-TETRAMISOL AUF NEMATOSPIROIDES DUBIUS 57-0543
ANTIHISTAMINIKUM 1.5.10-TRIPHENYL-3.7-DIAZA-ADAMANTAN-9-OL 54-0422
ANTIHISTAMINIKA, 5.6-DIHYDRO-7H.12H-DIBENZ(C.F)AZOCIN-N-DERIV. 57-0636
ANTIPHLOGISTIKA, DARST. V. 5-(2-ANILINOPHENYL)-TETRAZOLEN 57-0566
ANTIINFLAMMATORIKA, 2-ARYL-INDANDIONE-(1.3), DARST. 60-0424
ANTIPHLOGISTIKA, 1-ARALKYL-BUTEN-(3)-YLAMINODERIV., DARST. 63-0896
ANTIINFLAMMATOR. WRKG., N- HETEROAROMAT. ANTHRANILSAEUREN 63-0710
ANTIPHLOGISTIKA, 5.6-DIHYDRO-7H.12H-DIBENZ(C.F)AZOCIN-N-DERIV. 57-0636
ANTIPHLOGISTIKA, N.N'- DIACYL-LYSINE 61-0841
ENTZUENDUNGSHEMMENDE WRKG. V. 5-AMINO-2-OXO-2.5-DIHYDRO-1H-1-BENZAZEPINEN 53-0471
HYPOTHERM. WRKG. V. 3.5-DICYAN-PYRIDINDERIV. 61-0647

DIURETIKA, PYRAZINE, 5. MITT. 60-0627
DIURETIKA, TRIAMTEREN-ISOMERE, DARST. 63-0705
DIURETIKA, 2.4-DIAMINO-PTERIDINE 60-0627
DIURETIKA, N-AMIDINO-3-AMINO-PYRAZINCARBOXAMIDINE 60-0627
DIURET. WRKG. V. PTERIDINEN U. DIAMINOPYRIMID + OPYRIMIDINEN (STRUKTUREINFL.) 63-0708
CORONARERWEITERNDE PHENOTHIAZINE, DARST. 53-0459
HYPOTENSIVA, 3-(ACYL)AMINO-4H-PYRROLO(3.4-C)ISOXAZOLE, DARST. 63-0640
ANTIHYPERTONIKA, 1-ARALKYL-BUTEN-(3)-YLAMINO, 2-ARALKYL-PENTEN-(4)-YLAMINE U. -PENTEN-(4)-SAEUREAMIDE, DARST. 63-0896
HYPOTENSIVA, OMEGA-AMMONIO-GUAJACOL- U. THYMOL-POLYOXYAETHYLENAETHERJODIDE, DARST. 63-0905
ANTIHYPERTENSIVA, 2(3)-AMINO-4(3H)-CHINAZOLINONE, DARST. 57-0608
HYPOTENSIVA, CIS- BZW. TRANS- 1-ACYLOXY-CHINOLIZIDINE 60-0591
HYPNOTIKA, PREGNANE, PREGNENE, 19-NORPREGNAN- U. ANDROSTANDERIV., BEZIEH. ZWISCHEN KONSTIT. U. WRKG. 57-0809
HYPNOTIKA, BEZIEH. ZWISCHEN WRKG. U. LIPOPHILEM CHARAKTER 57-0807
SEDATIVA, SI-HALT. BARBITURATE , DARST. 57-0808
ANTIKONVULSIVA, THIOHYDANTHOINE, DARST. IN D. REIHE 3- U. 5-SUBSTITUIERTER 2-THIOHYDANTOIN-DERIV. 2. MITT. 53-0371
ANTICONVULSIVA, 5.5-BIS-METHOXYPHENYL- U. 5-METHOXYPHENYL-5-METHOXYBENZYL-HYDANTOINE, DARST. AUS BENZILEN U. HARNSTOFF 57-0527
SPASMOLYTIKA, SI-HALT. BARBITURATE , DARST. 57-0808
SPASMOLYTIKA, SYNTH., 23. MITT. 59-0430
ANTIKONVULSIVUM, DL-CIS-3A.4.5.6-TETRAHYDRO-SUCCINIMIDO(3.4-B)ACENAPHTHEN-10-ON, DARST. 60-0510
ANTIKONVULSIVA, 1-ARALKYL-BUTEN-(3)-YLAMINE, DARST. 63-0896
ANTIKONVULSIVA, DARST. V. 7-OXA-BICYCLO(2.2.1)HEPTAN-2.3-DICARBONIMIDEN MIT ANTIKONVULSIVER WRKG. 63-0904
SPASMOLYTIKA, OMEGA-AMMONIO-GUAJACOL- U. THYMOL-POLYOXYAETHYLENAETHERJODIDE, DARST. 63-0905
SPASMOLYTIKA, 1- AMINOALKYL-ISO(THIO)CHROMANE , DARST. 64-0663
SPASMOLYTIKA, 1.3-DIOXOLANONE-(4) U. 1.3-OXATHIOLANONE-(5) 64-0617
SPASMOLYTIKA, BENZILSAEURE-(3-DIALKYLAMINO-1-ARYLPROPYLESTER), DARST., WRKG. 59-0430
ANTISPASMODIKA, 5.6-DIHYDRO-7H.12H-DIBENZ(C.F)AZOCIN-N-DERIV. 57-0636
KRAEMPFELOESENDE WRKG. V. 5-AMINO-2-OXO-2.5-DIHYDRO-1H-1-BENZAZEPINEN 53-0471
ANTIKONVULSIVUM, WRKG. V. DL-CIS-3A.4.5.6-TETRAHYDRO-SUCCINIMIDO(3.4-B)ACENAPHTHEN-10-ON 60-0510
ANALEPTIKA, 2-AMINO-AETHYL-VINYLAETHER (DARST.) 53-0214
VERSTAERK. D. DOPA-WRKG. DURCH N-SUBSTITUIERTE CYCLOPROPYLAMINE 57-0804
ARZNEIPFLANZEN (UND DROGEN)
IND. ARZNEIPFLANZEN,16. MITT. 53-0533
AUS THAILAND, 4. MITT. 55-0329
INHALTSSTOFFE, 18. MITT. 55-0538
INHALTSSTOFFE, 19. MITT. 58-0823
CHEM. RASSEN BEI --, 6.MITT. 61-0832
CHINES. ROHDROGE ''WUJIAPI'', BESTANDTEILE, 1.MITT. 61-0846
PEI-WUJIAPI, AGLYKONE D. STEROIDGLYKOSIDE , 1.MITT. 61-0846
IND., 14. MITT. 57-0665
BEST. V. INHALTSSTOFFEN (FURANOLIGULARENON) IN SHAN-SHION 60-0758
ASSOZIATION
* S. UNTER ZWISCHENMOLEKULARE KRAEFTE
ASTERANE
* S. UNTER RINGSYSTEME (ALICYCLEN)
ATOMABSTAENDE
* S. UNTER MOLEKULARSTRUKTUR
ATOMSTRUKTUR
STER. ANFORDER. V. SP(2)-HYBRIDISIERTEN EINSAMEN ELEKTRONENPAAREN, 2. MITT. 62-0140
ATRANE
14. MITT. 62-0034
SIL-, DARST., DIPOLMOMENTE 64-0769
AUSTAUSCHREAKTIONEN
VINYL-, 1. MITT. 60-0339
NMR D. CHEM. AUSTAUSCHES, 3. MITT. 61-0134
VINYL-, 2. MITT. 62-0286
ALPHA-WASSERSTOFF-, KATALYSE, 8. MITT. 63-0290
CHLORAUSTAUSCHBEI ORGAN. VERB., 6.MITT. 62-0119
H-O-AUSTAUSCH V. O-NITROTOLUOLEN IN METHANOL 59-0380
H-CL-VERTEIL.-GLEICHGEW. IN METHYLSILAN-METHYLCHLORSILAN-SYST. 59-0189
AMIN-, V. 2-(ALPHA-AMINO-BENZYL)-INDENONEN (KINETIK) 63-0526
V. CL IN DESYLCHLORID (STER. VERLAUF) 64-0286
V. TRIMETHYLAMMONIUMBROMIDEN (MECHANISMUS) 61-0275
O2-AUSTAUSCH V. BENZAMIDEN BEI ALKAL. HYDROLYSE (KINETIK) 59-0221
VINYL-, V. VINYLACETAT MIT CARBONSAEUREN , D. SCHWAECHER ALS ESSIGSAEURE SIND 62-0286
STEREOSPEZIF. ESTER-AMID- V. OPT.-AKT. PHOSPHIN- U. SULFINSAEUREESTERN 64-0317
AUSTAUSCHREAKTIONEN (LIGANDENAUSTAUSCHREAKTIONEN)
V. NI(CO)4 MIT (C(18)O) U. P(C6H5)3 IN HEXAN BZW. V. NI(C(18)O)4 MIT (CO) IN D. GASPHASE (KINETIK, MECHANISMUS) 61-0029
LIGANDENAUSTAUSCH V. TRIALKINYL-AL- U. -GA-SOLVATEN 58-0045
ANAT.-RK. V. CO(II)-HALOGENID-(EN)2-SOLVENS-KOMPLEXEN (KINETIK, STEREOSPEZIFITAET) 61-0026
LIGANDEN- AN TRIPHENYLPHOSPHIN- U. ARSINKOMPLEXEN V. RH(I) U. IR(I) 57-0028
LIGANDEN- V. NI- U. CO-KOMPLEXEN MIT PHOSPHINEN (KINETIK) 59-0029
PI-ALLYL-LIGANDENUEBERTRAG.-RK. ZWISCHEN CO- U. PD-KOMPLEXEN 58-0073
OLEFIN-(CO)-AUSTAUSCH V. (NORBORNADIEN) MO(CO)4 U. (1.3.5-CYCLOOCTATRIEN) MO(CO)3 ((13)(CO)-UNTERS., STEREOCHEMIE D. AUSTAUSCHRK.) 60-0036
ZWISCHEN METHYL- U. DIMETHYL-GERMANEN (GLEICHGEW.-KONST.) 63-0049
LIGANDEN- D. TRIGLYCINATO-CUPRAT(II)-IONS MIT TRIAETHYLENTETRAMIN BZW. AETHYLENDIAMINTETRAACETAT 57-0032
ANIONENAUSTAUSCH V. TRIGLYCINATO-CU(II)-KOMPLEXEN MIT KOMPLEXONEN (KINETIK) 58-0030
LIGANDEN- BEI RE(V)-AMIN-KOMPLEXEN (KINETIK) 64-0035
LIGANDEN- AN TELLURANEN 58-0490
LIGANDENAUSTAUSCH V. TRANS-(PT(SNCL3)(C6H5) (TRIAETHYLPHOSPHIN ODER -ARSIN)3) MIT SCN(-) BZW. THIOHARNSTOFF (KINETIK) 64-0030
AUSTAUSCHREAKTIONEN (PROTONENUEBERTRAGUNGSREAKTIONEN)
HOEHERER PROTONENUEBERGANG IM IMIDAZOL-H2O-IMIDAZOLIUM-SYST. 58-0185
PROTONEN- IN DMSO (EINFL. V. ALKOHOLEN), 1. MITT. 58-0303
PROTONEN- IN DMSO (EINFL. V. ALKOHOLEN), 2. MITT. 58-0304
PROTONENUEBERTRAG.-RK. BEI D. AROMAT. NITRIER. (KINETIK, ISOTOPENEFFEKT) 61-0225
PROTONENUEBERTRAG.-RK., UEBERSICHT UEBER D. THEORET. GRUNDLAGEN U. UNTERS.-METH. 63-0321
CARBONIUMION-SILAN- -HYDRIDUEBERTRAG.-RK., 1. MITT. (ANWEND. U. STEREOCHEMIE) 63-050
PROTONENUEBERTRAG. IN DIPOLAREN APROT. LSGM., 4.MITT. 64-0246
PROTONENAUSTAUSCH IN ALLYLLITHIUM 58-0001
PROTONEN- IN PD-PI-ALLYL-KOMPLEXEN 62-0053
PROTONENUEBERTRAG. BEI KW-STOFFEN 64-0246
PROTONIER.-RK. V. NITROALKAN-ANIONEN MIT ESSIGSAEURE IN W.-D2O (KINETIK) 58-0302
PROTONENAUSTAUSCH ZWISCHEN PHENOLEN U. METHANOL (KINETIK, SUBSTITUENTENEINFL.) 60-0206
H-ATOMAUSTAUSCH ZWISCHEN 2.4.6-TRIS-TERT.-BUTYL-PHENOL U. SEINEM PHENOXYRADIKAL (KINETIK) 60-0233
ALKOXY-ALKOXY- AM ASYMM. SI-ATOM (LSGM.- U. KATIONENEINFL., STEREOCHEMIE) 59-0445
PROTONENAUSTAUSCH- V. TRIALKYL-ALKYLIDEN-PHOSPHORANEN 58-0100
PROTONENAUSTAUSCH V. METHYLAMMONIUMIONEN MIT NH3 BZW. METHYLAMINEN (KINETIK) 57-0188
PROTONENUEBERGAENGE V. SUBSTITUIERTEN AMMONIUMSALZEN, 1. MITT. 64-0231
PROTONENUEBERGAENGE V. AMMONIUMSALZEN IN HCOOH 64-0231
PROTONABSPALT. AUS THIOESSIGSAEURE-AETHYLESTER U. N-METHYL-THIOACETIMIDSAEURE-AETHYLESTER-METHOBROMID DURCH OH-IONEN (KINETIK) 64-0278
MG-H- IN MG-DEUTEROPORPHYRINDIMETHYLESTER (KINETIK) 63-0050
AUTASSOZIATION
* S. UNTER ZWISCHENMOLEKULARE KRAEFTE
AUTOXYDATION
* S. UNTER OXYDATION
AZASTEROIDE
* S. UNTER STEROIDE
AZEPINE
1H-, DARST. 54-0474
2.7-DIMETHYL-3.6-DICYAN-, DARST. AUS 2.6-DIMETHYL-4-CHLORMETHYL-3.5-DICYAN-1.4-DIHYDRO-PYRIDINEN 63-0742
AZETE
AZETIDINE, 2. MITT. 59-0504
AZETIDINE, 3. MITT. 63-0591
3-AZIDO-AZETIDINONE-(2), DARST. AUS BENZALANILINEN BZW. 3.4-DIHYDRO-ISOCHINOLINEN U. ALPHA-AZIDO-SAEURECHLORIDEN 55-0371
1-AMINO-AZETIDINONE, DARST. AUS 3-BROM-PROPIONSAEUREHYDRAZIDEN 56-0465
AZETIDIN-2-ONE, DARST. AUS OLEFINEN DURCH STEREOSPEZIF. ADDIT. V. CHLORSULFONYL-ISOCYANAT 59-0505
N-ARYL-AZETIDINE, SYNTH. 60-0477
AZETIDIN-2-ONE, DARST. DURCH CYCLOADDIT. V. CLSO2-NCO AN OLEFINE 64-0560
TRANS-3-ALKYL(ARYL)- 1.2-DIPHENYL-AZETIDINONE-(4), DARST. AUS ALDOKETENEN U. BENZYLIDENANILIN 64-0576
1-AMINO-AZETIDINONE, DARST. AUS 1-NITROSO (BZW. 1BENZYLAMINO)-AZETIDINONEN 56-0465

4.4-BIS-(METHYLMERCAPTO)-AZETIDINONE-(2), DARST. AUS IMINO-DITHIOKOHLENSAEUREDIMETHYLESTERN U. KETENEN 59-0320
AZETIDINIUMVERB., DARST. 62-0511
1-ALKYL-AZETIDIN-2-CARBONSAEUREN, DARST. AUS ALPHA, GAMMA-DIBROMBUTTERSAEUREMETHYLESTER U. PRIM. AMINEN 63-0589
1-ALKYL-3.3-DIMETHYL-AZETIDINE, DARST. AUS 2.2-DIMETHYL-3-ALKYLAMINO-1-SULFATOPROPANEN 63-0591
1.3-DIALKYL-3-ARYL-AZETICINE, DARST. AUS AZETIDINONEN U. LIALH4 63-0899
1.1-DIALKYL-AZETIDINIUMCHLORIDE, ALKYLIER. V. AKT. NUCLEOPHILEN 59-0503
1-AMINO-AZETIDINONE, UMLAGER. 56-0465
1.1-DIALKYL-AZETIDINIUMCHLORIDE, RINGOEFFN. ZU 3-DIALKYLAMINO-PROPYLCHLORIDEN (GLEICHGEW.-KONST.) 59-0503
KONDENSIERTE AZETIDINIUMSALZE, NUCLEOPHILE DEQUARTERNISIER., 2. MITT. 60-0476
4.4-BIS-(METHYLMERCAPTO)-AZETIDINONE-(2), RK. MIT OX.-MITTELN 59-0320
4.4-BIS-(METHYLMERCAPTO)-AZETIDINONE-(2), RK. MIT RANEY-NICKEL 59-0320
4.4-BIS-(METHYLMERCAPTO)-AZETIDINONE-(2), RK. MIT LIALH4 59-0320
4.4-BIS-(METHYLMERCAPTO)-AZETIDINONE-(2), RK. MIT HCL 59-0320
AZETIDINIUMVERB., RK. MIT N-OXIDEN 62-0511
1.3-DIALKYL-3-ARYL-AZETIDINE, ANALGET. WRKG. 63-0899

AZIDE, ORGANISCHE
17ALPHA-AZIDO-PREGNANE, DARST. 53-0549
MESOMERIESTABILISIERTE, DARST. (AZIDOFORMAMIDINIUM- U. AZIDOFORMIMIDIUMAZID-SALZE) 55-0253
2-OXO-AZETIDINYL-(3)-, DARST. AUS BENZALANILINEN BZW. 3.4-DIHYDRO-ISOCHINOLINEN U. ALPHA-AZIDO-SAEURECHLORIDEN 55-0371
ACIDOTETRAHYDROFURANE, DARST. (SUCCESSIVE EINFUEHR. V. AZIDFUNKT.) 62-0528
2.12-DIAZIDO-3.7.11-TRIOXO-4.6.8.10-TETRAZA-TRIDECANE, DARST. AUS PSEUDOXAZOLONEN U. NA-AZID 64-0639
5-AZIDO-TROPOLONE, DARST. 56-0386
4-HALOGEN-5-AZIDO-STEROIDE, DARST. AUS DELTA(4)-3-KETO-STEROIDEN U. HALOGENAZIDEN 63-0812
AZIDO-ZUCKER, CD 63-0105
5-AZIDO-TROPOLONE, RK. 56-0386
RK. MIT CH-AKT. VERB., 18. MITT. 61-0459
RK. MIT AKT. METHYLENVERB., 19. MITT. 61-0576
RK. MIT CH-AKT. VERB., 22. MITT. 62-0410
2-AZIDO-THIAZOLE, TAUTOMERE UMLAGER. IN THIAZOLO(2.3-E)TETRAZOLE 64-0215
VINYL-, THERMOYLSE ZU N-HETEROCYCLEN 64-0553
BETA-CARBONYL- SAEUREKATALYSIERTE ZERS. 55-0244
THERM. ZERS. (EINFL. V. FE-CARBONYLEN) 56-0078
AZIDO-1.4-NAPHTHOCHINONE, THERM. ZERS. (KINETIK) 61-0308
BETA-AZIDO-STYROLE, PYROLYSE 63-0618
STEROID-, RED. MIT NABH4 U. TRIS(ALPHA.ALPHA'-DIPYRIDYL)-KOBALT(II)-BROMID ZU D. AMINEN 53-0550
BENZIMICAZOLYL-(2)-, RK. MIT NA (NH3) 57-0523
RK. MIT (CO) IN VERSCHIEDENEN LSGM. 63-0444
ADDIT. AN ALLENE 61-0590
ARYL-, ADDIT. V. OLEFINEN 57-0554
RK. MIT LI-ACETYLENIDEN 60-0556
ARYL-, ADDIT. AN NORMANVERB. 63-0520
RK. MIT ALIPHAT. KETONEN 64-0655

AZINE
ENAZINE, CHEMIE, 2. MITT. 63-0300
KET- U. ALD-, KONFIG. 59-0157
KONFIG. 54-0278
DARST. AUS ALPHA.BETA-UNGESAETT. CARBONYL-VERB. 54-0278
ASYMM. THIAZOLIDON-, DARST. AUS THIOSEMICARBAZONEN U. MALEINSAEURE-ANHYDRID 59-0559
GEMISCHTE, DARST. AUS ALLYLHYDRAZONEN 59-0293
MONOCYCL., ELEKTRONENSTRUKTUR 62-0113
AROMAT. ALD-, MASSENSPEKTRUM 59-0137
ARYLALDEHYD-, CYCLISIER. MIT STARKEN BASEN 56-0522
ZIMTALDEHYDAZINE, UMLAGER. 63-0300
AROMAT. ALD-,NACHW. D. BLDG. FREIER RADIKALE IM LAUFE D. THERMOLYSE AROMAT. ALDAZINE 53-0175
FLUORENYLIDENALD-, THERMOLYSE 56-0420
ZIMTALDEHYD-, PYROLYSE 58-0592
AROMAT. ALD-, THERMOLYSE, 4. MITT. 59-0137
THERMOLYSE, 5. MITT. 64-0466
AROMAT. U. HETEROCYCL. ALDAZINE, THERMOLYSE 64-0466
OX. MIT BLEITETRAACETAT , 2. MITT. 61-0322
RK. V. BENZALDAZINEN MIT SULFONYLISOCYANATEN 53-0463

AZIRIDINE
* S. ALKYLENIMINE

AZOFARBSTOFFE
* S. FARBSTOFFE (AZOFARBSTOFFE)

AZOKUPPLUNG
* S. UNTER DIAZOVERBINDUNGEN

AZOMETHINE
* S. SCHIFFSCHE BASEN

AZOVERBINDUNGEN (ALLGEMEINES)
* S. AUCH AZOFARBSTOFFE
* DIAZOVERBINDUNGEN S.DORT
DIAZENE, 1. MITT. 62-0403
AROMAT. DIAZO- U. AZOVERB., 75. MITT. 53-0243
AROMAT. DIAZO- U. AZO-VERB., 74.MITT. 53-0291
AROMAT. DIAZO- U. AZO-VERB., 73. MITT. 53-0294
HETEROCYCL. ARYLAZOQUART.-SALZE, 1. MITT. 56-0459
HETEROCYCL. ARYLAZOQUARTAERSALZE, 2. MITT. 56-0460
HETEROCYCL. ARYLAZOQUARTAERSALZE, 3. MITT. 56-0461
DIARYLAZOALKANE, 2. MITT. 58-0294
AROMAT., 4.MITT. 60-0381
CARBONYL-, 2. MITT. 61-0419
CARBONYL-, 3. MITT. 61-0420
DIAZENE, 2. MITT. 62-0404
DIAZENE, 3. MITT. 62-0405
ARYLAZOSTEROIDE, 3. MITT. 63-0832

AZOVERBINDUNGEN (DARSTELLUNG)
V. RESORCIN-SULFONSAEUREN, DARST. 53-0243
MAKROCYCL. BENZOL-NAPHTHOL-, DARST. 53-0294
6-PHENYLAZO-CHOLESTANE, DARST. 53-0564
ARYLAZOSULFIDE, DARST. ALS CIS-VERB. AUS BENZOLDIAZONIUM-VERB. U. MERCAPTANEN 55-0198
2-CHLOR-4'-HYDROXY-AZOBENZOLE, DARST. AUS -CHLOR-ANILINEN DURCH DIAZOTIER. U. KUPPL. MIT PHENOL 55-0288
AZOBENZOLE, DARST. AUS NITROBENZOLEN MIT UEBERGANGSMETALLOXALATEN 57-0377
2-CARBALKOXYMETHYLAZO-PHENOLE, DARST. AUS O-CHINONDIAZIDEN, KETENEN U. ALKANOLEN 57-0438
BIS-ARYLAZO-BIS-4-TOLYLSULFONYL-ACETONE, DARST. AUS BIS-(P-TOLYLSULFONYL)-ACETON U. ARYLDIAZONIU + NIUMCHLORIDEN 58-0412
AZOALKANE, DARST. AUS ALKYLHYDRAZONEN 59-0250
4-METHOXY-PHENYL-, DARST. AUS P-METHOXY-BENZOLDIAZONIUM-FLUOROBORAT U. AROMAT. AMINEN IN APROT. MEDIUM (KINET. ISOTOPENEFFEKT) 59-0262
BIS-(ARYLSULFONYL)-ARYLAZO-CHLORMETHANE, DARST. AUS BIS-(ARYLSULFONYL)-MONOCHLORMETHANEN U. ARENDIAZONIUMCHLORIDEN 59-0358
NAPHTHYLAZO-AROYLOXY- U. -AROYLAMINO-BENZOLE, DARST. AUS NAPHTHOL-(2) U. DIAZOTIERTEN AMINOPHENYLBENZOATEN U. -BENZAMIDEN 59-0446
QUATERN. P-AMMONIOMETHYL-, DARST. AUS (P-CHLORMETHYL-PHENYL)-AZO-VERB. U. TERT. AMINEN 59-0603
HYDRAZIN-, DARST. AUS ALPHA-CARBONYL-AZO-VERB. U. ALDEHYD-PHENYLHYDRAZONEN 61-0419
3-PHENYLAZO-TROPOLONE, DARST. AUS TROPOLONEN U. BENZOLDIAZONIUM-SALZEN 61-0664
SYNTH. AUS 2-DIAZO-1.3-DIKETONEN U. AKT. METHYLENVERB. 62-0315
DARST. AUS DIALKYLSULFAMIDEN 62-0358
2-ARYLAZO-2-METHYL-PROPIONSAEURE-ESTER, DARST. AUS DIHYDRO-1.4.5-BENZOXADIAZEPINEN 62-0503
TRIAMINO-CARBAETHOXYPHENYLAZO-PYRIMIDINE, DARST. 63-0880
5-ARYLAZO-1.3-THIAZAN-2.4-DITHIONE, DARST. AUS 1.3-THIAZAN-DITHION-(2.4) U. DIAZONIUMVERB. 64-0755
HETEROCYCL. ARYLAZOQUARTAERSALZE, SYNTH. AUS BENZTHIAZOLIUM-, CHINOLINIUM- U. PYRIDINIUMQUARTAERSALZEN U. PHENYLHYDRAZINEN 56-0461
CYANATO-AZOBENZOLE, DARST. AUS HYDROXY-AZOBENZOLEN U. BRCN 56-0530
4-(P-NITRO-PHENYLAZOMETHYLEN)-1-ARYL-1.4-DIHYDRO-CHINOLINE, DARST. AUS NA-P-NITRO-PHENYL-ANTI-DIAZOTAT U. 1-ARYL-LEPIDINIUMPERCHLORATEN 60-0618
4-DIMETHYLAMINO-AZOBENZOLE, DARST. 63-0445
N-(4-(HETERO)ARYLAZO-5.6.7.8-TETRAHYDRO-NAPHTHYL-(1))-3-PIPERIDINO-PROPYLAMINE, DARST. 63-0675
3-, 7- U. 17- ARYLAZOSTEROIDE, DARST. 63-0832
4.6-DIAMINO- U. 4-AMINO-6-OXO-1.6-DIHYDRO-5-ARYLAZO-PYRIMIDINE, DARST. AUS PYRIMIDINEN U. PRIM. ANILINEN 63-0874

AZOVERBINDUNGEN (PHYSIKAL. EIGENSCHAFTEN)
AZOBENZOLE, UV-SPEKTREN D. RADIKAL-ANIONEN 57-0082
AZOBENZOLE, UV-SPEKTREN 58-0146
4-(P-NITRO-PHENYLAZOMETHYLEN)-1-ARYL-1.4-DIHYDRO-CHINOLINE, ABSORPT. IM SICHTBAREN BEREICH, SOLVATOCHROMIE 60-0618
ARYLAZOSULFIDE, UV-SPEKTREN 55-0198
P-AMINOAZOBENZOLE, STRUKTUR U. UV- U. SICHTBARE ABSORPT.-MAX. IN SAURER LSG. 56-0103
ELEKTRONENSTRUKTUR U. PHYSIKAL.-CHEM. EIG., 13.MITT. 55-0100
ELEKTRONENSTRUKTUR U. PHYSIKAL.-CHEM. EIG., 14. MITT. 58-0146
2-CHLOR-4'-HYDROXY-AZOBENZOLE, DISSOZIAT.-KONST. 55-0288

AZOVERBINDUNGEN (REAKTIONEN)
PHOTOLYSE (BETEILIG. V. KW-STOFF-SINGULETTZUSTAENDEN) 63-0336
HETEROCYCL. ARYLAZOQUART.-SALZE, AMBIDENTES VERH. GEGEN NUCLEOPHILE 56-0459
ARYLAZOSULFIDE, UMLAGER. IN TRANS-VERB. 55-0198
HYDROXYAZOBENZOLE, ISOMERISIER. (UV) 59-0365
P-AMINO-, TAUTOMERES GLEICHGEW. IN SAUREN LSG., 4. MITT. 56-0103
ARYLAZOPYRAZOLONE, TAUTOMERIE (NMR-UNTERS) 59-0142
O-HYDROXY-, AZO-HYDRAZON-TAUTOMERIEGLEICHGEW. 63-0213
P-AMINO-, TAUTOMERES GLEICHGEW. IN SAURER LSG., 5. MITT. 64-0213
AZOALKANE, HYDRAZON-AZO-TAUTOMERIE (GLEICHGEW.) 59-0250
DIALKYLAMINOAZOBENZOLE, TAUTOMERIE 64-0213

CYCLOPROPYL-AZOMETHANE, THERM. ZERS. (KINETIK) 55-0196
ARENAZOARYLSULFIDE, THERM. ZERS. 55-0199
1.1'.2.2'-TETRAPHENYLAZOAETHANE, THERM. ZERS. (ALPHA-D-ISOTOPENEFFEKT) 58-0295
KINETIK D. ZERFALLS, 1. MITT. (V. AZO-BIS-NITRILEN U. -ISOBUTTERSAEUREESTERN) 61-0298
AZOCUMOLE, THERM. ZERS. (KONSTIT.-EINFL., KINETIK) 58-0294
2.4-DIAMINO-AZOBENZOLE, OX. MIT CU(II)-SALZEN (KINETIK) 57-0211
AROMAT., ELEKTROCHEM. RED. (MECHANISMUS) 61-0189
CYANATO-AZOBENZOLE, RK. MIT H2S, HYDROXYLAMIN-HYDROCHLORID, ALCL3 U. SAEUREN 56-0530
UMSETZ. MIT DIAZOVERB., 8. MITT. 54-0431
2.2'-AZO-HETARENE, RK. MIT DIAZOALKANEN 54-0431
CYANATO-AZOBENZOLE, RK. MIT AMINEN 56-0530
RK. MIT DIAZOVERB., 7. MITT. 57-0560
HETEROCYCL. ARYLAZOQUARTAERSALZE, REDUZIERDE O-P-SUBSTITUT. MIT NAOH BZW. HCL BZW. AMINEN 56-0460
PYRIDIN-, RK. MIT 1-HYDROXY-2-PHENYL-INDOL 56-0485
O-SUBSTITUIERTE AZOBENZOLE, RK. MIT AROMAT. GRIGNARDVERB. 60-0381
MONAZO-ALPHA-NAPHTHOLE, AZOKUPPL. MIT BENZOLDIAZONIUMION 61-0301
AZOVERBINDUNGEN (BIOCHEMIE)
TRIAMINO-CARBAETHOXYPHENYLAZO-PYRIMIDINE, HEMMWRKG. AUF FOLATREDUKTASE 63-0880
2-CHLOR-4'-HYDROXY-AZOBENZOLE, FUNGIZIDE WRKG. 55-0288
4-DIMETHYLAMINO-AZOBENZOLE, HEMM. V. ESCHERICHIA COLI 63-0445
N-(4-(HETERO)ARYLAZO-5.6.7.8-TETRAHYDRO-NAPHTHYL-(1))-3-PIPERIDINO-PROPYLAMINE, HEMM. V. MYCOBACTERIUM TUBERCULOSIS U. M. LEPRAEMURIUM 63-0675
4.6-DIAMINO- U. 4-AMINO-6-OXO-1.6-DIHYDRO-5-ARYLAZO-PYRIMIDINE, ANTIMALARIA-WRKG. 63-0874
4.6-DIAMINO- U. 4-AMINO-6-OXO-1.6-DIHYDRO-5-ARYLAZO-PYRIMIDINE, ANTIKREBS-WRKG. 63-0874
TRIAMINO-CARBAETHOXYPHENYLAZO-PYRIMIDINE, ANTITUMORWRKG. 63-0880
AZOXYVERBINDUNGEN
AZOXYALKANE, DARST. AUS AZOALKANEN BZW. AUS AZOALKAN-N(1).N(2)-DIOXIDEN 53-0232
AZOXYBENZOLE, DARST. AUS NITROBENZOLEN MIT UEBERGANGSMETALLOXALATEN 57-0377
2-AZOXY-BENZOESAEUREN, DARST. AUS 2-NITROSO-BENZOESAEURE-AETHYLESTER U. TETRAFLUORHYDRAZIN BZW. CHLORAMIN-T 59-0377
AZOXYBENZOLE, WALLACH-UMLAGER. (KINETIK) 63-0302
AZOXYALKANE, SAEUREKATALYSIERTE ZERS. 53-0232
2-AZOXY-BENZOESAEUREN, BZW. ALKALI-SALZE, PYROLYSE 59-0377
AZULENE
DIHYDRO-, NATUERL. VORK. 60-0741
ACYL-, DARST. AUS D. AZULEN MIT ORTHOESTERN 55-0338
BIS-(ALKYLAZULYLE), PHOTOCHEM. DARST. AUS AZULEN-SULFONSAEUREN 58-0524
SUBSTITUIERTE, DARST. 56-0386
UV 53-0116
BIS-(ALKYLAZULYLE), ELEKTRONENSPEKTREN (THEORET. DEUT. NACH SIMPSON 'INDEPENDENT SYSTEM APPROACH') 58-0524
BIS-(ALKYLAZULYLE), PMR-SPEKTREN 58-0524
PK-WERTE D. KONJUGIERTEN SAEURE IM NICHT ANGEREGTEN U. ANGEREGTEN ZUSTAND 53-0116

B

BAKR-OEL
* S. UNTER ERDOEL
BAKTERIEN
* S. UNTER MIKROORGANISMEN ...
BALSAME
AUS PINUS PEUCE, ISOLIER. V. DELTA(8(9).15)-ISOPIMARSAEURE 61-0812
BAMFORD-STEVENS-REAKTION
* S. UNTER DISSOZIATIONSREAKTIONEN
BARBITURSAEUREN
N-ACYLDERIV., 10.MITT. 59-0621
N-ACYLDERIV., 11. MITT. 59-0622
N-(4-NITROBENZYL)-, STRUKTUR, 1. MITT. 56-0575
BLDG. AUS URACILEN IN MYCOBAKTERIEN 62-0844
P-TRIMETHYLSILYL-PHENYL-, DARST. 57-0808
1.3-DIAZA-CYCLOHEXANTRIONE, DARST. AUS TRIPHENYLPHOSPHORANYLIDENKETEN U. PHENYLISOCYANATEN 64-0481
BARBITURATE, IR -SPEKTREN 58-0170
P-NITROBENZYL-BARBITURATE, STRUKTUR 58-0661
THERMOANALYT. UNTERS. D. MOL.-VERB. U. MISCH. V. AMINOPHENAZON U. BARBITURATEN 53-0112
BARBITURATE, REDUKTIVE RINGOEFFN. 58-0544
TRANSACYLIER. MIT ACYLCHLORIDEN 59-0621
P-TRIMETHYLSILYL-PHENYL-, DEDATIVE U. ANTIKONVULSIVE WRKG. 57-0808
BEZIEH. ZWISCHEN WRKG. U. LIPOPHILEM CHARAKTER 57-0807
BARIUMVERBINDUNGEN
ACYLIER. V. 1 ZU 2-BA-BETA-DIKETON-CHELATEN 54-0043
BA-IMIDAZOLIO- BZW. -PICOLINIUMPHOSPHATE, ZUR PHOSPHORYLIER. 63-0399
BAPO3NH2, DARST. AUS NH3 U. BARIUM-(1-METHYL-IMIDAZOLIO-(3)-PHOSPHONAT)-CHLORID BZW. BARIUM-BIS-(GAMMA-PICOLINIUMPHOSPHAT) 63-0399
BACL2, KOMPLEXBLDG. MIT SBCL5 U. ACETONITRIL 55-0019
BACL2, KOMPLEXBLDG. MIT SNCL4 U. ACETONITRIL 55-0026
BA(B3H8)2, DARST. AUS TLB3H8 U. BAJ2 61-0424
BASEN
* S. AUCH AMINE, ORGANISCHE
STARK BAS. MEDIEN, MECHANIST. UNTERS., 6. MITT. 63-0289
DISSOZIAT. IN WSS. ORGAN. LSGM., 2. MITT. 57-0191
DISSOZIAT. IN WSS. ORGAN. LSGM. , 3. MITT. 57-0192
DISSOZIAT. V. SAEUREN U. -- IN GEMISCHEN AUS W. U. ORGAN. LSGM., 4. MITT. 64-0230
ORGAN., IONENAUSTAUSCHVERH. 59-0181
POLYSAEURIGE ORGAN., PROTONIER., 3.MITT. 63-0223
RK. MIT O-NITRO-BENZALDEHYDEN 58-0417
RK. MIT ALPHA-HYDROXYIMINODERIV., V. CARBONYLVERB., 1. MITT. 57-0318
EINFL. AUF D. ZERS. V. HYDROPEROXIDEN (KINETIK) 56-0239
BASENSTAERKE
* S. UNTER DISSOZIATION, ELEKTROLYTISCHE
BASIZITAET
* S. UNTER DISSOZIATION,ELEKTROLYTISCHE
BAUMWOLLE
(GOSSYPIUM HIRSUTUM), BESTANDTEILE D. BLUETENKNOSPEN, 8. MITT. (ISOLIER. V. BETA-BISABOLOL) 59-0719
(BENZTHIAZOLYL-(2))-(5-CHLOR-PYRIDYL-(2))-SULFID ALS NEUES ENTBLAETTERNDES MITTEL 62-0851
BECKMANN-UMLAGERUNG
* S. UNTER UMLAGERUNGEN
BENZAZEPINE
AZABENZOCYCLOHEPTENONE, 7. MITT. 62-0683
2. MITT. 64-0767
2.5-DIHYDRO-1H-1-, DARST. 53-0471
TETRAHYDRO-3-BENZAZEPINONE-(2), DARST. AUS N-CHLORACETYL-ARYL-AMINOSAEUREN 58-0680
1H-3-, DARST. 59-0650
BROMBENZO(B)AZEPINE, DARST. 62-0683
BENZIDINUMLAGERUNG
* S. UNTER UMLAGERUNGEN
BENZIMIDAZOLE
BENZIMIDAZOL-N-OXIDE, 8. MITT. 62-0560
SYNTH. IN D. BENZIMIDAZOLREIHE,7. MITT.(SYNTH. V. 1.7-DISUBSTITUIERTEN BENZIMIDAZOLEN) 53-0368
-1-OXIDE, DARST. AUS ALPHA-(2.4-DINITRO-PHENYLAMINO)-ALPHA.BETA-UNGESAETT. ACYL-DERIV. 53-0374
6-NITRO-BENZIMIDAZOL-1-OXIDE, DARST. AUS N-(2.4-DINITRO-PHENYL)-AMINOSAEUREN 53-0375
2-ALKOXY-, DARST. AUS 1-METHYL-2-SULFO-BENZIMIDAZOL U. NA-ALKOHOLATEN 53-0447
5.7-DIHALOGEN-, DARST. AUS DIHALOGEN-O-PHENYLENDIAMINEN 55-0409
DARST. AUS INDAZOLEN DURCH PHOTOUMLAGER. 56-0503
1.2-DISUBSTITUIERTE-, DARST. AUS N-(2-AMINO-PHENYL)-PIPERIDINEN 56-0507
2-BENZIMIDAZOLINONE, DARST. AUS 2-PHENYLCHINOXALIN-1-OXIDEN U. ACETANHYDRID 58-0591
DARST. AUS O-AMINOBENZYLIDENANILEN 58-0593
2-(3-CARBOXY-PROPIONYL)-, DARST. AUS 2-(5-BROM-FURYL-(2))-BENZIMIDAZOLEN 60-0532
4.5.6.7-TETRACHLOR-, DARST. AUS 4.5.6.7-TETRACHLOR-BENZOTRIAZOLEN 62-0500
BENZIMIDAZOL-N-OXIDE, DARST. 62-0560
2-DIAZINYL-, DARST. AUS O-PHENYLENDIAMIN U. CYANDIAZINEN 63-0732
5.6-DIMETHYL- BENZIMIDAZOLRIBONUCLEOSIDE, DARST. 63-0769
DARST. AUS AROMAT. NITROVERB. DURCH REDUKTIVE CYCLISIER. MIT TICL3 64-0552
2-(N-ARYLSULFONYL-N-PHENYL-AMINOAETHYL)-, DARST. AUS N-ARYLSULFONYL-N-PHENYL-BETA-ALANIN-IMINOAETHYLESTERN U. O-PHENYLENDIAMIN 64-0627
BLDG. AUS N.N'-DI-BENZOLSULFONYL-1.4-BENZOCHINONDIIMINEN 64-0636
2-ARYLMETHYLENAMINOMETHYL-, DARST. AUS 2-AMINOMETHYL-BENZIMIDAZOLEN U. AROMAT. ALDEHYDEN 54-0371
1-TRICHLORMETHYLMERCAPTO-, DARST. AUS TRICHLORMETHANSULFENYLCHLORID U. BENZIMIDAZOLEN 56-0502
2.2'-BIS-(PERFLUOR-PROPYL)-5.5'-DI-, DARST. AUS 3.3'.4.4'-TETRA-AMINO-DIPHENYLEN MIT PERFLUOR-BUTTERSAEURE-ESTER 62-0567
POLYHYDROXYALKYL-, OPT. ROTAT.-DISPERS. 60-0071
2-ALKYL-, MASSENSPEKTREN 58-0134
MASSENSPEKTREN 60-0127
-(THIO)AETHER, CLAISENUMLAGER. (KINETIK) 63-0304
2-ALKOXY- UMLAGER. 53-0447
2.2'-BIS-(PERFLUOR-PROPYL)-5.5'-DI-, THERM. STABILITAET 62-0567
2-ARYLMETHYLENAMINOMETHYL-, RED. MIT NABH4 54-0371
2-AZIDO-, RK. MIT NA (NH3) 57-0523
N-SUBSTITUIERTE, RK. MIT AETHYLJODID (KINETIK) 64-0258
MANNICH-RK. 53-0372
ADDIT.-RK. MIT ACETYLENDICARBONSAEUREESTERN 63-0579
1-TRICHLORMETHYLMERCAPTO-, FUNGIZIDE WRKG. 56-0502

HALOGEN-, ANTIBAKTERIELLE WRKG. 60-0819
BENZISOTHIAZOLE
BENZISOTHIAZOLE, DARST. AUS 3-ACETAMINO-2-NITRO-BENZO (B)THIOPHENEN U. EISEN(II)-OXALAT 56-0481
1.1-DIOXIDE, DARST. AUS (2-SULFAMOYL-PHENYL)-CARBINOLEN 59-0562
2-MERCAPTO-, SYNTH., 7. MITT. 62-0576
1.2-BENZISOTHIAZOLYL-(3)-HYDRAZON-1.1-DIOXIDE, DARST. AUS 3-HYDRAZINO-1.2-BENZISOTHIAZOL-1.1-DIOXID U. CARBONYLVERB. 64-0648
2-MERCAPTO-, DARST. AUS BENZTHIAZOLIUMSALZEN U. NABH4 62-0576
PSEUDOSACCHARINAETHER, CHAPMAN-MUMM- UMLAGER. 60-0546
BENZISOXAZOLE
4.7-DIHYDRO-2.1-BENZISOXAZOLDIONE-(4.7), DARST. AUS 3.5-DIMETHOXY-4.7-DIHYDRO-2.1-BENZISOXAZOLDION-(4.7) U. AMINEN 54-0260
3-CHLOR-1.2-, DARST. 54-0386
BENZODIOXANE
1.3-BENZODIOXANE, DARST. 56-0572
(2-ALKYLAMINOAETHOXY)-1.4-BENZODIOXANE, DARST. DURCH LEUCKART-RK. V. BETA-ARYLOXYACETOPHENONEN U. ALKYLIER. 55-0457
2.3- -, DARST. AUS NAPHTHALINEN 59-0361
(2-ALKYLAMINOAETHOXY)-1.4-BENZODIOXANE, LOKALANAESTHET. WRKG. D. HYDROCHLORIDE 55-0457
BENZOFURANE
* S. CUMARONE
BENZOLE (ALLGEMEINES)
* CYCLOHEXADIENE (U. HYDRODERIV.) S.DORT
CYMOLDERIV., 5.MITT. 54-0265
CYMOL-DERIV., 6. MITT. 55-0275
P-HYDROXY-SUBSTITUIERTE, 1. MITT. 55-0288
AMINO-, 3. MITT. 58-0397
ALKYL-, ISOMERISIERENDE UMWANDL., 5. MITT. 59-0421
ALKYLSUBSTITUIERTE BENZOESAEUREN, 3. MITT. 61-0408
ALKYLBENZOTRIFLUORIDE, 4. MITT. 62-0373
2.4.6-TRINITRO-THIOPHENOLE, 2. MITT. 62-0380
2.4.6-TRINITRO-THIOPHENOLE, 3. MITT. 62-0381
HALOGEN-O-PHENYLENDIAMINE U. ABGELEITETE HETEROCYCLEN, 1. MITT. 62-0500
HALOGEN-O-PHENYLENDIAMINE U. V. IHNEN ABGELEITETE HETEROCYCLEN, 2. MITT. 62-0501
RESORCINDERIV., 2. MITT. 63-0508
O-BENZOCHINONE, 1. MITT. 63-0722
DIHYDROXYACETOPHENONE, INTER- U. INTERMOL. H-BRUECKEN 57-0189
N-(OMEGA-(P-NITRO-PHENYL)-ALKYL)-ANILINE, KONFORM. 60-0153
BENZAMIDINE, GEHINDERTE ROTAT. 62-0118
ARYLBENZOATE U. -BENZOLSULFONATE, KONFORM. 64-0179
2-SUBSTITUIERTE ALKYL-, ROTAT.-ISOMERIE 55-0119
GEHINDERTE BENZOPHENONE, STEREOCHEMIE 59-0432
BETA-ALKYL(ARYL)-HYDROZIMTSAEUREN, DARST. 53-0252
CHROMTRICARBONYL-, ASYMM. INDUKT. 54-0031
AREN-N-METHYLSULFAMIDO-ANISALDEHYDE, DARST. DURCH FORMYLIER. 54-0251
P-BENZOCHINONE, SUBSTITUIERTE, DARST. 54-0258
AMINO-P-BENZOCHINONE, DARST. AUS 2.5-DIMETHOXY-P-BENZOCHINONEN U. AMINEN 54-0259
AMINO-CYMOLE, DARST. AUS CHLOR-TOLUIDINEN U. DIISOPROPYLAETHER 54-0265
BENZOLE (DARSTELLUNG)
TRIMETHYL-SILYL-, DARST. DURCH RADIKAL. TRIMETHYL-SILYLIER. 54-0270
HOCHSUBSTITUIERTE-, DARST. 54-0317
ALKYL-, DARST. AUS ALKENINYL-CYCLOHEXANEN 55-0210
CYMOLE, DARST. 55-0275
2-CHLOR-4'-HYDROXY-AZO-, DARST. AUS CHLORANILINEN 55-0288
N.N-DIALKYL-3.5-XYLIDINE, DARST. AUS 2.4.6-TRIMETHYL-PYRYLIUMPERCHLORAT U. SEK. AMINEN 55-0325
CUMOLDERIV., DARST. 56-0057
MONONITROPHLOROGLUCINDERIV., DARST. 56-0339
TERT.-ALKYL-HYDROXYBENZOCHINONE, DARST. AUS 4-TERT.-ALKYLBRENZCATECHINEN 56-0351
4-AMINOMETHYL-1-DIALKYLAMINO-, DARST. AUS DIALKYLANILINEN, CH2O U. CYCL. SEK. AMINEN 56-0362
1-PHENYLAETHINYL-TETRAFLUOR-, DARST. 56-0396
2-HYDROXY-PHENONE, RK. MIT SILANEN 56-0608
4- U. 4.4''-SUBSTITUIERTE P-TERPHENYLE, DARST. AUS P-TERPHENYL 57-0412
1.4-DIALKINYL-, DARST. 57-0450
1.4-DIACETOXY-, DARST. AUS P-BENZOCHINONEN U. ACETANHYDRID 58-0421
BIS-(TETRAFLUORPHENOXY)-TETRAFLUORBENZOLE, DARST. AUS DIHYDROXYTETRAFLUORBENZOLDIALKALISALZEN U. PENTAFLUORBENZOLEN 59-0349
1.4-BENZOCHINONDIOXIM-ARYL-SULFONATE, DARST. AUS 1.4-BENZOCHINON-DIOXIM U. ARYLSULFOCHLORIDEN BZW. AUS 1.4-BENZOCHINON-OXIM-BENZOLSULFONATEN U. HYDROXYLAMINSULFAT 59-0364
-PHOSPHONATE, DARST. AUS ARYLJODIDEN U. TRIALKYLPHOSPHITEN 59-0381
BENZILSAEURE-(3-DIALKYLAMINO-1-PHENYLPROPYLESTER), DARST. AUS BENZILSAEURE U. 1-CHLOR-1-ARYL-3-DIALKYLAMINOPROPANEN 59-0430
GEHINDERTE BENZOPHENONE, DARST. 59-0432
-ANALOGE V. CONGOCIDIN, DARST. 59-0495
MONOBROM-, DARST. MIT DIBROMISOCYANURSAEURE 60-0367
MONO- U. DIMERCAPTO-, DARST. AUS SULFOCHLORIDEN 60-0372
ISOPROPYL-(3-CARBOXY-PROPYL)-, DARST. AUS CUMOL U. GAMMA-BUTYROLACTON 60-0375
TRIMETHYLSILYLBENZOLDICARBONSAEUREDERIV., DARST. AUS 5-HALOGEN-XYLOLEN MIT TRIMETHYL-CHLORSILAN 60-0393
P-PHENOXYALKOXY-BENZAMIDINE, DARST. 60-0810
1-DEUTERO-BENZALDEHYDEN, DARST. AUS N-TERT.-BUTYL-BENZAMIDEN 61-0396
SILYL-1.3.5-TRICHLOR-, DARST. AUS 1.3.5-TRICHLORBENZOL U. CHLORSILANEN 61-0429
PENTAALKYLPHENONE, DARST. AUS HEXAMETHYL- BZW. HEXAAETHYLBENZOL U. SAEURECHLORIDEN 61-0478
QUATERPHENYLE, SYNTH. 61-0563
ALKYLBENZOTRIFLUORIDE, DARST. AUS ALKYLBENZOT + RICHLORIDEN U. SBF3 62-0373
N-DIFLUOR-NITRANILINE, DARST. AUS ANILINEN U. F2 62-0397
ALLYL-, DARST. DURCH DIENOL-BENZOL-UMLAGER. V. ALLYLCYCLOHEXADIENOLEN 62-0412
2-AMINO-BENZOPHENONE, DARST. AUS 3-PHENYL-OXINDOLEN DURCH OX. 62-0495
PHENYL- U. BENZYLMERCURIHALOGENIDE U. -PERCHLORATE, DARST. 63-0035
POLY-(TRIMETHYLSILYL)-TOLUOLE, DARST. AUS LITHIOTOLUOLEN 63-0460
POLYCHLORPHENYL-LI-VERB., DARST., RK. 63-0465
BIBENZYLE, DARST. AUS DIBENZYLOXALATEN DURCH PYROLYSE 63-0505
POLYALKYL-, DARST. AUS BENZOLEN U. ISOPREN 63-0528
N-HETEROAROMAT. ANTHRANILSAEUREN, DARST. AUS ANTHRANILSAEURE U. SUBSTITUIERTEN PYRIMIDINEN 63-0710
N-(1-ARYL-ALKYL)-ANILINE, DARST. AUS N-BEZYLIDEN-ANILINEN U. DIAETHYLCADMIUM BZW. -ZINK 64-0054
TRIFERROCENYL-, DARST. AUS FERROCENYL-ACETYLENEN 64-0070
CYCLOALKYLBENZOESAEUREN U. -CUMYLCHLORIDE, DARST. 64-0245
DIMETHYL-(1-BROM-AETHYL)-, DARST. AUS DIMETHYLAETHYLBENZOLEN U. N-BROM-SUCCINIMID 64-0421
(14)C-AMINO-BENZOESAEUREN U. (3)H- U. (14)C-HYDROXYBENZALDEHYDE, DARST. 64-0458
GAMMA-SUBSTITUIERTE RESORCINE, SYNTH., 2.MITT. 64-0505
2.3-DIMETHOXY-5-HYDROXY-6-ALKYL-1.4-BENZOCHINONE, DARST. 64-0900
TETRAFLUOR-, DARST. AUS 1.2.3.4-TETRAFLUORBENZOL 55-0313
SYMM. TRISUBSTITUIERTE, SYNTH. 59-0348
ISOPROPYLBENZOESAEUREN, DARST. AUS BROMBENZOL U. ISOPROPYLALKOHOL 61-0408
METHYL-CHLOR-BENZOTRICHLORIDE, DARST. AUS TRICHLORMETHYL-METHYL-CHLOR-CYCLOHEXADIENONEN ODER -DIENOLEN DURCH UMLAGER. 62-0373
HALOGEN-O-PHENYLENDIAMINE , SYNTH. AUS BENZOTRIAZOLEN 62-0500
4-DIMETHYLAMINO-AZO-, DARST. 63-0445
1.1-BIS-(2.4-DIHYDROXY-3.5-DIALKYL-PHENYL)-ALKANE, DARST. 63-0508
N-AROYL-ANTHRANILSAEUREN, DARST. AUS 4H-3.1-BENZOXAZINONEN-(4) 63-0724
PHENYLRESORCINE, DARST. AUS JODRESORCINEN 64-0495
ALLYL-2-HYDROXY-6-METHOXY-BENZOPHENONE, DARST. AUS 2-ALLYLOXY-6-METHOXY-BENZOPHENON 64-0505
P-BICYCLOALKYL-BENZOESAEUREN U. -ANILINE, DARST. AUS P-BICYCLOALKYL-ACETOPHENONEN 64-0541
BENZOLE (PHYSIKAL. EIGENSCHAFTEN)
BENZOL-TRANS-DIAZOSULFONATE, UV -SPEKTREN (EINFL. D. P-SUBSTITUT.) 55-0055
BENZOL-TRANS-DIAZOSULFONATE, UV -SPEKTREN (EINFL. D. O- U. M-SUBSTITUT.) 55-0056
P-AMINOAZO-, STRUKTUR U. UV- U. SICHTBARE ABSORPT.-MAX. IN SAURER LSG. 56-0103
THIOBENZAMIDE, ELEKTRONENSPEKTRUM 56-0105
SULFINO- U. SULFO-, NA-SALZE, IR 56-0110
AZO-, UV-SPEKTREN D. RADIKAL-ANIONEN 57-0082
LAD.-UEBERTRAG.-KOMPLEXE MIT JCN, IR 58-0096
AZO-, UV-SPEKTREN 58-0146
BENZALDEHYD-PHENYLHYDRAZONE, UV-SPEKTREN (LSGM.- U. SUBSTITUENTENEFFEKTE) 60-0078
N-(OMEGA-(P-NITRO-PHENYL)-ALKYL)-ANILINE, UV 60-0153
METHYLBENZOL-TETRACYANAETHYLEN-KOMPLEXE, ABSORPT.-SPEKTREN 60-0194
MONOSUBSTITUIERTE BENZOLE U. DUROLE, IR (BANDENINTENSITAETEN, SIGMA-KONST.) 61-0083
P-DISUBSTITUIERTE, INTENSITAET D. NY(16)-BANDE, MESS. INNERMOL. WECHSELWRKG. 61-0084
AMINO-, UV. 63-0123
5-SUBSTITUIERTE 2-NITRO-ANILINE, UV (SUBSTITUENTEN-EINFL.) 63-0217
NA-BENZOATE, IR 64-0006
CHARAKTERIST. NORMALSCHWING. , 3. MITT. (BEZIEH. ZWISCHEN FREQUENZ U. SCHWING.-FORM D. NICHTEBENEN CH-SCHWING.) 64-0095
HALOGEN-, SZINTILLAT.-LOESCHVERMOEGEN (UNTERS. D. ENERGIE-UEBERTRAG. IN FL.) 56-0096
DINITRO-, MOLARE KERR-KONST. 61-0070
AMINO-, KERR-KONST. 61-0071
ALPHA.ALPHA'- DIARYLAMINO-BIBENZYLE, SPONTANE RACEMATSPALT. 64-0090

AMINO-, KERR-KONST. 62-0066
ACYL-, ROTAT.-HINDER. 57-0134
N(O)-ALKYL-P-BENZOYL-DIAZO-, ELEKTRONENSTRUKTUR 60-0149
2.6-DISUBSTITUIERTE ANILINE, GEHINDERTE ROTAT. 62-0122
N-(OMEGA-(P-NITRO-PHENYL)-ALKYL)-ANILINE, INTRAMOL. CHARGE-TRANSFER 60-0153
1.2-BENZOCHINONE, MASSENSPEKTREN 55-0092
2-CHLOR-4'-HYDROXY-AZO-,DISSOZIAT.-KONST. 55-0288
MONO- U. 1.4-DISUBSTITUIERTE, IONISAT.-POTENTIALE 58-0090
AMINO- U. METHOXY-, DIPOLMOMENT U. KONFORM. 60-0173
METHYL-, SCF-MO-BERECHN. D. IONISAT.-POTENTIALS 61-0129
AMINO-, DIPOLMOMENTE 62-0066
CHLOR-AMINO-, DIPOLMOMENTE U. DK 63-0117
N-BUTYL-, MASSENSPEKTRUM (M-42-UMLAGER.) 63-0161
ARYLBENZOATE U. -BENZOLSULFONATE, DIPOLMOMENTE 64-0179
DINITRO-, MOL.-POLARISIERBARK., DIPOLMOMENTE 61-0070
AMINO-, MOL.-POLARISIERBARK. U. DIPOLMOMENTE (LSGM.-ABHAENGIGK.) 61-0071
ANILINE, NMR-SPEKTREN (LSGM.-EINFL.) 54-0072
HALOGEN-, NMR -KOPP.-KONST. U. CHEM. VERSCHIEB. 55-0080
2-SUBSTITUIERTE ALKYL-, NMR 55-0119
ALKYLBENZOLE, NMR-LSGM.-VERSCHIEB. 56-0121
MONOSUBSTITUIERTE, KOPPL.-KONST. U. CHEM. VERSCHIEB. 56-0128
ORTHO-DISUBSTITUIERTE, PROTON-PROTON-KOPPL. (SUBSTITUENTEN-EINFL.), CHEM.VERSCHIEB. 56-0129
FLUOR-, NMR, 2. MITT. (EINFL. V. SUBSTITUENTEN AUF F-F-KOPPL.) 57-0101
N.N-DIPHENYL-BENZAMIDE, NMR (NICHTAEQUIVALENZ D. PHENYLGRUPPEN) 57-0111
BENZOCHINONE, EPR 57-0200
DISUBSTITUIERTE, NMR (ADDITIVITAET V. SUBSTITUENTENEFFEKTEN) 59-0114
SULFANILAMIDE, NMR (N(1)-SUBSTITUENTENEINFL.) 60-0087
PENTAFLUORPHENYL-VERB., NMR 60-0100
NMR-SUBSTITUENTENKONST. 61-0093
TETRASUBSTITUIERTE, NMR -UNTERS. 63-0135
TERT.-BUTYLBENZOLE, PMR (SUBSTITUENTENEFFEKTE) 63-0139
HALOGENIERTE BENZOLE NMR IN NEMAT. LSGM. 64-0122
ACYL-, POLAROGRAPH. RED. (EINFL. D. KETTENLAENGE) 56-0201
2-HYDROXY-BENZOPHENONE, DISSOZIAT.-KONST. IM GRUND- U. ANGEREGTEN ZUSTAND 57-0186
AMINO- U. CARBOXY-, PK IN DMSC 63-0220
1.2-DIAMINO-, PK-WERTE IN WSS. H2SO4 U. HAMMETT'SCHE SAEUREFUNKT. 63-0223
BENZOESAEUREN, BENZOLARSON-, -PHOSPHON- U. -PHOSPHINSAEUREN, PK IN W.-CH3OH 63-0228
1-AMINO-4-CARBOXY-, PK (KONSTIT.-EINFL.) 63-0230
HALOGEN-, POLAROGRAPHIE (EINFL. D. HAMMETT-KONST.) 63-0235
AMINOBENZOESAEUREN, PK-BEST. IN EIESSIG 64-0222
ANILINO- U. PYRIDYLAMINO-NITRO-BENZOLSULFONSAEUREN U. -BENZOESAEUREN, PK(2) 64-0229
P-BICYCLOALKYL-BENZOESAEUREN U. -ANILINE, PK-WERTE 64-0541
DIHYDROXYACETOPHENONE, PK-WERTE 57-0189
BENZOCHINONE, REDOXPOTENTIALE D. EINELEKTRONENRED. U. ZWEIELEKTRONENHALBWELLENPOTENTIALE 57-0200
PHENYL- U. BENZYLMERCURIHALOGENIDE U. -PERCHLORATE, POLAROGRAPHIE (SUBSTITUENTEN-EINFL.) 63-0035
5-SUBSTITUIERTE 2-NITRO-ANILINE, PK(A)-WERTE (SUBSTITUENTEN-EINFL.) 63-0217
CYCLOALKYLBENZOESAEUREN, PK-WERTE (KONSTIT.-EINFL.) 64-0245
ANILINE, SELBSTASSOZIAT. (BIND.-ENERGIE) 56-0184
METHYL-, BLDG.-WAERME D. KATIONEN IN FSO3H-SBCL5 58-0163
BENZOESAEUREN, CHEM. POTENTIALE IN W.-CH3OH 63-0229

BENZOLE (REAKTIONEN)

HYDROXY-SULFO-, KUPPL.-RK. (KUPPL.-REGELMAESSIGK.) 53-0243
FLUORNITRO-, SUBSTITUT.-RK. D. F (KINETIK) 55-0185
HALOGEN-, REAKTIVITAET IN GGW. V. HEXAMETHYLPHOSPHORYLTRIAMID , 1. MITT. 55-0212
HALOGEN-, REAKTIVITAET IN GGW. V. HEXAMETHYLPHOSPHORYLTRIAMID, 2. MITT. 55-0213
TETRAFLUOR-, RK. 55-0313
TRIFLUOR-DEHYDRO-, CYCLOADDIT.-RK. 60-0499
NITROFLUOR-, NUCLEOPHILE SUBSTITUT. (NO2-GRUPPEN-EINFL.) 62-0248
PHENYL- INDIZES D. RK.-FAEHIGKEIT 64-0243
POLYNITRO-, RK. MIT AKT. METHYLENGRUPPEN, 7. MITT. 64-0422
2-ACYLAMINO-HYDRAZO-, BENZIDINUMLAGER. 53-0291
DIPHENYLAMINE, UMLAGERUNGEN, 1. MITT. (N-ACYL-ANILINO-BENZOLE, UMLAGER.) 54-0437
2.3-DIMETHYL-ACETOXY-BENZOESAEUREN, FRIES-UMLAGER. 55-0283
HEXASUBSTITUIERTE -, WASSERSTOFF ISOTOPENAUSTAUSCH 56-0335
FLUOR-, ISOTOPENAUSTAUSCH MIT LI-CYCLOHEXYLAMID 58-0260
POLYFLUOR-, TRITIUMAUSTAUSCH MIT NA-METHYLAT IN METHANOL 58-0261
O-NITRO-TOLUOLE, H-D-AUSTAUSCH IN METHANOL BEI HOHEN TEMP. 59-0380
XYLOLE, T-H-AUSTAUSCH (KINETIK) 62-0252
AZOXY-, WALLACH-UMLAGER. (KINETIK) 63-0302
P-DIMETHYLAMINO-AZO-, TAUTOMERIE 64-0213
TRICHLOR-, UMLAGER., DISPROPORTIONIER. 64-0304
K-BENZOATE, TRANSCARBOXYLIER. IN KCNO-SCHMELZE 64-0443
POLYCARBOXY-, TRANSCARBOXYLIER. UEBER D. K-SALZE (MECHANISMUS) 53-0161
2-METHOXYBENZOPHENONE, PHOTOCHEM. DEMETHYLIER. 57-0427
AZOCUMOLE, THERM. ZERS. (KONSTIT.-EINFL., KINETIK) 58-0294
METHYL-, PHOTOLYSE IN FESTER LSG. 60-0321
METHYLBENZOLE, KATALYT. ENTMETHYLIER. 61-0205
ALKYL-, CHLORO-TRIS-(TRIPHENYLPHOSPHIN)-RHODIUM-KATALYSIERTE OX. 53-0126
TOLUOLE, RK. MIT CRO2CL2 (KINETIK), 2. MITT. 57-0210
CUMOLE, RADIKAL. H-ABSPALT. (SUBSTITUENTEN-EINFL.) 58-0203
HYDROXYLIER. MIT TI(III)-H2O2 (MECHANISMUS) 58-0215
OX. MIT PEROXOSALPETR. SAEURE (MECHANISMUS) 62-0375
PHENYLRESORCINE, OX. 64-0495
O-TOLUYL-, PHOTORED. 63-0339
NITRO-, PHOTOCHEM. RED. 63-0452
2.5-DIHYDROXY-BENZOCHINONE, RK. MIT ALKALI 53-0251
MONOALKYL-, ORTHO-SULFONIER. MIT H2SO4 (KINETIK) 54-0149
BENZOLSULFONATE, NUKLEOPHILE SUBSTITUT. D. SULFONATGRUPPE IN GGW. V. OX.-MITTELN 54-0164
BROM-METHYL-, RK. MIT SI 54-0183
POLYPHENYL-, NITRIER. (ORIENTIER.-EFFEKTE) 55-0171
BENZYLIDENDERIV., SOLVOLYSE, 3.MITT. 55-0175
1.3.5-TRIAETHYL-, BROMIER. (H-ISOTOPENEFFEKT) 57-0215
CHLOR-BENZOL-SULFONAMIDE, AMMONOLYSE (MECHANISMUS) 57-0362
POLYMETHYL-, BROMIER. 58-0228
BENZOESAEURE-PHENYLESTER, ALKAL. HYDROLYSE (KINETIK, HAMMETT-FUNKT.) 58-0236
ALPHA-HALOGENAETHYL-, SOLVOLYSE IN W.-A.- U. W.-ACETON-GEMISCHEN (KINETIK, D-ISOTOPENEFFEKT) 58-0244
DIMETHYLSULFONIO- U. -SELENONIO-, CHLORIER. U. BROMIER. (ORIENTIER.) 58-0406
BENZAMIDE, ALKAL. HYDROLYSE (KINETIK, O2-AUSTAUSCH MIT D. LSGM.) 59-0221
AETHINYL-, HYDRATAT. (MECHANISMUS, KINETIK) 59-0236
AETHINYL-, HYDRATAT. (KINETIK, ISOTOPENEFFEKT) 59-0237
ANILINE, ADDUKTBLDG. MIT ALCL3 (KINETIK) 60-0025
METHYL-, NITRIER. MIT ABS. HNO3 IN CCL4 (NEGATIVER TEMP.-KOEFF.) 60-0252
PHENYLMERCURIBROMIDE, HYDROLYSE (KINETIK) 60-0258
SYMM.-TRINITRO-, JANOWSKI-RK. (MECHANISMUS) 60-0402
DIHYDROXY-CARBOXY-, KOMPLEXBLDG. MIT UO2(2+) (KINETIK) 61-0019
HALOGEN-, PROTONIER. IN HF-SBF5, 1. MITT. 62-0087
HALOGEN-, PROTONIER. IN HF-SBF5, 2. MITT. 62-0088
TRIMETHYLAMMONIOALKYL-, NITRIER. (KINETIK, SUBSTITUENTENEINFL.) 62-0253
AMINO-, APROT. DIAZOTIER. IN GGW. V. J2 (MECHANISMUS) 62-0399
CYCLOALKYL-CUMYLCHLORIDE, HYDROLYSE (KINETIK) 64-0245
TOLUOLE, SUBSTITUIERTE, RADIKAL-HALOGENIER. (KINETIK, LSGM.-EINFL.) 64-0263
CARBOMETHOXYBENZYLBROMIDE U. ALPHA-METHYLDERIV., SOLVOLYSE (KINETIK, KONSTIT.-EINFL.) 64-0266
BENZOTRIFLUORIDE, PHOTOHYDROLYSE 64-0333
ALKYL-, HALOGENIER. 61-0226
ANILINE, PI-KOMPLEXE MIT BZL. (BLDG.-ENERGIE) 56-0183
O-BENZOCHINONE, CYCLOADDIT. V. CYCLOPENTADIEN 63-0722
2-HALOGEN-NITROBENZOESAEUREN, RK. MIT PIPERIDIN 60-0270
PHOTOCHEM. RINGSPALT. MIT CHLOR-AETHENEN 55-0205
PHLORACETOPHENONE, C-BENZYLIER. MIT BENZYLHALOGENIDEN (EINFL. D. HALOGENS) 56-0406
PHTHALSAEUREN, VERESTER. (MECHANISMUS) , 2.MITT. 57-0228
CHLOR-, PHOTOCHEM. RK.MIT N.N-DIMETHYLANILIN 62-0064
BENZOESAEUREN, RK. MIT DIAZODIPHENYLMETHAN (KINETIK, LSGM.-EINFL.) 63-0276
1-(2-HYDROXY-AETHOXY)-2.4-DINITRO-, RK. MIT ALKOXIDEN (BLDG. V. SPIRO-MEISENHEIMER-KOMPLEXEN) 54-0166
TOLUOLE, RK. MIT TERT.-BUTYL-PEROXID 56-0394
BENZOESAEUREN, VERESTER. MIT METHANOL (KINETIK, STER. U. POLARE EINFL.) 58-0250
PHENYLESSIGSAEUREN VERESTER. MIT METHANOL (KINETIK, STER. U. POLARE EINFL.) 58-0251
FLUOR-NITROANILIN-N-OXIDE, RK. MIT METHYLAT (KINETIK, ARRHENIUS-PARAMETER, SUBSTITUENTENEFFEKTE, UEBERTRAG. D. INDUKTIVEN EFFEKTS IM BENZOLRING) 60-0271
SUBSTITUIERTE CHLOR-, RK. MIT NA-ALKOHOLATEN (KINETIK) 61-0255
AZO-, RK. MIT AROMAT. GRIGNARDVERB. 60-0381
O-DIHALOGEN-BENZOLE, RK. MIT 2-CHLOR-2'-LITHIUM-BIPHENYL 62-0466

AMINO-, RK. MIT ARYLISOTHIOCYANATEN (KINETIK, KONSTIT. U. NMR) 63-0297
ALLYL-, ADDIT. AN NITRILE IN GGW. V. HALOGENEN U. LEWIS-SAEUREN 59-0601
ANILINE, RK. MIT BENZOYLPEROXID 57-0343
ALKYL-, ACETOXYLIER. 61-0226
4-PHENYL-BUTENE-(1), RK. MIT TRIFLUORESSIGSAEURE (KINETIK, HAMMETT-KONST.) 61-0268
HALOGEN(TRIFLUORMETHYL)-1.4-BENZOCHINONE, RK. MIT 3-AMINO-CROTONESTERN 63-0617
BENZOLDIAZONIUMSALZE, RK. MIT NA-SALZ D. 2-NAPHTHOL-6-SULFONSAEURE (KINETIK) 59-0260

BENZOLE (BIOCHEMIE)
P-PHENOXYALKOXY-BENZAMIDINE, INHIBIT. V. TRYPSIN 60-0810
2.3-DIMETHOXY-5-HYDROXY-6-ALKYL-1.4-BENZOCHINONE, HEMM. D. COENZYM-Q10-DPNH-OXYDASE- BZW. -SUCCINOXYDASE-SYST. 64-0900
2-CHLOR-4'-HYDROXY-AZO-, FUNGIZIDE WRKG. 55-0288
4-DIMETHYLAMINO-AZO-, HEMM. V. ESCHERICHIA COLI 63-0445
HYDROXY-CARBOXY- U. -FORMYL-, EINFL. D. OH-GRUPPEN AUF D. DARMRESORPT. 62-0853
N-HETEROAROMAT. ANTHRANILSAEUREN, ANTIINFLAMMATOR. WRKG. 63-0710

BENZOPYRANE
* S. CHROMENE

BENZOPYRAZOLE
3-AMINO-TETRAHYDROINDAZOLE, DARST. AUS TETRAHYDRO-INDOXAZEN-3-CARBONSAEUREN U. HYDRAZINEN 56-0497
INDAZOLE, DARST. DURCH CYCLISIER. V. M- U. P-NITRO-PHENYLHYDRAZONEN (MECHANISMUS) 56-0508
NITROINDAZOLE, PK IN W.-ISOPROPANOL-GEMISCHEN 64-0232
INDAZOLE, PHOTOISOMERISIER. 56-0503

BENZOTHIAZINE
DITHIOL-BIS-SPIRO-3.1-, STEREOCHEMIE 63-0631
DIHYDRO-1.4-BENZOTHIAZINONE, DARST. AUS O-CHINONEN U. L(-)-CYSTEIN 56-0598
1.3-, SYNTH. U. UNTERS., 1. MITT. DARST. 57-0624
4H-1.4-BENZOTHIAZIN-1.1-DIOXIDE, DARST. 58-0673
1.4-, DARST. AUS O-AMINO-THIOPHENOLEN U. PHENACYLBROMIDEN 59-0635
BIS-(2-ARYL-4H-3.1-BENZOTHIAZINYLIDENE-(4)), DARST. AUS 2-ARYL-4H-3.1-BENZOTHIAZIN-THIONEN-(4) 55-0474
N-AMINOALKYL-1.3-BENZOTHIAZINONE, DARST. 60-0681
BIS-(2-ARYL-4H-3.1-BENZOTHIAZINYLIDENE-(4)) ISOMERISIER. 55-0474
N-AMINOALKYL-1.3-BENZOTHIAZINONE, ANTIDEPRESSIVE WRKG. 60-0681

BENZOTHIAZOLE
-AZOMETHINE, DARST. AUS 2-AMINO-BENZOTHIAZOL ODER 2-FORMYL-BENZOTHIAZOL 53-0387
DARST. AUS 1.3.2-BENZOTHIAZATHIOLIUM-CHLORIDEN 54-0391
BENZOTHIAZOLIUMVERB., DARST. 54-0391
PYRAN-SPIRO-, DARST. AUS QUATERN. BENZOTHIAZOLIUMBASEN MIT 2-HYDROXYARYL-CARBALDEHYDEN 54-0404
METHYL-(O-HYDROXYARYLVINYL)-, DARST. AUS AROMAT. O-HYDROXYALDEHYDEN U. DIMETHYLBENZTHIAZOLIUMJODIDEN 57-0482
BENZTHIAZOLIUMIONEN, BLDG. AUS THIOFORMANILIDEN 63-0162
BIS-(AMINOBENZOTHIAZOLYL-(2))-AROMATEN, DARST. AUS 2-MERCAPTO-5-AMINO-ANILINDIHYDROCHLORID U. DICARBONSAEUREN(POLYPHOSPHORSAEURE) 63-0625
BIS-AMINOPHENYL-BIS-(BENZOTHIAZOLYLE), DARST. AUS AMINOBENZOESAEUREN U. 3.3'-MERCAPTO-4.4'-DIAMINO-BIPHENYL 63-0625
2-AMINO-, DARST. AUS 2-MERCAPTO-BENZTHIAZOLEN U. AMINEN 64-0551
2-ARYLMETHYLENAMINO-, DARST. AUS 2-AMINO-BENZTHIAZOLEN U. AROMAT. ALDEHYDEN 54-0371
6-(OMEGA-DIALKYLAMINO-1-HYDROXY-ALKYL)-, DARST. 60-0462
U. BENZOPYRAN-SPIRO-BENZTHIAZOLINE, NMR (KONSTIT.-EINFL., HAMMETT-BEZIEH.) 57-0098
CHROMATOGRAPH. VERH. (EINFL. V. ELEKTRON. U. STER. FAKTOREN, BEZIEH. ZU QUATERNISIER.-GESCHW.) 57-0178
BENZOTHIAZOLIUMSALZE, RK. ZU CARBENEN 56-0520
QUATERNISIER. 54-0391
2-ARYLMETHYLENAMINO-, RED. MIT NABH4 54-0371
2-METHYL-CHLORNITRO-, METHOXYDECHLORIER. (KINETIK) 58-0257
2-HALOGEN-, THIOALKOXY-DEHALOGENIER. MIT ALKYLMERCAPTIDEN (STER. EINFL., KINETIK, MECHANISMUS) 61-0265
ADDIT.-RK. MIT ACETYLENDICARBONSAEUREESTERN 63-0579
6-(OMEGA-DIALKYLAMINO-1-HYDROXY-ALKYL)-, ANTIMALARIAAKTIVITAET 60-0462

BENZOTHIOPHENE
* ISOBENZOTHIOPHENE S.DORT
BENZO(B)THIOPHENDERIV., 5. MITT.(D. SYNTH. V. 3-(2-AMINO-AETHYL)-6-HYDROXY-BENZO(B)THIOPHEN U. VERWANDTEN VERB.) 53-0342
BENZO(B)THIOPHENDERIV., 6. MITT.(SYNTH. V. 3-(2-AMINO-AETHYL)-5-HYDROXY-BENZO(B)THIOPHEN U. VERWANDTEN VERB.) 53-0343
BENZO(B)THIOPHENE, 11. MITT. 57-0497
BENZO(B)THIOPHENE, PHARMAKOLOG. AKT., 4. MITT. 59-0524
BENZO(B)THIOPHENE, PHARMAKOLOG. AKT., 5. MITT. 59-0525
THIONAPHTHENE, VORK. IM SEEFELDER SCHIEFEROEL 54-0600
BENZO(B)THIOPHENE, DARST. 53-0342
3-CARBOXYMETHYL-, DARST. AUS GAMM-(ARYLMERCAPTO)-ACETESSIGESTERN 55-0383
3-AMINOACETYLBENZO(B)THIOPHENE, DARST. 55-0384
3-CARBAMOYLMETHYL-, DARST. 55-0385
3-AMINOAETHYL-, DARST. 55-0385
3-SUBSTITUIERTE 2-(NAPHTHYL-(2))-BENZO(B)THIOPHEN-1.1-DIOXIDE, DARST. 56-0478
3-ACETAMINO-2-NITRO-, DARST. 56-0481
2.3-DIHYDRO-THIANAPHTHEN-3-ONE, DARST. 57-0499
AMINOMETHYL-, DARST. 57-0511
3-(N-ALKYL-N-(2-CHLOR-AETHYL)-AMINOMETHYL)-, DARST. 59-0524
PHENYL-, DARST. AUS 1.1-DIPHENYL-CHLORAETHANEN U. S 60-0481
NITROBENZO(B)THIOPHENE, DARST. DURCH NITRIER. 60-0501
BENZO(B)THIENYL-(3)-ALKYLAMINE, DARST. 60-0507
-CARBONSAEUREN, DARST. DURCH RINGSCHLUSSRK. V. TOLYLSULFIDEN 60-0508
4-OXO-4.5.6.7-TETRAHYDRO-, DARST. 63-0612
1.2-DIARYL-, DARST. AUS 2-ARYL-2-ARYLMERCAPTO-ACETOPHENONEN 64-0497
2-(ALPHA-BROM-ARYLIDEN)-2.3-DIHYDRO-THIANAPHTHENONE-(3), DARST. DURCH BROMIER. 64-0594
7-OXO-4.5.6.7-TETRAHYDRO- -BENZO(B)THIOPHENE, SYNTH. 64-0597
3-ACYL-5-HALOGEN-BENZO(B)THIOPHENE,DARST. AUS 5-HALOGEN-BENZO(B)THIOPENEN U. ACETYLCHLORID NACH FRIEDEL-CRAFTS 54-0367
5-HALOGEN-BENZO(B)THIOPHENE, DARST. DURCH CYCLISIER. V. GAMMA-(P-HALOGEN-PHENYLMERCAPTO)-ACETESSIGESTERN 56-0480
3-AMINOMETHYL-5-HYDROXY-BENZO(B)THIOPHENE, DARST. 57-0497
3-(ALKYLAMINOMETHYL)-5(7)-HALOGEN-BENZO(B)THIOPHENE, DARST. 59-0525
2-(2-OXO-ACENAPHTHYLIDEN)-THIONAPHTHEN-3-ONE, DARST. AUS ACENAPHTHENCHINONEN U. 3-HYDROXY-THIONAPHTHENEN 60-0506
POLYFLUOR-, DARST. AUS POLYFLUORBENZYLIDEN-RHODANIN 62-0535
1.2-DIARYL-, DARST. AUS (1.2-DIARYL-2-ARYLMERCAPTO-VINYL)-2.4.6-TRINITRO-BENZOLSULFONATEN DURCH ZERS. 64-0497
3-OXO-2.3-DIHYDRO-THIONAPHTHENE, ABSORPT.-SPEKTREN, 9. MITT. 60-0079
2-(2-OXO-ACENAPHTHYLIDEN)-THIONAPHTHEN-3-ONE, ELEKTRONENSPEKTREN 60-0506
BENZO(B)THIOPHENE, (1)H-NMR -SPEKTREN 60-0109
THIONAPHTHENE, GASCHROMATOGRAPHIE 54-0600
POLYFLUOR-, NUCLEOPHILE SUBSTITUT.-RK. 62-0535
3-ACETAMINO-2-NITRO-, RK. MIT EISEN(II)-OXALAT 56-0481
2.3-DIHYDRO-THIANAPHTHEN-3-ONE, RED. MIT NABH4 57-0499
1.2-DIARYL-, RK. MIT RANEY-NI 64-0497
3-ACYL-5-HALOGEN-BENZO(B)THIOPHENE MANNICH-RK. MIT FORMALDEHYD U. DIMETHYLAMIN 54-0367
3-HYDROXY-, RK. MIT 3.5.6.8-TETRACHLOR-ACENAPHTHEN-CHINON 55-0382
3-AMINOMETHYL-5-HYDROXY-BENZO(B)THIOPHENE, MONOAMINOOXYDASEHEMM. 57-0497
3-(ALKYLAMINOMETHYL)-5(7)-HALOGEN-BENZO(B)THIOPHENE, ANTISEROTONINAKTIVITAET 59-0525

BENZOTRIAZOLE
BENZOTRIAZOLE, DARST. AUS N-(ALPHA-BROM-ARALKYLIDEN)-N'-(O-NITROPHENYL)-HYDRAZINEN 57-0556

BENZOXAZINE
2-PHENYL-1.3-, TAUTOMERIE MIT N-BENZYLIDEN-O-HYDROXY-BENZYLAMINEN, NMR-SPEKTROSKOP. BEST. D. ISOMERENVERHAELTNISSES 58-0176
2-PHENYL-1.3-, DARST. AUS O-HYDROXY-BENZYLAMIN U. BENZALDEHYDEN 58-0176
4-OXO-2.3-DIHYDRO-1.3-BENZOXAZIN(2-SPIRO-2')BORNANE, DARST. AUS SALICYLSAEURECHLORID U. CAMPHERIMIDEN 60-0669
2-ARYL-3-BENZYLIDENAMINO-2.3-DIHYDRO-1.3-BENZOXAZINONE-(4), DARST. AUS SALICYLSAEURECHLORID U. BENZALDAZINEN 60-0669
4H-3.1-BENZOXAZINONE-(4), SYNTH. AUS ANTHRANILSAEURE U. SAEURECHLORIDEN 63-0724

BENZOXAZOLE
3-AZIRIDINO-BENZOXAZOLIN-2-ONE, DARST. AUS 2-OXO-BENZOXAZOLINYL-(3)-NITREN U. MONO- U. DIENEN 56-0510
DARST. AUS O-HYDROXYLENZYLIDENANILEN 58-0593
3-TRI-O-BENZOYL-RIBOPYRANOSYL-2-BENZOXAZOLONE, DARST. 60-0694

BIS-(AMINOBENZOXAZOLYL-(2))-AROMATEN, DARST. AUS 2-HYDROXY-5-AMINO-ANILIN-DIHYCROCHLORID U. DICARBONSAEUREN 63-0625
BIS-AMINOPHENYL-BIS-(BENZOXAZOLYLE), DARST. AUS AMINOBENZOESAEUREN U. 3.3'-DIHYDROXY-4.4'-DIAMINO-BIPHENYL 63-0625
2-ARYLMETHYLENAMINO-, DARST. AUS 2-AMINO-BENZOXAZOLEN U. AROMAT. ALDEHYDEN 54-0371
PERHYDRO-BENZOXAZOLINE, NMR 60-0095
2-ARYLMETHYLENAMINO-, RED. MIT NABH4 54-0371
ADDIT.-RK, MIT ACETYLENDICARBONSAEUREESTERN 63-0579
3-TRI-O-BENZOYL-RIBOPYRANOSYL-2-BENZOXAZOLONE, POTENTIELLE ANTIKREBS- U. ANTIVIRALE MITTEL 60-0694

BENZYLIERUNG
* S. UNTER ALKYLIERUNG (UND ARYLIERUNG)

BERBINIUMSALZE
* S. UNTER ALKALOIDE

BERYLLIUM
EINFL. AUF D. DEHYDRIER. V. CYCLOHEXAN U. CYCLOHEXEN (KINETIK) 62-0281
EINFL. AUF D. DEHYDRIER. U. DEHYDRATAT. V. ISOPROPANOL U. D. DEHYDRATAT. V. TERT.-BUTANOL 62-0281

BERYLLIUMVERBINDUNGEN (ORGANISCHE)
BE-KOMPLEXE, 2. MITT. 60-0040
DIPYRIDYL-BE-KOMPLEXE, RK. U. DARST. 64-0056
(2)H-, (13)C- U. (18)O- MARKIERTE BE-ACETYLACETONATE, DARST. 59-0085
BE-BIS-(1.3-DIKETONATE), UNTERS. D. BEZIEH. ZWISCHEN STRUKTUR U. CHEM. VERSCHIEB. 60-0096
BE-ACETONITRIL-KOMPLEXE, IR-SPEKTREN 55-0003
BE(2+)-ACETONITRIL-KOMPLEXE, DARST. 55-0026
BE(2+)-PICOLINSAEURE-CHELATE, BLDG., KINETIK 60-0040
EDTA-BE(2+)-1 ZU 1-KOMPLEXE, BLDG. U. RAMAN-SPEKTREN 63-0007

BERYLLIUMVERBINDUNGEN (ANORGANISCHE)
BEBR2, RK. MIT BE(CH3)2 55-0020
BE-CHLORIDE, 2. MITT. 63-0059
BE-BROMIDE, 2. MITT. 63-0059
BECL2, RK. MIT 1.3-DIKETONEN 58-0036
BECL2, KOMPLEXBLDG. MIT SBCL5 U. ACETONITRIL 55-0019
BECL2, KOMPLEXBLDG. MIT SNCL4 U. ACETONITRIL 55-0026
BE-JODIDE, 2. MITT. 63-0059

BETAINE
PHENANTHRIDINIO-AETHENOLATE, SYNTH. AUS PHENANTHRIDIN-5-OXIDEN U. ACETYLENESTERN 54-0436
TRITHIOKOHLENSAEURE-AMINOALKYLESTER-, DARST. AUS AMMONIUMTRITHIOCARBONAT U. HALOGEN-ALKYLAMINEN 58-0379
TRIALKYLAMMONIUMSULFONATE, DARST. AUS DIALKYLSULFAMINSAEUREESTERN 58-0382
2-ARYLIMINIO-4-ARYLAMINO-CYCLOBUTEN-1-ON-3-OXIDE, DARST. AUS QUADRATSAEURE U. ARYLAMINEN 59-0417
2.3-DIARYL-4-TRIFLUORACETYL-OXAZOLIO-(5)-AMIDE, BLDG. AUS N-AROYL-N-CYANMETHYL-ANILINEN U. TRIFLUORACETANHYDRID 59-0558
2-NITROPHENYLJODONIO-DIMEDON- U. -MALONAT-, DARST. AUS NITROJODOSOBENZOLEN U. D. DICARBONYLVERB. 61-0453
N-(HYDROXY-ALKYLAMMONIO)-CARBONSAEUREAMIDATE, DARST. AUS CARBONSAEUREESTERN, UNSYMM. DISUBSTITUIERTEN HYDRAZINEN U. EPOXIDEN 62-0344
ALPHA- PHOSPHONIOBENZYL-PENTADIONENOLATE, DARST. AUS TERT. PHOSPHINEN U. 3-BENZYLIDEN-2.4-PENTANDION 62-0409
HETEROCYCL. SULFOAMINOBENZIMIDAZOLIUM-, DARST. AUS O-TERT.-AMINO-ARYLDIAZOSULFONSAEUREN 61-0524
THIAZOLIUM-IMIDTHIOCARBOXYLATE, DARST. AUS THIAZOLIUMYLIDEN U. ARYLISOTHIOCYANATEN 64-0757
HETEROCYCL. SULFOAMINOBENZIMIDAZOLIUM-, RK. ZU N-ARYL-LACTAMEN U. DIALTYLANILINEN U. 1-ARYL-HETEROCYCLEN 61-0524

BIENENGIFT U. WESPENGIFT
TEILSYNTH. D. BESTANDTEILS MELITTIN 59-0774

BIGUANIDE
KOMPLEXBLDG. MIT NI(II)-SALZEN 64-0074
RK. MIT ISOTHIOCYANATEN 54-0462
RK. MIT ISOCYANATEN ZU TRIAZINEN 54-0463

BILANE
* S. PYRROLE

BILDUNGSWAERME
* S. UNTER REAKTIONSENERGETIK UND -GLEICHGEWICHTE

BINDUNG, CHEMISCHE
* S. UNTER VALENZ

BINDUNGSISOMERIE
* S. UNTER ISOMERIE

BINDUNGSLAENGEN UND -WINKEL VON MOLEKUELEN
* AUS UNTERS. UEBER D. KRISTALLSTRUKTUR S. DORT
* AUS UNTERS. UEBER D. MOLEKULARSTRUKTUR
* S. UNTER MOLEKULARSTRUKTUR (BINDUNGSLAENGEN USW.)

BIOCHEMIE
CHEM. MODELL D. BIOSYNTH. V. ORCIN 53-0228
STRUKTUR U. BIOGENESE V. PHAEOMELANIN, 2. MITT. 56-0598
BIOSYNTH. V. ISOPRENOIDEN (ROLLE D. ASYMM. EPOXYDAT.) 56-0646
BIOSYNTH. V. PHENOLEN, 13. MITT. 56-0657
BIOSYNTH. V. GIBBERELLINEN, 2. MITT. 57-0788
BIOSYNTH. V. PHENOLEN, 15. MITT. 57-0790
MODELLRK. D. BIOSYNTH. V. THYROXIN 58-0159
BIOSYNTHET. UNTERS., 1. MITT. 59-0808
BIOLOG. VERH. V. FETTSAEUREN MIT DREIFACH-BIND., 3. MITT. 59-0815
U. CHEMIE D. PFLANZENSTOFFE, 20. MITT. 61-0614
U. CHEMIE D. PFLANZENSTOFFE, 21. MITT. 61-0615
BIOCHEM. WICHTIGE MARKIERTE VERB., 3. MITT. 61-0657
BIOCHEM. SYNTH., 1. MITT. 61-0825
BIOSYNTH. V. GIBBERELLINEN, 3. MITT. 61-0829
BIOSYNTH. D. TETRACYCLINE, 9. MITT. 61-0830
BIOCHEM. UMWANDL. V. PFLANZENSTEROIDEN, 2. MITT. 61-0835
BIOSYNTH. U. PHENOL-OX., 17. MITT. 61-0837
VERSCHIEDENE VORLAEUFER IN SYNTH. V. BIOGENESE-TYP, 3. MITT. 62-0724
STRUKTURELLE, 8. MITT. 62-0738
PHENOLOX. U. BIOSYNTH., 18. MITT. 63-0786
BIOGENESE U. STRUKTUR V. PHAEOMELANIN, 4. MITT. 64-0823
HEMM. U. STIMULIER. D. PROTEIN- U. NUCLEINSAEUREBIOSYNTH., 2. MITT. 64-0898
BIOSYNTHET. UNTERS. , 2.MITT. 64-0909
BIOSYNTH. V. ALKALOIDEN, 1. MITT. 64-0914
BIOSYNTH. V. ALKALOIDEN, 2. MITT. 64-0915
BIOSYNTH. V. STEROIDEN U. TERPENOIDEN, 1. MITT. 64-0916
PHENOLOX. U. BIOSYNTH., 15.MITT. 55-0591
BIOSYNTH. V. PTERIDINEN, 5. MITT. 58-0737

BIOLOGIE
HETEROCYCLEN MIT BIOLOG. AKTIVITAET, SYNTH. U. UNTERS., 9. MITT. 60-0656

BIOLUMINESZENZ
* S. UNTER LUMINESZENZ

BIOSYNTHESE
* S. UNTER BIOCHEMIE

BIPHENYLE
ABS. KONFIG. 64-0525
2-ACETYL-, DARST. AUS ALPHA,BETA-UNGESAETT. ALDEHYDEN U. BENZYLIDEN-ACETONEN 53-0288
BIPHENYL-CHINONE, DARST. 53-0290
DIBROM-DICARBOXY-, DARST. 54-0317
OCTAFLUOR-, DARST. AUS TETRAFLUORBENZOLEN 55-0313
DARST. DURCH DIMERISIER. V. MGBR (LI)-PHENYL (COCL2) 57-0283
4-(1.2-DIOXOALKYL)-, DARST. AUS 4-ACYLBIPHENYLEN U. ISOAMYLNITRIT 57-0425
PENTAFLUOR-, DARST. AUS HEXAFLUORBENZOL U. DIAROYLPEROXIDEN 58-0484
4.4'-BIS-(4-AMINO-BUTEN-(2)-YL)-, DARST. AUS D. 4-CHLOR-BUTEN-(2)-YL-VERB. 59-0419
4.4'.5.5'-TETRAMETHOXY-, DARST. 60-0440
DARST. AUS ANILINEN DURCH APROT. DIAZOTIER. IN SUBSTITUIERTEN BZL. 62-0436
2.2'-DIHALOGEN-, DARST. 62-0466
2.2'-DIHYDROXY-, DARST. BEI OX. V. PHENOLEN IN GGW. V. CU-KOMPLEXEN 62-0520
BIPHENYL-CARBONSAEUREN, DARST. 63-0519
4.4'-BIS-(4-CHLOR-BUTEN-(2)-YL)-, DARST. AUS BUTADIENEN-(1.3) U. DIPHENYL-4.4'-BIS-DIAZONIUMDICHLORIDEN 59-0419
CHLORIERTE, ELEKTRONENEINFANGKOEFF. 60-0229
4.4'.5.5'-TETRAMETHOXY-, UV-SPEKTRUM 60-0440
6.6'-DIALKOXY-2.2'-DIPHENSAEUREN, ELEKTRONEN-STOSSINDUZIERTE ALKYL- U. H-WANDER. 61-0114
2.2'-DIMETHOXY-, MASSENSPEKTREN 64-0582
2.3.5.6-TETRAFLUOR-, NMR 54-0067
4'-SUBSTITUIERTE 4-AMINO-, DISSOZIAT.-KONST. 54-0132
4'-ALKOXY-4-CARBOXY-, CHOLESTER. BZW. NEMAT. FORMEN 60-0181
ANTIPODENTRENN. DURCH CHROMATOGRAPHIE 61-0482
SALZEFFEKTE BEI D. RACEMISIER. V. BIPHENYLEN,1.MITT. 53-0176
ATROPISOMERE, RACEMISIER. (EINFL. D. VISKOSITAET D. LSG.) 54-0179
2.2'-DIHYDROXY-, SAEUREKATALYSIERTE DEHYDRATISIER. (MECHANISMUS) 64-0581
-2-CARBONSAEUREN, OX. MIT PERSULFAT 60-0584
PHENYLBENZOLE NITRIER. (BERECHN. D. RK.-FAEHIGK.) 58-0229

BIPHENYLENE
18 MITT. 58-0526
19. MITT. 63-0545
MONOSUBSTITUIERTE HEPTAFLUOR-, SYNTH., 18.MITT. 62-0470
1-AMINO- BZW. 1-NITRO-, SYNTH. 55-0340
1-SUBSTITUIERTE, DARST. AUS 1-LI-BIPHENYLEN 58-0526
BIPHENYLENE, RK. 58-0526
MONO- U. DIMETHOXY-, RK. 63-0545

BIRCH-REDUKTION
* S. UNTER REDUKTION

BITTERSTOFFE
CITRUS-, 8. MITT. 61-0760
ISOLIER. V. BRUSATOL AUS BRUCEA SUMATRANA 58-0809
BIOSYNTH. IN SIMARUBA GLAUCA 57-0797

BLEI
PYROPHORES, RK. MIT HALOGENVERB. (ANALOGE WURTZ-SYNTH.) 55-0222
RK. V. PB(II) MIT 2.2'-DICINCHONINATIONEN 56-0071
PB(II), EINFL. AUF D. HYDROLYSE D. ESTER V. KOMPLEXONEN 63-0041

BLEIVERBINDUNGEN
TRIALKYL- BZW. TRIARYLBLEIALKOXIDE, DARST. RK. 57-0049
KOORDINAT.-CHEMIE V. PB(IV) (EINFL. AUF D. OX. V. ALKOHOLEN) 54-0146
PB-PENTAFLUORPHENYL-VERB., (19)F-NMR-UNTERS. D. STE HINDER. 56-0012
TETRAALKYLBLEIVERB., DARST., PMR 56-0016
TRIPHENYLPLUMBYLPHOSPHINE, RK. MIT PHENYLAZID ZU TRIPHENYLPLUMBYLAMINOPHOSPHINIMINEN 56-0072
N- TRIPHENYLBLEIDERIV. V. PURINEN, DARST. , KONSTIT. 57-0048
TETRAALKYLBLEIVERB., LSGM.-EFFEKTE BEI D. JODSPALT. 58-0034
ALKINYL-PB-VERB., DARST., RK. 58-0055
ALKYL-BLEI, CHEM. VERSCHIEB. U. ELEKTRONEGATIVITAET 58-0101
TRIPHENYLBLEIFLUORID, RK. MIT PHENYL-SIF3, TRIPHENYLBLEIACETAT U. TETRAPHENYLBLEI, DARST. 59-0044
(CO)4COPB(CH3)3 U. (CO)5MNPB(CH3)3, IR -SPEKTREN 60-0010
REDOXPAAR PB2(C6H5)6-((C6H5)3PB)(+), ELEKTROCHEM. VERH. , ISOTOPENAUSTAUSCH 63-0033
ORGANO- ALS KATALYSATOREN V. ADDIT.-RK. 63-0356
BLDG. V. PB(II)-CYCLOHEXAN-1.4-DIAMIN-N.N.N'.N'-TETRAESSIGSAEURE-KOMPLEX AUS CYCLOHEXAN-1.4-DIAMIN-N.N.N'.N'-TETRAESSIGSAEURE U. PB(CLO4)2 53-0017
PB-MUREXID-KOMPLEX, STABILITAETSKONST., VGL. MIT IMINODIACETAT- U. DIPICOLINATKOMPLEXEN 54-0021
RK. V. BLEITETRAACETAT, 1. MITT. RK. MIT CYCLOHEXANDION-(1.2) 56-0383
PB-TETRAACETAT, RK. 3.MITT. 57-0420
PB-TETRAACETAT, RK., 12. MITT. 58-0219
EDTA-PB(2+)-1 ZU 1-KOMPLEXE, BLDG. U. RAMAN-SPEKTREN 63-0007
(AMINOSAEUREESTER-N.N-DIACETATO)-BLEI(II), HYDROLYSE 63-0041
NTA-GLYCIN(AETHYLVALINAT)-PB(II)-KOMPLEXE, BLDG.-KONST. 63-0042
OX. MIT PB-TETRAACETAT , 2. MITT. 63-0651
PBHASO4, RK. MIT BENZYLCHLORID 60-0371
PBO, RK. MIT BETA-KETOESTERN 55-0027
KPBJO6, RBPBJO6, CSPBJO6, NH4PBJO6, DARST. AUS BLEITETRAACETAT, PERJODSAEURE U. ALKALINITRAT, 55-0008
KPBJO6, RBPBJO6, CSPBJO6, NH4PBJO6, KRIST.-STRUKTUR 55-0008
BLUT
HYPOCHOLESTERAEM. MITTEL, 4. MITT. 60-0837
HYPOCHOLESTERAEM. WRKG. V. PIPERAZINEN 60-0837
VERTEIL. V. (4-ACETYL-TX)VINBLASTIN IM RATTEN- 60-0806
ANTIKOAGULANTIEN, 1.MITT. (1.4-NAPHTHOCHINONE) 55-0429
ANTIKOGULANTIEN, 2. MITT. 55-0430
MEDIZIN.-CHEM. UNTERS. UEBER ANTIPLASMIN-ARZNEIMITTEL, 2. MITT. 64-0490
KOAGULAT.-HEMMER, 2-ARYL-INDANDIONE-(1.3), DARST. 60-0424
ERYTHROZYTENMEMBRANEN, VERSTAERKTE LIPIDFREISETZ. DURCH DETERGENTIEN 64-0920
BLUTFARBSTOFFE
KENNTNIS D. HAEMINS U. CHLOROPHYLLS, 18. MITT. 61-0748
CHLORHAEMIN U. -MESOHAEMIN, METMYO- U. METHAEMOGLOBIN, NMR 63-0136
VERMINDERTE HB-BLDG. AUS MET-HB DURCH BORAT 61-0840
MENSCHL. HAEMOGLOBIN, N-TERMINALES TETRAPEPTID D. ALPHA-KETTE, SYNTH. 53-0570
METHAEMOGLOBIN, RED., (EINFL. V. BORAT U. NADH2) 61-0840
HAEMOPEPTIDE, OXYDIERENDE WRKG. AUF CYTOCHROM C 64-0899
BOHNEN
CYCLISIER. V. 2.3-EPOXY-SQUALEN IN ZELLFREIEM SYST. AUS BOHNENBLAETTERN 58-0779
PHASEOLUS COCCINEUS, ISOLIER. V. PHASEOLUS EPSILON 54-0505
PHASEOLUS MULTIFLORUS, IDENTIFIZIER. V. BAMBUS-GIBBERELLIN 55-0577
PHASEOLUS MULTIFLORUS, GIBBERELLINE 59-0790
SAMEN V. PHASEOLUS MULTIFLORUS, VORK. V. GIBBERELLIN A17 54-0570
BOR
PHOTOCHEMIE, 2. MITT. 57-0384
CHEMIE, 41. MITT. 58-0447
BEITRAEGE ZUR CHEMIE D. BORS,40. MITT. 59-0337
UEBERTRAG.-RK. MIT --, 15. MITT. 64-0294
EINFL. ALS DOTIER.-MITTEL AUF D. RK. V. HALBLEITER-SI MIT CH3CL 54-0185
BORSAUERSTOFFSAEUREN
HEMM. D. GLYCERALDEHYDPHOSPHAT- U. GLUCOSE-6-PHOSPHAT-DEHYDROGENASE 61-0840
HEMM. D. SPONTANEN RED. V. MET-HB ZU HB 61-0840
BORAT, STOFFWECHSELWRKG., 6. MITT. 61-0840
H3BO3, RK. MIT POLYOLEN, KINETIK D. KOMPLEXBLDG. 62-0016
B(OH)3, FLUORESZENZRK. MIT 2-HYDROXY-4-METHOXY-4'-CHLOR-BENZOPHENON UNTER KOMPLEXBLDG. 54-0058
H3BO3, KOMPLEXBLDG. MIT KOJISAEURE U. ASCORBINSAEURE 55-0603
B(OH)3, RK. MIT ACETANHYDRID U. METALLACETATEN 60-0042
H3BO3, KOMPLEXBLDG. MIT PROTOCATECHUSAEURE 64-0197
H3BO3, KOMPLEXBLDG. MIT SULFOSALICYLSAEURE 55-0603
H3BO3, KOMPLEXBLDG. MIT CHROMOTROPSAEURE 55-0603
H3BO3, VERW. ALS KATALYSATOR BEI KONDENS. V. ALDEHYDEN U. KETONEN 59-0279
BORSAEURE, KEINEN RK.-BESCHLEUNIGENDEN EINFL. AUF D. OX. V. INDIGOCARMIN MIT H2O2 64-0322
H3BO3, ALKALIMETR. BEST. MIT CHROMOTROPSAEURE 55-0603
POLYOL-BORSAEURE-CHELATE, BLDG. (KINETIK) 62-0016
TRIS-(1.3.2-BENZODIOXABOROLYL-(2))-AMIN, STRUKTUR 55-0123
BORVERBINDUNGEN
13. MITT. 57-0038
METALL-BOR-VERB., 6. MITT. 61-0055
NMR-SPEKTROSKOP. UNTERS., 3. MITT. 59-0127
BORHALOGENID-KOMPLEXE, DONATOR-AKZEPTOR-WECHSELWRKG. (NMR-UNTERS.), 6. MITT. 58-0173
TRIPHENYLBORNITRILYLIDE, DARST. AUS ISONITRIL-TRIPHENYLBORAN-ADDUKTEN 62-0551
BH2J3.O(C2H5)2, BLDG. AUS J2, DIBORAN U. DIAETHYLAETHER 57-0036
BH2J.O(C2H5)2, BLDG. AUS J2, DIBORAN U. DIAETHYLAETHER 57-0036
POLYOL-BORSAEURE-CHELATE, BLDG. (KINETIK) 62-0016
B(C6F5)3-ADDUKTE MIT (IRCL(CO)(PHOSPHIN)2), BLDG., BIND.-VERHAELTNISSE 59-0091
BF3-ADDUKTE MIT (IRCL(CO)(PHOSPHIN)2), BLDG., BIND.-VERHAELTNISSE 59-0091
1.3-DIPHENYL-PROPANDIONATO-(1.3)-DIPHENYL-BOR, ELEKTRONENUEBERTRAG. (KINETIK) 61-0032
DIFLUORO-1.3-DIPHENYL-PROPANDIONATO-(1.3)-BOR, ELEKTRONENUEBERTRAG. (KINETIK) 61-0032
BORSAEURE-KOMPLEX C39H64BNAO15 V. F. 290 AUS BOROMYCIN, BLDG. AUS BOROMYCIN 53-0577
BH2J3:O(C2H5)2, ZERS. 57-0036
BH2J.O(C2H5)2, ZERS. 57-0036
H3BO3-KOMPLEXE MIT 4-NITRO-BRENZKATECHIN 58-0168
B10H12L2, (L=DIAETHYLSULFID, ACETONITRIL), RK. MIT AETHOXY- U. BUTOXYACETYLEN 59-0038
CHEMIE D. BORACETATE, 8. MITT. (PENTAACETATOTRIBORATE, DARST.) 60-0042
H3BO3-CHROMOTROPSAEURE-KOMPLEXE, BLDG., ANALYT. VERW. 55-0603
H3BO3-KOMPLEXE MIT ALIZARIN S 58-0168
EINBAS. 1 ZU 1-CHELATSAEURE V. H3BO3 U. PROTOCATECHUSAEURE, BLDG. 64-0197
BF3-AETHERAT, EINFL. AUF D. STEREOSELEKTIVITAET D. UMLAGER. V. ERYTHRO- U. THREO-1-METHYL-1-(1-HYDROXY-INDANYL-(1))-OXIRAN 57-0437
PHOSPHONIUM- U. OXONIUMFLUOROBORATE, DARST. 56-0324
TETRAFLUOROBORATE MIT KOMPLEXEN PT-KATIONEN, DARST., RK. 62-0056
METALLDIMETHYLSULFOXIDFLUOROBORATE, DARST. , IR-SPEKTRUM 63-0093
TETRAFLUOROBORATE, CHEMIE, 5. MITT. 63-0093
TRIAETHYLOXONIUM-BF4, RK. MIT CR(CO)6 61-0048
BH4(-), NUCLEOPHILE ADDIT. AN ALIPHAT. KETONE (KINETIK) 62-0209
BBR3, RK. MIT DIALKYLAMINO-ORGANYLBORANEN 58-0447
BBR3, RK. MIT TETRAORGANYLSTANNANEN 58-0447
BCL3, RK. MIT KALIUM-BIS-(O-DIPHENYLBORYL-DIMETHYLGLYOXIMATO)-TRIPHENYLPHOSPHIN -COBALTAT(III) 61-0055
BCL3, RK. MIT TICL4 64-0057
BCL3, RK. MIT 2-MERCAPTO-BIPHENYL 64-0753
BCL3, RK. MIT DIALKYLAMINO-ORGANYLBORANEN 58-0447
BCL3, RK. MIT TETRAORGANYLSTANNANEN 58-0447
BCL3, RK. MIT BORSAEURE-TRIMETHYLESTER 61-0380
B2CL4, RK. MIT VINYLDERIV. 61-0030
BF3-AETHERAT ALS KATALYSATOR BEI ADDIT. V. NITRILOXIDEN AN CN-DOPPELBIND.-SYST. 59-0578
BF3.AE., RK. MIT TRIS-(1-FURYL-(2)-1.3-BUTANDIONATO)-KOBALT(III) 59-0083
BF3, RK. MIT (1.1-(13)C2- BZW. 2.2'-(13)C2)-ACETANHYDRID 59-0085
BF3, RK. MIT DIALKYLAMINO-ORGANYLBORANEN 58-0447
BF3, RK. MIT TETRAORGANYLSTANNANEN 58-0447
BF3.AE., RK. MIT ALPHA-FUROYLACETON 59-0083
B2F4, DARST. AUS BR2CL4 U. SBF3 61-0030
B2F4, RK. MIT VINYLDERIV. 61-0030
B-HALOGENIDE, RK. MIT DIALKYLAMINO-ORGANYLBORANEN 58-0447
DIBORTETRAHALOGENIDE, RK. MIT VINYLMETALLVERB. 61-0030
B-HALOGENIDE, RK. MIT TETRAORGANYLSTANNANEN 58-0447
BH3, HYDROBORIER. V. 1-TRIMETHYLSILYL-CYCLOHEXEN MIT 63-0499
BORANE, CHEMIE, 8. MITT. 59-0035
BORANE, CHEMIE, 9. MITT. 59-0036
BORANE, CHEMIE, 10. MITT. 59-0037
DIBORAN CHEMIE V. NABH4 U. --, 4. MITT. 62-0308
DIBORAN, RK. MIT EPOXIDEN OHNE BZW. IN GGW. V. BH4(-) 63-0488
B20H26O,IR-SPEKTRUM 59-0035
B20H26O,UV 59-0035
B20H26O ROENTGEN-PULVERDIAGRAMM 59-0035

B20H26O,(11)B-NMR 59-0035
B20H26O,LOESLICHK. 59-0035
B20H26O,KEINE RK. MIT PBR5, HF, BCL3, SOCL2, H2SO4 BZW. BR2 59-0035
B20H26O,RK. MIT THF 59-0035
B20H26O,RK. MIT METHANOL 59-0035
B20H26O,RK. MIT DIMETHYLSULFID 59-0035
B10H14O2, BLDG. AUS B10H12(S(C2H5)2)2 BZW. B10H12(S(CH3)2)2 59-0035
B10H14O2,IR 59-0035
B10H14O2,LOESLICHK. 59-0035
B2H6, ALS EIN REDUZIERENDES AGENS, 2.MITT. 58-0580
B2H6, EHT-BERECHN. U. VGL. MIT C2H5(+) 64-0161
B2H6, RED. V. INDOL- U. PYRROL-CARBONYLVERB. 58-0580
B2H6, RK. MIT J2 U. DIAETHYLAETHER 57-0036
B2H6, HYDROBORIER. V. OLEFINEN MIT 58-0394
B2H6, RK. MIT DIISOPROPYLAETHER 59-0036
B3H8(-), RK. MIT METALLHEXACARBONYLEN U. TETRAMETHYLAMMONIUMSALZ, 57-0013
B10H14, BLDG. AUS B20H26O 59-0035
B5H9, BLDG. AUS B9H13S(CH3)2 59-0037
B3H9, METALL- U. ONIUMSALZE, DARST. AUS TETRAMETHYLAMMONIUM-TRIBORANAT-8 BZW. D. TL-SALZ 61-0424
B16H20, BLDG. AUS B9H13S(CH3)2 59-0037
B10H14, BLDG. AUS B9H13S(CH3)2 BZW. AUS B16H12 U. DIMETHYLSULFID 59-0037
B18H22, BLDG. AUS B9H13S(CH3)2 59-0037
B16H20, IR 59-0037
B16H20, UV 59-0037
B16H20, ROENTGEN-PULVERDIAGRAMM 59-0037
B16H20, MASSENSPEKTRUM 59-0037
B18H22, MASSENSPEKTRUM 59-0037
B16H20, RK. MIT DIMETHYLSULFID 59-0037
B16H20, RK. MIT TRIPHENYLPHOSPHIN 59-0037
BJ3, RK. MIT BENZOL 57-0037
BJ3, RK. MIT JODBENZOL 57-0037
BJ3, VERW. ZUR AETHERSPALT. 54-0203
BJ3, RK. MIT PHENYLBORDICHLORID 57-0037
BJ3, RK. MIT DIALKYLAMINO-ORGANYLBORANEN 58-0447
BJ3, RK. MIT TETRAPHENYLZINN 57-0037
BJ3, RK. MIT TETRAORGANYLSTANNANEN 58-0447
B2O3, VERW. ALS KATALYSATOR BEI KONDENS. V. ALDEHYDEN U. KETONEN 59-0279
B2S3, ALS AKZEPTOR V. ALKOXYGRUPPEN 56-0053
B2S3, RK. MIT ORTHOESTERN 56-0053

BORANE (BORINE), ORGANISCHE
CHEMIE, 8. MITT. 59-0035
CHEMIE, 9. MITT. 59-0036
CHEMIE, 10. MITT. 59-0037
CHEMIE, 11. MITT. 59-0038
ALKYLDIFLUOR-, DARST. AUS TRIALKYLBORANEN U. BF3 56-0326
ALKYL(ARYL)-BORHALOGENIDE, DARST. 58-0447
TRIALKYL-, DARST. AUS OLEFINEN U. DIBORAN 61-0359
ALKYLBORDIFLUORIDE, DARST. 63-0413
1.2-BIS-(DIHALOGENBORYL)-ALKANE, DARST. AUS VINYLVERB. U. DIBORTETRAHALOGENIDEN 61-0030
1.2-BIS-(DIHALOGENBORYL)-ALKANE, IR 61-0030
ALKYL-, (1)H-NMR 59-0127
1.2-BIS-(DIHALOGENBORYL)-ALKANE, NMR 61-0030
AMINO, MONOMEREN-DIMEREN-GLEICHGEW. (11B-NMR-SPEKTROSKOP. BEST.) 54-0011
BETA-SUBSTITUIERTE, ELIMINIER.-RK. 63-0351
TRIALKYL-, RK. MIT (CO) IN GGW. V. LITHIUM-HYDRIDO-TRIMETHOXY-ALUMINAT(III) 57-0303
AUS ALPHA,BETA-UNGESAETT. KETONEN, RK. MIT ACETANHYDRID-ESSIGSAEURE 59-0448
RK. MIT BROMESSIGSAEUREAETHYLESTER 58-0394
TRIALKYL-, RK. MIT MONO- U. DIHALOGENCARBONSAEURE-ESTERN 61-0359

BORAZENE, ORGANISCHE
N.B-POLYMETHYLEN-DIMETHYLAMIN-BORANE, DARST. AUS AMINOALKENEN U. TRIAETHYLAMIN-BORAN BZW. NABH4 64-0562

BORAZINE (BORAZOLE)
B-TRIAZID-BORAZIN,DARST. AUS B-TRICHLOR-BORAZIN MIT LIN3 56-0008
2.4.6-TRICHLOR-BORAZIN, DARST. AUS 2.4.6-TRIMETHYL-BORAZIN BZW. 2.4.4'.6.6'-PENTAMETHYL-DIBORAZINYL-(1.2') DURCH CHLORIER. BEI UV-LICHT 64-0414
2.4.6-TRIS-DIALKYLAMINO-, IR -SPEKTREN 54-0063
2.4.6-TRIAMINO-BORAZIN, B3N6H9, IR 54-0063
2.4.6-TRICHLOR-BORAZIN, B3N6CL3H3, IR 54-0063
B-SUBSTITUIERTE N-H-, BN-HAUPTBANDE IM IR 56-0008
B-TRIJOD-BORAZIN,IR 56-0008
B-TRIAZID-BORAZIN,IR 56-0008
METHYL-, SCF-MO-BERECHN. D. IONISAT.-POTENTIALS 61-0129
B-TRIAZID-BORAZIN,EXPLOSIV 56-0008
B-TRICHLOR-BORAZIN,RK. MIT LIN3 56-0008
METHYL-, CHLORIER. 64-0414
B-TRICHLOR-BORAZIN,RK. MIT NA-TRIMETHYLSILANOLAT 56-0008

BORONSAEUREN
OMEGA-DIMETHYLAMINO-ALKAN-, DARST. AUS N.B-POLYMETHYLEN-DIMETHYLAMIN-BORANEN 64-0562
CYCL. ESTER, GASCHROMATOGRAPHIE-MASSENSPEKTROMETRIE V. CYCL. BORONSAEUREESTERN (CHARAKTERISIER. V. DIOLEN) 54-0598
METHANPOLYBORONSAEUREESTER, DARST. AUS POLYCHLORMETHANEN U. DIMETHOXY-BORCHLORID 61-0380
N-BUTYLBORONATE V. HOPFENBESTANDTEILEN, CHROMATOGRAPH. TRENN. 62-0860
(1-PHENYL-AETHAN)-BORONSAEUREESTER, STEREOCHEMIE D. OX. 63-0355
(1-PHENYL-AETHAN)-BORONSAEUREESTER, STEREOCHEMIE D. HYDROLYSE 63-0355

BRECHUNGSINDEX
* S. UNTER REFRAKTION

BROM
ELEKTR. LEITFAEHIGK. V. GEMISCHEN AUS N-METHYL-ACETAMID BZW. POLYAMID 6-6 U. BR2 57-0196
OX. V. ORGAN. VERB. (ANALYT. ANWEND.), 2. MITT. 62-0857
OX. V. ORGAN. VERB. (ANALYT. ANWEND.), 3.MITT. 62-0858
RK. MIT STER. GEHINDERTEN STYROLEN 61-0434
BROMADDIT. (KINETIK, EINFL. V. LSGM.) 62-0217
RK. MIT SUBSTITUIERTEN TOLUOLEN (KINETIK, LSGM.-EINFL.) 64-0263
ADDIT. AN OLEFINE (LSGM.-BETEILIG.) 64-0474
RK. MIT ALLYLBENZOLEN U. NITRILEN 59-0601
BROM, RK. MIT 4-METHYL-2-METHYLAMINO-PYRIMIDIN 54-0451
RK. MIT FURFURYLALKOHOL (2-STUF. OX., MECHANISMUS) 63-0249
RK. MIT TRIS-(TRIMETHYLSTANNYL)-STANNYLLITHIUM 57-0046
RK. MIT FURFUROL (2-STUF. OX., MECHANISMUS) 63-0249
EINFL. AUF D. TOLUOL-OX. MIT DIISOPROPYLPEROXYDICARBONAT 58-0213
BROMIDIONEN, EINFL. AUF D. BROMIER. V. AROMAT. AMINEN 59-0218
VERW. ZUR BEST. V. PHENETIDIN U. PHENACETIN 62-0857
VERW. ZUR BEST. V. FURFUROL U. FURFURYLALKOHOL 62-0858

BROMSAUERSTOFFSAEUREN
HOBR RK. MIT PHENYL-ACETYLENEN 56-0337
HOBR, RK. MIT BUTANON-(2) (RK.-MECHANISMUS) 61-0246

BROMVERBINDUNGEN
BROMAZID, ADDIT. AN OLEFINE (LSGM.-BETEILIG.) 64-0474
BRN3,STEREOSPEZIF. ION. U. RADIKAL. ADDIT. AN OLEFINE 57-0376
HBR, LOESLICHK. IN AROMAT. KW-STOFFEN (ISOTOPENEFFEKT) 58-0021
HBR, ADDIT. AN DIACETYLENE (GESETZMAESSIGK.) 54-0212
HBR, EINFL. AUF D. HYDROLYSE V. 3-DIAZO-1-METHOXYCARBONYLOXY-1-PHENYL-ACETON 61-0238
BRCL, RK. MIT FURFURYLALKOHOL (2-STUF.-OX., MECHANISMUS) 63-0249
BRCL, RK. MIT FURFUROL (2-STUF. OX., MECHANISMUS) 63-0249
BRCN, RK. MIT BENZILSAEURE- BZW. DIPHENYL-ESSIGSAEUREHYDRAZID 60-0560

BROMELIN
* S. UNTER ENZYME, SPEZIELLE

BROMIERUNG
* S. UNTER HALOGENIERUNG

BRONCHOVYDRIN
BRONCHOVYDRIN, SPEKTROPHOTOMETR. AETHYLPAPAVERIN-BEST. 58-0827

C

CADMIUM
CD(2+), ELEKTRODENRK. (HEMM. DURCH PROTEINE) 64-0027
CD(II), EINFL. AUF D. HYDROLYSE D. ESTER V. KOMPLEXONEN 63-0041

CADMIUMVERBINDUNGEN
CD-KOMPLEXE MIT BETA- U. GAMMA-PICOLIN, BLDG. IN WSS. KNO3-LSG. (GESAMTBLDG.-KONST.), POLAROGRAPH. VERH. 60-0026
N-METHYLCADMIO-IMINOTRIALKYLPHOSPHORANE, DARST. 61-0040
(N(C2H5)4)2(CD(SC6F5)4), UV , (CD(SC6F5)4)(2-) , OPT. ELEKTRONEGATIVITAET D. SC6F5-LIGANDEN 56-0004
CD-MERCAPTOANIL-CHELATE, DARST. AUS GLYOXAL-BIS-(2-MERCAPTO-ANILEN) BZW. BIS-(BENZOTHIAZOLINYL-(2))-METHAN (BZW. MALONDIALDEHYD-BIS-(2-MERCAPTO-ANIL)) BZW. 1.2-BIS-(BENZOTHIAZOLINYL-(2))-AETHAN (BZW. SUCCINDIALDEHYD-BIS-(2-MERCAPTO-ANIL)) U. CD-ACETAT 63-0064
CD-DIALKYLE, RK. 61-0040
5. MITT., RK. MIT ALPHA-HALOGENESTERN U. -KETONEN 62-0386
PHENYL-CDCL, ALPHA-NAPHTHYL-CDCL, RK. 62-0386
BIS-(PHENYLAETHINYL)-CADMIUM U. DIOCTINYL-(1)-CADMIUM, DARST., STRUKTUR 58-0048
EDTA-CD(2+)-1 ZU 1-KOMPLEXE, BLDG. U. RAMAN-SPEKTREN 63-0007
CDCL2, KOMPLEXBLDG. MIT DIMETHYLSELENOXID 56-0052
CDCL2, KOMPLEXBLDG. MIT SBCL5 U. ACETONITRIL 55-0019

CAESIUMVERBINDUNGEN
SIH3CS, DARST. AUS SIH4 U. CS 62-0028

CS- (3)-1.2(1.7)-DICARBAUNDEKABORATE(1-), DARST. , SPEKTREN,OPT. DREH. 59-0039
SIH3CS, RK. MIT CH3J 62-0028
CS-CHROMAT(III)-KOMPLEXE MIT AZOFARBSTOFFEN, DARST. 54-0030
CS-SALZE V. CARBANIONEN, LICHTABSORPT.-SPEKTREN , DARST. AUS D. ENTSPRECHENDEN KW-STOFFEN U. CAESIUM-CYCLOHEXYLAMID 58-0088
CS-NAPHTHALINID U. -ANTHRACENID, ESR 64-0136
CS-SALZE V. CARBANIONEN, DARST. AUS KW-STOFFEN U. CS-ALLYLOXY-POLYAETHER-ALKCHOLATE, UMLAGER. ZUR CIS-PROPENYLVERB. (KINETIK) 58-0031
CS-DIPHENYL- U. -DIBUTYL-PHOSPHINIT, NMR 59-0113
CSF-FLUORKETON-ADDUKTE, DARST. AUS CSF U. FLUORIERTEN KETONEN 63-0094
CSF-HALOGENKETON-ADDUKTE, RK. MIT HALOGENOLEFINEN U. HALOGENEN 63-0370
N-(2-CARBOXYPHENYL)-N'-FLUORDIIMID-N-OXID-CS-SALZ, N-(2-CARBOXYPHENYL)-N'-P-TOLUOLSULFONYLDIIMID-N-OXID-CS-SALZ, DARST., PYROLYSE 59-0377
CS-CARBOXYLATE, ANOD. OX. (MECHANISMUS) 64-0236
PENTACYCL. CS-AZOFARBSTOFF-CHROMAT(III)-KOMPLEX, DARST. 56-0074
KOMPLEX AUS 2.4.5.7-TETRANITRO-FLUORENYLIDEN-(9)-MALONITRIL-RADIKAL-ANION-CS-SALZ U. 2.4.5.7-TETRANITRO-FLUOREN-DELTA(9.ALPHA)-MALONITRIL , DARST. 57-0201
CS(GECL3), DARST. AUS GECL4 U. CSCL IN HCL-H3PO2, 59-0057
CS(GECL3), RK. MIT ALKYLJODIDEN 59-0057
CS(NICL3), IR 61-0001
CS(NICL3), SPEKTRALDATEN IM SICHTBAREN BEREICH 61-0001
CS(NICL3), LIGANDENFELDBEHANDL. 61-0001
CSF, RK. MIT JF5 (CH3CN) 64-0041
CSJF6, DARST. AUS CSF U. JF5 (CH3CN) 64-0041
CSB3H8, DARST. AUS TLB3H8 U. CSJ 61-0424
CSB3H8, RK. MIT CUCL (P(C6H5)3)3 55-0038
CSPBJO6, DARST. AUS BLEITETRAACETAT, PERJODSAEURE U. ALKALINITRAT, 55-0008
CSPBJO6, KRIST.-STRUKTUR 55-0008

CALCIUM
STUFENWEISE KOMPLEXOMETR. TITRAT. MIT EGTA IN GGW. V. MG (AG-ELEKTRODE) 64-0023

CALCIUMVERBINDUNGEN
TRIPHENYLMETHYLCALCIUMCHLORID-DONATOR-AKZEPTOR-KOMPLEXE , CARST., EIG. 63-0060
CA-ACETONITRIL-KOMPLEXE, IR-SPEKTREN 55-0003
CA(2+)-ACETONITRIL-KOMPLEXE, DARST. 55-0026
EDTA-CA(2+)-SALZE, BLDG. U. RAMAN-SPEKTREN 63-0007
ACETATO-AQUO- U. -AMMIN-CALCIUM, DTA, TGA 63-0061
CA-CIS-CYCLOALKEN-CARBOXYLATE, DARST. 55-0308
DARST. V. CA-SALZEN D. 6-AZA-URIDIN- U. -CYTIDIN-3'-PHOSPHATS 53-0489
CALCIUMALUMINIUMSILICAT TRENN. GRADLIN.V. VERZWEIGTEN U. CYCL. ALKANEN AN 5A 60-0839
CAC2, RK. MIT CHLOR-TRIMETHYL-SILAN 54-0242
CACL2, KOMPLEXBLDG. MIT SBCL5 U. ACETONITRIL 55-0019
CACL2, KOMPLEXBLDG. MIT SNCL4 U. ACETONITRIL 55-0026
CA(B3H8)2, DARST. AUS TLB3H8 U. CAJ2 61-0424
CA(CLO4)2, KOMPLEXBLDG. D. HYDRATS MIT ACETANHYDRID 61-0060

CALICENE
* S. FULVALENE
CANCEROGENE
* S. UNTER TUMOREN
CANNABINOIDE
* S. UNTER RINGSYSTEME (HETERCCYCLEN)
CARBAMATE
* S. UNTER URETHANE
CARBAMINSAEUREN
* ESTER S. URETHANE
CARBAMATE, 16. MITT. 58-0301
CARBAMIDSAEURECHLORIDE, DARST. AUS FORMAMIDEN U. SCHWEFELCHLORIDEN 57-0272
N-ALKYLEN-CARBAMINSAEUREHALOGENIDE, DARST. AUS KETIMINEN U. KOHLEN- BZW. OXALSAEUREDIHALOGENIDEN 61-0477
N-(4-ARYLSULFONYL-PIPERAZINO)-CARBAMINSAEUREDERIV., DARST. 62-0646
CARBAMOYLTHIOCYANATE, DARST. AUS CARBAMOYLCHLORIDEN U. METALLTHIOCYANATEN 63-0397
O-ALKYLIDENAMINO-, DARST. AUS OXIMEN U. ISOCYANATEN 55-0285
PROTONIERTE, BLDG. DURCH SPALT. V. PROTONIERTEN CARBAMATEN 58-0242
N.N-DISUBSTITUIERTE CARBAMCYLCHLORIDE, DARST. AUS TRIMETHYLSILYL-CARBAMATEN 58-0395
CARBAMOYLISOTHIOCYANATE, DARST. AUS CARBAMOYLCHLORIDEN U. METALLTHIOCYANATEN ODER AUS CARBAMOYLTHIOCYANATEN 63-0397
N-ARYL-PERCARBAMATE, IR 63-0126
PROTONIERTE, NMR 58-0242
METALLCARBAMATE, STANDARD-BLDG.-ENTHALPIE 64-0021
N-TOSYLMETHYL-CARBAMATE, BASENKATALYSIERTE ELIMINIER.-RK. 57-0375
N-TOSYLMETHYL-CARBAMATE, RK. MIT METHYLEN-CARBAMATEN BZW. -THIO-CARBAMATEN 57-0375
CARBANILIDE
* S. UNTER HARNSTOFFE (CARBAMIDE)

CARBANIONEN U. CARBKATIONEN (ALLGEMEINES)
KRYPTOIONEN-RK. (THEORET. ABHANDL. UEBER KLASS. U. NICHTKLASS. IONEN) 59-0174
CARBENIAT-CARBONIUM-IONENPAARE ALS ZWISCHENSTUFEN BEI RACEMISIER.-, SOLVOLYSE- U. RINGERWEITER.-RK. 61-0306

CARBANIONEN U. CARBKATIONEN (CARBKATIONEN)
CARBONIUM-IONEN, STABILE, 56. MITT. 59-0124
CARBONIUMIONEN, 10. MITT.(PROTONIERTE CYCLOPROPANE BEI D. RK. V. 1-BROM-PROPAN MIT ALBR3) 53-0168
HETEROSUBSTITUIERTE CARBONIUMIONEN,1.MITT.(D. ANCHIMERIE D. N.N-DISUBSTITUIERTEN DITHIOCARBAMAT-FUNKT.) 53-0361
HETEROSUBSTITUIERTE CARBONIUMIONEN, 2.MITT.(EIN NEUES AMBIDENTES KATION, RK. V. 2-DIALKYLAMINO-1.3-DITHIOLANYLIUMSALZEN MIT VERSCHIEDENEN NUCLEOPHILEN) 53-0362
CARBOXONIUMVERB. IN D. KOHLENHYDRATCHEMIE, 3. MITT. 53-0479
CARBOXONIUMVERB. IN D. KOHLENHYDRATCHEMIE, 4. MITT. 57-0637
CARBOXONIUMVERB. IN D. KOHLENHYDRATCHEMIE, 5. MITT. 57-0638
CARBOXONIUMVERB. IN D. KOHLENHYDRATCHEMIE, 6. MITT. 57-0639
CARBONIUM-IONEN, STABILITAET IN LSG., 1. MITT. 58-0162
CARBONIUM-IONEN, STABILITAET IN LSG., 2. MITT. 58-0163
STABILE CARBONIUMIONEN, 59. MITT. 58-0242
STABILE CARBONIUMIONEN, 60. MITT. 58-0243
STABILE CARBONIUMIONEN, 53. MITT. 59-0121
STABILE CARBONIUMIONEN, 54. MITT. 59-0122
STABILE CARBONIUMIONEN, 55. MITT. 59-0123
STABILE CARBONIUMIONEN, 57. MITT. 59-0125
1-METHYL-CYCLOBUTYL- U. CYCLOBUTYL-KATION ALS KLASS. IONEN, 6. MITT. 59-0147
KLASS. CARBONIUMIONEN, 1. MITT. 60-0263
STABILE CARBONIUMIONEN, 64. MITT. 61-0197
STABILE CARBONIUMIONEN, 61. MITT. 63-0258
STABILE CARBONIUMIONEN, 62. MITT. 63-0259
STABILE CARBONIUM-IONEN, 72. MITT. 64-0191
CARBONIUMIONENSALZE, 11.MITT. 64-0479
CARBONIUM-ION C3CL5(+), BLDG. 53-0207
TRIBENZOCYCLOHEPTATRIENYLIUMIONEN, BLDG. AUS TRIBENZOCYCLOHEPTATRIENOLEN (HALOCHROMIE) 53-0309
PHENONIUM-IONEN, INTERMEDIAERE BLDG. BEI D. TRIFLUORACETOLYSE V. 2-PHENYL-AETHYL-P-TOLUOLSULFONAT 54-0159
2.2-DIALKYL-5-PHENYL-2.5-DIHYDROFURYLIUM-(5)-SALZE, DARST. AUS 3.4.6-TRIMETHYL-1-PHENYL-HEPTIN-(1)-DIOL-(3.4) 54-0361
TRIS-HOMOCYCLOPROPENYL-KATIONEN, BLDG. AUS TRIARYL-BICYCLO(3.1.0)HEXANOLEN-(3) MIT LEWIS-SAEUREN 55-0344
DITROPYLIUM-KATION, DARST. AUS DITROPYL MIT PCL5 56-0395
HYDROXYALLYL-KATIONEN, BLDG. AUS ACROLEINEN MIT HF-SBF5 57-0110
PENTAPHENYLCYCLOPENTADIENYLKATIONEN, DARST. AUS CYCLOPENTADIENYLBROMIDEN 57-0423
BENZOHOMOTROPYLIUM-ION, DARST., UV-SPEKTRUM 58-0525
4-STYRYL-DIHYDROFURYLIUMPERCHLORATE, DARST. AUS 4-METHYL-DIHYDROFURYLIUMPERCHLORATEN U. AROMAT. ALDEHYDEN 59-0516
DIHYDROFURYLIUM-SALZE, DARST. AUS BULLATENON 59-0523
DIPHENYLAETHYL-CARBONIUMIONEN, DARST. AUS OLEFINEN 61-0194
1.1-DIPHENYL-2-NITRO-AETHYL-KATION, DARST. AUS OLEFINEN 61-0195
DIBENZOTROPYLIUM-IONEN, DARST. AUS DIBENZOCYCLOHEPTENEN 61-0497
1.2.3-TRICHLOR-PROPENIUM ION, DARST., NMR 62-0119
MONO- U. DICARBONIUMIONEN V. BETA-DICARBONYLVERB., BLDG. 62-0162
3.3-DIMETHYL-BUTYL-(1)- U. 4.4-DIMETHYL-PENTYL-(2)-KATION, BLDG. , CHEM. VERH. 62-0191
SPIRO(2.N)ALKYL-(4)-KATIONEN, INTERMEDIARE BLDG. BEI D. SOLVOLYSE D. P-NITROBENZOATE 62-0231
DARST. D. 12.11-BORAZARO-PHENALENIUM-KATIOS 62-0669
TRICYCLOOCTYL-KATIONEN, BLDG. BEI D. SOLVOLYSE V. NORTRICYCLYLCARBINYL- U. TRICYCLOOCTYLVERB. (MECHANISMUS) 63-0278
TRICYCLOOCTYLKATIONEN, BLDG. BEI D. SOLVOLYSE V. TRICYCLOOCTYLBROSYLATEN (MECHANISMUS) 63-0279
TRICYCLO(3.2.1.0(2.7))OCTYL-KATIONEN, BLDG. BEI D. SOLVOLYSE V. TRICYCLYLCARBINYLVERB. 63-0280
CYCLOPROPYLKATIONEN, BLDG. AUS N-NITROSO-N-CYCLOPROPYLHARNSTOFFEN 63-0485
PINAKOLYL-KATION, BLDG. AUS 2.3.3-TRIMETHYL-BUTTERSAEURE DURCH ANOD. OX. (MECHANISMUS) 64-0237
ALKYLCARBONIUMIONEN, BLDG. DURCH SPALT. V. PROTONIERTEN ALKYLCARBAMATEN 58-0242
ALKENYLOXOCARBONIUMIONEN, BLDG. (KINETIK) DURCH DEHYDRATISIER. V. PROTONIERTEN ALPHA,BETA-UNGESAETT. CARBONSAEUREN 58-0243
KLASS. CARBONIUMIONEN, BLDG. BEI SOLVOLYSE V. SEK.-ALKYL-ARENSULFONATEN 60-0263
DIPHENYL-PHENYLACETYL-CARBONIUMSULFATE, DARST. AUS DIPHENYL-PHENYLACETYLENYLCARBINOLEN U. H2SO4 60-0624

DIPHENYL-PHENYLACETYLENYL-CARBONIUM-PERCHLORATE, DARST. AUS DIPHENYL-PHENYLACETYLENYL-CARBINOLEN U. HCLO4 60-0624
STABILE CARBONIUMIONEN, DARST. AUS PROTONIERTEN ALKYL (ARYL)CARBONATEN U. HYDROGENCARBONATEN 61-0197
METHYLFLUORBENZCLIUM-IONEN, DARST. 63-0258
HYDROXYTROPYLIUMSALZE, DARST. AUS TROPON 64-0479
DITROPYLIUM-KATION NMR-, IR-, UV-, NQR-SPEKTRUM 56-0395
DIPYRIDYLAETHYLENDI-, OSZILLATORENSTAERKEN (HMO-BERECHN.) 55-0063
ARYLCARBONIUMIONEN, UV (EINFL. D. ANELLIER., HALOCHROMIE) 57-0081
RETINYLKATION, UV -SPEKTRUM 60-0303
DIPHENYL-PHENYLACETYLENYL-CARBONIUM-PERCHLORATE, ABSORPTIONSSPEKTREN IM SICHTBAREN 60-0624
BIS-(ALKYLAZULYLIUM)-DIKATIONEN, ELEKTRONENSPEKTREN (THEORET. DEUT. NACH SIMPSON 'INDEPENDENT SYSTEM APPROACH') 58-0524
NORTRICYCLONIUM-ION, IR, NMR 64-0191
TRIPHENYLMETHAN-LEUKOSULFITE, THERMOCHROMIE - ABSCHWAECH. (MECHANISMUS) 63-0112
PHENYL-P-BIPHENYLYL-(8-METHYL-NAPHTHYL-(1))-METHYLKATIONEN, OPT. ROTAT. 63-0180
ALKYLKATIONEN, LAD.-VERTEIL. 56-0147
AROMAT. METHYL-KATIONEN, HUECKELSCHE ENERGIECHARAKTERISTIKA 56-0150
ALKYLIUMIONEN, CNDO-BERECHN. V. BIND.-LAENGEN U. -WINKELN 57-0136
1.4-5.8-ENDO.ENDO-DIMETHANO-DELTA(2.6)-HEXAHYDRONAPHTHYL-KATION (ODER MESOMERE), ELEKTRONENSTRUKTUR 59-0226
CARBONIUMIONEN, SCHWING.-EFFEKTE, 3. MITT. 60-0144
CARBONIUM-IONEN, B2H6 ALS MOL.-MODELLE FUER 64-0161
CYCLOBUTYL-KATIONEN, GRUNDZUSTANDSENERGIEN 59-0147
ALKYL-KATIONEN, ELEKTRONENSTRUKTUR 60-0183
ALKYL-KATIONEN, IONISAT.-POTENTIALE 60-0183
DIALKYLHYDROXYCARBONIUMIONEN, PMR 54-0069
FERROCENYLCARBONIUMION, MOESSBAUER-EFFEKT 55-0004
(15N)IMINO-AETHYLCARBONIUM-ION, NMR 57-0076
BIS-(ALKYLAZULYLIUM)-DIKATIONEN, PMR-SPEKTREN 58-0524
TERT.-AMYL-KATION, NMR (UNTERS. D. UMLAGER.) 62-0085
TERT. CARBONIUMIONEN, NMR 62-0086
HALOGENMETHYLBENZOLIUM-KATIONEN, PMR-SPEKTREN 62-0087
HALOGENTOLUOLIUM- U. -XYLOLIUM-KATIONEN, PMR 62-0088
2.3-DIPROPYL-CYCLOPROPENYLKATION, HMO-BERECHN. (KOPPL.-KONST. U. ATOMLAD.) 63-0145
METHYLFLUORBENZOLIUM-IONEN, NMR 63-0258
HYDROXYALLYL-KATIONEN, (1)H-NMR 57-0110
PK-WERTE V. ELEKTRON. ANGEREGTEN AZULENIUMKATIONEN 53-0116
POLYPHENYLTROPYLIUMPERCHLORATE, PK 62-0180
BENZOLIUM-IONEN, BLDG.-WAERMEN 58-0163
CARBONIUM-IONEN, BLDG.-WAERME (KALORIMETR. BEST.) 58-0162
BENZOTROPENIUMION, RK. MIT CH3ONA 57-0460
CYCLOPROPYLKATION, RINGOEFFNUNG (MECHANISMUS) 55-0203
CARBONIUM-IONEN, SCHWING.-EFFEKTE IN RK., 4. MITT. 64-0161
2-METHYL-ALLYL-KATION, CYCLOADDIT. AN CYCLOPENTA- U. HEXADIEN U. FURAN 58-0540
DIPHENYL-PHENYLACETYL-CARBONIUMSULFATE, CYCLISIER. (NA-METHYLAT) 60-0624
BENZYLIUM-IONEN, UMLAGER. ZU TROPYLIUMIONEN IM MASSENSPEKTROMETER 63-0157
ACETOXONIUM-UMLAGER. D. D-XYLOSE 57-0637
ACETOXONIUM-UMLAGER. V. D-GALAKTOSE 57-0638
ACETOXONIUM-UMLAGER. D. D-IDOSE 57-0639
(15N)IMINO-AETHYLCARBONIUM-ION, DEPROTONIER. 57-0076
BROMALKYL-KATIONEN, STABILITAET (BERECHN.) 57-0217
BENZOTROPYLIUMSALZE, RK. MIT NAHCO3 62-0471
CYCLOHEXADIENYL-KATIONEN, HALOGENIER. 61-0226
BICYCLOOCTYL-CARBONIUM-ION, PROTONENUEBERTRAG. AUF CYCLOOCTADIEN-(1.5) 53-0152
CARBONIUMION -SILAN-HYDRIDUEBERTRAG.-RK., 1. MITT. (ANWEND. U. STEREOCHEMIE) 63-0501
CYCLOHEXADIENYL-KATIONEN, ACETOXYLIER. 61-0226
CARBANIONEN U. CARBKATIONEN (CARBANIONEN)
CHEMIE DES DICYANAMID- U. DES TRICYANMETHANID-IONS, 11.MITT. 59-0066
CARBANIONEN, 3. MITT. 61-0261
CARBANIONEN, CHEMIE, 14. MITT. 61-0283
CARBANIONEN, 15. MITT. 61-0284
CARBANIONEN, 16. MITT. 61-0285
CARBANIONEN, CHEMIE, 17. MITT. 61-0286
DINITROCARBANIONEN, KONFORM. (EINFL. AUF D. PK-WERTE V. 1.1-DINITRO-ALKYLVERB.) 63-0219
PHENYLALLYLANIONEN, KONFIG. 57-0148
BLDG. V. ALPHA-FERROCENYLCARBONIUMIONEN AUS FERROCENAETHYLEN IN STARK SAURER LSG. 53-0002
3-METHYL-1.4-NAPHTHOCHINONYL-(2)-METHYL-CARBANION, BLDG. 54-0190
PENTA-METHOXYCARBONYL- CYCLOPENTADIENYL-ANION, DARST. 54-0299
2-THIAPENTALENYLANION, DARST. 54-0364
PHENYLALLYLANIONEN, DARST. AUS PHENYLPROPENEN MIT NANH2 57-0148
CYCLOPENTADITHIENYLANIONEN, BLDG. 57-0498
CYCLOPENTADITHIENYLANIONEN, UV 57-0498
CARBANIONEN, LICHTABSORPT.-SPEKTREN D. CS-SALZE V. -, 1. MITT. 58-0087
CARBANIONEN, LICHTABSORPT.-SPEKTREN D. CS-SALZE, 2. MITT. 58-0088
AROMAT. METHYL-ANIONEN, HUECKELSCHE ENERGIECHARAKTERISTIKA 56-0150
CARBANIONEN, RESONANZSTABILISIER., 2. MITT. 58-0006
ALPHA-SULFONYL-CARBANIONEN D. NORBORNEN-SYST. , PYRAMIDALE STRUKTUR 61-0261
CYCLOPENTADIENYLANION, POTENTIALFUNKT. 62-0120
FERROCENYL-CARBONIUMIONEN, NMR 53-0002
PHENYLALLYLANIONEN, NMR-SPEKTREN 57-0148
ALKALI-NAPHTHALINID U. -ANTHRACENID, ESR 64-0136
ALKALI-NAPHTHALINID, ESR (KINETIK D. IONENPAAR-GLEICHGEW. U. D. RK. MIT NAPHTHALIN) 64-0137
CARBANIONEN V. DIHYDRO-THIOXANTHEN-DIOXIDEN-(10.10), RK. MIT ELEKTROPHILEN REAGENZIEN 55-0441
CYCLOPROPENANIONEN, STABILITAET 56-0407
CARBANIONEN, STABILITAET 57-0129
CARBANIONEN, KUPPL.-RK. MIT NO2-HALT. RADIKALEN (MECHANISMUS) 58-0207
RESONANZ-STABILISIERTE CARBANIONEN, RK., 30. MITT. 58-0207
CYCLOPROPYL-ANION, ELEKTROCYCL. UMLAGER. ZUM ALLYL-ANION (SCF-MO-BERECHN.) 63-0316
CARBANIONEN, RK. MIT CYCLOOCTADIEN-PD (BZW. PT)-HALOGENIDEN 62-0057
CARBANIONEN, RK. MIT NA-CHLORACETAT 62-0310
CARBAZOLE
CHEMIE, 2. MITT. 56-0488
N-ARYL-, DARST. AUS N-KALIUM-CARBAZOLID U. ARYLHALOGENIDEN 59-0535
9-(N-ALKYL)-, DARST. AUS CARBAZOL U. N-ALKYLJODIDEN 64-0601
POLY-, DARST. AUS N.N'-AZOCARBAZOL BZW. CARBAZOL 59-0535
ALKYL-, NITRIER. 56-0488
ALKYL-, ACYLIER. 56-0488
CARBENE
* S. UNTER RADIKALE (CARBENE)
CARBKATIONEN
* S. UNTER CARBANIONEN UND CARBKATIONEN...
CARBOCYANINE
* S. UNTER FARBSTOFFE (POLYMETHINFARBSTOFFE)
CARBODIIMIDE
8. MITT. 54-0470
CARBODIIMID-SULFOXID-RK., 7. MITT. 58-0351
4. MITT. 63-0442
DARST. AUS 3-CHLOR-1.2-BENZISOTHIAZOL-S.S-DIOXID U. PHENYLHARNSTOFF 60-0545
DARST. AUS N-SULFINYLAMINEN U. ISOTHIOCYANATEN 62-0394
PHOTOUMLAGER. 62-0395
RK. MIT ACETYLCHLORID 54-0470
W.-LOESL., RK. MIT HYDROXAMSAEUREN , LOSSENSCHE UMLAGER. (KINETIK U. MECHANISMUS) 60-0287
CYCLOADDIT. V. SULFONYLISOCYANATEN 58-0473
1.5-DIARYL-, DARST. AUS 3-ARYL-CARBAZINSAEURE-P-NITRO-PHENYLESTER U. ARYL-HYDRAZINEN 62-0392
KETOCARBOHYDRAZONE, OX. MIT BLEITETRAACETAT 63-0651
CARBOLINE
DARST. AUS ANILINOPYRIDINEN DURCH PHOTOCYCLISIER. 60-0620
BETA-, DARST. AUS 3-NITRO-4-PHENYL-PYRIDINEN 61-0648
BETA-, SYNTH. , 8.MITT. 62-0719
PYRIDO(4.3-B)INDOLE, SYNTH. 62-0634
PYRIDO(4.3-B)INDOLE, ANTISEROTONIN-AKTIVITAET 62-0634
CARBONSAEURE...
* S. SAEURE...
CARBONSAEUREN (ALLGEMEINES)
HOEHERE SAEUREN D. ALIPHAT. REIHE,21. MITT.(SYNTH. V. OCTIN-(7)-SAEURE U. IHREM METHYLESTER) 53-0220
ALIPHAT.-, HALOGEN- U. N-HALT. DERIV., 5. MITT. 54-0223
ALIPHAT., HALOGEN- U. N-HALT. DERIV., 6. MITT. 54-0224
ALIPHAT., HALOGEN- U. STICKSTOFFHALT. DERIV., 7. MITT. 55-0249
SAEUREN D. ALIPHAT. REIHE,22. MITT. 57-0306
PHENYLPROPIOLSAEUREN, 8. MITT. 57-0464
OXY- U. THIODIESSIGSAEUREN, DERIV., 2. MITT. 58-0151
-DERIV., SYNTH. DURCH SAEUREKATALYSE AUS (CO), OLEFINEN U. ACYLIERBAREN VERB., 26. MITT. 58-0368
CARBOXYLATE V. UEBERGANGSMETALLEN, 1. MITT. 60-0019
-DERIV., SYNTH. AUS (CO), OLEFINEN U. ACYLIERENDEN VERB. DURCH SAURE KATALYSE, 28. MITT. 61-0356
ALKYLSUBSTITUIERTE BENZOESAEUREN, 3. MITT. 61-0408
UNGESAETT., U. IHRE DERIV., KONFIG. U. EIG., 18. MITT. 62-0259
SULFOESSIGSAEUREDERIV., CHEMIE, 1. MITT. 63-0379
ALPHA-HYDROXYLAMINO-SAEUREN, 2.MITT. 64-0403
ALPHA.ALPHA-DISUBSTITUIERTE DI- U. SAEUREN MIT GEMISCHTER FUNKT. U. IHRE DERIV., 40. MITT. 64-0499
DERIV., SYNTH. AUS (CO), OLEFINEN U. ACYLIERBAREN VERB. UNTER BEDING. DER SAUREN KATALYSE, 29. MITT. 64-0483
UNGESAETT. FETTSAEUREN, BEST. D. LAGE D. DOPPELBIND. DURCH KOMBINIERTE GASCHROMATOGRAPHIE-MASSENSPEKTROSKOPIE 55-0093
1-HYDROXY-INDOL-2-CARBONSAEUREN, DARST. 59-0532

THIODIESSIGSAEUREN, KONFORM. 58-0151
3-PHENYL-PROPIONSAEUREN, 2-SUBSTITUIERTE, ABS. KONFIG. 58-0424
ALPHA.BETA-AETHYLEN. SAEUREN, GEOMETR. ISOMERIE, 1. MITT. 62-0124
ALPHA.BETA-AETHYLEN. SAEUREN, GEOMETR. ISOMERIE, 2. MITT. 62-0175
ALKYLSULFINYLESSIGSAEUREN, ABS. KONFIG. 62-0360
GEOMETR. ISOMERIE V. ALPHA.BETA-AETHYLEN. SAEUREN, 3. MITT. 62-0415
KONFORM. 54-0101
ARYL-ARYLIDEN-BERNSTEINSAEURE-DERIV., STEREOCHEMIE 56-0408
TERT.-BUTYL-CYCLOBUTAN-, KONFORM. 60-0175
ALPHA- U. BETA- METHYL-ZIMTSAEUREN, STER. SPANN. 62-0124

CARBONSAEUREN (DARSTELLUNG)
CARBONSAEURESYNTH. MIT 1.1-DICHLOR-AETHYLEN, 2. MITT. 53-0252
BETA-ALKYL- U. BETA-ARYL- HYDROZIMTSAEUREN, DARST. 53-0252
ALIPHAT. DARST. AUS CYCL. KETONEN 53-0277
INDOL- DARST. 53-0345
PHOSPHINO-, DARST. AUS NA-HALOGENALKANCARBOXYLATEN U. NAPH2 54-0241
ZIMTSAEURE-DERIV., DARST. AUS 1-NITROSO-2-NAPHTHOL U. 2-NITROSO-1-NAPHTHOL 54-0279
TERPENYL-, DARST. 54-0531
ANDROSTAN-18-, DARST. AUS 18-CYAN-ANDROSTANEN 54-0541
OMEGA-AMINOOXY-, DARST. AUS BENZOPHENONOXIM U. OMEGA-HYDROXY-SAEURELACTONEN 55-0262
ARYLCYCLOHEPTEN-, DARST. AUS ARYL-BETA-(2-OXOCYCLOPENTYL)-AETHYLKETONEN 55-0319
BENZO(B)THIOPHEN-3-ESSIGSAEUREN, DARST. AUS GAMMA-(ARYLMERCAPTO)-ACETESSIGESTERN 55-0383
(10-METHYL-PHENOTHIAZINYL)-ESSIGSAEUREN, DARST. 55-0475
OLEFIN., DARST. DURCH ADDIT. V. ACETYLENEN AN DIISOBUTYLALUMINIUMHYDRID 56-0061
MONO- U. DI-, DARST. DURCH KETTENVERLAENGER. UM 12 C-ATOME 56-0295
DI-, DARST. DURCH KETTENVERLAENGER. UM 24 C-ATOME 56-0296
ALPHA-AMIDINOUREIDO-, SYNTH. AUS AMINOSAEUREN U. N-AMIDINO-N'-NITRO-HARNSTOFF 57-0339
ALPHA-SUBSTITUIERTE ALPHA- PHENYL-PIMELIN-SAEURE-DERIV., SYNTH. 57-0430
INDOLYL-(1)-PROPIONSAEUREN, DARST. AUS 1-(2-CYAN-AETHYL)-INDOLEN 57-0514
ISOTHIAZOLYLESSIGSAEUREN, DARST. AUS ISOTHIAZOLEN 57-0756
8-OXO-5.8-DIHYDRO-1.3-DICXCLO(4.5-G)CHINOLIN-7-, DARST. 57-0803
(ALPHA-DEUTERIUM)-, DARST. 58-0325
ALPHA.BETA- UNGESAETT., DARST. AUS F-HALT.-VINYLORGANOMETALL-VERB. U. CARBONYLVERB. 58-0366
HEXEN-, HEPTEN-, OCTENSAEUREN, DARST. 58-0371
3.3-DIARYL-ACRYLSAEUREN, DARST. AUS 3.3-DIARYL-ACRYLALDEHYDEN 58-0475
3.3-DIARYL-ACRYLSAEUREN, DARST. AUS 3.3-DIARYL-ACRYLSAEURE-NITRILEN 58-0475
9-ALKYL-PHENANTHRENYL-(10)-, DARST. AUS 9-ALKYL-10-BROM-PHENANTHRENEN 58-0514
SYNTH. MIT 1.1-DICHLORAETHYLEN, 3. MITT. 58-0520
CHINOLIN-4-CARBONSAEUREN, DARST. 58-0640
DARST. AUS ALIPHAT. ALPHA-NITRO-KETONEN 59-0301
N-HYDROXYAMINOSAEUREN, DARST. AUS 2-HYDROXYAMINOSAEURENITRILEN U. HCL 59-0335
BICYCLO(2.2.1)HEPTAN-1-, DARST. 59-0471
ADAMANTAN-1.3-DICARBONSAEUREDERIV., DARST. 59-0472
1-HYDROXY-INDOL-2-CARBONSAEUREN, DARST. 59-0532
TRIMETHYLSILYLPHTHALSAEUREN, DARST. 59-0533
3-CARBOXY-ISOXAZOLE, DARST. AUS N-METHOXY-3.3-DICARBAMOYLISOXAZOLIDINEN 59-0557
3-ARYL-ISOTHIAZOL-4-, DARST. 59-0563
TERT.-BUTYL-CYCLOBUTAN-, DARST. AUS 3-TERT.-BUTYL-CYCLOPENTANON 60-0175
GESAETT., DARST. MIT K4(NI2(CN)6) 60-0326
-DERIV., SYNTH. AUS (CO), OLEFINEN U. ACYLIERENDEN VERB. DURCH SAURE KATALYSE, 27. MITT. 60-0343
4-ISOPROPYLPHENYL-BUTTERSAEUREN, DARST. AUS CUMOL U. GAMMA-BUTYROLACTON 60-0375
BENZO(B)THIENYL-(3)-ALKANSAEUREN, DARST. 60-0508
1-ALKYL-2-METHYL-TETRAHYDROINDOL-, DARST. AUS ALPHA-BROM-CYCLOHEXANON U. BETA-ALKYLAMINO-CROTONSAEURE-AETHYLESTERN 60-0520
2-HYDRAZINO-3-IMIDAZOLYL-4-(ODER 5)-PROPIONSAEUREN, DARST. AUS 2-CHLOR-3-IMIDAZOLYL-4-(ODER 5)-PROPIONSAEUREN 60-0529
CINCHOMERONSAEUREN, DARST. AUS MERIMINEN 60-0597
2.2-DIMETHYL-3-ARYL-BUTEN-(3)-SAEUREN, DARST. AUS ALPHA-BROM-ISOBUTTERSAEUREAETHYLESTER U. ACETOPHENONEN 61-0297
DARST. AUS ORGANOMETALLVERB. U. (CO) IN GGW. V. PD (II) 61-0407
TETRAHYDROFLUORENDI-, DARST. AUS INDENDICARBONSAEUREN 61-0487
THIOPHEN-, DARST. 61-0550
ALPHA-PYRROLO-, DARST. AUS AMINOSAEUREN U. 2.5-DIAETHOXY-TETRAHYDROFURAN 61-0558
BETA,GAMMA-UNGESAETT., DARST. AUS ALPHA,BETA-UNGESAETT. CARBONSAEUREN 62-0346
TRIEN-, DARST. AUS ACETYLENDERIV. BZW. GAMMA-LINOLENSAEURE 62-0347
OMEGA-CYAN-, DARST. AUS OXAZOLEN MIT SINGULETT-O2 62-0351
(PEROXY-BETA-JONYLIDEN)-ESSIGSAEUREN, DARST. 62-0499
2-FURYL-CINCHONINSAEUREN, DARST. AUS ISATINEN U. 2-ACETYL-FURANEN 62-0612
4-AMINO-6-ALKOXY-1.3.5-TRIAZIN-6-CARBONSAEUREDERIV., DARST. AUS N-AMIDINO-O-ALKYL-ISOHARNSTOFFEN U. ESTERN 62-0671
CYCLOPROPAN-, DARST. AUS UNGESAETT. ESTERN NACH SIMMONS-SMITH (STER. VERLAUF) 63-0493
BIPHENYL-, DARST. 63-0519
1-ALKYL-AZETIDIN-2-, DARST. AUS ALPHA,GAMMA-DIBROMBUTTERSAEUREMETHYLESTER U. PRIM. AMINEN 63-0589
CYCLOALKYLBENZOESAEUREN, DARST. 64-0245
DIHYDROPHTHALSAEUREN, DARST. 64-0485
2-ALKYL-2-PHENYL-PIMELINSAEUREN, DARST. AUS 1-CYAN-2-IMINO-3-PHENYL-3-ALKYL-CYCLOHEXANEN 64-0499
CARBOXYALKYLFLUORENE, DARST. AUS FLUOREN U. D. ANALOGEN LACTONEN 64-0518
(1-AROYL-INDOLYL-(3))-, DARST. AUS N(1)-AROYL-ARYLHYDRAZINEN U. LAEVULINSAEURE 64-0604
2-THIAZOL-, DARST. AUS LI-THIAZOLYLEN 64-0644
6-PHENYL-2-PYRON-3-, DARST. AUS BETA-CHLOR-TRANS-ZIMTALDEHYDEN U. MALONSAEURE 64-0680
ALPHA-OXIMINO-, DARST. AUS ALPHA-BROM-CARBONSAEUREN 54-0223
ALPHA-OXIMINO-DI-, DARST. AUS ALPHA-BROM-DICARBONSAEUREN 54-0224
ALPHA-NITRO-DI-, DARST. AUS ALPHA-BROM-DICARBONSAEUREN 54-0224
DIPHENYLESSIGSAEUREN, DARST. AUS BENZHYDROLMETHYLAETHERN 55-0318
INDOLYL-(3)-ESSIGSAEURE-DERIV., DARST. 55-0387
INDAN-, DARST. AUS HYDROZIMTSAEURE 55-0567
3.3-DIARYL-ACRYLSAEUREN DARST. AUS DIARYLALKINOLEN 58-0475
ADAMANTANESSIGSAEUREN, DARST. 58-0520
4-TOSYL-PIMELINSAEUREDERIV., DARST. AUS ACRYLONITRIL U. P-TOLYLSULFONEN 59-0356
GAMMA.GAMMA-DISUBSTITUIERTE ITACONSAEUREN, 4. MITT. (DARST. AUS 6-BENZOYL-TETRALIN U. 2-BENZOYL-NAPHTHALIN MIT BERNSTEINSAEUREDIAETHYLESTER) 59-0461
ALPHA-METHYLALKANSAEUREN, DARST. AUS OLEFINEN U. (CO) 60-0343
-DERIV., DARST. AUS ALKANOLEN U. (CO) IN GGW. V. H3PO4 61-0356
ISOPROPYLBENZOESAEUREN, DARST. AUS BROMBENZOL U. ISOPROPYLALKOHOL 61-0408
CHROMONOFURAN-, DARST. 61-0606
5-TOSYL-HYDANTOINSAEUREN, DARST. AUS HYDANTOINEN U. P-TOLUOLSULFONYLCHLORID 62-0558
BETA-SUBSTITUIERTE ALPHA-CYAN-ZIMTSAEUREN, DARST. 63-0231
(N-ALKYL-PYRROLIDIN-(3))-DIPHENYLESSIGSAEUREDERIV., DARST. AUS DIPHENYLACETONITRIL U. 1-ALKYL-3-CHLOR-PYRROLIDINEN 63-0900
ALPHA-HYDROXYLAMINO-SAEUREN, SYNTH. , 1. MITT. 64-0402
ALPHA-HYDROXYLAMINO-SAEUREN, DARST. 64-0403
CYCLOALKAN-, DARST. AUS CYCLOALKANOLEN 64-0483
P-BICYCLOALKYL-BENZOESAEUREN, DARST. AUS P-BICYCLOALKYL-ACETOPHENONEN 64-0541
1-ARYL-PYRAZOL-3-, SYNTH. AUS CINNAMOYL-BRENZTRAUBENSAEUREAETHYLESTERN U. ARYLHYDRAZINEN 64-0637

CARBONSAEUREN (PHYSIKAL. EIGENSCHAFTEN)
CYCLOHEXEN (3)-YL- U. DELTA(4)-OCTALINYL-, UV-SPEKTREN 55-0060
OMEGA-FLUORANTHENYL-, IR -SPEKTREN 56-0108
-DERIV., ELEKTRONENSPEKTREN, 5. MITT. 58-0086
1-NAPHTHOESAEUREN, IR (PERI-SUBSTITUENTENEINFL.) 59-0194
EIN-, ZWEI- U. DREIFACH UNGESAETT. C18-, IR-SPEKTRUM D. GEOMETR. ISOMEREN 61-0082
BETA-SUBSTITUIERTE ALPHA-CYAN-ZIMTSAEUREN, IR-SPEKTREN 63-0231
1-ARYL-PYRAZOL-3-, IR 64-0637
1-ARYL-PYRAZOL-3-, UV 64-0637
CHINOLIN-4-CARBONSAEUREN, UV- U. IR-SPEKTRUM 58-0640
3-ARYL-, ZIRKULARDICHROISMUS 54-0049
ALPHA-SUBSTITUIERTE-, OPT. REINH. (KALORIMETR. BEST.) 54-0051
SYMM. SUBSTITUIERTE ESSIGSAEUREN, OPT. AKTIVITAET, 2. MITT. 55-0318
SUBSTITUIERTE ZIMTSAEUREN, PI-ELEKTROENENDICHTEN (BEZIEH. ZUR CHEM. VERSCHIEB. D. VINYLPROTONEN) 56-0149
CARBOXYLATE V. UEBERGANGSMETALLEN, KRIST.-STRUKTUR (UEBERSICHT) 60-0019
DISUBSTITUIERTE MALONSAEUREN, MASSENSPEKTREN (MCLAFFERTY-UMLAGER.) 54-0081
SUBSTITUIERTE ZIMTSAEUREN, CHEM. VERSCHIEB. D. VINYLPROTONEN (BEZIEH. ZU D. PI-ELEKTRONENDICHTEN D. C-ATOME) 56-0149
2.3-UNGESAETT.-, NMR (LSGM.-EINFL.) 57-0117
ISOTHIAZOLYLESSIGSAEUREN, NMR 57-0756

ISOBUTTERSAEUREN, NMR (NICHTAEQUIVALENZ D. METHYLGRUPPEN) 61-0100
THIODIESSIGSAEUREN, NMR 58-0151
ACRYLSAEUREN, PROTONIERTE, NMR 58-0243
BICYCLO(2.2.X)ALKYL-(1)-, PK-WERTE (SUBSTITUENTENEINFL.) 58-0184
CHINOLIN-, K (DT 62-0176
PHENYLSELENO-ESSIGSAEUREN, DISSOZIAT.-KONST. 62-0181
PHENYL-, PK (W. U. W.-METHANOL) 62-0182
PHENYLESSIGSAEUREN, ELEKTROLYT. METHOXYLIER. 62-0188
BENZOESAEUREN, DISSOZIAT. IN DMSO 63-0220
BENZOESAEUREN, PK -WERTE IN W.-METHANOL-GEMISCHEN 63-0228
BENZOESAEUREN, CHEM. POTENTIALE IN W.-METHANOL 63-0229
BETA-SUBSTITUIERTE ALPHA-CYAN-ZIMTSAEUREN, DISSOZIAT.-KONST. 63-0231
CIS-3-ARYL-CYCLOBUTAN-, DISSOZIAT.-KONST. 63-0516
PK IN N-METHYL-ACETAMID-W.-GEMISCHEN 63-0232
OLEFIN., ACIDITAET (BEZIEH. ZUR STRUKTUR) 64-0219
PK-WERTE, LSGM.-EINFL. 64-0230
P-BICYCLOALKYL-BENZOESAEUREN, PK-WERTE 64-0541
DI-, ALIPHAT., DISSOZIAT.-KONST. IN W.-A. 58-0187
1-NAPHTHOESAEUREN, PK(A)-WERTE (PERI-SUBSTITUENTENEINFL.) 59-0194
ALPHA- U. BETA-SUBSTITUIERTE ZIMTSAEUREN, DISSOZIAT.-KONST. 62-0175
CYCLOALKYLBENZOESAEUREN, PK-WERTE (KONSTIT.-EINFL.) 64-0245
ALPHA-CARBOXY-HETEROCYCLEN, METALL(II)-KOMPLEXE, STABILITAETSKONST. 59-0024
DI-, ALIPHAT., LOESLICHK. IN W.-A. 58-0187
TEMP.-ABHAENGIGK. D. ASSOZIAT. (IR-UNTERS.) 59-0108
NA-ALKANOATE, BEST. V. MICELL-KONZ. MIT GEL-MOL.-SIEBEN 63-0208
NA-ALKANOATE, VERTEIL. ZWISCHEN W. U. SEPHADEX-GELEN 64-0208

CARBONSAEUREN (REAKTIONEN)
ALKEN-, UNTERS. D. GLEICHGEW. MIT D. GAMMA-LACTONEN DURCH DEUTERIER. MIT D2SO4 53-0154
RK. V. PERFLUORMONOCARBONSAEUREN, 5. MITT. (DARST. U. EIG. V. PENTAFLUORBENZOESAEURE-DERIV.) 53-0253
P-METHOXY-BENZYLIDEN-2-CARBOXY (CARBOXYMETHYL)-ESSIGSAEUREN, RK. 58-0456
CHROMONOFURAN-, RK. 61-0606
TRIMETHYLSILYLPHTHALSAEUREN, UEBERFUEHR. IN FARBSTOFFE 59-0533
CYCLISIER.-RK. UNTER OX. V. CARBONSAEUREN MIT BLEITETRAACETAT 1. MITT. D. UMWANDL. V. 2'-SUBSTITUIERTEN BIPHENYL-2-CARBONSAEUREN IN 3.4-BENZOCUMARIN 53-0410
ARYL-ARYLIDEN-BERNSTEINSAEURE-DERIV. ISOMERISIER. 56-0408
ALPHA-ARYL-TRANS-ZIMTSAEUREN, PHOTOISOMERISIER. 62-0447
3-HALOGEN-4-METHOXY- PHENYLPROPIOLSAEUREN, SELBSTKONDENS. 57-0464
THIOPHEN-, CYCLISIER. 61-0550
(PEROXY-BETA-JONYLIDEN)-ESSIGSAEUREN, UMLAGER. 62-0499
SILYLESSIGSAEUREN, THERM. BZW. BASEN-KATALYSIERTE UMLAGER. 64-0463
BENZOL-POLY-, TRANSCARBOXYLIER. UEBER D: K-SALZE (MECHANISMUS) 53-0161
ACRYLSAEUREN, PROTONIERTE, DEHYDRATISIER. (KINETIK) 58-0243
3-ACETOXY-3-ALKOXYCARBONYL-PROPIONSAEUREN, KOLBE-ELEKTROLYSE 61-0363
1.2.3.4-TETRAHYDRO-ISOCHINOLIN-3-, DECARBOXYLIER. 62-0603
OLEFIN-, INTRAMOL. ACYLIER. 58-0371
2.2-DIMETHYL-3-ARYL-BUTEN-(3)-SAEUREN, THERM. DECARBOXYLIER. (KINETIK, SUBSTITUENTENEFFEKT) 61-0297
FETTSAEUREN, AUTOX. MIT SINGULETT-O2 60-0239
OX. MIT PERSULFAT, 3. MITT. 60-0584
DIPHENYL-2-, OX. MIT PERSULFAT 60-0584
CIS-ZIMTSAEUREN, OX. MIT PERSULFAT 60-0584
OMEGA.OMEGA'-DISELENO-DIALKAN-, POLAROGRAPH. RED. 54-0136
NAPHTHOL-, RED., 17. MITT. 61-0491
1-NAPHTHOESAEUREN, AMALGAM-RED. (EINFL. D. SUBSTITUENTEN) 61-0491
RED. MIT NABH4 62-0308
NAPHTHOL-, RED., 18. MITT. 62-0457
2-NAPHTHOESAEUREN, RED. (BORSAEURE, NA-AMALGAM) 62-0457
ALPHA-OXIMINO-, RK. MIT BR2-EISESSIG ODER KONZ. HCL 54-0223
OXIDE HOEHERER UNGESAETT. SAEUREN, RK. MIT NH3 58-0388
ALPHA,BETA-UNGESAETT. CARBOXYLATIONEN, RK. MIT (HCO (CN)5)(3-) BZW. (DCO(CN)5)(3-) 61-0056
UNGESAETT., BROMIER. (KINETIK) 61-0223
5-TOSYL-HYDANTOINSAEUREN, HYDROLYSE ZU ALPHA-ALKYL-ALPHA-AMINOSAEUREN 62-0558
UNGESAETT., RHODANIER. (KINETIK) 62-0259
KINETIK D. RK. V. ALIPHAT. CARBONSAEUREN MIT ACETYLEN AM ZN-KATALYSATOR 53-0178
RELATIVE REAKTIVITAET GEGEN METHYLRADIKALE IN FL. PHASE 60-0230
ALKEN-, FRIEDEL-CRAFT-RK. MIT BZL. (PROD.-ZUS.) 62-0317
RK. MIT ALLENEN U. ACETYLENEN 57-0277
RK. MIT N-AROMATEN UNTER UV-BESTRAHL. 54-0429
RK. MIT DIAZODIPHENYLMETHAN (MECHANISMUS) 59-0261
ALPHA,BETA-UNGESAETT., RK. V. DERIV. MIT ASYMM. DISUBSTITUIERTEN HYDRAZINEN, 7. MITT. 60-0345
ADDUKT-BLDG. MIT N-BUTYLAMIN (GLEICHGEW.-KONST.) 62-0168
BENZOESAEUREN, RK. MIT DIAZODIPHENYLMETHAN (KINETIK, LSGM.-EINFL.) 63-0276
MONO-, VERESTER. MITTELS ANTHRON ALS KATALYSATOR (ERMITTL. D. OPTIMALEN BEDING.) 54-0231
UNGESAETT., JODIER. D. NA-SALZE 59-0585
BENZOESAEUREN, VERESTER. MIT METHANOL (KINETIK, STER. U. POLARE EINFL.) 58-0250
PHENYLESSIGSAEUREN, VERESTER. MIT METHANOL (KINETIK, STER. U. POLARE EINFL.) 58-0251
ALIPHAT. RK. MIT TETRAPHENYLDIPHOSPHIN 63-0469
RK. MIT DIPHENYLQUECKSILBER (KINETIK) 62-0018
ACYLIER. U. AROYLIER. 62-0319
ISOTHIAZOLYLESSIGSAEUREN, RK. MIT 6-AMINO-PENICILLANSAEURE BZW. 7-AMINO-CEPHALOSPORANSAEURE 57-0756
CARBONSAEURE-ANIONEN, EINFL. AUF D. OX. V. THIOAETHERN 61-0212

CARBONSAEUREN (BIOCHEMIE)
FETTSAEUREN MIT DREIFACHBIND., BIOLOG. VERH., 3. MITT. 59-0815
INDAN-, ANTIBAKTERIELLE WRKG. 55-0567
ANTIBAKTERIELLE WRKG. 57-0803
(N-ALKYL-PYRROLIDIN-(3))-DIPHENYLESSIGSAEUREDERIV., ANALGET. WRKG. 63-0900

CARBONSAEUREN (ANALYSE)
NICHT FLUECHT., QUANT. GASCHROMATOGRAPHIE 54-0594
GESAETT. FETTSAEUREN, TRENN. DURCH DUENNSCHICHTCHROMATOGRAPHIE 55-0600

CARBONSAEUREN, SALZE
2-SUBSTITUIERTE ACRYLSAEUREN, NA- U. AG-SALZE, THERMOLYSE 60-0432
ALKYLCARBONSAEURE-K-SALZE, ANOD. OX. (KINETIK) 61-0184
NA-BENZOATE, IR -SPEKTREN 64-0006
SALZE, TRANSCARBOXYLIER.-RK., 5. MITT. 64-0443
K-SALZE V. BENZOL-, TRANSCARBOXYLIER. -RK. IN EINER KCNO-SCHMELZE 64-0443
CS-SALZE, ANOD. OX. (MECHANISMUS) 64-0236
HG(II)-SALZE, RK. MIT BIS-(DIAETHYL-THIOCARBAMOYL)-DISULFID 64-0384

CARBONSAEUREN, HALOGENIERTE
REAKTIVITAET, 1. MITT. 62-0130
HALOGENNAPHTHOESAEUREN, BESONDERH. D. STRUKTUR U. REAKTIVITAET, 2. MITT. 63-0120
HALOGEN-ALPHA-NITRO-, 11. MITT. 64-0262
CU-HALOGENACETATE, KONSTIT. 64-0079
HALOGENNAPHTHOESAEUREN, MOL.-STRUKTUR 62-0130
HALOGENIERTE, UNGESAETT. --, DARST. 56-0287
ALPHA-HALOGEN-GLUTACONSAEUREN, DARST. AUS TRIHALOGENACROLEINEN U. AETHOXYCARBONYLMETHYLEN-PHOSPHORANEN 56-0297
3-HALOGENMETHYL-BUTEN-(2)-SAEUREN, DARST. DURCH ALLYLHALOGENIER. 57-0310
CL-F-PROPIONSAEUREDERIV., DARST. 58-0370
UNGESAETT. ALPHA-FLUOR-, DARST. AUS 3-FLUOR-3-AETHOXYCARBONYL-BRENZTRAUBENSAEURE-AETHYLESTER U. ALDEHYDEN 62-0314
ALPHA-CHLOR-, DARST. AUS DICHLORVINYL-VERB. (H2O2-ESSIGSAEUREANHYDRID) 62-0349
HALOGENNAPHTHOESAEUREN, UV-SPEKTREN 63-0120
HALOGENIERTE ESSIGSAEUREN, DIPOLMOMENT 57-0072
HALOGEN-, MASSENSPEKTREN 57-0128
HALOGENIERTE, PK(A)-WERTE IN ABS. METHANOL 58-0186
TRIHALOGENESSIGSAEUREN, RK., 7. MITT. 57-0179
TRIHALOGENESSIGSAEUREN, RK., 6. MITT. 57-0481
HALOGENNAPHTHOESAEUREN, HYDROLYSE (KINETIK) 64-0272
HALOGENNAPHTHOESAEUREN, HYDROLYSE (KINETIK) 62-0130
ORGANOSCHWERMETALL-TRIHALOGENACETATE, RK. MIT OLEFINEN 63-0071
2-HALOGEN-3(5)-NITRO-BENZOESAEUREN, RK. MIT PIPERIDIN 60-0270
CHLORBENZOESAEUREN, RK. MIT NA-ALKOHOLATEN (KINETIK) 61-0254
CHLORAMEISENSAEUREARYLESTER, RK. MIT DIMETHYLFORMAMID 61-0385
2-BROMSEIFEN, BEZIEH. ZWISCHEN STRUKTUR U. BAKTERIOSTAT. AKTIVITAET AUF GRAMPOSITIVE U. GRAMNEGATIVE ZELLEN 63-0886

CARBONYLE (U. ANORGAN. CARBONYLVERB.)
S-HALT. METALL-, 9. MITT. 56-0080
TRICARBONYLTRIPHENYLPHOSPHIN-IR(I)-KOMPLEXE, DARST. AUS NA(IR(CO)3(TRIPHENYLPHOSPHIN)) 62-0054
METALL-, IR-UNTERS., 10. MITT. 56-0001
UEBERGANGSMETALLCARBONYLKOMPLEXE, SCHWING.- U. ELEKTRONENSPEKTREN, 4. MITT. 63-0006
DI-MY-MERCAPTO-DIEISEN-HEXA-, SYN-ANTI-ISOMERIE 56-0001
METALL-, MASSENSPEKTROMETR. UNTERS. (THERM. ZERS. IN D. IONENQUELLE EINES MASSENSPEKTROMETERS) 58-0013
NI-, CR-, MO- U. W- MIT P-HALT. LIGANDEN, (31)P-NMR 60-0014

MONOSUBSTITUIERTE METALL-, BIND.-EIG. 53-0030
METALLCARBONYLE, RK. MIT FERROCENYLACETYLENEN 54-0037

CARBONYLIERUNG
* S. UNTER OXOSYNTHESE

CARBONYLVERBINDUNGEN, ORGANISCHE
BETA-POLY-, 3.MITT. 54-0232
BETA-POLY-, 4.MITT. 54-0233
RK. IN ALKAL. LSG., 1. MITT. 58-0254
CARBONYL-AZO-VERB., 2. MITT. 61-0419
CARBONYL-AZO-VERB., 3. MITT. 61-0420
BETA-DI-, JODONIUMDERIV., 11. MITT. 61-0453
HYDROXY- U. ANALOGA V. BENZOCYCLOHEPTEN, 5. MITT. 62-0095
THIOHARNSTOFF-DERIV. V. BETA-DI-, 5. MITT. 62-0565
UNGESAETT., KONFORM. 62-0062
ACETYLEN-, DARST. DURCH FRAGMENTIER. V. ALPHA.BETA-EPOXY-KETONEN 54-0201
BETA-DI-, DARST. AUS 4-OXCSAEUREEESTERN 55-0307
OPT. AKT., CARBONYLKONJUGIERTE, EINFACH UNGESAETT., LANGKETT. VERB., DARST. 56-0290
KINETIK D. BLDG. V. CARBONYLGRUPPEN BEI D. THERM. OX. V. CIS-POLYBUTADIEN-(1.4) 56-0740
ERWEITERTE BETA-, SYNTH. 59-0584
1-OXYLIMINO-ALPHA.ALPHA'-DIOXORADIKALE, DARST. AUS TETRANITROMETHAN U. 1.3-DICARBONYL-VERB. 64-0133
ALPHA-AMINO-GAMMA-OXO-PHOSPHONIGSAEUREN, DARST. AUS BETA-CARBONYLENAMINEN MIT H3PO2 61-0376
ALPHA,BETA-UNGESAETT.-, BERECHN. D. CH3-GRUPPEN-EFFEKTS AUF D. ABSORPT.-MAX. 56-0106
UNGESAETT., ZIRKULARDICHROISMUS (TEMP.-ABHAENGIGK.) 62-0062
AROMAT., BLDG. V. HYDROXYMETHYLRADIKALEN 58-0116
1-OXYLIMINO-ALPHA.ALPHA'-DIOXORADIKALE, ESR 64-0133
BETA-DI-, PROTONIER. IN HF-SBF5 62-0162
MIT BETA-STAEND. ELEKTRONEGATIVEN SUBSTITUENTEN, FRAGMENTIER.-RK., 7. MITT. 54-0294
ADDIT.-RK. AN D. CARBONYL-GRUPPE 55-0189
MIT BETA-STAENDIGEN ELEKTRONEGATIVEN SUBSTITUENTEN, FRAGMENTIER.-RK., 8. MITT. 55-0241
NUKLEOPHILE ADDIT. (SEK. D-ISOTOPENEFFEKT), 2. MITT. 56-0229
DIAZO-, RK., 25. MITT. 57-0438
VERW. FUER ASYMM. SYNTH. (LITERATURUEBERSICHT) 60-0330
ALPHA-HYDROXYIMINO-, RK. MIT BASEN, 2. MITT. 60-0537
ALPHA-HYDROXYIMINO-, RK. MIT BASEN , 3. MITT. 60-0538
BETA-DI-, ALKYLIER. BZW. ACYLIER. 62-0318
DIAZO-, RK., 28. MITT. 62-0465
DIAZO-, RK., 26. MITT. 62-0503
DIAZO-, RK., 27. MITT. 62-0504
MIT KLEINEN RINGEN, PHOTOCHEM. UMWANDL., 17.MITT. 62-0300
FRAGMENTIER.-RK. AN CARBONYLVERB. MIT BETA-STAEND. ELEKTRONEGATIVEN SUBSTITUENTEN,6.MITT.(CHEM. U. PHYSIKAL. EIG. V. 2-ALKOXY-OXETANEN) 53-0328
BETA-AZIDO-, SAEUREKATALYSIERTE ZERS. 55-0244
MIT BETA-STAEND. ELEKTRONEGATIVEN SUBSTITUENTEN, FRAGMENTIER.-RK., 9. MITT. 63-0588
INDOL- U. PYRROL-, RED. MIT B2H6 58-0580
ACETYLEN-, PHOTOCHEM. RED. MIT UV-LICHT UNTER N2 64-0380
REDUZIERENDE METALLIER., 8. MITT. 64-0664
REDUZIERENDE METALLIER., 6. MITT. 56-0405
REDUZIERENDE METALLIER., 7. MITT. 59-0368
BETA-CARBONYL-ENAMINE, RK. MIT H3PO2 61-0376
GAS-FESTKOERPER-RK. MIT W.-FREIEM ZNCL2, SPEKTROSKOP. U. GRAVIMETR. UNTERS., 1. MITT. 64-0049
GAS-FESTKOERPER-RK. MIT W.-FREIEM ZNCL2, SPEKTROSKOP. U. GRAVIMETR. UNTERS., 2. MITT. 64-0050
GAS-FESTKOERPER-RK. MIT W.-FREIEM ZNCL2, SPEKTROSKOP. U. GRAVIMETR. UNTERS., 3. MITT. 64-0051
AROMAT., PHOTORK. MIT OLEFINEN (MECHANISMUS) 63-0343
ALIPHAT., RK. MIT FURANEN IN SAUREM MEDIUM 60-0493
DICARBONYLMETHANE, RK. D. NA-SALZE MIT TRIPHENYLMETHYLHALOGENIDEN 64-0501
ALPHA-HYDROXYIMINO-DERIV. V. CARBONYLVERB., RK. MIT BASEN, 1. MITT. 57-0318
ALPHA-DI- U. CHINONE, RK. MIT DIAZOALKANEN, 9. MITT. 57-0457
ALPHA-DI- U. CHINONE, RK. MIT DIAZOALKANEN, 10. MITT. 58-0586
KONDENS. MIT HYDRAZINEN, 21. MITT. 58-0688
BETA-DI-, RK. MIT TETRAKIS-(DIMETHYLAMINO)-TITAN 62-0031
UNGESAETT., STRUKTUR U. RK. D. KONDENS.-PROD. MIT PHENOLEN, 1. MITT. 60-0581
KETO-VERB., RK. MIT BIS-(2-AMINO-PHENYL)-DISULFID, 2. MITT. 63-0826
RK. MIT TRIFLUOR-VINYL-MAGNESIUMBROMID BZW. F-HALT. VINYL-LI-VERB. 58-0366
OLEFINIER. MIT ALPHA-SILYL-LITHIUM-ALKYLEN 59-0286
ELEKTROPHILE, RK. MIT TRIALKYLZINNHYDRIDEN 63-0069
ELEKTROPHILE, RK. MIT TRIALKYLZINNHYDRIDEN (KINETIK) 63-0070
ALIPHAT. BETA- -, RK. MIT THIOESSIGSAEURE IN GGW. V. ZNCL2 56-0574
BETA-DI-, RK. MIT BETA-VINYL-ACRYLSAEURE-METHYLESTER 61-0513

AROMAT. BIND. AN SERUMALBUMINE 64-0922

CARBORANE
SUBSTITUIERTE, DARST. AUS DIFLUOR-AETHYL-BORAN 57-0038
SUBSTITUIERTE (3)-DODEKAHYDRIDO-1.2- BZW. -1.7-DICARBAUNDEKABORATE(1-), DARST. AUS 1.2- BZW. 1.7-DICARBACLOVOBORANEN(12) 59-0039
(3)-1.2(BZW. 1.7)-DICARBOLLIDE, DARST. AUS SUBSTITUIERTEN (3)-DODEKAHYDRO-1.2(BZW. 1.7)-DICARBAUNDEKABORATEN(1-) 59-0041
1.2-DICARBACLOVODODEKABORANE(12), (3)-DODEKAHYDRO-1.2-DICARBAUNDEKABORATE(1-), DARST. AUS 1.2-DICARBACLOVODODEKABORANEN(12) 59-0042
C.C'-DISUBSTITUIERTE, DARST. AUS (3)-DODEKAHYDRIDO-1.2(1.7)-DICARBA-UNDEKABORATEN(1-) 59-0040
1.2-DICARBACLOVODODEKABORANE(12), DARST. AUS DI-NA-(3)-1.2-DICARBOLLIDEN 59-0042
DEKAHALOGEN-O-, DARST. 59-0043
1.6(ODER 1.7)-DICARBANONABORATOKOBALT(III)-VERB., THERM. UMLAGER. 60-0062
C.C'-DISUBSTITUIERTE, PYROLYSE 59-0040
C.C'-DISUBSTITUIERTE, OX. 59-0040
(3)-1.2(BZW. 1.7)-DICARBOLLIDE, RK. MIT METALLCHLORIDEN U. -CARBONYLEN 59-0041
DEKAHALOGEN-O-, RK. MIT AMINEN 59-0043

CARBOWACHS
* S. UNTER PLASTE

CARBOXONIUMVERBINDUNGEN
* S. UNTER CARBANIONEN UND CARBKATIONEN

CARDENOLIDE
DIGITANOLGLYKOSIDE, 19.MITT. 64-0788
GLYKOSIDE U. AGLYKONE,295. MITT.,CARDENOLIDE D. SAMEN V. MALLOTUS PANICULATUS MUELL.-ARG. (EUPHORBIACEAE),2. MITT.(STRUKTURBEWEISE) 53-0492
ISOLIER. AUS GLOSSOSTELMA CARSONI 54-0500
AUS GLOSSOSTELMA CARSONI 54-0501
V. ACOKANTHERA OPPOSITIFOLIA , 3. MITT. 56-0631
VORK. IN ASCLEPIAS SWYNNERTONII 56-0633

CAROTINOIDE
CAROTINOIDE U. VERWANDTE VERB.,17. MITT.(SYNTH. V. SPIRILLOXANTHIN, 'OH-SPIRILLOXANTHIN' U. 3.4-DEHYDRO-RHODOPIN) 53-0525
BAKTERIELLE-, 25. MITT. 56-0660
C50-, 1. MITT. 56-0660
-FARBSTOFFE, 7. MITT. 56-0666
CAROTINOIDE AUS BAKTERIEN,22.MITT.,CAROTINOIDE AUS THIORHODACEAE,5.MITT.(STRUKTURAUFKLAER. V. OKENON) 53-0518
CAROTINOIDE AUS BAKTERIEN,23. MITT.,CAROTINOIDE AUS THIORHODACEAE,6. MITT. 53-0519
BAKTERIELLE, 24. MITT. (D. THIORHODACEAE, 7. MITT.) 56-0659
TOTALSYNTH. V. OKENON U. VERWANDTEN VERB. 53-0519
SYNTH. IN D. CAROTINOID-REIHE,22. MITT.(TOTALSYNTH. V. RHODOXANTHIN) 53-0521
CHLOROPLAST-, EIG. 59-0714
-OXIDE, RED. MIT LIALH4 56-0666

CARRAGHEENAN
3. MITT. 59-0797
CARRAGHEENANE, 4. MITT. 59-0798
6. MITT. 62-0838
KAPPA-, STRUKTUR 59-0797
KAPPA- AUS CHONDRUS CRISPUS U. GIGARTINA-ARTEN, STRUKTURUNTERSCHIEDE 59-0798
AUS GIGARTINA SKOTTSBERGII S. U. G., 2. MITT. 56-0761
KAPPA-,IR D. SULFATESTER 59-0798
KAPPA-,STRUKTURABHAENG. GEL-EIG. 59-0798
METHYLIERTES KAPPA-, OXYDIERENDE HYDROLYSE 59-0797
LAMBDA-, ACETOLYSE 62-0838

CELLULOSE
PFROPFKONDENS. MIT SILOXANEN 54-0574

CELLULOSEDERIVATE
NA-CARBOXYMETHYLCELLULOSE, RK. MIT HYDROXYL-RADIKALEN U. HYDRATISIERTEN ELEKTRONEN (KINETIK) 63-0861

CEPHALOSPORINE
CEPHALOSPORANSAEUREN CEPHALOSPORANSAEURE,5. MITT. (WRKG. V. ZWEIZAEHNIGEN NUCLEOPHILEN AUF CEPHALOSPORENSAEUREN) 53-0587
CEPHALOSPORANSAEUREN, 6. MITT. 60-0799
DARST. AUS ISOTHIAZOLYLESSIGSAEUREN 57-0756
CEPHALOSPORANSAEUREN, RK. MIT ZWEIZAEHN. NUCLEOPHILEN 53-0587
CEPHALOSPORANSAEUREN, RK. MIT PRIM. U. SEK. AROMAT. AMINEN 60-0799
ANTIBAKTERIELLE AKTIVITAET 57-0756

CERVERBINDUNGEN
DIPYRIDYL-CE-KOMPLEXE, RK. U. DARST. 64-0056
CE(CLO4)3.8 DMSO , DARST. , IR-SPEKTRUM, THERM. ZERS., PULVERROENTGENOGRAPH. UNTERS. 61-0042
CE(III)-SUCCINAT, DISSOZIAT. IN SAURER LSG. , LOESLICHK.-PROD. 64-0024
CE(III)-(2-NITROSO-1-NAPHTHOL-4-SULFONSAEURE-(2)-DIANION)-CHELAT, BLDG., STABILITAET 56-0063
CE(NO3)3.6H2O, EINFL. AUF D. DECARBOXYLIER. V. OXALESSIGSAEURE 58-0292
CE(CLO4)4, OX. V. ALDEHYDEN MIT -- (KINETIK) 64-0372

CHALKONE
* S. AUCH HYDROXYKETONE

1.3.3-TRIPHENYL-PROPENONE, DARST. AUS DIPHENYL-PHENYLACETYLENYLCARBONIUMPERCHLORATEN U. H2SO4 60-0624
P'-ALKYLMERCAPTO-, DARST. AUS ALKYL-PHENYLSULFIDEN U. ZIMTSAEURECHLORID 54-0378
1.1.3-TRIARYL-PROPEN-(1)-ONE-(3), DARST. AUS DIARYLALKINOLEN 58-0475
AETHINYL-FURAN-, DARST. 61-0542
NITRO-, DARST. AUS ACETOPHENONEN U. VERATRUMALDEHYDEN 61-0614
P'-ALKYLMERCAPTO-, UV 54-0378
NITRO-, CYCLISIER. 61-0614
P'-ALKYLMERCAPTO-, OX. 54-0378
P'-ALKYLMERCAPTO-, RK. MIT HYDRAZINHYDRAT 54-0378
HALOGEN-, ANTIBAKTERIELLE WRKG. 56-0754
AETHINYL-FURAN-, ANTIBIOT. WRKG. 61-0542
CHAPMAN-MUMM-UMLAGERUNG
* S. UNTER UMLAGERUNGEN
CHELATE
* S. UNTER KOMPLEXVERBINDUNGEN...BZW. METALLVERBINDUNGEN
CHEMIE
ORGAN. SYNTH. AN EDELMETALLVERB., 34. MITT. 57-0273
ORGAN. SYNTH. AN EDELMETALLVERB., 35. MITT. 57-0274
ORGAN., ANWEND. D. LINNETT-ELEKTRONENTHEORIE, 1. MITT. 59-0197
CHEMILUMINESZENZ
* S. UNTER LUMINESZENZ
CHINAZOLINE
4-OXO-1.2.3.4-TETRAHYDRO-, 1. MITT. 60-0629
HALOGENIERTE, 11. MITT. 61-0235
U. 1.4-BENZODIAZEPINE, 38. MITT. 61-0686
CHINAZOLINE BLDG. AUS IMIDSAEUREESTERN U. ANTHRANILSAEUREN 53-0399
TETRAHYDRO-, DARST. AUS SEK. AMINOBENZYL-CYCLOHEXYL-AMINEN U. FORMALDEHYD 53-0455
HYDROXIMINO-TETRAHYDRO-, DARST. AUS ALDEHYDEN U. 2-AMINO-BENZAMIDOXIM 53-0456
2-AMINO-3H-CHINAZOLINONE-(4), DARST. 57-0608
2-OXO-4-THIONO-1.2.3.4-TETRAHYDRO-, DARST. AUS 2.4-DIOXO-1.2.3.4-TETRAHYDRO-CHINAZOLINEN, DURCH CYCLISIER. V. O-AETHOXYCARBONYLAMINOBENZANILIDEN BZW. V. O-AMINO-THIOBENZAMIDEN MIT CHLORAMEISENSAEUREESTERN 57-0612
2-THIONO-4-OXO-3-CARBOXYALKYLTETRAHYDRO-, DARST. AUS (O-METHOXYCARBONYL-PHENYL)-ISOTHIOCYANAT U. AMINOSAEUREN 58-0663
2-MERCAPTO-6.8-DIBROM-CHINAZOLONE-(4), DARST. AUS 3.5-DIBROMANTHRANILSAEURE U. ISOTHIOCYANATEN 60-0634
2-TRICHLORMETHYL-CHINAZOLONE-(4), DARST. AUS N-ARYL-TRICHLORACETAMIDINEN U. PHOSGEN 60-0658
-NUCLEOSIDE, DARST. 61-0707
CHINAZOLIN-2-PROPIONSAEUREDERIV., DARST. AUS 3-CHLORPROPION-O-ACYL-ANILIDEN U. KCN 63-0697
3-CARBAETHOXYARYL- U. 3-HYDRAZINOCARBONYLPHENYL-CHINAZOLONE-(4), DARST. AUS ACETANTHRANILEN U. P-AMINOSALICYCLSAEURE-AETHYLESTER 63-0712
3.4-DIHYDRO-, DARST. DURCH POLARE 1.4-CYCLOADDIT. AUS N-ARYL-TRICHLORACETIMIDCHLORIDEN 63-0717
2.4-DIOXO-TETRAHYDRO-, DARST. 54-0453
4-OXO-1.2.3.4-TETRAHYDRO-, DARST. 60-0629
U. CHINAZOLONE, DARST. 60-0632
DARST. AUS 6-CHLOR-2-CHLORMETHYL-4-PHENYL-CHINAZOLIN-3-OXID U. HYDRAZINON 61-0686
2-AMINOALKYL-4-OXO-3.4-DIHYDRO-, SYNTH. AUS N-AMINOACYL-ANTHRANILAMIDEN 64-0749
4-PHENYL-3-OXIDO-, PHOTOLYSE 56-0611
HALOGENIERTE, METHOXY DEHALOGENIER. (METHYLATIONEN IN METHANOL) 61-0235
4-OXO-1.2.3.4-TETRAHYDRO-, PHARMAKOLOG. WRKG. 60-0629
U. CHINAZOLONE, WRKG. AUF ZNS 60-0632
2-AMINO-3H-CHINAZOLINONE-(4), ANTIHYPERTENSIVE WRKG. 57-0608
CHINOLE
* S. UNTER HYDROXYKETONE
CHINOLINE (ALLGEMEINES)
* S. AUCH AMINOXIDE
RED., U. CHINOLINIUMVERB., 1. MITT. 60-0599
AMINO-, 2. MITT. 63-0688
4. MITT. 64-0688
DIHYDROCHINOLONE, 6. MITT. 64-0709
N-GLYKOSYL-2-OXO-, STRUKTURMERKENN. 54-0492
CHINOLINE (DARSTELLUNG)
DIREKTE DARST. AUS NITROVERB., 6. MITT. 53-0058
(DARST. AUS ISATINEN U. IMIDOESTER BZW. AMIDINEN) 53-0398
CHINOLIN-CHINONE-(5.6), DARST. AUS 5-HYDROXY-CHINOLINEN DURCH OX. MIT K-NITROSODISULFONAT 53-0423
DARST. AUS BENZALDEHYDANIL U. AETHYLVINYLAETHER MIT CO2(CO)8 ALS KATALYSATOR 54-0428
PY.-ALKYLIERTE-, DARST. DURCH ALKYLIER. MIT CARBONSAEUREN UNTER UV-BESTRAHL. 54-0429
DARST. AUS ANILINEN U. BETA-CHLOR-VINYLALDEHYDEN 55-0445
DIHYDROCARBOSTYRILE, DARST. AUS ALKYLSUBSTITUIERTEN ACRYLSAEUREANILIDEN DURCH PHOTOCYCL..IER. 55-0446
N-AMINOCARBOSTYRILE, BLDG. AUS 2-CYANCHINOLIN-1-OXIDEN 56-0556
1.3-DIAMINOLEPIDINE, BLDG. AUS 2-CYAN-5-METHYL-3.1-BENZOXAZEPIN U. AMINEN 56-0557
METHYL-(O-HYDROXYARYLVINYL)-, DARST. AUS AROMAT. O-HYDROXYALDEHYDEN U. DIMETHYLCHINOLINIUMJODIDEN 57-0482
ALKYLAMINO-3-AMINO, DARST. AUS ALKYLAMINO-3-NITRO-CHINOLINEN U. H2 (RANEY-NI) 57-0579
N-AETHOXYCARBONYL-DIHYDRO-, DARST. 58-0638
MONONITRO-, DARST. 58-0639
2-ARYL-, DARST. 58-0640
4-AMINO-CHINOLONE-(2), DARST. AUS ACETYLENAMINEN U. ARYLISOCYANATEN 59-0599
CHINOMEROCYANINE, DARST. AUS METHYLCHINOLINIUMVERB. U. ACETANILINOMETHYLEN- ODER AETHOXYMETHYLEN-AZOLONEN 60-0080
2-TRIFLUORMETHYL-4-(PYRIDYL(BZW. PIPERIDYL)-(2)-HYDROXYMETHYL)-CHINOLINE, DARST. AUS 2-TRIFLUORMETHYL-4-(PYRIDYL-(2)-CARBONYL)-CHINOLINEN 60-0461
2-ARYL-4-(PYRIDYL-(BZW. PIPERIDYL)-(2)-HYDROXY-METHYL)-, DARST. AUS 2-ARYLCHINOLYL-(4)-PYRIDYL-(2)-KETONEN 60-0463
F-HALT. 4-(2-AMINO-1-HYDROXY-AETHYL)-, DARST. 60-0588
AMINOALKYL-, DARST. AUS METHYLCHINOLINEN, CH2O U. AMINEN 60-0616
4-(P-NITRO-PHENYLHYDRAZONOMETHYL)-1-ARYL-CHINOLINIUMSALZE, DARST. AUS 4-(P-NITRO-PHENYLAZOMETHYLEN)-1-ARYL-1.4-DIHYDRO-CHINOLINEN 60-0618
HYDROXY-5.8-DIOXO-5.8-DIHYDRO-CARBOSTYRILE, DARST. 61-0630
HYDROXYMETHYL-, DARST. AUS CHINOLINEN U. HYDROXYLAMIN-O-SULFONSAEURE IN CH3OH 61-0634
2-FURYL-4-CARBOXY-, DARST. AUS ISATINEN U. 2-ACETYL-FURANEN 62-0612
ASYMM. 1-ARYL-2-(FORMAZANYL-(3))-CHINOLINIUM-PERCHLORATE, DARST. AUS 1-PHENYL-2-PHENYLHYDRA-ZONOMETHYL-CHINOLINIUMPERCHLORAT U. ARYLDIAZONIUMCHLORIDEN 62-0629
BIS-CHINOLINYL-POLYARYLE, DARST. AUS DIACETYLPOLYARYLEN U. ISATINEN 63-0673
N-TOSYL-4-OXO-1.2.3.4-TETRAHYDRO-, DARST. 63-0679
4-ALKYLIDENAMINO-, DARST. 63-0688
2-CYAN-1-ALKOXY(THIO)CARBONYL-, DARST. AUS CHINOLIN, CHLOR(THIO)KOHLENSAEUREESTERN U. KCN 64-0566
2-HETEROARYL-, DARST. AUS 2-ACYL-ANILINEN U. HETEROARYLKETONEN 64-0695
2-(P-AMINO-PHENYL)-, DARST. 64-0704
4-HYDROXY-CARBOSTYRILE, DARST. 55-0449
4-HYDROXY-CARBOSTYRILE, DARST. AUS CYCLOALKAN-(SPIRO-2)-1.3-OXAZINDIONEN-(4.6) U. PHENYLISOCYANAT 56-0450
BIS-QUATERN. SALZE V. 4-(CHINOLYLCARBAMOYL)-N-(CHINOLYLCARBONYL)-ANILINEN U. VERWANDTEN VERB., DARST. 60-0589
AZOMETHIN-, DARST. 60-0595
RED., DARST. AUS CHINOLINIUMVERB. U. NA2S2O4 BZW. ALKAL. NAHSO3 60-0599
4-(P-NITRO-PHENYLAZOMETHYLEN)-1-ARYL-1.4-DIHYDRO-, DARST. AUS NA-P-NITRO-PHENYL-ANTI-DIAZOTAT U. 1-ARYL-LEPIDINIUMPERCHLORATEN 60-0618
4-AMINOMETHYL-2.2-DIMETHYL-1.2-DIHYDRO-, DARST. AUS 4-BROMMETHYL-2.2-DIMETHYL-1.2-DIHYDRO-CHINOLINEN U. AMINEN 61-0642
SYMM. 1-ARYL-2-(FORMAZANYL-(3))-CHINOLINIUMPER-CHLORATE, DARST. AUS CHINALDINIUMARYLPERCHLORATEN U. ARYLDIAZONIUMCHLORIDEN 62-0629
1-PHENYL-4-ARYLHYDRAZONOMETHYL-CHINOLINIUMPERCHLORATE, DARST. AUS 1-PHENYL-LEPIDINIUMPERCHLORAT U. DIAZOAMINOBENZOLEN 62-0630
UNSYMM. BIS-CHINOLYL-TRIMETHINCYANINSALZE, DARST. AUS 1-ARYL-2-(2-(N-PHENYL-ACETAMIDO)-VINYL)-CHINOLINIUMVERB. U. METHYLCHINOLINIUMSALZEN 62-0632
N.N-DIALKYL-1-(2-ARYL-CHINOLINYL-(4))-AETHANOLAMINE, DARST. AUS 2-ARYL-CINCHONINSAEUREN 63-0676
INDANDION-(1.3)-CHINOMEROCYANINE, DARST. AUS METHYLCHINOLINIUMSALZEN U. METHENYL-BIS-INDANDION-(1.3) 64-0713
CHINOLINE (PHYSIKAL. EIGENSCHAFTEN)
4-(P-NITRO-PHENYLAZOMETHYLEN)-1-ARYL-1.4-DIHYDRO- U. 4-(P-NITRO-PHENYLHYDRAZONOMETHYL)-1-ARYL-CHINOLINIUMSALZE, ABSORPT. IM SICHTBAREN BEREICH, SOLVATOCHROMIE 60-0618
5-SUBSTITUIERTE 1.2-DI- U. 1.2.3.4-TETRA- HYDRO-, IR-SPEKTREN 62-0075
1-ARYL-2-(FORMAZANYL-(3))-CHINOLINIUMPERCHLORATE, ABSORPT.-SPEKTREN 62-0629
UNSYMM. BIS-CHINOLYL-TRIMETHINCYANINSALZE, SICHTBARES SPEKTRUM 62-0632
INDANDION-(1.3)-CHINOMEROCYANINE, SICHTBARES ABSORPT.-SPEKTRUM 64-0713
IR-SPEKTREN V. 6-, 8-MONO- U. 6.8-DISUBSTITUIERTEN CHINOLINEN 53-0058
CHINOPHTHALONE U. CHINONAPHTHALONE, IR 56-0113
MONONITRO-, UV- U. IR-SPEKTREN 58-0639
2-ARYL-, UV- U. IR-SPEKTRUM 58-0640
CHINOMEROCYANINE, ABSORPT.-SPEKTREN 60-0080
1-PHENYL-4-ARYLHYDRAZONOMETHYL-CHINOLINIUMPERCHLORATE, HALOCHROMIE 62-0630
INDANDION-(1.3)-CHINOMEROCYANINE, SOLVATOCHROMIE 64-0713
8-HYDROXY-, UO2-KOMPLEXE, STRUKTUR 56-0076
CARBOSTYRILE, MASSENSPEKTREN 54-0083
CHINOLIN-N-OXIDE, MASSENSPEKTREN 61-0109
- U. METHYL-, ESR 59-0129

HYDROXY-, PROTOTROPE GLEICHGEW.-KONST. D. ERSTEN ANREG.-ZUSTANDES AUS EMISSIONS- U. ABSORPT.-MAXIMA 60-0205
-CARBONSAEUREN, SUBSTITUENTENEFFEKTE 62-0176
CHINOLINE (REAKTIONEN)
4-HYDROXY-CARBOSTYRILE, TAUTOMERIE U. RK. 56-0564
2.2-DIALKYL-1.2-DIHYDRO-, RK., 3. MITT. 61-0642
2.2-DIALKYL-1.2-DIHYDRO-, RK., 4. MITT. 61-0643
2.2-DIALKYL-1.2-DIHYDRO-, RK., 5. MITT. 61-0644
AMINO-, REVERSIBLE HYDROLYT. RINGOEFFN. 57-0222
CYAN-, HYDRIER. V. CYANO-CHINOLINEN MIT H2 BZW. GEFUNDENEM H (MECHANISMUS) 53-0201
ADDUKTE MIT SI-HALOGENIDEN 54-0433
4-HYDROXY-CARBOSTYRILE, HALOGENIER. 55-0449
CHINOLIN-N-OXIDE, NITRIER. (MECHANISMUS) 60-0251
2.2-DIALKYL-1.2-DIHYDRO-, RK. MIT S 61-0643
4-HYDROXY-CARBOSTYRILE, RK. MIT DIHALOGENIDEN 58-0643
2-CYAN-CHINOLIN-1-OXIDE, PHOTORK. MIT AMINEN 56-0556
TETRAHYDROCHINOLONE, RK. MIT ALPHA-TETRALON (MECHANISMUS) 64-0709
RK. MIT DIMETHYLKETEN 53-0441
RK. MIT ACETYLENDICARBONSAEUREESTER 58-0550
CHINOLINE (BIOCHEMIE)
N.N-DIALKYL-1-(2-ARYL-CHINOLINYL-(4))-AETHANOLAMINE, ANIMALARIA-WRKG. GEGEN PLASMODIUM BERGHEI BEI MAEUSEN 63-0676
CHININE, BEZIEH. ZWISCHEN STRUKTUR U. BAKTERIOSTAT. AKTIVITAET AUF GRAMPOSITIVE U. GRAMNEGATIVE ZELLEN 63-0886
N-AETHOXYCARBONYL-DIHYDRO-, WRKG. ALS INAKTIVATOREN D. CATECHINAMIN-ALPHA-REZEPTOREN U. ALS ZNS-DEPRESSOREN 58-0638
AZOMETHIN-, CYTOSTAT. WRKG. 60-0595
CHINOLIN-(4)-YL-METHANOLE, PHOTOTOXIZITAET AN MAEUSEN 60-0829
F-HALT. 4-(2-AMINO-1-HYDROXY-AETHYL)-, ANTIMALARIA-WRKG. 60-0588
BIS-QUATERN. SALZE V. 4-(CHINOLINYLCARBAMOYL)-N-(CHINOLINYLCARBONYL)-ANILINEN U. VERWANDTEN VERB., ANTITUMORWRKG. 60-0589
1-PHENYL-4-ARYLHYDRAZONOMETHYL-CHINOLINIUMPERCHLORATE, VERW. ALS BAUMWOLL- U. WOLLFARBSTOFFE 62-0630
CHINOLINE (ANALYSE)
8-HYDROXY-, IR-SPEKTROMETR. BEST. 54-0597
1-PHENYL-4-ARYLHYDRAZONOMETHYL-CHINOLINIUMPERCHLORATE, VERW. ALS SAEURE-BASEN-INDIKATOR 62-0630
CHINOLIZINE
CHINOLIZONE, 4. MITT. 53-0419
U. INDOLIZINE, 2. MITT. 55-0426
U. INDOLIZINE, 3.MITT. 55-0427
11. MITT. 61-0645
12. MITT. 61-0646
U. INDOLIZINE, 4. MITT. 56-0567
DARST. AUS PYRIDINEN U. ACETYLENDICARBONSAEURE-DIMETHYLESTER 58-0553
4H-, DARST. AUS STILBAZOLEN U. ACETYLENDICARBONSAEURE-DIMETHYLESTER 58-0549
CIS-TRANS-1-ACYLOXY-CHINOLIZIDINE, DARST. AUS CIS- BZW. TRANS-1-HYDROXY-CHINOLIZIDINEN 60-0591
AMINO-CHINOLIZINIUMSALZE, DARST. AUS PYRIDINIUMSALZEN U. DIKETONEN 61-0645
TETRAHYDROCHINOLIZINIUMSALZE, DARST. 62-0607
CHINOLIZIDINALKALOIDE MIT LACTAMGRUPPE, MASSENSPEKTREN 59-0141
4H-, NMR 58-0549
TETRAHYDROCHINOLIZINIUMSALZE, RK. 62-0607
AMINOCHINOLIZINIUMSLAZE, RK. MIT BR2 BZW. HNO2 61-0646
CIS-TRANS 1-ACYLOXY-CHINOLIZIDINE, BLUTDRUCKSENKENDE, SPASMOGENE U. RELAXIERENDE WRKG. 60-0591
CHINOMEROCYANINE
* S. UNTER FARBSTOFFE (POLYMETHINFARBSTOFFE)
CHINONDIIMINE
* S. UNTER IMINE
CHINONE (ALLGEMEINES)
* S. AUCH AMINOKETONE
* S. AUCH FARBSTOFFE (ANTHRACHINONFARBSTOFFE)
* S. AUCH HYDROXYKETONE
* S. AUCH UBICHINONE
CHINOIDER ZUSTAND, 6. MITT. 53-0063
O-CHINONE, 28. MITT. 53-0290
NATUERL. VORKOMMENDE CHINONE, 9. MITT. (CHEMIE D. HYDROXYPEREZONS U. PEREZINONS) 53-0526
ANWEND. HOCHWIRKSAMER CHINONE, 1. MITT. (MECHANISMUS D. DEHYDRIER. V. STEROID-KETONEN MIT 2.3-DICHLOR-5.6-DICYAN-BENZOCHINON) 53-0565
NATUERL. VORKOMMENDE, 9. MITT. 53-0526
P-BENZO-, CHEMIE, 3.MITT. 54-0258
P-BENZO-, CHEMIE, 4. MITT. 54-0259
BENZO-, CHEMIE, 5. MITT. 54-0260
NATUERL. VORKOMMENDE, 10. MITT. 55-0520
O- --, 30. MITT. 56-0230
HYDROXY-, CHEMIE, 4. MITT. 56-0352
42.MITT. 57-0495
NATUERL., 11. MITT. TANSHINONE (KONSTIT.) 57-0686
O-, 31. MITT. 58-0310
11. MITT. 60-0433
NATUERL. VORKOMMENDE, 12. MITT. 60-0728
NATUERL. VORKOMMENDE, 13. MITT. 60-0729
NATUERL. VORKOMMENDE, 14. MITT. 60-0730
SUBSTITUIERTE P-BENZO- CHEMIE, 6. MITT. 61-0678
O-, 32. MITT. 63-0173
CHINOIDER ZUSTAND, 10. MITT. 63-0431
O-BENZO-, 1. MITT. 63-0722
5. MITT. 64-0651
6. MITT. 64-0652
7. MITT. 64-0653
BIANTHRACHINONYLE, ABS. KONFIG. 64-0525
CHINONE (VORKOMMEN, DARSTELLUNG)
BIS-ANTHRA-, ISOLIER. AUS D. MYZEL V. PENICILLIUM ISLANDICUM 60-0726
CHLORANTHRA-, VORK. IN ANAPTYCHIA OBSCURATA 59-0713
ISOLIER. AUS TABEBUIA -ARTEN U. A. BIGNONIACEEN 60-0728
ISOLIER. AUS TABEBUIA AVELLANEDAE 55-0520
ANTHRACHINONE, ISOLIER. AUS GALIUM SPP. U. ASPERULA ODORATA 60-0729
ANTHRA-, BIOGENESE IN RUBIACEAE 56-0762
D. BIPHENYLS, DARST. 53-0290
CHINOLIN-5.6-, DARST. DURCH OX. D. 5-HYDROCHINOLINE 53-0423
4.7-DIHYDRO-2.1-BENZISOXAZOLDIONE-(4.7), DARST. AUS 3.5-DIMETHOXY-4.7-DIHYDRO-2.1-BENZISOXAZOLDION-(4.7) U. AMINEN 54-0260
3-VINYL-PYRAZOLO-, DARST. AUS VINYLDIAZOMETHAN U. CHINONEN 54-0376
POLYCYCL.-, DARST. AUS AROMAT. KW-STOFFEN MIT H5JO6 56-0424
TETRACEN-, DARST. AUS 10-CHLOR-1-HYDROXY-4.9-ANTHRACHINON U. DIENEN 56-0425
2-ACYL-1.4-NAPHTHO-, DARST. AUS 2-(ACYLMETHYL)-INDANDIONEN-(1.3) 57-0441
METHYLPHENANTHREN-, DARST. 58-0195
HYDROXYOXOCHROMENYL-(2)-O-BENZO-, DARST. 58-0620
METHYL-P-BENZO-, DARST. AUS D. HYDROCHINONEN MIT CLO2 59-0363
MERCAPTO-1.4-BENZO-, DARST. AUS 2-MERCAPTO-1.4-DIHYDROXY-BENZOLEN 61-0401
HALOGEN-1.2-NAPHTHO-, DARST. AUS HALOGEN-1- U. 2-NAPHTHOLEN 62-0456
DIMETHYLANTHRA-, DARST. 63-0535
2-HALOGEN- BZW. -TRIFLUORMETHYL-1.4-BENZO-, DARST. AUS HYDROCHINONEN 63-0617
4-ALKYL(ARYL)THIO-1.2-NAPHTHO-, DARST. AUS 4-ALKYL (ARYL)-THIO-1-NAPHTHOLEN U. KALIUMNITROSODISULFONAT 64-0512
1-ACRYLOYLAMINO-ANTHRA-, DARST. AUS BETA-CHLOR-PROPIONYLCHLORID U. 1-AMINO-ANTHRACHINONEN 64-0524
P-BENZO-, DARST. 54-0258
1.4-NAPHTHO-, DARST. 55-0429
PYREN-1.6-, DARST. 60-0442
CHINONE (PHYSIKAL. EIGENSCHAFTEN)
MONOSUBSTITUIERTE ANTHRA-, ELEKTRONENSPEKTREN (LSGM.-EINFL.) 57-0079
LAD.-UEBERTRAG.-KOMPLEXE MIT POLY-DIMETHYLAMINOSTYROLEN, SPEKTREN 57-0080
PYREN-1.6-, ABSORPT.-MAXIMA IM SICHTBAREN BEREICH 60-0442
-N.N.N'.N'-TETRAMETHYL-P-PHENYLENDIAMIN-KOMPLEXE, LAD.-UEBERTRAG.-SPEKTREN 61-0078
1.2-BENZO- U. 1.2-NAPHTHO-, MASSENSPEKTREN (BEOBACHT. EINER REDUKTIVEN RK.) 55-0092
CO2-ELIMINIER. IM MASSENSPEKTROMETER (MECHANISMUS) 60-0130
ALKYLIERTE BENZO-, EPR-UNTERS. 57-0200
POLAROGRAPH. RED. (THEORET. BETRACHT.) 53-0119
BENZO(G)CHINOXALIN-5.10-DIONE, POLAROGRAPH. VERH. 56-0199
ANTHRA-, POLAROGRAPHIE 62-0187
ALKYLIERTE BENZO-, POLAROGRAPH. UNTERS. (LINEARE ABHAENGIGK. ZWISCHEN D. REDOXPOTENTIALEN D. EINELEKTRON-RED. U. D. UEBL. ZWEIELEKTRONEN-HALBWELLENPOTENTIALEN) 57-0200
METHYLPHENANTHREN-, POLAROGRAPH. RED. 58-0195
CHINONE (REAKTIONEN)
SAURE ISOMERISIER. V. TOCOCHINONEN, 2. MITT. (SYNTH. V. MIT TOCOCHINON VERWANDTEN DICHROMANEN) 53-0573
ALKYL-P-BENZO-, PHOTOUMLAGER. (MECHANISMUS) 64-0438
O-, DIMERISIER. (STRUKTUR- U. LSGM.-EINFL.) 58-0310
AZIDO-1.4-NAPHTHO-, THERM. ZERS. (KINETIK) 61-0308
DIPHENO-, RED. DURCH AREN-PROTONEN-KOMPLEXE 54-0141
BENZOCHINOLINDIONE, HYDRIER. 58-0645
PHOTORK. MIT OLEFINEN 53-0323
O-BENZO-, DIELS-ALDER-RK. MIT CYCLOPENTADIEN 55-0352
O-, 1.4-PHOTOADDIT. AN OLEFINEN (MECHANISMUS) 57-0262
1.4-NAPHTHO-, PHOTOADDIT. V. DIPHENYLACETYLEN 64-0527
O-BENZO-, CYCLOADDIT. AN CYCL. DIENE -(1.3) 63-0722
1.2-NAPHTHO-, ADDIT. AN P-DIOXEN 56-0247
ADDUKTE MIT DIAZOALKANEN, 5. MITT. 54-0190
U. ALPHA-DICARBONYLVERB., RK. MIT DIAZOALKANEN, 9. MITT. 57-0457
U. ALPHA-DICARBONYLVERB., RK. MIT DIAZOALKANEN, 10. MITT. 58-0586
CHLOR-1.2-NAPHTHO-, RK. MIT ALIPHAT. DIAZOVERB. 58-0586
SUBSTITUIERTE P-BENZO-, RK. MIT AMINOPHENOLEN 61-0678

2.3-EPOXY-5.8-METHANO-HYDRO-1.4-NAPHTHO-, RK. MIT 1-PHENYL-1H-TETRAZOL-5-THIOL (KINETIK) 58-0264
O-, RK. MIT DIMETHYLZINK BZW. DIAETHYLZINK 59-0434
STER. GEHINDERTE, RK. MIT LI-ORGAN. VERB. (MECHANISMUS) 63-0431
RK. MIT ACETANHYDRID IN GGW. V. NA-ACETAT, 3. MITT. 56-0341
RK. MIT ACETANHYDRID IN GGW. V. NA-ACETAT, 4. MITT. 58-0421
RK. MIT ACETANHYDRID IN GGW.V. NA-ACETAT, 5. MITT. 61-0400
P-BENZO-, RK. MIT ACETANHYDRID 58-0421
2-HALOGEN- BZW. -TRIFLUORMETHYL-1.4-BENZO-, RK. MIT CROTONSAEUREESTERN 63-0617
O-, DIMERISIER. (STRUKTUR- U. LSGM.-EINFL.) 58-0310

CHINONE (BIOCHEMIE)
ANTIPROTOZOALE, 1. MITT. 63-0897
1.4-NAPHTHO-, ANTIKOAGULIERENDE WRKG. 55-0429

CHINOXALINE
10. MITT. 58-0591
5. MITT. 58-0660
-N-OXIDE, 15. MITT. 64-0741
2-METHYL-, DARST. AUS 3-ARYL-5-ACYL-2-ISOXAZOLINEN U. O-PHENYLENDIAMINEN 60-0536
TRANS-1.2-BIS-CHINOXALYL-(2)-AETHENDIOLE-(1.2), DARST. AUS CHINOXALIN-CARBALDEHYDEN 60-0652
DARST. AUS 1.2-DIKETONEN U. O-PHENYLENDIAMIN 61-0400
5.6.7.8-TETRACHLOR-, DARST. AUS 4.5.6.7-TETRACHLOR-BENZOTRIAZOLEN 62-0500
CHLOR-, DARST. AUS CHLOR-O-PHENYLENDIAMINEN U. GLYOXAL 62-0501
2-(OMEGA-DIALKYLAMINO-ALKYLAMINO)-3-(PYRIDYL-(2))-, DARST. AUS 2-CHLOR-3-(PYRIDYL-(2))-CHINOXALINEN U. OMEGA-DIALKYLAMINO-ALKYLAMINEN 63-0898
POLYHYDROXYALKYL-, OPT. ROTAT.-DISPERS. 60-0071
2.3-DIMETHYL-, PROTONIER. -KONST. 58-0180
2.3-DIMETHYL-, PK-WERTE IN WSS. H2SO4 U. HAMMETT'SCHE SAEUREFUNKT. 63-0223
PHOTORK. MIT AETHERN 62-0653
CHLOR-, HYDRODECHLORIER. 62-0501
-N-OXIDE, OX. 64-0741
CHINOXALONE, POLAROGRAPH. RED. 64-0730
AMINO-2-METHYL- U. AMINO-2.3-DIMETHYL-, PROTONIER. 58-0179
2-PHENYL-CHINOXALIN-1-OXIDE, RK. MIT ACETANHYDRID 58-0591
-N-OXIDE, ACETYLIER. 64-0741

CHLOR
LOESLICHK.-DIAGRAMM D. SYST. NA(+)-MG(2+)-CLEVE-SAEURE-(1.6)-ANION-CLEVE-SAEURE-1.7-ANION-CL(-)-H2O 58-0022
RK. MIT SUBSTITUIERTEN TCLUCLEN (KINETIK, LSGM.-EINFL.) 64-0263
RK. V. HEISSEN (39)CL-ATOMEN MIT HALOGENMETHANEN 62-0023
HEISSE CL-ATOME, RK. MIT CH3CL 64-0324
RK. MIT TRANS-3-BENZOYLOXY-4-JOD-SULFOLAN 60-0504
EINFL. AUF D. TOLUOL-OX. MIT DIISOPROPYLPEROX + YDICARBONAT 58-0213

CHLORSAUERSTOFFSAEUREN
HCLO, CX. V. KW-STOFFEN MIT NAOCL-H2O2 (SINGULETT-O2) 59-0206
TERT. ALPHA-ACYLHYPOCHLORITE, THERM. ZERS. 56-0257
HCLO4, SAEURE-BASE-GLEICHGEW. IN N-METHYLACETAMID 56-0191
HCLO4 NEUTRALISAT.-ENTHALPIE IN WSS. A. 57-0190
NUCLEOPHILE SUBSTITUT. DURCH CLO4(-) (KINETIK D. RK. MIT AETHYLENOXID U. OXETAN IN DIOXAN) 54-0160
HCLO4, RK. MIT ALKYL-N-FLUORCARBAMATEN 64-0040
HCLO4, DURCH - BZW. - U. LICLO4 KATALYSIERTE HYDROLYSE V. 3-DIAZO-1-METHOXYCARBONYLOXY-1-PHENYL-ACETON 61-0238
HCLO4, EINFL. AUF D. RK. V. ANILIN BZW. BENZYLAMIN MIT AETHYLENOXID 64-0401
SULFONYLMETHYLPERCHLORATE, HYDROLYSE (KINETIK, MECHANISMUS) 59-0225

CHLORVERBINDUNGEN
CLN3, RK. MIT HG-DIORGANYLEN 57-0007
HCL, GLEICHGEW.-KONST. D. SALZ-BLDG. MIT TRIISOOCTYLAMIN IN ORGAN. LSGM. 56-0039
HCL, NEUTRALISAT.-ENTHALPIE IN WSS. A. 57-0190
HCL, EXTRAKT. AUS WSS. PHASE MIT TRIISOOCTYLAMIN 56-0039
HCL, GAMMA-RADIOLYSE V. DCL 57-0260
HCL, EINFL. AUF D. HYDROLYSE V. 3-DIAZO-1-METHOXYCARBONYLOXY-1-PHENYLACETON 61-0238
HCL, EINFL. AUF D. RK. V. ANILIN BZW. BENZYLAMIN MIT AETHYLENOXID 64-0401
CLF3, FLUORIER. ORGAN. VERB. MIT , 9. MITT. 64-0425
CLO2 RK. MIT METHAN (FLAMMENUNTERS.) 53-0018
CLO2, RK. MIT ORGAN. VERB. 12. MITT. 59-0363

CHLORHYDRINE
* S. UNTER HALOGENHYDRINE

CHLORIERUNG
* S. UNTER HALOGENIERUNG

CHLORMETHYLIERUNG
* S. UNTER ALKYLIERUNG

CHLOROPHYLLE
KENNTNIS D. CHLOROPHYLLS U. HAEMINS, 18. MITT. 61-0748
ASSOZIAT. MIT ALKANOLEN 58-0171

CHLOROPLASTEN
CHLOROPLAST. CAROTINOIDE, EIG. 59-0714

CHOLINPHOSPHATIDE
* S. UNTER LECITHINE

CHROM
BLDG. V. CR(III) BEI RK. V. CR(II) U. ACETYLENDICARBONSAEURE 58-0027
CR(II), RK. MIT CYANO-PENTAMMIN-KOBALT(III)-ION U. TRANS-CYANO-TETRAMMIN-AQUO-KOBALT(III)-ION (KINETIK, MECHANISMUS) 60-0032
CR(II), RK. MIT (CO(NH3)5PY)(CLO4)3 (KINETIK) 60-0033
CR(II), RK. MIT TRANS-CYANO-AQUO-BIS-(AETHYLENDIAMIN)-KOBALT(III)-ION U. CIS-DICYANO-BIS-(AETHYLENDIAMIN)-KOBALT(III)-ION (KINETIK, MECHANISMUS) 60-0032
RK. V. CR(II) MIT ACETYLENDICARBONSAEURE ZU CR(III) U. FUMARSAEURE 58-0027
CR(II), RK. MIT (CO(NH3)5L)(CLO4)3 MIT L-NICOTIN-, ISONICOTINAMID (KINETIK) 60-0033
CR(II), TRENN. V. (CR(CN))(+) (CHROMATOGRAPH.) 60-0032

CHROMSAUERSTOFFSAEUREN
H2CRO4, ESTER, 3. MITT. 55-0179
H2CRO4, ESTER, FORMOLYSE 55-0179

CHROMVERBINDUNGEN (ORGANISCHE)
(CO)5CRNCH U. (CO)5CRCNH , DARST., RK. 58-0059
CYANOAQUO-CR(III)-IONEN, RK. MIT CR(H2O)6(2+) (KINETIK MECHANISMUS) 62-0019
BIPHENYL-CR-(0)-KOMPLEXE, DARST. 59-0070
1.3.5.7-TETRAMETHYL-CYCLOOCTATETRAENTRICARBONYLVERB. V. CR, DARST., PMR-UNTERS. 60-0012
TRICARBONYLAROMATENCHROM(0)-VERB., KATALYT. VERW. BEI D. HYDR. V. METHYLSORBAT 60-0236
CRCL3-THF-KOMPLEXE, DARST. 59-0070
CR(II)-EN-VERB., REDUKTIVE ELIMINIER. V. 2-SUBSTITUIERTEN HALOGENALKANEN 61-0327
PENTACYCL. AZOFARBSTOFF-CHROMAT(III)-KOMPLEXE, DARST. U. RINGSPANN. 54-0030
CR(II)-AMIN-KOMPLEXE, REDUKTIVE ELIMINIER. V. THREO- U. ERYTHRO-2-BROM-BUTYL-(3)-DERIV. DURCH 60-0241
L(DL)-BIS(TRIS)-(AETHYLENDIAMIN)-CHROM(III)-KOMPLEXE, RACEMISIER. DEHYDRATAT., BLDG. 61-0047
METHOXYCARBEN-CR(CO)5-KOMPLEXE, DARST., RK. 59-0068
CR(SCH3)3, CR(SC2H5)3, DARST. AUS C6H5CR(CO)3 U. DIMETHYLDISULFID BZW. CR(SCH3)3 (UV) 53-0029
CR-CARBONYL-DERIV. V. TRIS-(DIMETHYLAMINO)-PHOSPHIN, MASSENSPEKTREN 56-0021
(CR(CO)5L) U. (CR(CO)4L2) (L-TRIS-(DIMETHYLAMIN)-PHOSPHIN), MASSENSPEKTREN 60-0015
(CR(CO)4P(CH3)2)2, (CR2(CO)10AS2(CH3)4)X, POLAROGRAPH. U. CYCL.-VOLTAMMETR. VERH. (BLDG. V. RADIKALIONEN U. IONEN) 61-0022
CR(CO)3-KOMPLEXE KONDENSIERTER AROMATEN , (1)H-NMR-UNTERS., 53-0003
ARYL-CHROM-DICARBONYL-PHOSPHIN-KOMPLEXE, IR 53-0047
BENZOL-CHROMTRICARBONYLE, ASYMM. INDUKT. 54-0031
(CH3,CH3O)CCR(CO)5, RK. (CH3,I-C3H7NH)CCR(CO)5 BZW. (CH3,C6H5CH2NH)CCR(CO)5, DARST. 55-0030
(CO)5CRC(CH3)OCH3, RK., (CO)5CRC(CH3)NHCH3, DARST., KRIST.-STRUKTUR 56-0022
(PI-C5H5)CR(PI-C6H6) U. (PI-C5H5)CR(C7H7), MASSENSPEKTRUM, GESAMTBLDG.-ENERGIE 59-0015
CYCLOPENTADIENYL-, LICHTABSORPT. (THEORIE) 63-0003
(C5H5)2MH2.CR(CO)5-VERB., DARST., IR-, NMR-SPEKTREN, BIND., STRUKTUR 63-0078
AZIRIDINYLIDEN-CR(CO)5-KOMPLEXE, DARST., RK. 59-0068
TRIPHENYL-CR-THF-KOMPLEXE, DARST., RK. 59-0070
AQUO-(PYRIDIN-N-OXID)-CHROM(III)-KOMPLEXE, GLEICHGEW. IN SAURER, WSS. LSG., KONFIG. 63-0029
CR(CO)5- BZW. ARYL-CR(CO)2-NITRIL-KOMPLEXE, DARST., IR, NMR 53-0030
2 ZU 1-CR(II)-ACETYLENDICARBONSAEURE-KOMPLEXE U. 1 ZU 1-CR(III)-FUMARSAEURE-KOMPLEX, BLDG. AUS CR(II) MIT ACETYLENDICARBONSAEURE 58-0027
CIS-ACETIMIDSAEURE-METHYLESTER-PENTACARBONYL-CHROM(0) U. TRANS-ACETIMIDSAEURE-METHYLESTER-PENTACARBONYL-CHROM(0) , DARST. AUS METHYLMETHOXYCARBEN-PENTACARBONYL-CHROM(0) U. NH2OH, 59-0069
METHYL- U. DIMETHYLBENCHROTRENCARBONSAEUREN, ABS. KONFIG. , KINET. RACEMATSPALT. 60-0003
CR(III)-KOMPLEXE V. MONO- U. DISAZOFARBSTOFFEN MIT SULFONYLGRUPPEN 60-0052
CR(III)-AZOFARBSTOFF-1 ZU 2-KOMPLEX V. SANDWICHTYP, DARST. FUER FOURIER-ANALYSE 60-0053
CR(III)-1 ZU 2-AZOFARBSTOFFKOMPLEXE, DARST., STER. ANORDN. 60-0064
ARYLCARBONSAEUREESTER-TRICARBONYLCHROM(0)-KOMPLEXE, VERW. ALS KATALYSATOR BEI D. HYDR. V. METHYLSORBAT 60-0236
OXALATO-CHROMATE(III), PHOTOCHEM. RACEMATSPALT. 63-0052
LYSINO-AMMIN-TETRARHODANATOCHROMATE(III), DARST. 64-0409
PENTACYCL. AZOFARBSTOFF-CHROMAT(III)-KOMPLEX, STABILITAET 56-0074
CR-CARBONYL-DERIV. V. TRIMETHYLPHOSPHIT, MASSENSPEKTRUM 56-0021
CARBONYL-METHOXYMETHYLCARBEN-CR(0)-KOMPLEXE,NMR 63-0012

3-(BETA-PHENYL-BETA-DIALKYLAMINO-AETHOXY)-VERATROL-
REINECKATE 55-0457
CHROMVERBINDUNGEN (ANORGANISCHE)
CRO(1,13)C(0,12), DARST. D. TETRAGONALEN OXIDCARBIDES
DURCH THERM. ZERS. V. CR(CO)6 IM FEUCHTEN (W.-
DAMPFDRUCK 2-30 TORR) H2-STROM BEI 300-500 GRAD
59-0073
CRO(1,13)C(0,12), ROENTGENOGRAPH. UNTERS. 59-0073
CRO(0,21)C(0,45), DARST. D. KUB. OXIDCARBIDES DURCH
THERM. ZERS. V. CR(CO)6 IM HOCHVAKUUM BEI 250-550 GRAD
59-0073
CRO(0,21)C(0,45), ROENTGENOGRAPH. UNTERS. 59-0073
CRO(0,21)C(0,45), DICHTE 59-0073
CR(CO)6, MO-BERECHN. 64-0003
CR(CO)6, MASSENSPEKTROMETR. UNTERS. (THERM. ZERS. IN
D. IONENQUELLE EINES MASSENSPEKTROMETERS) 58-0013
CRO2CL2, KINETIK D. OX. SUBSTITUIERTER TOLUOLE MIT, 2.
MITT. 57-0210
CRCL2, RK. MIT NITRO-STEROIDEN 54-0542
CRCL2, VERW. 2. MITT. 54-0542
CRCL3.6H2O, KOMPLEXBLDG. MIT ALPHA-FUROYLACETON
59-0083
CHROMSPINELLE, EINFL. AUF D. OX. V. KW-STOFFEN
64-0254
CHROMOXID, EINFL. AUF DEHYDROCHLORIER. U. DECHLORIER.
V. CHLORAETHANEN 63-0294
CRO3, OX. V. OLEFINEN MIT AUF SIO2- BZW. SIO2-AL2O3-
TRAEGERMATERIAL AUFGEBRACHTEM CRO3 59-0278
CRO3, EINFL. AUF D. OX. V. INDIGOCARMIN MIT H2O2
64-0322
CHROMATOGRAPHIE
* GAS-, PAPIER-, DUENNSCHICHT- S. DIE NACHSTEHENDEN
* STICHWOERTER
ELUT.- AN KATIONENAUSTAUSCHERN, 2. MITT. 59-0181
IONENAUSTAUSCH- VERW. V. NH4-SULFOSALICYLAT ALS
KOMPLEXBILDNER, 2. MITT. 64-0026
V. BIPHENYLDERIV. (ANTIPODENTRENN.) 61-0482
V. CHLORSUBSTITUIERTEN AROMAT. AMINEN , 2. MITT.
55-0602
DICKSCHICHT- V. FETTSAEUREESTERN AN SIO2-AKTIVKOHLE
64-0933
CHROMATOGRAPHIE (GAS-)
VERTEIL.-GAS-, POLARITAET V. STATIONAEREN PHASEN, 3.
MITT. 58-0830
GAS-, POLARITAET D. STATIONAEREN PHASEN, 2. MITT.
60-0843
GAS-, QUANT. BEST. V. GEMISCHEN V. OLEFINEN,
ALKANOLEN, ALKANEN U. ESTERN (UNTERS. VERSCHIEDENER
TRAEGERSTOFFE) 60-0841
GAS- V. NAPHTHALINEN 54-0600
GAS- V. MONO- U. DIOLEFINEN 57-0810
RETENT. V. N.C-DIMETHYL-TETRAHYDRO-PYRIDINEN U.
STRUKTUR 54-0099
GAS- V. THIONAPHTHENEN 54-0600
GAS- V. METHYLHYDRAZINEN (WECHSELWRKG. MIT D.
STATIONAEREN PHASE) 57-0811
V. CYCLOHEPTANOLEN 57-0406
GAS- RETENT.-INDICES V. ALIPHAT. ALKOHOLEN 58-0830
GASCHROMATOGRAPH. VERH. V. ALIPHAT. KETONEN (RELATIVE
AKTIVITAETSKOEFF., RETENT.-INDICES) 60-0843
GAS- V. METHYL-KETONEN (BEZIEH. ZWISCHEN RETENT.-
ZEITEN U. STRUKTUR) 54-0126
GAS- V. CYCL. KETONEN 54-0127
GAS- V. CYCLOHEPTANONEN 57-0406
GASCHROMATOGRAPH. TRENN. V. DIASTEREOISOMEREN ALPHA-
GLYKOLACETATEN 54-0215
GAS- V. NICHT FLUECHT. ORGAN. SAEUREN 54-0594
GASCHROMATOGRAPH. BEST. D. LAGE D. DOPPELBIND. IN
UNGESAETT. FETTSAEUREN 55-0093
GAS-, V. METHYLIERTEN ALDITEN (ALS ACETATE) 56-0766
GAS- V. DIASTEREOISOMEREN V. BUTANDIOLESTERN 60-0842
V. N-THIOCARBONYL-AMINOSAEUREESTERN 62-0856
GAS- V. BRENZCATECHINAMIN-TRIFLUORACETATEN 64-0935
GAS- MASSENSPEKTROMETRIE V. CYCL. BORONSAEUREESTERN
(CHARAKTERISIER. V. DIOLEN) 54-0598
GAS- V. ZUCKERN 64-0937
GAS- V. DITERPEN-GEMISCHEN IN VERB. MIT
MASSENSPEKTROMETRIE ZUR QUANT. ANALYSE 57-0812
GAS- V. BIS-O.O'-(TRIMETHYL-SILYL)-DIHYDRO-VITAMIN-K-
VERB. 54-0125
CHROMATOGRAPHIE (PAPIER-)
PAPIER- V. THIONAPHTHEN-S.S-DIOXIDEN 54-0600
PAPIER-, NEUE REAGENTIEN ZUM NACHW. V. AMINOSAEUREN,
3. MITT. 64-0708
CHROMATOGRAPHIE (DUENNSCHICHT-)
QUANT. BEST. SYMM. U. UNSYMM. GLYCERIN-TRIESTER IM
AROMATOGRAMM DURCH MESS D. LICHTREFLEX. 53-0254
DUENNSCHICHT- V. HETEROCYCL. N-BASEN (BEZIEH. D.
R(F)-WERTE ZUR QUARTERNISIER.-GESCHW.) 57-0178
RK.-DC- V. ALKALOIDEN 61-0848
DUENNSCHICHT- V. PRIM. AROMAT. AMINEN , 1. MITT.
55-0601
DUENNSCHICHT- V. RESORCINEN U. RESORCINDIMETHYLAETHERN
57-0090
DUENNSCHICHT-CHROMATOGRAPH. TRENN. U. QUANT. BEST.
SYMM. U. UNSYMM. GLYCERIDE 53-0254
DUENNSCHICHTCHROMATO-ELEKTROPHORESE V. AMINOSAEUREN
AUF CELLULOSEPULVER, 4. MITT. (FEINAUFTRENN.) 55-0598
DUENNSCHICHTCHROMATO-ELEKTROPHOROSE V. AMINOSAEUREN
AUF CELLULOSEPULVER, 5. MITT. (METH. ZUR FEINTRENN.)
55-0599
DUENNSCHICHT- V. GESAETT. FETTSAEUREN U. IHREN
METHYLESTERN 55-0600
DUENNSCHICHT- V. DIAETHYLPHOSPHIT 61-0245
CHROMENE
NMR (DURCH BZL. INDUZIERTE LSGM.-VERSCHIEB.)
61-0088
NATUERL. CUMARINE, 9. MITT. 54-0406
NATUERL., 3. MITT. 57-0685
4-HYDROXY-CUMARIN U. DERIV., 7. MITT. 58-0676
NATUERL., 6.MITT. 60-0573
NATUERL. CHROMONE, 4. MITT. 60-0582
NATUERL. CHROMONE, 8. MITT. 61-0606
CUMARINE, 5. MITT. 64-0672
NATUERL. CUMARINE, 3. MITT. 64-0679
NATUERL.- 5.MITT. 54-0407
5-HYDROXY-CHROMENE, STRUKTURAUFKLAER. DURCH ACETYLIER.
U. WEITBEREICHSKOPPL. 54-0407
SICCANO-, ISOLIER. AUS HELMINTHOSPORIUM SICCANS
63-0799
4-N-ALKYL-CUMARINE AUS MAMMEA AMERICANA 56-0536
4-PHENYL-CUMARINE AUS MAMMEA AMERICANA 56-0537
CUMARINE, ISOLIER. AUS ANETHEUM GRAVEOLENS 56-0538
CUMARINE, ISOLIER. AUS CLAUSENA DENTATA 57-0569
ACETYL-, NMR (DURCH BZL. INDUZIERTE LSGM.-VERSCHIEB.)
61-0088
TOCOPHEROL-DIMERE, ISOLIER. AUS MAISOEL 61-0802
CUMARINE, ISOLIER. AUS ANGELICA URSINA U. SESELI
LIBANOTIS 64-0679
2-METHYL-2-(4-METHYLHEXEN-(3)-YL)-4.8-DIHYDROXY-5-
TRANS-CINNAMOYL-, ISOLIER. AUS D. AUS FLEMINGIA
RHODOCARPA GEWONNENEM ARZNEIMITTEL WARS 57-0685
BENZOPYRYLIUMSALZE, DARST. AUS O-HYDROXY-CHALKONEN
53-0408
DICHROMANE, DARST. AUS DIMETHYL-BENZOCHINONEN 53-0573
3-ACYLCHROMONE, DARST. AUS 2-HYDROXY-OMEGA-ACYL-
ACETOPHENONEN 54-0397
CHROMONE, SYNTH. 54-0411
4-HYDROXY-CUMARINE, DARST. MIT ARYLBENZYLALKOHOLEN
55-0429
TERT.-BUTYL-CUMARINE, DARST. AUS PHENOLEN 56-0531
4-METHYL-4-CHROMANOLE, DARST. AUS 4-CHROMANONEN U.
CH3MGJ 57-0570
4-HYDROXY-CUMARINE, DARST. AUS O-HYDROXY-ACETOPHENONEN
U. DIMETHYLCARBONAT 58-0616
4-HYDROXY-CUMARIN-3-SULFONSAEUREDERIV., DARST. AUS
4-HYDROXY-CUMARIN 58-0676
4-AMINO-CUMARIN-3-SULFONAMIDE, DARST. AUS 4-CHLOR-
CUMARINYL-(3)-SULFOCHLORID U. PRIM. AMINEN 58-0676
6.8-DICHLOR-GAMMA-CHROMONCARBONSAEUREESTER-(2), DARST.
AUS 3.5-DICHLOR-2-HYDROXY-ACETOPHENON 60-0570
BROM-4-METHYL-8-ACETYL-UMBELLIFERONE, DARST. AUS
AMINO-4-METHYL-8-ACETYL-UMBELLIFERONEN DURCH
SANDMEYER-RK. 60-0577
AMINO-4-METHYL-8-ACETYL-UMBELLIFERONE, DARST. AUS DEN
ENTSPRECHENDEN NITROVERB. 60-0577
P-HYDROXY-BENZYL-CHROMANE, DARST. 60-0776
3.4-DIHYDRO-CUMARINE, DARST. 61-0602
4-SUBSTITUIERTE CHROMANE, DARST. 61-0602
3-PHENOXY-CUMARINE, DARST. AUS PHENOLEN U. PHENOXY-
MALONESTERN 63-0666
INDOLIN-2-SPIRO-2'-(2H-1)BENZOPYRANE, DARST. AUS
INDOLINEN U. NITROSALICYLALDEHYDEN 63-0667
BENZOPYRANE, DARST. AUS SALICYLALDEHYDEN U.
VINYLTRIPHENYLPHOSPHONIUM-BROMID 64-0671
4-AETHOXY-CHROMYLIUMPERCHLORATE, DARST. AUS
2-HYDROXY-ACETOPHENONEN U. ORTHOAMEISENSAEURE +
AETHYLESTER 64-0675
4-METHYL- CHROMANE, DARST. AUS 4-METHYL-4-CHROMANOLEN
ODER 4-METHYL-DELTA(3)-CHROMENEN U. HCLO4 57-0570
TERT.-BUTYLCHROMANONE, DARST. AUS TERT.-BUTYLPHENOLEN
U. ACRYLNITRIL 64-0665
CUMARINE, DARST. AUS PHENOLEN U. OXONITRILEN 64-0672
TERT.-BUTYLCHROMANONE, BEZIEH. ZWISCHEN GERUCH U.
CHEM. KONSTIT. 64-0665
CUMARINE, PHOSPHORESZENZ 63-0152
CUMARINE, PMR (SPIN-SPIN-KOPPL. ZWISCHEN
VERSCHIEDENEN RINGEN) 54-0073
CUMARINE, 2.2-DIMETHYL-, 54-0073
BENZTHIAZOLIN-SPIRO-, NMR (KONSTIT.-EINFL., HAMMETT-
BEZIEH.) 57-0098
CUMARINE, EPR-SPEKTREN D. BESTRAHLTEN LSG. 63-0152
BENZOPYRYLIUMSALZE, POLAROGRAPHIE 53-0409
4-METHYL-4-CHROMANOLE, DISPROPORTIONIER. 57-0570
4-HYDROXY-CUMARINE, HYDROLYT. ABSPALT. D. C(2)
58-0616
CUMARINE, ELEKTROCHEM. RED. IN GGW. V. ALKALOIDEN
57-0568
SPIRO(3H-2-BENZOPYRAN-3.2'-INDOLINE), PHOTOOX.
63-0104
CUMARINE, ALKAL. SPALT. D. LACTONRINGES (KINETIK)
58-0254
AMINO-4-METHYL-8-ACETYL-UMBELLIFERONE, HYDROLYSE
60-0577
4-HYDROXY-CUMARINE, RK. MIT AMINEN 61-0613
CUMARINE, INHIBIT. V. PHENYLALANIN-HYDROXYLASE
60-0571

TERT.-BUTYL-CUMARINE, GERUCH (EINFL. D. KONSTIT.) 56-0531
P-HYDROXY-BENZYL-CHROMANE, ANTIGONADOTROPE U. SCHWACHE OESTROGEN-WRKG. AN RATTEN 60-0776
CHROMOMYCINE
* S. UNTER ANTIBIOTIKA
CHROMOPEPTIDE
* S. UNTER PEPTIDE
CHYMOTRYPSIN
* S. UNTER ENZYME
CINNOLINE
NEUE CINNOLINSYNTH., 6. MITT. 61-0669
GLUCOSIDO-, DARST. 54-0493
DARST. AUS 2.BETA-DINITRO-STYROLEN 58-0669
CHLOR-SULFO-4-HYDROXY-, DARST. AUS CHLOR-4-HYDROXY-CINNOLINEN 59-0629
NEUE SYNTH., 4. MITT. 59-0629
NEUE SYNTH., 5. MITT. 61-0668
1.2-DIMETHYL-3-OXO-4.4-DIARYL-1.2.3.4-TETRAHYDROCINNOLINE, DARST. AUS DIARYLGLYKOLSAEURE-ARYLHYDRAZIDEN 63-0716
NEUE SYNTH., 3. MITT. 53-0453
CHLOR-NITRO-4-HYDROXY-, DARST. AUS CHLOR-4-HYDROXY-CINNOLINEN 59-0629
4-AMINO-, DARST. 61-0668
4-MERCAPTO-, DARST. AUS 4-HYDROXY-CINNOLINEN U. P2S5 61-0669
KATHOD. RED. 57-0199
1.2.3.4-TETRAHYDRO-, ANOD. OX. 57-0199
POLAROGRAPHIE 57-0199
NITRIER. (KINETIK) 60-0250
CINNOLIN-N-OXIDE, NITRIER. (MECHANISMUS) 60-0251
WIRKSAMK. GEGEN TRYPANOSOMEN 53-0453
CITRUS
-BITTERSTOFFE, 8. MITT. 61-0760
-FLAVONOIDE, 9. MITT. 62-0704
CLAISEN-KONDENSATION
* S. UNTER KONDENSATIONSREAKTIONEN
CLAISEN-UMLAGERUNG
* S. UNTER UMLAGERUNGEN
CLATHRATE
* S. UNTER KOMPLEXVERBINDUNGEN (UND KOMPLEXBILDUNG)
CLEMMENSEN-REAKTION
* S. UNTER REDUKTION
COENZYM Q
* S. UNTER UBICHINONE
CONVALLASAPONINE
* S. UNTER SAPONINE
COPE-UMLAGERUNG
* S. UNTER UMLAGERUNGEN
CORALYNE
* S. UNTER ALKALOIDE
CORRINOIDE
CO(III)-, FUENFFACHKOORDINIERTE ALKYL-CO(III)-CORRINKOMPLEXE, GLEICHGEW.-WERTIGK. U. STEREOCHEMIE (GLEICHGEW. MIT D. SECHSFACH KOORDINIERTEN AQUOKOMPLEXEN) 55-0013
CORROLATO-NICKEL-KOMPLEXE, THERM. UMLAGER. 56-0081
NI-1-METHYL-TETRADEHYDROCORRINE, ALKYLIER. 62-0820
NI-1-METHYL-TETRADEHYDROCORRINE, THERM. SIGMATROPE UMLAGER. 62-0820
CORROLE
* S. UNTER CORRINOIDE
COTTON-EFFEKT
* S. UNTER ROTATION, OPTISCHE
COTTON-MOUTON-EFFEKT
U. KONFIG. V. LACTONEN 63-0183
CRUSTACEEN
CYPRIDINA-BIOLUMINESZENZ, 4. MITT. 64-0091
CYPRIDINA-BIOLUMINESZENZ, 5. MITT. 64-0092
CUMARINE
* S.U. CHROMENE
CUMARONE
BENZOFURANE, 35.MITT. 57-0539
BENZOFURANE, 36. MITT. 60-0496
POLYHYDROXYAURONE MIT VICINALEN HYDROXYLGRUPPEN, 2. MITT. 61-0546
AURONE U. AURONGLUCOSIDE, 11. MITT. 64-0787
2-PYRIDYLMETHYLEN-BENZOFURAN-3-ONE, KONFORM. 62-0140
DARST. V. SUBSTITUIERTEN 2.3-DIARYL-BENZO(B)FURANEN AUS ALPHA-ARYLOXY-DESOXYBENZOINEN 53-0335
2.2'-ALKYLIDEN-BIS-, DARST. AUS (+)-MENTHOFURAN MIT ALDEHYDEN 54-0538
2-THIOSEMICARBAZONOMETHYL- U. 2-AMIDINOIMINOMETHYL-, DARST. 55-0416
2-BENZYL-2-HYDROXYCUMARANONE, DARST. AUS 2'-METHOXYMETHOXY-ALPHA.BETA-EPOXY-DIHYDROCHALKONEN 56-0545
3-ACYL-5-HYDROXY-BENZOFURANE, DARST. AUS ALKYL(ARYL)-BETA-DIAETHYLAMINO-VINYLKETONEN U. P-BENZOCHINON 57-0495
POLYFLUOR-, DARST. 59-0520
5- U. 7-NITRO-CUMARANE, DARST. 60-0483
BENZOFURAN-DERIV., SYNTH. AUS 3-METHOXYCARBONYL-CIS-4-(FURYL-(2))-BUTEN-(3)-SAEURE BZW. 2.2'-DIFURFURYLIDEN-BERNSTEINSAEURE-ANHYDRID 60-0498
DIMETHOXY-2.3-DIMETHYL-ACYL-BENZOFURANE, SYNTH. AUS DIMETHOXY-2.3-DIMETHYL-BENZOFURANEN 60-0496
HYDROXYCUMARANONE-(3), DARST. AUS HYDROXYACETOPHENONEN 61-0545
TETRAHYDROXYAURONE, DARST. AUS HYDROXYCUMARANONEN-(3) U. TRIACETYLGALLUSALDEHYD 61-0546
3-OXO-2-BENZYLIDEN-, UV-SPEKTREN 60-0079
HYDROXYCUMARANONE-(3), UV 61-0545
TETRAHYDROXYAURONE, UV-UNTERS. 61-0546
TETRAHYDROXYAURONE, IR 61-0546
2-PYRIDYLMETHYLEN-BENZOFURAN-3-ONE, DIPOLMOMENTE 62-0140
2.3-DISUBSTITUIERTE 2.3-DIHYDROBENZOFURANE, KOPPL.-KONST. 54-0071
5- U. 7-NITRO-CUMARANE, NMR 60-0483
DIMETHOXY-2.3-DIMETHYL-ACYL-BENZOFURANE, O-ENTMETHYLIER. 60-0496
DIMETHOXY-2.3-DIMETHYL-ACYL-BENZOFURANE, RED. 60-0496
HYDROXYCUMARANONE-(3), ANALYTIK, 2. MITT. 61-0545
CURARE
KALEBASSEN- U. STRYCHNOS-ARTEN, ALKALOIDE, 4. MITT. 56-0654
CYANAMIDE
DARST. AUS CARBODIIMIDEN DURCH PHOTOUMLAGER. 62-0395
BIS-(O-CYANAMINO-PHENYL)-DISULFIDE, DARST. AUS 2-NITROSIMINO-2.3-DIHYDRO-BENZTHIAZOLEN DURCH PHOTOLYSE 62-0578
METALL-, THERMOCHEMIE, 1. MITT. (BLDG.-ENTHALPIEN) 64-0020
METALL-, THERMOCHEMIE, 2. MITT. 64-0037
METALL-, HYDROLYSE (KINETIK) 64-0037
CYANINE
* S. UNTER FARBSTOFFE (POLYMETHINFARBSTOFFE)
CYANINFARBSTOFFE
* S. FARBSTOFFE (POLYMETHINFARBSTOFFE)
CYANSAEUREDERIVATE
-ESTER, 15. MITT. 55-0255
-ESTER, 13. MITT. 55-0476
ALKYLCYANATE, 10. MITT. 58-0278
CYANATVERB. U. DEREN REAKTIVES VERH., 8. MITT. 64-0063
CYANATO-AZOBENZOLE, DARST. AUS HYDROXY-AZOBENZOLEN U. BRCN 56-0530
ALKYLCYANATE, BLDG. AUS 5-ALKOXY-1.2.3.4-THIATRIAZOLEN (KINETIK) 58-0278
-ARYLESTER, RK. MIT ELEKTROPHILEN VERB. 55-0476
CYANATO-AZOBENZOLE, RK. MIT H2S, HYDROXYLAMIN-HYDROCHLORID, ALCL3 U. SAEUREN 56-0530
CYANATO-AZOBENZOLE, RK. MIT AMINEN 56-0530
ESTER, 14. MITT. 55-0254
-ARYLESTER, KOMPLEXE MIT LEWIS-SAEUREN U. IHRE ALKYLIER. 55-0254
ALKYLCYANATE, RK. MIT NUCLEOPHILEN VERB. 55-0255
ESTER, RK. (UEBERSICHT) 62-0355
CYCLANONE
* S. UNTER KETONE
CYCLISIERUNG
* PHOTO- S. UNTER PHOTOCHEMIE UND STRAHLENCHEMIE
MIT PHENYLDIAZOMETHAN ALS -MITTEL , 2. MITT. 55-0471
HETERO- V. ALPHA-ACYLAMINONITRILEN, 2. MITT. 57-0540
INTERNUCLEARE, 24. MITT. 61-0562
INTERNUCLEARE, 25. MITT. 61-0563
RADIKAL. 1.5- U. 1.6- (UEBERSICHT) 62-0196
RINGSCHLUSS-RK. MIT NITRILEN, 1. MITT. 63-0661
RINGSCHLUSS-RK. MIT NITRILEN, 2. MITT. 63-0697
DEHYDRO DEHYDROCYCLISIER. AN METALL. KATALYSATOREN 2. MITT. AROMATISIER. V. HEXENEN AN TRAEGERFREIEN NICKEL- U. PLATINKATALYSATOREN 53-0121
PHENOL., 1.MITT. 57-0679
INTERNUCLEARE, 23. MITT. 61-0561
DEHYDRO- V. HEXENEN 53-0121
DEHYDRO- AN METALLKATALYSATOREN, 4. MITT. 60-0400
DEHYDRO- AN METALLKATALYSATOREN, 3.MITT. 57-0209
INTRAMOL.- V. GRIGNARD-VERB. MIT ACETYLEN-GRUPPEN 59-0395
PI-PI-TRANS-ANULARE- V. CYCLOOCTADIEN-(1.5) 53-0153
DEHYDRO- V. N-HEXAN AN METALLKATALYSATOREN (MECHANISMUS) 57-0209
V. ALKANTRIINEN AN ZIEGLER-KATALYSATOR 54-0319
CYCLOTRIMERISAT. V. (1.1.1-D3)BUTIN-(2) DURCH TRIPHENYL-TRIS-(TETRAHYDROFURAN)-CHROM(III) (INTERMEDIAERPROD.) 58-0306
V. BIS-ACETYLENVERB. (MECHANISMEN) 59-0463
THERM. V. 2.6-DIMETHYL-HAPTATRIEN-(1.3CIS.5) (KINETIK) 60-0299
CYCLIALKYLIER.-KONKURRENZRK. V. PHENYL- U. BENZYL GERANIOLENEN 60-0742
D. 4-(CYCLOHEXEN-(1)-YL)-BUTYL-RADIKALS 63-0483
NICHTENZYMAT. BIOGENESEART. OLEFIN- UNTER STEREOSPEZIF. BLDG. V. 5 ASYMMETRIEZENTREN 63-0823
PHOTOCYCLODEHYDRIER. V. FURYL-(2)- U. THIENYL-(2)-AETHYLENEN 53-0330
PHOTOCHEM. OXYDATIVE CYCLISIER. V. MESOION. 1.3.4-THIADIAZOLEN 57-0563
ENZYMAT. V. 2.3-EPOXY-SQUALENEN 58-0818
V. ALPHA.OMEGA-DIHALOGENALKANEN (WURTZ-RK.) 55-0295
REDUKTIVE- V. ALPHA.OMEGA-DIHALOGENIDEN MIT AETHYLENDIAMIN-CHROM(II)-PERCHLORAT (KINETIK) 61-0436
THERM. CYCLISIER. AROMAT. NITROVERB. 53-0434
V. N-(2-AMINO-PHENYL)-PIPERIDINEN 56-0507
V. 3-DIALKYLAMINO-PROPYLCHLORIDEN ZU 1.1-DIALKYL-AZETIDINIUMCHLORIDEN (GLEICHGEW.-KONST.) 59-0503
V. (NITROCARBONSAEUREESTER)-NITROSAMINEN 62-0619
V. AROMAT. NITROVERB. MIT TICL3 (MECHANISMUS) 64-0552

V. ALPHA-AMINO-ACETALDEHYCDIMETHYLACETALEN UNTER EINW. V. SAEUREN 62-0679
SYN-PARALLELE- V. DIASTEREOMEREN 1.2-AMINOALKOHOLEN MIT KETONEN (EINFL. STER. FAKTOREN, KINETIK) 63-0322
V. TOLYLSULFIDEN 60-0508
V. TRIALKYLSILYLCARBENEN 58-0396
V. HYDROXYBENZOPHENONEN VERHAELTNIS V. O-U.P-CYCLISIER. 53-0402
V. ORTHO-TERT.-AMIN-SUBSTITUIERTEN 5-NITRO-BENZALDEHYD-(P-TOLUOLSULFONYLHYDRAZONEN) 57-0506
CYCLODEHYDRATAT. V. GAMMA- UNGESAETT. KETONEN 58-0460
V. 3-METHYL-4-(2-OXO-CYCLOHEXYLMETHYL)-ISOXAZOLEN (ISOXAZOL-AROMATISIER.-RK.) 58-0755
CYCLODEHYDRATAT. V. UNGESAETT. EPSILON-KETOLEN (MECHANISMUS) 61-0451
V. ALIPHAT. 1.5-DIALDEHYDEN MIT NITROMETHYLVERB. (STER. VERLAUF) 63-0480
V. BRENZTRAUBENSAEURE-THIOSEMICARBAZON MIT BROMACETON U. V. BRENZTRAUBENSAEURE-N(2)-(4-METHYL-THIAZOLYL-(2))-HYDRAZON MIT ACETANHYDRID-PY. 54-0466
V. UNGESAETT. HYDRAZONEN UNTER UMLAGER. 55-0410
V. M- U. P-NITRO-PHENYLHYDRAZONEN ZU INDAZOLEN (MECHANISMUS) 56-0508
-RK. V.HYDRAZONEN, 1. MITT. 64-0760
INTERNUCLEARE, V. N-METHYL-NAPHTHANILID- U. N-NAPHTHYLBENZAMID-DIAZONIUMFLUOROBORATEN 61-0562
HETERO-, V. BENZYLMERCAPTONITRILEN 56-0479
HETERO- V. ALPHA-ACYLAMINO-NITRILEN, 3. MITT. (V. N-SUBSTITUIERTEN ALPHA-ACYLAMINO-NITRILEN) 57-0541
V. 1-CYANAMINO-2.2-DICYAN-AETHYLENEN 61-0652
V. ALPHA-(2.4-DINITRO-PHENYLAMINO)-SAEUREDERIV. ZU BENZIMIDAZOL-1-OXIDEN (MECHANISMUS) 53-0374
CYCLISIER.-RK. UNTER OX. V. CARBONSAEUREN MIT BLEITETRAACETAT, 1. MITT. D. UMWANDL. V. 2'-SUBSTITUIERTEN BIPHENYL-2-CARBONSAEUREN IN 3.4-BENZOCUMARIN 53-0410
V. N.N'-ALKYLEN-BIS-THIOCARBONSAEUREAMIDEN ZU THIADIAZINEN 54-0470
V. 3-UREIDO-PROPIONSAEURE IN HCL (KINETIK) 55-0197
V. AMINOESTERN IN DMF (KINETIK) 55-0201
V. PHTHALOYLCHLORID MIT TRIMETHYLPHOSPHIT 55-0372
V. GAMMA-(ARYLMERCAPTO)-ACETESSIGESTERN 55-0383
V. PEPTIDEN MIT BIS-(O-PHENYLEN)-PYROPHOSPHIT 55-0566
V. OMEGA-HALOGENALKYLMALONSAEUREAETHYLESTERN (KINETIK) 58-0259
HETERO- V. ALPHA-ACYLAMINO-NITRILEN, 4. MITT. 59-0558
V. 4-(5-BROM-1-ACETYL-INDOLINYL-(3))-BUTTERSAEURE-DERIV. DURCH ARYN-SUBSTITUT. 60-0521
OXYDATIVE, V. TRANS.TRANS-FARNESYLACETAT MIT BENZOYLOXY-RADIKAL (MECHANISMUS) 60-0747
V. BENZANILID-DIAZONIUM-SALZEN 61-0561
V. N-(M-TOLYL)-3-CHLOR-PROPIONAMID U. N-(P-TOLYL)-3-CHLOR-PROPIONAMID MIT ALCL3 61-0626
V. 2-BENZOYL-BENZOESAEURE (ISOTOPENEFFEKT) 62-0263
V. TRANS.TRANS-FARNESYLSAEURE MIT KATIONENAUSTAUSCHERN 62-0287
V. (2-NITRO-PHENYL)-BERNSTEINSAEURE 62-0547
PICTET-GAMS-RK. V. N-PHENAETHYL-ACETAMIDEN 62-0622
V. BENZILSAEURE-PHENYLALKYLAMIDEN (KINETIK) 63-0744
V. ARYL-(3-CHLOR-PROPYL)-SULFONEN (KINETIK) 58-0308
V. HEXEN-(5)-YL- BZW. HEPTEN-(6)-YL-P-NITRO-BENZOLSULFONAT WAEHREND D. SOLVOLYSE IN 2.2.2-TRIFLUORAETHANOL 61-0237
V. FARNESOL U. NEROLIDOL 57-0698
CYCLITE
* S. AUCH INOSITE
36. MITT. 54-0578
37. MITT. 62-0111
CYCL. POLYOLE , 11. MITT. 62-0431
AMINO-, 19. MITT. 62-0432
MASSENSPEKTREN 62-0111
CYCLITE, RK. ZU HEXOSE-DERIV., 1. MITT. 55-0490
BIOCHEMIE 10. MITT. (-DEHYDROGENASE AUS ACETOBACTER SUBOXYDANS, 1. MITT.) 54-0577
CYCLOADDITIONEN
* S. UNTER ADDITIONSREAKTIONEN
CYCLOALKYLVERBINDUNGEN (ALLGEMEINES)
CYCLOOCTANE, 1. MITT. 61-0510
CYCLOALKANDION-(1.2)-MONOARYLHYDRAZONE, KETOHYDRAZON-AZOBENZOL-TAUTOMERIE 54-0457
CYCLEN-(1)-CARBONSAEUREN, KONFORM.-STABILITAET 55-0308
N-(2-HYDROXYCYCLOALKYL-METHYL)-PIPERIDONE-(2), KONFORM. 57-0096
CYCLOALKANONE, KONFORM. 58-0147
CYCLOALKYLVERBINDUNGEN (DARSTELLUNG)
7-HYDROXY-CYCLOOCTATRIENE-(1.3.5), DARST. 54-0283
DIMERE CYCLOALKANONPEROXIDE, DARST. AUS CYCLOALKANONEN 54-0284
1-CYAN-1-HYDROXY-CYCLANE, DARST. AUS CYCL. KETONEN 55-0308
BETA-ACETYLEN. CYCLANOLE, DARST. AUS EPOXIDEN U. LI-ACETYLENID (ALS AETHYLENDIAMIN-KOMPLEX) 55-0327
CYCLOTETRADECANDIONE-(1.3), DARST. AUS 1-MORPHOLINO-CYCLODODECEN-(1) U. CARBONSAEURECHLORIDEN 56-0384
2-ACYLCYCLOALKANONE U. CYCLOALKANDIONE-(1.3), DARST. AUS CYCLOALKANONENAMINEN U. ACYLCHLORIDEN 56-0385
1-ACETYL-CYCLOALKENE, DARST. AUS CYCLOALKYLACETATEN 57-0279
TRANS-1.3-CYCLOALKAN-DIOLE, DARST. AUS CYCLOALKENOLEN-(3) 57-0400
CYCLANOLE, SYNTH. AUS BROMKETONEN 57-0403
TERT. CYCLOALKANOLE, SYNTH. AUS CYCL. KETONEN U. ORGANO-LI-VERB. 57-0718
2-HYDROXYCYCLOALKYL-P-TOSYLATE, DARST. 58-0235
CYCLANOLE, DARST. AUS GAMMA- U. DELTA-HALOGENKETONEN MIT MG U. LI 58-0359
ARYL-CYCLOALKYLSULFIDE U. -SULFONE, DARST. DURCH INTRAMOL. ALKYLIER. 58-0404
ALPHA-NITROSO-CYCLOALKANCARBONSAEUREESTER, DARST. AUS D. ALPHA-AMINOESTERN BZW. AUS ALPHA-HYDROXYLAMINO-CYCLOALKANIMIDSAEUREESTERN 58-0471
P-CYCLOPROPYL-PHENYL-CYCLOALKANE, DARST. AUS 1-(P-CYCLOPROPYL-PHENYL)-CYCLOALKANOLEN 58-0480
1-(ALPHA-BROM-BENZYL)-CYCLOALKANOLE-(1) DARST. AUS 1-BENZYL-CYCLOALKANOLEN-(1) U. N-BROMSUCCINIMID 58-0491
2-DIMETHYLAMINO-CYCLOALKANONOXIME, DARST. AUS ALPHA-CHLOROXIMEN BZW. DIMEREN ALPHA-CHLORNITROSOVERB. U. DIMETHYLAMIN 59-0316
CYCLOALKYLIMINE, DARST. AUS CYCL. OLEFINEN U. PIKRYLAZID 59-0487
CYCLOALKENALANINE, DARST. AUS CYCLOALKEN-METHYLBROMIDEN BZW. -ACETALDEHYDEN 60-0412
2-PIPERIDINOMETHYL-CYCLANOLE, DARST. D. REINEN CIS-TRANS-ISOMERE 60-0606
CYCLOALKENE, BLDG. AUS CYCLOALKYLTRIMETHYLAMMONIUMVERB. (STER. VERLAUF, MECHANISMUS) 61-0269
UNGESAETT. CYCL. KETONE, DARST. AUS UNGESAETT. EPSILON-KETOLEN 61-0451
2-OXO-1-DIAZO-, DARST. DURCH ENTFORMYLIERENDE DIAZOGRUPPENUEBERTRAG. 61-0459
CYCLOOCTADIEN-(1.5)(BZW. -(1.3))-EISENCARBONYLE, DARST. AUS CYCLOOCTADIEN-(1.5) ODER CYCLOOCTADIEN-(1.3) U. EISENCARBONYLEN 62-0044
BIS-(2-FORMYLCYCLOALKEN-(1)-YL)-SULFIDE, DARST. AUS 1-CHLOR-2-FORMYLCYCLOALKENEN U. NA2S 62-0441
1-HYDROXYMETHYL-1-NITRO-CYCLANOLE, DARST. AUS DIALDEHYDEN U. 2-NITRO-AETHANOL 63-0486
CYCLOALKYLBENZOESAEUREN U. -CUMYLCHLORIDE, DARST. 64-0245
1.2-DIALKYL-1.2-DI-OXOCYCLOALKYL-AETHANE, DARST. 64-0504
1.1-BIS-CARBAETHOXY-, DARST. AUS OMEGA-HALOGENALKYLMALONSAEUREAETHYLESTERN (KINETIK) 58-0259
2-NITROALKYL-CYCLOALKANONE, DARST. AUS CYCL. ENAMINEN U. NITROOLEFINEN 58-0465
CYCLODODECENONE, DARST. AUS N-NITROSO-N-OXOCYCLODODECYL-ACETAMIDEN 61-0452
3.4-DICYCLOALKYL-HEXENE-(3), DARST. DURCH ACYLOINKONDENS. V. 4- U. 3-AETHYLEN- BZW. PHENYLENDIOX-CYCLOHEXAN-(BZW. -PENTAN)-CARBONSAEUREESTERN 64-0503
CYCLOALKYLVERBINDUNGEN (PHYSIKAL. EIGENSCHAFTEN)
CYCLANONE, IR (CARBONYLFREQUENZEN) 60-0083
CYCLOALKYLHALOGENIDE, IR U. KONFORM. 61-0086
DI(HETERO)ARYLIDEN-CYCLOALKANONE, IR 62-0177
CYCL. TRANS-OLEFINE, SPANN.-ENERGIE D. DOPPELBIND. 56-0202
CYCL. ALLYLALKOHOLE U. UNGESAETT. KETONE, MASSENSPEKTROSKOPIE 55-0087
CYCLOALKANONE, NMR 58-0147
CYCLOALKANONE, PROTONIERTE, NMR 59-0123
CYCL. DIENE, H-H- U. H-F-KOPPL. 62-0083
N-(2-HYDROXYCYCLOALKYL-METHYL)-PIPERIDONE-(2), NMR 57-0096
DI(HETERO)ARYLIDEN-CYCLOALKANONE, PK 62-0177
CYCLOALKYLBENZOESAEUREN, PK-WERTE (KONSTIT.-EINFL.) 64-0245
CYCLOALKANONE, GASCHROMATOGRAPHIE 64-0127
CYCLOALKYLVERBINDUNGEN (REAKTIONEN)
ALKYLCYCLANONE, RINGVERENGER. MIT SEO2 U. H2O2 54-0297
CYCLANON-MANNICHBASEN, RK. ZU OMEGA-AMINOSAEUREN, 1. MITT. 56-0552
1-(ALPHA-BROM-BENZYL)-CYCLOALKANOLE-(1) RINGERWEITER. IN GGW. V. ISOPROPYL-MAGNESIUMBROMID 58-0491
ALPHA-EPOXY-CYCLENE, RK. , 2. MITT. 60-0473
CYCLODODECANDIONE, RK. MIT BASEN 61-0452
1-CYAN-1-HYDROXY-CYCLANE, GLEICHGEW. MIT RINGKETONEN (EINFL. D. RINGGROESSE) 55-0308
CYCLOOCTATRIENE-(1.3.5), UMLAGER. 54-0198
7-HYDROXY-CYCLOOCTATRIENE-(1.3.5), RING-KETTEN-ISOMERISIER. 54-0283
CYCLOALKYL-ONIUMVERB., ABBAU MIT K-ALKOHOLATEN (STEREOCHEMIE, KINETIK) 54-0167
CYCLOALKYLTOSYLATE ELIMINIER. V. P-TOLUOLSULFONSAEURE (MECHANISMUS) 61-0271
1.5-DISUBSTITUIERTE CYCLOOCTANE, CYCLISIER. 61-0510
2-DIMETHYLAMINO-CYCLOALKANONOXIME, BECKMANN-FRAGMENTIER. 59-0316
2-PIPERIDINOMETHYL-CYCLOALKANOLE, DEHYDRIER. (STER. VERLAUF) 64-0489
2-NITROALKYL-CYCLOALKANONE, RED. 58-0465
1-PYRROLIDINO-CYCLOALKENE, RED. MIT AL-HYDRIDEN 64-0606
2-HYDROXYCYCLOALKYL-P-TOSYLATE, SOLVOLYSE (NACHBARGRUPPENEFFEKT, KINETIK) 58-0235

1-METHYL-1-CHLOR-, SOLVOLYSE (KINETIK, ISOTOPEN- U. CH3-GRUPPENEFFEKT) 58-0238
CYCLOALKYL-CUMYLCHLORIDE, HYDROLYSE (KINETIK) 64-0245
CYCLOALKANOLE, CARBONYLIER. 64-0483
CYCLANON-MANNICHBASEN, PHOTOHYDROLYSE 56-0552
CYCLOALKYL-P-TOLUOLSULFONATE, SOLVOLYSE (KINETIK) 58-0235
CYCLOALKANONE, RADIKAL. ADDIT. AN OCTEN-(1) 56-0379
1.1-BIS-CARBAETHOXY-, UMESTER. MIT KALIUM-TERT.-BUTYLAT (KINETIK) 58-0259
1.2-DIHALOGEN-POLYFLUORALKENE, RK. MIT A. (MECHANISMUS) 58-0458
CYCL. ALPHA-METHYLENKETONE, RK. MIT VINYLAETHERN (THERM. ADDIT.) 60-0580
1-AMINO-CYCLOALKENE, ACYLIER. , 1. MITT. (MECHANISMUS) 56-0404
CYCLOALKANONE, RK. MIT TRANS-BENZYLIDEN-BRENZTRAUBENSAEURE 57-0396

CYCLOALKYLVERBINDUNGEN (BIOCHEMIE)
CYCLOALKENALANINE, MIKROBIZIDE WRKG. 60-0412
3.4-DICYCLOALKYL-HEXENE-(3), ANDROGENE WRKG. 64-0503

CYCLOBUTADIENE (UND HYDRODERIVATE)
CYCLOBUTANE U. CYCLOPROPANE, 52. MITT. 58-0480
CYCLOBUTANE U. CYCLOPROPANE, 53. MITT. 58-0481
TETRAPHENYL-, 6. MITT. 61-0193
PHOTODIMERE V. MALEIN- U. FUMARSAEURE-DERIV., CHEMIE, 6. MITT. 61-0457
CYCLOBUTENDERIV. D. PYRROLREIHE, 2. MITT. 61-0565
CYCLOBUTANVERB., 5. MITT. 63-0134
CYCLOBUTANE U. CYCLOPROPANE, 58.MITT. 64-0541
TERT.-BUTYL-CARBOXY(BZW. OXO)-CYCLOBUTANE, KONFORM. 60-0175
CYCLOBUTADIEN-FE-TRICARBONYLE, MOL.-STRUKTUR 61-0005
CYCLOBUTANE ROTAT.-ISOMERIE, 1.MITT. 53-0086
TERT.-BUTYL-CYCLOBUTANOLE, KONFORM. 63-0490
CYCLOBUTANONE, BLDG. DURCH UMLAGER. V. ALKINYL-SULFONATEN 53-0279
CYCLOBUTANE, DARST. AUS ALLENEN U. NATRIUMTRICHLORACETAT 53-0286
1-AETHOXY-2-(1-HYDROXYALKYL)-CYCLOBUTANE, DARST. AUS 2-AETHOXY-2.3-DIHYDRO-4H-PYRANEN U. ORGANOMAGNESIUMVERB. 55-0299
2-CHLOR-TETRAFLUORCYCLOBUTANONE, DARST. DURCH CLAISEN-UMLAGER. V. 2-CHLOR-TETRAFLUORCYCLOBUTEN-(1)-YL-(1)-AETHERN 55-0302
-METALLCARBONYL-KOMPLEXE, DARST. 56-0082
DICHLORCYCLOBUTENONE, DARST. AUS ALKINEN U. NATRIUMTRICHLORACETAT 56-0377
METHYLEN-CYCLOBUTANOLE, DARST. AUS TOSYLATEN ALLEN. ALKOHOLE 57-0404
CYCLOBUTAN-1.1-DICARBONSAEUREDIAMIDE, DARST. 57-0410
2.4-DIBENZYLIDEN-CYCLOBUTANONE, DARST. AUS ARYLALDEHYDEN U. CYCLOBUTANON 57-0424
2-ARYLIMINIO-4-ARYLAMINO-CYCLOBUTEN-1-ON-3-OXIDE, DARST. AUS QUADRATSAEURE U. ARYLAMINEN 59-0417
QUADRATSAEUREAMIDE, DARST. AUS 1.2-DIAETHOXY-CYCLOBUTEN-3.4-DION U. AMINEN 61-0096
1-CHLOR-1-CYAN-2-AMINO-CYCLOBUTANE, DARST. AUS ALPHA-CHLOR-ACRYLNITRIL U. ENAMINEN 61-0509
CYCLOBUTANOLONE U. -DIONE, DARST. 62-0426
CYCLOBUTAN-1.2CIS-DIOLE, DARST. AUS VINYLENCARBONAT U. OLEFINEN 63-0626
TERT.-BUTYL-CARBOXY(BZW. OXO)-CYCLOBUTANE, DARST. 60-0175
DIMETHYLDIARYLCYCLOBUTANE, DARST. AUS TRUXILLSAEUREN 60-0415
TETRABROM-CYCLOBUTANE, DARST. AUS CYCLOBUTADIEN-EISENTRICARBONYL U. BR2 61-0440
CYCLOBUTANE, DARST. 61-0457
CYCLOBUTADIEN-FE-KOMPLEXE, METHYLSUBSTITUIERTE-, DARST. 62-0046
CIS-3-ARYL-CYCLOBUTANCARBONSAEUREN, DARST. AUS 3-OXO-CYCLOBUTANCARBONSAEUREAETHYLESTER U. ARYLMAGNESIUMBROMIDEN 63-0516
PHOSPHORANYLIDENCYCLOBUTANDIONE, DARST. AUS TRIPHENYLPHOSPHORANYLIDENKETEN U. KETENEN, ALDEHYDEN U. KETONEN 64-0481
TETRABROM-CYCLOBUTANE, IR 61-0440
CYCLOBUTADIEN-FE-KOMPLEXE, METHYLSUBSTITUIERTE-, IR 62-0046
CYCLOBUTANE, MASSENSPEKTREN 60-0135
CYCLOBUTANE UMWANDL.-RK. V. ALPHA-PINEN, 2. MITT. (MAGNET. ANISOTROPIE D. CYCLOBUTANSYST.) 53-0070
DIMETHYLDIARYLCYCLOBUTANE, NMR-SPEKTREN 60-0415
CYCLOBUTADIEN-FE-TRICARBONYLE, NMR 61-0005
QUADRATSAEUREAMIDE, NMR 61-0096
TETRABROM-CYCLOBUTANE, NMR 61-0440
CYCLOBUTANDERIV., NMR (WEITBEREICHS-SPIN-KOPPL.) 63-0134
CIS-3-ARYL-CYCLOBUTANCARBONSAEUREN, DISSOZIAT.-KONST. 63-0516
CYCLOBUTANE, DESAMINIER. V. DERIV. (STER. KONTROLLE) 53-0146
ISOPROPYLIDEN-CHLOR-CYCLOBUTANE, RED. 54-0282

CYCLODEHYDRATISIERUNG
* S. UNTER ELIMINIERUNGSREAKTIONEN

CYCLODIMERISIERUNG
* S. UNTER POLYMERISATION

CYCLOHEPTATRIENE (UND HYDRODERIVATE)
TROPONE, 1.MITT.(ALKALIWRKG. AUF 2-HALOGEN-TROPONE) 53-0280
POLYARYLTROPILIDENE, 5. MITT. 62-0180
TROPONOIDE, 3. MITT. 62-0542
TROPONOIDE, 4. MITT. 63-0610
ALKYL-CYCLOHEPTANOLE, KONFORM. 64-0110
ARYLCYCLOHEPTENCARBONSAEUREN, DARST. AUS ARYL-BETA-(2-OXOCYCLOPENTYL)-AETHYLKETONEN 55-0319
TROPYLIUMIONEN, MASSENSPEKTROMETR. BLDG. AUS VINYLFERROCENEN 59-0013
2-CYCLOHEPTATRIENYLIDEN-INDANONE, DARST. AUS INDANONEN U. TROPYLIUMFLUOROBORAT 60-0426
HYDROXYTROPYLIUMSALZE, DARST. AUS TROPON U. HALOGENWASSERSTOFFSAEUREN 64-0479
5-AZIDO-TROPOLONE, DARST. 56-0386
2-ISOPROPYL-CYCLOHEPTANONE, DARST. AUS CYCLOHEXANONEN U. DIAZOISOBUTAN 57-0406
3-PHENYLAZO-TROPOLONE, DARST. AUS TROPOLONEN U. BENZOLDIAZONIUM-SALZEN 61-0664
OXO-, DIPOLMOMENTE U. KONFORM. 54-0055
ALKYL-CYCLOHEPTANOLE, NMR 64-0110
POLYPHENYLTROPYLIUMPERCHLORATE, PK-WERTE 62-0180
5-AZIDO-TROPOLONE, RK. 56-0386
TROPOLONE, PHOTOUMWANDL., 6. MITT. 61-0501
1-ALKYLCYCLOHEPTENE, ISOMERISIER. ZU ALKYLIDENCYCLOHEPTANEN (GLEICHGEW.) 53-0272
1-SUBSTITUIERTE, PHOTOISOMERISIER. 56-0374
METHYLCYCLOHEPTATRIENE, THERM. INTRAMOL. UMLAGER. IN D. GASPHASE, 2. MITT. (THERMODYNAM. GLEICHGEW.) 57-0250
METHYL-, THERM. INTRAMOL. UMLAGER. IN D. GASPHASE, 3.MITT. (KINETIK) 57-0251
TROPONE U. -OXIME, PYROLYT. UMLAGER. 60-0403
2-ISOPROPYL-CYCLOHEPTANONE, RED. 57-0406
2-HALOGENTROPONE, ALKAL. SPALT. 53-0280
TROPONE, RK. MIT AKTIVIERTEN ISOCYANATEN 61-0583
TROPOLONE, ADDIT. AN MALEINSAEUREANHYDRID 62-0486

CYCLOHEXADIENE U. HYDRODERIVATE (ALLGEMEINES)
* CYCLITE, INOSITE S. DORT
FLUORCYCLOHEXANE, 12. MITT. 55-0294
METHYLSUBSTITUIERTE CYCLOHEXANDERIV., 2. MITT. 56-0409
CYCLOHEXANE, 6.MITT. 57-0149
HYDRIERTE POLYPHENYLE, 1. MITT. 58-0482
CYCLOHEXYLMETALLVERB., 2. MITT. 63-0055
METHYLSUBSTITUIERTE CYCLOHEXANDERIV., 6. MITT. 64-0494
PHOTOCHEMIE D. CYCLOHEXADIENE, 9. MITT.(SYNTH. U. PYROLYSE V. METHYLENQUADRICYCLENEN) 53-0317
NITRO- U. AMINO-MENTHANE, KONFORM. 53-0543
2-CARBOXY-CYCLOHEXANOLE, KONFIG. U. KONFORM. 55-0108
2.2'-DIOXO-DICYCLOHEXYL-METHANE, STEROCHEMIE 57-0426
CYCLOHEXANE MIT SP(2)-C-ATOM , INVERS.-BARRIERE 59-0168
CYCLOHEXANE, KONFORMEREN-GLEICHGEW. 60-0171
4-TERT.-BUTYL-CYCLOHEXANOLE, KONFORM. 61-0446
CYCLOHEXANDIOLE, STEREOCHEMIE 62-0110
CYCLOHEXENCARBONSAEUREN, KONFORM. 62-0131
CYCLOHEXANE, KONFORM.-GLEICHGEW. 62-0132
1-ALKYL-1-HALOGEN-CYCLOHEXANE, KONFORM. 62-0144
CYCLOHEXANOLE, ROTAMERENKONFORM. (NMR) 62-0146
ALKYLCYCLOHEXANE, (KONFORM. U. BRECHUNGSINDEX BZW. DICHTE) 62-0418
2-CHLOR-CYCLOHEXANTHIOLE, KONFORM. 62-0423
CYCLOHEXADIEN-(1.4)-YLAMINOSAEUREN, KONFORM. 63-0182
HALOGEN-CYCLOHEXANE KONFORM.-GLEICHGEW. 63-0187
CYCLOHEXYL-DERIV., KONFORM.-BEST. DURCH NMR 63-0188
2-TERT.-BUTYL-CYCLOHEXANONE, KONFORM. 63-0190
2-AMINO-CYCLOHEXAN-1-OLE, KONFORM. 64-0107
CYCLOHEXYLAMINE BEZIEH. ZWISCHEN KONFORM., MOL.-RADIUS U. KP.-, D.- U. N(D)-WERTEN 64-0180
1.2-DISUBSTITUIERTE CYCLOHEXANE, KONFORM. (EINFL. EINER 4-TERT.-BUTYLGRUPPE) 54-0104
CIS-1.2-BIS-METHOXYCARBONYL-CYCLOHEXANEN, ATROPISOMERIE 54-0105
TETRAACETOXY-CYCLOHEXANE, 1.3-DIAXIALE WECHSELWRKG. 54-0106
METHYLEN-CYCLOHEXAN-OXIDE, KONFORM.-GLEICHGEW. 55-0114
ALPHA-AMINO-ALPHA-CARBOXY-, KONFIG. 56-0509
2.2'-DIHYDROXY-DICYCLOHEXYLMETHANE, STEREOCHEMIE 57-0426
CYCLOHEXANE, KONFORM. 64-0088
CHLORCYCLOHEXANE, STEREOCHEMIE 64-0475
M-DIDESOXY-INOSAMINE, KONFIG. U. KONFORM. 59-0111

CYCLOHEXADIENE UND HYDRODERIVATE (DARSTELLUNG)
2-ALKYL-CYCLOHEXAN-1.3-DIONE, DARST. DURCH CYCLISIER. V. GAMMA-(BZW. DELTA-)KETOCARBONSAEUREN 53-0282
AMINO-ISOPROPYL-METHYL-CYCLOHEXANE, DARST. AUS (-)-(MENTHON-OXIM) BZW. ISOMENTHON-OXIM 53-0542
1-ARYLAMINO-4-TERT.-BUTYL-CYCLOHEXANE, DARST. AUS 4-TERT.-BUTYL-CYCLOHEXANON U. AROMAT. AMINEN 54-0302
2-(GAMMA-DIALKYLAMINO-ACRYLOYL)-CYCLOHEXANONE, DARST. AUS 2-(DIALKYLAMINOMETHYLEN)-CYCLOHEXANON U. KETEN 54-0442
2-ALKYL-3-METHYL-CYCLOHEXEN-(2)-ONE, BLDG. AUS DELTA-METHYL-GAMMA-ALKYL-DELTA-VALEROLACTONEN 55-0303
CYCLOHEXEN-4-CARBONSAEURE-AMINOAETHYLESTER, DARST. AUS BUTADIEN-(1.3) U. N.N-DISUBSTITUIERTEN ACRYLSAEURE-AMINOAETHYLESTERN 55-0310

NITROAETHYL-CYCLOHEXANDIONE-(1.3), DARST. AUS DIMEDON U. 1-ALKYL-2-NITROAETHYLENEN 55-0390
CIS-TRANS-ISOMERE 3-ALKYLCYCLOHEXYL-AETHER, DARST. 56-0376
ALKYL-CYCLOHEXANONE, DARST. 56-0380
2-DIMETHYLAMINO-3-ALKYL-CYCLOHEXANONE, DARST. 56-0391
ALPHA-AMINO-ALPHA-CARBOXY-, DARST. AUS CYCLOALKANONEN 56-0509
2-SUBSTITUIERTE 2-PHENYL-CYCLOHEXANONE, SYNTH. 57-0430
PURINYL-CYCLOHEXANE, DARST. 57-0604
(1-ALKOXYMETHOXY-2.2.2-TRICHLOR-AETHYL)-CYCLOHEXENE, DARST. AUS TRICHLORMETHYL-CYCLOHEXEN-(1)-YL-CARBINOL U. CHLORMETHYL-ALKYLAETHERN 58-0462
CYCLOHEXANCARBONSAEUREARYLESTER, DARST. AUS PHENOLEN U. CYCLOHEXANCARBONSAEURECHLORIDEN 58-0470
HYDRIERTE M-TERPHENYLE, DARST. 58-0482
M-DIDESOXY-INOSAMINE, DARST. 59-0111
ALPHA-AMMONIO-ANILE, DARST. 59-0376
CYCLOHEXADIENONE, SYNTH. U. RK., 2. MITT. 59-0407
2-(2H-1.3-DITHIOLYLIDEN)-CYCLOHEXANONIMINE, DARST. AUS ACETYLENEN U. 3.4-TETRAMETHYLEN-ISOTHIAZOLIN-THIONEN-(5) 59-0539
TETRADEUTERO-CYCLOHEXENE U. -HEXANE, DARST. AUS (1.1.4.4-D4)BUTADIEN-(1.3) U. ALPHA,BETA-UNGESAETT. AETHYLESTERN 60-0398
6-NITROPROPYL-1-AMINO-CYCLOHEXENE, DARST. AUS NITROPROPENEN U. 1-AMINO-CYCLOHEXENEN 60-0411
DIASTEREOISOMERE 1-PHENYL-4-TERT.-BUTYL-CYCLOHEXAN-1.2-DIOLE, DARST. AUS 1REF.2CIS-EPOXY-4CIS- BZW. 1REF. 2CIS-EPOXY-4TRANS-TERT.-BUTYL-1-PHENYL-CYCLOHEXAN 60-0414
DIMETHYLAMINOCYCLOHEXANE, DARST. DURCH SCHMIDT-RK. BZW. AUS D. EPIMEREN TOSYLATEN 61-0273
1-HALOGEN-2-ALKOXYMETHYL-CYCLOHEXANE, DARST. AUS CYCLOHEXEN U. HALOGENMETHYLALKYLAETHER (ZNCL2) 61-0445
PHENYLCYCLOHEXADIENE, BLDG. AUS BIPHENYL BZW. O-(4-PHENYL-3-CYCLOHEXENYL-(1))-S-METHYL-XANTHAT 61-0462
2-DESOXY-INOSADIAMINE-1.3, DARST. AUS 2.6-DINITRO-PYROGALLOL 61-0690
N-PHENYL-BENZOCHINONIMINOXIMDERIV., DARST. AUS N'-PHENYL-1.4-BENZOCHINONIMINOXIM U. CHLORIDEN 62-0385
ALLYLCYCLOHEXADIENOLE, DARST. AUS ALLYLCYCLOH + HEXADIENONEN 62-0412
1.3-DIAMINO-2-NITRO-CYCLOHEXANE, DARST. AUS GLUTARDIALDEHYD, NITRO-METHAN U. AMINEN 63-0481
STEREOISOMERE TRIMETHYLSILYL-CYCLOHEXANOLE, DARST. AUS 1-TRIMETHYLSILYL-CYCLOHEXEN 63-0499
1.3-DIARYL-2.2-SPIROPHTHALOYL-CYCLOHEXANONE-(5) DARST. AUS DIARYLIDENACETON U. INDANDION-(1.3) 63-0554
4-NITRO-5-(ALKINYL-(1))-CYCLOHEXENE, DARST. AUS 1-NITRO-ALKEN-(1)-INEN-(3) U. BUTADIEN-(1.3) 64-0472
CHLORCYCLOHEXANE, DARST. 64-0475
4-ACYL-5-(OMEGA-ALKOXYCARBONYL-ACYL)-CYCLOHEXENE, DARST. AUS UNGESAETT. DIOXCFETTSAEUREESTERN U. DIENEN 64-0487
(1-ACYLAMINO-CYCLOHEXYL)-ESSIGSAEUREN, DARST. AUS (1-HYDROXY-CYCLOHEXYL)-ESSIGSAEURE-AETHYLESTER U. NITRILEN 64-0491
1-PHENYL-CYCLOHEXANOLE U. -1-AMINOALKYL-CYCLOHEXYLAETHER , DARST. 64-0494
(1-PHENYL-CYCLOHEXYL)-KETONE, DARST. AUS (1-ALKYL-CYCLOHEXYL)-PHENYL-KETONEN 64-0498
2-ALKYL-2-PHENYL-CYCLOHEXANONE, DARST. AUS 1-CYAN-2-IMINO-3-PHENYL-3-ALKYL-CYCLOHEXANEN 64-0499
1.2-BIS-(3-OXO-CYCLOHEXYL)-AETHYLENE, DARST. AUS D. ENTSPRECHENDEN 4-OXO-DERIV. 64-0502
3-CYCLOHEXENE DARST. V. STEREOISOMEREN 2(6)-METHYL-U. 2.6-DIMETHYL-DELTA(3)-CYCLOHEXENEN 53-0283
CYCLOHEXANDIONE-(1.3), DARST. AUS ALKEN-(2)-SAEUREESTERN U. ACETESSIGSAEURE-TERT.-BUTYLESTER 54-0293
AMINOCYCLOHEXANDERIV., DARST. 56-0409
4-TERT.-BUTYL-CYCLOHEXANOLE, DARST. 61-0446
2-CHLOR-CYCLOHEXANTHIOLE, DARST. 62-0423
1.3.5-TRICHLOR-CYCLOHEXANE, DARST. D. STEREOISOMEREN 63-0138
1.3-DIAMINO-2-NITRO-CYCLOHEXANE, DARST. AUS 2TRANS-NITRO-CYCLOHEXANDIOL-(1REF.3CIS) U. AMINEN 63-0481
AMINODEUTERO-1-TERT.-BUTYL-CYCLOHEXANE, STEREOSPEZIF. SYNTH. AUS 4-TERT.-BUTYL-CYCLOHEXEN-(1) 63-0496
2TRANS-SUBSTITUIERTE CYCLOHEXYLBROMIDE, DARST. DURCH ADDIT. V. BRN3 U. LSGM. AN CYCLOHEXEN 64-0474

CYCLOHEXADIENE UND HYDRODERIVATE (PHYSIKAL. EIG.)
1-CARBOXY-DELTA(3)-CYCLOHEXENE, UV-SPEKTREN 55-0060
P-CHINONMETHIDE U. P-CHINODIMETHANE, UV (EINFL. D. ANELLIER., HALOCHROMIE) 57-0081
OXO- UV 58-0097
1-ALKYL-1-HALOGEN-CYCLOHEXANE, C-HALOGEN-VALENZSCHWING.-FREQUENZEN 62-0144
5.5-DIMETHYL-3-OXO-DELTA(1)-CYCLOHEXENYLAMINE, COTTON-EFFEKT 64-0083
N-(3-OXO-CYCLOHEXEN-(1)-YL)-AMINOSAEUREESTER, ORD 64-0084
2.4.4.6- TETRAHALOGEN-CYCLOHEXADIENONE, KRIST.-STRUKTUR 61-0160
OXO-, DIPOLMOMENTE U. KONFORM. 54-0055
TRIHALOGENCYCLOHEXANE, DIPOLMOMENTE 55-0071
TRICARBONYL-CYCLOHEXADIEN-(1.3)-FE-KOMPLEXE MASSENSPEKTREN 58-0012
ALKYLCHLORCYCLOHEXANE, MASSENSPEKTREN 58-0128
CYCLOHEXENE, MASSENSPEKTREN 60-0135
CYCLOHEXANDERIV., DIPOLMOMENTE 61-0072
DIMEDON-ALDEHYD-DERIV., MASSENSPEKTREN 61-0121
CYCLOHEXANDIOLE, MASSENSPEKTRUM 62-0110
1.2-DISUBSTITUIERTE CYCLOHEXANE, NMR-CHEM. VERSCHIEB. (EINFL. D. ELEKTRONEGATIVITAET V. SUBSTITUENTEN) 54-0104
CIS-1.2-BIS-METHOXYCARBONYL-CYCLOHEXANEN, NMR-SPEKTREN 54-0105
TETRAACETOXY-CYCLOHEXANE, NMR-SPEKTREN 54-0106
TRIHALOGENCYCLOHEXANE, NMR 55-0071
CYCLOHEXYLCARBINOL-DERIV., NMR 56-0155
3.5.5-TRIMETHYL-CYCLOHEXEN-(2)-ONE, NMR -UNTERS. ZUM ENTSCHIRM.-EFFEKT D. 2-STAEND. SUBSTITUENTEN 57-0097
ALPHA-HALOGEN-CYCLOHEXANOLE, NMR (LSGM.-ABHAENGIGK. D. KOPPL.-KONST.) 57-0108
CYCLOHEXYLHALOGENIDE, NMR U. KONFORM. -GLEICHGEW. 58-0150
M-DIDESOXY-INOSAMINE, NMR 59-0111
2.4-CYCLOHEXADIENONE, NMR-SPEKTREN 62-0089
2-CHLOR-CYCLOHEXANTHIOLE, NMR 62-0423
1.3.5-TRICHLOR-CYCLOHEXANE, NMR 63-0138
CYCLOHEXANE, MAGNETOOPT. ROTAT.-DISPERS. 64-0088
OXO-, NMR IN CCL4 BZW. KONZ. H2SO4 58-0097
CYCLOHEXANCARBONSAEUREN, STER. HINDER. U. ACIDITAET 58-0245
P-BENZOCHINONOXIME, PK-WERTE 59-0192

CYCLOHEXADIENE UND HYDRODERIVATE (REAKTIONEN)
2-(MORPHOLINO-CYCLOHEXENYL)-1-AZA-CYCLOALKENE, UEBERFUEHR. IN OMEGA-AMINOSAEUREN 53-0234
2.4-DIALKYL-CYCLOHEXANONE, PHOTOLYSE (STEREOELEKTRON. EINFL.) 61-0321
CYCLOHEXENE, ADDIT.-RK., STER. EFFEKTE 62-0421
2-METHYLCYCLOHEXANOLE, EPIMERISIER. MIT AL-ISOPROPYLAT 54-0100
3-OXO-CYCLOHEXADIENE-(1.4), PHOTOCHEM. UMLAGER. 54-0138
CYCLOHEXADIEN-5.6-DICARBONSAEUREIMIDE, PHOTOCHEM. UMLAGER. (N-SUBSTITUENTEN-EINFL.) 54-0193
ALKENINYL-CYCLOHEXANE, AROMATISIER. MIT K-TERT.-BUTYLAT 55-0210
2-METHYL-CYCLOHEXANCARBONSAEUREN, EPIMERISIER.-GLEICHGEW. 57-0181
CYCLOHEXADIENONE, PHOTOLYSE (UV) 57-0474
DIMETHYL-CYCLOHEXANE, CIS-TRANS-ISOMERISIER. (THERMODYNAM. DATEN) 59-0151
P-BENZOCHINODIIMINE, ISOMERISIER. AN D. C=N-DOPPELBIND. 59-0188
2-AROYLAMINO-CYCLOHEXANOLE, N-O-ACYLWANDER. (KINETIK) 62-0433
CYCLOHEXADIENONE, PHOTOUMLAGER. (MECHANISMUS) 63-0337
4-ARYLOXY-CYCLOHEXADIENONE, THERM. UMLAGER. 63-0434
1-METHOXY-CYCLOHEXADIENE-(1.4), ISOMERISIER. IN GGW. V. TRIS-(TRIPHENYLPHOSPHIN)-RHODIUMCHLORID 64-0308
NITROAETHYL-CYCLOHEXANDIONE-(1.3), CYCLISIER. DURCH RED. 55-0390
ALLYLCYCLOHEXADIENOLE, DIENOL-BENZOL- UMLAGER. 62-0412
TOSYLOXYMETHYL-CYCLOHEXANONE, FRAGMENTIER. 54-0294
TERT.-BUTYL-CYCLOHEXANOLE, DEHYDRATISIER. (MECHANISMUS) 57-0235
1.3-, PHOTOISOMERISIER. , 2. MITT. 59-0267
2-METHYL-CYCLOHEXYL-XANTHOGENATE U. -ACETATE, PYROLYSE 62-0429
ALKYL(PHENYL)-CYCLOHEXANOLE, DEHYDRATISIER. AN AL2O3 (MECHANISMUS) 63-0487
AMINODEUTERO-1-TERT.-BUTYL CYCLOHEXANE, DESAMINIER. 63-0496
CYCLOHEXADIEN-5.6-DICARBONSAEUREANHYDRIDE, PHOTOLYSE 57-0469
POLYHYDROXY-CYCLOHEXANE, BIOCHEM. OX. 54-0578
PHENAETHYL-CYCLOHEXENE, OXYDIERENDE CYCLISIER. 57-0453
N.N'-DIACETYL- 2-DESOXY-INOSADIAMINE-(1.3), PERJODATOX. (MECHANISMUS) 61-0206
METHYLEN-BIS-CYCLOHEXANDIONE-(2.6), INTRAMOL. OXYDATIVE KUPPL. MIT FE(FE(CN)6) 61-0504
DELTA(2)-CYCLOHEXENONE, RED. NACH WOLFF-KISHNER ODER CAGLIOTI (MECHANISMUS) 59-0205
MENTHYL- U. CAROVMENTHYL-AMINE DESAMINIER. (PROD.-ZUS.) 53-0544
ALKYLIDEN-BIS-CYCLOHEXANONE, RK. MIT H2S 54-0307
METHYLEN-CYCLOHEXAN-OXIDE, RK. MIT THIOSULFAT (KINETIK) 55-0114
ACETOXY-METHYLCYCLOHEXANE, BETEILIG. V. ACETOXYGRUPPEN AN D. SOLVOLYSE V. 2-HYDROXYMTHYL-CYCLOHEXANOLDERIV. 55-0298
4-SUBSTITUIERTE CYCLOHEXAN-CARBONSAEUREESTER, ALKAL. HYDROLYSE (KINETIK) 58-0255
CYCLOHEXANDIOL- U. -TRIOLACETATE, KOMPLEXBLDG. MIT TICL4 U. SNCL4 60-0047
AETHYLCYCLOHEXENE, ADDIT. V. HSICL3 61-0461
2-CHLOR-CYCLOHEXANTHIOLE, SOLVOLYSE MIT W.-DIOXAN (KINETIK) 62-0424
2-METHYLCYCLOHEXANCARBONSAEUREMETHYLESTER, STER. HINDER. D. HYDROLYSE 58-0245

1-HALOGEN-2-ALKOXYMETHYL-CYCLOHEXANE, DEHYDROHALOGENIER. MIT METHANOL. KOH 61-0445
CYCLOHEXANDIOLE-(1.2), RK. MIT METHYLENHALOGENIDEN 56-0457
DIMETHYLAMINOCYCLOHEXANE, RK. MIT CH3J (KINETIK) 61-0273
N.N'-DI-BENZOLSULFONYL-1.4-BENZOCHINONDIIMINE, RK. MIT PIPERIDIN BZW. PIPERAZIN 64-0636
2-METHYL-CYCLOHEXYLTOSYLATE, AETHANOLYSE (KINETIK, MECHANISMUS) 60-0264
CYCLOHEXEN-(2)-ONE, PHOTOADDIT. AN 1.1-DIMETHOXY-AETHEN 60-0319
CYCLOHEXENE, NUCLEOPHILE ADDIT. V. BUTAN-THIOL 54-0287
2-ALKYL-CYCLOHEXANONE, RK. MIT ORGANO-MG-VERB. 57-0496
CYCLOHEXENONE, RK. MIT 2-LITHIUM-2-METHYL-1.3-DITHIAN 58-0464
CYCLOHEXANONE, STER. VERLAUF D. RK. MIT GRIGNARD-VERB. 61-0152
CYCLOHEXANONE, RK. MIT METHYL-ORGANOMETALLVERB. 61-0286
N-ALKYL-CYCLOHEXANONIMINE, RK. MIT ALKYL- U. ARYLISOCYANATEN U. -- ISOTHIOCYANATEN 64-0488
2-METHYL-CYCLOHEXYLTOSYLATE, ACETOLYSE (KINETIK, MECHANISMUS) 60-0264
N-ALKYL-CYCLOHEXANONIMINE, RK. MIT SAEURECHLORIDEN 64-0488

CYCLOOLIGOMERISATION
* S. UNTER POLYMERISATION

CYCLOPENTADIENE UND HYDRODERIVATE (ALLGEMEINES)
* FERROCENE, METALLOCENE S. DORT
POLYFLUORCYCLOPENTADIENE, 3. MITT.(DIELS-ALDER-RK. V. PERFLUORCYCLOPENTADIEN) 53-0322
SUBSTITUIERTE PENTAPHENYL-CYCLOPENTADIENYL-VERB. U. TETRACYCLONE, 4. MITT.(UNSYMM. P-METHYL- U. P-PHENYL-SUBSTITUIERTE PENTAPHENYL-CYCLOPENTADIENYL-KATIONEN U. -RADIKALE, DARST.) 57-0423
STABILE SCHWEFELYLIDE V. CYCLOPENTADIEN-1.2.3.4-TETRACARBONSAEURE-TETRAMETHYLESTER 58-0463
CYCLOPENTADIENYLIDENE, 3. MITT. 61-0599
2-CARBOXY-CYCLOPENTANOLE, KONFIG. U. KONFORM. 55-0108
2-CHLOR-CYCLOPENTANTHIOLE, KONFORM. 62-0423
1-ALKYL-TRANS-2-AMINO-CYCLOPENTANOLE-(1), ROTAT.-ISOMERIE 64-0167
MONOHALOGENCYCLOPENTANE, KONFORM. 61-0139
1.2-DIVINYL-CYCLOPENTANDIOLE, KONFIG. 64-0182

CYCLOPENTADIENE UND HYDRODERIVATE (DARSTELLUNG)
2-ALKYL-CYCLOPENTAN-1.3-DIONE, DARST. DURCH CYCLISIER. V. GAMMA-(BZW. DELTA-)KETOCARBONSAEUREN 53-0282
POLYMETHOXYCARBONY-, DARST. AUS ACETYLENDICA + CARBONSAEURE-DIMETHYLESTER IN CYANESSIGSAEUREESTERN 54-0299
HETARYL-CYCLOPENTENONE, DARST. AUS HETEROCYCL. SUBSTITUIERTEN GLYOXALEN 54-0417
ACYL-CYCLOPENTENE, DARST. AUS EPSILON-ALKINYLKETONEN 55-0305
2-ACYLCYCLOPENTAN-1.3-DIONE, DARST. DURCH C-ACYLIER. V. CYCLOPENTAN-1.3-DION 56-0382
1-MERCAPTO-4-ALKOXYMETHYL-2-CYCLOPENTENE, DARST. AUS 1-CHLOR-4-ALKOXYMETHYL-2-CYCLOPENTENEN U. THIOHARNSTOFF 57-0405
PI-ALLYLDICYCLOPENTADIENYL-TI(III)-KOMPLEXE, DARST. 59-0054
ACETYL-CYCLOPENTANE, DARST. AUS CYCLOPENTANONEN 59-0134
4-CHLOR-CYCLOPENTENONE-(3), DARST. 59-0410
1-ANILINO-CYCLOPENTEN-2-CARBONSAEUREANILIDE, DARST. AUS 2-KETO-CYCLOPENTANCARBONSAEUREAETHYLESTER U. ANILINEN 59-0747
DICYCLOPENTADIENYL-NIOB(V)-DISULFID-KOMPLEXE, DARST. AUS BIS-(CYCLOPENTADIENYL)-NIOB(V)-HYDROXID-DICHLORID 61-0046
CYCLOPENTENONE, DARST. AUS ALPHA,BETA-UNGESAETT. FETTSAEUREESTERN 61-0450
5-(ALPHA-SUBSTITUIERTES AETHYL)-1.2.3.4.5-PENTAMETHYL-CYCLOPENTADIENE, DARST. AUS HEXAMETHYL-DEWARBENZOL 61-0499
CYCLOPENTANDIONE-(1.3), DARST. AUS 4-BENZYLIDEN- BZW. -PIPERONYLIDEN-OXAZOLONEN-(5) U. 3-OXO-GLUTARSAEURE-DIMETHYLESTER 62-0449
1.2-DIVINYL-CYCLOPENTANDIOLE, DARST. AUS CYCLOPENTANDIONEN 64-0182
ACYL-CYCLOPENTANE, DARST. 56-0380
CYCLOPENTANON-2-CARBONSAEUREANILIDE, DARST. AUS 2-KETO-CYCLOPENTANCARBONSAEUREAETHYLESTER 59-0747
TRIMETHYL-, BLDG. AUS ISOBORNYLACETAT DURCH THERMOLYSE 62-0419
2-CHLOR-CYCLOPENTANTHIOLE, DARST. 62-0423
9-CYCLOPENTYL-8-AZA-PURINE, DARST. AUS DIAZOTIERTEM 4-CHLOR-5-AMINO-6-CYCLOPENTYLAMINO-PYRIMIDIN 63-0700

CYCLOPENTADIENE UND HYDRODERIVATE (PHYSIKAL. EIG.)
PI-ALLYLDICYCLOPENTADIENYL-TI(III)-KOMPLEXE, ELEKTRONENSPEKTRUM 59-0054
MONOHALOGENCYCLOPENTANE, KOHLENSTOFF-HALOGEN-VALENZSCHWING. 61-0139
CYCLOPENTADIENYL-MN- U. -RE-CARBONYL-VERB., KERNQUADRUPOL-RESONANZ 64-0010
-METALLKOMPLEXE, LICHTABSORPT. (THEORIE) 63-0003
TRIHALOGENCYCLOPENTANE, DIPOLMOMENTE 55-0071
TETRACYCLONE, MASSENSPEKTROSKOPIE 60-0137
1-(P-VALERYL-PHENYL)-3-ARYL-CYCLOPENTANE, MASSENSPEKTREN 63-0159
ACETYL-CYCLOPENTANE, MASSENSPEKTROMETRIE 59-0134
TRIHALOGENCYCLOPENTANE, NMR 55-0071
2-CHLOR-CYCLOPENTANTHIOLE, NMR 62-0423

CYCLOPENTADIENE UND HYDRODERIVATE (REAKTIONEN)
CYCLOPENTYL-TOSYLATE, SUBSTITUT.-RK. (KINETIK) 55-0182
CYCLOPENTADIENONE, UMSETZ., 4. MITT. 55-0401
2-CHLOR-CYCLOPENTANTHIOLE, SOLVOLYSE MIT W.-DIOXAN (KINETIK) 62-0424
METHYLCYCLOPENTADIENE, THERM. ISOMERISIER. 62-0420
CYCLOPENTENE, NUCLEOPHILE ADDIT. V. BUTAN-THIOL 54-0287
CYCLOPENTADIENE, KONDENS. MIT 2.6-DIMETHYL-8-PYRON ODER 2.6-DIMETHYL-4-OXO-THIOPYRAN 61-0599

CYCLOPENTADIENE UND HYDRODERIVATE (BIOCHEMIE)
9-CYCLOPENTYL-8-AZA-PURINE, HEMM. D. T2OSR-BACTERIOPHAGOLYSE D. ESCHERICHA COLI B 63-0700
1-AMINOCYCLOPENTANCARBONSAEUREN, WACHSTUMSHEMM. V. ESCHERICHIA COLI 63-0887
1-AMINOCYCLOPENTANCARBONSAEUREN, TOXIZITAET GEGENUEBER MAEUSEN 63-0887
9-CYCLOPENTYL-8-AZA-PURINE, WRKG. AUF D. UEBERLEBENSZEIT V. L1210 LYMPHOMA-ZELLEN 63-0700

CYCLOPHANE
PARA-, ENANTIOMERE, GEHINDERTE ROTAT. 58-0148
HOMOLOGE (2.2)META-, DARST. AUS ALPHA.ALPHA'-DIBROM-M-XYLOL 54-0304
META-, IR-SPEKTREN 58-0074
META-, UV-SPEKTREN 58-0074
META-, MASSENSPEKTREN 58-0074
META-, NMR-SPEKTREN 58-0074
PARA-, NMR 58-0148
(2.2)PARA-, TRANSANULAR GELENKTE, ELEKTROPHILE SUBSTITUT. 60-0444

CYCLOPROPENE UND HYDRODERIVATE (ALLGEMEINES)
GEM.-DIHALOGEN-CYCLOPROPYL-SILANE, -GERMANE U. -STANNANE, DARST. 56-0393
CYCLOPROPENONE, STRUKTUR U. REAKTIVITAET, 2. MITT. 57-0116
CYCLOPROPENONE, 1. MITT. 58-0466
CYCLOPROPENONE, 2. MITT. 58-0467
CYCLOPROPANE U. CYCLOBUTANE, 52. MITT. 58-0480
CYCLOPROPANE U. CYCLOBUTANE, 53. MITT. 58-0481
CYCLOPROPANOLE, CHEMIE, 6. MITT. 61-0474
CYCLOPROPANONE, 7. MITT. 61-0534
CYCLOPROPANVERB., 12. MITT. 62-0422
CYCLOPROPANE, 23. MITT. 63-0502
PROTONIERTE CYCLOPROPANE, 2.MITT. 64-0276
PROTONIERTE CYCLOPROPANE, 3. MITT. 64-0277
CYCLOPROPANOLE, CHEMIE, 7. MITT. 64-0482
CYCLOPROPANE U. CYCLOBUTANE, 58.MITT. 64-0541
CYCLOPROPANE ROTAT.-ISOMERIE 1.MITT. 53-0086
CYCLOPROPYLACRYLESTER, KONFORM. 64-0102
1-AETHINYL-2-BROM-CYCLOPROPANE, KONFIG. 62-0147

CYCLOPROPENE UND HYDRODERIVATE (DARSTELLUNG)
CYCLOPROPYL-KETONE, DARST. DURCH UMLAGER. V. ALKINYL-SULFONATEN 53-0279
TETRAARYL-, DARST. 54-0174
CYCLOPROPAN-1.1-DICARBONITRILE, DARST. AUS MALODINITRILEN U. DIAZOMETHAN 54-0298
NITRO-SPIRO-CYCLOPROPANE, DARST. AUS 1-BROM-1-NITRO-ALKENEN MIT INDAN-DIONEN BZW. PYRAZOLONEN 54-0337
CYCLOPROPANE, DARST. AUS DELTA(2)-PYRAZOLINEN 54-0378
CYCLOPROPENYLIUMCYANINE, DARST. AUS 2- BZW. 4-ALKYLSUBSTITUIERTEN HETEROCYCL. QUART. SALZEN U. 1.2-DIPHENYL-3-AETHOXY-CYCLOPROPENYLIUM-TETRAFLUOROBORAT 54-0430
CYCLOPROPOXY-DERIV., DARST. AUS CYCLOPROPYLBROMIDEN 55-0300
CYCLOPROPYLIDENCYCLOALKANE, DARST. AUS 2.2-DICHLOR-CYCLOPROPYLIDEN-CYCLOALKANEN 55-0314
IMINO-, DARST. AUS DIPHENYL-CYCLOPROPENON U. ISOCYANATEN 56-0381
CYCLOPROPANCARBONSAEUREESTER, DARST. AUS ALPHA,BETA-UNGESAETT. ESTERN U. DIMETHYLSULFOXONIUM-METHYLID 56-0387
ALKYLIDEN-CYCLOPROPANE, DARST. AUS ALLENEN U. CH2J2 (ZN-CU) 56-0443
CYCLOPROPANE, DARST. AUS OLEFINEN U. CH2J2 MIT DIAETHYLZINK 57-0399
ARYLSULFONYL-CYCLOPROPANE, DARST. AUS ARYL-(3-CHLOR-PROPYL)-SULFONEN 58-0308
DIHALOGENCYCLOPROPANE, DARST. AUS DIOLEFINEN U. DIHALOGENCARBENEN 58-0329
2-AETHOXY-1-AETHINYL-CYCLOPROPANE, BLDG. AUS 5-BROM-4-AETHOXY-ALKINEN-(1) 58-0347
DICHLORCYCLOPROPANE, DARST. AUS EN-INEN U. DICHLORCARBEN 58-0467
1-CYCLOPROPYL-PYRROLIDINE, DARST. AUS VINYLPYRROLIDINEN U. DIAZOMETHAN 58-0537
2-ARYL-CYCLOPROPYL-RADIKALE, THERM. BLDG. AUS (2-ARYL-CYCLOPROPYL)-PERSAEURE-TERT.-BUTYLESTERN (KINETIK) 59-0256
1.2.3-TRIS-HYDROXYMETHYL-CYCLOPROPANE, DARST. 59-0402

1-ACETYL-1.2-DIMETHYL-CYCLCPRCPANE, STEREOSPEZIF.
DARST. AUS 3-METHYL-PENTEN-(3)-INEN-(1) 59-0406
SUBSTITUIERTE METHYLCYCLCPROPANE, CARST. AUS
ALLYLVERB. U. DIAZOMETHAN (CU-HALCGENIDE) 59-0416
POLYFUNKTIONELLE CYCLOPROPANE, DARST. AUS ALPHA-
CHLOR-ACRYLNITRIL U. RK.-FAEH. METHYLENVERB. 60-0407
3-SUBSTITUIERTE TRANS-CYCLCPRCPAN-1.2-
DICARBONSAEUREDIESTER, DARST. DURCH ADDIT. AN FEIST-
SAEUREDIESTER 60-0458
1.1-DIHALOGEN-2-METHYL-CYCLOPROPANE, DARST. AUS
OLEFINEN, AETHYLENOXID U. DIHALOGENCARBENEN 61-0326
NITROCYCLOPROPANE, DARST. AUS NITROOLEFINEN U.
DIMETHYLSULFOXONIUMMETHYLID 61-0437
ALKOXY-CYCLOPROPANE, DARST. AUS BETA-CHLOR-ACETALEN
U. MG 61-0447
1-PHENYL-1-FLUOR-CYCLOPRCPANE, DARST. AUS PHENYL-
FLUOR-CARBEN U. OLEFINEN 61-0469
CYCLOPROPAN-1.2-DICARBONSAEUREDERIV., DARST. AUS
DIMETHYLSULFURANYLIDEN-ESSIGSAEUREAETHYLESTER U.
ALPHA-BROM-ACRYLSAEUREDERIV. 61-0475
ACYL-CYCLOPROPANE, BLDG. BEI D. PHOTOSENSIBILISIERTEN
ZERS. V. ALPHA-DIAZO-KETONEN IN OLEFINEN 61-0520
1-AETHINYL-2-BROM-CYCLOPROPANE, DARST. AUS
DIBROMCARBEN U. ALKIN-(1)-ENEN-(3) 62-0147
GEM.-DIHALOGENCYCLOPROPANE, DARST. AUS OLEFINEN U.
ORGANOSCHWERMETALL-TRIHALOGENACETATEN 63-0071
CYCLOPROPANCARBONSAEUREN, DARST. AUS UNGESAETT.
CARBONSAEUREESTERN NACH SIMMONS-SMITH (STER. VERLAUF) 63-0493
CYCLOPROPANE, DARST. AUS OLEFINEN DURCH SIMMONS-
SMITH-RK. 63-0494
CYCLOPROPANE, PHOTOCHEM. DARST. AUS ALKYLIDEN-
TRIPHENYL-PHOSPHORANEN U. AETHYLENEN 63-0504
CYCLOPROPANE, OPT.-AKT., DARST. AUS OLEFINEN, GEM.-
DIJODALKANEN MIT ZN-DIAETHYL U. L-LEUCIN 63-0558
TRIFLUORMETHYLCYCLOPROPANE, DARST. AUS 2.2.2-
TRIFLUOR-DIAZOAETHAN U. OLEFINEN 63-0638
CYCLOPROPANE, DARST. AUS DIMETHYLAMINO-
PHENYLOXOSULFONIUMYLIDEN U. OLEFINEN 64-0434
CYCLOPROPENE, DARST. AUS 3H-PYRAZOLEN DURCH PHOTORK. 57-0528
CYCLOPROPENONE, DARST. AUS ACETYLENEN U.
DICHLORCARBEN 58-0466
CYCLOPROPENONE, DARST. AUS ENINEN U. DICHLORCARBEN 58-0467
P-CYCLOPROPYL-PHENYL-CYCLOALKANE, DARST. AUS 1-(P-
CYCLOPROPYL-PHENYL)-CYCLOALKANOLEN 58-0480
H(1).H(2)-TRANS-CYCLOPROPANE, STEREOSPEZIF. SYNTH. 59-0428
BICYCLOPROPYLE, DARST. AUS 1.3-BUTADIEN 61-0463
CYCLOPROPYLALKOHOLE, DARST. DURCH SIMMONS-SMITH-RK. 62-0417
CYCLOPROPANE, STEREOSPEZIF. DARST. AUS OLEFINEN,
GEM.-DIJOD-ALKANEN U. ZN-DIAETHYL 63-0558

CYCLOPROPENE UND HYDRODERIVATE (PHYSIKAL. EIGENSCHAFTEN)
CYCLOPROPANE, IR 58-0169
ALPHA-CYCLOPROPYL-KETONE, KONFORM. U. CD 62-0060
CYCLOPROPYLAETHYLENE, UV (VGL. MIT
ISOPROPYLAETHYLENEN) 64-0101
-3-CARBONSAEUREDERIV., IR -SPEKTREN 64-0105
CYCLOPROPENONE, RAMANSPEKTRUM 57-0116
CYCLOPROPYLACRYLESTER, UV 64-0102
CYCLOPROPYLACRYLESTER, KONJUGAT. 64-0102
ALKYLCYCLOPROPYL-ALKANALE, MASSENSPEKTREN 56-0139
ALKYLCYCLOPROPANE, LOKALISIER. D. 3-RINGS DURCH
MASSENSPEKTROMETRIE D. CRO3-OX.-PROD. 59-0409
1-AETHINYL-2-BROM-CYCLOPROPANE, DIPOLMOMENT 62-0147
NMR 56-0126
GEM.-DISUBSTITUIERTE CYCLOPROPANE, NMR -SPEKTREN U.
STEREOCHEMIE 56-0160
1-CYCLOPROPYL-PYRROLIDINE, NMR 58-0537
H(1).H(2)-TRANS-CYCLOPROPANE, NMR 59-0428
1-PHENYL-1-FLUOR-CYCLOPROPANE, (1)H- U. (19)F-NMR 61-0469
1-ORGANYLSILYL-2.2-DICHLOR-CYCLOPRCPANE, PMR-SPEKTREN 63-0140
CYCLOPROPYLACRYLESTER, NMR 64-0102
HYDROXYALKYL-CYCLOPROPANE, INTRAMOL. H-BIND. 58-0169
CYCLOPROPANE, INTERMOL. H-BIND. MIT P-FLUOR-PHENOL 58-0169

CYCLOPROPENE UND HYDRODERIVATE (REAKTIONEN)
CYCLOPROPENONE, RK.-WEISE, 5.MITT. 54-0430
CHRYSANTHEMSAEUREDERIV., RINGSPALT. ZU VERB. MIT
ARTEMISYL-, SANTOLINYL- U. LAVANDULYLGERUEST (RK.-
BEDING.) 55-0530
TETRAHALOGEN-, DIELS-ALDER-RK. (MECHANISMUS) 62-0524
CYANCYCLOPROPENE, D-AUSTAUSCHRK. (KINETIK,
MECHANISMUS) 63-0324
CYCLOPROPYL-KETONE, PHOTOISOMERISIER. 54-0344
1.1-DICHLOR-CYCLOPROPANE, THERM. ISOMERISIER. 56-0266
CYCLOPROPYL-KETIMINE, THERM. UMLAGER., 1. MITT. 56-0653
ALKYLCYCLOPROPANE, ISOMERISIER. UEBER SIO2-AL2O3
(MECHANISMUS) 59-0251
SILYLCYCLOPROPANE, THERM. ISOMERISIER. 61-0293
(2-CYCLOPROPYL-AETHYL)-TCSYLATE, UMLAGER. BEI
SOLVOLYSEN 62-0422
CYCLOPROPYLIMINE, THERM. UMLAGER., 2. MITT. 62-0726
TETRAARYL-, UMLAGER. ZU 1.2.3-TRIARYL-INDENEN 54-0174
CYCLOPROPYL-AZOMETHANE, THERM. ZERS. (KINETIK) 55-0196
1.1-DICHLORCYCLOPROPANE, PYROLYSE 59-0253
ARYLCYCLOPROPANE, OXYDATIVE SPALT. DURCH HG-ACETAT
(KINETIK) 60-0242
CYCLOPROPANE, OXYDATIVE SPALT., 4. MITT. 60-0242
N-NITROSO-N-CYCLOPROPYL-HARNSTOFFE, ALKAL. SPALT. IN
GGW. STARK NUCLEOPHILER RK.-PARTNER 63-0485
TRIMETHYLMETALLMETHYL-GEM.-DIHALOGEN-, PYROLYSE
(MECHANISMUS) 63-0498
CYCLOPROPANOLE, SPALT. DURCH ELEKTRCPHILES HALOGEN 61-0474
CYCLOPROPYLACETATE, PYROLYSE 64-0482
CYCLOPROPANOLE, OX. DURCH METALLIONEN 57-0312
GEM.-DIBRCM-CYCLCPROPANE, RED. MIT CRSC4 53-0311
CYCLOPROPANE, HYDROGENOLYSE 61-0441
CIS-1-AETHINYL-2.2-DIBROM-3-ALKYL-CYCLOPROPANE,
STEREOSPEZIF. RED. 62-0147
CYCLOPROPENONE, RK. MIT FE- U. CC-CARBCNYLEN 54-0035
PHENYL- CYCLOPROPYL-CARBINYL-P-NITROBENZOATE,
SOLVOLYSE (KINETIK) 57-0221
BROMBICYCLOPROPYLE, SOLVOLYSE (KINETIK) 61-0463
1-ARYL-CYCLOPROPYLACETATE, HYDROLYSE (KINETIK) 62-0222
ANELLIERTE CYCLOPROPANE, BIND.-VERHAELTNISSE 53-0089
RK. MIT 1.1-DICHLOR-VINYL-CYCLOPROPAN 56-0393
VINYL-CYCLOPROPAN-DERIV., RK. MIT BIS-(BENZONITRIL)-
DICHLORO-PALLADIUM(II) 59-0088
BUTYLCYCLOPROPANE, ADDIT. V. TRIFLUORESSIGSAEURE,
(BLDG.-TENDENZ V. CARBANIONEN BEI D. RINGOEFFN.) 61-0267
CYCLOPROPANE, ELEKTRON. EINFL. D. CYCLOPROPYL-GRUPPE 59-0227

CYCLOPROPENE UND HYDRODERIVATE (BIOCHEMIE)
N-(PHENOXYAETHYL)-CYCLOPROPYLAMINE, HEMM. V.
MONOAMINO-OXYDASE (EINFL. D. KONSTIT.) 60-0812
AMINOCYCLOPROPANE, WRKG. ALS MONCAMINOXYDASEHEMMER,
KYNURAMIN-OXYDANS U. DOPA-STIMULANS 57-0804

CYCLOSILANE
* S. UNTER SILANE, ORGANISCHE

CYTOCHROM C
* S. UNTER ENZYME

CYTOKININ
* S. UNTER HORMONE, BLUTDRUCKWIRKSAME HORMONE

D

DAKIN-WEST-REAKTION
* S. UNTER KONDENSATIONSREAKTIONEN

DAMPFDRUCK
* V. SYSTEMEN S. DAS NACHSTEHENDE STICHWORT
ISOTOPENEFFEKTE AUF D. --, 3. MITT. 63-0205
V. TRICHLORNITROSOMETHAN 61-0173
V. ALKOHOLEN (D-ISOTOPENEFFEKT) 63-0205
V. GERADKETT. MONOCARBONSAEURE-AETHYLESTERN IN FL. U.
FESTEM ZUSTAND 54-0121
V. (CF3)2P(S)SH U. DERIV. 61-0378
V. (CF3)2P(S)SH U. DERIV. 61-0379

DAMPFDRUCK (VON SYSTEMEN)
DAMPF-FL.-GLEICHGEW. V. ALKOHOLHALT. BIN. GEMISCHEN,
REGULAERES TERN. A-A2-B-MISCH.-MODELL, 1. MITT. 60-0192
DAMPF-FL.-GLEICHGEW. ALKOHOLHALT. BIN. GEMISCHE,
REGULAERES TERN. A-A(2)-B-MISCH.-MODELL, 2. MITT. 60-0193
DAMPF-FL.-GLEICHGEW. D. N-HEXAN-CHCL3-SYST. 60-0190
DAMPF-FL.-PHASENGLEICHGEW. V. METHYLENCHLORID,
CHLOROFORM, TETRACHLORKOHLENSTOFF-GEMISCHEN
(DIAGRAMME) 59-0179
ISOBARES DAMPF-FL.-GLEICHGEW. D. SYST. 1.1.1.3.3.3-
HEXAFLUOR-PROPANOL-(2)-W. 55-0133
V. METHANOL. LI-, NA- U. K-METHYLAT-LSG. 57-0177
DAMPF-FL.-GLEICHGEW. D. SYST. A. MIT TOLUOL 60-0193
DAMPF-FL.-GLEICHGEW. V. BIN. SYST. A. MIT
(HALOGENIERTEN) KW-STOFFEN 60-0192

DECARBONYLIERUNG
* S. UNTER DISSOZIATIONSREAKTIONEN

DECARBOXYLIERUNG
* S. UNTER DISSOZIATIONSREAKTIONEN

DEHALOGENIERUNG
* S.UNTER ELIMINIERUNGSREAKTIONEN

DEHYDRATATION
* S. UNTER ELIMINIERUNGSREAKTIONEN

DEHYDRATISIERUNG
* S. UNTER ELIMINIERUNGSREAKTIONEN

DEHYDRIERUNG
* S. UNTER OXYDATION

DEHYDROBROMIERUNG
* S. UNTER ELIMINIERUNGSREAKTIONEN

DEHYDROCYCLISIERUNG
* S. UNTER CYCLISIERUNG

DEHYDROHALOGENIERUNG
* S. UNTER ELIMINIERUNGSREAKTIONEN

DEMETHYLIERUNG
* S. UNTER DESALKYLIERUNG

DEPRESSIVA
* S. UNTER NERVEN

DEPSIDE
MAKROTETROLIDE AUS ACTINOMYCETEN 54-0576

DEPSIPEPTIDE, SYNTH. , 4. MITT. (ANWEND. V. BROMESSIGSAEURE-P-NITRO-PHENYLESTER) 56-0724
ENNIATINE, ENNIATIN-ALKALI-KOMPLEXE, DARST. 59-0779
VIERZEHNGLIEDR. CYCLODEPSIPEPTIDE, DARST. 63-0847
U. DEPSIDONE U. DEPSONE, MASSENSPEKTREN 60-0122
ENNIATINE, ENNIATIN-ALKALI-KOMPLEXE, EMK 59-0779
ENNIATINE, KOMPLEXE MIT ALKALI-IONEN, DARST. (KINETIK) 59-0779

DEPSONE
* S. UNTER DEPSIDE

DESALKYLIERUNG
DEMETHYLIER., 5. MITT. 60-0811
KATALYT.-V. ALKYLAROMAT. VERB., 17. MITT. 61-0205
KATALYT. ENTMETHYLIER., V. METHYLBENZOLEN 61-0205
KATALYT.- V. ALKYLAROMAT. VERB., 16. MITT. 54-0140
KATALYT.- V. O-KRESOL AN AL-OXID-HALT. NI (RK.-VERLAUF IM TEMP.-BEREICH 250-350 GRAD) 54-0140
DEMETHYLIER. V. POLYMETHOXY-PHENOLEN (MECHANISMUS) 63-0432
SELEKTIVE DEMETHYLIER. V. 3.4-DIMETHOXY-BENZALDEHYD 53-0130
NUCLEOPHILE DEQUARTERNISIER. V. KONDENSIERTEN AZETIDINIUMSALZEN, 2. MITT. 60-0476
IN VIVO- U. IN VITRO-N-DEMETHYLIER, V. N.N.3.5.7-PENTAMETHYL-ADAMANTAN-1-CARBOXAMID 60-0811

DESAMINIERUNG
* S. UNTER ELIMINIERUNGSREAKTIONEN

DESOXYZUCKER
* S. UNTER KOHLENHYDRATE (DERIVATE)

DEXTRAN
SYNTH. POLYMERER CHELATBILDNER AUF DESTRANBASIS, 2. MITT. 59-0796
POLYMERE CHELATBILDNER AUF -BASIS, SYNTH., 1. MITT. 55-0263
RK. MIT N-ALLYL-IMINODIALKYLNITRILEN 59-0796

DIAZABOROLE
IR 56-0114

DIAZEPINE
6. MITT. 56-0612
PERHYDRO-1.4-DIAZEPININIUMSALZE, STEREOSPEZIF. DARST. AUS BETA-AMINOSAEURE-DIALKYLAMIDEN 55-0484
NITRO-DIHYDRO-1.4-DIAZEPINIUMSALZE, DARST. DURCH NITRIER. 56-0613
DIHYDRO-1.2-DIAZEPINONE, TAUTOMERIE -GLEICHGEW. (MECHANISMUS) 60-0684
DIAZACYCLOHEPTATRIENE, VALENZTAUTOMERIE (KINETIK) 61-0654

DIAZETE
1.3-DIAZETIDINE, PHOTOCHEM. DARST. 60-0479

DIAZIRINE
FLUORIERTE, DARST. 63-0582

DIAZONIUMVERBINDUNGEN
* S. UNTER DIAZOVERBINDUNGEN

DIAZOTIERUNG
APROT., V. ANILINEN IN GGW. V. J2, MECHANISMUS 62-0399
APROT. V. ARYLAMINEN MIT AMYLNITRIT IN SUBSTITUIERTEN BZL. 62-0436

DIAZOVERBINDUNGEN (ALLGEMEINES)
* AZOVERBINDUNGEN S.DORT
AROMAT. DIAZO- U. AZOVERB.,75. MITT. 53-0243
AROMAT. DIAZO- U. AZO-VERB., 74.MITT. 53-0291
AROMAT. DIAZO- U. AZOVERB.,73. MITT. 53-0294
DIAZOSULFONATE, EIG., 3. MITT. 55-0055
DIAZOSULFONATE, EIG., 4. MITT. 55-0056
AROMAT., ZUR HALOGENARYLIER. V. UNGESAETT. VERB., 33. MITT. 59-0419
AROMAT., STRUKTUR U. UMWANDL. , 42. MITT. 59-0433
AROMAT., STRUKTUR U. UMWANDL., 43. MITT. 60-0149
ALIPHAT., ZWISCHENPROD. BEI D. ZERS., 5. MITT. 61-0296
ALKYLDIAZOTATE, SOLVOLYSE, 3.MITT. 61-0435
ALIPHAT., STRUKTUR U. REAKTIVITAET, 4. MITT. 62-0228
DIAZOMETHANE, 26. MITT. 62-0356
DIAZOMETHANE, UNTERS., 27. MITT. 62-0483

DIAZOVERBINDUNGEN (DARSTELLUNG)
METALLORGAN. DIAZOALKANE, DARST. 53-0023
DIAZOALKANE, DARST. AUS HYDRAZONANIONEN U. TOSYLHYDRAZID 58-0510
2-OXO-1-DIAZO-CYCLOALKANE, DARST. DURCH ENTFORMYLIERENDE DIAZOGRUPPEN-UEBERTRAG. 61-0459
UNGESAETT. DIAZOESSIGSAEUREESTER, DARST. AUS CHLORAMEISENSAEUREESTER U. CH2N2 BZW. AUS N-P-TOLUOLSULFONYL-HYDRAZONO-GLYOXYLSAEURECHLORID 58-0386
ALPHA-DIAZO-PHOSPHINOXIDE U. -PHOSPHONESTER, DARST. 62-0410

DIAZOVERBINDUNGEN (PHYSIKAL. EIGENSCHAFTEN)
BENZOL-TRANS-DIAZOSULFONATE, UV -SPEKTREN (EINFL. D. P-SUBSTITUT.) 55-0055
BENZOL-TRANS-DIAZOSULFONATE, UV -SPEKTREN (EINFL. D. O- U. M-SUBSTITUT.) 55-0056
9-DIAZO-FLUORENE, MO-BERECHN. 58-0221
N(O)-ALKYL- P-BENZOYL-DIAZOBENZOLE, ELEKTRONENSTRUKTUR 60-0149
ALIPHAT., BASIZITAET (PROTONIER.-GESCHW.-KONST.) 57-0220
ELEKTROPHILE EIG. D. ARYLDIAZONIUMIONS 53-0117

DIAZOVERBINDUNGEN (REAKTIONEN)
DIAZOCARBONYLVERB., RK., 25. MITT. 57-0438
DIAZOALKANE, EINW. FREIER RADIKALE, 2.MITT. 58-0208
AROMAT., HALOGENARYLIER. V. UNGESAETT. VERB. MIT 59-0390
ALPHA-DIAZO-SULFONE, MECHANISMUS D. RK., 3. MITT. 60-0254
ALIPHAT., RK. MIT UNGESAETT. VERB., 26. MITT. 60-0419
DIAZOALKANE RK., 2. MITT. 61-0423
DIAZOKETONE, RK., 1. MITT. 61-0615
ALIPHAT., STRUKTUR U. REAKTIVITAET, 5. MITT. 62-0229
ALKYLDIAZOTATE, SOLVOLYSE, 5. MITT. 62-0244
DIAZODIKETONE, RK. MIT VERB. MIT AKT. METHYLENGRUPPEN 62-0315
DIAZOCARBONYLVERB., RK., 28. MITT. 62-0465
DIAZOCARBONYLVERB., RK., 26. MITT. 62-0503
DIAZOCARBONYLVERB. RK., 27. MITT. 62-0504
ALKYLDIAZOTATE, SOLVOLYSE, 4. MITT. 63-0266
ALPHA-ACETOXY-DIAZO-KETONE, WOLFF-UMLAGER. 55-0214
ALIPHAT. ALPHA-DIAZO-KETONE, PHOTOSENSIBILISIERTE ZERS. IN OLEFIN. LSG. 61-0520
O-TERT.-AMINO-ARYLDIAZOSULFONSAEURE, CYCLISIER. MIT SO2 61-0524
NAPHTHANILID- U. NAPHTHYLBENZAMID-DIAZONIUM-FLUOROBORATE, INTERNUCLEARE CYCLISIER. 61-0562
AROMAT.-, PHOTOLYSE (STRUKTUR-EINFL. AUF D. KINETIK) 54-0181
DIAZOALKANE, DURCH LEWIS-SAEUREN KATALYSIERTE ZERS. 56-0242
DIAZOALKANE, ZERS. IN GGW. V. ZINKHALOGENIDEN 57-0254
ARYL-DIAZONIUMFLUOROBORATE, THERM. ZERS. (MECHANISMUS D. SCHIEMANN-RK.) 57-0255
UNGESAETT. DIAZOESSIGSAEUREESTER, CU-KATALYSIERTE ZERS. 58-0386
DIAZOMETHYL-1.2.3-TRIAZOLE, ZERS. (KINETIK) 61-0588
ZERS. UNTER KATALYSE V. CU-CHELATEN 62-0309
ALPHA-DIAZO-PHOSPHINOXIDE U. -PHOSPHONESTER, THERM. STABILITAET 62-0410
AROMAT., ZUR ALLG. GUELTIGK. D. HYDROLYT. RK. AROMAT. DIAZOVERB. ZU SALPETR. SAEURE U. D. TRIAZENVERB. 53-0258
ALPHA-DIAZO-KETONE, RK. MIT N2O4 59-0576
AROYLDIAZOAETHANE, SAEUREHYDROLYSE (HAMMETT-KONST.) 62-0228
AROYLDIAZOALKANE, SAEUREHYDROLYSE (STER. EFFEKTE, TAFT-KONST.) 62-0229
SULFONYLDIAZOMETHANE, SAEUREKATALYSIERTE HYDROLYSE (MECHANISMUS) 60-0254
DIAZOALKANE, CYCLOADDIT. AN ALLENE 54-0375
UMSETZ. MIT AZOVERB.,8. MITT. 54-0431
DIAZO-ALKANE, RK. MIT 2.2'-AZO-HETARENEN 54-0431
RK. MIT AZOVERB., 7. MITT. 57-0560
DIAZOALKANE, CYCLOADDIT. AN ALKOXYALLENE 62-0569
9-DIAZO-FLUORENE, ALKOHOLYSE (KINETIK) 58-0221
DIARYLDIAZOMETHANE, RK. MIT DIXANTHOGEN BZW. XANTHOGENSAEUREANHYDRID 61-0483
DIAZOALKANE, ADDUKTE MIT CHINONEN, 5. MITT. 54-0190
DIAZOALKANE, RK. MIT ALPHA-DICARBONYLVERB. U. CHINONEN, 9. MITT. RK. MIT PHENANTHRENCHINON 57-0457
DIAZOALKANE, RK. MIT ALPHA-DICARBONYLVERB. U. CHINONEN, 10. MITT. 58-0586
ARYLDIAZONIUMCHLORIDE, RK. MIT CHLORACETON 61-0414
O-CHINON-DIAZIDE, RK. MIT KETENIMINEN U. ALKOHOLEN 62-0503
ALIPHAT., RK. MIT CHLORNAPHTHOCHINONEN-(1.2) 58-0586
DIAZOALKANE RK. MIT ANTHRANILSAEURE-AETHYLESTER U. ISOCYANATEN 61-0423
BENZOCHINONDIAZIDE, RK. MIT 2-SUBSTITUIERTEN ACETESSIGSAEURE-AETHYLESTERN NACH JAPP-KLINGEMANN 62-0504
ARYL-, KUPPL. MIT RESORCIN-SULFONSAEUREN 53-0243
BENZOLDIAZONIUMSALZE, RK. MIT NA-SALZ D. 2-NAPHTHOL-6-SULFONSAEURE (KINETIK) 59-0260

DICHTE (SPEZIFISCHES GEWICHT)
V. ABIETINSAEUREMETHYLESTER 64-0193
V. KOLOPHONIUM Y U. POLYMEREN KOLOPHONIUM 64-0193
V. ALKYLCYCLOALKANEN 60-0401
V. ALKYLCYCLOHEXANEN (BEZIEH. ZUR KONFORM.) 62-0418
V. CYCLOHEXYLAMINEN (BEZIEH. ZUR KONFORM.) 64-0180
D. SYST. BENZOL-NITRO-METHAN 55-0052
D. SYST. 1.1.1.3.3.3-HEXAFLUOR-PROPANOL-(2)-W. 55-0132
D. LSG. V. ALKOHOLEN IN TETRACHLORKOHLENSTOFF 57-0174
V. BIN. GEMISCHEN V. N-METHYL-PYRROLIDON-(2) MIT DIMETHYL-SULOXID, 1.4-DIOXAN, AETHANOL U. ESSIGSAEURE 55-0130

DIELEKTRIZITAETSKONSTANTE
* V. SYSTEMEN S. DAS NACHSTEHENDE STICHWORT
V. LSGM., EINFL. AUF D. LOESLICHK. V. 1,1-WERT. SALZEN IN GGW. V. QUATERN. AMMONIUMSALZEN 56-0177
DIELEKTR. DISPERS. U. CHEM. RELAXAT. 63-0004
DIELEKTR. RELAXAT. V. ISOAMYLBROMID 63-0118
DIELEKTR. EIG. U. VISKOSITAET V. HARZSAEUREN, KOLOPHONIUMHARZEN U. ABIETINSAEUREMETHYLESTER, 3.MITT. 64-0093
DIELEKTR. EIG. U. VISKOSITAET V. HARZSAEUREN U. KOLOPHONIUMHARZEN U. ABIETINSAEUREMETHYLESTER, 1. MITT. 64-0193
DIELEKTR. EIG. U. VISKOSITAET V. KOLOPHONIUMHARZEN U. HARZSAEUREN U. ABIETINSAEUREMETHYLESTER, 2. MITT. 64-0194

DIELEKTRIZITAETSKONSTANTE (VON SYSTEMEN)
V. N-METHYL-PYRROLIDON-(2)-W.-GEMISCHEN 56-0174
D. SYST. DIOXAN-W. (THEORIE) 63-0027
D. SYST. BENZOL-NITRO-METHAN 55-0052
D. SYST. 1.1.1.3.3.3-HEXAFLUOR-PROPANOL-(2)-W. 55-0132
D. SYST. METHANOL-W. U. DIOXAN-W. (THEORIE) 63-0027
IN BIN. SYST. W.-TETRAMETHYLENSULFON U. W.-DIMETHYLSULFOXID 59-0101
V. DMSO-W.-GEMISCHEN 64-0201
DIELEKTR. ABSORPT. D. CLATHRATS V. HARNSTOFF MIT 12-BROM-TRICOSAN 62-0069
IM BIN. SYST. W.-ACETONITRIL 59-0101
V. BIN. SYST. AUS W. U. SAEUREAMID, TETRAMETHYLENSULFON, DIMETHYLSULFOXID BZW. ACETONITRIL 59-0101
V. N-METHYL-ACETAMID-W.-GEMISCHEN 63-0232
DIELS-ALDER-REAKTION
* S. UNTER ADDITIONSREAKTIONEN
DIENE
* S. UNTER AETHYLENVERBINDUNGEN
DIENKOHLENWASSERSTOFFE
* S. UNTER KOHLENWASSERSTOFFE (OLEFINE)
DIENSYNTHESEN
* S. UNTER ADDITIONSREAKTIONEN
DIGITALIS
DIGITANOLGLYKOSIDE, 18.MITT. 54-0497
GLYKOSIDE D. BLAETTER, 2. MITT. 54-0499
DIKETONE
* S. UNTER KETONE
DIMERISIERUNG, PHOTOCHEMISCHE
* S. UNTER PHOTOCHEMIE... (ANDERE REAKTIONEN)
DIMERISIERUNG
* S. UNTER POLYMERISATION
DIOLE
* S. UNTER GLYKOLE
DIOXABORINE
2-PHENYL-5-BENZYLIDENAMINO-1.3.2-DIOXABORINE, DARST. AUS AROMAT. ALDEHYDEN, AMINOALKANDIOLEN U. PHENYLBORONSAEURE 54-0271
2-PHENYL-5-BENZYLIDENAMINO-1.3.2-DIOXABORINE, NMR-SPEKTREN 54-0271
DIOXABOROLE
IR 56-0114
DIOXAPHOSPHOLE
AETHYLENPHOSPHITE, KONFORM. 58-0110
2.2.2-TRIAMINO-1.3.2-DIOXAPHOSPHOLANE, DARST. AUS NITROBENZALDEHYDEN U. TRIS-ALKYLAMINO-PHOSPHINEN 58-0608
2.2.2-TRIALKOXY-1.3.2-P(V)-, DARST. 58-0611
1.3.2-DIOXAPHOSPHOLANE, DARST. AUS DIOLEN U. PHOSPHONSAEUREN 64-0556
2.4-DIOXA-3-PHOSPHA-SPIRO(4.5)DECADIEN-8-ONE, DARST. AUS P-CHINONEN, TRIALKYLPHOSPHITEN U. 1.2-DIKETONEN 60-0565
AETHYLENPHOSPHITE, PMR-SPEKTREN 58-0110
2.4-DIOXA-3-PHOSPHA-SPIRO(4.5)DECADIEN-8-ONE, SOLVOLYSE 60-0565
1.3.2-DIOXAPHOSPHOLANE, SOLVOLYSE (W., METHANOL) 61-0594
1.3.2-DIOXAPHOSPHOLANE, NEUTRALE HYDROLYSE (MECHANISMUS) 61-0595
DIOXAPHOSPHORINE
1.3.2-DIOXAPHOSPHORINANE, DARST. AUS DIOLEN U. PHOSPHONSAEUREN 64-0556
2-PHENOXY-2-OXO-ALKYL-1.3.2-, DARST. AUS PHOSPHORSAEURE-PHENYLESTER-DICHLORID U. GLYKOLEN 57-0631
2-PHENOXY-2-OXO-ALKYL-1.3.2-, IR 57-0631
2-PHENOXY-2-OXO-ALKYL-1.3.2-, NMR 57-0631
DIOXAPHOSPHORINANE, NMR 64-0129
DIOXATHIOLE
CYCL. 1.2-DIOLSULFITE, MASSENSPEKTREN 61-0108
DIOXAZOLE
3-ARYL-1.4.2-DIOXAZOLONE-(5) BZW. -THIONE-(5), DARST. AUS HYDROXAMSAEUREN 57-0553
3-ARYL-1.4.2-DIOXAZOLONE-(5) BZW. -THIONE-(5), THERM. U. PHOTOLYT. ZERS. 57-0553
DIOXINE
HALOGEN-1.4-DIOXANE U. IHRE DERIV., 4.MITT. 62-0638
M-DIOXANE, STEREOCHEMIE 61-0650
1.3-DIOXANE, KONFORM. 62-0129
2-, 4-, 5- U. 6-MONO-, DI-, TRI- U. TETRA ALKYL-1.3-DIOXANE, KONFORM. 64-0176
1.3-DIOXANE, KONFORM. (ENERGIEDIFFERENZEN ZWISCHEN SESSEL- U. BOOTFORM) 64-0211
2.5-DIALKYL-5-ALKOXYMETHYL-1.3-DIOXANE STEREOCHEMIE 64-0724
5-AETHYL-1.3-DIOXANE, DARST. AUS 1.1.1-TRIS-HYDROXYMETHYL-PROPAN BZW. 1-CHLORMETHYL-1.1-BIS-HYDROXY-METHYL-PROPAN U. ALDEHYDEN 53-0444
2.2-DIPHENYL-1.3-DIOXANE, DARST. AUS DIPHENYL-DIAZOMETHAN U. ZWEIWERT. ALKOHOLEN 59-0426
TETRAPHENYL-DIBENZYLIDEN-DIOXANE, DARST. AUS DIPHENYL-PHENYLACETYLCARBONIUMSULFATEN 60-0624
MONOALKYL-1.4-DIOXANE, DARST. 60-0625
1.4-DIOXANE, DARST. DURCH OX. V. N-VINYL-LACTAMEN ODER AUS TRANS-2.5-DICHLOR-1.4-DIOXAN U. NA-SALZEN V. LACTAMEN 62-0635
1.4-DIOXANONE, DARST. AUS 5-OXA-3-OXA-HEPTANCARBONSAEUREESTERN 64-0721
MELDRUMSAEUREDERIV., DARST. AUS ISOBUTYLENME + LORUMSAEURE 55-0459
M-DIOXANE, BLDG. AUS HYDROXYSTYROLEN UND FORMALDEHYD DURCH PRINS-RK. 61-0650
2.5-DIALKYL-5-ALKOXYMETHYL-1.3-DIOXANE, DARST. 64-0724
4.6-DIOXO-1.3-DIOXANE, MASSENSPEKTREN 54-0090
1.3-DIOXANE, NMR (H-CHEM. VERSCHIEB.) 55-0073
1.3-DIOXANE, NMR 60-0095
5.5-DISUBSTITUIERTE 1.3-DIOXANE, NMR 64-0113
BENZYLIDEN(ALKYLIDEN)MELDRUMSAEUREN, ACIDITAETSKONST. IN CH3OH 64-0227
2.5-DISUBSTITUIERTE 1.3-DIOXANE, CIS-TRANS-ISOMERISIER. 64-0305
ALKYLIDENMELDRUMSAEUREN, RK. MIT CH2N2 55-0458
M-DIOXANE, VERESTER. 56-0570
DIOXOLE
1.3-DIOXOLANE, 1. MITT. 58-0588
1.3-DIOXOLANE, 2. MITT. 62-0553
2-ALKINYL-1.3-DIOXOLAN, DARST. AUS (1.3-DIOXOLANYL-(2)-AETHINYL)-NA U. CARBONYLVERB. BZW. DIALKYLSULFATEN 53-0359
4-(POLYHYDROXYALKYL)-1.3-DIOXOLANONE-(2), DARST. AUS TERMINALEN POLYHYDROXYALKAN-ARYLSULFONSAEUREESTERN 54-0482
1.3-DIOXOLANE, DARST. AUS CHLORAL-ALKINYL-HALBACETALEN 55-0364
2.2-DIMETHYL-1.3-DIOXOLANE, DARST. AUS ALPHA-GLYKOLEN U. ACETON 55-0396
1.3-DIOXOLANE, DARST. AUS ALDEHYDEN U. AETHYLENOXID 58-0589
2-ALKYL-1.3-DIOXOLANE, DARST. DURCH PHOTOALKYLIER. 59-0493
2-CHLOR-2-HALOGENMETHYL-1.3-DIOXOLANE, BLDG. AUS KETENACETALEN U. HCL ODER CL2 61-0569
CYCL. AETHYLENKETALE CHLORIERTER KAEFIG-KETONE, DARST. 61-0571
4.4-DIALKYL-1.3-DIOXOLANE, DARST. AUS 1.1-DIALKYL-GLYKOLEN U. ALPHA-CHLOR-ALKYL-METHYLAETHER (ZN) 62-0553
DIOXOLANE, DARST. AUS BETA.GAMMA-UNGESAETT. AMINEN 62-0636
1.3-DIOXOLANONE-(4), DARST. AUS BENZILSAEUREN U. ACETALEN 64-0617
4-SUBSTITUIERTE 2-METHYL-2-CHLORMETHYL-1.3-DIOXOLANE, DARST. AUS 4-SUBSTITUIERTEN 2.2-DIMETHYL-1.3-DIOXOLANEN 58-0588
1.3-DIOXOLANE, DARST. AUS EPOXIDEN DURCH DIMERISIER. 63-0628
CYCL. 1.2-DIOLCARBONATE, MASSENSPEKTREN 61-0108
ISOPROPYLIDENPOLYOLE, MASSENSPEKTREN 62-0103
2-SUBSTITUIERTE 1.3-DIOXOLANE, DIPOLMOMENTE 64-0109
1.3-DIOXOLANE, NMR 60-0095
2.2-DIMETHYL-1.3-DIOXOLANE, CHEM. VERSCHIEB. 55-0396
2-SUBSTITUIERTE 1.3-DIOXOLANE, NMR (KOPPL.-KONST., CHEM. VERSCHIEB.) 64-0109
2-HALOGENMETHYL-1.3-DIOXOLANE, RK. MIT O2 58-0587
4-SUBSTITUIERTE 2.2-DIMETHYL-1.3-DIOXOLANE, CHLORIER. 58-0588
1.3-DIOXOLANE, RK. MIT ALKYLMERCAPTANEN 57-0298
ALKYL-1.3-DIOXOLANE, RK. MIT VINYLAETHINYLMAG + NESIUMBROMID (IN BZL. BEI 90 GRAD) 59-0290
DIPOLMOMENT
* S. MOMENT, ELEKTRISCHES
DISACCHARIDE
* S. UNTER KOHLENHYDRATE
DISPERSION, DIELEKTRISCHE
* S. UNTER DIELEKTRIZITAETSKONSTANTE
DISPROPORTIONIERUNG
* S. UNTER OXYDOREDUKTION
DISSOZIATION, ELEKTROLYTISCHE
-RK. (KALORIMETR. UNTERS.), 2. MITT. 57-0190
HAMMETT'SCHE ACIDITAETSFUNKT. FUER WSS. H2SO4 BEI 25 GRAD 63-0223
V. CE(III)-SUCCINAT IN SAURER LSG. 64-0024
V. SAEUREN U. BASEN IN WSS. ORGAN. LSGM., 2. MITT. 57-0191
V. SAEUREN U. BASEN IN WSS. ORGAN. LSGM. ,3. MITT. (DEUT. D. LSGM.-EINFL.) 57-0192
SAEURENSTAERKEN, UNTERS. DURCH ANWEND. D. MUTAROTAT. V. N-GLYKOSIDEN, 4. MITT. 58-0078
IONISIER. SCHWACHER SAEUREN (MECHANISMUS) 60-0291
LEWIS-SAEUREN-BASEN-GLEICHGEW. IN D. GASPHASE, EINFL. V. POLAREN SUBSTITUENTEN, 1. MITT. 63-0218
V. SAEUREN U. BASEN IN GEMISCHEN AUS W. U. ORGAN. LSGM., 4. MITT. 64-0230
PROTONIER. V. ALIPHAT. SULFIDEN IN ZWEIPHASENSYST. HEPTAN-WSS. H2SO4 54-0122
V. W. (AKTIVIER.-GROESSEN U. MECHANISMUS) 55-0128
V. W. IN WSS. A. (THERMODYNAM. DATEN) 57-0190
V. HYDRAZIN (THERMODYNAMIK) 54-0018
PROTONIER.-KONST. V. AMINEN 56-0560
ACIDITAET V. GEBUNDENEN AETHYLENDIAMINEN IN PT-BIPY-EN-KOMPLEXEN 59-0093
V. PURPUREATO-METALL(II)-KOMPLEXEN (BRUTTODISSOZIAT.-KONST.) 58-0025
PROTONIER V. FERROCENYLAETHYLENEN 53-0002

PROTONOLYSE V. FERROCENYL- U. CYMANTRENYL-HG-VERB. (KINETIK) 58-0035
BASIZITAET V. ORGANO-GE- U. -SN-SUBSTITUIERTEN PYRIDINEN IN WSS. METHANOL (EXTRAPOLIERTE PK(A) IN W.) 61-0182
RELATIVE BASIZITAET V. AETHOXYGERMANEN U. ORGANOSILICIUMVERB. 63-0030
PRCTONIER.-KONST. V. 1 ZU 1-METALLKOMPLEXEN MIT POLYAMINOPOLYCARBOXYLATEN 56-0044
V. SULFONAMIDEN (SUBSTITUENTENEINFL. AUF D. KONJUGAT. D. ARYL-SCHWEFEL-BIND.) 55-0142
ACIDITAET D. CU(II)-(AMP-N(1)-OXID)-KOMPLEXES , BIPY-EINFL. 56-0045
PROTONIER. MEHRWERT. ORGAN. BASEN, 1. MITT. 58-0179
PROTONIER. MEHRWERT. ORGAN. BASEN, 2.MITT. 58-0180
ACIDITAET V. 7H-CYCLOPENTA(1.2-C, 3.4-C')DITHIOPHENEN 58-0575
PK-WERTE V. ORGAN. SAEUREN U. BASEN EINFL. D. DIELEKTRIZITAETSKONST. D. LSGM. AUF D. PK-WERT 64-0230
V. (GEH3)2S U. (SIH3)2S 54-0019
ACIDITAET V. 2- U. 9-SUBSTITUIERTEN FLUORENEN 55-0140
ACIDITAET V. KW-STOFFEN, 27. MITT. 58-0260
ACIDITAET V. KW-STOFFEN, 28. MITT. 58-0261
ACIDITAET V. KW-STOFFEN, 29. MITT. 62-0255
PK(A)-WERTE V. 7-METHYL-8-AZA-PURINEN 58-0668
BASIZITAET V. STER. BEHINDERTEN PYRAZOLEN 59-0547
SAEURE-BASE-GLEICHGEW. V. PYRIMIDINEN (UV-SPEKTROSKOP. UNTERS.), 1. MITT. 63-0222
PK V. PIPERIDIN- U. PIPERIDEIN-BASEN 63-0224
BASENSTAERKE V. N-HETERCCYCLEN (CNDO-BERECHN.) 63-0226
SCHEINBARE DISSOZIAT.-KONST. V. 1-ARYL-1.2.3-TRIAZOLEN IN METHYLCELLOSOLVE-W. 63-0653
PK-WERTE V. N-SUBSTITUIERTEN IMIDAZOLIN U. BENZIMIDAZOLEN 64-0258
PRCTONIER. V. HALOGENBENZOLEN IN HF-SBF5, 1. MITT. 62-0087
PROTONIER. V. HALOGENBENZOLEN IN HF-SBF5, 2. MITT. 62-0088
KINET. ACIDITAET V. BENZALFLUORID U. 9-FLUORFLUOREN 62-0255
PROTONIER.-KONST. V. N.N-DIAETHYL-N'-METHYL-AETHYLENDIAMIN U. N.N.N'.N'-TETRAMETHYL-AETHYLENDIAMIN VGL. MIT ANCEREN DERIV. 53-0014
BASIZITAET V. AROMAT. AMINEN 53-0115
DISSOZIAT.-KONST. V. 4-SUBSTITUIERTEN 4'-AMINO-DIPHENYLEN U. -O-TERPHENYLEN 54-0132
DISSOZIAT.-KONST. V. 9-DIMETHYLAMINO-9H-BENZO(A)PHENOXAZINEN (MELDOLAS BLAU- U. MUSCARIN-DERIV.) 55-0147
V. ENAMINEN 57-0183
IONISAT.-KONST. V. 3-NITROALKYLAMINEN 57-0184
PK(A) V. 5-SUBSTITUIERTEN 2-NITRO-ANILINEN (SUBSTITUENTEN-EINFL.) 63-0217
PK V. 1.1-DINITRO-ALKYLVERB. (BEZIEH. ZUR TAFT-KONST., EINFL. D. KONFORM. D. ANIONS) 63-0219
PK-WERTE V. ALKYL- U. DIMETHYLAMMONIUMIONEN (STRUKTUREINFL.) 63-0230
PK V. AROMAT. AMINEN IN WSS. N-METHYL-ACETAMID 63-0232
PK-WERTE V. NITRO-INDAZOLEN IN W.-ISOPROPANOL-GEMISCHEN 64-0232
ACIDITAET V. W.-BUTYLAMIN-MEDIEN, 64-0233
PK(A)-WERTE V. (4-NITROPHENYL)- U. (2.4-DINITRO-PHENYL)-HYDRAZONEN IN W.-BUTYLAMIN-GEMISCHEN 64-0233
PK V. P-BICYCLOALKYL-ANILINEN 64-0541
V. AROMAT. U. HETEROCYCL. AMINEN IN WSS. ORGAN. LSGM. 57-0191
BASIZITAET V. AMINEN IN D. GASPHASE 63-0218
PK-WERTE V. 4-HYDROXY-TRANS-STILBEN U. -TOLANEN 54-0094
PK-WERTE V. PYRIDYLALKOHOLEN 55-0144
DISSOZIAT.-KONST. V. 2-CHLOR-4'-HYDROXY-AZOBENZOLEN 55-0288
DISSOZIAT.-KONST. V. 2-(2-HYDROXY-5-METHYL-PHENYL)-BENZTRIAZOL 59-0020
DISSOZIAT.-KONST. V. 1.2-BIS-PYRIDYL-AETHANDIOLEN -(1.2) 60-0211
IONENPROD. V. W.-METHANOL-GEMISCHEN (ACIDITAET V. ANIONSAEUREN) 60-0212
PK(A)-WERTE V. 3.3-DIMETHYL-2-PHENYL-1-ARYL-1-HYDROXY-ISOINDOLINEN 61-0179
PK(S) V. 1.2.3.3-TETRAARYL-1-HYDROXY-ISOINDOLINEN 61-0180
BASIZITAET V. HYDROXYPHTHALANEN, 10. MITT. (3.3-DIMETHYL-1-ARYL-1-HYDROXY-PHTHALANE) 64-0216
PK-WERTE V. PYRIDOXAMIN 64-0218
V. NITROGUAJACOLEN IN WSS. LSG. 64-0224
PRCTONIER.-KONST. V. ALKOHOLEN U. AETHER 64-0228
PK V. PHENOLEN IN W.-METHANOL-GEMISCHEN 63-0228
V. DIMETHYL-, METHYL-GERMYL- U. METHYL-SILYL-SULFID 54-0019
DISSOZIAT.-KONST. V. METHYLSULFONYLNAPHTHOLEN 58-0178
V. 5-FLUOR-8-MERCAPTO-CHINOLIN 60-0209
BASIZITAE V. PHOSPHINALKYLENEN 53-0269
LEWIS- U. BRCENSTED-ACIDITAET V. SILANTHIOLEN (VGL. MIT MERCAPTANEN) 58-0189
BASIZITAET V. ORGANO-SI-SUBSTITUIERTEN PYRIDINEN IN WSS. METHANOL (EXTRAPOLIERTE PK(A) IN W.) 61-0182
DISSOZIAT.-KONST. V. 2-HYDROXY-BENZOPHENONEN IM GRUND- U. ANGEREGTEN ZUSTAND 57-0186
PK-WERTE V. DIHYDROXYACETOPHENONEN 57-0189
BASIZITAET V. PYRIDONEN 62-0173
BASIZITAET U. STRUKTUR V. HETEROCYCL. ALPHA.BETA-UNGESAETT. KETONEN, 5. MITT. 62-0177
PK-WERTE V. 3-HYDROXY-PYRIDIN-CARBALDEHYDEN 64-0218
PK V. GAMMA-NITRO-KETONEN 64-0221
-KONST. V. MONO- U. DIPROTONIERTEM PILOCARPIN (SPEKTROPHOTOMETR. U. POTENTIOMETR. BEST.) 64-0223
PK-WERTE V. P-BENZOCHINON-OXIMEN 59-0192
PK V. ARYLIMINO-AMINOBENZOPHENOXAZINEN (MELDOLABLAU-DERIV.) 63-0225
PK V. 1.2-DIKETONMONOXIMEN 64-0225
BASIZITAET V. ALIPHAT. DIAZOVERB. (PROTONIER.-GESCHW.-KONST.) 57-0220
PROTOLYSEKONST. V. CNIO-DICARBALKOXY-METHYLIDEN 58-0375
ACIDITAET V. METHYLEN-BIS-DIALKYLSULFONIUMSALZEN (STER. EINFL.) 59-0193
PK(A)-WERTE V. ARSONIUMYLIDEN (VGL. MIT PHOSPHONIUMYLIDEN) 63-0221
DISSOZIAT.-KONST. V. AETHYLENDIAMINTETRAESSIGSAEURE 55-0146
TRITHIONE U. ISOTRITHIONE, HALBPRCTONIER. (BEST. D. H(0)-WERTE) 56-0188
PROTONIER.-KONST. V. KOMPLEXONEN 56-0190
PK-WERTE V. DEKALINAMINOSAEUREN 56-0509
BASENSTAERKE V. 2-PYRROLIDON U. D. N-METHYL-DERIV. 57-0194
DISSOZIAT.-KONST. D. PROTONIER. V. FUMAR- U. MALEINSAEURE IN H_2SO_4-LSG. 58-0181
PK-WERTE V. BICYCLO(2.2.X)ALKYL-(1)-CARBONSAEUREN (SUBSTITUENTENEINFL.) 58-0184
-KONST. V. ALIPHAT. DICARBONSAEUREN IN W.-A. 58-0187
ACIDITAET U. STER. HINDER. V. CYCLOHEXANCARBONSAEUREN 58-0245
PK(A)-WERTE V. 1-NAPHTHOESAEUREN (PERI-SUBSTITUENTENEINFL.) 59-0194
PROTONIER.-GLEICHGEW. V. AMIDEN U. VERWANDTEN VERB., 2. MITT. 60-0208
PROTONIER.-GLEICHGEW. V. AMIDEN U. CARBAMATEN 60-0208
BASIZITAET V. AETHERN U. SAEUREANHYDRIDEN 60-0210
LEWISSAEURE-EIG. V. 4-ARALKYLIDEN-PYRAZOLIDIN-2.5-DIONEN 60-0535
REKOMBINAT.-GESCHW.-KONST. V. PHENYLGLYOXYLAT U. MALEINAT MIT $H_3O(+)$ 61-0188
V. 3-HYDROXY-PTERIDINONEN-(4) U. 1-HYDROXY-4.5-DIAMINO-PYRIMIDONEN-(6) 61-0665
DISSOZIAT.-KONST. V. ALPHA- U. BETA-SUBSTITUIERTEN ZIMTSAEUREN (EINFL. D. KONFIG.) 62-0175
PK(A)-WERTE V. PHENYLMERCAPTO- U. -SELENO-ESSIGSAEUREN 62-0181
ACIDITAET V. PARACONSAEUREESTERN 62-0529
SAEURE-BASE-GLEICHGEW. V. URACILEN 63-0222
V. AZULEN-1-CARBONSAEURE 63-0227
PK V. BENZOESAEUREN IN W.-METHANOL-GEMISCHEN 63-0228
DISSOZIAT.-KONST. V. BETA-SUBSTITUIEREN ALPHA-CYAN-ZIMTSAEUREN 63-0231
PK V. ESSIG- U. BENZOESAEURE IN WSS. N-METHYL-ACETAMID 63-0232
PK-WERTE V. CIS-3-ARYL-CYCLOBUTANCARBONSAEUREN 63-0516
PK-WERTE V. OLEFIN. CARBONSAEUREN (BEZIEH. ZUR STRUKTUR) 64-0219
V. AMINOBENZOESAEUREN IN EISESSIG 64-0222
PK-WERTE V. ORGAN. LEWIS-SAEUREN (HMO-BERECHN.) 64-0226
PK(2) V. NITRANILINO-, CHLORANILINONITRO- U. NITROPYRIDYLAMINOBENZOESAEUREN 64-0229
PK-WERTE V. CYCLOALKYLBENZOESAEUREN (KONSTIT.-EINFL.) 64-0245
V. CARBONSAEUREN IN WSS. A. (THERMODYNAM. DATEN) 57-0190
PK-WERTE V. NITRODIPHENYLAMINCARBONSAEUREN IN W.-ISOPROPANOL-GEMISCHEN 64-0232
PK V. P-BICYCLOALKYL-BENZOESAEUREN 64-0541
V. SULFONAMIDEN SAEURE-DISSOZIAT. V. SULFONAMIDEN , ANWEND. AUF STRUKTURPROBLEME, 1.MITT. (SUBSTITUENTENEINFL. AUF D. KONJUGAT. D. ARYL-SCHWEFEL-BIND.) 55-0142
SAEUREDISSOZIAT. V. SULFONAMIDEN , ANWEND. AUF STRUKTURPROBLEME, 2. MITT. (EINFL. D. SUBSTITUT. D. STICKSTOFFS) 55-0143
BASIZITAET V. DIMETHYL- U. PHENYL-METHYL-SULFOXID 57-0193
PK V. ARSON-, PHOSPHON- U. PHOSPHINSAEUREN IN W.-METHANOL-GEMISCHEN 63-0228
PK-WERTE V. NITRODIPHENYLAMINSULFONSAEUREN IN W.-ISOPROPANOL-GEMISCHEN 64-0232
PK(2) V. NITRANILINO- U. NITROAMINOBENZOLSULFONSAEUREN 64-0229
PK-WERT V. AZULENIUM-KATIONEN IM NICHT ANGEREGTEN U. ANGEREGTEN ZUSTAND 53-0116
DISSOZIAT.-KONST. V. MANNICH-BASEN V. TETRACYCLINEN 58-0183
PK(A)-BEST. V. N-HETEROCYCLEN NACH VERBESSERTER HENDERSON-GLEICH. 55-0145

BEST. D. SAEURESTAERKE AUS D. MUTAROTAT. V. N-GLYKOSIDEN (NEUE METH.), 5. MITT. 59-0191
UNIVERSELLE PH-SKALA BEI UNTERSCHIEDLICHER TEMP. U. IN UNTERSCHIEDLICHEN LSGM. 55-0015
PH-SKALA IN METHANOL-W.-GEMISCHEN 55-0150
SAEURE-BASE-GLEICHGEW. IN N-METHYLACETAMID 56-0191
HAMMETT- H(0)-FUNKT. FUER WSS. 2-BUTOXY-AETHANOL 58-0026
ACIDITAET IN W.-FREIEN LSGM., 6. MITT. 63-0220
PK V. ORGAN. VERB. IN WSS.-ORGAN. LSG., 3. MITT. 62-0182
V. KW-STOFFEN IN DMSO 63-0220
C-H-ACIDITAET V. UEBERBRUECKTEN (10)ANNULENEN 62-0179
PK(A)-WERTE STER. GEHINDERTER PYRIDINE (EINFL. V. ALKOHOLEN) 63-0216
DISSOZIAT.-KONST. V. AMINEN IN DMSO U. ACETONITRIL 57-0187
V. AMINEN IN DMSO 63-0220
SAEURE-BASEN-GLEICHGEW. V. NITROPHENOLEN MIT PYRIDINEN IN APROT. LSGM. 64-0217
DISSOZIAT.-KONST. V. PHENOLEN IN DMSO U. ACETONITRIL 57-0187
PK V. DIPHENYLAETHYLENALKCHOLEN 62-0182
V. TRIPHENYLPHOSPHINDIHALOGENIDEN IN METHYLCYANID 56-0189
PK(BH)(+) V. PHENALENONEN 61-0064
DISSOZIAT.-KONST. V. CARBONSAEUREN IN DMSO U. ACETONITRIL 57-0187
V. HALOGENIERTEN CARBONSAEUREN IN ABS. METHANOL 58-0186
PK V. PHENYLCARBONSAEUREN 62-0182
ACIDITAETSKONST. V. ELEKTR. NEUTRALEN ORGAN. LEWISSAEUREN IN CH3OH 64-0227
V. BENZOESAEUREN IN DMSC 63-0220
PK-WERTE IN CH3OH-H2SO4 V. TETRA-, HEXA- U. HEPTAPHENYL-TROPYLIUMPERCHLORAT 62-0180
DISSOZIAT.-KONST. V. SULFOPHTHALEINEN IN DMSO U. ACETONITRIL 57-0187
V. ORGAN. BASEN IN ABS. ESSIGSAEURE (ACIDIMETR. BEST. MIT PYRYLO-CARBOCYANINEN) 59-0582

DISSOZIATIONSENERGIE VON BINDUNGEN
* S. UNTER VALENZ

DISSOZIATIONSREAKTIONEN
* PHOTOCHEM. U. STRAHLENCHEM.- S. UNTER PHOTOCHEMIE UND
* STRAHLENCHEMIE
MONOMOL. IONENZERS., SUBSTITUENTENEINFL., 8. MITT. 58-0119
FRAGMENTIER.-RK., 19. MITT., BECKMANN-UMLAGER. U. FRAGMENTIER., 2. MITT. 58-0284
HOMOLYT. RK. IN LSG., UNTERS. D. MECHANISMUS MIT D. ISOTOPEN- U. MASSENSPEKTROMETR. METH., 12. MITT. 58-0336
PYROLYSEUNTERS., 23. MITT. 59-0255
ASYMM. DECARBOXYLIER. 59-0723
DECARBOXYLIER., 6. MITT. 61-0297
FRAGMENTIER. U. BECKMANN-UMLAGER., 3. MITT. 62-0681
FRAGMENTIER. -RK., 20. MITT. 62-0681
FRAGMENTIER.-RK., 17. MITT. 56-0241
FRAGMENTIER.-RK., 18. MITT. 56-0561
FRAGMENTIER. -RK., 21. MITT. 62-0682
FRAGMENTIER. U. BECKMANN-UMLAGER., 4. MITT. 62-0682
UEBERGANGSMETALL-PHOSPHIN-KOMPLEXE ALS KATALYSATOREN D. ZERS. V. AMEISENSAEURE 54-0186
TRIPHENYLPHOSPHONIUMBROMID ZU AETHER- U. ESTERSPALT. 57-0386
COCL2-CH3MGJ-KATALYSIERTE SPALT. V. ALKYLHALOGENIDEN 62-0284
ELEKTRONENSTOSS U. MOL.-DISSOZIAT., 18.MITT. 55-0088
SPALT. V. ALLYLDERIV. D. GRUPPE 4A DURCH HG(II)-SALZE, 2. MITT. 59-0032
FRAGMENTIER. V. (3-PYRIDYL-(4))-3-METHYL-BUTYL-MGCL 57-0040
SPALT. V. TRIPHENYLSTANNYL- U. -PLUMBYLACETYLENEN (KINETIK) 60-0039
THERM. ZERS. V. PHENYLANTIMON- U. -WISMUTDITHIOCARBAMATEN 58-0058
THERMOLYSE V. BAC2O4.H2C2O4.2H2O 58-0042
THERM. ZERS. V. NI-OXALAT 60-0041
THERMOLYSE V. CO(II)-ALKANOATEN 60-0065
THERM. ZERS. V. NI-MG- U. CO(II)-MG-OXALATEN (MECHANISMUS, AKTIVIER.-ENERGIE) 61-0033
THERMOLYSE V. KOBALT(II)-OXALAT -DIHYDRAT (RK.-ENTHALPIEN) 61-0057
V. ORGANOMETALL-TRIHALOGENACETATEN IN GGW. V. OLEFINEN 63-0071
PYROLYSE V. ORGAN. VERB., 4. MITT. 58-0378
PYROLYSE V. 4-OXO-3-PHENYL-3.4-DIHYDRO-1.2.3-BENZOTRIAZIN 61-0682
RETRO-DIELS-ALDER-RK. V. UNGESAETT. KW-STOFFEN (STER. EINFL.) 58-0161
PYROLYSE V. C4-KW-STOFFEN 58-0293
PYROLYSE V. O-, M- U. P-XYLOL (MECHANISMUS) 62-0279
THERM. ZERS. V. BIPHENYLEN 62-0282
PYROLYSE V. ALKANEN IN D. GASPHASE (UEBERSICHT) 62-0285
PYROLYSE V. (+)-CAREN-(3) 59-0728
59-0031
V. QUADRICYCLENEN 53-0317
V. MONO- U. DISUBSTITUIERTEN ALKYLAROMATEN 56-0238
PYROLYSE V. 1.1-DICHLORCYCLOPROPANEN 59-0253
THERM. ZERS. V. 1.1-DIMETHYL-1-SILACYCLOBUTAN (KINETIK) 54-0352
PYROLYSE V. TRIMETHYLENOXID AN PT (MECHANISMUS) 58-0560
PYROLYSE V. 3-ALKYLOXETANEN AN PT (MECHANISMUS) 58-0561
THERMOLYSE V. 3.3-DIALKOXYCARBONYL-PYRAZOLINEN-(1) 59-0550
THERM. ZERS. V. 1.1-DIMETHYL-1-SILA-CYCLOBUTAN (KINETIK) 61-0295
THERM. ZERS. V. 2.2-DIPHENYL-5-DIPHENYLMETHYLEN-1.3.4-OXADIAZOLIN 61-0318
PYROLYSE V. PYRAZIN (MECHANISMUS) 62-0280
V. AZABULLVALENEN U. 7-AZA-BICYCLO(4.2.2)DECATETRAENEN-(2.4.7.9) 64-0557
PYROLYSE V. 7-HALOGEN-BICYCLO(4.1.0)HEPTANEN (MECHANISMUS) 53-0275
ZERS. V. ALKYLHALOGENIDEN (COCL2-CH3MGJ-SYST.) 62-0284
V. BROM-CHLOR-DIFLUOR-METHAN IN GGW. V. O2 U. O-HALT. GASEN 63-0320
PYROLYSE V. CHLORIERTEN SILACYCLOPENTANEN (MECHANISMUS) 63-0624
V. 1-DIAZO-BUTAN (KINETIK) 53-0158
THERM., V. AZOCUMOLEN (KONSTIT.-EINFL., KINETIK) 58-0294
THERM. ZERS. V. 1.1'.2.2'-TETRAPHENYL-AZOAETHANEN (NACHBARGRUPPEN- U. ALPHA-D-ISOTOPENEFFEKT) 58-0295
V. AZO-VERB. (KINETIK), 1. MITT. 61-0298
THERM. ZERS. V. DIAZOMETHYL-1.2.3-TRIAZOLEN (KINETIK) 61-0588
V. AROMAT. DIAZOAMINOVERB. MIT PB-TETRAACETAT (MECHANISMUS) 63-0506
PYROLYSE V. (OMEGA-(15)N)TRIPHENYLMETHYLAZID (MECHANISMUS) 64-0338
V. 5-ALKOXY-1.2.3.4-THIATRIAZOLEN (KINETIK) 58-0278
FRAGMENTIER. V. N-HALT. PEROXIDEN 59-0280
PYROLYSE V. (+)-5CIS-HYDROXY-CIS-CARAN U. (-)-2CIS-HYDROXY-TRANS-CARAN 59-0728
THERM. ZERS. V. ALKYLVINYLAETHERN, 2. MITT. (ARRHENIUS-PARAMETER, KINETIK) 60-0292
HOMOLYT. ZERS. V. HYDROPEROXIDEN , 1. MITT. 62-0273
HOMOLYT. ZERS., V. HYDROPEROXIDEN, 2. MITT. 62-0274
HOMOLYT. ZERS. V. HYDROPEROXIDEN , 3. MITT. 62-0275
HOMOLYT. ZERS. V. HYDROPEROXIDEN, 4. MITT. 62-0276
METALL-KATALYSIERTE ZERS. V. HYDROPEROXIDEN 62-0276
THERM. ZERS. V. HYDROPEROXIDEN IN VERSCHIEDENEN LSGM. (KINETIK) 62-0277
ZERFALL V. PHENYLTHIIRAN-1.1-DIOXIDEN (KINETIK) 58-0296
THERMOLYSE V. METHOXYPOLYSILANEN 64-0416
THERM. ZERS. V. TERT.-BUTYL-LITHIUM (KINETIK) 56-0048
V. DIPHENYL-CARBONAT (KINETIK U. MECHANISMUS) 58-0298
THERM. ZERS. V. ISOCYANSAEURE (MECHANISMUS) 60-0678
FRAGMENTIER.-RK. IN CARBONYLVERB. MIT BETA-STAEND. NEGATIVEN SUBSTITUENTEN, 5. MITT. 53-0313
FRAGMENTIER.-RK. AN CARBONYLVERB. MIT BETA-STAEND. ELEKTRONEGATIVEN SUBSTITUENTEN, 6. MITT. 53-0328
FRAGMENTIER.-RK., V. CARBONYLVERB. MIT BETA-STAEND. ELEKTRONEGATIVEN SUBSTITUENTEN, 7.MITT. 54-0294
PYROLYSE V. CYCLOOCTEN-(4)-CN 55-0206
FRAGMENTIER.-RK. AN CARBONYLVERB. MIT BETA-STAEND. ELEKTRONEGATIVEN SUBSTITUENTEN, 8. MITT. 55-0241
FRAGMENTIER. V. ALPHA-AMINOKETOXIMEN, 5. MITT. 56-0561
DECARBONYLIER. V. ALDEHYDEN 57-0273
DECARBONYLIER. V. ALDEHYDEN AN RH-VERB. 57-0274
VERS. D. 7-ZENTREN-FRAGMENTIER. V. GAMMA-AMINOKETOXIMEN 58-0284
PYROLYSE V. UBICHINONEN 55-0132
DECARBONYLIER. V. BETA-PHENYL-ISOVALERALDEHYD (PD-C) 59-0254
PHOTOSENSIBILISIERTE ZERS. V. ALIPHAT. ALPHA-DIAZOKETONEN IN OLEFIN. LSG. 61-0520
VERS. D. 7-ZENTREN- FRAGMENTIER. EINES GAMMA-AMINOKETOXIMS 62-0681
FRAGMENTIER.-RK. AN CARBONYLVERB. MIT BETA-STAEND. ELEKTRONEGATIVEN SUBSTITUENTEN, 9. MITT. 63-0588
V. AROMAT. ALDAZINEN (RADIKAL. BLDG.) 53-0175
FRAGMENTIER. V. ALPHA-AMINOKETOXIMEN , 4. MITT. 56-0241
THERMOLYSE V. AZINEN, 5. MITT. 64-0466
5- U. 7-ZENTREN-FRAGMENTIER. V. GAMMA-KETO-KETOXIMEN 62-0682
THERMOLYSE V. AROMAT. U. HETEROCYCL. ALDAZINEN 64-0466
V. ARYL-DIAZONIUMFLUOROBORATEN (MECHANISMUS D. SCHIEMANN-RK.) 57-0255
PYROLYSE V. 1-ANILINO-CIS- U. -TRANS-2-METHYL-CYCLOHEXAN-1-CARBONITRIL U. 1-BENZOYLOXY-CIS- U. -TRANS-2-METHYL-CYCLOHEXAN-1-CARBONITRIL (MECHANISMUS) 59-0255
V. AZO-BIS-NITRILEN (KINETIK) 61-0298
EINFL. V. PI-GEBUNDENEN LIGANDEN AUF D. DURCH METALLIONEN KATALYSIERTE DECARBOXYLIER. V. ACETONDICARBONSAEURE 53-0171
V. HCOOH (KATALYSE DURCH METALLKOMPLEXE) 54-0186
V. BETA-KETOSAEUREAMIDEN 54-0443

THERMOLYT. RK. V. ESTERN, 3.MITT. V.
BRENZTRAUBSAEUREESTERN 55-0195
PYROLYSE V. ESTERN (SKELETTUMLAGER.) 56-0240
PYROLYT. ELIMINIER. V. ALDEHYDEN 56-0243
DECARBOXYLIER. V. UNGESAETT. MALONSAEUREDERIV. IN
GGW. V. PDCL2 57-0063
PYROLYSE V. O.O'-DIACETYL-WEINSAEUREANHYDRID U.
ACETOXYMALEINSAEUREANHYDRID (MECHANISMUS) 57-0256
PYROLYSE V. OXALESSIGESTER IN ESSIGSAEUREANHYDRID
(MECHANISMUS) 57-0257
OXYDATIVE DECARBOXYLIER. V. ALPHA-AMINOSAEUREN IN
GGW. V. NAOCL 57-0483
DECARBOXYLIER. V. OXALESSIGSAEURE (EINFL. V. PH-WERT)
58-0291
DECARBOXYLIER. V. OXALESSIGSAEURE (EINFL. V.
METALLIONEN) 58-0292
V. DIAZOESSIGSAEUREAETHYLESTER (EINFL. V.
HALOGENIDIONEN) 58-0299
PYROLYSE V. GEMISCHTEN SAEUREANHYDRIDEN 58-0423
THERM. DECARBOXYLIER. V. ALPHA-AMINOSAEUREN IN GGW.
V. KETONEN 58-0555
THERM. ZERS. V. N-NITROSO-N-BENZHYDRYL-BENZAMIDEN IN
OH-HALT. LSGM. (MECHANISMUS) 59-0257
V. DICYCLOPENTADIENDICARBONSAEUREESTERN (KINETIK)
59-0468
THERMOLYSE V. SALZEN V. 2-SUBSTITUIERTEN ACRYLSAEUREN
60-0432
DECARBOXYLIER. V. BETA,GAMMA-UNGESAETT. U. BETA-
KETOSAEUREN (KINETIK, SUBSTITUENTENEFFEKT) 61-0297
V. AZO-BIS-ISOBUTTERSAEUREESTERN (KINETIK) 61-0298
PYROLYSE V. 2-METHYLCYCLOHEXYL-S-METHYL-XANTHOGENATEN
U. -ACETATEN 62-0429
ZERS. V. CARBONSAEURE-THIOLCARBONSAEURE-ANHYDRIDE
(KINETIK) 63-0301
DECARBONYLIER. V. CARBONSAEURECHLORIDEN WAEHREND D.
FRIEDEL-CRAFTS-RK. (KINETIK) 63-0318
DECARBOXYLIER. V. AZULEN-1-CARBONSAEURE (KINETIK)
63-0319
PYROLYSE V. DIBENZYLOXALATEN (MECHANISMUS) 63-0505
THERMOLYSE, V. 3.3-BIS-(AETHOXYTHIOCARBONYLMERCAPTO)-
PHTHALID 64-0589
THERMOLYSE V. 3-CYANO-3-AETHOXYCARBONYL-PYRAZOLINEN-
(1) 64-0633
THERM. ZERS. V. 3-CYAN-3-AETHOXYCARBONYL-DELTA(1)-
PYRAZOLINEN (STEREOCHEMIE, MECHANISMUS) 64-0634
THERM. ZERS. V. SYDNONIMIN-HYDROCHLORIDEN (EINFL. V.
SUBSTITUENTEN AUF D. GESCHW.) 55-0422
DECARBONYLIER. V. ACYLHALOGENIDEN 57-0273
V. TROPYL- BZW. ALPHA-PHENYL-ALPHA-(TROPYL-(7))-
ACETALDEHYD-TOSYLHYDRAZON 53-0318
FRAGMENTIER.-RK., V. TOSYLOXYMETHYL-CYCLOHEXANONEN
54-0294
THERM. ZERS. V. ARENAZCARYLSULFIDEN 55-0199
V. TROPONTOSYLHYDRAZON 57-0408
V. TOSYLHYDRAZONEN (BAMFORD-STEVENS-RK., EINFL. V.
LSGM.) 58-0297
HOMOLYT. THERMOLYSE V. TRIPHENYLMETHYLTHIONITRIT
61-0294
FRAGMENTIER.-RK. V. BETA-TOSYLOXY-ALDEHYDEN MIT
ALKOHOLEN 63-0588
VGL. V. PHOTOLYSE U. PYROLYSE V. ORGAN. NITRITEN
53-0194
THERM. ZERS. V. TRI-SEK.-BUTYLPHOSPHAT (KINETIK)
61-0299
V. POLY-(PROPAN-2.2-BIS-(PHENYL-(4))-CARBONAT)
(C16H14O3)X (KINETIK, MECHANISMUS) 58-0816
DISULFIDE (ORGANISCHE)
* S. UNTER SULFIDE (ORGANISCHE)
DITHIAZOLE
5-ARYL-3H-1.2.4-DITHIAZOLTHIONE-(3), RK. MIT ALKINEN
53-0364
1.2.4-DITHIAZOLTHIONE-(3), CYCLOADDIT. V.
ACETYLENVERB. 61-0572
DITHIINE
1.3-DITHIANE, MASSENSPEKTREN (FRAGMENTIER.-
MECHANISMEN U. DEUTERIUMISOTOPENEFFEKTE) 60-0123
1.4-, KATIONRADIKALE, ESR 64-0138
DITHIOLE
1.2-DITHIA-CYCLOPENTENE, 11. MITT. 56-0495
DITHIOLREIHE, 3. MITT. 59-0541
BIS-SPIRO-3.1-BENZOTHIAZIN-, STEREOCHEMIE 63-0631
2-(2H-1.3-DITHIOLYLIDEN)-CYCLOHEXANONIMINE, DARST. AUS
ACETYLENEN U. 3.4-TETRAMETHYLEN-ISOTHIAZOLIN-THIONEN-
(5) 59-0539
DITHIOLYLIDEN-(THIO)BENZAMID, DARST. AUS 5-ARYL-3H-
1.2.4-DITHIAZOLTHIONEN-(3) 53-0364
3-BENZHYDRYLIDEN-3H-1.2-, DARST. AUS BETA-DIKETONEN
53-0365
(DITHIOLYLIDEN-METHYL)-THIONO-1.2-, DARST. 55-0398
1.2-DITHIOLIUMPERCHLORATE, DARST. AUS SULFANEN U.
DIKETONEN 57-0522
3-THIONO-1.2-, DARST. AUS CYANESSIGSAEUREDERIV. U.
CS2 58-0590
2-THIOAROYLIMINO-1.3-, DARST. AUS 1.2.4-
DITHIAZOLTHIONEN-(3) U. ACETYLENVERB. 61-0572
NEREISTOXIN U. VERWANDTE VERB., DARST., 2. MITT.
61-0574
5-MERCAPTO-1.2-DITHIOL-THIONE-(3), DARST. AUS 1.2-
DITHIOL-THIONEN-(3) U. S IN DMF 61-0575
OMEGA-(4-ARYL-1.3-DITHIOLYLIDEN-(2))-ACETOPHENONE,
DARST. AUS D. THIOKETONEN BZW. AUS 3.3-DIMERCAPTO-1-
ARYL-PROPEN-(2)-ONEN-(1) U. OMEGA-BROM-ACETOPHENONEN
63-0595
5-ARYL-3-METHYLMERCAPTO- 1.2-DITHIOLIUMSALZE, SYNTH.
AUS BETA-HYDROXY-DITHIOACRYLSAEUREMETHYLESTER U. CS2
64-0619
3-BENZHYDRYLIDEN-3H-1.2-, DARST. AUS 3H-1.2-
DITHIOLTHIONEN-(3) 53-0365
3-OXO-1.2-, DARST. AUS TRITHIONEN MIT
HYDROXIMIDSAEURECHLORIDEN 56-0495
2-(2-THIOXO-ALKYLIDEN)-1.3-, DARST. AUS
1.2-DITHIOLTHIONEN-(3) U. ACETYLENVERB. 61-0572
5-MERCAPTO-1.2-DITHIOL-THIONE-(3), DARST. AUS
OLEFINEN U. S IN DMF 61-0575
5-ARYL-1.2-DITHIOLYLIDEN-(3)-MALONSAEUREDINITRILE,
DARST. AUS 5-ARYL-1.2-DITHIOLTHIONEN-(3) U.
TETRACYANAETHYLENDERIV. 63-0594
OMEGA-(4-ARYL-1.3-DITHIOLYLIDEN-(2))-THIOACETOPHENONE,
DARST. AUS 5-ARYL-3H-1.2-DITHIOLTHIONEN-(3) U.
ARYLACETYLENEN 63-0595
2-THIOXO-1.3-, ELEKTRONENSPEKTREN 54-0061
2-THIOXO-1.3-, UV- U. SICHTBARE ABSORPT. (HMO-
BERECHN.) 55-0058
1.3-DITHIOLANE, MASSENSPEKTREN (FRAGMENTIER.-
MECHANISMEN U. DEUTERIUMISOTOPENEFFEKTE) 60-0123
TRITHIONE U. ISOTRITHIONE, HALBPROTONIER. (BEST. D.
H(O)-WERTE) 56-0188
1.2-DITHIOLANE, POLAROGRAPH. UNTERS. 56-0195
1.2-DITHIOLANE, POLAROGRAPHIE 56-0198
2-DIALKYLAMINO-1.3-DITHIOLANYLIUM-SALZE RK. MIT
NUCLEOPHILEN 53-0362
3-THIONO-5-ALKENYL-1.2-, RK. MIT S 56-0494
1.2-DITHIOL-THIONE-(3), RK. MIT S IN DMF 61-0575
DITHIOLYLIDEN-MALONSAEUREESTER VERSEIF. 53-0363
1.2-DITHIOLTHIONE-(3), CYCLOADDIT. V. ACETYLENVERB.
61-0572
S-ALKYL-TRITHIONIUM-SALZE, RK. MIT AMINEN ZU 3-AMINO-
THIOACRYLAMIDEN 53-0360
DITHIOLYLIDEN-MALONSAEUREESTER UMESTER. 53-0363
DIURETIKA
* S. UNTER ARZNEIMITTEL
DROGEN
* S. UNTER ARZNEIPFLANZEN
DRUCK
HOCHDRUCKUNTERS., 2. MITT. 62-0283
WRKG. V. HOHEM DRUCK AUF ORGAN. VERB. , 5. MITT.
62-0401
DRUESEN
PANKREAS, SELEKTIVE J-AKKUMULAT. NACH 4-
JODPHENYLALANIN-GABEN 57-0800
SEKRET.-BESTANDTEILE D. MANDIBULARDRUESEN D. AMEISE
LASIUS (DENDROLASIUS)FULIGINOSUS 53-0610
DUENNSCHICHTCHROMATOGRAPHIE
* S. CHROMATOGRAPHIE (DUENNSCHICHT-)
DYSPROSIUM
DY(III), EINFL. AUF D. HYDROLYSE D. ESTER V.
KOMPLEXONEN 63-0041
DYSPROSIUMVERBINDUNGEN
DY(CLO4)3.7 DMSO , DARST. , IR-SPEKTRUM, THERM. ZERS.,
PULVERROENTGENOGRAPH. UNTERS. 61-0042
(AETHYLGLYCINAT-N.N-DIACETATO)-DY(III)-ION, HYDROLYSE
63-0041
DY(III)-(2-NITROSO-1-NAPHTHOL-4-SULFONSAEURE-(2)-
DIANION)-CHELAT, BLDG., STABILITAET 56-0063
KOMPLEXE MIT HYDRAZODIESSIGSAEURE, TRENN. V. ANDEREN
SELTENERDMETALLKOMPLEXEN 59-0052
DY2O3 EINFL. AUF D. DECARBOXYLIER. V. OXALESSIGSAEURE
58-0292

E

EDELMETALLVERBINDUNGEN
ORGAN. SYNTH. MIT HILFE V. --, 36. MITT. 62-0057
ORGAN. SYNTH. MIT EDELMETALLVERB., 34. MITT.
(CARBONYLIER.- U. DECARBONYLIER.-RK. AN PD) 57-0273
ORGAN. SYNTH. MIT HILFE V. EDELMETALLVERB., 35. MITT.
(DECARBONYLIER.-RK. V. ALDEHYDEN U. ACYLHALOGENIDEN MIT
RH-KOMPLEXEN) 57-0274
EDELMETALLSALZE, ALS KATALYSATOREN D. DIMERISIER. V.
OLEFINEN 54-0211
EDELMETALLCHLORIDE VERW. ALS KATALYSATOR BEI D.
ISOMERISIER. V. OLEFINGEMISCHEN 56-0234
EINHORN-REAKTION
* S. UNTER KONDENSATIONSREAKTIONEN
EINSCHLUSSVERBINDUNGEN
* S. UNTER KOMPLEXVERBINDUNGEN (UND KOMPLEXBILDNER) UND
EISEN
EINFL. AUF D. DEHYDRIER. U. DEHYDRATAT. V. ISOPROPANOL
62-0281
FE(II), EINFL. AUF D. HYDROLYSE D. ESTER V.
KOMPLEXONEN 63-0041
EISENVERBINDUNGEN (ORGANISCHE)
* FERROCENE S. DORT
HYDROXYPORPHYRIN-EISEN-KOMPLEXE, DARST. 58-0736
DARST. V. TRICARBONYL-TETRAKISFERROCENYL-
CYCLOALKADIEN-EISEN-KOMPLEXEN AUS FERROCENYLACETYLEN
U. METALLCARBONYLEN 54-0037
OLEFIN-EISEN-TETRACARBONYLE, BIND.-MODELL U.
MASSENSPEKTREN 53-0001

DARST. V. FE-CARBONYL-KOMPLEXEN AUS CYCLOPROPENONEN BZW. ACETYLENEN 54-0035
CYCLOBUTADIEN-FE(CO)3-KOMPLEXE, DARST. 56-0082
TRICARBONYL-(HEPTAMETHYL-CYCLOHEXADIENYL)-EISEN(II)-TETRA-CHLOROFERRAT, DARST., RK., IR, NMR, BIS-(HEXAMETHYLBENZOL)-EISEN(II)-KATION, TRICARBONYL-(HEPTAMETHYL-CYCLOHEXADIENYL)-EISEN(II)-TETRAPHENYLBORAT, DARST. 58-0063
1.3.5.7-TETRAMETHYL-CYCLOOCTATETRAENDERIV. V. FE-CARBONYLEN, DARST., STRUKTUR 60-0055
FE-OLEFIN-KOMPLEXE, ELEKTROCHEM. VERH. (BLDG. V. RADIKALANIONEN U. DIANIONEN) 61-0021
CYCLOOCTADIEN-(1.5) BZW. -(1.3)-FE-CARBONYLE, DARST. , RK. SPEKTREN 62-0044
METHYLSUBSTITUIERTE CYCLOBUTADIEN-FE(CO)3-PI-KOMPLEXE, DARST. 62-0046
FE(0)--(CO)-VERB. MIT ISOMEREN D. (CYCLOOCTATETRAEN)2, DARST. U. NMR-UNTERS. 63-0081
TRICARBONYL-CYCLOHEXADIEN-(1.3)-FE-KOMPLEXE, MASSENSPEKTREN 58-0012
SPIRO(2.4)HEPTADIEN-(4.6)-EISENCARBONYLE, DARST. 63-0083
(FE(NCS)2(BIPY)2)-POLYMORPHE, QUINTETT-SINGULETT-UEBERGANG (MOESSBAUER-, IR-, ELEKTRONENSPEKTRUM, KRIST.-STRUKTUR, MAGNET. EIG.) 60-0001
FE-DIPYRIDYL-VERB., DARST., RK. 60-0054
ALKALIMETALL-FE-BIPY. THF-ADDUKTE, DARST. RK. 59-0076
FE-CARBONYLKOMPLEXE MIT N-HALT. LIGANDEN, DARST. 56-0078
DIPYRIDYLEISENVERB., DARST., EIG. KATALYT. WRKG. BEI D. CYCLODIMERISIER. V. BUTADIEN 61-0302
TRIS-(GLYOXAL-BIS-HYDRAZON)-FECL2, TRIS-(GLYOXAL-BIS-METHYLIMIN)-FEJ2, DARST., NMR 63-0008
TRICARBONYL-5-HYDROXY-CYCLOHEXADIEN-(1.3)-EISEN, TRICARBONYL-2-METHOXY-5-HYDROXY-CYCLOHEXADIEN-(1.3)-EISEN, MASSENSPEKTREN 58-0012
TRICARBONYL-METHOXY-CYCLOHEXADIEN-EISEN(0)-KOMPLEXE, ZERS. 63-0084
FE(II)-BRENZCATECHIN-KOMPLEXE, RK.-KINETIK 64-0033
DI-MY-ALKYLMERCAPTO-DIEISENHEXACARBONYLE, SYN-ANTI-ISOMERIE 56-0001
DIMERE FE-KOMPLEXE V. DITHIOLENTYP, DARST., POLAROGRAPH., MAGNET. U. LEITFAEHIGK.-VERH. 60-0059
MY-(TOLUOL-3.4-DITHIOLATO)-BIS-(TRICARBONYLEISEN)(FE-FE) , MY-(2-AMINO-THIOPHENOLATO(2-))-BIS-(TRICARBONYLEISEN)(FE-FE) , ELEKTROCHEM. VERH. (BLDG. V. RADIKALANIONEN U. DIANIONEN) 61-0021
THIOLATO-FE-CARBONYLE, MASSENSPEKTRUM 60-0017
EISEN-TETRACARBONYL-PHOSPHIN-KOMPLEXE, IR 53-0047
FE-CARBONYL-DERIV. V. TRIS-(DIMETHYLAMINO)-PHOSPHIN, MASSENSPEKTRUM 56-0021
BIS-(PI-(3)-1.2-DICARBOLLYL)-FERRATE(II) U. -(III), PI-CYCLOPENTADIENYL-PI-(3)-1.2-DICARBOLLYL-EISEN(III), TETRAMETHYLAMMONIUM-PI-CYCLOPENTADIENYL-(PI-(3)-1.2-DICARBOLLYL-FERRAT(1-)) , DARST., SPEKTREN 59-0041
(FE(CO)4L) U. (FE(CO)3L2) (L-TRIS-(DIMETHYLAMIN)-PHOSPHIN), MASSENSPEKTREN 60-0015
(FE(CO)3-AS(CH3)2)2, (FE(NO)2P(C6H5)2)2, (FE(CO)3P(CH3)2)2, POLAROGRAPH. U. CYCL.-VOLTAMMENTR. VERH. (BLDG. V. RADIKALIONEN U. IONEN) 61-0022
TRIS-(ACETYLACETONATO)-EISEN(III), AETHYLEN-BIS-(DIPHENYLPHOSPHIN)-FE-KOMPLEXE, DARST., RK. 62-0048
NATRIUM-PENTACYANO-PHOSPHINFERRATE(II), BARST. 64-0068
NITROSYL-CARBONYL-PHOSPHIN- U. -ARSIN-EISEN-VERB., DARST. , SPEKTREN 63-0045
NITROSYL-CARBONYL-PHOSPHIN- U. -ARSIN-EISEN-VERB., BLDG. (KINETIK) 63-0046
3-OXO-1.4-DIPHENYL-3H-2-BENZOPYRAN-FE(CO)3 U. 1.4-DIPHENYL-2-OXA-3-OXO-1.2.3.4-TETRAHYDRO-NAPHTHYLEN-(1.4)-EISEN-TRICARBONYL, DARST. AUS 3-OXO-1.4-DIPHENYL-3H-2-BENZOPYRAN U. FE3(CO)12, 54-0033
ACYL-DICARBONYLNITROSYLEISEN-VERB., DARST. 55-0034
((TRICARBONYL-1-FERRA-ISOINDOLIN-TRICARBONYLEISEN)(FE-FE))-DERIV., DARST., SPEKTREN 57-0053
POLYFLUORPROPENYLDERIV. V. FE, DARST. , STEREOCHEMIE 59-0075
THIOLATOCYCLOPENTADIENYL-FE-CARBONYLE, MASSENSPEKTRUM 60-0017
METHYLIERTE CYCLOBUTADIEN-EISENTRICARBONYLE, NMR-SPEKTRUM 61-0005
ALKINYL-PI-CYCLOPENTADIENYLEISEN-VERB., DARST. , CHARAKTERISIER., RK. 61-0052
NATRIUM-PI-CYCLOPENTADIENYLDICARBONYLFERRAT(1-), PI-CYCLOPENTADIENYL-SIGMA-PHENACYLDICARBONYLEISEN, DARST., RK. IR- U. PMR-SPEKTREN 61-0053
PI-CYCLOPENTADIENYLPROPINYLDICARBONYLEISEN-VERB., DARST. , RK. 62-0047
CYCLOPENTADIENYL-, LICHTABSORPT. (THEORIE) 63-0003
NORBORNADIEN-FE(CO)3-DERIV., DARST., RK., SOLVOLYSE, SPEKTREN 63-0047
FE(II)-DIARYLVERB., DARST. U. RK. 63-0082
HYPERKONJUGAT. D. FE-C-BIND. U. H-AUSTAUSCH BEI PHENYLFERROCEN 54-0124
CYCLOPENTADIENYL-FE-CARBCNYLE, MASSENSPEKTRUM 60-0016
FERRACYCLOPENTADIENYL- U. ORGANO-FE-KOMPLEXE, ELEKTROCHEM. VERH. (BLDG. V. RADIKALANIONEN U. DIANIONEN) 61-0021
((PI-C5H5)FE(CO)P(C6H5)2)2, ((PI-C5H5)FE(CO)S-CH3)2 U. ((PI-C5H5)FE(CO)2S-CH3), POLAROGRAPH. U. CYCL.-VOLTAMMETR. VERH. 61-0022
ORGANO-FE-KOMPLEXE, ELEKTRONENUEBERTRAG. (KINETIK) 61-0032
FERROLE, VINYLCYCLOPENTADIENYL-FE(CO)2, DIFERRABUTENE U. -CYCLOHEPTADIENE, NMR 63-0008
VALENZTAUTOMERIE U. GEHINDERTE ROTAT. IM N-AETHOXYCARBONYL-AZEPIN-EISENTRICARBONYL (NMR-SPEKTREN) 54-0004
ZWEIKERN. FE-NITROSYL-DITHIOBENZIL-KOMPLEXE D. DITHIOLENTYPS, KONSTIT. VOLTAMMETRIE U. RED. MIT BH4(-) 57-0055
TRICARBONYL-5-(4.4-DIMETHYL-2-HYDROXY-6-OXO-CYCLOHEXEN-(1)-YL)-CYCLOHEXADIEN-(1.3)-EISEN, TRICARBONYL-5-(2.4-DIOXO-PENTYL-(3))-CYCLOHEXADIEN-(1.3)-EISEN U. TRICARBONYL-2-METHOXY-5-(2.4-DIOXO-PENTYL-(3))-CYCLOHEXADIEN-(1.3)-EISEN, MASSENSPEKTREN 58-0012
FE-CYCLOPENTADIENON- U. TROPON-KOMPLEXE, ELEKTROCHEM. VERH. (BLDG. V. RADIKALANIONEN U. DIANIONEN) 61-0021
BIS-(MY-BENZOPHENONHYDRAZONATO-TRICARBONYLEISEN), BIS-(MY-4.4'-DIMETHYLBENZOPHENONHYDRAZONATO-TRICARBONYLEISEN), DARST., KRIST.-STRUKTUR 56-0077
CARBONYL-PI-CYCLOHEXADIENYL-FE(II)-VERB., DARST. U. RK. 63-0084
FE(II)-ACETONITRIL-KOMPLEXE, IR-SPEKTREN 55-0003
FE(2+)-ACETONITRIL-KOMPLEXE, DARST. 55-0026
FE(II)-THIONALID-KOMPLEXE, BLDG. , STABILITAETS-KONST. , MAGNET. SUSZEPTIBILITAET, MOESSBAUER-SPEKTRUM 58-0024
TETRAAETHYLAMMONIUM-TRIS-(PYRAZOL-1-DITHIOCARBOXYLATO)-EISEN(II), BIS-(3.5-DIMETHYL-PYRAZOL-1-DITHIOCARBOXYLATO)-EISEN(II), DARST. 59-0084
HYDROGEN- U. METALL(I)-AETHYLENDIAMINTETRAACE-TATOAQUOFERRAT(III), MOESSBAUER-SPEKTRUM, MAGNET. SUSZEPTIBILITAET, KOORDINAT. 61-0009
METALL(I)-AETHYLENDIAMINTETRAACETATOAQUOFERRATE(III), MOL.-STRUKTUR, UV-PHOTOLYSE 61-0035
DIHYDROGEN- U. METALL(I)-DIAETHYLENTRIAMINPEN-TAACETATOFERRATE(III), DARST., MOESSBAUER-SPEKTRUM, PHOTOLYSE (UV-LICHT), MAGNET. SUSZEPTIBILITAET 61-0054
P-METHYL-TRITHIOPERBENZOATO- U. -DITHIOBENZOATO-FE-KOMPLEXE, DARST., STRUKTUR 63-0026
FE(III)-KOMPLEXON-CHELATE, RK. MIT L-ASCORBINSAEURE 64-0034
FE(III)-2-BENZYL-BENZOLSULFINATE, DARST. 64-0429
FEL3 U. (FEL2PY2), HL=HS2P(OC3H7)2, MOESSBAUER-SPEKTREN 58-0010
NITROSYL-CARBONYL-PHOSPHIT-EISEN-VERB., DARST. , SPEKTREN 63-0045
FE-CARBONYL-DERIV. V. TRIMETHYLPHOSPHIT, MASSENSPEKTRUM 56-0021
(FE(CO)3L), L=ALPHA-TERPINEN, ALPHA-PHELLANDREN, MASSENSPEKTREN 58-0012
ACECYCLONYL-EISEN-TRICARBONYLE, DARST. 54-0332
FERRICINIUM-CHLOROFERRATE, DARST., IR 57-0054
FE-CARBONYLE, EINFL. AUF D. THERM. ZERS. V. AZIDOVERB. 56-0078

EISENVERBINDUNGEN (ANORGANISCHE)
FE-NITROSYLCARBONYL-KOMPLEXE, DARST. 63-0046
FECL2, KOMPLEXBLDG. MIT DIMETHYLSELENOXID 56-0052
FECL2, KOMPLEXBLDG. MIT SBCL5 U. ACETONITRIL 55-0019
FECL2, KOMPLEXBLDG. MIT SNCL4 U. ACETONITRIL 55-0026
FECL3.6H2O EINFL. AUF D. DECARBOXYLIER. V. OXALESSIGSAEURE 58-0292
FECL3, OX.-MITTEL FUER 1-METHOXY-CYCLOPROPANOL-(1) U. 1-METHOXY-2.2-DIMETHYL-CYCLOPROPANOL-(1) 57-0312
FECL3, CHLORIER. V. CYCL. KETONEN 53-0138
FECL3, KOMPLEXBLDG. MIT ALPHA-FUROYLACETON 59-0003
FECL3, RK. MIT BIS-(1.3-DIKETONATO)-BOR-CHLORIDEN 58-0036
FECL3, KOMPLEXBLDG. MIT 8-HYDROXY-CHINOLIN-7-SULFONSAEURE 59-0021
(FECL3, EINFL. AUF RK. V. GRIGNARD-REAGENZIEN 53-0200
FECL3, EINFL. AUF D. TOLUOL-OX. MIT DIISOPROPYL- BZW. DICYCLOHEXYL-PEROXYDICARBONAT 58-0213
FECL3 HEMM. D. LI-NH3-RED. V. ANTHRACEN 64-0508
FE(NO3)3, OX.-MITTEL FUER 1-METHOXY-CYCLOPROPANOL-(1) U. 1-METHOXY-2.2-DIMETHYL-CYCLOPROPANOL-(1) 57-0312
FESO4.7H2O EINFL. AUF D. DECARBOXYLIER. V. OXALESSIGSAEURE 58-0292
FESO4, KOMPLEXBLDG. MIT KALIUM-PYRAZOL-1-DITHIOCARBOXYLAT U. TETRAAETHYLAMMONIUMCHLORID 59-0084

ELEKTRIZITAET
ELEKTR. FELD, EINFL. AUF D. KRISTALLISAT.-GESCHW. V. SALOL 56-0176

ELEKTROCHEMIE
* SPEZIELLE ELEKTROCHEM. EIG. S. UNTER D. ENTSPRECHENDEN
* STICHWOERTERN
ELEKTROCHEM. RK., 2.MITT. 57-0635
ELEKTROCHEM. RK., 3. MITT. 58-0196
ELEKTROCHEM. RK., 4. MITT. 58-0197
1. MITT. 58-0418
V. ORGANO-PHOSPHOR-VERB., 2. MITT. 60-0218
IN TETRAHYDROFURANLSG., 3. MITT. 60-0221
IN TETRAHYDROFURANLSG., 4. MITT. 60-0222

V. ORGANOMETALLVERB., 11. MITT. 61-0021
V. ORGANOMETALLVERB., 12. MITT. 61-0022
V. ORGANOMETALLVERB., 13. MITT. 61-0032
V. ORGAN. RADIKALEN (UEBERSICHT) 62-0094
QUANT. UNTERS. IN D. STEREOCHEMIE, --, 2. MITT.
63-0509
ELEKTRODEN
AU-EINKRISTALL- (ADSORPT. V. PY.) 64-0202
ELEKTROLYSE
* POLAROGRAPHIE S. DORT
ANOD. OX., 4. MITT. 61-0547
ANOD. OX., 3. MITT. 59-0429
POTENTIALKONTROLLIERTE, 13. MITT. 60-0217
ELEKTROLYT. RED. D. KOHLENSTOFF-HALOGEN-BIND.,
MECHANISMUS, 2. MITT. 63-0235
HEMM. D. ELEKTRODENRK. V. ZN- U. CD-IONEN IN SAUREN
LSG. DURCH PROTEINE, 1. MITT. 64-0027
ELEKTROCHEM. OX. D. SCN-ANIONS BZW. RED. V. (SCN)2
60-0030
ELEKTROORGAN. PRAEPARAT., 23. MITT. 57-0199
ELEKTROLYT. OX. V. ORGAN. VERB., 1. MITT. 58-0192
KOLBE- ALS QUELLE FREIER RADIKALE IN LSG., 5. MITT.
58-0334
ORGAN. SYNTH. DURCH --, 1. MITT. 63-0461
ANOD. OX. V. ALKYLCARBONSAEURE-K-SALZEN (KINETIK)
61-0184
ELEKTROLYT. OX. V. ANTHRACEN IN ACETONITRIL, 2. MITT.
58-0191
ANOD. ACETAMIDIER. V. TOLUOL , MECHANISMUS 61-0185
ANOD. SEITENKETTENSUBSTITUT. V. TETRALIN IN CH3OH-NACN
61-0186
V. AROMAT. KW-STOFFEN IN GGW. V. CYANAT-IONEN 62-0185
ELEKTROCHEM. OX. MEHRKERN. AROMAT. KW-STOFFE IN SBCL3
ODER ACETONITRIL (REDOXPOTENTIALE) 62-0208
ELEKTROCHEM. OX. V. PENTAPHENYLPYRROLEN IN
ACETONITRIL (MECHANISMUS) 55-0152
ANOD. OX. V. 1.2.3.4-TETRAHYDRO-CINNOLINEN 57-0199
ANOD. OX. V. FURANEN 61-0547
KATHOD. RED. V. DIALKYLPYRIDINEN U. DEREN
METHOMETHYLSULFATEN 64-0694
KATHOD. RED. V. CINNOLINEN 57-0199
INTERMEDIAERE NITROSOVERB. BEI D. ELEKTROLYT. RED. V.
NITROALKANEN 53-0118
ANOD. OX. V. ORGAN. VERB., 3. MITT., ELEKTROLYTEINFL.
AUF D. OX. V. N.N-DIMETHYL-ANILIN 57-0198
ELEKTROCHEM. RED. V. (GEM.-BROM-NITRO-ALKYL)-BENZOLEN
57-0390
ANOD. OX. V. N.N-DIMETHYLBENZYLAMIN 58-0428
V. ALIPHAT. TERT. NITROVERB. 60-0217
ELEKTROCHEM. RED. V. AROMAT. AZOVERB. (MECHANISMUS)
61-0189
ANOD. OX. V. METHANOL IN GGW. V. ALKENEN 64-0242
ELEKTRORED. V. TRIPHENYLPHOSPHIN U. -OXID 60-0218
ELEKTROCHEM. RED. V. TRIMETHYLSILANEN (MECHANISMUS)
63-0234
V. KALIUMACETAT IN GGW. V. 3.3-DIMETHYL-BUTEN-(1)
58-0334
ELEKTROLYT. BIMOL. RED. V. (7-(14)C)ACETOPHENON
58-0418
ANOD. METHYLIER. V. BENZALDEHYD (MECHANISMUS) 60-0214
ELEKTROCHEM. RED. V. BENZOPHENON IN APROT. LSGM.
61-0190
ELEKTROCHEM. RED. V. 1.2-DIIMINEN 61-0674
ELEKTROLYT. RED. V. OXIMEN U. SEMICARBAZONEN IN
ALKAL. LSG. 63-0236
ELEKTROLYT. RED. V. 1-NITRO-ACETALDEHYD-
PHENYLHYDRAZON (MECHANISMUS) 64-0239
ELEKTROCHEM. RED. V. PHOSPHONIUMHALOGENIDEN 63-0461
ELEKTROLYT. RED. V. NITRILEN 55-0219
ELEKTRORED. V. NITRILEN, 7. MITT. (V. 1.4-DICYAN-
BUTEN-(1)) 59-0299
ELEKTROCHEM. SPALT. V. NITRILEN 60-0215
ELEKTROLYT. RED. V. ALPHA,BETA-UNGESAETT. ESTERN
55-0219
ELEKTROCHEM. RED. V. PHENYL-GLYOXYLSAEUREAMID U.
PHENYLGLYOXYLSAEURE-HYDROXAMID 56-0193
ELEKTROCHEM. RED. V. CUMARINEN IN GGW. V. ALKALOIDEN
57-0568
V. 2-ACETOXY-?-CARBOXY-PROPIONSAEURE-ALKYLESTERN NACH
KOLBE 61-0363
ELEKTROLYT. METHOXYLIER. V. ESSIGSAEUREN 62-0188
ELEKTRORED. V. 2-PHENYL-2-CHLOR-PROPIONSAEURE (STER.
VERLAUF) 64-0234
ANOD. OX. V. CS-CARBOXYLATEN (MECHANISMUS) 64-0236
V. CYCLOPROPAN-CIS-1.2-DICARBONSAEURE-MONOMETHYLESTER
U. CYCLOPROPANCARBONSAEURE 59-0429
ELEKTROLYTE
* POLY- S. DAS NACHSTEHENDE STICHWORT
ANION-MOL.-KOMPLEXE IN LSG., 1. MITT. 64-0204
ORGAN. ANIONEN, RK., 14. MITT 64-0455
ORGAN. ANIONEN, RK., 9. MITT. 57-0363
EINFL. AUF D. ANOD. OX. V. N.N-DIMETHYL-ANILIN
57-0198
-EINFL. AUF SAEUREKATALYSIERTE VERSEIF. V. ESTERN V.
AROMAT. U. ALIPHAT. SAEUREN 60-0260
ELEKTROLYTE (POLY-)
POLY-, WECHSELWRKG. MIT EINFACHEN -, 3. MITT. 63-0031
POLYANIONEN U. IHRE KOMPLEXE, 3. MITT. 63-0861
POLYANIONEN U. IHRE KOMPLEXE, 4. MITT. 63-0862
POLYANIONEN U. IHRE KOMPLEXE, 5. MITT. 63-0863
ELEKTRONEN
* -STRUKTUR S. UNTER MOLEKULARSTRUKTUR
* -STOSSUNTERS. IN D. MASSENSPEKTROSKOPIE S. DORT
ELEKTRONENEINFANGKOEFF. V. CHLORIERTEN BIPHENYLEN
60-0229
ELEKTRONENSTOSS-UNTERS., 9.MITT. 53-0080
-STOSS V. DEUTERIERTEN PYRIDINEN (STATIST. VERTEIL.
D. H) 56-0137
ELEKTRONENSTOSSUNTERS., 16. MITT. 58-0123
ELEKTRONENSTOSS-UNTERS., 4. MITT. 58-0132
-STOSSUNTERS., 22. MITT. 60-0127
-STOSS, FRAGMENTIER. V. ORGAN. MOL. UNTER -, 1. MITT.
58-0133
GAS-ELEKTRONENBEUG.-METH. UNTERS. D. EINFACH- U.
DOPPELBIND. ZWISCHEN SP(2)-HYBRIDISIERTEN
KOHLENSTOFFATOMEN, 2.MITT. 64-0159
SOLVATISIERTE, RK. MIT NITRILEN, 2. MITT. 60-0215
ELEKTRONENDICHTE IN MOLEKUELEN
* S. UNTER MOLEKULARSTRUKTUR
ELEKTRONENSPINRESONANZ
* S. UNTER MAGNETISMUS
ELEKTRONENSTRUKTUR V. MOLEKUELEN
* S. UNTER MOLEKULARSTRUKTUR
ELEKTRONENSTRUKTUR V. VERBINDUNGEN
* S. UNTER MOLEKULARSTRUKTUR
ELEKTRONENVERTEILUNG IN MOLEKUELEN
* S. UNTER MOLEKULARSTRUKTUR
ELEKTROPHORESE
DUENNSCHICHTCHROMATO- V. AMINOSAEUREN AUF
CELLULOSEPULVER, 4. MITT. 55-0598
DUENNSCHICHTCHROMATO-, V. AMINOSAEUREN AUF
CELLULOSEPULVER, 5. MITT. 55-0599
PAPIER- V. (HYDROXYMETHYLEN-(14)C)DL-EPHEDRIN,
(HYDROXYMETHYLEN-(14)C)DL-PSEUDOEPHEDRIN U. (KETO-
(14)C)EPHEDRON IN NA-BORAT-PUFFER (PH 9,2) 64-0936
V. HUMINSAEUREN 64-0896
ELEMENTE, CHEMISCHE
SELTENERE, CHEMIE, 43. MITT. 61-0042
ELIMINIERUNGSREAKTIONEN
BASEN-INDUZIERTE, 1. MITT. 56-0226
BASEN-INDUZIERTE ELIMINIER., 2. MITT. 56-0227
ANWEND. D. LINNETT-THEORIE 59-0197
MECHANISMUS, 11. MITT. 61-0269
MECHANISMUS, 12.MITT. 61-0270
MECHANISMEN, 10. MITT. 61-0275
E1CB-MECHANISMEN (ALLG. THEORIE) 63-0296
DESDIAZONIER. IN ALKAL.-ALKOHOL. LSGM. (BEWEIS EINES
RADIKAL. MECHANISMUS) 63-0446
-ADDIT.-RK., N-ACYL-TRIHALOGENACETALDIMINE ALS
REAKTIVE ZWISCHENSTUFEN, 7. MITT. 63-0632
E1CB-RK. (MECHANISMUS) 54-0171
1. MITT. 56-0701
ELIMINIER.-ADDIT., 15. MITT. 57-0277
DESAMINIER., 2. MITT. 58-0452
MECHANISMUS, 13. MITT. 61-0271
ELIMINIER.-ADDIT.-RK. MIT N-ACYL-TRIHALOGEN-
ACETALDIMINEN ALS ZWISCHENSTUFEN, 6. MITT. 56-0315
BASEN-INDUZIERTE ELIMINIER., 3. MITT. 56-0228
MIT CR(II)-AMINKOMPLEXEN, STEREOCHEMIE 60-0241
DEHYDROCHLORIER. MITTELS DIMETHYLAMINO-
TRIMETHYLSTANNAN 55-0024
O-ABSPALT. AUS SAEUREFLUORIDEN DURCH PERFLUORCARBENE
57-0284
SAURE DEHYDRATISIER. V. 2.2-DIMETHYL-PROPANDIOL-(1.3)
U. V. ANDEREN IN 2-STELLUNG DISUBSTITUIERTEN
PROPANDIOLEN-(1.3),1. MITT.(SAURE DEHYDRATISIER. V.
2.2-DIMETHYL-PROPANDIOL-(1.3)) 53-0215
DEHYDRATISIER. V. LANGKETT. ALKOHOLEN , 2.MITT.(EINFL.
D. STELL. D. OH-GRUPPE U. D. KETTENLAENGE) 54-0170
DEHYDRATISIER. V. SUBSTITUIERTEN TETRAHYDROFU-
RYLCARBINOLEN,3. MITT. 54-0405
DEHYDRATISIER. V. PROTONIERTEN ACRYLSAEUREN (KINETIK)
58-0243
DEHYDRATISIER. V. 2-METHYL-3-HYDROXY-3-ARYL-
PROPIONSAEUREN (KINETIK) 59-0232
DEHYDRATAT. V. COC2O4.2H2O (RK.-ENTHALPIE) 61-0057
DEHYDRATAT. V. ALKOHOLEN (AKT. ZENTREN V. AL2O3 BZW.
AL2O3-SIO2) 61-0278
DEHYDRATISIER. V. DIHYDROXYACETON U. GLYCERINALDEHYD
(KINETIK) 61-0282
DEHYDRATISIER. V. N-ARYLIERTEN AMINOALKOHOLEN IN GGW.
V. AMBERLYST 15 61-0305
DEHYDRATISIER. V. ALKYL-AR(ALK)YL-CARBINOLEN (PROD.-
VERTEIL.) 63-0471
DEHYDRATISIER. V. ALKYL(PHENYL)CYCLOHEXANOLEN AN AL2O3
(MECHANISMUS) 63-0487
DEHYDRATISIER. V. RAC.-1.2-DIPHENYL-AETHANOL (KINETIK,
MECHANISMUS) 64-0292
KATALYT. DEHYDRATISIER. V. LANGKETT. ALKOHOLEN, 3.
MITT. 64-0296
DEHYDRATAT. V. AMEISENSAEURE AN OXID- U.
METALLKATALYSATOREN (MECHANISMUS) 64-0314
CYCLODEHYDRATISIER. V. 3.4-BIS-(4-OXO-CYCLOHEXEN-(1)-
YL)-HEXANDIOL-(3.4) (MECHANISMUS) 64-0321
KATALYT. DEHYDRATISIER. V. HEPTANOL-(2) AN AL2O3
(EINFL. V. INHIBITOREN) 64-0296
DEHALOGENIER., BASENINDUZIERTE, V. ARYLHALOGENIDEN IN
TERT.-BUTYLALKOHOL U. DMSO 58-0398
HCL- AUS CHLORAETHANEN, AN MOL.-SIEBEN (KINETIK)
63-0293

DEHYDROCHLORIER. U. DECHLORIER. V. CHLORAETHANEN AN CHROMOXID-KATALYSATOREN 63-0294
DEHYDROBROMIER. V. 4-BROM-2.2-DIMETHYL-5-PHENYL-CYCLOHEXANDION-(1.3) 61-0454
V. HBR AUS STEROID- U. TRITERPENOID-DERIV. DURCH HEXAMETHYL-PHOSPHORYL-TRIAMID 61-0785
V. CO2 AUS N-CARBOXY-GLYCYL-GLYCIN U. N-CARBOXY-GLYCYL-GLYCYL-GLYCIN 58-0301
RETRO-DIELS-ALDER-RK. V. UNGESAETT. KW-STOFFEN (STER. EINFL.) 58-0161
COPE- V.CYCLOALKYL-DIMETHYL-AMINOXIDEN, POLAROGRAPH. METH. FUER KINET. UNTERS. D. AMINOXID-ELIMINIER.-RK. 53-0151
HOFMANN-ABBAU V. PIPECOLINEN 53-0416
DEHYDRATAT. V. TRIMOL. AMMONIUM-W.-AMIN-KOMPLEXEN (KINETIK) 57-0188
DESAMINIER.-RK., 3. MITT. 63-0485
DESAMINIER. V. 6-AMINO-SPIRO(4.5)DECAN 63-0569
DESAMINIER. V. 1-AMINO-SPIRO(4.4)NONAN 63-0570
DESHALOGENIER. V. HALOGEN-POLYOXY-PHENYLENEN 56-0744
V. W. AUS TERT.-BUTYL-CYCLOHEXANOLEN (MECHANISMUS) 57-0235
DEHYDRATISIER. V.1.2-DIARYL-AETHANOLEN (KINETIK, STRUKTUREINFL.) 64-0293
TRIMETHYLMETALLHALOGEN-, AUS TRIMETHYLMETALLMETHYL-SUBSTITUIERTEN GEM.-DIHALOGENCYCLOPROPANEN (MECHANISMUS) 63-0498
DESAMINIER.-RK. V. N-NITROSO-N-CYCLOPROPYL-HARNSTOFFEN 63-0485
PYROLYT. ELIMINIER. V. ALDEHYDEN AUS N-ALKOXY-LACTAMEN U. -THIOLACTAMEN 56-0243
V. ACETALDEHYD AUS AMINOALKOHOLEN U. ISOCHROMANONEN DURCH ELEKTRONENSTOSS 60-0133
DESAMINIER. V. CYCLOALKYLTRIMETHYLAMMONIUMVERB. (STER. VERLAUF, MECHANISMUS) 61-0269
V. ARYLCYANIDEN AUS 4-ARYLIDENAMINO-1.2.4-TRIAZOLEN (KINETIK U. MECHANISMUS) 58-0266
V. CYCLOHEXYLTOSYLAT (E2C-MECHANISMUS, KINETIK) 61-0192
V. P-TOLUOLSULFONSAEURE AUS CYCLOALKYLTOSYLATEN (MECHANISMUS) 61-0271
ZWEIER VICINALER SEK. P-TOLUOLSULFONYLOXY-GRUPPEN MIT NAJ IN D. THF-REIHE, 2. MITT. 63-0601
SULFON-ALPHA- BEI 2.2.2-TRIARYLAETHYLPHENYLSULFONEN 57-0415
DEHYDRATAT. V. ALKOHOLEN AN METALLEN (KINETIK) 62-0281
DEHYDROHALOGENIER. V. AETHYLFLUORID U. -CHLORID (MECHANISMUS) 58-0273
DEHYDROCHLORIER. V. STYRYLCHLORIDEN MIT LI-ORGANYLEN (MECHANISMUS) 56-0226
AUS AMINO-CARBEN-CR(CO)5-KOMPLEXEN 55-0030
REDUKTIVE, V. V. BETA-SUBSTITUIERTEN EPOXIDEN MIT CR(II)-KOMPLEXEN (KINETIK, SUBSTITUENTENEINFL.) 61-0327
AUS HEXYLHALOGENIDEN (KINETIK) DURCH RK. MIT NA-METHYLAT 58-0271
V. THREO- U. ERYTHRO-2-BROM-BUTYL-(3)-DERIV. DURCH CR(II)-KOMPLEXE, STEREOCHEMIE 60-0241
ELIMINIER. V. HBR AUS CYCLOALKYLBROMIDEN (KINETIK, MECHANISMUS) 61-0270
HYDRODECHLORIER. V. CHLORCHINOXALINEN 62-0501
REDUKTIVE, V. V. BETA-SUBSTITUIERTEN ALKYLHALOGENIDEN MIT CR(II)-KOMPLEXEN (KINETIK, SUBSTITUENTENEINFL.) 61-0327
V. CIS- U. TRANS-3-ISOPROPYLCYCLOBUTYLAMIN (STER. KONTROLLE) 53-0146
DESAMINIER DESAMINIER.-RK., 1. MITT.(MECHANISMUS D. ALKAL. NITROSOHARNSTOFF-SPALT.) 53-0157
DESAMINIER. RK., 2. MITT.(ZERS. V. 1-DIAZO-BUTAN IN METHANOL) 53-0158
DESAMINIER. V. EINFACHEN ALIPHAT. AMINEN IN PROTONENFREIEN MEDIEN 53-0177
DESAMINIER V. MENTHYL- U. CARVOMENTHYLAMINEN (PROD.-ZUS. U. MECHANISMUS) 53-0544
BASEN-KATALYSIERTE, V. 2-(4-PYRIDYL)-AETHYLAMINEN 61-0631
DEHYDROFLUORIER. V. AMIN-NICHTMETALLFLUORIDEN, 2. MITT. 62-0398
DESAMINIER. NACH HOFMANN U. WITTIG V. AMINODEUTERO-1-TERT.-BUTYL-CYCLOHEXANEN U. 2-AMINO-3-DEUTERO-TETRALINEN (MECHANISMUS) 63-0496
DEHYDRATISIER. V. 3-PHENYL-3-METHYL-BUTANOL-(2) (MECHANISMUS) 56-0370
HYDRIDABSPALT.-DECARBOXYLIER. V. 1.2-DIPHENYL-CYCLOPROPENCARBONSAEURE 57-0414
AN 1.2-DIARYL-4-DIMETHYLAMINO-BUTANOLEN-(2) , 3. MITT. 61-0141
DEHYDRATISIER. V. 2.2'-DIHYDROXY-BIPHENYLEN (MECHANISMUS) 64-0581
RAMBERG-BAECKLUND-RK. V. BENZYL-ALPHA-HALOGENALKYL-SULFONEN (KINETIK) 58-0272
BASENKATALYSIERTE, V. ARALKYL-DIHALOGENMETHYLSULFONEN 63-0512
V. BETA-SUBSTITUIERTEN ORGANOBORANEN 63-0351
BETA-ELIMINIER. AUS ALPHA-DIALKYLAMINO-BETA.BETA.BETA-TRICHLOR-AETHOXY-TRIMETHYLSILANEN 64-0064
DESAMINIER V. NITROSO-HARNSTOFFEN 53-0157
BASENKATALYSIERTE, AUS C-NITRO-BENZALDEHYDEN 58-0417
DEBROMIER. V. ALPHA-BROMKETONEN (MECHANISMUS) 59-0500
DEHYDROBROMIER. V. N-(ALPHA-BROM-ARALKYLIDEN)-N'-(O-NITRO-PHENYL)-HYDRAZINEN 57-0556
V. CYCLOALKYL-ONIUM-VERB. (STEREOCHEMIE U. KINETIK) 54-0167
HOFMANN- AUS CYCLOALKYLAMMONIUMHYDROXIDEN (MECHANISMUS) 61-0276
DESAMINIER. V. N-2-PHENYLAETHYL-AMIDEN MIT HEISSER KOH 58-0452
V. 3-TOSYLOXY-4.4-DIMETHYL-5ALPHA-CHOLESTANEN 56-0701
HOFMANN-ABBAU AM THEBAIN 59-0710
ENAMINE
* S. UNTER AMINE
ENNIATINE
* S. UNTER DEPSIDE, PEPTIDE
ENOLE (ALLGEMEINES)
* (EINSCHLIESSLICH ENOLAETHER)
* S. AUCH AMINOAETHER
* S. AUCH GLYKOLE
VINYLAETHER V. HALOGENALKOHOLEN, 2. MITT. 53-0214
VINYLOXY-ANILIDE, 1. MITT. 54-0266
VINYLOXYANILIDE, 2. MITT. 56-0355
VINYLAETHER MIT EINER EPOXYGRUPPE, 1. MITT. 56-0462
POLYHALOGEN-, 1. MITT. 58-0327
ENOLATE, CHEMIE, 5. MITT. 64-0257
KETO-ENOL-TAUTOMERIE V. BETA-ACYLVINYL-PHOSPHONIUMSALZEN 53-0270
ENOLE (DARSTELLUNG)
2-ALKOXY(ALKYLMERCAPTO,AMINO)AETHYL-VINYLAETHER, DARST. AUS 2-CHLOR-AETHYL-VINYLAETHER 53-0214
GLYCID-1-ALKENYL-AETHER, DARST. AUS GLYCIDYLOXYALKANOLEN 54-0216
GLYCIDYL-ALKENYL-AETHER, DARST. AUS 1-ALLYLOXY-2-TOSYLOXYALKANEN 55-0367
O-TRIBUTYLSTANNYL-, DARST. AUS TRIBUTYLMETHOXYSTANNAN U. ENOLACETATEN 56-0068
ALPHA-ALKEN-(1)-YL-BETA-GLYCERIDE, DARST. AUS EPOXIDEN V. SAEUREHALOGENIDEN 56-0275
ALKENGLYCIDAETHER, DARST. AUS GLYCERINAETHERSULFITEN 56-0276
ENOLAETHER D. BRENZTRAUBENSAEURE, SYNTH. AUS 2.2-DICHLORPROPIONSAEUREESTERN U. NA-PHENOLATEN 57-0317
ALPHA-ALKOXY-ACROLEINE, BETA-SUBSTITUIERTE, DARST. AUS 1.1.2.3.3-PENTAALKOXY-PROPANEN 57-0332
TRANS-1.2-BIS-CHINOXALYL-(2)-AETHENDIOLE-(1.2), DARST. AUS CHINOXALIN-CARBALDEHYDEN 60-0652
BLDG. AUS DIALKYLKETONEN DURCH ALKYL-MG-VERB. IN TERT. AMINEN 64-0365
1-METHOXY-4-ALKYLMERCAPTO-BUTEN-(1)-INE-(3), DARST. DURCH THIYLIER. MIT ALKYLHALOGENIDEN U.S, NANH2 64-0370
(VINYLOXY-PHENYL)-ALLYLIDENAMINE, DARST. AUS D. ANILINEN U. UNGESAETT. ALDEHYDEN 64-0453
VINYLOXYALKINOLE, DARST. AUS PHENYLAETHINYLMAGNESIUMBROMID U. KETOVINYLAETHERN 64-0469
ACETATE, DARST. AUS ALDEHYDEN U. ACETANHYDRID 54-0229
VINYLOXY-ANILIDE, DARST. AUS P-VINYLOXY-ANILINEN U. CARBONSAEUREANHYDRIDEN 54-0266
O-SILYL-, DARST. AUS BETA-SILYL-KETONEN DURCH UMLAGER. BZW. AUS TRIALKYL(ARYL)CHLORSILANEN U. BETA-STANNYL-KETONEN 56-0330
DICARBONSAEURE-MONOVINYLOXYANILIDE, DARST. AUS P-AMINO-PHENYL-VINYLAETHERN U. DICARBONSAEUREANHYDRIDEN 56-0355
1-(VINYLOXYALKOXY)-PROPYLEN-2.3-OXIDE, DARST. AUS VINYL-HYDROXY-ALKYL-AETHERN U. EPICHLORHYDRIN 56-0462
1-ALKYL-1-AETHOXY-BUTEN-(1)-INE-(3), DARST. AUS 1-BROM-2-AETHOXY-1.1-DIALKYL-PENTINEN-(4) 58-0347
DIALKYL-(VINYLOXYAETHYLTHIOAETHYL)-PHOSPHITE, DARST. AUS (2-HYDROXY-AETHYL-THIOAETHYL)-VINYLAETHER U. PHOSPHORIGSAEUREDIALKYLESTERCHLORIDEN 62-0336
ACETATE, TRENN. D. CIS- U. TRANS-ISOMEREN 64-0229
ENOLE (REAKTIONEN)
1-ALKYL-1-AETHOXY-BUTEN-(1)-INE-(3), REAKTIVITAET, 1. MITT. 58-0347
1-ALKYL-1-AETHOXY-BUTEN-(1)-INE-(3), REAKTIVITAET , 2. MITT. 58-0348
1-ALKYL-1-AETHOXY-BUTEN-(1)-INE-(3), REAKTIVITAET, 3.MITT. 64-0376
1-ALKYL-1-AETHOXY-BUTEN-(1)-INE-(3), REAKTIVITAET, 4. MITT. 64-0377
ENOLATE, ALKYLIER. (KINETIK, LSGM.-EINFL.) 64-0257
VINYL-BETA.BETA'-DIAETHYLENAETHER, COPE-CLAISEN-UMLAGER. (SUBSTITUENTENEINFL.) 58-0288
1-METHOXY-CYCLOHEXADIENE-(1.4), ISOMERISIER. IN GGW. V. TRIS-(TRIPHENYLPHOSPHIN)-RHODIUMCHLORID 64-0308
ALKYL-VINYL-, THERM. ZERS. , 2. MITT. (KINETIK, ARRHENIUS-PARAMETER) 60-0292
-AETHER, V. BETA-DIKETONEN, AROMATISIER. 57-0347
1-ALKYL-1-AETHOXY-BUTEN-(1)-INE-(3), HYDROLYSE (KINETIK, MECHANISMUS) 64-0376
AETHOXYALKENINOLE, HYDROLYSE (MECHANISMUS) 64-0377
ENOLISIERBARE BETA-DIKETONE, PHOTOCHEM. RK. MIT CYCLOOLEFINEN (MECHANISMUS) 60-0406
4-AETHOXY-ALKEN-(3)-INE-(1), RK. (ALS GRIGNARD-VERB.) MIT PROPYLENOXID 58-0348
-AETHER, KETTENVERLAENGER. MIT DIHALOGENCARBENEN 58-0330
VINYL-AETHER, RK. MIT VINYLCARBINOLEN 54-0219
4-AETHOXY-ALKEN-(3)-INE-(1), RK. (ALS GRIGNARD-VERB.) MIT CO2 58-0348

4-AETHOXY-ALKEN-(3)-INE-(1), RK. (ALS GRIGNARD-VERB.) MIT ACETON 58-0348
4-AETHOXY-ALKEN-(3)-INE-(1), RK. (ALS NA- ODER LI-VERB.) MIT KETONEN 58-0348
VINYLAETHER, RK. MIT CYCL. ALPHA-METHYLENKETONEN (THERM. ADDIT.) 60-0580
4-AETHOXY-ALKEN-(3)-INE-(1), RK. (ALS GRIGNARD-VERB.) MIT ALDEHYDEN 58-0348
ENOLISIERUNG
* S. UNTER UMLAGERUNGEN
ENSYNTHESE
* S. UNTER ADDIOTIONSREAKTIONEN
ENTLADUNG, ELEKTRISCHE
CHEM. RK. BEI HOCHFREQUENZENTLAD. BEI NIEDRIGEM DRUCK, 1. MITT. 64-0318
HF-, IN METHAN 64-0318
CHEM. RK. BEI HOCHFREQUENZENTLAD. BEI NIEDRIGEM DRUCK, 2. MITT. 64-0319
HF- IN METHAN-O2-GEMISCHEN 64-0319
FUNKEN-, WRKG. AUF EIN GEMISCH V. CH4, NH3 U. H2O 62-0359
SYNTH. V. AMINOSAEUREN AUS CH4, NH3 U. W. DURCH HOCHFREQUENTE - 64-0404
HOCHSPANN.- IN FLUOR-KW-STOFFEN 57-0195
ENTROPIE
* V. PROZESSEN S. UNTER D. ENTSPRECHENDEN STICHWOERTERN
ENTZUENDUNGSHEMMENDE MITTEL
* S. ARZNEIMITTEL (SPEZIELLE GRUPPEN)
ENZYME
-INHIBITOREN, IRREVERSIBLE, 110. MITT. 57-0781
-INHIBITOREN, IRREVERSIBLE, 112. MITT. 57-0782
-INHIBITOREN, IRREVERSIBLE, 113. MITT. 60-0814
-INHIBITOREN, IRREVERSIBLE, 116. MITT. 63-0875
-INHIBITOREN, IRREVERSIBLE, 120. MITT. 63-0879
AUS RATTENLEBER, ENZYMAT. CYCLISIER. V. 2.3-EPOXY-SQUALENEN 58-0818
HEFE-ENZYMEXTRAKT, VERW. ZUR BIOSYNTH. V. SQUALEN 62-0842
ENZYMAT. BLDG. V. ACETYLCHOLIN AUS CHOLIN U. ACETATIONEN MIT ATP 58-0819
-INHIBITOREN, 19. MITT. 57-0604
IRREVERSIBLE ENZYMINHIBITOREN, 109. MITT. 57-0780
-INHIBITOREN, 20. MITT. 57-0784
IRREVERSIBLE ENZYMINHIBITOREN, 115. MITT., 60-0810
IRREVERSIBLE ENZYMINHIBITOREN, 114. MITT. 60-0815
IRREVERSIBLE ENZYMINHIBITOREN, 117. MITT. 63-0876
IRREVERSIBLE ENZYMINHIBITOREN, 118. MITT. 63-0877
IRREVERSIBLE ENZYMINHIBITOREN, 119. MITT. 63-0878
ENZYME, SPEZIELLE
ACYL-ALPHA-CHYMOTRYPSIN, DESACYLIER. (MODELL-RK.) 61-0244
ACETOKINASE, ISOLIER. AUS HONIGBIENEN 58-0819
ADENOSINDESAMINASE, HEMM. DURCH 1BETA- U. 1ALPHA-HYDROXY-2ALPHA-HYDROXYMETHYL-4ALPHA-(6-AMINO-9-PURINYL)-CYCLOHEXAN 57-0604
ADENOSINDESAMINASE, HEMM. DURCH 9-(M-BROMACETAMIDO-BETA-PHENAETHYL)-ADENIN-OXALAT (KINETIK) 57-0784
ADENYLOSUCCINASE, INHIBITORWRKG. V. N-(5-AMINO-1-BETA-D-RIBOFURANOSYL-IMIDAZOLYL-(4)-CARBONYL)-L-THREO-BETA-METHYL-ASPARAGINSAEURE-5'-PHOSPHAT, DI-BA-SALZ 57-0660
ALDOLASEN, 14.MITT. 64-0902
ALDOLASEN, AUS DROSOPHILA MELANOGASTER, REINIG. U. KRISTALLISAT. 64-0902
ALKOHOLDEHYDROGENASE, OX. V. (1-T)-(S)-AETHANOL (SEK. KINET. ISOTOPIEEFFEKT) 55-0585
AMINOXYDASE, HEMM. DURCH N-SUBSTITUIERTE CYCLOPROPYLAMINE 57-0804
AMINOOXYDASE, HEMM. DURCH CIS-(-)-4.5-DIMETHYL-6-PHENYL-3.4.5.6-TETRAHYDRO-2H-1.3.4-OXADIAZINON-(2) 60-0679
AMINOOXYDASE, HEMM. DURCH N-(PHENOXYAETHYL)-CYCLOPROPYLAMINE (EINFL. D. KONSTIT.) 60-0812
BERNSTEINSAEUREOXYDASE-COENZYM Q(10)-SYST., HEMM. DURCH 5-HYDROXY-CHINONE 64-0900
BROMELIN, HYDROLYSE V. ALPHA-N-BENZOYL-L-ARGININ-AETHYLESTER BZW. -AMID (KINETIK) 56-0751
CHLORPEROXYDASE RK. MIT ISOLIERTEN DOPPEL-BIND. IN STEROIDEN 64-0872
CHOLINACETYLASE, ISOLIER. AUS HONIGBIENEN 58-0819
CHOLINESTERASE, INHIBIER. DURCH ISOCHINOLINE , 1. MITT. (5(7)-SUBSTITUIERTE ISOCHINOLINE U. HYDROISOCHINOLINE) 57-0583
CHOLINESTERASE, HYDROLYSE V. ACYLCHOLINEN (KINETIK, EINFL. V. INHIBITOREN) 63-0884
CHOLINESTERASEN, INHIBITOREN (ABS. KONFIG.) 64-0417
ALPHA-CHYMOTRYPSIN SULFONYLIER. MIT SULTONEN U. DESULFONYLIER. (KINETIK, PH-ABHAENGIGK.) 61-0823
ALPHA-CHYMOTRYPSIN, KOMPLEXE MIT TRYPTOPHAN (NMR) 63-0206
ALPHA-CHYMOTRYPSIN, HYDROLYSE V. PEPTIDBIND. (MECHANISMUS) 61-0822
ALPHA-CHYMOTRYPSIN, STEREOSPEZIF. HYDROLYSE V. RAC.-BENZYL-BERNSTEINSAEURE -DIAETHYLESTER, RAC.-ALPHA-METHYL-BETA-PHENYL-PROPIONSAEURE-AETHYLESTER U. RAC.-ALPHA-METHYL-BERNSTEINSAEURE-DIMETHYLESTER 64-0441
ALPHA-CHYMOTRYPSIN, IRREVERSIBLE INHIBIT. DURCH PHENOXYACET-FLUORSULFONYLANILIDE 60-0814
ALPHA- CHYMOTRYPSIN, IRREVERSIBLE INHIBIT. 60-0815
COENZYME, DARST. V. FLAVOCOENZYMEN 54-0555
COENZYM NEUE SYNTH. D. COENZYMS D. BRENZTRAUBENSAEUREDECARBOXYLASE 53-0572
COENZYME, H-UEBERTRAG. DURCH -MODELLE 64-0901
CYTOCHROM C, OX. DURCH HAEMOPEPTIDE (KINETIK) 64-0899
DEHYDRASEN, CYCLITOX. DURCH DEHYDROGENASEN AUS ACETOBACTER SUBOXYDANS 54-0578
DEHYDRASE, AKTIVITAET IN D. RATTENLEBER (EINFL. V. P-DIMETHYLAMINOAZOBENZOL U. TEREPHTHALSAEUREDERIV.) 59-0803
DESMETHYLASE, AKTIVITAET IN D. RATTENLEBER (EINFL. V. P-DIMETHYLAMINOAZOBENZOL U. TEREPHTHALSAEUREDERIV.) 59-0803
DIHYDROFOLSAEUREREDUKTASE, 4.6-DIAMINO-1.2-DIHYDRO-2.2-DIMETHYL-1-PHENYL-SYMM.-TRIAZIN-DERIV. ALS IRREVERSIBLE INHIBITOREN, 4. MITT. (1-BROMACETAMIDOPHENYL-DERIV. ALS REVERSIBLE INHIBITOREN) 57-0781
DIHYDROFOLSAEUREREDUKTASE, AM AKT. ZENTRUM DIREKT ANGREIFENDE, V. 4.6-DIAMINO-1.2-DIHYDRO-2.2-DIMETHYL-1-PHENYL-SYMM.-TRIAZIN ABGELEITETE U. MIT EINEM ENDSTAENDIGEN SULFONYLFLUORID SUBSTITUIERTE IRREVERSIBLE INHIBITOREN , 2. MITT. 57-0782
DIHYDROFOLSAEUREREDUKTASE, MOEGL. IRREVERSIBLE V. 4.6-DIAMINO-1.2-DIHYDRO-2.2-DIMETHYL-1-PHENYL-SYMM.-TRIAZIN ABGELEITETE -HEMMER, 3. MITT. 57-0780
DIHYDROFOLSAEUREREDUKTASE, AM AKT. ZENTRUM WIRKENDE IRREVERSIBLE INHIBITOREN AUS D. KLASSE D. 6-SUBSTITUIERTEN 2.4-DIAMINO-5-PHENYL-PYRIMIDINE, 3. MITT. 63-0875
DIHYDROFOLSAEUREREDUKTASE, HYDROPHOBE BIND. V. INHIBITOREN, 11. MITT. 63-0876
DIHYDROFOLSAEUREREDUKTASE, HEMM. DURCH DIMETHYLDIAMINO-TRIAZINE 63-0876
DIHYDROFOLSAEUREREDUKTASE, HYDROPHOBE BIND. V. INHIBITOREN, 12. MITT. 63-0877
DIHYDROFOLSAEUREREDUKTASE, HEMM. DURCH DIAMINO-DIHYDRO-TRIAZINE 63-0877
DIHYDROFOLSAEUREREDUKTASE, IRREVERSIBLE HEMM. AM AKT. ZENTRUM 63-0878
DIHYDROFOLSAEUREREDUKTASE, AM AKTIVEN ZENTRUM WIRKENDE IRREVERSIBLE INHIBITOREN AUS D. KLASSE D. 6-SUBSTITUIERTEN 2.4-DIAMINO-5-PHENYL-PYRIMIDINE MIT GEWEBESPEZIFITAET, 4. MITT. 63-0879
DPNH-OXYDASE, HEMM. D. ---COENZYM Q(10)-SYST. DURCH 5-HYDROXY-CHINONE 64-0900
ELASTASE -KATALYSIERTE HYDROLYSE V. P-NITROPHENYL-TRIMETHYLACETAT (KINETIK) 57-0785
FOLSAEUREREDUKTASE, HEMM. DURCH PYRIMIDINE 63-0880
GLUCOSE-6-PHOSPHATDEHYDROGENASE, HEMM. DURCH BORSAEURE 61-0840
GLYCERALDEHYDPHOSPHATDEHYDROGENASE, HEMM. DURCH BORSAEURE 61-0840
HALOPEROXYDASE AUS CALDARIOMYCES FUMAGO, BROMIER. V. ALPHA-HYDROXYMETHYLEN-KETOSTEROIDEN 61-0821
CARBOANHYDRASE AUS ROTEN BLUTKOERPERCHEN, HEMM. DURCH SULFONAMIDE 60-0813
CARBOANHYDRASE, RK. D. APOENZYMS MIT ZN(2+) (KINETIK) 63-0881
LACCASE, OX. V. LAUDANOSOLIN-METHOBROMID 57-0670
LYSOZYME, 61. MITT. 62-0815
LYSOZYME, SYNTH. EINES OKTAPEPTIDTEILS 62-0815
LACTATDEHYDROGENASE, KEINE HEMM. DURCH BORSAEURE 61-0840
2.3-OXIDO-SQUALEN-STERINCYCLASE, WRKG. AUF NICHTNATUERL. 2.3-OXIDO-SQUALEN-DERIV. 63-0885
PEPSIN, HYDROLYSE ACYLIERTER DIPEPTIDE (PH-EINFL.) 58-0820
PEROXYDASE AUS MEERRETTICH, OX. V. DUROHYDROCHINON-MONOPHOSPHORSAEUREESTER 63-0882
PEROXYDASE, OX. V. LAUDANOSOLIN-METHOBROMID 57-0670
PEROXYDASE -WRKG., 18. MITT. OX. V. 4-CHLOR-ANILIN 57-0783
PHENYLALANINHYDROXYLASE, MOEGL. INHIBITOREN 60-0386
PHENYLALANIN-HYDROXYLASE, INHIBIT. DURCH CUMARINE 60-0571
PHOSPHOLIPASE A, EINW. AUF DIACYL-ALPHA-LECITHINE 57-0328
PHOSPHOTRANSACETYLASEN, ISOLIER. AUS HONIGBIENEN 58-0819
PLASMIN, HEMMWRKG. V. N.N'-DIACYL-LYSINEN 61-0841
ANTIPLASMIN-ARZNEIMITTEL, 1. MITT. (BEST.-METH. D. ANTIPLASMIN-WRKG.) 61-0842
PROTEOLYT., 3. MITT. 60-0814
PROTEOLYT., 5. MITT. 60-0810
PROTEOLYT. ENZYME, 4. MITT. 60-0815
RIBONUCLEASE, ORD U. CD 59-0792
RIBONUCLEASEN, MODIFIZIER. V. ARG IN RINDERPANKREA 60-0803
SQUALENOXID-LANOSTERINCYCLASE, VERW. ZUR CYCLISIER. V. 15-NORSQUALEN-2.3-OXID 63-0805
TRYPSINOGEN, SYNTH. V. D. N-TERMINALEN SEQUENZ D. RINDER- ENTSPRECHENDEN PEPTIDEN, 1.MITT. 64-0880
TRYPSIN, HEMMSTOFFE AUS ASCARIS LUMBRICOIDES 1. MITT. 54-0553
TRYPSIN, IRREVERSIBLE INHIBIT. 60-0810
TYROSINASE, OX. V. LAUDANOSOLIN-METHOBROMID 57-0670
TYROSINDECARBOXYLASE, HEMM. DURCH 2-(2-METHYL-3-HYDROXY-4-HYDROXYMETHYL-PYRIDYL-(5))-AETHANPHOSPHONSAEURE 55-0451

TYROSINHYDROXYLASE, IN VITRO-HEMM. DURCH 3-(ACYL)-
AMINO-4H-PYRROLO(3.4-C)ISOXAZOLE 63-0640
URIDIN-DESOXYURIDIN-PHOSPHORYLASE, HEMM. DURCH 1-(2-
DESOXY-BETA-L-RIBO-PURANOSYL)-THYMIN 57-0651
EPIMERISIERUNGEN
* S. UNTER UMLAGERUNGEN
EPISULFIDE
* S. ALKYLENSULFIDE
BRUECKEN-, 13. MITT. 55-0319
EPOXIDE
* S. ALKYLENOXIDE
EPOXYDATION
* S. UNTER OXYDATION
EPOXYSAEUREN
-NITRILE, 5. MITT. 55-0368
ERBIUM
ER(III), EINFL. AUF D. HYDROLYSE D. ESTER V. KOMPLEXONEN 63-0041
ERBIUMVERBINDUNGEN
ER(CLO4)3.6 DMSO , DARST. , IR-SPEKTRUM, THERM. ZERS., PULVERROENTGENOGRAPH. UNTERS. 61-0042
(AETHYLGLYCINAT-N.N-DIACETATO)-ER(III)-ION, HYDROLYSE 63-0041
ER(III)-(2-NITROSO-1-NAPHTHOL-4-SULFONSAEURE-(2)-DIANION)-CHELAT, BLDG., STABILITAET 56-0063
ER2O3, EINFL. AUF D. DECARBOXYLIER. V. OXALESSIGSAEURE 58-0292
ERDOEL
N-HALT. VERB. IN - U. -FRAKT., 14. MITT. 58-0634
BAKR-ROHOEL, BEST. D. ORGANO-S-VERB. 63-0906
-DESTILLATE, HOCHSD., BESTANDTEILE, 12. MITT. 57-0452
KUWEIT-, STRUKTUR V. ISOLIERTEN TETRAMETHYL-ANTHRACENEN 57-0452
OKLAHOMA-, ISOLIER. V. TETRAMETHYLANTHRACENEN 57-0452
ERYTHROMYCINE
ERYTHROMYCINE, CHEM. VERAENDER. D. ERYTHROMYCIN-ANTIBIOTIKA1. MITT. 59-0775
-A- U. -B-DERIV., RK. 59-0775
ESTER (ALLGEMEINES)
* SPEZIELLER SAEUREN S. AUCH UNTER DEN BETREFFENDEN
* STICHWOERTERN
* S. AUCH GLYCERIDE
AMINO-, 6.MITT. 55-0201
BLDG. U. UMWANDL., 78. MITT. 56-0590
BLDG. U. UMWANDL., 79. MITT. 58-0663
ARYLSULFONYLGLYOXYLSAEUREAETHYLESTER-ARYLHYDRAZONE, 7.MITT. 59-0357
PHTHALAT-, WARN. VOR IDENTIFIZIER. ALS NATURSTOFFE 60-0378
ALPHA-FLUOR-ZIMTSAEURE- U. BETA-FLUORSTYROLE, 2. MITT. 62-0090
ALPHA.BETA-UNGESAETT. CARBONSAEURE-, MIT FUNKTIONELLEN GRUPPEN IM ALKOXYRADIKAL, 1. MITT. 63-0405
ORGAN. OXALATE, 2. MITT. 63-0505
ORGAN. OXALATE, 3. MITT. 63-0532
ALPHA,BETA-UNGESAETT., PHOTOCHEMIE, 4. MITT. 64-0102
V. ALPHA,BETA-UNGESAETT. SAEUREN MIT FUNKTIONELLEN GRUPPEN IN D. ALKOHOLKOMPONENTE, 2. MITT. 64-0386
V. ALPHA,BETA-UNGESAETT. SAEUREN MIT FUNKTIONELLEN GRUPPEN IM ALKOXY-RADIKAL, 3. MITT. 64-0400
BETA-THIOXO-, TAUTOMERIE 64-0214
ALPHA-OXIMINO-CARBONSAEURE-, KONFORM. D. NOH- U. D. COOR-GRUPPE 55-0116
OXY- U. THIODIESSIGSAEUREESTER, KONFORM. 58-0151
FORMIATE U. ACETATE, KONFORM. 63-0143
CYCLOPROPYLACRYL-, KONFORM. 64-0102
ARYL-BENZOATE U. -ACETATE, KONFORM. (VGL. MIT SULFONATEN) 64-0179
ESTER (VORKOMMEN, DARSTELLUNG)
PHTHALSAEURE-, VORK. IN CRYPTOTAENIA CANADENSIS DC. VAR. JAPONICA MAKINO (UMBELLIFERAE) 56-0356
PHTHALAT-, WARN. VOR IDENTIFIZIER. ALS NATURSTOFF AUS CRYPTOTAENIA CANADENSIS 00502-P06950 60-0378
(2-NITROPHENOXY-AETHYL)-, DARST. AUS NITROPHENYL-BETA-HYDROXY-AETHYLAETHERN U. CARBONSAEUREDERIV. 53-0242
FURAN-CARBONSAEURE-, DARST. AUS SUBSTITUIERTEM 3-CARBAETHOXY-4-AETHOXY-5-HEXIN-2-ON BZW. 3-CARBAETHOXY-4-AETHOXY-5-HEXIN-2-ON U. ORGAN. SAEUREN 53-0331
1.1.2-TRIS-(P-ACYLOXY-PHENYL)-AETHYLENE, DARST. DURCH VERESTER. D. TRIS-PHENOLE 54-0305
3-METHYL-ZIMTSAEURE-, DARST. AUS PHENYLACETYLENHALOGENIDEN U. BETA-DICARBONYLVERB. 55-0292
CYCLOHEXEN-4-CARBONSAEURE-AMINOAETHYL-, DARST. AUS BUTADIEN-(1.3) U. N.N-DISUBSTITUIERTEN ACRYLSAEURE-AMINOAETHYLESTERN 55-0310
TETRAHYDRO-THIOPHENDIOXID-CARBONSAEURE, DARST. AUS 3-CARBOXY-TETRAHYDROTHIOPHEN-S.S-DIOXID U. D. ALKOHOLEN 55-0378
ESSIGSAEURE-ALKYLMERCAPTOMETHYL-, DARST. AUS METHYLSULFOXIDEN U. ACETANHYDRID 56-0280
2.2-DIMETHYL- U. 2-ISOPROPYLCARBONSAEURE-, DARST. AUS ALKYL-(ALPHA-BROM-ISOPROPYL)-KETONEN U. ALKOHOLATEN 56-0286
ALPHA-HALOGEN-GLUTACONSAEURE-, DARST. 56-0297
PIPERIDIN-1.2-DIESSIGSAEURE-, DARST. AUS PIPERIDIN U. BROMESSIGSAEUREESTERN 56-0566
3-ACETOXY-3-PHENYLPROPYL-HG-ACETATE, DARST. AUS QUECKSILBERACETAT U. PHENYLCYCLOPROPANEN 57-0027
DL-2.3-DICHLOR-2-METHYL-PROPIONSAEURE-, DARST. 57-0309
(2-HYDROXYPHENYLAZO)-ESSIGSAEURE-, DARST. AUS O-CHINONDIAZIDEN, KETENEN U. ALKANOLEN 57-0438
TRYPTOPHOLESTER, 1-SUBSTITUIERTE, DARST. 57-0504
3-ACYLOXY-METHACRYLSAEUREAMIDE, DARST. AUS 1-(N.N-DIAETHYL-AMINO)-PROPIN-(1) U. SAEUREANHYDRIDEN BZW. SAEURECHLORIDEN-NA-CARBOXYLATEN 57-0536
6-(AMINOAETHOXY)-NICOTINSAEURE-, DARST. AUS HYDROXYBERNSTEINSAEURE BZW. ACETESSIGSAEURE-AETHYLESTER 57-0596
PERFLUORDICARBONSAEUREESTER, DARST. 58-0374
4-ACETOXY-BENZYL-ACETATE, BLDG. AUS P-BENZOCHINONEN U. ACETANHYDRID 58-0421
CYCLOHEXANCARBONSAEUREARYL-, DARST. AUS PHENOLEN U. CYCLOHEXANCARBONSAEURECHLORIDEN 58-0470
ALPHA-NITROSO-CYCLOALKANCARBONSAEURE-, DARST. AUS D. ALPHA-AMINOESTERN BZW. AUS ALPHA-HYDROXYLAMINO-CYCLOALKANIMIDSAEUREESTERN 58-0471
N-HYDROXYAMINOSAEURE-, DARST. DURCH RED. D. NITROESTER BZW. DURCH VERESTER. D. FREIEN SAEUREN MIT DIAZOMETHAN ODER METHANOL 59-0335
DARST. MIT DIALKYLSULFATEN IN DMF 59-0345
LANGKETT. CARBONSAEUREMETHYL-, DARST. 60-0124
NA-ALKANOYLOXYBENZOLSULFONATE, DARST. 60-0261
STABILE ENOL-, DARST. AUS N-TERT.-BUTYL-5-METHYL-ISOXAZOLIUM-PERCHLORAT 60-0352
ALKINYL-BIS-RHODAN- BZW. TRICHLOR-ESSIGSAEURE-, DARST. AUS ALKINDIOLEN 60-0353
(1-ACETOXY-DIALKYLAMINO-VINYL)-KETONE, DARST. AUS METHYL-BETA-DIALKYLAMINO-VINYLKETONEN U. BLEI-TETRAACETAT 60-0359
TRIPHENYLPHOSPHORANYLIDEN-ESSIGSAEURE-, DARST. AUS D. TRIPHENYLPHOSPHONIOESSIGESTERN 60-0391
3-SUBSTITUIERTE TRANS-CYCLOPROPAN-1.2-DICARBONSAEUREDI-, DARST. DURCH ADDIT. AN FEIST-SAEUREDIESTER 60-0458
TRANS-4-JOD-SULFOLANYL-(3)-, DARST. AUS SULFOLENEN-(3), J2 U. AG-CARBOXYLATEN 60-0504
IMIDAZOLINYL-(2)-ESSIGSAEUREARYL-, DARST. AUS BETA-IMINO-BETA-AETHOXY-PROPIONSAEUREARYLESTERN 60-0530
CARBONSAEURE-IMIDAZOLINYLMETHYL-, DARST. AUS O-ACYL-GLYKOLIMIDSAEUREESTERN 60-0530
ACETOXYMETHYL-KETONE, DARST. AUS OXOSULFONIUM-ACYLMETHYLIDEN U. CH3COOH 61-0347
ALKANSAEURE-BETA-HYDROXYISOPROPYL-, DARST. AUS GLYCIDEN U. ACYLHALOGENIDEN 61-0357
DIALKYLESSIGSAEURE-, DARST. AUS DIHALOGENESSIGSAEUREAETHYLESTERN U. OLEFINEN DURCH HYDROBORIER. 61-0359
UNGESAETT. POLYCARBONSAEUREAETHYL-, DARST. 61-0362
DARST. AUS ORGANOMETALLVERB. U. (CO) IN GGW. V. PD (II) U. ALKOHOLEN 61-0407
OPT.-AKT. ALLENCARBONSAEURE-, PARTIELLE ASYMM. SYNTH. AUS (ALPHA-AETHOXYCARBONYL-AETHYLIDEN)-ALPHA-NAPHTHYL-METHYLPHENYLPHOSPHORAN U. OPT.-AKT. SAEURECHLORIDEN 61-0426
CYCLOPROPAN-CARBONSAEURE-, DARST. AUS 2-BROM-ACRYLSAEUREDERIV. U. DIMETHYLSULFURANYLIDEN-ESSIGESTER 61-0475
BETA,GAMMA-UNGESAETT., DARST. AUS ALPHA,BETA-UNGESAETT. ESTERN 62-0346
N-PHENYL-BENZOCHINONIMINOXIMESTER, DARST. AUS N'-PHENYL-1.4-BENZOCHINONIMINOXIM U. CHLORIDEN 62-0385
2-ARYLAZO-2-METHYL-PROPIONSAEURE-ESTER, DARST. AUS DIHYDRO-1.4.5-BENZOXADIAZEPINEN 62-0503
4-CHLORACETOXYMETHYL-IMIDAZOLE, DARST. 62-0564
PERFLUOR-OMEGA-NITROSO-CARBONSAEURE-, DARST. AUS PERFLUORIERTEN CARBONSAEUREANHYDRIDEN U. METHYLNITRIT 63-0387
METHACRYLSAEURE-TERT.-AMINOALKYL , DARST. AUS METHACRYLSAEURE U. AMINOALKOHOLEN (PHENTHIAZIN, NA-METHYLAT, TI-TETRABUTYLAT) 63-0405
DIASTEREOMERE PHENYLESSIGSAEURE-, DARST. (STEREOCHEM. VERLAUF) 64-0126
BETA-THIOXO-, DARST. AUS BETA-OXO-ESTERN 64-0214
DARST. AUS ALDEHYDEN IN ALKOHOL. LSG. MIT H2SO5 64-0385
ACRYLSAEURE-TERT.-AMINO-ALKYLESTER, DARST. AUS METHYLACRYLAT U. TERT.-AMINOALKOHOLEN 64-0386
3-ACETOXY-PROPIONSAEURE-ALKYL-, DARST. AUS BROMZINK-ESSIGSAEURE-ALKYLESTERN U. ESSIGSAEURE-CHLORMETHYLESTER 64-0388
DELTA(2)-PYRAZOLINYL-ALKANSAEURE-, DARST. AUS LAEVULINSAEURE-ARYLHYDRAZONEN 64-0621
ALPHA- PYRIDYL-(2)-CARBONSAEUREAETHYL-, DARST. DURCH ALKYLIER. V. PYRIDYL-(2)-ESSIGSAEUREAETHYLESTER MIT ALKYL(ARYL)-HALOGENIDEN U. NANH2 IN FL. NH3 64-0715
ENOLACETATE, DARST. AUS ALDEHYDEN U. ACETANHYDRID 54-0229
BLDG. U. UMWANDL., 77.MITT. 54-0273
BLDG. U. UMWANDL., 76. MITT. 54-0453
ALPHA-NITROCARBONSAEURE-, DARST. AUS ALPHA-BROMCARBONSAEUREESTERN 55-0249
LANGKETT., OPT. AKT. ALKENSAEURE-, DARST. 56-0290
VINYL-, DARST. 57-0277
UNGESAETT. DIAZOESSIGSAEURE-, DARST. AUS CHLORAMEISENSAEUREESTER U. CH2N2 BZW. AUS N-P-TOLUOLSULFONYL-HYDRAZONO-GLYOXYLSAEURECHLORID 58-0386

BUTTERSAEUREAETHYL-, DARST. AUS OLEFINEN, DIBORAN U. BROMESSIGSAEUREAETHYLESTER 58-0394
1.4-DIACETOXY-BENZOLE, DARST. AUS P-BENZOCHINONEN U. ACETANHYDRID 58-0421
AMINOPHENYL-BENZOATE, DARST. 59-0446
GLYKOLAETHER-, SYNTH. 60-0348
CIS-TRANS-1-ACYLOXY-CHINOLIZIDINE, DARST. AUS CIS- BZW. TRANS-1-HYDROXY-CHINOLIZIDINEN 60-0591
FURYL-(2)-PROPIONSAEURE-, DARST. AUS BETA-(5-METHYL-FURYL-(2))-PROPIONSAEURE-CHLORID U. ALKOHOLEN 62-0527
(PYRROLIDINYL-(3))-PHENYLCARBINOL-, DARST. 63-0901
FULGENSAEURE-, DARST. AUS ITACONESTERN U. ALDEHYDEN BZW. KETONEN 64-0336
(METH)ACRYLSAEURE-AMINOALKYL-, DARST. AUS AMINOALKOHOLEN U. ACRYLATEN 64-0400
ALPHA-GLYKOLACETATE, TRENN. V. DIASTEREOISOMEREN DURCH GASCHROMATOGRAPHIE 54-0215
ENOLACETATE, TRENN. D. CIS- U. TRANS-ISOMEREN 54-0229
ESTER (PHYSIKAL. EIGENSCHAFTEN)
ALLENACETATE, IR 53-0075
CYCLOHEXEN-(3)-YL- U. DELTA(4)-OCTALINYL-CARBONSAEURE-UV-SPEKTREN 55-0060
ASYMM. CARBONYL-VALENZSCHWING. IM IR 56-0109
LANGKETT., OPT. AKT. ALKENSAEURE-, IR-SPEKTREN 56-0290
BETA-THIOXO-, IR 64-0214
3-ARYLACETOXY-TROPANE, IR U. SUBSTITUENTENEINFL. 57-0802
CYCLOPROPYLACRYL- U. 4-METHYL-PENTEN-(2)-SAEURE-, UV 64-0102
ALPHA-BROM-CARBONSAEUREAETHYLESTER, KONFORM.-UNTERS. DURCH DIPOLMOMENT- U. IR-UNTERS. 61-0136
ALKANDISAEUREDIMETHYLESTER, MASSENSPEKTREN (CH3O-WANDER.) 53-0081
ACETYLENCARBONSAEURE-, MASSENSPEKTREN (FRAGMENTIER.-SCHEMATA) 55-0089
LANGKETT., OPT. AKT. ALKENSAEURE-, MASSENSPEKTREN 56-0290
ALKAN-DICARBONSAEURE-DIMETHYL-, MASSENSPEKTREN 57-0127
HALOGENCARBONSAEURE-, MASSENSPEKTREN 57-0128
O-BENZOYLCYANHYDRINE, MASSENSPEKTREN 60-0128
BENZOCYCLOALKADIENOLACETATE, MASSENSPEKTREN 60-0134
UNGESAETT., MASSENSPEKTRUM 64-0142
BETA-THIOKETOSAEURE-, MASSENSPEKTREN 64-0143
ARYL-BENZOATE U. -ACETATE, DIPOLMOMENTE 64-0179
LANGKETT. CARBONSAEUREMETHYL-, MASSENSPEKTREN 60-0124
ALLENACETATE, NMR 53-0075
2.3-UNGESAETT.-, NMR (LSGM.-EINFL.) 57-0117
CYCLOPROPYLACRYL- U. 4-METHYL-PENTEN-(2)-SAEURE-, NMR 64-0102
BETA-THIOXO-, NMR 64-0214
OXY- U. THIODIESSIGSAEUREESTER, NMR 58-0151
FORMIATE U. ACETATE, NMR-WEITBEREICHSKOPPL. 63-0143
DIASTEREOMERE PHENYLESSIGSAEURE-, NMR - NICHTAEQUIVALENZ 64-0126
ALPHA-BROM-, POLAROGRAPH. RED. (EINFL. D. KETTENLAENGE) 56-0200
GERADKETT. MONOCARBONSAEUREAETHYL-, DAMPF- U. SUBL.-DRUCKEN, VERDAMPF.- U. SUBL.-ENTHALPIEN BZW. -ENTROPIEN 54-0121
LINEARE BEZIEH. ZWISCHEN VERTEIL.-KOEFF. U. W.-LOESLICHK. 58-0165
GLYKOLAETHER-, VISKOSITAET (KONSTIT.-EINFL.) 60-0348
GESAETT. FETTSAEUREMETHYL-, TRENN. DURCH DUENNSCHICHTCHROMATOGRAPHIE 55-0600
BUTANDIOL-(2.3)-, DIASTEREOISOMERENTRENN. DURCH GAS-FL.-CHROMATOGRAPHIE 60-0842
FETTSAEURE-, DICKSCHICHTCHROMATOGRAPH. TRENNBARK. 64-0933
ESTER (REAKTIONEN)
ALPHA-NITROCARBONSAEURE-, RK. 55-0249
SPIROALKYL-DINITROBENZOATE, SOLVOLYSE 62-0232
PHENYLACETATE, RK. MIT NUCLEOPHILEN (STRUKTUR-REAKTIVITAETS-BEZIEH.) 63-0237
ALPHA-ACETOXY-DIAZO-KETONE, WOLFF-UMLAGER. 55-0214
2.3-DIMETHYL-ACETOXY-BENZOESAEURE-, FRIES-UMLAGER. 55-0283
UMLAGER. V. BICYCL. ESTERN BEI SOLVOLYSEN, STRUKTUREINFL. 56-0448
ISOMERISIER. IN D. GASPHASE, 2. MITT. 58-0286
ALLYLACETATE, ISOMERISIER. (KINETIK U. MECHANISMUS) 58-0286
ALKANSAEUREMETHYL-, ISOMERISIER. DURCH ALCL3 60-0347
BICYCLO(2.1.0)PENTAN-5-CARBONSAEURE-, THERM. UMLAGER. 61-0518
ALKENYL-, ISOMERISIER. MIT FE(CO)5 62-0345
NITROSAMINO-NITRO-CARBONSAEURE-, CYCLISIER. 62-0619
PHOTOLYSE, FRIESSCHE VERSCHIEB. , DECARBOXYLIER. (LSGM.-EINFL.) 63-0330
AMINO-, CYCLISIER. IN DMF (KINETIK) 55-0201
OMEGA-HALOGENALKYLMALONSAEURE-, CYCLISIER. (KINETIK) 58-0259
THERMOLYT. RK., 3.MITT. 55-0195
UNGESAETT. DIAZOESSIGSAEURE-, CU-KATALYSIERTE ZERS. 58-0386
AZO-BIS-ISOBUTTERSAEURE-, THERM. ZERFALL (KINETIK) 61-0298
2-ACETOXY-3-CARBOXY-PROPIONSAEURE-ALKYLESTER, KOLBE-ELEKTROLYSE 61-0363
2-METHYLCYCLOHEXYL-ACETATE, PYROLYSE 62-0429
CYCLOPROPYLACETATE, PYROLYSE 64-0482
DIBENZYLOXALATE, PYROLYSE 63-0505
OXALATE, PYROLYSE 63-0532
ALLYL- HYDROGENOLYSE V. ALLYLESTERN 53-0122
ALPHA-AETHYLEN., SELEKTIVE RED. D. C-C-DOPPELBIND. MIT ORGANO-ZINNVERB. 55-0215
ALPHA,BETA-UNGESAETT., ELEKTROLYT. RED. 55-0219
REDUKTIVE ALKYLIER. MIT NA U. NH3 64-0698
KINETIK U. MECHANISMUS D. ALKAL. HYDROLYSE V. ESTERN 3. MITT. 53-0141
BENZOESAEURE-AETHYL-, ALKAL. HYDROLYSE (EINFL. D. LSGM. AUF D. GESCHW.) 55-0156
BENZOESAEURE-AETHYL-, EINFL. D. LSGM. AUF D. GESCHW. D. ALKAL. HYDROLYSE 55-0157
VINYL-, PHOTOHYDROLYSE 55-0204
ACETOXY-METHYLCYCLOHEXANE, BETEILIG. V. ACETOXYGRUPPEN AN D. SOLVOLYSE V. 2-HYDROXYMTHYL-CYCLOHEXANOLDERIV. 55-0298
3'- U. 4'-SUBSTITUIERTE 2- BENZOYL-BENZOESAEUREMETHYL-HYDROLYSE 56-0214
DICARBONSAEUREDIAETHYL-, ALKAL. HYDROLYSE IN DMSO-W. U. A.-W. (KINETIK) 56-0218
PHENYL-CYCLOPROPYL (BZW. ISOPROPYL)-CARBINYL-P-NITROBENZOATE, SOLVOLYSE (KINETIK) 57-0221
BENZOESAEURE-PHENYLESTER, ALKAL. HYDROLYSE (KINETIK, MEHRFACHE STRUKTUR-REAKTIVITAETS-BEZIEH.) 58-0236
ACETOXYIMINOALKYL-PYRIDINE, HYDROLYSE (KINETIK) 58-0252
4-SUBSTITUIERTE CYCLOHEXAN-CARBONSAEUREESTER, ALKAL. HYDROLYSE (KINETIK) 58-0255
BROMBERNSTEIN-, -FUMAR- U. -MALEINSAEURE-, RK. MIT NH3 (STEREOCHEMIE) 58-0559
ALIPHAT., RK. MIT SNCL4 60-0004
CYCLOHEXANDIOL- U. -TRIOLACETATE, KOMPLEXBLDG. MIT TICL4 U. SNCL4 60-0047
V. AROMAT. U. ALIPHAT. SAEUREN, VERSEIF. (ELEKTROLYT-EINFL., MECHANISMUS) 60-0260
N-ACETYL-SERINAMID- U. P-NITRO-PHENYL-, HYDROLYSE IN GGW. V. IMIDAZOL 61-0244
HYDROLYSE (KINETIK) , KATALYSE DURCH CN(-) 62-0213
1-ARYL-CYCLOPROPYLACETATE, SAURE HYDROLYSE (KINETIK) 62-0222
ARYLACETATE, ACETAT-KATALYSIERTE HYDROLYSE (KINETIK) 62-0237
ALKAL. HYDROLYSE IN WSS. LSG., ARRHENIUS-PARAMETER, 2. MITT. 62-0240
ALKAL. HYDROLYSE IN WSS. LSG., ARRHENIUS-PARAMETER, 3. MITT. 62-0241
2-P-METHOXY-PHENYL-NORBORNYL-(2)-BENZOATE, SOLVOLYSE (KINETIK, MECHANISMUS) 63-0264
2-ARYL-NORBORNYL-(2)-P-NITRO-BENZOATE, HYDROLYSE (KINETIK) 63-0265
ACYLCHOLINE, HYDROLYSE (CHOLINESTERASE-KATALYSE) , KINETIK U. EINFL. V. INHIBITOREN 63-0884
BLDG. V. ADDIT.-VERB. MIT ZNCL2 IN D. GASPHASE 64-0051
CARBOMETHOXYBENZYLBROMIDE U. ALPHA-METHYLDERIV., SOLVOLYSE (KINETIK, KONSTIT.-EINFL.) 64-0266
STEREOSPEZIF. HYDROLYSE V. RAC.-BENZYL-BERNSTEINSAEURE-DIAETHYLESTER, RAC.-ALPHA-METHYL-BETA-PHENYL-PROPIONSAEURE-AETHYLESTER U. RAC.-ALPHA-METHYL-BERNSTEINSAEURE-DIMETHYLESTER IN GGW. V. ALPHA-CHYMOTRYPSIN 64-0441
PHENYLALKANOATE, SOLVOLYSE (KATALYT. EINFL. V. POLYKATIONEN AUF D. KINETIK) 58-0246
ALIPHAT., HYDROLYSE IN GGW. SAURER HARZE BZW. IN SAURER LSG. (KINETIK) 62-0242
ALIPHAT. UNGESAETT., RHODANIER. (KINETIK) 62-0259
GLUTARSAEURE-P-BROM-PHENYL-, HYDROLYSE (KINETIK, MECHANISMUS, STER. HINDER.) 64-0279
STER. GEHINDERTE MALONSAEURE-ESTER, ADDIT.-RK. AN OLEFINE 53-0223
ACRYL- U. METHACRYLSAEUREAMINO-, KONDENS. MIT DIENEN, 1. MITT. 55-0310
ACETYLENDICARBONSAEURE-, RK. MIT BENZOPYRIDINEN 58-0550
ALPHA-FLUOR-CARBONSAEURE-, ALKYLIER. MIT ALKYLBROMIDEN 56-0292
BENZOESAEURE-, ZUR PHOTOCHEM. 1-ALKYLIER. V. AMINEN 53-0197
VINYL-, RK. MIT AMINEN 57-0277
2.4-DINITROPHENYL-, RK. MIT CARBONSAEUREHYDRAZIDEN IN GGW. V. PYRIDINEN (KINETIK) 64-0259
NEUTRALE, POSITIV U. NEGATIV GELADENE, MIT VERSCHIEDENER KETTENLAENGE, SOLVOLYSE (KINETIK, EINFL. V. MICELLBILDNERN) 60-0261
SELEKTIVE UMESTER. U. HYDROLYSE V. N-HALT. ESTERN MIT DI-MY-METHOXO-BIS(PENTANDIONATO-2.4)-DIKUPFER(II) 56-0260
PHTHALATE, UMESTER. (MECHANISMUS) , 2.MITT. 57-0228
1.1-BIS-CARBAETHOXY-CYCLOALKANE, UMESTER. MIT KALIUM-TERT.-BUTYLAT (KINETIK) 58-0259
AMINOPHENYL-BENZOATE, DIAZOTIER. U. KUPPL. MIT NAPHTHOL-(2) 59-0446
MALONSAEURE-, UNKATALYSIERTE UMESTER. MIT 3-METHYL-BUTANOL-(1) 61-0303

BETA-SUBSTITUIERTE PROPIONSAEURE-, RK. MIT TRIMETHYLCHLORSILAN 55-0268
RK. MIT TRIALKYLSILANEN U. ALKOXYSILANEN 56-0334
DICARBONSAEUREESTER, ACYLOIN-KONDENS. MIT TRIMETHYLCHLORSILAN 57-0477
ESSIGSAEUREENOL-, RK. MIT TRIBUTYLMETHOXYSTANNAN 56-0068
ALPHA-BROM-, RK. MIT ORGANO-CD-VERB. 62-0386
BENZOESAEURE-PIPERIDYL-, CHARGE-TRANSFER-KOMPLEXE MIT CHLORANIL (BLDG. U. BEZIEH. ZUR PSYCHOTROPEN WRKG.) 60-0833
HEPTA-O-ACETYL-BROM-DISACCHARIDE, PARTIELLE DESACETYLIER. DURCH QUART. PYRIDINIUMVERB. 62-0691
ALKYLMALONSAEURE-, RK. MIT TRICHLOR-ACRYLNITRIL 60-0598
V. (5-ARYL-1.2-DITHIOLYLIDEN-(3))-MALONSAEUREESTERN, UMESTER. 53-0363
3-ACETOXY-3-PHENYLPROPYL-HG-ACETATE, ACETOLYSE (KINETIK) 57-0027
OXAMIDSAEURE-, RK. MIT NA-SALZEN V. ARYLSULFAMIDEN (KINETIK) 55-0191
ESTER (BIOCHEMIE)
DICARBONSAEUREDI-, STEREOSPEZIF. SPALT. MIT PILZESTERASEN 59-0806
DL-2.3-DICHLOR-2-METHYL-PROPIONSAEURE-, FUNGICIDE WRKG. (NEUROSPORA SITOPHILA) 57-0309
METHACRYLSAEUREPHENYL-, BEZIEH. ZWISCHEN STRUKTUR U. BAKTERIOSTAT. AKTIVITAET AUF GRAMPOSITIVE U. GRAMNEGATIVE ZELLEN 63-0886
(2-NITROPHENOXY-AETHYL)-ESTER, HERBIZIDE WRKG. 53-0242
DL-2,3-DICHLOR-2-METHYL-PROPIONSAEURE-, HERBICIDE WRKG. (WEIZEN, SENF) 57-0309
(PYRROLIDINYL-(3))-PHENYLCARBINOL-, ANALGET. WRKG. 63-0901
3-ARYLACETOXY-TROPANE, TOXIZITAET U. SUBSTITUENTENEINFL. 57-0802
CIS-TRANS-1-ACYLOXY-CHINCLIZIDINE, BLUTDRUCKSENKENDE, SPASMOGENE U. RELAXIERENDE WRKG. 60-0591
ESTER (ANALYSE)
OCTYL-, DECALYL- U. TERT.-BUTYL-CYCLOHEXYL-ACETATE U. -BUTYRATE, QUANT. GASCHROMATOGRAPH. BEST. IN GEMISCHEN V. 60-0841
ISOTHIOCYANCARBONSAEURE-, GASCHROMATOGRAPH. TRENN. 62-0856
ALPHA-HALOGENCARBONSAEUREESTER, DARST. AUS ALDEHYDEN BZW. KETONEN, AETHYLENOXID U. HALOFORMEN 61-0350
EUROPIUMVERBINDUNGEN
EU(BIPY)4, EU(O-PHEN)4, NMR, ANTIFERROMAGNETISMUS 63-0018
TRIS-(BETA-DIKETONATO)-EU(III)-CHELATADDUKTE, KRIST.-STRUKTUR 60-0020
EU(III)-KOMPLEXE MIT ALPHA-HYDROXY-ISOBUTTERSAEURE, STABILITAETSKONST. IM SYST. CH3OH-W. 57-0023
KOMPLEXE MIT HYDRAZODIESSIGSAEURE, TRENN. V. ANDEREN SELTENERDMETALLKOMPLEXEN 59-0052
EU2O3 EINFL. AUF D. DECARBOXYLIER. V. OXALESSIGSAEURE 58-0292
EXPLOSIONEN (U. SCHLAGENDE WETTER)
V. HNO3-ACETANHYDRID-W.-GEMISCHEN 61-0304
EXTINKTION
* S. UNTER LICHTABSORPTION
EXTRAKTION
V. HCL U. H2SO4 AUS WSS. LSG. MIT TRIISOOCTYLAMIN IN ORGAN. LSGM. 56-0039
FL.-FL.-EXTRAKT. MITTELS DIBENZYLPHOSPHORSAEURE, 1. MITT. 56-0178

F

FARBE
THERMOCHROMIE V. 1.3.3-TRIMETHYL-INDOLIN-(2-SPIRO-2')-6'-NITRO-8'-METHOXY-BENZO(B)PYRAN 56-0095
HALOCHROMIE V. P-CHINONMETHIDEN U. P-CHINODIMETHANEN 57-0081
SOLVATOCHROMIE V. INDENYLIDEN-HETEROCYCLEN 57-0567
HALOCHROMIE V. N-ARYL-N-ALKYL-GLYKOLSAEUREHYDRAZIDEN 58-0224
THERMOCHROMIE-ABSCHWAECH. BEI TRIPHENYLMETHAN-LEUKOSULFITEN (MECHANISMUS) 63-0112
THERMOCHROME AETHYLENE U. FULVENE, 49. MITT. 63-0119
THERMOCHROME AETHYLENE U. FULVENE, 50.MITT. 63-0539
PHOTOCHROMIE V. INDOLIN-SPIROPYRANEN, 1. MITT. 63-0667
PHOTOCHROMIE V. INDOLINSPIROPYRANEN, 3. MITT. 63-0668
SOLVATOCHROMIE V. INDANDION-(1.3)-CHINOMEROCYANINEN 64-0713
PHOTOCHROMIE V. INDOLINOSPIROPYRANEN 63-0104
PHOTOCHROMIE V. INDIGODERIV. 58-0285
FARBSTOFFE (ALLGEMEINES)
SYNTHET., 66. MITT. 60-0080
SYNTHET., 71. MITT. 60-0618
SYNTHET., 51. MITT. 62-0629
SYNTHET., 67. MITT. 62-0630
SYNTHET., 68. MITT. 62-0631
SYNTHET., 69. MITT. 62-0632
SYNTHET., 72.MITT. 64-0713
OPT. AKT. AROMAT. CHROMOPHORE, 4. MITT. 58-0076
FEARON-, DARST. AUS THYMOL U. N-ALKYL-GUANIDINEN 55-0278
FEARON-, BLDG. (MECHANISMUS) 55-0279
SAKAGUCHI- U. FEARON-, KONSTIT. 55-0279
FARBSTOFFE (ANTHRACHINONFARBSTOFFE)
ANTHRACHINON-, DARST. AUS NAPHTHAZARIN-1.3-DIEN-ADDUKTEN 60-0455
1-ACRYLOYLAMINOANTHRACHINON-, DARST. 64-0524
FARBSTOFFE (AZOFARBSTOFFE)
AZO- ALS METALLKOMPLEX-BILDNER, 7. MITT. 55-0336
AZO-, SUBSTANTIVITAET, 2. MITT. 58-0505
AZO-, SUBSTANTIVITAET, 3. MITT. 64-0939
2-CHLOR-4'-HYDROXY-AZOBENZOL-, DARST. 55-0288
O.O'-DIHYDROXY-AZO-, DARST. DURCH O'-HYDROXYLIER 55-0336
PRIM. BISAZO-, DARST. AUS AMINONAPHTHOL-SULFONSAEUREN 58-0506
AZO- AUS AMINOARYL-ALKYLSILOXANEN 59-0384
P-AMMONIOMETHYL-AZOFARBSTOFFE, DARST. AUS (P-CHLORMETHYL-PHENYL)-AZO-VERB. U. TERT. AMINEN 59-0603
CR(III)-AZOFARBSTOFF-1 ZU 2-KOMPLEX MIT SANDWICHSTRUKTUR, DARST. 60-0053
BIS- U. TRIS-AZO-, DARST. AUS H-SAEURE 60-0688
BIS-AZO-, DARST. AUS AROMAT. DIAMINEN U. NAPHTHOLSULFONSAEUREN 58-0505
4-(P-NITRO-PHENYLAZOMETHYLEN)-1-ARYL-1.4-DIHYDRO-CHINOLINE, DARST. AUS NA-P-NITRO-PHENYL-ANTI-DIAZOTAT U. 1-ARYL-LEPIDINIUMPERCHLORATEN 60-0618
PENTACYCL. AZOFARBSTOFF-CR(III)-KOMPLEXE , UV-SPEKTREN U. RINGSPANN. 54-0030
4-(P-NITRO-PHENYLAZOMETHYLEN)-1-ARYL-1.4-DIHYDRO-CHINOLINE, ABSORPT. IM SICHTBAREN BEREICH, SOLVATOCHROMIE 60-0618
2-CHLOR-4'-HYDROXY-AZOBENZOL-, IONISAT.-KONST. 55-0288
CHINAZOLONDIREKT-, BEZIEH. ZWISCHEN SUBSTAN-TIVITAET U. PAPIERCHROMATOGRAPH. VERH. 64-0939
SULFONYLGRUPPENHALTIGE AZOFARBSTOFFE MIT 4.5-DIPHENYL-IMIDAZOL ALS KUPPL.-KOMPONENTE, DARST.DD. CR(III)-KOMPLEXE 60-0052
AZOFARBSTOFFE MIT 4.5-DIPHENYL-IMIDAZOL ALS KUPPL.-KOMPONENTE, DARST. U. STER. ANORDN. V. CR(III)- U. CO(III)-1 ZU 2-KOMPLEXEN 60-0064
AZO-, EIGN. V. 8-DIMETHYLAMINO-3-METHYL-2-VINYLSULFAMIDO-PHENAZIN ALS FARBSTOFF 61-0675
FARBSTOFFE (AZOMETHINFARBSTOFFE)
PYRAZOLON-AZOMETHIN-, NMR 63-0175
AZOMETHINFARBSTOFFE, ALKAL. HYDROLYSE, KINETIK 62-0243
FARBSTOFFE (CHINOLINFARBSTOFFE)
TRIMETHYLSILYL-CHINOPHTHALON-, DARST. 59-0533
ASYMM. 1-ARYL-2-(FORMAZANYL-(3))-CHINOLINIUMP + PERCHLORATE, DARST. AUS 1-PHENYL-2-PHENYLHYDRA-ZONOMETHYL-CHINOLINIUMPERCHLORAT U. ARYLDIAZONIUMCHLORIDEN 62-0629
1-PHENYL-4-ARYLHYDRAZONOMETHYL-CHINOLINIUMPERCHLORATE, DARST. AUS 1-PHENYL-LEPIDINIUMPERCHLORAT U. DIAZOAMINOBENZOLEN 62-0630
CHINOPHTHALON-, DARST. 56-0113
4-(P-NITRO-PHENYLHYDRAZONOMETHYL)-1-ARYL-CHINOLINIUMSALZE, DARST. AUS 4-(P-NITROPHENYL-AZOMETHYLEN)-1-ARYL-1.4-DIHYDRO-CHINOLINEN 60-0618
SYMM. 1-ARYL-2-(FORMAZANYL-(3))-CHINOLINIUM-PERCHLORATE, DARST. AUS CHINALDINIUMARYLPERCHLORATEN U. ARYLDIAZONIUMCHLORIDEN 62-0629
CHINOPHTHALON-, IR 56-0113
4-(P-NITRO-PHENYLHYDRAZONOMETHYL)-1-ARYL-CHINOLINIUMSALZE, ABSORPT. IM SICHTBAREN BEREICH 60-0618
1-ARYL-2-(FORMAZANYL-(3))-CHINOLINIUMPERCHLORATE, ABSORPT.-SPEKTREN 62-0629
1-PHENYL-4-ARYLHYDRAZONOMETHYL-CHINOLINIUMPERCHLORATE, HALOCHROMIE 62-0630
1-PHENYL-4-ARYLHYDRAZONOMETHYL-CHINOLINIUMPERCHLORATE, VERW. ALS BAUMWOLL- U. WOLLFARBSTOFFE 62-0630
1-PHENYL-4-ARYLHYDRAZONOMETHYL-CHINOLINIUMPERCHLORATE, VERW. ALS SAEURE-BASEN-INDIKATOR 62-0630
FARBSTOFFE (FORMAZANFARBSTOFFE)
ASYMM. 1-ARYL-2-(FORMAZANYL-(3))-CHINOLINIUM-PERCHLORATE, DARST. AUS 1-PHENYL-2-PHENYLHYDRA-ZONOMETHYL-CHINOLINIUMPERCHLORAT U. ARYLDIAZONIUMCHLORIDEN 62-0629
SYMM. 1-ARYL-2-(FORMAZANYL-(3))-CHINOLINIUM-PERCHLORATE, DARST. AUS CHINALDINIUMARYLPERCHLORATEN U. ARYLDIAZONIUMCHLORIDEN 62-0629
1-ARYL-2-(FORMAZANYL-(3))-CHINOLINIUMPERCHLORATE, ABSORPT.-SPEKTREN 62-0629
FARBSTOFFE (INDIGOFARBSTOFFE)
THEORET. U. SPEKTROSKOP. UNTERS. AN INDIGOFARBSTOFFEN, 7. MITT. 63-0606
INDIGO-, THEORET. U. SPEKTROSKOP. UNTERS., 8. MITT. 63-0607
INDIGO-, DARST. AUS 3.5.6.8-TETRACHLOR-ACENAPHTHEN-CHINON U. 3-HYDROXY-THIONAPHTHENEN 55-0382
2-(2-OXO-ACENAPHTHYLIDEN)-THIONAPHTHEN-3-ONE, DARST. AUS ACENAPHTHENCHINONEN U. 3-HYDROXY-THIONAPHTHENEN VIC. ENDIAMINE, DARST. AUS TERT.-BETA.BETA-DICHLOR-ALKYLAMINEN 64-0397
2-(2-OXO-ACENAPHTHYLIDEN)-THIONAPHTHEN-3-ONE, ELEKTRONENSPEKTREN 60-0506

INDIGODERIV., PHOTOCHROMES VERH. 58-0285
INDIGODERIV., CIS-TRANS-UMLAGER. (KINETIK U. MECHANISMUS) 58-0285
FARBSTOFFE (OXAZINFARBSTOFFE)
CRCEIN-, 26. MITT. 61-0677
OPT.-AKT. ORCEIN-, KONFIG. 61-0677
OPT.-AKT. ORCEIN-, DARST. AUS OPT.-AKT. BIPHENYLDERIV. 61-0677
OPT.-AKT. ORCEIN-, ELEKTRONENSPEKTREN 61-0677
OPT.-AKT. ORCEIN-, ORD- U. CD-SPEKTREN 61-0677
FARBSTOFFE (PHTHALOCYANINFARBSTOFFE)
3.9.17.23-TETRAKIS-(TRIMETHYLSILYL)-KUPFERPHTHALOCYANIN , DARST. 59-0533
FARBSTOFFE (POLYMETHINFARBSTOFFE)
CYANIN- MIT 2 KONJUGIERTEN CHROMOPHOREN, 3. MITT. 56-0517
CYANIN-, MIT 2 KONJUGIERTEN CHROMOPHOREN, 4. MITT. 56-0518
PENTAAZAPENTAMETHINCYANINE, 1. MITT. 59-0497
PENTAAZAPENTAMETHINCYANINE, 2.MITT. 59-0498
POLYMEROCYANINE, 2. MITT. 60-0548
POLYMEROCYANINE, 3. MITT. 60-0549
CYANIN- MIT 2 KONJUGIERTEN CHROMOPHOREN, 6. MITT. 61-0533
CYANIN- AUS SIEBENGLIEDR. HETEROCYCL. SYST.,5. MITT. 64-0768
DIBENZOPYRROMETHEN-, UNTERS. D. KONSTIT. 59-0529
1.2.3-TRIAZCLO-POLYMETHINE DARST. AUS BETA-(1.2.3-TRIAZOLYL-4)-ACROLEINEN 53-0389
TRINUCLEARE PENTAMETHINCYANINE, DARST. AUS HETEROCYCL. IMMONIUMSALZEN U. FORMYL(ODER HYDROXYMETHYLEN)-MALONDIALDEHYD 54-0348
CYCLCPROPENYLIUMCYANINE, DARST. AUS 2- BZW. 4-ALKYLSUBSTITUIERTEN HETEROCYCL. QUART. SALZEN U. 1.2-DIPHENYL-3-AETHOXY-CYCLCPROPENYLIUM-TETRAFLUOROBORAT 54-0430
TRIAZATRIMETHINCYANINE, DARST. AUS HETEROCYCL. IMINEN U. 6-METHOXY-3-METHYL-2-(PTOLUOLSULFONYLAZO)-BENZTHIAZOLIUM-TETRAFLUORBORAT 58-0545
DIBENZOPYRROMETHEN-, DARST. AUS O-ACYL-BENZOPHENONEN U. NH3 59-0529
BENZODITHIOLCYANINE, DARST. 59-0541
CARBOCYANINE, DARST. AUS PYRYLIUMVERB. 59-0582
CHINOMEROCYANINE, DARST. AUS METHYLCHINOLINIUMVERB. U. ACETANILINOMETHYLEN- ODER AETHOXYMETHYLEN-AZOLONEN 60-0080
BENZO(1.2-D,4.5-D')BISTHIAZCLE MIT ZWEI KONJUGIERTEN POLYMETHINSEQUENZEN, DARST. 60-0551
VIERRING-TRIMETHINFARBSTOFFE ('TETRANGULO'-TRIMETHINFARBSTOFFE) SYNTH. 61-0565
ALPHA.BETA-DIAZA-TRIMETHINCYANINE, DARST. AUS 2-(P-TOLUOLSULFONYLAZO)-6-METHOXY-3-METHYL-BENZTHIAZOLIUM-TETRAFLUORCBORAT U. HETEROCYCL. METHYL-QUART.-SALZEN 61-0625
CYANINFARBSTOFFSYNTH., 2. MITT. 62-0342
MEROCYANINFARBSTOFFE, DARST. 62-0574
BIS-(1-ARYL-5.6-BENZO-CHINGLYL-(2))-TRIMETHINCYANINSALZE, DARST. AUS 1-ARYL-5.6-BENZO-CHINALDINIUMSALZEN 62-0631
CYANINFARBSTOFFE, DARST. U. LICHTABSORPT. 63-0646
THIATETRACARBOCYANINE, DARST. AUS BENZOPYRYLOMONOMETHINCYANINEN U. 3-AETHYL-2-(1.5.5-TRIMETHYL-CYCLOHEXEN-(1)-YLIDEN-(3)-METHYL)-BENZTHIAZOLINIUMJODIDEN 64-0678
BENZOBISTHIAZCL-CYANIN-, CARST. AUS 2.7-DIMETHYL-BENZO(1.2-D,4.3-D')BISTHIAZCL ODER 2.5-DIMETHYL-BENZO(1.2-D,3.4-D')BISTHIAZOL 56-0517
BENZOBISTHIAZOL-CYANIN-, DARST. AUS 2.6-DIMETHYL-BENZO(1.2-D,5.4-D')BISTHIAZOL ODER 2.6-DIMETHYL-BENZO(1.2-D,4.5-D')BISTHIAZOL 56-0518
PENTAAZAPENTAMETHINCYANINE, DARST. DURCH OX. V. HETEROCYCL. HYDRAZONEN BZW. AUS HETEROCYCL. HYDRAZONEN U. HETEROCYCL. AZIDINIUMSALZEN 59-0497
DIMEROCYANIN-, DARST. AUS DIMETHINMEROCYANINEN U. 3-ALKYL-RHODANINEN 60-0548
IN D. POLYMETHINKETTE SUBSTITUIERTE DIMEROCYANIN-, DARST. 60-0549
CYANIN- MIT 2 KONJUGIERTEN CHROMOPHOREN, TRIMETHIN- U. BIS-TRIMETHINCYANIN- MIT 2 KONJUGIERTEN CHROMOPHOREN, DARST. 61-0533
BIS-MEROCYANINE, DARST. 62-0575
UNSYMM. BIS-CHINOLYL-TRIMETHINCYANINSALZE,, DARST. AUS 1-ARYL-2-(2-(N-PHENYL-ACETAMIDO)-VINYL)-CHINOLINIUMVERB. U. METHYLCHINOLINIUMSALZEN 62-0632
INCANDION-(1.3)-CHINOMERCCYANINE, DARST. AUS METHYLCHINOLINIUMSALZEN U. METHENYL-BIS-INDANDION-(1.3) 64-0713
SYMM. U. ASYMM. MONO- U. TRIMETHINCYANIN- D. BENZO(B)CYCLCHEXANO(F)- U. -(E)-1.4-THIAZEPIN-REIHE, DARST. 64-0768
BENZOBISTHIAZOL-CYANIN-, SICHTBARES SPEKTRUM 56-0517
BENZOBISTHIAZOL-CYANIN-, SICHTBARES SPEKTRUM 56-0518
CYANIN- MIT 2 KONJUGIERTEN CHROMOPHOREN, TRIMETHIN- U. BIS-TRIMETHINCYANIN- MIT 2 KONJUGIERTEN CHROMOPHOREN, ELEKTRONENSPEKTRUM 61-0533
MEROCYANINFARBSTOFFE, ABSORPTIONSMAX. IM SICHTBAREN 62-0574
BIS-MEROCYANINE, SICHTBARES SPEKTRUM 62-0575
UNSYMM. BIS-CHINOLYL-TRIMETHINCYANINSALZE, SICHTBARES SPEKTRUM 62-0632
INDANDION-(1.3)-CHINOMEROCYANINE, SICHTBARES ABSORPT.-SPEKTRUM 64-0713
CHINOMEROCYANINE, ABSORPT.-SPEKTREN 60-0080
INDANDION-(1.3)-CHINOMEROCYANINE, SOLVATOCHROMIE 64-0713
PENTAAZAPENTAMETHINCYANINE, RK. MIT NUCLEOPHILEN 59-0498
PENTAAZAPENTAMETHINCYANINE, THERM. ZERS. 59-0498
PENTAAZAPENTAMETHINCYANINE, RED. 59-0498
PENTAAZAPENTAMETHINCYANINE, RK. MIT LITHIUM-BENZOLSULFINAT 59-0498
MEROCYANINFARBSTOFFE, VERW. ALS PHOTOGRAPH. SENSIBILISATOR 62-0574
FARBSTOFFE (THIAZOLFARBSTOFFE)
BIS-(THIAZOL-(2))-MONOMETHINE, DARST. AUS DITHIOMALONSAEUREDIANILIDEN 53-0386
THIAZOLINFARBSTOFFE, KRISTALLSTRUKTUR, 1. MITT. 62-0148
FARBSTOFFE (TRIPHENYLMETHANFARBSTOFFE)
TRIPHENYLMETHAN-LEUKOSULFITE, THERMOCHROMIE -ABSCHWAECH. (MECHANISMUS) 63-0112
SULFO-PHTHALEINE, DISSOZIAT.-KONST. IN DMSO U. ACETONITRIL 57-0187
TRIMETHYLSILYL-FLUORESCEIN-, DARST. 59-0533
FAWORSKI-UMLAGERUNG
* S. UNTER UMLAGERUNGEN
FERROCENE
DIMETHYLAMINO- CYCLISIER. V. METHYL-FERROCEN-YL-BUTTERSAEUREN 53-0037
UNTERS. UEBER FERROCENDERIV., 1.MITT. 53-0002
FERROCEN-DERIV. 16. MITT. AMINOMETHYLIER. V. METHYLMERCAPTO- U. BIS-(METHYLMERCAPTO)-FERROCEN 53-0033
FERROCEN-DERIV.,17.MITT.(AMINOMETHYLLIER. V. METHOXY- U. DIMETHOXYFERROCEN) 53-0034
-DERIV., 18.MITT. 53-0035
-DERIV., 19.MITT. 53-0036
3. MITT. 54-0036
35. MITT. 55-0001
36. MITT. 55-0002
UNSYMMM. SUBSTITUIERTE, 4. MITT. 57-0052
38. MITT. 59-0003
UNSYMM. DISUBSTITUIERTE, 5. MITT. (DARST.) 59-0077
20.MITT. 60-0057
VERBRUECKTE, 1. MITT. 61-0050
39. MITT. (FERROCEN-ACETYLENE, 8. MITT.) 64-0070
ENDO- U. EXO-ISOMERIE IN D. FERROCENREIHE 53-0032
(5)FERROCENOPHANE, KONFORM. 61-0050
ABS. KONFIG. 55-0001
KONFORM.-GLEICHGEW. 55-0002
DIMETHYLAMINO- DARST. 53-0037
1.2-DISUBSTITUIERTE U. UEBERBRUECKTE, DARST. 53-0038
1-HYDROXY-2-CYAN-AETHYL-, DARST. 54-0034
MONO- U. 1.1'-DIVINYLFERROCEN, DARST. 57-0065
1.1'-DIALKENYL-, DARST. AUS 1.1'-DIACYL-FERROCENEN U. ALKYL-MG-HALOGENIDEN 54-0036
ALPHA-SUBSTITUIERTE 1-HALOGEN-2-METHYL-, DARST. AUS 2-(DIMETHYLAMINO-METHYL)-FERROCEN-BORONSAEURE 57-0052
FERRICINIUM-VERB., DARST. 57-0054
UNSYMM. DISUBSTITUIERTE, DARST. AUS 2-FERROCENYL-PYRIDIN 59-0077
SUBSTITUIERTE, DARST. AUS CYCLOPENTADIENEN U. FULVENEN 60-0057
(5)FERROCENOPHANE, DARST. 61-0050
DIMETHYLAMINOMETHYL-, DARST. AUS ALKYLFERROCENEN U. N.N.N'.N'-TETRAMETHYL-DIAMINOMETHAN 62-0042
BIFERROCENYLE, 2.7- U. 2.10-DISUBSTITUIERTE, DARST. 62-0043
TRIFERROCENYLBENZOLE, DARST. AUS FERROCENYLACETYLENEN 64-0070
BETA-FERROCENYL-BETA-HYDROXY-PROPIONITRILE, IR 54-0034
ABSORPT.-SPEKTREN 57-0026
FERRICINIUM-VERB., IR 57-0054
FERRICINIUM-VERB., UV 57-0054
FERRICINIUM-VERB., SPEKTREN IM SICHTBAREN BEREICH 57-0054
OPT. ROTAT.-DISPERS. 55-0001
OPT. ROTAT.-DISPERS. (TEMP.-ABHAENGIGK., COTTON-EFFEKT) 55-0002
VINYL-, NMR 57-0065
59-0013
NMR 55-0001
FERRICINIUM-VERB., NMR 57-0054
VINYL-) NMR 57-0065
1.2-DISUBSTITUIERTE, NMR-UNTERS. D. MAGNET. NICHTAEQUIVALENZ V. CH2-GRUPPEN 62-0003
FERROCENYLAETHYLENE, PROTONIER. MIT H2SO4 BZW. CF3COOH 53-0002
POLAROGRAPH. VERH. 57-0026
DIPOLMOMENTE 56-0002
FERROCENYL-DIPHENYL-BENZYL-PHOSPHONIUM-BROMID BZW. -HYDROXID, ZERS. (KINETIK) 59-0027
SUBSTITUT.-RK.-CHARAKTERISTIKEN 53-0036
FERROCENYLACETYLENE, RK. MIT METALLCARBONYLEN 54-0037
METHYLMERCAPTO-, AMINO-METHYLIER. MIT BIS-DIMETHYLAMINO-METHAN 53-0033
METHOXY-, AMINOMETHYLIER. MIT ((CH3)2N)2CH2 53-0034
METHYL-, AMINOMETHYLIER. MIT BIS-(DIMETHYLAMINO)-METHAN (PROD.-VERTEIL.) 53-0035

MONO- U. DIALKYL-, RK. MIT N.N.N'.N'-TETRAMETHYL-DIAMINOMETHAN 62-0042
FETTE
SAMENOEL V. STERCULIA ALATA, ISOLIER. V. STERCULINSAEURE 61-0455
V. LUFFA GRAVEOLENS, FETTSAEUREZUS. D. SAMENOELS 55-0594
CROTONOEL, ISOLIER. V. PHORBOL 63-0810
FISCHOELE, LEBERTRAN D. GROENLANDHAIS, ISOLIER. V. METHOXYGLYCERINAETHERN 54-0590
MAISOEL, ISOLIER. V. TOCOPHEROL-DIMERE N 61-0802
MARGOSA-OELE, NIM-OEL, BESTANDTEILE (MELDENIN, NIMBININ) 57-0709
NIMOEL, ISOLIER. V. NIMBIN U. SALANNIN 58-0752
OLIVENOEL, CACO3-SUSPENSION (STRUKTURVISKOSITAET) 59-0818
FETTSAEUREN
* S. UNTER CARBONSAEUREN
FIBRIN
* S. UNTER PROTEINE
FIBRINOGEN
* S. UNTER PROTEINE
FLAMMEN
* S. UNTER VERBRENNUNG
FLAVANE (U. FLAVANOIDE)
* S. UNTER FLAVENE (UND FLAVENOIDE)
FLAVENE (UND FLAVENOIDE)
FLAVANOIDEPOXIDE, 5.MITT. 57-0572
CITRUS-FLAVONOIDE, 9. MITT. 62-0704
BIS-FLAVONOIDE, STRUKTUREN V. GB1, GB1A U. GB2, EINER NEUEN GRUPPE V. -, BEMERK. ZU D. VEROEFFENTL. V. A. PELTER 53-0523
DIHYDROFLAVONOLGLYKOSIDE, KONSTIT. 57-0659
FLAVANON-OXIME, STEREOCHEMIE 53-0096
FLAVINDOGENIDEPOXIDE, STEREOCHEMIE 57-0572
DIHYDROFLAVONOLGLYKOSIDE, ABS. KONFIG. 57-0659
DIHYDROFLAVONOLGLYKOSIDE, ISOLIER. AUS BAPTISIA LECONTEI 57-0659
BIFLAVONYLE, ISOLIER. AUS ARAUCARIA CUNNINGHAMII 58-0618
FLAVONE, VORK. IN PULICARIA DYSENTERICA 58-0823
BIS-FLAVONE, AUS PODOCARPUS U. CHAMAECYPARIS 61-0607
FLAVONOIDE, ISOLIER. AUS PSORALEA CORYLIFOLIA 61-0608
FLAVONGLYKOSIDE, ISOLIER. AUS SALIX REPENS 62-0712
FLAVONE, ISOLIER. AUS ROSMARINUS OFFICINALIS 63-0789
3-TRANS-HYDROXYFLAVANONE, DARST. AUS 2'-METHOXYMETHOXY-ALPHA.BETA-EPOXY-DIHYDROCHALKONEN 56-0545
BENZYLCHRYSINE, SYNTH. 56-0546
HYDROXYOXOCHROMENYL-(2)-O-BENZOCHINONE, DARST. 58-0620
BIS-(FLAVONYLOXY)-METHANE, DARST. 59-0588
4-(HYDROXYPHENYL)-POLYMETHOXYFLAVAN-3-OLE, DARST. AUS TETRAMETHYLLEUKOCYANIDIN U. POLYPHENOLEN 60-0576
BIS-(3-METHYL-FLAVEN-(2)-YLE-(4)), DARST. AUS 3-METHYL-FLAVYLIUMCHLORIDEN 61-0600
QUERCETIN-3-GLYKOSIDE, 2. MITT. 61-0699
QUERCETIN-3-GLYKOSIDE, SYNTH., 3. MITT. 61-0700
DIASTEREOMERE CATECHIN-3-GLUCOSIDE U. -3-GALLATE, DARST. AUS (+)-CATECHIN BZW. (-)-EPICATECHIN 64-0797
2.3-TRANS-3.4-TRANS-FLAVANDIOLE, DARST. AUS (+-)THREO-KETODIOLEN U. NABH4 64-0824
NITROFLAVONE, DARST. AUS NITROCHALKONEN BZW. DURCH NITRIER. 61-0614
2'-HYDROXY-FLAVONOIDE, MASSENSPEKTREN 53-0085
FLAVANDIOL-(3.4)-DERIV., MASSENSPEKTREN 61-0118
FLAVONE, KMR (LSGM.-EINFL.) 58-0098
6- U. 8- GLYKOSYL-FLAVONE, NMR METH. ZURUNTERSCHEID. 62-0704
3'.4'-DIHYDROXY-FLAVONE, REDOXPOTENTIALE DURCH DISKONTINUIERL. TITRATION 58-0190
TRANSACYLIER. IN D. FLAVONOIDREIHE, 2. MITT. 53-0404
FLAVANOLE, OX. MIT DMSO -ACETANHYDRID 64-0677
FLAVONE, RK. MIT AMINEN (MECHANISMUS) 54-0316
FLAVONOIDE, TRANSACYLIER., 3. MITT. 63-0760
FLAVINE
-REIHE, 13.MITT. 54-0555
15. MITT. 56-0589
FLAVOCOENZYME, DARST. 54-0555
LUMI-, REDUKTIVE PHOTOALKYLIER. 56-0589
FLAVONE
* S. UNTER FLAVENE (UND FLAVENOIDE)
FLAVONGLYKOSIDE
* S. UNTER FLAVENE (UND FLAVENOIDE)
FLAVONOIDE
* S. UNTER FLAVENE (UND FLAVENOIDE)
FLAVONOLE
* S. UNTER FLAVENE (UND FLAVENOIDE)
FLECHTEN
* SPEZIELLE S. UNTER PFLANZEN, SPEZIELLE
CHEMIE V. FLECHTENINHALTSSTOFFEN 3. MITT.
HAEMATHAMNOLSAEURE, EIN NEUES BETA-ORCIN-DEPSID AUS PERTUSARIA RHODESIACA VAINIO 53-0589
CHEM. UNTERS. UEBER FLECHTEN,4. MITT.
DUENNSCHICHTCHROMATOGRAPHIE V. FLECHTENSUBSTANZEN 53-0605
INHALTSSTOFFE , DUENNSCHICHTCHROMATOGRAPH. NACHW. IN FLECHTEN 53-0605
- U. PILZE, 5. MITT. 64-0848
FLECHTEN U. PILZE,4.MITT. UMLAGER. AM C-ATOM 21 IN D. HOPAN-REIHE 53-0540
6. MITT. 56-0755
7. MITT. 56-0756
VORK. V. ISOUSNINSAEURE 55-0571
INHALTSSTOFFE, 31. MITT. 60-0122
FLEISCH (UND FLEISCHWAREN)
-BRUEHE, ISOLIER. V. NOGALAMYCIN 58-0806
FLUESSIGKEITSSTRUKTUR
KRIST.-FL. VERB., SYNTH., 2. MITT. 56-0576
FL. KRIST., 1. MITT. 59-0188
SMEKT. PHASE V. DIAETHYLENGLYKOL-MONOLAURAT 61-0157
D. FL.-KRIST.-ZUSTANDS V. CHOLESTERINDERIV. 64-0184
D. FL.-KRIST.-ZUSTAND V. CHOLESTERINDERIV. 64-0185
CHOLESTER. PHASEN V. OPT.-AKT. U. RAC. 4'-ALKOXY-BIPHENYL-4-CARBONSAEUREN 60-0181
FLUOR
F(-), RK. MIT CH3J (KINETIK, KONST. D. RELATIVEN NUKLEOPHILEN REAKTIVITAET) 58-0029
RK. V. NACH (19)F(GAMMA, N)(18)F ERZEUGTEN HEISSEN (18)F-ATOMEN MIT HALOGENMETHANEN 62-0022
F(-), RK. MIT TRANS-(PTCL2PY2) (KINETIK, KONST. D. RELATIVEN NUKLEOPHILEN REAKTIVITAET) 58-0029
F(-), RK. MIT PHENYLACETATEN (KINETIK) 63-0237
FLUORVERBINDUNGEN
ORGAN., 3. MITT. 61-0344
ORGAN. F-N-VERB., 10. MITT. 63-0582
AMIN-NICHTMETALLFLUORIDE, DEHYDROFLUORIER., 2. MITT. 62-0398
METALLFLUORIDE ADDUKTBLDG. MIT FLUORKETONEN 63-0094
HF, (FL.), RK. MIT ALKOHOLEN 59-0285
FLUORENE
KINET. UNTERS., 6. MITT. 58-0221
DICARBOXY-TETRAHYDRO-, DARST. AUS INDENDICARBONSAEUREN 61-0487
CARBOXYALKYL-, DARST. AUS FLUOREN U. D. ANALOGEN LACTONEN 64-0518
NITRO-9-DICYANMETHYLEN-, UV IN GGW. V. POLYCYCL. AROMATEN 57-0201
9-LI-, ELEKTRONENSPEKTREN 61-0002
9-DIAZO- U. 9-OXO-, MO-BERECHN. 58-0221
ACIDITAET (EINFL. V. SUBSTITUENTEN) 55-0140
NITRO-9-OXO-, POLAROGRAPHIE 57-0201
NITRO-9-DICYANMETHYLEN-, POLAROGRAPHIE 57-0201
9-HYDROXY- U. 9-METHOXY-FLUORENYL-(9)-CARBINOLE, UMLAGER. IN H2SO4 61-0485
ISOTOPENAUSTAUSCH U. RACEMISIER. (KINETIK) 63-0284
-CARBONSAEURAMIDE, ISOTOPENAUSTAUSCH U. RACEMISIER. (KINETIK) 63-0286
FLUORENYLIDENALDAZINE, THERMOLYSE 56-0420
3-SUBSTITUIERTE, FLUORENONE, RED. MIT NABH4 (KINETIK) 58-0221
3-SUBSTITUIERTE 9-DIAZO-, ALKOHOLYSE (KINETIK) 58-0221
FLUORESZENZ
* S. UNTER LUMINESZENZ
FLUORIERUNG
* S. UNTER HALOGENIERUNG
FORMAZANE
1-BENZAZOLYL-3-METHYL-5-TOLYL-, STRUKTUR 64-0616
DARST. AUS BENZYLIDEN-PHENYLHYDRAZINEN 56-0363
1.5-DIARYL-3-P-TOLYLSULFONYLACETYL-, DARST. AUS BIS-(P-TOLYLSULFONYL)-ACETON U. ARYLDIAZONIUMCHLORIDEN 58-0412
1-ACYL-C-AMINO-, DARST. AUS 1-ACYL-DIAMINOGUANIDINEN 59-0569
ASYMM. 3-(1-ARYL-CHINOLINIO-(2)-YL)-, DARST. D. PERCHLORATE AUS 1-PHENYL-2-PHENYLHYDRAZONOMETHYL-CHINOLINIUMPERCHLORAT U. ARYLDIAZONIUMCHLORIDEN 62-0629
SYMM. 3-(1-ARYL-CHINOLINIO-(2)-YL)-, DARST. D. PERCHLORATE AUS CHINALDINIUMARYLPERCHLORATEN U. ARYLDIAZONIUMCHLORIDEN 62-0629
3-(1-ARYL-CHINOLINIO-(2)-YL)-, ABSORPT.-SPEKTREN 62-0629
FORMOLYSE
* S. UNTER SOLVOLYSE
FORMYLIERUNG
* S. UNTER ACYLIERUNG
FRAGMENTIERUNGSREAKTIONEN
* S. UNTER DISSOZIATIONSREAKTIONEN
* BEI DER MASSENSPEKTROSKOPIE S. DORT
FRIEDEL-CRAFTS-REAKTIONEN
GEKOPPELTE DREIKOMPONENTE 59-0362
CARBONYLIER. IN 62-0555
FRIEDEL-CRAFTS-ACYLIER. V. POLYCYCL. AROMAT. KW-STOFFEN, 5. MITT. 60-0446
ACETYLIER. V. PHENANTHREN (LSGM.-EINFL.) 57-0454
V. BZL. MIT ALKENSAEUREN (PROD.-ZUS.) 62-0317
V. 2.4-DICHLOR-PENTAN MIT BENZOL 60-0428
-ACYLIER. V. AROMAT. HALOGEN-DERIV., 3. MITT. 61-0479
V. ANISOL, TOLUOL BZW. NAPHTHALIN MIT PHENYLPROPIOLOYLCHLORID 56-0402
V. DIGLYKOLSAEUREANHYDRID MIT AROMATEN 58-0337
KETOALKYLIER. V. BZL. MIT ACYLHALOGENIDEN U. OLEFINEN IN GGW. V. ALCL3 59-0362
FRIES-UMLAGERUNG
* S. UNTER UMLAGERUNGEN
FULGIDE
* S. UNTER FURANE

FULVALENE
CALICENE, DARST. AUS FLUOREN U. 1.2.3.4-TETRAPHENYL-CYCLOPENTADIEN-(1.3) 54-0330
TRIAPENTA-, DARST. 63-0119
DIPOLMOMENTE 63-0119
CALICENE, RK. MIT UNGESAETT. VERB. 54-0331
FULVENE
CYCLOPENTADIENYLIDENE, 2. MITT. 57-0567
U. THERMOCHROME AETHYLENE, 47.MITT. 60-0447
U. THERMOCHROME AETHYLENE, 49. MITT. 63-0119
U. THERMOCHROME AETHYLENE, 50.MITT. 63-0539
QUANTENCHEM. DATEN V. BENZOANELLIERTEN FULVENEN 53-0087
FUNGIZIDE UND FUNGISTATIKA
* S. UNTER PILZE
FURANE (ALLGEMEINES)
FURANO-VERB., 9. MITT. 55-0437
5. MITT. 56-0470
11. MITT. 56-0543
NITROFURYLHETEROCYCLEN, 7. MITT. 57-0607
NITRO- U. NITROTHIOPHENE, 2. MITT. 58-0562
2.3-DISUBSTITUIERTE - U. PYRROLE, 2. MITT. 59-0513
FARB. DIHYDROFURYLIUMSALZE, 4. MITT. 59-0516
6. MITT. 59-0521
FURANIDINKETONE, CHEMIE, 5. MITT. 60-0489
7. MITT. 60-0495
FURYLALKINE, 13. MITT. 61-0542
8. MITT. 62-0521
9. MITT. 62-0522
14. MITT. 64-0586
15. MITT. 64-0587
NITRO -- U. NITROTHIOPHENE, 4. MITT. 64-0903
NITRO- U. NITROTHIOPHENE, 4. MITT. 64-0903
NITRO- U. NITROTHIOPHENE, 5. MITT. 64-0904
NITRO- U. NITROTHIOPHENE, 3. MITT. 64-0928
2.3-DISUBSTITUIERTE,1. MITT. 53-0329
DIPHENYL-TETRAHYDRO-, KONFIG. 54-0355
3-HALOGEN- U. TRANS-3.4-DIHALOGEN-TETRAHYDRO-, KONFORM. 61-0140
TETRAHYDRO- STEREOCHEMIE, 6. MITT. 64-0128
2.3-DIBENZYLIDEN-SUCCINANHYDRIDE (FULGIDE), KONFIG. 64-0327
FURANE (DARSTELLUNG)
DARST. AUS ALPHA.BETA-DIHALOGEN-AETHYL-AETHERN BZW. -ACETATEN U. BETA-DIKETONEN (FEIST-BENARY-RK.) 53-0329
2-METHYL-3-CARBAETHOXY- DARST. AUS SUBSTITUIERTEM 3-CARBAETHOXY-4-AETHOXY-5-HEXIN-2-ON BZW. 3-CARBAETHOXY-4-AETHOXY-5-HEXIN-2-ON U. ORGAN. SAEUREN 53-0331
2.2-DIALKYL-5-PHENYL-2.5-DIHYDROFURYLIUM-(5)-SALZE, DARST. AUS 3.4.6-TRIMETHYL-1-PHENYL-HEPTIN-(1)-DIOL-(3.4) 54-0361
FURFURYLIDEN-ACETOPHENONE, DARST. AUS P-ALKYLMERCAPTOACETOPHENONEN U. FURFURAL 54-0378
2-ACYL-3-BENZYL-2.3-DIHYDRO-, DARST. AU2-ACYLFURANEN U. BENZYLMAGNESIUMBROMID 55-0374
4-ARYL-TETRAHYDRO-FURANONE-(2), DARST. 55-0394
CYAN-TETRAHYDRO-, U. -PYRANE, DARST. DURCH EINW. V. CUCN AUF GAMMA- U. DELTA-HALOGEN-KETONE, 1. MITT. 58-0357
5-AMINO-2-ACRYLOYL-, DARST. AUS 3-(5-HALOGEN-FURYL-(2))-PROPENONEN-(3) U. SEK. AMINEN 58-0569
2-PHENYL-4.5-DIALKYL-, DARST. AUS 1-PHENYLALKIN-(1)-DIOLEN-(3.4) MIT HG-SALZEN 58-0570
METALL-FUROYLACETONATE, SYNTH. U. S(E)-RK. , 1. MITT. 59-0083
2.5-DIHYDRO-, DARST. AUS NA-SALZEN V. ALPHA-HYDROXY-KETONEN 59-0514
3-TRIFLUORACETAMINO-5-TRIFLUORMETHYLFURANONE-(2), DARST. AUS 2-TRIFLUORMETHYL-4-TRIFLUORACETYLMETHYLEN-OXAZOLIDONEN-(5) 59-0518
SYNTH. AUS ENOLAETHERN 59-0522
DIHYDROFURYLIUMSALZE, DARST. AUS BULLATENON 59-0523
ISOXAZOLYL-, DARST. 59-0552
4-JOD-2-OXO-TETRAHYDRO-, BLDG. AUS NA-SALZEN UNGESAETT. CARBONSAEUREN U. J2 59-0585
2-(P-ALKOXY-PHENYLIMINOMETHYL)-, DARST. DURCH VERAETHER. 60-0385
TRIFLUORMETHYL-, DARST. 60-0484
2-(HYDROXY-CARBALKOXY-METHYL)-, DARST. AUS FURAN U. GLYOXYL- BZW. MESOXALSAEUREESTERN 60-0486
3-OXO-TETRAHYDRO-, DARST. 60-0488
(1-PHENYL-3-OXO-PENTEN-(4)-IN-(1)-YL-(5))-, DARST. AUS FURFURALEN U. 1-PHENYL-BUTIN-(1)-ON-(3) 60-0490
HALOGENHALT., SYNTH. U. RK., 1. MITT. 60-0492
2-(1.5-DI-BETA-NAPHTHYL-1.5-DIOXO-PENTYL-(3))-, DARST. AUS 2-ACYLNAPHTHALINEN U. FURFUROL 60-0494
2-(IMIDAZO(2.1-B)THIAZOLYL-(6))-, DARST. AUS 2-AMINO-THIAZOLEN U. 2-HALOGENACETYL-FURANEN 60-0543
2-(2-OXO-PYRIMIDINYL-(1))-TETRAHYDRO-, DARST. AUS 2-CHLOR-TETRAHYDROFURAN U. 2.4-DIMETHOXY-PYRIMIDINEN 60-0636
2.5-DIHYDRO-, DARST. DURCH ANOD. OX. V. FURANEN 61-0547
2-ALKOXY-3-CHLOR-TETRAHYDRO-, DARST. AUS TETRAHYDROFURAN, SO2CL2 U. ALKANOLEN 62-0519
2.5-DIMETHOXY-3(4)-CHLOR-4(3)HYDROXY-TETRAHYDRO-, DARST. AUS TETRAHYDROFURANEN U. TERT.-BUTYL-HYPOCHLORIT 62-0521
3.5-DIHYDROXY-4.5-DIHYDRO-FURANONE-(4), DARST. AUS GLYOXALEN 63-0173
BLDG. AUS ALPHA-PROPINYL-CARBONYLVERB. 63-0605
2-(PYRAZOLYL-(3))-5-NITRO-, DARST. AUS 5-NITRO-2-FURYL-DIAZOMETHAN U. ACETYLENVERB. 63-0634
2.3-DIBENZYLIDEN-SUCCINANHYDRIDE (FULGIDE), DARST. 64-0327
FULGIDE, DARST. AUS FULGENSAEUREN 64-0336
2-CHLORALKENYL-TETRAHYDRO-, DARST. AUS 2-CHLOR-TETRAHYDROFURAN U. DIENEN 64-0564
(5-NITRO-FURYL-(2))-POLYALKENALE U. -POLYALKENONE, SYNTH., 8. MITT. 64-0588
TRANS-DITOSYLOXY-TETRAHYDRO-, DARST. 53-0333
DIPHENYL-TETRAHYDRO-, DARST. AUS 3-AMINO-1.1-DIPHENYL-PROPANEN U. BRCN 54-0355
2-AETHOXY-, SYNTH. AUS 2.2-DIAETHOXY-2.3-DIHYDRO-FURANEN 54-0359
2-AMINO-3-CYAN-, DARST. AUS ALPHA-HALOGENKETONEN BZW. AUS BENZOINEN U. NA-MALONSAEUREDINITRIL 56-0467
5-NITRO-2-(4-AMINO-PYRAZOLO(3.4-D)PYRIMIDINYL-(6))-, DARST. 57-0607
2.5-DIHYDRO-, DARST. AUS 3.4-BIS-(TOSYLOXY)-TETRAHYDROFURAN-DERIV. 57-0640
5-NITRO-, DARST. 58-0562
2-FORMYL-3-AETHOXYCARBONYL-, DARST. AUS 4.4-DIALKOXY-3-OXO-BUTTERSAEUREESTERN U. ALPHA.BETA-DIHALOGEN-AETHYLACETATEN 59-0513
4-STYRYL-DIHYDROFURYLIUMPERCHLORATE, DARST. AUS 4-METHYL-DIHYDROFURYLIUMPERCHLORATEN U. AROMAT. ALDEHYDEN 59-0516
2-ALKYL- U. 2-AMINO-TETRAHYDRO-, DARST. AUS ALPHA-CHLOR-TETRAHYDROFURAN U. GRIGNARD-VERB. BZW. AMINEN 60-0492
AETHINYL-FURANCHALKONE, DARST. 61-0542
5-TERT.-ALKYLPEROXY-TETRAHYDROFURAN-2-ONE, DARST. 62-0525
FURYL-(2)-PROPIONSAEUREESTER DARST. AUS BETA-(5-METHYL-FURYL-(2))-PROPIONSAEURE-CHLORID U. ALKOHOLEN 62-0527
AZIDOTETRAHYDRO-, DARST. 62-0528
2-FURYL-CINCHONINSAEUREN, DARST. AUS ISATINEN U. 2-ACETYL-FURANEN 62-0612
2(U. 3)-FURYL-THIOAETHER, DARST. AUS 2.5-DIMETHOXY-2.5-DIHYDRO-FURAN U. THIOLEN 63-0599
OPT.-AKT. TETRAHYDROFURFURALDERIV., DARST. 63-0601
2-(PYRAZOLIN-(2)-YL-(3))-5-NITRO-, DARST. AUS 5-NITRO-2-FURYL-DIAZOMETHAN U. AETHYLENVERB. 63-0634
2-AMINO- 5-(5-NITRO-FURYL-(2))-1.3.4-THIADIAZOLE, DARST. AUS 5-NITRO-FURAN-2-IMINOCARBONSAEURE-AETHYLESTER 64-0928
FURANE (PHYSIKAL. EIGENSCHAFTEN)
2-THIOCARBAMOYL-, ELEKTRONENSPEKTREN 56-0105
FULGIDE, UV-UNTERS. 64-0336
OMEGA.OMEGA'-BIS-(5-NITRO-FURYL-(2))-POLYALKENONE, UV U. IR 64-0588
3-HALOGEN- U. TRANS-3.4-DIHALOGEN-TETRAHYDRO-, IR U. RAMANSPEKTREN (KOHLENSTOFF-HALOGEN-VALENZSCHWING.) 61-0140
2.3-DIBENZYLIDEN-SUCCINANHYDRIDE (FULGIDE), HMO-BERECHN. 64-0327
TETRAHYDRO-, DIPOLMOMENTE 61-0072
3-HALOGEN- U. TRANS-3.4-DIHALOGEN-TETRAHYDRO-, DIPOLMOMENTE 61-0140
DIHYDRO- NMR 64-0128
TETRAHYDRO- NMR 64-0128
PARACONSAEUREESTER, ACIDITAET 62-0529
FURANE (REAKTIONEN)
VERDRAENG.-RK. V. FURANOIDSYST.,7. MITT. 53-0333
1.4-ADDIT., 1. MITT. 55-0374
FURANOIDSYST., VERDRAENGUNGSRK., 6. MITT. 55-0499
4.5-DIHALOGEN-FURFUROLE, RK.-FAEHIGK. 61-0543
TETRAHYDRO-, NUCLEOPHILE VERDRAENG.-RK., 8. MITT. 62-0528
TETRAHYDRO-, ELIMINIER. ZWEIER VICINALER SEK. P-TOLUOLSULFONYLOXYGRUPPEN MIT NAJ, 2. MITT. 63-0601
2-PHENYL-2.3-DIHYDRO-, PHOTO- U. KATALYT. ISOMERISIER. 56-0400
2-FORMYL-3-AETHOXYCARBONYL-, UMWANDL. IN GGW. V. KCN 59-0513
2-ALKYL-, PHOTOISOMERISIER. ZU 3-ALKYL-FURANEN 63-0600
2.3-DIBENZYLIDEN-SUCCINANHYDRIDE (FULGIDE), UMLAGER. 64-0327
POLY-TERT.-BUTYL-, PHOTOISOMERISIER. 64-0339
FULGIDE, PHOTOUMLAGER. 64-0336
TETRAHYDRO-FURYL-CARBINOLE, DEHYDRATISIER. V. SUBSTITUIERTEN-, 3.MITT. (STEREOCHEMIE) 54-0405
5-TERT.-ALKYLPEROXY-TETRAHYDROFURAN-2-ONE, THERM. ZERS. 62-0525
5-BROMFURFURYLALKOHOLE, SPALT. MIT HCL 62-0522
ALKENYL- PHOTOCYCLODEHYDRIER. V. FURYL-(2)-AETHYLENEN 53-0330
2-AETHOXY-, RK. MIT O2 54-0359
TETRAHYDRO-, EINFUEHRUNG EINER DOPPELBIND. 5. MITT. 57-0640
ANOD. OX. U. OX. MIT BLEITETRAACETAT 61-0547
2-AMINO-3-CYAN-, RK. MIT CS2 ODER HCL 56-0467
2-ALKOXY-TETRAHYDRO-, HYDROLYSE (KINETIK) 60-0265
2.5-DIMETHOXY-3(4)-CHLOR-4(3)HYDROXY-TETRAHYDRO-, RK. MIT KOH 62-0521

2.2.5.5-TETRAALKYL-FURANIDINDIONE-(3.4) , RK. MIT DIPHENYLDIAZOMETHAN 60-0489
2-AMINO-3-CYAN-, RK. MIT BENZALDEHYDEN 56-0467
RK. MIT ALIPHAT. CARBONYLVERB. IN SAUREM MEDIUM 60-0493
2-ACETYL-, RK. MIT ISATINEN 62-0612
2-ARYL-, DIELS-ALDER-RK. MIT ACETYLENDICARBONSAEUREDIMETHYLESTER (KINETIK) 54-0358
-CARBONSAEUREDERIV., RK.MIT ACETYLENDICARBONSAEUREDIMETHYLESTER 55-0376
2-AMINO-3-CYAN-, RK. MIT MALEINSAEUREANHYDRID ODER FORMAMID 56-0467
2-MERCAPTO-, RK. MIT MALEINSAEUREANHYDRID 60-0379
2-AMINO-3-CYAN-, RK. MIT 1.2-NAPHTHOCHINON-4-SULFONSAEURE 56-0467

FURANE (BIOCHEMIE)
5-NITRO-2-(4-AMINO-PYRAZCLC(3.4-D)PYRIMIDINYL-(6))-, ANTIBAKTERIELLE WRKG. 57-0607
5-NITRO-, BAKTERIOSTAT. U. FUNGISTAT. WRKG. 58-0562
5-TRIFLUORMETHYL-FURFURALDERIV., ANTIBAKTERIELLE WRKG. 60-0484
AETHINYL-FURANCHALKONE, ANTIBIOT. WRKG. 61-0542
5-NITRO-, ABBAU DURCH ESCHERICHIA COLI 64-0903
5-NITRO-, ABBAU DURCH ESCHERICHIA COLI 64-0904
5-NITRO-, VERMINOXE WRKG. 58-0562

FUROXANE
* S. OXDIAZOLE

G

GADOLINIUM
GD(III), EINFL. AUF D. HYDROLYSE D. ESTER V. KOMPLEXONEN 63-0041

GADOLINIUMVERBINDUNGEN
GD(CLO4)3.7 DMSO , DARST. , IR-SPEKTRUM, THERM. ZERS., PULVERROENTGENOGRAPH. UNTERS. 61-0042
(AETHYLGLYCINAT-N.N-DIACETATO)-GD(III)-ION, HYDROLYSE 63-0041
GD(III)-(2-NITROSO-1-NAPHTHOL-4-SULFONSAEURE-(2)-DIANION)-CHELAT, BLDG., STABILITAET 56-0063
KOMPLEXE MIT HYDRAZODIESSIGSAEURE, TRENN. V. ANDEREN SELTENERDMETALLKOMPLEXEN 59-0052
GD2O3 EINFL. AUF D. DECARBOXYLIER. V. OXALESSIGSAEURE 58-0292

GALAKTANE
-SULFAT AUS LAURENCIA PINNATIFIDA (ROTALGE), PARTIALSTRUKTUR 61-0820
-SULFAT, ISOLIER. AUS LAURENCIA PINNATIFIDA (ROTALGE) 61-0819

GALAKTOMANNANE
PARTIALSTRUKTUR 61-0818
GEWINN. AUS GLUCOSENAEHRLSG. DURCH LIPOMYCES STARKEYI 61-0818

GALLENSAEUREN
23. MITT. 58-0773
CHEMIE, 3. MITT. 60-0771
ALPHA-HYDROXY-, SEITENKETTENABBAU DURCH NAJO4-OX. ZU D. ENTSPRECHENDEN ALDEHYDEN 60-0771
MASSENSPEKTROMETRIE 64-0148

GALLIUMVERBINDUNGEN
(CH3)3POGA(CH3)3 , (CH3)3NOGA(CH3)3 , (CH3)2SOGA(CH3)3 , DARST. 55-0022
TRIALKINYLGALLIUM-SOLVATE MIT ELEKTRONENDONATOREN, DARST. 58-0045
DI-N-BUTYL-GA-VERB., DARST. AUS TRIBUTYLGALLIUM, EIG., MOL.-STRUKTUR 58-0047
1.1-ADDUKTE AUS TRIBUTYLGALLIUM U. TRIALKYLAMINEN (MAGNETOROTAT.) 59-0050
GA-TRIALKYLE, DARST., RK. D. AETHERATES MIT IMINOPHOSPHORANEN, TRIALKYL-GA-KOMPLEXE V. IMINOTRIALKYLPHOSPHORANEN, DARST. 61-0040
ORGANOGALLIUMVERB., 5. MITT. 64-0012
GA2(C2H3)6 U. GA2(C2H3)2(CH3)4, NMR-UNTERS. 64-0012
1 ZU 1-KOMPLEXE V. GA(III) MIT POLYAMINOPOLYCARBOXYLATEN, STABILITAET 56-0040
GACL3, RK. MIT TRIBUTYLGALLIUM 58-0047
GA(NO3)3.8H2O EINFL. AUF D. DECARBOXYLIER. V. OXALESSIGSAEURE 58-0292

GAMMASTRAHLEN
* CHEMISCHE WIRKUNGEN S. UNTER PHOTOCHEMIE UND STRAHLENCHEMIE

GANGLIENBLOCKER
* S. UNTER NERVEN

GASABSORPTION
V. CO2 U. C2H2 IN W., XYLOL U. METHANOL (FUELLKOERPERKOLONNEN) 61-0849
DURCH MOL.-SIEBE (EINFL. D. LSGM.) 63-0039

GASCHROMATOGRAPHIE
* S. CHROMATOGRAPHIE (GAS-)

GASTRIN
* S. UNTER HORMONE-GASTROINTESTINALE HORMONE

GASTROINTESTINALE HORMONE
* S. UNTER HORMONE

GELATINE
HEMMWRKG. AUF D. ELEKTRODENRK. V. ZN- U. CD-IONEN IN SAUREN LSG. 64-0027

GEOLOGIE (GEOCHEMIE U. GEOPHYSIK)
COLORADO GREEN RIVER SHALE (EOZAEN), ISOLIER. V. KETONSAEUREN 56-0305

GERBSTOFFE
GERBSTOFFE AUS D. HOLZ D. EDELKASTANIE U. D. EICHE, 2.MITT.(ISOLIER. V. CASTALAGIN, VESCALAGIN, CASTALIN U. VESCALIN) 53-0496
GERBSTOFFE AUS D. HOLZ D. EDELKASTANIE U. D. EICHE, 3. MITT.(STRUKTUR D. CASTALINS) 53-0497

GERMANIUMVERBINDUNGEN (ORGANISCHE)
UNTERS. V. ORGANO-GE-VERB., 8. MITT. 57-0043
ORGANOGERMANIUMVERB., 3. MITT. 59-0010
ORGANOGERMANIUMVERB., 1. MITT. 63-0030
AETHOXYGERMANE, DARST. AUS ALKYLCHLORGERMANEN U. NA-ALKOHOLAT, BEST. D. RELATIVEN REAKTIVITAET 63-0030
1-GERMYLPYRAZOLE, DARST., NMR-SPEKTRUM 57-0112
GERMANE RK. MIT GERMACYCLOBUTANEN (RINGOEFFN.) 53-0022
PHENYLGERMANE, ADDIT.-RK. AN ALPHA- U. GAMMA-AETHYLEN. KETONE 54-0028
TRIPHENYLGERMAN, RK. MIT (PTHCL(P(C6H5)(CH3)2)2) (DARST. V. (PTCL(GE(C6H5)3)(P(C6H5)(CH3)2)2)) 54-0046
GE-PENTAFLUORPHENYL-VERB., (19)F-NMR-UNTERS. D. STER. HINDER. 56-0012
CYCLOHEXYLOXY-TRIMETHYL-GERMAN, RK. METHOXY-TRIMETHYL-GERMAN, DARST. 56-0070
TRIMETHYLVINYL- U. TRIAETHYLALLYL-GE, RK. MIT CCL2 56-0393
5-GERMA-SPIRO(4.4)NONAN U. 6-GERMA-SPIRO(5.5)UNDECAN, DARST., IR 56-0449
TETRAALKYL-GE-VERB., MASSENSPEKTREN 57-0011
ARYL-CHLORMETHYL-DICHLORGERMANE, DARST. AUS ARYL-TRICHLORGERMANEN U. CH2N2, NMR 57-0029
GE-ALLYL(VINYL)-VERB., RK.-FAEHIGK., 1.1-DICHLOR-2-(TRIAETHYL-GERMANYL)-CYCLOPROPAN , 1.1-DICHLOR-2-(TRIMETHYL-GERMYL-METHYL)-CYCLOPROPAN, DARST. 57-0030
SYST. (CH3)2SIBR2-(CH3)2GEBR2-(CH3)2SIO-(CH3)2GEO , NMR, GLEICHGEW.-KONST. (BLDG. V. GERMASILOXANEN) 57-0042
ORGAN. GE-GE-VERB., DURCH (CH3)3GELI, C6H5LI BZW. C2H5OK KATALYSIERTE DISPROPORTIONIER. 57-0043
ALKINYLGERMANE, STEREOSPEZIF. ADDIT. V. DIISOBUTYL-ALH, 57-0341
GE(C6H5)4-EINSCHLUSSVERB. MIT ((C6H5)3SN-SN(C6H5)3), DARST., CHARAKTERISIER. 58-0051
ALKYL-GE, CHEM. VERSCHIEB. U. ELEKTRONEGATIVITAET 58-0101
GERMACYCLOPENTANE U. -PENTENE, FRAGMENTIER. IM MASSENSPEKTROMETER 59-0014
ALLYLGERMANE, SPALT. DURCH HG(II)-SALZE (KINETIK) 59-0032
ALKYLTRICHLORGERMANE, DARST., IR, NMR 59-0057
METHYL-GE-VERB., SYNTH. 59-0059
MONO- U. BIS-CYANALKYL-DIPHENYLGERMANE, DARST. 59-0060
(CO)4COGECL3 U. (CO)5MNGECL3, IR -SPEKTREN 60-0010
TRIPHENYLAETHINYLGERMANE, DARST. 60-0039
ALKYLGERMANE, DARST. 61-0031
POLYFLUORAROMAT. HETEROCYCLEN MIT GE, DARST. 61-0043
BIS- U. TRIS-(TRIALKYLGERMYL)-AMINE, DARST. U. RK. 61-0044
TRIPHENYLGERMANIUMCHLORID, TRIPHENYLGERMYLTRICARBONYLTRIPHENYLPHOSPHINIRIDIUM(I), RK., DARST. 62-0054
METHYL- U. DIMETHYLGERMANE, SUBSTITUENTEN-AUSTAUSCH (GLEICHGEW.-KONST.) 63-0049
METHYLGERMANYLAZIDE, RK. MIT PHOSPHINEN, N-METHYLGERMANYL-IMINOALKYLPHOSPHORANE, DARST. 63-0068
TETRAPHENYLGERMAN, DIPHENYLGERMANIUMDICHLORID, RK. MIT HEXAMETHYL-PHOSPHORSAEURE-TRIAMID 64-0059
GERMACYCLOBUTANE, DARST. U. REAKTIVITAET 64-0060
DIMETHYL- U. DIPHENYLGERMANIUM(II), RK. MIT FE-CARBONYLEN 64-0071
TRIMETHYL-(POLYPHENYL)-GERMANE, ESR HMO-BERECHN., DARST. 64-0135
ALKYLHALOGEN-, PHENYLHALOGEN-, ALKOXYGERMANE U. PHENYLDIGERMOXANE, DARST., RK. (REAKTIVITAET) 56-0065
N- PROPYLGERMANIUMCHLORIDE, IR , KONFORM. 59-0010
1-ORGANYLGERMATRANE, DARST. AUS TRIAETHANOLAMIN U. GERMASESQUIOXANEN 62-0034
KOMPLEXBLDG. V. GERMANIUMSAEURE MIT AEDTE U. AEDTE-ANALOGEN, 1.MITT. (GEY U. H(GE(OH)Y) MIT H4Y = AEDTE, DARST. BZW. BLDG., STABILITAETSKONST.) 64-0058

GERMANIUMVERBINDUNGEN (ANORGANISCHE)
GECL4, RK. MIT GRIGNARD-VERB. 61-0031
GECL4, RK. MIT HEXAMETHYL-PHOSPHORSAEURE-TRIAMID 64-0059
(GEH3)2S, BEST. D. RELATIVEN LEWIS-BASENSTAERKE 54-0019
H3GEK, RK. MIT TRIMETHYLCHLORSILAN 59-0064
GE(OH)4, KOMPLEXBLDG. MIT AEDTE BZW. AEDTE-ANALOGEN, 1. MITT. (MIT AEDTE BZW. NA2H2-AETHYLENDIAMIN-TETRAACETAT) 64-0058

GERUCH
U. KONSTIT. V. TERT.-BUTYL-CUMARINEN 56-0531
V. TERT.-BUTYLCHROMANONEN (KONSTIT.-EINFL.) 64-0665

GESCHMACK
-BEEINFLUSSUNG V. MONO-NATRIUM-L-GLUTAMAT DURCH 5-ALKYLMERCAPTO-INOSIN- U. GUANOSIN-5'-PHOSPHATE 61-0705

GIBBERELLINE
13. MITT. 54-0505

CANAVALIA-, STRUKTUR 55-0576
GIBBAN-1-3-LACTONE, ISOLIER. AUS GIBBERELLA FUJIKUROI 54-0567
VORK. IN GIBBERELLA FUJIKUROI 58-0812
V. PHASEOLUS MULTIFLORUS 59-0790
BIOSYNTH. , 2. MITT. (AUS KAURENDERIV.) 57-0788
BIOSYNTH. , 3. MITT. 61-0829
SYNTH. V. VERWANDTEN SUBSTANZEN, 17. MITT. 54-0573
U. VERWANDTE VERB., SYNTH. 60-0431
SYNTH. V. MIT - VERWANDTEN SUBSTANZEN, 18. MITT. 61-0814
TOTALSYNTH. AUS EPIGIBBERSAEURE 61-0814
MASSENSPEKTROMETRIE , 2. MITT. 60-0120
12. MITT. 57-0764
RING-A-SPALT. MIT NAOH U. ALKOHOL 54-0564
GINKGOLIDE
GINKGOLIDE, ISOLIER. AUS GINKGO BILOBA 55-0545
GINSENOSIDE
* S. UNTER SAPONINE
GLEICHGEWICHTE
* GLEICHGEWICHTSKONST. S. UNTER REAKTIONSENERGETIK UND
* -GLEICHGEWICHTE
* VERTEILUNGS- S. UNTER VERTEILUNG (ZWISCHEN VERSCHIEDE-
* NEN PHASEN)
GLUCANE
BETA-, KONSTIT. 57-0786
BETA-, ISOLIER. AUS AUREOBASIDIUM PULLULANS 57-0786
ISOLIER. AUS LAURENCIA PINNATIFIDA (ROTALGE) 61-0819
GLUTAZINE
* S. UNTER PYRIDINE
GLYCERIDE
ALPHA.BETA-DI-, KONFIG. 61-0148
SYMM. U. UNSYMM., BLDG. AUS ALLYLBENZOATEN 53-0254
ALPHA.ALPHA'- U. ALPHA.BETA-DI-, DARST. AUS FETTSAEUREESTERN U. GLYCERIN 54-0217
ALPHA-O-ALKENYL-BETA-, DARST. AUS EPOXIDEN U. CARBONSAEUREHALOGENIDEN 56-0275
OMEGA-(INDOLYL-(3))-FETTSAEURE-BETA-, DARST. AUS OMEGA-(INDOLYL-(3))-FETTSAEURE-ALPHA.ALPHA'-BENZYLIDENGLYCERIDEN 62-0545
D- U. L-MONO- U. POLYUNGESAETT. 1.2-DI-, DARST. UEBER GLYCERIN-CARBONATE 63-0375
FETTSAEURETRI- ALS SALBENGRUNDLAGE (STABILITAET, RHEOLOG. VERH., VERTRAEGLICHK.) 60-0838
DUENNSCHICHT-CHROMATOGRAPH. TRENN. U. QUANT. BEST. SYMM. U. UNSYMM. GLYCERIDE 53-0254
GLYKALE
* S. UNTER KOHLENHYDRATE (DERIVATE)
GLYKOCYAMIDINE
* S. UNTER IMIDAZOLE
GLYKOLE (ALLGEMEINES)
GLYKOLSPALTENDE REAGENZIEN, 4. MITT. 58-0435
DI-, REAKTIVITAET, 2. MITT. 62-0435
HOCHSUBSTITUIERTE -- U. AETHYLENE, 9. MITT. 64-0321
HOCHSUBSTITUIERTE, U. AETHYLENE, 6. MITT. 64-0502
HOCHSUBSTITUIERTE - U. AETHYLENE, 7. MITT. 64-0503
HOCHSUBSTITUIERTE- U. AETHYLENE, 8. MITT. 64-0504
A-NOR-CHOLESTAN-2.5-DIOLE, KONFIG. 54-0545
1-HYDROXYPHENYL-PROPAN-1.3-DIOLE, STEREOCHEMIE 61-0650
CYCLOHEXANDIOLE-(1.2), STEREOCHEMIE 62-0110
4.5-DIARYL-OCTADIIN-(1.7)-DIOLE-(4.5), KONFIG. 63-0527
ALPHA-, KONFORM. (AUS NMR-UNTERS.) 55-0111
1.2-DIVINYL-CYCLOPENTANDIOLE-(1.2), KONFIG. 64-0182
GLYKOLE (DARSTELLUNG)
ALPHA- MIT 2 DOPPELBIND., DARST. 55-0232
MESO-3.4-DIHYDROXY-3.4-BIS-(HYDROXY-PHENYL)-HEXANE, DARST. 55-0316
ALKADIIN-(1.OMEGA)-DIOLE, DARST. AUS DIKETONEN U. PROPARGYLMAGNESIUMBROMID 56-0273
1.1'-DIHYDROXY-1.1'-BIS-(BENZOCYCLOALKEN-(2)-YLE), DARST. AUS BENZOCYCLANONEN 56-0410
(2-OXOIMIDAZOLIDINYL-(1))-AETHANDIOLE, DARST. AUS GLYOXAL U. 2-OXO-IMIDAZOLIDINEN ODER HARNSTOFFEN 56-0506
TRANS-CYCLOALKAN-1.3-DIOLE, DARST. AUS CYCLOALKENOLEN-(3) 57-0400
DIASTEREOMERE, PHOTOCHEM. DARST. (LSGM.- U. BASIZITAETSEINFL. AUF D. ISOMERENVERHAELTNIS) 58-0488
PINAKOLE, DARST. 58-0489
DIASTEREOISOMERE 1-PHENYL-4-TERT.-BUTYL-CYCLOHEXAN-1.2-DIOLE, DARST. AUS 1REF.2CIS-EPOXY-4CIS- BZW. 1REF. 2CIS-EPOXY-4TRANS-TERT.-BUTYL-1-PHENYL-CYCLOHEXAN 60-0414
PINAKOLE, BLDG. AUS (7-(14)C)ACETOPHENON, EINFL. V. AMINEN AUF DEN STER.VERLAUF 61-0472
1.2.3.4-TETRAPHENYL-2.3-BUTANDIOLE DARST. D. DIASTEREOISOMEREN AUS DESOXYBENZOIN 61-0473
CHOLESTEN-(5)-DIOLE-(3BETA.7XI), DARST. 61-0793
FLUORIERTE GEM.-DIOLATE, DARST. AUS GEM.-POLYFLUORDIOLEN U. METALLHYDROXIDEN 63-0058
TETRAARYL-AETHANDIOLE-(1.2), DARST. DURCH DIMERISIERENDE PHOTORED. V. 2-METHYL-BENZOPHENONEN 63-0339
CYCLOBUTAN-1.2CIS-DIOLE, DARST. AUS VINYLENCARBONAT U. OLEFINEN 63-0626
1.2-DIVINYL-CYCLOPENTANDIOLE-(1.2), DARST. AUS CYCLOPENTANDIONEN 64-0182
ALPHA.ALPHA'- DIHYDROXY-ALKYL-PEROXIDE, DARST. AUS ALDEHYDEN 64-0366
2.3-TRANS-3.4-TRANS-FLAVANDIOLE, DARST. AUS (+-)THREO-KETODIOLEN U. NABH4 64-0824
A-NOR-CHOLESTAN-2.5-DIOLE, DARST. 54-0545
OMEGA-PHENYL-ALKANDIOLE-(1.OMEGA), DARST. AUS OMEGA-BENZOYL-ALKANSAEURE-AETHYLESTERN 57-0371
1-HYDROXYPHENYL-PROPAN-1.3-DIOLE, BLDG. AUS HYDROXYSTYROLEN U. CH2O DURCH PRINS-RK. 61-0650
DIASTEREOISOMERE ALPHA-, TRENN. DURCH GASCHROMATOGRAPHIE 54-0215
ALPHA-, TRENN. IN THREO- U. ERYTHRO-VERB. 55-0396
GLYKOLE (PHYSIKAL. EIGENSCHAFTEN)
IR-SPEKTREN, 2. MITT. 54-0062
STEROID-ALPHA-, IR-SPEKTREN (EINFL. D. KONFIG.) 54-0062
DIOLE, IR (OH-CHELATISIER. U. RK.-FAEHIGK. MIT DIALKYLDICHLORSILANEN) 62-0689
CYCLOHEXANDIOLE-(1.2), MASSENSPEKTREN 62-0110
DIPROTONIERTE, NMR 59-0121
1.2-BIS-PYRIDYL-AETHANDIOLE-(1.2), DISSOZIAT.-KONST. 60-0211
DIOLE U. CYCL. AETHER, CHEM. UMWANDL., 22.MITT. 58-0560
GLYKOLE (REAKTIONEN)
DIOLE U. CYCL. AETHER, CHEM. UMWANDL., 23.MITT. 58-0561
DIOLE U. CYCL. AETHER, CHEM. UMWANDL., 13. MITT. 60-0480
DIOLE U. CYCL. AETHER, CHEM. UMWANDL., 24. MITT. 64-0573
U. CYCL. AETHER, CHEM. UMWANDL., 25. MITT. 64-0574
DIOLE U. CYCL. AETHER, CHEM. UMWANDL., 26. MITT. 64-0575
MESO-3.4-DIHYDROXY-3.4-BIS-(HYDROXY-PHENYL)-HEXANE, DEHYDRATISIER. (MECHANISMUS) 55-0316
DURCH SAEURE KATALYSIERTE UMLAGER. V. ALPHA-DIOLEN IN D. REIHE D. 4.4-DIMETHYL-STEROIDE 2.MITT. 4.4-DIMETHYL-5ALPHA- U. -5BETA-ANDROSTAN-6-ON 53-0560
DIVINYL- PINAKOLIN-UMLAGER. 61-0348
HEXADIENDIOLE, COPE-UMLAGER. (STER. VERLAUF) 62-0272
DIPROTONIERTE, UMLAGER. ZU ALDEHYDEN U. CYCL. VERB. IN HSO3F-SBF5-SO2, 59-0121
2.2-DIALKYL-PROPAN-1.3-DIOLE SAURE DEHYDRATISIER., 1. MITT. 53-0215
OMEGA-PHENYL-ALKANDIOLE-(1.OMEGA), DEHYDRATISIER. 57-0371
PERJODSAEUREOX., 8. MITT. 58-0216
ACETYLEN-, RK. MIT QUECKSILBERSALZEN, 5. MITT. 58-0570
DIOLE, RK. MIT OLIGOMEREN U. POLYMEREN CHLORPHOSPHAZENEN, 2. MITT. 59-0048
ACETYLEN-GAMMA-, HYDRATISIER. IN AE. (HGSO4) 60-0488
SEK.-TERT.-ACETYLEN-DELTA-, HYDRATISIER. IN AE. (H2SO4) 60-0623
ACETYLENDIOLE, MOL.-KOMPLEXE MIT OLEFINEN U. AROMAT. KW-STOFFEN 63-0511
CYCLOHEXANDIOLE-(1.2), RK. MIT METHYLENHALOGENIDEN 56-0457
ACETYLENDIOLE, MOL.-KOMPLEXE MIT HALOGENALKANEN 63-0511
ACETYLENDIOLE, MOL.-KOMPLEXE MIT AMINEN 63-0511
1.1-DIALKYL-, RK. MIT 2-CHLOR-ALKYL-METHYLAETHER (ZN) 62-0553
GLYKOLSPALTENDE REAGENZIEN, OX. U. SPALT. V. AMINO-PHENOLAETHERN 58-0435
ALPHA.OMEGA-ALKANDIOLE, RK. MIT DIALKYLAMINO-DIALKYL (DIARYL)-PHOSPHINEN 60-0392
DIOLE, RK. MIT DIMETHOXYDIBUTYLZINN 62-0036
ACETYLENDIOLE, MOL.-KOMPLEXE MIT KETONEN 63-0511
GLYKOLE (ANALYSE)
ANALYTIK D. 1.2-GLYKOLE U. POLYOXYVERB., 7. MITT. 60-0846
ANALYTIK D. 1.2-GLYKOLE U. POLYOXYVERB., 8. MITT. 60-0847
1.2- U. POLYOXYVERB., ANALYTIK, 9. MITT. 60-0848
1.2- U. POLYOXYVERB., ANALYTIK, 10. MITT. 60-0849
CIS-1.2-DIOLE, CHARAKTERISIER. DURCH GASCHROMATOGRAPHIE-MASSENSPEKTROMETRIE V. CYCL. BORONSAEUREESTERN 54-0598
GLYKOLE, GLYKOLAETHER
-AETHER, U. IHRE DERIV., 120. MITT. 60-0370
GLYKOLGLYCIDYLAETHER DARST. AUS EPICHLORHYDRIN U. GLYKOLEN (MECHANISMUS) 53-0324
1-GLYCIDYLOXY-ALKANOLE-(2), DARST. AUS ALLYLALKOHOL U. 1.2-EPOXY-ALKANEN 54-0216
3-ALKOXY-3-PHENYL-PROPANOLE-(1), DARST. AUS 2-PHENYL-OXETAN U. ALKOHOLEN 57-0490
3-VINYL-PROPIN-(2)-YL-BETA-HYDROXY-AETHYLAETHER, DARST. AUS ALKYL-1.3-DIOXOLANEN U. VINYLAETHINYLMAGNESIUMBROMID (IN BZL. BEI 90 GRAD) 59-0290
P-PHENOXYALKOXY-BENZAMIDINE, DARST. 60-0810
VINYLOXYMETHYLALKINOLE, DARST. AUS 4-VINYLOXY-4-METHYL-BUTIN-(1) BZW. 4-VINYLOXY-BUTIN-(1) U. METHYLALKYLKETONEN IN GGW. V. KOH 54-0214
1-ALKOXY-4-METHYL-PENTIN-(2)-OLE-(4), DARST. AUS DIMETHYLAETHINYLCARBINOL-BIS-(MAGNESIUMBROMID) U. CHLORMETHYLAETHERN 59-0289
1-(2-BROM-AETHOXY)-ALKINOLE-(4), DARST. AUS ALKINOL-

O.1-DIMAGNESIUMBROMIDEN U. CHLORMETHYL-BETA-BROM-
AETHYLAETHER 61-0340
DIGLYKOLREIHE, REAKTIVITAET, 1. MITT. 58-0337
GLYKOLAETHER, KOMPLEXBLDG. MIT METALLHALOGENIDEN
64-0072
1-GLYCIDYLOXY-ALKANOLE-(2), DEHYDRATISIER. 54-0216
VINYLOXYMETHYLALKINOLE, RK. MIT ALKOHOLEN 54-0214
P-PHENOXYALKOXY-BENZAMIDINE, INHIBIT. V. TRYPSIN
60-0810

GLYKOSIDE (ALLGEMEINES)
* ALKALOID- S. UNTER ALKALOIDE
* STEROID- S. UNTER STEROIDE
* S. AUCH FLAVENE (UND FLAVENOIDE)
* S. AUCH HERZGIFTE, NUCLEOSIDE
1.2-O-ALKYLIDEN-D-GLYKOPYRANOSEN, 1. MITT. DIASTEREO-
MERE 1.2-O-(1-METHYL-PROPYLIDEN)-D-GLUCOPYRANOSEN
53-0485
V. HETEROCYCLEN, 23. MITT. 54-0491
V. HETEROCYCLEN, 25. MITT. 54-0493
DIGITANOL, 18. MITT. 54-0497
U. AGLYKONE, 297. MITT. 54-0500
U. AGLYKONE, 298. MITT. 54-0501
U. AGLYKONE, 299. MITT. 54-0502
U. AGLYKONE, 300. MITT. 54-0503
GLYCOSYLINDOLE, 7. MITT. 55-0494
V. HETEROCYCLEN, 28. MITT. 56-0626
U. AGLYKONE, 301. MITT. 56-0631
U. AGLYKONE, 301. MITT. 56-0632
U. AGLYKONE, 301. MITT. 56-0633
V. HETEROCYCLEN, 29. MITT. 57-0654
U. AGLYKONE, 304. MITT. 58-0707
U. AGLYKONE, 305. MITT. 58-0708
U. AGLYKONE, 306. MITT. 58-0709
N- MIT HETEROCYCL. AGLYKON, 1. MITT. 59-0666
V. HETEROCYCLEN, 30. MITT. 60-0697
V. HETEROCYCLEN, 31. MITT. 60-0698
- U. AGLYKONE, 307. MITT. 62-0716
U. AGLYKONE, 308. MITT. 62-0717
ISOFLAVON-, 9. MITT. 63-0759
V. HETEROCYCLEN, 32. MITT. 64-0784
AURONGLUCOSIDE U. AURONE, 11. MITT. 64-0787
DIGITANOL-, 19.MITT. 64-0788
CHINOLON-N-, STRUKTURUMERKENN. 54-0492
DIHYDROFLAVONOL-, KONSTIT. 57-0659
KONDURANGO-, KONSTIT. 64-0788
HETEROAROMAT. ALPHA-D-, KONFORM. 56-0626
DIHYDROFLAVONOL-, ABS. KONFIG. 57-0659
GLYKOSIDE (VORKOMMEN, DARSTELLUNG)
MYCOSID CS, ISOLIER. AUS MYCOBACTERIUM SCROFULACEUM
60-0703
GLYKOSIDE D. BLAETTER V. ISOPLEXIS ISABELLIANA
(BERICHTIG. ZUR 3. MITT.) 53-0606
D. BLAETTER V. ISOPLEXIS CANARIENSIS, 2. MITT. 54-0499
D. WURZELN V. KANAHIA LANIFLORA , 2. MITT. 54-0503
CONVALLARIA -, 7. MITT. 54-0506
PERIPLOGENIN-, AUS CONVALLARIA MAJALIS 54-0506
DIHYDROFLAVONOL-, ISOLIER. AUS BAPTISIA LECONTEI
57-0659
IRIDOIDGLUCOSIDE, ISOLIER. AUS PAEDERIA SCANDENS
58-0712
FLAVON-, ISOLIER. AUS SALIX REPENS 62-0712
PREGNAN-, ISOLIER. AUS SARCOSTEMMA VIMINALE 62-0716
AUS STEPHANOTIS JAPONICA 62-0847
KONDURANGO-, ISOLIER. AUS MARSDENIA CUNDURANGO
64-0788
ISOLIER. AUS GLOSSOSTELMA CARSONI 54-0500
D. WURZELN V. KANAHIA LANIFLORA , 1. MITT. 54-0502
VORK. IN ASCLEPIAS SWYNNERTONII 56-0633
ISOLIER. AUS D. SAMEN V. DREGEA ABYSSINICA 58-0707
AUS DREGEA ABYSSINICA, STRUKTUR 58-0708
MYCOSID CS, CHEM. ZUS. 60-0703
1.2-O-ALKYLIDEN-ALPHA-D-GLYKOPYRANOSE DARST. 53-0485
2-AMINO-2.6-DIDESOXY-ALPHA-D-ALTROSIDE, DARST.
54-0479
PYRIDAZINYL-RIBOSIDE, DARST. AUS 3-HYDROXY-PYRIDAZIN-
AG-SALZEN U. RIBOSEDERIV. 54-0491
HYDROXY- BZW. MERCAPTO-CINNOLIN-GLUCOSIDE DARST.
54-0493
BETA-D-GLUCOPYRANOSIDE V. CYCLOARTENOL U. LANOSTERIN,
DARST. 55-0496
KETODESOXYHEXOPYRANOSIDE, DARST. AUS DESOXYHEXOSIDEN
56-0623
QUERCETIN-3-GLYKOSIDE, SYNTH., 1. MITT. 58-0703
METHYL- BLDG. (KINET. UNTERS. D. ROLLE V.
DIMETHYLACETALEN) 59-0259
N-(TRI-O-ACETYL-GLUCOPYRANOSYL)-DIHYDRO-PYRIDINE,
DARST. AUS N-(3.4.6-TRI-O-ACETYL-ALPHA-D-
GLUCOPYRANOSYL)-PYRIDINIUMBROMIDEN 59-0667
GLUCURONOSIDOXY-ANDROSTANE, DARST. 59-0762
3-(TRI-O-BENZOYL-RIBOPYRANOSYL)-2-BENZOXAZOLONE,
DARST. 60-0694
METHYL-6-CHLOR-6-DESOXY-, DARST. AUS METHYLGLYKOSIDEN
U. MESYLCHLORID 61-0689
METHYL-6-DESOXY-, DARST. AUS METHYL-6-CHLOR-6-DESOXY-
GLYKOSIDEN 61-0689
QUERCETIN-3-, SYNTH., 2. MITT. 61-0699
QUERCETIN-3-, SYNTH., 3. MITT. 61-0700
2- U. 3-GALLOYL-ARBUTINE, DARST. AUS P-
BENZYLOXYPHENYL-4.6-BENZYLIDEN-BETA-D-GLUCOSID U.
SUBSTITUIERTEN GALLUSSAEURECHLORIDEN 62-0708
TETRAAMINOTETRADEOXYHEXAPYRANOSIDE, DARST. 64-0782
METHYL-3-KETO-PYRANOSIDE DARST. AUS METHYL-
PYRONOSIDEN DURCH OX. MIT DMS-ACETANHYDRID 53-0476
GLUCOSIDE V. 4-HYDROXY- BZW. -MERCAPTO-PYRIMIDIN,
DARST. 57-0654
MORPHIN- U. KODEINGLUCURONIDE, SYNTH. 57-0662
PYRAZOLYL-N-, DARST. 59-0666
IMIDAZOL-, OXAZOL- U. THIAZOLTHION-(2)-N- U. -S-BETA-
D-GLUCOSIDE, DARST. 60-0697
PYRIDON-(2)-N-BETA-D-GLUCOPYRANOSIDE, DARST. AUS
ALPHA-ACETOBROMGLUCOSE U. PYRIDONEN 60-0698
GLYKOSIDE (PHYSIKAL. EIGENSCHAFTEN)
GLYKOPYRANOSIDE, MOLARE DREH. U. STRUKTUR 58-0075
N-, MUTAROTAT. ALS NEUE METH. ZUR UNTERS. D.
SAEURESTAERKE, 5. MITT. 59-0191
PHENYL-, ORD 61-0069
ISOFLAVON-C- U. -O-, MASSENSPEKTREN 62-0097
ACETYLIERTE DIGITALIS-, NMR 60-0098
6- U. 8-C-GLYKOSYL-FLAVONE, NMR -METH. ZUR
UNTERSCHEID. 62-0704
N-, MUTAROTAT. , ANWEND. ZUR UNTERS. V.
SAEURENSTAERKEN, 4. MITT. 58-0078
GLYKOSIDE (REAKTIONEN)
GLUCOSIDE, ABSPALT. V. SCHUTZGRUPPEN BEI
ALKALIEMPFINDLICHK. 58-0710
ISOFLAVONGLUCOSIDE, RINGISOMERISIER., 3.MITT. 60-0701
2-(TETRA-O-ACETYL-BETA-D-GLUCOPYRANOSYL-OXY)-, O-N-
UMGLYKOSIDIER. BZW. O-ANOMERISIER. MIT HGBR2 64-0784
DESOXYHEXOSIDE, OX. MIT DMSO U. ACETANHYDRID 56-0623
METHYL-4.6-O-BENZYLIDEN-2-DESOXY-ALPHA-D-HEXOSIDE,
SOLVOLYSE (KINETIK) 58-0239
-HYDROLYSE, 2. MITT. 61-0243
HYDROLYSE 62-0838
ARYL-BETA-D-GLUCOPYRANOSIDE, HYDROLYSE (KINETIK,
MECHANISMUS, SUBSTITUENTENEINFL.) 61-0243
METHYL-GLYKOPYRANOSIDULOSEN RK. MIT
DIMETHYLSULFOXONIUMMETHYLID 53-0478
ACETOLYSE 62-0838
GLYKOSIDE (BIOCHEMIE)
3-(TRI-O-BENZOYL-RIBOPYRANOSYL)-2-BENZOXAZOLONE,
POTENTIELLE ANTIKREBS- U. ANTIVIRALE MITTEL 60-0694
GOLD
ADSORPT. V. PY. AN AU-EINKRISTALLELEKTRODEN 64-0202
EINFL. AUF D. DEHYDRIER. V. CYCLOHEXAN U. CYCLOHEXEN
62-0281
EINFL. AUF D. DEHYDRIER. U. DEHYDRATAT. V. ISOPROPANOL
U. D. DEHYDRAT. V. TERT.-BUTANOL 62-0281
GOLDVERBINDUNGEN (ORGANISCHE)
(N(C2H5)4)(AU(SC6F5)2) , UV , K(AU(SC6F5)2) , UV
56-0004
AU-PENTAFLUORPHENYLMERCAPTO-KOMPLEXE, DARST. 56-0088
AU-KOMPLEXE V. DITHIOLENTYP, POLAROGRAPH. VERH.
60-0059
P(C6H5)3AUCL , RK. 53-0042
CHLOROTRIPHENYLPHOSPHINGOLD(I), RK. ZU
TRIPHENYLPHOSPHINGOLD(I)-TRICARBONYLTRIPHENYL-
PHOSPHINIRIDIUM(-I) 62-0054
((CH3)2AU(OH))4, KRIST.-, MOLEKULARSTRUKTUR, KONFORM.
IN LSG. 60-0021
(AU(CH3CN)2)(SBCL6) , IR-SPEKTREN 55-0003
(AU(CH3CN)2)(SBCL6) , (AU(CH3CN)3)(SBCL6) , DARST. AUS
AUCL U. SBCL5 IN ACETONITRIL 55-0019
GOLDVERBINDUNGEN (ANORGANISCHE)
AUCL, KOMPLEXBLDG. MIT SBCL5 U. ACETONITRIL 55-0019
AUCL3, EINFL. AUF D. TOLUCL-OX. MITDIISOPROPYL-
PEROXYDICARBONAT 58-0213
GRIGNARD-REAKTIONEN
* S. UNTER KONDENSATIONSREAKTIONEN
GRIGNARD-VERBINDUNGEN
* S. UNTER MAGNESIUMVERBINDUNGEN (ORGANISCHE)
GUANIDINE
MIT CONGOCIDIN VERWANDTE AMIDINE U. -, 1. MITT.
57-0759
MIT CONGOCIDIN VERWANDTE AMIDINE U. -, 2. MITT.
58-0440
MIT CONGOCIDIN VERWANDTE AMIDINE U. -, 3. MITT.
58-0441
DERIV., 2. MITT. 59-0369
2. MITT. 59-0370
MIT CONGOCIDIN VERWANDTE AMIDINE U. GUANIDINE, 4.
MITT. 59-0495
N-HALOGEN-, ISOMERIE U. TAUTOMERIE 53-0093
SULFONYL- DARST. V. N-SULFONYLGUANIDINEN 53-0229
N-ALKYL- U. N.N-DIALKYL-, DARST. AUS HARNSTOFF U.
AMINEN BZW. AUS HARNSTOFFEN U. NH4CL 55-0259
1-(4-METHOXY-NAPHTHYL-METHYLEN)-3-ARYLAMINO-, DARST.
AUS THIOSEMICARBAZONEN U. NH3 (PBO) 55-0416
1-(2-BENZOFURFURYLIDEN)-3-ARYLAMINO-, DARST. AUS
THIOSEMICARBAZONEN U. NH3 (PBO) 55-0416
THIOSULFATOAETHYL-, DARST. AUS 1-ALKYL-1-(2-
MERCAPTOAETHYL)-GUANIDINEN 57-0319
CARBOXYALKYLCARBAMOYL-, SYNTH. AUS AMINOSAEUREN U.
N-AMIDINO-N'-NITRO-HARNSTOFF 57-0339
1-ACYL-5-ALKOXYCARBONYL-DIAMINO-, DARST. AUS
HYDRAZINCARBONSAEUREESTERN U. 5-ARYL(ALKYL)-2-AMINO-
1.3.4-OXADIAZOLEN 59-0572
N-AMINOGUANYL-AMINOSAEUREN, DARST. AUS AMINOSAEUREN
U. S-METHYL-ISOTHIOSEMICARBAZID-HYDROJODID ODER N-P-
TOLUOLSULFONYL-IMINODITHIOKOHLENSAEUREDIMETHYLESTER
61-0374

DIOXOIMIDAZOLIDINYLIDEN-, DARST. AUS BIGUANIDEN U. DIAETHYLOXALAT 62-0559
1-BENZAMIDO-, DARST. 63-0655
1-(MERCAPTOAETHYL)-, DARST. AUS S-ALKYLAMINO-AETHYL-ISOTHIOHARNSTOFFEN BZW. AUS 2-ALKYLAMINO-AETHANTHIOLEN U. S-METHYL-ISOTHIOHARNSTOFF-HEMISULFAT, 57-0319
1.3-DIACYL-, DARST. AUS BENZYLOXYCARBONYLGUANIDIN DURCH ACYLIER. BZW. AMINOACYLIER. 59-0370
THIOPHEN-, PYRIDIN- U. BENZOLANALOGE V. CONGOCIDIN, DARST. 59-0495
1-ACYL-DIAMINO-, DARST. AUS 2-AMINO-1.3.4-OXDIAZOLEN U. HYDRAZINEN 59-0569
1.1-DIALKYL-3-ARYL-, DARST. AUS N.N-DIALKYL-N'-ARYL-THIOHARNSTOFFEN BZW. N.N-DIALKYL-CYANAMIDEN U. ANILINEN 60-0380
PHENYL-, SYN-ANTI-ISOMERISIER. 61-0149
N-HALOGEN- NMR-SPEKTREN 53-0093
PHENYL-, NMR 61-0149
1-ACYL-5-ALKOXYCARBONYL-DIAMINO-, RINGSCHLUSSRK. 59-0572
(MERCAPTOAETHYL)- U. (THIOSULFATAETHYL)-, WRKG. AUF STREPTOCOCCUS PYOGENES U. STAPHYLOCOCCUS AUREUS 57-0319
DI-, BEZIEH. ZWISCHEN STRUKTUR U. BAKTERIOSTAT. AKTIVITAET AUF GRAMPOSITIVE U. GRAMNEGATIVE ZELLEN 63-0886
1.1-DIALKYL-3-ARYL-, WRKG. ALS PESTIZIDE 60-0380

H

HAEMINE
* S. UNTER BLUTFARBSTOFFE
HAEMOGLOBIN
* S. UNTER BLUTFARBSTOFFE
HAEMOPEPTIDE
* S. UNTER BLUTFARBSTOFFE
HAERTUNGSVERFAHREN
* FUER PLASTE S. DORT
HALOGENALKYLIERUNG
* S. UNTER ALKYLIERUNG
HALOGENAMINE (N-)
ALPHA-DIFLUORAMINO-CARBINOLE, DARST. AUS CARBONYLVERB. V. NF2 57-0326
N.N-DIFLUOR-ALKYLAMINE, DARST. AUS AMINEN 61-0369
N-DIFLUOR-NITRANILINE, DARST. AUS NITROAROMAT. AMINEN U. F2 62-0397
TRIS-DIFLUORAMINE, DARST. AUS ALLYLHALOGENIDEN U. TETRAFLUORHYDRAZIN 63-0402
HALOGENIERTE 1.2-BIS-(DIFLUORAMINO)-ALKANE, DARST. AUS HALOGENIERTEN OLEFINEN U. N2F4 64-0393
N-DIFLUORAMINO-N'-FLUOR-PERFLUORALKYLHYDRAZINE, DARST. AUS PERFLUORAZOALKANEN U. N2F4 64-0394
GESAETT. U. UNGESAETT. ALPHA- DIFLUORAMINOAETHER, DARST. 64-0398
PHENYLAETHYL-DIFLUORAMINE, UMLAGER. MITT. HSO3F 56-0361
HALOGENDEMERCURIERUNG
* S. UNTER SUBSTITUTIONSREAKTIONEN
HALOGENE
RK. MIT OLEFINEN IN WSS. LSG. (KINETIK), 3. MITT. 61-0223
HALOGENVERBINDUNGEN
VERB. V. NICHTMETALLHALOGENIDEN, 9. MITT. 64-0043
VERLAUF D. RK. MIT METALLEN 59-0033
BZL.-HALOGEN-KOMPLEXE, QUADRUPOL-DIPOL-WECHSELWRKG. 57-0140
METALLHALOGENIDE, EINFL. AUF D. KINETIK V. BENZALDEHYD U. DIAETHYL-ZINK 63-0299
HALOGENID-ANIONEN, EINFL. AUF D. ZERS. V. DIAZOESSIGSAEUREAETHYLESTER (KINETIK) 58-0299
HALOGENID-IONEN, H-BIND. MIT HALOFORMEN 64-0204
SCHWERMETALLHALOGENIDE OX. V. VERB. MIT AKT. METHYLENGRUPPEN DURCH SCHWERMETALLHALOGENIDE, 1. MITT.
HALOGENHYDRINE
FLUOR-ALKOHOLE, 4. MITT. 55-0132
STEROID-BROMHYDRINE, BLDG. AUS STEROIDEN MIT CHLORPEROXYDASE IN GGW. V. KBR U. H2O2 64-0872
17ALPHA-HALOGENAETHINYL-17BETA-HYDROXY-STEROIDE, DARST. AUS 17ALPHA-AETHINYL-STEROIDEN 54-0543
GAMMA-BROM-ALKIN-(ALPHA,BETA)-OLE, DARST. 57-0293
1-(ALPHA-BROM-BENZYL)-CYCLOALKANOLE-(1), DARST. AUS 1-BENZYL-CYCLOALKANOLEN-(1) U. N-BROMSUCCINIMID 58-0491
AETHYLEN-, DARST. 60-0600
3.4-UNGESAETT. FLUORALKOHOLE, DARST. AUS OLEFINEN U. HEXAFLUOR- BZW. SYMM.-DICHLORTETRAFLUORACETON 62-0328
FLUORALKOHOLE, DIPOLMOMENTE 57-0073
ALPHA-HALOGEN-CYCLOHEXANOLE, NMR (LSGM.-ABHAENGIGK. D. KOPPL.-KONST.) 57-0108
1-(ALPHA-BROM-BENZYL)-CYCLOALKANOLE-(1), RINGERWEITER. IN GGW. V. ISOPROPYL-MAGNESIUMBROMID 58-0491
RK. MIT ALKOXYTRIBUTYLZINNVERB. 56-0067
HALOGENIERUNG
* ENZYMAT. S. UNTER ENZYME (SPEZIELLE)
* PHOTO- S. UNTER PHOTOCHEMIE UND STRAHLENCHEMIE
SUBSTITUENTENEINFL., 3. MITT. 61-0222
DIBROMISOCYANURSAEURE ZUR BROMIER. UNTER ION. BEDING., 1. MITT. (MONOBROMIER.) 60-0367
-MITTEL V. KETONEN IN GGW. V. BASEN 61-0246
V. ALKYLBENZOLEN, MECHANISMUS 61-0226
V. AROMATEN (KINETIK) 56-0223
AROMAT., KINETIK, 12.MITT. 61-0215
V. IMIDAZOLEN (RICHT. D. RK.) 61-0126
HALOGENIER. V. KETONEN 7. MITT. BASEN-KATALYSIERTE HALOGENIER. V. BUTANON-(2), BEWEIS FUER ZWEI VERSCHIEDENE RK. 53-0132
V. KETONEN, 9. MITT. (HALOGENIER.-MECHANISMUS IN GGW. V. BASEN) 61-0246
V. KETONEN, 8. MITT.(V. BUTANON-(2) (KINETIK) IN GGW. V. BASEN) 56-0211
CHLORIER. V. 5ALPHA-CHOLESTANON-(2) U. DERIV. 56-0709
ISOMERENVERTEIL. BEI D. CHLORIER. V. CHLORPROPANEN 53-0204
CHLORIER. V. NAPHTHALIN (ISOTOPENEFFEKTE) 55-0167
CHLORIER V. BZL. (KINETIK) 53-0137
CHLORIER. V. AETHYLEN (MECHANISMUS) 54-0150
CHLORIER. V. GESAETT. KW-STOFFEN (EINFL. V. TEMP. U. KONZ.) 58-0232
CHLORIER. V. N-HEPTAN (POLARE U. STER. EFFEKTE) 60-0296
CHLORIER V. NAPHTHALINEN MIT SO2CL2 53-0299
CHLORIER., V. 2.3-DIMETHYL-1-BENZOTHIOPHEN (KINETIK, MECHANISMUS) 61-0221
CHLORIER. V. 1.1-DICHLOR-AETHYLEN (EINFL. D. LSGM. AUF D. ZUS. D. PROD.) 55-0169
CHLORIER. V. CHLORAETHANEN (KINETIK) 55-0172
CHLORIER. V. ALKYLBROMIDEN MIT TETRAAETHYLAMMONIUMCHLORID IN DMF, (KINETIK, ARRHENIUSPARAMETER) 58-0263
CHLORIER. V. PHENYLBENZYLSULFID (SULFONIUMKATION ALS ZWISCHENSTUFE) 53-0133
CHLORIER. V. ALPHA-AETHYL-BENZYL-PHENYLSULFID (STEREOCHEMIE) 53-0134
CHLORIER. V. CHLORMETHYL-BENZYLSULFIDEN (DIRIGIERENDE EFFEKTE) 61-0390
DESOXYDATIVE CHLORIER. CYCL. SULFOXIDE 62-0640
CHLORIER V. CYCL. KETONEN MIT FECL3 53-0138
DICHLORIER. V. CYCLANONEN (MECHANISMUS) 53-0278
CHLORIER. V. HALOGEN-DIMETHYLSULFONIUM- U. SELENONIUMVERB. (ORIENTIER.) 58-0406
CHLORIER V. 1-METHYL-NAPHTHALIN MIT CHLOR 53-0300
CHLORIER. V. METHYLDECANOAT (POLARE U. STER. EFFEKTE) 60-0296
CHLORIER. V. AREN-SULFENYLCHLORIDEN, MECHANISMUS, 6. MITT. (KINETIK) 58-0230
CHLORIER. V. 2-NITRO-BENZOL-SULFENYLCHLORIDEN, MECHANISMUS, 7. MITT. 58-0231
CHLORIER. V. D-GLUCAL-TRIACETAT (MECHANISMUS) 58-0693
BROMIER. MIT DIBROMISOCYANURSAEURE UNTER ION. BEDING., 1. MITT. (MONOBROMIER.) 60-0367
BROMIER. V. BE(CH3)2 MIT BEBR2 IN AE. 55-0020
BROMIER. V. ASYMM. ORGANO-SN-VERB. (KINETIK) 56-0047
BROMIER. V. SALICYLALDIMIN-CHELATEN 62-0050
BROMIER. V. 1.3.5-TRIAETHYL-BENZOLEN (H-ISOTOPENEFFEKT) 57-0215
BROMADDIT. AN OLEFINE (KINETIK), 14. MITT. (TRANS-STILBEN) 57-0242
BROMIER. V. POLYMETHYLBENZOLEN, 2. MITT. (KINETIK) 58-0228
BROMIER. V. 1.5-DIMETHYL-NAPHTHALIN, KINETIK 61-0215
BROMIER. V. STER. GEHINDERTEN STYROLEN 61-0434
BROMIER. V. ALKENEN (KINETIK) 62-0219
BROMIER. V. OLEFINEN MIT NABR (KINETIK) 62-0218
BROMIER. V. ALKENEN MIT NABR (BERECHN. D. GESCHW.-KONST.) 62-0220
V. AETHYLENVERB. (STABILITAET D. INTERMEDIAEREN BROMALKYL-KATIONEN) 57-0217
BROMIER. V. AETHYLENVERB., REAKTIVITAET, 16. MITT. 62-0218
BROMIER. V. AETHYLENVERB., REAKTIVITAET, 18.MITT. 62-0220
BROMIER., REAKTIVITAET V. AETHYLENVERB. BEI --, 19. MITT. (KINETIK U. MECHANISMUS) 63-0255
BROMIER. REAKTIVITAET V. AETHYLENVERB. BEI --, 20. MITT. 63-0256
BROMIER. V. AETHYLENVERB., REAKTIVITAET, 17. MITT. 62-0219
BROMIER. V. ALLYLVERB. (POLARER SUBSTITUENTENEFFEKT) 63-0256
BROMIER. V. INDOLEN (PROD.-ZUS.) 54-0368
RADIKAL. BROMIER. V. 1-CHLORHEXAN MIT N-BROM-DIMETHYLAMIN (ISOMERENVERTEIL.) 54-0226
BROMIER. V. AROMAT. AMINEN (KINETIK, MECHANISMUS) 1. MITT. 59-0216
BROMIER. V. AROMAT. AMINEN (KINETIK, MECHANISMUS) 2. MITT. 59-0217
BROMIER. V. AROMAT. AMINEN (MECHANISMUS, KINETIK) 3. MITT. (EINFL. D. BROMIDIONS) 59-0218
BROMIER. V. ALKENOLEN (KINETIK) 62-0219
BROMIER. V. UNGESAETT. SULFONEN (KINETIK) 63-0254
BROMIER. V. ALPHA-FLUOR-KETONEN 61-0530
BROMIER. V. 2.4-DINITRO-PHENYLHYDRAZONEN (KINETIK) 59-0241
BROMIER. N.N-DISUBSTITUIERTER HYDRAZONE (KINETIK, MECHANISMUS) 61-0224
BROMIER. V. HALOGEN-DIMETHYLSULFONIUM- U. SELENONIUMVERB. (ORIENTIER.) 58-0406
BROMIER. V. ALPHA-CYAN-KETONEN 61-0530

RADIKAL. BROMIER. V. CARBONSAEUREESTERN MIT N-BROM-DIMETHYLAMIN (ISOMERENVERTEIL.) 54-0226
BROMIER. V. ACETESSIGSAEURE-AETHYLESTER (KINETIK) 59-0219
BROMIER. V. 5-GLIEDR. 2-METHOXYCARBONYL-HETEROCYCLEN (KINETIK) 61-0220
BROMIER. V. UNGESAETT. CARBONSAEUREN (KINETIK) 61-0223
JODIER. V. ASYMM. ORGANO-SN-VERB. (KINETIK) 56-0047
RADIKAL., V. ALIPHAT., CYCLOALIPHAT. U. AROMAT. KW-STOFFEN 58-0340
JODIER., ANOD., V. AROMATEN (MECHANISMUS) 60-0219
JODIER. V. ALPHA-KETOSAEUREAMIDEN (INTRAMOL. KATALYSE, KINETIK) 63-0253
JODIER. V. N-METHYL-THIOACETIMIDSAEURE-AETHYLESTER-METHOBROMID (KINETIK) 64-0278
FLUORIER. V. ORGAN. VERB. MIT CLF3, 9. MITT. 64-0425
FLUORIER. V. TOLUOL MIT CLF3 64-0425
HYDROCHLORIER. V. CYCLOHEXEN (MECHANISMUS D. ADDIT.) 54-0168
HYDROHALOGENIER. V. ALKEN-(1)-YL-ALLENEN (RICHT. D. RK.) 53-0208
HYDROCHLORIER. V. ACETYLENEN (KINETIK U. MECHANISMUS) 61-0281
HYDROHALOGENIER. V. ALLENEN 63-0365
HANF
HASCHISCH, 14. MITT. 57-0699
HASCHISCH, INHALTSSTOFFE,3. MITT. 54-0569
HASCHISCH, INHALTSSTOFFE 57-0699
HASCHISCH, 12. MITT. 62-0779
HASCHISCH, 15. MITT. 62-0785
HASCHISCH, 16. MITT. 62-0786
PHENOL. INHALTSSTOFFE U. IHRE UMWANDL. ZU HASCHISCH-INHALTSSTOFFE N 62-0786
VERB. BEIM RAUCHEN 62-0785
HASCHISCH, 18. MITT. 61-0753
HARN (URIN)
ISOLIER. V. 4R,8S-(8-HYDROXY-P-MENTHEN-(1)-YL-(9)-BETA-D-GLUCOPYRANOSID)-URONSAEURE 53-0536
EXPERIMENTELL INDUZIERTE PHENYLKETONURIE, 3. MITT. 60-0571
HARNSTOFFE (CARBAMIDE)
N-ALKOXY-N-ALKYL-, DARST. 54-0235
N-CARBOXYALKYL-N'-AMIDINO-, SYNTH. AUS AMINOSAEUREN U. N-AMIDINO-N'-NITRO-HARNSTOFF 57-0339
4-CARBAMOYL-1-P-TOSYLPIPERAZINE, DARST. AUS 1-P-TOSYLPIPERAZINEN U. ISOCYANATEN 57-0610
MIT 2 AMIDINOGRUPPEN, DARST. 58-0441
HARNSTOFFALKOHOLE, DARST. DURCH RED. V. THYMIDIN 58-0714
4-UREIDOMETHYLEN-1H.5-PYRAZOLONE, DARST. AUS URACILCARBALDEHYDHYDRAZONEN DURCH UMLAGER. 59-0620
PYRIDYL(ALKYL)-, DARST. AUS D. PYRIDYL(ALKYL)AMINEN U. ISOCYANATEN 60-0612
PYRIDYL(ALKYL)-, DARST. AUS D. THIOHARNSTOFFEN MIT ALKAL. KJO3 60-0612
5.11-DIHYDRODIBENZ(B.E)(1.4)OXAZEPIN-5-CARBOXAMIDE,, DARST. 60-0682
5.5'-UREYLEN-DISALICYLSAEUREANILIDE, DARST. AUS 5-AMINO-SALICYLSAEUREANILIDEN U. COCL2 62-0393
UNSYMM. PYRIDYL-, DARST. AUS AMINOPYRIDINEN U. ISOCYANATEN 62-0618
N.N'-DIALKYL-, DARST. AUS KALIUMCYANAT U. ALKYLHALOGENIDEN 63-0398
2.12-DIAZIDO-3.7.11-TRIOXO-4.6.8.10-TETRAZA-TRIDECANE, DARST. AUS PSEUDOXAZOLONEN U. NA-AZID 64-0639
P-CHLORPHENOXYCARBANILIDE, DARST. AUS ISOCYANATEN U. AMINODIPHENYLAETHERN 57-0373
N-ARYL- U. N.N'-DIARYL-, UV-SPEKTRUM 60-0081
N.N'-DIARYL-, ABSORPT. IM UV- U. SICHTBAREN BEREICH, 2. MITT. 60-0081
MASSENSPEKTREN 58-0133
N-(O-CHLORPHENYL)-N'.N'-DIALKYL-, NMR D. ORTHO-PROTONEN 57-0114
(14)N-NMR 63-0141
HETEROCYCL. VERB. AUS HARNSTOFF-DERIV., 13. MITT. 63-0654
N-NITROSO-N-CYCLOPROPYL-, ALKAL. SPALT. IN GGW. STARK NUCLEOPHILER RK.-PARTNER 63-0485
N-NITROSO-N-ALKYL ALKAL. SPALT. (MECHANISMUS) 53-0157
N-ALKOXY-N-ALKYL-, HYDROLYSE 54-0235
N-ALKOXY-N-ALKYL-, RK. MIT ANILIN 54-0235
P-CHLORPHENOXYCARBANILIDE, WRKG. GEGEN STAPHYLOCOCCUS AUREUS 57-0373
BEZIEH. ZWISCHEN STRUKTUR U. BAKTERIOSTAT. AKTIVITAET AUF GRAMPOSITIVE U. GRAMNEGATIVE ZELLEN 63-0886
5.11-DIHYDRODIBENZ(B.E)(1.4)OXAZEPIN-5-CARBOXAMIDE, ANTINEURALG. WRKG. 60-0682
HARZE
KOLOPHONIUM ,VISKOSITAET U. DIELEKTR. EIG. V. --, HARZSAEUREN U. ABIETINSAEUREMETHYLESTER, 1. MITT. 64-0193
KOLOPHONIUM , VISKOSITAET U. DIELEKTR. EIG. V. --, HARZSAEUREN U. ABIETINSAEUREMETHYLESTER, 2. MITT. 64-0194
GALBANUM, IDENTIFIZIER. V. N-UNDECATRIEN-(1.3.5) IM AETHER. OEL AUS GALBANUM-GUMMIHARZ 55-0590
KOLOPHONIUM Y, WW, K U. POLYMERES DK U. DIELEKTR. ABSORPT. 64-0194
KOLOPHONIUM Y U. POLYMERES, DICHTE (VARIAT. D. TEMP.) 64-0193
KOLOPHONIUM Y U. POLYMERES, VISKOSITAET (VARIAT. D. TEMP.) 64-0193
DIPTEROCARPACEAE-, BESTANDTEILE, 1. MITT. 61-0772
KOLOPHONIUM-, HARZSAEUREN U. ABIETINSAEUREMETHYLESTER, VISKOSITAET U. DIELEKTR. EIG. , 3.MITT. 64-0093
SCHELLACK-, STRUKTURUNTERS. , 2. MITT. 55-0605
SCHELLACK ALS MAGENSAFTRESISTENTER U. DARMLOESL. DRAGEEUEBERZUG 53-0611
STOCKLACK (AUS SHOREA TELLURA) , ISOLIER. V. DESOXYERYTHROLACCIN 61-0750
XANTHORRHOEA-HARZE, 4.MITT. 57-0530
HARZSAEUREN
KOLOPHONIUMHARZE U. ABIETINSAEUREMETHYLESTER, VISKOSITAET U. DIELEKTR. EIG., 3.MITT. 64-0093
VISKOSITAET U. DIELEKTR. EIG. V. - , KOLOPHONIUMHARZEN U. ABIETINSAEUREMETHYLESTER, 1. MITT. 64-0193
VISKOSITAET U. DIELEKTR. EIGENSCHAFEN V. -, KOLOPHONIUMHARZEN U. ABIETINSAEUREMETHYLESTER, 2. MITT. 64-0194
DK U. DIELEKTR. ABSORPT. 64-0194
ISOMERISIER. 62-0761
13. MITT. 57-0708
ABBAU ZU SYNTHET. VERWENDBAREN ZWISCHENPROD. 64-0839
HASCHISCH
* S. UNTER HANF
HAUT
V. RANA NIGROMACULATA, ISOLIER. V. BRADYKININ U. VAL (1)-THR(6)-BRADYKININ 64-0919
PHOTOSENSIBILISIER. DURCH METHYLPSORALENE 64-0666
HELIUM
ANGEREGTE METASTABILE HE-ATOME, STOSSRK. MIT KW-STOFFEN (ASSOZIATIVE IONISIER.) 58-0014
HELIUMVERBINDUNGEN
HE(3)H(+)-IONEN, RK. MIT GASF. KW-STOFFEN (CYCLOPROPAN, PROPAN, ISOBUTAN U. N-BUTAN) 62-0195
HEPARIN
RK. MIT HYDROXYL-RADIKALEN U. HYDRATISIERTEN ELEKTRONEN (KINETIK) 63-0861
WECHSELWRKG. MIT KATION. FARBSTOFFEN 63-0863
RK. MIT METHYLENBLAU (KINET. UNTERS. MITTELS IMPULS-RADIOLYSE) 63-0862
NACHW. MIT KONZ. HCL, DANN P-NITRO-BENZALDEHYD 59-0819
HERBIZIDE
* S. UNTER UNKRAUTBEKAEMPFUNG
HERZMITTEL
* S. UNTER ARZNEIMITTEL
HETEROCYCLEN
* S. UNTER RINGSYSTEME
HETEROCYCLISIERUNG
* S. UNTER CYCLISIERUNG
HEULANDIT
VINYL- U. PHENYLSILANOLAETHER, DIPOLMOMENTE 59-0100
HEXOSEN
* S. UNTER KOHLENHYDRATE
HOFMANN-ABBAU
* V. TERT.AMINEN S. UNTER ELIMINIERUNGS-
* REAKTIONEN
HOLMIUMVERBINDUNGEN
HO(CLO4)3.7 DMSO , DARST. , IR-SPEKTRUM, THERM. ZERS., PULVERROENTGENOGRAPH. UNTERS. 61-0042
HO(III)-(2-NITROSO-1-NAPHTHOL-4-SULFONSAEURE-(2)-DIANION)-CHELAT, BLDG., STABILITAET 56-0063
HO2O3 EINFL. AUF D. DECARBOXYLIER. V. OXALESSIGSAEURE 58-0292
HOLZ
* S. AUCH PFLANZEN (SPEZIELLE PFLANZEN)
WESTAFRIKAN. NUTZHOELZER, 21. MITT. 61-0773
WESTAFRIKAN. NUTZHOELZER, 22. MITT. 61-0774
GERBSTOFFE AUS D. HOLZ D. EDELKASTANIE U. D. EICHE 2.MITT. ISOLIER. V. CASTALAGIN, VESCALAGIN, CASTALIN U. VESCALIN 53-0496
GERBSTOFFE AUS D. HOLZ D. EDELKASTANIE U. D. EICHE, 3. MITT.(STRUKTUR D. CASTALINS) 53-0497
HOMOLYSE
* S. UNTER DISSOZIATIONSREAKTIONEN
HOMOPROAPORPHIN
* S. UNTER ALKALOIDE
HONIG
ORGANO-, MASSENSPEKTREN, 1. MITT. 60-0015
HOPFEN
CHEMIE D. HOPFEN-BESTANDTEILE,31. MITT.(SPEKTROSKOP. BEST. D. FEINSTRUKTUR V. LUPON- U. AGGLOMERON-IMIN-DERIV.) 53-0094
-- -BESTANDTEILE, CHEMIE, 32. MITT. 62-0783
HOPFENBESTANDTEILE, CHROMATOGRAPH. TRENN. UEBER D. N-BUTYLBORONATE 62-0860
HORMONE
* BRADYKININ S. UNTER C50H73N15O11
* GLUCAGON S. C153H225N43O49S
* PROSTAGLANDIN B1 S. UNTER C20H32O4
* PROSTAGLANDIN E1 S. UNTER C20H34O5
* PROSTAGLANDIN E1-237 S. UNTER C20H34O4
* PROSTAGLANDIN E1-278 S. UNTER C20H32O4
* PROSTAGLANDIN E278 S. UNTER C20H32O4
* PROSTAGLANDIN F1ALPHA S. UNTER C20H36O5
STEROID-, MODIFIZIERTE, 48.MITT. 54-0543
STEROID-, 19. MITT. 56-0718

STEROID-HORMON-ANALOGE, 3. MITT. 59-0744
STEROID-, 4. MITT. 59-0745
MODIFIZIERTE STEROID-, 49. MITT. 62-0797
STEROID-, 50. MITT. 62-0798
SYNTHET., H-D-AUSTAUSCH UNTER HETEROGENER ODER HOMOGENER PT-KATALYSE 62-0251
HORMONE, BLUTDRUCKWIRKSAME HORMONE
KININE, CYTOKININWRKG. V. 6-(3-METHYL-BUTEN-(3)-YLAMINO)-PURIN 55-0461
ANGIOTENSIN-ANALOGA, BLUTDRUCKSTEIGERNDE WRKG. 57-0753
HORMONE, GASTROINTESTINALE HORMONE
MENSCHL. GASTRIN, STRUKTUR, DARST. 56-0721
GASTRIN, C-TERMINALE TETRAPEPTID-AMID-SEQUENZ U. IHRE DERIV., DARST., BIOLOG. AKTIVITAET 59-0768
GASTRIN, C-TERMINALE TETRAPEPTID-AMID-SEQUENZ, DARST. V. DERIV., BIOLOG. AKTIVITAET 59-0769
MENSCHL. GASTRIN, SYNTH. 56-0720
GASTRIN-ANALOGA, DARST. 60-0785
GASTRIN-ANALOGA, HORMONWRKG. 60-0785
GASTRINE, VARIAT. D. ASP-GRUPPE IN D. C-TERMINALEN TETRAPEPTIDAMIDSEQUENZ 59-0770
GASTRIN-WRKG. V. C-TERMINALEN GASTRIN-TETRAPEPTIDAMIDEN MIT VARIIERTER MET-GRUPPE 59-0771
GASTROINTESTINALE, SYNTH. EINER TETRAPEPTIDAMID-SEQUENZ D. GASTRINE 61-0800
HORMONE, HORMONE DER WIRBELLOSEN
JUVENIL-HORMON-AKTIVITAET V. DEHYDROJUVABION 55-0524
INSEKTENHORMONE, 9. MITT. 56-0700
INSEKTEN-, 6. MITT. 59-0757
INSEKTEN-, SYNTH. 54-0591
INSEKTENHAUTUNGSHORMONE, STIMULIER. D. PROTEINSYNTH. D. MAEUSELEBER 61-0839
JUVENILHORMONAKTIVITAET V. (+)-AR- U. (+-)-JUVABION 55-0533
INSEKTENHORMONE, HAEUTUNGSHORMONAKTIVITAET V. POLYPODIN B 56-0706
INSEKTEN-, 5. MITT. 59-0756
INSEKTEN-, 8. MITT. 64-0869
INSEKTEN-, 9. MITT. 64-0870
INSEKTEN HAEUT.-HORMON-AKTIVITAET V. PHYTOECDYSONEN 64-0870
INSEKTENHORMONE, SYNTH., 6. MITT. 59-0759
INSEKTEN HAEUT.-HORMON-AKTIVITAET V. LEMMASTERON 64-0873
INSEKTENHAEUT. AUS PLEOPELTIS THUNBERGIANA, NEOCHEIROPTERIS ENSATA U. LEMMAPHYLLUM MICROPHYLLUM 64-0917
INSEKTENHAEUT.-, ISOLIER. AUS PTERIDIUM AQUILINUM 64-0918
JUVENILHORMONAKTIVE VERB., SYNTH., 1. MITT. ((+-)-JUVABION) 61-0796
HORMONE, HYPOPHYSENHORMONE
DARST. V. GLY(7)-LYS(8)- U. D-PRO(7)-LYS(8)-VASOPRESSIN 53-0569
HORMONAKTIVITAET V. GLY(7)-LYS(8)- U. D-PRO(7)-LYS(8)-VASOPRESSIN BEI RATTEN 53-0569
ANTIGONADOTROPE WRKG. V. P-HYDROXYBENZYL-TETRALINEN, -CHROMANEN U. - INDANEN 60-0776
AFFEN-BETA-MSH, SYNTH. (EINFL. AUF FROSCHHAEUTE) 58-0798
HORMONE, NEBENNIERENHORMONE
BRENZCATECHINAMIN-ALPHA-REZEPTOREN, IRREVERSIBLE INAKTIVIER. DURCH N-CARBONSAEUREESTER V. 1.2- U. 1.4-DIHYDRO-CHINOLINE 58-0638
TRIFLUORACETYL- BRENZCATECHINAMINE, GASCHROMATOGRAPH. NACHW. IN URIN U. TUMOREN 64-0935
SYNTH. V. CORTICOSTEROIDEN MIT SAUERSTOFF IN 11-STELL. 55-0560
HORMONE, OVARIALHORMONE
OESTROGENE WRKG. V. P-HYDROXYBENZYL-TETRALINEN, -CHROMANEN U. -INDANEN 60-0776
HORMONE, PANKREASHORMONE
INSULIN, B-KETTEN-POLYMERES, SYNTH. 56-0726
INSULIN, RK. MIT NATUERLICHEM A-KETTEN-SULFONAT 56-0726
INSULI TEILSYNTH. (SEQUENZ B 1-8) 53-0571
HORMONE, PROSTATAHORMONE
PROSTAGLANDINE, TOTALSYNTH. 63-0836
PROSTAGLANDINE, TOTALSYNTH. 63-0837
PROSTAGLANDINE, DARST. 59-0765
HORMONE, SCHILDDRUESENHORMONE
THYROCALCITONIN, 1. MITT. 58-0789
ALPHA-THYROCALCITONIN, ISOLIER. AUS SCHWEINESCHILDDRUESEN, AMINOSAEUREZUS., BIOLOG. AKTIVITAET, ELEKTROPHORESE, DUENNSCHICHTCHROMATOGRAPHIE, HYDROLYSE 58-0789
BETA-THYROCALCITONIN (ALPHA-THYROCALCITONIN-SULFOXID), ISOLIER. AUS SCHWEINESCHILDDRUESEN, AMINOSAEUREZUS., BIOLOG. AKTIVITAET, ELEKTROPHORESE, DUENNSCHICHTCHROMATOGRAPHIE, HYDROLYSE 58-0789
THYROCALCITONIN, ISOLIER. AUS SCHWEINE-SCHILDDRUESEN, AMINOSAEUREZUS., BIOLOG. AKTIVITAET, HYDROLYSE 58-0790
THYROCALCITONIN, 2. MITT. 62-0809
THYROCALCITONIN, 3. MITT. 62-0810
THYROGLOBULIN, EIG., 16. MITT. 61-0817
THYROGLOBULIN, FLUORESZENZ D. TRYPTOPHAN-EINH. (LOESCH. DURCH JODAMINOSAEURE-RESTE) 61-0817
HORMONE, SEXUALHORMONE
SEXUAL- U. STEROIDE, 233. MITT. 56-0699
SEXUAL- U. STEROIDE, 234. MITT. 62-0803
HORMONE, TESTISHORMONE
17-METHYL-TESTOSTERONE, POLARITAET U. ANABOLE BZW. ANDROGENE WRKG. 57-0799
ANDROGENE WRKG. V. 3BETA-NITRO-5ALPHA-ANDROSTAN-17BETA-OL 60-0762
ANDROGENE WRKG. V. 3.4-DICYCLOALKYL-HEXENEN-(3) 64-0503
HUMINSAEUREN
ELEKTROPHORESE 64-0896
HYALURONSAEURE
RK. MIT HYDROXYL-RADIKALEN U. HYDRATISIERTEN ELEKTRONEN (KINETIK) 63-0861
WECHSELWRKG. MIT KATION. FARBSTOFFEN U. POLYKATIONEN IN WSS. LSG. 63-0863
NACHW. MIT KONZ. HCL, DANN P-NITRO-BENZALDEHYD 59-0819
HYDANTOINE
* S. UNTER IMIDAZOLE
HYDRATATION (U. SOLVATATION)
SOLVATAT. IN MONOMOL. NUCLEOPHILEN SUBSTITUT.-RK., EINFL. AUF KINETIK 60-0273
SOLVATAT. V. NA(+) IM SYST. TRIBUTYLALUMINIUM-CYCLOHEXAN-THF, AE. BZW. (C2H5)3N 58-0023
SOLVATATION V. ALCL3 IN W.-DIMETHYLSULFOXID 55-0014
SAURE AQUOTISIER. V. (FE(5-NITRO-O-PHEN)3)2+ IN W.-TERT.-BUTANOL (KINETIK) 56-0050
SAURE AQUOTISIER. V. CIS-(COCL2EN2)+ IN W.-TERT.-BUTANOL (KINETIK) 56-0050
SOLVATISIERTE ALLYL-MG-VERB., 1. MITT. (IRSPEKTREN) 56-0007
SOLVATISIERTE ALLYL-MG-VERB., 2. MITT. (REAKTIVITAET) 56-0056
AQUOTISIER. V. FUMARATOPENTAMMIN-CO(III)-KOMPLEXEN (KINETIK) 60-0034
V. PHENYL-ALKENYL-ACETYLENEN 60-0395
V. METHYLJODID IN W.-DIOXAN- U. W.-DMF-GEMISCHEN 54-0155
-EINFL. BEI D. BECKMANN-UMLAGER. V. OXIM-PIKRYLAETHERN (EINFL. D. STER. HINDER.) 57-0249
V. 8-SUBSTITUIERTEN PTERINEN (KINETIK) 59-0625
HYDRATE
AL-TARTRAT-, AL-TARTRATSULFAT- U. NA-AL-TARTRATHYDROXID-, BLDG., ROENTGENBEUG.-DIAGRAMM 56-0062
BARIUMOXALAT-, THERM. DEHYDRATISIER. (DRUCK-TEMP.-DIAGRAMME) 57-0022
HYDRATISIERUNG (W.-ANLAGER. AN MEHRFACHBIND.)
* S. UNTER ADDITIONSREAKTIONEN
HYDRAZIDE, ORGANISCHE
* S. SAEUREHYDRAZIDE
HYDRAZIN
1. MITT. 54-0018
U. SEINE ALKYLDERIV., SYNTH. (UEBERSICHT) 59-0327
DISSOZIAT. IN WSS. LSG. (THERMODYNAMIK) 54-0018
IONENAUSTAUSCHVERH. 59-0181
GASCHROMATOGRAPH. TRENN. V. METHYLHYDRAZINEN (WECHSELWRKG. MIT D. STATIONAEREN PHASE) 57-0811
KONST. D. RELATIVEN NUKLEOPHILEN REAKTIVITAET BEZ. CH3J 58-0029
RK. MIT PHENYLACETATEN (KINETIK, REAKTIVITAET) 63-0237
HYDRAT, RK. MIT PYRIMIDINEN 54-0354
RK. MIT CH3J (KINETIK, KONST. D. RELATIVEN NUKLEOPHILEN REAKTIVITAET) 58-0029
N2H4, RK. MIT ALPHA-TERT.-BUTYL-LAEVULINSAEURE-METHYLESTER U. ALPHA-TERT.-BUTYL-GAMMA-METHYL-DELTA(BETA,GAMMA)-BUTENOLID 56-0578
N2H4-H2O, RK. MIT 4-PHENOXY-CINNOLINEN 61-0669
N2H4-H2O, RK. MIT 4-MERCAPTO-CINNOLINEN 61-0669
RK. D. HYDRATS MIT BETA-DIKETONEN 59-0547
RK. MIT CHLORAL 63-0385
HYDRAZINHYDRAT, RK. MIT 2.3-DICYAN-THIOPHEN 56-0587
-HYDRAT RK. MIT NITRILEN 64-0765
RK. MIT METHYLFORMIAT (KINETIK) 63-0260
RK. MIT DIAETHYLMALONIMIDAT 64-0624
N2H4, RK. MIT 3-FORMYL-2-THIOPHENBORONSAEURE 56-0607
RK. MIT P-TOLUOLSULFINSAEURECHLORID 57-0358
RK. D. HYDRATS MIT STEROIDEN 59-0761
RK. MIT URACIL-5-CARBALDEHYD 59-0620
HYDRAZINVERBINDUNGEN, ORGANISCHE
ALS HETEROBESTANDTEILE IN PEPTIDEN, 9.MITT. 54-0550
ALS HETEROBESTANDTEILE IN PEPTIDEN, 10.MITT. 54-0551
STRUKTUR U. RK.-FAEHIGK., 11. MITT. 55-0165
STRUKTUR U. RK.-FAEHIGK., 12. MITT. 59-0213
STRUKTUR U. RK.-FAEHIGK., 13. MITT. 63-0283
STRUKTUR U. RK.-FAEHIGK., 14. MITT. 64-0259
HYDRAZINOESSIGSAEUREPEPTIDE, DARST. 54-0550
2-HYDRAZINO-3-PHENYL-PROPIONSAEURE-PEPTIDE, DARST. 54-0551
3-ARYLHYDRAZINO-TETRAHYDRO-THIOPHENDIOXIDE, DARST. AUS 2.3-DIHYDRO-THIOPHEN-S-DIOXID U. CHLORPHENYLHYDRAZINEN 55-0378
MONO-, 1.1- U. 1.2-DI-, TRI- U. TETRAALKYL-, DARST. (UEBERSICHT) 59-0327
DARST. DURCH N-AMINIER. MIT O-(2.4-DINITRO-PHENYL)-HYDROXYLAMIN 60-0327
2-HYDRAZINO-3-IMIDAZOLYL-4-(ODER 5)-PROPIONSAEUREN,

DARST. AUS 2-CHLOR-3-IMIDAZOLYL-4-(ODER 5)-PROPIONSAEUREN 60-0529
AZO-, DARST. AUS ALPHA-CARBONYL-AZO-VERB. U. ALDEHYD-PHENYLHYDRAZONEN 61-0419
DARST. AUS DIALKYLSULFAMIDEN 62-0358
N-SULFINYL-, DARST. AUS HYDROXYALKYLHYDRAZINEN U. SOCL2 63-0401
MONOALKYLHYDRAZINE, DARST. AUS CYCLOHEXANON, ALKYLAMINEN U. HYDROXYLAMIN-O-SULFONSAEURE 59-0328
PHENYL-, UV-SPEKTREN 60-0078
METHYL-, GASCHROMATOGRAPH. TRENN. (WECHSELWRKG. MIT D. STATIONAEREN PHASE) 57-0811
AROMAT., OX. MIT MNO2 64-0449
ARYLHYDRAZINE, RK. MIT AG2O U. SO2 (RADIKALMECHANISMUS) 61-0418
HYDRAZINCARBONSAEUREESTER, RK. MIT 2-AMINO-1.3.4-OXDIAZOLEN 59-0572
KONDENS. MIT CARBONYLVERB., 21. MITT. 58-0688
PHENYL-, RK. MIT FLAVON 64-0676
ALKYL- U. ARALKYL-, FORMYLIER. MIT METHYLFORMIAT 53-0376
ASYMM. DISUBSTITUIERTE, RK. MIT DERIV. V. ALPHA,BETA-UNGESAETT. SAEUREN, 7. MITT. 60-0345
RK. MIT SULFAMOYLCHLORIDEN 57-0325
N-SULFINYL-, ANTITUMORWRKG. 63-0401
MONOALKYLHYDRAZINE, NACHW. 59-0328
HYDRAZINOLYSE
* S. UNTER SOLVOLYSE
HYDRAZONE (ALLGEMEINES)
TOSYL-, 4. MITT. 57-0240
ARYLSULFONYLGLYOXYLSAEUREAETHYLESTER-ARYL-, 7.MITT. 59-0357
ARYLHYDRAZONE V. ARYLSULFONYLGLYOXYLSAEURE-AETHYLESTERN, 5. MITT. 60-0527
CYCLOHEXANDION-MONOARYL-, KETOHYDRAZON-AZOENOL-TAUTOMERIE 54-0457
ZUCKER-PHENYL-, KONSTIT. 56-0622
N-METHYL- KONFIG. U. KONFORM. 62-0126
N.N-DIMETHYL-, KONFIG. U. KONFORM. 62-0128
KONJUGIERT UNGESAETT. 2.4-DINITROPHENYL-, STEREOCHEMIE 64-0181
ALDEHYD- U. KETON-, KONFORM. U. KONFIG. 61-0147
HYDRAZONE (DARSTELLUNG)
THIAZOLON-(2)-BIS-(CHLORAETHYL)-HYDRAZONE, DARST. AUS THIOSEMICARBAZIDEN U. ALPHA-CHLOR-KETONEN 53-0385
3-ARYL-THIAZOLIDIN-2.4-DION-, DARST. AUS THIOSEMICARBAZONEN 55-0416
N(2)-ARYLSULFONYLMERCAPTOACETYL-, DARST. 57-0350
AROMAT. U. HETEROCYCL. N-ACYL-4-(BIS-(2-CHLORAETHYL)-AMINO)-BENZALDEHYD-, DARST. 57-0580
1.3-BIS-4-TOLYLSULFONYL-PROPAN-1.2-DION-(1)-ARYL-, DARST. AUS BIS-(P-TOLYLSULFONYL)-ACETON U. ARYLDIAZONIUMCHLORIDEN 58-0412
D-MANNOSE-BENZOYL-, DARST. AUS AROYLHYDRAZINEN U. D-MANNOSE 58-0688
ALLYL-, DARST. AUS ALLYLHYDRAZIN U. CARBONYLVERB. 59-0293
ARYLSULFONYLTHIOGLYOXYLSAEURE-, DARST. AUS ARYLSULFONYLTHIOESSIGSAEURE-ARYLAMIDEN U. ARYLDIAZONIUMCHLORIDEN 59-0357
CARBOBIS-(ARYLSULFONYL)-PHENYL-, DARST. AUS BIS-(ARYLSULFONYL)-MONOBROMMETHANEN U. ARENDIAZONIUMCHLORIDEN 59-0358
NITRO-PHENYL- V. AROMAT. ALDEHYDEN, DARST. AUS D. ALDEHYD MIT D. ENTSPRECHENDEN PHENYLHYDRAZINEN 60-0078
3-ARALKYLIDENAMINO-RHODANINE, DARST. AUS 3-AMINO-RHODANIN U. ALDEHYDEN 60-0547
DARST. AUS ALPHA-HALOGEN-KETONEN U. N2H4 (MECHANISMUS) 61-0399
DIARYLGLYOXALMONO- U. -BIS-ARYL-, DARST. 61-0591
MONOALKYL-, DARST. 63-0381
1.2-BENZISOTHIAZOLYL-(3)-HYDRAZON-1.1-DIOXIDE, DARST. AUS 3-HYDRAZINO-1.2-BENZISOTHIAZOL-1.1-DIOXID U. CARBONYLVERB. 64-0648
HETEROCYCL. PHENYL-, DARST. AUS HETEROCYCL. ARYLAZOQUARTAERSALZEN 56-0460
NITROPYRROL-CARBALDEHYD-, DARST. AUS NITROPYRROL-ALDEHYDEN U. HYDRAZINEN 60-0509
ARYLSULFONYLGLOXYLSAEURE-N-3-ARYL-4-PHENYL-DELTA(4)-THIAZOLINYLIDENHYDRAZID-ARYLHYDRAZONE, DARST. AUS ARYLSULFONYLGLYOXYLSAEURE-N'-ARYLTHIOCARBAMOYLHYDRAZID-ARYLHYDRAZONEN U. OMEGA-BROM-ACETOPHENON 60-0527
4-(P-NITRO-PHENYLHYDRAZONOMETHYL)-1-ARYL-CHINOLINIUMSALZE, DARST. AUS 4-(P-NITRO-PHENYLAZOMETHYLEN)-1-ARYL-1.4-DIHYDRO-CHINOLINEN 60-0618
1-PHENYL-4-ARYLHYDRAZONOMETHYL-CHINOLINIUMPERCHLORATE, DARST. AUS 1-PHENYL-LEPIDINIUMPERCHLORAT U. DIAZOAMINOBENZOLEN 62-0630
O-ACETYL-ALDONSAEURELACTON-PHENYL-, DARST. AUS PYRANOSE-2.4-DINITRO-PHENYLHYDRAZONEN 64-0779
HYDRAZONE (PHYSIKAL. EIGENSCHAFTEN)
4-(P-NITRO-PHENYLHYDRAZONOMETHYL)-1-ARYL-CHINOLINIUMSALZE, ABSORPT. IM SICHTBAREN BEREICH 60-0618
ACETON-SULFONYL-, UV-ABSORPT. 64-0103
NITRO-PHENYL- V. AROMAT. ALDEHYDEN, UV-SPEKTREN (LSGM.- U. SUBSTITUENTENEFFEKTE) 60-0078
1-PHENYL-4-ARYLHYDRAZONOMETHYL-CHINOLINIUMPERCHLORATE, HALOCHROMIE 62-0630
ALDEHYD- U. KETON-, KMR 61-0147
O-ACETYL-ALDONSAEURELACTON-PHENYL-, NMR-SPEKTREN 64-0779
KONJUGIERT UNGESAETT. 2.4-DINITROPHENYL-, NMR 64-0181
O-ACETYL-ALDOSE-2.4-DINITRO-PHENYL-, NMR-SPEKTREN 64-0779
4-NITRO-PHENYL- U. 2.4-DI NITRO-PHENYL-, PK(A)-WERTE IN W.-BUTYLAMIN-GEMISCHEN 64-0233
HYDRAZONE (REAKTIONEN)
H-T-AUSTAUSCH MIT T-MARKIERTER AETHANOL. KOH 53-0480
ALKYL-, ALKYLWANDER. BEI D. CYCLISIER. V. UNGESAETT.- 55-0410
HETEROCYCL. PHENYL-, DIMERISIER. 56-0460
ALKYL-, HYDRAZON-AZO-TAUTOMERIE (GLEICHGEW.) 59-0250
CYCLOHEXANDION-MONOARYL-, CYCLISIER. MIT H2SO4 54-0457
2-DIALKYLAMINO-BENZALDEHYD-P-TOSYL-, CYCLISIER. 57-0506
2.4-DINITRO-PHENYL-, SYN-ANTI-UMWANDL. (KINETIK) 59-0241
ALLYL-, ISOMERISIER. 59-0293
CYCLISIER.-RK., 1. MITT. 64-0760
P-TOLUOLSULFONYL-, ZERS. DURCH ALKALI, 2. MITT. 54-0379
CHALKONPHENYL-, OX. MIT MNO2 58-0593
OX., 3. MITT. 59-0404
ALKEN-(2)-YLIDENHYDRAZINE, OX. DURCH PB-TETRAACETAT BZW. PERESSIGSAEURE 59-0404
3-ACYL-ISOXAZOLPHENYL-, HYDROGENOLYSE 60-0645
WRKG. V. ALKALI AUF ZUCKEROSAZONE, 53-0480
2.4-DINITRO-PHENYL-, RK. MIT BR2 (KINETIK) 59-0241
BENZALDEHYD-N'-METHYL-N'-(P-NITRO-PHENYL)-, BROMIER. (KINETIK, MECHANISMUS) 61-0224
TOSYL-, STEREOCHEM. D. RK. MIT CH3LI 57-0240
ALDEHYD-PHENYL-, RK. MIT ALPHA-CARBONYL-AZO-VERB. 61-0419
-ANIONEN, RK. MIT TOSYLHYDRAZID 58-0510
HYDRAZONE (BIOCHEMIE)
N(2)-ARYLSULFONYLMERCAPTOACETYL-, ANTIMIKROBIELLE WRKG. 57-0350
NITROPYRROL-CARBALDEHYD-, ANTIMALARIA-WRKG. 60-0509
N-NICOTINOYL-4-(BIS-(2-CHLOR-AETHYL)-AMINO)-BENZ-ALDEHYD-, CYTOSTAT. WRKG. 57-0580
1-PHENYL-4-ARYLHYDRAZONOMETHYL-CHINOLINIUMPERCHLORATE, VERW. ALS BAUMWOLL- U. WOLLFARBSTOFFE 62-0630
HYDRAZONE (ANALYSE)
1-PHENYL-4-ARYLHYDRAZONOMETHYL-CHINOLINIUMPERCHLORATE, VERW. ALS SAEURE-BASEN-INDIKATOR 62-0630
HYDRAZOVERBINDUNGEN
HYDRAZO-OXIME, KONSTIT. 64-0239
AROMAT. SAEUREKATALYSIERTE UMLAGER. U. DISPROPORTIONIER. ORGAN. HYDRAZOVERB. 53-0170
2-AMINO-HYDRAZOBENZOLE BENZIDINUMLAGER. 53-0291
METHOXYHYDRAZOBENZOLE, BENZIDIN- U. SEMIDIN- UMLAGER. (KINETIK, MECHANISMUS) 63-0310
ACETAMIDO- U. AMINO-HYDRAZOBENZOLE, UMLAGER. , DISPROPORTIONIER. (KINETIK, MECHANISMUS) 63-0311
CHLORHYDRAZOBENZOLE, BENZIDIN- U. SEMIDIN- UMLAGER. (KINETIK, MECHANISMUS) 63-0313
DIBROMHYDRAZOBENZOLE, UMLAGER., DISPROPORTIONIER. (KINETIK, MECHANISMUS) 63-0314
DIJODHYDRAZOBENZOLE, UMLAGER. U. DISPROPORTIONIER. (KINETIK, MECHANISMUS) 63-0315
HYDRAZYLE
* S. UNTER RADIKALE
HYDRIDE
RK. D. HYDRYLANIONEN, 2. MITT. 59-0064
RK. D. HYDRYLANIONEN, 5. MITT. 62-0028
CHEMIE D. METALL-, 3. MITT. 62-0056
HYDRIERUNG
KERNUMWANDL. DURCH HYDROGENOLYSE, 4.MITT. 60-0645
EINFL. V. PT, PD U. RH AUF D. ISOTOPENVERTEIL. BEI TRITIIER. V. UNGESAETT. SAEUREN 58-0211
AKTIVITAET V. MECHAN. AKTIVIERTEM NI-PULVER BEI D. KATALYT. HYDRIER. V. PHENOL U. OCENOL 70 58-0311
TRICARBONYLAROMATENCHROM(0)-KATALYSATOREN FUER D. SELEKTIVE HYDRIER. V. KONJUGIERTEN OLE-FINEN 60-0236
K4(NI2(CN)6), HYDRIER.-KATALYSATOR FUER ORGAN. VERB. 60-0326
KATALYT., (DEUTERIER.) V. CYCLOHEXEN AM PT-KATALYSATOR, 1. MITT. (KINETIK, MECHANISMUS) 57-0207
V. ORGAN. VERB. MIT K4(NI2(CN)6) 60-0326
PARTIELLE, V. DIOLEFINEN (ALKALIMETALL-AL2O3-KATALYSATOR) 55-0296
KATALYT., V. ALKADIINEN-(1.4) 57-0291
V.CYCLOALKENEN AN PT-AL (KINETIK) 59-0198
KONKURRIERENDE HYDRIER. V. ALKENEN U. CYCLOALKENEN (KINETIK) 59-0200
KATALYT., V. UNGESAETT. VERB. MIT TRIS-(TRIPHENYLPHOSPHIN)-RHODIUMCHLORID (MECHANISMUS) 60-0289
V. ALKINEN NACH HENNE-GREENLEE, BLDG. V. STELL.-ISOMEREN ALKENEN 60-0841
HYDROGENOLYSE V. INDAN (KINETIK) 61-0199
HYDROGENOLYSE V. CYCLOPROPANEN 61-0441
V. OLEFINEN MIT HOMOGEN GELOESTEN PHOSPHIN-RH-KOMPLEXEN 64-0251

V. BZL. IN GGW. V. ALKALIMETALLEN AUF VERSCHIE-DENEN TRAEGERN 64-0492
PARTIELLE, V. ALLENEN ZUR BEST. D. ABS. KONFIG. 54-0108
V. ALLENEN AN PD (STEREOCHEMIE) 54-0142
HYDROGENOLYSE V. POLYCHLOR-NORBORNENEN-(2) 59-0488
HYDROGENOLYSE V. ENAMINEN, 1. MITT. 64-0606
HYDROGENOLYSE V. 1-BENZYL-1-HYDROXYCYCLOHEXAN-DERIV. (MECHANISMUS D. HOMOBENZYL-HYDROXYL- U. -ACETOXYL-HYDROGENOLYSE) 53-0123
V. TERT. ALKIN-(3)-TRIOL-(2.5.6)-POLYAETHERN 57-0296
V. ISOMEREN 1.4-BIS-(1.2.5-TRIMETHYL-4-HYDROXY-PIPERIDYL-(4))-BUTADIINEN-(1.3) (KINETIK) 64-0249
HYDROGENOLYSE V. BICYCL. MONOTERPEN-EPOXIDEN 53-0528
V. ALDEHYDEN (IRH3(P(C6H5)3)3 ALS KATALYSATOR) 54-0199
HOMOGENE, V. ALDEHYDEN MIT RHODIUMCARBONYL-KATALYSATOREN, 2. MITT. 58-0210
V. 2.3-UNGESAETT. KETONEN 59-0425
V. ALDEHYDEN (KINETIK) 61-0200
V. NITRILEN MIT GEBUNDENEM U. ELEMENTAREM H2 53-0201
V. 2-NITRO-PHENYLBRENZTRAUBENSAEURE-DERIV. (MECHANISMUS) 56-0491
TRITIIER. V. CROTON- U. TETROLSAEURE UEBER PD, PT U. RH (ISOTOPENVERTEIL.) 58-0211
SELEKTIVE, V. KONJUGIERTEN OLEFINCARBONSAEUREN AN PI-AROMATEN-CR(0) -KATALYSATOREN 60-0236
D2-ADDIT. AN METHYLSORBAT ((CR(CO)3C6H5COOCH3)) 62-0202
STEREOSPEZIF. V. 1.2-DIEN-PHOSPHONSAEUREESTERN 56-0205
U. DEUTERIER., KATALYT. V. UNGESAETT. STEROIDEN MIT TRIS-(TRIPHENYL-PHOSPHIN)-RHODIIUMCHLORID (GESCHW.) 57-0726
HYDROBORIERUNG
* S. UNTER ADDITIONSREAKTIONEN
HYDRODIMERISATION
* S. UNTER POLYMERISATION
HYDROFORMYLIERUNG
* S. UNTER OXOSYNTHESE
HYDROGENOLYSE
* S. UNTER HYDRIERUNG
HYDROHALOGENIERUNG
* S. UNTER HALOGENIERUNG
HYDROLYSE
* S. AUCH SOLVOLYSE
* ENZYMAT. S. UNTER ENZYME
SELEKTIVE, V. N-HALT. ESTERN DURCH DI-MY-METHOXO-BIS (PENTANDIONATO-2.4)-DIKUPFER(II) 56-0260
ALKAL. HYDROLYSE V. N(4)-ARCYL-SULFANILAMIDEN 56-0213
V. NSF (RK.-MECHANISMUS), 61-0036
V. S4N4 (IN NEUTRALER LSG. IN GGW. V. F(-)- U. CL(-)-IONEN SOWIE IN NH3-HALT. LSG.) 61-0036
BAS. V. TRANS-CHLOROHYDRO-, D(STERN)-CISCHLOROHYDROXO-U. D(STERN)-CIS-DICHLORO-BIS-(AETHYLENDIAMIN)-KOBALT (III) (STEREOCHEMIE) 60-0037
AMPHOTERER METALLALKOXIDE, 10. MITT. 58-0056
AMPHOTERE METALLALKOXIDE, 11. MITT. 58-0057
V. AMPHOTEREN METALLALKOXIDEN, 9. MITT. 58-0060
V. METALLCYANAMIDEN (KINETIK) 64-0037
-KONST. V. 1 ZU 1-METALLKOMPLEXEN MIT POLYAMINOPOLYCARBOXYLATEN 56-0044
V. U(IV)-AMINOPOLYCARBONSAEURE-KOMPLEXEN (KINETIK) 57-0024
V. AMINOSAEUREESTER-N.N-DIACETATOTRIAQUOMETALL(II)-KOMPLEXEN (KINETIK, MECHANISMUS) 63-0040
V. AROYL-DIAZOAETHANEN (KINETIK, MECHANISMUS, HAMMETT-KONST.) 62-0228
V. AROYL-DIAZOALKANEN (STER. EFFEKTE, TAFT-KONST.) 62-0229
V. PYRIMIDINEN UNTER RINGOEFFN. (MECHANISMUS) 54-0445
V. TRANS-4.5-DIMETHYL-1.3-DIOXAN U. CIS-4.5-DIMETHYL-1.3-DIOXAN (KINETIK) 57-0236
V. 1.3.2-DIOXAPHOSPHOLANEN 61-0595
V. 3-AETHYL-OXAZOLIDINEN (KINETIK U. MECHANISMUS) 59-0228
V. METHYLJODID IN W.-DIOXAN- U. W.-DMSO-GEMISCHEN (KINETIK) 54-0155
V. ISOPROPYLCHLORID IN H2SO4-W.-GEMISCHEN (KINETIK) 54-0158
V. 9-CHLOR-ACRIDIN-DERIV. (KINETIK) 60-0257
V. TERT.-BUTYLCHLORID IN GGW. V. METALLSALZEN (KINETIK) 60-0273
V. ALPHA-PHENYL-AETHYLCHLORID IN DMSO-W. (MECHANISMUS) 61-0241
V. SPIRO(2.N)ALKYLCHLORIDEN (KINETIK) 62-0231
V. ALLENCHLORIDEN (MECHANISMUS) 62-0330
V. CYCLOALKYL-CUMYLCHLORIDEN (KINETIK) 64-0245
V. 2.6-DISUBSTITUIERTEN (ALPHA-BROM-ALKYL)-BENZOLEN (SUBSTITUENTEN-EINFL., KINETIK) 64-0265
BAS., V. CHLORBENZOL (MECHANISMUS) 60-0268
ZUR ALLG. GUELTIGK. D. HYDROLYT. RK. AROMAT. DIAZOVERB. ZU SALPETR. SAEURE U. D. TRIAZENVERB. 53-0258
V. PERFLUOR-BIS-AZOMETHINEN (MECHANISMUS) 56-0311
ALKAL., V. 1-CHLOR-2.4.6-TRINITRO-BENZOL (KINETIK) 57-0232
V. NITROALKANEN (KINETIK, MECHANISMUS) 58-0249
V. NITRO-9-CHLOR-ACRIDINEN (KINETIK) 62-0221
V. ALPHA-NITRO-BENZHYDRYLCHLORID (KINETIK) 63-0277
SAURE HYDROLYSE V. AE. IN GGW. V. NAJ ZWISCHEN 180-220 GRAD U. 100-3000 ATM 53-0144
V. KETEN-DIAETHYLACETAL U. 2-METHYLEN-1.3-DIOXOLAN (KINETIK) 56-0221
SAEUREABBAU V. LIGNIN, 1. MITT. 56-0350
V. METHYLARYLAETHERN (SUBSTITUENTENEINFL., KINETIK) 59-0230
V. 2-ALKOXY-TETRAHYDROFURANEN U. -PYRANEN (KINETIK) 60-0265
BAS., V. DIPHENYLAETHER (MECHANISMUS) 60-0268
V. P-BENZOCHINON-TETRAMETHYLDIKETAL (KINETIK) 62-0223
ALKAL. V. DIALKYLAETHERN (KINETIK) 62-0224
V. CYCL. ACETALEN (KINETIK, EINFL. D. KONFORM.) 62-0239
D. AETHOXYENIN VERKNUEPF. IN SAUREM MEDIUM,1. MITT. V. KONJUGIERTEN AETHOXYALKENINEN , KINETIK, (MECHANISMUS) 64-0376
D. AETHOXYENIN VERKNUEPF. IN SAUREM MEDIUM, 2. MITT. (V. AETHOXYALKENINOLEN , MECHANISMUS) 64-0377
V. 5ALPHA-ANDROSTANENALKYLENKETALEN (KINETIK) 60-0768
ALKAL., V. CIS-2-CHLOR-CYCLOHEXANTHIOL U. CIS-2-CHLOR-CYCLOPENTANTHIOL (KINETIK, MECHANISMUS) 56-0220
V. AETHYLENSULFOXID IN GGW. V. HCLC4, (MECHANISMUS) 62-0235
HYDROLYT. SPALT. V. TRIS-(TRIMETHYLSILYL)-PHOSPHINEN, -ARSINEN U. -STIBIN 62-0027
V. 2-TRIMETHYLSILYL-PICOLINEN (KINETIK) 63-0273
PROTODEMERCURIER. V. ARYLMERCURIBROMIDEN (KINETIK) 60-0258
V. NITROSOHARNSTOFFEN (MECHANISMUS) 53-0157
V. N-NITROSO-URETHANEN (KINETIK) 60-0356
V. P-DIMETHYLAMINOPHENYL-ISOCYANAT (PH-EINFL., KINETIK) 64-0267
ALKAL THERMODYNAM. AKTIVIER.-FUNKT. U. MECHANISMUS D. ALKAL. SPALT. V. ACTYLACETON 53-0173
ALKAL., V. 2-HALOGEN-TROPONEN (MECHANISMUS) 53-0280
V. DINITROBENZILEN MIT ALKALI (MECHANISMUS) 54-0309
SAEURE- V. 3-DIAZO-1-METHOXYCARBONYLOXY-1-PHENYL-ACETON (MECHANISMUS, KINETIK U. ENTROPIE) 61-0238
ALKAL., V. DEHYDRONORCAMPHER (MECHANISMUS) 62-0230
V. LINCOMYCINACETALEN (KINETIK) 64-0268
V. BENZYLIDENANILIN (EINFL. V. CETYLTRIMETHYL-AMMONIUMBROMID) 56-0217
V. N-BENZYLIDEN-AETHANOLAMINEN (KINETIK U. MECHANISMUS) 59-0228
V. QUART. AMMONIUMSALZEN MIT BENZYLGRUPPEN (PROD.-VERTEIL.) 53-0260
V. 3-ALKYL-SYDNONEN (MECHANISMUS) 60-0143
V. ALPHA-SUBSTITUIERTEN TRIPHENYL-ALKYLIDENPHOS-PHORANEN (KINETIK) 62-0247
NEUTRALE U. ALKAL. -- V. TRIMETHYL- U. BENZYLMETHYLPHENYLSULFONIUMSALZEN (KINETIK) 64-0269
V. SYDNONIMIN-HYDROCHLORIDEN (EINFL. V. SUBSTITUENTEN AUF D. GESCHW.) 55-0422
KINETIK U. MECHANISMUS D. ALKAL. HYDROLYSE V. ESTERN 3. MITT. 53-0141
ALKAL., V. AETHYLBENZOATEN (EINFL. D. LSGM. AUF D. GESCHW.) 55-0156
ALKAL., V. BENZYLCHLORIDEN U. BENZOATEN (EINFL. D. LSGM. AUF D. GESCHW.) 55-0157
SAURE, V. 4-NITRO-PHENYL-ACETAT (EINFL. D. LSGM. AUF D. GESCHW.) 55-0158
V. ANILIDEN, 3. MITT. 56-0212
V. 3'- U. 4'-SUBSTITUIERTEN 2-BENZOYL-BENZOESAEUREMETHYLESTERN 56-0214
ALKAL.- V. DICARBONSAEUREDIAETHYLESTERN IN DMSO-W. U. A.-W. (KINETIK) 56-0218
V. P-NITROPHENYL-TRIMETHYLACETAT DURCH ELASTASE-KATALYSE (KINETIK) 57-0785
ALKAL., V. BENZOESAEURE-PHENYLESTERN (KINETIK, MEHRFACHE STRUKTUR-REAKTIVITAETS-BEZIEH.) 58-0236
V. 2.2.2-TRIFLUORAETHYLTHIOLACETAT MIT PIPERIDIN (KINETIK) 58-0237
V. 2-METHYL-CYCLOHEXANCARBONSAEUREMETHYLESTERN 58-024[illegible]
V. (1-ACETOXYIMINO-ALKYL)-PYRIDINEN (KINETIK) 58-025[illegible]
ALKAL. SPALT. D. LACTONRINGES V. CUMARINEN (KINETIK) 58-025[illegible]
ALKAL., V. 4-SUBSTITUIERTEN CYCLOHEXAN-CARBONSAEUREESTERN (KINETIK) 58-0255
V. PEROXYPIVALINSAEURE DURCH NAOH (KINETIK) 58-0290
ALKAL., V. BENZAMIDEN (KINETIK, O2-AUSTAUSCH MIT D. LSGM.) 59-0221
VERSEIF. V. AROMAT. U. ALIPHAT. ESTERN (ELEKTROLYT-EINFL., MECHANISMUS) 60-0260
STEREOSELEKTIVE, V. HISTIDINESTERN BEI D. NI-HISTIDINAT-IONEN-KATALYSE (KINETIK) 61-0025
ALKAL., V. AETHYLTHIO[illegible]ENZOAT (KINETIK) 61-0227
V. ASSOZIIERTEM P-N[illegible]-PHENYL-LAURAT (KINETIK, EINFL. V. HARNSTOFFDERIV., DIOXAN U. TETRAMETHYLAMMONIUMBROMID) 61-0232
V. N-ACETYL-SERINAMID- U. P-NITRO-PHENYL-ESTERN IN GGW. V. IMIDAZOL 61-0244
SAURE, V. 1-AZA-BICYCLO(4.2.0)OCTANON-(2) (HALBWERTSZEIT) 61-0629
V. HALOGENNAPHTHOESAEUREN (KINETIK) 62-0130
V. ESTERN (KATALYSE DURCH CN(-), KINETIK) 62-0213
SAEUREKATALYSIERTE, V. 1-ARYL-CYCLOPROPYLACETATEN (KINETIK) 62-0222

V. ESTER, SEK. D-ISOTOPENEFFEKT 62-0227
V. ARYLACETATEN (KINETIK) 62-0237
ALKAL., V. ESTERN IN WSS. LSG., ARRHENIUS-PARAMETER, 2. MITT. (V. ACETYLCHOLIN, KINETIK) 62-0240
ALKAL., V. ESTERN IN WSS. LSG., ARRHENIUS-PARAMETER, 3. MITT.(V. METHYLBETAINMETHYLESTER, KINETIK) 62-0241
V. ALIPHAT. ESTERN, IN GGW. SAURER HARZE BZW. IN SAURER LSG. (KINETIK) 62-0242
METALLIONENKATALYSIERTE, V. KOMPLEXGEBUNDENEN AMINOSAEUREESTER-N.N-DIESSIGSAEUREN (KINETIK) 63-0041
V. KOORDINIERTEN AMINOSAEUREESTERN (KATALYSIERT DURCH D. CU(NTA)-ION) 63-0043
V. 2-ARYL-NORBORNYL-(2)-P-NITRO-BENZOATEN (KINETIK) 63-0265
V. ACYLCHOLINEN (CHOLINESTERASE-KATALYSE) , KINETIK U. EINFL. V. INHIBITOREN 63-0884
V. IMIDSAEURE-ESTERN (BEZIEH. ZUM MECHANISMUS V. ACYLUEBERTRAG.-RK.) 64-0273
V. THIOESSIGSAEURE-AETHYLESTER U. N-METHYL-THIOACETIMIDSAEURE-AETHYLESTER-METHOBROMID (KINETIK) 64-0278
V. GLUTARSAEURE-MONO-P-BROM-PHENYLESTERN (KINETIK, STER. HINDER., MECHANISMUS) 64-0279
V. SALICYLSAEUREPHENYLESTER (EINFL. V. TENSIDEN, KINETIK) 64-0932
V. TRIFLUORACETANILID (KINETIK) 56-0212
ALKAL., V. 1-AZA-BICYCLO(4.2.0)OCTANONEN-(2) 61-0629
V. ARYLSULFONSAEUREN IN WSS. H2SO4 UNTER DESULFONIER. (KINETIK) 55-0178
V. ACETYL-PYRIDIN-O-PHOSPHONYL-OXIMEN (KINETIK) 58-0253
V. SULFONYLDIAZOMETHANEN (MECHANISMUS) 60-0254
BAS. V. PHOSPHONATEN, 1. MITT. 62-0245
BAS., V. PHOSPHONATEN, 2. MITT. 62-0246
V. (-)-ENDO-BICYCLO(3.2.1)OCTYL-(2)-P-TOLUOLSULFONAT (KINETIK) 63-0267
V. BICYCLO(3.2.1)OCTYL-VERB. (MECHANISMUS) 63-0268
V. BICYCLOOCTYLTOSYLATEN (KINETIK) 63-0269
V. (1-PHENYL-AETHAN)-BORONSAEUREESTERN, STEREOCHEMIE 63-0355
V. ALIPHAT. SULFONSAEURECHLORIDEN, KINETIK (EINFL. V. ALCL3) 63-0376
V. CHLORPHENOLROT IN ALKAL. LSG. (KINETIK D. ENTFAERB.) 64-0313
V. PHOSPHONSAEUREDIESTERN (KINETIK, ATIVIER.-PARAMETER) 62-0246
V. MONOALKYL-PHOSPHITEN MIT H2(18)O 54-0273
CU(II)-KATALYSIERTE, V. 8-HYDROXY-CHINOLIN-SULFAT (KINETIK) 55-0173
ALKAL., V. CYCL. SCHWEFLIGSAEURE- U. KOHLENSAEUREESTERN (KINETIK) 55-0174
V. NITROPHENYL-SULFATEN (KINETIK) 57-0225
V. PHOSPHORSAEURE-P-NITROPHENYL-DIPHENYL-ESTER (KINETIK) 58-0234
V. SULFONYLMETHYLPERCHLORATEN (MECHANISMUS, KINETIK) 59-0225
V. DIAETHYLPHOSPHIT (KINETIK) 61-0245
SAURE, V. 2.4-DICHLORPHENYL-METHYL-N-ALKYL-PHOSPHORAMIDSAEUREESTERN (MECHANISMUS, ENERGETIK U. KINETIK) 64-0274
V. ALLENTOSYLATEN (MECHANISMUS) 62-0330
GLYKOSID-, 2. MITT. (V. ARYL-BETA-D-GLUCOPYRANOSIDEN, INTRAMOL. CARBOXYL- U. ACETAMIDOGRUPPEN-KATALYSE) 61-0243
SAEUREKATALYSIERTE, V. ALPHA- U. BETA-METHYL-D-GLUCOPYRANOSID (KINETIK) 62-0236
V. SULFITEN CYCL. TERPENE (KINETIK, MECHANISMUS) 60-0262
V. ANDROSTANONALKYLENKETALEN (KINETIK) 60 0769
ALKAL. HYDROLYSE V. LIGNIN, 2. MITT. 61-0650
W.-DAMPF- V. BIRKENHOLZ, 3. MITT. 62-0848
HYDROPEROXIDE
* S. UNTER PEROXIDE
HYDROSILYLIERUNG
* S. UNTER ADDITIONSREAKTIONEN
HYDROXAMSAEUREN
U. IHRE DERIV., 3. MITT. 55-0563
U. IHRE DERIV., 4. MITT. 55-0564
INTRAMOL. HYDRAZIDE U. HYDROXAMATE, 1. MITT. 61-0553
HYDRAZIDE U. INTRAMOL. HYDROXAMATE, 2. MITT. 64-0602
HYDRAZIDE U. INTRAMOL. HYDROXAMATE, 3. MITT. 64-0603
O'-ALKYL-O-ARYLSUFONYLBENZHYDROXIMSAEUREN, DARST. AUS O-ALKYLBENZHYDROXIMSAEUREN U. ARYLSULFOCHLORIDEN 57-0355
FORMHYDROXIMSAEUREAMIDE, DARST. AUS 4-HYDROXYIMINO-ISOXAZOLIN-(2)-ONEN-(5) U. AMINEN 60-0537
ARYL-, CYCLISIER. MIT BENZOLSULFONYLCHLORID (NAOH) ZU FUSIONIERTEN AZOLONEN 64-0554
RK. MIT WASSERLOESL. CARBODIIMIDEN, LOSSENSCHE UMLAGER. (KINETIK U. MECHANISMUS) 60-0287
WRKG. AUF D. DNS-, RNS- U. PROTEINSYNTH. IN EHRLICH-ASCITES-TUMORZELLEN IN VITRO 57-0779
PIVALOHYDROXAMSAEUREESTER, DARST. AUS ALPHA-CHLOR-PIVALALDOXIM U. AMINOSAEUREN 55-0563
PIVALOHYDROXAMSAEUREESTER, RK. MIT N-BENZYLOXYCARBONYL-AMINOSAEUREESTER-HYDROCHLORIDEN 55-0563
HYDROXIDIONEN
RK. MIT PHENYLACETATEN (KINETIK, REAKTIVITAET) 63-0237
RK. MIT HALOGENVERB. (RK.-FAEHIGK., RELATIVE NUCLEOPHILIE) 62-0249
HYDROXYALDEHYDE
O-, INTRAMOL. H-BRUECKENBIND. 60-0091
4-HYDROXY-2-ALKENALE, SYNTH. AUS ALKANALEN 55-0239
4-HYDROXY-2-ALKENALE, SYNTH. AUS 4-HYDROXY-ALKINAL-DIAETHYLACETALEN 55-0240
DIHYDROXYNAPHTHALDEHYDE-(1), DARST. AUS DIHYDROXYNAPHTHALINEN U. N.N'-DIPHENYL-FORMAMIDIN 60-0429
(3)H- U. (14)C-HYDROXY-BENZALDEHYDE, DARST. 64-0458
O-, NMR 60-0091
HYDROXYBENZALDEHYDE, EINFL. DER OH-GRUPPEN AUF DIE DARMRESORPT. 62-0853
HYDROXYALKYLIERUNG
* S. UNTER ALKYLIERUNG (UND ARYLIERUNG)
HYDROXYKETONE (ALLGEMEINES)
CHEMIE D. HYDROXYCHINONE, 3. MITT. 53-0251
3.3'-DIHYDROXY-DIPHENOCHINONE, KONSTIT. 53-0113
DIHYDROXYACETOPHENONE, INTER- U. INTRAMOL. H-BRUECKEN 57-0189
POLYHYDROXYANTHRACHINONE, STRUKTUR 58-0826
2-ALKYL(ARYL)MERCAPTO-5-HYDROXY-P-BENZOCHINONE, TAUTOMERIE 61-0402
BIS-(HYDROXY-METHOXYBENZOCHINONYL)-ALKENE, STRUKTUR 59-0788
O-, INTRAMOL. H-BRUECKENBIND. 60-0091
DIACYLFORMOINE, TAUTOMERIE 63-0173
BIS-(HYDROXY-METHOXYBENZOCHINONYL)-ALKENE, ISOLIER. AUS ARDISIA SIEBOLDII 59-0788
POLYHYDROXYANTHRACHINONE, ISOLIER. AUS RHAMNUS FALLAX 58-0826
O-HYDROXY-CHALKONE, DARST. AUS SALICYLALDEHYDEN V. AROMAT. V. HETEROCYCL. KETONEN 53-0408
1'-HYDROXY-BETA-ALKYLAMINO-CHALKONE, DARST. AUS FLAVONEN U. AMINEN 54-0316
HETARYL-CYCLOPENTENOLONE, DARST. AUS HETEROCYCL. SUBSTITUIERTEN GLYOXALEN 54-0417
BETA-SUBSTITUIERTE ACYLOINE, DARST. AUS BIS-TRIMETHYLSILOXY-ALKENEN DURCH SOLVOLYSE 55-0268
TERT.-ALKYL-HYDROXYBENZOCHINONE, DARST. AUS 4-TERT.-ALKYLBRENZCATECHINEN 56-0351
5-AZIDO-TROPOLONE, DARST 56-0386
ALPHA-BENZYL-BENZOINE, DARST. AUS ALPHA-BROM-ALPHA-DESOXYBENZOINEN U. NA-PHENOLAT 56-0401
BENZYL-2-HYDROXYPHENYLKETONE, DARST. AUS 4-HYDROXY-3-PHENYLCUMARINEN 56-0541
KETOLE, SYNTH. (ORIENTIER. D. KONDENS. U. KINETIK) 57-0305
2-HYDROXY-3-ALLYL-6-METHOXYPHENONE, DARST. AUS 2-ACYLRESORCIN-METHYL-ALLYLAETHERN 57-0394
CYCL. ACYLOINE, DARST. AUS CYCL. 1.2-DICARBONSAEUREESTERN U. CHLORTRIMETHYLSILAN 57-0476
METHOXY-BENZOCYCLOALKENONE, DARST. AUS OMEGA-(2-ALKOXYCARBONYLMETHYL-4.5-METHYLENDIOXYPHENYL)-CARBONSAEUREESTERN 57-0520
2-HYDROXYMETHYLEN-CYCLENONE-(1), POLYCYCL., DARST. AUS POLYCYCLENONEN U. AETHYLFORMIAT 57-0731
2-HYDROXY-3-ALKYL-1.4-NAPHTHOCHINONE, DARST. AUS 2-HYDROXY-1.4-NAPHTHOCHINON U. ALKANEN 59-0439
BICYCL. P-CHINOLE, DARST. AUS 5.6.7.8-TETRAHYDRO-NAPHTHOLEN 59-0449
ALPHA-HYDROXY-BETA-DIKETONE, DARST. AUS D. PHOSPHATEN 61-0366
HYDROXY-5.8-DIOXO-5.8-DIHYDRO-CARBOSTYRILE, DARST. 61-0630
3-PHENYLAZO-TROPOLONE, DARST. AUS TROPOLONEN U. BENZOLDIAZONIUM-SALZEN 61-0666
SPINOCHROME, SYNTH. 61-0747
ALPHA- PHOSPHONIOBENZYL-PENTADIONENOLATE, DARST. AUS TERT. PHOSPHINEN U. 3-BENZYLIDEN-2.4-PENTANDION 62-0409
RETHROLONE, SYNTH. V. RAC.-PYRETHROLON, -CINEROLON BZW. -JASMOLON 62-0425
18.19.20-TRIHYDROXY-DELTA(4)-PREGNEN-3-ONE, DARST. 62-0792
DIACYLFORMOINE, DARST. AUS GLYOXALEN 63-0173
ALLYL-2-HYDROXY-6-METHOXY-BENZOPHENONE, DARST. AUS 2-ALLYLOXY-6-METHOXY-BENZOPHENON 64-0505
5-HYDROXY-6-ALKYL-1.4-BENZOCHINONE, DARST. 64-0900
2-HYDROXY-3-HALOGENALKENYL-NAPHTHO-CHINONE, DARST. 57-0447
(5-HYDROXY-BENZOFURYL-(3))-KETONE, DARST. AUS P-BENZO-CHINON U. DIAETHYLAMINO-VINYLKETONEN 57-0495
2BETA.3BETA-DIHYDROXY-6-OXO-5ALPHA-STEROIDE, DARST. 57-0727
ALPHA-(DIMETHYLPHOSPHORYLOXY)-BETA-DIKETONE, DARST. AUS 2.2.2-TRIMETHOXY-4.5-DIMETHYL-1.3.2-DIOXAPHOSPHOLEN U. SAEURECHLORIDEN 61-0366
2-ALKYL(ARYL)MERCAPTO-5-HYDROXY-P-BENZOCHINONE, DARST. AUS RESORCIN U. SULFOXIDEN, DANN OX. 61-0402
HYDROXYCUMARANONE-(3), DARST. AUS HYDROXYACETOPHENONEN 61-0545
TETRAHYDROXYAURONE, DARST. AUS HYDROXYCUMARANONEN-(3) U. TRIACETYLGALLUSALDEHYD 61-0546
3-ACYL-4-HYDROXY-5-ARYLIDEN-5H-THIOPHEN-2-ONE, DARST. 63-0613

ANDROSTATRIENON-(17)-OLE-(19), DARST. 63-0820
HYDROXYKETONE (PHYSIKAL. EIGENSCHAFTEN)
3.3'-DIHYDROXY-DIPHENOCHINONE, IR- V. UV-SPEKTREN 53-0113
HYDROXYCUMARANONE-(3), UV 61-0545
TETRAHYDROXYAURONE, UV 61-0546
TETRAHYDROXYAURONE, IR 61-0546
DIHYDROXY-1.2-BENZOCYCLOHEPTENTIONE-(3.7), MASSENSPEKTREN 62-0095
HYDROXYPROGESTERONE, MASSENSPEKTREN 63-0153
O-, NMR 60-0091
O-HYDROXY-CHALKONE, POLAROGRAPHIE 53-0409
2-HYDROXY-BENZOPHENONE, DISSOZIAT.-KONST. IM GRUND- U. ANGEREGTEN ZUSTAND 57-0186
3'.4'-DIHYDROXY-FLAVONE, REDOXPOTENTIALE 58-0190
DIHYDROXYACETOPHENONE, PK-WERTE 57-0189
HYDROXYKETONE (REAKTIONEN)
SYNTH. V. HETEROCYCLEN MIT HYDROXY-METHYLEN-KETONEN, 9. MITT. 53-0424
HYDROXYBENZOPHENONE CYCLISIER. 53-0402
STEROIDKETOLE SEMIBENZILSAEUREUMLAGER. 55-0556
2-HYDROXY-3-HALOGENALKENYL-NAPHTHO-CHINONE, CYCLISIER. 57-0447
ACYLPHENOLE, UMLAGER. MIT ALCL3 62-0322
4-ARYLOXY-CYCLOHEXADIENONE, THERM. UMLAGER. 63-0434
BICYCL. P-CHINOLE, UMLAGER. MIT H2SO4-ACETANHYDRID 59-0449
4-ARYLOXY-CYCLOHEXADIENONE, THERM. UMLAGER. 63-0434
2-METHOXYBENZOPHENONE, PHOTOCHEM. DEMETHYLIER. 57-0427
RK. V. 2.5-DIHYDROXY-BENZOCHINONEN MIT ALKALI 53-0251
HYDROXYBENZOPHENONE, RK. MIT PCL5 (MECHANISMUS) 54-0308
TERT. STEROIDKETOLE, RK. MIT HJ 61-0781
PHLORACETOPHENONE, C-BENZYLIER. MIT BENZYLHALOGENIDEN (EINFL. D. HALOGENS) 56-0406
2-HYDROXY-PHENONE, RK. MIT SILANEN 56-0608
P-CHINOLE, RK. MIT LI-ORGAN. VERB. (MECHANISMUS) 63-0431
DIMETHOXY-P-BENZOCHINONE, RK. MIT ACETANHYDRID IN GGW. V. NA-ACETAT 61-0400
3-ACYL-4-HYDROXY-CUMARINE, KOSTANECKI-ROBINSON-RK. 63-0663
HYDROXYKETONE (BIOCHEMIE)
5-HYDROXY-6-ALKYL-1.4-BENZOCHINONE, HEMMWRKG. AUF D. COENZYM Q(10)-DPNH-OXYDASE- BZW. -SUCCINOXYDASE-SYST. 64-0900
2-HYDROXY-3-ALKYL-1.4-NAPHTHOCHINONE, COCCIDIOSTAT. WRKG. 63-0897
2BETA.3BETA-DIHYDROXY-6-OXO-5ALPHA-STEROIDE, HAEUT.-HEMMSTOFFE 57-0727
3-ACYL-4-HYDROXY-5-ARYLIDEN-5H-THIOPHEN-2-ONE, IMMUNOSUPPRESSIVE WRKG. 63-0613
HYDROXYKETONE (ANALYSE)
HYDROXYCUMARANONE-(3), ANALYTIK, 2. MITT. 61-0545
HYDROXYLAMIN
KONST. D. RELATIVEN NUKLEOPHILEN REAKTIVITAET BEZ. CH3J 58-0029
RK. MIT PHENYLACETATEN (KINETIK, REAKTIVITAET) 63-0237
RK. MIT HNO2 (KINETIK, MECHANISMUS) , 2. MITT. 60-0297
RK. MIT SALPETR. SAEURE (KINETIK), 3. MITT. 62-0024
RK. MIT CH3J (KINETIK, KONST. D. RELATIVEN NUKLEOPHILEN REAKTIVITAET) 58-0029
RK. MIT 6-CHLOR-PURINEN 63-0871
RK. MIT 1.3-DINITRO-BENZOL (MECHANISMUS) 54-0162
RK. MIT METHYLMETHOXYCARBEN-PENTACARBONYL-CHROM(0) 59-0069
RK. MIT 4-HYDROXY-PTERIDINEN 61-0665
RK. MIT PHENYLACETATEN (KINETIK) 64-0316
RK. D. HYDROCHLORIDS MIT 4'-METHYL-5'-OXO-17BETA-ACETOXY-2'.5'-DIHYDRO-FURO(3'.2'-2.3)-5ALPHA-ANDROSTAN-3XI-OL 59-0761
HYDROXYLAMINVERBINDUNGEN, ORGANISCHE
ALPHA-HYDROXYAMINO-OXIME, CHEMIE, 10. MITT. 62-0566
ALPHA-HYDROXYLAMINO-SAEUREN, 2.MITT. 64-0403
N.N-BIS-(1-CYAN-ALKYL)-, 4.MITT. 54-0239
O.N-DIALKYL-, DARST. 54-0235
N.N-BIS-(1-CYAN-ALKYL)-, DARST. AUS NITRONEN 54-0239
O-(OMEGA-CARBOXY-ALKYL)-, DARST. AUS BENZOPHENONOXIM U. OMEGA-HYDROXY-SAEURELACTONEN 55-0262
CARBOXYALKYL-, DARST. DURCH RED. D. NITROESTER BZW. DURCH VERESTER. D. FREIEN SAEUREN MIT DIAZOMETHAN ODER METHANOL 59-0335
O-PYRIDYL-, DARST. AUS D. PYRIDYL-AMINEN DURCH OX. MIT PERSAEUREN 63-0690
ALPHA-HYDROXYLAMINOSAEUREN, SYNTH. , 1. MITT. 64-0402
2-HYDROXYIMINO-CYCLOALKYL-, DARST. AUS ALPHA-HALOGENKETONEN BZW. 1-OXIMINO-2-CHLORCYCLOALKANEN 54-0301
HYDROXYAMINO-PURINE, DARST. 63-0871
ALPHA-HYDROXYLAMINO-SAEUREN, DARST. 64-0403
SUBSTITUIERTE PHENYL-, UV 59-0794
N.O-DIACYL-, GEHINDERTE ROTAT. 55-0097
N-BENZYLOXYCARBONYL-AMINOSAEURE-PIPERIDYL-(1)-ESTER, VERW. ZUR SYNTH. V. PEPTIDEN 56-0727
ALKYL-, RK. MIT HNO2 (KINETIK, MECHANISMUS) 60-0297
2-HYDROXYIMINO-CYCLOALKYL-, RK. MIT ALDEHYDEN 54-0301
ALPHA-HYDROXYAMINO-OXIME, RK. MIT KETONEN 62-0566
HYDROXYAMINO-PURINE, WRKG. GEGENUEBER LEUKAEMIE L-1210 63-0871
HYDROXYLAMINOLYSE
* S. UNTER SOLVOLYSE
HYDROXYLGRUPPE
4- BEI MORPHIN-ALKALOIDEN, ABSPALT. , 10.MITT. 57-0668
INTRAMOL. WECHSELWRKG. MIT PI-ELEKTRONEN, 22. MITT.
INTRAMOL. OH-PI-WECHSELWRKG. IN OLEFIN. ALKOHOLEN (KONFORM. U. FREQUENZVERSCHIEB.) 60-0082
IN LIGNIN NACH BJOERKMAN, BEST. MITTELS NMR 59-0799
HYDROXYLIERUNG
* S. UNTER OXYDATION
HYDROXYSAEUREN (ALLGEMEINES)
* CYCL. ESTER S. UNTER LACTONE
SUBSTITUIERTE HYDRAZIDE, 42. MITT. 54-0311
OXYDIESSIGSAEUREN, DERIV., 2. MITT. 58-0151
SUBSTITUIERTE HYDRAZIDE, 43. MITT. 58-0224
POLY- ALS KOMPLEXBILDNER, 1.MITT. 59-0025
ALIPHAT., 3. MITT. 61-0363
SUBSTITUIERTE HYDRAZIDE, 45. MITT. 62-0448
SUBSTITUIERTE HYDRAZIDE, 48. MITT. 63-0518
SUBSTITUIERTE HYDRAZIDE, 49. MITT. 63-0716
2-CARBOXY-CYCLOALKANOLE, KONFIG. U. KONFORM. 55-0108
OXYDIESSIGSAEUREN, KONFORM. 58-0151
ALPHA-ALKOXY-FETTSAEUREESTER, LANGKETTIGE, KONFORM. 63-0130
HYDROXYSAEUREN (DARSTELLUNG)
ALKYL-OMEGA-HYDROXYALKYL-MALONESTER, DARST. AUS OMEGA-BROMALKANOLEN U. ALKYL-MALONESTERN 53-0221
OMEGA-HYDROXY-ALPHA-ALKYL-ALKANSAEUREN, DARST. AUS D. LACTONEN 53-0222
N'-AROYL-DIALKYL- U. DIARYLGLYKOLSAEUREHYDRAZIDE, DARST. DURCH AROYLIER. (KINETIK) 54-0311
ALPHA.BETA-DIHYDROXYCARBONSAEUREESTER, DARST. AUS CHLORMETHOXYESSIGSAEUREMETHYLESTER MIT CARBONYLVERB. 55-0251
DIARYLGLYKOLSAEURE-AMINOALKYLAMIDE, DARST. AUS N-ALKYL-OXAMID-ESTERN U. ARYL-MG-BROMIDEN 55-0323
2-ARYLOXY-CARBONSAEUREN, DARST. 56-0298
DI-, DARST. 57-0316
2-ARYLOXY-ACRYLSAEUREN, SYNTH. AUS 2.2-DICHLORPROPIONSAEUREESTERN U. NA-PHENOLATEN 57-0317
5-AETHOXY-ALKEN-(4)-IN-(2)-SAEUREN, DARST. AUS 4-AETHOXY-ALKEN-(3)-INEN-(1) 58-0348
SALICYLSAEUREHYDRAZIDE, DARST. 58-0425
ALPHA-ALKYL-MANDELSAEUREN, DARST. AUS BENZOYLAMEISENSAEURE U. ALKYLBROMIDEN BZW. CARBONYLVERB. 59-0368
TRANS-STILBENYL-(4)-OXY-CARBONSAEUREN, DARST. AUS TRANS-STILBENOLEN-(4) U. 2-BROMCARBONSAEUREESTERN 59-0422
BENZILSAEURE-(3-DIALKYLAMINO-1-PHENYLPROPYLESTER), DARST. AUS BENZILSAEURE U. 1-CHLOR-1-ARYL-3-DIALKYLAMINOPROPANEN 59-0430
BENZILSAEURE-N-(DIALKYLAMINO-ALKYL)-ANILIDE, DARST. AUS N-(DIALKYLAMINOALKYL)-OXANILSAEUREAETHYLESTER U. ARYLMAGNESIUMHALOGENIDEN 59-0431
FURYL-(2)-GLYKOLSAEUREESTER, DARST. AUS FURAN U. GLYOXYL- BZW. MESOXALSAEUREESTERN 60-0486
2-ALKOXY-TETRAFLUORCARBONSAEUREESTER, DARST. AUS HEXAFLUOREPOXYPROPAN U. ALKOHOLEN 61-0527
TRICHLOR-HYDROXY-BUTTERSAEURE-AETHER, DARST. AUS BETA-TRICHLORMETHYL-BETA-HYDROXY-PROPIOLACTON U. ALKOHOLAT 62-0353
5.5'-UREYLEN- U. -THIOUREYLEN-DISALICYLSAEURE-ARYLAMIDE, DARST. AUS 5-AMINOSALICYLSAEURE-ARYLAMIDEN U. PHOSGEN BZW. THIOPHOSGEN 62-0393
METHACRYLAMIDO-PHENOXY-ESSIGSAEUREN, DARST. AUS METHACRYLAMIDOPHENOLEN U. CHLORESSIGSAEURE 62-0406
3-HYDROXY-2(2.4-DI)METHYL-CARBONSAEUREESTER MIT LANGER KETTE, DARST. 63-0392
ALPHA-METHOXY-ALKANSAEUREMETHYLESTER, DARST. AUS METHOXYCHLORESSIGSAEUREMETHYLESTER U. ALKYLALUMINIUMVERB. 63-0669
PYRIDYL-(3)-OXY-ALKANSAEUREN, DARST. AUS 3-HYDROXY-PYRIDIN U. ALPHA-BROM-CARBONSAEUREESTERN 63-0674
BENZILSAEURE-OMEGA-PHENYLALKYLAMIDE, DARST. AUS OMEGA-PHENYLALKYLOXAMINSAEUREAETHYLESTER U. PHENYL-MGBR 63-0744
2-HYDROXY-2-PHENYL-CARBONSAEUREN, STEREOSPEZIF. SYNTH. 63-0757
2-METHOXY-PROPIONSAEURE-TERT.-AMINO-ALKYLESTER, DARST. AUS METHYLACRYLAT U. TERT.-AMINOALKOHOLEN 64-0386
4-CHLOR-3-AETHOXY-BUTTERSAEURE-ALKYLESTER, DARST. AUS ALPHA-BROMZINK-CARBONSAEUREALKYLESTERN U. ALPHA.BETA-DICHLOR-DIAETHYLAETHER 64-0388
2-(4-HYDROXY-PHENYL)-BUTTERSAEUREN, DARST. AUS GAMMA-BUTYROLACTON U. PHENOLDERIV. 64-0442
ALPHA-HYDROXY-ARYLESSIGSAEUREN, DARST. AUS ARYLALDEHYDEN U. CHBR3 64-0445
ARYLPHENANTHROLCARBONSAEUREN, DARST. AUS 2.4.6-TRIPHENYLCHINOLEN U. ACETYLENCARBONSAEUREN 56-0423
OMEGA-PHENYL-OMEGA-HYDROXY-ALKANSAEUREN DARST. AUS OMEGA-BENZOYL-ALKANSAEUREN 57-0371
N-ARYL-N-ALKYL-GLYKOLSAEUREHYDRAZIDE, DARST. AUS GLYKOLSAEUREARYLHYDRAZIDEN (KINETIK, MECHANISMUS) 58-0224

ALPHA-HYDROXY-ISOBUTTERSAEUREESTER, DARST. AUS NA-ALPHA-HYDROXY-ISOBUTYRAT U. ALKYLHALOGENIDEN 60-0351
DIARYL(ALKYL)GLYKOLSAEURE-METHOXYPHENYLHYDRAZIDE, DARST. AUS OXALSAEUREAETHYLESTER-METHOXY-PHENYLHYDRAZIDEN U. ARYL-MGBR 62-0448
SILYLPHENYL-HYDROXY-PROPIONSAEUREAMINOAETHYLESTER, DARST. 63-0458
DIARYL(ALKYL)GLYKOLSAEURE-DICHLORPHENYLHYDRAZIDE, DARST. AUS OXALSAEUREAETHYLESTERHYDRAZIDEN U. ARYL (ALKYL)MAGNESIUMHALOGENIDEN 63-0518
DIARYLGLYKOLSAEURE-(ALPHA.BETA-DIMETHYL-BETA-PHENYLHYDRAZIDE), DARST. AUS OXALSAEUREAETHYLESTER-N.N'-DIMETHYL-N'-PHENYLHYDRAZID U. ARYL-MG-BROMIDEN 63-0716
5-OXO-3-OXA-HEPTANCARBONSAEUREESTER, DARST. AUS 4-FURYL-3-OXA-BUTTERSAEUREESTERN 64-0721

HYDROXYSAEUREN (PHYSIKAL. EIGENSCHAFTEN)
INFRAROTSPEKTREN SAEMTLICHER STELLUNGSISOMERER MONOHYDROXY- U. MONOKETOOCTADECANSAEUREN U. DEREN METHYLESTER,3. MITT.(MONOHYDROXYOCTADECANSAEUREN U. -METHYLESTER) 53-0057
ARYLPHENANTHROLCARBONSAEUREN, UV-SPEKTREN 56-0423
2.6-DIMETHOXY-BENZOYL-ALKYL- U. -ARYLAMINE, UV 64-0452
UV-ABSORPT. 58-0079
ORD U. CD 58-0079
N-ARYL-N-ALKYLGLYKOLSAEUREHYDRAZIDE, HALOCHROMIE 58-0224
6.6'-DIALKOXY-2.2'-DIPHENSAEUREN, ELEKTRONEN STOSSINDUZIERTE H-WANDER. 61-0114
3-ARYL-3-HYDROXY-ISOBUTTERSAEUREESTER, NMR -SPEKTREN 60-0282
OXYDIESSIGSAEUREN, NMR 58-0151
ALPHA-, PK (W. U. W.-METHANOL) 62-0182
4'-ALKOXY-BIPHENYL-4-CARBONSAEUREN, CHOLESTER. FORMEN 60-0181

HYDROXYSAEUREN (REAKTIONEN)
N-HYDROXYACYLAMIDE, UMLAGER. 58-0422
DIARYLGLYKOLSAEURE-(ALPHA.BETA-DIMETHYL-BETA-PHENYLHYDRAZIDE), CYCLISIER. 63-0716
5-OXO-3-OXA-HEPTANCARBONSAEUREESTER, HYDRIERENDE CYCLISIER. 64-0721
BENZILSAEURE-OMEGA-PHENYLALKYLAMIDE, CYCLISIER. (KINETIK) 63-0744
OMEGA-PHENYL-OMEGA-HYDROXY-ALKANSAEUREN, DEHYDRATISIER. 57-0371
2-METHYL-3-HYDROXY-3-ARYL-PROPIONSAEURE, DEHYDRATISIER. (KINETIK) 59-0232
ALPHA-HYDROXY-ISOBUTTERSAEUREESTER, DEHYDRATISIER. 60-0351
ALPHA-HYDROXY-GALLENSAEUREN, NAJO4-OX. 60-0771
DIHYDROXYBENZOESAEUREN, KOMPLEXBLDG. MIT UO2(2+) (KINETIK) 61-0019
3-HYDROXY-CARBONSAEUREESTER, RK. MIT BENZONITRIL 55-0264

HYDROXYSAEUREN (BIOCHEMIE)
HYDROXYBENZOESAEUREESTER, BEZIEH. ZWISCHEN STRUKTUR U. BAKTERIOSTAT. AKTIVITAET AUF GRAMPOSITIVE U. GRAMNEGATIVE ZELLEN 63-0886
2-HYDROXYSEIFEN, BEZIEH. ZWISCHEN STRUKTUR U. BAKTERIOSTAT. AKTIVITAET AUF GRAMPOSITIVE U. GRAMNEGATIVE ZELLEN 63-0886
HYDROXYBENZOESAEUREN, EINFL. DER OH-GRUPPEN AUF DIE DARMRESORPT. 62-0853
SILYLPHENYL-HYDROXY-PROPIONSAEUREAMINOAETHYLESTER, ANTICHOLINERG. WRKG. 63-0458

HYDROXYVERBINDUNGEN
HYDROXYISOINDOLINE, 7. MITT. 61-0179
HYDROXY-CARBONYLDERIV. U. ANALOGA V. BENZOCYCLOHEPTEN, 5. MITT. 62-0095
HYDROXYISOINDOLINE, 3.3-DIMETHYL-2-PHENYL-1-ARYL-1-HYDROXY-ISOINDOLINE, ELEKTRONEN- U. IR-SPEKTREN 61-0179
FLAVANDIOL-(3.4)-DERIV., MASSENSPEKTREN 61-0118
HYDROXYISOINDOLINE, 3.3-DIMETHYL-2-PHENYL-1-ARYL-1-HYDROXY-ISOINDOLINE, PK(A)-WERTE 61-0179
HYDROXYARENE U. HYDROAROMAT. KETONE, DURCH AL2O3-KATALYSIERTE RK., 2. MITT. 62-0454
HYDROXYARENE U. HYDROAROMAT. KETONE, DURCH AL2O3 KATALYSIERTE RK., 3. MITT. 62-0455
HYDROXYPYRIDINE, TAUTOMERIE MIT PYRIDONEN 62-0173
TRIFLUORACETYLIER. MIT ACETYLFLUORACETAT (KINETIK, EINFL. V. BASEN) 58-0226
ANALYTIK D. 1.2-GLYKOLE U. POLYOXYVERB., 7. MITT. 60-0846
ANALYTIK D. 1.2-GLYKOLE U. POLYOXYVERB.,8. MITT. 60-0847
POLY- U. 1.2-GLYKOLE, ANALYTIK, 9. MITT. 60-0848
POLY- U. 1.2-GLYKOLE, ANALYTIK, 10. MITT. 60-0849

HYPERKONJUGATION
* S. UNTER RESONANZ
HYPNOTIKA
* S. UNTER ARZNEIMITTEL
HYPOTENSIVA
* S. UNTER ARZNEIMITTEL
HYPOTHERMIKA
* S. UNTER ARZNEIMITTEL (SPEZIELLE GRUPPEN)

I

ILLUDINE
ILLUDINE, SYNTH. , 1. MITT.(SYNTH. D. SKELETTS) 54-0559
SYNTH., 2. MITT. 60-0750
IMENE
RK. MIT MALONSAEURECHLORIDEN 55-0428
ALIPHAT., RK. MIT O-CHINONDIAZIDEN IN ALKOHOL. LSG. 62-0503

IMIDAZOLE (ALLGEMEINES)
HYDANTOINE, THIOHYDANTOINE U. GLYKOCYAMIDINE, 26.MITT. 57-0532
-, PURINE U. PYRIMIDINE, 27. MITT. 57-0660
U. PURINE U. PYRIMIDINE, 29. MITT. 63-0721
-, PURINE U. PYRIMIDINE, 28. MITT. 63-0775
N-ARYL-, CHARAKTER D. WECHSELWRKG. ZWISCHEN D. PHENYL- U. IMIDAZOLRING, 3. MITT. 64-0258
5H(4H)-IMIDAZOLONE-4(5), 2. MITT. 64-0577
DEKALIN-SPIRO-HYDANTOINE, KONFIG. 56-0509

IMIDAZOLE (DARSTELLUNG)
3-ARYL-5-BENZYLIDEN-2-THIOHYDANTOINE, DARST. AUS 3-ARYL-2-THIOHYDANTOINEN U. CHLOR-(BZW. DIMETHOXY-)BENZALDEHYD (POTENTIELLE ANTICONVULSIVA) 53-0371
5-AMINO-IMIDAZOL-CARBONSAEUREN, DARST. DURCH CARBOXYLIER. D. AMINS 53-0493
HYDANTOIN-SPIRO-TERPENE U. -STEROIDE, DARST. 53-0566
2-IMIDAZOLINE, DARST. AUS AETHYLEN-BISTHIOCARBONSAEUREAMIDEN 54-0470
IMIDAZOLIDIN-4-ONE, DARST. AUS IMIDAZOLIDIN-4-THIONEN 55-0407
IMIDAZOLIDONE, -DIONE U. -THIONE, DARST. AUS SUBSTITUIERTEN BENZILEN U. HARNSTOFF 56-0496
2.4-DIPHENYL-, DARST. AUS PHENACYLBROMIDEN U. BENZAMIDINEN 56-0500
1.4-BIS-(2.4-DIPHENYL-IMIDAZOLYL-(5))-BENZOLE, DARST. AUS 1.4-BIS-PHENYLGLYOXYLOYL-BENZOL , ALDEHYDEN U. AMMONIUMACETAT 56-0500
DARST. AUS PYRAZOLEN DURCH PHOTOISOMERISIER. 56-0503
(2-OXO-IMIDAZOLIDINYL-(1))-AETHANDIOLE, DARST. AUS GLYOXAL U. 2-OXO-IMIDAZOLIDINEN ODER HARNSTOFFEN 56-0506
DEKALIN-SPIRO-HYDANTOINE, DARST. AUS DEKALONEN 56-0509
HYDANTOINE, DARST. AUS ALKINYL-PB-VERB. U. ISOCYANATEN 58-0055
ALPHA.OMEGA-BIS-(4-NITROIMIDAZOLYL-(5)-MERCAPTO)-ALKANE, DARST. AUS CHLORIMIDAZOLEN U. DIMERCAPTOALKANEN 59-0545
ALPHA.OMEGA-BIS-(4-NITROIMIDAZOLYL-(5)-SULFONYL)-ALKANE, DARST. AUS D. MERCAPTOALKANEN 59-0545
4-NITROIMIDAZOLYL-(5)-ARYLSULFONAMIDE, DARST. AUS CHLORIMIDAZOLEN U. NA-SULFONAMIDEN 59-0545
IMIDAZOLINOXYLE, DARST. AUS 1-HYDROXY-IMIDAZOLIN-3-OXIDEN 59-0546
TETRAMETHYL-1-OXYL-DELTA(2)-IMIDAZOLIN-3-OXIDE, DARST. 59-0548
4.5-DICYAN-, DARST. AUS HCN IN FL. NH3 59-0616
2-HYDRAZINO-3-IMIDAZOLYL-4-(ODER 5)-PROPIONSAEUREN, DARST. AUS 2-CHLOR-3-IMIDAZOLYL-4-(ODER 5)-PROPIONSAEUREN 60-0529
2-ARYLOXYCARBONYLMETHYL-IMIDAZOLINE, DARST. AUS BETA-IMINO-BETA-AETHOXY-PROPIONSAEUREARYLESTERN 60-0530
2-ACYLOXYMETHYL-IMIDAZOLINE, DARST. AUS O-ACYL-GLYKOLIMIDSAEUREESTERN 60-0530
IMIDAZOL-2-THION-N- U. -S-BETA-D-GLUCOSIDE, DARST. 60-0697
1-(2-HALOGENAETHYL)-5-NITRO-, DARST. 60-0832
1-(INDOLYL-(3)-METHYL)-, DARST. AUS - MIT GRAMIN 61-0535
DARST. AUS NITRILYLIDEN 62-0551
2-AMIDINOIMINO- -IMIDAZOLIDINDIONE-(4.5), DARST. AUS BIGUANIDEN U. DIAETHYLOXALAT (MECHANISMUS) 62-0559
SYNTH. U. UNTERS., 3. MITT. 62-0564
4-(2-CARBOXY-PHENYL)-5-PHENYL-DELTA(4)-IMIDAZOLIN-THIONE-(2) DARST. AUS N-(INDANDION-(1.3)-YL-(2))-THIOHARNSTOFFEN DURCH UMLAGER. 62-0565
2-ISOIMIDAZOL-N-OXIDE, DARST. AUS N'-HYDROXY-IMIDAZOLIN-N-OXIDEN 62-0566
2.4-DITHIO-PARABANSAEURE-O.N-ACETALE, DARST. AUS DIALKYLFORMAMID-DIALKYLACETALEN U. ISOTHIOCYANATEN 63-0382
5-BENZYLMERCAPTO- U. -SELENOALKYL-, DARST. AUS BENZYLMERCAPTO- U. -SELENOCARBONYLVERB. 64-0411
1- U. 1.2-SUBSTITUIERTE -, DARST. 64-0631
1-SUBSTITUIERTE 2-STYRYL-4-BENZYLIDEN-IMIDAZOLINONE-(5), DARST. AUS ALPHA-CINNAMOYLAMINO-ZIMTSAEUREAMIDEN 64-0642
1.2-DIAMINO-, DARST. AUS 2-AMINO-3-PHENACYL-1.3.4-OXADIAZOLIUMBROMIDEN U. AMINEN 54-0377
1-AMINOALKYL-5(4)-NITRO-4(5)-STYRYL-, DARST. AUS STYRYL-NITROIMIDAZOLEN U. 2-ALKYLAMINO-AETHYLCHLORIDEN 57-0525
5.5-DIARYL- U. 5-ARYL-5-ARYLMETHYL-HYDANTOINE, DARST. AUS BENZILEN U. HARNSTOFF 57-0527
4-NITRO-5-ARYLMERCAPTO-, DARST. AUS CHLORIMIDAZOLEN U. NA-MERCAPTIDEN 59-0545

4-ALKYLMERCAPTO-, DARST. AUS BENZOYLTHIOFORMAMID U. ALDIMINEN 60-0533
4-CHLORACETOXYMETHYL-, DARST. 62-0564
N'-HYDROXY-IMIDAZOLIN-N-OXIDE, DARST. AUS ALPHA-HYDROXYAMINO-OXIMEN U. KETONEN 62-0566
3-SUBSTITUIERTE HYDANTOINE, DARST. AUS HYDANTOIN U. 3-CHLOR-PROPIONSAEUREAETHYLESTER BZW. ACRYLSAEUREDERIV. 63-0635
IMIDAZOLE (PHYSIKAL. EIGENSCHAFTEN)
DIPHENYL-, MASSENSPEKTREN 62-0100
IMIDAZOLIDINE, NMR 60-0095
HALOGEN-, NMR 61-0126
IMIDAZOLE (REAKTIONEN)
DELTA(4)- IMIDAZOLINONE-(2), PHOTOCHEMIE , 1. MITT. 56-0499
2-METHYL-4(5)-NITRO-, 1-SUBSTITUT., 1. MITT. 57-0526
4-ALKYLMERCAPTO-, METHYLIER. 60-0533
IMIDAZOL-RING, SUBSTITUT., 7. MITT. 63-0635
4(5)-ISONITROSOIMIDAZOLONE, RK. 64-0577
N'-HYDROXY-IMIDAZOLIN-N-OXIDE, UMLAGER. 62-0566
IMIDAZOLIDINDIONE, KETO-ENOL-TAUTOMERIE 64-0212
4-ALKYLMERCAPTO-, OX. MIT JOD 60-0533
IMIDAZOLIDINTHIONE-(4), RK. MIT H2O2 BZW. KMNO4 55-0407
SENSIBILISIERTE PHOTO-OX. 62-0562
IMIDAZOLIUMJODIDE REDUKTIVE RINGSPALT. MIT NABH4 59-0326
S-ALKYL-4-THIOHYDANTOINE, MECHANISMUS D. DESULFURIER. (ALCL3) 57-0532
IMIDAZOLIDINTHIONE-(4), HYDROLYSE 55-0408
N-SUBSTITUIERTE, RK. MIT AETHYLJODID (KINETIK) 64-0258
1.2-DIAMINO-, RK. MIT BENZALDEHYDEN 54-0377
IMIDAZOLIDINTHIONE-(4), RK. MIT CARBONYLVERB. 55-0407
IMIDAZOLE (BIOCHEMIE)
1-AMINOALKYL-5(4)-NITRO-4(5)-STYRYL-, WRKG. IN VITRO AUF TRICHOMONAS VAGINALIS, ENTAMOEBA HISTOLYTICA U. CANDIDA ALBICANS 57-0525
2-METHYL-4(5)-NITRO-, WRKG. AUF TRICHOMONAS VAGINALIS 57-0526
1-(2-HALOGENAETHYL)-5-NITRO-, WRKG. GEGEN HISTOMONAS MELEAGRIDIS 60-0832
3-SUBSTITUIERTE HYDANTOINE, UNTERDRUECK. D. MOTOR. AKTIVITAET 63-0635
5.5-DIARYL- U. 5-ARYL-5-ARYLMETHYL-HYDANTOINE, KRAMPFLOESENDE WRKG. 57-0527
IMIDCHLORIDE (IMINOCHLORIDE)
ARENSULFONYLBENZ-, 3.MITT. 56-0353
N-ARYLSULFONYL-, BLDG. AUS ARYLSULFONAMIDEN U. SAEURECHLORIDEN 57-0356
N-ARYLSULFONYL-, FRAGMENTIER. IN NITRILE 57-0356
IMIDOAETHER (IMINOAETHER, IMINOESTER)
RK. MIT IMIDSAEUREESTERN,8. MITT.(CHINOLINE AUS ISATIN U. ALIPHAT. IMINOVERB.) 53-0398
DARST. AUS AMIDEN MIT TRIAETHYLOXONIUM-TETRAFLUOROBORAT 56-0317
DARST. AUS ALPHA-CYAN-AMINEN 57-0307
N-(ALPHA-TOSYLAMINOACYL)-BETA-ALANINIMIDSAEUREESTER, DARST. AUS D. NITRILEN 58-0387
PROPIONIMIDSAEUREESTER, DARST. AUS NITRILEN 64-0758
UMSETZ. MIT IMIDSAEUREESTERN,9. MITT.(CHINAZOLONE, AZA-CHINAZOLONE U. AMIDINE AUS IMIDSAEUREESTERN U. AROMAT. AMINOCARBONSAEUREN) 53-0399
IMIDSAEUREESTER, RK., 10. MITT. 62-0661
IMIDSAEUREESTER, RK., 11. MITT. 62-0662
IMIDSAEUREESTER, RK., 12. MITT. 64-0656
PROPIONIMIDSAEUREESTER, CYCLISIER. 64-0758
RED. MIT NABH4 56-0317
HYDROLYSE (BEZIEH. D. MECHANISMUS ZU D. V. ACYLUEBERTRAG.-RK.) 64-0273
RK. MIT ISATINEN 53-0398
RK. MIT AROMAT. AMINOCARBONSAEUREN 53-0399
IMIDSAEUREESTER, RK. MIT AMINOTHIOPHEN-CARBONSAEUREESTERN 62-0661
IMIDSAEUREESTER, RK. MIT AMIDRAZONEN 64-0656
RK. MIT TRIS-(DIMETHYLAMINO)-PHOSPHIN 62-0350
IMIDODIPHOSPHINSAEUREN
* S. UNTER PHOSPHAZENE
IMIDOKOHLENSAEUREN
N-ALKYLIMINOKOHLENSAEUREDIALKYLESTER, RK.,2. MITT. 59-0321
N-ALKYLIMINOKOHLENSAEUREDIALKYLESTER, RK.,3. MITT. 59-0322
N-ALKYLIMINOKOHLENSAEUREDIALKYLESTER, RK.,4. MITT. 59-0323
IMIDOKOHLENSAEUREN, BEST. D. FREIEN ENTHALPIE D. SYN-ANTI-ISOMERISIER. U. D. GESCHW.-KONST. AUF NMR-BASIS 56-0164
N-ALKYL-IMINOKOHLENSAEURE-(O.O- BZW. S.S)-DIALKYLESTER, RK.,1. MITT. 59-0320
IMIDOTHIOAETHER
S-ALKYL-THIOHYDROXIMATE, DARST. V. SYN- U. ANTI-ISOMEREN 58-0373
IMINO-AETHYLMERCAPTO-N.N-DIMETHYL-ACETAMIDE, DARST. AUS DIALKYLFORMAMID-DIALKYLACETALEN U. ISOTHIOCYANATEN
S-ALKYL-THIOHYDROXIMATE, BECKMANN-UMLAGER. 58-0373
IMIDOTHIOKOHLENSAEUREN
N-ALKYLIMINODITHIOKOHLENSAEUREESTER, RK., 2. MITT. 59-0321
N-ALKYLIMINODITHIOLKOHLENSAEUREESTER, RK.,3. MITT. 59-0322
N-ALKYLIMINODITHIOLKOHLENSAEUREESTER, RK.,4. MITT. 59-0323
IMIDOTHIOKOHLENSAEUREN, BEST. D. FREIEN ENTHALPIE D. SYN-ANTI-ISOMERISIER. U. D. GESCHW.-KONST. AUF NMR-BASIS 56-0164
N-ALKYL-IMINOKOHLENSAEURE-(O.O-BZW. S.S)-DIALKYLESTER, RK., 1. MITT. 59-0320
CHLOR-ALKYLMERCAPTOMETHYLEN-SULFONAMIDE RK. MIT SBCL5 62-0388
N-ALKYL-IMINODITHIOKOHLENSAEURE-DIMETHYLESTER, RK. MIT KETENEN 59-0320
IMINE
* S. AUCH SCHIFFSCHE BASEN
* KETEN- S. IMENE
HETEROCYCL., 11. MITT. 62-0502
CYCL. BETA-AMINOVINYL-, 5. MITT. 63-0529
IMINO-N-HETEROCYCLEN, AMINO-IMINO-TAUTOMERIE 63-0214
N-ALKYL-, KONFIG. U. KONFORM. 62-0127
IMINOCYCLOPROPENE, DARST. AUS DIPHENYL-CYCLOPROPENON U. ISOCYANATEN 56-0381
O-HYDROXYBENZYL-BENZYLIDEN-AMMONIUM-TRIFLUORACETATE, DARST. AUS AZOMETHINEN BZW. 3.4-DIHYDRO-2H-1.3-BENZOXAZINEN U. TRIFLUORESSIGSAEURE 58-0177
HETEROCYCL., DARST. 58-0545
CYCLOALKYL-, DARST. AUS CYCL. OLEFINEN U. PIKRYLAZID 59-0487
N-PHENYL-CHINONIMINOXIMAETHER U. -ESTER, DARST. AUS N'-PHENYL-1.4-BENZOCHINONIMINOXIM U. CHLORIDEN 62-0385
N-ACYL-TRIHALOGENACETALD- ALS REAKTIVE ZWISCHENSTUFEN BEI ELIMINIER.-ADDIT.-RK., 7. MITT. 63-0632
CYCL. BETA-AMINOVINYL-, DARST. AUS BETA-AETHOXY-VINYLIMINEN U. AROMAT. AMINEN 63-0529
METALLCHELATE V. ALDIMINOZUCKERN, ORD 63-0107
O-HYDROXYBENZYL-BENZYLIDEN-AMMONIUM-TRIFLUORACETATE, NMR 58-0177
ARYLIMINO-AMINOBENZOPHENOXAZINE (MELDOLABLAU-DERIV.) , PK (STRUKTUREINFL.) 63-0225
N-ACYL-TRIHALOGENACETALD- ALS REAKTIVE ZWISCHENSTUFEN BEI ELIMINIER.-ADDIT.-RK., 6. MITT. 56-0315
P-CHINONDI-, ISOMERISIER. AN D. C=N-DOPPELBIND. 59-0188
CYCLOPROPYL-, THERM. UMLAGER., 2. MITT. 62-0726
DIAZACUMULENE, ISOMERISIER. (MO-UNTERS.) 63-0177
1.2-DI-, ELEKTROCHEM. RED. 61-0674
REDUKTIVE ALKYLIER. MIT NA U. NH3 64-0698
N-DICHLORMETHYLEN-CARBONSAEUREAMIDE, RK. MIT SBCL5 62-0388
N-ALKYL-CYCLOHEXANON- U. N-ALKYL-ISOBUTYRALDEHYD- RK. MIT ALKYL- U. ARYLISOCYANATEN U. -- ISOTHIOCYANATEN 64-0488
CYCLOADDIT. V. KETENEN, 2. MITT. 62-0514
N-ALKYL-CYCLOHEXANON- U. N-ALKYL-ISOBUTYRALDEHYD- RK. MIT SAEURECHLORIDEN 64-0488
HETEROCYCL., RK. MIT 6-METHOXY-3-METHYL-2-(PTOLUOLSULFONYLAZO)-BENZTHIAZOLIUM-TETRAFLUORBORAT 58-0545
IMINOPHOSPHORANE
* S. PHOSPINIMINE
IMINOXY-RADIKALE
* S. UNTER RADIKALE (N-RADIKALE)
IMMONIUMVERBINDUNGEN
* S. AUCH AMMONIUMVERBINDUNGEN,QUARTAERE
2-ALKYL-TRIMETHINIUMSALZE, DARST. AUS ALKYLMALONSAEUREN U. DMF 54-0237
ALIPHAT., DARST. AUS DIMETHYLAMMONIUMPERCHLORAT U. UNGESAETT. ALDEHYDEN 59-0292
RED. MIT ORGANO-MG-VERB. (STEREOCHEMIE) 57-0213
PHOTO-RK. MIT FORMAMID 54-0347
IMMUNISIERUNG
IMMUNOCHEM. UNTERS. U. PHOSPHOLIPIDEN, 2. MITT. 59-0784
IMMUNHEMMENDE WRKG. V. BENZOFURAZANEN U. -FUROXANEN 60-0558
IMMUNOSUPPRESSIVE WRKG V. 4-HYDROXY-2-OXO-3-ACYL-5-ARYLIDEN-2.5-DIHYDRO-THIOPHENEN 63-0613
INDACENE
ASYMM., DARST. AUS FURANOCYCLOPHAN 58-0064
HYDRINDACENE, DARST. AUS XYLOLEN U. ISOPREN 63-0528
ASYMM., NMR 58-0064
ASYMM., RK. 58-0064
INDAZOLE
* S. BENZOPYRAZOLE
INDENE (ALLGEMEINES)
PERHYDROINDANDERIV., 8. MITT. 58-0528
PERHYDROINDAN-DERIV., 9. MITT. 61-0486
PERHYDROINDAN-DERIV., 10. MITT. 61-0487
INDANDIONYL-ESSIGSAEURE-AMINO-AETHYLAMIDE , RING-KETTEN-ISOMERIE 60-0427
TRANS-HYDRINDANE, KONFIG. 56-0412
1-AETHYLIDEN-, KONFIG. 57-0440
2-PYRIDYLMETHYLEN-INDAN-3-ONE, KONFORM. 62-0139
INDENE (DARSTELLUNG)
ALPHA-HYDRINDANONE, DARST. 54-0080
TRIARYL-, DARST. 54-0174
3-PHENYL-1-TRIMETHYLAMMONIO-, DARST. AUS 3.3-DIARYL-3-HYDROXYPROPENYL-TRIMETHYLAMMONIUMVERB. 54-0320

NITROAETHYL-INDANDIONE-(1.3), DARST. AUS INDANTIONEN-(1.3) U. NITROAETHYLENEN 55-0390
AMINOAETHYL-INDANDIONE-(1.3), DARST. AUS NITROAETHYL-INDANDIONEN-(1.3) 55-0390
2-((3-ARYL-THIOCARBAMIDO)-BENZYL)-INDANDIONE-(1.3), DARST. AUS 2-(P-AMINO-BENZYL)-INDANDION-(1.3) U. ISOTHIOCYANATEN 57-0439
INDENYLIDEN-HETEROCYCLEN, DARST. AUS INDENEN U. PYRINDERIV. 57-0567
2-AMINO-INDANDIONE-(1.3), DARST. AUS AMINEN U. INDANDIONEN-(1.3) IN GGW. V. BR2 58-0498
7A-METHYL-1-ACETYL-HYDRINDANE, DARST. AUS 7A-METHYL-HYDRINDANONEN-(1) 59-0134
2-CYCLOHEPTATRIENYLIDEN-INDANONE, DARST. AUS INDANONEN U. TROPYLIUMFLUORCBORAT 60-0426
2-SUBSTITUIERTE INDANDIONE-(1.2), DARST. AUS INDANTRION U. ORGANOPHOSPHORVERB. 61-0488
2-PYRIDYLMETHYLEN-INDAN-3-ONE, DARST. 62-0139
2-(1.3-DIPHENYL-3-OXO-PROPYL)-INDANDIONE-(1.3), DARST. 62-0445
3-AMINO-2-BENZAL-INDANONE, DARST. AUS 3-BROM-2-BENZAL-1-INDANON U. AMINEN (KINETIK) 63-0525
INDANE, DARST. AUS ALKYLBENZOLEN U. ISOPREN 63-0528
1.3-DIARYL-2.2-SPIROPHTHALOYL-CYCLOHEXANONE-(5) DARST. AUS DIARYLIDENACETON U. INDANDION-(1.3) 63-0554
SPIRO-BIINDANTETROLE, DARST. AUS 3-TERT.-ALKYL-BRENZCATECHINEN 63-0564
INDANCARBONSAEUREN, DARST. AUS HYDROZIMTSAEURE 55-0567
TRANS-HYDRINDANE, DARST. V. 5-SUBSTITUIERTEN DERIV. 56-0412
2-((3-ARYL-THIOCARBAMIDO)-BENZAL)-INDANDIONE-(1.3), DARST. AUS 2-(M-AMINO-P-METHOXY-BENZAL)-INDANDION-(1.3) U. ISOTHIOCYANATEN BZW. AUS INDANDION-(1.3) U. (3-ARYL-THIOCARBAMIDO)-BENZALDEHYDEN 57-0439
2-ALKYLAMINO-2-PHENYL-INDANDIONE-(1.3), DARST. AUS 2-AETHYLENIMINO-2-PHENYL-INDANDION-(1.3)-PIKRAT U. ALKOHOLEN 59-0435
2-ARYL-INDAN-1.3-DIONE, DARST. AUS ISOCUMARANON-(1) U. AROMAT. ALDEHYDEN BZW. AUS PHTHALSAEUREANHYDRIDEN U. ARYLESSIGSAEUREN 60-0424
INDANDIONYL-ESSIGSAEURE-AMINO-AETHYLAMIDE , DARST. AUS D. AZIRIDID D. ENTSPRECHENDEN ESSIGSAEURE U. SEK. AMINEN 60-0427
P-HYDROXY-BENZYLINDANE, DARST. 60-0776
P-METHOXYPHENYL-INDANE, DARST. AUS BIPHENYL-DERIV. 63-0530
INDANDION-(1.3)-CHINOMEROCYANINE, DARST. AUS METHYLCHINOLINIUMSALZEN U. METHENYL-BIS-INDANDION-(1.3) 64-0713

INDENE (PHYSIKAL. EIGENSCHAFTEN)
-RINGSYST., PROTON-BEWEGLICHK., 11.MITT. 58-0138
INDANDION-(1.3)-CHINOMEROCYANINE, SICHTBARES ABSORPT.-SPEKTRUM 64-0713
INDANDION-(1.3)-CHINOMEROCYANINE, SOLVATOCHROMIE 64-0713
INDENTAUTOMERE, MOLEKULARORBITAL BERECHN. 58-0138
2-PYRIDYLMETHYLEN-INDAN-3-ONE, DIPOLMOMENTE 62-0139
ALPHA-HYDRINDONE, MASSENSPEKTROMETRIE 54-0080
7A-METHYL-1-ACETYL-HYDRINDANE, MASSENSPEKTROMETRIE 59-0134
INDANONE, NMR -SPEKTREN (BEZIEH. ZUR KONFORM.) 54-0066
2-BENZYLIDEN-INDAN-1.3-DIONE, ACIDITAETSKONST. IN CH3OH 64-0227

INDENE (REAKTIONEN)
PERHYDRO-, BRUECKENKOPFALKYLIER. 58-0528
BIS-INDENYLE, POLYMERISAT., 4. MITT. 54-0321
BIS-(INDENYL)-ALKANE, KATION. POLYMERISAT. 54-0321
1-ALLYL-, CYCLISIER. 55-0341
2-(1-HYDROXY-INDANYL-(1))-PROPENOXIDE, STEREOSELEKTIVE UMLAGER. 57-0437
2-(ACYLMETHYL)-INDANDIONE-(1.3), ISOMERISIER. (NA-METHYLAT) 57-0441
N-(INDANDION-(1.3)-YL-(2))-THIOHARNSTOFFE, UMLAGER. 62-0565
AMINOAETHYL-INDANDIONE-(1.3), CYCLISIER. 55-0390
PERHYDRINDANONE-(5), OX. MIT SEO2-H2O2 (EINFL. D. KONFIG.) 62-0450
NITROAETHYL-INDANDIONE-(1.3), RED. 55-0390
2-ALKYLAMINO-2-PHENYL-INDANDIONE-(1.3), RK. MIT TERT. AMINEN 59-0435
2-(ALPHA-AMINO-BENZYL)-INDENONE, AMIN-AUSTAUSCH-RK. (KINETIK) 63-0526

INDENE (BIOCHEMIE)
INDANCARBONSAEUREN, ANTIBAKTERIELLE WRKG. 55-0567
2-ARYL-INDAN-1.3-DIONE, ANTIINFLAMMATOR. U. KOAGULAT.-HEMMENDE WRKG. 60-0424
P-HYDROXY-BENZYLINDANE, ANTIGONADOTROPE U. SCHWACHE OESTROGEN-WRKG. AN RATTEN 60-0776
P-METHOXYPHENYL-INDANE, SCHWACHE OESTROGENWRKG. 63-0530

INDIGOFARBSTOFFE
* S. UNTER FARBSTOFFE (INDIGOFARBSTOFFE)

INDIKATOREN
ACIDOBAS., OXAZINE, 4. MITT. 55-0147
SAEURE-BASE-, OXAZINE ALS --, 6. MITT. 55-0597
SAEURE-BASE-, VERW. V. 7-AMINOPHENOXAZONE N-(3) 55-0597
ACIDIMETR. FARB- IN NICHTWSS. LSGM. (PYRYLO-CARBOCYANINEN) 59-0582
ACIDOBAS., OXAZINE, 5. MITT. 63-0225

INDIUMVERBINDUNGEN
ORGANOINDIUMCHEMIE, 2. MITT. 63-0067
IN(CH3)3-KOMPLEXE, DARST. 55-0022
DIMETHYL-(PHENYLAETHINYL)-INDIUM, DARST., STRUKTUR 58-0048
IN-TRIALKYLE, DARST., RK. D. AETHERATES MIT IMINOPHOSPHORANEN, TRIALKYL-IN-KOMPLEXE V. IMINOTRIALKYLPHOSPHORANEN, DARST. 61-0040
METHYL-IN(III)-HALOGENIDE, RK. MIT PHOSPHINEN U. N-HETEROCYCLEN 63-0067
1 ZU 1-KOMPLEXE V. IN(III) MIT POLYAMINOPOLY-CARBOXYLATEN, STABILITAET 56-0044
DIAETHYL-IN-AZID, DARST., EIG., IR- U. RAMANSPEKTRUM 59-0009
((C6H5)4AS)(+) U. ((C2H5)4N)(+)((CH3)2INCL2)(-) , DARST. 63-0067
IN2(SO4)3.9H2O EINFL. AUF D. DECARBOXYLIER. V. OXALESSIGSAEURE 58-0292

INDOLE (ALLGEMEINES)
GLYCOSYL-, 7. MITT. 55-0494
BAS. SUBSTITUIERTE TRYPTAMINE U. TRYPTOPHOLE, 1. MITT. 57-0504
1. MITT. 57-0512
1-ACYL-, 2. MITT. 59-0530
UNTERS. IN D. INDOLREIHE, 20. MITT. 60-0141
DERIV., 24. MITT. 60-0686
OX-, 2. MITT. 61-0560
-DERIV., 29. MITT. 62-0544
-DERIV., 31. MITT. 62-0545
UNTERS. IN D. INDOLREIHE, 4. MITT. 62-0634
3. MITT. 63-0620
INDOLINSPIROPYRANE, PHOTOCHROMIE, 3. MITT. 63-0668
1-ACYL-, 4.MITT. 64-0604
4. MITT. 64-0801
5. MITT. 64-0802
1-HYDROXY-2-CARBOXY- TAUTOMERIE 59-0532
INDOLINTHIONE-(2), STRUKTURBEST. DURCH SPEKTREN 62-0174

INDOLE (DARSTELLUNG)
ALKYL- DARST. AUS INDOL-NA U. ALKYLHALOGENIDEN 53-0344
SYNTH. IN D. INDOLREIHE, 3. MITT. 53-0345
CYAN- U. CARBOXY-, DARST. 53-0345
DARST. AUS AROMAT. KETONEN U. TERT.-BUTYL-ISOCYANID 53-0349
N-TRICHLORMETHANSULFENYL)-ISATINE, DARST. AUS ISATINEN U. TRICHLORMETHANSULFENYL-CHLORID 53-0350
2.3.4.5.6.7-HEXAHYDRO-INDOLONE-(4), DARST. AUS NITROAETHYL-CYCLOHEXANDIONEN-(1.3) 55-0390
AMINOALKYL-, DARST. 55-0393
3.3-SPIRO-, DARST. AUS TRYPTAMIN 57-0500
INDOLINE, DARST. DURCH CYCLISIER. V. BENZALDEHYDHYDRAZONEN 57-0506
3.3-DISUBSTITUIERTE 3H-INDOLONE-(2), DARST. AUS OXINDOLEN U. 3-OXO-BUTANAL-AETHYLENKETAL 57-0509
1-(2-CARBOXY-AETHYL)- U. 1-(3-AMINO-PROPYL)-, DARST. AUS 1-(2-CYAN-AETHYL)-INDOLEN 57-0514
3-(1.2-DIOXOPROPYL)-, U. DERIV., DARST. 57-0515
U. INDOLALKALOIDE, DARST., 6. MITT. 57-0684
DIMETHYLAMINO-INDOLIN-DIMETHOJODIDE, DARST. AUS AMINOINDOLINEN 57-0805
DIMETHYLAMINO-PERHYDROINDOL-DIMETHOJODIDE, DARST. AUS DIMETHYLAMINO-PERHYDROINDOLEN 57-0805
DARST. AUS 2.BETA-DINITRO-STYROLEN 58-0669
INDOLNUCLEOSIDE, DARST. AUS 1-(BETA-D-RIBO(FURANOSYL) PYRANOSYL)-INDOLINEN DURCH OX. 58-0698
DARST. AUS O-NITRO-STYROLEN 59-0528
1-HYDROXY-2-CARBOXY- DARST. 59-0532
PIPERIDYL-(4)-, DARST. AUS (1.2.3.6-TETRAHYDRO-PYRIDYL-(4))-INDOLEN 59-0600
3.3-DIPROPYL-OX-, DARST. AUS 3.3-DIALLYL-OXINDOLEN 60-0514
1-ALKYL-3-CARBOXY-2-METHYL-TETRAHYDRO-, DARST. AUS ALPHA-BROM-CYCLOHEXANON U. BETA-ALKYLAMINO-CROTONSAEURE-AETHYLESTERN 60-0520
1-ARYL-OX-, DARST. AUS O-CHLOR-PHENYLESSIGSAEURE U. ARYLAMINEN 60-0522
N.N-POLYMETHYLEN-HYDROINDOLINIUMVERB., DARST. AUS ALPHA-CHLOR-ACRYLNITRIL U. ENAMINEN 61-0509
3-HYDROXYBENZYL- U. 3-IMIDAZOLYL-(1)-METHYL-, DARST. AUS GRAMIN U. PHENOLEN BZW. IMIDAZOLEN 61-0535
3-PHENYL-OX-, DARST. 62-0495
HYDROXY-, DARST. AUS HYDROXY-PHENYLHYDRAZONEN V. 2-OXO-CARBONSAEUREESTERN 62-0504
5-TRIMETHYLSILYL-, DARST. AUS INDOLIN U. TRIMETHYLCHLORSILAN 62-0537
3-THIOUREIDOALKYL-, DARST. AUS TRYPTAMINEN U. ISOCYANATEN 62-0544

DARST. AUS (2-NITRO-PHENYL)-BERNSTEINSAEURE 62-0547
3H-, DARST. AUS ISONITRILEN U. KETONEN 63-0614
HALOGEN- BZW. TRIFLUORMETHYL-, DARST. AUS 2-HALOGEN- BZW. 2-TRIFLUORMETHYL-1.4-BENZOCHINONEN U. CROTONSAEUREESTERN 63-0617
DARST. DURCH PYROLYSE V. BETA-AZIDO-STYROLEN 63-0618
6-HYDROXY- U. -INDOLINE, DARST. 63-0620
BIS-INDOLYL-POLYARYLE, DARST. AUS DIACETYL-BIS-PHENYLHYDRAZONEN V. POLYARYLEN 63-0673
DARST. AUS STYRYLAZIDEN 64-0553
1-ALKYL-5-HYDROXY-2-PHENYL-, DARST. AUS CHINONEN U. BETA-ALKYLAMINO-ZIMTSAEUREESTERN 64-0614
2-SKATYL-ALKYLPYRIDINE, DARST. AUS 2-HYDROXYMETHYL-ALKYL-PYRIDINEN U. INDOL 64-0689
INDOLYL-(3)-ESSIGSAEUREAETHYLESTER, DARST. AUS LAEVULINSAEUREAETHYLESTER U. ARYLHYDRAZINEN 55-0387
1-SUBSTITUIERTE N-ACYLTRYPTAMINE U. TRYPTOPHOLESTER, DARST. 57-0504
DARST. AUS INDOLINEN (RANEY-NI, KINETIK) 57-0512
1- U. 3-BENZYL-, SYNTH. 57-0513
1.2.3.6-TETRAHYDRO-PYRIDYL-(4)-, DARST. AUS D. 4-PYRIDINIO-INDOLEN MIT NABH4 59-0600
2.3-DIALKYL-, DARST. AUS 3.3-DIALKYL-INDOLENINEN DURCH SAEUREKATALYSE 60-0513
3.3-DIALLYL-OX-, DARST. AUS OXINDOLEN U. ALLYLBROMID 60-0514
U. OX-, DARST. AUS ALPHA-BENZOYL-O-ANILINO-PHENYLESSIGSAEUREMETHYLESTERN U. D. ENOL-FORMEN 60-0516
OX-, DARST. DURCH MICHAEL-ADDIT. V. MALONSAEUREDIESTER AN TRANS-BENZYLISATYLIDENESSIG-SAEUREESTER 61-0560
3-(ISOTHIOUREIDO-(2)-ALKYL)-, DARST. AUS OMEGA-(INDOLYL-(3))-ALKYLBROMIDEN U. THIOHARNSTOFF 62-0544
OMEGA-(INDOLYL-(3))-FETTSAEURE-BETA-GLYCERIDE, DARST. AUS OMEGA-(INDOLYL-(3))-FETTSAEURE-ALPHA.ALPHA'-BENZYLIDENGLYCERIDEN 62-0545
6-HYDROXY- U. -INDOLINE, SYNTH. 63-0620
INDOLIN-2-SPIRO-2'-(2H-1)BENZOPYRANE, DARST. AUS INDOLINEN U. NITROSALICYLALDEHYDEN 63-0667
INDOLINSPIROPYRANE, MARKIERTE, DARST. 63-0668
1-AROYL-3-CARBOXYALKYL-, DARST. AUS N(1)-AROYL-ARYLHYDRAZINEN U. LAEVULINSAEURE 64-0604
INDOLE (PHYSIKAL. EIGENSCHAFTEN)
1.2.3.6-TETRAHYDRO-PYRIDYL-(4)-, UV 59-0600
INDOLINOSPIROPYRANE, PHOTOCHROMIE, 2. MITT. 63-0104
CHARGE-TRANSFER-KOMPLEXE V. METHOXY- U. TRYPTAMINEN, LCAO-MO-BERECHN. 60-0141
MASSENSPEKTROMETRIE 63-0155
1-HYDROXY-2-CARBOXY- NMR 59-0532
INDOLE (REAKTIONEN)
RK., 5. MITT. 55-0447
ELEKTROPHILE SUBSTITUT., 2. MITT. 57-0500
ELEKTROPHILE SUBSTITUT., 3. MITT. 60-0513
SUBSTITUT. IN D. SEITENKETTE(MECHANISMUS) 61-0259
RINGERWEITER. MIT CH2BR2-CH3LI (KINETIK, MECHANISMUS) 61-0300
OXINDOLYL-(U. -YLIDEN)-KETONE, SCHMIDT-RK. 61-0559
MIT D. GRUPPIER. C6H5-N-C-N (RING-KETTEN-TAUTOMERIE) 57-0684
1.2.3.6-TETRAHYDRO-PYRIDYL-(4)-, LICHTEMPFINDL. 59-0600
3-PHENYL-OX-, OX. D. NA-SALZE ZU 2-AMINO-BENZOPHENONEN 62-0495
QUATERN. TRYPTAMIN-SALZE, BIRCH-RED. 56-0487
ACYL-, RED. MIT B2H6 58-0580
SPIRO(3H-2-BENZOPYRAN-3.2'-INDOLINE), PHOTOOX. 63-0104
BROMIER. 54-0368
1-HYDROXY-2-CARBOXY-, RK. MIT BR2 59-0532
INDOLYL-(3)-ESSIGSAEUREAETHYLESTER, RK. MIT AMINEN U. HYDRAZIN 55-0387
METALLDERIV., AMINOALKYLIER., 2. MITT. 55-0393
RK. MIT HYDROXMETHYLPHENOLEN 57-0513
RK. MIT HYDROXYBENZYLHALOGENIDEN 61-0564
3-TRIMETHYLAMMONIOMETHYL-, RK. D. SALZE MIT NA-P-METHYLTHIOPHENOLAT (KINETIK, MECHANISMUS) 61-0259
INDOLENINE, GRIGNARD-RK. 63-0623
ISATINE, RK. MIT 2-ACETYLFURANAN 62-0612
ISATINE, RK. MIT IMIDOESTERN BZW. AMIDINEN 53-0398
INDOLE (BIOCHEMIE)
DIMETHYLAMINO-INDOLIN-DIMETHOJODIDE, GANGLIENBLOCKIERENDE AKTIVITAET 57-0805
DIMETHYLAMINO-PERHYDROINDOL-DIMETHOJODIDE, GANGLIENBLOCKIERENDE AKTIVITAET 57-0805
ZUM VGL. MIT AMANITAGIFTEN, 7. MITT. 62-0834
INDOLIZINE
U. CHINOLIZINE, 2. MITT. 55-0426
U. CHINOLIZINE, 3. MITT. 55-0427
U. CHINOLIZINE, 4. MITT. 56-0567
SYNTH. AUS PYRIDINEN U. PROPIOLSAEURE-METHYLESTER 63-0581
DARST. AUS PYRIDYL-(2)-ESSIGSAEURE-ESTERN 55-0427
3-AROYLTHIOCARBAMOYL-, DARST. AUS INDOLIZINEN U. AROYLISOTHIOCYANATEN 58-0635
RK. MIT AROYL-ISOTHIOCYANATEN, 3.MITT. 58-0635
INOSITE
MYO-INOSIT-1.2,4.5-DI-O-CYCLOHEXYLIDEN DIACETALE, DARST. DURCH SELEKTIVE OH-GRUPPEN-SUBSTITUT. 63-0748
INSEKTEN
* S. AUCH LOCKSTOFFE
VORK. V. PEDERON IN PAEDERUS FUSCIPES 53-0588
SEKRET.-BESTANDTEILE D. MANDIBULARDRUESEN D. AMEISE LASIUS (DENDROLASIUS)FULIGINOSUS 53-0610
ISOLIER. V. CEROPLASTERINSAEURE U. CEROPLASTOL I AUS D. WACHS V. CEROPLASTES ALBOLINEATUS 59-0739
LUCIOLA CRUCIATA ISOLIER. V. D-LUCIFERIN U. LUCIOPTERIN 62-0743
SEIDENWURM, ISOLIER. V. BOMBIPRENON AUS D. FAECES 64-0841
DROSOPHILA MELANOGASTER, ISOLIER. V. ALDOLASE 64-0902
HEUSCHRECKEN, PHAGOREPELLENTE 54-0528
ARTHROPODEN, ABWEHRMECHANISMEN, 23. MITT. 62-0852
ROMALEA MICROPTERA (GRASHUEPFER), ISOLIER. V. 2-(3-OXO-BUTEN-(1)-YLIDEN-(1))-1.3.3-TRIMETHYL-CYCLOHEXAN-1.5-TRANS-DIOL 62-0852
P-HYDROXY-BENZALDEHYD,
NACHW. ALS BESTANDTEIL D. STINKDRUESENSEKRETS V. ILYOCORIS CIMICOIDES 55-0593
TRICHOPLUSIA NI, WRKG. V. DODECEN-(5)-OL-(1)-ACETATEN ALS SEXUALLOCKSTOFFE 60-0342
HAEUT.-HEMMSTOFFE BEI PYRRHOCORIS APTERUS 2BETA.3BETA-DIHYDROXY-6-OXO-5ALPHA-STEROIDE 57-0727
INSEKTENGIFTE
* BIENENGIFT S. DORT
INSEKTENHORMONE
* S. UNTER HORMONE, HORMONE DER WIRBELLOSEN
INSEKTIZIDE
* S. UNTER HORMONE, PANKREASHORMONE
INSULIN
* S. UNTER HORMONE
INVERSION
* S. UNTER STEREOCHEMIE
IONEN
* CARBANIONEN U. -KATIONEN S. DORT
* ELEKTROLYT- S. UNTER ELEKTROLYTE
ORGAN. -- IN D. GASPHASE, 19. MITT. 64-0150
DREIFACHGELADENE, METASTABILE UEBERGAENGE IN ZWEI- U. EINFACH GELADENE 53-0084
RESONANZ-STABILISIERTE ANIONEN, RK., 30. MITT. 58-0207
HE(3)H(+)-IONEN, RK. MIT GASFOERM. KW-STOFFEN , 2. MITT. 60-0227
ASSOZIATIVE IONISIER. V. KW-STOFFEN DURCH ANGEREGTE EDELGASATOME 58-0014
V. BIOLOG. PURINEN IN PYRIMIDINEN 55-0151
IONISAT.-POTENTIALE V. MONO- U. 1.4-DISUBSTITUIERTEN BENZOLEN 58-0090
IONISIER.-ENERGIEN V. KW-STOFFEN NACH CNDO-METH. 58-0135
IONISIER.-ENERGIEN V. CYCLOALKENOBENZOLEN 60-0119
IONISAT.-POTENTIALE V. MONO- U. BICYCL. C7H12-VERB. 60-0132
IONISAT.-POTENTIALE V. ALKYL-RADIKALEN U. -KATIONEN 60-0183
IONISAT.-POTENTIALE V. METHYL-BENZOLEN U. -BORAZINEN (SCF-MO-METH.) 61-0129
IONISAT.-POTENTIALE V. PHENYL-THIAZOLEN. 64-0238
IONISAT.-POTENTIALE V. THIAZOLEN U. 5-RING-HETEROCYCLEN 55-0099
SPEKTROSKOPIE V. MOL.-PHOTOELEKTRONEN, 7. MITT. 58-0090
PHOTOELEKTRONENSPEKTREN V. ACETYLEN,DIACETYLEN U. D. ENTSPRECHENDEN DEUTERIERTEN VERB. 53-0056
ION-MOL.-RK. V. CH3OH (IONENCYCLOTRONRESONANZ-UNTERS.) 59-0138
IONISAT. V. ALLYLALKOHOL U. ACROLEIN DURCH ELEKTRONEN 62-0183
IONENAUSTAUSCH (U. IONENAUSTAUSCHER)
KATIONENAUSTAUSCHER, ELUTIONSCHROMATOGRAPHIE, 2.MITT. 59-0181
-CHROMATOGRAPHIE V. SELTENERDMETALLEN IN WSS. ORGAN. MEDIEN, 5. MITT. 57-0023
CLAISEN-SCHMIDT-KONDENS. V. AROMAT. ALDEHYDEN U. KETONEN IN GGW. V. ANIONAUSTAUSCHERHARZEN ALS KATALYSATOREN KINETIK 60-0281
KATALYT. EIG. V. IONENAUSTAUSCHERHARZEN BEI RK. V. AROMAT. N-BASEN 61-0305
ZEOLIT VERW. ZUR ISOMERISIER. V. DIAETHYLBENZOLEN 62-0266
KATIONEN-, VERW. ZUR CYCLISIER. V. TRANS.TRANS-FARNESYLSAEURE 62-0287
-CHROMATOGRAPHIE VERW. V. NH4-SULFOSALICYLAT ALS KOMPLEXBILDNER, 2. MITT. 64-0026
CHELAT- AUF OXINBASIS,2. MITT. 54-0023
CHELAT- KOMPLEXBLDG. 54-0023
ELEKTRONENUEBERGANGSPOLYMERE, 33. MITT. 64-0673
VERW. V. DOWEX ZUR TRENN. V. SELTENEN ERDEN U. Y MIT HYDRAZODIESSIGSAEURE 59-0052
IONISATION IN ELEKTROLYT-LSG.
* S. UNTER DISSOZIATION, ELEKTROLYTISCHE
IONISATIONSPOTENTIALE
* S. UNTER IONEN
IRIDIUM
EINFL. AUF D. DEHYDRIER. U. DEHYDRATAT. V. ISOPROPANOL U. D. DEHYDRATAT. V. TERT.-BUTANOL 62-0281

IRIDIUMVERBINDUNGEN
GEMISCHTE TRANS-HALOGENCAETHYLENDIAMINIRIDIUM(III)-KOMPLEXE, PHOTOSYNTH. 62-0055
(IR4(CO)10(P(C6H5)3)2), (IR4(CO)9(P(C6H5)3)3), STRUKTUR 53-0005
IRCL3(P(C2H5)2C6H5)3 BZW. IRCL3(P(C4H9)3)3 BZW. IRH2CL(P(C6H5)3)3, EINFL. AUF D. ZERS. V. AMEISENSAEURE (KINETIK) 54-0186
HYDRIDO-CHLORO-TRIPHENYLPHOSPHIN-IRIDIUMVERB., DEHYDROCHLORIER. MIT DIMETHYLAMINO-TRIMETHYLSTANNAN 55-0024
DIOLEFIN-TRIPHENYLPHOSPHIN- U. -ARSINKOMPLEXE V. IR(I), DARST., LIGANDENAUSTAUSCH 57-0028
(IRCL(CO)(PHOSPHIN)2)-ADDUKTE MIT BF3 U. B(C6F5)3, BLDG., BIND.-EIG. 59-0091
TRICARBONYLTRIPHENYLPHOSPHIN-IR(I)- U. HALOGENODICARBONYLTRIPHENYLPHOSPHIN-IR(I) (BZW. IR(III))-KOMPLEXE, DARST., RK. 62-0054
IR(III)-KOMPLEXE V. O-PHENYLEN-BIS-(DIMETHYLARSIN), DARST. 64-0080
IR-PHOSPHIN-KOMPLEXE, DARST., RK. 55-0043
BETA-DIKETONATODICARBONYLIRIDIUM(I)-VERB., DARST., IR- U. NMR-SPEKTREN, AUSTAUSCHRK. MIT PHOSPHINEN 57-0066
IRX(CO)((C6H5)3P)2 (CYANAETHYLENVERB.) (X=HALOGEN, NCS, NCO) U. IRCL(CO)((C6H5)3AS)2(C2(CN)4), DARST. 64-0081
PICOLINATO- U. CHINALDINATODICARBONYL-IR(I), BLDG. 56-0085
IRO2, ZUR DEUTERIER. V. THIOPHEN U. FURAN 55-0161
IRIDOIDE
IRIDOIDE, 2. MITT. 55-0495
5. MITT. 60-0695
IRIDOIDGLUCOSIDE, ISOLIER. AUS PAEDERIA SCANDENS 58-0712
ISOBENZOFURANE
3.3-DIMETHYL-1-P-TOLYL, DARST. AUS 3.3-DIMETHYL-1-(P-TOLYL)-1-HYDROXY-PHTHALAN MIT AKT. METHYLENVERB. 54-0360
3.3-DIMETHYL-1-ARYL-1-HYDROXY-, DARST. 61-0181
BIS-(1.3-DIOXO-DIHYDRO-ISOBENZOFURANYLOXY)-BENZOLE, DARST. 62-0390
1.3-DIOXO-4-MERCAPTO-, DARST. AUS 2-FURYL-THIOAETHERN U. MALEINSAEUREANHYDRID 63-0599
3.4-BIS-(ALKOXYCARBONYL-ALKYL)-1.7-DIALKYL-DI(TETRA)HYDRO-, DARST. AUS 4-ACYL-5-(OMEGA-ALKOXYCARBONYL-ACYL)-CYCLOHEXENEN 64-0487
PHTHALIDE, DARST. AUS 2-ALKYL-BENZOESAEUREN 64-0722
3-TERT.-ALKYLPEROXY-PHTHALIDE, DARST. AUS O-AROYL(ACYL)-BENZOESAEURE U. TERT.-ALKYL-HYDROPEROXIDEN 62-0525
3.3-DIMETHYL-1-FLUORPHENYL-1-HYDROXY-, DARST. AUS 3.3-DIMETHYL-PHTHALID U. PHENYL-MAGNESIUMBROMIDEN 64-0216
ELEKTROCHEMILUMINESZENZ (MECHANISMUS) 57-0070
HYDROXYPHTHALANE, BASIZITAET, 10. MITT. 64-0216
3.3-DIMETHYL-1-FLUORPHENYL-1-HYDROXY-, BASIZITAET 64-0216
3.3-DIMETHYL-1-ARYL-1-HYDROXY-, PK(S)-WERTE 61-0181
3-TERT.-ALKYLPEROXY-PHTHALIDE, THERM. ZERS. ZU OXYRADIKALEN 62-0525
ISOBENZOTHIOPHENE
2. MITT. 61-0573
ISOCARBOHYDRAZIDE
1.5-DIARYL-3-O-(P-NITRO-PHENYL)-, DARST. AUS 3-ARYL-CARBAZINSAEURE-P-NITRO-PHENYL-ESTER U. ARYLHYDRAZINEN 62-0392
ISOCHINOLINE
1. MITT. 53-0432
2. MITT. 53-0433
1-BENZYL-, UEBERFUEHR. IN BERBINIUMSALZE, 3. MITT. 53-0501
NATUERL. U. SYNTH. ISOCHINOLINDERIV., 5.MITT.(ALKALOIDE AUS LAURELIA NOVAE-ZELANDIAE A. CUNN.) 53-0506
1.2-DIHYDRO-, 6. MITT. 57-0578
1.2-DIHYDRO-, 7. MITT. 58-0630
1-BENZYL--, UEBERFUEHR. IN BERBINIUMSALZE, 4.MITT. 58-0722
1-BENZYL-, UEBERFUEHR. IN BERBINIUMSALZE, 5. MITT. 58-0723
1-BENZYL-, UEBERFUEHR. IN BERBINIUMSALZE, 6. MITT. 58-0724
NATUERL. U. SYNTHET., 6. MITT. 64-0813
DEKAHYDRO-, BEST. D. STRUKTUR 62-0604
1-CHLOR-3.4-DIALKYL-, DARST. 53-0432
1-ALKYLIERTE-, DARST. DURCH ALKYLIER. MIT CARBONSAEUREN UNTER UV-BESTRAHL. 54-0429
DARST. 57-0679
1.2.3.4-TETRAHYDRO-, DARST. 58-0641
OXO-1.2.3.4-TETRAHYDRO-, DARST. AUS N-BENZYL-GLYCINEN 59-0592
2-BENZYL-4-HYDROXY-ISOCHINOLINIUMCHLORIDE, DARST. AUS 2.3-DIHYDRO-ISOCHINOLONEN-(4) MIT HG-ACETAT 59-0593
1.2.3.4-TETRAHYDRO-ISOCHINOLINOLE-(4), DARST. AUS D. QUART. 4-HYDROXY-ISOCHINOLINIUMCHLORIDEN 59-0593
METHOXY-2.3-DIHYDRO-HYDROXY-ISOCHINOLONE-(4), DARST. DURCH SELEKTIVE DEMETHYLIER. 59-0594
SYNTH., 7. MITT. 59-0597
DARST. AUS 1.4-BENZOXAZEPINEN DURCH UMLAGER. 60-0687
DEKAHYDRO-, DARST. AUS 2-AETHOXYCARBONYL-CYCLOHEXYL-CYANESSIGSAEURE-AETHYLESTER DURCH RED. 62-0604
4-PHENYL-, DARST. DURCH RINGSCHLUSS-RK. 62-0622
1-CYAN-2-ALKOXY(THIO)CARBONYL-, DARST. AUS ISOCHINOLIN, CHLOR(THIO)KOHLENSAEUREESTERN U. KCN 64-0566
2-METHYL-5-HYDROXY-DECAHYDRO-, DARST. AUS 2-METHYL-5-AMINO-DECAHYDROISOCHINOLINEN 64-0700
HOMOPHTHALIMIDE DARST. 55-0449
1.2-DIHYDRO-, DARST. 57-0578
2.3-DIHYDRO-ISOCHINOLONE-(4), DARST. AUS SUBSTITUIERTEN GLYCINESTERN 59-0593
4-HYDROXY-1.2.3.4-TETRAHYDRO-, DARST. AUS BENZYLAMINDERIV. 59-0597
3-HALOGENMETHYL-3.4-DIHYDRO-, DARST. AUS ALLYLBENZOLEN, NITRILEN U. HALOGENEN IN GGW. V. LEWIS-SAEUREN 59-0601
STEREOISOMERE 1-METHYL-6.7-DIMETHOXY-1.2.3.4-TETRAHYDRO-ISOCHINOLINIUMSALZE, DARST. 60-0609
ISOCHINOLIN-N-OXIDE, MASSENSPEKTREN 61-0109
CHEM. VERSCHIEB. D. PROTONENRESONANZ BEI 1-ISOPROPYL-TETRAHYDROISOCHINOLINEN 53-0064
PERHYDRO-, NMR 57-0152
SYNTH., 4. MITT. 56-0224
BENZYLIER. 57-0578
1-BENZYL-TETRAHYDRO-, RACEMISIER. BEI D. KATALYT. HYDRIER. 63-0787
BENZYL- CYCLISIER. 53-0501
1.2.3.4-TETRAHYDRO-3-CARBOXY-, DECARBOXYLIER. 62-0603
1-(2-(P-HYDROXY-PHENYL)-AETHYL)-, OXYDATIVE KUPPL. 54-0509
1.1.2-TRIALKYL-TETRAHYDRO-, OXYDATIVE DIMERISIER. 58-0647
-ALKALOIDE, PHENOL-OX., 1. MITT. 61-0720
-ALKALOIDE, PHENOLOX., 2. MITT. 61-0721
-ALKALOIDE, PHENOLOX., 3. MITT. 64-0800
HOMOPHTHALIMIDE HALOGENIER. 55-0449
2-(2-ARYL-AETHYL)-ISOCARBOSTYRILE, RK. MIT POCL3 60-0602
HOMOPHTHALIMIDE, RK. MIT DIHALOGENIDEN 58-0643
1.2-DISUBSTITUIERTE 1.2.3.4-TETRAHYDRO-, QUATERNISIER. MIT ALKYLJODIDEN 60-0609
1-CHLOR-3(4)-CHLORMETHYL-4(3)-METHYL-, ALKOHOLYSE 53-0433
RK. MIT DIMETHYLKETEN 53-0441
ALS CHOLINESTERASE-INHIBITOREN, 1. MITT. (5(7)-SUBSTITUIERTE U. HYDRO-) 57-0583
CYANOMETR. BEST. IN NICHTWSS. LSG. 58-0831
1.2-DIMETHYL-6.7-DIMETHOXY-1.2.3.4-TETRAHYDROISOCHINOLIN RK. MIT AETHYLJODID ZU 1REF.2-DIMETHYL-2TRANS-AETHYL-6.7-DIMETHOXY-1.2.3.4-TETRAHYDROISOCHINOLINIUMJODID U. 1REF.2-DIMETHYL-2CIS-AETHYL-6.7-DIMETHOXY-1.2.3.4-TETRAHYDROISOCHINOLINIUMJODID, ANALOGE RK. MIT ANDEREN ALKYLJODIDEN, MECHANISMUS 57-0591
ISOCHROMENE
ISOCHROMANE U. ISOTHIOCHROMANE, 4. MITT. 64-0663
DIHYDROISOCUMARINE, ISOLIER. AUS SPORORMIA AFFINIS 62-0843
7-NITRO-, DARST. AUS NITROZUCKERN 63-0747
1-AMINOALKYL-ISOCHROMANE, DARST. AUS 1-CYAN-ISOCHROMAN U. AMINOALKYLCHLORIDEN 64-0663
ISOCHROMANONE, MASSENSPEKTREN 60-0133
3-SUBSTITUIERTE ISOCUMARINE, RK. MIT LIALH4 64-0669
3-SUBSTITUIERTE ISOCUMARINE, RK. MIT DIAZOALKANEN 64-0669
1-AMINOALKYL-ISOCHROMANE, ANTITUSSIVE U. SPASMOLYT. WRKG. 64-0663
ISOCYANSAEURE, ESTER
N-CARBONYLAMINOSAEUREESTER, DARST. AUS AMINOSAEUREESTERHYDROCHLORIDEN U. PHOSGEN 54-0238
ALKENYLEN-DIISOCYANATE, DARST. AUS ACYLCHLORIDEN U. NAN3 55-0257
ALPHA-HALOGEN-, DARST. AUS KETIMINEN U. KOHLEN- BZW. OXALSAEUREDIHALOGENIDEN 61-0477
DARST. DURCH PHOTOLYSE V. BETA-KETO-SAEUREAMIDEN 62-0396
ALKYLISOCYANATE, DARST. AUS KALIUMCYANAT U. ALKYLHALOGENIDEN 63-0398
DARST. AUS AZIDEN U. (CO) 63-0444
RK. MIT 3- U. 4-AMINOPYRIDINEN 62-0618
RK. MIT N-SULFINYLAMINEN 62-0394
ADDIT. V. CH3OH (TRIORGANOBLEIMETHOXID-KATALYSE) 63-0356
EINBAU IN P-N-VERB. (RK.-MECHANISMUS) 56-0364
RK. MIT BIGUANIDEN ZU TRIAZINEN 54-0463
ADDIT. AN AKT. CH2-GRUPPEN (TRIORGANOBLEIMETHOXID-KATALYSE) 63-0356
PHENYLISOCYANATE, RK. MIT TRIPHENYLPHOSPHORAN-YLIDENKETEN 64-0481
SULFONYL-ISOCYANATE RK. MIT C=N-BIND. 53-0463
ARYLESTER, RK. MIT ACETYLENAMINEN 59-0599
ISOFLAVENE
ISOFLAVONGLYKOSIDE, 9. MITT. 63-0759
ISOFLAVONE, BIOSYNTH. AUS FLAVANONEN 59-0712
C- U. O-GLUCOSYLISOFLAVONE, MASSENSPEKTREN U. FRAGMENTIER. 62-0097
ISOFLAVON-GLUCOSIDE, RINGISOMERISIER., 3.MITT. 60-0701

ISOHARNSTOFFE
N-BENZOYLAMINOACYL-O-METHYL-, DARST. AUS BENZOYLAMINOSAEURE-AZLACTONEN, -ANHYDRIDEN BZW. -P-NITROPHENYLESTERN U. O-METHYLISOHARNSTOFF 59-0369
ISOINDOLE
HYDROXYISOINDOLINE, 5.MITT. 57-0501
HYDROXYISOINDOLINE, 6. MITT. 58-0583
HYDROXY-ISOINDOLINE, 7. MITT. 61-0179
3.3-DIMETHYL-2-PHENYL-1-ARYL-3H-ISOINDOLIUMSALZE, DARST. AUS 1-HYDROXY-3.3-DIMETHYL-2-PHENYL-ISOINDOLINEN 58-0583
N-(NAPHTHYL-(1)-ALKYL)-PHTHALIMIDE, DARST. 61-0073
2.3.3-TRIPHENYL-1-ARYL-1-HYDROXY-ISOINDOLINE, DARST. AUS 2.3.3-TRIPHENYL-PHTHALIMIDIN U. LI-ARYLEN 61-0180
1-PHENYL-2-PHTHALIMIDO-PROPANOLE, DARST. D. THREO- U. ERYTHRO-FORMEN AUS 2-PHTHALIMIDO-PROPIOPHENONE 61-0202
N-PHENYL-, DARST. AUS PROPINYLANILIN 62-0548
2-AMINO-CIS-PERHYDROISOINDOLINDIONE-(1.3), DARST. AUS CIS-PERHYDROPHTHALSAEUREANHYDRID U. SUBSTITUIERTEN HYDRAZINEN 64-0602
2-HYDROXY-CIS-PERHYDRO-ISOINDOLINDIONE-(1.3), DARST. AUS CIS-PERHYDRO-PHTHALSAEUREANHYDRID BZW. 3.6-AETHANO-1.2.3.6-TETRAHYDRO-ENDO-CIS-PHTHALSAEUREANHYDRID 64-0603
3.3-DIMETHYL-2-PHENYL-1-ARYL-ISOINDOLINE, DARST. AUS 3.3-DIMETHYL-2-PHENYL-1-ARYL-1H-ISOINDOLIUMSALZEN 58-0583
HYDROXY-ISOINDOLINE, 3.3-DIMETHYL-2-PHENYL-1-ARYL-1-HYDROXY-ISOINDOLINE, ELEKTRONEN- U. IR-SPEKTREN 61-0179
N-(NAPHTHYL-(1)-ALKYL)-PHTHALIMIDE, UV 61-0073
ELEKTROCHEMILUMINESZENZ (MECHANISMUS) 57-0070
N-(NAPHTHYL-(1)-ALKYL)-PHTHALIMIDE, PHOSPHORESZENZ- U. LUMINESZENZ-SPEKTREN 61-0073
U. ISOINDOLENINE HMO-BERECHN. D. STABILITAET (TAUTOMERENGLEICHGEW.) 53-0091
N-(NAPHTHYL-(1)-ALKYL)-PHTHALIMIDE, INTRAMOL. ENERGIEUEBERTRAG. ZWISCHEN D. TRIPLETTZUSTAENDEN V. SCHWACH WECHSELWIRKENDEN CHROMOPHOREN 61-0073
N-ACYL-DIHYDRO-, NMR (SPIN-KOPP.) 55-0079
HYDROXY-ISOINDOLINE, 3.3-DIMETHYL-2-PHENYL-1-ARYL-1-HYDROXY-ISOINDOLINE, DISSOZIAT.-KONST. 61-0179
2.3.3-TRIPHENYL-1-ARYL-1-HYDROXY-ISOINDOLINE, PK(S) -WERTE 61-0180
N-SUBSTITUIERTE PHTHALIMIDE, HYDROXYLAMINOLYSE 61-0801
1.3-DIOXO-DIHYDRO-, RK. MIT CYCLOPENTADIEN (KINETIK) 57-0241
ISOMERIE
* ROTATIONS- U. STEREO- S. UNTER STEREOCHEMIE
* STEREO- S. STEREOCHEMIE
ISOMERIE U. TAUTOMERIE BEI N-HALOGEN-GUANIDINEN U. -AMIDINEN 53-0093
V. DISUBSTITUIERTEN TRICYCLOCHINAZOLINEN 54-0446
HG-O- BZW. HG-S-BIND. V. ARYLQUECKSILBERBENZOL-SULFINATEN 57-0005
SALZ- D. CYANID-IONS IN CHROM-KOMPLEXEN 60-0032
RING-KETTEN- BEI (2-PHENYL-INDANDION-(1.3)-YL-(2))-ESSIGSAEURE-(BETA-DIALKYLAMINO-AETHYLAMIDEN) 60-0427
AUSSEN-INNEN- BEI 1.(K+2)-DIAZA-BICYCLO(K.L.M)ALKANEN 62-0686
EINKAPSEL. BEI DIAZA-BICYCLO(K.K.K)ALKANSALZEN 62-0688
V. ARYL-ALKYL-FUROXANEN 55-0125
ISOMERISIERUNGEN
* S. UMLAGERUNGEN
ISONITRILE
22. MITT. 57-0246
23. MITT. 57-0247
ISONITRILE, (14)N-NMR 55-0072
HETEROCYCLEN AUS ISOCYANIDEN, 2.MITT.(NEUE INDOL-SYNTH.) 53-0349
HETEROCYCLEN AUS --, 3. MITT. 63-0614
RK. MIT METHYLMETHOXYCARBEN-PENTACARBONYL-CHROM(0) 59-0068
RK. MIT AROMAT. KETONEN ZU INDOLEN 53-0349
AROMAT., RK. MIT ALIPHAT. KETONEN 63-0614
ISOPRENOIDE
* S. AUCH TERPENE
BIOSYNTH. (ROLLE D. ASYMM. EPOXYDAT.) 56-0646
PHENOL., DARST. AUS ALLYLPHOSPHATEN 64-0685
ISOTHIAZOLE
1. MITT. 59-0563
2. MITT. 59-0564
11. MITT. 59-0565
12. MITT. 63-0729
ISOTHIAZOLYLESSIGSAEUREN, DARST. AUS ISOTHIAZOLEN 57-0756
3-HALOGEN-ISOTHIAZOLIUMSALZE, DARST. AUS ISOTHIAZOLINONEN-(3) U. OXALYLHALOGENIDEN 64-0615
ISOTHIAZOLYL-(4)-PENICILLINE, DARST. 57-0757
3-ARYL-4-CARBOXY-, DARST. AUS 3-ARYL-4-CYAN-ISOTHIAZOLEN 59-0563
3-(3-NITROPHENYL)-, DARST. AUS 3-PHENYL-ISOTHIAZOLEN 59-0564
ARYL-HYDROXYMETHYL-AMINOMETHYL- U. ARYLCARBONYL-, DARST. 59-0565
ISOTHIAZOLYLESSIGSAEUREN, NMR 57-0756
5-HALOGEN-3-METHYL-, HALOGENWANDER. 64-0650
ISOTHIAZOLYLESSIGSAEUREN, RK. MIT 6-AMINO-PENICILLANSAEURE BZW. 7-AMINO-CEPHALOSPORANSAEURE 57-0756
ISOTHIAZOLYL-(4)-PENICILLINE, ANTIMIKROBIELLE WRKG. 57-0757
ISOTHIOAMIDE
* S. UNTER THIOSAEUREN
ISOTHIOCHROMENE
ISOTHIOCHROMANE U. ISOCHROMANE, 4. MITT. 64-0663
1-AMINOALKYL-ISOTHIOCHROMANE, DARST. AUS 1-CYAN-ISOTHIOCHROMAN U. AMINOALKYLCHLORIDEN 64-0663
1-AMINOALKYL-ISOTHIOCHROMANE, ANTITUSSIVE U. SPASMOLYT. WRKG. 64-0663
ISOTHIOCYANATE
* S. SENFOELE
ISOTHIOCYANATOAMINE
* S. ISOTHIOCYANSAEUREAMIDE
ISOTHIOCYANSAEUREAMIDE
N-ISOTHIOCYANATOAMINE, 2. MITT. 53-0257
N-ISOTHIOCYANATO-AMINE, 5. MITT. 57-0320
N-ISOTHIOCYANATO-AMINE, 6. MITT. 57-0321
N-ISOTHIOCYANATOAMINE, 4. MITT. 61-0586
ISOTHIOHARNSTOFFE
S-ALKYLAMINO-AETHYL-, DARST. AUS ALKYLAMINO-AETHYLBROMIDEN U. THIOHARNSTOFF 57-0319
S-(OMEGA-(INDOLYL-(3))-ALKYL)-, DARST. AUS OMEGA-(INDOLYL-(3))-ALKYLBROMIDEN U. THIOHARNSTOFF 62-0544
N.N'-DIAROYL-S-METHYL-, DARST. 63-0596
S-CARBOXYALKOXYBENZYL-ISOTHIURONIUMCHLORIDE, DARST. AUS D. BENZYLCHLORIDEN U. THIOHARNSTOFF 64-0430
S-AMMONIOALKYL-ISOTHIURONIUM-DIBROMIDE, POTENTIOMETR. TITRAT. 62-0265
N.N'-DIAROYL-S-METHYL-, RK. MIT P2S5 63-0596
S-ALKYLAMINO-AETHYL-, WRKG. AUF STREPTOCOCCUS PYOGENES U. STAPHYLOCOCCUS AUREUS 57-0319
ISOTOPE
-AUSTAUSCHREAKTIONEN S. DORT
STABILE, SYNTH.-ASPEKTE D. CHEMIE V. -, 4. MITT. 58-0325
-UNTERS. V. SAEUREKATALYSIERTEN RK., 7.MITT. 59-0251
ISOTOPANGEREICHERTE MOL., SPEKTROSKOP. UNTERS., 4. MITT. 60-0036
U. MASSENSPEKTROMETR. METHODEN ZUR UNTERS. D. OX. V. BZL., 2. MITT. 62-0204
ISOTOPENEFFEKT BEI D. RK. V. PHENYLRADIKALEN MIT CYCLOHEXAN 53-0193
-EFFEKTE BEI D. CHLORIER. V. NAPHTHALIN U. OCTADEUTERONAPHTHALIN 55-0167
SEK. ISOTOPIE-EFFEKT BEI D. OX. D. (1-T)AETHANOLS DURCH ADH 55-0585
ISOTOPENEFFEKT BEI D. HYDROLYSE V. KETEN-DIAETHYLACETAL U. 2-METHYLEN-1.3-DIOXOLAN 56-0221
H-ISOTOPENEFFEKTE BEI BROMIER. V. 1.3.5-TRIAETHYL-BENZOLEN 57-0215
SEK. D.-ISOTOPENEFFEKTE U. SIGMA-BETEILIG. BEI NORBORNYL-(2)-P-BROMBENZOLSULFONATEN 57-0226
DEUTERIUM-ISOTOPENEFFEKT BEI D. LSG. V. HBR IN AROMAT. KW-STOFFEN 58-0021
-EFFEKT BEI SOLVOLYSE V. 1-METHYLCYCLOALKYLCHLORIDEN 58-0238
ISOTOPIE-EFFEKTE BEI AUTOX., 2. MITT. 59-0201
-EFFEKT BEI KETTENABBRUCHRK. V. PEROXYRADIKALEN 59-0209
ISOTOPENEFFEKTE D. WASSERSTOFFVERSCHIEB. IN ALKYLCARBENEN 59-0252
-EFFEKT, KINET., BEI AZOKUPPL. MIT P-METHOXY-BENZOLDIAZONIUM-FLUOROBORAT IN APROT. MEDIUM 59-0262
D-ISOTOPENEFFEKT, BEI MASSENSPEKTROMETRIE V. 1.3-DITHIANEN 60-0123
D-ISOTOPENEFFEKTE U. MASSENSPEKTROMETRIE V. N-ALKYL-3-CYAN-1.4-DIHYDROPYRIDINEN 60-0129
BETA-D-ISOTOPENEFFEKTE BEI D. SOLVOLYSE V. TERT.-BUTYLCHLORID 60-0259
ISOTOPENEFFEKTE BEI D. SOLVOLYSE V AETHYLTRIFLUORMETHANSULFONAT 60-0267
-EFFEKTE BEI D. OX. V. AROMATEN MIT DIISOPROPYLPEROXYDICARBONAT-CUCL2 61-0208
ISOTOPENEFFEKT D. PUMMERER-RK. V. PHENYLMETHYLSULFOXIDEN MIT ACETANHYDRID 61-0214
SEK. BETA-ISOTOPENEFFEKT BEI D. PHOTOCHLORIER. V. (2-T)-2-METHYL-PROPAN 61-0217
-EFFEKT BEI D. AROMAT. NITRIER. (PROTONENUEBERTRAG.) 61-0225
-EFFEKT D. RACEMISIER. V. 2-(N.N-DIMETHYL-CARBAMOYL)-9-METHYL-FLUOREN U. BIPHENYLYL-(4)-METHOXY-PHENYLMETHAN 61-0258
ISOTOPENEFFEKTE, 2. MITT. (SEK. D-ISOTOPENEFFEKT AUF SOLVOLYSE V. SAEURECHLORIDEN U. HYDROLYSE V. ESTERN) 62-0227
LSGM.-ISOTOPENEFFEKT BEI SUBSTITUT.-RK. 62-0250
D-ISOTOPENEFFEKT BEI D. CYCLISIER. V. 2-BENZOYL-BENZOESAEURE 62-0263
-EFFEKTE AUF D DAMPFDRUCK, 3. MITT. (D-EFFEKT AUF D. DAMPFDRUCK V. ALKOHOLEN) 63-0205
-EFFEKT D. DEHYDRATISIER. V. RAC.-1.2-DIPHENYL-AETHANOL 64-0292
STER. ISOTOPENEFFEKTE, 2. MITT. 64-0300
KINET. H- ISOTOPIE-EFFEKT BEI D. AUTOX. AM TERT. C-ATOM 59-0201

ISOTOPENAUSTAUSCHREAKTIONEN
H-D-AUSTAUSCH IN TRYPTOPHAN 54-0187
HOMOGENER METALL-KATALYSIERTER H-D-AUSTAUSCH IN AROMAT. VERB. 55-0220
AUSTAUSCHRK. D. VINYLPROTONEN V. CYCLOPROPEN 57-0208
H-D-AUSTAUSCH V. (D8)TOLUOL IN HEXAMETHYLPHOS + PHOTRIAMID MIT LI 57-0276
H-D-AUSTAUSCH IN 4-AMINO-PYRIDINEN (KINETIK) 57-0593
D- U. T-AUSTAUSCHRK. V. FLUORBENZOLDERIV. MIT LI-CYCLOHEXYLAMID 58-0260
T-AUSTAUSCH V. POLYFLUORBENZOLEN MIT NA-METHYLAT IN METHANOL 58-0261
(36)CL-AUSTAUSCH IN 5-METHYL-CYCLOHEXEN-(2)-YL-CHLORID (KINETIK) 58-0287
H-T U. CL-T AUSTAUSCH V. DICHLORMETHAN IN GGW. V. HALOGEN BZW. AETHYLEN 58-0312
-AUSTAUSCHRK. V. CARBONSAEURESALZEN MIT D2O-OD(-) 58-0325
H-D-AUSTAUSCH V. HCO(N2)(TRIPHENYLPHOSPHIN)3 (MECHANISMUS) 60-0038
T-H-AUSTAUSCH AN AROMAT. SYST. (KINETIK) 60-0225
D-AUSTAUSCH V. CYCLOPROPYLACETON 61-0264
DEDEUTERIER. V. AROMAT. KW-STOFFEN (KINETIK) 61-0266
KATALYT. D-AUSTAUSCHRK. IN ORGAN. VERB., 49. MITT. 62-0251
H-D-AUSTAUSCH V. 3.5-DIMETHYL-ISOXAZOL-CARBONSAEURE-(4) 62-0257
-AUSTAUSCH (RA-D) IM REDOXSYST. PB2(C6H5)6-((C6H5)3PB)(+) 63-0033
H-D-ISOTOPENAUSTAUSCH V. ALKANEN IN GGW. V. FSO3H-SBF5 63-0238
-AUSTAUSCH V. FLUORENEN (KINETIK, SUBSTITUENTENEINFL.) 63-0284
-AUSTAUSCH V. (-)-2-(DIMETHYLCARBAMOYL)-7-NITRO-9-METHYL-(9-D)FLUOREN (KINETIK, MECHANISMUS) 63-0285
--AUSTAUSCH V. FLUORENCARBONSAEUREAMIDEN (KINETIK) 63-0286
D-H-ISOTOPENAUSTAUSCHRK., BASENKATALYSIERTE, V. FLUOREN (KINETIK) 63-0289
DEDEUTERIER. V. (2-D)ISOBUTYRALDEHYD DURCH POLYAETHYLENIMINE (KATALYSE, MECHANISMUS U. KINETIK) 63-0290
H-D-AUSTAUSCH V. CYANCYCLOPROPENEN, KINETIK U. MECHANISMUS 63-0324
H-AUSTAUSCH, UNTERS., 9. MITT. 64-0692
AROMAT. DETRITIIER., 3. MITT. 62-0252
H-D-AUSTAUSCH V. PHENYLFERROCEN 54-0124
D-AUSTAUSCHRK. V. TRIOXALATO-RHODIUM(III) (KINETIK) 64-0036
H-D-AUSTAUSCHRK. V. STEROIDEN U. HORMONEN UNTER HOMOGENER U. HETEROGENER PT-KATALYSE 62-0251
H-D-AUSTAUSCH V. BENZYLSULFONEN (KINETIK) 58-0281
H-AUSTAUSCH IN 1.3.5-TRINITRO-BENZOL, EINFL. V. BASEN 53-0150
HOMOGENER H-D-AUSTAUSCH IN POLYCYCL. AROMATEN IN GGW. V. PT(II) (KINETIK) 56-0222
ISOTOPENAUSTAUSCH V. SUBSTITUIERTEM METHAN (MECHANISMUS) 61-0257
T-H-AUSTAUSCH V. XYLOLEN (KINETIK) 62-0252
T-H-AUSTAUSCH V. T-NAPHTHALINEN (PARTIELLE GESCHW.-FAKTOREN U. SIGMA(+)-WERTE) 54-0161
WASSERSTOFFISOTOPENAUSTAUSCH V. HEXASUBSTITUIERTEN BENZOLEN 56-0335
-AUSTAUSCHRK. V. 9-PHENYL-XANTHEN, BIPHENYLYL-(4)-DIPHENYLMETHAN U. FLUOREN (KINETIK) IN CH3OD-(CD3)2SO 61-0258
H-D-AUSTAUSCH V. THIOPHEN BZW. FURAN AN PTO2 BZW. IRO2 U. NICL2 MIT D2O 55-0161
H-D-AUSTAUSCH IN 6-RING-HETEROCYCLEN (KINETIK) 55-0183
DETRITIIER. V. 2-TRITIO-THIOPHENEN (KINETIK) 60-0272
ISOTOPENAUSTAUSCH V. SUBSTITUIERTEM METHANOL (MECHANISMUS) 61-0256
DEUTERIUM-SUBSTITUT. IN 4H-THIOPYRAN-4-ON-1.1-DIOXIDEN 58-0624
H-D-AUSTAUSCH IN CYCLOPROPYLCYANID 53-0179
CL-ISOTOPENAUSTAUSCH-RK. V. ORGAN. VERB., 5. MITT. 56-0293

ISOXAZOLE
2. MITT. 55-0413
1. MITT. 55-0412
19. MITT. 59-0554
2-ISOXAZOLINE, 1. MITT. 60-0536
SPIRO-DIISOXAZOLINE, 4. MITT. 60-0539
DELTA(2)-ISOXAZOLINE, 2. MITT. 61-0585
4.5-DISUBSTITUIERTE DELTA(2)-ISOXAZOLINE, CIS-TRANS-ISOMERIE 59-0109
ISOXAZOLIDINE, DARST. DURCH CYCLOADDIT. V. ENAMINEN MIT NITRONEN 53-0380
ISOXAZOLONE-(3) U. -(5) DARST. AUS BETA-KETOESTERN 53-0381
ISOXAZOLYLPOLYENALDEHYDE, DARST. 55-0059
PIPERIDINOMETHYL-, DARST. AUS AMINO-ISOXAZOLEN U. -ISOXAZOLONEN 55-0413
3-HALOGEN-ISOXAZOLIUMSALZE, DARST. AUS 3-HALOGEN-ISOXAZOLEN BZW. AUS ISOXAZOLINONEN-(3) MIT OXALYLCHLORID 57-0538
3-HYDROXY-AMINOALKYL-, DARST. 57-0542
BENZOYL-, DARST. AUS ACETOPHENON-O-BENZOYL-OXIMEN 58-0419
DELTA(2)-ISOXAZOLINE, DARST. AUS DIMETHYLOXO-SULFONIUMMETHYLID U. NITRILOXIDEN 59-0551
FURYL-, DARST. 59-0552
2-METHOXY-3.3-DINITRO-ISOXAZOLIDINE, DARST. AUS DINITROMETHYL-NITRONSAEUREMETHYLESTER U. DIENEN 59-0555
2-METHOXY-3-ARYL-ISOXAZOLIDINE, DARST. AUS ARYLMETHYL-NITRONSAEURE-METHYLESTERN U. AKTIVEN AETHYLENVERB. 59-0556
N-METHOXY-BIS-METHOXYCARBONYL-ISOXAZOLIDINE, DARST. AUS AETHYLENVERB. U. BIS-(METHOXYCARBONYL)-METHYL-NITRONSAEUREMETHYLESTER 59-0557
3-ARYL-5-ACYL-DELTA(2)-ISOXAZOLINE, DARST. 61-0585
5-HALOGEN-ISOXAZOLIUMSALZE, DARST. AUS 5-HALOGEN-ISOXAZOLEN 64-0615
ISOXAZOLIUMSALZE, DARST. AUS ISOXAZOLEN MIT ALKOHOLEN U. HCLO4 64-0638
3.5-DIARYL-, DARST. AUS ALPHA-ACETYLEN- BZW. ALPHA.BETA-DIBROM-KETONEN U. H2NOH 64-0643
3(BZW. 5)-AMINO-ISOXAZOLIN-5(BZW. 3)-ONE, DARST. AUS CYANESSIGSAEUREAETHYLESTER U. HYDROXYLAMIN-HYDROCHLORID 55-0412
ISOXAZOLIDINE, DARST. AUS BUTEN-(1)-CN-(3) U. BENZOPHENON-OXIM BZW. N-METHYL-DIPHENYL-NITRON 55-0415
2-NITROAETHOXY-DINITROISOXAZOLIDINE, DARST. AUS ALKENEN U. TETRANITROMETHAN 56-0513
3-PHENYL-4-AMINOALKYL-, DARST. AUS FURO-, PYRIDINO-ODER PYRANOISOXAZOLINEN DURCH SAEUREKATALYT. SPALT. 59-0554
3(BZW. 5)-AMINO-ISOXAZOLIN-5(BZW. 3)-ONE, IR U. UV DATEN 55-0412
ISOXAZOLYLPOLYENALDEHYDE, UV -SPEKTREN 55-0059
5-SUBSTITUIERTE, DIPOLMOMENTE, 1.MITT. 57-0071
5-METHYL-, MASSENSPEKTREN 57-0125
ISOXAZOLIN-5-ONE, DIPOLMOMENTE 57-0071
DELTA(2)-ISOXAZOLINE, NMR, 2. MITT. (4.5-DISUBSTITUIERTE DELTA(2)-ISOXAZOLINE) 59-0109
3-ARYL-5-ACYL-DELTA(2)-ISOXAZOLINE, RK. 61-0585
3-METHYL-4-(2-OXO-CYCLOHEXYLMETHYL)-, CYCLISIER. 58-0755
2-ISOXAZOLINE, BASEKATALYSIERTE FRAGMENTIER. 60-0536
3-ACYL-ISOXAZOL-PHENYLHYDRAZONE, HYDROGENOLYSE 60-0645
2-NITROAETHOXY-DINITROISOXAZOLIDINE, HYDROLYSE 56-0513

J

JANOWSKI-REAKTION
V. SYMM.-TRINITROBENZOLEN (MECHANISMUS) 60-0402
MECHANISMUS 64-0422
V. ALDEHYDEN AN M-DINITROBENZOL (MECHANISMUS) 60-0276
JOD
UV IN KW-STOFFEN 54-0059
-SPALT. V. TETRAALKYLBLEIVERB. (KINETIK, LSGM.-EFFEKTE) 58-0034
RK. MIT DIBORAN U. DIAETHYLAETHER 57-0036
ANOD. EINGELEITETE RK. MIT AROMATEN (MECHANISMUS) 60-0219
RK. MIT SAFROL U. ACETONITRIL 59-0601
RK. MIT ALKYLSULFID ZU KOMPLEX-VERB. 60-0194
RK. MIT SULFOLENEN-(3) U. AG-CARBOXYLATEN 60-0504
EINFL. AUF D. OX. V. TOLUOL MIT DIISOPROPYLPEROXODI-CARBONAT 58-0213
VERW. V. JOD ZUR PRUEF. D. UV-TRANSPARENZ V. KW-STOFFEN 54-0059
JODSAUERSTOFFSAEUREN
STEROID-HYPOJODITE, RK., 9. MITT. 59-0760
H5JO6, OX. V. POLYCYCL. AROMAT. KW-STOFFEN 56-0424
HJO4, -OX. V. ALPHA-GLYKOLEN, 8. MITT. 58-0216
HJO4, RK. MIT MELIBIOSE ZU 2.4.6-TRIFORMYL-3.5-DIOXA-HEXANOL-(1) 60-0846
HJO4, RK. MIT MALTOSE, LACTOSE U. CELLOBIOSE ZU ALDEHYDEN 60-0847
JODVERBINDUNGEN
JODKOMPLEXE D. N-HETEROCYCLEN, LAD.-UEBERTRAG.-INTENSITAETEN 61-0076
J2-KOMPLEXE MIT BZL., IR 58-0094
JOD-KOMPLEXE MIT BZL., P-XYLOL U. MESITYLEN 60-0196
CHARGE-TRANSFER-KOMPLEX V. JOD MIT BZL., 61-0162
METHYLPYRIDIN-JOD-(BZW.)-JCL-KOMPLEXE, NMR 53-0065
FERN-IR V. PYRIDIN-, BZL.-, DIOXANU. A. J2-KOMPLEXEN 58-0094
J2-KOMPLEXE MIT PYRIDINEN U. DIOXAN, IR 58-0094
J2-KOMPLEXE MIT DIAETHYLAMIN, IR 58-0094
J2-KOMPLEXE MIT DIAETHYLSULFID, IR 58-0094
CT-KOMPLEXE MIT ACETOPHENONEN, SUBSTITUENTENEFFEKTE (IR-UNTERS.) 58-0096
JBR, IR-UNTERS. D. SUBSTITUENTENEFFEKTE AUF LAD.-UEBERTRAG.-KOMPLEXE MIT ACETOPHENONEN U. BENZOPHENONEN 58-0096
JCL, IR-UNTERS. D. SUBSTITUENTENEFFEKTE AUF LAD.-UEBERTRAG.-KOMPLEXE MIT ACETOPHENONEN 58-0096
JF5, RK. MIT J2 U. PY. 64-0041
JF5, RK. MIT KF BZW. CSF BZW. AGF 64-0041

JODIERUNG
* S. UNTER HALOGENIERUNG
JODONIUMVERBINDUNGEN
V. BETA-DICARBONYLVERB., 11. MITT. 61-0453
ALIPHAT., VERS. ZUR DARST. 61-0438
DIARYL-, BLDG. AUS ARYL-JODOSOACETATEN MIT AROMAT. KW-STOFFEN (KINETIK) 58-0307
2-NITROPHENYLJODONIO-DIMEDCN- U. -MALONSAEURE-ESTERBETAINE, DARST. AUS DIMEDON BZW. MALONSAEUREDIAETHYLESTER U. NITROJODOSOBENZOLEN 61-0453
JODOSOVERBINDUNGEN
ARYL-JODOSOACETATE, RK. MIT AROMAT. KW-STOFFEN ZU DIARYL-JODONIUMSALZEN (KINETIK) 58-0307
JULIMYCINE
1. MITT. 60-0786
2. MITT. 64-0885
JUVENILHORMON
* S. HORMONE, HORMONE DER WIRBELLOSEN

K

KAKAO
-AROMA, ZUS. 53-0584
-AROMA, 2. MITT. 54-0568
-AROMA, 3. MITT.(BESTANDTEILE) 56-0760
KALIUM
RK. MIT O-DIBENZOYL-BENZOL 57-0451
KALIUMVERBINDUNGEN
SNH3K U. SIH3K, DARST. AUS K U. SIH4 BZW. SNH4 62-0028
SNH3K BZW. SIH3K, RK. MIT CH3J 62-0028
TRIMETHYL- U. TRIAETHYLBORAN-KALIUMAMID-ADDUKT, BLDG. AUS TRIMETHYLBORAN, K U. FL. NH3 58-0305
K-FE-BIPY. THF-ADDUKTE, DARST. 59-0076
K-ALLYLOXY-POLYAETHER-ALKOHOLATE, UMLAGER. ZU CIS-PROPENYLVERB. (KINETIK) 58-0031
K-DIMETHOXO- U. -HEXAMETHOXOARSENAT, DARST. AUS KOCH3 U. TRIMETHYLARSENAT 63-0054
KF-FLUORKETON-ADDUKTE, DARST. AUS KF U. FLUORIERTEN KETONEN 63-0094
KF-HALOGENKETON-ADDUKTE, RK. MIT HALOGENOLEFINEN U. HALOGENEN 63-0370
PENICILLANSAEUREN-K-SALZE, DARST. 57-0757
KALIUM-HEXAOXO-AETHYLENDIAMINTETRAACETATODIMOLYBDAT, DARST., EIG. 64-0066
DIKALIUMDIAETHYLENTRIAMINPENTAACETATOFERRAT(III), DARST. 61-0054
KALIUMAETHYLENDIAMINTETRAACETATOAQUOFERRAT(III), MOESSBAUER-SPEKTRUM 61-0009
K-TRIOXOOXALATOMOLYBDAT(VI)-HYDRAT, IR 60-0008
K-TRIOXOOXALATOWOLFRAMAT(VI)-HYDRAT, IR 60-0008
K-TRIOXOOXALATOWOLFRAMAT(VI)-HYDRAT, RAMAN 60-0008
K-TRIOXOOXALATOMOLYBDAT(VI)-HYDRAT, ROENTGENDIAGRAMM 60-0008
K-TRIOXOOXALATOWOLFRAMAT(VI)-HYDRAT, ROENTGENDIAGRAMM 60-0008
K-AETHYLENDIAMINTETRAACETATOAQUOFERRAT(III), MOLEKULARSTRUKTUR D. HYDRATS 61-0035
KALIUMAETHYLENDIAMINTETRAACETATOAQUOFERRAT(III), KOORDINAT. 61-0009
K-DIAETHYLENTRIAMINPENTAACETATOFERRAT(III), KOORDINAT. 61-0054
K-TRIOXOOXALATOMOLYBDAT(VI)-HYDRAT, TGA 60-0008
K-TRIOXOOXALATOWOLFRAMAT(VI)-HYDRAT, TGA 60-0008
K-TRIOXOOXALATOMOLYBDAT(VI)-HYDRAT, DTA 60-0008
K-TRIOXOOXALATOWOLFRAMAT(VI)-HYDRAT, DTA 60-0008
K-AETHYLENDIAMINTETRAACETATOAQUOFERRAT(III), UV-PHOTOLYSE D. HYDRATS 61-0035
H3SIK, H3GEK, RK. MIT TRIMETHYLCHLORSILAN 59-0064
H3SIK, H3GEK, RK. MIT TRIMETHYLBROMGERMAN U. TRIMETHYLCHLORSTANNAN 59-0064
KNH2, RK. MIT DIMETHYLSULFOXID 62-0440
K(PO2F(NH2)), DARST., IR, NMR, DEBYOGRAMM 59-0047
KBR, RK. MIT CHOLESTERYLTOSYLAT (LSGM.-EFFEKT) 64-0287
K2PTBR4, RK. MIT THIOMORPHOLINON-(3) 59-0092
KHCO3, RK. MIT TERMINALEN POLYHYDROXY-ALKAN-ARYLSULFONSAEUREESTERN 54-0482
K(CO(CO)4), SYNTH. 58-0068
KCL, RK. MIT VINYLBROMID IN GGW. V. PDCl2 64-0275
KCL, KOMPLEXBLDG. MIT SBCL5 U. ACETONITRIL 55-0019
KAUCL4, RK. MIT K(SC6F5) 56-0088
K2(PTCL4) RK. MIT K(SC6F5) 56-0088
K2PTCL4, KOMPLEXBLDG. MIT N.N-DIMETHYL-BENZYLAMIN U. N-METHYL-BENZYLAMIN 59-0090
K2PTCL4, KOMPLEXBLDG. MIT AETHYLENDIAMINEN 59-0093
K2PTCL4, RK. MIT THIOMORPHOLINON-(3) 59-0092
K2(PTCL4), KATALYT. EINFL. AUF D. DEUTERIER. V. SYNTHET. HORMONEN U. STEROIDEN 62-0251
K2PTCL6, KOMPLEXBLDG. MIT BIPY (NACH RED. MIT N2H4) 59-0093
K3NA(MOO2(CN)4).6H2O, KRIST.-STRUKTUR 64-0017
K4(MO(CN)8).2 H2O, KRIST.-STRUKTUR 63-0020
K4(NI2(CN)6), DARST. AUS K2(NI(CN)4) U. NABH4 60-0326
K4(NI2(CN)6), RED. ORGAN. VERB. 60-0326
K2(NI(CN)4), RK. MIT NABH4 60-0326
K3(RHH(CN)5), DARST., EIG., ZERS. 57-0062
(KF-AL(C2H5)3), (KF-AL(CH3)3), IR-SPEKTRUM 54-0007
KF-2 H2O, RK. MIT DIAETHYLTRICHLORMETHYLPHOSPHONAT (SPALT. D. C-P-BIND.) 62-0367
KF, RK. MIT JF5 (CH3CN) 64-0041
KF, RK. MIT DIAETHYLTRICHLORMETHYLPHOSPHONAT (SPALT. D. C-P-BIND.) 62-0367
KF, RK. MIT METHYLPERCHLORAT (KINETIK) 55-0180
KJF6, DARST. AUS KF U. JF5 (CH3CN) 64-0041
K2(MOOF5), KRIST.-STRUKTUR 54-0002
K(NIF3), IR, LIGANDENFELDBEHANDL. 61-0001
KO2, BLDG. AUS DIKALIUMSALZ V. HYDRAZOBENZOL U. O2 63-0247
KJ, RK. MIT CHOLESTERYLTOSYLAT (LSGM.-EFFEKT) 64-0287
K2(HGJ4), KOMPLEXBLDG. MIT EPSILON-CAPROLACTAM 62-0030
KALIUM-NITROSODISULFONAT K2(NO(SO3)2), RK. MIT 5-HYDROXY-CHINOLINEN 53-0423
KOH, EINFL. AUF D. ANOD. OX. V. N.N-DIMETHYL-ANILIN IN METHANOL 57-0198
KPBJO6, DARST. AUS BLEITETRAACETAT, PERJODSAEURE U. ALKALINITRAT, 55-0008
KPBJO6, KRIST.-STRUKTUR 55-0008
KHSO4, RK. MIT METHYLPERCHLORAT (KINETIK) 55-0180
K2S, RK. MIT 3.5-BIS-(TERT.-BUTYL)-4-HYDROXY-BENZYLBROMID (KINETIK) 57-0361
KHS, RK. MIT 3.5-BIS-(TERT.-BUTYL)-4-HYDROXY-BENZYLBROMID (KINETIK) 57-0361
K9H5TA12O37, DARST. AUS TANTAL(V)-SAEURE-PENTAAETHYLESTER U. AETHANOL. KOH-W. 58-0057
KALORIMETRIE
LSG.- ZUR BEST. D. GLEICHGEW. V. SCHWACHEN KOMPLEXEN 63-0209
KALORIMETR. BOMBE (FUER VERBRENN.-ENTHALPIEN) 55-0011
KALORIMETR. VERBRENN.-APP. U. -METH. (METHYLCHLORSILANE) 58-0164
KAMALA, SCHWARZE
* S. UNTER PFLANZEN, SPEZIELLE (FLEMINGIA RHODOCARPA)
KAPSELN
DOSIER.-GENAUIGK. 56-0764
KASTANIEN
GERBSTOFFE D. HOLZES D. EDEL-, 2.MITT. 53-0496
GERBSTOFFE D. HOLZES D. EDEL-, 3. MITT. 53-0497
KATALYSE
* KATALYT. HYDRIERUNG S. UNTER HYDRIERUNG
* D. ANOMERISIER. S. UNTER UMLAGERUNGEN
* KATALYT. POLYMERISATION S. DORT
POLYFUNKTIONELLE, 1. MITT. 63-0108
BIFUNKTIONELLE, ELEKTRON. KOPPL. (HMO-BERECHN.) 64-0029
THIOPHEN U. FURAN ALS KATALYSATORGIFTE 55-0161
SYNTH. MIT KOMPLEXKATALYSATOREN, 8. MITT. 59-0310
MECHAN. AKTIVIERTE, 6. MITT. 58-0311
DURCH SEKUNDAERVALENZKRAEFTE, 4. MITT. 60-0277
ZIEGLER-NATTA-KATALYSATOREN(TICL4+AL(ISO-C4H9)3), THEORIE D. AKTIVITAET, 1. MITT. 63-0051
AL2O3, KATALYSATOR U. TRAEGER, 37. MITT. 63-0487
KOMPLEX-KATALYSATOREN, SYNTH.-RK. MIT, 7. MITT. 59-0383
KAURANE
KAURAN-19-20-LACTONE, DARST. 55-0527
U. KAURENE, TOTALSYNTH. 61-0754
KERNMAGNETISCHE RESONANZ
* S. UNTER MAGNETISMUS
KERN-OVERHAUSER-EFFEKT
* S. UNTER MAGNETISMUS
KERNQUADRUPOLRESONANZ-SPEKTRUM
* S. UNTER SPEKTRUM
KERNUMWANDLUNG
CHEM. FORMEN D. NACH (14)N(N, P)(14)C AUS KCN GEBILDETEN (14)C 64-0039
KERR-EFFEKT, ELEKTROOPTISCHER
MOLARE KERR-KONST. V. DINITROBENZOLEN 61-0070
KERR-KONST. V. ANILINEN IN NICHT POLAREN FL. 61-0071
V. STER. GEHINDERTEN AROMAT. NITRO-VERB. 62-0067
V. ANILINEN 62-0066
KETALE
* S. ACETALE (UND KETALE)
KETENE
HALOGEN-, 4. MITT. 55-0343
FLUOR-, 2. MITT. 59-0297
HALOGENIERTE, 6. MITT. 60-0337
ALS ZWISCHENSTUFEN BEI PHOTOCHEM. RK. V. KETONEN 62-0301
HALOGEN-, CYCLOADDIT. 55-0343
RK. MIT IMINODITHIOLKOHLENSAEUREESTERN 59-0320
CYCLOADDIT. AN TRIPHENYLPHOSPHORANYLIDENKETEN 64-0481
CYCLOADDIT. AN IMINE , 2. MITT. 62-0514
ALDO-, RK. MIT BENZYLIDENANILIN 64-0576
KETENIMINE
* S. IMENE
KETENMERCAPTALE, DARST. AUS TRICHLORACRYLNITRIL U. THIOPHENOL 53-0225
NITRO-, DARST. AUS NITRODITHIOESSIGSAEURE-, DI-KALIUMSALZ U.ALKYLHALOGENIDEN 58-0369
(2-HYDROXY-ALKYL-(2))-KETENDITHIOACETALE, DARST. AUS ACYLKETENDITHIOACETALEN U. CH3MGJ 60-0340
1-AETHYLMERCAPTO-1-DIALKYLAMINO-ALKENE-(1), DARST. AUS THIOAMIDEN U. AETHYLBROMID 61-0345

- DIARYL-DIOXO-4-(BIS-(ALKYLMERCAPTO)-METHYLEN)-
PYRAZOLIDINE, DARST. AUS DIARYLDIOXOPYRAZOLI-
DINDITHIOCARBONSAEUREN BZW. -ESTERN 61-0578
KETO-ENOL-TAUTOMERIE
* S. UNTER ENOLE
KETOLE
* S. HYDROXYKETONE
KETONE (ALLGEMEINES)
* AMINOKETONE, CHALKONE, CHINONE, HYDROXYKETONE U.
* KETONSAEUREN S. DORT
TROPONE, 1.MITT. ALKALIWRKG. AUF 2-HALOGEN-TROPONE
53-0280
ALPHA-HALOGEN-, CHEM. RK., 13. MITT. 56-0401
CYCL. ENAMIN-, 2.MITT. 56-0555
CYCLOPROPENONE, STRUKTUR U. REAKTIVITAET, 2. MITT.
57-0116
UNGESAETT., PHOTOCHEMIE IN LSG., 11. MITT. 57-0395
TETRACYCLONE U. SUBSTITUIERTE PENTAPHENYL-
CYCLOPENTADIENYL-VERB., 4. MITT. 57-0423
THIOCARBAMIDODERIV. V. BETA-DI-, SYNTH. U. UNTERS., 3.
MITT. 57-0439
1.5-DIKETONE, 3. MITT. 57-0440
ALPHA-HALOGEN-, 6. MITT. 58-0282
BIS-ARYLSULFONYL-ACETONE, 6. MITT. 58-0412
CYCLOPROPENONE, 1. MITT. 58-0466
CYCLOPROPENONE, 2. MITT. 58-0467
BAS. SUBSTITUIERTE DIOXO-OCTAHYDROXANTHENE, 2. MITT.
58-0617
UNGESAETT., PHOTOCHEMIE IN LSG., 14.MITT. 59-0268
PERHALOGENKETONE U. IHRE DERIV., 13. MITT. 59-0287
UNGESAETT. PHOTOCHEMIE IN LSG., 13. MITT. 60-0304
KETOALDEHYDE, 5. MITT. 60-0350
BETA-DI- ALS BASIS D. SYNTH. V. LOKALANAESTHETIKA, 3.
MITT. 60-0427
AZIRIDINYL-, 17. MITT. 60-0470
FURANIDIN-, CHEMIE, 5. MITT. 60-0489
PERFLUORACETYLTHIOPHENE, 1. MITT. 62-0534
HETEROCYCL. GAMMA-, MANNICH-RK., 2. MITT. 62-0613
AZABENZOCYCLOHEPTENONE, 7. MITT. 62-0683
7-SUBSTITUIERTE 6-OXO-3ALPHA.5ALPHA-CYCLOSTEROIDE, 1.
MITT. 62-0797
6-OXO-3ALPHA.5ALPHA-CYCLOSTEROIDE, 7-SUBSTITUIERTE, 2.
MITT. 62-0798
ALPHA.BETA-UNGESAETT. GAMMA-ALDEHYD-, PHOTOCHEMIE, 1.
MITT. 62-0802
BEWEGL. KETO-ALLYL-SYST., 5. MITT. 63-0524
BEWEGL. KETO-ALLYL-SYST., 6. MITT. 63-0525
BEWEGL. KETO-ALLYL-SYST., 7. MITT. 63-0526
SPIRO- AUF D. BASIS V. BETA-DIKETONEN, 2. MITT.
63-0554
EPOXY-, 7. MITT. 63-0583
CYCL. ENAMINO-, CHEMIE, 3. MITT. 63-0670
CHELATE V. BETA-DI-, 11. MITT. 64-0075
DIHYDROCHINOLONE, 6.MITT. 64-0709
CYCLOALKANDION-(1.2)-MONOARYLHYDRAZONE, KETOHYDRAZON-
AZOENOL-TAUTOMERIE 54-0457
NORBORNADIENONE-(7), KONSTIT. (BERICHTIG.) 55-0359
ALPHA-OXIMINO-, H-BRUECKENBIND. V. SYN-ANTI-ISOMEREN
58-0769
ACYL-CYANMETHANPHOSPHONSAEUREDIALKYLESTER KETO-ENOL-
TAUTOMERIE 59-0342
3-PHOSPHONIO-PROPENYL-, KONSTIT. 58-0444
(SYMM.-TRIAZINYL-METHYL)-, TAUTOMERES 59-0641
BETA-DI-, INTRAMOL. H-BRUECKENBIND. 60-0091
6-OXO-3ALPHA.5ALPHA-CYCLOSTEROIDE, STRUKTURBEST.
62-0798
MONOTHIO-BETA-DI-, TAUTOMERIE 64-0214
STEROID-, KONFORM. D. RINGES A 56-0132
BENZOYLPYRIDINE, KONFORM. 57-0161
2.2'-DIOXO-DICYCLOHEXYLMETHANE, STEREOCHEMIE 57-0426
2-FORMAMIDO-2'-ACYL-DIVINYLSULFIDE, CIS-TRANS-
ISOMERIEN 58-0651
AZIRIDINYL-, CIS-TRANS-GLEICHGEW. (EINFL. V. LSGM. U.
BASENKONZ.) 59-0187
PHENYL-THIENYL-, KONFORM. 63-0186
2-TERT.-BUTYL-CYCLOHEXANONE, KONFORM. 63-0190
ACETYLBENCHROTRENE, KONFORM. -GLEICHGEW. 64-0002
BICYCLO(3.1.0)HEXEN-(3)- U. -HEXANONE-(2),
(STEREOCHEMIE) 55-0107
ALPHA-CHLOR-, ROTAT.-ISOMERIE 55-0110
CYCLOALKANONE, KONFORM. 58-0147
TRIACYLMETHANE, KONFIG. 59-0008
2-BENZOYL-THIOPHENE, KONFORM. 59-0117
GEHINDERTE BENZOPHENONE, STEREOCHEMIE 59-0432
2-PYRIDYLMETHYLEN-INDAN-1-ONE, KONFORM. 62-0139
2-PYRIDYLMETHYLEN-BENZOFURAN-3-ONE, KONFORM. 62-0140
VIC. TETRA-, KONFORM. 63-0173
KETONE (DARSTELLUNG)
ALPHA-UNGESAETT., DARST. AUS TERT.-BETA-
ACETYLENALKOHOLEN 53-0031
AROMAT., DARST. DURCH KATALYT. OX. V. ALKYLBENZOLEN
53-0126
ACETYLEN-, DARST. DURCH THERM. ZERS. V. CYCL. ALPHA.
BETA-EPOXYKETONEN 53-0199
NEUE DARST. V. ALPHA-SUBSTITUIERTEN KETONEN AUS
NITRILEN DURCH RED. MIT ORGANOMETALLVERB. U.
ALKYLIEREN 53-0217
CYCLOPROPYL- U. CYCLOBUTANONE, DARST. 53-0279
2-ALKYL-CYCLOALKAN-1.3-DIONE DARST. DURCH CYCLISIER.
V. GAMMA-(BZW. DELTA-)KETOCARBONSAEUREN 53-0282
3-ACYL-FURANE U. -PYRROLE, DARST. 53-0329
ACETYLEN-SECO-STEROID-, DARST. 53-0558
ALPHA-HYDRINDANONE, DARST. 54-0080
ALKEN-(5)-ONE-(2), DARST. AUS TERT. VINYL-CARBINOLEN
U. ISOPROPENYL-METHYL-AETHER 54-0221
DARST. AUS PROPINEN DURCH HYDRATAT. IN GGW. EINES
HG(II)-HALT. AUSTAUSCHERS 54-0222
BETA-DI-, SYNTH. AUS ACETESSIG- U. MALONSAEURE-
SILYLESTERN MIT SAEURECHLORIDEN 54-0232
(3-OXO-ALKYL)-PHOSPHINE, DARST. AUS ALKALIPHOSPHIDEN
U. ALPHA.BETA-UNGESAETT. KETONEN 54-0267
ALL-TRANS-TRIENONE, DARST. AUS 7-HYDROXY-
CYCLOOCTATRIENEN-(1.3.5) 54-0283
CYCLOHEXANDIONE-(1.3), DARST. AUS ALKEN-(2)-
SAEUREESTERN U. ACETESSIGSAEURE-TERT.-BUTYLESTER
54-0293
FURFURYLIDEN-ACETOPHENONE, DARST. AUS P-
ALKYLMERCAPTOACETOPHENONEN U. FURFURAL 54-0378
3-ACYLCHROMONE, DARST. AUS 2-HYDROXY-OMEGA-ACYL-
ACETOPHENONEN 54-0397
HETARYL-CYCLOPENTADIENONE, DARST. AUS HETEROCYCL.
SUBSTITUIERTEN GLYOXALEN 54-0417
3-SUBSTITUIERTE PHENOXAZONE-(2), DARST. AUS
3-HYDROXY-PHENOXAZONEN-(2) 54-0459
ALPHA-CHLOR-, DARST. AUS ALPHA-HYDROXYKETONEN 55-0110
UNGESAETT., DARST. AUS NA-ACETESSIGESTER U. ALLYL-
HALOGENIDEN 55-0242
1.2-DI-, DARST. AUS ALPHA,BETA-UNGESAETT.
CARBONYLVERB. 55-0244
2-CHLOR-TETRAFLUORCYCLOBUTANONE, DARST. DURCH
CLAISEN-UMLAGER. V. 2-CHLOR-TETRAFLUORCYCLOBUTEN-(1)-
YL-(1)-AETHERN 55-0302
2-ALKYL-3-METHYL-CYCLOHEXEN-(2)-ONE, DARST. AUS DELTA-
METHYL-GAMMA-ALKYL-DELTA-VALEROLACTONEN 55-0303
EPSILON-ALKINYL-, DARST. AUS KETONEN 55-0305
2-METHYLCYCLOPENTENYL-, DARST. AUS EPSILON-
ALKINYLKETONEN 55-0305
BROMDI-, DARST. 55-0368
CYANEPOXY-, DARST. 55-0368
3-BENZOYL-PROPIONSAEUREANILIDE, DARST. AUS N-ARYL-
SUCCINIMIDEN U. PHENYLMAGNESIUMBROMID BZW. AUS PRIM.
AROMAT. AMINEN U. 4-PHENYL-BUTEN-(3)-OLID-(1-4)
56-0358
ACETYLEN-, BLDG. AUS ACETYLENALKOHOLEN BEI D.
CHROMATOGRAPHIE AN AL2O3 56-0372
DICHLORCYCLOBUTENONE, DARST. AUS ALKINEN U.
NATRIUMTRICHLORACETAT 56-0377
ALKYL-CYCLOHEXANONE, DARST. 56-0380
2-ACYLCYCLOPENTAN-1.3-DIONE, DARST. DURCH C-ACYLIER.
V. CYCLOPENTAN-1.3-DION 56-0382
CYCLOTETRADECANDIONE-(1.3), DARST. AUS 1-MORPHOLINO-
CYCLODODECEN-(1) U. CARBONSAEURECHLORIDEN 56-0384
2-ACYLCYCLOALKANONE U. CYCLOALKANDIONE-(1.3), DARST.
AUS CYCLOALKANONENAMINEN U. ACYLCHLORIDEN 56-0385
PYRROLINDIONE-(2.3), DARST. AUS ANILEN BZW.
HYDRAZONEN U. OXALYLCHLORID 56-0453
2-METHYL-3-ACETYL-PYRONE-(4), DARST. AUS
DIACETYLESSIGESTER U. ACYLMETHYLENTRIPHENYLPHOS-
PHORANEN 56-0542
BICYCLOALKENONE-(2), DARST. AUS OMEGA-(2-
HYDROXYCYCLOALKYL)-CARBONSAEUREN 57-0279
ALPHA'-HALOGEN-ALPHA-ALLENYL-, DARST. AUS ALLENYL-
MAGNESIUMBROMID U. ALPHA-HALOGEN-CARBONSAEUREESTERN
57-0304
2.4-DIBENZYLIDEN-CYCLOBUTANONE, DARST. AUS
ARYLALDEHYDEN U. CYCLOBUTANON 57-0424
P-BIPHENYLYLALKYL-ALPHA-DI-, DARST. AUS
4-ACYLBIPHENYLEN U. ISOAMYLNITRIT 57-0425
2-SUBSTITUIERTE 2-PHENYL-CYCLOHEXANONE, SYNTH.
57-0430
2-((3 ARYL THIOCARBAMIDO)-BENZYL)-INDANDIONE-(1.3),
DARST. AUS 2-(P-AMINO-BENZYL)-INDANDION-(1.3) U.
ISOTHIOCYANATEN 57-0439
(5-HYDROXY-BENZOFURYL-(3))-, DARST. AUS P-BENZOCHINON
U. BETA-DIAETHYLAMINO-VINYLKETONEN 57-0495
2.3-DIHYDRO-THIANAPHTHEN-3-ONE, DARST. 57-0499
1-(INDOLYL-(3))-PROPANDIONE-(1.2) U. DERIV., DARST.
57-0515
3ALPHA-ACYLMETHYL-A-NOR-CHOLESTENE-(5), DARST. AUS
3BETA.5BETA-CYCLO-4BETA.6ALPHA-CYCLO-CHOLESTANEN U.
ALDEHYDEN 57-0730
HEXAFLUORISOPROPYL-ALKENYL-, DARST. AUS BIS-
(TRIFLUORMETHYL)-KETEN U. AETHYLENVERB. 58-0335
3-PHOSPHONIO-PROPENYL-, DARST. AUS PHOSPHORANEN U. HBR
58-0444
3-NITROSO-4-OXOALKENYLIDEN-PHOSPHORANE, DARST.
58-0444
2-PHENYL-CYCLOALKANONE, DARST. AUS 1-(ALPHA-BROM-
BENZYL)-CYCLOALKANOLEN-(1) DURCH RINGERWEITER.
58-0491
SYMM., DARST. AUS ORGANOQUECKSILBERHALOGENIDEN
58-0492
BETA-SULFONYL-, DARST. AUS ESTERN U. DIMETHYLSULFON
58-0529
BICYCLO(2.2.2)OCTANONE, DARST. AUS ISOPHORON-
DIENAMINEN 58-0538
3-(5-AMINO-FURYL-(2))-PROPENONE-(3), DARST. AUS 3-(5-
HALOGEN-FURYL-(2))-PROPENONEN-(3) U. SEK. AMINEN
58-0569
4-ACYL-5-AMINO-1.2.3-THIADIAZOLE, DARST. AUS ACYL-

THIOACETAMIDEN ODER FORMYL-ACYL-THIOACETAMIDEN U. TOSYLAZID 58-0607
UNGESAETT. DI-, DARST. 58-0622
THIANONE-(3) U. PIPERIDONE-(3), DARST. 58-0636
METALL-FUROYLACETONATE, SYNTH. U. S(E)-RK. , 1. MITT. 59-0083
HYDRINDANYL-(1)- U.-CYCLOPENTYL-METHYL-, DARST. AUS HYDRINDANONEN BZW. CYCLOPENTANONEN 59-0134
DARST. DURCH OX. V. OLEFINEN MIT CRO3 , D. SICH AUF TRAEGERMATERIAL (SIO2, SIO2-AL2O3) BEFINDET 59-0278
PHENYL-ALKEN-(1)-YL-, DARST. DURCH ALDOL-KONDENS. IN GGW. V. H3BO3, B2O3 ODER 10-HYDROXY-10.9-BOROXAROPHENANTHREN 59-0279
DARST. AUS CARBONSAEURECHLORIDEN U. AETHYLALUMINIUMSESQUICHLORIC 59-0298
ALIPHAT. OMEGA-CYAN-, DARST. AUS 2-DIMETHYLAMINO-CYCLOALKANONOXIMEN 59-0316
(1.2-DIMETHYL-CYCLOPROPYL)-, STEREOSPEZIF. DARST. AUS 3-METHYL-PENTEN-(3)-INEN-(1) 59-0406
CYCLOHEXADIENONE, SYNTH. U. RK., 2. MITT. 59-0407
4-CHLOR-CYCLOPENTENONE-(3), SYNTH. 59-0410
GEHINDERTE BENZOPHENONE, DARST. 59-0432
10.10'-DIACYLTETRAHYDROBIANTHRYLE-(9.9'), DARST. AUS 9-ACYL-ANTHRACENEN 59-0452
CYCL., DARST. AUS 1.5-DIENEN U. NI-TETRACARBONYL 59-0476
ARYL-ISOTHIAZOLYL-, DARST. 59-0565
2.3-DIHYDRO-ISOCHINOLONE-(4), DARST. AUS SUBSTITUIERTEN GLYCINESTERN 59-0593
(SYMM.-TRIAZINYL-METHYL)-, DARST. 59-0641
STEROID-18-CYAN-20-, BLDG. AUS 20-CYANHYDRINEN (MECHANISMUS) 59-0760
TERT.-BUTYL-CYCLOBUTANONE, DARST. 60-0175
1.2-DI-, DARST. AUS BETA-OXOALKYLEN-PHOSPHORANEN 60-0324
ALPHA-UNGESAETT., DARST. AUS ENINEN 60-0333
2-CYCLOHEPTATRIENYLIDEN-INDANONE, DARST. AUS INDANONEN U. TROPYLIUMFLUOROBORAT 60-0426
ALPHA.ALPHA'-DISPIRO-, DARST. AUS ALPHA-SPIRO-CYCLOALKANONEN U. DIBROMALKANE BZW. AUS DEN MANNICH-BASEN D. ALPHA-SPIRO-CYCLOALKANONE U. BUTADIEN-(1.3) 60-0457
3-OXO-TETRAHYDRO-FURANE, DARST. 60-0488
(FURYL-(2)-VINYL)-PHENYLAETHINYL-, DARST. AUS FURFURALEN U. 1-PHENYL-BUTIN-(1)-ON-(3) 60-0490
1.5-BIS-(NAPHTHYL-(2))-3-(FURYL-(2))-PENTAN-1.5-DIONE, DARST. AUS 2-ACYL-NAPHTHALINEN U. FURFUROL 60-0494
DIMETHOXY-ACYL-2.3-DIMETHYL-BENZOFURANE, DARST. DURCH ACYLIER. 60-0496
1.2.4-TRIAZOLYL-(3)-, DARST. 60-0557
PERFLUOR-ALKYLVINYL-, DARST. 61-0342
ACETOXYMETHYL- U. HALOGENMETHYL-, DARST. AUS OXOSULFONIUM-ACYLMETHYLIDEN 61-0347
DELTA-ACETOXY-BETA-DI-, DARST. AUS 3-ACETYL-5.6-DIHYDRO-4-PYRONEN 61-0349
ALPHA-PHENYL-BETA-HALOGEN-ISOPROPYL-, DARST. AUS PHENYL-ISOPROPENYLCARBINOLEN 61-0398
BIS-(4-CYAN-BUTYRYL)-BENZOLE, DARST. AUS DIACETYLBENZOLEN U. ACRYLONITRIL 61-0410
GLYOXYLHYDRAZONSAEUREAMIDE, DARST. AUS CHLORACETON, DIAZONIUMVERB. U. AMINEN 61-0414
ALPHA-AMINO-ALPHA-OXIMINO-ACETONE, DARST. AUS ALPHA-CHLOR-ALPHA-OXIMINO-ACETON U. AROMAT. AMINEN 61-0417
CYCLOPENTENONE, DARST. AUS ALPHA,BETA-UNGESAETT. FETTSAEUREESTERN 61-0450
UNGESAETT. CYCL., DARST. AUS UNGESAETT. EPSILON-KETOLEN 61-0451
CYCLODODECENONE, DARST. AUS N-NITROSO-N-OXOCYCLODODECYL-ACETAMIDEN 61-0452
2-DIAZO-CYCLOALKANONE, DARST. 61-0459
PENTAALKYLPHENONE, DARST. AUS HEXAMETHYL- BZW. HEXAAETHYLBENZOL U. SAEURECHLORIDEN 61-0478
BIS-1.2-DIKETONE MIT VINYLENBRUECKEN, DARST. AUS 4-FORMYL-BENZIL U. VINYLENVERB. 61-0480
BICYCL., DARST. AUS CYCL. BETA-DICARBONYLVERB. U. BETA-VINYL-ACRYLSAEURE-METHYLESTER 61-0513
3.5-DIACYL-PYRAZOLONE-(4), DARST. AUS 1.3.5-TRIKETONEN U. P-TOLUOLSULFONSAEUREAZID 61-0576
3-ARYL-ISOXAZOLIN-(2)-YL-(5)-, DARST. 61-0585
1-AROYLALKYL-3-METHOXYPHENYL(NAPHTHYL-, TETRALYL)-PIPERIDINE, DARST. 61-0636
N.N-DIALKYL- THIOCARBONSAEUREAMID-S-PHENACYLSALZE, DARST. 62-0342
2-(1.3-DIPHENYL-3-OXO-PROPYL)-INDANDIONE-(1.3), DARST. 62-0445
CYCLOPENTANDIONE-(1.3), DARST. AUS 4-BENZYLIDEN- BZW. -PIPERONYLIDEN-OXAZOLONEN-(5) U. 3-OXO-GLUTARSAEURE-DIMETHYLESTER 62-0449
2-TETRALONE, DARST. AUS INDANOLEN 62-0460
2-OXO-2H-BENZOCYCLOHEPTENE, DARST. AUS BENZOTROPYLIUMSALZEN 62-0471
TRANS-BENZALACETOPHENONE, DARST. AUS 2-AROYL-3-ARYL-AZIRIDINEN 62-0506
BENZOXET(2-SPIRO-1')CYCLOHEXADIENONE, DARST. AUS PHENOLEN IN GGW. V. CU-KOMPLEXEN 62-0520
NAPHTHYL-THIENYLVINYL-, DARST. AUS ACETYLNAPHTHALINEN U. 2-FORMYL-THIOPHENEN 62-0532
NAPHTHYLVINYL-THIENYL-, DARST. AUS 2-ACETYL-THIOPHENEN U. NAPHTHALDEHYDEN 62-0532
4-AROYLMETHYLEN-PYRANE, DARST. AUS 2-ALKYL-ACETESSIGESTERN U. AROYLMETHYLEN-TRIPHENYLPHOSPHORANEN 62-0600
4-PHENYL-2.5-DIAROYL-PYRIDINE, DARST. 62-0616
BENZO(C)PHENOXAZONE-(5), DARST. 62-0663
VIC. TETRA-, DARST. AUS DIACYLFORMOINEN 63-0173
TRIPHENYL-AROYLMETHYLENARSENANE, DARST. AUS ARSONIUMSALZEN 63-0221
ALPHA,BETA-UNGESAETT., DARST. AUS GAMMA-OXO-SAEUREN MIT PBO2 63-0348
UNGESAETT., DARST. AUS NITRILEN U. ORGANOMETALLVERB. 63-0360
OXO-ALKANOLIDE, DARST. AUS TETRAHYDROCHROMANEN DURCH OX. 63-0395
OMEGA-PHENYLALKANONE-(3), DARST. AUS OMEGA-PHENYLCARBONSAEURECHLORIDEN U. AETHYLALUMINIU + MSESQUICHLORID 63-0428
1.4-DIARYL-1.4-DI-, DARST. AUS DI-AROYL-TRICARBONYL-NICCOLATEN U. ACETYLENEN 63-0429
PHENYLGLYCXALE, P-SUBSTITUIERTE, SYNTH. 63-0430
UNSYMM. -, DARST. AUS THIOVINYLAETHERN DURCH HYDROLYSE 63-0473
VERZWEIGTE, DARST. AUS NITRILEN U. CROTYL-MAGNESIUMBROMID 63-0477
2- BENZHYDRYL-ACENAPHTHENONE, DARST. AUS BENZYLIDENACENAPHTHENONEN U. ARYL-MG-BROMIDEN 63-0533
1.3-DIARYL-2.2-SPIROPHTHALOYL-CYCLOHEXANONE-(5) DARST. AUS DIARYLIDENACETON U. INDANDION-(1.3) 63-0554
OMEGA-(4-ARYL-1.3-DITHIOLYLIDEN-(2))-ACETOPHENONE, DARST. AUS D. THIOKETONEN BZW. AUS 3.3-DIMERCAPTO-1-ARYL-PROPEN-(2)-ONEN-(1) U. OMEGA-BROM-ACETOPHENONEN 63-0595
4-ACETYL-OXAZOLE, DARST. 63-0642
CYCLOALKANO(H)CHINOLIZIDIN-6-ONE, DARST. AUS CYCLOALKANONEN U. PIPERIDYL-(2)-ESSIGSAEURE-AETHYLESTER 63-0670
N-TOSYL-4-OXO-1.2.3.4-TETRAHYDRO-CHINOLINE, DARST. 63-0679
7-KETO-STEROIDE, DARST. 63-0828
TRANS-CHALKONEPOXIDE, DARST. AUS TRANS-CHALKONEN U. ALKAL. H2O2 64-0108
MONOTHIO-BETA-DI-, DARST. AUS BETA-DIKETONEN 64-0214
DARST. AUS KETONSAEUREN 64-0280
6-OXO-ALKADIENE-(1.2); BLDG. AUS ALKEN-(1)-IN-(5)-OLEN-(3) 64-0361
PHOSPHORANYLIDENCYCLOBUTANDIONE, DARST. AUS TRIPHENYLPHOSPHORANYLIDENKETEN U. -, ALDEHYDEN U. KETENEN 64-0481
(1-PHENYL-CYCLOHEXYL)-, DARST. AUS (1-ALKYL-CYCLOHEXYL)-PHENYL-KETONEN 64-0498
2-ALKYL-2-PHENYL-CYCLOHEXANONE, DARST. AUS 1-CYAN-2-IMINO-3-PHENYL-3-ALKYL-CYCLOHEXANEN 64-0499
1.2-BIS-(3-OXO-CYCLOHEXYL)-AETHYLENE, DARST. AUS D. ENTSPRECHENDEN 4-OXO-DERIV. 64-0502
1.2-DIALKYL-1.2-DI-OXOCYCLOALKYL-AETHANE, DARST. 64-0504
(4.5-C)FUROTROPONE, DARST. AUS 3.4-FURAN-DICARBALDEHYD U. ACETONDERIV. 64-0584
(5-NITROFURYL-(2))-POLYALKENONE U. -POLYALKENALE, SYNTH., 8. MITT. 64-0588
2-(ALPHA-BROM-ARYLIDEN)-2.3-DIHYDRO-THIANAPHTHENONE-(3), DARST. DURCH BROMIER. 64-0594
7-OXO-4.5.6.7-TETRAHYDRO- -BENZO(B)THIOPHENE, SYNTH. 64-0597
3-ACYL-5-HALOGEN-BENZO(B)THIOPHENE, DARST. AUS 5-HALOGEN-BENZO(B)THIOPHENEN U. ACETYLCHLORID 54-0367
5-OXOHEXANSAEURENITRILE, DARST. AUS ACRYLSAEURENITRILEN U. ACETESSIGESTER 56-0306
ACETYLEN-, BLDG. AUS ALDEHYDEN U. AETHINYL-MGBR 56-0372
CYCLOALKENYL-METHYL-, DARST. AUS CYCLOALKYLACETATEN 57-0279
2-ISOPROPYL-CYCLOHEPTANONE, DARST. AUS CYCLOHEXANONEN U. DIAZOISOBUTAN 57-0406
TETRACYCLONE DARST. AUS BENZILEN U. 1.3-DIARYLACETONEN 57-0423
2-((3-ARYL-THIOCARBAMIDO)-BENZAL)-INDANDIONE-(1.3), DARST. AUS 2-(P-AMINO-P-METHOXY-BENZAL)-INDANDION-(1.3) U. ISOTHIOCYANATEN BZW. AUS INDANDION-(1.3) U. (3-ARYL-THIOCARBAMIDO)-BENZALDEHYDEN 57-0439
BICYCLO(2.2.X)ALKENONE, DARST. AUS OXO-BICYCLO(2.2.X) ALKANDICARBONSAEURE-ANHYDRIDEN 57-0471
1.3-BIS-(4-AROYLAETHYL-PIPERIDYL-(1))-PROPANE, DARST. AUS 1.3-DI-(PIPERIDYL-(4))-PROPAN U. ACETOPHENONEN 57-0584
ARYLHYDRAZONO- U. BIS-ARYLAZO-BIS-TOLYLSULFONYL-ACETONE U. 1.5-DIARYLFORMAZANYL-TOLYLSULFONYLMETHYL-, DARST. AUS BIS-(P-TOLYLSULFONYL)-ACETON U. ARYLDIAZONIUMCHLORIDEN 58-0412
3-OXIMINO-4-OXOALKENYL-PHOSPHONIUMVERB., DARST. AUS D. 4-OXODERIV. MIT HNO2 58-0444
2-NITROALKYL-CYCLOALKANONE, DARST. AUS CYCL. ENAMINEN U. NITROOLEFINEN 58-0465
CYCLOPROPENONE, DARST. AUS ACETYLENEN U. DICHLORCARBEN 58-0466
CYCLOPROPENONE, DARST. AUS ENINEN U. DICHLORCARBEN 58-0467
2-FORMAMIDO-2'-ACYL-DIVINYLSULFIDE, DARST. AUS BETA-CHLOR-VINYL-PHENYLKETON U. N-ARALKYLTHIAZOLIUMCHLORIDEN 58-0651

ACYL-CYANMETHANPHOSPHONSAEUREDIALKYLESTER, DARST. AUS (CYAN-METHANPHOSPHONSAEURE)-DIALKYLESTERN 59-0342
BICYCLO(3.1.0)HEXENONE, DARST. AUS 2.5-DIAETHYL-3.4-DIPHENYL-CYCLOPENTADIENON U. DIAZOALKANEN 59-0490
ANDROSTEN-16-ONE, DARST. 59-0754
2-ARYL-INDAN-1.3-DIONE, DARST. AUS ISOCUMARANON-(1) U. AROMAT. ALDEHYDEN BZW. AUS PHTHALSAEUREANHYDRIDEN U. ARYLESSIGSAEUREN 60-0424
TRIMETHOXYPHENYL-PIPERAZINOALKYL-, DARST. AUS PIPERAZINEN U. D. ALKYLHALOGENIDEN 60-0628
PYRIDAZINONE-(4), DARST. AUS 1.4-(DI)ARYL(-ALKYL)-BUTANTRION-(1.2.4)-IMIN-PHENYLHYDRAZONEN U. AETHANOL. KOH 60-0645
1.1.7.7-TETRANITRO-HEPTANONE-(4), DARST. AUS UNGESAETT. KETONEN U. POLYNITROADDENDEN 61-0343
ACYL-CYCLOPROPANE, BLDG. AUS ALPHA-DIAZOKETONEN U. OLEFINEN 61-0520
TETRAHYDRO-(THIO)PYRONE-(4), DARST. 61-0620
1-(OMEGA-AROYL-ALKYL)-3-PHENYL-PIPERIDINE, DARST. AUS 3-PHENYL-PIPERIDIN 61-0635
POLYHALOGENDI-, DARST. AUS POLYHALOGENARYLKUPFERVERB. 61-0640
1-AMINO-1-CHLOR-2-ACYL-ALKENE-(1), DARST. AUS 1-AMINO-ALKINEN-(1) 62-0357
PERFLUORACETYLTHIOPHENE, DARST. AUS 2-THIENYL-LITHIUM U. ALIPHAT. PERFLUORCARBONSAEUREDERIV. 62-0534
7-METHYL-6-OXO-3ALPHA.5ALPHA-CYCLOSTEROIDE, DARST. 62-0797
2-(ALPHA-BROM-BENZYL)-4.4-DIMETHYL-1-OXO-1.4-DIHYDRO-NAPHTHALINE, DARST. AUS 2-BENZAL-4.4-DIMETHYL-TETRALONEN 63-0524
1.3-DIARYL-2.2-SPIROPHTHALOYL-CYCLOHEXANONE-(5) DARST. AUS DIARYLIDENACETON U. INDANDION-(1.3) 63-0554
OXO-CYCLOALKANO(B)PYRIDINE, DARST. AUS AMINONITRILEN U. CYCLOALKANONEN 63-0670
OESTRATRIENONE-(17), DARST. 63-0820
1.5-DIARYLMERCAPTO-3-OXO-PENTADIENE-(1.4), DARST. AUS DIAETHINYLKETONEN U. MERCAPTANEN 64-0578
OMEGA.OMEGA'-BIS-(5-NITRO-FURYL-(2))-POLYALKENONE, DARST. AUS (5-NITRO-FURYL-(2))-ALKENALEN U. (5-NITRO-FURYL-(2))-ALKENYL-METHYLKETONEN 64-0588
TERT.-BUTYLCHROMANONE, DARST. AUS TERT.-BUTYLPHENOLEN U. ACRYLNITRIL 64-0665
CHLOROACETYLACETONATO-TI(III)-KOMPLEXE, DARST. AUS ACETYLACETON U. TICL3 62-0032
TERT.-BUTYLCHROMANONE, BEZIEH. ZWISCHEN GERUCH U. CHEM. KONSTIT. 64-0665

KETONE (PHYSIKAL. EIGENSCHAFTEN)
ALPHA-CHLOR-, IR 55-0110
CHINOPHTHALONE U. CHINONAPHTHALONE, IR 56-0113
P-CHINONMETHIDE, UV (EINFL. D. ANELLIER., HALOCHROMIE) 57-0081
IR -STRECKSCHWING.-FREQUENZEN VGL. MIT OLEFINEN U. OXIMEN) 57-0086
ACETO- U. BENZOPHENONE, LAD.-UEBERTRAG.-KOMPLEXE MIT JCN, J2, JBR U. JCL, IR 58-0096
CYCLOHEXADIENONE, UV 58-0097
TRIACYLMETHANE, IR 59-0008
IR-CO-VALENZBANDE (LSGM.-EINFL.) 59-0105
3-OXO-2.3-DIHYDRO-THIONAPHTHENE, ABSORPT.-SPEKTREN, 9. MITT. (5-METHYL-2.3-DIHYDRO-THIONAPHTHENONE-(3) U. -CUMARANONE-(3), UV) 60-0079
CYCL., IR (CARBONYLFREQUENZEN) 60-0083
PYRIDAZINONE-(4), UV-SPEKTREN 60-0645
PHENALENONE, ELEKTRONENSPEKTRUM 61-0064
CHLOROACETYLACETONATO-TI(III)-KOMPLEXE, IR 62-0032
ALPHA-CYCLOPROPYL- U. -EPOXY-, KONFORM. U. CD 62-0060
DI(HETERO)ARYL-CYCLOALKANONE, OH-VALENZFREQUENZ 62-0177
6-OXO-3ALPHA.5ALPHA-CYCLOSTEROIDE, IR, UV 62-0798
UNGESAETT., UV-SPEKTREN (PARISER-PARR-BERECHN.) 63-0122
IR-CO-BANDE (EINFL. V. LEWIS-SAEUREN) 63-0128
ADAMANTANONE U. -DIONE, UV 64-0085
ALPHA-DI-, IR-NACHW. FIXIERTER MOL.-ZUSTAENDE 64-0106
MONOTHIO-BETA-DI-, IR 64-0214
CYCLOPROPENONE, RAMANSPEKTRUM 57-0116
CHINOLIZINONE, IR-CO-BANDEN (VERSCHIEB. BEI D. HYDROCHLORID-BLDG.) 57-0245
HETEROCYCL. STEROID-, ZIRKULARDICHROISMUS 55-0047
BICYCLO(3.1.0)HEXEN-(3)- U. -HEXANONE-(2), OPT. ROTAT.-DISPERS. 55-0107
ALIPHAT. U. AROMAT., SZINTILLAT.-LOESCHVERMOEGEN (UNTERS. D. ENERGIE-UEBERTRAG. IN FL.) 56-0096
6-OXO-3ALPHA.5ALPHA-CYCLOSTEROIDE, ORD, COTTONEFFEKT 62-0798
N-(3-OXO-CYCLOHEXEN-(1)-YL)-AMINOSAEUREESTER, ORD 64-0084
ADAMANTANONE, ORD U. CD 59-0097
ADAMANTANONE U. -DIONE, CD 64-0085
BENZOPHENONE, ROTAT.-HINDER. 57-0134
FLUORENONE, MO-BERECHN. 58-0221
2.4.4.6- TETRAHALOGEN-CYCLOHEXADIENONE, KRIST.-STRUKTUR 61-0160
ALIPHAT.-, MASSENSPEKTREN (MCLAFFERTY-UMLAGER.) 54-0081
CYCL. UNGESAETT., MASSENSPEKTROSKOPIE 55-0087
ALPHA-CYCLOPROPYL-, MASSENSPEKTROMETRIE 59-0409
BENZTROPONE, FRAGMENTIER. U. UMLAGER. IM MASSENSPEKTROMETER 60-0131
BENZOCYCLOALKENONE, MASSENSPEKTREN 60-0134
TETRACYCLONE, MASSENSPEKTROSKOPIE 60-0137
DIMEDON-ALDEHYD-DERIV., MASSENSPEKTREN 61-0121
GERADKETT. ALIPHAT., MASSENSPEKTREN 61-0123
BETA-HALOGENVINYL-, DIPOLMOMENTE 61-0251
2-PYRIDYLMETHYLEN-INDAN-1-ONE, DIPOLMOMENT 62-0139
2-PYRIDYLMETHYLEN-BENZOFURAN-3-ONE, DIPOLMOMENTE 62-0140
1-(P-VALERYL-PHENYL)-3-ARYL-CYCLOPENTANE, MASSENSPEKTROSKOPIE (LAD.-WANDER.) 63-0159
CYCL., DIPOLMOMENTE U. KONFORM. 54-0055
BENZOYLPYRIDINE, DIPOLMOMENTE 57-0161
HYDRINDANYL-(1)- U. CYCLOPENTYL-METHYL-, MASSENSPEKTROMETRIE 59-0134
CYCLOPROPAN- U. EPOXID- CHEM. VERSCHIEB. (LSGM.-EFFEKTE) 53-0071
INDANONE U. TETRALONE, NMR -SPEKTREN (BEZIEH. ZUR KONFORM.) 54-0066
DIALKYL-, PMR D. PROTONIERTEN FORM (DIALKYLHYDROXY-CARBONIUMIONEN) 54-0069
CYCLOHEXADIENONE, NMR IN CCL4 BZW. KONZ. H2SO4 58-0097
CYCLOALKANONE, NMR 58-0147
TRIACYLMETHANE, NMR 59-0008
2-BENZOYL-THIOPHENE, NMR, 2. MITT. (SUBSTITUENTENEINFL.) 59-0117
2-BENZOYL-THIOPHENE, NMR , 3. MITT. (STER. SUBSTITUENTENEINFL.) 59-0118
ALICYCL. PROTONIERTE, PMR 59-0123
THIA- U. SELENABENZOCYCLENONE, NMR 60-0088
BETA-DI-, NM 60-0091
ALPHA, BETA- UNGESAETT., PMR 60-0101
CHINONMONOANILE, MAGNET. NICHTAEQUIVALENZ GEMINALER GRUPPEN DURCH ROTAT.-HINDER. 60-0160
ACETOPHENONE U. ACETYLCHROMENE, NMR (DURCH BZL. INDUZIERTE LSGM.-VERSCHIEB.) 61-0088
CHLOROACETYLACETONATO-TI(III)-KOMPLEXE, MAGNET. VERH. 62-0032
2.4-CYCLOHEXADIENONE, NMR-SPEKTREN 62-0089
6-OXO-3ALPHA.5ALPHA-CYCLOSTEROIDE, NMR 62-0798
BETA-PHENYL- NMR D. PROTONIERTEN FORM 64-0120
MONOTHIO-BETA-DI-, NMR 64-0214
STEROID-, NMR -SPEKTREN (LSGM.-EINFL.) 56-0132
TRANS-CHALKONEPOXIDE, NMR 64-0108
ALKYLPHENONE, POLAROGRAPH. RED. (EINFL. D. KETTENLAENGE) 56-0201
PHENALENONE, BASIZITAET 61-0064
BETA-DI-, PROTONIER. IN HF-SBF5 ZU MONO- U. DICARBONIUMIONEN 62-0162
PYRIDONE, BASIZITAET 62-0173
HETEROCYCL., ALPHA.BETA-UNGESAETT., BASIZITAET U. STRUKTUR, 5. MITT. 62-0177
DI(HETERO)ARYL-CYCLOALKANONE, PK-WERT 62-0177
BENZOCYCLANONE, POLAROGRAPHIE 62-0190
GAMMA-NITRO-, PK -WERTE 64-0221
2-BENZYLIDEN-INDAN-1.3-DIONE, PK 64-0227
TRIPHENYL-AROYLMETHYLENARSENANE, PK (VGL. MIT PHOSPHORANEN) 63-0221
LINEARE BEZIEH. ZWISCHEN VERTEIL.-KOEFF. U. W.-LOESLICHK. 58-0165
METHYL-, RETENT.-ZEITEN IN D. GASCHROMATOGRAPHIE (BEZIEH. ZUR STRUKTUR) 54-0126
CYCL.-, GASCHROMATOGRAPHIE 54-0127
ALIPHAT. KETONE, GASCHROMATOGRAPH. VERH. (RELATIVE AKTIVITAETSKOEFF., RETENT.-INDICES) 60-0843
BETA-PHENYL- INTRAMOL. PI-H-BIND. D. PROTONIERTEN FORM 64-0120

KETONE (REAKTIONEN)
ALKYLCYCLANONE, RINGVERENGER. MIT SEO2 U. H2O2 54-0297
CYCLOPROPENONE, RK.-WEISE, 5.MITT. 54-0430
CHLORMETHYL-MERCAPTOMETHYL-, NUCLEOPHILE SUBSTITUT.-RK. 55-0184
CYCLOPENTADIENONE, UMSETZ., 4. MITT. 55-0401
CHINON-METHIDE, PHOTOADDIT. D. LSGM. 57-0395
STEREOSELEKTIVE ALKYLIER. (EINFL. POLARER SUBSTITUENTEN) 57-0445
KONJUGIERTE ENIN-, GESETZMAESSIGK. D. ADDIT., 6. MITT. 58-0356
EPOXIDE D. ADDUKTE AUS DIENEN U. -, RK. MIT SAUREN REAGENZIEN, 2. MITT. 58-0502
BETA-DI-, KINETIK D. HYDROXYALKYLIER., 5. MITT. 59-0215
10-METHYL-1(9)-OCTALONE-(2), METHYLIER. DURCH ORGANO-CU-REAGENTIEN 59-0440
GEOEFFNETE ACYLLACTONE, ABFANGRK. (DARST. V. HETEROCYCLEN), 6. MITT. 59-0623
ACYLLACTONE, HETEROCYCLEN DURCH ABFANG-RK. AN GEOEFFNETEN -, 7. MITT. 59-0624
AROMAT., CLAISEN-SCHMIDT-KONDENS. IN GGW. V. ANIONENAUSTAUSCHERHARZEN ALS KATALYSATOREN, KINETIK 60-0281
2.4-DIALKYL-CYCLOHEXANONE, PHOTOLYSE (STEREOELEKTRON. EINFL.) 61-0321
CYCLODODECANDIONE, RK. MIT BASEN 61-0452
OXINDOLYL-(U. -YLIDEN)-, SCHMIDT-RK. 61-0559
DIAZO-, RK., 1. MITT. 61-0615
TETRAHYDRO-(THIO)PYRONE-(4), RK. 61-0620

ALKANONE, INTRAMOL. PHOTOCHEMIE (SINGULETT- U. TRIPLETT-BETEILIG.) 62-0302
2-DIAZO-1.3-DI-, RK. MIT VERB. MIT AKT. METHYLENGRUPPEN 62-0315
HYDROAROMAT., ALUMINIUMOXID-KATALYSIERTE RK. V. HYDROXYARENEN U. --, 1. MITT. 62-0453
HYDROAROMAT. - U. HYDROXYARENE, DURCH AL2O3-KATALYSIERTE RK., 2. MITT. 62-0454
HYDROAROMAT.- U. HYDROXYARENE, DURCH AL2O3 KATALYSIERTE RK., 3. MITT. 62-0455
ALPHA-HALOGEN-, RK., 14. MITT. 63-0282
ALPHA-HALOGEN-, RK., 15. MITT. 64-0285
KONJUGIERTE ENIN-, GESETZMAESSIGK. D. ADDIT. , 5. MITT. 58-0355
BETA-HALOGENVINYL-, NUCLEOPHILE SUBSTIT. D. HALOGENS (KINETIK) 61-0251
3-ARYL-ISOXAZOLIN-(2)-YL-(5)-, RK. 61-0585
TRIACYLMETHANE STER. HINDER. D. ENOLISIER. 53-0250
BICYCLO(4.1.0)HEPTANONE-(2), PHOTOISOMERISIER. 54-0344
PHENYL-1.5-DI-, CYCLISIER. MIT TERT.-BUTYLCHLORID U. ALCL3 54-0398
6(7)-OXO-CHOLESTANE, SCHMIDT-RK. 54-0546
ALPHA-ACETOXY-DIAZO-, WOLFF- UMLAGER. 55-0214
STEROID-, RINGVERENG. 55-0559
ALKYL-(ALPHA-BROM-ISOPROPYL), FAVORSKY- UMLAGER. 56-0286
ALPHA,BETA-EPOXY-, PHOTOISOMERISIER. , 2. MITT. 56-0704
2-(ACYLMETHYL)-INDANDIONE-(1.3), ISOMERISIER. (NA-METHYLAT) 57-0441
CYCLOHEXADIENONE, PHOTOLYSE (UV) 57-0474
ALPHA-HALOGEN-, FAVORSKI-UMLAGER. (RK.-MECHANISMUS) 58-0282
DIENON-PHENOL-UMLAGER., 3. MITT. 59-0449
BICYCLO(3.1.0)HEXENONE, PHOTOCHEM. UMLAGER. 59-0490
9-THIA-BICYCLO(3.3.1)NONANONE-(2), PHOTOCHEM. RK. (MECHANISMUS) 59-0591
TROPONE, PYROLYT. UMLAGER. 60-0403
DIHYDRO-1.2-DIAZEPINONE, TAUTOMERIE-GLEICHGEW. (MECHANISMUS) 60-0684
METHYL-, ENOLISIER. (BERECHN. MIT D. HUECKEL-METH.) 62-0269
2-AROYL-3-ARYL-AZIRIDINE, UMLAGER. (DIPHENYLJODONIUMJODID) 62-0506
2-ACYL-3-ARYL-OXIRANE, UMLAGER. (DIPHENYLJODONIUMJODID) 62-0506
GAMMA-KETO-KETOXIME, BECKMANN-UMLAGER. 62-0682
CYCLOHEXADIENONE, PHOTOUMLAGER. (MECHANISMUS) 63-0337
UMLAGER. UEBER ALPHA-NITRODERIV. (MECHANISMUS) 63-0819
DELTA(8)- OKTALONE-(2), UMLAGER. 64-0514
ALPHA-HYDRINDANONE, MASSENSPEKTROMETRIE 54-0080
EPSILON-ALKINYL-, THERM. CYCLISIER. 55-0305
PYRIDONE, TAUTOMERIE MIT HYDROXYPYRIDINEN (SUBSTITUENTENEINFL.) 62-0173
CYCLOALKANONE PHOTOLYSE(MECHANISMUS) 53-0188
CYCL. HYDROLYT. SPALT. MIT KCH 53-0277
NICHT ENOLISIERBARE BETA-DI-, PHOTOUMLAGER. 54-0291
TOSYLOXYMETHYL-CYCLOHEXANONE, FRAGMENTIER. 54-0294
DINITRO-BENZILE, ALKAL. SPALT. (MECHANISMUS) 54-0309
TERT. ALPHA-ACYL-HYPOCHLORITE, THERM. ZERS.. 56-0257
7-OXONORBORNENDICARBONSAEUREANHYDRIDE, PHOTOLYSE 57-0469
TERT.-BUTYL-ALKYL-, PHOTOCHEMIE IN LSG. 58-0315
GAMMA- UNGESAETT.-, CYCLODEHYDRATAT. 58-0460
BETA-SULFONYL-, REDUKTIVE SPALT. IN KETONE 58-0529
ALPHA-BROM-, DEBROMIER. (MECHANISMUS) 59-0500
ALPHA-SULFONYLOXY-, STER. VORAUSSETZ. FUER D. PHOTOLYT. RSO3-ELIMINIER. 60-0404
ALPHA-DIAZO-, PHOTOSENSIBILISIERTE ZERS. IN OLEFIN. LSG. 61-0520
ALKYL-ARYL-, PHOTOELIMINIER. (EINFL. D. LSGM.-VISKOSITAET) 62-0298
DELTA(8)-OKTALONE-(2), ENON-BENZOL-UMLAGER. ZU TETRALINEN (MECHANISMUS) 62-0458
4-OXO-DELTA(10.12.14)-TETRACYCLO(8.4.0.0(2.7).0(3.7)) TETRADECATRIENE, SPALT. MIT HCL (MECHANISMUS) 62-0482
BICYCL., PHOTOLYSE IN LSG. (MECHANISMUS) 63-0566
ARYLOXY-ACETONE, UV- PHOTOLYSE 63-0603
UNGESAETT., ANGEREGTE ZUSTAENDE (LOESCH. DURCH DIENE) 59-0268
GAMMA-KETO-KETOXIME, 5- U. 7-ZENTREN FRAGMENTIER. 62-0682
SOLVOLYSE MIT CARBONYLTEILNAHME, ISOLIER. V. INTERMEDIAEREN (KINETIK) 64-0280
STEROID-, DEHYDRIER. MIT 2.3-DICHLOR-5.6-DICYAN-BENZOCHINON (MECHANISMUS) 53-0565
CYCL.-, AUTOX. 56-0258
ALPHA,BETA-AETHYLEN-, EPOX. MIT N-BROM-SUCCINIMID (STEREOCHEMIE) 57-0486
3-PHOSPHONIO-PROPENYL-, OX. MIT HNO2 58-0444
METHYLEN-BIS-CYCLOHEXANDIONE-(2.6), INTRAMOL. OXYDATIVE KUPPL. MIT FE(FE(CN)6) 61-0504
DEKALONE-(2) U. PERHYDRINDANONE-(5), OX. MIT SEO2-H2O2 (EINFL. D. KONFIG.) 62-0450
SPIROCYCLANONE, OX. MIT H2O2 62-0492
ALPHA-UNGESAETT. BICYCL., RED. (VGL. MIT 3.4-POLYMETHYLEN-PHENOLEN) 54-0345
ALPHA,BETA-AETHYLEN-, POLAROGRAPH. RED. (MECHANISMUS) 55-0154
ASYMM. RED. DURCH OPT. AKT. ALKOXYLITHIUMALUMINIUMHYDRIDE 55-0162
BETA-DI-, DUPLIKATIVE RED. , 1. MITT. 55-0373
STEROID-, RED. MIT ZN 55-0550
POLYVINYL-, RED. ZU ATAKT. SEK. U. TERT. ALIPHAT. POLYALKOHOLEN, 1. MITT. 55-0582
ASYMM. RED. MITTELS ISOBORNYLOXYALUMINIUMDICHLORID (ASYMM. INDUKT.) 56-0209
STEROID-, BIMOL. PHOTORED. MIT TRI-N-BUTYLSTANNAN 56-0252
5-OXOHEXANSAEURENITRILE, RK. MIT KBH4 56-0306
BENZOCYCLANONE, DUPLIKATIVE RED. 56-0410
5-OXO-HEXANSAEURENITRILE, CYCLISIERENDE HYDRIER. 56-0559
AROMAT., PHOTORED. MIT AMINEN 57-0261
ASYMM., RED. MIT (+)-ALUMINIUM-TRIS-(2-METHYL-BUTYLAT) 57-0282
2-ISOPROPYL-CYCLOHEPTANONE, RED. 57-0406
2-NITROALKYL-CYCLOALKANONE, RED. 58-0465
STEROID-, NABH4-RED. MIT U. OHNE BESTRAHL. (KINETIK) 58-0780
ASYMM. GRIGNARD-RED. 59-0202
DELTA(2)-CYCLOALKENONE, RED. NACH WOLFF-KISHNER ODER CAGLIOTI (MECHANISMUS) 59-0205
UNGESAETT., RED. MIT LI IN HMPT 59-0408
ALPHA.BETA-UNGESAETT., METALLHYDRID-RED. 59-0425
MIT BETA-STAEND. ASYMMETRIEZENTRUM, ASYMM. RED. MIT LIALH4 60-0244
ALPHA-PHTHALIMIDO-PROPIOPHENONE, RED. MIT ALUMINIUMISOPROPYLAT (STER. VERLAUF) 61-0202
OFFENKETT., STER. ABLAUF D. RED. MIT LIALH4 61-0211
ALPHA- ALLEN-, RK. NACH REFORMATSKY BZW. MIT AL-TRIISOPROPYLAT 62-0354
2-METHYL-BENZOPHENONE, DIMERISIERENDE PHOTORED. 63-0339
PHENYL-THIENYL-, PHOTO-RED. 63-0341
ALPHA.BETA-METHYLEN- U. ALPHA.BETA-EPOXY-CYCLOALKANONE, STEREOCHEMIE D. RED. 64-0349
AROMAT., PHOTORED. MIT AMINEN (KINETIK) 57-0266
2.3-DIHYDRO-THIANAPHTHEN-3-ONE, RED. MIT NABH4 57-0499
FLUORENONE, RED. MIT NABH4 (KINETIK) 58-0221
2-PHENYL-3-AROYL-AZIRIDINE, RED. 60-0470
AROMAT., REDUZIERENDE METALLIER. 64-0664
HALOGENIER. V. KETONEN,7. MITT. 53-0132
CYCL. CHLORIER. MIT FECL3 53-0138
CYCLANONE DICHLORIER. 53-0278
2-HALOGENTROPONE, ALKAL. SPALT. 53-0280
B-NOR-STEROID-6-, BROMIER. 53-0545
CYCLOPROPENONE, RK. MIT FE- U. CO-CARBONYLEN 54-0035
ALKYLIDEN-BIS-CYCLOHEXANONE, RK. MIT H2S 54-0307
GLEICHZEIT. RK. MIT ELEMENTAREM S U. GASFOERM. NH3, 59. MITT. 55-0407
GLEICHZEIT. RK. MIT ELEMENTAREM S U. GASFOERM. NH3, 60. MITT. 55-0408
RK. MIT HNO2-NO2 ZU 3.4-DIAZA-CYCLOPENTADIENON-OXIDEN 55-0411
HALOGENIER., 8. MITT. 56-0211
RK. MIT HYDROGENSULFIT (KINET. D-ISOTOPENEFFEKT) 56-0229
FETTAROMAT. -, REDUZIERENDE METALLIER. MIT LI 56-0405
PHENYL-BENZOYL-ACETYLENE, SAEUREKATALYSIERTE HYDRATISIER. (KINETIK U. MECHANISMUS) 58-0270
GAMMA- U. DELTA-HALOGEN-, RK. MIT CUCN ZU CYAN-TETRAHYDRO-FURANEN U. -PYRANEN, 1. MITT. 58-0357
GAMMA- U. DELTA-HALOGEN-, RK. MIT CUCN (MECHANISMUS) , 2. MITT. 58-0358
GAMMA- U. DELTA-HALOGEN-, EINW. V. MG U. LI , UEBERGANG IN CYCLANOLE, 3. MITT. 58-0359
O-ACYL-BENZOPHENONE, RK. MIT NH3 59-0529
ALPHA-DIAZO-KETONE, RK. MIT N2O4 59-0576
PHENACYLKOMPLEXE MIT MO U. FE 61-0053
HALOGENIER., 9. MITT. (HALOGENIER.-MECHANISMUS IN GGW. V. BASEN) 61-0246
ALPHA-FLUOR(ODER -CYAN)-, BROMIER. 61-0530
ALIPHAT., NUCLEOPHILE ADDIT. D. BORANAT-IONS (KINETIK) 62-0209
AROYL-DIAZOAETHANE, SAEUREKATALYSIERTE HYDROLYSE , (HAMMETT-KONST.) 62-0228
AROYL-DIAZOALKANE, SAEUREKATALYSIERTE HYDROLYSE (STER. EFFEKTE, TAFT-KONST.) 62-0229
(ALPHA-ACYL-ALKYLIDEN)-TRIPHENYLPHOSPHORANE, HYDROLYSE (KINETIK) 62-0247
ALPHA-DI-, RK. MIT HYDROXYLAMINHYDROCHLORID (KINETIK) 62-0264
FLUOR-, ADDUKTE MIT METALLFLUORIDEN 63-0094
ALPHA-DIKETON-MONOXIME, OXIMIER. (KINETIK) 63-0298
PHENYLVINYL-, RK. MIT NAN3 (STEREOCHEMIE) 63-0476
BLDG. V. ADDIT.-VERB. MIT ZNCL2 IN D. GASPHASE 64-0050
ALPHA.GAMMA.DELTA.ZETA-TETRA-, RK. MIT SECL4 BZW. SCL2 ZU SELENOBZW. THIOPHENEN 54-0365
KONJUGIERTE ENIN-, BROMIER. U. HYDROBROMIER. 58-0356
CYCL.-, RADIKAL. ADDIT. AN OCTEN-(1) 56-0379
ALPHA-HALOGEN-, PHOTORK. IN LSG. V. OLEFINEN 57-0270
ALKYL- PROPADIEN-(1.2)-YL-, RK. MIT DIENEN -(1.3) 57-0281

ENOLISIERBARE BETA-, PHOTOCHEM. RK. MIT CYCLOOLEFINEN (MECHANISMUS) 60-0406
ALKIN-(1)-YL-, PHOTORK. MIT ISOBUTYLEN 63-0338
ALPHA-ACYL-GAMMA-BUTYRO-, RK. MIT PIPERIDAZIN 59-0624
ALPHA-DI-, RK. MIT AETHYLENDIAMIN 54-0452
KONJUGIERTE ENIN-, RK. MIT DIMETHYLAMIN 58-0355
1.3-DIKETONE, RK. MIT 1-AMINO-PYRROL 59-0628
UNGESAETT., RK. MIT POLYNITROADDENDEN 61-0343
ALPHA-KETOSAEURENITRILE, SPONTANE U. KATALYSIERTE RK. MIT N-BUTYLAMIN (KINETIK) 62-0214
KONDENS. MIT ALPHA-HYDROXYAMINO-OXIMEN 62-0566
ALIPHAT. --, RK. MIT ORGAN. AZIDEN 64-0655
2.2.5.5-TETRAALKYL-FURANIDINDIONE-(3.4), RK. MIT DIPHENYLDIAZOMETHAN 60-0489
DIAETHINYL-, RK. MIT AMINEN 64-0578
CHINOLIZINONE, NEIG. ZUR KETAL-BLDG. 57-0245
RK. MIT 3-HYDROXY-PHENAETHYLAMINEN 57-0679
CYCLOHEXEN-(2)-ONE, PHOTOADDIT. AN 1.1-DIMETHOXY-AETHEN 60-0319
CYCL. ALPHA-METHYLEN-, RK. MIT VINYLAETHERN (THERM. ADDIT.) 60-0580
STEROID-, SELEKTIVE ACETALISIER. MIT TRIS-(TRIPHENYLPHOSPHIN)-RHODIUM(I)-CHLORID 61-0777
SYN-PARALLELE CYCLISIER. MIT DIASTEREOMEREN 1.2-AMINOALKOHOLEN (EINFL. STER. FAKTOREN, KINETIK) 63-0322
MOL.-KOMPLEXE MIT ACETYLENDIOLEN 63-0511
ALPHA- BROM-DESOXYBENZOINE, RK. MIT NA-PHENOLAT (KINETIK) 64-0285
BETA-OXONITRILE, RK. MIT PHENOLEN 64-0672
ALPHA- BROM-DESOXYBENZOINE, RK. MIT P-ANISIDIN (KINETIK) 63-0282
KONJUGIERTE ENIN-, RK. MIT AETHYLMERCAPTAN 58-0355
DIAETHINYL-, RK. MIT MERCAPTANEN 64-0578
TETRAHYDROCHINOLONE, RK. MIT ALPHA-TETRALON (MECHANISMUS) 64-0709
ALPHA.BETA-UNGESAETT.-, RK. MIT ALKALIPHOSPHIDEN 54-0267
RK. MIT TRIS-(DIMETHYLAMINO)-PHOSPHIN 55-0243
ACETYLEN-, RK. MIT MG-ORGAN. VERB. 53-0271
ALPHA- BZW. GAMMA-AETHYLEN- ADDITIONSRK. MIT PHENYL- U. PHENYL-CHLOR-GERMANEN 54-0028
1.1'-DIACYL-FERROCENE, RK. MIT ALKYL-MG-HALOGENIDEN 54-0036
ALPHA-FURYL-, RK. MIT BENZYLMAGNESIUMBROMID 55-0374
ALPHA-HALOGEN-, RK. MIT EIN BEWEGL. H-ATOM ENTHALTENDEN METALLDERIV.,4. MITT. 56-0467
RK. MIT ORGANO-SN-VERB. 57-0045
2-ALKYL- CYCLOHEXANONE, RK. MIT ORGANO-MG-VERB. 57-0496
CYCLOHEXENONE, RK. MIT 2-LITHIUM-2-METHYL-1.3-DITHIAN 58-0464
VINYL-ALKYL-, AETHINYLIER. MIT DI-LI-ACETYLID (TECHNIK D. VERF.) 59-0212
CYCLOHEXANONE, STER. VERLAUF D. RK. MIT GRIGNARD-VERB. 61-0152
CYCLOHEXANONE, RK. MIT METHYL-ORGANOMETALLVERB. 61-0286
ALPHA-HALOGEN-, RK. MIT ORGANO-CD-VERB. 62-0386
DIALKYL-, RK. MIT ALKYL-MG-VERB. IN TERT. AMINEN 64-0365
ALPHA-HALOGEN-, RK. MIT NA-PHENOLAT 56-0401
AROMAT., RK. MIT TERT.-BUTYL-ISOCYANID ZU INDOLEN 53-0349
TROPONE, RK. MIT AKTIVIERTEN ISOCYANATEN 61-0583
BENZYLIDEN-ACETONE KONDENS. V. ALPHA,BETA-UNGESAETT. ALDEHYDEN MIT ALPHA,BETA-UNGESAETT. KETONEN DURCH HETEROGENE KATALYSE IN D. GASPHASE ZU 2-ACETYL-BIPHENYLEN 53-0288
3-ACYL-5-HALOGEN-BENZO(B)THIOPHENE, MANNICH RK. 54-0367
3-ALKYL-CYCLOHEXANONE, MANNICH-RK. 56-0391
ACETOPHENONE, PINAKOLBLDG. 58-0489
O-CHINONDIAZIDE, RK. MIT ALIPHAT. KETENIMINEN IN ALKOHOL. LSG. 62-0503
ISATINE, RK. MIT 2-ACETYLFURANEN 62-0612
KONDENS. MIT ALDEHYDEN, 18. MITT. 64-0454
THERM. MICHAEL-RK. MIT MANNICH-BASEN 64-0478
PHOSPHORANYLIDENCYCLOBUTANDIONE, RK. MIT TRIPHENYLPHOSPHORANYLIDENKETEN 64-0481
BETA-DI-, RK. MIT AETHANOL (KINETIK) 59-0215
ALIPHAT.-, RK. MIT AROMAT. ISONITRILEN 63-0614
PHOTOCYCLOADDIT. AN ALPHA,BETA-UNGESAETT. NITRILE (MECHANISMUS) 64-0340
1.2-DI-, RK. MIT ACETONDICARBONSAEURE-DIMETHYLESTER 54-0299
RK. MIT TRANS-BENZYLIDEN-BRENZTRAUBENSAEURE , 2.MITT. 57-0396
RK. MIT TRANS-BENZYLIDEN-BRENZTRAUBENSAEURE, 1. MITT. 57-0431
ALKYL-ARYL-, RK. MIT TRANS-BENZYLIDEN-BRENZTRAUBENSAEURE IN WSS.-ALKOHOL. ALKALIEN 57-0431
BETA-DI-, RK. MIT NI-ACETAT 60-0066
ARYL-ALKYL-, STEREOSPEZIF. REFORMATSKI-RK. MIT ALPHA-BROM-PROPIONSAEUREAETHYLESTER 60-0282
CYCL., RK. MIT DMF (LEUCKART-RK.) 62-0430
BENZOCHINONDIAZIDE, RK. MIT 2-SUBSTITUIERTEN ACETESSIGSAEURE-AETHYLESTERN NACH JAPP-KLINGEMANN 62-0504
BETA-SULFONYL-, RK. MIT P-TOLUOLSULFONYLAZID 63-0424
4.5.6.7-TETRAHYDRO-BENZO(B)THIOPHEN-4-ONE, ACYLIER. 63-0612
3-ACYL-4-HYDROXY-CUMARINE, KOSTANECKI-ROBINSON-RK. 63-0663
VIC. TRI-, RK. MIT AMIDRAZONEN 64-0761
CYCL., RK. MIT TRANS-BENZYLIDEN-BRENZTRAUBENSAEURE 57-0396

KETONE (BIOCHEMIE)
1.3-BIS-(4-AROYLAETHYL-PIPERIDYL-(1))-PROPANE, ANTIBAKTERIELLE WRKG. 57-0584
2-ARYL-INDAN-1.3-DIONE, ANTIINFLAMMATOR. U. KOAGULAT.-HEMMENDE WRKG. 60-0424
TRIMETHOXYPHENYL-PIPERAZINOALKYL-, ZENTRALDAEMPFENDE WRKG. 60-0628

KETONE (ANALYSE)
(THIAZOLYL-(2))-METHYL-, MIKRONACHW. DURCH HYDROLYT. SPALT. D. ACYLGRUPPE 54-0565
ANDROSTEN-16-ONE, ZIMMERMANN-RK. 59-0754

KETONKOERPER
EXPERIMENTELL INDUZIERTE PHENYLKETONURIE, 3. MITT. 60-0571

KETONSAEUREN
ARYLHYDRAZONE V. ARYLSULFONYLGLYOXYLSAEUREAETHYL-ESTERN, 5. MITT. 60-0527
ALPHA-, THEORIE, 16. MITT. 61-0136
SUBSTITUIERTE GLYOXYLSAEUREN, 11. MITT. 61-0414
ALPHA-, THEORIE, 17. MITT. 63-0253
3-ACYL-ACRYLSAEUREAETHYLESTER, KONFIG. 54-0359
LAEVULINESTER, KETO-ENOL-GLEICHGEW. (IR-NACHW.) 55-0192
INDANDIONYL-ESSIGSAEURE-AMINOAETHYLAMIDE, RING-KETTEN-ISOMERIE 60-0427
OXO-AZOLIDINYL-GLYOXALSAEUREESTER, TAUTOMERIE MIT OXO-AZOLIDINYLIDEN-GLYKOLSAEURE-ESTERN 60-0526
ALPHA-PHOSPHORANYLIDEN-BETA-KETO-SAEUREAMIDE, STRUKTUR (NMR-UNTERS) 54-0107
3-MONOSUBSTITUIERTE 2-ACETYL-ACRYLSAEUREESTER, STRUKTUR V. DIASTEREOMEREN 64-0635
ISOLIER. AUS D. EOZAEN (COLORADO GREEN RIVER SHALE) 56-0305
ALPHA-, DARST. AUS ALPHA-OXIMINOCARBONSAEUREESTERN 54-0223
DIACYL-ESSIGSAEUREESTER, SYNTH. 54-0232
ACYLMALONESTER, DARST. DURCH ACYLIER. V. AETHOXYCARBONYL-KETEN-(AETHYL-TRIMETHYLSILYL)-ACETALEN 54-0233
1.5-DICARBALKOXY-BISPIDINONE-(9), SYNTH.,1.MITT. 54-0419
ARYLGLYOXYLSEUREN, DARST. AUS ARYL-METHOXY-ESSIGSAEUREN DURCH BROMIER. (UV-LICHT) 55-0282
AROYLMETHOXYESSIGSAEUREN, DARST. AUS DIGLYKOLSAEUREANHYDRID U. AROMATEN 58-0337
3.4.4-TRIMETHYL-5-OXOHEXENSAEUREN, DARST. 58-0377
2-ACYL-DIMETHOXY-PHENYLESSIGSAEUREN DARST. AUS DIMETHOXYPHENYLESSIGSAEUREN U. CARBONSAEUREN 58-0426
BIS-AETHOXYCARBONYL-ALPHA-METHYLEN-KETONE, DARST. AUS DIMETHYLAMINOMETHYL-OXO-DICARBONSAEURE-DIAETHYLESTER-HYDROCHLORIDEN DURCH PYROLYSE 59-0315
2-FORMYL-3-AETHOXYCARBONYL-FURANE U. -PYRROLE, DARST. AUS 4.4-DIALKOXY-3-OXO-BUTTERSAEUREESTERN U. ALPHA. BETA-DIHALOGEN-AETHYLACETATEN 59-0513
CYCLOPENTANON-2-CARBONSAEUREANILIDE, DARST. AUS 2-KETO-CYCLOPENTANCARBONSAEUREAETHYLESTER 59-0747
4-BENZIMIDAZOLYL-(2)-4-OXO-BUTTERSAEUREN, DARST. AUS 2-(5-BROM-FURYL-(2))-BENZIMIDAZOLEN 60-0532
2-ACYL-5.6-EPOXY-6-METHYL-HEPTANSAEURE-ALKYLESTER, DARST. DURCH EPOX. 63-0585
4-ACYL-5-(OMEGA-ALKOXYCARBONYL-ACYL)-CYCLOHEXENE, DARST. AUS UNGESAETT. DIOXOFETTSAEUREESTERN U. DIENEN 64-0487
3-MONOSUBSTITUIERTE 2-ACETYL-ACRYLSAEUREESTER, DARST. AUS ALDEHYDEN U. ACETESSIGESTERN 64-0635
3-ACYL-ACRYLSAEUREAETHYLESTER, DARST. AUS 2-AETHOXY-FURANEN 54-0359
BENZOPHENON-POLYCARBONSAEUREN, DARST. AUS 1.1-DIPHENYL-AETHANEN DURCH OX. (HNO_3) 58-0494
INDANDIONYL-ESSIGSAEURE-AMINOAETHYLAMIDE, , , DARST. AUS D. AZIRIDID D. ENTSPRECHENDEN ESSIGSAEURE U. SEK. AMINEN 60-0427
OXO-AZOLIDINYL-GLYOXALSAEUREESTER, DARST. AUS AZOLIDONEN U. OXALSAEURE-DIAETHYLESTER 60-0526
5-OXO-3-OXA-HEPTANCARBONSAEUREESTER, DARST. AUS 4-FURYL-3-OXA-BUTTERSAEUREESTERN 64-0721
INFRAROTSPEKTREN SAEMTLICHER STELLUNGSISOMERER MONOHYDROXY- U. MONOKETOOCTADECANSAEUREN U. DEREN METHYLESTER 3. MITT. MONOHYDROXYOCTADECANSAEUREN U. -METHYLESTER 53-0057
BENZOYLACRYLSAEUREN, UV-SPEKTREN 61-0077
ALPHA-KETOSAEUREAETHYLESTER, KONFORM.-UNTERS. DURCH DIPOLMOMENT- U. IR-UNTERS. 61-0136
BETA-KETOESTER, MASSENSPEKTREN BEI GERINGEN ELEKTRONENENERGIEN 55-0088
3.4.4-TRIMETHYL-5-OXOHEXENSAEUREN, MASSENSPEKTREN 58-0377
BENZOYLACRYLSAEUREN, POLAROGRAPHIE 61-0077
BETA-, PROTONIER. IN HF-SBF5 ZU MONO- U. DICARBONIUMIONEN 62-0162
ALPHA-FLUOR-BETA-KETOSAEURE-ESTER, RK. 55-0217
LAEVULINESTER, CLAISEN-KONDENS. (MECHANISMUS) 55-0192

GAMMA-ARYLMERCAPTO-BETA-, CYCLISIER. 55-0383
3-ACETYL-3-AETHOXYCARBONYLPYRAZOLINE-(1), UMLAGER. IN N-ACETYLPYRAZOLINE-(2) (MECHANISMUS) 56-0233
5-OXO-3-OXA-HEPTANCARBONSAEUREESTER, HYDRIERENDE CYCLISIER. 64-0721
BETA-KETOSAEUREAMIDE, THERMOLYSE 54-0443
BRENZTRAUBENSAEUREESTER, THERMOLYSE 55-0195
BENZOPHENON-POLYCARBONSAEUREN, DEHYDRATISIER. (ACETANHYDRID) 58-0494
BETA-KETO-SAEUREAMIDE, PHOTOLYSE 62-0396
GAMMA-OXO-SAEUREN, OXYDATIVE DECARBOXYLIER. 63-0348
OMEGA-BENZOYL-ALKANSAEUREN U. -ESTER, RED. 57-0371
BETA-KETOESTER, RK. MIT PB-VERB. ZU PARAMAGNET. VERB. 55-0027
3'- U. 4'-SUBSTITUIERTE 2-BENZOYL-BENZOESAEUREMETHYLESTER, HYDROLYSE 56-0214
ALPHA-KETOSAEUREAMIDE, JODIER. (INTRAMOL. KATALYSE, KINETIK) 63-0253
3-MONOSUBSTITUIERTE 2-ACETYL-ACRYLSAEUREESTER, STEREOSPEZIF. RK. MIT DIAZOMETHAN 64-0635
GLYOXYLSAEUREDERIV., RK. MIT ISONITRILEN 59-0324
OXO-AZOLIDINYL-GLYOXALSAEUREESTER, RK. MIT BENZALDEHYDEN 60-0526
OXO-AZOLIDINYL-GLYOXALSAEUREESTER, RK. MIT PHENYL-DIAZONIUM-CHLORIDEN 60-0526
ALPHA.BETA-DISUBSTITUIERTE LAEVULINSAEUREESTER, CLAISEN-KONDENS. 54-0300
2-(P-ALKYLMERCAPTO-BENZOYL)-SAEUREN ANTIMIKROBIELLE WRKG. 53-0600
BENZOYLACRYLSAEUREN, ANTINEOPLAST. WRKG. 61-0077
ALPHA- U. ALPHA-KETOESTER, PHOTOCHEM., 6. MITT. 61-0311
ALPHA- , NORRISH-TYP-II-ELIMINIER. 61-0311
BETA-, ESTER RK. MIT TRICHLORACRYLNITRIL ZU ALPHA-PYRIDONEN 53-0425

KETYLE
* S. UNTER RADIKALE

KETTEN (CHEMISCHE)
RAYLEIGH-STREUUNG (THEORIE) 63-0103

KETTENVERLAENGERUNG
V. ENOLAETHERN MIT DIHALOGENCARBENEN 58-0330
V. ACETYLENEN MIT DIHALOGENCARBENEN 58-0333

KINETIK
* S. UNTER REAKTIONSGESCHWINDIGKEIT
* - V. SPEZIELLEN REAKTIONEN
* V. SPEZIELLEN RK. S. UNTER D. EINZELNEN REAKTIONSARTEN

KNOEVENAGEL-REAKTION
* S. UNTER KONDENSATIONSREAKTIONEN

KOAGULATION
* S. AUCH BLUT

KOBALT
CO(II), KOMPLEXBLDG. MIT KALIUM-3.5-DIMETHYL-PYRAZOL-1-DITHIOCARBOXYLAT 59-0084
EINFL. AUF D. DEHYDRIER. U. DEHYDRATAT. V. ISOPROPANOL 62-0281
CO(II), EINFL. AUF D. HYDROLYSE D. ESTER V. KOMPLEXONEN 63-0041

KOBALTVERBINDUNGEN
HYDROXO-BIS-ADENINATO-AQUO-DIKOBALT(III)-KOMPLEXE, DARST. U. RK. 57-0059
CO(II)-PSEUDOHALOGENO-LSGM.-KOMPLEXE, BLDG. U. SPEKTREN 60-0029
P-HALT. KOBALT-CARBONYLE, 2. MITT. 58-0067
CO(0)-MG-HALOGENIDKOMPLEXE, BLDG. 59-0080
CYANO-PENTAMMIN-KOBALT(III)-ION U. TRANS-CYANO-TETRAMMIN-AQUO-KOBALT(III)-ION, RK. MIT CR(II) (KINETIK, MECHANISMUS) 60-0032
HCO(PF3)4 U. HCO(PF3)4-N(CO)N (N=1-3), DARST. 57-0067
CO-CARBONYL-VERB. MIT ELEMENTEN D. GRUPPE 4A, IR - SPEKTREN 60-0010
DARST. V. CO-CARBONYL-KOMPLEXEN AUS CYCLOPROPENONEN BZW. ACETYLENEN 54-0035
CYCLOBUTADIEN-KOBALT-CARBONYLHALOGENIDE, DARST., RK. 59-0078
CO(II)-AETIOPORPHYRIN- BZW. MESOPORPHYRIN-IX-DIMETHYLESTER-NITROAROMATEN-MOL.-KOMPLEXE, DARST. AUS PORPHYRINEN U. NITRO-AROMATEN 54-0038
AQUO- U. (CYANO-CORRINATO-KOBALT(III)) (1+), GLEICHGEW. U. KOORDINAT. IN WSS. LSG. 55-0013
BIS-(CIS.CIS-1.3.5-TRIAMINO-CYCLOHEXAN)-CO(III)-ION, DARST. ALS HALOGENID U. PERCHLORAT 58-0072
TRANS-CYANO-AQUO-BIS-(AETHYLENDIAMIN)-KOBALT(III)-ION U. (CO(CN)2(EN)2)(+), RK. MIT CR(II) (KINETIK, MECHANISMUS) 60-0032
DICHLORO- U. CHLOROHYDROXO-EN-CO(III)-KOMPLEXE, STEREOCHEMIE D. BAS. HYDROLYSE 60-0037
D(DL)- TRIS-(AETHYLENDIAMIN)-KOBALT(III)-KOMPLEXE, RACEMISIER. , BLDG. 61-0047
CIS- U. TRANS-(COX2(EN)2)(2+) (X=CL, BR), KINETIK D. BLDG. 61-0026
CO(II)-CHELAT V. 2.7.12.17-TETRAMETHYL-1.4.6.9.11.14.16.19-OCTAKETOCYCLOEICOSAN, DARST., UNTERS. D. KATALYT. AKTIVITAET BEI OX. V. LUMINOL (ALKALI) 54-0039
1-FURYL-(2)-1.3-BUTANDIONATO-CO-KOMPLEXE, DARST., RK. 59-0083
(COX(CH3OH)(EN)2)(CLO4)2, RK. MIT X(=CL, BR) (KINETIK) 61-0026
BIS-(DIMETHYLGLYOXIMATO)-CO(III)-CHLORID-BASE-ADDUKTE, RK. MIT B-VERB. 61-0055
CO(II)- ALDIMINOZUCKERCHELATE, ORD 63-0107
CO(II)-BRENZCATECHIN-KOMPLEXE, RK.-KINETIK 64-0033
KOBALT(II)-BROMID-DIBUTYLGLYKOLAETHER BZW. KOBALT(II)-BROMID-DIAETHYLENGLYKOLDIMETHYLAETHER, DARST. AUS DIBUTYLGLYKOLAETHER BZW. DIAETHYLENGLYKOLDIMETHYLAETHER U. COBR 64-0072
(N(C2H5)4)2(CO(SC6F5)4) (AS(C6H5)4)2(CO(SC6F5)4), ELEKTRONENSPEKTREN , (CO(SC6F5)4)(2-) , OPT. ELEKTRONEGATIVITAET D. SC6F5-LIGANDEN 56-0004
(AS(C6H5)4)2(CO(SC6F5)4) , (N(C2H5)4)2(CO(SC6F5)4) , DARST. 56-0088
DIMERE CO-KOMPLEXE V. DITHIOLENTYP, POLAROGRAPH. VERH. 60-0059
(COX(DMSO)(EN)2)(CLO4)2, RK. MIT X(=CL, BR) (KINETIK) 61-0026
(CO(DMSO)6)(BF4)2, DARST. , IR-SPEKTRUM 63-0093
CO-SULFOXID-KOMPLEXE, IR-REFLEX.-SPEKTREN 57-0004
METALL-BOR-VERB. 5. MITT. DIARYLBOR-GRUPPE ALS LIGAND IN PHOSPHIN-KOBALT(II)-VERB. 53-0042
PHENYLPHOSPHETANIUM-CO(II)-KOMPLEXE, DARST. , MAGNET. MOMENTE U. ELEKTRONENSPEKTREN 57-0058
CO-PHOSPHIN-KOMPLEXE, AUSTAUSCHRK. 59-0029
BIS-(PI-(3)-1.2(BZW. 1.7)-DICARBOLLYL)-COBALTATE, PI-CYCLOPENTADIENYL-PI-(3)-1.2-DICARBOLLYL-KOBALT(III) , DARST., SPEKTREN 59-0041
BIS-(DIMETHYLGLYOXIMATO)-KOBALT(III)-VERB. MIT CO-B-BIND., DARST. AUS BIS-(DIMETHYLGLYOXIMATO)-CO(III)-CHLORID-BASE-ADDUKTEN U. B-VERB. 61-0055
CARBONYLPHOSPHINCOBALTATE(-I), IR 63-0006
TRIFLUORPHOSPHIN-CARBONYL-KOBALT-HYDRIDE, MASSENSPEKTREN U. BLDG.-WAERMEN 64-0014
CARBONYLDIKOBALTKOMPLEXE MIT PHOSPHINEN U. TRIPHENYL-ARSIN, DARST., IR-SPEKTREN 59-0082
CORL(P(C6H5)3) (HL=DIMETHYLGLYOXIM, R=NO2, CN, CL, BR, J, ALKYL), NMR-UNTERS., ELEKTRON. DURCHDRING. 54-0010
ORGANOKOBALT(III)-KOMPLEXE MIT SCHIFFSCHEN BASEN U. N-BASEN BZW. TRIPHENYLPHOSPHIN (NMR-SPEKTREN) 56-0018
TRICARBONYL-2-(PHENYLAZO)-PHENYLKOBALT U. ANALOGE SUBSTITUIERTE KOMPLEXE, DARST., RK. 57-0064
KOBALTOCEN, (PI-C5H5)CO(CO)2 U. CO(C5H5), MASSENSPEKTROMETR. U. THERM. ZERS.-VERH. 58-0013
ORGANO-CO-VERB., BLDG. AUS CO-CARBONYLVERB. U. FLUORALKANEN 58-0066
ORGANO-CO-CARBONYLVERB., BLDG. (AUS CO-CARBONYLEN U. FLUORALKANEN) 58-0066
PI-ALLYL-CO-KOMPLEXE, LIGANDENUEBERTRAG.-RK. MIT PD-KOMPLEXEN 58-0073
CYCLOBUTADIEN-CYCLOPENTADIENYL-KOBALT U. (CYCLOPENTADIENYLKOBALT)-1-(CYCLOPENTADIENYL)-KOBALTOCYCLOPENTADIEN-(1.3)(CO-CO), PHOTOCHEM. SYNTH. 59-0079
ORGANO-N.N'-AETHYLEN-BIS-(SALICYLIDENAMINATO)-PYRIDINKOBALT(III)-VERB., DARST. 59-0081
1.6(ODER 1.7)-DICARBANONABORATOKOBALT(III)-VERB., THERM. UMLAGER. 60-0062
DICAESIUM-(BIS-(PI-(3)-1.2-DICARBOLLYLKOBALT)-PI-(3.6)-DEKAHYDRO-(1.2)-DICARBA-DEKABORAT(2-)), KALIUM-(BIS-(PI-(3)-1.2-DICARBOLLYL)-COBALTAT(1-)), DARST., RK. 60-0063
CO-CARBONYLKOMPLEXE AUS DIPHENYLACETYLEN, ELEKTROCHEM. VERH. (BLDG. V. RADIKALANIONEN U. DIANIONEN) 61-0021
MIT CO(III) IN ALPHA-STELL. SUBSTITUIERTE CARBOXYLATE, BLDG. 61-0056
ALKYL-CO-CHELATE MIT 1.3-BIS-(DIACETYLMONOXIMIMINO)-PROPAN, DARST. 53-0039
FUENFFACHKOORDINIERTE ALKYL-CO(III)-CORRINKOMPLEXE, GLEICHGEW.-WERTIGK. U. STEREOCHEMIE (GLEICHGEW. MIT D. SECHSFACH KOORDINIERTEN AQUOKOMPLEXEN) 55-0013
ORGANOKOBALT(III)-CHELATE V. BIS-(ACETYLACETON)-AETHYLENDIIMIN, DARST. 57-0056
ORGANO-CO(III)-CHELATE V. N.N'-BIS-(SALICYLIDEN)-AETHYLENDIAMIN, DARST., MAGNET. EIG. 57-0057
CO-CS2-KOMPLEXE, BLDG. 56-0080
HALOGENO-CO-KOMPLEXE MIT 1.3-BIS-(DIACETYLMONOXIMINO)-PROPAN, DARST., RK. 53-0039
STRUKTURUNTERS. AN CO(II)-KOMPLEXEN MIT SCHIFFSCHEN BASEN U. BRENZCATECHIN 54-0015
DICHLORO- U. DOBROMO-TETRAKIS(2-FORMYL-THIOPHEN-OXIM)-KOBALT(II), DARST., KONSTIT. 54-0045
CO(III)- U. CO(II)-CHELATE V. BIS-(ACETYLACETON)-AETHYLENDIIMIN, RED. 57-0056
CO(II)- U. CO(III)-CHELATE V. N.N'-BIS-(SALICYLIDEN)-AETHYLENDIAMIN, RED. 57-0057
CO(I)-, CO(II)- U. CO(III)-N.N'-AETHYLEN-BIS-(SALICYLIDENAMIN)-KOMPLEXE, DARST., RK. 59-0081
SALICYLALDIMIN-CO(III)-KOMPLEXE, DARST., BROMIER. 62-0050
CORL(P(C6H5)3) (HL=DIMETHYLGLYOXIM, R=NO2, CN, CL, BR, J, ALKYL), NMR-UNTERS., ELEKTRON. DURCHDRING. 54-0010
CO(II)-ACETONITRIL-KOMPLEXE, IR-SPEKTREN 55-0003
CO(2+)-ACETONITRIL-KOMPLEXE, DARST. 55-0026
ESR V. (CO(CN-C6H5)X)-KOMPLEXEN / 63-0088
BLDG. V. CO(II)-CYCLOHEXAN-1.4-DIAMIN-N.N.N'.N'-TETRAESSIGSAEURE-1 ZU 1-KOMPLEX AUS CYCLOHEXAN-1.4-DIAMIN-N.N.N'.N'-TETRAESSIGSAEURE U. CO(CLO4)2 53-0017
CO-MUREXID-KOMPLEX, STABILITAETSKONST., VGL. MIT IMINODIACETAT- U. DIPICOLINATKOMPLEXEN 54-0021
1 ZU 2-KOMPLEX AUS CO(II) U. CYCLOHEXYLIMINO-DIESSIGSAEURE, BEST. D. STABILITAETS-KONST. 56-0041

CO(II)-THIONALIDKOMPLEXE, BLDG., STABILITAETS-KONST. 58-0024
THIOPHEN-2- U. 3-PHENYL-ISOTHIAZOL-5-CARBOXYLATKOBALT (II)-ION , STABILITAETSKONST. 59-0024
CO(II)-SCHLEIMSAEURE-KOMPLEXE, DARST., GLEICHGEW.-KONST. 59-0025
FUMARATOPENTAMMIN-CO(III)-KOMPLEXE, DARST., RED. 60-0034
CO(B3O2(OH)2(OCOCH3)5) U. CO(B3O(OH)4(OCOCH3)5), DARST. 60-0042
CO(III)-1 ZU 2-AZOFARBSTOFFKOMPLEXE, DARST., STER. ANORDN. 60-0064
CO(II)-ALKANOATE, THERMOLYSE 60-0065
(COX(L)(EN)2)(CLO4)2 (L=DMF, X=BR BZW. L=DMA, X=CL), RK. MIT BR(-) BZW. CL(-), (KINETIK) 61-0026
CARBONSAEUREAMIDOPENTAMMIN-CO(III)-KOMPLEXE, RED. (CR (II)) 61-0027
BIS-(N-(ALKOXYCARBONYLALKYL)-SALICYLALDIMINATO)-CO(II) -KOMPLEXE, LIGANDENRACEMISIER. 61-0028
HEXAKIS-(ESSIGSAEURE)- BZW. HEXAKIS-(ACETAMID)-CO(II)-KOMPLEXE, DARST. AUS ACETANHYDRID BZW. ACETAMID U. CO(II)-SALZ-HYDRATEN 61-0060
NTA-GLYCIN(AETHYLVALINAT)-CO(II)-KOMPLEXE, BLDG.-KONST. 63-0042
HAEMATOPORPHYRINATO-CO(III), RK. MIT CN(-) U. SCN(-), KINETIK 63-0044
CO(II)-MESOPORPHYRIN IX-DIMETHYLESTER, OX. MIT UNGESAETTIGTEN KW-STOFFEN 63-0087
CO(III)-PEPTIDKOMPLEXE, STEREOSPEZIF. EFFEKTE 56-0046
(CO(NH3)5L)(CLO4)3 MIT L-NICOTIN-, ISONICOTINAMID, DARST., RED. MIT CR(II) (KINETIK) 60-0033
CO((C6H5)2PSNCSNHCH3)2 U. CO((C6H5)2PSNCSN(CH3)2)2 , DARST. (STRUKTUR, NMR, IR) 54-0042
(CO(TRIMETHYLENSULFIT)6)(BF4)2 BZW. (CO (TRIMETHYLENSULFIT)6)(CLO4)2 , DARST. AUS CO(CLO4)2 BZW. CO(BF4)2 U. TRIMETHYLENSULFIT , 57-0004
CARBONYLDIKOBALTKOMPLEXE MIT PHOSPHITEN, DARST., IR-SPEKTREN 59-0082
HYDROXO-AMIDO-ADENOSINATO-AQUO-KOBALT(III)-KOMPLEXE , DARST. 55-0035
OCTAAETHYLPORPHIN-KOMPLEXE, DARST. AUS OCTAAETHYLPORPHIN U. CO-ACETAT 57-0688
CO(X)MG(1-X)C2O4, THERM. ZERS. (MECHANISMUS, AKTIVIER.-ENERGIE) 61-0033
SULFOSALICYLATO-CO(II)-KOMPLEXE, STABILITAET 64-0026
(CO(CN)5X)(3-) (X=OH, CL, BR, J, N3, SCN, SO3), RK. MIT CN(-) IN GGW. V. (CO(CN)5)(3-) (KINETIK) 58-0028
(HCO(CN)5)(3-) BZW. (DCO(CN)5)(3-), RK. MIT ALPHA, BETA-UNGESAETT. SAEUREN 61-0056
CO(NO)(CO)3, SYNTH. 58-0068
COBR2, KOMPLEXBLDG. MIT DIBUTYLGLYKOLAETHER BZW. DIAETHYLENGLYKOLDIMETHYLAETHER 64-0072
COCO3.2CO(OH)2, RK. MIT GLYCIN 60-0058
COCL2, COCL2-2-DIMETHYLSELENOXID, DARST. AUS DIMETHYLSELENOXID U. COCL2 56-0052
COCL2.6H2O EINFL. AUF D. DECARBOXYLIER. V. OXALESSIGSAEURE 58-0292
COCL2, KOMPLEXBLDG. MIT DIMETHYLSELENOXID 56-0052
COCL2, RK. MIT METHYL-MG-J 59-0080
COCL2, COCL2-CH3MGJ-SYST., KATALYSATOR BEI D. ZERS. V. ALKYLHALOGENIDEN 62-0284
COCL2, KOMPLEXBLDG. MIT ALPHA-FUROYLACETON 59-0083
COCL2, RK. MIT DIMETHYLGLYOXIM U. TRIPHENYLPHOSPHIN BZW. TRIPHENYLARSIN BZW. PYRIDIN 61-0055
COCL2, KOMPLEXBLDG. MIT SBCL5 U. ACETONITRIL 55-0019
COCL2, KOMPLEXBLDG. MIT SNCL4 U. ACETONITRIL 55-0026
COCL2, EINFL. AUF RK. V. GRIGNARD-REAGENZIEN 53-0200
COCL2.6 H2O, KEIN EINFL. AUF D. TOLUOL-OX. MIT DIISOPROPYLPEROXYDICARBONAT 58-0213
COCL2 HEMM. U. LI-NH3-RED. V. ANTHRACEN 64-0508
COCR2O4, EINFL. AUF D. OX. V. KW-STOFFEN 64-0254
CO(HCN2)2, LSG.-, VERBRENN.- U. BLDG.-ENTHALPIE 64-0020
CO(BF4)2, KOMPLEXBLDG. D. HYDRATS MIT ACETANHYDRID 61-0060
HCO(PF3)4 U. HCO(PF3)4-N(CO)N (N=1-3), DARST. 57-0067
CO(NO3)2, KOMPLEXBLDG. D. HYDRATS MIT ACETANHYDRID 61-0060
(CO(HL)(NO2)2)(CO(HL)(NO2)4) (HL=AMINOALKOHOL), DARST. 60-0061
KOENENIT
ORD V. LIMONOIDEN 61-0760
KOHL
WEISSKOHL, STOFFWECHSEL V. ((14)C)ENDRIN 62-0850
KOHLENHYDRATE
* S. AUCH URONSAEUREN
CARBOXONIUMVERB. IN D. KOHLENHYDRATCHEMIE, 3. MITT. 53-0479
KETOHEXOSEN, 1.MITT. DERIV. V. 5-AMINO-5-DESOXY-D-FRUCTOSE U. -L-SORBOSE 53-0483
MONOSACCHARIDE MIT N-HALT. RING, 14. MITT. 54-0052
MONOSACCHARIDE MIT N-HALT. RING, 15.MITT. 54-0053
POLYSACCHARIDE AUS D. ZELLWAENDEN V. AUREOBASIDIUM PULLULANS, 1. MITT. 57-0786
POLYSACCHARIDE AUS D. ZELLWAENDEN V. AUREOBASIDIUM PULLULANS, 2.MITT. 57-0787
ZUCKER MIT VERZWEIGTER KETTE, 8. MITT. 61-0693
ALDOPYRANOSEN, KONFORM. (THEORET. UNTERS.) 57-0145
ISOLIER. V. HETEROPOLYSACCHARID AUS AUREOBASIDIUM PULLULANS 57-0787
2-DESOXY-ZUCKER, ISOLIER. AUS GLOSSOSTELMA CARSONI 54-0500
W.-LOESL., AUS OPHIOPOGONIS-KNOLLEN, 2. MITT. (OLIGOSACCHARIDE V. O. JAPONICUS) 59-0657
W.-LOESL. POLYSACCHARIDE D. ROTALGE LAURENCIA PINNATIFIDA, 1. MITT. (PARTIALSTRUKTUREN) 61-0819
W.-LOESL. POLYSACCHARIDE D. ROTALGE LAURENCIA PINNATIFIDA, 2. MITT. 61-0820
BLDG. AUS CH2O IN GGW. V. TERT. AMINEN 53-0486
POLYSACCHARIDE, EXTRACELLULAERE GEWINN. AUS GLUCOSENAEHRLSG. MIT LIPOMYCES STARKEYI 61-0818
VERZWEIGTKETT. ZUCKER, BIOSYNTH. 62-0700
HEXOSE-DERIV., SYNTH. AUS CYCLITEN, 1. MITT. 55-0490
D-GLUCOPYRANOSEDERIV., (M)(D)(20)-WECHSEL , VERURSACHT DURCH GRUPPENWECHSEL AM C-6 63-0106
POLY-O-ACETYL-, BEZIEH. ZWISCHEN MOL. DREH. U. STRUKTUR, 3. MITT. 63-0106
MONOSACCHARIDE MIT N-HALT. RING, GEHINDERTE ROTAT. (NMR-UNTERS.) 54-0053
MASSENSPEKTREN , 10. MITT. 62-0102
MASSENSPEKTREN, 11. MITT. 62-0103
DISACCHARIDE, MASSENSPEKTREN (SEQUENZANALYSE) 63-0163
PYRANOSEN, NMR (FERNKOPPL. D. OH-PROTONEN) 54-0111
PENTOFURANOSEN, PMR-UNTERS. 63-0133
VERLAENGER. V. ZUCKERKETTEN UEBER ACETYLEN. ZWISCHENPROD., 4. MITT. 59-0653
VERLAENGER. V. ZUCKERKETTEN UEBER ACETYLEN. ZWISCHENPROD., 5. MITT. 59-0654
NUCLEOPHILE VERDRAENG.-RK., 2. MITT. 59-0661
NUCLEOPHILE VERDRAENG.-RK.,3.MITT. 59-0662
NUCLEOPHILE VERDRAENG.-RK. , 5. MITT. 63-0752
SYNTH. MIT PARTIELL BENZYLIERTEN ZUCKERN, 13. MITT. 63-0770
NUCLEOPHILE VERDRAENG.-RK., 6. MITT. 63-0753
FESTE, ABBAU DURCH GAMMA-STRAHLEN 56-0249
TRIOSEN, RK. MIT O-PHENYLENDIAMIN 64-0629
RK. MIT PROTEINEN, 14.MITT. 63-0774
RK. MIT MESYLCHLORID 61-0689
FARBRK., 5. MITT. 64-0781
FARBRK., 4. MITT. 64-0780
ZUCKER, GASCHROMATOGRAPH. BEST. 64-0937
HEXOSEN, BEST. IN FIBRINOGEN U. FIBRIN NACH D. ORCIN-METH. 57-0813
KOHLENHYDRATE (DERIVATE)
CARBOXONIUMVERB. IN D. KOHLENHYDRATCHEMIE, 4.MITT. (ACETOXONIUM-UMLAGER. D. D-XYLOSE) 57-0637
CARBOXONIUMVERB. IN D. KOHLENHYDRATCHEMIE, 5. MITT. (ACETOXONIUM-UMLAGER. V. D-GALAKTOSE) 57-0638
CARBOXONIUMVERB. IN D. KOHLENHYDRATCHEMIE, 6. MITT. (ACETOXONIUM-UMLAGER. D. D-IDOSE) 57-0639
AMINOZUCKER, 14. MITT. 58-0689
ANHYDROZUCKER, SYNTH. MIT -, 5. MITT. 61-0691
AMINOZUCKER, 11.MITT. 53-0474
AMINOZUCKER, 12. MITT. 53-0475
AMINOZUCKER, 13. MITT. 54-0479
N-HALT. DERIV., 16. MITT. 55-0491
DESOXYZUCKER, 41. MITT. 56-0617
DESOXYZUCKER, 42. MITT. 56-0618
FLUOR-, 17. MITT. 56-0621
PHENYLHYDRAZIN-DERIV. V. ZUCKERN, 1. MITT. 56-0622
2.5-ANHYDROZUCKER, 8. MITT. 57-0641
AMINOZUCKER, 15. MITT. 58-0690
DESOXYZUCKER, 43. MITT. 58-0691
AMINOZUCKER, 16. MITT. 59-0655
DESOXYZUCKER, 44. MITT. 59-0663
PHOSPHORYLIERTE ZUCKER, 12. MITT. 61-0695
UNGESAETT., 8. MITT. 61-0696
AMINOZUCKER, 18. MITT. 62-0695
AMINOZUCKER, 19. MITT. 62-0696
DESOXYZUCKER, 45. MITT. 62-0699
2.5-ANHYDROZUCKER, 9. MITT. 63-0601
-DERIV. V. 1-SUBSTITUIERTEN 1.2.3-TRIAZOLEN, 2. MITT. 63-0754
(5R)-5-C-ALKYL-5-C-PHENYL-D-XYLOSE-DERIV., RINGGROESSE 64-0183
ZUCKER-PHENYLHYDRAZONE, KONSTIT. 56-0622
4.5-(1.2-HEXOFURANO)-IMIDAZOLINE, KONSTIT. 60-0692
DIBENZYLIDEN-ZUCKERALKOHOLE, STEREOCHEMIE 55-0175
4-AMINO-4.6-DIDESOXY-HEXOSEN KONFIG. V. C-4 U. C-5 60-0169
ALDOSE-PHENYLOSOTRIAZOLE, ABS. KONFIG. 64-0086
GALAKTOSEDERIV., KONFORM. 64-0117
ZUCKEROSOTRIAZOLE, KONFORM. U. KONFIG. 59-0150
(5R)-5-C-ALKYL-5-C-PHENYL-D-XYLOSE-DERIV., KONFORM. 64-0183
AMINO-DESOXYFRUCTOSE- U. -SORBOSE-DERIV. DARST. 53-0483
2-AMINO-2.6-DIDESOXY-D-ALTROSE-DERIV., DARST. 54-0479
ZUCKERALKOHOLE, STEREOSPEZIF. SYNTH. 54-0480
4-(TETRAHYDROXYBUTYL)-1.3-DIOXOLANONE-(2), DARST. AUS TERMINALEN POLYHYDROXYALKAN-ARYLSULFONSAEUREESTERN 54-0482
CHLOR-DESOXYZUCKER, DARST. 56-0616
UNSYMM. TREHALOSEDERIV., DARST. 57-0643
D-PSICOSE-DERIV., SYNTH. AUS D-FRUCTOSE-DERIV. 57-0644
D-XYLOSE-BENZYLOSAZONE, DARST. AUS AROYLHYDRAZINEN U. D-XYLOSE 58-0688
5.6-AZIRIDINO-ZUCKER, DARST. 59-0658

5-THIO-D-XYLOSE-DERIV., DARST. 60-0689
4.5-(1.2-HEXOFURANO)-IMIDAZOLINE, DARST. 60-0692
N- U. O-ACYLIERTE AMINOZUCKER, DARST. . 62-0696
3.6- BZW. 4.6-DIDESOXY-D-XYLO-HEXOSEN, DARST. AUS
METHYL-3.4-ANHYDRO-6-DESOXY-ALPHA-D-GALAKTOPYRANOSID
62-0697
6-DESOXY-5- C-PHENYLHEXOSEN, STEREOSPEZIF. SYNTH.
63-0756
ALKYLIERENDE GRUPPEN ENTHALTENDE, DARST. 63-0774
ALDOSE-PHENYLOSOTRIAZOLE, DARST. 64-0086
5-AMINO-5-DESOXY-RIBOSE-DERIV., SYNTH. 55-0499
6-DESOXYZUCKER, DARST. 56-0617
D-MANNOSE-BENZOYLHYDRAZONE, DARST. AUS D-MANNOSE
58-0688
3.6-DIAMINO-3.6-DIDESOXY-L-TALOSE-DERIV., DARST.
58-0690
1.6-ANHYDRO-D-HEXOPYRANOS-3-ULOSEN, DARST. AUS 1.6-
ANHYDRO-BETA-D-HEXOPYRANOSEN U. CRO3 ODER DMSO
61-0691
3-DESOXY-GLYKOSULOSEN, BLDG. AUS N.N-(DI-FRUCTOSYL-
(1))-GLYCIN (BZW. ENOLFORM) 63-0749
1-(1-BENZAMIDO-1.2.3-TRIAZOLYL-(5))-BUTANTETRAOLE,
DARST. AUS HEXOSULOSE-BIS-(BENZOYLHYDRAZONEN) 63-0754
O-ACETYL-ALDONSAEURELACTON-HYDRAZONE, DARST. AUS
PYRANOSE-2.4-DINITRO-PHENYLHYDRAZONEN 64-0779
1.2-O-AETHYLEN-PENTOPYRANOSEN, DARST. AUS 2-CHLOR-
AETHYL-(PENTOPYRANOSIDEN) 54-0486
O-METHYLIERTE, IR-SPEKTREN 62-0073
POLY-O-ACETYL-, MOLARE DREH. U. STRUKTUR, 2. MITT.
58-0075
ACETYLIERTE ALDOPYRANOSYLHALOGENIDE, BENZIEH. ZWISCHEN
MOL. ROTAT. U. ATOMREFRAKT. D. HALOGENS 60-0070
ZUCKERHETEROCYCLEN, ROTAT.-DISPERS. , 2. MITT.
(ZUCKER-BENZIMIDAZOLE U. -CHINOXALINE) 60-0071
AZIDO-ZUCKER CD 63-0105
METALLCHELATE V. ALDIMINOZUCKERN, ORD 63-0107
ALDOSE-PHENYLOSOTRIAZOLE, CD 64-0086
ALDOSE-PHENYLOSOTRIAZOLE, ORD 64-0086
ISOPROPYLIDENPOLYOLE, MASSENSPEKTREN 62-0103
ZUCKEROSOTRIAZOLE, NMR 59-0150
GALAKTOSEDERIV., PMR 64-0117
(15)N-HALT. ZUCKERDERIV., NMR,1.MITT. 64-0131
O-ACETYL-ALDOSE-DINITRO-PHENYLHYDRAZONE, NMR
-SPEKTREN 64-0779
O-ACETYL-ALDONSAEURELACTON-HYDRAZONE, NMR-SPEKTREN
64-0779
CYCL. TRANS-CARBONATE, NUCLEOPHILE RINGOEFFN. 54-0484
DIBENZYLIDEN-ZUCKERALKOHOLE, SOLVOLYSE (KINETIK)
55-0175
GLYKALE, ADDIT.-RK., 2. MITT. 58-0692
GLYKALE, ADDIT.-RK., 3. MITT. 58-0693
MONOSACCHARIDE MIT N-HALT. RING, 16. MITT. 59-0659
NITROZUCKER, RK., 8. MITT. 63-0747
SYNTH. MIT PARTIELL BENZYLIERTEN ZUCKERN, 11. MITT.
63-0768
SYNTH. MIT PARTIELL BENZYLIERTEN ZUCKERN, 12. MITT.
63-0769
3-ACETAMIDO-3.6-DIDESOXY-IDOSEN,PARTIELLE ACETYLIER.
U. DESACETYLIER. 59-0655
4-AMINO-ALDOSEN, CYCLISIER. ZU PYRROLIDINVERB.
59-0659
N-BENZYL-D-GLUCOSAMINE, CYCLISIER. 56-0619
1.6-ANHYDRO-D-HEXOPYRANOS-3-ULOSEN, ISOMERISIER. MIT
PY. 61-0691
2-HYDROXY-GLYKAL-ESTER (1-DESOXY-DELTA(1)-
ALDENOPYRANOSE-ESTER), INTRAMOL. ALLYLUMLAGER.
61-0696
1.6-ANHYDRO-D-HEXOPYRANOS-3-ULOSEN, RED. MIT NABH4 IN
A. 61-0691
MONO- U. OLIGOSACCHARIDACETATE, KOMPLEXBLDG. MIT TICL4
U. SNCL4 60-0047
2.5-ANHYDRO-PENTITE, RK. MIT NAN3 62-0528
HEPTA-O-ACETYL-BROM-DISACCHARIDE, PARTIELLE
DESACETYLIER. DURCH QUART. PYRIDINIUM-VERB. 62-0691
METHYL-3-AMINO-3.6-DIDESOXY-ALPHA-D-ALTROPYRANOSID-DE-
RIV., PARTIELLE ACETYLIER. U. DESACETYLIER. 53-0474
METHYL-3-DESOXY-3-NITRO-HEXOPYRANOSID-DERIV.,
DEHYDROACETYLIER. 63-0747
5-AMINO-5-DESOXY-RIBOSE-DERIV., RK. MIT NUCLEOSIDEN
55-0499
ALDONOLACTONE MASSENSPEKTROMETR. IDENTIFIZIER. ALS
TRIMETHYLSILYLAETHER 53-0083
HEXOSAMINE, NACHW. MIT P-NITRO-BENZALDEHYD 59-0819
6-DESOXYZUCKER, TRENN. 56-0617
METHYLIERTE ALDITE, GASCHROMATOGRAPH. TRENN. ALS
ACETATE 56-0766
TRENN. V. RAUMISOMEREN 6-DESOXYHEXOSEN, 3-O-METHYL-6-
DESOXYHEXOSEN U. 6-DESOXYHEXULOSEN 56-0618
GLUCURONSAEUREESTER, 4. MITT. 59-0660
1-O-ACYL-2.3.4-TRI-O-BENZYL-D-GLUCOPYRANURONSAEURE-
BENZYLESTER, DARST. AUS 2.3.4-TRI-O-BENZYL-D-
GLUCOPYRANURONSAEURE-BENZYLESTER U. CARBONSAEUREN BZW.
CARBONSAEURECHLORIDEN BZW. AG-SALZEN V. CARBONSAEUREN
59-0660
1-O-ACYL-D-GLUCOPYRANURONSAEUREN, DARST. AUS 1-O-ACYL-
2.3.4-TRI-O-BENZYL-D-GLUCOPYRANURONSAEURE-BENZYLESTERN
59-0660
KOHLENSAEUREDERIVATE
PERACYLALKYL(ARYL)CARBONATE, 6. MITT. 63-0495
PERACETYLCARBONATE, DARST. AUS PERESSIGSAEURE U.
CHLORKOHLENSAEUREESTERN 63-0495
CYCL. CARBONATE, MASSENSPEKTREN 61-0108
CYCL. ESTER, HYDROLYSE 55-0174
-CARBONSAEURE-ANHYDRIDE, DARST. AUS CARBONSAEUREN U.
CHLORAMEISENSAEUREESTERN 63-0347
PERACYLCARBONATE, IR 63-0126
-CARBONSAEURE-ANHYDRIDE, UMLAGER. U. CYCLISIER.
63-0347
-CARBONSAEURE-ANHYDRIDE, CO2-ELIMINIER. 63-0347
PERBENZOYLALKYL(ARYL)CARBONATE, 5. MITT. 54-0139
CYCL. DIESTER, DARST. AUS TERMINALEN
POLYHYDROXYALKAN-ARYLSULFONSAEUREESTERN 54-0482
CARBONATE, PROTONIERTE ALKYL(ARYL) U.
HYDROGENCARBONATE, DARST. 61-0197
CARBONATE, PROTONIERTE ALKYL(ARYL) U.
HYDROGENCARBONATE, NMR 61-0197
CARBONATE, PROTONIERTE ALKYL(ARYL) U.
HYDROGENCARBONATE, SPALT. 61-0197
KOHLENSAEUREESTER, VERW. ALS FUNGIZIDE (UEBERSICHT)
60-0820
CHLORKOHLENSAEUREESTER, RK. MIT BETA-HYDROXY-TERT.-
AMINEN 58-0380
KOHLENSTOFF
EINFL. AUF HYDRIER. V. BZL. IN GGW. V. K 64-0492
KOHLENSTOFFVERBINDUNGEN
SYNTH. HOEHERMOL. VERB. DURCH PHENOLDEHYDRIER., 4.
MITT. 57-0666
RK. V. S MIT ORGAN. VERB., 14. MITT. 57-0353
D. UEBERGANGSMETALLE, 10.MITT. 58-0017
ORGAN. VERB., RK. MIT CLO2, 12. MITT. 59-0363
CHEMIE ORGAN. OXIDE, 29. MITT. 64-0371
PYROLYSE, 4. MITT. 58-0378
RK. MIT KONZ. H2SO4 (QUANT. UNTERS., MECHANISMUS)
60-0840
ORGAN. VERB., ANOD. OX. , 3. MITT. 57-0198
ORGAN. VERB., OX., 49. MITT. 60-0617
ACYLIERBARE VERB., RK. MIT (CO) U. OLEFINEN UNTER
SAEUREKATALYSE ZU CARBONSAEUREDERIV., 26. MITT.
58-0368
ORGAN. VERB., ANALYT. ANWEND. D. OX. DURCH BROM,
2. MITT. 62-0857
ORGAN. VERB., ANALYT. ANWEND. D. OX. DURCH BROM, 3.
3. MITT. 62-0858
KOHLENWASSERSTOFFE
* ALKYLSUBSTITUIERTE AROMATEN S. UNTER KOHLENWASSERSTOF-
* FE (AROMATISCHE)
* S. AUCH BENZOLE
* S. AUCH KOHLENWASSERSTOFFE (ALICYCLEN)
* S. AUCH KOHLENWASSERSTOFFE (AROMATISCHE)
* S. AUCH KOHLENWASSERSTOFFE (HALOGENIERTE)
OX. NACH ETARD (MECHANISMUS, UEBERSICHT) 62-0321
ALTERNIERENDE U. VERWANDTE VERB., PHYSIKAL. EIG. U.
CHEM. REAKTIVITAET , 14. MITT. 61-0064
ARINE, INTERMEDIAERE BLDG. AUS ARYLHALIDEN U. KALIUM-
TERT.-BUTYLAT 54-0339
C2-, BLDG. IN D. VERBRENN.-GASEN EINER METHAN-LUFT-
FLAMME 59-0264
PHYSIKAL. EIG. U. CHEM. REAKTIVITAET V. ALTERNIERENDEN
KW-STOFFEN U. VERWANDTEN VERB. 12. MITT. 53-0115
CNDO-BERECHN. V. BIND.-LAENGEN U. -WINKELN 57-0136
PROTONIERTE, ELEKTRONENSTRUKTUR 60-0183
MOLEKULARSTRUKTUR (MODELL D. FLUKTUIERENDEN GAUSS-
ORBITALE) 61-0133
ASSOZIATIVE IONISIER. MIT ANGEREGTEN EDELGASATOMEN
58-0014
IONISIER.-ENERGIEN NACH CNDO-METH. 58-0135
ACIDITAET, 27. MITT. 58-0260
ACIDITAET, 28. MITT. 58-0261
ACIDITAET, 29. MITT. 62-0255
C4H6-, BLDG.- U. VERBRENN.-WAERME 64-0192
H-ABSPALT. DURCH METHYLRADIKALE (KINETIK) 57-0206
ABS. GESCHW.-KONST. D. OX., 9. MITT. 59-0208
ABS. GESCHW.-KONST. D. OX., 10. MITT. 59-0209
AROMATISIER., 19. MITT. 59-0240
OX. IN GGW. V. CHROMSPINELLEN 64-0254
RADIKAL. JODIER. MIT TERT.-BUTYLHYPOJODIT 58-0340
GASFOERM., RK. MIT HE(3)H(+)-IONEN, 2. MITT. 60-0227
PHOTOOXIMIER. MIT NOCL 60-0338
GASF. -, RK. MIT HE(3)H(+)-IONEN , 3. MITT. 62-0195
-GLAESER, BESETZ. V. ELEKTRONENHAFTSTELLEN 61-0183
CHLORIER. MIT SAEURECHLORIDEN IN GGW. V.
DIPHENYLSULFOXID 55-0218
KOHLENWASSERSTOFFE (PARAFFINE)
LINEARE BEZIEH. ZWISCHEN VERTEIL.-KOEFF. U.
W.-LOESLICHK. 58-0165
PARAFFINE,AROMATISIER., 1.MITT. 56-0244
BEST. D. VERZWEIG.-GRADES DURCH IR-SPEKTROSKOPIE
58-0829
ALIPHAT., KONFORM.-ENERGIE (BERECHN.) 57-0159
PARAFFINE, KONFORM.-ENERGIEN (BERECHN. NACH D. METH.
V. WESTHEIMER) 60-0164
ALKANE U. CYCLANE, KONFORM. U. PHYSIKAL. DATEN, 3.
MITT. 62-0418
ALIPHAT., ISOLIER. AUS CAMELIA SATIVA 56-0759
VERTEIL. D. N-ALKANE IN PFLANZENWACHSEN 54-0581
C21-ISOPRENOID-ALKANE, DARST. 54-0208
GESAETT., BESEITIG. V. IM UV ABSORBIERENDEN
VERUNREINIG. 54-0059

GRADLIN. U. VERZWEIGTE ALKANE, TRENN. AN MOL.-SIEBEN 60-0839
N-ALKANE, OPT. ANISOTROPIE U. KONFORM.. 56-0092
N-ALKANE, RAYLEIGH-STREUUNG (THEORIE) 63-0103
GESAETT., STRAHL.-INDUZIERTE HAFTELEKTRONEN (AUSB. U. ABBAU) 63-0333
ALKANE, MAGNETO-OPT. ROTAT.-DISPERS. 64-0087
N-ALKANE, KRIT. VOL. 59-0175
ALKANE, ISOTOPENAUSTAUSCH IN GGW. V. FSO3H-SBF5 63-0238
ALKANE, POLYKONDENS. IN GGW. V. FSO3H-SBF5 63-0238
ALKANE, PYROLYSE IN D. GASPHASE (UEBERSICHT) 62-0285
PARAFFINE, AROMATISIER. , 2.MITT. 56-0245
N-ALKANE, SULFOX. (KINETIK) 57-0216
PARAFFINE, CHLORIER. (EINFL. V. TEMP. U. KONZ.) 58-0232
ALKANE, RK. MIT CLO-RADIKALEN IN D. GASPHASE (KINETIK U. MECHANISMUS) 62-0193
PARAFFINE, RK. MIT HE(3)H(+)-IONEN 62-0195
HEXANE, MASSENSPEKTROSKOPIE 56-0135
ALKANE, H-ATOMUEBERTRAG. AUF AREN-RADIKALKATIONEN 54-0141

KOHLENWASSERSTOFFE (OLEFINE)
* S. AUCH AETHYLENVERBINDUNGEN
ALLEN-, SYNTH. U. EIG., 13. MITT. 59-0389
OLEFINE AROMAT. SUBSTITUT. , 4. MITT. 64-0493
PHENYLALLYLANIONEN, KONFIG. 57-0148
KONJUGIERTE DIENE, DARST. AUS AETHYLENALKOHOLEN 54-0209
KONJUGIERTE TRIENE, DARST. AUS ALKENINEN BZW. KUMULENEN DURCH ISOMERISIER. 55-0210
TRANS-OLEFINE, DARST. AUS ALKYLENEN BZW. KONJUGIERTEN DIOLEFINEN U. LIALH4 55-0211
MONOOLEFINE, DARST. AUS DIOLEFINEN 55-0296
METHYLEN-, DARST. AUS METHYLEN-MG-HALOGENIDEN U. KETONEN BZW. ALDEHYDEN 56-0262
OLEFINE, STEREOSPEZIF. DARST. DURCH WITTIG-RK. 56-0263
ALKYLIDEN-CYCLOPROPANE, DARST. AUS ALLENEN U. CH2J2 (ZN-CU) 56-0443
PHENYLALLYLANIONEN, DARST. AUS PHENYLPROPENEN MIT NANH2 57-0148
2.4-DISUBSTITUIERTE PENTADIENE-(2.3), DARST. AUS 2-CHLOR-2-METHYL-PENTIN-(3) BZW. 3-CHLOR-3-METHYL-HEXIN-(4) U. GRIGNARD-VERB. 57-0289
OLEFINE, DARST. AUS BETA-SILYLCARBINOLEN U. ALKALIHYDRIDEN BZW. AUS ALPHA-SILYL-LITHIUM-ALKYLEN U. CARBONYLVERB. 59-0286
ALKENE-(1), BLDG. AUS PRIM. U. SEK. CARBONSAEUREN 60-0323
KONJUGIERTE ALKENINE U. ALKENDIINE, BLDG. AUS 1-TRIALKYLAMMONIO-ALKIN-(2)- BZW. -ALKADIIN-(2.4)-JODIDEN 62-0327
OLEFINE, BLDG. AUS ALLYLALKOHOLEN 63-0357
DIOLEFINE, DARST. AUS ALLYLBROMID U. ORGANOMETALLVERB. 63-0360
OPT.-AKT. ALLENE, SYNTH. AUS OPT.-AKT. CYCLOPROPANCARBONSAEUREN 63-0364
OLEFINE, BLDG. AUS BENZYLSULFOXIDEN UNTER VERW. V. PHENYLLITHIUM (MECHANISMUS) 64-0295
STER. GEHINDERTE BUTADIENE-(1.3), DARST. AUS 1.2-DIKETONEN U. METHYLENTRIPHENYLPHOSPHORAN 64-0354
ALLENE, DARST. AUS ALPHA.ALPHA'-DIBROM-ACETALEN 64-0357
TETRAENE, DARST. AUS LI-ALLENEN U. HALOGENACETYLENEN 56-0267
1-ARYL-HEXADIENE-(2.3), DARST. AUS VINYL-AETHYL-ACETYLEN U. ARYL-LI-DERIV. 59-0389
DIENE REINIG. V. KONJUGIERTEN DIENEN DURCH ZONENSCHMELZEN 53-0209
MONOOLEFINE, GASCHROMATOGRAPH. TRENN. 57-0810
DIOLEFINE, GASCHROMATOGRAPH. TRENN. 57-0810
OLEFINE, IR -STRECKSCHWING.-FREQUENZEN (VGL. MIT KETONEN U. OXIMEN) 57-0086
CYCLOPROPYL- U. ISOPROPYLAETHYLENE, UV 64-0101
OLEFINE, IR- U. UV-UNTERS. 63-0168
OLEFINE, HMO-BERECHN. 63-0168
UNGESAETT., STER. EINFL. AUF D. MASSENSPEKTRUM 58-0161
OLEFIN-PT(II)-KOMPLEXE, NMR 56-0020
PHENYLALLYLANIONEN, NMR-SPEKTREN 57-0148
ALKENE, NMR (LSGM.-EINFL.) 63-0146
OLEFINE, PMR 63-0168
OLEFIN-METALLKOMPLEXE, ELEKTROCHEM. VERH. (BLDG. V. RADIKALANIONEN U. DIANIONEN) 61-0021
ALKENE, LINEARE BEZIEH. ZWISCHEN VERTEIL.-KOEFF. U. W.-LOESLICHK. 58-0165
N-ALPHA-ALKENE, KRIT. VOL. 59-0175
OLEFIN- METALL-KOMPLEXE, IR-SPEKTREN U.
GEM. DIHALOGEN-2.3-ALKYLEN-CYCLOPROPANE, STEREOSELEKTIVE ELEKTROCHEM. RED. 61-0505
4-TETRAPHENYL-5-CARBENACYCLOPENTADIEN-(1.3) 54-0336
OLEFINE, CARBONYLIER. (CO U. CCL4) IN GGW. V. BINUCLEAREN METALLCARBONYLEN 59-0305
ASYMM. BUTADIENE, DIELS-ALDER-RK. (VORAUSBEST. D. HAUPTPROD. MITTELS PERTURBAT.-MO-METH.) 60-0274
HEXENE AROMATISIER. AN PT- U. NI-KATALYSATOREN 53-0121
OLEFINE, DIMERISIER. MIT EDELMETALLSALZEN U. ORGANO-AL-VERB. ALS KATALYSATOREN 54-0211
KUMULENE U. ALKENINE, ISOMERISIER. MIT K-TERT. BUTYLAT 55-0210
OLEFINE, ANWEND. D. DYNAM. ISOMERISAT.-GLEICHGEW. AUF D. POLYMERISAT. IHRER GEMISCHE, 2. MITT. ISOMERISIER. DURCH SALZE BZW. EDELMETALLKOMPLEXE 56-0234
TETRAENE, UMLAGER. IN ACETYLENE 56-0267
KONJUGIERTE DIENE, POLYMERISAT. MIT LI (KINETIK) 57-0772
OLEFINE, DIMERISIER. (AKTIVIER. DURCH KOMPLEXE D. UEBERGANGSMETALLE, UEBERSICHT) 59-0034
OLEFINE, ISOMERISIER. MIT PDCL2 60-0331
OLEFINE-(1), ISOMERISIER. DURCH ZIEGLER-KATALYSATOREN (KINETIK) 61-0290
HEPTENE, BAS. ISOMERISIER. 61-0328
POLYOLEFINE IM ZIGARETTENRAUCH , 1,2- U. 1,5-WANDER. V. H-ATOMEN 61-0329
2-ALKYL-BUTADIENE, CYCLOADDIT. MIT 1.1-DICHLOR-2.2-DIFLUOR-AETHYLEN (MECHANISMUS, EINFL. D. KONFORM.) 61-0442
KONJUGIERTE ENINE, PHOTODIMERISIER. 63-0338
OLEFINE, ISOMERISIER., AKTIVIER. DURCH KOMPLEXE D. UEBERGANGSMETALLE 59-0034
OLEFINE, ISOMERISIER. (RH-CARBONYL) 62-0289
ELIMINIER. V. VINYLENGRUPPEN DURCH PHOTOLYSE V. OZONIDEN 62-0305
ALKENE, EPOX. (LSGM.-EINFL.) 56-0208
BUTENE, KATALYT. OX. AN V2O5-MOO3 (KINETIK) 57-0212
OLEFINE, OX. MIT CRO3 , D. SICH AUF TRAEGERMATERIAL (SIO2, SIO2-AL2O3) BEFINDET 59-0278
OLEFINE, STEREOSPEZIF. OZONOLYSE (BLDG. V. NORMALEN U. GEKREUZTEN OZONIDEN) 61-0596
CIS- U. TRANS- ALKENE, OZONOLYSE 62-0588
OLEFINE, OX. DURCH PB-TETRAACETAT 63-0245
OLEFINE, RK. MIT O3 (KINETIK) 64-0253
DIOLEFINE, PARTIELLE HYDRIER. ZU MONOOLEFINEN (ALKALIMETALL-AL2O3-KATALYSATOR) 55-0296
ALKENE, KONKURRIERENDE HYDRIER. 59-0200
KONJUGIERTE DIOLEFINE, HYDRIER. IN GGW. V. UEBERGANGSMETALLKOMPLEXEN 62-0323
OLEFINE, HYDRIER. U. ISOMERISIER. MIT HOMOGEN GELOESTEN PHOSPHIN-RH-KOMPLEXEN 64-0251
OLEFINE RK. MIT PDCL2 IN DMF 53-0044
ALKEN-(1)-YLALLENE ADDIT.- RK. MIT HCL BZW. HBR 53-0208
BROM-ANLAGER. (STABILITAET D. INTERMEDIAEREN BROMALKYL-KATIONEN) 57-0217
OLEFINE, BROMADDIT. (KINETIK), 14. MITT. 57-0242
1-OLEFINE, NITRIER. IN NICHTKOMPLEXBILDENDEN LSGM. 58-0339
OLEFINE, RK. MIT (CO) U. ACYLIERBAREN VERB. UNTER SAEUREKATALYSE ZU CARBONSAEUREDERIV., 26. MITT. 58-0368
OLEFINE, RK. MIT (CO) U. ACYLIERENDEN VERB. DURCH SAURE KATALYSE ZU CARBONSAEUREDERIV., 27. MITT. 60-0343
OLEFINE, POLARE ADDIT.-RK., 5. MITT. 61-0281
SYNTH. V. CARBONSAEUREDERIV. AUS (CO), OLEFINEN U. ACYLIERENDEN VERB. DURCH SAURE KATALYSE, 28. MITT. 61-0356
OLEFINE, BROMIER. MIT NABR (KINETIK) 62-0218
OLEFINE, BROMIER. MIT NABR (KINETIK) 62-0219
OLEFINE, BROMIER. MIT NABR (BERECHN. D. GESCHW.-KONST.) 62-0220
OLEFINE, HYDROFORMYLIER. IN GGW. V. CO- U. RH-KATALYSATOREN 62-0289
ALLENE, HYDROHALOGENIER. 63-0365
CHLORIER. MIT CUCL2 (STEREOSELEKTIVITAET. MECHANISMUS) 64-0261
HYDROBORIER. (KINETIK) 64-0294
OLEFINE ADDIT. V. BRN3 (LSGM.-BETEILIG.) 64-0474
OLEFINE, STEREOSPEZIF. ION. U. RADIKAL. ADDIT. V. BRN3 57-0376
-, KETONE U. OXIME, KORRELAT. D. IR-STRECKSCHWING.-FREQUENZEN 57-0086
OLEFINE, RK. MIT BUTAN U. ISOBUTAN IM MASSENSPEKTROMETER UNTER HOHEM DRUCK 57-0214
OLEFINE, RK. MIT CCL2 (STER. HINDER.) 63-0295
DIEN-, PHOTOCHEM. RK. MIT AROMATEN, 2. MITT. 54-0195
KONJUGIERTE DIENE, ADDIT. AN AROMAT. ALKYLHETEROCYCLEN 63-0577
OLEFINE, PHOTOCHEM. ADDIT. V. POLYHALOGENMETHANEN 56-0431
DIOLEFINE, RK. MIT DIHALOGENCARBENEN 58-0329
ALPHA-OLEFINE, RK. MIT SULFENYLCHLORIDEN , RK.-MECHANISMUS 61-0280
OLEFINE, RK. MIT AMINEN U. HG-SALZEN 56-0261
ALKENE, RK. MIT TETRANITROMETHAN 56-0513
OLEFINE, RK. MIT ARYLAZIDEN 57-0554
OLEFINE, RK. MIT AMINEN (TERT.-BUTYLPEROXID) 58-0275
1.1-DISUBSTITUIERTE AETHYLENE, RK. MIT SYDNONEN 59-0544
1.3-DIENE, RK. MIT CARBAETHOXYNITREN 59-0553
OLEFINE, PHOTOSENSIBILISIERTE RK. MIT ALPHA-DIAZOKETONEN 61-0520
ALLENE, ADDIT. V. AZIDEN 61-0590
ALKENE RK. ALS PD-KOMPLEXE MIT ALKOHOLEN (MECHANISMUS) 63-0098
OLEFINE, MOL.-KOMPLEXE MIT ACETYLENDIOLEN 63-0511
ALKENE ANOD. OX. V. METHANOL IN GGW. V. 64-0242

ALKENE, ADDIT. V. DIMETHYLAMINOSULFENYLCHLORID 63-0378
KONJUGIERTE DIENE, DISILYLIER. (STER. VERLAUF, MECHANISMUS) 63-0410
ALPHA-OLEFINE RK. MIT TRIALKYLSTANNANEN 53-0027
OLEFINE KOPOLYMERISAT. M.T ORGANO-SN-HYDRIDEN 53-0028
DIENE, RK. MIT (PI-C5H5)2TICL2 59-0054
OLEFINE, RK. MIT TRIMETHYLZINNHYDRID 59-0061
1.5-DIENE, RK. MIT NI(CO)4 59-0476
RAC. ALPHA-OLEFINE, OPT. SPALT. DURCH STEREOSELEKTIVE OLEFIN-OPT.-AKT. AMIN-PT-KOMPLEXBLDG. 62-0325
OLEFINE, RK. MIT ORGANOSCHWERMETALL-TRIHALOGENACETATEN 63-0071
OLEFINE, STEREOSPEZIF. RK. MIT GEM.-DIJOD-ALKANEN U. ZN-DIAETHYL 63-0558
OLEFINE, PHOTOCYCLOADDIT. AN VINYLENCARBONAT 63-0626
DIENE, 1.2- U. 1.4- CYCLOADDIT. V. CLSO2-NCO 64-0560
OLEFINE PHOTORK. MIT CHINONEN 53-0323
OLEFINE, RADIKAL. ADDIT. V. ALDEHYDEN 54-0537
OLEFINE, 1.4-PHOTOADDIT. AN O-CHINONE (MECHANISMUS) 57-0262
OLEFINE PHOTORK. MIT ALPHA-HALOGENKETONEN 57-0270
OLEFINE RK. MIT TRIFLUORACETALDEHYD 60-0334
OLEFINE RK. MIT ALDEHYDEN, 4. MITT. 60-0405
OLEFINE, PHOTORK. MIT AROMAT. CARBONYLVERB. (MECHANISMUS) 63-0343
VINYLACETYLENE, RK. MIT BENZOYLCARBEN 63-0514
OLEFINE, RK. MIT HEXAFLUORACETON 64-0360
OLEFINE, PHOTOADDIT. V. 2-PYRROLIDON 64-0607
OLEFINE, RK. MIT TETRACYAN-AETHYLEN -OXID 60-0485
OLEFINE, RADIKAL. ADDIT. AN NITRILE 61-0355
(OLEFINE, ANLAGER. V. STER. GEHINDERTEN MALONSAEUREDIALKYLESTERN AN OCTENE 53-0223
STRAHLUNGSINDUZIERTE AMIDIER. V. DIENEN 56-0445
OLEFINE, PHOTOCYCLOADDIT. AN CARBOSTYRIL 61-0638
OLEFINE, RK. MIT CO(II)-MESOPORPHYRIN IX -DIMETHYLESTER 63-0087
OLEFINE, ADDIT. V. N.N-DICHLOR-SULFONAMIDEN 60-0474
DIENE, VERW. IN HOHER KONZ. ZUM LOESCHEN D. ANGEREGTEN ZUSTAENDE V. UNGESAETT. KETONEN 59-0268
N-OCTENE, OCTALINE, DECALINE U. TERT.-BUTYLCYCLOHEXENE, QUANT. GASCHROMATOGRAPH. BEST. IN GEMISCHEN 60-0841
KOHLENWASSERSTOFFE (ACETYLENE)
DIACETYLENE, GESETZMAESSIGK. BEI D. ADDIT., 13. MITT. 54-0212
POLYACETYLENE, VORK. IN PULICARIA DYSENTERICA 58-0823
ALKATRIINE, DARST. AUS CHLORALKINEN U. ACETYLENIDEN 54-0319
ACETYLENE, DARST. AUS TETRAENEN DURCH UMLAGER. 56-0267
DIALKINYL-BENZOLE U. -ANTHRACENE, DARST. 57-0450
DISUBSTITUIERTE, DARST. AUS 1-ALKINYLAETHERN U. ORGANO-LI-VERB. 61-0330
1.3-DIACETYLENE, DARST. AUS CU-ACETYLENIDEN U. BROMACETYLENEN 62-0312
KONJUGIERTE ALKENINE U. ALKENDIINE, BLDG. AUS 1-TRIALKYLAMMONIO-ALKIN-(2)- BZW. -ALKADIIN-(2.4)-JODIDEN 62-0327
DIARYLPOLYINE, UV-SPEKTREN 59-0103
METALLKOMPLEXE V. ACETYLENEN, ELEKTROCHEM. VERH. (BLDG. V. RADIKALANIONEN U. DIANIONEN) 61-0021
ALKINE, LINEARE BEZIEH. ZWISCHEN VERTEIL.-KOEFF. U. W.-LOESLICHK. 58-0165
DIACETYLENE, GESETZMAESSIGK. BEI ADDIT.-RK., 14. MITT. 57-0291
THERM. POLYMERISAT. V. ACETYLEN-KW-STOFFEN IN GGW. V. ISOMEREN ALLENEN 53-0591
ALKENINE, ISOMERISIER. MIT K-TERT. BUTYLAT 55-0210
ACETYLENE, CYCLOOLIGOMERISIER. (AKTIVIER. DURCH KOMPLEXE D. UEBERGANGSMETALLE, UEBERSICHT) 59-0034
KONJUGIERTE ENINE, PHOTODIMERISIER. 63-0338
ALKATRIINE, CYCLISIER. AN ZIEGLER-KATALYSATOR 54-0319
ACETYLEN-, AUTOX., 1. MITT. 57-0391
ACETYLEN-, AUTOX., 2. MITT. 58-0399
ALKADIINE-(1.4), KATALYT. HYDRIER. 57-0291
DIACETYLENE, ADDIT. V. HBR 54-0212
ACETYLENE, POLARE ADDIT.-RK., 5. MITT. 61-0281
ACETYLENE, HYDROCHLORIER. (MECHANISMUS) 61-0281
ACETYLENE, RK. MIT DIHALOGENCARBENEN 58-0333
DIACETYLENE, ADDIT. V. ALPHA-HALOGENAETHERN (RICHT.) 54-0212
ACETYLENE, ADDIT. V. DIMETHYLAMINOSULFENYHLCHLORID 63-0378
ALKINE, STEREOSPEZIF. ADDIT. V. ORGANOARSENIDEN 54-0318
ACETYLENE, CIS-ADDIT. V. DIISOBUTYLALUMINIUMHYDRID 56-0061
ACETYLEN-, RK. MIT LI-AROYL(ACYL)-TRICARBONYL-NICCOLAT ZU 1.4-DIKETONEN 63-0429
ACETYLENE, VERH. GEGEN NITRILE IN D. RADZISEVSKIJ-RK. 56-0256
ACETYLENE, ADDIT. AN SULFENYLCHLORIDE , 7. MITT. (LSGM.-EINFL.) 63-0474
ACETYLENE, ADDIT. AN SULFENYLCHLORIDE , 8. MITT. (EINFL. V. SAEUREN) 63-0475
KOHLENWASSERSTOFFE (ALICYCLISCHE)
POLYCYCL., DURCH CYCLI-ALKYLIER., 1. MITT. 58-0518
POLYCYCL., DURCH CYCLI-ALKYLIER., 2. MITT. 58-0519
NIEDERGLIEDR. CYCLOALKINE, 8. MITT. 59-0396
NIEDERGLIEDR. CYCLOALKINE, 9. MITT. 59-0397
NIEDERGLIEDR. CYCLOALKINE, 10. MITT. 59-0398
NIEDERGLIEDR. CYCLOALKINE, 11. MITT. 59-0399
NIEDERGLIEDR. CYCLOALKINE, 12. MITT. 59-0400
BICYCL.- MIT BRUECKENSYST., UMWANDL., 7. MITT. 60-0452
ALICYCL., KONFORM.-ENERGIE (BERECHN.) 57-0159
ALKYLCYCLOALKANE, STEREOCHEMIE 58-0104
CYCL., KONFORM.-ENERGIEN (BERECHN. NACH D. METH. V. WESTHEIMER) 60-0164
CYCLANE U. ALKANE, KONFORM. U. PHYSIKAL. DATEN, 3. MITT. 62-0418
CYCLODODECENE, KONFORM. 61-0150
CYCLOALKENE, BLDG. AUS CYCLOALKYL-TRIMETHYL-AMMONIUMCHLORIDEN (STEREOCHEMIE U. KINETIK) 54-0167
CYCLOALKENE, BLDG. AUS CYCLOALKYL-DIMETHYL-SULFONIUM-JODIDEN (STEREOCHEMIE) 54-0167
CYCLOALKANE, DARST. DURCH WURTZ-RK. 55-0295
CYCLOALKENE DARST. AUS CYCLOALKADIENEN 55-0296
CYCLOPROPYLIDENCYCLOALKANE, DARST. AUS CIS-DICHLORCYCLOPROPYLIDEN-CYCLOALKANEN 55-0314
AROMAT., DARST. AUS PARAFFINEN 56-0245
POLYCYCL.-, DARST. DURCH CYCLI-ALKYLIER. 58-0519
CYCLOALKENE, DARST. AUS CYCLOALIPHAT. CARBONSAEUREN 60-0323
METHYL-BICYCLO(3.2.1)OCTANE, BLDG. ALS ISOMERENGEMISCH AUS BICYCLO(3.2.1)OCTAN U. DIAZOMETHAN (QUARZROHR, HG-LAMPE) 60-0452
CYCLODODECENE, DARST. 61-0150
CYCLOALKADIENE-(1.2), DARST. AUS BICYCL. GEM.-DIBROMCYCLOPROPANEN 61-0439
CYCLO-C(N)-ALKANE, DARST. AUS CYCLO-C(N+2)-ALKENEN DURCH PHOTOLYSE D. OZONIDE 62-0305
SPIROOLEFINE, DARST. 62-0489
CYCLODIENE-(1.5), DARST. UEBER ALKYLBORAN-FRAGMENTIER. 54-0281
MAKROCYCL., DARST. AUS PEROXIDEN 58-0685
ALKYLCYCLOALKANE, SYNTH. 60-0401
BICYCLO(3.2.1)-, -(2.2.2)- U. -(3.3.0)OCTENEN U. BICYCLO(2.2.1)HEPTENE, BLDG. AUS 1-(2-HYDROXY-AETHYL)-2-METHYL-3-HYDROXYMETHYL- BZW. ISOMEREN METHYL-2-HYDROXYMETHYL-BICYCLO(2.2.1)HEPTANEN DURCH DEHYDRATISIER. MIT 85 PZIG. H3PO4 BEI 160-180 GRAD 60-0451
MAKROCYCL., DARST. AUS CYCLOOCTEN MIT WCL6-C2H5ALCL2-A. ALS KATALYSATOR 63-0484
CYCL. ALKANE, TRENN. AN MOL.-SIEBEN 60-0839
CYCL. TRANS-OLEFINE, SPANN.-ENERGIE D. DOPPELBIND. 56-0202
UNGESAETT. CYCL., SCF MO-UNTERS. 61-0124
MAKROCYCL., MASSENSPEKTREN 63-0484
CYCLOALKENOBENZOLE, MASSENSPEKTROSKOP. IONISIER.-ENERGIEN 60-0119
ALICYCL., DIAMAGNET. SUSZEPTIBILITAET ALS MASS FUER AROMAT. CHARAKTER 58-0083
CYCLOALKANE, PROTONIERTE, NMR 59-0122
ALKYLCYCLOALKANE, NMR, LSGM.-EINFL. 58-0104
CYCLOALKANE, KRIT. VOL. 59-0175
ALKYLCYCLOALKANE, D. 60-0401
ALKYLCYCLOALKANE, VISKOSITAET 60-0401
BICYCL., MIT BRUECKEN-SYST., UMWANDL., 6. MITT. 60-0451
CYCLOALKADIENE, KATALYT. ISOMERISIER. DURCH K AUF AL2O3 57-0253
CYCL. 1.3-DIENE, CYCLOADDIT. AN 1.2-BENZOCHINONE 63-0722
SPIROOLEFINE, ISOMERISIER. (KINETIK) 62-0489
CYCLOALKENE, HYDRIER. AN PT-AL 59-0198
CYCLOALKENE, KONKURRIERENDE HYDRIER. 59-0200
PHENYL-(1-(14)C)-CYCLOALKANE, DISPROPORTIONIER. BEI D. RK. MIT BZL. (ALCL3) 59-0421
BICYCLO-OLEFINE, RK. MIT CHCL (STER. VERLAUF) 57-0238
BICYCLO-OLEFINE, RK. MIT CHCL (STER. VERLAUF) 57-0239
CYCL. OLEFINE, GAMMA-STRAHLEN-INDUZIERTE ADDIT. V. CHLORMETHANEN 63-0482
CYCL. OLEFINE, RK. MIT PHENYLAZID 58-0469
CYCL. OLEFINE, RK. MIT PIKRYLAZID 59-0487
CYCLOALKENOBENZOLE, KOMPLEX-BLDG. MIT CHLORANIL (GLEICHGEW.-KONST.) 60-0119
CYCLOOLEFINE, PHOTOCHEM. RK. MIT ENOLISIERBAREN BETA-DIKETONEN (MECHANISMUS) 60-0406
CYCL. OLEFINE, RK. MIT DICHLORJODBENZOL 61-0521
CYCLOALKENE, ADDIT. V. BROM-DICYANMETHAN (STEREOSELEKTIVITAET) 54-0151
CYCL. DIENE, PHOTORK. MIT DICHLORMALEINSAEUREANHYDRID 54-0342
CYCLOALKENE, ADDIT. V. ESSIGSAEURE 57-0280
KOHLENWASSERSTOFFE (AROMATISCHE)
POLYNUKLEARE AROMAT. KW-STOFFE,10. MITT. 53-0304
AROMAT. 36.MITT. 53-0307
PLEIADEN-SYST., 5. MITT. 55-0337
BENZOIDE CATAKONDENSIERTE AROMAT., NOMENKLATUR U. ISOMERENAUFZAEHL. 60-0322
ALTERNIERENDE, U. VERWANDTE VERB., PHYSIKAL. EIG. U. CHEM. REAKTIVITAET, 15. MITT. 61-0266
POLYALKYLIERTE AROMAT., 2. MITT. 63-0528

1.1-DIPHENYL-ALKANE U. IHRE DERV., 5. MITT. 64-0207
MEHRKERN. AROMAT., 11. MITT. 64-0526
5.12-DIPHENYL-6.11-BENZOHYDROTETRACENE, DARST. AUS
5.12-DIPHENYL-6.11-BENZO-1.4.4A.5.6.11.12.12A-
OKTAHYDRO-TETRACEN-DIOLEN-(5.12) 53-0307
AROMATEN, DARST. DURCH AROMATISIER. V. PARAFFINEN,
1.MITT. (V. OCTAN) 56-0244
1.6-DIARYL-HEXEN-(3)-DIINE-(1.5) DARST. AUS TRANS-
1.2-DIJOD-AETHYLEN U. CU-ARYLACETYLENIDEN 58-0479
1.1-DIARYL-AETHANE, DARST. AUS METHYLBENZOLEN U.
ACETALDEHYD ODER PARALDEHYD (KONZ. H2SO4) 58-0494
POLYCYCL. AROMATEN, DARST. AUS POLYCYCL.
HYDROAROMATEN MIT 1.4-DICHLOR-BUTAN 58-0518
POLYCYCL. AROMATEN, DARST. AUS POLYCYCL.
HYDROAROMATEN U. 1.4-DICHLOR-BUTAN 58-0519
METHYL-1.12-BENZOPERYLENE, DARST. 61-0090
HELICENE, DARST. 63-0543
METHYLPYRANTHRENE U. -VIOLANTHRENE, DARST. 64-0534
AROMAT., ENERGIEN V. SINGULETT-SINGULETT-UEBERGAENGEN
(BERECHN.) 62-0070
AROMAT., FLUORESZENZ-LOESCH. DURCH AZOERBVERB.
63-0336
BENZOFULVENE U. -HEPTAFULVENE QUANTENCHEM. DATEN V.
BENZOANELLIERTEN HEPTAFULVENEN 53-0087
AROMAT. METHYLEN-, HUECKELSCHE ENERGIECHARAKTERISTIKA
56-0150
KONJUGIERTE DOPPELBIND.-FIXIER., 3. MITT. 58-0136
POLYCYCL. AROMAT., ELEKTRONENUEBERGANGSENERGIEN
(BERECHN.) 61-0131
NICHT-ALTERNIERENDE, DOPPELBIND.-FIXIER. 58-0136
AROMAT., PI-KOMPLEXE MIT UEBERGANGSMETALLEN,
MASSENSPEKTREN 59-0015
AROMAT., MASSENSPEKTROMETR. UNTERS. , STABILITAET
59-0133
BENZO-CYCLOALKENE NMR (RINGSTROMDEFEKT U. MILLS-
NIXON-EFFEKT) 53-0062
AROMAT., DIAMAGNET. SUSZEPTIBILITAET ALS MASS FUER
AROMAT. CHARAKTER 58-0083
AROMAT., NMR U. REAKTIVITAET (HMO-
REAKTIVITAETSINDIZES) 61-0099
PERYLENE U. CORONENE, NMR 61-0090
VIELKERN. AROMAT., POLAROGRAPH. RED. 60-0222
AROMAT., DISSOZIAT. IN DMSO 63-0220
AROMAT. THERMOSTABILITAET 54-0182
AROMATEN, LINEARE BEZIEH. ZWISCHEN VERTEIL.-KOEFF. U.
W.-LOESLICHK. 58-0165
AROMAT., THERMODYNAM. FUNKT. 61-0170
AROMAT., TRIPELPUNKTE 61-0170
AROMATEN, ISOTOPENEFFEKT BEI D. LSG. V. HBR 58-0021
JOD-KOMPLEXE MIT BZL., P-XYLOL U. MESITYLEN 60-0196
POLYCYCL. AROMATEN, HOMOGENER H-D-AUSTAUSCH IN GGW. V.
PT(II) (KINETIK) 56-0222
POLYALKYLSUBSTITUIERTE AROMATEN, RK., 1. MITT.
61-0478
AROMAT. METHYL-, PROTONENABSPALT. (QUANTENCHEM.
BERECHN. D. RELATIVEN GESCHW.) 64-0244
KONDENSIERTE, PROTONENUEBERTRAG.-RK. (LSGM.-EINFL.,
KINETIK,GLEICHGEW.-KONST.) 64-0246
AROMAT., DEDEUTERIER. (KINETIK) 61-0266
MONO- U. DISUBSTITUIERTE ALKYLAROMATEN, THERM.
STABILITAET 56-0238
AROMAT. SAURE OZONOLYSE (KINETIK) 53-0125
AROMAT., OX. MITTELS AGO 54-0204
POLYCYCL. AROMATEN, OX. MIT H5JO6 56-0424
ALKYLAROMATEN, RADIKAL. OX. IN FL. PHASE DURCH O2
(KINETIK) 58-0218
AROMAT., ELEKTROCHEM. OX. IN SBCL3 ODER ACETONITRIL
(REDOXPOTENTIALE) 62-0208
AROMAT., PHOTO-INDUZIERTE OX. DURCH PYRIDAZIN-N-OXIDE
64-0419
1.1-DIARYL-AETHANE, OX. (HNO3) ZU BENZOPHENON-TETRA-
BZW. -HEXACARBONSAEURE 58-0494
AROMATEN, HALOGENIER. (KINETIK) 56-0223
1.1-DIARYL-AETHANE, HYDRIERENDE SPALT. 58-0494
BENZOIDE, KOMPLEXBLDG. MIT BICL3 U. BIBR3 60-0049
BENZOIDE KONDENSIERTE, KOMPLEXBLDG. MIT BICL3 U. BIBR3
60-0050
NICHTBENZOIDE AROMAT., KOMPLEXBLDG. MIT BICL3 U. BIBR3
60-0051
AROMAT., ANOD. EINGELEITETE JODIER. U. SEITENKETTENRK.
(MECHANISMUS) 60-0219
AROMATEN, SULFONIER., 19. MITT. (MECHANISMUS D.
SULFONIER. IN WSS. H2SO4) 61-0218
AROMAT. KOHLENWASSERSTOFFE, RK. MIT KALIUM-CYANAT BEI
D. ELEKTROLYSE IN METHANOL 62-0185
AROMAT., RK. MIT ALKALIMETALLEN (UEBERSICHT) 62-0197
1.8-ALKANO-NAPHTHALINE, MONOBROMIER. 62-0467
AROMATEN, HOMOLYT. SUBSTITUT. MIT 1-CYCLOHEXENYL-(1)
-RADIKALEN 61-0468
AROMAT., RK. MIT D. CH3-RADIKAL (KINETIK) 64-0248
AROMAT., H-UEBERTRAG. AUF AREN-RADIKALIONEN U. CHINONE
54-0141
AROMAT., RK. MIT ARYL-JODOSOACETATEN ZU DIARYL-
JODONIUMSALZEN (KINETIK) 58-0307
UNSUBSTITUIERTE AROMATEN, RK. MIT CCL2 59-0462
AROMAT., MOL.-KOMPLEXE MIT ACETYLENDIOLEN 63-0511
AROMAT., RK. MIT TETRACYAN-AETHYLEN -OXID 60-0485
POLYCYCL. AROMAT., ACYLIER. NACH FRIEDEL CRAFTS, 5.
MITT. 60-0446
AROMAT., DOPPELTE ACYLIER., 8. MITT. 64-0596

POLYCYCL., PHOTOSENSIBILISIERTE CANCEROGENE WRKG.
59-0613
KOHLENWASSERSTOFFE (HALOGENIERTE)
FLUORCYCLOHEXANE, 12. MITT. 55-0294
FLUOROLEFINE, 6. MITT. 58-0372
FLUORIERTE ACETYLENE, 1. MITT. 61-0373
ALKYLBENZOTRIFLUORIDE, 4. MITT. 62-0373
FLUOROLEFINE, 2. MITT. 63-0211
HALOGENACENAPHTHYLENE, 4.MITT. 64-0520
1.2-DICHLOR-TETRAARYLAETHANE, GEHINDERTE ROTAT. AN
C-C-BIND. 59-0169
OFFENKETT. U. CYCL. HALOGEN-, KONFORM.-GLEICHGEW.
63-0187
POLYCHLORCYCLOHEXANE, KONFIG. 64-0475
HALOGENPROPANE, ROTAT.-ISOMERIE 58-0111
MONOHALOGENCYCLOPENTANE, KONFORM. 61-0139
VICINALE DIBROM-ALKANE, KONFORM. 62-0143
1-ALKYL-1-BROM-ALKEN-(1)-INE-(3), DARST. AUS
DIACETYLENEN U. HBR 54-0212
HALOGENPROPANE, DARST. AUS 1.1-DIFLUORAETHYLEN U.
FLUORDICHLOR-METHAN 55-0226
1.2.3.4.7.7-HEXACHLOR-BICYCLO(2.2.1)HEPTENE-(2),
DARST. AUS HEXACHLOR-CYCLOPENTADIEN U. 1-ALKENYL-2.2-
DIHALOGEN-CYCLOPROPANEN 55-0349
EXO-4-HALOGEN-BICYCLO(3.2.1)OCTENE, DARST. AUS
BICYCLO(3.2.1)OCTENEN DURCH PHOTOHALOGENIER. 55-0350
CHLORPROPENE, DARST. AUS 1.1-DICHLOR-CYCLOPROPANEN
DURCH THERM. ISOMERISIER. 56-0266
PROPARGYLBROMIDE, DARST. AUS 1-METHOXY-ALKINEN-(2)
MIT ACETYLBROMID 56-0268
PHENYLCHLORFLUORAETHYLENE, DARST. AUS
CHLORFLUORMETHYLEN-TRIPHENYLPHOSPHORAN U. OXOVERB.
56-0366
PERFLUORALKYL-HALOGENOLEFINE, DARST. AUS JODALKENEN
U. PERFLUORALKYLJODIDEN 57-0288
BENZALCHLORIDE, DARST. AUS ARYLCARBONSAEUREHYDRAZIDEN
U. PCL5 57-0364
DIARYLMETHYLBROMIDE, DARST. AUS BROMMAGNESIUM-
DIARYLCARBINOLATEN 57-0419
ARYLHALOGENIDE, DARST. DURCH BASENINDUZIERTE
DEHALOGENIER. IN TERT.-BUTYLALKOHOL-DMSO 58-0398
ALICYCL. 1.2-DIHALOGEN-POLYFLUOROLEFINE, DARST.
58-0458
DICHLORCYCLOPROPANE, DARST. AUS ENINEN U.
DICHLORCARBEN 58-0467
ALKYLFLUORIDE, DARST. AUS ALKOHOLEN U. WASSERFREIEM
FL. HF 59-0285
HALOGENIERTE ALLENE, DARST. AUS ACETYLENALKOHOLEN U.
SF4 59-0287
((125)J)1-JOD-2.2-BIS-(CHLORPHENYL)-AETHANE, DARST.
AUS 1-JOD-2.2-BIS-(CHLORPHENYL)-AETHANEN U. ((125)J)
NAJ 60-0808
1.1-DIHALOGEN-2-METHYL-CYCLOPROPANE, DARST. AUS
OLEFINEN, AETHYLENOXID U. DIHALOGENCARBENEN 61-0326
FLUOR-OLEFINE, DARST. V. GEOMETR. ISOMEREN 62-0260
ALKYLBENZOTRIFLUORIDE, DARST. AUS ALKYLBENZOTRI-
CHLORIDEN U. SBF3 62-0373
ALKYLHALOGENIDE, ISOMERENFREIE U. OPT. REINE, FAKTOREN
BEI D. BLDG., 5. MITT. 63-0361
ARYLJODIDE, DARST. AUS AROYLJODIDEN 63-0438
CHLORIERTE CYCLOALKANE, DARST. AUS CYCL. OLEFINEN U.
CHLORIERTEN METHANEN (GAMMA-STRAHLEN) 63-0482
CYCLOALKYL-CUMYLCHLORIDE, DARST. 64-0245
DIMETHYL-(1-BROM-AETHYL)-BENZOLE, DARST. AUS
DIMETHYLAETHYLBENZOLEN U. N-BROM-SUCCINIMID 64-0421
HALOGENBULLVALENE, DARST. AUS BULLVALEN 64-0548
BROMALLENE, DARST. AUS ALLENALKOHOLEN U.
TRIPHENYLPHOSPHITDIBROMID 55-0223
BROMACETYLENE, DARST. AUS ACETYLENALKOHOLEN U.
TRIPHENYLPHOSPHITDIBROMID 55-0223
2-HALOGEN-1.3 DIENE, DARST. AUS OLEFINEN, AETHYLENOXID
U. DIHALOGENCARBENEN 61-0326
TETRABROMCYCLOBUTANE, DARST. AUS CYCLOBUTADIEN-
EISENTRICARBONYL U. BR2 61-0440
METHYL-CHLOR-BENZOTRICHLORIDE, DARST. AUS
TRICHLORMETHYL-METHYL-CHLOR-CYCLOHEXADIENONEN ODER
-DIENOLEN DURCH UMLAGER. 62-0373
1.3.5-TRICHLOR-CYCLOHEXANE, DARST. D. STEREOISOMEREN
63-0138
METHYLFLUORBENZOLIUM-IONEN, DARST. 63-0258
1-HALOGEN-2.2-DIMETHYL-PROPANE, 2-HALOGEN-2(3)-METHYL-
BUTANE, DARST. AUS 2.2-DIMETHYL-PROPANOL-(1) 63-0361
PER-HALOGEN-PROPENE, DARST. 64-0359
HALOGENACENAPHTHYLENE, DARST. AUS
HALOGENACENAPHTHENEN U. O2 64-0520
CHLORIERTE BIPHENYLE, ELEKTRONENEINFANGKOEFF.
60-0229
FLUOR-, EMISS.-SPEKTREN (NACH ELEKTR. HOCHSPANN.-
ENTLAD.) 57-0195
ALKYL- U. CYCLOALKYLHALOGENIDE, IR U. KONFORM.
61-0086
MONOHALOGENCYCLOPENTANE, KOHLENSTOFF-HALOGEN-
VALENZSCHWING. 61-0139
TETRABROMCYCLOBUTANE, IR 61-0440
POLYHALOGENALKANE, MOL.-REFRAKT. 56-0091
HALOGEN-BENZOLE, SZINTILLAT.-LOESCHVERMOEGEN (UNTERS.
D. ENERGIE-UEBERTRAG. IN FL.) 56-0096
ALKYLBROMIDE, LADUNGSVERTEIL. (ELEKTROSTAT. MOL.-
MODELL) 56-0147

HALOGEN-, C-H- U. C-X-BIND.-DISSOZIAT.-ENERGIEN (BERECHN.) 57-0138
HALOGENPROPANE, DIPOLMOMENTE 58-0111
ALKYLCHLORCYCLOHEXANE, MASSENSPEKTREN 58-0128
FLUOR-, MASSENSPEKTREN 60-0118
VICINALE DIBROM-ALKANE, DIPOLMOMENT 62-0143
HALOGENBENZOLE, NMR-KOPP.-KONST. U. CHEM. VERSCHIEB 55-0080
FLUORBENZOLE, NMR, 2. MITT. (EINFL. V. SUBSTITUENTEN AUF D. F-F-KOPPL.-KONST.) 57-0101
ALKENYLHALOGENIDE, NMR (LSGM.-EINFL.) 57-0117
HALOGENPROPANE, NMR 58-0111
CYCLOHEXYLHALOGENIDE, NMR U. KONFORM. -GLEICHGEW. 58-0150
HALOGENIERTE METHANE, (13)C-NMR 60-0107
TETRABROMCYCLOBUTANE, NMR 61-0440
HALOGENIERTE 1.3-BUTADIENE, NMR-UNTERS. 62-0082
1.3.5-TRICHLOR-CYCLOHEXANE, NMR 63-0138
METHYLFLUORBENZOLIUM-IONEN, NMR 63-0258
BENZYLBROMIDE, POLAROGRAPH. RED. AN D. HG-KATHODE 58-0196
HALOGENBENZOLE U. BENZYLBROMIDE, POLAROGRAPHIE (EINFL. D. HAMMETT-KONST.) 63-0235
BERECHN. V. BLDG.-ENTHALPIEN V. HALOGENDERIV. ALIPHAT. KW-STOFFE 53-0109
ALKYLHALOGENIDE, LINEARE BEZIEH. ZWISCHEN VERTEIL.-KOEFF. U.W.-LOESLICHK. 58-0165
CHLORMETHANE, DAMPF-FL.-PHASENGLEICHGEW. (DIAGRAMME) 59-0179
HALOFORME, H-BIND. MIT PY. 64-0204
HALOFORME, H-BIND. MIT HALOGENID-ANIONEN V. TETRAALKYLAMMONIUM-HALOGENIDEN 64-0204
BROMACETYLENE, RK. MIT CU-ACETYLENIDEN 62-0312
HALOGEN-BENZOLE, REAKTIVITAET IN GGW. V. HEXAMETHYLPHOSPHORYLTRIAMID, 1. MITT. 55-0212
HALOGEN-BENZOLE, REAKTIVITAET IN GGW. V. HEXAMETHYLPHOSPHORYLTRIAMID, 2. MITT. 55-0213
HALOGENOLEFINE, ADDIT.-RK., 4. MITT. 55-0226
CL-HALT. TELOMERE V. DIEN-KW-STOFFEN, AUSTAUSCHRK., 12. MITT. 55-0242
HALOGENOLEFINE, ADDIT.-RK., 5. MITT. 61-0325
DIASTEREOMERE DICHLORPENTANE, ISOMERISIER. MIT ALCL3 (GLEICHGEW.-EINSTELL.) 60-0203
ALPHA.OMEGA-DIHALOGEN-ALKANE, REDUKTIVE CYCLISIER. MIT AETHYLENDIAMIN-CHROM(II)-PERCHLORAT (KINETIK) 61-0436
POLYHALOGENBICYCLO(2.2.1)HEPTENE, WAGNER-MEERWEIN-UMLAGER. (STEREOSPEZIFITAET) 61-0511
TRICHLORBENZOLE, UMLAGER., DISPROPORTIONIER. 64-0304
9-HALOGEN-ANTHRACENE, PHOTODIMERISIER. 64-0342
BETA- SUBSTITUIERTE PERFLUOROLEFINE, ISOMERISIER. (EINFL. V. KATALYSATOREN) 63-0211
DEUTERIERTE 1-FLUORALKANE, ELEKTRONENSTOSSINDUZIERTE ELIMINIER. V. DF 55-0086
STYRYLCHLORIDE, DEHYDROCHLORIER. MIT LI-ORGAN. VERB. (MECHANISMUS) 56-0226
1.1-DICHLOR-CYCLOPROPANE, PYROLYSE 59-0253
CYCLOALKYLBROMIDE, HBR-ELIMINIER. (KINETIK, MECHANISMUS D. CIS- U. TRANS-OLEFINBLDG. IN ABHAENGIGK. V. KATALYSATOR) 61-0270
2-SUBSTITUIERTE, ALKYLHALOGENIDE, REDUKTIVE ELIMINIER. MIT CR(II)-EN-KOMPLEX (KINETIK, SUBSTITUENTENEINFL.) 61-0327
1.1-DIHALOGEN-2.3-ALKYLEN-CYCLOPROPANE, ENTHALOGENIER. 61-0503
ALKYLHALOGENIDE, COCL2-METHYL-MAGNESIUMJODID-KATALYSIERTE ZERS. (MECHANISMUS) 62-0284
CHLORAETHANE, HCL-ABSPALT. AN MOLEKULARSIEBEN (KINETIK) 63-0293
CHLORAETHANE, DEHYDROCHLORIER. U. DECHLORIER. AN CHROMOXID-KATALYSATOREN 63-0294
ARYLHALOGENIDE, BASENINDUZIERTE DEHALOGENIER. IN TERT.-BUTYLALKOHOL-DMSO 58-0398
DICHLORVINYLVERB., UMLAGER. IN ALPHA-CHLOR-CARBONSAEUREN DURCH OX. MIT H2O2-ESSIGSAEUREANHYDRID 62-0349
1.1.1-TRICHLOR-ALKANE, RED. MIT TERT. AMINEN IN GGW. V. FE-VERB. 53-0205
GEM.-DIBROM-CYCLOPROPANE, RED. MIT CRSO4 53-0311
1-CHLOR-ALLEN-DIMERE, RED. 54-0282
POLYCHLOR-NORBORNENE-(2), HYDROGENOLYSE 59-0488
VINYLBROMIDE, RED. MIT ALKOHOL. ALKALI ODER ALKALIALKOHOLATEN 60-0432
GEM. DIHALOGENCYCLOPROPANE, STEREOSELEKTIVE ELEKTROCHEM. RED. 61-0505
CIS-1-AETHINYL-2.2-DIBROM-3-ALKYL-CYCLOPROPANE, STEREOSPEZIF. RED. 62-0147
CHLORPROPANE CHLORIER. MIT CL2 ODER SO2CL2 (ISOMERENVERTEIL.), 2. MITT. 53-0204
54-0149
BROM-TOLUOLE, RK. MIT SI ZU ARYL-BROM-SILANEN 54-0183
VINYLBROMIDE, RK. MIT LI 54-0207
BENZYL-CHLORIDE, EINFL. D. LSGM. AUF D. GESCHW. D. ALKAL. HYDROLYSE 55-0157
ALKYLCHLORIDE, RADIKAL. PHOTOCHLORIER. (KINETIK) 55-0172
FLUOR-OLEFINE ADDIT. V. NOF (MECHANISMUS) 55-0370
1-METHYL-CYCLOALKYLCHLORIDE, SOLVOLYSE (KINETIK, ISOTOPEN- U. CH3-GRUPPENEFFEKT) 58-0238
DIBROMBUTANE, DEHALOGENIER. IN D. DAMPFPHASE DURCH ZN, STEREOCHEMIE 58-0343
FLUOROLEFINE, RK. MIT SO2F2 BZW. SULFONYLFLUORIDEN 58-0350
BENZYLHALOGENIDE, RK. MIT NI(CO)4 (EINFL. V. LSGM.) 59-0347
HALOGENACENAPHTHYLENE, HALOGENIER. 59-0450
PHENYL-POLYCHLORPROPANE, RK. MIT S 60-0482
BETA-ALLEN-CHLORIDE, SOLVOLYSE (MECHANISMUS) 62-0330
ARYLMETHYLCHLORIDE, SOLVOLYSE (QUANTENCHEM. BERECHN. D. RELATIVEN GESCHW.) 64-0244
BENZHYDRYLCHLORIDE, SOLVOLYSE 64-0271
HALOGENIERTE OLEFINE, RK. MIT N2F4 64-0393
CYCLOALKYL-CUMYLCHLORIDE, HYDROLYSE (KINETIK) 64-0245
ALLYLHALOGENIDE, RK. MIT BZL. (MECHANISMUS) 54-0147
POLYHALOGENMETHANE, PHOTOCHEM. ADDIT. AN OLEFINE 56-0431
POLYHALOGENMETHANE, ADDIT. AN NORBORNADIEN 57-0480
CHLORMETHANE, GAMMA-STRAHLEN-INDUZIERTE ADDIT. AN CYCL. OLEFINE 63-0482
HALOFORME, ADDIT. AN POLARISIERTE DOPPELBIND. 61-0351
CHLOR-AETHENE, PHOTOCHEM. RK. MIT BENZOLEN 55-0205
ALLYLHALOGENIDE, KONDENS. MIT AROMAT. VERB., 4. MITT. 64-0467
POLYHALOGEN-METHANE, RADIKAL- ADDIT. AN 2.3-DICHLOR-NORBORNADIEN-(2.5) 54-0346
DICHLORALKANE, RK. MIT BENZOL 62-0371
HALOGENAROMATEN, RK. MIT PIPERIDIN (HMO-BERECHN.) 61-0247
CHLORBENZOLE, PHOTOCHEM. RK. MIT N.N-DIMETHYLANILIN 62-0064
ARYLHALOGENIDE, RK. MIT KALIUM-TERT.-BUTYLAT 54-0339
BROMALLENE, SOLVOLYSE MIT MONONATRIUMAETHYLENGLYKOLAT 55-0223
BROMACETYLENE, SOLVOLYSE MIT MONONATRIUMAETHY + LENGLYKOLAT 55-0223
ALLYLHALOGENIDE, KONDENS. MIT AROMAT. VERB., 2. MITT. 56-0371
SUBSTITUIERTE CHLORBENZOLE, RK. MIT NA-ALKOHOLATEN (KINETIK) 61-0255
HALOGENALKANE, MOL.-KOMPLEXE MIT ACETYLENDIOLEN 63-0511
ALICYCL. 1.2-DIHALOGEN-POLYFLUOROLEFINE, RK. MIT A. (KOH) 58-0458
HALOGENAROMATEN, RK. MIT ALKOXID (HMO-BERECHN.) 61-0247
ARYL-HALOGENIDE, RK. MIT BIS-(TRIMETHYLSILYL)-HG 56-0059
ALKYLHALOGENIDE, RK. MIT DIPHENYLZINN 57-0009
CHLORMETHANE, RK. MIT AL-ALKYLEN 59-0298
BENZYLHALOGENIDE, EINFL. D. HALOGENS AUF D. C-BENZYLIER. V. PHLORACETOPHENONEN 56-0406
HALOGENIERTE, RK. MIT BENZALDEHYD IN GGW. V. ZN-CU (II)-ACETAT 61-0389
ALKYLBROMIDE, HALOGENAUSTAUSCH MIT TETRAAETHYLAMMONIUMCHLORID (KINETIK, ARRHENIUSPARAMETER) 58-0263
HALOGEN-, EINFL. AUF RK. V. GRIGNARD-REAGENZIEN 53-0200
CHLORAETHYLENE, EINFL. AUF RADIOLYT. H2-AUSB. AUS CYCLOHEXAN 56-0248
((125)J)1-JOD-2.2-BIS-(CHLORPHENYL)-AETHANE, TUMORLOKALISIERENDE WRKG. 60-0808
KOLLOIDCHEMIE
NUCLEOPHILE MIZELLEN, 2. MITT. 60-0261
GEGENIONEN U. MIZELLGROESSE, 2. MITT. 63-0210
MODELL-VERB. V. HYDROPHILEN GELEN, 1. MITT. 61-0353
MIZELLBLDG. IN NATRIUM-4.4-DIMETHYL-4-SILAPENTAN-1-SULFONAT-LSG. 61-0176
CMC V. WSS. NA-ALKANOAT-LSG. (BEST. MITTELS GEL-MOLEKULAR-SIEBEN) 63-0208
MIZELLGROESSE U. -FORM V. CETYLPYRIDINIUM-KATIONEN IN GGW. V. GEGENIONEN (LICHTSTREUUNGSUNTERS.) 63-0210
VERTEIL. V. NA-ALKANOATEN ZWISCHEN SEPHADEX-GELEN U. W. (NACHW. D. 2.CMC) 64-0208
KOLOPHONIUM
* S. UNTER HARZE
KOMPLEXVERBINDUNGEN (U. KOMPLEXBILDNER)
KOMPLEXONE, 41. MITT. 56-0043
KMR-UNTERS. IN D. KOORDINAT.-CHEMIE, 3. MITT. 57-0031
SYNTH. MIT KOMPLEXKATALYSATOREN, 8. MITT. 59-0310
CHEM. VERH. V. LADUNGSUEBERTRAGUNGS-KOMPLEXEN, 5. MITT. 63-0257
KOORDINIERTE LIGANDEN RK., 4. MITT. 63-0456
EDTA-KOMPLEXE, DARST., EIG., 8.MITT. 64-0066
CHELATE V. BETA-DIKETONDERIV., 11. MITT. 64-0075
TERN. KOMPLEXE IN LSG., 2.MITT. 54-0020
MIT NITRILGRUPPEN ENTHALTENDEN LIGANDEN, 1. MITT. 55-0019
METALLKOMPLEXBILDENDE AZOFARBSTOFFE, 7. MITT. 55-0336
TERN. KOMPLEXE IN LSG., 4. MITT. 56-0045
ADDIT.-VERB. V. LEWIS-SAEUREN, 30. MITT. 56-0064
KOMPLEXONE, 40.MITT. 56-0190
KOMPLEXE MIT S=O-HALT. LIGANDEN, 4. U. 5. MITT. 57-0004
DONATOR-AKZEPTOR-, BIND., 1. MITT. 57-0140
MIT LIGANDEN MIT SCHWEREN DONATORATOMEN, 2. MITT. 58-0010
MIT LIGANDEN MIT SCHWEREN DONATORATOMEN, 1. MITT. 58-0024

KOMPLEXBILDNER, POLYHYDROXYSAEUREN, 1.MITT. 59-0025
LEWIS-SAEURE-, DARST. U. UNTERS., 2. MITT. 60-0047
AROMAT. MOL.-KOMPLEXE, 13. MITT. 60-0049
AROMAT. MOL.-KOMPLEXE, 14. MITT. 60-0050
AROMAT. MOL.-KOMPLEXE, 15. MITT. 60-0051
CHEMIE V. KOMPLEXEN MIT METALLEN IN NIEDRIGEN WERTIGKEITSSTUFEN, 2. MITT. 60-0069
LAD.-UEBERTRAG.-KOMPLEXE IN D. DAMPFPHASE, 3. MITT. 60-0196
CHARGE-TRANSFER-KOMPLEXE IN D. MEDIZIN. CHEMIE, 1. MITT. 60-0833
DIASTEREOMERE 4-FACH KOORDINIERTE KOMPLEXE, 4. MITT. 61-0028
ANION. CHELATE, THERMODYNAMIK D. BLDG., 3. MITT. 62-0016
THERMODYNAMIK D. BLDG. ANION. CHELATE, 4. MITT. 62-0167
STARKE LAD.-UEBERTRAG.-, EINFL. D. LSGM., 1. MITT. 62-0169
SCHWEFELCHELATE, 8. MITT. 63-0090
POLYANIONEN U. IHRE KOMPLEXE,3. MITT. 63-0861
POLYANIONEN U. IHRE KOMPLEXE, 4. MITT. 63-0862
POLYANIONEN U. IHRE KOMPLEXE, 5. MITT. 63-0863
OXYANIONCHELATE V. O-DIPHENOLEN, 2. MITT. 64-0197
STOSSKOMPLEXE LSGM.- GELOESTER STOFF, GEOMETRIE 60-0102
DISKRETE ACHTERKOORDINAT., STEREOCHEMIE, 4. MITT. 62-0014
LEWIS-SAEURE-KOMPLEXE, DARST. U. UNTERS., 3. MITT. 63-0750
SPEKTROSKOP. UNTERS., 12. MITT. 54-0008
MOL.- U. IHRE SPEKTREN, 20. MITT. 60-0194
PI-PI-MOL.-, AUSMASS D. LAD.-UEBERTRAG. IM GRUNDZUSTAND 56-0182
KOLLIS.- U. NMR-SPEKTREN, 1. MITT. 58-0099
KOORDINATIONSCHEMIE, KERNMAGNET. RESONANZUNTERS., 4. MITT. 62-0053
KOMPLEXONE, PROTONIER.-KONST. IN VERSCHIEDENEN SALZLSG. 56-0190
PENTAKOORDINIERTE-, THERMODYNAM. UNTERS., 3. MITT. 56-0040
SCHWACHE, GLEICHGEW. (THERMODYNAM. PARAMETER AUS LSG.-KALORIMETRIE-DATEN) 63-0209
ORGANOMETALL. SCHWEFELKOMPLEXE, 13. MITT. 63-0025
RK. V. KOORDINIERTEN LIGANDEN,3. MITT. 54-0410
EINFL. D. KOORDINAT. AUF D. REAKTIVITAET PI-GEBUNDENER ORGAN. LIGANDEN 62-0017
SIGMA-KOMPLEXE, BETEILIG. AN UMLAGER. (MECHANISMEN-UEBERSICHT) 59-0249
BORHALOGENID-, DONATOR-AKZEPTOR-WECHSELWRKG. (NMR-UNTERS.), 6. MITT. 58-0173
ALKYLSULFID-J2-KOMPLEXE, DARST. 60-0194
DARST. U. CHARAKTERISIER. EINIGER THIOCYANATO- U. SELENOCYANATO-KOMPLEXE V. UEBERGANGSMETALLEN 53-0046
UEBERGANGSMETALL-PI-KOMPLEXE V. PHOSPHIN, DARST. 63-0101
METALLTRIFLUORPHOSPHIN-KOMPLEXE, 20. MITT. 57-0067
ALKYLSULFID-J2-KOMPLEXE, ABSORPT.-SPEKTREN 60-0194
AROMATENKOMPLEXE V. METALLEN, 100. MITT. 53-0003
CYCL. TETRAAMINE U. METALLIONEN-KOMPLEXE, 4. MITT. 54-0478
UEBERGANGSMETALL-CARBEN-KOMPLEXE, 3. MITT. 57-0051
UEBERGANGSMETALL-CARBEN-KOMPLEXE, 4. MITT. 59-0068
METALLIONEN-KOORDINAT. IN LSG., 4. MITT. 64-0022
VERW. V. NH4-SULFOSALICYLAT ALS KOMPLEXBILDNER IN D. IONENAUSTAUSCH CHROMATOGRAPHIE, 2. MITT. 64-0026
DI- U. PERTHIOARENSAEURE-ME(II)-, DARST. 63-0090
FLUORKETON-METALLFLUORID-ADDUKTE, BLDG. 63-0094
ZWEIKERNKOMPLEXE MIT METALL-METALL-BIND., ELEKTROCHEM. VERH. 61-0022
LAD.-UEBERTRAG.- MIT AROMAT. VERB., IR -UNTERS. D. SUBSTITUENTENEINFL. 58-0096
JOD-KOMPLEXE MIT BZL., P-XYLOL U. MESITYLEN, UV 60-0196
ORGAN. METALLKOMPLEXE, 4. MITT. 59-0004
PI-KOMPLEXE, INTERMEDIAERE BLDG. BEI D. MASSENSPEKTROMETRIE V. ORGANOMETALLVERB. 61-0011
PI-KOMPLEXE, ELEKTRONENUEBERTRAG. (KINETIK) 61-0032
OLEFIN-PD-CHLORID-KOMPLEXE, 10.MITT. 57-0063
OLEFIN-METALL-, IR-SPEKTREN U. NORMALKOORDINATENANALYSE, 2.MITT. 59-0007
UEBERGANGSMETALL-CARBEN-KOMPLEXE, 7. MITT. 61-0048
AROMATENKOMPLEXE V. METALLEN, 107.MITT. 61-0049
AROMATENKOMPLEXE V. METALLEN, 106. MITT. 61-0058
UEBERGANGSMETALL-CARBEN-KOMPLEXE, 6. MITT. 63-0012
NI(CN)2.NH3.BZL.-CLATHRAT, IR-, ELEKTRONENSPEKTRUM, KRIST.-STRUKTUR 59-0006
METHYLPYRIDIN-JOD-(BZW.)-JCL-KOMPLEXE, NMR 53-0065
PYRIDINDERIV. ALS KOMPLEXBILDNER, 8. MITT. 56-0560
KOMPLEXBLDG. V. N.N-DIAETHYL-N'-METHYL-AETHYLENDIAMIN U. N.N.N'.N'-TETRAMETHYL-AETHYLENDIAMIN MIT CU(II), VGL. MIT ANDEREN N-SUBSTITUIERTEN AETHYLENDIAMINEN (STABILITAETSKONST.) 53-0014
NI(CN)2.NH3.ANILIN-CLATHRAT, IR-, ELEKTRONENSPEKTRUM, KRIST.-STRUKTUR 59-0006
SPIRO-MEISENHEIMER-KOMPLEXE, V. 2.4-DINITRO-ARENEN, BLDG. 54-0166
NI(CN)2.NH3.PHENOL-CLATHRAT, IR-, ELEKTRONENSPEKTRUM, KRIST.-STRUKTUR 59-0006
DIMERE UEBERGANGSMETALLKOMPLEXE V. DITHIOLENTYP, DARST., POLAROGRAPH., MAGNET. U. LEITFAEHIGK.-VERH. 60-0059
UEBERGANGSMETALLCARBONYL-KOMPLEXE V. TRIS-(DIMETHYLAMINO)-PHOSPHIN, MASSENSPEKTREN 56-0021
BF3- U. B(C6F5)3-ADDUKTE V. (IRCL(CO)(PHOSPHIN)2), BLDG., BIND.-VERHAELTNISSE 59-0091
METALLORGAN. PI-KOMPLEXE, 14.MITT. 57-0065
METALLOCENE, STEREOCHEMIE, 14. MITT. 59-0002
METALLOCENE, STEREOCHEMIE, 15. MITT. 59-0003
ORGANO-SN-KOMPLEX MIT SIEBENFACH KOORDINIERTEM MO, INTRAMOL. CL-SN-KOORDINAT. 61-0017
KOORDINAT.-CHEMIE V. ALKYL- BZW. PHENYL-ZN- DERIV. V. TERT.-BUTANOL, PHENOLEN, DIAETHYLHYDROXYLAMIN BZW. OXIMEN 62-0029
KOORDINAT.-VERB. V. ORGAN. OXOSUBSTANZEN, 26. MITT. 56-0062
CHELAT-, V. GLYOXAL-BIS-(2-MERCAPTO-ANILEN), DARST., SPEKTRALES VERH. 63-0064
MIT NITRILGRUPPEN ENTHALTENDEN LIGANDEN, 3. MITT. 55-0003
MIT NITRILGRUPPEN ENTHALTENDEN LIGANDEN, 2. MITT. 55-0026
METALL- MIT CYANKOHLENSTOFFEN, 5. MITT. 58-0015
METALLKOMPLEXE D. CYAN-KW-STOFFE, 3. MITT. 64-0081
THIONALIDKOMPLEXE, MIT UEBERGANGSMETALLEN, BLDG. (STABILITAETSKONST.) 58-0024
CARBOXYLATOUEBERGANGSMETALL-, KRIST.-STRUKTUR (UEBERSICHT) 60-0019
POLYPEPTID-METALL-KOMPLEXE ABBAU, 6. MITT. 62-0808
NTA-M(II)-KOMPLEXE MIT AMINOSAEUREN U. IHREN ESTERN, BLDG.-KONST. 63-0042
METALLACETATE, THERMOCHEM. UNTERS., 2. MITT. 63-0061
CHELATE V. 2-NITROSO-1-NAPHTHOL-4-SULFONSAEURE MIT SELTENERDMETALLEN 56-0063
UEBERGANGSMETALLCARBONYL-DERIV. V. TRIMETHYLPHOSPHIT, MASSENSPEKTREN 56-0021
UEBERGANGSMETALL- MIT ORGAN. LIGANDEN, AKTIVIER. D. OLIGOMERISIER. U. ISOMERISIER. V. OLEFINEN, D. CYCLOOLIGOMERISIER. V. ACETYLENEN 59-0034
ADDUKT-BLDG. V. LSGM. MIT SBCL5 IN 1.2-DICHLOR-AETHAN (RK.-ENTHALPIEN) 59-0186
BENZOL-HALOGEN-, GRUNDZUSTAND-EIG. (ELEKTROSTAT. BEITRAEGE) 57-0140
J2- MIT PYRIDINEN, BZL., DIOXAN, DIAETHYLSULFID U. -AMIN, FERN-IR 58-0094
SILICIUMTETRAHALOGENID-PY.-ADDUKTE, RK. MIT HCL, SO2, SO3, H2S U. NH3 59-0046
JOD-N-HETEROCYCLEN-, ELEKTRONENSPEKTREN (LAD.-UEBERTRAG.-BANDEN) 61-0076
TRIAETHYLAMIN-JOD-KOMPLEX, DIPOLMOMENT 57-0074
BORHALOGENID-NITROBENZOL-, CHEM. VERSCHIEB. 58-0173
TRIMETHYLAMIN-SO2, UV, THERMODYNAMIK 62-0169
CHELATIONENAUSTAUSCHER AUF OXINBASIS 2. MITT. 54-0023
MIT 4-NITRO-BRENZKATECHIN 58-0168
BORSAEURE-POLYOL-CHELATE, BLDG. (KINETIK) 62-0016
DARST. V. CHELATEN V. LANTHANIDEN MIT CHINOIDEN BZW. PHENOL. FARBSTOFFEN IN WSS. LSG. 53-0016
METHYLCYANID-, IR-DATEN 55-0003
MOL.-VERB. V. AMINOPHENAZON U. BARBITURATEN, DTA 53-0112
1 ZU 1-CHELAT V. H3BO3 U. PROTOCATECHUSAEURE, BLDG.-KONST. 64-0197
H3BO3-CHROMOTROPSAEURE-KOMPLEXE, BLDG., ANALYT. VERW. 55-0603
MIT ALIZARIN S 58-0168
UEBERGANGSMETALL-CARBEN-KOMPLEXE, 5. MITT. 59-0069
ACETYLACETONATE, VERW. ALS INITIATOREN BEI D. DARST. V. BIARYLEN 63-0531
ADDUKTBLDG. V. PHENOLEN MIT DIMETHYLACETAMID (LSGM.-EINFL.) 64-0206
MIT LAD.-UEBERTRAG. U. DIEN-SYNTH., 2. MITT. 57-0241
PYRIDIN-MEISENHEIMER-VERB., BLDG. 58-0105
METHYLBENZOL-TETRACYANAETHYLEN-KOMPLEXE, DARST. 60-0194
PI-KOMPLEXE AROMAT. POLYCYCLEN MIT MALEINSAEUREANHYDRID BLDG. 60-0280
MEISENHEIMER-KOMPLEXE V. 1-ALKOXY-2.4-DINITRO-NAPHTHALINEN, DARST. 61-0248
POLYAETHYLENSULFID-PYRIDIN-, DARST. 64-0696
AMIDAZOPHEN-BARBITURAT-, IR-SPEKTREN 58-0170
METHYLBENZOL-TETRACYANAETHYLEN-KOMPLEXE, ABSORPT.-SPEKTREN 60-0194
AMIDAZOPHEN-BARBITURAT-, STRUKTUR (H-BRUECKENBIND.) 58-0170
EINSCHLUSSVERB. V. HARNSTOFF MIT 12-BROM-TRICOSAN, DIELEKTR. ABSORPT. 62-0069
TETRACYAN-CHINODIMETHAN-, ELEKTR. LEITFAEHIGK. 55-0149
V. AL-TRIMETHYL-U. AL-TRIAETHYL MIT DONATOREN (NMR-UNTERS.) 57-0099
EINSCHLUSSVERB. V. ((C6H5)3SN-SN(C6H5)3) MIT SN(C6H5)4, GE(C6H5)4 U. SI(C6H5)4, DARST., CHARAKTERISIER. 58-0051
BZL.-SUBSTITUIERTE BZL.-KOMPLEXE, KONFIG. 58-0152
MOL.- V. ACETYLENDIOLEN MIT OLEFINEN U. AROMAT. KW-STOFFEN 63-0511
BZL.-SUBSTITUIERTE KW-STOFFE-KOMPLEXE, KONFIG. 58-0152
BORNAN-BZL.-, NMR (LSGM.-EINFL.) 60-0195
BZL.-PYRROL-KOMPLEXE, KONFIG. 58-0152

INNERMOL. LAD.-UEBERGANGS- IN HYDROCHINOLINEN 62-0075
MOL.- V. ACETYLENDIOLEN MIT HALOGENALKANEN 63-0511
PI-KOMPLEXE ZWISCHEN BZL. U. ANILINEN (BLDG.-ENERGIE) 56-0183
1 ZU 1-ADDUKTE AUS TRIBUTYLGALLIUM U. TRIALKYLAMINEN 59-0050
LAD.-UEBERTRAG.-KOMPLEXE V. DITHIENYLEN U. CYCLOPENTADITHIOPHENEN MIT 1.3.5-TRINITRO-BENZOL 62-0166
MOL.- V. ACETYLENDIOLEN MIT AMINEN 63-0511
HEXYLAMIN-CHCL3-KOMPLEX, BLDG.-KONST. IN CYCLOHEXAN 64-0210
KOMPLEX-BLDG. V. DIENOPHILEN MIT N.N.N'.N'-TETRAMETHYL-P-PHENYLENDIAMIN 57-0241
FLUORALKANOL-PROTONENAKZEPTOR-KOMPLEXE 56-0186
BZL.-AETHER-KOMPLEXE, KONFIG. 58-0152
ADDIT.-VERB. V. HEXAMETHYLBENZOL MIT TRIPHENYL-AS, -P U. -SB, BLDG. 62-0170
LAD.-UEBERTRAG.- V. POLY-(DIMETHYL-AMINO)-STYROL MIT CHINONEN, SPEKTREN 57-0080
BZL.-KETON-KOMPLEXE, KONFIG. 58-0152
AUS CHINONEN U. N-SUBSTITUIERTEN ANILINEN , LADUNGSUEBERTRAGUNGS-ABSORPTIONSBANDEN 64-0099
MOL.- V. ACETYLENDIOLEN MIT KETONEN 63-0511
KOMPLEXBLDG. V. DIPHENYLKETIMIN MIT ORGAN. LSGM. 63-0207
TRIPHENYLPYRYLIUM-PY.-DONATOR-AKZEPTOR-KOMPLEX, ESR- U. UV-NACHWEIS 55-0137
V. TETRACYANCHINODIMETHAN MIT AMINEN , ELEKTR. LEITFAEHIGK. (ANISOTROPIE) 56-0192
THIAZOL-TETRACYANAETHYLEN-LAD.-UEBERTRAG.-KOMPLEXE , SPEKTREN U. MO-BERECHN. 58-0172
TETRACYANAETHYLEN-BZL.- BZW. -BIPHENYL-LAD.-UEBERTRAG. -KOMPLEXE, HMO-BERECHN. 63-0169
CHARGE-TRANSFER-KOMPLEXE AUS AMIDEN U. TETRACYANAETHYLEN (SPEKTROSKOP. NACHW.) 62-0165
V. CARBONSAEUREN MIT N-BUTYLAMIN (GLEICHGEW.-KONST.) 62-0168
PI-KOMPLEXE V. P-TOLUOLSULFONSAEUREESTERN OHNE LAD.-UEBERTRAG.-SPEKTREN 56-0151
BENZOTRIFURAZAN-TRIALKYLPHOSPHAT- U. -AROMATEN-KOMPLEXE, DARST., ASSOZIAT.-KONST. 55-0424
EDA- BEI POLYPEPTIDEN, 2. MITT. (V. PHTHALIMIDEN MIT AMINOSAEUREDERIV. , ASSOZIAT.-KONST., BLDG.-ENTHALPIEN) 60-0200
MOL.-KOMPLEXE AUS PORPHYRINEN U. AROMAT. NITROVERB., DARST., STABILITAETSKONST. 54-0038
POLYMERE CHELATBILDNER, SYNTH. AUF DEXTRANBASIS, 1. MITT. 55-0263
POLYMERE CHELATBILDNER AUF DEXTRANBASIS, SYNTH. , 2. MITT. 59-0796
KOMPLEXONE, 42. MITT. 1 ZU 1-KOMPLEXE V. 3- U. 4-WERT. METALLEN MIT POLYAMINOPOLYCARBOXYLATEN (STABILITAET) 56-0044
KOMPLEXSTABILITAETSKONST. V. DEXTRANDERIV. MIT IMINODIESSIGSAEURE ALS KOMPLEXBILDENDER ANKERGRUPPE 59-0796
ANALYT. ANWEND. V. CHELATEN V. LANTHANIDEN MIT CHINOIDEN BZW. PHENOL. FARBSTOFFEN IN WSS. MEDIUM 53-0016
HETEROAROMATIZITAET, 11. MITT. 58-0338

KOMPRESSIBILITAET
V. N-METHYL-PYRROLIDON-(2)-W.-GEMISCHEN 56-0175

KONDENSATIONSREAKTIONEN
* POLY- S. UNTER POLYMERISATION
NEF-RK., 5. MITT. 56-0472
STEREOSELEKTIVE VIERKOMPONENTEN- (MECHANISMUS) 57-0247
ACYLOINKONDENS., 3. MITT. 57-0476
ACYLOIN-KONDENS., 4. MITT. 57-0477
GRIGARD-ADDIT.-RK., (MECHANISMUS) 5. MITT. 58-0269
REFORMATSKI-RK., STEREOCHEMIE , 3. MITT. 58-0276
REFORMATSKI-RK., STEREOCHEMIE, 1. MITT. 60-0282
STOBBE-KONDENS., 4. MITT. 60-0438
STOBBE-KONDENS.,5. MITT. 60-0498
TSCHITSCHIBABIN-RK., 3. MITT. 61-0626
GRIGNARD-ADDIT.-RK. MECHANISMUS, 6. MITT. 64-0297
SULFAMOYLCHLORIDE ALS VILSMEIER-HAACK-REAGENZIEN 61-0395
REFORMATSKI-RK. ,STEREOCHEMIE, 2.MITT. 64-0298
V. CYCLOPENTANON MIT AETHANOL (STEREOSPEZIFITAET) 54-0173
AMINOMETHYLIER. V. METHYLMERCAPTOFERROCENEN 53-0033
FERROCEN-DERIV.,17.MITT. AMINOMETHYLLIER. V. METHOXY- U. DIMETHOXYFERROCEN 53-0034
AMINOMETHYLIER. V. METHYL-FERROCENEN (PROD.-VERTEIL.) 53-0035
GRIGNARD-RK., STER. VERLAUF D. RK. MIT CYCLOHEXANONEN (MECHANISMUS) 61-0152
V. GRIGNARD-VERB. MIT ALLYLBROMID (RADIKALMECHANISMUS) 63-0239
RK. V. BENZYLGRIGNARD-REAGENZ BEEINFLUSSENDE FAKTOREN, 3. MITT. 64-0423
V. 1.3-DIPOLAREN VERB. MIT VINYLAETHERN, 1. MITT. 57-0518
DISILYLIER. V. KONJUGIERTEN DIENEN (STER. VERLAUF, MECHANISMUS) 63-0410
AMINOALKYLIER AROMAT. AMINOALKYLIER. DURCH RADIKAL. REKOMBINAT. 53-0159
WURTZ-RK. V. HALOGENVERB. MIT PYROPHOREM PB 55-0222
WURTZ-RK. V. ALPHA.OMEGA-DIHALOGENALKAN UNTER RINGSCHLUSS 55-0295
V. AROMAT. VERB. MIT ALLYLHALOGENIDEN , 2. MITT. 56-0371
V. AROMAT. VERB. MIT HALOGENIDEN V. ALLYLTYP, 3. MITT. 57-0392
V. ALPHA,BETA-UNGESAETT. ACETALEN MIT ORGANOMAGNESIUMVERB., 3. MITT. 55-0299
OXYDATIVE PHENOLKUPPL., SYNTH. V. HOMOPROAPORPHINEN DURCH -, 2. MITT. 59-0684
GRIGNARD-RK., MODIFIZIERTE, V. PENTAFLUORPHENYLBROMID IN SI-HALT. LSGM. 63-0466
ALKAL. KONDENS. V. PHENOLEN MIT HCHO (KINETIK) 53-0160
SELBST- V. MESITYLOXID AN MGO BEI VERSCHIEDENEN DRUCKEN 1.MITT. 53-0218
KONDENS. V. ALPHA,BETA-UNGESAETT. ALDEHYDEN MIT ALPHA, BETA-UNGESAETT. KETONEN DURCH HETEROGENE KATALYSE IN D. GASPHASE 53-0288
MANNICH-RK V. BENZIMIDAZOLEN 53-0372
V. ALDEHYDEN U. KETONEN, KINETIK U. MECHANISMUS 57-0305
V. FORMALDEHYD MIT CYCLOHEXANON, 1. MITT. 57-0426
V. ALPHA-BROM-BUTTERSAEUREMETHYLESTER MIT ACETOPHENON NACH REFORMATSKI (STER. VERLAUF) 58-0153
NENITZESCU-RK. V. 2-ACETYL-1.4-BENZOCHINON 58-0578
V. CARBONYLVERB. MIT HYDRAZINEN, 21. MITT. 58-0688
V. ALDEHYDEN U. KETONEN IN GGW. V. H3BO3, B2O3 ODER 10-HYDROXY-10.9-BOROXAROPHENANTHREN 59-0279
CLAISEN-SCHMIDT- V. AROMAT. ALDEHYDEN U. KETONEN IN GGW. V. ANIONENAUSTAUSCHERHARZEN ALS KATALYSATOREN, KINETIK 60-0281
V. 4(5)-FORMYL-IMIDAZOL MIT NH2OH (KINETIK, MECHANISMUS) 60-0294
V. BENZOPHENON MIT DIMETHYL-MG (EINFL. V. ZUSAETZEN AUF D. GESCHW.) 61-0283
V. PHENOLAETHERN MIT ALIPHAT. ALDEHYDEN, 21. MITT. 61-0470
V. PHENOLAETHERN MIT ALIPHAT. ALDEHYDEN, 22. MITT. 61-0495
V. CYCL. KETONEN MIT DIMETHYLFORMAMID DURCH LEUCKART-RK. 62-0430
MANNICH-RK. MIT HETEROCYCL. KETONEN, 2. MITT. 62-0613
V. ALPHA- BROM-DESOXYBENZOINEN MIT P-ANISIDIN (KINETIK) 63-0282
V. BENZALDEHYD MIT DIAETHYL-ZINK (KINETIK) 63-0299
V. 3-HALOGEN-2-BENZAL-INDANEN MIT DIISOPROPYLAMIN (MECHANISMUS, KINETIK) 63-0525
AUTO- V. MESITYLOXID UEBER MG BEI VERSCHIEDENEN DRUECKEN, 2. MITT. (MECHANISMUS) 64-0299
V. PHENOLAETHERN MIT ALIPHAT. ALDEHYDEN, 23. MITT. 64-0522
OXIMIER. V. ALPHA-DIKETON-MONOXIMEN (KINETIK) 63-0298
HAMMICK-RK V. PYRIDYL-(2)-ESSIGSAEURE MIT CARBONYL-VERB. 53-0443
KNOEVENAGEL-, V. MALON- BZW. THIOMALONESTERN MIT ANISALDEHYD (AKTIVIER.-ENERGIE) 55-0190
CLAISEN-KONDENS. V. LAEVULINESTERN (MECHANISMUS) 55-0192
SELBSTKONDENS. V. 3-HALOGEN-4-METHOXY-PHENYLPROPIOLSAEUREN 57-0464
ACYLOIN-KONDENS. V. DICARBONSAEUREESTERN MIT TRIMETHYLCHLORSILAN 57-0477
V. BROMPERFLUORCARBONSAEUREESTERN 58-0374
NENITZESCU-RK. V. 2-CARBOMETHOXY-1.4-BENZOCHINON 58-0578
DAKIN-WEST-RK. V. PRIM. ALPHA- AMINOSAEUREN (MECHANISMUS) 59-0239
SELBST- EINES ALPHA-KETOESTERS 59-0311
STOBBE-KONDENS. V. BERNSTEINSAEUREDIAETHYLESTER MIT 6-BENZOYL-TETRALIN U. 2-BENZOYL-NAPHTHALIN, 59-0461
STEREOSPEZIF. REFORMATSKI-RK. V. ARYL-ALKYLKETONEN MIT ALPHA-BROM-PROPIONSAEUREAETHYLESTER 60-0282
MANNICH-RK. MIT SAEUREAMIDEN, 3. MITT. (AMINOMETHYLIER. V. SAEUREAMIDEN MIT AROMAT. AMINEN) 60-0382
V. ISOTHIOCYANATEN MIT 2-HYDROXY-3-MERCAPTO-CHINOLIN-CARBONSAEURE-(4) 60-0673
ALDOL- V. 4-FORMYL-BUTTERSAEUREESTERN 61-0364
VILSMEIER-RK. V. DMF U. CHLORCYAN BZW. V. DMF-SOCL2 U. AMINEN 63-0389
KOSTANECKI-ROBINSON-RK. V. 3-ACYL-4-HYDROXY-CUMARINEN 63-0663
V. PHENOLEN MIT MALONESTERN (MECHANISMUS) 63-0666
GRIGNARD-RK. V. PROPIONSAEURE-METHYLESTER U. BUTYL-MG-BR (KINETIK) 64-0297
V. OXAMIDSAEUREESTERN MIT NA-ARYLSULFAMIDEN (KINETIK) 55-0191
PISHSCHIMUKA-RK., NACHW. D. WALDENSCHEN UMKEHR 63-0411
REFORMATSKI-RK. BEI OXO-STEROIDEN , STER. VERLAUF 64-0298

KONFIGURATION
* S. UNTER STEREOCHEMIE

KONFORMATION
* S. UNTER STEREOCHEMIE

KONFORMATIONSANALYSE
* S. UNTER STEREOCHEMIE

KONSTITUTION
CHINOIDER ZUSTAND, 8. MITT. 57-0474
EINFUEHR. V. SUBSTITUENTEN IN ISOMEREN VERB.,6. MITT. 58-0178
POLARE U. STER. EINFL., TRENN., 6. MITT. 58-0250
POLARE U. STER. EINFL., TRENN., 7. MITT. 58-0251
PERI-EFFEKTE, 1. MITT. 59-0194
GEM.-DIALKYL-EFFEKT, 2. MITT. 60-0768
WEITBEREICHS-WECHSELWRKG., 1. MITT. 61-0260
GEM.-EFFEKT, 4.MITT. 64-0279
GEM.-DIALKYL-EFFEKT, 3. MITT. 60-0769
MILLS-NIXON-EFFEKT, 2. MITT. 64-0284
MILLS-NIXON-EFFEKT, BEI O-XYLOL, INDAN U. TETRALIN 64-0284
SUBSTITUENTENKONST. V. PHOSPHORHALT. GRUPPEN 54-0269
KONSTITUTION (UND PHYSIKAL.EIGENSCHAFTEN)
U. PHYSIKAL. EIG., 12. MITT. 60-0348
U. PHYSIKAL. EIG., 11. MITT. 60-0401
- U. MASSENSPEKTRUM, 2. MITT. 62-0109
SIGMA(*)-KONST. (BEST. AUS PK-WERTEN) 58-0186
U. STEREOCHEMIE V. CHINON-ANILEN 53-0063
U. PHYSIKOCHEM. EIG. V. VERB. MIT AKTIVIERTEN DOPPELBIND., 2. MITT. 63-0231
BERECHN. D. CH3-GRUPPEN-EFFEKTS AUF D. ABSORPT.-MAX. V. ALPHA,BETA-UNGESAETT. CARBONYLVERB. 56-0106
U. IR- BZW. UV-ABSORPTION V. RESORCINEN BZW. RESORCINDIMETHYLAETHERN 57-0090
EINFL. D. NATUR U. STELL. D. SUBSTITUENTEN AM BENZOLRING AUF D. ABSORPT.-SPEKTRENV. GLUTACONALDEHYD-MONOANILEN 57-0182
U. MY (CO) V. CHINOLIZINONEN (FELDEFFEKT D. N-ATOMS) 57-0245
SPEKTROSKOP. AUSWRKG. V. METHYLSUBSTITUT. U. O.O'-RINGVERBRUECK. BEI CARBANIONEN D. DIPHENYLMETHYL- U. TRIPHENYLMETHYL-TYPS 58-0087
SPEKTROSKOP. EFFEKTE V. PHENYLSUBSTITUT. AM BENZYLANION 58-0088
V. UV-SPEKTREN V. BENZALDEHYD-PHENYLHYDRAZONEN 60-0078
U. IR V. INDOLINTHIONEN-(2) 62-0174
U. IR-SI-H-FREQUENZ V. SILANEN (SUBSTITUENTEN-EINFL.) 63-0127
U. UV-SPEKTREN V. 5-SUBSTITUIERTEN 2-NITRO-ANILINEN 63-0217
U. IR-SPEKTREN V. ALPHA-CYAN-ZIMTSAEUREN 63-0231
U. NICHTEBENE CH-SCHWING. IN BENZOLDERIV. (M-EFFEKT) 64-0095
U. UV V. MESYLOXYNAPHTHALINEN (EINFL. D. MESYLOXYGRUPPE) 64-0100
U. MOLARE DREH. V. POLY-O-ACETYL-KOHLENHYDRATEN, 2. MITT. (GLYKOPYRANOSIDE) 58-0075
U. OPT. EIG. V. SULFINYLVERB., 34. MITT. 62-0451
U. MOL. DREH. V. POLY-O-ACETYL-KOHLENHYDRATEN, 3. MITT. 63-0106
EINFL. V. ALPHA.OMEGA-SUBSTITUT. U. KETTENLAENGE AUF D. SI-O-SI-BIND.-ZUSTAND IN LINEAREN POLYDIMETHYLSILOXANEN 57-0008
MASSENSPEKTREN U. STRUKTUR V. ORGAN. VERB., 20. MITT. 54-0085
MASSENSPEKTREN U. STRUKTUR V. ORGAN. VERB. 21. MITT. 54-0086
U. MASSENSPEKTREN, 1. MITT. 57-0123
U. MASSENSPEKTREN V. TERPENEN 57-0123
MASSENSPEKTROMETRIE BEI STRUKTUR- U. STEREOCHEM. PROBLEMEN, 152. MITT. 59-0014
MASSENSPEKTROMETRIE U. IHRE ANWEND. AUF STRUKTURELLE U. STEREOCHEM. PROBLEME, 150. MITT. 59-0134
ORTHO-EFFEKT U. MASSENSPEKTRUM V. NITROBENZALDEHYD U. -ACETAL 59-0135
U. NMR IN ALKYL-HALOGEN-STANNANEN (ANISOTROPIE- U. INDUKTIVER EFFEKT) 56-0015
U. F-F-KOPPL.-KONST. V. FLUORBENZOLEN 57-0101
U. DIAMAGNET. SUSZEPTIBILITAET ALS MASS FUER AROMAT. CHARAKTER 58-0083
U. (29)SI-H- BZW. (13)C-H-KOPPL.-KONST. IN SUBSTITUIERTEN SILANEN U. METHANEN (SUBSTITUENTENEFFEKT) 58-0115
U. NMR V. DISUBSTITUIERTEN BENZOLEN (ADDITIVITAET V. SUBSTITUENTENEFFEKTEN) 59-0114
U. NMR-SPEKTREN V. 2-BENZOYL- U. 2-THIOBENZOYL-THIOPHENEN (EINFL. V. P-SUBSTITUENTEN) 59-0117
U. CHEM. VERSCHIEB. V. 2-BENZOYL- U. 2-THIOBENZOYLTHIOPHENEN (EINFL. V. O-SUBSTITUENTEN) 59-0118
U. CHEM. VERSCHIEB. V. PIPERIDINIUMSALZEN (EINFL. V. ALKYLGRUPPEN) 59-0120
STRUKTUR- U. ELEKTRON. EFFEKT AUF D. (13)C-NMR V. HALOGENIERTEN METHANEN 60-0107
HAMMETT-KONST. U. NMR V. TRIMETHYLPHENYLSILANEN U. TERT.-BUTYLBENZOLEN 63-0139
U. MAGNETO-OPT. ROTAT.-DISPERS. V. ALKANEN 64-0087
U. OX.-POTENTIALE V. ARYLDIAZONIUMSALZEN (BEZIEH. ZU HAMMETT-SIGMA-WERTEN) 53-0117
EINFL. V. ALKYL- U. PHENYLGRUPPEN AUF D. WECHSELWRKG. V. IONEN ORGAN. SAEUREN U. BASEN MIT LSGM. 55-0141
U. NMR V. CO-KOMPLEXEN MIT SCHIFFSCHEN BASEN (WEITERLEIT. V. ELEKTRONENEFFEKTEN) 56-0018
U. PK-WERTE V. BICYCLO(2.2.X)ALKYL-(1)-CARBONSAEUREN 58-0184
SUBSTITUENTENEINFL. AUF D. BASIZITAET V. AMINOSAEUREDERIV. 58-0438
U. PK-WERTE V. P-BENZOCHINON-OXIMEN 59-0192
U. PK-WERTE V. 1-NAPHTHOESAEUREN (PERI-EFFEKT) 59-0194
U. ACIDITAET V. METHYLEN-BIS-DIALKYLSULFONIUMSALZEN 59-0193
U. BASIZITAET V. HETEROCYCL. UNGESAETT. KETONEN 62-0177
U. POLAROGRAPHIE V. PHENYL- U. BENZYLMERCURIHA-LOGENIDEN U. -PERCHLORATEN 63-0035
EINFL. POLARER SUBSTITUENTEN AUF D. LEWIS-SAEUREN-BASEN-GLEICHGEW. IN D. GASPHASE, 1. MITT. 63-0218
SUBSTITUENTENEFFEKTE AUF D. PK-WERTE V. 1.1-DINITRO-ALKYLVERB. 63-0219
U. DISSOZIAT. V. BENZOESAEUREN IN DMSO 63-0220
U. DISSOZIAT.-KONST. V. MELDOLABLAU-DERIV. 63-0225
U. PK-WERTE V. ALKYL- U. DIMETHYLAMMONIUMIONEN 63-0230
U. DISSOZIAT.-KONST. V. ALPHA-CYAN-ZIMTSAEUREN 63-0231
U. ACIDITAET V. OLEFIN. CARBONSAEUREN 64-0219
U. PK(A)-WERTE V. 5-SUBSTITUIERTEN 2-NITRO-ANILINEN 63-0217
U. VISKOSITAET V. GLYKOLAETHER-ESTERN 60-0348
U. GASCHROMATOGRAPH. RETENT. V. N.C-DIMETHYL-TETRAHYDRO-PYRIDINEN 54-0099
U. RETENT.-ZEIT V. METHYLKETONEN (TOPO-INFORMAT.-BEZIEH.) 54-0126
KERNRESONANZUNTERS. ZUM MILLS-NIXON-EFFEKT 1. MITT. 53-0062
U. PK-WERTE V. 4-HYDROXY-TRANS-STILBENEN U. -TOLANEN (WEITERLEIT. V. ELEKTRONENEFFEKTEN) 54-0094
U. TENDENZ V. CHINOLIZINONEN ZUR KETAL-BLDG. (FELDEFFEKT D. N-ATOMS) 57-0245
U. PK-WERTE V. CYCLOALKYLBENZOESAEUREN 64-0245
U. GERUCH V. TERT.-BUTYL-CUMARINEN 56-0531
KONSTITUTION (UND REAKTIONSFAEHIGKEIT)
U. GESCHW. V. BIMOL. RK. IN LSG. (NAHEFFEKTE) 53-0139
U. RK. V. SULFOXIDEN (ANCHIMERIE), 1. MITT. 54-0143
U. RK.-FAEHIGK. V. HYDRAZINDERIV., 11. MITT. 55-0165
NACHBARGRUPPEN-BETEILIG., 1. MITT. 55-0298
CHEM. U. AFFINITAET ZU MAKROMOL. VERB., 4. MITT. 59-0640
U. RK. V. ORGANOPHOSPHORVERB., 2. MITT. 60-0364
U. RK. V. ORGANOPHOSPHORVERB., 1. MITT. 60-0369
INTRAMOL. NUCLEOPHILE TEILNAHME, 5. MITT. 61-0231
U. REAKTIVITAET V. ALIPHAT. DIAZOVERB., 4. MITT. 62-0228
U. REAKTIVITAET V. ALIPHAT. DIAZOVERB., 5. MITT. 62-0229
STRUKTUR U. REAKTIVITAET ORGAN. VERB., 3. MITT. 63-0230
U. RK.-FAEHIGK. (NICHTLINEARE BEZIEH.) 63-0237
U. REAKTIVITAET V. HYDRAZINDERIV., 13. MITT. 63-0283
U. RK.-FAEHIGK. V. DIPHENYL U. 1.3.5-TRIPHENYL-BENZOL (BERECHN.) 64-0160
U. RK.-FAEHIGKEIT V. PHENYLBENZOLEN , BERECHNUNG 64-0243
U. ASYMM. RED. V. KETONEN (ASYMM. INDUKT.) 56-0209
U. HYDRIER. V. ALDEHYDEN 61-0200
U. AUTOX. AM TERT. C-ATOM IN SUBSTITUIERTEN BENZOLEN (H-ISOTOPIEEFFEKT) 59-0201
U. OZONISIER. V. AETHYLENEN (SUBSTITUENTENEFFEKTE) 53-0129
U. OZONOLYSE V. NAPHTHALINEN 59-0361
U. OX. V. O-METHOXYPHENOLEN 56-0418
U. ALKAL. EPOX. V. 3-OXO-DELTA(4)-STEROIDEN (DIRIGIERENDE WRKG. ENTFERNTER SUBSTITUENTEN) 56-0711
SUBSTITUENTENEFFEKT BEI D. HALOGENIER., 3. MITT. 61-0232
U. NITRIER. V. TRIMETHYLAMMONIOALKYLBENZOLEN (DESAKTIVIER.-EFFEKT) 62-0253
U. BROMIER. V. ALLYLVERB. (POLARER EFFEKT) 63-0256
ELEKTRON. EINFL. BEI SOLVOLYSE-RK. , 2. MITT. 59-0227
ELEKTRON. EINFL. D. CYCLOPROPYL-GRUPPE 59-0227
U. SOLVOLYSE V. O-NITRO-BENZYLVERB. (EINFL. D.O-NO2-GRUPPE) 61-0231
U. SOLVOLYSE V. NORBORNADIEN-CARBONYL-EISENDERIV. 63-0047
U. SOLVOLYSE V. 1-METHYLCYCLOALKYLCHLORIDEN (ISOTOPEN- U. CH3-GRUPPENEFFEKT) 58-0238
U. HYDROLYSE V. CYCLOALKYL-CUMYLCHLORIDEN 64-0245
U. HYDROLYSE V. METHYLARYLAETHERN (KINETIK) 59-0230
U. SOLVOLYSE V. 2-HYDROXYMETHYL-CYCLOHEXANOL-DERIV. (BETEILIG. V. ACETOXYGRUPPEN) 55-0298
U. HYDROLYSE V. SYDNON-IMINEN (EINFL. V. SUBSTI-TUENTEN AUF D. GESCHW.) 55-0422
U. SOLVOLYSE V. BENZOESAEURE-PHENYLESTERN (KINETIK, MEHRFACHE STRUKTUR-REAKTIVITAETS-BEZIEH.) 58-0236
U. SOLVOLYSE V. 2-ARYL-NORBORNYL-(2)-P-NITRO-BENZOATEN 63-0265
U. SOLVOLYSE V. CARBOMETHOXYBENZYLBROMIDEN U. ALPHA-METHYLDERIV. 64-0266
U. HYDROLYSE V. 3-SUBSTITUIERTEN GLUTARSAEURE-MONO-P-BROM-PHENYLESTERN 64-0279
U. ACETOLYSE V.(BENZONORBORNENYL-(9)-AETHYL)-BROSYLATEN (KINETIK) 58-0247

U. SOLVOLYSE V. CYCLOALKYL-P-TOSYLATEN (EINFL. BENACHBARTER OH-GRUPPEN) 58-0235
U. HYDROLYSE V. ARYL-BETA-D-GLUCOPYRANOSIDEN 61-0243
U. ELEKTROPHILE SUBSTITUT. IN DESAKTIVIERTEN SYST. (SUBSTITUENTENEFFEKTE), 1. MITT. 58-0233
U. AROMAT. SUBSTITUT., 4. MITT. SUBSTITUENTEN-EFFEKTE V. POSITIVEN POLEN, 62-0254
U. DETRITIIER. V. T-NAPHTHALINEN (SIGMA(+)-WERTE) 54-0161
EINFL. V. POSITIV GELADENEN SUBSTITUENTEN BEI D. AROMAT. SUBSTITUT., 3. MITT. 58-0406
U. INTRAMOL. NUCLEOPHILE VERDRAENG.-RK. (WRKG. D. CYCLOPROPANRINGS IN BICYCL. SYST.) 61-0514
SUBSTITUENTEN-EFFEKTE V. POSITIVEN POLEN BEI D. AROMAT. SUBSTITUT., 3. MITT. 62-0253
D. NUCLEOPHILEN BEI D. SUBSTITUT. V. OKTAFLUOR-3.3'-DIPYRIDYL DURCH NA-ALKOHOLATE 59-0606
U. SUBSTITUT. AN NITROFLUORBENZOLEN (EINFL. D. O-NO2-GRUPPE) 62-0248
U. SUBSTITUT.-RK. V. FLUOR-NITRO-ANILIN-N-OXIDEN (UEBERTRAG. D. INDUKTIVEN EFFEKTS IM BENZOLRING) 60-0271
U. DEHYDRATISIER. V. LANGKETT. ALKOHOLEN (EINFL. D. STELL. D. OH-GRUPPE U. D. KETTENLAENGE) 54-0170
U. HYDROBORIER. V. ALKEN-(1)-YL-AETHYLAETHERN 63-0352
U. DEHYDRATISIER. V. 1.2-DIARYL-AETHANOLEN (MECHANISMUS D. H(+)-KATALYSE) 64-0293
U. RK. V. ORGANO-P-VERB. MIT PHENYLAZID (SUBSTITUENTENEFFEKTE) 60-0298
U. REAKTIVITAET V. ALIPHAT. KETONEN GEGENUEBER D. BORANAT-ION 62-0209
U. UMLAGER. V. BICYCLEN 56-0448
U. COPE-CLAISEN-UMLAGER. V. VINYL-(PENTADIEN-(1.4)-YL-(3))-AETHERN (SUBSTITUENTENEINFL.) 58-0288
U. ISOMERISIER. V. ALKENYLAETHERN IN GGW. V. EISENPENTACARBONYL (EINFL. D. METHOXYGRUPPE) 62-0345
U. CIS-TRANS-ISOMERISIER. V. ANILEN (SUBSTITUENTEN-EFFEKTE) 53-0164
EINFL. D. NATUR U. STELL. D. SUBSTITUENTEN AM BENZOLRING AUF D. TAUTOMERIE V. GLUTACONALDEHYD-MONOANILEN 57-0182
U. ISOMERISIER. V. ALKENYLESTERN IN GGW. V. EISENPENTACARBONYL (EINFL. D. CARBOMETHOXY-GRUPPE) 62-0345
SUBSTITUENTENEINFL. IN MONOMOL. IONENZERS., 8. MITT. 58-0119
EINFL. V. SUBSTITUENTEN IM KERN AUF D. RICHT. D. PHOTOCHEM. ZERFALLS V. ALPHA-OXIDEN 54-0194
U. THERM. ZERS. V. AZOCUMOLEN (EINFL. D. P-SUBSTITUENTEN) 58-0294
U. THERM. ZERS. V. 1.1'.2.2'-TETRAPHENYL-AZOAETHANEN (NACHBARGRUPPEN- U. ALPHA-D-ISOTOPENEFFEKT) 58-0295
U. KINETIK D. PHOTOLYT. ZERS. V. AROMAT. DIAZONIUMVERB. 54-0181
EINFL. V. PI-GEBUNDENEN LIGANDEN AUF D. DURCH METALLIONEN KATALYSIERTE DECARBOXYLIER. V. ACETONDICARBONSAEURE 53-0171
U. THERM. ZERS. V. SYDNON-IMINEN (EINFL. V. SUBSTITUENTEN AUF D. GESCHW.) 55-0422
U. DECARBOXYLIER. V. 2.2-DIMETHYL-3-ARYL-BUTEN-(3)-SAEUREN 61-0297
U. OH-PROTONENAUSTAUSCH V. PHENOLEN 60-0206
BEWEIS D. OXIM-ANCHIMERIE MITTELS ISOTOPENTECHNIKEN BEI D. CYCLISIER. 53-0379
U. VERESTER. V. BENZOESAEUREN (POLARE EINFL.) 58-0250
U. VERESTER. V. PHENYLESSIGSAEUREN (POLARE EINFL.) 58-0251
U. RK. V. TRIMETHYLAMMONIUMBROMIDEN MIT ALKOHOLATEN 61-0275
U. TAUTOMERIE V. PYRIDONEN (SUBSTITUENTENEINFL.) 62-0173
U. QUATERNISIER. V. COCAINDERIV. (EINFL. D. AXIALEN

KONSTITUTION (UND BIOLOGISCHE EIGENSCHAFTEN)
U. HYPNOT. WRKG. V. PREGNAN-, 19-NORPREGNAN- U. ANDROSTANDERIV. 57-0809
U. HEMMWRKG. V. N-(PHENOXYAETHYL)-CYCLOPROPYLAMINEN AUF MONOAMINOXYDASE 60-0812
U. ANTIBAKTERIELLE WRKG. V. RIFAMYCINEN (EINFL. D. CARBOXYLGRUPPE) 60-0821
U. BAKTERIOSTAT. WRKG. V. ORGAN. VERB. AUF GRAMPOSITIVE U. GRAMNEGATIVE ZELLEN 63-0886
KETTENLAENGE U. FUNGISTAT. WRKG. V. KAWALACTONEN 64-0908
V. POLYPEPTIDEN U. STREPOGENINAKTIVITAET, 1. MITT. 58-0799
CHEM. U. AKTIVITAET V. DIPYRIDYLIUM-HERBICIDEN, 1. MITT. 60-0604
RESORPT. V. ARZNEIMITTELN, 2. MITT. 64-0926
BEZIEH. ZWISCHEN CHEM. STRUKTUR U. RESORPT. V. ARZNEIMITTELN, 3. MITT. 64-0927
U. RESORPTIONSGESCHW., 1. MITT. 62-0853
U. RESORPT. V. HYDROXYBENZOYLDERIV. 62-0853
U. INSEKTIZIDE WRKG. V. PHOSPHOR- U. THIOPHOSPHORSAEURE-ACETYLPHENYLESTERN 59-0817
U. DIURET. WRKG. V. PTERIDINEN U. DIAMINOPYRIMIDOPYRIMIDINEN 63-0708
U. AKTIVITAET V. RESERPANEN U. YOHIMBANEN AUF D. NOREPINEPHRIN-FREISETZ. AUS MAEUSEHERZEN 63-0894
U. PESTICIDE WRKG. V. DINITROPHENOLDERIV., 4. MITT. 56-0343
U. PESTIZIDE WRKG. V. DINITROPHENOLDERIV., 7. MITT. 57-0428

KOORDINATIONSVERBINDUNGEN
* S. UNTER KOMPLEXVERBINDUNGEN

KOPOLYMERE
* S. UNTER PLASTE

KORALLEN, SEEANEMONEN
ISOLIER. V. BILIVERDIN-IX,ALPHA AUS D. KORALLE HELIOPORA COERULEA 62-0747

KORK
V. KIELMEYERA CORIACEA, INHALTSSTOFFE 60-0824
CHEM. KONSTIT., 5. MITT. 60-0824

KORNOEL
* S. UNTER FETTE

KORROSION
-INHIBIERENDE WRKG. V. PHENOLEN U. AROMAT. AMINEN (INHIBIT.-THEORIE) 62-0189

KOSMETIK
PUDERROHSTOFFE, FLIESSEIG. (EINFL. V. AEROSIL U. FUELLSTOFF R 972) 54-0592

KOSTANECKI-ROBINSON-REAKTION
* S. UNTER KONDENSATIONSREAKTIONEN

KREISLAUF
HYPOTENSIVE AKTIVITAET V. 4-(3.4-DIHYDROXY-PHENAETHYLAMINO)-3-AMINO-PYRIDIN 57-0579
SYNTHET. VERS. IN D. GRUPPE HYPOTENSIV WIRKSAMER ALKALOIDE, 39.MITT. 61-0732

KREISLAUFMITTEL
* S. UNTER ARZNEIMITTEL (SPEZIELLE GRUPPEN)

KRISTALLISATION
-GESCHW. V. SALOL (EINFL. D. ELEKTR. FELDSTAERKE) 56-0176
ZONENSCHMELZEN ZUR REINIG. V. DIENEN 53-0209
ZONENSCHMELZ-APP. ZUR REINIG. V. ORGAN. VERB. 54-0593

KRISTALLSTRUKTUR
VERKUERZTE METH. D. ROENTGENSTRUKTUR-BERECHN. 63-0200
V. ALKALI-PB(IV)-PERJODATEN 55-0008
V. K4(MO(CN)8).2 H2O 63-0020
V. K3NA(MOO2(CN)4).6H2O 64-0017
V. NI(CN)2-SOLVATEN U. CLATHRATEN 59-0006
V. H3(CO(CN)6) U. AG3(CO(CN)6) 54-0017
V. (RH3H(C5H5)4) 58-0017
V. ((CO(CH3COCHCOCH3)2)3.H2O) 57-0016
V. BIS-(DIMETHYLGLYOXIMATO)-METHOXYCARBONYLMETHYL-PYRIDIN-KOBALT(III) 55-0009
V. AZULEN-MO2(CO)6 U. GUAIAZULEN-MO2(CO)6 53-0007
V. AZULEN-MO2(CO)6 53-0008
V. (CR(CO)3(ANTHRACEN)) 56-0036
V. BIS-(1.2-DIAMINO-2-METHYLPROPAN)-KUPFER(II)-PERCHLORAT 57-0017
V. 4.6.8-TRIMETHYL-AZULEN-TETRARUTHENIUM-ENNEACARBONYL 58-0016
V. CR(CO)3(1.3.5.7-TETRAMETHYL-CYCLOOCTATETRAEN) 59-0016
V. TRICARBONYLPHENANTHRENCHROM 61-0012
V. TRICARBONYL-9.10-DIHYDROPHENANTHREN-CHROM 61-0013
V. 1.3.5.7-TETRAMETHYL-CYCLOOCTATETRAEN-FE2(CO)5 61-0015
V. 1.3.5-TRIMETHYL-7-METHYLEN-CYCLOOCTATRIEN-(1.3.5)-DIEISENPENTACARBONYL 61-0016
V. (CUCL2(H2O)(2.9-DIMETHYL-1.10-PHEN)) 56-0035
V. (FE(NCS)2(BIPY)2)-POLYMORPHEN 60-0001
V. (FE(CO)3)3((C6H5)2CN2)2 56-0023
V. (PDCL2(EDTA)), 56-0024
V. BIS-(6-AMINO-PURINATO-(7))-KUPFER(II) 56-0029
ZV. (BE(N(CH3)2)2)3 56-0034
V. (CU(1.2-PN)2)CL2 U. -HYDRAT 56-0038
V. (ZN(NCS)(TREN))(SCN) , BIND.-LAENGEN U. -WINKEL 57-0021
BIS-(N.N'-DIMETHYL-AETHYLENDIAMIN)-NICKEL(II)-BROMID U. -NITRAT, KRIST.-STRUKTUR, DARST. 58-0020
V. (CU(H2O)2L2)X2 U. (CU(NO3)2L2) MIT X=BR(-), NO3(-), L=N.N'-DIAETHYL-AETHYLENDIAMIN 60-0022
V. (CU(1.2-PN)2)CR2O7 62-0009
V. (CU(1.2-PN)2)BR2.XH2O 62-0010
V. BIS-(1.2-DIAMINO-PROPYL)-KUPFER(II)-JODID 62-0011
V. (NI(CH3NH2CH2CH2NH2)3)(NO3)2 62-0013
V. (CU(1.3-DIAMINOBUTAN))(CLO4)2 62-0015
V. CUSO4 (1.2-PN)(2)-HYDRAT (VGL. MIT ANDEREN CU-(1.2-PN)-KOMPLEXEN) 64-0008
V. (NI(H2O)2(1.3-PN))(NO3)2 (VERFEINER.) 64-0016
V. OXO-(DESOXOPHYLLOERYTHROAETIOPORPHYRINATO)-VANADIN (IV) 64-0019
V. ACETYLACETONATO-RH(CO)2-KOMPLEXEN 55-0006
V. (AL(OH)(C10H8ON)2OH(CHCL3)) U. (ALOH(C10H8ON)2)2 56-0026
V. (CUL(H2O))CLO4 (HL=PAN) 57-0014
V. ADDUKTEN V. TRIS-(BETA-DIKETONATO)-EU(III)-CHELATEN 60-0020
V. (CU(HOCH2CH2NHCH2CH2NH2)2)(NO3)2 62-0012
V. 2.5-DIHYDROXY-P-BENZOCHINON-DI-K-SALZ 62-0151
V. BIS-(DICHLORO-BIS-(CIS-4-P-CHLORPHENYLTHIAN-1-OXID)-QUECKSILBER(II)) 54-0016
V. CIS-(PD(NO3)2(DMS)2) 56-0025
V. NI(SEC(SE)N(C2H5)2)2 56-0028
V. (IR4(CO)10(P(C6H5)3)2) U. (IR4(CO)9(P(C6H5)3)3) 53-0005
V. (PTN2H(P(C6H5)3)2)(B(C6H5)4)2 53-0045

V. (RHCL3((CH3)2ASC6H4N(CH3)2)2) 55-0010
V. ((CH3)4N)((CO)4CRB3H8) 57-0013
V. RHCL3(AS(CH3)2(CH3OC6H4))2 57-0019
V. (NICL2(O-C6H4(AS(CH3)2)2)2)CL 59-0017
V. ((C6H5)2P-C6H4-CH-CH-CH3)MO(CO)4 53-0006
V. (C6(CH3)6H)RE(CO)3 53-0009
V. (C5H5)CO(CO)2(HGCL2) 53-0011
V. CH3H9CN (ROENTGENOGRAPH. STRUKTURUNTERS.) 53-0012
V. NI-SIGMA-ARYL-KOMPLEXEN 55-0036
V. IR2CL4(CH3)2(CO)4 55-0043
V (CO)5CRC(CH3)NHCH3 56-0022
V. (PI-C5H5CO)2((TERT.-BUTYL-N)2CO) 56-0030
V. (C5H9PDCL)2 56-0032
V. (C2H5MGBR-N(C2H5)3)2 56-0033
V. (C5H5)2TI CH3CHC(CH3)CH2 57-0001
V. (PI-C5H5)2MO(S2C6H3CH3) 57-0012
V. LI2(ZN(CH3)4) 57-0015
V. (PI-3-METHYL-HEPTADIEN-(1.6)-YL)(PI-CIS-BUTADIEN)-KOBALT 57-0018
V. CYCLOPENTADIENYL-CYCLOHEPTATRIENYL-MOLYBDAEN(0) 57-0050
V. (NI2(C5H5)2C6H5CCC6H5) 58-0018
V. DI-MY-JODO-MY-DIMETHYLSULFID-BIS-(DIMETHYL-DIMETHYLSULFID-RHODIUM(III)) 58-0019
V. ((CH3)2AU(OH))4 60-0021
V. 1-AETHYL-GERMATRAN 60-0023
V. LITHIUMTETRAMETHYLBERYLLAT(II) 61-0014
V. (BIPY(CO)3MO)-CL-(SNCL2CH3) 61-0017
V. (MG(AL(OCH3)2(CH3)2).DIOXAN) 63-0019
V. DEKACARBONYL-(4.4'-DIAZULEN)-TETRAEISEN 63-0022
V. PI-C7H7MO(CO)2C6F5 63-0023
V. MY-DIPHENYLAMINO-MY-METHYL-TETRAMETHYL-DIALUMINIUM 63-0024
V. TRIS-(CYCLOPENTADIENYLNICKEL)-DISULFID 63-0025
V. FE2(GE(CH3)2)3(CO)6 64-0071
V. MY-DIPHENYLUREYLEN-BIS-(TRICARBONYLEISEN) 56-0031
V. (HGJ2(NH2CSNH2)2) 60-0018
V. CO(CH3CSCHCSCH3)2 U. NI(CH3CSCHCSCH3)2 54-0014
V. (RECL2(C5H7O2)2) 56-0027
V. NI(II)-SALICYLALDIMINBRENZCATECHIN-KOMPLEXEN 54-0015
V. BIS-(MY-4.4'-DIMETHYLBENZOPHENONHYDRAZONATO-TRICARBONYLEISEN) 56-0077
V. PYRIDINIUMTETRACHLOROANTIMONAT(III) 56-0166
V. TRANS-HYDRIDO-CHLORO-BIS-(TRIPHENYLPHOSPHIN)-PLATIN (II) 58-0015
V. ACETONITRIL-KUPFER(I)-BROMID 61-0018
V. CU(II)-PYRIDOXYLIDEN-(+-)-VALIN 53-0010
V. CU(C9H7O4)2 55-0007
V. DIVIOLURATO-DIAQUO-KUPFER(II) -2-HYDRAT 57-0020
ROENTGENDIAGRAMME V. OXALATOWOLFRAMATEN U. -MOLYBDATEN (VI) , 4. MITT. 60-0008
V. UEBERGANGSMETALLCARBOXYLATEN (UEBERSICHT) 60-0019
V. PYRIDINIUM-BIS-(4-(2-CARBOXY-6-METHYL-PHENYLAZO)-1-(4-BROMPHENYL)-3-METHYL-PYRAZOLON-(5)-ATO(2-))-CHROMAT (III) -3-WASSER 60-0024
V. 4.4-DINITRO-BUTEN-(2)-SAEUREAMID-KALIUMSALZ 61-0167
KRIST.-STRUKTUR PACK.-FEHLER V. MG-, MN-, FE-, CO-, NI- U. ZN-OXALATDIHYDRAT 62-0008
V. M2(ZRA2).N H2O, M=RB, K, H3A= N(CH2COOH)3 62-0014
V. P-METHYL-TRITHIOPERBENZOATO-BIS-(P-METHYL-DITHIOBENZOATO)-EISEN(III) 63-0026
V. HYDROGEN-ANTIMON-BIS-(THIOGLYKOLAT) 64-0015
D. MONOHYDRATS V. SULFANILAMIDO-NA 64-0018
V. (CU(CH3C6H4SO2)2(H2O)4) 54-0013
V. EUROPIUM(III)-NAPHTHALINSULFONAT-(2) -NONAHYDRAT 55-0023
V. CYCL. OLEFINEN 56-0037
V. CIS-ANTI-CIS-PERHYDRO ANTHRACEN 56-0171
V. 1.1'-BINORBORNYL, 1.1'-BIAPOCAMPHYL U. 1.1'-BIADAMANTYL 57-0137
D. 1.4-DI-TERT.-BUTYL-CYCLOHEXANE 57-0149
V. TETRABENZ(A.C.H.J)ANTHRACEN 61-0163
V. 1.2.4.5-TETRA-TERT.-BUTYL-BENZOL 62-0150
V. 4.11-DIMETHOXY-HEPTACYCLO(9.9. 2.2(1.14).0(4.21) .0(5.10).0(14.22).0(15.20))TETRAKOSAHEPTAEN-(5.7.9.15. 17.19.23) U. NONACYCLO(9.9.2.2(1.14).0(4.21).0(4.23) .0(5.10).0(11.24).0(14.22).0(15.20))TETRAKOSAHEXAEN-(5.7.9.15.17.19) 61-0164
V. ANTI-5.5.8.8-TETRAPHENYL-2.4.9-TRIOXATRICYCLO(5.2. 0.0(3.6))NONAN 54-0109
DEBYE-SCHERRER-DIAGRAMME V. HALOGENWASSERSTOFF- U. TETRAHALOGENSILAN-ADDUKTEN V. N-HETEROCYCLEN 54-0435
V. 1.6-EPOXY(10)ANNULEN 55-0121
V. 3.7-DIMETHYL-1.5-DITHIA-3.7-DIAZA-CYCLOOCTAN 55-0127
V. CIS-1.6,8.13-BIS-OXIDO-(14)-ANNULEN 56-0172
V. RAC.-DIHYDROTHYMIN 58-0155
V. 1.3-BIS-(P-CHLOR-PHENYL)-2-TRIAETHYLCARBINYL-4.5.5-TRIAETHYL-1.3.2.4-DIAZADIBOROLIDIN 58-0157
V. 6.6'-METHYLEN-DIPHENANTHRIDIN 61-0163
V. 2.3-DI-TERT.-BUTYL-CHINOXALIN 63-0202
V. TETRAJOD-AETHYLEN U. 1 ZU 1-ADDUKT AUS TETRAJOD-AETHYLEN U. PYRAZIN 64-0188
V. 1.2.3.4-TETRACHLOR-5.6-DIPHENYLCALICEN 53-0107
V. METHYL-(P-BROM-PHENYL)-FUROXANEN 55-0125
V. PERCHLOR-1.4-DIMETHYL-5.8-DIMETHYLEN-CYCLOOCTATRIEN-(1.3.6) 59-0170
V. HALOGEN-CYAN-ACETYLEN 64-0187
D. TETRANITROAETHANDIID-IONS 54-0115
V. TRIS-(1.3.2-BENZODIOXABOROLYL-(2))-AMIN 55-0123
V. 10-(2-DIMETHYLAMINO-PROPYL-(1))-PHENOTHIAZIN-HYDROBROMID 60-0182
D. BIN. SYST. HEXAMETHYLENTETRAMIN-CBR4 BZW. -JODOFORM 61-0162
V. PI-KOMPLEX AUS PIKRINSAEURE U. 1-BROM-2-AMINO-NAPHTHALIN 63-0191
10-(2-DIAETHYLAMINO-AETHYL)-PHENOTHIAZIN-HYDROCHLORID 56-0173
V. 1.3.5.7-TETRAMETHOXY-2.6-DIOXA-ADAMANTAN 62-0157
V. GLYCERIN 62-0158
V. DIBROM-PINORESINOL-DIMETHYLAETHER 62-0160
V. OCTAHYDROXYCYCLOBUTAN 63-0195
V. 8-BROM-2-HYDROXY-NAPHTHALIN 64-0186
V. CIS-PERHYDRO-CYCLOPENTA(1.2-C,3.4-C')DITHIOPHEN-S.S.S'.S'-TETROXID 63-0193
V. (C6H5)3SB(OCH3)2 U. (C6H5)4SB(OCH3) 61-0165
V. PHENYLCYCLOSILANEN 62-0025
V. 1.2.3.4-TETRAPHENYL-2.4-BIS-ANILINO-CYCLODISILAZAN 62-0369
V. 5-METHYL-5-PHENYL-BARBITURSAEURE 61-0169
V. N-(P-BROM-PHENYL)-(2-PHENYL-BICYCLO(1.1.1)PENTYL-(2))-URETHAN 64-0189
- D. 3-DIAZO-BUTANON-(2)-CS2-ADDUKTS 56-0168
V. 2-DESYLIDEN-1.3-DITHIOLAN 56-0169
V. PHENYLCINNAMALON 57-0172
V. 2-(P-BROM-BENZOYL)-5-ISOPROPYL-7-METHYL-8H-AZULENO (1.8-B.C)THIOPHEN 59-0172
V. 2.4.4.6-TETRAHALOGEN-CYCLOHEXADIENONEN 61-0160
V. 6-BENZOYL-3-HYDROXY-1-METHYL-5-PHENYL-THIABENZOL-1-OXID 62-0153
V. 4-AMINO-NAPHTHOCHINON-(1.2) 62-0161
V. DIBENZO(B,F)TROPON 63-0198
V. TRANS-TRANS-4.4'-DIBROM-CINNAMALDAZIN 54-0117
V. CYCLOHEXAN-1.4-DIOXIM 61-0158
V. 1-BENZYL-1.2.2-TRIMETHYL-ACETIDINIUMBROMID 60-0176
V. THIAZOLINFARBSTOFFEN, 1. MITT. V. BIS-(3-AETHYL-THIAZOLIN-(2))-TRIMETHINCYANINJODID 62-0148
V. N.N'-DIMETHYL-TRANS-PERHYDRO-CYCLOPENTA(1.2-C)(3.4-C')DIPYRROL-BIS-METHOJODID 63-0192
V. 1.1.5.5-TETRAMETHYL-CYCLODECAN-CARBONSAEURE-(8) 53-0105
V. DIMEREN THYMIN 54-0116
V. 2-THIOBARBITURSAEURE 54-0118
V. CEPHALONSAEURE 54-0535
D. 1-METHYL-THYMIN-DIMEREN 55-0122
V. 4-THIOCARBAMOYL-PYRIDIN 55-0124
V. (R)-(+)-2.2'-DIHYDROXY-1.1'-BINAPHTHYL-3.3'-DICARBONSAEURE-DIMETHYLESTER 56-0158
V. N-ACETYL-BROMANISOMYCIN 58-0154
V. 3BETA.6BETA-DIMETHOXY-5BETA.19-CYCLO-ANDROSTAN-17-ON-N-ACETYL-P-BROMBENZOLSULFONYL-HYDRAZON 58-0156
V. N-(4-CHLOR-PHENYL)-PHTHALIMID 58-0158
V. CEROPLASTOL I-4-BROM-BENZOAT 59-0739
V. 12-HYDROXY-6-METHYL-TRICYCLO(5.3.1.1(2.6))DODECYL-(3)-P-JOD-BENZOAT 60-0177
V. 6-KETONOANOLID 60-0180
V. TRANS-4-AMINOMETHYL-CYCLOHEXANCARBONSAEURE (COMPUTERBERECHN.) 61-0159
V. SACCHARIN 61-0166
V. 1.1.2.2-TETRAMETHOXYCARBONYL-AETHAN 62-0149
V. 1.3-DIAETHYL-2-THIO-BARBITURSAEURE 62-0159
V. DL-CYCLOHEXADIEN-(1.4)-YL-(1)-GLYCIN 63-0182
V. 2ALPHA.7A ALPHA,3BETA.3A BETA-BIS-(1.2-DIMETHOXYCARBONYL-AETHENO)-4ALPHA.7BETA-DIBROM-3A.4.7.7A-TETRAHYDROINDAN 63-0201
V. RAC.-N-(P-BROMBENZYL)-CIS.EXO.ERYTHRO-NORBORMID 64-0164
V. 3-O-(P-BROMBENZOYL)-ANHYDROHIRUNDIGENIN 64-0851
V. THIOTHIXEN 53-0103
V. NATRIUM-2-METHYL-1.4-DIOXO-TETRALIN-2-SULFONAT 63-0199
V. ACETYLHEXACHLOROANTIMONAT(V) 55-0126
V. 4-METHYL-2.6.7-TRIOXA-1-PHOSPHABICYCLO(2.2.2)OCTAN-1-OXID 63-0196
V. AETHYLEN- U. VINYLENSULFAT 63-0197
V. 3-DESOXY-3.4-C-(DICHLORMETHYLEN)-1.2-5.6-DI-O-ISOPROPYLIDEN-ALPHA-D-GALAKTOFURANOSE 57-0169
V. APHLYSIN-20 54-0092
V. BULGAREN-DIHYDROBROMID 56-0170
V. CALDARIOMYCIN-CAMPHERSULFONATEN 57-0158
V. 6-OXO-16BETA-O-(P-BROM-BENZOYL)-LEUCOTYLIN 59-0171
V. EUNICELLINDIBROMID 62-0154
V. 8BETA-METHYL-TESTOSTERON-17BETA-MONOBROMACETAT U. TESTOSTERON-17BETA-P-BROMBENZOAT 53-0104
V. 3-O-(P-BROM-BENZOYL)-FUSIDSAEUREMETHYLESTER 57-0170
V. 3ALPHA-P-BROM-BENZOYLOXY-11ALPHA.17BETA-DIHYDROXY-C-NOR-5BETA.13ALPHA-ANDROSTAN-11BETA-CARBONSAEURE-11.17-LACTON 61-0168
ROENTGENSTRUKTURANALYSE V. TOMATIDIN-HYDROJODID 53-0102
V. (+-)-1-ACETYL-16-METHYL-ASPIDOSPERMIDIN-4-METHOJODID 57-0168
V. SPIRADIN A.-METHOJODID 59-0702
V. VERATROBASIN 60-0179
V. BATRACHOTOXININ A-20-(P-BROM-BENZOAT) 61-0736
V. SPARTEIN-N(16)-OXID-SESQUIPERCHLORAT 62-0152
V. MORPHIN U. KREYSIGININ 62-0155

V. ACUTUMIN U. -ACETAT 63-0200
V. COULTEROPIN-HYDROBROMID 64-0819
V. SHOWDOMYCIN U. DERIV. 55-0120
V. PYRROLNITRIN 57-0171
V. KANAMYCIN-DERIV. 60-0178
V. PROPHYRINDISAEUREN 63-0194
KRITISCHER ZUSTAND
KRIT. VOL. HOMOLOGER VERB. 59-0175
KROETENGIFTE
32. MITT. 54-0539
ISOLIER. V. PSEUDO-BUFARENOGIN AUS CH'AN SU 54-0539
KRYOSKOPIE
KRYOSKOP. KONST. V. BENZOTHIAZOL 62-0163
KRYPTON
ANGEREGTE METASTABILE KR-ATOME, STOSSRK. MIT KW-STOFFEN (ASSOZIATIVE IONISIER.) 58-0014
KRYPTOPINE
* S. UNTER ALKALOIDE
KUERBIS
ISOLIER. V. DELTA(7.24(28))-STIGMASTADIENOL-(3BETA) AUS KERNEN 61-0788
KUMULENE
* S. UNTER AETHYLENVERBINDUNGEN BZW.
* KOHLENWASSERSTOFFE (OLEFINE)
KUPFER
ADSORPT. V. ARYLHALOGENIDEN U. ARYL-KW-STOFFEN AN 59-0182
CU(II), KOMPLEXBLDG. MIT KALIUM-3.5-DIMETHYL-PYRAZOL-1-DITHIOCARBOXYLAT 59-0084
CU-KATALYSIERTE RK. V. THIOLEN U. ALKOHOLEN MIT DIAZOACETAT 59-0310
EINFL. AUF D. DEHYDRIER. U. DEHYDRATAT. V. ISOPROPANOL 62-0281
CU(II), EINFL. AUF D. HYDROLYSE D. ESTER V. KOMPLEXONEN 63-0041
KUPFERVERBINDUNGEN (ORGANISCHE)
CU(II)-SALZE, RK. MIT 2.4-DIAMINOAZOBENZOLEN (KINETIK) 57-0211
)2, EINFL. AUF D. TOLUOL-OX. MIT DIISOPROPYLPER-OXYDICARBONAT, 58-0213
CU-ARYLACETYLIDE, RK. MIT 1.8-DIJOD-NAPHTHALIN 54-0332
HYDROXYPORPHYRIN-KUPFER-KOMPLEXE, DARST. 58-0736
ORGANO-CU-REAGENTIEN ZUR METHYLIER. V. 10-METHYL-1(9)-OCTALONEN-(2) 59-0440
CU-HALOGENACETATE, NACHW. 64-0079
BIS-(TRIACYLMETHANATO)-KUPFER(II)-CHELATE, KONFIG. 59-0008
BIS-(TRIACYLMETHANATO)-KUPFER(II)-CHELATE, UV 59-0008
CU-ACETYLIDE, RK. MIT BROMACETYLENEN ZU 1.3-DIINEN 62-0312
(2 ZU 1)-KOMPLEX AUS 3.7-DIMETHYL-3.7-DIAZA-BICYCLO (3.3.1)NONAN U. CU(CLO4)2 , DARST. AUS 3.7-DIMETHYL-3.7-DIAZA-BICYCLO(3.3.1)NONAN U. CU(CLO4)2 58-0627
TETRA-NA-(3.10.17.24-TETRASULFO-PHTHALOCYANINATO-CUPRAT(II))(4-), ELEKTROCHEM. VERH. , EPR, SPEKTRUM IM SICHTBAREN 60-0031
KOMPLEXBLDG. V. N.N-DIAETHYL-N'-METHYL-AETHYLENDIAMIN U. N.N.N'.N'-TETRAMETHYL-AETHYLENDIAMIN MIT CU(II), VGL. MIT ANDEREN N-SUBSTITUIERTEN AETHYLENDIAMINEN (STABILITAETSKONST.) 53-0014
CU-KOMPLEXE V. 1.2-PROPANDIAMIN,2. MITT.
L-4(5)-(2-AMINO-3-BROM-PROPYL)-IMIDAZOL- BZW. 4(5)-(AZIRIDINYL-(2)-METHYL)-IMIDAZOL-CU(II)-CHELATE, BLDG. BEI D. SOLVOLYSE V. L-4(5)-(2-AMINO-3-BROM-PROPYL)-IMIDAZOL (KINETIK) 57-0231
(CU(H2O)2L2)X2 U. (CU(NO3)2L2) MIT X=BR(-), NO3(-), L=N.N'-DIAETHYL-AETHYLENDIAMIN, DARST., KRIST.-STRUKTUR, IR-, REFLEX.-SPEKTREN, MAGNET. EIG. 60-0022
CU-CHELATE MIT NITROALKENEN 61-0061
CU-KOMPLEXE MIT 1.2-DIAMINOPROPAN, 3. MITT. ((CU(1.2-PN)2)CR2O7, DARST., KRIST.-STRUKTUR) 62-0009
CU-KOMPLEXE MIT 1.2-DIAMINO-PROPAN, 4. MITT. ((CU(1.2-PN)2)BR2.XH2O, DARST., KRIST.-STRUKTUR) 62-0010
EINFL. V. CU-AMIN-KOMPLEXEN U. KUPFER(II)-ACETAT AUF D. OX. V. PHENOLEN 62-0520
CU(II)-(1.2-PN)-KOMPLEXE, MAGNET. EIG., IR- U. ELEKTRONENSPEKTREN 64-0008
SICHTBARES ABSORPT.-MAX. V. CU-FORMAZAN-KOMPLEXEN 64-0616
CU(II)-PYRIDOXYLIDEN-(+-)-VALIN, KRIST.-STRUKTUR 53-0010
CU(II)-CHELAT V. 2.7.12.17-TETRAMETHYL-1.4.6.9.11.14.16.19-OCTAKETOCYCLOEICOSAN, DARST., UNTERS. D. KATALYT. AKTIVITAET BEI OX. V. LUMINOL (ALKALI) 54-0039
CYTOSIN-CU-KOMPLEXE, DARST. 55-0039
CU-PHENOLATE V. 1-HYDROXY-2-(O-HYDROXY-PHENYL-AZO)-GAMMA-AMINO-NAPHTHALINSULFONSAEUREN, ESSIGSAURE KUPPL. MIT DIAZONIUMVERB. 58-0506
BIS(((13)C2(CO))AETHOXYCARBONYLACETONATO)-KUPFER(II) , BIS-(AETHOXYCARBONYL-((18)C)ACETONATO)-KUPFER(II) , DARST., IR 59-0004
CU-2-(2-HYDROXY-5-METHYL-PHENYL)-BENZTRIAZOL-KOMPLEXE, BLDG. AUS 2-(2-HYDROXY-5-METHYL-PHENYL)-BENZTRIAZOL U. CU(II), STABILITAET 59-0020
(CUCL(OCH3)L)N MIT L=PY, 2-PICOLIN, 2.6-LUTIDIN, DARST., RK. 63-0091
CU(II)- ALDIMINOZUCKERCHELATE, ORD 63-0107
CU(II)-BRENZCATECHIN-KOMPLEXE, RK.-KINETIK 64-0033
CU-KOMPLEXE V. DITHIOLENTYP, POLAROGRAPH. VERH. 60-0059
CUCL (P(C6H5)3)3, RK. MIT CSB3H8, (P(C6H5)3)2CUB3H8, DARST. 55-0038
CU(I)-ACETYLIDE, RK. MIT JODBITHIENYL-DERIV. 54-0366
CU-KOMPLEX V. F. 254-255 AUS CYCLOPENTAN-1.3-DION U. BUTTERSAEURE-ANHYDRID, CU-KOMPLEX V. F. 275 AUS CYCLOPENTAN-1.3-DION U. ISOVALERIANSAEURE-ANHYDRID, BLDG. 56-0382
BIS-(AETHYLACETOACETATO)-KUPFER(II) U. BIS-(ACETYLACETONATO)-KUPFER(II), RK. MIT DIAZOESSIGSAEUREAETHYLESTER 58-0378
RK. V. CU-ACETYLENIDEN MIT TRANS-1.2-DIJOD-AETHYLEN 58-0479
CU(I)-ALKYLE, DARST. , THERM. STABILITAET, MAGNET. VERH., ALKOHOLYSE 59-0086
FLUORIERTE ARYL-CU-VERB., DARST., RK. 61-0062
CH3-CU-VERB., RK. MIT CYCLOHEXANONEN 61-0286
POLYHALOGENARYL-CU-VERB., DARST., RK. 61-0640
POLYHALOGENARYL-CU-VERB., RK. 62-0437
CU-ACETYLIDE, RK. 63-0574
DARST. V. CUCL-KOMPLEXEN V. CYCL. DIAZOVERB. AUS D. ENTSPRECHENDEN N-CARBONYLVERB. 54-0394
CU-ACETYLACETONATE, POLAROGRAPH. RED., ADSORPT. AN HG, STABILITAETSKONST. 54-0022
ACYLIER. V. 1 ZU 2-CU-BETA-DIKETON-CHELATEN 54-0043
CU-KOMPLEXE V. BETA-HYDROXY-CYCLOALKENONEN, DARST. ZUR CHARAKTERISIER. 56-0384
CU-CHELATE V. CYCLOALKANDIONEN-(1.3) U. 2-ACYLCYCLOALKANONEN, DARST. 56-0385
(13)C-, (18)O- U. (2)H- MARKIERTE CU-ACETYLACETONATE, DARST. 59-0085
BIS-(DIKETONATO)-KUPFER(II), VERW. ZUR KATALYT. ZERS. V. DIPHENYL-DIAZOMETHAN 62-0309
P-BENZOCHINON-DIKUPFER(I)-KOMPLEXE, DARST. , CHARAKTERISIER. 63-0091
CUBR2(HL)2, CUCL2(HL)2 U. (CU2(OH)2L2) (HL=2-FORMYL-THIOPHEN-OXIM), DARST., KONSTIT. 54-0045
BIS-(TRIACYLMETHANATO)-KUPFER(II)-CHELATE, IR 59-0008
CU-CHELATE MIT SCHIFFSCHEN BASEN, DARST. VERW. 62-0309
CU(I)- U. CU(II)-ACETONITRIL-KOMPLEXE, IR -SPEKTREN 55-0003
CU-ACETONITRIL-KOMPLEXE, DARST. 55-0026
BIPY-CU(OOCCH2)2CO, (H2O)2CU(OOCCH2)2CO, DECARBOXYLIER.-GESCHW. 53-0171
CU(II)-GLYCIN- U. CU(II)-BIPY-GLYCIN-KOMPLEX, STABILITAET , VGL. MIT ANDEREN TERN. CU(II)-GLYCIN-KOMPLEXEN 54-0020
CU-MUREXID-KOMPLEX, STABILITAETSKONST., VGL. MIT IMINODIACETAT- U. DIPICOLINATKOMPLEXEN 54-0021
CU(C7H5O6)2, RK. MIT ACETYLSALICYLSAEURE, CU(C9H7O4)2, DARST. AUS ACETYLSALICYLSAEURE U. CU(C7H5O6)2, KRIST.-STRUKTUR 55-0007
CU-CHELATE V. BETA-DIKETONEN, EIG. 55-0307
1 ZU 2-KOMPLEX AUS CU(II) U. CYCLOHEXYLIMINO-DIESSIGSAEURE, BEST. D. STABILITAETS-KONST. 56-0041
CU(II)-THIOBENZHYDROXAMAT-KOMPLEXE, DARST. 56-0357
MESO-AETHOXYCARBONYLAMINO-AETIOPORPHYRIN-I-CU(II)-KOMPLEX, DARST. 56-0658
VIER- U. FUENFFACHKOORDINIERTE CU(II)-AMINOSAEURE-KOMPLEXE, ORD , GLEICHGEW. IN LSG. 58-0003
TRIPEPTID-, AMINOSAEUREKOMPLEXE, ZIRKULARDICHROISMUS 58-0004
CU(II)- THIONALIDKOMPLEXE, BLDG. , STABILITAETS-KONST. 58-0024
TRIGLYCINATO-CU(II)-KOMPLEXE, ANIONENAUSTAUSCHRK. MIT KOMPLEXONEN (KINETIK) 58-0030
CU(II)-CHELATE V. DL-THREO-13-AMINO-14-HYDROXY-BEHENSAEURE U. DL-THREO-13-HYDROXY-14-AMINO-BEHENSAEURE , DARST. 58-0388
TRANS-BIS-(L-TYROSINATO)-KUPFER(II), CIS-(L-TYROSINATO-D-TYROSINATO)-KUPFER(II), DARST. UNTERS. D. ISOMERIE 59-0001
CU(II)-KOMPLEXE MIT FEUNFGLIEDR. ALPHA-CARBOXY-HETEROCYCLEN U. CARBONSAEUREN, STABILITAETSKONST., KONSTIT., NMR 59-0024
GLYCINATO- U. BIS-(GLYCINATO)-CU(II), BLDG. (KINETIK, MECHANISMUS) 59-0028
BIS-(PYRAZOL-1-DITHIOCARBOXYLATO)-KUPFER(II), BIS-(3.5-DIMETHYL-PYRAZOL-1-DITHIOCARBOXYLATO)-KUPFER(II), DARST. 59-0084
N.N'-BIS-(GLYCYL)-1.2-ALKYLENDIAMINATOKUPFER(II)-KOMPLEXE, ZIRKULARDICHROISMUS 61-0003
BIS-(N-(ALKOXYCARBONYLALKYL)-SALICYLALDIMINATO)-CU(II)-KOMPLEXE, LIGANDENRACEMISIER. 61-0028
HEXAKIS-(ESSIGSAEURE)-CU(II)-KOMPLEXE, DARST. AUS ACETANHYDRID U. CU(II)-SALZ-HYDRATEN 61-0060
CU-CHELATE V. AMINOSAEUREN ZIRKULARDICHROISMUS U. STABILITAETSKONST. 62-0001
CU(II)-KOMPLEXE MIT L-CARNOSIN, BLDG. GLEICHGEW. IN LSG. (KINETIK) 62-0021
EDTA-CU(2+)-1 ZU 1-KOMPLEXE, BLDG. U. RAMAN-SPEKTREN 63-0007
AETHYLVALINAT(LEUCINAT)-N.N-DIACETATOTRIAQUO-KUPFER-(II), BLDG. HYDROLYSE 63-0040
(AMINOSAEUREESTER-N.N-DIACETATO)-KUPFER(II), HYDROLYSE 63-0041
NTA-CU(II)-KOMPLEXE MIT AMINOSAEUREN U. ESTERN, BLDG.-KONST. 63-0042

NTA-AMINOSAEUREESTER-CU(II)-KOMPLEXE, DURCH D. CU(NTA)-ION KATALYSIERTE HYDROLYSE D. ESTERS 63-0043
GLYCYLHISTIDYLGLYCINATO-CU(II)-KOMPLEXE, BLDG., GLEICHGEW.-KONST. 64-0078
NATRIUM-M-DIPHENYLPHOSPHINO-BENZOLSULFONAT-CU(I)-KOMPLEXE , BLDG. 64-0022
CU-PORPHIN-KOMPLEXE, DARST. AUS PORPHINEN U. CU-ACETAT 57-0688
SULFOSALICYLATO-CU(II)-KOMPLEXE, STABILITAET 64-0026
CU-ACETYLIDE, RK. MIT HALOGENOLEFINEN 57-0288

KUPFERVERBINDUNGEN (ANORGANISCHE)
CUBR, EINFL. AUF D. TOLUOL-OX. MIT DIISOPROPYLPEROXYDICARBONAT 58-0213
CUBR2, EINFL. AUF D. TOLUOL-OX. MIT DIISOPROPYLPEROXYDICARBONAT 58-0213
CUBR2, EINFL. AUF RK. V. DIAZOMETHAN MIT DIALLYLAETHER 59-0403
CUCO3.CU(OH)2, RK. MIT PHENYLTRIFLUORSILAN 59-0044
CUCO3.CU(OH)2, RK. MIT L- BZW. DL-TYROSIN 59-0001
CUCL, KOMPLEXBLDG. MIT SNCL4 U. ACETONITRIL 55-0026
CUCL, RK. MIT DIPHENYL-THIOPHOSPHINYL-AMID 54-0042
CUCL, EINFL. AUF D. TOLUOL-OX. MIT DIISOPROPYLPEROXYDICARBONAT 58-0213
CUCL, EINFL. AUF RK. V. DIAZOMETHAN MIT DIALLYLSULFID 59-0403
CUCL, EINFL. AUF D. OX. V. 2.6-DI-TERT.-BUTYL-P-KRESOL 64-0439
RK. MIT DIPHENYL-THIOPHOSPHINYL-AMID 54-0042
CUCL2, VERH. V. TOLUOL IN D. SYST. ORGANOPEROXID-CUCL2 63-0358
CUCL2, RK. MIT OLEFINEN (STEREOSELEKTIVITAET, MECHANISMUS) 64-0261
CUCL2, RK. MIT CYTOSIN 55-0039
CUCL2, KOMPLEXBLDG. MIT DIMETHYLSELENOXID 56-0052
CUCL2, RK. MIT ZN-DIALKYLEN 59-0086
CUCL2,KEINE RK. MIT URACIL 55-0039
CUCL2, KOMPLEXBLDG. MIT ALPHA-FUROYLACETON 59-0083
CUCL2, KOMPLEXBLDG. MIT SBCL5 U. ACETONITRIL 55-0019
CUCL2, KOMPLEXBLDG. MIT SNCL4 U. ACETONITRIL 55-0026
CUCL2, KOMPLEXBLDG. MIT KALIUM-PYRAZOL-1-DITHIOCARBOXYLAT 59-0084
CUCL2, EINFL. AUF D. TOLUOL-OX. MIT DIISOPROPYLPEROXYDICARBONAT 58-0213
CUCL2, EINFL. AUF RK. V. DIAZOMETHAN MIT ALLYLAETHERN 59-0403
CU2CL2, EINFL. AUF RK. V. 1.3-DIPHENYL-4-PHENYLIMINO-URETIDINON-(2) MIT N-BUTANOL 63-0292
CU(SBCL6)2, EINFL. AUF RK. V. DIAZOMETHAN MIT ALLYLAETHER 59-0403
CUCR2O4, EINFL. AUF D. OX. V. KW-STOFFEN 64-0254
HALOGEN-KETONE , 2. MITT. 58-0358
CU(BF4)2, KOMPLEXBLDG. D. HYDRATS MIT ACETANHYDRID 61-0060
CU(BF4)2, EINFL. AUF D. TOLUOL-OX. MIT DIISOPROPYLPEROXYDICARBONAT 58-0213
CUJ, EINFL. AUF RK. V. DIAZOMETHAN MIT ALLYLAETHERN 59-0403
CU(NO3)2.3H2O,NITRIER. V. TRIS-(1-FURYL-(2)-1.3-BUTANDIONATO)-CHROM(III) BZW. TRIS-(1-FURYL-(2)-1.3-BUTANDIONATO)-KOBALT(III) 59-0083
CUO, RK. MIT PHENYL-SIF3 59-0044
CUO, KATALYSATOR BEI D. METHYLENIER. V. BRENZCATECHINEN 62-0552
CUCO3.CU(OH)2, RK. MIT PHENYL-SIF3 59-0044
CUCO3.CU(OH)2, RK. MIT L- BZW. DL-TYROSIN 59-0001
CU(CLO4)2.6H2O, RK. MIT 1.2-DIAMINO-2-METHYLPROPAN 57-0017
CU(CLO4)2, KOMPLEXBLDG. D. HYDRATS MIT ACETANHYDRID 61-0060
CU(CLO4)2.6 H2O, EINFL. AUF D. TOLUOL-OX. MIT DIISOPROPYLPEROXYDICARBONAT 58-0213
CUSO4.5H2O, EINFL. AUF D. DECARBOXYLIER. V. OXALESSIGSAEURE 58-0292
CUSO4, OX.-MITTEL FUER 1-METHOXY-CYCLOPROPANOL-(1) U. 1-METHOXY-2.2-DIMETHYL-CYCLOPROPANOL-(1) IN AMMONIAKAL. LSG. 57-0312
CUSO4, RK. MIT (1-(13)C)ESSIGSAEURE-AETHYLESTER IN GGW. V. NAH 59-0004

KUPPLUNGSREAKTIONEN
ISOMERENVERHAELTNISSE BEI DER AZOKUPPL., 9. MITT. 61-0301
AZO-, KINET. ISOTOPENEFFEKT MIT P-METHOXY-BENZOLDIAZONIUM-FLUOROBORAT IN APROT. MEDIUM 59-0262
V. ALLYLHALOGENIDEN DURCH RK. MIT PI-ALLYLNICKEL-VERB. 62-0326
V. MONOAZO-ALPHA-NAPHTHOLEN 61-0301
REDUKTIVE V. ALLYLALKOHOLEN 57-0704
AZOKUPPL. V. TROPOLONEN MIT BENZOL-DIAZONIUM-CHLORIDEN 61-0664
V. RESORCIN-SULFONSAEUREN (KUPP.-REGELMAESSIGK.) 53-0243
V. NO2-HALT. RADIKALEN MIT CARBANIONEN (MECHANISMUS) 58-0207

L

LABORATORIUMSGERAETE
AUTOMAT. ZONENSCHMELZ-APP. ZUR REINIG. V. ORGAN. VERB. 54-0593
APP. FUER D. REDUKTIVE ABSPALT. V. PEPTIDSCHUTZGRUPPEN MIT NATRIUM IN FL. AMMONIAK 54-0599

LACTAME
* S. AUCH AZETE
5. MITT. 55-0371
8. MITT. 58-0141
DELTA- U. DELTA-LACTONE,56. MITT. 64-0485
11. MITT. 64-0754
BETA-, STEREOCHEMIE, 4. MITT. 64-0576
N-ARYL-, KONFORM. 58-0141
BETA-, DARST. AUS OLEFINEN U. CLSC2NCO 59-0505
SYNTH. U. EIG. V. FIXIERTEN LACTIMEN IN D. AROMAT. LACTIM-LACTAM-REIHE, 1. MITT. 53-0447
3-AZIDO-2-AZETIDINONE, DARST. AUS BENZALANILINEN BZW. 3.4-DIHYDRO-ISOCHINOLINEN U. ALPHA-AZIDO-SAEURECHLORIDEN 55-0371
N-STYRYL-, DARST. AUS PHENYLACETALDEHYD U. LACTAMEN 56-0348
N-(OMEGA-PHENYL-OMEGA-METHYLAMINO-ALKYL)-PIPERIDONE-(2), DARST. AUS D. PIPERIDINEN 58-0442
BI- U. TRICYCL. N-CHLORSULFONYL-BETA-, DARST. AUS BI- U. TRICYCL. OLEFINEN U. CHLORSULFONYLISOCYANAT 58-0536
PIPERAZIN-2.5-DIONE, DARST. AUS DIPEPTIDEN 59-0617
OENANTHO- U. CAPRO-, DARST. AUS THIOPHENDERIV. 61-0550
NITRO-, DARST. AUS NITROSAMINO-NITRO-CARBONSAEUREREESTERN 62-0619
O-(OMEGA-AMINO-ALKYL)-TRIPHENYLESSIGSAEURE-, DARST. AUS BENZILSAEURE-OMEGA-PHENYLALKYLAMIDEN 63-0744
BETA- U. DELTA-, DARST. DURCH 1.2- U. 1.4-CYCLOADDIT. V. CLSO2-NCO AN OLEFINE 64-0560
ADAMANTYL-(1)-ALPHA-, DARST. AUS ADAMANTYL-(1)-CHLORESSIGSAUEREAMIDEN 62-0510
BETA-, DARST. AUS ALDOKETENEN U. BENZALANILIN 64-0576
BETA-, STEREOCHEMIE , 3. MITT. 58-0142
HETEROCYCL. METHYLAMID-METHYLIMIDAT-ISOMEREN, GLEICHGEW. 60-0204
MAGNET. ANISOTROPIE U. NMR , 1. MITT. (NMR V. N-SUBSTITUIERTEN PIPERIDONEN) 57-0096
ADAMANTYL-(1)-ALPHA-, RK. 62-0510
N-ALKOXY-, PYROLYT. ELIMINIER. V. ALDEHYDEN 56-0243

LACTONE
SUBSTITUIERTE - U. IHRE FOLGE-RK., 12. MITT. 55-0303
BETA-, SYNTH. U. RK., 5. MITT. 57-0313
BETA-, SYNTH. U. RK., 7. MITT. 57-0314
UNGESAETT., U. MERCAPTANE, 3. MITT. 58-0605
BICYCLONONANOLIDE, 2. MITT. 58-0748
BICYCLONONANOLIDE, 3. MITT. 58-0749
BICYCLONONANOLIDE, 4.MITT. 58-0750
BICYCLONONANOLIDE, 5. MITT. 58-0751
DELTA- U. DELTA-LACTAME,56. MITT. 64-0485
11.MITT. 64-0778
CYCLOHEXANOLCARBONSAEURE-, KONFORM. 56-0157
GEM-DIMETHYLPHENYLVALERO-, KONFORM. 56-0163
GAMMA-, KONFIG. U. KONFORM. 56-0159
GAMMA-BUTYRO-, KONFORM. 56-0162
SYNTH. V. ALPHA-ALKYLSUBSTITUIERTEN MAKROCYCL. LACTONEN, 1. MITT. 53-0221
SYNTH. V. ALPHA-ALKYLSUBSTITUIERTEN MAKROCYCL. LACTONEN, 2. MITT. 53-0222
ALPHA-METHYLEN-GAMMA SYNTH. 53-0539
4-ARYL-4-HYDROXY-BUTANSAEURE-, DARST. 55-0394
19-20- D. KAURANREIHE, DARST. 55-0527
UNGESAETT. CYAN-, DARST. AUS AMINO-CYAN-FURANEN U. HCL 56-0467
SYNTH., 3. MITT. 57-0315
CYCLOHEXANOL-2-ESSIGSAEURE-, SYNTH. 57-0496
PODOCARPAN- U. KAURAN-, DARST. 61-0755
GESAETT. STEROID-, DEHYDRIER. 61-0779
2.3-DIARYL-PROPIO-, DARST. AUS ALPHA-ARYL-TRANS-ZIMTSAEUREN 62-0447
GESAETT. GAMMA-, DARST. 62-0529
GAMMA-, DARST. AUS OLEFINEN U. PB-TETRAACETAT 63-0245
OXO-ALKANOLIDE, DARST. AUS TETRAHYDROCHROMANEN DURCH OX. 63-0395
BUTENOLIDE MIT ANELLIERTEM GAMMA-PYRONRING, DARST. 63-0665
O-(OMEGA-HYDROXY-ALKYL)-BENZOESAEURE-, DARST. 64-0444
1-(2-OXO-TETRAHYDROFURYL-(3))-URACILE, DARST. AUS URACILEN U. ALPHA-BROM-GAMMA-BUTYROLACTON 64-0742
BETA-TRICHLORMETHYL-BETA-, DARST. DURCH ADDIT. V. KETEN AN TRICHLORMETHYL-CARBONYLVERB. 56-0300
DELTA-ENOL- U. ALKENYL-, DARST. 57-0315
4-FORMYL-GAMMA-BUTYRO-, DARST. AUS FORMYLBERNSTEINSAEUREESTERN 57-0493
2-ACETYL-2-DECYL-5-ALKOXY-4-VALERO-, DARST. AUS ALPHA-ACETYL-DELTA-ALKOXY-GAMMA-VALEROLACTONEN U. DECYLBROMID 57-0494
MAKROCYCL., DARST. AUS PEROXIDEN 58-0685
DARST. DURCH CARBONYLIER. U. EINLAGER. V. ACETYLEN 59-0649
GAMMA-TERT.-ALKYLPEROXY-GAMMA- U. -PHTHALIDE, DARST. AUS GAMMA-OXO-SAEUREN U. TERT.-ALKYL-HYDROPEROXIDEN 62-0525
ZIRKULARDICHROISMUS 61-0068
COTTON-EFFEKT U. KONFIG. 63-0183
DIPHENYLBUTADIEN-GAMMA-, MASSENSPEKTREN 60-0122

CYCLOHEXANOLCARBONSAEURE-, NMR 56-0157
GAMMA-, NMR 56-0159
GAMMA-BUTYRO-, NMR-UNTERS. 56-0162
NMR 59-0649
GEM-DIMETHYLPHENYLVALERO-, NMR-UNTERS. 56-0163
GESAETT. GAMMA-, ACIDITAET 62-0529
GAMMA-,UNTERS. D. GLEICHGEW. MIT ALKENSAEUREN DURCH DEUTERIER. MIT D2SO4 53-0154
O-ALKYL-SPALT. DURCH BENZOPHENON-OXIM-SALZE 55-0262
BETA-TRICHLORMETHYL-BETA-, RK. 56-0300
GEOEFFNETE ACYL-, ABFANGRK. (DARST. V. HETEROCYCLEN), 6. MITT. 59-0623
ACYL-, HETEROCYCLEN DURCH ABFANGRK. AN GEOEFFNETEN -, 7. MITT. 59-0624
GAMMA-TERT.-ALKYLPEROXY-GAMMA- U. -PHTHALIDE, THERM. ZERS. ZU OXYRADIKALEN 62-0525
DELTA-METHYL-GAMMA-ALKYL-DELTA-VALERO-, RK. MIT POLYPHOSPHORSAEURE 55-0303
2-ACETYL-5-ALKOXY-4-VALERO-, RK. MIT DECEN-(1) 57-0494
RK. MIT FLUOREN 64-0518
ALPHA-ACYL-GAMMA-BUTYRO-, RK. MIT PIPERIDAZIN 59-0624
BETA-, ALKOHOLYSE 57-0314
7-OXO-6-ACYL-FURO(3.2-G)(1)BENZOPYRANE, RK. MIT AMIDINEN 59-0623
4-FORMYL-GAMMA-BUTYRO-, ANTIVIRUS-AKTIVITAET 57-0493
KAWA-, FUNGISTAT. WRKG. (BEZIEH. ZUR KETTENLAENGE) 64-0908
ALDONOLACTON MASSENSPEKTROMETR. IDENTIFIZIER. ALS TRIMETHYLSILYLAETHER 53-0083
LADUNGSVERTEILUNG IN MOLEKUELEN
* S. UNTER MOLEKULARSTRUKTUR
LANTHAN
LA(III), EINFL. AUF D. HYDROLYSE D. ESTER V. KOMPLEXONEN 63-0041
LANTHANIDE
* S. UNTER SELTENERDMETALLE
LANTHANOIDE
* S. UNTER SELTENERDMETALLE
LANTHANVERBINDUNGEN
LA(CLO4)3.8 DMSO , DARST. , IR-SPEKTRUM, THERM. ZERS., PULVERROENTGENOGRAPH. UNTERS. 61-0042
LA-TARTRATE, DARST., LOESLICHK. 60-0044
(AETHYLGLYCINAT-N.N-DIACETATO)-LA(III)-ION, HYDROLYSE 63-0041
STABILITAET V. LANTHAN-CHELATEN D. 1.2-NAPHTHOCHINON-2-OXIM-4-SULFONSAEURE IN WSS. KALIUMCHLORIDLSG. 53-0015
KOMPLEXE MIT HYDRAZODIESSIGSAEURE, TRENN. V. ANDEREN SELTENERDMETALLKOMPLEXEN 59-0052
LA(NO3)3.6H2O, EINFL. AUF D. DECARBOXYLIER. V. OXALESSIGSAEURE 58-0292
LEBER
* S. ORGANE
LECITHINE
CHOLINPHOSPHATIDE, SYNTH., 1. MITT. 57-0327
CHOLINPHOSPHATIDE, SYNTH., 2. MITT. 57-0328
CHOLINPHOSPHATIDE, SYNTH., 3. MITT. 57-0329
CHOLINPHOSPHATIDE, SYNTH., 4. MITT. 57-0330
CHOLINPHOSPHATIDE, SYNTH., 5. MITT. 57-0331
ALPHA- U. BETA-, SYNTH. 57-0327
(14)C-MARKIERTE LECITHINE U. LYSO-, DARST. 57-0328
LYSO-, DARST. 57-0329
O-METHYLIERTE U. O-ACETYLIERTE LYSO-, DARST. 57-0330
HOMOLOGE 2-DESOXY-LYSO-, DARST. 57-0331
LEITFAEHIGKEIT, ELEKTRISCHE
V. (AMMONIUM-(7.7.8.8-TETRACYAN-CHINODIMETHANID))-(7.7.8.8-TETRACYAN-CHINODIMETHAN)-KOMPLEXEN 55-0148
V. NITROBENZOL (MECHANISMUS) 57-0197
V. ACRIDIZINIUM-VERB. 63-0233
V. TETRACYANCHINODIMETHANKOMPLEX MIT AMINEN 56-0192
V. TETRACYANCHINODIMETHAN-KOMPLEXEN 55-0149
KONDUKTOMETR. UNTERS. V. SAEURE-BASEN-GLEICHGEW. IN ACETON, 2. MITT. 58-0182
V. NITROBENZOL (AUFTRETEN D. RADIKALANIONS ALS LAD.-TRAEGER) 54-0133
V. GEMISCHEN AUS N-METHYL-ACETAMID BZW. POLYAMID 6-6 U. BR2 57-0196
KONDUKTOMETR. GLEICHGEW.-BEST. ZWISCHEN DICHLORESSIGSAEURE U. SCHWACHEN BASEN IN ACETON 58-0182
BEWEGLICHK. D. RADIKALANIONS V. NITROBENZOL IN NITROBENZOL 54-0134
LEUCKART-REAKTION
* S. UNTER KONDENSATIONSREAKTIONEN
LEUCOMYCINE
* S. UNTER ANTIBIOTIKA
LEUKAEMIE
* S. UNTER TUMOREN
LEUKOANTHOCYANIDINE
* S. UNTER ANTHOCYANIDINE
LEWIS-SAEUREN
* S. UNTER SAEUREN
LICHTABSORPTION
V. CYCLOPENTADIENYL-UEBERGANGSMETALL-KOMPLEXEN (THEORIE) 63-0003
MOL. OPT. ANISOTROPIE V. NAPTHTHALINEN U. ANTHRACENEN MIT HILFE D. RAYLEIGH-STREUUNG 55-0044
EXTINKT.-KOEFF. V. TAUTOMEREN P-AMINOAZOBENZOL-KATIONEN 56-0103
LICHTSTREUUNG
KRIT. OPALESZENZ IM 3-KOMPONENTEN-SYST. (THERMODYNAM. THERORIE) 63-0028
RAYLEIGH- AN GERADKETT. MOL. (THEORIE) 63-0103
RAYLEIGH- V. NAPHTHALINEN U. ANTHRACENEN 55-0044
DEPOLARISIERTE RAYLEIGH-STREUUNG ZUR KONFORM.-BEST. V. POLYPHENYLVERB., 2. MITT. 59-0158
MOL. OPT. ANISOTROPIE V. N-HETEROCYCLEN DURCH RAYLEIGH-STREUUNG 57-0068
V. CETYLPYRIDINIUMSALZLSG. 63-0210
D. SYST. ISOBUTTERSAEURE-W. 63-0204
LIGANDENUEBERTRAGUNGSREAKTION
* S. UNTER AUSTAUSCHREAKTIONEN
LIGNANE
AUS D. KERNHOLZ V. ULMUS THOMASII, 1. MITT. 58-0813
TETRAHYDROFURANOID- BEST. D. KONFIG. DURCH NMR 53-0334
MITOSEHEMMENDE NATURSTOFFE,19. MITT.(PODOPHYLLUM-LIGNANE, STUKTUR U. ABSOLUTE KONFIG. V. PODORHIZOL-BETA-D-GLUCOSID (=LIGNAN F)) 53-0491
V. 1-PHENYL-1.2.3.4-TETRAHYDRONAPHTHALIN-TYP, MASSENSPEKTREN 57-0122
LIGNIN
NACH BJOERKMAN, BEST. D. HYDROXYLGRUPPEN 59-0799
BIRKENHOLZ-, STRUKTUR 62-0849
FICHTEN-, ISOLIER. V. OX.-PROD. 55-0573
VORK. V. GLYCERINALDEHYD-2-ARYLAETHERSTRUKTUREN 55-0575
BIRKENHOLZ-, AROMAT. W.-DAMPFHYDROLYSEPROD. NIEDEREN MOLGEW. 62-0848
NACH BJOERKMAN, NMR 59-0799
BIRKENHOLZ-, PMR-SPEKTROSKOP. UNTERS. 62-0849
SAEUREABBAU, 1. MITT. 56-0350
ALKAL. HYDROLYSE, 2. MITT. 61-0650
LIMONOIDE
* S. UNTER RINGSYSTEME (HETEROCYCLEN)
LIPOIDE (LIPIDE)
* PHOSPHATIDE, SPHINGOLIPOIDE S. DORT
LIPIDE,46. MITT. 53-0219
47. MITT. 54-0216
49. MITT. 54-0217
50. MITT. 55-0367
52. MITT. 56-0275
53. MITT. 56-0276
54. MITT. 56-0277
51. MITT. 56-0321
56. MITT. 57-0295
LIPIDE, 57. MITT. 59-0332
ZUSAMMENGESETZTE LIPIDE, 31. MITT. 59-0333
59. MITT. 61-0148
61. MITT. 62-0333
GLYCERO-,1. MITT. 63-0375
KOMPLIZIERTE, 30. MITT. 63-0455
KOMPLEXE, 32. MITT. 64-0407
FREISETZ. AUS ERYTHROZYTEN DURCH DETERGENTIEN 64-0920
LITHIUM
EINFL. AUF D. POLYMERISAT. V. KONJUGIERTEN DIENEN (KINETIK) 57-0772
RK. V. LI-ATOMEN MIT PERHALOGEN-METHANEN (MOL.-STRAHL.-RK.) 59-0106
MEHRFACHE EINFUEHR., 2. MITT. 63-0460
RK. MIT 4.4'-DIMETHYL-2.2'-DIPYRIDYL BZW. 5.5'-DIMETHYL-2.2'-DIPYRIDYL 60-0054
METALLIER. V. XANTHENEN IN HEXAMETAPOL 62-0597
RK. MIT BIS-(2.2'-DIPYRIDYL)-BERYLLIUM 64-0056
RK. MIT VINYLBROMIDEN 54-0207
RK. MIT BROMTOLUOLEN (UNTERS. D. ISOMERISIER.) 58-0040
U. MG EINW. AUF GAMMA- U. DELTA-HALOGEN-KETONE , UEBERGANG IN CYCLANOLE, 3. MITT. 58-0359
RK. MIT HEXAMETHYLPHOSPHOTRIAMID (BLDG. V. RADIKALIONEN) 57-0276
LI(+), EINFL. AUF NUKLEOPHILITAET U. EINELEKTRONENAUSTAUSCH V. KOMPLEXANIONEN 61-0032
LITHIUMVERBINDUNGEN (ORGANISCHE)
LI-ACETYLID, BINDUNGSPOLARITAETEN, BEST. D. ELEKTRONENENERGIEN D. METALL-H- U. METALL-METALL-AUSTAUSCH-RK. 57-0129
LI-ACETYLIDE, DARST. AUS VINYLBROMIDEN 54-0207
LI-HALOGENID-ADDUKTE MIT YLIDEN, EINFL. AUF D. WITTIG-RK. 56-0263
PHENYLLITHIUM, METHYLLITHIUM, RK. MIT KETOLEN 56-0398
LI-AMINO-ACETYLENIDE, RK. MIT KETONEN 57-0275
PHENYLLITHIUM, BUTYLLITHIUM RK. MIT TRIMETHYLAMMONIO-2-HYDROXY-TRANS-DECALIN-JODIDEN 57-0443
ORGANO-LI-VERB., RK. MIT CYCL. KETONEN 57-0718
ARYL-LI, RK. MIT ACETATEN ODER ACETYLACETONATEN ALS INITIATOREN 63-0531
LI-DIALKYLAMIDE, RK. MIT TERT.-BETA-DICHLOR-ALKYLAMINEN 64-0397
DINUCLEOTID-LI-SALZE, DARST. 54-0555
LI-NAPHTHALINID U. -ANTHRACENID, ESR 64-0136
TRITYLLITHIUM, PHENYLLITHIUM, DARST., RK. 62-0439
LI-ALLENE, 12. MITT. RK. MIT HALOGEN-ACETYLENEN 56-0267
N-LITHIO-IMINOTRIMETHYLPHOSPHORAN, N-LITHIO-IMINOTRIAETHYLPHOSPHORAN , DARST. 61-0040

LI-DIALKYLAMIDE, RK. MIT VINYL-PHENYL-ACETYLEN 62-0416
OPT.-AKT. ALKOXY-LITHIUM-ALUMINIUMHYDRIDE, ASYMM. RK. MIT KETONEN 55-0162
LI-HEXAFLUOR (BZW. CHLORPENTAFLUOR)PROPAN-2.2-DIOLATE, DARST. , RK. 63-0056
LI-PYRIDINOLATE, DARST. , RK. 63-0681
LI-ALKIN-THIOLATE, RK. MIT AMINEN 61-0354
LI-PYRIDIN-THIOLATE, DARST., RK. 63-0681
RK. V. LI-DIPHENYL(BZW. -DIAETHYL)-PHOSPHID MIT ALPHA. BETA-UNGESAETT. KETONEN 54-0267
ORGANO-LI-VERB., RK. MIT NITRILEN 53-0217
SUBSTITUT.-RK. V. GESCHUETZTEN POLYHYDROXY-PHENYL-LITHIUM-VERB. 54-0258
(DI)CHLOR-VINYL(METHYL)-LI, RK. MIT TRIPHENYL-BOR, DARST. AUS (DI)CHLORAETHEN(METHAN) 54-0268
ARYL-LI, RK. MIT NICL(PI-C5H5)(P(C6H5)3) 55-0036
LI-ALPHA-CHLORSTYRYLVERB., DARST., RK. 56-0227
LI-ORGANOARSIDE, RK. MIT SENFOELEN 56-0392
LI-THIOCARBAMOYLARSINE, DARST. AUS LI-ORGANOARSIDEN U. SENFOELEN 56-0392
DI-LI-DERIV. FETTAROMAT. KETONE, DARST., RK. MIT ALKYLCHLORIDEN ODER NITRILEN 56-0405
1-METHYL-NAPTHYL-(4 BZW. 5 BZW. 6)-LITHIUM, DARST., RK. MIT CYCLOHEXANON 56-0415
EINFL. V. (CH3)3GELI U. C6H5LI AUF D. DISPROPORTIONIER. ORGAN. GE-GE-VERB. 57-0043
METHYL-SN-LI-VERB., DARST., RK. 57-0046
ALKYL-LI, RK. MIT C5H5RE(CO)3, LITHIUMACETYL-CYCLOPENTADIENYL--DICARBONYL-RHENAT BZW. LITHIUM-VALERYL-CYCLOPENTADIENYL-DICARBONYL-RHENAT BZW. LITHIUM-BENZOYL-CYCLOPENTADIENYL-DICARBONYL-RHENAT, DARST. AUS C5H5RE(CO)3 U. ALKYL-LI, RK. MIT H(+) 57-0051
TERT.- U. N-BUTYLLITHIUM, RK. MIT PHENYLAETHERN 57-0370
ALKYL- U. ARYL-LI, DARST., RK. 57-0433
LI-PHENYL-ALLYL U. LI-DEUTEROPHENYL-ALLYL, NMR-SPEKTREN 58-0006
F-HALT. VINYL-LITHIUM-VERB., RK. MIT TRIAETHYL-CHLORSILAN 58-0391
BUTYLLITHIUM, METHYLLITHIUM , 2.2'-DILITHIUM-BIPHENYL , RK. 58-0490
BUTYL-LI, METHYL-LI, RK. MIT BORANEN 59-0337 59-0340
ARYL-LI-DERIV., RK. MIT VINYL-AETHYL-ACETYLEN 59-0389
N.2-DILITHIO-N-METHYL-BENZOLSULFONAMID , N.2-DILITHIO-N-PHENYL-BENZOLSULFONAMID , DARST., RK. 59-0562
LI-BUTYL ADDUKTE MIT PYRIDINEN (NMR, MOL.-STRUKTUR) 60-0011
PENTAFLUORPHENYL-ORGANO-LI-VERB., DARST., RK. 60-0046
LI-ACETYLENIDE, RK. MIT AZIDEN 60-0556
FLUORENYL-LI-VERB., DARST. AUS LITHIUM-CYCLOHEXYLAMID U. SUBSTITUIERTEN FLUORENEN, ELEKTRONENSPEKTROSKOP. UNTERS. 61-0002
THIENYL-LI-DERIV., CHEM. VERSCHIEB., KOPPL.-KONST. 61-0006
THIENO-THIENYL-LI-VERB., DARST. 61-0548
2.6-DIMETHYL-PHENYL-LI, LI-DIISOPROPYLAMID, RK. MIT 2.6-DIMETHYL-BENZONITRIL 61-0633
CH3LI, C2H5LI, N-C4H9LI, RK. MIT PYRAZINEN 62-0641
ALKYL-LI-VERB., (6)LI-(7)LI-SPIN-SPIN-KOPPL. 63-0016
POLYCHLORNORBORNADIENYL-LI-VERB., DARST. AUS POLYCHLORNORBORNADIEN U. BUTYL-LI 63-0057
ALKENYLLITHIUMVERB., SUBSTITUT.-RK. 63-0360
N-BUTYL- U. SEK.-BUTYL-LI, RK. MIT TRANS- BZW. CIS-1.2-DIMETHOXY-1-CHLOR-AETHYLEN 63-0373
LITHIOTOLUOLE, DARST. RK. 63-0460
POLYCHLORPHENYL-LI-VERB., DARST., RK. 63-0465
7ENDO-CHLOR-7-NORCARYLLITHIUM BZW. 7EXO-CHLOR-7-NORCARYL-LITHIUM , DARST. AUS 7.7-DICHLOR-NORCARAN U. N-BUTYL-LITHIUM , RK. MIT CO2 BZW. BR2 BZW. HGCL2, METHANOLYSE, THERMOLYSE 64-0047
N-BUTYLLITHIUM, TERT.-BUTYLLITHIUM, PHENYLLITHIUM, EINFL. AUF D. ZERS. V. TRIARYLALKYLAMMONIUMSALZEN 64-0450
ORGANO-LI-VERB., RK. MIT AZIDEN U. KONDENSIERTEN TETRAZOLEN 64-0660
ALPHA-NAPHTHYL-LI U. 2-LITHIO-1.6-METHANO-(10)ANNULEN (NMR, UNTERS. D. CHEM. VERSCHIEB.) 62-0179
LI-AROYL-TRICARBONYL-NICCOLAT, RK. MIT ACETYLENEN ZU 1.4-DIKETONEN 63-0429
2- BZW. 3-(N.ALPHA-DILITHIUM-ACETAMIDO)-PYRIDIN, DARST., RK. 63-0682
(13)C- U. (18)O- MARKIERTE LI-ACETYLACETONATE, DARST. , RK. 59-0085
LI-ACETONITRIL-KOMPLEXE, IR-SPEKTREN 55-0003
(LI(CH3CN)4)2(SNCL6) , LI(CH3CN)4(SNCL5CH3CN) , DARST. 55-0026
ARYL- U. CYCLOALKYLLITHIUMVERB., DIMERISIER. IN GGW. V. KOBALTCHLORID 57-0283
LI-BENZYL-ALKYL-AETHER, WITTIG-UMLAGER. 62-0268
LITHIUM-DIALKYLAMIDE, RK. MIT FORMAMIDINIUMSALZEN 63-0384
PHENYL-LI, METHYL-LI, RK. MIT CHINONEN U. CHINOLEN (MECHANISMUS) 63-0431
LI-ARYLE, RK. MIT 2.3.3-TRIPHENYL-PHTHALIMIDIN 61-0180

LITHIUMVERBINDUNGEN (ANORGANISCHE)
LINH2, RK. MIT DIMETHYLSULFOXID 62-0440
LI3AS, RK. MIT (CH3)3SICL 62-0027
LI3SB, RK. MIT (CH3)3SICL 62-0027
LI3N, RK. MIT SILANEN 58-0037
LIN3, RK. MIT N-NITROSO-N-CYCLOPROPYL-HARNSTOFF 63-0485
LIN3, RK. MIT CHOLESTERYLTOSYLAT (LSGM.-EFFEKT) 64-0287
LIBR, RK. MIT N-NITROSO-N-(2-PHENYL-CYCLOPROPYL)-HARNSTOFF IN GGW. V. HCOONA 63-0485
LIBR, EINFL. AUF D. RK.-GESCHW. V. CIS- BZW. TRANS-STYRYLCHLORID MIT PHENYL-LI 56-0226
(LICL, BEEINFLUSS. D. RK. V. PHENYLBENZYLSULFID MIT CL2 U. EISESSIG 53-0133
LICL, KOMPLEXBLDG. MIT SBCL5 U. ACETONITRIL 55-0019
LICL, KOMPLEXBLDG. MIT SNCL4 U. ACETONITRIL 55-0026
LICL, RK. MIT METHYLPERCHLORAT (KINETIK) 55-0180
LICL, EINFL. AUF D. RK. V. VINYLCHLORID MIT METALLACETATEN 64-0275
LI(PDCL3), RK. MIT TRICARBONYL-PI-ALLYLKOBALTVERB. ZU CHLORO-PI-ALLYLPALLADIUMVERB. 58-0073
LI2PDCL4, DARST., AUSB. 96 PZ. 59-0090
LI2PDCL4, HYGROSKOPIZITAET 59-0090
LI2PDCL4, KORROS.-WRKG. AUF METALLE 59-0090
LI2PDCL4, RK. MIT AZOBENZOLEN 57-0064
LI2PDCL4, KOMPLEXBLDG. MIT BENZYLAMINEN 59-0090
LI2PDCL4, KOMPLEXBLDG. MIT N-PHENYL-3.5-DIMETHOXY-, N.N-DIMETHYL-P-METHOXY- U. N.N-DIMETHYL-3.5-DIMETHOXY-BENZYLAMIN 59-0090
LIALH4, RED. V. PYRIMIDINEN 59-0630
LIALH4, LIALD4, RK. MIT SAEURENITRILEN 61-0371
LIALH4, LIALD4, RK. MIT CARBONSAEUREN 61-0371
LIALH4, RED. V. SULFONIUMSALZEN 64-0369
LIALH4, STEREOSPEZIF. RK. V. ACETYLENEN BZW. KONJUGIERTEN DIOLEFINEN 55-0211
LIALH4, RK. MIT ALPHA-PINENEPOXID 58-0759
LIALH4, -RED. V. 3.4-BENZO-BICYCLO(3.2.1)OCTENONOXIMEN 59-0501
LIALH4, RED. V. DIBENZOCYCLOHEPTADIENONOXIM 60-0471
LIALH4,RK. MIT KET- BZW. ALDOXIMEN IN THF 62-0505
LIALD4, RK. MIT N-TERT.-BUTYL-BENZAMIDEN 61-0396
LIALH4, FRAGMENTIER. V. TOSYLOXYKETONEN U. -KETALEN BEI RED.MIT - 59-0203
LIBH4, RED. V. PYRIMIDINEN 59-0630
LIJ, EINFL. AUF D. RK.-GESCHW. V. CIS- BZW. TRANS-STYRYLCHLORID MIT PHENYL-LI 56-0226
(LICLO4, BEEINFLUSS. D. RK. V. PHENYLBENZYLSULFID MIT CL2 U. EISESSIG 53-0133
(LICLO4, EINFL. AUF D. CHLORIER./V. ALPHA-AETHYL-BENZYL-PHENYLSULFID (STEREOCHEMIE)/ 53-0134
LICLO4, BEREICH D. ELEKTROAKTIVITAET IN THF-LSG. 60-0221
LICLO4, LOESLICHK. V. NAJ IN GGW. V. LICLO4, EINFL. D. DIELEKTRIZITAETSKONST. D. LSGM. 56-0177
LICLO4, EINFL. AUF D. RK.-GESCHW. V. CIS- BZW. TRANS-STYRYLCHLORID MIT PHENYL-LI 56-0226
LICLO4, EINFL. AUF D. RACEMISIER. OPT. AKT. SI-VERB. 64-0465
LI3P, RK. MIT (CH3)3SICL 62-0027

LOCKSTOFFE
INSEKTENSEXUALLOCKSTOFFE, CHEMIE D. 57-0294
SEXUAL- FUER INSEKTEN, 10. MITT. 60-0342

LOESLICHKEIT
V. ALIPHAT. DICARBONSAEUREN IN W. 58-0187
V. DIALKYL-SULFIDEN IN VERD. ESSIGSAEURE 53-0110
V. ALIPHAT. DICARBONSAEUREN IN W.-A. 58-0187
V. 1,1-WERT. SALZEN IN GGW. V. QUATERN. AMMONIUMSALZEN (EINFL. D. DIELEKTRIZITAETSKONST. D. LSGM.) 56-0177
V. HBR U. DBR IN AROMAT. KW-STOFFEN , (ISOTOPENEFFEKT) 58-0021
V. QUART. AMMONIUMSALZEN IN DIVERSEN LSGM.-SYST. 58-0166

LOESLICHKEITSDIAGRAMME
* S. UNTER PHASENGLEICHGEWICHTE

LOESUNGEN U. MISCHUNGEN
* KOLLOIDE LOESUNGEN S. UNTER KOLLOIDCHEMIE
CHEMIE U. SPEKTROSKOPIE IN STARK SAUREN --, 7. MITT. 57-0185
CHEMIE U. SPEKTROSKOPIE IN STARK SAUREN LSG., 11. MITT. 55-0083
CHEMIE U. SPEKTROSKOPIE IN STARK SAUREN LSG., 13. MITT. 57-0077
STARK SAURE LSG., CHEMIE U. SPEKTROSKOPIE, 15. MITT. 62-0256
STARKE SAURE, CHEMIE U. SPEKTROSKOPIE, 12.MITT. 57-0076
MOLARE UEBERSCHUSSVOL. U. PARTIELLE MOLARE UEBERSCHUSSVOL. BIN. GEMISCHE AUS POLAREN N- U. O-HETEROCYCLEN 64-0199
WSS. U. ORGAN., UEBERSPANN. AN D. PHASENGRENZE 62-0184
ACIDITAET V. W.-BUTYLAMIN-MEDIEN 64-0233
BIN. GEMISCHE AUS ORGAN. FL., MOLARE U. PARTIELLE MOLARE UEBERSCHUSSVOL. 60-0187
FREIE UEBERSCHUSSENERGIE IM SYST. CCL4-C6H6 60-0188
WSS. U. METHANOL. PY., H-BIND. 60-0198

LOESUNGSMITTEL
* S. AUCH HYDRATATION (UND SOLVATATION)
APROT., KLASSIFIKAT. 56-0090

EINFL. AUF D. EPOX. V. ALKENEN 56-0208
-ISOTOPEN-EINFL. BEI SUBSTITUT.-RK. 62-0250
APROT., 2. MITT. 60-0329
MIT GERINGER NUCLEOPHILIE, 10. MITT. 61-0267
V. GERINGER NUCLEOPHILIE, 11. MITT. 61-0268
EINFL. AUF STARKE LAD.-UEBERTRAG.-KOMPLEXE , 1. MITT. 62-0169
DISSOZIAT. V. SAEUREN U. BASEN IN GEMISCHEN V. W. U. ORGAN. --, 4. MITT. 64-0230
DIPOLARE APROT., PROTONENUEBERTRAG. IN --, 4.MITT. 64-0246
NMR-SPEKTROSKOPIE IN OPT.-AKT. -, 5. MITT. 62-0133
FUER ORGANOMETALLVERB., REINIG. V. 1.4-DIOXAN, TETRAHYDROFURAN U. 1.2-DIMETHOXY-AETHAN IM HOCHVAKUUM 56-0765
DIPOLARE APROT., SCHWACH ELEKTROPHILER CHARAKTER 56-0115
EINFL. AUF C. IR-CO-FREQUENZ V. KETONEN 59-0105
EINFL. AUF D. UV-SPEKTREN V. BENZALDEHYD-PHENYLHYDRAZONEN 60-0078
APROT. ELEKTROPHILIE GEGENUEBER KETONEN (IR) 63-0102
EINFL. AUF C. UV-SPEKTREN V. ANILINEN U. AMINOPYRIDINEN 63-0123
EINFL. AUF DIE CO-SCHWING. D. ACETONS 64-0104
DIPOLARE APROT., EINFL. AUF IR-ABSORPT.-FREQUENZ V. ACETON U. PERINAPHTHENON 56-0115
EINFL. AUF D. OPT. AKTIVITAET U. D. KONFORMERENGLEICHGEW. V. (-)-1-ACETYL-2-METHYL-FERROCEN 59-0003
EINFL. AUF ORD V. CARBOBENZOXYAMINOSAEUREN 62-0059
EINFL. AUF D. PHOSPHORESZENZ V. BUTYROPHENON 62-0065
OPT. AKT. NICHTAEQUIVALENZ D. NMR-SPEKTREN V. ENANTIOMEREN IN OPT. AKT. LSGM.,3. MITT. 53-0074
EINFL. AUF C. NMR-SPEKTREN V. STEROIDKETONEN 56-0132
LSGM.-EINFL. IN D. NMR-SPEKTROSKOPIE , 13. MITT. 57-0117
EINFL. AUF NMR V. ALKYLCYCLCALKANEN 58-0104
EINFL. AUF D. NMR V. 5ALPHA-ANDROSTANEN 58-0112
EINFL. AUF NMR U. KONFORM.-GLEICHGEW. V. CYCLOHEXYLHALOGENIDEN 58-0150
EINFL. AUF NMR V. CYCL. AETHERN 59-0161
EINFL. AUF PMR-SPEKTREN V. ALPHA, BETA-UNGESAETT. KETONEN 60-0101
-EFFEKTE IN D. NMR-SPEKTROSKOPIE 60-0102
EINFL. AUF NMR V. TRICHLORPROPYLENOXID (BLDG. V. ENANTIOMEREN) 61-0101
EINFL. AUF D. NMR-SPEKTREN V. ALKENEN 63-0146
WECHSELWRKG. MIT IONEN V. ORGAN. SAEUREN U. BASEN (SUBSTITUENTENEINFL.) 55-0141
EINFL. AUF D. DISSOZIAT. V. ORGAN. SAEUREN U. BASEN (DEUT. AUF GRUND V. ELEKTROSTAT. THEORIEN) 57-0192
GESCHMOLZENE QUATERN. AMMONIUMSALZE, VERW. IN D. ELEKTROCHEMIE 60-0213
ACIDITAET IN W.-FREIEN-, 6. MITT. (ACIDITAET SCHWACHER SAEUREN IN DMSO) 63-0220
PK-WERTE IN W.-ORGAN. LSGM.-GEMISCHEN , EINFL. D. DIELEKTRIZITAETSKONST. AUF D. LAD.-VERTEIL. D. GELOESTEN STOFFES 64-0230
RK.-ENTHALPIEN D. ADDUKT-BLDG. MIT SBCL5 IN 1.2-DICHLOR-AETHAN 59-0186
POLARE U. UNPOLARE, EINFL. AUF D. KINETIK D. SUBSTITUT.-RK. V. NI(CO)4 U. (C6H5)3P BZW. 1-PHOSPHA-2.6.7-TRIOXA-4-METHYL-BICYCLO-(2.2.2)-OCTAN 56-0049
EINFL. D. DIELEKTRIZITAETSKONST. AUF D. LOESLICHK. V. 1,1-WERT. SALZEN IN GGW. V. QUATERN. AMMONIUMSALZEN 56-0177
EINFL. AUF D. ENTHALPIEN D. ADDUKTBLDG. V. PHENOLEN MIT DIMETHYLACETAMID 64-0206
N-METHYL-PYRROLIDON-(2) ALS -- FUER CHEM. RK., 4. MITT. 55-0130
BETEILIG. BEI ADDIT.-RK. V. BRN3 AN OLEFINE 64-0474
EINFL. AUF D. PHOTOCHLORIER. V. ISO- U. TERT. BUTYLCHLORID 61-0216
PROT., PHOTOADDIT. AN CIS-CYCLOHEPTEN-(2)-ON 60-0314
POLARE, PHOTOLYSE V. NITROALKANEN IN - 59-0266
EINFL. AUF RK. V. GRIGNARD-REAGENZIEN 53-0200
EINFL. AUF D. ALKYLIER. V. CYCL. ENAMINKETONEN 53-0439
EINFL. AUF D. RK.-GESCHW., 33. MITT. 55-0155
EINFL. AUF RK. V. PYRIDINEN MIT METHYL-JODID 55-0155
EINFL. AUF C. RK.-GESCHW., 34. MITT. 55-0156
EINFL. AUF HYDROLYSE V. BENZOATEN 55-0156
EINFL. AUF HYDROLYSE V. BENZYLCHLORIDEN U. BENZOATEN 55-0157
EINFL. AUF D. RK.-GESCHW., 35. MITT. 55-0157
EINFL. AUF C. RK.-GESCHW., 36. MITT. 55-0158
EINFL. AUF HYDROLYSE V. NITROPHENYLACETAT 55-0158
EINFL. AUF. OX. V. ORGANOPHOSPHORVERB. DURCH DISULFIDE 55-0291
EINFL. AUF QUECKSILBERDIPHENYL 56-0014
N-METHYL-PYRROLIDON-(2) ALS RK.-MEDIUM , 5. MITT. DK V. N-METHYL-PYRROLIDON-(2)-W.-GEMISCHEN 56-0174
N-METHYL-PYRROLIDON-(2) ALS RK.-MEDIUM , 6.MITT. ISOTHERME KOMPRESS. V. N-METHYL-PYRROLIDON-(2)-W.-GEMISCHEN BIS 2500 ATM BEI 25 GRAD 56-0175
EINFL. AUF D. ALKAL. HYDROLYSE V. DIESTERN 56-0218
EINFL. AUF D. KATALYT. HYDRIER. V. 3-OXO-DELTA(4)-STEROIDEN 56-0713
EINFL. AUF D. PHOTOISOMERISIER. V. STILBENEN 57-0265
EINFL. AUF D. ACETYLIER. V. PHENANTHREN 57-0454
-EINFL. AUF. D. JODSPALT. V. TETRAALKYLBLEIVERB. 58-0034
EINFL. AUF D. KAEFIGRK. V. CF3-RADIKALEN 58-0205
EINFL. AUF D. KAEFIGRK. V. ALKYL-RADIKALEN 58-0206
EINFL. AUF D. ZERFALLSGESCHW. V. THIIRAN-1.1-DIOXIDEN 58-0296
EINFL. AUF D. THERM. ZERS. V. DIAZOALKANEN 58-0297
EINFL. AUF D. DIMERISIER. V. O-CHINONEN 58-0310
EINFL. AUF D. CIS-TRANS-GLEICHGEW. V. AZIRIDINYLKETONEN 59-0187
EINFL. AUF RK. V. BENZYLHALOGENIDEN MIT NI(CO)4 59-0347
EINFL. AUF D. STEREOCHEMIE BEI ALKOXY-AUSTAUSCH V. ASYMM. SI-VERB. 59-0445
-EINFL. AUF D. SOLVOLYSE V. TERT.-BUTYLCHLORID U. AUF D. GEOMTRIE D. SN1-UEBERGANGSZUSTANDES 60-0259
EINFL. AUF ELEKTRONEUTRALE RK., 1. MITT. 61-0196
-EFFEKTE IN EINER PARTIELL ASYMM. SYNTH., 1. MITT. (EINFL. AUF STEREOSELEKTIVITAET) 61-0456
EINFL. D. POLARITAET AUF D. TAUTOMERENGLEICHGEW. V. PYRIDONEN 62-0171
EINFL. AUF D. ALKYLIER. V. BENZOL MIT 1-DODECEN BZW. TRANS-6-DODECEN IN GGW. V. ALCL3-HCL 62-0210
EINFL. D. VISKOSITAET AUF D.UNTERDRUECK. V. PHOTOELIMINIER. BEI PHENONEN 62-0298
EINFL. AUF D. RING-KETTEN-TAUTOMERIE V. OXAZOLIDINEN 63-0212
EINFL. AUF D. OX. V. THIOXAN (KINETIK) 63-0250
EINFL. AUF D. KINETIK D. RK. V. BENZOESAEUREN MIT DIAZODIPHENYLMETHAN 63-0276
EINFL. AUF D. PHOTOLYSE V. ESTERN 63-0330
-EINFL. AUF D. ADDIT. V. ARYLSULFENYLCHLORIDEN AN ACETYLENE 63-0474
EINFL. AUF D. RK. V. OELSAEUREMETHYLESTER MIT QUECKSILBER(II)-ACETAT 64-0055
EINFL. AUF D. GESCHW. D. ACYLIER. V. N-METHYL-ANILIN DURCH SAEUREANHYDRIDE, 2. MITT. 64-0256
EINFL. AUF D. AKTIVITAET V. CARBANIONEN 64-0257
EINFL. AUF D. SELEKTIVITAET ELEKTROPHILER REAGENZIEN, 1. MITT. 64-0263
DIPOLAR APROT.-PROT.-EFFEKT BEI D. NUCLEOPHILEN SUBSTITUT. V. CHOLESTERYLTOSYLAT 64-0287
EINFL. AUF D. PHOTOLYSE V. AZOAETHAN (KINETIK) 61-0196
EINFL. AUF D. PROTONENUEBERTRAG. BEI KONDENSIERTEN KW-STOFFEN 64-0246
EINFL. AUF D. RADIKAL-HALOGENIER. SUBSTITUIERTER TOLUOLE 64-0263

LOESUNGS- U. MISCHUNGSWAERME(BZW.-ENERGIE)
V. CHCL3 IN CYCLOHEXAN 64-0210
V. HEXYLAMIN IN CYCLOHEXAN 64-0210
V. 1.2-DIMETHOXY-AETHAN-W. -GEMISCHEN 55-0131
MISCH.-WAERME V. ALKANOLEN MIT CYCLOHEXAN 55-0134
D. HEXAFLUORISOPROPANOL-W.-SYST. 56-0185

LUCAS-REAGENZ
DARST. 64-0277
RK. MIT CYCLOPROPAN 64-0277
RK. MIT (1-T)PROPANOL 64-0277

LUFT
VERBRENN. V. DIAETHYLAETHER-LUFT-GEMISCHEN (BEST. D. VERBRENN.-PROD. FUER VERSCHIEDENE FLAMMBEREICHE) 56-0246

LUMINESZENZ (FLUORESZENZ, PHOSPHORESZENZ)
* S. AUCH UNTER SPEKTRUM
SZINTILLAT.-LOESCH. IN FL. ZUR UNTERS. D. ENERGIE-UEBERTRAG. 56-0096
CYPRIDINA-BIO-, 4. MITT. 64-0091
CYPRIDINA-BIO-, 5. MITT. (STRUKTUR D. EMITTIERENDEN VERB. D. CYPRIDINA-LUCIFERINS U. AEHNL. VERB.) 64-0092
VERZOEGERTE FLUORESZENZ V. ANTHRACEN U. EINIGEN SUBSTITUIERTEN ANTHRACENEN 53-0054
CHEMI- BEI D. RK. V. BZL. MIT N2 IM TRIPLETTZUSTAND (KINETIK) 54-0054
FLUORESZENZ V. ANTHRACENEN 56-0181
CHEMILUMINESZENZ V. BENZOL U. N2 IM ((3)SIGMA(U)(+))-ZUSTAND 63-0125
FLUORENZENZ V. ANTHRACEN-DERIV. (U. PHOTODIMERISIER. 54-0326
ELEKTROCHEMI- V. ISOBENZOFURANEN U. ISOINDOLEN (MECHANISMUS) 57-0070
V. THIOPHEN-HETEROCYCLEN (ABS. QUANTENAUSB.) 60-0072
2-(P-STYRYL)-5-ARYL-1.3.4-OXADIAZOLE ALS SZINTILLATOREN 60-0562
FLUORESZENZ, EINFL. D. 2.3-CYCLISIER. U. D. SUBSTITUENTEN IN 6-STELL. V. 2.3-POLYMETHYLEN-CHINOLINEN 61-0079
U. PHOSPHORESZENZ V. 2.3-BIS-BROMMETHYL-NAPHTHALIN U. ANTHRON 61-0074
D. SULFONE V. THIOPHEN-HETEROCYCLEN (ABS. QUANTENAUSBEUTEN) 60-0072
FLUORESZENZ V. 2-HYDROXY-4-METHOXY-4'-CHLOR-BENZOPHENON IN GGW. V. BORSAEURE IN H2SO4-EISESSIG 54-0058
CHEMO- V. 2.8-DIMETHYL-3-OXO-6-PHENYL-3.7-DIHYDRO-PYRAZOLO(1.2-A)PYRAZIN 55-0463
PHOSPHORESZENZ V. BUTYROPHENON (LSGM.-EINFL. AUF D. ANGEREGTEN ZUSTAENDE) 62-0065
PHOSPHORESZENZ V. BIACETYL (BIMOL. LOESCH. IN D. DAMPFPHASE) 63-0113

V. BIACETYL (EINFL. D. DEUTERIER.) 63-0114
CHEMI- BEI RK. ELEKTROPHILER CXAMIDE MIT H2O2 U. FLUORESZIERENDEN VERB. 58-0081
PHOSPHORESZENZ V. CUMARINEN 63-0152
U. PHOSPHORESZENZ V. 1-(PHTHALOYLAMINOALKYL)-NAPHTHALINEN 61-0073
CHEMO- V. 3.7-DIHYDRO-IMIDAZO(1.2-A)PYRAZIN-3-ONEN (KINETIK, MECHANISMUS) 64-0091
FLUORESZENZ V. (2-(N-METHYL-ANILINO)-NAPHTHYL-6-SULFONYL)-ALBUMINEN 60-0073
V. D-LUCIFERIN U. LUCIOPTERIN AUS LUCIOLA CRUCIATA 62-0743
FLUORESZENZ V. FLUORANTHENEN 58-0082

LUPETIDINE
* S. UNTER PIPERIDINE

LUTETIUM
LU(III), EINFL. AUF D. HYDROLYSE D. ESTER V. KOMPLEXONEN 63-0041

LUTETIUMVERBINDUNGEN
(AMINOSAEUREESTER-N.N-DIACETATO)-LU-KOMPLEXE, HYDROLYSE 63-0041
LU2O3 EINFL. AUF D. DECARBCXYLIER. V. OXALESSIGSAEURE 58-0292

LYSOLECITHINE
* S. UNTER LECITHINE

M

MAGNESIUM
LOESLICHK.-DIAGRAMM D. SYST. NA(+)-MG(2+)-CLEVE-SAEURE-(1.6)-ANION-CLEVE-SAEURE-1.7-ANION-CL(-)-H2O 58-0022
VERLAUF D. RK. MIT ORGAN. HALCGENVERB. 59-0033
RK. MIT BETA-CHLOR-ACETALEN 61-0447
RK. MIT HALOGENKETONEN 57-0403
U. LI EINW. AUF GAMMA- U. DELTA-HALOGEN-KETONE, UEBERGANG IN CYCLANOLE, 3. MITT. 58-0359
STUFENWEISE KOMPLEXCMETR. TITRAT. MIT EGTA IN GGW. V. MG (AG-ELEKTRODE) 64-0023

MAGNESIUMVERBINDUNGEN (ORGANISCHE)
GRIGNARD-VERB. MIT ACETYLENGRUPPE, INTRAMOL. CYCLISIER. 59-0395
GRIGNARD-VERB., RK. MIT ACETATEN ODER ACETYLACETONATEN ALS INITIATOREN 63-0531
ORGANO-MG-VERB. IN TERT. AMINEN, 2. MITT. 64-0365
METHYLMAGNESIUMBROMID U. DIMETHYLMAGNESIUM, EINFL. AUF D. IR-SPEKTRUM V. 2.2.4.4-TETRAMETHYL-PENTANON-(3) 63-0128
ALLYL-MG-VERB., 1. MITT. 56-0007
ALLYL-MG-VERB., 2. MITT. 56-0056
SUBSTITUT. U. ELIMINIER. V. POLYCHLOR-ENAMINEN DURCH MAGNESIUMORGAN. VERB. 59-0374
INDOLYLMAGNESIUMJODIDE, RK. MIT HALOGENALKYLAMINEN 55-0393
TRIS-(2.2'-DIPYRIDYL)-MAGNESIUM-KOMPLEXE, DARST. U. RK. 64-0056
BROMMAGNESIUM-DIARYLCARBINOLATE, RK. MIT DIAETHYLOXOLAT ODER AETHYLFORMIAT 57-0419
MG-(1-(13)C), (1.5-(13)C2), (2.4-(13)C2), (3-(13)C) U. (1.3.5-(13)C3)ACETYLACETONATE, DARST. 59-0085
BROMMAGNESIUM-THIENYL-(2)-METHANOLATE, RK. MIT BROMMAGNESIUMTHIOPHENOLATEN 60-0505
TERT.-ALKOXY-MG-HALOGENIDE, RK. IN HMPT MIT ALKYLHALOGENIDEN 61-0333
AMINOMAGNESIUM-VERB., VERW. ZUR DARST. V. ALPHA-AMINO-SAEUREAMIDEN 63-0456
BROMMAGNESIUMTHIOPHENOLATE, RK. MIT BROMMAGNESIUM-THIENYL-(2)-METHANOLATE 60-0505
EINFL. V. LSGM., METALLSALZEN U. HALOGEN-KW-STOFFEN AUF D. BLDG. V. KW-STOFFEN AUS GRIGNARD-VERB. 53-0200
RK. V. ORGANO-MG-HALOGENIDEN MIT NITRILEN 53-0217
RK. V. GRIGNARD-VERB. MIT ALKYLEN-DIPHOSPHONSAEURE-TETRACHLORIDEN 53-0241
DARST. V. UNSYMM. SULFIDEN DURCH RK. V. ORGANOMAGNESIUMVERB. MIT DIMETHYLSULFOXID 53-0248
RK. V. ALKYL-MG-HALOGENIDEN MIT 1.1'-DIACYL-FERROCENEN 54-0036
DARST. V. POLYFLUORIERTEN BRUECKENKOPF-GRIGNARD-VERB. 54-0343
RK. V. BENZYL- BZW. AETHYLMAGNESIUMJODID MIT BIS-(6.7-DIMETHOXY-1.1-DIAETHYL-1.4-DIHYDRO-ISOCHINOLYLIDEN-(4.4'))-BIS-METHO-PERCHLCRAT 54-0413
GRIGNARD-REAGENZIEN, KONSTIT., 3. MITT. RK. V. (C2H5)2MG U. (C6H5)2MG MIT MGCL2 U. MGBR2 IN THF (THERMODYNAM. KONST.) 55-0012
EINW. V. ORGANOMAGNESIUMVERB. AUF ALPHA,BETA-UNGESAETT. ACETALE,3. MITT. VERH. V. PENTADIEN-(2.4)-AL-DIAETHYLACETAL U. EINIGEN CYCL. ACETALEN 55-0299
GRIGNARDVERB. RK. MIT ALKYLBLEIBROMID ZU TETRAALKYLBLEIVERB. 56-0016
P-SUBSTITUIERTE AROMAT. MG-VERB., NMR 56-0019
METHYLEN-MG-HALOGENIDE, WITTIG-RK. MIT 56-0262
ALKYL-MG-HALOGENIDE, RK. MIT ALPHA-PYRONEN 56-0535
GRIGNARD-VERB., ADDIT. AN PYRIDAZINE, 5. MITT. 56-0578
POLYFUNKTIONELLE ORGANO-MG-VERB., STRUKTUR 57-0003
ORGANO-MG-CHLORIDE, RK. MIT IMMONIUMVERB. UNTER STEREOSPEZIF. RED. 57-0213
VINYL- BZW. 4-METHYL-PENTEN-(3)-YL-MG-BR, RK. MIT NERYLACETON BZW. 4-METHYL-TETRAHYDRO-ACETOPHENON 57-0219
ALKYL-(ARYL-) MGBR, RK. MIT TRANS-ZIMTALDEHYD-DIAETHYLACETAL 57-0416
ISOPROPYL-MAGNESIUM-BROMID BZW. CYCLOPENTADIENYL-MAGNESIUM-BROMID, RK. MIT RECL5 U. CYCLOHEXADIEN-(1.3) 58-0062
PHENYL- BZW. CYCLOHEXYL-MG-BROMID, RK. MIT AETHOXYCYCLOHEXANONEN 58-0482
ALKYL-MGBR, STEREOSPEZIF. RK. MIT (-)-PHENYL-ALPHA-NAPHTHYL-METHOXYMENTHYLOXYSILAN 58-0507
ALPHA.OMEGA- DI-MGBR-ALKANE, RK. MIT DIORGANO-SNCL2-VERB. 59-0063
HALOGENPHENYL-MG-BROMIDE, RK. MIT BENZOL 59-0486
GRIGNARD-VERB., RK. MIT PHOSPHONSAEURE-DICHLORIDEN 60-0364
ALKYL- U. ARYLMAGNESIUMHALOGENIDEN, RK. MIT ALPHA-CHLOR-TETRAHYDROFURAN 60-0492
RK. V. AETHYL- U. PROPYLMAGNESIUMBROMID MIT THIOPHENOLEN U. THIENYL-(2)-CARBINOLEN 60-0505
DEUTERIERTE PHENYL-MG-BROMIDE, RK. MIT PCL3 61-0113
GRIGNARDVERB., RK. MIT PENTACHLORPYRIDIN 61-0639
RK. V. GRIGNARD-VERB. MIT TLBR 62-0320
AETHYLMAGNESIUMBROMID, PHENYLMAGNESIUMBROMIDE, RK. 62-0413
ARYL-MGBR, RK. MIT DIGLYKOLSAEUREANHYDRID 62-0435
ARYL-MGBR, RK. MIT OXALSAEUREAETHYLESTER-N(2)-(O-METHOXY-PHENYL)-HYDRAZID, OXALSAEUREAETHYLESTER-N(2)-(M-METHOXY-PHENYL)-HYDRAZID ODER OXALSAEURE-AETHYLESTER-N(2)-(P-METHOXY-PHENYL)-HYDRAZID 62-0448
CYCLOHEXYL-GRIGNARD-VERB. U. DICYCLOHEXYL-MG, KONFORM. (NMR, BERECHN. D. A-WERTE) 63-0002
GRIGNARD-VERB., RK. MIT ALLYLBROMID 63-0239
ALKENYLMAGNESIUMBROMIDE, SUBSTITUT.-RK. 63-0360
NORMANVERB., RK. MIT ARYLAZIDEN 63-0520
METHYL- U. PHENYLMAGNESIUMBROMID, RK. MIT TRANS-2-BENZAL-1-INDANON-OXID 63-0583
THENYL-(2)- U. BENZYL-MGCL, RK. (EINFL. V. LSGM., TEMP. U. SALZZUSATZ) 63-0609
METHYL- U. PHENYL-MAGNESIUMBROMIDE, EINFL. AUF RED. V. 1.3.5.7-TETRAMETHYL-2-THIONIA-AZULEN-PERCHLORAT 63-0610
GRIGNARDVERB., RK. MIT N-BUTYL- BZW. PHENYLPHOSPHINSAEUREAETHYLESTER 64-0462
ORGANO-MG-VERB., RK. MIT AZIDEN U. KONDENSIERTEN TETRAZOLEN 64-0660
PHENYL- BZW. METHYLMAGNESIUMBROMID RK. MIT 2.3-SECOCHOLESTA-4.6-DIEN-2-NITRIL-3-SAEURECHLORID 64-0858
RK. V. ALKYL- U. ARYLAMINO-AETHYL-MAGNESIUM MIT SCHIFF'SCHEN BASEN V. ALPHA-AMINO-CARBONSAEURE-AETHYLESTERN 53-0238
GRIGNARDVERB., RK. MIT BIS-(2.2'-BIPHENYLYLEN)-ARSONIUM-JODID 57-0433
PHENYL-MG-BROMIDE, RK. MIT BENZYLIDENACENAPHTHENONEN 63-0533
RK. V. ALKYL-MG-VERB. MIT KETONEN IN TERT. AMINEN 64-0365
MIT MG KOORDINIERTE SCHIFFSCHE BASEN, RK., DARST. 54-0410
MG-ACETONITRIL-KOMPLEXE, IR-SPEKTREN 55-0003
MG(2+)-ACETONITRIL-KOMPLEXE, DARST. 55-0026
HEXAKIS-(ESSIGSAEURE)-MG-KOMPLEXE, DARST. AUS ACETANHYDRID U. MG-SALZHYDRATEN 61-0060
EDTA-MG(2+)-SALZE, BLDG. U. RAMAN-SPEKTREN 63-0007
ACETATO-AQUO- U. -AMMIN-MAGNESIUM, DTA, TGA 63-0061
ARYL(ALKYL)MAGNESIUMBROMIDE, RK. MIT OXALESTERHYDRAZIDEN 63-0518
MAGNESIUM-BIS-(1-NAPHTHYLAMIN-6-SULFONAT), MAGNESIUM-BIS-(1-NAPHTHYLAMIN-7-SULFONAT), BLDG., LOESLICHK. 58-0022
MG-ANILINONAPHTHALINSULFONATE, DARST. 60-0073
DNS-MG-KOMPLEX, UNTERS. D. BIND. 63-0031
ARYL- U. CYCLOALKYLMAGNESIUMVERB., DIMERISIER. IN GGW. V. KOBALTCHLORID 57-0283
M(X)MG(1-X) C2O4 (M=CO, NI), THERM. ZERS. (MECHANISMUS, AKTIVIER.-ENERGIE) 61-0033
MG-SALZE V. 1-(ALPHA-BROM-BENZYL)-CYCLOALKANOLE-(1), ZERS. 58-0491
CROTYL-MAGNESIUMBROMID U. DICROTYLMAGNESIUM, LUFT-OX. 63-0372
PHENYL- BZW. METHYL-MG-BROMID, RK. MIT OXO-VERB. 57-0461

MAGNESIUMVERBINDUNGEN (ANORGANISCHE)
MGBR2, EINFL. AUF D. IR-SPEKTRUM V. KETONEN 63-0128
MGCO3, FLIESSFAEHIGK. (EINFL. V. AEROSIL U. FUELLSTOFF R 972) 54-0592
MGCL2, KOMPLEXBLDG. MIT SBCL5 U. ACETONITRIL 55-0019
MGCL2, KOMPLEXBLDG. MIT SNCL4 U. ACETONITRIL 55-0026
MGCR2O4, EINFL. AUF D. OX. V. KW-STOFFEN 64-0254
MG(B3H8)2, DARST. AUS TLB3H8 U. MGJ2 61-0424
MG(NO3)2, KOMPLEXBLDG. D. HYDRATS MIT ACETANHYDRID 61-0060
MGO, FLIESSFAEHIGK. (EINFL. V. AEROSIL U. FUELLSTOFF R 972) 54-0592
MG(CLO4)2, KOMPLEXBLDG. D. HYDRATS MIT ACETANHYDRID 61-0060
MGSO4.7H2O, EINFL. AUF D. DECARBOXYLIER. V. OXALESSIGSAEURE 58-0292

MAGNETISMUS (MAGNETISCHE EIGENSCHAFTEN)
* MAGNET. RESONANZEN
* S. UNTER MAGNETISMUS (MAGNETISCHE RESONANZEN)
INDIREKTE SPINSAETTIG., 2. MITT. 57-0105
DIAMAGNET. SUSZEPTIBILITAET ALS MASS FUER AROMAT. CHARAKTER 58-0083
V. (CR(N(CH3)3)2)CL3 55-0005
MAGNET. SUSZEPTIBILITAET V. BIS-(PI-HEXAMETHYLBENZOL)-NICKEL(II)-DIBROMODODEKACHLOROTETRAALUMINAT 61-0058
MAGNET. MOMENTE V. (FE(EN)3)CL3 64-0004
MAGNET. MOMENT V. CU(II)-(1.2-PN)-KOMPLEXEN 64-0008
MAGNET. SUSZEPTIBILITAET V. ADDIT.-VERB. V. TICL4 MIT ALIPHAT. ESTERN 62-0005
DIAMAGNET. SUSZEPTIBILITAET V. ALICYCL. KW-STOFFEN 58-0083
DIAMAGNET. SUSZEPTIBILITAET V. TRANS-HEXATRIEN-(1.3.5) 59-0177
MAGNET. SUSCEPTIBILITAET V. ALKYL-ORTHOTITANATEN 60-0005
PARAMAGNET. SUSZEPTIBILITAET V. WURSTERS BLAU IN WSS. ALKOHOLEN 56-0100
MAGNETISMUS (MAGNETISCHE RESONANZEN)
TEMP.-ABHAENGIGK. V. NMR U. INVERS.-GESCHW. V. DOPPELT VERBRUECKTEN BIPHENYLEN 60-0284
(13)C-NMR , 11. MITT., 60-0107
NMR-METH., AUSSAGEFAEHIGK. BEI UNTERS. V. KONFORM.-GLEICHGEW. 58-0149
NMR ZUR KONFORM.-ANALYSE, 9. MITT. 64-0510
ESR TEMP.-ABHAENGIGK., 3. MITT. 60-0114
KONFORM.-ANALYSE MIT HILFE D. KERNRESONANZSPEKTROSKOPIE, 8. MITT. KONFORM. V. 16 STEREOISOMEREN AMINO- U. NITROMENTHANEN 53-0543
PMR-VERSCHIEB. (EINFL. V. NICHTBIND.-EFFEKTEN) 54-0068
NMR-SPEKTREN (LSGM.-EFFEKTE) 54-0072
N(14)-KERNMAGNET. RESONANZ, 5. MITT. 55-0072
KERNRESONANZ, MAGNET. NICHTAEQUIVALENZ, 3. MITT. 55-0081
H-NMR-LSGM.-VERSCHIEB. U. STER. UMGEB. 56-0121
KOPPL.-KONST. U. DIFFERENZEN D. FREIEN ENERGIE FUER KONFORM.-INVERS. 56-0161
KMR-UNTERS. IN D. KOORDINAT.-CHEMIE, 3. MITT. 57-0031
WEITREICHENDER ENTSCHIRM.-EFFEKT D. AETHYLMERCAPTOGRUPPE IN 4-AETHYLMERCAPTO-3-OXO-DELTA (4)-STEROIDEN 57-0097
NMR, LSGM.-EFFEKTE , 13. MITT. 57-0117
NMR-UNTERS. V. GESCHW.-PROZESSEN U. KONFORM. 9. MITT. 57-0143
NMR-UNTERS. V. GESCHW.-PROZESSEN U. KONFORM., 10. MITT. 57-0144
NMR U. KOLLIS.-KOMPLEXE, 1. MITT. 58-0099
NMR (LSGM.-EINFL. U. ZUERCHER-REGELN), 2. MITT. 58-0112
UNGEWOEHNL. ENTSCHIRM.-EFFEKT EINER ACETOXYGRUPPE IN ANISATINDERIV. 58-0811
STEREOCHEM. UNTERS. DURCH (1)H-NMR, 8.MITT. 59-0160
STEREOCHEM. UNTERS. DURCH (1)H-NMR, 9.MITT. 59-0161
(1)H-NMR, STEREOCHEM. UNTERS., 10. MITT. 59-0162
(1)H-NMR, STEREOCHEM. UNTERS., 11.MITT. 59-0163
NMR ZUR KONTROLLE D. OPT. SPALT. 59-0721
LSGM.-EFFEKTE IN D. NMR-SPEKTROSKOPIE 60-0102
NMR-UNTERS. D. KINETIK U. KONFORM., 11. MITT. 60-0172
NMR-SPEKTRUM, UNTERS. D. STRUKTUR CHEM. VERB., 6.MITT. 60-0672
NMR-SPEKTREN U. REAKTIVITAET V. ORGAN. VERB., 1. MITT. 61-0099
NMR D. CHEM. AUSTAUSCHES, 3. MITT. 61-0134
KERNMAGNET. RESONANZ STRUKTURUNTERS., 15. MITT. 61-0146
STRUKTURUNTERS. DURCH KMR, 16. MITT. 61-0147
NACHW. INNERMOL. BEWEGLICHK. DURCH NMR , 4. MITT. 61-0149
KERNMAGNET. RESONANZUNTERS. IN D. KOORDINAT.-CHEMIE, 4. MITT. 62-0053
PROTONENRESONANZ-UNTERS. ZUR INNEREN ROTAT., 5. MITT. 62-0122
KONFORM.-ANALYSE DURCH NMR, 6.MITT. 62-0132
NMR-SPEKTROSKOPIE IN OPT.-AKT. LSGM., 5. MITT.(NMR U. ABS. KONFIG. V. ENANTIOMEREN) 62-0133
NMR-UNTERS. V. GEMISCHEN OPT. AKT. SULFOXIDE MIT RAC. CARBINOLEN (DIASTEREOMEREN-WECHSELWRKG.) 62-0134
NMR, ABSCHIRMANISOTROPIE IN FL.-KRIST. LSGM. 63-0011
DMR U. PMR V. PARTIELL DEUTERIERTEN KRIST., 1. MITT. 64-0011
LSGM.-EFFEKTE BEI NMR-UNTERS.,3. MITT.(CYCLOPROPAN- U. EPOXIDKETONE) 53-0071
NACHW. INNERMOL. BEWEGLICHK. DURCH NMR-SPEKTROMETRIE 2. MITT. 56-0165
NMR ZUR KONFORM.-ANALYSE, 5. MITT. 62-0125
STRUKTURUNTERS. DURCH KERNMAGNET. RESONANZ, 17. MITT. 62-0126
STRUKTUR-UNTERS. DURCH KERNMAGNET. RESONANZ, 18. MITT. 62-0127
STRUKTURUNTERS. DURCH KERNMAGNET. RESONANZ, 19. MITT. 62-0128
NMR V. CYCLOPROPAN- U. EPOXIDKETONEN (LSGM.-EINFL.) 53-0071
ELEKTRONENSPINRESONANZUNTERS., 14. MITT. 58-0215
ESR, 15. MITT. 58-0118
ESR-UNTERS., 16. MITT. 58-0323
ESR-UNTERS. 17. MITT. 62-0194
NMR U. AUSTAUSCH-EFFEKTE ZWISCHEN MERCAPTANEN U. N-VERB. 55-0082
ESR V. CHINOLIN U. METHYLDERIV. 59-0129
(1)H-NMR V. BENZO(B)THIOPHENEN 60-0109
EPR D. ANIONRADIKALE V. PIAZTHIOLEN U. PIAZSELENOLEN 62-0093
NMR,NICHTAEQUIVALENZ D. NMR-SPEKTREN V. ENANTIOMEREN IN OPT.AKT. LSGM. 3. MITT. 53-0074
NMR -SPEKTREN V. VERB. MIT INTRAMOL. H-BRUECKENBIND., 1. MITT. 60-0091
NMR V. 1.3-BUTADIENEN, 3. MITT. 62-0082
NMR V. 1.3-BUTADIENEN, 4. MITT 62-0083
NMR V. 1.3-BUTADIENEN, 5.MITT. 62-0084
NMR V. 6-GLIEDR. RINGVERB., 1. MITT., 63-0142
NMR V. PHOSPHORVERB., 5.MITT. 64-0129
NMR-SPEKTROSKOP. UNTERS. V. ARZNEIMITTELN, 2.MITT. 64-0165
NMR-UNTERS. D. DONATOR-AKZEPTOR-WECHSELWRKG. IN BORHALOGENID-KOMPLEXEN, 6. MITT. 58-0173
NMR-SPEKTROSKOPIE V. BORVERB., 3. MITT. 59-0127
KERNMAGNET. RESONANZ V. PHOSPHORVERB.,19. MITT. 59-0113
ESR V. TRIMETHYLSILYL-POLYEN-, -BENZOL- U. -NAPHTHALIN-RADIKALANIONEN 62-0092
ESR V. RADIKALEN AUS NITROALKANEN 62-0194
NMR V. STYROLOXIDEN 63-0147
PMR V. PT(II)-KOMPLEXEN , 3. MITT. 62-0020
(1)H-PMR V. FUENFRINGCHELATEN U. FERROLEN 63-0008
NMR V. TRIAETHYLALUMINIUM-DIAETHYLALUMINIUMCHLORID 56-0130
NMR V. ALLYLLITHIUM (TEMP.-ABHAENGIGK.) 58-0001
PMR V. 1.3.5.7-TETRAMETHYL-CYCLOOCTATETRAENTRICARBONYLVERB. V. CR, MO U. W 60-0012
ESR V. ALKALI-NAPHTHALINID U. -ANTHRACENID 64-0136
ESR V. ALKALI-NAPHTHALINIDEN (KINETIK D. IONENPAAR-GLEICHGEW.) 64-0137
UNTERS. V. CR(CO)3-KOMPLEXEN KONDENSIERTER AROMATEN 53-0003
NMR V. 1-GERMYLPYRAZOLEN 57-0112
EPR V. TETRA-NA-3.10.17.24-TETRASULFO-PHTHALOCYANINATO-COBALTAT(II)(4-), -NICCOLAT(II)(4-), -CUPRAT(II)(4-) U. TETRA-NA-(3.10.17.24-TETRASULFO-PHTHALOCYANINAT)(4-) IN DMSO 60-0031
PMR V. (NI(BIPY)3)CL2.2 H2O U. (CO(BIPY)3)CL2.H2O (KOMPONENTEN D. ISOTROPEN VERSCHIEB.) 61-0008
NMR V. 2.7-DIOXABICYCLO(2.2.1)HEPTANEN 61-0094
NMR V. EU- BZW. YB-BIPY- U. -O-PHEN-KOMPLEXEN 63-0018
NMR V. ALKYLAMIN-NI-KOMPLEXEN 63-0009
NMR V. N-METALLANILINEN 63-0014
ESR V. NI-KOMPLEXANIONEN D. DITHIOLENTYPS 62-0004
(31)P-NMR V. NI-, CR-, MO- U. W-CARBONYLEN MIT P-HALT. LIGANDEN 60-0014
ESR V. TRIMETHYL-ARYL-SILANEN 64-0135
(1)H-NMR-SPEKTREN V. ORGANO-CO-, -NI- U. -PT-KOMPLEXEN (P-H-WECHSELWRKG.) 54-0009
NMR V. CORL(P(C6H5)3) (HL=DIMETHYLGLYOXIM, R=NO2, CN, CL, BR, J, ALKYL) 54-0010
(1)H-NMR V. ALKYL-HALOGEN-STANNANEN 56-0015
PMR-UNTERS. AN TETRAALKYLBLEIVERB. 56-0016
NMR V. ORGANOKOBALT-KOMPLEXEN MIT SCHIFFSCHEN BASEN 56-0018
NMR V. METALLORGAN. VERB., 4. MITT. (V. PHENYLMAGNESIUMBROMIDEN) 56-0019
PMR V. ALKYL-HG-AZIDEN 57-0007
NMR V. ALKYL-ARYLZINNVERB. 57-0009
NMR D. SYST. (CH3)2SIBR2-(CH3)2GEBR2-(CH3)2SIO-(CH3)2GEO 57-0042
P-NMR-SPEKTREN V. VINYLMETALLOCENEN 57-0065
NMR- V. KOORDINATIONSVERB. V. AL-TRIMETHYL U. TRIAETHYL MIT DONATOREN 57-0099
NMR V. ALKALIMETALL-PHENYLALLYLVERB. (TEMP.-ABHAENGIGK.) 58-0006
PMR V. (CH3)3SNX U. DEREN 1 ZU 1 BZW. 1 ZU 2-KOMPLEXEN MIT PY. (X=CL, BR, J) 58-0007
PMR V. (XCH2)NSNX4-N (X=CL, BR) 58-0008
NMR V. BETA-SUBSTITUIERTEN AETHYLSTANNANEN 58-0009
NMR V. CYCLOBUTADIEN-EISENTRICARBONYLEN 61-0005
PMR V. METHYLALANEN 61-0098
NMR V. 1.2-DISUBSTITUIERTEN FERROCENEN 62-0003
ESR U. NMR V. BENZOL-BIS-(DICYCLOPENTADIENYLBERYLLIUM) U. TOLUOL-BIS-(DICYCLOPENTADIENYLBERYLLIUM) 63-0010
PMR V. CYCLOPENTADIENYL-HG(II)-VERB. 63-0013
(13)C-(7)LI-NMR V. METHYL-LI 63-0015
(6)LI-(7)LI-SPIN-SPIN-KOPPL. IN ALKYL-LI-VERB. 63-0016
EPR V. ISOBUTYL-TI(III)-AL -KATALYSATOREN 63-0051
NMR V. GA2(C2H3)6 U. GA2(C2H3)2(CH3)4 64-0012
ESR V. TRIMETHYL-ARYL-GERMANEN 64-0135
(13)C-NMR V. ORGANOMETALLVERB. 60-0013
PMR V. THIENYL-LI-DERIV. 61-0006
PMR V. BE-BIS-1.3-DIKETONATEN 60-0096
NMR V. CHLORO-ACETYLACETONATO-OLEFIN-PT(II)-KOMPLEXEN 56-0020
NMR V. CORL(P(C6H5)3) (HL=DIMETHYLGLYOXIM, R=NO2, CN, CL, BR, J, ALKYL) 54-0010
ESR V. (CO(CN-C6H5)X)-KOMPLEXEN 63-0088
ESR D. PARAMAGNET. RK.-PROD. V. BETA-KETOESTERN MIT PB-VERB. 55-0027

ESR V. BESTRAHLTEN METHIONIN-EINKRIST. 61-0104
DMR U. PMR V. K-OXALAT .(H2O2, HDO, D2O)1-EINKRIST. 64-0011
(31)P-NMR V. ALKALIPHOSPHINITEN 59-0113
NMR-NACHW. V. MIZELLBLDG. IN NATRIUM-4.4-DIMETHYL-4-SILAPENTAN-1-SULFONAT-LSG. 61-0176
ESR V. TERT.-BUTYLSEMICHINONEN 60-0113
(1)H-NMR V. CARBONYL-METHOXYMETHYLCARBEN-CR(0) U. -W(0) -KOMPLEXEN 63-0012
NMR V. ACETYLIERTEN DIGITALIS-GLYKOSIDEN 60-0098
NMR V. CO(-II)-MESOPORPHYRIN-IX-DIMETHYLESTER-(TRINITROBENZOL) 54-0012
NMR V. CHLOROPHYLLEN 58-0171
NMR V. CYCL. VERB., 6. MITT. 57-0092
NMR V. (13)C, 10. MITT. 58-0107
NMR V. ENANTIOMEREN IN CHIRALEM MEDIUM 64-0132
NMR-SPEKTROSKOP. UNTERS. V. B-VERB., 2. MITT. 54-0011
PMR V. VERB. MIT BRUECKENKOPF-N-ATOMEN, 4. MITT. (V. 8-THIA-1-AZA-BICYCLO(4.3.0)NONANEN) 60-0163
ESR-SPEKTREN D. RADIKAL-IONEN ALKYLSUBSTITUIERTER NICHT-ALTERNIERENDER KW-STOFFE 54-0074
ESR-SPEKTREN V. HYDROPHENANTHREN-RADIKAL-ANIONEN 54-0075
NMR V. ANELLIERTEN BULLVALENEN (TEMP.-ABHAENGIGK.) 55-0346
NMR V. METACYCLOPHANEN 58-0074
NMR V. ALKYLCYCLOALKANEN (LSGM.-EINFL.) 58-0104
NMR V. CYCLOHEXANEN (KONFORM.-GLEICHGEW.) 58-0149
NMR V. 1.4-DI-TERT.-BUTYL-NAPHTHALINEN (KOMPRESS.-EFFEKT) 59-0110
NMR V. METHYLENCYCLOHEXAN 59-0167
(13)C-NMR V. NEOPENTAN 60-0013
NMR V. PERYLENEN U. CORONENEN 61-0090
KMR V. BICYCLO(3.2.1)OCTEN-(2) 61-0091
NMR-SUBSTITUENTENKONST. V. BENZOLEN 61-0093
NMR V. TERT.-AMYL-KATION 62-0085
NMR V. ALKENEN (LSGM.-EINFL.) 63-0146
ESR V. GAMMA-BESTRAHLTEN KW-STOFF-GLAESERN 63-0333
NMR D. CYCLOPROPAN-PROTONEN V. CIS-BICYCLO(N.1.0) ALKANEN 64-0115
NMR V.CIS- U. TRANS-BUTEN-(2) 64-0118
NMR V. NORBORNENEN (7-SYN- U. -ANTI-H-ABSORPT.) 64-0124
NMR V. NORBORNENEN (7-SYN, 7-ANTI-H-ABSORPT.) 64-0125
NMR V. MESITYLENIUMIONEN 64-0130
NMR V. BENZOCYCLOALKENEN 53-0062
NMR U. REAKTIVITAET V. ALTERNIERENDEN KW-STOFFEN (HMO-REAKTIVITAETSINDIZES) 61-0099
NMR V. 1.2.3.4-TETRAMETHYL-PHENANTHREN (ZUORDN. V. METHYLSIGNALEN) 62-0079
NMR V. DIASTEREOMEREN ALLENVERB. (MAGNET. NICHTAEQUIVALENZ) 55-0081
KOPPL.-KONST. V. BUTADIENEN U. AETHYLENEN, SUBSTITUENTENABHAENGIGK. 57-0100
NMR V. ALIPHAT. VERB. (BERECHN. D. KOPPL.-KONST.) 57-0162
NMR-CHEM. VERSCHIEB. V. C-13 U. (1)H IN METHYL- U. AETHYLDERIV. (THEORET. DEUT.) 58-0101
(13)C-H-KOPPL.-KONST. V. METHANEN 58-0115
NMR ALIPHAT. N-HALT.VERB., 8. MITT. 59-0126
NMR V. DEUTERIERTEN ACETYLENVERB. 60-0103
PROTONEN-PROTONEN-KOPPL. BEI ENINEN 60-0110
NMR-UNTERS. AN ALKYLVERB., 3. MITT. 61-0098
KERNRESONANZUNTERS. ZUM MILLS-NIXON-EFFEKT 1. MITT. 53-0062
NMR V. CYCLOBUTANEN 53-0070
NMR V. 2-MONOSUBSTITUIERTEN ADAMANTANEN 53-0072
ESR-SPEKTROSKOP. UNTERS. D. PYRACYLENANIONRADIKALES 53-0077
ESR V. AROMAT. ANIONRADIKALEN 55-0084
NMR V. PYREN 55-0085
NMR V. PHENYLAETHANDERIV. 55-0119
NMR V. KLEINEN RINGEN, 5. MITT. (CYCLOPROPENE) 56-0126
NMR V. MONOSUBSTITUIERTEN BENZOLEN (KOPPL.-KONST. U. CHEM. VERSCHIEB.) 56-0128
NMR V. ORTHO-DISUBSTITUIERTEN BENZOLEN 56-0129
NMR V. CYCLOHEXAN 57-0163
NMR V. ANTI-BENZONORBORNADIENYL-(7)-VERB. 58-0534
NMR V. PROTONIERTEN CYCLOALKANEN IN FSO3H-SBF5 BZW. HF-SBF5 IN GGW. ODER ABWESENHEIT V. SO2CLF 59-0122
NMR V. PROTONIERTEN KONDENSIERTEN KW-STOFFEN IN FSO3H-SBF5 BZW. HF-SBF5 IN GGW. ODER ABWESENHEIT V. SO2CLF 59-0122
NMR V. BORNANEN (FERNKOPPL. V. GEMINALEN DIMETHYLGRUPPEN, LSGM.-VERSCHIEB.) 60-0090
NMR, EINFL. V. S-ATOMEN AUF GEMINALE KOPPL.-KONST. BENACHBARTER METHYLENGRUPPEN 60-0092
NMR V. BIS-HOMOCUBANEN 60-0105
NMR V. NORBORNENEN 61-0261
ANWEND. D. NMR-SPEKTROSKOPIE AUF POLYKONDENSIERTE AROMAT. SYST., 15. MITT. 62-0079
NMR-SPEKTREN V. BICYCLO(3.1.1)HEPTANEN 63-0132
NMR V. TETRASUBSTITUIERTEN BENZOLEN 63-0135
CHEM. VERSCHIEB. V. METHYLPROTONEN IN TERT.-BUTYLBENZOLEN (SUBSTITUENTENEFFEKTE) 63-0139
NMR U. KONFORM. V. CYCLOHEXYL-DERIV. 63-0188
CHEM. VERSCHIEB. D. VINYLPROTONEN V. STYROLEN (BEZIEH. ZU D. PI-ELEKTRONENDICHTEN D. C-ATOME) 56-0149
NMR H-H- U. H-F-KOPPL. V. CYCL. DIENEN 62-0083
PHYSIKAL.-CHEM. UNTERS. AN INDOLALKALOIDMODELLEN, 7. MITT.(ZUORDN. D. GEOMETRIE D. BEIDEN ISOMEREN 3-AETHYLIDEN-1-AZABICYCLO(2.2.2)OCTANE MIT HILFE D. OVERHAUSER-KERNEFFEKTS (NOE)) 53-0440
KOPPL.-KONST. V. 2.3-DISUBSTITUIERTEN 2.3-DIHYDROBENZOFURANEN 54-0071
PMR V. 2.2-DIMETHYL-CHROMENEN (SPIN-SPIN-KOPPL. ZWISCHEN VERSCHIEDENEN RINGEN) 54-0073
NMR V. XANTHONEN (BENZOL-INDUZIERTE LSGM.-VERSCHIEB.) 55-0069
NMR V. 1.3-DIOXANEN (H-CHEM. VERSCHIEB.) 55-0073
NMR V. 1-ARYL-DIMETHYL-PYROLEN 55-0074
NMR V. 2.2-DIMETHYL-1.3-DIOXOLANEN 55-0396
ESR V. 5.6.7.8-TETRAHYDRO-PTERIN-RADIKALKATION U. TETRAHYDROFOLSAEURE-RADIKALKATION 56-0588
NMR V. BENZTHIAZOLEN U. BENZOPYRAN-(2-SPIRO-2')-BENZTHIAZOLINEN (KONSTIT.-EINFL.) 57-0098
NMR V. N.N'-DIMETHYLPIPERAZIN -DIHYDROCHLORID (PROTONEN-AUSTAUSCH-GESCHW.) 57-0102
NMR V. PYRAZOLEN , STRUKTURBEST. DURCH PARAMAGNET. ZUSAETZE 57-0115
NMR V. CIS- U. TRANS-DEKAHYDRO-ISOCHINOLINEN 57-0152
NMR V. THIAZOLEN 57-0552
NMR V. 1.2.2-TRIALKYL-TETRAHYDROISOCHINOLINIUMJODID-DIASTEREOMEREN 57-0591
ESR-UNTERS. EINER PHENOXAZINSYNTH. 57-0620
NMR V. 1-ARYL-PYRAZOLEN 58-0084
PMR V. AETHYLENPHOSPHITEN U. AETHYLENSULFIT 58-0110
KMR V. CO-KOMPLEXEN V. PHOTOADDITIONSPROD. AUS KETONEN U. FURAN 58-0144
NMR-UNTERS. D. AUTASSOZIAT. V. PYRROL 58-0175
NMR V. 1-CYCLOPROPYL-PYRROLIDINEN 58-0537
NMR V. CYCLAZINEN U. CHINOLIZINEN 58-0549
NMR V. DELTA(2)-ISOXAZOLINEN , 2. MITT. (V. 4.5-DISUBSTITUIERTEN DERIV.) 59-0109
NMR V. 2.2.6.6-TETRAMETHYL-PIPERIDINEN (LINIENVERBREITER.) 59-0115
NMR V. PROTONIERTEN PYRIDYLMETHANOLDERIV. 59-0124
ESR D. (18)ANNULEN-1,4.7,10.13,16-TRISULFID-RADIKAL-ANIONS 59-0130
NMR V. PYRROLIZINEN 59-0143
CHEM. VERSCHIEB. U. KONFORM. V. PIPERIDINEN 59-0155
LSGM.-VERSCHIEB. BEI CYCL. AETHERN 59-0161
NMR V. N- U. O-5- U. -6-RINGHETEROCYCLEN 60-0095
NMR V. ORIENTIERTEM FURAN IN NEMAT.-KRIST.-FL. LSG. 60-0108
PMR V. VERB. MIT BRUECKENKOPF-N-ATOMEN, 3. MITT. (V. 8-OXA-1-AZA-BICYCLO(4.3.0)NONANEN) 60-0161
PMR V. THIOPHENEN, 12.MITT. 61-0006
NMR V. EPOXIDEN (EINFL. V. BZL. U. PY. AUF VERSCHIEB. D. RESONANZ) 61-0092
(13)C-NMR V. PYRAZOLEN 61-0095
NMR V. BENZO(F)CHINOLINEN 61-0307
(1)H- U. (13)C- NMR V. 2-SUBSTITUIERTEN PYRIDINEN (SUBSTITUENTENEINFL.) 62-0078
NMR V. MORPHOLINEN U. PIPERAZINEN (RINGINVERS.) 63-0142
NMR V. DITHIA- U. DITHIA-AZA-METACYCLOPHAN 63-0745
NMR V. 2-SUBSTITUIERTEN 1.3-DIOXOLANEN 64-0109
PMR-UNTERS. AN VERB. MIT BRUECKENSTICKSTOFFATOMEN, 6. MITT. (KMR V. OCTAHYDROPYRIDO(1.2-C)(1.3)OXAZINEN) 64-0111
NMR V. 5.5-DISUBSTITUIERTEN 1.3-DIOXANEN 64-0113
NMR V. 5-GLIEDR. HETEROCYCLEN (EINFL. V. BZL.) 64-0114
(13)C-NMR V. 5-RING-HETEROCYCLEN 64-0119
NMR V. DI- U. TETRAHYDROFURANEN 64-0128
NMR V. 2.1.3-SELENA- U. 2.1.3-OXADIAZOLEN 64-0153
PMR-UNTERS. V. VERB. MIT BRUECKENSTICKSTOFFATOMEN, 5. MITT. 64-0170
NMR V. PERHYDRO-DIPYRIDO(1.2-C,2'.1'-E)IMIDAZOLEN 64-0170
NMR V. TETRAHYDRO-1.3-OXAZINEN 64-0171
KOPPL.-KONST. V. N-SUBSTITUIERTEN PYRIDINEN (SUBSTITUENTENABHAENGIGK.) 57-0100
NMR V. N-HETEROCYCLEN U. IHREN KATIONEN 58-0107
CHEM. VERSCHIEB. V. METHYLGRUPPEN V. 1-METHYL-PIPERIDIN-HYDROJODIDEN (EINFL. D. 4-ALKYLGRUPPEN) 59-0120
NMR V. 1.2-THIAZINEN 60-0672
NMR V. DIOXAPHOSPHORINANEN 64-0129
NMR V. 1.2.3.4-TETRAFLUOR-DIBENZOFURANEN 54-0067
NMR V. TRIHALOGENCYCLOALKANEN 55-0071
NMR V. HALOGENBENZOLEN (KOPP.-KONST. U. CHEM. VERSCHIEB.) 55-0080
F-NMR V. BENZYLFLUORIDEN U. 2-PHENYL-AETHYLFLUORIDEN 56-0125
(1)H-NMR V. 1.3-DISUBSTITUIERTEN 4.5.6.7.8.8-HEXACHLOR-DELTA(5)-HEXAHYDRO-4.7-METHANO-ISOBENZOFURANEN 57-0095
NMR V. FLUORBENZOLEN , 2. MITT. (EINFL. V. SUBSTITUENTEN AUF D. F-F-KOPPL.-KONST.) 57-0101
(19)F-NMR V. 2.2-DIFLUOR-DECALINEN U. 3.3-DIFLUOR-ANDROSTANEN (SUBSTITUENTENEINFL.) 57-0103
(19)F-NMR V. BICYCL. FLUORIDEN 57-0104
NMR V. 7.7-DIFLUOR-1.2.3.4-TETRACHLOR-BICYCLO(2.2.1) HEPTENEN-(2)(WEITBEREICH-KOPPL. ZWISCHEN PROTONEN U. FLUOR) 58-0102
NMR V. 1.1.1-TRIFLUOR-3-HALOGEN-PROPANEN 58-0111

NMR V. DISUBSTITUIERTEN BENZOLEN 59-0114
NMR V. DICHLORNORBORNANEN U. -NORBORNENEN 59-0238
NMR V. PENTAFLUORPHENYL-VERB. 60-0100
NMR V. HALOGENIMIDAZOLEN 61-0126
NMR V. BETA-FLUOR-STYROLEN 62-0090
NMR V. ALPHA-FLUORALKYLAZIRIDINEN (N-INVERS.) 62-0138
NMR V. 1.3.5- TRICHLOR-CYCLOHEXANEN 63-0138
NMR V. HALOGENBENZOLEN MIT D2H-SYMMETRIE 64-0122
(19)F-NMR V. 2.2.3.3-TETRACHLOR-HEXAFLUOR-BUTAN 64-0177
(13)C-NMR V. HALOGENIERTEN METHANEN (STRUKTUR- U. ELEKTRON. EFFEKTE) 60-0107
NMR V. HALOGENIERTEN 1.3-BUTADIENEN 62-0082
NMR V. ANILIN (EINFL. V. BZL.) 54-0072
EPR V. 2.4.6-TRI-TERT.-BUTYL-ANILIN-RADIKAL U. -RADIKALKATION 56-0134
NMR V. 1.1-DIMETHYL-TRIAZENEN (GEHINDERTE ROTAT.) 58-0139
NMR V. N-HALOGEN-AZIRIDINEN 58-0557
NMR V. CIS- U. TRANS-N-CHLOR-2-METHYL-AZIRIDIN 58-0558
KMR V. HYDRAZONEN 61-0147
NMR V. AMINEN (BEST. D. OPT. REINHEIT) 61-0490
NMR V. 1-ARYL-3.3-DIMETHYL-TRIAZENEN 62-0114
NMR V. 2.6-DISUBSTITUIERTEN ANILINEN , N-NITROSO-ANILINEN U. ANILINIUMSALZEN 62-0122
NMR V. CYCLOBUTANDERIV. (WEITBEREICHS-SPIN-KOPPL.) 63-0134
NMR V. N-HALT. DIASTEREOMEREN 63-0181
CHEM. VERSCHIEB. V. ANILINEN U. KINETIK D. RK. MIT ARYLISOTHIOCYANATEN 63-0297
NMR V. NITROALKANEN , EINFL. V. AROMAT. AMINEN ALS LSGM. 64-0121
(13)C- U. H-VERSCHIEB. V. PYRIDIN (SCF-BEHANDL.) 64-0123
NMR V. DIAMINO- U. DINITRODECALINEN-(1.4) 64-0510
NMR V. NITRAMINEN 58-0103
NMR V. BORHALOGENID-NITROBENZOL-KOMPLEXEN 58-0173
NMR V. 1-ALKYLAMINO-BICYCLO(N.1.0)ALKANEN 58-0537
NMR -SPEKTREN V. AROMAT.AMINEN U. AMIDEN, 1. MITT. (V. AROMAT. AMINEN , LINEARE BEZIEH. ZWISCHEN AMINOPROTONENVERSCHIEB. U. HAMMETT-KONST. BZW. PI-ELEKTRONENDICHTE) 62-0076
NMR V. OSAZONEN 64-0131
MAGNET. NICHTAEQUIVALENZ V. ISOPROPYL-METHYL-PROTONEN AUF GRUND GEHINDERTER ROTAT. IN 1-ISOPROPYL-TETRAHYDROISOCHINOLINEN 53-0064
NMR V. ENANTIOMEREN ALKOHOLEN IN OPT.-AKT. LSGM. 53-0074
NMR V. 5-HYDROXY-CHROMENEN (EINFL. V. SUBSTITUENTEN U. LSGM.) 54-0407
NMR V. CIS-2.2.7.7-TETRAMETHOXY-DEKALIN 56-0120
(13)C-NMR V. CYCLOHEXYLCARBINOLDERIV. (BEST. D. FREIEN KONFORM.-ENERGIE) 56-0155
NMR-SPEKTREN V. ARYLPHENANTHROLEN 56-0423
NMR V. ALPHA-HALOGEN-CYCLOHEXANOLEN (LSGM.-ABHAENGIGK. D. KOPPL.-KONST.) 57-0108
NMR V. CARYOPHYLLENOLEN 58-0317
NMR V. CYCLANOLEN U. ZUCKERN, 4. MITT. 59-0111
NMR V. DIPROTONIERTEN ALIPHAT. GLYKOLEN 59-0121
NMR V. AETHERN (EINFL. V. BZL. U. PY. AUF VERSCHIEB. D. RESONANZ) 61-0092
NMR V. TRICHLORPROPYLENOXID IN VERSCHIEDENEN LSGM., BLDG. V. ENANTIOMEREN 61-0101
NMR V. HYDROXYVERB. (BEST. D. OPT. REINHEIT) 61-0490
NMR V. NORBORNANOLEN U. -DIOLEN 62-0077
NMR V. CYCLOHEXADIENONEN 62-0089
ESR V. 5.6.7.8-TETRAHYDRO-PTERIN-RADIKALKATION 62-0091
NMR V. CYCLOHEXAN-DIOLEN 62-0146
(1)H-NMR V. ALKYL-CYCLOHEPTANOLEN 64-0110
NMR V. ALKINOLEN 55-0216
NMR EINES GEMISCHES V. 2-PHENOXY-AETHANOL U. TERT.-BUTYLALKOHOL (INDIREKTE SPINSAETTIGUNG) 57-0105
NMR V. M-DIDESOXY-IMOSAMINEN 59-0111
PMR V. METHYL(MERCAPTO)-DERIV. V. ELEMENTEN D. GRUPPE IVB 56-0017
PMR V. BUTADIENSULFONEN 57-0118
(11)B-NMR V. AMINOBORANEN 54-0011
NMR V. AMINOPHOSPHINEN (TEMP.-EINFL.) 55-0078
NMR V. ALLENYLPHOSPHINOXIDEN 55-0216
NMR V. ALLENPHOSPHINEN U. -PHOSPHINOXIDEN (EINFL. D. SUBSTITUENTEN AM P AUF D. P-H-KUPPL.) 56-0131
NMR V. 1-(BIS-(DIMETHYLAMINO)-PHOSPHINO)-PYRAZOLEN 57-0533
NMR V. AROMAT. BORVERB. 58-0108
(29)SI-H-KOPPL.-KONST. V. SILANEN 58-0115
NMR V. P-DERIV., 4. MITT. 59-0116
NMR V. METHYLPHENYLPHOSPHIN U. METHYLPHENYLPHOSPHINOXID 59-0116
PMR V. METHYLPHOSPHINEN 61-0098
(1)H-NMR V. ALKYLBORANEN 59-0127
NMR, PROTONENKOPPL.-KONST. V. ALKOXYALKYLSILANEN 57-0091
NMR V. 1-SILYL-PYRAZOLEN 57-0112
PMR V. AETHYLHALOGENSILANEN (EINFL. D. SUBSTITUENTENZAHL) 59-0128
(13)C-NMR V. TETRAMETHYLSILAN 60-0013
PMR V. (2.2-DICHLOR-CYCLOPROPYL)-SILANEN U. -SILOXANEN 63-0140
PMR V. METHYLSILANEN 61-0098
CHEM. VERSCHIEB. V. METHYLPROTONEN IN PHENYL-TRIMETHYL-SILANEN (SUBSTITUENTENEFFEKTE) 63-0139
NMR V. FERROCENYLCARBONIUMIONEN 53-0002
NMR-UNTERS. D. SYN-ANTI-ISOMERIE BEI IMINOKOHLENSAEURE- U. IMINO-THIOKOHLENSAEUREESTERN 56-0164
NMR V. N-NITROURETHANEN 58-0103
NMR V. PROTONIERTEN CARBAMINSAEUREN U. -ESTERN 58-0242
NMR V. PHENYLGUANIDINEN (SYN-ANTI-ISOMERISIER.) 61-0149
(14)N-NMR V. HARNSTOFFEN U. THIOHARNSTOFFEN 63-0141
NMR V. INDANONEN U. TETRALONEN (BEZIEH. ZUR KONFORM.) 54-0066
C-19-PMR-SIGNALE V. 3-OXO-CHOLESTANEN U. -SPIROSTANEN 54-0172
NMR V. NATRIUM-1-ACETONYL-1H-2.4-DINITRO-CYCLOHEXADIENID 56-0117
NMR V. CYCL. BETA-DIKETONEN 56-0385
NMR V. AROMAT. ALDEHYDEN (KONSTIT.-EINFL.) 57-0098
NMR VIRTUELLE FERNKOPPL. V. EXO.EXO-3.6-DIBROM-BICYCLO(2.2.1)HEPTANDION-(2.5) 57-0109
NMR V. PROTONIERTEM 2.2'-DIMETHYL-BENZOPHENON (TEMP.-ABHAENGIGKEIT) 57-0113
NMR- V. ALPHA-EPOXY-KETONEN 57-0486
NMR V. CYCLOHEXADIENONEN 58-0097
KMR V. FLAVONEN (LSGM.-EINFL.) 58-0098
NMR V. ACETYLACET- U. MALONDIALDEHYD 58-0113
NMR V. CYCLOALKANONEN (LSGM.-EINFL.) 58-0147
NMR V. SCHIFFSCHEN BASEN 59-0112
NMR V. 2-BENZOYL- U. 2-THIOBENZOYL-THIOPHENEN, 2. MITT. 59-0117
NMR V. 2-BENZOYL- U. 2-THIOBENZOYL-THIOPHENEN , 3. MITT. 59-0118
PMR V. PROTONIERTEN ALICYCL. KETONEN 59-0123
NMR V. THIA- U. SELENABENZOCYCLENONEN (SPEKTREN) 60-0088
PMR V. ALPHA, BETA-UNGESAETT. KETONEN 60-0101
NMR-SPEKTREN V. FUTOENON U. DERIV. 60-0106
NMR V. ACETOPHENONEN U. ACETYLCHROMENEN (DURCH BZL. INDUZIERTE LSGM.-VERSCHIEB.) 61-0088
NMR V. QUADRATSAEUREAMIDEN 61-0096
KMR V. OXIMEN (KONFIG.-BEST.) 61-0146
NMR V. INDOLINTHIONEN-(2) 62-0174
NMR-SPEKTRUM V. MYRTENAL 63-0131
NMR-EMISS. V. ANTHRACHINON DURCH OPT. ANREG. 63-0144
NMR V. TRANS-CHALKONEPOXIDEN 64-0108
NMR V. PROTONIERTEN BETA-PHENYL-KETONEN 64-0120
ESR V. STABILEN 1-OXYLIMINO-ALPHA.ALPHA'-DIOXO-RADIKALEN 64-0133
NMR-UNTERS. D. ASSOZIAT. V. PYRROL -ACETON 58-0175
NMR V. BETA-DIKETONEN, O-HYDROXY-ALDEHYDEN U. -KETONEN 60-0091
NMR V. CHINON-ANILEN 53-0063
ESR V. BICYCLOALKYL-IMINOXY-RADIKALEN 54-0076
NMR V. ALIPHAT. AZOMETHINEN 56-0127
NMR-UNTERS. D. SYN-ANTI-ISOMERISIER. V. IMINEN 56-0237
NMR V. O-CARBAMOYL-OXIMEN 57-0139
NMR V. KET- U. ALDAZINEN 59-0157
MAGNET. NICHTAEQUIVALENZ GEMINALER GRUPPEN DURCH ROTAT.-MINDER. IN CHINONMONOANILEN 60-0160
NMR V. KONJUGIERT UNGESAETT. DINITROPHENYLHYDRAZONEN 64-0181
NMR V. 2-PHOSPHORANYLIDEN-3-KETOSAEUREAMIDEN U. STRUKTUR 54-0107
ESR V. BIS-(P-METHOX-PHENYL)-STICKOXID 55-0083
NMR V. BENZTHIAZOLIUMSALZEN (KONSTIT.-EINFL.) 57-0098
KMR V. PHENYLALLYLANIONEN 57-0148
NMR V. TRIALKYL-ALKYLIDEN-PHOSPHORANEN 58-0100
NMR V. PHOSPHONIUMSALZEN (P-C-H-KOPPL.-KONST.) 58-0106
NMR V. PYRAZINMETHOJODIDEN (N-H-SPINKOPPL.) 59-0119
CHEM. VERSCHIEB. V. METHYLGRUPPEN V. 1.1-DIMETHYL-PIPERIDINIUMJODIDEN (EINFL. D. 4-ALKYLGRUPPEN) 59-0120
NMR V. NITRONEN 60-0104
NMR V. 8-METHYL-8-AZONIA-TRICYCLO(2.2.1.1(2.8))NONAN-SALZEN 60-0104
(1)H- NMR V. BETA-CARBONYL-PHOSPHONIUM-YLIDEN 62-0081
NMR-P-CH-KOPPL. IN YLIDEN (TEMP.-ABHAENGIGK.) 63-0326
NMR-P-C-H-KOPPL. IN YLIDEN (TEMP.-ABHAENGIGK.) 63-0327
VICINALE H-N-SPIN-KOPPL. BEI BICYCL. AMMONIUMSALZEN 59-0126
N(14)-NMR V. NITRILEN U. ISONITRILEN 55-0072
NMR V. ALLENACETATEN 53-0075
NMR V. 2.5-PIPERAZINDIONEN 54-0065
PMR V. CUMARINEN (SPIN-SPIN-KOPPL. ZWISCHEN VERSCHIEDENEN RINGEN) 54-0073
NMR V. N-FORMYL- U. N-THIOACETYL-INDOLIN (LSGM.- U. TEMP.-ABHAENGIGK.) 55-0075
NMR V. N-ACYLDIHYDROISOINDOLEN (SPIN-KOPPL.) 55-0079
KMR V. ROTAMEREN ALPHA-AMINOSAEUREN 56-0119
ESR V. GAMMA-BESTRAHLTEN AMINOSAEUREN 56-0133
CHEM. VERSCHIEB. D. VINYLPROTONEN V. ZIMTSAEUREN (BEZIEH. ZU D. PI-ELEKTRONENDICHTEN D. C-ATOME) 56-0149

NMR V. N-METHYL-THIOAMIDEN 56-0156
NMR V. CYCLOHEXANOLCARBONSAEURELACTONEN 56-0157
NMR U. CHEM. VERSCHIEB. V. GAMMA- LACTONEN 56-0159
NMR V. GEM.-DISUBSTITUIERTEN CYCLOPROPANEN (U. STEREOCHEMIE) 56-0160
NMR V. BUTYROLACTONEN 56-0162
NMR V. VALEROLACTONEN (STER. EINFL. AUF D. KONFORM.) 56-0163
NMR-NACHW. D. CIS-TRANS-ISOMERIE V. ACETANILIDEN 56-0165
MAGNET. ANISOTROPIE U. NMR V. LACTAMEN, 1. MITT. (NMR V. SUBSTITUIERTEN PIPERIDONEN) 57-0096
NMR V. N.N-DIPHENYL-BENZAMIDEN , NICHTAEQUIVALENZ D. PHENYLGRUPPEN 57-0111
NMR D. ORTHO-PROTONEN V. N-PHENYL-AMIDEN 57-0114
NMR V. PROPIOLACTON 58-0114
NMR V. OXY- U. THIODIESSIGSAEUREESTERN 58-0151
NMR V. PROTONIERTEN ACRYLSAEUREN 58-0243
PMR V. MEXICANOLID 58-0749
NMR V. ARYLAZOPYRAZOLONEN 59-0142
PMR V. L-LEUCIN- U. GLYCIN-PEPTIDEN 60-0097
ESR V. THIOAMIDEN, 1. MITT. 60-0112
NMR V. N-DIACYLAMINO-SUCCINIMIDEN 60-0174
NMR V. AMIDEN U. CARBAMATEN 60-0208
NMR-BEST. D. BASIZITAET V. AETHERN U. SAEUREANHYDRIDEN 60-0210
NMR-SPEKTREN V. ERYTHRO-THREO-ISOMEREN 3-ARYL-3-HYDROXY-ISOBUTTERSAEUREESTERN 60-0282
NMR V. ISOBUTTERSAEURE-DERIV. (MAGNET. NICHTAEQUIVALENZ D. METHYLGRUPPEN) 61-0100
NMR V. THIOFORMAMID-S-OXIDEN 61-0154
NMR V. FORM- U. THIOFORMAMIDEN (CIS-TRANS-ISOMERIE) 61-0156
NMR -SPEKTREN V. AROMAT. AMINEN U. AMIDEN, 1. MITT. 62-0076
NMR V. ALPHA-FLUOR-ZIMTSAEUREESTERN 62-0090
NMR V. CARBAMATEN 62-0123
NMR-WEITBEREICHSKOPPL. IN ESTERN 63-0143
EPR V. BESTRAHLTEN CUMARINEN 63-0152
NMR V. DMF (INNERE ROTAT.) 63-0167
(13)C-H-NMR V. PEPTIDEN (ALS INNERER STANDARD ZUR QUANT. BEST.) 63-0845
NMR V. CYCLOPROPYL- U. ISOPROPYL-ACRYLESTERN 64-0102
NMR-NICHTAEQUIVALENZ V. DIASTEREOMEREN PHENYLESSIGSAEUREESTERN 64-0126
(13)C-NMR V. AMINOSAEUREN U. PEPTIDEN ALS FUNKT. V. PH 64-0127
NMR V. N-HALOGEN-GUANIDINEN U. -BENZAMIDINEN 53-0093
NMR V. HYAENANCIN-DERIV. 58-0099
MAGNET. NICHTAEQUIVALENZ GEMINALER GRUPPEN DURCH ROTAT.-HINDER. IN ACETANILIDEN 60-0160
(31)P- NMR V. IMIDO-THIOPHOSPHINATEN 53-0069
(19)F-NMR V. 4-FLUOR-PHENYL-ORGANO-P-VERB. (SUBSTITUENTENKONST.) 54-0269
NMR V. 2-PHENYL-5-BENZYLIDENAMINO-1.3.2-DIOXABORINEN 54-0271
NMR V. PHOSPHONATEN , 4. MITT. (MAGNET. NICHTAEQUIVALENZ V. DIASTEREOMEREN PHOSPHONATEN) 55-0076
NMR V. N(1)-SUBSTITUENTENEFFEKTEN AN SULFANILAMIDEN 60-0087
PMR V. BETA-DIKETONATO-DIPHENYLBORINATEN U. 1.3.2-DIOXABORINIUMSALZEN 60-0096
NMR- U. (11)B-NMR-UNTERS. AN BIS-(10.9-BORATHIARO-PHENANTHRYL-(10))-AETHER U. ANDEREN HETEROAROMAT. B-VERB. 64-0753
NMR V. FLUORPHOSPHORSAEURE-DIISOPROPYLESTER (VORZEICHEN D. SPIN-SPIN-KOPPL.-KONST.) 53-0067
PMR V. 2-(BETA-DIKETONATO)-1.3.2-BENZODIOXABOROLEN 60-0096
ESR V. TRIPLETT-METHYLENEN 53-0076
PMR, V. PROTONIERTEN DIALKYLKETONEN (DIALKYLHYDROXYCARBONIUMIONEN) 54-0069
ESR V. TERT.-PEROXYRADIKALEN 54-0077
ESR, V. DIALKYL-STICKOXID-RADIKALEN 54-0137
NMR U. ESR V. PYREN-RADIKALIONEN 55-0085
NMR V. PIPERIDIN-N-OXID-RADIKALEN (PARAMAGNET. VERSCHIEB.) 57-0106
(1)H-NMR V. HYDROXYALLYL-KATIONEN 57-0110
EPR-SPEKTREN V. N-ARYL-N-(2-CYAN-PROPYL-(2))-N-OXID-RADIKALEN 57-0119
ESR V. DIPHENYLMETHYLRADIKAL 57-0120
ESR D. PHENYL- U. D. DIPHENYLHYDROXYMETHYL-RADIKALS 58-0116
ESR V. TRIPHENYLMETHYL-RADIKAL 58-0117
ESR V. IMINOXY-RADIKALEN AUS ACETOPHENONOXIM U. ANDEREN OXIMEN 58-0118
NMR V. (O-HYDROXY-BENZYL)-BENZYLIDEN-AMMONIUMIONEN 58-0177
ESR V. BUTAN-2.3-SEMIDION-RADIKAL-ION 58-0323
NMR V. AETHYL-HALOGENONIUM-IONEN 59-0125
ESR V. ALIPHAT. NITROXIDEN, 2. MITT. (V. CYCL. NITROXIDEN) 60-0111
ESR V. THIOBENZAMID-RADIKAL-ANIONEN 60-0112
ESR V. MONOHOMOCYCLOOCTATETRAEN-ANION 60-0114
ESR V. 1.1-DIPHENYL-2-PIKRYL-HYDRAZYL BEI HOHER AUFLSG. 60-0115
EPR V. 4-ACYLOXY-PIPERIDIN-N-OXYLEN (TEMP.-EINFL.) 60-0116
ESR V. TRIFLUORNITROMETHAN-RADIKALANION, BIS-(TRIFLUORMETHYL)-SEMIDIAZOXID (RADIKALANION) U. N-HYDROXYL-TRIFLUORNITROSOMETHAN-RADIKAL 60-0216
ESR V. ACYLALKYLSTICKOXIDEN 60-0354
ESR V. O-METHYL-ISOHARNSTOFFHYDROCHLORID-RADIKALEN 61-0097
ESR-SPEKTREN V. FREIEN HYDROXYLAMIN-RADIKALEN, 4. MITT. (RADIKALE AUS ALKYL-HYDROXIMSAEUREN U. AMIDOXIMEN) 61-0102
ESR V. RADIKALEN AUS BESTRAHLTEN ORGAN. CARBONATEN 61-0103
ESR-HYPERFEINSTRUKTUR V. N-PIKRYL-CARBAZOLYL-(9)-AMINYL 61-0105
ESR V. TRANS-BICYCLO(6.1.0)NONATRIEN-(2.4.6)-RADIKALANION U. (9.9-D2)-TRANS-BICYCLO(6.1.0) NONATRIEN-(2.4.6)-RADIKALANION 61-0106
ESR V. TETRAZOLIN-RADIKALEN (HYPERFEINSTRUKTUR) 61-0598
NMR V. TERT. CARBONIUMIONEN 62-0086
V. HALOGENMESITYLENIUM- U. HALOGENXYLOLIUMIONEN 62-0087
PMR V. HALOGENTOLUOLIUM- U. HALOGENBENZOLIUMIONEN 62-0088
EPR V. ORGAN. RADIKALEN (UEBERSICHT) 62-0094
NMR U. ESR V. 2.6-DI-TERT.-BUTYL-4-(ALPHA-METHOXYIMINO-CYCLOPROPYLMETHYL)-PHENOXYL 63-0137
ESR-SPEKTREN V. AZOMETHIN-STICKOXIDEN 63-0149
ESR V. TRIMETHYLENMETHAN (PROTONENHYPERFEINAUFSPALT.) 63-0150
ESR V. PHENOXAZINYL-(10) U. -N-OXID 63-0151
ESR V. 1.4-DITHIIN-KATIONRADIKALEN ((33)S-AUFSPALT.) 64-0138
ESR-FERNKOPPL. IN SEMIDION-RADIKALEN (HUECKEL-BERECHN.) 64-0139
ESR V. DICYAN-BICYCLOOCTEN-ANIONENRADIKALEN 64-0140
ESR V. TRIPHENYLAMINIUMRADIKALEN 64-0255
NMR V. BZL.-BORNAN-KOMPLEXEN (LSGM.-EINFL.) 60-0195
NMR V. HALOGENID-HALOFORM-H-BIND.-KOMPLEXEN 64-0204
NMR V. N-ACYL-PIPERIDINEN (MAGNET. ANISOTROPIE D. AMIDGRUPPE) 54-0052
NMR V. PYRANOSEN (FERNKOPPL. D. OH-PROTONEN) 54-0111
(19)F-NMR, WEITBEREICHSKOPPL. IN 5-FLUOR-PYRIMIDIN-NUCLEOSIDEN 58-0109
NMR V. ZUCKERN U. CYCLANOLEN, 4. MITT. 59-0111
PMR V. MONONUCLEOTIDEN 59-0185
NMR METH. ZUR UNTERSCHEID. V. 6- U. 8-GLUCOSYL-FLAVONEN 62-0704
PMR V. METHYL-4.6-O-BENZYLIDEN-3-DESOXY-3-BENZOLAZO-ALPHA-D-GLUCOSID-2-ACETAT 64-0112
PMR V. GALAKTOSEDERIV. 1.MITT. 64-0117
NMR V. (15)N-SUBSTITUIERTEN N-HALT. ZUCKERDERIV., 1.MITT. 64-0131
NMR V. O-ACETYL-ALDOSE- U. -ALDONSAEURELACTON-2.4-DINITRO-PHENYLHYDRAZONEN 64-0779
NMR V. 3BETA-HYDROXY-DELTA(12)-OLEANEN, ZUORDNUNG D. SIGNALE D. METHYLGRUPPEN 53-0073
NMR V. GLYCYRRHETINSAEUREESTERN 57-0107
KERN-OVERHAUSER-EFFEKT V. TAXANEN 57-0165
NMR V. TERPENOIDEN 59-0162
NMR V. TERPENSAEUREN, -ESTERN U. -ALDEHYDEN 59-0163
NMR V. HUMULEN U. ZERUMBON 60-0099
NMR V. STEROIDKETONEN (WEITREICHENDE (4)J-KOPPL.) 55-0077
NMR V. 5,10-OESTRENEN (U. KONFORM.) 55-0112
NMR V. STEROIDALKOHOLEN 56-0124
NMR V. STEROID-KETONEN (LSGM.-EINFL.) 56-0132
NMR V. NITROSTEROIDEN 58-0085
NMR V. 5ALPHA-ANDROSTANEN (LSGM.-EINFL. U. ZUERCHER-REGELN) 58-0112
NMR V. STEROID- U. TRITERPENALKOHOLEN 59-0160
NMR V. STEROIDEN , 12. MITT. 59-0165
NMR V. OESTRONEN U. OESTROLEN 60-0094
NMR V. 5ALPHA.14BETA-ANDROSTANEN 61-0089
220 MHZ NMR V. 8-METHOXY-12-OXO-12A BETA-METHYL-1.2.3.3A ALPHA.5.6.10B ALPHA.11.12.12A-DEKAHYDRO-BENZO(A) CYCLOPENTA(F)CHINOLIZIN 61-0153
NMR V. PROTOPIN 55-0117
NMR V. DITERPEN-ALKALOIDEN 60-0093
NMR V. BENZOPHENANTHRIDIN-ALKALOIDEN 61-0115
NMR-OVERHAUSER-EFFEKT V. DEHYDROVOACHALOTIN 62-0080
NMR V. DIPEPTIDEN 56-0118
NMR V. TRYPTOPHAN-ALPHA-CHYMOTRYPSIN-KOMPLEXEN 63-0206
NMR V. HAEMINEN U. HAEMOPROTEINEN 63-0136
ESR-UNTERS. AN MELANINEN , 1. MITT. 63-0864
ANWEND. V. 220MHZ-NMR AUF STEREOCHEM. PROBLEME 54-0103
NMR, ANWEND. V. PARAMAGNET. ZUSAETZEN ZUR STRUKTURBEST. V. PYRAZOLEN 57-0115

MAGNETOOPTISCHE EFFEKTE
* S. AUCH ROTATION, MAGNETISCHE
MAGNETOROTAT. V. DIALKYLPHOSPHINEN 56-0101
V. ADDIT.-VERB. V. SNCL4 MIT ALIPHAT. ESTERN 60-0004

MAKROCYCLEN
* S. UNTER RINGSYSTEME

MAKROLIDE
* S. UNTER LACTONE

MAKROLON
* S. PLASTE, CO-PLASTE (POLYCARBONATE)

MAKROMOLEKULARE CHEMIE
MAKROMOL. VERB., CHEM. KONSTIT. U. AFFINITAET ZU --, 4. MITT. 59-0640
HOCH- U. NIEDRIGMOL. ORGAN. VERB., UNTERSCHIEDL. OXYDIERBARK. 60-0328
MALARIA
* S. UNTER MIKROORGANISMEN, SPEZIELLE MIKROORGANISMEN
* (PLASMODIUM)
MANGAN
MN(II), KOMPLEXBLDG. MIT KALIUM-3.5-DIMETHYL-PYRAZOL-1-DITHIOCARBOXYLAT 59-0084
MN(II), EINFL. AUF D. HYDROLYSE D. ESTER V. KOMPLEXONEN 63-0041
MANGANVERBINDUNGEN (ORGANISCHE)
CYMANTRENDERIV. 4.MITT. 64-0067
MN-CARBONYL-VERB. MIT ELEMENTEN D. GRUPPE 4A, IR - SPEKTREN 60-0010
1-TRIPHENYL-STANNOXY- U. 1-HYDROXY-2.3.4.5-TETRAPHENYL-CYCLOPENTADIEN-(2.4)-MANGAN-TRICARBONYL , ELEKTROCHEM. VERH. (BLDG. V. RADIKALANIONEN U. DIANIONEN) 61-0021
MN(II)- ALDIMINOZUCKERCHELATE, ORD 63-0107
MN(II)-BRENZCATECHIN-KOMPLEXE, RK.-KINETIK 64-0033
PI-METHYLMETHYLENSULFONIUM-(TETRACARBONYLMANGANAT(-1)) U. (3-METHYLMERCAPTO-PROPICNYL)-TETRACARBONYLMANGAN, MASSENSPEKTREN 60-0017
MN(CO)4S2CN(C2H5)2, (MN(CO)3S(C6H5))2, POLAROGRAPH. U. CYCL.-VOLTAMMETR. VERH. (BLDG. V. RADIKALIONEN U. IONEN) 61-0022
UMLAGER. V. HYDROXY-ALKINYL-CYCLOPENTADIENYL-MN-TRICARBONYLEN ZU ENTSPRECHENDEN ALKENONEN 53-0031
HEXAMETHYLBENZOL-MANGAN-VERB., DARST. 55-0033
CYMANTRENE, KONFORM.-GLEICHGEW. U. DIPOLMOMENTE 56-0002
METHYLCYMANTRENE, KONFIG. 56-0003
TETRACARBONYL-2-(PHENYLAZO)-PHENYLMANGAN U. TETRACARBONYL-2-(NAPHTHYL-(2)-AZO)-NAPHTHYLMANGAN, DARST. 57-0064
CYMANTRENYL-HG-VERB., PROTONOLYSE (KINETIK) 58-0035
CHEM. KORRELAT. U. ABSOLUTKONFIG. V. OPT. AKT. ALPHA- U. BETA-SUBSTITUIERTEN METHYLCYMANTRENEN 59-0002
CYMANTRENYL-DIPHENYL-BENZYL-PHOSPHONIUM-BROMID BZW. -HYDROXID, DARST., ZERS. (KINETIK), POLYFLUORALLYL- U. -PROPENYLDERIV. V. MN, DARST. , UMLAGER., STEREOCHEMIE 59-0075
(C6F5-CH2)- U. (P-F-C6H4-CH2)-MN(CO)5, MASSENSPEKTRUM (SIGMA-PI-UMLAGER.) 61-0011
CYCLOPENTADIENYL-, LICHTABSCRPT. (THEORIE) 63-0003
CYCLOPENTADIENYL-MN(CO)3-VERB., NQR -UNTERS. 64-0010
OPT.-AKT. HALOGEN-METHYLCYMANTRENE, DARST., ORD 64-0067
CYMANTRENDERIV., 5. MITT. (ALPHA- U. BETA- DIJOD-CYMANTREN, DARST., KONST. , DIPOLMOMENT) 64-0005
(13)CO-SUBSTITUIERTE ACETYL-MN-PENTACARBONYLE, IR-UNTERS. 59-0011
MN(II)-ACETONITRIL-KOMPLEXE, IR-SPEKTREN 55-0003
BIPY-MN(OOCCH2)2CO, (H2O)2MN(OOCCH2)2CO, DECARBOXYLIER.-GESCHW. 53-0171
MN(II)-THIONALID-KOMPLEXE, BLDG. , STABILITAETS-KONST. 58-0024
THIOPHEN-2-CARBOXYLAT U. 3-PHENYL-ISOTHIAZOL-5-CARBOXYLATMANGAN(II)-ION , STABILITAETSKONST. 59-0024
HEXAKIS-(ESSIGSAEURE)-MN(II)-KOMPLEXE, DARST. AUS MN(II)-SALZ-HYDRATEN U. ACETANHYDRID, STRUKTUR 61-0060
EDTA-MN(2+)-1 ZU 1-KOMPLEXE, BLDG. U. RAMAN-SPEKTREN 63-0007
NTA-GLYCIN(AETHYLVALINAT)-MN(II)-KOMPLEXE, BLDG.-KONST. 63-0042
(13)CO-SUBSTITUIERTE ACETYL-MN-PENTACARBONYLE, IR-UNTERS. 59-0011
MANGANVERBINDUNGEN (ANORGANISCHE)
MNCL2.4H2O EINFL. AUF D. DECARBOXYLIER. V. OXALESSIGSAEURE 58-0292
MNCL2, KOMPLEXBLDG. MIT SBCL5 U. ACETONITRIL 55-0019
MNCL2, KOMPLEXBLDG. MIT SNCL4 U. ACETONITRIL 55-0026
MN(BF4)2, KOMPLEXBLDG. D. HYDRATS MIT ACETANHYDRID 61-0060
MNO2, OX. V. DIAMINEN U. HYDRAZINEN MIT 64-0449
MN(CLO4)2, KOMPLEXBLDG. D. HYDRATS MIT ACETANHYDRID 61-0060
MANNAN
FUCOXYLOMANNAN, ISOLIER. AUS POLYPORUS PINICOLA 56-0752
MANNICH-BASEN
V. ACETONYLTHEOBROMINEN, 3.MITT. 55-0465
V. ACETONYLTHEOBROMINEN, STRUKTUR 55-0465
DARST. AUS ALKOXYMETHYLAETHERN V. HYDROXYACETYLENVERB. 55-0261
V. ISOXAZOLEN, DARST. AUS AMINO-ISOXAZOLEN, ISOXAZOLONEN U. AMINO-ISOXAZOLONEN MIT HCHO U. PIPERIDIN 55-0413
V. ACETONYLTHEOBROMINEN, DARST. 55-0465
ARYLAMIN-, DARST. AUS DIALKYLANILINEN, CH2O U. CYCL. SEK. AMINEN 56-0362
PURIN-, DARST. MIT CYCL. SEK. AMINEN U. CH2O 57-0611
PAEONCL-MORPHOLIN-, DARST. 57-0622
AMINOMETHYL-HETEROCYCLOALKANONE-(3), DARST. 59-0494
V. METHYLPYRIDINEN U. -CHINOLINEN, DARST. 60-0616
V. 4-METHYLMERCAPTO-PHENOLEN, DARST. 63-0451
V. HYDROXYARYL-SAEUREAMIDEN U. -METHYLESTERN, DARST. 57-0621
REAKTIVITAET, 10. MITT. 56-0347
CYCLANON-, RK. ZU OMEGA-AMINOSAEUREN , 1. MITT. 56-0552
AROMAT., PHOTODEHYDRIER. 63-0331
CYCLANON-, PHOTOHYDROLYSE 56-0552
RK. MIT AROMAT. VERB. 59-0281
C- U. N-ALKYLIER. V. HETEROCYCLEN MIT - 59-0281
RK. MIT CS2 61-0413
ACETOLYSE, 8. MITT. 57-0621
MANNICH-REAKTION
* S. UNTER KONDENSATIONSREAKTIONEN
MARIHUANA
* S. UNTER HANF
MASER U. LASER
RUBINLASER, RE(IV)-PHTHALOCYANIN-KOMPLEXE ALS ABSORBER 59-0018
CO2-LASER-ANREG. V. AETHYLCHLORID 62-0291
MASSANALYSE
* INDIKATOREN S. DORT
* BEST. SPEZIELLER IONEN, VERB. USW. S. UNTER DEN ENT-SPRECHENDEN ELEMENTEN ODER VERBINDUNGEN
JODOMETRIE, BEST. V. TERT.-ALKYLPERESTERN 54-0596
MASSENSPEKTROSKOPIE
ELEKTRONENSTOSSUNTERS., 17. MITT. 60-0126
23. MITT. 57-0127
ELEKTRONENSTOSS U. MOL.-DISSOZIAT., 18.MITT. 55-0088
MASSENSPEKTREN U. MOL.-STRUKTUR, 1. MITT.(STRUKTUR-BEZIEH. U. METASTABILE UEBERGAENGE) 57-0123
21. MITT. 57-0128
MASSENSPEKTROMETRIE U. IHRE ANWEND. AUF STRUKTURELLE U. STEREOCHEM. PROBLEME, 150. MITT. 59-0134
MASSENSPEKTROMETRIE, 1. MITT.(CO2-ABSPALT.) 60-0130
22. MITT. 61-0113
ELEKTRONENSTOSS-UNTERS., 29. MITT. 62-0100
MASSENSPEKTROMETRIE, 28. MITT. 62-0107
FRAGMENTIER. U. BECKMANN-UMLAGER., 5. MITT. 64-0306
BEI STRUKTURELLEN U. STEREOCHEM. PROBLEMEN, 138. MITT. 56-0136
24. MITT. 59-0139
MASSENSPEKTROMETRIE, 27. MITT. 60-0136
MASSENSPEKTROMETRIE, 26. MITT. 61-0119
MASSENSPEKTROMETRIE, 1.MITT. 64-0151
MASSENSPEKTRUM U. MOLEKULARSTRUKTUR, 2. MITT. 62-0109
METASTABILE UEBERGAENGE V. DREIFACHGELADENEN IONEN IN MASSENSPEKTREN 53-0084
MASSENSPEKTROMETR. UNTERS. D. BIOSYNTH. V. (5.6-D2)-PATULIN 54-0082
MASSENSPEKTROMETR. ELIMINIER. V. NEUTRALPARTIKELN AUS MOL.- U. FRAGMENT-IONEN 54-0088
V. FCONSF2, FSO2NSF2 U. CLSO2NSF2 55-0018
V. ANDROSTENDIOLEN, METASTABILE PEAKS BEI ZWEISTUF. FRAGMENTIER. 56-0138
MASSENSPEKTROMETRIE BEI STRUKTURELLEN U. STEREOCHEM. PROBLEMEN,144. MITT. 57-0126
BEI STRUKTURELLEN U. STEREOCHEM. PROBLEMEN, 149. MITT. 58-0122
MASSENSPEKTROMETRIE BEI STRUKTUR- U. STEREOCHEM. PROBLEMEN, 152. MITT. 59-0014
U. IHRE ANWEND. AUF STRUKTURELLE U. STEREOCHEM. PROBLEME, 123. MITT. 60-0122
BEI STRUKTURELLEN U. STEREOCHEM. PROBLEMEN, 139.MITT. 60-0128
MASSENSPEKTROMETRIE, 1. MITT. 60-0138
MASSENSPEKTROMETRIE, 2. MITT. 60-0139
HOCHAUFLSG.- ZU MOLSTRUKTUR-UNTERS., 9. MITT. 61-0107
MASSENSPEKTROMETRIE BEI STRUKTURELLEN U. STEREOCHEM. PROBLEMEN, 148. MITT. 61-0108
MASSENSPEKTREN U. STRUKTUR V. ORGAN. VERB., 24. MITT. 61-0116
MASSENSPEKTROMETRIE ZUR STRUKTURAUFKLAER. V. ALKALOIDEN, 9. MITT. 61-0745
MASSENSPEKTREN U. STRUKTUR ORG. VERB., 22. MITT. 63-0156
V. N-ALKYL-2.4-DIPHENYL-PYRROLEN (VGL. MIT IHREM PHOTOLYT. U. PYROLYT. VERH.) 63-0342
BEI STRUKTURELLEN U. STEREOCHEM. PROBLEMEN, 154. MITT. 64-0146
ZUR UNTERSCHEID. V. DIASTEREOMEREN H-ATOMEN 64-0152
U. IHRE ANWEND. AUF STRUKTURELLE U. STEREOCHEM. PROBLEME, 135. MITT. 54-0080
MASSENSPEKTROMETRIE BEI STRUKTURELLEN U. STEREOCHEM. PROBLEMEN, 146. MITT. 58-0121
MASSENSPEKTROMETRIE BEI STRUKTURU. STEREOCHEM. PROBLEMEN,142. MITT. 62-0099
MASSENSPEKTROMETRIE BEI STRUKTURELLEN U. STEREOCHEM. PROBLEMEN, 155. MITT. 64-0147
V. ORGAN. VERB., 5. MITT. 56-0142
U. ISOTOPENMETH. ZUR UNTERS. D. OX. V. BZL., 2. MITT. 62-0204
V. TOLUOL (BLDG. D. TROPYLIUM-KATIONS) 63-0160
V. PHENAZINEN 56-0142
MASSENSPEKTRUM V. ACETOPHENONAZIN (FRAGMENTIER.-MECHANISMUS) 64-0151
V. TRIPHENYLPHOSPHINEN U. -PHOSPHINOXIDEN 59-0139
V. NITROBENZALDEHYD U. -ACETAL 59-0135
V. BETA-JONON 56-0140
V. SYST. MIT UNGERADER ELEKTRONENZAHL (MCLAFFERTY-UMLAGER.) 54-0081

FRAGMENTIERUNGSRK., 22. MITT. 64-0306
MASSENSPEKTREN U. STRUKTUR V. ORGAN. VERB., 20. MITT. 54-0085
MASSENSPEKTREN U. STRUKTUR V. ORGAN. VERB., 21. MITT. 54-0086
ORGAN., 9. MITT. 55-0092
MASSENSPEKTREN U. STRUKTUR ORGAN. VERB. , 23. MITT. 58-0128
V. STRUKTURISOMEREN, 1. MITT. 60-0132
MASSENSPEKTREN V. ISOMEREN, 1. MITT. 60-0135
U. STRUKTUR V. ORGAN. VERB., 23. MITT. 62-0101
MASSENSPEKTROMETR. UNTERS. V. METALLCARBONYLEN (EINFL. D. THERM. ZERS. IN D. IONENQUELLE EINES MASSENSPEKTROMETERS) 58-0013
V. OLEFIN-EISEN-TETRACARBONYLEN 53-0001
MASSENSPEKTREN V. TRICARBONYL-CYCLOHEXADIEN-(1.3)-FE-KOMPLEXEN 58-0012
MASSENSPEKTREN V. V(PI-C6H6)2 U. CR(PI-C6H6)2 (IONISAT.- U. APPEARANCE-POTENTIALE) 59-0015
MASSENSPEKTREN V. TRICARBONYL-5-(MORPHOLINO)-CYCLOHEXADIEN-(1.3)-EISEN 58-0012
MASSENSPEKTREN V. TRICARBONYL-5-HYDROXY-CYCLOHEXADIEN-(1.3)-EISEN U. TRICARBONYL-2-METHOXY-5-HYDROXY-CYCLOHEXADIEN-(1.3)-EISEN 58-0012
V. AL-ISOPROPANOLATEN 62-0006
MASSENSPEKTREN V. ORGANO-S-DERIV. V. METALLCARBONYLEN 60-0017
D. UEBERGANGSMETALLCARBONYL-DERIV. V. TRIS-(DIMETHYLAMINO)-PHOSPHIN 56-0021
V. TRIFLUORPHOSPHIN-CARBONYL-KOBALT-HYDRIDEN 64-0014
V. CARBONYL-TRIS-(DIMETHYLAMINO)-PHOSPHINMETALL-KOMPLEXEN 60-0015
V. TETRAALKYL-GE-VERB. 57-0011
V. TRICARBONYL-1-FERRA-ISOINDOLIN-TRICARBONYLEISEN, DERIV. 57-0053
MASSENSPEKTRUM V. VINYLFERROCENEN (BLDG. V. TROPYLIUMIONEN) 59-0013
MASSENSPEKTREN V. (PI-C5H5)V(C7H7), (PI-C5H5)CR(C7H7) U. (PI-C5H5)MN(PI-C6H6) (IONISAT.- U. APPEARANCEPOTENTIALE) 59-0015
V. ORGANOMETALLVERB., 1. MITT. (CYCLOPENTADIENYLTRICARBONYL-TRIS-(DIMETHYLAMINO)-PHOSPHIN-VANADIN) 60-0015
V. ORGANOMETALLVERB., 2. MITT. (CYCLOPENTADIENYLMETALLCARBONYLE) 60-0016
MASSENSPEKTREN V. ORGANOMETALLVERB., 3. MITT. (THIOLATOCYCLOPENTADIENYL-FE-KOMPLEXE) 60-0017
ELEKTRONENSTOSS-FRAGMENTIER. V. TRIALKYLZINN-HALOGENIDEN 61-0010
MASSENSPEKTROMETR. UNTERS. V. ORGANOMETALLVERB. (THERM. ZERS. IN D. IONENQUELLE EINES MASSENSPEKTROMETERS) 58-0013
MASSENSPEKTREN V. ORGANOMETALLVERB. (SIGMA-PI-UMLAGER.) 61-0011
MASSENSPEKTREN V. TRICARBONYL-5-(4.4-DIMETHYL-2-HYDROXY-6-OXO-CYCLOHEXEN-(1)-YL)-CYCLOHEXADIEN-(1.3)-EISEN, TRICARBONYL-5-(2.4-DIOXO-PENTYL-(3))-CYCLOHEXADIEN-(1.3)-EISEN U. TRICARBONYL-2-METHOXY-5-(2.4-DIOXO-PENTYL-(3))-CYCLOHEXADIEN-(1.3)-EISEN 58-0012
D. UEBERGANGSMETALLCARBONYL-DERIV. V. TRIMETHYLPHOSPHIT 56-0021
V. NEGATIVEN IONEN V. ELEMENTORGAN. VERB. (GRUPPE IV-B) 62-0104
MASSENSPEKTREN V. (FE(CO)3L), L=ALPHA-TERPINEN U. -PHELLANDREN 58-0012
V. ORGAN. VERB., 3. MITT. 55-0094
V. ORGAN. VERB., 4. MITT. 55-0095
V. ORGAN. VERB., 6. MITT. 64-0157
V. METASTABILEN IONEN ISOMERER HEXANE 56-0135
MASSENSPEKTREN V. P-CYMOL 58-0012
V. METACYCLOPHANEN 58-0074
V. AROMAT. KW-STOFFEN 59-0133
V. BIPHENYLEN (FRAGMENTIER. DURCH ELEKTRONENSTOSS) 62-0282
V. MONO- U. BICYCL. C7H12-VERB. 60-0132
MASSENSPEKTREN V. CYCLOBUTANEN U. -HEXENEN D. SUMMENFORMEL C10H16 60-0135
ELEKTRONENSTOSSINDUZIERTE FRAGMENTIER. V. ACETYLENVERB. , 2. MITT. 63-0055
V. ARALKYLVERB. MIT FUNKTIONELLER GRUPPE, 3. MITT. 58-0124
V. ARALKYLVERB. MIT FUNKTIONELLER GRUPPE, 4. MITT. 58-0125
V. ARALKYLVERB. MIT FUNKTIONELLER GRUPPE, 5. MITT. 58-0126
V. AROMATEN (THEORET. DEUT. D. DISSOZIAT.-ABLAUFS DURCH ELEKTRONENSTOSS) 60-0140
V. M- U. P-SUBSTITUIERTEN N-BUTYL-BENZOLEN (M-42-UMLAGER.) 63-0161
V. TRIARYLAETHYLENEN 64-0141
MASSENSPEKTREN V. SAUERSTOFF-HETEROCYCLEN, 5. MITT. 53-0085
V. ISOXAZOLEN 57-0125
V. N-HETEROCYCLEN (RINGERWEITER. BEI D. FRAGMENTIER.) 58-0122
V. 1.2.4.5-TETRAZINEN 58-0130
MASSENSPEKTREN V. 2-ALKYL-BENZIMIDAZOLEN 58-0134
V. KONDENSIERTEN AZEPINEN 58-0552
MASSENSPEKTREN V. BENZTHIOPHENEN 59-0131
MASSENSPEKTREN V. DIBENZ(B,F)OXEPINEN 59-0686
MASSENSPEKTREN V. 1.2.4-OXADIAZOLINEN 60-0117
MASSENSPEKTREN, V. 1.3-DITHIOLANEN U. 1.3-DITHIANEN 60-0123
MASSENSPEKTREN V. BENZIMIDAZOLEN 60-0127
V. FURAN U. THIOPHEN BZW. DEUTEROVERB. 60-0136
V. CHINOLIN- U. ISOCHINOLIN-N-OXIDEN 61-0109
ELEKTRONENSTOSS-INDUZIERTE UMLAGER. IN ALPHA-SUBSTITUIERTEN N-HETEROCYCLEN 61-0117
V. DIAZA- U. TRIAZAINDENEN 62-0098
V. DIPHENYL-OXAZOLEN, -IMIDAZOLEN U. THIAZOLEN 62-0100
V. EINFACHEN INDOLEN 63-0155
V. PHENOTHIAZINEN 64-0144
V. 2.6-METHANO-AZECINO(5.4-B)INDOLEN 64-0802
V. PYRAZOLEN 54-0085
V. BICYCL. PYRAZOLEN 54-0086
V. AROMAT. S-HETEROCYCLEN 61-0112
MASSENSPEKTREN V. PHENYLPYRAZOLEN 61-0116
V. 2-METHYL-5-ALKINYL-PYRIDINEN 63-0156
V. SYMM.-TETRAZINEN 64-0154
V. (D)-FLUOR-ALKANEN (ELIMINIER. V. DF) 55-0086
V. HALOGENIERTEN THIOPHENEN 58-0127
V. FLUOR-KW-STOFFEN 60-0118
V. CYCLOHEXYLCHLORID (STEREOCHEMIE D. H2O- BZW. HCL-ELIMINIER.) 62-0105
V. DIPHENYLMETHYLCHLORID U. D-ANALOGEN 62-0107
V. 3-PHENYLPROPYLBROMID 58-0125
V. ALKYLCHLORCYCLOHEXANEN 58-0128
V. (1-(13)C)ANILIN 59-0140
MASSENSPEKTEN V. C- U. N-NITROSOVERB. 60-0125
MASSENSPEKTREN V. 10-DIMETHYLAMINOALKYL-PHENOTHIAZINEN 60-0138
V. TRICHLORNITROSOMETHAN 61-0173
V. HETEROAROMAT. ALKYLAMINEN 63-0165
V. AZOMETHAN 64-0149
V. ALLYL-ALKOHOLEN (H-WANDER.) 55-0087
V. ANISOLEN (SUBSTITUENTENEINFL.) 58-0119
ION-MOL.-RK. V. CH3OH (IONENCYCLOTRONRESONANZ-UNTERS.) 59-0138
V. AMINOALKOHOLEN 60-0133
MASSENSPEKTREN V. DIPHENYLAETHER 61-0119
V. CYCLOHEXANOL (STEREOCHEMIE D. H2O- BZW. HCL-ELIMINIER.) 62-0105
V. DIPHENYLMETHANOL U. D-ANALOGEN 62-0107
V. CYCLOHEXANDIOLEN 62-0110
V. CYCLITEN 62-0111
V. ALLYLALKOHOL 62-0183
V. CYCL. ORGAN. PEROXIDEN 63-0154
V. BENZYL-PHENYL-AETHERN (UMLAGER. V. BENZYLIUMIONEN ZU TROPYLIUMIONEN) 63-0157
V. HYDROXY(METHOXY)-DIBENZOFURANEN U. -DIPHENYLEN 64-0582
V. 3-PHENYLPROPANOL 58-0124
ELEKTRONENSTOSS-FRAGMENTIER. V. TETRAHYDROPYRANYL-(2)-AETHERN 64-0146
V. HETEROCYCL. SULFOXIDEN U. SULFONEN 61-0112
ELEKTRONENSTOSS-FRAGMENTIER. V. TETRAHYDROPYRANYL-(2)-THIOAETHERN 64-0146
V. ORGAN. SULFIDEN U. DISULFIDEN 62-0101
MASSENSPEKTREN V. TRIS-(TRIFLUORMETHYL)- U. TRIS-(P-FLUOR-PHENYL)-PHOSPHIN (SIGMA-PI-UMLAGER.) 61-0011
MASSENSPEKTREN V. ALKYLIDENTRIPHENYLPHOSPHORANEN 61-0113
V. TETRAMETHYLSILAN (ZERS. DURCH ELEKTRONENBESCHUSS) 62-0106
MASSENSPEKTRUM V. DODECAMETHYLCYCLOHEXASILAN 63-0158
MASSENSPEKTREN V. GLYKOL- MONO- U. -BIS-TRIMETHYLSILYLAETHERN 64-0147
V. 1-SUBSTITUIERTEN 3-PHENYL-THIOHARNSTOFFEN 58-0120
MASSENSPEKTREN V. HARNSTOFFEN 60-0133
MASSENSPEKTREN V. DIPHENYLCARBONAT 61-0119
MASSENSPEKTREN V. CU-(ZN, AL) KOMPLEXEN MIT FLUORIERTEM ACETYLACETON 53-0004
V. 2'-HYDROXY-FLAVONOIDEN 53-0085
V. HYDRINDANONEN 54-0080
V. 3-BROM-4.6-DIMETHYL-PYRON-(2) (MECHANISMUS D. FRAGMENTIER.) 54-0089
V. CYCL. ENONEN (H-WANDER.) 55-0087
V. 1.2-CHINONEN (BEOBACHT. EINER REDUKTIVEN RK.) 55-0092
V. ALIPHAT. KETONEN BEI NIEDR. SPANN. 57-0126
MASSENSPEKTREN V. 2-(CYCLOHEXADIEN-(1.3)-YL-(5))-5.5-DIMETHYL-3-HYDROXY-CYCLOHEXEN-(2)-ON-(1) 58-0012
V. UBICHINONEN 59-0132
MASSENSPEKTROMETRIE V. BI- U. MONOCYCL. METHYLKETONEN 59-0134
V. DIMEDON-DERIV. V. ALDEHYDEN 59-0136
MASSENSPEKTRUM V. ALPHA-CYCLOPROPAN-KETONEN 59-0409
V. (+)-USNINSAEURE 60-0122
V. CHINONEN, CO2-ELIMINIER. (MECHANISMUS) 60-0130
FRAGMENTIER. U. UMLAGER. V. BENZTROPONEN IM MASSENSPEKTROMETER 60-0131
V. ISOCHROMANONEN 60-0133
MASSENSPEKTREN V. BENZOCYCLOALKENONEN 60-0134
V. TETRACYCLONEN (KENNZEICHN. DURCH P-FLUORSUBSTITUENTEN) 60-0137
MASSENSPEKTREN V. ALPHA-AMINOKETONEN 60-0465
MASSENSPEKTREN V. ALPHA- DIMETHYLAMINO-KETONEN 61-0110

V. ALDEHYD-DIMEDON- U. -ANHYDRODIMEDON-DERIV. 61-0121
MASSENSPEKTREN V. GERADKETT. ALIPHAT. KETONEN 61-0123
V. DIHYDROXY-1.2-BENZOCYCLOHEPTENDIONEN-(3.7) 62-0095
V. ACROLEIN 62-0183
V. 1-(P-VALERYL-PHENYL)-3-ARYL-CYCLOPENTANEN (LAD.-WANDER.) 63-0159
V. 4-OXO-3-METHYL-4H-FURO(3.2-C)(1)BENZOPYRAN 55-0094
V. 2-ALKYL-1-FORMYLALKYL-CYCLOPROPANEN 56-0139
V. SUBSTITUIERTEN IMIDEN 58-0123
V. AROMAT. ALDAZINEN 59-0137
MASSENSPEKTROMETR. VERH. V. QUART. N-VERB., 8. MITT.
MASSENSPEKTREN V. N-OXIDEN 54-0087
V. (2.4.6-2H3)BENZONITRIL (ZERS.-WEISE IN ABHAENGIGK. V. D. ELEKTRONEN-ENERGIE) 54-0078
V. CYANHYDRINEN U. O-ACYL-CYANHYDRINEN 60-0128
FRAGMENTIER. V. N-ALKYL-3-CYAN-1.4-DIHYDROPYRIDINEN (D-ISCTOPENEFFEKTE) 60-0129
V. ACETONITRIL IM IONENCYCLOTRON ((MECHANISMUS D. IONEN-MOL.-RK.)) 61-0120
V. ALKANNITRILEN 62-0109
V. BENZYLCYANID 58-0126
V. ALIPHAT. DIMETHYLESTERN (CH3O-WANDER.) 53-0081
V.AROMAT. AMIDEN (ARYLWANDER.) 53-0082
V. TRIMETHYLSILYL-ALDONCLACTONEN ZUR IDENTIFIZIER. V. ALDONOLACTANEN 53-0083
MASSENSPEKTROSKOP. FRAGMENTIER. U. SEQUENZANALYSE EINFACHER N-BENZYLOXYCARBONYL-TRYPTOPHYLPEPTIDESTER 53-0613
V. CARBOSTYRILEN 54-0083
V. CYCL. ACYLALEN 54-0090
MASSENSPEKTREN V. BETA-KETC-ESTERN BEI GERINGEN ELEKTRONENENERGIEN 55-0088
V. THIOCARBCNYLVERB. 56-0136
V. MYCOLSAEUREABKOEMMLINGEN 56-0139
V. ALKAN-DICARBONSAEURE-DIMETHYLESTERN 57-0127
V. 1-(ALPHA-BENZOYLOXY-BENZYLIDENAMINO)-1.2.3-TETRAZOLEN 57-0557
V. PYRIDONEN-(2), PYRICTHIONEN-(2) U. 2-ALKYLMERCAPTOPYRIDINEN (FRAGMENTIER.-MECHANISMUS) 58-0131
V. 3.4.4-TRIMETHYL-5-OXO-HEXENSAEUREN 58-0377
V. GIBBERELLINEN , 2. MITT. 60-0120
V. DEPSIDEN, DEPSIDONEN, DEPSONEN , VULPIN-, PINASTRIN-, RHIZOCARPSAEURE U. PORPHYRULSAEURE-METHYLESTERDIMETHYLAETHER 60-0122
V. LANGKETT. CARBONSAEUREMETHYLESTERN 60-0124
V. MERCAPTOESTERN (UMLAGER. DURCH ELEKTRONENSTOSS) 60-0126
MASSENSPEKTREN V. BENZOCYCLCALKADIENOLACETATEN 60-0134
MASSENSPEKTREN V. 6.6'-DIALKOXY-2.2'-DIPHENSAEUREN (ELEKTRONENSTOSSINDUZIERTE ALKYL- U. H-WANDER.) 61-0114
MASSENSPEKTREN V. 3.4-DIHYDROXY-, 3.4-DIACETOXY-, 3-HYDROXY- U. 3-ACETOXY-FLAVANEN 61-0118
V. AMINOSAEUREN- U. PEPTIDDERIV. , 1. MITT.(N-BENZYLOXYCARBONYLDERIV.) 61-0122
V. PYRON-(2) (STRUKTUR D. C4H4O-RADIKALKATIONS) 62-0108
FRAGMENTIER. V. THIOFCRMANILIDEN ZU BENZTHIAZOLIUM-IONEN 63-0162
V. UNGESAETT. CARBONSAEUREESTERN 64-0142
V. BETA-THIOKETOSAEUREESTERN 64-0143
ELEKTRONENSTOSS-UMLAGER. V. THION(THIOL)ESTERN 64-0155
V. AMINOSAEUREN U. PEPTIDDERIV., 2. MITT. 64-0156
V. PHTHALOYLAMINOSAEUREN 64-0156
MASSENSPEKTREN V. SULFONAMIDEN U. -CHLORIDEN 58-0132
V. ARYLSULFINYLAMINEN (SKELETT-UMLAGER.) 53-0080
U. GASCHROMATOGRAPHIE V. CYCL. BORONSAEUREESTERN (CHARAKTERISIER. V. DIOLEN) 54-0598
MASSENSPEKTREN V. DIALKYLPHOSPHINSAEUREN U. ESTERN 57-0121
MASSENSPEKTRUM V. THIOPROPERAZIN 60-0139
V. (CF3)2P(S)SH U. DERIV. 61-0379
V. METHANSULFONSAEUREESTERN 64-0145
7-ZENTREN-FRAGMENTIER. V. 1-OXO-5-TOSYLOXIMINO-9-METHYL-TRANS-DEKALIN 64-0306
MASSENSPEKTREN V. CYCL. SULFITEN U. CARBONATEN 61-0108
V. NITRATESTERN U. VERWANDTEN VERB., 1. MITT. 63-0164
V. NATUERL. C- U. O-GLUCCSYLISOFLAVONEN 62-0097
V. KOHLENHYDRATEN, 10. MITT. 62-0102
V. KOHLENHYDRATEN, 11. MITT. 62-0103
V. DISACCHARIDEN (SEQUENZANALYSE) 63-0163
MASSENSPEKTROMETRIE V. DITERPENEN , 5. MITT. (AROMAT. DITERPENE) 54-0084
V. SANTONINEN 55-0091
V. TERPENEN 57-0123
ELEKTRONENSTOSSFRAGMENTIER. V. MENTHENONEN -(2) 61-0111
V. CYCLOPENTAN-MONOTERPENEN D. IRIDOID-GRUPPE 55-0095
V. STEROIDEN , 9.MITT. 14-HYDROXY-STEROIDE 53-0078
V. STEROIDEN 10. MITT. 53-0079
V. ANDROSTAN-DERIV. 54-0088
V. 6-AZA- U. 11-AZASTEROIDEN 55-0090
V. 3ALPHA-DIMETHYLAMINO-1ALPHA-HYDROXY-5ALPHA-PREGNAN 56-0141
V. STEROIDEN MIT UNGESAETT. SEITENKETTE 58-0121
MASSENSPEKTROMETRIE V. STEROIDEN, 15. MITT. (V. 17-ALKYL-OESTRADIOLEN U. 17-ALKYL-19-NORTESTOSTERONEN) 60-0121
V. STEROIDEN, 1. MITT. (V. HYDROXYPROGESTERONEN) 63-0153
V. GALLENSAEUREN 64-0148
V. ISOPAVIN-ALKALOIDEN 58-0129
MASSENSPEKTREN V. ALKALOIDEN, SCHLUESSELBRUCHSTUECKE, 7. MITT. (V. CHINOLIZIDINALKALOIDEN MIT LACTAMGRUPPE) 59-0141
ANWEND. ZUR STRUKTURAUFKLAER. V. ALKALOIDEN, 8. MITT. 59-0711
V. AMARYLLIDACEEN-ALKALOIDEN D. LYCORENIN-REIHE 61-0107
V. BENZOPHENANTHRIDIN-ALKALOIDEN 61-0115
MASSENSPEKTREN V. ALKALOIDEN AUS STRYCHNOS HENNINGSII 61-0745
V. SERRATININDERIV. 62-0096
MASSENSPEKTREN V. SECURININ-ALKALOIDEN (FRAGMENTIER.-MECHANISMUS) 62-0112
MASSENSPEKTRUM V. BIS-O.O'-(TRIMETHYL-SILYL)-DIHYDRO-VITAMIN-K-VERB. 54-0125
V. LIGNANEN V. 1-PHENYL-1.2.3.4-TETRAHYDRONAPHTHALIN-TYP 57-0122
VERW. V. (14C)-VERB. 57-0124
MASSENSPEKTROMETR. LOKALISIER. V. AETHYLENBIND. 54-0079
MASSENSPEKTROMETR. BEST. D. LAGE V. DOPPELBIND. IN UNGESAETT. FETTSAEUREN 55-0093
MASSENSPEKTRUM U. ORGAN. ANALYSE 11. MITT. 56-0140
KONSTIT.-AUFKLAER. V. DIMEDON-DERIV. V. ALDEHYDEN 59-0136
MASSENSPEKTROMETR. IDENTIFIZIER. V. ALDONCLACTONEN ALS TRIMETHYLSILYLAETHER 53-0083
IN VERB. MIT GASCHROMATOGRAPHIE ZUR QUANT. ANALYSE V. DITERPENGEMISCHEN 57-0812

MEDIZIN
MEDIZIN. CHEMIE, CHARGE-TRANSFER-KOMPLEXE, 1. MITT. 60-0833

MELANINE
* S. AUCH TUMOREN
STRUKTUR U. BIOGENESE V. PHAEOMELANIN, 2. MITT. 56-0598
PHAEOMELANIN, BIOGENESE U. STRUKTUR, 4. MITT. 64-0823
BRENZCATECHIN- U. INDOL-, DARST. 63-0864
ESR-UNTERS. , 1. MITT. 63-0864

MERCAPTALE U. MERCAPTOLE
ALIPHAT., PYROLYSE 53-0216

MERCAPTANE
U. UNGESAETT. LACTONE, 3. MITT. 58-0605
THIOLE, AXIALE U. AEQUATORIALE, 3. MITT. 58-0776
2.4.6-TRINITRO-THIOPHENOLE, 2. MITT. 62-0380
2.4.6-TRINITRO-THIOPHENOLE, 3. MITT. 62-0381
ENTHIOLE, 2. MITT. 64-0143
2-CHLOR-CYCLANTHIOLE, KONFORM. 62-0423
ALIPHAT. ENTHIOLE DARST. AUS GEMINALEN DITHIOLEN 53-0216
4-ALKOXYMETHYL-CYCLOPENTEN-(2)-YL-, DARST. AUS 1-CHLOR-4-ALKOXYMETHYL-CYCLOPENTENEN U. THIOHARNSTOFF 57-0405
AMINOBUTYLAMINOPROPYLAMINOAETHANTHIOLE, DARST. 59-0325
2-N-SILYLALKYLAMINOAETHANTHIOLE, DARST. AUS SILYLALKYLAMINEN U. AETHYLENSULFID BZW. AUS AETHYLENIMINOALKYLSILANEN U. H2S 60-0362
AROMAT. DIMERCAPTANE U. THIOPHENOLE, DARST. AUS SULFOCHLORIDEN 60-0372
1-(2-MERCAPTO-AETHYL)-PHTHALAZINE, DARST. 60-0639
ALKYLENDI-, DARST. AUS ALKYLDICHLORIDEN U. NA2CS3 61-0336
4-MERCAPTO-CINNOLINE, DARST. AUS 4-HYDROXY-CINNOLINEN U. P2S5 61-0669
ALPHA'- FORMYL-STILBENYL-(ALPHA)-, DARST. 62-0441
MERCAPTOMETHANDISULFONSAEUREDIPHENYLESTER, DARST. AUS METHANDISULFONSAEUREDIPHENYLESTER-NATRIUMSALZ U. THIOSULFONSAEUREESTERN 64-0432
(2-GUANIDINOAETHYL)-, DARST. AUS S-ALKYLAMINO-AETHYL-ISOTHIOHARNSTOFFEN BZW. AUS 2-ALKYLAMINO-AETHANTHIOLEN U. S-METHYL-ISOTHIOHARNSTOFF-HEMISULFAT, 57-0319
ANDROSTANYL-(17)-, DARST. 58-0776
2-CHLOR-CYCLANTHIOLE, DARST. 62-0423
GLYOXAL-BIS-(2-MERCAPTO-ANILE), DARST. AUS 2-AMINO-THIOPHENOL U. 1.2-DICARBONYLVERB. 63-0064
2-(P-HALOGEN-PHENYLMERCAPTO)-AETHYL-, DARST. AUS (P-HALOGEN-PHENYL)-(BETA-CHLOR-AETHYL)-SULFIDEN U. NA2S2O3 63-0417
GLYOXAL-BIS-(2-MERCAPTO-ANILE), SPEKTREN IM SICHTBAREN BEREICH 63-0064
NMR V. GEMISCHEN MIT AMINEN (AUSTAUSCH-EFFEKTE) 55-0082
2-CHLOR-CYCLANTHIOLE, NMR 62-0423
DI-, POLAROGRAPH. UNTERS. 56-0197
CIS-2-CHLORCYCLOALKYL-, ALKAL. HYDROLYSE (KINETIK, MECHANISMUS) 56-0220
2-CHLOR-CYCLANTHIOLE, SOLVOLYSE MIT W.-DIOXAN (KINETIK) 62-0424
GLYOXAL-BIS-(2-MERCAPTO-ANILE), KOMPLEXBLDG. MIT ME (II)-IONEN 63-0064
P-HALOGEN-THIOPHENOLE, RK. MIT PCL3 62-0378
RADIKAL- ADDIT. AN 2.3-DICHLOR-NORBORNADIEN-(2.5) 54-0346

U. THIOPHENOLE, RK. MIT MONOCHLOR-DIMETHYLAETHER (ZN) 56-0346
ALKYL-, RK. MIT HYDROXYMETHYL-1.3-DIOXOLANEN 57-0298
RK. MIT 2.5-DIMETHOXY-2.5-DIHYDRO-FURAN 63-0599
THIOPHENOLE, RK. MIT BETA-AMINO-KETONEN 56-0347
RK. MIT UNGESAETT. VERB. 56-0279
THIOLE, CU-KATALYSIERTE RK. MIT DIAZOESSIGSAEURE-AETHYLESTER 59-0310
P-HALOGEN-THIOPHENOLE, RK. MIT ALPHA-BROMPROPIONSAEURE 62-0378
(2-GUANIDINOAETHYL)-, WRKG. AUF STREPTOCOCCUS PYOGENES U. STAPHYLOCOCCUS AUREUS 57-0319
AMINOBUTYLAMINOPROPYLAMINOAETHANTHIOLE, POTENTIELLE STRAHLENSCHUTZWRKG. 59-0325
MERCAPTOSAEUREN
THIODIESSIGSAEUREN, DERIV., 2. MITT. 58-0151
THIODIESSIGSAEUREN, KONFORM. 58-0151
2-(P-ALKYLMERCAPTO-BENZOYL)-SAEUREN DARST. AUS ALKYLPHENYLSULFIDEN U. MALEINSAEUREANHYDRID 53-0600
THEOPHYLLINYL(COFFEINYL)MERCAPTO-CARBONSAEUREN, DARST. 56-0577
3-MERCAPTO-PHTHALSAEUREANHYDRIDE, DARST. AUS 2-FURYL-THIOAETHERN U. MALEINSAEUREANHYDRID 63-0599
C-ACETAMIDO-AETHOXYCARBONYLMETHYLMERCAPTOHETEROCYCLEN, DARST. AUS O-AMINO-MERCAPTOHETEROCYCLEN U. ALPHA-CHLOR-ACETESSIGESTER 64-0743
ESTER, MASSENSPEKTREN 60-0126
THIODIESSIGSAEUREN, NMR 58-0151
PHENYLMERCAPTO-ESSIGSAEUREN, DISSOZIAT.-KONST. 62-0181
ARYLMERCAPTO-ACETESSIGESTER, CYCLISIER. 55-0383
2-(P-ALKYLMERCAPTO-BENZOYL)-SAEUREN ANTIMIKROBIELLE WRKG. 53-0600
CHLORPHENYLMERCAPTOESSIGSAEUREN, AUXINAKTIVITAET U. ELEKTRONENSTRUKTUR 60-0155
2-MERCAPTOISOBUTTERSAEUREAMIDE, BEZIEH. ZWISCHEN WRKG. U. LIPOPHILEM CHARAKTER 57-0807
MERIMINE
* S. UNTER RINGSYSTEME (HETEROCYCLEN)
MEROCYANINE
* S. UNTER FARBSTOFFE (POLYMETHINFARBSTOFFE)
MESOIONISCHE VERBINDUNGEN
* SYDNONE S. UNTER OXDIAZOLE
DIALKYL-1.3.4-THIADIAZOLIUMMERCAPTIDE, MESOION., DARST. AUS N(1)-METHYL-THIOCARBONSAEUREHYDRAZIDEN U. KOHLENSTOFFDISULFID 63-0658
V. KONDENSIERTEN SYMM. TRIAZOLEN, DARST. AUS 2-(1-METHYL-HYDRAZINO)-HETEROCYCLEN U. PHOSGEN, THIOPHOSGEN BZW. BRCN 64-0733
MESOMERIE
* S. UNTER RESONANZ
METALLCARBONYLE
* S. UNTER CARBONYLE
METALLE (U. LEGIERUNGEN)
METALL-NH3-RED., 2. MITT. 64-0508
METALL-NH3-RED., 2.MITT. 64-0509
METALLIONEN U. H2O2, 16. MITT. 62-0808
-KATALYSIERTE HYDROPEROXIDOX., 2. MITT. 59-0277
KATALYT. EINFL. AUF D. ZERS. V. ALKOHOLEN 62-0281
METALLIERUNGSREAKTIONEN
MEHRFACHE EINFUEHR. V. LI, 2. MITT. 63-0460
V. BIS-(TRIALKYLGERMYL)-AMINEN 61-0044
RING- V. TOLUOL MIT N-BUTYL-LI IN GGW. V. N,N,N',N'-TETRAMETHYL-AETHYLENDIAMIN 58-0040
HYDRIDOALUMINIER. V. ALKINEN MIT DIISOBUTYLAL + UMINIUMHYDRID 62-0261
MEHRFACHE EINFUEHR. V. LI IN TOLUOL 63-0460
V. SUBSTITUIERTEN BENZOLEN MIT N-BUTYLLITHIUM 57-0369
V. PHENYLAETHERN MIT ALKYLLITHIUM (STER. EFFEKTE) 57-0370
V. ORGAN. HALOGENIDEN (EINFL. V. KONSTIT., LSGM., METALL) 59-0033
LITHIIER. V. POLYCHLORBENZOLEN 63-0465
AMINOMERCURIER., 2.MITT. 56-0261
TRANS- V. PENTAPHENYLVERB. D. ELEMENTE D. 5. HAUPTGRUPPE MIT PHENYLLITHIUM (KINETIK) 61-0038
V. 2-FERROCENYL-PYRIDINEN MIT BUTYL-LI 59-0077
REDUZIERENDE, V. CARBONYLVERB., 6. MITT. (V. FETTAROMAT. KETONEN) 56-0405
REDUZIERENDE, V. CARBONYLVERB., 7. MITT. 59-0368
HYDROSTANNIER. V. CARBONYLVERB. MIT TRIALKYLZINNHYDRIDEN 63-0069
HYDROSTANNIER. V. CARBONYLVERB. MIT TRIALKYLZINNHYDRIDEN (KINETIK) 63-0070
REDUZIERENDE -- V. CARBONYLVERB., 8. MITT. 64-0664
V. N-SUBSTITUIERTEN BENZOLSULFONAMIDEN DURCH BUTYLLITHIUM 59-0562
METALLOCENE
* FERROCENE S. DORT
CYMANTRENDERIV., 4.MITT. 64-0067
STEREOCHEMIE, 10. MITT. 55-0001
STEREOCHEMIE, 11. MITT. 55-0002
STEREOCHEMIE, 12. MITT. 56-0002
STEREOCHEMIE, 13. MITT. 56-0003
METALLOCENE, STEREOCHEMIE, 14. MITT. 59-0002
METALLOCENE, STEREOCHEMIE, 15. MITT. 59-0003
STEREOCHEMIE, 16. MITT. 60-0003
STEREOCHEMIE, 19. MITT. 64-0002
STEREOCHEMIE, 17.MITT. 64-0067
ACETYLBENCHROTRENE, KONFORM. -GLEICHGEW. 64-0002
VINYL-, DARST. 57-0065
HYPERKONJUGAT. D. C-METALL-BIND. 54-0124
HALOGEN-METHYLCYMANTRENE, ORD 64-0067
CYCLOPENTADIENYLMETALLCARBONYLE, MASSENSPEKTREN 60-0016
VINYL-, P-NMR-SPEKTRUM 57-0065
CYCLOPENTADIENYL-HG(II)-VERB., PMR 63-0013
ELEKTROPHILE SUBSTITUT. (MECHANISMEN) 54-0165
ELEKTROPHILE SUBSTITUT., 1. MITT. 58-0065
METALLVERBINDUNGEN
UEBERGANGSMETALLIONEN (RADIKALSTABILISIER.) 54-0077
RK. V. ORGANOMETALLVERB., 9. MITT. 57-0049
C-VERB. D. UEBERGANGSMETALLE, 10. MITT. 58-0017
C-VERB. D. UEBERGANGSMETALLE, 11. MITT. 58-0018
POLYFLUORARYL-ORGANOMETALL-VERB., 6.MITT. 60-0046
METALL-BOR-VERB., 6. MITT. 61-0055
METALLIERTE METHYLENDIPHOSPHONSAEUREESTER, DARST., RK. 63-0412
PENTAHALOGENARYL-ORGANOMETALL-VERB., RK. 60-0046
UNGESAETT. ORGANO-, RK. MIT DIBORTETRAHALOGENIDEN 61-0030
GEM. DIMETALLVERB., RK. MIT OXOVERB. 56-0262
ORGANOMETALLVERB., HOCHGEREINIGTES 1.4-DIOXAN, TETRAHYDROFURAN U. 1.2-DIMETHOXY-AETHAN ALS LSGM. FUER 56-0765
ORGANOMETALL. ZWISCHENPROD., 3. MITT. 54-0035
ORGANOMETALL. POLYFLUORARYLVERB., 4. MITT.
POLYFLUORARYLVERB., 4. MITT. 55-0021
KW-STOFF-METALLNITROSYLE, 2. MITT. 55-0034
PSEUDOHALOGENO-METALLVERB. , 21. MITT. 56-0004
PSEUDOHALOGENO-METALLVERB., 20. MITT. 56-0008
POLYHALOGEN-ORGANOMETALL- U. -ORGANOMETALLOIDVERB., 11. MITT. 56-0368
METALLALKYLVERB., 6. MITT. 57-0015
HALOGENMETHYL-METALLVERB., 15. MITT. 57-0029
METALLVINYLDERIV., 24. MITT. 57-0030
HALOGENMETHYL-METALL-VERB., 16. MITT. 57-0030
AROMATENKOMPLEXE V. METALLEN, 103. MITT. 57-0061
ORGANOMETALLVERB., CHEMIE V. - D. GRUPPE IV, 27. MITT. 58-0033
ACETYLENVERB. V. ELEMENTEN D. GRUPPE IIIB 58-0044
ACETYLENVERB. V. ELEMENTEN D. GRUPPE IIIB 58-0045
ACETYLENVERB. V. ELEMENTEN D. GRUPPE IIIB 58-0046
THERMOCHEM. UNTERS., 1. MITT. 58-0164
POLYHALOGENORGANOMETALLVERB., 13.MITT. 58-0449
POLYHALOGENORGANOMETALLVERB., 14. MITT. 58-0450
POLYHALOGENORGANOMETALLVERB., 15. MITT. 58-0451
ORGANOMETALLVERB., 4. MITT. 59-0023
BASENKATALYSIERTE SPALT. V. ALLYLDERIV. V. ELEMENTEN D. GRUPPE IV A , 1. MITT. 59-0030
ORGANOMETALL-VERB. D. IV. GRUPPE, STER. GEHINDERTE, 7. MITT. 59-0063
ORGAN. METALLKOMPLEXE, 3. MITT. 59-0085
ORGAN. SYNTH. MIT METALLKOMPLEXEN, 1. MITT. 59-0305
POLYHALOGENORGANOMETALL- U. -NICHTMETALLVERB., 17. MITT. 59-0341
POLYHALOGENORGANOMETALL- U. -NICHTMETALLVERB., 16. MITT. 59-0607
UNTERS. IN D. ORGANOMETALLCHEMIE, 24. MITT. 60-0236
ORGANO-, 7. MITT. 61-0010
ISOSTERE METALLORGAN. VERB., 10. MITT. 61-0040
POLYHALOGEN-ORGANOMETALL- U. -ORGANONICHTMETALLVERB., 18. MITT. 61-0428
POLYHALOGEN-ORGANOMETALL- U. -ORGANONICHTMETALLVERB., 23. MITT. 61-0640
NITROSYL-METALL-KOMPLEXE , 3. MITT. 62-0049
POLYHALOGENORGANOMETALL- U. -NICHTMETALLVERB., 28. MITT. 62-0437
POLYFLUORARYL-ORGANOMETALLVERB., 7. MITT. 62-0496
CYCLOHEXYLMETALLVERB., 2. MITT. 63-0055
ISOSTERE METALLORGAN. VERB., 11. MITT. 63-0080
ORGANOMETALL-RK., 11. MITT. 63-0355
POLYHALOGEN-ORGANOMETALL- U. -ORGANONICHTMETALLVERB., 22. MITT. 63-0464
POLYHALOGENORGANOMETALL- U. -ORGANONICHTMETALLVERB., 29. MITT. 63-0465
METALLORGAN. VERB. MIT CUBAN-STRUKTUR (UEBERSICHT) 63-0547
POLYFLUOR-ORGANOMETALL-VERB.,8. MITT. 63-0604
RK., 12. MITT. 63-0356
METALLKOMPLEXE V. PORPHYRINEN DARST. AUS OXOPHLORINEN 58-0736
ORGANOMETALLVERB., OPTIMALE BLDG.-BEDING. 59-0033
METALL-FUROYLACETONATE SYNTH. U. S(E)-RK. , 1. MITT. 59-0083
ORGANOMETALLVERB., (13)C-NMR 60-0013
METALLCHELATE, ACYLIER. , 3.MITT. 54-0043
AROMATENKOMPLEXE V. METALLEN, 104. MITT. 58-0062
OLEFIN-METALL-KOMPLEXE, IR-SPEKTREN U. NORMALKOORDINATENANALYSE, 2.MITT. 59-0007
UEBERGANGSMETALL-PI-KOMPLEXE MIT AROMATEN, MASSENSPEKTREN, GESAMTBLDG.-ENERGIEN 59-0015
POLYFLUORALKYL-, 5. MITT. 53-0020
KOHLENSTOFF-METALL-HYPERKONJUGAT. , ALPHA-METALLALKYLGRUPPEN ALS ELEKTRONENDONATOREN 54-0005
METALLORGAN. VERB., THERMOCHEMIE, 1. MITT. 55-0011
METALLALKYLE, RK. MIT TRIMETHYLPHOSPHINOXID , TRIMETHYLAMINOXID , DIMETHYLSULFOXID 55-0022
AROMATENKOMPLEXE V. METALLEN , 102. MITT. 55-0033
METALLORGAN. VERB., NMR-UNTERS.,4. MITT. 56-0019

ORGANOMETALLVERB., THERM. ZERS. IN D. IONENQUELLE EINES MASSENSPEKTROMETERS 58-0013
D. 4. GRUPPE, CHEMIE, 26. MITT. 58-0032
NEUE ASSOZIIERTE PHENYLAETHINYL- U. OCTINYLMETALLVERB. , STRUKTUR , DARST. 58-0048
ORGANOMETALL-RK., 10. MITT. 58-0055
POLYHALOGENORGANOMETALL- U. -ORGANONICHTMETALLVERB., 12.MITT. 58-0092
ORGANOMETALLVERB., MIT STEREOCHEM. NICHT STARREN MOL., 11. MITT.. 59-0016
ORGANOMETALLVERB., 6. MITT. 59-0080
METALLKOMPLEXE, BINUCLEARE METALLCARBONYLE, V. -KATALYSIERTE CARBONYLIER. V. 1-OLEFINEN 59-0305
STEREOCHEM. NICHT STARRE MOL. V. ORGANOMETALLVERB., 12.MITT. 60-0012
ORGANO-, MASSENSPEKTREN, 2. MITT. (CYCLOPENTADIENYLMETALLCARBONYLE) 60-0016
ORGANO-, MASSENSPEKTREN, 3. MITT. 60-0017
STEREOCHEM. NICHT STARRE MOL. V. ORGANOMETALLVERB., 13. MITT. 60-0055
ORGANO-, MASSENSPEKTRUM (SIGMA-PI-UMLAGER.) 61-0011
METALL-ALKYL-VERB., 8. MITT. 61-0014
ORGANO-, STEREOCHEM. NICHT STARRE MOL., 14. MITT. 61-0015
ORGANO-, ELEKTROCHEMIE, 11. MITT. 61-0021
ORGANO-, ELEKTROCHEMIE, 12. MITT. 61-0022
ORGANO-, ELEKTROCHEMIE, 13. MITT(ELEKTRONENUEBERTRAG.) 61-0032
POLYHALOGEN-ORGANOMETALL- U. ORGANONICHTMETALLVERB., 20. MITT. 61-0429
POLYHALOGEN-ORGANOMETALL- U. -ORGANONICHTMETALLVERB., 19.MITT. 61-0639
ORGANO- D. IV. GRUPPE, 8. MITT. 62-0035
ORGANOMETALLVERB., 7. MITT. 62-0041
BLDG. AUS ORGAN. RADIKALEN AN ELEKTRODEN (UEBERSICHT) 62-0094
ORGANOMETALLVERB., 7. MITT. 62-0284
ORGANOMETALLVERB. D. II. HAUPTGRUPPE,6.MITT. 63-0060
ORGANO- D. 4. GRUPPE, CHEMIE, 28. MITT. 63-0069
ORGANO- D. 4. GRUPPE, CHEMIE, 29. MITT. 63-0070
HALOGENMETHYL-, 17. MITT. 63-0462
POLYHALOGEN-ORGANOMETALL- U. -ORGANONICHTMETALLVERB., 21. MITT. 63-0463
D. GRUPPE IV, RK., 9. MITT. 64-0064
ALKEN-(2)-YL-METALLVERB. RK. MIT GEM.-AMINOAETHERN BZW. -THIOAETHERN 64-0373
ORGANOMETALLVERB., RK. MIT PENTACHLORPYRIDIN 61-0639
BETA- DIKETON-METALLCHELATE, ACYLIER. 54-0043
MUREXID-KOMPLEXE MIT 2-WERT. METALLEN, STABILITAETSKONST., VGL. MIT IMINODIACETAT- U. DIPICOLINATKOMPLEXEN U. MIT SELTENERDMETALLKOMPLEXEN 54-0021
METALL(II)-KOMPLEXE, STABILITAETSKONST. 59-0024
HALOGENMETHYL-METALL-VERB., THERMOLYSE 57-0030
ORGANO-, OX. MIT LUFT 63-0372
RK.-FAEHIGK. V. METALL-METALL-VERB. , 5. MITT. 58-0066
ALPHA.BETA-UNGESAETT. ORGANO-, SUBSTITUT.-RK. MIT ALLYLBROMID 63-0360
ORGANOMETALLVERB., RK. MIT TRANS-ZIMTALDEHYD-DIAETHYLACETAL 57-0416
ORGANOMETALLVERB. RK. MIT 1.3.5.7-TETRAMETHYL-6-OXO-6H-CYCLOHEPTA(C)THIOPHEN BZW. 1.3.5.7-TETRAMETHYL-2-PHENYL-6-OXO-2.6-DIHYDRO-CYCLOHEPTA(C)PYRROL 58-0563
ALPHA.BETA-UNGESAETT. ORGANO-, SUBSTITUT.-RK. MIT ALDIMINEN U. NITRILEN 63-0360
METALLKOMPLEXE D. ANTHRANIL-DIESSIGSAEURE (ANDA) BLDG. 57-0022

METHANOLYSE
* S. UNTER SOLVOLYSE

METHINCYANINE
* S. UNTER FARBSTOFFE (POLYMETHINFARBSTOFFE)

METHOXYLIERUNG
* S. UNTER SUBSTITUTIONSREAKTIONEN

METHYLENGRUPPEN
BEWEGLICHK. D. H-ATOME IN -- BEI EINIGEN HETEROCYCL. VERB. (EINFL. BENACHBARTER S-ATOME) 64-0756
OX. V. VERB. MIT AKT. METHYLENGRUPPEN DURCH SCHWERMETALLHALOGENIDE,1. MITT. CHLORIER. CYCL. KETONE DURCH FE(III)-CHLORID 53-0138
CH-AKT. VERB., RK. MIT AZIDEN, 22. MITT. 62-0410
DICARBONYLMETHANE, RK. D. NA-SALZE MIT TRIPHENYLMETHYLHALOGENIDEN 64-0501
AKT. METHYLENVERB., RK. MIT AZIDEN, 19. MITT. 61-0576
AKT., RK. MIT POLYNITROBENZOLEN, 7. MITT. 64-0422
RK. V. FORMALDEHYD MIT METHYLENVERB. 1. MITT.(PROD. AUS ACETESSIGESTERN) 53-0397
VERB. MIT AKT. RK. MIT 2-DIAZO-1.3-DIKETONEN 62-0315
CH-AKT. VERB., RK. MIT AZIDEN, 17. MITT. 58-0607
AKT., ANALYT. BEST. DURCH RK. MIT 4-CARBOXY-BENZOLDIAZONIUMCHLORID 54-0595

METHYLENIERUNG
* S. UNTER ALKYLIERUNG (UND ARYLIERUNG)

METHYLIERUNG
* S. UNTER ALKYLIERUNG

METHYLTHIOMETHYLIERUNG
* S. UNTER ALKYLIERUNG (UND ARYLIERUNG)

MEYER-SCHUSTER-UMLAGERUNG
* S. UNTER UMLAGERUNGEN

MICELLEN
* S. UNTER KOLLOIDCHEMIE

MICHAEL-REAKTION
* S. UNTER ADDITIONSREAKTIONEN

MICHAELIS-ARBUSOV-REAKTION
* S. UNTER UMLAGERUNGEN

MIKROBIOLOGIE
* S. UNTER MIKROORGANISMEN

MIKROORGANISMEN
CHEMIE V. --, 13. MITT. 61-0816
BIOCHEMIE D. MIKROORGANISMEN,6. MITT. 53-0580
BAKTERIELLE CAROTINOIDE, 24. MITT. 56-0659
CAROTINOIDE AUS BAKTERIEN, 22. MITT. 53-0518
CAROTINOIDE AUS BAKTERIEN, 23. MITT. 53-0519
BAKTERIELLE CAROTINOIDE, 25. MITT. 56-0660
STOFFWECHSELPRODUKTE V. MIKROORGANISMEN,57. MITT. 53-0577
STOFFWECHSELPROD., 60.MITT. 54-0362
MIKROBIOLOG. UMWANDL. V. STEROIDEN, 2. MITT. 57-0789
MIKROBIOLOG. UMWANDL. V. STEROIDEN, 1. MITT. 59-0804
MIKROBIOLOG. UMWANDL. V. N-HALT. SUBSTRATEN , 3. MITT. 61-0826
MIKROBIOLOG. UMWANDL. V. N-HALT. SUBSTRATEN, 4. MITT. 61-0827
MIKROBIOLOG. UMWANDL. V. N-HALT. SUBSTRATEN,2. MITT. 53-0599
STOFFWECHSELPROD., 58. MITT. 54-0576
BAKTERIELLER RIBOFLAVINABBAU 57-0755
ANTIBAKTERIELLE VERB. AUS SCHWAEMMEN,2. MITT. 54-0562
WACHSTUMSBEEINFLUSS. DURCH SUBBAKTERIOSTAT. CHLORAMPHENICOL-KONZ. 54-0580
ANTIBAKTERIELLE WRKG. V. HALOGENCHALKONEN 56-0754
SAEUREFESTE BAKTERIEN, HEMM. DURCH N-SULFANILYL-OXAMIDE 58-0410
BAKTERIOSTAT. WRKG. V. 5-NITROTHIOPHENEN U. -FURANEN 58-0562
GRAM-POSITIVE BAKTERIEN, HEMM. DURCH NOGALAMYCIN 58-0806
BAKTERIZIDE WRKG. V. ANTHRANILSAEUREESTERN 60-0387
ANTIBAKTERIELLE WRKG. V. TRIFLUORMETHYL-2-FURFURAL-DERIV. 60-0484
ANTIBAKTERIELLE WRKG. V. RIFAMYCIN-SV-DERIV. U. DEREN CARBONSAEUREN 60-0821
BAKTERIOSTAT. EIG. V. 6-AMINO-4.4-DIMETHYL-ANGELICIN 62-0591
WACHSTUMSHEMM. GRAM-POSITIVER U. -NEGATIVER BAKTERIEN DURCH 4-ACETYL-3-ISOVALERYL-1.2.3.6-TETRAHYDRO-PYRIDINDION-(2.6) 62-0826
ANTITUMOR- U. ANTIMIKROBIELLE TEST. V. CROSEMPERIN, D. OTONECINESTER AUS CROTALARIA SEMPERFLORENS VENT., 2. MITT. 63-0872
GRAMPOSITIVE U. GRAMNEGATIVE, STRUKTUR-AKTIVITAETSBEZIEH. V. ANTIBAKTERIELLEN MITTELN 63-0886
BAKTERIOSTAT. WRKG. V. SULFONAMIDEN (BEZIEH. ZUR ELEKTRONENSTRUKTUR) 64-0924
BAKTERIOSTAT. WRKG. V. SULFONAMIDEN (BEZIEH. ZU BIND. AN SERUMALBUMIN) 64-0923
MIKROBIZIDE WRKG. V. CYCLOALKENALANINEN 60-0412
ANTIMIKROBIELLE WRKG. V. 4-ALKYLMERCAPTO-BENZOYLACRYL-, -PROPION- U. -BENZOESAEUREN 53-0600
ANTIMIKROBIELLE WRKG. V. THIOSULFONSAEUREHYDRA-ZONDERIV. 57-0350
VERW. ZUR STEREOSPEZIF. OX. V. SYMM. DIOLEN 59-0807

MIKROORGANISMEN (SPEZIELLE MIKROORGANISMEN)
ABSIDIA ORCHIDIS, UMWANDL. V. STEROIDEN, 1. MITT. (HYDROXYLIER.) 58-0821
ACETOBACTER AEROGENES, VERW. ZUR STEREOSPEZIF. OX. V. SYMM. DIOLEN 59-0807
ACETOBACTER SUBOXYDANS, OX. V. CYCLITEN 54-0578
ACHROMOBACTER PARVULUS, VERW. ZUR STEREOSPEZIF. OX. V. SYMM. DIOLEN 59-0807
ACTINOMYCETEN, ISOLIER. V. MAKROTETROLIDEN N 54-0576
ACTINOMYCETEN, ANTIBIOTIKA, 56. MITT. 55-0568
ACTINOMYCETEN, ANTIBIOTIKA, 57. MITT. 61-0805
AGROBACTERIUM TUMEFACIENS, VERW. ZUR STEREOSPEZIF. OX. V. SYMM. DIOLEN 59-0807
ARACHNIOTUS AUREUS, ARANOTIN U. VERWANDTE METABOLITE, 1. MITT. (STRUKTUREN) 63-0852
ASPERGILLUS FLAVIPES, ISOLIER. D. NEUEN ANTIBIOTIKUM S 4-ACETYL-3-ISOVALERYL-1.2.3.6-TETRAHYDRO-PYRIDINDION-(2.6) 62-0826
ASPERGILLUS FLAVUS, ISOLIER. V. O-METHYL-STERIGMATOCYSTIN 57-0766
ASPERGILLUS FUMIGATUS, BLDG. V. BROM- U. CHLORANTHRONEN BZW. -ANTHRACHINONEN 61-0824
ASPERGILLUS MELLEUS, ISOLIER. V. 3-(1.2-EPOXY-PROPYL)-5.6-DIHYDRO-5-HYDROXY-6-METHYL-PYRANON-(2) 55-0587
ASPERGILLUS NIGER, HEMM. DURCH KAWALACTONE 64-0908
ASPERGILLUS ORYZAE, UMWANDL. V. 5-HYDROXYINDOL 61-0827
ASPERGILLUS TAMARII, MIKROBIOLOG. BLDG. V. 19-NORTESTOLOLACTON 59-0804
ASPERGILLUS TAMARII, MIKROBIOLOG. OX. V. 2ALPHA-METHYL-19-NORTESTOSTERON 57-0789
AUREOBASIDIUM (PULLULARIA) PULLULANS, POLYSACCHARIDE AUS D. ZELLWAENDEN, 1. MITT. (BETA-GLUCANE) 57-0786
AUREOBASIDIUM (PULLULARIA) PULLULANS, POLYSACCHARIDE AUS D. ZELLWAENDEN, 2.MITT. ISOLIER. EINES HETEROPOLYSACCHARIDS 57-0787

BACILLUS LENTUS, VERW. ZUR STEREOSPEZIF. OX. V. SYMM. DIOLEN 59-0807
BACILLUS NATTO, ANTITUMOR-WRKG. GEGEN EHRLICH-KARZINOM 59-0802
BAECKERHEFE, VERGAER. V. 3-METHOXY-8.14-SECO-D-HOMO-1.3.5(10).9(11)-OESTRATETRAENDION-(14.17A) ZU SPIROAETHERN 55-0558
BAKTERIOPHAGEN T2 OSR, HEMM. D. LYT. WRKG. (ESCHERICHIA COLI B) DURCH 8-AZA-9-CYCLOPENTYL-PURINE 63-0700
CALDARIOMYCES FUMAGO, ISOLIER. V. HALOPEROXYDASE 61-0821
CANDIDA ALBICANS, HEMM. DURCH NITRO-1-AMINOALKYL-STYRYL-IMIDAZOLE 57-0525
CANDIDA ALBICANS, WACHSTUMSHEMM. DURCH SOLASIDINGLYKOSIDE 58-0822
CANDIDA UTILIS, STERINE 56-0753
CLAVICEPS PURPUREA, UMWANDL. V. 5-HYDROXYINDOL 61-0827
CLOSTRIDIUM PARAPUTRIFICUM, VERW. ZUR STEREOSPEZIF. OX. V. SYMM. DIOLEN 59-0807
COCHLIOBOLUS MIYABEANUS, BIOSYNTH. V. OPHIOBOLINE N (STEREOCHEM. VERLAUF) 57-0701
COCHLIOBOLUS MIYABEANEUS, BIOSYNTH. V. OPHIOBOLIN A U. B AUS DL-MEVALOLACTON 55-0588
CORDYCEPS MILITARIS UMWANDL. V. AROMAT. DIAMINEN U. O-AMINO-THIOPHENOL IN 2-METHYL-BENZIMIDAZOL U. -BENZTHIAZOL 53-0599
CORDYCEPS MILITARIS, UMWANDL. V. 5-HYDROXYINDOL 61-0826
CORDYCEPS MILITARIS, UMWANDL. V. 5-HYDROXYINDOL 61-0827
CORTICIUM SASAKII, UMWANDL. V. ALPHA-KESSYLALKOHOL IN KESSYLGLYKOL U. KESSAN-2BETA.7-DIOL 61-0825
CRITHIDIA FASCICULETA, WACHSTUMSHEMM. DURCH DIAMINOPYRIDINE 57-0792
CUNNINGHAMELLA BLAKESLEEANA, UMWANDL. V. ALPHA-KESSYLALKOHOL IN KESSYLGLYKOL U. KESSAN-2BETA.7-DIOL 61-0825
CURVULARIA LUNATA, VERW. ZUR DARST. OPT. AKT. DICARBONSAEUREMONESTER 59-0806
CURVULARIA SIDDIQU ISOLIER. D. STOFFWECHSELPROD. CURVULOL, 3.5-DIMETHOXY-BENZOESAEURE U. 2-ACETYL-3.5-DIMETHOXY-PHENYLESSIGSAEURE 53-0580
CORTICIUM CENTRIFUGUM, UMWANDL. V. ALPHA-KESSYLALKOHOL IN KESSYLGLYKOL U. KESSAN-2BETA.7-DIOL 61-0825
DARMBAZILLEN, HEMM. DURCH THIOLACTAM-SALZE 60-0467
DERMATOMYCETEN CHEM. U. PHYSIOLOG.-CHEM. STUDIEN AN DERMATOMYCETEN, 4.MITT. 53-0520
DIPLOCOCCUS PNEUMONIAE, ANTIBAKTERIELLE WRKG. V. ISOTHIAZOLYL-(4)-PENICILLINEN 57-0757
EIMERIA BRUNETTI, HEMM. DURCH 2-HYDROXY-3-ALKYL-1.4-NAPHTHOCHINONE 63-0897
ENTAMOEBA HISTOLYTICA, HEMM. DURCH NITRO-1-AMINOALKYL-STYRYL-IMIDAZOLE 57-0525
ESCHERICHIA COLI, WECHSELWRKG. V. 3.20-DIAMINO-PREGNENEN-(5) MIT D. DNS 57-0677
ESCHERICHIA COLI, ABBAU V. 5-NITRO-THIOPHENEN U. -FURANEN 64-0903
ESCHERICHIA COLI, ABBAU V. 5-NITRO-THIOPHENEN U. -FURANEN 64-0904
ESCHERICHIA COLI, WACHSTUMS HEMM. DURCH HALOGENBENZIMIDAZOLE 60-0819
ESCHERICHIA COLI, HEMM. DURCH 4-DIMETHYLAMINO-AZOBENZOLE 63-0445
ESCHERICHIA COLI, WACHSTUMSHEMM. DURCH AMINOCYCLOPENTANCARBONSAEUREN 63-0887
ESCHERICHIA COLI, WACHSTUMSHEMM. DURCH CYSTEINDERIV. 63-0888
FLAVOBACTERIUM DEHYDROGENANS VERW. ZUR STEREOSPEZIF. OX. V. SYMM. DIOLEN 59-0807
FUSARIUM NIVALE, BLDG. V. MYCOTOXINEN BEI WACHSTUM AUF FESTUCA ARUNDINACEA, 58-0566
FUSIDIUM COCCINEUM, BIOSYNTH. V. FUSIDSAEURE AUS SQUALEN-2.3-OXID 57-0791
FUSARIUM TRICINCTUM, ISOLIER. D. B-24- BZW. D. T-2-TOXINS 61-0811
GIBBERELLA FUJIKUROI, BLDG. V. GIBBERELLSAEURE AUS GIBBERELLINEN 61-0829
GIBBERELLA FUJIKUROI, NEUE STOFFWECHSELPROD., 14. MITT.(VORK. V. GIBBERELLINE N) 58-0812
GIBBERELLA FUJIKUROI, ISOLIER. V. GIBBERELLIN A(24) 62-0831
GIBBERELLA FUJIKUROI, METABOLITE,13. MITT. 54-0567
GIBBERELLA FUJIKUROI, BIOSYNTH. V. GIBBERELLINE N AUS KAURENDERIV. 57-0788
GIBERELLA FUGIKUROI, ENZYMAT. RED. V. FLAVANON 64-0682
HEFEN, BESTANDTEILE, 14. MITT. 56-0753
HELICOSTYLUM PIRIFORME, VERW. ZUR STEREOSPEZIF. OX. V. HELMINTHOSPORIUM SICCANS, ISOLIER. V. SICCANOCHROMENEN 63-0799
SYMM. DIOLEN 59-0807
HERPESVIREN, ANTIVIRIELLE WRKG. V. CARBOBENZOXYDI- U. -TRIPEPTIDEN 58-0791
HISTOMONAS MELEAGRIDIS, HEMM. DURCH 1-(2-HALOGENAETHYL)-5-NITRO-IMIDAZOLE 60-0832
KLEBSIELLA PNEUMONIAE, BAKTERICIDE WRKG. V. SYNTHET. (+-)-6-DESMETHYL-6-DESOXY-TETRACYCLIN 58-0804
KLEBSIELLA PNEUMONIAE, WACHSTUMSHEMM. DURCH BETA-AMINOKETONE 57-0584
LEUCONOSTOC DEXTRANICUM, HEMM. DURCH L- U. DL-1.4-CYCLOHEXADIEN-1-ALANIN 63-0889
LEUCONOSTOC MESENTEROIDES, WACHSTUMSHEMM. DURCH CYSTEINDERIV. 63-0888
LIPOMYCES STARKEYI, BLDG. V. GALAKTOMANNAN AUS EINER GLUCOSENAEHRLSG. 61-0818
MASERNVIREN, ANTIVIRIELLE WRKG. V. CARBOBENZOXYDI- U. -TRIPEPTIDEN 58-0791
MESENTERICUS SPEC., VERW. ZUR STEREOSPEZIF. OX. V. SYMM. DIOLEN 59-0807
MYCOBAKTERIEN, BESTANDTEILE, 109. MITT. 60-0703
MYCOBAKTERIEN, BESTANDTEILE, 110. MITT. 62-0813
MYCOBACTERIUM SP. 2104, OX. V. CHOLESTERIN AM C-27 U. C-3 60-0817
MYCOBACTERIUM, UMBLDG. V. CHOLSAEURE IN KETOCHOLEN- U. KETOCHOLADIENSAEUREN 60-0818
MYCOBAKTERIEN, UMWANDL. V. URACILEN 62-0844
MYCOBACTERIUM AVIUM, BIOSYNTH. V. ALPHA-AVI-MYCOLSAEUREN 56-0737
MYCOPLANA DIMORPHA, VERW. ZUR STEREOSPEZIF. OX. V. SYMM. DIOLEN 59-0807
MYCOBAKTERIUM KANSASI GLEICHZEIT. VORK. ZWEIER ARTEN V. MYCOSIDEN IM MYCOBACTERIUM KANSASII 53-0598
MYCOBACTERIUM LEPRAEMURIUM, HEMM. DURCH 1-(3-(5.6.7.8-TETRAHYDRO-4-PHENYL(PYRIDYL)AZO-NAPHTHYL-(1)-AMINO)-PROPYL)-PIPERIDINE 63-0675
MYCOBACTERIUM SCROFULACEUM, ISOLIER. V. MYCOSID CS 60-0703
MYCOBACTERIUM SMEGMATIS, WACHSTUMSHEMM. DURCH BETA-AMINOKETONE 57-0584
MYCOBACTERIUM SP. 47, MIKROBIOLOG. UMWANDL. V. DL-LATHYRIN 64-0905
MYCOBACTERIUM TUBERCULOSIS, ANTIMIKROBIELLE WRKG. V. ISONIKOTINOYL-HYDRAZIDE N 57-0793
MYCOBACTERIUM TUBERCULOSIS, HEMM. DURCH 1-(3-(5.6.7.8-TETRAHYDRO-4-PHENYL(PYRIDYL)AZO-NAPHTHYL-(1)-AMINO)-PROPYL)-PIPERIDINE 63-0675
MYCOBACTERIUM TUBERCULOSIS, HEMM. DURCH 2-(2-DIAETHYLAMINO-AETHYLAMINO)-6(7)-CHLOR-3-(PYRIDYL-(2))-CHINOXALIN-DIHYDROCHLORID 63-0898
MYCOBACTERIUM TUBERCULOSIS, ANTIBAKTERIELLE WRKG. V. THIAZOLO(5.4-D)PYRIMIDINEN 64-0727
MYCOBACTERIUM TUBERCULOSIS, HEMM. DURCH THIAZOLO(5.4-D)PYRIMIDINE 64-0728
MYROTHECIUM RORIDUM, ISOLIER. V. VERRUCARIN A U. B (GLUTINOSIN) U. ROVIDIN E 60-0816
MYROTHECIUM VERRUCARIA, ISOLIER. V. VERRUCARIN A U. B (GLUTINOSIN) 60-0816
MYXOCOCCUS RUBESCENS, VERW. ZUR STEREOSPEZIF. OX. V. SYMM. DIOLEN 59-0807
MYXOCOCCUS XANTHUS, VERW. ZUR STEREOSPEZIF. OX. V. SYMM. DIOLEN 59-0807
NEUROSPORA SITOPHILA, FUNGICIDE WRKG. V. DL-2.3-DICHLOR-2-METHYLPROPIONATEN 57-0309
OOSPORA VIRESCENS, METABOLITEN , VIRESCENOL A 54-0530
PENICILLIUM, ISOLIER. V. 2-PYRUVOYLAMINO-BENZAMID 55-0586
PENICILLIUM ALBIDUM, VERW. ZUR DARST. OPT. AKT. DICARBONSAEUREMONESTER 59-0806
PENICILLIUM CANADENSE, ISOLIER. V. CANADENSOLID U. VERWANDTEN VERB. 58-0571
PENICILLIUM CITRINUM, ISOLIER. V. ISOCHROMANOLDERIV. 57-0790
PENICILLIUM CYCLOPIUM, ISOLIER. V. CYCLOPIAZONSAEURE 60-0795
PENICILLIUM ISLANDICUM, ISOLIER. V. BIS-ANTHRACHINONE 60-0726
PENICILLIUM PATULUM, BIOSYNTH. V. PATULIN AUS D M-KRESOL (MASSENSPEKTROMETR. UNTERS.) 54-0082
PENICILLIUM PURPUROGENUM, GLAUCONSAEURE-BIOSYNTH. 59-0805
PHYTIUM ULTIMUM FUNGIZIDE EIG. V. PIPERIDINOMETHYL-PHOSPHONIGSAEURE 54-0244
PLASMODIUM, ANTIMALARIAMITTEL , 2. MITT. 60-0461
PLASMODIUM, ANTIMALARIAMITTEL , 3. MITT. 60-0462
PLASMODIUM, ANTIMALARIAMITTEL , 4. MITT. 60-0463
PLASMODIUM, ANTIMALARIA-WRKG. V. AMINOMETHYL-4-CHINOLYLMETHANOLEN 60-0588
PLASMODIUM, ANTIMALARIAMITTEL, 1. MITT. 63-0656
MALARIAPARASITEN, ANTIMALARIAMITTEL, 2. MITT. 63-0657
PLASMODIUM BERGHEI, HEMM. DURCH 3-(P-(ARYLSULFONYL)-PHENYL)-SYDNONE 63-0656
PLASMODIUM BERGHEI, ANTIMALARIAWRKG. V. (AMINOMETHYL)-(2-ARYL-CHINOLINYL-(4))-CARBINOLEN 63-0676
PLASMODIUM BERGHEI, ANTIMALARIA- WRKG. V. ARYLAZO-AMINOPYRIMIDINEN 63-0874
PLASMODIUM BERGHEI, ANTIMALARIA-WRKG. V. 1.7-NAPHTHYRIDINEN U. 2.9-DIAZAANTHRACENEN 57-0581
PLASMODI UM BERGHEI, ANTIMALARIA-MITTEL, (DARST.) 60-0541
POLYPORUS PINICOLA, ISOLIER. V. FUCOMANNOGALAKTAN U. FUCOXYLOMANNAN 56-0752
PROTEUS VULGARIS, ANTIBAKTERIELLE WRKG. V. DERIV. D. 8-OXO-5.8-DIHYDRO-1.3-DIOXOLO(4.5-G)CHINOLIN-7-CARBONSAEUREN 57-0803
PROTOZOEN, ANTIPROTOZOALE CHINONE , 1. MITT. 63-0897

PSEUDOMONAS AEROGINOSA, WACHSTUMSHEMM. DURCH BETA-AMINOKETONE 57-0584
PSILOCYBE CUBENSIS, BIOSYNTH. V. PSILOCYBIN 59-0811
SACCHAROMYCES CARLSBERGENSIS, VERGAER. V. 3-METHOXY-8.14-SECO-D-HOMO-1.3.5(10).9(11)-OESTRATETRAENDION-(14.17A) ZU SPIROAETHERN 55-0558
SACCHAROMYCES CARLSBERGENSIS, WACHSTUMSHEMM. DURCH ADAMANTANCARBONSAEURE-PYRIDOXOLYLESTER 57-0754
SACCHAROMYCES CEREVISIAE UMWANDL. V. AROMAT. DIAMINEN U. O-AMINO-THIOPHENOL IN 2-METHYL-BENZIMIDAZOL U. -BENZTHIAZOL 53-0599
SACCHAROMYCES CEREVISIAE, EINFL. V. GAMM-STRAHLEN AUF D. NUCLEOTID-GEH. 59-0800
SAPROPHYTEN, HEMM. DURCH N-SULFANILYL-OXAMIDE 58-0410
SCLERODERMA AURANTIUM, ISOLIER. V. 23-XI-HYDROXY-LANOSTERIN 62-0763
SERRATIA MARCESCENS, ISOLIER. V. 2-(PYRROLYL-(2))-4-METHOXY-5-(5-(PYRROLYL-(2))-3-METHOXY-PYRROLYL-(2)-METHYLEN)-PYRROL-HYDROCHLORID 58-0733
SPORORMIA AFFINIS, VORK. V. DIHYDROISOCUMARINE N 62-0843
STAPHYLOKOKKEN, HEMM. DURCH THIOLACTAM-SALZE 60-0467
STAPHYLOCOCCUS AUREUS, ANTIBAKTERIELLE WRKG. V. 4-AMINO-6-(5-NITRO-2-FURYL)-1H-PYRAZOLO(3.4-D)PYRIMIDINE,N 57-0607
STAPHYLOCOCCUS AUREUS, ANTIBAKTERIELLE WRKG. V. ISOTHIAZOLYL-(4)-PENICILLINEN 57-0757
STAPHYLOCOCCUS AUREUS, WRKG. V. S-(AMINOAETHYL)-ISOTHIOHARNSTOFFEN, (2-MERCAPTOAETHYL)-GUANIDINEN U. S-(2-GUANIDINOAETHYL)-THIOSCHWEFELSAEUREN 57-0319
STAPHYLOCOCCUS AUREUS, WRKG. V. P-CHLORPHENOX-CARBANILIDEN 57-0373
STAPHYLOCOCCUS AUREUS, WACHSTUMSHEMM. DURCH BETA-AMINOKETONE 57-0584
STAPHYLOCOCCUS AUREUS, WACHSTUMS HEMM. DURCH HALOGENBENZIMIDAZOLE 60-0819
STAPHYLOCOCCUS AUREUS, ANTIBAKTERIELLE WRKG. V. 2.5-DIAMINO-4-MERCAPTO-PYRIMIDIN U. THIAZOLO(5.4-D)PYRIMIDINEN 64-0727
STAPHYLOCOCCUS AUREUS, HEMM. DURCH THIAZOLO(5.4-D) PYRIMIDINE 64-0728
STAPHYLOCOCCUS PYOGENES, ANTIBAKTERIELLE WRKG. V. ISOTHIAZOLYL-(4)-PENICILLINEN 57-0757
STREPTOMYCES 4-122, BLDG. V. HEXAMYCIN 63-0890
STREPTOMYCES AUREOFACIENS, ISOLIER. V. 4-AMINO-4-DESDIMETHYLAMINO-5A.6-ANHYDRO-6-DESMETHYL- 7-CHLOR-TETRACYCLIN 61-0830
STREPTOMYCES AUREOFACIENS, UMWANDL. V. ALPHA-KESSYLALKOHOL IN KESSYLGLYKOL U. KESSAN-2BETA.7-DIOL 61-0825
STREPTOMYCES FLAVEOLUS, ISOLIER. V. MAKROTETROLIDEN 54-0576
STREPTOMYCES PRISTINAESPIRALIS, ISOLIER. V. PRISTINAMYCIN 59-0780
STREPTOMYCES PURPURASCENS, ISOLIER. V. RHODOMYCINONE N 61-0805
STREPTOCOCCUS PYOGENES, WRKG. V. S-(AMINOAETHYL)-ISOTHIOHARNSTOFFEN, (2-MERCAPTOAETHYL)-GUANIDINEN U. S-(2-GUANIDINOAETHYL)-THIOSCHWEFELSAEUREN 57-0319
STREPTOCOCCUS PYOGENES, ANTIBAKTERIELLE WRKG. V. 5-AMINO-6-MERCAPTO-PYRIMIDINEN U. THIAZOLO(5.4-D)PYRIMIDINEN 64-0727
STREPTOCOCCUS PYOGENES, HEMM. DURCH THIAZOLO(5.4-D) PYRIMIDINE 64-0728
STREPTOMYCES SP. I-8, ISOLIER. V. N1-PYRROMYCINON 59-0781
TETRAHYMENA PYRIFORMIS, SYNTH. V. TETRAHYMANOL AUS MEVALONSAEURE 64-0906
TETRAHYMENA PYRIFORMIS, WACHSTUMSHEMM. DURCH DIAMINOPYRIDINE 57-0792
THIORHODACEAE, CAROTINOIDE, 5. MITT. 53-0518
THIORHODACEAE, CAROTINOIDE, 6. MITT. 53-0519
THIORHODACEAE, CAROTINOIDE, 7. MITT. 56-0659
TRICHODERMA VIRIDE, BIOSYNTH. V. GLIOTOXIN 59-0808
TRICHODERMA VIRIDE, EINBAU V. AMINOSAEUREN IN GLIOTOXIN 64-0909
TRICHOMONAS VAGINALIS, HEMM. DURCH NITRO-1-AMINOALKYL-STYRYL-IMIDAZOLE 57-0525
TRICHOTHECIUM ROSEUM, ISOLIER. V. 6BETA-HYDROXY-ROSENONOLACTON 61-0761
TUBERKELBAKTERIEN, POTENTIELLE ANTIVIRUS- U. ANTITUBERKULOSEMITTEL, 2.MITT. 55-0381
TUBERKELBAKTERIEN, TUBERKULOSTATIKA, 3. MITT. 55-0416
TUBERKELBAKTERIEN, POTENTIELLE ANTIVIRUS- U. ANTITUBERKULOSEMITTEL, 3. MITT. 55-0416
VIBRIO CHOLERAE, HEMM. DURCH THIAZOLO(5.4-D)PYRIMIDINE 64-0728
VIRUS, POTENTIELLE ANTIVIRUSVERB., 2. MITT. 59-0559
VIREN, POTENTIELLE ANTIVIRUS- U. ANTITUBERKU-LOSEMITTEL, 2. MITT. 55-0381
VIREN, ANTIVIRUSWRKG. V. PYRIMIDINARABINOSID-PHOSPHATEN 62-0718
VIREN, POTENTIELLE ANTIVIRUS- U. ANTITUBERKU-LOSEMITTEL, 3. MITT. 55-0416
MESOINOSIT,
DEHYDRIER. DURCH CYCLITDEHYDROGENASEN AUS ACETOBACTER SUBOXYDANS 54-0577
MINERALOELE
CACO3-SUSPENSION, STRUKTURVISKOSITAET 59-0818
MISCHUNGSWAERME
* S. UNTER LOESUNGS- UND MISCHUNGSWAERME
MOESSBAUER-EFFEKT
IM FERROCENYLCARBONIUMION 55-0004
MOESSBAUER-SPEKTRUM V. BIS-(THIONALIDATO)-EISEN(II) 58-0024
V. (FE(NCS)2(BIPY)2) 60-0001
MOESSBAUER-SPEKTRUM V. HYDROGEN- U. METALL(I)-AETHYLENDIAMINTETRAACETATOAQUOFERRAT (III) 61-0009
MOESSBAUER-SPEKTRUM V. DIHYDROGEN- U. METALL(I)-DIAETHYLENTRIAMINPENTAACETATOFERRATEN(III) 61-0054
ZINN-119M- V. ORGANO-SN-VERB. 63-0017
MOESSBAUER-SPEKTRUM V. HEXACYANOFERRATEN U. -COBALTATEN 63-0021
MOESSBAUER-SPEKTRUM V. FE3(CO)10-ARSINOFLUOR-CYCLOBUTEN 63-0086
V. FEL3 U. (FEL2PY2), HL=HS2P(OC3H7)2 58-0010
MOHN
ALKALOID-BIOSYNTH. 53-0608
ISOLIER. U. CHEMIE D. ALKALOIDE EINIGER PAPAVERARTEN 37. MITT. ALKALOIDE AUS D. ARTEN PAPAVER PERSICUM LINDL. U. P. CAUCASICUM MARSCH.-BIEB. 53-0498
MOLEKULARREFRAKTION
* S. UNTER REFRAKTION
MOLEKUELE
* MO-UNTERSUCHUNGEN S. UNTER MOLEKULARSTRUKTUR
FREIE, BEHINDERTE INNERE ROTAT. UM SIGMA-BIND. (UEBERSICHT) 57-0154
FREIE, HINDER.-POTENTIALE D. ROTAT. UM SIGMA-BIND. (UEBERSICHT) 57-0154
ISOTOPANGEREICHERTE, SPEKTROSKOP. UNTERS., 4. MITT. 60-0036
KONJUGIERTE, GRUNDZUSTAND, 9.MITT. 61-0132
MIT FLUKTUIERENDEN BIND., 15.MITT. 64-0547
MIT SCHNELLER U. REVERSIBLER VALENZISOMERISIER. , 13. MITT. 55-0345
MIT SCHNELLER U. REVERSIBLER VALENZISOMERISIER., 14. MITT. 55-0346
UEBERBESETZTE, 3.MITT. 56-0429
GESPANNTE ORGAN., 1. MITT. 62-0472
GESPANNTE ORGAN., 2. MITT. 62-0609
-ANION-KOMPLEXE IN LSG., 1. MITT. 64-0204
MIT FLUKTUIERENDEN BIND., 16. MITT. 64-0548
UEBERTRAGBARK. V. KRAFTFELDERN BEI ISOELEKTRON. MOL., NORMALKOORDINATENANALYSE V. PYRAZIN-DI-N-OXID- U. P-DIFLUOR-BENZOL 54-0048
KONJUGIERTE, GLEICHZEIT. BERECHN. D. SPEKTREN U. D. PI-ELEKTRONEN-POLARISIERBARK. NACH D. PARISER-PARR-POPLE-VERF. 55-0103
GERADKETT. MOL., RAYLEIGH-STREUUNG (THEORIE) 63-0103
M(OLEKUEL)-O(RBITAL)-UNTERSUCHUNGEN
* S. UNTER MOLEKULARSTRUKTUR
MOLEKUELSIEBE
5A-ZEOLITH- U. 7A-MORDENIT-SIEB, VERW. ZUR TRENN. V.GRADLIN., VERZWEIGTEN U. CYCL. ALKANEN 60-0839
GASABSORPT. IN SUSPENS. (EINFL. D. LSGM.) 63-0039
GEL-, VERW. ZUR BEST. D. 1. KRIT. MICELL-KONZ. V. WSS. NA-ALKANOATLSG. 63-0208
HCL-ABSPALT. AUS CHLORAETHANEN AN -- (KINETIK) 63-0293
MOLEKULARSTRUKTUR
* EINFL. AUF RK. S. UNTER KONSTITUTION
ABZAEHLREGEL FUER MOL. MIT (4N)-GLIEDR. RINGEN 58-0140
U. PHOTOCHEM. REAKTIVITAET , 6. MITT. 60-0315
-MODELL MIT FLUKTUIERENDEN, SPHAER. GAUSS-ORBITALEN, 4. MITT. 61-0133
AB-INITIO- BIND.-ORBITAL-BERECHN. , 1. MITT. 62-0121
MOL.-ASYMMETRIE , 8. MITT. 58-0541
MOLEKULARSTRUKTUR (BINDUNGSLAENGEN UND -WINKEL)
C-S-BIND.-LAENGEN, BERECHN. 59-0146
V. NORBORNANEN (AUS ELEKTRONENBEUG.-DATEN) 63-0171
BIND.-LAENGEN V. (CUCL2(H2O)(2.9-DIMETHYL-1.10-PHEN)) 56-0035
V. (CR(N(CH3)3)2)CL3 55-0005
METALL-C-BIND.-LAENGEN IN NI-SIGMA-ARYL-KOMPLEXEN 55-0036
V. CYCLOBUTADIEN-FE-TRICARBONYLEN 61-0005
BIND.-LAENGEN U. -WINKEL V. MOL. V. TYP AB3 (MO-UNTERS.) 63-0177
AENDER. D. LAENGE D. ZENTRALEN EINFACHBIND. IN BIS-(CYCLOALKANEN) 57-0137
BINDUNGSLAENGEN V. ALL-TRANS-1.8-DIPHENYL-OCTATETRAEN 57-0167
BINDUNGSLAENGEN V. TRIMETHYLENCYCLOPROPAN 60-0147
BIND.-LAENGEN U. -WINKEL V. OFFENKETT. U. CYCL. KW-STOFFEN (BERECHN. NACH D. METH. V. WESTHEIMER) 60-0164
V. KW-STOFFEN (MODELL D. FLUKTUIERENDEN GAUSS-ORBITALE) 61-0133
AB-INITIO-BIND.-ORBITAL-BERECHN. V. CH4, C2H6, C3H8 U. C3H6 62-0121
BIND.-WINKEL V. 1.2.4.5-TETRA-TERT.-BUTYL-BENZOL 62-0150
BIND.-LAENGEN U. -WINKEL V. 2.3-DIMETHYL-BUTADIEN (ELEKTRONENBEUG.-UNTERS. IN D. DAMPFPHASE) 63-0166
BIND.-LAENGEN V. 1.3.5-TRANS-HEXATRIEN 64-0159
BIND.-VERHAELTNISSE V. ANELLIERTEN CYCLOPROPANEN 53-0089
V. BULLVALEN MITTELS ELEKTRONENBEUG. 54-0096

V. C-METHYL-B-PENTAAETHYL-2-CARBAHEXABORAN(9) 57-0038
V. HALOGENBENZOLEN 64-0122
V. (1S,4R)-2EXO-BROM-2-NITRO-FENCHAN 59-0173
BIND.-LAENGEN U. -WINKEL V. 2.2'.2''-TRIAMINO-TRIAETHYLAMIN-TRIHYDROCHLORID 61-0161
BIND.-LAENGEN U. VALENZWINKEL V. 3.5-DIBROM-4-HYDROXY-TRIPHENYLMETHANOL 57-0173
S-S-BIND.-LAENGEN V. 3-BENZOYL-5-P-BROMPHENYL-2-METHYLTHIO-6A-THIATHIOPHTHEN 56-0167
V. 2.4.4.6-TETRAHALOGEN-CYCLOHEXADIEN-1-ONEN 61-0160
CO- U. CN-BIND.-LAENGE V. 4-AMINO-NAPHTHOCHINON-(1.2) 62-0161
CARBONYLGRUPPENWINKEL V. CYCL. IMIDEN U. ANHYDRIDEN 53-0060
ROENTGENSTRUKTURANALYSE V. 1-P-CHLORPHENYLU. 1-P-BROMPHENYL-3-ISOPROPYL-4-PHENYL-AZETIDINON 58-0142
V. AETHYLEN- U. VINYLENSULFAT 63-0197
MOLEKULARSTRUKTUR (ROTATIONEN UND SCHWINGUNGEN)
KRAFTFELDER V. ISO-ELEKTRON. MOL. (UEBERTRAGBARK.) 54-0048
BEHINDERTE INNERE ROTAT. FREIER MOL. UM SIGMA-BIND. (UEBERSICHT) 57-0154
SCHWING.-EFFEKTE IN CARBONIUMIONEN, 3. MITT. 60-0144
NACHW. INNERMOL. BEWEGLICHK. DURCH NMR-SPEKTROMETRIE, 3. MITT. 60-0160
INTRAMOL. WECHSELWRKG., QUANT. MESS. DURCH IR-INTENSITAETEN, 3. MITT. 61-0083
IR-INTENSITAETEN ALS QUANT. MESS. INTRAMOL. WECHSELWRKG., 4. MITT. 61-0084
UEBERZAEHL. KOORDINATEN V. CYCL. MOL. (ALLG. METH. ZUR BERECHN.) 61-0135
NACHW. INTRAMOL. BEWEGLICHK. DURCH NMR, 4. MITT. 61-0149
GEHINDERTE ROTAT. (NMR-UNTERS.), 2. MIT. 56-0153
NACHW. INNERMOL. BEWEGLICHK. DURCH NMR-SPEKTROMETRIE 2. MITT. 56-0165
GEHINDERTE ROTAT. UM D. N(2)-N(3)-BIND. V. 1-ARYL-3.3-DIMETHYL-TRIAZENEN 62-0114
ROTAT.-HINDER. IN SUBSTITUIERTEN BENZOPHENONEN U. BENZILEN 57-0134
ROTAT.-HINDER. IN CHINONMONOANILEN (MAGNET. NICHTAEQUIVALENZGEMINALER GRUPPEN) 60-0160
ROTAT.-HINDER. IN ACETANILIDEN (MAGNET. NICHTAEQUI-VALENZ GEM. GRUPPEN) 60-0160
MITTLERE SCHWINGUNGSAMPLITUDEN V. (12)C(16)O3, (12)C(18)O3 U. (13)C(16)O3 60-0002
MOL.-SCHWING. V. ALKYL(ARYL)-HG-AZIDEN 57-0007
ROTAT.-BARRIEREN IN PHENYLALLYL-ALKALIMETALLVERB. 58-0006
GEHINDERTE ROTAT. IM N-AETHOXYCARBONYL-AZEPIN-EISENTRICARBONYL 54-0004
SCHWING.-AMPLITUDEN V. ACETYLENVERB. U. SCHRUMPFEFFEKTE 60-0152
ROTAT.-BARRIEREN IN ALIPHAT. VERB. (SEMIEMPIR. MO-BERECHN.) 62-0117
CHARAKTERIST. NORMALSCHWING. IN BENZOLDERIV., 3. MITT. (SCHWING.-FORM D. NICHTEBENEN CH-SCHWING. U. FREQUENZ) 64-0095
SCHWING.-ANALYSE D. TETRAZOLAT-IONS 63-0001
NORMALKOORDINATEN-ANALYSE V. 4-HALOGEN-PYRIDINEN 55-0101
ROTAT.-HINDER. IN N.O-DIACYL-HYDROXYLAMINEN 55-0097
INNERE ROTAT. V. DIMETHYLACETAMID 61-0134
PSEUDO-ROTAT. V. (PCF3)5 U. (PCF3)4 54-0091
GEHINDERTE INNERE ROTAT. BEI CARBAMATEN 62-0123
GEHINDERTE ROTAT. V. UNGESAETT. N.N-DIMETHYL-AMINOALDEHYDEN U. -KETONEN 56-0153
MOL.-ROTAT. U. MIKROWELLENSPEKTRUM V. CYCLOPROPANON 59-0148
INNERE ROTAT. V. CYCLOPROPAN(THIO)CARBOXAMIDEN (AKTIVIER.-PARAMETER) 54-0093
GEHINDERTE ROTAT. UM D. C-N-BIND. BEI S- U. SE-ANALOGEN DIMETHYLBENZAMIDEN 54-0110
CIS-TRANS-ISOMERIE BEI KERN-SUBSTITUIERTEN ACETANILIDEN 56-0165
GEHEMMTE ROTAT. V. 1.1.1.4.4.4-HEXAPHENYL-2.3-DIMETHOXYCARBONYL-1.4-DIPHOSPHA-BUTADIEN 56-0369
GEHINDERTE ROTAT. IN PYRIDAZIN-1.2-DICARBONSAEUREESTERN 57-0144
GEHINDERTE ROTAT. BEI BENZAMIDINEN 62-0118
INNERE ROTAT. V. DMF 63-0167
POTENTIALFUNKT. V. CYCLOPENTADIENYL-ANION 62-0120
GEHINDERTE ROTAT. IN N-HETEROCYCL. MONOSACCHARIDEN 54-0053
EINGESCHRAENKTE ROTAT. BEI METHYLIERTEN ADENOSINEN U. CYTIDINEN 57-0131
MOLEKULARSTRUKTUR (ELEKTRONENSTRUKTUR)
ELEKTRON. ANGEREGTE ZUSTAENDE 54-0138
54-0138
ELEKTRONENZUSTAENDE V. PERIMETER-PI-SYST., 3. MITT. 58-0091
HETEROAROMATIZITAET, 11. MITT. 58-0338
LCAO-MO-THEORIE, THEORET. BETRACHT. D. DIELS-ALDER-RK., 3. MITT. 60-0280
GEHINDERTE KONJUGAT. EINSAMER ELEKTRONENPAARE IN ELEMENTEN D. 5. GRUPPE, 1. MITT. 61-0125
SEK. TRIPLETT-ZUSTAND, ROLLE IN D. PHOTOCHEMIE V. LSG. 61-0313
D-ORBITALEFFEKTE IN SI-SUBSTITUIERTEN PI-ELEKTRONENSYST., 6. MITT. 63-0168
D-ORBITALEFFEKTE IN SI-SUBSTITUIERTEN PI-ELEKTRONENSYST., 7. MITT. 63-0169
UNTERS. UEBER HETEROAROMATIZITAET, 15. MITT. 63-0634
HALBEMPIR. PARAMETER IN PI-ELEKTRONENSYST., 3. MITT. 64-0158
UNTERS. D. EINFACH- U. DOPPELBIND. ZWISCHEN SP(2)-HYBRIDISIERTEN KOHLENSTOFFATOMEN MITTELS D. GAS-ELEKTRONENBEUG.-METH., 2.MITT. 64-0159
ARIN-CHEMIE, 11. MITT. 64-0579
GRUNDZUSTANDSENERGIE V. CYCLOBUTANEN U. DEREN KATIONEN 59-0147
ELEKTRONENSTRUKTUR V. O- U. S-ANALOGEN D. (18) ANNULENS 55-0102
LCAO-MO-BERECHN. AN SCHWEFELHALT. PI-SYST., 6. MITT. 55-0058
LAD.-VERTEIL. IN N-VERB. MITTELS ESCA 59-0102
INTRAMOL. WECHSELWRKG. ZWISCHEN NH-GRUPPE U. PI-ELEKTRONEN, 5. MITT. 60-0153
D-ORBITALEFFEKTE IN SI-SUBSTITUIERTEN PI-ELEKTRONENSYST., 9. MITT. 62-0092
MO-BERECHN. V. CR(CO)6, FE(CO)5 U. NI(CO)4 64-0003
V. TRICARBONYLPHENANTHRENCHROM 61-0012
V. TRICARBONYL-9.10-DIHYDROPHENANTHREN-CHROM 61-0013
V. (FE(NCS)2(BIPY)2) (REVERSIBLER QUINTETT-SINGULETT-UEBERGANG) 60-0001
ELEKTRONENSTRUKTUR V. 2-BUTYL-1-LITHIO-1.2-DIHYDROPYRIDINEN 60-0011
LCAO-MO-UNTERS. V. MONOALKALI-2.2'-DIPYRIDYLEN 64-0001
HUECKEL-MO-BERECHN. V. ALKYLAMIN-NI-KOMPLEXEN 63-0009
ELEKTRONENSTRUKTUR V. NI-KOMPLEXANIONEN D. DITHIOLENTYPS 62-0004
ELEKTRONENSTRUKTUR V.(NICL2(O-C6H5(AS(CH3)2)2)2)(+) 59-0017
V. TI(C5H5)2 54-0003
ELEKTRON. DURCHDRING. IN CORL(P(C6H5)3) (HL=DIMETHYLGLYOXIM, R=NO2, CN, CL, BR, J, ALKYL) 54-0010
EINFL. D. SUBSTITUENTEN AUF D. GRUNDZUSTAND V. FLUORARYL-HG-VERB. 61-0007
ELEKTRON. DURCHDRING. IN CORL(P(C6H5)3) (HL=DIMETHYLGLYOXIM, R=NO2, CN, CL, BR, J, ALKYL) 54-0010
ELEKTRONENSTRUKTUR V. HYDROGEN- U. METALL(I)-AETHYLENDIAMINTETRAACETATOAQUOFERRAT (III) 61-0009
ELEKTRONENSTRUKTUR V. H2- U. METALL(I)-(DIAETHYLENTRIAMINPENTAACETATOFERRAT(III)) 61-0054
LINNETT-ELEKTRONEN-THEORIE, ANWEND. IN D. ORGAN. CHEMIE , 1. MITT. 59-0197
ENERGIECHARAKTERISTIKEN D. BENZODERIV. V. FULVEN U. HEPTAFULVEN 53-0087
ELEKTRONENSTRUKTUR V. BENZO(G)SESQUIFULVALEN 53-0088
ELEKTRONENSTRUKTUR V. DECACYCLEN U. SEINEN IONEN 54-0095
V. CORANNULEN (MO-BERECHN.) 55-0098
V. KONJUGIERTEN MOL. (BERECHN. NACH D. PARISER-PARR-POPLE-VERF.) 55-0103
PI-, DELOKALISIER. U. MO-ENERGIEN V. METHYLENDERIV. V. KW-STOFFEN (HUECKELBERECHN.) 56-0150
DOPPELBIND.-FIXIER. IN KONJUGIERTEN KW-STOFFEN, 3. MITT. (IN NICHT-ALTERNIERENDEN PI-ELEKTRONENSYST.) 58-0136
MO-BERECHN. V. TAUTOMEREN INDENEN 58-0138
MO-THEORET. UNTERS. V. ORBITALWECHSELWRKG. V. DEHYDROAROMATEN U. ANDEREN DIDEHYDROKONJUGIERTEN MOL. 60-0154
ELEKTRONENSTRUKTUR V. ALKYL-KATIONEN U. PROTONIERTEN KW-STOFFEN 60-0183
SCF-MO-UNTERS. V. UNGESAETT. CYCL. KW-STOFFEN 61-0124
ELEKTRONENUEBERGANGSENERGIEN V. POLYCYCL. KW-STOFFEN 61-0131
SCF-MO-UNTERS. V. KW-STOFFRADIKALEN U. -RADIKALIONEN 61-0132
ELEKTRONENSTRUKTUR V. OLEFINEN 63-0168
EHT-BERECHN. V. B2H6 64-0161
ELEKTRONENSTRUKTUR V. CARBENEN 60-0184
PI-ELEKTRONENDICHTE U. BIND.-ORDN. V. TRANS-STILBENEN (HMO-BERECHN.) 60-0157
V. MONOSUBSTITUIERTEN BENZOLEN U. DUROLEN (QUANT. BEST. D. INTRAMOL. WECHSELWRKG. DURCH IR-INTENSITAETEN) 61-0083
HYBRIDISIER. IN BICYCLO(2.2.1)HEPTANEN (UNTERS. NACH D. METH. D. MAXIMALEN UEBERLAPP.) 61-0130
ELEKTRONENDICHTEN V. STYROLEN 56-0149
GROESSE D. EINSAMEN ELEKTRONENPAARES AM N, BIND.-PARAMETER V. PIPERIDINEN 53-0092
PI-ELEKTRONENSTRUKTUR V. 1.2-DIPYRIDYLAETHYLENEN, 2. MITT. 55-0063
ELEKTRONENSTRUKTUR V. THIAZOLEN U. 5-RING-HETEROCYCLEN 55-0099
ELEKTRONENSTRUKTUR V. PYRIDINDERIV., 5. MITT. 56-0144
PI-ELEKTRONENSTRUKTUR V. S(IV)-THIENO(3.4-C)THIOPHEN (PPP-SCF-MO-BERECHN.) 56-0146
V. 4-PHENYLPYRAZOLEN (KONJUGAT. D. RINGE) 57-0093
AROMAT. CHARAKTER V. PYRONEN-(4) 57-0133
V. THIAZOL-TETRACYANAETHYLEN-KOMPLEXEN (MO-BERECHN.) 58-0172

ELEKTRONENSTRUKTUR V. HETEROCYCLOPYRIDINEN 60-0142
AROMATENCHARAKTER V. HETEROCYCLEN, 10. MITT. 59-0083
ELEKTRONENSTRUKTUR V. BORETAN 60-0144
BETEILIG. D. D-ORBITALS AM GRUNDZUSTAND D. THIOPHEN (SCF-MO-VERF.) 60-0148
ANWEND. V. KOMBINIERTEN SC(ALPHA,BETA)-HMO-VERF. AUF HETEROCYCLEN 60-0156
BERECHN. V. ELEKTRONENVERTEIL. U. EIGENWERTEN V. FURAN 61-0128
V. DIPHENYL-1.3-OXAZOLEN 62-0068
ELEKTRONENSTRUKTUR V. N-HETEROCYCLEN, VERBESSERTE LCAO-METH., 2. MITT. MONOCYCL. AZINE 62-0113
ELEKTRONENSTRUKTUR V. N-HETEROCYCLEN 64-0158
LAD.-VERTEIL. IN ALKYLBROMIDEN (ELEKTROSTAT. MODELLE) 56-0147
V. TETRACHLOR- U. TETRAJOD-AETHYLEN (ELEKTRONENBEUG.-UNTERS.) 56-0148
HMO-BERECHN. D. NUCLEOPHILEN SUBSTITUT. V. HALOGENAROMATEN U. -AZAAROMATEN 61-0247
ELEKTRONENSTRUKTUR U. PHYSIKAL.-CHEM. EIG. V. AZOVERB., 13.MITT. 55-0100
LAD.-VERTEIL. IN ANILINEN (BERECHN.) 57-0192
ELEKTRONENSTRUKTUR U. PHYSIKAL.-CHEM. EIG. V. AZOVERB., 14. MITT. 58-0146
ELEKTRONENSTRUKTUR V. AROMAT. AMINEN 64-0158
LAD.-UEBERTRAG.-WECHSELWRKG. BEI N-(OMEGA-(P-NITRO-PHENYL)-ALKYL)-ANILINEN 60-0153
FREQUENZVERSCHIEB. BEI INTRAMOL OH-PI-WECHSELWRKG. IN OLEFIN. ALKOHOLEN 60-0082
ELEKTRONENSTRUKTUR V. NAPHTHYLAETHERN 64-0096
ELEKTRONENSTRUKTUR V. NAPHTHYLTHIO- U. -SELENOAETHERN 64-0096
HMO-BEECHN. AN 2H-1.3-DITHIOL-2-THIONEN 55-0058
PI- ELEKTRONENSTRUKTUR V. IMINOPHOSPHORANEN 54-0097
ELEKTRONENSTRUKTUR V. ALKENYLSILANEN 63-0168
ELEKTRONENSTRUKTUR U. REAKTIVITAET V. 1-METHYL-2-PYRIDONEN 58-0137
ELEKTRONENSTRUKTUR V. MENADION -ELEKTRONENDONATOR-KOMPLEXEN (EINFL. AUF PHOTOSTABILITAET) 59-0183
ELEKTRONENSTRUKTUR V. N(O)-ALKYL- P-BENZOYL-DIAZOBENZOLEN 60-0149
STEREOELEKTRONENSTRUKTUR V. 2.4-DIALKYL-CYCLOHEXANONEN (EINFL. AUF PHOTOLYSE) 61-0321
V. TROPON U. KONDENSIERTEN TROPONEN (HMO-BERECHN.) 63-0170
ELEKTRONENSTRUKTUR V. PHENYL-THIENYL-KETONEN 63-0186
ELEKTRONENSTRUKTUR V. CYCLOBUTANON 60-0144
ELEKTRONENSTRUKTUR V. P-BENZOCHINONDIIMIN 62-0115
LOKALISIER.-ENERGIEN U. BIND.-ORDNUNG V. SCHIFFSCHEN BASEN (BEZIEH. ZUR CIS-TRANS-PHOTOISOMERISIER.) 64-0328
MO-BERECHN. V. HYPOTHET. (N+1)-PHOSPHONIA-SPIRO-(N.N)-ARENEN 57-0135
MO-BERECHN. V. AMMONIUM-INDENID 58-0138
MO-UNTERS. AN 3-ALKYLSYDNONEN 60-0143
HMO-BERECHN. V. TETRACYANAETHYLEN-ALKOXY- U. -SILOXY-BENZOL U. -BIPHENYL-CHARGE-TRANSFER-KOMPLEXEN 63-0169
MO-BERECHN. AN PTERINEN 53-0090
ELEKTRONENDICHTEN V. ZIMTSAEUREN (BEZIEH. ZUR CHEM. VERSCHIEB. D. VINYLPROTONEN) 56-0149
ELEKTRONENSTRUKTUR U. AUXINAKTIVITAET V. CHLORPHENYLMERCAPTOESSIGSAEUREN 60-0155
LAD.-DELOKALISAT. IM CARBOXYLAT-ION 61-0085
BIND.-LOSE WECHSELWRKG. IN 8-METHYL-1-NAPHTHOESAEURE-(1)-DERIV. (EINFL. AUF SEK. D-ISOTOPENEFFEKTE) 62-0227
ELEKTRONENSTRUKTUR V. SULFONAMIDEN, EINFL. AUF D. ELEKTRONENSTRUKTUR V. 1.4-5.8-ENDO.ENDO-DIMETHANO-CNDO-BERECHN. V. CYCLOALKYLIONEN 58-0135
DELTA(2.6)-HEXAHYDRONAPHTHYL-KATION (ODER MESOMERE) 59-0226
ELEKTRONENSTRUKTUR V. CYCLOBUTYLKATION 60-0144
HMO-BERECHN. V. 2.3-DIPROPYL-CYCLOPROPENYLKATION (ATOMLAD. U. KOPPL.-KONST.) 63-0145

MOLLUSKEN
DICATHAIS ORBITA, VORK. V. TYRIANPURPUR VORSTUFEN 56-0664

MOLYBDAEN
EINFL. AUF D. DEHYDRIER. V. CYCLOHEXAN U. CYCLOHEXEN (KINETIK) 62-0201
EINFL. AUF D. DEHYDRIER. U. DEHYDRATAT. V. ISOPROPANOL U. D. DEHYDRATAT. V. TERT.-BUTANOL 62-0281

MOLYBDAENVERBINDUNGEN (ORGANISCHE)
CYCLOBUTADIEN-MO(CO)4-KOMPLEXE, DARST. 56-0082
1.3.5.7-TETRAMETHYL-CYCLOOCTATETRAENTRICARBONYLVERB. V. MO, DARST., PMR-UNTERS. 60-0012
(NORBORNADIEN)MO(CO)4 U. (1.3.5-CYCLOOCTATRIEN)MO(CO)3 3, OLEFIN-(CO)-AUSTAUSCH (IR-UNTERS. MIT (13)(CO), STEREOCHEMIE) 60-0036
MO(CO)5-PHOSPHIN-KOMPLEXE, IR 53-0047
(PI-(3)-1.2-DICARBOLLYL)-(MO(CO3), -(W(CO)3MO(CO)5), -(MO(CO)3CH3), -(MO(CO3)H), (PI-(3)-1.2-DIMETHYL-1.2-DICARBOLLYL)-(MO(CO)3), -(MO(CO)8), DARST., SPEKTREN 59-0041
AZULEN-MO2(CO)6, GUAIAZULEN-MO2(CO)6, KRIST.-STRUKTUR 53-0007
MO-PI-CYCLOPENTADIENYL-TRICARBONYL-HYDRAZON-KOMPLEXE, DARST. 54-0032
ALKYL-TRICARBONYL-PI-CYCLOPENTADIENYL-MOLYBDAEN, RK. MIT PHOSPHINEN 56-0075
CYCLOPENTADIENYL-CYCLOHEPTATRIENYL-MOLYBDAEN(0) U. CYCLOPENTADIENYL-CYCLOHEPTATRIENYL-MOLYBDAEN(I)-JODID, DARST., SPEKTREN, MAGNET. VERH. 57-0050
PI-ALLYL-KOMPLEXE V. MO,1. MITT. 59-0072
CYCLOPENTADIENYL-MO-CARBONYLE, MASSENSPEKTRUM 60-0016
CYCLOPENTADIENYL-(METHYLMERCAPTOMETHYL)-TRICARBONYLMOLYBDAEN U. PI-METHYLMETHYLENSULFONIUM-(CYCLOPENTADIENYLDICARBONYLMOLYBDAT(-1)), MASSENSPEKTREN 60-0017
(C5H5-MO(SCH3)2)2, (C5H5-MO(CO)P(C6H5)2)3, POLAROGRAPH. U. CYC.-VOLTAMMETR. VERH. 61-0022
ALKINYL-PI-CYCLOPENTADIENYLMOLYBDAEN-VERB., DARST., CHARAKTERISIER., RK. 61-0052
(C5H5)2MH2.MO(CO)5-VERB., DARST., IR-, NMR-SPEKTREN, BIND., STRUKTUR (M=CR, MO, W) 63-0078
ACYL-DICARBONYL-PI-CYCLOPENTADIENYL-PHOSPHIN-MOLYBDAEN, DARST. AUS ALKYL-TRICARBONYL-PI-CYCLOPENTADIENYL-MOLYBDAEN U. PHOSPHINEN 56-0075
OXOOXALATOMOLYBDATE(VI), PHYSIKAL. EIG. 60-0008
ME4((MOO3)ZY), DARST., EIG. (H4Y=AEDTE, M=ALKALI-METALL, NH4, 0,5BA) 64-0066

MOLYBDAENVERBINDUNGEN (ANORGANISCHE)
MOBR3, RK. MIT LI-PHENYL 63-0076
MO-OXID-CARBIDE, BLDG., ROENTGENOGRAPH. UNTERS. 59-0073
MOCL5, RK. MIT CYCLOHEPTATRIEN U. CYCLOPENTADIENYL-MAGNESIUMBROMID 57-0050
MOCL5, RK. MIT LI-PHENYL 63-0076
MOCL5, EINFL. AUF D. TOLUOL-OX. MIT DIISOPROPYLPEROXYDICARBONAT 58-0213

MOMENT, ELEKTRISCHES
DIPOLMOMENT U. KONFORM. V. MOL., 5. MITT. 57-0161
DIPOLMOMENT V. HALOGENOPHOSPHIN-PT-KOMPLEXEN 59-0095
V. FERROCENEN U. CYMANTRENEN 56-0002
V. ORGANOZINNCHLORIDEN 58-0005
V. PENTACARBONYLTRIMETHYLSILOXYMETHYLCARBENCHROM(0) 59-0071
V. JOD-, ALPHA- U. BETA-DIJOD-CYMANTREN 64-0005
V. CYCLOHEXANDERIV. 61-0072
D. AETHINYLGRUPPE (ORIENTIER.) 62-0147
V. THIAZOLEN U. 5-RING-HETEROCYCLEN 55-0099
V. N- U. O-HALTIGEN HETEROCYCL. VERB. 56-0097
DIPOLMOMENTE V. 5-SUBSTITUIERTEN ISOXAZOLEN, 1.MITT. 57-0071
DIPOLMOMENTE V. CYCL. AMINEN 57-0075
V. N- U. O-5- U. -6-RINGHETEROCYCLEN 60-0187
DIPOLMOMENT V. PHENYL-1.3-OXAZOLEN 62-0068
V. 2-SUBSTITUIERTEN 1.3-DIOXOLANEN 64-0109
DIPOLMOMENTE V. 5-GLIEDR. HETEROCYCLEN (EINFL. V. BZL.) 64-0114
V. PYRROL 64-0203
V. SEK. CYCL. AMINEN IN DIOXAN 64-0209
V. DIOXAZASILATRANEN U. DIOXAZASILACYCLOOCTANEN 64-0769
V. TETRAHYDROFURANEN U. -PYRANEN U. DIHYDROPYRANEN 61-0072
V. TRIHALOGENCYCLOALKANEN 55-0071
V. 1.1.1-TRIFLUOR-2-HALOGEN-PROPANEN 58-0111
V. 3-HALOGEN- U. TRANS-3.4-DIHALOGEN-TETRAHYDROFURANEN 61-0140
U. KONFORM.-GLEICHGEW. V. VICINALEN DIBROMIDEN (BZL.-EFFEKT) 62-0143
V. 1-AETHINYL-2-BROM-CYCLOPROPANEN 62-0147
V. TRIAETHYLAMIN-HYDROJODID 57-0074
V. ANILINEN 60-0173
V. DINITROBENZOLEN 61-0070
V. ANILINEN IN NICHTPOLAREN FL. 61-0071
V. ANILINEN 62-0066
V. STER. GEHINDERTEN AROMAT. NITROVERB. 62-0067
V. CHLORANILINEN U. SUBSTITUIERTEN AMINOPYRIDINEN 63-0117
DIPOLMOMENTE V. AMINEN 64-0094
V. ANISOLEN 60-0173
V. PYRIDYLMETHYLEN-INDANONEN 62-0139
DIPOLMOMENT, V. FLUORALKOHOLEN 57-0073
V. BENZYL-METHYL-AETHOXYSILANEN 54-0184
DIPOLMOMENTE V. ALLYL- U. BENZYLSILANEN 59-0099
BEST. V. DIPOLMOMENTEN V. VINYL- BZW. PHENYLSILANEN 59-0100
V. 1.3-DIAZA-CYCLOALKAN-2-ONEN U. -2-THIONEN 60-0030
V. 6- U. 7-GLIEDRIGEN CYCL. KETONEN 54-0055
U. KONFORM. V. FORMYL-, BENZOYL- U. DIFORMYLPYRIDINEN 57-0161
DIPOLMOMENT V. CYCLOPROPANON 59-0148
V. BETA-HALOGEN-VINYLKETONEN 61-0251
V. PYRIDYLMETHYLEN-BENZOFURAN-3-ONEN 62-0140
V. JOD-FORMYL-THIOPHENEN 63-0185
V. CYCLOALKANONEN SOWIE IHRER PYRROL-KOMPLEXE 64-0203
DIPOLMOMENTE V. ZIMTSAEURENITRILEN 56-0098
V. CARBONSAEUREESTERN 55-0051
V. SYN- U. ANTI-ALPHA-OXIMINO-CARBONSAEUREESTERN 55-0116
V. HALOGENIERTEN ESSIGSAEUREN 57-0072
V. THIOESSIGSAEURE U. N-METHYL-THIOPROPIONAMID IN VERSCHIEDENEN LSGM. 60-0074
V. N.N-DIMETHYL-BENZAMID U. D. S-, SE- U. NH-ANALOGEN 63-0116
V. ARYL-BENZOATEN U. -ACETATEN 64-0179
DIPOLMOMENTE V. ISOXAZOLIN-5-ONEN 57-0071
V. ARYL-BENZOL- U. -METHANSULFONATEN 64-0179

D. TRIAETHYLAMIN-JOD-KOMPLEXES 57-0074
V. BZL.-HALOGEN-KOMPLEXEN (QUADRUPOL-DIPOL-WECHSELWRKG.-BEITRAG) 57-0140
V. 17-METHYL-TESTOSTERONEN 57-0799
MONOSACCHARIDE
* S. UNTER KOHLENHYDRATE
MORDENIT
MORDENIT TRENN. VERZWEIGTER U. CYCL. ALKANE AN 7A-MORDENIT-SIEB SYNTHET. --, NA8(ALO2)8(SIO2)40 - 24H2O 60-0839
MUREXIDE
* S. UNTER PYRIMIDINE
MUTAROTATION
* S. UNTER ROTATION, OPTISCHE
MUTTERKORN
-ALKALOIDE, 30. MITT. 58-0726
-ALKALOIDE, 31. MITT. (AMINOLYSE V. ALKALOIDEN V. PEPTID-TYP) 61-0734
-ALKALOIDE, 68. MITT. 64-0811
6-METHYL-9-ERGOLEN-8BETA-ESSIGSAEUREDERIV., DARST. 64-0811
-ALKALOIDE U. VERWANDTE VERB., 15. MITT. 64-0799
MYCOLIPANOLSAEUREN
* S. UNTER MYCOLSAEUREN
MYCOLSAEUREN
STRUKTUR UNTERS. DURCH MASSENSPEKTROSKOPIE ABGELEITETER ALDEHYDE 56-0139
AUS MENSCHEN- U. VOGEL-TUBERKELBAZILLEN (STRUKTUR) 54-0310
ALPHA-, KONSTIT. 55-0322
METHOXY- U. KETO- AUS MENSCHL. TUBERKELBAZILLEN , STRUKTUR 56-0389
ALPHA-AVI-, STRUKTUR 56-0737
MYCOLIPANOLSAEUREN, KONSTIT. 63-0394
ALPHA-AVI-, BIOSYNTH. AUS (14)C-METHIONIN DURCH MYCOBACTERIUM AVIUM 56-0737

N

NAPHTHALINE
* S. AUCH NAPHTHOLE
-CHEMIE, 2.MITT. 57-0442
NAPHTHALIN-DICHLORID-DERIV., 1. MITT. 61-0493
HALOGENNAPHTHOESAEUREN, BESONDERH. V. STRUKTUR U. REAKTIVITAET, 1. MITT. 62-0130
HALOGENNAPHTHOESAEUREN, BESONDERH. D. STRUKTUR U. REAKTIVITAET, 2. MITT. 63-0120
1.1'-BINAPHTHYLE, ABS. KONFIG. 56-0158
DEKALINAMINOSAEUREN U. DEKALIN-SPIRO-HYDANTOINE, KONFIG. 56-0509
HALOGENNAPHTHOESAEUREN, MOL.-STRUKTUR 62-0130
2-AMINO-TETRALOLE, KONFIG. 64-0163
DIAMINO- U. DINITRO-DECALINE, KONFORM. 64-0510
BINAPHTHYLE, ABS. KONFIG. 64-0525
NAPHTHOCHINONE, ISOLIER. AUS TABEBUIA AVELLANEDAE 55-0520
4-ARYLSULFONAMIDO-1-NAPHTHALDEHYDE, DARST. AUS 1-ARYLSULFONYLAMINO-1-NAPHTHALDEHYDEN U. DICHLOR-DIMETHYLAETHER 53-0297
4-METHOXY-THIOSEMICARBAZONOMETHYL- U. -AMIDINOIMINOMETHYL-, DARST. 55-0416
1.4-NAPHTHOCHINONE, DARST. 55-0429
4-HYDROXY- U. 4-METHOXY-NAPHTHYL-(1)-ALANINE, DARST. 56-0419
DEKALIN-AMINOSAEUREN U. DEKALIN-SPIRO-HYDANTOINE, DARST. 56-0509
2-ACYL-1.4-NAPHTHOCHINONE, DARST. AUS 2-(ACYLMETHYL)-INDANDIONEN-(1.3) 57-0441
DICARBONSAEUREANHYDRIDE, DARST. AUS PHENYLPROPIOLSAEUREN 57-0464
2-HYDROXY-3-ALKYL-1.4-NAPHTHOCHINONE, DARST. AUS 2-HYDROXY-1.4-NAPHTHOCHINON U. ALKANEN 59-0439
9.10-DIMETHYL-DECALINE, DARST. AUS 10-METHYL-1(9)-OCTALONEN-(2) MIT ORGANO-CU-REAGENTIEN 59-0440
1.5-DI-BETA-NAPHTHYL-3-(FURYL-(2))-PENTAN-1.5-DIONE, DARST. AUS 2-ACYL-NAPHTHALINEN U. FURFUROL 60-0494
8A-METHYL-DELTA(4)-OCTALINE, DARST. 60-0738
1-(PHTHALOYL-AMINO-ALKYL)-, DARST. 61-0073
1-ALKOXY-2.4-DINITRO-, MEISENHEIMER-KOMPLEXE, DARST. 61-0248
DECALYL-DIMETHYLAMINE, DARST. DURCH SCHMIDT-RK. BZW. AUS D. EPIMEREN TOSYLATEN 61-0273
SPINOCHROME, SYNTH. 61-0747
METHYLIERTE, BLDG. AUS 1-NAPHTHOL U. METHANOL 62-0453
HALOGEN-1.2-NAPHTHOCHINONE, DARST. AUS HALOGEN-1- U. 2-NAPHTHOLEN 62-0456
2-TETRALONE, DARST. AUS INDANOLEN 62-0460
3-THIENYL-ACRYLOYL-, DARST. AUS ACETYLNAPHTHALINEN U. 2-FORMYL-THIOPHENEN 62-0532
THENOYLVINYL-, DARST. AUS 2-ACETYL-THIOPHENEN U. NAPHTHALDEHYDEN 62-0532
2-(ALPHA-AMINO-BENZYL)-4.4-DIMETHYL-1-OXO-1.4-DIHYDRO-DARST. AUS D. ALPHA-BROM-VERB. 63-0524
4-ALKYL-(ARYL)-THIO-1.2-NAPHTHOCHINONE, DARST. AUS 4-ALKYL(ARYL)-THIO-1-NAPHTHOLEN U. KALIUMNITROSODISULFONAT 64-0512
1.10-DIMETHYL-9-DECALOLE, DARST. AUS 8.9-EPOXY-DECALINEN 64-0513
1.2.3.4-TETRAPHENYL-, DARST. AUS O-DIHALOGENBENZOLEN U. TETRAPHENYLCYCLOPENTADIENON 64-0579
1.8-BIS-(ARYL-AETHINYL)-, DARST. 54-0332
1.2.3.4.5.6-HEXACHLOR-, DARST. 57-0442
2-HYDROXY-3-HALOGENALKENYL-NAPHTHOCHINONE, DARST. 57-0447
DIHYDROXYNAPHTHALDEHYDE-(1), DARST. AUS DIHYDROXYNAPHTHALINEN U. N.N'-DIPHENYL-FORMAMIDIN 60-0429
4A-METHYL-DECALINE, DARST. 60-0738
P-HYDROXY-BENZYL-TETRALINE, DARST. 60-0776
2-AMINO-3-DEUTERO-TETRALINE, STEREOSPEZIF. SYNTH. AUS TRANS-1.4.4A.5.6.7.8.8A-OKTAHYDRO-NAPHTHALIN 63-0496
N-(4-(HETERO)ARYLAZO-5.6.7.8-TETRAHYDRO-NAPHTHYL-(1))-3-PIPERIDINO-PROPYLAMINE, DARST. 63-0675
1-CARBOXY-DELTA(4)-OCTALINE, UV-SPEKTREN 55-0060
KURZLEB. UV-SPEKTREN NACH BLITZANREG. 55-0062
3-ARYLAMINOMETHYL-NAPHTHOCHINONE-(1.4), SPEKTRUM (INTRAMOL. CHARGE-TRANSFER-WECHSELWRKG.) 56-0102
1-NAPHTHOESAEUREN IR (PERI-SUBSTITUENTENEINFL.) 59-0194
METHOXY-, ABSORPTIONSBANDEN D. KOMPLEXE MIT TETRACYANAETHYLEN U. CHLORANIL 63-0257
UV (EINFL. V. MESYLOXYGRUPPEN) 64-0100
1-(PHTHALOYL-AMINO-ALKYL)-, UV-SPEKTREN 61-0073
HALOGENNAPHTHOESAEUREN, UV-SPEKTREN 63-0120
NAPHTHYLAETHER, -THIOAETHER U. -SELENOAETHER, UV 64-0096
MOL. OPT. ANISOTROPIE (MESS. MIT HILFE D. RAYLEIGH-STREUUNG) 55-0044
1-(PHTHALOYL-AMINO-ALKYL)-, LUMINESZENZ-SPEKTREN 61-0073
1-(PHTHALOYL-AMINO-ALKYL)-, PHOSPHORESZENZ-SPEKTREN 61-0073
1-(PHTHALOYL-AMINO-ALKYL)-, INTRAMOL. ENERGIEUEBERTRAG. ZWISCHEN D. TRIPLETTZUSTAENDEN V. SCHWACH WECHSELWIRKENDEN CHROMOPHOREN 61-0073
NAPHTHYLAETHER, -THIOAETHER U. -SELENOAETHER, ELEKTRONENSTRUKTUR 64-0096
METHOXY-, HMO-BERECHN. D. KOMPLEXE MIT TETRACYANAETHYLEN U. CHLORANIL 63-0257
1.2-NAPHTHOCHINONE, MASSENSPEKTREN 55-0092
2.2-DIFLUORDECALINE, (19)F-NMR (SUBSTITUENTENEINFL.) 57-0103
1.4-DI-TERT.-BUTYL-, NMR (KOMPRESS.-EFFEKT) 59-0110
TETRALONE, NMR -SPEKTREN (BEZIEH. ZUR KONFORM.) 54-0066
DEKALINAMINOSAEUREN, PK-WERTE 56-0509
1-NAPHTHOESAEUREN PK(A)-WERTE (PERI-SUBSTITUENTENEINFL.) 59-0194
GASCHROMATOGRAPHIE 54-0600
AMINOALKOHOLE D. TRANS-DECALINS, REAKTIVITAET, 2. MITT. 57-0443
10-METHYL-1(9)-OCTALONE-(2), METHYLIER. DURCH ORGANO-CU-REAGENTIEN 59-0440
3-METHYL-TRANS-2-DECALOLE, EPIMERISIER. MIT AL-ISOPROPYLAT 54-0100
(1-3H)-, SIGMA(+)-KONST. FUER D. DETRITIIER. 54-0161
2-HYDROXY-3-HALOGENALKENYL-NAPHTHOCHINONE, CYCLISIER. 57-0447
ALKOXY-, STER. HINDER. D. DIMERISIER. 58-0501
9-METHYL-DECALINE, SAEUREKATALYSIERTE METHYLWANDER. 62-0452
2-(N-ALKYL-ANILINO)-1.4-NAPHTHOCHINONE, PHOTOCHEM. CYCLISIER. 62-0663
DELTA(8)- OKTALONE-(2), UMLAGER. 64-0514
AZIDO-1.4-NAPHTHOCHINONE, THERM. ZERS. (KINETIK) 61-0308
DELTA(8)-OKTALONE-(2), ENON-BENZOL-UMLAGER. ZU TETRALINEN (MECHANISMUS) 62-0458
2-AMINO-3-DEUTERO-TETRALINE, DESAMINIER. 63-0496
OZONOLYSE (SUBSTITUENTEN-EINFL.) 59-0361
DEKALONE-(2), OX. MIT SEO2-H2O2 (EINFL. D. KONFIG.) 62-0450
1-NAPHTHOESAEUREN, RED. MIT NA-AMALGAM (MECHANISMUS) 61-0491
2-NAPHTHOESAEURE, RED. (BORSAEURE, NA-AMALGAM) 62-0457
CHLORIER. MIT SO2CL2 53-0299
HALOGENNAPHTHOESAEUREN, HYDROLYSE (KINETIK) 64-0272
HALOGENNAPHTHOESAEUREN, HYDROLYSE (KINETIK) 62-0130
1-HALOGEN-2-METHOXY-, CHLORMETHYLIER. V. 56-0416
1.4-NAPHTHOCHINONE, PHOTOADDIT. V. DIPHENYLACETYLEN 64-0527
DECALYL-DIMETHYLAMINE, RK. MIT CH3J (KINETIK) 61-0273
METHOXY-, KATALYSE D. ACETOLYSE V. 2.4.7-TRINITRO-9-FLUORENYL-P-TOLUOLSULFONAT 63-0257
N-(4-(HETERO)ARYLAZO-5.6.7.8-TETRAHYDRO-NAPHTHYL-(1))-3-PIPERIDINO-PROPYLAMINE, HEMM. V. MYCOBACTERIUM TUBERCULOSIS U. M. LEPRAEMURIUM 63-0675
2-HYDROXY-3-ALKYL-1.4-NAPHTHOCHINONE, COCCIDIOSTAT. WRKG. 63-0897
P-HYDROXY-BENZYL-TETRALINE, ANTIGONADOTROPE U. SCHWACHE OESTROGEN-WRKG. AN RATTEN 60-0776
1.4-NAPHTHOCHINONE, ANTIKOAGULIERENDE WRKG. 55-0429
NAPHTHOLE
* S. AUCH AMINOPHENOLE
METHYLSULFONYL-, DARST. AUS METHYL-CHLORNAPHTHYL-SULFONEN BZW. METHYLSULFONYL-NAPHTHYLAMINEN 58-0178

METHYLIERTE 1-, BLDG. AUS 1-NAPHTHOL U. METHANOL 62-0453
METHYLSULFONYL-, DISSOZIAT.-KONST. 58-0178
AMINO-SULFO-, KUPPL. ZU PRIM. DISAZOFARBSTOFFEN 58-0506
1-ALKYL-2- AUTOX. ZU 1-ALKYL-1-HYDROPEROXY-NAPHTHALINONEN-(2) 53-0296
1-HALOGEN-, RED. MIT THIOPHENOLATEN (KINETIK U. MECHANISMUS) 56-0206
-CARBONSAEUREN, RED., 17. MITT. 61-0491
NAPHTHOLCARBONSAEUREN, RED., 18. MITT. 62-0457
2-, CHLORIER. 59-0447
MONOAZO-ALPHA-, AZOKUPPL. MIT BENZOLDIAZONIUMION 61-0301
FRIEDEL-CRAFTS-ACYLIER., (ORIENTIER.), 7. MITT. 64-0511
ALKYL-, BEZIEH. ZWISCHEN STRUKTUR U. BAKTERIOSTAT. AKTIVITAET AUF GRAMPOSITIVE U. GRAMNEGATIVE ZELLEN 63-0886
NAPHTHOXAZOLE
POLAROGRAPH. RED. 60-0220
NAPHTHYRIDINE
TETRAZOL-DERIV. V. 1.8-NAPHTHYRIDINEN,3. MITT. 53-0413
CHEMIE, 9. MITT. 62-0608
2.7-, DARST. AUS PYRIDINEN 62-0659
1.7-, DARST. 57-0581
BROM- BZW. AMINO-1.X-, DARST. AUS 1.X-NAPHTHYRIDINEN 62-0608
2.7-, CYCLISIER. 62-0659
7-AMINO-2-HYDROXY-1,8-, RK. MIT ALKOXYMETHYLEN-MALONESTERN 54-0421
1.7-, ANTIMALARIA-WRKG. 57-0581
NATRIUM
LOESLICHK.-DIAGRAMM D. SYST. NA(+)-MG(2+)-CLEVE-SAEURE-(1.6)-ANION-CLEVE-SAEURE-1.7-ANION-CL(-)-H2O 58-0022
NA(+), SOLVATAT. IM SYST. NA(AL(C4H9)4)-CYCLOHEXAN-THF, AE. BZW. (C2H5)3N 58-0023
RK. MIT 2.2'-DIPYRIDYL-ELEMENTKOMPLEXEN V. CE, TI BZW. MG 64-0056
NATRIUMVERBINDUNGEN (ORGANISCHE)
TRIMETHYL- U. TRIAETHYLBORAN-NATRIUMAMID-ADDUKT, BLDG. AUS TRIMETHYLBORAN NA U. FL. NH3 58-0305
DINATRIUMCHINAZOLINYL-PHOSPHATE BZW. -SULFATE, DARST. 54-0453
NA-FE-BIPY. THF-ADDUKTE, DARST. , RK. 59-0076
NA-VERB. D. CE-, TI- BZW. MG-2.2'-DIPYRIDYL-KOMPLEXE, DARST. 64-0056
NA-ENOLATE, RK. MIT CHLOR-TRIALKYL-SILANEN 55-0270
NA-DIMETHOXO- U. -HEXAMETHOXOARSENAT, DARST. AUS NAOCH3 U. TRIMETHYLARSENAT 63-0054
NA-SELENOPHENOLATE, RK. MIT ALKENYLHALOGENIDEN 57-0352
ALPHA-NA-PHENYL-O-(U. P-)-TOLYL-SULFONE , DARST., RK. 64-0429
NA-THIOLATE, RK. MIT 2-DIMETHYLAMINO-1.3-DITHIOLANYLIUM-PERCHLORAT 53-0362
NA-TETRAARYLBORATE, PHOTOCHEMIE IN ALKOHOL. LSG. 57-0384
(PI-C5H5MO(CO)3)NA BZW. (PI-C5H5W(CO)3)NA, RK. MIT DIAZOESSIGSAEUREAETHYLESTER 54-0032
NATRIUM-N-ACETYL-L-CYSTEINAT , DARST. NA-S-AETHYL-N-ACETYL-L-CYSTEINAT , DARST. 63-0408
NA-BIS-(DIALKOXYPHOSPHOROSO)-METHANIDE, DARST., RK. 63-0412
NA-DITHIOCARBAMATE, RK. MIT OXALYLCHLORID 55-0417
NA-ACETONITRIL-KOMPLEXE, IR-SPEKTREN 55-0003
NA(+)-ACETONITRIL-KOMPLEXE, DARST. 55-0026
HALOGENALKANCARBONSAEUREN-NA-SALZE, RK. MIT NAPH2, H2SO4 54-0241
DI-NATRIUM-BIS-(2-METHOXY-TH'OBENZHYDROXIMATO-0.5)-NICCOLAT(II) U. DI-NATRIUM-BIS-(2-METHOXY-THIOBENZHYDROXIMATO-0.5)-CUPRAT(II) , DARST. 56-0357
SUBSTITUIERTE NA-BENZOATE, IR -SPEKTREN 64-0006
MONO-NA-SALZ V. P-SULFO- U. P-CARBOXY-BENZOL-TRANS-DIAZOSULFONSAEURE, UV-SPEKTREN IN WSS. LSG. 55-0055
NA-P-BROM- U. NA-P-JODBENZOL-SULFINAT , RK. MIT ALLYLBROMID 55-0276
NA-AZIDO-ORGANODITHIOPHOSPHONATE, DARST. AUS ORGANODITHIOPHOSPHONSAEUREANHYDRIDEN U. NAN3, RK. MIT TETRAPHENYLPHOSPHONIUMCHLORID BZW. TETRAPHENYLARSONIUMCHLORID 58-0445
DELTA(1,3,5(10))- OESTRATRIEN-2.3-DIOLE, NATRIUMSULFATE, DARST., UV, NMR 59-0746
NATRIUM-(2-PHTHALAZYL-(1)-AETHYL)-THIOSULFAT U. DINATRIUM-2-(1-PHTHALAZYL)-1.3-PROPANDITHIOSULFAT, DARST. 60-0639
N-CYCLOHEXYL-, N-BENZYL- U. N-PHENYL-NATRIUM-SULFAMAT, HYDROLYSEGESCHW. 61-0230
NATRIUM-ALKYL-SULFATE, FOERDER. D. LIPIDFREISETZ. AUS ERYTHROZYTENMEMBRANEN 64-0920
NA-GLYCERIN-PHOSPHATE, DARST. 64-0407
NATRIUM-PENTACYANO-PHOSPHINFERRATE(II), DARST. 64-0068
NATRIUMVERBINDUNGEN (ANORGANISCHE) 59-0073
NA-AL-AMID, ALS ISOMERISIER.-KATALYSATOR FUER AMINO-ACETYLENE 59-0509
NANH2, RK. MIT DIMETHYLSULFOXID 62-0440
NANH2, EINW. AUF QUATERN. AMMONIUMVERB., 2. MITT. 63-0578
NANH2, RK. MIT HETEROCYCL. QUART. AMMONIUMVERB. 63-0578
NASO3NH2, HYDROLYSEGESCHW. 61-0230
NAN3, RK. MIT 3-CHLOR-4.5-DIACETYL-PHENOXAZON-(2) 54-0260
NAN3, RK. MIT 3-CHLOR-6-METHOXY-BENZOCHINON-(1.4)-CARBONSAEURE-2-METHYLESTER BZW. 3-AETHOXYCARBONYLOXY-4.5-DIACETYL-PHENOXAZON-(2) 54-0260
NAN3, N-1S-ELEKTRONENSPEKTRUM 59-0102
NAN3, LAD.-KALKULAT. U. MESS. D. BIND.-ENERGIE D. N-1S-ELEKTRONEN 59-0102
NAN3, RK. MIT N-NITROSO-N-CYCLOPROPYL-HARNSTOFF 63-0485
NAN3, RK. MIT 1-METHOXYCARBONYL-2-AETHOXYCARBONYLOXY-9-HYDROXYMETHYL-PHENOXAZON-(3) 61-0678
NAN3, RK. MIT ASPIRIN (KINETIK) 64-0316
NAN3, RK. MIT ORGANODITHIOPHOSPHONSAEUREANHYDRIDEN 58-0445
NAN3, RK. MIT 1.2,5.6-DI-O-ISOPROPYLIDEN-3-O-TOSYL-ALPHA-D-GULOFURANOSE 59-0662
NAN3, RK. MIT METHYLPEHLORAT (KINETIK) 55-0180
NABR, RK. MIT METHYLPEHLORAT (KINETIK) 55-0180
NACL, KOMPLEXBLDG. MIT SBCL5 U. ACETONITRIL 55-0019
NACL,KOMPLEXBLDG. MIT SNCL4 U. ACETONITRIL 55-0026
NACL, RK. MIT METHYLPEHLORAT (KINETIK) 55-0180
NA2IRCL6, EINFL. AUF D. TOLUOL-OX. MIT DIISOPROPYLPEROXYDICARBONAT 58-0213
NA2(PDCL4), RK. MIT DI-TERT.-BUTYLSTICKSTOFFOXID 54-0008
NA2(PDCL4), RK. MIT 4-CHLOR-PENT-2-EN 56-0032
NA2PDCL4, RK. MIT 3-OXO-DELTA(4)-STEROIDEN 63-0099
NA2PTCL4, RK. MIT AROMAT. KW-STOFFEN 56-0222
NA2(PTCL4), HOMOGENER KATALYSIERTER H-ISOTOPEN-AUSTAUSCH IN AROMAT. VERB. 55-0220
NA2PTCL6, RK. MIT THIOMORPHOLINON-(3) 59-0092
NAHCN2, LSG.-, VERBRENN.- U. BLDG.-ENTHALPIE 64-0020
NA2S2O4, RED. V. PYRIDINIUMSALZEN (STRUKTUR D. INTERMEDIAERPROD.) 60-0245
NA2S2O4, RK. MIT CHINOLINIUMVERB. 60-0599
NAH, RK. MIT O-BENZOYL-OXIMEN 58-0419
NAH, RK. MIT OMEGA-HYDROXYALKYL-PHOSPHONIUM-, -ARSONIUM- U. -AMMONIUMVERB. 63-0467
NAH, EINFL. AUF ZWEIFACHE AROYLIER. V. SAEUREAMIDEN 59-0367
NAB3H8, DARST. AUS TETRAMETHYLAMMONIUM-TRIBORANAT-8 U. NATRIUM-TETRAPHENYLBORANAT 61-0424
NAB3H8, RK. MIT TETRAPHENYLARSONIUMCHLORID 61-0424
(NABH4, RED. V. AZIDOSTEROIDEN MIT NABH4-TRIS(ALPHA.ALPHA'-DIPYRIDYL)-KOBALT(II)-BROMID 53-0550
NABH4, RED. V. PYRIMIDINEN 59-0630
NABH4, CHEMIE V. -- U. DIBORAN, 4. MITT. 62-0308
NABH4, RED. V. CARBONSAEUREN 62-0308
NABH4, REDUKTIVE SPALT. V. IMIDAZOLIUMJODIDEN 59-0326
NAOCL, EINFL. AUF D. OXYDATIVE DECARBOXYLIER. V. ALPHA-AMINOSAEUREN 57-0483
NATRIUM-HYPOHALOGENITE, RK. MIT 9-VINYL-CARBAZOL 62-0536
NAJ, LOESLICHK. IN GGW. V. LICLO4 , EINFL. D. DIELEKTRIZITAETSKONST. D. LSGM. 56-0177
NAJ, RK. MIT N-NITROSO-N-CYCLOPROPYL-HARNSTOFF IN GGW. V. BASEN 63-0485
NAJ, RK. MIT METHYLPERCHLORAT (KINETIK) 55-0180
NAJ, RK. MIT CHOLESTERYLTOSYLAT (LSGM.-EFFEKT) 64-0287
NAJ, EINFL. AUF D. C-BENZYLIER. V. PHLORACETOPHENONEN 56-0406
NANO3, LAD.-KALKULAT. U. MESS. D. BIND.-ENERGIE D. N-1S-ELEKTRONEN 59-0102
NANO2, LAD.-KALKULAT. U. MESS. D. BIND.-ENERGIE D. N-1S-ELEKTRONEN 59-0102
NANO2, RK. MIT 1-METHYL-5-AMINO-4-PYRAZOLCARBONSAEUREAMID 63-0633
NANO2, RK. MIT METHYLPERCHLORAT (KINETIK) 55-0180
NACLO4, BEREICH D. ELEKTROAKTIVITAET IN THF-LSG. 60-0221
NACLO4, RK. MIT METHYLPERCHLORAT (KINETIK) 55-0180
NAJO4, OX. U. SPALT. V. AMINO-PHENOLAETHERN 58-0435
NA2O2, BLDG. AUS MONONATRIUMSALZ V. HYDRAZOBENZOL U. O2 63-0247
NA-PHOSPHATE, NATRIUM-2-HYDROXY-AETHYLMONOPHOSPHAT , BLDG. 56-0054
NA3P3O9, RK. MIT ALKOHOLEN U. ZUCKERN 56-0054
NA3P3O9, RK. MIT KOHLENHYDRATEN 56-0054
NAPH2, RK. MIT HALOGENCARBONSAEUREN -NA-SALZEN 54-0241
SIH3NA, DARST. AUS SIH4 U. NA 62-0028
SIH3NA, RK. MIT CH3J 62-0028
NA2H2SNO4, BLDG. AUS NA4SNO4 DURCH METHANOLYSE 64-0062
NAH3SNO4, DARST. AUS NA2H2SNO4 DURCH METHANOLYSE 64-0062
NA2H2SNO4, IR 64-0062
NA4SNO4, METHANOLYSE 64-0062
NA2H2SNO4, METHANOLYSE 64-0062
NAHSO4, RK. MIT METHYLPEHLORAT (KINETIK) 55-0180
NA2S5, RK. MIT (PI-C5H5)2TICL2 57-0002
NASH,RK. MIT BENZYLHYDRODISULFID (MECHANISMUS) 61-0391

NAS2H, RK. MIT BENZYLHYDRODISULFID (MECHANISMUS) 61-0391
NA2SO3, RK. MIT BENZYLHYDRODISULFID (MECHANISMUS) 61-0391
NAHSO3, RK. MIT CHINOLINIUMVERB. 60-0599
NA2S2O3, RK. MIT HCL 61-0036
HGO-NA2O-2V2O5, BLDG. , NACHW. DURCH POTENTIOMETR., PH-METR. U. KONDUKTOMETR. TITRAT. V. HG(NO3)2 MIT NA-METAVANADAT 55-0028
NATURSTOFFE
AUTOX., 1. MITT. 56-0707
MITOSEHEMMENDE-, 20. MITT. 58-0710
THEORET. INTERESSANTE, ELEKTRONENSTRUKTUR U. SPEKTREN, 1. MITT. 60-0145
STEROIDE U. VERWANDTE --, 41. MITT. 54-0547
STEROIDE U. VERWANDTE --, 42. MITT. 56-0710
PHENOL., 9. MITT. 64-0797
NEF-REAKTION
* S. UNTER KONDENSATIONSREAKTIONEN
NEMATODEN
* S. UNTER WUERMER
NENITZESKU-REAKTION
* S. UNTER KONDENSATIONSREAKTIONEN
NEODYM
ND(III), EINFL. AUF D. HYDROLYSE D. ESTER V. KOMPLEXONEN 63-0041
NEODYMVERBINDUNGEN
ND(EN)X(3+) (X=1-4), BLDG.-ENTHALPIE, -KONST., THERMODYNAM. STABILITAET 61-0041
KOMPLEXE MIT HYDRAZODIESSIGSAEURE, TRENN. V. ANDEREN SELTENERDMETALLKOMPLEXEN 59-0052
ND2O3,EINFL. AUF D. DECARBOXYLIER. V. OXALESSIGSAEURE 58-0292
NEON
ANGEREGTE METASTABILE NE-ATOME, STOSSRK. MIT KW-STOFFEN (ASSOZIATIVE IONISIER.) 58-0014
NEOPHYL-UMLAGERUNG
* S. UNTER UMLAGERUNGEN
NERVEN
NEUROTROPE U. PSYCHOTROPE SUBSTANZEN, 17. MITT. 54-0471
AUF D. ZENTRALNERVENSYST. WIRKENDE SUBSTANZEN, 48. MITT. 56-0465
NEUROTROPE U. PSYCHOTROPE SUBSTANZEN , 26. MITT. 64-0561
HEXAHYDROAZEPINO(4.5-B)INDOLE, WRKG. AUF D. ZENTRALNERVENSYST. 57-0632
ZENTRALSTIMULIERENDE WRKG. V. CYCLOHEPTA(B)CHINOLINEN 60-0593
ZENTRALE WRKG. V. PIPRADROLENANTIOMEREN (EINFL. D. KONFORM.) 57-0806
GANGLIENBLOCKER, DIMETHYLAMINO-INDOLIN- U. -PERHYDROINDOL-DIMETHOJODIDE 57-0805
GANGLIENBLOCKER, WRKG. V. OMEGA-AMMONIO-GUAJACOL- U. THYMOL-POLYOXYAETHYLENAETHERJODIDEN 63-0905
N-CARBONSAEUREESTER V. 1.2- U. 1.4-DIHYDRO-CHINOLINEN ALS IRREVERSIBLE INAKTIVATOREN STARKER ZENTRALNERVENSYST.-DEPRESSOREN 58-0638
UNTERDRUECK. D. MOTOR. AKTIVITAET DURCH 3-SUBSTITUIERTE HYDANTOINE 63-0635
THIONOBENZOYLCHOLIN-ISOLOGE, BLOCKIERENDE WRKG. AUF D. RIESEN-AXON BEIM TINTENFISCH U. D. EINZELZELL-ELEKTROPLAX-PRAEP. 63-0895
ANTILOKOMOTOR. U. ANTIELEKTROSCHOCKWRKG. V. PHOSPHORSAEUREAMIDEN 60-0836
NEUROTROPE U. PSYCHOTROPE SUBSTANZEN 13. MITT. BEITRAEGE ZUR SYNTH. V. AMITRIPTYLIN, NORTRIPTYLIN U. AEHNLICHEN SUBSTANZEN 53-0303
ZNS-AKTIVITAET V. 1.3-DIAZA-CYCLOALKAN-2-ONEN U. -2-IMINEN 60-[illegible]
PSYCHOTROPE AKTIVITAET V. BENZOESAEURE-PIPERIDYLESTERN (BEZIEH. ZUR BLDG. V. CHARGE-TRANSFER-KOMPLEXEN) 60-0833
NEUROTROPE U. PSYCHOTROPE SUBSTANZEN, 16. MITT. 54-0333
NEUROTROPE U. PSYCHOTROPE SUBSTANZEN, 18. MITT. 54-0472
NEUROLEPTICA NEUROLEPT. WRKG. V. 5H-DIBENZO(B,E)-1.4-DIAZEPINDERIV. 53-0470
NEUROTROPE U. PSYCHOTROPE SUBSTANZEN,15. MITT.(4.9-DIHYDROTHIENO(2.3-B)BENZO(E)THIEPIN-DERIV.) 53-0469
HEXAHYDRO-5.9-METHANOBENZOCYCLOOCTENE ALS NERVEN-MITTEL (SCHWACHE WRKG. AUF ZNS BEI MAEUSEN) 54-0333
DIBENZO(B.F)THIEPINE ALS NERVENMITTEL (ZENTRALDAEMPFENDE WRKG. BEI MAEUSEN) 54-0471
DIBENZ(B,E)OXEPINE ALS NERVENMITTEL (ANTIDEPRESSIVE WRKG. BEI MAEUSEN) 54-0472
ANTIDEPRESSIVA, DARST. V. 5H-DIBENZO(A,D)CYCLOHEPTENYL-(5)-PROPYLAMINEN 60-0439
SYNTH. V. PIPERAZINDERIV. MIT ZENTRALDAEMPFENDER WRKG., 1. MITT. 60-0628
ZNS-WRKG. V. CHINAZOLONEN-(4) 60-0632
ANTIDEPRESSIVA, 2.3-DIHYDRO-5H-1.5-BENZOTHIAZEPIN-4-ONE, 1.3-BENZOTHIAZIN-4-ONE U. CARBONSAEURE-(2-BENZYLMERCAPTO-ANILIDE), DARST. 60-0681
5.11-DIHYDRODIBENZ(B.E)(1.4)OXAZEPIN-5-CARBOXAMIDE, ANTINEURALG. WRKG. 60-0682
PYRROLIDINDERIV. MIT ANTICHOLINERG. EIG., SYNTH., 3. MITT. (ANTI-ACETYLCHOLIN-WRKG. V. CIS-3-(DIPHENYLMETHYLEN)-1.2.5-TRIMETHYLPYRROLIDIN -METHOJODID U. -AETHOJODID) 61-0554
ANTICHOLINERG. PYRROLIDINE (SYNTH.) , 4. MITT. 61-0555
DEPRESSIVE WRKG. V. 3.5-DICYAN-PYRIDINDERIV. AUF ZENTRALE ADRENERG. REZEPTOREN 61-0647
DARST. V. P-TRIMETHYLSILYLPHENYLALKYLCARBONSAEU-REAMIDEN MIT ZNS-DAEMPFENDER WRKG. 63-0459
DARST. V. 1.4-BENZODIAZEPIN-2-ONEN MIT DEPRESSIVER WRKG. AUF D. ZENTRALNERVENSYST. 63-0738
NEUROTROPE U. PSYCHOTROPE SUBSTANZEN,14. MITT.(3-(4-PHENYLPIPERIDINO)-PROPYLDERIV.) 53-0414
ANTICHOLINERGICA, DARST. V. BETA-N.N-DIALKYLAMINOAETHYLESTERN D. DL-ALPHA-TRIMETHYLSILYLPHENYL-BETA-HYDROXY-PROPIONSAEUREN 63-0458
NEUROLEPTIKA UND NEUROTROPIKA
* S. UNTER NERVEN
NEUTRALISATIONSWAERME
V. NITROPHENOLEN 62-0178
NEWMAN-KWART-UMLAGERUNG
* S. UNTER UMLAGERUNGEN
NICHTMETALLVERBINDUNGEN
VERB. V. NICHTMETALLHALOGENIDEN, 9. MITT. 64-0043
NICHTMETALLHALOGENIDE, VERB. MIT PY. U. HOMOLOGEN 54-0435
NICHTMETALLHALOGENIDE, ADDUKTE MIT PYRIDINEN 54-0433
NICHTMETALLHALOGENIDE, KOMPLEX-BLDG. MIT 2.2'-DIPYRIDYL U. 1.10-PHENANTHROLIN 54-0434
NICHTMETALLHALOGENIDE, VERB. MIT PYRIDIN U. HOMOLOGEN 7. MITT. 59-0045
NICHTMETALLHALOGENIDE, VERB. MIT PY. U. HOMOLOGEN, 8. MITT. 59-0046
NICKEL
POLAROGRAPH. KATALYT. STROEME IN NH3-PUFFERLSG. MIT NI(II) U. CYSTEIN, 3. MITT. 64-0028
POLAROGRAPH. NACHWEISBARE KATALYT. STROEME IN NH3-PUFFER-LSG., DIE -- U. CYSTEIN ENTHALTEN, 4.MITT. 58-0194
NI(II), KOMPLEXBLDG. MIT KALIUM-3.5-DIMETHYL-PYRAZOL-1-DITHIOCARBOXYLAT 59-0084
HYDROGENOLYT. ENTMETHYLIER. V. O-KRESOL AN AL-OXID-HALT. NI-KATALYSATOR 54-0140
- U. NI-AL2O3, EINFL. AUF D. DEHYDROCYCLISIER. V. N-HEXAN 57-0289
EINFL. V. MECHAN. AKTIVIERTEM NI-PULVER AUF D. HYDRIER. V. PHENOL U. OCENOL 70 58-0311
EINFL. AUF D. DEHYDRIER. U. DEHYDRATAT. V. ISOPROPANOL 62-0281
NI(II), EINFL. AUF D. HYDROLYSE D. ESTER V. KOMPLEXONEN 63-0041
NICKELVERBINDUNGEN (ORGANISCHE)
DARST., RK. V. NI(II)-KOMPLEXEN V. MESO- U. DL-5.7.7.12.12.14-HEXAMETHYL-1.4.8.11-TETRAAZA-CYCLOTETRADECAN 54-0478
NI(CN)2-SOLVATE (H2O, NH3) U. -CLATHRATE (BZL., ANILIN, PHENOL), IR- U. ELEKTRONENSPEKTREN, KRIST.-STRUKTUR 59-0006
((C6H5)2PCH2CH2P(C6H5)2)2-NI(B(C6H5)2)2 BZW. (C6H5)2PCH2CH2P(C6H5)2-NI(B(C6H5)2)2 , DARST. 53-0042
BIS-(PI-HEXAMETHYLBENZOL)-NI(II)- U. -NI(I)-KOMPLEXE, DARST. 61-0058
NITRATO- BZW. SULFATONICKEL(III)-KOMPLEXE MIT MESO-5.7.7.12.14.14- BZW. RAC.-5.7.7.12.12.14-HEXAMETHYL-1.4.8.11-TETRA-AZA-CYCLOTETRADECAN, DARST. 54-0041
CORROLATO-NICKEL-KOMPLEXE, THERM. UMLAGER. 56-0081
NI(BIPY)3CL2 BZW. NICL2(CH3CN)2 , LIGANDENFELDBEHANDL. (SPEKTRALDATEN IM SICHTBAREN BEREICH, IR) 61-0001
OPT. SPALT. V. DL-(NIL3)(2+)(L=BIPY,PHEN) (PFEIFFER-EFFEKT) 61-0004
BIS-(N.N'-DIMETHYL-AETHYLENDIAMIN)-NICKEL(II)-BROMID U. -NITRAT, KRIST.-STRUKTUR, DARST. 58-0020
NI-1-METHYL-TETRADEHYDROCORRINE, ALKYLIER. U. THERM. SIGMATROPE UMLAGER. 62-0820
ALKYLAMIN-NI-KOMPLEXE, NMR, MO-BERECHN. 63-0009
NI-DL-2-METHYL-1.2-DIAMINO-PENTAN-KOMPLEXE, DARST. AUS DL-2-METHYL-1.2-DIAMINO-PENTAN U. NICKELSALZEN, BLDG.-KONST. 63-0089
SICHTBARES ABSORPT.-MAX. V. NI-FORMAZAN-KOMPLEXEN 64-0616
BIS-(1.1'-DIAMINO-DICYCLOHEXYL)-NICKEL(II)-SALZE, DARST. AUS 1.1'-DIAMINO-DICYCLOHEXYL U. NI-SALZEN, MAGNET. EIG. 64-0076
(NI(HL)2)BR2, DARST. (HL=AMINOALKOHOL) 60-0061
HEXAALKOHOL-NI(II)-KOMPLEXE, LIGANDENFELDBEHANDL. (IR, SPEKTRALDATEN IM SICHTBAREN BEREICH) 61-0001
NI- ALDIMINOZUCKERCHELATE, ORD 63-0107
NI(II)-BRENZCATECHIN-KOMPLEXE, RK.-KINETIK 64-0033
NI(S2CNH2)2, NI(S2COC2H5)2, RK., NI(S2C(C4H9NO))2, NI(S2C(C5H11N))2, DARST. 54-0047
(NICL2-1.5-DIMETHYLSELENOXID)2, (NIBR2-1.5-DIMETHYLSELENOXID)2, DARST. AUS DIMETHYLSELENOXID U. NICL2 BZW. NIBR2 56-0052
NI-KOMPLEXE V. DITHIOLENTYP, POLAROGRAPH. VERH. 60-0059
NI-KOMPLEXANIONEN D. DITHIOLENTYPS, ELEKTRONENSTRUKTUR (ESR-UNTERS.) 62-0004
NI-SULFOXID-KOMPLEXE, REFLEX.-SPEKTREN, 57-0004

((C6H5)2PCH2CH2P(C6H5)2)2NIBR2 BZW. (C6H5)2PCH2CH2P
(C6H5)2-NICL2 , RK. 53-0042
TETRAKIS-(CHLOR-DIALKOXY-PHOSPHIN)-NICKEL, DARST. U.
MAGNETOROTAT. 55-0037
HALOGENO-, AZIDO-, THIOCYANATO- U. THIOHARNSTOFF-BIS-
(O-PHENYLEN-BIS-(DIMETHYLARSIN))-NI(II)-KOMPLEXE,
STABILITAET 56-0040
HALOGENO-PHOSPHIN-NI-KOMPLEXE, RK. MIT NO (BLDG. V.
HALOGENO-PHOSPHIN-NICCOLATEN(I), EIN- U. ZWEIKERN.
HALOGEN-NITROSYL-PHOSPHIN-KOMPLEXEN) 57-0060
NI-PHOSPHIN-KOMPLEXE, AUSTAUSCHRK. 59-0029
BIS-(PI-(3)-1.2(BZW. 1.7)-DICARBOLLYL)-NICCOLATE(III)
U. -(IV), BIS-(PI-(3)-1.2-DICARBOLLYL)-NICKEL(IV) ,
BIS-(PI-(3)-1.7-DICARBOLLYL)-NICKEL(IV) , DARST.,
SPEKTREN 59-0041
(31)P-NMR-DATEN U. ANREG.-ENERGIEN V. NI-CARBONYLEN
MIT P-HALT. LIGANDEN 60-0014
CARBONYLPHOSPHINO-NI-KOMPLEXE, POLAROGRAPH. U. CYCL.-
VOLTAMMETR. VERH. 61-0022
PI-ALLYL-NICKELHALOGENIDE MIT TERTIAEREN PHOSPHINEN U.
KOHLENMONOXID ALS LIGANDEN U. IHRE RK. MIT ACETYLEN U.
KOHLENMONOXID 53-0040
NI(CO)4 , RK. MIT PHOSPHINEN, NICKEL-TRICARBONYL-
PHOSPHIN-KOMPLEXE, DARST. AUS NI(CO)4 U. PHOSPHINEN,
IR 53-0047
(C5H5)2NI , RK. MIT TRIPHENYLPHOSPHONIUMHALOGENIDEN
(DARST. V. NI(C5H5)(P(C6H5)3)-HALOGENIDEN) 54-0040
BIS-(1-ALKYL-TETRAZOLYL)-NI(II)-KOMPLEXE, DARST. ,
CHARAKTERISIER. 58-0070
PI-ALLYL-NI-VERB., RK. MIT HG 59-0094
BIS-(PI-ALLYL)-NI-VERB., DARST., RK. 62-0051
PI-ALLYLNICKEL-VERB., RK. MIT ALLYLBROMID 62-0326
LI-AROYL-TRICARBONYL-NICCOLATE, RK. MIT ACETYLENEN
63-0429
(PI-C5H5)2NI2(ACETYLEN)- U. -(DIPHENYLACETYLEN)-
KOMPLEXE, ELEKTROCHEM. VERH. (BLDG. V. RADIKALANIONEN
U. DIANIONEN) 61-0021
((PI-C5H5)NIP(C6H5)2)2, ((PI-C5H5)NI(SCH3))2,
POLAROGRAPH. U. CYCL.-VOLTAMMETR. VERH. 61-0022
TRIS-(PALUDRIN)-NICKEL(III)-SALZE, DARST. AUS TRIS-
(PALUDRIN)-NICKEL(III)-CHLORID U. ANIONEN 64-0074
ACYLIER. V. 1 ZU 2-NI-BETA-DIKETON-CHELATEN 54-0043
HEXASULFOXID-NI(II)-KOMPLEXE, LIGANDENFELDBEHANDL.
(IR, SPEKTRALDATEN IM SICHTBAREN BEREICH) 61-0001
ACETYLACETONNICKEL(II)-PERCHLORATE, DARST., IR-,
SICHTBARES SPEKTRUM, ROENTGENOGRAMME 64-0077
DIKETONATO-NI(II)-KOMPLEXE, DARST. U.
ABSORPTIONSSPEKTREN 60-0066
STRUKTURUNTERS. AN NI(II)-KOMPLEXEN MIT SCHIFFSCHEN
BASEN U. BRENZCATECHIN 54-0015
DICHLORO- U. DIBROMO-TETRAKIS(2-FORMYL-THIOPHEN-OXIM)-
NICKEL(II), DARST., KONSTIT. 54-0045
N.N-BIS-(SALICYLIDEN)-(-)-PROPYLEN-(1.2)-
DIAMINATONICKEL(II), TRANS-BIS-(N-METHYL-
SALICYLALDIMINATO)-NICKEL(II), ELEKTRONENSPEKTRUM U.
ZIRKULARDICHROISMUS 58-0002
SALICYLALDIMINATO-NI-KOMPLEXE, DARST., BROMIER.
62-0050
NI(II)-ACETONITRIL-KOMPLEXE, IR-SPEKTREN 55-0003
NI(2+)-ACETONITRIL-KOMPLEXE, DARST. DARST. 55-0026
NI(CH3CN)4(CLO4)2 BZW. NI(CH3CN)6(CLO4)2 ,
LIGANDENFELDBEHANDL. (IR, SPEKTRALDATEN IM SICHTBAREN
BEREICH) 61-0001
BLDG. V. NI(II)-CYCLOHEXAN-1.4-DIAMIN-N.N.N'.N'-
TETRAESSIGSAEURE-1 ZU 1-KOMPLEX AUS CYCLOHEXAN-1.4-
DIAMIN-N.N.N'.N'-TETRAESSIGSAEURE U. NI(CLO4)2
53-0017
BIPY-NI(OOCCH2)2CO, (H2O)2NI(OOCCH2)2CO,
DECARBOXYLIER.-GESCHW. 53-0171
NI(II)-THIOBENZHYDROXAMAT-KOMPLEXE, DARST. 56-0357
TRIPEPTIDKOMPLEXE, ZIRKULARDICHROISMUS 58-0004
THIOPHEN-2- U. 3-PHENYL-ISOTHIAZOL-5-CARBOXYLATNICKEL
(II)-ION , STABILITAETSKONST. 59-0024
NI(II)-SCHLEIMSAEURE-KOMPLEXE, DARST., GLEICHGEW.-
KONST. 59-0025
NI(CH3COOH)6(CLO4)2 BZW. NI(CH3CONH2)6(CLO4)2 ,
LIGANDENFELDBEHANDL. (IR, SPEKTRALDATEN IM SICHTBAREN
BEREICH) 61-0001
HEXAKIS-(ESSIGSAEURE)- BZW. HEXAKIS-(ACETAMID)-NI(II)-
KOMPLEXE, DARST. AUS ACETANHYDRID BZW. ACETAMID U.
NI(II)-SALZ-HYDRATEN 61-0060
NI(II)-ANGIOTENSIN-II-1 ZU 1-KOMPLEX,ABBAU DURCH H2O2
62-0808
NTA-GLYCIN(AETHYLVALINAT)-NI(II)-KOMPLEXE, BLDG.-
KONST. 63-0042
DITHIO- U. PERTHIOARENSAEUREKOMPLEXE V. NI, DARST.
63-0090
THIOUREIDOTHIOPHOSPHINATO-NI-CHELATE, DARST., KONSTIT.
54-0042
NI(X) MG(1-X) C2O4, THERM. ZERS. (MECHANISMUS,
AKTIVIER.-ENERGIE) 61-0033
SULFOSALICYLATO-NI(II)-KOMPLEXE, STABILITAET 64-0026
PEROXO-BIS-(TERT.-BUTYLISOCYANID)-NI(II),
RK. MIT TERT.-BUTYLISONITRIL 53-0041
NI-SIGMA-ARYL-KOMPLEXE, DARST., KRIST.-STRUKTUR
55-0036
NICKELVERBINDUNGEN (ANORGANISCHE)
NI(PF3)4, DARST. AUS NI U. PF3 57-0067
NI(PF3)4, (31)P-NMR-DATEN 60-0014
NI(PCL3)4, (31)P-NMR-DATEN 60-0014
NICKELSALZE, KOMPLEXBLDG. MIT DL-2-METHYL-1.2-
DIAMINO-PENTAN 63-0089
NI(II)-SALZE, KOMPLEXBLDG. MIT BIGUANIDDERIV.
64-0074
NICKELBORID, (AUS NICL2 U. NABH4), VERW. ALS
DESULFURIER.-MITTEL FUER HETEROCYCL. MERCAPTOVERB.
61-0666
NIBR2, IR 61-0001
NIBR2, SPEKTRALDATEN IM SICHTBAREN BEREICH 61-0001
NIBR2, LIGANDENFELDBEHANDL. 61-0001
NIBR2-3H2O, KOMPLEXBLDG. MIT PYRAZOLEN 57-0115
NIBR2, RK. MIT CYCLOOCTIN 61-0059
NICKEL(II)BROMID, VERW. BEI D. QUATERNISIER. V. TERT.
PHOSPHINEN NACH D. KOMPLEXSALZ-METH. (STER. VERLAUF)
62-0288
NI(H2O)4CL2, IR 61-0001
NI(H2O)4CL2, SPEKTRALDATEN IM SICHTBAREN BEREICH
61-0001
NI(H2O)4CL2, LIGANDENFELDBEHANDL. 61-0001
(NICL2, EINFL. AUF RK. V. GRIGNARD-REAGENZIEN
53-0200
NICL2, IR 61-0001
NICL2, SPEKTRALDATEN IM SICHTBAREN BEREICH 61-0001
NICL2, LIGANDENFELDBEHANDL. 61-0001
NICL2, MAGNET. SUSCEPTIBILITAET 61-0001
NICL2, ZUR DEUTERIER. V. THIOPHEN U. FURAN 55-0161
NICL2, KOMPLEXBLDG. MIT ALPHA-FUROYLACETON 59-0083
NICL2, KOMPLEXBLDG. MIT SBCL5 U. ACETONITRIL 55-0019
NICL2, KOMPLEXBLDG. MIT SNCL4 U. ACETONITRIL 55-0026
(NI-(HEXAMETHYLBENZOL)2)(AL4CL12BR4), DARST.,
MAGNET. MOMENT, MAGNET. SUSZEPTIBILITAET 61-0058
NI(POCL3)6(SBCL6)2, IR 61-0001
NI(POCL3)6(SBCL6)2, SPEKTRALDATEN IM SICHTBAREN
BEREICH 61-0001
NI(POCL3)6(SBCL6)2, LIGANDENFELDBEHANDL. 61-0001
NI(BF4)2, KOMPLEXBLDG. D. HYDRATS MIT ACETANHYDRID
61-0060
NI-HALOGENIDE, KOMPLEXBLDG. MIT DIMETHYLSELENOXID
56-0052
NIJ2, RK. MIT CYCLOOCTIN 61-0059
NI(NO3)2, KOMPLEXBLDG. D. HYDRATS MIT ACETANHYDRID
61-0060
NI(NO3)3.6H2O, EINFL. AUF D. DECARBOXYLIER. V.
OXALESSIGSAEURE 58-0292
NI-OXIDE, DARST. AUS NISO4 U. O3 56-0255
NI-OXIDE, RK. MIT ALKOHOLEN 56-0255
NI-OXIDE, RK. MIT PHOSPHINEN 56-0255
NIO, EINFL. AUF D. AUTOX. V. DIBENZYLAETHER IN GGW.
V. METHANOL 56-0210
NI(H2O)6(CLO4)2, IR 61-0001
NI(H2O)6(CLO4)2, SPEKTRALDATEN IM SICHTBAREN BEREICH
61-0001
NI(H2O)6(CLO4)2, LIGANDENFELDBEHANDL. 61-0001
NI(NH3)6(CLO4)2, DARST. AUS NI(CLO4)2-HYDRAT U. NH3
61-0001
NI(NH3)6(CLO4)2, IR 61-0001
NI(NH3)6(CLO4)2, SPEKTRALDATEN IM SICHTBAREN BEREICH
61-0001
NI(NH3)6(CLO4)2, LIGANDENFELDBEHANDL. 61-0001
NI(NH3)6(CLO4)2, MAGNET. SUSCEPTIBILITAET 61-0001
NI(NH2OH)6(CLO4)2 DARST. AUS NI(CLO4)2-HYDRAT U. NH2OH
61-0001
NI(NH2OH)6(CLO4)2 IR 61-0001
NI(NH2OH)6(CLO4)2 SPEKTRALDATEN IM SICHTBAREN BEREICH
61-0001
NI(NH2OH)6(CLO4)2 LIGANDENFELDBEHANDL. 61-0001
NI(CLO4)2, KOMPLEXBLDG. MIT HARNSTOFF 61-0060
NI(CLO4)2, KOMPLEXBLDG. D. HYDRATS MIT ACETANHYDRID U.
ACETAMID 61-0060
NI-PEROXIDE, DARST. AUS NISO4 U. O3 56-0255
NI-PEROXIDE, RK. MIT ALKOHOLEN 56-0255
NI-PEROXIDE, RK. MIT PHOSPHINEN 56-0255
(NH4)2NI(H2O)6(SO4)2, IR 61-0001
(NH4)2NI(H2O)6(SO4)2, SPEKTRALDATEN IM SICHTBAREN
BEREICH 61-0001
(NH4)2NI(H2O)6(SO4)2, LIGANDENFELDBEHANDL. 61-0001
NIMOEL
* S. UNTER FETTE
NIOBVERBINDUNGEN
MONOMERE U. POLYMERE BIS-(CYCLOPENTADIENYL)-NIOB(V)-
DISULFID-KOMPLEXE, BIS-(CYCLOPENTADIENYL)-NIOB(V)-
CHLORID-DIJODID, BIS-(CYCLOPENTADIENYL)-NIOB(V)-OXID-
CHLORID, DARST., RK., SPEKTREN 61-0046
BIS-(PI-CYCLOPENTADIENYL)-NIOBDIJODID U. -TRIJODID,
DARST. , EIG., MOLEKULARSTRUKTUR 62-0037
NBBR5, RK. MIT SIGMA-DIPHENYL-TETRAKIS-
(PHENYLLITHIUM)-NIOB(II) 63-0074
NBCL5, KEIN EINFL. AUF D. TOLUOL-OX. MIT
DIISOPROPYLPEROXYDICARBONAT 58-0213
NITRAMINE
U. NITRAMIDE, 13. MITT. 58-0103
NMR-SPEKTREN 58-0103
NITRENE
* S. UNTER RADIKALE (N-RADIKALE U. NITRENE)
NITRIERUNG
MIT GESCHMOLZENEM LI-K-NA-NITRAT 55-0209
V. ORGAN. VERB. IN GESCHMOLZENEN NITRATEN 55-0209
V. PHENYLBENZOLEN, BERECHN. D. RK.-FAEHIGK. 58-0229
V. ALPHA-OLEFINEN IN NICHTKOMPLEXBILDENDEN LSGM.
58-0339

V. NAPHTHALIN BEI NIEDR. TEMP., ORIENTIER. D. NITROGRUPPE 59-0442
V. AROMATEN UEBER NITROSIER. (MECHANISMUS) 53-0135
V. MEHRKERN. AROMAT. VERB. MIT UNKONDENSIERTEN RINGEN, 5. MITT. (ORIENTIER.-EFFEKTE) 55-0171
V. MEHRKERN. AROMAT.-VERB. MIT NICHTKONDENSIERTEN RINGEN, 3. MITT. 58-0229
V. BENZOLDERIV. MIT WASSERFREIER HNO3 IN CCL4 (NEGATIVER TEMP.-KOEFF.) 60-0252
V. AROMATEN, PROTONENUEBERTRAG. (KINETIK, ISOTOPENEFFEKT) 61-0225
V. CHINOLIN-(1)- U. CINNOLIN-(2)-OXID (KINETIK) 60-0251
V. 10-METHYL-10.9-BORAZAROPHENANTHREN (KINETIK) 61-0219
V. NAPHTHO(1.8-BC)THIOPYRANEN 61-0621
V. CINNOLIN (KINETIK) 60-0250
V. TRICHLORAETHYLEN MIT NITRIERSAEURE (KINETIK) 64-0262
V. CHLOR-4-HYDROXY-CINNOLINEN 59-0629
V. PHENOLEN MIT TETRANITROMETHAN (KINETIK, MECHANISMUS) 60-0253
V. 5-BROM-SALICYLALDEHYD (ANOMALE RK.), 1. MITT. 54-0255
ANOMALE, V. 5-BROM-SALICYLALDEHYD ,2. MITT. (MECHANISMUS) 55-0170
V. (4-ALKYL-PHENYL)-TRIMETHYLAMMONIUM-PERCHLORATEN (KINETIK, MECHANISMUS) 58-0233
V. 2-METHYL-CINNOLINIUM-PERCHLORAT (KINETIK) 60-0250
V. TRIMETHYLAMMONIOALKYLBENZOLEN (SUBSTITUENTEN-EFFEKT, KINETIK) 62-0253
V. ONIUMVERB. (KINETIK) 62-0254
V. THYMIDIN 64-0785
NITRILE
* S. SAEURENITRILE
* S. AUCH ISONITRILE
NITRILIMINE
RK. MIT DIPOLAROPHILEN (EINFL. V. SUBSTITUENTEN) 54-0385
CYCLOADDIT. MIT FURAN 58-0598
NITRILIUMVERBINDUNGEN
N-ACYL-C-CHLOR-, DARST. AUS N-DICHLORMETHYLEN-CARBONSAEUREAMIDEN U. SBCL5, EIG. 62-0388
NITRILOXIDE
10. MITT. 58-0324
12. MITT. 59-0578
11. MITT. 62-0583
AROMAT., DARST. AUS ALDOXIMEN 58-0324
BF3-KATALYSIERTE ADDIT. AN CN-DOPPELBIND. -SYST. 59-0578
NITROLYSE
* S. UNTER SOLVOLYSE
NITRONE
NITRONE,5.MITT.(RK. EINES CYCLISCHEN NITRONS MIT MALONSAEUREDIAETHYLESTER) 53-0355
6.MITT. 55-0392
KONFORM. 60-0104
ACYCL. -, SYNTH. AUS ALPHA-HYDROXYLAMINO-ALKYLNITRILEN U. ALDEHYDEN 54-0239
ALKYLIDEN-ALKYLAMIN-N-OXIDE, DARST. AUS ALDOXIMEN U. ALKYLBROMIDEN (NA-METHYLAT) 61-0341
UV 60-0104
NMR-SPEKTREN 60-0104
PHOTOLYSE 55-0392
BENZYLIDENAMINO-N-OXIDE, PHOTOCHEM. HYDROLYSE 61-0484
CYCLOADDIT.-RK. MIT ENAMINEN 53-0380
RK. MIT VINYLAETHERN 57-0518
NITRONSAEUREN
* S. UNTER NITROVERBINDUNGEN
NITROSAMINE
BLDG. AUS AMINOSAEUREN U. D-GLUCOSE DURCH MAILLARD-RK. 56-0314
N-NITROSO-N-BENZHYDRYL-BENZAMIDE, DARST. AUS N-DIPHENYLMETHYL-BENZAMIDEN U. N2O4 59-0257
ARYL-ALKYL-, DARST. AUS ANILINEN U. NANO2 60-0594
N-NITROSOURETHANE, DARST. 60-0356
MASSENSPEKTREN 60-0125
DIALKYL, PHOTOISOMERISIER. ZU AMIDOXIMEN (MECHANISMUS) 54-0196
(NITROCARBONSAEUREESTER)-, CYCLISIER. 62-0619
ACYL-ARYL-, ZERS. IN GGW. V. 2.3.4.5-TETRAPHENYL-CYCLOPENTADIENON BZW. ANTHRACEN ZU ARIN-2.3.4.5-TETRAPHENYL-CYCLOPENTADIENON - BZW. ANTHRACEN -ADDUKTEN (MECHANISMUS) 53-0259
N-NITROSO-ACETANILIDE, ZERS. IN JODBENZOL U. BENZOL 60-0293
N-NITROSO-N-BENZHYDRYL-BENZAMIDE, THERM. ZERS. IN HYDROXYLHALT. LSGM. (MECHANISMUS) 59-0257
N-NITROSOURETHANE, HYDROLYSE (KINETIK) 60-0356
N-NITROSO-N-BENZHYDRYL-BENZAMIDE, QUANT. BEST. 59-0257
NITROSIERUNG
V. ALKYLHYDROXYLAMINEN (KINETIK, MECHANISMUS) 60-0297
O- V. ALKANOLEN (GLEICHGEW.-KONST.) 55-0168
NITROSOVERBINDUNGEN
C-, 2. MITT. 54-0137
18. MITT. 59-0265
C-, 6. MITT. 60-0354
ALIPHAT ZWISCHENPROD. BEI D. ELEKTROLYT. RED. V. NITROALKANEN 53-0118
NITROSOFLUORALKANE, DARST. AUS FLUORALKENEN U. NOF 55-0370
3-NITROSO-4-OXOALKENYLIDEN-PHOSPHORANE, DARST. AUS 3-OXIMINO-4-OXOALKENYL-PHOSPHONIUMSALZEN 58-0444
ALPHA-NITROSOCYCLOALKANCARBONSAEUREN, DARST. AUS ALPHA-AMINOSAEUREN BZW. AUS IMINOESTERN V. ALPHA-HYDROXYLAMINOSAEUREN 58-0471
NITROSOACETYLENE, DARST. AUS METALL-ACETYLENIDEN U. NOCL 63-0367
OMEGA-NITROSO-PERFLUORCARBONSAEUREESTER, DARST. AUS PERFLUORIERTEN CARBONSAEUREANHYDRIDEN U. METHYLNITRIT 63-0387
AROMAT., MASSENSPEKTREN 60-0125
SAEUREKATALYSIERTE RK.,3. MITT. 53-0211
NITROSOPHENOLE, RK., 1. MITT. 56-0597
ADDIT.-RK., 9.MITT. (DIELS-ALDER-RK. MIT DIENEN) 58-0670
NITROSOPHENOLE, RK., 2. MITT. 60-0670
SAEUREKATALYSIERTE RK. V. NITROSOVERB.,4. MITT. 53-0232
BETA-SUBSTITUIERTE, FRAGMENTIER. MIT WSS. ODER METHANOL. H2SO4 53-0211
C-, PHOTOCHEM. ZERS. 54-0137
AROMAT., RK. MIT ARALKYLAMINEN 57-0378
RK. MIT 1-HYDROXY-2-PHENYL-INDOL 56-0484
1-CHLOR-2-NITROSO-ISOBUTYLVERB., ALKOHOLYSE 62-0341
NITROSYLVERBINDUNGEN
NITROSYL-METALL-KOMPLEXE, 3. MITT. 62-0049
ZWEIKERN. FE-NITROSYL-DITHIOBENZIL-KOMPLEXE D. DITHIOLENTYPS, KONSTIT. VOLTAMMETRIE U. RED. MIT BH4(-) 57-0055
NITROSYL, BLDG. AUS NO BEI ELEKTROCHEM. OX. 63-0034
ACYL-DICARBONYLNITROSYLEISEN-VERB., DARST. 55-0034
NITROSYL,RK. MIT ACETANHYDRID 63-0034
NOBR, RK. MIT HYDROXYLAMIN 62-0024
NOCL, RK. MIT SUBSTITUIERTEN MONOPHENOLEN 59-0353
NITROSYLFLUORID (NOF) ADDIT. AN FLUOROLEFINE 55-0370
NONO2, RK. MIT HYDROXYLAMIN 62-0024
NOSCN, RK. MIT HYDROXYLAMIN 62-0024
NITROVERBINDUNGEN
NITRO-ALKYL-PYRIDIN-ALDEHYDE,4. MITT. 53-0429
PFLANZL. NATURSTOFFE MIT EINER NITROGRUPPE,7. MITT. 54-0372
NITRO-THIOPHENE U. -FURANE, 2. MITT. 58-0562
ANIONEN V. DINITROMETHYLVERB.,6. MITT. 60-0084
2.4.6-TRINITRO-THIOPHENOLE, 2. MITT. 62-0380
2.4.6-TRINITRO-THIOPHENOLE, 3. MITT. 62-0381
HALOGEN-ALPHA-NITRO-CARBONSAEUREN, 11. MITT. 64-0262
7. MITT. 64-0611
NITROTHIOPHENE U. -FURANE, 4. MITT. 64-0903
NITROTHIOPHENE U. -FURANE, 5. MITT. 64-0904
-THIOPHENE U. -FURANE, 3.MITT. 64-0928
NITROSTEROIDE, 5. MITT. 58-0085
STER. GEHINDERTE AROMAT., KONFORM. 62-0067
1.1-DINITRO-ALKYLVERB., KONFORM. D. ANIONS (EINFL. AUF D. PK-WERTE) 63-0219
NITRO-P-MENTHANE KONFIG. U. KONFORM. 53-0543
AROMAT BLDG. UEBER NITROSOVERB. (MECHANISMUS) 53-0135
ALIPHAT. HYDROXY-, DARST. AUS HALOGEN-NITROVERB. U. FORMALIN 53-0212
NITROPHENYL-(2-ALKOXY-AETHYL)-AETHER, DARST. 53-0242
NITROVINYLVERB., DIELS-ALDER-RK. MIT CYCLOHEXA-DIEN-(1.3) 53-0316
6-NITRO-BENZIMIDAZOL-1-OXIDE, DARST. AUS N-(2.4-DINITRO-PHENYL)-AMINOSAEUREN 53-0375
NITRO-P-MENTHANE, DARST. AUS AMINO-P-MENTHANEN 53-0543
ALPHA-NITRO-DICARBONSAEUREESTER, DARST. AUS ALPHA-BROM-DICARBONSAEUREESTERN 54-0224
2-NITRO-SPIRO-CYCLOPROPANE, DARST. AUS 1-BROM-1-NITROALKENEN U. INDANDION-(1.3) BZW. 1-PHENYL-3-METHYL-DELTA(2)-PYRAZOLON-(5) 54-0337
4-NITRO-PYRIDINE, DARST. AUS 2-FLUOR-4-NITRO-PYRIDIN 54-0424
2-NITROAETHYL-CYCLOALKANDIONE-(1.3), DARST. AUS CYCLOALKANDIONEN-(1.3) U. NITROAETHYLENEN 55-0390
2-NITROARYL-1-ARYLAETHANOLE, DARST. AUS NITRO-TOLUOLEN U. ARYLALDEHYDEN 56-0397
1.1-DINITROALKANOLE-(3), DARST. AUS 2-(2-NITROAETHOXY)-3.3-DINITRO-ISOXAZOLIDINEN 56-0513
NITRO-DIHYDRO-1.4-DIAZEPINIUMSALZE, DARST. DURCH NITRIER. 56-0613
NITROPHENYL-(METHYLBUTEN-(2)-YL)-AETHER, DARST. AUS NITROPHENOLEN U. 4-HALOGEN-2-METHYL-BUTENEN-(2) 57-0392
NITROPYRIDIN-MEISENHEIMER-VERB., BLDG. 58-0105
ALPHA-NITROALKOHOLE, DARST. AUS ALKENEN-(1) U. NO2 58-0339
NITROALKANE, DARST. AUS PRIM. AMINEN 58-0341
NITROALKANE, BLDG. AUS BIS-(NITROACYL)-PEROXIDEN 58-0342
NITRO-KETEN-THIOACETALE, DARST. AUS NITRODITHIOESSIGSAEURE, DI-KALIUMSALZ U. ALKYLHALOGENIDEN 58-0369
ALPHA-NITRO-SULFONAMIDE, DARST. AUS SULFONAMIDEN BZW. SULFONYLCHLORIDEN 58-0415

OXOCYCLOHEXADIENNITRONSAEUREALKYLESTER, DARST. AUS 2.6-DI-TERT.-BUTYL-4-NITRO-PHENOL U. TRIALKOXYPHOSPHINEN 58-0420
NITRO-PHENYL-THIOPHENE, DARST. AUS PHENYL-THIOPHENEN 58-0577
NITROSTILBENOXIDE, DARST. AUS NITROBENZALDEHYDEN 58-0608
MONONITROCHINOLINE, DARST. 58-0639
ALPHA-BROM-ALPHA-NITRO-ALKYLNITRATE, DARST. AUS BETA-DIBROM-NITROALKANEN 59-0288
NITROPHENOLE, DARST. AUS MONOPHENOLEN U. NOCL 59-0353
2-METHOXY-3.3-DINITRO-ISOXAZOLIDINE, DARST. AUS DINITROMETHYL-NITRONSAEUREMETHYLESTER U. DIENEN 59-0555
3-(3-NITROPHENYL)-ISOTHIAZOLE, DARST. DURCH NITRIER. 59-0564
CHLOR-NITRO-4-HYDROXY-CINNOLINE, DARST. AUS CHLOR-4-HYDROXY-CINNOLINEN 59-0629
6-NITROPROPYL-1-AMINO-CYCLOHEXENE, DARST. AUS NITROPROPENEN U. ENAMINEN 60-0411
5- U. 7-NITROCUMARANE DARST. 60-0483
NITROBENZO(B)THIOPHENE, DARST. DURCH NITRIER. 60-0501
4(5)-NITRO-THIAZOLE, DARST. 60-0553
PIKRYLAMINO-FURAZANE U. -3.3'-BIFURAZANYLE, DARST. 60-0559
5-NITRO-PYRIMIDINE, DARST. 60-0663
NITROSTEROIDE, DARST. AUS HYDROXYIMINOSTEROIDEN 60-0762
MEISENHEIMER-KOMPLEXE V. 1-ALKOXY-2.4-DINITRO-NAPHTHALINEN, DARST. 61-0248
NITROALKYLFLUORIDE, DARST. AUS NITROALKOHOLEN U. SF4 61-0324
P-NITRO-PHENOLAETHER, DARST. AUS P-CHLOR-NITROBENZOL U. PHENOLEN 61-0386
NITROCYCLOPROPANE, DARST. AUS NITROOLEFINEN U. DIMETHYLSULFOXONIUMMETHYLID 61-0437
4-NITRO-2-TRIPHENYLPHOSPHORANYLIDEN-CARBONSAEUREMETHYLESTER, DARST. AUS NITROOLEFINEN U. CARBOMETHOXYMETHYLEN-TRIPHENYLPHOSPHORAN 61-0437
NITROCHALKONE, DARST. AUS ACETOPHENONEN U. VERATRUMALDEHYDEN 61-0614
POLYNITRO-ALKOHOLE, DARST. AUS D. NITROVERB. MIT CH2O 62-0331
1-PHENYL-2-NITRO-ALKANOLE, DARST. AUS BENZALDEHYDEN U. NITROALKANEN IN FL. NH3 62-0376
N-DIFLUOR-NITRANILINE, DARST. AUS NITROAROMAT. AMINEN U. F2 62-0397
NITROLACTAME, DARST. AUS NITROSAMINO-NITRO-CARBONSAEUREESTERN 62-0619
METHOXY-6-NITRO-9-AMINOALKYLAMINO-ACRIDINE, DARST. AUS D. 9-CHLOR-VERB. U. DIALKYLAMINOALKYLAMINEN 62-0626
NITRODIPHENYLSULFIDE, DARST. 63-0472
1.3-DIAMINO-2-NITRO-CYCLOHEXANE, DARST. AUS GLUTARDIALDEHYD, NITRO-METHAN U. AMINEN 63-0481
1-HYDROXYMETHYL-1-NITRO-CYCLANOLE, DARST. AUS DIALDEHYDEN U. 2-NITRO-AETHANOL 63-0486
3-NITRO-PYRROLIDINE U. -PIPERIDINE, DARST. AUS 1-NITRO-OMEGA-HALOGEN-ALKANEN U. ALDIMINEN 63-0575
4-NITRO-5-(ALKINYL-(1))-CYCLOHEXENE, DARST. AUS 1-NITRO-ALKEN-(1)-INEN-(3) U. BUTADIEN-(1.3) 64-0472
(5-NITRO-FURYL-(2))-POLYALKENALE U. -POLYALKENONE, SYNTH., 8. MITT. 64-0588
1-ALKOXYMETHYL-4.6-DINITRO-PHENOLE, DARST. AUS 6.8-DINITRO-1.3-BENZDIOXAN 64-0723
NITROACYLPEROXIDE, DARST. AUS NITROSAEURECHLORIDEN U. NA2O2-H2O2 55-0248
ALPHA-NITROCARBONSAEUREESTER, DARST. AUS ALPHA-BROMCARBONSAEUREESTERN 55-0249
3-NITROALKYL-TETRAHYDRO-THIOPHEN-DIOXIDE, DARST. AUS 2.3-DIHYDRO-THIOPHEN-S-DIOXID U. NITROALKANEN 55-0378
2-ALKYL-4.6- U. 4-ALKYL-2.6-DINITROPHENOLE, DARST. 56-0343
2-(2-NITROAETHOXY)-3.3-DINITRO-ISOXAZOLIDINE, DARST. AUS ALKENEN U. TETRANITROMETHAN 56-0513
NITRO-1-AMINOALKYL-5(4)-STYRYLIMIDAZOLE, DARST. AUS STYRYL-NITROIMIDAZOLEN U. 2-ALKYLAMINO-AETHYLCHLORIDEN 57-0525
2-NITROALKYL-CYCLOALKANONE, DARST. AUS CYCL. ENAMINEN U. NITROOLEFINEN 58-0465
5-NITRO-THIOPHENE U. -FURANE, DARST. 58-0562
NITROARYL-ALKYLSILANE U. -SILOXANE, DARST. AUS NITROSTYROL U. SILANEN BZW. SILOXANEN 59-0384
NITROPYRROL-CARBALDEHYDHYDRAZONE, DARST. AUS NITROPYRROL-ALDEHYDEN U. HYDRAZINEN 60-0509
1.1.7.7-TETRANITRO-HEPTANONE-(4), DARST. AUS UNGESAETT. KETONEN U. POLYNITROADDENDEN 61-0343
NITROFLAVONE, DARST. AUS NITROCHALKONEN BZW. DURCH NITRIER. 61-0614
2.2'.4.4'.6.6'- HEXANITRO-DIPHENYLSULFIDE, DARST. AUS KALIUMTHIOPIKRAT U. TRINITROBENZOLEN 62-0380
1.3-DIAMINO-2-NITRO-CYCLOHEXANE, DARST. AUS 2TRANS-NITRO-CYCLOHEXANDIOL-(1REF.3CIS) U. AMINEN 63-0481
NITROBENZOCYCLOOCTATETRAENE, DARST. AUS BIPHENYLEN 63-0546
7-NITRO-ISOCHROMENE, DARST. AUS NITROZUCKERN 63-0747
NITROACYLPEROXIDE, IR 55-0248
NITRO-9-DICYANMETHYLENFLUORENE, UV IN GGW. V. POLYCYCL. AROMATEN 57-0201
NITROSTEROIDE, IR 58-0085
NITROSTEROIDE, UV 58-0085
ANIONEN V. DINITROMETHYLVERB. RAMAN-SPEKTREN 60-0084
5-SUBSTITUIERTE 2-NITRO-ANILINE, UV (SUBSTITUENTEN-EINFL.) 63-0217
3-NITROPYRIDINE, UV-SPEKTREN , 1. MITT. 64-0097
NITROGUAJACOLE, IR 64-0224
MONONITROCHINOLINE, UV- U. IR-SPEKTRUM 58-0639
DINITROBENZOLE, MOLARE KERR-KONST. 61-0070
STER. GEHINDERTE AROMAT., MOL. KERR-KONST. 62-0067
AROMAT., TRIPLETT-AUSB. 61-0319
DINITROBENZOLE, MOL.-POLARISIERBARK., DIPOLMOMENTE 61-0070
STER. GEHINDERTE AROMAT., DIELEKTR. POLARISIERBARK. U. DIPOLMOMENTE 62-0067
PROTONIERTE NITROALKANE. NMR -UNTERS. 57-0077
NITROSTEROIDE, NMR 58-0085
NITROBENZOCYCLOOCTATETRAENE, NMR-SPEKTREN 63-0546
NITROALKANE, NMR -UNTERS., EINFL. V. AROMAT. AMINEN ALS LSGM. 64-0121
5- U. 7-NITROCUMARANE NMR 60-0483
3-NITROALKYLAMINE, IONISAT.-KONST. 57-0184
NITROFLUORENE, POLAROGRAPHIE 57-0201
ALIPHAT. TERT., POLAROGRAPH. VERH. U. POTENTIALKONTROLLIERTE ELEKTROLYSE 60-0217
NITROPHENOLE, SAEURE-BASEN-GLEICHGEW. MIT PYRIDINEN IN APROT. LSGM. 64-0217
GAMMA-NITRO-KETONE, PK -WERTE 64-0221
ANILINO- U. PYRIDYLAMINO-NITRO-BENZOLSULFONSAEUREN U. -BENZOESAEUREN, PK(2) 64-0229
5-SUBSTITUIERTE 2-NITRO-ANILINE, PK(A)-WERTE (SUBSTITUENTEN-EINFL.) 63-0217
1.1-DINITRO-ALKYLVERB., PK-WERTE IN WSS. LSG. (BEZIEH. ZUR TAFT-KONST., EINFL. D. KONFORM. D. ANIONS) 63-0219
NITROGUAJACOLE, PK-BEST. 64-0224
NITROPHENOLE, NEUTRALISAT.-WAERME 62-0178
RK. ZU CHINOLIN-DERIV., 6. MITT. 53-0058
AROMAT., RK. , 27.MITT. 54-0162
AROMAT., RK., 28.MITT. 54-0163
ALPHA-NITROCARBONSAEUREESTER, RK. 55-0249
2-METHYL-4(5)-NITRO-IMIDAZOLE, 1-SUBSTITUT., 1. MITT. 57-0526
AROMAT., RK., 29. MITT. 60-0276
NITROFLUORBENZOLE, NUCLEOPHILE SUBSTITUT. (EINFL. D. O-NO2-GRUPPE) 62-0248
1-NITROALKEN-(1)-INE-(3), ELEKTROPHILE U. NUCLEOPHILE ADDIT.-RK. 63-0366
NITROBENZOCYCLOOCTATETRAENE, TRANSANNULARE RK. BEI D. SOLVOLYSE 63-0546
NITROZUCKER, RK., 8. MITT. 63-0747
POLYNITROBENZOLE, RK. MIT AKT. METHYLENGRUPPEN, 7. MITT. 64-0422
AROMAT. ARYLIER. BEI HOHEN TEMP., 4.MITT. 64-0424
AROMAT., RK., 30. MITT. 60-0402
AROMAT. THERM. CYCLISIER. 53-0434
NITRO-AMINO-PYRIDINE, REVERSIBLE HYDROLYT. RINGOEFFN. 57-0223
NITROOLEFINE, DREIKOHLENSTOFF-TAUTOMERIE 57-0290
O-NITROTOLUOLE, H-D-AUSTAUSCH IN METHANOL BEI HOHEN TEMP. 59-0380
AROMAT., REDUKTIVE CYCLISIER. MIT TICL3 64-0552
2-NITROAETHYL-CYCLOALKANDIONE-(1.3), CYCLISIER. DURCH RED. 55-0390
DINITRO-BENZILE, ALKAL. SPALT. (MECHANISMUS) 54-0309
AROMAT., PHOTOSUBSTITUT. 56-0253
PHOTOLYSE ZU STICKOXID-RADIKALEN , 1. MITT. 57-0264
OXOCYCLOHEXADIENNITRONSAEUREALKYLESTER, ZERS. 58-0420
PHOTOLYSE IN FL. PHASE ZU STICKOXIDEN, 2. MITT. 59-0266
NITROALKANE, PHOTOLYSE IN POLAREN LSGM. 59-0266
ALIPHAT. ELEKTROLYT. RED. (MECHANISMUS) 53-0118
STEROID- RED. MIT CRCL2 54-0542
3-NITROALKYL-TETRAHYDRO-THIOPHEN-DIOXIDE, KATALYT. HYDRIER. 55-0378
NITROBENZOLE, RED. MIT UEBERGANGSMETALLOXALATEN ZU AZO-, AZOXYBENZOLEN U. PHENAZINEN 57-0377
(GEM.-BROM-NITRO-ALKYL)-BENZOLE, ELEKTROCHEM.-RED. 57-0390
AROMAT., PHOTOCHEM. RED. MIT TRIAETHYLPHOSPHIT 58-0322
2.4-DINITRO-BENZOL-SULFENYL-DERIV., PHOTOCHEM. REDOX-RK. 58-0416
2-NITROALKYL-CYCLOALKANONE, RED. 58-0465
2.BETA-DINITRO-STYROLE, RED. MIT H2 (PD), LIALH4 ODER HYDRAZINHYDRAT U. RANEY-NI 58-0669
AROMAT., PHOTOCHEM. RED. 60-0389
AROMAT., PHOTOCHEM. RED. 63-0452
3-NITROALKYL-TETRAHYDRO-THIOPHEN-DIOXIDE, NEF-RK.
2-(2-NITROAETHOXY)-3.3-DINITRO-ISOXAZOLIDINE, HYDROLYSE 56-0513
NITRO-PHENYLSULFATE, HYDROLYSE (KINETIK) 57-0225
2-NITRO-BENZOLSULFENYLCHLORIDE, SOLVOLYSE U. CHLORIER. MECHANISMUS, 7. MITT. 58-0231
NITROALKANE, HYDROLYSE (KINETIK, MECHANISMUS) 58-0249
SYMM.-TRINITROBENZOLE, JANOWSKI-RK. 60-0402
AROMAT., MOL.-KOMPLEXE MIT PORPHYRINEN 54-0038

2-HALOGEN-3(5)-NITRO-BENZOESAEUREN, RK. MIT PIPERIDIN 60-0270
1-(2-HYDROXY-AETHOXY)-2.4-DINITRO-ARENE, RK. MIT ALKOXIDEN (BLDG. V. SPIRO-MEISENHEIMER-KOMPLEXEN) 54-0166
NITROALKANE, RK. MIT RADIKALEN AUS ALKOHOLEN ODER AETHERN 62-0194
DINITROALKANE, RK. MIT UNGESAETT. KETONEN 61-0343
NITROMETHYLVERB., CYCLISIER. MIT ALIPHAT. 1.5-DIALDEHYDEN (STER. VERLAUF) 63-0480
2.4-DINITROPHENYLESTER, RK. MIT CARBONSAEURE-HYDRAZIDEN (KINETIK) 64-0259
NITRO-1-AMINOALKYL-5(4)-STYRYLIMIDAZOLE, WRKG. IN VITRO AUF TRICHOMONAS VAGINALIS, ENTAMOEBA HISTOLYTICA U. CANDIDA ALBICANS 57-0525
5-NITRO-THIOPHENE U. -FURANE, BAKTERIOSTAT. U. FUNGISTAT. WRKG. 58-0562
METHOXY-6-NITRO-9-AMINOALKYLAMINO-ACRIDINE, ANTIMIKROBIELLE WRKG. 62-0626
NITROSTYROLE, BEZIEH. ZWISCHEN STRUKTUR U. BAKTERIOSTAT. AKTIVITAET AUF GRAMPOSITIVE U. GRAMNEGATIVE ZELLEN 63-0886
2-METHYL-4(5)-NITRO-IMIDAZOLE, WRKG. AUF TRICHOMONAS VAGINALIS 57-0526
(2-NITROPHENOXY-AETHYL)-ESTER, HERBIZIDE WRKG. 53-0242
5-NITROTHIOPHENE U. -FURANE, VERMINOXE WRKG. 58-0562
NITROPYRROL-CARBALDEHYDHYDRAZONE, ANTIMALARIA-WRKG. 60-0509
DINITROPHENOLE, STRUKTUR U. PESTICIDE WRKG., 4. MITT. 56-0343
DINITROPHENOLE, STRUKTUR U. PESTIZIDE WRKG., 5. MITT. 56-0344
DINITROPHENOLDERIV., KONSTIT. U. PESTIZIDE WRKG., 7. MITT. 57-0428
NITROAROMATEN, VERW. V. TERN. EUTEKTIKA ZUR GASCHROMATOGRAPH. ANALYSE 60-0841
DIBENZOLSULFONAT 56-0339
NITROXIDE
* S. UNTER RADIKALE ...
NITRYLVERBINDUNGEN
NO2BF4, DARST. AUS HF, BF3 U. HNO3 U. NO2 60-0483
NO2BF4, DARST. AUS BF3, HF U. HNO3 61-0225
NO2BF4, RK. MIT 1.3.5-TRI-TERT.-BUTYL-BENZOL 61-0225
NO2BF4, NITRIER. V. CUMARAN 60-0483
NMR-SPEKTRUM
* S. UNTER MAGNETISMUS (MAGNETISCHE RESONANZ)
NOMENKLATUR
AUSSEN-INNEN(OUT-IN)-ISOMERIE (DEFINIT.) 62-0686
FUER ISOXYLITONE 53-0218
EINDEUT. SPEZIFIKAT. D. STEREOISOMERIE AN DOPPELBIND. 57-0164
CHEM. GRAPHIK, 5. MITT. (- V. BENZOIDEN CATAKONDENSIERTEN AROMAT. KW-STOFFEN U. ISOMERENAUFZAEHL.) 60-0322
POLYNOMINALE, FUER UNGESAETT. SYST. U. UEBERTRAG. IN RAEUML. DIAGRAMME 61-0338
V. DIAZENEN 62-0404
KATAPINOSIS (DEFINIT.) 62-0688
V. AZUPYREN U. ISOMEREN 63-0542
NOMENKLATUR EINER NEUEREN KLASSE V. SESQUITERPENEN 53-0195
V. DELTA- U. OMEGA-CADINEN 57-0713
NONADRIDE
5. MITT. 59-0805
NORADAMANTANE
* S. UNTER RINGSYSTEME (ALICYCLEN)
NUCLEINSAEUREN
NUCLEINSAEURE -KOMPONENTEN U. IHRE ANALOGA , 94. MITT. 53-0487
-KOMPONENTEN U. IHRE ANALOGA,95.MITT. 53-0488
-KOMPONENTEN U. IHRE ANALOGA , 96.MITT. 54-0461
-KOMPONENTEN U. IHRE ANALOGA,97.MITT. 54-0494
-KOMPONENTEN U. IHRE ANALOGA,98. MITT. 54-0495
-BESTANDTEILE U. IHRE ANALOGA, 99. MITT. 54-0496
BESTANDTEILE U. IHRE ANALOGA, 101. MITT. 55-0477
BESTANDTEILE U. IHRE ANALOGA, 100. MITT. 55-0493
-BESTANDTEILE U. IHRE ANALOGA, 102. MITT. 56-0582
-BESTANDTEILE U. IHRE ANALOGA, 104. MITT. 56-0605
-BESTANDTEILE, 103. MITT. 56-0627
BESTANDTEILE U. IHRE ANALOGA, 106. MITT. 57-0655
-- BESTANDTEILE U. IHRE ANALOGA, 107.MITT. 58-0659
-BESTANDTEILE U. IHRE ANALOGA, 112. MITT. 62-0709
-BESTANDTEILE U. IHRE ANALOGA, 113. MITT. 62-0710
-KOMPONENTEN U. ANALOGA, 114. MITT. 64-0793
BESTANDTEILE U. IHRE ANALOGA , 105. MITT. 56-0628
BESTANDTEILE U. IHRE ANALOGA, 108.MITT. 59-0670
BESTANDTEILE U. IHRE ANALOGA, 109. MITT. 59-0671
BESTANDTEILE U. IHRE ANALOGA, 110. MITT. 59-0672
-BESTANDTEILE U. IHRE ANALOGA, 111. MITT. 59-0673
- U. PROTEINBIOSYNTH. (HEMM. U. STIMULIER.), 2. MITT. 64-0898
SYNTH. AN POLYMEREN, 1: MITT. 56-0638
OLIGODESOXYRIBONUCLEOTIDE, SYNTH. AN (4-AMINOPHENOXYMETHYL)-POLYSTYROL 56-0638
AG-DNS-KOMPLEXE, STROEMUNGSDICHROISMUS 60-0804
KALBSTHYMUS-DNS, HYBRIDISIER. MIT 5'-O-ACRYLOYL-URIDIN-ACRYLAMID-COPOLYMEREN 62-0840
DESOXYRIBO-, WECHSELWRKG. MIT METHYLENBLAU U. POLYKATIONEN IN WSS. LSG. 63-0863
DNS, RK. MIT MG(2+) (UNTERS. D. KOMPLEXBIND.) 63-0031
INFORMAT.-UEBERTRAG. (UNTERS. MITTELS DIELEKTR. DISPERS.) 63-0004
RNS- U. DNS-SYNTH. IN EHRLICH-ASCITES-KARZINOM IN VITRO, HEMM. DURCH FLUORHYDROXYPYRIMIDINALDEHYDRE U. 4-(2-THIOXO-4-OXO-1.2.3.4-TETRAHYDRO-PYRIMIDINYL-(6)-METHYLEN)-5-OXO-2-PHENYL-OXAZOLIN 63-0870
DESOXYRIBO- V. ESCHERICHIA COLI, WECHSELWRKG. MIT 3.20-DIAMINOPREGNENEN-(5) 57-0677
DNS, SYNTH. IN EHRLICH-ASCITES-TUMORZELLEN (HEMM. DURCH HYDROXAMSAEUREN) 57-0779
DNS- SYNTH. AUS THYMIN U. THYMIDIN DURCH CHLORELLA PYRENOIDOSA 64-0897
RNS, SYNTH. IN EHRLICH-ASCITES-TUMORZELLEN (HEMM. DURCH HYDROXAMSAEUREN) 57-0779
NUCLEOSIDE
U. NUCLEOTIDE, 22. MITT. 56-0636
45. MITT. 57-0647
47. MITT. 57-0648
48. MITT. 57-0649
V. VERZWEIGTKETT. ZUCKER, 2. MITT. 57-0650
NUCLEOTIDE U. POLYNUCLEOTIDE, AMINOACYLDERIV., 3. MITT. 57-0657
44. MITT. 58-0109
5. MITT. 58-0289
46. MITT. 58-0701
U. VERWANDTE VERB., 3. MITT. 59-0669
U. NUCLEOTIDE, 8. MITT. 61-0703
U. NUCLEOTIDE, 9. MITT. 61-0704
PURIN-, 19. MITT. 61-0706
U. NUCLEOTIDE, 35. MITT. 61-0708
PURINCYCLO-, 5. MITT. 61-0708
U. NUCLEOTIDE, 10. MITT. 62-0701
U. NUCLEOTIDE, 11. MITT. 62-0702
50. MITT. 62-0705
51. MITT. 62-0706
SYNTH. U. NUCLEOTIDE, 2. MITT. 62-0841
U. VERWANDTE VERB., 5.MITT. 63-0758
PURINTHIOGLYKOSIDE, 1. MITT. 63-0763
MIT VERZWEIGTEN ZUCKERN, 3. MITT. 63-0766
PURIN-, 20. MITT. 63-0771
PYRIMIDINNUCLEOSIDANALOGE, 2.MITT. 64-0742
KETTENVERZWEIGTE, 4. MITT. 64-0790
SYNTH. V. NUCLEOSIDANTIBIOTIKA,4.MITT.(GLEICHZEIT. DARST. V. ISOMEREN DI- U. MONO-GLUCOPYRANOSYL-HYPOXANTHINEN) 53-0494
DIMETHYLAMINOMETHYLENAMINO-, DARST. DURCH SELEKTIVE SUBSTIT. D. AMINOGRUPPEN 54-0487
5-HYDROXYMETHYL-6-AZA-2'-DESOXY-PYRIMIDIN-, DARST. 54-0494
PYRIMIDIN-, DARST. 54-0504
DARST. AUS 5-AMINO-5-DESOXY-RIBOSE- U. PURIN-DERIV. 55-0499
4-ALKOXY-1-GLYKOSYLPYRIMIDONE, DARST. AUS 2.3.5-TRI-O-BENZOYL-D-RIBOFURANOSYLCHLORID U. 4.4-DIALKOXY-PYRIMIDINEN 56-0627
BARBITURSAEURE-N(1)-RIBOSIDE, DARST. AUS MALONSAEUREDICHLORIDEN U. 1-(2.3.5-TRI-O-BENZOYL-BETA-D-RIBOFURANOSYL)-HARNSTOFF 56-0628
PYRIMIDINNUCLEOSIDDINITRATE, DARST. 56-0635
THYMIN-, DARST. 57-0651
1-GLYCOSYL-4-BENZYLOXY-PYRIMIDONE-(6), DARST. 57-0655
CYCLO-, DARST. AUS HALOGENPURINNUCLEOSIDEN 57-0663
9-(4-THIO-FURANOSYL)-ADENINE, DARST. 58-0697
INDOL-, DARST. AUS 1-(BETA-D-RIBO(FURANOSYL) PYRANOSYL)-INDOLINEN DURCH OX. 58-0698
1-(2-DESOXY-D-XYLOPYRANOSYL)-THYMINE, DARST. AUS 1-CHLOR-3.4-DI-O-ACETYL-2-DESOXY-D-XYLOPYRANOSE U. 2.4-BIS-O-(TRIMETHYLSILYL)-THYMIN BZW. U. MONOQUECKSILBER-THYMIN 58-0704
5'-MODIFIZIERTE- ADENOSINDERIV., DARST. 58-0705
-ANTIBIOTIKA, TOTALSYNTH. V. TOYOCAMYCIN U. SANGIVAMYCIN 58-0706
PURIN-, DARST. AUS PYRIMIDINNUCLEOSIDEN DURCH TRANSGLYKOSYLIER. 58-0716
4-O-AETHYL-THYMIN-, DARST. AUS 4-O-AETHYL-2-O-TRIMETHYLSILYL-THYMIN U. HALOGENZUCKERN 59-0669
3'-DESOXY-6-AZAURIDINE, DARST. 59-0670
5'-O-ARYLSULFONYL-THYMIDINE, DARST. AUS THYMIDIN U. SUBSTITUIERTEN BENZOLSULFONSAEUREN 59-0676
ISOMERE GLUCOPYRANOSYLHYPOXANTHINE, DARST. AUS ALPHA-ACETOBROMGLUCOSE U. HYPOXANTHIN-SILBER-SALZ 59-0677
ISOMERE RIBOFURANOSYLHYPOXANTHINE, DARST. AUS TRIACETYLRIBOFURANOSYLCHLORID U. HYPOXANTHIN-SILBER-SALZ 59-0677
XANTHIN-, DARST. AUS TRIS-(TRIALKYLSILYL)-XANTHINEN U. GLYCOSYLHALOGENIDEN 59-0678
PYRIMIDIN-, SYNTH. NACH D. HILBERT-JOHNSON-VERF. 60-0702
BETA-D-PENTOFURANOSYL-5-METHYL-CYTOSINE, DARST. 61-0702
CHINAZOLIN, DARST. 61-0707
ISOCYTOSINE, DARST. 62-0702
2.2'-ANHYDRO-PYRIMIDIN-, DARST. 62-0702
8-BROM-ADENIN-, DARST. AUS PURINNUCLEOSIDEN 62-0707
N-(ODER O)-RIBOFURANOSYL-PYRIMIDINE, DARST. AUS PYRIMIDINONEN U. RIBOFURANOSYLCHLORID 62-0710
6-MERCAPTO-PURINTHIOGLYKOSIDE, DARST. AUS 6-HALOGEN-PURIN U. 1-THIO-ZUCKERN 63-0763

_DARST. UEBER ISOPROPYLIDENZUCKERDERIV., 3. MITT. 63-0764
NUCLEOSIDANTIBIOTICA, SYNTH., 2. MITT. (NEBULARIN-ANALOGE) 63-0767
5.6- DIMETHYL-BENZIMIDAZOLRIBO-, DARST. 63-0769
ADENINERYTHROFURANOSIDE, DARST. AUS 3-DESOXY-3-C- U. 2-DESOXY-2-C-HYDROXYMETHYL-D-ERYTHROFURANOSEN U. CHLORQUECKSILBER-6-BENZAMIDO-PURIN 64-0796
PYRANOIDE THYMIN-0(2).3'-CYCLO-, DARST. AUS DESOXY-D-RIBOPYRANOSYL-THYMINEN 55-0498
FURANOSYLPURINE, DARST. 57-0645
1-ALPHA-L-ALDO-PENTOFURANOSYL-PYRIMIDINE, DARST. 57-0647
N(4)-SUBSTITUIERTE 1-BETA-D-ARABINOFURANOSYL-CYTOSINE, DARST. AUS 1-BETA-D-ARABINOFURANOSYL-4-METHYLMERCAPTO-PYRIMIDON-(2) EN U. NH2-HALT. VERB. 57-0648
1-(5-DESOXY-BETA-D-ARABINOFURANOSYL)-URACILE, DARST. 57-0649
9-(2'-DESOXY-RIBOPYRANOSYL)-PURINE, DARST. AUS 2-CHLOR- BZW. 2.6-DICHLOR-PURIN U. 3.4-DI-O-ACETYL-D-ARABINAL ODER 1.3.4-TRI-O-ACETYL-2-DESOXY-BETA-D-RIBOPYRANOSE 57-0661
SPONGOURIDINE, SELEKTIVE METHYLIERTE, DARST. 58-0701
THYMIN-, DARST. AUS 2.4-BIS-O-(TRIMETHYL-SILYL)-THYMIN U. HALOGENZUCKERN 59-0669
2'-DESOXY-2'-HALOGEN-URIDINE, DARST. AUS 2'-O-SULFONYL-URIDINEN 61-0703
1-(3'-DESOXY-BETA-D-ARABINOFURANOSYL)-URACILE, DARST. 61-0704
PURIN-, DARST. 61-0706
2.3'-IMINO-1-(DESOXY-THREO-PENTOFURANOSYL)-THYMINE, DARST. AUS 2.5'-ANHYDRO-1-(2-DESOXY-3-O-MESYL-BETA-D-ERYTHRO-PENTOFURANOSYL)-THYMIN 62-0705
1-(2-DESOXY-D-RIBOPYRANOSYL)-THYMINE, DARST. 63-0758
7-(BETA-D-RIBOFURANOSYL)-PURINE, DARST. AUS IMIDAZOL-NUCLEOSIDEN 63-0771
PURIN- ORD 53-0053
5-FLUOR-PYRIMIDIN-, WEITBEREICHS-KOPP. IN (19)F-NMR 58-0109
SEK. SULFONYLOXYPYRIMIDINNUCLEOSIDE, NUCLEOPHILE SUBSTITUT., 1. MITT. 61-0703
SULFONYLOXY-PYRIMIDIN-, NUCLEOPHILE SUBSTITUT. V. SEK. SULFONYLOXYGRUPPEN, 2. MITT. 61-0704
SULFONYLOXY-PYRIMIDIN-, NUCLEOPHILE SUBSTITUT., 4. MITT. 62-0702
1- U. N(6)- DIMETHYLALLYL-ADENOSINE, RK. 64-0798
5'-O-ARYLSULFONYL-THYMIDINE, SUBSTITUT.-RK. 59-0676
PYRIMIDIN-, NUCLEOPHILE SUBSTITUT. V. SEK. SULFONYLOXYGRUPPEN, 3. MITT. (2'.3'-DI-O-TOSYL-URIDIN, RK. MIT METHANOL. NH3, MECHANISMUS) 62-0701
RIBO-, RK. D. PYRIMIDINRESTES 62-0706
PYRIMIDIN-, O-N-GLYKOSYLWANDER. 54-0504
ANOMERISIER. U. O-N-GLYKOSYL-UMLAGER. ,LEWIS-SAEUREN-KATALYSE 58-0289
N.O-POLYBENZOYL-, SELEKTIVE N-DEBENZOYLIER. 62-0711
ISOCYTOSINE, DESAMINIER. 62-0702
7-DESAZAADENIN-RIBO-, PERJODATAABBAU 59-0776
PHOSPHORYLIER. ZU 5'-NUCLEOTIDEN MIT POCL3 IN TRIALKYLPHOSPHATEN 56-0634
8-BROM-ADENIN-, RK. MIT NAN3 62-0707
PURIN-, 18. MITT. 57-0661
8-BROM-ADENIN-, RK. MIT NA-METHYLAT 62-0707
8-BROM-ADENIN-, RK. MIT THIOHARNSTOFF 62-0707
GUANOSINE, RK. MIT GLYCIDALDEHYD 59-0682
GUANOSINE, RK. MIT BETA-PROPIOLAKTON 59-0682
KEINE INHIBITORWRKG. GEGEN TUMORZELLEN 57-0647
THIOCYANATOPURIN-RIBOFURANOSIDE, ANTITUMORAKTIVITAET GEGENUEBER TRANSPLANTIERTEM NF-SARKOM BEI MAEUSEN 62-0841
FURANOSYLPURINE, ZYTOTOX. WRKG. 57-0645
NUCLEOTIDE
OLIGONUCLEOTIDE,17. MITT. 53-0489
OLIGO-, 18. MITT. 54-0488
OLIGO-, 19.MITT. 54-0489
OLIGO- 20.MITT. 54-0490
U. NUCLEOSIDE, 22. MITT. 56-0636
OLIGO-, 21. MITT. 57-0656
NUCLEOSIDE U. POLY-, AMINOACYLDERIV., 3. MITT. 57-0657
CHEMIE, 9. MITT. 59-0665
OLIGORIBO-, 5. MITT. 60-0696
U. NUCLEOSIDE, 8. MITT. 61-0703
U. NUCLEOSIDE, 9. MITT. 61-0704
U. NUCLEOSIDE, 35. MITT. 61-0708
OLIGONUCLEOTIDVERB., 22. MITT. 61-0709
U. NUCLEOSIDE, 10. MITT. 62-0701
U. NUCLEOSIDE, 11. MITT. 62-0702
CHEMIE, 12. MITT. 62-0711
SYNTH. NUCLEOSIDE U. -, 2. MITT. 62-0841
SYNTHET. POLYNUCLEOTIDANALOGA, 3. MITT. 63-0868
CHEMIE, 11. MITT. 64-0792
OLIGO-, 23. MITT. 64-0794
OLIGO-, 24. MITT. 64-0795
MONO-, KONFORM. 59-0185
DINUCLEOSIDMONO- U. DIPHOSPHATE, KONFORM. -AENDER. IN D. RIBOSEGRUPPE 63-0189
ZU IMIDAZOLNUCLEOTIDEN FUEHRENDE WEITERE CHEM. UMWANDL. V. ZWISCHENSTUFEN IN D. REIHE D. PURINNUCLEOTID-BIOSYNTH. 53-0493
RIBONUCLEOSID-5'-PHOSPHITE SYNTH. 53-0488
OLIGONUCLEOTIDE V. AZAPURINEN, DARST. 53-0489
OLIGO-, GUANYLYL-(3'-5')-URIDYLYL-(3'-5')-URIDINE, DARST. 54-0489
5'-NUCLEOTID-2'.3'-CYCLOPHOSPHATE, DARST. 54-0490
6-AZAURIDIN-METHANPHOSPHONATE, DARST. 54-0496
ALKYLIMINO-FLAVIN-, DARST. 54-0555
PYRIDON-(2)-NUCLEOTIDANALOGA, DARST. DURCH O-N-UMLGYKOSIDIER. 55-0492
5'-, DARST. AUS NUCLEOSIDEN MIT POCL3 IN TRIALKYLPHOSPHATEN 56-0634
OLIGORIBO-, SYNTH., 4. MITT. 57-0658
N-(5-AMINO-1-BETA-D-RIBOFURANOSYL-IMIDAZOLYL-(4)-CARBONYL)-AMINOSAEURE-5'-PHOSPHATE, DARST. 57-0660
OLIGO- U. POLY-, SYNTH., 13. MITT. 57-0664
OLIGO- U. POLY-, SYNTH., 16. MITT. 59-0668
GUANOSIN-5'-PHOSPHATE, DARST. AUS 2'.3'-O-ISOPROPYLIDEN-GUANOSINEN 61-0705
OLIGO- U. POLY-, SYNTH.,14. MITT. 61-0718
OLIGORIBO-, SYNTH., 6. MITT. 62-0703
DI-, DARST. AUS 2'-O-ACYLRIBONUCLEOSIDEN 62-0703
6-AZAURIDIN-5'-PHOSPHATE, DARST. AUS O.O-DIPHENYL-PHOSPHORSAEURE-(O-BENZYL-PHOSPHORIGSAEURE)-ANHYDRID BZW. O.O-DIPHENYL-PHOSPHORSAEURE-(O-AETHYL-PHOSPHORIGSAEURE)-ANHYDRID U. 2'.3'-O.O-DISUBSTITUIERTEN-6-AZAURIDINEN 62-0709
POLY-, SYNTHET. ANALOGA, 2. MITT. 62-0840
DESOXYRIBOPOLY-, SYNTH. (NEUE METH.) 63-0772
1BETA-D- ARABINOSYL-5-FLUOR-PYRIMIDIN-5'-PHOSPHATE, DARST. 63-0883
DINUCLEOSIDPHOSPHATE, DARST. AUS NUCLEOSIDCYCLO-PHOSPHATEN U. URIDIN MIT RIBONUCLEASE T 1 64-0795
OLIGO-, DARST. V. GUANYLYL-(3'-5')-URIDYLYL-(3'-5')-1-BETA-D-ARABINO-FURANOSYL-URACIL U. GUANYLYL-(3'-5')-URIDYLYL-(3'-5')-1-BETA-D-ARABINO-FURANOSYL-CYTOSIN 54-0488
ARABINOFURANOSYLPYRIMIDINPHOSPHATE DARST. 55-0493
(3'-5')-DIRIBONUCLEOSID-PHOSPHAT-2'.3'-CYCLO-PHOSPHATE, DARST. 57-0656
Z-AMINOAETHYL-DINUCLEOSIDPHOSPHATE, DARST. 57-0657
DINUCLEOSIDPHOSPHATE, DARST. 57-0658
6-MERCAPTOPURIN-RIBO-, DARST. 57-0776
DESOXYOLIGO-, DARST. MIT HILFE D. TRICHLORAETHYL-PHOSPHATSCHUTZGRUPPE 59-0668
OLIGO-, DARST. AUS URIDIN-2'(3')-PHOSPHAT U. URIDIN (BEVORZUGTE BLDG. V. NATUERL. INTERNUCLEOTID-BIND.) 59-0674
TRINUCLEOSIDDIPHOSPHATE U. DI-, DARST. 60-0696
2-ALKYLMERCAPTO-INOSIN-5'-PHOSPHATE, DARST. AUS 2'.3'-O-ISOPROPYLIDEN-MERCAPTOINOSINEN 61-0705
DARST. 61-0709
DESOXY-OLIGO-, DARST. MIT 2'.3'-(2.4-DIMETHOXY-BENZYLIDEN)-URIDIN ALS PHOSPHATSCHUTZGRUPPE 61-0718
PYRIMIDINOARABINOSIDPHOSPHATE, DARST. 62-0718
5'-O-ACRYLOYL-URIDIN-ACRYLAMID-COPOLYMERE, DARST. 62-0840
DIRIBONUCLEOSIDPHOSPHATE, DARST. AUS GESCHUETZTEN NUCLEOSIDPHOSPHATEN U. 2'.3'-O-(P-METHOXY-BENZYLIDEN)-NUCLEOSIDEN 64-0794
PURINNUCLEOSID-2'.3'-CYCLOPHOSPHATE, DARST. AUS NUCLEOSIDEN 64-0795
DINUCLEOSIDMONO- U. DIPHOSPHATE, NMR 63-0189
MONO-, PMR 59-0185
5'-O-ACRYLOYL-URIDIN-ACRYLAMID-COPOLYMERE, HYBRIDISIER. MIT KALBS-THYMUS-DNS 62-0840
PYRIDIN-, BEI D. WASSERSTOFFUEBERTRAG. (MECHANISMUS), 29. MITT. 57-0597
6-AZAURIDIN-5'-PHOSPHATE, RK. MIT BIS-(2-CHLORAETHYL)-AMIN 62-0709
6-AZAURIDIN-5'-PHOSPHATE, RK. MIT AETHYLENIMIN 62-0709
OLIGO- U. POLY-, RK. MIT 2'.3'-O-(2.4-DIMETHOXY-BENZYLIDEN)-URIDIN ALS PHOSPHATSCHUTZGRUPPE 57-0664
2-ALKYLMERCAPTO-INOSIN- U. GUANOSIN-5'-PHOSPHATE, EINFL. AUF D. GESCHMACK V. MONO-NATRIUM-L-GLUTAMAT 61-0705
IN SACCHAROMYCES CEREVISIAE VAR. ELLIPSOIDEUS, EINFL. V. GAMMA-STRAHLEN AUF D. GEH. 59-0800
PYRIMIDINOARABINOSIDPHOSPHATE, WRKG. GEGEN DNS-VIREN 62-0718
6-MERCAPTOPURIN-RIBO-, CYTOTOX. WRKG. 57-0776

O

OBERFLAECHENAKTIVE VERBINDUNGEN
TENSIDE, EINFL. AUF D. HYDROLYSE V. SALICYLSAEUREPHENYLESTER 64-0932
OBERFLAECHENSPANNUNG
D. SYST. 1.1.1.3.3.3-HEXAFLUOR-PROPANOL-(2)-W. 55-0132
V. DMSO-W.-GEMISCHEN 64-0201
V. N.N'-DIACYL-LYSINEN 61-0841
OCENOL 70
OCENOL 70, KATALYT. HYDRIER. MIT MECHAN. AKTIVIERTEM NI-PULVER 58-0311
OELE, AETHERISCHE
FLUECHT. PFLANZENSTOFFE, 203.MITT. 55-0590
U. IHRE BESTANDTEILE, 40. MITT. 61-0771
U. IHRE BESTANDTEILE, 39. MITT. 63-0792

U. IHRE BESTANDTEILE, 35. MITT. 62-0762
V. CYPERUS ROTUNDUS, ISOLIER. V. SESQUITERPENOIDE N 55-0532
V. GALBANUM, IDENTIFIZIER. V. N-UNDECATRIEN-(1.3.5) 55-0590
V. CHRYSANTHEMUM VULGARE (RAINFARN), VORK. V. SESQUITERPENEN 61-0832
V. EFEU, SYNTH. V. VERB. MIT STRUKTURELLER BEZIEH. ZU D. EFEUGIFT URUSHIOL, 2. MITT. 64-0426
V. PETERSILIE (PETROSELINUM SATIVUM), VORK. V. P-MENTHATRIEN-(1.3.8) 57-0796
THEACEENOELE, ISOLIER. V. THEASPIRON AUS TEEOEL 62-0829
BERGAMOTTOEL, ISOLIER. 5-HYDROXY-7.8.3'.4'-TETRAMETHOXYFLAVON 60-0724
CUBEB-OEL, ISOLIER. V. (+-)-DELTA-CADINEN 57-0713
HOPFENOEL, ISOLIER. V. MONOTERPENOIDEN 59-0737
PATCHOULI- (SEYCHELLEN) , ISOLIER. V. SEYCHELLEN 64-0842
VETIVEROELE, VORK. V. TRICYCL. SESQUITERPENEN 61-0771
WACHOLDEROELE (KADE-OEL), ISOLIER. V. (+-)-DELTA-CADINEN 57-0713
OELSCHIEFER
SEEFELDER-, VORK. V. THIONAPHTHENEN 54-0600
GREEN-RIVER- (EOZAEN) , TRENN. V. ALKANEN AN MOL.-SIEBEN 60-0839
OLEFINE
* S. KOHLENWASSERSTOFFE (OLEFINE)
OLIGONUCLEOTIDE
* S. UNTER NUCLEOTIDE
OLIVOMYCINE
* S. UNTER ANTIBIOTIKA
ONIUMVERBINDUNGEN
* S. AUCH BETAINE
HETEROCYCL. ARYLAZOQUART.-SALZE, 1. MITT. 56-0459
HETEROCYCL. ARYLAZOQUART.-SALZE, 3. MITT. 56-0461
FARB. DIHYDROFURYLIUMSALZE, 4. MITT. 59-0516
INDOLOTHIAPYRYLIUMVERB., 4. MITT. 61-0617
HETEROAROMAT. KATIONEN, 11. MITT. 61-0618
HETEROAROMAT. KATIONEN, 12.MITT. 61-0619
ALKYL-AETHYLEN-HALOGENONIUM-IONEN, BLDG. DURCH BETEILIG. BENACHBARTER HALOGENATOME 59-0125
AUS THIOLACTAMEN U. HGCL2 BZW. CH3J, DARST. 60-0467
ARYL-TRITHIETANYLIUMCHLORIDE, DARST. AUS DITHIOCARBONSAEUREN U. SCL2 60-0475
AETHYLEN-, PROPYLEN- U. 1.2-DIMETHYL-AETHYLENHALOGENIUMIONEN, BLDG. 63-0259
ALKYL-AETHYLEN-HALOGENONIUM-IONEN, NMR 59-0125
HETEROAROMAT. KATIONEN, OX. MIT MNO2 61-0618
NITRIER. (KINETIK) 62-0254
OPALESZENZ
* S. UNTER LICHTSTREUUNG
OPHIOBOLINE
OPHIOBOLINE,BIOSYNTH. (STEREOCHEM. VERLAUF) 55-0588
(3)H- U. (14)C-DOTIERTE,BIOSYNTH. (STEREOCHEM. VERLAUF) 57-0701
BIOSYNTH. AUS DOPPELTMARKIERTEM MEVALONAT 61-0828
OPTIK
OPT. ANISOTROPIE V. N-ALKANEN VERSCHIEDENER KONFORM. 56-0092
OPTISCH AKTIVE VERBINDUNGEN UND KRISTALLE
OPT.-AKT. 4'-ALKOXY-BIPHENYL-4-CARBONSAEUREN, CHOLESTER. PHASEN 60-0181
OPT. AKT. BITHIENYLE,8. MITT.(SYNTH. V. 3.3'.6.6'-TETRAMETHYL-DIPHENSAEURE) 53-0340
OPT. AKT. BITHIENYLE,9. MITT.(SYNTH. V. 2.2'-DICARBOXY-4.4'-DIMETHYL-3.3'-BITHIENYL U. 4.4'-DICARBOXY-2.2'-DIMETHYL-3.3'-BITHIENYL) 53-0341
KONFORM.-ENANTIOMERIE,3.MITT. 54-0180
OPT. AKT. AROMAT. CHROMOPHORE, 4. MITT. 58-0076
OPT. AKT. AMINE, 8. MITT. 58-0077
OPT.-AKT. BITHIENYLE, 10. MITT. 58-0279
PARTIELL ASYMM. SYNTH., LSGM.-EFFEKTE , 1. MITT. (EINFL. AUF STEREOSELEKTIVITAET) 61-0456
SPONTANE RACEMATSPALT., REDUZIER. D. UNSICHERH.-FAKTORS, 2. MITT. 64-0090
OPT.-AKT. ORCEINFARBSTOFFE, KONFIG. 61-0677
DARST. DURCH SPALT. (ERKENNEN V. ECHTEN RACEMATEN U. RAC. GEMISCHEN) 53-0052
OPT.-AKT. DIALKYL-AL-HALOGENIDE, DARST. 54-0027
D. TRIMETHYLNONANSAEUREMETHYLESTERS, DARST. V. 4 STEREOISOMEREN 54-0225
OPT.-AKT. DIPHENYLESSIGSAEUREN, DARST. 55-0318
OPT.-AKT.-METHYLCYMANTRENE, DARST. 56-0003
OPT.-AKT. LANGKETT. ALKENSAEUREESTER, DARST. 56-0290
OPT.-AKT. ALKOHOLE DARST. AUS ASYMM. KETONEN MIT (+)-ALUMINIUM-TRIS-(2-METHYL-BUTYLAT) 57-0282
OPT.-AKT. 2-(NAPHTHYL-(1))-2-SILATETRALINE, DARST. 57-0601
OPT.-AKT. BITHIENYLE, DARST. 58-0279
OPT.-AKT. VITAMIN K3 -DMSO-SOLVATE, DARST. 58-0803
OPT.-AKT. METHYLCYMANTRENE, CHEM. KORRELAT. U. ABS. KONFIG. 59-0002
OPT.-AKT. CIS-TRANS-ISOMERE MENTHYLOXYESSIGSAEURE-(2-TOLYL-CYCLOHEXYLESTER), DARST. 59-0721
2.2'-BIPYRIDYL- U. O-PHENANTHROLIN-NI-KOMPLEXE, OPT. SPALT. MITTELS D. PFEIFFER-EFFEKTES 61-0004
OPT.-AKT. ZN(II)-KOMPLEXE V. SCHIFFSCHEN BASEN, DARST. 61-0028
OPT. AKT. ALLENCARBONSAEUREESTER, DARST. AUS ALKYLIDENPHOSPHORANEN U. OPT. AKT. SAEURECHLORIDEN 61-0426
OPT. AKT. SILANE, DARST. 61-0431
OPT.-AKT. ORCEINFARBSTOFFE, DARST. AUS OPT.-AKT. BIPHENYLDERIV. 61-0677
OPT. SPALT. V. N-NOR-ROMNEIN 61-0722
OPT.-AKT. STEROIDE, TOTALSYNTH., 5. MITT. (B-NOR-OESTRANE, TOTALSYNTH.) 61-0794
OPT.-AKT. PHOSPHINOXIDE, DARST. 62-0270
OPT.-AKT. OXALATO-CHROMATE(III), DARST. DURCH PHOTO-RACEMATSPALT. 63-0052
OPT. REINE U. ISOMERENFREIE ALKYLHALOGENIDE, FAKTOREN BEI D. BLDG., 5. MITT. 63-0361
OPT.-AKT.-ALLENE, DARST. AUS OPT.-AKT.-CYCLOPROPANCARBOSAEUREN 63-0364
OPT.-AKT. PHOSPHONSAEUREAMIDCHLORIDE, DARST. 63-0411
OPT.-AKT. SULFOXIDE, DARST. AUS ALKYL-ARYL-SULFIDEN MIT OPT. AKT. PERSAEUREN 63-0421
OPT.-AKT. SULFOXIDE, DARST. AUS D. RACEMATEN MIT OPT.-AKT. PERSAEUREN 63-0422
(-)-TRANS-CYCLOOCTEN U. (+)-TRANS-BICYCLO(6.1.0)NONAN, DARST. 63-0561
OPT.-AKT. TETRAHYDROFURFURALDERIV., DARST. 63-0601
OPT.-AKT. PHOSPHIN- U. SULFINSAEUREAMIDE, DARST. DURCH RACEMAT-SPALT. DURCH EXTRAKT. AUS OPT. AKT. LSGM. 64-0345
OPT.-AKT. POLYMETHYLALKANONE, DARST. 64-0378
OPT.-AKT. 4-METHYL-PENTANOLE-(1) U. ISOCAPRONSAEUREN, DARST. 64-0383
OPT. AKT. 1-C-PHENYLGLYCERINE, DARST. 64-0428
OPT. AKT. EPOXY-TETRAHYDROFURANE, DARST. 64-0592
OPT.-AKT. 1.2-DITHIOLAN-3-CARBONSAEURE, DARST. 64-0618
OPT. REINH. V. ALPHA-SUBSTITUIERTEN CARBONSAEUREN (KALORIMETR. BEST.) 54-0051
OPT.-AKT. ORCEINFARBSTOFFE, ELEKTRONENSPEKTREN 61-0677
OPT.-AKT. ORCEINFARBSTOFFE, ORD- U. CD-SPEKTREN 61-0677
OPT. AKT. CHLORALHALBACETALE, MUTAROTAT. 64-0082
NICHTAEQUIVALENZ D. NMR-SPEKTREN V. ENANTIOMEREN IN OPT. AKT. LSGM.,3. MITT. 53-0074
ENANTIOMERE, UNTERSCHIEDE IN NMR-SPEKTRUM IN CHIRALEM MEDIUM 64-0132
OPT. SPALT., KONTROLLE DURCH NMR 59-0721
OPT.-AKT. SULFOXIDE, SULFILIMINE U. SULFOXIMINE, STEREOSPEZIF. UMWANDL. 63-0418
OPT.-AKT. ALPHA-HYDROXY-IMINE, THERM. UMLAGER. 55-0289
OPT.-AKT. BITHIENYLE, RACEMISIER. 58-0279
RACEMATSPALT. V. DL-6-PHENYL-2.3.5.6-TETRAHYDRO-IMIDAZO(2.1-B)THIAZOL-HYDROCHLORID 57-0543
SPONTANE RACEMATSPALT. V. ALPHA.ALPHA'-DIAMINO-BIBENZYLEN 64-0090
SPALT. V. RAC.-1-TRIFLUORMETHYL-AETHANOL 56-0271
OPT. SPALT. V. (+-)-3-CARBOXYMETHYL-2.2'.4.4'.6.6'-HEXAMETHYL-3'-NITRO-BENZOPHENON 59-0432
OPTISCHE AKTIVITAET
* S. UNTER ROTATION, OPTISCHE
ORCEINFARBSTOFFE
* S. UNTER FARBSTOFFE (OXAZINFARBSTOFFE)
ORGANE
V. RATTEN, VERTEIL. V. TEREPHTHALSAEURE 59-0816
ATMUNGSORGANE, ANTITUSSIVE WRKG. V. 1-AMINOALKYL-ISO(THIO)CHROMANEN 64-0663
DARM, RESORPT. V. NALIDIXINSAEURE (RATTE) 59-0814
DARM, INTESTINALE RESORPT. V. ARZNEIMITTELN 64-0927
DARM, WRKG. EINER KOMBINAT. V. PHARMAKA AUF D. GASTROINTESTINALE RESORPT., 1. MITT. 61-0843
GALLENBLASE, N-ACETYL-N-AMINOTRIJODPHENYL-3-AMINOALKANSAEUREN ZUR CHOLECYSTOGRAPHIE 62-0408
HERZ, NOREPINEPHRIN-FREISETZ. AUF CHEM. WEGE, 3. MITT. (DURCH 3.5-DIHYDROXY-PHENAETHYLAMINE U. NOREPINEPHRINE) 63-0893
HERZ, NOREPINEPHRIN-FREISETZ. AUF CHEM. WEGE, 4. MITT. (EINFL. V. RESERPANEN U. YOHIMBANEN) 63-0894
LEBER, STIMULIER. D. PROTEINSYNTH. DURCH INSEKTENHAEUTUNGSHORMONE 61-0839
LEBERENZYME, EINFL. V. P-DIMETHYLAMINOAZOBENZOL U. TEREPHTHALSAEUREDERIV. AUFAKTIVITAET 59-0803
LEBERMIKROSOMEN, WRKG. AUF 2.3-OXIDO-SQUALENDERIV. 63-0885
MAGEN, STIMULIER. D. SEKRET. DURCH GASTRIN-ANALOGA 61-0800
MAGEN EINFL. V. COFFEIN AUF D. RESORPT.-GESCHW. V. PHARMAKA 61-0843
MAGEN WRKG. EINER KOMBINAT. V. PHARMAKA AUF D. GASTROINTESTINALE RESORPT., 1. MITT. 61-0843
MUSKELN, KRAMPFLOESENDE WRKG. V. DIALKYL(ARYL)-GLYKOLSAEURE-DICHLORPHENYLHYDRAZIDEN 63-0518
ORGANOANTIMONVERBINDUNGEN
TRIPHENYLSTIBINOXIDDERIV., DARST. 61-0430
ALKOXYTETRAPHENYL-SB-VERB., DARST. AUS TETRAPHENYLSTIBONIUMCHLORID BZW. -BROMID 62-0026
ALKOXYTETRAPHENYL-SB-VERB., IR 62-0026
ALKOXYTETRAPHENYL-SB-VERB., UV 62-0026
ALKOXYTETRAPHENYL-SB-VERB., PMR 62-0026
KOMPLEXE D. TYPS R2SNX2.2(CH3)3SBS, DARST. AUS TRIORGANO-STIBINSULFIDEN U. ZINN-IV-VERB., EIG. 57-0047

ALKOXYTETRAPHENYL-SB-VERB., ZERS. 62-0026
STIBINE, RK. MIT TRIALKYL(ARYL)STIBINKOMPLEXEN V. RH(I) U. IR(I) 57-0028
ORGANOARSENVERBINDUNGEN
11. MITT. 56-0392
10.MITT. 57-0387
TRIPHENYLARSINOXIDDERIV., DARST. 61-0430
STEREOSPEZIF. ADDIT. AN ALKINE 54-0318
ORGANOBORVERBINDUNGEN
* S. AUCH RINGSYSTEME (HETEROCYCLEN)
METALL-BOR-VERB.,5. MITT. 53-0042
ARYLBORVERB., 14.MITT. 54-0271
HETEROCYCL., 7. MITT. 58-0036
NA-TETRAARYLBORATE, PHOTOCHEMIE IN ALKOHOL. LSG. 57-0384
ORGANOBROMVERBINDUNGEN
* S. AUCH HALOGENHYDRINE
* S. AUCH KOHLENWASSERSTOFFE (HALOGENIERTE)
2-BROM-3-OXO-STEROIDE, ENZYMAT. DARST. AUS 2-HYDROXYMETHYLEN-3-OXO-STEROIDEN 61-0821
BROMVINYLSULFONE, DARST. AUS 1.2-DIBROM-AETHYL-SULFONEN 56-0345
ALPHA-BROM-ALPHA-NITRO-ALKYLNITRATE, DARST. AUS BETA-DIBROM-NITROALKANEN 59-0288
MONOBROMBENZOLE, DARST. MIT DIBROMISOCYANURSAEURE 60-0367
1-(2-BROM-AETHOXY)-ALKINOLE-(4), DARST. AUS ALKINOL-O.1-DIMAGNESIUMBROMIDEN U. CHLORMETHYL-BETA-BROM-AETHYLAETHER 61-0348
BROM-1.X-NAPHTHYRIDINE, DARST. AUS 1.X-NAPHTHYRIDINEN 62-0608
2-(ALPHA-BROM-ARYLIDEN)-2.3-DIHYDRO-THIANAPHTHENONE-(3), DARST. DURCH BROMIER. 64-0594
BROMTHIOPHENCARBALDEHYDE, DARST. AUS BROMTHIOPHENEN U. DMF BZW. AUS THIOPHENCARBALDEHYDEN 56-0476
3-BROM-PYRONE-(2), DARST. 60-0583
BROMTHIOPHENCARBALDEHYDE, NMR (CHEM. VERSCHIEB., KOPPL.-KONST.) 56-0476
(GEM.-BROM-NITROALKYL)-BENZOLE, ELEKTROCHEM. RED. 57-0390
3-BROM-PYRONE-(2), RINGOEFFN. MIT BASEN 60-0583
2.6-DISUBSTITUIERTE (ALPHA-BROM-ALKYL)-BENZOLE, HYDROLYSE (SUBSTITUENTEN-EINFL.) 64-0265
CARBOMETHOXYBENZYLBROMIDE, SOLVOLYSE (KINETIK, KONSTIT.-EINFL.) 64-0266
NITRO-STYRYLBROMIDE, RK. MIT METHYLAT (KINETIK) 57-0233
ALPHA- BROM-DESOXYBENZOINE, RK. MIT P-ANISIDIN (KINETIK) 63-0282
ALPHA- BROM-DESOXYBENZOINE, RK. MIT NA-PHENOLAT (KINETIK) 64-0285
NITRO-STYRYLBROMIDE, RK. MIT THIOPHENOLAT (KINETIK) 57-0233
BROMNITRODIPHENYLAETHYLENE, RK. MIT NA-P-THIOKRESOLAT (KINETIK) 61-0465
ORGANOCHLORVERBINDUNGEN
* S. AUCH HALOGENHYDRINE
* S. AUCH KOHLENWASSERSTOFFE (HALOGENIERTE)
* S. AUCH STICKSTOFFLOSTE
NAPHTHALIN-DICHLORID-DERIV., 1. MITT. 61-0493
POLYCHLORAROMAT. VERB., 2. MITT. 63-0065
AROMAT. POLYCHLOR-VERB., 1. MITT. 63-0690
ALPHA-CHLOR-ENAMINE, 2.MITT. 64-0406
HEXACHLORBICYCLOHEPTENE, KONFORM. 57-0094
CHLOR-1.4-THIOXANE, KONFORM. 57-0147
2-CHLOR-CYCLANTHIOLE, KONFORM. 62-0423
VINYLCHLORIDE, DARST. AUS ALDEHYDEN U. CHLORMETHYL-TRIPHENYLPHOSPHONIUMBROMID 56-0228
MIT 36-CL MARKIERTE, DARST. 56-0293
DICHLORCYCLOBUTENONE, DARST. AUS ALKINEN U. NATRIUMTRICHLORACETAT 56-0377
CHLOR-DESOXYZUCKER, DARST. 56-0616
DL-2.3-DICHLOR-2-METHYLPROPIONATE, DARST. 57-0309
(1-TRICHLORMETHYLCYCLOALKYL)-ALKYLENAMINE, DARST. AUS ENAMINEN U. TRICHLORESSIGSAEURE 57-0481
1.5-BIS-DIALKYLAMINO-2.3-DICHLOR-PENTENE-(2), DARST. AUS D. PENTINEN-(2) U. CL2 59-0329
3-(N-ALKYL-N-(2-CHLOR-AETHYL)-AMINOMETHYL)-BENZO(B)-THIOPHENE, DARST. 59-0524
ALKINYL-BIS-TRICHLORESSIGSAEUREESTER, DARST. AUS ALKINDIOLEN 60-0353
CHLORPYRIDAZINE, DARST. 60-0662
CHLORALKYLPEROXIDE, DARST. AUS HYDROXYALKYLPEROXIDEN U. HCL 61-0331
ALPHA-CHLORKRESOLE, DARST. AUS CHLORAMEISENSAEURE-TOLYLESTERN U. DIMETHYLFORMAMID 61-0385
CHLOR-METHYLBENZYLSULFONE, DARST. AUS CHLORMETHYL-BENZYLSULFIDEN 61-0390
1-CHLOR-1-CYAN-2-AMINO-CYCLOBUTANE, DARST. AUS ALPHA-CHLOR-ACRYLNITRIL U. ENAMINEN 61-0509
6-CHLOR-3H-PYRIMIDONE-(4), DARST. AUS NITRILEN U. HCL-PHOSGEN 61-0663
METHYL-6-CHLOR-6-DESOXY-GLYKOSIDE, DARST. AUS D-GLYKOSIDEN U. MESYLCHLORID 61-0689
TRICHLOR-ALKOXY-BUTTERSAEUREN, DARST. AUS BETA-TRICHLORMETHYL-BETA-HYDROXY-PROPIOLACTON U. ALKOHOLAT 62-0353
2-ALKOXY-3-CHLOR-TETRAHYDROFURANE, DARST. AUS TETRAHYDROFURAN, SO2CL2 U. ALKANOLEN 62-0519
CHLOR-S-HETEROCYCLEN, DARST. AUS CYCL. SULFOXIDEN 62-0640
3-CHLOR-2.3-DIMETHYL-BUTYLAETHER, DARST. AUS TRIMETHYLAETHYLEN U. ALKYLCHLORMETHYLAETHERN 63-0368
HYDROXYCHLORPROMAZINE, DARST. AUS 2'-BROM-2-FORMAMIDO (AMINO)-DIPHENYLSULFIDEN 63-0725
(ALPHA-CHLOR-ALKYL)-ALKYL-PEROXIDE, DARST. 64-0363
4-CHLOR-3-AETHOXY-BUTTERSAEUREALKYLESTER, DARST. AUS ALPHA-BROMZINK-CARBONSAEUREALKYLESTERN U. ALPHA.BETA-DICHLOR-DIAETHYLAETHER 64-0388
3-CHLOR-1.2-BENZISOXAZOLE, DARST. 54-0386
3-CHLORAETHYL-THIAZOLIDINYL-(2)-IMINE, DARST. AUS NN-LOST U. SENFOELEN 54-0387
BETA-TRICHLORMETHYL-BETA-LACTONE, DARST. DURCH ADDIT. V. KETEN AN TRICHLORMETHYL-CARBONYLVERB. 56-0300
CHLOR-1.4-THIOXANE, DARST. AUS 1.4-THIOXAN 57-0147
P-CHLORPHENOXY-CHLORCARBANILIDE, DARST. AUS ISOCYANATEN U. AMINODIPHENYLAETHERN 57-0373
1-AMINO-1-CHLOR-2-ACYL-ALKENE-(1), DARST. AUS 1-AMINO-ALKINEN-(1) 62-0357
2-CHLOR-CYCLANTHIOLE, DARST. 62-0423
CHLORCHINOXALINE, DARST. AUS CHLOR-O-PHENYLENDIAMINEN U. GLYOXAL 62-0501
ALPHA-CHLOR-BETA-CHLORCARBONYL-ENAMINE, DARST. AUS PHOSGEN U. N.N-DISUBSTITUIERTEN SAEUREAMIDEN 64-0406
HEXACHLOR-4.7-METHANO-HYDROISOBENZOFURANE, (1)H- NMR 57-0095
2-CHLOR-CYCLANTHIOLE, NMR 62-0423
HEXACHLORBICYCLOHEPTENE, NMR 57-0094
7.7-DIFLUOR-1.2.3.4-TETRACHLOR-BICYCLO(2.2.1)HEPTENE-(1) NMR (WEITBEREICH-KOPPL. ZWISCHEN PROTONEN U. FLUOR) 58-0102
CHLOR-EPOXYTETRACYCLEN, ELEKTRORED. (MECHANISMUS) 64-0235
3-CHLORACETONYL-SULFIDE, NUCLEOPHILE SUBSTITUT. -RK. 55-0184
HALOGENIERTE POLYCYCL. BRUECKENVERB., FREIE-RADIKAL-RK., 6. MITT. 55-0361
VINYLCHLORIDE, REAKTIVITAET (EINFL. V. STEREOCHEMIE U. SUBSTITUENTEN) 56-0228
BETA-TRICHLORMETHYL-BETA-LACTONE, RK. 56-0300
NITRO-9-CHLOR-ACRIDINE, HYDROLYSE (KINETIK) 62-0221
3-CHLORAETHYL-THIAZOLIDINYL-(2)-IMINE, CYCLISIER. 54-0387
CHLOR-GEM.-BISALKYLMERCAPTOBUTANE, DEHYDROCHLORIER. 59-0295
HYDRODECHLORIER. VON CHLORCHINOXALINEN 62-0501
3-CHLOR-2.3-DIMETHYL-BUTYLAETHER, DEHALOGENIER. 63-0368
CHLORTERPENE, OX. MIT KMNO4 63-0793
CIS-2-CHLORCYCLOALKANTHIOLE, ALKAL. HYDROLYSE (KINETIK, MECHANISMUS) 56-0220
CHLORBENZOLSULFONAMIDE, AMMONOLYSE (MECHANISMUS) 57-0362
GEM. DICHLORIDE, RK. MIT K-AETHYLXANTHOGENAT 58-0615
9-CHLOR-ACRIDINE, HYDROLYSE (KINETIK) 60-0257
3.3-DIALKOXY-PROPYLCHLORIDE, RK. MIT MG ZU ALKOXY-CYCLOPROPANEN 61-0447
2-CHLOR-CYCLANTHIOLE, SOLVOLYSE MIT W.-DIOXAN (KINETIK) 62-0424
ALPHA-CHLOR-DIPHENYLACETAMIDE, RK. MIT 1-METHYL-PIPERAZIN (MECHANISMUS) 62-0647
2-METHYL-CHLORNITROBENZOTHIAZOLE, METHOXYDECHLORIER. (KINETIK) 58-0257
1-CHLOR-2-NITROSO-ISOBUTYLVERB., ALKOHOLYSE 62-0341
CHLORPHENYLMETHYLSULFONE, RK. MIT NA-ALKOHOLATEN (KINETIK) 61-0254
GEMINALE DICHLORIDE, RK. MIT K-AETHYLXANTHOGENAT BZW. THIOHARNSTOFFEN 58-0614
POLYCHLOR-PYRIDIN-AMINE, RK. MIT PERSAEUREN 63-0690
DL-2.3-DICHLOR-2-METHYLPROPIONATE, FUNGICIDE WRKG. (NEUROSPORA SITOPHILA) 57-0309
P-CHLORPHENOXY-CHLORCARBANILIDE, WRKG. GEGEN STAPHYLOCOCCUS AUREUS 57-0373
CHLORPHENYLMERCAPTOESSIGSAEUREN, AUXINAKTIVITAET U. ELEKTRONENSTRUKTUR 60-0155
DL-2.3-DICHLOR-2-METHYLPROPIONATE, HERBICIDE WRKG. (WEIZEN, SENF) 57-0309
ORGANOELEMENTVERBINDUNGEN
POLYHALOGENORGANOMETALL- U. -ORGANONICHTMETALLVERB., 12.MITT. 58-0092
HETERORGAN. VERB., 34.MITT. 59-0049
POLYHALOGENORGANOMETALL- U. -NICHTMETALLVERB., 17. MITT. 59-0341
POLYHALOGENORGANOMETALL- U. -NICHTMETALLVERB., 16. MITT. 59-0607
POLYHALOGEN-ORGANONICHTMETALL- U. -ORGANOMETALLVERB., 20. MITT. 61-0429
POLYHALOGEN-ORGANOMETALL- U. -ORGANONICHTMETALLVERB., 23. MITT. 61-0640
POLYHALOGENORGANONICHTMETALLVERB., U. POLYHALOGENORGANOMETALLVERB., 28. MITT. 62-0437
POLYHALOGENORGANONICHTMETALL- U. -ORGANOMETALLVERB., 21. MITT. 63-0463
POLYHALOGEN-ORGANOMETALL- U. -ORGANONICHTMETALLVERB., 22. MITT. 63-0464
POLYHALOGENORGANOMETALL- U. ORGANONICHTMETALLVERB., 29. MITT. 63-0465
HETEROORGAN. VERB., 35. MITT. 64-0046

DIAETHYLCHALKOGENIDE, ASSOZIAT. MIT INDOL U. PHENOL 60-0197
PERFLUORPHENYLDERIV. D. ELEMENTE, 14. MITT. 58-0039
PERFLUORPHENYLDERIV. D. ELEMENTE, 15. MITT. 58-0547
ALLYL-DERIV. D. 4. GRUPPE, SPALT. DURCH HG(II)-SALZE (KINETIK U. MECHANISMUS), 1.MITT. 59-0031
PENTAPHENYLVERB. D. ELEMENTE D. 5. HAUPTGRUPPE, TRANSMETALLIER. MIT PHENYL-LI (KINETIK) 61-0038

ORGANOFLUORVERBINDUNGEN
* S. AUCH HALOGENHYDRINE
* S. AUCH KOHLENWASSERSTOFFE (HALOGENIERTE)
HETEROCYCL. POLYFLUORVERB., 10. MITT. (NUCLEOPHILE SUBSTITUTION AN TETRAFLUORPYRIMIDIN) 53-0451
AROMAT. POLYFLUORVERB., 38. MITT. 54-0356
HETEROCYCL. POLYFLUORVERB., 11. MITT. 54-0438
HETEROCYCL. POLYFLUORVERB., 12. MITT. 54-0439
FLUOR-ALKOHOLE, 5. MITT. 55-0133
ORGANOMETALL. POLYFLUORARYLVERB., 4. MITT. 55-0021
39. MITT. 55-0217
HETEROCYCL. POLYFLUORVERB., 13. MITT. 55-0365
2. MITT. 56-0269
FLUORKOHLENHYDRATE, 17. MITT. 56-0621
AROMAT. POLYFLUORVERB., 39. MITT. 57-0418
POLYFLUORHETEROCYCL. VERB., 10. MITT. 57-0588
PERFLUORALKYLDERIV. D. N, 26. MITT. 58-0385
FLUORKETENE, 2. MITT. 59-0297
PARTIELL FLUORIERTE HETEROCYCLEN, 6. MITT. 59-0520
HETEROCYCL. POLYFLUORVERB., 11. MITT. 59-0606
HETEROCYCL. POLYFLUORVERB., 14. MITT. 59-0633
POLYFLUORALKYLDERIV. D. STICKSTOFFS, 27. MITT. 60-0355
2-FLUOR-AETHYL-AMINE, 3. MITT. 60-0630
PERFLUORPHENYLDERIV. D. ELEMENTE, 16. MITT. 61-0043
EPOXYFLUORVERB., 1. MITT. 61-0526
FLUORIERTE EPOXIDE, 2. MITT. 61-0527
FLUORIERTE EPOXIDE, 3.MITT. 61-0528
PARTIELL FLUORIERTE HETEROCYCL. VERB., 7. MITT. 61-0544
ALPHA-FLUOR-ZIMTSAEUREESTER U. BETA-FLUOR-STYROLE, 2. MITT. 62-0090
40. MITT. 62-0314
POLYFLUORARYL-ORGANOMETALLVERB., 7. MITT. 62-0496
PERFLUORACYLTHIOPHENE, 1. MITT. 62-0534
AROMAT. POLYFLUOR-VERB., 40.MITT. 62-0535
POLYFLUOR-VERB., AROMAT., 41. MITT. 63-0427
POLYFLUOR-ORGANOMETALL-VERB., 8. MITT. 63-0604
201 PENTAFLUORPHENYL-AL-VERB., DARST. 55-0021
SYNTH. V. FLUORIDEN D. GRUPPE VB AUS N-FLUORVERB. 53-0438
1.2.4-TRIFLUOR-DIBENZOFURANE, DARST. 54-0356
TETRAFLUORBENZOLE, DARST. AUS 1.2.3.4-TETRAFLUORBENZOL 55-0313
TETRAFLUORBENZOLE U. OKTAFLUORBIPHENYLE, DARST. 55-0313
ALIPHAT. MONOFLUORAMINOSAEUREN, DARST. 56-0319
ALIPHAT. FLUORAMINOSAEUREN, DARST. 56-0322
FLUORMETHANPHOSPHONSAEURE, DERIV., DARST. 56-0328
1-PHENYLAETHINYL-TETRAFLUORBENZOLE, DARST. 56-0396
1-(P-FLUORPHENYL)-PYRAZOLDERIV., DARST. AUS SUBSTITUIERTEN P-FLUOR-PHENYLHYDRAZINEN U. ACETESSIGESTER BZW. MALONESTER 58-0597
BIS-(TETRAFLUORPHENOXY)-TETRAFLUORBENZOLE, DARST. AUS DIHYDROXYTETRAFLUORBENZOLDIALKALISALZEN U. PENTAFLUORBENZOLEN 59-0349
3-TRIFLUORACETAMINO-5-TRIFLUORMETHYL-FURANONE-(2), DARST. AUS 2-TRIFLUORMETHYL-4-TRIFLUORACETYLMETHYLEN-OXAZOLIDONEN-(5) 59-0518
F-HALT. 4-(2-AMINO-1-HYDROXY-AETHYL)-CHINOLINE, DARST. 60-0588
NITROALKYLFLUORIDE, DARST. AUS NITROALKOHOLEN U. SF4 61-0324
PERFLUOR-ALKYLVINYLKETONE, DARST. 61-0342
1.1.1.3.3.3- HEXAFLUOR-PROPANE MIT F-HALT. SUBSTITUENTEN, DARST. AUS BIS-(TRIFLUORMETHYL)-KETEN 61-0346
N.N- BIS-(TRIFLUORMETHYL)-AETHINYL-AMINE, DARST. 61-0373
POLYFLUORALKYLAMINE, DARST. AUS HEXAFLUOR-ISOPROPYLIDENAMIN U. NUCLEOPHILEN KW-STOFFEN 61-0415
2-ALKOXY-TETRAFLUORPROPIONSAEUREESTER, DARST. 61-0527
POLYFLUORPHENAZINE, DARST. DURCH ELEKTROCHEM. OX. V. POLYFLUORANILINEN BZW. -DIPHENYLAMINEN 61-0660
POLYFLUORARYLAETHERNITRILE, DARST. AUS FLUORARYLNITRILEN U. PENTAFLUORPHENOLAT 62-0389
GEM.-POLYFLUORDIOLATE, DARST. AUS GEM.-POLYFLUORDIOLEN U. METALLHYDROXIDEN 63-0058
FLUORIERTE AETHER, DARST. AUS PERFLUORKETON-METALLFLUORID-ADDUKTEN, OLEFINEN U. HALOGENEN 63-0370
FLUORKOHLENSTOFFPEROXIDE, DARST. AUS BIS-(FLUORFORMYL)-PEROXID 63-0371
OMEGA-NITROSO-PERFLUORCARBONSAEUREESTER DARST. AUS PERFLUORIERTEN CARBONSAEUREANHYDRIDEN U. METHYLNITRIT 63-0387
FLUORIERTE DIAZIRINE, DARST. 63-0582
2.2.2-TRIFLUOR-1-(TERT.-BUTYLOXYCARBONYLAMINO)-AETHYL-DERIV., DARST. AUS 2.2.2-TRIFLUOR-1-HYDROXY-N-TERT.-BUTYLOXYCARBONYL-AETHYLAMIN 63-0632
POLYFLUOR-S-HETEROCYCLEN, DARST. AUS SULFIDEN U. POLYFLUOROLEFINEN 63-0692
POLYFLUORIERTE PYRIDINE, DARST. 54-0438
PENTAFLUORPHENYLMERCAPTO-METALL-KOMPLEXE, DARST. 56-0088
POLYFLUORALKANOLE, DARST. DURCH ADDIT. V. PROPANOL-(2) AN TRIFLUORCHLORAETHYLEN 56-0269
AROMAT. FLUORACETYLENE, DARST. AUS LITHIUM-PHENYLACETYLID U. AROMAT. POLYFLUORVERB. 57-0418
4-SUBSTITUIERTE TETRAFLUORPYRIDINE, DARST. AUS 2.3.5.6-TETRAFLUOR-4-METHYL-PYRIDIN 57-0588
POLYFLUORVINYLAMINE, DARST. 58-0385
POLYFLUORBENZO(B)FURANE, DARST. 59-0520
2-TRIFLUORMETHYL-FURANE, DARST. 60-0484
5-(2-FLUOR-AETHYLAMINO)-URACILE, DARST. AUS 5-AMINO-URACILEN U. 2-BROM-1-FLUOR-AETHAN 60-0630
BIS-TRIFLUORMETHYL-PHOSPHINSULFIDE, DARST. 61-0379
EPOXYFLUORVERB., SYNTH. 61-0526
2.2- DIANILINO-PERFLUORPROPIONSAEUREANILIDE, DARST. AUS PERFLUORPROPYLENEPOXID U. ANILINEN 61-0528
PERFLUORACYLTHIOPHENE, DARST. AUS 2-THIENYL-LITHIUM U. ALIPHAT. PERFLUORCARBONSAEUREDERIV. 62-0534
POLYFLUOR-BENZO(B)THIOPHENE, DARST. AUS POLYFLUORBENZYLIDEN-RHODANINEN 62-0535
POLYFLUORDIBENZO-HETEROCYCLEN, DARST. 63-0604
PENTAFLUORPHENYLMERCAPTO-METALL-KOMPLEXE IR 56-0088
BIS-TRIFLUORMETHYL-PHOSPHINSULFIDE, IR 61-0379
PENTAFLUORPHENYL-VERB. V. GRUPPE IV-ELEMENTEN , STER. HINDER. 56-0012
PENTAFLUORPHENYLMERCAPTO-METALL-KOMPLEXE (19)F-NMR 56-0088
BENZYL- U. PHENYL-AETHYL-FLUORIDE, NMR 56-0125
2.2-DIFLUORDECALINE, (19)F-NMR (SUBSTITUENTENEINFL.) 57-0103
FLUORBICYCLO(2.2.2)OCTANE, (19)F-NMR 57-0104
5-FLUOR-PYRIMIDIN-NUCLEOSIDE, WEITBEREICHSKOPPL. IN (19)F- NMR 58-0109
PENTAFLUORPHENYL-VERB., NMR 60-0100
BIS-TRIFLUORMETHYL-PHOSPHINSULFIDE, NMR 61-0379
7.7-DIFLUOR-1.2.3.4-TETRACHLOR-BICYCLO(2.2.1)HEPTENE-(1) NMR (WEITBEREICH-KOPPL. ZWISCHEN PROTONEN U. FLUOR) 58-0102
BIS-TRIFLUORMETHYL-PHOSPHINSULFIDE, DAMPFDRUECKE 61-0379
FLUORNITROBENZOLE, SUBSTITUT.-RK. D. F (KINETIK) 55-0185
ALPHA-FLUOR-BETA-KETOSAEURE-ESTER, RK. 55-0217
TETRAFLUORBENZOLE, RK. 55-0313
POLYFLUOR-BENZO(B)THIOPHENE, NUCLEOPHILE SUBSTITUT.-RK. 62-0535
POLYFLUORVINYLAMINE, UMLAGER. U. PYROLYSE 58-0385
PERFLUORIERTE AROMATEN, HOMOLYT. RK., 1.MITT. 58-0484
HETEROCYCL. POLYFLUORVERB., KATALYT. HYDRIER. 59-0633
PERFLUOR-BIS-AZOMETHINE, HYDROLYSE 56-0311
PERFLUORPHENYLDERIV. D. ELEMENTE, 14. MITT. 58-0039
PERFLUORPHENYLDERIV. D. ELEMENTE, 15. MITT. 58-0547
FLUORKETONE, ADDUKTE MIT METALLFLUORIDEN 63-0094
BENZOTRIFLUORIDE, PHOTOHYDROLYSE 64-0333
ALPHA-FLUORCARBONSAEUREESTER ALKYLIER. MIT ALKYLBROMIDEN 56-0292
PERFLUORACYLFLUORIDE, PHOTORK. MIT PERFLUOR-2.3-DIAZABUTADIEN 64-0395
5-FLUOR-4-HYDROXY-PYRIMIDIN-6-ALDEHYDE, HEMM. D. RNS- U. DNS-BIOSYNTH. IN EHRLICH-ASCITES-KARZINOM IN VITRO 63-0870
5-TRIFLUORMETHYL-FURFURALDERIV., ANTIBAKTERIELLE WRKG. 60-0484
5-(2-FLUOR-AETHYLAMINO)-URACILE, KEINE ANTITUMOR-WRKG. 60-0630
F-HALT. 4-(2-AMINO-1-HYDROXY-AETHYL)-CHINOLINE, ANTIMALARIA-WRKG. 60-0588

ORGANOHALOGENVERBINDUNGEN
* S. AUCH HALOGENHYDRINE
* S. AUCH KOHLENWASSERSTOFFE (HALOGENIERTE)
* HALOGENIERTE AETHER, ALDEHYDE, ALKOHOLE... S. UNTER AETHER, ALDEHYDE, ALKOHOLE...
TRIHALOGENMETHYLVERB. V. POTENTIELLEM THERAPEUTISCHEM INTERESSE, 7. MITT. (SELEKTIVE RED.) 53-0213
ALPHA-HALOGENAETHER ALPHA-HALOGENAETHER, 31. MITT. (MICHAELIS-ARBUSOW-RK. MIT ALPHA-CHLORAETHERN U. ALPHA-CHLORAMINEN) 53-0203
HALOGEN-KETENE, 4. MITT. 55-0343
ALPHA-HALOGENSULFONE, 8. MITT. 55-0353
ALPHA-HALOGENIERTE AMINE, 22. MITT. 55-0472
POLYHALOGENORGANOMETALL- U. -ORGANONICHTMETALLVERB., 12.MITT. 58-0092
ALPHA-HALOGEN-KETONE, 6. MITT. 58-0282
POLYHALOGENORGANONICHTMETALLVERB., 13.MITT. 58-0449
POLYHALOGENORGANONICHTMETALLVERB., 14. MITT. 58-0450
POLYHALOGENORGANONICHTMETALLVERB., 15. MITT. 58-0451
PERHALOGENKETONE U. IHRE DERIV., 13. MITT. 59-0287
POLYHALOGENORGANOMETALL- U. -NICHTMETALLVERB., 17. MITT. 59-0341
POLYHALOGENORGANOMETALL- U. -NICHTMETALLVERB., 16. MITT. 59-0607
HALOGENIERTE KETENE, 6. MITT. 60-0337
ALPHA-HALOGEN-SULFONE, 9. MITT. 61-0390
POLYHALOGEN-ORGANOMETALL- U. -ORGANONICHTBETALLVERB. 18. MITT. 61-0428
POLYHALOGEN-ORGANOMETALL- U. ORGANONICHTMETALLVERB., 20. MITT. 61-0429
ALPHA-HALOGEN-AETHER, 35. MITT. 61-0569

POLYHALOGEN-ORGANOMETALL- U. -ORGANONICHTMETALLVERB., 19.MITT. 61-0639
POLYHALOGEN-ORGANOMETALL- U. -ORGANONICHTMETALLVERB., 23. MITT. 61-0640
POLYHALOGEN-ORGANOMETALL- U. -ORGANONICHTMETALLVERB., 28. MITT. 62-0437
HALOGEN-1.4-DIOXANE U. IHRE DERIV., 4.MITT. 62-0638
HALOGENMETHYL-METALLVERB., 17. MITT. 63-0462
POLYHALOGENORGANOMETALL- U. -ORGANONICHTMETALLVERB., 21. MITT. 63-0463
POLYHALOGEN-ORGANOMETALL- U. -ORGANONICHTMETALLVERB., 22. MITT. 63-0464
POLYHALOGENORGANOMETALL- U. ORGANONICHTMETALLVERB., 29. MITT. 63-0465
ALPHA-HALOGENAETHER, 37. MITT. 63-0627
ALPHA-HALOGEN-ISOCYANATE, TAUTOMERIE MIT CARBAMINSAEUREHALOGENIDEN 61-0477
(DI)HALOGENTETRAHYDROFURANE, KONFORM. 61-0140
2-HALOGEN-1.1.2-TRIS-(P-ACYLOXY-PHENYL)-AETHYLENE, DARST. DURCH HALOGENIER. D. TRIESTER 54-0305
5.7-DIHALOGEN-BENZIMIDAZOLE, DARST. AUS DIHALOGEN-O-PHENYLENDIAMINEN 55-0409
2-(N-ALLYL-N-HALOACETYLAMINO)-1.3.4-THIADIAZOLE, DARST. AUS 2-ALLYLAMINO-THIADIAZOLEN U. HALOGENACETYLHALOGENIDEN 59-0579
N-HYDROXY-5-HALOGEN-PYRIMIDINE, DARST. 60-0666
1-(2-HALOGENAETHYL)-5-NITRO-IMIDAZOLE, DARST. 60-0832
ALPHA-HALOGENVINYL-SULFOXIDE, DARST. AUS ALPHA,BETA-HALOGENIERTEN SULFOXIDEN 61-0337
HALOGENMETHYL-KETONE, DARST. AUS OXOSULFONIUM-ACYLMETHYLIDEN U. HALOGENWASSERSTOFFEN 61-0347
2-HALOGEN-CARBONSAEUREESTER, DARST. AUS CARBONYLVERB., AETHYLENOXID U. HALOFORMEN 61-0350
2-HALOGENALKANSAEUREESTER, DARST. AUS DIHALOGENESSIGSAEUREAETHYLESTERN U. OLEFINEN DURCH HYDROBORIER. 61-0359
(1-PHENYL-2-HALOGEN-PROPYL-(2))-KETONE, DARST. AUS PHENYL-ISOPROPENYLCARBINOLEN 61-0398
1-HALOGEN-2-ALKOXYMETHYL-CYCLOHEXANE, DARST. AUS CYCLOHEXEN U. HALOGENMETHYLALKYLAETHER (ZNCL2) 61-0445
2'-DESOXY-2'-HALOGEN-URIDINE, DARST. AUS 2'-O-SULFONYL-URIDINEN 61-0703
POLYHALOGENPHENYL-SILANE, DARST. 63-0463
ALPHA- HALOGENALKYL-ALKINYLAETHER, DARST. AUS ALKINOLEN U. ALDEHYDEN 64-0362
3-(ALKYLAMINOMETHYL)-5(7)-HALOGEN-BENZO(B)THIOPHENE, DARST. 59-0525
POLYHALOGENDIKETONE, DARST. AUS POLYHALOGENARYL-CU-VERB. 61-0640
(DI)HALOGENTETRAHYDROFURANE, IR- U. RAMANSPEKTREN (C-HALOGEN-VALENZSCHWING.) 61-0140
4-HALOGEN-PYRIDINE, MOL.-STRUKTUR (BERECHN. V. NORMALFREQUENZEN) 55-0101
(DI)HALOGENTETRAHYDROFURANE, DIPOLMOMENTE 61-0140
BETA-HALOGENVINYL-KETONE, DIPOLMOMENTE 61-0251
HALOGENIERTE POLYCYCL. BRUECKENVERB., FREIE-RADIKAL-RK., 4. MITT. 54-0346
4-HALOGEN-PYRIDINE, NUCLEOPHILE SUBSTITUT. (MECHANISMUS) 54-0418
RK. MIT PB (WURTZ-ANALOGE SYNTH.) 55-0222
HALOGENIERTE POLYCYCL. BRUECKENVERB., FREIE-RADIKAL-RK., 5. MITT. 55-0360
HALOGENHETEROCYCLEN, RINGUMWANDL. BEI RK. MIT NUCLEOPHILEN 7. MITT. 56-0489
HALOGENHALT. AROMAT. VERB., RK. IN GGW. ORGAN. BASEN, 6. MITT. 60-0270
AROMAT. HALOGENDERIV. FRIEDEL-CRAFTS-ACYLIER., 3. MITT. 61-0479
ALPHA-HALOGEN-KETONE, RK., 14. MITT. 63-0282
ALPHA-HALOGEN-KETONE, RK., 15. MITT. 64-0285
HALOGEN-KETENE, CYCLOADDIT. 55-0343
BETA-HALOGENVINYL-KETONE, NUCLEOPHILE SUBSTITUT. D. HALOGENS (KINETIK) 61-0251
RINGUMLAGER. BEI RK. V. HETEROCYCL. HALOGENVERB. MIT NUCLEOPHILEN 11. MITT. RK. V. 3-AMINO-2-BROM-CHINOLIN MIT KALIUMAMID IN FL. AMMONIAK 53-0166
ALPHA-HALOGEN-KETONE, FAVORSKI-UMLAGER. (MECHANISMUS) 58-0282
1-HALOGENNAPHTHOLE-(2), RED. MIT THIOPHENOLATEN (KINETIK U. MECHANISMUS) 56-0206
AROMAT. HALOGENIDE, RK. MIT LIALH4 59-0344
KOHLENSTOFF-HALOGEN-BIND., MECHANISMUS D. ELEKTROLYT. RED., 2. MITT. 63-0235
1-PHENYL-AETHYLHALOGENIDE, SOLVOLYSE IN W.-A.- U. W.-ACETON-GEMISCHEN (KINETIK, D-ISOTOPENEFFEKT) 58-0244
1-HALOGEN-2-ALKOXYMETHYL-CYCLOHEXANE, DEHYDROHALOGENIER. MIT METHANOL. KOH 61-0445
HALOGENBENZOLE, PROTONIER. IN HF-SBF5, 1. MITT. 62-0087
HALOGENBENZOLE, PROTONIER. IN HF-SBF5, 2. MITT. 62-0088
HALOGENALKYL-NOSYLATE, SOLVOLYSE (1.4- U. 1.5-HALOGENVERSCHIEB.) 62-0234
HALOGEN-DIMETHYLAETHER, RK. MIT DIACETYLENEN (GESETZMAESSIGK.) 54-0212
HALOGENIDE V. ALLYLTYP, KONDENS. MIT AROMAT. VERB., 3. MITT. 57-0392
HYDROXYBENZYLHALOGENIDE, RK. MIT INDOLEN 61-0564
NITROLYSE V. ORGAN. HALOGENIDEN, 1. MITT. 59-0288
HALOGENALKANE, RK. MIT AMINEN, 1. MITT. 60-0301
HALOGENAZAAROMATEN, RK. MIT PIPERIDIN (HMO-BERECHN.) 61-0247
HALOGENAZAAROMATEN, RK. MIT ALKOXID (HMO-BERECHN.) 61-0247
ALPHA-HALOGEN-ALKYL-PHENYLSULFONE, RK. MIT K-THIOPHENOLAT (KINETIK) 61-0392
GEM. DIHALOGENIDE, RK. MIT ALKYL-LI 53-0196
ALPHA-HALOGENESTER, RK. MIT ORGANO-CD-VERB. 62-0386
2-HALOGEN-PYRIDIN-N-OXIDE, RK. MIT PEPTIDEN, 1. MITT. 56-0722
ALPHA-HALOGENAETHER, MICHAEL-ARBUSOW-RK. MIT PHOSPHITEN 53-0203
HALOGENCHALKONE, ANTIBAKTERIELLE WRKG. 56-0754
HALOGENBENZIMIDAZOLE, ANTIBAKTERIELLE WRKG. 60-0819
1-(2-HALOGENAETHYL)-5-NITRO-IMIDAZOLE, WRKG. GEGEN HISTOMONAS MELEAGRIDIS 60-0832
3-(ALKYLAMINOMETHYL)-5(7)-HALOGEN-BENZO(B)THIOPHENE, ANTISEROTONINAKTIVITAET 59-0525

ORGANOJODVERBINDUNGEN
* S. AUCH KOHLENWASSERSTOFFE (HALOGENIERTE)
JODTHIOPHENE, DARST. V. FUNKTIONELL SUBSTITUIERTEN DERIV. 56-0477
JODSELENOPHENE, DARST. AUS TETRAACETOXYMERCURI-SELENOPHEN 56-0482
TRIJOD-ALLENE, DARST. AUS 3-ARYLMERCAPTO- BZW. 3-CHLOR-PROPINEN-(1) U. J2 (BZW. 1-JODALKINE) 57-0389
4-JOD-TETRAHYDROFURANONE-(2) U. 5-JOD-DIHYDRO-PYRONE-(2), DARST. AUS UNGESAETT. NA-CARBOXYLATEN U. J2 59-0585
TRANS-3-ACYLOXY-4-JOD-SULFOLANE, DARST. AUS SULFOLENEN-(3), J2 U. AG-CARBOXYLATEN 60-0504
ARYLJODIDE, RADIKAL. ABSPALT. V. JOD 60-0293
JODARENE, RK. MIT PHENYL-CU 62-0434
JOD-PHENYLALANINE, SELEKTIVE LOKALISIER. IM PANKREAS 57-0800

ORGANOPHOSPHORVERBINDUNGEN
CYCL. ORGANOPHOSPHOR-VERB.,7. MITT.(DI-(5.5-DIMETHYL-2-OXO-1.3.2-DIOXAPHOSPHORINANYL-(2))-DISULFID U. SEINE DEOXYGENIER. U. DESULFIER. MIT TRIPHENYLPHOSPHIN) 53-0468
28. MITT. 54-0243
29. MITT. 54-0244
30. MITT. 54-0272
5. MITT. 57-0302
PHOSPHORORGAN. VERB., RK., 18. MITT. 59-0388
P-VERB., ORGAN., 31. MITT. 60-0392
-- MIT 5-WERT, P, 30.MITT. 60-0464
P-ORGAN. VERB., 6.MITT. 61-0488
60. MITT. 62-0288
6.MITT. 62-0411
4-FLUOR-PHENYL-, DARST. 54-0269
SPEKTROSKOP. UNTERS., 2. MITT. 57-0085
NMR, 4. MITT. 59-0116
NI-, CR-, MO- U. W-CARBONYLE MIT P-HALT. LIGANDEN, (31)P-NMR 60-0014
4-FLUOR-PHENYL-, F-19-NMR U. SUBSTITUENTENKONST. 54-0269
ELEKTROCHEMIE, 2. MITT. 60-0218
RK. MIT PHOSPHORORGAN. VERB.,13. MITT.(SYNTH. U. EIG. V. BETA-ACYLVINYLPHOSPHONIUMSALZEN) 53-0270
REAKTIVITAET, 22. MITT. 56-0333
P-ORG. VERB., RK.,14. MITT. 58-0444
RK. (STRUKTUREINFL.), 2. MITT. 60-0364
RK. (STRUKTUREINFL.), 1. MITT. 60-0369
PHOSPHORORGAN. VERB., RK., 17.MITT. 59-0387
DREIBIND., OX. MIT DISULFIDEN 55-0291
RK. MIT PHENYLAZID (KINETIK U. SUBSTITUENTENEFFEKTE) 60-0298
RK. MIT INDANTRION 61-0488
RK. MIT SCHIFFSCHEN BASEN IN GGW. V. SAUREN U. BAS. KATALYSATOREN , 1. MITT. 59-0385

ORGANOSAUERSTOFFVERBINDUNGEN
SYNTH. U. FOLGERK. V. O-HALT. UNGESAETT. ORGAN. VERB., 43. MITT. 59-0289
O-HALT. UNGESAETT. ORGAN. U. SI-ORGAN. VERB., SYNTH. U. FOLGERK., 52. MITT. 61-0340

ORGANOSCHWEFELVERBINDUNGEN
ORGAN. S-VERB., 91. MITT. 56-0188
ORGAN. SCHWEFELVERB.,16. MITT.(ALIPHAT. THIOKETONE U. ENTHIOLE) 53-0216
ORGAN. SCHWEFELVERB.,19. MITT.(TAUTOMERIE V. BETA-KETO-DITHIOCARBONSAEUREN U. IHREN ESTERN) 53-0256
ORGAN. SCHWEFELVERB.,3. MITT.(VERSEIF. U. UMESTER. V. (5-ARYL-1.2-DITHIOL-YLIDEN-(3))-MALONSAEUREESTERN) 53-0363
ORGAN. SCHWEFELVERB.,17. MITT. 53-0364
ORGAN. SCHWEFELVERB.,18.MITT.(EINW. V. DIPHENYLKETEN AUF 1.2-DITHIOLTHIONE-(3)) 53-0365
83. MITT. 55-0057
95. MITT. 56-0496
4. MITT. 57-0398
ORGAN. S-VERB., 51. MITT. 57-0575
ORGAN. S-VERB., 52. MITT. 57-0576
ORGAN. SCHWEFELVERB., 56. MITT. 58-0546
S-VERB., ORGAN. SCHWEFELVERB., 54. MITT. 58-0614
ORGAN. SCHWEFELVERB., 55. MITT. 58-0615
ORGAN. S-VERB., 22. MITT. 63-0596
HETEROCYCL. SCHWEFELVERB., 30. MITT. 63-0630

HETEROCYCL. S-VERB., 31. MITT. 63-0631
STEROIDSCHWEFELVERB., 2. MITT. 63-0831
MIT ACETYLCHOLIN U. CHOLIN VERWANDTE S- U. SE-VERB.,
7. MITT. 63-0895
7. MITT. 64-0417
PERFLUORAROMAT. DERIV. V. S, DARST. 58-0547
AROMAT. S-HALT. ARSONSAEUREN, SYNTH., 2. MITT. 63-0457
STRUKTUR U. EIG. V. SCHWEFELHALT. VERB.,1. MITT.
(LOESLICHK. V. DIALKYLSULFIDEN IN VERDUENNTER
ESSIGSAEURE) 53-0110
S-HALT. PI-SYST., LCAO-MO-BERECHN., 6. MITT. 55-0058
C-S-BIND.-LAENGEN, BERECHN. 59-0146
POLAROGRAPH. UNTERS., 1. MITT. 56-0197
POLAROGRAPH. UNTERS. , 2. MITT. 56-0198
RANEY-NI-DESULFURIER. 60-0413
SULFURIERTE AROMATEN, EINW. V. HNO3, 2. MITT. 58-0413
SULFENE, RK. MIT SULFOXONIUM-YLIDEN 63-0419
BEST. IM BAKR-ROHOEL 63-0906
ORGANOSELENVERBINDUNGEN
3. MITT. 56-0052
ORGANOSELEN-VERB., 4. MITT. 56-0308
5. MITT. 56-0515
MIT ACETYLCHOLIN U. CHOLIN VERWANDTE S- U. SE-VERB.,
7. MITT. 63-0895
PERFLUORAROMAT. DERIV. V. SE, DARST. 58-0547
POLAROGRAPH. UNTERS., 2.MITT. 54-0136
POLAROGRAPH. UNTERS. ORGAN. SE-VERB., 4. MITT. 56-0194
POLAROGRAPH. UNTERS. , 5. MITT. 56-0195
SE-VERB., ORGAN. POLAROGRAPH. UNTERS., 7.MITT. 56-0196
ORGANOSILICIUMVERBINDUNGEN
* CYCL. S. UNTER RINGSYSTEME (HETEROCYCLEN)
ORGANOSILICIUMVERB., 4. MITT. 60-0362
52.MITT. 54-0183
53. MITT. 54-0184
54.MITT. 54-0185
41. MITT. 55-0271
34. MITT. 55-0421
ORGANO-SI-CHEMIE,3. MITT. 56-0059
1. MITT. 56-0367
47. MITT. 56-0449
10. MITT. 56-0608
35. MITT. 58-0395
55. MITT. 59-0099
56. MITT. 59-0100
36. MITT. 59-0338
SILICIUMAROMAT. VERB., 1.MITT. 59-0533
SI-AROMAT. VERB., 2. MITT. 60-0393
UNTERS. DURCH IR-SPEKTROGRAPHIE, 4. MITT. 61-0087
ALCL3-KATALYSIERTE RK., 5. MITT. 62-0366
57. MITT. 63-0140
11. MITT. 63-0735
STICKSTOFF ENTHALTENDE --, 11. MITT. 64-0769
ZR-, W- U. MO-CYCLOPENTADIENYL-ORGANOSILYL-KOMPLEXE,
DARST. 55-0032
1-SILYLPYRAZOLE, DARST. AUS PYRAZOLEN U. SILYL-AMINEN 57-0112
O-HALT. UNGESAETT. ORGAN. U. SI-ORGAN. VERB., SYNTH.
U. FOLGERK., 52. MITT. 61-0340
D-ORBITALEFFEKTE IN SI-SUBSTITUIERTEN PI-
ELEKTRONENSYST., 9. MITT. 62-0092
PERHALOGENARYL-, UV -SPEKTREN 58-0092
SI-SUBSTITUIERTE PI-ELEKTRONENSYST., D-ORBITALEFFEKTE,
6. MITT. 63-0168
SI-SUBSTITUIERTE PI-ELEKTRONENSYST., D-ORBITALEFFEKTE,
7. MITT. 63-0169
1-SILYLPYRAZOLE, NMR -SPEKTRUM 57-0112
TRIS (TRIMETHYLSILYL)-DERIV., V. P, AS U. SB,
HYDROLYT. SPALT. 62-0027
N(2)-TRIMETHYLSILYL-1.2.3-TRIAZOLE, ACETYLIER. 55-0421
ORGANOSTICKSTOFFVERBINDUNGEN
PERFLUORALKYL-DERIV. D. N, 26. MITT. 58-0385
N-HALT. STEROIDE, 19. MITT. 59-0753
POLYFLUORALKYLDERIV. D. STICKSTOFFS, 27. MITT. 60-0355
N-HALT. STEROIDANALOGA, 6. MITT. 62-0791
ORGAN. F-N-VERB., 10. MITT. 63-0582
UNGESAETTT. N-HALT. VERB., PHOTOCHEMIE, 1. MITT. 64-0437
STICKSTOFF ENTHALTENDE ORGANO-SI-VERB., 11. MITT. 64-0769
NH-GRUPPE, INTRAMOL. WECHSELWRKG. MIT PI-ELEKTRONEN,
5. MITT. 60-0153
ALIPHAT. N-HALT.VERB., NMR, 8. MITT. 59-0126
AROMAT. N-BASEN, DURCH IONENAUSTAUSCHERHARZE
KATALYSIERTE RK. 61-0305
ORGANOTELLURVERBINDUNGEN
PERFLUORAROMAT. DERIV. V. TE, DARST. 58-0547
ORTHOAMIDE
2.MITT. 57-0258
1. MITT. 57-0308
3. MITT. 63-0382
ORTHOAMIDE, 4. MITT. 63-0383
5. MITT. 63-0384
AMINALESTER BLDG. AUS AMIDACETALEN U. TRIS-
DIMETHYLAMINO-METHAN 57-0258
AMINALESTER, DARST. AUS N.N.N'.N'-TETRAMETHYL-
FORMAMIDINIUM-METHYLSULFAT U. ALKOHOLATEN 57-0308
TRIS-DIALKYLAMINO-METHANE, DARST. AUS TETRAALKYL-
FORMAMIDINIUMSALZEN U. ALKALI-DIALKYLAMIDEN 63-0384
AMINALESTER SPEZIF. U. AEQUIVALENT-LEITFAEHIGK. 57-0258
AMINALESTER (1-ALKOXY-AMINALE) ,DISMUTIER. ZU
AMIDACETALEN U. TRIS-DIMETHYLAMINO-METHAN 57-0258
ORTHOESTER
RK. MIT B2S3 56-0053
ORTHOAMEISENSAEURE-TRIALKYLESTER, RK. MIT
CARBAMINSAEUREESTERN 55-0258
RK. MIT PHOSPHORIGSAEURECHLORIDEN 61-0432
ORTHOTHIOESTER
ALIPHAT. ORTHOMONOTHIOESTER, DARST. AUS MERCAPTANEN
U. ORTHOESTERN 63-0354
RK. MIT PHOSPHORIGSAEURECHLORIDEN 61-0432
OSAZONE
H-BRUECKENBIND. UNTER CHELATBLDG. 64-0131
MECHANISMUS D. OSAZONBLDG. (KINETIK) 53-0120
D-XYLOSEBENZOYL-, DARST. AUS AROYLHYDRAZINEN U. D-
XYLOSE 58-0688
NMR 64-0131
H-T-AUSTAUSCH MIT T-MARKIERTER AETHANOL. KOH 53-0480
WRKG. V. ALKALI AUF ZUCKEROSAZONE, 53-0480
OSMIUMVERBINDUNGEN
OSCL4, EINFL. AUF D. TOLUOL-OX. MIT
DIISOPROPYLPEROXYDICARBONAT 58-0213
OVERHAUSER-EFFEKT
* S. UNTER MAGNETISMUS
OXADIAZINE
2-AMINO-5.6-DIHYDRO-4H-1.3.4-OXADIAZINE, DARST. AUS
2-HYDRAZINO-AETHANOLEN U. BROMCYAN 60-0679
TETRAHYDRO-2H- 1.3.4-OXADIAZINONE-(2), DARST. AUS
2-HYDRAZINO-AETHANOLEN U. THIOKOHLENSAEURE-S-
METHYLESTER-CHLORID 60-0679
DELTA(4)-DIHYDRO-1.3.4-OXADIAZINONE-(2), PHOTOLYSE 59-0642
2-PHENYL-3-OXO-1.2.5-, DARST. AUS OXAZOLINONEN-(5) U.
N-PHENYL-HYDROXYLAMIN 62-0676
OXATHIAZOLE
2-OXO-1.3.4-, DARST. AUS SAEUREAMIDEN U.
TRICHLORMETHAN-SULFENYLCHLORID 56-0526
OXATHIOLE
1.3-OXATHIOLANE, DARST. AUS 2-MERCAPTO-AETHANOL U.
KETONEN BZW. ALDEHYDEN 63-0629
1.3-OXATHIOLANONE-(4), DARST. AUS THIOBENZILSAEUREN
U. ACETALEN 64-0617
2-ARYL-4.4-DIPHENYL-1.3-OXATHIOLAN-5-ONE, PYROLYSE 61-0573
OXAZINE
TETRAHYDRO-1.3-, RINGINVERS. 60-0172
TETRAHYDRO-1.3-, KONFORM. 64-0171
MORPHOLINE, RINGINVERS. 63-0142
N-(2-AZACYCLOALKENYL-CYCLOHEXENYL)-MORPHOLINE, DARST. 53-0472
2-MORPHOLINO-1.3.5-TRIAZINE, DARST. 54-0468
1.2-BIS-(5-(5-NITRO-3-ALKYLPERHYDRO-1.3-OXAZINYL))-
AETHANE, DARST. 56-0569
TETRAHYDRO-1.3-, DARST. AUS 5.6-DIHYDRO-4H-1.3-
OXAZINEN 56-0596
DARST. AUS DIENEN U. NITROSOVERB. 58-0670
6-ARYL-2-OXO-TETRAHYDRO-1.3-, DARST. AUS GAMMA-ARYL-
GAMMA-HYDROXYBUTYRYLHYDRAZIDEN 63-0723
MORPHOLINONE-(3), DARST. AUS 5-OXO-3-OXA-
HEPTANCARBONSAEUREESTERN 64-0721
6-PYRIDYL-3.6-DIHYDRO-2H-1.2-, DARST. AUS 1-PYRIDYL-
BUTADIENEN-(1.3) U. NITROSOVERB. 57-0619
TETRAHYDRO-1.3-, NMR 60-0095
TETRAHYDRO-1.3-, NMR-SPEKTREN 64-0171
2-(MORPHOLINO CYCLOHEXENYL)-1-AZA-CYCLOALKENE,
UEBERFUEHR. IN OMEGA-AMINOSAEUREN 53-0234
6-PYRIDYL-3.6-DIHYDRO-2H-1.2-, RINGVERENGER. 57-0619
ALS SAEURE-BASE-INDIKATOREN, 6. MITT. 55-0597
ALS ACIDOBAS. INDIKATOREN, 4. MITT. (DERIV. V.
MELDOLAS BLAU U. MUSCARIN) 55-0147
ALS AZIDOBAS. INDIKATOREN, 5. MITT. 63-0225
OXAZIRANE
SYNTH. (UEBERSICHT) 53-0325
RK. (UEBERSICHT) 53-0325
OXAZIRIDINE, PYROLYSE 55-0392
2-PHENYL-OXAZIRIDINE, BESTRAHL. 59-0270
OXAZOLE
2-ARYL-4-BENZYLIDEN-OXAZOLINONE-(5), DARST. AUS
HIPPURSAEUREN U. BENZALDEHYDEN 55-0414
5-ALKOXY-OXAZOLIDINE, DARST. AUS AETHOXYAETHYLEN U.
NITRONEN 57-0518
4-(1-AMINOALKENYL)-OXAZOLIN-(2 ODER 3)-ONE-(5), DARST.
AUS 1-AMINOALKINEN U. OXAZOLIN-(2)-ONEN-(5) 57-0536
5-AMINO-4-PHENYL-, DARST. AUS ALPHA-ACYLAMINO-
PHENYLACETONITRILEN 57-0540
5-AMINO-OXAZOLIUM-(3)-CHLORIDE, DARST. AUS ALPHA-
ACYLAMINONITRILEN 57-0541
OXAZOLIDINE, SYNTH. AUS KETONEN U. 3-HYDROXY-2-
AMINOSAEUREN 58-0556
5-ALKYL-OXAZOLIDONE-(2), DARST. AUS EPOXYALKANEN U.
KOCN 58-0601
2-OXAZOLINE, DARST. AUS STYROLOXIDEN U. BENZONITRIL 58-0602

3-AETHYL-OXAZOLIDINE, DARST. AUS BENZALDEHYDEN U. N-AETHYLAETHANOLAMIN 59-0228
2.3-DIARYL-4-TRIFLUORACETYL-OXAZOLID-(5)-AMIDE, BLDG. AUS N-AROYL-N-CYANMETHYL-ANILINEN U. TRIFLUORACETANHYDRID 59-0558
OXAZOLIN-2-THION U. OXAZOL-2-THIOL-N-BZW.-S-BETA-D-GLUCOSIDE, DARST. 60-0697
2.5-DIARYL-OXAZOLE, DARST. AUS 2-AROYL-3-ARYL-AZIRIDINEN 62-0506
2-OXAZOLIDINONE, DARST. AUS PHOSGEN U. DIALKYLAMINOALKOHOLEN 62-0572
4-ACETYL- U. 4-CARBOXY-, DARST. 63-0642
2-VINYL-OXAZOLIDINE, DARST. AUS N-(2-HYDROXY-AETHYL)-PROPARGYLAMINEN 64-0641
2-P-AMINOPHENYL-4-BENZYLIDEN-OXAZOLONE-(5), DARST. 57-0793
OXAZOLINE, DARST. AUS AZIDOAMEISENSAEURE-AETHYLESTER U. 1.1-DI- ODER TETRAMETHYLALLEN 61-0590
2-STYRYL-4-BENZYLIDEN-5.5-DIARYL-OXAZOLINE, DARST. AUS 2-STYRYL-4-BENZYLIDEN-DELTA(2)-OXAZOLINONEN-(5) U. ARYL-MG-HALOGENIDEN 64-0642
OXAZOLINE, IR, UV 61-0590
DIPHENYL-1.3-, MOL.-STRUKTUR U. ELEKTRONENDICHTE-VERTEIL. 62-0068
PHENYL-1.3-, DIPOLMOMENT 62-0068
DIPHENYL-, MASSENSPEKTREN 62-0100
OXAZOLIDINE, NMR 60-0095
OXAZOLINE, NMR 61-0590
OXAZOLIDINE, RING-KETTEN-TAUTOMERIE MIT 2-ALKYLIDENAMINO-AETHANOLEN 63-0212
RK. MIT SINGULETT-O2 , 2. MITT. 62-0351
AZLACTONE, RK. MIT HYDRAZIN 54-0383
3-AETHYL-OXAZOLIDINE, HYDROLYSE (KINETIK U. MECHANISMUS) 59-0228
AZLACTONE, RK. MIT AMINOVERB., 2. MITT. 54-0383
ALKYLIDEN-PSEUDOXAZOLONE-(5), RK. MIT AMINEN 57-0537
2-P-AMINOPHENYL-4-BENZYLIDEN-OXAZOLONE-(5), RK. MIT ISONIAZID 57-0793
AZLACTONE, RACEMISIER. BEI RK. MIT HYDRAZINEN UND HYDROXYLAMINEN (MECHANISMUS) 59-0378
OXAZOLINONE-(5), RK. MIT N-PHENYL-HYDROXYLAMIN U. PHENYLHYDRAZIN 62-0676
2-STYRYL-4-BENZYLIDEN-DELTA(2)-OXAZOLINONE-(5), RK. MIT AMINEN 64-0642
2-STYRYL-4-BENZYLIDEN-DELTA(2)-OXAZOLINONE-(5), RK. MIT GRIGNARD-VERB. 64-0642
DELTA(2)-OXAZOLINE, RK. MIT CARBONSAEURECHLORIDEN 57-0322
OXAZOLONE-(5), RK. MIT 3-OXO-GLUTARSAEURE-DIMETHYLESTER 62-0449
OXDIAZOLE
SYDNONE U. SYDNONIMINE,35. MITT.(SALZE U. EXOCYCL. DERIV. EINIGER SYDNONIMINE) 53-0394
SYDNONE U. SYDNONIMINE, 31. MITT. 55-0422
SYDNONE U. SYDNONIMINE, 36. MITT. 55-0423
SYDNONE U. SYDNONIMINE, 38. MITT. 56-0524
SYDNONE, 2.MITT. 57-0558
SYDNONE, 3. MITT. 57-0559
2-AMINO-1.3.4-, 19. MITT. 59-0568
2-AMINO-1.3.4-, 20. MITT. 59-0569
2-AMINO-1.3.4-, 21.MITT. 59-0577
SYDNONE U. SYDNONIMINE, 40. MITT. 62-0584
2-AMINO-1.3.4-, 22. MITT. 63-0655
N-EXO-NITROSO-SYDNONIMINE, STRUKTURUNTERS. 56-0524
5-AMINO-3-PHENYL-1.2.4-, TAUTOMERIE 59-0190
1.3.4-OXADIAZOLIUMSALZE, DARST. 54-0396
4-CHLORMETHYL- U. 4-IALKYLAMINOMETHYL-SYDNONE U. -SYDNON-IMINE, DARST. 55-0423
3-METHYL-1.3.4-OXDIAZOLTHIONE-(2), DARST. AUS 1-AROYL-2.2-DIMETHYLHYDRAZINEN U. S2CL2 57-0562
FUROXANE, DARST. 59-0575
3.4-DISUBSTITUIERTE FUROXANE, DARST. AUS ALPHA-DIAZO-KETONEN U. N2O4 59-0576
SPIRO-(5.5')-BIS-(3.4-DIARYL-1.2.4-OXADIAZOLINE), DARST. AUS AROMAT. NITRILOXIDEN U. DIARYLCARBODIIMIDEN 59-0578
3-METHYL-4.5-DIARYL-1.2.4-OXADIAZOLINE, DARST. AUS BENZALANILINEN U. NITROAETHAN IN GGW. V. PHENYLISOCYANAT 60-0117
AMINO- U. PIKRYLAMINO-FURAZANE U. -3.3'-BIFURAZANYLE, DARST. 60-0559
2-AMINO-5-TRIARYLMETHYL-1.3.4-, DARST. AUS BENZILSAEUREHYDRAZID U. BRCN 60-0560
2-(P-STYRYL)-5-ARYL-1.3.4-, DARST. AUS 2-(P-BROMMETHYL-PHENYL)-5-ARYL-1.3.4-OXDIAZOLEN 60-0562
SYDNONE DARST. 62-0584
DELTA(3)-1.3.4-OXADIAZOLINE, DARST. AUS KETOCARBOHYDRAZONEN MIT BLEITETRAACETAT 63-0651
3-(AMINOARYL)-SYDNONE, DARST. AUS D. NITROVERB. 63-0656
1.2.4-OXADIAZOL-3-CARBONSAEUREAMIDE, DARST. AUS 4(5)-ISONITROSO-IMIDAZOLONEN 64-0577
DIAMINO-FUROXANE, DARST. AUS DIAMINO-AMPHI-GLYOXIMEN 64-0657
N-EXO-NITROSO-SYDNONIMINE, DARST. AUS SYDNONIMINSALZEN 56-0524
2-AMINO-1.3.4-, DARST. AUS ALDONSAEUREHYDRAZIDEN U. BRCN 59-0577
5-(1-DIALKYLAMINO-ALKYL)-2-AMINO-1.3.4-, DARST. AUS 1-DIALKYLAMINO-FETTSAEUREHYDRAZIDEN U. BRCN 63-0655
N-EXO-NITROSO-SYDNONIMINE, UV-SPEKTREN 56-0524
N-EXO-NITROSO-SYDNONIMINE, IR-SPEKTREN 56-0524
BIS-1.2.4-, BERECHN. V. SINGULETT-SINGULETT- BZW. SINGULETT-TRIPLETT-UEBERGAENGEN 57-0130
METHYL-(P-BROMPHENYL)-FUROXANE, KRISTALLSTRUKTUR 55-0125
BIS-1.2.4-, MOL.-DIAGRAMME 57-0130
3-ALKYL-SYDNONE, MO-UNTERS. D. RK. 60-0143
3-METHYL-4.5-DIARYL-1.2.4-OXADIAZOLINE, MASSENSPEKTREN 60-0117
2.1.3-, NMR 64-0153
SYDNONE, 1.3-CYCLOADDIT. AN ACETYLEN. DIPOLAROPHILE 58-0595
SYDNONE, 1.3-CYCLO ADDIT. AN ALKENE 58-0596
SYDNONE, CYCLOADDIT. MIT DIPOLAROPHILEN VERB. (KINETIK, MECHANISMUS) 59-0234
SYDNON-IMINE, THERM. ZERS. (EINFL. V. SUBSTITUENTEN AUF D. GESCHW.) 55-0422
OXADIAZOLINONE-(5), THERM. BZW. PHOTOCHEM. ZERS. 57-0561
SYDNON-IMINE, HYDROLYSE (EINFL. V. SUBSTITUENTEN AUF D. GESCHW.) 55-0422
SYDNONE, RK. IN ALKOHOL. KOH 57-0558
SYDNONE , HYDROLYSE (KINETIK, EINFL. V. SUBSTITUENTEN IN 4-STELL.) 62-0584
SYDNONE, RK. MIT AETHYLENEN 59-0506
SYDNONE, RK. MIT DEHYDROBENZOL 59-0507
SYDNONE, RK. MIT AETHYLENEN 59-0544
2-AMINO-3-PHENACYL-1.3.4-OXADIAZOLIUMBROMIDE, RK. MIT AMINEN 54-0377
2.5-DIALKYL-1.3.4-, RK. MIT ARYLAMINEN ZU 1.2.4-TRIAZOLEN 62-0582
2-AMINO-1.3.4-, ALKOHOLYSE MIT DIOLEN 59-0568
SYDNONE, RK. MIT ALDEHYDEN 59-0507
2-AMINO-1.3.4-, RK. MIT HYDRAZINCARBONSAEUREESTERN 59-0572
OXETE
OXETANE, DARST. AUS CYANAMEISENSAEURE-AETHYLESTER U. OLEFINEN 53-0326
OXETANE, STRAHLENCHEM. BLDG. AUS VINYLENCARBONAT 54-0353
2-ARYL-OXETANE, DARST. AUS 3-ARYL-3-ACETOXY-PROPYLCHLORIDEN 56-0466
OXETANE, BLDG. AUS TRANS-ANETHOL U. AROMAT. ALDEHYDEN 60-0415
2.2-DIALKYL- U. -DIARYL-SUBSTITUIERTE OXETANE, DARST. AUS 1.3-CHLORHYDRINEN 60-0480
3.3-DICHLOR-4-PHENYL-OXETAN-(2)-ONE, BLDG. AUS TRI-N-BUTYL-ZINN-TRICHLORACETAT, TRIPHENYLPHOSPHIN U. BENZALDEHYDEN 63-0441
2-ALKOXY-2-PHENYL-OXETANE, SYNTH. AUS BETA-HYDROXY-ALPHA.ALPHA-DIMETHYL-PROPIOPHENON-TOSYLAT U. NA-ALKOHOLATEN 53-0328
2-ALKOXY-OXETANE, DARST. AUS BETA-TOSYLOXY-ALDEHYDEN U. ALKOHOLEN 63-0588
2-ALKOXY-2-PHENYL-OXETANE,NMR-SPEKTREN 53-0328
2-ALKOXY-2-PHENYL-OXETANE,FRAGMENTIER. 53-0328
OXETANE, PHOTOLYSE 54-0353
3-ALKYL-OXETANE, THERMOLYSE IN GGW. V. PT-KATALYSATOREN 58-0561
OXETANE, THERM. RK. IN GGW. V. PT-KATALYSATOREN (MIKROREAKTOR-TECHNIK) 64-0573
3.3-DIALKYL-OXETANE, THERMOLYSE U. THERM. ISOMERISIER. IN GGW. V. PT-KATALYSATOREN 64-0574
2.4-DIALKYL-OXETANE, THERM. ISOMERISIER. AN PT-KATALYSATOREN 64-0575
2-ARYL-OXETANE, RED. MIT LIALH4, ALH3 ODER ALHCL2 57-0349
OXIDE
OX. MIT METALL-, 3. MITT. 64-0449
OXIDHYDRATE
METALLHYDROXIDE, RK. MIT HEXAFLUOR-PROPANDIOL-(2.2) 63-0058
OXIME
ALPHA-HYDROXYLAMINO-, CHEMIE, 11. MITT. 54-0301
V. N-HETEROCYCLEN, STABILITAET, 3. MITT. 58-0252
V. N-HETEROCYCLEN, STABILITAET, 4. MITT. 58-0253
ALPHA-HYDROXYAMINO-, CHEMIE, 10. MITT. 62-0566
ALPHA-OXIMINO-KETONE, H-BRUECKENBIND. V. SYN-ANTI-ISOMEREN 58-0769
HYDRAZO-, KONSTIT. 64-0239
STEREOCHEMIE V. 3-HYDROXY- U. 3-ACETOXYFLAVANONOXIMEN 53-0096
BICYCLOALKANON, KONFORM. 54-0076
3.4-BENZO-BICYCLO(3.2.1)OCTENON-, STEREOCHEMIE 59-0501
KONFIG. U. KONFORM. 61-0146
ALPHA-(TERT.-AMINO)-ALKANON-, SYN-ANTI-ISOMERIE 64-0175
ALPHA-OXIMINO-CARBONSAEUREESTER, KONFORM. D. SYN- U. ANTI-VERB. 55-0116
ALPHA-OXIMINO-DICARBONSAEUREESTER, DARST. AUS ALPHA-BROM-DICARBONSAEURESTERN 54-0224
O-(OMEGA-CARBOXYALKYL)-, DARST. AUS BENZOPHENONOXIM U. OMEGA-HYDROXY-SAEURELACTONEN 55-0262
-PIKRYL-AETHER, DARST. AUS OXIMEN U. PIKRYLCHLORID 57-0249
S-ALKYL-THIOHYDROXIMATE, DARST. V. SYN- U. ANTI-ISOMEREN 58-0373

3-OXIMINO-4-OXOALKENYLPHOSPHONIUMVERB., DARST. AUS D. 4-OXODERIV. MIT HNO2 58-0444
2-DIMETHYLAMINO-CYCLOALKANON-, DARST. AUS ALPHA-CHLOROXIMEN BZW. DIMEREN ALPHA-CHLORNITROSOVERB. U. DIMETHYLAMIN 59-0316
VINYLKETOXIME, DARST. AUS DIMETHYLOXOSULFONIUMMETHYLID U. NITRILOXIDEN 59-0551
PHOTOSYNTH. AUS GESAETT. KW-STOFFEN MIT NOCL 60-0338
O-ALKYL-ALD-, DARST. AUS ALDOXIMEN U. ALKYLBROMIDEN (NA-METHYLAT) 61-0341
N-PHENYL-BENZOCHINONIMINOXIMDERIV., DARST. AUS N'-PHENYL-1.4-BENZOCHINONIMINOXIM U. CHLORIDEN 62-0385
SYN-ANTI-PYRIDYL-(2)-KET-, DARST. AUS 2-ACYL-PYRIDINEN 63-0671
ALPHA-OXIMINOCARBONSAEUREESTER, DARST. AUS ALPHA-BROMCARBONSAEUREESTERN 54-0223
ALPHA-HYDROXYLAMINO-, DARST. AUS ALPHA-HALOGENKETONEN BZW. 1-OXIMINO-2-CHLORCYCLOALKANEN 54-0301
N-CARBAMOYL-, DARST. AUS OXIMEN U. ISOCYANATEN 55-0285
ALPHA.BETA-BIS-HYDROXYIMINO-BUTTERSAEUREDERIV., DARST. AUS 3-METHYL-4-HYDROXYIMINO-ISOXAZOLINON-(5) U. AMINEN 57-0318
2.3-DIOXO-SAEUREAMIDDI-, DARST. AUS 4-HYDROXYIMINO-ISOXAZOLIN-(2)-ONEN-(5) U. AMINEN 60-0537
DIAMINO-AMPHI-GLY-, DARST. AUS DICHLORGLYOXIMDIACETAT U. AMINEN 64-0657
3.4-BENZO-BICYCLO(3.2.1)OCTENON-, CHROMATOGRAPH. TRENN. D. SYN- U. ANTI-ISOMEREN 59-0501
IR -STRECKSCHWING.-FREQUENZEN (VGL. MIT KETONEN U. OLEFINEN) 57-0086
O-(N.N-DIMETHYLCARBAMOYL)-, ROTAT.-BARRIEREN 57-0139
ALPHA-OXIMINO-CARBONSAEUREESTER, DIPOLMOMENTE D. SYN- U. ANTI-VERB. 55-0116
O-(N.N-DIMETHYLCARBAMOYL)-, NMR 57-0139
P-BENZOCHINON-, PK-WERTE 59-0192
ALPHA-HYDROXYIMINO-DERIV. V. CARBONYLVERB., RK. MIT BASEN, 1. MITT. 57-0318
ALPHA-OXO-, RK. MIT BASEN, 2. MITT. 60-0537
ALPHA- HYDROXYIMINODERIV. V. CARBONYLVERB., RK. MIT BASEN , 3. MITT. 60-0538
BEWEIS D. OXIM-ANCHIMERIE MITTELS ISOTOPENTECHNIKEN BEI D. CYCLISIER. 53-0379
UNGESAETT. KET-, VERH. UNTER D. BEDING. D. BECKMANN-UMLAGER. 2. MITT. 54-0312
CHOLESTANON-, BECKMANN- UMLAGER. 54-0546
ALPHA,BETA-UNGESAETT.-, BECKMANN-UMLAGER., 4. MITT. 56-0235
ALPHA,BETA-UNGESAETT.-, BECKMANN-UMLAGER., 5. MITT. 56-0236
ALPHA.BETA-BIS-HYDROXYIMINO-BUTTERSAEUREDERIV., CYCLISIER. 57-0318
S-ALKYL-THIOHYDROXIMATE, BECKMANN-UMLAGER. 58-0373
PROPENON-, RK. MIT HNO2 ODER HNO3-HNO2 60-0534
GAMMA-KETO-KET-, BECKMANN-UMLAGER. 62-0682
4(5)-ISONITROSO-IMIDAZOLONE, UMLAGER. 64-0577
-PIKRYL-AETHER, STER. GEHINDERTE BECKMANN-UMLAGER., KINETIK , LSGM.-EINFL. 57-0249
ALPHA.BETA-EPOXY-KETON-, FRAGMENTIER.-RK. 54-0202
AMINOKET-, FRAGMENTIER. , 4. MITT. 56-0241
ALPHA-AMINOKET-, FRAGMENTIER., 5. MITT. 56-0561
GAMMA-AMINO-KET-, VERS. D. 7-ZENTREN-FRAGMENTIER. 58-0284
2-DIMETHYLAMINO-CYCLOALKANON-, BECHMANN-FRAGMENTIER. 59-0316
GAMMA-KETO-KET-, 5- U. 7-ZENTREN FRAGMENTIER. 62-0682
RED. MIT LIALH4, 62-0505
ELEKTROLYT. RED. IN ALKAL. LSG. 63-0236
3.4-BENZO-BICYCLO(3.2.1)OCTENON-, LIALH4-RED. 59-0501
ALPHA-OXIMINOCARBONSAEUREESTER, RK. MIT BRZ-EISESSIG ODER MIT KONZ. HCL 54-0223
ALPHA.BETA-UNGESAETT., RK. MIT HNO2 ZU 3.4-DIAZA-CYCLOPENTADIENON-OXIDEN 55-0411
ALPHA-DIKETON-MON-, OXIMIER. (KINETIK) 63-0298
O-ACETYL-ACYLPYRIDIN-, HYDROLYSE (KINETIK) 58-0252
O-PHOSPHONYL-ACETYLPYRIDIN-, HYDROLYSE (KINETIK) 58-0253
NA-OXIMATE, ALKYLIER. (EINFL. D. IONENPAARES, KINETIK, MECHANISMUS) 62-0215
ALPHA-HYDROXYLAMINO-, RK. MIT ALDEHYDEN 54-0301
ALPHA-HYDROXYAMINO-, RK. MIT KETONEN 62-0566
VERESTER. 62-0384
N-CARBAMOYL-, FUNGIZIDE WRKG. 55-0285
N-CARBAMOYL-, INSEKTIZIDE WRKG. 55-0285
1.4-BENZOCHINONDIOXIM-ARYLSULFONATE, DARST. 59-0364

OXIMIERUNG
* S. UNTER KONDENSATIONSREAKTIONEN

OXIRANE
* S. ALKYLENOXIDE

OXONIUMVERBINDUNGEN
* S. AUCH PYRYLIUMVERBINDUNGEN
CYCL., O-INVERS. 60-0165
OXONIA-KATIONEN BLDG. U. ISOLIER. BEI SOLVOLYSE V. KETOBENZOLSULFONATEN 64-0280
4-AETHOXY-CHROMYLIUMPERCHLORATE, DARST. AUS 2-HYDROXY-ACETOPHENONEN U. ORTHOAMEISENSAEURE-AETHYLESTER 64-0675

OXOSYNTHESE
CARBONYLIER. V. 1-OLEFINEN MIT BINUCLEAREN METALLCARBONYLEN 59-0305
CARBONYLIER. V. OLEFINEN (MECHANISMUS) 57-0273
HYDROFORMYLIER. V. HOEHERMOL. OLEFINEN MIT CO- U. RH-KATALYSATOREN 62-0289
CARBONYLIER. V. ISOBUTYLEN U. DIISOBUTYLEN 58-0368
CARBONYLIER. V. ISOBUTANOL 58-0368
CARBONYLIER. V. PRIM. GESAETT. ALKANOLEN (H3PO4) 61-0356
CARBONYLIER. V. CYCLOALKANOLEN IN GGW. V. H3PO4 64-0483

OXYDATION
* ELEKTROLYT. S. UNTER ELEKTROLYSE
* PHOTOCHEM. S. UNTER PHOTOCHEMIE UND STRAHLENCHEMIE ...
* S. AUCH OXYDOREDUKTION
AUT-, ISOTOPIEEFFEKTE, 2. MITT. 59-0201
SCHONENDE OX. IN D. GASPHASE, 8. MITT. 59-0204
DURCH METALLSALZE, 1. MITT. 59-0210
DURCH METALLE KATALYSIERTE HYDROPEROXID-, 2. MITT. 59-0277
ETARD-RK. (MECHANISMUS, UEBERSICHT) 62-0321
DURCH METALLSALZE, 2. MITT. 63-0245
MIT METALLOXIDEN, 2. MITT. 58-0593
MIT METALLOXIDEN, 3. MITT. 64-0449
MIT BLEITETRAACETAT, 2. MITT. 63-0651
INHIBITORWRKG. V. NIO-METHANOL AUF D. AUTOX. V. DIBENZYLAETHER 56-0210
OSO4, OX.-KATALYSATOR FUER OLEFINE 59-0211
K-OSMIAMAT, OX.-KATALYSATOR FUER OLEFINE 59-0211
METALLOXID-KATALYSATOREN, EINFL. AUF OX.-MECHANISMUS V. CYCLOHEXAN 62-0206
MIT TRIS-(TRIPHENYLPHOSPHIN)-RHODIUMCHLORID 62-0311

OXYDATION (SPEZIELLER STOFFE)
V. ORGAN. VERB., 49. MITT. 60-0617
V. ORGAN. VERB. DURCH BROM, ANALYT. ANWEND., 2. MITT. 62-0857
V. ORGAN. VERB. DURCH BROM, ANALYT. ANWEND., 3.MITT. 62-0858
AM S, ASYMM. INDUKT. U. KONFIGURATIVE KORRELAT., 3. MITT. 63-0421
AM S, ASYMM. INDUKT. U. KONFIGURATIVE KORRELAT. 4. MITT. 63-0422
OX. V. VERB. MIT AKT. METHYLENGRUPPEN DURCH SCHWERMETALLHALOGENIDE, 1. MITT. CHLORIER. CYCL. KETONE DURCH FE(III)-CHLORID 53-0138
AUTOX. V. ACETYLEN-KW-STOFFEN, 1. MITT. 57-0391
V. CYCLOHEXEN IN D. GASPHASE 59-0204
UNTERSCHIEDL. OXYDIERBARK. V. NIEDRIG- U. HOCHMOL. ORGAN. VERB. 60-0328
V. 3.3.4.4-TETRAPHENYL-HEXAN U. 1.1.2.2-TETRAPHENYL-CYCLOPENTAN (KINETIK) 56-0207
THERM.- V. CIS-POLYBUTADIEN-(1.4) (MECHANISMUS), 3. MITT. 56-0740
KATALYT., V. BUTENEN AN V2O5-MOO3 (KINETIK) 57-0212
SULF- V. N-ALKANEN (KINETIK) 57-0216
V. ALKYLRADIKALEN DURCH PB(IV) U. CU(II) 58-0212
V. OLEFINEN ((KATALYT. WRKG. V. K2CSO4)) 58-0217
RADIKAL. V. ALKYLAROMATEN IN FL. PHASE DURCH O2 (KINETIK) 58-0218
AUT- V. ACETYLEN-KW-STOFFEN, 2. MITT. 58-0399
V. KW-STOFFEN, ABS. GESCHW.-KONST., 9. MITT. 59-0208
V. KW-STOFFEN, ABS. GESCHW.-KONST., 10. MITT. 59-0209
V. OLEFINEN IN GGW. V. OSO4 ZU CO2 U. OXALSAEURE 59-0211
V. BENZOL (UNTERS. D. MECHANISMUS MIT ISOTOPEN- U. MASSENSPEKTROMETR. METHODEN), 2. MITT. 62-0204
METALLOXID-KATALYSIERTE, V. CYCLOHEXAN (KINETIK, MECHANISMUS) 62-0206
V. OLEFINEN DURCH PB-TETRAACETAT 63-0245
BASENKATALYSIERTE AUT-, V. FLUOREN (KINETIK) 63-0289
BENZYL-- MIT PD(II)-SALZEN (MECHANISMUS) 63-0415
V. KW-STOFFEN (KATALYT. WRKG. V. CHROMSPINELLEN) 64-0254
V. TOLUOL 58-0213
V. KW-STOFFEN (MECHANISMUS UEBERSICHT) 62-0321
V. TOLUOL MIT ORGANOPEROXIDEN (CUCL2), MECHANISMUS 63-0358
AROMAT., 6. MITT. (MIT DIISOPROPYLPEROXYDICARBONAT -CUCL2, KINETIK, MECHANISMUS, ISOTOPENEFFEKTE) 61-0208
CHLORO-TRIS-(TRIPHENYLPHOSPHIN)-RHODIUM KATALYSIERTE OX. V. ALKYLBENZOLEN 53-0126
D. XYLOLE IN FL. PHASE IN GGW. V. CO-ACETYLACETONAT (RELATIVE REAKTIVITAET) 54-0145
V. AROMAT. KW-STOFFEN MITTELS AGO 54-0204
V. SUBSTITUIERTEN TOLUOLEN MIT CRO2CL2 (KINETIK), 2. MITT. 57-0210
AROMATEN-, 8.MITT. 58-0213
AUT-, AM TERT. C-ATOM IN SUBSTITUIERTEN BENZOLEN, KINET. H-ISOTOPIEEFFEKT 59-0201
V. TOLUOL MIT PB(CH3COO)4 (MECHANISMUS) 59-0210
V. BENZOLDERIV. MIT PEROXOSALPETR. SAEURE (MECHANISMUS) 62-0375
AROMAT. OXYGENIER., 7. MITT. 63-0358
V. PYRIDINEN MIT O2 (MECHANIMUS) 62-0633
V. THIOXAN (KINETIK, LSGM.-EINFL.) 63-0250
PEROXYGENIER. V. 2-HALOGENMETHYL-1.3-DIOXOLANEN 58-0587
V. O-NITRO-TOLUOL MIT HNO3 (MECHANISMUS) 56-0340
V. PRIM. AMINEN MIT O3 58-0341

PHENOL., V. 7-HYDROXY-6-METHOXY-2-METHYL-1-(3-HYDROXY-4.5-DIMETHOXY-BENZYL)-1.2.3.4-TETRAHYDRO-ISOCHINOLIN 58-0648
V. AMINEN, 1. MITT. (V. N.N-DIMETHYL-ANILIN MIT LUFT (CUCL2) INA., (KINETIK)) 60-0238
V. ANILIN, HYDRAZOBENZOL U. NITROSOBENZOL (MECHANISMUS, KINETIK) 61-0207
V. AMINEN, 5. MITT. (V. ALIPHAT. AMINEN MIT PERMANGANAT, MECHANISMUS , KINETIK, ISOTOPENEFFEKT) 62-0203
AUT- V. HYDRAZOBENZOL (KINETIK, MECHANISMUS) 63-0247
V. ALKOHOLEN MIT D. DIPYRIDIN-CHROM(VI)-OXID-KOMPLEX 63-0349
V. TRIPHENYLAMIN (MECHANISMUS) 64-0255
RELATIVE GESCHW. D. CHROMSAEUREOX. STEREOISOMERER CIS-CARANOLE 53-0128
AUTOX. V. 1-ALKYL-2-NAPHTHOLEN 53-0296
V. ALKOHOLEN MIT PB-TETRAACETAT (KINETIK) 54-0146
V. ALKOHOLEN MITTELS AGO 54-0204
V. PHENOLEN IN GGW. V. CU-HALT. KOMPLEXEN 54-0257
AUT- V. HYDROCHINONEN U. RESORCINEN (KINETIK) 55-0163
AUTOX. V. TETRAMETHOXY-AETHYLEN 55-0234
V. T-AETHANOL MITTELS ADH (ISOTOPENEFFEKT) 55-0585
PHENOL- U. BIOSYNTH., 15.MITT. 55-0591
V. BRENZCATECHIN, 6. MITT. 56-0351
V. ALKOXYPHENOLEN , 11. MITT. (EINFL. D. O-METHOXYGRUPPE) 56-0418
V. 4.4.6.6-TETRAMETHYL-CYCLOHEXANTRIOL-(1.2.3) MIT PERJODAT 57-0519
PERJODSAEURE-, V. ALPHA-GLYKOLEN, 8. MITT. (V. PHENYLAETHANDIOL-(1.2) (KINETIK)) 58-0216
V. ALKOHOLEN ((KATALYT. WRKG. V. K2SO4)) 58-0217
V. TRIARYL-METHANOLEN MIT PB-TETRAACETAT (MECHANISMUS) 58-0219
PEROXYGENIER. V. ACETALEN, 3. MITT. 58-0587
V. ALKOHOLEN MIT BR2 (MECHANISMUS U. KINETIK) 60-0240
KATALYT. DAMPFPHASEN- V. TRIMETHYLOL-4-PICOLIN (OPTIMIER.) 60-0617
V. THIOAETHERN ZU SULFOXIDEN MIT JOD, 2. MITT. (IN GGW. V. CARBOXYLAT-IONEN, KINETIK) 61-0212
V. TRIARYLMETHANOLEN MIT PB-TETRACETAT (MECHANISMUS) 61-0471
PHENOL- U. BIOSYNTH., 17. MITT. 61-0837
CRO3- V. 1-METHYL-CYCLOBUTANOL (KINETIK, MECHANISMUS) 62-0205
V. AETHERN 62-0321
V. POLYAETHERN IN FL. PHASE (KINETIK, MECHANISMUS) 63-0251
V. ALKOXYPHENOLEN , 12. MITT. 63-0432
V. ALKOXYPHENOLEN, 13. MITT. 63-0433
V. ALKOXYPHENOLEN, 14. MITT. 63-0434
V. ALKOXYPHENOLEN, 15. MITT. 63-0435
V. ALKOXYPHENOLEN, 16. MITT. 63-0436
V. ALKOHOLEN MIT PB-TETRAACETAT (MECHANISMUS) 63-0510
PHENOLOX. U. BIOSYNTH., 18. MITT. 63-0786
V. TERT.-BUTYLRESORCIN-MONOAETHERN 63-0433
V. 4-METHOXY-PHENOLEN 63-0435
ASYMM., V. BIVALENTEN ORGAN. S-VERB. MIT (+)-MONOPERCAMPHERSAEURE 55-0273
SELEKTIVE, V. SULFIDEN MIT PHENYLJODIDDICHLORID IN WSS. PY. BZW. IN PY.-H2(18)C 59-0359
V. SILANEN, 2. MITT. 58-0448
V. UNGESAETT. ORGANOMETALLVERB. MIT LUFT 63-0372
V. DIHYDROXYACETON U. GLYCERINALDEHYD MIT J2 (KINETIK) 61-0282
V. DEKALONEN-(2) U. PERHYDRINDANONEN-(5) MIT SEO2-H2O2 62-0450
V. SPIROCYCLANONEN MIT H2O2 62-0492
V. ALDEHYDEN MIT CE(CLO4)4 (KINETIK) 64-0372
V. HYDRAZONEN, 3. MITT. 59-0404
V. ALKEN-(2)-YLIDENHYDRAZINEN MIT PB-TETRAACETAT BZW. PERESSIGSAEURE 59-0404
V. AZINEN MIT BLEITETRAACETAT, 2. MITT. 61-0322
V. HETEROAROMAT. KATIONEN MIT MNO2 61-0618
KATALYT. OX. V. ISOCYANIDEN, EIN NICKEL-SAUERSTOFF-KOMPLEX 53-0041
V.CARBONSAEUREN MIT BLEITETRAACETAT, 1. MITT. 53-0410
VON TETRAHYDRO-PTERINEN U. BES. D. 5-METHYL-6.7-DIPHENYL-5.6.7.8-TETRAHYDRO-PTERINS (MECHANISMUS) 54-0144
AUTOX. V. 2-AMINO-4-OXO-6.7-DIMETHYL-3.4.5.6.7.8-HEXAHYDRO-PTERIDIN U. 1.3.10-TRIMETHYL-5.10-DIHYDRO-ALLOXAZIN (MECHANISMUS) 54-0447
AUTOX. V. LINOLSAEURE (MECHANISMUS) 59-0307
V. OXALATIONEN MIT PEROXODISULFAT,4. MITT. (KINETIK, MECHANISMUS) 60-0237
AUTOX. V. FETTSAEUREN DURCH SINGULETT-SAUERSTOFF 60-0239
PERSULFAT- V. CARBONSAEUREN, 3. MITT. (V. CIS-ZIMTSAEUREN U. DIPHENYL-2-CARBONSAEUREN) 60-0584
PERJODAT- V. N.N'-DIACETYL- 2-DESOXY-INOSADIAMINEN-(1.3) 61-0206
AUTOX. V. L-ASCORBINSAEURE BEI CU-SALZ-KATALYSE (KINETIK) 62-0200
V. 2-HYDROXY-2-METHYL-PROPANSAEURE (KINETIK, ACIDITAETSEINFL.) 63-0248
V. (1-PHENYL-AETHAN)-BORONSAEUREESTERN, STEREOCHEMIE 63-0355
V. ORGAN. RADIKALEN IN FESTER PHASE (UEBERSICHT) 62-0199
V. HEXOSEN MIT DMSO 57-0644
MNO4(-)- V. THYMIDIN 58-0717
HYDROBORIER.- V. ABIETINSAEURE U. VERWANDTEN VERB. 58-0770
PHOTOSENSIBILISIERTE- V. 3BETA-ACETOXY-DELTA(8)-LANOSTEN 56-0676
AUT- V. O-LINOLOYL-BETA-SITOSTERIN 56-0707
V. TROPAN-ALKALOIDEN MIT KMNO4 56-0656
PHENOL- V. ISOCHINOLIN-ALKALOIDEN, 1. MITT. 61-0720
PHENOL-OX. V. ISOCHINOLIN-ALKALOIDEN, 2. MITT. 61-0721
PHENOL- D. ISOCHINOLIN-ALKALOIDE, 3. MITT. 64-0800
AUT- V. NATURSTOFFEN, 1. MITT. 56-0707
V. FLAVANOLEN MIT DMSO -ACETANHYDRID 64-0677

OXYDATION (DEHYDRIERUNG)
DEHYDRIER. SYNTH. HOEHERMOL. VERB. DURCH PHENOLDEHYDRIER., 4. MITT. 57-0666
DEHYDRIER. V. TERT. AMINEN MIT HG(II)-AETHYLENDIAMINTETRAACETAT, 14.MITT. 58-0647
DEHYDRIER. V. PARAFFINEN DURCH AROMATISIER., 1. MITT. (V. OCTAN) 56-0244
DEHYDRIER. V. 9-BENZYLIDEN-9.10-DIHYDRO-ANTHRACENEN (RK.-MECHANISMUS) 56-0421
AROMATISIER. V. KW-STOFFEN, 19. MITT. (PHENYLWANDER. IN 1-METHYL-1-PHENYL-CYCLOHEXAN UEBER CE2O3-AL2O3-B) 59-0240
DEHYDRIER. V. CYCLOHEXAN, CYCLOHEXEN U. CYCLOHEXADIEN-(1.3) MIT PT (MECHANISMUS) 60-0400
RADIKAL. DEHYDRIER. V. CUMOLEN (SUBSTITUENTEN-EINFL.) 58-0203
DEHYDRIERUNG V. CYCLOHEXAN AN PT-SIO2 (EINFL. V. H2 AUF D. KONTAKT-AKTIVITAET) 59-0199
DEHYDRIER. V. HYDROAROMATEN, KINETIK , 9. MITT. (KATALYT. EINFL. V. METALLEN) 62-0201
DEHYDRIER. V. CYCLOHEXAN AN NI (KINETIK. MECHANISMUS) 64-0250
V. INDOLINEN MIT RANEY-NI 57-0512
OXYDATIVE DIMERISIER. V. 1.1.2-TRIALKYL-TETRAHYDROISOCHINOLINEN 58-0647
DEHYDRIER. V. TERT. AMINEN MIT HG(II)-AEDTA,13. MITT. 54-0413
DEHYDRIER. V. 6.7-DIMETHOXY-2-METHYL-1.1-DIAETHYL-1.2.3.4-TETRAHYDROISOCHINOLIN 54-0413
V. 2.4-DIAMINO-AZOBENZOLEN MIT CU(II) (KINETIK) 57-0211
DEHYDRIER. V. ISOPROPANOL AN METALLEN (KINETIK) 62-0281
DEHYDRIER. V. CANNABINOIDEN MIT CHLORANIL 62-0779
KATALYT. DEHYDRIER. V. ISOPROPYLALKOHOL UEBER ZNO, 2. MITT. MECHANISMUS 63-0246
AROMATISIER. D. ENOLAETHER V. BETA-DIKETONEN 57-0347
DEHYDRIER. V. DELTA(2)- THIAZOLIN-CARBONSAEURE-(4)-DERIV. 63-0650
V. L-ASCORBINSAEURE MIT FE(III)-KOMPLEXON-CHELATEN (KINETIK) 64-0034
DEHYDRIER. V. AMEISENSAEURE AN OXID- U. METALLKATALYSATOREN (MECHANISMUS) 64-0314
DEHYDRIER V. STEROIDKETONEN MIT 2.3-DICHLOR-5.6-DICYAN-BENZOCHINON (MECHANISMUS) 53-0565
AROMATISIER. V. STEROIDEN 63-0827

OXYDATION (OZONOLYSE)
OZONOLYSE , 10. MITT. 62-0588
OZONOLYSE V. CIS- U. TRANS-OLEFINEN KONZ.- U. SOLVENSWRKG. 64-0353
SAURE OZONOLYSE V. BENZOL U. EINIGEN HOMOLOGEN (KINETIK) 53-0125
OZONOLYSE V. BENZ(A)ANTHRACEN (MECHANISMUS) 59-0465
OZONOLYSE V. CIS- U. TRANS-STILBEN 60-0567
OZONISIER. V. OLEFINEN (KINETIK) 64-0253
OZONOLYSE V. ALKENEN IN GGW. V. CYCLOHEXANON (MECHANISMUS) 59-0313
OZONOLYSE V. CIS- U. TRANS-ALKENEN 62-0588
OZONISIER V. AETHYLEN (SUBSTITUENTENEFFEKT) 53-0129
OZONOLYSE V. TRANS-1.2-DIISOPROPYL-AETHYLEN, MECHANISMUS 61-0210
OZONOLYSE V. NAPHTHALINEN (SUBSTITUENTEN-EINFL.) 59-0361
OZONOLYSE V. ALDEHYDEN IN GGW. V. CYCLOHEXANON (MECHANISMUS) 59-0313

OXYDATION (EPOXYDATION)
EP- V. ALKENEN (LSGM.-EINFL.) 56-0208
EP- V. OLEFINEN (STEREOCHEMIE U. MECHANISMUS) 53-0127
ALKAL. EPOX. V. 3-OXO-DELTA(4)-STEROIDEN (DIRIGIERENDE WRKG. ENTFERNTER SUBSTITUENTEN) 56-0711
EP- V. ALLYL. STEROIDALKOHOLEN MIT CRO3 63-0252
STER. ORIENTIER. D. EPOX. V. STERINEN , 4. MITT. 63-0830

OXYDATION (HYDROXYLIERUNG)
HYDROXYLIER., 3. MITT. 58-0215
HOMOLYT. AROMAT. HYDROXYLIER., MECHANISMUS, 3. MITT. 61-0315
HYDROXYLIER. V. PHENOLEN MIT TI(III)-H2O2 (MECHANISMUS) 58-0215
HYDROXYLIER V. TRYPTOPHAN MIT TETRAHYDROPTERIN UNTER PHYSIOLOG. BEDING. 53-0348
HYDROXYLIER. V. OELSAEUREMETHYLESTER MIT QUECKSILBER (II)-ACETAT (MECHANISMUS) 64-0055

OXYDATIONSMITTEL
HOEHERWERT. NICKELOXID, DARST. 56-0255
TRIPHENYLPHOSPHIT-O3-ADDUKT , SINGULETT-O2-ABSPALT. 58-0214
AGO ALS OXYDANS FUER ORGAN. VERB. 54-0204
H5JO6, ZUR OX. V. POLYCYCL. AROMAT. KW-STOFFEN 56-0424
PEROXOSALPETR. SAEURE, RK. MIT BENZOLEN (MECHANISMUS) 62-0375
56-0255
OXYDOREDUKTION
H-UEBERTRAG. DURCH COENZYMMODELLE 64-0901
ELEKTRONENUEBERTRAG.-RK., UEBERSICHT UEBER D. THEORET. GRUNDLAGEN U. UNTERS.-METH. 63-0321
MEERWEIN-PONNDORF-RED. V. ALPHA-PHTHALIMIDO-PROPIOPHENONEN (STER. VERLAUF) 61-0202
EINELEKTRONENUEBERTRAG. V. METALL- U. NICHTMETALLANIONEN U. -RADIKALANIONEN (KINETIK) 61-0032
RK. V. CR(II) MIT CYANO-PENTAMMIN-KOBALT(III)-ION U. TRANS-CYANO-TETRAMMIN-AQUO-KOBALT(III)-ION (KINETIK, MECHANISMUS) 60-0032
RK. V. CR(II) MIT TRANS-CYANO-AQUO-BIS-(AETHYLENDIAMIN)-KOBALT(III)-ION (KINETIK, MECHANISMUS) 60-0032
DISPROPORTIONIER. V. ORGAN. HYDRAZOVERB. 53-0170
DISPROPORTIONIER. V. 4-AMINO-HYDRAZOBENZOL (MECHANISMUS) 63-0311
REVERSIBLE REDOX-SYST. V. WEITZ-TYP (DIAZONIA-PHENANTHRENE, -PYRENE U. DIPYRIDYLIUMVERB., POLAROGRAPH. UNTERS.) 62-0186
OZON
RK. MIT TRANS-1.2-DIISOPROPYL-AETHYLEN , MECHANISMUS 61-0210
SINGULETT-O2-ABSPALT. AUS D. TRIPHENYLPHOSPHIT-O3-ADDUKT 58-0214
OX. V. PRIM. AMINEN MIT 58-0341
RK. MIT ARYLDIMETHYLSILANEN (KINETIK) 58-0448
RK. MIT TRIPHENYLPHOSPHIT 58-0214
OZONIDE
DARST. UEBER 1.2.3-TRIOXOLANE 53-0068
CYCLOBUTEN-, BLDG. (MECHANISMUS) 58-0610
NORMALE U. GEKREUZTE, STEREOSPEZIF. BLDG. 61-0596
MOL-, BLDG. ALS ZWISCHENPROD. BEI D. OZONOLYSE V. CIS- U. TRANS-ALKENEN 62-0588
MOL-, NMR 62-0588
REDUKTIVE SPALT.(MECHANISMUS) 61-0209
PHOTOLYSE 62-0305
ACIDOLYSE MIT CH3-COOH BZW. HCOOH 54-0200
OZONISIERUNG UND OZONOLYSE
* S. UNTER OXYDATION

P

PALLADIUM
PD, EINFL. AUF D. (3)H-VERTEIL. BEI HYDRIER. V. CROTON- U. TETROLSAEURE MIT HT-H2 58-0211
EINFL. AUF DECARBONYLIER. V. BETA-PHENYL-ISOVALERALDEHYD 59-0254
EINFL. AUF D. DEHYDRIER. U. DEHYDRATAT. V. ISOPROPANOL 62-0281
EINFL. AUF D. AROMAT. SUBSTITUT. V. OLEFINEN 64-0493
PALLADIUMVERBINDUNGEN (ORGANISCHE)
PD(PF3)4, DARST. AUS PD-PULVER U. PF3 57-0067
ABSORPT.-SPEKTREN V. (PD(CLO4)2(BIPY)2), (PD(CLO4)2(PHEN)2), (PDCL2(BIPY)2) U. (PDCL2(PHEN)2) IM SICHTBAREN LICHT 54-0006
ORGAN. KOMPLEXVERB., RK. MIT ACYLHALOGENIDEN 57-0273
DICHLORO-DIEN-PALLADIUM-KOMPLEXE, RK. MIT PRIM. AMINEN U. NA-ACETAT 56-0087
PI-ALLYL-PALLADIUMCHLORID-KOMPLEXE, DARST. AUS BIS-(BENZONITRIL)-DICHLORO-PALLADIUM(II) U. VINYLCYCLOPROPAN-DERIV. 59-0088
OLEFIN-PD-CHLORID-KOMPLEXE, 11. MITT. 59-0089
PDCL2-1.2-BIS-(PHENYL-AETHINYL)-BENZOL-KOMPLEXE, BLDG., ZERS. 62-0058
DI-MY-CHLORO-DICHLORO-BIS-(ALKEN)-DIPALLADIUM(II)-KOMPLEXE, RK. MIT ALKOHOLEN 63-0098
PD(II)-(ISO)THIOCYANAT-PY(DIPY, PHEN)-KOMPLEXE, IR-SPEKTRUM, PD-(ISO)THIOCYANAT-BIND. 63-0005
PDCL2L2 (L=BENZYLAMINE), DARST. 59-0090
THIOCYANATO- U. ISOTHIOCYANATO-1.1.7.7-TETRAAETHYL-DIAETHYLENTRIAMIN-(N.N'.N'')-PALLADIUM(II)-THIOCYANAT, IR-SPEKTRUM, PD-(ISO)THIOCYANAT-BIND. 63-0005
PD(II)-2-(2-AMINO-AETHYLAMINO)-AETHANOL -KOMPLEXE, DARST. 60-0061
(N(C2H5)4)2(PD(SC6F5)4), UV , ((C6H5)3P)2PD(SC6F5)2 , ((C6H5)3PPD(SC6F5)2)2 , UV 56-0004
PD(SC6F5)2 , (N(C2H5)4)2(PD(SC6F5)4) , (PD(SC6F5)2)N, DARST. 56-0088
PD-KOMPLEXE V. DITHIOLENTYP, POLAROGRAPH. VERH. 60-0059
HALOGENO-, AZIDO-, THIOCYANATO-, SELENOCYANATO-, U. THIOHARNSTOFF-BIS-(O-PHENYLEN-BIS-(DIMETHYLARSIN))-PD(II)-KOMPLEXE, STABILITAET 56-0040
((C6H5)3P)2PD(SC6F5)2 , ((C6H5)3PPD(SC6F5)2)2 , DARST. 56-0088
PD(II)-THIOCYANAT(BZW. ISOTHIOCYANAT)ARSIN(PHOSPHIN, STIBIN)-KOMPLEXE, IR-SPEKTRUM, PD-(ISO)THIOCYANAT-BIND. 63-0005
PI-ALLYL-PD(II)-KOMPLEXE, DARST. AUS OLEFINEN U. PDCL2 53-0044
ACETYLACETONATO-PI-ALLYL-PD-KOMPLEXE, RK. 56-0084
PI-ALLYL-PD-CHLORID-KOMPLEXE, DARST. AUS UNGESAETT. MALONSAEUREDERIV. U. PDCL2 57-0063
PI-ALLYL-PD-KOMPLEXE, LIGANDENUEBERTRAG.-RK. MIT CO-KOMPLEXEN 58-0073
I-TETRAPHENYLCYCLOPENTADIENYL-PI-(3)-1.2-DICARBOLLYL-ALLADIUM(II)-VERB., DARST., SPEKTREN 59-0041
PI-ALLYL-PD-KOMPLEXE, EINFL. V. P-LIGANDEN AUF RK. 62-0053
CYCLOOCTADIEN-PD-HALOGENIDE, TETRAPHENYLCYCLO-BUTADIENPALLADIUM(II)-CHLORID , SUBSTITUIERTE DI-MY-HALOGENO-BIS-(CYCLOOCTEN-(4)-YL)-PD2-KOMPLEXE, DARST., RK., SPEKTREN 62-0057
PI-(3-OXO-DELTA(4)-STEROID)-PD(II)-KOMPLEXE, DARST. 63-0099
PI-ALLYL-PDCL-KOMPLEXE, REDUKTIVE ZERS. (MECHANISMUS) 59-0089
PD2(MY-CL)2L2 (HL=N.N-DIMETHYL-BENZYLAMINE), DARST. 59-0090
PI-ALLYL-PD-VERB., RK. MIT HG 59-0094
DIXANTHOGENATO-METHYLPHENYLPHOSPHIN-PD-KOMPLEXE, KOORDINAT. 63-0100
(13)C-, (18)O- U. (2)H- MARKIERTE PD-ACETYLACETONATE, DARST. 59-0085
(CLPDON(C(CH3)3)2)2, (BRPDON(C(CH3)3)2)2, DARST. 54-0008
BIS-(N-(ALKOXYCARBONYLALKYL)-SALICYLALDIMINATO)-PD(II)-KOMPLEXE, LIGANDENRACEMISIER. 61-0028
((DMF)2H)2(PDCL6), (N-(TERT.-C4H9)4)2(PD2CL6) U. (AS(C6H5)4)2(PD2CL6), DARST. 53-0044
PALLADIUMVERBINDUNGEN (ANORGANISCHE)
PDBR2, RK. MIT DI-TERT.-BUTYLSTICKSTOFFOXID 54-0008
PDCL2,RK. MIT HCL U. DMF 53-0044
PDCL2, RK. MIT OLEFINEN IN DMF 53-0044
PDCL2, RK. MIT DI-TERT.-BUTYLSTICKSTOFFOXID 54-0008
PDCL2, ISOMERISIER. V. OLEFINEN MIT PDCL2 60-0331
PDCL2, KOMPLEXBLDG. MIT BENZYLAMIN 59-0090
PDCL2, KOMPLEXBLDG. MIT DIMETHYLSELENOXID 56-0052
PDCL2, U. IM GEMISCH MIT TICL3 U. AETHYL-AL-VERB. ALS KATALYSATOR BEI D. ISOMERISIER. V. OLEFINGEMISCHEN 56-0234
PDCL2, BENZYL-OX. MIT -- 63-0415
PDCL2, EINFL. AUF D. RK. V. VINYLCHLORID MIT ACETATEN U. ALKOHOLATEN 64-0275
PD(NO3)2, RK. MIT DMS 56-0025
PAPAIN
* S. UNTER ENZYME
PAPIERCHROMATOGRAPHIE
* S. UNTER CHROMATOGRAPHIE
PAPRIKA
ISOLIER. V. DIHYDRO-CAPSAICIN U. HOMODIHYDRO-CAPSAICIN AUS CAPSICUM-FRUECHTEN, 60-0800
PAYNE-SMITH-REAKTION
* S. UNTER RINGVERENG(ER)UNGSREAKTIONEN
PELENOLIDE
* S. UNTER TERPENE
PELTOGYNANE
* S. UNTER RINGSYSTEME (HETEROCYCLEN)
PENICILLINE
6-AMINOPENICILLANSAEURE-DERIV., 4. MITT. 55-0567
HALBSYNTHET., 7. MITT. 56-0733
REAKTIVE ACYL-DIPEPTIDE ALS MOEGLICHE-ANALOGE, 1. MITT. 58-0800
REAKTIVE ACYL-DIPEPTIDE ALS MOEGLICHE -ANALOGE, 2. MITT. 58-0801
HALBSYNTHET.,8. MITT. 61-0806
PYRIDYLMETHYL-, DARST. AUS 6-AMINO-PENICILLANSAEURE-(P-BROM-PHENACYL)-ESTER-BENZOLSULFONAT U. PYRIDYLESSIGSAEUREN 56-0733
PHENOXYMETHYLPENICILLINESTER, DARST. 58-0808
DARST. AUS 6-AMINO-PENICILLANSAEURE-TRIBUTYLZINNESTER U. HETEROCYCL. SUBSTITUIERTEN ESSIGSAEUREN 61-0806
DARST. AUS ISOTHIAZOLYLESSIGSAEUREN 57-0756
PHENYL- BZW. ALKOXY-4-ISOTHIAZOLYL-, DARST. 57-0757
PYRIDYLMETHYL-, ANTIMIKROBIELLE AKTIVITAET 56-0733
ANTIBAKTERIELLE AKTIVITAET 57-0756
PHENYL- BZW. ALKOXY-4-ISOTHIAZOLYL-, ANTIBAKTERIELLE WRKG. 57-0757
PENTALENE
2.6-DISUBSTITUIERTE BICYCLO(3.3.0)OCTANE, DARST. AUS DIEN-PT(ODER PD)-KOMPLEXEN U. MALONATEN 62-0057
PENTAMETHINCYANINE
* S. UNTER FARBSTOFFE (POLYMETHINFARBSTOFFE)
PEPTIDE
AMINOSAEUREN U. PEPTIDE,74. MITT. 53-0568
AMINOSAEUREN U. PEPTIDE,75. MITT. 53-0569
PEPTIDE,64. MITT.(SYNTH. V. PEPTID-DERIV. D. INSULINSEQUENZEN B 1-4, B 1-5 U. B 1-8) 53-0571
AMINOSAEUREN U. --, 76. MITT. 54-0065
HYDRAZINVERB. ALS HETEROBESTANDTEILE IN, 9.MITT. 54-0550
HYDRAZINVERB. ALS HETEROBESTANDTEILE, 10.MITT. 54-0551
U. AMINOSAEUREN, 77. MITT. 55-0562

U. AMINOSAEUREN GEBUNDEN AN STEROIDE, 2. MITT. 56-0702
POLY-, 4. MITT. 56-0720
25. MITT. 56-0721
-CHEMIE, VERW. V. 2-HALOGEN-PYRIDIN-N-OXIDEN, 1. MITT. 56-0722
-CHEMIE, VERW. V. 2-HALOGEN-PYRIDIN-N-OXIDEN 2. MITT. 56-0723
U. AMINOSAEUREN, 26. MITT. 56-0727
POLY-, 5. MITT. 57-0338
U. AMINOSAEUREN, 78. MITT. 57-0750
- U. AMINOSAEUREN, 27. MITT. 57-0752
MIT CONGOCIDIN VERWANDTE AMIDINE U. GUANIDINE, 2. MITT. 58-0440
MIT CONGOCIDIN VERWANDTE AMIDINE U. GUANIDINE, 3. MITT. 58-0441
28. MITT. 58-0798
REAKTIVE ACYLDI- ALS MOEGL. PENICILLIN-ANALOGE, 1. MITT. 58-0800
REAKTIVE ACYL-DI-, ALS MOEGLICHE PENICILLIN -ANALOGE, 2. MITT. 58-0801
U. AMINOSAEUREN, 28. MITT. 58-0802
POLY-, 6. MITT. 59-0768
POLY-, 7.MITT. 59-0769
POLY-, 8.MITT. 59-0770
POLY-, 9. MITT. 59-0771
POLY-, EDA-KOMPLEXE, 2. MITT. 60-0200
U. AMINOSAEUREN, 2. MITT. 60-0603
PEPTID-ALKALOIDE, 5. MITT. 60-0722
9. MITT. 60-0782
26. MITT. 60-0785
-AEHNLICHE SYST., 8. MITT. 61-0374
U. AMINOSAEUREN, 79. MITT. 61-0558
U. AMINOSAEUREN, 16. MITT. 61-0799
POLY-, 10. MITT. 61-0800
PEPTIDE U. AMINOSAEUREN, 29. MITT. 62-0816
U. AMINOSAEUREN, 4. MITT. 63-0406
6. MITT. 63-0839
S-HALT. POLY-, 8. MITT. 63-0842
27. MITT. 63-0846
U. AMINOSAEUREN, 7. MITT. 63-0847
CYTOAKT., U. AMINOSAEUREN, 13. MITT. 64-0517
CYTOAKT. -- U. AMINOSAEUREN, 14. MITT. 64-0881
ADUETINE, KONSTIT. 60-0722
KONFIG.-BEDING. FUER D. GGW. V. CIS-PEPTIDBIND. 55-0562
EINFACHE, KONFORM., 2. MITT. 64-0879
GLYKO- D. FIBRINOGENS (SEQUENZ D. ZUCKER U. AMINOSAEUREN) 55-0592
BETA-ALANYLDI-, DARST. AUS PHTHALYL-BETA-ALANYL-CHLORID U. AMINOSAEUREN 53-0233
NEUE METH. D. PEPTIDSYNTH.,5. MITT. 53-0239
SYNTH. MITTELS CYSTATHIONIN-DERIV. 53-0568
VASOPRESSIN-ANALOGA, DARST. 53-0569
PEPTIDSEQUENZEN D. INSULINS, SYNTH. 53-0571
DARST. AUS PIVALOHYDROXAMSAEUREESTERN U. N-BENZYLOXYCARBONYL-AMINOSAEUREESTER-HYDROCHLORIDEN 55-0563
DARST. AUS N-BENZYLOXYCARBONYL-AMINOSAEUREN U. AMINOSAEUREESTERHYDROCHLORIDEN IN GGW. V. DICYCLOHEXYLCARBODIIMID U. TRIAETHYLAMIN 55-0564
ACTINOMYCINAEHNL. CHROMO-, SYNTH., 4. MITT. 55-0569
POLY-GLUTAMINSAEURE-DERIV., DARST. 55-0584
DEPSI-, SYNTH. , 4. MITT. (ANWEND. V. BROMESSIGSAEURE-P-NITRO-PHENYLESTER) 56-0724
HIS-, SYNTH. MIT 2.2.2-TRIFLUOR-1-ACYLAMINO-AETHYLSCHUTZGRUPPEN 56-0725
STEREOSELEKTIVE SYNTH. 57-0246
DIPEPTIDAMIDE, DARST. AUS ALKYLIDEN-PSEUDOXAZOLONEN-(5) U. ANILIN 57-0537
DI-, SYNTH. AUS N-CARBOBENZOXY-GLYCIN-N-HYDROXY-GLUTARIMIDESTER U. AMINOSAEUREN BZW. -ESTERN 57-0751
POLY- MIT GLEICHER SEQUENZ V. AMINOSAEUREN, DARST. 57-0775
N-(ALPHA-TOSYLAMINOACYL)-BETA-ALANINESTER, DARST. 58-0387
SYNTH. DURCH OX. V. N-ACYL-ALPHA-AMINOSAEURE-PHENYLHYDRAZIDEN, 2. MITT. 58-0792
BISDISULFID-, DARST. 59-0766
SYNTH. (2.2.2-TRIFLUOR-1-BENZYLOXYCARBONYLAMINO-AETHYL-REST ALS SCHUTZGRUPPE FUER D. HYDROXYLGRUPPEN D. SERINS U. THREONINS) 59-0767
SYNTH., 42. MITT. 59-0774
FESTPHASEN-SYNTH. AN VERBESSERTEN POLYSTYROLHARZEN 59-0795
PHOTOSYNTH. IM UV AUS AETHYLENGLYKOL U. HYDROXYLAMIN IN WSS. LSG. 60-0781
NEUES KUPPL.-REAGENZ FUER -SYNTH. (2-AETHOXY-CARBONYL-CHINOLIN-1-CARBONSAEUREAETHYLESTER) 60-0784
DARST. AM PHENOL-FORMALDEHYD-HARZ 61-0798
-- U. N-HYDROXY-, DARST. AUS N-SUBSTITUIERTEN PHTHALIMIDEN DURCH HYDROXYLAMINOLYSE 61-0801
ACTINOMYCINAEHNL. CHROMO- U. ACTINOMYCINE, SYNTH., 5. MITT. 61-0804
SYNTH. IN WSS. MEDIUM, 4. MITT. 62-0362
SYNTH. UNTER VERW. D. 2-(P-DIPHENYLYL)-ISOPROPYLOXYCARBONYL-RESTS ALS AMINOSCHUTZGRUPPE 62-0363
SYNTH. NACH FESTPHASENMETH. MIT TRIAZOL ALS KUPPL.-REAGENS 62-0807
-BETA-METHYLSULFONYL-AETHYLESTER, DARST. AUS BETA-METHYLMERCAPTO-AETHYLESTERN 62-0812
BETA-AMINOSAEUREN-DI- DARST. UEBER ALPHA-DIAZOKETONE 63-0840
SYNTH., VERW. V. KOPOLY-(AETHYLEN-N-HYDROXY-MALEINIMID) 63-0843
SYNTH. IN WSS. MEDIUM, 5. MITT. 63-0845
POLY-ALPHA-AMINOSAEUREN, PRAEBIOLOG. BLDG. (MODELLVERS.) AUS ALPHA-AMINO-NITRILEN 63-0866
CYCLOSERIN-, DARST. 64-0457
EINFACHE, SYNTH. 64-0879
SYNTH. V. D. N-TERMINALEN SEQUENZ D. RINDERTRYPSINOGENS ENTSPRECHENDEN --, 1.MITT. 64-0880
THREO-BETA- HYDROXY-ASPARAGYL-DI-, DARST. 64-0882
DIASTEREOMERE CYCLOHEXAPEPTIDE AUS GLY, PHE U. LEU, DARST. 55-0562
SYNTH. MIT AMINOSAEURE-2.4.6-TRIBROM-PHENYLESTERN 55-0565
N-(N-OXIDO-PYRIDYL-(2))-, DARST. 56-0722
2-AMINOACYL-PYRIDIN-1-OXIDE, DARST. 56-0722
SYNTH. MIT N-BENZYLOXYCARBONYL-AMINOSAEURE-PIPERIDYL-(1)-ESTERN 56-0727
CYSTATHIONIN-, DARST. 57-0750
ANGIOTENSIN-ANALOGA, SYNTH. 57-0753
P-AMINOBENZOESAEURE-, DARST. 58-0440
N.N'- BIS-(4-CARBOXYPHENYL)-HARNSTOFF-, DARST. 58-0441
CARBOBENZOXY-DI- U. -TRI-, DARST. 58-0791
CYSTIN-, DARST., STREPOGENINAKTIVITAET 58-0799
2-(ACYLAMINOSUCCINIMIDO)-CARBONSAEUREN,DARST. 58-0800
REAKTIVE ACYL-DI-, DARST. 58-0801
DARST. MIT AMINOSAEURE-(2-HYDROXY-PHENYLESTERN) 58-0802
TRP-MET-ASP-PHE-AMIDE, N-TERMINAL GESCHUETZTE U. UNGESCHUETZTE, DARST. 59-0768
GESCHUETZTE TRP-MET-ASP-AMINO-ACYL-AMIDE, DARST. 59-0769
TRP-MET-AMINOACYL-PHE-AMIDE, DARST. (VARIAT. D. C-TERMINALEN TETRAPEPTID-SEQUENZ D. GASTRINE) 59-0770
C-TERMINALE GASTRIN-TETRAPEPTIDAMIDE MIT VARIIERTER METHIONYL-GRUPPE,, DARST. 59-0771
-GEMISCHE AUS DIAMINOMALEINSAEUREDINITRIL, BLDG. 59-0772
AUS AMINOMALONITRIL, BLDG. 59-0773
SYNTH. (ANWEND. V. BOC-DERIV. D. ARGININS) 60-0782
POLY-BETA-CYANO-L-ALANIN DARST. AUS BETA-CYANO-N-CARBOXY-L-ALANIN-ANHYDRID DURCH POLYMERISAT. 61-0375
DARST. MIT HILFE V. AMINOSAEURE-(2.4.5-TRICHLOR-PHENYL)-ESTERN 61-0800
D. 2-AMINO-PENTHIAZOLINS, DARST. 62-0670
-SYNTH., VERW. V. BETA-METHYLSULFONYL-AETHYLESTERN ALS SCHUTZ D. CARBOXYLGRUPPE 62-0812
-SYNTH. UNTER VERW. D. 2-(DIPHENYLYL-(4))-PROPYL-(2)-OXYCARBONYL (DPOC)-SCHUTZGRUPPE 62-0814
PEPTIDE SYNTH. UNTER VERW. D. S-BENZYLMERCAPTOMETHYL-RESTES ALS SCHUTZGRUPPE 62-0816
SYNTH., 35. MITT. 62-0817
PYRIMIDYL-AMINOACYL-, DARST. AUS ALPHA-AMINO-BETA-PYRIMIDINYL-PROPIONSAEURE U. AMINOSAEURECHLORIDEN 63-0841
CYCL. CYSTIN-, DARST. MIT THIOCYAN 63-0842
MIT HUMAN-GASTRIN VERWANDTE HEPTADEKA-, SYNTH. 63-0846

BIS-(2-CHLOR-AETHYL)-AMINO-SUBSTITUIERTE POLYAMINOSAEUREN, DARST. AUS N-CARBOXY-AMINOSAEUREANHYDRIDEN U. L-4-BIS-(2-CHLOR-AETHYL-AMINO)-PHENYLALANIN-AETHYLESTER 64-0881
POLYMELPHALAN, DARST. AUS N-CARBOXY-L-4-BIS-(2-CHLOR-AETHYL-AMINO)-PHENYLALANIN-ANHYDRID, AUSB. ETWA 40 PZ. 64-0881

POLY-BETA-CYANO-L-ALANIN,IR 61-0375
EINFACHE, IR 64-0879
GLY- MIT TERMINALEM LEU, ORD 55-0049
CU(II)- U. NI(II)-TRIPEPTIDKOMPLEXE, ZIRKULARDICHROISMUS 58-0004
LEUCIN-TRI- U. TETRA-, ORD 63-0111
MASSENSPEKTROSKOP. FRAGMENTIER. U. SEQUENZANALYSE EINFACHER N-BENZYLOXYCARBONYL-TRYPTOPHYLPEPTIDESTER 53-0613
MASSENSPEKTREN V. AMINOSAEUREN U. - DERIV., 1. MITT. 61-0122
MASSENSPEKTREN V. AMINOSAEUREN U. -DERIV., 2. MITT. 64-0156
N-BENZYLOXYCARBONYLDERIV., MASSENSPEKTREN 61-0122
GLYCYL-DI-, NMR 56-0118
L-LEUCIN- U. GLYCIN-, PMR 60-0097
(13)C-NMR ALS FUNKT. V. PH 64-0127
CARBOBENZOXYDI-, PK(A) -BEST. V. DIASTEREOMEREN 59-0191
ENNIATINE, ENNIATIN-ALKALI-KOMPLEXE, EMK 59-0779
POLYMELPHALAN, VISKOSITAET 64-0881
POLY-BETA-CYANO-L-ALANIN LOESLICHK. IN DIMETHYLFORMAMID, W., ESSIGSAEURE, A., NAHCO3 (UNLOESLICH) 61-0375
RK. ZU PROTEIN-MODELLVERB., 1. MITT. 55-0584
RK. V. AMINOSAEUREN, - U. PROTEINEN MIT ALPHA.BETA-UNGESAETT. VERB., 9.MITT. 58-0438
POLYLYSIN, WECHSELWRKG. MIT HEPARIN U. DESOXYRIBONUCLEINSAEURE 63-0863

CYCLISIER. MIT BIS-(O-PHENYLEN)-PYROPHOSPHIT 55-0566
EINFL. V. LSGM. AUF D. EPIMERISIER. BEI D. RK. MIT
P-NITROPHENOL 58-0280
-AEHNL. SYST., INTRAMOL. RK. , 2. MITT. 58-0422
-BIND., SPALT. DURCH GAMMASTRAHLEN 58-0390
POLYPEPTID-METALL-KOMPLEXE, ABBAU, 6. MITT. 62-0808
REDUKTIVE ABSPALT. V. SCHUTZGRUPPEN MIT NA IN FL. NH3 54-0599
CARBOBENZOXY-PEPTID-P-NITROPHENYLESTER, SELEKTIVE RED.
D. CARBOBENZOXYGRUPPE 64-0878
-ESTERGRUPPEN, SELEKTIVE RED. 63-0406
HYDRAZINOLYSE V. PEPTIDBIND. (AKABORI-METH.) 54-0552
POLY-DL(ODER L)-SERIN, PHOSPHORYLIER. 54-0575
DI-, RK. MIT DL-(CO(OH)(H2O)EN2)2+
(STEREOSELEKTIVITAET) 56-0046
-GEMISCHE AUS DIAMINOMALEINSAEUREDINITRIL,
DARST. 59-0772
ENNIATINE, KOMPLEXE MIT ALKALI-IONEN, DARST. (KINETIK) 59-0779
POLY-BETA-CYAN-L-ALANIN, RK. MI HCL 61-0375
GRADUELLER ABBAU MIT 2-FLUOR-PYRIDIN-N-OXID 56-0723
ACYLIERTE DI-, HYDROLYSE DURCH PEPSIN (PH-EINFL.) 58-0820
CARBOBENZOXY-DI- U. -TRI-, WRKG. GEGEN MASERN- U.
HERPESVIREN 58-0791
POLY-, BEZIEH. ZWISCHEN STRUKTUR U. STREPOGENIN-
AKTIVITAET, 1. MITT. 58-0799
BLUTDRUCKSTEIGERNDE WRKG. 57-0753
TRP-MET-ASP-PHE-AMIDE, N-TERMINAL GESCHUETZTE U.
UNGESCHUETZTE, GASTRIN-AEHNL. WRKG. AUF D.
MAGENSAFTSEKRET. 59-0768
GESCHUETZTE TRP-MET-ASP-AMINO-ACYL-AMIDE,
STIMULIERENDE WRKG. AUF D. MAGENSAFT-SEKRET. BEI
RATTEN 59-0769
C-TERMINALE GASTRIN-TETRAPEPTIDAMIDE MIT VARIIERTER
METHIONYL-GRUPPE,, GASTRIN-WRKG. 59-0771
PYRIMIDYL-AMINOACYL-, WACHSTUMSWRKG. AUF
ASCITESCARCINOM BEI MAEUSEN 63-0841
PYRIMIDYL-AMINOACYL-, HEMM. D. EINBAUS V. MARKIERTEM
GLYCIN BZW. PHENYLALANIN IN ASCITESCARCINOM-ZELLEN 63-0841
BIS-(2-CHLOR-AETHYL)-AMINO-SUBSTITUIERTE
POLYAMINOSAEUREN, CANCEROSTAT. WRKG. 64-0881
-GEMISCHE AUS DIAMINOMALEINSAEUREDINITRIL, AUTOMAT.
ANALYSE (CHROMATOGRAPHIE) 59-0772
-GEMISCHE AUS DIAMINOMALEINSAEUREDINITRIL,
DUENNSCHICHTCHROMATOGRAPH. NINHYDRIN-TEST 59-0772
GAMMA-GLUTAMYL-, BEST. D. AMINO-N-GEH. NACH
MODIFIZIERTEM VAN-SLYKE-VERF., MOLGEW.-BERECHN. 58-0832
PEROXIDE
ORGAN., 40.MITT. 59-0515
ACYL-, 18. MITT. 60-0377
ACYL-, 19. MITT. 61-0383
PERACYLALKYL(ARYL)CARBONATE, 6. MITT. 63-0495
DIMERE CYCLOALKANON-, DARST. AUS CYCLOALKANONEN 54-0284
TERT.-ALKYL-ALKOXYMETHOXYMETHYL-, DARST. AUS
HALOGENMETHYL-ALKYLAETHERN U. TERT.-ALKYL-
HYDROXYMETHYL-PEROXIDEN 55-0235
BIS-(TERT.-ALKYL)-, DARST. AUS TERT.-HYDROPEROXIDEN
MIT PB-TETRAACETAT IN BZL.-KW-STOFFEN 57-0420
DIALKYLPOLYOXIDE, DARST. AUS AZOALKANEN 59-0274
CHLORALKYL-, DARST. AUS HYDROXYALKYLPEROXIDEN U. HCL 61-0331
(PEROXY-BETA-JONYLIDEN)-ESSIGSAEUREN, DARST. 62-0499
FLUORKOHLENSTOFF-, DARST. AUS BIS-(FLUORFORMYL)-
PEROXID 63-0371
ALPHA-CHLORALKYL-ALKYL-, DARST. 64-0363
ALPHA.ALPHA'- DIHYDROXY-ALKYLPEROXIDE, DARST. AUS
ALDEHYDEN 64-0366
NITROACYL-, DARST. AUS NITROSAEURECHLORIDEN U. NA2O2-
H2O2 55-0248
ACYLALKYL-DIACYL-DI-, DARST. 60-0377
ACYLDI-, DARST. 61-0383
GAMMA-TERT.-ALKYLPEROXY-GAMMA-LACTONE, DARST. AUS
GAMMA-OXO-SAEUREN U. TERT.-ALKYL-HYDROPEROXIDEN 62-0525
PERACETYLCARBONATE, DARST. AUS PERESSIGSAEURE U.
CHLORKOHLENSAEUREESTERN 63-0495
NITROACYL-, IR 55-0248
N-ARYL-PERCARBAMATE, IR 63-0126
PERACYLCARBONATE, IR 63-0126
CYCL. ORGAN., MASSENSPEKTREN 63-0154
17ALPHA-HYDROPEROXY-PREGNAN-20-ONE, UMLAGER. DURCH
ACETYLIER. ODER RK. MIT MINERALSAEUREN 62-0793
(PEROXY-BETA-JONYLIDEN)-ESSIGSAEUREN, UMLAGER. 62-0499
TERT.-ALKYLHYDRO-, ZERS. ZU PEROXYRADIKALEN (EINFL.
V. UEBERGANGSMETALLIONEN AUF D. STABILITAET) 54-0077
HYDRO-, ZERS. IN GGW. V. BASEN (KINETIK, MECHANISMUS) 56-0239
BIS-(NITROACYL)-PEROXIDE THERM. ZERS. 58-0342
N-HALT., FRAGMENTIER. 59-0280
AROYL-, ZERS. 60-0293
HYDRO-, HOMOLYT. ZERS. , 1. MITT. 62-0273
HYDRO-, HOMOLYT. ZERS., 2. MITT. 62-0274
HYDRO-, HOMOLYT. ZERS., 3. MITT. 62-0275
HYDRO-, HOMOLYT. ZERS., 4. MITT.(METALL-KATALYSIERTE
ZERS.) 62-0276
HYDRO-, THERM. ZERS. IN VERSCHIEDENEN LSGM. (KINETIK) 62-0277
GAMMA-TERT.-ALKYLPEROXY-GAMMA-LACTONE, THERM. ZERS. ZU
OXYRADIKALEN 62-0525
PRIM.- U. SEK.-HYDRO-, ZERS. 62-0275
ORGANO-, OX. V. TOLUOL IM -- -CUCL2-SYST. 63-0358
ARYL-, RK. MIT AROMATEN (UEBERSICHT) 62-0258
P-SUBSTITUIERTE BENZOYL-, RK. MIT PYRIDINEN (KINETIK) 60-0621
BENZOYL-, RK. MIT TRIPHENYLMETHYLRADIKAL IN AROMAT.
LSGM. 60-0226
PERSAEUREN
PERBENZOYLALKYL(ARYL)CARBONATE, 5. MITT. 54-0139
BUTTERSAEUREPERESTER, DARST. 55-0247
(2-ARYL-CYCLOPROPYL)-PERSAEURE-TERT.-BUTYLESTER,
DARST. 59-0256
(2-ARYL-CYCLOPROPYL)-PERSAEURE-TERT.-BUTYLESTER,
THERM. ZERS. (KINETIK) 59-0256
RK. MIT TERT.-BUTYL-MONOPEROXYPHTHALAT 60-0377
RK. MIT DICARBONSAEURECHLORIDEN 61-0383
TERT.-ALKYLESTER, JODOMETR. BEST. D. AKT. O 54-0596
PESTIZIDE
* S. UNTER SCHAEDLINGSBEKAEMPFUNG
PFLANZEN
* SPEZIELLE S. UNTER D. NACHST. STICHWORT
PFLANZENSTOFFE, CHEMIE U. BIOCHEMIE, 20. MITT. 61-0614
-NATURSTOFFE MIT EINER NITROGRUPPE,7. MITT. 54-0372
FLUECHT. --STOFFE, 203.MITT. 55-0590
CHEM. BESTANDTEILE V. POLN. INDUSTRIELLVERWERTBAREN
PFLANZEN, 2.MITT. 56-0759
CHEM. KLASSIFIZIER., 32. MITT. 58-0826
EINHEIM., BESTANDTEILE, 12. MITT. 60-0712
PFLANZENSTOFFE, CHEMIE U. BIOCHEMIE,21. MITT. 61-0615
MEERES-, BESTANDTEILE, 9. MITT. 61-0813
BESTANDTEILE V. MEERES-, 10. MITT. 62-0828
MEERES-, INHALTSSTOFFE, 8. MITT. 64-0889
ORIENTAL. PFLANZENINHALTSSTOFFE, 18.MITT. 64-0911
PFLANZENINHALTSSTOFFE,13. MITT.(KOHLENHYDRATE AUS
FORMALDEHYD IN GGW. TERT. AMINE) 53-0486
PFLANZENSUBSTANZEN,27. MITT. 53-0490
-STEROIDE, BIOCHEM. UMWANDL., 2. MITT. 61-0835
KULTUR-, STEROIDBESTANDTEILE, 51. MITT. 62-0845
SUEDAFRIK., EXTRAKTE,1. MITT. 55-0514
EINHEIM., STEROID-KOMPONENTEN, 54. MITT. 61-0790
KULTUR-, STEROIDKOMPONENTEN, 53. MITT. 56-0693
MOOS-PIGMENTE, 7. MITT. (VIOLETTE PIGMENTE IN
SPHAGNEUM NEMOREUM) 56-0661
KW-STOFF-ZUS. IN -WACHSEN 54-0581
HOEHERE, BIOSYNTH. V. GENTISINSAEURE 54-0589
MODELL D. BIOSYNTH. V. TETRANORTRITERPENEN 56-0677
CYCLISIER. V. 2.3-EPOXY-SQUALEN IN ZELLFREIEM SYST.
AUS HOEHEREN PFLANZEN 58-0779
BIOSYNTH. V. METHYLEN-BIS-(BUTYRYLPHLOROGLUCINEN) AUS
(1-(14)C)BUTYRAT 60-0827
BIOGENESE NATUERL. ACETYLENVERB. UEBER LINOLSAEURE ALS
ZWISCHENPROD. 60-0828
UNTERS., 13.MITT. 57-0595
WELKSTOFFE U. ANTIBIOTIKA,36. MITT.(SYNTH. V. VERB. D.
LYCOMARASMIN-REIHE) 53-0237
WELKSTOFFE U. ANTIBIOTIKA, 37. MITT. 58-0389
BEST. V. ZN 59-0820
PFLANZEN (SPEZIELLE PFLANZEN)
* BAUMWOLLE S. DORT
* BOHNEN S. DORT
* CAPSICUM S. PAPRIKA
* GOSSYPIUM HIRSUTUM S. UNTER BAUMWOLLE
* ISOPLEXIS CANARIENSIS S. UNTER DIGITALIS
* KOHL S. DORT
* PHASEOLUS S. UNTER BOHNEN
* WEISSKOHL S. UNTER KOHL
ABIES BALSAMEA, ISOLIER. V. DEHYDROJUVABION 55-0524
ABIES MAGNIFICA, ISOLIER. V. CYCLOSATIVEN 64-0840
ACAROSPORA CHLOROPHANA, ISOLIER. V. ACARANSAEURE U.
ACARENSAEURE 56-0756
ACHILLEA SANTOLINA, INHALTSSTOFFE 1. MITT. 54-0533
ACOKANTHERA OPPOSITIFOLIA, CARDENOLIDE V. -, 3. MITT. 56-0631
ACRONYCHIA HAPLOPHYLLA, VORK. V. ACROPHYLLIN U.
ACROPHYLLIDIN 59-0707
ADENOSTYLES ALLIARIAE, ISOLIER. V. SESQUITERPENE N 59-0733
AILANTHUS MALABARICA,VORK. V. MALABARICAN-DERIV.
(TRITERPENOIDE) 55-0539
ALSTONIA VENENATA, ISOLIER. V. VENOTERPIN 62-0728
AMBROSIA CONFERTIFLORA, ISOLIER. V. TAMAULIPIN-B 56-0671
AMBROSIA CONFERTIFLORA, ISOLIER. V. TAMAULIPIN-A 64-0827
AMORPHA FRUTICOSA,BIOSYNTH. V. AMORPHIGENIN 53-0609
ANAPTYCHIA OBSCURATA, VOR. V. 2-CHLOR- U. 2.4-DICHLOR-
1.3.8-TRIHYDROXY-6-METHYL-ANTHRACHINON 59-0713
ANGELICA URSINA, ISOLIER. V. CUMARINE N 64-0679
ANONA RETICULA, ANONAINBIOSYNTH. 55-0591
ANTHEMIDEA, BIOGENESE V. POLYINEN 54-0588
ANTHEMIS TINCTORIA, BIOGENESE V. THIOENOLAETHER-
POLYINEN 59-0810
ANTIRRHINUM MAIUS, ISOLIER. V. ANTIRRHINOSID 60-0695
ANTIRRHINUM TORTUOSUM, ISOLIER. V. ANTIRRHINOSID 60-0695

ARALIA CORDATA, ISOLIER. V. (-)-DELTA(8(14).15)-PIMARADIENSAEURE-(19) 56-0689
ARAUCARIA CUNNINGHAMII, ISOLIER. V. BIFLAVONYLE 58-0618
ARCTIUM TOMENTOSUM, ISOLIER. V. ARCTIOPICRIN 62-0764
ARDISIA SIEBOLDII, ISOLIER. V. BIS-(BENZOCHINONYL)-OLEFINEN AUS D. WURZELRINDEN 59-0788
ARTEMISIA INTEGRIFOLIA, UMWANDL. V. (2.3-(3)H2-14-(14)C)-CIS-TETRADECEN-(5)-TRIIN-(8.10.12)-OL-(1) 61-0834
ARTEMISIA MARITIMA, BIOSYNTH. V. SANTONIN 64-0916
ASCLEPIADACEEN, BESTANDTEILE, 22.MITT. 64-0853
ASCLEPIAS SWYNNERTONII, ISOLIER. V. GLYKOSIDEN U. CARDENOLIDEN 56-0633
ASPERULA ODORATA, ISOLIER. V. ANTHRACHINONE N U. VERWANDTEN NAPHTHALIN-DERIV. 60-0729
BALDRIAN WIRKSTOFFE, 57-0691
BALFOURODENDRON RIEDELIANUM, VORK. V. RIBALINIDIN 57-0595
BAPTISIA AUSTRALIS, ISOLIER. V. TEXASIN-7-O-BETA-D-GLUCOSID 58-0700
BAPTISIA LECONTEI, ISOLIER. V. DIHYDROFLAVONOYL-GLYKOSIDE N 57-0659
NEUE TRITERPENE AUS BARRINGTONIA ACUTANGULA GAERTN,3. MITT.(KONSTIT. V. TANGINOL, EINEM NEUEN HEXAHYDROXYTRITERPEN) 53-0529
BARRINGTONIA ACUTANGULA, ISOLIER. V. BARRINGTOGENOL B 58-0743
BERSAMA ABYSSINICA, ISOLIER. V. HELLEBRIGENIN-3-ACETAT U. -3.5-DIACETAT (TUMOR-INHIBITOREN) 57-0737
BERBERIS LAURINA, ISOLIER. V. O-METHYL-ISOTHALICBERIN U. LAUBERIN 60-0716
BETULA PUBESCENS,AROMAT. W.-DAMPFHYDROLYSEPROD. NIEDEREN MOLGEW. 62-0848
BETULA PUBESCENS, STRUKTUR D. LIGNINS 62-0849
BIRKE, W.-DAMPFHYDROLYSE V. -- -HOLZ, 3. MITT. 62-0848
BIRKE, W.-DAMPFHYDROLYSE V. BIRKENHOLZ, 4. MITT. 62-0849
BIOTA ORIENTALIS, ISOLIER. V. SESQUITERPENALKOHOLE 58-0762
BLIGHIA SAPIDA, VORK. V. BLIGHINON 59-0791
BRUCEA SUMATRANA, BESTANDTEILE, 1. MITT.(ISOLIER. V. BRUSATOL) 58-0809
BUPLEURUM FALCATUM, TRITERPENOIDE, 3. MITT., ISOLIER. V. TRITERPENE N 57-0695
BUPLEURUM SPP., BESTANDTEILE, 3.MITT. (ISOLIER. V. SAIKOGENINE N) 64-0911
BUXACEEN, 10. MITT. 59-0705
BUXUS BALEARICA, ISOLIER. V. CYCLOXOBUXIDINEN U. CYCLOXOBUXOXAZIN C 59-0705
BUXUS SEMPERVIRENS, ALKALOIDE (ISOLIER., STRUKTUR) 55-0502
CACALIA DECOMPOSITA, VORK. U. ISOLIER. V. DECOMPOSTIN 57-0492
CALOPHYLLUM, INHALTSSTOFFE 62-0833
CALOPHYLLUM, -PROD., 2. MITT. 62-0833
CALOPHYLLUM APETALUM, ISOLIER. V. APETALSAEURE 54-0571
CALOPHYLLUM APETALUM, ISOLIER. V. APETALACTON 63-0809
CALOPHYLLUM BRASILIENSE, ISOLIER. V. 6-DESHYDROXY- U. JACAREUBIN U. DEHYDROCYCLO-, ISO- U. GUANANDIN 60-0822
CALOPHYLLUM INOPHYLLUM, ISOLIER. D. PISCICID WIRKSAMEN INOPHYLLIDE 61-0815
CALLICHILIA SUBSESSILIS,ALKALOIDE V. CALLICHILIA SUBSESSILIS,3. MITT.(CALLICHILIN) 53-0508
GUTTIFERAE, INHALTSSTOFFE, 7. MITT. 56-0547
CALOPHYLLUM SCRIBLITIFOLIUM, ISOLIER. V. XANTHONEN 56-0547
CALOPHYLLUM SCRIBLITIFOLIUM, ISOLIER. V. XANTHONEN 61-0831
CAMELIA SATIVA, ISOLIER. V. ALIPHAT. KW-STOFFEN U. TRITERPENALKOHOLEN 56-0759
CASSYTHA AMERICANA, ISOLIER. V. CASSAMERIDIN V. CASSEMIDIN 64-0807
CEANOTHUS AMERICANUS, ISOLIER. V. AMERICIN U. HOMOAMERICIN AUS D. WURZELRINDE 62-0734
CEANOTHUS INTEGERRIMUS, ISOLIER. V. INTEGERRESSIN U. INTEGERRENIN 56-0648
CEDRELA MEXICANA, ISOLIER. V. MEXICANOLID AUS D. KERNHOLZ 58-0748
CEDRELA TOONA, ISOLIER. V. SESQUITERPENOIDE N 60-0749
CEDRELOPSIS GREVEI, ISOLIER. V. PTAEROXYLIN U. CEDRELOPSIN (8-(3.3-DIMETHYL-ALLYL)-7-HYDROXY-6-METHOXY-CUMARIN) 59-0787
CEPHAELIS IPECACUANHA, BIOSYNTH. V. CEPHAELIN 57-0795
CHAMAECYPARIS FORMOSENSIS, ISOLIER. V. AETHINYL-NOR-SESQUITERPENOIDE 63-0798
CHAMAECYPARIS SP., ISOLIER. V. BIS-FLAVONE N 61-0607
CHRYSANTHEMUM CARINATUM, BIOGENESE V. THIOENOLAETHERPOLYINEN 59-0810
CHRYSANTHEMUM FRUTESCENS, ISOLIER. V. C17-POLYIN-KW-STOFFEN 58-0815
CHRYSANTHEMUM FLOSCULOSUM UMWANDL. V. (13-(14)C) TRIDECEN-(4CIS)-TRIIN-(7.9.11)-AL-(1) 61-0834
CHRYSANTHEMUM MAXIMUM, UMWANDL. V. TRIDECEN-TRIIN-DERIV. 61-0834
CRHYSANTHEMUM MYCONIS, UMWANDL. V. (1-(3)H)TRIDECEN-(4CIS)-TRIIN-(7.9.11)-OL-(1) 61-0834
CHRYSANTHEMUM VULGARE (RAINFARN), VORK. V. SESQUITERPENEN 61-0832
CIMICIFUGA RACEMOSA, INHALTSSTOFFE, 2. MITT. 55-0522
CIMICIFUGA RACEMOSA, INHALTSSTOFFE, 3. MITT. 57-0693
CIMICIFUGA RACEMOSA, INHALTSSTOFFE, 4. MITT. 58-0771
CIMICIFUGA RACEMOSA, INHALTSSTOFFE, 5.MITT.(VORK. V. 27- DESOXY-ACETYLACTEOL) 64-0910
CLAUSENA DENTATA, ISOLIER. V. CUMARINE N 57-0569
CLADONIA MITIS, VORK. V. ISOUSNINSAEURE 55-0571
CLAUSENA HEPTAPHYLLA, ISOLIER. V. CLAUSENIN U. CLAUSENIDIN 55-0436
CLEISTANTHUS COLLINUS, VORK. V. COLLINUSIN U. ELLAGSAEURE 54-0572
COLA ACUMINATA (COLANUESSE), ISOLIER. V. PROCYANIDINEN 59-0715
CONIUM MACULATUM, BIOSYNTH. V. ALKALOIDEN 61-0836
CONVALLARIA, GLYKOSIDE,7. MITT. 54-0506
CONVALLARIA, PERIPLOGENINGLYKOSIDE IN C. MAJALIS 54-0506
CONVALLARIA, BESTANDTEILE, 10. MITT.(ISOLIER. U. STRUKTUR V. CONVALLASAPONINE N) 59-0741
CONVALLARIA, BESTANDTEILE, 8. MITT. 64-0937
COREOPSIS LANCEOLATA, BIOGENESE V. PHENYLHEPTATRIIN 59-0809
CORYDALIS, BESTANDTEILE, 5. MITT. 60-0166
CORYDALIS CAVA, BLDG. V. BULBOCAPNIN AUS RETICULIN 64-0914
CORYDALIS CAVA, BIOSYNTH. V. CORYDALIN AUS RETICULIN 64-0915
CROTALARIA INCANA, ISOLIER. V. ANACROTIN 58-0731
CROTON MACROSTACHYS, ISOLIER. V. CROTEPOXID 63-0858
CROTON TIGLIUM, ISOLIER. V. PHORBOL 63-0810
CRYPTOSTYLIS FULVA, ISOLIER. V. (+)-1-(3.4-METHYLENDIOXY-PHENYL)-2-METHYL-6.7-DIMETHOXY-1.2.3.4-TETRAHYDRO-ISOCHINOLIN 59-0694
CYNANCHUM VINCETOXICUM, VORK. V. PENTACYCL. 15-OXA-STEROIDEN 64-0851
CYPERUS, IDENTIFIZIER. V. KETONE N 62-0762
CYPERUS ROTUNDUS, ISOLIER. V. SUGEONOL AUS D. WURZELN (DROGE KO-BUSHI) 59-0726
DACRYDIUM FRANKLINI, KERNHOLZBESTANDTEILE 56-0758
DALBERGIA BARONI, ISOLIER. V. MELANNEIN , S-4-METHOXYDALBERGION , DALBERGIN U. FORMONONETIN 60-0796
DALBERGIA SPECIES, 6. MITT. 60-0796
DANIELLIA SPEZIES, ISOLIER. V. INHALTSSTOFFE N 61-0773
DAPHNIPHYLLUM MACROPODUM, ISOLIER. V. ALKALOIDE N 55-0508
DENDROBIUM ANOSMUM, ISOLIER. U. KONSTIT.-BEST. EINES IMIDAZOLIUMSALZ ES 59-0693
DENDROBIUM PARISHII, ISOLIER. U. KONSTIT.-BEST. EINES IMIDAZOLIUMSALZ ES 59-0693
DERRIS ELLIPTICA, BIOSYNTH. V. ROTENON 53-0609
DICOMA ZEYHERI, ISOLIER. V. POLYACETYLENVERB. 54-0583
DILL (ANETHEUM GRAVEOLENS), ISOLIER. V. CUMARINEN 56-0538
DIOSPYROS, CHEM. UNTERS., 5. MITT. 55-0540
DIOSCOREA TENUIPES, ISOLIER. V. STEROIDEN U. STEROIDSAPOGENINE N 62-0845
DODONAEA,VORK. V. DITERPENEN D. CASCARILLIN-GRUPPE 55-0536
DREGEA ABYSSINICA, PREGNANDERIV. AUS D. SAMEN, 1. MITT. ISOLIER. 58-0707
DREGEA ABYSSINICA, PREGNANDERIV. (STRUKTUR) 58-0708
DRYOBALANOPS AROMATICA, ISOLIER. V. TRITERPENSAEUREN AUS D. HARZ 61-0772
DRYOPTERIS MARGINALIS, BIOSYNTH. V. METHYLEN-BIS-(BUTYRYLPHLOROGLUCINEN) AUS (1-(14)C)BUTYRAT 60-0827
ENCELIA FARINOSA, ISOLIER. V. FARINOSIN U. ENCELIN 59-0716
ERVATAMIA DICHOTOMA, ISOLIER. V. VOACRISTINHY-DROXYINDOLENIN 61-0729
ERYTHRINA CRISTA-GALLI, ALKALOIDBIOSYNTH. 63-0786
ESCHSCHOLTZIA, ISOLIER. V. ALKALOIDE N 56-0643
EURYA ACUMINATA, ISOLIER. V. BETULINSAEURE 61-0772
EVODIA BELAHE, ISOLIER. V. N-(2-(4-HYDROXY-PHENYL)-AETHYL)-4-HYDROXY-TRANS-ZIMTSAEUREAMID 64-0892
FAGARA LEPRIEURII, ISOLIER. V. 1-HYDROXY-2.3-DIMETHOXY-N-METHYL-ACRIDON 60-0723
FAGARA-SPEZIES, ISOLIER. V. BETA-SITOSTERIN, SKIMMIANIN, 6.7.8-TRIMETHOXY-CUMARIN, BETA-SITOSTERIN-PALMITAT, ATANIN U. ZANTHOXYLOL 59-0787
FLEMINGIA RHODOCARPA, BESTANDTEILE D. AUS D. PFLANZE GEWONNENEN DROGE WARS (SCHWARZE KAMALA, WURRUS) 57-0685
FONTANESIA PHILLYREOIDES,ISOLIER. V. FONTAPHILLIN, GENTIANIN U. 4-AMINO-NICOTINSAEURE-METHYLESTER AUS D. MIT NH3 BEHANDELTEM BLATTEXTRAKT 53-0604
GALIUM, ISOLIER.,V. ANTHRACHINONE N U. VERWANDTEN NAPHTHALIN-DERIV. 60-0729
GEIGERIA AFRICANA, ISOLIER. V. VERMEERIN 54-0527
GEIGERIA AFRICANA, GAFRININ, EIN SESQUITERPENOIDLACTON AUS - GRIES, 2. MITT. 60-0736
GEIGERIA AFRICANA, GAFRININ, EIN SESQUITERPENOID-LACTON AUS - GRIES , 2. MITT. 60-0737
GENTIANA SCABRA, GENTIOPIKROSIDBIOSYNTH. AUS SWEROSID 63-0892
GERANIUM BOURBON, ISOLIER. V. FUROPELARGON C U. D 60-0740

GERANIUM BOURBON, ISOLIER. V. 11-NOR-BOURBONANON-(1) 64-0846
GINKGO BILOBA, ISOLIER. V. GINKGOLID A, B U. C 55-0545
GLEDITSCHIA TRIACANTHOS, ISOLIER. V. PROCYANIDINE N 59-0715
GLOSSOSTELMA CARSONI, GLYKOSIDE 54-0500
GLYCYRRHIZA GLABRA, TRITERPENE, 5. MITT. 56-0673
GLYCYRRHIZA GLABRA, TRITERPENE, 6. MITT. 56-0674
GOODENIA RAMELII, ISOLIER. V. (14R)-8BETA.13-EPOXY-EPERUAN-14.15.18-TRIOL 57-0697
GUTTIFERAE, CHEMIE V. BRASILIAN. -- 12.MITT. 60-0822
GUTTIFERAE, EXTRAHIERTE STOFFE, 8. MITT. 61-0831
GIGARTINA SKOTTSBERGII, CARRAGHEENANE , 2. MITT. 56-0761
HAPLOPHYLUM TUBERCULATUM, ISOLIER. EINES NEUEN ALKALOID S U. V. FLINDERSIN 61-0725
HARPAGOPHYTUM PROCUMBENS, INHALTSSTOFFE AUS D. WURZEL, 4. MITT. 61-0717
HELICHRYSUM DENDROIDEUM, ISOLIER. V. TERPENALKOHOLE N 55-0543
HERBA RUTAE, ISOLIER V. RUTARIN 56-0625
HOLARRHENA CURTISII, ISOLIER. V. HOLACURTIN, HOLACURTENIN U. HOLADICLON 58-0783
HOSTA KIYOSIMIENSIS, UMWANDL. V. (27-(14)C)GITOGENIN 61-0835
HUNTERIA UMBELLATA,ALKALOIDE AUS D. SAMEN 53-0499
HYLOMECON VERNALIS, ISOLIER. V. ALKALOIDE N 56-0644
HYMENOXYS SCAPOSA, VORK. V. SCAPOSIN U. FLAVONE N 62-0741
ILLICIUM ANISATUM,ISOLIER. V. ANISATIN U. NEOANISATIN 57-0689
IMPERATA CYLINDRICA, ISOLIER. V. TRITERPENOIDE N AUS D. RHIZOM 57-0696
ISODON JAPONICUS HARA,VORK. V. ISODONAL 53-0535
ISOPLEXIS ISABELLIANA,GLYKOSIDE D. BLAETTER V. ISOPLEXIS ISABELLIANA (BERICHTIG. ZUR 3. MITT.) 53-0606
IVA-ARTE BESTANDTEILE V. IVA-ARTEN,9. MITT.(ISOLIER., STRUKTUR U. SYNTH. V. ACEROSIN AUS IVA ACEROSA (NUTT.) JACKSON) 53-0401
JUNIPERUS FOETIDISSIMA, ISOLIER. V. CEDRANDERIV. 61-0762
JUNIPERUS PHOENICEA, DITERPENE AUS -, 1. MITT. (ISOLIER. V. 6ALPHA-HYDROXY-SANDARACOPIMARSAEURE) 62-0765
JUNIPERUS PHOENICEA, DITERPENE AUS -, 2. MITT. ISOLIER. V. 12-HYDROXY-DELTA(8(20))-LABDENSAEURE-(19) 62-0776
JURIEA ALBICAULIS, VORK. V. ALBICOLID 55-0525
KANAHIA LANIFLORA, GLYKOSIDE D. WURZELN, 1. MITT. 54-0502
KANAHIA LANIFLORA, GLYKOSIDE D. WURZELN, 2. MITT. KANALANOSID H U. K 54-0503
KHAYA SENEGALENSIS ZUS. V. EXTRAKTE N 53-0532
KHAYA GRANDIFOLIOLA, ISOLIER. V. METHYL-ANGOLENSATEN AUS D. KERNHOLZ 54-0525
KIELMEYERA CORIACEA, INHALTSSTOFFE D. KORKS 60-0824
KIELMEYERA CORYMBOSA, ISOLIER. V. OSAJAXANTHON 60-0822
KIELMEYERA SPECIOSA, ISOLIER. V. 6-DESHYDROXY-JACAREUBIN 60-0822
LACTARIUS DELICIOSUS, ISOLIER. V. LACTAROFULVEN 60-0741
LAMIUM AMPLESSICAULE, ISOLIER. V. LAMIOSID 55-0495
LANSIUM DOMESTICUM, ISOLIER. V. ONOCERADIEN-(7.14,27)-DION-(3.21) 63-0801
NEOLITSEA PULCHELLA, ISOLIER. EINES TRITERPENOIDS 53-0534
LAURELIA NOVAE-ZELANDIA,ISOLIER. D. ALKALOIDE 53-0506
LAURENCIA GLANDULIFERA, ISOLIER. V. LAURENCIN 64-0889
LAURENCIA NIPPONICA, ISOLIER. V. LAUREATIN 61-0813
LEMMAPHYLLUM MICROPHYLLUM, VORK. V. LEMMASTERON 64-0873
LEMMAPHYLLUM MICROPHYLLUM, ISOLIER. V. ECDYSTERON U. LEMMESTERON 64-0917
LIGULARIA STENOCEPHALA, ISOLIER. V. 5.6-DIMETHOXY-2-ISOPROPENYL-BENZOFURAN AUS D. WURZELN 60-0823
LINDERA STRYCHNIFOLIA, BESTANDTEILE D. WURZELN, 13. MITT. ISOGERMAFUREN U. LINDEROXID 57-0694
LINDERA STRYCHNIFOLIA, BESTANDTEILE D. WURZELN, 14. MITT. SESQUITERPEN-LACTONE 59-0729
LOBELIA SYPHILITICA, BIOSYNTH. V. LOBELIN 57-0798
LOLIUM PERENNE EIN XYLAN AUS PERENNIERENDEM RAIGRAS (LOLIUM PERENNE) 53-0597
LONAS ANNUA, UMWANDL. V. (4.5-(3)H2-13-(14)C)TRIDECEN-(4CIS)-TRIIN-(7.9.11)-OL-(1) 61-0834
LUFFA GRAVEOLENS, FETTSAEUREZUS. D. SAMENOELS 55-0594
LUNARIA ANNUA, AMINOSAEUREN U. GAMMA-GLUTAMYLDERIV. IM SAMEN, 3. MITT. (ISOLIER.) 54-0587
LUPINUS DIGITATUS, BIOSYNTH. V. MULTIFLORIN 59-0813
LYCOPODIUM, BIOGENESE. V. SERRATININ 59-0692
LYCOPODIUM, INHALTSSTOFFE, 4.MITT. 59-0690
LYCOPODIUM, BESTANDTEILE EINHEIM.-PFLANZEN, 5.MITT. 59-0691
LYCOPODIUM, BESTANDTEILE EINHEIM. -PFLANZEN, 6. MITT. 59-0692
LYCOPODIUM, BESTANDTEILE, 8. MITT. 62-0096
LYCOPODIUM FLABELLIFORME, BIOSYNTH. V. LYCOPODIN AUS LYSIN 60-0826
LYCOPODIUM SELAGO, ISOLIER. V. ALKALOIDE N 60-0710
MALLOTUS PANICULATUS,GLYKOSIDE U. AGLYKONE 53-0492
MAMMEA AMERICANA, EXTRAKTIVSTOFFE, 1. MITT. 56-0536
MAMMEA AMERICANA, EXTRAKTIVSTOFFE, 2. MITT. 56-0537
MANGIFERA INDICA, ISOLIER. V. MANGIFERIN U. HOMOMANGIFERIN 64-0912
MARRUBIUM INCAM, ISOLIER. V. 3-OXO-MARRUBIIN 62-0778
MARRUBIUM VULGARE, ISOLIER. V. DITERPENE N 60-0760
MARSDENIA CUNDURANGO, ISOLIER. V. KONDURANGOGLYKOSID A, A(1), C U. C(1) 64-0788
MELIACEAE-SPEZIES, INHALTSSTOFFE 54-0528
MELOCHIA CORCHORIFOLIA, ISOLIER. V. PEPTIDALKALOIDE N 64-0816
MESUA FERREA, BESTANDTEILE, 2. MITT. (FERRUOL A) 54-0399
MICROMERIA, TERPENOIDE, 1. MITT. 55-0531
MILLETTIA DURA, ISOLIER. V. ISOFLAVONEN U. ROTENOIDEN 55-0434
MOOS, PIGMENTE 5. MITT. 54-0586
MOOS-PIGMENTE, 7. MITT. 56-0661
MORUS ALBA, ISOLIER. V. BETULINSAEURE , MULBERRIN , MULBERROCHROMEN , CYCLOMULBERRIN U. CYCLOMULBERROCHROMEN AUS D. STAMM U. D. WURZELRINDE 60-0725
MURRAYA PANICULATA, ISOLIER. V. CUMARRAYIN 58-0623
NARZISSE, ISOLIER. V. NARCICLASIN U. NARCIPRIMIN 58-0718
NEOCHEIROPTERIS ENSATA, ISOLIER. V. ECDYSTERON 64-0917
NEOLITSEA SERICEA, VORK. V. SERICEALACTONE N 62-0768
OCOTEA RODIAEI (DEMERARA-GRUENHOLZ), ISOLIER. V. ALKALOIDEN (KONSTIT.) 56-0657
OCOTEA RODIAEI (GREENHEART), ALKALOIDE, 3. MITT. 61-0730
OENANTHE CROCATA, ISOLIER. V. POLYINE N 61-0809
OLEANDRA WALLICHII, ISOLIER. V. TRITERPEN-KW-STOFFEN 55-0534
ONOPORDON ACANTHIUM, ISOLIER. V. ONOPORDOPICRIN 62-0764
OPHIOPOGONIS, W.-LOESL. KOHLENHYDRATE IN KNOLLEN, 2. MITT. 59-0657
OPHIOPOGON JAPONICUS, ISOLIER. V. OLIGOSACCHARIDE N 59-0657
OPOPANAX CHIRONIUM, ISOLIER. V. POLYINE N 58-0814
ORMENIS MULTICAULIS, ISOLIER. V. 2.5-DIMETHYL-3-VINYL-DELTA(4)-HEXENOL-(2) 63-0806
OTTONIA VAHLII, 1. MITT. 57-0521
OURATEA SP., ISOLIER. V. OURATEA-CATECHIN U. OURATEA-PROANTHOCYANIDIN A 54-0408
OXYSTIGMA OXYPHYLLUM, ISOLIER. V. DITERPENSAEUREN D. LABDAN- U. EPERUAN-REIHE 61-0774
PAEDERIA SCANDENS, ISOLIER. V. IRIDOIDGLUCOSIDE N 58-0712
PAPAVER DUBIUM, BIOSYNTH. EINIGER ALKALOIDE 55-0591
PARATECOMA PEROBA, ISOLIER. V. CHINONEN 60-0728
PELTOGYNE RECIFENSIS, ISOLIER. V. LEUKOANTHOCYANIDINE 54-0402
PETROSELINUM SATIVUM, ISOLIER. V. POLYACETYLENEN 54-0585
PHORADENDRON SEROTINUM,ISOLIER. V. PHORATOXIN 53-0601
PHYLLANTHUS DISCOIDES,ISOLIER. V. SECURINEN- ALKALOIDE N 60-0721
SITKA SPRUCE (PICEA SITCHENIS) ISOLIER. V. TRITERPENE N 58-0756
PINUS LONGIFOLIA, ISOLIER. V. LONGICYCLEN 64-0828
PINUS PEUCE, ISOLIER. V. DELTA(8(9).15)-ISOPIMARSAEURE AUS D. BALSAM 61-0812
PIPER-ARTEN, INHALTSSTOFFE, 17. MITT. 64-0908
PIPER PEEPULOIDES ISOLIER. V. (+)-DIAEUDESMIN 55-0580
PIPER PEEPULOIDES, ISOLIER. V. PEEPULOIDIN 59-0703
PIQUERIA TRINERVA, ISOLIER. V. (-)-ALPHA-SANTALAL 59-0736
PITTOSPORUM BUCHANANI, ISOLIER. V. POLYINE N 63-0856
PITTOSPORUM TOBIRA, ISOLIER. V. SAPOGENINE N 59-0742
PLEIOCARPA PYCNANTHA, ISOLIER. V. (+)-PYCNANTHININ U. (-)-EBURNAMIN 54-0512
PLEOPELTIS THUNBERGIANA, ISOLIER. V. ECDYSTERON 64-0917
PODOCARPACEAE, CHEMIE, 14. MITT. 54-0526
PODOCARPACEAE, CHEMIE, 15. MITT. 60-0743
PODOCARPALES, CHEMIE, 1. MITT. 56-0758
PODOCARPUS NAKAI ISOLIER. V. PONASTERONE N 59-0756
PODOPHYLLUM MITOSEHEMMENDE NATURSTOFFE,19. MITT. (PODOCARPUS SP., ISOLIER. V. BIS-FLAVONE N) 61-0607
POLYGALA SENEGA, ISOLIER. V. 3-(BETA-D-GLUCOPYRANOSYLOXY)-2BETA.27-DIHYDROXY-DELTA(12)5XIH.9XIH.18XIH-OLEANENDISAEURE-(23.28) 56-0691
POLYGALA TENUIFOLIA, ISOLIER. V. 3-(BETA-D-GLUCOPYRANOSYLOXY)-2BETA.27-DIHYDROXY-DELTA(12)5XIH.9XIH.18XIH-OLEANENDISAEURE-(23.28) 56-0691
PSORALEA CORYFOLIA, ISOLIER. NEUER FLAVONOIDE 61-0608
PTERIDIUM AQUILINUM, ISOLIER. V. INSEKTENHAEUT.-HORMONE N 64-0918
PULICARIA DYSENTERICA, VORK. V. POLYACETYLENE N, POLYENEN U. FLAVONEN 58-0823
PUNICA GRANATA NANA, BIOSYNTH. V. ISOPELLETIERIN 57-0798

PUTRANJIVA ROXBURGHII, ISOLIER. V. PUTRANJIVADION 58-0745
PYROLA MEDIA, ISOLIER. V. CHINONEN 60-0730
QUERCUS SESSELIFLOR, GERBSTOFFE D. HOLZES D. EICHE, 2.MITT. 53-0496
READEA MEMBRANACEAE, ISOLIER. V. O-(PYRROLYL-(2)-CARBONYL)-VIRGILIN U. 2.3-DEHYDRO-O-(PYRROLYL-(2)-CARBONYL)-VIRGILIN 59-0697
RHAMNUS FALLAX, ISOLIER. V. POLYHYDROXYANTHRACHINONE N 58-0826
RHAMNUS FRANGULA, ISOLIER. V. FRANGULANIN 56-0649
ROSMARINUS OFFICINALIS, VORK. V. 5-HYDROXY-7.4'-DIMETHOXY- FLAVON 57-0794
ROSMARINUS OFFICINALIS, ISOLIER. V. FLAVONE N 63-0789
RUBIACEAE, BIOGENESE V. ANTHRACHINONEN 56-0762
RUBIA TINCTORUM, EINBAU V. 1.4-NAPHTHOCHINON IN ALIZARIN 58-0824
RUBIA TINCTORUM, BIOSYNTH. V. ((14)C(COOH))-PURPURIN-3-CARBONSAEURE AUS DL-(2-(14)C)MEVALONSAEURE 59-0812
RUTACEEN, CHEMOTAXONOMIE, 2. MITT. 55-0589
SALIX ALBA, ISOLIER. V. 4-O-METHYLGLUCURONOXYLAN 54-0582
SALIX REPENS, ISOLIER. V. FLAVONGLYKOSIDE N 62-0712
SANGUINARIA CANADENSIS, ISOLIER. V. ALKALOIDE N 56-0644
SARCOCOCCA PRUNIFORMIS,TRENNUNG U. CHARAKTERISIER. D. ALKALOIDE AUS SARCOCOCCA PRUNIFORMIS 53-0500
SARCOSTEMMA VIMINALE, ISOLIER. V. PREGNANGLYKISIDE N 62-0716
SAROTHAMNUS SCOPARIUS, BIOSYNTH. V. SPARTEIN 59-0813
SCHISANDRA CHINENSIS, ISOLIER. V. SESQUITERPENOIDE N 61-0770
SCILLA INDICA,ISOLIER. V. SCILLAREN A U. SCILLARENIN-BIS-L-RHAMNOSID 55-0497
SECURIDACA LONGIPEDUNCULATA, VORK. V. SAPONINE N 56-0763
SENECIO-ARTEN,ISOLIER. V. PYRROLIZIDINALKALOIDE N 64-0812
SESELI LIBANOTIS, ISOLIER. V. CUMARINE N 64-0679
SESELI SIBIRICUM, ISOLIER. V. CUMARINE N 61-0605
SEVERINIA BUXIFOLIA, INHALTSTOFFE 55-0589
SIDERITIS SICULA, ISOLIER. V. SIDEROL U. SIDERIDIOL 64-0826
SIMARUBA GLAUCA, BIOSYNTH. V. GLAUCARUBINON U. GLAUCARUBOLON 57-0797
SIPHULA, INHALTSSTOFFE 56-0755
SOLANUM MACROCARPUM, ISOLIER. V. STEROIDALKALOIDE N AUS UNREIFEN FRUECHTEN 60-0712
SOLANUM MAMMOSUM, ISOLIER. V. ALKALOIDGLYKOSIDE N 58-0822
SOLIDAGO SEROTINA, ISOLIER. V. FURAN ENTHALTENDEN DITERPENOIDEN AUS D. WURZELN 61-0751
SOPHORA ANGUSTIFOLIA, VORK. V. L-MAACKIAIN U. L-PTEROCARPIN IM KALLUSGEWEBE 64-0913
SPATHELIA SORBIFOLIA, ISOLIER. V. SORBIFOLIN 56-0539
SPHAGNUM NEMOREUM, PHENOL. ZELLWANDPOLYMERE 54-0586
SPHAGNUM NEMOREUM, VIOLETTE PIGMENTE 56-0661
SPIRAEA JAPONICA, ISOLIER. V. SPIRADINE N 59-0702
SPIRAEA JAPONICA, VORK. V. SPIRADIN D 62-0731
STERCULIA ALATA, SAMENOEL, ISOLIER. V. STERCULINSAEURE 61-0455
STEPHANOTIS JAPONICA, ISOLIER. V. GLYKOSIDEN 62-0847
STEVIA RHOMBIFOLIA, ISOLIER. V. STEVIN 55-0572
STRYCHNOS HENNINGSII, MASSENSPEKTREN V. ALKALOIDEN 61-0745
STYLOMECON HETEROPHYLLA, ISOLIER. V. ALKALOIDE N 56-0644
STYRAX OFFICINALIS, ISOLIER. V. EGONOL U. 2-(3.4-DIMETHOXY-PHENYL)-5-(3-HYDROXY-PROPYL)-7-METHOXY-BENZOFURAN 56-0471
SUESSHOLZ,QUANT. BEST. V. GLYCYRRHIZINSAEURE IN WURZEL U. EXTRAKT D. SUESSHOLZES MITTELS ACETANHYYDRID-SCHWEFELSAEURE 53-0603
TABEBUIA AVELLANEDAE, ISOLIER. V. CHINONEN 55-0520
TABEBUIA CHRYSANTHA, ISOLIER. V. CHINONEN 60-0728
TABEBUIA DOENNELL-SMITTII, ISOLIER. V. CHINONEN 60-0728
TABERNAEMONTANA RIEDELII, ISOLIER. V. ALKALOIDE N 61-0833
TABERNAEMONTANA RIGIDA, ISOLIER. V. ALKALOIDE N 61-0833
TAGETES ERECTA, BIOGENESE V. ALPHA-TERTHIENYL 60-0825
TAGETES PATULA, BIOGENESE V. ALPHA-TERTHIENYL 60-0825
TAXUS CUSPIDATA, ISOLIER. V. TAXININ-A, -H, -K U. -L 56-0668
TAXUS CUSPIDATA, ISOLIER. V. TAXUSIN 62-0846
THALICTRUM DASYCARPUM, ISOLIER. V. ALKALOIDE N 61-0726
ISOLIER. AUS THESPESIA POPULNEA 57-0687
(GOSSYPOL) 57-0687
TREMA ASPERA, ISOLIER. V. 7-O.8-C-BIS-(BETA-D-GLUCOSYL)-4'-O-METHYL-APIGENIN-ACETATEN 61-0716
WEIZEN, WACHSTUMSHEMM. DURCH DL-2.3-DICHLOR-2-METHYLPROPIONATE 57-0309
TRICHILIA HEUDELOTTII, ISOLIER. V. LIMONOIDE N AUS D. HOLZ 64-0849
TULIPA GESNERIANA, VORK. V. TULIPOSID A, B U. C 58-0807
ULMUS THOMASII, LIGNANE AUS D. KERNHOLZ V. -, 1. MITT. (ISOLIER. V. THOMASSAEURE) 58-0813
UMBELLIFEREN, EINHEIM. (BESTANDTEILE), 1. MITT. 56-0538
UNCARIA GAMBIR, ISOLIER. V. MITRAPHYLLIN ISOGAMBIRDIN U. GAMBIRDIN 63-0783
UVARIA CATOCARPA, INHALTSSTOFFE D. FRUECHTE 60-0794
VACCINIUM-ARTEN, AROMASTOFFE, 2. MITT. 56-0757
VACCINIUM MACROCARPON, AROMASTOFFE 56-0757
VACCINIUM VITIS-IDAEA, ISOLIER. D. AROMASTOFFE AUS D. BEEREN 53-0602
VACCINIUM VITIS IDAEA (PREISELBEEREN), ISOLIER. V. PROCYANIDINEN 59-0715
VERNONIA HYMENOLEPIS, VORK. V. VERNOLEPIN U. VERNOMENIN 64-0838
VINCA MINOR, BIOSYNTH. V. INDOLALKALOIDEN 64-0814
VINCA MINOR, ISOLIER. V. 1-DESOXY-1-DESMETHOXYCARBONYL-1-OXO-VINCIN 60-0714
VINCA ROSEA, VINDOLINBIOSYNTH. AUS SWEROSID 63-0892
VINCA ROSEA, BIOSYNTH. V. INDOLALKALOIDEN 64-0814
WEBERA CORYMBOSA, ISOLIER. V. CORYMBOSIN 55-0518
WEISSER SENF, WACHSTUMSHEMM. DURCH DL-2.3-DICHLOR-2-METHYLPROPIONATE 57-0309
WITHANIA SOMNIFERA, BIOSYNTH. V. ANAFERIN 57-0798
WURMBAEOIDAE 1-PHENAETHYL-ISOCHINOLIN-ALKALOIDE,1. MITT. SUBSTANZEN AUS PFLANZEN D. UNTERFAMILIE WURMBAEOIDAE U. IHRE DERIV.,68. MITT.(KONSTIT. U. SYNTH. V. (-)-MELANTHIOIDIN, EINEM) BIS-PHENAETHYLISOCHINOLIN-ALKALOID 53-0515
XANTHORIA ELEGANS, ISOLIER. V. XANTHORIN U. PHYSCION 55-0519
XYLOPIA AETHIOPICA, ISOLIER. V. XYLOPSAEURE 58-0766
ZALUZANIA-SPEZIES, BESTANDTEILE 2. MITT. 54-0566
ZANTHOXYLUM CARIBAEUM, ISOLIER. V. 5-METHOXY-CANTHINON-(6) U. N-METHYL-ISOCORYDINIUMJODID 55-0511
ZEA MAYS, WACHSTUMSFOERDER. DURCH KAURENE 61-0754
ZINGIBER ZERUMBET,ISOLIER. V. SESQUITERPENOIDE N 64-0830
TECLEA NATALENSIS, ISOLIER. V. TECLEANIN 55-0514
PHARMAKOLOGIE
PHARMAKOLOG. AKT. BENZO(B)THIOPHENE, 4. MITT. 59-0524
PHASENGLEICHGEWICHTE
DREIKOMPONENTEN-SYST., ZUSTANDSGLEICH. U. KRIT. PUNKTE (THERMODYNAM. THEORIE) 63-0028
THERMOCHEM. UNTERS. AN CA-, MG- U. SR-ACETATEN 63-0061
DTA V. ZN(II)-OXALAT-DIHYDRAT 64-0053
PHASENDIAGRAMM D. SYST. COCL2-SNCL4-CH3CN 55-0026
LOESLICHK.-DIAGRAMM D. SYST. NA(+)-MG(2+)-CLEVE-SAEURE-(1.6)-ANION-CLEVE-SAEURE-1.7-ANION-CL(-)-H2O 58-0022
W.-LOESLICHK. U. VERTEIL.-KOEFF. V. ALKOHOLEN, KETONEN, ESTERN, AETHERN, ALKYLHALOGENIDEN, ALKINEN, ALKENEN, AROMATEN U. ALKANEN 58-0165
FEST-FL.-, V. W.-GLYCERIN- U. W.-GLYCERIN-HARNSTOFF-GEMISCHEN 58-0167
D. SYST. ISOBUTTERSAEURE-W. AM KRIT. PUNKT (KONZ.-SCHWANK.) 63-0204
SCHMELZDIAGRAMM D. TERT.-BUTANOL-W.-SYST. 64-0198
DTA- U. TGA-UNTERS. AN NA-, K- U. NH4-OXALATOWOLFRAMATEN(VI) BZW. -MOLYBDATEN(VI), 4. MITT. 60-0008
DTA AN AMINOPHENAZON-BARBITURAT-SYST. 53-0112
THERM. ANALYSE D. IN D. HERST.-PROZESSEN D. FUNGICIDE CAPTAN U. FALTAN VORKOMMENDEN ORGAN. SYST., 1. MITT. (THERM. ANALYSE V. GEMISCHEN AUS MALEINSAEUREANHYDRID U. TETRAHYDROPHTHALSAEUREANHYDRID) 57-0814
FEST-FL.- V. HARNSTOFF-GLYCERIN 58-0167
ZUSTANDSDIAGRAMME V. POLYOLEFINEN MIT DIISOOCTYLADIPAT 59-0793
IN D. SYST. V. HEXAMETHYLBENZOL U. NAPHTHALIN MIT TRIPHENYLDERIV. V. N, P, AS, SB U. BI 62-0170
BIN. SYST. V. ENANTIOMEREN KAWA-LACTONEN 64-0196
PHASENDIAGRAMME D. BIN. THIAZOL-CYCLOHEXAN-, -BZL.- BZW. -CCL4-SYST. 64-0200
SAEURE-BASEN-GLEICHGEW. V. NITROPHENOLEN U. PYRIDINDERIV. IN APROT. LSGM. 64-0217
SCHMELZGLEICHGEW. V. OPT.-AKT. 1.2-DITHIOLAN-3-CARBONSAEUREN 64-0618
V. 4.4'-DI-N-HEXYLOXY-AZOXYBENZOL U. P-NITRO-ANILEN 59-0180
MOLARE UEBERSCHUSS-ENTHALPIEN FUER GEMISCHE V. AETHYLACETAT MIT ALIPHAT. ALKOHOLEN (ABHAENGIGK. V. MOLENBRUCH) 56-0179
THERMOANALYT. UNTERS., 12. MITT. 64-0053
PHENALENE
PHENALENONE, ELEKTRONENSPEKTRUM 61-0064
PHENALENONE, BASIZITAET 61-0064
PHENANTHRENE
4.5-DISUBSTITUIERTE, KONFORM.-INVERS. (AKTIVIER.-PARAMETER) 58-0145
9.10-DIALKYL-, DARST. AUS O-XENYL-ACETONITRIL 55-0335
POLYMETHYL-, DARST. AUS BIS-(2-CARBOXY-PENTEN-(4)-YL)-BENZOLEN 57-0436
16.17-SECOSTEROIDALDEHYDE, DARST. AUS 20-CHLOR-PREGNAN-16BETA-OLEN 57-0744
-CHINONE, DARST. 58-0195
9-ALKYL-10-CARBOXY-, DARST. AUS 9-ALKYL-10-BROM-PHENANTHRENEN 58-0514

HYDRO-, SYNTH. U. STEREOCHEMIE V. -, 6. MITT. 59-0454
SYNTH. AUS 3-METHOXYCARBONYL-CIS-4-NAPHTHYL-BUTEN-(3)-SAEURE 60-0438
METHYL-, DARST. AUS NAPHTHALINEN U. TRICARBONSAEUREANHYDRIDEN 60-0448
PHOTOCHEM. BLDG. AUS STILBENEN 63-0538
ARYLPHENANTHROLCARBONSAEUREN, DARST. AUS 2.4.6-TRIPHENYLCHINOLEN U. ACETYLENCARBONSAEUREN 56-0423
HYDRO-, DARST. AUS PHENAETHYL-CYCLOHEXENEN 57-0453
9-ALKYL-10-BROM-, DARST. DURCH BROMIER. 58-0514
ARYLPHENANTHROLCARBONSAEUREN, UV-SPEKTREN 56-0423
ARYLPHENANTHROLCARBONSAEUREN, NMR-SPEKTREN 56-0423
-CHINONE, POLAROGRAPH. RED. 58-0195
PHENANTHRIDINE
PHENANTHRIDINIO-AETHENOLATE, SYNTH. AUS PHENANTHRIDIN-5-OXIDEN U. ACETYLENESTERN 54-0436
PHENANTHRIDINONE, SYNTH. 61-0563
PHENANTHRIDIN-5-OXIDE, RK. MIT ACETYLENESTERN 54-0436
PHENANTHROLINE
DIAZONIA-PHENANTHRENE, POLAROGRAPH. UNTERS. D. REVERSIBLEN REDOX-SYST. 62-0186
PHENAZINE
BLDG. AUS NITROBENZOLEN MIT UEBERGANGSMETALLOXALATEN 57-0377
1(BZW. 2)-DIALKYLAMINO-, DARST. AUS 2-NITRO-PHENAZIN-10-OXID BZW. 1-CYAN-2-NITRO-PHENAZIN U. AMINEN 58-0653
DARST. AUS 2-NITRO-PHENAZIN BZW. -5.10-DIOXID 58-0654
BIS-(BETA-CHLORAETHYL)-AMINO-DERIV., SYNTH. 60-0656
POLYFLUOR-, DARST. DURCH ELEKTROCHEM. OX. V. POLYFLUORANILINEN BZW. -DIPHENYLAMINEN 61-0660
MASSENSPEKTREN 56-0142
PHENOLAETHER
* S. AUCH AMINOAETHER
* S. AUCH ENOLE
(2-NITROPHENOXY-AETHYL)-ESTER, -ACETALE U. -AETHER, DARST. AUS NITROPHENYL-BETA-HYDROXY-AETHYLAETHERN 53-0242
2-ALKOXY-5-BROM-STYROLE, DARST. AUS 2-ALKOXY-5-BROM-ACETOPHENONEN 54-0276
ARYL-TERT.-BUTYL-AETHER, DARST. AUS ARYLHALIDEN U. KALIUM-TERT.-BUTYLAT 54-0339
DIARYLAETHER, DARST. 57-0346
DARST. AUS ENOLAETHERN V. BETA-DIKETONEN 57-0347
2-SUBSTITUIERTE RESORCIN-DIMETHYLAETHER, DARST. AUS 2-LITHIUM-RESORCIN-DIMETHYLAETHER U. HALOGENEN, PSEUDOHALOGENEN, ORGANOCHLORVERB., EPOXIDEN U. CARBONYLVERB. 57-0348
P-DIALKYLAMINOACYLAMIDO-, DARST. 57-0382
NITROPHENYL-(METHYLBUTEN-(2)-YL)-AETHER, DARST. AUS NITROPHENOLEN U. 4-HALOGEN-2-METHYL-BUTENEN-(2) 57-0392
2-ACYL-4-ALLYL-RESORCINMETHYLAETHER, DARST. AUS 2-ACYLRESORCIN-METHYL-ALLYLAETHERN 57-0394
STER. GEHINDERTE METHYL-, DARST. MIT DIAZOMETHAN 58-0400
2-HYDROXY-2'-ALKOXY-DIPHENYLSULFONE, DARST. AUS PHENOXATHIIN-10-DIOXID U. ALKANOLEN 58-0407
2-ACYL-DIMETHOXYPHENYLESSIGSAEUREN, DARST. AUS DIMETHOXYPHENYLESSIGSAEUREN U. CARBONSAEUREN 58-0426
ALPHA.OMEGA- DIHYDROXY-POLY-(P-PHENYLENOXIDE), DARST. 58-0486
DARST. MIT DIALKYLSULFATEN BZW. ALKYLTOSYLATEN IN DMF 59-0345
BIS-(TETRAFLUORPHENOXY)-TETRAFLUORBENZOLE, DARST. AUS DIHYDROXYTETRAFLUORBENZOLDIALKALISALZEN U. PENTAFLUORBENZOLEN 59-0349
METHOXY-2.3-DIHYDRO-HYDROXY-ISOCHINOLONE-(4), DARST. DURCH SELEKTIVE DEMETHYLIER. 59-0594
O-ARYLOXY-OESTRATRIENOLMONOSULFATE, DARST. 59-0746
P-(FURFURYLIDENAMINO)-PHENYLAETHER, DARST. AUS P-(FURFURYLIDENAMINO)-PHENOLEN U. ALKYLHALOGENIDEN BZW. -DIHALOGENIDEN 60-0385
PHENOXYACET-FLUORSULFONYLANILIDE, DARST 60-0814
PHENOXYACETAMIDE, DARST. 60-0815
P-NITRO-, DARST. AUS PHENOLEN U. P-CHLOR-NITROBENZOL 61-0386
1-ARYLOXYALKYL-3-PHENYL-PIPERIDINE, DARST. AUS 3-PHENYL-PIPERIDIN 61-0635
POLYFLUORARYLAETHERNITRILE, DARST. AUS FLUORARYLNITRILEN U. PENTAFLUORPHENOLAT 62-0389
CUMARINYL-ARYL-AETHER, DARST. AUS PHENOLEN U. PHENOXY-MALONESTERN 63-0666
S-CARBOXYALKOXYBENZYL-ISOTHIURONIUMCHLORIDE, -N.N-DIAETHYLDITHIOCARBAMATE U. -O-ALKYLDITHIOCARBONATE, DARST. AUS D. BENZYLCHLORIDEN U. THIOHARNSTOFF BZW. NA-DIAETHYLDITHIOCARBAMAT BZW. NA-ALKYLXANTHOGENATEN 64-0430
ALKYLANISOLE, DARST. 64-0468
METHYLSUBSTITUIERTE 2.4-DIMETHYL-OESTRON-3-ALKYLAETHER, DARST. 64-0864
2.5-BIS-(P-N-ALKOXYPHENYL)-PYRAZINE, DARST. AUS 2.5-BIS-(P-HYDROXYPHENYL)-PYRAZIN 56-0576
P-CHLORPHENOXY-CARBANILIDE, DARST. AUS ISOCYANATEN U. AMINODIPHENYLAETHERN 57-0373
METHOXYPHENYL-HYDANTOINE, DARST. AUS BENZILEN U. HARNSTOFF 57-0527
P-METHOXY-PHENYL-INDANE, DARST. 63-0530
OMEGA-AMMONIO-GUAJACOL- U. THYMOL-POLYOXYAETHYLENAETHERJODIDE, DARST. 63-0905
PHENOXY-METHANE, UV-SPEKTREN (EINFL. D. WECHSELWRKG. D. O-ATOME) 55-0061
RESORCINDIMETHYLAETHER, IR-ABSORPTION U. KONSTIT. 57-0090
RESORCINDIMETHYLAETHER, UV-ABSORPTION U. KONSTIT. 57-0090
METHOXYNAPHTHALINE, ABSORPTIONSBANDEN D. KOMPLEXE MIT TETRACYANAETHYLEN U. CHLORANIL 63-0257
NAPHTHYLAETHER, UV 64-0096
2.5-BIS-(P-N-ALKOXYPHENYL)-PYRAZINE, KRIST.-FL. EIG. 56-0576
-TETRACYANAETHYLEN-KOMPLEXE, HMO-BERECHN. 63-0169
NAPHTHYLAETHER, ELEKTRONENSTRUKTUR 64-0096
METHOXYNAPHTHALINE, HMO-BERECHN. D. KOMPLEXE MIT TETRACYANAETHYLEN U. CHLORANIL 63-0257
PHENYL-METHYL-AETHER, MASSENSPEKTROMETR. UNTERS. (SUBSTITUENTENEINFL., QUAL. BEZIEH. D. IONENINTENSITAETEN) 58-0119
ANISOLE DIPOLMOMENT U. KONFORM. 60-0173
BENZYL-PHENYL-AETHER, MASSENSPEKTRUM (UMLAGER. V. BENZYLIUMIONEN ZU TROPYLIUMIONEN) 63-0157
RESORCINDIMETHYLAETHER, DUENNSCHICHTCHROMATOGRAPHIE 57-0090
MONO- U. DIMETHOXYBIPHENYLENE, RK. 63-0545
PHENYL-PENTADIEN-(2.4)-YLAETHER, THERM. UMLAGER. 58-0453
ALKYL-BETA-NAPHTHYLAETHER, STER. HINDER. D. DIMERISIER. 58-0501
METHOXYHYDRAZOBENZOLE, BENZIDIN- U. SEMIDIN- UMLAGER. (KINETIK, MECHANISMUS) 63-0310
PHOTOSUBSTITUT. 56-0253
METHYL-ARYLAETHER, AETHERSPALT. (SUBSTITUENTENEINFL., KINETIK) 59-0230
ARYLOXY-ACETONE, UV- PHOTOLYSE 63-0603
ALKOXYPHENOLE, OX., 11. MITT. (EINFL. D. O-METHOXYGRUPPE) 56-0418
ALKOXYPHENOLE, OX. , 12. MITT. 63-0432
ALKOXYPHENOLE, OX., 13. MITT. 63-0433
ALKOXYPHENOLE, OX., 15. MITT. 63-0435
ALKOXYPHENOLE, OX., 16. MITT. 63-0436
TERT.-BUTYLRESORCIN-MONOAETHER, OX. 63-0433
4-METHOXY-PHENOLE, AUTOX. (MECHANISMUS) 63-0435
ARYL-METHYLAETHER, DEMETHYLIER. MIT BBR3 60-0416
6- U. 7-METHOXY-BENZONORBORNENE, SOLVOLYSE (KINETIK) 63-0262
AMINOMETHYLIER. MIT ALPHA-HALOGEN-AMINEN 53-0261
POLYMETHOXY-POLYNITRO-BENZOLE, UMAETHER. MIT K-ALKYLATEN (MECHANISMUS) 54-0163
METHOXYPHENOLE, METHYLMERCAPTOMETHYLIER. MIT DMSO-ACETANHYDRID 64-0433
ALKOXY-BENZOLE, METALLIER. MIT N-BUTYLLITHIUM 57-0369
STER. EFFEKTE BEI METALLIER. MIT ALKYL-LI 57-0370
KONDENS. MIT ALIPHAT. ALDEHYDEN, 21. MITT. 61-0470
KONDENS. MIT ALIPHAT. ALDEHYDEN, 22. MITT. 61-0495
KONDENS. MIT ALIPHAT. ALDEHYDEN, 23. MITT. 64-0522
RK. MIT BENZOYL-PEROXID 57-0344
METHOXYNAPHTHALINE, KATALYSE D. ACETOLYSE V. 2.4.7-TRINITRO-9-FLUORENYL-P-TOLUOLSULFONAT 63-0257
PHENOXYACET-FLUORSULFONYLANILIDE, IRREVERSIBLE INHIBIT. V. ALPHA-CHYMOTRYPSIN 60-0814
PHENOXYACETAMIDE, IRREVERSIBLE INHIBIT. V. ALPHA-CHYMOTRYPSIN 60-0815
P-CHLORPHENOXY-CARBANILIDE, WRKG. GEGEN STAPHYLOCOCCUS AUREUS 57-0373
(2-NITROPHENOXY-AETHYL)-ESTER, HERBIZIDE WRKG. 53-0242
P-METHOXY-PHENYL-INDANE, SCHWACHE OESTROGENWRKG. 63 0530
OMEGA-AMMONIO-GUAJACOL- U. THYMOL-POLYOXYAETHYLENAETHERJODIDE, SPASMOLYT., HYPOTENSIVE U. GANGLIENBLOCKENDE WRKG. 63-0905
METHOXYPHENYL-HYDANTOINE, KRAMPFLOESENDE WRKG. 57-0527
PHENOLE
* S. AUCH AMINOPHENOLE
* S. AUCH HYDROXYKETONE
* S. AUCH NAPHTHOLE
TERPENO-, 30. MITT. 54-0531
TERPENO-, 31. MITT. 55-0355
ABGESCHIRMTE, 5. MITT. 57-0361
GAMMA-SUBSTITUIERTE RESORCINE, SYNTH., 1. MITT. 57-0394
P-HYDROXY-SUBSTITUIERTE BENZOLVERB., 1. MITT. 55-0288
P-HYDROXY-SUBSTITUIERTE BENZOLVERB., 3. MITT. 60-0207
CYCLOOLIGOMERE KONDENS.-PROD. MIT ALDEHYDEN, 1. MITT. 60-0445
TETRAHYDROCANNABINOLE, ANALOGE U. VERWANDTE PROD., 1. MITT. 62-0596
TETRAHYDROCANNABINOLE, ANALOGE U. VERWANDTE PROD., 2. MITT. 62-0597
RESORCINDERIV., 2. MITT. 63-0508
O-DI-, OXYANIONCHELATE, 2. MITT. 64-0197
PHENOLDERIV. V. PYRON-(2), 2.MITT. 64-0674
2-ALKYL(ARYL)MERCAPTO-5-HYDROXY-P-BENZOCHINONE, TAUTOMERIE 61-0402
N-BENZYLIDEN-O-HYDROXY-BENZYLAMINE, TAUTOMERIE MIT

2-PHENYL-1.3-BENZOXAZINEN, NMR-SPEKTROSKOP. BEST. D. ISOMERENVERHAELTNISSES 58-0176
PHENOL. INHALTSSTOFFE D. HANF-PFLANZE U. IHRE UMWANDL. ZU HASCHISCH-INHALTSSTOFFEN 62-0786
BIOSYNTH., 13. MITT. 56-0657
BIOSYNTH., 15. MITT. 57-0790
BIOSYNTH., 16. MITT. 64-0907
RESORCIN-SULFONSAEUREN, KUPPL.-RK. (KUPPL-REGELMAESSIGK.) 53-0243
3.4.5-TRIPHENYL-, DARST. AUS TRIPHENYLCYCLOHEXENONEN 53-0292
O.O'-DIHYDROXY-AZOFARBSTOFFE, DARST. DURCH O'-HYDROXYLIER. 55-0336
NORBORNYL-, DARST. AUS M-KRESOL U. NORBORNEN 55-0355
P-PYRROLENYLEN-(2)-, DARST. AUS PYRROLEN U. P-HYDROXYBENZALDEHYDEN 55-0388
2.6-DI-TERT.-BUTYL-4-MERCAPTOMETHYL-, DARST. AUS 3.5-BIS-(TERT.-BUTYL)-4-HYDROXY-BENZYLBROMID BZW. 2.6-BIS-(TERT.-BUTYL)-CHINON-4-METHID U. HS-GRUPPENHALT. VERB. 57-0361
1.1-BIS-(P-HYDROXYPHENYL)-ALKANPHOSPHONSAEUREESTER, DARST. AUS 1-OXO-ALKANPHOSPHONSAEUREESTERN (SO3) 57-0434
2-CARBALKOXYMETHYLAZO-, DARST. AUS O-CHINONDIAZIDEN, KETENEN U. ALKANOLEN 57-0438
DICYCLOPENTADIENYLTITAN-DIPHENOXIDE, DARST. 58-0049
N-BENZYLIDEN-O-HYDROXY-BENZYLAMINE, DARST. AUS O-HYDROXY-BENZYLAMIN U. BENZALDEHYDEN 58-0176
4-(PENTADIEN-(2.4)-YL)-, DARST. AUS PHENYL-PENTADIEN-(2.4)-YL-AETHERN 58-0453
ALPHA.OMEGA- DIHYDROXY-POLY-(P-PHENYLENOXIDE), DARST. 58-0486
1.1-BIS-(4-HYDROXY-CHLORPHENYL)-1-PHENYL-AETHAN, DARST. DURCH CHLORIER. 58-0487
DI-N-BUTYLZINNDIPHENOLATE, DARST. AUS DI-N-BUTYLZINNOXID U. PHENOLEN 59-0065
NITRO-, DARST. AUS MONOPHENOLEN U. NOCL 59-0353
4-HYDROXY-PRAETETRAMIDE, DARST. AUS TETRACYCLIN-METHYL-BETAINEN 59-0782
DARST. AUS ARYLMETHYLAETHERN 60-0416
P-HYDROXYPHENYL-CYCLANE, DARST. 60-0776
ALPHA-CHLOR-KRESOLE, DARST. AUS CHLORAMEISEN-SAEURETOLYLESTERN U. DIMETHYLFORMAMID 61-0385
4-(INDOLYL-(3)-METHYL)-, DARST. AUS - MIT GRAMIN 61-0535
N-METHACRYLYL-HYDROXY-ANILINE, DARST. AUS METHACRYLSAEUREANHYDRID U. AMINOPHENOLEN 62-0406
ALKYL-4.4'-ISOPROPYLIDEN-BIS-, DARST. 62-0438
HYDROXYINDOLE, DARST. AUS HYDROXYPHENYLHYDRAZONEN V. 2-OXO-CARBONSAEUREESTERN 62-0504
DARST. AUS CHINOLEN U. LI-ORGAN. VERB. 63-0431
SPIRO-BIINDANTETROLE, DARST. AUS 3-TERT.-ALKYL-BRENZCATECHINEN U. ACETON 63-0564
2.6-DIALKYL-, DARST. 63-0612
HYDROXYCHLORPROMAZINE, DARST. AUS 2'-BROM-2-FORMAMIDO (AMINO)-DIPHENYLSULFIDEN 63-0725
METHYL-3-PENTADECYL-BRENZCATECHINE, DARST. 64-0426
ALKYL-, DARST. 64-0468
GAMMA-SUBSTITUIERTE RESORCINE, SYNTH., 4.MITT. 64-0505
PHENOL. ISOPRENOIDE, DARST. AUS ALLYLPHOSPHATEN 64-0685
1-ALKOXYMETHYL-4.6-DINITRO-, DARST. AUS 6.8-DINITRO-1.3-BENZDIOXAN 64-0723
2-ALKYL-4.6- U. 4-ALKYL-2.6-DINITRO-, DARST. 56-0343
4-HYDROXY-DIPHENYLSULFIDE, DARST. 60-0207
2-ALKYL(ARYL)MERCAPTO-5-HYDROXY-P-BENZOCHINONE, DARST. AUS RESORCIN U. SULFOXIDEN 61-0402
1.1-BIS-(2.4-DIHYDROXY-3.5-DIALKYL-PHENYL)-ALKANE, DARST. 63-0508
PHENYLRESORCINE, DARST. AUS JODRESORCINEN 64-0495
RESORCINE, IR-ABSORPTION U. KONSTIT. 57-0090
RESORCINE, UV-ABSORPTION U. KONSTIT. 57-0090
NITROGUAJACOLE, IR 64-0224
AZO-, DISSOZIAT.-KONST. 55-0288
P-HYDROXY-SUBSTITUIERTE BENZOLDERIV., AZO-, DISSOZIAT.-KONST. 55-0288
O-ALKYL-, NMR-SUBSTITUENTENKONST. 61-0093
D. STILBEN- U. TOLAN-REIHE, PK-WERTE U. SIGMA-KONST. 54-0094
HYDROCHINONE U. RESORCINE, REDOXPOTENTIALE 55-0163
ANREG.-ZUSTANDES AUS EMISSIONS- U. ABSORPT.-MAXIMA 60-0205
4-HYDROXY-DIPHENYLSULFIDE, DISSOZIAT. 60-0207
KATHOD. ADSORPT. AN PT, WRKG. ALS KORROS.-INHIBITOREN (POTENTIOSTAT. UNTERS.) 62-0189
PK IN W.-CH3OH 63-0228
CHEM. POTENTIALE IN W.-METHANOL 63-0229
NITRO-, SAEURE-BASEN-GLEICHGEW. MIT PYRIDINEN IN APROT. LSGM. 64-0217
DISSOZIAT.-KONST. IN DMSO U. ACETONITRIL 57-0187
NITROGUAJACOLE, PK-BEST. 64-0224
NITRO-, NEUTRALISAT.-WAERME 62-0178
RESORCINE, DUENNSCHICHTCHROMATOGRAPHIE 57-0090
NITROSO-, RK., 1. MITT. 56-0597
OH-PROTONENAUSTAUSCH (SUBSTITUENTENEINFL., KINETIK) 60-0206
NITROSO-, RK., 2. MITT. 60-0670
PHOTOCHEM. HYDROXYLIER. 61-0387
HYDROXYARENE, ALUMINIUMOXID-KATALYSIERTE RK. V. -U. HYDROAROMAT. KETONEN, 1. MITT. 62-0453
HYDROXYAZOBENZOLE, ISOMERISIER. (UV) 59-0365
DIENON-PHENOL-UMLAGER., 3. MITT. 59-0449
O-AZO-, AZO-HYDRAZON-TAUTOMERIEGLEICHGEW. 63-0213
2.2'-DIHYDROXY-BIPHENYLE, DEHYDRATISIER. (MECHANISMUS) 64-0581
OX. IN GGW. V. CU-HALT. KOMPLEXEN 54-0257
ALKOXY-, OX., 11. MITT. (EINFL. D. O-METHOXYGRUPPE) 56-0418
HYDROXYLIER. MIT TI(III)-H2O2 (MECHANISMUS) 58-0215
TERT.-BUTYL-, OX. IN GGW. V. CU-KOMPLEXEN 62-0520
ALKOXY-, OX., 12. MITT. 63-0432
ALKOXY-, OX., 13. MITT. 63-0433
ALKOX-, OX., 15. MITT. 63-0435
ALKOXY-, OX., 16. MITT. 63-0436
PHENYLRESORCINE, OX. 64-0495
HYDROCHINONE U. RESORCINE, AUTOX. (KINETIK) 55-0163
TERT.-BUTYLRESORCIN-MONOAETHER, OX. 63-0433
4-METHOXY-, AUTOX. (MECHANISMUS) 63-0435
3.4-POLYMETHYLEN-, KATALYT. RED. (VGL. MIT ALPHA-UNGESAETT. BICYCL. KETONEN) 54-0345
HYDROXYLIER. DURCH GAMMA-STRAHLEN IN WSS. LSG. 53-0255
STER. GEHINDERTE RK. MIT POCL3 60-0369
4-HYDROXY-CUMOLE, BROMIER. MIT N-BROM-SUCCINIMID 61-0388
HYDROXMETHYL-, RK. MIT INDOLEN 57-0513
HYDROXYBENZYLHALOGENIDE, RK. MIT INDOLEN 61-0564
BRENZCATECHINE, RK. MIT CH2BR2 U. CH2J2 (CUO) 62-0552
STER. GEHINDERTE, RK. MIT DIAZOMETHAN 58-0400
NITRIER. MIT TETRANITROMETHAN (KINETIK, MECHANISMUS) 60-0253
OXYDATIVE KUPPL. MIT DIPHENOCHINONEN 55-0317
RK. MIT SULFOXIDEN, 2. MITT. 61-0401
-DERIV., RK. MIT SULFOXIDEN, 3. MITT. 61-0402
METHOXY-, METHYLMERCAPTOMETHYLIER. MIT DMSO-ACETANHYDRID 64-0433
RK. MIT SULFOXIDEN, 4. MITT. 64-0512
AETHOXYCARBONYLIER. MIT PYROKOHLENSAEURE-DIAETHYLESTER 58-0642
ALKAL. KONDENS. V. PHENOLEN MIT HCHO (KINETIK) 53-0160
STRUKTUR U. RK. D. KONDENS.-PROD. MIT UNGESAETT. CARBONYLVERB., 1. MITT. 60-0581
3-TERT.-ALKYL-BRENZCATECHINE, KONDENS.-RK. MIT ACETON 63-0564
RK. MIT BETA-OXONITRILEN 64-0672
TRIFLUORACETYLIER. MIT TRIFLUORESSIGSAEUREANHYDRID (KINETIK) 58-0227
HYDROXYMETHYL-, RK. MIT ACETYLHALOGENIDEN 59-0350
TRANS-STILBENOLE-(4), RK. MIT BROMESSIGSAEURE- BZW. 2-BROM-PROPIONSAEUREAETHYLESTER 59-0422
ACYLIER. U. AROYLIER. 62-0319
TOSYLIER. 62-0319
MONOTHIOHYDROCHINONAETHER,VERMITTLER EINER OXYDATIVEN SYNTH. V. ADP U. ATP 54-0507
BEZIEH. ZWISCHEN STRUKTUR U. BAKTERIOSTAT. AKTIVITAET AUF GRAMPOSITIVE U. GRAMNEGATIVE ZELLEN 63-0886
P-HYDROXYPHENYL-CYCLANE, ANTIGONADOTROPE U. SCHWACHE OESTROGEN-WRKG. AN RATTEN 60-0776
DINITRO-, PESTICIDE WRKG. U. STRUKTUR, 4. MITT. 56-0343
DINITRO-, STRUKTUR U. PESTIZIDE WRKG., 5. MITT. 56-0344
DINITRO-, KONSTIT. U. PESTICZIDE WRKG., 7. MITT. 57-0428
KOMPLEXE D. URANYLS MIT PHENOL. LIGANDEN, 10.MITT. 58-0828
KOMPLEX-BLDG. MIT URANYL,9. MITT. 53-0013

PHENOTHIAZINE
PHENTHIAZINDERIV.,7. MITT.(VERS. ZUR DARST. V. SELEKTIV WIRKENDEN PHENTHIAZINDERIV.) 53-0459
CARBOXYMETHYL-10-METHYL-, DARST. 55-0475
10-(1-CARBALKOXY-AETHYL)-, DARST. AUS PHENOTHIAZIN U. 2-BROM-PROPIONSAEUREESTERN 59-0636
HYDROXYCHLORPROMAZINE, DARST. AUS 2'-BROM-2-FORMAMIDO (AMINO)-DIPHENYLSULFIDEN 63-0725
10-(2-(BIS-(2-CHLOR-AETHYL)-AMINO)-AETHYL)-, DARST. 63-0726
DARST. V. SELEKTIV ANTIULZEROGEN U. CORONARERWEITERND WIRKENDEN PHENTHIAZINEN 53-0459
10-DIMETHYLAMINOALKYL-, MASSENSPEKTREN 60-0138
MASSENSPEKTREN 64-0144
NACHW. DURCH FARBRK. MIT BENZOCHINON-(1.4) 56-0602

PHENOXAPHOSPHINE
PHENOXAPHOSPHINE, DARST. AUS DIPHENYLAETHER U. PCL3 (ALCL3) BZW. AUS 2-PHENOXY-5-CHLOR-BENZOLDIAZONIUM-TETRAFLUOROBORAT U. PHOSPHINEN 58-0672

PHENOXAZINE
OPT.-AKT. ORCEINFARBSTOFFE, KONFIG. 61-0677
3-SUBSTITUIERTE PHENOXAZONE-(2), DARST. AUS 3-HYDROXY-PHENOXAZONEN-(2) 54-0459
7-AMINO-PHENOXAZONE, DARST. AUS P-BENZOCHINON + DICHLORDIIMID U. PHENOLEN 55-0597
PHENOXAZONE, DARST. 57-0244
OPT.-AKT. ORCEINFARBSTOFFE, DARST. AUS OPT.-AKT. BIPHENYLDERIV. 61-0677

OPT.-AKT. ORCEINFARBSTOFFE, ELEKTRONENSPEKTREN 61-0677
OPT.-AKT. ORCEINFARBSTOFFE, ORD- U. CD-SPEKTREN 61-0677
7-AMINO-PHENOXAZONE, EIGN. ALS SAEURE-BASE-INDIKATOREN 55-0597

PHENOXYL-RADIKALE
* S. UNTER RADIKALE (O- U. S-RADIKALE)

PHENYLIERUNG
* S. UNTER ALKYLIERUNG (UND ARYLIERUNG)

PHOSPHATIDE (PHOSPHO(R)LIP(C)IDE)
* LECITHINE S. DORT
* ACETAL- S. PLASMALOGENE
IMMUNOCHEM. UNTERS.,2. MITT. 59-0784
PHOSPHOLIPIDE, SYNTH., 1. MITT. 63-0407
PHOSPHATIDYL- U. LYSO PHOSPHATIDYLAETHANOLAMINE, DARST. 63-0407

PHOSPHAZANE
AMINOPHOSPHINE, NMR -SPEKTRUM (EINFL. D. TEMP.) 55-0078
DIALKYLAMINOPHOSPHINE, RK. MIT ALPHA.OMEGA-ALKANDIOLEN 60-0392

PHOSPHAZENE
8. MITT. 53-0069
9. MITT. 54-0042
11. MITT. 56-0365
14. MITT. 59-0382
POLYCHLOR-, DARST. AUS (PNCL2)3 59-0048
METHYLIMIDODIPHOSPHINSAEUREN, -TRICHLORIDE U. -DIAMIDCHLORIDE, DARST. AUS THIOPHOSPHINSAEUREAMIDEN 59-0382
P-31-NMR U. BIND.-VERHAELTNISSE 53-0069
OLIGOMERE U. POLYMERE CHLOR-, RK. MIT DIOLEN, 2. MITT. 59-0048
PHOSPHAZENE, 7. MITT. 53-0267

PHOSPHINE, ORGANISCHE
TRIPHENYL-, MASSENSPEKTRUM 59-0139
CARBOXYALKYL-, DARST. AUS HALOGENALKANCARBONSAEUREN U. NAPH2 54-0241
CARBOXYALKYL-CARBAMOYLALKYL-, DARST. AUS PHOSPHINOCARBONSAEUREN 54-0241
(3-OXO-ALKYL)-DIORGANO-, DARST. AUS ALKALIPHOSPHIDEN U. ALPHA.BETA-UNGESAETT. KETONEN 54-0267
BIPHENYLEN-2.2'-DI-, DARST. 54-0477
AETHYLEN-BIS-(DIPHENYLPHOSPHIN)-FE (BZW. CO)-KOMPLEXE, DARST. AUS TRIS-(ACETYLACETONATO)-FE (BZW. CO) 62-0048
(TRIALKYLGERMYLOXYALKYL)-DIALKYL-, DARST. AUS DIAETHYL-TRIAETHYLGERMYL-PHOSPHIN U. ALDEHYDEN 64-0061
AETHINYL-, DARST. AUS AETHINYL-SN-VERB. 64-0065
NA-PENTACYANO-PHOSPHIN-FERRATE(II), DARST. AUS PHOSPHINEN U. NATRIUM-PENTACYANO-AMMIN-FERRAT(II) 64-0068
ARYL-CYCLOPOLY-, DARST. 54-0272
CARBONYL-PHOSPHIN-DIKOBALT-KOMPLEXE, DARST. 59-0082
OLIGOPHENYLEN-BIS-DIPHENYL-, UV -SPEKTREN (BANDENZUORDN.) 54-0060
ARYL-CYCLOPOLY-, DEBYEOGRAMME 54-0272
CARBONYL-PHOSPHIN-DIKOBALT-KOMPLEXE, IR-SPEKTREN 59-0082
ALKYL-, MAGNET. ROTAT. 55-0053
DIALKYL-, MAGNETOROTAT. 56-0101
ALLEN-, NMR (EINFL. D. SUBSTITUENTEN AM P AUF D. P-H-KOPPL.) 56-0131
METHYL-, PMR 61-0098
ALKINYL-, BASIZITAET 61-0178
ALLYL. DIPHENYL-, THERM. UMLAGER. 54-0274
TERT., AUSTAUSCHRK. MIT NI- U. CO-(PHOSPHIN)-KOMPLEXEN (KINETIK) 59-0029
RK. MIT ACETYLENEN, 5. MITT. 63-0468
RK. MIT ACETYLENEN, 4. MITT. 56-0369
TERT., QUATERNISIER. NACH D. KOMPLEXSALZ-METH. (STER. VERLAUF) 62-0288
RK. MIT TRIALKYL(ARYL)PHOSPHINKOMPLEXEN V. RH(I) U. IR(I) 57-0028
TRIALKYL-, RK. MIT N.N.N-TRIMETHYL-AETHYL-BORAZAN 63-0414
TRIS-DIALKYLAMINO-PHOSPHINE, RK. MIT AROMAT. ALDEHYDEN, 1. MITT. 58-0608
CARBOXYALKYL-, RK. MIT AMINOSAEUREN 54-0241

PHOSPHINIGE SAEUREN
BIS-(TRIFLUORMETHYL)-PHOSPHINOXYSILANE, DARST. AUS (BIS-(TRIFLUORMETHYL)-PHOSPHINOXY)-BIS-(TRIFLUORMETHYL)-PHOSPHIN U. SILANEN 64-0415
ALKYLEN(ARYLEN)-DIPHOSPHINITE, DARST. AUS ALPHA. OMEGA-ALKANDIOLEN U. DIALKYLAMINO-DIALKYL(DIARYL) PHOSPHINEN 60-0392
ALKYLEN(ARYLEN)-DIPHOSPHINITE, ISOMERISIER. 60-0392
O-ALLYLPHOSPHINITE, THERM. UMLAGER. (KINETIK) 62-0270
PHOSPHINAMIDE, EINBAU V. ISOCYANATEN (RK.-MECHANISMUS) 56-0364
-ALKYLESTER, MAGNET. ROTAT. 55-0053
DIPHENYLPHOSPHINITE, OX. MIT DIMETHYLAMINORADIKALEN (PHOTO-RK. MIT TETRAMETHYLTETRAZEN) 62-0295
ESTER, RK. MIT 3-BENZYLIDEN-PENTANDION-(2.4) 60-0544

PHOSPHINIMINE
IMINOTRIALKYLPHOSPHORANE, DARST. AUS METALLDIALKYLEN U. IMINOPHOSPHORANEN 61-0040
TRIMETHYLGERMANYLIMINO-PHOSPHORANE, 63-0068
DARST. AUS METHYLGERMANYLAZIDEN U. PHOSPHINEN 63-0068
DARST. 61-0080
DIMETHYL-AZIDOSTANNYLIMINO-PHOSPHORANE, DARST. AUS TRIMETHYLSTANNYLAZID U. PHOSPHINEN 63-0068
P-N-VALENZSCHWING.-FREQUENZEN 61-0080
PI-ELEKTRONENSTRUKTUR 54-0097
TRIPHENYL-, RK. MIT ACETYLENDICARBONSAEURE-DIMETHYLESTER 54-0275

PHOSPHINOXIDE
TRIPHENYL-, MASSENSPEKTRUM 59-0139
UNSYMM., SEK.,STEREOCHEM. UNTERS. 64-0462
ARYL-, DARST. AUS (3-OXO-ALKYL)-DIORGANOPHOSPHINEN U. KMNO4 54-0267
PHOSPHOLAN-1-OXIDE, DARST. AUS PHOSPHETANIUMZALZEN DURCH ALKAL. HYDROLYSE 56-0492
ALPHA-AMINO-, DARST. AUS N-FLUORSULFONYL-ALDIMINEN U. SEK. PHOSPHINOXIDEN 59-0386
BIS-DIALKYLOXOPHOSPHINO-ALKANE, DARST. AUS ALPHA. OMEGA-ALKANDIOLEN U. DIALKYLAMINO-DIALKYLPHOSPHINEN 60-0392
DELTA(3)- PHOSPHOLENOXIDE, DARST. AUS 1-CHLOR-1-ALKYL-DELTA(3)-PHOSPHOLENIUMCHLORIDEN 61-0566
DIPHENYLALKYL-, DARST. AUS DIPHENYLPHOSPHINITEN U. TETRAMETHYLTETRAZEN 62-0295
BLDG. AUS TETRAPHENYLDIPHOSPHIN U. ALIPHAT. CARBONSAEUREN BZW. ALDEHYDEN 63-0469
TRIS-(AMINOMETHYL)-, DARST. AUS AMINEN, HCHO U. WEISSEN P 54-0243
ALLYL-, DARST. AUS ALLYLPHOSPHINITEN 62-0270
ALPHA-DIAZO-, DARST. 62-0410
UNSYMM., SEK., DARST. AUS PHOSPHINATEN U. GRIGNARDVERB. 64-0462
OLIGOPHENYLEN-BIS-DIPHENYL-, UV -SPEKTREN (BANDENZUORDN.) 54-0060
TRIS-(AMINOMETHYL)-, IR-SPEKTREN 54-0243
UV-SPEKTREN 59-0098
ALKYL-, MAGNET. ROTAT. 55-0053
ORD-SPEKTREN 59-0098
CD 59-0098
ALLEN.-, NMR 55-0216
ALLEN-, NMR (EINFL. D. SUBSTITUENTEN AM P AUF D. P-H-KOPPL.) 56-0131
TRIS-(AMINOMETHYL)-, OBERFLAECHENSPANN. 54-0243
TRIS-(AMINOMETHYL)-, LOESLICHK. 54-0243
UNSYMM., SEK. ISOTOPENAUSTAUSCH 64-0462
ALLYL-, OPT. STABILITAET 62-0270
ALPHA-DIAZO-, THERM. STABILITAET 62-0410

PHOSPHINSAEUREN
BIS-(AMINOMETHYL)-, DARST. AUS SEK. AMIN, HCHO U. H3PO2 54-0244
N-ORGANOMETALL-DIAMIDO-PHOSPHINSAEUREIMIDE, DARST. 56-0072
THIO-IMIDODI-, DARST. AUS TETRAPHENYL-DITHIO-IMIDO-DIPHOSPHINSAEURE 56-0365
BLDG. AUS TETRAPHENYLDIPHOSPHIN U. ALIPHAT. CARBONSAEUREN 63-0469
OPT.-AKT. AMIDE, DARST. DURCH STEREOSPEZIF. ESTER-AMID-AUSTAUSCH 64-0317
BIS-(AMINOMETHYL)-, DARST. AUS AMINEN, HCHO U. WEISSEN P 54-0243
IMIDO-PHOSPHINATE BIND.-VERHAELTNISSE 53-0069
DIALKYL- U. ESTER, MASSENSPEKTREN 57-0121
IMIDO-PHOSPHINATE, NMR (P-31-RESONANZ) 53-0069
PK IN W.-CH3OH 63-0228
DIARYLPHOSPHINSAEURE-MENTHYLESTER, PYROLYSE 53-0172
BIS-(AMINOMETHYL)-, POTENTIOMETR. BEST. (ALS HYDROCHLORID) 54-0243
ALKALIPHOSPHINITE, (31)P-NMR 59-0113
-ALKYLESTER, MAGNET. ROTAT. 55-0053

PHOSPHINSULFIDE
ARYL-, DARST. AUS (3-OXO-ALKYL)-DIORGANOPHOSPHINEN U. S 54-0267
BIS-(TRIFLUORMETHYL)-, DARST. 61-0379
UV-SPEKTREN 59-0098
BIS-(TRIFLUORMETHYL)-, IR 61-0379
ALKYL-, MAGNET. ROTAT. 55-0053
ORD-SPEKTREN 59-0098
CD 59-0098
BIS-(TRIFLUORMETHYL)-, MASSENSPEKTREN 61-0379
BIS-(TRIFLUORMETHYL)-, DAMPFDRUECKE 61-0379

PHOSPHOLE
1-PHENYL-3-METHYL-PHOSPHOLINE, DARST. AUS ISOPREN U. PHENYL-PHOSPHONIGSAEURE-DIHALOGENIDEN 54-0369
PHOSPHOLAN-1-OXIDE, DARST. AUS PHOSPHETANIUMZALZEN DURCH ALKAL. HYDROLYSE 56-0492
-DERIV., DARST. 60-0524
1-CHLOR-1-ALKYL-DELTA(3)-PHOSPHOLENIUMCHLORIDE, DARST. AUS DIENEN U. DICHLORPHOSPHINEN 61-0566
DELTA(3)-PHOSPHOLENOXIDE, DARST. AUS 1-CHLOR-1-ALKYL-DELTA(3)-PHOSPHOLENIUMCHLORIDEN 61-0566
DELTA(3)-PHOSPHOLENE, DARST. AUS 1-CHLOR-1-ALKYL-DELTA (3)-PHOSPHOLENIUMCHLORIDEN 61-0566
PHOSPHOLENE, NMR (VORZEICHEN D. J(P-H)-KOPPL.-KONST.) 53-0066

PHOSPHOLIP(O)IDE
* S. PHOSPHATIDE

PHOSPHONIGE SAEUREN
ALPHA-AMINOALKYL-, DARST. AUS PRIM. AMINEN, KETONEN U. H3PO2 55-0266

ALPHA-AMINO-GAMMA-OXO-, DARST. AUS ENAMINEN V. BETA-DICARBONYLVERB. U. H3PO2 61-0376
DIALKYLAMINOMETHYL-, DARST. AUS SEK. AMIN, HCHO U. H3PO2 54-0244
DIALKYLAMINOMETHYL-, IR 54-0244
DIALKYLAMINOMETHYL-, (31)P-NMR 54-0244
ESTER, RK. MIT 3-BENZYLIDEN-PENTANDION-(2.4) 60-0544
PHOSPHONIUMVERBINDUNGEN, ORGANISCHE
* S. AUCH BETAINE
BETA-ACYLVINYL-,ENOL-TAUTOMERIE 53-0270
(3-ACYLPROPENYL)-TRIPHENYL-, KONSTIT. 58-0444
CYCL. BIPHENYLEN-2.2'-DI-, DARST. 54-0477
(3-ACYLPROPENYL)-TRIPHENYL-, DARST. AUS PHOSPHORANEN U. HBR 58-0444
3-OXIMINO-4-OXOALKENYL-, DARST. AUS D. 4-OXO-DERIV. MIT HNO2 58-0444
1.4-DIPHOSPHONIA-CYCLOOCTENSALZE, DARST. AUS ALPHA. ALPHA'-DIBROM-O-XYLOL U. 1.2-BIS-(DIPHENYLPHOSPHINO)-AETHANDERIV. 59-0652
DIPOLARE TRIAMINO-OXY- U. TRIAMINO-DIOXY-PHOSPHORANE, BLDG. AUS TRIAMINOPHOSPHINEN U. ALPHA-DIKETONEN (NACHW. D. KOEXISTENZ IN LSG.) 60-0566
1-CHLOR-1-ALKYL-DELTA(3)-PHOSPHOLENIUMCHLORIDE, DARST. AUS DIENEN U. DICHLORPHOSPHINEN 61-0566
4.4-DIPHENYL-1.4-OXAPHOSPHORINIUMSALZE, DARST. 61-0681
(ALPHA-PHOSPHONIO-ALKYLIDEN)-TRIPHENYLPHOSPHORANE, DARST. 62-0247
BETA-ACYLVINYL-, SYNTH. AUS CHLORVINYLKETONEN U. TRIPHENYLPHOSPHIN 53-0270
IR (BEI VERSCHIEDENEN WELLENLAENGEN) 57-0085
UV U. MOL. EXTINKT.-KOEFF. 57-0085
HYPOTHET. (N+1)-PHOSPHONIA-SPIRO-(N.N)-ARENE, MO-BERECHN. 57-0135
ALKYLTRIPHENYL- METHYL-ALKYL-9- PHOSPHONIA-FLUORENHALOGENIDE, NMR (P-C-H-KOPPL.-KONST.) 58-0106
TRIPHENYL-ALKYL-PHOSPHONIUMBROMIDE, NMR 56-0123
BENZYL-TRIPHENYL-, POLAROGRAPHIE D. CHLORIDE 58-0197
PHENOXYPHOSPHONIUMSALZE, UMLAGER. 57-0385
N- ALKYL-TRIARYL-PHOSPHONIUMALKOXIDE, THERM. ZERS. 57-0388
CYCL. BIPHENYLEN-2.2'-DI-, PYROLYSE 54-0477
(3-ACYLPROPENYL)-TRIPHENYL-, OX. MIT HNO2 58-0444
PHOSPHONIUMRHODANIDE, OX. MIT PB(IV)-ACETAT 59-0387
OX. MIT PB(IV)-ACETAT 59-0388
TRIPHENYLALKYL-, ELEKTROCHEM. RED. 63-0461
BETA-ACYLVINYL-,RK. MIT NAOH 53-0270
OMEGA-HYDROXYALKYL-, RK. MIT NAH 63-0467
(ALPHA-PHOSPHONIO-ALKYLIDEN)-TRIPHENYLPHOSPHORANE, HYDROLYSE (KINETIK) 62-0247
BETA-ACYLVINYL-,RK. MIT CYCLOPENTADIEN 53-0270
TRIPHENYL-ALKYL-PHOSPHONIUMBROMIDE, RK. MIT DIMETHYLSULFINYLCARBANION 56-0123
PHOSPHONSAEUREN
U. ESTER, 19. MITT. 59-0381
ALIPHAT. DIPHOSPHONSAEURETETRACHLORIDE,2. MITT.(RK. V. DIPHOSPHONSAEURETETRACHLORIDEN) 53-0241
O.O-DIALKYL-CYAN-ACYL-METHAN-, KETO-ENOL-TAUTOMERIE 59-0342
ARYLPHOSPHONSAEUREESTER, DARST. AUS ARYLHALOGENIDEN U. TRIALKYLPHOSPHITEN 55-0290
VINYL-, DARST. 55-0451
CYCL. ESTER, DARST. AUS OMEGA-CHLORALKANOLEN-(1) U. NA-DIAETHYLPHOSPHIT 56-0323
HALOGENALKENYLPHOSPHONSAEUREESTER,DARST. AUS 1.3-DIHALOGEN-ALKENEN-(2) U. TRIAETHYLPHOSPHIT 56-0327
FLUORMETHAN-, DERIV., DARST. 56-0328
1.1-BIS-(P-HYDROXYPHENYL)-ALKAN-, DIESTER, DARST. AUS 1-OXO-ALKANPHOSPHONSAEUREDIESTERN U. PHENOLEN (SO3) 57-0434
ACETYL-PYRIDIN-O-PHOSPHONYL-OXIME, DARST. AUS OXIMEN U. PHOSPHONYL-CHLORIDEN 58-0253
PYRIDYL-ARYLAMINOMETHYLPHOSPHONSAEUREESTER, DARST. AUS PICOLINYLIDEN-(2)-ARYLAMINEN U. PHOSPHORIGSAEUREDIALKYLESTERN 60-0613
PYRIDYL-HYDROXYMETHYLPHOSPHONSAEUREESTER, DARST. AUS ALPHA-PYRIDYL-ALDEHYD U. PHOSPHORIGSAEURE-DIALKYLESTERN 60-0613
DIALKOXYMETHAN-, DARST. AUS ORTHOESTERN U. PHOSPHORIGSAEURECHLORIDEN 61-0432
DIALKOXYMETHANPHOSPHONATE, DARST. AUS ORTHOAMEISENSAEUREESTERN U. PCL3 61-0569
-AMIDCHLORIDE, OPT.-AKT., DARST. 63-0411
AMINOMETHYL-, DARST. AUS AMINEN, HCHO U. WEISSEN P 54-0243
O.O-DIALKYL-CYAN-ACYL-METHAN-, DARST. AUS (CYAN-METHANPHOSPHONSAEURE)-DIALKYLESTERN 59-0342
SUBSTITUIERTE BENZOLPHOSPHONATE, DARST. AUS ARYLJODIDEN U. PHOSPHITEN 59-0381
ESTER, NMR , 4.MITT. (MAGNET. NICHTAEQUIVALENZ V. STER. GEHINDERTEN DIASTEREOMEREN --) 55-0076
ALLEN-, NMR (EINFL. D. SUBSTITUENTEN AM P AUF D. P-H-KOPPL.) 56-0131
PK IN W.-CH3OH 63-0228
PHOSPHONSAEURE-DICHLORIDE, RK. MIT GRIGNARD-VERB. 60-0364
ALKANPHOSPHONSAEUREDICHLORIDE, RK. MIT H2S 58-0445
ACETYL-PYRIDIN-O-PHOSPHONYL-OXIME, HYDROLYSE (KINETIK) 58-0253
HALOGENALKENYLPHOSPHONSAEUREESTER,RK. MIT SEK. AMINEN 56-0327
HALOGENALKENYLPHOSPHONSAEUREESTER,RK. MIT ALKOHOLATEN 56-0327
HALOGENALKENYLPHOSPHONSAEUREESTER,RK. MIT THIOALKOHOLATEN 56-0327
DIPHOSPHONSAEURE-CHLORIDE, RK. MIT GRIGNARD-VERB. 53-0241
AMINOMETHYL-, POTENTIOMETR. BEST. (ALS HYDROCHLORID) 54-0243
2-ANILINO-2-PHENYL-AETHANPHOSPHONSAEUREESTER, DARST. AUS PHOSPHONSAEUREESTERN U. SCHIFFSCHEN BASEN 59-0385
ALPHA-AMINOMETHAN-, DARST. AUS N-FLUORSULFONYL-ALDIMINEN U. DIALKYLPHOSPHITEN 59-0386
-MONOESTER, DARST. AUS PHOSPHONSAEUREDIESTERN 62-0245
ALPHA-DIAZO-PHOSPHONSAEUREESTER, DARST. 62-0410
METALLIERTE METHYLENDIPHOSPHONATE, DARST., 63-0412
-MONOESTER, IR 62-0245
-ALKYLESTER, MAGNET. ROTAT. 55-0053
-MONOESTER, NMR 62-0245
-MONOESTER, PK (W.-DIOXAN) 62-0245
METALLIERTE METHYLENDIPHOSPHONATE, RK. 63-0412
DIALKYLCHLORMETHYLPHOSPHONATE, FLUORID-INDUZIERTE SPALT. D. C-P-BIND. 62-0367
ALPHA-DIAZO-PHOSPHONSAEUREESTER, THERM. STABILITAET 62-0410
1.2-DIEN-, STEREOSPEZIF. HYDRIER. 56-0205
(HYDROLYSE V. DIESTERN (KINETIK)) 62-0246
BAS. HYDROLYSE, 2. MITT. (HYDROLYSE V. DIESTERN (KINETIK)) 62-0246
PHOSPHOR
PHOSPHOR-STICKSTOFF-VERB., 9. MITT. 60-0836
HJ-P ALS RED.-MITTEL FUER 4.4-DIMETHYL-1-PHENYL-ISOCHROMAN 57-0455
WEISSER -, RK. MIT TERT. HYDROXYMETHYLAMINEN 54-0243
EINFL. ALS DOTIER.-MITTEL AUF D. RK. V. HALBLEITER-SI MIT CH3CL 54-0185
PHOSPHORESZENZ
* S. UNTER LUMINESZENZ
PHOSPHORSAUERSTOFFSAEUREN
CHEMIE D. KONDENSIERTEN PHOSPHATE U. ARSENATE, 53. MITT. 56-0054
-ESTER, 1. MITT. 64-0685
PHOSPHORSAUERSTOFFSAEUREN (H3PO2)
H3PO2, RK. MIT CH2O U. SEK. AMINEN 54-0244
H3PO2, RK. MIT PRIM. AMINEN U. KETONEN 55-0266
H3PO2, RK. MIT AZOMETHINEN 55-0266
PHOSPHORSAEUREN (H3PO3 U. DERIVATE)
CYCLOPHOSPHITE, GEOMETR. ISOMERIE 53-0461
CYCLOPHOSPHITE,DARST. V. CYCLOPHOSPHITEN 53-0461
H3PO3, MONOALKYLESTER, HYDROLYSE MIT H2(18)O 54-0273
5'-O-PHOSPHORYLRIBONUCLEOSID-2'(3')-PHOSPHITE,DARST. RK. 54-0490
DIALKYL- VINYLTHIOAETHYL-PHOSPHITE, DARST. AUS (2-HYDROXY-AETHYL)-VINYLSULFID U. PHOSPHORIGSAEUREDI-ALKYLESTERCHLORIDEN 62-0336
CARBONYLDIKOBALTKOMPLEXE MIT PHOSPHITEN, DARST. 59-0082
CARBONYLDIKOBALTKOMPLEXE MIT PHOSPHITEN, IR-SPEKTREN 59-0082
PHOSPHITE, RK. MIT NATRIUM-2-(N-(2-METHYL-4-AMINO-PYRIMIDINYL-(5)-METHYL)-N-FORMYL-AMINO)-5-HYDROXYPENTEN-(2)-THIOLAT-(3) 56-0732
PHOSPHITE, RK. MIT THIAMIN,1. MITT. 56-0732
TRIALKYLPHOSPHITE, VERW. BEI D. KONDENS. V. ALPHA-DIKETONEN MIT ALPHA,BETA-UNGESAETT. ALDEHYDEN 61-0594
PHOSPHORIGSAEURETRIAMIDE, 1-(BIS-(DIMETHYLAMINO)-PHOSPHINO)-PYRAZOLE, DARST. (NMR) 57-0533
H3PO3, AMIDE, RK. MIT 3-HYDROXY-2.2.4-TRIMEMTHYL-PENTEN-(3)-SAEURE-BETA-LACTON 55-0252
N-ALKYLIDEN-N'-N'-DIMETHYL-DIAMIDO--PHOSPHORIGSAEUREESTER, DARST. AUS IMINOAETHERN U. AMINOPHOSPHINEN 62-0350
N-ALKYLIDEN-N'.N'.N''.N''-TETRAMETHYL-PHOSPHORTRIAMIDE, DARST. AUS IMINOAETHERN U. AMINOPHOSPHINEN 62-0350
DIESTERCHLORIDE, RK. MIT ORTHOESTERN 61-0432
PHOSPHORSAEUREN (H3PO4 U. DERIVATE)
H3PO4, CYCL. ESTER, 2. MITT. 55-0482
H3PO4, CYCL. ESTER, DARST. 55-0482
H3PO4, 2.2.2-TRIALKOXY- U. 2-ALKOXY-2-OXO-1.3.2-DIOXAPHOSPHOLANE, NEUTRALE HYDROLYSE (MECHANISMUS) 61-0595
H3PO4, CYCL. ESTER, RK. MIT HCL 55-0482
5'-NUCLEOTID-2'.3'-CYCLOPHOSPHATE, DARST. 54-0490
ALPHA-BROM-ALPHA-KETOL-PHOSPHATE, DARST. AUS 2.2.2-TRIALKYLOXY- BZW. TRIARYLOXY-2.2-DIHYDRO-1.3.2-DIOXAPHOSPHOLENEN IN BR2 58-0443
EN-DIOL-BISPHOSPHATE, DARST. AUS EN-DIOL-BIS-PHOSPHATEN U. TRIMETHYLPHOSPHIT 58-0443
PHOSPHORSAEURE-ACETYLPHENYLESTER, DARST. 59-0817
ALPHA-(DIMETHYLPHOSPHORYLOXY)-BETA-DIKETONE, DARST. AUS 2.2.2-TRIMETHOXY-4.5-DIMETHYL-1.3.2-DIOXAPHOSPHOLEN U. SAEURECHLORIDEN 61-0366

CHINAZOLINYL-ALKYL-PHOSPHATE, DARST. 54-0453
2-PHENOXY-2-OXO-ALKYL-1.3.2-DIOXAPHOSPHORINANE, DARST. AUS PHOSPHORSAEURE-PHENYLESTER-DICHLORID U. GLYKOLEN 57-0631
ALLYLPHOSPHATE DARST. AUS DIPHENYLPHOSPHOROCHLORIDAT U. ALKOHOLEN 64-0685
CYCL. ORTHOPHOSPHATE, IR, NMR 57-0631
ARYLPHOSPHATE, RK. MIT NUKLEOPHILEN VERB. 58-0262
ALLYLPHOSPHATE,RK. MIT PHENOLEN 64-0685
TRIALKYLPHOSPHATE, VERW. ALS LSGM. BEI D. PHOSPHORYLIER. V. NUCLEOSIDEN MIT POCL3 56-0634
PHOSPHORSAEURE-ACETYLPHENYLESTER, INSEKTIZIDE WRKG. (EINFL. D. KONSTIT.) 59-0817
TRIS-CARBONYLAMIDOPHOSPHORSAEUREDERIV., DARST. 60-0836
TRIS-CARBONYLAMIDOPHOSPHORSAEUREDERIV., ANTILOKOMOTOR. WRKG. 60-0836
2.4-DICHLORPHENYL-METHYL-N-ALKYL-PHOSPHORAMIDSAEUREESTER, SAEURE KATALYSIERTE HYDROLYSE (KINETIK, MECHANISMUS, ENERGETIK) 64-0274
DIAMIDOPHOSPHORSAEURE, RK. MIT KF ODER NH4F 59-0047
DIALKYLFLUOROPHOSPHATE, DARST. AUS DIALKYLTRICHLORMETHYLPHOSPHONATEN U. KF 62-0367
P-SAEUREHALOGENIDE, RK. MIT NA-SALZEN U. URACILEN, 1. MITT. 60-0657
N-ARYL-IMIDOPHOSPHORSAEURETRIAETHYLESTER, DARST. AUS NITROAROMATEN MIT TRIAETHYLPHOSPHIT 58-0322
TRI-O-AETHYL-PHOSPHORIMIDE, DARST. AUS SCHWEFELDIIMIDEN U. TRIAETHYLPHOSPHIT 62-0402
BRENZCATECHYL-PHOSPHORYLISOTHIOCYANTE, DARST. AUS BRENZCATECHYL-PHOSPHORYLHALOGENIDEN U. KSCN 63-0660
URACIL-2-THIOPHOSPHATE, DARST. AUS THIOPHOSPHORSAEURE-DIMETHYLESTERCHLORID U. URACIL-NA-SALZEN 60-0657
S-HALOGENALKYL-THIOPHOSPHORSAEUREESTER, DARST. (UEBERSICHT) 57-0300
DI-O-ALKYL-S-ARYL-THIOPHOSPHATE, DARST. AUS ALKYLPHOSPHITEN, BROMTRICHLORMETHAN U. THIOPHENOLEN 59-0355
O.O-DIALKYL-THIOPHOSPHORYL-SULFENSAEUREESTER, DARST. AUS O.O-DIALKYL-THIOPHOSPHORYL-SULFENSAEURECHLORIDEN U. ALKOHOLEN 64-0046
H3PO2S2, O.O-DIALKYL-S-(1-ACETOXY-AETHYL)-ESTER, DARST. AUS VINYLACETAT U. DITHIOPHOSPHORSAEURE-O.O-DIAETHYLESTERN 57-0302
(O.O-DIALKYL-THIOPHOSPHORYL)-ALKYLDISULFIDE, DARST. AUS 2-ACETAMIDO-AETHANTHIOSULFONSAEURE-S-(2-ACETAMIDO-AETHYL)-ESTER U. DITHIOPHOSPHORSAEURE-O.O-DIALKYLESTERN 62-0335
(OMEGA-HALOGEN-ALKYL)-THIOPHOSPHORSAEUREAMIDE, CYCLISIER. 64-0565
(OMEGA-HALOGEN-ALKYL)-THIOPHOSPHORSAEUREAMIDE, CYCLISIER. 64-0764
THIOPHOSPHORSAEURE-PHENYLESTER-FLUORIDE, DARST. AUS THIOPHENOL U. PHOSPHORYL- U. THIOPHOSPHORYL-HALOGENIDEN 58-0408
BRENZCATECHYL-THIOPHOSPHORYL-ISOTHIOCYANATE, DARST. AUS BRENZCATECHYL-THIOPHOSPHORYLHALOGENIDEN U. KSCN 63-0660

PHOSPHORSAUERSTOFFSAEUREN (H4P2O8 U. DERIVATE)
BIS-(O.O-DIALKYL-THIOPHOSPHORYL)-DISULFIDE, DARST. AUS O.O-DIALKYL-THIOPHOSPHORYLSULFENYLCHLORIDEN MIT CYSTEAMIN BZW. CYSTEAMIN-HYDROCHLORID BZW. NATRIUM-2-AMINO-AETHYLMERCAPTID 62-0335
BIS-(O.O-DIALKYL-THIOPHOSPHORYL)-DISULFIDE, DARST. AUS 2-ACETAMIDO-AETHANTHIOSULFONSAEURE-S-(2-ACETAMIDO-AETHYL)-ESTER BZW. 2-AMINO-AETHANTHIOSULFONSAEURE-S-(2-AMINO-AETHYL)-ESTER U. DITHIOPHOSPHORSAEURE-O.O-DIALKYLESTER 62-0335

PHOSPHORSAUERSTOFFSAEUREN (POLYPHOSPHORSAEUREN)
POLYPHOSPHORSAEURE, ORGAN. RK. MIT -- 8. MITT. 57-0279
POLYPHOSPHORSAEURE, IN ORGAN. RK., 9. MITT. 57-0280
POLYPHOSPHATESTER, ALS SYNTHET. REAGENZ, 7. MITT. 61-0404
POLYPHOSPHATESTER, EINFL. AUF BECKMANN-UMLAGER. V. KETOXIMEN U. BLDG. V. AMIDINEN AUS KETOXIMEN 61-0404

PHOSPHORSAEUREN (H4P2O7 U. DERIVATE)
ASYMM. DITHIODIPHOSPHORSAEURE-TETRA-O-ALKYLESTER, DARST. 59-0049

PHOSPHORSAUERSTOFFSAEUREN (METAPHOSPHORSAEUREN)
H3P3O9, ESTER, DARST. AUS NA3P3O9 U. ALKOHOLEN BZW. ZUCKERN 56-0054
DIALKOXYPHOSPHINYLMONOIMINOSCHWEFELDIOXIDE, DARST. AUS PHOSPHORSAEUREESTERAMIDEN U. SOCL2 57-0323
1-DIALKOXYPHOSPHINYLAMINO-BUTENE-(3), DARST. AUS DIALKOXYPHOSPHINYLMONOIMINOSCHWEFELDIOXIDEN U. BUTADIENEN 57-0323
DIALKOXYPHOSPHINYLMONOIMINOSCHWEFELDIOXIDE, RK. MIT BUTADIENEN 57-0323

PHOSPHORVERBINDUNGEN
ALKALIPHOSPHORVERB. U. IHR REAKT. VERH.,53. MITT. 54-0241
11. MITT. 58-0408
P-VERB., 10. MITT 58-0445
RK. V. PHOSPHORVERB., 13. MITT. 58-0474
ORGAN. VERB. MIT 5-WERT. P, 36. MITT. 58-0497
P-ENTHALTENDE CO-CARBONYLE, 3. MITT. 59-0082
ORGAN. VERB. MIT 5-WERT. PHOSPHOR, 37. MITT. 60-0565
ORGAN. VERB. MIT PENTAVALENTEM PHOSPHOR, 38. MITT. 61-0595
DREIWERT. P ENTHALTENDE VINYLAETHER, 2. MITT. 62-0336
RK., 16. MITT. 64-0461
-, 15. MITT. 64-0671
NMR, 4. MITT. 59-0116
NMR, 5.MITT. 64-0129
RK.,14. MITT. 59-0514
PHOSPHORORGAN. VERB., RK., 15.MITT. 60-0324
1 ZU 1-ADDUKT AUS NH3 U. PF5, BLDG. AUS NH3 U. PCL5 62-0398
1 ZU 1-ADDUKT AUS NH3 U. PF5, ZERS.-RK. 62-0398
PBR3, MAGNET. ROTAT. 55-0053
POCL3, MAGNET. ROTAT. 55-0053
PSCL3, MAGNET. ROTAT. 55-0053
PCL3, MAGNET. ROTAT. 55-0053
PCL3, RK. MIT DIPHENYLAETHER (ALCL3) 58-0672
PCL3 RK. MIT NI(CO)4 BZW. C5H5MN(CO)2THF 53-0047
PCL3, RK. MIT ALKYL-PHENYLAETHINYL-SN-VERB. ZU TRIS-(PHENYLAETHINYL)-PHOSPHIN 64-0065
PCL3, RK. MIT 2-PHENOXY-5-CHLOR-BENZOLDIAZONIUM-TETRAFLUOROBORAT (CUBR-AL) 58-0672
POF3, RED. MIT PERFLUORCARBENEN 57-0284
PF3, METALLTRIFLUORPHOSPHIN-KOMPLEXE, 20. MITT. 57-0067
PF3, DARST. DURCH FLUORIER. V. PCL3 MIT ZNF2 IN D. GASPHASE 57-0067
PF3, (31)P-NMR-DATEN 60-0014
PF3, RK. MIT NI, PT, CO U. PD 57-0067
PF3 RK. MIT NI(CO)4 53-0047
PF5, RK. MIT NH3 62-0398
PF5, RK. MIT PRIM. AMINEN 62-0398
PH3, UEBERGANGSMETALL-PI-KOMPLEXE, DARST. 63-0101
PH3, RK. MIT 5.6-DIDESOXY-1.2-O-ISOPROPYLIDEN-ALPHA-D-XYLO-DELTA(5)-HEXENO-FURANOSE IM UV-LICHT 64-0777
P4S10, RK. MIT CINNOLONEN -(3) BZW. -(4) 54-0493

PHOSPHORANE
PHOSPHINALKYLENE, 2. MITT.(RK. D. TRIPHENYLPHOSPHINALKYLENE MIT DIPHENYLPHOSPHINSAEURECHLORID U. -THIOPHOSPHINSAEURECHLORID) 53-0268
PHOSPHINALKYLENE, 3. MITT., BASIZITAET U. SAEURESPALT. D. PHOSPHINALKYLENE 53-0269
PHOSPHOR-, RK. 3. MITT. 54-0275
PHOSPHINALKYLENE, CHEMIE, 4. MITT. 62-0247
2-PHOSPHORANYLIDEN-3-KETOSAEUREAMIDE, STRUKTUR (NMR-UNTERS.) 54-0107
PHOSPHORANYLIDEN-BERNSTEINSAEURE-ESTER, DARST. AUS TRIPHENYL-PHOSPHINIMINEN U. ACETYLENDICARBONSAEURE-DIMETHYLESTER 54-0275
DIAETHOXY-TRIPHENYL- BZW. -BUTYL-, DARST. 56-0325
TRIALKYL-ALKYLIDEN-PHOSPHORANE, DARST. 58-0392
3-NITROSO-4-OXOALKENYLIDEN-, DARST. AUS 3-OXIMINO-4-OXOALKENYL-PHOSPHONIUMSALZEN 58-0444
METHYLENTRIPHENYL-, DARST. AUS PHOSPHONIUMSALZEN MIT PB(IV)-ACETAT 59-0388
PHOSPHOR-, DARST. AUS TRIPHENYLPHOSPHIN U. MALEINSAEUREANHYDRIDEN U. -IMIDEN SOWIE N-PHENYL-ISOMALEINSAEUREIMID 60-0390
TRIPHENYL-CARBOMETHOXYMETHYLEN-, DARST. AUS TRIPHENYLPHOSPHONIO-ESSIGSAEUREESTERN 60-0391
SYMM.-TRIAZINYLMETHYLEN-TRIPHENYL-, DARST. AUS ALKYLIDENPHOSPHORANEN U. CYANURCHLORID 60-0674
4-NITRO-2-TRIPHENYLPHOSPHORANYLIDEN-CARBONSAEUREMETHYLESTER, DARST. AUS NITROOLEFINEN U. CARBOMETHOXYMETHYLEN-TRIPHENYLPHOSPHORAN 61-0437
TRIPHENYL-(ALPHA-PHOSPHONIO-ALKYLIDEN)-, DARST. 62-0247
ALKYLIDEN-TRIPHENYL-, DARST. DURCH ELEKTROLYSE V. TRIPHENYL-ALKYLPHOSPHONIUMHALOGENIDEN 63-0461
PHOSPHORANYLIDENCYCLOBUTANDIONE, DARST. AUS TRIPHENYLPHOSPHORANYLIDENKETEN U. KETENEN, ALDEHYDEN U. KETONEN 64-0481
ALKYLIDEN-TRIPHENYL-PHOSPHORANE, UV 63-0468
ALKYLIDENTRIPHENYL-, MASSENSPEKTREN 61-0113
TRIPHENYLALKYLIDEN-, NMR 56-0123
BETA-CARBONYL-PHOSPHONIUM-, (1)H- NMR -UNTERS.
NMR-P-CH-KOPPL. (TEMP.-ABHAENGIGK.) 63-0326
NMR-P-CH-KOPP. (TEMP.-ABHAENGIGK.) 63-0327
ALKYLIDEN-TRIPHENYL-PHOSPHORANE, NMR 63-0468
PHOSPHINALKYLENE BASIZITAET 53-0269
TRIPHENYLPHOSPHINDIHALOGENIDE, ELEKTROLYT. DISSOZIAT. 56-0189
PHOSPHINALKYLENE SAEURESPALT. 53-0269
TRIALKYL-ALKYLIDEN-, PROTONENAUSTAUSCH (NMR-UNTERS.) 58-0100
PHOSPHOR- V. MALEINSAEUREDERIV., RK. MIT ALDEHYDEN 60-0390
ALKYLIDEN-, RK., 18. MITT. 61-0426
UMYLIDIER. (MECHANISMUS) 63-0326
UMYLIDIER. (MECHANISMUS) 63-0327
BETA-OXOALKYLEN-, OX. MIT KMNO4 BZW. OSO4 60-0324
TRIPHENYL-(ALPHA-PHOSPHONIO- U. -ACYL-ALKYLIDEN)-, HYDROLYSE (KINETIK) 62-0247
PHOSPHORANYLIDENKETENIMINE, RK. MIT CH3J 64-0481
ACYLMETHYLENTRIPHENYL-, RK. MIT DIACETYLESSIGESTER 56-0542
ALKYLIDEN-, RK. MIT OPT.-AKT. SAEURECHLORIDEN (KINET. RACEMATSPALT.) 61-0426
TRIPHENYLPHOSPHINALKYLENE, RK. MIT DIPHENYLPHOSPHINSAEURECHLORID U. DIPHENYLTHIOPHOSPHINSAEURECHLORID 53-0268

PHOSPHORESZENZ
* S. UNTER LUMINESZENZ
PHOSPHORYLIERUNG
METHYL-PHOSPHORAZIDAT-ANION, EIN SELEKTIV PHOSPHORYLIERENDES AGENZ 53-0149
V. NUCLEOSIDEN MIT POCL3 IN TRIALKYLPHOSPHATEN 56-0634
THERM. --, 4. MITT. 59-0674
SELEKTIVE, V. AMINEN MIT BARIUM-(1-METHYL-IMIDAZOLIO-(3)-PHOSPHONAT)-CHLORID BZW. BARIUM-BIS-(GAMMA-PICOLINIUMPHOSPHAT) 63-0399
OXYDATIVE, MODELLVERS., 7. MITT. 56-0629
OXYDATIVE, V. AMP U. ADP IN GGW. V. N-ACETYL-HOMOCYSTEINTHIOLACTON 56-0629
PHOTOADDITION
* S. UNTER PHOTOCHEMIE UND STRAHLENCHEMIE
PHOTOAMIDIERUNG
* S. UNTER PHOTOCHEMIE U. STRAHLENCHEMIE (ANDERE REAKTI-
* ONEN)
PHOTOBIOLOGIE U. STRAHLENBIOLOGIE
PHOTOTOXIZITAET V. CHINOLIN-(4)-YL-METHANOLEN 60-0829
PHOTOSENSIBILISIER. D. HAUT DURCH METHYLPSORALENE 64-0666
PHOTOCHEMIE U. STRAHLENCHEMIE
* PHOTO- U. STRAHLENCHEMIE IN ANORGAN. U. ORGAN. SYST.
* S. D. NACHSTEHENDEN SCHLAGWOERTER PHOTO...
3. MITT. 58-0489
MOL.-STRUKTUR U. PHOTOCHEM. REAKTIVITAET , 6. MITT. 60-0315
MOL.-, 6.MITT. 61-0321
PHOTOINDUZIERTE RK., 9. MITT. 61-0387
MOL.-, 7. MITT. 63-0114
MOL.-, 8. MITT. 63-0344
CHEMIE ANGEREGTER ZUSTAENDE, 3. MITT. 63-0686
IN LSG., BEDEUT. D. ZWEITEN TRIPLETTZUSTAENDE, 1. MITT. 57-0268
PHOTOCHEM. RK., 46. MITT. 62-0802
PHOTO-RK. UEBER ANGEREGTE ZUSTAENDE 54-0138
V. KLEINEN RINGEN , 2.MITT. 54-0336
3. MITT. 54-0382
PHOTOCHEM. UMWANDL., 15. MITT. 56-0444
PHOTOCHEM. UNTERS., 8. MITT. 56-0609
PHOTOCHEM. RK., 42. MITT. 56-0704
PHOTOCHEM. RK., 43. MITT. 58-0316
PHOTOCHEM. UMWANDL., 22.MITT. 58-0416
PHOTOCHEM. RK., 2. MITT. 58-0478
2. MITT. 58-0488
PHOTODIMERISIER., 1. MITT. 58-0503
6. MITT. 58-0646
PHOTOCHEM. RK., 44. MITT. 59-0591
PHOTOCHEMIE V. SI-VERB., 2. MITT. 60-0305
PHOTOCHEM. UNTERS. IN STARREN MATRIZEN, 2.MITT. 60-0308
PHOTOCHEM. UNTERS., 12. MITT. 60-0313
PHOTOCHEM. UMWANDL., 25. MITT. 60-0319
PHOTOCHEM. UNTERS., 6. MITT. 60-0389
PHOTOCHEM. RK., 45.MITT. 60-0404
PHOTOCHEM. UMWANDL., 16. MITT. 60-0454
PHOTOCHEM. UEBERFUEHR. V. STICKSTOFF IN ORGAN. VERB. IN VITRO, 2. MITT. 60-0780
PHOTOCHEM. UEBERFUEHR. V. STICKSTOFF IN ORGAN. VERB. IN VITRO, 3. MITT. 60-0781
BEDEUT. D. T2-ZUSTANDES FUER D. PHOTOCHEMIE IN LSG., 2. MITT. 61-0312
V. LSG. ROLLE D. SEK. TRIPLETT-ZUSTANDES 61-0313
QUANT. STUDIEN IN DER STEREOCHEMIE, -, 4. MITT. 61-0472
QUANT. UNTERS. IN D. STEREOCHEMIE, 5. MITT. 61-0473
PHOTOCHEM. UMWANDL., 26. MITT. 62-0301
PHOTO-INDUZIERTE RK., 15. MITT. 62-0304
PHOTOCHEM. UMWANDL., 18. MITT. 62-0307
PHOTO- U. STRAHLENCHEM. STUDIEN, 6. MITT. 62-0396
PHOTOCHEM. UMWANDL., 22. MITT. 62-0447
PHOTOCHEM. UMWANDL., 17. MITT. 62-0543
PHOTOCHEM. UNTERS., 7. MITT. 63-0330
PHOTOCHEM. RK. IN LSG., MECHANISMEN, 54. MITT. 63-0334
PHOTOCHEM. RK. MIT ELEKTRONENUEBERGANG, 3.MITT. 64-0326
HETEROGENE PHOTOSENSIBILISIER. 64-0330
PHOTOCHEM. UMWANDL., 21. MITT. 53-0194
PHOTOCHEM. UNTERS., 5. MITT. 53-0330
PHOTOCHEM. RK., 41. MITT. 56-0252
PHOTOCHEM. RK., 10. MITT. 57-0263
BOR-, 2. MITT. 57-0384
MECHANIST. U. EXPERIMENTIELLE PHOTOCHEMIE, 30. MITT. 59-0272
PHOTOCHEM. RK. IN LSG., MECHANISMEN, 52. MITT. 61-0314
PHOTOCHEM. RK. IN LSG. (MECHANISMUS), 55. MITT. 63-0335
7. MITT. 63-0538
PHOTOCHEMIE... (ANORGANISCHE SYSTEME)
GAMMA- RADIOLYSE V. DCL IN CYCLOHEXAN 57-0260
PHOTO- U.STRAHLENCHEMIE (ORGAN.SYSTEME)
ORGAN. PHOTOCHEMIE,5.MITT.(BELICHT. EINIGER CHINONE IN GGW. KONJUGIERTER DIENE U. ANDERER OLEFINE) 53-0323
CHEM. WRKG. D. GAMMA-BESTRAHL. AUF ORGAN. SYST.,13. MITT.(DAS SYST. DIAETHYLAMIN-JODBENZOL) 56-0254
PHOTORK. V. HETEROCYCLEN,9. MITT. 56-0503
ORGAN., 7. MITT. 57-0270
V. KLEINEN RINGEN, 3. MITT. (V. BICYCLEN, 2. MITT.) 59-0490
ORGAN. PHOTOCHEM. RK., 3. MITT. 62-0663
ORGAN., 8. MITT. 63-0452
ORGAN., 6. MITT. 64-0332
MECHANIST. ORGAN., 31. MITT. 64-0337
V. UNGESAETT. N-HALT. VERB., 1. MITT. 64-0437
ORGAN., 8. MITT. 64-0550
V. ORGAN. VERB., 6. MITT. 55-0096
PHOTOCHEM. VERH. V. BIS-ACETYLENEN 59-0463
V. BIPHENYLEN , 1. MITT. (BLDG. EINES DIMEREN) 64-0341
V. CYCLOHEXADIENEN, 9. MITT. 53-0317
RK.-WEG-SELEKTIVITAET, KONKURRENZ ZWISCHEN KAEFIG-BLDG. U. PHOTODECHLORIER. IN EINIGEN ALICYCL. SYST. 59-0627
V. 2-SUBSTITUIERTEN BIARYLEN, 2. MITT. 63-0521
V. BRUECKENVERB., 2. MITT. 57-0469
PHOTO-RK. V. HETEROCYCLEN, 8. MITT. 54-0347
V. 3.5-DIPHENYL-1.2.4-OXADIAZOL, 1. MITT. 61-0592
V. 3.5-DIPHENYL-1.2.4-OXADIAZOL, 2. MITT. 61-0593
PHOTORK. V. HETEROCYCLEN, 10. MITT. 62-0653
V. HETEROCYCL. VERB., 1. MITT. 64-0658
V. ANILINHALOGENDERIV., 4. MITT. 58-0313
PHOTOLYSE V. AZOVERB. (BETEILIG. V. KW-STOFF-SINGULETTZUSTAENDEN) 63-0336
D. SYST. DIAETHYLAMIN-JODBENZOL (WRKG. V. GAMMA-STRAHLEN) 56-0254
STRAHLENCHEMIE V. ALKOHOLEN, 1. MITT. 57-0259
STRAHLENCHEMIE V. BIOCHEM. DISULFIDEN, 1. MITT. 57-0267
V. DITHIASPIROALKANEN 64-0725
V. DELTA(4)-IMIDAZOLINONEN-(2) , 1. MITT. 56-0499
GAMMA-BESTRAHL. V. ORGAN. CARBONATEN 61-0103
V. UNGESAETT. KETONEN IN LSG., 11. MITT. 57-0395
V. UNGESAETT. KETONEN IN LSG., 14.MITT. 59-0268
V. UNGESAETT. KETONEN IN LSG., 13. MITT. 60-0304
PHOTOUMWANDL. V. TROPOLONEN, 6. MITT.(PHOTORK. V. TETRA-O-METHYL-PURPUROGALLIN IN A. BZW. APROT. LSGM.) 61-0501
V. BENZOCYCLOBUTEN-DION-(1.2) 61-0536
V. ALPHA.BETA-UNGESAETT. GAMMA-ALDEHYDKETONEN, 1. MITT. (UV-BESTRAHL. V. 3.19-DIOXO-17BETA-ACETOXY-DELTA(4)-ANDROSTEN) 62-0802
PHOTORK. V. DELTA(2.6)-CYCLOHEPTADIENON 63-0560
V. CYCLOHEPTADIEN-(3.5)-ON (BEDEUT. D. ANREG.-ZUSTAENDE) 60-0304
PHOTOCHEM. UMWANDL. V. CARBONYLVERB. MIT KLEINEN RINGEN, 17.MITT. 62-0300
PHOTOCHEM. UMWANDL. V. TRANS-1-TERT.-BUTYL-2-PHENYL-3-BENZOYLAZIRIDIN (MECHANISMUS) 62-0300
BESTRAHL. V. BENZALAZIN 64-0437
V. 1.3-DIACETYL-DELTA(4)-IMIDAZOLINONEN-(2) 56-0499
V. ALPHA-KETOSAEUREN U. ALPHA-KETOESTERN, 6. MITT. 61-0311
V. ALPHA,BETA-UNGESAETT. ESTERN, 4. MITT. 64-0102
PHOTOCHEM. DEMETHYLIER. V. 2-METHOXYBENZOPHENONEN 57-0427
V. MONOCHLORESSIGSAEURE -AETHYLEN -SYST. IN BZL. 64-0325
PHOTORK. V. PERFLUORACYLFLUORIDEN U. PERFLUOR-2.3-DIAZABUTADIEN-(1.3) 64-0395
PHOTO... (SYNTHESE)
PRAEPARATIVE PHOTOCHEM. SYNTH.,9. MITT. 54-0342
PHOTOCHEM. SYNTH. V. CYCLOOCTADIEN-(1.5)- BZW. -(1.3)-FE-CARBONYLEN 62-0044
PHOTOCHEM. DARST. V. CHROM(III)-THIOLATEN 53-0029
PHOTOCHEM. SYNTH. V. CYCLOBUTADIEN-CYCLOPENTADIENYL-KOBALT U. (CYCLOPENTADIENYLKOBALT)-1-(CYCLOPENTADIENYL)-KOBALTOCYCLOPENTADIEN-(1.3)(CO-CO) 59-0079
PHOTOCHEM. UEBERFUEHR. IN ORGAN. VERB. IN VITRO, 4. MITT. 64-0405
PHOTOSYNTH. V. CYCLOPROPANEN 63-0504
V. OXETANEN 54-0353
PHOTOSYNTH. V. 1.3-DIAZETIDINEN 60-0479
STRAHLENCHEM. ANILINDARST. 59-0372
PHOTOCHEM. ADDIT. V. 1.2-NAPHTHOCHINONEN AN P-DIOXEN 56-0247
PHOTOCHEM. BLDG. V. 1.3-DI-TERT.-BUTYL-(4-D)-5-EXO-PIVALOYL-BICYCLO(2.1.0)PENTANON-(2) (MECHANISMUS) 56-0432
PHOTOCHEM. DARST. V. 4-DESOXYCOHUMULON 56-0669
STEREOSPEZIF. PHOTOSYNTH. V. AROMADENDRANEN 63-0808
PHOTOSYNTH. V. PROTOBERBERIN-ALKALOIDEN 56-0647
PHOTO... (PHOTOLYSE)
PHOTOSYNTH. V. BENZIMIDAZOLEN 64-0636
PHOTOLYSE V. NA-TETRAARYLBORATEN 57-0384
PHOTOLYSE V. BIS-(AETHOXYCARBONYL-DIAZOMETHYL)-QUECKSILBER(II) 61-0034
UV-PHOTOLYSE V. METALL(I)-AETHYLENDIAMINTETRA-ACETATOAQUOFERRATEN(III) 61-0035
NIEDERMOL. PROD. D. RADIOLYSE V. AETHYLEN IN WSS. LSG. 53-0180
RADIOLYSE V. CYCLOHEXAN IN GGW. V. CHLORSUBSTITUIERTEN AETHYLENEN 56-0248
PHOTOFRAGMENTIER. V. PHENYLCYCLOPROPANEN 57-0345
PHOTOLYSE V. 1.6-DIENEN 58-0738
PHOTOLYSE V. CARBONIUMIONEN 60-0306

PHOTOLYSE V. METHYLBENZOLEN IN FESTER LSG. 60-0321
PHOTOLYSE V. CYCLONONADIEN-(1.2) 61-0519
PHOTOLYSE V. CYCLOPROPAN U. TETRAFLUORHYDRAZIN 62-0296
RADIOLYSE V. N-PENTAN (MECHANISMUS) 64-0331
PHOTOLYSE V. TRIENEN, 2. MITT. 60-0316
PHOTO-ZERS. V. EPOXIDEN (EINFL. V. SUBSTITUENTEN) 54-0194
PHOTOLYSE V. PHENYL-BROM-DIAZIRIN (MECHANISMUS) 55-0315
PHOTOLYSE V. 9.9-DIXANTHOGENYL-XANTHEN 55-0438
PHOTOLYSE V. 2-PHENYL-OXAZIRIDINEN 59-0270
PHOTOLYSE V. 1.2.3-TRIAZOLINEN (STEREOCHEMIE U. MECHANISMUS) 59-0574
PHOTOLYSE V. DELTA(4)-DIHYDRO-1.3.4-OXADIAZINONEN-(2) 59-0642
PHOTOLYSE V. 1.2.3-TRIPHENYL-AZIRIDIN 60-0300
PHOTOLYSE V. 4.5-KONDENSIERTEN 1.2.3-TRIAZOLINEN-(2)
PHOTOLYSE (UV) V. 2.2-DIPHENYL-5-DIPHENYLMETHYLEN-1.3.4-OXADIAZOLIN 61-0318
PHOTOLYSE V. 1-PHENYL-1.2.3-TRIAZOLEN 61-0589
PHOTOLYSE V. 3.5-DIPHENYL-1.2.4-OXADIAZOL IN APROT. LSGM. 61-0592
PHOTOLYSE V. 3.5-DIPHENYL-1.2.4-OXADIAZOL IN PROT. LSGM. 61-0593
SENSIBILISIERTE PHOTOCHEM. ZERS. V. PYRAZOLINEN, 2. MITT. (V. 1.4.5.5A-TETRAHYDRO-3A H--CYCLOBUTA(A) PYRAZOLEN) 62-0481
PHOTOLYSE V. PHENYLOXIRANEN 63-0345
PHOTOLYSE V. 3.3A.5A.6.6A-6B-HEXAHYDRO-3.6-AETHENO-CYCLOPROP(G)INDAZOL 63-0637
PHOTOFRAGMENTIER. V. PHENYLOXIRANEN 57-0345
PHOTOLYSE V. 3H-PYRAZOLEN 57-0528
PHOTODISSOZIAT. V. TRIFLUORMETHYL- U. METHYLJODID 59-0275
IR-PHOTODISSOZIAT. V. AETHYLCHLORID 62-0291
PHOTOLYSE V. P-DICHLORBENZOL IN GGW. V. AROMAT. ELEKTRONENDONATOREN 64-0326
ZERS., V. NITROSOVERB. 54-0137
PHOTOLYSE V. NITROVERB. ZU STICKOXID-RADIKALEN , 1. MITT. 57-0264
PHOTOFRAGMENTIER. V. PHENYLDIAZOMETHAN 57-0345
PHOTOLYSE V. P-CHLORANILIN IN LSG. 58-0313
PHOTOLYSE V. 1.1'-AZOISOBUTAN (KINETIK U. MECHANISMUS) 58-0314
PHOTOLYT. FRAGMENTIER. V. BENZHYDRYL- U. BENZYLAMINEN 58-0478
PHOTOLYSE V. NITROVERB. IN FL. PHASE ZU STICKOXIDEN, 2. MITT. (V. NITROALKANEN IN POLAREN LSGM.) 59-0266
PHOTOLYSE V. AZOAETHAN (KINETIK) 61-0196
PHOTOLYSE V. BICYCL. AZOVERB. 62-0299
PHOTOLYSE V. 2-NITROSIMINO-2.3-DIHYDRO-BENZOTHIAZOLEN 62-0578
PHOTOLYSE V. DIAZOMETHAN IN GGW. V. SILANEN (KINETIK) 63-0240
PHOTOZERFALL V. 2-AZIDO-BIPHENYL 63-0521
PHOTOLYSE V. 3-DIAZO-2.4.5-TRIPHENYL-PYRROL 63-0622
PHOTOLYSE V. (OMEGA-(15)N)TRIPHENYLMETHYLAZID (MECHANISMUS) 64-0338
UV-PHOTOLYSE DEUTERIERTER ISOPROPANOLE 57-0259
PHOTOLYSE V. 22.26-CHLOREPIMINO-CHOLESTANDIOLEN 57-0263
GAMMA- RADIOLYSE V. BROMBENZOL-ALKOHOL-LSG. (KINETIK) 57-0271
PHOTOLYSE V. OZONIDEN 62-0305
BETA- U. GAMMA-RADIOLYSE V. METHANOL 63-0340
PHOTOLYSE V. CYCLOBUTANON IN GGW. V. BZL. (MECHANISMUS) 64-0335
PHOTOLYSE V. DIBENZYLDISULFIDEN 54-0197
PHOTOLYSE V. METHYLSILAN (MECHANISMUS) 60-0305
PHOTOLYSE V. ACETYLCHLORID (AKTIVIER.-ENERGIE) 61-0317
PHOTOLYSE V. KOHLENSUBOXID 61-0320
PHOTOLYSE V. CYCLOALKANONEN 53-0188
PHOTOLYSE V. CYCLOHEXADIENONEN 57-0474
PHOTOLYSE V. TERT.-BUTYL-ALKYLKETONEN IN LSG. 58-0315
PHOTOZERS. V. MENADION IN WSS. LSG., EINFL. V. ELEKTRONENDONATOREN, 3. MITT. 59-0183
PHOTOLYSE V. CYCLOPROPANCARBALDEHYD (MECHANISMUS) 61-0309
PHOTOZERS. V. PHENONEN (EINFL. D. LSGM.-VISKOSITAET) 62-0298
UV-PHOTOLYSE V. ARYLOXY-ACETONEN 63-0603
PHOTOZERS. V. MENADION IN WSS. LSG., WRKG. V. ELEKTRONENDONATOREN, 4. MITT. 64-0099
PHOTOLYSE V. MARKIERTEM KETEN (MECHANISMUS) 60-0320
PHOTOLYT. ZERS. V. AROMAT. DIAZONIUMVERB. (STRUKTUR-EINFL. AUF D. KINETIK) 54-0181
PHOTOLYSE V. CHINOLIN-N-OXIDEN 56-0609
PHOTOLYSE V. 1.4-DIPHENYL-PHTHALAZIN-N-OXID 60-0313
PHOTOCHEM. ZERS. V. 4.6.6-TRIMETHYL-5.6-DIHYDRO-1H-PYRIDON-(2) 53-0192
PHOTOLYSE V. 4-AMINO-PYRAZOLIN-(3)-ONEN-(5) IN W. 54-0382
PHOTODECARBOXYLIER. V. PHENYLESSIGSAEUREN 56-0589
ROENTGENRADIOLYSE V. CYSTIN 57-0267
PHOTOLYSE V. ANHYDRIDEN V. CARBONYLBRUECKENVERB. 57-0469
PHOTOLYSE V. 2.3-DIPHENYL-GLYCIDSAEURE-METHYLESTER 57-0485
PHOTOLYSE V. DIARYL-DELTA(2)-OXADIAZOLINONEN-(5) 57-0561
PHOTOLYSE V. PRIM., SEK. U. TERT.-CARBONSAEUREN MIT THALLIUM(III)-ACETAT 58-0361
PHOTOLYSE V. AETHYLDIAZOACETAT IN PROPANOL-(2) (MECHANISMUS) 60-0288
PHOTOLYSE V. BIACETYL IN GGW. V. TRIAETHYLBORAN (KINETIK, MECHANISMUS) 60-0309
PHOTOLYSE V. GAMMA-BUTYROLACTON IN FL. PHASE 60-0315
V. METHIONIN RADIKALBLDG. BEI D. ROENTGENBESTRAHL. 61-0104
PHOTOLYSE V. METHYLACETAT, METHYLFORMIAT U. ESSIGSAEURE IN H2O2 BEI 77 GRAD K 61-0310
PHOTOLYSE V. ALPHA-OXO-DECANSAEURE 61-0311
PHOTOLYSE V. 11BETA.17BETA-DIHYDROXY-5-OXO-3.5-SECO-A-NORANDROSTAN-3-SAEURE-EPSILON-LACTON-17-ACETAT 61-0782
PHOTOLYSE V. BETA-KETO-SAEUREAMIDEN 62-0396
PHOTOLYSE V. DIAZOESSIGSAEUREMETHYLESTER 62-0637
PHOTOLYSE V. ARYLESTERN 63-0330
PHOTOLYSE V. 3.3-BIS-(AETHOXYTHIOCARBONYLMERCAPTO)-PHTHALID 64-0589
PHOTOLYT. RSO3-ELIMINIER. AUS ALPHA-SULFONYLOXYKETONEN (STER. VORAUSSETZ.) 60-0404
VGL. V. PHOTOLYSE U. PYROLYSE V. ORGAN NITRITEN 53-0194
PHOTOLYSE U. RADIOLYSE V. DIPHENYL-CARBONAT (UV- BZW. ELEKTRONENSTRAHLEN) 61-0316
PHOTOLYSE V. STABILEN NITROXIDEN 57-0508
ABBAU FESTER KOHLENHYDRATE DURCH GAMMA-STRAHLEN 56-0249
GAMMASTRAHLEN ZUR SPALT. D. PEPTID-BIND. 58-0390
SELEKTIVE PHOTOLYSE V. (S)-(-)-DIHYDROTHYMIDIN U. (S)-(-)-DIHYDROTHYMIN (MECHANISMUS) 63-0773
V. WSS. GLUCOSELSG. 64-0375
PHOTOSENSIBILISIERTE ZERS. V. ALPHA-PINEN 58-0764
PHOTOLYSE V. CAMPHER 63-0795
IMPULS-RADIOLYSE V. WSS. METHYLENBLAU-HEPARIN-LSG. (KINETIK D. WECHSELWRKG.) 63-0862

PHOTO... (UMLAGERUNGEN)
PHOTOINDUZIERTE TRANSFORMAT.,3. MITT. 55-0207
PHOTOISOMERISIER. (TEMP.-ABHAENGIGK.), 6. MITT. 57-0265
PHOTOCHEM. UMWANDL. V. TROPOLONEN, 4. MITT. 59-0411
PHOTOCHEM. UMWANDL. V. TROPOLONEN, 4. MITT. 59-0412
PHOTOUMLAGER. V. CIS- U. TRANS-ANETHOL 60-0415
PHOTOCHEM. UMLAGER. V. DIALLYLVERB., NACHW. D. FEHLENS D. INVERS. D. WANDERNDEN ALLYLGRUPPE DURCH DEUTERIUMMARKIER. 53-0184
PHOTOISOMERISIER. V. CIS- U. TRANS-STILBEN (EINFL. V. SENSIBILISATOREN) 56-0250
PHOTOISOMERISIER. V. 1-SUBSTITUIERTEN CYCLOHEPTATRIENEN 56-0374
PHOTOISOMERISIER. V. 11-DIPHENYLMETHYLEN-4B.5-DIHYDRO-5.5.10-TRIPHENYL-11H-BENZO(B)FLUOREN 56-0429
PHOTOUMLAGER. V. 3.3.6.6-TETRAMETHYL-CYCLOHEXADIEN-(1.4) 56-0446
PHOTOUMLAGER. V, 4.4-DIMETHYL-1-METHYLEN-CYCLOHEXEN-(2) 58-0320
PHOTOISOMERISIER. V. CYCLOHEXADIENEN-(1.3) , 2. MITT. 59-0267
PHOTOISOMERISIER. V. FL. BZL. (UV, BLDG. V. DEWAR-BENZOL, BENZVALEN U. FULVEN) 59-0276
PHOTOUMLAGER., V. BICYCLO(3.2.1)OCTADIEN-(2.6) 59-0470
PHOTOUMLAGER. V. (1.3.5-D3)BENZOL 60-0302
PHOTOUMLAGER. V. 7.8-DIPHENYL-2.3-BENZO-BICYCLO(4.2.0) OCTATRIEN-(2.4.7) U. 4.5-DIPHENYL-BENZOCYCLOOCTA-TETRAEN 60-0310
PHOTOUMLAGER. V. 2.7.7-TRIMETHYL-CYCLOHEPTATRIEN 60-0316
PHOTO- ISOMERISIER. V. STILBEN (MECHANISMUS) (SENSIBILIER. V. 9.10-DICHLOR-ANTHRACEN) 61-0313
PHOTOCYCLODIMERISAT. V. STYROL 61-0467
PHOTO-ISOMERISAT. V. BZL. --DAMPF 63-0568
CIS-TRANS-PHOTOISOMERISIER. V. 1-PHENYL-BUTEN-(1) 64-0332
PHOTODIMERISIER. V. BUTADIEN 61-0312
PHOTOISOMERISIER. V. CIS- U. TRANS-PIPERYLEN 61-0312
PHOTOISOMERISIER. V. 10-HYDROXYMETHYL-DELTA(1,9)-OCTALON-(2) (RK.-MECHANISMUS) 56-0434
PHOTOISOMERISIER. V. EXO-TRICYCLO(4.2.1.0(2,5)) NONADIEN-(3.7) 56-0444
PHOTOUMLAGER. V. 2.3-BIS-(PERFLUORMETHYL)-BICYCLO (2.2.2)OCTATRIENEN 57-0269
PHOTOCHEM. CIS-TRANS-ISOMERISIER. V. MONOSUBSTITUIERTEN STILBENEN 62-0297
PHOTOSENSIBILISIERTE ISOMERISIER. V. QUADRICYCLEN (MECHANISMUS) 63-0334
PHOTOISOMERISIER. V. STILBENEN (VISKOSITAETS-EINFL.) 57-0265
ISOMERISIER. V. PYRAZINEN DURCH UV-BESTRAHL. (MECHANISMUS) 53-0191
PHOTOISOMERISIER. V. 2-PHENYL-2.3-DIHYDRO-FURANEN 56-0400
PHOTOISOMERISIER. V. 1.4.5-TRIMETHYL-IMIDAZOL U. 1.3. 5-TRIMETHYL-PYRAZOL 56-0501
PHOTOISOMERISIER.V. PYRAZOLEN U. INDAZOLEN 56-0503

PHOTOISOMERISIER. V. CIS- U. TRANS-1.2-BIS-(PYRIDYL-(4))-AETHYLEN 62-0293
PHOTOUMLAGER. V. ANNELLIERTEN OXANORBORNADIENEN 62-0307
PHOTOISOMERISIER. V. 2-ALKYL-FURANEN 63-0600
PHOTOISOMERISIER. V. POLY-TERT.-BUTYLFURANEN 64-0339
PHOTOUMLAGER. V. 1.1.4-TRIPHENYL-1H-2.3-BENZOXAZIN 64-0752
PHOTOISOMERISIER. V. 3H-PYRAZOLEN 57-0528
PHOTOISOMERISIER. V. 5.6.7.8-TETRAFLUOR-1.4-DIHYDRO-1.4-AETHENO-NAPHTHALIN 53-0189
PHOTOISOMERISIER. V. N-NITROSODIALKYLAMINEN (MECHANISMUS) 54-0196
PHOTOISOMERISIER. V. HYDROXYAZOBENZOLEN 59-0365
PHOTOISOMERISIER. V. MONCACETYL-FILICINSAEURE 53-0185
PHOTORACEMISIER. V. PHENYLMETHYLSULFOXIDEN IN GGW. V. NAPHTHALIN 63-0335
UV-UMLAGER. V. N-PHENYL-URETHAN U. -THIOURETHAN 58-0316
PHOTOUMLAGER. V. CARBODIIMIDEN 62-0395
PHOTO-UMLAGER. V. CIS-CYCLODECEN-(2)-ON 54-0289
V. NICHT-ENOLISIERBAREN BETA-DIKETONEN 54-0291
V. BICYCLOHEPTANONEN 54-0344
PHOTOUMLAGER. V. CYCLOCCTEN-(4)-ON 55-0206
PHOTOISOMERISIER. V. 2.3-BIS-(DIPHENYLMETHYLEN)-INDANON-(1) 56-0429
PHOTOISOMERISIER. V. ALPHA,BETA-EPOXY-KETONEN 2. MITT. 56-0704
PHOTOUMLAGER. V. GEHINDERTEN SPIRO(2.5)OCTADIEN-(4.7)-ONEN-(6) 57-0470
PHOTOUMLAGER. V. 4.4.5-TRIPHENYL-CYCLOHEXEN-(2)-ON-(1) 59-0272
PHOTOUMLAGER. B. BICYCLO(3.1.0)HEXENONEN 59-0490
PHOTOUMLAGER. V. GESAETT. BETA-KETOSULFIDEN (MECHANISMUS) 59-0591
PHOTOUMLAGER. V. O-NITRO-BENZALDEHYD IN POLY-METHYLMETHACRYLAT (VERW. ALS AKTINOMETER) 60-0308
PHOTOUMLAGER. V. 2.5-CYCLOHEXADIENONEN (MECHANISMUS) 63-0337
PHOTOISOMERISIER. V. HEXAMETHYL-DELTA(2.4)-CYCLOHEXADIENON (MECHANISMUS) 63-0346
PHOTOISOMERISIER. V. AMINOCHINONEN 63-0643
PHOTOENOLISIER. V. DIACETYL (MECHANISMUS, EINFL. V. PHOTOSENSIBILISATOREN) 64-0334
ELEKTRON. DETAILS D. PHOTOCHEM. PHENYLWANDER. BEI 4.4-DIPHENYLCYCLOHEXENON 64-0337
CIS-TRANS-PHOTOISOMERISIER. V. SCHIFFSCHEN BASEN (KINETIK, BEZIEH. ZU LOKALISIER.-ENERGIEN U. BIND.-ORDNUNG) 64-0328
PHOTOUMLAGER. V. 4-PHENYL-CHINAZOLIN-3-OXIDEN 56-0611
V. DIMETHYLSULFOXONIUM-1.2-DICARBOMETHOXY-5-CARBAETHOXY-4-PHENYL-DELTA(1.4)-PENTADIENYLID-(3) 59-0444
PHOTOISOMERISIER. V. ACRYLONITRIL 61-0312
PHOTOUMLAGER. V. 2-(CIS-(3-D)-ALLYL)-CYCLOHEXYLIDENMALONSAEURE-DINITRIL OHNE INVERS. D. ALLYLGRUPPE 62-0428
V. N-(2.4-DINITRO-PHENYL)-AMINOSAEUREN ZU 6-NITRO-BENZIMIDAZOL-1-OXIDEN 53-0375
PHOTOUMLAGER. V. CYCLOHEXADIEN-(3.5)-CIS-1.2-DICARBONSAEUREIMIDEN (N-SUBSTITUENTEN-EINFL.) 54-0193
PHOTOUMLAGER. V. N-PROPEN-(1)-YL-N-PROPYL-ACYLAMINEN 55-0260
PHOTOISOMERISIER. V. 1.2-DICARBAETHOXY-3.6-DIPHENYL-1.2-DIHYDRO-PYRIDAZIN 58-0665
PHOTO- UMLAGER. V. ENAMIDEN 60-0311
UMLAGER. V. LUMISANTONIN , MECHANISMUS 60-0318
PHOTO-ISOMERISIER. V. ALPHA.BETA-UNGESAETT. CARBONSAEUREN U. ESTERN 62-0346
PHOTOISOMERISIER. V. ALPHA-ARYL-TRANS-ZIMTSAEUREN (UV-LICHT) 62-0447
PHOTOISOMERISIER. V. 3.6-DIPHENYL-CYCLOHEXADIEN-(3.5)-CIS-DICARBONSAEUREDIMETHYLESTER-(1.2) 63-0332
PHOTOUMLAGER. V. 2.3-DIBENZYLIDEN-SUCCINANHYDRIDEN 64-0327
PHOTORUECKUMLAGER. V. 1.8A-DIHYDRO-NAPHTHALIN-2.3-DICARBONSAEURE-ANHYDRIDEN 64-0336
PHOTOUMLAGER. V. FULGIDEN 64-0336
UMLAGER. V. LUMISANTONIN DURCH BESTRAHL. MIT UV IN APROT. MEDIUM 60-0754
PHOTO-UMLAGER. V. CYCLOCHOLESTANEN 55-0207
PHOTO-UMLAGER. D. ACETYLENDICARBONSAEUREDIMETHYLESTER-THEBAIN-ADDUKTES 55-0500
PHOTOUMLAGER. V. LATIFOLIN 54-0520
PHOTOISOMERISIER. V. HIRSUTSAEURE-P-BROM-PHENACYLESTER DURCH ROENTGENSTRAHLEN 55-0194
PHOTO... (OXYDATION, REDUKTION)
PHOTORED. V. BENZOPHENON IN D-2-OCTANOL BEI HOHEN U. NIEDR. INTENSITAETEN (MECHANISMUS) 56-0251
PHOTORED. V. NORBORNENEN 55-0354
PHOTOSENSIBILISIERTE OX. V. (-)-CARYOPHYLLEN U. (-)-ISOCARYPHYLLEN (MECHANISMUS) 58-0317
PHOTOOX. V. AROMAT. KW-STOFFEN 64-0419
PHOTOCYCLODEHYDRIER. V. FURYL-(2)- U. THIENYL-(2)-AETHYLENEN 53-0330
PHOTOOX. V. PENTAPHENYL-PYRROL 53-0353
SENSIBILISIERTE PHOTO-OX. V. IMIDAZOLEN 62-0562
PHOTORED. V. TERT.-BUTYL-HALOGENIDEN MIT TRI-N-BUTYL-ZINNHYDRID BZW. TRIPHENYL-ZINNHYDRID (DURCH UV-BESTRAHL. IN GGW. V. ALPHA.ALPHA'-AZO-BIS-(CYCLOHEXYLCYANID)), KINETIK 59-0207
PHOTORED. V. NITROAROMATEN MIT TRIAETHYLPHOSPHIT 58-0322
PHOTORED. V. NITROAROMATEN 60-0389
PHOTOOX. V. ENAMINEN 62-0303
PHOTOHYDROXYLIER. V. NITROBENZOL (KINETIK) 63-0329
PHOTORED. V. AROMAT. NITROVERB. 63-0452
STER. EFFEKT BEI D. PHOTOOX. V. SEK. ALKOHOLEN DURCH BENZOPHENON 53-0190
STRAHLENCHEM. OX. V. PHENOLEN IN WSS. LSG. 53-0255
PHOTOHYDROXYLIER. V. PHENOLEN 61-0387
PHOTORED. V. CYCLOPENTANON U. CYCLOHEXANON 53-0187
REDUKTIVE PHOTOALKYLIER. V. FLAVINEN 56-0589
PHOTORED. V. AROMAT. KETONEN MIT AROMAT. AMINEN 57-0261
REDUKTIVE PHOTOADDIT. V. CHINON-METHIDEN AN LSGM. 57-0395
PHOTORED. V. 4-BENZOYL-BENZOESAEURE MIT TERT. AMINEN (EINFL. V. W.) 58-0495
PHOTOOX. V. TETRA-O-METHYL-PURPUROGALLIN (MECHANISMUS, IN GGW. V. HAEMATOPORPHYRIN-DIHYDROCHLORID U. O2) 59-0411
PHOTOOX. V. TROPOLONMETHYLAETHER IN GGW. V. ROSE BENGALE ODER HAEMATOPORPHYRINDIHYDROCHLORID 59-0412
PHOTORED. V. BENZOCHINON IN ISOPROPYLALKOHOL 60-0317
PHOTORED. V. CAMPHERCHINON 61-0314
INTRAMOL. PHOTODEHYDRIER. V. EINFACHEN ALKANONEN (SINGULETT- U. TRIPLETT-BETEILIG.) 62-0302
PHOTODEHYDRIER. V. MANNICH-BASEN AROMAT. AMINE 63-0331
DIMERISIERENDE PHOTORED. V. 2-METHYL-BENZOPHENONEN 63-0339
PHOTORED. V. PHENYL-THIENYL-KETONEN 63-0341
PHOTORED. V. AROMAT. KETONEN MIT AMINEN (KINETIK, QUANTENAUSB.) 57-0266
PHOTORED., V. BENZOPHENONIMIDEN (CHEM. SENSIBILISIER.) 55-0324
PHOTOOX. V. ENAMINEN 62-0801
PHOTOCHEM. DESOXYGENIER. V. PYRIDAZIN-N-OXIDEN 56-0583
RADIOOX. V. L-CYSTIN (KINETIK) 53-0181
PHOTOOX. V. HOMOSAFRANSAEURE METHYLESTER 60-0755
PHOTOOX. V. PURINEN 62-0304
PHOTORED. V. KONJUGIERTEN ACETYLENCARBONYLVERB. 64-0380
PHOTORED. V. URIDIN IN GGW. V. NABH4 (UV-LICHT) 58-0715
PHOTOOX. V. OLEANOLSAEURE 57-0710
PHOTOOX. V. (-)-CARYOPHYLLEN BZW. (-)-ISOCARYOPHYLLEN 60-0756
BIMOL. PHOTORED. V. OXO- U. EPOXY-OXO-STEROIDEN 56-0252
PHOTOOX. V. ERYTHRODIOL IN A. (H+) UNTER O2 (MECHANISMUS) 62-0767
PHOTO... (HALOGENIERUNG)
PHOTOCHLORIER. V. (2-T)-2-METHYL-PROPAN 61-0217
PHOTO- CHLORIER. V. 1.3-DIOXOLAN 63-0627
PHOTOCHLORIER. V. ISO- U. TERT.BUTYLCHLORID, LSGM.-EFFEKTE 61-0216
PHOTO... (ANDERE REAKTIONEN)
ELEKTRON. ANREG. V. AZULENEN U. PROTONIERTEN AZULENEN (KINETIK) 53-0116
PHOTOADDIT. V. ACRYLNITRIL AN BENZOL 60-0460
PHOTOALKYLIER. GAMMA-BUTYROLACTON MIT DELTA(1)-OLEFINEN 60-0586
PHOTOCHEM. RK. MIT ELEKTRONENUEBERTRAG. , 1. MITT. 62-0064
PHOTODIMERISIER. V. ANTHRACENEN (BERECHN. D. DEFORMAT.-ENERGIEN) 62-0290
PHOTOADDIT. V. AROMAT. ALDEHYDEN AN TRANS-ANETHOL 60-0415
OXYDATIVE PHOTOCYCLISIER. V. SCHIFFSCHEN BASEN IN ALKANOLEN 61-0307
PHOTODIMERISAT. V. ACENAPHTHYLEN IN LSG. (MECHANISMUS) 54-0192
PHOTO-RK. V. AROMATEN MIT KONJUGIERTEN DIENEN , 2. MITT. (BZL.-ADDUKTE AN 1.3-BUTADIEN) 54-0195
PHOTOCHEM. RK. V. AROMAT. KW-STOFFEN MIT ISOPREN 55-0208
PHOTODIMERISIER. V. TETRAMETHYL-AETHYLEN 55-0293
GAMMA-STRAHLENINDUZIERTE DIEN-AMIDIER. 56-0445
PHOTOCYCLISIER. V. VERB. MIT 2 ANTHRACENRINGEN 58-0533
PHOTOADDIT. V. INDEN AN CIS- U. TRANS-1.2-DICHLOR-AETHYLEN 59-0269
PHOTOADDIT. V. TERT.-BUTYLKATIONEN AN ISOBUTYLEN 60-0307
PHOTODIMERISIER. V. ANTHRACEN IN POLYSTYROL 60-0308
PHOTOOXIMIER. V. GESAETT. KW-STOFFEN MIT NOCL 60-0338
PHOTOCYCLOADDIT. V. OLEFINEN AN CARBOSTYRIL 61-0638
PHOTOAMIDIER. V. ACETYLENEN 63-0390
PHOTOCYCLISIER. V. STILBENEN 63-0538
PHOTODIMERISIER. V. 2.3,6.7,2'.3',6'.7'-TETRABENZO-HEPTAFULVALENEN 63-0563
PHOTODIMERISIER. V. KONJUGIERTEN ENINEN 63-0338
PHOTOCHEM. RINGSPALT. V. BENZOLEN MIT CHLOR-AETHENEN 55-0205

PHOTOCHEM. RK. V. AROMATEN MIT KONJUGIERTEN DIENEN, 3. MITT. 55-0208
PHOTOOXIMIER. V. (1.4.7-D3)NORBORNAN U. (1.3.5.7-D4)-ADAMANTAN (MECHANISMUS) 55-0358
PHOTOOXIMIER. V. CYCLOHEXAN (QUANTENAUSB.) 59-0265
PHOTODIMERISIER. V. DIBENZC(A.D)CYCLOHEPTATRIENEN 62-0294
PHOTO-ALKYLIER. V. CHINOLIN, ISOCHINOLIN U. ACRIDIN MIT CARBONSAEUREN 54-0429
PHOTOCHEM. OXYDATIVE CYCLISIER. V. MESOION. 1.3.4-THIADIAZOLEN 57-0563
PHOTOCYCLODEHYDRIER. V. STYRYL-CHINOLINEN U. -ISOCHINOLINEN 58-0646
PHOTOALKYLIER. V. CYCL. ACETALEN 59-0493
IMIN-PHOTOALKYLIER. V. PHENANTHRIDIN 61-0728
PHOTOCYCLOADDIT. V. DIPHENYLACETYLEN AN 2.3-DIHYDRO-4H-PYRAN 62-0592
PHOTOADDIT. V. INDEN AN 2.5-DIPHENYL-1.3.4-OXADIAZOL 64-0658
PHOTOADDIT. V. POLYHALOGENMETHANEN AN OLEFINE 56-0431
PHOTORK. V. DICHLORMETHAN ZU SCHWINGUNGSANGEREGTEM 1.2-DICHLORAETHAN (KINETIK) 58-0318
PHOTOCYCLISIER. V. 2.2'-DIMETHYL-5.5'-DIFLUOR-CIS-STILBEN 59-0456
GAMMA-STRAHLEN-INDUZIERTE ADDIT. V. CHLORMETHANEN AN CYCL. OLEFINE 63-0482
PHOTOHYDROLYSE V. BENZOTRIFLUORIDEN 64-0333
PHOTODIMERISIER. V. 9-HALOGEN-ANTHRACEN 64-0342
1.4-PHOTOADDIT. V. AMINEN AN BENZOL 54-0191
PHOTOSUBSTITUT. AN AROMATEN (VORTRAG) 56-0253
N-BUTYLAMIN, PHOTOCHEM. RK. MIT CCL4 60-0301
V. N.N-DIMETHYL-ANILIN IN GGW. V. SAEUREN (MECHANISMUS) 60-0312
PHOTOCYCLISIER. V. ANILINOPYRIDINEN 60-0620
PHOTORK. V. 2.2.2-TRIFLUOR-DIAZOAETHAN MIT OLEFINEN 63-0638
PHOTORK. V. CHLORBENZOLEN MIT N.N-DIMETHYLANILIN 62-0064
PHOTOADDIT. V. ALKOHOLEN AN CIS-CYCLOHEPTEN-(2)-ON 60-0314
IMIN-PHOTOALKYLIER. V. PAPAVERIN (MECHANISMUS) 61-0728
PHOTORK. V. AETHERN MIT 4-METHYL-CINNOLIN U. CHINOXALINEN 62-0653
PHOTOADDIT. V. ALKOHOLEN AN PURIN 63-0718
PHOTOCYCLISIER. V. PHENYLMERCAPTO-AETHENEN 64-0593
PHOTOCYCLOADDIT. V. VINYLENCARBONAT AN OLEFINE 63-0626
PHOTOCHEM. RK. V. ACETON MIT NO (MECHANISMUS) 53-0183
PHOTORK. V. CHINONEN MIT OLEFINEN 53-0323
PHOTORK. V. (+-)-FENCHON IN OH-HALT. LSGM. 55-0113
1.4-PHOTOCYCLOADDIT. V. O-CHINONEN AN OLEFINE (MECHANISMUS) 57-0262
V. ALPHA-HALOGEN-KETONEN IN LSG. V. OLEFINEN 57-0270
PHOTO-RK. V. BIACETYL MIT BZL.-VERB. 58-0323
PHOTOADDIT. V. CYCLOHEXEN-(2)-ONEN AN 1.1-DIMETHOXY-AETHEN (MECHANISMUS) 60-0319
PHOTOADDIT. V. BETA-DIKETONEN AN CYCLOOLEFINE (MECHANISMUS) 60-0406
PHOTOADDIT. V. 2-METHYL-BENZOPHENON AN MALEINSAEUREANHYDRID BZW. FUMAR- ODER MALEINSAEURE (UV-LICHT) 61-0489
PHOTOCYCLOADDIT. V. THIOBENZOPHENON AN KONJUGIERTE DIENE 61-0616
PHOTOREAKTIVITAET V. BUTYROPHENON (LSGM.-EINFL. AUF D. LEBENSDAUER D. ANGEREGTEN ZUSTAENDE) 62-0065
PHOTOLYSE V. 9-ANTHRALDEHYD (REAKTIVE ZUSTAENDE) 62-0292
PHOTORK. V. PHTHALALDEHYD ZU PHTHALID (MECHANISMUS) 62-0306
PHOTOADDIT. V. UNGESAETT. KW-STOFFEN AN ANTHRACHINON 62-0513
PHOTORK. V. KONJUGIERTEN OXO-ALKINEN MIT ISOBUTYLEN 63-0338
PHOTORK. V. AROMAT. CARBONYLVERB. MIT OLEFINEN (MECHANISMUS) 63-0343
PHOTOLYSE V. BICYCL. KETONEN IN LSG. (MECHANISMUS) 63-0566
PHOTOADDIT. V. DIPHENYLACETYLEN AN 1.4-NAPHTHOCHINONE 64-0527
PHOTODIMERISIER. V. 2-CHLOR-TROPON 64-0550
PHOTOCHEM. HYDROLYSE V. N-SUBSTITUIERTEN IMINEN 61-0484
PHOTOCHEM. EINBAURK. AN AROMAT. AZOMETHINEN 63-0686
RK. V. IMINIUMSALZEN MIT METHANOL BZW. FORMAMID 54-0347
PHOTORK. V. 2-CYAN-CHINOLIN-1-OXIDEN MIT AMINEN 56-0556
PHOTOADDIT. V. INDEN U. ACRYLNITRIL 53-0306
PHOTOCYCLOADDIT. V. ACETON AN TRANS-1.2-DICYAN-AETHYLEN (MECHANISMUS) 63-0344
PHOTOCYCLOADDIT. V. KETONEN AN ALPHA.BETA-UNGESAETT. NITRILE, MECHANISMUS 64-0340
PHOTOADDIT. V. CYANAMEISENSAEURE-ESTER AN OLEFINE 53-0326
V. DIELS-ALDER-SYST. AUS DICHLORMALEINSAEUREANHYDRID (DCMA) U. CYCL. 1.3-DIENEN 54-0342
PHOTOADDIT. V. AMINEN AN CROTONSAEURE-AETHYLESTER 55-0391
PHOTOCYCLISIER. V. ALKYLSUBSTITUIERTEN ACRYLSAEUREANILIDEN (MECHANISMUS) 55-0446
PHOTOCYCLISIER. V. N-CHLORACETYL-ARYL-AMINOSAEUREN 58-0680
PHOTOADDIT. V. METHANOL AN TRANS-BETA-BENZOYL-ACRYLSAEURE 59-0271
PHOTORK. V. BENZO(A)PYREN MIT PYRIMIDIN- U. PURINBASEN BEI 3655 A 59-0613
PHOTOADDIT. V. ACETYLENDICARBONSAEURE AN CYCLOHEXADIEN-(1.4) 63-0556
PHOTOADDIT. V. 2-PYRROLIDON AN OLEFINE 64-0607
PHOTOHYDROLYSE V. VINYLESTERN 55-0204
PHOTOCHEM. UMWANDL. V. 2.4-DINITRO-BENZOLSULFENYL-DERIV. 58-0416
PHOTOADDIT. V. PHOSPHINEN AN 5.6-DIDESOXY-1.2-O-ISOPROPYLIDEN-ALPHA-D-XYLO-DELTA(5)-HEXENO-FURANOSE 64-0777
PHOTOADDIT. V. ALKOHOLEN AN DELTA(16)-20-OXOSTEROIDE 54-0548
PHOTOCHEM. CYCLOADDUKTE (STEROIDE), 3. MITT. 60-0770
PHOTODIMERISIER., 2. MITT. 64-0500
RADIOCHEM. DIMERISAT. V. FESTEM ACENAPHTHYLEN 64-0531
PHOTODIMERISIER. V. ANTHRACENDERIV. IM FESTEN ZUSTAND 54-0326
PHOTODIMERISIER. V. 2-METHYL-4.5-BENZOTROPON 61-0500
PHOTODIMERISIER. V. TRANS-BENZALACETON 64-0500
PHOTODIMERISIER. V. ALPHA-TOCOPHEROL (MECHANISMUS) 62-0819

PHOTO- UND STRAHLENCHEMIE (METHODIK, ANWENDUNGEN)
O-NITRO-BENZALDEHYD -ACTINOMETER IN POLY-METHYLMETHACRYLAT 60-0308

PHOTOCHROMIE
* S. UNTER FARBE

PHOTOCYCLISIERUNG
* S. UNTER PHOTOCHEMIE UND STRAHLENCHEMIE

PHOTOCYCLOADDITION
* S. UNTER PHOTOCHEMIE UND STRAHLENCHEMIE

PHOTODIMERISIERUNG
* S. UNTER PHOTOCHEMIE UND STRAHLENCHEMIE

PHOTOGRAPHIE
SENSIBILISIERENDE WRKG. V. DIMEROCYANINEN GEGENUEBER AG-HALOGENIDEN 60-0548

PHOTOISOMERISIERUNG
* S. UNTER PHOTOCHEMIE UND STRAHLENCHEMIE (UMLAGERUNGEN)

PHOTOLYSE
* S. UNTER PHOTOCHEMIE U. STRAHLENCHEMIE

PHOTOREDUKTION
* S. UNTER PHOTOCHEMIE UND STRAHLENCHEMIE

PHOTOTOXIZITAET
* S. UNTER PHOTOBIOLOGIE UND STRAHLENBIOLOGIE

PHTHALAZINE
1-HYDROXY-4-OXO-3.4-DIHYDRO-PHTHALAZINIUMSULFONATE, DARST. AUS 1-SULFONYLOXY-PHTHALAZIN-4-ONEN 58-0667
4-METHYL-PHTHALAZIN-1-ONE, DARST. AUS 3-METHYL-3-HYDROXY-PHTHALIDEN BZW. AUS 2-ACETYL-6-NITROBENZOESAEURE U. HYDRAZINEN 60-0633
1-(2-MERCAPTO-AETHYL)-, DARST. 60-0639
1-SULFONYLOXY-PHTHALAZIN-4-ONE, DARST. AUS PHTHALSAEUREHYDRAZID 58-0667

PHTHALOCYANINE
* -FARBSTOFFE S. FARBSTOFFE (PHTHALOCYANINFARBSTOFFE)
-RE(IV)-KOMPLEXE, 3. MITT. 59-0018
-RE(IV)-KOMPLEXE, ABSORPT.-SPEKTREN (EIGN. FUER RUBINLASER) 59-0018
METALL(II)-KOMPLEXE V. 3.10.17.24-TETRASULFO-PHTHALOCYANIN, ELEKTRONENABSORPT.-SPEKTREN 60-0031
METALL(II)-KOMPLEXE V. 3.10.17.24-TETRASULFO-PHTHALOCYANIN, EPR 60-0031
METALL(II)-KOMPLEXE V. 3.10.17.24-TETRASULFO-PHTHALOCYANIN, VOLTAMMETR., CYCL. -VOLTAMMETR. U. COULOMETR. VERH. 60-0031

PHYTOCHEMIE
* S. UNTER PFLANZEN

PIEZOCHROMIE
* S. UNTER FARBE

PIGMENTE
* S. AUCH PFLANZENFARBSTOFFE
* S. AUCH TIERFARBSTOFFE
MOOS-, 5. MITT. 54-0586
MOOS-, PHENOL. ZELLWANDPOLYMERE 54-0586

PILZE
PILZCHEMIE, 12.MITT. 57-0767
U. FLECHTEN, 5. MITT. 64-0848
U. FLECHTEN, 4. MITT. 53-0540
INHALTSSTOFFE, 16. MITT. 61-0810
STOFFWECHSELPROD., 28.MITT. 62-0739
STOFFWECHSELPROD., 29.MITT. 62-0740
FUNGIZIDE WRKG. V. 1-TRICHLORMETHYLMERCAPTO-BENZIMIDAZOLEN 56-0502
FUNGICIDE WRKG. V. SULFONHYDRAZIDEN 57-0359
ANTIFUNGALE ANTIBIOTIKA, POLYOXINE, 6. MITT. 57-0761
FUNGIZIDE WRKG. V. ALPHA-METHYLEN-BUTYROLACTONEN
FUNGISTAT. WRKG. V. 5-NITROTHIOPHENEN U. -FURANEN 58-0562

58-0807
FUNGIZIDE WRKG. V. ANTHRANILSAEUREESTERN 60-0387
FUNGIZIDE WRKG. V. CARBAMOYL-OXIMEN 55-0285
FUNGIZIDE, BENZTHIADIAZOLE 55-0425
DITHIOCARBAMAT-FUNGIZIDE, 2. MITT. 58-0594
FUNGIZIDE, KOHLENSAEURE- U. THIOKOHLENSAEUREDERIV. (UEBERSICHT) 60-0820
FUNGIZIDE WRKG. V. THIOLACTAM-SALZEN 60-0467
FUNGIZIDE, 3.5-DICYAN-PYRIDINDERIV. 61-0647
PILZE (SPEZIELLE PILZE)
AMANITA, INDOLE ZUM VGL. MIT AMANITAGIFTEN, 7. MITT. 62-0834
AMANITA MUSCARIA, ISOLIER. V. PHANTHERIN 57-0542
GRUENER KNOLLENBLAETTERPILZ, INHALTSSTOFFE, 34. MITT. 62-0834
GRUENER KNOLLENBLAETTER-, INHALTSSTOFFE, 35. MITT. 62-0835
''BAKANAE''-, BIOCHEM. UNTERS., 75. MITT. 54-0573
''BAKANAE''-, BIOCHEM. UNTERS., 76. MITT. 61-0814
COCHLIOBOLUS HETEROSTROPHUS, BIOSYNTH. V. OPHIOBOLINEN 61-0828
GYROMITRA ESCULENTA (FRUEHJAHRSLORCHEL), ISOLIER. V. GYROMITRIN 61-0810
INONOTUS OBLIQUUS, INHALTSSTOFFE, 7. MITT. 62-0749
LENZITES TRABE, ISOLIER. V. 15ALPHA-HYDROXY-TRAMETENOLSAEURE AUS LENZITES TRABEA 53-0541
PIPERAZINE
PIPERAZIN-DERIV., 1. MITT. 53-0446
2.6-DIALKYL-, 4. MITT. 63-0709
2.6-DIALKYL-, 5. MITT. 63-0711
2.3-DIMETHOXY-, KONSTIT. 62-0649
RINGINVERS. 63-0142
1-PIPERAZINO-2-CHLOR-BENZOL-3.5-DISULFONAMIDE, DARST. 55-0470
4-CARBAMOYL-1-TOLUOLSULFONYL-, DARST. AUS 1-P-TOSYLPIPERAZINEN U. ISO(THIO)CYANATEN 57-0610
-2.5-DIONE, DARST. AUS DIPEPTIDEN 59-0617
STER. REINE DIKETO-, DARST. 59-0618
SYNTH. V. PIPERAZINDERIV. MIT ZENTRALDAEMPFENDER WRKG., 1. MITT. 60-0628
DARST. 60-0837
N-(4-ARYLSULFONYL-PIPERAZINO)-CARBAMINSAEUREDERIV., DARST. 62-0646
1-PROPIONYL-CIS-2.6-DIMETHYL-, DARST. AUS 4-BENZYL-CIS-2.6-DIMETHYL-PIPERAZIN 63-0709
BIS-HALOGENACYL-PIPERAZINE, DARST. AUS HALOGENACYL-HALOGENIDEN U. PIPERAZINEN 63-0873
DARST. V. ALKYL-, ARYL- U. ARALKYL-DERIV. AUS BIS-(BETA-HYDROXY-AETHYL)-AMINEN MIT PRIM. AMINEN 53-0446
N-(3.4.5-TRIMETHOXY-BENZOYL-ALKYL)-, DARST. AUS 3.4.5-TRIMETHO-BENZOYLALKYLHALOGENEN U. PIPERAZINEN 60-0628
2.3-DIMETHOXY-, DARST. AUS 2-SULFANILAMIDO-PYRAZINEN 62-0649
2.6-DIALKYL-1-CINNAMYL-4-BENZHYDRYL-, DARST. 63-0711
2.5-DIOXO-, NMR -SPEKTREN 54-0065
1-PROPIONYL-CIS-2.6-DIMETHYL-, ANALGET. WRKG. 63-0709
2.6-DIALKYL-1-CINNAMYL-4-BENZHYDRY, ANTIHISTAMINWRKG. 63-0711
N-(3.4.5-TRIMETHOXY-BENZOYL-ALKYL)-, ZENTRALDAEMPFENDE WRKG. 60-0628
HYPOCHOLESTERAEM. WRKG. 60-0837
BIS-HALOGENACYL-PIPERAZINE, ZYTOSTAT. WRKG. 63-0873
PIPERIDINE
3-ARYL-, 1. MITT. 61-0635
3-ARYL-, 2. MITT. 61-0636
3-ARYL-, 3. MITT. 61-0637
N-METHYL-LUPETIDINE, RELATIVE KONFIG. 54-0098
3.5-DIMETHYL-2.6-DIPHENYL-4-PIPERIDINOLE, KONFORM. 55-0118
ALPHA-METHYL-, ABS. KONFIG. 57-0069
N-(2-HYDROXY-CYCLOALKYLMETHYL)-, KONFORM. 57-0096
2.2.6.6-TETRAMETHYL-4-OXO-, KONFORM-INVERS. 59-0115
KONFORM. D. FREIEN ELEKTRONENPAARES AM N-ATOM IN LSG. 64-0166
1.3-DIMETHYL-4-PHENYL-4-ACYLOXY-, KONFORM. D. HYDROCHLORIDE 57-0146
KONFORM. 59-0155
4-PHENYL-1-PROPYL-, DARST. AUS 3-(4-PHENYLPIPERIDINO)-PROPYLCHLORID 53-0414
4.6-DIPHENYL-5-CARBAMOYL-3.5-DICYAN-PIPERIDONE-(2), DARST. 53-0426
PIPERIDINOXYCARBONYLAMINOSAEUREN, DARST. AUS ALPHA-ISOCYANATO-CARBONSAEUREESTERN U. 1-HYDROXYPIPERIDIN (AMINO-SCHUTZGRUPPE) 54-0416
PIPERIDIN-1.2-DIESSIGSAEUREESTER, DARST. AUS PIPERIDIN U. BROMESSIGSAEUREESTERN 56-0566
1.3-BIS-(4-AROYLAETHYL-PIPERIDYL-(1))-PROPANE, DARST. AUS 1.3-DI-(4-PIPERIDYL)-PROPAN-DIHYDROCHLORID U. ACETOPHENONEN 57-0584
PIPERIDONE-(4), SYNTH. 57-0599
AMINOSAEUREPIPERIDYL-(1)-ESTER, DARST. AUS 1-HYDROXY-PIPERIDIN U. AMINOSAEUREN 57-0752
N-(OMEGA-PHENYL-OMEGA-AMINOALKYL)-PIPERIDONE-(2), DARST. AUS D. PIPERIDINEN 58-0442
1-ALKYL-, DARST. AUS PIPERIDIN U. ALIPHAT. ALKOHOLEN 58-0634
PIPERIDONE-(3), DARST. AUS ALPHA-SUBSTITUIERTEN N-TOSYL-BETA-AMINO-AETHANOLEN U. 2.3-DICHLOR-PROPEN 58-0636
1-(AMINOALKYL)-PIPERIDONE-(2), DARST. AUS 1-(AMINOALKYL)-PIPERIDINEN U. HG-ACETAT (MECHANISMUS) 59-0604
2-(2-TRIFLUORMETHYL-CHINOLYL-(4)-HYDROXYMETHYL)-, DARST. AUS 2-TRIFLUORMETHYL-4-(PYRIDYL-(2)-CARBONYL)-CHINOLINEN 60-0461
3-AZATRISPIRO(5.2.2.5.2.2)HENEIKOSANE, DARST. 60-0592
1-(2-HYDROXY-CYCLOALKYLMETHYL)-, DARST. D. REINEN CIS-TRANS-ISOMEREN 60-0606
1-(2-ARYL-1.3.4-THIADIAZOLYL-(5))-, DARST. AUS 2-ARYL-5-CHLOR-1.3.4-THIADIAZOLEN U. PIPERIDIN 61-0252
1.OMEGA-BIS-(3-PHENYL-PIPERIDINO)-ALKANE, DARST. AUS 3-PHENYL-PIPERIDIN 61-0635
5-ALKYL-5-PHENYL-PIPERIDONE-(2), DARST. AUS 2-ALKYL-2-PHENYL-4-AETHOXYCARBONYL-BUTYRONITRILEN 61-0635
ALPHA.OMEGA-BIS-(3-(4-METHOXY-PHENYL)-PIPERIDINO)-ALKANE, DARST. AUS 3-(4-METHOXY-PHENYL)-PIPERIDIN 61-0636
TRIMETHYL-3-AMINOMETHYL-PIPERIDONE-(4), DARST. AUS 1.2.5-TRIMETHYL-PIPERIDON-(4), FORMALDEHYD U. AMINEN 62-0613
6-PIPERIDINO-PYRIMIDINE, DARST. 62-0651
3-NITRO-, DARST. AUS 1-NITRO-OMEGA-HALOGEN-ALKANEN U. ALDIMINEN 63-0575
2-PIPERIDINO-ALKANSAEUREPIPERIDIDE, DARST. 63-0669
3.5-DICARBALKOXY-PIPERIDINONE-(4), DARST. 54-0419
2-(2-ARYL-CHINOLYL-(4)-HYDROXYMETHYL)-, DARST. AUS 2-ARYLCHINOLYL-(4)-PYRIDYL-(2)-KETONEN 60-0463
1-ALKYL(ARALKYL-, ARYLOXYALKYL-, OMEGA-AROYLALKYL-, DIALKYLAMINOALKYL-)-3-PHENYL U. -3-ALKYL-3-PHENYL-, DARST. 61-0635
1-ALKYL(ARALKYL-, AROYLALKYL-, AMINOALKYL)-3-METHOXYPHENYL(NAPHTHYL-, TETRALYL)-, DARST. 61-0636
CIS-TRANS- 2-METHYL-3-ARYL-1-ALKYL-, DARST. AUS 2-METHYL-3-ARYL-PIPERIDINEN 61-0637
N-(4-(HETERO)ARYLAZO-5.6.7.8-TETRAHYDRO-NAPHTHYL-(1))-3-PIPERIDINO-PROPYLAMINE, DARST. 63-0675
DIPOLMOMENTE 57-0075
N-ACYL-, NMR (MAGNET. ANISOTROPIE D. AMIDGRUPPE) 54-0052
1-METHYL- U. 1.1-DIMETHYLPIPERIDINIUMJODIDE, CHEM. VERSCHIEB. (EINFL. V. 4-ALKYLGRUPPEN) 59-0120
CHEM. VERSCHIEB. 59-0155
DICARBONSAEURE-BIS-(PIPERIDINYL-(4)-ESTER-N-OXYLE), ESR 60-0116
N-(2-HYDROXY-CYCLOALKYL-METHYL)-, NMR 57-0096
2.2.6.6-TETRAMETHYL-4-OXO-, NMR-LINIENVERBREITER. 59-0115
DISSOZIAT.-KONST. 63-0224
CHROMATOGRAPH. VERH. (EINFL. V. ELEKTRON. U. STER. FAKTOREN, BEZIEH. ZU QUATERNISIER.-GESCHW.) 57-0178
N-BENZYLOXYCARBONYL-AMINOSAEURE-PIPERIDYL-(1)-ESTER, VERW. ZUR SYNTH. V. PEPTIDEN 56-0727
N-O-NITROARYL-, THERM. CYCLISIER. 53-0434
2-PIPERIDINOMETHYL-CYCLOALKANOLE, DEHYDRIER. (STER. VERLAUF) 64-0489
GLUTARIMIDE, REDUKTIVE RINGOEFFN. 58-0544
3.5-DICARBALKOXY-PIPERIDINONE-(4), RK. MIT FORMALDEHYD 54-0419
BENZOYLOXY-, CHARGE-TRANSFER-KOMPLEXE MIT CHLORANIL (BLDG. U. BEZIEH. ZUR PSYCHOTROPEN WRKG.) 60-0833
1.3-BIS-(4-AROYLAETHYL-PIPERIDYL-(1))-PROPANE, ANTIBAKTERIELLE WRKG. 57-0584
2-(2-ARYL-CHINOLYL-(4)-HYDROXYMETHYL)-, ANTIMALARIAAKTIVITAET 60-0463
N-(4-(HETERO)ARYLAZO-5.6.7.8-TETRAHYDRO-NAPHTHYL-(1))-3-PIPERIDINO-PROPYLAMINE, HEMM. V. MYCOBACTERIUM TUBERCULOSIS U. M. LEPRAEMURIUM 63-0675
4-PHENYL-1-PROPYL-, PHARMAKOLOG. WRKG. 53-0414
1.3-DIMETHYL-4-PHENYL-4-ACYLOXY-, ANALGET. WRKG. 57-0146
PIRIA-REAKTION
* S. UNTER SUBSTITUTIONSREAKTIONEN
PISHSCHIMUKA-REAKTION
* S. UNTER KONDENSATIONSREAKTIONEN
PLASMALOGENE (ACETALPHOSPHATIDE)
DARST. AUS ALPHA.BETA-DIGLYCERIDEN U. STEARINALDEHYD-DIAETHYLACETAL 53-0219
AMINOSAEURE-, DARST. 56-0321
PLASMIN
* S. UNTER ENZYME
PLASTE (PLASTE IM ALLGEMEINEN)
POLYMERISAT.-FAEH. U. POLYMERE VERB., 8. MITT. 56-0746
POLYMERISAT.-FAEH. U. POLYMERE VERB., 9. MITT. 59-0794
POLYMERE ALS CHEM. REAGENZIEN, 2. MITT. 63-0844
HETEROCYCL. ZWISCHENPROD. ZUR DARST. V. THERM. STABILEN POLYMEREN, 2. MITT. 63-0625
POLYMERE, UMWANDL. U. KOMPLEXE, 1. MITT. 55-0582
POLYMERE BEI D. SYNTH. V. NUCLEINSAEUREN , 1. MITT. 56-0638
ANALYT. CHEMIE D. --, 42. MITT. 59-0258
PLASTE, C-PLASTE (OLEFINPOLYMERISATE)
ALPHA-(PENTAFLUOR-PHENYL)-POLYPROPYLEN,BLDG.AUS ALPHA-(PENTAFLUOR-PHENYL)-OMEGA-(DIBROM-ALANYL)-POLYPROPYLEN DURCH HYDROLYSE 53-0020
POLYBUTADIEN, DARST. 56-0741
POLYISOPREN, DARST. 56-0741
POLYBUTADIEN, DARST. 56-0742

POLYISOPREN, DARST. 56-0742
C6F5(CH(CH3)CH2)X-ALBR2, DARST. IM GEMISCH MIT PENTAFLUOR-PHENYL-AL-DIBROMID(ODER ALPHA-(PENTAFLUOR-PHENYL)-OMEGA-(DIBROM-ALANYL)-POLYPROPYLEN)-PROPEN-PI-BIND.-KOMPLEX AUS PENTAFLUOR-PHENYL-AL-DIBROMID U. PROPEN 53-0020
ATAKT. SEK. U. TERT. ALIPHAT. POLYALKOHOLE U. KOPOLYMERE, DARST. DURCH RED. V. POLYVINYLKETONEN, 1. MITT. 55-0582
POLYOLEFINE, ZUSTANDSDIAGRAMME MIT DIISOOCTYLADIPAT 59-0793
NA-POLY-(AETHYLENSULFONAT), RK. MIT HYDROXYL-RADIKALEN U. HYDRATISIERTEN ELEKTRONEN (KINETIK) 63-0861
NA-POLY-(AETHYLENSULFONAT), WECHSELWRKG. MIT KATION. FARBSTOFFEN 63-0863
POLYOLEFINE, VERW. V. LEBENDEN KONJUGIERTEN DIEN-POLYMEREN IM HINBLICK AUF D. DARST. V. SEQUENZ-KOPOLYMEREN. 2. MITT. 56-0741
POLYISOPREN, KOPOLYMERISAT. MIT BUTADIEN 56-0741
POLYOLEFINE, VERW. V. LEBENDEN KONJUGIERTEN DIENPOLYMEREN IM HINBLICK AUF D. DARST. V. SEQUENZ-KOPOLYMEREN, 3. MITT. 56-0742
POLYBUTADIEN, KOPOLYMERISAT. MIT PROPYLENSULFID 56-0742
POLYBUTADIEN, KOPOLYMERISAT. MIT ISOPREN 56-0741
POLYISOPREN, KOPOLYMERISAT. MIT PROPYLENSULFID 56-0742
CIS-1.4-POLYBUTADIEN, THERM. OX. (MECHANISMUS), 3. MITT. 56-0740
C6F5(CH(CH3)CH2)X-ALBR2, HYDROLYSE ZU ALPHA-(PENTAFLUOR-PHENYL)-POLYPROPYLEN, PROPEN U. PENTAFLUOR-BENZOL 53-0020
ATAKT. SEK. U. TERT. ALIPHAT. POLYALKOHOLE, RK. MIT PHENYLISOCYANAT 55-0582
ATAKT. SEK. U. TERT. ALIPHAT. POLYALKOHOLE, RK. MIT ACETANHYDRID 55-0582
POLYBUTADIEN, DARST. V. AMORPHEM POLYBUTADIEN-(1.2) 53-0592

PLASTE, C-PLASTE (VINYLPOLYMERISATE)
KOPOLYMERISAT V. 4-ACETOXY-3-NITRO-BENZOESAEURE MIT P-VINYL-PHENOL, KATALYT. WRKG. AUF D. SOLVOLYSE V. PHENYLALKANOATEN 58-0246
KOPOLYMERISAT V. 4-ACETOXY-3-NITRO-BENZOESAEURE MIT VINYL-ALKOHOL, KATALYT. WRKG. AUF D. SOLVOLYSE V. PHENYLALKANOATEN 58-0246
KOPOLYMERISAT V. 4-ACETOXY-3-NITRO-BENZOESAEURE MIT VINYL-ACETAT, KATALYT. WRKG. AUF D. SOLVOLYSE V. PHENYLALKANOATEN 58-0246

PLASTE, C-PLASTE (ACRYLPOLYMERISATE)
BLDG. V. ISOTAKT. ALPHA-METHIN-KONFIG. AM KETTENENDE V. POLYACRYLAT-ANIONEN (NMR) 62-0836

PLASTE, C-PLASTE (STYROLPOLYMERISATE)
POLYAMID-POLYSTYROL-KOPOLYMERE, DARST. 55-0583
POLY-(P-ACETOXYMERCURI-STYROL), DARST. AUS POLYSTYROL U. HG-ACETAT 56-0746
POLY-((P-DIACETYLMETHYLEN-AMINO)-STYROL), DARST. 56-0746
POLY-(P-ACETYLAMINO-STYROL), DARST. 56-0746
POLY-(P-((ALPHA-CYANBENZYLIDEN)-AMINO)-STYROL), DARST. 56-0746
POLY-(P-NITROSO-STYROL), DARST. 56-0746
POLYVINYLAZOBENZOL, DARST. 56-0746
POLY-(P-NITROSO-STYROL), UV 56-0746
POLY-((P-DIACETYLMETHYLEN-AMINO)-STYROL), IR 56-0746
POLYVINYLAZOBENZOL, UV 56-0746
POLY-(P-ACETYLAMINO-STYROL), IR 56-0746
POLY-(P-((ALPHA-CYANBENZYLIDEN)-AMINO)-STYROL), IR 56-0746
POLY-DIMETHYLAMINOSTYROLE, LAD.-UEBERTRAG.-KOMPLEXE MIT CHINONEN, SPEKTREN 57-0080
POLY-(P-NITROSO-STYROL) RK. 56-0746
NA-POLY-(STYROLSULFONAT), RK. MIT HYDROXYL-RADIKALEN U. HYDRATISIERTEN ELEKTRONEN (KINETIK) 63-0861
NA-POLY-(STYROLSULFONAT), WECHSELWRKG. MIT KATION. FARBSTOFFEN 63-0863
POLY-(P-ACETOXYMERCURI-STYROL), RK. MIT NOCL 56-0746
(4-AMINOPHENOXYMETHYL)-POLYSTYROL, VERW. ZUR SYNTH. V. OLIGODESOXYRIBONUCLEOTIDEN 56-0638
POLY-(4-HYDROXY-3-NITRO-STYROL), VERW. BEI BRADYKININ-SYNTH. 63-0844

PLASTE, C-PLASTE (C-COPOLYMERISATE)
COPOLYMERE D. MALEINSAEUREANHYDRIDS, 2. MITT., REAKTIVITAET D. CARBONYLGRUPPEN D. ANHYDRIDS 53-0594
COPOLYMERE D. MALEINSAEUREANHYDRIDS, 3. MITT., REAKTIVITAET D. CARBONYLGRUPPEN D. ANHYDRIDS, SYNTH. V. FLUORESZIERENDEN COPOLYMEREN 53-0595
MOL. ZUS. V. MALEINSAEURE-ANHYDRID-KOPOLYMEREN 53-0593
DARST. V. MALEINSAEURE-KOPOLYMEREN, PHYSIKAL. EIG. 53-0594
DARST. V. PARTIELL CYCLISIERTEN STYROL-MALEINSAEURE-KOPOLYMEREN 53-0594
DARST. V. PARTIELL CYCLISIERTEN MALEINSAEURE-KONJUGIERTE OLEFIN. AROMATEN-KOPOLYMEREN 53-0594
SEQUENZ-KOPOLYMERE, VERW. V. LEBENDEN KONJUGIERTEN DIEN-POLYMEREN IM HINBLICK AUF D. DARST. V. SEQUENZ-KOPOLYMEREN, 2. MITT. 56-0741
SEQUENZ-KOPOLYMERE, VERW. V. LEBENDEN KONJUGIERTEN DIENPOLYMEREN IM HINBLICK AUF D. DARST. V. SEQUENZ-KOPOLYMEREN, 3. MITT. 56-0742
OMEGA-HYDROXYALKYL-POLYSTYROLCOPOLYMERISATE, DARST. 59-0795
KOPOLYMERISATE AUS METHACRYLAT U. VINYL-PHENYL (BZW. P-HALOGEN-PHENYL)-AETHER, DARST. 62-0374
KOPOLYMERISAT AUS ENDO- U. EXO-(2-METHACRYLOYLOXY-AETHYL)-3.3-DIMETHYL-NORBORNAN U. STYROL, DARST. AUS ENDO- U. EXO-(2-METHACRYLOYLOXY-AETHYL)-3.3-DIMETHYL-NORBORNAN U. STYROL 64-0834
DARST. V. MALEINSAEURE-ANHYDRID-KOPOLYMEREN (EINFL. D. MOLENBRUCHS D. MONOMEREN D. RK.-ZEIT U. -TEMP.) DURCH KOPOLYMERISAT. V. MALEINSAEUREANHYDRID MIT ACENAPHTHYLEN, PHENYL-VINYLKETON U. METHYL-VINYL-KETON 53-0593
DARST. V. STYROL-BUTEN-(2)-OLID-(4)-BUTEN-(2)-DIOL-(1.4)-KOPOLYMEREN U. ESTERN 53-0594
(2.4-DIMETHYL-6-(2-CARBOXY-AETHENYL)-PYRYLIUM-PERCHLORAT)-STYROL-MALEINSAEUREANHYDRID-KOPOLYMERES ((C10H11CLO7)43-(C8H8)51-(C4H2O3)6)X, DARST., LOESLICHK. 53-0595
2.4-DIPHENYL-6-(2-CARBOXY-AETHENYL)-PYRYLIUM-PERCHLORAT-STYROL-KOPOLYMERES ((C20H15CLO7)49-(C8H8)51)X, DARST., LOESLICHK. 53-0595
DARST. V. 2.4-DISUBSTITUIERTEN 6-(2-CARBOXY-VINYL)-PYRYLIUM-PERCHLORAT-COPOLYMEREN AUS MALEINSAEURE-ANHYDRID-KOPOLYMEREM U. PROPEN-(1)-YL-KETONEN 53-0595
VINYLACETAT-(2.4-DIMETHYL-6-(2-CARBOXY-VINYL)-PYRYLIUM-PERCHLORAT-KOPOLYMERES ((C4H6O2)50-(C10H11CLO7)50)X, DARST., LOESLICHK. 53-0595
BUTADIEN-ISOPREN-SEQUENZ-KOPOLYMERISATE, DARST. 56-0741
9-HYDROXYMETHYL-P-MENTHAN-METHACRYLAT-METHACRYLSAEUREMETHYLESTER-POLYMERE, DARST. 61-0756
KOPOLY-(AETHYLEN-N-HYDROXY-MALEINIMID), DARST. 63-0843
PHYSIKAL. EIG. V. STYROL-BUTEN-(2)-OLID-(4)-BUTEN-(2)-DIOL-(1.4)-KOPOLYMEREN U. ESTERN U. PARTIELL CYCLISIERTEN MALEINSAEURE-KONJUGIERTE OLEFIN. AROMATEN-KOPOLYMEREN 53-0594
FLUORESZENZ D. MALEINSAEURE-ANHYDRID-VINYLKETON-KOPOLYMEREN IM UV- U. IM SICHTBAREN BEREICH 53-0593
LOESLICHK. V. MALEINSAEURE-ANHYDRID-KOPOLYMEREN 53-0593
F. V. MALEINSAEURE-ANHYDRID-KOPOLYMEREN 53-0593
PARTIELLE INTRAMOL. FRIEDEL-CRAFTS-RK. V. MALEINSAEURE-ANHYDRISTYROL-KOPOLYMEREN 53-0594
PARTIELLE INTRAMOL. FRIEDEL-CRAFTS-RK. V. MALEINSAEURE-ANHYDRID- KOPOLYMEREN 53-0594
RED. V. MALEINSAEURE-ANHYDRID-STYROL-KOPOLYMEREN 53-0594
STYROL-DIVINYLBENZOL-COPOLYMERISATE, OMEGA-HYDROXYALKYLIER. 59-0795
STYROL-MALEINSAEUREANHYDRID-KOPOLYMERES ((C8H8)51-(C4H2O3)49)X, RK. MIT PROPEN-(1)-YL-KETONEN 53-0595
VINYLACETAT-MALEINSAEURE-ANHYDRID-KOPOLYMERE, ((C4H6O2)50-(C4H2O3)50)X, RK. 53-0595
KOPOLY-(AETHYLEN-N-HYDROXY-MALEINIMID), VERW. IN D. PEPTIDSYNTH. 63-0843
OMEGA- HYDROXYALKYL-POLYSTYROLCOPOLYMERISATE, VERW. ZUR FESTPHASEN-PEPTIDSYNTH. 59-0795

PLASTE, C-PLASTE (WEITERE C-PLASTE)
ORGANO-SN-POLYOLEFINE, DARST. 53-0028
POLYDIFLUORMETHYLEN, DARST. AUS DIFLUORDIAZIRIN 60-0802

PLASTE, CO-PLASTE (PHENOLHARZE)
PHENOL-FORMALDEHYD-HARZ ALS TRAEGER FUER PEPTIDSYNTH. 61-0798

PLASTE, CO-PLASTE (POLYAETHER)
CYCL. POLYAETHER, BLDG. AUS OLEFINOXIDEN 58-0684
OMEGA-AMMONIO-GUAJACOL- U. THYMOL-POLYOXYAETHYLENAETHERJODIDE, DARST. 63-0905
TRIDOX IN DER GASCHROMATOGRAPHIE (STATIONAERE PHASE) 54-0699
POLYAETHYLEN- U. -PROPYLENGLYKOLE, OX. IN FL. PHASE, (KINETIK, MECHANISMUS) 63-0251
DESHALOGENIER. V. POLYOXYPHENYLENEN MIT LIALH4 ODER RANEY-NI 56-0744
OMEGA-AMMONIO-GUAJACOL- U. THYMOL-POLYOXYAETHYLENAETHERJODIDE, SPASMOLYT., HYPOTENSIVE U. GANGLIENBLOCKENDE WRKG. 63-0905

PLASTE, CO-PLASTE (EPOXIDHARZE)
POLY-AETHYLENGLYKOLE, DARST. AUS AETHYLENGLYKOLEN MIT AETHYLENOXID 56-0743
ALPHA.OMEGA-BIS-(O-TRIMETHYLSILYL)-POLYAETHYLENGLYKOLE, DARST. MIT TRIMETHYLCHLORSILAN BZW. HEXAMETHYLDISILAZAN 56-0743
ALPHA.OMEGA-BIS-(O-TRIMETHYLSILYL)-POLYAETHYLENGLYKOLE, GASCHROMATOGRAPH. BEST. 56-0743

PLASTE, CO-PLASTE (POLYESTER)
KOPOLYMERES AUS PROPIOLACTONEN, KONSTIT. 57-0770
POLYESTER, DARST. AUS BETA-TRICHLORMETHYL-BETA-PROPIOLACTONEN 56-0300
KOPOLYMERES AUS PROPIOLACTONEN, DARST. AUS PIVALOLACTON U. ALPHA-AETHYL-ALPHA-BUTYL-BETA-PROPIOLACTON BZW. AUS ALPHA.ALPHA-DIMETHYL-(BETA-(14)C)PROPIONSAEURE-BETA-LACTON U. ALPHA-AETHYL-ALPHA-BUTYL-BETA-PROPIOLACTON 57-0770
POLYESTER AUS DIALKYLDICHLORSTANNAN U. BIS-CARBOXY-PHENYL-DIMETHYLSILAN, DARST., EIG. 58-0050
POLYESTER AUS DICHLORTETRAAETHYLDISTANNOXAN U. BIS-CARBOXYPHENYL-DIMETHYLSILAN, DARST., EIG. 58-0050

KOPOLYMERES AUS PROPIOLACTONEN, KRISTALLSTRUKTUR 57-0770
PLASTE, CO-PLASTE (POLYCARBONATE)
MAKROLON, GAMMA- BESTRAHL. 61-0103
POLY-(PROPAN-2.2-BIS-(PHENYL-(4))-CARBONAT) (C16H14-O3)X, THERM. ZERS. (KINETIK, MECHANISMUS) 58-0816
PLASTE, CO-PLASTE (WEITERE CO-PLASTE)
VINYLKETON-ALLYLALKOHOL-KOPOLYMERE, DARST. AUS POLYVINYLKETONEN MIT AETHYL-MAGNESIUMBROMID BZW. DURCH RED. 55-0582
POLYVINYLKETONE, RED. ZU ATAKT. SEK. U. TERT. ALIPHAT. POLYALKOHOLEN U. KOPOLYMEREN, 1. MITT. 55-0582
POLYVINYLKETONE, RK. MIT AETHYL-MAGNESIUMBROMID 55-0582
PLASTE, CN-PLASTE (POLYAMIDE)
POLYAMID-POLYSTROL-KOPOLYMERE, DARST. 55-0583
POLY-(N-ALLYL-UECANSAEUREAMIDE), DARST. 55-0583
KOPOLY-(AETHYLEN-N-HYDROXY-MALEINIMID), DARST. 63-0843
POLY-(N-ALLYL-UNDECANSAEUREAMIDE),VISKOSITAET 55-0583
POLYAMID 6-6- BR2-GEMISCH, ELEKTR. LEITFAEHIGK. 57-0196
POLY-(N-ALLYL-UECANSAEUREAMIDE) KOPOLYMERISAT. MIT STYROL 55-0583
KOPOLY-(AETHYLEN-N-HYDROXY-MALEINIMID), VERW. IN D. PEPTIDSYNTH. 63-0843
PLASTE, CN-PLASTE (POLYURETHANE)
POLYURETHANE, SEK. RK. BEI D. ERHAERT., 1. MITT. 61-0411
PLASTE, CN-PLASTE (WEITERE CN-PLASTE)
1.2-DIMETHYL-3-DIMETHYLAMINOMETHYL-PYRROL-METHOJODID-POLYKONDENSAT, DARST. MIT NANH2 63-0578
POLY-5'-O-(3-VINYL-ACRYLOYL)-URIDIN, DARST. 63-0868
5'-O-ACRYLOYL-URIDIN-ACRYLAMID-COPOLYMERE, DARST. 62-0840
1-PHENYL-1.4-DIAMINO-2.3-DIAZA-BUTADIENYLEN-(P.4)-POLYMERES U. CYCL. DERIV., DARST. 63-0736
POLYMERE MIT ARYLCARBONAMIDOIMIDVERKNUEPF. , THERM. STABILITAET 56-0739
5'-O-ACRYLOYL-URIDIN-ACRYLAMID-COPOLYMERE, HYBRIDISIER. MIT KALBS-THYMUS-DNS 62-0840
1-PHENYL-1.4-DIAMINO-2.3-DIAZA-BUTADIENYLEN-(P.4)-POLYMERES U. CYCL. DERIV., LOESLICHK. 63-0736
1-PHENYL-1.4-DIAMINO-2.3-DIAZA-BUTADIENYLEN-(P.4)-POLYMERES U. CYCL. DERIV., THERM. STABILITAET 63-0736
1-PHENYL-1.4-DIAMINO-2.3-DIAZA-BUTADIENYLEN-(P.4)-POLYMERES, CYCLISIER. 63-0736
POLY-AETHYLENIMINE, EINFL. AUF D. DEDEUTERIER. V. ISOBUTYRALDEHYD 63-0290
PLASTE, CS-PLASTE
BUTADIEN- BZW. ISOPREN- PROPYLENSULFID-SEQUENZ-KOPOLYMERISATE, DARST. 56-0742
POLYMERES (+)-PROPYLENSULFID, DARST. 63-0867
THIOLPOLYESTER, DARST. AUS THIOLACTONEN IN GGW. V. BASEN 64-0894
ASYMM. POLY-THIOLESTER, DARST. AUS OPT.-AKT. EPSILON-THIOCAPROLACTONEN 64-0895
ASYMM. POLY-THIOLESTER, ORD 64-0895
PLASTE, SI-PLASTE
SILICONE, 112. MITT. 59-0044
OLIGOMERE ALPHA.OMEGA-DIACETOXY-DIMETHYLSILOXANE, DARST. AUS OKTAMETHYL-CYCLOTETRASILOXAN U. ACETANHYDRID 56-0329
POLYESTER AUS DIALKYLDICHLORSTANNAN U. BIS-CARBOXY-PHENYL-DIMETHYLSILAN, DARST. 58-0050
POLYESTER AUS DICHLORTETRAAETHYLDISTANNOXAN U. BIS-CARBOXYPHENYL-DIMETHYLSILAN, DARST. 58-0050
POLYSILOXANE, DARST. 60-0043
DICHLORSILAN-DIOL-POLYKONDENSATE, BLDG. 62-0689
CYCLODISILAZAN,POLYMERE, DARST. AUS ORGANOSILANEN U.DIAMINEN 62-0837
CYCLODISILAZAN,POLYMERE, DARST. AUS 1.3-BIS-(AMINOSILYL)-CYCLODISILAZANEN U. BISPHENOLEN 62-0837
POLYMERES AUS HEXADECA-SI-METHYL-2.9.16.23-TETRAAZA-1.3.8.10.15.17.22.24-OCTASILA-(3.3.3.3)-P-CYCLOPHAN , DARST. 64-0775
AUS OCTAARYLSPIRO(5.5)PENTASILOXANEN , DARST. 56-0367
CYCLODISILAZAN,POLYMERE, DARST. AUS N.N'-DIORGANO-SILANDIAMINEN U. AROMAT. DIAMINEN 62-0837
ALPHA.OMEGA- DIMETHOXYPERMETHYLPOLYSILANE, BLDG. AUS SYMM. DIMETHOXYTETRAMETHYLDISILAN 64-0416
POLYESTER AUS DIALKYLDICHLORSTANNAN U. BIS-CARBOXY-PHENYL-DIMETHYLSILAN, LOESLICHKEIT, THERMOPLAST. VERH. 58-0050
POLYESTER AUS DICHLORTETRAAETHYLDISTANNOXAN U. BIS-CARBOXYPHENYL-DIMETHYLSILAN, LOESLICHKEIT, THERMOPLAST. VERH. 58-0050
NMR-SPEKTREN 56-0367
PLASTE, PHOSPHORHALTIGE PLASTE
PHOSPHORHALT., DARST. AUS DICHLOR-PHENYL-PHOSPHIN U. ACRYLNITRIL 57-0773
LOESL. CL-HALT. POLYMERE AETHYLENDIOXYPHOSPHAZENE, DARST. 59-0048
PLASTE, ANDERE PLASTE
PERCHLORPOLYPHENYLEN-GEMISCH (C6CL4)X, DARST. AUS PENTACHLORPHENYL-TRIMETHYLZINN 63-0072
POLY-2.3.1-BENZBOROXAZIN-AETHER, DARST. AUS PYROBORTETRAACETAT U. 3.3'-DICARBOXY-BENZIDIN 63-0734
POLYCYCLOTRIMERISAT.-PROD. V. 1.1'-DIACETYLFERROCEN, DARST. AUS 1.1'-DIACETYLFERROCEN (ORTHOAMEISEN-SAEUREAETHYLESTER, HCL) 64-0070
POLY-2.3.1-BENZBOROXAZIN-AETHER, IR 63-0734
POLYCYCLOTRIMERISAT.-PROD. V. 1.1'-DIACETYLFERROCEN, TGA 64-0070
POLYCYCLOTRIMERISAT.-PROD. V. 1.1'-DIACETYLFERROCEN, LOESLICHK. 64-0070
PLASTIZITAET
THERMO- V. POLYESTERN AUS DIMETHYLDIARYLSILAN-DICARBONSAEUREN U. DIALKYLDICHLORSTANNANEN 58-0050
PLATIN
PT, EINFL. AUF D. (3)H-VERTEIL. BEI HYDRIER. V. CROTON- U. TETROLSAEURE MIT HT-H2 58-0211
HYDRIER. V. CYCLOALKENEN AM PT-AL-KATALYSATOR 59-0198
EINFL. AUF D. DEHYDRIER. U. DEHYDRATAT. V. ISOPROPANOL 62-0281
PLATINLEGIERUNGEN
- U. PT-AL2O3 (AP-56, RD-150-C), EINFL. AUF D. DEHYDROCYCLISIER. V. N-HEXAN 57-0209
PLATINVERBINDUNGEN (ORGANISCHE)
4-(6-(2-PICOLYL))-BUTYRALDEHYD -HEXACHLOROPLATINAT , 6-METHYL-4-METHYLEN-1.2.3.4-TETRAHYDRO-CHINOLIZINIUM-HEXACHLOROPLATINAT , DARST. 62-0607
DARST. 58-0541
PT(PF3)4, DARST. AUS PT U. PF3 57-0067
ABSORPT.-SPEKTREN V. (PT(CLO4)2(BIPY)2), (PT(CLO4)2(PHEN)2), PTCL2(BIPY)2 U. (PTCL2(PHEN)2) IM SICHTBAREN LICHT 54-0006
PMR-SPEKTREN V. PT(II)-KOMPLEXEN, 3. MITT. 62-0020
DICHLORO-OLEFIN-DMF-PLATIN(II)-KOMPLEXE, DARST. AUS PTCL2 U. OLEFINEN IN DMF 53-0044
PT-OLEFIN-KOMPLEXE, CD, UV 56-0005
DICHLORO-DIEN-PLATIN(II)-KOMPLEXE, RK. MIT PRIM. AMINEN 56-0087
PI-KW-STOFF-PT(II)-KOMPLEXE, BLDG. AUS KW-STOFFEN U. NA2PTCL4, RK. MIT CH3COOD-D2O 56-0222
(PTCL2(C2H4))2, (PTCL2(C2D4))2, IR- U. RAMAN-SPEKTRUM 59-0007
(PT2CL4(C2H4)2), RK. MIT DIPHENYLCYCLOPROPENON 59-0096
POLYMERE DICHLOROCYCLOPROPANPLATIN(II)-KOMPLEXE, DARST. U. SPALT. MIT H2 60-0068
DARST. V. DI-MY-CHLORO-BIS-(CHLORO-AETHYLCYCLOHEXEN-PLATIN-(II)) 61-0461
PTCL4-1.2-BIS-(PHENYL-AETHINYL)-BENZOL-KOMPLEXE, BLDG., ZERS. 62-0058
TRANS- (PTCL2PY2), RK. MIT NUKLEOPHILEN (KINETIK) , KONST. D. RELATIVEN NUKLEOPHILEN REAKTIVITAET 58-0029
(PT(BIPY)(L))J2 MIT L=EN, METHYLSUBSTITUIERTES EN, DEPROTONIER. 59-0093
N.N'-DIMETHYL-AETHYLENDIAMIN-PT(I)-KOMPLEXE, PROTONENAUSTAUSCH, INVERS. AM N 62-0020
(PT(OCH3)2(PY)2), DARST., UV 58-0029
(PT(L)2)CL2, DARST. (HL=AMINOALKOHOL) 60-0061
PT(S2COCH2C6H5)2, RK. , PT(S2C(C6H13N))2 BZW. C6H5CH2OCS2PTS2C(C6H13N), DARST. 54-0047
(N(C2H5)4)2(PT(SC6F5)4), UV , K2(PT(SC6F5)4) , UV 56-0004
PT-PENTAFLUORPHENYLMERCAPTO-KOMPLEXE, DARST. 56-0088
(PT(DIBENZYLSULFID BZW. -SELENID)2 (PY)2)(2+), DARST. 58-0029
1.2-BIS-(TRIFLUORMETHYL)-AETHYLEN-1.2-DITHIOLATO-PT-KOMPLEXE, POLAROGRAPH. VERH. (MASSENSPEKTRUM) 60-0059
DIIMIDO-TRIPHENYLPHOSPHIN-PT(II)-KOMPLEXE, DARST. , RK.,STRUKTUR 53-0045
(PTHCL(P(C6H5)(CH3)2)2) U. CIS-(PTCL2(P(C6H5)(CH3)2)2), RK. MIT SUBSTITUIERTEN SILANEN 54-0046
PTCL2(P(C4H9)3)3, EINFL. AUF D. ZERS. V. AMEISENSAEURE (KINETIK) 54-0186
TRANS-(P(C6H5)3)2CLPTH, RK. MIT DIMETHYLAMINO-TRIMETHYLSTANNAN ZU TRANS-(P(C6H5)3)2PTCLSN(CH3)3 55-0024
HALOGENO-, THIOCYANATO-, SELENOCYANATO-, U. THIOHARNSTOFF-BIS-(O-PHENYLEN-BIS-(DIMETHYLARSIN))-PT(II)-KOMPLEXE, STABILITAET 56-0040
CIS-(PTCL2((CH3)2AS(C6H5))2), CIS-PTCL2((CH3)2P(C6H5))2, RK. 56-0086
(PT(TRIPHENYLPHOSPHIN BZW. -ARSIN)2(PY)2)(2+) U. BIS-(PYRIDIN)-BIS-(TRIS-(DIAETHYLAMINO)-PHOSPHIN)-PLATIN (II)-KATION, DARST. 58-0029
TETRAKIS-(TRIPHENYLPHOSPHIN)-PT, RK. MIT THIOMORPHOLINON-(3) 59-0092
(PTX2(CO)(PR3)), (PT2CL4(PR3)2), DARST., RK., DIPOLMOMENTE, (CO)-VALENZSCHWING. 59-0095
(PT2CL4((N-C4H9)3P)2), RK. MIT DIPHENYLCYCLOPROPENON 59-0096
PT-TRIPHENYLPHOSPHIN-KOMPLEXE, RK. 60-0069
TRANS-(PTCL(CO)(R3P)2)(+-)KATION U. VERWANDTE VERB., DARST. 62-0056
DIJODOTRIPHOSPHINTRIS-(TRIPHENYLPHOSPHIN)-TRIPLATIN, DARST. 63-0101
PT(II)-SILYL-KOMPLEXE, DARST. AUS (PTHCL(P(C6H5)(CH3)2)2) BZW. CIS-(PTCL2(P(C6H5)(CH3)2)2) U. SUBSTITUIERTEN SILANEN 54-0046
PI-CH3C2C6H5PT(P(C6H5)3)2, CIS-(P(C6H5)3)2PT(CH3)2, P-H-WECHSELWRKG. IM NMR-SPEKTRUM 54-0009
(PTCL(GE(C6H5)3)(P(C6H5)(CH3)2)2), DARST. AUS TRIPHENYLGERMAN U. (PTHCL(P(C6H5)(CH3)2)2) 54-0046
TETRAMETHYL-PT-DERIV., DARST. 56-0086
PT-KOMPLEX MIT HEXAFLUOR-DEWAR-BENZOL 56-0089

DI-N-CHLORO-BIS-(2-DIMETHYLAMINOMETHYL-PHENYL)-
DIPLATIN(II) , DARST. 59-0090
PI-ALLYL-PT-VERB., RK. MIT HG 59-0094
CHLORO-PI-ALLYLPLATIN(II)-KOMPLEXE, DARST. U. SPALT.
MIT H2 60-0068
CYCLOOCTADIEN-PT-HALOGENIDE, SUBSTITUIERTE DI-MY-
HALOGENO-BIS-(CYCLOOCTEN-(4)-YL)-PT2-KOMPLEXE, DARST.,
RK., SPEKTREN 62-0057
CIS- U. TRANS-DICHLOR-(S)-ALPHA-PHENYLAETHYLAMIN)
(AETHYLEN)-PLATIN, RK. MIT CLEFINEN BZW. CIS-DICHLORO-
(S)-ALPHA-PHENYLAETHYLAMIN)(CLEFIN)-PLATIN, DARST.,
ZERS. 62-0325
TRANS-BIS-(TRIAETHYLARSIN)- BZW. TRANS-BIS-
(TRIAETHYLPHOSPHIN)-PHENYL-TRICHLOROSTANNATO(II)-
PLATIN, RK. MIT THIOHARNSTCFF BZW. KSCN (KINETIK)
64-0030
BIS-THIOCARBAMATO- U. DIXANTHCGENATO-
METHYLPHENYLPHOSPHIN-PT(II)-KOMPLEXE, DARST.,
KCORDINAT. 63-0100
(PTCL2(DIPHENYLCYCLOPROPENON))-ALKEN, PHOSPHIN-
KOMPLEXE, DARST. 59-0096
CHLORO-ACETYLACETONATO- CLEFIN-PT(II)-KCMPLEXE, NMR
56-0020
VERS. ZUR VERW. V. (PTCL2(C6H5CN)2) ALS KATALYSATOR
BEI D. ISOMERISIER. V. BUTEN-(1) 56-0234
TRANS-HYDRIDO-CHLORO-BIS-(TRIPHENYLPHOSPHIN)-PLATIN-
(II), KRIST.- U. MOLEKULARSTRUKTUR, DARST. 58-0015
BLDG. V. BENZOESAEURE-(BETA-METHYLAMINO-AETHYLESTER)-
HEXACHLOROPLATINAT 53-0504
PT ENTHALTENDE HETEROCYCLEN, DARST. , EIG. 60-0069
DARST. V. PT-THIOMORPHOLINCN-(3)-KOMPLEXEN 59-0092
PT ENTHALTENDE HETEROCYCLEN, DARST., EIG. 60-0069

PLATINVERBINDUNGEN (ANORGANISCHE)
PTCL2, RK. MIT (PTCL2(PR3)) 59-0095
PTCL2 RK. MIT OLEFINEN IN DMF 53-0044
PTCL4, EINFL. AUF D. REAKTIVE VERH. V. BIS-ACETYLENEN
59-0463
PTO2, ZUR DEUTERIER. V. THIOPHEN U. FURAN 55-0161

PLEOCHROISMUS (DICHROISMUS)
STROEMUNGSDICHROISMUS V. AG-DNS-KOMPLEXEN 60-0804

PMR-SPEKTRUM
* S. UNTER MAGNETISMUS

POLARISATION, DIELEKTRISCHE
* S. UNTER DIELEKTRIZITAETSKONSTANTE

POLARISATION, ELEKTRISCHE
PI-ELEKTRONEN-PCLARISIERBARK. V. KONJUGIERTEN MOL.
(BERECHN. NACH D. PARISER-PARR-POPLE-VERF.) 55-0103
MOL.-POLARISIERBARK. V. DINITROBENZOLEN 61-0070
MOL.-POLARISIERBARKEIT V. ANILINEN IN NICHTPOLAREN
FL. 61-0071
ANISOTROPE POLARISIERBARK. V. STER. GEHINDERTEN
AROMAT. NITRO-VERB. 62-0067

POLARISATION, ELEKTROLYTISCHE
ADSORPT. V. PY. AN AU-EINKRIST.-ELEKTRODEN 64-0202
KATHOD. ADSORPT. V. AROMAT. AMINEN AN PT
(POTENTIOSTAT. UNTERS.) 62-0189
KATHOD. ADSORPT. V. PHENOLEN AN PT (POTENTIOSTAT.
UNTERS.) 62-0189
KATHOD. ADSORPT. V. THIOHARNSTOFF AN PT (POTENTIOSTAT.
UNTERS.) 62-0189
ELEKTROCHEM. CX. V. NO IN NITROMETHAN BZW.
ACETANHYDRID 63-0034
ELEKTROCHEM. OX. V. PHENYLHYDRAZIN 63-0448

PCLAROGRAPHIE (ALLGEMEINES)
POLAROGRAPH. NACHWEISBARE KATALYT. STROEME IN NH3-
PUFFER-LSG., DIE NI(II) U. CYSTEIN ENTHALTEN, 4.MITT.
58-0194
EINFL. D. ADSORPT. D. DEPOLARISATORS ODER EINES PROD.
D. ELEKTROCHEM. RK. AUF PCLARCGRAPH. STROEME, 4. MITT.
64-0241
POLAROGRAPH. STROEME (EINFL. D. ADSORPT. D.
DEPOLARISATORS ODER EINES PROD. D. ELEKTROCHEM. RK.),
3. MITT. 63-0036
POLAROGRAPH. STROEME (EINFL. D. ADSCRPT. D.
DEPOLARISATORS ODER EINES PROD. D. ELEKTROCHEM. RK.),
4. MITT. 63-0037
POLAROGRAPH. STROEME (EINFL. D. ADSCRPT. D.
DEPOLARISATORS ODER EINES PROD. D. ELEKTROCHEM. RK.),
5. MITT. (IRREVERSIBLE RED. ODER OX. EINES
DEPOLARISATORS IM ADSORBIERTEN ZUSTAND) 63-0038

PCLAROGRAPHIE (SPEZIELLER STOFFE)
V. SCN(-) U. (SCN)2 60-0030
BLDG. U. DISPROPORTIONIER. V. 2.2'-BIPYRIDYL-THALLIUM
(II)-KOMPLEXEN AN EINER QUECKSILBERTROPFELEKTRCDE
53-0021
V. CD-KCMPLEXEN MIT BETA- U. GAMMA-PICOLIN IN WSS.
KNO3-LSG. 60-0026
V. UEBERGANGSMETALLKOMPLEXEN D. DITHIOLENTYPS 60-0059
V. FERROCENEN (BEZIEH. ZUM ABSORPT.-SPEKTRUM) 57-0026
V. ARYL- BZW. SUBSTITUIERTEN BENZYL-MERCURIHALOGENICEN
U. -PERCHLORATEN (SUBSTITUENTEN-EINFL.) 63-0035
V. HETEROCYCL. ORGANO-HG-VERB. 63-0036
V. HETEROCYCL. ORGANO-HG-VERB. 63-0037
V. UO2-KOJISAEURE-KCMPLEXEN 53-0013
V. CU-ACETYLACETONATEN U. IHRE ADSORPT. AN HG 54-0022
V. RH- U. IR-CHINON-KOMPLEXEN 62-0017
V. CYCLOHEXAN-DIAMIN-TETRAESSIGSAEURE-KCMPLEXEN MIT
METALLEN 53-0017
WASSERSTOFFENTLAD. AN D. HG-TROPFELEKTRODE DURCH EINEN
NI-CYSTEIN-KOMPLEX 61-0023
V. ACENAPHTHYLEN IN GGW. V. PHENOL 58-0193
POLAROGRAPH. RED. V. VIELKERN. AROMAT. KW-STOFFEN
60-0222
V. CINNOLINEN U. 1.2.3.4-TETRAHYDRC-CINNOLINEN
57-0199
V. NAPHTHOXAZOLEN 60-0220
ELEKTROCHEM. OX. V. DIBENZO-P-DIOXIN 61-0187
V. HETEROCYCLEN, 6. MITT. 64-0730
V. CYCL. DISELENIDEN 56-0194
V. 1.2-DITHIOLANEN 56-0198
POLAROGRAPH. RED. V. BENZYLBROMIDEN AN D. HG-KATHODE
58-0196
V. HALOGENBENZOLEN U. BENZYLBROMIDEN (EINFL. D.
HAMMETT-KONST.) 63-0235
POLAROGRAPH. RED. V. CHLORIERTEN ALICYCLEN
(MECHANISMUS) 64-0235
VOLTAMMETRIE V. 1.1-BIS-(DIMETHYLAMINO)-AETHYLENDERIV.
58-0192
V. ALIPHAT. TERT. NITROVERB. 60-0217
POLAROGRAPH. RED. V. 4-(ODER 5)-NITRO-IMIDAZOL U.
NITROPYRROLEN 64-0241
V. HYDROXYANTHRAHYDROCHINONEN 62-0187
V. ORGAN. SE-VERB., 2.MITT. 54-0136
POLAROGRAPH. UNTERS. ORGAN. SE-VERB., 4. MITT.
56-0194
V. ORGAN. SE-VERB., 5. MITT. (V. FUENFGLIEDR. CYCL.
DISELENIDEN U. DISULFIDEN U. DEREN OX.-PROD.) 56-0195
V. ORGAN. SE-VERB. , 7.MITT. 56-0196
V. ORGAN. S-VERB., 1. MITT. 56-0197
V. CYCL. DISULFIDEN U. DIMERCAPTANEN 56-0197
V. ORGAN. S-VERB., 2. MITT. 56-0198
POLAROGRAPH. RED. V. P-CHINONEN (BERECHN.) 53-0119
V. O-HYDROXY-CHALKONEN 53-0409
POLAROGRAPH. RED. V. DIACETYL U. ACETOIN 55-0153
POLAROGRAPH. RED. V. ALPHA,BETA-AETHYLEN-KETONEN
(MECHANISMUS) 55-0154
HALBSTUFENPOTENTIAL V. BENZO(G)CHINOXALIN-5.10-DIONEN
56-0199
POLAROGRAPH. RED. V. ALKYLPHENONEN (EINFL. D.
KETTENLAENGE) 56-0201
V. BENZOCHINONEN (LINEARE ABHAENGIGK. ZWISCHEN D.
REDOXPOTENTIALEN D. EINELEKTRON-RED. U. D. UEBL.
ZWEIELEKTRONEN-HALBWELLENPOTENTIALEN) 57-0200
V. NITROFLUORENENONEN 57-0201
ELEKTROCHEM. RED. V. 1-ACETYL-NAPHTHALIN
(HALBSTUFENPOTENTIALE, PH-EINFL.) 57-0635
V. METHYLPHENANTHRENCHINONEN 58-0195
POLAROGRAPHIE V. NINHYDRIN IN METHANOL (MECHANISMUS)
59-0196
V. P-BENZOCHINON IN DMF 60-0223
V. SUBSTITUIERTEN CHINONEN (ABHAENGIGK. V. D.
KOORDINAT. AN METALLE) 62-0017
V. BENZOCYCLANONEN 62-0190
POLAROGRAPH. RED. V. KROKONSAEURE (MECHANISMUS)
64-0240
V. CHINOXALONEN 64-0730
POLAROGRAPHIE V. CYCLOALKYL-DIMETHYL-AMINOXIDEN,
POLAROGRAPH. METH. FUER KINET. UNTERS. D. AMINOXID-
ELIMINIER.-RK. (COPE-ELIMINIER.) 53-0151
V. BENZOPYRYLIUMSALZEN 53-0409
V. BENZYL-TRIPHENYLPHOSPHONIUMCHLORIDEN 58-0197
V. REVERSIBLEN REDOX-SYST. V. WEITZ-TYP (DIPYRIDYLIUM-,
PHENANTHROLINIUM-, DIAZONIA-PYREN-SALZE) 62-0186
V. NITROFLUORENYLIDEN-MALONITRILEN 57-0201
V. OMEGA.OMEGA'-DISELENO-DIALKANSAEUREN 54-0136
POLAROGRAPH. RED. V. ALPHA-BROM-ESTERN (EINFL. D.
KETTENLAENGE) 56-0200
V. METHOXYBENZOYLACRYLSAEUREN 61-0077
POLAROGRAPH. RED. V. PHENYLGLYOXYL- U. MALEINSAEURE
(ELEKTRODENKINETIK, -MECHANISMUS, EINFL. V. HOEHEREN
ALKOHOLEN) 61-0188
POLAROGRAPH. KATALYT. STROEME IN NH3-PUFFERLSG. MIT
NI(II) U. CYSTEIN, 3. MITT. 64-0028
V. METHAZONSAEURE U. IHREN SALZEN BEI VERSCHIEDENEN
PH-WERTEN 57-0202
POLAROGRAPH. ADSORPT.-VERH. V. 4.4'-BIS-(1.3.5-
TRIAZINYL-(2)-AMINO)-STILBEN-2.2'-DISULFONSAEURE-
DERIV. 58-0199

POLONOVSKI-REAKTION
* S. UNTER REAKTIONEN

POLYKONDENSATION
* S. UNTER POLYMERISATION

POLYMERE
* S. PLASTE

POLYMERISATION
* PHOTOCHEM. - S. UNTER PHOTOCHEMIE UND STRAHLENCHEMIE
ALKAL. -, V. 6-CAPROLACTAM, 30.MITT. 54-0443
POLYMERISATIONSFAEH. U. POLYMERE VERB., 8.MITT.
56-0746
V. BIS-INDENYLEN 4. MITT. 54-0321
V. ISOEUGENOL 56-0745
DRUCK- V. INDEN 57-0459
POLYMERISAT.-FAEH. U. POLYMERE VERB., 9. MITT.
59-0794
THERM. POLYMERISAT. V. ACETYLENKW-STOFFEN IN GGW. V.
ISOMEREN ALLENEN 53-0591
V. AETHYLEN (EINFL. V. KATALYSATOREN AUF D.
MECHANISMUS) 55-0581

V. OLEFINGEMISCHEN, ANWEND. D. DYNAM. ISOMERISAT.-
GLEICHGEW., 2. MITT. 56-0234
V. PHOSPHORSAEURE-AETHYL-AETHYLENESTER IN GGW. V.
BENZOESAEURE (MECHANISMUS) 56-0354
V. TRANS-PENTADIEN-(1.3) (KINETIK, LSGM.-EINFL.)
56-0738
DIMERISAT. V. BUTADIEN IN GGW. V. (PI-3-METHYL-
HEPTADIEN-(1.6)-YL)(PI-CIS-BUTADIEN)-KOBALT
(MECHANISMUS) 57-0018
V. KONJUGIERTEN DIENEN MIT LI (KINETIK) 57-0772
UMKEHRBARK. D. DIOLADDIT. AN AETHYLEN-1.2-
DICARBONSAEUREN BEI D. POLYKONDENS. IN D. SCHMELZE
58-0268
V. CHLORPHOSPHAZENEN (MECHANISMUS) 59-0048
DIMERISAT. V. STYROL (MECHANISMUS) 60-0443
V. DIFLUORDIAZIRIN (MECHANISMUS) 60-0802
ZIEGLER-DIMERISAT. V. AETHYLEN (EINFL. V. NI,
MECHANISMUS) 62-0261
PFROPF- V. CELLULOSE MIT SILOXANEN 54-0574
KOPOLYMERISAT. V. PIVALCLACTON U. ALPHA-AETHYL-ALPHA-
BUTYL-BETA-PROPIOLACTON (KINETIK U. MECHANISMUS)
57-0770
VERNETZ.-RK. V. DIGLYCIDYLAETHER U. AMINEN (KINETIK)
57-0771
TELOMERISAT. V. VINYLCHLORID MIT CCL4 57-0286
RADIKAL. TELOMERISAT. V. ISOPREN MIT TRICHLOR-BROM-
METHAN U. TETRACHLORKOHLENSTOFF (MECHANISMUS)
62-0324
V. CHLOROPREN DURCH 2,2'-AZO-BIS-ISOBUTYRONITRIL
(KINETIK) 57-0769
V. VINYLVERB. MIT NAPHTHYLRADIKAL (UEBERSICHT)
62-0197
KATION.-, V. BIS-INDENYL-ALKANEN IN GGW. V. TICL4
54-0321
KATION., V. 4.5.6.7-TETRAMETHYL-INDEN 63-0865
ANION. RINGOEFFN.- V. THIOLACTONEN 64-0894
DIMERISIER. V. PROPEN MIT VERSCHIEDENEN KATALYSATOREN
54-0211
OXYDATIVE DIMERISIER. V. GUAJACOLEN MIT BENZOYL-
PEROXID 57-0344
HYDRODIMERISIER. V. ACRYLSAEURE-DERIV. (MECHANISMUS
MITTELS D. LCAO- METH.) 58-0300
DIMERISIER. V. O-CHINONEN (KINETIK, LSGM.-EINFL.)
58-0310
DIMERISIER. V. ALKYL-BETA-NAPHTHYLAETHERN (STER.
HINDER.) 58-0501
HEXADECAMERES PHENYLACETYLEN, BLDG. 58-0539
CYCLOTETRAMERISAT. V. OLEFINOXIDEN 58-0684
DIMERISIER. V. OLEFINEN (EINFL. V. KOMPLEXEN D.
UEBERGANGSMETALLE, UEBERSICHT) 59-0034
CYCLOOLIGOMERISIER. V. ACETYLENEN (EINFL. V. KOMPLEXEN
D. UEBERGANGSMETALLE, UEBERSICHT) 59-0034
DIMERISIER. V. ACRYLNITRIL MIT RU-KOMPLEXEN
(MECHANISMUS) 59-0263
CYCLOOLIGOMERE PHENOL-ALDEHYD-KONDENS.-PROD., 1. MITT.
(DARST. AUS RESORCINDERIV. U. BENZALDEHYDEN) 60-0445
KATALYT. CYCLODIMERISIER. V. BUTADIEN MIT
DIPYRIDYLEISENVERB. 61-0302
DIMERISAT. V. PHENOXY-RADIKALEN (KINETIK,
MECHANISMUS) 63-0242
CYCLOTRIMERISIER. V. FERROCENDERIV. 64-0070
DIMERISIER. V. ARYL- U. CYCLOALKYL-MG- U. -LI-VERB.
(O- U. P-ORIENTIER.) 57-0283
DIMERISIER. V. ALPHA-CYAN-ZIMTSAEUREAMIDEN 53-0426
POLYMERISATIONSKATALYSATOREN
ZIEGLER-NATTA-KATALYSATOREN, (TICL4 + AL(I-C4H9)3),
THEORIE D. AKTIVITAET, 2. MITT. 64-0038
POLYMETHINFARBSTOFFE
* S. FARBSTOFFE (POLYMETHINFARBSTOFFE)
POLYMORPHIE (U. ALLOTROPIE)
V. URAN(IV)-TETRAFORMIAT 62-0007
BLDG. V. ALPHA- U. BETA-MODIFIKAT. V.
ERDALKALIMETALLACETATEN 63-0061
V. 8-HYDROXY-CHLORPROMAZIN 63-0725
GEOMETR. ENANTIOMORPHIE V. 1-AETHYL-3.5-DIPHENYL-
PIPERIDINON-(4)-OXIM 58-0631
POLYOXINE
ALS ANTIFUNGALE ANTIBIOTIKA, 7. MITT. 59-0778
ANTIFUNGALE ANTIBIOTIKA, 6. MITT. 57-0761
POLYPEPTIDE
* S. UNTER PEPTIDE
POLYSACCHARIDE
* S. UNTER KOHLENHYDRATE
PORPHYRINE
OXOPHLORINE, STRUKTUR 58-0736
DARST. AUS A-OXO-BILANEN 54-0522
DARST. 55-0516
DARST. 55-0517
DARST. AUS B-BILENEN 56-0662
HALOGENPORPHINE, DARST. DURCH HALOGENIER. 57-0688
ALKYL-, ARYL- U. ACYL-METALL(III)-KOMPLEXE V.
AETIOPORPHYRIN I, DARST. 60-0731
DARST. 62-0746
DARST. AUS B-OXOBILANEN UEBER OXOPHLORINE 58-0735
ELEKTRONENSPEKTREN D. DIKATIONEN (BERECHN. U. MESS.)
62-0071
OXOPHLORINE, RK. MIT METALLSALZEN 58-0736
MOL.-KOMPLEXE MIT AROMAT. NITROVERB. 54-0038
RK. MIT AETHOXYCARBONYLNITREN (RING-EXPANS.-KONTRAKT.-
RK.) 56-0658
POTENTIALE
EMK V. ENNIATIN-ALKALI-KOMPLEXEN 59-0779
ELEKTROAKTIVITAET D. TETRABUTYLAMMONIUMSALZ-THF-SYST.
60-0221
REDOX- D. SYST. SN2R6-R3SN(+) (R=ALKYL, C6H5) 59-0026
REDOX- D. SYST. PB2(C6H5)6-((C6H5)3PB)(+) 63-0033
REDOX- V. VIELKERN. AROMAT. KW-STOFFEN 60-0222
OX.-POTENTIALE V. PHENYL-THIAZOLEN 64-0238
OX.- V. ARYLDIAZONIUMSALZEN 53-0117
REDOX- V. HYDROCHINONEN U. RESORCINEN 55-0163
REDOX- V. 3',4'-DIHYDROXY-FLAVONEN 58-0190
DIFFUS.-POTENTIALE V. WSS. ALIPHAT. ALKOHOLEN IM GLAS-
KALOMEL-ELEKTRODEN-SYST. 59-0195
UEBERSPANN. AN D. PHASENGRENZE V. WSS. U. ORGAN. LSG.
62-0184
EICH. MIT D. GLAS-KALOMEL-ELEKTRODE IN WSS. ALIPHAT.
ALKOHOLEN 59-0195
POTENTIALFUNKTIONEN VON MOLEKUELEN
* S. UNTER MOLEKULARSTRUKTUR
POTENTIOMETRIE, POTENTIOMETR. TITRIERVERF.
* S. UNTER MASSANALYSE
PRASEODYMVERBINDUNGEN
PR(CLO4)3.8 DMSO , DARST. , IR-SPEKTRUM, THERM. ZERS.,
PULVERROENTGENOGRAPH. UNTERS. 61-0042
PR2O3,EINFL. AUF D. DECARBOXYLIER. V. OXALESSIGSAEURE
58-0292
PRINS-REAKTION
* S. UNTER ADDITIONSREAKTIONEN
PRISTINAMYCIN
PRISTINAMYCIN,ISOLIER. AUS STREPTOMYCES
PRISTINAESPIRALIS 59-0780
PRISTINAMYCIN,GEMISCH AUS PRISTINAMYCIN IA, IB, IC,
IIA U. IIB 59-0780
PRISTINAMYCIN WRKG. AUF GRAMPOSITIVE ERREGER 59-0780
PROCYANIDINE
* S. UNTER ANTHOCYANIDINE
PROTOLYSE
* S. UNTER SOLVOLYSE
PROPENTDYOPENTE
* S. UNTER PYRROLE
PROSTAGLANDINE
* S. UNTER HORMONE, PROSTATAHORMONE
PROTACTINIUMVERBINDUNGEN
CITRATKOMPLEXE D. PA(V), BLDG.-KONST. 63-0032
PROTEINE (EIWEISSSTOFFE, EIWEISSKOERPER)
-BIND., 1. MITT. 64-0921
-BIND., 2. MITT. 64-0922
BIND., 3. MITT. 64-0923
BIND., 4.MITT. 64-0924
SYNTH. IN EHRLICH-ASCITES-TUMORZELLEN (HEMM. DURCH
HYDROXAMSAEUREN) 57-0779
SYNTH. IN D. MAEUSELEBER (STIMULIER. DURCH
INSEKTENHAEUTUNGSHORMONE) 61-0839
- U. NUCLEINSAEURE-BIOSYNTH.(HEMM. U. STIMULIER.), 2.
MITT. 64-0898
SYNTH. IN ASCITESTUMOREN (EINFL. V. NITRO- U. FLUOR-
PHENYLALANIN) 64-0898
-MODELLVERB., DARST. AUS POLYAMINOSAEURN, 1. MITT.
(POLYGLUTAMINSAEURE-DERIV.) 55-0584
RK. V. AMINOSAEURE, PEPTIDEN U. -MIT ALPHA.BETA-
UNGESAETT. VERB., 9.MITT. 58-0438
RK. MIT KOHLENHYDRATEN, 14.MITT. 63-0774
HEMMWRKG. AUF D. ELEKTRODENRK. V. ZN- U. CD-IONEN IN
SAUREN LSG., 1. MITT. 64-0027
-BIOSYNTH. IN EHRLICH-ASCITES-KARZINOM, HEMM. DURCH
MERCAPTOHYDROXYPYRIMIDINALDEHYDE 63-0870
SELEKTIVES REAGENZ FUER D. MODIFIZIER. V. ARG IN
60-0803
CHROMATO-ELEKTROPHORET. BEST. D. AMINOSAEUREZUS.
55-0599
PROTAMINSULFAT, WECHSELWRKG. MIT HEPARIN U.
DESOXYRIBONUCLEINSAEURE 63-0863
ALBUMINE, BIND. V. SULFONAMIDEN AN SERUM 64-0924
ALBUMINE, N-METHYL-2-ANILINO-NAPHTHALIN-6-SULFONYL-
DERIV., DARST. 60-0073
ALBUMINE, RINDERSERUM-, MOL. WECHSELWRKG. MIT
4-NITROCHINOLIN-1-OXID BZW. 4-NITRO-PYRIDIN-1-OXID
(SICHTBARES DIFFERENZSPEKTRUM) 62-0839
SERUM-ALBUMIN, JODIERTES, FLUORESZENZ D. TRYPTOPHAN-
EINH. (LOESCH. DURCH JODAMINOSAEURE-RESTE) 61-0817
ALBUMINE, N-METHYL-2-ANILINO-NAPHTHALIN-6-SULFONYL-
DERIV., FLUORESZENZEIG. 60-0073
ALBUMINE, BIND. V. 2-(4'-HYDROXY-PHENYLAZO)-
BENZOESAEURE AN RINDER-SERUM- - 64-0921
ALBUMINE, BIND. V. SUBSTITUIERTEN BENZOESAEUREN U.
PYRIDINCARBONSAEUREN AN SERUM 64-0922
ALBUMINE, BIND. V. SULFONAMIDEN AN SERUM 64-0923
ALBUMINE, HEMMWRKG. AUF D. ELEKTRODENRK. V. ZN- U.
CD-IONEN IN SAUREN LSG. 64-0027
ALBUMINE, MODIFIZIER. V. ARG IN RINDERPLASM 60-0803
FIBRIN, BEST. V. HEXOSEN NACH D. ORCIN-METH. 57-0813
FIBRINOGEN, BEST. V. HEXOSEN NACH D. ORCIN-METH.
57-0813
FIBRINOGEN, SEQUENZ D. ZUCKER U. AMINOSAEUREN D.
GLYKOPEPTIDE D. FIBRINOGENS 55-0592
HISTONE, HEMMWRKG. AUF D. ELEKTRODENRK. V. ZN- U.
CD-IONEN IN SAUREN LSG. 64-0027
KERATIN ALS MAGENSAFTRESISTENTER U. DARMLOESL.
DRAGEEUEBERZUG 53-0611

ZEIN ALS MAGENSAFTRESISTENTER U. DARMLOESL.
DRAGEEUEBERZUG 53-0611
PROTOBERBERINE
* S. UNTER ALKALOIDE
PROTODEMERCURIERUNG
* S. UNTER HYDROLYSE
PROTOLYSE
* S. UNTER SOLVOLYSE
PROTONIERUNG
* S. UNTER DISSOZIATION, ELEKTROLYTISCHE
PSEUDOAZULENE
DARST. 57-0577
PSEUDOHALOGENE
10. MITT. 59-0319
PSYCHOTROPIKA
* S. UNTER NERVEN
PTERIDINE
* S. PTERINE
PTERINE
PTERINCHEMIE, 19. MITT. (ERKLAER. D. CHEM. EIG. V.
PTERINEN MITTELS MO-BERECHN. 53-0090
PTERINCHEMIE, 21. VORL. MITT.(HYDROXYLIER. D.
TRYPTOPHANS MITTELS TETRAHYDROPTERINS UNTER PHYSIOLOG.
BEDING.) 53-0348
PTERINCHEMIE, 20. MITT. (DARST. U. CHEM. VERH. V.
6.7-DIPHENYL-5.6.7.8-TETRAHYDRO-PTERINEN U.
SUBSTITUIERTEN DERIV.) 53-0448
PTERINCHEMIE, 22. MITT. 54-0144
PTERINCHEMIE, 23. MITT. 56-0588
PTERIDINE, 34. MITT. 57-0613
PTERIDINE, 34. MITT. 59-0625
PTERINCHEMIE, 24. MITT. 62-0091
PTERIDINE, 35. MITT. 62-0657
PTERIDINE, 5. MITT. 63-0701
PTERIDINE, 6. MITT. 63-0702
PTERIDINE, 7. MITT. 63-0703
PTERIDINE, 8. MITT. 63-0704
PTERIDINE, 9. MITT. 63-0705
PTERIDINE, 10. MITT. 63-0706
PTERIDINE, 11. MITT. 63-0707
PTERIDINE, 12. MITT. 63-0708
PTERINCHEMIE, 25. MITT. 63-0708
PTERIDINE , BIOSYNTH., 5. MITT. 58-0737
6.7-DIPHENYL-5.6.7.8-TETRAHYDRO-PTERINE, DARST.
53-0448
PTERIDIN-4-CARBONSAEUREAETHYLESTER, DARST. AUS 5.6-
DIAMINO-PYRIMIDIN-4-CARBONSAEURE-AETHYLESTERN U.
POLYGLYOXAL 61-0667
2.4-DIHYDROXY-PTERIDINE, SYNTH. 61-0676
6-SUBSTITUIERTE PTERIDIN-8-OXIDE, DARST. 62-0652
PTERIDINE, DARST. AUS PYRAZINEN U. GUANIDIN 62-0652
LUMAZINE, DARST. AUS PYRIMIDINEN U. ALPHA-OXO-BETA-
HYDROXYDERIV. 64-0744
8-SUBSTITUIERTE, DARST. 59-0625
2.4-DIAMINO-PTERIDINE, DARST. AUS 3-
AMINOPYRAZINCARBONITRILEN U. GUANIDINHYDROCHLORID
60-0627
2-ARYL-4.7-DI- U. 2.4.7-TRIAMINO-PTERIDIN-6-
CARBONSAEUREAMIDE, DARST. 63-0701
6-ARYL-4.7-DIAMINO-PTERIDINE, DARST. 63-0702
2.4-DIAMINO-6-PHENYL-, DARST. AUS 2.4-DIAMINO-7-CHLOR-
6-PHENYL-PTERIDIN 63-0703
2.4.7-TRIAMINO-6-HETEROARYL-PTERIDINE,, DARST. AUS
2.4.6-TRIAMINO-5-NITROSO-PYRIMIDIN U.
HETEROARYLACETONITRILEN 63-0704
TRIAMTERENISOMERE, DARST. AUS SUBSTITUIERTEN
PYRIMIDINEN 63-0705
PTERIDINE, DARST. AUS 1.2-DIKETONEN U. 4.5-DIAMINO-
PYRIMIDINEN 63-0707
DARST. AUS PYRIMIDINEN U. ALPHA-OXO-BETA-HYDROXYDERIV.
64-0744
2.4.7-TRIAMINO-6-HETEROARYL-PTERIDINE, UV 63-0704
MO-BERECHN. U. CHEM. EIG. 53-0090
8-SUBSTITUIERTE, STRUKTUR 59-0625
PTERIDIN-2-THIOLE, NUCLEOPHILE ADDIT.-RK. 57-0613
TETRAHYDRO-, OX. (KINETIK U. MECHANISMUS) 54-0144
8-SUBSTITUIERTE, HYDRATAT. (KINETIK) 59-0625
4-HYDROXY-PTERIDINE, RK. MIT HYDROXYLAMIN 61-0665
TRIAMTERENISOMERE, DIURET. WRKG. 63-0705
PTERIDINE, DIURET. WRKG. (STRUKTUREINFL.) 63-0708
2.4-DIAMINO-PTERIDINE, DIURET. WRKG. (INHIBIT. D.
DESOXYCORTICOSTERON-ACETATS) 60-0627
PUMMERER-REAKTION
* S. UNTER UMLAGERUNGEN
PURINE
* PURINNUCLEOSIDE S. UNTER NUCLEOSIDE
BIOLOG., IONISAT.-POTENTIALE 55-0151
MANNICHBASEN V. ACETONYLTHEOBROMINEN, 3.MITT. 55-0465
THEOPHYLLINE, SYNTH., 12. MITT. 55-0466
THEOPHYLLINE, SYNTH., 13. MITT. 56-0577
-, PYRIMIDINE U. IMIDAZOLE 27. MITT. 57-0660
8.9-DIHYDRO-XANTHINE, 1. MITT. 58-0658
U. PYRIMIDINE U. IMIDAZOLE, 29. MITT. 63-0721
--, PYRIMIDINE U. IMIDAZOLE, 28. MITT. 63-0775
MANNICHBASEN V. ACETONYLTHEOBROMINEN, STRUKTUR
55-0465
8-ALKOXY-COFFEINE, DARST. AUS 8-CHLOR-COFFEIN U. NA-
ALKOHOLATEN 53-0447
MANNICHBASEN V. ACETONYLTHEOBROMINEN, DARST. 55-0465
9-CYCLOHEXYL-, DARST. 57-0604
6-ALKYLTHIO-, DARST. AUS ALKYLHALOGENIDE U.
6-THIOPURINEN 57-0605
-MANNICH-BASEN, DARST. MIT CYCL. SEK. AMINEN U. CH2O
57-0611
2.6-DIHYDROXYLAMINO-, DARST. AUS 2-FLUOR-6-CHLOR-
PURINEN 57-0646
9-(BETA-ARYL-AETHYL)-ADENINE, DARST. 57-0784
6-FORMYL-, DARST. AUS 6-METHYL-PURINEN 58-0657
9-AMINO-9H-, DARST. , 2. MITT. 59-0614
ADENINE, DARST. AUS HCN IN FL. NH3 59-0616
1-METHYL-N(2)-ALKYL-GUANINE, DARST. AUS 1-METHYL-2-
ALKYLAMINO-4-AMINO-5-NITROSO-PYRIMIDIN-6-ONEN U.
AMEISENSAEURE-NA-DITHIONIT 60-0648
DARST. AUS 5-(1.2-DIAETHOXYCARBONYL-HYDRAZINO)-
PYRIMIDINEN 60-0790
N-VINYL-, DARST. 62-0642
2.6-DIAMINO-, DARST. AUS 2.4.6-TRIAMINO-5-NITROSO-
PYRIMIDINEN U. AMEISENSAEURE 62-0644
THIOCYANATO-, DARST. AUS MERCAPTOPURINEN 62-0841
THEOPHYLLINYL(COFFEINYL)MERCAPTO-CARBONSAEUREN, DARST.
56-0577
3-METHYL-2-BUTENYLAMINO-, DARST. 57-0609
1.3.7.9-TETRAMETHYL-XANTHINIUM-SALZE, DARST. 58-0658
9-(P-(BIS-(CHLORAETHYL)-AMINO)-PHENYL)-, SYNTH. AUS
4-CHLOR-5-AMINO-6-(4-(BIS-(2-HYDROXY-AETHYL)-AMINO)-
ANILINO)-PYRIMIDIN 61-0670
6-URACILYL-(5)-ALKYLAMINO-, DARST. AUS 6-CHLOR-PURIN
U. 5-(OMEGA-AMINO-ALKYL)-URACILEN 62-0655
HYDROXYAMINO-, DARST. 63-0871
6-URACILYL-(5)-ALKYLAMINO-, IR-SPEKTRUM 62-0655
6-METHYLMERCAPTO-, REAKTIVITAET 60-0664
1- U. N(6)- DIMETHYLALLYL-ADENINE, RK. 64-0798
8-ALKOXY-COFFEINE, UMLAGER. 53-0447
PHOTOINDUZIERTE OX. , MECHANISMUS 62-0304
9-(BETA-ARYL-AETHYL)-ADENINE, ADENOSINDESAMINASEHEMM.
57-0784
3-METHYL-2-BUTENYLAMINO-, EINFL. AUF BLATTALTER.
57-0609
6-ALKYLTHIO-, WRKG. GEGEN ADENOCARCINOM U. LEUKAEMIE
57-0605
THIOCYANATO-, ANTITUMORAKTIVITAET GEGENUEBER
TRANSPLANTIERTEN NF-SARKOM BEI MAEUSEN 62-0841
HYDROXYAMINO-, WRKG. GEGENUEBER LEUKAEMIE L-1210
63-0871
RK. MIT PYRIMIDINNUCLEOSIDEN BZW.-NUCLEOTIDEN
(TRANSGLYKOSYLIER.) 58-0716
PYRANE
* S. AUCH PYRYLIUMVERBINDUNGEN
GAMMA-PYRONE, 15. MITT. 54-0397
GAMMA-PYRONE, 10.MITT. 54-0403
4-PYRONE, 16. MITT. 54-0409
4-PYRONE, 17. MITT. 62-0648
INDOLINSPIROPYRANE, PHOTOCHROMIE, 1. MITT. 63-0667
INDOLINSPIRO-, PHOTOCHROMIE, 3. MITT. 63-0668
PHENOLDERIV. V. PYRON-(2), 2.MITT. 64-0674
2-OXY-SUBSTITUIERTE TETRAHYDRO-, KONFORM. U.
ANOMEREN-EFFEKT 60-0159
2-ALKOXY-TETRAHYDRO-, KONFORM.-ANALYSE 64-0174
GAMMA-PYRON-2-CARBONSAEUREDERIV., DARST. 54-0403
BENZOTHIAZOL-SPIRO-, DARST. AUS QUATERN.
BENZOTHIAZOLIUMBASEN MIT 2-HYDROXYARYL-CARBALDEHYDEN
54-0404
2-METHYL-3-ACETYL-PYRONE-(4), DARST. AUS
DIACETYLESSIGESTER U. ACYLMETHYLENTRIPHENYLPHOS-
PHORANEN 56-0542
CYAN-TETRAHYDRO-, U. -FURANE, DARST. DURCH EINW. V.
CUCN AUF GAMMA- U. DELTA-HALOGEN-KETONE, 1. MITT.
58-0357
DIHYDROPYRONE-(4), DARST. 58-0622
5-JOD-DIHYDRO-ALPHA-PYRONE, BLDG. AUS NA-SALZEN
UNGESAETT. CARBONSAEUREN U. JZ 59 0505
4-OXO-TETRAHYDRO-, DARST. 61-0620
4-AROYLMETHYLEN-, DARST. AUS 2-ALKYL-ACETESSIGESTERN
U. AROYLMETHYLEN-TRIPHENYLPHOSPHORANEN 62-0600
2-PYRON-CARBALDEHYDE, DARST. AUS 2-PYRON-
CARBONSAEURECHLORIDEN 63-0662
DARST. AUS KOHLENSUBOXID U. BETA-DIKETONEN 63-0664
2-ALKENYL-TETRAHYDRO-, DARST. AUS 2-(4-CHLOR-BUTENYL)
-TETRAHYDRO-PYRANEN MIT NA-AMALGAM BZW. ALKYL-MG-
HALOGENIDEN 64-0563
2-PYRONE, DARST. AUS DIKETOCARBONSAEUREN U.
ESSIGSAEUREANHYDRID 64-0670
3-CARBOXY-6-PHENYL-PYRONE-(2), DARST. AUS BETA-CHLOR-
TRANS-ZIMTALDEHYDEN U. MALONSAEURE 64-0680
DIHYDRO-, DARST. AUS CROTONALDEHYD 64-0684
3-BROM-2-PYRONE, DARST. 60-0583
CYCLOPENTADIENYLIDEN-, DARST. AUS CYCLOPENTADIENEN U.
2.6-DIMETHYL-8-PYRON ODER 2.6-DIMETHYL-4-OXO-THIOPYRAN
61-0599
5.6-DIHYDRO-, DARST. AUS ALPHA-OXIDEN 62-0593
INDOLINSPIRO-, MARKIERTE, DARST. 63-0668
2.6-DIARYL-PYRONE-(4), IR 57-0133
CYCLOPENTADIENYLIDEN-, UV 61-0599
CYCLOPENTADIENYLIDEN-, IR 61-0599
INDOLINOSPIROPYRANE, PHOTOCHROMIE, 2. MITT. 63-0104
PYRONE-(4), AROMAT. CHARAKTER 57-0133
DI- U. TETRAHYDRO-, DIPOLMOMENTE 61-0072
PYRONE-(2), MASSENSPEKTREN 62-0108
TETRAHYDROPYRANYL-(2)-(THIO)AETHER, MASSENSPEKTREN
64-0146

PYRONE-(4), NMR 57-0133
2.6-DIMETHYLPYRONE-(4), MAGNET. SUSZEPTIBILITAET 57-0133
2.6-DIARYLPYRONE-(4), POLAROGRAPHIE 57-0133
4-OXO-TETRAHYDRO-, RK. 61-0620
ALKOXY SOLVOLYT. SPALT. MIT ALKOHOLEN U. SAEUREN 53-0405
3-ACETYL-5.6-DIHYDRO-4-PYRONE, RINGOEFFN. DURCH WSS. NAOH 61-0349
2-ALKOXY-TETRAHYDRO-, HYDROLYSE (KINETIK) 60-0265
3-BROM-2-PYRONE, RINGOEFFN. MIT BASEN 60-0583
5.6-DIHYDRO-, DEHYDRATISIER. 62-0593
2-AETHOXY-2.3-DIHYDRO-4H-, RK. MIT ORGANOMAGNESIUMVERB. 55-0299
ALPHA-PYRONE, RK. MIT ALKYL-MG-HALOGENIDEN 56-0535
2-PYRONE, RK. MIT MALEINSAEUREANHYDRID 64-0485
KAWALACTONE FUNGISTAT. WRKG. (BEZIEH. ZUR KETTENLAENGE) 64-0908
PYRAZINE
1. MITT. 54-0452
3-ALKYL-2-METHYL-, DARST. AUS 2.3-DIOXO-ALKANEN U. AETHYLENDIAMIN 54-0452
AETHYLDIMETHYL-, DARST. AUS DIMETHYLPYRAZINEN U. AETHYLLITHIUM 59-0631
DIHYDRO-, DARST. AUS STYRYLAZIDEN 64-0553
2.5-BIS-(P-N-ALKYL(ALKOXY)PHENYL)-, SYNTH. AUS BROM- ODER AMINOKETONEN 56-0576
2-AMIDYLAMIDINO-3-AMINO-, DARST. AUS 3-AMINO-PYRAZINCARBIMIDSAEUREESTERN U. GUANIDINHYDROCHLORID 60-0627
2.5-BIS-(P-N-ALKYL(ALKOXY)PHENYL)-, KRIST.-FL. EIG. 56-0576
PYRAZINMETHOJODIDE, NMR -SPINKOPPL. ZWISCHEN (14)N U. RINGPROTONEN 59-0119
ISOMERISIER. V. PYRAZINEN DURCH UV-BESTRAHL. (MECHANISMUS) 53-0191
METHYL-, RK. MIT ORGAN. LI-VERB. 62-0641
-DIURETIKA, 5. MITT. (N-AMIDINO-3-AMINO-PYRAZINCARBOXAMIDINE) 60-0627
PYRAZOLE
4.MITT. 57-0093
DELTA(3)-PYRAZOLINE, DARST. U. EIG. 1. MITT. 61-0580
57.MITT. 62-0563
UNGESAETT. DERIV.,1. MITT. 62-0571
2. MITT. 63-0633
1-METHYL-, STRUKTURBEST. DURCH NMR IN GGW. PARAMAGNET. ZUSAETZE 57-0115
ARYLAZOPYRAZOLONE, TAUTOMERIE (NMR-UNTERS.) 59-0142
KONFORM. (U. FARBE) 63-0175
1-ACYL-4-ALKOXY- DARST. 53-0366
4-SUBSTITUIERTE, DARST. AUS HYDRAZINDERIV. U. 3-DIMETHYL-AMINO-2-PHENYL- BZW. -ALKOXY-ACROLEINEN 53-0367
BIPYRAZOLYLE DARST. DURCH OX. D. DIAZOMETHAN-ADDUKTES V. BIS-(NAPHTHOCHINON-(1.4)-YL-(2)) 53-0369
DARST. AUS PYRIMIDINEN U. HYDRAZINHYDRAT 54-0354
METHOXYCARBONYL-, DARST. AUS 3-(P-METHOXYBENZOYL)-3-HALOGEN-ACRYLSAEUREN U. CH2N2 54-0374
ALKYLIDEN-PYRAZOLINE, DARST. 54-0375
3-(ARYLSULFONYLMETHYL)-PYRAZOLINE-(2), DARST. AUS ARYL-ALLYLSULFONEN U. CH2N2 54-0381
DARST. AUS SAEUREHYDRAZIDEN 54-0383
4-PYRAZOLON-N.N'-DIOXIDE, DARST. AUS ALPHA,BETA-UNGESAETT. KETOXIMEN U. HNO3 55-0399
1.1- U. 1.2-DIMETHYLPYRAZOLINIUMVERB. DARST. 55-0404
DELTA(2)-PYRAZOLINE, DARST. AUS UNGESAETT. ALKYL-HYDRAZONEN UNTER ALKYLWANDER. 55-0410
3.4-DIAZACYCLOPENTADIENONOXIDE, DARST. AUS KETONEN MIT HNO2-NO2 55-0411
3.4-DIAZACYCLOPENTADIENONOXIDE, 4-HYDROXY-, DARST. AUS 3.4-DIAZACYCLOPENTADIENONOXIDEN 55-0411
PYRAZOLIDINONE-(3), DARST. AUS 1-AMINO-AZETIDINONEN 56-0465
PYRAZOLONE, DARST. 56-0504
PYRAZOLONE, DARST. 56-0505
1-GERMYL- U. 1-SILYL-, DARST. AUS PYRAZOLEN U. GERMYL- BZW. SILYL-AMINEN 57-0112
DARST. AUS 5-ALKOXYPYRAZOLINEN-(2) 57-0518
1-ARYL-, DARST. 58-0084
DARST. DURCH PYROLYSE V. ZIMTALDEHYDAZINEN 58-0592
1.3.5-TRIARYL-, DARST. AUS CHALKONPHENYLHYDRAZONEN BZW. PYRAZOLINEN 58-0593
DARST. AUS SYDNONEN U. ACETYLENEN 58-0595
DELTA(2)-PYRAZOLINE, DARST. AUS SYDNONEN U. ALKENEN 58-0596
1-(P-FLUORPHENYL)-PYRAZOLDERIV., DARST. AUS SUBSTITUIERTEN P-FLUOR-PHENYLHYDRAZINEN U. ACETESSIGESTER BZW. MALONESTER 58-0597
1-PHENYL-4-ACYL-, DARST. AUS (1-PHENYL-PYRAZOLYL-(4))-MAGNESIUMBROMID U. ACYLCHLORIDEN 58-0600
PYRAZOL-1-DITHIOCARBONSAEUREN, DARST. 59-0084
DARST. AUS SYDNONEN U. AETHYLENEN 59-0506
1-ACYL-2.4.4-TRIALKYL(ARYL)-PYRAZOLIDINONE-(3), DARST. AUS ALPHA-SUBSTITUIERTEN BETA-BROM-PROPIONSAEURECHLORIDEN U. N-ALKYL-N'-ACYL-HYDRAZINEN 59-0542
1-ACYL-4.4-DIBUTYL-DELTA(2)-PYRAZOLINONE-(5), DARST. AUS 4.4-DIBUTYL-DELTA(2)-PYRAZOLINON-(5) U. SAEURECHLORIDEN 59-0542
DARST. AUS SYDNONEN U. AETHYLENEN 59-0544
DARST. AUS ENINEN U. DIAZOALKANEN 59-0549
DELTA(2)-PYRAZOLINE, DARST. AUS NITRILIMINEN U. DIMETHYLOXOSULFONIUMMETHYLID 59-0551
4-UREIDOMETHYLEN-1H.5-PYRAZOLONE, DARST. AUS URACILCARBALDEHYDHYDRAZONEN DURCH UMLAGER. 59-0620
N-GLYKOSYL-, DARST. AUS PYRAZOL U. ACETOBROMMONOSEN 59-0666
3.5-DIACYL-PYRAZOLONE-(4), DARST. AUS 1.3.5-TRIKETONEN U. P-TOLUOLSULFONSAEUREAZID 61-0576
DIARYL-DIOXO-4-(BIS-(ALKYLMERCAPTO)-METHYLEN)-PYRAZOLIDINE, DARST. AUS DIARYLDIOXOPYRAZOLIDIN DITHIOCARBONSAEUREN BZW. -ESTERN 61-0578
3-VINYL-, DARST. AUS VINYLDIAZOMETHAN U. ACETYLENEN 61-0582
1-GLYCYL-PYRAZOLINE, DARST. AUS 1-(CHLORACETYL)-3.5.5-TRIMETHYL-PYRAZOLIN U. SEK. AMINEN 62-0557
PYRAZOLINE, DARST. AUS ALLENEN U. DIAZOALKANEN 62-0569
DARST. AUS ACETYLENEN U. DIAZOMETHAN 62-0570
DELTA(1)-PYRAZOLINE, STEREOSPEZIF. SYNTH. AUS ALPHA-CYANACRYLATEN U. CH2N2 63-0478
3-(5-NITRO-FURYL-(2))-, DARST. AUS 5-NITRO-2-FURYL-DIAZOMETHAN U. ACETYLENVERB. 63-0634
PYRAZOLINE-(1), DARST. AUS 2.2.2-TRIFLUOR-DIAZOAETHAN U. OLEFINEN 63-0638
AMINO-, DARST. AUS N-ACETYL-N'-(BETA-AETHOXY-ACRYLOYL)-HARNSTOFFEN 63-0721
DELTA(2)-PYRAZOLINYL-ALKANSAEUREESTER, DARST. AUS LAEVULINSAEURE-ARYLHYDRAZONEN 64-0621
3.5-DIAMINO-, DARST. AUS DIAETHYLMALONIMIDAT U. HYDRAZINEN 64-0624
DELTA(3)-PYRAZOLINE, DARST., EIG., 2. MITT. 64-0628
3-ACETYL-DELTA(1)-PYRAZOLIN-3-CARBONSAEUREESTER, STEREOSPEZIF. DARST. AUS ALPHA-ACETYL-ACRYLSAEUREESTERN U. DIAZOMETHAN 64-0635
DELTA(2)-PYRAZOLINE, DARST. AUS CHALKONEN U. HYDRAZINHYDRAT 54-0378
1-ARYL-PYRAZOLIDONE-(3) U. -(5), DARST. 55-0403
3.4-DIAZACYCLOPENTADIENONOXIDE, DARST. AUS ALPHA. BETA-UNGESAETT. OXIMEN MIT HNO2 55-0411
5-ALKOXYPYRAZOLINE-(2), DARST. AUS AETHOXYAETHYLEN U. SAEUREHALOGENIDHYDRAZONEN 57-0518
5-METHYLMERCAPTO-, DARST. AUS ALPHA.BETA-UNGESAETT. BETA.BETA-BIS-(METHYLMERCAPTO)-CARBONYLVERB. U. HYDRAZINEN 57-0531
1-(BIS-(DIMETHYLAMINO)-PHOSPHINO)-, DARST. AUS PYRAZOLEN U. PHOSPHORIGSAEURE-TRIS-DIMETHYLAMID 57-0533
1-PHENYL-4-HYDROXYALKYL-, DARST. AUS (1-PHENYL-PYRAZOLYL-(4))-MAGNESIUMBROMID U. KETONEN 58-0600
TERT.-BUTYL-, DARST. AUS BETA-DIKETONEN U. HYDRAZINEN 59-0547
DELTA(1)-PYRAZOLINE, DARST. AUS DIAZOMETHAN U. ALKYLIDENMALONATEN 59-0550
1.2-DIAZA-CYCLOPENTADIENON-DIOXIDE, DARST. AUS 1.3-DISUBSTITUIERTEN PROPENON-OXIMEN U. HNO2 (ALS OXIM) ODER HNO3-HNO2 60-0534
4-ARALKYLIDEN-PYRAZOLIDIN-2.5-DIONE, DARST. AUS ALDEHYDEN U. 3.5-DIOXO-1.2-DIMETHYL-PYRAZOLIDIN 60-0535
DIARYLDIOXOPYRAZOLIDIN- U. -HYDROXYPYRAZOL-DITHIOCARBONSAEUREESTER, DARST. DURCH ALKYLIER. 61-0578
1-PHENYL-PYRAZOL-SULFONSAEUREN, DARST. 61-0584
1- U. 4-VINYL-, DARST. AUS BETA-HYDROXY-AETHYL-PYRAZOLEN 62-0563
5-AETHINYL-, DARST. DURCH ADDIT. V.DIAZOPROPIN AN AKTIVIERTE MEHRFACHBIND. 62-0571
3-(5-NITRO-FURYL-(2))-PYRAZOLINE-(2), DARST. AUS 5-NITRO-2-FURYL-DIAZOMETHAN U. AETHYLENVERB. 63-0634
5-SPIRO-DELTA(2)-PYRAZOLINE, DARST. AUS OXOVERB. 64-0632
1-ARYL-3-CARBOXY-, SYNTH. AUS CINNAMOYL-BRENZTRAUBENSAEUREAETHYLESTERN U. ARYLHYDRAZINEN 64-0637
1-ARYL-, IR-SPEKTREN 58-0084
1-ARYL-3-CARBOXY-, IR 64-0637
1-ARYL-3-CARBOXY-, UV 64-0637
4-PHENYL-, UV (EINFL. V. LSGM.) 57-0093
1-ARYL-, UV-SPEKTREN 58-0084
PYRAZOLONE, STRUKTUREN IN LSG. 56-0504
PYRAZOLONE, STRUKTUREN IN LSG. 56-0505
METHYL-, MASSENSPEKTREN 54-0085
PHENYL-, MASSENSPEKTREN 61-0116
1-(BIS-(DIMETHYLAMINO)-PHOSPHINO)-, NMR 57-0533
1-ARYL-, NMR 58-0084
CHEM. VERSCHIEB. ((13)C-NMR) 61-0095
NMR 63-0175
1-GERMYL- U. 1-SILYL-, NMR -SPEKTRUM 57-0112
TERT.-BUTYL-, BASIZITAET 59-0547
4-ARALKYLIDEN-PYRAZOLIDIN-2.5-DIONE, LEWISSAEURE-EIG. 60-0535
1-ARYL-PYRAZOLIDONE-(3) U. -(5), RK. MIT PROTONEN BZW. QUARTAERISIER. 55-0403
1.1- U. 1.2-DIMETHYLPYRAZOLINIUMVERB., DEUTERIER. 55-0404
DELTA(2)-PYRAZOLINE, ENAMINVERH. BEI RK. 57-0529
PYRAZOLIN- U. PYRAZOLIDINDITHIOCARBONSAEUREN, ALKYLIER., 4. MITT. 61-0578
5-SPIRO-DELTA(2)-PYRAZOLINE, RK. 64-0632

3-ACETYLPYRAZOLINE-(1), UMLAGER. IN
N-ACETYLPYRAZOLINE-(2) (MECHANISMUS) 56-0233
PHOTOISOMERISIER. 56-0503
3H-, PHOTOISOMERISIER. 57-0528
DELTA(2)-PYRAZOLINE, THERM. ZERS. 54-0378
4-AMINO-PYRAZOLIN-(3)-ONE-(5), PHOTOLYSE IN W.
54-0382
DELTA(1)-PYRAZOLINE, THERMOLYSE 59-0550
PYRAZOLINE, SENSIBILISIERTE PHOTOCHEM. ZERS., 2. MITT.
62-0481
3-CYANO-3-AETHOXYCARBONYL-DELTA(1)-PYRAZOLINE,
THERMOLYSE 64-0633
3-CYAN-3-AETHOXYCARBONYL-PYRAZOLINE, THERM. ZERS.
(STEREOCHEMIE, MECHANISMUS) 64-0634
1.5-DIPHENYL-, RINGOEFFN.-RK. 55-0405
3H-, PHOTOLYSE 57-0528
1.3.5-TRIARYL-PYRAZOLINE, OX. MIT MNO2 58-0593
3.4-DIAZACYCLOPENTADIENONOXIDE, RED. MIT
ZN-ESSIGSAEURE 55-0411
ARYL-, SULFONIER., 2. MITT. 61-0584
DELTA(2)-PYRAZOLINE, RK. MIT PHENYLISOTHIOCYANAT
54-0378
METHOXYCARBONYL-, ANTINEOPLAST. WRKG. (MAEUSE)
54-0374

PYRAZOLONE
* S. UNTER PYRAZOLE

PYRIDAZINE
1(2)-METHYL-PYRIDAZINIUMJODIDE, DARST. AUS PYRIDAZINEN
U. CH3J (ZUS. D. GEMISCHE) 53-0445
ACETYL-3-OXO-6-HYDROXY-2.3-DIHYDRO-, DARST. 54-0456
PYRIDAZINYL-RIBOSIDE, DARST. AUS 3-HYDROXY-PYRIDAZIN-
AG-SALZEN U. RIBOSEDERIV. 54-0491
4-HYDROXYMETHYL-, DARST. AUS PYRIDAZIN-1-OXIDEN (UV-
BESTRAHL.) 56-0583
TETRAHYDRO-, DARST. AUS BIS-(CYCLOALKENYLEN-(1.1'))
U. AZODICARBONSAEUREDIESTERN 56-0595
SYNTH., 15. MITT. 57-0602
3-SULFONYLOXY-PYRIDAZONE-(6), DARST. AUS
MALEINSAEUREHYDRAZID 58-0667
2.6-DIHYDROXY-PYRIDAZINIUMSULFONATE, DARST. AUS 3-
SULFONYLOXY-PYRIDAZONEN-(6) 58-0667
SYNTH., 16. MITT. 60-0649
3-AMINO-(HYDRAZINO)-, DARST. AUS SYMM. TRIAZOLO(4.3-
B)PYRIDAZINIUM-HALOGENIDEN 60-0650
PYRIDAZIN-1.2-DIOXIDE, DARST. AUS PYRIDAZINEN
60-0660
CHLOR-, DARST. 60-0662
SYNTH., 9. MITT. 64-0419
DIMETHYLAMINO-, DARST. AUS CHLORPYRIDAZINEN U.
DIMETHYLAMIN 56-0579
DARST. AUS PYRIDAZIN-N-OXIDEN (UV-BESTRAHL.) 56-0583
PYRIDAZINONE-(4), DARST. AUS 1.4-(DI)ARYL(-ALKYL)-
BUTANTRION-(1.2.4)-IMIN-PHENYLHYDRAZONEN U. AETHANOL.
KOH 60-0645
PYRIDAZINONE-(4), UV-SPEKTREN 60-0645
-1.2-DICARBONSAEUREESTER, HYDRIERTE, KONFORM.
-AENDER. (GESCHW.) 57-0144
1.1-DIALKYL-DELTA(2)-TETRAHYDROPYRIDAZINIUMSALZE,
ALKAL. SPALT. 64-0738
-N-OXIDE, VERW. ZUR OX. V. AROMAT. KW-STOFFEN 64-0419
CHLOR-, RK. MIT DIMETHYLAMIN 56-0579
ADDIT. V. GRIGNARD-REAGENTIEN, 5. MITT.. 56-0578
6-METHYL-, RK. MIT TERT.-BUTYL-MAGNESIUMCHLORID
56-0578
PYRIDAZINOL-N-OXIDE, C-ALKYLAMINOMETHYLIER., 3. MITT.
59-0626

PYRIDINE (ALLGEMEINES)
20.MITT. 53-0415
21.MITT. 53-0416
NITROALKYL-PYRIDINALDEHYDE 4. MITT. 53-0429
23. MITT. 54-0098
24. MITT. 54-0099
68. MITT. 59-0046
TAUTOMERE, 11. MITT. 62-0171
25. MITT. 63-0224
27. MITT. 64-0694
DEUTERIERTE, STATIST. VERTEIL. D. H 56-0137
4-THIOCARBAMOYL-, TAUTOMEREN-GLEICHGEW. 62-0172
ACYL-, KONFORM. 57-0161
(1-OXO-INDANYLIDEN)-, KONFORM. 62-0139
(DIHYDRO-3-OXO-BENZOFURANYLIDENMETHYL)-, KONFORM.
62-0140

PYRIDINE (VORKOMMEN, DARSTELLUNG)
TETRAHYDRO-, DARST. DURCH RED. V. QUART.
PYRIDINIUMSALZEN MIT ALH3 53-0415
ALPHA-PYRIDONE, DARST. AUS TRICHLORACRYLNITRIL U.
BETA-KETOCARBONSAEUREESTERN 53-0425
DIENSYNTH. D. PY.-RINGES 2. MITT. 53-0428
NITROALKYL-PYRIDINALDEHYDE, DARST. 53-0429
P-AMINO-BENZOLSULFONSAEURE-(2-HALOGEN-PYRIDYL-(4)-
AMIDE), DARST. 53-0431
PYRIDINBASEN, DARST. AUS ALDEHYDEN U. KETONEN,
MECHANISMUS (UEBERSICHT) 53-0436
4-NITRO-, DARST. AUS 2-FLUOR-4-NITRO-PYRIDIN 54-0424
2(ODER 4)-CYANMETHYLEN-1.2(ODER 4)-DIHYDRO-, DARST.
AUS PYRIDINIUMSALZEN U. ACETONITRILEN 54-0425
2-(1H)-PYRIDONE, BLDG. AUS ACETOACETAMIDEN DURCH
THERMOLYSE 54-0443
HYDROXY-, DARST. AUS SUBSTITUIERTEN PYRIDIN-N-OXIDEN
55-0442
6-HALOGEN-2-AMINO-3.4-DIHYDRO-, DARST. AUS D.
HALOGENWASSERSTOFFSALZEN V. GLUTARSAEUREDINITRIL
55-0448
1-METHYL-2-(ALPHA-HYDROXYBENZYL)-PYRIDINIUMCHLORIDE,
DARST. AUS 1-METHYL-2-CARBOXY-PYRIDINIUM-CHLORID U.
BENZALDEHYDEN 55-0450
DIFORMYL-PYRIDIN-N-OXIDE, DARST. 55-0455
N-(5-NITRO-6-METHYL-PYRIDYL-(2))-AMINOSAEUREN, DARST.
AUS 2-FLUOR-5-NITRO-6-METHYL-PYRIDIN U. AMINOSAEUREN
56-0550
2-CARBOXYALKYLAMINO-PYRIDIN-N-OXIDE, DARST. 56-0722
METHYL-(O-HYDROXYARYLVINYL)-, DARST. AUS AROMAT.
O-HYDROXYALDEHYDEN U. DIMETHYLPYRIDINIUMJODIDEN
57-0482
(BIS-CHLORAETHYL-AMINO)-ARYLIDEN-NICOTINOYLHYDRAZINE,
DARST. 57-0580
4-SUBSTITUIERTE TETRAFLUOR-, DARST. AUS TETRAFLUOR-
GAMMA-PICOLIN 57-0588
ACYLMETHYLAMINO-PYRIDIN-N-OXIDE, DARST. AUS 2-FLUOR-
PYRIDIN-N-OXID U. AMINOSAEUREN 57-0590
6-(AMINOAETHOXY)-3-CARBALKOXY-, DARST. AUS
HYDROXYBERNSTEINSAEURE BZW. ACETESSIGSAEURE-
AETHYLESTER 57-0596
PYRROLYL-(2)-, DARST. AUS 6-PYRIDYL-3.6-DIHYDRO-2H-
OXAZINEN-(1.2) 57-0619
MEISENHEIMER-VERB., BLDG. 58-0105
N-ARYL-2-ACETIMIDOYL-, DARST. AUS NITROAROMATEN MIT
TRIAETHYLPHOSPHIT 58-0322
DIMERE DIHYDRO-, DARST. AUS 3-CYAN-PYRIDINDERIV.
58-0626
N-ALKYL-2-PYRIDONIMINE, DARST. AUS 1-CYAN-2-METHYL-
PENTEN-(1)-IN-(3) U. AMINEN 58-0633
PHENYLSUBSTITUIERTE 4.4'-DIPYRIDYLIUMSALZE, DARST.
DURCH KROEHNKE SYNTH. 58-0644
-ANALOGE V. CONGOCIDIN, DARST. 59-0495
TETRAHYDRO-, DARST. 59-0596
SILYL-TETRACHLOR-, DARST. AUS CHLORSILANEN U. D.
GRIGNARD-VERB. 59-0607
4-HYDROXY-PYRIDONE-(2), DARST. AUS THIOAMIDEN U.
DIKETEN 59-0608
N-(TRI-O-ACETYL-GLUCOPYRANOSYL)-1.4-DIHYDRO-, DARST.
AUS N-(3.4.6-TRI-O-ACETYL-ALPHA-D-GLUCOPYRANOSYL)-
PYRIDINIUMBROMIDEN 59-0667
1-LITHIO-2-BUTYL-1.2-DIHYDRO-, DARST. 60-0011
2-(2-TRIFLUORMETHYL-CHINOLYL-(4)-HYDROXYMETHYL)-,
DARST. AUS 2-TRIFLUORMETHYL-4-(PYRIDYL-(2)-CARBONYL)-
CHINOLINEN 60-0461
2-(2-ARYLCHINOLYL-(4)-HYDROXYMETHYL)-, DARST. AUS
2-ARYL-CHINOLYL-(4)-PYRIDYL-(2)-KETONEN 60-0463
CINCHOMERONSAEUREN, DARST. AUS MERIMINEN 60-0597
PYRIDONONE-(2.6), DARST. AUS TRICHLOR-ACRYLNITRIL U.
ALKYLMALONSAEUREESTERN 60-0598
STILBAZOL-OXIDE, DARST. 60-0600
DEUTERIERTE, DARST. AUS DEUTERIERTEN
PYRIDINCARBONSAEUREN DURCH DECARBOXYLIER. 60-0601
9-PYRIDINIO-ACRIDINE, DARST. AUS 9-CHLOR-ACRIDINEN U.
PY. 60-0605
PYRIDONSALZE, DARST. UNGEWOEHNL. -- AUS N-ALKYL-
PYRIDONEN U. TETRACYANAETHYLEN BZW. CHINOLIZON-(4)
60-0608
2-(THIO)UREIDO-, DARST. AUS D. PYRIDYLAMINEN U. ISO
(THIO)CYANATEN 60-0612
PYRIDYL-ARYLAMINOMETHYLPHOSPHONSAEUREESTER, DARST.
AUS PICOLINYLIDEN-(2)-ARYLAMINEN U.
PHOSPHORIGSAEUREDIALKYLESTERN 60-0613
PYRIDYL-HYDROXYMETHYLPHOSPHONSAEUREESTER, DARST. AUS
ALPHA-PYRIDYL-ALDEHYD U. PHOSPHORIGSAEURE-
DIALKYLESTERN 60-0613
STILBAZOLE, DARST. AUS 2-METHYL-PYRIDINEN U.
BENZALDEHYDEN 60-0615
AMINOALKYL-, DARST. AUS PICOLINEN CH2O U. AMINEN
60-0616
BIPYRIDONYLE, SYNTH. 60-0622
PYRIDON-(2)-N-BETA-D-GLUCOPYRANOSIDE, DARST. AUS
ALPHA-ACETOBROMGLUCOSE U. PYRIDONEN 60-0698
2-METHYL-6-ALKYL-, DARST. 62-0607
4-PHENYL- 2.5-DIAROYL- U. -2.5-DIAMINO-, DARST.
62-0616
2-PYRIDYL-(2)-AETHYL-DITHIOCARBAMINSAEUREN, DARST.
62-0617
2-TRIMETHYLSILYL-PICOLINE, DARST. AUS 2-BROM-PICOLINEN
U. TRIMETHYLCHLORSILAN 63-0273
SYN-ANTI-PYRIDYL-(2)-KETOXIME, DARST. AUS 2-ACYL-
PYRIDINEN 63-0671
PYRIDYL-(3)-OXY-ALKANSAEUREN, DARST. AUS 3-HYDROXY-
PYRIDIN U. ALPHA-BROM-CARBONSAEUREESTERN 63-0674
METHYLSUBSTITUIERTE METHYLPYRIDONE-(2), DARST. DURCH
KONDENS. D. DI-LI-VERB. V. METHYLPYRIDONEN-(2)
63-0681
METHYLSUBSTITUIERTE ACETAMIDO-, DARST. AUS
ACETAMIDOPYRIDIN-DIANIONEN U. CARBONYLVERB. BZW.
NITRILEN 63-0682
PYRIDONE-(2), 6-SUBSTITUIERTE, DARST. AUS N-OH-
GESCHUETZTEN PYRIDONEN 63-0683
2-(2-(OMEGA-DIALKYLAMINOALKYLAMINO)-CHINOXALINYL-(3))-,
DARST. AUS 2-CHLOR-3-(PYRIDYL-(2))-CHINOXALINEN U.
OMEGA-DIALKYLAMINO-ALKYLAMINEN 63-0898
-POLYAETHYLENSULFID-KOMPLEXE, DARST. 64-0696
3-DIMETHYLAMINO-2-PYRIDONE, DARST. AUS AROYL-N.N-
DIMETHYL-GLYCINONITRILEN U. ACETOPHENON 64-0701

4-HYDROXY-PYRIDONE-(2), DARST. AUS KETOXIM-BENZYLAETHERN U. MALONSAEUREDERIV. 64-0706
ALPHA- PYRIDYL-(2)-CARBONSAEUREAETHYLESTER,DARST. DURCH ALKYLIER. V. PYRIDYL-(2)-ESSIGSAEUREAETHYLESTER MIT ALKYL(ARYL)-HALOGENIDEN U. NANH2 IN FL. NH3 64-0715
1-ARYL-2-ANILINO-1.2-DIHYDRO-, DARST. AUS GLUTACONALDEHYD-DIANILEN 54-0220
POLYFLUORIERTE, SYNTH. 54-0438
FLUORIERTE, SYNTH. 54-0439
2-METHYL-1.4.5.6-TETRAHYDRO-, DARST. AUS 2-ACETYL-GLUTARSAEURE-1-AETHYLESTER-5-NITRILEN DURCH CYCLISIERENDE HYDRIER. 56-0559
ALKYLAMINO-3-AMINO-, DARST. AUS ALKYLAMINO-NITRO-PYRIDINEN U. H2 (RANEY-NI) 57-0579
2.6-DIAMINO-, DARST. AUS 2.6-DICARBAETHOXYAMI-DOPYRIDINEN DURCH CURTIUS-RK. 57-0792
ALPHA-(P-ACETAMIDO-BENZAMIDO)-N'-ISONICOTINOYL-CINNAMOYLHYDRAZIDE, DARST. AUS 2-(P-ACETAMIDO-PHENYL)-4-BENZYLIDENOXAZOLONEN-(5) U. ISONIAZID 57-0793
4-INDOLYL-1.2.3.6-TETRAHYDRO-, DARST. AUS D. 4-PYRIDINIO-INDOLEN MIT NABH4 59-0600
BIS-QUATERN. SALZE V. 4-(PYRIDYLCARBAMOYL)-N-(PYRIDYLCARBONYL)-ANILINEN U. VERWANDTEN VERB., DARST. 60-0589
BIS-QUATERN. SALZE V. TEREPHTHALSAEURE-BIS-(P-PYRIDYLAMINOCARBONYL-ANILIDEN), DARST. 60-0590
6-MERCAPTO-3.5-DICYAN-PYRIDINTHIONE-(2), SYNTH. V. SALZEN 61-0647
METHYL-, DARST. 62-0614
PYRIDYLHARNSTOFFE, DARST. AUS AMINOPYRIDINEN U. ISOCYANATEN 62-0618
HOCHSUBSTITUIERTE SYNTH. AUS 2-CYANMETHYL-1.1.3.3-TETRACYAN-PROPEN-NA-SALZ 62-0659
2-SKATYL-ALKYL-, DARST. AUS 2-HYDROXYMETHYL-ALKYL-PYRIDINEN U. INDOL 64-0689
PYRIDINE (PHYSIKALISCHE EIGENSCHAFTEN)
2-METHYL-4-CARBAETHOXY-6-PYRIDONE, IR-NH-STRECKSCHWING.-BANDEN 55-0065
HYDROXYALKYL-, IR 55-0144
BENZAMIDO- U. ANILINOCARBONYL-, IR -UNTERS. D. H-BRUECKENBIND. 56-0107
LAD.-UEBERTRAG.-KOMPLEXE MIT JCN, IR 58-0096
4-INDOLYL-1.2.3.6-TETRAHYDRO-, UV 59-0600
AMINO-, UV 63-0123
3-NITRO-, UV-SPEKTREN , 1. MITT. 64-0097
1.2-DIPYRIDYL-AETHYLENE, OSZILLATORENSTAERKEN (HMO-BERECHN.) 55-0063
2-AMINO-PYRIDIN-1-OXIDE, ORD , 5. MITT. 61-0065
N-(PYRIDYL-(2)-N-OXID)-AMINOVERB., ORD , 3. MITT. 61-0066
N-(PYRIDYL-(2)-N-OXID)-AMINOVERB., ORD , 4.MITT. 61-0067
1.2-DIPYRIDYL-AETHYLENE, PI-ELEKTRONENSTRUKTUR, 2. MITT. 55-0063
GLUTAZINE, TAUTOMERIE 55-0139
ELEKTRONENSTRUKTUR, 5. MITT. 56-0144
1-METHYL-2-PYRIDONE, ELEKTRONENSTRUKTUR U. CHEM. REAKTIVITAET 58-0137
MONOALKALI-2.2'-DIPYRIDYLE, LCAO-MO-UNTERS. 64-0001
4-HALOGEN-, MOL.-STRUKTUR (BERECHN. V. NORMALFREQUENZEN) 55-0101
STYRYL-, ELEKTRONENZUSTAENDE U. PI-PI(STERN)-UEBERGAENGE 56-0144
1-LITHIO-2-BUTYL-1.2-DIHYDRO-, MOL.-STRUKTUR 60-0011
STYRYL-, DIPOLMOMENTE 56-0144
PYRIDONE-(2), PYRIDTHIONE-(2) U. 2-ALKYLMERCAPTO-, MASSENSPEKTREN 58-0131
N-ALKYL-3-CYAN-1.4-DIHYDRO-, MASSENSPEKTROSKOPIE (FRAGMENTIER. U. D-ISOTOPENEFFEKTE) 60-0129
(1-OXO-INDANYLIDEN)-, DIPOLMOMENT 62-0139
(DIHYDRO-3-OXO-BENZOFURANYLIDENMETHYL)-, DIPOLMOMENTE 62-0140
DIPYRIDYLIUMSALZE U. 1.2-DIPYRIDYLIUM-AETHENE, POLAROGRAPH. UNTERS. D. REVERSIBLEN REDOX-SYST. 62-0186
AMINO-, DIPOLMOMENTE U. DK 63-0117
2-METHYL-5-ALKINYL-, MASSENSPEKTREN 63-0156
ACYL-, DIPOLMOMENTE 57-0161
N-SUBSTITUIERTE, KOPPL.-KONST. (BEZIEH. ZU SUBSTITUENTENEFFEKTEN) 57-0100
PYRIDYLMETHANOLE, PROTONIERTE, NMR 59-0124
2-SUBSTITUIERTE (1)H- U. (13)C-, NMR (SUBSTITUENTENEINFL.) 62-0078
HYDROXYALKYL-, DISSOZIAT.-KONST. 55-0144
PK(A)-BEST. NACH VERBESSERTER HENDERSON-GLEICH. 55-0145
1.2-BIS-PYRIDYL-AETHANDIOLE-(1.2), DISSOZIAT.-KONST. 60-0211
ORGANO-GE-, -SI- U. -SN-SUBSTITUIERTE, BASIZITAET IN WSS. METHANOL 61-0182
STER. GEHINDERTE, PK(A)-WERTE (EINFL. V. ALKOHOLEN) 63-0216
PIPERIDEINBASEN, DISSOZIAT.-KONST. 63-0224
SAEURE-BASEN-GLEICHGEW. MIT NITROPHENOLEN IN APROT. LSGM. 64-0217
NITRO-CARBOXYANILINO-, PK(A) 64-0229
N.C-DIMETHYL-TETRAHYDRO-, GASCHROMATOGRAPH. RETENT. (BEZIEH. ZUR STRUKTUR) 54-0099
CHROMATOGRAPH. VERH. (EINFL. V. ELEKTRON. U. STER. FAKTOREN, BEZIEH. ZU QUATERNISIER.-GESCHW.) 57-0178
CETYLPYRIDINIUMSALZE, MIZELLGROESSE U. -FORM (EINFL. D. GEGENIONS, LICHTSTREUUNGSUNTERS.) 63-0210
PYRIDINE (REAKTIONEN)
4-HALOGEN-, NUCLEOPHILE SUBSTITUT. -RK. (MECHANISMUS) 54-0418
POLYFLUORIERTE, RK. 54-0438
FLUORIERTE, RK. 54-0439
TETRAHYDRO-, RK. 59-0596
2-(O-HYDROXY-STYRYL)-PYRIDINIUMSALZE,VERS. D. CYCLISIER. 53-0418
-N-OXIDE, UMLAGER. DURCH UV-BESTRAHL. 55-0442
3-HYDROXY-, RINGVERENG. DURCH KNH2 56-0489
AMINO-, REVERSIBLE HYDROLYT. RINGOEFFN. 57-0222
NITRO-AMINO-, REVERSIBLE HYDROLYT. RINGOEFFN. 57-0223
TAUTOMERE, 10. MITT. 62-0173
HOCHSUBSTITUIERTE,CYCLISIER. 62-0659
3.5-DICYAN-4-CHLORMETHYL-1.4-DIHYDRO-, UMLAGER. 63-0742
2-(TETRA-O-ACETYL-BETA-D-GLUCOPYRANOSYL-OXY)-, O-N-UMGLYKOSIDIER. BZW. O-ANOMERISIER. MIT HGBR2 64-0784
4-AMINO-, SELEKTIVE DEUTERIER. 57-0593
PYRIDONE, TAUTOMERIE-GLEICHGEW. (ABHAENGIGK. V. D. LSGM.-POLARITAET) 62-0171
HYDROXY-, TAUTOMERIE MIT PYRIDONEN (SUBSTITUENTENEINFL.) 62-0173
2-METHYL-6-ALKYL-, CYCLISIER. 62-0607
PIPECOLINE, ERSCHOEPFENDE METHYLIER. 53-0416
2-METHYL-1.4.5.6-TETRAHYDRO-, ALKAL. SPALT. 56-0559
ADDUKTE MIT PY, ZERS. 59-0046
4-INDOLYL-1.2.3.6-TETRAHYDRO-, LICHTEMPFINDL. 59-0600
4-(2-AMINO-AETHYL)-, BASEN-KATALYSIERTE ELIMINIER.-RK. 61-0631
OX. MIT O2 (MECHANISMUS) 62-0633
POLYCHLOR-AMINO-, OX. MIT PEROXYSAEUREN 63-0690
CYAN-, HYDRIER. MIT H2 BZW. GEBUNDENEM H (MECHANISMUS) 53-0201
PYRIDINIUMSALZE, RED. MIT NA2S2O4 60-0245
DIALKYL- U. DEREN QUART. SALZE, KATHOD. RED. 64-0694
2-METHOXYMETHYL-, REDUKTIVE SPALT. D. AETHERBIND. 64-0745
VERB. MIT NICHTMETALLHALOGENIDEN,4.MITT. 54-0433
ADDUKTE MIT NICHTMETALLHALOGENIDEN,5.MITT. 54-0434
VERB. MIT NICHTMETALLHALOGENIDEN,6. MITT. 54-0435
ALS KOMPLEXBILDNER, 8. MITT. 56-0560
N-JODPHENYL-PYRIDINIUMCHLORIDE, RK. MIT CL2 57-0589
ACETOXYIMINOALKYL-, HYDROLYSE (KINETIK) 58-0252
1-(O-PHOSPHONYL-HYDROXIMINO)-AETHYL-, HYDROLYSE (KINETIK) 58-0253
3-HYDROXY-, NITRIER. 58-0629
VERB. MIT NICHTMETALLHALOGENIDEN, 7. MITT.
VERB. MIT NICHTMETALLHALOGENIDEN, 8. MITT.00505-S24700 59-0046
PYRIDINIUMIONEN, ADDIT. V. KCN (KINETIK, GLEICHGEWICHTSKONST.) 60-0277
1-(2-ARYL-AETHYL)-2-PYRIDONE, RK. MIT POCL3 60-0602
ADDUKTE MIT SI-HALOGENIDEN 54-0433
ADDUKTE MIT PY. RK. MIT SO2, SO3, H2S U. NH3 59-0046
2-TRIMETHYLSILYL-PICOLINE, ALKAL. HYDROLYSE (KINETIK) 63-0273
METHYL-, REAKTIVITAET GEGENUEBER PHENYL-RADIKALEN 55-0160
RADIKAL. PHENYLIER. (THEORET. BERECHN.) 55-0166
METHYL-, NMR V. -- U. V. IHREN J- U. JCL-KOMPLEXEN 53-0065
RK. MIT METHYL-JODID (EINFL. D. LSGM. AUF D. GESCHW.) 55-0155
AZO-, RK. MIT 1-HYDROXY-2-PHENYL-INDOL 56-0485
PHENYLIER. MIT BENZOYLPEROXIDEN 60-0621
2-HALOGEN- U. -PICOLINE, RK. MIT METHYLAT-IONEN (KINETIK) 61-0262
2-TRIMETHYLSILYL-PICOLINE, METHANOLYSE (KINETIK) 63-0273
AMINO-, RK. MIT ISOCYANATEN U. ISOTHIOCYANATEN 62-0618
STILBAZOL-OXIDE, STEREOCHEMIE D. RINGOEFFN.-RK. 60-0600
1-ARYL-2-ANILINO-1.2-DIHYDRO-, RK. MIT PYRIDINIUMVERB. 54-0220
2-HALOGEN-PYRIDIN-N-OXIDE, RK. MIT PEPTIDEN, 1. MITT. 56-0722
ADDIT.-RK. AN ACETYLENDICARBONSAEURE-DIMETHYLESTER 63-0580
ALKYL-, EINFL. AUF D. BENZOYLIER. V. M-CHLOR-ANILIN 60-0246
PYRIDINE (BIOCHEMIE)
2.6-DIAMINO-, WACHSTUMSHEMM. GEGENUEBER PROTOZOEN 57-0792
ALPHA-(P-ACETAMIDO-BENZAMIDO)-N'-ISONICOTINOYL-CINNAMOYL-HYDRAZIDE, TUBERCULOSTAT. WRKG. 57-0793
N(1)-ALKYLNIKETHAMIDCHLORIDE, BEZIEH. ZWISCHEN STRUKTUR U. BAKTERIOSTAT. AKTIVITAET AUF GRAMPOSITIVE U. GRAMNEGATIVE ZELLEN 63-0886
9-PYRIDINIO-ACRIDINE, ANTITUMORWRKG. 60-0605
ALKYLAMINO-3-AMINO-, PHARMAKOLOG. UNTERS. 57-0579
BIS-QUATERN. SALZE V. 4-(PYRIDYLCARBAMOYL)-N-(PYRIDYLCARBONYL)-ANILINEN U. VERWANDTEN VERB., ANTITUMORWRKG. 60-0589
BIS-QUATERN. SALZE V. TEREPHTHALSAEURE-BIS-(P-

PYRIDYLAMINOCARBONYL-ANILIDEN), WRKG. GEGEN D. L 1210-
LEUKAEMIE-SYST. 60-0590
6-MERCAPTO-3.5-DICYAN-PYRIDINTHIONE-(2), PHARMAKOLOG.
EIG. 61-0647
(BIS-CHLORAETHYL-AMINO)-ARYLIDEN-NICOTINOYLHYDRAZINE,
CYTOSTAT. WRKG. - 57-0580
PYRIMIDINE (ALLGEMEINES)
* PYRIMIDINNUCLEOSIDE S. UNTER NUCLEOSIDE
U. VERWANDTE VERB., 50. MITT. 56-0730
U. VERWANDTE VERB., 51. MITT. 56-0731
U. VERWANDTE VERB., 52. MITT. 56-0732
U. PURINE U. IMIDAZOLE, 27. MITT. 57-0660
3. MITT. 59-0630
HEXAHYDRO-, 8. MITT. 60-0626
22. MITT. 60-0631
21. MITT. 60-0636
17. MITT. 60-0663
U. VERWANDTE VERB., 54. MITT. 61-0662
4.5-DEHYDRO-, 1. MITT. 62-0651
4. MITT. 62-0658
U. PURINE U. IMIDAZOLE, 29. MITT. 63-0721
U. PURINE U. IMIDAZOLE, 28. MITT. 63-0775
8. MITT. 64-0727
9. MITT. 64-0728
10. MITT. 64-0729
13. MITT. 64-0734
4-AETHYLAMINO-, 2. MITT. 64-0735
U. VERWANDTE VERB., 56. MITT. 64-0757
ALPHA-AMINOAETHER V. TETRAHYDRO-, KONSTIT. 62-0649
PYRIMIDINE (VORKOMMEN, DARSTELLUNG)
BLDG. DURCH PHOTOISOMERISIER. V. PYRAZINEN
(MECHANISMUS) 53-0191
URACILE, BLDG. AUS 3-OXO-2-AETHYL-HEXANSAEUREAMIDEN
DURCH THERMOLYSE 54-0443
BENZYLIDENAMINO-5.6-DIHYDROURACILE, DARST. AUS 2-(2-
CYANO-AETHYL)-1-BENZYLIDEN-SEMICARBAZIDEN 54-0444
2.3-DIHYDRO-2-IMINO-, DARST. 54-0450
2-AMINO-4.6-DIMETHYL-, DARST. AUS GUANIDIN U. ACETYL-
ACETONEN 54-0450
DARST. AUS 1.3-THIAZINEN ALS VORSTUFEN, 4. MITT.
55-0469
N-1-SUBSTITUIERTE OROTSAEUREN, DARST. AUS 1.3-
THIAZINEN 55-0469
BIS-(5-NITRO-HEXAHYDROPYRIMIDYL)-AETHANE DARST.
56-0569
1-METHYL-4-ALKOXY-PYRIMIDONE-(6), DARST. AUS 4.6-
DIALKOXY-PYRIMIDINEN U. CH3-J 56-0582
GLUCOSIDE V. 4-HYDROXY- BZW. -MERCAPTO-, DARST.
57-0654
MUREXIDE, DARST. AUS METHYLIERTEN ALLOXANTHINEN BZW.
PURINDERIV. 58-0655
1.3-BIS-(2-CYAN-AETHYL)-URACILE, DARST. AUS URACILEN
U. ACRYLONITRIL 58-0659
1.3-BIS-(2-CYAN-AETHYL)-2-THIO-URACILE, DARST. AUS
2-THIO-URACIL U. ACRYLONITRIL 58-0659
5-SUBSTITUIERTE, DARST. , 2. MITT. 58-0696
SYNTH. AUS LAEVULINSAEUREDERIV. , 59-0632
URACILE, DARST. DURCH DECYANAETHYLIER. V. URACILDERIV.
59-0673
AETHYLENIMINO-, DARST. AUS CHLORPYRIMIDINEN U.
AETHYLENIMIN 60-0654
(2-AMINO-4-METHYL-6-OXO-PYRIMIDINYL-(1))-
PROPIONSAEUREESTER, DARST. AUS 2-AMINO-4-METHYL-6-
CHLOR-PYRIMIDIN U. ACRYLONITRIL 60-0655
4-AMINO-5-METHYL-1-CARBONSAEUREDERIV., DARST.
60-0665
N-HYDROXY-5-HALOGEN-, SYNTH. 60-0666
5-CYAN-, DARST. AUS 1-CYANAMINO-2.2-DICYAN-AETHYLENEN
61-0652
CYTOSINDERIV., DARST. AUS 3-ACETYL-6-METHOXY-
PYRIMIDINONEN-(2) U. AMINEN 61-0661
6-CHLOR-3H-PYRIMIDONE-(4), DARST. AUS NITRILEN U.
HCL-PHOSGEN 61-0663
N-VINYL-URACILE, DARST. 62-0642
BETA-PYRIMIDYL-(1)-ALPHA-ALANINE, + DARST. 62-0656
2-METHYLMERCAPTO-4-CARBOXYALKYLAMINO-, DARST. AUS
2-METHYLMERCAPTO-4-CHLOR-PYRIMIDIN U. AMINOSAEUREN
BZW. DEREN TRIMETHYLSILYLESTERN 63-0696
PYRIMIDYLAMINOACYLPEPTIDE, DARST. AUS ALPHA-AMINO-
BETA-PYRIMIDINYL-PROPIONSAEURE U. AMINOSAEURECHLORIDEN
63-0841
2.4-DIAMINO-5-ARYL-, DARST. 63-0879
TRIAMINO-5-(4-CARBAETHOXYPHENYLAZO)-, DARST. 63-0880
SYNTH. U. UMWANDL., 17. MITT. 64-0736
1-(2-OXO-TETRAHYDROFURYL-(3))-URACILE, DARST. AUS
URACILEN U. ALPHA-BROM-GAMMA-BUTYROLACTON 64-0742
4-METHYL-2-METHYLAMINO-, DARST. AUS 1.2-DIHYDRO-2-
IMINO-1.4-DIMETHYL-PYRIMIDINEN 54-0451
3-METHYL-2-BUTENYLAMINO-, DARST. 57-0609
1.6-DIHYDRO-, DARST. AUS PYRIMIDINEN MIT METALLHYDRID-
KOMPLEXEN 59-0630
5-(2-FLUOR-AETHYLAMINO)-URACILE, DARST. AUS 5-AMINO-
URACILEN U. 2-BROM-1-FLUOR-AETHAN 60-0630
2.4-DIAMINO-6-ARYLAMINO-5-FORMYL-, DARST. 60-0631
1-(TETRAHYDRO-FURYL-(2))-PYRIMIDONE-(2), DARST. AUS
2-CHLOR-TETRAHYDROFURAN U. 2.4-DIMETHOXY-PYRIDIMIDINEN
60-0636
URACIL-2-THIOPHOSPHATE, DARST. AUS THIOPHOSPHORSAEURE-
DIMETHYLESTERCHLORID U. URACIL-NA-SALZEN 60-0657
5-NITRO-, DARST. 60-0663
ALPHA-AMINOAETHER V. TETRAHYDRO-, DARST. AUS
2-SULFANILAMIDO-PYRIMIDINEN 62-0649
6-PIPERIDINO-, DARST. 62-0651
4-(BETA-ARYL-AETHYL-AMINO)-, DARST. AUS 4-CHLOR-
PYRIMIDINEN U. BETA-ARYL-AETHYLAMINEN 62-0654
5-PURYL-(6)-AMINOALKYL-URACILE, DARST. AUS 6-CHLOR-
PURIN U. 5-(OMEGA-AMINO-ALKYL)-URACILEN 62-0655
2-METHYLMERCAPTO-, DARST. 62-0658
URACILE, DARST. AUS N-ACETYL-N'-(BETA-AETHOXY-
ACRYLOYL)-HARNSTOFFEN 63-0721
5-ARYLAZO-4.6-DIAMINO- U. -4-AMINO-6-OXO-1.6-DIHYDRO-,
DARST. AUS PRIM. ANILINEN U. PYRIMIDINEN 63-0874
4-AETHYLAMINO-, DARST. AUS 4.6-DICHLOR-PYRIMIDINEN U.
ARYLAETHYLAMINEN 64-0735
2-STYRYL-, DARST. AUS 2-METHYL-PYRIMIDINEN U.
BENZALDEHYDEN 64-0736
PYRIMIDINE (PHYSIKALISCHE EIGENSCHAFTEN)
5-PURYL-(6)-AMINOALKYL-URACILE, IR-SPEKTRUM 62-0655
BIOLOG., IONISAT.-POTENTIALE 55-0151
HEXAHYDRO-, NMR 60-0095
SAEURE-BASE-GLEICHGEW. (UV-SPEKTROSKOP. UNTERS.) 1.
MITT. (URACIL-DERIV.) 63-0222
PYRIMIDINE (REAKTIONEN)
SYNTH. U. UMWANDL., 18. MITT. 64-0737
SAEUREKATALYSIERTE RINGOEFFN. 64-0750
PYRIMIDIN-RK., 17. MIT. 63-0720
2-METHYL-, RK.-FAEHIGK. D. METHYLGRUPPE 64-0736
5-AMINO-, CYCLISIER. 53-0454
2.3-DIHYDRO-2-IMINO-, UMLAGER. 54-0450
1.2-DIHYDRO-2-IMINO-1.4-DIMETHYL-, UMLAGER. 54-0451
RINGOEFFN.-RK. 54-0445
1.3-BIS-(2-CYAN-AETHYL)-URACILE, ZERS. MIT NA-O-C2H5
IN A. 59-0673
2-METHOXYMETHYL-, REDUKTIVE SPALT. D. AETHERBIND.
64-0745
2-HYDROXY-, RED. MIT LIALH4 64-0734
RINGUMWANDL. MIT HYDRAZINHYDRAT 54-0354
URACILE, RK. V. NA-SALZEN MIT PHOSPHORSAEURECHLORIDEN,
1. MITT. 60-0657
4-THIENYL-, BROMIER. U. NITRIER. 62-0645
2-AMINO-4.6-DIMETHYL-, RK. MIT ALKYL-HALOGENIDEN
54-0450
RINGOEFFN. MIT AMINEN 63-0720
CYTOSIN-DERIV., RK. MIT NINHYDRIN 58-0662
2-METHYL-, RK. MIT BENZALDEHYDEN, 64-0736
6-SUBSTITUIERTE 2.4-DIMETHYL-, RK. MIT BENZALDEHYDEN
64-0737
2-METHYL-, RK. MIT PHENYLDIAZONIUMSALZEN 64-0736
6-SUBSTITUIERTE 2.4-DIMETHYL-, RK. MIT P-NITRO-
PHENYLDIAZONIUMCHLORID 64-0737
PYRIMIDINE (BIOCHEMIE)
5-FLUOR- U. 2-MERCAPTO-4-HYDROXY-6-FORMYL-, HEMM. D.
RNS-, DNS- U. PROTEINBIOSYNTH. IN EHRLICH-ASCITES-
KARZINOM IN VITRO 63-0870
2.4-DIAMINO-5-PHENYL-, 6-SUBSTITUIERTE, AM AKT.
ZENTRUM ANGREIFENDE IRREVERSIBLE INHIBITOREN D.
DIHYDROFOLSAEUREREDUKTASE, 3. MITT. 63-0875
2.4.6-TRIAMINO-, HEMM. D. DIHYDROFOLSAEURE-
REDUKTASE 63-0878
2.4-DIAMINO-5-ARYL-, HEMM. D. DIHYDROFOLSAEU-
REREDUKTASE 63-0879
TRIAMINO-5-(4-CARBAETHOXYPHENYLAZO)-, HEMMWRKG. AUF
FOLATREDUKTASE 63-0880
URACILE, OX. DURCH MYCOBAKTERIEN 62-0844
5-ARYLAZO-4.6-DIAMINO- U. -4-AMINO-6-OXO-1.6-DIHYDRO-,
ANTIMALARIA-WRKG. 63-0874
5-AMINO-6-MERCAPTO-, ANTIBAKTERIELLE WRKG. 64-0727
3-METHYL-2-BUTENYLAMINO-, EINFL. AUF BLATTALTER.
57-0609
5-(2-FLUOR-AETHYLAMINO)-URACILE, KEINE ANTITUMOR-WRKG.
60-0630
PYRIMIDYLAMINOACYLPEPTIDE, HEMM. D. EINBAUS V.
MARKIERTEM GLYCIN BZW. PHENYLALANIN IN
ASCITESCARCINOM-ZELLEN 63-0841
5-ARYLAZO-4.6-DIAMINO- U. -4-AMINO-6-OXO-1.6-DIHYDRO-,
ANTIKREBS-WRKG. 63-0874
TRIAMINO-5-(4-CARBAETHOXYPHENYLAZO)-, ANTITUMORWRKG.
63-0880
HEXAHYDRO-, ANTITUMORAKTIVITAET GEGEN WALKER 256
60-0626
PYRIMIDINE (ANALYSE)
5-AMINO-, NACHW. DURCH FARBRK. MIT BINDON 62-0859
PYROLYSE
* S. UNTER DISSOZIATIONSREAKTIONEN
PYRONE
* S. UNTER PYRANE
UNTERS. D. PYRONE 2. MITT. 53-0400
PHENOL., SYNTH. NACH BIOGENET. MODELLEN 53-0400
PYRROLE (ALLGEMEINES)
U. VERWANDTE VERB., 12. MITT. 54-0522
12. MITT. 55-0074
U. VERWANDTE VERB., 13. MITT. 58-0735
U. VERWANDTE VERB., 2. MITT. 58-0736
2.3-DISUBSTITUIERTE - U. FURANE, 2. MITT. 59-0513
UNTERS., 13. MITT. 60-0512
2.3-DISUBSTITUIERTE, 1. MITT. 53-0329
CYCLOBUTEN-DERIV., 2. MITT. 61-0565
AROMAT. CHARAKTER V. 1-SUBSTITUIERTEN 55-0074
2.5-DIESSIGESTER, STRUKTURMERKENN. 59-0534
PROPENTDYOPENT-ADDUKTE, KONSTIT. 59-0537

(2-OXO-DELTA(3)-PYRROLINYL-(1))-(5-OXO-PYRROLINYLIDEN)
-METHANE, STRUKTUR 59-0536
N-(DIACYLAMINO)-SUCCINIMIDE, KONFORM. 60-0174
3-DIPHENYLMETHYLEN-PYRROLIDINIUMSALZE, STEREOCHEMIE 61-0555
3-BENZYL-4-PHENYL-4-METHYL (ODER AETHYL)-
PYRROLIDINDIONE, STEREOCHEMIE 56-0490
PYRROLE (VORKOMMEN, DARSTELLUNG)
DARST. AUS ALPHA.BETA-DIHALOGEN-AETHYL-AETHERN BZW.
-ACETATEN U. BETA-DIKETONEN (FEIST-BENARY-RK.) 53-0329
1-ARYLSULFONYL- DARST. AUS 1-ARYLSULFONYL-BROM-
PYRROLIDINEN DURCH HBR-ABSPALT. 53-0347
PYOLUTEORINE SYNTH. 53-0356
A-OXO-BILANE, DARST. AUS PYRROKETONCARBONSAEUREESTERN
U. 5'-BENZYLOXYCARBONYL-3.3'-DI-(2-METHOXYCARBONYL-
AETHYL)-4.4'-DIMETHYL-PYRROMETHANCARBONSAEURE-(5) 54-0522
2-(4-HYDROXYBENZYLIDEN)-PYRROLENINE, DARST. AUS
PYRROLEN U. P-HYDROXYBENZALDEHYDEN 55-0388
DIPYRROLYLMETHENE, DARST. AUS PYRROL-2-CARBALDEHYDEN
DURCH SELBSTKONDENS. 55-0388
5.5-DIHALOGEN-2-AMINO-1-PYRROLINIUMSALZE, DARST. AUS
BERNSTEINSAEUREDINITRIL U. HALOGENWASSERSTOFFEN 55-0389
2-AMINO-5-BROM-3.4-DIARYL-3H-, DARST. AUS
DIARYLBERNSTEINSAEUREDINITRILEN U.HBR 55-0389
4-METHYL-PYRROLIDONE-(2), DARST. AUS AMINEN U.
CROTONSAEURE-AETHYLESTER 55-0391
PYRROLIDONE-(2), DARST. AUS OXAZIRIDINEN 55-0392
PYRROLINDIONE-(2.3), DARST. AUS ANILEN U.
OXALYLCHLORID 56-0453
PYRROLINE, DARST. AUS VINYLAZIRIDINEN 56-0483
2-CARBAMOYL-, DARST. AUS 2-BROM-3-HYDROXYPYRIDINEN
MIT KNH2 56-0489
3-BENZYL-4-PHENYL-4-METHYL (ODER AETHYL)-
PYRROLIDINDIONE, DARST. 56-0490
DARST. AUS BETA-DIKETONEN U. OXIMINOMALONESTER 57-0563
2-PYRIDYL-, DARST. AUS 6-PYRIDYL-3.6-DIHYDRO-2H-
OXAZINEN-(1.2) 57-0619
N-SUBSTITUIERTE 2.4-DIARYL-, DARST. AUS 1.3-DIPHENYL-
4-BROM-BUTEN-(2)-ON-(1) U. PRIM. AMINEN 58-0579
SELENOCYANATO-, DARST. AUS PYRROLEN U.
DI-SELENOCYANWASSERSTOFF 58-0581
2-IMINO-3-METHOXYCARBONYLPYRROLIDIN-5-ONE, DARST. AUS
3-CYANPYRROLIDIN-2.5-DIONEN 59-0531
(2-OXO-DELTA(3)-PYRROLINYL-(1))-(5-OXO-PYRROLINYLIDEN)
-METHANE, DARST. AUS PYRROLINONEN-(2) U.
5-HYDROXYMETHYLEN-PYRROLINONEN-(2) 59-0536
PYRROLIDINE, DARST. AUS 4-AMINO-ALDOSEN 59-0659
ALKYLIDEN-SUCCINIMIDE, DARST. AUS TRIPHENYLPHOSPHORAN-
YLIDEN-MALEINSAEUREIMIDDERIV. U. ALDEHYDEN 60-0390
2.3-DIMETHOXYCARBONYL-, DARST. AUS PHENACYLANILINEN U.
ACETYLENDICARBONSAEURE-DIMETHYLESTER 60-0511
1-ARENSULFONYL-, DARST. AUS PYRROLKALIUM U.
ARENSULFONYLCHLORIDEN 60-0517
DI- U. TETRAHYDRO-, SYNTH., 1. MITT. 60-0518
DI- U. TETRAHYDRO-, SYNTH., 2. MITT. 60-0519
1-SUBSTITUIERTE 2.5-DIPHENYL-, DARST. AUS 1.4-
DIPHENYL-1.4-BUTANDION U. AMINEN 60-0835
PYRROLIDINDERIV. MIT ANTICHOLINERG. EIG., SYNTH., 3.
MITT. 61-0554
PYRROLIDINE, SYNTH. V. - MIT ANTICHOLINERG. EIG., 4.
MITT. 61-0555
3-DIPHENYLMETHYLEN-PYRROLIDINIUMSALZE, DARST. AUS
N-ALKYL-2-METHYL-3-DIPHENYLMETHYLEN-PYRROLIDINEN U.
ALKYLHALOGENIDEN 61-0555
ALK(EN)YL-, DARST. AUS ALKALI-PYRROLEN U. ALK(EN)YL-
TOSYLATEN (KINETIK) 61-0557
1-CARBOXYALKYL-, DARST. AUS AMINOSAEUREN U.
2.5-DIAETHOXY-TETRAHYDROFURAN 61-0558
2-AMINOMETHYLEN-PYRROLENINE, DARST. AUS PYRROL-
CARBALDEHYD-(2) U. SEK. AMINEN 62-0516
EPOXYPROPYL-PYRROLIDONE, DARST. 62-0540
1-ARYL-2.5-BIS-(AMINOMETHYL)-PYRROLIDINE, DARST. 62-0541
3-NITRO-PYRROLIDINE, DARST. AUS 1-NITRO-OMEGA-
HALOGEN-ALKANEN U. ALDIMINEN 63-0575
3- U. 5- ALKYL-PYRROLIDONE-(2), DARST. AUS 2-
PYRROLIDON U. OLEFINEN 64-0607
1-CYCLOPROPYL-PYRROLIDINE, DARST. AUS
VINYLPYRROLIDINEN U. DIAZOMETHAN 58-0537
2-FORMYL-3-AETHOXYCARBONYL-, DARST. AUS 4.4-
DIALKOXY-3-OXO-BUTTERSAEUREESTERN U. ALPHA.BETA-
DIHALOGEN-AETHYLACETATEN 59-0513
NITROPYRROL-CARBALDEHYDHYDRAZONE, DARST. AUS
NITROPYRROL-ALDEHYDEN U. HYDRAZINEN 60-0509
TRANS-2-(P-SUBSTITUIERTE-STYRYL)-, DARST. AUS
TRIPHENYL-ARYLMETHYL-PHOSPHONIUMCHLORIDEN U. 2-FORMYL-
PYRROL 60-0512
DELTA(1)-PYRROLINE, DARST. AUS GAMMA-NITRO-KETONEN 60-0518
AMINO-CHLOR-PYRROLINDIONE, DARST. AUS
DICHLORMALEIMIDEN U. AMINEN 62-0539
(N-ALKYL-PYRROLIDIN-(3))-DIPHENYL-ESSIGSAEURE +
AETHYLESTER, DARST. AUS DIPHENYLACETONITRIL U.
1-ALKYL-3-CHLOR-PYRROLIDINEN 63-0900
(PYRROLIDINYL-(3))-PHENYLCARBINOLESTER, DARST. 63-0901
PYRROLE (PHYSIKALISCHE EIGENSCHAFTEN)
TRANS-2-(P-SUBSTITUIERTE-STYRYL)-, SPEKTROSKOP. EIG. 60-0512
PYRROLIDINE, DIPOLMOMENTE 57-0075
1-CYCLOPROPYL-PYRROLIDINE, NMR 58-0537
N-(DIACYLAMINO)-SUCCINIMIDE, NMR 60-0174
1-ARYL-DIMETHYL-, NMR 55-0074
PYRROLE (REAKTIONEN)
2-FORMYL-3-AETHOXYCARBONYL-, UMWANDL. IN GGW.
V. KCN 59-0513
TRISUBSTITUIERTE, THERM. ISOMERISIER. 63-0616
N-ALKYL-2.4-DIPHENYL-, PHOTOLYT. U. PYROLYT.
DESALKYLIER. (VGL. MIT D. MASSENSPEKTRALFRAGMENTIER.) 63-0342
PENTAPHENYL-, ELEKTROCHEM. OX. IN ACETONITRIL
(MECHANISMUS) 55-0152
ACYL-, RED. MIT B2H6 58-0580
1-PYRROLIDINO-CYCLOALKENE, RED. MIT ALH3 64-0606
GEKREUZT KONJUGIERTE 1-PYRROLINE, RED. DURCH NABH4 64-0609
A-OXO-BILANE, RK. ZU PORPHYRINEN 54-0522
N-AMINIER. MIT O-(2.4-DINITRO-PHENYL)-HYDROXYLAMIN 60-0327
OXYDATIVE RK. MIT THIOHARNSTOFFEN 64-0613
RK. MIT QUADRATSAEURE U. IHREN DERIV. 61-0565
PYRROLE (BIOCHEMIE)
1-SUBSTITUIERTE 2.5-DIPHENYL-, ANALGET. WRKG. 60-0835
(N-ALKYL-PYRROLIDIN-(3))-DIPHENYL-ESSIGSAEURE-
AETHYLESTER, ANALGET. WRKG. 63-0900
(PYRROLIDINYL-(3))-PHENYLCARBINOLESTER, ANALGET. WRKG. 63-0901
NITROPYRROL-CARBALDEHYDHYDRAZONE, ANTIMALARIA-WRKG. 60-0509
3-DIPHENYLMETHYLEN-PYRROLIDINIUMSALZE, ANTI-
ACETYLCHOLIN-AKTIVITAET 61-0555
PYRROLIZINE
KONFIG. 59-0143
NMR 59-0143
PYRYLIUMVERBINDUNGEN
5. MITT. 59-0582
2.6-SUBSTITUIERTE, DARST. 53-0406
BENZO- DARST. AUS O-HYDROXY-CHALKONEN 53-0408
4-METHYL-1-BENZOPYRYLIUMPERCHLORATE, BLDG. AUS
4-METHYL-4-CHROMANOLEN ODER 4-METHYL-DELTA(3)-
CHROMENEN U. HCLO4 57-0570
DARST. AUS 1.5-DIKETONEN BZW. AUS ALPHA-SUBSTITUIERTEN
ACETOPHENONDERIV. 61-0601
2.4-DIARYL-, DARST. AUS PHENYL-1.5-DIKETONEN MIT TERT.
-BUTYLCHLORID 54-0398
BLDG. EINES DREIFACHEN PYRILIUMKATIONS 59-0582
BENZO- POLAROGRAPHIE 53-0409
3-METHYL-FLAVYLIUMCHLORIDE, REDUKTIVE DIMERISIER.
DURCH METALLE 61-0600

Q

QUANTENTHEORIE
QUANTEN-CHEM. DATEN (TABELLEN), 13. MITT. 53-0087
QUANTEN-CHEM. DATEN (TABELLEN), 14. MITT. 56-0150
ORGAN. QUANTENCHEMIE, 19. MITT. 63-0122
TABELLEN V. QUANTENCHEM. DATEN 13. MITT. 53-0087
ORGAN. QUANTENCHEMIE, 16. MITT. 60-0146
QUATERNISIERUNG
* S. UNTER ALKYLIERUNG (UND ARYLIERUNG)
QUECKSILBER
RK. MIT PI-ALLYL-PD-VERB. 59-0094
EINFL. AUF PHOTOISOMERISIER. V. BICYCLO(3.2.1)
OCTADIEN-(2.6) 59-0470
QUECKSILBERVERBINDUNGEN
HG(II)-SALZE, ZUR SPALT. V. ALLYLDERIV. D. 4. GRUPPE,
KINETIK U. MECHANISMUS, 1. MITT. 59-0031
RK. V. AMINEN MIT OLEFINEN IN GGW. V. HG-SALZEN 56-0261
HG-SALZE, EINW. AUF ACETYLENGLYKOLE, 5. MITT. 58-0570
QUECKSILBERVERBINDUNGEN (ORGANISCHE)
BIS-(1-NAPHTHYL-(1)-AETHYL)-QUECKSILBER , BLDG. AUS
1-ACETYL-NAPHTHALIN (HG-ELEKTRODE) 57-0635
5. MITT. 56-0060
PENTACHLORPHENYL-HG-VERB., DARST. 56-0060
DARST. 58-0431
C12H20OS.2HGCL2, DARST. AUS 1-(OMEGA-
AETHYLMERCAPTOMETHYL)-2.6.6-TRIMETHYLCYCLOHEXEN-(1)-
ON-(3) U. HGCL2 59-0413
BIS-(TRIMETHYLSILYL)-QUECKSILBER, DARST. RK. 55-0271
HG-DIALKYLE, IR- U. RAMAN-UNTERS. 56-0009
HG-DIARYLE, IR- U. RAMAN-UNTERS. 56-0009
ARYLMERCURIBROMIDE, HYDROLYSE (KINETIK) 60-0258
2.3-DI-N-PROPYL-4-CHLORMERCURI-5-PHENYL-FURAN, 2.3-DI-
ISOPROPYL-4-CHLORMERCURI-5-PHENYL-FURAN , DARST. 58-0570
PHENYL-TRICHLORVINYL-HG, DARST., PHOTOCHEM. RK. 57-0475
PHENYL-TRIBROMMETHYL-HG, RK. MIT 5-METHYL-HEXADIEN-
(3.4)-OL-(2) 54-0338
BIS-(1-ARYL-3-ALKYL-TRIAZENYL)-QUECKSILBER,
DARST. 58-0431
(RUX(HGX)(CO)3 PY.)2, X=CL, BR, DARST. 63-0095
MONO- U. BIS-(BROMMERCURI)-HYPOXANTHIN, RK. MIT ACETO-
BROMGLUCOSE 53-0494

BIS-(DICHLORO-BIS-(CIS-4-P-CHLORPHENYLTHIAN-1-OXID)-
QUECKSILBER(II)), KRIST.-STRUKTUR . 54-0016
(N(C2H5)4)2(HG(SC6F5)4), UV , (HG(SC6F5)4)(2-) , OPT.
ELEKTRONEGATIVITAET D. SC6F5-LIGANDEN 56-0004
HGCL2-DIMETHYLSELENOXID, DARST. AUS DIMETHYLSELENOXID
U. HGCL2 56-0052
(N(C2H5)4)2(HG(SC6F5)4) , DARST. 56-0088
4-HYDROXY-PYRIMIDIN -HG-SALZ , RK. MIT ALPHA-
ACETOBROMGLUCOSE 57-0654
AETHYLMERCAPTOQUECKSILBERCHLORID-HGCL2-SALZ , BLDG.
59-0295

BIS-(IMIDAZOLYL-(2)-, OXAZOLYL-(2) BZW. THIAZOLYL-(2)-
MERCAPTO)-QUECKSILBER-VERB., DARST. 60-0697
HG-MERCAPTOANIL-CHELATE, DARST. AUS GLYOXAL-BIS-(2-
MERCAPTOANILEN) U. HG(II)-ACETAT 63-0064
QUECKSILBER(II)-THIOPHENOLAT, RK. MIT
BENZOLSULFENYLCHLORID 64-0384
METHYLMERCAPTO-QUECKSILBER(II)-CHLORID , DARST. AUS
1-DIMETHYLAMINO-3.4-BIS-(METHYLMERCAPTO)-BUTADIEN-
(1.3) U. HGCL2 64-0399
HG(IR(CO)3(P(C6H5)3)2)2, DARST. 62-0054
HG-CARBONYLPHOSPHINCOBALTATE(-I), IR 63-0006
BIS-TRIMETHYLSILYL-QUECKSILBER, RK. MIT AROMATEN (UV)
UNTER INTERMEDIAERER BLDG. V. TRIMETHYLSILYLRADIKALEN
54-0270

BIS-(TRIMETHYLSILYL)-QUECKSILBER, RK. MIT ARYL-
HALOGENIDEN 56-0059
(C5H5)CO(CO)2(HGCL2), KRIST.-STUKTUR 53-0011
CH3H9CN, KRIST.-STRUKTUR 53-0012
DARST. V. FERROCENYLQUECKSILBERVERB. 53-0034
C-HG-HYPERKONJUGAT. , ELEKTRONENDONATOREFFEKT D.
ALPHA-HG-CH2-GRUPPE 54-0005
CARBOMETHOXYMERCURICHLORID, RK. MIT PD-KOMPLEXEN
54-0205

ALLYLQUECKSILBERJODID, RK. MIT ACYLHALOGENIDEN
54-0206

HG(CH3)2, RK. MIT BE 55-0020
QUECKSILBERDIPHENYL, PMR-SPEKTREN 56-0014
P-CUMYL-QUECKSILBERACETAT , P-CUMYL-
QUECKSILBERRHODANID , P-CUMYL-QUECKSILBERCYANID ,
DARST. 56-0057
OMEGA.OMEGA'-AETHYLENDIOXY- U. OMEGA.OMEGA'-(N.N'-
DIMETHYL-AETHYLENDIAMINO)-DI-O-TOLYL-QUECKSILBER,
DARST., KRIST.-STRUKTUR 56-0058
BLDG. V. BIS-(ARYL)-HG-VERB. AUS BIS-(TRIMETHYLSILYL)-
QUECKSILBER U. ARYL-HALOGENIDEN 56-0059
DIALKYLQUECKSILBERVERB., MAGNET. ROTAT. D. C-HG-BIND.
56-0099

PHENYL-MERCURI-BROMID, PROTOLYSE IN DMF (KINETIK U.
MECHANISMUS) 56-0216
TRANS-2-CHLOR-VINYL-HGCL, PROTOLYSE 56-0219
MERCURIERTE AMINE, SELEKTIVE RED. 56-0261
PHENYL-TRIBROM- U. PHENYL-BROMDICHLORMETHYL-
QUECKSILBER, RK. MIT ALKENYLSILANEN, -GERMANEN,
-STANNANEN U. OLEFINEN 56-0393
TRANS-2-METHOXY-3-CHLORMERCURI-TETRAHYDROPYRAN ,
STEREOCHEMIE 56-0534
POLY-(P-ACETOXYMERCURI-STYROL), RK. MIT NOCL 56-0746
ARYL-HG-BENZOLSULFINATE, KONSTIT. 57-0005
ALKYL(ARYL)-HG-AZIDE, KONSTIT. , DARST. (IR, RAMAN-
SPEKTRUM, NMR, RK.) 57-0007
ALKYL-HG-PERCHLORATE, SOLVOLYSE (KINETIK) 57-0027
3-ACETOXY-3-PHENYLPROPYL-HG-ACETATE, DARST., ACETOLYSE
(KINETIK) 57-0027
FERROCENYL-, CYMANTRENYL- U. PHENYL-HG-VERB.,
PROTONOLYSE (KINETIK) 58-0035
PHENYLQUECKSILBERBROMID, RK. MIT CO2(CO)8 58-0492
P-FLUOR-PHENYL-QUECKSILBERBROMID, RK. MIT CO2(CO)8
58-0492

P-METHYL-PHENYL-QUECKSILBERBROMID, RK. MIT CO2(CO)8
58-0492

P-METHOXY-PHENYL-QUECKSILBERBROMID, RK. MIT CO2(CO)8
58-0492

AETHYLQUECKSILBERBROMID, RK. MIT CO2(CO)8 58-0492
ORGANO-HG-VERB., IR- U. UV-SPEKTREN, 4. MITT.
(BENZYL-HG-HALOGENIDE U. BISHALOGENBENZYL-HG, IR)
59-0005

(D6)DIMETHYLQUECKSILBER, IR- U. RAMANSPEKTRUM 59-0012
ALLYLQUECKSILBERCHLORID BLDG., AUS
TRIMETHYLALLYLSILAN 59-0031
ALLYLQUECKSILBERSALZE, BLDG. 59-0032
DIPHENYLQUECKSILBER U. PHENYLQUECKSILBERACETAT, DARST.
59-0044

PHENYLQUECKSILBERCHLORID, BLDG. 59-0070
ACETOXYMERCURI-CYCLOBUTADIEN-PI-CYCLOPENTADIENYL-
KOBALT(1+)-ION, DARST. 59-0078
BIS-(TRIMETHYLSILYL)-QUECKSILBER, DARST., RK. 59-0340
QUECKSILBER(II)-ACETAT, DEHYDRIER. V. 1-(AMINOALKYL)-
PIPERIDINEN MIT 59-0604
BIS-(O-BROM-TETRAFLUORPHENYL)-QUECKSILBER , DARST. AUS
O-BROM-TETRAPHENYL-LITHIUM U. HGCL2 60-0046
FLUORPHENYL- U. FLUORBENZYL-HG-VERB., EINFL. D.
SUBSTITUENTEN AUF D.. GRUNDZUSTAND, NMR 61-0007
BIS-(AETHOXYCARBONYL-DIAZOMETHYL)-QUECKSILBER(II),
PHOTOLYSE IN CYCLOHEXAN U. CYCLOHEXEN 61-0034
6. MITT., (PENTAHALOGENPHENYL-QUECKSILBER(II)-
HALOGENIDE, DISPROPORTIONIER.) 61-0039
POLYFLUORPHENYL-HG-VERB., RK. 61-0043
PROTODEMERCURIER. V. DIARYLQUECKSILBERVERB 61-0253

PHENYL-TRICHLORMETHYL-QUECKSILBER(II) , RK. MIT ALPHA.
ALPHA.ALPHA-TRICHLOR-ACETOPHENON 61-0405
PD(II)-KATALYSIERTE RK. V. ORGANO-HG-VERB. (AUCH AUS
HG-DIACETAT IN SITU ERZEUGTEN) MIT (CO) 61-0407
PHENYLMERCURICHLORID, DARST. AUS TRIMETHYL-
AMMONIOMETHYL-TRIPHENYLBORANAT 61-0427
PHENYL-TRIBROMMETHYL-QUECKSILBER , RK. MIT CIS- U.
TRANS-2-VINYL-CYCLOPROPYLCARBINYLACETAT 61-0463
3-METHYL-FURANYL-(2)-QUECKSILBER-CHLORID , BIS-(3-
METHYL-FURYL-(2))-QUECKSILBER, DARST., RK. 61-0539
8-BROM-9-CHLORMERCURI-ADENIN , DARST. AUS 8-BROMADENIN
61-0708

DIPHENYLQUECKSILBER, RK. MIT CARBONSAEUREN (KINETIK)
62-0018

BIS-(TRIMETHYLSILYLDICHLORMETHYL)-QUECKSILBER(II), RK.
MIT (C6H5)2HG U. CYCLOALKENEN U. THERM. ZERS. 62-0368
BIS-(TRIMETHYLSILYL)-QUECKSILBER, RK. 62-0461
PHENYL-TRICHLORMETHYL-QUECKSILBER, RK. MIT 1.1-
DIHALOGEN-ACETOXYCYCLOPROPANEN 62-0561
CYCLOPENTADIENYL-HG(II)-VERB., PMR -UNTERS. 63-0013
PHENYL- U. BENZYLMERCURIHALOGENIDE U. -PERCHLORATE,
DARST. U. POLAROGRAPHIE (SUBSTITUENTEN-EINFL.)
63-0035

HETEROCYCL. ORGANO-HG-VERB., POLAROGRAPH. RED.
63-0036

PYRIDYL-(3)-QUECKSILBERACETAT, PYRIDYL-(3)-
QUECKSILBERCHLORID, THIENYL-(2)-QUECKSILBERCHLORID,
POLAROGRAMME, RK. 63-0037
BIS-(POLYHALOGENNORBORNADIENYL)-HG(II)-VERB., DARST.
AUS POLYHALOGENNORBORNADIENYL-LI U. HGBR2 63-0057
BIS-(2.3.5.6-TETRACHLOR-PYRIDYL-(4))-QUECKSILBER,
2.3.5.6-TETRACHLOR-PYRIDYL-(4)-QUECKSILBERCHLORID,
DARST. 63-0065
PHENYL-HG-TRIHALOGENACETATE, RK. MIT CYCLOOCTEN
63-0071

ARYL-HG(II)-HALOGENIDE, DARST. 63-0082
DIBUTYL-HG, RK. MIT CCL3-RADIKALEN 63-0243
PHENYLQUECKSILBERBROMID, DEMERCURIER. (KINETIK)
63-0281

BIS-(2-CHLOR-1.2-DIMETHOXY-VINYL)-QUECKSILBER(II) ,
DARST., PYROLYSE 63-0373
C6H5-HG-CCL2BR, RK. MIT ARYLDIMETHYLSILANEN (KINETIK)
63-0462

BIS-(CHLORMERCURI)-CYMANTREN, DARST., RK. 64-0005
ARYLQUECKSILBERBROMIDE, KINETIK D. HALOGENDEMERCURIER.
MIT J3(-) BZW. BR3(-) (KINETIK) 64-0031
HG-DIARYLE, KINETIK D. RK. MIT J2 64-0032
7-CHLOR-7-NORCARYL-QUECKSILBER(II)-CHLORID , DARST.
AUS GEMISCH 7ENDO-CHLOR-7-NORCARYLLITHIUM U. 7EXO-
CHLOR-7-NORCARYL-LITHIUM U. HGCL2 64-0047
THREO-9-ACETOXY-10-ACETOXYMERCURI-OCTADECANSAEU-
REMETHYLESTER, BLDG. U. ZERS. (EINFL. V. LSGM.)
64-0055

THREO-9-AETHOXY-10-ACETOXYMERCURI-OCTADECANSAEU-
REMETHYLESTER, DARST. AUS OELSAEUREMETHYLESTER,
QUECKSILBER(II)-ACETAT U.A. 64-0055
BIS-(P-METHOXY-PHENYL)-QUECKSILBER(II), RK. MIT
BENZOESAEURE U. BIS-(DIAETHYL-THIOCARBAMOYL)-DISULFID
64-0384

CHLORVINYLQUECKSILBERVERB., DARST., RK., NMR 64-0387
PI-ALLYL-HG-VERB., BLDG. 59-0094
1.1-BIS-ACYLOXY-2-ACYLOXY-MERCURIAETHANE, DARST. AUS
BIS-ACYLOXY-HG U. VINYLESTERN 62-0286
HG(II)-THIOHARNSTOFF -KOMPLEXE, IR -UNTERS., KRIST.-
STRUKTUR 60-0006
HG(II)-THIOHARNSTOFF-KOMPLEXE, BIND.-VERHAELTNISSE
(IR-UNTERS.) 60-0007
HG, KOMPL. (HGJ2(NH2CSNH2)2), KRIST.-STRUKTUR
60-0018

MONOQUECKSILBER-THYMIN, RK. 57-0651
4-BENZYLOXY-1H-PYRIMIDON-(6)-MERCURISALZE, RK. MIT.
RIBOFURANOSYL- BZW. GLUCOPYRANOSYLHALOGENIDEN 57-0655
MONOQUECKSILBER-THYMIN , RK. MIT 1-CHLOR-3.4-DI-O-
ACETYL-2-DESOXY-D-XYLOPYRANOSE 58-0704
QUECKSILBERDIACETYLACETONAT, BLDG. 59-0094
2.3-DIMETHYL-2-ISOBUTYL-5-PHENYL-DELTA(3)-
DIHYDROFURYLIUM-(5)-TRICHLOROMERCURAT(II), 4-
CHLORMERCURI-2.3-DIMETHYL-2-ISOBUTYL-5-PHENYL-DELTA(3)
-DIHYDROFURYLIUM-(5)-TRICHLOROMERCURAT(II), DARST.
54-0361

TETRAALKYLAMMONIUMAMALGAME ALS RED.-MITTEL 55-0084
HG-PERFLUORBENZOAT (ZERS. BEI 210 GRAD) 53-0253
KATALYT. WRKG. V. QUECKSILBER(II)-ACETAT AUF D.
UMLAGER. V. ALKINYL-SULFONATEN 53-0279
1.2.3.4.5.8-HEXAHYDRO-ANTHRACEN-HG(II)-ACETAT-ADDUKT,
BLDG. 53-0301
RK. V. 6-BENZAMIDO-9-CHLORMERCURI-PURIN MIT 3.4.6-
TRI-O-P-TOLUYL-1-BROM-1-DESOXY-D-PSICOFURANOSYL-BROMID
53-0487

HG-MUREXID-KOMPLEX, STABILITAETSKONST., VGL. MIT
IMINODIACETAT- U. DIPICOLINATKOMPLEXEN 54-0021
DEHYDRIER. V. TERT. AMINEN MIT HG(II)-AEDTA 13. MITT.
54-0413

HG-ACETAT, RK. MIT METHANOL, KOHLENMONOXID U.
PIPERIDIN 54-0426
3-HYDROXY-PYRIDAZIN-HG-SALZE, DARST. AUS
PYRIDAZINONEN-(3), RK. MIT RIBOSEDERIV. 54-0491
DARST. V. QUECKSILBER(II)-DIFORMAMID 55-0246
PHENYL-DICHLORFLUORMETHYL-HG, DARST. U. THERM. RK.
56-0264

HG(II)-ACETAT, RK. MIT TERPENALKOHOLEN 56-0690
HG-ACETAT, RK. MIT PHENYL- U. P-METHOXY-PHENYLCYCLOPROPAN 57-0027
2-AETHYL-5-PHENYL-ISOXAZOLINTHION-(3)-HGCL2-ADDUKT, DARST. 57-0538
QUECKSILBER(II)-ACETAT, RK. MIT TRISUBSTITUIERTEN FURANEN 58-0570
HG(II)-CARBONSAEURE-KOMPLEXE, BLDG. AUS HG(II) U. ORGAN. SAEUREN, STABILITAET 59-0022
QUECKSILBER(II)-ACETAT, RK. MIT PHENYLTRIFLUORSILAN 59-0044
HG-ACETAT, SPALT. V. ARYLCYCLOPROPANEN DURCH 60-0242
CARBONSAEURE-HG-SALZE, RK. MIT VINYLACETAT 1.1-DIACYLOXY-2-ACYLOXYMERCURY-AETHANE DARST. 60-0339
THIOLACTAM-HGCL2-KOMPLEXE, DARST. 60-0467
KOMPLEXE V. EPSILON-CAPROLACTAM MIT K2(HGJ4), DARST. 62-0030
CARBONSAEURE-HG-SALZE, RK. MIT VINYLESTERN 62-0286
HG-DIACETAT, DEHYDRIER. V. 1.2.3.4.5.6.7.8-OCTAHYDRO-13H-BENZO(G)INDOLO(2.3-A)PYRIDOCOLINIUMSALZEN 62-0605
EDTA-HG(2+)-1 ZU 1-KOMPLEXE, BLDG. U. RAMAN-SPEKTREN 63-0007
QUECKSILBERACETAT, RK. MIT 1-TRIMETHYLSILYL-CYCLOHEXEN 63-0499
QUECKSILBER(II)-ACETAT, RK. MIT NORCAMPHEN 63-0553
HG(II)-CARBOXYLATE, RK. MIT BIS-(DIAETHYL-THIOCARBAMOYL)-DISULFID BZW. THIONOBENZOESAEURE BZW. BENZOLSULFENYLCHLORID 64-0384
QUECKSILBER(II)-DIAETHYLDITHIOCARBAMAT, DARST. AUS HG(II)-CARBOXYLATEN U. BIS-(DIAETHYL-THIOCARBAMOYL)-DISULFID, QUECKSILBER(II)-THIONOBENZOAT, DARST. AUS HG(II)-CARBOXYLATEN U. THIONOBENZOESAEURE 64-0384
HG(II)-CARBOXYLATE, RK. MIT BENZOLSULFENYLCHLORID U. CYCLOHEXEN BZW. BENZOLSULFENYLCHLORID U. STYROL 64-0384
ALKYL-HG-ACETATE, SOLVOLYSE (KINETIK) 57-0027
QUECKSILBER(II)-ACETAT, RK. MIT OELSAEUREMETHYLESTER (EINFL. V. LSGM.) 64-0055
HG((C6H5)2PSNCSN(CH3)2)2 , DARST. (STRUKTUR, NMR, IR) 54-0042
O-CHLORMERCURISULFINYL-DIPHENYLMETHAN, DARST. 64-0429
RK. MIT DIFERROCENYLQUECKSILBER MIT (SNC)2 ZU FERROCENYLTHIOCYANAT 53-0033
DIBENZYL-HG-VERB., DARST. AUS BENZYLBROMIDEN DURCH POLAROGRAPH. RED. 58-0196
DARST. V. X-CHLORMERCURIPYRAZOL AUS PYRAZOL U. HGCL2 59-0666
RK. MIT ALPHA-ACETOBROMGLUCOSE 59-0666
H(HGCL2), SALZE FERRICINIUM-DICHLOROMERCURAT(I), DARST. 57-0054
H(HGCL2), SALZE FERRICINIUM-DICHLOROMERCURAT(I), IR 57-0054
H(HGCL2), SALZE FERRICINIUM-DICHLOROMERCURAT(I), NMR 57-0054
HYDROXOQUECKSILBER(II)-SAEUREN, (HG(OH)H3EDTA), BLDG. AUS AETHYLENDIAMINTETRAESSIGSAEURE (H4EDTA) U. HG(2+) 63-0007
HYDROXOQUECKSILBER(II)-SAEUREN, (HG(OH)H3EDTA), RAMAN-SPEKTREN (H4EDTA-AETHYLENDIAMINTETRAESSIGSAEURE) 63-0007

QUECKSILBERVERBINDUNGEN (ANORGANISCHE)
HG(N3)2, RK. MIT HG(C6F5)2 57-0007
HGBR2, EINFL. AUF ISOMERISIER. V. 2-(TETRA-O-ACETYL-BETA-D-GLUCOPYRANOSYLOXY)-PYRIDINEN 64-0784
HG(CO(CO)4), SYNTH. 58-0068
HG(CO(CO)4)2 DARST. AUS PHENYLQUECKSILBERBROMID U. CO2(CO)8 58-0492
HG(CO(CO)4)2, IR-SPEKTRUM 63-0006
HGCL2, RK. MIT ACETYLENGLYKOLEN ZU FURANDERIV. 58-0570
HGCL2, KOMPLEXBLDG. MIT DIMETHYLSELENOXID 56-0052
HGCL2, SPALT. V. ALLYLSILANEN DURCH 59-0031
HGCL2, RK. MIT O-BROM-TETRAPHENYL-LITHIUM 60-0046
HGCL2, RK. MIT THIOHARNSTOFF 60-0006
HGCL2, EINFL. AUF D. TOLUOL-OX. MIT DIISOPROPYLPEROXYDICARBONAT 58-0213
HGCN2, LSG.-, VERBRENN.- U. BLDG.-ENTHALPIE 64-0020
QUECKSILBERCYANAT, RK. MIT TRIPHENYLMETHAN BEI D. ELEKTROLYSE 62-0185
HG(CN)2, RK. MIT NA(IR(CO)2(TRIPHENYLPHOSPHIN)2) 62-0054
QUECKSILBERDIHALOGENIDE, EINFL. AUF D. UMLAGER. V. BETA-SILYL-KETONEN 56-0330
HGJ2, RK. MIT TERT.-BUTYLHYPOCHLORIT 58-0340
HGO, RK. MIT PHENYL-SIF3 59-0044
HG(CLO4)2, KOMPLEXBLDG. MIT ORGAN. SAEUREN 59-0022
HG(SCN)(-), BLDG. BEI D. HG(II)-KATALYSIERTEN ISOMERISAT. V. CR(SCN)(-) U. CR(NCS)(-) UEBER (CR(NCS)HG)(4+) (KINETIK) 57-0033
HGO-NA2O-2 V2O5, BLDG. (NACHW. DURCH POTENTIOMETR., PH-METR. U. KONDUKTOMETR. TITRATIONEN V. HG(NO3)2 MIT NA-METAVANADAT) 55-0028
HGO-V2O5, BLDG. , (NACHW. DURCH POTENTIOMETR., PH-METR. U. KONDUKTOMETR. TITRATIONEN V. HG(NO3)2 MIT NA-METAVANADAT) 55-0028

R

RACEMATSPALTUNG
* S. UNTER OPTISCH-AKTIVE VERBINDUNGEN

RACEMISIERUNG
* S. UNTER UMLAGERUNGEN

RADIKALE
FREIE, 1. MITT. 59-0548
-UEBERTRAG. IM CIDNP-RASER 63-0241
FREIE -, 6. MITT. 57-0119
REAKTIVITAET GEGEN ORGAN. VERB. IN D. FL. PHASE, 2. MITT. 60-0230
REAKTIVITAET GEGEN ORGAN. VERB. IN D. FL. PHASE, 3. MITT. 60-0231
EINWERT. C-ZWISCHENPROD., BLDG. U. RK., 2. MITT. 61-0034
STABILE FREIE, 4. MITT. 61-0175
FREIE, BLDG. IN LSG. DURCH KOLBE-ELEKTROLYSE, 5. MITT. 58-0334
STABILITAET U. GLEICHGEW., 3. MITT. 55-0286
-RK. (ANWEND. D. LINNETT-ELEKTRONEN-THEORIE) 59-0197
-HALOGENIER. V. SUBSTITUIERTEN TOLUOLEN (KINETIK, LSGM.-EINFL.) 64-0263
FREIE, EINW. AUF DIAZOALKANE, 2.MITT. 58-0208

RADIKALE (ANORGANISCHE)
FLUORNITREN, BLDG. DURCH BAS. HYDROLYSE V. DIFLUORAMIN 56-0051
ALKALIMETALLRADIKALIONEN IN HMPT, RK. MIT TOLUOLEN 57-0276
CLO-, RK. MIT ALKANEN (KINETIK U. MECHANISMUS) 62-0193

RADIKALE (ORGANISCHE)
-RK. V. HALOGENIERTEN POLYCYCL. BRUECKENVERB. 4. MITT. 54-0346
FREIE, BEI RK. V. SUBSTITUIERTEN HYDRAZINEN MIT SULFAMOYLCHLORIDEN 57-0325
FREIE-RADIKAL-RK. V. HALOGENIERTEN POLYCYCL. BRUECKENVERB. 7.MITT. 59-0238
AUS O-METHYL-ISOHARNSTOFFHYDROCHLORID DURCH ROENTGENBESTRAHL., ESR 61-0097
ORGAN. 1.5- U. 1.6-CYCLISIER. (UEBERSICHT) 62-0196
ORGAN., RK. IN FESTER PHASE (UEBERSICHT) 62-0199
RADIKALKETTENRK. (UEBERSICHT) 62-0285
FREIE V. HALOGENIERTEN POLYCYCL. BRUECKENRINGSYST., RK., 8. MITT. 62-0493
BLDG. BEI NUCLEOPHILER SUBSTITUT. DURCH PRIM. EINELEKTRONENUEBERGANG 63-0288
C4H4O-RADIKALKATION AUS PYRON-(2) STRUKTUR 62-0108
FREIE NACHW. D. BLDG. IM LAUFE D. THERMOLYSE AROMAT. ALDAZINE 53-0175
C4H4O-RADIKALKATION AUS PYRON-(2) BLDG. BEI D. MASSENSPEKTROMETRIE V. PYRON-(2) 62-0108
AROMAT. RADIKALANIONEN, BLDG. AUS KW-STOFFEN U. ALKALIMETALLEN (UEBERSICHT) 62-0197
KW-STOFF-, SCF-MO -UNTERS. 61-0132
ORGAN. PMR (UEBERSICHT) 62-0094
V. ORGAN. VERB., RK. IN FL. PHASE (EINFUEHR.) 57-0205
V. ORGAN. VERB., RK. IN FL. PHASE, 1. MITT. 57-0206
ORGAN. DISPROPORTIONIER. (UEBERSICHT) 62-0094
AROMAT. ELEKTRONENUEBERTRAG.-RK. (UEBERSICHT) 62-0197
ORGAN. ELEKTROCHEM. RK. (UEBERSICHT) 62-0094

RADIKALE (ALKYLRADIKALE)
TRICHLORMETHYL-, BLDG. AUS CCL4 55-0159
DIPHENYLMETHYLRADIKAL, BLDG. (ESR-NACHW.) 57-0120
PENTYL- U. BENZYL-, BLDG. 58-0204
ALKYL-, BLDG. DURCH DECARBOXYLIER. V. CARBONSAEUREN 58-0212
PERHALOGENMETHYL-, BLDG. DURCH MOL.-STRAHL.-RK. V. PERHALOGEN-METHANEN U. LI-ATOMEN 59-0106
2-ARYL-CYCLOPROPYL-, THERM. BLDG. (KINETIK) 59-0256
2-METHYLEN-NORBORNYL-(3)- NORBORNEN-(2)-YL-(2)-METHYL-SYST., INTERMEDIAERE BLDG. 59-0489
NICHTKLASS. NORBORNENYL-(7), BLDG. AUS 7-BROM-NORBORNENEN 60-0185
BIRADIKALE, BLDG. AUS METHYLBENZOLEN BEI D. PHOTOLYSE IN FESTER LSG. 60-0321
ACYL-, BLDG. AUS CARBONSAEUREANHYDRIDEN IN D. GAS-PHASE 60-0344
ALLYL- U. DIPHENYLMETHYL-, BLDG. BEI HOMOLYT. ZERS. V. HALOGENIDEN IN LSG. 61-0323
METHYLEN-, BLDG. BEI D. PHOTOLYSE V. DIAZOMETHAN U. SILANEN 63-0240
NICHTGLEICHGEW.-ALLYL-RADIKAL ,BLDG. BEI RK. V. (3)H MIT PROPEN 64-0247
CYCLOPROPYLCARBINYL-, BLDG. DURCH THERM. ZERS. V. AZOALKANEN (KINETIK) 55-0196
CUMYL-, THERM. BLDG. (KINETIK) 58-0294
AETHYL-, BLDG. BEI D. PHOTOLYSE V. AZOAETHAN 61-0196
PERHALOGENMETHYL-, IR 59-0106
ALKYLRADIKALE, LAD.-VERTEIL. 56-0147
ALKYL-, CNDO-BERECHN. V. BIND.-LAENGEN U. -WINKELN 57-0136
ALKYL-, IONISAT.-POTENTIALE 60-0183
TRIMETHYLEN ALS ANGEREGTER ZUSTAND V. CYCLOPROPAN , SCF-CI-BERECHN. 60-0232
DIPHENYLHYDROXYMETHYLRADIKAL, ESR-UNTERS. 58-0116
TRIPHENYLMETHYL-, ESR-SPEKTRUM 58-0117
TRIMETHYLENMETHAN, ESR (HYPERFEINAUFSPALT.) 63-0150
ALKYL-, ESR-FERNKOPPL. (HUECKEL-BERECHN.) 64-0139
PHENYLHYDROXYMETHYL-, ESR 58-0116
METHYL-, RK. MIT KW-STOFFEN (H-ABSPALT.) 57-0206
ISOBUTYL-, DISPROPORTIONIER.- U. KOMBINAT.-RK. (KINETIK) 58-0314

FORMYL-, REKOMBINAT. UNTER FLUORESZENZ (EINFL. U. NO) 57-0204
CF3-RADIKALE, KAEFIG-KOMBINAT. (KINETIK) 58-0205
CF3-RADIKALE, KOMBINAT.-RK. MIT CH3-RADIKALEN 58-0206
CH3-RADIKALE, KOMBINAT.-RK. MIT CF3-RADIKALEN 58-0206
CUMYL-, DIMERISIER. U. DISPROPORTIONIER. 58-0294
CYANALKYL-, REKOMBINAT. IN LSG. (KINETIK) 60-0234
AETHYL-, REKOMBINIER.-RK. (KINETIK) 61-0196
4-(CYCLOHEXEN-(1)-YL)-BUTYL, CYCLISIER. 63-0483
DIPHENYL- U. TRIPHENYLMETHYL-, DIMERISIER. 57-0413
TRIFLUORMETHYL- U. METHYL-, VGL. D. RK. -FAEHIGK. 59-0275
PENTYL- U. BENZYL-, REKOMBINAT. (KINETIK) 58-0204
ALKYL-, OX. MIT PB(IV)- U. CU(II)-IONEN IN ESSIGSAEURE (MECHANISMUS) 58-0212
METHYL-, RK. MIT KW-STOFFEN (KINETIK) 64-0248
1-CYCLOHEXENYL-(1)-, HOMOLYT. AROMAT. SUBSTITUT. MIT 61-0468
HYDROXYALKYL- U. ALKOXYALKYL-, RK. MIT NITROALKANEN (ESR D. PROD.) 62-0194
TRICHLORMETHYL-, RK. MIT ORGANO-HG-VERB. 63-0243
FREIE RADIKALALKYLIER. V. 2-HYDROXY-1.4-NAPHTHOCHINON 59-0439
METHYL-, RELATIVE REAKTIVITAET GEGEN CARBONSAEUREN IN FL. PHASE 60-0230
RADIKALE (ARYLRADIKALE)
4-JOD-DIBENZOYLPEROXID-DELTA-, BLDG. 60-0228
PYRIDINYL-DI-, DARST. 61-0175
PHENANTHRYL-(9)-, BLDG. BEI HOMOLYT. ZERS. V. 9-JOD-PHENANTHREN IN LSG. 61-0323
PYRIDINYL-DI-, UV, SICHTBAR 61-0175
PYRIDINYL-DI-, ESR 61-0175
PHENYLRADIKAL RK. MIT CYCLOHEXAN (KINET. ISOTOPENEFFEKT) 53-0193
PHENYL-, RK. MIT METHYLPYRIDINEN 55-0160
PHENYL-, RK. MIT METHYLTHIAZOLEN 55-0419
PHENYL-, RK. MIT ALKYLTHIAZOLEN IN SAUREM MEDIUM 60-0554
RADIKALE (CARBENE)
STABILE CARBENOIDE, 27.MITT. 54-0268
NUCLEOPHILE CARBENE, 12. MITT. 56-0520
UEBERGANGSMETALL-CARBEN-KOMPLEXE, 3. MITT. 57-0051
HETEROCARBENE, 9.MITT. 57-0479
NUCLEOPHILE CARBENE, 13. MITT. 57-0535
CARBEN-UEBERGANGSMETALL-KOMPLEXE, 4. MITT. 59-0068
CARBEN-UEBERGANGSMETALL-KOMPLEXE, 5. MITT. 59-0069
UEBERGANGSMETALL-CARBEN-KOMPLEXE, 7. MITT. 61-0048
UEBERGANGSMETALLCARBEN-KOMPLEXE, 6. MITT. 63-0012
STABILE CARBENOIDE, 29. MITT. 64-0047
STABILE CARBENOIDE, 30. MITT. 64-0048
RADIKALE (CARBENE, DARSTELLUNG)
PHENYL-CYAN-METHYLEN, DARST. 54-0296
MONOCHLORCARBEN, BLDG. AUS LI-METHYL U. CH2CL2 57-0239
PHENYLCARBEN, DARST. AUS PHENYLOXIRANEN BZW. -CYCLOPROPANEN ODER AUS PHENYLDIAZOMETHAN 57-0345
CYCLOHEPTATRIENYLIDEN, BLDG. AUS TROPONTOSYLHYDRAZON, NA-SALZ 57-0408
DICHLORMETHYLENCARBEN, BLDG. AUS PHENYL-TRICHLORVINYL-HG (LSGM.-EINFL.) 57-0475
MONOCHLORCARBEN, BLDG. AUS DICHLORMETHAN DURCH RUECKSTOSS-T-RK. 58-0312
ALPHA-TRIALKYLSILYL-CARBENE, BLDG. AUS TRIALKYL-(CHLORMETHYL)-SILANEN 58-0396
TRIMETHYLSILYL-CARBEN, INTERMEDIAERE BLDG. 59-0339
ANTHRONYLIDENCARBEN, BLDG. AUS 9-DIAZO-ANTHRON-(10) 59-0451
PHENYLFLUORCARBEN, DARST. AUS ALPHA-BROM-ALPHA-FLUOR-TOLUOL 60-0394
CARBENE D. 3-METHYL-BENZOTHIAZOLIUM-IONS , DARST. 60-0550
(AETHOXYCARBONYLCARBENYL)-AETHOXYCARBONYLDIAZOMETHYL-QUECKSILBER(II) BLDG. AUS BIS-(AETHOXYCARBONYL-DIAZOMETHYL)-QUECKSILBER(II) (PHOTOLYSE) 61-0034
DIPHENYLCYCLOPROPENYLIDEN , VERS. ZUR DARST., 4. MITT. (INTERMEDIAERE) BLDG. BEI ZERS. V. 1.2-DIPHENYL-3-ACYLOXY-CYCLOPROPENEN 61-0466
1.3-DIMETHYL-4-IMIDAZOLINYLIDEN-(2)-PENTACARBONYLCHROM, DARST. AUS 1.3-DIMETHYL-IMIDAZOLIUMHYDROGEN-PENTACARBONYLCHROMAT(-II) 62-0038
DIFLUORCARBEN, INTERMEDIAERE BLDG. AUS DIFLUORCHLORACETONITRIL BEI DIELS-ALDER-RK. MIT CYCLOHEXEN 64-0347
NUCLEOPHILE CARBENE, DARST. AUS BENZO- U. NAPHTHO (2.1-D)THIAZOLIUMSALZEN 56-0520
PENTACARBONYLTRIMETHYLSILOXYMETHYLCARBENCHROM(0), DARST. AUS PENTACARBONYLLITHIOOXY-(METHYL)-CARBENCHROM (0) U. TRIMETHYLCHLORSILAN 59-0071
AETHOXYMETHYLCARBEN-CR(CO)5, DARST. 61-0048
AETHOXYMETHYLCARBEN, BLDG. AUS AETHOXYMETHYLCARBEN-PENTACARBONYLCHROM(0) 61-0048
RADIKALE (CARBENE, PHYSIKALISCHE EIGENSCHAFTEN)
DICHLORCARBEN, IR 59-0106
CARBENE, ELEKTRONENSTRUKTUR 60-0184
METHYLENE, ESR 53-0076
UEBERGANGSMETALLCARBEN-KOMPLEXE, NMR 63-0012
RADIKALE (CARBENE, REAKTIONEN)
CARBENOID-RK RK. V. GEMISCHTEN DIHALOGENEN MIT ALKYL-LI IN GGW. V. OLEFINEN 53-0196
DIFLUORMETHYL-FLUORCARBEN, CH-EINFUEG.- RK. 55-0224
BICYCLO(3.1.0)HEXYL-(3)-CARBEN, RK. 55-0347
CARBEN-RK. MIT DERIV. D. DIMETHYLMALONDIALDEHYDS 59-0296
CARBENRK. V. DIAZOMETHYL-1.2.3-TRIAZOLEN 61-0588
PHENOXYCARBEN, STEREOSPEZIF. ADDIT. 57-0479
ALKYLCARBENE, ISOTOPENEFFEKTE D. WASSERSTOFF + VERSCHIEB. 59-0252
CARBAETHOXYMETHYLEN UMLAGER. IN PROPANOL-(2) (MECHANISMUS) 60-0288
ALPHA-TRIALKYLSILYL-CARBENE, CYCLISIER. 58-0396
PERFLUORCARBENE, RK. MIT PF3O 57-0284
MONOCHLOR-CARBEN, RK. MIT BICYCLO-OLEFINEN (STER. VERLAUF) 57-0238
DIHALOGENCARBENE, RK. MIT DIOLEFINEN 58-0329
DICHLORCARBEN, RK. MIT UNSUBSTITUIERTEN AROMATEN 59-0462
PHENYLFLUORCARBEN, STEREOSPEZIF. ADDIT. AN OLEFINE 61-0469
DICHLORCARBEN, RK. MIT OLEFINEN (STER. HINDER.) 63-0295
BENZOYLCARBEN, RK. MIT ENIN-KW-STOFFEN 63-0514
MONOCHLORCARBEN, ADDIT. AN BICYCL. OLEFINE (STEREOCHEM. VERLAUF) 57-0239
PHENYLCARBEN, EINSCHIEB.-RK. IN D. C-H-BIND. V. N-PENTAN 57-0345
ANTHRONYLIDENCARBEN, ADDIT. AN PHENYLAETHENE (STER. EINFL.) 59-0451
DICHLORCARBEN, ADDIT. U. EINSCHIEB. BEI ACETYLENEN 58-0466
DIHALOGENCARBENE, RK. MIT ACETYLENEN 58-0333
CARBENE, RK. MIT HEXAFLUORBENZOL 64-0528
DIHALOGENCARBENE, RK. MIT ENOLAETHERN 58-0330
CF2, RK. MIT AETHINYLOESTRADIOLEN 64-0868
PENTACARBONYLLITHIOOXY-(METHYL)-CARBENCHROM(0), RK. MIT TRIMETHYLCHLORSILAN 59-0071
PERFLUORCARBENE, RK. MIT CF2O 57-0284
DIFLUORCARBEN, RK. MIT EINEM EN-IN-STEROID 63-0824
RADIKALE (N-RADIKALE UND NITRENE)
NITROXIDE, 24. MITT. 57-0106
CHEMIE D. -- D. HYDRAZIN-REIHE, 50. MITT. 54-0314
FREIE HYDRAZYLE, CHEMIE , 51. MITT. 56-0584
IMINOXY-, 5. MITT. 58-0118
NITRENE IM SINGULETT- U. TRIPLETT-ZUSTAND, 3. MITT. 59-0553
FREIE D. HYDRAZINREIHE, CHEMIE, 49. MITT. 60-0076
NITROXIDE, 26. MITT. 60-0116
NITRENE, 1. MITT. 61-0648
STICKOXIDE, 4. MITT. 63-0148
STICKOXIDE, 5. MITT. 63-0149
KONSTIT. D. RADIKAL. ZWISCHENSTUFEN ZWISCHEN FORMAZANEN U. TETRAZOLIUMSALZEN 61-0598
AZOMETHIN-STICKOXIDE, KONFORM. 63-0149
RADIKALE (N-RADIKALE UND NITRENE, DARSTELLUNG)
PHENYLNITREN, BLDG. BEI D. PYROLYSE V. PHENYLAZID 54-0189
HYDRAZYL-, DARST. U. MOL.-STRUKTUR 54-0314
STER. ABGESCHIRMTE DIARYLSTICKSTOFF-, DARST. 55-0286
NITRENE, BLDG. (ABFANGEN MIT FE-CARBONYLEN) 56-0078
2-OXO-BENZOXAZOLINYL-(3)-NITREN, BLDG. U. RK. MIT OLEFINEN 56-0510
N-ARYL-N-(2-CYAN-PROPYL-(2))-N-OXID-RADIKALE, DARST. AUS NITROSO-BENZOLEN U. AZOBIS-(ISOBUTYRONITRIL) 57-0119
STICKOXID-, BLDG. AUS NITROVERB. DURCH PHOTOLYSE, 1. MITT. 57-0264
CYANNITREN, PHOTOLYT. BLDG. AUS CYANAZID 58-0160
N.N-DIPHENYL-N'-CHLORCYANPHENYL-HYDRAZYLE, DARST. AUS N.N-DIPHENYL-N'-CHLORCYANPHENYL-HYDRAZINEN U. PBO2, NA2SO4 58-0439
STICKOXIDE BLDG. DURCH PHOTOLYSE V. NITROVERB. IN FL. PHASE, 2. MITT. (AUS NITROALKANEN IN POLAREN LSGM.) 59-0266
STABILE IMIDAZOLINOXYLE, DARST. AUS 1-HYDROXY-IMIDAZOLIN-3-OXIDEN 59-0546
ALPHA-NITRONYL-NITROXIDE ALS NEUE KLASSE STABILER RADIKALE, DARST. 59-0548
CYCL. NITROXIDE, DARST. 60-0111
NO-RADIKALE, ELEKTROLYT. DARST. 60-0216
NITRENE, INTERMEDIAERE BLDG. BEI D. THERMOLYSE V. N-TRIMETHYLAMMONIO-DODECANSULFONAMIDAT U. D. PHOTOLYSE V. N-TRIMETHYLAMMONIO-DODECANAMIDAT U. DODECANOYLAZID 61-0198
STICKOXID-, BLDG. AUS NITROALKANEN DURCH RK. MIT 1.3-DIPHENYL-1.2.4-BENZOTRIAZINYL-, DARST. 62-0673
AZOMETHIN-STICKOXID-, DARST. AUS C-AMINO-NITRONEN MIT ALKAL. K3(FE(CN)6) 63-0148
1-OXYLIMINO-ALPHA.ALPHA'-DIOXO-, DARST. AUS TETRANITROMETHAN U. 1.3-DICARBONYL-VERB. 64-0133
MG-ALPHA-METHOXY-OKTAAETHYLPORPHIN-, BLDG. 64-0825
DIALKYL-STICKOXID-, BLDG. DURCH PHOTOCHEM. ZERS. V. NITROSOVERB. 54-0137
BIS-HYDRAZYLE, DARST. AUS 1.4-PIPERAZINYLEN-BIS-(3-N-(N'-PHENYL-N'-ARYL-HYDRAZINO)-2.4.6-TRINITRO-BENZOLEN) 56-0584
POLYMERES P-PHENYLAMINYLSTYROL-N-OXID (C14H12NO)X DARST. 59-0794
ACYLALKYLSTICKOXIDE, DARST. AUS ALDEHYDEN U. NITROSOVERB. BZW. DURCH PHOTOLYSE V. ALKYLNITRITEN 60-0354

POLYMERES P-PHENYLAMINYLSTYROL-N-OXID (C14H12NO)X IR 59-0794
RADIKALE (N-RADIKALE UND NITRENE, PHYSIKAL.EIGENSCHAFTEN)
1.1-DIPHENYL-2-PIKRYL-HYDRAZYL, FARBIGK. 60-0076
CYANNITREN, ELEKTRONENZUSTAND 58-0160
DIALKYL-STICKOXID-, ESR-SIGNALE 54-0137
2.4.6-TRI-TERT.-BUTYL-ANILIN- U. RADIKALKATION , EPR 56-0134
PIPERIDIN-OXIDE, NMR 57-0106
STICKOXID-, EPR 57-0264
IMINOXY-, V. ACETOPHENON- U. ANDEREN OXIMEN, ESR 58-0118
POLYMERES P-PHENYLAMINYLSTYROL-N-OXID (C14H12NO)X ESR 59-0794
ALIPHAT. NITROXIDE, ESR, 2. MITT. 60-0111
1.1-DIPHENYL-2-PIKRYL-HYDRAZYL, ESR 60-0115
DICARBONSAEUREBIS-(2.2.6.6-TETRAMETHYL-PIPERIDINYL-(4)-ESTER-N-OXYLE), ESR (EINFL. D. TEMP. AUF D. HYPERFEINSTRUKTUR) 60-0116
NO-RADIKALE, ESR 60-0216
ACYLALKYLSTICKOXIDE, ESR 60-0354
HYDROXYLAMIN-, ESR-SPEKTREN, 4. MITT. 61-0102
N-PIKRYL-CARBAZOLYL-(9)-AMINYL, ESR -HYPERFEINSTRUKTUR 61-0105
5.6.7.8-TETRAHYDRO-PTERIN-RADIKALKATION, ESR 62-0091
STICKOXID-, ESR 62-0194
AZOMETHIN-STICKOXIDE, ESR-SPEKTREN 63-0149
PHENOXAZINYL-(10) U. -N-OXID ESR 63-0151
1-OXYLIMINO-ALPHA.ALPHA'-DIOXO-, ESR 64-0133
TRIPHENYLAMINIUMRADIKALE, ESR 64-0255
BICYCLOALKYL-IMINOXY-, ESR -SPEKTREN 54-0076
STER. ABGESCHIRMTE DIARYLSTICKSTOFF-, ESR -SPEKTREN 55-0286
N-ARYL-N-(2-CYAN-PROPYL-(2))-N-OXID-RADIKALE, EPR-SPEKTREN 57-0119
CYCL. NITROXIDE, ESR-SPEKTREN 60-0111
RADIKALE (N-RADIKALE UND NITRENE, REAKTIONEN)
N-CARBAZOLYL-, RK. 59-0535
PHENYLNITREN, THERM. UMLAGER. 63-0305
STABILE NITROXIDE, PHOTOLYSE 57-0508
DIALKYLAMINKATION-, EINFL. AUF H-ABSPALT. (POLARE U. STER. EFFEKTE) 60-0296
RADIKAL. RK. V. ARYLHYDRAZINEN MIT AG2O U. SO2 61-0418
CYANNITREN, RK. MIT 1.2-DIMETHYL-CYCLOHEXANEN 58-0160
AETHOXYCARBONYL-NITREN, RK. MIT ANTHRACEN BZW. BUTEN-(2) (TEMP.-EINFL.) 60-0434
TETRAALKYLAMMONIUM-, RK. MIT AROMATEN 55-0084
CYANNITREN, RK. MIT CYCLOOCTATETRAEN 60-0469
1-AETHYL-4-METHOXYCARBONYL-PYRIDINYL-(4)-RADIKAL, RK. MIT BENZYLCHLORIDEN (MECHANISMUS U. KINETIK) 63-0244
DIFLUORAMIN-RADIKAL, RK. MIT ALLYLHALOGENIDEN 63-0402
RADIKALE (O- UND S-RADIKALE)
AROXYLE U. IHRE UMWANDL.-PROD., 3. MITT. 59-0589
CARYOPHYLLEN-JOD-NITROSIT-, ABS. STEREOCHEMIE 54-0114
TERT.-ALKYLPEROXY-, BLDG. AUS TERT.-ALKYLHYDROPEROXIDEN MIT UEBERGANGSMETALLIONEN 54-0077
PHENOXY-, DARST. 54-0248
ALKYLPEROXY-, DARST. BIS D. PHOTOLYSE V. AZOALKANEN 59-0274
THIYL-RADIKALE, PHOTOCHEM. BLDG. AUS DIPHENYLDISULFID 60-0757
PHENOXY-, BLDG. AUS ORGAN. CARBONATEN (GAMMA-BESTRAHL.) 61-0103
OXY-, BLDG. DURCH THERM. ZERS. V. GAMMA-TERT.-ALKYLPEROXY-GAMMA-LACTONEN ODER 3-TERT.-ALKYLPEROXY-PHTHALIDEN 62-0525
DIBENZO(A,KL)XANTHENYL-(1)-OXY-RADIKAL, BLDG. 59-0589
(HALOGEN)FORMYL-, BIND.-STRUKTUR U. NORMALKOORDINATENANALYSE 64-0190
2.6-DI-TERT.-BUTYL-4-(ALPHA-METHOXYIMINO-CYCLOPROPYLMETHYL)-PHENOXYL NMR U. ESR 63-0137
TERT.-ALKYLPEROXY-, ESR (EINFL. V. UEBERGANGSMETALLIONEN AUF D. STABILITAET) 54-0077
PHENOXY-, ESR-SPEKTREN 61-0103
SEK.-BUTYLPEROXY-, KETTENABBRUCHRK. (MECHANISMUS) 59-0208
SEK. PEROXY-, ISOTOPENEFFEKT IN D. KETTENABBRUCHRK. 59-0209
S-VERB. IN FREIEN RADIKAL-RK., 3. MITT. 61-0294
ALKOXY-, HOMOLYT. SPALT. (UEBERSICHT) 62-0198
PEROXY-, KETTENABBRUCHRK. (KINETIK) 59-0209
PHENOXY-, DIMERISAT. (KINETIK, MECHANISMUS) 63-0242
ALKOXY-, INTRAMOL. HALOGENIER. (UEBERSICHT) 62-0198
ALKOXY-, BETA-SPALT. (UEBERSICHT) 62-0198
THIYL-, ENDO-ADDIT. AN NORBORNADIEN 62-0479
TRIPHENYLMETHYLTHIYL, RK. MIT KW-STOFFEN 61-0294
2.4.6-TRI-TERT.-BUTYL-PHENOXYL, RK. MIT DIAZOMETHAN 58-0208
ALKOXY-, CHLORIER. MIT TERT.-BUTYLHYPOCHLORIT (UEBERSICHT) 62-0198
4-(3.5-DI-TERT.-BUTYL-4-OXO-CYCLOHEXADIEN-(2.5)-YLIDENMETHYL)-2.6-DI-TERT.-BUTYLPHENOXYL, EINFL. AUF D. ISOMERISIER. V. CIS-TRIALKYLSTANNYLALKENEN 58-0033
THIYL-RADIKALE, EINFL. AUF D. ISOMERISIER. V. (-)-CARYOPHYLLEN 60-0757
RADIKALE (SEMICHINONE UND KETYLE)
2.6- DIJOD-BENZOSEMICHINON, BLDG. AUS 3.5-DIJOD-4-HYDROXY-PHENYL-BRENZTRAUBENSAEURE 58-0159
DUROCHINON-RADIKALANION, VOLTAMMETR. BLDG. 61-0021
AZA-AZONIA-SEMICHINONE AUS DIAZONIA-PHENANTHRENEN, -PYRENEN U. DIPYRIDYLIUMVERB. (VERB. V. WEITZ-TYP), BLDG. DURCH REVERSIBLE REDOX-RK. 62-0186
LI-SEMI-2.3-DICHLOR-5.6-DICYAN-P-BENZOCHINON, IR 57-0080
TERT.-BUTYLSEMICHINONE, ESR 60-0113
SEMIDION-, ESR-FERNKOPPL. (HUECKEL-BERECHN.) 64-0139
RADIKALE (ANDERE RADIKALIONEN)
CHINOXALINO(2.3-B)CHINOXALINRADIKALANION, ERKENNEN V. DELTA(2,2')-BISISOBENZIMIDAZOLYLIDEN-RADIKALANION NACH GESKE U. PADMANABHAN ALS 60-0647
RADIKALANIONEN V. UNGESAETT. ESTERN, D. MALEIN-FUMARSAEURE- U. PHTHALSAEURE-SYST. (STRUKTUR) 53-0108
KATIONEN-, BLDG. BEI D. ELEKTROCHEM. OX. V. PENTAPHENYLPYRROLEN 55-0152
CHINOXALINO(2.3-B)CHINOXALINRADIKALANION, DARST. 60-0647
-ANIONEN V. OLEFIN-METALL-KOMPLEXEN, ELEKTROCHEM. BLDG. 61-0021
-ANIONEN U. KATIONEN V. ORGANOMETALLVERB., VOLTAMMETR. BLDG. 61-0022
AETHOXYCARBONYL-CARBENRADIKAL, BLDG. AUS BIS-(AETHOXYCARBONYL-DIAZOMETHYL)-QUECKSILBER(II) (PHOTOLYSE) 61-0034
TRANS-BICYCLO(6.1.0)NONATRIEN-(2.4.6)-RADIKALANION, ESR (U. DARST.) 61-0106
DIBENZO-P-DIOXINIUM-KATION-, DARST. 61-0187
BIS-RADIKALKATION V. DIPHENOTHIAZINYL, BLDG. 62-0116
1.4-DISILA-CYCLOHEXADIENANION-, BLDG. AUS 1.4-DISILA-CYCLOHEXADIENEN 63-0728 64-0539
TETRAHYDROPTERIN-RADIKALKATIONEN, BLDG. 56-0588
ARYLDINITROMETHYLDIANIONENRADIKALE, DARST. AUS K-ARYLDINITROMETHANEN DURCH RED. MIT GLUCOSE 64-0134
ARYLNITRONITROSOMETHYLDIANIONENRADIKALE, BLDG. AUS ARYLDINITROMETHYLDIANIONENRADIKALEN DURCH ZERS. 64-0134
RADIKAL-ANIONEN V. PYRENEN, UV-, IR- U. SICHTBARE SPEKTREN 55-0085
ANIONEN- U. DIANIONEN- V. AZOBENZOLEN, UV-SPEKTREN 57-0082
BERECHN. D. SPINDICHTE NACH HUECKEL FUER D. PYRACYLENANIONRADIKAL 53-0077
ALKANKATIONEN, CNDO-BERECHN. V. BIND.-LAENGEN U. -WINKELN 57-0136
KW-STOFF-RADIKALIONEN, SCF-MO-UNTERS. 61-0132
IONEN- V. NICHTALTERNIERENDEN KW-STOFFEN, ESR 54-0074
TETRAHYDROPTERIN-RADIKALKATIONEN, ESR 56-0588
THIOBENZAMID-RADIKALANIONEN, ESR 60-0112
CHINOXALINO(2.3-B)CHINOXALINRADIKALANION, ESR-SPEKTRUM U. ELEKTRONENSPINDICHTE 60-0647
TRIMETHYLSILYL-POLYEN- U. -AREN-RADIKALANIONEN, ESR 62-0092
ANIONRADIKALE V. PIAZTHIOLEN U. PIAZSELENOLEN, EPR 62-0093
ARYLDINITROMETHYLDIANIONENRADIKALE, ESR 64-0134
ARYLNITRONITROSOMETHYLDIANIONENRADIKALE, ESR 64-0134
SI- U. GE-SUBSTITUIERTE ANION-, ESR (HMO-BERECHN.) 64-0135
1.4-DITHIIN- U. THIANTHREN-KATION-, ESR 64-0138
RADIKAL-ANIONEN V. PYRENEN, ESR - U. NMR-SPEKTREN 55-0085
NITROBENZOL-RADIKALANION, BEWEGLICHK. IM HOCHSPANN.-FELD 54-0133
NITROBENZOL-RADIKALANION, BEWEGLICHK. 54-0134
RK. V. RADIKAL-ANIONEN, 6. MITT. 58-0209
TOLAN-RADIKALANION, ELEKTRONEN-UEBERTRAG.-RK. MIT METALL-KW-STOFFEN (KINETIK) 58-0209
-ANIONEN V. METALL- U. NICHTMETALLVERB., EINELEKTRONENUEBERTRAG. (KINETIK) 61-0032
AREN-RADIKALKATIONEN, RK. MIT ALKANEN 54-0141
RADIKALIONEN V. HYDROPHENANTHRENEN, ESR -SPEKTREN 54-0075
RADIKALE (ANDERE RADIKALE)
PHOSPHINIDENE, 4. MITT.(VERS. ZUM NACHW.) 61-0679
ORGANOMETALL-, 3. MITT. 63-0728
SILYLENE, CHEMIE, 1. MITT. 64-0416
SESQUIXANTHYDRYL, DARST., ESR 53-0407
MOHN-ALKALOID-, DARST. 53-0517
ACYL-, BLDG. BEI D. THERM. ZERS. V. ALPHA-ACYL-HYPOCHLORITEN 56-0257
PENTAPHENYLCYCLOPENTADIENYL-, D DARST. AUS CYCLOPENTADIENYLBROMIDEN 57-0423
ALKYL-HYDROXIMSAEURE- U. AMIDOXIM-, ESR 61-0102
TRIMETHYL-SILYL-, RK. MIT AROMATEN 54-0270
ORGANOZINN-, EINFL. AUF D. ISOMERISIER. V. CIS-TRIALKYLSTANNYLAKENEN 58-0033
RADIOLYSE
* S. UNTER PHOTOCHEMIE U. STRAHLENCHEMIE
RAMAN-SPEKTRUM
* S. UNTER SPEKTRUM (ROTATIONS-SCHWINGUNGSSPEKTRUM)
RAMBERG-BAECKLUND-RK.
* S. UNTER ELIMINIERUNGSREAKTIONEN
RAYLEIGH-STREUUNG
* S. UNTER LICHTSTREUUNG
REAKTIONEN
BIMOL. RK. IN LSG. (NAH-EFFEKTE) 53-0139
ASYMM. - , 18. MITT. 55-0105
IN N-METHYL-PYRROLIDON-(2) ALS LSGM., 4. MITT. 55-0130

IN GESCHMOLZENEN SALZEN ALS MEDIUM 55-0209
RK. IN LSG. UNTER DRUCK (KINETIK), 15. MITT. 56-0051
ORGAN., MIT POLYPHOSPHORSAEURE, 7. MITT. 57-0278
ORGAN. MIT POLYPHOSPHORSAEURE, 8. MITT. 57-0279
ORGAN., MIT POLYPHOSPHORSAEURE, 9. MITT. 57-0280
V. ORGAN. ANIONEN, 9. MITT. 57-0363
ORGAN. THERM., 4. MITT. 57-0408
WECHSELWRKG. ZWISCHEN KONJUGIERTEN SYST. (THEORIE D. INTERMOL. ORBITALE) 1. MITT. (ALLG. THEORIE) 58-0200
WECHSELWRKG. ZWISCHEN KONJUGIERTEN SYST. (THEORIE D. INTERMOL. ORBITALE), 2. MITT. 58-0201
INTRAMOL., 6. MITT. 58-0259
INTRAMOL., 7.MITT. 58-0308
KRYPTOIONEN- , (THEORET. ABHANDL. UEBER KLASS. U. NICHTKLASS. IONEN) 59-0174
SAEUREKATALYSIERTE, ISOTOPENUNTERS., 7. MITT. 59-0251
STOKVIS-RK. 16. MITT. 59-0537
ORGAN. THERM., 6. MITT. 60-0403
IN DMF, 2. MITT. 60-0435
ELEKTROCYCL., ERWEITERTE WOODWARD-HOFFMANN-REGEL 61-0191
HOMOLYT.- IN LSG., UNTERS. D. MECHANISMUS MITTELS MASSENSPEKTROMETR. U. ISOTOPENMETH., 13. MITT. 61-0323
ASYMM. 25. MITT. 62-0446
CHEM., BEI NIEDRIGEM DRUCK IN EINER ELEKTR. HOCHFREQUENZENTLAD., 1. MITT. 64-0318
CHEM., BEI NIEDRIGEM DRUCK IN EINER ELEKTR. HOCHFREQUENZENTLAD., 2. MITT. 64-0319
MECHANISMUS CHEM. RK. 24. MITT. VERGLEICHENDE HYDRIER. V. R-CN ZU R-CH3 MIT GEBUNDENEM BZW. ELEMENTAREM WASSERSTOFF 53-0201
V. ANGEREGTEN MOL. 2. MITT. 54-0189
CHEM. RK. IN SALZSCHMELZEN 14.MITT. 54-0242
ASYMM. --, 20. MITT. 55-0162
KAEFIG-, 1. MITT. 58-0205
KAEFIG-, 2. MITT. 58-0206
BEI HOHEM DRUCK (KAEFIGEFFEKTE U. AKTIVIER.-VOL.) 62-0283
MIT PYRIDINHYDROCHLORID (UEBERSICHT) 64-0350
ASYMM. RK. 12. MITT. 53-0202
POLONOVSKI-RK. (EINFL. V. ACYLIER.-MITTELN) 55-0312
KAEFIG-, V. CH3- U. CF3-RADIKALEN , KINETIK 58-0206
V. ANGEREGTEN MOL., 4. MITT. 62-0279
V. ANGEREGTEN MOL., 5. MITT. 62-0280
UMVERTEIL.-RK. ZUR DARST. V. GEMISCHTEN ORGANO-SN-CHLORIDEN 61-0045
HOMOLYT., V. PERFLUORIERTEN AROMATEN, 1.MITT. 58-0484
V. HALOGENVERB. (6-ZENTREN-UEBERGANGSZUSTAENDE) 56-0203
V. ALPHA-BROM-BENZYLSULFON MIT NAOCH3 (KINETIK) 63-0303
EINBAU-RK. V. ISOCYANATEN IN P-N-VERB. (RK.-MECHANISMUS) 56-0364
NUCLEOPHILER REAGENTIEN MIT ASPIRIN (INTRAMOL. KATALYSE, KINETIK) 64-0316
MECHANISMUS D. RK. V. ALPHA-DIAZOSULFONEN, 60-0254
REAKTIONSENERGETIK U. -GLEICHGEWICHTE
MOL.-STATISTIK U. RK.-KINETIK D. CHEM. GLEICHGEW. (SCHARMITTEL-ZEITMITTEL-GLEICHH.) 1. MITT. 60-0189
REAKTIONSENERGETIK U.-GLEICHGEWICHTE (V.SPEZIELLEN SYST.)
VERBRENN.-WAERMEN V. METALLPIKRATEN 57-0175
GLEICHGEW.-KONST. FUER AQUO- U. (CYANO-CORRINATO-KOBALD(III)) (1+) IN WSS. LSG. 55-0013
STABILITAETSKONST. V. LANTHANIDEN-CHELATEN V. NITROSO-R-SAEURE 60-0027
KINETIK D. BLDG. U. DISSOZIAT. V. PURPUREATOMETALL(II) -KOMPLEXEN IN WSS. LSG. 58-0025
BLG.-WAERME V.TRIFLUORPHOSPHIN-CARBONYL-KOBALT-HYDRIDEN 64-0014
V. N2 MIT TICL2(C5H5)2 IN GGW. V. AETHYL-MGBR (KINETIK) 54-0024
THERMOCHEMIE V. METALLORGAN. VERB., 1. MITT. (AL-ALKYLE) 55-0011
THERMODYNAMIK D. RK. V. ORGANO-MG-VERB. U. MGX2 (X=CL, BR) IN THF 55-0012
GLEICHGEW. IM SYST. (CH3)2SIBR2-(CH3)2GEBR2-(CH3) 2SIO-(CH3)2GEO 57-0042
GLEICHGEW.-KONST. FUER ALKYL-CO(III)CORRIN-KOMPLEXE MIT DEN SECHSFACH KOORDINIERTEN AQUOKOMPLEXEN IN WSS. LSG. (EINFL. D. AXIALEN LIGANDEN) 55-0013
BLDG.-WAERMEN V. METALLCYANAMIDEN 64-0020
STANDARD-BLDG.-ENTHALPIEN V. METALL-CARBAMATEN 64-0021
KOMPLEXGLEICHGEW. IM SAUREN, WSS. SYST. CR(III)-PYRIDIN-N-OXID 63-0029
STABILITAETSKONST. V. CU(II)-GLYCIN-KOMPLEXEN 54-0020
ZERS.-ENTHALPIEN V. CO(II)-ALKANOATEN 60-0065
KOMPLEXBLDG.-GLEICHGEW. IM WSS. SYST. CU(II)-L-CARNOSIN (KINETIK) 62-0021
V. NITRILOTRIACETAT-METALL(II)-KOMPLEXEN MIT AMINOSAEUREN U. IHREN ESTERN (KINETIK) 63-0042
BLDG.- U. DISSOZIAT.-WAERME V. KW-STOFFEN, IHREN RADIKALKATIONEN, FREIEN RADIKALEN U. CARBONIUMIONEN (CNDO-BERECHN.) 57-0136
VERBRENN.-ENTHALPIE V. TRANS-HEXATRIEN-(1.3.5) 59-0177
BLDG.-WAERMEN V. OFFENKETT. U. CYCL. KW-STOFFEN (BERECHN. AUS BIND.-ENERGIEN) 60-0164
VERBRENN.- U. BLDG.-WAERMEN V. C4H6-KW-STOFFEN 64-0192
PROTOTROPIE-GLEICHGEW.-KONST. V. DIAZA-BICYCLOALKAN-SALZEN 62-0687
BLDG.-ENTHALPIEN V. HALOGEN-KW-STOFFEN 53-0109
GLEICHGEW.-KONST. D. BLDG. V. TRIISOOCTYLAMMONIUM-SALZEN IN VERSCHIEDENEN LSGM. 56-0039
GLEICHGEW.-KONST. D. O-NITROSIER. V. ALKOHOLEN 55-0168
BLDG.- U. VERBRENN.-WAERMEN V. CHLOR-METHYLSILANEN 58-0164
H-F-UMVERTEIL.-GLEICHGEW. BEI FLUOR-METHYL-PHENYL-SILAN 59-0178
VERBRENN.- U. BLDG.-WAERME V. DIKETEN 61-0171
RK.-ENTHALPIE D. 1.3-DIPOLAREN CYCLOADDIT. V. 3-NITRO-DELTA(2)-ISOXAZOLIN-N-OXID AN AETHYLEN 62-0262
GLEICHGEW.-KONST. D. ADDUKT-BLDG. AUS CARBONSAEUREN U. N-BUTYLAMIN 62-0168
STANDARDENTHALPIE D. BLDG. V. DIPHENYLBORINSAEURE 55-0129
GLEICHGEW.-KONST. D. KOMPLEXBLDG. V. H3BO3 U. CHROMOTROPSAEURE 55-0603
CARBONIUM-IONEN, BLDG.-WAERME IN FSO3H-SBCL5 58-0162
BLDG.-WAERME V. BENZOLIUM-IONEN IN FSO3H-SBCL5 58-0163
BLDG.-ENERGIE V. BZL.-HALOGEN-KOMPLEXEN (QUADRUPOL-DIPOL-WECHSELWRKG.-BEITRAG) 57-0140
GLEICHGEW. V. EINFACHEN RK. (THERMODYNAM. PARAMETER AUS LSG.-KALORIMETRIE-DATEN) 63-0209
REAKTIONSFAEHIGKEIT
KONFORM. U. REAKTIVITAET, 5. MITT. 57-0097
REAKTIVITAET U. NMR-SPEKTREN V. ORGAN. VERB., 1. MITT. 61-0099
V. PI-GEBUNDENEN ORGAN. LIGANDEN, EINFL. D. KOORDINAT. AN METALLE, 1.MITT. 62-0017
TRENN. POLARER U. STER. EFFEKTE, 8. MITT. 63-0276
U. KONFORM., 7. MITT. 58-0255
D. ARYLKERNES IN KONDENSIERTEN SYST. MIT RINGSPANN. 60-0225
REAKTIONSGESCHWINDIGKEIT
KINETIK U. KONFORM., NMR-UNTERS., 11. MITT. 60-0172
RK.-KINETIK D. CHEM. GLEICHGEW. U. MOLEKULARSTATISTIK, SCHARMITTEL-ZEITMITTEL-GLEICHH., 1. MITT. 60-0189
V. ORGAN. RK. (EINFL. D. DEUTERIUM-SUBSTITUT.), 11. MITT. 58-0244
EINFL. D. LSGM., 33. MITT. 55-0155
EINFL. D. LSGM., 34. MITT. 55-0156
EINFL. D. LSGM., 35. MITT. 55-0157
EINFL. D. LSGM., 36. MITT. 55-0158
REDOXPOTENTIAL V. ORGAN. VERB.
* S. UNTER OXYDOREDUKTION
REDOXSYSTEME
* S. UNTER OXYDOREDUKTION
REDUKTION
* ELEKTROLYT. S. UNTER ELEKTROLYSE
* KATALYT.,MIT WASSERSTOFF S. HYDRIERUNG
* PHOTOCHEM. S. UNTER PHOTOCHEMIE UND STRAHLENCHEMIE
* POLAROGRAPH., S. UNTER POLAROGRAPHIE
* S. AUCH OXYDOREDUKTION
SELEKTIVE, 12. MITT. (MIT ALH3) 63-0353
METALL-NH3-, 2. MITT. 64-0508
METALL-NH3-, 3. MITT. 64-0509
MIT ALKOXYALUMINIUMHYDRIDEN, 1. MITT. 61-0203
REDUKTION (VON SPEZIELLEN STOFFEN)
D. PENTAAMMIN-KOBALT(III)-KOMPLEXE V. PYRIDINEN MIT CR(II) (KINETIK) 60-0033
SELEKTIVE, V. MERCURIERTEN AMINEN MIT NABH4 56-0261
V. CO(III)- U. CO(II)-CHELATEN V. BIS-(ACETYLACETON)-AETHYLENDIIMIN 57-0056
V. CO(II)- U. CO(III)-CHELATEN V. N.N'-BIS-(SALICYLIDEN)-AETHYLENDIAMIN 57-0057
V. FUMARATOPENTAMMIN-CO(III)-KOMPLEXEN MIT CO(II) (KINETIK) 60-0034
V. CARBONSAEUREAMIDPENTAMMIN-CO(III)-KOMPLEXEN MIT CR(II) (MECHANISMUS) 61-0027
BIRCH V. 1.2.3.4-TETRAHYDRO-ANTHRACEN 53-0301
STEREOSPEZIF., V. ACETYLENEN BZW. KONJUGIERTEN DIOLEFINEN 55-0211
V. TETRAPHENYL-ALLEN U. -PROPEN (MECHANISMUS) 58-0198
METALL-NH3- V. ANTHRACEN (HEMM. DURCH FE-METALLE) 64-0508
METALL-NH3-, V. BENZ(A)ANTHRACEN 64-0509
V. AROMATEN MIT TETRAALKYLAMMONIUMAMALGAMEN (ESR-UNTERS.) 55-0084
V. 2-ARYL-OXETANEN MIT LIALH4, ALH3 ODER ALHCL2 57-0349
V. PYRIMIDINEN MIT METALLHYDRID-KOMPLEXEN 59-0630
V. EPOXIDEN (ALKOXY-AL-HYDRIDE) 61-0203
V. 1-PYRROLIDINO-CYCLOALKENEN MIT AL-HYDRIDEN 64-0606
V. TRICHLOR- ZU DICHLORALKANEN MITTELS TERT. AMINEN IN GGW. V. FE(CO)5 53-0205
V. GEM.-DIBROM-CYCLOPROPANEN MIT CRSO4 (PROD.) 53-0311
V. VINYLBROMIDEN MIT ALKOHOL. ALKALI ODER ALKALIALKOHOLATEN 60-0432
V. AZIDO- ZU AMINOSTEROIDEN MITTELS NABH4 U. TRIS (ALPHA.ALPHA'-DIPYRIDYL)-KOBALT(II)-BROMID 53-0550
V. NITROSOBENZOL DURCH ALKOHOLE (MECHANISMUS U. KINETIK) 58-0220

V. 1-HALOGEN-NAPHTHOLEN-(2) MIT THIOPHENOLATEN (KINETIK U. MECHANISMUS) 56-0206
V. (+)-ALPHA-3.4-EPOXY-CARAN BZW. (-)-BETA-3.4-EPOXY-CARAN MIT LITHIUM IN AETHYLAMIN 56-0675
REDUKTIVE KUPPL. V. ALLYLALKOHOLEN 57-0704
'MIXED HYDRIDE'-, V. EPOXIDEN MIT LIALH4-AL-TRIHALOGENID (MECHANISMUS) 60-0243
REDUKTIVE SPALT. V. OZONIDEN 61-0209
V. TRANS-1-TERT.-BUTYL-3-PHENYL-ALLYLALKOHOL MIT LIALH4 (STEREOCHEM. VERLAUF) 61-0213
ASYMM. MEERWEIN-PONNDORF-RED. , ANWEND. AUF D. BEST. D. ABS. KONFIG. V. ALKOHOLEN 53-0202
V. ALPHA.BETA-UNGESAETT. CARBONYLVERB. (STEREOCHEMIE) 55-0111
ASYMM., V. KETONEN DURCH OPT. AKT. ALKOXY-LITHIUMALUMINIUMHYDRIDE 55-0162
DUPLIKATIVE, V. UNGESAETT. ALDEHYD-KETON-GEMISCHEN 55-0232
DUPLIKATIVE, V. BETA-DIKETONEN , 1. MITT. 55-0373
VERDOPPELNDE, V. CYCLOHEXEN-(2)-ON 56-0403
V. 4-TERT.-BUTYL-CYCLOHEXANON DURCH GRIGNARD-VERB. (MECHANISMUS, STEREOSPEZIFITAET) 57-0213
MEERWEIN-PONNDORF- V. ASYMM. KETONEN MIT (+)-ALUMINIUM-TRIS-(2-METHYL-BUTYLAT) 57-0282
V. FLUORENONEN (KINETIK) 58-0221
ASYMM. GRIGNARD-RED. V. KETONEN 59-0202
V. DELTA(2)-CYCLOALKENONEN NACH WOLFF-KISHNER ODER CAGLIOTI (MECHANISMUS) 59-0205
V. MESO-2.2'-DIOXO-DICYCLOHEXYLMETHAN MIT H2 (RANEY-NI), LIALH4 ODER NACH MEERWEIN 59-0423
METALLHYDRID- V. ALPHA,BETA-UNGESAETT. KETONEN 59-0425
ASYMM. LIALH4- V. KETONEN MIT BETA-STAEND. ASSYMMETRIEZENTRUM 60-0244
V. 14-ALKENYL-CODEINONEN MIT NABH4 60-0705
V. ACETON DURCH MORPHOLINBORAN (MECHANISMUS, KINETIK) 61-0334
V. 9.10-ANTHRACHINONEN, 2. MITT. 62-0187
DUPLIKATIVE V. ZIMTALDEHYD (MECHANISMUS) 62-0207
V. BENZOYL-BIS-(FERROCENYL)-PHENYL-METHAN (MECHANISMUS) 64-0069
STEREOSPEZIF., V. ALPHA.BETA-METHYLEN- U. ALPHA.BETA-EPOXY-CYCLOALKANONEN 64-0349
REDUZIERENDE METALLIER. V. CARBONYLVERB., 8. MITT. 64-0664
V. IMINOAETHERN 56-0317
LIALH4- V. KETOXIMEN V. BRUECKENRINGVERB. 64-0567
V. QUART. PYRIDINIUMSALZEN MIT ALH3 53-0415
BIRCH-, V. QUATERN. TRYPTAMIN-SALZEN 56-0487
V. 4-TERT.-BUTYL-N.N-DIMETHYL-CYCLOHEXYLIDEN-AMMONIUMPERCHLORAT DURCH GRIGNARD-VERB. (MECHANISMUS, STEREOSPEZIFITAET) 57-0213
V. PYRIDINIUMSALZEN MIT NA2S2O4 (STRUKTUR D. INTERMEDIAERPROD.) 60-0245
SELEKTIVE, D. C-C-DOPPELBIND. V. ALPHA-AETHYLEN. NITRILEN MITTELS ORGANO-ZINNVERB. 55-0215
SELEKTIVE, D. C-C-DOPPELBIND. V. ALPHA-AETHYLEN. ESTERN MITTELS ORGANO-ZINNVERB. 55-0215
V. OMEGA-BENZOYL-ALKANSAEUREN U. -ESTERN 57-0371
V. ACETYLENDICARBONSAEURE MIT CR(II) (KINETIK) 58-0027
V. NAPHTHOLCARBONSAEUREN, 17. MITT. 61-0491
SELEKTIVE, V. PEPTIDESTERGRUPPEN (KINETIK) 63-0406
SELEKTIVE V. CARBOBENZOXY-GRUPPEN IN CARBOBENZOXYAMINOSAEUREN U. PEPTID-P-NITROPHENYLESTERN 64-0878
V. SEK. U. TERT. AMIDEN MIT NABH4 56-0317
AMALGAM- V. 1-NAPHTHOESAEUREN (EINFL. D. SUBSTITUENTEN) 61-0491
V. BICYCL. TOSYLOXYKETONEN U. -KETALEN MIT LIALH4 UNTER RINGOEFFN. 59-0203
V. STEROIDKETONEN MIT ZN-HCL 55-0550
ANOMALE, V. CIS-3.4-EPOXY-5-HYDROXY-CHOLESTANEN MIT LIALH4 56-0697
V. SAUREN POLYSACCHARIDEN MIT LIBH4 56-0748
NABH4- V. STEROIDKETONEN MIT U. OHNE BESTRAHL. (KINETIK) 58-0780
REDUKTIONSMITTEL
TRIAETHYLPHOSPHIT, VERW. ZUR PHOTOCHEM. RED. V. NITROAROMATEN 58-0322
NATRIUM-DIHYDRIDO-BIS-(2-METHOXYAETHOXO)-ALUMINAT(III), RED. ORGAN. VERB. 62-0313
REDUKTONE
ACI-, DARST. AUF OXYDATIVEM WEGE 58-0695
REFORMATSKY-REAKTION
* S. UNTER KONDENSATIONSREAKTIONEN
REFRAKTION
BRECH.-INDICES V. ALKYLCYCLOHEXANEN (BEZIEH. ZUR KONFORM.) 62-0418
MOL.- V. POLYHALOGENALKANEN 56-0091
V. CYCLOHEXYLAMINEN (BEZIEH. ZUR KONFORM.) 64-0180
BRECH.-INDEX D. SYST. 1.1.1.3.3.3-HEXAFLUOR-PROPANOL-(2)-W. 55-0132
RESONANZ
C-METALL-HYPERKONJUGAT. 54-0005
HYPERKONJUGAT. D. C-METALLBIND. IN METALLOCENEN 54-0124
IN CYCLOPROPYLCARBINYL-RADIKALEN 55-0196
DREIDIMENSIONALE KONJUGAT. V. CYCLOOCTATETRAEN 56-0152
-STABILISIERTE CARBANIONEN, 2. MITT. 58-0006
GEHINDERTE KONJUGAT. EINSAMER ELEKTRONENPAARE BEI ELEMENTEN D. 5. GRUPPE, 1. MITT. 61-0125
KONJUGAT. IM 1.2.3-TRIPHENYL-BENZOLMOL. 1. MITT. SYNTH. V. 4'-DERIV. V. 3.4.5-TRIPHENYL-PHENOL U. 3.4.5-TRIPHENYL-ANILIN 53-0292
RETRO-DIELS-ALDER-REAKTION
* S. UNTER ELIMINIERUNGSREAKTIONEN
RETHROLONE
* S. UNTER HYDROXYKETONE
RHENIUMVERBINDUNGEN
MY-OXO-BIS-(CHLORO-PHTHALOCYANINATO-RHENIUM(IV)) BZW. HYDROXO-CHLORO-PHTHALOCYANINATO-RHENIUM(IV), ABSORPT.-SPEKTREN IN CHLORNAPHTHALIN, VERW. ALS SAETTIGUNGSFAEH. ABSORBER IM RUBINLASER 59-0018
(RE(PY)4O2)+(+), AUSTAUSCH-RK. MIT ((14)C)PY. (KINETIK) 64-0035
(RE(AMIN)4O2)(+), (14)C-MARKIERTER LIGANDENAUSTAUSCH (KINETIK) 64-0035
(C6(CH3)6H)RE(CO)3, KRIST.-STRUKTUR, STEREOCHEMIE U. KONFORM. 53-0009
RE-CYCLOPENTADIENYL-ALKYL- BZW. -ARYLMETHOXYCARBEN-BZW. METHYLHYDROXYDICARBONYL-KOMPLEXE, DARST., RK., EIG. 57-0051
TETRACARBONYL-2-(PHENYLAZO)-PHENYLRHENIUM U. TETRACARBONYL-2-(4-AETHOXY-PHENYLAZO)-5-AETHOXYPHENYLRHENIUM, DARST. 57-0064
(C5H5)RE(C6H6) , DARST., RK. MIT HCL (ZU (C5H5REHC6H6)CL), ACETYLIER. (ZU (C5H5REHC6H6)CL BZW. CH3COC6H5REC5H5) 58-0062
CAESIUM-(PI-(3)-1.2-DICARBOLLYL-TRICARBONYLRHENAT(1-)) , DARST. , SPEKTREN 59-0041
CYCLOPENTADIENYLTRICARBONYLRHENIUM, MASSENSPEKTRUM 60-0016
CYCLOPENTADIENYL-RE(CO)3-VERB., NQR -UNTERS. 64-0010
(RECL2(C5H7O2)2), KRIST.-STRUKTUR , IR- U. MASSENSPEKTROGRAPH. UNTERS. 56-0027
DICHLORO-TETRA-MY-BENZOATO-DIRHENIUM(III), KRIST.-STRUKTUR 60-0019
H(RE(CO)5), RK. MIT HEXAFLUOR-DEWAR-BENZOL 56-0089
RHEOLOGIE
STRUKTURVISKOSITAET V. OEL. CACO3-SUSPENSION 59-0818
RHODIUMVERBINDUNGEN (ORGANISCHE)
CHLORO-TRIS-(TRIPHENYLPHOSPHIN)-RHODIUM(I) EINFL. AUF D. (3)H-VERTEIL. BEI HYDRIER. V. CROTON- U. TETROLSAEURE MIT HT-H2 58-0211
TRIS-(TRIPHENYLPHOSPHIN)-CHLOR-RHODIUM ALDEHYD-DECARBONYLIER. MIT - BEI 3BETA-ISOPROPYL-9ALPHA-METHYL-10-FORMYLMETHYL-CIS-DECALIN 60-0748
TRIS-(TRIPHENYL-PHOSPHIN)-RHODIIUMCHLORID , DARST. AUS RHCL3 U. TRIPHENYL-PHOSPHIN 57-0726
PI-PHOSPHINRHODIUMKOMPLEXE, DARST. 63-0101
(((CH3)6C6RHCL)2)CL4, DARST., RK., (((CH3)6C6RHCL)2)(4)J4, (((CH3)6C6RHCL)2)CL2(B(C6H5)4)2, DARST. 56-0083
((CH3)6C6RHCLPY)CL2, DARST. 56-0083
RH(CLO4)3(CIS.CIS-1.3.5-(NH2)3-C6H6)2, DARST. 58-0072
GEMISCHTE TRANS-HALOGENOAETHYLENDIAMINRHODIUM(III)-KOMPLEXE, PHOTOSYNTH. 62-0055
RH(CO)2(CH3COCHCOCH3), RH(CO)2(3CO)2CH, RH(CO)-2(CF3COCHCOCH3), KRIST.-STRUKTUR 55-0006
OXINATOCARBONYL-RH(I)-KOMPLEXE, BLDG., RK. 56-0085
EINFL. V. CHLORO-TRIS-(TRIPHENYLPHOSPHIN)-RHODIUM AUF D. OX. V. ALKYLBENZOLEN 53-0126
RH-TETRAFLUORAETHYLEN- U. -CARBONYL-KOMPLEXE MIT PHENYL-DI-(PENTAFLUOR-PHENYL)-PHOSPHIN U. DIPHENYL-PENTAFLUORPHENYL-PHOSPHIN, DARST., RK. 54-0044
(RHCL3((CH3)2ASC6H4N(CH3)2)2), KRIST.-STRUKTUR 55-0010
OXINATO-RH(I)-KOMPLEXE MIT PHOSPHINEN BZW. ARSINEN ALS LIGANDEN, BLDG. 56-0085
RHCL3(AS(CH3)2(CH3OC6H4))2, KRIST.-STRUKTUR 57-0019
DIOLEFIN-TRIPHENYLPHOSPHIN- U. -ARSINKOMPLEXE V. RH(I), LIGANDENAUSTAUSCH 57-0028
BIS-(TRIPHENYLPHOSPHIN)-VERB., DARST., RK. MIT ALDEHYDEN U. ACYLHALOGENIDEN 57-0274
TRIS-(TRIPHENYLPHOSPHIN)-RHODIUMCHLORID U. DIHYDRIDO-CHLORO-BIS-(TRIPHENYLPHOSPHIN)-RH(III), HYDRIER.-KATALYSATOREN 60-0289
TRIS-(TRIPHENYLPHOSPHIN)-RHODIUM(I)-CHLORID, KATALYSATOR FUER D. ACETALISIER. V. STEROIDKETONEN 61-0777
DIMERES RHODIUMDICARBONYLCHLORID, KOMPLEXBLDG. MIT CIS- BZW. TRANS-1.2-DICHLORAETHEN 62-0052
BIS-(CIS-VINYLEN-BIS-(DIPHENYLARSIN))-RHODIUM(I)-TETRAFLUOROBORAT, POLYMERES CHLORO-CARBONYL-(TRANS-VINYLEN-BIS-(DIPHENYLARSIN))-RHODIUM(I) (RHCL(CO)((C6H5)2AS-CH=CH-AS(C6H5)2))X, DARST. DURCH KOMPLEXBLDG. 62-0052
TRIS-(TRIPHENYLPHOSPHIN)-RHODIUMCHLORID, EINFL. AUF D. ISOMERISIER. V. CYCLOHEXADIENEN-(1.4) 64-0308
HRH(P(C6H5)4), DARST., RK., KEINE KOMPLEXBLDG. MIT N2 59-0087
RHODIUM-DIBUTADIEN-CHLORID , RK. MIT NORBORNADIEN 55-0016
DI-MY-CHLORO-DINORBORNADIEN-DIRHODIUM, RK. MIT NORBORNADIEN 55-0016
(RH3(C5H5)4H) , DARST. AUS CYCLOPENTADIENYL-MAGNESIUMBROMID U. RHCL3 (CHROMATOGRAPHIE) 57-0061
(RH3H(C5H5)4), KRIST.-STRUKTUR 58-0017

DI-MY-JODO-MY-DIMETHYLSULFID-BIS-(DIMETHYL-
DIMETHYLSULFID-RHODIUM(III)), KRIST.-STRUKTUR 58-0019
(PI-C5H5)RHS2C4F6, POLAROGRAPH. U. CYCL.-VOLTAMMENTR.
VERH. (BLDG. V. RADIKALIONEN U. IONEN) 61-0022
CYCLOPENTADIENYL-RH-CHINONE, REDOXVERH. , DARST.
62-0017
(RHCL(CO)(TRIPHENYLPHOSPHIN)2), DICARBONYLTRI-
PHENYLPHOSPHIN-RH(I)-KOMPLEXE, DARST., RK. 62-0054
PENTAMETHYLCYCLOPENTADIENYLRHODIUM(III)-CHLORID,
DARST. , RK. 63-0097
RK. MIT AROYLJODIDEN 63-0438
RHODIUM-DINORBORNADIEN-CHLORID , BLDG. AUS DI-MY-
CHLORO-DINORBORNADIEN-DIRHODIUM U. NORBORNADIEN
UNTERHALB -40 GRAD (KINETIK), 55-0016
TRIS-(ACETYLACETONATO)-RHODIUM(III), KOMPLEXBLDG. MIT
TRIPHENYLPHOSPHIN (AL-TRIAETHYL) 59-0087
SALICYLALDOXIM-RH(I)-CARBONYL-KOMPLEXE, BLDG. 56-0085
CHINALDINATO- U. PICOLINATO-RH(I)-CARBONYL-KOMPLEXE,
BLDG. 56-0085
FUMARATOPENTAMMINRHODIUM(III)-DIPERCHLORAT , DARST.,
RED. 60-0034
TRIOXALATO-RHODIUM(III), O-18-AUSTAUSCH (KINETIK)
64-0036
EINFL. AUF D. HYDRIER. V. OLEFINON 64-0251
TRIS-(TRIPHENYLPHOSPHIN)-RHODIUMCHLORID, EINFL. AUF
OX. 62-0311
TRIS-(TRIPHENYL-PHOSPHIN)-RHODIIUMCHLORID , EINFL. AUF
D. HYDRIER. BZW. DEUTERIER. V. UNGESAETT.
STEROIDKETONEN 57-0726
H3(RHH(CN)5), DARST. AUS K3(RHH(CN)5) 57-0062
H3(RHH(CN)5), ZERS. BEIM KONZENTRIEREN 57-0062
H3(RHH(CN)5) DARST. AUS K3(RHH(CN)5) 57-0062
H3(RHH(CN)5) ZERS. BEIM KONZENTRIEREN 57-0062
RHODIUMVERBINDUNGEN (ANORGANISCHE)
RHCL3, RK. MIT HEXAMETHYL-BICYCLO(2.2.0)HEXADIEN-
(2.5) 56-0083
RHCL3, KOMPLEXBLDG. MIT TRIPHENYLPHOSPHIN (AL-
TRIAETHYL) 59-0087
RHCL3, VERW. ZUR DARST. V. -- -PHOSPHIN-KOMPLEXEN
64-0251
RHCL3, RK. MIT CYCLOPENTADIENYL-MAGNESIUMBROMID
57-0061
RHCL3, KEIN EINFL. AUF D. TOLUOL-OX. MIT
DIISOPROPYLPEROXYDICARBONAT 58-0213
RH2O3, EINFL. AUF D. RK. V. OLEFINEN MIT (CO) U. H2
62-0289
RHODOMYCINE
RHODOMYCINE, 12. MITT. 55-0568
13. MITT. 61-0805
KONFIG., KONFORM. V. ALPHA(2)-RHODOMYCINON U. ALPHA-
CITROMYCINON 61-0805
ISOLIER. V. ALPHA(2)-RHODOMYCINON , ALPHA- U. GAMMA-
CITROMYCINON 61-0805
RIBOSIDE
* S. GLYKOSIDE BZW. NUCLEOSIDE
RIFAMYCINE
56.MITT. 60-0791
49. MITT. 60-0821
EINFL. D. CARBOXYLGRUPPE AUF D. ANTIBAKTERIELLE WRKG.
60-0821
RINGERWEITERUNGSREAKTIONEN
NEUART. , 2.MITT. 56-0441
RINGERWEITER.-VERF., 1. MITT. 58-0491
CARBENIAT-CARBONIUM- IONENPAARE ALS ZWISCHENSTUFEN
61-0306
1. MITT. 63-0540
V. INDOLEN (KINETIK, MECHANISMUS) 61-0300
V. UNSUBSTITUIERTEN AROMATEN MIT CCL2 59-0462
V. NORBORNANDERIV., 3. MITT. 60-0449
V. 9-PHOSPHA-FLUORENEN ZU 9-PHOSPHA-PHENANTHREN-9-
OXIDEN 54-0370
V. 1-MORPHOLINO-CYCLODODECEN-(1) BEI ACYLIER.
56-0384
V. PORPHYRINEN MIT AETHOXYCARBONYLNITREN 56-0658
D. AZIRIDIN-RINGES , 1. MITT. 62-0550
V. EPOXIDEN ZU 1.3-DIOXOLANEN 63-0628
V. AZIRIDINEN , 2.MITT. 64-0570
V. 1-(ALPHA-BROM-BENZYL)-CYCLOALKANOLEN-(1) 58-0491
V. 4-PHENYL-CHINAZOLIN-3-OXIDEN 56-0611
V. CYCL. ENOLAETHERN MIT DIHALOGENCARBENEN 58-0330
RINGINVERSION
* S. UNTER STEREOCHEMIE
RINGOEFFNUNGSREAKTIONEN
ELEKTROPHILE, D. CYCLOPROPANRINGES 62-0222
REDUKTIVE, V. GLUTARIMIDEN U. BARBITURATEN 58-0544
D. CYCLOPROPANRINGS (STEREOCHEMIE) 57-0472
OXYDATIVE SPALT. V. CYCLOPROPANEN, 4. MITT. (V.
ARYLCYCLOPROPANEN DURCH HG-ACETAT, KINETIK) 60-0242
V. 1.2-DIHYDRO-BENZOCYCLOBUTENEN 64-0533
V. CHRYSANTHEMSAEUREDERIV. 55-0530
V. PYRAZOLO-ASYMM.-TRIAZINEN MIT HYDRAZIN BZW.
HYDROXYLAMIN 53-0467
V. CYCL. OXIDEN MIT HCLO4 (KINETIK) 54-0160
V. 2-METHYL-OXETAN (KINETIK) 54-0188
RINGSPALT., V. O.N-HETEROCYCLEN 2. MITT. 54-0377
V. PYRIMIDINEN 54-0445
V. PYRAZOLEN 55-0405
V. 1.1-DISUBSTITUIERTEN SILACYCLOPROPANEN 58-0396
V. OXIRANRINGEN (KINETIK) 59-0258
V. STILBAZOLOXIDEN (STEREOCHEMIE) 60-0600
V. TRISUBSTITUIERTEN EPOXIDEN MIT B2H6 OHNE BZW. IN
GGW. V. BH4(-) (ANTI-MARKOVNIKOV-OEFFN.) 63-0488
V. PYRIMIDINEN MIT AMINEN 63-0720
V. 1-NITROSO-2-NAPHTHOL U. 2-NITROSO-1-NAPHTHOL
54-0279
REVERSIBLE HYDROLYT.- AN AMINO-HETEROAROMATEN , 2.
MITT. 57-0222
REVERSIBLE HYDROLYT. -- AN AMINO-HETEROAROMATEN , 3.
MITT. 57-0223
RINGSPALT. V. CYCL. ACETALEN, 3. MITT. 56-0571
V. 8.9-EPOXY-CIS-HYDRINDANOLEN DURCH HYDRIER.
59-0437
V. 2-AMINO-DELTA(2)-THIAZOLINEN MIT H2S 59-0560
V. 2.3-EPOXY-5.8-METHANO-HYDRONAPHTHOCHINONEN-(1.4)
MIT 1-PHENYL-1H-TETRAZOL-5-THIOL (KINETIK) 58-0264
V. 1.1-DIALKYL-AZETIDINIUMCHLORIDEN ZU
3-DIALKYLAMINO-PROPYLCHLORIDEN (GLEICHGEW.-KONST.)
59-0503
V. EPISULFONIUMIONEN, EINFL. D. SUBSTITUENTEN 61-0279
V. EPISULFONIUMIONEN, EINFL. D. SUBSTITUENTEN 61-0280
V. BENZOPYRYLOMONOMETHINCYANINEN BEI RK. MIT 2-(1.5.
5-TRIMETHYL-CYCLOHEXEN-(1)-YLIDEN-(3)-METHYL)-
BENZTHIAZOLINIUMJODIDEN 64-0678
V. DICARBONSAEUREANHYDRIDEN MIT HYDRAZIDEN (KINETIK)
59-0213
V. BICYCL. TOSYLOXYKETONEN U. -KETALEN MIT LIALH4
59-0203
D. CYCLOPROPYLKATIONS (MECHANISMUS) 55-0203
RING A-, V. GIBBERELLIN-DERIV. 54-0564
RINGSYSTEME, ANORGANISCHE
1.3.2.4-DIAZADIPHOSPHETIDINE, DARST. AUS TRIS-
(DIAETHYLAMINO)-PHOSPHIN U. PRIM. AROMAT. AMINEN
58-0038
1.3.2.4.5-DIAZATRIBOROLE, DARST. 59-0337
RINGSYSTEME, ORGANISCHE
* ALICYCL., AROMAT. U. HETEROCYCL. RINGSYST.
* S. UNTER D. NACHST. STICHWOERTERN RINGSYSTEME...
POLYCYCL. VERB., TOTALSYNTH. 5. MITT. 54-0573
KLEINE RINGE, NMR, 5. MITT. 56-0126
POLYCYCL. VERB., SYNTH. DURCH UMLAGER., 1. MITT.
56-0410
POLYCYCL. VERB., SYNTH. DURCH UMLAGER., 2. MITT.
56-0411
GUELTIGKEIT D. BREDTSCHEN REGEL BEI ENERGIEREICHEN
ZWISCHENSTUFEN 56-0561
NICHTAROMAT. RINGVERB., KONFORM., 25. MITT. 57-0141
KONFORM. NICHTAROMAT. RINGVERB., 38. MITT. 57-0147
KLEINRINGVERB., 17. MITT. 57-0402
POLYCYCL. VERB., SYNTH. DURCH UMLAGER., 3. MITT.
57-0435
POLYCYCL. VERB., 18. MITT. 57-0465
POLYCYCL. VERB., 19.MITT. 57-0466
UNGESAETT. MAKROCYCL. VERB., 55. MITT. 58-0459
UNGESAETT. MAKROCYCL. VERB., 54. MITT. 58-0523
STARK GESPANNTE BICYCL. SYST., 12. MITT. 58-0530
UEBERBRUECKTE POLYCYCL. VERB., 49. MITT. 58-0531
MAKROCYCL. BIND.-SYST. KONJUGAT., 11.MITT. 59-0133
KLEINE, 20. MITT. 59-0256
MAKROCYCL. BIND.-SYST. KONJUGAT., 10. MITT. 59-0458
SIEBENRING-SYST., 5. MITT. 59-0466
GESPANNTE, 6. MITT. 59-0481
ARINCHEMIE, 5. MITT. 59-0486
KLEINE RINGE, PHOTOCHEMIE, 3. MITT. 59-0490
CYCLOOLIGOMERE PHENOL-ALDEHYD-KONDENS.-PROD., 1. MITT.
(DARST. AUS RESORCINDERIV. U. BENZALDEHYDEN) 60-0445
POLYCYCL. VERB., SYNTH., 8. MITT. 60-0448
BICYCL. VERB., 10. MITT. 60-0449
6-GLIEDR., NMR 1. MITT. 63-0142
BICYCLEN, PHOTOCHEMIE, 2. MITT. 59-0490
7- U. 8-RING-VERB., 5.MITT. 53-0272
MAKROCYCL. VERB. 10. MITT. 53-0277
MULTIMAKROCYCL. VERB., 4. MITT. 54-0319
CYCL. GEKREUZT-KONJUGIERTE BIND.-SYST. 14. MITT.
54-0330
CYCL. GEKREUZT-KONJUGIERTE BIND.-SYST. 15. MITT.
54-0331
VERB. MIT KLEINEN RINGEN, CHEMIE, 9. MITT. 55-0301
BICYCLEN, 9.MITT. 56-0448
VERB. MIT KLEINEN RINGEN 16. MITT. 57-0221
MAKROCYCL. VERB. 13.MITT. 57-0253
NIEDR.-GLIEDR.-, CHEMIE, 11. MITT. 57-0312
UNGESAETT. MAKROCYCL. VERB., 52. MITT. 58-0504
VERB. MIT KLEINEN RINGEN, 18. MITT. 59-0088
HOCHKONDENSIERTE POLYCYCL. SYST., 1.MITT. 60-0459
PROPELLANE, 4.MITT. 61-0515
EPOXIDE KLEINER -, 1. MITT. 61-0525
ARINE, 10. MITT. 62-0466
UNGESAETT. MAKROCYCL. VERB., 61.MITT. 62-0468
NIEDERGLIEDRIGE GELADENE RINGE, 11. MITT. 62-0511
1.3-VERBRUECKTE AROMAT. SYST. 3. MITT. 62-0561
VERB. MIT MITTELGROSSEN RINGEN, 4. MITT. 63-0395
CYCL. BETA-AMINOVINYLIMINE, 5. MITT. 63-0529
KLEINE, CHEMIE, 15. MITT. 63-0587
SIEBEN- U. ACHTRINGVERB., 7. MITT. 64-0110
CYCL. UNGESAETT. VERB., 30. MITT. 64-0476
KLEINE RINGE, 21. MITT. 64-0549
UEBERBRUECKTE, 3. MITT. 64-0567
ARIN-CHEMIE, 11. MITT. 64-0579
STRUKTUREN D. MITTLEREN RINGVERB., 14. MITT. 56-0037
NICHTAROMAT., KONFORM., 41. MITT. 55-0071

NICHTAROMAT. RINGVERB., KONFORM., 42. MITT. 61-0139
NICHTAROMAT. RINGVERB., KONFORM., 43. MITT. 61-0140
BICYCL. BRUECKENSYST., STEREOCHEMIE, 1. MITT. 61-0511
MAKROCYCL. VERB., STER. WECHSELWRKG. IM INNERN, 1. MITT. 63-0745
NICHTAROMAT. RINGVERB., KONFORM., 44. MITT. 64-0109
5-GLIEDRIGE RINGE, DARST. AUS DIAETHINYLKETONEN DURCH ANTI-MICHAEL-ADDIT. 64-0578
DIELS-ALDER-ADDUKTE MIT DICYANACETYLEN , DARST. 58-0267
UNGESAETT. MAKROCYCL. VERB., DARST. DURCH OXYDATIVE KUPPL. V. 1.8-DIAETHINYL-NAPHTHALIN 58-0504
CYCL. BETA-AMINOVINYLIMINE, DARST. AUS BETA-AETHOXY-VINYLIMINEN U. AROMAT. AMINEN 63-0529
DIELS-ALDER-ADDUKTE MIT DICYANACETYLEN , UV 58-0267
D. STRUKTUREN D. MITTLEREN RINGVERB. 12.MITT. KRIST.-STRUKTUR D. 1.1.5.5-TETRAMETHYLCYCLODECAN-8-CARBONSAEURE 53-0105
D. STRUKTUREN D. MITTLEREN RINGVERB. 13. MITT. ZWEI NEUE KONFORM. D. CYCLODECANRINGES 53-0106
MITTLERE RINGVERB., STRUKTUREN, 15. MITT. 60-0180
CYCL. VERB., NMR, 6. MITT. 57-0092
HALOGENIERTE POLYCYCL. BRUECKENVERB., FREIE-RADIKAL-RK., 4. MITT. 54-0346
HALOGENIERTE POLYCYCL. BRUECKENVERB. FREIE-RADIKAL-RK., 5. MITT. 55-0360
HALOGENIERTE, POLYCYCL. BRUECKENVERB., FREIE-RADIKAL-RK., 6. MITT. 55-0361
HALOGENIERTE POLYCYCL. BRUECKENVERB., FREIE-RADIKAL-RK., 7. MITT. 59-0238
HALOGENIERTE POLYCYCL.BRUECKENBIND.,FREIE-RADIKAL-RK., 8. MITT. 62-0493
BICYCL., IONENRK., 5.MITT. 63-0267
BICYCL., IONENRK., 6.MITT. 63-0268
BICYCL. IONENRK., 7.MITT. 63-0269
7-RING-VERB., EXO-ENDO-DOPPELBIND.-ISOMERISIER. 53-0272
BICYCLEN, EINFL. D. STRUKTUR AUF D. UMLAGER.-FAEHIGK. 56-0448
KLEINRINGVERB., PHOTOCHEMIE , 2.MITT. 54-0336
RINGSYSTEME (ALICYCLEN, ALLGEMEINES)
ASTERANE, 4. MITT. 55-0348
BICYCLO(2.2.2)OCTANE, 8. MITT. 57-0104
BRUECKENVERB., PHOTOCHEMIE, 2. MITT. 57-0469
PROPELLANE, 3. MITT. 57-0491
ANTHRASTEROIDE, TOTALSYNTH., 1. MITT. 57-0731
ANTHRASTEROIDE, TOTALSYNTH., 2. MITT. 57-0732
ANTHRASTEROIDE, TOTALSYNTH., 3. MITT. 57-0733
BICYCLONONANOLIDE, 2. MITT. 58-0748
BICYCLONONANOLIDE, 3. MITT. 58-0749
BICYCLONONANOLIDE, 4.MITT. 58-0750
BICYCLONONANOLIDE, 5. MITT. 58-0751
DIMERE V. PERCHLOR-(3.4-DIMETHYLEN-CYCLOBUTEN), 2. MITT. 59-0479
NORSTEROIDE, 7. MITT. 59-0748
DODEKAHYDROPHENANTHRENE, 9. MITT. 60-0437
C-NOR-D-HOMO-STEROIDE, 8. MITT. 60-0766
BICYCLONONANE, 3. MITT. 61-0517
BICYCLO(2.1.0)PENTANE, RK., 1. MITT. 61-0518
C-NOR-D-HOMOSTEROIDE U. VERWANDTE ALKALOIDE, 10. MITT. 61-0733
BICYCLO(3.1.0)HEXYL- U. BICYCLO(3.1.0)HEXYLIDEN-SYST., REAKTIVE ZWISCHENSTUFEN, 4. MITT. 62-0473
BICYCLO(4.N.0)VERB. MIT TRANS-VERKNUEPF., KONFORMAT. U. REAKTIVITAET, 1. MITT. 62-0491
6-OXO-3ALPHA.5ALPHA-CYCLOSTEROIDE, 7-SUBSTITUIERTE, 2. MITT. 62-0798
NICHTAROMAT., KONFORM., 49. MITT. 63-0187
CUBANE, UEBERSICHT 63-0547
BICYCLONONANE, 4. MITT. 63-0571
DIHYDROAROMAT. VERB. IN D. DIELS-ALDER-RK., 2. MITT. 64-0536
C-NOR-D-HOMOSTEROIDE, 9. MITT. 64-0854
5.7-CYCLO-STEROIDE, 1. MITT. 64-0865
NORBORNADIENONE-(7), KONSTIT. (BERICHTIG.) 55-0359
6-OXO-3ALPHA.5ALPHA-CYCLOSTEROIDE, STRUKTURBEST. 62-0798
HYDROXYIMINO-BICYCLOALKANE, KONFORM. 54-0076
HEXACHLORBICYCLOHEPTENE, KONFORM. 57-0094
3.4-BENZO-BICYCLO(3.2.1)OCTENONOXIME, STEREOCHEMIE 59-0501
CARANYLAMINE, KONFORM. 59-0727
C-NOR-D-HOMO-PROGESTERONE, STEREOCHEMIE 59-0744
BICYCLONONANE, SESSEL-BOOT-GLEICHGEW. (FREIE ENTHALPIE) 61-0517
A-SECO-STEROIDE, KONFORM. 61-0137
RINGSYSTEME (ALICYCLEN, VORKOMMEN, DARSTELLUNG)
MAKROCYCL. POLYOLEFINE, ISOLIER. AUS ZIGARETTENRAUCH 64-0521
SYNTH. V. CIS-BICYCLO(3.3.0)OCTANEN 53-0314
2-NITROBICYCLO(2.2.2)OCTENE, DARST. 53-0316
BICYCLO(2.2.2)OCTAN-DERIV. DARST. 53-0320
HEXAHYDRO-5.9-METHANOBENZOCYCLOOCTENE, DARST. AUS 1-HYDROXYBENZYL-BENZOLEN 54-0333
FLUORBRUECKENKOPFGRIGNARDVERB., DARST. AUS POLYFLUOR-BICYCLOHEPTANEN 54-0343
2-PHENYL-BICYCLO(3.3.1)NONANE, DARST. AUS ZIMTALDEHYD U. MORPHOLINOCYCLOHEXEN 54-0458
DIBENZO(A.E)CYCLOOCTADIENE, DARST. DURCH PYROLYSE V. BENZOCYCLOBUTENEN 55-0339
1.3.5-TRIARYL-BICYCLO(3.1.0)HEXANOLE-(3), DARST. AUS 1.5-DIPHENYL-BICYCLO(3.1.0)HEXANON-(3) U. ARYL-LI BZW. ARYL-MG-BROMIDEN 55-0344
ANELLIERTE BULLVALENE, DARST. AUS BROMBULLVALEN BZW. 2A.7A-DIHYDRO-CYCLOBUTA(C)BULLVALEN U. DIENEN IN GGW. V. K-TERT.-BUTYLAT 55-0345
1.2.3.4.7.7-HEXACHLOR-BICYCLO(2.2.1)HEPTENE-(2), DARST. AUS HEXACHLOR-CYCLOPENTADIEN U. 1-ALKENYL-2.2-DIHALOGEN-CYCLOPROPANEN 55-0349
ENDO-TRICYCLO(5.2.2.0(2,6))UNDECADIEN-(3,8)-DIONE-(10,11), BLDG. DURCH DIELS-ALDER-RK. V. O-BENZOCHINONEN MIT CYCLOPENTADIEN 55-0352
(4.4.X)PROPELLADIENE-(3.8), SYNTH. 55-0353
NORBORNANE, DARST. AUS NORBORNENEN DURCH PHOTORED. 55-0354
1.1'-DIHYDROXY-1.1'-BIS-(BENZOCYCLOALKEN-(2)-YLE), DARST. AUS BENZOCYCLANONEN 56-0410
BICYCLOPENTANONE-(2), PHOTOCHEM. BLDG. (MECHANISMUS) 56-0432
DITERT. CARBINOLE D. DEWAR-BENZOLS U. PRISMANS, DARST. 56-0436
NORCARENYL-7-CARBINOLE, DARST. AUS NORCARENYL-7-CARBONSAEUREAETHYLESTERN 56-0439
3.5-DIOXO-10(5-4)-ABEO-ANDROSTANE, DARST. 56-0704
2.3-BIS-(TRIFLUORMETHYL)-BICYCLO(2.2.2)OCTATRIENE, DARST. AUS PERFLUOR-BUTIN-(2) U. AROMAT. KW-STOFFEN 57-0269
BICYCLOALKENONE-(2), DARST. AUS OMEGA-(2-HYDROXYCYCLOALKYL)-CARBONSAEUREN 57-0279
BICYCLO(2.2.1)HEPTENE-(5), DARST. AUS ALKYL-(PROPADIEN-(1.2)-YL)-KETONEN 57-0281
ALICYCL. POLYCYCLEN, SYNTH. AUS TETRALON- BZW. BENZOSUBERON-PINAKOLEN 57-0435
TETRAMETHYL-TRICYCLO(4.2.0.0(2.5))OCTADIENE-(3.7), DARST. AUS TRANS-3.4-DICHLOR-DIMETHYL-CYCLOBUTENEN-(1) 57-0468
BICYCLO(2.2.X)ALKENONE, DARST. AUS OXO-BICYCLO(2.2.X)ALKANDICARBONSAEURE-ANHYDRIDEN 57-0471
POLYCYCL. ACYLOINE, DARST. AUS CYCL. 1.2-DICARBONSAEUREESTERN U. CHLORTRIMETHYLSILAN 57-0476
PROPELLANE, DARST. AUS DICARBONSAEUREESTERN DURCH ACYLOINKONDENS. 57-0477
NORTRICYCLENE, DARST. AUS NORBORNADIEN U. POLYHALOGENMETHANEN 57-0480
3.5,4.6-BICYCLO-CHOLESTANE, DARST. AUS CHOLESTADIEN-(3.5) 57-0730
2-HYDROXYMETHYLEN-POLYCYCLENONE-(1), DARST. AUS POLYCYCLENONEN U. AETHYLFORMIAT 57-0731
(BENZONORBORNENYL-(9)-AETHYL)-BROSYLATE, DARST. 58-0247
BI- U. TRICYCL. N-CHLORSULFONYL-BETA-LACTAME, DARST. AUS BI- U. TRICYCL. OLEFINEN U. CHLORSULFONYLISOCYANAT 58-0536
1-ALKYLAMINO-BICYCLO(N.1.0)ALKANE, DARST. AUS 1-ALKYLAMINO-CYCLOALKENEN-(1) U. DIAZOMETHAN 58-0537
BICYCLO(2.2.2)OCTANONE U. -OCTENE, DARST. AUS ISOPHORON-DIENAMINEN U. DIENOPHILEN 58-0538
1-SUBSTITUIERTE NORBORNENE, DARST. 59-0469
BICYCLO(2.2.1)HEPTAN-1-CARBONSAEUREN, DARST. 59-0471
ISOADAMANTANE, DARST. 59-0482
HOMO-ADAMANTANE, DARST. 59-0483
TWIST-BRENDANE, DARST. 59-0483
BIS-NORADAMANTANE, DARST. 59-0484
1.4-AETHANO-OKTAHYDROPHENANTHRENE, DARST. 59-0696
1ALPHA.2ALPHA,6BETA.7BETA-DIMETHYLEN-STEROIDE, DARST. AUS 3-OXO-4-CHLOR-DELTA(1.4.6)-TRIEN-STEROIDEN U. TRIMETHYL-SULFOXONIUMJODID 59-0751
15BETA.16BETA-METHYLENOESTRATRIENE, DARST. AUS 3-METHOXY-DELTA(1.3.5(10).15)-OESTRATETRAENON-(17) 59-0752
4'.4''.5'.5''-TETRAMETHOXY-1.2,3.4-DIBENZO-CYCLOHEPTADIENE, DARST. 60-0448
METHYLBICYCLO(3.2.1)OCTANOLE, DARST. AUS AMINOMETHYL-METHYLNORBORNANEN 60-0449
UEBERBRUECKTE BIS-HOMO-CYCLOPENTADIENE, DARST. 60-0454
TETRACYCLO(6.4.0.0(4.12).0(5.9))DODECENE-(10) DARST. 60-0459
CAMPHER-DERIV., DARST. 60-0735
19-NOR-A-HOMOANDROSTENE, DARST. AUS 19-HYDROXY-ANDROSTANONEN 60-0763
CYCLOBUTAANDROSTENE, DARST. 60-0770
DIBENZOTROPYLIUM-IONEN, DARST. AUS DIBENZOCYCLOHEPTENEN 61-0497
DEUTERIERTE NORBORNENE, DARST. AUS 7-ACETOXY- BZW. NORBORNADIEN U. DEUTERIUM 61-0506
BICYCLO(3.3.2)DECANE, DARST. AUS 1.5-DISUBSTITUIERTEN CYCLOOCTANEN 61-0510
MERCAPTOHALOGENBICYCLO(2.2.1)HEPTENE, DARST. AUS 1.2.3.4.7.7-HEXACHLOR-BICYCLO(2.2.1)HEPTADIEN-(2.5) U. MERCAPTOVERB. (STEREOSPEZIFITAET) 61-0511
BICYCL. KETONE, DARST. AUS CYCL. BETA-DICARBONYLVERB. U. BETA-VINYL-ACRYLSAEURE-METHYLESTER 61-0513
CYCL. AETHYLENKETALE CHLORIERTER KAEFIG-KETONE, DARST. 61-0571
1ALPHA.5-CYCLO-5ALPHA-CHOLESTANE, DARST. 61-0792
OPT.-AKT. B-NOR-OESTRANE, TOTALSYNTH. 61-0794
BICYCLO(6.1.0)NONENE, DARST. AUS DIEN-PT(ODER PD)-KOMPLEXEN U. (DMSO) 62-0057

NORBORNANOLE, BLDG. AUS NORBORNEN-VERB. MIT HCOOH ODER PERAMEISENSAEURE ODER CH3COOH 62-0077
TRIMETHYLSILYL-BICYCLO(X.1.0)ALKANE, DARST. AUS TRIMETHYLSILYLCHLORMETHYLLITHIUM, DIPHENYLQUECKSILBER U. CYCLOALKANEN 62-0368
HOMOCUBANE, DARST. AUS 4.7-METHANO-ENDO-INDEN-1-ONEN 62-0474
5.5-DIMETHYL- BICYCLO(2.1.0)PENTANE, DARST. DURCH SENSIBILISIERTE PHOTOCHEM. ZERS. V. PYRAZOLINEN 62-0481
BICYCLO(2.2.1)HEXENE, DARST. AUS NORBORNANDERIV. 62-0484
1.6.7.7-TETRAHALOGEN-BICYCLO(4.1.0)HEPTENE-(3), BLDG. AUS TETRAHALOGENCYCLOPROPENEN 62-0524
6-OXO-3ALPHA.5ALPHA-CYCLOSTEROIDE, DARST. 62-0797
CYCLOPROPANOSTEROIDE, DARST. 62-0806
POLYHALOGENNORBORNADIENYLSILANE, DARST. AUS POLYHALOGENNORBORNADIENYL-LI U. TRIMETHYLCHLORSILAN 63-0057
2- SILYL-BICYCLO(2.2.1)HEPTADIENE, DARST. AUS CYCLOPENTADIEN U. ALKYLALKINYLSILANEN 63-0550
HOMOFULVENE, DARST. AUS BICYCLO(3.2.0)HEPTEN-(2)-ON-(6)-TOSYLHYDRAZONEN DURCH THERMOLYSE (MECHANISMUS) 63-0559
5BETA-CHOLAJERVENE, DARST. V. C-13-ISOMEREN 63-0825
NORCARANE, DARST. 64-0047
4.5-DIPHENYL- TRICYCLO(6.4.0.0(3.6)) DODECATETRAENDIONE-(2.7), DARST. AUS 1.4-NAPHTHOCHINONEN U. DIPHENYLACETYLEN DURCH PHOTOADDIT. 64-0527
TRICYCLO(4.2.1.0(2,5))NONANE, DARST. 64-0537
HALOGENBULLVALENE, DARST. 64-0548
SPIRO-NORBORNAN-OXIRANE, DARST. AUS OXO-NORBORNANEN U. METHYLIDEN 64-0568
5BETA.7BETA-CYCLOCHOLESTANE, DARST. AUS CHOLESTADIEN-(4.6) 64-0855
2.3-SECO-CHOLESTADIENE-(4.6), DARST. 64-0858
4A.5.8.8A-TETRAHYDRO-5.8-METHANO-1.2-NAPHTHOCHINONE, BLDG. DURCH DIELS-ALDER-RK. V. O-BENZOCHINONEN MIT CYCLOPENTADIEN 55-0352
TRICYCLEN MIT 4-RINGEN, DARST. AUS ALKADIENEN BZW. TRICYCL. DIENEN 57-0458
PROPELLANE, DARST. 57-0491
DICHLORNORBORNANE U. -NORBORNENE, DARST. AUS 1.4-DICHLOR-NORBORNEN-(2) DURCH RADIKAL-RK. 59-0238
BICYCLO(3.1.0)HEXENONE, DARST. AUS 2.5-DIAETHYL-3.4-DIPHENYL-CYCLOPENTADIENON U. DIAZOALKANEN 59-0490
CARANYLAMINE, DARST. 59-0727
C-NOR-D-HOMO-PROGESTERONE, SYNTH. 59-0744
A-NOR-5ALPHA-CHOLESTANE, DARST. 59-0748
9-ACYL-DELTA(4A(4B))-DODEKAHYDROPHENANTHRENE, DARST. AUS 1.1'-BICYCLOHEXENYL U. ALPHA.BETA-UNGESAETT. CARBONYLVERB. 60-0437
METHYL-BICYCLO(3.2.1)OCTANE, DARST. AUS BICYCLO(3.2.1)OCTAN U. CH2N2 60-0452
NAPHTHAZARIN-1.3-DIEN-ADDUKTE, DARST. 60-0455
C-NOR-D-HOMO-STEROIDE, DARST. AUS 12BETA-TOSYLOXY-STEROIDEN 60-0766
BICYCLO(3.2.1)OCTENE-(2), DARST. 61-0201
BICYCLO(3.1.0)HEXANE, DARST. AUS BICYCLO(3.1.0)HEXAN DURCH RADIKAL. CHLORIER. U. CHLORFORMYLIER. 62-0473
CYCLOPROPAN(1-SPIRO-3')NORBORNANE, DARST. 63-0553
BICYCLONONANE, DARST. 63-0571
2(3).4A-AETHANO-DEKALINE, DARST. 64-0536
P-BICYCLOALKYL-BENZOESAEUREN U. -ANILINE, DARST. AUS P-BICYCLOALKYL-ACETOPHENONEN 64-0541
5.7-CYCLO-CHOLESTANE, DARST. AUS DELTA(5)-B-NOR-CHOLESTENEN 64-0865
3.4-BENZO-BICYCLO(3.2.1)OCTENONOXIME, CHROMATOGRAPH. TRENN. D. SYN- U. ANTI-ISOMEREN 59-0501
STERANE, AUS GREEN-RIIVER-SCHIEFER, TRENN. V. GRADLIN. U. VERZWEIGTEN ALKANEN AN 7A MORDENIT-MOL.-SIEB 60-0839
RINGSYSTEME (ALICYCLEN, PHYSIKALISCHE EIGENSCHAFTEN)
4'.4''.5'.5''-TETRAMETHOXY-1.2,3.4-DIBENZO-CYCLOHEPTADIENE, UV-SPEKTRUM 60-0440
6-OXO-3ALPHA.5ALPHA-CYCLOSTEROIDE, IR, UV 62-0798
HOMOFULVENE, UV 63-0559
A-SECO-STEROIDE, CD U. ORD 61-0137
6-OXO-3ALPHA.5ALPHA-CYCLOSTEROIDE, ORD, COTTONEFFEKT 62-0798
BICYCLO(2.2.1)HEPTANE, UNTERS. D HYBRIDISIER. MIT D. METH. D. MAXIMALEN UEBERLAPP. 61-0130
C7H12-MONO- U. BICYCLEN, FRAGMENTIER. IM MASSENSPEKTROMETER 60-0132
BENZOCYCLOALKENONE U. D. ENOLACETATE, MASSENSPEKTREN 60-0134
ANELLIERTE BULLVALENE, TEMPERATURABHAENG. NMR-SPEKTREN 55-0346
ANTI-BENZONORBORNADIENYL-(7)-VERB., NMR 58-0534
1-ALKYLAMINO-BICYCLO(N.1.0)ALKANE, NMR 58-0537
BORNANE, NMR (FERNKOPPL. V. GEMINALEN DIMETHYLGRUPPEN, LSGM.-VERSCHIEB.) 60-0090
BIS-HOMOCUBANE, NMR 60-0105
BICYCLO(3.2.1)OCTENE-(2), KMR (WEITBEREICHS-SPINWECHSELWRKG.) 61-0091
6-OXO-3ALPHA.5ALPHA-CYCLOSTEROIDE, NMR 62-0798
BICYCLO(3.1.1)HEPTANE, NMR-SPEKTREN 63-0132
HOMOFULVENE, NMR 63-0559
CIS-BICYCLO(N.1.0)ALKANE, CHEM. VERSCHIEB. D. CYCLOPROPAN-PROTONEN 64-0115
NORBORNENE, NMR (7-SYN- U. -ANTI-H-ABSORPT.) 64-0124
NORBORNENE, 7-SYN, 7-ANTI-H-NMR-ABSORPT. 64-0125
ADAMANTANE NMR-SPEKTREN EINIGER SEKUNDAER SUBSTITUIERTER ADAMANTANE 1. MITT. 2-MONO-SUBSTITUIERTE ADAMANTANE 53-0072
HEXACHLORBICYCLOHEPTENE, NMR 57-0094
FLUORBICYCLO(2.2.2)OCTANE, (19)F-NMR 57-0104
7.7-DIFLUOR-1.2.3.4-TETRACHLOR-BICYCLO(2.2.1)HEPTENE-(2), NMR (WEITBEREICH-KOPPL. ZWISCHEN PROTONEN U. FLUOR) 58-0102
ANISATINE, NMR (UNGEWOEHNL. ENTSCHIRM.-EFFEKT) 58-0811
NORBORNANOLE, NMR 62-0077
BICYCLO(2.2.X)ALKYL-(1)-CARBONSAEUREN, PK-WERTE (SUBSTITUENTENEINFL.) 58-0184
UEBERBRUECKTE (10)ANNULENE, C-H-ACIDITAET 62-0179
P-BICYCLOALKYL-BENZOESAEUREN U. -ANILINE, PK-WERTE 64-0541
RELATIVE THERMODYNAM. STABILITAET V. ENDO- U. SEMI-CYCL. OLEFINEN IM BICYCLO(2.2.2)OCTAN-SYST. 53-0114
NORBORNANOLE, CHROMATOGRAPH. TRENN. V. NORBORNADIOL-GEMISCHEN 62-0077
RINGSYSTEME (ALICYCLEN, REAKTIONEN)
DIBENZO(A.D)CYCLOHEPTENE, TRANSANULARE RK., 1.MITT. 54-0427
NORBORNANE, RINGERWEITER., 3. MITT. 60-0449
BICYCL. KW-STOFFE MIT BRUECKENSYST., UMWANDL., 6. MITT. 60-0451
BICYCL. KW-STOFFE MIT BRUECKENSYST., UMWANDL., 7. MITT. 60-0452
NAPHTHAZARIN-1.3-DIEN-ADDUKTE, RK. ZU FARBSTOFFEN 60-0455
HYDROAROMAT. KETONE, ALUMINIUMOXID-KATALYSIERTE RK. V. HYDROXYARENEN U. —, 1. MITT. 62-0453
HYDROAROMAT. KETONE U. HYDROXYARENE, DURCH AL2O3-KATALYSIERTE RK., 2. MITT. 62-0454
HYDROAROMAT. KETONE U. HYDROXYARENE, DURCH AL2O3 KATALYSIERTE RK., 3. MITT. 62-0455
BICYCLO(4.1.0)HEPTANONE-(2), PHOTOISOMERISIER. 54-0344
4A.5.8.8A-TETRAHYDRO-5.8-METHANO-1.2-NAPHTHOCHINONE, UMLAGER. 55-0352
CIS-BICYCLO(6.2.0)DECENE-(9), THERM. UMLAGER. 55-0356
EXO-TRICYCLO(4.2.1.0(2,5))NONADIENE-(3.7), PHOTOISOMERISIER. 56-0444
TRICYCLEN MIT 4-RINGEN, THERM. VALENZISOMERISIER. (KINETIK) 57-0458
BICYCLO(3.1.0)HEXENONE, PHOTOCHEM. UMLAGER. 59-0490
(+)-CAREN-(3) U. CARANOLE, SAEUREKATALYSIERTE UMLAGER. 59-0728
TRICYCLO(3.2.1.0(2.4))OCTENE-(6) INTRAMOL.(2PI+2SIGMA)-THERMO-CYCLOADDIT. 60-0454
NORBORNENE, H-D-ISOTOPENAUSTAUSCH (KINETIK) 61-0261
METHYLBICYCLOBUTANE, THERM. UMLAGER. (STER. VERLAUF) 62-0485
BICYCLO(1.1.1)PENTANE, THERM. ISOMERISIER. (KINETIK) 63-0306
CYCLOPROPAN(1-SPIRO-3')NORBORNANE, UMLAGER. 63-0553
2.3-BIS-(TRIFLUORMETHYL)-BICYCLO(2.2.2)OCTATRIENE,, PHOTOUMLAGER. 57-0269
DICYCLOPENTADIENDICARBONSAEUREESTER, DIELS-ALDER-RK. (KINETIK) 59-0468
BICYCLO(2.1.0)PENTAN-5-CARBONSAEUREESTER, THERM. UMLAGER, 61-0518
TOSYLOXYBICYCLANONE U. -KETALE, REDUKTIVE FRAGMENTIER. MIT LIALH4 59-0203
DICYCLOPENTADIENDICARBONSAEUREESTER, THERM. DISSOZIAT. (KINETIK) 59-0468
(+)-CAREN-(3) U. CARANOLE, PYROLYSE 59-0728
1.1-DIHALOGEN-2.3-ALKYLEN-CYCLOPROPANE, ENTHALOGENIER. 61-0503
4-OXO-DELTA(10.12.14)-TETRACYCLO(8.4.0.0(2.7).0(3.7)) TETRADECATRIENE, SPALT. MIT HCL (MECHANISMUS) 62-0482
7-NORBORNADIENTRICARBONYLEISENDERIV., STABILITAET (EINFL. D. FE(CO)3-GRUPPE) 63-0047
2-ARYL-NORBORNYL-(2)-BENZOATE, SOLVOLYSE (KINETIK, MECHANISMUS) 63-0264
BICYCLOALKANONE, PHOTOLYSE IN LSG. (MECHANISMUS) 63-0566
7-HYDROXY-HOPANE, DEHYDRATISIER. UNTER UMLAGER. 64-0848
QUADRICYCLENE THERM. ZERS. 53-0317
7-OXONORBORNENDICARBONSAEUREANHYDRIDE, PHOTOLYSE 57-0469
2-HYDROXYALKYL-BICYCLO(2.2.1)HEPTANE, DEHYDRATISIER. 60-0451
HYDROAROMATEN, KINETIK D. KATALYT. DEHYDRIER., 9. MITT. 62-0201
ALPHA-UNGESAETT. BICYCL. KETONE, RED. (VGL. MIT 3.4-POLYMETHYLEN-PHENOLEN) 54-0345
BENZOCYCLANONE, DUPLIKATIVE RED. 56-0410
POLYCHLOR-NORBORNENE, HYDROGENOLYSE 59-0488
3.4-BENZO-BICYCLO(3.2.1)OCTENONOXIME, LIALH4-RED. 59-0501
GEM. DIHALOGEN-2.3-ALKYLEN-CYCLOPROPANE, STEREOSELEKTIVE ELEKTROCHEM. RED. 61-0505

ALPHA.BETA-METHYLEN-CYCLOALKANONE, STEREOCHEMIE D. RED. 64-0349
NORBORNENE, PHOTORED. 55-0354
3-METHYLEN-NORBORNYL-(2)-DERIV., SOLVOLYSE D. ENDO-EXO-FORMEN (GESCHW.) 55-0177
DEUTERIERTE ALICYCLEN, PHOTOOXIMIER. MIT NOCL 55-0358
6- U. 7-METHOXY-BENZONORBORNENE, SOLVOLYSE (KINETIK) 63-0262
2-ARYL-NORBORNYL-(2)-P-NITRO-BENZOATE, SOLVOLYSE 63-0265
BZL.-BORNAN-KOMPLEXE, NMR (LSGM.-EINFL.) 60-0195
APOCAMPHANE, KATION. AROMAT. SUBSTITUT. AM BRUECKENKOPF (MECHANISMUS) 63-0287
BICYCLO-OLEFINE, RK. MIT CHCL (STER. VERLAUF) 57-0238
BICYCLO-OLEFINE, RK. MIT CHCL (STER. VERLAUF) 57-0239
1.1-DIHALOGEN-ACETOXY-2.3-ALKYLEN-CYCLOPROPANE, RINGOEFFN.-RK. MIT HYDRAZIN 62-0561
BICYCLO-ALKYL-METHYL-TOSYLATE AETHANOLYSE (KINETIK) 57-0227
3.5,4.6-BICYCLO-CHOLESTANE, RK. MIT ALDEHYDEN 57-0730
3.4-BENZOTRICYCLO(4.2.1.0(2.5))-3-NONEN-7-YL-P-TOLUOLSULFONATE, ACETOLYSE 54-0152
BENZOBICYCLO(3.2.1)- U. -(2.2.2)OCTENYLDERIV., SAEUREKATALYSIERTE SOLVOLYSE UNTER UMLAGER. 55-0193
ANISATINE, ACETYLIER. 58-0811
TOSYLOXY-BICYCLANONE, ACETOLYSE U. FORMOLYSE (KINETIK) 59-0223
BENZONORBORNENYL-(2)-BROMBENZOLSULFONATE, ACETOLYSE (KINETIK) 61-0233
BICYCLO(3.2.1)OCTENE, PHOTOHALOGENIER. MIT N-BROM-SUCCINIMID BZW. TERT.-BUTYL-HYPOCHLORIT 55-0350
BICYCLO-ALKYL-METHYL-TOSYLATE ACETOLYSE (KINETIK) 57-0227
(BENZONORBORNENYL-(9)-AETHYL)-BROSYLATE, ACETOLYSE (KINETIK) 58-0247
RINGSYSTEME (AROMATEN, ALLGEMEINES)
ARYNE STEROIDE U. ARYNE 1.MITT. RK. V. DEHYDROBENZOL U. TETRAFLUORDEHYDROBENZOL MIT 7.8-DEHYDROCHOLESTERYLMETHYLAETHER 53-0562
AROMAT. POLYFLUORVERB., 38. MITT. 54-0356
FLUORANTHENE, 7. MITT. 56-0108
AROMAT. POLYFLUORVERB., 39. MITT. 57-0418
PLEIADENE, 6. MITT. 57-0461
BENZOCYCLOOCTATETRAENE, 1. MITT. 57-0462
AROMATENKOMPLEXE V. METALLEN, 104. MITT. 58-0062
SILICIUMAROMAT. VERB., 1.MITT. 59-0533
ARYN-CHEMIE, 9. MITT. 60-0499
AROMATENKOMPLEXE V. METALLEN, 107.MITT. 61-0049
AROMATENKOMPLEXE V. METALLEN, 106. MITT. 61-0058
BENZOCYCLOHEPTENE, HYDROXY-CARBONYLDERIV. U. ANALOGA, 5. MITT. 62-0095
NEUE AROMAT. SYST., 5. MITT. 62-0471
AROMAT. POLYFLUOR-VERB., 15.MITT. 62-0535
POLYCHLORAROMAT. VERB., 2. MITT. 63-0065
AROMAT. POLYFLUOR-VERB., 41. MITT. 63-0427
POLYCYCL. AROMAT. VERB., SYNTH., 26. MITT. 63-0543
BENZOCYCLOOCTATETRAENE, 2.MITT. 63-0546
PSEUDO AROMAT. VERB., KONFORM. 57-0157
DIHYDROPLEIADENE U. 7H.14H-CYCLOOCTA(1.2.3-DE,5.6.7-D'E')DINAPHTHALINE, BESCHRAENKTE KONFORM.-INVERS. 60-0170
TRITYL-VERB., STEREOCHEM., 3. MITT. 63-0179
TRITYL-VERB., STEREOCHEMIE, 4. MITT. 63-0180
DIPHENSUCCINDANE STEREOCHEMIE 53-0098
POLYPHENYLVERB., KONFORM. AUS D. DEPOLARISIERTEN RAYLEIGH-STREUUNG, 2. MITT. 59-0158
RINGSYSTEME (AROMATEN, VORKOMMEN, DARSTELLUNG)
AMITRIPTYLI 5-(3-DIMETHYLAMINOPROPYLIDEN)-10.11-DIHYDRODIBENZO(A.D)CYCLOHEPTENE, DARST. (NEUROTROPE VERB.) 53-0303
BENZ(DE)ANTHRACENE, DARST. 55-0332
TETRACENCHINONE, DARST. AUS 10-CHLOR-1-HYDROXY-4.9-ANTHRACHINON U. DIENEN 56-0425
BENZOCYCLOHEPTATRIENE, DARST. AUS BENZOTROPENIUMTETRAFLUORBORAT U. CH3ONA BZW. MIT GRIGNARD-VERB. 57-0460
7H-BENZO(C)FLUORENONE, DARST. AUS PHENYLPROPIOLSAEUREN 57-0464
POLYCYCL. AROMATEN, DARST. 57-0466
ANTHRAEQUILENINE, DARST. AUS (+-)-TRANS-1BETA-HYDROXY-8BETA-METHYL-4.5-(3'-HYDROXYMETHYLEN-4'-OXO-2'.3'.4'.5'-TETRAHYDROBENZO)-HYDRINDEN 57-0732
MONO-, DI- U. TRIBENZO-BICYCLOOCTATRIENE, DARST. AUS TETRAFLUOR-DEHYDROBENZOL U. ALKYLBENZOLEN, TETRALINEN U. NAPHTHALINEN 59-0486
4-HYDROXY-PRAETETRAMIDE, DARST. AUS TETRACYCLIN-METHYL-BETAINEN 59-0782
PSEUDOAROMAT. VERB., DARST. U. UNTERS., 8. MITT. 60-0426
BENZOCYCLOBUTENE, DARST. AUS O-METHYL-BENZOTRIHALOGENIDEN 62-0373
TRIPHENYLENE, DARST. AUS 2-CHLOR-2'-LITHIUM-BIPHENYL U. O-DIHALOGEN-BENZOLEN 62-0466
2-OXO-2H-BENZOCYCLOHEPTENE, DARST. AUS BENZOTROPYLIUMSALZEN 62-0471
BENZONORBORNENE, DARST. 63-0263
HYDROBENZ(A)ANTHRACENE, DARST. AUS BENZ(A)ANTHRACEN 64-0509
BIS-(2-HYDROXYAETHYLAMINOMETHYL)-AROMATEN, DARST. AUS AMINOAETHANOLEN U. BIS-CHLORMETHYL--AROMATEN 64-0523
FLUORENACENE, U. FLUORENAPHENE, SYNTH. IN D. INDENO-FLUORENREIHE, 11. MITT. 64-0529
FLUORENACENE, U. FLUORENAPHENE, SYNTH. IN D. INDENO-FLUORENREIHE, 12.MITT. 64-0530
PSEUDO AROMAT. VERB., SYNTH. U. UNTERS. , 6. MITT. 57-0157
AROMAT. FLUORACETYLENE, DARST. AUS LITHIUM-PHENYLACETYLID U. AROMAT. POLYFLUORVERB. 57-0418
ANTHRAOESTRONE, DARST. AUS (+-)-TRANS-1BETA-HYDROXY-8BETA-METHYL-4.5-(3'-HYDROXYMETHYLEN-4'-OXO-2'.3'.4'.5'-TETRAHYDROBENZO)-HYDRINDEN 57-0732
(5H-DIBENZO(A,D)CYCLOHEPTENYL-(5))-PROPYLAMINE, DARST. 60-0439
PYREN-1.6-CHINONE, DARST. 60-0442
NITROBENZOCYCLOOCTATETRAENE, DARST. AUS BIPHENYLEN 63-0546
FLUORENACENE, DARST. V. TRANS-FLUORENACENMETHYLDERIV. 64-0529
RINGSYSTEME (AROMATEN, PHYSIKALISCHE EIGENSCHAFTEN)
AROMAT., UV -SPEKTREN (EINFL. V. METHYLENDIOXY-GRUPPEN) 54-0057
FLUORANTHENE, FLUORESZENZ 58-0082
PYREN-1.6-CHINONE, ABSORPT.-MAXIMA IM SICHTBAREN BEREICH 60-0442
OMEGA- CARBOXYALKYL-FLUORANTHENE, IR -SPEKTREN 56-0108
DEHYDROAROMATEN U. DEHYDROKONJUGIERTE MOL., MO-THEORET. UNTERS. V. ORBITALWECHSELWRKG. 60-0154
DIPHENSUCCINDANE DIPOLMOMENTMESSUNG 53-0098
BENZTROPONE, FRAGMENTIER. U. UMLAGER. IM MASSENSPEKTROMETER 60-0131
AROMATEN, DISSOZIAT.-ABLAUF DURCH ELEKTRONENSTOSS , THEORET. DEUT. 60-0140
DIHYDROXY-1.2-BENZOCYCLOHEPTENDIONE-(3.7), MASSENSPEKTREN 62-0095
1(H)-NMR-UNTERS. V. CR(CO)3-KOMPLEXEN KONDENSIERTER AROMATEN 53-0003
AROMAT., DIAMAGNET. SUSZEPTIBILITAET ALS MASS FUER AROMAT. CHARAKTER 58-0083
POLYKONDENSIERTE AROMAT., NMR-SPEKTROSKOPIE, 15. MITT. 62-0079
NITROBENZOCYCLOOCTATETRAENE, NMR 63-0546
RINGSYSTEME (AROMATEN, REAKTIONEN)
AROMATEN, AROMAT. SUBSTITUT. MIT UMLAGER. 1. MITT. 59-0447
AROMAT. C-ATOM, ELEKTROPHILE SUBSTITUT., 7. MITT. 60-0258
HALOGENHALT. AROMAT. VERB., RK. IN GGW. ORGAN. BASEN, 6. MITT. 60-0270
AROMAT. REAKTIVITAET, 36. MITT. 60-0272
AROMAT. REIHE, NUCLEOPHILE SUBSTITUT.. 26. MITT. 61-0255
AROMAT. HALOGENDERIV., FRIEDEL-CRAFTS-ACYLIER., 3. MITT. 61-0479
HYDROXYARENE, ALUMINIUMOXID-KATALYSIERTE RK. V. -U. HYDROAROMAT. KETONEN, 1. MITT. 62-0453
HYDROXYARENE U. HYDROAROMAT. KETONE, DURCH AL2O3-KATALYSIERTE RK., 2. MITT. 62-0454
HYDROXYARENE U. HYDROAROMAT. KETONE, DURCH AL2O3 KATALYSIERTE RK., 3. MITT. 62-0455
AROMAT., ELEKTROPHILE SUBSTITUT. , 9. MITT. 63-0281
2-SUBSTITUIERTE BIARYLE, PHOTOCHEMIE, 2. MITT. 63-0521
NITROBENZOCYCLOOCTATETRAENE, TRANSANNULARE RK. BEI D. SOLVOLYSE 63-0546
AROMAT. C-ATOM, ELEKTROPHILE SUBSTITUT., 10. MITT. 64-0031
AROMAT. C-ATOM, ELEKTROPHILE SUBSTITUT., 11. MITT. 64-0032
HALOGENAROMATEN, RK. IN GGW. ORGAN. BASE, 8. MITT. 64-0272
AROMATEN, ORIENTIER. BEI U. SUBSTITUT., 21. MITT. 64-0304
1.2-DIHYDRO-BENZOCYCLOBUTENE, ELEKTROPHILE SUBSTITUIERENDE RINGOEFFN.-RK. 64-0533
AROMAT., REAKTIVITAET D. ARYLKERNES IN KONDENSIERTEN SYST. MIT RINGSPANN. 60-0225
AROMATEN, HOMOGENER METALL-KATALYSIERTER H-D-AUSTAUSCH 55-0220
AROMAT., T-H-AUSTAUSCH (KINETIK) 60-0225
DIBENZO(A.D)CYCLOHEPTATRIENE, PHOTODIMERISIER. 62-0294
ALKYLAROMAT. VERB., KATALYT. EMTALKYLIER., 16. MITT. 54-0140
PERFLUORIERTE AROMATEN, HOMOLYT. RK., 1.MITT. 58-0484
AROMATEN, OX. MIT RUO4 55-0164
AROMATENOX., 8. MITT. 58-0213
SULFURIERTE AROMATEN, EINW. V. HNO3, 2. MITT. 58-0413
AROMAT. OX., 6. MITT. (MIT DIISOPROPYLPEROXYD-CARBONAT-CUCL2, MECHANISMUS, KINETIK, ISOTOPENEFFEKTE) 61-0208
AROMATEN, HOMOLYT. HYDROXYLIER. (MECHANISMUS), 3. MITT. 61-0315
AROMAT. OXYGENIER., 7. MITT. 63-0358
AROMATEN, RED. MIT TETRAALKYLAMMONIUMAMALGAMEN 55-0084
AROMAT METALLKOMPLEXE , 100. MITT. 53-0003
AROMATEN, SULFONIER., 17.MITT. 54-0148

AROMAT. MIT UNKONDENSIERTEN RINGEN, NITRIER., 5. MITT. 55-0171
MEHRKERN. AROMATEN MIT NICHTKONDENSIERTEN RINGEN, NITRIER., 3. MITT. 58-0229
AROMATEN, NITRIER. (PROTONENUEBERTRAG., KINETIK, ISOTOPENEFFEKT) 61-0225
AROMAT., PHOTOCHEM. RK. MIT KONJUGIERTEN DIENEN , 2. MITT. 54-0195
AROMATEN, PHOTOCHEM. RK. MIT KONJUGIERTEN DIENEN , 3. MITT. 55-0208
AROMAT. PHENYLIER. (MECHANISMUS) 53-0131
AROMATEN, ARYLIER. MIT BENZOLDIAZONIUM-TETRAFLUOROBORAT 61-0263
KONDENS. MIT ALLYLHALOGENIDEN, 2. MITT. 56-0371
AROMAT. VERB., KONDENS. MIT HALOGENIDEN V. ALLYLTYP, 3. MITT. 57-0392
AROMAT. VERB. KONDENS. MIT ALLYLHALOGENIDEN, 4. MITT. 64-0467
AROMAT. AMINOALKYLIER. DURCH RADIKAL-REKOMBINAT. 53-0159
ARYLTETRAMINE, 1. MITT. 60-0683
GERMACYCLOBUTANE RINGOEFFN. DURCH SILANE U. GERMANE 53-0022
METHYLPLEIADENE, RK. MIT ORGANO-MG-BROMIDEN 57-0461
AROMAT., RK. MIT MANNICH-BASEN 59-0281
AROMAT., C-ACYLIER. (MECHANISMUS) 6. MITT. 54-0254
AROMAT., C-ACYLIER. (MECHANISMUS), 5. MITT. 54-0288
AROMATEN, METASUBSTITUIERTE AROMATEN, RK. MIT DISAEURE-(1.4)-ANHYDRIDEN, 3. MITT. 56-0358
BENZONORBORNENE, ACETOLYSE (KINETIK) 63-0263

RINGSYSTEME (HETEROCYCLEN, ALLGEMEINES)

TETRAMETHYL-1.4.7.10-TETRAOXACYCLODECANE, ISOMERENVERTEIL. BEI D. DARST. AUS PROPYLENOXID 58-0683
HETEROCYCL. ARYLAZOQUART.-SALZE 1. MITT. 56-0459
HETEROCYCLEN AUS ISOCYANIDEN 2.MITT. NEUE INDOL-SYNTH. 53-0349
BENZAZOLE 4. MITT. MANNICH-RK. V. BENZIMIDAZOL U. EINIGEN 2-SUBSTITUIERTEN BENZIMIDAZOLEN 53-0372
AZOLE 26.MITT. 1.2.3-TRIAZOLE, NMR-SPEKTREN SOWIE RK. MIT HALOGENNITROBENZOLEN 53-0391
HETEROCYCL. REIHE 10. MITT. 53-0408
HETEROCYCL. REIHE 11. MITT. 53-0409
REAKT. AROMAT. HETEROCYCLEN MIT 4-WERT. SCHWEFEL, 2.MITT. (BLDG. V. ACENAPHTHO(5.6-CD)-S(IV)-THIAPYRAN) 53-0412
HETEROCYCL. POLYFLUORVERB. 10. MITT. NUCLEOPHILE SUBSTITUTION AN TETRAFLUORPYRIMIDIN 53-0451
PYRAZOLO-ASYMM.-TRIAZINE 3. MITT. 53-0467
CYCL. ORGANO-P-VERB. 7. MITT. 53-0468
SIEBENGLIEDRIGE HETEROCYCLEN 10. MITT. 11-AMINO-5H-DIBENZO(B,E)-1.4-DIAZEPINE 53-0470
HETEROCYCL. STEROIDE 10. MITT. 53-0559
MONOSACCHARIDE MIT N-HALT. RING, 14. MITT. 54-0052
MONOSACCHARIDE MIT N-HALT. RING, 15.MITT. 54-0053
BENZAZOLE, 5. MITT. 54-0371
O.N-HETEROCYCLEN, RINGSPALT., 2. MITT. 54-0377
HETARINE, 9. MITT. 54-0418
ANTHYRIDINE, 2. MITT. 54-0420
ANTHYRIDINE, 3. MITT. 54-0421
1.5-DIPHENYL-BISPIDINE, 13.MITT. 54-0422
HETEROCYCL. POLYFLUORVERB., 11.MITT. 54-0438
HETEROCYCL. POLYFLUORVERB., 12. MITT. 54-0439
HETEROCYCLEN 51.MITT. 54-0468
UNGESAETT. HETEROCYCL. SYST., 31.MITT. 54-0474
CYCL. TETRAAMINE U. METALLIONEN-KOMPLEXE, 4. MITT. 54-0478
GLYKOSIDE V. HETEROCYCLEN, 23. MITT. 54-0491
HETEROCYCLEN, GLYKOSIDE V. --, 25. MITT. 54-0493
TRIDDIDE, 3.MITT. 54-0498
HETEROCYCL. POLYFLUORVERB., 13. MITT. 55-0365
AZOLE, 27. MITT. 55-0403
AZOLE, 28. MITT. 55-0404
AZABICYCLOVERB., 8. MITT. 55-0444
HETEROCYCLEN, SYNTH., 10. MITT. 55-0456
1.3.2-DIOXAPHOSPHA-, 2. MITT. 55-0482
HETEROCYCL. ARYLAZOQUARTAERSALZE, 2. MITT. 56-0460
HETEROCYCLEN, 12. MITT. 56-0476
HETEROCYCLEN, 13. MITT. 56-0477
HETEROCYCLEN, PHOTORK. 9. MITT. 56-0503
AZOLE, 29. MITT. 56-0504
AZOLE, 30. MITT. 56-0505
PYRIDOTRIAZOLE U. PYRIDOIMIDAZOLE, 2. MITT. 56-0553
PYRIDOIMIDAZOLE U. PYRIDOTRIAZOLE, 2, MITT. 56-0553
CYCL. ENAMINKETONE, 2.MITT. 56-0555
HETEROCYCL. N-OXIDE MIT PI-ELEKTRONENUNTERSCHUSS 11. MITT. 56-0556
POLYTHIAADAMANTANE, 5. MITT. 56-0573
POLYTHIAADAMANTANE, 6. MITT. 56-0574
HETARINE, 16. MITT. 56-0585
CYCL. QUATERN. AMMONIUMSALZE, 5. MITT. 56-0594
HETEROAROMAT. BOR-VERB., 2. MITT. 56-0607
TROPAN-DERIV., 2. MITT. 56-0656
AZOLE, 32. MITT. 57-0529
HETEROCYL. STEROIDE 11. MITT. 57-0585
POLYFLUORHETEROCYCL. VERB., 10. MITT. 57-0588
VERB. MIT UROTROPIN-STRUKTUR, 38. MITT. 57-0598
NITROFURYLHETEROCYCLEN, 7. MITT. 57-0607
CYCL. AMIDINE, 21. MITT. 57-0614
POLYAZAHETEROCYCL. VERB., 3. MITT. 57-0629
AZEPINOINDOLE, 1. MITT. 57-0632
HETEROCYCLEN, GLYKOSIDE, 29. MITT. 57-0654
AZASTEROIDE, 7. MITT. 57-0734
HETEROCYCL. ORGANOBORVERB., 7. MITT. 58-0036
N-HETEROCYCL. OXIME, STABILITAET, 3. MITT. 58-0252
N-HETEROCYCL. OXIME, STABILITAET, 4. MITT. 58-0253
HETEROAROMATIZITAET, 11. MITT. 58-0338
AZA-DISPIRO(5.1.5.2)PENTADECENE, 3. MITT. 58-0535
THIOPHEN-ANALOGE V. FLUOREN, 1. MITT. 58-0575
BENZOBISTHIAZOLE, 6. MITT. 58-0604
SILACYCLEN, 6. MITT. 58-0612
UNGESAETT. HETEROCYCL. SYST., 35. MITT. 58-0624
SYNTH. IN D. HETEROCYCL. REIHE, 11. MITT. 58-0656
HETEROCYCLEN, 3.MITT. 58-0666
1.2.3.4.6-PENTAAZA-INDENE (8-AZAPURINE), 3. MITT. 58-0668
CYCL. SULFONE, 5. MITT. 58-0673
PARTIELL FLUORIERTE HETEROCYCLEN, 6. MITT. 59-0520
AZOLE, 31. MITT. 59-0547
HETEROCYCL. POLYFLUORVERB., 11. MITT. 59-0606
METHOTREXAT-DESAZA-ANALOGE, 3. MITT. 59-0615
HETEROCYCLEN AUS LAEVULINSAEURE, 1.MITT. 59-0632
HETEROCYCL. POLYFLUORVERB., 14. MITT. 59-0633
CYCL. SULFONE, 6. MITT. 59-0637
HETEROCYCL. SYST. MIT N ALS BRUECKENKOPF, 1. MITT. 59-0638
N-GLYKOSIDE MIT HETEROCYCL. AGLYKON, 1. MITT. 59-0666
AZASTEROIDE, 4. MITT. 59-0747
HETEROAROMAT. REAKTIVITAET, 3. MITT. 60-0250
HETEROAROMAT. REAKTIVITAET, 4. MITT. 60-0251
SILACYCLEN, 8. MITT. 60-0523
PIKRYLAMINO-SUBSTITUIERTE HETEROCYCLEN, 2. MITT. 60-0559
KONDENSIERTE AZETIDINONE-(2), 1. MITT. 60-0607
HETEROCYCL. PSEUDOBAS. AMINOALKOHOLE, 33. MITT. 60-0610
CYCL. POLYAETHER, 1. MITT. 60-0625
STICKSTOFFHETEROCYCLEN, 3. MITT. 60-0644
N-HALT. HETEROCYCL. VERB., 3. MITT. 60-0646
HETEROCYCLEN, 53. MITT. 60-0649
MIT D. ANTIDEPRESSIVUM 5-(2-DIMETHYLAMINO-AETHYL)-2.3-DIHYDRO-2-PHENYL-1.5-BENZOTHIAZEPIN-4-ON (THIAZESIM) VERWANDTE VERB., SYNTH. U. PHARMAKOLOG. AKTIVITAET, 3. MITT. 60-0681
HETEROCYCL. UNTERS., 27. MITT. 60-0684
GLYKOSYL-HETEROCYCLEN, 30. MITT. 60-0697
BICYCL. PYRIMIDINDERIV. MIT EINEM BRUECKENKOPF-N-ATOM, 3. MITT. 61-0075
AZASTEROIDE, 3. MITT. 61-0153
POLYNUCLEARE HETEROCYCL. SYST., 5. MITT. 61-0523
HETEROCYCLEN, PARTIELL FLUORIERTE, 7. MITT. 61-0544
INTRAMOL. HYDRAZIDE U. HYDROXAMATE, 1. MITT. 61-0553
UNGESAETT. HETEROCYCL. SYST., 36. MITT. 61-0583
INDOLOTHIAPYRYLIUMVERB., 4. MITT. 61-0617
HETEROAROMAT. KATIONEN, 11. MITT. 61-0618
HETEROAROMAT. KATIONEN, 12. MITT. 61-0619
HETEROCYLEN, SYNTH., 215. MITT. 61-0626
KONDENSIERTE AZETIDINONE-(2), 2. MITT. 61-0627
KONDENSIERTE AZETIDINONE-(2), 3. MITT. 61-0628
KONDENSIERTE AZETIDINONE-(2), 4. MITT. 61-0629
DIAZABENZOBICYCLO(3.3.1)NONAN-SYST., 8. MITT. 61-0655
AZAMORPHINAN U. VERWANDTE VERB. 1. MITT. 61-0656
HETEROCYCLEN, 4. MITT. 61-0665
HETEROCYCL. UNTERS., 5. MITT. 61-0666
HETEROCYCL. UNTERS., 6.MITT. 61-0667
HETEROAROMAT. VERB., NEUE, 28. MITT. 61-0680
UNGESAETT. HETEROCYCL. SYST., 37. MITT. 61-0685
1.4-BENZODIAZEPINE, U. CHINAZOLINE, 38. MITT. 61-0686
MORPHINDERIV., 5. MITT. 61-0731
MULTISCHWEFEL-HETEROCYCLEN, KONFORM.-ANALYSE, 2.MITT. 62-0135
MULTISCHWEFEL-HETEROCYCLEN, KONFORM.-ANALYSE, 3. MITT. 62-0136
HETEROCYCL. SYST., STER. EFFEKTE IN --, 5. MITT. 62-0166
HETEROCYCL. REIHE, 5. MITT. 62-0174
V. HALOGEN-O-PHENYLENDIAMINEN ABGELEITETE HETEROCYCLEN, 1. MITT. 62-0500
V. HALOGEN-O-PHENYLENDIAMINEN ABGELEITETE HETEROCYCLEN, 2. MITT. 62-0501
HETEROCYCL. IMINE U. AMINE, 11. MITT. 62-0502
HETEROCYCL. ENAMINE, SYNTH. U. RK., 1. MITT. 62-0515
STRUKTUR U. EIG. V. 4.4-DIMETHYL-ANGELICINDERIV., 1. MITT. 62-0591
TETRAHYDROCANNABINOLE, ANALOGE U. VERWANDTE PROD., 1. MITT. 62-0596
TETRAHYDROCANNABINOLE, ANALOGE U. VERWANDTE PROD., 2. MITT. 62-0597
HETEROAROMAT. VERB., NEUE, 29. MITT. 62-0668
NEUE HETEROAROMAT. VERB., 31. MITT. 62-0669
MAKROBICYCL. AMINE, 1. MITT. 62-0686
MAKROBICYCL. AMINE, 2. MITT. 62-0687
HETEROCYCLEN, ADDIT.-RK., 38. MITT. 63-0581
UNGESAETT. HETEROCYCL. SYST., 38. MITT. 63-0592
HETEROCYCL. ZWISCHENPROD. ZUR DARST. V. THERM. STABILEN POLYMEREN, 2. MITT. 63-0625
HETEROCYCL. SCHWEFELVERB., 30. MITT. 63-0630
HETEROCYCL. SCHWEFELVERB., 31. MITT. 63-0631
PIKRYLAMINO-SUBSTITUIERTE HETEROCYCLEN, 3. MITT. 63-0652

CYCL. ENAMINOKETONE, CHEMIE, 3. MITT. 63-0670
HETEROCYCLEN, 3. MITT. 63-0679
1.2.3-BENZOTRIAZINE, 3. MITT 63-0733
AZASTEROIDE, 5. MITT. 63-0813
AROMAT. HETEROCYCLEN, 5. MITT. 64-0153
CYCL. ACYLALE, 21. MITT. 64-0227
UNGESAETT. HETEROCYCL. SYST., 42. MITT. 64-0557
UNGESAETT. HETEROCYCL. SYST., 43.MITT. 64-0558
UNGESAETT. HETEROCYCL. SYST., 44. MITT. 64-0559
SAUERSTOFFHALT. HETEROCYCLEN 6. MITT. 64-0563
SAUERSTOFFHALT. HETEROCYCLEN, 7. MITT. 64-0564
TEILFLUORIERTE HETEROCYCL. VERB. , 8. MITT. 64-0580
DIBENZOFURANE, 11. MITT. 64-0581
DIBENZOFURANE, 11. MITT. 64-0582
KOMPLEXE DIBENZOFURANE, 13. MITT. 64-0583
HYDRAZIDE U. INTRAMOL. HYDROXAMATE, 2. MITT. 64-0602
HYDRAZIDE U. INTRAMOL. HYDROXAMATE, 3. MITT. 64-0603
BENZ- U. NAPHTHAZOLE, 21. MITT. 64-0616
HETEROCYCLEN - AUS LAEVULINSAEURE, 4. MITT. 64-0621
HETEROCYCL. AMINE, 2. MITT. 64-0624
HETEROCYCLEN, 14. MITT. 64-0631
AZOLE, 33. MITT. 64-0632
AZOLIDONE, U. IHRE DERIV., 1. MITT. 64-0649
HETEROCYCLEN AUS AMINOKETONEN , 13. MITT. 64-0695
CYCLAMMONIUM-KATIONEN, 6. MITT. 64-0704
HETEROCYCLEN, SYNTH., 110. MITT. 64-0706
N-HETEROCYCLEN, STEREOCHEMIE, 15. MITT. 64-0712
ALLOXAZINE U. ISOALLOXAZINE, 18.MITT. 64-0740
HETEROAROMAT. VERB., 30. MITT. 64-0753
1H-2.1.5-BENZOTHIADIAZOCINE, 1. MITT. 64-0770
1H-2.1.5-BENZOTHIADIAZOCINE, 2. MITT. 64-0771
1H-2.1.5-BENZOTHIADIAZOCINE, 3. MITT. 64-0772
1H-2.1.5-BENZOTHIADIAZOCINE, 4. MITT. 64-0773
UNGESAETT. HETEROCYCL. SYST., 39. MITT. 64-0774
GLYKOSIDE V. HETEROCYCLEN, 32. MITT. 64-0784
HETARINE, 10. MITT. 54-0380
ASYMM. MEHRKERN. CINNOLINE, 2. MITT. 54-0457
HETEROCYCL. ARYLAZOQUARTAERSALZE, 3. MITT. 56-0461
3.6-DIHYDRO-1.2-OXASELENIN-2-OXIDE (DIEN-SEO2-ADDUKTE) STRUKTUR 57-0625
VALEPOTRIATE, KONSTIT. 57-0691
8B-HYDROXY-2.4-DIOXO-HEXAHYDRO-INDENO(1.2-B)PYRROLE, RING-KETTEN-ISOMERIE 60-0427
OXO-AZOLIDINYL-GLYOXALSAEURE-ESTER, TAUTOMERIE MIT OXO-AZOLIDINYLIDEN-GLYKOLSAEURE-ESTERN 60-0526
HETEROCYCLEN, VALENZTAUTOMERIE, 9.MITT. 61-0653
HETEROCYCLEN, VALENZTAUTOMERIE, 10. MITT. 61-0654
AMINO-N-HETEROCYCLEN, AMINO-IMINO-TAUTOMERIE 63-0214
HETEROCYCL. VERB., TAUTOMERIE, 5. MITT. 63-0648
UNGESAETT. HETEROCYCL. 7-AZA-BICYCLO(4.2.0)OCTATRIENE-(2.4.7), TAUTOMERIE 64-0559
DISUBSTITUIERTE TRICYCLOCHINAZOLINE, ISOMERIE 54-0446
TANSHINUNE KONSTIT. 57-0686
4.5-(1.2-HEXOFURANO)-IMICAZOLINE, KONSTIT. 60-0692
1-BENZAZOLYL-3-METHYL-5-TOLYL-FORMAZANE, KONSTIT. 64-0616
N-METHYL-AZACYCLOALKANE KONFORM. 53-0155
1.3.2-DIOXOPHOSPHA-CYCLANE, GEOMETR. ISOMERIE 53-0461
TELLURANE, KONFORM. (BEST. AUS KOPPL.-KONST.) 55-0115
DIAZA-BICYCLO(4.3.0)NONANTRIONE-(2.5.9) STEREOCHEMIE 56-0593
DIAZA-BICYCLO-BRUECKENSYST., KONFORM.-AENDER. 57-0143
PHOTOADDITIONSPROD. AUS KETONEN U. FURAN, KONFIG. 58-0144
3.4-BENZO-6.7-EPIMINO-BICYCLO(3.2.1)OCTENE, STEREOCHEMIE 59-0501
CYCL. OXONIUMVERB., O-INVERS. 60-0165
HETEROCYCL. SYST., STER. EFFEKTE, 4. MITT. 61-0549
TELLURSPIRANE, KONFORM. 61-0568
DIAZA-BICYCLO(K.L.M)ALKANE, AUSSEN-INNEN-ISOMERIE BEI D. SALZEN 62-0686
DIAZA-BICYCLO(K.K.K)ALKANE, EINKAPSEL. V. HALOGENIDIONEN BEI D. HYDROHALOGENIDEN 62-0688
DITHIA-METACYCLOPHANE, STEREOCHEMIE 63-0745
MONOSACCHARIDE MIT N-HALT. RING, NMR-UNTERS. D. ROTAT.-HINDER. 54-0053
DIALKYL-DIAZA-BICYCLONONANE, KONFORM. 58-0627
METHYL-8-THIA-1-AZA-BICYCLO(4.3.0)NONANE,, KONFIG. U. KONFORM. 60-0163
CYCL. OXYPHOSPHORANE STEREOISOMERIE AM PHOSPHOR 60-0544
DIAZA-BICYCLO(K.L.M)ALKANE, AUSSEN-AUSSEN-INNEN-INNEN-PROTOTROPIE 62-0687
OCTAHYDROPYRIDO(1.2-C)(1.3)OXAZINE, KONFORM. U. KONFIG. 64-0111
5-PHENYL-BENZO-1.4-DIAZEPINE, KONFORM. 64-0165
PERHYDRO-DIPYRIDO(1.2-C,2'.1'-E)IMIDAZOLE, KONFIG. 64-0170

RINGSYSTEME (HETEROCYCLEN, VORKOMMEN, DARSTELLUNG)
2-ALKYL-1.3.5-TRIOXANE, DARST. DURCH PHOTOALKYLIER. 59-0493
BENZOCHROMENE, ISOLIER. AUS TABEBUIA AVELLANEDAE 55-0520
PENTACYCL. 15-OXA-STEROIDE, VORK. IN CYNANCHUM VINCETOXICUM 64-0851
1.2.3-TRIOXOLANE, DARST. U. UMWANDL. ZU OZONIDEN 53-0068
2-(MORPHOLINO-CYCLOHEXENYL)-1-AZA-CYCLOAKENE, DARST. AUS LACTIM-SULFONATEN U. MORPHOLINO-CYCLOHEXEN 53-0234
INDENOISOXAZOLE, DARST. AUS NITRILOXIDEN U. INDEN-DERIV. 53-0382
(DEOXO)PHOSTONE, DARST. 53-0384
2.5-DIARYL-1.6.6AS(IV)-TRITHIA-3.4-DIAZA-PENTALENE, DARST. 53-0395
1.3.2-BENZOTHIAZATHIOLIUMSALZE, DARST. AUS AROMAT. AMINEN U. S2CL2 53-0396
AZA-CHINAZOLINE, DARST. AUS IMIDSAEUREESTERN U. AMINOPYRIDINCARBONSAEUREN 53-0399
TETRAZOLO-1.8-NAPHTHYRIDINE, DARST. 53-0413
DARST. MIT HYDROXYMETHYLEN-KETONEN, 9. MITT. 53-0424
BENZO(A)CHINOLIZINE, DARST. AUS SUBSTITUIERTEN PHENAETHYLAMINHYDROCHLORIDEN U. 1-METHOXY-BUTEN-(1)-ON-(3) 53-0424
PYRIDO(1.2-A)BENZIMIDAZOLE DARST. AUS O-AMINO-NITROBENZOLEN DURCH THERM. CYCLISIER. 53-0434
8-AZACHROMONE DARST. AUS 1-(PYRIDON-(2)-YL-(3))-PROPANDIONEN-(1.3) 53-0437
BENZ-INDENOCHINOLINE SYNTH. 53-0442
NAPHTH-INDENOCHINOLIN SYNTH. 53-0442
PYRROLO(1.2-A)PYRIMIDINE DARST. AUS 2-AMINO-DELTA(1)-PYRROLIN U. ALPHA.BETA-UNGESAETT. CARBONYLVERB. 53-0449
PYRIDO(3.2-D)PYRIMIDINE SYNTH. AUS 5-AMINOPYRIMIDINEN 53-0454
N-AMINOMETHYL-UROTROPINIUM-SALZE, DARST. 53-0462
DARST. V. 2.6-DISULFONYL-2.3.6.7-TETRAHYDRO-1H.5H-SYMM.-TRIAZOLO(1.2-A)TRIAZOLEN AUS BENZALDAZINEN U. SULFONYLISOCYANATEN 53-0463
AZA-CYCLOALKENE,DARST. AUS CYCLANENOXIMEN U. MORPHOLINOCYCLOHEXEN 53-0472
A-NOR-2.3-DIAZA-OESTRANE, DARST. 53-0551
12-AZA- U. 12-OXA-11-OXO-STEROIDE, DARST. 53-0559
1.2.4-TRIFLUOR-DIBENZOFURANE, DARST. 54-0356
9-PHOSPHA-FLUORENE, 9-PHOSPHA-PHENANTHRENE, DARST. 54-0370
3-VINYL-PYRAZOLO-CHINONE, DARST. AUS VINYLDIAZOMETHAN U. CHINONEN 54-0376
1H-PHENANTHRO(9.10-D)IMIDAZOLE, DARST. AUS PHENANTHRENCHINONEN; UROTROPIN U. AMMONIUMACETAT 54-0384
2-PHENYL-IMIDAZO(2.1-B)BENZOTHIAZOLE, DARST. , REAKTIVITAET 54-0389
1.5-DICARBALKOXY-BISPIDINONE-(9), SYNTH. 1.MITT. 54-0419
2.6-DIHYDROXY-ANTHYRIDINE, DARST. AUS 2-(2.2-BIS-AETHOXYCARBONYL-VINYL-AMINO)-1.8-NAPHTHYRIDINEN 54-0421
1.5-DIPHENYL-3.7-DIAZA-ADAMANTANE DARST. AUS 1.5-DIPHENYL-BISPIDINEN U. CARBONYLVERB. 54-0422
IMINOMETHANO-DIBENZO(A.B)CYCLOHEPTENE, DARST. 54-0427
2-HETARYL-SYMM.-TRIAZOLO(4.3-A)PYRIDINE, DARST. AUS 2.2'-AZO-HETARENEN U. DIAZOALKANEN 54-0431
PYRROLO(1.2-F)PHENANTHRIDINE, SYNTH. AUS 6-ALKYL-PHENANTHRIDIN-5-OXIDEN U. ACETYLENESTERN 54-0436
DISUBSTITUIERTE TRICYCLOCHINAZOLINE, DARST. 54-0446
THIAZOLO(3.2-B)(1.2.4)TRIAZINONE, DARST. 54-0465
THIAZOLO(2.3-C)1.2.4-TRIAZINONE, DARST. AUS BRENZTRAUBENSAEURETHIOSEMICARBAZONEN DURCH RINGSCHLUSS-RK. 54-0466
6.11-DIHYDRO-DIBENZ(B,E)OXEPINE, DARST. 54-0472
2.3.4.8-TETRAHYDRO-ANTHRA(1.9-EF)-1.4-DIAZEPINDION-(3.8) (NEUES RINGSYST.), SYNTH. 54-0475
CYCL. DIPHENYLEN-PHOSPHONIUMVERB., DARST. 54-0477
CYCL. BIPHENYLEN-ARSONIUMVERB. DARST. 54-0477
BENZO(DE)CHINOLIN(7-SPIRO-4')CYCLOHEXADIENE, DARST. AUS 1-(2-(P-HYDROXYPHENYL)-AETHYL)-ISOCHINOLINEN 54-0509
MONOAPORPHINE, DARST. AUS SUBSTITUIERTEN N-METHYL-1-PHENAETHYL-1.2.3.4-TETRAHYDROISOCHINOLINEN 54-0511
TRICYCL. N- U. O-HETEROCYCLEN, DARST. 55-0366
N-(2-DIBENZOTHIENYL)-AMIDINE U. -THIOHARNSTOFFE, DARST. 55-0381
INDANO(2.1-D)PYRROLONE-(4), DARST. AUS AMINOAETHYL-INDANDIONEN 55-0390
BENZAZOLE MIT UNGESAETT. SEITENKETTE, DARST., 1. MITT. 55-0402
5-METHYLISOINDOLO(1.2-B)BENZIMIDAZOLE, DARST. 55-0406
DIAMINO-BENZOBISTHIAZOLE, DARST. AUS PHENYLENDIAMINEN U. THIOCYANATEN ODER DURCH RINGSCHLUSS V. PHENYLEN-BIS- BZW. AMINOTHIAZOLYL-THIOHARNSTOFFEN 55-0418
2.1.3-BENZOTHIADIAZOLE, DARST. 55-0425
HETEROCYCLEN, SYNTH., 96. MITT. 55-0426
HETEROCYCLEN SYNTH., 97. MITT. 55-0427
HETEROCYCLEN, SYNTH., 98. MITT. 55-0428
CHROMENO(3.2-B)PYRROLE, DARST. AUS DIARYLKETENIMINEN U. MALONSAEURECHLORIDEN 55-0428
2H-FURO(3,2-B)PYRROLE, DARST. AUS DIALKYLKETENIMINEN U. MALONSAEURECHLORIDEN 55-0428
FUROBENZOXANTHONE, DARST. AUS 3-ACETOXY-4-(2.3-DIBROM-PROPYL)-BENZOXANTHONEN 55-0437
HETEROCYCLEN, DARST. AUS AMINOKETONEN, 12. MITT. 55-0443
FURO-CHINOLINE, DARST. AUS AROMAT. O-AMINOKETONEN U. HETEROCYCL. RINGKETONEN 55-0443
PYRANO-CHINOLINE, DARST. AUS AROMAT. O-AMINOKETONEN U. HETEROCYCL. RINGKETONEN 55-0443

OXEPINO-CHINOLINE, DARST. AUS AROMAT. O-AMINOKETONEN U. HETEROCYCL. RINGKETONEN 55-0443
THIENO-CHINOLINE, DARST. AUS AROMAT. O-AMINOKETONEN U. HETEROCYCL. RINGKETONEN 55-0443
THIOPYRANO-CHINOLINE, DARST. AUS AROMAT. O-AMINOKETONEN U. HETEROCYCL. RINGKETONEN 55-0443
THIEPINO-CHINOLINE, DARST. AUS AROMAT. O-AMINOKETONEN U. HETEROCYCL. RINGKETONEN 55-0443
2-ALKENYL-TETRAHYDROHARMANE, DARST. AUS 1-ALLYL (PROPARGYL)-TETRAHYDROHARMANEN U. CH2O 55-0447
TETRAZOLO(1.5-D)ASYMM.-TRIAZINE, DARST. AUS 5-HYDRAZINOTRIAZINEN U. NANO2 55-0478
SYMM. TRIAZOLO(4.3-D)ASYMM.-TRIAZINE, DARST. AUS 5-HYDRAZINOTRIAZINEN 55-0478
2-ARYL-4-ACETYL-1.3.4-BENZOTHIADIAZINE, DARST. AUS ARYLSAEURE-HALOGENID-PHENYLHYDRAZIDEN U. K-THIOACETAT 55-0479
AZABULLVALENE, DARST. 55-0485
HETEROCYCL. VERB., SYNTH. 205. MITT. 55-0513
TETRAHYDRO-NAPHTHO-(1.2-B)-P-DIOXINO(2.3-E)P-DIOXINE, DARST. 56-0247
2-AETHOXY-2-OXO-1.2-OXAPHOSPHOLANE, DARST. AUS OMEGA-CHLORALKANOLEN-(1) U. NA-DIAETHYLPHOSPHIT 56-0323
HETEROCYCLEN, SYNTH., 101. MITT. 56-0451
SYNTH., 102. MITT. 56-0452
HETEROCYCLEN, SYNTH., 103. MITT. 56-0453
HETEROCYCLEN, SYNTH., 104. MITT. 56-0454
HETEROCYCLEN, SYNTH., 105. MITT. 56-0455
2-ARYL-1.3-DIOXA-2-BORACYCLOALKANE, DARST. AUS 2-(BIS-DIMETHYLAMINO-BORYL)-N.N-DIMETHYL-BENZYLAMIN U. 1. OMEGA-DIOLEN 56-0458
HETEROCYCL. PHENYLHYDRAZONE, DARST. AUS HETEROCYCL. ARYLAZOQUARTAERSALZEN 56-0460
HETEROCYCL. ARYLAZOQUARTAERSALZE, SYNTH. AUS BENZTHIAZOLIUM-, CHINOLINIUM- U. PYRIDINIUM-QUARTAERSALZEN U. PHENYLHYDRAZINEN 56-0461
4-AMINO-FURO(2.3-D)PYRIMIDINE, DARST. AUS AMINO-CYAN-FURANEN U. FORMAMID 56-0467
1H.3H-FURO(2.3-D)PYRIMIDIN-DITHIONE-(2.4), DARST. AUS AMINO-CYAN-FURANEN U. CS2 56-0467
BIS-(1.4-EPOXY-CYCLOHEXYLE), DARST. 56-0470
3-THIOXO-3H-THIENO(3.2-C)-1.2-DITHIOLE, DARST. AUS 3-THIOXO-5-ALKENYL-1.2-DITHIOLEN 56-0494
PYRROLO(1.2-A)BENZIMIDAZOLE, DARST. AUS 2-PYRROLIDINO-ANILINEN BZW. AUS PHENYLENDIAMINEN U. ALDEHYD IN GGW. V. SAEUREN 56-0498
3-OXO-2.4-DIACETYL-6-OXA-2.4-DIAZA-BICYCLO(3.2.0) HEPTANE, DARST. AUS 1.3-DIACETYL-DELTA(4)-IMIDAZOLONEN-(2) U. CARBONYLVERB. BEI BELICHT. 56-0499
SYNTH., 20. MITT. 56-0507
3.7-DIOXA-1-AZA-BICYCLO(3.3.0)OCTANE, DARST. AUS 2-AMINO-2-ALKYL-PROPANDIOLEN-(1.3) U. POLYOXYMETHYLEN 56-0514
BENZOPYRANO-BENZOPYRANE, DARST. AUS 4-HYDROXY-3-ARYLMETHYLENCUMARINEN 56-0541
11-OXO-11H-FURO(2.3-A)XANTHENE, DARST. AUS XANTHONEN 56-0543
SUBSTITUIERTE HETEROCYCLEN, DARST. AUS ENAMINOKETONEN U. NUCLEOPHILEN 56-0555
THIAZOLO- U. BIS-THIAZOLO-PYRIDINE, SYNTH., 2. MITT. 56-0562
TETRAHYDRO-1.4.2.5-DITHIADIAZINE, DARST. 56-0562
CYCL. AMIDINE (1.N-DIAZA(4.N+1.0)BICYCLEN), DARST. AUS N-(AMINOALKYL)-PIPERIDINEN DURCH DEHYDRIERENDE CYCLISIER. MIT AEDTA-HG(II)-SALZ 56-0563
THIENO(2.3-D)PYRIDAZINE, DARST. AUS OXO-DIHYDRO-THIENO(2.3-D)PYRIDAZINEN BZW. DIOXO-TETRAHYDRO-THIENO(2.3-D)PYRIDAZINEN 56-0587
THIENO(3.4-D)PYRIDAZINE, DARST. AUS OXO-DIHYDRO-THIENO(3.4-D)PYRIDAZINEN BZW. DIOXO-TETRAHYDRO-THIENO(3.4-D)PYRIDAZINEN 56-0587
FURO(2.3-D)PYRIDAZINE, DARST. 56-0591
PYRROLO(2.3-D)PYRIDAZINE, DARST. AUS 2-FORMYL-PYRROL-3-CARBONSAEUREAETHYLESTER U. HYDRAZIN 56-0592
1.3-DIOXA-2-SILA-TETRALINE, DARST. 56-0608
BENZOXAZEPINE, DARST. AUS CHINOLIN-N-OXIDEN 56-0609
BENZ(F)-1.3.5-OXADIAZEPINE, DARST. AUS 4-PHENYL-CHINAZOLIN-3-OXIDEN 56-0611
BENZ(F)-1.3.5-OXADIAZEPINE, DARST. AUS 4-PHENYL-CHINAZOLIN-3-OXIDEN 56-0611
D-GLUCOPYRANO-(CIS-2'.1'-C)-ISOCHINOLINE, DARST. AUS N-BENZYL-D-GLUCOSAMINEN 56-0619
1.4-OXIDO-3-OXA-A-HOMO-ANDROSTANE, DARST. 56-0699
FURO(2.3-D)THIAZOLE, DARST. AUS THIAMIN U. ALDEHYDEN 56-0730
FURO(2.3-D)THIAZOLE, DARST. AUS THIAMIN U. AMINEN 56-0731
FURO(2.3-D)THIAZOLE, DARST. AUS THIAMIN U. PHOSPHITEN 56-0732
7-OXA-BICYCLO(2.2.1)HEPTENE-(5), DARST. AUS ALKYL-(PROPADIEN-(1.2)-YL)-KETONEN 57-0281
CIS-DIHYDRO-FURO(3.2-B)PYRANE, BLDG. AUS ALKYL-(PROPADIEN-(1.2)-YL)-KETONEN 57-0281
N-HALOGENALKYLMERCAPTO-N-HETEROCYCLEN, DARST. (UEBERSICHT) 57-0300
FURONAPHTHOCHINONE, DARST. AUS 2-HYDROXY-3-(HALOGENALKENYL)-1.4-NAPHTHOCHINONEN 57-0447
(1-TRICHLORMETHYLCYCLOALKYL)-ALKYLENAMINE, DARST. AUS ENAMINEN U. TRICHLORESSIGSAEURE 57-0481
OXA- U. THIAPROPELLANE, DARST. 57-0491
DIBENZO(E.G)ISOINDOLINE, DARST. AUS 1.2.3.4.5.6.7.8.8A.9.10.10A-DODECAHYDRO-PHENANTHREN-9.10-DICARBONSAEUREANHYDRID U. N.N-DISUBSTITUIERTEN ALKYLENDIAMINEN 57-0502
1H-(1)BENZOTHIENO(2.3-C)PYRROLE, DARST. 57-0511
3-AZA-2.8-DIOXABICYCLO(3.3.0)OCTANE, DARST. AUS 2.3-DIHYDRO-FURAN U. NITRONEN 57-0518
2.3-DIAZA-8-OXABICYCLO(3.3.0)OCTENE-(3), DARST. AUS 2.3-DIHYDRO-FURAN U. SAEUREHALOGENIDHYDRAZONEN 57-0518
METHYLENDIOXY-BENZOCYCLOALKENONE, DARST. AUS OMEGA-(2-ALKOXYCARBONYLMETHYL-4.5-METHYLENDIOXYPHENYL)-CARBONSAEUREESTERN 57-0520
HETEROCYCLEN, SYNTH., 3.MITT. 57-0530
BENZINDAZOLE, DARST. AUS O-ACETYL-NAPHTHOLEN U. HYDRAZINHYDRAT 57-0530
5-ARYL-1.3.2.4-DIOXATHIAZOL-S-OXIDE DARST. AUS HYDROXAMSAEUREN U. THIONYLCHLORID 57-0553
INDENYLIDEN-HETEROCYCLEN, DARST. AUS INDENEN U. OXOHETEROCYCLEN 57-0567
THIOPYRANO-THIONAPHTHENE, DARST. AUS 1-THIO-ALPHA- U. -GAMMA-PYRONEN 57-0576
THIENO(3'.2'-5.6)THIOPYRANO(4.3-B)INDOLE, DARST. 57-0577
THIENO(3'.4'-5.6)THIOPYRANO(4.3-B)INDOLE, DARST. 57-0577
IMIDAZO(1.2-B)PYRIDAZINE, DARST. 57-0602
FURO(2.3-D)PYRIDAZINE, DARST. 57-0615
THIENO(2.3-D)PYRIMIDINE, DARST. 57-0616
3H-PYRIDO(4.3-D)PYRIMIDONE-(4), SYNTH. AUS 4-ACYLAMINO-NICOTINSAEUREAMIDEN 57-0617
CHINOLINO-HETEROCYCLEN, DARST. AUS (2-OXO-DIHYDROCHINOLINYL-(3)-MERCAPTO)-ESSIGSAEUREDERIV. 57-0623
OXAZOLO(3.2-C)- U. THIAZOLO(3.2-C)(1.2.3)BENZO-TRIAZINIUMSALZE, DARST. AUS 3.4-DIHYDRO-4-OXO-1.2.3-BENZOTRIAZIN U. ALPHA-HALOGEN-KETONEN 57-0626
3-AMINO-1.2.4-BENZOTHIADIAZIN-1.1-DIOXIDE, DARST. 57-0630
1.4-BENZODIAZEPINONE, DARST. 57-0633
5.6-DIHYDRO-7H.12H-DIBENZ(C.F)AZOCIN-N-DERIV., DARST. AUS 2.2'-BIS-(BROMMETHYL)-DIPHENYLMETHAN U. ENTSPRECHENDEN PRIM. AMINEN 57-0636
3-METHOXY-N-METHYL-MORPHINANE, DARST. AUS (-)-3-METHOXY-6-OXO--N-METHYLISOMORPHINAN 57-0667
TANSHINONE (HYDROPHENANTHRO(1.2-B)FURANDIONE-(10.11)) SYNTH. 57-0686
INDOLOCHOLESTANE U. -ANDROSTANE, DARST. AUS CHOLESTAN- BZW. ANDROSTAN-3-ONEN U. ARYLHYDRAZINEN 57-0723
6.7-TETRAMETHYLEN-2-PHENYL-CHINAZOLINE, DARST. AUS 2-HYDROXYMETHYLEN-DELTA(9(10))-OCTALON-(2) 57-0733
6-ARYLAMINO-NAPHTH(2.3-C)ACRIDANTRIONE-(5.8.14),, DARST. 58-0089
CYCL. PENTAOXYPHOSPHORANE, DARST. AUS TRIMETHYLPHOSPHIT U. O-CHINONEN 58-0497
2-THIONIA- U. 2-AZONIA-AZULENE, DARST. AUS CYCLOHEPTA(C)THIOPHENEN BZW. -PYRROLEN 58-0563
NAPHTHO(4.5-A)DIOXOLE, DARST. AUS NAPHTHOCHINONEN-(1.2) U. ALIPHAT. DIAZOVERB. 58-0586
HETEROCYCLEN AUS CH-ACIDEN NITRILEN, 13. MITT. 58-0590
5H- SYMM.-TRIAZOLO(5.1-C)-SYMM.-TRIAZOLE, DARST. AUS 3-BENZYLIDEN-HYDRAZINO-SYMM.-TRIAZOLEN 58-0606
FURO(2.3-C)PYRIDINE, DARST. AUS N-FURFURYL-AMINOSAEUREDERIV. 58-0625
DIALKYL-DIAZA-BICYCLONONANE, DARST. 58-0627
BENZO(C)PHENANTHRIDINE, DARST. AUS ALPHA-ISOCHINOLYL-2-AMINO-ZIMTSAEUREN DURCH CYCLISIER. 58-0630
1H-BENZO(D)PYRIDO(2.1-B)THIAZOLE, DARST. AUS O-AMINOTHIOPHENOL U. ACETONDICARBONSAEUREDIALKYLESTERN 58-0632
BENZOPHENANTHRIDINE, DARST. AUS STYRYLCHINOLINEN U. -ISOCHINOLINEN 58-0646
1.4-BENZOXATHIANE, DARST. 58-0650
PYRIMIDO(4.5-D)PYRIMIDINE, DARST. AUS 4-IMINO-1.3-DIMETHYL-5-METHYLAMINOMETHYLEN-DIHYDRO-URACIL 58-0656
5-OXO-THIAZOLO(2.3-B)CHINAZOLINE, DARST. AUS (O-METHOXYCARBONYL-PHENYL)-ISOTHIOCYANAT U. SERINDERIV. 58-0663
OXOPYRAZOLOBENZOPYRANO(1.2.4)THIADIAZINDIOXIDE, DARST. AUS 4-CHLOR-CUMARINYL-(3)-SULFOCHLORID U. 5-AMINO-IMIDAZOLEN 58-0676
5H-DIBENZO(B.F)AZEPINE, DARST. AUS 9-SUBSTITUIERTEN 9.10-DIHYDRO-ACRIDINEN DURCH UMLAGER. MIT P2O5 58-0679
4-ARALKYLAMINO-2.3.4.5-TETRAHYDRO-1.4-BENZOXAZEPIN-5-ON, DARST. AUS O-HYDROXY-ARYL-HYDRAZINEN MIT ALPHA. BETA-DIBROM-CARBONYLVERB. 58-0681
4-AMINO-1.4-BENZODIAZEPIN-5-ONE, DARST. AUS ANTHRANILOYLHYDRAZINEN U. 2.3-DIBROM-PROPIONSAEURE-AETHYLESTER 58-0682
HETEROCYCL. STEROIDE, TOTALSYNTH. (UEBERSICHT) 58-0781
STANNOCYCLOALKANE, DARST. 59-0063
AMINOMETHYL-HETEROCYCLOALKANONE-(3), DARST. DURCH AMINOMETHYLIER. 59-0494

SPIROSILACYCLOPENTADIENE, DARST. AUS 1.2.3.4-TETRAPHENYL-DELTA(1.3)-BUTADIENYLEN-(1.4)-DILITHIUM U. DICHLORCYCLOSILANEN 59-0496
3.4-BENZO-6.7-EPIMINO-BICYCLO(3.2.1)OCTENE, DARST. AUS OXIMEN U. LIALH4 59-0501
N-ALLENYL- U. N-PROPIN-(1)-YLHETEROCYCLEN, DARST. AUS N-(PROPIN-(2)-YL)-HETEROCYCLEN 59-0509
SELENOPHENO-N-HETEROCYCLEN, DARST. 59-0510
THIENO-N-HETEROCYCLEN, DARST. 59-0510
THIAZOLO-N-HETEROCYCLEN, DARST. 59-0510
PYRAZOLO-N-HETEROCYCLEN, DARST. 59-0510
2.5-DIAZA-5-RINGHETEROCYCLEN, DARST. AUS 1.2-BIS-(TRIMETHYLSILYL-KETIMINEN) 59-0511
HETEROCYCL. SPIRANE, DARST. 59-0538
BENZODITHIOLCYANINE, DARST. 59-0541
HEXAHYDROISOXAZOLO(4.5-B)PYRIDINE, DARST. AUS CHLOROXIMEN U. TETRAHYDROPYRIDINEN 59-0554
TETRAHYDRO-4H-PYRANO(2.3-D)ISOXAZOLE, DARST. AUS CHLOROXIMEN U. DIHYDRO-2H-PYRANEN 59-0554
HETEROCYCL. PHOSPHORVERB., DARST. AUS TRIS-(DIMETHYLAMINO)-PHOSPHIN U. ALPHA-DIOLEN BZW. ALPHA-AMINOALKOHOLEN 59-0580
7-METHYL-PYRANO(4.3-B)PYRAN-2.5-DIONE, DARST. 59-0586
7-EXO-BROM-2-OXA-BICYCLO(4.1.0)HEPTANE, DARST. AUS 7-EXO-BROM-2-OXA-BICYCLO(4.1.0)HEPTYL-(7)-LITHIUM 59-0587
PHENANTHRENO-N-HETEROCYCLEN, DARST. AUS 1.2.3.4-TETRAHYDRO-PHENANTHROL-(9) U. PRIM. AROMAT. AMINEN 59-0602
HETEROCYCLEN SYNTH., 106. MITT. 59-0608
1-PYRINDINE, SYNTH. 59-0609
CYCLOPENTA(C)PYRIDONE-(3), SYNTH. 59-0610
SILACYCLOHEXANE, DARST. 59-0611
8-AMINO-7-CHLOR-SYMM.-TRIAZOLO-PYRIMIDINE, DARST. 59-0614
HETEROCYCLEN DURCH ABFANGRK. AN GEOEFFNETEN ACYLLACTONEN, 6. MITT. 59-0623
HETEROCYCLEN DURCH ABFANGRK. AN GEOEFFNETEN ACYLLACTONEN, 7. MITT. 59-0624
1.4.2-BENZODIOXA-, OXAZA-, -DITHIA- U. 4.1.2-BENZOTHIAZAPHOSPHORINE, DARST. AUS METHYL-CHLORMETHYL-PHOSPHINSAEURECHLORIDEN U. O-DIFUNKTIONELLEN BENZOLEN 59-0644
DIHYDRO-1(3)H-2.4(1.3)-BENZODIAZEPINE, DARST. AUS IMIDOESTER-HYDROCHLORIDEN U. ALPHA.ALPHA'-DIAMINO-O-XYLOL-DIHYDROCHLORID BZW. O-NITRO-BETA-PHENAETHYLAMINEN 59-0645
AZULENO(1.8-BC)THIAPYRANE, DARST. AUS THIOCYANATO-PHENACYL-AZULENEN 59-0646
1.4-DIPHOSPHONIA-CYCLOOCTENSALZE, DARST. AUS ALPHA.ALPHA'-DIBROM-O-XYLOL U. 1.2-BIS-(DIPHENYLPHOSPHINO)-AETHANDERIV. 59-0652
1-AZA-3-OXABICYCLO(3.3.0)OCTANE, DARST. AUS 4-AMINO-ALDOSEN 59-0659
IMIDAZOPURINE, DARST. AUS GUANOSINEN U. GLYCIDALDEHYD BZW. BETA-PROPIOLACTON 59-0682
HOMOPROAPORPHINE, SYNTH. DURCH OXYDATIVE PHENOLKUPPL. 2. MITT. 59-0684
HETEROCYCLEN, SYNTH., 209.MITT. 59-0685
HETEROCYCLEN, SYNTH., 210. MITT. 59-0686
KARKIERTE THEBAINE, DARST. 59-0698
A-NOR-1-THIA-3-AZA-STEROIDE, DARST. AUS 7-OXO-4.5.6.7-TETRAHYDROBENZOTHIAZOLEN 59-0750
HETEROCYCL. STEROIDE, DARST. AUS 3-OXO-17BETA-HYDROXY-5ALPHA-ANDROSTAN U. BRENZTRAUBENSAEURE 59-0761
PT ENTHALTENDE HETEROCYCLEN, DARST. 60-0069
METHYL-8-THIA-1-AZA-BICYCLO(4.3.0)NONANE,, DARST. AUS 2-MERCAPTOMETHYL-PIPERIDINEN U. HCHO 60-0163
DIASTEREOISOMERE 1-PHENYL-4-TERT.-BUTYL-CYCLOHEXENOXIDE, DARST. AUS 1-PHENYL-4-TERT.-BUTYL-CYCLOHEXEN 60-0414
SPIROOXYPHOSPHORANE, DARST. AUS DIOXAPHOSPHOLANEN BZW. -PHOSPHORINANEN U. ALPHA-DIKETONEN 60-0464
2-ALKYLMERCAPTO-1-AZA-CYCLOALKENE, DARST. AUS CYCL. THIOAMIDEN U. ALKYLHALOGENIDEN 60-0466
N-(3-AMINO-PROPYL)-N-HETEROCYCLEN, DARST. AUS D. N-HETEROCYCLEN U. ACRYLNITRIL 60-0468
4.5-KONDENSIERTE 1.2.3-TRIAZOLINE-(2), DARST. AUS AZIDEN U. OLEFINEN 60-0472
ARYL-TRITHIETANYLIUMCHLORIDE, DARST. AUS DITHIOCARBONSAEUREN U. SCL2 60-0475
THIANAPHTHENO(2.3-B)THIANAPHTHENE, DARST. AUS 1.1-DIARYL-2.2.2-TRICHLOR-AETHANEN U. S 60-0481
THIANAPHTHENO(2.3-D)1.2-DITHIOLE, DARST. AUS PHENYL-POLYCHLORPROPANEN U. S 60-0482
7,8.17,18-DIBENZO(20)ANNULEN-1,4.11,14-DIOXIDE, DARST. AUS O-XYLYLEN-BIS-(TRIPHENYLPHOSPHONIUMBROMID) U. FURAN-2.5-DICARBALDEHYD 60-0495
FUROCUMARINE, DARST. AUS 6-HYDROXY-4-METHOXY-2.3-DIMETHYL-7-FORMYL-BENZOFURAN U. AUS 7-HYDROXY-4-METHOXY-2.3-DIMETHYL-6-FORMYL-BENZOFURAN 60-0496
TETRAHYDROAZIRINOFURANE, DARST. AUS TRANS-AZIDO-TOSYLOXY-TETRAHYDROFURANEN 60-0497
1-ACETYL-1.2.2A.3.4.5-HEXAHYDRO-BENZ(CD)INDOLE, DARST. AUS 4-(5-BROM-1-ACETYL-INDOLINYL-(3))-BUTTERSAEURE-DERIV. 60-0521
2.3.5.6-TETRAHYDRO-6-OXO-5-AZA-BENZOFURANE, DARST. AUS 2-CHLOR-3-(BETA-CHLOR-AETHYL)-4.6-DIHYDROXY-PYRIDIN 60-0525
1-THIA-4-AZA-SPIRO(4.5)DECANE, DARST. 60-0542
6-(FURYL-(2))-IMIDAZO(2.1-B)THIAZOLE, DARST. AUS 2-AMINO-THIAZOLEN U. 2-HALOGENACETYL-FURANEN 60-0543
CYCL. OXYPHOSPHORANE DARST. AUS PHOSPHONIGSAEURE- U. PHOSPHINIGSAEUREESTERN MIT 3-BENZYLIDEN-PENTANDION-(2.4) 60-0544
BENZO(1.2-D,4.5-D')BISTHIAZOLE MIT ZWEI KONJUGIERTEN POLYMETHINSEQUENZEN, DARST. 60-0551
BENZOFURAZANE U. -FUROXANE, DARST. 60-0558
5- U. 7-SUBSTITUIERTE 4-NITRO-BENZOFURAZANE, DARST. AUS 5- U. 7-CHLOR-4-NITRO-BENZOFURAZANEN U. NUCLEOPHILEN 60-0561
BENZO-2.1.3-SELENADIAZOLE, DARST. AUS 1.2-DIAMINO-BENZOLEN U. SEO2 60-0568
3.4-BENZO-CUMARINE, DARST. AUS DIPHENYL-2CARBONSAEUREN 60-0584
6-OXO-6H-DIBENZO(B.D)PYRANE, DARST. AUS BIPHENYL-CARBONSAEUREN-(2) BZW. AUS AG-BIPHENYL-2-CARBOXYLATEN MIT J2 60-0585
1.3-DIPHENYL-S(IV)-2-THIAPHENALEN INTERMEDIAERE BLDG. AUS CIS-1.3-DIPHENYL-1H.3H-NAPHTHO(1,8-CD)THIOPYRAN-S-OXID 60-0587
IMIDAZO(1'.5',1.2)PYRIDO(3.4-B)INDOLE, DARST. AUS TRYPTOPHANDIPEPTIDEN 60-0603
HETEROCYCLEN, SYNTH., 107. MITT. 60-0611
DIALKYLAMINO-ALKYLAMINO-PYRAZINO(2.3-D)PYRIDAZINE DARST. AUS D. CHLORVERB. U. OMEGA-DIALKYLAMINO-ALKYLAMINEN 60-0635
DIALKYLAMINO-ALKYLAMINO-PYRIDO(2.3-D)PYRIDAZINE, DARST. AUS D. CHLORVERB. U. OMEGA-DIALKYLAMINO-ALKYLAMINEN 60-0635
DIALKYLAMINO-ALKYLAMINO-IMIDAZO(4.5-C)PYRIDAZINE, DARST. AUS D. CHLORVERB. U. OMEGA-DIALKYLAMINO-ALKYLAMINEN 60-0635
6-METHOXY-IMIDAZO(1.2-B)PYRIDAZINE, DARST. AUS 3-AMINO-6-METHOXY-PYRIDAZIN U. CARBONYLVERB., DANN MANNICH-RK. 60-0637
PYRAZINO(2.3-D)PYRIDAZINE, DARST. 60-0638
PYRAZINO(2.3-D)TETRAZOLO(4.5-B)PYRIDAZINE, DARST. 60-0640
6-CHLOR-IMIDAZO(1.2-B)PYRIDAZINE, DARST. AUS 3-AMINO-6-CHLOR-PYRIDAZINEN U. ALPHA-BROM-KETONEN BZW. -ALDEHYDEN 60-0649
HETEROCYCLEN, RELAIS-SYNTH., 2.MITT. 60-0650
6H-PYRIMIDO(2.1-B)CHINAZOLONE-(6), DARST. AUS ANTHRANILSAEURE U. 2-CHLOR-PYRIMIDINEN 60-0651
10H-PYRIMIDO(4.3-B)CHINAZOLONE-(10), DARST. AUS ANTHRANILSAEURE U. 4-CHLOR-PYRIMIDINEN 60-0651
HETEROCYCLEN, SYNTH. U. UNTERS. D. BIOLOG. AKTIVITAET, 9. MITT. 60-0656
2-AMINO-PERIMIDINE, DARST. AUS PERIMIDINEN 60-0659
HETEROCYCLEN, SYNTH., 108. MITT. 60-0669
BENZO(A)PHENOXAZONE, DARST. 60-0670
DIHYDRO-(1.3)THIADIZINO(6.5-C)CHINOLINE, SYNTH. V. DERIV. 1. MITT. 60-0673
1-OXO-3-THIO-5-HYDROXY-2.3-DIHYDRO(1.3)THIAZINO(6.5-C)CHINOLINE, DARST. AUS 2-HYDROXY-3-MERCAPTO-CHINOLIN-CARBONSAEURE-(4) U. ISOTHIOCYANATEN 60-0673
1.3-DIOXO-2.3-DIHYDRO-(1.3)THIAZINO(6.5-C)CHINOLINE, DARST. AUS D. 1-OXO-3-THIO-VERB. MIT H2O2 60-0673
HETEROCYCLEN RELAIS-SYNTH., 3. MITT. 60-0675
FURANO(2.3-E)(1.2.4)TRIAZINE, VERS. D. SYNTH. AUS 6-(2-HYDROXY-AETHYL)-2H-1.2.4-TRIAZINONEN-(5) 60-0676
1.2.4-BENZOTHIADIAZINE, DARST. 60-0680
5.11-DIHYDRODIBENZ(B.E)(1.4)OXAZEPIN-5-CARBOXAMIDE, DARST. 60-0682
BENZO(1.2-B, 4.5-B')BIS-(1.4)DIAZEPINE, DARST. 60-0683
AZEPINO(4.5-B)INDOLE, DARST. AUS 1-METHYL-1-AZACYCLOHEPTANON-(4) U. PHENYLHYDRAZINEN 60-0686
HEXAAZA-(18)-ANNULENE, DARST. AUS H-SAEURE 60-0688
4.5-(1.2-HEXOFURANO)-IMIDAZOLINE, DARST. 60-0692
AZAPTERIDINE, DARST. AUS 5-(1.2-DIAETHOXYCARBONYL-HYDRAZINO)-PYRIMIDINEN 60-0790
5-CARBAETHOXY-2-AZA-BICYCLO(2.2.1)HEPTANE, DARST. AUS PHENYLACETONITRIL U. TRANS-1-TOSYL-2-(TOSYLOXY-METHYL)-4-TOSYLOXY-PYRROLIDIN 60-0834
POLYFLUORAROMAT. HETEROCYCLEN MIT S, SE U. GE, DARST. 61-0043
BENZO(F)CHINOLINE, BLDG. DURCH OXYDATIVE PHOTOCYCLISIER. V. SCHIFFSCHEN BASEN IN ALKANOLEN 61-0307
4.7-AETHANO-HEXAHYDROISOINDOLDIONE, DARST. 61-0553
3.3-DIMETHYL-1.5-DIARYL-5.6.7.7A-TETRAHYDRO-3H-PYRROLO(1.2-C)IMIDAZOLE, DARST. AUS 2.2-DIMETHYL-4-PHENYL-6-P-NITROPHENYL-1.3-DIAZABICYCLO(3.1.0)HEXEN-(3) U. AETHYLENVERB. BZW. ACETYLENVERB. BZW. AZODICARBONSAEUREDIAETHYLESTER 61-0577
CYCLOHEPTIMIDAZOLONE, DARST. AUS TROPONEN U. AKTIVIERTEN ISOCYANATEN 61-0583
DEHYDROPELTOGYNANDIONE, DARST. AUS SUBSTITUIERTEN ACETOPHENONEN U. OPIANSAEURE 61-0604
2.3-DIMETHOXY-6-OXO-MORPHINANE, DARST. AUS 1-VERATRYL-CHINOLINEN DURCH CYCLISIER. MIT H2SO4 61-0624
ALPHA.BETA-DIAZA-TRIMETHINCYANINE, DARST. AUS 2-(P-

TOLUOLSULFONYLAZO)-6-METHOXY-3-METHYL-BENZTHIAZOLIUM-
TETRAFLUOROBORAT U. HETEROCYCL. METHYL-QUART.-SALZEN 61-0625
4.5-DIHYDRO-4.4-DIMETHYL- 1-THIONO-1H-1.2-DITHIOLO
(3.4-C)CHINOLINE, DARST. AUS 2.2-DIALKYL-1.2-DIHYDRO-
CHINOLINEN U. S 61-0643
ALLOXAZINDERIV., DARST. AUS 2-AETHOXY-3-CARBAETHOXY-
4-BENZOYL-3.4-DIHYDRO-CHINOXALIN U. HARNSTOFFDERIV. 61-0659
PYRAZINO(2.3-B)CHINOXALINE, DARST. AUS 2.3-DIAMINO-
CHINOXALINEN U. ALPHA-DIKETONEN 61-0672
3-PHENYL-PYRAZOLO(1.2-A)BENZO(C)CINNOLINONE-(1),
DARST. 61-0673
4.4-DIPHENYL-1.4-OXAPHOSPHORINIUMSALZE, DARST. 61-0681
(8)(2.5)HETEROPHANE, DARST. AUS CYCLODODECANDION-
(1.4) 61-0687
3-OXO-4-OXA-DELTA(1.5,10)-STEROIDE, DARST. DURCH
DEHYDRIER. D. GESAETT. STEROIDLACTONE 61-0779
11-OXA-STEROIDE, SYNTH., 1. MITT. 61-0786
GERMATRANE, DARST. AUS TRIAETHANOLAMIN U.
GERMASESQUIOXANEN 62-0034
STANNOXACYCLOALKANE DARST. 62-0036
KONDENSIERTE (1.2-A)PYRROLE, DARST. AUS
SUBSTITUIERTEN BENZOPHENONEN 62-0494
6-AMINO-1-AZA-BICYCLO(3.1.0)-HEXADIENE, DARST. AUS
PYRROL-CARBALDEHYD-(2) U. SEK. AMINEN 62-0516
DIBENZOFURANE, DARST. BEI OX. V. PHENOLEN IN GGW. V.
CU-KOMPLEXEN ODER BEI RED. V. BENZOXETEN(2-SPIRO-1')
CYCLOHEXADIENEN MIT HJ 62-0520
3.5-DIMETHOXY-2.4-EPOXY-TETRAHYDROFURANE, DARST. AUS
2.5-DIMETHOXY-3(4)-CHLOR-4(3)-HYDROXY-
TETRAHYDROFURANEN 62-0521
TETRAHALOGEN- OXABICYCLOOCTADIENE U. -TRICYCLOOCTENE,
DARST. AUS TETRAHALOGENCYCLOPROPENEN (KINETIK,
MECHANISMUS) 62-0524
THIENO(3.2-B)PYRROLE, DARST. AUS 5-CARBOXY-THIENO
(3.2-B)PYRROLEN 62-0538
2-AZONIA(BZW. THIONIA)-AZULENE, DARST. AUS CYCLOHEPTA-
(C)PYRROLENEN BZW. -THIOPHENONEN U. ALKYL- BZW.
ARYLMAGNESIUMHALOGENIDEN 62-0542
7-AZA-NORBORNADIENE, DARST. AUS PYRROLEN U.
ACETYLENDICARBONSAEUREDIMETHYLESTER 62-0543
1.2.5-TRISUBSTITUIERTE ARSOLE, DARST. AUS
PHENYLARSIN U. BUTADIINEN BZW. 2.5-DIPHENYL-ARSOL-
KALIUM U. ALKYLHALOGENID 62-0549
1.3-VERBRUECKTE PYRAZOLE, DARST. 62-0561
THIAZOLIDINO(2.3-B)BENZTHIAZOLINE, DARST. AUS
BENZTHIAZOLIUMSALZEN U. NABH4 62-0576
5.6-DIHYDRO-THIAZOLO(2.3-B)THIAZOLIUMSALZE, DARST. 62-0579
OXASILACYCLOALKANE, DARST. AUS ALKENYLOXY-SILANEN
DURCH CYCLISIER. 62-0580
AMINONITRO-2.1.3-BENZTHIADIAZOLE, DARST. AUS
CHLORNITRO-2.1.3-BENZTHIADIAZOLEN 62-0586
(2-CARBOXY-2-AMINO-AETHYL)-2.1.3-BENZTHIADIAZOLE
DARST. AUS (2.2-DICARBAETHOXY-2-ACETYLAMINO-AETHYL)-
2.1.3-BENZTHIADIAZOLEN 62-0587
DARST. AUS CUMARINYLOXYESSIGSAEUREN 62-0591
2.6-DIOXA-ADAMANTANE, SYNTH. 62-0595
BENZO(G)CHINOLINE, SYNTH., 2.MITT. 62-0627
BENZO(G)CHINOLINE, SYNTH., 3. MITT. 62-0628
1-ARYL-5.6-BENZO-CHINALDINIUMSALZE, DARST. AUS N-
ARYL-BETA-NAPHTHYLAMINEN U. PARALDEHYD 62-0631
CIS-1.4.5.8-TETRAOXADECALINE, DARST. AUS HALOGEN-1.4-
DIOXANEN U. DIALKYLTARTRATEN 62-0638
CHLORDERIV. V. S-HETEROCYCLEN, DARST. AUS CYCL.
SULFOXIDEN 62-0640
PYRIMIDO(1.2-A)INDOLE, DARST. AUS 2-(CYANMETHYL)-
ANILINOMETHYLEN-MALONESTERN 62-0643
PYRONO-CHINOXALINE, DARST. AUS PYRONEN U.
AETHYLENDIAMIN 62-0648
1H-PYRIMIDO(4.5.6-I.J)(2.7)NAPHTHYRIDINE, DARST. AUS
NAPHTHYRIDINEN U. CARBONYL-VERB. 62-0659
NAPHTHOCHINOXALINE, DARST. AUS 1.4-BIS-ALKYLAMINO-
ANTHRACHINONEN 62-0660
THIENO(3.2-D)- U. -(2.3-D)PYRIMIDINE, DARST. 62-0661
PYRAZOLO(4.3-D)PYRIMIDINE DARST. 62-0662
5-BENZO(C)PHENOXAZONE, DARST. 62-0663
METHOXY- U. METHOXYDIHYDROPYRIMIDO(5.4-E)-1.2.4-
TRIAZINE, DARST. DURCH OXYDATIVE METHOXYLIER. 62-0672
1.2.4-TRIAZINO(4.5-A)BENZIMIDAZOLE, DARST. 62-0675
6.13-METHANO-5.6.7.8-TETRAHYDRO-13H-DIBENZ(C.F)AZONINE
DARST. AUS ALPHA-AMINO-ACETALDEHYDDIMETHYLACETALE 62-0679
AZA-CYCLODECANE, DARST. AUS CHINOLIZIDIN 62-0685
SILAOXACYCLOALKANE, DARST. AUS DICHLORDIALKYLSILANEN
U. DIOLEN 62-0689
2.3'-IMINO-1-(DESOXY-THREO-PENTOFURANOSYL)-THYMINE,
DARST. AUS 2.5'-ANHYDRO-1-(2-DESOXY-3-O-MESYL-BETA-D-
ERYTHRO-PENTOFURANOSYL)-THYMIN 62-0705
17A-OXA-D-HOMO-PREGNAN-20-ONE, DARST. 62-0793
1.2,4.5-DIOXIDO-3-OXO-ANDROSTANE, SYNTH. 62-0803
3-THIA-ANDROSTAN-S.S-DIOXIDE, DARST. 62-0804
HETEROCYCL. VERB., SYNTH., 220. MITT. 63-0110
AETHYLEN-, PROPYLEN- U. 1.2-DIMETHYL-
AETHYLENHALOGENIUMIONEN, BLDG. 63-0259
OXO-ALKANOLIDE, DARST. AUS TETRAHYDROCHROMANEN DURCH
OX. 63-0395
FURO(3.2-C)PYRIDINE, DARST. AUS 3.5-DIJOD-4-HYDROXY-
PYRIDIN U. CU(I)-ACETYLIDEN 63-0574
FURO(3.2-B)PYRIDINE, DARST. AUS 2-JOD-3-HYDROXY-
PYRIDIN U. CU(I)-ACETYLIDEN 63-0574
1H-THIENO(3.4-C)PYRANONE, DARST. AUS 3-JOD-THIOPHEN-
4-CARBONSAEURE U. CU(I)-ACETYLIDEN 63-0574
CYCLOAMIDINE, DARST. AUS OMEGA-HALOGENNITRILEN U.
AMINEN 63-0576
2-AMINO-3-CYAN-1.6.6A S(IV)-TRITHIA-PENTALENE, DARST.
AUS 5-ARYL-1.2-DITHIOLYLIDEN-(3)-MALONSAEUREDINITRILEN
U. H2S 63-0594
2.5-DIARYL-1.6.6A S(IV)-TRITHIA-PENTALENE, DARST. AUS
5-ARYL-3H-1.2-DITHIOLTHIONEN-(3) U. ARYLACETYLENEN 63-0595
POLYFLUORDIBENZO-HETEROCYCLEN, DARST. 63-0604
CYCLOHEPTA(C)THIOPHENE, BLDG. AUS 2-THIONIA-AZULENEN
U. NUCLEOPHILEN VERB. 63-0610
1.3-DIMETHYL-2- THIONIAAZULEN-TETRAFLUOROBORATE,
DARST. AUS 1.3-DIMETHYL-THIOPHENO-(3.4-4.5)-TROPONEN,
METHYLJODID U. AGBF4 63-0611
HETEROCYCLEN, AUS ISONITRILEN, 3. MITT. 63-0614
1-CARBAMOYL-(AMINOMETHYL)-1.4-DIHYDRO-PYRROLO(3.4-
B)INDOLE, DARST. AUS 4.5-DI-CARBAMOYL-PYRROLIDIN-2.3-
DIONEN UEBER D. 3-PHENYLHYDRAZONO-VERB. (MECHANISMUS) 63-0615
BIS-(AMINOPHENYL)-BENZO(1.2,5.4)BISOXAZOLE, DARST.
AUS AMINOBENZOESAEUREN U. 2.4-DIHYDROXY-5-AMINO-
ANILINDIHYDROCHLORID 63-0625
3-AMINO-5-AETHOXYCARBONYL-2.4.5.6-TETRAHYDRO-PYRROLO
(3.4-C)PYRAZOLE, DARST. AUS 1-CARBAETHOXY-4-CYAN-3-
PYRROLIDON U. HYDRAZINEN 63-0636
TRICYCL. OXAZOLINE, PHOTOSYNTH. AUS AMINOCHINONEN 63-0643
HETEROCYCL. VERB. AUS HARNSTOFF-DERIV., 13. MITT. 63-0654
PYRROLO(1.2-A)CHINAZOLINE, DARST. AUS ANTHRANILAMIDEN
U. GAMMA-CYAN-PROPIONALDEHYDDIMETHYLACETAL ODER
SUCCINANHYDRID 63-0661
2H.5H-PYRANO(3.2-C)(1)BENZOPYRAN-2.5-DIONE, DARST. AUS
4-HYDROXY-CUMARIN U. BETA-KETOSAEUREESTERN 63-0663
DIOXOPYRANO(4.3-B)PYRANE, DARST. AUS KOHLENSUBOXID U.
ACETONEN 63-0664
TETRAHYDRO-FURO(3.4-B)PYRAN-4.7-DIONE, DARST. 63-0665
CYCLOALKANO(H)CHINOLIZIDIN-6-ONE, DARST. AUS
CYCLOALKANONEN U. PIPERIDYL-(2)-ESSIGSAEURE-
AETHYLESTER 63-0670
HEXACYCL.-AROMAT. DIAZONIA-SYST., DARST. AUS BIS-(2-
(1.3-DIOXOLANYYL-(2))-PYRIDINIOMETHYL)-NAPHTHALIN-
DIBROMIDEN 63-0672
BIS-HETARYL-POLYARYLE, DARST. 63-0673
6H-INDENO(2.1-G)CHINOLINE, DARST. AUS 3-FLUORENYLAMIN
NACH SKRAUP 63-0678
3-AZAPYRROCOLINE, DARST. AUS 1-CARBOXY-3-
AZAPYRROCOLINEN 63-0680
AZABICYCLEN, DARST. DURCH PI-SOLVOLYSE 63-0684
ANILINO- PYRAZOLO(4.3-B)- U. -(3.4-C)PYRIDINE, DARST. 63-0689
POLYFLUOR-S-HETEROCYCLEN, DARST. AUS SULFIDEN U.
POLYFLUOROLEFINEN 63-0692
1.2.4-TRIAZOLO(1.5-A)PYRIMIDINE, DARST. AUS 1.3.4-
OXDIAZOLO(3.2-A)PYRIMIDINEN U. PRIM. AMINEN 63-0694
PYRROLO(1.2-A)- U. THIAZOLO(3.2-A)CHINAZOLINE, DARST. 63-0697
8-AZA-9-CYCLOPENTYL-PURINE, DARST. AUS DIAZOTIERTEM
4-CHLOR-5-AMINO-6-CYCLOPENTYLAMINO-PYRIMIDIN 63-0700
AMINOPYRIMIDOPYRIMIDINE, DARST. AUS AMINOPYRIMIDINEN 63-0706
N-HETEROAROMAT. ANTHRANILSAEUREN, DARST. AUS
ANTHRANILSAEURE U. SUBSTITUIERTEN PYRIMIDINEN 63-0710
OXADIAZOLO(3.4-D)PYRIMIDIN-1-OXIDE, DARST. AUS 4-
CHLOR-5-NITRO-PYRIMIDINEN U. NA-AZID 63-0715
PYRAZOLO(3.4-D)PYRIMIDINE, DARST. AUS N-ACETYL-N'-
(BETA-AETHOXY-ACRYLOYL)-HARNSTOFFEN 63-0721
12-(2-(BIS-(2-CHLOR-AETHYL)-AMINO)-AETHYL)-
BENZOPHENOTHIAZINE, DARST. 63-0726
NAPHTHO(C)CYCLOPENTA(E)-(1.2)THIAZIN-S-OXIDE, DARST.
AUS CYCLOPENTEN U. N-THIONYL-NAPHTHYLAMINEN 63-0727
ISOTHIAZOLO(5.4-B)(1.4)BENZOTHIAZINE, DARST. 63-0729
12-AMINOACETYL-12H-BENZO(B)PHENOTHIAZINE, DARST. 63-0730
3-DIAZINYL-ASYMM.-TRIAZINO-(5.6-F)(4.7)PHENANTHROLINE,
DARST. AUS 4.7-PHENANTHROLIN-5.6-DION U.
DIAZINCARBONAMIDRAZONEN 63-0732
1.4-BENZODIAZEPIN-2-ONE, DARST. 63-0738
HOMOAZEPINE, DARST. AUS CYCLOHEPTATRIEN U. AETHYL-
AZIDOFORMIAT 63-0739
DIBENZ(B,F)AZEPINE U. -(B,F)OXEPINE, DARST. 63-0740
HETEROCYCLEN, SYNTH. AUS O-AMINO-NITRILEN, 30. MITT. 63-0818
7-OXA-BICYCLO(2.2.1)HEPTAN-2.3-DICARBONIMIDE, DARST.
AUS 7-OXA-BICYCLO(2.2.1)HEPTAN-2.3-DICARBONSAEURE BZW.
-ANHYDRID U. PRIM. AMINEN 63-0904
PERHYDRO-DIPYRIDO(1.2-C,2'.1'-E)IMIDAZOLE, DARST. AUS
ANTI-2.2'-DIPIPERIDYL BZW. SYN-2.2'-DIPIPERIDYL U.
ALDEHYDEN 64-0170
1.8A-DIHYDRO- NAPHTHALIN-2.3-DICARBONSAEURE-ANHYDRIDE,
BLDG. DURCH PHOTOUMLAGER. V. FULGIDEN 64-0336
(5-OXA-PENTAMETHYLEN)-BENZOCYCLOALKENE, DARST. AUS
2-(4-HYDROXYBUTYL)-BENZOCYCLOALKENONEN-(1) 64-0444

O-(OMEGA-HYDROXY-ALKYL)-BENZOESAEURELACTONE, DARST. 64-0444
6-ALKYL(ARYL)-THIO-BENZOPHENAZINE,. DARST. AUS 4-ALKYL-(ARYL)-THIO-1.2-NAPHTHOCHINONEN U. O-PHENYLENDIAMIN 64-0512
ANELLIERTE AZOLONE, DARST. AUS ARYLHYDROXAMSAEUREN MIT BENZOLSULFONYLCHLORID 64-0554
HETEROCYCLEN, SYNTH., 109.MITT. 64-0555
1.3.2-DITHIAPHOSPHOLANE U. -PHOSPHORINANE, DARST. AUS DITHIOLEN U. PHOSPHONSAEUREN 64-0556
THIAZAPHOSPHOLAN(U. -PHOSPHORINAN)-2-OXIDE, DARST. AUS (OMEGA-HALOGEN-ALKYL)-THIOPHOSPHORSAEUREAMIDEN 64-0565
POLYCYCL. AZIRIDINE, DARST. AUS KETTOXIMEN V. BRUECKENRINGSYST. 64-0567
SILACYCLOBUTANE, DARST. AUS GAMMA-CHLOR-PROPYL-METHOXY-SILANEN 64-0572
1.4-DIHYDRO-1.4-EPOXY-NAPHTHALINE, DARST. AUS O-DIHALOGEN-BENZOLEN U. FURAN 64-0579
HYDROXYDIBENZOFURANE, DARST. AUS HYDROXYBIPHENYLEN DURCH DEHYDRATISIER. 64-0581
(4.5-C)FUROTROPONE, DARST. AUS 3.4-FURAN-DICARBALDEHYD U. ACETONDERIV. 64-0584
OPT. AKT. EPOXY-TETRAHYDROFURANE, DARST. 64-0592
CYCLOHEPTA(B)THIOPHENE, DARST. 64-0598
(1.2)DITHIOLO(1.5-B)(1.2)DITHIOLE, DARST. 64-0599
HYDROXY-CYCLOPENTA(C)PYRROLIDINE, DARST. AUS TETRAHYDROPHTHALIMIDEN 64-0600
7-SUBSTITUIERTE 2.3-DIAZA-BICYCLO(2.2.1)HEPTANE U. -HEPTENE, DARST. AUS FULVENEN U. AZODICARBON-SAEUREDIAETHYLESTER 64-0623
SUBSTITUIERTE IMIDAZO(5,1-B)BENZIMIDAZOLE, SYNTH., 2. MITT. 64-0625
IMIDAZO(5.1-B)BENZIMIDAZOLE, SYNTH. , 3. MITT. 64-0626
1-AZA(THIA)-PYRROCOLINE, DARST. AUS AZOLIUM-DICYANMETHYLIDEN U. ACETYLENDICARBONSAEUREDI-METHYLESTER 64-0630
4-ARYLSULFONYL (BZW. MERCAPTO)-ANTHRA(1.2-C)-1.2.5-THIADIAZOLDIONE-(6.11), DARST. AUS ANTHRA(1.2-C)-1.2.5-THIADIAZOL-DION-(6.11) U. MERCAPTANEN BZW. SULFINSAEUREN 64-0652
4-AMINO-ANTHRA(1.2-C)-1.2.5-OXADIAZOLDIONE-(6.11), DARST. AUS ANTHRA(1.2-C)-1.2.5-OXADIAZOLDION-(6.11) U. AMINEN 64-0653
CYCL. METHANDITHIOARSINSAEUREESTER, DARST. AUS 1.2-DITHIOLEN U. METHYLARSENDIJODID 64-0659
6-ARYL-1-METHYL- (1.2.4)TRIAZOLO(4.3-D)TETRAZOLE, DARST. AUS BENZALDEHYD-(2-METHYL-TETRAZOLYL-(5)-HYDRAZONEN) 64-0661
METHYLPSORALENE, DARST. 64-0666
AZATRICYCLEN, DARST. AUS AZABICYCLOTOSYLHYDRAZONEN DURCH PYROLYSE 64-0690
HETEROCYCLEN, SYNTH., 226. MITT. 64-0691
CHININANALOGA, SYNTHET., 1. MITT. 64-0699
ALPHA.OMEGA-BIS-(9-AZA-TRICYCLO(5.3.1.0(2.6))UNDECYL-(9))-ALKANE, DARST. 64-0710
METHYLPERHYDRO-1-PYRINDOLE-(4), STEREOSPEZIF. DARST. AUS METHYL-PERHYDRO-1-PYRINDONEN-(4) 64-0712
2.7-DIAZA-8-THIA-BICYCLO(4.2.0)OCTENE, DARST. AUS SULFINYLIMINEN U. PYRROLIN-N-OXIDEN 64-0714
BENZ(DE)ISOCHINOLINE, DARST. AUS 4-PHENACYLIDEN-HOMOPHTHALIMIDEN 64-0717
1-OXO-1.2-DIHYDRO-2-SILA-NAPHTHALINE U. DERIV. , SYNTH. 64-0719
PYRROLO(3.1)BENZOXAZINDIONE U. -CHINOXALINDIONE, DARST. AUS 2-ACYL-BENZOESAEUREN U. ANTHRANILSAEURE (AMIDEN) BZW. SALICYLAMID 64-0720
ISOINDOLO(1.2-C)(1.2.4)BENZOTHIADIAZINON-S.S-DIOXIDE, DARST. AUS 2-ACYL-BENZOESAEUREN U. ORTHANILAMIDEN 64-0720
2.3-POLYMETHYLEN-CHINAZOLIN-4-ONE, DARST. AUS (2-AMINO-BENZYL)-N.N-POLYMETHYLEN-AMINEN 64-0722
ALKYLAMINO-(MERCAPTO)-THIAZOLO(5.4-D)PYRIMIDINE, DARST., 1. MITT. 64-0727
5(2)-ALKYLMERCAPTO-2(5)-ALKYLAMINOTHIAZOLO(5.4-D)PYRIMIDINE,, DARST. 64-0727
AMINO-THIAZOLO(5.4-D)PYRIMIDINE, DARST. AUS 2-ALKYL (ARYL)AMINO-4-THIOCYANATO-5-NITRO-PYRIMIDINEN 64-0728
MERCAPTOAMINOTHIAZOLO(5.4-D)PYRIMIDINE, DARST. 64-0728
PYRIDOPYRAZINE, DARST. AUS TETRAAMINOPYRIDINEN U. BENZIL BZW. PYRUVALDEHYD 64-0731
MESOION., KONDENSIERTE SYMM. TRIAZOLE DARST. AUS 2-(1-METHYL-HYDRAZINO)-HETEROCYCLEN U. PHOSGEN, THIOPHOSGEN BZW. BRCN 64-0733
O-ACETAMIDO-AETHOXYCARBONYLMETHYLMERCAPTOHETEROCYCLEN, DARST. AUS O-AMINO-MERCAPTOHETEROCYCLEN U. ALPHA-CHLOR-ACETESSIGESTER 64-0743
DIOXO-1.3.4-THIADIAZOLO(3.2-A)PYRIMIDINE, DARST. DURCH ADDIT. V. KOHLENSUBOXID AN 2-AMINO-1.3.4-THIADIAZOLE 64-0746
ISOINDOLO(2.1-A)CHINOXALINE, DARST. AUS NAPHTHOCHINONEN-(1.4)-U. O-PHENYLENDIAMIN 64-0747
THIENO(2.3-D)PYRIMIDINE, DARST. 64-0748
THIAZANO(4.3-E)PURINE, DARST. 64-0754
6-PHENYL-5-HYDROXY-CYCLOBUTA(E)(1.2.4)TRIAZINE, DARST. AUS PHENYLCYCLOBUTENDION U. AMIDRAZONEN 64-0762
BENZOTHIADIAZINDIOXIDE, DARST. 64-0763
1.3.2-THIAZAPHOSPHOLAN-2-OXIDE DARST. 64-0764
1.3.2-THIAZAPHOSPHORINAN-2-OXIDE, DARST. 64-0764
1-ALKYL-6-PHENYL-3.4-DIHYDRO-1H-2.1.5-BENZOTHIADIAZOCIN-2.2-DIOXIDE, DARST. AUS 6-PHENYL-3.4-DIHYDRO-1H-2.1.5-BENZOTHIADIAZOCIN-2.2-DIOXIDEN U. ALKYLJODIDEN 64-0772
2.6-METHANO-AZECINO(5.4-B)INDOLE, (VOBASINABKOEMMLINGE) DARST. 64-0801
2.3.11-TRIALKOXY-BERBINE, DARST. AUS (+-)-2.3-DIMETHOXY-5.6.8.8A BETA.9.10.13.13A ALPHA-OCTAHYDRO-11H-DIBENZO(A,G)CHINOLIZINON-(11) -HYDROBROMID 64-0804
TROPYL- U. PSEUDOTROPYLAETHER, STEREOSPEZIF. DARST. AUS 3ALPHA-MESYLOXY-TROPAN BZW. 3ALPHA-CHLOR-TROPAN 64-0810
6-METHYL-9-ERGOLEN-8BETA-ESSIGSAEUREDERIV., DARST. 64-0811
5BETA.7BETA-EPOXY-CHOLESTANE, DARST. 64-0856
OXETANE V. A-NOR-STEROIDEN, DARST. 64-0861
17(A)-AZA-D-HOMO-OESTRONE, DARST. AUS OESTRONEN 64-0871
11-AMINO-5H-DIBENZO(B,E)-1.4-DIAZEPINE, DARST. AUS DIPHENYLAMIN-HARNSTOFFEN BZW. DIPHENYLAMIN-CARBONAMIDEN BZW. AUS 11-SUBSTITUIERTEN DIBENZODIAZEPINEN 53-0470
TETRAHYDRO-IMIDAZO(2.1-B)THIAZOLIUMVERB., DARST. AUS 2-IMINO-3-CHLORAETHYL-THIAZOLIDINEN 54-0387
ANTHYRIDINE, DARST. AUS 2-HYDROXY-7-(1-AETHOXYCARBONYL-PROPYLIDEN-(2)-AMINO)-1.8-NAPHTHYRIDINEN BZW. AUS 2-HYDROXY-8-METHYL-10-OXO-10H-PYRIMIDO(1.2-A)(1.8)NAPHTHYRIDINEN 54-0420
BENZIMIDAZO(2.1-A)BENZ(DE)ISOCHINOLONE-(7), DARST. 54-0423
TETRA- U. PENTACYCL. CINNOLINE, DARST. AUS CYCLOHEXANDIONARYLHYDRAZONEN 54-0457
10-PIPERAZINO-DIHYDRO-DIBENZO-THIEPINE, DARST. 54-0471
DIBENZO-OXO-AZABICYCLODECADIENE, DARST. AUS ACRIDINEN U. DIMETHYL-KETEN 54-0476
HETEROCYCLEN, SYNTH., 100. MITT. 56-0450
4.5-DIOXO-2-IMINO-3.4-DIHYDRO-2H.5H-PYRANO(3.4-E)-1.3-OXAZINE, DARST. AUS 6-CHLOR-4-HYDROXY-2-OXO-PYRAN-3-CARBONSAEURECHLORID U. CARBODIIMIDEN 56-0451
1-AZABICYCLO(3.X.0)ALKEN-2.3-DIONE, DARST. AUS HYDRAZONOCYCLOALKANEN U. OXALYLCHLORID 56-0453
HYDROXYPYRANOPYRANDIONE, DARST. AUS BENZOYLACETON U. KOHLENSUBOXID 56-0455
(THIO)GLYKOLURILE, DARST. AUS SUBSTITUIERTEN BENZILEN U. HARNSTOFF 56-0496
BENZOBISTHIAZOL-CYANINFARBSTOFFE, DARST. AUS 2.7-DIMETHYL-BENZO(1.2-D,4.3-D')BISTHIAZOL ODER 2.5-DIMETHYL-BENZO(1.2-D,3.4-D')BISTHIAZOL 56-0517
BENZOBISTHIAZOL-CYANINFARBSTOFFE, DARST. AUS 2.6-DIMETHYL-BENZO(1.2-D,5.4-D')BISTHIAZOL ODER 2.6-DIMETHYL-BENZO(1.2-D,4.5-D')BISTHIAZOL 56-0518
3-AZA-6A-THIA-THIOPHTHENE, DARST. AUS 3-AMINO-5-PHENYL-1.2-DITHIOLIUMCHLORIDEN U. SENFOELEN 56-0527
PYRIDOTRIAZOLE DARST. AUS 4.5-DIAMINO-3-PICOLIN BZW. 3.4-DIAMINO-2.6-LUTIDIN 56-0553
PYRIDOIMIDAZOLE DARST. AUS 4.5-DIAMINO-3-PICOLIN BZW. 3.4-DIAMINO-2.6-LUTIDIN 56-0553
SYNTH., 99. MITT. 56-0567
HYDROXY-BENZOCHINOLIZINONE, SYNTH. AUS CHINALDINEN U. MONOSUBSTITUIERTEN MALONSAEURE-BIS-TRICHLORPHENYLESTERN 56-0567
METHYL-2.4.6.8-TETRATHIA-ADAMANTANE, DARST. AUS KETONEN BZW. AETHERN U. H2S 56-0573
METHYL-2.4.6.8.9-PENTATHIA-ADAMANTANE, DARST. AUS ALIPHAT. BETA-DICARBONYLVERB. U. THIOESSIGSAEURE IN GGW. V. ZNCL2 56-0574
DIAZA-BICYCLO(4.3.0)NONANTRIONE-(2.5.9) DARST. 56-0593
PYRIDO(1.2-A)PYRAZINIUM-(5)-SALZE, DARST. 56-0594
BORAZARO-THIENO-PYRIDINE, DARST. AUS FORMYL-THIOPHENBORONSAEUREN U. HYDRAZINEN 56-0607
CYCLOPENTADITHIENYLANIONEN, BLDG. 57-0498
DIAZABICYCLO(2.1.0)PENTENE-(2), DARST. AUS 3H-PYRAZOLEN DURCH PHOTORK. 57-0528
2.9-DIAZAANTHRACENE, DARST. 57-0581
4-AMINO-6-(5-NITRO-2-FURYL)-1H-PYRAZOLO(3.4-D) PYRIMIDINE,, DARST. 57-0607
HYDROXYTRICYCLOCHINAZOLINE, DARST. AUS TRICYCLOCHINAZOLIN 57-0614
1.2.4-BENZOTRIAZINE, DARST. AUS TRIAZOLOBENZOTRIAZINEN 57-0629
1.2.3.4.5.6-HEXAHYDRO-AZEPINO(4.5-B)INDOLE,, DARST. AUS PHENYLHYDRAZINEN U. 1-BENZOYL-1.2.3.4.5.6-HEXAHYDRO-AZEPINON-(4) 57-0632
3-PHENYL- 2.4-DIAZA-ANTHRAOESTRANE, DARST. AUS (+-)-TRANS-1BETA-HYDROXY-8BETA-METHYL-4.5-(3'-HYDROXYMETHYLEN-4'-OXO-2'.3'.4'.5'-TETRAHYDROBENZO)-HYDRINDAN 57-0733
6-AZA-STEROIDE, DARST. 57-0734
8-OXO-5.8-DIHYDRO-1.3-DIOXOLO(4.5-G)CHINOLIN-7-CARBONSAEUREN U. DERIV., DARST. 57-0803
CYCLAZINE, DARST. AUS STILBAZOLEN U. ACETYLENDICARBONSAEURE-DIMETHYLESTER 58-0549
AZEPINO(1.2-A)CHINOXALINE, DARST. AUS METHYLCHINOXALINEN U. ACETYLENDICARBONSAEUREDIESTERN 58-0551

7H-CYCLOPENTA(1.2-C,3.4-C')DITHIOPHENE, DARST. 58-0575
BENZO(2.1-D,3.4-D)BIS-THIAZCLE, DARST. 58-0604
1.2.4.3-TRIAZASILOLENE, DARST. AUS BENZAMIDRAZONEN U. AMINOSILANEN 58-0612
PYRIDO(2.3-D)PYRIMIDINE, DARST. AUS 4-IMINO-1.3-DIMETHYL-5-METHYLAMINOMETHYLEN-DIHYDROURACIL 58-0656
7-METHYL-8-AZA-PURINE, DARST. 58-0668
TETRAHYDROFURO(3.2-D)ISOXAZOLINE, DARST. AUS CHLOROXIMEN U. DIHYDROFURANEN 59-0554
PHOTOADDUKTE AUS BENZO(A)PYREN U. PYRIMIDINBASEN, BLDG. 59-0613
2.4-DIAMINO-6-(N-METHYL-ANILINO-METHYL)-DESAZAPTERIDINE, DARST. 59-0615
FURO(3.2-G')(1)BENZOPYRANO(2.3-D)-PYRIMIDINE, DARST. AUS 7-OXO-6-ACYL-TETRAHYDRO-7H-FURO(3.2-G)(1)BENZOPYRANEN U. AMIDINEN 59-0623
2-(2-HYDROXY-AETHYL)-9-AZA-INDOLIZIDENONE-(1), DARST. AUS ALPHA-ACYL-GAMMA-BUTYROLACTONEN U. PIPERIDAZIN 59-0624
5-AZAINDOLIZINE, DARST. AUS 1.3-DIKETONEN U. 1-AMINO-PYRROL 59-0628
5-AZA-(3.2.2)CYCLAZINE, DARST. AUS (5-AZAINDOLIZINYL-(3))-FUMARSAEURE-DIMETHYLESTERN 59-0628
PYRROLO(2.3-D)PYRIMIDINE, DARST. AUS 2-CYAN-LAEVULINSAEUREAETHYLESTER-ACETALEN U. (THIO)HARNSTOFF 59-0632
2-ALKYL-3.4-DIHYDRO-ASYMM.-TRIAZINO(3.4-B)BENZOTHIAZOLONE-(3), DARST. AUS BENZOTHIAZOLINEN U. HYDRAZINEN 59-0638
8-OXA-1-AZA-BICYCLO(4.3.0)NONANE, DARST. AUS PIPERIDYL-(2)-CARBINOLEN U. CH2O 60-0161
8B-HYDROXY-2.4-DIOXO-HEXAHYDRO-INDENO(1.2-B)PYRROLE, , DARST. AUS D. AZIRIDID D. ENTSPRECHENDEN ESSIGSAEURE U. SEK. AMINEN 60-0427
2.3.-KONDENSIERTE AZIRIDINE, DARST. AUS 4.5-KONDENSIERTEN 1.2.3-TRIAZOLINEN-(2) DURCH PHOTOLYSE 60-0472
SILOLE, DARST. U. RK. , 4. MITT. 60-0523
OXO-AZOLIDINYL-GLYOXALSAEURE-ESTER, DARST. AUS AZOLIDONEN U. OXALSAEURE-DIAETHYLESTER 60-0526
7.8.9.10-TETRAHYDRO-6H-CYCLOHEPTA(B)-CHINOLINE, DARST. IN 11-STELL. SUBSTITUIERTER CYCLOHEPTA(B)CHINOLINE 60-0593
METHYL-SYMM.-TRIAZOLO(4.3-A)PYRIDINIUMJODIDE, DARST. 60-0596
1.2.3.4.6.7- HEXAHYDRO-11BH-BENZO(A)CHINOLIZINE, DARST. AUS ISOCHINOLINEN, FORMALDEHYD U. AKT. METHYLENVERB. 60-0610
TETRAZEPINO-CHINAZOLONE, DARST. AUS 2-HYDRAZINO-3-AMINO-4-CHINAZOLON U. 1.2-DIKETONEN 60-0632
DIALKYLAMINOALKYLAMINO-IMIDAZO(4.5-D)PYRIDAZINE, DARST. AUS D. CHLORVERB. U. OMEGA-DIALKYLAMINO-ALKYLAMINEN 60-0635
PYRIDAZINO(4.5-D)PYRIDAZINE, DARST. 60-0638
ISOXAZOLO(3.4-D)PYRIDAZINE, DARST. AUS 3.4-DIACYL-ISOXAZOLEN 60-0644
PYRROLO(1.2-A)CHINOXALINE, DARST. 60-0646
IMIDAZO(1.2-B)PYRIDAZINE, DARST. AUS D. 6-CHLORDERIV. 60-0649
PYRANO(2.3-E)(1.2.4)TRIAZINE, SYNTH. AUS 6-(3-HYDROXY-PROPYL)-2H-1.2.4-TRIAZINONEN-(5) 60-0676
N-AMINOALKYL-1.4- BZW. 1.5-BENZOTHIAZEPINONE, DARST. 60-0681
1.4-BENZOXAZEPINE, SYNTH. 60-0687
SYMM.-TRIAZOLOPYRIMIDINE, DARST. 61-0075
POLYNUCLEARE HETEROCYCL. SYST., C-NOR-3-METHOXY-11-AZA-18-NOR-OESTRAPENTAENE-(1.3.5,10.8.13), DARST. AUS 6-METHOXY-2-(2'-OXOCYCLOPENTYL)-1-TETRALON U. AMINEN 61-0523
HETEROCYCL. SULFOAMINOBENZIMIDAZOLIUMVERB., DARST. AUS O-TERT.-AMINO-ARYLDIAZOSULFONSAEUREN 61-0524
CYCLOPENTADITHIOPHENE, DARST. AUS BROM-DITHIENYL-METHANEN 61-0549
TELLURSPIRANE, DARST. 61-0568
3.4-POLYMETHYLEN-PYRAZOLINE-(3), DARST. AUS 1.2-DIMETHYL-HYDRAZIN, PARAFORMALDEHYD (CH2O)X U. CYCLOALKANONEN 61-0581
HETERO-SESQUIFULVALENE, DARST. AUS CYCLOPENTADIENEN U. 2.6-DIMETHYL-8-PYRON ODER 2.6-DIMETHYL-4-OXO-THIOPYRAN 61-0599
CHROMONOFURANCARBONSAEUREN, DARST. 61-0606
3-PHENYL-1-AZA-BICYCLO(4.2.0)OCTANONE-(2), DARST. 61-0627
3.4-DIAZA-NORCARADIENE, DARST. 61-0653
HETEROCYCL.-VERB., 214. MITT. SYNTH., 61-0656
CYCLOHEPTA(B)CHINOXALINE, DARST. AUS 3-PHENYLAZO-TROPOLONEN U. O-PHENYLENDIAMIN 61-0664
KONDENSIERTE HETEROCYCLEN, DARST. AUS METHYLPYRIMIDINEN, -PYRAZINEN U. CHINAZOLINEN U. ACETYLENDICARBONSAEURE-DIMETHYLESTER 61-0671
DIHYDRO-1.4.5-BENZOXADIAZEPINE, DARST. AUS O-CHINONDIAZIDEN U. ALIPHAT. KETENIMINEN IN ALKOHOL. LSG. 62-0503
NAPHTHO(3.2-B)THIET-1.1-DIOXIDE, DARST. 62-0512
BENZOXETEN(2-SPIRO-1')CYCLOHEXADIENONE, DARST. BEI OX. V. PHENOLEN IN GGW. V. CU-KOMPLEXEN 62-0520
TETRAHYDRODIBENZOPYRANE, DARST. AUS PULEGON U. ORCIN 62-0596
(1-HYDROXY-CYCLOHEXYL)-IMIDAZO(1.2-A)PYRIDINE, DARST. AUS IMIDAZO(1.2-A)PYRIDIN U. CYCLOHEXANON (PHENYLLITHIUM) 62-0611
DIBENZO(A,H)CHINOLIZINE, DARST. AUS N-(BETA-PHENYL-AETHYL)-3.4-DIHYDRO-ISOCARBOSTYRILEN 62-0621
IMIDAZO(5.1-A)ISOCHINOLINE, DARST. AUS 1-ACYLAMINOMETHYL-ISOCHINOLINEN 62-0624
1-OXA-2.6-DISILA-CYCLOHEXANE, DARST. 62-0678
HETEROCYCLEN, DARST. AUS BENZAZOLEN U. ACETYLENDICARBONSAEUREESTERN 63-0579
HETEROCYCLEN, DARST. AUS PYRIDINEN U. ACETYLENDICARBONSAEURE-DIMETHYLESTER 63-0580
CYCL(3.2.2)AZINE, SYNTH. AUS PYRIDINEN U. PROPIOLSAEURE-METHYLESTER 63-0581
2.5-DIARYL-1.6.6A S(IV)-TRITHIA-3.4-DIAZA-PENTALENE DARST. AUS N.N'-DIAROYL-S-METHYL-ISOTHIOHARNSTOFFEN 63-0596
2-STYRYL-5-ARYL-1.6.6AS(IV)-TRITHIAPENTALENE, DARST. AUS D. 2-ALKYLVERB. DURCH KONDENS. MIT ALDEHYDEN 63-0630
DISPIRO-1.3-THIAZIN-DITHIOLE, DARST. 63-0631
3-(ACYL)AMINO- U. 3-AMIDINO-4H-PYRROLO(3.4-C)ISOXAZOLE, DARST. AUS 3-CYAN-4-OXO-PYRROLIDIN-OXIMEN 63-0640
4H,5H-PYRANO(3.2-C)(1)BENZOPYRAN-4.5-DIONE, DARST. AUS 3-ACYL-4-HYDROXY-CUMARINEN U. SAEUREANHYDRIDEN 63-0663
OXO-CYCLOALKANO(B)PYRIDINE, DARST. AUS AMINONITRILEN U. CYCLOALKANONEN 63-0670
'NICHTKLASS.' PHOSPHABENZOLE U. TETRAPHENYL-PHOSPHACYCLOHEXADIENE,, DARST. AUS LI-1.2.4.6-TETRAPHENYLPHOSPHORINID U. ALKYLHALOGENIDEN 63-0691
1.3.4-OXDIAZOLO(3.2-A)PYRIMIDINE, DARST. AUS 2-AMINO-1.3.4-OXDIAZOLEN U. AETHOXYMETHYLEN-MALONSAEURE-DIAETHYLESTER BZW. ACETESSIGESTER 63-0694
BENZOXAZEPINE, DARST. AUS HETEROAROMAT. N-OXIDEN U. DIMETHYLKETEN 63-0741
3-AZA-BICYCLO(4.1.0)HEPTENE-(4), DARST. AUS 2.6-DIMETHYL-4-CHLORMETHYL-3.5-DICYAN-1.4-DIHYDRO-PYRIDINEN 63-0742
1.11.12.12A-TETRAHYDRO-2H-BENZO(F)IMIDAZO(1.5-A)CHINOLIN-3-ONE, DARST. 63-0813
12.14-DIAZA-STEROIDE, DARST. 63-0818
GERMACYCLOBUTANE, DARST. 64-0060
1.4-DISILACYCLOHEXADIENE, DARST. AUS METHOXYPOLYSILANEN IN GGW. V. ACETYLENEN 64-0416
3.6-EPOXYCARBONYL-TETRAHYDROPHTHALSAEUREANHYDRIDE, DARST. 64-0485
GEMINALE-DIAMINO-HETEROCYCLEN, DARST. AUS GEMINALEN-DICHLOR-ALPHA.ALPHA'-DIOXO-HETEROCYCLEN U. SEK. CYCL. AMINEN 64-0555
AZOCINE(AZACYCLOOCTATETRAENE), DARST. 64-0558
UNGESAETT. HETEROCYCL. 7-AZA-BICYCLO(4.2.0)OCTATRIENE-(2.4.7), DARST. 64-0559
9.10-DIHYDRO-9.10-DIPHENYL-9.10-EPOXY-ANTHRACENE, DARST. AUS O-DIHALOGEN-BENZOLEN U. 1.3-DIPHENYL-ISOBENZOFURAN 64-0579
DIBENZOFURANE, DARST. AUS HYDROXYBIPHENYLEN 64-0583
FURO(3.2-B)XANTHONE, DARST. AUS 6-HYDROXY-CUMARAN U. O-CHLOR-BENZOESAEUREN 64-0586
METHYL IMIDAZO(5,1-B)BENZIMIDAZOLE, DARST. 64-0625
1.2-DIMETHYL-3.4-POLYMETHYLEN-DELTA(3)-PYRAZOLINE DARST. AUS 1.2-DIMETHYL-HYDRAZINHYDROCHLORID , ALICYCL. KETONEN U. PARAFORMALDEHYD 64-0628
1.3A-DIAZA-PENTALENE, DARST. AUS IMIDAZOLIUMMETHYLIDEN U. ACETYLENESTERN 64-0630
ANTHRA(1.2-C)-1.2.5-THIADIAZOLDIONE-(6.11), DARST. AUS 1.2-DIAMINO-ANTHRACHINONEN U. SOCL2 64-0651
CYCL. METHANARSINSAEUREESTER, DARST. AUS 1.2-DIOLEN U. METHYLARSENDIJODID 64-0659
6'-METHOXY-RUBENE, DARST. 64-0699
ISOINDOLO(3.1)BENZOXAZINDIONE U. -CHINOXALINDIONE, DARST. AUS 2-ACYL-BENZOESAEUREN U. ANTHRANILSAEURE (AMIDEN) 64-0720
1.2-POLYMETHYLEN-3.1-BENZOXAZINE, DARST. AUS N.N-POLYMETHYLEN-ANTHRANILSAEUREN 64-0722
ALLOXAZINE, DARST. AUS BARBITURSAEURE U. SYMM. O-AMINO-AZOBENZOLEN 64-0740
TRIAZINO-BENZIMIDAZOLE, DARST. AUS 1-CARBAETHOXY-2-CYANMETHYL-BENZIMIDAZOL U. ARYLDIAZONIUM-SALZEN 64-0760
6.7-DIHYDRO-1.4-BENZOTHIAZEPINE, DARST. AUS O-AMINO-THIOPHENOL U. AMINOKETONEN 64-0767
BENZO(B)CYCLOHEXANO(F)- U. -(E)-1.4-THIAZEPINE, DARST. AUS O-AMINOPHENOLEN U. KETONEN 64-0768
1H-2.1.5-BENZOTHIADIAZOCINE, DARST. AUS 2-AMINO-BENZOPHENONEN U. BETA-CHLOR-AETHANSULFONYLCHLORID 64-0770
6-PHENYL-3.4-DIHYDRO-1H-2.1.5-BENZOTHIADIAZOCIN-2.2-DIOXIDE, DARST. AUS 2-(VINYLSULFONYLAMINO)-BENZOPHENONEN U. NH3 64-0771
10B-PHENYL-3.4.6.10B-TETRAHYDRO-OXAZIRINO(2.3-E)(2.1.5)BENZOTHIADIAZOCIN-5.5-DIOXIDE, DARST. AUS 6-PHENYL-3.4-DIHYDRO-1H-2.1.5-BENZOTHIADIAZOCIN-2.2-DIOXIDEN 64-0772
6-PHENYL-3.4-DIHYDRO-1H-2.1.5-BENZOTHIADIAZOCIN-2.2-DIOXIDE, DARST. AUS 2-VINYLSULFONYLAMINO-BENZOPHENONEN U. NH3 (MECHANISMUS) 64-0773
RINGSYSTEME (HETEROCYCLEN, PHYSIKAL. EIGENSCHAFTEN)
N-HETEROAROMATEN, ELEKTRON. EIG., 19. MITT. 62-0839
AMINO-THIA-TETRAAZAINDENE, UV 54-0176

FUROCHINCLINE, IR 56-0116
SILASPIROALKANE, IR 56-0449
BENZOBISTHIAZOL-CYANINFARBSTOFFE, SICHTBARES SPEKTRUM 56-0517
BENZOBISTHIAZOL-CYANINFARBSTOFFE, SICHTBARES SPEKTRUM 56-0518
3-AZA-6A-THIA-THIOPHTHENE, UV-SPEKTREN 56-0527
SILACYCLOALKANE, IR- U. RAMAN-SPEKTREN 57-0087
CYCLOPENTADITHIENYLANIONEN, UV 57-0498
3-ARYLACETOXY-TROPANE, IR U. SUBSTITUENTENEINFL. 57-0802
PHOTOADDUKTE AUS BENZO(A)PYREN U. PYRIMIDINBASEN, UV 59-0613
5-AZAINDOLIZINE, UV 59-0628
5-AZA-(3.2.2)CYCLAZINE, IR 59-0628
5-AZA-(3.2.2)CYCLAZINE, UV 59-0628
AZAINDOLIZINE, ELEKTRONENSPEKTRUM 60-0075
SILA- U. DISILACYCLOBUTANE, UV 60-0077
SYMM.-TRIAZOLOPYRIMIDINE, IR U. UV 61-0075
DIALKYLDIOXASILACYCLCALKANE, IR -UNTERS. 61-0087
HETERO-SESQUIFULVALENE, UV, IR 61-0599
1.2.5-TRISUBSTITUIERTE ARSOLE, UV 62-0549
AZA-ACENE, UV-BERECHN. 63-0121
'NICHTKLASS.' PHOSPHABENZOLE U. TETRAPHENYL-PHOSPHACYCLOHEXADIENE,, UV U. IR 63-0691
N-HETEROCYCLEN, ELEKTRONENSPEKTREN 64-0098
N-HETEROCYCLEN, BERECHN. D. ELEKTRONENUEBERGAENGE 64-0158
THIAZOLO(2.3-E)TETRAZOLE, IR 64-0215
9-DIMETHYLAMINO-BENZO(A)PHENOXAZINE (MELDOLAS BLAU-U. MUSCARIN-DERIV.), SPEKTROSKOPIE (UV- U. SICHTBARER BEREICH) 55-0147
BENZO(A)CHINOLIZINONE-(2), IR-CO-BANDEN 57-0245
INDOLO(2.3-A)CHINOLIZINONE-(2), IR-CO-BANDEN 57-0245
6-ARYLAMINO-NAPHTH(2.3-C)ACRIDANTRIONE-(5.8.14), ELEKTRONENSPEKTREN 58-0089
2.3-POLYMETHYLEN-CHINOLINE, EINFL. D. 2.3-CYCLISIER. U. D. SUBSTITUENTEN IN6-STELL. AUF D. ELEKTRONENSPEKTREN 61-0079
1-AZA-BICYCLO(4.2.0)OCTANONE-(2), IR ((CO)- U. CH-VALENZSCHWING.) 61-0628
BENZIMIDAZO(2.1-A)BENZ(DE)ISOCHINOLONE-(7), LUMINESZENZ 54-0423
N-HETEROCYCLEN, MOL. OPT. ANISOTROPIE DURCH RAYLEIGH-STREUUNG 57-0068
ZUCKERHETEROCYCLEN, ROTAT.-DISPERS. , 2. MITT. 60-0071
S-HETEROCYCLEN U. IHRE SULFONE , LUMINESZENZ (ABS. QUANTENAUSB.) 60-0072
2.3-POLYMETHYLEN-CHINOLINE, EINFL. D. 2.3-CYCLISIER. U. D. SUBSTITUENTEN IN6-STELL. AUF D. FLUORESZENZSPEKTREN 61-0079
LIMONOIDE, ORD U. CD 61-0760
3.7-DIHYDRO-IMIDAZO(1.2-A)PYRAZIN-3-ONE CHEMOLUMINESZENZ (KINETIK, MECHANISMUS) 64-0091
PROTOBERBERINE, ORD U. CD 63-0110
O-ANALOGE D. (18)ANNULENS, ELEKTRONENSTRUKTUR 55-0102
S-ANALOGE D. (18)ANNULENS, ELEKTRONENSTRUKTUR 55-0102
HETEROCYCLEN, AROMATENCHARAKTER, 10. MITT. 59-0083
N-HETEROAROMATEN, ELEKTRONENEIG., 16. MITT. 59-0184
HETEROCYCLEN, MO-BERECHN. , 3. MITT. (ANWEND. V. KOMBINIERTEN SC(ALPHA,BETA)-HMO-VERF.) 60-0156
N-HETEROCYCLEN, ELEKTRONENSTRUKTUR , VERBESSERTE LCAO-METH., 2. MITT. 62-0113
5-RING-HETEROCYCLEN, ELEKTRONENSTRUKTUR (METH. V. PARISER U. PARR U. OMEGA(STERN)-METH.) 55-0099
N-HETEROCYCLEN, BERECHN. D. BINDUNGSLAENGEN U. ELEKTRONENDICHTE 64-0158
MASSENSPEKTREN V. SAUERSTOFF-HETEROCYCLEN 5. MITT. 53-0085
PYRAZOLO-(2.3-A)-PYRIDINE, MASSENSPEKTREN 54-0086
TETRAMETHYLEN-PYRAZOLE, MASSENSPEKTREN 54-0086
6- U. 11-AZA-STEROIDE, MASSENSPEKTREN 55-0090
5-RING-HETEROCYCLEN, DIPOLMOMENT U. IONISAT.-POTENTIALE 55-0099
N-HETEROCYCLEN, MASSENSPEKTREN (RINGERWEITER. BEI D. FRAGMENTIER.) 58-0122
GERMACYCLOPENTANE U. -CYCLOPENTENE, FRAGMENTIER. IM MASSENSPEKTROMETER 59-0014
DIBENZTHIOPHENE, MASSENSPEKTREN 59-0131
AROMAT. S-HETEROCYCLEN, IHRE SULFOXIDE U. SULFONE, MASSENSPEKTREN 61-0112
ALPHA-SUBSTITUIERTE N-HETEROCYCLEN, ELEKTRONENSTOSS-INDUZIERTE UMLAGER. IM MASSENSPEKTROMETER 61-0117
SERRATININDERIV. MASSENSPEKTREN 62-0096
DIAZA- U. TRIAZA-INDENE, MASSENSPEKTREN 62-0098
DIAZONIA-PYRENE, POLAROGRAPH. UNTERS. D. REVERSIBLEN REDOX-SYST. 62-0186
HETEROAROMAT. ALKYLAMINE, MASSENSPEKTREN (ALKYLWANDER. U. NITREN-FORMIMIN-ELIMINIER.) 63-0165
5-GLIEDR. HETEROCYCLEN, DIPOLMOMENTE (EINFL. V. BZL.) 64-0114
N-HETEROCYCLEN, BERECHN. D. IONISIER.-POTENTIALS U. D. DIPOLMOMENTS 64-0158
HYDROXY(METHOXY)- DIBENZOFURANE, MASSENSPEKTREN 64-0582
2.8-DIOXA-5-AZA-1-SILA-CYCLOOCTANE, DIPOLMOMENTE 64-0769
2.6-METHANO-AZECINO(5.4-B)INDOLE, MASSENSPEKTREN 64-0802
KONDENSIERTE AZEPINE, MASSENSPEKTREN 58-0552
DIBENZ(B,F)OXEPINE, MASSENSPEKTREN 59-0686
1.3-DIAZA-CYCLOALKAN-2-ONE U. -2-THIONE, DIPOLMOMENTE 60-0830
1.2.3.4-TRIFLUOR-DIBENZOFURANE, NMR 54-0067
AMINO-THIA-TETRAAZAINDENE, NMR 54-0176
N-HETEROCYCLEN, NMR V. GEMISCHEN MIT MERCAPTANEN (AUSTAUSCH-EFFEKTE) 55-0082
N-HETEROCYCLEN, NMR-UNTERS. D. INTERMOL. EFFEKTE MIT ALIPHAT. MERCAPTANEN 55-0082
BORAZARO-THIENO-PYRIDINE, NMR 56-0607
HEXACHLOR-4.7-METHANO-HYDROISOBENZOFURANE, (1)H- NMR 57-0095
N-HETEROCYCLEN, CHEM. VERSCHIEB. 58-0107
BORAZARONAPHTHALINE U. -PHENANTHRENE, NMR 58-0108
CYCLAZINE, NMR 58-0549
CYCL. AETHER, NMR, LSGM.-VERSCHIEB. 59-0161
5-AZAINDOLIZINE, NMR 59-0628
5-AZA-(3.2.2)CYCLAZINE, NMR 59-0628
THIA- U. SELENABENZOCYCLENONE, NMR (SPEKTREN) 60-0088
S-HETEROCYCLEN, EINFL. V. S-ATOMEN AUF GEMINALE KOPPL.-KONST. BENACHBARTER METHYLENGRUPPEN 60-0092
PERHYDRO-PYRIDO(1.2-C)(1.3)OXAZINE, NMR 60-0095
VERB. MIT BRUECKENKOPF-N-ATOMEN, PMR, 3. MITT. (8-OXA-1-AZA-BICYCLO(4.3.0)NONANE, NMR) 60-0161
VERB. MIT BRUECKENKOPF-N-ATOMEN, PMR, 4. MITT. 60-0163
2.7-DIOXABICYCLO(2.2.1)HEPTANE, NMR -SPEKTREN 61-0094
HETEROAROMAT. AMINE, NMR (LINEARE BEZIEH. ZWISCHEN AMINOPROTONENVERSCHIEB. U. PI-ELEKTRONENDICHTE) 62-0076
PIAZTHIOLE U. -SELENOLE, EPR D. ANIONRADIKALE 62-0093
1.2.5-TRISUBSTITUIERTE ARSOLE, NMR 62-0549
'NICHTKLASS.' PHOSPHABENZOLE U. TETRAPHENYL-PHOSPHACYCLOHEXADIENE,, NMR 63-0691
VERB. MIT BRUECKENSTICKSTOFFATOMEN, PMR-UNTERS., 6. MITT. 64-0111
5-GLIEDR. HETEROCYCLEN, NMR (EINFL. V. BZL.) 64-0114
5-RING-HETEROCYCLEN, (13)C-NMR-SPEKTRUM 64-0119
5-PHENYL-BENZO-1.4-DIAZEPINE, NMR 64-0165
PERHYDRO-DIPYRIDO(1.2-C,2'.1'-E)IMIDAZOLE, NMR 64-0170
VERB. MIT BRUECKEN-N-ATOMEN, NMR, 5. MITT. 64-0170
HETEROAROMAT. B-VERB., NMR- U. (11)B-NMR-UNTERS. 64-0753
9-DIMETHYLAMINO-BENZO(A)PHENOXAZINE, DISSOZIAT.-KONST. 55-0147
CYCL. DISELENIDE, POLAROGRAPHIE 56-0194
DISELENOLE, POLAROGRAPH. UNTERS. 56-0196
CYCL. DISULFIDE, POLAROGRAPH. UNTERS. 56-0197
BENZO(G)CHINOXALIN-5.10-DIONE, POLAROGRAPH. VERH. 56-0199
2.1.3-METALLODITHIOLENE, POLAROGRAPH. VERH. 60-0059
HETEROCYCL., ALPHA.BETA-UNGESAETT. KETONE, BASIZITAET U. STRUKTUR, 5. MITT. 62-0177
ARYLIMINO-AMINOBENZOPHENOXAZINE (MELDOLABLAU-DERIV.) , PK (STRUKTUREINFL.) 63-0225
N-HETEROCYCLEN, BASENSTAERKE (CNDO-BERECHN.) 63-0226
CHLOR-EPOXYTETRACYCLEN, ELEKTRORED. (MECHANISMUS) 64-0235
METHYLPERHYDRO-1-PYRINDOLE-(4), PK(A)-WERTE 64-0712
ALPHA-CARBOXY-HETEROCYCLEN, METALL(II)-KOMPLEXE, STABILITAETSKONST. 59-0024
S-N-HETEROCYCLEN, ASSOZIAT. IN LSG. 57-0180
O- U. N-HETEROCYCLEN, MOLARE UEBERSCHUSSVOL. U. PARTIELLE MOLARE UEBERSCHUSSVOL. BIN. GEMISCHE 64-0199
RINGSYSTEME (HETEROCYCLEN, REAKTIONEN)
HETEROCYCLEN, PHOTO-RK., 8. MITT. 54-0347
HETEROCYCLEN, RINGUMWANDL. BEI RK. MIT NUCLEOPHILEN, 9.MITT. 54-0354
9-PHOSPHA-FLUORENE, RINGERWEITER. 54-0370
HETEROCYCL. VERB., ADDIT.-RK., 28.MITT. 54-0436
HALOGENHETEROCYCLEN, RINGUMWANDL. BEI RK. MIT NUCLEOPHILEN 7. MITT. 56-0489
NAPHTHO(2.1-D)THIAZOLIUMSALZE, RK. ZU CARBENEN 56-0520
N-HETEROCYCL. METHYLSULFONE, RK. MIT NUCLEOPHILEN REAGENZIEN 56-0529
PYRIDO(1.2-A)PYRAZINIUM-(5)-SALZE, RK. 56-0594
2-(NAPHTHYL-(1))-2-SILATETRALINE, STEREOSPEZIF. SUBSTITUT.-RK. 57-0601
EPOXIDE D. ADDUKTE AUS DIENEN U. CHINONEN , RK. MIT SAUREN REAGENZIEN, 2. MITT. 58-0502
HETEROCYCLEN, ADDIT.-RK., 29.MITT. 58-0549
HETEROCYCL. VERB., ADDIT.-RK. , 30. MITT. 58-0550
HETEROCYCLEN, ADDIT.-RK., 31. MITT. 58-0551
HETEROCYCLEN, ADDIT.-RK., 32. MITT. 58-0552
HETEROCYCLEN, ADDIT.-RK., 33. MITT. 58-0553
ADDITIONS-RK. , 34. MITT. 58-0554
CYCL. AETHER U. DIOLE, CHEM. UMWANDL., 22.MITT. 58-0560
CYCL. AETHER U. DIOLE, CHEM. UMWANDL., 23.MITT. 58-0561
POLYCYCL. AROMAT. AZONIAVERB. DIELS-ALDER-RK. 58-0628

THIENOTHIOPHENE, SCF-MO-UNTERS. D. REAKTIVITAET 60-0224
CYCL. AETHER, U. DIOLE, CHEM. UMWANDL., 13. MITT. 60-0480
UMWANDL. IN D. MORPHIN-REIHE, 2. MITT. 60-0704
5-GLIEDR. HETEROCYCLEN, ELEKTROPHILE SUBSTITUT., 6. MITT. 61-0220
HALOGENIERTE AZAAROMATEN, NUCLEOPHILE SUBSTITUT. (MO-BERECHN.) 61-0247
POLYAZAINDENE, SAEURE- U. BASENKATALYSIERTER DEUTERIUM-PROTIUM-AUSTAUSCH AN 61-0249
CHROMONOFURANCARBONSAEUREN, RK. 61-0606
HETEROCYCL. VERB., ADDIT.-RK., 35. MITT. 61-0671
COCAINDERIV. QUATERNISIER. , EINFL. D. BETA-SUBSTITUT. 62-0212
HETEROCYCL. GAMMA-KETONE, MANNICH-RK., 2. MITT. 62-0613
HETEROCYCLEN, PHOTORK., 10. MITT. 62-0653
HETEROCYCL. VERB., ADDIT.-RK., 36. MITT. 63-0579
HETEROCYCL. VERB., ADDIT.-RK., 37. MITT. 63-0580
GERMACYCLOBUTANE, REAKTIVITAET GEGENUEBER NUCLEOPHILEN AGENTIEN 64-0060
CYCL. AETHER, U. DIOLE, CHEM. UMWANDL., 24. MITT. 64-0573
CYCL. AETHER U. DIOLE, CHEM. UMWANDL., 25. MITT. 64-0574
CYCL. AETHER U. DIOLE, CHEM. UMWANDL., 26. MITT. 64-0575
HETEROCYCL. VERB., PHOTORK., 1. MITT. 64-0658
BENZO(B)CYCLOHEXANO(F)- U. -(E)-(1.4)THIAZEPINE, RK. ZU SYMM. U. ASYMM. MONO- U. TRIMETHINCYANINFARBSTOFFEN 64-0768
2-(MORPHOLINO-CYCLOHEXENYL)-1-AZA-CYCLOALKENE, UEBERFUEHR. IN OMEGA-AMINOSAEUREN 53-0234
HETEROCYCL. ARYLAZOQUART.-SALZE, AMBIDENTES VERH. GEGEN NUCLEOPHILE 56-0459
SPIROSILACYCLOPENTADIENE, DIELS-ALDER-RK. 59-0496
1.3-DIPHENYL-S(IV)-2-THIAPHENALEN, RK. 60-0587
RINGUMLAGER. BEI RK. V. HETEROCYCL. HALOGENVERB. MIT NUCLEOPHILEN, 11. MITT. 53-0166
HETEROCYCLEN, UMLAGER. , 10. MITT (MONOCYCL. 5-RING-) 54-0392
HETEROCYCLEN, H-D-AUSTAUSCH (KINETIK) 55-0183
1-ALKENYL-TETRAHYDROHARMANE, UMLAGER. IN GGW. V. HCHO 55-0447
AMINO-HETEROAROMATEN, REVERSIBLE HYDROLYT. RINGOEFFN., 2.MITT. 57-0222
AMINO-HETEROAROMATEN, REVERSIBLE HYDROLYT. RINGOEFFN. 57-0223
PHOSPHETAN-DERIV., UMLAGER. 57-0489
9-THIA-BICYCLO(3.3.1)NONANONE-(2), PHOTOCHEM. RK. (MECHANISMUS) 59-0591
4.4-DIMETHYL-CHOLESTAN-5.6-EPOXIDE, BF3-KATALYSIERTE UMLAGER. 59-0763
N-CHLOR-AZABICYCLO(2.2.1)HEPTANE, AG(+)-KATALYSIERTE UMLAGER. 60-0515
TETRAZOLO-DIAZINE, UMLAGER. ZU AZIDO-DIAZINEN 60-0569
1.4-BENZOXAZEPINE, UMLAGER. ZU ISOCHINOLINEN 60-0687
OXANORBORNADIENE, PHOTOUMLAGER. 62-0307
EUDESMAN- U. EPIEUDESMAN-4.5-EPOXIDE, BF3-INDUZIERTE UMLAGER. 62-0752
3-AZA-BICYCLO(4.1.0)HEPTENE-(4), ISOMERISIER. 63-0742
3.6-EPOXYCARBONYL-TETRAHYDROPHTHALSAEUREANHYDRIDE, DECARBOXYLIER. 64-0485
1-ALKYL-CYCLOALKENOXIDE, ISOMERISIER. (LITHIUM-DIAETHYLAMID) 64-0569
4-MERCAPTO-1.2.3.5.7-PENTA-AZA-INDENE, UMLAGER. ZU 4-AMINO-1-THIA-2.3.5.7-TETRA-AZA-INDENEN (KINETIK U. GLEICHGEW.-KONST) 54-0176
AMINO-THIA-TETRAAZAINDENE, UMLAGER. ZU 4-MERCAPTO-1.2.3.5.7-PENTA-AZA-INDENEN (KINETIK U. GLEICHGEW.-KONST.) 54-0176
DIAZANORCARADIENE, VALENZTAUTOMERIE (KINETIK) 61-0654
THIAZOLO(2.3-E)TETRAZOLE, TAUTOMERE UMLAGER. ZU 2-AZIDO-THIAZOLEN 64-0215
BICYCL. AZALACTAME, TRANSANULARE CYCLISIER. 64-0774
TETRAHYDRO-IMIDAZO(2.1-B)THIAZOLIUMVERB., SPALT. MIT NAOH 54-0387
PHENYLAZIDADDUKTE V. CYCL. ENOLEN, UMLAGER. BEI ZERS. 56-0388
CYCL. ACETALE, RINGSPALT., 3. MITT. 56-0571
5-ALKOXY-1.2.3.4-THIATRIAZOLE, ZERS. ZU ALKYLCYANATEN (KINETIK) 58-0278
DIBENZOTHIOPHENE, ZERS. IN ALKALISCHMELZE 58-0574
TETRAHYDROFURO(3.2-D)ISOXAZOLINE, SAEURE- BZW. BASEKATALYT. SPALT. 59-0554
4.5-KONDENSIERTE 1.2.3-TRIAZOLINE-(2), PHOTOLYSE 60-0472
HETEROCYCL. SULFOAMINOBENZIMIDAZOLIUMVERB., RK. ZU N-ARYL-LACTAMEN, DIALKYLANILINEN U. 1-ARYL-HETEROCYCLEN 61-0524
HETEROCYCL. MERCAPTOVERB., DESULFURIER. MIT NICKELBORID 61-0666
BICYCL. AZOVERB., PHOTOLYSE, PRIM. PROZESSE 62-0299
TETRAHYDROCYCLOBUTA(C)PYRAZOLE, SENSIBILISIERTE PHOTOCHEM. ZERS. 62-0481
DIHYDRO-1.4.5-BENZOXADIAZEPINE, ABBAU MIT HCL ZU ARYLAZO-ISOBUTTERSAEURE-ESTERN 62-0503
BENZOTHIADIAZINE, STABILITAET, 8. MITT. 62-0855
CHLORIERTE SILACYCLOPENTANE, PYROLYSE 63-0624
7-AZA-BICYCLO(4.2.2)DECATETRAENE-(2.4.7.9), PYROLYSE 64-0557
AZABULLVALENE, PYROLYSE 64-0557
DITHIASPIROALKANE, PHOTOLYSE 64-0725
CYCL. DIPHENYLEN-PHOSPHONIUMVERB., PYROLYSE 54-0477
CYCL. BIPHENYLEN-ARSONIUMVERB. PYROLYSE 54-0477
5-ARYL-1.3.2.4-DIOXATHIAZOL-S-OXIDE THERM. U. PHOTOLYT. ZERS. 57-0553
MERIMINE, RK. MIT KMNO4 60-0597
3.4-POLYMETHYLEN-PYRAZOLINE-(3), OX. ZU POLYMETHYLENPYRAZOLIUMIONEN 61-0581
CANNABINOIDE, DEHYDRIER. MIT CHLORANIL 62-0779
DIBENZO(A,KL)XANTHENE, DEHYDRIER. 59-0589
HETEROAROMAT. KATIONEN, OX. MIT MNO2 61-0618
EPOXYCARANE, RED. MIT LI IN AETHYLAMIN 56-0675
BENZOCHINOLINDIONE, HYDRIER. 58-0645
14-ALKENYL-CODEINONE, RED. MIT NABH4 60-0705
3.4-POLYMETHYLEN-PYRAZOLINE-(3), NABH4-RED. ZU POLYMETHYLENPYRAZOLIDINEN 61-0581
BENZOXETEN(2-SPIRO-1')CYCLOHEXADIENONE, RED. (HJ) 62-0520
ALPHA.BETA-EPOXY-CYCLOALKANONE, STEREOCHEMIE D. RED. 64-0349
4-METHYL-2-METHYLEN-3-OXO-OKTAHYDROBENZO(F)CHINOLINE, RED. 64-0799
HETEROCYCL. POLYFLUORVERB., KATALYT. HYDRIER. 59-0633
BORAZARO-THIENO-PYRIDINE, HYDROLYSESTABILITAET 56-0607
METHYL-4.6-O-BENZYLIDEN-2-DESOXY-ALPHA-D-HEXOSIDE, SOLVOLYSE (KINETIK) 58-0239
GERMACYCLOBUTAN, RINGVERGROESSER. DURCH EINBAU V. S BZW. SE 59-0058
SILACYCLOHEXANE, RK. MIT SO2CL2 59-0611
NAPHTHO(1.8-BC)THIOPYRANE, NITRIER. MIT CU(NO3)2.3H2O 61-0621
CYCL. ACETALE, HYDROLYSE (KINETIK, EINFL. D. KONFORM.) 62-0239
NITRO-10.9-BORAZAROPHENANTHRENE, RK. MIT NAOH (MECHANISMUS) 62-0668
HETEROCYCL. QUART. AMMONIUMSALZE, RK. MIT NANH2 (SOMMELET-UMLAGER.) 63-0578
2.5-DIARYL-1.6.6A S(IV)-TRITHIA-3.4-DIAZA-PENTALENE RK. MIT NH3 63-0596
PYRAZOLO-ASYMM.-TRIAZINE RINGSPALT. MIT HYDRAZINHYDRAT BZW. HYDROXYLAMINHYDROCHLORID 53-0467
1.3.2-DIOXAPHOSPHA-, RK. MIT HCL 55-0482
BENZO-2.1.3-SELENADIAZOLE, NITRIER. 60-0568
5-GLIEDR. 2-METHOXYCARBONYL-HETEROCYCLEN, BROMIER. (KINETIK) 61-0220
1-AZA-BICYCLO(4.2.0)OCTANONE-(2), ALKAL. HYDROLYSE (KINETIK) 61-0629
AROMAT. ALKYLHETEROCYCLEN, ADDIT. AN KONJUGIERTE DIENE 63-0577
N-METHYL-AZACYCLOALKANE, RK. MIT CH3J, KINETIK (EINFL. D. RINGGROESSE) 61-0272
1.2-DIMETHYL-3.4-POLYMETHYLEN-DELTA(3)-PYRAZOLINE, RK. MIT TRIPHENYLCHLORMETHAN BZW. CCL4 64-0628
N-METHYL-AZACYCLOALKANE, QUATERNISIER. MIT METHYLJODID (KINETIK) 53-0155
3.7-DIOXA-1-AZA-BICYCLO(3.3.0)OCTANE, RK. MIT ALKYLHALOGENIDEN 56-0514
4-HYDROXY-FUROCUMARINE, RK. MIT AMINEN 61-0613
ANTHRA(1.2-C)-1.2.5-THIADIAZOLDIONE-(6.11), RK. MIT AMINEN 64-0651
HETEROCYCL. ARYLAZOQUARTAERSALZE, REDUZIERDE O-P-SUBSTITUT. MIT NAOH BZW. HCL BZW. AMINEN 56-0460
CYCLOPENTADITHIOPHENE, LAD.-UEBERTRAG.-KOMPLEXE MIT 1.3.5-TRINITRO-BENZOL 62-0166
BENZO(A)CHINOLIZINONE-(2), TENDENZ ZUR KETAL-BLDG. 57-0245
INDOLO(2.3-A)CHINOLIZINONE-(2), TENDENZ ZUR KETAL-BLDG. 57-0245
DIBENZO(A,KL)XANTHENE, RK. MIT HYDROXYL-VERB. 59-0589
SILACYCLOHEXANE, RK. MIT NA-METHYLAT 59-0611
NITRO-10.9-BORAZAROPHENANTHRENE, RK. MIT NA-METHYLAT (MECHANISMUS) 62-0668
2.3-EPOXY-5.8-METHANO-HYDRONAPHTHOCHINONE-(1.4), RK. MIT 1-PHENYL-1H-TETRAZOL-5-THIOL (KINETIK) 58-0264
ALPHA.BETA-UNGESAETT. CYCL. ACETALE, RK. MIT ORGANOMAGNESIUMVERB. 55-0299
SILACYCLOHEXANE, RK. MIT CH3-MGJ 59-0611
HETEROCYCL. IMMONIUMVERB., RK. MIT FORMYL(ODER HYDROXYMETHYLEN)-MALONDIALDEHYD 54-0348
HETEROCYCL. GEM. DICHLORIDE, RK. MIT THIOKETONEN 58-0619
HETEROCYCLEN, C- U. N-ALKYLIER. MIT BETA-AMINO-PROPIOPHENONEN 59-0281
OXO-AZOLIDINYL-GLYOXALSAEURE-ESTER, RK. MIT BENZALDEHYDEN 60-0526
NAPHTHO(3.2-B)THIET-1.1-DIOXIDE, RK. MIT AROMAT. ALDEHYDEN 62-0512
HETEROAROMAT. N-OXIDE, RK. MIT DIMETHYLKETEN 63-0741
6-GLIEDR. CYCL. HYDRAZIDE, RK. MIT AROMAT. ALDEHYDEN 64-0662
OXO-AZOLIDINYL-GLYOXALSAEURE-ESTER, RK. MIT PHENYL-DIAZONIUM-CHLORIDEN 60-0526
7-OXO-6-ACYL-FURO(3.2-G)BENZOPYRANE, RK. MIT AMIDINEN 59-0623

5-AZAINDOLIZINE, RK. MIT ACETYLENDICARBONSAEURE-DIMETHYLESTER 59-0628
AZOLIDONE, RK. MIT OXALSAEURE-DIAETHYLESTER 60-0526
1.2.5-TRISUBSTITUIERTE ARSOLE, DIELS-ALDER-RK. 62-0549
HETEROCYCLEN, ACYLIER. 64-0596
CYCL. HYDRAZIDE, RK. MIT AETHYLENSULFONYLVERB. 54-0349
CYCL. AZOMETHINE, RK. MIT P-AZIDOSULFONYL-TOLUOL 58-0548

RINGSYSTEME (HETEROCYCLEN, BIOCHEMIE)
3-(ACYL)AMINO- U. 3-AMIDINO-4H-PYRROLO(3.4-C)ISOXAZOLE, IN VITRO-HEMM. D. TYROSINHYDROXYLASE 63-0640
2.1.3-BENZOTHIADIAZOLE, FUNGIZIDE WRKG. 55-0425
2.9-DIAZAANTHRACENE, ANTIMALARIA-WRKG. 57-0581
4-AMINO-6-(5-NITRO-2-FURYL)-1H-PYRAZOLO(3.4-D)PYRIMIDINE,, ANTIBAKTERIELLE WRKG. 57-0607
INDOLOCHOLESTANE U. -ANDROSTANE, KEINE ANTIMIKROBIELLE WRKG. 57-0723
ANTIBAKTERIELLE WRKG. 57-0803
8-AZA-9-CYCLOPENTYL-PURINE, HEMM. D. T2OSR-BACTERIOPHAGOLYSE D. ESCHERICHA COLI B 63-0700
CHININE, BEZIEH. ZWISCHEN STRUKTUR U. BAKTERIOSTAT. AKTIVITAET AUF GRAMPOSITIVE U. GRAMNEGATIVE ZELLEN 63-0886
5(2)-ALKYLMERCAPTO-2(5)-ALKYLAMINOTHIAZOLO(5.4-D)PYRIMIDINE, ANTIBAKTERIELLE WRKG. 64-0727
MERCAPTOAMINOTHIAZOLO(5.4-D)PYRIMIDINE, ANTIBAKTERIELLE WRKG. 64-0728
2.1.3-BENZOTHIADIAZOLE, HERBIZIDE WRKG. 55-0425
10-PIPERAZINO-DIHYDRO-DIBENZO-THIEPINE, ZENTRALDAEMPFENDE WRKG. BEI MAEUSEN 54-0471
6.11-DIHYDRO-DIBENZ(B,E)OXEPINE, ANTIDEPRESSIVE WRKG. 54-0472
3-(ACYL)AMINO- U. 3-AMIDINO-4H-PYRROLO(3.4-C)ISOXAZOLE, HYPOTENSIVE WRKG. 63-0640
8-AZA-9-CYCLOPENTYL-PURINE, WRKG. AUF D. UEBERLEBENSZEIT V. L1210 LYMPHOMA-ZELLEN 63-0700
DIAMINOPYRIMIDOPYRIMIDINE, DIURET. WRKG. (STRUKTUREINFL.) 63-0708
1.4-BENZODIAZEPIN-2-ONE, DEPRESSIVE WRKG. AUF D. ZENTRALNERVENSYST. 63-0738
RESERPANE U. YOHIMBANE, EINFL. AUF NOREPINEPHRIN-FREISETZ. AUS MAEUSEHERZEN (STRUKTUR-EINFL.) 63-0894
7-OXA-BICYCLO(2.2.1)HEPTAN-2.3-DICARBONIMIDE, ANTIKONVULSIVE WRKG. 63-0904
METHYLPSORALENE, PHOTOSENSIBILISIER. D. HAUT 64-0666
5(2)-ALKYLMERCAPTO-2(5)-ALKYLAMINOTHIAZOLO(5.4-D)PYRIMIDINE, ANTIKARZINOGENE WRKG. 64-0727
5.6-DIHYDRO-7H.12H-DIBENZ(C.F)AZOCIN-N-DERIV., ANALGET., ANAESTHESIERENDE, ANTISPASMOLYT., ANTIINFLAMMATOR. U. ANTIHISTAMINWRKG. 57-0636
N-HETEROAROMAT. ANTHRANILSAEUREN, ANTIINFLAMMATOR. WRKG. 63-0710
BENZOFURAZANE U. -FUROXANE, ANTILEUKAEM. U. IMMUNHEMMENDE WRKG. 60-0558
1.2.3.4.5.6-HEXAHYDRO-AZEPINO(4.5-B)INDOLE,, WRKG. AUF D. ZENTRALNERVENSYST. (TOXIZITAET) 57-0632
1.4-BENZODIAZEPINONE, PHARMAKOLOG. WRKG. 57-0633
3-ARYLACETOXY-TROPANE, EINFL. D. SUBSTITUENTEN AUF D. TOXIZITAET 57-0802
7.8.9.10-TETRAHYDRO-6H-CYCLOHEPTA(B)-CHINOLINE, ZENTRALSTIMULIERENDE WRKG. 60-0593
TETRAZEPINO-CHINAZOLONE, WRKG. AUF ZNS 60-0632
N-AMINOALKYL-1.4- BZW. 1.5-BENZOTHIAZEPINONE, ANTIDEPRESSIVE WRKG. 60-0681
1.3-DIAZA-CYCLOALKAN-2-ONE U. -2-THIONE, PHARMAKOLOG. WRKG. 60-0830
5.11-DIHYDRODIBENZ(B.E)(1.4)OXAZEPIN-5-CARBOXAMIDE, ANTINEURALG. WRKG. 60-0682
5-CARBAETHOXY-2-AZA-BICYCLO(2.2.1)HEPTANE, ANALGET. WRKG. 60-0834

RINGSYSTEME (HETEROCYCLEN, ANALYSE)
BENZODIAZELINE, CHEMIE U. ANALYTIK, 3. MITT. (TITRAT. IN W.-FREIEM MEDIUM) 53-0612

RINGVERENG(ER)UNGSREAKTIONEN
V. HEXAMETHYLDEWARBENZOL BEI KOMPLEXBLDG. MIT RHCL3 63-0097
AM CYCLOHEXANRING BEI D. RK. V. 2-METHYL-CYCLOHEXEN-(1)-YLOXY-MGJ MIT CHLORACETON 54-0292
V. 3.5-DIARYL-2H-1.4-THIAZINEN (MECHANISMUS) 64-0645
BEI D. PYROLYSE V. PHENYLAZID 54-0189
V. ALKYLCYCLANONEN 54-0297
- V. MESO-N-AETHOXYCARBONYL-AZA-HOMO-PORPHYRINEN 56-0658
V. KETOSTEROIDEN MIT CYANAZID 55-0559
V. 16ALPHA-MESYLOXY-17ALPHA-HYDROXY-STEROIDEN (MECHANISMUS) 61-0780

ROBINSON-SCHOEPF-REAKTION
* S. UNTER KONDENSATIONSREAKTIONEN

ROENTGENKONTRASTMITTEL
N-ACETYL-N-AMINOTRIJODPHENYL-3-AMINOALKANSAEUREN ZUR CHOLECYSTOGRAPHIE 62-0408

ROENTGENSTRAHLEN
EINW. AUF AMINOSAEUREN 56-0133

ROSCOELITH
ELEKTRONENUEBERTRAG.-RK., 8. MITT. 58-0207

ROTATION UND -BARRIEREN IN MOLEKUELEN
* S. UNTER MOLEKULARSTRUKTUR

ROTATION,MAGNETISCHE (FARADAY-EFFEKT)
V. TETRAKIS-(CHLOR-DIALKOXY-PHOSPHIN)-NICKEL 55-0037
V. PHOSPHORVERB. (MAGNETOOPT. UNTERS. D. P-O U. P-S-BIND.) 55-0053
V. DIALKYLQUECKSILBERVERB. 56-0099
MAGNETROTAT. V. 1 ZU 1-ADDUKTEN AUS TRIBUTYLGALLIUM U. TRIALKYLAMINEN 59-0050
V. ADDIT.-VERB. V. TICL4 MIT ALIPHAT. ESTERN 62-0005
U. -DISPERS. V. PRIM. N-ALKANOLEN 63-0109
MAGNETO-OPT. ROTAT.-DISPERS. V. ALKANEN 64-0087
V. CYCLOOCTATETRAEN (DREIDIMENSIONALE KONJUGAT.) 56-0152
MAGNETOOPT. ROTAT.-DISPERS. V. CYCLOHEXANEN 64-0088
V. ALKYL-ORTHOTITANATEN 60-0005

ROTATION,OPTISCHE
ROTATIONSDISPER., 6.MITT. 64-0086
OPT. AKTIVITAET V. AROMAT. CHROMOPHOREN, 5.MITT. 54-0049
OPT. DREH.-VERMOEGEN U. KONFORM. 2. MITT. 53-0050
ORD V. PHENOL. BERNSTEINSAEUREN 64-0446
V. (-)-1-ACETYL-2-METHYL-FERROCEN (LSGM.-EINFL.) 59-0003
PHOTO-RACEMATSPALT. V. OXALATO-CHROMATEN (III) 63-0052
OPT. SPALT. V. ALPHA-OLEFINEN DURCH STEREOSELEKTIVE OLEFIN-OPT.-AKT. AMIN-PT-KOMPLEXE 62-0325
OPT. AKTIVITAET V. NICHTPLANAN KONJUGIERTEN DIENEN 4. MITT. 54-0050
BERECHN. D. (M)(D)-WERTE V. 4.5-DIPHENYL-TETRAHYDRO-1.3-OXAZINEN 53-0050
U. KONFIG. V. (1-ARYL-ALKYL)-METHYLAMINEN 63-0172
BERECHN. D. (M)(D)-WERTE V. 1-AMINO-1.2-DIPHENYL-PROPANOLEN-(3) U. VERWANDTEN VERB. 53-0050
U. KONFIG. V. ALKYLARYLMETHANOLEN 63-0172
KINET. RACEMATSPALT. V. ALKYLIDENPHOSPHORANEN MIT OPT.-AKT. SAEURECHLORIDEN 61-0426
BERECHN. D. (M)(D)-WERTE V. 3-AMINO-2.3-DIPHENYL-PROPIONSAEURE-L-MENTHYLESTERN 53-0050
OPT. AKTIVITAET V. SYMM. SUBSTITUIERTEN ESSIGSAEUREN , 2. MITT. 55-0318
OPT. DREH. V. 2.3-DIMETHYL-PENTANSAEURE, BEZIEH. ZUR ABS. KONFIG. 61-0145
V. PHENYL-P-BIPHENYLYL-(8-METHYL-NAPHTHYL-(1))-METHYLKATIONEN 63-0180
MOLARE DREH. U. STRUKTUR BEI POLY-O-ACETYL-KOHLENHYDRATEN, 2. MITT. (GLYKOPYRANOSIDE) 58-0075
MO. V. ACETYLIERTEN ALDOPYRANOSYLHALOGENIDEN (BEZIEH. ZUR ATOMREFRAKT. D. HALOGENS) 60-0070
MOL. DREH. V. POLY-O-ACETYL-KOHLENHYDRATEN U. BEZIEH. ZU IHREN STRUKTUREN, 3. MITT. 63-0106
(M)(D)(20)-WECHSEL BEI D-GLUCOPYRANOSEDERIV., VERURSACHT DURCH GRUPPENWECHSEL AM C-6 63-0106

ROTATION, OPTISCHE (ROTATIONSDISPERSION)
OPT. ROTATIONSDISPERSION U. ABS. KONFIG. 10. MITT. 53-0048
ORD U. ABS. KONFIG., 12. MITT. 55-0046
OPT. ROTAT.-DISPERS., 48. MITT. 56-0094
ORD U. CD, 9. MITT. 57-0069
OPT. ROTAT.-DISPERS., 111. MITT. 59-0097
ORD-UNTERS., 3. MITT. 61-0069
OPT. ROTAT.-DISPERS., 50. MITT. 62-0063
ORD, 52. MITT. 63-0111
-DISPERS., 51.MITT. 64-0089
ROTAT.-DISPERS. V. FERROCENEN 55-0001
ROTAT.-DISPERS. V. ALPHA-SUBSTITUIERTEN METHYLFERROCENEN (TEMP.-ABHAENGIGK., COTTON-EFFEKT) 55-0002
ORD V. METHYLCYMANTRENEN 56-0003
ORD V. HALOGEN-METHYLCYMANTRENEN 64-0067
ORD V. VIER- U. FUENFFACHKOORDINIERTEN CU(II)-AMINOSAEURE-KOMPLEXEN 58-0003
ORD V. METALLCHELATEN V. ALDIMINOZUCKERN 63-0107
OPT. ROTAT.-DISPERS., V. 3.3-DIARYL-PROPENEN-(1) 56-0094
ORD V. PHENYLAETHYLAMINEN 53-0048
ORD V. 1-PHENYLAETHYLAMINDERIV. 55-0048
ROTAT.-DISPERS. V. (-)-1-TRIFLUORMETHYL-AETHANOL 56-0271
ORD V. ALPHA- U. BETA- ARYLALKYLAMINEN 58-0077
ORD V. ALDOSE-OSOTHIAZOLEN 64-0086
-DISPERS. V. POLYHYDROXYALKYL-BENZIMIDAZOLEN U. -CHINOXALINEN 60-0071
ORD U. ABS. KONFIG. BEI METHYL-ALKYLSULFOXIDEN 62-0145
ORD V. TERT. PHOSPIN-OXIDEN U. -SULFIDEN 59-0098
ROTAT.-DISPERS. V. BICYCL. KETONEN 55-0107
ORD -SPEKTREN V. ORCEINFARBSTOFFEN 61-0677
COTTON-EFFEKT V. (5.5-DIMETHYL-3-OXO-DELTA(1)-CYCLOHEXENYL)-AMINEN 64-0083
ORD V. 2-AMINO-PYRIDIN-1-OXID-DERIV., 5. MITT. 61-0065
ORD V. N-(PYRIDYL-(2)-N-OXID)-AMINOVERB. , 3. MITT. 61-0066
ORD V. N-(PYRIDYL-(2)-N-OXID)-AMINOVERB. , 4.MITT. 61-0067
ORD V. GLYCINPEPTIDEN MIT C- U. N-TERMINALEM L-LEUCIN 55-0049
-DISPERS. V. HYDROXY- U. AMINOSAEUREN 58-0079
ORD V. CARBOBENZOXY-AMINOSAEUREN (LSGM.-EFFEKT) 62-0059

ORD V. L-CYSTIN U. DERIV. 62-0061
ORD V. N-(5.5-DIMETHYL-3-OXO-CYCLOHEXEN-(1)-YL)- U. N-(3-OXO-CYCLOHEXEN-(1)-YL)-AMINOSAEUREDERIV. 64-0084
ORD V. THIEPANONEN-(2) 64-0766
ORD V. ASYMM. POLY-THIOLESTERN 64-0895
ORD, V. LEUCIN-TRI- U. -TETRAPEPTIDEN 63-0111
ORD V. PURINNUKLEOSIDEN 53-0053
-DISPERS. V. ZUCKERHETEROCYCLEN, 2. MITT. 60-0071
ORD V. PHENYL-ALPHA- U. -BETA-GLYCOSIDEN 61-0069
ORD V. LIMONOIDEN 61-0760
ORD V. METHYLSULFINYLCHOLESTANEN 55-0045
ORD V. METHYLSULFINYLSTEROIDEN 63-0831
ORD V. CHOLESTANON-3-AETHYLENKETALEN U. -THIOKETALEN 62-0063
ORD V. ARGEMONIN-ALKALOIDEN 55-0046
ORD-KURVEN V. ALKALOIDEN D. RHOEADIN-TYPS 56-0093
ORD V. PROTOBERBERINEN 63-0110
ORD V. INDOLIN-ALKALOIDEN MIT OXOGRUPPEN 64-0089
ORD V. RIBONUCLEASE 59-0792
ROTATION, OPTISCHE (ZIRKULARDICHROISMUS)
ZIRKULARDICHROISMUS 25. MITT. VERRUCARINE U. RORIDINE 14. MITT. KONFORM. U. ZIRKULARDICHROISMUS D. SESQUITERPENE V. TRICHOTHECAN-TYP U. DEREN MAKROCYCL. ESTERN 53-0051
ZIRKULARDICHROISMUS 23. MITT. 55-0047
CD U. ORD, 9. MITT. 57-0069
ZIRKULARDICHROISMUS 29. MITT. 62-0062
ZIRKULARDICHROISMUS, 24. MITT. 62-0063
CD, 27. MITT. 64-0085
CD V. PT-OLEFIN-KOMPLEXEN 56-0005
CD V. N.N'-BIS-(SALICYLIDEN)-(-)-PROPYLEN-(1.2)-DIAMINATOZINK(II) U. N.N-BIS-(SALICYLIDEN)-(-)-PROPYLEN-(1.2)-DIAMINATONICKEL(II) 58-0002
CD D. WSS. SYST. CR(III)-MILCHSAEURE 56-0006
CD V. CU(II)- U. NI(II)-TRIPEPTID- U. AMINOSAEUREKOMPLEXEN 58-0004
CD V. N.N'-BIS-(GLYCYL)-1.2-ALKYLENDIAMINATOKUPFER(II) -KOMPLEXEN 61-0003
ZIRKULARDICHROISMUS D. CU-CHELATE V. AMINOSAEUREN 62-0001
CD V. AZIDO-ZUCKERN 63-0105
CD V. ALDOSE-OSOTRIAZOLEN 64-0086
CD V. TERT. PHOSPHIN-OXIDEN U. -SULFIDEN 59-0098
ZIRKULARDICHROISMUS V. CYCLOPENTANONEN (BEZIEH. ZUR KONFORM.) 55-0050
CD V. ADAMANTANONEN 59-0097
CD -SPEKTREN V. ORCEINFARBSTOFFEN 61-0677
ZIRKULARDICHROISMUS V. EPOXY- U. CYCLOPROPYL-KETONEN 62-0060
ZIRKULARDICHROISMUS V. UNGESAETT. OXOVERB. (TEMP.-ABHAENGIGK.) 62-0062
CD, V. ADAMANTANONEN U. -DIONEN 64-0085
CD V. N.N'-BIS-(SALICYLIDEN)-(-)-PROPYLEN-(1.2)-DIAMIN 58-0002
ZIRKULARDICHROISMUS V. (R.R)-TARTRIMID U. (S)-MALIMID 53-0049
ZIRKULARDICHROISMUS V. 3-ARYLCARBONSAEUREN 54-0049
ZIRKULARDICHROISMUS V. PHENYLESSIGSAEUREN U. PHENYLPROPIONSAEUREN 58-0076
ZIRKULARDICHROISMUS V. HYDROXY- U. AMINOSAEUREN 58-0079
CD D. KAWA-LACTONE 60-0168
CD V. LACTONEN 61-0068
CD V. L-CYSTIN U. DERIV. 62-0061
CD V. N-CHLOR-PIPERIDIN-4-ESSIGSAEUREAETHYLESTERN 57-0069
V. TRICHOTHECAN-SESQUITERPENEN U. KONFORM. 53-0051
COTTON-EFFEKT V. HETEROCYCL. SUBSTITUIERTEN STEROIDKETONEN 55-0047
ZIRKULARDICHROISMUS V. DELTA(4)-3-OXO-STEROIDEN 59-0166
CD V. CHOLESTANON-3-AETHYLENKETALEN U. -THIOKETALEN 62-0063
ZIRKULARDICHROISMUS V. (-)-ARGEMONIN 54-0102
CD V. PROTOBERBERINEN 63-0110
CD V. LIMONOIDEN 61-0760
ROTATION, OPTISCHE (MUTAROTATION)
MUTAROTAT. V. CHLORAL-HALBACETALEN V. OPT.-AKT. ALKOHOLEN 64-0082
MUTAROTAT. V. GLUCOSE (MECHANISMUS D. ALLG. SAEURE-BASEN-KATALYSE) 55-0128
MUTAROTATION V. 3.4.5.6-TETRA-O-BENZOYL-D-GLUCOSE-PHENYLHYDRAZON 55-0491
MUTAROTAT. V. N-GLYKOSIDEN , ANWEND. ZUR UNTERS. V. SAEURENSTAERKEN, 4. MITT. THERMODYNAM. CHARAKTERISIER. 58-0078
MUTAROTAT. V. (+)-2.3.4.6-TETRAMETHYL-D-GLUCOSE (KATALYSE DURCH IONENPAARE, KINETIK, MECHANISMUS) 58-0080
MUTAROTAT. V. ALPHA-D-GLUCOSE (MECHANISMUS D. ALLG. SAEURE-BASEN-KATALYSE) 60-0291
OPT. AKTIVITAET, MIKRONACHWEIS 64-0090
ROTATIONSDISPERSION
* S. UNTER ROTATION, OPTISCHE
ROTATIONSHINDERUNG
* S. UNTER STEREOCHEMIE
ROTATIONSISOMERIE
* S. UNTER STEREOCHEMIE
ROTENOIDE
BIOSYNTH. 53-0609

HYDROXY-, DARST. 57-0571
RUBIDIUM
EINFL. AUF D. DEHYDRIER. U. DEHYDRATAT. V. ISOPROPANOL 62-0281
RUBIDIUMVERBINDUNGEN
SIH3RB, DARST. AUS SIH4 U. RB 62-0028
SIH3RB, RK. MIT CH3J 62-0028
RB2(ZRA2).2 H2O, H3A=N(CH2COOH)3, KRIST.-STRUKTUR 62-0014
RB-NAPHTHALINID U. -ANTHRACENID, ESR 64-0136
DI-RUBIDIUM-1.1.2.2-TETRANITRO-AETHANDIID, KRIST.-STRUKTUR 54-0115
RUBIDIUM-DIPHENYLPHOSPHINIT, (31)P-NMR 59-0113
RUBIDIUM-DIBUTYLPHOSPHINIT, (31)P-NMR 59-0113
RB-CARBAMAT, STANDARD-BLDG.-ENTHALPIE 64-0021
(RB(CH3CN)2)(SBCL6) , IR-SPEKTREN 55-0003
(RB(CH3CN)2)(SBCL6) , DARST. AUS RBCL U. SBCL5 IN ACETONITRIL 55-0019
KONFORM. U. MOL.-PARAMETER V. RUBIDIUM-HYDROGEN-DIGLYKOLAT U. RUBIDIUM-DIGLYKOLAT 54-0101
RUBIDIUM-HEXAOXO-AETHYLENDIAMINTETRAACETATODIMOLYBDAT, DARST., EIG. 64-0066
RB-BIS-(PI-(3)-1.2(BZW. 1.7)-DICARBOLLYL)-NICCOLAT (III) U. -COBALTAT(III), DARST. 59-0041
RUBIDIUMAETHYLENDIAMINTETRAACETATOAQUOFERRAT(III), MOESSBAUER-SEPKTRUM 61-0009
RB-AETHYLENDIAMINTETRAACETATOAQUOFERRAT(III), MOLEKULARSTRUKTUR D. HYDRATS 61-0035
RUBIDIUMAETHYLENDIAMINTETRAACETATOAQUOFERRAT(III), KOORDINAT. 61-0009
RB-AETHYLENDIAMINTETRAACETATOAQUOFERRAT(III), UV-PHOTOLYSE D. HYDRATS 61-0035
RBCL, KOMPLEXBLDG. MIT SBCL5 U. ACETONITRIL 55-0019
RBB3H8, DARST. AUS TLB3H8 U. RBJ 61-0424
RBPBJO6, DARST. AUS BLEITETRAACETAT, PERJODSAEURE U. ALKALINITRAT, 55-0008
RBPBJO6, KRIST.-STRUKTUR 55-0008
RUTHENIUM
EINFL. AUF D. DEHYDRIER. V. CYCLOHEXAN U. CYCLOHEXEN (KINETIK) 62-0201
EINFL. AUF D. DEHYDRIER. U. DEHYDRATAT. V. ISOPROPANOL
RUTHENIUMVERBINDUNGEN
RU-CARBONYL-ORGANOSILICIUM- U. ZINN-KOMPLEXE, DARST., RK. 55-0040
OCTACARBONYLTETRAPHOSPHINTRIRUTHENIUM, DARST. 63-0101
4.6.8-TRIMETHYL-AZULEN-TETRARUTHENIUM-ENNEACARBONYL, KRIST.-STRUKTUR, DARST. 58-0016
C8H8RU(CO)3, RK. MIT HEXAFLUORACETON BZW. 1.1-DICYANO-2.2-BIS-(TRIFLUORMETHYL)-AETHYLEN U. 1.1-DICYANO-2.2-BIS-(TRIFLUORMETHYL)-AETHYLEN BZW. HEXAFLUORACETON 55-0042
C4H4RU(CO)3, DARST. AUS RU3(CO)12 U. 3.4-DICHLOR-CYCLOBUTEN (NA-HG) 56-0082
OCTATETRAEN-RU-CARBONYLE, DARST. , RK., IR, NMR 63-0095
RU-KOMPLEXE MIT ACETYLENVERB., DARST., IR, MASSENSPEKTREN, KONSTIT. 58-0071
PENTAMMIN-RU(II)-KOMPLEXE MIT N-HETEROCYCLEN, DARST. , ELEKTRONENSPEKTREN 60-0067
RU(NH3)5(HALOGENPYRIDIN)-KOMPLEXE, ELEKTRONENSPEKTRUM 60-0067
PENTAMMIN-RU(II)-KOMPLEXE MIT METHOXYPYRIDINEN, ELEKTRONENSPEKTREN 60-0067
RUHBR(CO)(P(C2H5)2C6H5)3 BZW. RUHCL((C2H5)2PC2H4P(C2H5)2)2, EINFL. AUF D. ZERS. V. AMEISENSAEURE (KINETIK) 54-0186
TRIPHENYLPHOSPHIN-, -ARSIN-, -STIBIN-RU-KOMPLEXE, EINFL. AUF D. DIMERISIER. V. ACRYLNITRIL 59-0263
H2RU(P(C6H5)3)4 (BZW. HRU.(-C6H4)P(C6H5)2), DARST., KOMPLEXBLDG. MIT N2 U. H2 59-0087
RU6C(CO)14-C6H5CH3, RU6C(CO)14(CH3)2C6H4, RU6C(CO)14(CH3)3C6H3, DARST. AUS RU3(CO)12 U. AROMAT. KW-STOFFEN 55-0041
MONO- U. 1.1'-DIVINYLRUTHENOCEN, DARST., P-NMR-SPEKTRUM 57-0065
1-OXO-TETRAKIS-(TRIFLUORMETHYL)-CYCLOPENTEN-(3)-YLEN-(2.5)-RUTHENIUMTRICARBONYL, DARST., SPEKTREN 61-0063
RUTHENOCEN, LICHTABSORPT. (THEORIE) 63-0003
PI-ALLYLRUTHENIUMTRICARBONYLHALOGENIDE, DARST. , NMR, IR 63-0096
TRIS-(ACETYLACETONATO)-RUTHENIUM(III), KOMPLEXBLDG. MIT TRIPHENYLPHOSPHIN (AL-TRIAETHYL) 59-0087
TRIS-(ACETYLACETONATO)-RUTHENIUM(III), EINFL. AUF D. DIMERISIER. V. ACRYLNITRIL 59-0263
RU(NH3)5(P-FORMYLPYRIDIN)(2+), ELEKTRONENSPEKTRUM 60-0067
TETRAPHENYLCYCLOPENTADIENON-RUTHENIUMTRICARBONYL, DARST., IR-SPEKTRUM 61-0063
ACRYLNITRIL -RU-KOMPLEXE, EINFL. AUF D. DIMERISIER. V. ACRYLNITRIL 59-0263
DIACETATO-TRIPHENYLPHOSPHIN-RUTHENIUM(II), EINFL. AUF D. DIMERISIER. V. ACRYLNITRIL 59-0263
PENTAMMIN-RU(II)-KOMPLEXE MIT PYRIDINCARBONSAEUREN U. DEREN DERIV., ELEKTRONENSPEKTRUM 60-0067
((ORGANYL)3SN)2-(RU(CO)4), DARST. 55-0040
RUCL3, KOMPLEXBLDG. MIT TRIPHENYLPHOSPHIN (AL-TRIAETHYL) 59-0087
RUCL3, EINFL. AUF D. TOLUOL-OX. MIT DIISOPROPYLPEROXYDICARBONAT 58-0213

RUCL3(H2O)3, EINFL. AUF D. DIMERISIER. V. ACRYLNITRIL 59-0263
RUO2, ZUR DEUTERIER. V. THIOPHEN U. FURAN 55-0161
RUO4, OX. V. CYCLOBUTANOLEN U. AROMAT. RINGEN 55-0164

S

SAEUREAMIDACETALE
BLDG. AUS AMINALESTERN DURCH DISPUTIER. 57-0258
DARST. AUS N.N-DIALKYLFORMAMID-DIMETHYLSULFAT-ADDUKTEN U. ALKOHOLATEN BZW. AUS N.N-DIMETHYL-FORMAMID-DIMETHYLACETAL U. ALKOHOLEN 57-0308
KOMMUTIER. IN GGW. V. TRIS-DIMETHYLAMINO-METHAN ZU AMINALESTERN 57-0258
SAEUREAMIDE (ALLGEMEINES)
* S. AUCH AMIDALE
N-(ALPHA-HALOGENALKYL)-CARBONSAEUREAMIDE 12. MITT. 56-0486
OXALSAEUREAMIDE U. -HYDRAZIDE, 14. MITT. 55-0191
AMINOACYLDERIV. V. NUCLEOSIDEN, NUCLEOTIDEN U. POLYNUCLEOTIDEN, 3. MITT. 57-0657
N-NITRO-, U. NITRAMINE, 13. MITT. 58-0103
OXALSAEUREAMIDE U. -HYDRAZIDE, 15. MITT. 58-0410
IN D. MANNICH-RK., 3. MITT. 60-0382
1-ACYL-INDOLE, 4.MITT. 64-0604
2-FORMAMIDO-2'-ACYL-DIVINYLSULFIDE, CIS-TRANS-ISOMERIEN 58-0651
FORMAMIDE, CIS-TRANS-ISOMERIE 61-0156
SAEUREAMIDE (VORKOMMEN, DARSTELLUNG)
N.N'-HEXAMETHYLEN-BIS-, DARST. AUS HEXAMETHYLEN-DIISOCYANAT U. CARBONSAEUREN 53-0230
DARST. V. CARBONSAEURE- U. ALPHA-AMINOCARBONSAEURE-AMIDEN AUS AETHYLESTERN U. AMINO-MG-VERB. 53-0238
N-DITHIOLYLIDEN-BENZAMIDE, DARST. 53-0364
1-ACYL-PYRAZOLE, DARST. 53-0366
N-TRICHLORMETHYLSULFENYL-, DARST. AUS AMIDEN U. TRICHLORMETHANSULFENYLCHLORID 54-0249
N-ALKYL-DIFORMAMIDE, DARST. AUS N.N'-DIALKYL-N-DICHLORMETHYL-FORMAMIDINIUMCHLORIDEN 55-0246
N-AMINOALKYL-DIARYLGLYKOL-, DARST. AUS N-ALKYL-OXAMID-ESTERN U. ARYL-MG-BROMIDEN 55-0323
BENZO(B)THIOPHEN-3-ESSIG-, DARST. 55-0385
TERT. ACYLAMINO-STEROIDE, DARST. AUS TERT. STEROIDAMINEN 55-0553
POLYINSAEURE-ISOBUTYLAMIDE, DARST. 56-0291
N-ACYL-TRIHALOGEN-ACETALIMINE ALS REAKTIVE ZWISCHENSTUFEN BEI ELIMINIER.-ADDIT.-RK., 6. MITT. 56-0315
N-STYRYL-, DARST. AUS PHENYLACETALDEHYD U. SEK. SAEUREAMIDEN 56-0348
DARST. DURCH STRAHL.-INDUZIERTE AMIDIER. V. DIENEN 56-0445
3-ACYLAMINO-PREGNANONE-(20), DARST. AUS 3-AMINO-PREGNANONEN-(20) U. AMINOSAEUREESTERN 56-0702
ACYLAMINE , BLDG. AUS VINYLESTERN U. AMINEN 57-0277
N- HALOGENALKYLMERCAPTO-, DARST. (UEBERSICHT) 57-0300
CYCLOBUTAN-1.1-DICARBON-, DARST. AUS CYCLOBUTAN-1.1-DICARBONSAEURE U. SAEUREAMIDEN 57-0410
N-ACYLTRYPTAMINE, 1-SUBSTITUIERTE, DARST. 57-0504
3-ACYLOXY-METHACRYL-, DARST. AUS 1-(N.N-DIAETHYL-AMINO)-PROPIN-(1) U. SAEUREANHYDRIDEN BZW. SAEURECHLORIDEN-NA-CARBOXYLATEN 57-0536
N-SULFONYL-, DARST. AUS SULFONYLISOCYANATEN U. AKTIVIERTEN AROMATEN 58-0397
N-(DIOXOTHIAZOLIDINYL-(3)-AETHYL)-ESSIG-, DARST. AUS AETHYLENTHIOHARNSTOFF, CHLORESSIGSAEURE U. BENZALDEHYDEN 58-0603
2-SUBSTITUIERTE 2-ACETAMIDO-ACETANILIDE, DARST. AUS 2-(N-ACETOXY-ACETAMIDO)-ACETANILIDEN 58-0678
DARST. V. STABILEN ROTAT.-ISOMEREN AUS 2.4.6-TRI-TERT.-BUTYL-BENZOYLCHLORID U. AMINEN 59-0153
N-NITROSO-N-BENZHYDRYL-BENZOE-, DARST. AUS N-DIPHENYLMETHYL-BENZAMIDEN U. N2O4 59-0257
OXAMIDE, DARST. DURCH DRUCKRK. V. AMINEN U. (CO) IN GGW. V. AG-ACETAT 59-0309
ALPHA-CHLOR-BETA-ARYL-PROPION-, DARST. AUS ARYLAMID U. ARYLDIAZONIUMCHLORIDEN 59-0390
3-TRIFLUORACETAMINO-5-TRIFLUORMETHYLFURANONE-(2), DARST. AUS 2-TRIFLUORMETHYL-4-TRIFLUORACETYLMETHYLEN-OXAZOLIDONEN-(5) 59-0518
N-ALLYL-N-(1.3.4-THIADIAZOLYL-(2))-HALOGENESSIG-, DARST. AUS 2-ALLYLAMINOTHIADIAZOLEN U. HALOGENACETYLHALOGENIDEN 59-0579
DISAEURE-N.N'-BIS-(AETH(PHEN)OXYCARBONYL)-DIAMIDE, DARST. AUS DIOYL-DIISOCYANATEN 60-0376
2.3-BIS-HYDROXYIMINO-, DARST. AUS 4-HYDROXYIMINO-ISOXAZOLIN-(2)-ONEN-(5) U. AMINEN 60-0537
PHENOXYACETAMIDE, DARST. 60-0815
2-(2-ALKOXYCARBONYL-ANILINO)-CARBON-, DARST. AUS ANTHRANILSAEURE-AETHYLESTER, ISOCYANATEN U. DIAZOALKANEN 61-0423
DARST. AUS NITRILEN MIT AMEISENSAEURE 62-0316
N-METHACRYLOYL-AMINOPHENOLE, DARST. AUS METHACRYLSAEUREANHYDRID U. AMINOPHENOLEN 62-0406
IMINO-AETHYLMERCAPTO-N.N-DIMETHYL-ACETAMIDE, DARST. AUS DIALKYLFORMAMID-DIALKYLACETALEN U. ISOTHIOCYANATEN 63-0382
N-(3-ARYL-1.2.4-THIADIAZOLYL-(5))-CARBON-, DARST. AUS 5-AMINO-3-ARYL-1.2.4-THIADIAZOLEN 63-0596
1.4-DIHYDRO-PYRROLO(3.4-B)INDOL-1-CARBON-, DARST. AUS 4.5-DI-CARBAMOYL-PYRROLIDIN-2.3-DIONEN UEBER D. 3-PHENYLHYDRAZONO-VERB. (MECHANISMUS) 63-0615
N-ACYL-TRIHALOGENACETALDIMINE ALS REAKTIVE ZWISCHENSTUFEN BEI ELIMINIER.-ADDIT.-RK., 7. MITT. 63-0632
2-ACYLAMINO-THIAZOLE, DARST. 63-0648
2-PIPERIDINO-ALKANSAEUREPIPERIDIDE, DARST. 63-0669
METHYLSUBSTITUIERTE ACETAMIDOPYRIDINE, DARST. AUS ACETAMIDOPYRIDIN-DIANIONEN U. CARBONYLVERB. BZW. NITRILEN 63-0682
2-ARYL-4.7-DI- U. 2.4.7-TRIAMINO-PTERIDIN-6-CARBONSAEUREAMIDE, DARST. 63-0701
12-AMINOACETYL-12H-BENZO(B)PHENOTHIAZINE, DARST. 63-0730
N.N-DIMETHYL-, DARST. AUS N.N.N'.N'-TETRAMETHYL-AMIDINIUMSALZEN 64-0343
1-ACRYLOYLAMINO-ANTHRACHINONE, DARST. AUS BETA-CHLOR-PROPIONYLCHLORID U. 1-AMINO-ANTHRACHINONEN 64-0524
1.2.4-OXADIAZOL-3-CARBONSAEUREAMIDE, DARST. AUS 4(5)-ISONITROSO-IMIDAZOLONEN 64-0577
2.12-DIAZIDO-3.7.11-TRIOXO-4.6.8.10-TETRAZA-TRIDECANE, DARST. AUS PSEUDOXAZOLONEN U. NA-AZID 64-0639
N-(1.1.3-TRIARYL-1-HYDROXY-PROPENYL-(2))-ZIMT- U. ALPHA-CINNAMOYLAMINO-ZIMT-, DARST. AUS 2-STYRYL-4-BENZYLIDEN-DELTA(2)-OXAZOLINONEN-(5) 64-0642
O-ACETAMIDO-AETHOXYCARBONYLMETHYLMERCAPTOHETEROCYCLEN, DARST. AUS O-AMINO-MERCAPTOHETEROCYCLEN U. ALPHA-CHLOR-ACETESSIGESTER 64-0743
ALPHA-(P-ACETAMIDO-BENZAMIDO)-N'-ISONICOTINOYL-CINNAMOYLHYDRAZIDE, DARST. AUS 2-P-ACETAMIDOPHENYL-4-BENZYLIDEN-OXAZOLONEN-(5) U. ISONIAZID 57-0793
4-SULFAMOYL-OXANIL-, DARST. AUS P-SULFAMOYL-OXANILSAEUREESTERN 58-0410
N-(INDOLIZINYL-(3)-THIOCARBONYL)-BENZOE-, DARST. AUS INDOLIZINEN U. AROYL-ISOTHIOCYANATEN 58-0635
2-FORMAMIDO-2'-ACYL-DIVINYLSULFIDE, DARST. AUS BETA-CHLOR-VINYL-PHENYLKETON U. N-ARALKYLTHIAZOLI-UMCHLORIDEN 58-0651
BETA-ARYL-ACRYL-, DARST. AUS ALPHA-CHLOR-BETA-ARYL-PROPIONSAEUREAMIDEN 59-0390
TRIMETHYLSILYLPHENYL-ALKAN-, DARST. AUS P-TRIMETHYLSILYLPHENYLALKYLCARBONSAEURECHLORIDEN U. AMINEN 63-0459
N-(3-ARYL-1.2.4-THIADIAZOLYL-(5))-CARBON-, DARST. AUS THIOCARBONSAEURE-(N-(3-ARYL-(1.2.4-THIADIAZOLYL-(5))-IMIDE)N 63-0596
1-AROYL-3-CARBOXYALKYL-INDOLE, DARST. AUS N(1)-AROYL-ARYLHYDRAZINEN U. LAEVULINSAEURE 64-0604
SAEUREAMIDE (PHYSIKAL. EIGENSCHAFTEN)
N-PYRIDYL-BENZOE-, IR -UNTERS. D. H-BRUECKENBIND. 56-0107
N-(INDOLIZINYL-(3)-THIOCARBONYL)-BENZOE-, UV 58-0635
OXAMIDE, ELEKTROPHILE, CHEMILUMINESZENZ BEI RK. MIT H2O2 U. FLUORESZIERENDEN VERB. 58-0081
DIMETHYLBENZAMIDE, GEHINDERTE ROTAT. UM D. C-N-BIND. 54-0110
ROTAT.-ISOMERIE 59-0153
ARYL-WANDER. IN AROMAT. AMIDEN BEI D. MASSENSPEKTROMETRIE 53-0082
DK V. WSS. LSG. 59-0101
N-ACYL-PIPERIDINE, NMR (MAGNET. ANISOTROPIE D. AMIDGRUPPE) 54-0052
N-ACYLDIHYDROISOINDOLE, NMR (SPIN-KOPPL.) 55-0079
NMR 60-0208
FORMAMIDE, NMR 61-0156
AROMAT. AMIDE, NMR-SPEKTREN, 1. MITT. 62-0076
U. VERWANDTE VERB. PROTONIER.-GLEICHGEW. , 2. MITT. 60-0208
SAEUREAMIDE (REAKTIONEN)
RK., 50. MITT. 57-0308
PRIM., DEHYDRATISIER. IN NICHTSAUREM MEDIUM 56-0317
AKTIVIERTE, RK., 2. MITT. 57-0509
AKTIVIERTE, RK. , 2. MITT. (ALPHA-AKTIVIER. V. SEK. AMIDEN) 57-0510
ZWEIFACHE AROYLIER. (NAH) 59-0367
ZIMT- DIMERISIER. IM ALKAL. MEDIUM ZU PIPERIDONEN 53-0426
N-PROPYL-N-PROPENYL-, PHOTOUMLAGER. 55-0260
ALPHA-CYAN-, HETEROCYCLISIER., 2. MITT. 57-0540
N-(1-CYANALKYL)-, HETEROCYCLISIER., 3. MITT. 57-0541
ALPHA-ACYLAMINO-NITRILE, HETEROCYCLISIER., 4. MITT. 59-0558
N-2-ARYLVINYL-, PHOTOCHEM. UMLAGER. 60-0311
2-METHYL-2-ACETAMIDO-PROPIONITRILE, RACEMISIER. (KINETIK) 61-0288
2-AROYLAMINO-CYCLOHEXANOLE, N-O-ACYLWANDER. (KINETIK) 62-0433
FLUORENCARBON-, ISOTOPENAUSTAUSCH U. RACEMISIER (KINETIK) 63-0286
N-2-PHENYLAETHYLCARBON-, DESAMINIER. MIT HEISSER KOH 58-0452
N-NITROSO-ACETANILIDE, ZERS. IN JODBENZOL U. BENZOL 60-0293
N-NITROSO-N-BENZHYDRYL-BENZOE-, THERM. ZERS. IN HYDROXYLHALT. LSGM. (MECHANISMUS) 59-0257
SEK. U. TERT., RED. MIT NABH4 56-0317
ANILIDE, HYDROLYSE, 3. MITT. 56-0212
BENZAMIDE, ALKAL. HYDROLYSE (KINETIK, O2-AUSTAUSCH MIT D. LSGM.) 59-0221

N-DICHLORMETHYLEN-CARBON-, RK. MIT SBCL5 62-0388
ALPHA-CHLOR-DIPHENYLACETAMIDE, RK. MIT N-METHYL-PIPERAZIN (MECHANISMUS) 62-0647
RK. MIT TRICHLORMETHAN-SULFENYLCHLORID 56-0526
AMINOMETHYLIER. MIT AROMAT. AMINEN 60-0382
RK. MIT TRIAETHYLOXONIUM-TETRAFLUOROBORAT 56-0317
SUBSTITUIERTE FORMAMIDE, EINW. AUF PHENYL-FORMYL-ACETONITRIL, 1. MITT. 60-0397
N-METHACRYLOYL-AMINOPHENOLE, RK. MIT CHLORESSIGSAEURE 62-0406
OXAMIDSAEUREESTER, RK. MIT NA-SALZEN V. ARYLSULFAMIDEN (KINETIK) 55-0191

SAEUREAMIDE (BIOCHEMIE)
PHENOXYACETAMIDE, IRREVERSIBLE INHIBIT. V. ALPHA-CHYMOTRYPSIN 60-0815
ALPHA-(P-ACETAMIDO-BENZAMIDO)-N'-ISONICOTINOYL-CINNAMOYLHYDRAZIDE, TUBERCULOSTAT. WRKG. 57-0793
N(1)-ALKYL-NIKETHAMIDCHLORIDE, BEZIEH. ZWISCHEN STRUKTUR U. BAKTERIOSTAT. AKTIVITAET AUF GRAMPOSITIVE U. GRAMNEGATIVE ZELLEN 63-0886
TRIMETHYLSILYLPHENYL-ALKAN-, ZNS-DAEMPFENDE WRKG. 63-0459
2-MERCAPTOISOBUTTER-, BEZIEH. ZWISCHEN WRKG. U. LIPOPHILEM CHARAKTER 57-0807

SAEUREAMIDE (ANALYSE)
NACHW. V. CHARGE-TRANSFER-KOMPLEXEN MIT TETRACYANAETHYLEN U. AROMATEN 62-0165
N-NITROSO-N-BENZHYDRYL-BENZOE-, QUANT. BEST. 59-0257

SAEUREAMIDINE
* CYCL. S. AUCH RINGSYSTEME (HETEROCYCLEN)
CONGOCIDIN-AEHNL. - U. GUANIDINE, 1. MITT. 57-0759
MIT CONGOCIDIN VERWANDTE GUANIDINE U. -, 2. MITT. 58-0440
MIT CONGOCIDIN VERWANDTE GUANIDINE U. -, 3. MITT. 58-0441
MIT CONGOCIDIN VERWANDTE AMIDINE U. GUANIDINE, 4.MITT. 59-0495
N-HALOGEN-BENZAMIDINE ISOMERIE U. TAUTOMERIE BEI N-HALOGEN-GUANIDINEN U. -AMIDINEN 53-0093
DARST. AUS AROMAT. AMINOCARBONSAEUREN U. IMIDSAEUREESTERN 53-0399
DIMETHYLAMINOMETHYLENAMINO-NUCLEOSIDE, DARST. 54-0487
N-(2-DIBENZOTHIENYL)- U. N-(2-DIBENZOTHIENYL-5.5-DIOXID)-, DARST. AUS DIBENZOTHIENYL- (BZW. -5.5-DIOXID-) -AMIN U. NITRILEN 55-0381
N-ARYLSULFONYL-BENZAMIDINE, DARST. AUS ARENSULFONYLCHLORIDEN U. AMINEN 56-0353
DARST. AUS ARYL-ARYLAMINO-METHYLPHOSPHONSAEURE-DIPHENYLESTERN U. NITROSOBENZOLEN 57-0365
N-(ALPHA-TOSYLAMINOACYL)-BETA-ALANINAMIDINE, DARST. AUS NH3 U. D. IMIDSAEUREAETHYLESTERN 58-0387
P-(PHENOXY-ALKOXY)-BENZAMIDINE, DARST. 60-0810
FORMAMIDINE, DARST. AUS SUBSTITUIERTEN ANILINEN MIT SULFAMOYLCHLORIDEN U. DMF 61-0395
DARST. AUS KETOXIMEN IN GGW. V. POLYPHOSPHATESTER 61-0404
DARST. AUS CARBONSAEUREESTER-IMIDIUMTETRAFLUOROBORATEN U. NH3 BZW. METHYLAMIN 62-0387
N.N'-DIARYL-AMIDIN-N-OXIDE, DARST. 63-0148
N'.N'''-BIS-AMIDINE, DARST. AUS ISOTHIOAMIDEN ODER ISOTHIOAMIDIUMJODIDEN U. HYDRAZINEN 63-0736
N.N.N'.N'-TETRAMETHYL-AMIDINIUMSALZE, DARST. AUS N.N.N'.N'-TETRAMETHYL-KETENAMINALEN 64-0343
N-ACETYL-CHLOR-FORMAMIDINE, DARST. AUS CARBODIIMIDEN MIT ACETYLCHLORID 54-0470
BIS- MIT HARNSTOFF- U. TRIAZEN-GRUPPEN, DARST. 58-0441
THIOPHEN-, PYRIDIN- U. BENZOLANALOGE V. CONGOCIDIN, DARST. 59-0495
3-AMIDINO-4H-PYRROLO(3.4-C)ISOXAZOLE, DARST. AUS 3-AMINO-4H-PYRROLO(3.4-C)ISOXAZOLEN 63-0640
IR-NH-VALENZ-BANDEN 55-0066
BENZAMIDINE, GEHINDERTE ROTAT. 62-0118
N-HALOGEN-BENZAMIDINE NMR-SPEKTREN 53-0093
BENZAMIDINE, NMR 62-0118
N.N'-DIARYL-AMIDIN-N-OXIDE, OX. 63-0148
RK. MIT ISATINEN 53-0398
N-ACETYL-CHLOR-FORMAMIDINE, RK. MIT ALKYLEN-BISTHIOCARBONSAEUREAMIDEN ZU HETEROCYCLEN 54-0470
P-(PHENOXY-ALKOXY)-BENZAMIDINE, INHIBIT. V. TRYPSIN 60-0810
DI-, BEZIEH. ZWISCHEN STRUKTUR U. BAKTERIOSTAT. AKTIVITAET AUF GRAMPOSITIVE U. GRAMNEGATIVE ZELLEN 63-0886

SAEUREAMIDOXIME
BLDG. AUS N-NITROSODIALKYLAMINEN DURCH PHOTOISOMERISIER. (MECHANISMUS) 54-0196
ALPHA-AMINO-ALPHA-OXIMINO-ACETONE, DARST. AUS ALPHA-CHLOR-ALPHA-OXIMINO-ACETON U. AROMAT. AMINEN 61-0417

SAEUREAMIDRAZONE
N(1).N(6)-BIS-((AR)ALKYLIDEN)-OXAL-, DARST. AUS OXALAMIDRAZON BZW. N.N'-DIAMINO-GUANIDIN U. ALPHA-HALOGENKETONEN 57-0586
N-ARYL-GLYOXYLHYDRAZONSAEUREAMIDE, DARST. AUS N-ARYL-GLYOXYLHYDRAZONSAEURECHLORIDEN U. AMINEN 61-0414
CYCLISIER. ZU 1.2.4-TRIAZOLEN 60-0557
RK. MIT VICINALEN TRIKETONEN 64-0761
RK. MIT IMIDSAEUREESTERN 64-0656

SAEUREANHYDRIDE
1.4-DI-, RK. MIT METASUBSTITUIERTEN AROMAT. VERB., 3.MITT. 56-0358
ACYL-TRIFLUORACETATE, 4. MITT. 58-0227
ACYLTRIFLUORACETATE, 3. MITT., 58-0226
3-AMINO-4-CYAN-PHTHAL-, DARST. AUS AMINO-CYAN-FURANEN U. MALEINSAEUREANHYDRID 56-0467
NITROBENZOE-, DARST. AUS NITROBENZOYL-PEROXIDEN MIT N-HETEROCYCLEN 57-0367
GEMISCHTE, DARST. AUS CHLORKOHLENSAEUREMETHYLESTER U. ARYLSUBSTITUIERTEN CARBONSAEUREN 58-0423
3-ALKYLMERCAPTO-PHTHAL-, DARST. AUS 2-MERCAPTO-FURANEN U. MALEINSAEUREANHYDRID 60-0379
AROMAT. TETRACARBONSAEURE-DIANHYDRIDE, DARST. AUS K-XYLENOLAT U. DIBROMBENZOLEN 62-0390
DARST. AUS HG(II)-CARBOXYLATEN U. BIS-(DIAETHYL-THIOCARBAMOYL)-DISULFID BZW. BENZOLSULFENYLCHLORID 64-0384
NAPHTHALIN-2.3-DICARBON-, DARST. AUS PHENYLPROPIOLSAEUREN 57-0464
KOHLENSAEURE-CARBON-, DARST. AUS CARBONSAEUREN U. CHLORAMEISENSAEUREESTERN 63-0347
3.6-EPOXYCARBONYL-TETRAHYDROPHTHAL-, DARST. 64-0485
CYCL. KOPPL. D. CARBONYLGRUPPEN V. CYCL. ANHYDRIDEN (IR-SPEKTROSKOP. NACHW.) 53-0060
CYCL. CARBONYLGRUPPENWINKEL V. CYCL. ANHYDRIDEN 53-0060
BASIZITAET (NMR-BEST.) 60-0210
RK. V. ANGEREGTEN IMIDEN 54-0193
KOHLENSAEURE-CARBON-, UMLAGER. U. CYCLISIER. 63-0347
3.6-EPOXYCARBONYL-TETRAHYDROPHTHAL-, DECARBOXYLIER. 64-0485
GEMISCHTE, PYROLYSE 58-0423
CYCLOHEXADIEN-5.6-DICARBON-, PHOTOLYSE 57-0469
CARBON-, ZERS. IN D. GAS-PHASE 60-0344
KOHLENSAEURE-CARBON-, CO2-ELIMINIER. 63-0347
TRI-, FRIEDEL-CRAFTS- RK. MIT NAPHTHALINEN 60-0448
RK. MIT 1-DIAETHYLAMINO-PROPIN 57-0536
CARBONSAEURE-THIOLCARBONSAEURE-ANHYDRIDE, ZERS. (KINETIK) 63-0301
RK. MIT N-METHYL-ANILIN (LSGM.-EINFL. AUF D. ACYLIER.-GESCHW.), 2. MITT. 64-0256
SULFONSAEURE-CARBON-, RK. MIT AETHERN 64-0346
RK. MIT TRIALKYLHYDROGENSILANEN 54-0246

SAEUREANILIDE
VINYLOXY-, 1. MITT. 54-0266
VINYLOXY-, 2. MITT. 56-0355
4-SULFAMOYL-OXANILAMIDE, DARST. AUS D. OXANILESTERN 58-0410
N-SULFANILYL-OXAMIDE, DARST. AUS D. ESTERN U. AMINEN 58-0410
IMINOMETHYL-MALONDIANILIDE, DARST. AUS KETIMINEN U. PHENYLISOCYANAT 58-0556
2-SUBSTITUIERTE 2-ACETAMIDO-ACETANILIDE, DARST. AUS 2-(N-ACETOXY-ACETAMIDO)-ACETANILIDEN 58-0678
N-(DIALKYLAMINOALKYL)-BENZIL-, DARST. AUS N-(DIALKYLAMINOALKYL)-OXANILSAEUREAETHYLESTER U. ARYLMAGNESIUMHALOGENIDEN 59-0431
AZIRIDIN-2-CARBON-, DARST. AUS ACRYLANILIDEN U. 1.1-DIMETHYLHYDRAZIN 59-0499
CYCLOPENTANON-2-CARBONSAEUREANILIDE, DARST. AUS 2-KETO-CYCLOPENTANCARBONSAEUREAETHYLESTER 59-0747
1-ANILINO-CYCLOPENTEN-2-CARBONSAEUREANILIDE, DARST. AUS 2-KETO-CYCLOPENTANCARBONSAEUREAETHYLESTER U. ANILINEN 59-0747
PHENOXYACET-FLUORSULFONYLANILIDE, DARST. 60-0814
2.2-DIANILINO-PERFLUORPROPION-, DARST. AUS PERFLUORPROPYLENEPOXID U. ANILINEN 61-0528
5.5'-UREYLEN- U. -THIOUREYLEN-DISALICYLSAEURE-ARYLAMIDE, DARST. AUS 5-AMINOSALICYLSAEURE-ARYLAMIDEN U. PHOSGEN BZW. THIOPHOSGEN 62-0393
VINYLOXY-, DARST. AUS P-VINYLOXY-ANILINEN U. CARBONSAEUREANHYDRIDEN 54-0266
DICARBONSAEURE-MONOVINYLOXYANILIDE, DARST. AUS P-AMINO-PHENYL-VINYLAETHERN U. DICARBONSAEUREANHYDRIDEN 56-0355
3-BENZOYL-PROPION-, DARST. AUS N-ARYL-SUCCINIMIDEN U. PHENYLMAGNESIUMBROMID BZW. AUS PRIM. AROMAT. AMINEN U. 4-PHENYL-BUTEN-(3)-OLID-(1-4) 56-0358
BIS-QUATERN. SALZE V. 4-(PYRIDINYL-) U. 4-(CHINOLINYLCARBAMOYL)-N-(CHINOLINYLCARBONYL)-ANILINEN U. VERWANDTEN VERB., DARST. 60-0589
BIS-QUATERN. SALZE V. TEREPHTHALSAEURE-BIS-(P-PYRIDYLAMINOCARBONYL-ANILIDEN), DARST. 60-0590
(N-AMINOALKYL-O-BENZYLMERCAPTO)-, DARST. AUS N-ACYL-2-BENZYLMERCAPTOANILIN U. ALKYLHALOGENIDEN 60-0681
PYRIDINCARBONSAEURE-, IR -UNTERS. D. H-BRUECKENBIND. 56-0107
ACETANILIDE, CIS-TRANS-ISOMERIE (NMR-NACHW.) 56-0165
N.N-DIPHENYL-BENZAMIDE, NMR 57-0111
O-HALOGEN-ESSIG-, NMR D. ORTHO-PROTONEN 57-0114
ACETANILIDE, MAGNET. NICHTAEQUIVALENZ GEMINALER GRUPPEN DURCH ROTAT.-HINDER. 60-0160
N-PHENYL-, UMLAGER. ZU ACRIDINEN 54-0437
N-(3-DIALKYLAMINOALKYL)-, CYCLISIER. 55-0484
NAPHTHANILID- U. NAPHTHYLBENZAMID-DIAZONIUMFLUOROBORATE, INTERNUCLEARE CYCLISIER. 61-0562
4'-SULFAMOYL-BENZOE-, ALKAL. HYDROLYSE (KINETIK) 56-0213

PHENOXYACET-FLUORSULFONYLANILIDE, IRREVERSIBLE INHIBIT. V. ALPHA-CHYMOTRYPSIN 60-0814
N-SULFANILYL-OXAMIDE, BAKTERIOSTAT. WRKG. 58-0410
BIS-QUATERN. SALZE V. 4-(PYRIDINYL-) U. 4-(CHINOLINYLCARBAMOYL)-N-(CHINOLINYLCARBONYL)-ANILINEN U. VERWANDTEN VERB., WRKG. GEGEN L1210-LEUKAEMIE 60-0589
BIS-QUATERN. SALZE V. TEREPHTHALSAEURE-BIS-(P-PYRIDYLAMINOCARBONYL-ANILIDEN), WRKG. GEGEN D. L 1210-LEUKAEMIE-SYST. 60-0590
(N-AMINOALKYL-O-BENZYLMERCAPTO)-, ANTIDEPRESSIVE U. ANTISEROTONIN-WRKG. 60-0681
SAEUREAZIDHYDRAZONE
DARST. AUS SAEUREBROMIDHYDRAZONEN 56-0359
IR 56-0359
UMLAGER. (EINFL. V. SUBSTITUENTEN) 56-0359
SAEURECHLORIDE
1-ALKYL-CYCLOPENTANCARBON-, DARST. AUS 1-CHLOR-1-ACYL-CYCLOPENTANEN DURCH FAWORSKI-UMLAGER., HYDROLYSE U. CHLORIER. 56-0380
CARBONSAEURECHLORIDE, DARST. AUS ORGANOMETALLVERB. U. (CO) IN GGW. V. PD(II) 61-0407
CARBONSAEURECHLORIDE, DECARBONYLIER. BEI D. FRIEDEL-CRAFTS-ACYLIER. (KINETIK) 63-0318
RK. MIT NF3 BZW. N2F4 55-0017
RK. MIT AROMAT. KW-STOFFEN IN GGW. V. HALOGENSULFONSAEUREN 54-0254
ZUR CHLORIER. V. KW-STOFFEN IN GGW. V. DIPHENYLSULFOXID 55-0218
RK. MIT CYCLOHEXEN IN GGW. V. H2SO4 54-0288
RK. MIT DELTA(1)-AZIRINEN 63-0587
RK. MIT 1-DIAETHYLAMINO-PROPIN 57-0536
OPT.-AKT., RK. MIT ALKYLIDENPHOSPHORANEN , (KINET. RACEMATSPALT.) 61-0426
OMEGA-PHENYLCARBON-, ALKYLIER. MIT AETHYLALUMINIUMSESQUICHLORID ALS REAKTANT U. KATALYSATOR 63-0428
1-ALKYL-CYCLOPENTANCARBON-, RK. MIT GRIGNARD-VERB. U. CDCL2 56-0380
MALON-, RK. MIT KETENIMINEN 55-0428
RK. MIT CYCL. IMIDSAEUREESTERN 57-0322
SAEUREFLUORIDE
PERFLUORACYLFLUORIDE, PHOTORK. MIT PERFLUOR-2.3-DIAZABUTADIEN-(1.3) 64-0395
SAEUREGUANIDINE
ACYLGUANIDINE, DARST. AUS GUANIDINEN DURCH ACYLIER. BZW. DESACYLIER. V. TRI- BZW. DIACYLGUANIDINEN 59-0318
N-AMIDINO-3-AMINOPYRAZINCARBOXAMIDINE, DARST. AUS 3-AMINO-PYRAZINCARBIMIDSAEUREESTERN U. GUANIDINHYDROCHLORID 60-0627
ACYLGUANIDINE, UV 59-0318
ACYLGUANIDINE, NMR 59-0318
N-AMIDINO-3-AMINO-PYRAZINCARBOXAMIDINE, DIURET. WRKG. (INHIBIT. D. DESOXYCORTICOSTERON-ACETATS) 60-0627
SAEUREHALOGENIDE
UNGESAETT.-, RK. 2.MITT. 56-0402
ESSIG-, RK. MIT HYDROXYMETHYLPHENOLEN 59-0350
RK. MIT ALLYL-HGJ (MECHANISMUS) 54-0206
BENZOYLHALOGENIDE, METHANOLYSE IN ACETONITRIL 56-0215
SAEUREHALOGENIDHYDRAZONE
DARST. AUS HYDRAZIDEN 54-0385
ALKANSAEUREBROMID-2.4-DINITRO-PHENYL-HYDRAZONE, DARST. AUS 2.4-DINITROPHENYLHYDRAZONEN U. BR2 59-0241
BENZOESAEUREBROMID-NITROPHENYL-HYDRAZONE, DARST. AUS BENZALDEHYD-N-METHYL-N-(P-NITRO-PHENYL)-HYDRAZONEN DURCH BROMIER. (KINETIK) 61-0224
N-ARYL-GLYOXYLHYDRAZONSAEURECHLORIDE, DARST. AUS CHLORACETON U. ARYLDIAZONIUMCHLORIDEN 61-0414
ALPHA-BROM-ARALKYLIDENHYDRAZINE, UMLAGER. WAEHREND D. DEHYDROBROMIER. 57-0556
DEHYDROHALOGENIER. ZU NITRILIMINEN 54-0385
RK. MIT VINYLAETHERN 57-0518
PHENYLHYDRAZONO-ARYLCARBONSAEUREHALOGENIDE, RK. MIT K-THIOACETAT 55-0479
SAEUREHYDRAZIDE
HYDROXYCARBON-, 42. MITT. 54-0311
OXALSAEUREHYDRAZIDE U. -AMIDE, 14. MITT. 55-0191
SUBSTITUIERTE HYDROXYCARBON-, 43. MITT. 58-0224
OXALSAEUREHYDRAZIDE U. -AMIDE, 15. MITT. 58-0410
INTRAMOL. HYDRAZIDE U. HYDROXAMATE, 1. MITT. 61-0553
SUBSTITUIERTE HYDRAZIDE V. HYDROXYCARBONSAEUREN, 45. MITT. 62-0448
SUBSTITUIERTE HYDROXYCARBON-, 48. MITT. 63-0518
SUBSTITUIERTE HYDROXYCARBON-, 49. MITT. 63-0716
HYDRAZIDE U. INTRAMOL. HYDROXAMATE, 2. MITT. 64-0602
HYDRAZIDE U. INTRAMOL. HYDROXAMATE, 3. MITT. 64-0603
UNGESAETT., TAUTOMERIE 57-0524
ALKYL- U. ARALKYL-N-FORMYLHYDRAZINE, DARST. 53-0376
N'-AROYL-DIALKYL- U. -DIARYLGLYKOL-, DARST. DURCH AROYLIER. (KINETIK) 54-0311
AROMAT. U. HETEROCYCL. N-(4-(BIS-(2-CHLORAETHYL)-AMINO)-BENZYLIDEN)-, DARST. 57-0580
SALICYLOYLHYDRAZINE, DARST. 58-0425
ARYLSULFONYLGLOXYLSAEURE-N-3-ARYL-4-PHENYL-DELTA(4)-THIAZOLINYLIDENHYDRAZID-ARYLHYDRAZONE, DARST. AUS ARYLSULFONYLGLYOXYLSAEURE-N'-ARYLTHIOCARBAMOY + HYDRAZID-ARYLHYDRAZONEN U. OMEGA-BROM-ACETOPHENON 60-0527
N'-SUBSTITUIERTE GLYCINHYDRAZIDE, DARST. 63-0423
3-HYDRAZINOCARBONYLPHENYL-CHINAZOLONE-(4), DARST. AUS ACETANTHRANILEN U. P-AMINOSALICYCLSAEURE-AETHYLESTER 63-0712
N(2)-ARYLIDEN-ARYLSULFONYLMERCAPTO-ESSIG-, DARST. AUS K-ALKYL(ARYL)THIOSULFONATEN U. BROMESSIGSAEURE-BENZYLIDENHYDRAZID BZW. BROMESSIGSAEURE-O-HYDROXY-BENZYLIDENHYDRAZID 57-0350
ALPHA-(P-ACETAMIDO-BENZAMIDO)-N'-ISONICOTINOYL-CINNAMOYLHYDRAZIDE, DARST. AUS 2-P-ACETAMIDOPHENYL-4-BENZYLIDEN-OXAZOLONEN-(5) U. ISONIAZID 57-0793
N-ARYL-N-ALKYL-GLYKOL-, DARST. AUS GLYKOLSAEUREARYLHYDRAZIDEN (KINETIK, MECHANISMUS) 58-0224
N-ACYL-AMINOSAEURE-PHENYLHYDRAZIDE, DARST. 58-0792
AROMAT. N'.N'-DIMETHYL-, DARST. AUS 1.1-DIMETHYL-HYDRAZIN U. ESTERN BZW. SAEUREN 59-0366
N.N'-DIACYL-N.N'-DIALKOXY-HYDRAZINE, DARST. AUS N-ACYL-O-ALKYL-HYDROXYLAMINEN 61-0358
DIARYL(ALKYL)GLYKOLSAEURE-METHOXYPHENYLHYDRAZIDE, DARST. AUS OXALSAEUREAETHYLESTER-METHOXY-PHENYLHYDRAZIDEN U. ARYL-MGBR 62-0448
DIARYL(ALKYL)GLYKOLSAEURE-DICHLORPHENYLHYDRAZIDE, DARST. AUS OXALSAEUREAETHYLESTERHYDRAZIDEN U. ARYL(ALKYL)MAGNESIUMHALOGENIDEN 63-0518
DIARYLGLYKOLSAEURE-(ALPHA.BETA-DIMETHYL-BETA-PHENYLHYDRAZIDE), DARST. AUS OXALSAEUREAETHYLESTER-N.N'-DIMETHYL-N'-PHENYLHYDRAZID U. ARYL-MG-BROMIDEN 63-0716
N-ARYL-N-ALKYL-GLYKOL-, HALOCHROMIE 58-0224
DIARYLGLYKOLSAEURE-(ALPHA.BETA-DIMETHYL-BETA-PHENYLHYDRAZIDE), CYCLISIER. 63-0716
N-AMMONIO-BENZAMIDATE, THERMOLYSE 56-0606
N.N'-DIACYL-N.N'-DIALKOXY-HYDRAZINE, ZERS.-RK. 61-0358
N-ACYL-AMINOSAEURE-PHENYLHYDRAZIDE, PEPTIDSYNTH. DURCH OX. V. -, 2. MITT. 58-0792
ARYLCARBON-, RK. MIT PCL5 57-0364
RK. MIT BENZOESAEURE-(P-NITRO-PHENYLESTER) (KONSTIT. U. KINETIK) 63-0283
RK. MIT ESTERN D. 2.4-DINITROPHENOLS IN GGW. V. PYRIDINEN (KINETIK) 64-0259
N(2)-ARYLIDEN-ARYLSULFONYLMERCAPTO-ESSIG-, ANTIMIKROBIELLE WRKG. 57-0350
ALPHA-(P-ACETAMIDO-BENZAMIDO)-N'-ISONICOTINOYL-CINNAMOYLHYDRAZIDE, TUBERCULOSTAT. WRKG. 57-0793
N-(4-(BIS-(2-CHLORAETHYL)-AMINO)-BENZYLIDEN)-NICOTIN-, CYTOSTAT. WRKG. 57-0580
SAEUREHYDRAZIDINE
DARST. AUS SUBSTITUIERTEN ANILINEN MIT SULFAMOYLCHLORIDEN U. DMF 61-0395
DARST. AUS AZO-HYDRAZIN-VERB. DURCH ISOMERISIER. 61-0420
UV-SPEKTREN 61-0420
IR-DATEN 61-0420
CYCLISIER. 61-0420
SAEUREIMIDE
N-DIACYLAMINO-SUCCINIMIDE, KONFORM. 60-0174
N-(THIAZOLYL-(2))-, DARST. AUS AMINOTHIAZOLEN U. CARBONSAEUREANHYDRIDEN 57-0544
N-(AMINOACYLOXY)-GLUTARIMIDE, DARST. 57-0751
7-OXA-BICYCLO(2.2.1)HEPTAN-2.3-DICARBON-, DARST. 63-0904
CYCL.-,KOPPL. D. CARBONYLGRUPPEN V. CYCL. IMIDEN (IR-SPEKTROSKOP. NACHW.) 53-0060
CYCL.- CARBONYLGRUPPENWINKEL V. CYCL. IMIDEN 53-0060
SUBSTITUIERTE, MASSENSPEKTREN 58-0123
N-DIACYLAMINO-SUCCINIMIDE, NMR 60-0174
ALPHA.ALPHA-DIALKYLHOMOPHTHALIMIDE UMLAGER. 53-0432
CYCLOHEXADIEN-CIS-5.6-DICARBON-, PHOTOCHEM. UMLAGER. (N-SUBSTITUENTEN-EINFL.) 54-0193
N-HYDROXYACYLAMIDE, UMLAGER. 58-0422
N-SUBSTITUIERTE PHTHALIMIDE, HYDROXYLAMINOLYSE 61-0801
N-ARYL-MALEINIMIDE, RK. MIT CYCLOPENTADIEN (KINETIK) 57-0241
N-AMINIER. MIT O-(2.4-DINITRO-PHENYL)-HYDROXYLAMIN 60-0327
N-ACYL-BARBITURATE, TRANSACYLIER. MIT ACYLCHLORIDEN 59-0621
PHTHALIMIDE, EDA-KOMPLEX-BLDG. MIT AMINOSAEUREDERIV. (ASSOZIAT.-KONST., BLDG.-ENTHALPIEN, ABSORPT.-SPEKTREN) 60-0200
N-(AMINOACYLOXY)-GLUTARIMIDE, RK. MIT AMINOSAEUREN BZW. -ESTERN 57-0751
7-OXA-BICYCLO(2.2.1)HEPTAN-2.3-DICARBON-, ANTIKONVULSIVE WRKG. 63-0904
SAEUREISOCYANATE
ACYLISOCYANATE, 4. MITT. 60-0376
DIOYL-DIISOCYANATE, DARST. AUS DISAEURE-DIAMIDEN U. OXALYLCHLORID 60-0376
SAEUREISOTHIOCYANATE
4.4-BIS-(ARYLSULFONYL)-BUTTER-, DARST. AUS 4.4-BIS-(ARYLSULFONYL)-BUTTERSAEUREN U. AGSCN 61-0412
AROYLISOTHIOCYANATE, RK. MIT INDOLIZINEN, 3.MITT. 58-0635
4.4-BIS-(ARYLSULFONYL)-BUTTER-, RK. MIT ANILINEN BZW. ARYLHYDRAZINEN 61-0412
SAEUREN
ORGAN. LEWIS-, 6. MITT. 55-0459
LEWIS-, ADDIT.-VERB. 30. MITT. 56-0064

LEWIS-ACIDITAET, QUANT. ASPEKTE, 12. MITT. 60-0025
LEWIS-, DARST. U. UNTERS. V. KOMPLEXEN, 2. MITT. 60-0047
ORGAN. LEWIS-, 7. MITT. 60-0535
IN W.-METHANOL-GEMISCHEN, 1. MITT. 63-0228
IN W.-METHANOL-GEMISCHEN, 2. MITT. 63-0229
CHEMIE IN SUPERSAEUREN, 1. MITT. 63-0238
ORGAN. LEWIS-, 8. MITT. 64-0226
ORGAN. LEWIS-, 9. MITT. 64-0227
LEWIS-ACIDITAET, V. ALCL3 GEGENUEBER ANILINEN 60-0025
LEWIS- EINFL. AUF D. IR-SPEKTRUM V. KETONEN 63-0128
DISSOZIAT. IN WSS. ORGAN. LSGM., 2. MITT. 57-0191
DISSOZIAT. IN WSS. ORGAN. LSGM. , 3. MITT. 57-0192
ANION-, ACIDITAET IN W.-METHANOLGEMISCHEN 60-0212
LEWIS-SAEUREN-BASEN-GLEICHGEW. IN D. GASPHASE, EINFL. V. POLAREN SUBSTITUENTEN, 1. MITT. 63-0218
DISSOZIAT. V. -- U. BASEN IN GEMISCHEN AUS W. U. ORGAN. LSGM., 4. MITT. 64-0230
ORGAN. LEWIS-, PK-WERTE (THEORET. ABSCHAETZ.) 64-0226
ORGAN. LEWIS-, ELEKTR. NEUTRALE, ACIDITAETSKONST. 64-0227
ORGAN., KOMPLEXE MIT HG(II) (KINETIK) 59-0022
-DERIV., UMSETZ. MIT HALOGENSILANEN U. ALKALIMETALLEN, 5.MITT. 55-0268
-DERIV., RK. MIT HALOGENSILANEN U. ALKALIMETALLEN, 6.MITT. 57-0401
LEWIS- ALS KATALYSATOREN D. DIAZOALKANZERS. 56-0242
EINFL. AUF D. ADDIT. V. SULFENYLCHLORIDEN AN ACETYLENE 63-0475

SAEURENITRILE (ALLGEMEINES)
EPOXY-, 5. MITT. 55-0368
RK. MIT SOLVATISIERTEN ELEKTRONEN, 2. MITT. 60-0215
EPOXYNITRILE, 6. MITT. 61-0530
CYANKOHLENWASSERSTOFFE, METALLKOMPLEXE, 3. MITT. 64-0081
N.N-BIS-(1-CYAN-ALKYL)-HYDROXYLAMINE, 4.MITT. 54-0239
ACYL-CYANMETHANPHOSPHONSAEUREDIALKYLESTER, KETO-ENOL-TAUTOMERIE 59-0342
3-ARYL-3-AMINO-ACRYL-, KONFIG. 56-0373

SAEURENITRILE (VORKOMMEN, DARSTELLUNG)
CYAN-INDOL(IN)E, DARST. 53-0345
(1-HYDROXY-2-CYAN-AETHYL)-FERROCENE, DARST. 54-0034
N.N-BIS-(1-CYAN-ALKYL)-HYDROXYLAMINE, DARST. AUS NITRONEN 54-0239
ZIMT-, DARST. 54-0279
CYCLOPROPAN-1.1-DICARBONITRILE, DARST. AUS MALODINITRILEN U. DIAZOMETHAN 54-0298
CYANMETHYLEN-DIHYDROPYRIDINE, DARST. AUS PYRIDINIUMSALZEN U. ACETONITRILEN 54-0425
2-(2-CYAN-AETHYL)-BENZALDEHYDSEMICARBAZONE, DARST. AUS SEMICARBAZONEN V. ACRYLNITRIL 54-0444
N.N-BIS-(2-CYAN-AETHYL)-BENZOLSULFONAMIDE, DARST. AUS BENZOLSULFONYLHARNSTOFFEN U. ACRYLNITRIL 54-0444
3-AMINO-ACRYL-, DARST. AUS PYRIMIDINEN 54-0445
KOMPLEXE MIT TETRACYAN-CHINODIMETHAN, DARST. 55-0149
N-ALLYLIMINODICARBON-, DARST. AUS HALOGENNITRILEN U. ALLYLAMIN 55-0263
3-AMINO-4-CYAN-PHTHALSAEUREANHYDRIDE, DARST. AUS AMINO-CYANFURANEN U. MALEINSAEUREANHYDRID 56-0467
2-AMINO-BENZONITRILE, DARST. AUS 1-ALKYL- U. 1-ARYL-INDAZOLEN DURCH PHOTOUMLAGER. 56-0503
5-CYAN-3-OXOSTEROIDE, DARST. 56-0712
13BETA-CYAN-18-NOR-STEROIDE, DARST. AUS CONESSIN 56-0716
BENZOE-, DARST. AUS N-SULFINYL-P-TOLUOLSULFONAMID U. SAEURECHLORIDEN 57-0356
ALPHA-PHENYLPIMELIN-, DARST. AUS NA-BENZYLCYAMIDEN U. 1.4-DICHLOR-BUTAN 57-0360
18-NOR-13BETA-CYANO-ANDROSTANE, DARST. 57-0672
ARYLCYANIDE, BLDG. AUS 4-ARYLIDENAMINO-1.2.4-TRIAZOLEN (KINETIK) 58-0266
TETRAHYDROFURAN- U. -PYRANCARBON-, DARST. DURCH EINW. V. CUCN AUF GAMMA- U. DELTA-HALOGEN-KETONE, 1. MITT. 58-0357
ALLEN.,CYANHYDRINE U. AMINONITRILE, DARST. AUS ALLENALDEHYDEN 58-0362
3-ALKYL- U. 3.3-DIALKYL ALLENCARBONITRILE, DARST. AUS ACETYLENALKOHOLEN ODER BROMALLENEN 58-0365
POLYAMINO-POLYMETHYLEN-, DARST. AUS AMINEN 58-0383
N-(ALPHA-TOSYLAMINOACYL)-BETA-ALANINNITRILE, DARST. AUS BETA-AMINO-PROPIONITRIL U. 2-TOSYLAMINO-SAEURECHLORIDEN 58-0387
9-CYAN-ANTHRACENE, DARST. AUS D. NITROVERB. U. NACN 58-0511
1.3-BIS-(CYANAETHYL)-URACILE, DARST. AUS URACILEN U. ACRYLNITRIL 58-0659
UNGESAETT., DARST. AUS D. ENTSPRECHENDEN CARBONSAEUREN BZW. HETEROCYCLEN U. ISOCYANATEN 59-0284
OXOALKAN-, DARST. AUS 2-DIMETHYLAMINO-CYCLOALKANONOXIMEN 59-0316
4.5-DICYAN-IMIDAZOLE, DARST. AUS HCN IN FL. NH3 59-0616
STEROID-18-CYAN-20-KETONE, BLDG. AUS 20-CYANHYDRINEN (MECHANISMUS) 59-0760
ALPHA.BETA-DIAMINO-CARBON-, DARST. AUS BROM-CARBONSAEURENITRILEN 60-0361
AROMAT., DARST. AUS 3-ARYL-5-ACYL-2-ISOXAZOLINEN 60-0536
2.3-DIPHENYL-PROPION-, BEVORZUGTE DARST. EINES KONFORMEREN 61-0142
SEK., DARST. AUS NITRILE U. OLEFINEN 61-0355
1-AMINO-2.2-DICYAN-AETHYLENE, DARST. AUS SUBSTITUIERTEN AETHYLENEN 61-0367
BIS-(4-CYAN-BUTYRYL)-BENZOLE, DARST. AUS DIACETYLBENZOLEN U. ACRYLONITRIL 61-0410
1-CHLOR-1-CYAN-2-AMINO-CYCLOBUTANE, DARST. AUS ALPHA-CHLOR-ACRYLNITRIL U. ENAMINEN 61-0509
PYRIMIDYL-(5)-, DARST. AUS 1-CYANAMINO-2.2-DICYAN-AETHYLENEN 61-0652
OMEGA-CYAN-CARBONSAEUREN, DARST. AUS OXAZOLEN MIT SINGULETT-O2 62-0351
POLYFLUORARYLAETHERNITRILE, DARST. AUS FLUORARYLNITRILEN U. PENTAFLUORPHENOLAT 62-0389
EPOXYAETHER-NITRILE, DARST. AUS CYAN-ALLYLAETHERN BZW. CYCL. CYAN-OLEFINEN U. PERESSIGSAEURE 62-0509
DICYANTHIOPHENE U. -SELENOPHENE, DARST. 62-0533
THIOCARBAMOYL-PHENYLACETONITRILE, DARST. 63-0439
ALPHA-CYANACRYLATE, SYNTH. 63-0478
2-AMINO-3-CYAN-1.6.6A S(IV)-TRITHIA-PENTALENE, DARST. AUS 5-ARYL-1.2-DITHIOLYLIDEN-(3)-MALONSAEUREDINITRILEN U. H2S 63-0594
(OMEGA-CYANALKYL)-METHYL-CYCLOTETRASILOXANE, DARST. DURCH GEMEINSAME HYDROLYSE V. DIMETHYLDICHLORSILAN MIT (OMEGA-CYANALKYL)-METHYLDICHLORSILANEN 64-0418
2(1)-CYAN-1(2)-ALKOXY(THIO)CARBONYL-(ISO)CHINOLINE, DARST. AUS (ISO)CHINOLIN, KCN U. CHLOR(THIO) KOHLENSAEUREESTERN 64-0566
2-DIMETHYLAMINO-3-KETONITRILE, DARST. AUS N.N-DIMETHYL-GLYCINONITRIL U. BENZOESAEUREMETHYLESTERN 64-0701
4-DIALKYLAMINO-BUTYRONITRILE, DARST. AUS 1.1-DIALKYL-DELTA(2)-TETRAHYDROPYRIDAZINIUMSALZEN 64-0738
3-CYAN-3-ALKYLBUTYRALDEHYDE, DARST. AUS ALPHA-ALKYL-PROPIONITRILEN U. BROMACETAL 56-0303
5-OXOHEXAN-, DARST. AUS ACRYLSAEURENITRILEN U. ACETESSIGESTER 56-0306
DARST. DURCH DEHYDRATISIER. V. PRIM. AMIDEN IN NICHTSAUREM MEDIUM 56-0317
3-ARYL-3-AMINO-ACRYL-, DARST. AUS BENZONITRILEN U. ACETONITRIL 56-0373
2-AMINO-3-CYAN-FURANE, DARST. AUS KETONEN U. NA-MALONSAEUREDINITRIL 56-0467
DIELS-ALDER-ADDUKTE MIT DICYANACETYLEN , DARST. 58-0267
ACYL-CYANMETHANPHOSPHONSAEUREDIALKYLESTER, DARST. AUS (CYAN-METHANPHOSPHONSAEURE)-DIALKYLESTERN 59-0342
EPOXYNITRILE, DARST. AUS ALPHA-BROMKETONEN 61-0530
6-MERCAPTO-2-THIONO-PYRIDIN-3.5-DI-, DARST. V. SALZEN 61-0647
BETA.BETA-DISUBSTITUIERTE ALPHA-CYAN-ACRYLSAEUREN, DARST. 63-0231
5-ARYL-1.2-DITHIOLYLIDEN-(3)-MALONSAEUREDINITRILE, DARST. AUS 5-ARYL-1.2-DITHIOLTHIONEN-(3) U. TETRACYANAETHYLENDERIV. 63-0594
CYANKOHLENWASSERSTOFFE, IR-CYANKOHLENWASSERSTOFF-KOMPLEXE, DARST. 64-0081

SAEURENITRILE (PHYSIKAL. EIGENSCHAFTEN)
NITROFLUORENYLIDEN-MALONITRILE, UV IN GGW. V. POLYCYCL. AROMATEN 57-0201
BENZOE-, LAD.-UEBERTAG.-KOMPLEXE MIT SNCL4 U. TICL4, IR 58-0096
DIELS-ALDER-ADDUKTE MIT DICYANACETYLEN , UV 58-0267
IR, EINFL. ALPHA-STAENDIGER AETHERGRUPPEN AUF D. INTENSITAET D. CN-BANDE 60-0086
BETA.BETA-DISUBSTITUIERTE ALPHA-CYAN-ACRYLSAEUREN, IR-SPEKTREN 63-0231
ZIMT-, DIPOLMOMENTE 56-0098
CYANHYDRINE U. O-BENZYLCYANHYDRINE , MASSENSPEKTREN 60-0128
N-ALKYL-1.4-DIHYDRO-NICOTIN-, MASSENSPEKTROSKOPIE (FRAGMENTIER. U. D-ISOTOPENEFFEKTE) 60-0129
ALKANNITRILE, MASSENSPEKTROMETR. FRAGMENTIER. 62-0109
NITRILE, (14)N-NMR 55-0072
2.3-UNGESAETT.-, NMR (LSGM.-EINFL.) 57-0117
NITROFLUORENYLIDEN-MALONITRILE, POLAROGRAPHIE 57-0201
BETA.BETA-DISUBSTITUIERTE ALPHA-CYAN-ACRYLSAEUREN, DISSOZIAT.-KONST. 63-0231
KOMPLEXE MIT TETRACYAN-CHINODIMETHAN, ELEKTR. LEITFAEHIGK. 55-0149

SAEURENITRILE (REAKTIONEN)
CYANAETHYL-ENAMINE RK. ZU TRICYCL. N- U. O-HETEROCYCLEN 55-0366
ACETONITRILE, KONKURRENZ- ALKYLIER. 57-0363
SYNTH. MIT -, 15. MITT. 59-0609
SYNTH. MIT -, 16.MITT. 59-0610
SYNTH. MIT NITRILEN, 17. MITT. 60-0622
CYANCYCLOPROPENE, D-AUSTAUSCHRK. (KINETIK, MECHANISMUS) 63-0324
RINGSCHLUSS-RK. MIT --, 1. MITT. 63-0661
RINGSCHLUSS-RK. MIT --, 2. MITT. 63-0697
O-AMINONITRILE, SYNTH. V. HETEROCYCLEN AUS -, 30. MITT. 63-0818
2-DIALKYLAMINO-2-PHENYL-ACETONITRILE, KATALYT. ALKYLIER. 64-0455
SYNTH. MIT --, 18. MITT. 64-0707
CYCL. CYANHYDRINE, GLEICHGEW. MIT RINGKETONEN (EINFL. D. RINGGROESSE) 55-0308

BENZYLMERCAPTO-, HETEROCYCLISIER. 56-0479
ALPHA-ACYLAMINO-, HETEROCYCLISIER., 2. MITT. 57-0540
ALPHA-ACYLAMINO-, HETEROCYCLISIER., 3. MITT. 57-0541
ALPHA-ACYLAMINO-, N-SUBSTITUIERTE, HETEROCYCLISIER. 57-0541
ALPHA-ACYLAMINO-, HETEROCYCLISIER., 4. MITT. 59-0558
2-METHYL-2-ACETAMIDO-PROPION-, RACEMISIER. (KINETIK) 61-0288
ALKEN-, THERM. ISOMERISIER. (TEMP.- U. SUBSTITUENTEN-EINFL.) 63-0215
ALPHA,BETA-UNGESAETT., PHOTOCYCLOADDIT. AN KETONE 64-0340
RK. MIT HYDRAZIN U. SCHWEFEL 64-0765
AZO-BIS-, THERM. ZERFALL (KINETIK) 61-0298
ELEKTROCHEM. SPALT. 60-0215
ZIMTSAEURE-NITRILE EPOX. MIT H2O2 (STEREOCHEMIE U. MECHANISMUS) 53-0127
HYDRIER. MIT H2 BZW. GEBUNDENEM H (MECHANISMUS), 53-0201
ALPHA-AETHYLEN., SELEKTIVE RED. D. C-C-DOPPELBIND. MIT ORGANO-ZINNVERB. 55-0215
ALPHA,BETA-UNGESAETT. ELEKTROLYT. RED. 55-0219
5-OXOHEXAN-, RK. MIT KBH4 56-0306
5-OXO-HEXANSAEURENITRILE CYCLISIERENDE HYDRIER. 56-0559
ELEKTRORED., 7. MITT. 59-0299
CYANAETHER, HYDRIER. 59-0331
ALPHA,BETA-UNGESAETT., RK. MIT H2SO4 BZW. OLEUM 62-0361
VERH. GEGEN MONOSUBSTITUIERTE ACETYLENE IN D. RADZISEVSKIJ-RK. 56-0256
ADDIT. AN ALLYLBENZOLE IN GGW. V. HALOGENEN U. LEWIS-SAEUREN 59-0601
CYCL. CYANHYDRINE, DARST. 55-0308
ACYL-CYANIDE, SPONTANE U. KATALYSIERTE RK. MIT N-BUTYLAMIN (KINETIK) 62-0214
ALPHA-CYANACRYLATE, CYCLOADDIT. V. CH2N2 (STER. VERLAUF) 63-0478
ADDIT. V. CH3OH (TRIORGANOBLEIMETHOXID-KATALYSE) 63-0356
BETA- OXONITRILE, RK. MIT PHENOLEN 64-0672
ALPHA-HALOGENACRYLNITRILE, RK. MIT NA-ARYLSULFINATEN 54-0250
SAEURENITRILE (BIOCHEMIE)
6-MERCAPTO-2-THIONO-PYRIDIN-3.5-DI-, PHARMAKOLOG. EIG. 61-0647
SAEURENITRILE (ANALYSE)
(ALPHA).OMEGA-BIS-(2-CYAN-AETHOXY)-ALKANE, UNTERS. D. GASCHROMATOGRAPH. TRENNEIG. 60-0841
SAEUREPHOSPHIDE
ACETOPHOSPHIDE, DARST. 61-0125
ACETOPHOSPHIDE, P(PI)-D(PI)-KONJUGAT. 61-0125
SAEURESEMICARBAZIDE
DARST. AUS 2-AMINO-1.3.4-OXDIAZOLEN 59-0577
RK. MIT NA2CO3 59-0570
RK. MIT PRIM. AMINEN 59-0570
SAEURESIL(AN)IDE
O-SILYL-ESTER, DARST. AUS TRIALKYLHYDROGENSILANEN U. SAEUREANHYDRIDEN 54-0246
ESSIGSAEURESILYLESTER, DARST. AUS SILYLESSIGSAEUREN 64-0463
ACYL(DI)SILANE, INDUKTIVE EFFEKTE 59-0144
SALBEN
-GRUNDLAGE, HALTBARK. V. TRIGLYCERIDEN 60-0838
SALZE
OX. DURCH METALLSALZE, 1. MITT. 59-0210
OX. DURCH METALLSALZE, 2. MITT. 63-0245
CHEM. RK. IN -SCHMELZEN 14.MITT. 54-0242
SALZE (SALZEFFEKTE UND KATALYTISCHE WIRKUNG)
SALZEFFEKTE BEI D. RACEMISIER. V. BIPHENYLEN 1.MITT. 53-0176
METALLSALZE EINFL. AUF RK. V. GRIGNARD-REAGENZIEN 53-0200
-EFFEKT BEI NUCLEOPHILEN, MONOMOL. SUBSTITUT.-RK.,
EINFL. AUF KINETIK 60-0273
EINFL. D. GEGENIONS AUF MIZELLGROESSE U. -FORM V. CETYLPYRIDINIUM-KATIONEN 63-0210
EINFL. AUF D. KINETIK D. RK. V. BENZALDEHYD MIT DIAETHYL-ZINK 63-0299
1,1-WERT. -, LOESLICHK. IN GGW. V. QUATERN. AMMONIUMSALZEN (EINFL. D. DIELEKTRIZITAETSKONST. D. LSGM.) 56-0177
SAMARIUM
SM(III), EINFL. AUF D. HYDROLYSE D. ESTER V. KOMPLEXONEN 63-0041
SAMARIUMVERBINDUNGEN
SM(CLO4)3.7 DMSO , DARST. , IR-SPEKTRUM, THERM. ZERS., PULVERROENTGENOGRAPH. UNTERS. 61-0042
(AETHYLVALINAT(LEUCINAT)-N.N-DIACETATOTRIAQUOU-SAMARIUM(III)) (+), BLDG., HYDROLYSE 63-0040
(AMINOSAEUREESTER-N.N-DIACETATO)-SM-KOMPLEXE, HYDROLYSE 63-0041
SM(III)-(2-NITROSO-1-NAPHTHOL-4-SULFONSAEURE-(2)-DIANION)-CHELAT, BLDG., STABILITAET 56-0063
KOMPLEXE MIT HYDRAZODIESSIGSAEURE, TRENN. V. ANDEREN SELTENERDMETALLKOMPLEXEN 59-0052
58-0292
SAPOGENINE
ISOLIER. AUS GLOSSOSTELMA CARSONI 54-0500
ISOLIER. AUS PITTOSPORUM TOBIRA 59-0742
STEROID-, ISOLIER. AUS DIOSCOREA TENUIPES 62-0845
12-OXYGENIERTE, BLDG. IN HOSTA KIYOSUMIENSIS AUS (27-(14)C)GITOGENIN 61-0835
STEROID-, U. STEROIDALKALOIDE, SYNTH. 5. MITT. 57-0719
STEROID-, U. -ALKALOIDE, SYNTH., 6. MITT. 57-0720
STEROID-, U. -ALKALOIDE, SYNTH., 3. MITT. 57-0735
STEROID- U. STEROIDALKALOIDE, SYNTH., 4. MITT. 57-0736
U. STEROIDALKALOIDE, SYNTH., 7. MITT. 59-0708
5BETA.25D-SPIROSTANE, DARST. AUS YONOGENIN 61-0790
SAPONINE
CONVALLA-, STRUKTUR D. 59-0741
AUS SECURIDACA LONGIPEDUNCULATA, ISOLIER. 56-0763
CONVALLA-, ISOLIER. AUS CONVALLARIA KEISUKEI 59-0741
STEROID- V. CONVALLARIA, BEST. D. ZUCKER 64-0937
AUS SECURIDACA LONGIPEDUNCULATA, HOMOLYT. WRKG. 56-0763
SAUERSTOFF
CHEMIE V. SINGULETT-O2 , 4.MITT. 59-0206
CHEMIE D. SINGULETT-SAUERSTOFFS, 6. MITT. 62-0303
SINGULETT-O2-ABSPALT. AUS D. TRIPHENYLPHOSPHIT-O3-ADDUKT 58-0214
RK. MIT METHAN (FLAMMENUNTERS.) 53-0018
RK. MIT HYDRAZOBENZOL IN BAS. LSG. 63-0247
EINFL. ALS DOTIER.-MITTEL AUF D. RK. V. HALBLEITER-SI MIT CH3CL 54-0185
EINFL. AUF D. TOLUOL-OX. MIT DIISOPROPYLPEROXO-DICARBONAT 58-0213
EINFL. AUF STRAHLENCHEM. ANILINDARST. AUS BZL. U. NH3 59-0372
SCANDIUMVERBINDUNGEN
1 ZU 1-KOMPLEXE V. SC(III) MIT POLYAMINOPOLYCARBO-OXYLATEN, STABILITAET 56-0044
SC2O3 EINFL. AUF D. DECARBOXYLIER. V. OXALESSIGSAEURE 58-0292
SCHAEDLINGSBEKAEMPFUNG
ORGAN. INSEKTOFUNGIZIDE, 2. MITT. 60-0380
INSEKTIZIDE IM STOFFWECHSEL, 15. MITT. 62-0850
INSEKTIZIDE IM STOFFWECHSEL, 16. MITT. 62-0854
TOX. WRKG. V. ANDROSTANEN AUF PYRRHOCORIS APTERUS -LARVEN 64-0867
INSEKTIZIDE WRKG. V. N-CARBAMOYL-OXIMEN 55-0285
PESTIZIDE, WRKG. U. KONSTIT. V. DINITROPHENOL-DERIV., 7. MITT. 57-0428
1.1-DIALKYL-3-ARYL-GUANIDINE, DARST., PESTIZIDE WRKG. 60-0380
INSEKTIZIDE WRKG. V. HEXACHLOR-BICYCLO(2.2.1)HEPTENEN 55-0349
PHOSPHORSAEURE-ACETYLPHENYLESTER, DARST. , INSEKTIZIDE WRKG. (EINFL. D. KONSTIT.) 59-0817
THIOPHOSPHORSAEUREPHENYLESTER, DARST. INSEKTIZIDE WRKG. (EINFL. D. KONSTIT.) 59-0817
INSEKTICIDE WRKG. V. 1-BUTYL-3.4-METHYLENDIOXY-BENZOL 57-0521
INSEKTIZIDE WRKG. V. GS 13005 60-0563
DERIV. V. DINITROPHENOLEN, PESTICIDE WRKG. 4. MITT. 56-0343
PESTIZIDE WRKG. V. DINITROPHENOLEN, 5. MITT. 56-0344
SCHALLWELLEN (U. ANDERE MECHAN. WELLEN)
ULTRASCHALLGESCHW. U. -RELAXAT. IN ESSIGSAEURE-GEMISCHEN MIT TETRACHLORKOHLENSTOFF , 54-0128
SCHIEFEROEL
* S. UNTER OELSCHIEFER
SCHIFFSCHE BASEN (ANILE, AZOMETHINE)
* S. AUCH IMINE
6. MITT. 56-0237
GLUTACONALDEHYD-MONOANILE, 3. MITT. 57-0182
1. MITT. 58-0555
2. MITT. 58-0556
KATALYT. RK. MIT AZOMETHINEN, 10. MITT. 63-0325
3. MITT. 63-0522
N-BENZYLIDEN-O-HYDROXY-BENZYLAMINE, TAUTOMERIE MIT 2-PHENYL-1.3-BENZOXAZINEN, NMR-SPEKTROSKOP. BEST. D. ISOMERENVERHAELTNISSES 58-0176
AKOPLANARITAET AROMAT. AZOMETHINE 53-0095
ALIPHAT., GEOMETR. ISOMERIE 56-0127
2-ARYLMETHYLENAMINO-BENZAZOLE, DARST. AUS 2-AMINO-BENZAZOLEN U. AROMAT. ALDEHYDEN 54-0371
1-BENZYLIDENAMINO-IMIDAZOLE, DARST. AUS 1-ACETAMINO-IMIDAZOLEN U. BENZALDEHYDEN 54-0377
2.4.6-TRIMETHYL-ANILE, DARST. 55-0287
GLUTACONALDEHYD-MONOANILE, DARST. 57-0182
N-BENZYLIDEN-O-HYDROXY-BENZYLAMINE, DARST. AUS O-HYDROXY-BENZYLAMIN U. BENZALDEHYDEN 58-0176
1-ARYLIMINO-1-(PYRIDYL-(2))-AETHANE, DARST. AUS NITROAROMATEN MIT TRIAETHYLPHOSPHIT 58-0322
MUREXIDE, DARST. AUS METHYLIERTEN ALLOXANTHINEN BZW. PURINDERIV. 58-0655
N-BENZYLIDEN-AETHANOLAMINE, DARST. AUS BENZALDEHYDEN U. AETHANOLAMIN 59-0228
ALPHA- AMMONIO-ANILE, DARST. 59-0376
2-(2H-1.3-DITHIOLYLIDEN)-CYCLOHEXANONIMINE, DARST. AUS ACETYLENEN U. 3.4-TETRAMETHYLEN-ISOTHIAZOLIN-THIONEN-(5) 59-0539
P-(FURFURYLIDENAMINO)-PHENYLAETHER, DARST. AUS P-(FURFURYLIDENAMINO)-PHENOLEN U. ALKYLHALOGENIDEN BZW. -DIHALOGENIDEN 60-0385
OPT. AKT. ZN(II)-KOMPLEXE, DARST. 61-0028
D. 4-AMINO-CHINOLINS, DARST. 63-0688

DARST. AUS PERFLUORACYLFLUORIDEN U. PERFLUOR-2.3-DIAZABUTADIEN-(1.3) 64-0395
N-ALLYLIDEN-VINYLOXY-ANILINE, DARST. AUS VINYLOXYANILINEN U. UNGESAETT. ALDEHYDEN 64-0453
2-ARYLIDENAMINO-4-PHENYL-THIAZOLE, DARST. AUS 4-PHENYL-2-AMINO-THIAZOL U. AROMAT. BZW. HETEROCYCL. ALDEHYDEN 64-0647
D. BENZTHIAZOL-REIHE, DARST. AUS 2-AMINO-BENZOTHIAZOL ODER 2-FORMYL-BENZOTHIAZOL 53-0387
2-PHENYL-5-BENZYLIDENAMINO-1.3.2-DIOXABORINE, DARST. AUS AROMAT. ALDEHYDEN, AMINOALKANDIOLEN U. PHENYLBORONSAEURE 54-0271
N-(2-HYDROXY-BENZYLIDEN)-AMINOSAEUREN, DARST. AUS AMINOSAEUREN U. O-HYDROXY-KETONEN 58-0555
KETIMINE, DARST. AUS ALPHA-AMINOSAEUREN U. KETONEN 58-0556
MIT CHINOLINRINGEN, DARST. 60-0595
GLYOXAL-BIS-(2-MERCAPTO-ANILE), DARST. AUS 2-AMINO-THIOPHENOL U. 1.2-DICARBONYLVERB. 63-0064
GLYOXAL-BIS-(2-MERCAPTO-ANILE), SPEKTREN IM SICHTBAREN BEREICH 63-0064
2.4.6-TRIMETHYL-ANILE, UV -SPEKTREN 55-0287
GLUTACONALDEHYD-MONOANILE, UV -SPEKTREN (EINFL. D. NATUR U. STELL. D. SUBSTITUENTEN AM BENZOLRING) 57-0182
MESS. D. PROTONENAFFINITAET D. N-ATOMS IN GGW. V. P-NITRO-PHENOL ALS PROTONENDONATOR 61-0127
CHINONANILE NMR 53-0063
2-PHENYL-5-BENZYLIDENAMINO-1.3.2-DIOXABORINE NMR-SPEKTREN 54-0271
ALIPHAT., NMR-KOPPL. UEBER 5 BIND. 56-0127
AROMAT., NMR-UNTERS. 59-0112
CHINONANILE, MAGNET. NICHTAEQUIVALENZ GEMINALER GRUPPEN DURCH ROTAT.-HINDER. 60-0160
P-NITRO-ANILE, STABILE SMEKT. MISCH. MIT 4.4'-DI-N-HEXYLOXY-AZOXYBENZOL 59-0180
GLUTACONALDEHYD-DIANILE, RK. MIT ELEKTROPHILEN REAGENZIEN 1. MITT. 54-0220
AROMAT. AZOMETHINE, PHOTOCHEM. EINBAURK. 63-0686
CHINONANILE THERM. ISOMERISIER. (EINFL. V. SUBSTITUENTEN) UM D. C=N-BIND. 53-0063
ARYLIDEN-ANILINE CIS-TRANS-ISOMERISIER. (SUBSTITUENTEN-EFFEKTE) 53-0164
GLUTACONALDEHYD-DIANILE, CYCLISIER. ZU 1-ARYL-2-ANILINO-1.2-DIHYDROPYRIDINEN 54-0220
OPT.-AKT. ALPHA-HYDROXY-IMINE, THERM. UMLAGER. 55-0289
CYCLOPROPYL-KETIMINE, THERM. UMLAGER., 1. MITT. 56-0653
GLUTACONALDEHYD-MONOANILE, TAUTOMERIE (EINFL. D. NATUR U. STELL. D. SUBSTITUENTEN AM BENZOLRING) 57-0182
OXYDATIVE PHOTOCYCLISIER. IN ALKANOLEN 61-0307
SYN-ANTI-ISOMERISIER. (NMR-UNTERS.) 56-0237
SYN-ANTI-ISOMERISIER. 61-0149
CIS-TRANS-PHOTOISOMERISIER. (KINETIK, BEZIEH. ZU D. LOKALISIER.-ENERGIEN) 64-0328
O-HYDROXY-ANILE, OX. MIT MNO2 58-0593
BENZOPHENONIMIDE, PHOTORED. (CHEM. SENSIBILISIER.) 55-0324
RK. MIT H3PO2 55-0266
PERFLUOR-BIS-AZOMETHINE, HYDROLYSE 56-0311
RK. MIT FE2(CO)9 57-0053
BENZYLIDENAMINE, PHOTOCHEM. HYDROLYSE 61-0484
GLYOXAL-BIS-(2-MERCAPTO-ANILE), KOMPLEXBLDG. MIT ME (II)-IONEN 63-0064
N-BENZYLIDEN-AETHANOLAMINE, HYDROLYSE (KINETIK U. MECHANISMUS) 59-0228
AZOMETHINE, ANILINOLYSE 62-0400
GLUTACONALDEHYD-DIANILE, RK. MIT PIKRYLCHLORID 54-0220
RK. MIT PHOSPHORORGAN. VERB. IN GGW. V. SAUREN U. BAS. KATALYSATOREN, 1. MITT. 59-0385
KET- U. ALDIMINE, RK. MIT PHENYLISOCYANAT 58-0556
CYCLOADDIT. V. DIPHENYLKETEN 62-0514
AUSTAUSCHRK. MIT AMINEN U. KETONEN 63-0522
RK. MIT SULFONYLISOCYANATEN 53-0463
MIT CHINOLINRINGEN, CYTOSTAT. WRKG. 60-0595

SCHLAFMITTEL
* S. UNTER ARZNEIMITTEL (SPEZIELLE GRUPPEN)

SCHMELZEN
CHEM. RK. IN SALZ- 14.MITT. 54-0242
GESCHMOLZENE SALZE ALS RK.-MEDIUM 55-0209

SCHMELZGLEICHGEWICHTE
* S. UNTER PHASENGLEICHGEWICHTE

SCHMELZWAERME (U.-ENERGIE)
SCHMELZENTHALPIE U. -ENTROPIE V. THIAZOL U. 2-METHYL-THIAZOL U. DESSEN METASTABILER FORM 60-0186

SCHMIDT-REAKTION
* S. UNTER UMLAGERUNGEN

SCHWAEMME
ANTIBAKTERIELLE INHALTSSTOFFE 2. MITT. 54-0562

SCHWEFEL
ASYMM. INDUKT. U. KONFIGURATIVE KORRELAT. BEI D. OX. AM SCHWEFEL, 3. MITT. 63-0421
ASYMM. INDUKT. U. KONFIGURATIVE KORRELAT. BEI OX. AM SCHWEFEL 4. MITT. 63-0422
S-HALT. VERB., STRUKTUR U. EIG., 2. MITT. 54-0122
RK. MIT ORGAN. VERB., 14. MITT. 57-0353
ORGAN. S-VERB., 20. MITT. 63-0594
CYCLODODECASCHWEFEL, DARST. AUS S2CL2 U. SULFANGEMISCH MIT ETWA 34 PZ. H2S4 (HERGESTELLT AUS WSS. NA-POLYSULFID U. HCL), AUSB. 12 PZ. 57-0035
UV-SPEKTREN V. LSG. IN WSS. DIOXAN 61-0391
CYCLODODECASCHWEFEL, F. 148 (ZERS.) 57-0035
RK. MIT ORGAN. VERB., 16. MITT. 60-0481
RK. MIT ORGAN. VERB., 17. MITT. 60-0482
RK. MIT EXO-CHLORDERIV. V. 1.1-DIPHENYL-, 1.1.2-TRIPHENYL-AETHANEN U. 1.1-DIPHENYL-AETHYLENEN 60-0481
RK. MIT PHENYL-POLYCHLORPROPANEN 60-0482
RK. MIT PHENYLBORDIJODID 57-0037
S8, RK. MIT (PI-C5H5)2TICL2 57-0002
GEMEINSAME EINW. MIT GASFOERM. NH3 AUF KETONE, 59. MITT. 55-0407
GEMEINSAME EINW. MIT GASFOERM. NH3 AUF KETONE, 60. MITT. 55-0408
RK. MIT 3-THIOXO-5-ALKENYL-3H-1.2-DITHIOLEN 56-0494

SCHWEFELSAUERSTOFFSAEUREN (H2SO3 UND DERIVATE)
SO2, FL. SO2 ALS LSGM. BEI D. DARST. D. 2-METHYL-ALLYL-KATIONS AUS 2-METHYL-ALLYLJODID U. SILBERTRICHLORACETAT 58-0540
CYCL. SULFITE, MASSENSPEKTREN 61-0108
SO2, EINLAGER.-RK., 5. MITT. 63-0079
SO3(2-), KONST. D. RELATIVEN NUKLEOPHILEN REAKTIVITAET BEZ. METHYLJODID 58-0029
H2SO3, CYCL. ESTER, HYDROLYSE 55-0174
SO3(2-), RK. MIT CH3J (KINETIK, KONST. D. RELATIVEN NUKLEOPHILEN REAKTIVITAET) 58-0029
SO2, KOMPLEXBLDG. MIT TRIMETHYLAMIN 62-0169
SO2, RK. MIT PROPIN-(2)-YL-PENTACARBONYLMANGAN(I) 63-0079
HYDROGENSULFITION, RK. MIT CARBONYLVERB. (KINET. D-ISOTOPENEFFEKT) 56-0229
EINFL. V. SULFIT AUF D. DEUTERIER. V. 1.3.5-TRINITRO-BENZOL 53-0150
CYCL. U. OFFENKETT. ORGAN. SULFITE, UMESTER. IN KONKURRENZ MIT NUCLEOPHILER VERDRAENG. 59-0231
SULFITE V. CYCL. TERPENEN, HYDROLYSE (KINETIK, MECHANISMUS) 60-0262
SO2(NH2)(NHNH2), DARST. AUS SULFAMOYLCHLORIDEN U. MONOSUBSTITUIERTEN HYDRAZINEN 57-0325
DIALKOXYPHOSPHINYLMONOIMINOSCHWEFELDIOXIDE, DARST. AUS PHOSPHORSAEUREESTERAMIDEN U. SOCL2 57-0323
DIALKOXYPHOSPHINYLMONOIMINOSCHWEFELDIOXIDE, RK. MIT BUTADIENEN 57-0323

SCHWEFELSAUERSTOFFSAEUREN (H2SO4 UND DERIVATE)
H2SO4, GLEICHGEW.-KONST. D. SALZ-BLDG. MIT TRIISOOCTYLAMIN IN ORGAN. LSGM. 56-0039
H2SO4, EXTRAKT. AUS WSS. PHASE MIT TRIISOOCTYLAMIN 56-0039
H2SO4, RK. MIT CYCLOHEXEN IN GGW. V. SAEURECHLORIDEN 54-0288
H2SO4, RK. MIT AETHYL-N-FLUORCARBAMATEN 64-0040
H2SO4, KATALYT. EINFL. AUF INDIGOKARMIN-OX. DURCH H2O2 62-0343
SCHWEFELSAEURE-ESTER, 3. MITT. 63-0261
O-ARYLOXY-OESTRATRIENOLMONOSULFATE, DARST. 59-0746
OESTROGENHYDROGENSULFATE, DARST. 61-0778
CHINAZOLINYL-ALKYL-SULFATE, DARST. 54-0453
NITRO-PHENYLSULFATE, KINETIK D. HYDROLYSE 57-0225
ALKYLSULFATE, BEZIEH. ZWISCHEN STRUKTUR U. BAKTERIOSTAT. AKTIVITAET AUF GRAMPOSITIVE U. GRAMNEGATIVE ZELLEN 63-0886
H2SO4, DERIV., 1-DIALKYLAMINOSULFONYL-AMINO-BUTENE-(3) DARST. AUS 2-DIALKYLAMINOSULFONYL-1-OXO-3.6-DIHYDRO-1.2-THIAZINEN 56-0600
DIALKYLAMINOSULFONYLIMINOSCHWEFELDIOXIDE, DARST. AUS DIALKYLAMINO-SULFAMIDEN U. N-PHENYLSULFONYL-MONOIMINO-SCHWEFELDIOXID BZW. SOCL2 56-0600
DIALKYLAMINOSULFONYLIMINOSCHWEFELDIOXIDE, RK. MIT DIENEN 56-0600
DIALKYLAMINO-SULFAMIDE, RK. MIT N-PHENYLSULFONYL-MONOIMINO-SCHWEFELDIOXID BZW. SOCL2 56-0600
SO2(NH2)2, BLDG. AUS 1.3-DI-TERT.-BUTYL-SCHWEFELSAEUREDIAMID DURCH ACIDOLYSE 57-0324
SO2(NH2)2, DARST. AUS SULFAMOYLCHLORIDEN U. 1.1-DISUBSTITUIERTEN HYDRAZINEN 57-0325
SO2(NH2)2, RK. MIT SF4 55-0018
(CL3PN)2SO2, RK. MIT FSO3H 57-0034
N.N'-DISUBSTITUIERTE SCHWEFELSAEUREDIAMIDE, SYNTH. MIT --, 8. MITT. 57-0324
N.N'-DISUBSTITUIERTE SCHWEFELSAEUREDIAMIDE, ACIDOLYSE D. C-N-BIND. 57-0324
SO2NH2CL, RK. MIT HYDRAZINEN 57-0325
TRIALKYLAMMONIUMSULFONATE, DARST. AUS DIALKYLSULFAMINSAEUREESTERN 58-0382
TRIALKYLAMMONIUMAMIDOSULFATE, DARST. AUS DIALKYLSULFAMINSAEUREESTERN 58-0382
N-ACYL-AMIDOSCHWEFELSAEUREDERIV., DARST. AUS SULFONYLISOCYANATEN U. AKTIVIERTEN AROMATEN 58-0397
N.N-DIALKYLSULFAMINSAEUREESTER,, UMLAGER. (MECHANISMUS) 58-0382
HOSO2NH2, RK. MIT SF4 55-0018
CLSO2NH2, RK. MIT SF4 55-0018
DIALKYLSULFAMIDE, RK. MIT NAOCL 62-0358
FSO2NSF2, DARST. AUS FLUORSULFURYLISOCYANAT U. SF4 57-0034
FSO2NSF2, (19)F-NMR-SPEKTRUM 57-0034
FSO2NH2, RK. MIT FLUORSULFURYLISOCYANAT 57-0034

CLSO3H, RK. MIT AROMAT. KW-STOFFEN IN GGW. V.
SAEURECHLORIDEN 54-0254
FSO3H, RK. MIT AROMAT. KW-STOFFEN IN GGW. V.
SAEURECHLORIDEN 54-0254
FSO3H, RK. MIT (CH3PN)2SO2 57-0034
HYDROXYLAMIN-O-SULFONSAEURE, RK. MIT 4.4'-BIPYRIDYL
U. HJ 55-0453
HYDROXYLAMIN-O-SULFONSAEURE RK. MIT BENZOXAZOLIN-2-ON
56-0510
IMIDOBISSULFAMIDE, DARST. AUS CHLORSULFONYL-
TRIMETHYLAMMONIOSULFONYLIMID U. PRIM. U. SEK. AMINEN
63-0400
NH(SO2F)2, DARST. AUS N.N'-BIS-(FLUORSULFURYL)-
HARNSTOFF 57-0034
NH(SO2F)2, RK. MIT ((C6H5)4P)CL 57-0034
FSO2NHSO2NHSO2F, DARST. AUS FSO3H U. (CL3PN)2SO2
57-0034
FSO2NHSO2NHSO2F, RK. MIT ((C6H5)4P)CL 57-0034
NITROSODISULFONSAEURE (HSO3)2NO RK. MIT
NITROSODISULFONAT 36. MITT. 53-0423
SCHWEFELSAUERSTOFFSAEUREN (H2SO5)
H2SO5, OX. V. ALDEHYEEN IN ALKOHOL LSG. 64-0385
SCHWEFELSAUERSTOFFSAEUREN (H2S2O8 UND DERIVATE)
PEROXODISULFAT, OX. V. OXALATIONEN MIT 4. MITT.
(KINETIK, MECHANISMUS) 60-0237
PERSULFAT-OX. V. CARBONSAEUREN, 3. MITT. (V. CIS-ZIMT-
U. DIPHENYL-2-CARBONSAEUREN) 60-0584
SCHWEFELSAUERSTOFFSAEUREN (H2S2O7 UND DERIVATE)
IMIDOBISSCHWEFELSAEURECHLORID, RK. MIT TRIMETHYLAMIN
63-0400
SCHWEFELSAUERSTOFFSAEUREN (H2S2O3 UND DERIVATE)
S2O3(2-), KONST. D. RELATIVEN NUKLEOPHILEN
REAKTIVITAET BEZ. CH3J 58-0029
S2O3(2-), RK. MIT CH3J (KINETIK, KONST. D. RELATIVEN
NUKLEOPHILEN REAKTIVITAET) 58-0029
N-SILYLALKYL-AMINOAETHANTHIOSCHWEFELSAEUREN, DARST.
AUS 2-AMINO-AETHANTHIOSCHWEFELSAEURE U.
CHLORALKYLSILANEN 60-0362
2-(HETEROCYCLO-AMINO)-AETHYL-THIOSCHWEFELSAEUREN ,
DARST. AUS C. AZIRIDINOHETEROCYCLEN U. NA2S2O3
60-0642
SCHWEFELVERBINDUNGEN
IN FREIEN RADIKAL-RK. , 1.MITT. 55-0198
IN RK. V. FREIEN RADIKAL-RK., 2. MITT. 55-0199
S-N-VERB., 2. MITT. 57-0034
ORGAN. SCHWEFELVERB., 53. MITT. 58-0613
SCHWEFELCHELATE, 8. MITT. 63-0090
ORGAN. S-VERB., 21. MITT. 63-0595
PENTAFLUORSCHWEFELOXYALKANE U. -ALKENE, DARST.
63-0369
S-VERB. IN FREIEN RADIKAL-RK., 3. MITT. 61-0294
S-HALT. VERB., STRUKTUR U. EIG., 3. MITT. 54-0123
S-CHLORIDE, 2. MITT. 57-0272
CLSO2NSF2, DARST. 55-0018
THIONYLCHLORID, CYCLISIER. MIT 1.2-DIAMINO-PHENAZIN
58-0654
SOCL2, RK. MIT BENZIL-BIS-TRIMETHYLSILYLIMIN BZW.
PHENANTHRENCHINON-(9.10)-BIS-TRIMETHYLSILYLIMIN
59-0511
SOCL2, RK. MIT FORMAMIDEN U. THIOFORMAMIDEN 57-0272
(SO2CL2, CHLORIER. V. NAPHTHALINEN MIT -- 53-0299
SO2CL2, RK. MIT TERT.-BUTYLAMIN 57-0324
SO2CL2, RK. MIT BENZIL-BIS-TRIMETHYLSILYLIMIN
59-0511
S2O5CL2, RK. MIT DMF U. NUCLEOPHILEN KOMPONENTEN
60-0325
S2CL2, RK. MIT 1.1-DIMETHYL-2-ACYL-HYDRAZINEN
57-0562
S2CL2, RK. MIT SULFANGEMISCH (ETWA 34 PZ. H2SO4)
57-0035
SCL2, RK. MIT DIARYL-BUTADIINEN ZU DIARYL-THIOPHENEN
55-0386
S2CL2, RK. MIT AROMAT. PRIM. AMINEN 53-0396
SCL2, RK. MIT PENTAFLUORPHENYL-LITHIUM BZW. O-BROM-
TETRAPHENYL-LITHIUM BZW. BIS-(O-LITHIUM-
TETRAFLUORPHENYL)-SULFID 60-0046
SCL2 RK. MIT ALPHA.GAMMA.DELTA.ZETA-TETRAKETONEN
54-0365
SCL2, RK. MIT BENZIL-BIS-TRIMETHYLSILYLIMIN BZW.
PHENANTHRENCHINON-(9.10)-BIS-TRIMETHYLSILYLIMIN
59-0511
S2CL2, RK. MIT BENZIL-BIS-TRIMETHYLSILYLIMIN 59-0511
SCL2, RK. MIT FORMAMIDEN U. THIOFORMAMIDEN 57-0272
S2CL2, RK. MIT FORMAMIDEN U. THIOFORMAMIDEN 57-0272
CHLORSULFONYLISOCYANAT, RK. MIT BRUECKENOLEFINEN
58-0536
FSO2NSF2, DARST. 55-0018
SF4, RK. MIT FLUORSULFURYLISOCYANAT 57-0034
SF4, RK. MIT NITROALKANOLEN 61-0324
SF4,RK. MIT CHLORSULFURYLISOCYANAT BZW. HARNSTOFF BZW.
N-DIFLUORPHOSPHORYL-CARBONYLIMID BZW. N-FLUORSULFURYL-
CARBONYLIMID 55-0018
SF4,RK. MIT SO2(NH2)2 BZW. HOSO2NH2 BZW. CLSO2NH2
55-0018
SF6, NMR-ABSCHIRMANISOTROPIE IN FL.-KRIST.-LSGM.
63-0011
S2O6F2, RK. MIT BIS-(TRIFLUORMETHYL)-KETEN 61-0346
SCHWEFELIMIDE, BIS-CARBALKOXYIMINO-SCHWEFELDIOXIDE,
DARST. AUS N.N-DICHLOR-URETHANEN U. CARBALKOXYIMINO-
THIONYLCHLORIDEN BZW. SCL2 BZW. S 56-0601
SCHWEFELIMIDE, RK. MIT 1.3-ALKADIENEN 56-0601
SCHWEFELDIIMIDE, RK. MIT TRIAETHYLPHOSPHIT 62-0402
N-ARYLSULFONYL-N-ARYLSULFENYL-SCHWEFEL-DIIMIDE, DARST.
53-0245
S4N4, RK. MIT ARYL-PARAFFINEN ZU 1.2.5-THIADIAZOLEN
56-0525
SO, RK. MIT DIENEN 56-0474
SO3, SOLVOLYSE (IN VERSCHIEDENEN ALKOHOLEN) 63-0261
H2S, RK. MIT ALKANPHOSPHONSAEUREDICHLORIDEN 58-0445
SCHWERMETALLE
* S. UNTER METALLE
SEDATIVA
* S. UNTER ARZNEIMITTEL
SELEN
RK. MIT PHENYLACETYLEN 60-0671
RK. MIT PHENYLBORDIJODID 57-0037
SELENSAUERSTOFFSAEUREN
H2SEO4, DIALKYLESTER, DARST. AUS ALKOHOLEN BZW.
AETHERN U. SEO3 BZW. DURCH UMESTER. 54-0025
SELENVERBINDUNGEN
SECL4, RK. MIT ALPHA.GAMMA.DELTA.ZETA-TETRAKETONEN
54-0365
SEO2, RK. MIT 1.2-DIAMINO-BENZOLEN 60-0568
H2SE, RK. MIT (PI-C5H5)2TICL2 57-0002
SELENADIAZOLE
2.1.3-SELENADIAZOLE U. - THIADIAZOLE, 50. MITT.
60-0568
2.1.3- U. -THIADIAZOLE, 51. MITT. 62-0586
2.1.3- U. -THIADIAZOLE, 52. MITT. 62-0587
1.2.5-, DARST. AUS VIC. DIAMINEN ODER VIC. DIOXIMEN
58-0609
2.1.3-, NMR 64-0153
SELENAZOLE
5-PHENYL-2-AMINO-SELENAZOLINONE-(4), TAUTOMERIE MIT
5-PHENYL-2-IMINO-SELENAZOLIDINONEN-(4) 60-0552
SELENIDE, ORGANISCHE,
SELENOMETHIONINE, DARST. AUS SE-BENZYL-
SELENOHOMOCYSTEINEN 56-0320
PHENYL-ALKENYL-, DARST. AUS SELENOPHENOL U.
ALKENYLCHLORIDEN 57-0351
PHENYL-ALKEN-(2)-YL-, DARST. AUS NA-SELENOPHENOLATEN
U. ALKENYLHALOGENIDEN 57-0352
BIS-(ALKYL(ARYL)SELENO)-METHANE, DARST. AUS
ALKYLSELENOLEN ODER SELENOPHENOLEN U. CHLORMETHYL-
METHYLAETHER (ZN) 62-0339
GAMMA- BENZYLSELENO-AMINOSAEUREN, DARST. AUS
5-BENZYLSELENOALKYL-HYDANTOINEN 64-0411
NAPHTHYL-, UV 64-0096
NAPHTHYL-, ELEKTRONENSTRUKTUR 64-0096
BIS-(OMEGA-CARBOXYALKYL)-DI-, POLAROGRAPHIE 54-0136
PHENYLSELENO-ESSIGSAEUREN, DISSOZIAT.-KONST. 62-0181
SELENOCARBAMINSAEUREN
DISELENOCARBAMINATE, DARST. AUS ALKALI-
DISELENOCARBAMATEN 59-0317
DISELENOCARBAMINATE, RK. 59-0317
SELENOCARBONSAEUREN
DIMETHYL-SELENOBENZAMIDE, GEHINDERTE ROTAT. UM D.
C-N-BIND. 54-0110
SELENOCYANSAEUREDERIVATE
SELENOCYANATOPYRROLE, DARST. AUS PYRROLEN U.
DI-SELENOCYANWASSERSTOFF 58-0581
SELENOHARNSTOFFE
DARST. AUS CSE2 U. AMINEN 59-0317
SELENOKOHLENSAEUREN
TRISELENOKOHLENSAEUREESTER, DARST. AUS CSE2 DURCH
ALKYLIER. 56-0308
SELENOLE
DARST. AUS ALKYL(ARYL)-MAGNESIUMHALOGENIDEN U.SE
62-0339
OMEGA-CARBOXYALKYL-, DISSOZIAT.-KONST. 54-0136
RK. MIT CHLORMETHYL-METHYLAETHER (ZN) 62-0339
SELENONIUMVERBINDUNGEN
HALOGENARYL-DIMETHYL-, DARST. 58-0406
SELENOPHENE
BISELENIENYLREIHE, 2. MITT. 60-0500
DIACYLDIHYDROXY-, DARST. AUS ALPHA.GAMMA.DELTA.ZETA-
TETRAKETONEN U. SECL4 54-0365
JOD-, DARST. AUS TETRAACETOXYMERCURI-SELENOPHEN
56-0482
DICYAN- U. DIFORMYL-, DARST. 62-0533
DARST. AUS ALPHA-PROPINYL-CARBONYLVERB. 63-0605
SELENOPHOSPHONSAEUREN
SELENOPHOSPHONSAEUREN, DARST. 64-0556
SELENOXANTHOGENSAEUREN
DISELENOXANTHOGENATE, DARST. AUS ALKALI-
DISELENOXANTHOGENATEN 59-0317
DISELENOXANTHOGENATE, RK. 59-0317
SELLERIE
-WURZELN, ISOLIER. V. POLYACETYLENE N 54-0585
SELTENERDMETALLE
IONENAUSTAUSCH-CHROMATOGRAPHIE V. SELTENERDMETALLEN IN
WSS. ORGAN. MEDIEN, 5. MITT. 57-0023
CHEMIE, 19.MITT. 64-0024
SELTENERDMETALLVERBINDUNGEN
SELTENERDMETALLKOMPLEXE V. HYDRAZODIESSIGSAEURE U.
IHRE TRENN. 59-0052
LANTHANIDENCHELATE V. NITROSO-R-SAEURE,
STABILITAETSKONST. 60-0027
LU(EN)3X3 U. LU(EN)4X3 MIT LU=LANTHANID(III), X=CL,
BR, NO3, CLO4, DARST., STABILITAET 61-0041

LANTHANOIDPERCHLORAT-DMSO-KOMPLEXE, DARST. , IR-SPEKTREN, THERM. ZERS., PULVERROENTGENOGRAPH. UNTERS. 61-0042
LANTHANIDE,DARST. V. CHELATEN V. LANTHANIDEN MIT CHINOIDEN BZW. PHENOL. FARBSTOFFEN IN WSS. LSG. U. IHRE ANALYT. ANWEND. 53-0016
METALL(III)-(2-NITROSO-1-NAPHTHOL-4-SULFONSAEURE-(2)-DIANION)-CHELATE, BLDG., STABILITAET 56-0063
SEMICARBAZIDE
PHENYL-, DARST. AUS PHENYLISOCYANATEN U. HYDRAZINEN 57-0374
PHENYL-, UNTERS. D. HERBICIDEN WRKG. 57-0374
SEMICARBAZONE
2-(2-CYAN-AETHYL)-BENZALDEHYD-, DARST. AUS D. SEMICARBAZONEN MIT ACRYLNITRIL 54-0444
IR-ABSORPT. ZWISCHEN 2,5 U. 16 MY 53-0059
ELEKTROLYT. RED. IN ALKAL. LSG. 63-0236
SEMICHINONE
* S. UNTER RADIKALE
SEMIDIN-UMLAGERUNG
* S. UNTER UMLAGERUNGEN
SENFOELE
* N-ACYL- S. UNTER SAEUREISOTHIOCYANATE
N-ISOTHIOCYANATOAMINE, 3.MITT. 56-0307
DARST. AUS THIOFORMAMIDEN U. SCHWEFELCHLORIDEN 57-0272
AROMAT. ISOTHIOCYANATE, DARST. AUS PRIM. AROMAT. AMINEN, DICYCLOHEXYLCARBONDIIMID U. SCHWEFELKOHLENSTOFF 63-0442
RK. MIT N-PHENYL-AETHYLENIMIN 64-0570
RK. MIT HN-LOST 54-0387
ISOTHIOCYANSAEUREESTER, RK. MIT 3- U. 4-AMINO-PYRIDINEN 62-0618
RK. MIT BIGUANIDEN 54-0462
ARYLISOTHIOCYANATE, ADDIT. AN THIAZOLIUMYLIDE 64-0757
RK. MIT DIALKYLFORMAMID-DIALKYLACETALEN U. AMINALESTERN (MECHANISMUS) 63-0383
ARYLISOTHIOCYANATE, RK. MIT BIS-(ARYLSULFONYL)-METHANEN 60-0373
ISOTHIOCYANATE, BEZIEH. ZWISCHEN STRUKTUR U. BAKTERIOSTAT. AKTIVITAET AUF GRAMPOSITIVE U. GRAMNEGATIVE ZELLEN 63-0886
ISOTHIOCYANCARBONSAEUREESTER, GASCHROMATOGRAPH. TRENN. 62-0856
SEPHADEX
-GELE, VERTEIL. V. WSS. NA-ALKANOAT-LSG. 64-0208
SESQUITERPENE
* S. UNTER TERPENE
SESQUITERPENOIDE
* S. UNTER TERPENE
SEXUALLOCKSTOFFE
* S. UNTER LOCKSTOFFE
SICCANOCHROMENE
* S. UNTER CHROMENE
SIEDEPUNKT
V. CYCLOHEXYLAMINEN (BEZIEH. ZUR KONFORM.) 64-0180
SILANE, ORGANISCHE (ALLGEMEINES)
AETHINYL-, 3. MITT. 63-0550
SILANE, ORGANISCHE (VORKOMMEN, DARSTELLUNG)
ARYL-BROM-, DARST. AUS BROM-TOLUOLEN U. SI 54-0183
METHYL-CHLOR-, DARST. AUS CH3CL U. HALBLEITER-SI 54-0185
METHYLMERCAPTOMETHYL-, DARST. DURCH GRIGNARD-RK. 54-0240
ARYL-TRIMETHYL-, DARST. DURCH RADIKAL. TRIMETHYLSILYLIER. 54-0270
FLUOR-, DARST. AUS ALKOXYSILANEN U. WF6 56-0331
TETRAFLUORPHENYL-, DARST. 56-0368
GEM.-DIHALOGEN-CYCLOPROPYL-, DARST. 56-0393
P-TRIMETHYLSILYL-PHENYL-BARBITURATE, DARST. 57-0808
PERHALOGENVINYL-TRIAETHYL-, DARST. AUS TRIAETHYL-CHLORSILAN U. VINYL-LI-VERB. 58-0391
ALPHA-TRIALKYLSILYL-CARBENE, BLDG. AUS TRIALKYL-(CHLORMETHYL)-SILANEN 58-0396
ALPHA.OMEGA- BIS-(PENTAHALOGENPHENYL)-POLY-, DARST. AUS ALPHA.OMEGA-DICHLOR-METHYLSILANEN 58-0449
POLYCHLORPHENYL-, DARST. AUSCHLORALKYL(ARYL)SILANEN 58-0450
3-PHENYL-ALLYL-, DARST. AUS CINNAMYLCHLORID U. TRIALKYLCHLORSILANEN 59-0030
M-NITROARYL-ALKYL-, DARST. AUS M-NITROSTYROL U. SILANEN 59-0384
DICARBOXYPHENYL-TRIMETHYL-, DARST. 59-0533
TETRACHLORPYRIDYL-(4)-, DARST. AUS CHLORSILANEN U. D. PYRIDIN-GRIGNARD-VERB. 59-0607
SILYLALKYLAMINOAETHAN-THIOLE U. THIOSULFATE, DARST. 60-0362
BUTYL-, DARST. AUS DICHLOR- BZW. DIMETHOXYSILANEN U. ORGANOMETALLVERB. 60-0363
1.3.5- TRICHLORPHENYL-METHYL-, DARST. AUS 1.3.5-TRICHLORBENZOL U. CHLORSILANEN 61-0429
OPT. AKT., DARST. 61-0431
PHENYLCYCLO-, DARST. AUS DICHLORDIPHENYLSILAN U. NA ODER LI 62-0025
DICHLORMETHYL-HEPTAMETHYL-TRI-, DARST. 62-0366
TRIMETHYLSILYL-BICYCLO(X.1.0)ALKANE, DARST. AUS TRIMETHYLSILYLCHLORMETHYLLITHIUM, DIPHENYLQUECKSILBER U. CYCLOALKENENEN 62-0368
5-TRIMETHYLSILYL-INDOLE, DARST. AUS INDOLIN U. TRIMETHYLCHLORSILAN 62-0537
TRIMETHYL-POLYHALOGENNORBORNADIENYL-, DARST. AUS POLYHALOGENNORBORNADIENYL-LI U. TRIMETHYLCHLORSILAN 63-0057
2-TRIMETHYLSILYL-PICOLINE, DARST. AUS 2-BROM-PICOLINEN U. TRIMETHYLCHLORSILAN 63-0273
1.4-DISILYL-BUTENE-(2), CIS-TRANS-ISOMERE, DARST. AUS BUTADIENEN-(1.3) U. CHLORSILANEN 63-0410
TRIMETHYL-TOLYL-, DARST. AUS LITHIOTOLUOLEN 63-0460
ARYLDIMETHYLDICHLORMETHYL-, DARST. AUS ARYLDIMETHYLSILANEN U. PHENYLDICHLORBROMMETHYL-QUECKSILBER(II) (KINETIK) 63-0462
POLYHALOGENPHENYL-, DARST. 63-0463
PENTAFLUORPHENYL-, DARST. AUS PENTAFLUORPHENYL-MGBR U. SICL4 63-0466
STEREOISOMERE TRIMETHYLSILYL-CYCLOHEXANOLE, DARST. AUS 1-TRIMETHYLSILYL-CYCLOHEXEN 63-0499
ALKYL- U. ARYL-DI-, DARST. 64-0464
AZIDO-, DARST. 58-0446
TRIPHENYLAETHINYL-, DARST. 60-0039
TRIMETHYLSILYLBENZOLDICARBONSAEUREDERIV., DARST. AUS 5-HALOGEN-XYLOLEN MIT TRIMETHYL-CHLORSILAN 60-0393
SILYLPHENYL-HYDROXY-PROPIONSAEUREAMINOAETHYLESTER, DARST. 63-0458
TRIMETHYLSILYLPHENYL-ALKANSAEUREAMIDE, DARST. AUS P-TRIMETHYLSILYLPHENYLALKYLCARBONSAEURECHLORIDEN U. AMINEN 63-0459
2- SILYL-BICYCLO(2.2.1)HEPTADIENE, DARST. AUS CYCLOPENTADIEN U. ALKYLALKINYLSILANEN 63-0550
SILANE, ORGANISCHE (PHYSIKAL. EIGENSCHAFTEN)
TRIPHENYLAETHINYL-, IR 60-0039
TRIPHENYLAETHINYL-, UV 60-0039
TRIMETHYLSILYL-DIINE, RAMAN-SPEKTREN 62-0074
IR-SI-H-FREQUENZ (SUBSTITUENTEN-EINFL. 63-0127
ALKENYL-, IR U. UV 63-0168
TRIMETHYL-HALOGEN-, P(PI)-D(PI)-BIND. 59-0149
PHENYLCYCLO-, KRISTALLSTRUKTUR 62-0025
ALKENYL-, HMO-BERECHN. 63-0168
TRIMETHYL-ARYL-, HMO-BERECHN. 64-0135
ALLYL- U. BENZYL-, DIPOLMOMENTE 59-0099
VINYL- U. PHENYL-, BEST. V. DIPOLMOMENTEN 59-0100
(29)SI-H-KOPPL.-KONST. (BERECHN.) 58-0115
AETHYLHALOGEN-, PMR (EINFL. D. SUBSTITUENTENZAHL) 59-0128
RADIKALANIONEN V. ALKENYL- U. ARYL-, ESR 62-0092
PHENYL-TRIMETHYL-, PMR (SUBSTITUENTENEFFEKTE) 63-0139
(2.2-DICHLOR-CYCLOPROPYL)-, PMR-SPEKTREN 63-0140
ALKENYL-, PMR 63-0168
METHYL-, PMR 61-0098
TRIMETHYL-ARYL-, ESR 64-0135
PYRIDYL-, BASIZITAET IN WSS. METHANOL 61-0182
METHYLCHLOR-, VERBRENN.- U. BLDG.-WAERMEN 58-0164
SILANE, ORGANISCHE (REAKTIONEN)
FERROCENYL- U. ARYLTRIMETHYL-, PROTONOLYSE (KINETIK) 58-0065
DICARBOXYPHENYL-TRIMETHYL-, UEBERFUEHR. IN FARBSTOFFE 59-0533
CYCLOPROPYL-, THERM. ISOMERISIER. 61-0293
ALPHA-HYDROXYALKYL-, UMLAGER. IN GGW. V. AMINEN (KINETIK) 63-0309
SILYLESSIGSAEUREN, THERM. BZW. BASEN-KATALYSIERTE UMLAGER. 64-0463
ARYL-ALKYL-CHLOR-, RACEMISIER. (MECHANISMUS) 64-0465
ALPHA-TRIALKYLSILYL-CARBENE, CYCLISIER. 58-0396
1-ALKINYL-, SPALT. D. SI-C-BIND. DURCH AGNO3 55-0269
ALLYL-, SPALT. DURCH HG-SALZE (KINETIK, MECHANISMUS) 59-0031
TRIMETHYLSILYLMETHYL-GEM.-DIHALOGEN-CYCLOPROPANE, PYROLYSE (MECHANISMUS) 63-0498
CHLORIERTE, PYROLYSE 63-0624
3-PHENYL-ALLYL-, ALKAL. SPALT. (KINETIK) 59-0030
PHENYLCYCLO-, THERM. ZERS. 62-0025
OX., 2. MITT. 58-0448
TRISUBSTITUIERTE, OZONOLYSE (KINETIK) 61-0024
ARYLDIMETHYL-, RK. MIT O3 (KINETIK) 58-0448
TRIMETHYL-, ELEKTROLYT. RED. (MECHANISMUS) 63-0234
VINYL-, RK. MIT DIBORTETRAHALOGENIDEN 61-0030
2-TRIMETHYLSILYL-PICOLINE, ALKAL. HYDROLYSE (KINETIK) 63-0273
HYDRIDUEBERTRAG.-RK. MIT CARBONIUMIONEN, 1. MITT. (ANWEND. U. STEREOCHEMIE) 63-0501
VINYL(ALLYL)-, RK. MIT HALOGEN-CARBENEN 57-0030
ALKENYL-, RK. MIT CCL2 U. CBR2 56-0393
DICHLOR-, RK. MIT TETRAHYDRO-2-HYDROXYMETHYLPYRAN 59-0664
2-TRIMETHYLSILYL-PICOLINE, METHANOLYSE (KINETIK) 63-0273
RK. MIT CARBINOLEN 63-0501
TRIARYL-, RK. MIT PT-PHOSPHINKOMPLEXEN 54-0046
ALKYL-CHLOR-, RK. MIT N.N-BIS-TRIALKYLSILYL-AMINO-ALKANOLEN 54-0245
METHYLCHLOR-, CL-H-AUSTAUSCH MIT METHYLSILANEN (KINETIK) 59-0189
RK. MIT GERMACYCLOBUTANEN 53-0022
DI- U. TRIALKYL-HYDROGEN- AUSTAUSCHRK. MIT ALKOXYSTANNANEN 53-0024
TRIALKYLHALOGENSILANE, RK. MIT BETA-STANNYL-KETONEN 56-0330

ALKINYL-, STEREOSPEZIF. ADDIT. V. DIISOBUTYL-ALH 57-0341
RK. MIT KETONEN ZU 1.3-DIOXA-2-SILA-TETRALINEN 56-0608
AZIDO-, RK. MIT BENZOPHENON 58-0446
HALOGEN-, RK. MIT CYCLOHEXANON U. NA (MECHANISMUS) 57-0401
AZIDO-, RK. MIT NITRILEN 58-0446
TRIALKYLHYDROGEN-, RK. MIT SAEUREANHYDRIDEN 54-0246
HALOGEN-, UMSETZ. MIT SAEUREDERIV. U. ALKALIMETALLEN, 5.MITT. 55-0268
TRIALKYL-, RK. MIT CARBONSAEUREESTERN 56-0334
HALOGEN- U. SAEUREDERIV., RK. MIT ALKALIMETALLEN, 6. MITT. 57-0401
HALOGEN-, RK. MIT SILANESTERN U. -AETHERN UNTER SILYLGRUPPENAUSTAUSCH 62-0580
DICHLOR-, RK. MIT SACCHAROSE 59-0664
SILANE, ORGANISCHE (BIOCHEMIE)
P-TRIMETHYLSILYL-PHENYL-BARBITURATE, SEDATIVE U. ANTIKONVULSIVE WRKG. 57-0808
SILYLPHENYL-HYDROXY-PROPIONSAEUREAMINOAETHYLESTER, ANTICHOLINERG. WRKG. 63-0458
TRIMETHYLSILYLPHENYL-ALKANSAEUREAMIDE, ZNS-DAEMPFENDE WRKG. 63-0459
SILANOLE, ORGANISCHE
7. MITT. 60-0845
AMINOALKYL-, DARST. 54-0245
O-ACYL-TRIALKYL-, DARST. AUS SAEUREANHYDRIDEN U. TRIALKYLHYDROGENSILANEN 54-0246
ALPHA.OMEGA-BIS-(O-TRIMETHYLSILYL)-BIS-(TRIFLUORMETHYL)-PHOSPHINOXYSILANE, DARST. AUS (BIS-(TRIFLUORMETHYL)-PHOSPHINOXY)-BIS-(TRIFLUORMETHYL)-PHOSPHIN U. SILANEN 64-0415
O-ACETYL-, DARST. AUS SILYLESSIGSAEUREN 64-0463
64-0147
POTENTIOMETR. TITRAT. 60-0845
ESTER, RK. MIT CHLORSILANEN UNTER
METALLSILANOLATE, KOORDINAT.-VERB.-BLDG. MIT TRIMETHYLPHOSPHINOXID BZW. TRIMETHYLAMINOXID 63-0080
SILANTHIOLE
SILANTHIOLE, LEWIS- U. BROENSTED-ACIDITAET (VGL. MIT MERCAPTANEN) 58-0189
TRISILANTHIOLE, RADIKAL. UMLAGER. 61-0037
SILAZANE, ORGANISCHE
CYCLODI-, DARST. AUS SILYLAZIDEN BZW. SILAZANEN U. DICHLORSILANEN 58-0446
CYCLODISILAZANE, DARST. AUS TRISANILINOSILANEN DURCH THERM. RK. 62-0369
OLIGOMERE ALPHA.OMEGA-DIMETHYLCHLORSILYL-SUBSTITUIERTE CYCLODISILAZANE, DARST. AUS HEXAMETHYLCYCLOTRISILAZAN U. DIMETHYLDICHLORSILAN 62-0370
CYCLODI-, DARST. AUS TRISILYLAMINEN 58-0037
CYCLODISILAZANE, 1.3-BIS-(DIMETHYLCHLORSILYL)-2.2.4.4-TETRAMETHYL-SUBSTITUIERTE --, DARST. 64-0412
CYCLODI-, NMR 58-0037
CYCLODISILAZANE, 1.3-BIS-(DIMETHYLCHLORSILYL)-2.2.4.4-TETRAMETHYL-SUBSTITUIERTE --, RK. MIT NH3 64-0412
CYCLODISILAZANE, 1.3-BIS-(DIMETHYLCHLORSILYL)-2.2.4.4-TETRAMETHYL-SUBSTITUIERTE --, RK. MIT SEK. AMINEN 64-0412
CYCLODISILAZANE, 1.3-BIS-(DIMETHYLCHLORSILYL)-2.2.4.4-TETRAMETHYL-SUBSTITUIERTE --, RK. MIT NA-SILANOLATEN 64-0412
CYCLODISILAZANE, 1.3-BIS-(DIMETHYLCHLORSILYL)-2.2.4.4-TETRAMETHYL-SUBSTITUIERTE --, RK. MIT ORGANOMETALLVERB. 64-0412
SILBER
EINFL. AUF D. DEHYDRIER. U. DEHYDRATAT. V. ISOPROPANOL 62-0281
SILBERVERBINDUNGEN (ORGANISCHE)
AGJ-KOMPLEXE V. ANILINIUMJODIDEN, RK. MIT ACETON 56-0237
AG-SALZE V. BIPHENYL-CARBONSAEUREN-(2), RK. MIT JOD IN CCL4 60-0585
RK. V. 5.6-DIPHENYL- BZW. 6-CHLOR-3-HYDROXY-PYRIDAZIN, AG-SALZ MIT 1-BROM-1-DESOXY-2.3.4-TRI-O-BENZOYL-BETA-D-RIBOPYRANOSE 54-0491
AG(SC6F5), DARST. (N(C2H5)4)(AG(SC6F5)2) , DARST. 56-0088
SILBERCYANURATE SYNTH., RK. MIT BROM 54-0469
AGF-FLUORKETON-ADDUKTE, DARST. AUS AGF U. FLUORIERTEN KETONEN 63-0094
AG-THIO- BZW. -SELENOPHENOXYESSIGSAEURE-KOMPLEXE, DARST. AUS AG(I) U. THIO- BZW. SELENOPHENOXYSAEUREN, KOMPLEXSTABILITAET 56-0042
AG-SALZE V. SUBSTITUIERTEN ESSIGSAEUREN U. BENZOESAEUREN, RK. MIT 2.3.4-TRI-O-BENZYL-D-GLUCOPYRANURONSAEURE-BENZYLESTER 59-0660
AG-CARBOXYLATE, RK. MIT J2 U. SULFOLENEN-(3) 60-0504
AG-ONS-KOMPLEXE, STROEMUNGSDICHROISMUS 60-0804
AG-KOMPLEXE V. POLYAMINOPOLYCARBONSAEUREN, STABILITAETSKONST. 64-0023
HUMULEN -AGNO3-ADDUKT, DARST. 64-0830
(-)-HUMULENEPOXID-I -AGNO3-ADDUKT, RK. 64-0831
RK. V. AGJ-BENZOAT-KOMPLEXEN MIT ALLYLBENZOAT 53-0254
AG-METHYL- U. -AETHYL-TRIPHOSPHAT, DARST. 56-0054
SILBERVERBINDUNGEN (ANORGANISCHE)
AG-SALZE, EINFL. AUF D. HALOGENIER. V. DIMETHYL-PHENYLSULFONIUM- BZW. -SELENIUM-METHOSULFAT 58-0406
AG3ASO4, RK. MIT BENZYLHALOGENIDEN 60-0371
AG2CO3, RK. MIT PHENYL-SIF3 59-0044
AGCL, KOMPLEXBLDG. MIT SBCL5 U. ACETONITRIL 55-0019
AGF, RK. MIT JF5 64-0041
AGBF4, UNTERS. D. GASCHROMATOGRAPH. TRENNEIG. IN SULFOLAN- BZW. DIPROPYLENGLYKOL-LSG. 60-0841
AGJF6, DARST. AUS JF5 U. AGF 64-0041
AGJF6, RK. MIT TETRAMETHYLAMMONIUMCHLORID BZW. TETRAAETHYLAMMONIUMCHLORID 64-0041
AGNO3, UNTERS. D. GASCHROMATOGRAPH. TRENNEIG. IN SULFOLAN- BZW. DIPROPYLENGLYKOL-LSG. 60-0841
AGNO3, (TRANS-CYCLODECEN)-AGNO3-2 ZU 1-ADDUKT, KRIST.-STRUKTUR 56-0037
AGNO3, NITRIER. V. CUMARAN IN ACETYLCHLORID 60-0483
AGNO3, RK. MIT 1-ALKINYL-SILANEN 55-0269
AGNO3, KEIN EINFL. AUF D. TOLUOL-OX. MIT DIISOPROPYLPEROXYDICARBONAT 58-0213
AGO, ALS OX.-MITTEL FUER ORGAN. VERB. 54-0204
AG2O, RK. MIT PHENYL-SIF3 59-0044
AGCLO4, RK. MIT 4-BROM-ISOPHORON 57-0346
AG-METHYL- U. AETHYL-TRIPHOSPHAT, DARST. 56-0054
SILICIUM
SI-N-VERB. 66.MITT. 54-0434
SI-N-BIND., 29. MITT. 59-0441
ADSORPT. V. ARYLHALOGENIDEN U. ARYL-KW-STOFFEN AN 59-0182
RK. V. HALBLEITER-SI MIT CH3CL BEI DOTIER. MIT P, O, B BZW. AL 54-0185
SILICIUMLEGIERUNGEN
MIT 0,15-0,9 PZ. AL, RK. MIT CH3CL 54-0185
SILICIUMVERBINDUNGEN
SI-N-VERB. 65.MITT. 54-0433
SI-N-VERB., 66. MITT. 54-0434
SI-N-BIND., 29. MITT. 59-0441
SI-N-VERB. 67. MITT. 59-0045
SILICIUM-STICKSTOFF-VERB. 68. MITT. 59-0046
CYCL., 5.MITT. 59-0611
SILICIUM-VERB., PHOTOCHEMIE, 2. MITT. 60-0305
CHEMIE D. SI-N-VERB., 69. MITT. 64-0043
CHEMIE D. SI-N-VERB., 70. MITT. 64-0044
CHEMIE D. SI-N-BIND., 15. MITT. 64-0412
STEREOCHEMIE V. ASYMM. SI, 10. MITT. 59-0445
(CO)4COSICL3, (CO)4COSI(CCL3)3, (CO)5MNSICL3 U. (CO)5MNSI(CH3)3, IR-SPEKTREN 60-0010
F4SI(NH3)2, F4SI(N2H4)2, RK. MIT DISILAZANEN U. CYCLOSILAZANEN 64-0043
(SICL2(BIPY)2), DARST. 63-0053
ZR-, W- U. MO-CYCLOPENTADIENYL-ORGANOSILYL-KOMPLEXE, DARST. 55-0032
SI(C6H5)4-EINSCHLUSSVERB. MIT ((C6H5)3SN-SN(C6H5)3), DARST. 58-0051
HSIF5, SALZE PENTAFLUORSILIKATE MIT KOMPLEXEN PT-KATIONEN, DARST., RK. 62-0056
SIBR4-DIPY U. SIBR4-PHEN, DARST. (STRUKTUR, ZERS.) 54-0434
SIBR4-2PY, DEBYE-DIAGRAMM 54-0435
SI2BR6, ADDIT. AN PY. 59-0045
SIHCL3-2PY, DARST. , RK. 54-0433
SICL4-BZW. SIHCL3-ADDUKTE MIT DIPY U. PHEN, DARST. (ZERS., DEBYEOGRAMM) 54-0434
SICL4-2PY, DEBYE-DIAGRAMM 54-0435
SICL2J2, SICL3J, SIBR3CL, SIBRCL3, ADDIT. AN PY. U. 1.10-PHENANTHROLIN 59-0045
SI2CL6, ADDIT. AN PY. 59-0045
SI3CL8, ADDIT. AN PY. 59-0045
SICL4, BERECHN. U. MESS. D. MOL.-REFRAKT. 53-0019
SICL4, RK. MIT O-CHLORPHENOL 59-0352
SIF4-2 CHINOLIN, DARST. 54-0433
SIF4-2PY, DEBYE-DIAGRAMM 54-0435
SI-TETRAHALOGENIDE, ADDUKTE MIT D. HYDROGENHALOGENIDEN V. DIPY U.PHEN 54-0435
SI-HALOGENIDE, KOMPLEX-BLDG. MIT PYRIDIN U. U.10-PHENANTHRALIN 59-0045
TETRACHLORSILAN,DARST. AUS CH3CL U. HALBLEITER-SI 54-0185
SI-HYDRIDE, SIH3ME (ME=NA, K, RB, CS), DARST. AUS SIH4 U. ME 62-0028
HALOGENSILANE, EFFEKTIVE ELEKTRONEGATIVITAET D. SUBSTITUENTEN 58-0115
HALOGENSILANE, (29)SI-H-KOPPL.-KONST. (VGL. V. BERECHNETEN U. EXPERIMENTELLEN WERTEN) 58-0115
(SIH3)2S,BEST. D. RELATIVEN LEWIS-BASENSTAERKE 54-0019
SI-HYDRIDE, RK. MIT CH3J 62-0028
HSICL3 RK. MIT (PTHCL(P(C6H5)(CH3)2)2) BZW. CIS-(PTCL2-(P(C6H5)(CH3)2)2) 54-0046
H3SIK, RK. MIT TRIMETHYLCHLORSILAN, -BROMGERMAN U. -CHLORSTANNAN 59-0064
HSICL3, PROTONENKOPPL.-KONST. 57-0091
HALOGENSILANE, KOPPL.-KONST. 58-0015
SICL3H, RK. MIT RU3(CO)12 55-0040
HSICL3, ADDIT. AN CYCL. OLEFINE 61-0461
TRICHLOR-SILAN, RK. MIT ALLYL-TRIMETHYLSILYL-AETHER (S.358) 62-0580
SIJ4-ADDUKTE MIT N-HETEROCYCLEN, DARST. (RK., STRUKTUR) 54-0433
SIJ4-DIPY U. SIJ4-PHEN, DARST. 54-0434
SIO2, EINFL. AUF HYDRIER. V. BZL. IN GGW. V. K 64-0492

SILICIUMVERBINDUNGEN (SIO2-MINERALIEN UND -PRAEPARATE)
AEROSIL, SORPT. V. KATION. ARZNEISTOFFEN (MECHANISMUS U. QUANT. ABLAUF) 64-0931
AEROSIL, EINFL. AUF D. FLIESSEIG. V. PUDERROHSTOFFEN 54-0592
FUELLSTOFF R 972, EINFL. AUF D. FLIESSEIG. V. PUDERROHSTOFFEN 54-0592
KIESELGUR, FLIESSFAEHIGK. (EINFL. V. AEROSIL U. FUELLSTOFF R 972) 54-0592
SILICAGEL KSM,EINFL. AUF POLYKONDENS. V. AETHYLEN BEI HOHEN TEMP. 55-0581
SILICONE
* S. UNTER PLASTE
SILOXANE, ANORGANISCHE
SIH3(OSIH3), EFFEKTIVE ELEKTRONEGATIVITAET D. SUBSTITUENTEN 58-0115
SIH2(OSIH3)2, EFFEKTIVE ELEKTRONEGATIVITAET D. SUBSTITUENTEN 58-0115
SIH(OSIH3)3, EFFEKTIVE ELEKTRONEGATIVITAET D. SUBSTITUENTEN 58-0115
SIH3(OSIH3), (29)SI-H-KOPPL.-KONST. (VGL. V. BERECHNETEN U. EXPERIMENTELLEN WERTEN) 58-0115
SIH2(OSIH3)2, (29)SI-H-KOPPL.-KONST. (VGL. V. BERECHNETEN U. EXPERIMENTELLEN WERTEN) 58-0115
SIH(OSIH3)3, (29)SI-H-KOPPL.-KONST. (VGL. V. BERECHNETEN U. EXPERIMENTELLEN WERTEN) 58-0115
SILOXANE, ORGANISCHE
OLIGOMERE ACETOXY-, 1.MITT. 56-0329
(3.3.3-TRIFLUOR-PROPYL)-METHYLCYCLOSILOXANE, 2. MITT. 60-0035
POLY-PHENYLSILOXAN-ALPHA.OMEGA-DIOLE, H-BRUECKENBIND. 58-0174
U. GERMA-, BLDG. IM SYST. (CH3)2SIBR2-(CH3)2GEBR2-(CH3)2SIO-(CH3)2GEO (GLEICHGEW.-KONST.) 57-0042
M-NITROARYL-ALKYL-, DARST. AUS M-NITROSTYROL U. SILOXANEN 59-0384
CYCLO-, DARST. AUS (GAMMA-TRIFLUOR-PROPENYL)-METHYLDICHLORSILAN U. DIMETHYLDICHLORSILAN 60-0043
1.3- BIS-(HALOGENPHENYL)-DI-, DARST. AUS D. HALOGENPHENYL-TRICHLORSILANEN 61-0425
CYCL. DI-, DARST. 62-0678
(OMEGA-CYANALKYL)-METHYL-CYCLOTETRA-, DARST. DURCH GEMEINSAME HYDROLYSE V. DIMETHYLDICHLORSILAN MIT (OMEGA-CYANALKYL)-METHYLDICHLORSILANEN 64-0418
ALPHA.OMEGA- DIACETOXY-DIMETHYLSILOXANE, DARST. AUS OKTAMETHYL-CYCLOTETRASILOXAN U. ACETANHYDRID 56-0329
OKTAARYLSPIRO(5.5)PENTA-, DARST. AUS ORGANOCYCLOTRISILOXANEN BZW. ORGANODISILOXANDIOLEN 56-0367
AMINOARYL-ALKYL-, DARST. AUS D. NITROVERB. 59-0384
LINEARE POLYDIMETHYL-, EINFL. V. ALPHA.OMEGA-SUBSTITUT. U. KETTENLAENGE AUF D. SI-O-SI-BIND.-ZUSTAND 57-0008
LINEARE POLYDIMETHYL-, NMR 57-0008
2.2-DICHLOR-CYCLOPROPYL-, PMR-SPEKTREN 63-0140
METHYL-, BEST. D. RELATIVEN BASIZITAET 63-0030
OKTAARYLSPIRO(5.5)PENTA-, POLYMERISAT. 56-0367
(3.3.3-TRIFLUOR-PROPYL)-METHYL-DIMETHYLCYCLOTETRA-SILOXANE, UMLAGER. ZU CYCL. U. LINEAREN SILOXANEN (KINETIK) 60-0035
PFROPFKONDENS. MIT CELLULOSE 54-0574
SILTHIANE
ORGANOCYCLO-, STEREOCHEMIE 63-0184
TRIMETHYLSILYLDISILTHIANE, DARST. AUS TRISILANTHIOLEN 61-0037
SILYLAETHER
O-CHLORPHENOXY-CHLORSILANE, 1. MITT. 59-0352
ORGANOXY-ISOCYANATO-SILANE, 4. MITT. (PROPOXY-ISOCYANATO-SILANE, DARST.) 53-0019
PENTAMETHYL-ALKOXY-DISILANE, DARST. AUS CHLOR-PENTAMETHYL-DISILAN U. ALKOHOLEN 54-0070
BENZYL-METHYL-O-AETHYL-SILANOLE, DARST. 54-0184
N.N-BIS-(TRIALKYLSILYL)-AMINOALKYL-, DARST. 54-0245
TRIALKYLSILYLOXY-ALKENE, DARST. AUS NA-ENOLATEN U. CHLOR-TRIALKYLSILANEN 55-0270
ALKEN-(1)-YL-(2)-, DARST. AUS BETA-SILYL-KETONEN DURCH UMLAGER. BZW. AUS TRIALKYL(ARYL)CHLORSILANEN U. BETA-STANNYL-KETONEN 56-0330
O-CYCLOALKYL-, DARST. AUS CYCLOHEXANON U. TRIALKYLCHLORSILANEN (MECHANISMUS) 57-0401
METHYL-METHOXY-DISILANE, DARST. AUS METHYL-CHLORIDISILANEN U. METHANOL 59-0343
ROPOXY-ISOCYANATO-SILANE, DARST. 53-0019
O-CHLORPHENOXY-CHLORSILANE, DARST. AUS SICL4 U. O-CHLOR-PHENOL (VARIAT. D. MISCHUNGSVERHAELTNISSES) 59-0352
PENTAFLUORPHENYL-AETHOXYSILANE, DARST. AUS PENTA-FLUORPHENYL-MGBR U. TETRAAETHOXYSILAN 63-0466
AETHOXY-TRIMETHYLSILANE, DARST. AUS TRIMETHYLSILYLAMINEN U. CHLORAL 64-0064
ALPHA.OMEGA-DIOL-TRIMETHYL-, DARST. AUS DIOLEN U. HEXAMETHYLDISILAZAN (TRIMETHYLCHLORSILAN) 64-0147
PENTAMETHYL-ALKOXY-DISILANE, BIND.-EIG. D. SI IN D. SI-SI-BIND. 54-0070
PENTAMETHYL-ALKOXY-DISILANE, NMR-CHEM. VERSCHIEB. 54-0070
BENZYL-METHYL-O-AETHYL-SILANOLE, DIPOLMOMENTE 54-0184
ALKYL-, NMR-PROTONEN-KOPPL.-KONST. 57-0091
TRIMETHYLSILYL-ARYLAETHER, (D-N)PI-WECHSELWRKG. 57-0132
TRIMETHYLSILYL-ARYLAETHER, CT-BANDE V. KOMPLEXEN MIT TETRACYANAETHYLEN 57-0132
AETHYL-, BEST. D. RELATIVEN BASIZITAET 63-0030
SILOXYBENZOL- U. -BIPHENYL-TETRACYANAETHYLEN-CHARGE-TRANSFER-KOMPLEXE, HMO-BERECHN. 63-0169
TRIMETHYL-, RK. MIT METHOXY-TRIBUTYLSTANNAN 56-0070
TRIALKYL-ALKOXYSILANE, RK. MIT CARBONSAEUREESTERN 56-0334
ALPHA.OMEGA-BIS-(O-TRIMETHYLSILYL)-POLYAETHYLEN-GLYKOLE, GASCHROMATOGRAPH. BEST. 56-0743
RK. MIT CHLORSILANEN UNTER SILYLGRUPPENAUSTAUSCH 62-0580
AETHOXY-TRIMETHYLSILANE, ZERS. 64-0064
METHOXY-POLYSILANE, THERMOLYSE IN GGW. V. ACETYLENEN 64-0416
GAMMA-CHLOR-PROPYL-METHOXY-SILANE, CYCLISIER. 64-0572
SILYLAMINE
TRISILYLAMINE, DARST. AUS CYCLODI(TRI)SILAZANEN 58-0037
N-TRIALKYLSILYL-AETHYLENDIAMINE, DARST. AUS AETHYLENDIAMINEN U. ORGANOSILYLCHLORIDEN 58-0393
MONO- U. DI-N-SILYL-AMINE, DARST. AUS AMINEN U. N-METHYL-N-TRIMETHYLSILYL-ACETAMID 59-0338
FLUOR-, DARST. AUS SILAZANEN U. SIF4-AMIN-ADDUKTEN 64-0043
FLUOR-, DARST. AUS CYCLOSILAZANEN U. HF BZW. NH4F 64-0044
1.2-BIS-(TRIMETHYLSILYL-KETIMINE), DARST. 59-0511
FLUOR-, DARST. AUS LI-DIALKYL(DIARYL)AMID U. SIF4 64-0044
TRISILYLAMINE, NMR 58-0037
TRIMETHYLSILYL-ALKYL- BZW. -PHENYL-AMINE, SCHWING.-SPEKTREN 59-0107
N-TRIMETHYLSILYLAETHYLENDIAMINE, BASIZITAET 61-0292
1.2-BIS-(TRIMETHYLSILYL-KETIMINE), RK. 59-0511
N-TRIALKYLSILYL-AETHYLENDIAMINE, ANION. UMLAGER. IN GGW. V. N-BUTYLLITHIUM 58-0393
N-TRIMETHYLSILYLAETHYLENDIAMINE, ISOMERISIER. 61-0292
TRIMETHYLSILYLAMINE, RK. MIT CHLORAL 64-0064
SILYLENE
* S. RADIKALE (ANDERE RADIKALE)
SILYLIERUNG
* S. UNTER KONDENSATIONSREAKTIONEN
SIMMONS-SMITH-REAKTION
* S. UNTER ADDITIONSREAKTIONEN
SMILES-UMLAGERUNG
* S. UNTER UMLAGERUNGEN
SOLVATATION
* S. UNTER HYDRATATION U. SOLVATATION
SOLVATOCHROMIE
* S. UNTER FARBE
SOLVOLYSE
* HYDROLYSE S. DORT
* PHOTOCHEM. S. UNTER PHOTOCHEMIE UND STRAHLENCHEMIE
SOLVOLYT. VERDRAENG.-RK. IN TRIFLUORESSIGSAEURE, 1. MITT. 60-0266
CARBENIAT-CARBONIUM- IONENPAARE ALS ZWISCHENSTUFEN 61-0306
PI- ALS WEG ZU AZABICYCLEN 63-0684
-RK. (ELEKTRON. EINFL.), 2. MITT. 59-0227
STRUKTUREFFEKTE, 3. MITT. 61-0242
V. METHYL-AMIDOTHIOPHOSPHORSAEURECHLORID (KINETIK, MECHANISMUS) 62-0238
V. SO3 63-0261
V. NORBORNADIENTRICARBONYLEISENDERIV. (KINETIK) 63-0047
PROTOLYSE V. ARYLMERCURIBROMIDEN IN DMF (KINETIK U. MECHANISMUS) 56-0216
PROTOLYSE V. TRANS-2-CHLOR-VINYL-HGCL 56-0219
V. ALKYL-HG-PERCHLORATEN (KINETIK) 57-0027
V. ALKYL-HG-ACETATEN (KINETIK) 57-0027
FORMOLYSE V. CHROMSAEUREESTERN 55-0179
V. CARBOXYPHENYLSULFATEN (MECHANISMUS) 63-0261
D. BENZYLIDENDERIV., 3.MITT. 55-0175
AETHANOLYSE V. 9-BENZYLIDEN-9.10-DIHYDRO-ANTHRACENEN (KINETIK) 56-0421
ACETOLYSE V. 5-HEXENYLDERIV. (VERSAGEN D. PRINZIPS D. HARTEN U. WEICHEN SAEUREN U. BASEN) 55-0176
ACETOLYSE V. HOMOALLENYLVERB. KINETIK 55-0181
V. BENZYLIDEN-DERIV., 4. MITT. 58-0239
V. 3-ARYL-2.3-DIMETHYL-2-BUTYL-DERIV. (RK.-MECHANISMUS) 61-0242
ACETOLYSE V. BENZONORBORNENDERIV. (KINETIK U. MECHANISMUS) 63-0263
V. 2-METHYL-OXETAN (KINETIK) 54-0188
ALKOHOLYSE V. 1-CHLOR-3(BZW. 4)-CHLORMETHYL-4(BZW. 3)-METHYL-ISOCHINOLIN 53-0433
V. ALPHA-PHENYL-AETHYLCHLORID (D-ISOTOPENEFFEKT U. UEBERGANGSZUSTAND) 54-0154
V. TERT.-BUTYLBROMID (DRUCK- U. TEMP.-EFFEKT AUF D. GESCHW.) 54-0157
V. 1-METHYLCYCLOALKYLCHLORIDEN (KINETIK, ISOTOPEN- U. CH3-GRUPPENEFFEKT) 58-0238
V. 1-CHLOR-BICYCLOPROPYL U. 1-CHLOR-1-CYCLOPROPYLPROPAN (KINETIK) 58-0241
V. 1-PHENYL-AETHYLHALOGENIDEN IN W.-A.- U. W.-ACETON-GEMISCHEN (KINETIK, D-ISOTOPENEFFEKT) 58-0244
ALKOHOLYSE V. ALKYLCHLORIDEN (KINETIK, SEK. ISOTOPEN-EFFEKT) 58-0248

NITROLYSE V. ORGAN. HALOGENIDEN, 1. MITT. 59-0288
V. TERT.-BUTYLCHLORID (KINETIK, ISOTOPENEFFEKT) 60-0259
V. 1-CHLOR-BICYCLO(3.3.1)NONAN (KINETIK) 61-0228
V. 1-BROM-BICYCLO(3.3.1)NONAN (KINETIK) 61-0229
V. HALOGENIERTEN CHINAZOLINEN MIT METHANOL (KINETIK) 61-0235
V. BROMBICYCLOPROPYLEN U. -CYCLOPROPANEN (KINETIK) 61-0463
V. 1-BROM-ADAMANTAN IN W.-DMSO (KINETIK) 63-0274
V. 1-BROM-ADAMANTAN IN A.-W. (KINETIK) 63-0275
V. PIKRYLCHLORID IN METHANOL-W. (KINETIK) 57-0229
V. 4(5)-(2-AMINO-3-BROM-PROPYL)-IMIDAZOL (KINETIK) 57-0230
V. L-4(5)-(2-AMINO-3-BROM-PROPYL)-IMIDAZOL IN GGW. V. CU(II) (KINETIK) 57-0231
ACETOLYSE V. MANNICHBASEN, 8. MITT. 57-0621
V. 9-DIAZO-FLUORENEN (KINETIK) 58-0221
V. O-NITRO-BENZHYDRYLBROMID U. O-NITRO-BENZYLTOSYLAT (SUBSTITUENTENEINFL.) 61-0231
V. ALKYLDIAZOTATEN, 3.MITT. 61-0435
V. HALOGEN-ENAMINEN (SN1-TYP) 62-0665
V. ALKYLDIAZOTATEN, 4. MITT. 63-0266
ACETOLYSE V. AETHERN IN GGW. V. HCLO4 (KINETIK) 53-0147
ACIDOLYSE V. OZONIDEN 54-0200
V. 1-HYDROXYMETHYL-BICYCLO(2.2.0)HEXAN-4-NITRO-BENZOAT (KINETIK) 59-0485
ALKOHOLYSE V. FORM- U. ACETALDEHYD-DIALKYLACETALEN (KINETIK) 62-0225
V. 6- U. 7-METHOXY-BENZONORBORNENEN (KINETIK) 63-0262
V. SPIRO(2.3)HEXAN-4-METHANOL (MECHANISMUS, KINETIK) 64-0281
V. DIBENZYLIDEN-ZUCKERALKOHOLEN (KINETIK) 55-0175
V. ARYLSULFINYL-SULFONEN IN VERD. ESSIGSAEURE BZW. WSS. DIOXAN IN GGW. V. H2SO4, ACETAT, BROMID ODER CHLORID (MECHANISMUS U. KINETIK) 59-0222
V. 2-TRIMETHYLSILYL-PYRIDIN DURCH ALKOHOLE U. W. 61-0236
METHANOLYSE V. 2-TRIMETHYLSILYL-PICOLINEN (KINETIK) 63-0273
AMINOLYSE V. PHENYL-N-PHENYLCARBAMATEN, KINETIK 60-0255
V. KETONDERIV. , CARBONYLTEILNAHME, ISOLIER. V. INTERMEDIAEREN (KINETIK) 64-0280
V. ALKYLDIAZOTATEN, 5. MITT. 62-0244
ALKOHOLYSE V. ACETANHYDRID (EINFL. D. H-BIND., KINETIK U. MECHANISMUS) 53-0145
METHANOLYSE V. METHYLBENZOAT (KINETIK) 54-0156
V. 2-HYDROXYMETHYLCYCLOHEXANOLACETATEN (BETEILIG. V. ACETOXYGRUPPEN) 55-0298
METHANOLYSE V. BENZOYLHALOGENIDEN IN ACETONITRIL (GRUPPENABSPALTENDE EFFEKTE) 56-0215
METHANOLYSE V. MALONDIAETHYLESTERN (KINETIK) 58-0240
V. PHENYLALKANOATEN (EINFL. V. POLYKATIONEN AUF D. KINETIK) 58-0246
AMINOLYSE V. AMINOSAEURE-(2-HYDROXY-PHENYLESTERN) (ANCHIMERE BESCHLEUNIG.) 58-0802
HYDRAZINOLYSE V. DICARBONSAEUREANHYDRIDEN MIT HYDRAZIDEN (KINETIK) 59-0213
V. NEUTRALEN, POSITIV U. NEGATIV GELADENEN ESTERN MIT VERSCHIEDENER KETTENLAENGE (KINETIK, EINFL. V. MICELLBILDNERN) 60-0261
V. CHLORESSIGSAEURE MIT WSS. NH3 (KINETIK) 61-0250
HYDROXYLAMINOLYSE V. N-SUBSTITUIERTEN PHTHALIMIDEN 61-0801
V. SAEURECHLORIDE, SEK. D-ISOTOPENEFFEKT 62-0227
V. SPIRO(2.N)ALKYL-(4)-NITROBENZOATEN IN 60 PZIG. ACETON (KINETIK U. MECHANISMUS) 62-0231
V. SPIROALKYLDINITROBENZOATEN (KINETIK) 62-0232
AMINOLYSE V. METHYLFORMIAT (KINETIK) 63-0260
V. 2-P-METHOXY-PHENYL-NORBORNYL-(2)-BENZOATEN (KINETIK, MECHANISMUS) 63-0264
V. CARBOMETHOXYBENZYLBROMIDEN U. ALPHA-METHYLDERIV. (KINETIK, KONSTIT.-EINFL.) 64-0266
ACETOLYSE, V. BICYCLONONANOLTOSYLATEN 54-0153
TRIFLUORACETOLYSE, V. 2-PHENYL-AETHYL-P-TOLUOLSULFONAT (KINETIK, AUFTRETEN EINES PHENONIUM-IONS) 54-0159
V. 1.2-BENZOCYCLOHEXENYL-(3)-METHYL-(14C)-TOSYLAT (MECHANISMUS) 57-0224
ACETOLYSE U. AETHANOLYSE V. ENDO- U. EXO-BICYCLO-ALKYL-METHYL-TOSYLATEN (KINETIK) 57-0227
U. CHLORIER. V. 2-NITRO-BENZOL-SULFENYLCHLORIDEN, MECHANISMUS, 7. MITT. 58-0231
V. CYCLOALKYL-P-TOLUOLSULFONATEN (KINETIK) 58-0235
ACETOLYSE (KINETIK) V. (BENZONORBORNENYL-(9)-AETHYL)-BROSYLATEN 58-0247
ACETOLYSE V. KETON-TOSYLATEN 58-0758
V. 9-OXO-BICYCLO(3.3.1)NONYL- U. 8-OXO-BICYCLO(3.2.1)OCTYL-(2-ENDO)-TOSYLAT (KINETIK) 59-0223
TRIFLUORACETOLYSE V. 2-PHENYLAETHYL-BROSYLAT (STER. VERLAUF) 59-0224
FORMOLYSE V. 2-ARYL-AETHYL-TOSYLATEN (KINETIK, MECHANISMUS) 59-0229
ACETOLYSE V. 2-ARYL-AETHYL-TOSYLATEN (KINETIK, MECHANISMUS) 59-0229
ACETOLYSE U. ALKOHOLYSE V. SEK.-ALKYL-ARENSULFONATEN (MECHANISMUS) 60-0263
AETHANOLYSE U. ACETOLYSE V. 2-METHYL-CYCLOHEXYL-TOSYLATEN (KINETIK, MECHANISMUS) 60-0264
TRIFLUORACETOLYSE V. 2-ARYL-AETHYLTOSYLATEN (KINETIK) 60-0266
V. AETHYLTRIFLUORMETHANSULFONAT (KINETIK U. ISOTOPENEFFEKTE) 60-0267
V. ANTI-(2EXO-3EXO-D2)NORBORNYL-(7)-P-BROM-BENZOLSULFONAT (MECHANISMUS) 60-0453
ACETOLYSE V. ALPHA-SPIROTOSYLATEN (KINETIK) 60-0456
V. OCTYL-(2)-4-BROM-(SO2-(18)O1)BENZOLSULFONAT U. TRANS-4-TERT.-BUTYL-CYCLOHEXYL-(SO2-(18)O1)-P-TOLUOLSULFONAT (KINETIK, MECHANISMUS) 61-0234
ACETOLYSE V. 7.7-DIMETHOXY-BICYCLO(2.2.1)HEPTAN-ENDO-2-OL-P-TOLUOLSULFONAT (MECHANISMUS) 61-0239
ACETOLYSE V. 7.7-DIMETHOXY-BICYCLO(2.2.1)HEPTAN-EXO-2-YL-P-TOLUOLSULFONAT (KINETIK) 61-0240
FORMOLYSE V. 2.2-DIMETHYL-PENTIN-(3)-YL-(1)-TOSYLAT 62-0226
ACETOLYSE V. 4-BROM-(1.1-D2)BUTYL-P-NITROBENZOLSULFONAT IN GGW. V. HARNSTOFF (MECHANISMUS) 62-0233
V. (2-CYCLOPROPYL-AETHYL)-TOSYLATEN UNTER UMLAGER. 62-0422
ACETOLYSE V. 2.4.7-TRINITRO-FLUORENYL-(9)-TOSYLAT (METHOXYNAPHTHALIN-KATALYSE) 63-0257
ACETOLYSE V. (-)-ENDO-BICYCLO(3.2.1)OCTYL-(2)-P-TOLUOLSULFONAT (KINETIK) 63-0267
ACETOLYSE V. BICYCLO(3.2.1)OCTYL-VERB. (MECHANISMUS) 63-0268
ACETOLYSE V. BICYCLOOCTYLTOSYLATEN (KINETIK) 63-0269
V. (18)O-MARKIERTEN TOSYLATEN (KINETIK U. MECHANISMUS) 63-0270
ACETOLYSE V. THREO-3-PHENYL-BUTYL-(2)-TOSYLAT (MECHANISMUS) 63-0271
V. CIS- U. TRANS-3-ISOPROPYL-CYCLOBUTYLBROSYLAT (KINETIK) 63-0272
V. NORTRICYCLYLCARBINYL- U. TRICYCLOOCTYL-BROSYLATEN (MECHANISMUS) 63-0278
V. TRICYCLOOCTYLBROSYLATEN 63-0279
V. NORTRICYCLYLCARBINYL-BROSYLAT (WANDER.-VERHAELTNIS D. CYCLOPROPYL- U. CYCLOPENTYLRINGS) 63-0280
V. 2-(DELTA(2)-CYCLOHEXENYL)- U. 2-(CYCLOHEXYL)-AETHANOL-BROSYLAT IN EISESSIG (KINETIK) 64-0270
V. ENDO- U. 6EXO-P-TOLUOLSULFONYLOXY-BICYCLO(3.2.1)OCTAN 64-0282
METHANOLYSE V. METHYLPERCHLORAT (KINETIK) 53-0143
ACIDOLYSE V. 1.3-DI-TERT.-BUTYL-SCHWEFELSAEUREDIAMID MIT HCL 57-0324
V. METHYL-(2.3-DI-O-BENZYL-6-O-METHANSULFONYL-BETA-D-GALAKTOPYRANOSID) (NACHBARGRUPPEN-BETEILIG.) 63-0753
V. METHYL-4,6-O-BENZYLIDEN-2-DESOXY-ALPHA-D-HEXOSIDEN, KINETIK 58-0239
ACETOLYSE V. 3.4-BENZOTRICYCLO(4.2.1.0(2.5))-3-NONEN-7-YL-P-TOLUOLSULFONATEN (KINETIK) 54-0152
V. ENDO- U. EXO-3-METHYLENNORBORNYLDERIV. (GESCHW.) 55-0177
V. 2.2-DIMETHYL-DELTA(5)-CHOLESTENYL-(3BETA)-METHANSULFONAT MIT WSS. ACETON 57-0741
HYDRAZINOLYSE V. PEPTIDBIN. (AKABORI-METH.) 54-0552
SPALTEN
* S. AUCH DISSOZIATIONSREAKTIONEN
SPALTUNG, OPTISCHE
* S. UNTER OPTISCH AKTIVE VERBINDUNGEN
SPASMOLYTIKA
* S. UNTER ARZNEIMITTEL (SPEZIELLE GRUPPEN)
SPEKTRALPOLARIMETRIE
* S. UNTER ROTATION, OPTISCHE
SPEKTROSKOPIE
- U. CHEMIE STARK SAURER LSG., 15. MITT. 62-0256
IN STARK SAUREN LSG., 12.MITT. 57-0076
CHEMIE U. SPEKTROSKOPIE IN STARK SAUREN LSG., 13. MITT. 57-0077
V. TAUTOMEREN SYST. , 1. MITT. 59-0008
SPEKTROSKOP. UNTERS. AN ISOTOPANGEREICHERTEN MOL., 4. MITT. 60-0036
SPEKTROSKOP. UNTERS., 3. MITT. 60-0101
SPEKTROSKOP. U. THEORET. UNTERS. AN INDIGOFARBSTOFFEN, 8. MITT. 63-0607
SPEKTROSKOP. U. GRAVIMETR. UNTERS. D. GAS-FESTKOERPER-RK. V. CARBONYLVERB. MIT W.-FREIEM ZNCL2, 1. MITT. 64-0049
SPEKTROSKOP. U. GRAVIMETR. UNNTERS. D. GAS-FESTKOERPER-RK. V. CARBONYLVERB. MIT W.-FREIEM ZNCL2, 2. MITT. 64-0050
SPEKTROSKOP. U. GRAVIMETR. UNTERS. D. GAS-FESTKOERPER-RK. V. CARBONYLVERB. MIT W.-FREIEM ZNCL2, 3. MITT. 64-0051
IN STARK SAUREN LSG., 14. MITT. 64-0309
AN KOMPLEXVERB., 12. MITT. 54-0008
CHEMIE U. -- IN STARK SAUREN LSG., 11. MITT. 55-0083
U. CHEMIE IN STARK SAUREN LSG., 8. MITT. 55-0225
CHEMIE U. -- IN STARK SAUREN LSG., 7. MITT. 57-0185
MOLEKULAR- MITTELS ESCA , LAD.-VERTEIL. IN N-VERB. 59-0102
IR-INTENSITAETEN ZUR QUANT. MESS. INNERMOL. WECHSELWRKG., 3. MITT. 61-0083
IM FERNEN IR ALS NACHW. D. PD-THIOCYANAT-BIND. IN PD(II)-KOMPLEXEN 63-0005
IR, BEST. D. VERZWEIG.-GRADES IN ALKANEN, 3. MITT. 58-0829

IR-INTENSITAETEN ALS QUANT. MESS. INNERMOL. WECHSELWRKG., 4. MITT. 61-0084

SPEKTRUM

V. ORGANOPHOSPHOR-VERB., 2. MITT. 57-0085

V. MOL.-KOMPLEXEN,20. MITT. 60-0194

ABSORPT.- V. 3-OXO-2.3-DIHYDRO-THIONAPHTHEN U. SEINEN DERIV., 9. MITT. 60-0079

CHARGE-TRANSFER- V. NITROFLUORENYLIDENMALONITRIL-AROMATEN-KOMPLEXEN 57-0201

SPEKTRUM (ELEKTRONENSPEKTRUM)

ABSORPT.- V. KONJUGIERTEN MOL. (BERECHN. NACH D. PARISER-PARR-POPLE-METH.) 55-0103

LAD.-UEBERTRAG.-SPEKTREN V. PI-KOMPLEXEN 56-0151

ELEKTRONEN- U. SCHWING.- V. UEBERGANGSMETALLCARBONYLKOMPLEXEN, 4. MITT. 63-0006

ELEKTRONEN- V. CHINODIMETHAN (BERECHN. NACH PARISER-PARR-POPLE) 58-0093

ABSORPT.- V. CHINOMEROCYANINEN 60-0080

IM SICHTBAREN BEREICH V. (PD(CLO4)2(BIPY)2), (PD(CLO4)2(PHEN)2), (PDCL2(BIPY)2) U. (PDCL2(PHEN)2) 54-0006

IM SICHTBAREN BEREICH V. (PT(CLO4)2(BIPY)2), (PT(CLO4)2(PHEN)2), PTCL2(BIPY)2 U. (PTCL2(PHEN)2) 54-0006

ELEKTRONEN- V. TETRA-NA-3.10.17.24-TETRASULFO-PHTHALOCYANINATO-COBALTAT(I) (1-)-ANION 60-0031

ELEKTRONEN- V. (FE(EN)3)CL3 64-0004

ELEKTRONEN- V. CU(II)-(1.2-PN)-KOMPLEXEN 64-0008

V. PENTAFLUORPHENYLMERCAPTO-METALLKOMPLEXEN 56-0004

ELEKTRONEN- V. FERROCENEN (BEZIEH. ZUM POLAROGRAPH. VERH.) 57-0026

ELEKTRONEN- V. CYCLOPENTADIENYL-METALLVERB. (THEORIE) 63-0003

UV- U. FLUORESZENZ- V. EUROPIUM(III)-NAPHTHALINSULFONAT-(2) 55-0023

UV V. BENZO(G)SESQUIFULVALEN 53-0088

UV- V. P-CHINODIMETHANEN (EINFL. D. ANELLIER., HALOCHROMIE) 57-0081

UV- V. METACYCLOPHANEN 58-0074

UV- V. 1.6-METHANO-(11)ANNULENIUM-TETRAFLUOROBORAT 58-0091

ELEKTRONEN- V. BIS-(ALKYLAZULYLEN) U. D. KONJUGIERTEN DIKATIONEN (THEORET. DEUT. NACH SIMPSON 'INDEPENDENT SYSTEM APPROACH') 58-0524

UV- V. DIARYLPOLYINEN 59-0103

ELEKTRONEN-, V. CYCLOBUTADIEN U. DIMETHYLENCYCLOBUTEN (THEORET. BEHANDL.) 60-0146

UV-, ALPHA- U. -BETA-BANDEN V. POLYCYCL. KW-STOFFEN (UEBERGANGSENERGIEN) 61-0131

ELEKTRONEN-, ENERGIEN V. SINGULETT-SINGULETT-UEBERGAENGEN BEI AROMAT. KW-STOFFEN (BERECHN.) 62-0070

UV- V. OLEFINEN 63-0168

UV V. CYCLOPROPYL- U. ISOPROPYLAETHYLENEN 64-0101

KURZLEBIGE ELEKTRONEN-ABSORPT.-SPEKTREN V. STILBENEN U. NAPHTHALINEN NACH BLITZANREG. 55-0062

UV- U. SICHTBARE -- V. PYRENEN U. DEREN ANIONEN 55-0085

UV- V. DIPYRIDYL-AETHYLENEN (OSZILLATORSTAERKEN D. UEBERGAENGE) 55-0063

UV- V. 2.2'-BITHIENYLVERB. 55-0064

UV-, TRIPLETT-SINGULETT-ABSORPT. V. DIBENZOFURAN, DIBENZOTHIOPHEN U. DIBENZOSELENOPHEN IN AETHYLJODID 57-0084

UV V. 4-PHENYLPYRAZOLEN (EINFL. V. LSGM.) 57-0093

UV V. THIAZOLEN 57-0552

UV- V. 1-ARYL-PYRAZOLEN 58-0084

UV- V. 2-ARYL-CHINOLINEN 58-0640

UV- V. 7-METHYL-8-AZA-PURINEN 58-0668

ELEKTRONEN- V. STICKSTOFFHETEROCYCLEN, 2. MITT. 60-0075

ELEKTRONEN- V. AZAINDOLIZINEN 60-0075

UV D. 2-(2.3-DIMETHYL-BENZTHIAZOLINYL-(2)-METHYLEN)-3-METHYL-BENZTHIAZOLIN-2-METHYLEN-3-METHYL-BENZOTHIAZOLIN-GLEICHGEW. 60-0201

ELEKTRONEN- V. TRANS-2-STYRYL-PYRROLEN 60-0512

ELEKTRONEN- V. JOD-N-HETEROCYCLENKOMPLEXE (LAD.-UEBERTRAG.-BANDEN) 61-0076

UV,EINFL. D. 2.3-CYCLISIER. U. D. SUBSTITUENTEN IN6-STELL. V. 2.3-POLYMETHYLEN-CHINOLINEN 61-0079

UV V. CYCLOPENTADITHIOPHENEN 61-0549

UV-BERECHN. V. AZA-ACENEN 63-0121

ELEKTRONEN- V. 1.2-DITHIENYL-AETHENEN 63-0608

ELEKTRONEN- V. HETEROCYCL. N-VERB. , 3.MITT. 64-0098

EMISS.-SPEKTREN V. ALIPHAT. FLUOR KW-STOFFEN (NACH ELEKTR. HOCHSPANN.-ENTLAD.) 57-0195

ELEKTRONEN- EMISSIONS- V. CF2 (CHARAKTERISIER. D. BANDEN) 59-0104

IR- V. 2.4.6-TRIS-(DIMETHYLAMINO)- U. -((D6)DIMETHYLAMINO)-BORAZINEN 54-0063

UV- V. 9-DIMETHYLAMINO-9H-BENZO(A)PHENOXAZINEN (MELDOLAS BLAU- U. MUSCARIN-DERIV.) 55-0147

UV- V. AZOBENZOLEN 58-0146

UV- V. MONONITROCHINOLINEN 58-0639

UV- V. PHENYLHYDRAZINEN U. ANILINEN 60-0078

UV- V. N-(OMEGA-(P-NITRO-PHENYL)-ALKYL)-ANILINEN 60-0153

UV- V. ANILINEN U. AMINOPYRIDINEN 63-0123

UV- V. 5-SUBSTITUIERTEN 2-NITRO-ANILINEN (SUBSTITUENTEN-EINFL.) 63-0217

UV- V. 3-NITROPYRIDINEN 1. MITT. 64-0097

UV- V. UNGESAETT. AETHERN 54-0056

UV-SPEKTREN V. ARYLPHENANTHROLEN 56-0423

UV V. RESORCINEN U. RESORCINDIMETHYLAETHERN 57-0090

UV- V. 2.3-BIS-BROMMETHYL-NAPHTHALIN U. ANTHRON 61-0074

UV- V. NAPHTHYLAETHERN 64-0096

UV V. SULFOXIDEN U. SULFONEN 53-0055

UV- V. UNGESAETT. SULFIDEN 54-0056

UV- V. PHENYLMERCAPTO-METHANEN (EINFL. D. WECHSELWRKG. D. S-ATOME) 55-0061

ELEKTRONEN- V. ALKYLSULFID-J2-KOMPLEXEN 60-0194

UV- V. 5-FLUOR-8-MERCAPTO-CHINOLIN 60-0209

UV- V. NAPHTHYLTHIO- U. -SELENOAETHERN 64-0096

UV-, V. OLIGOPHENYLEN-BIS-DIPHENYL-PHOSPHINEN U. -PHOSPHINOXIDEN (BANDENZUORDN.) 54-0060

UV- V. TERT. PHOSPIN-OXIDEN U. -SULFIDEN 59-0098

UV- V. PERHALOGENARYL-METHYL-SI-VERB. 58-0092

UV- V. SILA- U. DISILACYCLOBUTANEN 60-0077

UV- V. SILYLAETHYLENEN 63-0168

ELEKTRONEN- V. TRITHIOKOHLENSAEURE U. DERIV. 54-0061

UV- U. SICHTBARE, V. N.N'-DIARYL-HARNSTOFFEN, 2. MITT. (UV V. N-ARYL- U. N.N'-DIARYL-HARNSTOFFEN) 60-0081

UV- V. 2.4.6-TRIMETHYLANILEN 55-0287

UV- V. EXO- U. ENDO-TRICYCLO(3.2.1.0(2.4))OCTANON-(8) 55-0054

UV-S-ABSORPT.-INKREMENTE V. THIOCARBONYLVERB. (BERECHN.) 55-0057

UV- V. ISOXAZOLYL-(5)-POLYENALDEHYDEN 55-0059

V. TROPONEN , MESS. U. CJ-PARISER-PARR-POPLE-BERECHN. 56-0104

UV-, BERECHN. D. CH3-GRUPPEN-EFFEKTS AUF D. ABSORPT.-MAX. V. ALPHA,BETA-UNGESAETT. CARBONYLVERB. 56-0106

ELEKTRONEN-, V. TROPON 57-0078

ELEKTRONENSPEKTREN V. ANTHRACHINONEN (LSGM.-EINFL.) 57-0079

ELEKTRONEN-, D. POLY-AMINOSTYROL-CHINON-LAD.-UEBERTRAG.-KOMPLEXE 57-0080

UV- V. P-CHINONMETHIDEN (EINFL. D. ANELLIER., HALOCHROMIE) 57-0081

UV- V. ALPHA-EPOXY-KETONEN 57-0486

UV V. CYCLOHEXADIENONEN 58-0097

UV- V. 5-METHYL-3-OXO-2.3-DIHYDRO-THIONAPHTHEN- U. -BENZOFURAN-DERIV. 60-0079

ELEKTRONEN- V. 2-(2-OXO-ACENAPHTHYLIDEN)-THIONAPHTHEN-3-ONEN 60-0506

LAD.-UEBERTRAG.- V. P-CHINON-N.N.N'.N'-TETRAMETHYL-P-PHENYLENDIAMIN-KOMPLEXEN 61-0078

UV- V. KETONEN U. ALDEHYDEN (PARISER-PARR-BERECHN.) 63-0122

UV- V. ADAMANTANONEN U. -DIONEN 64-0085

UV- V. OMEGA.OMEGA'-BIS-(5-NITRO-FURYL-(2))-POLYALKENONEN 64-0588

UV- V. GLUTACONALDEHYD-MONOANILEN 57-0182

UV- V. KET- U. ALDAZINEN 59-0157

ELEKTRONEN- V. P-BENZOCHINONDIIMIN 62-0115

UV- V. OMEGA.OMEGA'-BIS-(5-NITRO-FURYL-(2))-POLYALKENON-SEMICARBAZONEN 64-0588

UV- V. BENZALDEHYD-NITRO-PHENYLHYDRAZONEN (LSGM.- U. SUBSTITUENTENEFFEKTE) 60-0078

V. BENZO(1.2-D,4.3-D')- U. BENZO(1.2-D,3.4-D')BISTHIAZOL-CYANINFARBSTOFFEN 56-0517

V. BENZO(1.2-D,5.4-D')- U. BENZO(1.2-D,4.5-D')BISTHIAZOL-CYANINFARBSTOFFEN 56-0518

UV- V. PHOSPHONIUMVERB. 57-0085

UV- V. NITRONEN 60-0104

UV V. ANTHOCYANIDINEN , PI-PI-UEBERGAENGE 60-0145

ELEKTRONEN- V. TRIMETHIN- U. BIS-TRIMETHINCYA + NINFARBSTOFFEN MIT 2 KONJUGIERTEN CHROMOPHOREN 61-0533

UV- U. FLUORESZENZ- V. ACRIDIN-N-OXID 62-0072

ELEKTRONEN-, V. 1-ARYL-2-(FORMAZANYL-(3))-CHINOLINIUMPERCHLORATEN 62-0629

ELEKTRONEN- V. CYANINFARBSTOFFEN 63-0646

SICHTBARES, V. INDANDION-(1.3)-CHINOMEROCYANINEN 64-0713

ELEKTRONEN- V. METHYLBENZOL-TETRACYANAETHYLEN-KOMPLEXEN 60-0194

UV- V. TETRACYANAETHYLEN-BZL.- BZW. -BIPHENYL-KOMPLEXEN 63-0169

V. N.N-DIMETHYL-CYCLOPROPANTHIOCARBONSAEUREAMID 54-0093

UV- V. ESTERN U. SAEUREN D. DELTA(3)-CYCLOHEXEN- U. DELTA(4)-OCTALIN-REIHE 55-0060

ELEKTRONEN- V. FURAN-(2)-THIO- U. -ISOTHIOCARBAMIDEN 56-0105

ABSORPT.- U. FLUORESZENZSPEKTRUM V. FOLSAEURE , P-AMINO-BENZOESAEURE U. 2-AMINO-4-HYDROXY-PTERIDIN 57-0083

UV- V. HYDROXY- U. AMINOSAEUREN 58-0079

ELEKTRONEN- V. CARBONSAEUREDERIV., 5. MITT. 58-0086

ELEKTRONEN- V. ESSIGESTER, EINFL. D. SOLVATAT. IM GRUND- U. ANGEREGTEN ZUSTAND 58-0086

SICHTBARE, V. DIMEROCYANINEN 60-0548

SICHTBARE, V. DIMEROCYANINEN MIT SUBSTITUENTEN IN D. POLYMETHINKETTE 60-0549

UV- V. METHOXYBENZOYLACRYLSAEUREN 61-0077

UV- V. 3-HYDROXY-PTERIDINONEN-(4) U. 1-HYDROXY-4.5-DIAMINO-PYRIMIDONEN-(6) 61-0665

ELEKTRONENSPEKTRUM V. PORPHYRINEN (BERECHN. U. MESS.) 62-0071
UV- V. HALOGENNAPHTHOESAEUREN 63-0120
UV- V. AMINPIKRATEN 63-0124
UV- V. URACILDERIV. (PH-ABHAENGIGK.) 63-0222
UV- V. CYCLOPROPYL- U. ISOPROPYL-ACRYLESTERN 64-0102
UV V. 2.6-DIMETHOXY-BENZOYL-ALKYL- U. -ARYLAMINEN 64-0452
UV-, V. 1-ARYL-PYRAZOL-3-CARBONSAEUREN 64-0637
ELEKTRONEN- V. THIO- U. ISOTHIOBENZAMIDEN 56-0105
UV- V. 1-(PHTHALOYLAMINOALKYL)-NAPHTHALINEN 61-0073
UV- V. P-SUBSTITUIERTEN BENZOL-TRANS-DIAZOSULFONATEN 55-0055
UV- V. O- U. M-SUBSTITUIERTEN BENZOL-TRANS-DIAZOSULFONATEN 55-0056
UV-ABSORPT. V. SULFONSAEURE-AMIDEN, -HYDRAZIDEN U. -AZIDEN BZW. ACETON-SULFONYLHYDRAZONEN 64-0103
UV- U. FLUORESZENZSPEKTRUM V. AZULENIUM-KATIONEN 53-0116
UV- V. PYREN-RADIKALIONEN 55-0085
UV- V. ARYLCARBONIUMIONEN (EINFL. D. ANELLIER., HALOCHROMIE) 57-0081
UV- V. AZOBENZOL-RADIKAL-ANIONEN 57-0082
UV- V. RETINYLKATION 60-0303
UV V. NITROSTEROIDEN 58-0085
UV- U. METHYLENDIOXY-GRUPPE V. AROMATEN U. ALKALOIDEN 54-0057
SICHTBARES -- V. INDIGODERIV. 58-0285
UV V. SUBSTITUIERTEN PHENYLHYDROXYLAMINEN U. POLYMERES P-PHENYLAMINYLSTYROL-N-OXID (C14H12NO)X 59-0794
UV V. DICYANACETYLEN -DIELS-ALDER-ADDUKTEN 58-0267
ELEKTRONEN- V. NI(CN)2-SOLVATEN U. CLATHRATEN 59-0006
BERECHN. D. D-D-SPEKTRUMS D. OXOPENTAFLUOROMOLYBDAT(V) -IONS UNTER VERW. TABELLIERTER RADIKALFUNKT. D. AUTOKOHAERENTEN FELDES IN D. NAEHER. D. KRISTALLFELDTHEORIE 3. MITT. 54-0002
BERECHN. D. D-D-SPEKTRUMS D. HEXAFLUOROTITANAT(III)-IONS UNTER VERWEND. ANALYT. RADIALFUNKT. D. AUTOKOHAERENTEN FELDES IN D. NAEHER. D. KRIST.-FELDTHEORIE 2. MITT. 54-0001
ABSORPT.- V. CO(II)-PSEUDOHALOGENO-LSGM.-KOMPLEXEN 60-0029
LICHTABSORPT. D. CS-SALZE V. CARBANIONEN , 1. MITT. 58-0087
LICHTABSORPT. D. CS-SALZE V. CARBANIONEN , 2. MITT. 58-0088
UV- U. IR-SPEKTREN V. ORGANO-HG-VERB., 4. MITT. 59-0005
ELEKTRONEN- V. FLUORENYL-(9)-LI-VERB. 61-0002
IR V. HG(II)-THIOHARNSTOFF-KOMPLEXEN 60-0007
ELEKTRONEN- V. N.N'-BIS-(SALICYLIDEN)-(-)-PROPYLEN-(1.2)-DIAMINATOZINK(II), N.N-BIS-(SALICYLIDEN)-(-)-PROPYLEN-(1.2)-DIAMINATONICKEL(II) U. TRANS-BIS-(N-METHYL-SALICYLALDIMINATO)-NICKEL(II) 58-0002
ELEKTRONEN- V. N.N'-BIS-(SALICYLIDEN)-(-)-PROPYLEN-(1.2)-DIAMIN 58-0002
SPEKTRUM (ROTATIONS-SCHWINGUNGS-SPEKTRUM)
IR, EINFL. V. DIPOLAREN APRCT. LSGM. 56-0115
TEMP.-ABHAENGIGK. CHARAKERIST. IR-ABSORPT., 1. MITT. 59-0108
IR-NH- U. -OH-VALENZSCHWING.-BANDEN (THEORET. DEUT. D. DIFFUSEN STRUKTUR) 60-0085
CHARAKTERIST. IR-ABSORPT., TEMP.-ABHAENGIGK., 4. MITT. 60-0086
SCHWING.- U. ELEKTRONEN- V. UEBERGANGSMETALLCARBONYLKOMPLEXEN, 4. MITT. 63-0006
TEMP.-ABHAENGIGK. CHARAKTERIST. IR-ABSORPT., 5. MITT. 64-0106
NH-VALENZ-BANDEN BEI WELLENLAENGEN UNTERHALB 3000 CM(-1), 2. MITT. 55-00[illegible]
NH-VALENZ-BANDEN BEI WELLENLAENGEN UNTERHALB 3000 CM(-1), 3. MITT. 55-0066
NH-VALENZSCHWING.-BANDEN BEI KLEINEREN WELLENZAHLEN ALS 3000 CM(-1), 4. MITT. 62-0172
IR-, BN-HAUPTBANDE V. N-H-BORAZINEN 56-0008
IR V. CO- U. MN-CARBONYL-VERB. MIT ELEMENTEN D. GRUPPE 4A 60-0010
IR V. OLEFIN-EISEN-TETRACARBONYLEN 53-0001
IR- U. NORMALKOORDINATENANALYSE V. METALL-OLEFIN-KOMPLEXEN, 2.MITT. 59-0007
IR- V. PT- U. PD-AETHYLEN-KOMPLEXEN 59-0007
IR- V. (FE(NCS)2(BIPY)2) 60-0001
RAMAN-SPEKTREN V. ALKALISALZEN V. DINITROMETHANEN 60-0084
IR-SPEKTREN V. ALKALISALZEN V. DINITROMETHANEN 60-0084
IR- V. N-METALLANILINEN 63-0014
IR- V. CU(II)-(1.2-PN)-KOMPLEXEN 64-0008
IR V. FUROCHINOLINEN (STRUKTUR-EINFL.) 56-0116
IR V. SOLVATISIERTEN ALLYL-MG-VERB. 56-0007
IR- U. RAMAN-UNTERS. V. HG-DIALKYLEN U. -DIARYLEN 56-0009
IR U. RAMAN V. DIALKYL-AL-FLUORIDEN 56-0010
IR V. SPIROVERB. D. SI, GE U. SN 56-0449
IR- U. RAMAN- V. ALKYL-HG-AZIDEN 57-0007
IR- U. RAMAN- V. ALKYLERDMETALLAZIDEN 59-0009
RAMAN- U. IR-SPEKTREN V. (D6)DIMETHYLQUECKSILBER U. DIMETHYLQUECKSILBER 59-0012
IR- V. DIALKYLDIMETHOXYSTANNANEN 64-0007
IR- U. RAMAN- V. OXALATOWOLFRAMATEN U. -MOLYBDATEN(VI) , 4. MITT. 60-0008
IR- V. (18)O-MARKIERTEM NA-DEUTEROFORMIAT 61-0085
RAMAN- V. ME(2+)-EDTA-1 ZU 1-KOMPLEXEN 63-0007
IR-SPEKTREN V. ALUMINIUMTRIALKYL-KOMPLEXEN MIT ALKALIMETALLFLUORIDEN 2.MITT. 1 ZU 1-KOMPLEXE V. TRIMETHYL- U. TRIAETHYLALUMINIUM MIT NAF U. KF 54-0007
IR V. METALLCARBONYL-VERB., 10. MITT. 56-0001
IR- V. METACYCLOPHANEN 58-0074
IR- V. OLEFINEN 63-0168
IR-, V. GAMMA-BESTRAHLTEN KW-STOFF-GLAESERN 63-0333
RAMAN-SPEKTRUM V. 1.5-DIINEN 62-0074
IR- V. PYRENEN U. DEREN ANIONEN 55-0085
IR V. MONOSUBSTITUIERTEN BENZOLEN U. DUROLEN 61-0083
IR V. P-DISUBSTITUIERTEN BENZOLEN ZUR QUANT. MESS. INNERMOL. WECHSELWRKG. 61-0084
IR-SPEKTREN V. 6- ODER 8-MONO- BZW. 6.8-DISUBSTITUIERTEN CHINOLINEN 53-0058
IR- V. 2.2'-BITHIENYLVERB. 55-0064
IR- V. B-10-MARKIERTEM 1.3.5-TRIMETHYL-2.4.6-TRICHLOR-BORAZIN 55-0067
IR- V. DIOXA- U. DIAZABOROLEN 56-0114
RAMAN-, V. PY.-ALKOHOL-KOMPLEXEN (BEST. D. ASSOZIAT.-KONST.) 56-0187
IR- U. RAMAN- V. SILACYCLOALKANEN 57-0087
IR V. THIAZOLEN 57-0552
IR- V. 1-ARYL-PYRAZOLEN 58-0084
IR- V. 2-ARYLCHINOLINEN 58-0640
IR V. 8-OXA-1-AZA-BICYCLO(4.3.0)NONANEN 60-0161
IR- V. TRANS-2-STYRYL-PYRROLEN 60-0512
V. TETRAMETHYLENSULFOXID 61-0081
IR- V. 1.2-DI- U. 1.2.3.4-TETRAHYDRO-CHINOLINEN 62-0075
IR- V. THIAZOLO(2.3-E)TETRAZOLEN 64-0215
IR- V. DIALKYLDIOXASILACYCLOALKANEN 61-0087
IR-BANDEN U. KONFORM. V. ALKYL- U. CYCLOALKYLHALOGENIDEN 61-0086
KOHLENSTOFF-HALOGEN-VALENZSCHWING. V. HALOGENCYCLOPENTANEN 61-0139
IR- U. RAMAN- V. 3-HALOGEN- U. TRANS-3.4-DIHALOGEN-TETRAHYDROFURANEN 61-0140
IR U. RAMAN V. 1-ALKYL-1-HALOGEN-CYCLOHEXANEN , C-HALOGEN-VALENZSCHWING. 62-0144
IR- V. TRIS-(DIMETHYLAMINO)-BOROXIN 55-0068
IR- V. MONONITROCHINOLINEN 58-0639
IR- V. TRICHLORNITROSOMETHAN 61-0173
IR- V. GLYKOLEN, 2. MITT. 54-0062
IR- V. TERT. PROPARGYLCARBINOLEN 54-0064
IR V. RESORCINEN U. RESORCINDIMETHYLAETHERN 57-0090
IR (OH-BANDEN) V. PRIM., SEK., TERT. ALKOHOLEN U. HYDROXYALKYLCYCLOPROPANEN (H-BIND. ZUM CYCLOPROPANRING) 58-0169
IR- U. KONFORM. V. OLEFIN. ALKOHOLEN (FREQUENZVERSCHIEB. DURCH OH-PI-WECHSELWRKG.) 60-0082
IR- V. BENZYLALKOHOLEN (KONKURRIERENDE INTRAMOL. H-BIND.) 60-0150
IR-OH- V. ALKINOLEN U. INNERMOL. WECHSELWRKG. OH-PI-ELEKTRONEN 61-0177
IR V. NITROGUAJACOLEN 64-0224
IR-P-N-VALENZSCHWING.-FREQUENZEN V. PHOSPHINIMINEN 61-0080
SCHWING.- V. TRIMETHYLSILYL-ALKYL- BZW. -PHENYL-AMINEN 59-0107
IR- V. ORGANOSILICIUMVERB., 4. MITT. (DIALKOXYDIALKYLSILANE) 61-0087
IR-SI-H-FREQUENZ V. SILANEN (SUBSTITUENTEN-EINFL.) 63-0127
IR- V. SILYLAETHYLENEN 63-0168
IR V. PERACYLCARBONATEN U. -CARBAMATEN 63-0126
IR- V. ALPHA-CHLORKETONEN (CARBONYLABSORPT.) 55-0110
IR-STRECKSCHWING.-FREQUENZEN V. KETONEN, VGL. MIT OXIMEN U. OLEFINEN 57-0086
IR- U. RAMAN- V. PYRAZIN-DI-N-OXID 57-0088
RAMAN-, V. CYCLOPROPENONEN 57-0116
IR-CO-BANDEN V. CHINOLIZINONEN U. IHREN HYDROCHLORIDEN 57-0245
IR- V. ALPHA-EPOXYKETONEN 57-0486
IR V. KETONEN (LSGM.-EINFL.) 59-0105
IR V. CYCL. KETONEN (CARBONYLFREQUENZEN) 60-0083
IR PROTONEN-TUNNEL-EFFEKT BEI 3-AROYL-5-PYRIDYL-1.2.4-TRIAZOLEN 60-0557
IR- V. INDOLINTHIONEN-(2) 62-0174
IR-CO-VALENZBANDE V. KETONEN (EINFL. V. LEWIS-SAEUREN) 63-0128
IR- V. DIPHENYLCYCLOPROPENON (BANDENZUORDN.) 63-0129
IR- D. ADDIT.-VERB. V. ALDEHYDEN MIT ZNCL2 64-0049
IR-NACHW. FIXIERTER MOL.-ZUSTAENDE BEI ALPHA-DIKETONEN 64-0106
IR- V. CHINOPHTHALONEN U. CHINONAPHTHALONEN 56-0113
IR-ABSORPTIONS-SPEKTREN ZWISCHEN 2,5 U. 16 MY V. SEMICARBAZONEN 53-0059
IR- V. KET- U. ALDAZINEN 59-0157
IR-STRECKSCHWING.-FREQUENZEN V. OXIMEN (VERGLEICH MIT OLEFINEN U. KETONEN) 57-0086
IR- V. PHOSPHONIUMVERB. 57-0085
IR V. NITRILEN, EINFL. ALPHA-STAEND. AETHERGRUPPEN AUF D. INTENSITAET 60-0086

IR-SPEKTREN SAEMTLICHER STELLUNGSISOMERER MONOHYDROXY- U. MONOKETOOCTADECANSAEUREN U. DEREN METHYLESTER 3. MITT. 53-0057
IR-SPEKTROSKOP. NACHW. D. KCPPL. D. CARBONYLGRUPPEN V. CYCL. IMIDEN U. ANHYDRIDEN 53-0060
IR V. ALLENACETATEN 53-0075
IR-NH-VALENZ-BANDEN V. PYRIDON-DERIV. 55-0065
IR-NH-VALENZ-BANDEN V. AMIDINEN 55-0066
IR- V. BENZAMIDO-PYRIDINEN U. PYRIDINCARBONSAEURE-ANILIDEN 56-0107
V. OMEGA-CARBOXYALKYL-FLUORANTHENEN 56-0108
IR V. ESTERN (ASYMM. CARBONYL-VALENZSCHWING.) 56-0109
IR V. 3-ARYLACETOXY-TROPANEN (SUBSTITUENTENEINFL.) 57-0802
IR- D. ACETYLHALOGENIDE 58-0095
IR- V. BARBITURATEN 58-0170
IR V. CARBONSAEUREN (TEMP.-ABHAENGIGK. D. ASSOZIAT.) 59-0108
IR- V. N-METHYLACETAMID EN, NORMALKOORDINATEN -BERECHN. 59-0145
IR-, NH-VALENZSCHWING.-BANDEN V. THIOAMIDEN U. THIOAMID-S-OXIDEN 61-0155
IR V. 1-AZA-BICYCLO(4.2.0)OCTANONEN-(2) ((CO)- U. CH-VALENZSCHWING.) 61-0628
IR- V. THIOISONICOTINSAEUREAMIDEN 62-0172
IR- V. AMINPIKRATEN 63-0124
IR- V. BETA-SUBSTITUIERTEN ALPHA-CYAN-ZIMTSAEUREN 63-0231
IR V. AROMAT. NA-SULFINATEN U. -SULFONATEN 56-0110
IR- V. N-ARYLSULFONYL-SULFILIMINEN 57-0089
IR- V. PYREN-RADIKALIOEN 55-0085
IR- V. PERHALOGENMETHYL-RADIKALEN U. CCL2 59-0106
FERN-IR V. J2-KOMPLEXEN MIT PYRIDINEN, BZL., DIOXAN, DIAETHYLSULFID U. -AMIN 58-0094
IR- V. LAD.-UEBERTRAG.-KOMPLEXEN V. AROMAT. VERB. (SUBSTITUENTEN-EINFL.) 58-0096
IR- V. AMIDAZOPHEN-BARBITURAT-KOMPLEXEN 58-0170
IR V. HALOGENID-HALOFORM-H-BIND.-KOMPLEXEN 64-0204
IR- V. O-METHYLDERIV. V. GLUCOSE U. XYLOSE 62-0073
FREIE NY(OH) V. MONOHYDROXYSTEROIDEN 56-0112
IR V. NITROSTEROIDEN 58-0085
IR- V. STEROID-GLYKOLEN (EINFL. D. KONFIG.) 54-0062
IR- V. (((CH3)2N)2BCL)2 (TICL4)3 64-0009
IR- D. ADDIT.-VERB. V. KETONEN MIT ZNCL2 64-0050
IR- V. CYCLOPROPEN-3-CARBONSAEUREDERIV. 64-0105
IR V. ALPHA.ALPHA'-DIHYDROXY-DIALKYLPEROXIDEN 64-0366
IR V. ACETON (EINFL. D. LSGM.) 64-0104
IR- V. OMEGA.OMEGA'-BIS-(5-NITRO-FURYL-(2))-POLYALKENONEN 64-0588
IR- D. GEOMETR. ISOMEREN V. UNGESAETT. C18-CARBONSAEUREN 61-0082
IR- D. ADDIT.-VERB. V. ESTERN MIT ZNCL2 64-0051
IR-, V. 1-ARYL-PYRAZOL-3-CARBONSAEUREN 64-0637
IR- V. EINFACHEN PEPTIDEN 64-0879
IR- V. NI(CN)2-SOLVATEN U. CLATHRATEN 59-0006
V. CO- U. HG-CARBONYL-KOMPLEXEN 63-0006
IR- V. PD(II)-(ISO)THIOCYANAT-KOMPLEXEN MIT ORGAN. LIGANDEN (BIND.-EIG.) 63-0005
IR- V. HG- U. CO-CARBONYL-PHOSPHIN-KOMPLEXEN 63-0006
IR- U. RAMAN- V. (SNCL(4-X)(N-C4H9)X), X 1-4 56-0011
IR- U. UV-SPEKTREN V. ORGANO-HG-VERB., 4. MITT. (V. BENZYL-HG-HALOGENIDEN U. BIS-HALOGENBENZYL-HG) 59-0005
IR- V. PROPYLGERMANIUMCHLORIDEN 59-0010
IR- V. (13)CO-SUBSTITUIERTEN METHYL-MN-PENTACARBONYLEN 59-0011
IR V. HG(II)-THIOHARNSTOFF -KOMPLEXEN 60-0006
IR- V. (13)CO-SUBSTITUIERTEN ACETYL-MN-PENTACARBONYLEN 59-0011
IR- V. NA-BENZOATEN 64-0008
SPEKTRUM (MIKROWELLEN-,ROENTGEN-SPEKTRUM)
MIKROWELLEN- V. CYCLOPROPANON 59-0148
NQR V. CYCLOPENTADIENYL-MN- U. -RE-TRICARBONYL-VERB. 64-0010
SPIROVERBINDUNGEN (ALLGEMEINES)
SPIROHETEROCYCL. VERB., 9.MITT. 58-0069
AZA-DISPIRO(5.1.5.2)PENTADECENE, 3. MITT. 58-0535
DIISOXAZOLINSPIRANE, 4. MITT. 60-0539
14. MITT. 60-0592
SPIROPHOSPHORANE, STEREOCHEMIE 57-0565
TELLUR-, KONFORM. 61-0568
SPIRO(5.5)UNDECANE, KONFORM.-GLEICHGEW. 62-0132
DI- V. 1.3-DITHIOLANEN, STEREOCHEMIE 63-0631
CYCLOHEXAN-SPIRO-OXIRANE, KONFORM.-GLEICHGEW. 55-0114
DEKALIN-SPIRO-HYDANTOINE, KONFIG. 56-0509
SPIROVERBINDUNGEN (VORKOMMEN, DARSTELLUNG)
SPIROAETHER, BLDG. BEI D. HEFEGAER. V. 3-METHOXY-8.14-SECO-D-HOMO-1.3.5(10).9(11)-OESTRATETRAENDION-(14.17A) 55-0558
SPIROKETALENOLAETHERPOLYINE, BIOGENESE 61-0834
9-ARYL-1.4.8-TRITHIA-10-AZA-SPIRO(4.5)DECATRIEN-(2.6.9)-TETRACARBONSAEURE-(2.3.6.7)-TETRAMETHYLESTER DARST. AUS 5-ARYL-3H-1.2.4-DITHIAZOLTHIONEN-(3) 53-0364
D. PYRIDIN-REIHE, VERS. D. DARST. 53-0418
HYDANTOIN-SPIRO-TERPENE U. -STEROIDE, DARST. 53-0566
BENZOTHIAZOL-SPIROPYRANE, DARST. AUS QUATERN. BENZOTHIAZOLIUMBASEN MIT 2-HYDROXYARYL-CARBALDEHYDEN 54-0404
BENZO(DE)CHINOLIN(7-SPIRO-4')CYCLOHEXADIENE, DARST. AUS 1-(2-(P-HYDROXY-PHENYL)-AETHYL)-ISOCHINOLINEN 54-0509
.SPIRO(2.3)HEXANOLE-(4), DARST. 55-0351
4'-THIOXO-CYCLOALKAN(1-SPIRO-2')IMIDAZOLIDINE, DARST. AUS 2.2-DIMETHYL-IMIDAZOLIDIN-4-THIONEN U. CYCLOALKANONEN 55-0407
4.8-DIOXO-5.7-DIOXA-SPIRO(2.5)OCTANE, DARST. AUS ALKYLIDENMELDRUMSAEUREN U. CH2N2 55-0458
5.7-DIOXA-SPIRO(2.5)OCTAN-4.8-DIONE DARST. AUS ISOBUTYLENMELDRUMSAEURE 55-0459
INDANSPIROTETRALINE, DARST. AUS 1.1'-BIINDANYLEN 56-0411
SPIROPENTANE, DARST. AUS ALLENEN U. CH2J2 (ZN-CU) 56-0443
DEKALIN-SPIRO-HYDANTOINE, DARST. AUS DEKALONEN 56-0509
SPIROPHOSPHORANE DARST. AUS TRIS-DIMETHYLAMINO-PHOSPHIN BZW. 2-DIMETHYLAMINO-1.3.2-DIOXAPHOSPHOLAN U. HYDROXYAMINEN 56-0528
BIS-BIPHENYLYLEN-ALKYL-ARSENANE, DARST. AUS ARSONIUMVERB. U. ORGANMETALLVERB. 57-0433
INDOL-(3)-, DARST. AUS TRYPTAMINEN 57-0500
CYCLOALKAN(1-SPIRO-1')ISOCHINOLINE, DARST. DURCH 'PHENOL. CYCLISIER.' V. 3-HYDROXY-PHENAETHYL-AMINEN U. CARBONYLVERB. 57-0679
2H-THIOPYRAN-(2-SPIRO-9')-FLUORENE, DARST. AUS THIOFLUORENON U. DIENEN 58-0546
DARST. AUS HOMOPHTHALIMIDEN BZW. 4-HYDROXY-CARBOSTYRILEN U. DIHALOGENVERB. 58-0643
SPIROSILACYCLOPENTADIENE, DARST. AUS 1.2.3.4-TETRAPHENYL-DELTA(1.3)-BUTADIENYLEN-(1.4)-DILITHIUM U. DICHLORCYCLOSILANEN 59-0496
HETEROCYCL., DARST. 59-0538
SPIRO-(5.5')-BIS-(3.4-DIARYL-1.2.4-OXADIAZOLINE), DARST. AUS AROMAT. NITRILOXIDEN U. DIARYLCARBODIIMIDEN 59-0578
ALPHA.ALPHA'-DISPIRO-KETONE, DARST. AUS ALPHA-SPIRO-CYCLOALKANONEN U. DIBROMALKANE BZW. AUS DEN MANNICH-BASEN D. ALPHA-SPIRO-CYCLOALKANONE U. BUTADIEN-(1.3) 60-0457
SPIROOXYPHOSPHORANE, DARST. AUS DIOXAPHOSPHOLANEN BZW. -PHOSPHORINANEN U. ALPHA-DIKETONEN 60-0464
1-THIA-4-AZA-SPIRO(4.5)DECANE, DARST. 60-0542
4-OXO-2.3-DIHYDRO-1.3-BENZOXAZIN(2-SPIRO-2')BORNANE, DARST. AUS SALICYLSAEURECHLORID U. CAMPHERIMIDEN 60-0669
N.N-POLYMETHYLEN-HYDROINDOLINIUMVERB., DARST. AUS ALPHA-CHLOR-ACRYLNITRIL U. ENAMINEN 61-0509
CYCL. AETHYLENKETALE CHLORIERTER KAEFIG-KETONE, DARST. 61-0571
3-OXO-CYCLOPENTAN(1-SPIRO-2')TETRALINE, DARST. 62-0482
SPIROOLEFINE, DARST. 62-0489
ALPHA-METHYLEN-, DARST. AUS TERT. ALPHA-SPIRAN-ALKOHOLEN 62-0490
BLDG., 2. MITT. 63-0549
1.3-DIARYL-2.2-SPIROPHTHALOYL-CYCLOHEXANONE-(5) DARST. AUS DIARYLIDENACETON U. INDANDION-(1.3) 63-0554
SPIROBIINDANTETROLE, DARST. AUS 3-TERT.-ALKYL-BRENZCATECHINEN 63-0564
SPIRO(2.3)HEXANE U. -(3.3)HEPTANE, DARST. 64-0549
SPIRO-NORBORNAN-OXIRANE, DARST. AUS OXO-NORBORNANEN U. METHYLIDEN 64-0568
NITRO-SPIRO-CYCLOPROPANE, DARST. AUS 1-BROM-1-NITRO-ALKENEN MIT INDAN-DIONEN BZW. PYRAZOLONEN 54-0337
SPIROPENTYL-CARBINOLE, DARST. AUS ALKADIEN-(2.3)-OLEN DURCH SIMMONS-SMITH-RK. 54-0338
(1)-BENZOPYRAN-(2-SPIRO-2')-INDOLINE, BLDG. AUS 1.3.3-TRIMETHYL-2-METHYLEN-INDOLIN U. SALICYLALDEHYDEN (MECHANISMUS) 57-0507
METALLDIARSENHETEROCYCL., DARST. V. NO- U. CO-KOMPLEXEN 58-0069
4-DIPHENYLMETHYLEN-FURANIDON-(3)-OXIDE, DARST. AUS DIPHENYLDIAZOMETHAN U. TETRAALKYLFURANIDINDIONEN 60-0489
2.4-DIOXA-3-PHOSPHA-8-OXO-SPIRO(4.5)DECADIENE, DARST. AUS ALPHA-DIKETONEN, TRIALKYLPHOSPHITEN U. P-CHINONEN 60-0565
3-AZATRISPIRO(5.2.2.5.2.2)HENEIKOSANE, DARST. 60-0592
TELLUR-, DARST. 61-0568
BENZOXETEN(2-SPIRO-1')CYCLOHEXADIENONE DARST. DURCH OX. V. PHENOLEN IN GGW. V. CU-KOMPLEXEN 62-0520
SPIROALKANE, DARST. DURCH ACETOLYSE V. 1-(PENTEN-(4)-YL)-CYCLOHEXANOL U. 1-(PENTEN-(4)-YL)-CYCLOPENTANOL 63-0549
CYCLOPROPAN(1-SPIRO-7' BZW. 3')-NORBORNANE, DARST. 63-0553
INDOLIN-2-SPIRO-2'-(2H-1)BENZOPYRANE, DARST. AUS INDOLINEN U. NITROSALICYLALDEHYDEN 63-0667
INDOLINSPIROPYRANE, MARKIERTE, DARST. 63-0668
5-SPIRO-DELTA(2)-PYRAZOLINE, DARST. AUS OXO-VERB. 64-0632
SPIROVERBINDUNGEN (PHYSIKAL. EIGENSCHAFTEN)
D. SI, GE U. SN IR 56-0449
4-DIPHENYLMETHYLEN-FURANIDON-(3)-OXIDE, IR 60-0489
INDOLINOSPIROPYRANE, PHOTOCHROMIE, 2. MITT. 63-0104
INDOLIN-SPIROPYRANE, PHOTOCHEMIE, 1. MITT. 63-0667
INDOLINSPIROPYRANE, PHOTOCHROMIE, 3. MITT. 63-0668

HYPOTHET. (N+1)-PHOSPHONIA-SPIRO-(N.N)-ARENE, MO-BERECHN. 57-0135
SPIROBENZOPYRANBENZTHIAZOLINE, NMR (KONSTIT.-EINFL., HAMMETT-BEZIEH.) 57-0098
SPIROVERBINDUNGEN (REAKTIONEN)
5-SPIRO-DELTA(2)-PYRAZOLINE, RK. 64-0632
SPIROSILACYCLOPENTADIENE, DIELS-ALDER-RK. 59-0496
SPIRO(2.5)OCTADIEN-(4.7)-ONE-(6), PHOTOUMLAGER. 57-0470
SPIROCYCLOHEXADIEN-DIMERE ISOMERISIER. UNTER AROMATISIER. 61-0563
ALPHA-METHYLEN-, ISOMERISIER. (MECHANISMUS) 62-0490
CYCLOPROPAN(1-SPIRO-7' BZW. 3')-NORBORNANE, UMLAGER. 63-0553
AZA-DISPIRO(5.1.5.2)PENTADECENE, CYCLISIER. 58-0535
SPIROOLEFINE, ISOMERISIER.(KINETIK) 62-0489
TERT. ALPHA-SPIRAN-ALKOHOLE, DEHYDRATISIER. (MECHANISMUS) 62-0490
CYCL. THIOKETALE, PHOTOLYSE 64-0725
OXOSPIRANE, OX. MIT H2O2 62-0492
BENZOXETEN(2-SPIRO-1')CYCLOHEXADIENONE RED. (HJ) 62-0520
SPIRO(3H-2-BENZOPYRAN-3.2'-INDOLINE), PHOTOOX. 63-0104
CYCLOHEXAN-SPIRO-OXIRANE, RK. MIT THIOSULFAT (KINETIK) 55-0114
2.4-DIOXA-3-PHOSPHA-8-OXO-SPIRO(4.5)DECADIENE, SOLVOLYSE 60-0565
TOSYL-, ACETOLYSE (KINETIK) 60-0456
SPIRO(2.N)ALKYL-DINITROBENZOATE, SOLVOLYSE 62-0232
STAERKE
MAIS-, FLIESSFAEHIGK. (EINFL. V. AEROSIL U. FUELLSTOFF R 972) 54-0592
STEREOCHEMIE (ALLGEMEINES)
* KONFIG. U. KONFORM., STER. EFFEKTE U. HINDER. SOWIE
* - V. RK. S. UNTER D. NACHST. STICHWOERTERN
* S. AUCH ROTATION, OPTISCHE
29. MITT. 57-0376
QUANT. UNTERS. IN D. --, B. PHOTOCHEMIE, 3. MITT. 58-0489
STEREOCHEM. UNTERS., 49.MITT. 61-0270
STEREOCHEM. UNTERS., 51. MITT. 61-0272
V. BICYCL. BRUECKENSYST., 1. MITT. 61-0511
32. MITT. 63-0586
33. MITT. 63-0587
31. MITT. 63-0819
34. MITT. 64-0611
18. MITT. 55-0554
21. MITT. 56-0701
19. MITT. 56-0711
20.MITT. 56-0712
21. MITT. 56-0713
22. MITT. 56-0714
22.MITT. 58-0782
STEREOCHEM. UNTERS., 50. MITT. 61-0271
STEREOCHEM. UNTERS., 52. MITT. 61-0273
ABS. KONFIG. U. ORD, 12. MITT. 55-0046
19. MITT. 55-0555
U. MASSENSPEKTROMETRIE, 144. MITT. 57-0126
KONFORM. U. GESCHW.-PROZESSE (NMR-UNTERS.), 9. MITT. 57-0143
KONFORM. U. NMR-UNTERS. V. GESCHW.-PROZESSEN, 10. MITT. 57-0144
STEREOCHEM. UNTERS., 45. MITT. 57-0181
U. MASSENSPEKTROMETRIE, 146. MITT. 58-0121
U. MASSENSPEKTROMETRIE, 149. MITT. 58-0122
QUANT. UNTERS. C. ELEKTROCHEMIE, 1. MITT. 58-0418
QUANT. UNTERS., REIHE B PHOTOCHEMIE, 2. MITT. 58-0488
STEREOCHEM. UNTERS., 38. MITT. 58-0694
MASSENSPEKTROMETRIE BEI STRUKTUR- U. STEREOCHEM. PROBLEMEN, 152. MITT. 59-0014
MASSENSPEKTROMETRIE U. IHRE ANWEND. AUF STRUKTURELLE U. STEREOCHEM. PROBLEME, 150. MITT. 59-0134
STEREOCHEM. UNTERS. DURCH (1)H-NMR, 8.MITT. 59-0160
STEREOCHEM. UNTERS. DURCH (1)H-NMR, 9.MITT. 59-0161
STEREOCHEM. UNTERS. DURCH (1)H-NMR, 10. MITT. 59-0162
STEREOCHEM. UNTERS. DURCH (1)H-NMR, 11.MITT. 59-0163
MASSENSPEKTROMETRIE U. IHRE ANWEND. AUF STRUKTURELLE U. STEREOCHEM. PROBLEME, 123. MITT. 60-0122
MASSENSPEKTROMETRIE BEI STEREOCHEM. U. STRUKTURELLEN PROBLEMEN, 139. MITT. 60-0128
STEREOCHEM. UNTERS., 46. MITT. 60-0264
STEREOCHEM. UNTERS., 3. MITT. 60-0609
MASSENSPEKTROMETRIE BEI STRUKTURELLEN U. STEREOCHEM. PROBLEMEN, 148. MITT. 61-0108
STEREOCHEM. UNTERS., 47. MITT. 61-0150
STEREOCHEM. UNTERS., 48. MITT. 61-0269
QUANT. STUDIEN IN DER -, PHOTOCHEMIE, 4. MITT. 61-0472
QUANT. UNTERS. IN D.-, PHOTOCHEMIE, 5. MITT. 61-0473
D. DISKRETEN ACHTERKOORDINATION, 5.MITT. 63-0020
QUANT. UNTERS. IN D. --, ELEKTROCHEMIE, 2. MITT. 63-0509
MASSENSPEKTROMETRIE BEI STRUKTURELLEN U. STEREOCHEM. PROBLEMEN, 154. MITT. 64-0146
MASSENSPEKTROMETRIE BEI STRUKTURELLEN U. STEREOCHEM. PROBLEMEN, 155. MITT. 64-0147
IN LSG., 4. MITT. 64-0166
ABS. KONFIG. U. OPT. ROTATIONSDISPERS. 10. MITT. 53-0048
STEREOCHEM. UNTERS. 43. MITT. 54-0100
STEREOCHEM. UNTERS., 44. MITT. 54-0167
U. REAKTIVITAET V. UNGESAETT. VERB., 6. MITT. 55-0060
20. MITT. 55-0556
MASSENSPEKTROMETRIE BEI STRUKTURELLEN U. STEREOCHEM. PROBLEMEN, 138. MITT. 56-0136
1. MITT. 56-0534
MOL.-ASYMMETRIE, 8. MITT. 58-0541
V. ASYMM. SILICIUM, 10. MITT. 59-0445
MASSENSPEKTROMETRIE BEI STRUKTURU. STEREOCHEM. PROBLEMEN 142. MITT. 62-0099
30.MITT. 59-0601
STEREOCHEM. UNTERS. AN ARZNEIMITTELN, 5.MITT. 57-0806
STEREOCHEMIE (U. KONFIG. V. SPEZIELLEN STOFFEN)
AM TRIVALENTEN STICKSTOFF, 2. MITT. 63-0181
KONFIGURATIVE KORRELAT. U. ASYMM. INDUKT. BEI OX. AM S, 3. MITT. 63-0421
KONFIGURATIVE KORRELAT. U. ASYMM. INDUKT. BEI OX. AM S, 4. MITT. 63-0422
37. MITT. 64-0474
STEREOCHEM. NICHT STARRE MOL. V. ORGANOMETALL-VERB., 12. MITT. 60-0012
STEREOCHEM. NICHT STARRE MOL. V. ORGANOMETALLVERB., 13. MITT. 60-0055
STEREOCHEMIE U. RK.-FAEHIGK. V. UNGESAETT. VERB. 5. MITT. 53-0283
KONFIG. V. ALPHA(2)-RHODOMYCINON U. ALPHA-CITROMYCINON 61-0805
D. DISKRETEN ACHTERKOORDINAT., 4. MITT. 62-0014
V. METALLOCENEN, 10. MITT. 55-0001
SYN-ANTI-ISOMERIE V. DI-MY-MERCAPTO-DIEISEN-HEXACARBONYLEN 56-0001
V. METALLOCENEN, 12. MITT. 56-0002
V. METALLOCENEN, 13. MITT. 56-0003
V. METALLOCENEN, 14. MITT. 59-0002
V. METALLOCENEN, 16. MITT. 60-0003
STEREROCHEM. NICHT STARRE MOL. V. ORGANOMETALLVERB., 14. MITT. 61-0015
KONFIG. V. CIS- U. TRANS-2.5-DIFERROCENYL-TETRAHYDROFURAN 62-0041
KONFIG. V. BIS-(TYROSINATO)-CU(II) 59-0001
V. METALLOCENEN, 19. MITT. 64-0002
V. METALLOCENEN, 17. MITT. 64-0067
ABS. KONFIG. V. ASYMM. BENZYL-C-ZENTREN 54-0480
DISSYMMETRIE IN ALLENVERB. U. MAGNET. NICHTAEQUIVALENZ 55-0081
V. PENTYLCHLORIDEN (MASSENSPEKTROSKOP. UNTERSCHEID.V. DIASTEREOMEREN H-ATOMEN) 64-0152
ABS. KONFIG. V. OMEGA-PHENYL-2-METHYLAMINO-ALKANEN 57-0155
KONFIG. V. (S)-(+)-FENFLURAMIN 58-0143
KONFIG. U. OPT. ROTAT. V. ARYLALKYL-METHYLAMINEN 63-0172
V. N-HALT. DIASTEREOMEREN 63-0181
ABS. KONFIG. V. ALKYLARYLCARBINOLEN 55-0105
ABS. KONFIG. V. LATIFOLIN 56-0094
KONFIG. V. 3-CYCLOHEXYL-2-PHENYLBUTANDIOLEN-(2.3) 56-0398
KONFIG. V. SALANNIN 58-0753
ABS. KONFIG. V. (-)-CORBASIL 61-0421
KONFIG. V. 1-HYDROXYPHENYL-PROPAN-1.3-DIOLEN 61-0650
KONFIG. U. OPT. ROTAT. V. ARYLALKYLMETHANOLEN 63-0172
KONFIG. V. SULFOXIDEN, SULFILIMINEN U. SULFOXIMINEN 61-0151
ABS. KONFIG. U. ORD BEI METHYL-ALKYL-SULFOXIDEN 62-0145
STEREOMUTAT. V. MESO- U. DL-TRANS-1.2-DIMETHYL-1.2-DIPHENYL-DIARSIN 60-0286
BEST. D. ABS. KONFIG. V. ALKOHOLEN DURCH ASYMM. MEERWEIN-PONNDORF-VERLEY-RED. 53-0202
KONFIG. V. KET- U. ALDAZINEN 59-0157
SYN-ANTI-ISOMERIE V. ALPHA- (TERT.-AMINO)-ALKANONOXIMEN 64-0175
KONFIG. V. KONJUGIERT UNGESAETT. DINITROPHENYL-HYDRAZONEN 64-0181
KONFIG. V. PHENYLALLYLANIONEN 57-0148
ABS. KONFIG. V. (-)-BETA-HYDROXY-BETA-(M-HYDROXY-PHENYL)-PROPIONSAEURE 54-0261
ABS. KONFIG. V. BETA-HYDROXYVALIN 55-0104
CIS-TRANS-ISOMERIE V. ACETANILIDEN (NMR-NACHW.) 56-0165
KONFIG. V. ERYTHRO-2.3-DIMETHYL-GLYCERINSAEURE 56-0299
KONFIG. V. D-(+)-ALPHA-(2-METHOXY-4.5-DICHLOR-PHENOXY)-PROPIONSAEURE 58-0401
ABS. KONFIG. V. 2-(3.4-DIMETHYL-PHENOXY)-PROPIONSAEURE 58-0402
ABS. KONFIG. V. (R)-(+)-MERCAPTO-BERNSTEINSAEURE DURCH CHEM. KORRELATION MIT D-GLYCERINALDEHYD 59-0159
ABS. KONFIG. V. 2.3-DIMETHYL-PENTANSAEURE, BEZIEH. ZUM DREHVERMOEGEN 61-0145
KONFIG. V. ALPHA.BETA-DIGLYCERIDEN 61-0148
KONFIG. V. THIOFORMAMID-S-OXIDEN 61-0154
KONFIG. V. FORM- U. THIOFORMAMIDEN 61-0156
ABS. KONFIG. V. (R)-(-)-ALPHA-HYDROXY-ALPHA-TRIFLUORMETHYL-PHENYLESSIGSAEURE 62-0133
KONFIG. U. EIG. V. UNGESAETT. SAEUREN U. DERIV., 18. MITT. 62-0259
ABS. KONFIG. V. ALKYLSULFINYLESSIGSAEUREN 62-0360

V. (S)-(+)-ALPHA-BENZYL- U. (S)-(-)-ALPHA-ISOPROPYL-
PHENYLESSIGSAEURE 62-0446
KONFIG. V. 1.3-ALKADIEN-1.2-DICARBONSAEURE-DERIV.
63-0393
BEST. D. KONFIG. D. OPT. ISOMEREN ZWEIER PHENOL-
SUBSTITUIERTEN BERNSTEINSAEUREN DURCH ROTAT.-DISPERS.
64-0446
ABS. KONFIG. V. SULFINATEN U. THIOLSULFINATEN
55-0273
ABS. KONFIG. V. SARIN U. ANTICHOLINESTERASEN 64-0417
AN DOPPELBIND. (EINDEUT. SPEZIFIKAT.) 57-0164
KONFIG. V. 2.3-DIMETHYL-BUTADIEN 63-0166
ABS. KONFIG. V. ALLENEN 54-0108
KONFIG. V. OLEFINEN AUS D. CD D. PT-KOMPLEXE 56-0005
BEST. D. CIS- BZW. TRANS-KONFIG. IN ALPHA,BETA-
UNGESAETT. VERB. MITTELS NMR-SPEKTROSKOPIE 57-0117
KONFIG. V. 1-AETHYLIDEN-INDENEN 57-0440
GEOMETR. ISOMERIE V. ALIPHAT. AZOMETHINEN 56-0127
CIS-TRANS-ISOMERIE V. 3BETA-PHENYLAZO-CHOLESTAN
56-0695
KONFIG. V. 1.2-DIARYL-4-DIMETHYLAMINO-3-METHYL-
BUTENEN-(1) 61-0141
KONFIG. V. ALKINOLEN 55-0216
CIS-TRANS-, V. 1-ALKOXY-BUTADIENEN-(1.3) 59-0152
KONFIG. V. ALLEN. PHOSPHINOXIDEN 55-0216
KONFORM. V. ALPHA,BETA-UNGESAETT. CARBONYLVERB.
54-0278
STEREOCHEMIE V. 3-HYDROXY- U. 3-ACETOXYFLAVANONOXIMEN
53-0096
SYN-ANTI-ISOMERISIER. V. IMINEN (NMR-UNTERS.) 56-0237
ISOMERISIER. AN D. C=N-DOPPELBIND. V. CHINONDIIMINEN
59-0188
KONFIG. V. OXIMEN 61-0146
KONFIG. V. N-METHYL-HYDRAZONEN 62-0126
KONFIG. V. N-ALKYL-IMINEN 62-0127
KONFIG. V. N.N-DIMETHYL-HYDRAZONEN 62-0128
KONFIG. V. AZINEN 54-0278
SYN-ANTI-ISOMERIE V. S-ALKYL-THIOHYDROXIMATEN 58-0373
GEOMETR. ISOMERIE V. ALPHA.BETA-AETHYLEN. SAEUREN, 1.
MITT. STER. SPANN. V. ALPHA- U. BETA-METHYL-
ZIMTSAEUREN 62-0124
GEOMETR. ISOMERIE V. ALPHA.BETA-AETHYLEN. SAEUREN, 2.
MITT. 62-0175
GEOMETR. ISOMERIE V. ALPHA.BETA-AETHYLEN. SAEUREN, 3.
MITT. 62-0415
KONFIG. V. 2.3-DIBENZYLIDEN-SUCCINANHYDRIDEN 64-0327
CIS-TRANS- V. ARYLAZOSULFIDEN 55-0198
KONFIG. V. ALPHA-SINENSAL 54-0529
V. (C6(CH3)6H)RE(CO)3 53-0009
ENDO- U. EXO-ISOMERIE IN D. FERROCENREIHE 53-0032
V. METALLOCENEN, 15. MITT. 59-0003
KONFIG. V. CYCLOALKANEN 58-0104
KONFIG. V. BICYCLOPROPYLEN U. CYCLOPROPANEN 61-0463
KONFIG. V. 1-AETHINYL-2-BROM-CYCLOPROPANEN 62-0147
KONFIG. D. MENTHYL- U. CARVOMENTHYLAMINE 53-0542
ABS. KONFIG. V. CALDARIOMYCIN 57-0158
KONFIG. V. 1.2-DIVINYL-CYCLOPENTANDIOLEN-(1.2)
64-0182
KONFIG. V. 2-CARBOXY-CYCLOPENTANOLEN 55-0108
V. GEM.-DISUBSTITUIERTEN CYCLOPROPANEN (NMR-UNTERS.)
56-0160
KONFIG. V. 2CIS-METHYL-2-TRANS-PHENOXYMETHYL-
CYCLOPROPAN-CARBONSAEURE-(1REF) AUF CHEM. WEGE
56-0390
KONFIG. V. AMIDINOMYCIN 63-0497
KONFIG. V. NATUERL. HYPOGLYCIN A 58-0364
V. HYDRINDAN 56-0412
KONFIG.-STABILITAET V. DIMETHYLCYCLOHEXANEN
(THERMODYNAM. DATEN) 59-0151
KONFIG. V. 2.2'-DIHYDROXY-DICYCLOHEXYLMETHANEN
57-0426
ABS. KONFIG. D. CYCLOHEXEN-(2)-OLE-(1) 59-0401
KONFIG. V. 1-PHENYL-4-TERT.-BUTYL-CYCLOHEXAN-1.2-
DIOLEN 60-0414
KONFIG. V. 2.2'-DIOXO- DICYCLOHEXYLMETHANEN 57-0426
AKOPLANARITAET AROMAT. AZOMETHINE 53-0095
KONFIG. V. 2-CARBOXY-CYCLOHEXANOLEN 55-0108
KONFIG. V. SENEPOXID U. SENEOL 60-0794
KONFIG. V. CARANYL-AMINEN 55-0544
KONFIG. V. (-)-4-METHYLISOPULEGON 64-0329
V. BICYCLO(3.2.1)OCTAN, 11. MITT. 54-0335
V. BICYCLO(3.1.0)HEXEN-(3)- U. -HEXANONEN-(2) 55-0107
ABS. KONFIG. V. LAURENCIN 64-0889
KONFIG. V. PELENOLIDEN 55-0523
ABS. KONFIG. V. S-(-)-2.8-DIMETHYL-2-AETHYL-1.2.3.4-
TETRAHYDRO-PHENANTHREN 58-0515
STEREOCHEMIE V. DIPHENSUCCINDAN-DERIV. 53-0098
ABS. KONFIG. V. 1.1'-BINAPHTHYLEN 56-0158
V. TRITYL-VERB., 3. MITT. 63-0179
V. TRITYL-VERB., 4. MITT. 63-0180
ABS. KONFIG. D. BIPHENYL-, BINAPHTHYL-, BIANTHRYL-
SYST. 64-0525
KONFIG. V. 1.2.5-TRIBROM-ACENAPHTHENEN 58-0509
ABS. KONFIG. V. PHENYLAETHYLAMINEN 53-0048
KONFIG. V. 4.5-DIARYL-OCTADIIN-(1.7)-DIOLEN-(4.5)
63-0527
V. GEHINDERTEN BENZOPHENONEN 59-0432
V. N-HETEROCYCLEN, 15. MITT. 64-0712
FLAVINDOGENIDEPOXIDE, STEREOCHEMIE 57-0572
V. AQUO- U. (CYANO-CORRINATO-KOBALT(III)) (1+) IN WSS.
LSG. (GLEICHGEW. ZWISCHEN FUENFER- U.
SECHSERKOORDINAT.) 55-0013
V. CR(III)- U. CO(III)-1 ZU 2-AZOFARBSTOFFKOMPLEXEN
60-0064
V. ALKYL-CO(III)-CORRIN-KOMPLEXEN IN WSS. LSG.
(GLEICHGEW. ZWISCHEN FUENFER- U. SECHSERKOORDINAT.)
55-0013
KONFIG. V. TETRAHYDROFURANOID-LIGNANEN 53-0334
GEOMETR. ISOMERI GEOMETR. ISOMERE V. CYCLOPHOSPHITEN
53-0461
KONFIG. V. N-METHYL-LUPETIDINEN 54-0098
ABS. KONFIG. V. BETA-PIPECOLIN 57-0263
V. SPIROPHOSPHORANEN 57-0565
KONFIG. V. PHOTOADDITIONSPROD. AUS KETONEN U. FURAN
58-0144
CIS-TRANS-ISOMERIE V. 4.5-DISUBSTITUIERTEN DELTA(2)-
ISOXAZOLINEN 59-0109
KONFIG. V. 8-OXA-1-AZA-BICYCLO(4.3.0)NONANEN 60-0161
STEREOISOMERIE AM PHOSPHOR IN CYCL. OXYPHOSPHORANEN
60-0544
KONFIG. V. 1.2.5- TRIMETHYL-PYRROLIDINEN 61-0554
KONFIG. V. M-DIOXANEN 61-0650
KONFIG. V. ABIKOVIROMYCIN 61-0808
AUSSEN-AUSSEN-, AUSSEN-INNEN- U. INNEN-INNEN- V.
DIAZABICYCLO(K.L.M)ALKAN-SALZEN 62-0686
EINKAPSEL.- V. DIAZA-BICYCLO(K.K.K)ALKANSALZEN
(KATAPINOSIS) 62-0688
D. DISPIRANE V. 1.3-DITHIOLANEN 63-0631
V. TETRAHYDROFURANEN, 6. MITT. 64-0128
KONFIG. V. PERHYDRO-DIPYRIDO(1.2-C,2'.1'-E)IMIDAZOLEN
64-0170
KONFIG. D. OR-GRUPPE IN 5-HYDROXY(ACETOXY)-CHROMENEN
54-0407
V. FLAVINDOGENIDEPOXIDEN 57-0572
KONFIG. V. 1-PHENYL-4-TERT.-BUTYL-CYCLOHEXENOXIDEN
60-0414
KONFIG. V. 2.5-DIALKYL-5-ALKOXYMETHYL-1.3-DIOXANEN
64-0724
KONFIG. V. 2-METHYL-OKTAHYDRO-1-PYRINDOLEN-(4)
64-0712
V. ORGANOCYCLOSILTHIANEN 63-0184
CIS-TRANS-GLEICHGEW. V. AZIRIDINYLKETONEN (EINFL. V.
LSGM. U. BASENKONZ.) 59-0187
KONFIG. V. 4A REF-CHLOR-8-OXO-4.4.7CIS-TRIMETHYL-1CIS.
3CIS-DIPHENYL-4A.5.6.7.8.8A CIS-HEXAHYDRO-ISOCHROMAN
61-0610
KONFIG. V. ORCEINFARBSTOFFEN 61-0677
U. INVERS. V. CYCL. OXONIUMVERB. 60-0165
KONFIG., V. ECHINULIN U. HYDROECHINULIN 54-0454
KONFIG. V. GAMMA- LACTONEN 56-0159
KONFIG. V. DEKALIN-SPIROHYDANTOINEN 56-0509
KONFIG. V. 1.4-DIAZA-BICYCLO(4.3.0)NONANTRIONEN-(2.5.
9) 56-0593
KONFIG. V. CIS-CIS-STERCOBILINOGEN U. CIS-CIS-
STERCOBILIN 56-0663
ABS. KONFIG. V. ALPHA-METHYLPIPERIDINEN 57-0069
STEREOCHEMIE V. BETA-LACTAMEN , 3. MITT. 58-0142
KONFIG. V. (-)-HELIANTHOIDIN 59-0785
KONFIG. V. KABLICIN 59-0789
ABS. KONFIG. D. KAWA-LACTONE 60-0168
IN D. REIHE D. BETA-LACTAME, 4. MITT. 64-0576
KONFIG. V. METHYL-2.6-ANHYDRO-2-THIO-ALPHA-D-
ALTROPYRANOSID-SULFOXIDEN 54-0481
ABS. KONFIG., V. MELITTOSID 54-0498
KONFIG. V. OROBOSID 60-0699
KONFIG. V. FARINOSIN U. ENCELIN 59-0716
KONFIG. V. 20.21(U. 17.20)-EPOXY-5BETA-PREGNAN-3ALPHA-
OLEN 63-0815
ABS. KONFIG. V. (-)-ARGEMONIN 54-0102
ABS. KONFIG. V. ARGEMONIN-ALKALOIDEN 55-0046
KONFIG. V. ALKALOIDEN D. RHOEADIN-TYPS 56-0093
ABS. KONFIG. V. OXINDOL-ALKALOIDEN 57-0151
EBENE STRUKTUR V. SERRATININ 59-0691
ABS. KONFIG. V. SERRATININ 59-0692
ABS. KONFIG. D. DIASTEREOISOMEREN METHOJODIDE V.
LYCORINALKALOIDEN 60-0706
KONFIG. V. INDOL-ALKALOIDEN 60-0709
KONFIG. V. PHYLLANTHIN 60-0721
ABS. KONFIG. V. ROMNEIN 61-0722
KONFIG. AM C(9)-ATOM V. JERVIN 61-0733
KONFIG. V. 8.14-DIHYDRO-SALUTARIDIN U. -NORSALUTARIDIN
61-0743
ABS. KONFIG. V. KREYSIGININ U. MORPHIN 62-0155
KONFIG. V. AMURIN U. NUDAURIN 64-0805
KONFIG. V. PROCUMBID 61-0717
ABS. KONFIG. V. OBACUNON U. ODORATIN 61-0760
KONFIG. V. LAUREATIN 61-0813
. V. SALANNIN 58-0753
KONFIG. V. BENZOL-KOMPLEXEN MIT PYRROLEN, KETONEN,
AETHERN U. SUBSTITUIERTEN KW-STOFFEN 58-0152
V. BICYCLO(3.2.1)OCTAN, 12. MITT. 55-0350
V. BICYCLO(3.2.1)OCTAN, 13. MITT. 57-0238
V. BICYCLO(3.2.1)OCTAN, 14. MITT. 57-0239
STER. WECHSELWRKG. IM INNERN V. MAKROCYCL. VERB., 1.
MITT. 63-0745
U. SYNTH. V. HYDROPHENANTHRENEN , 6. MITT. 59-0454
V. BICYCLO(3.2.1)OCTAN, 17. MITT. 61-0091
V. BICYCLO(3.2.1)OCTAN, 16.MITT. 61-0201
KONFIG. V. PERCHLOR-(3.4-DIMETHYLEN-CYCLOBUTEN)-
DIMEREN 59-0479

ABS. KONFIG. V. TRANS-CARANYL-(5)-AMINEN 56-0667
ABS. KONFIG. V. (1S,4R)-2EXO-BROM-2-NITRO-FENCHAN 59-0173
KONFIG. V. DIAMINO- U. DINITRODECALINEN-(1.4) 64-0510
KONFIG. V. CULMORIN 57-0712
KONFIG. V. 2-AMINO-TETRALOLEN 64-0163
KONFIG. V. PHORBOL 63-0810
KONFIG. V. 2-CHLOR-2-CYANNORBORNENEN-(5) 56-0447
V. 2.2.3.3-TETRACYANO-7.8-ANTI-(ENDO-METHYLEN)-BICYCLO(2.2.2)OCTEN-(5) 63-0176
V. EPSILON-CAESALPIN 55-0578
KONFIG. V. ALPHA-AMINODEKALINCARBONSAEUREN 56-0509
KONFIG. V. MEXICANOLID 58-0748
KONFIG. V. SWIETENOLID 58-0751
KONFIG. V. NIMBIN 58-0752
KONFIG. V. RAC.-CIS.EXO.ERYTHRO-NORBORMID 64-0164
ABS. KONFIG. V. 1.2-DITHIOLAN-3-CARBONSAEUREN 64-0618
ABS KONFIG. V. 4-AMINO-4.6-DIDESOXY-HEXOSEN 60-0169
V. D-GLUCOPYRANOSEDERIV. (BEZIEH. ZUR MOL. DREH.) 63-0106
STEREOCHEMIE V. MARRUBIIN 53-0537
V. MARRUBIIN 54-0524
V. SANTOLIN 54-0533
V. CEANOTHSAEURE 56-0154
V. OX.-PROD. V. TRITERPENEN 56-0682
KONFIG. V. ISOGERMAFUREN U. LINDEROXID 57-0694
KONFIG. V. SESQUITERPENALKOHOLEN AUS BIOTA ORIENTALIS 58-0762
ABS. KONFIG. V. SUGEONOL 59-0726
KONFIG. V. ZIZANOESAEURE 59-0730
KONFIG. V. SESQUICAREN 59-0731
V. ZEORIN U. LEUCOTYLIN 59-0735
KONFIG. V. ATRACTYLANSAEURE 60-0746
KONFIG. V. CEDROLSAEURE 61-0762
KONFIG. V. OZSAEURE U. OZOL 61-0773
ABS. KONFIG. V. HIMALACHENEN 62-0755
ABS. KONFIG. V. (4R)-DELTA(11)-SELINENOL-(4), (+)-JUNIPERCAMPHER U. INTERMEDEOL 62-0781
KONFIG. V. 2-HYDROXY-EPICAMPHER 62-0784
KONFIG. V. ISOCAMPHANEN 64-0542
V. 14-HYDROXY-STEROIDEN 53-0078
KONFIG. AM C-17 V. PREGNEN-3.10-DIONEN 53-0079
ABS. KONFIG. V. METHYLSULFINYL-CHOLESTANEN U. ORD 55-0045
KONFIG. V. 6-(1.2-BIS-(METHOXYCARBONYL)-AETHYL)-3-ACETOXY-ERGOSTATRIENEN 57-0722
KONFIG. V. 20-CHLOR-PREGNAN-16BETA-OLEN 57-0744
KONFIG. V. SPERGULAGENSAEURE 58-0742
KONFIG. V. PONASTERON A U. B 59-0756
KONFIG. V. PONASTERON A 59-0757
KONFIG. V. 17-ALKYL-OESTRADIOLEN U. 17-ALKYL-19-NORTESTOSTERONEN 60-0121
KONFIG. V. ABIESLACTON 61-0752
ABS. KONFIG. V. INOKOSTERON 61-0789
KONFIG. V. STIGMASTADIEN-3-OLEN (FUCOSTERINEN) 63-0829
V. BUXIDIN U. BUXANDRIN 54-0516
KONFIG. V. HOMOPROAPORPHINEN 56-0645
KONFIG. V. JERVIN-ALKALOIDEN 63-0779
KONFIG. V. JESACONITIN 64-0808
KONFIG. V. PIMARICIN AM C-25 53-0576
ABS. KONFIG. V. DAUNOMYCIN 63-0178
ABS. KONFIG. V. CARYOPHYLLEN-JOD-NITROSIT 54-0114
V. MARRUBIIN 60-0734
STEREOCHEMIE (U. KONFORM. V. SPEZIELLEN STOFFEN)
KONFORM.-ANALYSE MIT HILFE D. KERNRESONANZSPEKTROSKOPIE, 8. MITT. KONFORM. V. 16 STEREOISOMEREN AMINO- U. NITROMENTHANEN 53-0543
KONFORM.-ANALYSE V. BEWEGL. SYST., 3. MITT. 57-0159
KONFORM.-ANALYSE U. DIEDERWINKEL 57-0160
KONFORM.-ANALYSE DURCH NMR, 1. MITT. 57-0162
KONFORM.-ANALYSE DURCH NMR, 2.MITT 57-0163
KONFORM.-ANALYSE, 13. MITT. 58-0149
KONFORM.-ANALYSE, 14. MITT. 58-0150
KONFORM.-ANALYSE, 59. MITT. 59-0151
KONFORM. U. FREQUENZVERSCHIEB. BEI INTRAMOL. OH-PI-WECHSELWRKG. IN OLEFIN. ALKOHOLEN 60-0082
KONFORM. U. KINETIK, NMR-UNTERS., 11. MITT. 60-0172
MOL.-KONFORM., 5. MITT. 60-0177
KONFORM.-BEVORZUG. BEI DIASTEREOMEREN, 3. MITT. 61-0142
PROTONENRESONANZ-UNTERS. ZUR INNEREN ROTAT., 5. MITT. 62-0122
KONFORM.-ANALYSE DURCH NMR, 6. MITT. 62-0132
KONFORM. V. NICHTAROMAT. RINGVERB., 45. MITT. 62-0144
KONFORM.-UNTERS., 10. MITT. 63-0190
KONFORM.-ANALYSE, 61. MITT. 64-0169
KONFORM.-ANALYSE, 16. MITT. 64-0176
KONFORM. -ANALYSE MIT HILFE D. NMR-SPEKTROSKOPIE, 9. MITT. 64-0510
OPT. DREH.-VERMOEGEN U. KONFORM. 2. MITT. 53-0050
KONFORM.-ENANTIOMERIE 3.MITT. 54-0180
KONFORM. U. DIPOLMOMENTE V. MOL., 5. MITT. 57-0161
KONFORM. U. REAKTIVITAET, 7. MITT. 58-0255
KONFORM.-ANALYSE, 60. MITT. 60-0164
KONFORM.-ANALYSE 15. MITT. 60-0171
KONFORM.-ANALYSE DURCH NMR, 5. MITT. 62-0125
KONFORM.-INVERS. U. NMR-KOPPL-KONST. 56-0161
KONFORM.-ENERGIE V. OFFENKETT. U. CYCL. KW-STOFFEN 60-0164
KONFORM. U. PHYSIKAL. DATEN V. ALKANEN U. CYCLANEN, 3. MITT. 62-0418
KONFORM. V. 1-AMINO-1.2-DIPHENYL-PROPANOLEN-(2) 53-0050
KONFORM. V. ALPHA(2)-RHODOMYCINON 61-0805
KONFORM. V. ((CH3)2AU(OH))4, IN LSG. 60-0021
KONFORM. V. CARBONSAEUREN U. IHREN DERIV. 54-0101
KONFORM. V. OFFENKETT. VERB., 2. MITT. 62-0143
KONFORM. V. ALLYL-DICYCLOPENTADIENYL-TI(III)-KOMPLEXEN 57-0001
KONFORM. V. PROPYLGERMANIUMCHLORIDEN 59-0010
KONFORM. V. N-ALKANEN 56-0092
KONFORM.-ENERGIE V. ALIPHAT. KW-STOFFEN 57-0159
KONFORM. V. CIS- U. TRANS-BUTEN-(2) 64-0118
ROTAT.-ISOMERIE BEI PHENYLAETHANDERIV. 55-0119
KONFORM. V. CARBENEN 60-0184
ROTAT.-ISOMERIE V. 1.1.1-TRIFLUOR-3-HALOGEN-PROPANEN 58-0111
KONFORM. V. HALOGENIERTEN 1.3-BUTADIENEN 62-0084
KONFORM.-GLEICHGEW. U. DIPOLMOMENTE V. VICINALEN DIBROMIDEN (BZL.-EFFEKT) 62-0143
KONFORM.-GLEICHGEW. IN ALIPHAT. HALOGENVERB. 63-0187
KONFORM. V. 2.2.3.3-TETRACHLOR-HEXAFLUOR-BUTAN 64-0177
ROTAMERENGLEICHGEW. V. HISTAMIN (HMO-BERECHN.) 63-0174
ANIONENKONFORM. V. 1.1-DINITRO-ALKYLVERB. (EINFL. AUF D. PK-WERTE) 63-0219
KONFORM. V. THREO- U. ERYTHRO-ALPHA-GLYKOLEN 55-0111
KONFORM. D. C-O-BIND. IN ALKOHOLEN 61-0143
KONFORM. V. GLYCERIN 62-0158
KONFORM.-ANALYSE V. DIASTEREOMEREN 1.2-AMINOALKOHOLEN DURCH SYN-PARALLELE CYCLISIER. MIT KETONEN 63-0322
KONFORM. V. ERYTHRO- U. THREO-1.2-DIPHENYL-2-DIMETHYLAMINO-AETHANOL 64-0168
ROTAT.-ISOMERIE BEI DIMETHYLTRITHIOCARBONAT 54-0113
ROTAT.-ISOMERIE V. ALPHA-CHLORKETONEN 55-0110
ROTAT.-ISOMERIE V. 1-METHYL-4-FORMYLMETHYLEN-1.4-DIHYDRO-PYRIDIN 57-0150
KONFORM. V. ACETYLACET- U. MALONDIALDEHYD 58-0113
KONFORM. V. ALPHA,BETA- UNGESAETT. KETONEN (ANHAND D. PMR-SPEKTREN) 60-0101
KONFORM. V. VIC. TETRAKETONEN 63-0173
KONFORM. V. OXIMEN 61-0146
KONFORM. U. KONFIG. V. ALDEHYD- U. KETON HYDRAZONEN 61-0147
KONFORM. V. N-METHYL-HYDRAZONEN 62-0126
KONFORM. V. N-ALKYL-IMINEN 62-0127
KONFORM. V. N.N-DIMETHYL-HYDRAZONEN 62-0128
KONFORM. V. KONJUGIERT UNGESAETT. DINITROPHENYL-HYDRAZONEN 64-0181
KONFORM. V. NITRONEN. 60-0104
NMR-NACHWEIS D. BEVORZUGTEN ROTAMEREN V. PENTEN-(2)-NITRILEN 53-0101
KONFORM. V. SYN- U. ANTI-ALPHA-OXIMINO-CARBONSAEUREESTERN 55-0116
KONFORM. V. N-METHYL-THIOAMIDEN 56-0156
ROTAT.-ISOMERIE V. N-PHENYLAMIDEN 57-0114
KONFORM. V. OXY- U. THIODIESSIGSAEUREESTERN 58-0151
ABS. KONFIG. V. 2-SUBSTITUIERTEN 3-PHENYLPROPIONSAEUREN 58-0424
STABILE ROTAT.-ISOMERE CARBONSAEUREAMIDE, DARST. 59-0153
KONFORM. U. ROTATIONSISOMERIE V. ALPHA-BROM-CARBONSAEURE- U. ALPHA-KETOSAEUREESTERN 61-0136
KONFORM. V. 2.3-DIBROM-PROPIONSAEURE-AETHYLESTER 62-0141
KONFORM. D. METHOXYCARBONYLGRUPPEN V. 1.1.2.2-TETRAMETHOXYCARBONYL-AETHAN 62-0149
KONFORM. V. LANGKETT. 2-ALKOXY-FETTSAEUREESTERN 63-0130
KONFORM. V. ESTERN 63-0143
ABS. KONFIG. V. 2-HYDROXY-2-PHENYL-CARBONSAEUREN 63-0757
KONFORM. V. EINFACHEN PEPTIDEN, 2. MITT. 64-0879
KONFORM. V. ZUCKEROSOTRIAZOLEN 59-0150
KONFORM. V. (-)-1-ACETYL-2-METHYL-FERROCEN (LSGM.-EINFL.) 59-0003
BEVORZUGTE KONFORM. V. CYCLOHEXYL-GRIGNARD-VERB. 63-0002
KONFORM. V. CYCL. OLEFINEN 56-0037
ROTAT.-ISOMERIE IN CYCLOPROPAN- U. CYCLOBUTAN-DERIV. 1.MITT. DI-CYCLOPROPYL, DI-CYCLOBUTYL, VINYL-CYCLOPROPAN U. TRANS-1.2-DICYCLOPROPYL-AETHYLEN 53-0086
KONFORM. V. CYCLOBUTAN-DERIV. 60-0175
KONFORM. V. TRIHALOGENCYCLOPENTANEN 55-0071
KONFORM. V. HALOGENCYCLOPENTANEN 61-0139
KONFORM. V. AMINO- U. NITRO-MENTHANEN 53-0543
KONFORM. V. TERT.-BUTYL-CYCLOBUTANOLEN 63-0490
ROTAT.-ISOMERIE V. 1-ALKYL- TRANS-2-AMINO-CYCLOPENTANOLEN-(1) 64-0167
KONFORM. V. 2-CHLOR-CYCLOPENTANTHIOLEN 62-0423
KONFORM. V. (6S)-6-METHYL-6-(2-CARBOXY-AETHYL)-1.4-DIOXASPIRO(4.4)NONANON-(7) U. (1R)-1REF-METHYL-1-(3-OXO-6-CARBOXY-HEXYL)-CYCLOPENTANOL-(5CIS)-ON-(2) (BEZIEH. ZUM ZIRKULARDICHROISMUS) 55-0050
KONFORM. U. CD V. ALPHA-CYCLOPROPYL-KETONEN 62-0060

KONFORM. V. 2-CARBOXY-CYCLOPENTANOLEN 55-0108
KONFORM. D. D-RINGS V. STEROIDEN 57-0141
KONFORM. V. STEROID- U. TRITERPEN-ALKOHOLEN (NMR-UNTERS.) 59-0160
KONFORM. V. 1.2-DISUBSTITUIERTEN CYCLOHEXANEN (WRKG. EINER4-TERT.-BUTYLGRUPPE) 54-0104
KONFORM. V. CYCLOHEXAN U. CYCLOHEXEN (INVERS.-ENERGIE) 57-0160
KONFORM.-GLEICHGEW. V. CYCLOHEXANEN (GUELTIGK. D. NMR-METH.) 58-0149
RINGINVERS. V. METHYLENCYCLOHEXAN 59-0167
KONFORM. V. ALKYLCYCLOHEXANEN (KONFORM. U. BRECHUNGSINDEX BZW. DICHTE) 62-0418
KONFORM. V. CYCLOHEXANEN 64-0088
KONFORM. V. 1.4-CYCLOHEXADIEN 64-0178
KONFORM.-GLEICHGEW. V. CYCLOHEXYLHALOGENIDEN 58-0150
KONFORM. V. CYCLOHEXANDERIV. (ENTHALPIE, ENTROPIE U. FREIE ENERGIE) 60-0171
KONFORM.-GLEICHGEW. V. CYCLOHEXANEN 62-0132
KONFORM. V. TRIHALOGENCYCLOHEXANEN 55-0071
KONFORM. V. 1-ALKYL-1-HALOGEN-CYCLOHEXANEN 62-0144
KONFORM.-GLEICHGEW. IN HALOGENCYCLOHEXANEN 63-0187
UNTERS. D. KONFORM. V. 1-ALKYL-CYCLOHEXANOLEN DURCH INFRAROTSPEKTROSKOPIE 53-0099
KONFORM., V. 2-METHYLCYCLOHEXANOLEN (EPIMERISIER.-GLEICHGEW., GAUCHE-CH3-OH-WECHSELWRKG.) 54-0100
FREIE KONFORM.-ENERGIE V. CYCLOHEXYLCARBINOL-DERIV. 56-0155
ROTAMERENKONFORM. V. CYCLOHEXANDIOLEN 62-0146
KONFORM. V. 2-AMINO-CYCLOHEXANOLEN 64-0107
KONFORM. V. 2-CHLOR-CYCLOHEXANTHIOLEN 62-0423
KONFORM. V. E-ISOCYANATO-CYCLOHEXAN 55-0106
KONFORMAT. D.MENTHONE 53-0097
CIS-2.6-DICHLOR-CYCLOHEXANON U. CIS-2.6-DIBROM-CYCLOHEXANON, KONFORM. 57-0156
KONFORM. V. CYCLOHEXANON (INVERS.-ENERGIE) 57-0160
KONFORM. V. 2-TERT.-BUTYL-CYCLOHEXANONEN 63-0190
KONFORM. V. 2-METHYL-CYCLOHEXAN-CARBONSAEURE-NITRILEN 57-0181
ATROPISOMERIE BEI CIS-1.2-BIS-METHOXYCARBONYL-CYCLOHEXANEN 54-0105
KONFORM. V. 2-CARBOXY-CYCLOHEXANOLEN 55-0108
KONFORM. V. CYCLOHEXANOLCARBONSAEURELACTONEN 56-0157
KONFORM. V. CYCLOHEXENCARBONSAEUREN 62-0131
KONFORM. V. CYCLOHEXADIEN-(1.4)-YLAMINOSAEUREN 63-0182
KONFORM. V. CYCLOHEXYL-DERIV. (NMR-BEST.-METH.) 63-0188
KONFORM. V. 2-METHYL-CYCLOHEXAN-CARBONSAEUREN U. -METHYLESTERN 57-0181
KONFORM. V. BETA-BISABOLOL 59-0719
KONFORM. V. HUMULEN 60-0099
NEUE KONFORM. D. CYCLODECANRINGS 53-0106
KONFORM. V. CYCLODODECENEN 61-0150
KONFORM. V. CYCLOHEXYLAMINEN 62-0125
KONFORM.-GLEICHGEW. V. CYCLOTETRAVERATRYLEN 59-0164
KONFORM. V. ALKYLCYCLOHEPTANOLEN 64-0110
KONFORM. V. CIS-2.7-DICHLOR-CYCLOHEPTANON 57-0142
KONFORM. V. CYCLOALKANONEN 58-0147
KONFORM. V. ZERUMBON 60-0099
KONFORM. V. HYDROXYIMINO-BICYCLOALKANEN 54-0076
KONFORM.-STABILITAET V. CYCLEN-(1)-CARBONSAEUREN 55-0308
BESCHRAENKTE KONFORM.-INVERS. V. DIHYDRO PLEIADENEN U. 7H.14H-CYCLOOCTA(1.2.3-DE,5.6.7-D'E')DINAPHTHALINEN 60-0170
KONFORM. V. 1.2-BENZO-HEPTAFULVEN U. VERWANDTER SYST. 57-0157
KONFORM. V. 4.5-DISUBSTITUIERTEN PHENANTHRENEN (AKTIVIER.-PARAMETER D. INVERS. D. ENANTIOMEREN) 58-0145
KONFORM. V. POLYPHENYLVERB. AUS D. DEPOLARISIERTEN RAYLEIGH-STREUUNG, 2. MITT. 59-0158
KONFORM. V. ANILINEN 60-0173
KONFORM. V. ANISOLEN 60-0173
KONFORM. V. DIBENZO(B,F)TROPON 63-0198
KONFORM. V. BENZALANILIN 58-0146
KONFORM. V. DIBENZOYLPEROXID 57-0166
KONFORM. V. ARYL-BENZOATEN U. -ACETATEN 64-0179
KONFORM. V. ARYL-BENZOL- U. -METHANSULFONATEN 64-0179
KONFORM. V. AZOMETHIN-STICKOXIDEN 63-0149
KONFORM.-AENDER. V. PHENYL-P-BIPHENYLYL-ALPHA-NAPHTHYL-METHYLIUM (KINETIK) 63-0179
KONFORM. V. 1.3-DIOXANEN 55-0073
KONFORM. V. TRANS- U. CIS-2A.3E-DIMETHYL-1.4-DIOXAN 55-0109
KONFORM. V. METHYLENCYCLOHEXANOXIDEN 55-0114
KONFORM. V. THIOPYRANEN U. TELLURANEN 55-0115
KONFORM. V. THIOXENEN U. THIOXANEN 57-0147
KONFORM.-ISOMERISIER. V. SYMM.- HEXAHYDRO-TRIAZINEN U. HEXAHYDRO-PYRIMIDINEN 57-0153
KONFORM. V. AETHYLENPHOSPHITEN 58-0110
N-INVERS. V. N-HALOGEN-AZIRIDINEN 58-0557
KONFORM. V. 3.7-DIALKYL-3.7-DIAZA-BICYCLO(3.3.1)NONANEN 58-0627
KONFORM. V. 1-METHYL-PIPERIDINHYDROJODIDEN 59-0120
KONFORM. V. PIPERIDINEN 59-0155
KONFORM.-GLEICHGEW. V. PIPERIDIN U. MORPHOLIN 59-0156
KONFORM.-GLEICHGEW. V. CIS- U. TRANS-2.7-DIHYDRO-2.7-DIMETHYL-3.4,5.6-DIBENZO-OXEPIN 59-0651
KONFORM. U. KONFIG. V. 8-THIA-1-AZA-BICYCLO(4.3.0)NONANEN 60-0163
RINGINVERS. V. TETRAHYDROOXAZINEN-(1.3) 60-0172
KONFORM. V. 1.3-DIOXANEN 62-0129
KONFORM.-ANALYSE V. MULTISCHWEFEL-HETEROCYCLEN, 2. MITT. 62-0135
KONFORM.-ANALYSE V. MULTISCHWEFEL-HETEROCYCLEN 62-0136
KONFORM. V. BIS-(TETRAMETHYLEN)-SYMM.-TETRATHIAN 62-0136
KONFORM.-UMWANDL. V. DIMETHYLPENTAMETHYLENSILAN (NMR) 62-0137
RINGINVERS. V. MORPHOLINEN U. PIPERAZINEN 63-0142
KONFORM. V. STYROLOXIDEN 63-0147
KONFORM. U. KONFIG. V. OCTAHYDROPYRIDO(1.2-C)(1.3)OXAZINEN 64-0111
KONFORM. V. 5-METHYL-1.3-DIOXAN 64-0116
KONFORM. V. DIOXAPHOSPHORINANEN 64-0129
KONFORM. U. RINGINVERS. V. 5-PHENYL-BENZO-1.4-DIAZEPINEN 64-0165
KONFORM. D. FREIEN ELEKTRONENPAARES AM N-ATOM V. PIPERIDINEN IN LSG. 64-0166
KONFORM. V. TETRAHYDRO-1.3-OXAZINEN 64-0171
KONFORM. V. 1.3-DIOXANEN 64-0176
KONFORM. V. 1.3-DIOXANEN (ENERGIEDIFFERENZEN ZWISCHEN SESSEL- U. BOOTFORM) 64-0211
KONFORM. V. TETRAMETHYL-SYMM.-TETRATHIAN 62-0135
KONFORM. V. 3-HALOGEN- U. TRANS-3.4-DIHALOGEN-TETRAHYDROFURANEN 61-0140
KONFORM. V. 3.5-DIMETHYL-2.6-DIPHENYL-4-PIPERIDINOLEN 55-0118
KONFORM. V. ISOTAZETTIN 59-0700
KONFORM. V. 2-ALKOXY-TETRAHYDROPYRANEN , ANOMEREN-EFFEKT 60-0159
KONFORM. ANALYSE V. 2-ALKOXY-TETRAHYDROPYRANEN 64-0174
KONFORM. V. 2.5-DIALKYL-5-ALKOXYMETHYL-1.3-DIOXANEN 64-0724
KONFORM. V. PYRIDYLMETHYLENINDANONEN 62-0139
KONFORM.-AENDER. IN HYDRIERTEN PYRIDAZIN-1.2-DICARBONSAEUREESTERN (GESCHW.) 57-0144
KONFORM. U. DIPOLMOMENTE V. FORMYL-, BENZOYLU. DIFORMYLPYRIDINEN 57-0161
KONFORM. V. 2-BENZOYL- U. 2-THIOBENZOYL-THIOPHENEN 59-0117
KONFORM. U. CD V. ALPHA-EPOXY-KETONEN 62-0060
KONFORM. V. FORMYL-JOD-THIOPHENEN 63-0185
KONFORM. V. PHENYL-THIENYLKETONEN 63-0186
KONFORM. V. PYRIDYLMETHYLEN-BENZOFURANONEN 62-0140
KONFORM. V. GAMMA- LACTONEN 56-0159
KONFORM V. GAMMA- BUTYROLACTONEN 56-0162
KONFORM. V. VALEROLACTONEN 56-0163
KONFORM.-AENDER. IN UEBERBRUECKTEN PIPERIDAZIN-1.2-DICARBONSAEUREESTERN 57-0143
KONFORM. V. 1.3-DIMETHYL-4-PHENYL-4-ACYLOXY-PIPERIDIN-HYDROCHLORIDEN (EINFL. AUF D. ANALGET. WRKG.) 57-0146
KONFORM. V. 6CIS-TERT.-BUTYL-8A TRANS-CARBAETHOXY-4A REF H-PERHYDRO-ISOCHINOLIN-3-ON 57-0152
KONFORM. V. N-ARYL-LACTAMEN 58-0141
CHIRALITAET D. DISULFIDSYST. V. BRUGIN 60-0167
KONFORM. V. N-DIACYLAMINO-SUCCINIMIDEN 60-0174
KONFORM. V. 3.6-DICARBOXY-2.3-DIHYDRO-1.4-THIAZINEN 61-0138
KONFORM. V. PYRAZOLON-AZOMETHIN-FARBSTOFFEN PYRAZOLON-AZOMETHIN-FARBSTOFFE 63-0175
KONFORM. AM PYRROLIDINRING D. ANISOMYCINS 63-0850
KONFORM., V. 1-THIO-ALPHA-L-ARABINOPYRANOSE-TETRAACETAT 54-0103
KONFORM. V. ALDOPYRANOSEN (THEORET. UNTERS.) 57-0143
KONFORM. V. AMYLOSE U. VERWANDTEN VERB., 3.MITT. 57-0774
KONFORM. V. 5'-MONONUCLEOTIDEN 59-0185
KONFORM. V. (5R)-5-C-ALKYL-5-C-PHENYL-D-XYLOSE-DERIV. 64-0183
KONFORM. V. O-METHYL-AMYLOSE, CYCLODEXTRINEN U. O-METHYL-GLUCOSEN 57-0774
KONFORM. V. CORYNOLIN U. VERWANDTEN VERB. 60-0166
KONFORM. V. 8-METHOXY-12-OXO-12A BETA-METHYL-1.2.3.3A ALPHA.5.6.10B ALPHA.11.12.12A-DEKAHYDRO-BENZO(A)CYCLOPENTA(F)CHINOLIZIN 61-0153
RINGINVERS. V. PROTOPIN (KINETIK) 55-0117
KONFORM. NICHTAROMAT. RINGVERB., 38. MITT. 57-0147
KONFORM. V. NICHTAROMAT. RINGVERV., 44. MITT. 64-0109
KONFORM. V. TAXANEN 57-0165
KONFORM. V. FERROCENEN U. CYMANTRENEN 56-0002
KONFORM. V. DI-PI-CYCLOPENTADIENYL-TI(IV)-PENTACHALKOGENIDEN 57-0002
KONFORM. V. NICHTAROMAT. RING-VERB., 41. MITT. 55-0071
KONFORM. V. NICHTAROMAT. RINGVERB., 43. MITT. 61-0140
KONFORM. V. NICHTAROMAT. RINGVERB., 25. MITT. 57-0141
KONFORM. D. TRICYCLO(5.3.1.1(2.6))DODECAN-SYST. 60-0177
KONFORM. NICHTAROMAT. RINGVERB., 42. MITT. 61-0139
SESSEL-BOOT-GLEICHGEW. IN BICYCLO(3.3.1)NONANEN 61-0517
KONFORM.-GLEICHGEW. V. SPIRO(5.5)UNDECANEN 62-0132

KONFORM. U. REAKTIVITAET V. BICYCLC(4.N.O)VERB. MIT TRANS-VERKNUEPF., 1. MITT. 62-0491
KONFORM. V. NICHTAROMAT. RINGVERB., 49. MITT. 63-0187
KONFORM. V. 2-SUBSTITUIERTEN 1.3-DICXOLANEN 64-0109
KONFORM. V. CARANYLAMINEN 59-0727
KONFORM. V. METHOXY-6.7.8-TRIPHENYL-BENZOCYCLOHEPTATRIENEN 59-0466
KONFORM. V. CARANOLEN-(5) 58-0754
KONFORM.-GLEICHGEW. V. ACETYLBENCHROTRENEN 64-0002
KONFORM. U. KONFIG. V. RHCCOMYCINCNEN 55-0568
KONFORM. V. CARANONEN-(5) 58-0754
D. ACETYLSFITENKETTE V. 1.3-SECO-2-NOR-OESTRAN-4-ONEN 61-0137
KONFORM. V. JULIMYCIN B-2 64-0885
KONFORM. V. METHYLISOVERBANONEN 60-0158
KONFORM. V. PRIM. OH-GRUPPEN BEI TERPENOIDEN 59-0162
KONFORM. U. ZIRKULARDICHROISMUS D. SESCUITERPENE V. TRICHOTHECAN-TYP U. D. MAKRCCYCL. ESTERN 53-0051
V. TERPENSAEUREN, -ESTERN U. -ALDEHYDEN 59-0163
V. BUFADIENOLIDEN 54-0539
KONFORM. D. A-RINGES V. 5,10-CESTRENEN 55-0112
KONFORM. D. RINGES A V. STERCIDKETONEN 56-0132
KONFORM. V. 3-O-(P-BROM-BENZOYL)-FUSIDSAEUREMETHYL-ESTER 57-0170
KONFORM. V. UNGESAETT. OXO-STEROIDEN 62-0062
STEREOCHEMIE D. OXINDOLALKALOIDE (KONFORM.) 53-0509
KONFORM. -AENDER. IN D. RIBOSEGRUPPE V. DINUCLEOSIDMONC- U. DIPHOSPHATEN 63-0189

STEREOCHEMIE VON REAKTIONEN
ASYMM. INDUKT., 2. MITT. 55-0189
KONFORM. U. REAKTIVITAET, 5. MITT. 57-0097
ASYMM. 1.3-INDUKT., 2. MITT. 60-0244
ASYMM. INDUKT. U. KONFIGURATIVE KORRELAT. BEI D. OX. AM SCHWEFEL, 3. MITT. 63-0421
ASYMM. INDUKT. U. KONFIGURATIVE KORRELAT. BEI OX. AM SCHWEFEL, 4. MITT. 63-0422
ASYMM. RK., 26. MITT. 64-0546
STEREOSELEKTIVE RK. V. 4.5-EPCXY-STEROIDEN ZUR EINFUEHR. EINES SUBSTITUENTEN IN 4-STELL. V. STEROIDEN, 9. MITT. 55-0557
STEREOSELEKTIVE SYNTH. 3. MITT. 57-0246
STEREOSELEKTIVE SYNTH. 4. MITT. 57-0247
ASYMM. SYNTH. AUS VERB. MIT TRIGONAL GEBUNDENEM KOHLENSTOFF 60-0330
PARTIELLE ASYMM. SYNTH. DURCH D. SIMMONS-SMITH-RK., 1. MITT. 63-0493
ASYMM. SYNTH., 2. MITT. 63-0756
ASYMM. SYNTH., 3. MITT. 63-0757
STEREOSPEZIF. SYNTH. V. 2.3.10-OXYGENIERTEN PINANEN 58-0744
STEREOSPEZIF. SYNTH. V. H(1).H(2)-TRANS-CYCLOPROPANEN 59-0428
PARTIAL-ASYMM. SYNTH. IN D. SIMMONS-SMITH-RK., 2. MITT. 63-0494
STEREOSELEKTIVE SYNTH. V. TRANS-AETHYLENVERB. 63-0363
STEREOSELEKTIVE UMWANDL. V. (2.2.2.2.2.2)METACYCLOPHAN IN EIN ALL-TRANS-HEXAEN 56-0426
STEREOSELEKTIVE SYNTH. V. 2-ISCAMYL-3.4-DIMETHYL-2.3-DIHYDROBENZOFURANEN 58-0564
STEREOSELEKTIVE SYNTH. V. ALPHA- U. BETA-AGAROFURAN 58-0741
ASYMM. SYNTH. V. (+)-ORIXIN 56-0655
STEREOSPEZIF. SYNTH. V. TRANS-CYCLOALKAN-1.3-DIOLEN 57-0400
STEREOSPEZIF. SYNTH. V. RAC.-THREC-3-DIMETHYLAMINO-1-ARYL-2-PHENYL-PROPANOLEN-(1) 60-0423
STEREOSPEZIF. SYNTH. V. 1-ACETYL-1.2-DIMETHYL-CYCLOPROPANEN 59-0406
STEREOSPEZIF. SYNTH. V. PERHYDRO-1.4-DIAZEPINIUMSALZEN AUS BETA-AMINOSAEURE-DIALKYLAMIDEN 55-0484
STEREOISOMERE 1-METHYL-6.7-DIMETHOXY-1.2.3.4-TETRAHYDRO-ISOCHINOLINIUMSALZE, DARST. 60-0609
ASYMM. SYNTH. V. 3-HYDRCXY-3-PHENYL-VALERIANSAEURE 55-0281
ASYMM. SYNTH. V. (-)-S- U. (+)-R-3.4-DIHYDRO-4-METHYL-CUMARIN 57-0568
STEREOSELEKTIVE SYNTH. V. ERYTHRO-2.3-DIPHENYL-GLUTARSAEUREAMIDESTERN 60-0420
STEREOSPEZIF. SYNTH. V. 2-HYDROXY-2-PHENYL-CARBONSAEUREN 63-0757
STEREOSELEKTIVE SYNTH. V. PEPTIDEN 57-0246
STEREOSELEKTIVE SYNTH. V. PEPTIDEN (MECHANISMUS) 57-0247
STEREOSPEZIF. SYNTH. V. ZUCKERALKCHOLEN 54-0480
STEREOSPEZIF. SYNTH. V. BENZYLZENTREN PEI ZUCKERN 63-0756
D. BIOSYNTH. V. OPHIOBOLINEN 57-0701
D. SYNTH. V. PSEUDOGUAJANOLID-SESCUITERPENEN 61-0769
STEREOSPEZIF. PHOTOCHEM. SYNTH. V. AROMADENDRANDERIV. 63-0808
STEREOSPEZIF. SYNTH. V. STEROIDEN (NEUE METH. DURCH ASYMM. UMWANDL.) 55-0561
STEREOSPEZIF. RED. V. ACETYLENEN BZW. KONJUGIERTEN DIOLEFINEN MIT LIALH4 55-0211
D. PD-KATALYSIERTEN HYCRIER. V. ALLENEN 54-0142
D. RED. V. CIS-1-AETHINYL-2.2-DIBROM-3-ALKYL-CYCLOPROPANEN 62-0147
U. HYDRIER. V. M-KRESYLAETHERN AN RH-PTO2 56-0376
D. RINGOEFFN. V. 8.9-EPOXY-CIS-HYDRINDANOLEN DURCH HYDRIER. 59-0437
D. LIALH4-RED. TRANS-1-TERT.-BUTYL-3-PHENYL-ALLYLALKOHOL 61-0213
D. RED. V. BICYCLO(6.4.0)DODECANONEN-(10) 54-0345
D. RED. V. ALPHA.BETA-UNGESAETT. CARBONYLVERB. 55-0111
STEREOSPEZIFITAET D. RED. V. 4-TERT.-BUTYL-CYCLOHEXANON DURCH GRIGNARD-VERB. (MECHANISMUS) 57-0213
STER. VERLAUF D. ELEKTROLYT. BIMOL. RED. V. (7-(14)C)-ACETOPHENON 58-0418
ASYMM. GRIGNARD-RED. V. KETONEN 59-0202
ASYMM. RED. V. KETONEN MIT BETA-STAEND. ASYMMETRIEZENTRUM MIT LIALH4 60-0244
D. RED. V. KETONEN MIT LIALH4 61-0211
D. PHOTOPINAKOLISIER. V. DESOXYBENZCIN 61-0473
D. ELEKTROLYT. RED. V. BENZALDEHYD BZW. PROPIOPHENON 63-0509
D. RED. V. ALPHA.BETA-METHYLEN- U. ALPHA.BETA-EPOXY-CYCLOALKANONEN 64-0349
D. RED. V. FLAVANON MIT GIBERELLA FUGIKUROI 64-0682
D. RED. V. 2-METHYL-PERHYDRC-1-PYRINDCNEN-(4) 64-0712
STEREOSPEZIFITAET D. RED. V. 4-TERT.-BUTYL-N.N-DIMETHYL-CYCLOHEXYLIDEN-AMMONIUMPERCHLORAT DURCH GRIGNARD-VERB. (MECHANISMUS) 57-0213
D. HYDRIER. V. 5-O-(BETA-PHENYL-PRCPICNYL)-TAXICIN I 55-0579
D. KATALYT. U. PHOTOINDUZIERTEN RED. V. THYMIDIN 58-0714
D. MEERWEIN-PONNDORF-RED. V. ALPHA-PHTHALIMIDC-PROPIOPHENONEN 61-0202
D. ELEKTRORED. V. 2-PHENYL-2-CHLOR-PROPIONSAEURE 64-0234
U. HYDRIER. V. 3-OXO-DELTA(4)-STEROIDEN 56-0713
U. HYDRIER. V. 4-METHYL-3-OXO-DELTA(4)-STEROIDEN 56-0714
D. OZONOLYSE V. OLEFINEN 61-0596
STEREOCHEMIE U. MECHANISMUS D. EPOX. V. OLEFINEN D. ZWEI AKTIVIERENDE SUBSTITUENTEN AN EINEM KOHLENSTOFF TRAGEN, MIT WASSERSTOFFPEROXID 53-0127
STEREOSELEKTIVE OX. EINER METHYLGRUPPE IN POLYCYCL. TERPENEN 56-0684
D. DEHYDRIER. V. 2-PIPERIDINOMETHYL-CYCLOALKANOLEN 64-0489
D. EPOX. V. ALPHA,BETA-AETHYLENKETONEN MIT N-BROM-SUCCINIMID 57-0486
D. OX. V. (1-PHENYL-AETHAN)-BORONSAEUREESTERN 63-0355
D. EPOXYDIER. V. (-)-TRANS-ISOLIMONEN U. (-)-TRANS-P-MENTHEN-(2)-OL-(8) 59-0722
U. EPOX. V. 4-METHYL-3-OXO-DELTA(4)-STEROIDEN 56-0714
STER. ORIENTIER. D. EPOX. V. STERINEN , 4. MITT. 63-0830
STEREOSPEZ. OX. V. DIHYDROTHEBAIN IN THEBAIN 59-0698
STEREOSELEKTIVE EINFUEHR. V. ANGULAEREN METHYLGRUPPEN 60-0748
STEREOSELEKTIVE ALKYLIER. V. KETONEN (EINFL. POLARER SUBSTITUENTEN) 57-0445
D. BROMIER. V. 2-METHYL-NORBORNEN-(2) U. 2-METHYLEN-NORBORNAN MIT TERT.-BUTYLHYPOBROMIT BZW. N-BROM-SUCCINIMID 59-0489
D. CHLORIER. V. ALPHA-AETHYL-BENZYL-PHENYLSULFID 53-0134
D. BAS. HYDRCLYSE V. TRANS-CHLOROHYDROXO-, D(STERN)-CIS-CHLOROHYDROXO- U. D(STERN)-CIS-DICHLORO-BIS-(AETHYLENDIAMIN)-KOBALT(III) 60-0037
D. HYDROLYSE V. ARCYLDIAZOALKANEN 62-0229
U. HYDROLYSE V. 1-METHOXYCARBONYL-2-METHYLCYCLCHEXANEN 58-0245
STEREOSELEKTIVE HYDROLYSE V. HISTIDINESTERN BEI D. NI-HISTIDINAT-IONEN-KATALYSE 61-0025
D. HYDROLYSE V. RAC.-BENZYL-BERNSTEINSAEURE - DIAETHYLESTER, RAC.-ALPHA-METHYL-BETA-PHENYL-PROPIONSAEURE-AETHYLESTER U. RAC.-ALPHA-METHYL-BERNSTEINSAEURE-DIMETHYLESTER IN GGW. V. ALPHA-CHYMOTRYPSIN 64-0441
D. TRIFLUORACETOLYSE V. THREO-1-(P-BROMBENZOLSULFONYLOXY)-2-PHENYL-(1.2-D2)AETHAN 59-0224
D. ACETOLYSE U. AETHANOLYSE ALLER STEREOISOMEREN 2-METHYL-4-TERT.-BUTYL-, 2-METHYL- U. 4-TERT.-BUTYL-CYCLOHEXYLTOSYLATE (KINETIK, MECHANISMUS) 60-0264
D. HYDROLYSE V. (1-PHENYL-AETHAN)-BCRONATEN 63-0355
D. ADDIT. V. METHYLIDEN AN UNGESAETT. BICYCL. KETONE 64-0568
D. OLEFIN-(CO)-AUSTAUSCHS V. (NORBCRNADIEN) MO(CO)4 U. (1.3.5-CYCLOOCTATRIEN) MO(CO)3 (IR-UNTERS. MIT (13)(CO)) 60-0036
D. ELEKTROPHILEN SUBSTITUT. V. (+)-3-CAREN 58-0223
D. SUBSTITUT. V. 3ALPHA-SUBSTITUIERTEN TROPANEN 64-0810
STEREOSPEZIF. VINYLHALOGENID-SUBSTITUT., 3. MITT. 62-0052
STEREOSPEZIF. SUBSTITUT. AN 2-(NAPHTHYL-(1))-2-SILATETRALINEN 57-0601
BEI ALKOXY- ALKOXY-AUSTAUSCHRK. AM ASYMM. SI-ATOM , LSGM.-, KATION-EINFL. 59-0445
D. RK. V. (-)-PHENYL-ALPHA-NAPHTHYL-METHOXYMENTHYLOXYSILAN MIT ALKYL-MG-BROMIDEN 58-0507
STEREOSPEZIF. OXYMERCURIER. V. CYCLCALKENOLEN-(3) 57-0400
TRANS-ADDIT. V. ORGANOZINNHYDRIDEN AN ALKINE 58-0032

D. ANLAGER. IM SYST. DIPHENYL-ACETYLEN-N-BROM-SUCCINIMID-ESSIGSAEURE-W. 56-0336
D. FORMOL-ADDIT. AN DELTA(2)-BUTENE (PRINS-RK.) 57-0237
STEREOSPEZIF. ADDIT. V. BRN3 AN OLEFINE 57-0376
D. RK. V. HEXYLHALOGENIDEN U. NAOCH3 58-0271
D. ADDIT. V. HYDROGEN-TETRACARBONYL-COBALTAT(-I) AN 1.2-DIPHENYL-CYCLOBUTEN-(1) 61-0464
STEREOSPEZIF. ADDIT. V. CARBENEN AN OLEFINE 63-0558
STEREOCHEMIE D. ADDIT. V. METHOXYMETHYL-ACETAT AN CYCLOOCTADIEN-(1.5) 53-0153
STEREOSELEKTIVITAET D. RADIKAL. ADDIT. V. BROMDICYANMETHAN AN CYCL. ALKENE 54-0151
D. 1.2-CYCLOADDIT. AN D. BICYCLO(2.1.0)PENTAN-SYST. 55-0188
BEI D. HYDROBORIER. V. SUBSTITUIERTEN CYCLOHEXENEN 62-0421
D. ADDIT. V. ELEKTROPHILEN AGENTIEN AN DELTA(2)-DIHYDROPYRAN 56-0534
D. ADDIT. V. CHCL AN UEBERBRUECKTE BICYCL. OLEFINE 57-0238
D. ADDIT. V. CHCL AN UEBERBRUECKTE BICYCL. OLEFINE 57-0239
D. REDUKTIVEN ELIMINIER. V. THREO- U. ERYTHRO-2-BROM-BUTYL-(3)-DERIV. DURCH CR(II)-AMIN-KOMPLEXE 60-0241
CYCLOADDIT. V. 2-ALKYL-BUTADIENEN MIT 1.1-DICHLOR-2.2-DIFLUOR-AETHYLEN (EINFL. D. KONFORM.) 61-0442
STEREOSPEZIF. ADDIT. V. BENZOXAZOLINYLNITREN AN OLEFINE 56-0510
D. DEHYDRATISIER. V. TETRAHYDROFURYLCARBINOLEN 54-0405
STEREOSPEZIF. ADDIT. V. PHENOXYCARBEN AN OLEFINE 57-0479
D. ADDIT. V. ORGANOARSENIDEN AN ALKINE 54-0318
STEREOSPEZIF. ADDIT. V. DIISOBUTYL-ALH AN ALKINYLSILANE 57-0341
STEREOSPEZIFITAET D. CYCLOADDIT. V. CHLORSULFONYL-ISOCYANAT AN CIS- U. CIS-BETA-METHYL-STYROL U. AN CIS- U. CIS-HEXEN-(3) 59-0505
D. RK. V. ORGANO-MG-VERB. MIT 2-ALKYL-CYCLOHEXANONEN 57-0496
ALPHA.BETA-KETOVINYLIER. DES AZID-IONS 63-0476
D. ADDIT. V. CROTYLMETALLVERB. AN ALDEHYDE 64-0291
D. RK. V. TOSYLHYDRAZONEN MIT CH3LI 57-0240
D. CYCLOADDIT. V. ALDOKETENEN AN BENZYLIDENANILIN 64-0576
D. AMIN-ELIMINIER. V. CYCLOALKYLTRIMETHYLAMMONIUMVERB. 61-0269
D. ANLAGER. V. NITRILEN U. HG-SALZEN AN NORCARAN 57-0472
D. MICHAEL-ADDIT. V. MALONSAEUREDIAETHYLESTER AN 4-TERT.-BUTYL-1-CYAN-CYCLOHEXEN 57-0409
D. RK. V. NH3 MIT BROMBUTAN- U. -BUTENDISAEUREDIESTERN 58-0559
D. BR2-ADDIT. AN ALPHA-ALKENCARBONSAEURAETHYLESTER (STEREOSPEZIFITAET) 60-0248
ASYMM. DIELS-ALDER-RK. V. ACRYLSAEUREDERIV. U. DELTA (1.3)-CYCLOHEXADIEN 64-0546
D. ADDIT. V. PYRROLIDIN AN BICYCLO(2.2.2)OCTEN-(2)-CARBONSAEURENITRILE-(2) 64-0610
D. ADDIT. V. PHENYL-FLUOR-CARBEN AN OLEFINE 61-0469
U. ADDIT. V. HCN AN 3-OXO-DELTA(4)-STEROIDE 56-0712
D. MICHAEL-ADDIT. AN 5.17,20-PREGNADIEN-3BETA-OL-16-ONE 57-0736
D. ADDIT. V. CH3LI AN DELTA(5)-STEROIDALDEHYDEN-(19) 64-0875
D. REFORMATSKI-RK., 1. MITT. 60-0282
D. REFORMATSKI-RK. 2.MITT. 64-0298
STEREOSELEKTIVE VERAETHER. V. MESO- U. RAC.2.2'-(1-HYDROXY-AETHYL)-BIPHENYL 59-0651
SYN-PARALLELE CYCLISIER. V. DIASTEREOMEREN 1.2-AMINOALKOHOLEN MIT KETONEN (EINFL. STER. FAKTOREN, KINETIK) 63-0322
STEREOSPEZIFITAET D. KETOLISIER. V. CYCLOPENTANON U. AETHANOL 54-0173
D. REFORMATSKI-RK. , 3. MITT. 58-0276
STER. VERLAUF D. RK. V. CYCLOHEXANONEN MIT GRIGNARD-VERB. (MECHANISMUS) 61-0152
D. REFORMATSKI-RK., V. ALKYL-ARYLKETONEN MIT ALPHA-BROM-PROPIONSAEUREAETHYLESTER 60-0282
STER. VERLAUF D. REFORMATSKI-RK. 58-0153
D. REFORMATSKI-RK. BEI OXO-STEROIDEN , STER. VERLAUF 64-0298
D. UMLAGER. V. POLYFLUORALLYLDERIV. D. MN, AS U. P IN POLYFLUORPROPENYLVERB. 59-0075
D. BENZILSAEUREUMLAGER. V. 4.4-DIMETHYL-5ALPHA-CHOLESTAN-2.3-DION 55-0554
STEREOSELEKTIVE BENZILSAEUREUMLAGER. V. 5ALPHA-CHOLESTAN-2.3-DION 55-0555
CIS-TRANS-ISOMERISIER. V. ALLYLVERB. 56-0265
D. ISOMERISIER. V. (S)-1-METHYL-3-ISOPROPYL-INDEN 64-0301
D. UMLAGER. V. METHYLBICYCLOBUTANEN 62-0485
D. ISOMERISIER. V. (+)-1.2-EPOXY- U. (+)-TRANS-2.3-EPOXY-TRANS-P-MENTHAN (MECHANISMUS) 62-0750
STEREOSELEKTIVE UMLAGER. V. 2-(1-HYDROXY-INDANYL-(1))-PROPENOXIDEN 57-0437
D. COPE-UMLAGER. V. HEXADIEN-(1.5)-DIOLEN-(3.4) 62-0272
D. ISOMERISIER. V. BICYCL. KETONEN 59-0272
D. PHENYLWANDER. BEI DIPHENYLCYCLOHEXENON 64-0337
STEREOSPEZIF. UMLAGER. V. SAEUREAZID-HYDRAZONEN 56-0359
D. THERM. UMLAGER. V. ALLYLACETOACETATEN 59-0242
WALDENSCHE UMKEHR AM THIOPHOSPHORYLZENTRUM BEI D. PISHSCHIMUKA-RK. 63-0411
KONFIG. V. 3-DESOXY-3.4-C-(DICHLORMETHYLEN)-1.2-5.6-DI-O-ISOPROPYLIDEN-ALPHA-D-GALAKTOFURANOSE 57-0169
D. UMLAGER. V. 3-OXO-4.5-OXIDO-STEROIDEN 56-0704
WALDENSCHE UMKEHR. V. STEROIDEN, 61. MITT. 56-0709
D. PHOTOLYSE V. 1.2.3-TRIAZOLINEN 59-0574
D. THERM. ZERS. V. 3-CYAN-3-AETHOXYCARBONYL-PYRAZOLINEN-(1) 64-0634
D. WITTIG-RK. 56-0263
V. THERM. RK., 3. MITT. 59-0242
D. RINGOEFFN. D. CYCLOPROPANRINGS 57-0472
D. RINGOEFFN.-RK. V. STILBAZOLOXIDEN 60-0600
ASYMM. RINGOEFFN. V. GEM.-DIBROMCYCLOPROPANEN 61-0439
STER. EFFEKTE BEI METALLIER. V. PHENYLAETHERN MIT ALKYL-LI 57-0370
STEREOSPEZIF. UMWANDL. V. OPT.-AKT. SULFOXIDEN, SULFILIMINEN U. SULFOXIMINEN 63-0418
D. CARBONIUMION-SILAN-HYDRIDUEBERTRAG.-RK. 63-0501
D. CYCLISIER. V. ALIPHAT. 1.5-DIALDEHYDEN MIT NITROMETHYLVERB. 63-0480
D. CL-AUSTAUSCHES IN DESYLCHLORID 64-0286
D. ESTER-AMID-AUSTAUSCHS V. OPT.-AKT. PHOSPHIN- U. SULFINSAEUREESTERN 64-0317
D. RK. V. OPT.-AKT. PHENYL-P-BIPHENYLYL-(8-METHYL-NAPHTHYL-(1))-CARBINOLEN 63-0180
BEI RK. V. PHENOLEN MIT POCL3 60-0369
STEREOCHEMIE (STERISCHE EFFEKTE UND HINDERUNGEN)
STER. EINFL., TRENN. V. POLAREN, 6. MITT. 58-0250
STER. EINFL., TRENN. V. POLAREN, 7. MITT. 58-0251
STER. ANFORDER. V. SP(2)-HYBRIDISIERTEN EINSAMEN ELEKTRONENPAAREN, 2. MITT. 62-0140
STER. ISOTOPENEFFEKTE, 2. MITT. 64-0300
STER. GESCHW.-VERGROESSER. BEI D. CHAPMAN-UMLAGER. V. BENZIMIDSAEUREARYLESTERN 64-0302
STER. GESCHW.-VERGROESSER. BEI D. NEWMAN-KWART-UMLAGER. 64-0303
STER. ANFORDER. V. SP(2)-HYBRIDISIERTEN EINSAMEN ELEKTRONENPAAREN, 1. MITT. 62-0139
STER. EINFL. AUF D. MASSENSPEKTRUM V. UNGESAETT. KW-STOFFEN 58-0161
STER. EFFEKTE AUF D. SOLVOLYSE V. ARYLMETHYLCHLORIDEN U. D. PROTONABSPALT. V. ARYLMETHANEN (QUANTENCHEM. BERECHN.) 64-0244
STER. EINFL. AUF D. SPEKTREN. V. PHENYLMERCAPTO-METHANEN 55-0061
STER. EINFL. AUF UV-SPEKTREN V. 1-CARBOXY-DELTA(3)-CYCLOHEXENEN U. -DELTA(4)-OCTALINEN 55-0060
KONFORM. U. IR-FREQUENZEN BEI ALKYL- U. CYCLOALKYLHALOGENIDEN 61-0086
KONFIG. U. COTTON-EFFEKT V. LACTONEN 63-0183
KONFORM. V. SANTONINEN 55-0091
STER. HINDER. U. NMR V. PHOSPHONATEN 55-0076
STER. EINFL. AUF LSGM.-VERSCHIEB. V. H-NMR 56-0121
STER. U. POLARE EFFEKTE BEI D. KONFORM. V. BUTYROLACTONEN VORL. MITT. 56-0162
STER. EINFL. AUF D. KONFORM. V. VALEROLACTONEN 56-0163
STER. EFFEKTE AUF D. CHEM. VERSCHIEB. V. O-SUBSTITUIERTEN 2-AROYL- U. 2-THIOAROYL-THIOPHENEN 59-0118
STER. HINDER. U. ACIDITAET V. CYCLOHEXANCARBONSAEUREN (EINFL. D. 2-METHYLGRUPPE) 58-0245
KONFIG. U. DISSOZIAT.-KONST. V. ALPHA- U. BETA-SUBSTITUIERTEN ZIMTSAEUREN 62-0175
STER. EFFEKTE AUF O- U. C-ALKYLIER. V. CYCL. ENAMINKETONEN 53-0439
KONFORMATIVE VERDREH. BEZIEH. ZUR REAKTIVITAET V. 3-OXOSTEROIDEN BEI D. ALDOLKONDENS. 54-0172
STER. HINDER. D. ENOLISIER. V. TRIACYLMETHANEN 53-0250
STER. HINDER. D. BECKMANN-UMLAGER. V. OXIM-PIKRYL-AETHERN 57-0249
STER. HINDER. D. DIMERISIER. V. ALKYL-BETA-NAPHTHYLAETHERN 58-0501
STER. KONTROLLE D. DESAMINIER. V. CIS- U. TRANS-3-ISOPROPYLCYCLOBUTYLAMIN 53-0146
STER. EFFEKT BEI D. PHOTOOX. V. SEK. ALKOHOLEN DURCH BENZOPHENON 53-0190
ASYMM. INDUKT. BEI D. RED. V. KETONEN 56-0209
STER. EFFEKTE BEI D. OX. V. DEKALON-(2) U. PERHYDRINDANON-(5) MIT SEO2-H2O2 62-0450
STER. EINFL. AUF D. HYDROLYSE V. N-ACETYL-SERINAMID-U. P-NITROPHENYLESTERN IN GGW. V. IMIDAZOL 61-0244
BEZIEH. ZWISCHEN KONFORM., MOL.-RADIUS U. KP.-, D.- U. N(D)-WERTEN BEI CYCLOHEXYLAMINEN 64-0180
STER. EFFEKTE BEI D. ACYLIER. V. DIKETON-METALLCHELATEN 54-0043
U. NMR (NICHTAEQUIVALENZ) V. DIASTEREOMEREN PHENYLESSIGSAEUREESTERN 64-0126
U. WECHSELWRKG. V. 3.20-DIAMINO-PREGNENEN-(5) MIT D. DNS V. ESCHERICHIA COLI 57-0677
BEZIEH. V. KONFORM. U. PHARMAKOLOG. WRKG. V. PIPRADROL ENANTIOMEREN 57-0806

STEREOCHEM. UNTERS. AN MEDIZIN. AGENTIEN, 6. MITT. 60-0834
EINFL. D. KONFIG. AUF ANALGET. WRKG. V. METHADOLDERIV. 63-0902
STER. SPANN. IN AZOFARBSTOFF-CR(III)-KOMPLEXEN 54-0030
STEREOSELEKTIVE EFFEKTE IN CO(III)-PEPTIDKOMPLEXEN 56-0046
1.3-DIAXIALE WECHSELWRKG. IN ACETOXY-CYCLOHEXANEN 54-0106
STER. SPANN. IN CYCL. TRANS-OLEFINEN 56-0202
STER. GEHINDERTE ACETYLENE, RK. MIT CF2 64-0868
STER. HINDER. BEI QUATERNISIER. V. 2-ALKYL-THIAZOLEN 57-0549
STER. HINDER. IN TERT.-BUTYL-PYRAZOLEN 59-0547
STER. EFFEKTE IN HETEROCYCL. SYST., 4. MITT. 61-0549
STER. EFFEKTE IN HETEROCYCL. SYST., 5. MITT. 62-0166
EINFL. AUF D. REAKTIVITAET V. VINYLCHLORIDEN 56-0228
GEHINDERTE ROTAT. UM D. N-N-EINFACHBIND. BEI 1-PHENYL-3.3-DIMETHYL-TRIAZENEN (NMR) 58-0139
STER. STUETZEFFEKT IN METHYL-PHENANTHRACHINONEN 58-0195
STER. EINFL. AUF D. VERESTER. V. BENZOESAEUREN 58-0250
STER. EINFL. AUF D. VERESTER. V. PHENYLESSIGSAEUREN 58-0251
STER. HINDER. V. 3.3-SUBSTITUENTEN AUF D. HYDROLYSE V. GLUTARSAEURE-MONO-P-BROM-PHENYLESTERN 64-0279
STER. HINDER. BEI ADDIT. V. CCL2 AN OLEFINE 63-0295

STERINE
-TOLUOLSULFONATE , 1. MITT. 58-0777
FUCOSTERINE (STIGMASTADIEN-3-OLE), STEREOCHEMIE 63-0829
VORK. IN CANDIDA UTILIS 56-0753
ISOLIER. AUS GLOSSOSTELMA CARSONI 54-0500
MEHRWERT. ALKOHOLE AUS, 5. MITT. 56-0717
BETA-SITOSTERINESTER, AUTOX. 56-0707
STER. ORIENTIER. D. EPOX., 4. MITT. 63-0830

STEROIDALKALOIDE
* S. UNTER ALKALOIDE

STEROIDE (ALLGEMEINES)
* ANDROSTANE, CHOLANE, CHOLESTANE, OESTRANE, PREGNANE U.
* SPIROSTANE S. UNTER D. NACHST. STICHWOERTERN
* STEROIDE (ANDROSTANE) USW.
* STEROIDALKALOIDE S. UNTER ALKALOIDE
* STEROIDHORMONE S. UNTER HORMONE
* STEROIDSAPOGENINE S. UNTER SAPOGENINE
U. SEXUALHORMONE, 234. MITT. 62-0803
105. MITT. 53-0545
106.MITT. 53-0546
N-HALT. STEROIDE 17. MITT. 53-0549
N-HALT. STEROIDE 18. MITT. 53-0550
211. MITT. 53-0553
6. MITT. 53-0555
HETEROCYCL.-, 10. MITT. 53-0559
U. ARYNE 1. MITT. 53-0562
8. MITT. 53-0567
107. MITT. 54-0540
108. MITT. 54-0541
MODIFIZIERTE -HORMONE, 48. MITT. 54-0543
U. VERWANDTE NATURSTOFFE, 41. MITT. 54-0547
SYNTHET.-, 1. MITT. 54-0549
110. MITT. 55-0548
47. MITT. 55-0549
STEROIDKOMPONENTEN V. KULTURPFLANZEN, 53. MITT. 56-0693
U. SEXUALHORMONE, 233. MITT. 56-0699
AN AMINOSAEUREN U. PEPTIDE GEBUNDEN, 2. MITT. 56-0702
11. MITT. 56-0705
SYNTHET., 2. MITT. 56-0708
-- U. VERWANDTE NATURSTOFFE, 42. MITT. 56-0710
HETEROCYCL. 11. MITT. 57-0585
30. MITT. 57-0723
111. MITT. 57-0727
51. MITT. 57-0728
52. MITT.
AZA-, 7. MITT. 57-0734
BEZIEH. ZWISCHEN PHYSIKAL.-CHEM. EIG. U. WRKG., 1. MITT. 57-0799
310.MITT. 57-0809
SYNTHET., 3. MITT. 58-0786
SYNTHET., 4. MITT. 58-0787
STEROIDE, 10. MITT. 58-0788
AZA-, 4. MITT. 59-0747
NOR- 7. MITT. 59-0748
STICKSTOFFHALTIGE, 19. MITT. 59-0753
335. MITT. 59-0758
336. MITT. 59-0759
212. MITT. 59-0760
SYNTHET., 5. MITT. 59-0764
C-NOR-D-HOMO-, 8. MITT. 60-0766
317. MITT. 60-0770
- U. VERWANDTE PROD., 26. MITT. 60-0772
29. MITT. 60-0774
12. MITT. 60-0775
STEROIDE MIT AROMAT. RING A, 12. MITT. 61-0137
C-NOR-D-HOMO- U. VERWANDTE ALKALOIDE, 10. MITT. 61-0733
315. MITT. 61-0779
U. VERWANDTE PROD., 27. MITT. 61-0786
54. MITT. 61-0787
-KOMPONENTEN V. EINHEIM. PFLANZEN, 54. MITT. 61-0790
AMINO-, 3. MITT. 61-0791
SYNTHET., 6. MITT. 61-0792
AGLYKONE D. STEROIDGLYKOSIDE V. ''PEI-WUJIAPI'', 1. MITT. (ISOLIER.) 61-0846
N-HALT. STEROIDANALOGA, 6. MITT. 62-0791
U. VERWANDTE NATURPROD., 45. MITT. 62-0796
7-SUBSTITUIERTE 6-OXO-3ALPHA.5ALPHA-CYCLO-, 1. MIT. 62-0797
7-SUBSTITUIERTE 6-OXO-3ALPHA.5ALPHA-CYCLO-, 2. MITT. 62-0798
N-HALT., 20. MITT. 63-0812
AZA-, 5. MITT. 63-0813
11-ALKYLIERTE, 6. MITT. 63-0814
311. MITT. 63-0822
330. MITT. 63-0824
STEROIDSCHWEFELVERB., 2. MITT. 63-0831
ARYLAZO-, 3. MITT. 63-0832
C-NOR-D-HOMO-, 9. MITT. 64-0854
8. MITT. 64-0858
8.MITT. 64-0864
112. MITT. 64-0865
5.7-CYCLO-STEROIDE, 1. MITT. 64-0865
114. MITT. 64-0866
115.MITT. 64-0867
STEROIDE, 78. MITT. 53-0547
NITRO-, 5. MITT. 58-0085
30. MITT. 61-0793
31. MITT. 63-0833
STRUKTURMERKENN. BEI PROD. AUS PHENYLHYDRAZIN U. OZONISIERTEN CHOLESTERIN-DERIV. 53-0564
HYDROXY-, KLASSIFIZIER. 56-0124
CYCLOXOBUXIDINE, STRUKTURAUFKLAER. 59-0705
7-METHYL-6-OXO-3ALPHA.5ALPHA-CYCLO-, STRUKTURBEST. 62-0798
KONDURANGOGLYKOSIDE, KONSTIT. 64-0788
KONFORM. D. D-RINGS 57-0141
STEROIDALKOHOLE, KONFORM. 59-0160
6BETA-SUBSTITUIERTE DELTA(4)-3-OXO-, KONFORM. D. B-RINGES 59-0165
A-SECO-, KONFORM. 61-0137
METHYLSULFINYL-, ABS. KONFIG. 63-0831

STEROIDE (VORKOMMEN, DARSTELLUNG)
CYCLOXOBUXIDINE, ISOLIER. AUS BUXUS BALEARICA 59-0705
- BESTANDTEILE V. KULTURPFLANZEN, 52. MITT. 62-0787
-BESTANDTEILE V. KULTURPFLANZEN, 51. MITT. 62-0845
KONDURANGOGLYKOSIDE, ISOLIER. AUS MARSDENIA CUNDURANGO 64-0788
2-BROM-3-OXO-, ENZYMAT. DARST. AUS ALPHA-HYDROXYMETHYLENSTEROIDEN 61-0821
-BROMHYDRINE, BLDG. AUS STEROIDEN MIT CHLORPEROXYDASE IN GGW. V. KBR U. H2O2 64-0872
U. TERPENOIDE, BIOSYNTH., 1. MITT. 64-0916
5BETA.7BETA-CYCLO- DARST. AUS OLEFIN. STEROIDEN DURCH BESTRAHLEN ODER MIT SIMMONS-SMITHREAGENZ 53-0548
AMINO-, DARST. DURCH RED. D. AZIDOSTEROIDE MIT NABH4 U. TRIS(ALPHA.ALPHA'-DIPYRIDYL)-KOBALT(II)-BROMID 53-0550
ACETYLEN-SECO-STEROIDKETONE DARST. AUS ALPHA.BETA-EPOXY-STEROIDKETONEN U. P-TOLUOL-SULFONYLHYDRAZIN 53-0558
12-OXA- U. 12-AZA-11-OXO- DARST. 53-0559
-HYDANTOINE DARST. 53-0566
17ALPHA-BROM(JOD)AETHINYL-17BETA-HYDROXY-, DARST. AUS 17ALPHA-AETHINYL-STEROIDEN 54-0543
N-FORMYL-N-ALKYLAMINO-, DARST. AUS TERT. STEROIDAMINEN 55-0553
STEREOSPEZIF. SYNTH. DURCH ASYMM. UMWANDL. 55-0561
9BETA-METHYL-19-NOR-1.3.5,10-TRIEN-, DARST. AUS 9ALPHA.11ALPHA-EPOXY-3-OXO-4-ENSTEROIDEN 56-0694
2-KETO-, DARST. 56-0715
13BETA-CYAN-18-NOR-, DARST. AUS CONESSIN 56-0716
2BETA.3BETA-DIHYDROXY-6-OXO-5ALPHA-, DARST. 57-0727
18.19-DINOR-, DARST. AUS 3-METHOXY-17-ACETYL-DELTA(1.3.5(10).16)-GONATETRAEN 58-0772
16-OXO- U. A-NOR-, ZWISCHENPROD. FUER SYNTH. 58-0778
AZA-, OXA- U. THIA-, SYNTH. (UEBERSICHT) 58-0781
A-NOR-1-THIA-3-AZA-, DARST. AUS 7-OXO-4.5.6.7-TETRAHYDROBENZOTHIAZOLEN 59-0750
1ALPHA.2ALPHA,6BETA.7BETA-DIMETHYLEN-, DARST. AUS 3-OXO-4-CHLOR-DELTA(1.4.6)-TRIEN-STEROIDEN U. TRIMETHYL-SULFOXONIUMJODID 59-0751
HETEROCYCL., DARST. AUS 3-OXO-17BETA-HYDROXY-5ALPHA-ANDROSTAN U. BRENZTRAUBENSAEURE 59-0761
NITRO-, DARST. AUS HYDROXYIMINOSTEROIDEN 60-0762
OXOSTEROID-3-DIALKYLACETALE, DARST. DURCH SELEKTIVE ACETALISIER. MIT TRIS-(TRIPHENYLPHOSPHIN)-RHODIUM(I)-CHLORID 61-0777
19-NOR-, SYNTH., 1. MITT. 61-0783
19-NOR-, SYNTH., 2. MITT. 61-0784
OPT.-AKT., TOTALSYNTH., 5. MITT. 61-0794
CYCLOPROPANO-, DARST. 62-0806
21-METHYL-19-NOR-, DARST. AUS 17-(CIS-PROPYLIDEN)-3-METHOXY-DELTA(1.3.5,10)-OESTRATRIEN 63-0817
12.14-DIAZA-, DARST. 63-0818
7-KETO-, DARST. 63-0828
3.2'-DI-, DARST. AUS 3-OXO-STEROID-HEMITHIOACETALEN 64-0857
19-NOR-, SYNTH., 3. MITT. 64-0860

OXETANE V. A-NOR-, DARST. 64-0861
5-CYAN-3-OXO-, DARST. 56-0712
6-AZA-, DARST. 57-0734
-18-CYAN-20-KETONE, BLDG. AUS 20-CYANHYD[illegible]EN (MECHANISMUS) 59-0760
C-NOR-D-HOMO-, DARST. AUS 12BETA-TOSYLOXY-STEROIDEN 60-0766
CYCLOBUTAANDROSTENE, DARST. 60-0770
3-OXO-4-OXA-DELTA(1.5,10)-, DARST. DURCH DEHYDRIER. D. GESAETT. STEROIDLACTONE 61-0779
11-OXA-, SYNTH., 1. MITT. 61-0786
7-METHYL-6-OXO-3ALPHA.5ALPHA-CYCLO-, DARST. 62-0797
4-HALOGEN-5-AZIDO-, DARST. AUS DELTA(4)-3-KETO-STEROIDEN U. HALOGENAZIDEN 63-0812
3-, 7- U. 17-ARYLAZO-, DARST. 63-0832
(+-)-DELTA(4.9)-, DARST. 64-0860
STEROIDE (PHYSIKAL. EIGENSCHAFTEN)
STEROID-ALPHA-GLYKOLE, IR-SPEKTREN (EINFL. D. KONFIG.) 54-0062
MONOHYDROXY-, FREIE IR-NY(OH) 56-0112
NITRO-, IR 58-0085
NITRO-, UV 58-0085
DELTA(4)-3-OXO-, UV 59-0166
7-METHYL-6-OXO-3ALPHA.5ALPHA-CYCLO-, IR, UV 62-0798
HETEROCYCL. KETO- ZIRKULARDICHROISMUS 55-0047
A-SECO-, CD U. ORD 61-0137
7-METHYL-6-OXO-3ALPHA.5ALPHA-CYCLO-, ORD, COTTONEFFEKT 62-0798
METHYLSULFINYL-, ORD 63-0831
DELTA(4)-3-OXO-, ZIRKULARDICHROISMUS 59-0166
MASSENSPEKTROMETRIE , 9.MITT. 53-0078
MASSENSPEKTROMETRIE V. STEROIDEN 10. MITT. 53-0079
6- U. 11-AZA-, MASSENSPEKTRUM 55-0090
MIT UNGESAETT. SEITENKETTE, MASSENSPEKTREN 58-0121
MASSENSPEKTROMETRIE, 15. MITT. 60-0121
MASSENSPEKTROSKOP. BEZIEH., 1. MITT. 63-0153
2-OXO-, NMR (WEITREICHENDE (4)J-KOPPL.) 55-0077
HYDROXY-, NMR 56-0124
4-AETHYLMERCAPTO-3-OXO-DELTA(4)-, NMR-UNTERS. ZUM ENTSCHIRM.-EFFEKT D. AETHYLMERCAPTOGRUPPE 57-0097
NITRO-, NMR 58-0085
NMR, 12. MITT. 59-0165
7-METHYL-6-OXO-3ALPHA.5ALPHA-CYCLO-, NMR 62-0798
STEROIDALKOHOLE, NMR-UNTERS. 59-0160
6BETA-SUBSTITUIERTE DELTA(4)-3-OXO-, NMR 59-0165
STEROIDE (REAKTIONEN)
4.4.14ALPHA-TRIMETHYL-STERCIDE, RK. 63-0833
ADDIT. AN STEROIDPOLYENE 4. MITT. SPALT. D. D-RINGES U. AROMATISIER. D. C-RINGES IN 4.4-DIMETHYL-DELTA(5.7)-STEROIDSYST. 53-0556
4.5-EPOXY-, STEREOSELEKTIVE RK. ZUR EINFUEHR. EINES SUBSTITUENTEN IN 4-STELL., 9. MITT. 55-0557
DELTA(4)-3-OXO-DEKONJUGIER. 56-0708
MEHRWERT. ALKOHOLE AUS STERIN-DERIV., 5. MITT. 56-0717
-HYPOJODITE, RK., 9. MITT. 59-0760
17ALPHA-METHYL-, FUNKTIONALISIER. D. 17-METHYLGRUPPE 60-0772
OXO-, STER. VERLAUF. D. REFORMATSKI-RK. 64-0298
STEROIDES NEOPENTYL-SYST., UMSETZ., 4.MITT. 64-0875
DURCH SAEURE KATALYSIERTE UMLAGER. V. ALPHA-DIOLEN IN D. REIHE D. 4.4-DIMETHYL-, 2. MITT. 53-0560
UMLAGER., 3. MITT. 54-0546
SKELETT-UMLAGER. 55-0546
-KETOLE, SEMIBENZILSAEUREUMLAGER. 55-0556
3-OXO-4.5-OXIDO-, UMLAGER. 56-0704
U. WALDENSCHE UMKEHR., 61. MITT. 56-0709
3BETA-DIMETHYLAMINO-CONANE, WESTPHALEN- UMLAGER. 57-0674
SAEUREKATALYSIERTE UMLAGER. D. C(19)-CH3-GRUPPE IN D. 9BETA-STELL. 57-0743
-- U. WALDENSCHE UMKEHR., 62.MITT. 58-0784
16ALPHA-MESYLOXY-17ALPHA-HYDROXY-, RING-D-VERENGER. (MECHANISMUS) 61-0780
H-D-AUSTAUSCH UNTER HETEROGENER ODER HOMOGENER PT-KATALYSE 62-0251
UMLAGER., 5. MITT. 64-0871
14ALPHA-HYDROXY-, DEHYDRATISIER. 56-0703
AROMATISIER. 63-0827
-KETONE DEHYDRIER. MIT 2.3-DICHLOR-5.6-DICYAN-BENZOCHINON (MECHANIMUS) 53-0565
3-OXO-DELTA(4)-, ALKAL. EPOX. (DIRIGIERENDE WRKG. ENTFERNTER SUBSTITUENTEN) 56-0711
ALLYL. STEROIDALKOHOLE, EPOX. MIT CRO3 63-0252
EPOX., STER. ORIENTIER. 63-0830
4-METHYL-3-OXO-DELTA(4)-, EPOX. 56-0714
KETO-, RED. MIT ZN 55-0550
3-OXO-DELTA(4)-, HYDRIER. UEBER PD-CACO3 56-0713
4-METHYL-3-OXO-DELTA(4)-, HYDRIER. 56-0714
UNGESAETT., KATALYT. HYDRIER. U. DEUTERIER. MIT TRIS-(TRIPHENYL-PHOSPHIN)-RHCOIIUMCHLORID (GESCHW.) 57-0726
KETO-, NABH4-RED. MIT U. OHNE BESTRAHLUNG (KINETIK) 58-0780
ALPHA.BETA-METHYLEN- U. ALPHA.BETA-EPOXY-KETO-, STEREOCHEMIE D. RED. 64-0349
B-NORSTEROID-6-KETONE, BROMIER. 53-0545
SYNTH. MIT CYANAZID , 1. MITT. 55-0559
19-HYDROXY- SOLVOLYSE 60-0763
TERT. STEROIDKETOLE, RK. MIT HJ 61-0781
3-OXO-DELTA(4)-, KOMPLEXBLDG. MIT PD-CHLORIDEN 63-0099
-DELTA(5) -19-ALDEHYDE, RK. MIT METHYL-LI (STER. VERLAUF) 64-0875
DELTA(16)-20-OXO-, RK. MIT ALKOHOLEN 54-0548
-POLYENE, ADDIT. V. AZODICARBONSAEUREESTER 53-0556
STEROIDE (BIOCHEMIE)
PFLANZEN-, BIOCHEM. UMWANDL., 2. MITT. 61-0835
MIKROBIOLOG. UMWANDL. --, 2. MITT. 57-0789
MIKROBIOLOG. UMWANDL., 1. MITT. 59-0804
UMWANDL. DURCH ABSIDIA ORCHIDIS 1. MITT. (MIKROBIOLOG. HYDROXYLIER.) 58-0821
2BETA.3BETA-DIHYDROXY-6-OXO-5ALPHA-, HAEUT.HEMMSTOFFE 57-0727
BEZIEH. ZWISCHEN KONSTIT. U. HYPNOT. WRKG. 57-0809
STEROIDE (ANALYSE)
ANALYT.-CHEM. UNTERS., 10. MITT. 59-0754
ANALYT.-CHEM. UNTERS. 12. MITT. 61-0089
STEROIDE (ANCROSTANE)
17-ALKYL-19-NORTESTOSTERONE, KONFIG. 60-0121
4-ANDROSTEN-3-ON-DERIV., SYNTH. 53-0546
7ALPHA-METHYL-3-OXO-19-NOR-4.9.11-ANDROSTATRIENE, DARST. 53-0553
ANDROSTANE, DARST. 54-0088
18-CARBOXY-ANDROSTANE, DARST. AUS 18-CYAN-ANDROSTANEN 54-0541
1.4-OXIDO-17BETA-ACETOXY-3-OXA-A-HOMO-ANDROSTANE, DARST. V. 4 STEREOISOMEREN 56-0699
17BETA-ACETOXY-3.5-DIOXO-10(5-4)-ABEO-ANDROSTANE, DARST. 56-0704
18-NOR-13BETA-CYANO-ANDROSTANE, DARST. 57-0672
5ALPHA-ANDROSTENE, DARST. AUS CHLOR-5ALPHA-ANDROSTANEN 57-0728
17-MERCAPTO-5ALPHA-ANDROSTANE, DARST. 58-0762
GLUCURONOSIDOXY-ANDROSTANE, DARST. 59-0762
19-NOR-A-HOMOANDROSTENE, DARST. AUS 19-HYDROXY-ANDROSTANONEN 60-0763
2- U. 3-AMINO-5ALPHA-ANDROSTANE, DARST. 61-0791
1.3.5-TRIHYDROXY- U. 1.2,4.5-DIOXIDO-3-OXO-ANDROSTANE, DARST. 62-0803
3-THIA-ANDROSTAN-S.S-DIOXIDE, DARST. 62-0804
DELTA(3.5.7)-ANDROSTATRIEN-17-ON-19-CLE, DARST. 63-0820
ANDROSTEN-16-ONE, DARST. 59-0754
5ALPHA-ANDROSTANON- U. -DION-MONO- U. -DIALKYLENKETALE, DARST. (KINETIK) 60-0768
ANDROSTANONALKYLENKETALE, DARST. (KINETIK) 60-0769
ANDROSTANE, MASSENSPEKTREN 54-0088
5ALPHA-ANDROSTANE, NMR -SPEKTREN (LSGM.-EINFL. U. ZUERCHER-REGELN) 58-0112
5ALPHA.14BETA-ANDROSTANE, NMR 61-0089
5ALPHA-ANDROSTANON- U. -DION-MONO- U. -DIALKYLENKETALE, HYDROLYSE (KINETIK) 60-0768
ANDROSTANONALKYLENKETALE, HYDROLYSE (KINETIK) 60-0769
17-METHYL-TESTOSTERONE, POLARITAET U. ANABOLE WRKG. BZW. ANDROGENE AKTIVITAET 57-0799
ANDROSTANE, TOX. WRKG. AUF PYRRHOCORIS APTERUS -LARVEN 64-0867
ANDROSTEN-16-ONE, ZIMMERMANN-RK. 59-0754
STEROIDE (CHOLANE)
BISNORALLOCHOLANE, UMLAGER. 55-0547
12-TOSYLOXY-CHOLANSAEUREN, C-NOR-D-HOMO-UMLAGER. 60-0766
STEROIDE (CHOLESTANE)
A-NOR-CHOLESTAN-2.5-DIOLE, KONFIG. 54-0545
METHYLSULFINYL-CHOLESTANE, ABS. KONFIG 55-0045
OXOCHOLESTANE, KONFORM. D. RINGES A 56-0132
3.5-CYCLOCHOLESTANE, KONFORM. D. B-RINGES 55-0207
5BETA-CHOLESTAN-3.4-EPOXIDE, 3-BROM-4-OXO-CHOLESTANE, DARST. 54-0540
5ALPHA-HYDROXY-6-OXIMINO-, DARST. AUS 5ALPHA-CHLOR-6BETA-NITRO-CHOLESTANEN DURCH RED. MIT CRCL2 54-0542
B-NOR-EPICHOLESTANE, DARST. 55-0548
3BETA-METHOXY-CHOLESTANE, DARST. 56-0698
25-HYDROXY-KOPROSTANE U. -CHOLESTANE, DARST. 56-0717
3BETA.5BETA-CYCLO-4BETA.6ALPHA-CYCLO-CHOLESTANE, DARST. AUS DELTA(3.5)-CHOLESTADIENEN 57-0730
3ALPHA-ACYLMETHYL-A-NOR-DELTA(5)-CHOLESTENE, DARST. AUS 3BETA.5BETA-CYCLO-4BETA.6ALPHA-CYCLO-CHOLESTANEN U. ALDEHYDEN 57-0730
3-AMINOCHOLESTANE, SYNTH. 57-0739
3ALPHA.19-DIHYDROXY-DELTA(5)-CHOLESTENE, DARST. AUS 3BETA-ACETOXY-5BROM-6BETA.19-EPOXY-5ALPHA-CHOLESTAN 58-0775
A-NOR-5ALPHA-CHOLESTANE, DARST. 59-0748
1ALPHA.5-CYCLO-5ALPHA-CHOLESTANE, DARST. 61-0792
CHOLESTEN-(5)-DIOLE-(3BETA.7XI) U. IHRE ESTER , DARST. 61-0793
5BETA.7BETA-CYCLOCHOLESTANE, DARST. AUS CHOLESTADIEN-(4.6) 64-0855
5BETA.7BETA-EPOXY-CHOLESTANE, DARST. 64-0856
5.7-CYCLO-CHOLESTANE, DARST. AUS DELTA(5)-B-NOR-CHOLESTENEN 64-0865
A-NOR-CHOLESTAN-2.5-DIOLE, DARST. 54-0545
2.3-SECO-CHOLESTADIENE-(4.6), DARST. 64-0858
METHYLSULFINYL-CHOLESTANE, ORD 55-0045
CHOLESTANON-3-AETHYLENKETALE U. -THIOKETALE, ORD U. CD 62-0063
CHOLESTANE, C-19-PROTONENSIGNALE 54-0172
3.5-CYCLOCHOLESTANE, NMR-UNTERS. 55-0207

_OXOCHOLESTANE, NMR -SPEKTREN (LSGM.-EINFL.) 56-0132
6(7)-OXO-CHOLESTANE U. IHRE OXIME, SCHMIDT- BZW. BECKMANN- UMLAGER. 54-0546
3.5-CYCLOCHOLESTANE, PHOTOLYT. UMLAGER. 55-0207
4.4-DIMETHYL-CHOLESTAN-5.6-EPOXIDE, BF3-KATALYSIERTE UMLAGER. 59-0763
CHOLESTANE, BENZYLIDENKONDENS. AM C-2 54-0172
3-TOSYLOXY-4.4-DIMETHYLCHOLESTANE, ELIMINIER.-RK. 56-0701
22.26-CHLOREPIMINO-CHOLESTANDIOLE, PHOTOLYSE 57-0263
CIS-3.4-EPOXY-5-HYDROXY-CHOLESTANE, ANOMALE RED. MIT LIALH4 56-0697
3ALPHA.19-DIHYDROXY-DELTA(5)-CHOLESTENE, RK. MIT H2 BZW. NABH4 58-0775
3BETA.5BETA-CYCLO-4BETA.6ALPHA-CYCLOCHOLESTANE, RK. MIT ALDEHYDEN 57-0730

STEROIDE (OESTRANE)
5,10-OESTRENE, KONFORM. D. A-RINGES 55-0112
17-ALKYL-OESTRADIOLE, KONFIG. 60-0121
TOTALSYNTH. D. A-NOR-2.3-DIAZA-OESTRAN-RINGSYST. 53-0551
OESTRADIOLE, DARST. V. OESTRADIOLEN MIT SAUERSTOFF IN 12-STELLUNG 53-0561
14ALPHA-METHYL-OESTRANE, SYNTH. 54-0547
C(2)-SUBSTITUIERTE 1-METHYL-OESTRADIOLE, DARST. AUS OESTRATRIENDIONEN 55-0549
1-METHYL-OESTRANE, IM B-RING SUBSTITUIERTE, DARST. 57-0729
O-ARYLOXY-OESTRATRIENOLMONOSULFATE, DARST. 59-0746
15BETA.16BETA-METHYLENOESTRATRIENE, DARST. AUS 3-METHOXY-DELTA(1.3.5(10).15)-OESTRATETRAENON-(17) 59-0752
C-NOR-3-METHOXY-11-AZA-18-NOR-OESTRAPENTAENE-(1.3.5,10.8.13), DARST. AUS 6-METHOXY-2-(2'-OXOCYCLOPENTYL)-1-TETRALON U. AMINEN 61-0523
OESTROGENHYDROGENSULFATE, DARST. 61-0778
14.16-DIAZA-18-NOR-OESTRAPENTAEN-15-ONE, DARST. 63-0813
DELTA(3.5.7)-OESTRATRIEN-17-ONE, DARST. 63-0820
METHYLSUBSTITUIERTE 2.4- DIMETHYL-OESTRON-3-ALKYLAETHER, DARST. 64-0864
4.4-DIMETHYL-5ALPHA-OESTRANE, DARST. 58-0782
5BETA-METHYL-OESTRANE, DARST. 58-0782
OPT.-AKT. 8-NOR-OESTRANE, TOTALSYNTH. 61-0794
5,10-OESTRENE, NMR 55-0112
OESTRONE, NMR 60-0094
OESTROLE, NMR 60-0094
OESTRON(OXIM)E, UMLAGER. 64-0871
4.4-DIMETHYL-5ALPHA-OESTRANE, BROMIER. 58-0782
5BETA-METHYL-OESTRANE, BROMIER. 58-0782
AETHINYLOESTRADIOLE, RK. MIT CF2 64-0868

STEROIDE (PREGNANE)
20-(DIHYDROPYRANYL-(2))-OXOPREGNANE, KONFORM. D. RINGES A 56-0132
C-NOR-D-HOMO-PROGESTERONE, STEREOCHEMIE 59-0744
20.21(U. 17.20)-EPOXY-5BETA-PREGNAN-3ALPHA-OLE, KONFIG. 63-0815
20-CHLOR-PREGNAN-16BETA-OLE, KONFIG. 57-0744
PREGNAN-DERIV. AUS D. SAMEN V. OREGEA ABYSSINICA, 1. MITT. ISOLIER. 58-0707
PREGNAN-DERIV. AUS OREGEA ABYSSINICA, STRUKTUR 58-0708
PREGNANGLYKOSIDE, ISOLIER. AUS SARCOSTEMMA VIMINALE 62-0716
17ALPHA-AZIDO- U. 17ALPHA-AMINOPREGNANE, DARST. 53-0549
6-METHYL-6-HYDROXY-PREGNANE DARST. AUS 6-OXO-PREGNANEN U. METHYL-MGJ 53-0552
3-ACYLAMINO-PREGNANONE-(20), DARST. AUS 3-AMINO-PREGNANONEN-(20) U. AMINOSAEUREESTERN 56-0702
DELTA(5.17(20))-PREGNADIEN-3BETA.16-DIOLE, DARST. AUS 16ALPHA.17ALPHA-EPOXY-DELTA(5)-PREGNEN-3BETA-OL-20-ON BZW. CIS(13-21)-DELTA(5.17(20))-PREGNADIEN-3BETA-OL-16-ON U. N2H4-HYDRAT BZW. LIALH4 57-0735
PREGNANE, PREGNENE, 19-NORPREGNAN- U. ANDROSTANDERIV., DARST. 57-0809
C-NOR-D-HOMO-PROGESTERONE, SYNTH. 59-0744
18.19.20-TRIHYDROXY-DELTA(4)-PREGNEN-3-ONE, DARST. 62-0792
17A-OXA-D-HOMO-PREGNAN-20-ONE, DARST. 62-0793
3.20-DIAMINO-PREGNENE-(5), DARST. 57-0677
20.21(U. 17.20)-EPOXY-5BETA-PREGNAN-3ALPHA-OLE, DARST. 63-0815
17(20,21)-MONO(DI,TRI)SUBSTITUIERTE 3ALPHA-HYDROXY-5BETA-PREGNANE, MOL.-ROTAT. 63-0816
PREGNEN-3.20-DIONE, MASSENSPEKTREN 53-0079
HYDROXYPROGESTERONE, MASSENSPEKTREN 63-0153
20-(DIHYDROPYRANYL-(2))-OXOPREGNANE, NMR -SPEKTREN (LSGM.-EINFL.) 56-0132
20-CHLOR-PREGNAN-16BETA-OLE, D-RINGOEFFN. 57-0744
17ALPHA-HYDROPEROXY-PREGNAN-20-ONE, UMLAGER. DURCH ACETYLIER. ODER RK. MIT MINERALSAEUREN 62-0793
6-METHYL-6-HYDROXY-PREGNANE DEHYDRATISIER. (STER. VERLAUF) 53-0552
3.20-DIAMINO-PREGNENE-(5), WRKG. AUF DESOXYRIBONUCLEINSAEURE AUS ESCHERICHIA COLI 57-0677

STEROIDE (SPIROSTANE)
5BETA.25D-SPIROSTANE, DARST. AUS YONOGENIN 61-0790
SPIROSTANE, C-19-PROTONENSIGNALE 54-0172
SPIROSTANE, BENZYLIDEN-KONDENS. 54-0172

STEROIDSAPOGENINE
* S. UNTER SAPOGENINE

STEVENS-UMLAGERUNG
* S. UNTER UMLAGERUNGEN

STIBINE
* S. UNTER ORGANOANTIMONVERBINDUNGEN

STICKSTOFF
SI-N-BIND., 29. MITT. 59-0441
P-N-VERB., 9. MITT. 60-0836
ABSORPT. DURCH MOL.-SIEB -SUSPENS. (EINFL. D. LSGM.) 63-0039
PHOTOCHEM. UEBERFUEHR. IN ORGAN. VERB. IN VITRO, 4. MITT. 64-0405
CHEMILUMINESCENZ BEI D. RK. IM TRIPLETTZUSTAND MIT BZL. (KINETIK) 54-0054
CHEMILUMINESZENZ D. RK. MIT BENZOL IM ((3)SIGMA(U)(+))-ZUSTAND 63-0125
KEINE ANLAGER. AN HRH(P(C6H5)3)4 59-0087
RK. MIT H2RU(P(C6H5)3)4 (BZW. HRU.(-C6H4)P(C6H5)2) (BLDG. EINES N2-KOMPLEXES) 59-0087
RK. MIT TI-CYCLOPENTADIENYL-KOMPLEXEN IN GGW. V. AETHYL-MGBR (KINETIK) 54-0024
BEST. D. AMINO-N-GEH. V. GAMMA-GLUTAMYLPEPTIDEN NACH MODIFIZIERTEM VAN-SLYKE-VERF. 58-0832

STICKSTOFFOXID-RADIKALE
* S. UNTER RADIKALE (N-RADIKALE..)

STICKSTOFFSAUERSTOFFSAEUREN
(HNO)2, DARST. AUS NITROSYLVERB. BZW. HNO2 U. HYDROXYLAMIN 62-0024
HNO2, RK. MIT HYDROXYLAMIN (KINETIK U. MECHANISMUS), 2. MITT. 60-0297
HNO2, RK. MIT HYDROXYLAMIN (KINETIK), 3. MITT. 62-0024
NO2(-), RK. MIT CH3J (KINETIK, KONST. D. RELATIVEN NUKLEOPHILEN REAKTIVITAET) 58-0029
VGL. V. PHOTOLYSE U. PYROLYSE V. ORGAN. NITRITEN 53-0194
ALPHA-BROM-ALPHA-NITRO-ALKYLNITRATE, DARST. AUS BETA-DIBROM-NITROALKANEN 59-0288
SALPETERSAEURE, EXPLOSIVE EIG. V. GEMISCHEN MIT ACETANHYDRID U. W. 61-0304
HNO3, OX. V. O-NITRO-TOLUOL 56-0340
HNO3, RK. MIT TRIALKYLAMINEN IN GGW. V. ACETANHYDRID U. ESSIGSAEURE U. RK. MIT TRIALKYLAMINEN 61-0204
ALIPHAT. NITRATESTER, MASSENSPEKTREN 63-0164
SALPETERSAEUREBENZYL- U. -ALKYLESTER, RK. IN CH3COOH U. H2SO4 59-0346

STICKSTOFFVERBINDUNGEN
SI-N-VERB. 65.MITT. 54-0433
SI-N-VERB. 66.MITT. 54-0434
S-N-VERB., 2. MITT. 57-0034
N-VERB., CARCINOGENE, 59. MITT. 57-0577
STICKSTOFFHALT. VERB. IN ERDOEL U. ERDOELFRAKT., 14. MITT. 58-0634
SI-N-BIND., 29. MITT. 59-0441
CARCINOGENE STICKSTOFFVERB., 60. MITT. 59-0510
P-N-VERB., 9. MITT. 60-0836
CHEMIE D. SI-N-VERB., 69. MITT. 64-0043
CHEMIE D. SI-N-VERB., 70. MITT. 64-0044
CHEMIE D. SI-N-BIND., 15. MITT. 64-0412
RK. MIT TRICHLORMETHANSULFENYLCHLORID, 2. MITT. 54-0249
N-HALT. SUBSTRATE, MIKROBIOLOG. UMWANDL., 3. MITT. 61-0826
N-HALT. SUBSTRATE, MIKROBIOLOG. UMWANDL., 4. MITT. 61-0827
N2-KOMPLEX V. H2RU(P(C6H5)3)4 (BZW. HRU.(-C6H4)P(C6H5)2), REVERSIBLE BLDG. 59-0087
HCO(N2)(TRIPHENYLPHOSPHIN)3, H-D-AUSTAUSCH (MECHANISMUS) 60-0038
N3(-), RK. MIT PHENYLACETATEN (KINETIK, REAKTIVITAET) 63-0237
HN3, RK. V. AZIDEN MIT CH-AKT. VERB., 17. MITT. 58-0607
HN3, AZIDE, RK. MIT CH-AKT. VERB., 18. MITT. 61-0459
AZIDE, RK. MIT AKT. METHYLENVERB., 19. MITT. 61-0576
HN3, RK. MIT CH-AKT. VERB., 22. MITT. 62-0410
NCL3, RK. MIT P-CYMOL IN GGW. V. ALCL3 54-0263
NCL3, RK. MIT P-CYMOL IN GGW. V. ALCL3 54-0264
TETRAFLUORHYDRAZIN, PHOTOLYSE IM GEMISCH MIT CYCLOPROPAN 62-0296
NSF (THIAZYLFLUORID), HYDROLYSE 61-0036
NHF2,RK. MIT W. ZU DIFLUORDIAZIN (KINETIK) 56-0051
F2N2, INVERS.-BARRIERE 63-0177
N2F2,BLDG. DURCH BAS. HYDROLYSE V. DIFLUORAMIN 56-0051
F2N2, MOLEKULARSTRUKTUR 63-0177
NF3, INVERS.-BARRIERE 63-0177
NF3, MOLEKULARSTRUKTUR 63-0177
NF3,RK. MIT CYANIDEN 55-0017
NF3, RK. MIT CN-VERB. 55-0017
N2F4, CHEMIE 4. MITT. 64-0393
N2F4, CHEMIE, 5. MITT. 64-0394
N2F4 RK. MIT CYANIDEN 55-0017
N2F4, RK. MIT NORBORNADIEN U. NORBORNEN 64-0393
N2F4, RK. MIT 2.5-DIMETHYL-FURAN 64-0393
N2F4, RK. MIT HALOGENIERTEN OLEFINEN 64-0393
N2F4, RK. MIT PERFLUORAZOMETHAN BZW. -AETHAN 64-0394
N2F4, RK. MIT BIS-(TRIFLUORMETHYL)-KETEN 61-0346
N2F4, RK. MIT CN-VERB. 55-0017

H2N2, INVERS.-BARRIERE 63-0177
N2H2, INTERMEDIAERE BLDG. AUS 1-BENZYL- BZW. 1-TERT.-BUTYL-2-HYDRAZINOCARBONYL-AZIRIDIN 64-0571
H2N2, MOLEKULARSTRUKTUR 63-0177
NO, ELEKTROCHEM. OX. IN NITROMETHAN BZW. ACETANHYDRID ZU NITROSYL 63-0034
NO, RK. MIT ANGEREGTEN EDELGASATOMEN (ASSOZIATIVE IONISIER.) 58-0014
NO, RK. MIT PHOSPHIN-NI(II)-VERB. 57-0060
NO, PHOTOCHEM. RK. MIT ACETON (MECHANISMUS) 53-0183
NO, EINFL. AUF D. REKOMBINAT. V. FORMYLRADIKALEN 57-0204
N2O3, ADDIT. AN NORBORNEN 64-0836
NSF (THIAZYLFLUORID), HYDROLYSE 61-0036
S4N4, HYDROLYSE 61-0036
STICKSTOFFLOSTE
AROMAT. U. HETEROCYCL. N-(4-(BIS-(2-CHLORAETHYL)-AMINO)-BENZYLIDEN)-SAEUREHYDRAZIDE, DARST. 57-0580
N-(4-(BIS-(2-CHLORAETHYL)-AMINO)-BENZYLIDEN)-NICOTINSAEUREHYDRAZIDE, CYTOSTAT. WRKG. 57-0580
BIS-(CHLORAETHYLAMINO)-METHYLCYCLOALKENONE, DARST. AUS CYCLOALKENONEN U. BIS-(2-CHLORAETHYL)-AMIN-HYDROCHLORID 59-0457
BIS-(BETA-CHLORAETHYL)-AMINO-DERIV. V. PHENAZINEN, SYNTH. 60-0656
BIS-CHLORAETHYL-(PURINYL-(9))-ANILINE, SYNTH. AUS 4-CHLOR-5-AMINO-6-(4-(BIS-(2-HYDROXY-AETHYL)-AMINO)-ANILINO)-PYRIMIDIN 61-0670
VINYLOGE BIS-(2-CHLOR-AETHYL)-AMINE, SYNTH. AUS BIS-(2-CHLOR-AETHYL)-AMIN U. BETA-CHLOR-VINYLKETONEN ODER AUS BIS-(2-CHLOR-AETHYL)-AMIN-HYDROCHLORID U. BETA-HYDROXY-VINYLKETON-NA-SALZEN 63-0479
10-(2-(BIS-(2-CHLOR-AETHYL)-AMINO)-AETHYL)-PHENO(U. BENZOPHENO)THIAZINE, DARST. 63-0726
V. AMINO-BENZOESAEUREN, DARST. AUS N,N-BIS-(2-CHLOR-AETHYL)-AMINO-METHYL-BENZOESAEUREESTERN 63-0869
DANSYL-LOST-AMINOSAEUREN, DARST. 64-0517
V. AMINO-BENZOESAEUREN, ANTITUMORAKTIVITAET 63-0869
DANSYL-LOST-AMINOSAEUREN, HEMM. V. WALKER-KARZINOM 64-0517
STICKSTOFFOXIDE (ORGANISCHE)
* S. UNTER RADIKALE
STILBENE
KONFORM. 59-0158
1.2-DIARYL-4-DIMETHYLAMINO-BUTENE-(1), KONFIG. 61-0141
TRIPHENYLAETHYLENDERIV., SYNTH. 3. MITT. 54-0305
1.1.2-TRIS-(P-ACYLOXY-PHENYL)-AETHYLENE, DARST. DURCH VERESTERUNG. D. TRIS-PHENOLE 54-0305
2-HALOGEN-1.1.2-TRIS-(P-ACYLOXY-PHENYL)-AETHYLENE, DARST. DURCH HALOGENIER. D. TRIESTER 54-0305
DIALKYLAMINO-TRANS-, DARST. AUS 2.4.6-TRIMETHYL-PYRYLIUMPERCHLORAT , AROMAT. ALDEHYDEN U. SEK. AMINEN 55-0325
TRANS-, DARST. AUS BIS-(DICHLORO-STYROL-PALLADIUM (II)) U. AROMATEN 57-0417
TRANS-STILBENYL-(4)-OXY-CARBONSAEUREN, DARST. AUS TRANS-STILBENOLEN-(4) U. 2-BROMCARBONSAEUREESTERN 59-0422
2-ARYL-1.1-DIPHENYL-AETHYLENE, DARST. AUS 2-ARYL-4.4-DIPHENYL-1.3-OXATHIOLAN-5-ONEN 61-0573
BIS-(ALPHA'-FORMYL-STILBENYL-(ALPHA))-SULFIDE, DARST. 62-0441
DARST. AUS ALDAZINEN 64-0466
TRIARYLAETHYLENE, BLDG. 57-0415
TRANS-, DARST. AUS 1.2-DIPHENYL-1-ACYLAMINO-AETHANEN 57-0421
ALPHA-MERCAPTO-ALPHA'-FORMYL-, DARST. AUS ALPHA-CHLOR-ALPHA'-FORMYL-STILBENEN U. NA2S 62-0441
KURZLEB. UV SPEKTREN NACH BLITZANREG. 55-0062
DEPOLARISIERTE RAYLEIGH-STREUUNG (OPT. ANISOTROPIE) 59-0158
TRANS-, PI-ELEKTRONENDICHTE U. BIND.-ORDN. (HMO-BERECHN.) 60-0157
TRIARYLAETHYLENE, MASSENSPEKTREN 64-0141
1.2-DIARYL-4-DIMETHYLAMINO-BUTENE-(1), NMR 61-0141
BIS-TRIAZINYLAMINO-DISULFO-, POLAROGRAPH. ADSORPT.-VERH. 58-0199
TRANS-4-HYDROXY-, PK-WERTE U. SIGMA-KONST. 54-0094
PHOTOISOMERISIER. (EINFL. D. VISKOSITAET V. LSGM.) 57-0265
MONOSUBSTITUIERTE-, PHOTOCHEM. CIS-TRANS-ISOMERISIER. (QUANTENAUSB.) 62-0297
ALPHA-ARYL-TRANS-ZIMTSAEUREN, PHOTOISOMERISIER. 62-0447
PHOTOCYCLISIER. 63-0538
BROMADDIT. (KINETIK, EINFL. V. LSGM.) 62-0217
2-HYDROXYMETHYL-, INTRAMOL. H-BIND. 60-0150
STOBBE-REAKTION
* S. UNTER KONDENSATIONSREAKTIONEN
STOCKLACK
* S. UNTER HARZE
STOFFWECHSEL
-WRKG. V. BORAT, 6. MITT. 61-0840
V. INSEKTIZIDEN, 15. MITT. 62-0850
V. INSEKTIZIDEN, 16. MITT. 62-0854
STOFFWECHSEL, TIERISCHER
EXPERIMENTELL VERURSACHTE PHENYLKETONURIE, 2. MITT. 60-0386
ANABOLE WRKG. U. POLARITAET V. 17-METHYL-TESTOSTERONEN 57-0799
ANTIMETABOLITE, SYNTHET. UNTERS. V. MOEGL. -, 11. MITT. 61-0702
V. 3-DESOXY-OESTRON (KANINCHEN) 61-0838
ABBAU D. INSEKTIZIDES GS 13005 BEI D. RATTE 60-0831
V. ARZNEIMITTELN, 8. MITT. (V. SULFAPHENAZOL) 61-0844
V. ARZNEIMITTELN, 9. MITT. (SULFAMETHOMIDIN) 61-0845
RESORPT. U. AUSSCHEID V. PHARMAKA, 9. MITT. (RESORPT.-GESCHW. U. CHEM. STRUKTUR, 1. MITT.) 62-0853
V. ((14)C)ENDRIN BEI RATTEN 62-0854
RESORPT. U. AUSSCHEID. V. ARZNEIMITTELN, 10. MITT. 64-0926
RESORPT. U. AUSSCHEID. V. ARZNEIMITTELN, 11. MITT. BEZIEH. ZWISCHEN CHEM. STRUKTUR U. REORPT., 3. MITT. 64-0927
V. SULFONAMIDEN (BEEINFLUSS. DURCH PHYSIKOCHEM. FAKTOREN) 64-0929
D. INSEKTIZIDS GS 13005 BEI RATTEN 60-0563
STOKVIS-REAKTION
* S. UNTER REAKTIONEN
STRAHLENSCHUTZ
DARST. V. SPERMIN- U. SPERMIDIN-VERWANDTEN 2-AMINO-AETHANTHIOLEN ALS POTENTIELLE MITTEL 59-0325
2-(1-PHTHALAZYL)-1.3-PROPANDITHIOLHYDROCHLORID , DARST., WRKG. 60-0639
STREPOGENINE
* S. WUCHSSTOFFE
STRONTIUMVERBINDUNGEN
SR-ACETONITRIL-KOMPLEXE, IR-SPEKTREN 55-0003
SR(2+)-ACETONITIL-KOMPLEXE, DARST. 55-0026
SR-MUREXID-KOMPLEX, STABILITAETSKONST., VGL. MIT IMINODIACETAT- U. DIPICOLINATKOMPLEXEN 54-0021
ACETATO-AQUO- U. -AMMIN-STRONTIUM, DTA, TGA 63-0061
SRCL2, KOMPLEXBLDG. MIT SBCL5 U. ACETONITRIL 55-0019
SRCL2, KOMPLEXBLDG. MIT SNCL4 U. ACETONITRIL 55-0026
SR(B3H8)2, DARST. AUS TLB3H8 U. SRJ2 61-0424
STRUKTUR
* S. AUCH KONSTITUTION
STRUKTURVISKOSITAET
* S. UNTER RHEOLOGIE
STYROLE (ALLGEMEINES)
* S. AUCH CHALKONE
8. MITT. 54-0276
BETA-FLUOR-, U. ALPHA-FLUORZIMTSAEUREESTER, 2. MITT. 62-0090
3-ARYL-3-AMINO-ACRYLNITRILE, KONFIG. 56-0373
METHYLZIMTSAEUREN, STER. SPANN. 62-0124
STYROLE (VORKOMMEN, DARSTELLUNG)
2-ALKOXY-5-BROM-, DARST. AUS 2-HYDROXY-5-BROM-ACETOPHENON 54-0276
-4-SULFONATE, DARST. AUS P-VINYL-BENZOLSULFOCHLORID U. ALKANOLEN 54-0277
ZIMTSAEUREDERIV., DARST. AUS NITROSONAPHTHOLEN 54-0279
3-METHYL-ZIMTSAEUREESTER, DARST. AUS PHENYLACETYLENHALOGENIDEN U. BETA-DICARBONYLVERB. 55-0292
N-STYRYL-AMIDE U. -LACTAME, DARST. AUS PHENYLACETALDEHYD U. SEK. AMIDEN BZW. LACTAMEN 56-0348
ALPHA.BETA-DIAMINO-, DARST. AUS ALPHA-CHLOR-PHENYLACETALDEHYD U. SEK. AMINEN 57-0397
NITRO-1-AMINOALKYL-IMIDAZOLYL-, DARST. AUS STYRYL-NITROIMIDAZOLEN U. 2-ALKYLAMINO-AETHYLCHLORIDEN 57-0525
3.3-DIARYL-ACRYLALDEHYDE U. -SAEUREN, DARST. AUS DIARYLALKINOLEN 58-0475
TRANS-BETA-(PYRRYL-(2))-, DARST. AUS ARYLMETHYLPHOSPHONIUMCHLORIDEN U. 2-FORMYL-PYRROL 60-0512
2-(P-STYRYL)-5-ARYL-1.3.4-OXADIAZOLE, DARST. AUS 2-(P-BROMMETHYL-PHENYL)-5-ARYL-1.3.4-OXADIAZOLEN 60-0562
STILBAZOLE, DARST. AUS 2-METHYL-PYRIDINEN U. BENZALDEHYDEN 60-0615
-BETA-SULFONSAEURECHLORIDE, DARST. AUS STYROLEN U. SO2CL2 61-0433
STER. GEHINDERTE BROM-, DARST. DURCH BROMIER. 61-0434
2-STYRYL-5-ARYL-1.6.6AS(IV)-TRITHIAPENTALENE, DARST. AUS D. 2-ALKYLVERB. DURCH KONDENS. MIT ALDEHYDEN 63-0630
2.6-DIALKYL-1-CINNAMYL-4-BENZHYDRYPIPERAZINE, DARST. 63-0711
BETA-ARYLAMINO-THIOZIMTSAEUREAMIDE, DARST. AUS ANILINEN U. BETA-HYDROXY-DITHIOZIMTSAEUREN 64-0470
PYRIMIDYL-(2)-, DARST. AUS 2-METHYL-PYRIMIDINEN U. BENZALDEHYDEN 64-0736
3-ARYL-3-AMINO-ACRYLNITRILE, DARST. AUS BENZONITRILEN U. ACETONITRIL 56-0373
ALPHA-ALKYLMERCAPTOMETHOXY-, DARST. AUS SULFONIUM-YLIDEN DURCH UMLAGER. 58-0454
4-STYRYL-DIHYDROFURYLIUMPERCHLORATE, DARST. AUS 4-METHYL-DIHYDROFURYLIUMPERCHLORATEN U. AROMAT. ALDEHYDEN 59-0516
ALPHA-CYAN-ALPHA-CARBOXY-, DARST. 63-0231

STYROLE (PHYSIKAL. EIGENSCHAFTEN)
TRANS-BETA-(PYRRYL-(2))-, IR- U. ELEKTRONENSPEKTREN 60-0512
ALPHA-CYAN-ALPHA-CARBOXY-, IR-SPEKTREN 63-0231
PI-ELEKTRONENDICHTE (BEZIEH. ZUR CHEM. VERSCHIEB. D. VINYLPROTONEN) 56-0149
PYRIDYL-, ELEKTRONENZUSTAENDE U. PI-PI(STERN)-UEBERGAENGE 56-0144
ZIMTSAEURENITRILE, DIPOLMOMENTE 56-0098
PYRIDYL-, DIPOLMOMENTE 56-0144
CHEM. VERSCHIEB. D. VINYLPROTONEN (BEZIEH. ZU D. PI-ELEKTRONENDICHTEN D. C-ATOME) 56-0149
ZIMTSAEUREN, PK (EINFL. D. KONFIG.) 62-0175
ALPHA-CYAN-ALPHA-CARBOXY-, DISSOZIAT.-KONST. 63-0231
STYROLE (REAKTIONEN)
P-METHOXY-ALPHA-CARBOXY (CARBOXYMETHYL)-ZIMTSAEUREN, RK. 58-0456
BETA-ACYLAMINO-, PHOTOUMLAGER. 60-0311
ZIMTALDEHYDAZINE, UMLAGER. 63-0300
STYRYLCHLORIDE, DEHYDROCHLORIER. MIT LI-ORGAN. VERB. (MECHANISMUS) 56-0226
ALPHA-(2-CARBOXY-PROPYL-(2))-, DECARBOXYLIER. (KINETIK, SUBSTITUENTENEINFL.) 61-0297
BETA-AZIDO-, PYROLYSE 63-0618
BETA-CYAN- EPOX. MIT H2O2 (STEREOCHEMIE U. MECHANISMUS) 53-0127
CHALKONPHENYLHYDRAZONE, OX. MIT MNO2 58-0593
CIS-ZIMTSAEUREN, OX. MIT PERSULFAT 60-0584
HYDROBORIER. (KINETIK) 64-0294
STER. BEHINDERTE, RK. MIT BROM-TRICHLOR-METHAN (REAKTIVITAET) 58-0202
NITRO-BETA-BROM-, RK. MIT METHYLAT (KINETIK) 57-0233
NITRO-BETA-BROM-, RK. MIT THIOPHENOLAT (KINETIK) 57-0233
STER. BEHINDERTE, RK. MIT BUTANTHIOL-(1) (REAKTIVITAET) 58-0202
BROMNITROPHENYLAETHYLENE, RK. MIT NA-P-THIOKRESOLAT (KINETIK) 61-0465
HYDROXY-, PRINS-RK. MIT FORMALDEHYD 61-0650
STYROLE (BIOCHEMIE)
NITRO-1-AMINOALKYL-IMIDAZOLYL-, WRKG. IN VITRO AUF TRICHOMONAS VAGINALIS, ENTAMOEBA HISTOLYTICA U. CANDIDA ALBICANS 57-0525
NITRO-, BEZIEH. ZWISCHEN STRUKTUR U. BAKTERIOSTAT. AKTIVITAET AUF GRAMPOSITIVE U. GRAMNEGATIVE ZELLEN 63-0886
2.6-DIALKYL-1-CINNAMYL-4-BENZHYDRYPIPERAZINE, ANTIHISTAMINWRKG. 63-0711
SUBSTITUENTENEFFEKTE
* S. UNTER KONSTITUTION
SUBSTITUTIONSREAKTIONEN
* HALOGENIERUNG, NITRIERUNG USW. S.DORT
NUKLEOPHILITAETSKONST. BEZ. CH3J U. (PTCL2PY2) 58-0029
ELEKTROPHILE, IN DESAKTIVIERTEN SYST. (SUBSTITUENTENEFFEKTE), 1. MITT. 58-0233
NUCLEOPHILE AROMAT., 3. MITT. 58-0256
CINE-SUBSTITUT., MECHANISMUS 58-0258
PIRIA-RK., MECHANISMUS 58-0432
S(N)2-RK. (ANWEND. D. LINNETT-ELEKTRONEN-THEORIE) 59-0197
VON RICHTER-RK., EINFL. D. LSGM. 59-0379
NUCLEOPHILER ANGRIFF D. BENZOLRINGES, ORIENTIERENDER EINFL. V. SUBSTITUENTEN, 1. MITT. 59-0424
MONOMOL. NUCLEOPHILE, EINFL. V. SOLVATAT. U. SALZ-EFFEKT AUF D. KINETIK 60-0273
NUCLEOPHILE AROMAT., ZWISCHENPROD., 3. MITT. 61-0248
ELEKTROPHILE AM AROMAT. C-ATOM, 8. MITT. 61-0253
ELEKTROPHILE, AM GESAETT. KOHLENSTOFF, 35. MITT. 61-0256
ELEKTROPHILE, AM GESAETT. KOHLENSTOFF , 36. MITT. 61-0257
ELEKTROPHILE, AM GESAETT. KOHLENSTOFF, 37. MITT. 61-0258
AROMAT. SUBSTITUT., 19. MITT. 61-0263
NUCLEOPHILE AROMAT., 4. MITT. 61-0265
AROMAT., SUBSTITUENTEN-EFFEKTE V. POSITIVEN POLEN, 3. MITT. 62-0253
HOMOLYT. AROMAT. (UEBERSICHT) 62-0258
ELEKTROPHILE, AM AROMAT. C-ATOM, 9. MITT. 63-0281
ELEKTROPHILE, AN GESAETT. KOHLENSTOFF, 38. MITT. 63-0284
ELEKTROPHILE, AM GESAETT. KOHLENSTOFF, 39. MITT. 63-0285
ELEKTROPHILE, AM GESAETT. KOHLENSTOFF, 40. MITT. 63-0286
NUCLEOPHILE, EINELEKTRONENUEBERGANG ALS PRIMAERSCHRITT 63-0288
ELEKTROPHILE, AM AROMAT. C-ATOM, 10. MITT. 64-0031
ELEKTROPHILE, AM AROMAT. C-ATOM, 11. MITT. 64-0032
JODDEMERCURIER. V. PHENYLQUECKSILBERBROMID 63-0281
ELEKTROPHILE, JODDEMERCURIER. V. PHENYLQUECK-SILBERBROMID (KINETIK) 63-0281
EINFL. V. PD(II)-ACETAT U. AG-ACETAT AUF D. AROMAT. -- V. OLEFINEN 64-0493
NUCLEOPHILE AROMAT., ZWISCHENPROD. 2. MITT. 54-0166
NUCLEOPHILE AROMAT., EINFL. V. ALKYLGRUPPEN AUF KINETIK U. ORIENTIER. 61-0262
V. (FE(NO)2(CO)2) MIT PHOSPHINEN BZW. PHOSPHITEN (KINETIK) 63-0045
V. (FE(NO)2(CO)2) MIT PHOSPHINEN U. ARSINEN (KATALYT. U. LSGM.-EFFEKTE) 63-0046
V. NI(CO)4 MIT (C6H5)3P BZW. 1-PHOSPHA-2.6.7-TRIOXA-4-METHYL-BICYCLO-(2.2.2)-OCTAN (LSGM.-ABHAENGIGK., KINETIK) 56-0049
NUKLEOPHILE, V. NI(CO)4 (KINETIK, MECHANISMUS) 61-0029
AN OXINATODICARBONYL-RH(I)- BZW. -IR(I)-KOMPLEXEN MIT PHOSPHINEN, ARSINEN U. DIOLEFINEN 56-0085
-CHARAKTERISTIKEN BEI FERROCENEN 53-0036
ELEKTROPHILE, V. METALLOCENEN (MECHANISMUS, 'INSIDE-OUTSIDE'-BEZIEH.) 54-0165
(PI-C4H7PDCLP(C6H5)3), (PI-C4H7PDCL)2, LIGANDENAUSTAUSCH MIT TRIPHENYLPHOSPHIN (KINETIK) 57-0031
ELEKTROPHILE SUBSTITUT. IN METALLOCENEN, 1. MITT. 58-0065
S(E)- V. FUROYLACETONATO-METALLKOMPLEXEN, 1. MITT. 59-0083
NUKLEOPHILE, D. AROMAT. SULFONATGRUPPE IN GGW. V. OX.-MITTELN 54-0164
ELEKTROPHILE, AM AROMAT. C-ATOM, 6. MITT. 56-0216
V. (+)-3-CAREN (STEREOCHEMIE) 58-0223
ANOD. SEITENKETTEN- V. TETRALIN 61-0186
ACETOXYLIER. V. ALKYLBENZOLEN , MECHANISMUS 61-0226
ELEKTROPHILE V. METHAN 62-0256
ELEKTROPHILE, V. ACENAPHTHEN U. ABGELEITETEN VERB., 1. MITT. 62-0467
AROMAT. -- V. OLEFINEN , 4. MITT. 64-0493
NUCLEOPHILE, V. AETHYLENDERIV., 10. MITT. 57-0233
AROMAT., 18. MITT. 61-0262
V. AROMATEN DURCH TRIMETHYL-SILYL-RADIKALE 54-0270
ELEKTROPHILE, V. AROMATEN, FUNKT. D. SIGMA-ELEKTRONEN (HMO-BEHANDL.) 57-0234
AROMAT., EINFL. V. POSITIV GELADENEN SUBSTITUENTEN, 3. MITT. 58-0406
AROMAT., ORIENTIER., 19. MITT. 59-0442
AROMAT. SUBSTITUT. MIT UMLAGER. 1. MITT. 59-0447
ELEKTROPHILE, AM AROMAT. C-ATOM, 7.MITT. 60-0258
AROMAT. NUCLEOPHILE, 14. MITT. 60-0271
NUCLEOPHILE, IN D. AROMAT. REIHE , 25. MITT. 61-0254
NUCLEOPHILE, IN D. AROMAT. REIHE 26. MITT. 61-0255
HOMOLYT. AROMAT., MIT 1-CYCLOHEXENYL-(1) -RADIKALEN 61-0468
INTRAMOL. NUCLEOPHILE, WRKG. D. CYCLOPROPANRINGES IN BICYCL.SYST. 61-0514
AROMAT., SUBSTITUENTEN-EFFEKTE V. POSITIVEN POLEN, 4. MITT. 62-0254
ORIENTIER. BEI D. SUBSTITUT. IN D. AROMAT. REIHE, 21. MITT. 64-0304
VERDRAENG.-RK. BEI FURANOIDSYST. 7. MITT. DARST. U. EIG. V. TRANS-DITOSYLOXY-TETRAHYDROFURANDERIV. 53-0333
VERDRAENG.-RK. AN FURANOID-SYST., 6. MITT. 55-0499
ELEKTROPHILE V. INDOLEN, 2. MITT. 57-0500
NUCLEOPHILE AN S-TRIAZIN-SYSTEMEN, 1. MITT. 60-0256
ELEKTROPHILE, AN 5-GLIEDR. HETEROCYCLEN, 6. MITT. 61-0220
NUCLEOPHILE VERDRAENG.-RK. BEI TETRAHYDROFURANEN , 8. MITT. 62-0528
OXYDATIVE METHOXYLIER. V. PYRIMIDO(5.4-E)-1.2.4-TRIAZINEN 62-0672
V. TETRAFLUORPYRIMIDIN (REIHENFOLGE D. REAKTIVITAET) 53-0451
NUCLEOPHILE, V. 4-HALOGEN-PYRIDINEN (ELIMINIER.-ADDIT.- U. ADDIT.-ELIMINIER.-MECHANISMUS) 54-0418
V. HEXYLHALOGENIDEN (KINETIK) DURCH RK. MIT NA-METHYLAT 58-0271
V. OKTAFLUOR-3.3'-DIPYRIDYL DURCH NA-ALKYLATE (ORIENTIER.) 59-0606
V. HALOGENIERTEN CHINAZOLINEN MIT METHYLAT (KINETIK) 61-0235
NUCLEOPHILE, V. HALOGENAROMATEN U. -AZAAROMATEN (MO-BERECHN.) 61-0247
V. SUBSTITUIERTEN CHLORBENZOLEN MIT NA-ALKOHOLATEN (KINETIK) 61-0255
THIOALKOXY-DEHALOGENIER. V. 2-HALOGEN-BENZTHIAZOLIN (STER. EINFL., KINETIK, MECHANISMUS) 61-0265
STEREOSPEZIF. VINYLHALOGENID-SUBSTITUT., 3. MITT. 62-0052
NUCLEOPHILE V. POLYFLUORVERB. 62-0496
V. ALICYCL. 1.2-DIHALOGEN-POLYFLUOROLEFINEN MIT A. (KOH) (RK.-MECHANISMUS) 58-0458
AROMAT. NUCLEOPHILE, V. FLUORNITROBENZOLEN (KINETIK, BEWEGLIK. D. F) 55-0185
ELEKTROPHILE AROMAT., V. N.N-DIMETHYL-BENZYLAMINEN U. LI2PDCL4 BZW. LI2PTCL4 59-0090
MENSCHUTKIN-RK. V. CYCLOHEXYLDIMETHYLAMINEN (KINETIK) 61-0273
NUCLEOPHILE, V. NITRIERTEN 1-BROM-2.2-DIPHENYL-AETHYLENEN (KINETIK) 61-0465
NUCLEOPHILE SUBSTITUT. AN NITROFLUORBENZOLEN (KINETIK) 62-0248
V. DINITROCHLORBENZOL (KINET. LSGM.-ISOTOPENEFFEKT) 62-0250
NUCLEOPHILE, V. NITRO-BETA-BROM-STYROLEN MIT METHYLAT (KINETIK) 57-0233
ELEKTROCHEM. THIOCYANIER. V. PHENOL 60-0030
V. 2.4-DINIRO-ANISOL MIT PIPERIDIN (KINETIK) 64-0283

NUCLEOPHILE, V. NITRO-BETA-BRCM-STYROLEN MIT THIOPHENOLAT (KINETIK) 57-0233
AM SULFINYL-SCHWEFEL (MECHANISMUS), 5. MITT. 59-0222
V. ALPHA-HALOGENALKYL-PHENYLSULFONEN MIT KALIUM-THIOPHENOLAT (MECHANISMUS) 61-0392
ELEKTROPHILE U. NUCLEOPHILE, AN PENTAKOORDINIERTEN ARSENVERB. 57-0433
AUSTAUSCHRK AUSTAUSCHRK. ZWISCHEN ALKOXYZINNVERB. U. HYDROGENSILANEN 53-0024
AROMAT., V. BIS-(DICHLORC-STYROL-PALLADIUM(II)), 2. MITT. (EINFL. V. METALL-ACETAT) 57-0417
ELEKTROPHILE, V. ORGANOMETALLVERB. MIT ALLYLBROMID, ALDIMINEN U. NITRILEN 63-0360
HALOGENDEMERCURIER. V. ARYL-HG-BROMIDEN MIT J3(-) BZW. BR3(-) (KINETIK) 64-0031
JODDEMERCURIER. V. HG-DIARYLEN MIT J2 (KINETIK) 64-0032
NUCLEOPHILE, V. BETA- HALOGENVINYLKETONEN (KINETIK) 61-0251
V. ALPHA-BROM-DESOXYBENZOINEN MIT NA-PHENOLAT (KINETIK) 64-0285
REDUZIERDE O-P-, (NUCLECPHILE AROMAT. SUBSTITUT.) V. ARYLAZOQUARTAERSALZEN 56-0460
V. 2-BROM-3-NITROBENZOLDIAZONIUMVERB. (KINETIK D. BR-CL-AUSTAUSCHES) 58-0256
V. TERT. ANILINOXIDEN (KINETIK, ARRHENIUS-PARAMETER, SUBSTITUENTEN-EFFEKTE) 60-0271
V. 3-TRIMETHYLAMMONIOMETHYLINDOLSALZEN MIT NA-P-METHYL-THIOPHENOLAT (KINETIK, MECHANISMUS) 61-0259
VERDRAENG.-RK. V. ALPHA-CHLCR-DIPHENYLACETAMIDEN MIT N-METHYL-PIPERAZIN (MECHANISMUS) 62-0647
IM HYDANTOINRING, 7. MITT. 63-0635
V. CYCLOPENTYL-TOSYLATEN (KINETIK) 55-0182
NUCLEOPHILE V. HALOGENALKENYLPHCSPHCNSAEUREESTERN 56-0327
NUCLEOPHILE BEI SULFONATEN, 3. MITT. 64-0782
V. 3ALPHA-MESYLOXY-TROPAN MIT NA-PHENOLAT (KINETIK) 64-0810
S(N)2-RK. V. METHYLPEHLORAT MIT AMINEN IN METHANOL (KINETIK) 55-0180
NUKLEOPHILE, V. ARYLPHOSPHATEN (KINETIK) 58-0262
NUCLEOPHILE, V. CYCL. U. OFFENKETT. ORGAN. SULFITEN IN KONKURRENZ MIT UMESTER. 59-0231
VERDRAENG.-RK. V. HYDROXY- U. ALKOXID-IONEN (RELATIVE NUCLEOPHILIE) 62-0249
TRANSGLYKOSYLIER. V. PYRIMIDINNUCLEOSIDEN ZU PURINEN IN GGW. SAURER KATALYSATOREN 58-0716
NUCLEOPHILE VERDRAENG.-RK. AN KOHLENHYDRATEN, 2. MITT. 59-0661
NUCLEOPHILE VERDRAENG.-RK. AN KOHLENHYDRATEN, 3.MITT. 59-0662
SELEKTIVE SUBSTITUT. AN D-GLUCURONSAEURE -DERIV. 60-0693
NUCLEOPHILE, V. SEK. SULFONYLOXYGRUPPEN V. PYRIMIDINNUCLEOSIDEN, 1. MITT. 61-0703
NUCLEOPHILE, V. SEK. SULFONYLOXYGRUPPEN V. PYRIMIDINNUCLEOSIDEN, 2. MITT. 61-0704
NUCLEOPHILE, V. SEK. SULFONYLOXYGRUPPEN V. PYRIMIDINNUCLEOSIDEN, 3. MITT. (V. 2'.3'-DI-O-TOSYL-URIDIN MIT METHANOL. NH3, MECHANISMUS) 62-0701
NUCLEOPHILE V. SEK. SULFONYLOXYGRUPPEN V. PYRIMIDINNUCLEOSIDEN, 4. MITT. 62-0702
NUCLEOPHILE VERDRAENG.-RK. BEI KOHLENHYDRATEN, 5. MITT., 63-0752
NUCLEOPHILE VERDRAENG.-RK. BEI KOHLENHYDRATEN, 6. MITT. 63-0753
KATION. AROMAT., AM BRUECKENKOPFATOM V. APOCAMPHANEN (MECHANISMUS) 63-0287
NUCLEOPHILE, V. CHOLESTERYLTCSYLAT , DIPOLAR APROT.-PROT. LSGM.-EFFEKT 64-0287
SULFANE
HALOGENALKYL-, DARST. V. DERIV. (UEBERSICHT) 57-0300
SULFATIERUNG
* S. UNTER SULFURIERUNG
SULFENSAEUREN
N-ARENSULFENYL-SCHWEFEL-DIIMIDE DARST. 53-0245
N-(TRICHLORMETHANSULFENYL)-ISATINE, DARST. AUS ISATINEN U. TRICHLORMETHANSULFENYLCHLORID 53-0350
N-(TRICHLORMETHANSULFENYL)-AMIDE, DARST. AUS AMIDEN U. TRICHLORMETHANSULFENYLCHLORID 54-0249
ARYLAZOSULFIDE, DARST. ALS CIS-VERB. AUS BENZOLDIAZONIUM-VERB. U. MERCAPTANEN 55-0198
S-BENZIMIDAZOLYL-TRICHLORMETHAN-, DARST. AUS TRICHLORMETHANSULFENYLCHLORID U. BENZIMIDAZOLEN 56-0502
HALOGENALKYL-, DARST. V. DERIV. (UEBERSICHT) 57-0300
N-(NITROPHENYLSULFENYL)-AMINOSAEUREN DARST. AUS TERT.-BUTOXY-AMINOSAEUREN 57-0335
1-TRICHLORMETHYLMERCAPTOSULFAMOYLPHENYL-4-ARYLSULFONYLTHIOSEMICARBAZIDE, DARST. AUS 1-SULFAMYLPHENYL-4-ARYLSULFONYLTHIOSEMICARBAZIDEN U. PERCHLOR-METHYLMERCAPTAN 57-0372
2-CHLOR-ALKAN-SULFENAMIDE, DARST. AUS ALKENEN U. DIMETHYLAMINOSULFENYLCHLCRID 63-0378
TRICHLOR METHYLMERCAPTCSULFAMOYLPHENYLTHIOSEMI-CARBAZIDE, DARST. AUS 1-AMIDOSULFONYLPHENYLTHIO-SEMICARBAZIDEN U. PERCHLCR-METHYLMERCAPTAN 57-0372
-AETHYLENIMIDE, DARST. AUS AETHYLENIMIN U. SULFENYLCHLORIDEN 62-0508
ARYLAZOSULFIDE, UV-SPEKTREN 55-0198
2.4-DINITRO-BENZOLSULFENYL-DERIV., PHOTOCHEM. RK. 58-0416
SULFENYLCHLORIDE, U. DERIV., RK., 2. MITT. 64-0290
ARYLAZOSULFIDE, UMLAGER. IN TRANS-VERB. 55-0198
ARYLSULFENSAEURE-ARYLDIAZIDE THERM. ZERS. (KINETIK) 55-0199
AREN-SULFENYLCHLORIDE, MECHANISMUS D. CHLORIER. , 6. MITT. (KINETIK) 58-0230
2-NITRO-BENZOLSULFENYLCHLORIDE, SCLVOLYSE U. CHLORIER. MECHANISMUS, 7. MITT. 58-0231
SULFENYLCHLORIDE ADDIT. AN ACETYLENE , 7. MITT. (LSGM.-EINFL.) 63-0474
SULFENYLCHLORIDE, ADDIT. AN ACETYLENE , 8. MITT. (EINFL. V. SAEUREN) 63-0475
SULFENYLCHLORIDE, RK. MIT ALLEN 62-0334
-ESTER, RK. MIT SULFINSAEUREN 61-0393
SULFIDE, ORGANISCHE (ALLGEMEINES)
* S. AUCH MERCAPTOSAEUREN
ALIPHAT. DI-, 16. MITT. 59-0418
ALIPHAT. DISULFIDE, CHEMIE, 15.MITT. 59-0766
ALPHA-SUBSTITUIERTE, 11. MITT. 60-0450
ARALKYLHYDRODI-, 8. MITT. 61-0391
ALIPHAT. DI-, CHEMIE, 13. MITT. 54-0306
2-ALKYL(ARYL)MERCAPTO-5-HYDROXY-P-BENZOCHINONE, TAUTOMERIE 61-0402
2-FORMAMIDO-2'-ACYL-DIVINYLSULFIDE, CIS-TRANS-ISOMERIEN 58-0651
SULFIDE, ORGANISCHE (DARSTELLUNG)
2-ALKYLMERCAPTOAETHYLVINYLAETHER DARST. AUS 2-CHLOR-AETHYL-VINYLAETHER 53-0214
UNSYMM., DARST. AUS DIMETHYLSULFOXID U. ORGANO-MG-VERB. 53-0248
METHYLMERCAPTOMETHYLSILANE, DARST. DURCH GRIGNARD-RK. 54-0240
UNSYMM. ALIPHAT. DI-, DARST. AUS S-BENZHYDRYLTHIOAETHERN 54-0306
BETA-HYDROXYALKYL-, DARST. AUS EPCXIDEN U. MERCAPTANEN 55-0237
ACETOXYMETHYL-, DARST. AUS METHYLSULFOXIDEN U. ACETANHYDRID 56-0280
TRIS-(ALKYLMERCAPTO)-PROPANE, DARST. AUS 2-METHYL-2-HYDROXYMETHYL-1.3-DIOXOLAN U. ALKYLMERCAPTANEN 57-0298
PHENYL-ALKENYL-, DARST. AUS THIOPHENYL U. ALKENYLCHLORIDEN 57-0351
DIBENZYLPOLY-, BLDG. AUS DIBENZYLDISULFID U. S 57-0353
4-HYDROXY-3.5-DI-TERT.-BUTYLBENZYL-, DARST. AUS 3.5-BIS-(TERT.-BUTYL)-4-HYDROXY-BENZYLBRCMID BZW. 2.6-BIS-(TERT.-BUTYL)-CHINON-4-METHID U. HS-GRUPPENHALT. VERB. 57-0361
ARYL-OMEGA-CHLOR-ALKYL-SULFIDE, DARST. AUS ARYLMERCAPTANEN U. ALPHA-BROM(CHLCR)-CMEGA-CHLOR-ALKANEN 58-0404
AROMAT., DARST. DURCH PHOTOLYSE V. 2.4-DINITRO-BENZOL-SULFENYL-ACETAT MIT AROMAT. U. HETEROCYCL. VERB. 58-0416
ALKYL-HEXADIEN-(1.5)-YL-(3)-, DARST. AUS DIALLYLSULFONIUM-SALZEN DURCH UMLAGER. 59-0291
ALPHA.OMEGA-BIS-(4-NITRO-IMIDAZOLYL-(5)-MERCAPTO)-ALKANE, DARST. AUS CHLORIMIDAZOLEN U. DIMERCAPTOALKANEN 59-0545
BIS-(2-THIOUREIDOAETHYL)-DISULFIDE, DARST. AUS 2-AMINO-DELTA(2)-THIAZOLINEN 59-0560
2-MERCAPTO-PHTHALSAEUREANHYDRIDE, DARST. AUS 2-ALKYLMERCAPTO-FURANEN U. MALEINSAEUREANHYDRID 60-0379
(1-AZA-CYCLOALKENYL-(2))-ALKYL- DARST. AUS CYCL. THIOAMIDEN U. ALKYLHALOGENIDEN 60-0466
ARYL-THENYL-, DARST. AUS BROMMAGNESIUM-THIENYL-(2)-METHANOLATEN U. BROMMAGESIUMTHIOPHENOLATEN 60 0505
2-ALKYLMERCAPTO-P-BENZOCHINONE, DARST. AUS 2-MERCAPTO-1.4-DIHYDROXYBENZOLEN 61-0401
2-AMINO-1.3-BIS-(BENZYLMERCAPTO)-PRCPANE, DARST. AUS 2.3-DICHLOR-PROPYLAMIN-HYDROCHLORIDEN U. NATRIUM-BENZYLMERCAPTID 61-0574
2-ALKYLMERCAPTO-INOSIN-5'-PHOSPHATE, DARST. AUS 2'.3'-O-ISOPROPYLIDEN-MERCAPTO-INOSINEN 61-0705
DIALKYL- VINYLTHIOAETHYL-PHOSPHITE, DARST. AUS (2-HYDROXY-AETHYL)-VINYLSULFID U. PHOSPHORIGSAEURE-DIALKYLESTERCHLORIDEN 62-0336
2.2'.4.4'.6.6'- HEXANITRO-DIPHENYL-, DARST. AUS KALIUMTHIOPIKRAT U. TRINITROBENZOLEN 62-0380
(1- BZW. 3-ARYL-ALLYL)-ARYL-, DARST. AUS ARYLMAGNESIUMBROMIDEN, AETHYLENVERB. U. THIOPHENOLEN 62-0413
BIS-(2-FORMYLCYCLOALKEN-(1)-YL)-, DARST. 62-0441
BIS-(O-CYANAMINO-PHENYL)-DI-, DARST. AUS 2-NITROSIMINO-2.3-DIHYDRO-BENZTHIAZOLEN DURCH PHOTOLYSE 62-0578
O.O'-BIS-(PYRIDYL-(4)-AMINO)-DIPHENYLDI-, DARST. DURCH SMILES-UMLAGER. 62-0667
4-METHYLMERCAPTO-2-DIALKYLAMINO-METHYL-PHENOLE, DARST. NACH MANNICH 63-0451
NITRO- U. AMINODIPHENYL-, DARST. 63-0472
BLDG. AUS DIMETHYLSULFONIUMBROMIDEN MIT LIALH4 64-0369
1-METHOXY-4-ALKYLMERCAPTO-BUTEN-(1)-INE-(3), DARST. DURCH THIYLIER. MIT ALKYLHALOGENIDEN U.S, NANH2 64-0370

2(BZW. 4)-ALKYL(ARYL)THIO-BUTEN-(3(BZW. 2))-OLE-(1), DARST. AUS DIVINYLOXID U. ALKYL(ARYL)MERCAPTANEN 64-0371
1.2-DI-ALKYLMERCAPTO-4-AMINC-BUTADIENE, DARST. AUS ENINAMINEN U. MERCAPTANEN 64-0399
GAMMA- BENZYLMERCAPTO-AMINOSAEUREN, DARST. AUS 5-BENZYLMERCAPTOALKYL-HYDANTOINEN 64-0411
4-ALKYL(ARYL)THIO-1.2-NAPHTHOCHINONE, DARST. AUS 4-ALKYL(ARYL)-THIO-1-NAPHTHOLEN U. KALIUMNITROSODISULFONAT 64-0512
ALKYLAMINO(MERCAPTO)-THIAZOLO(5.4-D)PYRIMIDINE, SYNTH. 1. MITT. 64-0727
ARYL-CYCLOALKYL-SULFIDE, DARST. AUS ARYLMERCAPTANEN U. CYCLOALKYLBROMIDEN 58-0404
2-FORMAMIDO-2'-ACYL-DIVINYLSULFIDE, DARST. AUS BETA-CHLOR-VINYL-PHENYLKETON U. N-ARALKYLTHIAZOLIUM-CHLORIDEN 58-0651
(4-NITRO-IMIDAZOLYL-(5))-ARYL-, DARST. AUS CHLORIMIDAZOLEN U. NA-MERCAPTIDEN 59-0545
BISDISULFIDPEPTIDE, DARST. 59-0766
4-HYDROXY-DIPHENYLSULFIDE, DARST. 60-0207
BENZYL-(O-(AMINOALKYL-ACYLAMINO)-PHENYL)-, DARST. AUS N-ACYL-2-BENZYLMERCAPTOANILIN U. ALKYLHALOGENIDEN 60-0681
2-ALKYL(ARYL)MERCAPTO-5-HYDROXY-P-BENZOCHINONE, DARST. AUS RESORCIN U. SULFOXIDEN 61-0402
BIS-(ALPHA'-FORMYL-STILBENYL-(ALPHA))-, DARST. 62-0441
(P-HALOGEN-PHENYL)-(2-MERCAPTO-AETHYL)-, DARST. AUS (P-HALOGEN-PHENYL)-(BETA-CHLOR-AETHYL)-SULFIDEN U. NA2S2O3 63-0417
O-METHYLMERCAPTOMETHYL-ANILINE, DARST. AUS N-ARYL-DIMETHYLSULFIMIDEN 63-0449
VINYLTHIOAETHER, DARST. AUS ALKYLIDENTRIPHENYL-PHOSPHORANEN, SULFENYLCHLORIDEN U. ALDEHYDEN 63-0473
2(U. 3)-FURYL-THIOAETHER, DARST. AUS THIOLEN U. 2.5-DIMETHOXY-2.5-DIHYDRO-FURAN 63-0599
ARYLMERCAPTOVINYLSULFONATE, DARST. AUS ARYLSULFENYL-2.4.6-TRINITRO-BENZOLSULFONATEN U. TOLAN ODER 4.4'-DIMETHYL-TOLAN 64-0497
1.5-DIARYLMERCAPTO-3-OXO-PENTADIENE-(1.4), DARST. AUS DIAETHINYLKETONEN U. MERCAPTANEN 64-0578
5(2)-ALKYLMERCAPTO-2(5)-ALKYLAMINOTHIAZOLO(5.4-D)PYRIMIDINE,, DARST. 64-0727

SULFIDE, ORGANISCHE (PHYSIKAL. EIGENSCHAFTEN)
UNGESAETT., UV-SPEKTREN (VGL. MIT ANDEREN PHYSIKAL. EIG.) 54-0056
PHENYLMERCAPTO-METHANE, UV-SPEKTREN (EINFL. D. WECHSELWRKG. D. S-ATOME) 55-0061
ALKYLSULFID-J2-KOMPLEXE,ABSCRPT.-SPEKTREN 60-0194
NAPHTHYL-, UV 64-0096
NAPHTHYL-, ELEKTRONENSTRUKTUR 64-0096
MASSENSPEKTREN 62-0101
4-AETHYLMERCAPTO-3-OXO-DELTA(4)-STEROIDE, NMR-UNTERS. ZUM ENTSCHIRM.-EFFEKT D. AETHYLMERCAPTOGRUPPE 57-0097
ALIPHAT. --, PROTONIER. IN EINEM ZWEIPHASENSYST. 54-0122
4-HYDROXY-DIPHENYLSULFIDE, DISSOZIAT. 60-0207
DIALKYL-, LOESLICHK. IN VERD. ESSIGSAEURE 53-0110
ALIPHAT., VERTEIL. ZWISCHEN HEPTAN U. WSS. HG-ACETAT-LSG. 54-0123

SULFIDE, ORGANISCHE (REAKTIONEN)
3-CHLORACETONYL-, NUCLEOPHILE SUBSTITUT. 55-0184
ARYL-OMEGA-CHLCRALKYLSULFIDE, CYCLISIER. 58-0404
THIOAETHER MIT KONJUGIERTEN SYST. V. 6PI-ELEKTRONEN, ISOMERISIER. 61-0338
PHENYLMERCAPTO-AETHENE, PHCTCCYCLISIER. 64-0593
BIOCHEM. DI-, STRAHLENCHEMIE, 1. MITT. 57-0267
ALKAL. ZERS., 3.MITT. 59-0220
ARYLMERCAPTOVINYLSULFONATE, ZERS. 64-0497
DIARYL-DISULFIDE, ALKAL. ZERS. (KINETIK) 59-0220
OX. MIT PHENYLJODIDDICHLCRID IN WSS. PY. BZW. IN PY.-H2(18)O 59-0359
THIOAETHER, OX. ZU SULFOXIDEN MIT JOD, 2. MITT (OX. IN GGW. V. CARBOXYLAT-IONEN, KINETIK) 61-0212
ALKYL-ARYL-, OX. MIT OPT. AKT. PERSAEUREN 63-0421
2-AMINO-1.3-BIS-(BENZYLMERCAPTO)-PROPANE, RED. MIT LI U. NH3, DANN OX. MIT LUFT 61-0574
PHENYLAETHINYL-METHYL-, RICHT. D. HYDRATAT. 57-0366
CHLORMETHYL-BENZYL-, CHLORIER. (DIRIGIERENDE EINFL.) 61-0390
ARYLMERCAPTOVINYLSULFONATE, RK. MIT HCL 64-0497
ALKYLMERCAPTID-ANIONEN RK. MIT 2-HALOGEN-BENZTHIAZOLEN (AROMAT. SUBSTITUT. KINETIK) 61-0265
ARYLMERCAPTOVINYLSULFONATE, RK. MIT CH3OH 64-0497
ARYLMERCAPTOVINYLSULFONATE, RK. MIT THIOPHENOL 64-0497
DI-, RK. MIT ORGANOPHOSPHORVERB. 55-0291
DIARYLDI-, RK. MIT PYRIDIN-N-OXID (MECHANISMUS, KINETIK) 63-0687
ALIPHAT., KOMPLEX-BLDG. MIT HG-ACETAT 54-0123
BENZHYDRYL-, RK. MIT SULFENYLTHIOCYANATEN 54-0306
MONOTHIOHYDROCHINONAETHER, VERMITTLER EINER OXYDATIVEN SYNTH. V. ADP U. ATP 54-0507
2-ALKYLMERCAPTO-INOSIN-5'-PHOSPHATE, EINFL. AUF D. GESCHMACK V. MONO-NATRIUM-L-GLUTAMAT 61-0705

SULFIDE, ORGANISCHE (BIOCHEMIE)
5(2)-ALKYLMERCAPTO-2(5)-ALKYLAMINCTHIAZOLO(5.4-D)PYRIMIDINE, ANTIBAKTERIELLE WRKG. 64-0727
5(2)-ALKYLMERCAPTO-2(5)-ALKYLAMINCTHIAZOLO(5.4-D)PYRIMIDINE, ANTIKARZINOGENE WRKG. 64-0727
BENZYL-(O-(AMINOALKYL-ACYLAMINO)-PHENYL)-, ANTIDEPRESSIVE U. ANTISEROTONIN-WRKG. 60-0681

SULFIDIMINE (SULFILIMINE)
STEREOCHEMIE 61-0151
N-ARYL-DIMETHYLSULFIMIDE, DARST. AUS ANILINEN U. DMSO 63-0449
N-ARYLSULFONYL-, IR -SPEKTREN 57-0089
OPT.-AKT. SULFILIMINE, STEREOSPEZIF. UMWANDL. 63-0418
N-ARYL-DIMETHYLSULFIMIDE, UMLAGER. 63-0449
N-TOSYL-, N-ALKYLIER. MIT OXONIUMSALZEN 63-0420

SULFINSAEUREN
6. MITT. 56-0110
BUTEN-(2)-SULFINSAEURE-ACYLAMIDE, DARST. AUS 1-CARBALKOXYIMINO-2-CARBALKOXY-3.6-DIHYDRO-1.2-THIAZINEN U. ALKALIEN 56-0601
AROMAT. SULFINSAEUREHYDRAZIDE, DARST. AUS SULFINYL-CHLORIDEN U. HYDRAZINEN 57-0358
N(2)-ARENSULFONYL-ARENSULFINSAEUREAMIDINE, DARST. AUS ARENSULFINYLCHLORIDEN U. AMINEN 58-0411
NAPHTHO(C)CYCLOPENTA(E)-(1.2)THIAZIN-S-OXIDE, DARST. AUS CYCLOPENTEN U. N-THIONYL-NAPHTHYLAMINEN 63-0727
OPT.-AKT. AMIDE, DARST. DURCH STEREOSPEZIF. ESTER-AMID-AUSTAUSCH 64-0317
O-ALKYL-PHENYLSULFINATE, DARST. AUS PHENYL-(2-(ALPHA-ALKALI-ALKYL)-PHENYL)-SULFONEN DURCH TRUCE-SMILES-UMLAGER. 64-0429
SULFINYLCHLORIDE, DARST. AUS DISULFIDEN MIT CL2 63-0377
ARYLSULFINSAEUREALKOXYALKYLESTER, DARST. AUS NA-ARYLSULFINATEN U. ALPHA-HALOGENAETHERN 64-0436
RED. MIT SNCL2 64-0431
NA-ARYLSULFINATE, RK. MIT ALPHA-HALOGENAETHERN 64-0436
ARENSULFINSAEURECHLORIDE, RK. MIT N-CHLORIMINO-KOHLENSAEUREDIAETHYLESTER 61-0394
ARYL-, CYANAETHYLIER. MIT ALPHA-CHLCR-ACRYLONITRIL U. ALPHA-BROM-ACRYLONITRIL 54-0250
RK. MIT SULFENSAEUREESTERN 61-0393
AROMAT., NA-SALZE, IR 56-0110

SULFINYLAMINE
N-CARBALKOXYTHIONYLIMIDE, DARST. 55-0473
ARYLSULFINYLAMINE, MASSENSPEKTREN 53-0080
N-CARBALKOXY-THIONYLIMIDE, RK. MIT DIENEN 55-0473
SULFINYLIMINE, RK. MIT ISOTHIOCYANATEN 62-0394
N-SULFINYL-ANILINE, RK. MIT CYCL. NITRONEN 64-0714

SULFINYLVERBINDUNGEN
SULFINE, 6. MITT. 62-0382
N-, 2. MITT. 64-0714
N-SULFINYLHYDRAZINE, DARST. AUS HYDROXYALKYLHYDRAZINEN U. SOCL2 63-0401
N-SULFINYL-URETHANE, DARST. AUS N-DICHLOR-URETHANEN U. SOCL2 55-0473
DIALKYLAMINOSULFONYL-MONOIMINOSCHWEFELDIOXIDE, DARST. AUS DIALKYLAMINO-SULFAMIDEN U. N-PHENYLSULFONYL-MONOIMINO-SCHWEFELDIOXID BZW. SOCL2 56-0600
N-, O-SUBSTITUIERTE N-SULFINYLANILINE, DARST. AUS O-SUBSTITUIERTEN ANILINEN U. N-SULFINYL-P-TOLUOLSULFONAMID 57-0357
BENZOLSULFINE, DARST. AUS DITHIOBENZCESAEUREESTER 62-0382
EINFL. D. MOL.-STRUKTUR AUF OPT. EIG., 34. MITT. 62-0451
QUASI-WITTIG-RK. V. N-SULFINYLVERB., 3. MITT. 53-0229
N-, RK., 8. MITT. 57-0356
N-, RK., 9. MITT. 57-0357
N-, RK. MIT DIENEN 55-0473
DIALKYLAMINOSULFONYL-MONOIMINOSCHWEFELDIOXIDE, RK. MIT DIENEN 56-0600
N-, RK. MIT SAEURECHLORIDEN 57-0356
N-SULFINYLHYDRAZINE, ANTITUMORWRKG. 63-0401

SULFOHALOGENIERUNG
V. AROMAT. VERB. 62-0383

SULFONE (ALLGEMEINES)
* CYCL. S. UNTER RINGSYSTEME (HETEROCYCLEN)
ALPHA-HALOGEN-, 8. MITT. 55-0353
CYCL.-, 4. MITT. 56-0548
BIS-ARYLSULFONYL-ACETONE, 6. MITT. 58-0412
CYCL., 5. MITT. 58-0673
ARYLSULFONYLGLYOXYLSAEUREAETHYLESTER-ARYLHYDRAZONE, 7.MITT. 59-0357
BIS-(ARYLSULFONYL)-METHANE, 4. MITT. 59-0358
ARYLHYDRAZONE V. ARYLSULFONYLGLYOXYLSAEUREAETHYL-ESTERN, 5. MITT. 60-0527
ALPHA-HALOGEN-, 9. MITT. 61-0390
BIS-(ARYLSULFONYL)-METHANE, 6. MITT. 61-0412
BROMVINYL-, KONSTIT. 56-0345

SULFONE (DARSTELLUNG)
ARYL-2-CYANVINYL, DARST. AUS ALPHA-HALOGENACRYLONITRILEN U. NA-ARYLSULFINATEN ODER AUS ARYL-BETA-HALOGEN-BETA-CYAN-AETHYL-SULFONEN 54-0250
ARYL-(PYRAZOLIN-(2)-YL-(3)-METHYL)-, DARST. AUS ARYL-ALLYLSULFONEN U. CH2N2 54-0381
ARYL-2-SEK.-AMINOPROPYL- DARST. AUS ARYL-ALLYL- MIT SEK. AMINEN 55-0276
2.5-BIS-ALKYLIDEN-DIHYDRO-THIOPHENDIOXIDE, DARST. AUS OXOVERB. U. 2.5-DIHYDRO-THIOPHENDICXIDEN 55-0380

METHYLEN-BIS-, DARST. AUS THIOACETALEN U. H2O2 56-0346
HALOGENALKYLMERCAPTO-, DARST. (UEBERSICHT) 57-0300
METHYL-HYDROXYNAPHTHYL-, DARST. AUS METHYL-CHLORNAPHTHYL-SULFONEN BZW. METHYLSULFONYL-NAPHTHYLAMINEN 58-0178
EPI-, DARST. 58-0296
ARYL-CYCLOPROPYL-, DARST. AUS ARYL-(3-CHLOR-PROPYL)-SULFONEN 58-0308
PERFLUORDIALKYL-, DARST. AUS FLUOROLEFINEN 58-0350
2-HYDROXY-2'-ALKOXYDIPHENYL-, DARST. AUS PHENOXATHIIN-10-DIOXID U. ALKANOLEN 58-0407
BIS-(ARYLSULFONYL)-ARYLAZO-CHLORMETHANE, DARST. AUS BIS-(ARYLSULFONYL)-MONOCHLORMETHANEN U. ARENDIAZONIUMCHLORIDEN 59-0358
CARBOBIS-(ARYLSULFONYL)-PHENYLHYDRAZONE, DARST. AUS BIS-(ARYLSULFONYL)-MONOBROMMETHANEN U. ARENDIAZONIUMCHLORIDEN 59-0358
THIOXANTHEN-10.10-DIOXIDE, DARST. AUS 2-BENZYL-BENZOLSULFINSAEUREN 59-0424
ALPHA.OMEGA-BIS-(4-NITROIMIDAZOLYL-(5)-SULFONYL)-ALKANE, DARST. AUS D. MERCAPTOALKANEN 59-0545
2.3-DIHYDRO-1.2-BENZTHIAZOL-1.1-DIOXIDE, DARST. AUS (2-SULFAMOYL-PHENYL)-CARBINOLEN 59-0562
3(5)-AMINO-2H-THIOPYRAN-1.1-DIOXIDE, DARST. AUS PROPARGYL-SULFONEN U. AMINEN 59-0590
BIS-(ARYLSULFONYL)-THIOESSIGSAEURE-ARYLAMIDE, DARST. AUS BIS-(ARYLSULFONYL)-METHANEN U. ARYLISOTHIOCYANATEN 60-0373
3-ALKANSULFONYL-PHTHALSAEUREANHYDRIDE, DARST. AUS 3-MERCAPTO-PHTHALSAEUREANHYDRIDEN 60-0379
TRANS-3-ACYLOXY-4-JOD-SULFOLANE, DARST. AUS SULFOLENEN-(3), J2 U. AG-CARBOXYLATEN 60-0504
ARYL-THENYL-, DARST. AUS ARYL-THENYL-SULFIDEN U. -SULFOXIDEN 60-0505
TRIMETHYLENTRI-, DARST. U. UNTERS., 10. MITT. 61-0684
3-(P-AMINO-PHENYLSULFONYL)-PROPIONSAEUREDERIV., DARST. 62-0379
NAPHTHO(3.2-B)THIET-1.1-DIOXIDE, DARST. 62-0512
2-ALKYLIDEN-2.5-DIHYDRO-THIOPHEN-1.1-DIOXIDE, DARST. AUS THIOPHENEN U. ALDEHYDEN 62-0530
3-THIA-ANDROSTAN-S.S-DIOXIDE, DARST. 62-0804
ARYL-ALKOXYALKYL-, DARST. AUS ALPHA-HALOGENAETHERN MIT NA-ARYLSULFINATEN 64-0436
4-ARYLSSULFONYL-ANTHRA(1.2-C)-1.2.5-THIADIAZOLDIONE-(6.11), DARST. AUS ANTHRA(1.2-C)-1.2.5-THIADIAZOL-DION-(6.11) U. SULFINSAEUREN 64-0652
BROMVINYL-, DARST. AUS 1.2-DIBROM-AETHYL-SULFONEN 56-0345
ARYL-CYCLOALKYL-SULFONE, DARST. AUS ARYL-OMEGA-CHLORALKYL-SULFONEN 58-0404
ARYLHYDRAZONO- U. BIS-ARYLAZO-BIS-TOLYLSULFONYL-ACETONE U. 1.5-DIARYLFORMAZANYL-TOLYLSULFONYL-METHYLKETONE, DARST. AUS BIS-(P-TOLYLSULFONYL)-ACETON U. ARYLDIAZONIUMCHLORIDEN 58-0412
2-SUBSTITUIERTE-2-OXO-AETHYL-METHYL-SULFONE, DARST. AUS CARBONSAEUREESTERN U. DIMETHYLSULFON-NAH 58-0529
1.4-BENZOTHIAZIN-1.1-DIOXIDE, DARST. 58-0673
ARYLAMINOTHIOCARBONYLMETHYL-ARYL-, DARST. AUS ARYLSULFONYLESSIGSAEUREAETHYLESTERN U. ARYLISOTHIOCYANATEN 59-0357
BIS-(ARYLSULFONYL)-HALOGENMETHANE, DARST. AUS BIS-(ARYLSULFONYL)-METHANEN U. NA-HYPOHALOGENITEN 59-0358
ARYLSULFONYLGLOXYLSAEURE-N-3-ARYL-4-PHENYL-DELTA(4)-THIAZOLINYLIDENHYDRAZID-ARYLHYDRAZONE, DARST. AUS ARYLSULFONYLGLYOXYLSAEURE-N'-ARYLTHIOCARBAMOYL-HYDRAZID-ARYLHYDRAZONEN U. OMEGA-BROM-ACETOPHENON 60-0527
CHLOR-METHYLBENZYL-, DARST. AUS CHLORMETHYL-BENZYLSULFIDEN 61-0390
4.4-BIS-(ARYLSULFONYL)-BUTYRYLISOTHIOCYANATE, DARST. AUS 4.4-BIS-(ARYLSULFONYL)-BUTTERSAEUREN U. AGSCN 61-0412
BIS-CARBOXYAETHYL-TRIMETHYL-TRITHIAN-TRIS-S-DIOXIDE, DARST. AUS D. DINITRIL 61-0684
SULFONE (PHYSIKAL. EIGENSCHAFTEN)
UV-SPEKTREN 53-0055
V. AROMAT. S-HETEROCYCLEN, MASSENSPEKTREN 61-0112
METHYL-HYDROXYNAPHTHYL-, DISSOZIAT.-KONST. 58-0178
THIONAPHTHEN-S.S-DIOXIDE, PAPIERCHROMATOGRAPHIE 54-0600
SULFONE (REAKTIONEN)
N-HETEROCYCL. METHYL-, RK. MIT NUCLEOPHILEN REAGENZIEN 56-0529
ALPHA-DIAZO-, MECHANISMUS D. RK., 3. MITT. 60-0254
ALLEN. U. ACETYLEN., DIELS-ALDER-RK. 61-0522
BETA-METHYLSULFONYL-AETHYLESTER, VERW. IN D. PEPTIDSYNTH. 62-0812
NAPHTHYL-MESITYL-, UMLAGER. ZU SULFINSAEUREN (MECHANISMUS) 56-0549
ARYL-OMEGA-CHLORALKYLSULFONE, CYCLISIER. 58-0404
O-METHYL-DIARYL-, SMILES-UMLAGER. (MECHANISMUS) 63-0513
PHENYL-(2-PHENYL)-, TRUCE-SMILES- UMLAGER. 64-0429
ARYL-(3-CHLOR-PROPYL)-, CYCLISIER. (KINETIK) 58-0308
N-TOSYLMETHYL-CARBAMATE, BASENKATALYSIERTE ELIMINIER.-RK. 57-0375
BENZYL-ALPHA-HALOGENALKYL-, RAMBERG-BAECKLUND-RK. (KINETIK) 58-0272
2-SUBSTITUIERTE-2-OXO-AETHYL-METHYL-SULFONE, REDUKTIVE SPALT. IN KETONE 58-0529
ZERS. IN ALKALISCHMELZE 58-0574
ARALKYL-DIHALOGENMETHYL-, BASENKATALYSIERTE ELIMINIER.-RK. 63-0512
2.2.2-TRIARYLAETHYLPHENYL-, SULFON-ALPHA-ELIMINIER. 57-0415
EPI-, ZERFALL DURCH SOLVOLYSE U. PHOTOLYSE (KINETIK) 58-0296
DIHYDRO-THIOXANTHENDIOXIDE, DEUTERIER. 55-0441
ARYL-ARYLSULFINYL-, SOLVOLYSE IN VERD. ESSIGSAEURE BZW. WSS. DIOXAN IN GGW. V. H2SO4, ACETAT, BROMID ODER CHLORID (MECHANISMUS U. KINETIK) 59-0222
SULFONYLMETHYLPERCHLORATE, HYDROLYSE (KINETIK, MECHANISMUS) 59-0225
UNGESAETT., BROM-ADDIT. (KINETIK) 63-0254
ALPHA-DIAZO-, SAEUREKATALYSIERTE HYDROLYSE (MECHANISMUS) 60-0254
ARYL-ALLYL-, NUKLEOPHILE ADDIT. V. DIAZOMETHAN 54-0381
P-TOLYL-2-OXO-ALKYL-, RK. MIT OMEGA-NITRO-STYROL 59-0356
4.4-BIS-(ARYLSULFONYL)-BUTYRYLISOTHIOCYANATE, RK. MIT ANILINEN BZW. ARYLHYDRAZINEN 61-0412
CHLORPHENYLMETHYL-, RK. MIT NA-ALKOHOLATEN (KINETIK) 61-0254
ALPHA-HALOGENALKYL-PHENYL-, RK. MIT KALIUM-THIOPHENOLAT (MECHANISMUS) 61-0392
N-TOSYLMETHYL-CARBAMATE, RK. MIT METHYLEN-CARBAMATEN BZW. -THIO-CARBAMATEN 57-0375
NAPHTHO(3.2-B)THIET-1.1-DIOXIDE, RK. MIT AROMAT. ALDEHYDEN 62-0512
P-TOLYL-2-OXO-ALKYL-, RK. MIT ACRYLONITRIL 59-0356
SULFONIUMVERBINDUNGEN
* SCHWEFEL-YLIDE S. UNTER SULFURANE
1.3.2-BENZOTHIAZATHIOLIUMSALZE, DARST. AUS AROMAT. AMINEN U. S2CL2 53-0396
VINYL-, DARST. AUS PHENACYLMETHYLSULFID U. BENZALDEHYDEN 57-0360
1.2-DITHIOLIUMPERCHLORATE, DARST. AUS SULFANEN U. DIKETONEN 57-0522
HALOGENARYL-DIMETHYL-, DARST. 58-0406
2-THIONIA-AZULENE, DARST. AUS 1.3.5.7-TETRAMETHYL-6-OXO-6H-CYCLOHEPTA(C)THIOPHEN 58-0563
METHYLEN-BIS-(DIALKYLSULFONIUM-TETRAFLUOROBORATE), DARST. AUS D. BIS-SULFIDEN 59-0193
DIALLYL-, DARST. AUS DIALLYLSULFID U. DIALKYLSULFATEN 59-0291
2-THIONIA-AZULENE, DARST. AUS 1.3.5.7-TETRAMETHYL-6H-CYCLOHEPTA(C)THIOPHEN-6-ON U. ALKYL- BZW. ARYL-MAGNESIUM-HALOGENIDEN 62-0542
1.3-DIMETHYL-2- THIONIAAZULEN-TETRAFLUOROBORATE, DARST. AUS 1.3-DIMETHYL-THIOPHENO-(3.4-4.5)-TROPONEN, METHYLJODID U. AGBF4 63-0611
5-ARYL-3-METHYLMERCAPTO- 1.2-DITHIOLIUMSALZE, SYNTH. AUS BETA-HYDROXY-DITHIOACRYLSAEUREMETHYLESTER U. CS2 64-0619
4-CHLOR-THIOPYRYLIUMSALZE, DARST. AUS 4H-THIOPYRANONEN BZW. 2.6-DIPHENYL-4-OXO-1-THIA-CYCLOHEXAN 64-0686
METHYLEN-BIS-(DIALKYLSULFONIUM-TETRAFLUOROBORATE), ACIDITAET (STER. EINFL.) 59-0193
2-DIALKYLAMINO-1.3-DITHIOLANYLIUM-SALZE RK. MIT NUCLEOPHILEN 53-0362
DIALLYL-, STEVENS-UMLAGER. 59-0291
EPISULFONIUMIONEN, RINGOEFFN. (SUBSTITUENTENEINFL.) 61-0279
EPISULFONIUMIONEN, RINGOEFFN. 61-0280
ALLYL-, UMLAGER. IN GGW. V. BUTYL-LI 62-0338
VINYL , ZERS.-RK. 57-0360
THIACHROMYLIUMPERCHLORATE, OX. MIT HNO2 61-0618
TETRAMETHYL-2-THIONIA-AZULENE, RED. MIT NUCLEOPHILEN VERB. 63-0610
TRIMETHYL- U. BENZYLMETHYLPHENYL-, NEUTRALE U. ALKAL. HYDROLYSE (KINETIK) 64-0269
S-ALKYL-TRITHIONIUM-SALZE RK. MIT AMINEN ZU 3-AMINO-THIOACRYLAMIDEN 53-0360
CYCLOALKYLDIMETHYL-, ABBAU MIT K-ALKOHOLATEN (STEREOCHEMIE) 54-0167
SULFONSAEUREN
ALKAN-, 36. MITT. 57-0299
ALPHA-SUBSTITUIERTE SULFONSAEUREN, 1. MITT. 58-0415
SULFOESSIGSAEUREDERIV. CHEMIE, 1. MITT. 63-0379
4-HYDROXY-CUMARIN-3-SULFONSAEUREDERIV., DARST. AUS 4-HYDROXY-CUMARIN 58-0676
P-AMINOBENZOL-, DARST. AUS ANILINEN MIT SULFAMOYLCHLORIDEN IN GGW. V. DMF 61-0395
1-PHENYL-PYRAZOL-, DARST. 61-0584
BETA-AMINO-ALPHA-CARBOXY-, DARST. AUS ALPHA.BETA-UNGESAETT. NITRILEN U. SO3 62-0361
NATRIUM-ALKYLARENSULFONATE, REINDARST. UEBER D. S-BENZYLTHIURONIUMSALZE 59-0443
SULFOESSIGSAEUREDERIV. DARST. AUS CHLORSULFONYLACETYLCHLORID U. NUCLEOPHILEN 63-0379
NATRIUM-ALKYLARENSULFONATE, UV- U. IR-SPEKTREN 59-0443
BIS-TRIAZINYLAMINO-STILBENDI-, POLAROGRAPH. ADSORPT.-VERH. 58-0199
NITRANILINO- U. NITROAMINOBENZOL-, PK(2) 64-0229

NITRODIPHENYLAMIN-, PK IN W.-ISOPROPANOL-GEMISCHEN 64-0232
AMINONAPHTHALIN- (CLEVE-SAEUREN), LOESLICHK.-DIAGRAMM D. SYST. MIT NA(+)-MG(2+)-CL(-)-W. 58-0022
NATRIUM-ALKYLARENSULFONATE, LOESLICHK. IN W. 59-0443
AMINONAPHTHOL-, KUPPL. ZU PRIM. DISAZOFARBSTOFFEN 58-0506
ARYL-, DESULFONIER. IN WSS. H2SO4 (KINETIK) 55-0178
BENZOL-, NUKLEOPHILE SUBSTITUT. D. SULFONATGRUPPE IN GGW. V. OX.-MITTELN 54-0164
AROMAT., NA-SALZE, IR 56-0110

SULFONSAEUREN (ANHYDRIDE, ESTER)
TOLUOLSULFONATE V. STERINEN , 1. MITT. 58-0777
ARYL-BENZOL- U. -METHANSULFONATE, KONFORM. (VGL. MIT CARBONSAEUREESTERN) 64-0179
DITOSYLOXY-TETRAHYDROFURANE DARST. AUS 2.5-ANHYDRO-3.4-DI-(O-TOSYL)-D-XYLOSE-DIISOBUTYL-DITHIOACETAL 53-0333
TETRAHYDRO-THIOPHENDIOXID-SULFONSAEUREESTER, DARST. AUS 3-CHLORSULFONYL-TETRAHYDROTHIOPHEN-S.S-DIOXID U. ALKOHOLEN 55-0378
O-ARYLSULFONYL-O'-ALKYLBENZHYDROXIMSAEUREN, DARST. AUS O-ALKYLBENZHYDROXIMSAEUREN U. ARYLSULFOCHLORIDEN 57-0355
2-HYDROXYCYCLOALKYL-P-TOSYLATE, DARST. 58-0235
SULFONSAEURE-(2-CHLOR-AETHYLESTER) U. 1.2-ALKYLENGLYKOL-DISULFONATE, DARST. AUS SULFOCHLORIDEN U. ALKYLENOXIDEN 58-0332
1-SULFONYLOXY-PHTHALAZIN-4-ONE, DARST. AUS PHTHALSAEUREHYDRAZID 58-0667
SULFONSAEUREESTER V. AETHYLEN- U. EPOXYALKOHOLEN, DARST. 59-0502
5'-O-ARYLSULFONYL-THYMIDINE, DARST. AUS THYMIDIN U. SUBSTITUIERTEN BENZOLSULFONSAEUREN 59-0676
ARYLMETHYL-TOSYLATE, DARST. AUS ARYL-METHYLALKOHOLEN U. P-TOLUOLSULFONSAEUREANHYDRID 64-0312
MERCAPTOMETHANDISULFONSAEUREDIPHENYLESTER, DARST. AUS METHANDISULFONSAEUREDIPHENYLESTER-NATRIUMSALZ U. THIOSULFONSAEUREESTERN 64-0432
ARYLMERCAPTOVINYLSULFONATE, DARST. AUS ARYLSULFENYL-2.4.6-TRINITRO-BENZOLSULFONATEN U. TOLAN ODER 4.4'-DIMETHYL-TOLAN 64-0497
P-VINYL-BENZOLSULFONATE, DARST. AUS P-VINYL-BENZOLSULFOCHLORID U. ALKANOLEN 54-0277
3-SULFONYLOXY-PYRIDAZONE-(6), DARST. AUS MALEINSAEUREHYDRAZID 58-0667
MESYLOXYGRUPPEN, EINFL. AUF D. UV V. NAPHTHALINEN 64-0100
P-TOLUOL-SULFONSAEUREESTER, PI-KOMPLEXBLDG. 56-0151
METHANSULFONSAEUREESTER, MASSENSPEKTREN 64-0145
ARYL-BENZOL- U. -METHANSULFONATE, DIPOLMOMENTE 64-0179
P-TOLUOL-SULFONSAEUREESTER, NMR-UNTERS. 56-0151
CYCLOPENTYL-TOSYLATE, SUBSTITUT.-RK. (KINETIK) 55-0182
ARYLSULFONSAEUREALKYLESTER, SOLVOLYSE 61-0234
SEK. SULFONYLOXYGRUPPEN V. PYRIMIDINGRUPPEN, NUCLEOPHILE SUBSTITUT., 1. MITT. (2'- O-SULFONYL-URIDINE, NUCLEOPHILE SUBSTITUT.) 61-0703
SULFONYLOXY-PYRIMIDINNUCLEOSIDE, NUCLEOPHILE SUBSTITUT. V. SEK. SULFONYLOXYGRUPPEN, 2. MITT. 61-0704
SULFONYLOXY-PYRIMIDINNUCLEOSIDE, NUCLEOPHILE SUBSTITUT., 3. MITT. 62-0701
SULFONYLOXY-PYRIMIDINNUCLEOSIDE, NUCLEOPHILE SUBSTITUT., 4. MITT. 62-0702
ELIMINIER. ZWEIER VICINALER SEK. P-TOLUOLSULFONYLOXY-GRUPPEN MIT NAJ IN D. THF-REIHE, 2. MITT. 63-0601
SULFONATE, NUCLEOPHILE SUBSTITUT.-RK., 3. MITT. 64-0782
5'-O-ARYLSULFONYL-THYMIDINE, SUBSTITUT.-RK. 59-0676
O-ANILINO-ESTER, UMLAGER. ZU SULFONSAEURE-(O-AMINO-PHENYL)-ESTERN (MECHANISMUS) 57-0381
16ALPHA-MESYLOXY-17ALPHA-HYDROXY-STEROIDE, RING-D-VERENGER. (MECHANISMUS) 61-0780
(2-CYCLOPROPYL-AETHYL)-TOSYLATE, UMLAGER. BEI SOLVOLYSEN 62-0422
OXOCYCLOHEXYLMETHYL-TOSYLATE, FRAGMENTIER. 54-0294
ALPHA- SULFONYLOXY-KETONE, PHOTOLYT. RSO3-ELIMINIER. (STER. VORAUSSETZ.) 60-0404
ARYLMERCAPTOVINYLSULFONATE, ZERS. 64-0497
ARYLMETHYL-TOSYLATE, THERM. ZERS. (MECHANISMUS) 64-0312
BETA-TOSYLOXY-ALDHEYDE, RED. MIT KOMPLEX-HYDRIDEN 55-0241
TOSYLATE ALLEN. ALKOHOLE, HYDROLYSE 57-0404
2-HYDROXYCYCLOALKYL-P-TOSYLATE, SOLVOLYSE (NACHBARGRUPPENEFFEKT, KINETIK) 58-0235
HALOGENALKYL-TOSYLATE, SOLVOLYSE (1.4- U. 1.5-HALOGENVERSCHIEB.) 62-0234
BETA-ALLEN-TOSYLATE, SOLVOLYSE (MECHANISMUS) 62-0330
ARYLMERCAPTOVINYLSULFONATE, RK. MIT HCL 64-0497
CYCLOALKYL-P-TOSYLATE, SOLVOLYSE (KINETIK) 58-0235
BICYCLOALKYL-METHYLTOSYLATE, AETHANOLYSE (KINETIK) 57-0227
SEK.-ALKYL-ARENSULFONATE, ALKOHOLYSE (MECHANISMUS) 60-0263
2-METHYL-CYCLOHEXYLTOSYLATE, AETHANOLYSE (KINETIK, MECHANISMUS) 60-0264
BETA-TOSYLOXY-ALDEHYDE, FRAGMENTIER.- RK. MIT ALKOHOLEN 63-0588
-CARBONSAEUREANHYDRIDE, RK. MIT AETHERN 64-0346
ARYLMERCAPTOVINYLSULFONATE, RK. MIT CH3OH 64-0497
ARYLMERCAPTOVINYLSULFONATE, RK. MIT THIOPHENOL 64-0497
3.4-BENZOTRICYCLO(4.2.1.0(2.5))-3-NONEN-7-YL-P-TOLUOLSULFONATE, ACETOLYSE 54-0152
(BENZONORBORNENYL-(9)-AETHYL)-BROSYLATE, ACETOLYSE (KINETIK) 58-0247
TOSYLOXY-BICYCLANONE, ACETOLYSE U. FORMOLYSE (KINETIK) 59-0223
2-ARYL-AETHYL-TOSYLATE, ACETOLYSE (KINETIK, MECHANISMUS) 59-0229
2-ARYL-AETHYL-TOSYLATE, TRIFLUORACETOLYSE (KINETIK) 60-0266
ALPHA-SPIRO-TOSYLATE, ACETOLYSE (KINETIK) 60-0456
BENZONORBORNENYL-(2)-BROMBENZOLSULFONATE, ACETOLYSE (KINETIK) 61-0233
BICYCLOALKYL-METHYLTOSYLATE, ACETOLYSE (KINETIK) 57-0227
2-ARYL-AETHYL-TOSYLATE, FORMOLYSE (KINETIK, MECHANISMUS) 59-0229
SEK.-ALKYL-ARENSULFONATE, ACETOLYSE (MECHANISMUS) 60-0263
2-METHYL-CYCLOHEXYLTOSYLATE, ACETOLYSE (KINETIK, MECHANISMUS) 60-0264
CYCLOALKYLTOSYLATE, ELIMINIER. V. P-TOLUOLSULFONSAEURE (MECHANISMUS) 61-0271

SULFONSAEUREN (-AMIDE, -IMIDE, -HYDRAZIDE UND -UREIDE) UND -UREIDE)
* SULTAME S. DORT
ARENSULFONYLBENZIMIDCHLORIDE, 3.MITT. 56-0353
TOSYLHYDRAZONE, 4. MITT. 57-0240
SULFONHYDRAZIDE U. VERWANDTE VERB., 8. MITT. 57-0359
SULFANILIDE, 26. MITT. 58-0409
ALPHA-SUBSTITUIERTE SULFONSAEUREAMIDE, 1. MITT. 58-0415
SULFONHYDRAZIDE U. VERWANDTE VERB., 9. MITT. 64-0103
SULFANILIDE, 24. MITT. 64-0627
SULFONAMIDE, LANGWIRKENDE, 4. MITT. 64-0745
N-ARENSULFONYL-SCHWEFEL-DIIMIDE DARST. AUS ARENSULFINSAEUREAMIDEN 53-0245
1-ARYLSULFONAMIDO-NAPHTHALINE DARST. 53-0297
1-ARYLSULFONYL-PYRROLE DARST. AUS D. BROMVERB. DURCH HBR-ABSPALT. 53-0347
P-AMINOBENZOLSULFONSAEURE-(2-HALOGENPYRIDYL-(4)-AMIDE) DARST. 53-0431
FORMYL-AREN-N-METHYL-SULFONAMIDE, DARST. AUS ARENSULF-N-METHYLAMIDO-ANISOLEN U. ASYMM.-DICHLORDIMETHYLAETHER 54-0251
N.N-BIS(2-CYAN-AETHYL)-BENZOL-SULFON-AMIDE DARST. AUS BENZOLSULFONYLHARNSTOFFEN U. ACRYLNITRIL 54-0444
1-PIPERAZINO-2-CHLOR-BENZOL-3.5-DISULFONAMIDE, DARST. 55-0470
N- HALOGENALKYLMERCAPTO-, DARST. (UEBERSICHT) 57-0300
TRICHLOR-2-HYDROXY-PROPAN-SULFAMIDE DARST. AUS BETA-TRICHLORMETHYL-BETA-AETHAN-SULFON U. AMINEN 57-0313
BIS-(AREN-METHYLIMINO-SULFONYL)-AMINE, DARST. AUS AREN-N-METHYL-SULFONIMIDSAEURECHLORIDEN U. PRIM. ALKYLAMINEN 57-0354
N-ALKOXY-SULFONAMIDE, DARST. AUS O-ALKYLHYDROXIMSAEUREN U. ARYLSULFOCHLORIDEN 57-0355
1-CHLORALKYLEN-SULFONAMIDE, BLDG. AUS ARYLSULFONAMIDEN U. SAEURECHLORIDEN 57-0356
1-TRICHLORMETHYLMERCAPTOSULFAMOYLPHENYL-4-ARYLSULFONYLTHIOSEMICARBAZIDE, DARST. AUS 1-SULFAMYLPHENYL-4-ARYLSULFONYLTHIOSEMICARBAZIDEN U. PERCHLOR-METHYLMERCAPTAN 57-0372
2-ALKOXY-5-ARYLSULFONAMIDO-1.3.4-THIADIAZOLE, SYNTH. 57-0564
1-P-TOSYL-4-(THIO)CARBAMOYLPIPERAZINE, DARST. AUS 1-P-TOSYLPIPERAZINEN U. ISO(THIO)CYANATEN 57-0610
4-SULFAMOYL-OXANILSAEUREAMIDE, DARST. AUS P-SULFAMOYL-OXANILSAEUREESTERN 58-0410
N(2)-ARENSULFONYL-ARENSULFINSAEUREAMIDINE, DARST. AUS ARENSULFINYLCHLORIDEN U. AMINEN 58-0411
ALPHA-NITRO-SULFONSAEUREAMIDE, DARST. AUS SULFONAMIDEN BZW. SULFONYLCHLORIDEN 58-0415
4-AMINO-3-SULFONAMIDO-CUMARINE, DARST. AUS 4-CHLOR-CUMARINYL-(3)-SULFOCHLORID U. PRIM. AMINEN 58-0676
4-NITROIMIDAZOLYL-(5)-ARYLSULFONAMIDE, DARST. AUS CHLORIMIDAZOLEN U. NA-SULFONAMIDEN 59-0545
(2-SULFAMOYL-PHENYL)-CARBINOLE, DARST. AUS BENZOLSULFONAMIDEN U. KETONEN 59-0562
1-ARENSULFONYL-PYRROLE, DARST. AUS PYRROLKALIUM U. ARENSULFONYLCHLORIDEN 60-0517
N-ARYL-N'-ARYLSULFONYL-HYDRAZIDE, DARST. AUS ARYLHYDRAZINEN, AG2O U. SO2 61-0418
N-(4-ARYLSULFONYL-PIPERAZINO)-CARBAMINSAEUREDERIV., DARST. 62-0646
6-PHENYL-3.4-DIHYDRO-1H-2.1.5-BENZOTHIADIAZOCIN-2.2-DIOXIDE, DARST. AUS 2-(VINYLSULFONYLAMINO)-BENZOPHENONEN U. NH3 64-0771
SULFONYLTHIOHARNSTOFFE, SYNTH.-VERS., 1. MITT. DARST. AUS SULFONAMIDEN U. THIOHARNSTOFFEN BZW. THIOCYANATEN BZW. ISOTHIOCYANATEN 55-0284
1-ARENSULFONYL-2-ALKYL-BENZAMIDINE, DARST. AUS ARENSULFONYLBENZIMIDCHLORIDEN U. ALIPHAT. AMINEN 56-0353

SULFONIMIDAMIDE (SULFONAMIDINE), DARST. AUS AREN-SULFONIMIDSAEURECHLORIDEN U. AMINEN 57-0354
ARYLCARBONSAEURESULFONHYDRAZIDE, DARST. 57-0359
TRICHLORMETHYL- MERCAPTOSULFAMOYLPHENYLTHIOSE-MICARBAZIDE, DARST. AUS 1-AMIDOSULFONYLPHENYL-THIOSEMICARBAZIDEN U. PERCHLOR-METHYLMERCAPTAN 57-0372
N-ARYLSULFONYL-N-ARYL-BETA-ALANINE, DARST. 58-0409
N-SULFANILYL-OXAMIDE, DARST. AUS D. ESTERN U. AMINEN 58-0410
5-TOSYL-HYDANTOINSAEUREN, DARST. AUS HYDANTOINEN U. P-TOLUOLSULFONYLCHLORID 62-0558
5-SULFANILAMIDO-TETRAZOLE, DARST. 62-0590
2-(N-ARYLSULFONYL-N-PHENYL-AMINOAETHYL)-BENZIMIDAZOLE, DARST. AUS N-ARYLSULFONYL-N-PHENYL-BETA-ALANIN-IMINOAETHYLESTERN U. O-PHENYLENDIAMIN 64-0627
6-PHENYL-3.4-DIHYDRO-1H-2.1.5-BENZOTHIADIAZOCIN-2.2-DIOXIDE, DARST. AUS 2-VINYLSULFONYLAMINO-BENZOPHENONEN U. NH3 (MECHANISMUS) 64-0773
N-DIALKYLSULFURANYLIDEN-ARYLSULFONAMIDE, IR -SPEKTREN 57-0089
SULFONSAEURE-AMIDE U. -HYDRAZIDE, UV -ABSORPT. 64-0103
SULFONAMIDE, ELEKTRONENSTRUKTUR (EINFL. AUF D. BIND.-KONST. AN SERUMALBUMINE U. BAKTERIOSTAT. WRKG.) 64-0924
SERUMALBUMINE U. BAKTERIOSTAT. WRKG.) 64-0924
SULFONAMIDE, MASSENSPEKTREN 58-0132
SULFANILAMIDE, NMR -UNTERS. V. N(1)-SUBSTITUENTENEFFEKTEN 60-0087
SULFONAMIDE, SAEURE-DISSOZIAT., ANWEND. AUF STRUKTURPROBLEME, 1.MITT. 55-0142
SULFONAMIDE, SAEURE-DISSOZIAT., ANWEND. AUF STRUKTURPROBLEME, 2. MITT. 55-0143
SULFANILAMIDE, REAKTIVITAET D. AMINOGRUPPE, 2. MITT. 56-0213
P-TOLUOLSULFONYLHYDRAZONE, ZERS. DURCH ALKALI 2. MITT. 54-0379
TOSYLHYDRAZONE, ALKAL.-THERM. ZERS. 59-0296
1-CHLORALKYLEN-SULFONAMIDE, FRAGMENTIER. IN NITRILE 57-0356
METHYLARYL-SULFONAMIDO-XYLOLE, SULFOCHLORIER. (RICHT. D. RK.) 54-0252
CHLOR-BENZOL-SULFONAMIDE, AMMONOLYSE (MECHANISMUS) 57-0362
DIHALOGEN- BZW. C-CHLOR-ALKYLMERCAPTOMETHYLEN-SULFONAMIDE, RK. MIT SBCL5 62-0388
5-TOSYL-HYDANTOINSAEUREN, HYDROLYSE ZU ALPHA-ALKYL-ALPHA-AMINOSAEUREN 62-0558
N(4)-AROYL-SULFANILAMIDE, HYDROLYSE MIT NAOH (KINETIK) 56-0213
ARENSULFONYL-N-ALKYL-ARYLAMIDE CHLORMETHYLIER. 53-0247
N.N-DICHLOR-SULFONAMIDE, RADIKAL. ADDIT. AN OLEFINE 60-0474
ALKANSULFOANILIDE, ALKENYLIER. 57-0299
SULFONAMIDE, N-AMINIER. MIT O-(2.4-DINITRO-PHENYL)-HYDROXYLAMIN 60-0327
N.N'-DI-BENZOLSULFONYL-1.4-BENZOCHINONDIIMINE, RK. MIT PIPERIDIN BZW. PIPERAZIN 64-0636
TOSYLHYDRAZONE, RK. MIT CH3LI (STEREOCHEMIE) 57-0240
N-SULFINYL-SULFONAMIDE RK. MIT THIOHARNSTOFFEN 53-0229
SULFONYLISOCYANATE RK. MIT ALDAZINEN U. SCHIFFSCHEN BASEN 53-0463
BENZOLSULFONYLHARNSTOFFE, CYANAETHYLIER. MIT ACRYLNITRIL 54-0444
AETHYLENSULFONAMIDE, RK. MIT CYCL. HYDRAZIDEN 54-0349
ARYLSULFAMIDE, RK. D. NA-SALZE MIT N-SUBSTITUIERTEN OXAMIDSAEUREAETHYLESTERN (KINETIK) 55-0191
SULFONAMIDE, HEMMWRKG. AUF CARBOANHYDRASEN AUS ROTEN BLUTKOERPERCHEN 60-0813
SULFONHYDRAZIDE, FUNGICIDE WRKG. 57-0359
N-SULFANILYL-OXAMIDE, BAKTERIOSTAT. WRKG. 58-0410
5-SULFANILAMIDO-TETRAZOLE, ANTIBAKTERIELLE WRKG. 62-0590
SULFONAMIDE, BAKTERIOSTAT. WRKG. GEGEN E. COLI U. STAPH. AUREUS 64-0923
SULFONAMIDE, BAKTERIOSTAT. WRKG. GEGEN E. COLI U. STAPH. AUREUS 64-0924
SULFONAMIDE, BIND. AN RINDERSERUMALBUMIN (BEZIEH. ZU BAKTERIOSTAT. WRKG.) 64-0923
SULFONAMIDE, BIND. AN RINDERSERUMALBUMIN (BEZIEH. ZU BAKTERIOSTAT. WRKG.) 64-3923
SULFONAMIDE, AUSSCHEID. BEI KANINCHEN 64-0929
SULFONAMIDE, AUSSCHEID. BEI RATTEN 64-0930

SULFONSAEUREN (SULFOHALOGENIDE)
4.6-DIAMINO-2.2-DIMETHYL-1-FLUORSULFONYLPHENY1.3.5-TRIAZINE, DARST. 57-0782
PERFLUORALKANSULFONYLFLUORIDE, DARST. AUS FLUOROLEFINEN 58-0350
SULFONSAEURECHLORIDE, DARST. AUS DMF-S2O5CL2-KOMPLEX U. NUCLEOPHILEN RK.-PARTNERN 60-0325
PHENOXYACETAMIDO-BENZOLSULFONSAEUREFLUORIDE DARST. 60-0814
STYROL-BETA-SULFONSAEURECHLORIDE, DARST. AUS STYROLEN U. SO2CL2 61-0433
SULFOCHLORIDE, DARST. AUS GRIGNARD-VERB. U. SO2CL2 62-0383
ARYLSULFONCHLORIDE, MASSENSPEKTREN 58-0132
ALIPHAT. SULFONSAEURECHLORIDE, BEST. D. HYDROLYSEGESCHW.-KONST. (IN GGW. BZW. ABWESENH. V. ALCL3) 63-0376
ALIPHAT. SULFONSAEURECHLORIDE, KEINE ADDIT. AN VINYLCHLORID (ALCL3) 63-0376
4.6-DIAMINO-2.2-DIMETHYL-1-FLUORSULFONYLPHENY1.3.5-TRIAZINE, IRREVERSIBLE INHIBITOREN D. DIHYDROFOLSAEUREREDUKTASE 57-0782
PHENOXYACETAMIDO-BENZOLSULFONSAEUREFLUORIDE IRREVERSIBLE INHIBIT. V. ALPHA-CHYMOTRYPSIN 60-0814

SULFONSAEUREN (ANDERE DERIVATE)
SULFONYLISOTHIOCYANATE, CHEMIE, 1.MITT. 58-0427
1.4-BENZOCHINONDIOXIM-ARYLSULFONATE, DARST. AUS 1.4-BENZOCHINON-DIOXIM U. ARYLSULFOCHLORIDEN BZW. AUS 1.4-BENZOCHINON-OXIM-BENZOLSULFONATEN U. HYDROXYLAMINSULFAT 59-0364
AREN-N-CARBAETHOXY-SULFONIMIDSAEURECHLORIDE , DARST. AUS ARENSULFINSAEURECHLORIDEN U. N-CHLORIMINO-KOHLENSAEUREDIAETHYLESTER 61-0394
ALIPHAT. SULFONAMID-MONO- U. -BIS-METHYLIMINE, DARST. 63-0380
SULFONSAEUREAZIDE U. SULFONYLHYDRAZONE, UV -ABSORPT. 64-0103
O-ARENSULFONYL-PHENYLHYDROXYLAMINE, UMLAGER. ZU SULFONSAEURE-(O-AMINO-PHENYL)-ESTERN (MECHANISMUS) 57-0381
N-PHENYLSULFONYL-SCHWEFELDIOXIDIMINE, ADDIT. AN DIENE 60-0672
SULFONYLISOTHIOCYANATE, RK. MIT AMINEN 58-0427
SULFONYLISOTHIOCYANATE, RK. MIT ALKOHOLEN 58-0427
SULFONYLISOTHIOCYANATE, RK. MIT MG-ORGAN. VERB. 58-0427
SULFONYLISOCYANATE, CYCLOADDIT. AN CARBODIIMIDE 58-0473

SULFONYLIERUNG
* S. UNTER SULFURIERUNG

SULFONYLISOTHIOCYANATE
* S. UNTER SULFONSAEUREN

SULFOXIDE
ANCHIMER UNTERSTUETZTE RK., 1. MITT. 54-0143
9. MITT. 56-0280
CARBODIIMID-SULFOXID-RK., 7. MITT. 58-0351
23. MITT. 61-0214
U. VERWANDTE VERB., 11. MITT. 63-0420
U. VERWANDTE VERB. 10. MITT. 64-0434
-NATUR V. AMANITINEN U. AMANIN 62-0834
CHOLESTAN-, ABS. KONFIG. 55-0045
STEREOCHEMIE 61-0151
THIOFORMAMID-S-OXIDE, KONFIG. 61-0154
METHYLALKYL-, ABS. KONFIG. (U. ORD) 62-0145
ALKYLSULFINYLESSIGSAEUREN, ABS. KONFIG. 62-0360
THIOXANTHENOL-S-OXIDE, KONFORM. 64-0172
METHYL-2.6-ANHYDRO-2-THIO-ALPHA-D-ALTROPYRANOSID-, KONFIG. (MITTELS NMR-SPEKTROSKOPIE) 54-0481
METHYLSULFINYLSTEROIDE, ABS. KONFIG. 63-0831
METHYL-2.6-ANHYDRO-2-THIO-ALPHA-D-ALTROPYRANOSID-, DARST. 54-0481
METHYLEN-BIS-, DARST. AUS THIOACETALEN U. H2O2 56-0346
2.5-DIHYDROTHIOPHEN-1-OXIDE, DARST. AUS DIENEN U. THIIRAN-1-OXID 56-0474
SYMM. DIARYL-, DARST. AUS N.N'-THIONYLDIIMIDAZOL U. GRIGNARD-VERB. 59-0354
ARYL-THENYL-, DARST. AUS ARYL-THENYL-SULFIDEN 60-0505
DURCH OX. V. THIOAETHERN MIT JOD, 2. MITT. 61-0212
ALPHA-HALOGENVINYL-, DARST. AUS ALPHA,BETA-HALOGENIERTEN SULFOXIDEN 61-0337
OPT.-AKT., DARST. AUS ALKYL-ARYL-SULFIDEN MIT OPT. AKT. PERSAEUREN 63-0421
SULFONFREIE, DARST. AUS SULFIDEN MIT PHENYLJODIDDICHLORID IN WSS. PY. ((18)O-MARKIERTE, DARST. IN PY.-H2(18)O) 59-0359
UV-SPEKTREN 53-0055
METHYLALKYL-, ORD 62-0145
RACEMISIER. IN ACETANHYDRID (LEWISSAEUREN BZW. ACETYLCHLORID), KINETIK, MECHANISMUS 53-0167
CHOLESTAN-, ORD 55-0045
METHYLSULFINYLSTEROIDE, ORD 63-0831
V. AROMAT. S-HETEROCYCLEN, MASSENSPEKTREN 61-0112
THIOXANTHENOL-S-OXIDE, NMR 64-0172
OPT.-AKT., DIASTEREOMEREN-WECHSELWRKG. MIT RAC. CARBINOLEN (NMR-UNTERS.) 62-0134
OPT.-AKT., STEREOSPEZIF. UMWANDL. 63-0418
AEQUILIBRIER. U. RACEMISIER. 53-0165
ARYL-METHYL-, PHOTORACEMISIER. IN GGW. V. NAPHTHALIN (MECHANISMUS) 63-0335
BENZYL-, RK. MIT PHENYL-LI (MECHANISMUS) 64-0295
ZERS. IN ALKALISCHMELZE 58-0574
RAC. ALKYL-ARYL-, RK. MIT OPT. AKT. PERSAEUREN 63-0422
ALKYL-ARYL-, RED. (KINETIK) 64-0252
ARYL-ARYLSULFONYL-, SOLVOLYSE IN VERD. ESSIGSAEURE BZW. WSS. DIOXAN IN GGW. V. H2SO4, ACETAT, BROMID ODER CHLORID (MECHANISMUS U. KINETIK) 59-0222
DESOXYDATIVE CHLORIER. 62-0640
RK. MIT PHENOL-DERIV., 2. MITT. 61-0401
RK. MIT PHENOL-DERIV., 3. MITT. 61-0402
RK. MIT PHENOLDERIV., 4. MITT. 64-0512

RK. MIT CYCLOPENTADIEN-1.2.3.4-TETRACARBONSAEURE-TETRAMETHYLESTER 58-0463
BETA- KETO-, RK. MIT P-TOLUOLSULFONYLAZID 63-0424
ASYMM.-, RK. MIT ACETANHYDRID (MECHANISMUS) 56-0280
PHENYL-METHYL-, PUMMERER-RK. (MECHANISMUS, KINETIK) 61-0214

SULFOXIMINE
STEREOCHEMIE 61-0151
N-ACYL-DIMETHYL-, DARST. AUS 3-ARYL-DELTA(2)-1.4.2-DIOXAZOLONEN-(5) 57-0553
AMINO-PHENYLOXOSULFONIUMMETHYLIDE, DARST. AUS SULFOXIMINSALZEN 64-0434
OPT.-AKT., STEREOSPEZIF. UMWANDL. 63-0418
AMINO-PHENYLOXOSULFONIUMMETHYLIDE, RK. MIT ELEKTROPHILEN OLEFINEN 64-0434
N-ALKYLIER. MIT OXONIUMSALZEN 63-0420

SULFURANE
SULFOXONIUMYLIDE, 5. MITT. 63-0419
SCHWEFEL-YLIDE, KONFIG. 55-0274
SCHWEFEL-YLIDE, DARST. AUS SULFOXIDEN U. AKT. METHYLENVERB. 55-0274
VINYLSULFONIUMYLIDE, DARST. 57-0301
SULFONIUMYLIDE, STABILISIERTE, DARST. AUS DIALKYL-SULFOIDEN U. AKT. METHYLENVERB. 58-0351
STABILE S-YLIDE V. CYCLOPENTADIEN-1.2.3.4-TETRA-CARBONSAEURETETRAMETHYLESTER, DARST. 58-0463
AMINO-PHENYLOXOSULFONIUMMETHYLIDE, DARST. AUS SULFOXIMSALZEN 64-0434
SULFONIUMYLIDE, STABILISIERTE, UV 58-0351
SULFONIUMYLIDE, STABILISIERTE, IR 58-0351
SULFONIUMYLIDE, STABILISIERTE, NMR 58-0351
DIMETHYLSULFONIUMPHENACYLMETHYLIDE, UMLAGER. 58-0454
SCHWEFELYLIDRK. 59-0926
SULFOXONIUMYLIDE, RK. MIT SULFENEN 63-0419
AMINO-PHENYLOXOSULFONIUMMETHYLIDE, RK. MIT ELEKTROPHILEN OLEFINEN 64-0434
AMINO-PHENYLOXOSULFONIUMMETHYLIDE, RK. MIT CARBONYLVERB. 64-0434

SULFURIERUNG
11. MITT. 58-0432
10. MITT. 53-0243
MONOALKYLBENZOLE, ORTHO-SULFONIER. MIT H2SO4 (KINETIK) 54-0149
SULFOX. V. N-ALKANEN (KINETIK) 57-0216
SULFONYLIER. V. BZL. MIT TOSYLCHLORID (KINET. ISOTOPENEFFEKT) 57-0218
AROMAT.-, 17. MITT. 54-0148
AROMAT.-, 18. MITT. 54-0149
SULFONIER. V. AROMATEN , 19. MITT. (IN WSS. H2SO4, MECHANISMUS) 61-0218
SULFONIER. V. ARYLPYRAZOLEN , 2. MITT. 61-0584
V. CHLORBENZOL (KINETIK U. MECHANISMUS) 54-0148
SULFONYLIER. V. BROM-BENZOL MIT TOSYLCHLORID (KINET. ISOTOPENEFFEKT) 57-0218
V. RESORCIN (PROD.-ZUS.) 53-0243
DESULFURIER. V. HETEROCYCL. MERCAPTOVERB. MIT NICKELBORID 61-0666

SULTAME
13. MITT. 63-0573
N-ARYL-, DARST. 63-0573

SULTONE
AMINO-DELTA-, DARST. AUS 2-DIALKYLAMINOMETHYLEN-CYCLOHEXANONEN U. METHANSULFONSAEURE 54-0442
RK. MIT ALPHA-CHYMOTRYPSIN (KINETIK) 61-0823

SUPRACID
* S. SCHAEDLINGSBEKAEMPFUNGSMITTEL

SUSPENSIONEN
PHARMAZEUT., 1. MITT. 59-0818
OEL CACO3-,STRUKTURVISKOSITAET 59-0818

SUSZEPTIBILITAET, MAGNETISCHE
* S. UNTER MAGNETISMUS

SYDNONE
* S. UNTER OXDIAZOLE

T

TABAK
BESTANDTEILE D. ZIGARETTENRAUCHS , 10. MITT. 61-0329
BESTANDTEILE D. ZIGARETTENRAUCHS , 11. MITT. 64-0521

TABLETTEN
PRUEF. V. DREI NATUERL. MAGENSAFTRESISTENTEN U. DUENNDARMLOESL. UEBERZUEGEN FUER DRAGEES 53-0611
DOSIER.-GENAUIGK. 56-0764

TALK
FLIESSFAEHIGK. (EINFL. V. AEROSIL U. FUELLSTOFF R 972) 54-0592

TANNINE
GALLO-, 14. MITT. 53-0495
GALLO-, 15. MITT. 56-0637
GALLO-, STRUKTUR 53-0495
AUS HEIDEKRAUT, STRUKTUR 56-0749
ABBAURK. 56-0749

TANTALSAUERSTOFFSAEUREN
PIPERIDINIUM-HXTA12037 (X=8,9), DARST. 58-0057

TANTALVERBINDUNGEN
TANTAL(V)-SAEURE-PENTAAETHYLESTER-HALBESTERSALZ , DARST. 58-0057
TRIS-(SIGMA-PHENYL)-TRIS-(PHENYLLITHIUM)-TANTAL(III) , BIS-(SIGMA-PHENYL)-TETRAKIS-(PHENYLLITHIUM)-TANTAL(II) , DARST., MAGNET. VERH., STABILITAET 63-0075
TANTAL(V)-SAEURE-PENTAAETHYLESTER, HYDROLYSE 58-0057
TANTAL(V)-METHANOLAT, NMR , DIMEREN-BLDG. 64-0013
TACL5, KEIN EINFL. AUF D. TOLUOL-OX. MIT DIISOPROPYLPEROXYDICARBONAT 58-0213
DARST. AUS PYRIMIDINEN U. HYDRAZINHYDRAT 54-0354

TAUTOMERIE
6. MITT. 56-0479
V. OXO-AZOLIDINYL-GLYOXALSAEUREESTERN 60-0526
SPEKTROSKOPIE V. TAUTOMEREN SYST., 1. MITT. 59-0008
2. MITT. 54-0131
VALENZ-, V. HETEROCYCLEN, 10. MITT. 61-0654
VALENZ-, V. N-AETHOXYCARBONYL-AZEPIN-FE-TRICARBONYL 54-0004
KATIONOTROPIE V. MG-DIAETHYL-PHOSPHONO-ACETON 54-0026
PROTONEN-BEWEGLICHK. IM INDEN-RINGSYST., 11.MITT. 58-0138
RING-KETTEN- V. INDOLEN MIT D. GRUPPIER. C6H5-N-C-N 57-0684
V. URACIL-KETIMIN BZW. -ENAMIN 58-0656
TAUTOMERENCHEMIE V. THIAZOLIDINEN, 7. MITT. 60-0542
VALENZTAUTOMERIE BEI HETEROCYCLEN, 9.MITT. 61-0653
TAUTOMERE PYRIDINE, 11. MITT. 62-0171
D. UNSUBSTITUIERTEN ALKYLGRUPPEN IN ASYMM.-TRIAZINEN 62-0674
RING-KETTEN- V. OXAZOLIDINEN MIT 2-ALKYLIDENAMINO-AETHANOLEN 63-0212
V. HETEROCYCL. VERB., 5. MITT. 63-0648
TETRAZOL-AZID- V. THIAZOLO(2.3-E)TETRAZOLEN 64-0215
AZACYCLOOCTATETRAEN-7-AZA-BICYCLO(4.2.0)OCTATRIEN-(2.4.7)-, GLEICHGEW. 64-0559
VALENZ-, D. DIAZANORCARADIEN-DIAZACYCLOHEPTATRIEN-SYST. (KINETIK) 61-0654
KETO-ENOL-, V. 1-PHENYL-3.5-DIOXO-4-(2-OXO-CYCLOHEXYLMETHYL)-PYRAZOLIDINE 55-0400
V. P-AMINOAZOVERB., TAUTOMERES GLEICHGEW. IN SAUREN LSG., 4. MITT. 56-0103
DREIKOHLENSTOFF- V. NITROOLEFINEN 57-0290
V. 5-AMINO-3-PHENYL-1.2.4-OXADIAZOL U. 5-IMINO-3-PHENYL-DELTA(2)-1.2.4-OXADIAZOLIN BZW. VERWANDTEN VERB. 59-0190
V. ISODIAZOMETHAN MIT KNALLSAEUREAMID U. N-ISOCYAN-AMIN 62-0356
V. 5-AMINO-TETRAZOL, 6. MITT. (N-SULFANIL-DERIV.) 62-0590
AMINO-IMINO-, V. AMINO-SUBSTITUIERTEN N-HETEROCYCLEN 63-0214
TAUTOMERES GLEICHGEW. IN SAUREN LSG. V. P-AMINOAZO-VERB. , 5. MITT. 64-0213
AZO-HYDRAZON- V. O-HYDROXY-AZOVERB. (GLEICHGEW.-KONST.) 63-0213
V. N-ALKYLEN-CARBAMINSAEUREHALOGENIDEN MIT ALPHA-HALOGEN-ISOCYANATEN 61-0477
V. 3.3'-DIHYDROXY-DIPHENOCHINONEN 53-0113
KETO-ENOL- BEI TRIACYLMETHANEN 53-0250
V. PYRAZOLONEN 56-0505
V. TRIACYLMETHANEN 59-0008
V. DIHYDRO-1.2-DIAZEPIN-4-ONEN 60-0684
V. 2-ALKYL(ARYL)MERCAPTO-5-HYDROXY-P-BENZOCHINONEN MIT D. O-CHINONEN 61-0402
PYRIDON-HYDROXYPYRIDIN- (SUBSTITUENTENEINFL.) 62-0173
V. DIACYLFORMOINEN 63-0173
KETO-ENOL- V. IMIDAZOLIDINDIONEN 64-0212
V. MONOTHIO-BETA-DIKETONEN 64-0214
V. CYCLOHEXANDION-MONOARYLHYDRAZONEN 54-0457
V. GLUTACONALDEHYD-MONOANILEN 57-0182
RING-KETTEN- V. N-BENZYLIDEN-O-HYDROXY-BENZYLAMINEN , NMR-SPEKTROSKOP. BEST. D. ISOMERENVERHAELTNISSES 58-0176
RING-KETTEN- V. DERIV. D. O-HYDROXY-BENZYLAMINS MIT ALDEHYDEN U. KETONEN 58-0177
HYDRAZON-AZO- U. ALKYLHYDRAZONEN (GLEICHGEW.) 59-0250
ISOMERIE U. TAUTOMERIE BEI N-HALOGEN-GUANIDINEN U. -AMIDINEN 53-0093
V. BETA-KETO-DITHIOCARBONSAEUREN U. -ESTERN 53-0256
KETO-ENOL- BEI SANTONEN U. DIHYDROSANTONEN 54-0130
V. 2-AMINO-THIAZOLINONEN-(4) 54-0131
V. ISOXAZOLIN-5-ONEN 57-0071
V. UNGESAETT. SAEUREHYDRAZIDEN 57-0524
KETO-ENOL-GLEICHGEW. V. OXALESSIGSAEURE (PH-EINFL.) 58-0291
IN ARYLAZOPYRAZOLONEN (NMR-UNTERS.) 59-0142
V. 1-HYDROXY-INDOL-2-CARBONSAEUREN 59-0532
V. 5-PHENYL-2-AMINO-SELENAZOLINONEN-(4) U. 5-PHENYL-2-IMINO-SELENAZOLIDINONEN-(4) 60-0552
V. THIOISONICOTINSAEUREAMIDEN 62-0172
V. BETA-THIOXO-ESTERN 64-0214
V. GLUTAZINEN 55-0139
-GLEICHGEW. V. PYRIDONEN (ABHAENGIGK. V. D. LSGM.-POLARITAET) 62-0171
V. METHAZONSAEURE U. IHREN SALZEN IN WSS. LSG. (BLDG. V. ANTI- U. AMPHI-IONEN) 57-0202
KETO-ENOL- V. ACYL-CYANMETHANPHOSPHONSAEURE-DIALKYLESTERN 59-0342

TAXINE
TAXINE, 7. MITT. 55-0579
TAXANE, KONFORM. 57-0165
TAXANE, KERN-OVERHAUSER-EFFEKT 57-0165

TEE
ZUS. D. AROMAS 53-0585
ISOLIER. V. THEASPIRON U. DIHYDROACTINIDIOLID (AROMASTOFFE) 62-0829
TELOMERISATION
* S. UNTER POLYMERISATION
TELLURVERBINDUNGEN
(TL(CH3CN)2)(SBCL6) , IR-SPEKTREN 55-0003
(TL(CH3CN)2)(SBCL6) , DARST. AUS TECL 55-0019
TECL4, RK. MIT BUTYLLITHIUM BZW. METHYLLITHIUM 58-0490
TERBIUMVERBINDUNGEN
TB(CLO4)3.7 DMSO , DARST. , IR-SPEKTRUM, THERM. ZERS., PULVERROENTGENOGRAPH. UNTERS. 61-0042
KOMPLEXE MIT HYDRAZODIESSIGSAEURE, TRENN. V. ANDEREN SELTENERDMETALLKOMPLEXEN 59-0052
TB2O3, EINFL. AUF D. DECARBOXYLIER. V. OXALESSIGSAEURE 58-0292
TERPENALKOHOLE
* S. UNTER TERPENE
TERPENE
VERRUCARINE U. RORIDINE 25. MITT. 53-0051
TRITERPENE 13. MITT. 53-0527
TRITERPENE AUS BARRINGTONIA ACUTANGULA GAERTN 3. MITT. 53-0529
SESQUITERPENE, 16. MITT. 53-0539
SYNTHET. TERPENOIDE, 11. MITT. 54-0323
5. MITT. 54-0523
DITERPENOIDSAEUREN, 7. MITT. 54-0524
TETRANORTRITERPENOIDE, 3.MITT. 54-0525
TERPENOPHENOLE, 30. MITT. 54-0531
4. MITT. 55-0107
TERPENOPHENOLE, 31. MITT. 55-0355
188. MITT. 55-0523
189. MITT. 55-0524
190. MITT. 55-0525
TERPENOIDE, 113. MITT. 55-0528
TERPENOIDE, 4. MITT. 55-0533
TERPENOIDE, 13.MITT. 55-0542
191. MITT. 56-0170
TERPENOIDE, 114. MITT. 56-0681
TERPENOIDE, 8.MITT. 56-0688
TRI-, 23.MITT. 57-0700
SESQUITERPENOIDE, 14. MITT. 57-0712
TERPENOIDCHEMIE, 14. MITT. 57-0713
TRITERPENOIDE, 29.MITT. 58-0743
DI-, 4. MITT. 58-0746
TRI-, 3. MITT. 58-0747
TETRANORTRITERPENOIDE, 4. MITT. 58-0748
TETRANORTRITERPENOIDE, 5. MITT. 58-0749
TETRANORTRITERPENOIDE, 6.MITT. 58-0750
TETRANORTRITERPENOIDE, 7. MITT. 58-0751
TETRANORTRITERPENOIDE, 8.MITT. 58-0752
TETRANORTRITERPENOIDE, 9. MITT. 58-0753
TERPENOIDE, 3. MITT. 58-0757
TERPENOIDE, 4. MITT. 58-0758
TERPENOIDE, 16. MITT. 58-0762
SESQUITERPENOIDE, FURANODIEN ALS VORLAEUFER 59-0519
SESQUITERPENOIDE, 16. MITT. 59-0724
SESQUITERPENOIDE, 18. MITT. 59-0725
SESQUITERPENOIDE, 19. MITT. 59-0726
-CHEMIE, 5. MITT. 59-0727
-CHEMIE, 6. MITT. 59-0728
SESQUITERPENOIDE, 17. MITT. 59-0740
SESQUITERPENOIDE, 3. MITT. 60-0738
TETRACYCL. DITERPENOIDE, CHEMIE, 7. MITT. 60-0745
TETRACYCL. DITERPENOIDE, CHEMIE, 8. MITT. 60-0746
22. MITT. 60-0751
DI-, 5. MITT. 61-0763
SESQUI-, 5. MITT. 61-0769
TERPENOIDE, SYNTHET. UNTERS., 12. MITT. 61-0775
SESQUITERPENOIDE, 22. MITT. 61-0825
TERPENOIDE, 62. MITT. 62-0154
SESQUITERPENOIDE, 4. MITT. 62-0452
TERPENOIDE, 7. MITT. 62-0748
SESQUI-, 27. MITT. 62-0751
SESQUI-, 28. MITT. 62-0752
SESQUI-, 29. MITT. 62-0753
SESQUI-, 30. MITT. 62-0754
SESQUI-, 31. MITT. 62-0755
SESQUI-, 32. MITT. 62-0756
SESQUI-, 33. MITT. 62-0757
SESQUI-, 34. MITT. 62-0758
192. MITT. 62-0764
194. MITT. 62-0782
DITERPENOIDE, 18. MITT. 63-0794
SESQUI-, 35. MITT. 64-0828
SESQUI-, 36. MITT. 64-0829
SESQUI-, 37. MITT. 64-0830
SESQUI-, 38. MITT. 64-0831
SESQUI-, 39. MITT. 64-0832
MONOCYCL. TERPENALKOHOLE, 8. MITT. 64-0835
115. MITT. 64-0844
VERRUCARINE U. RORIDINE, 15. MITT. (NOMENKLATUR EINER NEUEREN KLASSE V. SESQUITERPENEN) 53-0195
TRI-, (MALABARICAN-DERIV.), STRUKTUR 55-0539
MONOTERPENOIDE AUS HOPFENOEL, KONSTIT. -AUFKLAER. 59-0737
TRICYCL. SESQUI-, AUS VETIVEROELEN (STRUKTURELLE BEZIEH.) 61-0771
TRITERPENOIDE, STRUKTURAUFKLAER. 57-0696
-KETONE, STEREOCHEMIE 55-0107
PELENOLIDE, KONSTIT. U. KONFIG. 55-0523
CARANYL-AMINE, KONFIG. 55-0544
TRI- D. LUPANREIHE, STEREOCHEMIE V. OX.-PROD. 56-0682
CARANONE-(5) U. -OLE-(5), KONFORM. 58-0754
SERRATENE-(14), KONSTIT. U. KONFIG. 58-0756
TRITERPENALKOHOLE, KONFORM. 59-0160
TERPENSAEUREN, -ESTER U. -ALDEHYDE, KONFORM. 59-0163
CARANYLAMINE, KONFORM. 59-0727
HOPAN-TRI-, STEREOCHEMIE 59-0735
ISOAMBREINOLIDE, STEREOCHEMIE 60-0732
CARYOPHYLLADIENOLE, STEREOCHEMIE 60-0756
GERMACRANOLIDE, ABS. KONFIG. 64-0844
SESQUI- V. TRICHOTHECAN-TYP, ZIRKULARDICHROISMUS U. KONFORM. 53-0051
TRANS-CARANYL-(5)-AMINE, ABS. KONFIG. 56-0667
PRIVEROGENINE, KONFIG.-UMERKENN. 57-0700
TERPENOIDE, KONFORM. V. PRIM. OH-GRUPPEN 59-0162
PENTACYCL. TRI-, ISOLIER. AUS GLOSSOSTELMA CARSONI 54-0500
MICROMERIA-, 1. MITT. (TRITERPENSAEUREN) 55-0531
SESQUI- AUS CYPERUS ROTUNDUS 55-0532
TRITERPEN-KOHLENWASSERSTOFFE AUS OLEANDRA WALLICHII 55-0534
-ALKOHOLE, ISOLIER. AUS HELICHRYSUM DENDROIDEUM 55-0543
TRI- AUS GLYCYRRHIZA GLABRA. 5. MITT. 56-0673
TRI- AUS GLYCYRRHIZA GLABRA. 6. MITT. 56-0674
TRI- AUS ALISMA PLANTAGO-AQUATICA L. 56-0683
DI-, IN ARALIA CORDATA 56-0689
TRITERPENALKOHOLE, ISOLIER. AUS CAMELIA SATIVA 56-0759
TRITERPENOIDE AUS BUPLEURUM FALCATUM, 3. MITT., ISOLIER. V. TRITERPENEN 57-0695
TRITERPENOIDE, ISOLIER. AUS IMPERATA CYLINDRICA 57-0696
SESQUITERPEN-LACTONE, ISOLIER. AUS D. WURZELN V. LINDERA STRYCHNIFOLIA 59-0729
CEDRANDERIV., ISOLIER. AUS JUNIPERUS FOETIDISSIMA 61-0762
SESQUITERPENOIDE AUS SCHISANDRA CHINENSIS 61-0770
TRITERPENSAEUREN AUS DRYOBALANOPS AROMATICA -HARZ 61-0772
DI-, ISOLIER. AUS OXYSTIGMA OXYPHYLLUM 61-0774
SESQUI-, VORK. IM AETHER. OEL D. RAINFARNS 61-0832
DI- AUS JUNIPERUS PHOENICEA, 1. MITT. 62-0765
DI- AUS JUNIPERUS PHOENICEA, 2. MITT. 62-0776
AETHINYL-NOR-SESQUITERPENOIDE, ISOLIER. AUS CHAMAECYPARIS FORMOSENSIS 63-0798
LIMONOIDE, ISOLIER. AUS D. HOLZ V. TRICHILIA HEUDELOTTII 64-0849
TRI-, (MALABARICAN-DERIV.), VORK. IN AILANTHUS MALABARICA 55-0539
SERRATENE-(14), ISOLIER. AUS SITKA SPRUCE (PICEA SITCHENSIS) 58-0756
SESQUITERPENALKOHOLE, ISOLIER. AUS BIOTA ORIENTALIS 58-0762
SESQUITERPENOIDE, ISOLIER. AIS CEDRELA TOONA 60-0749
DI- AUS ARAUCARIA IMBRICATA 61-0763
SESQUITERPENOIDE, ISOLIER. AUS ZINGIBER ZERUMBET 64-0830
TERPENOIDE U. STEROIDE, BIOSYNTH., 1. MITT. 64-0916
3.4-SECO-ALLOBETULINE, DARST. AUS ALLOBETULON 53-0527
-HYDANTOINE DARST. 53-0566
TERPENYLCARBONSAEUREN, DARST. 54-0531
CASCARILLIN-DITERPENE, ISOLIER. AUS DODONAEA ATTENUATA (SAPINDACEAE) 55-0536
TRANS-CARANYL-(5)-AMINE, DARST. 56-0667
POLYCYCL.-, VERS. ZUR TOTALSYNTH., 4. MITT. 56-0684
1-METHYL-P-MENTHAN-DERIV., DARST. AUS 3-METHYL-CAREN-(4)-ON-(2) 57-0690
2.3.10- OXYGENIERTE PINANE, STEREOSPEZIF. SYNTH. 58-0744
DITERPENPHENOLE, DARST. 58-0755
DITERPEN-ALKALOIDE, SYNTH. , 8. MITT. 59-0699
DITERPENOIDE, DARST. UEBER D. AB-ABC-WEG 59-0717
MONOTERPENOIDE AUS HOPFENOEL, ISOLIER. 59-0737
CAMPHER-DERIV., DARST. 60-0735
DI-, ISOLIER. AUS MARRUBIUM VULGARE 60-0760
DITERPENOIDE, TOTALSYNTH., 8. MITT. 61-0754
DITERPENOIDE, TOTALSYNTH., 9. MITT. 61-0755
TRITERPENOIDE, DARST. AUS TERPENEPOXIDEN U. SNCL4 61-0766
NORBORNANOLE, BLDG. AUS NORBORNEN-VERB. MIT HCOOH ODER PERAMEISENSAEURE ODER CH3COOH 62-0077
SABINENE, DARST. 62-0759
POLYCYCL., VERS. ZUR TOTALSYNTH., 7. MITT. 62-0766
DITERPENOIDE TOTALSYNTH., A-B-C-SKELETT, 5. MITT. 62-0773
AROMADENDRANE, STEREOSPEZIF. PHOTOCHEM. SYNTH. 63-0808
MONO- MIT ARTEMISYL-, SANTOLINYL- U. LAVANDULYLGERUEST, DARST. DURCH CHRYSANTHEMSAEURE-SPALT. 55-0530
CARANYL-AMINE, SYNTH. 55-0544
LABDATRIENE, DARST. AUS SCLARENALKOHOLEN 57-0706
CARANYLAMINE, DARST. 59-0727

ISOAMBREINOLIDE, SYNTH. AUS TETRAMETHYLDECALONEN U. PROPARGYLALDEHYDDIMETHYLACETAL 60-0732
EUDESMAN-SESQUITERPENOIDE, TOTALSYNTH. 60-0738
CARYOPHYLLADIENOLE, DARST. AUS (-)-CARYOPHYLLEN BZW. (-)-ISOCARYOPHYLLEN 60-0756
PODOCARPAN- U. KAURANLACTONE, DARST. 61-0755
PSEUDOGUAJANOLID-SESQUI-, STEREOSPEZIF. SYNTH. 61-0769
DITERPENOID-TOTALSYNTH., 10. MITT. 63-0794
TRITERPANE AUS GREEN-RIVER-SCHIEFER, TRENN. V. GERAD-KETT. U. VERZWEIGTEN ALKANEN AN 7A MORDENIT-MOL.-SIEB 60-0839
DI-, MASSENSPEKTROMETRIE , 5. MITT. (AROMAT. DI-) 54-0084
SANTONINE, MASSENSPEKTROMETRIE 55-0091
CYCLOPENTAN-MONO- (IRIDOIDE) , MASSENSPEKTREN 55-0095
MASSENSPEKTREN (STRUKTURBEZIEH. U. METASTABILE UEBERGAENGE) 57-0123
3BETA-HYDROXY-DELTA(12)-OLEANENE ZUORDN. D. SIGNALE V. METHYLGRUPPEN IM NMR-SPEKTRUM 53-0073
GLYCYRRHETINSAEUREESTER, NMR 57-0107
TRITERPENALKOHOLE, NMR-UNTERS. 59-0160
NORBORNANOLE, NMR 62-0077
NORBORNANOLE, CHROMATOGRAPH. TRENN. V. NORBORNADIOL-GEMISCHEN 62-0077
TRI- UMLAGER. IN D. HOPAN-REIHE 53-0540
KATALYT. UMLAGER., 11. MITT. 57-0252
BICYCL., UMLAGER. MIT SIO2-P2O5 (250 GRAD) 58-0760
PENTACYCL. TRI-, GERUESTUMLAGER. (MODELLRK. D. BIOSYNTH.) 58-0761
(+)-CAREN-(3) U. CARANOLE, SAEUREKATALYSIERTE UMLAGER. 59-0728
EUDESMAN- U. EPIEUDESMAN-1.2-EPOXIDE, BF3-INDUZIERTE UMLAGER. 62-0752
7-HYDROXY-HOPANE, DEHYDRATISIER. UNTER UMLAGER. 64-0848
(+)-CAREN-(3) U. CARANOLE, PYROLYSE 59-0728
PODOCARPATRIENE, OX. MIT PERESSIGSAEURE 54-0526
TETRACYCL. TRITERPENOIDE, EPOX. 57-0705
MONO-, HYDROBORIER. 57-0707
CHLOR-, OX. MIT KMNO4 63-0793
SESQUI-, DIFFERENTIELLE KUHN-ROTH-C-METHYL-SCHAETZ. 62-0751
BICYCL. MONOTERPENEPOXIDE, HYDROGENOLYSE 53-3528
SULFITE V. CYCL., HYDROLYSE (KINETIK, MECHANISMUS) 60-0262
-KETONE, DIELS-ALDER-RK. 58-0508
-FORMALDEHYD-RK., 2. MITT. 61-0756
RK. MIT FORMALDEHYD, 3. MITT. 64-0834
TERPENALKOHOLE, RK. MIT HG(II)-ACETAT 56-0690
DI-, QUANT. ANALYSE V. GEMISCHEN DURCH GASCHROMATOGRAPHIE-MASSENSPEKTROMETRIE 57-0812
TERPENOIDE
* S. UNTER TERPENE
TERPHENYLE
* S. UNTER BENZOLE
TETRACYCLINE
1. MITT. 63-0854
BIOSYNTH., 9. MITT. 61-0830
6-DESMETHYL-7-CHLOR-, BIOSYNTH. AUS STREPTOMYCES AUREOFACIENS 61-0830
MANNICH-BASEN, BEST. D. DISSOZIAT.-KONST.. 58-0183
NACHW. V. 2-ACETYL-2-DECARBOXAMIDO-OXYTETRACYCLIN, 2-ACETYL-2-DECARBOXAMIDO-TETRACYCLIN U. 2-ACETYL-2-DECARBOXAMIDO-CHLORTETRACYCLIN ALS BEGLEITSUBSTANZEN 55-0596
TETRAZENE
TETRAMETHYL-2.3-DIACYLTETRAZANE, DARST. AUS 2-ACYL-1.1-DIMETHYL-HYDRAZINEN MIT S2CL2 57-0562
TETRAZINE
DIHYDRO-VIC.-, STRUKTURUMERKENN. 3.MITT. 57-0557
TETRAZINE, DARST. AUS THIADIAZOLEN U. AZODICARBONSAEUREDIMETHYLESTER 55-0480
TETRAZINE, DARST. AUS ISOTHIOAMIDEN ODER ISOTHIOAMIDIUMJODIDEN U. HYDRAZINEN 63-0736
1.2.4.5-, DARST. AUS NITRILEN 64-0765
1.2.4.5-, MASSENSPEKTROMETRIE 58-0130
SYMM.-TETRAZINE, MASSENSPEKTREN 64-0154
TETRAZOLE
DERIV. V. 1.8-NAPHTHYRIDINEN 3. MITT. 53-0413
2.3.5-TRIARYL-DELTA(1.5)-TETRAZOLIN-RADIKALE, KONSTIT. 61-0598
5-(2-ANILINOPHENYL)-, DARST. AUS ANTHRANILONITRILEN U. NAN3 57-0566
2-SILYL-2H-, DARST. AUS SILYLAZIDEN U. NITRILEN 58-0446
5-HALOGEN-, DARST. AUS ISOCYANIDEN, HALOGENEN U. NAN3 61-0597
5-SULFANILAMIDO-, DARST. 62-0590
5-(1-ARYL-CHINOLINIO-(2)-YL)-TETRAZOLIUMDIPERCHLORATE, DARST. AUS D. FORMAZANEN MIT HNO3 62-0629
DARST. DURCH ADDIT. V. BRN3 U. CH3CN AN OLEFINE 64-0474
2.5-DIARYL-, THERM. ZERS. (KINETIK) 56-0225
2.5-DIARYL-, THERM. ZERS. 62-0278
5-SULFANILAMIDO-, ANTIBAKTERIELLE WRKG. 62-0590
5-(2-ANILINOPHENYL)-, ENTZUENDUNGSHEMMENDE WRKG. 57-0566
THALLIUM
IN D. ORGAN. SYNTH., 1. MITT. 62-0318
IN D. ORGAN. SYNTH., 2. MITT. 62-0319
IN D. ORGAN. SYNTH. 3. MITT. 62-0320
THALLIUMVERBINDUNGEN
BLDG. U. DISPROPORTIONIER. V. 2.2'-BIPYRIDYL-THALLIUM (II)-KOMPLEXEN AN EINER QUECKSILBERTROPFELEKTRODE 53-0021
TL-PHENOLATE, ACYLIER., AROYLIER., TOSYLIER. 62-0319
METHYL-(PHENYLAETHINYL)-TL-SALZE, DARST. 59-0051
DARST. ARYL-TL(III)-VERB., DARST. 62-0320
TL-BETA-DICARBONYLVERB., ALKYLIER. U. ACYLIER. 62-0318
TL(I)- U. TL(III)-KOMPLEXE MIT POLYAMINOPOLYCARB-OXYLATEN 56-0043
TL-CARBOXYLATE, ACYLIER., AROYLIER. 62-0319
METHYLTHALLIUMTETRAPHENYLBORATE(III), DARST. 59-0051
TLCL, KOMPLEXBLDG. MIT SBCL5 U. ACETONITRIL 55-0019
TLCL3 EINFL. AUF D. DECARBOXYLIER. V. OXALESSIGSAEURE 58-0292
TLB3H8, DARST. AUS TETRAMETHYLAMMONIUM-TRIBORANAT-8 U. THALLIUMACETAT 61-0424
TLB3H8, RK. MIT NH4J, RBJ, CSJ U. ERDALKALIJODIDEN 61-0424
THERMOANALYSE
* S. UNTER PHASENGLEICHGEWICHTE
THERMOCHROMIE
* S. UNTER FARBE
THERMODYNAMIK U. STATISTISCHE MECHANIK
* U. THERMOCHEMIE V. CHEM. RK. S. UNTER REAKTIONSENERGE-
* TIK UND -GLEICHGEWICHTE
INFORMAT.-NULLTHEOREM, 25. MITT., MOL.-STATISTIK U. RK.-KINETIK D. CHEM. GLEICHGEW. (SCHARMITTEL-ZEITMITTEL-GLEICHH.) 1. MITT. 60-0189
V. PENTAKOORDINIERTEN KOMPLEXEN, 3. MITT. 56-0040
THERMOCHEM. UNTERS. V. ORGANOMETALLVERB., 1. MITT. 58-0164
ENTHALPIE, FREIE ENTHALPIE U. ENTROPIE V. (12)C(16)O3, (12)C(18)O3 U. (13)C(16)O3 (BERECHNUNG) 60-0002
V. PENTAKOORDINIERTEN NI(II)-, PD(II)- U. PT(II)-KOMPLEXEN (BLDG.-ENTHALPIEN U. -ENTROPIEN, STABILITAETSKONST.) 56-0040
THERMODYNAM. FUNKT. AROMAT. KW-STOFFE 61-0170
THERMODYNAM. GROESSEN V. THIAZOL (TEMP.-FUNKTION) 59-0176
THERMODYNAM. FUNKT. V. 2-METHYL-THIAZOL 60-0186
SCHMELZENTHALPIE U. -ENTROPIE V. BENZOTHIAZOL (TEMP.-ABHAENGIGK.) 62-0163
FREIE UEBERSCHUSSENERGIE IM SYST. CCL4-C6H6 60-0188
BEZIEH. ZWISCHEN KONFORM., MOL.-RADIUS U. KP.-, D.- U. N(D)-WERTEN BEI CYCLOHEXYLAMINEN 64-0180
UEBERSCHUSSDICHTEN U. -MOLVOL. D. LSG. V. ALKOHOLEN IN TETRACHLORKOHLENSTOFF 57-0174
CHEM. POTENTIALE V. PHENOLEN 63-0229
UEBERSCHUSS-ENTHALPIEN V. PROPYLALKOHOL-AETHYLACETAT-GEMISCHEN (KALORIMETR. BEST.) 55-0135
CHEM. POTENTIALE V. CARBONSAEUREN 63-0229
ENTHALPIEN D. ADDUKTBLDG. V. PHENOLEN MIT DIMETHYLACETAMID (LSGM.-EINFL.) 64-0206
CHEM. POTENTIALE V. 4-CHLOR-PHENYL-ARSONSAEURE 63-0229
THERMOGRAVIMETRIE
* S. UNTER PHASENGLEICHGEWICHTE
THERMOLYSE
* S. UNTER DISSOZIATIONSREAKTIONEN
THIADIAZINE
2-AMINO-4-CHLORAETHYL-DIHYDRO-1.3.4- DARST. AUS THIOSEMICARBAZIDEN 53-0385
4H-1.3.5-, DARST. AUS METHYLEN-BISTHIOCARBON-SAEUREAMIDEN 54-0470
2-THIONO-TETRAHYDRO-1.3.5-, DARST. AUS DITHIOCARBAMATEN, ALKYLAMMONIUMSALZEN U. CH2O 58-0677
1.3.5-, DARST. AUS THIOCARBAMOYL-ISOTHIOCYANATEN DURCH DIMERISIER. 61-0683
THIADIAZOLE
2.1.3-, U. -SELENADIAZOLE, 50. MITT. 60-0568
1.3.4-, 3. MITT. 61-0252
2.1.3- U. -SELENADIAZOLE, 51. MITT. 62-0586
2.1.3- U. -SELENADIAZOLE, 52. MITT. 62-0587
1.2.5-, SYNTH. , 1. MITT. 56-0525
2-ALKOXY-5-SULFONAMIDO-1.3.4-, SYNTH. 57-0564
2-ALKOXY-5-MERCAPTO-1.3.4-, DARST. 57-0564
4-ACYL-5-AMINO-1.2.3-, DARST. AUS ACYL-THIOACETAMIDEN ODER FORMYL-ACYL-THIOACETAMIDEN U. TOSYLAZID 58-0607
2-(N-ALLYL-N-HALOACETYL-AMINO)-1.3.4-, DARST. AUS 2-ALLYLAMINO-THIADIAZOLEN U. HALOGENACETYLHALOGENIDEN 59-0579
2.4-DIPHENYL-DELTA(2)- 1.3.4-THIADIAZOLINYLIDEN-(5)-THIOACETOPHENONE, DARST. AUS ALPHA-CHLOR-BENZYLIDEN-PHENYLHYDRAZIN U. 5-ARYL-1.2-DITHIOLTHIONEN-(3) 60-0564
3-ARYL-5-AROYLAMINO-1.2.4-, DARST. 63-0596
DIALKYL-1.3.4-THIADIAZOLIUMMERCAPTIDE, MESOION., DARST. AUS N(1)-METHYL-THIOCARBONSAEUREHYDRAZIDEN U. KOHLENSTOFFDISULFID 63-0658
2-AMINO- 5-(5-NITRO-THIENYL(BZW. FURYL)-(2))-1.3.4-, DARST. AUS 5-NITRO-THIOPHEN (BZW. FURAN)-2-IMINOCARBONSAEUREAETHYLESTER 64-0928
2-ALKOXY-5-AMINO-1.3.4-, DARST. 57-0564

2-ARYL-5-PIPERIDINO-1.3.4-, DARST. AUS 2-ARYL-5-CHLOR-1.3.4-THIADIAZOLEN U. PIPERIDIN 61-0252
2-ARYL-5-CHLOR-1.3.4-, RK. MIT NUCLEOPHILEN REAGENZIEN 61-0252
MESOION. 1.3.4-, PHOTOCHEM. OXYDATIVE CYCLISIER. 57-0563
2-ARYL-5-CHLOR-1.3.4-, RK. MIT PIPERIDIN (KINETIK) 61-0252
2-AMINO-1.3.4-, RK. MIT KOHLENSUBOXID 64-0746
1.3.4-, RK. MIT AZODICARBONSAEUREESTER 55-0480
THIAMINE
* S. UNTER VITAMINE
THIAZINE
* S. AUCH SULTAME
3.6-DICARBOXY-2.3-DIHYDRO-1.4-, KONFORM. 61-0138
2-ARYLIMINO-4-OXO-TETRAHYDRO-1.3- DARST. AUS N-ACRYLOYL- U. N-METHACRYLOYL-N'-ARYL-THIOHARNSTOFFEN 53-0458
1.2-, BLDG. AUS N-PHENYLSULFONYL-SCHWEFELDIOXID-IMINEN U. DIENEN 60-0672
OXO- U. THIODERIV. D. 1.3-THIAZANS, SYNTH. U. UMWANDL. 3. MITT. 64-0755
5-ARYLAZO-1.3-THIAZAN-2.4-DITHIONE, DARST. AUS 1.3-THIAZAN-DITHION-(2.4) U. DIAZONIUMVERB. 64-0755
DARST. AUS CARBALKOXY-IMINO-SCHWEFELDIOXIDEN U. DIENEN 55-0473
2-DIALKYLAMINOSULFONYL-1.2-, DARST. AUS 1.3-DIENEN U. DIALKYLAMINO-SULFONYL-MONOIMINOSCHWEFELDIOXIDEN 56-0600
1-CARBALKOXYIMINO-2-CARBALKOXY-3.6-DIHYDRO-1.2-, DARST. AUS 1.3-ALKADIENEN U. BIS-CARBALKOXYIMINO-SCHWEFELDIOXIDEN 56-0601
2H-1.4-, DARST. AUS BETA.BETA'-DIKETO-SULFIDEN U. AMMONIUMACETAT 59-0634
2-ACYLAMINO-PENTHIAZOLINE, SYNTH. AUS 2-AMINO-PENTHIAZOLIN ODER 2-IMINO-PENTHIAZOLIDIN U. ACYLIMIDAZOLEN 62-0670
4-IMINO-1.3-THIAZAN-2-THIONE, DARST. AUS 1.3-THIAZAN-DITHION-(2.4) U. AMINOVERB. 64-0755
1.2-, NMR-SPEKTRUM 60-0672
1.3-, ALS PYRIMIDIN-VORSTUFEN, 4. MITT. 55-0469
1.3-, RK. ZU N(1)-SUBSTITUIERTEN OROTSAEUREN 55-0469
3.5-DIARYL-2H-1.4-, RINGVERENG. 64-0645
HYDROLYSE 55-0473
2-DIALKYLAMINOSULFONYL-1.2-, HYDROLYSE 56-0600
1-CARBALKOXYIMINO-2-CARBALKOXY-3.6-DIHYDRO-1.2-, HYDROLYSE 56-0601
2H-1.4-, HYDROLYSE 59-0634
THIAMORPHOLINDIONE, BEZIEH. ZWISCHEN WRKG. U. LIPOPHILEM CHARAKTER 57-0807
THIAZOLE
2-AMINOTHIAZOLIN-4-ON U. 2-IMINOTHIAZOLIDIN-4-ON-DERIV., 1. MITT. 53-0383
THIAZOLIDINE TAUTOMERENCHEMIE, 7. MITT. 60-0542
2-AMINO-THIAZOLINONE-(4), TAUTOMERIE MIT D. 2-IMINO-FORM 54-0131
2-AMINO-THIAZOLIN-4-ONE, DARST. AUS CHLORESSIGSAEURE U. N-MONOALKYL-THIOHARNSTOFF 53-0383
THIAZOLON-(2)-BIS-(CHLORAETHYL)-HYDRAZONE, DARST. AUS THIOSEMICARBAZIDEN U. ALPHA-CHLOR-KETONEN 53-0385
BIS-(THIAZOL-(2))-MONOMETHINE DARST. AUS DITHIOMALONSAEURE-DIANILIDEN 53-0386
3-ARYL-THIAZOLIDIN-2.4-DION-HYDRAZONE, DARST. AUS THIOSEMICARBAZONEN 55-0416
2-THIOXO-1.3-THIAZOLIDIN-4.5-DIONE, DARST. AUS NH4- BZW. NA-DITHIOCARBAMATEN U. OXALYLCHLORID 55-0417
2-DIACYLAMINO-, DARST. AUS AMINOTHIAZOLEN U. CARBONSAEUREANHYDRIDEN 57-0544
ALKYL- BZW. PHENYLSUBSTITUIERTE, DARST. AUS ALPHA-HALOGEN-CARBONYLVERB. U. SAEUREAMIDEN 57-0553
3-ACETAMINOAETHYL-THIAZOLIDIN-2.4-DIONE, DARST. AUS AETHYLENTHIOHARNSTOFF, CHLORESSIGSAEURE U. BENZALDEHYDEN 58-0603
HYDRAZONO-THIAZOLIDINONE, DARST. AUS THIOSEMICARBAZONEN U. MALEINSAEURE-ANHYDRID 59-0559
4-METHYL-5-(2-HYDROXY-AETHYL)-THIAZOLIUMSALZE, DARST. 59-0566
ARYLSULFONYLGLOXYLSAEURE-N-3-ARYL-4-PHENYL-DELTA(4)-THIAZOLINYLIDENHYDRAZID-ARYLHYDRAZONE, DARST. AUS ARYLSULFONYLGLYOXYLSAEURE-N'-ARYLTHIOCARBAMOYL-HYDRAZID-ARYLHYDRAZONEN U. OMEGA-BROM-ACETOPHENON 60-0527
3-ARALKYLIDENAMINO-, 3-AMINO-5-ARALKYLIDEN- U. 3-ARALKYLIDENAMINO-5-ARALKYLIDEN-RHODANINE, DARST. AUS 3-AMINO-RHODANIN U. ALDEHYDEN 60-0547
4(5)-NITRO-, DARST. DURCH NITRIER. 60-0553
THIAZOLIN-2-THION U. THIAZOL-2-THIOL-N-BZW. S-BETA-D-GLUCOSIDE, DARST. 60-0697
THIAZOLIDIN-2-THIONE, DARST. AUS SCHWEFELKOHLENSTOFF U. AZIRIDINEN 62-0505
2-(1-ARYL-THIOCARBAZONO-(5))-THIAZOLIUMBROMID, DARST. AUS OMEGA-BROM-ACETOPHENON U. 1-ARYL-5-ARYLTHIOCARBAMOYL-THIOCARBOHYDRAZIDEN 63-0645
2-ACYLAMINO- BZW. -IMINO-THIAZOLINE, DARST. 63-0648
2.5-THIAZOLIDINDIONE, DARST. AUS THIONOURETHANEN U. PBR3 63-0845
1.3-THIAZOLIDINE, DARST. AUS N-PHENYL-AETHYLENIMIN U. ISOTHIOCYANATEN 64-0570
2-THIAZOLCARBONSAEUREN, DARST. AUS LI-THIAZOLYLEN 64-0644
2.4-DIARYL-2-METHYL-DELTA(3)-THIAZOLINE, DARST. AUS 3.5-DIARYL-2H-1.4-THIAZINEN 64-0645
2-ARYLIDENAMINO-4-PHENYL-, DARST. AUS 4-PHENYL-2-AMINO-THIAZOL U. AROMAT. BZW. HETEROCYCL. ALDEHYDEN 64-0647
THIAZOLIUM-IMIDTHIOCARBOXYLATE, DARST. AUS THIAZOLIUMYLIDEN U. ARYLISOTHIOCYANATEN 64-0757
2-IMINO-3-CHLORAETHYL-THIAZOLIDINE, DARST. AUS HN-LOST U. SENFOELEN 54-0387
2-ALLYLAMINO-, DARST. AUS ALLYLTHIOHARNSTOFF U. ALPHA-HALOGENKETONEN 56-0516
THIAZOLIDINE, DARST. AUS AZIRIDINEN, 1. MITT. 56-0519
2-ALKYL-, DARST. 57-0548
4-METHYL-5-(2-HYDROXY-AETHYL)-, DARST. AUS THIOAMIDEN U. 3-BROM-5-ACETOXY-PENTANON-(2) 59-0566
DELTA(2)-THIAZOLINE, DARST. AUS THIOCARBONSAEURE-O-ALKYLESTERN U. AZIRIDINEN 59-0567
3-ARYL-RHODANINE, DARST. AUS ANILINEN 60-0541
3-AETHYL-THIAZOLIDINTHION-(4)-ONE-(2), DARST. 62-0574
PHYSIKAL.-CHEM. UNTERS., 6. MITT. 55-0099
PHYSIKAL.-CHEM. UNTERS., 5. MITT. 55-0145
PHYSIKAL.-CHEM. UNTERS., 8. MITT. 57-0548
PHYSIKAL.-CHEM. UNTERS., 9. MITT. 57-0549
2-AMINO-THIAZOLINONE-(4), UV 54-0131
2-AMINO-THIAZOLINONE-(4), IR 54-0131
2-ALKYL-, UV- U. IR-DATEN 57-0548
3-AETHYL-THIAZOLIDINTHION-(4)-ONE-(2), ABSORPTIONSMAX. IM SICHTBAREN 62-0574
ELEKTRONENSTRUKTUR (METH. V. PARISER U. PARR U. OMEGA (STERN)-METH.) 55-0099
DIPOLMOMENT U. IONISAT.-POTENTIALE 55-0099
DIPHENYL-, MASSENSPEKTREN 62-0100
PHENYL-, IONISAT.-POTENTIALE 64-0238
2-AMINO-THIAZOLINONE-(4), NMR 54-0131
2-ALKYL-, NMR-DATEN 57-0548
2-AMINO-THIAZOLINONE-(4), POLAROGRAPH. RED. 54-0131
U. THIAZOLINE-(2), PK(A)-BEST. NACH VERBESSERTER HENDERSON-GLEICH. 55-0145
PHENYL-, OX.-POTENTIALE 64-0238
CHROMATOGRAPH. VERH. (EINFL. V. ELEKTRON. U. STER. FAKTOREN, BEZIEH. ZU QUATERNISIER.-GESCHW.) 57-0178
RADIKALREAKTIVITAET IN D. THIAZOL-REIHE, 1. MITT. 57-0550
RADIKALREAKTIVITAET IN D. THIAZOL-REIHE, 2. MITT. 57-0551
RADIKALREAKTIVITAET IN D. THIAZOL-REIHE, 3. MITT. 57-0552
ALKYL-, REAKTIVITAET GEGENUEBER PHENYLRADIKALEN IN SAUREM MEDIUM 60-0554
2-IMINO-3-CHLORAETHYL-THIAZOLIDINE, CYCLISIER. 54-0387
(AMINO-THIAZOLYL)-THIOHARNSTOFFE, RINGSCHLUSS 55-0418
POLYFLUORBENZYLIDEN-RHODANINE, CYCLISIER. 62-0535
2-AZIDO-, TAUTOMERE UMLAGER. IN THIAZOLO(2.3-E)TETRAZOLE 64-0215
DELTA(2)- THIAZOLIN-CARBONSAEURE-(4)-DERIV., DEHYDRIER. 63-0650
2-AMINO-DELTA(2)-THIAZOLINE, RK. MIT H2S 59-0560
METHYL-, RK. MIT DIBENZOYLPEROXID (REAKTIVITAETS-VGL.) 55-0419
2-ALKYL-, RK. MIT N-BUTYL-LITHIUM 57-0546
LAD.-UEBERTRAG.-KOMPLEXE-BLDG. MIT TETRACYANAETHYLEN 58-0172
ALKYL- BZW. PHENYLSUBSTITUIERTE, RK. MIT BENZOYLPEROXID (KINET. UNTERS.) 57-0550
METHYLSUBSTITUIERTE, POLARISAT.-ENERGIE BEI D. PHENYLIER. MIT BENZOYLPEROXID 57-0551
2.5-THIAZOLIDINDIONE, RK. MIT AMINOSAEUREN 63-0845
2-ALLYLAMINO-, CYTOSTAT. AKTIVITAET 56-0516
3-ARYL-RHODANINE, ANTIMALARIA-WRKG. BEI MAEUSEN 60-0541
3-AETHYL-THIAZOLIDINTHION-(4)-ONE-(2), PHOTOGRAPH. SENSIBILISATOR 62-0574
2-ACYL-, MIKRONACHW. DURCH HYDROLYT. SPALT. D. ACYLGRUPPE 54-0565
THIEPANONE-(2), ASYMM., DARST. AUS (R)-(+)-PULEGON 64-0766
THIEPANONE-(2), ASYMM., ORD 64-0766
THIETE
THIACYCLOBUTENE (THIETE), DERIV., 3. MITT. 62-0512
THIIRANE
* S. ALKYLENSULFIDE
THIOACETALE (UND -KETALE)
* S. AUCH OXATHIOLE
VERS. MIT - U. VERWANDTEN SUBSTANZEN, 4. MITT. 59-0294
VERS. MIT - U. VERWANDTEN SUBSTANZEN, 5. MITT. 59-0295
DARST. AUS MERCAPTANEN BZW. THIOPHENOLEN U. MONOCHLOR-DIMETHYL-AETHER (ZN) 56-0346
CYCL. MONO- U. DITHIOKETALE, DARST. 58-0649
AETHYLENTHIOKETALE, DARST. AUS 1.3-CYCLOHEXANDIONEN BZW. AUS PHLOROGLUCIN 62-0554
4.4-BIS-(METHYLMERCAPTO)-AZETIDINONE-(2), DARST. AUS IMINO-DITHIOKOHLENSAEUREDIMETHYLESTERN U. KETENEN 59-0320
CHOLESTANON-3-AETHYLENTHIOKETALE, ORD, CD 62-0063
GEM.-BIS-ALKYLMERCAPTO-ALKENE, NMR 59-0294

CHLOR-GEM.-BISALKYLMERCAPTOBUTANE, RK. 59-0295
GEM.-BIS-ALKYLMERCAPTO-PROPENE U. -BUTENE, ANIONOTROPE UMLAGER. 59-0294
4.4-BIS-(METHYLMERCAPTO)-AZETIDINONE-(2), THERM. ZERS. 59-0320
4.4-BIS-(METHYLMERCAPTO)-AZETIDINONE-(2), RK. MIT OX.-MITTELN 59-0320
4.4-BIS-(METHYLMERCAPTO)-AZETIDINONE-(2), RK. MIT RANEY-NICKEL 59-0320
4.4-BIS-(METHYLMERCAPTO)-AZETIDINONE-(2), RK. MIT LIALH4 59-0320
4.4-BIS-(METHYLMERCAPTO)-AZETIDINONE-(2), RK. MIT HCL 59-0320
GEM.-AMINOTHIOAETHER RK. MIT ALKEN-(2)-YL-METALLVERB. 64-0373
THIOAETHER
* S. UNTER SULFIDE, ORGANISCHE
THIOALDEHYDE
AROMAT., RANEY-NI-DESULFURIER. 60-0413
THIOBARBITURSAEUREN
WRKG. U. LIPOPHILER CHARAKTER 57-0807
THIOCARBAMINSAEUREN
DITHIOCARBAMAT-FUNGIZIDE, 2. MITT. 58-0594
DITHIOCARBAMATE, 1. MITT. 61-0413
TRICHLORMETHYL-THIOLCARBAMATE, DARST. AUS TRICHLORMETHYL-THIOCYANAT 54-0234
N-ALKYL-S-TRICHLORMETHYL-THIOCARBAMATE, DARST. AUS N-ALKYLFORMAMID U. TRICHLORMETHANSULFENYLCHLORID 54-0249
THIOCARBAMIDSAEURECHLORIDE, DARST. AUS THIOFORMAMIDEN U. SCHWEFELCHLORIDEN 57-0272
2-PYRIDYL-(2)-AETHYL-DI-, DARST. 62-0617
PHENYLANTIMON- U. -WISMUTDITHIOCARBAMATE, DARST. 58-0058
DITHIOCARBAMOYLCHLORIDE, DISUBSTITUIERTE, DARST. AUS TRIMETHYLSILYL-DITHIOCARBAMATEN 58-0395
N-TOSYLMETHYL-THIO-CARBAMATE, BASENKATALYSIERTE ELIMINIER.-RK. 57-0375
PHENYLANTIMON- U. -WISMUTDITHIOCARBAMATE, THERM. ZERS. 58-0058
THIOCARBAMOYL-CHLORIDE, RK. MIT NASCN 61-0683
N-TOSYLMETHYL-THIO-CARBAMATE, RK. MIT METHYLEN-CARBAMATEN BZW. -THIO-CARBAMATEN 57-0375
CARBOXYALKOXYBENZYL-N.N-DIAETHYLDITHIOCARBAMATE, DARST. AUS D. BENZYLCHLORIDEN U. NATRIUM-DIAETHYLDITHIOCARBAMAT 64-0430
-DINITROARYLESTER, RK. MIT METHANOL. KOH BZW. NUCLEOPHILEN VERB. 56-0344
THIOCARBAZONE
5-(4-PHENYL-THIAZOLIO-(2))-1-ARYL-, BROMIDE, DARST. AUS OMEGA-BROM-ACETOPHENON U. 1-ARYL-5-ARYLTHIOCARBAMOYL-THIOCARBOHYDRAZIDEN 63-0645
DARST. U. UNTERS., 3. MITT. 63-0645
1-ARYL-5-ARYLTHIOCARBAMOYL-, DARST. AUS 1-P-TOLYL-THIOCARBOHYDRAZID U. ARYLISOTHIOCYANATEN 63-0645
THIOCARBONYLVERBINDUNGEN
UV-S-ABSORPT. (BERECHN. V. INKREMENTEN) 55-0057
MASSENSPEKTREN 56-0136
RK. MIT N-METHYL-HEXAMETHYLDISTANNAZAN 62-0035
THIOCHROMENE
THIACHROMONE, DARST. AUS THIACHROMYLIUMPERCHLORATEN U. MNO2 61-0618
THIOCYANSAEUREDERIVATE
* -DERIV. S. AUCH THIOCARBAMINSAEUREN
ALKINYL-BIS-RHODANESSIGSAEUREESTER, DARST. AUS ALKINDIOLEN 60-0353
THIACYANATOPURINE U. -PURINRIBOSIDE, ANTITUMORAKTIVITAET GEGENUEBER TRANSPLANTIERTEM NF-SARKOM BEI MAEUSEN 62-0841
THIOHARNSTOFFE (THIOCARBAMIDE)
THIOCARBAMIDODERIV. V. BETA-DIKETONEN, SYNTH. U. UNTERS., 3. MITT. 57-0439
-DERIV. V. BETA-DICARBONYLVERB., 5. MITT. 62-0565
N-(2-DIBENZOTHIENYL)-N'-ALKYL-, DARST. AUS DIBENZOTHIENYLAMIN U. ISOTHIOCYANATEN 55-0381
2-((3-ARYL-THIOCARBAMIDO)-BENZYL)-INDANDIONE-(1.3), DARST. AUS 2-(P-AMINO-BENZYL)-INDANDION-(1.3) U. ISOTHIOCYANATEN 57-0439
SYNTH. V. DERIV., 5. MITT. ARYL-THIOCARBANILIDE DARST. AUS ANILINEN U. ARYLISOTHIOCYANATEN 57-0603
4-THIOCARBAMOYL-1-P-TOSYLPIPERAZINE, DARST. AUS 1-P-TOSYLPIPERAZINEN U. ISOTHIOCYANATEN 57-0610
1.1'-DITHIODIAETHYLEN-2.2'-BIS-, DARST. AUS 2-AMINO-DELTA(2)-THIAZOLINEN 59-0560
PYRIDYL(ALKYL)-, DARST. AUS D. PYRIDYL(ALKYL)AMINEN U. ISOTHIOCYANATEN 60-0612
5.5'-THIOUREYLEN-DISALICYLSAEUREANILIDE, DARST. AUS 5-AMINO-SALICYLSAEURE-ARYLAMIDEN U. THIOPHOSGEN 62-0393
N-(2-(INDOLYL-(3))-AETHYL)-, DARST. AUS TRYPTAMINEN U. PHENYLISOTHIOCYANATEN 62-0544
PYRIDYL-, DARST. AUS AMINOPYRIDINEN U. ISOTHIOCYANATEN 62-0618
N-(BRENZCATECHYL-THIOPHOSPHORYL)-, DARST. AUS BRENZCATECHYL-PHOSPHORYL-THIOHARNSTOFFEN 63-0660
2-((3-ARYL-THIOCARBAMIDO)-BENZAL)-INDANDIONE-(1.3), DARST. AUS 2-(M-AMINO-P-METHOXY-BENZAL)-INDANDION-(1.3) U. ISOTHIOCYANATEN BZW. AUS INDANDION-(1.3) U. (3-ARYL-THIOCARBAMIDO)-BENZALDEHYDEN 57-0439
THIOCARBAMOYL-ISOTHIOCYANATE, DARST. AUS THIOCARBAMOYL-CHLORIDEN U. NASCN 61-0683
1-SUBSTITUIERTE 3-PHENYL-, MASSENSPEKTROMETR. U. THERM. FRAGMENTIER. 58-0120
(14)N-NMR 63-0141
PHENYLEN-BIS-, RINGSCHLUSS 55-0418
(AMINO-THIAZOLYL)-, RINGSCHLUSS 55-0418
N-PHENYL-N'-HYDROXYALKYL-, CYCLISIER. 56-0590
THIOCARBAMOYL-ISOTHIOCYANATE, DIMERISIER. 61-0683
N-(INDANDION-(1.3)-YL-(2))-, UMLAGER. 62-0565
OX. MIT HALOGEN IN GGW. V. PYRROLEN 64-0613
RK. MIT GEMINALEN DICHLORIDEN 58-0614
RK. MIT N-SULFINYLSULFONAMIDEN 53-0229
THIOHYDANTOINE
* S. UNTER IMIDAZOLE
THIOHYDROXAMSAEUREN
THIOHYDROXAMSAEUREN, DARST. AUS DITHIOCARBONSAEURE-CARBOXYMETHYLESTERN U. HYDROXYLAMIN 56-0357
THIOHYDROXAMSAEUREN, KOMPLEXBLDG. MIT NICL2 U. CUCL2 56-0357
THIOKETENE
BLDG. AUS S-ALKINYL-THIOESTERN 54-0227
THIOKETONE
MONO-THIO-BETA-DIKETONE U. BETA-THIOXO-ESTER, TAUTOMERIE 64-0214
2-THIOBENZOYL-THIOPHENE KONFORM. 59-0117
ALIPHAT DARST. AUS GEMINALEN DITHIOLEN 53-0216
1-ARYL-3-ARYLAMINO-DELTA(2)-BUTENTHIONE, DARST. 57-0398
D. XANTHEN- U. CHROMENREIHE, DARST. AUS D. GEMINALEN DICHLORIDEN 58-0613
DARST. AUS GEMINALEN DICHLORIDEN 58-0614
2.4-DIPHENYL-DELTA(2)- 1.3.4-THIADIAZOLINYLIDEN-(5)-THIOACETOPHENONE, DARST. AUS ALPHA-CHLOR-BENZYLIDEN-PHENYLHYDRAZIN U. 5-ARYL-1.2-DITHIOLTHIONEN-(3) 60-0564
2-(2-THIOXO-ALKYLIDEN)-1.3-DITHIOLE, DARST. AUS 1.2-DITHIOLTHIONEN-(3) U. ACETYLENVERB. 61-0572
OMEGA-(4-ARYL-1.3-DITHIOLYLIDEN-(2))-THIOACETOPHENONE, DARST. AUS 5-ARYL-3H-1.2-DITHIOLTHIONEN-(3) U. ARYLACETYLENEN 63-0595
MONO-THIO-BETA-DIKETONE, DARST. AUS BETA-DIKETONEN 64-0214
BETA-THIOXO-ESTER, DARST. AUS BETA-KETOESTERN 64-0214
MONO-THIO-BETA-DIKETONE U. BETA-THIOXO-ESTER, IR 64-0214
BETA-THIOKETOSAEUREESTER, MASSENSPEKTOREN 64-0143
2-THIOBENZOYL-THIOPHENE NMR, 2. MITT. (SUBSTITUENTENEINFL.) 59-0117
2-THIOBENZOYL-THIOPHENE, NMR , 3. MITT. (STER. SUBSTITUENTENEINFL.) 59-0118
MONO-THIO-BETA-DIKETONE U. BETA-THIOXO-ESTER, NMR 64-0214
RK. MIT GEMINALEN DICHLORIDEN 58-0619
THIOKOHLENSAEUREN
THIOCARBAMOYLARSINE, DARST. AUS LI-ORGANOARSIDEN U. ISOTHIOCYANATEN 56-0392
BIS-(AETHOXYTHIOCARBONYLMERCAPTO)-METHANE, DARST. AUS GEM. DICHLORIDEN 58-0615
PYRAZOL-1-DITHIOCARBONSAEUREN, DARST. 59-0084
CARBOXYALKOXYBENZYL-O-ALKYLDITHIOCARBONATE, DARST. AUS D. BENZYLCHLORIDEN U. NATRIUMALKYLXANTHOGENATEN 64-0430
TRITHIOKOHLENSAEURE-DERIV., ELEKTRONENABSORPTIONS-SPEKTREN (UNTERSCHEID. V. THIOKETONEN) 54-0061
IMIDOMETHYL-, DARST. AUS N-CHLORMETHYL-PHTHALIMID BZW. N-CHLORMETHYL-ISATIN U. D. K-SALZEN D. THIOKOHLENSAEUREESTER 56-0486
TRITHIOKOHLENSAEUREAMINOALKYLESTERBETAINE, DARST. AUS AMMONIUMTRITHIOCARBONAT U. HALOGEN-ALKYLAMINEN 58-0379
TRITHIOKOHLENSAEURE-OMEGA-AMINOALKYLESTER, ZERS. 62-0497
MONO-, DI- U. TRITHIOKOHLENSAEUREESTER, VERW. ALS FUNGIZIDE (UEBERSICHT) 60-0820
THIOLACTAME
SALZE MIT HGCL2, HCL, PIKRINSAEURE U. CH3J, DARST. 60-0467
N-ALKOXY-, PYROLYT. ELIMINIER. V. ALDEHYDEN 56-0243
THIOLACTONE
UNGESAETT. GAMMA-, 6. MITT. 56-0475
UNGESAETT. GAMMA-, 7. MITT. 60-0502
GEM. BIS-(ALKYLMERCAPTO)-PROPANE, DARST. AUS 2-METHYL-3.3'-BIS-(3-THIOLEN-2-ONE), DARST. AUS THIOLEN-2-ONEN 56-0475
ANION. RINGOEFFN.-POLYMERISAT. 64-0894
5-ALKYL-THIOLEN-2-ONE, DIMERISIER. 60-0502
THIOLE
* S. MERCAPTANE
THIOPHENE
* S. AUCH THIOLACTONE
OPT. AKT. BITHIENYLE 8. MITT. 53-0340
OPT. AKT. BITHIENYLE 9. MITT. 53-0341
OPT. AKT. BITHIENYLE, 10. MITT. 58-0279
NITRO- U. NITROFURANE, 2. MITT. 58-0562
PERFLUORACYL-, 1. MITT. 62-0534
NITRO- U. NITROFURANE, 4. MITT. 64-0903
NITRO- U. NITROFURANE, 5. MITT. 64-0904
NITRO- U. NITROFURANE, 3. MITT. 64-0928
2-BENZOYL- U. 2-THIOBENZOYL-, KONFORM. 59-0117

FORMYL-JOD-, KONFORM. 63-0185
NATUERL. VORKOMMENDE -- , 4. MITT. 54-0366
3.3'-BITHIENYLE, DARST. 53-0341
DIACYLDIHYDROXY-, DARST. AUS ALPHA.GAMMA.DELTA.ZETA-TETRAKETONEN U. SCL2 54-0365
2.2'-BITHIENYLVERB., SYNTH. 55-0064
TETRAHYDRO-THIOPHEN-DIOXIDE, DARST. AUS DIHYDRO-THIOPHEN-DIOXIDEN DURCH MICHAEL-ADDIT. 55-0378
2.5-BIS-ALKYLIDEN-DIHYDRO-THIOPHEN-DIOXIDE, DARST. AUS OXOVERB. U. 2.5-DIHYDRO-THIOPHEN-S.S-DIOXIDE 55-0380
2.5-DIARYL-3.4-DICHLOR-, DARST. AUS 1.4-DIARYL-BUTADIINEN U. SCL2 55-0386
2.5-DIHYDROTHIOPHEN-1-OXIDE, DARST. AUS DIENEN U. THIIRAN-1-OXID 56-0474
JOD-, DARST. V. FUNKTIONELL SUBSTITUIERTEN DERIV. 56-0477
OPT. AKT. BITHIENYLE, DARST. AUS D. RACEMATEN 58-0279
NITRO-PHENYL-, DARST. AUS PHENYL-THIOPHENEN 58-0577
-ANALOGE V. CONGOCIDIN, DARST. 59-0495
2.3-DISUBSTITUIERTE -, SYNTH. 59-0512
3.4-DIMETHOXY-, DARST. 59-0527
TRANS-3-ACYLOXY-4-JOD-SULFOLANE, DARST. AUS SULFOLENEN-(3), J2 U. AG-CARBOXYLATEN 60-0504
ARYLMERCAPTOMETHYL-, DARST. 60-0505
CARBOXY-, DARST. 61-0550
2-ALKYLIDEN-2.5-DIHYDRO-THIOPHEN-1.1-DIOXIDE, DARST. AUS THIOPHEN U. ALDEHYDEN 62-0530
BIS-(CHLOR(BZW. AMINO)-ALKYL-THIENYL)-ALKANE, DARST. 62-0531
2-NAPHTHOYLVINYL-, DARST. AUS ACETYLNAPHTHALINEN U. 2-FORMYL-THIOPHENEN 62-0532
3-NAPHTHYL-ACRYLOLYL-, DARST. AUS 2-ACETYL-THIOPHENEN U. NAPHTHALDEHYDEN 62-0532
DICYAN- U. DIFORMYL-, DARST. 62-0533
DARST. AUS ALPHA-PROPINYL-CARBONYLVERB. 63-0605
3-(1-AMINO-AETHYLIDEN)-5-ARYLIDEN-THIOPHAN-2.4-DIONE,, DARST. 63-0613
2-AMINO-, DARST. AUS 2-MERCAPTO-THIOPHENEN U. AMINEN 64-0551
2.2'-BITHIENYLE, DARST. AUS 5-JOD-BITHIENYL-(2.2') U. CU-ACETYLIDEN 54-0366
BROMTHIOPHENCARBALDEHYDE, DARST. AUS BROMTHIOPHENEN U. DMF BZW. AUS THIOPHENCARBALDEHYDEN 56-0476
5-NITRO-, DARST. 58-0562
2.5-DIHYDRO-THIOPHEN-1.1-DIOXIDE, DARST. AUS 1.3-BUTADIENEN U. SO2 62-0530
PERFLUORACYL-, DARST. AUS 2-THIENYL-LITHIUM U. ALIPHAT. PERFLUORCARBONSAEUREN BZW. -AMIDEN 62-0534
1.2-DITHIENYL-AETHENE, DARST. AUS METHYLTHIOPHENEN 63-0608
3-ACYL-4-HYDROXY-5-ARYLIDEN-5H-THIOPHEN-2-ONE, DARST. 63-0613
2-AMINO- 5-(5-NITRO-THIENYL-(2))-1.3.4-THIADIAZOLE, DARST. AUS 5-NITRO-THIOPHEN-(2)-IMINOCARBONSAEURE-AETHYLESTER 64-0928
2.2'-BITHIENYLVERB., UV-, U. IR-SPEKTREN 55-0064
1.2-DITHIENYL-AETHENE, ELEKTRONENSPEKTREN 63-0608
HALOGENIERTE, MASSENSPEKTROMETR. UNTERS. (EINFL. D. HALOGENART U. STELL.-ISOMERIE BEI D. FRAGMENTIER.) 58-0127
FORMYL-JOD-, DIPOLMOMENTE 63-0185
BROMTHIOPHENCARBALDEHYDE, NMR (CHEM. VERSCHIEB., KOPPL.-KONST.) 56-0476
DIHYDRO-, S.S-DIOXIDE, KMR 57-0118
2-BENZOYL- U. 2-THIOBENZOYL-, NMR , 3. MITT. (STER. SUBSTITUENTENEINFL.) 59-0118
PMR, 12. MITT. (THIENYL-LI-DERIV.) 61-0006
2-BENZOYL- U. 2-THIOBENZOYL-, NMR , 2. MITT. (SUBSTITUENTENEINFL.) 59-0117
RK. ZU ALIPHAT. AMINOSAEUREN, 10. MITT. 61-0550
2-TRITIO-, DETRITIIER. (KINETIK, SUBSTITUENTENEFFEKT) 60-0272
OPT. AKT. BITHIENYLE, RACEMISIER. 58-0279
CARBOXY-, CYCLISIER. 61-0550
THIENYL-(2)-AETHYLENE, PHOTOCYCLODEHYDRIER. 53-0330
BENZOYL-, PHOTORED. 63-0341
2- U. 3-PYRIMIDYL-(4)-, BROMIER. U. NITRIER. 62-0645
LAD.-UEBERTRAG.-KOMPLEXE MIT 1.3.5-TRINITRO-BENZOL 62-0166
2.5-DIHYDRO-THIOPHEN-1.1-DIOXIDE, RK. MIT ALDEHYDEN 62-0530
THIENYL-(2)-METALLVERB., RK. MIT ALPHAT. PERFLUORCARBONSAEUREDERIV. 62-0534
AMINO-THIOPHEN-CARBONSAEUREESTER, RK. MIT IMIDSAEUREESTERN 62-0661
5-NITRO-, BAKTERIOSTAT. U. FUNGISTAT. WRKG. 58-0562
5-NITRO-, ABBAU DURCH ESCHERICHIA COLI 64-0903
5-NITRO-, ABBAU DURCH ESCHERICHIA COLI 64-0904
5-NITRO-, VERMINOXE WRKG. 58-0562
3-ACYL-4-HYDROXY-5-ARYLIDEN-5H-THIOPHEN-2-ONE, IMMUNOSUPPRESSIVE WRKG. 63-0613
THIOPHOSPHINSAEUREN
-THIOUREIDE, DARST. AUS DIPHENYL-THIOPHOSPHINYL-ISOTHIOCYANAT U. AMINEN 53-0267
THIO-IMIDOPHOSPHINSAEUREN, DARST. AUS TETRAPHENYL-DITHIO-IMIDODIPHOSPHINSAEURE 56-0365
-ALKYLESTER, MAGNET. ROTAT. 55-0053
THIOPHOSPHONSAEUREN
ABS. KONFIG. 64-0417
AZIDO-ORGANODITHIOPHOSPHONATE, DARST. AUS ORGANODITHIOPHOSPHONSAEUREANHYDRIDEN U. NAN3 58-0445
META-, DARST. AUS ALKANPHOSPHONSAEUREDICHLORIDEN U. H2S 58-0445
DIALKOXYMETHAN-, DARST. AUS ORTHOTHIOESTERN U. PHOSPHORIGSAEURECHLORIDEN 61-0432
ORGANODITHIOPHOSPHONSAEUREANHYDRIDE, RK. MIT NAN3 58-0445
AZIDO-ORGANODITHIOPHOSPHONATE, RK. MIT TETRAPHENYLPHOSPHONIUMCHLORID BZW. TETRAPHENYLARSONIUMCHLORID 58-0445
METHYL-, O-ALKYLESTER, STRUKTUR 57-0342
METHYL-, O-ALKYLESTER, DARST. AUS METHYLTHIO-PHOSPHONSAEURE-O-ALKYLESTER-CHLORIDEN 57-0342
-ALKYLESTER, MAGNET. ROTAT. 55-0053
THIOPYRANE
KONFORM. (BEST. AUS KOPPL.-KONST.) 55-0115
DIPHENYLMETHYLEN-, DARST. AUS DITHIOPYRONEN U. DIPHENYLDIAZOMETHAN 57-0575
THIOPYRONE, DARST. AUS DITHIOPYRONEN MIT SOCL2 57-0575
THIANONE-(3), DARST. AUS EPOXIDEN U. BETA-CHLOR-ALLYLMERCAPTAN 58-0636
-1.1-DIOXIDE, DARST. AUS PROPARGYL-SULFONEN U. AMINEN 59-0590
4-OXO-TETRAHYDRO-, DARST. 61-0620
4-CHLOR-THIOPYRYLIUMSALZE, DARST. AUS 4H-THIOPYRANONEN BZW. 2.6-DIPHENYL-4-OXO-1-THIA-CYCLOHEXAN 64-0686
4-OXO-TETRAHYDRO-, RK. 61-0620
THIOPYRAN-4-ON-1.1-DIOXIDE, DEUTERIER. 58-0624
THIOSAEUREN
SUBSTITUIERTE DIARYLAMIDE V. DITHIOCARBONSAEUREN 10. MITT. 53-0386
U. IHRE DERIV., 13. MITT. 56-0357
THIOCARBONSAEUREN U. IHRE DERIV., 12. MITT. 58-0369
THIOSAEUREAMIDE U. DERIV., STRUKTUR, 1. MITT. 61-0156
U. IHRE DERIV., 9. MITT. 61-0368
ALPHA.BETA-UNGESAETT. THIOACETATE, 3. MITT. 61-0448
TAUTOMERIE V. BETA-KETO-DITHIOCARBONSAEUREN U.-ESTERN 53-0256
THIOISONICOTINSAEUREAMIDE, TAUTOMERENGLEICHGEW. 62-0172
THIOFORMAMID-S-OXIDE, KONFIG. 61-0154
N-METHYL-THIOAMIDE, KONFORM. 56-0156
THIOSAEUREAMIDE KONFIG.(CIS-TRANS-ISOMERIE) 61-0156
3-AMINO-THIOACRYLAMIDE, DARST. 53-0360
N-DITHIOLYLIDEN-THIOBENZAMIDE, DARST. 53-0364
-DERIV., DARST. AUS ACETYLMERCAPTO-ACETYLENEN U. NH-, HS- U. HO-HALT. VERB. 54-0227
AMIDE V. ALPHA-AMINO-, DARST. AUS IMIDAZOLIDIN-4-THIONEN 55-0408
S-HALOGENALKYLMERCAPTO-IMIDO-, DARST. (UEBERSICHT) 57-0300
PHENYLTHIOESSIGSAEURE-S-METHYLESTER, DARST. AUS PHENYL-METHYLMERCAPTO-ACETYLENEN 57-0366
BIS-(ARYLSULFONYL)-THIOESSIGSAEUREARYLAMIDE, DARST. AUS BIS-(ARYLSULFONYL)-METHANEN U. ARYLISOTHIOCYANATEN 60-0373
GESAETT. THIOAMIDE, DARST. AUS LI-ALKINTHIOLATEN U. AMINEN 61-0354
2-(THIOAROYLIMINO)-1.3-DITHIOLE, DARST. AUS 1.2.4-DITHIAZOLTHIONEN-(3) U. ACETYLENVERB. 61-0572
N.N-DIALKYL- THIOCARBONSAEUREAMID-S-PHENACYLSALZE, DARST. 62-0342
THIOCARBONSAEURE-S-ARYLESTER, DARST. AUS CARBONSAEUREN U. AROMAT. SULFOCHLORIDEN 63-0437
THIOACYLCHLORIDE, DARST. AUS DITHIOCARBONSAEUREN 63-0443
THIOAROYLISOTHIOCYANATE, DARST. AUS THIOACYLCHLORIDEN U. NASCN 63-0443
BETA-ARYLAMINO-THIOZIMTSAEUREAMIDE, DARST. AUS ANILINEN U. BETA-HYDROXY-DITHIOZIMTSAEUREN 64-0470
THIAZOLIUM-IMIDTHIOCARBOXYLATE, DARST. AUS THIAZOLIUMYLIDEN U. ARYLISOTHIOCYANATEN 64-0757
DARST. V. DITHIOMALONSAEURE-DIANILIDEN AUS ACETYLTHIOESSIGSAEUREANILIDEN U. ARYLISOTHIOCYANATEN 53-0386
INDOLIZIN-3-THIOCARBONSAEURE-AROYLAMIDE, DARST. AUS INDOLIZINEN U. AROYL-ISOTHIOCYANATEN 58-0635
ARYLSULFONYLTHIOESSIGSAEUREARYLAMIDE, DARST. AUS ARYLSULFONYLESSIGSAEUREAETHYLESTERN U. ARYLISOTHIOCYANATEN 59-0357
THIOFORMAMID-S-OXIDE, DARST. AUS THIOFORMAMIDEN 61-0154
DIARYLDIOXOPYRAZOLIDIN- U. -HYDROXYPYRAZOL-DITHIOCARBONSAEUREESTER, DARST. DURCH ALKYLIER. 61-0578
ARYL-CYAN-THIOACETAMIDE, DARST. 63-0439
THIOSAEURE-(N-3-ARYL-THIADIAZOLYL-IMIDE), DARST. AUS 2.5-DIARYL-1.6.6A S(IV)-TRITHIA-3.4-DIAZA-PENTALENEN 63-0596
THIONOBENZOYLCHOLIN-ISOLOGE, DARST. AUS 2-DIMETHYLAMINO-AETHANOL (THIOL, SELENOL) U. THIONOBENZOYLCHLORID 63-0895
FURAN-(2)-THIOCARBAMIDE, ELEKTRONENSPEKTRUM 56-0105
INDOLIZIN-3-THIOCARBONSAEURE-AROYLAMIDE, UV 58-0635
THIOCARBONSAEUREAMIDE, NH-VALENZSCHWING.-BANDEN 61-0155
THIOAMID-S-OXIDE, NH-VALENZSCHWING.-BANDEN 61-0155

THIOBENZAMIDE, ELEKTRONENSPEKTRUM 56-0105
DIMETHYL-THIOBENZAMIDE, GEHINDERTE ROTAT. UM D. C-N-BIND. 54-0110
THIOFORMANILIDE, FRAGMENTIER. IM MASSENSPEKTROMETER ZU BENZTHIAZOLIUM-IONEN 63-0162
N-METHYL-THIOAMIDE, NMR 56-0156
THIOAMIDE, ESR -UNTERS., 1. MITT. (RADIKAL-ANIONEN D. THIOBENZAMID-REIHE) 60-0112
THIOFORMAMID-S-OXIDE, NMR-SPEKTROSKOPIE 61-0154
THIOSAEUREAMIDE NMR 61-0156
PYRAZOLIN- U. PYRAZOLIDINDITHIOCARBONSAEUREN, ALKYLIER., 4. MITT. 61-0578
CYCLISIER. V. DITHIOMALONSAEURE-DIANILIDEN 53-0386
N.N'-ALKYLEN-BIS-THIOCARBONSAEUREAMIDE, CYCLISIER. IN GGW. V. N-ACETYL-CHLOR-FORMAMIDINEN 54-0470
AROMAT., RANEY-NI-DESULFURIER. 60-0413
CARBONSAEURE-THIOLCARBONSAEURE-ANHYDRIDE, ZERS. (KINETIK) 63-0301
THIOCARBONSAEUREAMIDE, OX.-PROD., 17. MITT. 61-0154
THIOCARBONSAEUREAMIDE, OX.-PROD. , 18. MITT. 61-0155
THIOSAEURE-(N-3-ARYL-THIADIAZOLYL-IMIDE), RK. MIT QUECKSILBER(II)-ACETAT 63-0596
ISOTHIOAMIDE U. ISOTHIOAMIDIUM-JODIDE, RK. MIT HYDRAZINEN 63-0736
S-ALKINYLTHIOESTER, RK. MIT N-, O- U. S-FUNKTIONEN 54-0227
THIOMALONESTER, RK. MIT ANISALDEHYD (METHYLENAKTIVITAET) 55-0190
THIOAMIDE, RK. MIT DIKETEN 59-0608
THIOAMIDE RK. MIT CEPHALOSPORANSAEUREN 53-0587
THIONOBENZOYLCHOLIN-ISOLOGE, BLOCKIERENDE WRKG. AUF D. RIESEN-AXON BEIM TINTENFISCH U. D. EINZELZELL-ELEKTROPLAX-PRAEP. 63-0895
THIOCARBONSAEURE-O-ESTER, DARST. 61-0406
ESTER-S.S'-DI- U. -TRIOXIDE, DARST. AUS D. ESTERN 62-0382
THIOESTER, UMLAGER. DURCH ELEKTRONENSTOSS 64-0155
-O-ALKYLESTER, RK. MIT PYRROLIDIN U. AZIRIDINEN 59-0567
THIOSEMICARBAZIDE
DARST. AUS N-ISOTHIOCYANATO-DIISOPROPYLAMIN 56-0307
1-TRICHLORMETHYLMERCAPTOSULFAMOYLPHENYL-4-ARYLSULFONYL-, DARST. AUS 1-SULFAMOYL-PHENYL-4-ARYLSULFONYLTHIOSEMICARBAZIDEN U. PERCHLOR-METHYLMERCAPTAN 57-0372
DARST. AUS HYDRAZINEN BZW. THIOSEMICARBAZONEN 61-0368
1-ARYLHYDRAZINOTHIOCARBONYL-, DARST. AUS 1-P-TOLYL-THIOCARBOHYDRAZID U. ARYLISOTHIOCYANATEN 63-0645
4-ALKYL- --, DARST. AUS AMMONIUM-DITHIOCARBAZINAT HALOGENALKYLAMINEN 64-0390
TRICHLORMETHYLMERCAPTOSULFAMYLPHENYL-, DARST. AUS 1-AMIDOSULFONYLPHENYL-4-ARYL-THIOSEMICARBAZIDEN U. PERCHLOR-METHYLMERCAPTAN 57-0372
1-ACYL-1-METHYL-4-PHENYL-3-, DARST. AUS N-METHYLSAEUREHYDRAZIDEN U. PHENYLSENFOEL 59-0366
1.1-BIS-CHLORAETHYL- CYCLISIER. 53-0385
4.4-DIALKYL-, ZERS. DURCH STEHEN BZW. ERHITZEN 56-0309
1.1-BIS-CHLORAETHYL- RK. MIT ALPHA-CHLOR-KETONEN 53-0385
THIOSEMICARBAZONE
4-METHOXY-NAPHTHALDEHYD-, DARST. AUS 4-METHOXY-NAPHTHALDEHYD THIOSEMICARBAZIDEN 55-0416
2-BENZOFURFUROL-, DARST. AUS 2-FORMYL-BENZOFURAN U. THIOSEMICARBAZIDEN 55-0416
PENTANDION-(2.4)-BIS-, DARST. 56-0285
RK. MIT MALEINSAEURE-ANHYDRID 59-0559
THIOSULFINSAEUREN
THIOLSULFINATE (SULFENSAEUREANHYDRIDE), RK.-MECHANISMEN, 2. MITT. 63-0323
ARENTHIOLSULFINSAEURE-ARYLESTER, RACEMISIER. 64-0310
ARENTHIOLSULFINSAEUREARYLESTER, RK. MIT 2.4-DINITRO-CHLOR-BENZOL 64-0435
THIOSULFONSAEUREN
19. MITT. 57-0350
S-ARYLIDENHYDRAZINOCARBONYLMETHYL-, DARST. 57-0350
S-ESTER, DARST. AUS SULFINSAEUREN U. SULFENSAEUREESTERN 61-0393
S-ARYLIDENHYDRAZINOCARBONYLMETHYL-, ANTIMIKROBIELLE WRKG. 57-0350
20. MITT. 64-0431
21.MITT. 64-0432
ESTER, DARST. AUS SULFINSAEUREN U. SNCL2 64-0431
- ESTER, RK. MIT NH3 54-0253
- ESTER, RK. MIT NA-METHYLAT 54-0253
-ESTER, RK. MIT METHANDISULFONSAEUREDIPHENYLESTER-NATRIUMSALZ 64-0432
THIOUREIDE
N-ACRYLOYL-N'-ARYL-THIOHARNSTOFFE DARST. AUS AROMAT. AMINEN U. ACRYLOYL-ISOTHIOCYANAT 53-0458
THIOURETHANE
4-HYDROXY-BENZYL-DITHIOCARBAMATE, DARST. AUS BENZYLPIPERIDINEN U. CS2 61-0413
THIONCARBAMATE, THERM. UMLAGER. ZU THIOLCARBAMATEN (KINETIK, MECHANISMUS) 62-0267
4-HYDROXY-BENZYL-DITHIOCARBAMATE, ZERS. MIT NI-ACETAT 61-0413
MONO- U. DITHIOCARBAMIDSAEUREESTER, VERW. ALS FUNGIZIDE (UEBERSICHT) 60-0820
THIOXANTHENE
THIOXANTHENOL-S-OXIDE, KONFORM. 64-0172
DIHYDRO-THIOXANTHEN-DIOXIDE, DARST. 55-0441
-10.10-DIOXIDE, DARST. AUS 2-BENZYL-BENZOLSULFINSAEUREN 59-0424
THIOXANTHYDROLDERIV., DARST. 62-0602
THIOXANTHIONE, DARST. AUS D. GEMINALEN DICHLORIDEN 58-0613
THIOXANTHENOL-S-OXIDE, NMR 64-0172
DIHYDRO-THIOXANTHEN-DIOXIDE, DEUTERIER. 55-0441
LUCANTHONIUM-BENZOLSULFONATE, ANTITUMOR-WRKG. 57-0778
THIOXINE
CHLOR-1.4-THIOXANE, KONFORM. 57-0147
CHLOR-1.4-THIOXANE, DARST. AUS 1.4-THIOXAN 57-0147
THIURAMSULFIDE
THIURAMDISULFIDE, VERW. ALS FUNGIZIDE (UEBERSICHT) 60-0820
THORIUMVERBINDUNGEN
TH(IV)-KOMPLEXE MIT POLYAMINOPOLYCARBOXYLATEN, STABILITAET 56-0044
THULIUMVERBINDUNGEN
TM(CLO4)3.6 DMSO , DARST. , IR-SPEKTRUM, THERM. ZERS., PULVERROENTGENOGRAPH. UNTERS. 61-0042
TM2O3, EINFL. AUF D. DECARBOXYLIER. V. OXALESSIGSAEURE 58-0292
THYROGLOBULIN
* S. UNTER HORMONE, SCHILDDRUESENHORMONE
TIERFARBSTOFFE
PIGMENTE V. MEERESTIEREN, 8. MITT. VORSTUFEN V. 6.6'-DIBROM-INDIGOTIN (TYRIANPURPUR) AUS DICATHAIS ORBITA 56-0664
SPINOCHROME, SYNTH. 61-0747
TISCHTSCHENKO-REAKTION
* S. UNTER OXYDOREDUKTION
TITAN
EINFL. AUF D. DEHYDRIER. V. CYCLOHEXAN (KINETIK) 62-0201
EINFL. AUF D. DEHYDRIER. U. DEHYDRATAT. V. ISOPROPANOL U. D. DEHYDRATAT. V. TERT.-BUTANOL 62-0281
TITANVERBINDUNGEN (ORGANISCHE)
MAGNET. SUSCEPTIBILITAET U. MAGNET. ROTATION V. ALKYL-ORTHOTITANATEN 60-0005
DIPYRIDYL-TI-KOMPLEXE, RK. U. DARST. 64-0056
TETRAKIS-(DIMETHYLAMINO)-TITAN, RK. MIT BETA-DICARBONYLVERB. BIS-(DIMETHYLAMINO)-BIS-(DIMETHYLMALONATO)-TITAN BZW. BIS-(DIMETHYLAMINO)-BIS-(N.N.N'.N'-TETRAMETHYL-MALONAMIDATO)-TITAN, DARST. 62-0031
((CH3)2N)2TICL2 U. (CH3)2NTICL3, DARST. AUS TICL4 U. B(N(CH3)2)3 64-0057
TI(C5H5)2, DARST., STRUKTUR IN LSG. , RK. MIT HCL ZU (TICL(C2H5)2)X U. (TICL2(C2H5)2)X 54-0003
ALLYL-DICYCLOPENTADIENYL-TI(III)-KOMPLEXE, IR 57-0001
(C5H5)2TI(CHALKOGEN)5, DARST., KONFORM. 57-0002
DIARYLOXYDICYCLOPENTADIENYL-TI-VERB., DARST. 58-0049
PI-ALLYLDICYCLOPENTADIENYL-TRI(III) U. DICYCLOPENTADIENYL-TI(III)-HALOGENIDE, DARST., ELEKTRONENSPEKTREN, RK. 59-0054
ALKOXY-METHYL-TITANCHLORIDE, DARST. 59-0055
BIS-(CHLORO-DI-PI-CYCLOPENTADIENYL-TITAN(III))-ZINKDICHLORID (ODER BIS-(DI-MY-CHLORO-DI-PI-CYCLOPENTADIENYL-TITAN(III))ZINK(II)), DARST. AUS (C5H5)2 TICL2, EIG. RK. MIT O2 60-0045
DICYCLOPENTADIENYL-TI-VERB., DARST. RK. MIT O2 U. NO 62-0033
CL-UEBERBRUECKTE ISOBUTYL-TI(III)-ISOBUTYL-AL-VERB., DARST. 63-0051
DI-MY-CHLORO-TI(III)-AL(I-C4H9)-KOMPLEXE, BLDG., KATALYT. AKTIVITAET, SPEKTREN 64-0038
TICL4-ALDEHYD-ADDIT.-VERB., DARST., IR 56-0064
TICL4-KOMPLEXE D. ESTER V. CYCLOHEXANDIOLEN U. -TRIOLEN U. MONO- U. OLIGOSACCHARIDEN 60-0047
ADDIT.-VERB. U. TICL4 MIT ALIPHAT. ESTERN, MAGNET. ROTAT., SUSZEPTIBILITAET 62-0005
CHLOROACETYLACETONATO-TI(III)(BZW. IV)-KOMPLEXE, ACETYLACETONATO-TI(III)(BZW. II)-KOMPLEXE, OXO-BIS-(ACETYLACETONATO)-TITAN(IV) , DARST., SPEKTREN, RK., MAGNET. VERH. 62-0032
TITANVERBINDUNGEN (ANORGANISCHE)
TICL3, IM GEMISCH MIT PDCL2 ALS KATALYSATOR BEI D. ISOMERISIER. V. OLEFINGEMISCHEN 56-0234
TICL3, EINFL. AUF D. REDUKTIVE CYCLISIER. AROMAT. NITROVERB. 64-0552
TICL4, ZIEGLER-NATTA-KATALYSATOREN(TICL4+AL(ISO-C4H9)3), THEORIE D. AKTIVITAET, 1. MITT. 63-0051
TICL4, IR-UNTERS. D. SUBSTITUENTENEFFEKTE AUF LAD.-UEBERTRAG.-KOMPLEXE MIT BENZONITRILEN 58-0096
TICL4, IR-SPEKTRUM 64-0009
TICL4, RK. MIT BCL3 64-0057
TICL4, RK. MIT 2.2'-DIHYDROXY-BIPHENYL BZW. 2.2'-DIHYDROXY-BINAPHTHYL-(1.1') BZW. 1.8-DIHYDROXY-NAPHTHALIN IN GGW. BAS. ORGAN. AMINE, RK. MIT 2.2'-DIHYDROXY-BINAPHTHYL-(1.1') U. THF 59-0053
TICL4, KOMPLEXBLDG. MIT DIBUTYLGLYKOLAETHER 64-0072
TICL4, RK. MIT METHYLAMINOBORANEN 64-0057
TICL4, RK. MIT TRIISOBUTYL-AL 63-0051
TICL4, RK. MIT AL(ISO-C4H9)3 (ZIEGLER-NATTA-KATALYSATOR) 64-0038
TICL4, RK. MIT ALDEHYDEN 56-0064
TICL4, EINFL. AUF RK. V. GRIGNARD-REAGENZIEN 53-0200

TICL4, KEIN EINFL. AUF C. TOLUOL-OX. MIT DIISOPROPYLPEROXYDICARBONAT 58-0213
TICL4, TICL4 U. AL(ISO-C4H9)3 ALS ZIEGLER-NATTA-KATALYSATOR 64-0038
TI4(FE(CN)6)3, MOESSBAUER-SPEKTRUM 63-0021
TI(FE(CN)6), MOESSBAUER-SPEKTRUM 63-0021
TIO2, FLIESSFAEHIGK. (EINFL. V. AEROSIL U. FUELLSTOFF R 972) 54-0592
TOPOCHEMIE
TOPOCHEMIE, 28. MITT. 61-0174
TOXIKOLOGIE
1-AMINOCYCLOPENTANCARBONSAEUREN, TOXIZITAET GEGENUEBER MAEUSEN 63-0887
INOPHYLLIDE, PISCICIDE WRKG. 61-0815
V. 3-ARYLACETOXY-TROPANEN (SUBSTITUENTENEINFL.) 57-0802
TOXIZITAET V. METHYLPHOSPAZIN U. DERIV. 57-0777
TOXINE
ISOLIER. V. BATRACHOTOXININ A, BATRACHOTOXIN, ISOBATRACHOTOXIN U. PSEUDOBATRACHOTOXIN AUS PHYLLOBATES AUROTAENIA 61-0736
MYCOTOXINE AUS FUSARIUM NIVALE, SYNTH. 58-0566
TRANSAMINIERUNG
* S. UNTER AMINIERUNG
TRANSGLYKOSYLIERUNG
* S. UNTER SUBSTITUTIONSREAKTIONEN
TRIAZANE
N-DIFLUORAMINO-N'-FLUOR-PERFLUORALKYLHYDRAZINE, DARST. AUS PERFLUORAZOALKANEN U. N2F4 64-0394
TRIAZENE
BLDG. AUS AROMAT. DIAZOVERB. DURCH HYDROLYSE 53-0258
1-ARYL-3-(TRIAZOLYL-(4))-, DARST. AUS ARYLAZIDEN U. ACETYLENYL-MAGNESIUMBROMID 57-0555
MIT 2-AMIDINOGRUPPEN, DARST. 58-0441
DARST. AUS ARYLAZIDEN U. NORMANVERB. 63-0520
DARST. AUS KONDENSIERTEN TETRAZOLEN BZW. ARYLAZIDEN MIT ORGANO-LI- U. -MG-VERB. 64-0660
ALKYLARYL-, DARST. AUS AMINEN U. DIAZONIUMSALZEN 58-0431
3-ACETYL-1.3-DIARYL-, DARST. AUS NA-ACETANILIDEN U. DIAZONIUMSALZEN 64-0451
1-ARYL-3.3-DIMETHYL-, GEHINDERTE ROTAT. UM D. N(2)-N(3)-BIND. 62-0114
1-PHENYL-3.3-DIMETHYL-, GEHINDERTE ROTAT. UM D. N-N-BIND. 58-0139
1-PHENYL-3.3-DIMETHYL-, NMR-UNTERS. 58-0139
ZERS. 58-0431
AROMAT. DIAZOAMINOVERB., ZERS. MIT PB-TETRAACETAT (MECHANISMUS) 63-0506
3-ACETYL-1.3-DIARYL-, ZERS. 64-0451
TRIAZINE
3. MITT. 54-0462
4. MITT. 54-0463
U. VERWANDTE VERB., 2. MITT. 58-0675
TRIAZINE, 1.2.4- (ASYMM.)
1.2.4-TRIAZINE U. KONDENSIERTE DERIV. 1.MITT. SELEKTIVE AMINOLYSE D. CARBONYLGRUPPE V. 3-METHYLMERCAPTO-6-METHYL-2H-1.2.4-TRIAZINON-(5) 53-0465
1.2.4-TRIAZINE U. KONDENSIERTE DERIV. 2. MITT. RK. V. 3-THIONO-6-METHYL-5-OXO-1.2.3.4-TETRAHYDRO-1.2.4-TRIAZIN MIT AETHYLEN- U. TRIMETHYLENHALOGENIDEN 53-0466
U. KONDENSIERTE DERIV. 3. MITT. 54-0465
U. KONDENSIERTE DERIV., 4.MITT. 54-0466
1-ARYL-6-AZA-URACILE, 7. MITT. 54-0467
U. KONDENSIERTE DERIV., 5. MITT. 60-0676
2. MITT. 62-0674
1-ARYL-6-AZA-URACILE, 8. MITT. 64-0759
TAUTOMERIE D. UNSUBSTITUIERTEN ALKYLGRUPPEN 62-0674
2-PHENYL-4-ANILINO-TETRAHYDRO-1.2.4- DARST. AUS PHENYLHYDRAZINO-ACETALDEHYD-PHENYLHYDRAZON U. CARBONYLVERB. 53-0464
6-AZA-URACILE, DARST. AUS HEXULOSONSAEURETHIO-SEMICARBAZONEN 54-0461
1-ARYL-6-AZA-URACILE, DARST. 54-0467
DARST. AUS MESOXALDIAMIDHALBAMIDEN 56-0603
3-THIOXO-5-OXO-(ODER 3.5-DIOXO)-2.3.4.5-TETRAHYDRO-, DARST. 56-0750
2.5-DIHYDRO-, DARST. AUS OXALAMIDRAZONSALZEN 57-0586
1-(2-CARBAMOYL-AETHYL)-6-AZA-URACILE, DARST. AUS 1-(2-AETHOXYCARBONYL-AETHYL)-6-AZA-URACIL U. AMINEN 58-0659
3'-DESOXY-6-AZAURIDINE, DARST. 59-0670
DARST. AUS 1.2.4-TRIAZOLIUM-HALOGENIDEN 60-0675
3-DIAZINYL-5.6-DIPHENYL(DIPYRIDYL)-, DARST. AUS BENZIL BZW. ALPHA-PYRIDIL U. DIAZINCARBONAMIDRAZONEN 63-0732
DARST. AUS AMIDRAZONEN U. VIC. TRIKETONEN 64-0761
1-ARYL-6-AZA-URACILE, DARST. AUS N-(ARYLHYDRAZONO-CYANACETYL)-CARBAMINSAEUREAETHYLESTERN 64-0759
3-THIOXO-5-OXO-(ODER 3.5-DIOXO)-2.3.4.5-TETRAHYDRO-, ANTINEOPLAST. WRKG. BEI TRANSPLANTIERBAREN GESCHWUELSTEN 56-0750
TRIAZINE, 1.3.5- (SYMM.)
(2-OXO-CYCLOALKYL)-SYMM.-TRIAZINE, TAUTOMERIE 59-0641
SYMM.-HEXAHYDRO-, KONFORM.-ISOMERISIER. 57-0153
DARST. V. 4.6-DIOXO-3.5-DISULFONYL-(6-OXO-5-SULFONYL)-PERHYDRO-SYMM.-TRIAZINEN AUS SCHIFFSCHEN BASEN U. SULFONYLISOCYANATEN 53-0463
2.4-DIIMINO-, DARST. 54-0462
2.4-DIIMINO-, DARST. AUS BIGUANIDEN U. ISOCYANATEN 54-0463
4-MORPHOLINO-, SYNTH. 54-0468
5-AZA-CYTOSINE, DARST. 55-0477
4.6-DIAMINO-DIHYDRO-2.2-DIMETHYL-1-PHENYL-, DARST. 57-0780
4.6-DIAMINO-2.2-DIMETHYL-1-PHENYLDIHYDRO-, DARST. 57-0781
4.6-DIAMINO-2.2-DIMETHYL-1-FLUORSULFONYLPHENYL-, DARST. 57-0782
SYNTH. AUS PHENYLISOCYANAT U. HYDROXYBENZALDIMINEN 58-0556
GUANAMINE, DARST. AUS SAEURECHLORIDEN U. GUANIDIN 59-0640
TRIAZINYLMETHYLEN-TRIPHENYLPHOSPHORANE, DARST. AUS ALKYLIDENPHOSPHORANEN U. CYANURCHLORID 60-0674
2-AMINOMETHYL-4-AMINO-6-ALKOXY-, DARST., AUS N-AMIDINO-O-ALKYL-ISOHARNSTOFFEN, CHLORESSIG-SAEUREAETHYLESTER U. AMINEN 62-0671
TETRAHYDRO-SYMM.-TRIAZIN-2-ONE, DARST. AUS ISOCYANATEN U. HEXAHYDRO-SYMM.-TRIAZINEN 63-0731
6-DIAZINYL-2.4-DIAMINO-, DARST. AUS DICYANDIAMID U. CYANDIAZINEN 63-0732
DARST. AUS PROPIONIMIDSAEUREESTERN 64-0758
(2-OXO-CYCLOALKYL)-SYMM.-TRIAZINE, DARST. 59-0641
4-AMINO-6-ALKOXY-1.3.5-TRIAZIN-6-CARBONSAEUREDERIV., DARST. AUS N-AMIDINO-O-ALKYL-ISOHARNSTOFFEN U. ESTERN 62-0671
BIS-TRIAZINYLAMINO-DISULFOSTILBENE, POLAROGRAPH. ADSORPT.-VERH. 58-0199
NUCLEOPHILE SUBSTITUT., 1. MITT. 60-0256
HALOGENIERTE, RK. MIT CYCLOPENTADIENYL-NA, 2. MITT. 54-0464
HALOGENIERTE, RK. MIT CYCLOPENTADIENYL-NA, 3. MITT. 59-0639
4.6-DIAMINO-DIHYDRO-2.2-DIMETHYL-1-PHENYL-, REVERSIBLE HEMMWRKG. AUS DIHYDROFOLSAEUREREDUKTASE 57-0780
2.2-DIMETHYL-4.6-DIAMINO-DIHYDRO-, HEMMWRKG. AUF DIHYDROFOLSAEUREREDUKTASE 63-0876
4.6-DIAMINO-1.2-DIHYDRO-, HEMMWRKG. AUF DIHYDROFOLSAEUREREDUKTASE 63-0877
4.6-DIAMINO-2.2-DIMETHYL-1-PHENYLDIHYDRO-, HEMM. V. DIHYDROFOLSAEUREREDUKTASE 57-0781
4.6 DIAMINO-2.2-DIMETHYL-1-FLUORSULFONYLPHENY, IRREVERSIBLE INHIBITOREN V. DIHYDROFOLSAEUREREDUKTASE 57-0782
TRIAZOLE, 1.2.3- (VIC.)
BETA-(1.2.3-TRIAZOLYL)-ACROLEINE 3. MITT. 53-0389
METHYLIERTE 1.2.3-TRIAZOLE 4. MITT. 53-0390
1-SUBSTITUIERTE, KOHLENHYDRAT-DERIV., 2. MITT. 63-0754
ALDOSE-PHENYLOSO-, ABS. KONFIG. 64-0086
ZUCKEROSOTRIAZOLE, KONFORM. U. KONFIG. 59-0150
N-ACETYL-, DARST. AUS 1.2.3-TRIAZOLEN BZW. AUS N(2)-TRIMETHYLSILYL-1.2.3-TRIAZOLEN 55-0421
5-VIC.-TRIAZOLYL-TROPOLONE, DARST. 56-0386
DELTA(2)-1.2.3-TRIAZOLINE, DARST. AUS AZIDEN U. S-YLIDEN 56-0521
3-ARYL-DELTA(1)-1.2.3-TRIAZOLINE, DARST. AUS ARYLAZIDEN U. OLEFINEN 57-0554
DARST. AUS ORGAN. AZIDEN U. IODIC-KOMPLEXEN 57-0555
BLDG. AUS AZIDEN U. LI-ACETYLENIDEN 60-0556
2.4.5-TRIARYL-, DARST. AUS DIARYLGLYOXALMONO- U. -BIS-ARYLHYDRAZONEN 61-0591
ALDOSE-PHENYLOSO-, DARST. 64-0086
5-HYDROXY-4.5-DIHYDRO- DARST. AUS ORGAN. AZIDEN U. ALIPHAT. KETONEN 64-0655
1.4(5)-DIPHENYL-, DARST. 61-0588
DELTA(2) 1.2.3-TRIAZOLINE, DARST. AUS ALLENEN U. AZIDEN 61-0590
1-ARYL-, DARST. 63-0653
1-SUBSTITUIERTE, 1-BENZAMIDO-5-(TETRAHYDROXY-BUTYL)-, DARST. AUS HEXOSULOSE-BIS-(BENZOYLHYDRAZONEN) 63-0754
DELTA(2)-1.2.3-TRIAZOLINE, IR 61-0590
ALDOSE-PHENYLOSO-, CD 64-0086
ALDOSE-PHENYLOSO-, ORD 64-0086
1-(ALPHA-BENZOYLOXY-BENZYLIDENAMINO)-, MASSENSPEKTRUM 57-0557
ZUCKEROSOTRIAZOLE, NMR 59-0150
DELTA(2)-1.2.3-TRIAZOLINE, NMR 61-0590
NMR -SPEKTREN 53-0391
1-ARYL-, SCHEINBARE DISSOZIAT.-KONST. IN METHYLCELLOSOLVE-W. 63-0653
BETA-(1.2.3-TRIAZOLYL)-ACROLEINE KONDENS.-RK. MIT CH2-AKT. VERB. 53-0389
1.4(5)-DIPHENYL-, RK. 61-0588
1-PHENYL-1H-, PHOTOCHEM. ZERS. 61-0589
DIHYDRO-, PHOTOLYSE (STEREOCHEMIE U. MECHANISMUS) 59-0574
RK. MIT HALOGEN-NITROBENZOLEN 53-0391
3-ARYL-DELTA(1)-1.2.3-TRIAZOLINE, RK. MIT P-BROM- BZW. P-NITRO-PHENYL-AZID 57-0554
5-VIC.-TRIAZOLYL-TROPOLONE, RK. MIT 5-AZIDO-TROPOLON-METHYLAETHER 56-0386
5-VIC.-TRIAZOLYL-TROPOLONE, RK. MIT MALODINITRIL 56-0386
TRIAZOLE, 1.2.4-
18. MITT. 58-0606
9. MITT. 60-0557

19. MITT. 64-0733
1-ALKENYL-3.5-DIOXO-, DARST. 53-0388
4-SUBSTITUIERTE DARST. AUS N.N-DIMETHYL-FORMAMID-AZIN U. PRIMAEREN AMINEN 53-0392
DARST. AUS ARYLALDEHYDAZINEN 56-0522
3-AMINO-5-ANILINO-4H-, DARST. AUS ISODITHIOBIURETEN U. HYDRAZINHYDRAT 56-0523
1.3.5-TRIARYL-, DARST. AUS 3.4-DIARYL-DELTA(2)-1.2.4-OXADIAZOLINONEN-(5) 57-0561
4-ARYLIDENAMINO-, DARST. AUS 4-AMINO-1.2.4-TRIAZOL U. ARYLCARBALDEHYDEN 58-0266
1-SILYL-,. DARST. AUS 2-SILYL-2H-TETRAZOLEN 58-0446
3-(OMEGA-HYDROXY-ALKOXY)-, DARST. AUS 2-AMINO-1.3.4-OXDIAZOLEN U. DIOLEN 59-0568
4-(2-HALOGEN-AETHYL)-3-OXO-, DARST. AUS 3-(2-HALOGEN-AETHOXY)-1.2.4-TRIAZOLEN 59-0568
3-ARYLAMINO-, DARST. AUS 1-ACYLSEMICARBAZIDEN U. PRIM. AMINEN 59-0570
1.2.4-TRIAZOLONE U. -THIONE, DARST. AUS AMIDRAZONHYDROCHLORIDEN U. ISOCYANATEN BZW. ISOTHIOCYANATEN 59-0571
5-ALKOXYCARBONYLHYDRAZINO-, DARST. AUS 1-ACYLAMINO-3-ALK(AR)OXYCARBONYLAMINO-GUANIDINEN 59-0572
3-ACYL-HYDRAZINO-1.2.4-TRIAZOLONE-(5) DARST. AUS 1-ACYLAMINO-5-ALK(AR)OXYCARBONYLAMINO-GUANIDINEN 59-0572
1.2.4-TRIAZOLONE-(3), DARST. AUS 2-AMINO-1.3.4-OXDIAZOLEN 59-0577
3-AROYL-, DARST. 60-0557
5-ALKOXY-3-(DIPHENYLHYDROXYMETHYL)-, DARST. AUS DIPHENYL-(2-AMINO-1.3.4-OXDIAZOLYL-(5))-CARBINOL U. ALKOHOLEN 60-0560
3.5-DIALKYL-4-ARYL-, DARST. AUS 2.5-DIALKYL-1.3.4-OXADIAZOLEN U. ARYLAMINEN 62-0582
PIKRYLAMINO-, DARST. AUS AMINO-1.2.4-TRIAZOLEN 63-0652
DARST. AUS CARBODIIMIDEN U. AETHOXYCARBONYL-HYDRAZIN 63-0654
3-(1-DIALKYLAMINO-ALKYL)-1.2.4-TRIAZOLIN-(2)-ONE-(5), DARST. AUS 1-DIALKYLAMINO-FETTSAEUREHYDRAZIDEN U. KCNO 63-0655
BIS-, DARST. AUS AMIDRAZONEN 64-0656
MESOION., KONDENSIERTE, DARST. AUS 2-(1-METHYL-HYDRAZINO)-HETEROCYCLEN U. PHOSGEN, THIOPHOSGEN BZW. BRCN 64-0733
3-MONO- U. 3.5-BIS-ALKYLAMINO-, DARST. AUS 3-HALOGEN-BZW. 3.5-DIHALOGEN-1.2.4-TRIAZOLEN U. AMINEN 60-0555
3-OXO-, DARST. AUS HYDRAZIDINEN BZW. AZO-HYDRAZIN-VERB. DURCH CYCLISIER. 61-0420
3-OXO-, IR-DATEN 61-0420
3-AROYL-5-PYRIDYL-, IR (''PROTONEN-TUNNEL-EFFEKT'') 60-0557
4-ARYLIDENAMINO-, ELIMINIER. V. ARYLCYANIDEN (KINETIK) 58-0266

TRIDOX
* S. UNTER PLASTE, CO-PLASTE (POLYAETHER)

TRIFLUORACETOLYSE
* S. UNTER SOLVOLYSE

TRIMERISIERUNG
* S. UNTER POLYMERISATION

TRIPELPUNKT
V. THIAZOL 59-0176
V. AROMAT. KW-STOFFEN 61-0170

TRIPTYCENE
TRIPTYCENE, REDUKTIVE SPALT. (MECHANISMUS) 62-0464

TRITERPENE
* S. UNTER TERPENE
TRIMETHYLENTRISULFONE, DARST. U. UNTERS., 10. MITT. 61-0684
BIS-CARBOXYAETHYL-TRIMETHYL-TRITHIANHEXAOXIDE, DARST. AUS D. DINITRIL 61-0684

TRITIIERUNG
* S. UNTER HYDRIERUNG

TRITIUM
* S. UNTER WASSERSTOFF

TRITYLIERUNG
* S. UNTER ALKYLIERUNG

TROPOLONE
PHOTOCHEM. UMWANDL., 4. MITT. 59-0411
PHOTOCHEM. UMWANDL., 4. MITT. 59-0412

TROPONOIDE
TROPONE, CJ-PARISER-PARR-POPLE-BERECHN. V. OSZILLATORENSTAERKEN U. UV -SPEKTREN 56-0104

TSCHITSCHIBABIN-REAKTION
* S. UNTER KONDENSATIONSREAKTIONEN

TUMOREN (GESCHWUELSTE)
CANCEROGENE WRKG. V. F-NORSTERANTHREN 57-0465
CARCINOGENE STICKSTOFFVERB., 59. MITT. 57-0577
CARCINOGENE STICKSTOFFVERB., 60. MITT. 59-0510
HEMM. D. DNS-SYNTH. DURCH HYDROXAMSAEUREN IN EHRLICH-ASCITES T-TUMORZELLEN IN VITRO 57-0779
EHRLICH-ASCITES-, HEMM. D. DNS-, RNS- U. PROTEIN-IN-VITRO-BIOSYNTH. DURCH 5-FLUOR- U. 2-MERCAPTO-4-HYDROXY-PYRIMIDIN-6-ALDEHYDE 63-0870
HEMM. D. PHENYLALANIN-EINBAUES DURCH DAS 4-FLUOR- BZW. 4-NITRO-DERIV. 64-0898
TUMORINHIBITOREN, 41. MITT. 53-0430
SUBSTANZEN MIT ANTINEOPLAST. WRKG., 19. MITT. 54-0374
POTENTIELLE ZYTOSTATIKA, 10. MITT. 54-0387
CYTOSTAT. WRKG. V. 2-ALLYLAMINO-THIAZOLEN 56-0516
SUBSTANZEN MIT ANTINEOPLAST. WRKG., 20. MITT. 56-0750
ANTINEOPLAST. WRKG. V. 3.5-DIOXO- BZW. 3-THIOXO-5-OXO-TETRAHYDROTRIAZINEN 56-0750
CYTOSTAT. WRKG. V. 2-DIACYLAMINO-THIAZOLEN 57-0544
POTENTIELLE ANTIKREBSMITTEL, 1. MITT., N-(4-(BIS-(2-CHLORAETHYL)-AMINO)-BENZYLIDEN)-NICOTINSAEURE-HYDRAZIDE, DARST., CYTOSTAT. WRKG. 57-0580
WRKG. V. 6-ALKYLTHIO-PURINEN 57-0605
ZYTOTOX. WRKG. V. FURANOSYLPURINEN GEGEN EPIDERMOIDCARCINOMZELLEN 57-0645
INHIBITOREN, 27. MITT. HELLEBRIGENIN-3-ACETAT U. -3.5-DIACETAT AUS BERSAMA ABYSSINICA 57-0737
CYTOTOX. WRKG. V. 6-MERCAPTOPURIN-RIBONUCLEOTIDEN 57-0776
ANTITUMOR-WRKG. V. LUCANTHONIUM-BENZOLSULFONATEN 57-0778
EXPERIMENTELLE ANTIKREBS-UNTERS. 34. MITT. 59-0801
ANTIKREBSWRKG. V. 2-(2-HYDROXY-PHENYLIMINOMETHYL)-4-(N-HEXYL)-5-HYDROXY-PHENOLEN 59-0801
POTENTIELLE ANTITUMORMITTEL, 7. MITT. (BIS-QUATERN. SALZE V. TEREPHTHALSAEURE-BIS-(P-PYRIDYLAMINOCARBONYL-ANILIDEN)) 60-0590
CYTOSTAT. WRKG. V. N-(3-DIMETHYLAMINO-PROPYL)-3-AZA-TRISPIRO(5.2.2.5.2.2)HENEICOSANDIHYDROCHLORID 60-0592
CYTOSTAT. WRKG. V. 3-((4-CHINOLINYLMETHYLEN)-AMINO)-CHINOLIN 60-0595
TUMORINHIBITOREN, 42. MITT. 9-PYRIDINIO-ACRIDINE 60-0605
ANTITUMORAKTIVITAET V. HEXAHYDROPYRIMIDINEN 60-0626
CYTOSTAT. WRKG. V. BRENZTRAUBENALDEHYD-BIS-THIOSEMICARBAZON-CU-CHELAT 60-0809
SUBSTANZEN MIT ANTINEOPLAST. WRKG., 23. MITT. 61-0710
TUMORHEMMENDE VERB. , 43. MITT. (4-DIALKYLAMINOMETHYL-ACRIDINE U. -ACRIDONE) 62-0606
ANTITUMOR-SUBSTANZEN, 7. MITT. 62-0671
ANTITUMORWRKG. V. N-SULFINYLHYDRAZINEN 63-0401
ZYTOTOX. VERB., 1. MITT. 63-0479
ANTINEOPLAST. WRKG. V. 9-CYCLOPENTYL-8-AZA-PURINEN (L1210-LYMPHOMA-ZELLEN) 63-0700
TUMOR-INHIBITOREN , 30. MITT. 63-0797
(SESQUITERPENOID-CHLORLACTONE) 63-0797
MAEUSEASCITESCARCINOM, BEEINFL. DURCH PYRIMIDYLPEPTIDE 63-0841
INHIBITOREN, 29. MITT. (LUNGEN-CARCINOM, HEMM. DURCH CROTEPOXID) 63-0858
POTENTIELLE ANTIKREBSMITTEL, 4. MITT. 63-0869
ANTITUMORAKTIVITAET - V. N.N-BIS-(2-CHLOR-AETHYL)-AMINO-METHYLBENZOESAEUREN 63-0869
ANTITUMOR- U. ANTIMIKROBIELLE TEST. V. CROSEMPERIN, D. OTONECINESTER AUS CROTALARIA SEMPERFLORENS VENT., 2. MITT. 63-0872
CYTOSTAT. WRKG. V. BIS-HALOGENACYL-PIPERAZINEN 63-0873
CYTOSTAT. WRKG. V. ARYLAZO-AMINOPYRIMIDINEN 63-0874
ANTITUMORWRKG. V. TRIAMINO-PYRIMIDINEN 63-0880
HEMM. V. WALKER-KARZINOM DURCH N-(1-DIMETHYLAMINO-NAPHTHALIN-5-SULFONYL)-P-(N.N-BIS-(2-CHLOR-AETHYL)-AMONO)-L-PHENYLALANIN U. N-(1-DIMETHYLAMINO-NAPHTHALIN-5-SULFONYL)-GLYCYL-P-(N.N-BIS-(2-CHLOR-AETHYL)-AMINO)-L-PHENYLALANIN-AETHYLESTER 64-0517
ANTIKARZINOGENE WRKG. V. THIAZOLO(5.4-D)PYRIMIDINEN 64-0727
INHIBITOREN, 31. MITT. (VERNOLEPIN) 64-0838
CANCEROSTAT. WRKG. V. POLYAMINOACYL-MELPHALANEN 64-0881
THERAPEUT. WRKG. V. 1-METHYL-4-P-METHOXY-BENZOYL-5-PYRAZOLCARBONSAEURE-METHYLESTER U. 5-P-METHOXY-BENZOYL-4-PYRAZOLCARBONSAEURE-METHYLESTER (MAEUSE) 54-0374
POTENTIELLE ANTITUMORMITTEL, 6. MITT. (BIS-QUATERN. SALZE) 60-0589
SUBSTANZEN MIT ANTINEOPLAST. AKTIVITAET, 22.MITT. 61-0077
CARCINOSTAT. WKRG. V. ARYL-ALKYLNITROSAMINEN 60-0594
HEMM. D. NF-SARKOMS BEI MAEUSEN DURCH THIOCYANATO-PURINE U. THIOCYANATO-PURIN-RIBOFURANOSIDE 62-0841
ANTITUMORWRKG. ACETYLEN. CARBAMATE 60-0805
CYTOSTAT. WRKG. V. METHYLPHOSPHAZIN U. DERIV. 57-0777
HEMM. DURCH BACILLUS NATTO-PRAEP. 59-0802
LEUKAEMIE, WRKG. V. 6-ALKYLTHIO-PURINEN 57-0605
ANTILEUKAEM. WRKG. V. BENZOFURAZANEN U. -FUROXANEN 60-0558
ANTILEUKAEM. WRKG. V. BIS-QUATERN. SALZEN V. N-HETEROCYCLEN 60-0589
LEUKAEMIE L-1210, BEEINFLUSS. DURCH HYDROXYLAMINOPURINE 63-0871
LUNGEN-, FLUORESZENZ-INDUKT. DURCH 9-AMINOACRIDINE 60-0807
- LOKALISIERENDE AGENZIEN , 4. MITT. ((125)J)1-JOD-2.2-BIS-CHLORPHENYL-AETHANE 60-0808

U

UBICHINONE
COENZYM Q, 94. MITT. 59-0132
COENZYM Q, 103. MITT. 64-0900
MASSENSPEKTREN 54-0125
MASSENSPEKTROMETRIE 59-0132

UEBERSPANNUNG
* S. UNTER POLARISATION, ELEKTROLYTISCHE
ULTRACID
* S. SCHAEDLINGSBEKAEMPFUNGSMITTEL
UMESTERUNG
* S. UNTER VERESTERUNG
UMLAGERUNGEN
* PHOTOUMLAGERUNG S. UNTER PHOTOCHEMIE UND STRAHLENCHE-
* MIE (UMLAGERUNGEN)
PUMMERER-, MECHANISMUS 56-0280
-UNTERS. MIT (14)C, 3. MITT. 56-0370
ZUR SYNTH. V. POLYCYCL. VERB., 1. MITT. 56-0410
ZUR SYNTH. V. POLYCYCL. VERB., 2. MITT. 56-0411
ZUR SYNTH. V. POLYCYCL. VERB., 3. MITT. 57-0435
DIENON-PHENOL-, 2. MITT. 57-0449
BECKMANN-, U. FRAGMENTIER. 2. MITT. 58-0284
STEROIDE U. WALDENSCHE UMKEHR., 62.MITT. 58-0784
UEBER SIGMA-KOMPLEXE, MECHANISMEN -UEBERSICHT 59-0249
BASENKATALYSIERTE PROTOTROPE ISOMERISIER., 2. MITT. 59-0509
SAEUREKATALYSIERTE, 19. MITT. 60-0456
RACEMISIER.,CARBENIAT-CARBONIUM- IONENPAARE ALS ZWISCHENSTUFEN 61-0306
FRIES-RK., 3. MITT. 62-0322
ENON-BENZOL-, 1. MITT. 62-0458
ENON-BENZOL- --, 2. MITT. 62-0459
BECKMANN- U. FRAGMENTIER., 4. MITT. 62-0682
SAEUREKATALYSIERTE, 22. MITT. 63-0569
SAEUREKATALYSIERTE, 23. MITT. 63-0570
BECKMANN- U. FRAGMENTIER., 5. MITT. 64-0306
PROPARGYL-, 3. MITT. 64-0382
PROPARGYL-, 4. MITT. 64-0389
ENON-BENZOL-, 3. MITT. 64-0514
ENON-BENZOL-, 4. MITT. 64-0515
ISOMERISIER. IN ANALOGIE ZUR DIMROTH-UMLAGER. 2. MITT. 54-0176
DIMROTH-, 9. MITT. 54-0450
DIMROTH- 10. MITT. 54-0451
VALENZISOMERISIER. V. MOL. 13. MITT. 55-0345
VALENZISOMERISIER. V. MOL., 14. MITT. 55-0346
FAVORSKY-, 13. MITT. 56-0286
ANION.-, 8. MITT., 1.4-ANION. UMLAGER. 58-0393
SAEUREKATALYSIERTE, 20. MITT. 62-0489
SAEUREKATALYSIERTE, 21. MITT. 62-0490
ENON-BENZOL- V. DELTA(8)-OKTALONEN-(2) (MECHANISMUS) 62-0458
BASENKATALYSIERTE PROTOTROPE ISOMERISIER., 1. MITT. 58-0384
V. TERPENALKOHOLEN MIT HG(II)-ACETAT U. HG(II)-ACETAT, DANN KOH U. KBH4 56-0690
BENZIDIN-, 11.MITT. 59-0246
COPE- (BERECHN. D. ENERGIEN U. GEOMETRIEN WAEHREND D. VERLAUFS) 60-0285
BECKMANN-, U. FRAGMENTIER., 3. MITT. 62-0681
BENZIDIN- U. SEMIDIN-, MECHANISMUS, 17. MITT. 63-0310
BENZIDIN- U. SEMIDIN-, MECHANISMUS, 18. MITT. 63-0311
BENZIDIN- U. SEMIDIN-, MECHANISMUS, 19. MITT. 63-0312
BENZIDIN- U. SEMIDIN-, MECHANISMUS, 20. MITT. 63-0313
BENZIDIN- U. SEMIDIN-, MECHANISMUS, 21. MITT. 63-0314
BENZIDIN- U. SEMIDIN-, MECHANISMUS, 22. MITT. 63-0315
THERM. SIGMATROPE, BEI NI-CORROLEN 56-0081
V. ALLYLOXY-POLYAETHER-ALKOHOLATEN ZU D. CIS-PROPENYLVERB. (KINETIK) 58-0031
ANIONOTROPE, V. KOMPLEXEN AUS LI-CARBENOIDEN U. TRIPHENYL-BOR 54-0268
ISOMERISIER. V. CIS-TRIALKYLSTANNYL-ALKENEN 58-0033
V. POLYFLUORALLYLDERIV. D. MN, AS U. P, STEREOCHEMIE 59-0075
THERM., V. 1.6(ODER 1.7)-DICARBANONADORATOKOBALT(III)-VERB. 60-0062
WITTIG- V. LI-BENZYL-ALKYL-AETHERN (WANDER.-TENDENZ D. ALKYLGRUPPEN) 62-0268
V. METALLIERTEN QUART. AMMONIUMSALZEN (MECHANISMUS) 61-0287
ISOMERISIER. V. BUTEN-(1) MIT SIO2-AL2O3 (KINETIK) 55-0229
SEMIBENZILSAEURE-, V. STEROIDKETOLEN 55-0556
V. 1-ISOPROPENYL-SPIRO(2.2)PENTAN 54-0119
ISOMERISIER. V. CIS-BUTEN-(2) 54-0210
VALENZISOMERISIER. V. HEXAMETHYLTETRACYCLO(2.2.0.0(2.6).0(3.5))HEXAN 56-0232
DYNAM. ISOMERISIER.-GLEICHGEW., ANWEND. AUF D. POLYMERISIER. V. OLEFINGEMISCHEN, 2. MITT.
ISOMERISIER. DURCH SALZE U. KOMPLEXE V. EDELMETALLEN 56-0234
ISOMERISIER. V. 3-PHENYL-3-METHYL-BUTEN-(1) (MECHANISMUS) 56-0370
THERM. INTRAMOL. V. METHYLCYCLOHEPTATRIENEN IN D. GASPHASE, 2. MITT. (THERMODYNAM. GLEICHGEW.) 57-0250
THERM. INTRAMOL. V. METHYLCYCLOHEPTATRIENEN-(1.3.5) IN D. GASPHASE, 3.MITT. (KINETIK) 57-0251
KATALYT. ISOMERISIER. V. CYCLOALKADIENEN DURCH K AUF AL2O3 57-0253
ISOMERISIER. V. OLEFINEN (EINFL. V. KOMPLEXEN D. UEBERGANGSMETALLE, UEBERSICHT) 59-0034
V. 1-METHYL-1-PHENYL-CYCLOHEXAN BEI AROMATISIER. AN CR2O3-AL2O3-B 59-0240
THERM., V. 3-PHENYL-CYCLOBUTEN (KINETIK) 59-0247
THERM. V. TRICYCLO(4.1.0.0(2,7))HEPTAN (MECHANISMUS) 59-0248
ISOMERISIER. V. ALKYLCYCLOPROPANEN AN SIO2-AL2O3 (MECHANISMUS) 59-0251
ISOMERISIER. V. TRANS-2.6-DIMETHYL-HEPTATRIEN-(1.3.6) (NO-KATALYSIERT, KINETIK) 60-0290
ISOMERISIER. V. OLEFINEN-(1) DURCH ZIEGLER-KATALYSATOREN (KINETIK) 61-0290
BAS. ISOMERISIER. V. HEPTENEN 61-0328
1,2- U. 1,5-WANDER. V. H-ATOMEN IN POLYOLEFINEN IM ZIGARETTENRAUCH 61-0329
THERM. ISOMERISIER. V. TRIMETHYLCYCLOPENTADIENEN (MECHANISMUS) 62-0420
V. SPIROOLEFINEN (KINETIK) 62-0489
V. ALPHA-METHYLEN-SPIRANEN (MECHANISMUS) 62-0490
THERM. ISOMERISIER. V. BICYCLO(1.1.1)PENTANEN (KINETIK) 63-0306
V. PROTONIERTEM HEXAMETHYLDEWARBENZOL (MECHANISMUS, KINETIK) 64-0309
PHOTOCHEM. UMLAGER. V. DIALLYLVERB., NACHW. D. FEHLENS D. INVERS. D. WANDERNDEN ALLYLGRUPPE DURCH DEUTERIUMMARKIER. 53-0184
V. 9-(PROPIN-(2)-YL-(1))-ANTHRACENEN MIT ANORGAN. BASEN 53-0169
EXO-ENDO-DOPPELBIND.-ISOMERISIER. AN 7-RING-VERB. 53-0272
ISOMERISIER. V. PROPIN-(2)-YL-(1)-ANTHRACENEN (KINETIK) 54-0178
KATION., V. NORBORNADIENDIMEREN 54-0341
VALENZISOMERISIER. V. ANELLIERTEN BULLVALENEN 55-0346
V. CIS-BICYCLO(6.2.0)DECENEN-(9) 55-0356
V. BICYCLEN (EINFL. D. STRUKTUR) 56-0448
WAGNER-MEERWEIN-, V. CYCLOHEPTEN BEI D. INTERMOL. ACYLIER. 57-0278
VALENZISOMERISIER. V. TRICYCLEN MIT 4-RINGEN (KINETIK) 57-0458
AROMAT. SUBSTITUT. MIT UMLAGER. 1. MITT. 59-0447
V. SPIROCYCLOHEXADIEN-DIMEREN UNTER AROMATISIER. 61-0563
SAEURENKATALYSIERTE METHYLWANDER. IN 9-METHYL-DEKALINEN 62-0452
V. TRIPTYCENEN (MECHANISMUS) 62-0464
V. METHYLBICYCLOBUTANEN (STER. VERLAUF) 62-0485
V. N-BUTYL-BENZOLEN NACH MCLAFFERTY IN D. MASSENSPEKTREN 63-0161
VICINALE BZW. TRANSANULARE HYDRIDVERSCHIEB. IM TRICYCLOOCTYL-SYST. (MECHANISMUS) 63-0279
VALENZISOMERISIER. V. ANELLIERTEN BULLVALENEN 55-0345
HETEROCYCL., 3. MITT. 53-0460
V. HETEROCYCLEN, 10. MITT. V. MONOCYCL. 5-RING-HETEROCYCLEN 54-0392
V. 1-ALKENYL-TETRAHYDRO-HARMANEN 55-0447
ISOMEREN-UMWANDL. V. ALPHA-OXIDEN MIT BEWEGL. H-ATOMEN IN D. SEITENKETTE, 13.MITT. 62-0498
ISOMEREN-UMWANDL. V. ALPHA-OXIDEN MIT BEWEGL. H-ATOMEN IN D. SEITENKETTE, 12. MITT. 62-0593
WILLGERODT-KINDLER-RK. SELEKTIVE V. 2-METHYL-5-VINYL-PYRIDIN 62-0666
AUSSEN-AUSSEN ZU INNEN-INNEN V. DIAZA-BICYCLOALKAN-SALZEN (KINETIK) 62-0687
ISOMERISIER. V. (+)-1.2-EPOXY- U. (+)-TRANS-2.3-EPOXY-TRANS-P-MENTHAN (MECHANISMUS) 62-0750
, BF3-INDUZIERTE V. EUDESMAN U. EPIEUDESMAN-4.5-EPOXIDEN 62-0752
THERM. ISOMERISIER. V. TRISUBSTITUIERTEN PYRROLEN 63-0616
RINGUMLAGER. BEI RK. V. HETEROCYCL. HALOGENVERB. MIT NUCLEOPHILEN 11. MITT. RK. V. 3-AMINO-2-BROM-CHINOLIN MIT KALIUMAMID IN FL. AMMONIAK 53-0166
5-BROM- U. 5-CHLOR-3-THIOLEN-2-ON, ALLYL-UMLAGER. V. 5-BROM-3-THIOLEN-2-ON 53-0339
THERM. (ISOMERISIER.) V. 1.1-DICHLORCYCLOPROPAN IN D. GASPHASE 56-0231
CIS-TRANS- V. 5-METHYL-CYCLOHEXEN-(2)-YL-CHLORID (MECHANISMUS U. KINETIK) 58-0287
ANOMALE, V. 1-BROM-2-AETHYL-BUTADIEN-(2.3) MIT NACN 59-0306
V. BROMTOLUOLEN UNTER D. EINFL. V. AL2BR6.HBR 60-0283
ISOMERISIER. V. 1.2.4-TRIJODBENZOL (MECHANISMUS) 61-0382
WAGNER-MEERWEIN- V. HALOGENNORBORNENEN (STEREOSPEZIFITAET) 61-0511
V. ALLENCHLORIDEN BEI HYDROLYSE (MECHANISMUS) 62-0330
ISOMERISIER. V. BETA- SUBSTITUIERTEN PERFLUOROLEFINEN (EINFL. V. KATALYSATOREN) 63-0211
RADIKAL. 1.5-, V. 1-TRICHLORMETHYL-4-ALKYLIDEN-CYCLOHEXADIENE-(2.5) 64-0420
BENZIDINUMLAGER. 10. MITT. SAEUREKATALYSIERTE UMLAGER. U. DISPROPORTIONIER. ORGAN. HYDRAZOVERB., BEMERK. ZU D. ARBEIT VON V. O. LUKASHEVICH 53-0170
V. DIPHENYLAMINDERIV. 1. MITT. 54-0437
V. ORGAN. DIFLUORAMINEN 56-0361
BENZIDIN- U. SEMIDIN-, MECHANISMUS , 16. MITT. 58-0283
ISOMERISIER. V. DIAETHYL-ALLYL-AMIN 58-0328
P-SEMIDIN- V. 4-AETHOXY- U. 4-METHOXY-HYDRAZOBENZOL 59-0246
RETRO-BOULTON-KATRITZKY- V. 7-ANILINO-4-NITRO-BENZOFUROXAN 60-0561
N-O-ACYLWANDER. IN CIS- U. TRANS-N-BENZOYL-2-HYDROXYMETHYL-CYCLOHEXYLAMINEN (KINETIK) 62-0433
WALLACH- V. AZOXYBENZOLEN (KINETIK) 63-0302

BENZIDIN- U. SEMIDIN-, V. 4-AMINO-HYDRAZOBENZOL (MECHANISMUS) 63-0311
BENZIDIN- U. SEMIDIN-, V. 2.2'-DIFLUOR-HYDRAZOBENZOL (KINETIK) 63-0312
BENZIDIN- U. SEMIDIN-, V. CHLORHYDRAZOBENZOLEN (KINETIK) 63-0313
BENZIDIN- U. SEMIDIN-, V. DIBROMHYDRAZOBENZOLEN (KINETIK, MECHANISMUS) 63-0314
BENZIDIN- U. SEMIDIN-, V. DIJODHYDRAZOBENZOLEN (KINETIK) 63-0315
SAEUREKATALYSIERTE, V. ALPHA-DIOLEN D. 4.4-DIMETHYL-STEROID-REIHE 2.MITT. 53-0560
RING-KETTEN-ISOMERISIER. V. 7-HYDROXY-CYCLOOCTATRIENEN-(1.3.5) 54-0283
CLAISEN- V. ALLYL-VINYL-AETHERN (EINFL. V. NEGATIVEN SUBSTITUENTEN) 55-0302
PINAKOLIN- (MECHANISMUS), 1. MITT. 55-0316
PINAKOLIN- V. 3.4-DIARYL-3.4-DIHYDROXY-HEXANEN 55-0316
V. (1-HYDROXY-CYCLOPENTYL)-CARBINOLEN , 2. MITT. 56-0380
V. PHENYLAZIDADDUKTEN V. CYCL. U. BICYCL. ENOLEN DURCH THERM. U. SAUREN ZERS. 56-0388
COPE-CLAISEN- V. VINYL-(PENTADIEN-(1.4)-YL-(3))-AETHERN (SUBSTITUENTENEINFL.) 58-0288
ISOMERISIER. V. ALLYL-PHENYL-AETHER 58-0328
THERM., V. PHENYL-PENTADIEN-(2.4)-YL-AETHERN ((5.5)-SIGMATROP. UMLAGER.) 58-0453
MEYER-SCHUSTER-, V. DIARYLALKINOLEN 58-0475
V. TERT. AETHINYLCARBINOLEN, 1. MITT. 60-0332
V. TERT. AETHINYLCARBINOLEN, 2. MITT. 60-0333
CHAPMAN-MUMM- V. PSEUDOSACCHARINAETHERN 60-0546
V. AETHOXYMETHYLCARBEN 61-0048
INTRAMOL., V. PHENYL-ISOPROPENYLCARBINOLEN BEI D. HALOGENIER. 61-0398
V. 9-HYDROXY- U. 9-METHOXY-FLUORENYL-(9)-CARBINOLEN IN H2SO4 61-0485
V. HEXADIEN-(1.5)-DIOLEN-(3.4) (STER. VERLAUF) 62-0272
ISOMERISIER. V. ALKENYLAETHERN (FE(CO)5) 62-0345
DIENOL-BENZOL-, V. ALLYLCYCLOHEXADIENOLEN 62-0412
N-O-ACYLWANDER. IN CIS- U. TRANS-2-AROYLAMINOMETHYL-CYCLOHEXANOL-DERIV. (KINETIK) 62-0433
CLAISEN- V. BENZIMIDAZOLYL-(2)-AETHERN (KINETIK) 63-0304
TRANSANULARE, V. 9.10-DIHYDRO-ANTHRANOLEN 63-0308
ISOMERISIER. V. 1-METHOXY- -CYCLOHEXADIENEN-(1.4) IN GGW. V. TRIS-(TRIPHENYLPHOSPHIN)-RHODIUMCHLORID 64-0308
PINAKOLIN- (MECHANISMUS) 2. MITT. 64-0496
BENZIDIN- U. SEMIDIN-, V. METHOXYHYDRAZOBENZOLEN (KINETIK) 63-0310
V. 4-MERCAPTO-1.2.3.5.7-PENTA-AZA-INDENEN ZU 4-AMINO-1-THIA-2.3.5.7-TETRA-AZA-INDENEN (KINETIK U. GLEICHGEW.-KONST.) 54-0176
V. NAPHTHYL-MESITYLSULFONEN (MECHANISMUS) 56-0549
ANIONOTROPE, V. GEM.-BIS-ALKYLMERCAPTO-ALKENEN 59-0294
PUMMERER-RK. V. PHENYLMETHYLSULFOXIDEN MIT ACETANHYDRID (KINETIK, MECHANISMUS) 61-0214
ISOMERISIER. V. THIOAETHERN MIT KONJUGIERTEN SYST. V. 6PI-ELEKTRONEN 61-0338
ABNORME PINAKON- V. 3.3.6.6-TETRAMETHYL-4.5-DIHYDROXY-THIACYCLOHEPTAN U. 3.3.5.5-TETRAMETHYL-4-HYDROXYMETHYL-THIACYCLOHEXANOL-(4) 61-0551
SMILES- V. 4-(O-AMINO-PHENYLMERCAPTO)-PYRIDINEN (STER. EFFEKT) 62-0667
SMILES- V. C-METHYL-DIARYLSULFONEN (MECHANISMUS) 63-0513
TRUCE-SMILES-, V. PHENYL-(2-PHENYL)-SULFONEN IN GGW. V. NANH2 64-0429
CLAISEN- V. BENZIMIDAZOLYL-(2)-THIOAETHERN (KINETIK) 63-0304
V. DIARYLDISULFIDEN MIT PYRIDIN-N-OXID (MECHANISMUS, KINETIK) 63-0687
ALLYL. V. ALLYL-DIPHENYL-PHOSPHINEN 54-0274
ANION.-, V. SILYL-AETHYLENDIAMINEN IN GGW. V. N-BUTYLLITHIUM 58-0393
V. (3.3.3-TRIFLUOR-PROPYL)-METHYL-CYCLOTETRASILOXANEN (KINETIK) 60-0035
ISOMERISIER. V. TRIMETHYLSILYLAETHYLENDIAMINEN 61-0292
V. BIS-(TRIORGANOSILYL)-CARBINOLEN IN GGW. V. AMINEN (KINETIK) 63-0309
V. DIPHENYL-CARBONAT ZU O-PHENOXY-BENZOESAEURE (KINETIK) 58-0298
THERM., V. N-PHENYL-ALLYLURETHANEN 61-0416
THERM., V. THION- ZU THIOLCARBAMATEN (KINETIK, MECHANISMUS) 62-0267
ISOCYANID-CYANID- (HUECKEL-BERECHN.) 63-0317
NEWMAN-KWART- V. O-ARYL-DIMETHYLTHIOCARBAMINATEN (STER. GESCHW.-VERGROESSER.) 64-0303
ISOMERISIER SAURE ISOMERISIER. V. TOCOCHINONEN 2. MITT. SYNTH. V. MIT TOCOCHINON VERWANDTEN DICHROMANEN 53-0573
BENZILSAEURE- U. SEMIBENZILSAEURE-, 2. MITT. 55-0554
BENZILSAEURE- U. SEMIBENZILSAEURE-, 3. MITT. 55-0555
BENZILSAEURE- U. SEMIBENZILSAEURE-, 4. MITT. 55-0556
FAVORSKI-, V. ALPHA-HALOGENKETONEN , WECHSEL D. RK.-MECHANISMUS 58-0282
NEOPHYL- V. BETA-PHENYL-ISOVALERALDEHYD (PD-C) 59-0254
DIENON-PHENOL-, 3. MITT. 59-0449
BECKMANN- V. KETOXIMEN MIT POLYPHOSPHATESTER 61-0404
SCHMIDT-RK. V. OXINDOLYL- U. OXINDOLYLIDENKETONEN 61-0559
P-CLAISEN- V. 1-(3.3-DIMETHYL-ALLYLOXY)-3.5.6-TRIMETHOXY-XANTHON (MECHANISMUS) 61-0603
BEIM ALKAL. ABBAU V. DEHYDRONORCAMPHER 62-0230
FRIES- V. ACYLPHENOLEN MIT ALCL3 62-0322
ENOL-BENZOL- V. 1.1.10-TRIMETHYL-DELTA(8)-OKTALON-(2) (MECHANISMUS) 62-0459
V. KETONEN UEBER D.ALPHA-NITRODERIV. (MECHANISMUS) 63-0819
ANOMALE WOLFFSCHE V. DESCARBOXYDEHYDROABIETIN-SAEUREKETONEN 64-0351
SCHMITT-PANOUSE- V. DELTA(8)-OKTALONEN-(2) 64-0514
DIENON-PHENOL-, V. BICYCL. P-CHINOLEN 59-0449
PYROLYT., V. TROPONEN U. 3-ISOPROPYL-TROPOLON 60-0403
V. DIAZOKETONEN 64-0351
ISOMERISIER. V. CHINONANILEN AN D. C=N-BIND. 53-0063
CIS-TRANS-ISOMERISIER. V. ARYLIDEN-ANILINEN (SUBSTITUENTENEFFEKTE) 53-0164
BECKMANN- V. KETOXIMEN 54-0312
BECKMANN- V. ACENAPHTHENONOXIM (MECHANISMUS) 54-0324
DIMROTH-, V. IMINOPYRIMIDINEN 54-0450
DIMROTH- V. 1.2-DIHYDRO-2-IMINO-PYRIMIDINEN 54-0451
D. KOHLENSTOFFGERUESTES V. UNGESAETT. ALKYLHYDRAZONEN BEI D. CYCLISIER. 55-0410
BECKMANN- V. ALPHA,BETA-UNGESAETT. OXIMEN, 4. MITT. 56-0235
BECKMANN- V. ALPHA,BETA-UNGESAETT. OXIMEN, 5. MITT. 56-0236
THERM. -- V. CYCLOPROPYL-KETIMINEN, 1. MITT. 56-0653
BECKMANN- V. OXIM-PIKRYL-AETHERN, KINETIK (LSGM.-EINFL., STER. HINDER.) 57-0249
BEI D. DEHYDROBROMIER. V. N-(ALPHA-BROM-ARALKYLIDEN)-N'-(O-NITRO-PHENYL)-HYDRAZINEN 57-0556
SYN-ANTI- V. 2.4-DINITRO-PHENYLHYDRAZONEN (KINETIK) 59-0241
HYDRAZON-AZO-ISOMERISIER. V. ALKYLHYDRAZONEN (KINETIK) 59-0250
PYROLYT., V. TROPONOXIMDERIV. 60-0403
THERM. V. CYCLOPROPYLIMINEN, 2. MITT. 62-0726
V. SCHIFFSCHEN BASEN (KINETIK, BEZIEH. ZU LOKALISIER.-ENERGIEN U. BIND.-ORDNUNG) 64-0328
BECKMANN- V. 2-OXIMINO-CHOLESTA-4.6-DIEN-3-ON 64-0858
V. SAEUREAZID-HYDRAZONEN (EINFL. V. SUBSTITUENTEN) 56-0359
BECKMANN- V. GAMMA-KETO-KETOXIMEN 62-0682
V. PYRIDIN-N-OXIDEN DURCH UV-LICHT 55-0442
V. PHOSPHETANIUM-SALZEN 57-0489
V. 2-ALKYLPYRIDIN-1-OXIDEN MIT ACETANHYDRID 57-0592
V. DIMETHYLSULFONIUMPHENACYLIDEN 58-0454
V. TERT. AMIN-N-OXIDEN, 19. MITT. 59-0244
V. TERT.-AMIN-N-OXIDEN, 20. MITT. 59-0245
STEVENS-, V. 2-PHENYL-1.1.3.3-TETRAMETHYL-AZETIDINIUM-JODID 59-0504
V. ALLYLSULFONIUMSALZEN IN GGW. V. BUTYL-LI 62-0338
SOMMELET- V. HETEROCYCL. QUART. AMMONIUMSALZEN MIT NANH2 63-0578
V. TERT. AMINOXIDEN, 21. MITT. 63-0687
V. PHENOXYPHOSPHONIUMSALZEN 57-0385
V. ALKENSAEURENITRILEN (TEMP.- U. SUBSTITUENTEN-EINFL.) 63-0215
OXYDATIVE CYANHYDRIN-CYANKETON- BEI STEROIDEN , MECHANISMUS 59-0760
D. BENZOYLOXYGRUPPE V. ALLYLBENZOATEN BEI EINW. V. AGJ-BENZOAT-KOMPLEXEN 53-0254
V. ALPHA.ALPHA-DIALKYL-HOMOPHTHALIMIDEN 53-0432
BENZILSAEURE- V. CHINISATIN (1.2-VERSCHIEB. D. SAEUREAMID-GRUPPE) 54-0177
V. N-BENZOYL-DIPHENYLAMIN 54-0437
WOLFF- V. ALPHA-ACETOXY-DIAZO-KETONEN 55-0214
V. 1-AMINO-2-NITRO-CYCLOPENTANCARBONSAEUREDERIV. 55-0454
V. 1-CARBOMETHOXY-2-BENZYL-3-AZA-3-ACETYL-6-HYDROXY-6-METHYL-BICYCLO-(3.3.1)-NONANON-(9) (KINETIK) 56-0224
V. 3-ACETYL-PYRAZOLINEN-(1) MIT DIAETHYLAMIN (MECHANISMUS) 56-0233
SKELETT- WAEHREND D. ESTER-PYROLYSE 56-0240
RACEMISIER. V. 8'-METHYL-1.1'-BINAPHTHYL-CARBONSAEURE-(8) (KINETIK) 56-0417
UMLAGER. V. MASSENSPEKTROMETR. ERZEUGTEN MOL.-FRAGMENTEN AUS HALOGENCARBONSAEUREN U. DEREN DERIV. 57-0128
V. 2-HYDROXY-INDOXYL-2-CARBONSAEURE-AETHYLESTER 57-0505
V. ESTERN IN D. GASPHASE, 2. MITT. (V. ALLYLACETATEN (KINETIK U. MECHANISMUS)) 58-0286
BECKMANN-, V. SYN- U. ANTI-S-ALKYL-THIOHYDROXIMATEN 58-0373
V. PEPTIDAEHNLICHEN SYST. , 2. MITT. 58-0422
SEMMLER-WOLFF- V. AC. ALL-CIS-4-OXIMINO-7-METHOXY-1.2.3.4.4A.9.10.10A-OCTAHYDRO-PHENANTHREN-CARBONSAEURE-(2) 59-0454

V. URACIL-5-CARBALDEHYD-HYDRAZON U. -METHYLHYDRAZON 59-0620

AMID-IMID- V. 6-GLIEDR. N-METHYL-LACTAMEN (ISOMERISIER.-WAERME U. WEITERE THERMODYNAM. DATEN) 60-0204

LOSSENSCHE, V. HYDROXAMSAEUREN (MECHANISMUS U. KINETIK) 60-0287
CIS-TRANS- U. 1.3-ACYLVERSCHIEB. V. ENAMIDEN 60-0311
OELSAEURE-ELAIDINSAEURE-ISOMERISIER. 61-0291
THERM., V. BICYCLO(2.1.0)PENTAN-5-CARBONSAEUREESTERN UNTER 1.2-AETHOXYCARBONYLWANDER. 61-0518
ISOMERISIER. V. ALKENYLESTERN (FE(CO)5) 62-0345
V. 2-BENZYL-3-(ALPHA-BROM-BENZYLIDEN)-PHTHALIMIDIN 62-0620

ISOMERISIER. V. DIEN-HARZSAEUREN 62-0761
CHAPMAN- V. N-PHENYL-BENZIMIDSAEUREARYLESTERN (KINETIK, STER. EFFEKTE) 64-0302
V. AZIRIDIN-2-CARBONSAEUREHYDRAZIDEN 64-0571
BENZIDIN- U. SEMIDIN-, V. 4-ACETAMIDO-HYDRAZOBENZOL (KINETIK) 63-0311
V. ALKINYL-SULFONATEN ZU KLEINRING-KETONEN 53-0279
V. O-ARENSULFONYL-PHENYLHYDROXYLAMINEN (MECHANISMUS) 57-0381

1.4- U. 1.5-HALOGENVERSCHIEB. BEI D. SOLVOLYSE V. HALOGENALKYL-P-NITRO-BENZOLSULFONATEN 62-0234
THERM., V. O-ALLYL-PHOSPHINITEN (KINETIK) 62-0270
V. (2-CYCLOPROPYL-AETHYL)-TOSYLATEN BEI SOLVOLYSEN 62-0422

BEI D. SOLVOLYSE V. NORTRICYCLYLCARBINYLBROSYLAT (WANDER.-VERHAELTNIS D. CYCLOPROPYL- U. CYCLOPENTYLRINGS) 63-0280
BECKMANN-, V. 1BETA-DIMETHYLAMINO-5-TOSYLOXIMINO-TRANS-DEKALIN 62-0681
BECKMANN- V. 1-OXO-5-TOSYLOXIMINO-9-METHYL-TRANS-DEKALIN 64-0306
MICHAELIS-ARBUSOW-RK. V. ALPHA-HALOGENAETHERN MIT PHOSPHITEN 53-0203
V. N.N-DIALKYLSULFAMINSAEUREESTERN (MECHANISMUS) 58-0382

V. ALLENTOSYLATEN BEI HYDROLYSE (MECHANISMUS) 62-0330
ISOMERISIER. V. ORGAN. RADIKALEN IN FESTER PHASE (UEBERSICHT) 62-0199
D. CYCLOPROPYL- ZUM ALLYL-ANION (SCF-MO-BERECHN.) 63-0316

O-N-GLYKOSYLWANDER. BEI PYRIMIDINNUCLEOSIDEN 54-0504
ACETOXONIUM- D. D-XYLOSE 57-0637
ACETOXONIUM- V. D-GALAKTOSE 57-0638
ACETOXONIUM- V. D-IDOSE 57-0639
O-N-GLYKOSYL- V. NUCLEOSIDEN, LEWIS-SAEUREN-KATALYSE 58-0289

RINGISOMERISIER. V. ISOFLAVON-GLUCOSIDEN , 3.MITT. 60-0701

PHOSPHATGRUPPEN-WANDER. BEIM RUFF-ABBAU V. ALPHA.BETA-D-GLUCOMETASACCHARINSAEURE-6-PHOSPHAT 61-0695
INTRAMOL. ALLYL- V. 2-HYDROXY-GLYKAL-ESTERN (1-DESOXY-DELTA(1)-ALDENOPYRANOSE-ESTERN) 61-0696
ANOMERISIER. V. NUCLEOSIDEN , LEWIS-SAEUREN-KATALYSE 58-0289

THERM. ISOMERISIER. V. PINEN 1. MITT. 54-0175
V. DELTA(3)-FRIEDELEN IN DELTA(13(18))-OLEANEN (MECHANISMUS) 54-0536
ISOMERISIER. V. BETA-PINEN AN TIO2 ODER ALUMOSILICAT (KINETIK U. MECHANISMUS) 57-0252
ISOMERISIER. V. CAMPHEN AN SIO2-P2O5 57-0717
FAVORSKI- -- V. CIS- U. TRANS-CARVON-TRIBROMID, 1. MITT. 58-0739
SAEUREKATALYSIERTE, V. (+)-CAREN-(3), (+)-5CIS-HYDROXY-CIS-CARAN U. (-)-2CIS-HYDROXY-TRANS-CARAN 59-0720

V. TERPENEPOXIDEN MIT SNCL4 61-0766
V. STEROIDEN, 3. MITT. 54-0546
SKELETT -- IN STEROIDEN (NEUES BEISPIEL) 55-0546
BENZILSAEURE-, V. 4.4-DIMETHYL-5ALPHA-CHOLESTAN-2.3-D 55-0554

BENZILSAEURE-, V. 5ALPHA-CHOLESTAN-2.3-DION 55-0555
BF3-KATALYSIERTE, V. 4.4-DIMETHYL-CHOLESTAN-5.6-EPOXIDEN 59-0763
V. 12ALPHA-MESYLOXY-CHOLAN IN 17BETA-(1-METHYL-BUTYL)-5BETA-DELTA(12)-AETIOJERVEN 60-0773
ACETYLWANDER. ZWISCHEN D. 28- U. 16-OH-GRUPPE V. PRIMULAGENIN A 62-0788
V. STEROIDEN, 5. MITT. 64-0871
BECKMANN U. SCHMIDT -- V. OESTRONEN 64-0871
CIS-TRANS- V. INDIGODERIV. (KINETIK U. MECHANISMUS) 58-0285

ENOLISIER. V. TRIACYL-METHANEN (STER. HINDER.) 53-0250

ENOLISIER. V. BUTANON-(2) (KINETIK) 61-0289
ENOLISIER. V. METHYLKETONEN (BERECHN. MIT D. HUECKEL-METH.) 62-0269
TRANS-ENOL-ALDO-CIS-ENOL- V. 2-PHENYL-3-OXO-PROPIONSAEURE-ALKYLESTERN 55-0138
RACEMISIER., 1. MITT. 57-0680
RACEMISIER. , 2. MITT. 63-0787
THERM. RACEMISIER. V. L(D)-BIS(TRIS)-(AETHYLENDIAMIN)-CHROM(III)(KOBALT(III))-KOMPLEXEN 61-0047
PROTONENAUSTAUSCH U. INVERS. AM N IN N.N'-DIMETHYL-AETHYLENDIAMIN-PT(II)KOMPLEXEN 62-0020
LIGANDENRACEMISIER. IN BIS-(N-(ALKOXYCARBONYLALKYL)-SALICYLALDIMINATO)-METALL(II)-KOMPLEXEN 61-0028

EPIMERISIER. V. REPANDIN(1S,1'S) ZU OXYACANTHIN(1S, 1'R) 53-0502
CIS-TRANS-ISOMERISIER. V. DIMETHYLCYCLOHEXANEN (THERMODYNAM. DATEN) 59-0151
RACEMISIER SALZEFFEKTE BEI D. RACEMISIER. V. BIPHENYLEN 1.MITT. 53-0176
RACEMISIER. V. ATROPISOMEREN BIPHENYLVERB. (EINFL. D.VISKOSITAET D. LSG.) 54-0179
RACEMISIER. V. (+)- BZW. (-)-5.8-DIHYDO-DIBENZO(D.F)-(1.2)DITHIOCIN (KINETIK U. THERMODYNAMIK) 54-0180
INVERS.-GESCHW. V. DOPPELT UEBERBRUECKTEN BIPHENYLEN AUS D. TEMP.-ABHAENGIGK. D. NMR 60-0284
RACEMISIER. V. 1-BENZYL-TETRAHYDROISOCHINOLINEN BEI D. KATALYT. HYDRIER. 63-0787
RACEMISIER. V. 5-METHYL-CYCLOHEXEN-(2)-YL-CHLORID (MECHANISMUS U. KINETIK) 58-0287
EPIMERISIER., V. 2-METHYLCYCLOALKANOLEN MIT STARRER KONFORM. 54-0100
EPIMERISIER. D. 6-HYDROXYGRUPPE BEI D. CYCLISIER. V. 14.15.16-TRIS-NOR-LABDEN-(8,17)-6ALPHA.13-DIOL 58-0746

RACEMISIER. V. SUBSTITUIERTEM METHANOL (MECHANISMUS) 61-0256

RACEMISIER. V. SUBSTITUIERTEM METHANOL(MECHANISMUS) 61-0257

RACEMISIER. V. RAC.-1.2-DIPHENYL-AETHANOL (KINETIK) 64-0292

CIS-TRANS-ISOMERISIER. V. 2.5-DISUBSTITUIERTEN 1.3-DIOXANEN 64-0305
RACEMISIER AEQUILIBRIER. U. RACEMISIER. V. SULFOXIDEN 53-0165

RACEMISIER V. SULFOXIDEN IN GGW. V. LEWISSAEUREN (KINETIK) 53-0167
PHOTORACEMISIER. V. ARYL-METHYL-SULFOXIDEN' DURCH NAPHTHALIN-SENSIBILISIER. 63-0335
RACEMISIER. V. CHLORSILANEN (MECHANISMUS) 64-0465
RACEMISIER. V. (+)-ALPHA-ACETAMIDO-ALPHA-VANILLYL-PROPIONITRIL U. (+)-ALPHA-ACETAMIDO-ALPHA-VERATRYL-PROPIONITRIL (KINETIK) 61-0288
EINFACHE METH. ZUR UNTERS. D. RACEMISIER. BEI EINER PEPTID-SYNTH. 53-0163
RACEMISIER. V. CYCLOPROPEN-2-YLCARBONSAEUREESTER 56-0407

EPIMERISIER. V. 2-METHYLCYCLOHEXANCARBONSAEUREDERIV. (KINETIK) 57-0181
EPIMERISIER. V. PEPTIDEN (EINFL. V. LSGM.) 58-0280
RACEMISIER. BEI AZLACTONRK. (MECHANISMUS) 59-0378
ISOMERISIER. V. PILOCARPIN (MECHANISMUS) 60-0715
RACEMISIER. V. 2-(N.N-DIMETHYL-CARBAMOYL)-9-METHYL-FLUOREN (ISOTOPENEFFEKT) 61-0258
RACEMISIER. V. (-)-2-(DIMETHYLCARBAMOYL)-7-NITRO-9-METHYL-(9-D)FLUOREN (KINETIK, MECHANISMUS) 63-0285
RACEMISIER. V. FLUORENCARBONSAEUREAMIDEN (KINETIK) 63-0286

INVERS. V. 3-ARYL-2-METHYL-SERINEN 63-0454
EPIMERISIER. V. ALPHA-METHYLBENZYLSULFONEN (KINETIK) 58-0281

RACEMISIER. V. OPT. AKT. ARENTHIOLSULFINSAEUREESTERN 64-0310

MUTAROTAT. V. TETRAMETHYL-D-GLUCOSE IN BZL. (KINETIK) 63-0108

EPIMERISIER. V. RESERPIN U. DESERPIDIN 54-0129
RACEMISIER. V. PROTOPIN (KINETIK) 55-0117
RACEMISIER., V. PROTOBERBERINEN MIT H2-PTO2 57-0680

UNGESAETTIGTE VERBINDUNGEN
STEREOCHEMIE U. REAKTIVITAET, 6. MITT. 55-0060
UNGESAETT. GAMMA-THIOLACTONE, 6. MITT. 56-0475
UNGESAETT. KETONE, PHOTOCHEMIE IN LSG., 11. MITT. 57-0395

1.3-BIPOLARE ADDIT., 18. MITT. 57-0555
MAKROCYCL., 54. MITT. 58-0523
9. MITT. 58-0568
POLYNOMINALE NOMENKLATUR (UEBERTRAG. IN RAEUML. DIAGRAMME) 61-0338
VERB. MIT KUMULIERTEN DOPPELBIND., CHEMIE, 3. MITT. 62-0394

VERB. MIT KUMULIERTEN DOPPELBIND., 4. MITT. 62-0402
UNGESAETT. N-HALT. VERB., PHOTOCHEMIE, 1. MITT. 64-0437

UNGESAETT. HETEROCYCL. SYST., 42. MITT. 64-0557
SYNTH. U. FOLGERK. V. SAUERSTOFFHALT., 43. MITT. 59-0289

O-HALT. UNGESAETT. ORGAN. U. SI-ORGAN. VERB., SYNTH. U. FOLGERK., 52. MITT. 61-0340
1.3-BIPOLARE ADDIT., 19. MITT. 60-0556
KONJUGIERT UNGESAETT. THIOAETHER-SYST. MIT 6 PI-ELEKTRONEN, ISOMERISIER. 61-0338
UNGESAETT. KETONE, RED. MIT LI IN HMPT 59-0408
STEREOCHEMIE U. RK.-FAEHIGK. V. UNGESAETT. VERB. 5. MITT. 53-0283
RK. MIT OALICONEN 54-0331
RADIKAL. ADDIT. V. CYCLOOCTAN 55-0309
1.3-DIPOLARE ADDIT., 21. MITT. 63-0520
RK. MIT ALIPHAT. DIAZOVERB., 26. MITT. 60-0419
RK. MIT MERCAPTANEN 56-0279
RK. MIT BIS-(TRIFLUORMETHYL)-KETEN 58-0335
HALOGENARYLIER. MIT AROMAT. DIAZOVERB., 34. MITT. 59-0390

HALOGENARYLIER. MIT AROMAT. DIAZOVERB., 33. MITT. 59-0419

UNKRAUTBEKAEMPFUNG
BIPYRIDYLIUM-HERBICIDE, CHEM. KONSTIT. U. AKTIVITAET, 1. MITT. 60-0604
HERBIZIDE, (2-NITROPHENOXY-AETHYL)-ESTER (DARST.) 53-0242
HERBIZIDE, BENZTHIADIAZOLE 55-0425
HERBIZIDE FURANVERC. 60-0493
URAN
UO2(2+), KOMPLEXBLDG. MIT 5-SULFOSALICYLSAEURE (PH-ABHAENGIGK.) 58-0828
UO2(2+), SPEKTRALPHOTOMETR. BEST. MITTELS 5-SULFOSALICYLSAEURE 58-0828
URANVERBINDUNGEN
MY(VI)-KOMPLEXE MIT 8-HYDROXY-CHINOLIN U. DERIV., IR-UNTERS. 56-0076
KOMPLEXE V. UO2(2+) MIT PHENOL. LIGANDEN, 10.MITT. 58-0828
KOMPLEXE D. URANYLS MIT PHENOL. LIGANDEN 9. MITT. POLAROGRAPH. STUDIUM D. KOMPLEXE MIT KOJISAEURE 53-0013
U(IV)-KOMPLEXE MIT AMINOPOLYCARBONSAEUREN , BLDG., HYDROLYSE, RK. 57-0024
UO2-DIHYDROXY-BENZOESAEUREKOMPLEXE, BLDG. , GLEICHGEW. -KONST. 61-0019
URAN(IV)-TETRAFORMIAT, POLYMORPHIE 62-0007
(UO2(CH3-CH2-COS)2(H2O)2), DARST. AUS UO2(NO3)2 U. DIOXO-BIS-(THIOPROPIONATO)-DIAQUO-URAN(VI) 64-0025
KOMPLEXE V. UO2(2+) MIT 5-SULFOSALICYLSAEURE, BLDG. , STABILITAETSKONST., EXTINKTIONSKOEFF. 58-0828
UCL4, DARST. 57-0024
UREIDE
DISAEURE-BIS-(3-PHENYL-UREIDE), DARST. AUS DIOYL-DIISOCYANATEN U. ANILIN 60-0376
N.N'-DIACYLHARNSTOFFE, BEZIEH. ZWISCHEN WRKG. U. LIPOPHILEM CHARAKTER 57-0807
URETHANE (CARBAMINSAEUREESTER)
N.N'-HEXAMETHYLEN-BIS-O-CHLORALKYL-DI-, DARST. AUS HEXAMETHYLEN-DIISOCYANAT U. ALKOHOLEN 53-0230
N.N'-ALKYLIDEN-BIS- DARST. AUS N.N-DICHLOR-URETHAN MIT AETHERN 53-0231
TERT. O-PHENYL-, DARST. AUS TERT. AMINEN U. CHLORAMEISENSAEURE-PHENYLESTER 54-0517
N-SULFINYL-, DARST. AUS N.N-DICHLOR-URETHANEN U. SOCL2 55-0473
DIHYDROCHINOLIN-N-CARBONSAEUREESTER, DARST. 58-0638
AREN-N-CARBAETHOXY-SULFONIMIDSAEURECHLORIDE , DARST. AUS ARENSULFINSAEURECHLORIDEN U. N-CHLORIMINO-KOHLENSAEUREDIAETHYLESTER 61-0394
2.2.2-TRIFLUOR-1-(TERT.-BUTYLOXYCARBONYLAMINO)-AETHYL-DERIV., DARST. AUS 2.2.2-TRIFLUOR-1-HYDROXY-N-TERT.-BUTYLOXYCARBONYL-AETHYLAMIN 63-0632
2-HYDROXYMETHYL-N-ALKYL-CARBAMATE, DARST. AUS AETHYLENCARBONAT U. AMINEN 55-0256
N-4-BUTENYL-, DARST. AUS THIAZINEN 55-0473
N-NITROSO-, DARST. 60-0356
O-ISOPROPYLIDENAMINO-, ROTAT.-BARRIERE 57-0139
N-ARYLSULFONYLMETHYL-, INNERE ROTAT. 62-0123
O-ISOPROPYLIDENAMINO-, NMR 57-0139
N-NITRO-, NMR-SPEKTREN 58-0103
PROTONIERTE, NMR 58-0242
NMR 60-0208
N-ARYLSULFONYLMETHYL-, NMR 62-0123
PROTONIER.-GLEICHGEW. 60-0208
N-PHENYL-ALLYL-, UMLAGER. 61-0416
PROTONIERTE, SPALT. 58-0242
N-4-BUTENYL-, HYDROLYSE 55-0473
PHENYL-N-PHENYL-CARBAMATE, AMINOLYSE. KINETIK 60-0255
N-NITROSO-, HYDROLYSE (KINETIK) 60-0356
RK. V. MIT ORTHOAMEISENSAEURE-TRIALKYLESTERN 55-0258
2-HYDROXYAETHYL-N-ALKYL-CARBAMATE, RK. MIT TOSYLCHLORID 55-0256
DIHYDROCHINOLIN-N-CARBONSAEUREESTER, WRKG. ALS INAKTIVATOREN D. CATECHINAMIN-ALPHA-REZEPTOREN U. ALS ZNS-DEPRESSOREN 58-0638
PROPINYL-, BEZIEH. ZWISCHEN WRKG. U. LIPOPHILEM CHARAKTER 57-0807
ACETYLEN. CARBAMATE, ANTITUMORWRKG. 60-0805
VERW. ALS FUNGIZIDE (UEBERSICHT) 60-0820
URONSAEUREN
GLUCURONOSIDOXY-ANDROSTANE, DARST. 59-0762
D-GLUCURONSAEURE -DERIV., SELEKTIVE SUBSTITUT. 60-0693
ACETYLIERTE ALDOBIOURONSAEUREMETHYLESTER, DARST. 62-0692
URUSTHIOL
* S. UNTER OELE, AETHERISCH,- VON EFEU

V

VALENZ
BEHINDERTE INNERE ROTAT. FREIER MOL. UM SIGMA-BIND. (UEBERSICHT) 57-0154
SI-N-BIND., 26. MITT. 59-0511
CHEMIE D. SI-N-BIND., 13. MITT. 62-0369
CHEMIE D. SI-N-BIND. 14. MITT. 62-0370
CHEMIE D. SI-N-BIND., 12. MITT. 62-0837
UNTERS. D. EINFACH- U. DOPPELBIND. ZWISCHEN SP(2)-HYBRIDISIERTEN KOHLENSTOFFATOMEN MITTELS D. GAS-ELEKTRONENBEUG.-METH., 2.MITT. 64-0159
CHEMIE D. SI-N-BIND., 17. MITT. 64-0413
SI-N-BIND., 28.MITT. 58-0446
UNTERS. AN D. P-N-DOPPELBIND., 6. MITT. 61-0080
SCHRUMPFEFFEKT V. CHEM. BIND. IN (12)C(16)O3, (12)C(18)O3 U. (13)C(16)O3 60-0002
BIND.-MODELL V. OLEFIN-EISEN-TETRACARBONYLEN 53-0001
PI-BIND. EINES OLEFIN-AL-SYST. 53-0020
ION. BIND. V. ALLYLLITHIUM 58-0001
PD-(ISO)THIOCYANAT-BIND. IN PD(II)-(ISO)THIOCYANAT-PY(DIPY,PHEN)-KOMPLEXEN 63-0005
SEMIPOLARE METALL-N-PI-BIND. IN (BE(N(CH3)2)2)3 56-0034
PD-(ISO)THIOCYANAT-BIND. IN THIOCYANATO- U. ISOTHIOCYANATO-1.1.7.7-TETRAAETHYL-DIAETHYLENTRIAMIN-(N.N'.N'')-PALLADIUM(II)-THIOCYANAT 63-0005
PD-(ISO)THIOCYANAT-BIND. IN PD(II)-(ISO)THIOCYANAT-ARSIN (PHOSPHIN, STIBIN)-KOMPLEXEN 63-0005
POLARITAET D. BIND. ZWISCHEN C U. ALKALIMETALLEN, 2. MITT. 57-0129
PI-BIND. IN ORGANOZINNCHLORIDEN 58-0005
DONATOR-AKZEPTOR-WECHSELWRKG. IN (C5H5)2MOH2.MO(CO)5 U. VERWANDTEN DERIV. 63-0078
GA-C-GA-BRUECKENBIND. IN (C2H3)6GA2 64-0012
GLEICHGEW.- V. ALKYL-CO(III)-CORRIN-KOMPLEXEN IN WSS. LSG. (GLEICHGEW. ZWISCHEN FUENFER- U. SECHSERKOORDINAT.) 55-0013
DREIFACHBIND., INTRAMOL. WECHSELWRKG., 3. MITT. (WECHSELWRKG. ZWISCHEN GEKREUZTEN DREIFACHBIND.) 59-0464
PARTIALBIND. IN METHYLEN-BIS-1.2-DITHIOLEN 55-0398
C-H- U. C-X-BIND.-DISSOZIAT.-ENERGIEN V. HALOGEN-KW-STOFFEN 57-0138
SI-N-PI-BIND. IN N-TRIMETHYLSILYL-PENTAFLUORANILIN 56-0145
BIND.-ZUSTAND D. SI-O-SI-BIND. IN ALPHA.OMEGA-DISUBSTITUIERTEN LINEAREN POLYSILOXANEN 57-0008
SI-O- U. SI-C-SIGMA-BIND. IN ALKOXYSILANEN 57-0091
P(PI)-D(PI)-BIND. V. SI-HALOGENIDEN 59-0149
DONATOREIG. V. HEXAMETHYLCYCLOTRISILAZAN 64-0045
SIGMA- ODER PI-BIND. BIFUNKTIONELLER DONATOREN IN MONOSUBSTITUIERTEN METALLCARBONYLEN 53-0030
BIND.-SYST. D. N-ACYL-SULFILIMINE , 5. MITT. 57-0089
VALEPOTRIATE
* S. UNTER RINGSYSTEME (HETEROCYCLEN)
VALERIANACEEN-OELE
* S. UNTER OELE, AETHERISCHE
VANADIN
V(II), RK. MIT CYANO-PENTAMMIN-KOBALT(III)-ION U. TRANS-CYANO-TETRAMMIN-AQUO-KOBALT(III)-ION (GESCHW.-KONST.) 60-0032
EINFL. AUF D. DEHYDRIER. V. CYCLOHEXAN U. CYCLOHEXEN (KINETIK) 62-0201
EINFL. AUF D. DEHYDRIER. U. DEHYDRATAT. V. ISOPROPANOL U. D. DEHYDRATAT. V. TERT.-BUTANOL 62-0281
VANADINSAUERSTOFFSAEUREN
((ALKYL)4N)(X)-H(6-X)V10O28, DARST. 58-0056
((CH3)4N)VO3, DARST. 58-0056
VANADINVERBINDUNGEN
CYCLOPENTADIENL-VANADIN-TRICARBONYL-PHOSPHIN-KOMPLEXE, DARST., IR 53-0047
((PI-C5H5)V(S-CH3)2)2, ((PI-C5H5)VS2C4F6)2, POLAROGRAPH. U. CYCL.-VOLTAMMENTR. VERH. 61-0022
V(O,C), DARST. D. KUB. OXIDCARBIDES DURCH THERM. ZERS. V. V(CO)6 IM HOCHVAKUUM BEI 250-550 GRAD 59-0073
V(O,C), ROENTGENOGRAPH. UNTERS. 59-0073
V(CO)6, THERM. ZERS. 59-0073
VOCL3, EINFL. AUF RK. V. GRIGNARD-REAGENZIEN 53-0200
(VO)3(BI(SCN)6)2, IR-UNTERS. 62-0002
(VO)3(BI(SCN)6)2, KOORDINAT. 62-0002
VERAETHERUNG
UMAETHER. V. POLYMETHOXY-POLYNITRO-BENZOLEN MIT K-ALKYLATEN (MECHANISMUS) 54-0163
SELEKTIVE KETALISIER. V. 3.17-DIOXO-, -HYDROXY-OXO- U. -MONOOXO-5ALPHA-ANDROSTANEN MIT GLYKOLEN (KINETIK) 60-0768
KETALISIER. V. ANDROSTANONEN (KINETIK) 60-0769
VERBRENNUNG (U. FLAMMEN)
METHAN-CLO2-FLAMMEN 53-0018
V. HEPTAN IN D. KALTEN FLAMME (ROLLE V. PEROXIDEN) 53-0124
V. METHAN (MECHANISMUS) 55-0202
BLDG. V. C2-KW-STOFFEN IN D. VERBRENN.-GASEN EINER METAHN-LUFT-FLAMME 59-0264
WECHSELWRKG. REAKTIONSFAEHIGER KETTEN BEI D. -- V. METHAN BEI HOHER TEMP., 2.MITT. 64-0320
V. DIAETHYLAETHER-LUFT-GEMISCHEN (BEST. D. VERBRENN.-PROD. FUER VERSCHIEDENE FLAMMBEREICHE) 56-0246
VERBRENNUNGSWAERME
* S. UNTER REAKTIONSENERGETIK UND -GLEICHGEWICHTE
VERDAMPFUNGSWAERME (U. -ENERGIE)
V. DIKETEN 61-0171
V. GERADKETT. MONOCARBONSAEURE-AETHYLESTERN IN FL. U. FESTEM ZUSTAND 54-0121
VERDRAENGUNGSREAKTIONEN
* S. UNTER SUBSTITUTIONSREAKTIONEN

VERDUENNUNGSWAERME
V. ALIPHAT. AETHERN IN CHLOROFORM 62-0164
VERESTERUNG
V. 2-, 3-THENYLALKOHOL U. BENZYLALKOHOL (REAKTIVITAETSVERHAELTNISSE) 53-0136
V. ALKANOLEN DURCH D. NITRITACIDIUM-ION (KINETIK U. GLEICHGEW.) 55-0168
TRIFLUORACETYLIER. V. HYDROXYVERB. MIT ACETYLTRIFLUORACETAT (KINETIK, EINFL. V. BASEN) 58-0226
TRIFLUORACETYLIER. V. HYDROXYVERB. MIT TRIFLUORESSIGSAEUREANHYDRID (KINETIK) 58-0227
AETHOXYCARBONYLIER. V. PHENOLEN U. HYDROXY-PYRIDINEN MIT PYROKOHLENSAEURE-DIAETHYLESTER 58-0642
V. CARBONSAEUREN MIT ACETYLEN AN ZN (KINETIK) 53-0178
MITTELS ANTHRON ALS KATALYSATOR (ERMITTL. D. OPTIMALEN BEDING.) 54-0231
V. PHTHALSAEUREN U. UMESTER. V. PHTHALATEN (MECHANISMUS), 2.MITT. 57-0228
V. BENZOESAEUREN (KINETIK, STER. U. POLARE EINFL.) 58-0250
V. PHENYLESSIGSAEUREN (KINETIK, STER. U. POLARER EINFL.) 58-0251
UMESTER. V. 1.1-BIS-CARBAETHOXY-CYCLOALKANEN MIT KALIUM-TERT.-BUTYLAT (KINETIK) 58-0259
V. CARBONSAEUREN MIT DIPHENYL-DIAZOMETHAN (MECHANISMUS) 59-0261
V. HYDROXYCARBONSAEUREN MIT DIALKYLSULFATEN IN DMF 59-0345
V. ACETANHYDRID MIT METHANOL (KINETIK, MECHANISMUS) 60-0269
UMESTER. V. NITROBENZOESAEUREESTERN 60-0389
UMESTER. V. MALONATEN MIT 3-METHYL-BUTANOL-(1) (KINETIK, MECHANISMUS) 61-0303
V. BENZOESAEUREN MIT DIAZODIPHENYLMETHAN (LSGM.-EINFL. KINETIK) 63-0276
UMESTER. V. CYCL. U. OFFENKETT. ORGAN. SULFITEN IN KONKURRENZ MIT NUCLEOPHILER SUBSTITUT. 59-0231
VERSEIFUNG
* S. UNTER HYDROLYSE
VERTEILUNG (ZWISCHEN VERSCHIEDENEN PHASEN)
V. ALIPHAT. SULFIDEN ZWISCHEN HEPTAN U. WSS. HG-ACETAT-LSG. 54-0123
-GLEICHGEW. V. TRIISOOCTYLAMMONIUM-SALZEN IN WSS.-ORGAN. PHASE 56-0039
V. DIBENZYLPHOSPHORSAEURE ZWISCHEN NICHTMISCHBAREN SYST. (W.-ORGAN. LSGM.) 56-0178
-KOEFF. V. 2-(2-HYDROXY-5-METHYL-PHENYL)-BENZTRIAZOL U. SEINEN CU(II)-KOMPLEXEN IN 0,1M NACLO4-ORGAN. LSGM. 59-0020
VERTEILUNG V. NA-ALKANOATEN ZWISCHEN SEPHADEX-GELEN U. W. 64-0208
-KOEFF. V. 5-FLUOR-8-MERCAPTO-CHINOLIN ZWISCHEN W. U. ORGAN. PHASEN 60-0209
VILSMEIER-(HAACK)-REAKTION
* S. UNTER KONDENSATIONSREAKTIONEN
VINYLIERUNG
* S. UNTER ALKYKIERUNG (UND ARYLIERUNG)
VIRIALKOEFFIZIENT
* S. UNTER ZWISCHENMOLEKULARE KRAEFTE
VISKOSITAET
EINFL. AUF D. RACEMISIER. V. BIPHENYLDERIV. 54-0179
EINFL. AUF D. PHOTOISOMERISIER. V. STILBENEN 57-0265
LSGM.-, EINFL. AUF D. UNTERDRUECK. V. PHOTOELIMINIER. BEI PHENONEN 62-0298
U. DIELEKTR. EIG. V. KOLOPHONIUMHARZEN U. HARZSAEUREN U. ABIETINSAEUREMETHYLESTER, 1. MITT. 64-0193
U. DIELEKTR. EIG. V. KOLOPHONIUMHARZEN, HARZSAEUREN U. ABIETINSAEUREMETHYLESTER, 2. MITT. 64-0194
LSGM.-, EINFL AUF D. KAEFIGRK. V. CF3-RADIKALEN 58-0205
LSGM.- , EINFL. AUF D. RK. V. ALKYL-RADIKALEN 58-0206
VISKOSITAET (V. SPEZIELLEN STOFFEN)
U. DIELEKTR. EIG. V. HARZSAEUREN, KOLOPHONIUMHARZEN U. ABIETINSAEUREMETHYLESTER, 3.MITT. 64-0093
V. ALKYLCYCLOALKANEN 60-0401
V. PY. U. THIAZOL IN CCL4 64-0195
D. THIAZOLS U. D. SYST. THIAZOL-CYCLOHEXAN 57-0176
D. SYST. THIAZOL-CCL4 57-0176
D. SYST. 1.1.1.3.3.3-HEXAFLUOR-PROPANOL-(2)-W. 55-0132
V. BIN. GEMISCHEN N-METHYL-PYRROLIDON-(2) MIT DIMETHYL-SULOXID, 1.4-DIOXAN, AETHANOL U. ESSIGSAEURE 55-0130
VITAMINE
THIAMIN-DERIV., DARST. AUS THIAMIN U. ALDEHYDEN 56-0730
PYRIDOXIN-CHEMIE, 17. MITT. (ADAMANTANCARBONSAEURE-PYRIDOXOLYLESTER, DARST.) 57-0754
CALCIFEROL U. VERWANDTE VERB., 8. MITT. 56-0728
CALCIFEROL U. VERWANDTE VERB., 9. MITT. 56-0729
TOCOPHEROL-DIMERE, ISOLIER. AUS MAISOEL 61-0802
TOCOPHEROLE, OXYDATIVE DIMERISIER. 61-0803
VOLTAMMETRIE
* S. UNTER POLAROGRAPHIE
VOLUMEN
* KRIT. S. UNTER KRITISCHER ZUSTAND
MOLARE U. PARTIELLE MOLARE UEBERSCHUSS- V. BIN. GEMISCHEN AUS ORGAN. FL. 60-0187
MOLARE UEBERSCHUSSVOL. U. PARTIELLE MOLARE UEBERSCHUSSVOL. BIN. GEMISCHE AUS POLAREN N- U. O-HETEROCYCLEN 64-0199

W

WACHSE
NATUR- 6. MITT. 54-0581
KW-STOFF-ZUS. IN PFLANZEN VERSCHIEDENER ENTW.-STUFE 54-0581
ACECOL-L (LANOLINALKOHOLACETYLAT) , CACO3-SUSPENS. (STRUKTURVISKOSITAET) 59-0818
INSEKTEN-, (CEROPLASTES ALBOLINEATUS), ISOLIER. V. CEROPLASTERINSAEURE U. CEROPLASTOL I 59-0739
WAERME, SPEZIFISCHE
MOLARE, V. (12)C(16)O3, (12)C(18)O3 U. (13)C(16)O3 60-0002
WAERMEKAPAZITAET V. ANTHRACEN (TEMP.-ABHAENGIGK.) 61-0170
WAERMEKAPAZITAET V. THIAZOL 59-0176
V. 2-METHYL-THIAZOL 60-0186
WAERMEKAPAZITAET V. BENZOTHIAZOL (TEMP.-ABHAENGIGK.) 62-0163
WAGNER-MEERWEIN-UMLAGERUNG
* S. UNTER UMLAGERUNGEN
WALDENSCHE UMKEHRUNG
* S. UNTER STEREOCHEMIE
WARS
* S. UNTER PFLANZEN, SPEZIELLE (FLEMINGIA RHODOCARPA)
WASSER
PROTONENUEBERGANG , BEST. D. AGGREGAT.-ZAHL U. DURCH NMR 58-0185
MO-BERECHN. IM SYST. PY.-W. 60-0198
DISSOZIAT. IN HYDRONIUM- U. HYDROXIDIONEN (AKTIVIER.-GROESSEN U. MECHANISMUS) 55-0128
SAEURE-BASE-GLEICHGEW. IN N-METHYLACETAMID 56-0191
ASSOZIAT. MIT AE. (IR-UNTERS.) 56-0187
H-BIND. IM SYST. PY.-W. 60-0198
ASSOZIAT. MIT ALKOHOLEN (NAEHER.-BERECHN. MITTELS D. GITTER-MODELLS) 60-0231
ASSOZIAT.-KONST. MIT PY. (RAMANSPEKTROSKOP. BEST.) 56-0187
RK. MIT METHAN U. NH3 (GLIMMENTLAD., STATIONAERES ODER STROEMENDES SYST.) 62-0359
RK. MIT CH4 U. NH3 64-0404
EINFL. AUF D. KINETIK D. BECKMANN-UMLAGER. V. OXIM-PIKRYL-AETHERN 57-0249
D2O EINFL. AUF D. DEUTERIER. V. 1.3.5-TRINITRO-BENZOL 53-0150
H2(18)O, RK. MIT ACETESSIGSAEURE-AETHYLESTER U. KUPFER(II)-ACETAT 59-0004
WASSERSTOFF
REVERSIBLE KOMPLEXBLDG. MIT H2RU(P(C6H5)3)4 (BZW. HRU.(-C6H4)P(C6H5)2) 59-0087
EINFL. AUF D. DIMERISIER. V. ACRYLNITRIL AN RU-KOMPLEXEN 59-0263
BLDG. V. HD U. D2 BEI D. GAMMA-RADIOLYSE V. DCL IN CYCLOHEXAN 57-0260
SCHWERER, EINFL. AUF D. DIMERISIER. V. ACRYLNITRIL AN RU-KOMPLEXEN 59-0263
T, (3)H-VERTEIL. BEI KATALYT. HYDRIER. V. CROTON- BZW. TETROLSAEURE MIT HT-H2 UEBER PD, PT U. RH (ALS CHLORO-TRIS-(TRIPHENYLPHOSPHIN)-RHODIUM(I)) 58-0211
TRITIIERUNG V. CYCLOPROPAN MIT H2SO4 ODER ZNCL2-HCL 62-0329
TRITIUM-ATOME RK. MIT PROPEN U. DEUTERIERTEN PROPENEN (MECHANISMUS) 64-0247
WASSERSTOFF(BRUECKEN)BINDUNG
EINFL. D. WASSERSTOFFBIND. AUF D. KINETIK U. ALKOHOLYSE V. ACETANHYDRID IN CYCLOHEXAN 53-0145
17. MITT. 58-0169
9. MITT. 53-0113
INTRAMOL.-, 1. MITT. 56-0107
N-H...H-, 8. MITT. 56-0183
N-H...N-, 9. MITT. 56-0184
WASSERSTOFF(BRUECKEN)BINDUNG (INTRAMOLEKULARE)
VERB. MIT INTRAMOL., NMR-SPEKTREN, 1. MITT. 60-0091
IN OSAZONEN 64-0131
IN AL-HALOGENID-4-AETHYL-PYRIDIN-KOMPLEXEN 56-0013
INTRAMOL. OH-PI- V. ALKINOLEN 61-0177
INTRAMOL., V. CYCLOPROPANALKOHOLEN 58-0169
INTRAMOL., IN BENZYLALKOHOLEN 60-0150
INTRAMOL., IN PHENYLPOLYSILOXAN-ALPHA.OMEGA-DIOLEN 58-0174
INTRA- U. INTERMOL., V. DIHYDROXYACETOPHENONEN 57-0189
INTRAMOL., V. BETA-DIKETONEN, O-HYDROXY-ALDEHYDEN U. -KETONEN 60-0091
TRANSANULARE, ABWESENH. IN CYCLOOCTANON 64-0169
V. SYN- U. ANTI-ALPHA-OXIMINO-KETONEN 58-0769
INTRAMOL.-, IN BENZAMIDO-PYRIDINEN U. PYRIDINCARBONSAEURE-ANILIDEN 56-0107
INTRAMOL. -, IN BILIRUBIN (FESTER U. FL. ZUSTAND) 56-0143
INTRAMOL., V. RIBOSE-5'-NUCLEOTIDEN 59-0185
WASSERSTOFF(BRUECKEN)BINDUNG (INTERMOLEKULARE)
INTERMOL., IM SYST. PY.-W. 60-0198
NICHTAUSBLDG. ZWISCHEN SEK. CYCL. AMINEN IN DIOXAN 64-0209
V. HALOFORMEN MIT HALOGENID-ANIONEN 64-0204

V. ANILINEN (BIND.-ENERGIE) 56-0184
V. HALOFORMEN MIT PY. 64-0204
V. N-HEXYLAMIN MIT CHLOROFORM IN CYCLOHEXAN 64-0210
INTERMOL., ZWISCHEN P-FLUOR-PHENOL U. CYCLOPROPANEN 58-0169
INTERMOL., IM SYST. PY.-METHANOL 60-0198
INTRAMOL., IN PROTONIERTEN BETA-PHENYL-KETONEN 64-0120
V. CYCLOALKANON-PYRROL-KOMPLEXEN (KONFIG., LSGM.-EINFL.) 64-0203
INTERMOL., V. THIOESSIGSAEURE U. N-METHYL-THIOPROPIONAMID 60-0074
V. BARBITURAT-AMIDAZOPHEN-KOMPLEXEN 58-0170
WASSERSTOFFPEROXID
U. METALLIONEN, 16. MITT. 62-0808
HO2(-) RK. MIT PHENYLACETATEN (KINETIK, REAKTIVITAET) 63-0237
ENTFAERB. V. INDIGOKARMIN-LSG. IN GGW. V. ESSIGSAEURE BZW. H2SO4 62-0343
OX. V. KW-STOFFEN MIT NACCL-H2O2 (SINGULETT-O2) 59-0206
OX. V. THIOXAN (LSGM.-EINFL.) 63-0250
RK. MIT PHENYLACETATEN (KINETIK) 64-0316
ABBAU D. NI(II)-ANGIOTENSIN-1 ZU 1-KOMPLEXES DURCH 62-0808
RK. MIT 4-NITRO-THIOPHENOL IN WSS. NAOH 54-0164
EINFL. V. CRO3 AUF D. OX. V. INDIGOCARMIN MIT 64-0322
WELKSTOFFE
* S. UNTER PFLANZEN
WILLGERODT-KINDLER-REAKTION
* S. UNTER UMLAGERUNGEN
WISMUTVERBINDUNGEN (ORGANISCHE)
BI-HALOGENIC-KOMPLEXE MIT BENZOIDEN KONDENSIERTEN KW-STOFFEN, DARST. 60-0050
BI-HALOGENID-KOMPLEXE MIT NICHT BENZOIDEN AROMAT. KW-STOFFEN, DARST. 60-0051
TRIPHENYL-BISMUTONIUM-TETRAPHENYL-CYCLOPENTADIENYLID (ODER MESOMERES), DARST. AUS DIAZO-TETRAPHENYL-CYCLOPENTADIEN U. TRIPHENYL-BISMUTIN 55-0029
PHENYLWISMUTALKYLDITHIOCCARBAMATE, DARST. , IR, UV 58-0058
1 ZU 1-KOMPLEXE V. BI(III) MIT POLYAMINOPOLY-CARBOXYLATEN, STABILITAET 56-0044
HBIJ4(EPSILON-CAPROLACTAM)2, (EPSILON-CAPROLACTAM)3 BIJ6, BLDG. AUS EPSILON-CAPROLACTAM U. JODOBISMUTATEN 59-0067
EDTA-BI(3+)-1 ZU 1-KOMPLEXE, BLDG. U. RAMAN-SPEKTREN 63-0007
HEXATHIOCYANATOBISMUTATE(III), IR-UNTERS. 62-0002
HEXATHIOCYANATOBISMUTATE(III), KOORDINAT. 62-0002
WISMUTVERBINDUNGEN (ANORGANISCHE)
BIBR3, KOMPLEXBLDG. MIT NICHTKONDENSIERTEN BZL.-KW.-STOFFEN 60-0049
BIBR3, KOMPLEXBLDG. MIT KONDENSIERTEN BENZOIDEN KW-STOFFEN 60-0050
BIBR3, KOMPLEXBLDG. MIT NICHT BENZOIDEN AROMAT. KW-STOFFEN 60-0051
BICL3, KOMPLEXBLDG. MIT NICHTKONDENSIERTEN BZL.-KW-STOFFEN 60-0049
BICL3, KOMPLEXBLDG. MIT KONDENSIERTEN BENZOIDEN KW-STOFFEN 60-0050
BICL3, KOMPLEXBLDG. MIT NICHT BENZOIDEN AROMAT. KW-STOFFEN 60-0051
WITTIG-REAKTION
STEREOCHEMIE 56-0263
WITTIG-UMLAGERUNG
* S. UNTER UMLAGERUNGEN
WOFATIT KPS
* S. UNTER PLASTE
WOLFF-REAKTION
* S. UNTER UMLAGERUNGEN
WOLFRAM
EINFL. AUF D. DEHYDRIER. U. DEHYDRATAT. V. ISOPROPANOL 62-0281
WOLFRAMSAUERSTOFFSAEUREN
TETRAALKYLAMMONIUM-(W6O19)(2-), DARST. 58-0060
WOLFRAMVERBINDUNGEN (ORGANISCHE)
(CO)5WNCH U. (CO)5WCNH , DARST., RK. 58-0059
CYCLOBUTADIEN-W(CO)4-KOMPLEXE, DARST. 56-0082
1.3.5.7-TETRAMETHYL-CYCLOOCTATETRAENTRICARBONYLVERB. V. W, DARST., PMR-UNTERS. 60-0012
W(CO)5-PHOSPHIN-KOMPLEXE, IR 53-0047
(PI-(3)-1.2-DICARBOLLYL)-(W(CO)3), -(W2(CO)8), -(MO (CO)3W(CO)5), -(W(CO)3CH3), DARST., SPEKTREN 59-0041
CIS-TRIPH 59-0069
(W(CO)5L) U. (CR(CO)4L2) (L-TRIS-(DIMETHYLAMIN)-PHOSPHIN), MASSENSPEKTREN 60-0015
(W(CO)4X(CH3)2)2, X=P, AS, POLAROGRAPH. U. CYCL.-VOLTAMMENTR. VERH. (BLDG. V. RADIKALIONEN U. IONEN) 61-0022
W-PI-CYCLOPENTADIENYL-TRICARBONYL-HYDRAZON-KOMPLEXE, DARST., RK., 54-0032
CYCLOPENTADIENYL-W-CARBONYLE, MASSENSPEKTRUM 60-0016
(C5H5)2MH2.W(CO)5-VERB., DARST. IR-, NMR-SPEKTREN, BIND., STRUKTUR 63-0078
W(CO)5(CH2CHCN), DARST., IR, NMR W(CO)5C6H5CN, IR 53-0030
OXOOXALATOWOLFRAMATE(VI), PHYSIKAL. EIG. 60-0008
CARBONYL-METHOXYMETHYLCARBEN-W(0)-KOMPLEXE, NMR 63-0012
WOLFRAMVERBINDUNGEN (ANORGANISCHE)
WO(0,46)C(0,50), DARST. D. KUB. OXIDCARBIDES DURCH THERM. ZERS. V. W(CO)6 IM HOCHVAKUUM BEI 350 GRAD 59-0073
WCX, BLDG. D. HEXAGONALEN CARBIDES DURCH THERM. ZERS. V. WO(0,46)C(0,50) BEI TEMP. OBERHALB 800 GRAD 59-0073
WO(0,46)C(0,50), ROENTGENOGRAPH. UNTERS. 59-0073
WCX, ROENTGENOGRAPH. UNTERS. 59-0073
WCL6, RK. MIT PENTAFLUORPHENOL 56-0088
WCL6, KEIN EINFL. AUF D. TOLUOL-CX. MIT DIISOPROPYLPEROXYDICARBONAT 58-0213
WF6, RK. MIT HEXAMETHYLDISILOXAN 56-0331
WO2F2, BLDG. BEI RK. V. WF6 MIT HEXAMETHYLDISILOXAN 56-0331
WF6, RK. MIT ORGANOSILICIUMAETHERN ZU ALKYLFLUORSILANEN 56-0331
WUCHSSTOFFE
STREPOGENINE, BEZIEH. ZWISCHEN POLYPEPTIDSTRUKTUR U. STREPOGENIN-AKTIVITAET, 1. MITT. 58-0799
STREPOGENINE, -AKTIVITAET V. CYSTINPEPTIDEN 58-0799
SYNTHET., 27. MITT. 58-0401
SYNTHET., 28. MITT. 58-0402
AUXINAKTIVITAET U. ELEKTRONENSTRUKTUR V. CHLORPHENYLMERCAPTOESSIGSAEUREN 60-0155
D-(+)-ALPHA-(2-METHOXY-4.5-DICHLOR-PHENOXY)-PROPIONSAEURE , WACHSTUMSWRKG. 58-0401
OPT.-AKT. 2-(3.4-DIMETHYLPHENOXY)-PROPIONSAEUREN, WACHSTUMSWRKG. 58-0402
WUERMER
ASCARIS LUMBRICOIDES, TRYPSINHEMMSTOFFE , 1. MITT. 54-0553
ANTHELMINTH. WRKG. V. (-)-TETRAMISOL AUF NEMATOSPIROIDES DUBIUS 57-0543
VERMINOXE WRKG. V. 5-NITROTHIOPHENEN U. 5-NITROFURANEN 58-0562
WURRUS
* S. UNTER PFLANZEN, SPEZIELLE (FLEMINGIA RHODOCARPA)
WURTZ-REAKTION
* S. UNTER KONDENSATIONSREAKTIONEN

X

XANTHENE
BAS. SUBSTITUIERTE 1.8-DIOXO-OCTAHYDRO-, 1.MITT. 56-0533
DIOXO-OCTAHYDRO-, BAS. SUBSTITUIERTE, 2. MITT. 58-0617
XANTHONE, 9. MITT. 61-0603
XANTHONE, ISOLIER. AUS CALOPHYLLUM SCRIBLITIFOLIUM 56-0547
ISOPENTENYL-XANTHONE, ISOLIER. AUS BRASILIAN. GUTTIFERAE 60-0822
XANTHONE, ISOLIER. AUS CALOPHYLLUM SCRIBLITIFOLIUM 61-0831
XANTHONE D. BIOGENESE ANALOGE SYNTH. V. XANTHONEN 53-0403
BAS. SUBSTITUIERTE 1.8-DIOXO-OCTAHYDRO-, DARST. AUS DIMETHYLAMINOACETALDEHYD-DIACETAL-METHOJODID U. CYCLOHEXAN-1.3-DIONEN 56-0533
9-CARBOXYMETHYLEN-, DARST. AUS XANTHIONEN U. DIAZOESSIGESTER 58-0613
TETRAHYDRO-, DARST. AUS PULEGON U. ORCIN 62-0596
U. XANTHONE, SYNTH. 62-0597
9-AMINOACYL-XANTHYDROLE-(9), DARST. 64-0664
XANTHONE DARST. AUS HYDROXY-BENZOPHENONEN 53-0402
XANTHIONE, DARST. AUS D. GEMINALEN DICHLORIDEN 58-0613
XANTHONE, UV 61-0831
XANTHONE, IR 61-0831
ANHYDRODIMEDON-ALDEHYD-DERIV., MASSENSPEKTREN 61-0121
XANTHONE, PMR 61-0831
XANTHONE, NMR (BENZOL-INDUZIERTE LSGM.-VERSCHIEB.) 55-0069
DIOXO-OCTAHYDRO-, RK. MIT DIMETHYLAMMONIUMCHLORID U. PARAFORMALDEHYD 58-0617
XANTHOGENSAEUREN
S-METHYL-XANTHOGENATE MASSENSPEKTROMETRIE 62-0099
2-METHYLCYCLOHEXYL-S-METHYL-XANTHOGENATE, PYROLYSE 62-0429
XYLAN
4-O-METHYLGLUCURONO-, KONSTIT. 54-0582
EIN XYLAN AUS PERENNIERENDEM RAIGRAS (LOLIUM PERENNE) 53-0597
4-O-METHYLGLUCURONO-, ISOLIER. AUS SALIX ALBA 54-0582
METHYLIERTES 4-O-METHYLGLUCURONO-, DARST. AUS 4-O-METHYLGLUCURONOXYLAN 54-0582
4-O-METHYLGLUCURONO-, SAURE HYDROLYSE 54-0582
METHYLIERTES 4-O-METHYLGLUCURONO-, SAURE HYDROLYSE 54-0582

Y

YLIDE (U. YLENE)
* PHOSPHOR-YLIDE S. UNTER PHOSPHORANE
* SCHWEFEL-YLIDE S. UNTER SULFURANE

CHEMIE, 17. MITT. 62-0081
CHEMIE, 5. MITT. 62-0338
STICKSTOFF-, 4. MITT. 64-0311
HALONIUM-, 2. MITT. 64-0440
HALONIUM-, 1. MITT. 64-0506
TRIPHENYL-ARSIN-, DARST. AUS ARSONIUMSALZEN 63-0221
STICKSTOFF-, INTERMEDIAERE BLDG. BEI PYROLYSE V. TETRAMETHYLAMMONIUM-ALKOXIDEN 64-0311
HALONIUM-, INTERMEDIAERE BLDG. BEI D. PHOTORK. V. 2.6-DI-TERT.-BUTYL-P-BENZOCHINON-4-DIAZID IN GGW. V. ALKYL- ODER -PHENYLHALOGENIDEN 64-0440
HALONIUM-, INTERMEDIAERE BLDG. AUS 3.5-DI-TERT.-BUTYL-1-DIAZO-CYCLOHEXADIENON-(4) U. 2.6-DIISOPROPYL-4-BROM-PHENOL 64-0506
62-0081
TRIPHENYL-ARSIN-, BASIZITAET (VGL. MIT ANALOGEN PHOSPHONIUM-) 63-0221
PYRIDINIUM-, RK. 55-0450
THIAZOLIUM-, ADDIT. AN ARYLISOTHIOCYANATE 64-0757
YTTERBIUM
YB(III), EINFL. AUF D. HYDROLYSE D. ESTER V. KOMPLEXONEN 63-0041
YTTERBIUMVERBINDUNGEN
YB(BIPY)4, YB(O-PHEN)4, NMR, ANTIFERROMAGNETISMUS 63-0018
2.2'-THIO-BIS-(4-(1.1.3.3-TETRAMETHYL-BUTYL)-PHENOLATO)-YTTERBIUM(II) ALS INHIBITOR D. DURCH DIAETHYLKETON SENSIBILISIERTEN PHOTOOX. V. CUMOL 59-0273
YB(CLO4)3.6 DMSO , DARST. , IR-SPEKTRUM, THERM. ZERS., PULVERROENTGENOGRAPH. UNTERS. 61-0042
(AETHYLGLYCINAT-N.N-DIACETATO)-YB(III)-ION, HYDROLYSE 63-0041
YB(III)-(2-NITROSO-1-NAPHTHOL-4-SULFONSAEURE-(2)-DIANION)-CHELAT, BLDG., STABILITAET 56-0063
YB2O3 EINFL. AUF D. DECARBOXYLIER. V. OXALESSIGSAEURE 58-0292
Y(CLO4)3.7 DMSO , DARST. , IR-SPEKTRUM, THERM. ZERS., PULVERROENTGENOGRAPH. UNTERS. 61-0042
Y(III)-(2-NITROSO-1-NAPHTHOL-4-SULFONSAEURE-(2)-DIANION)-CHELAT, BLDG., STABILITAET 56-0063
KOMPLEXE MIT HYDRAZODIESSIGSAEURE,TRENN. V.D. SELTENERDMETALLKOMPLEXEN 59-0052
Y(NO3)3.6H2O EINFL. AUF D. DECARBOXYLIER. V. OXALESSIGSAEURE 58-0292

Z

ZEISE-SALZE
* S. UNTER PLATINVERBINDUNGEN (ORGANISCHE)
ZELLEN
CYTOAKT. AMINOSAEUREN U. PEPTIDE, 13. MITT. 64-0517
MITOSEHEMMENDE NATURSTOFFE, 19. MITT. 53-0491
GESUNDE U. MALIGNE, WRKG. V. ALDEHYDEN 2. MITT. 55-0239
GESUNDE U. MALIGNE, WRKG. V. ALDEHYDEN, 3. MITT. 55-0240
MITOSEHEMMENDE NATURSTOFFE, 20. MITT. 58-0710
ANTIMITOT. WRKG. V. NARCICLASIN 58-0718
KB-ZELLEN, HEMM. DURCH NOGALAMYCIN 58-0806
AKTIVIER. D. PFLANZENZELLTEIL. DURCH 9-BETA-D-RIBOFURANOSYL-ZEATIN-5'-PHOSPHAT 63-0775
CYTOAKT. AMINOSAEUREN U. PEPTIDE, 14. MITT. 64-0881
ZELLGEWEBE, TIERISCHE
V. RATTEN, VERTEIL. V. TEREPHTHALSAEURE 59-0016
ZEOLITHE
5A-ZEOLITH-MOL.-SIEB, TRENN. GRADLIN. V. VERZWEIGTEN U. CYCL. ALKANEN AN 60-0839
ZERSETZUNG, THERMISCHE
* S. UNTER DISSOZIATIONSREAKTIONEN
ZERSETZUNGSREAKTIONEN
* S. UNTER DISSOZIATIONSREAKTIONEN
ZIMMERMANN-REAKTION
MECHANISMUS 64-0422
ZINK
VERLAUF D. RK. MIT ORGAN. HALOGENVERB. 59-0033
RK. MIT 2.3-DIBROMBUTANEN , STEREOCHEM. DEHALOGENIER. 58-0343
ZN(II), KOMPLEXBLDG. MIT KALIUM-3.5-DIMETHYL-PYRAZOL-1-DITHIOCARBOXYLAT 59-0084
ZN(II), RK. MIT APOCARBOANHYDRASE (KINETIK) 63-0881
EINFL. AUF D. DEHYDRIER. U. DEHYDRATAT. V. ISOPROPANOL U. D. DEHYDRATAT. V. TERT.-BUTANOL 62-0281
EINFL. AUF RK. V. ALPHA-CHLORIERTEN AETHERN, 7. MITT.
EINFL. AUF RK. V. SELENOLEN MIT CHLORMETHYL-METHYLAETHER 62-0339
ZN(II), EINFL. AUF D. HYDROLYSE D. ESTER V. KOMPLEXONEN 63-0041
ZN BEST. IN PFLANZEN 59-0820
ZINKVERBINDUNGEN (ORGANISCHE)
BIS-(PHENYLAETHINYL)-ZINK U. DIOCTINYL-(1)-ZINK, DARST., STRUKTUR 58-0048
HYDROXYPORPHYRIN-ZINK-KOMPLEXE, DARST. 58-0736
NEUE SYNTH. MIT ZINKORGAN. VERB., 3.MITT. 64-0388
DARST. AUS 3'.4-DIAETHYL-5'-BROM-5-BROMMETHYL-3.4'-DIMETHYL-PYRROMETHENHYDROBROMID U. 4'-DIAETHYLAMINOAETHYL-3.4.3'.5'-TETRAMETHYL-PYRROMETHENHYDROBROMID (ZN 2+) 55-0517
AETHYL-ZN-PHENOLATE, ASSOZIAT.-GRAD IN BZL. 62-0029
DIMETHYLZINK , DIAETHYLZINK , RK. MIT O-CHINONEN 59-0434
ALKENYL-ZN-VERB., IR-SPEKTREN 56-0007
ALLYL-ZN-VERB., RK. MIT KETONEN 56-0056
N-METHYLZINCIO-IMINOTRIALKYLPHOSPHORANE, DARST. 61-0040
SICHTBARES ABSORPT.-MAX. V. ZN-FORMAZAN-KOMPLEXEN 64-0616
ZN(II)-CHELATE V. 2.7.12.17-TETRAMETHYL-1.4.6.9.11.14.16.19-OCTAKETOCYCLOEICOSAN, DARST., UNTERS. D. KATALYT. AKTIVITAET BEI OX. V. LUMINOL (ALKALI) 54-0039
ZN(II)-BRENZCATECHIN-KOMPLEXE, RK.-KINETIK 64-0033
ZN-BIS-(O-AMINO-THIOPHENOLATE), DARST., RK. 54-0391
(N(C2H5)4)2(ZN(SC6F5)4), UV , (ZN(SC6F5)4)(2-) , OPT. ELEKTRONEGATIVITAET D. SC6F5-LIGANDEN 56-0004
ZN-KOMPLEXE V. 2-MERCAPTO-BENZTHIAZOL, BLDG., STABILITAET 59-0019
ZN-MERCAPTOANIL-CHELATE, DARST. AUS GLYOXAL-BIS-(2-MERCAPTO-ANILEN) U. ZN-ACETAT 63-0064
ALLYLZINKBROMID, PENTEN-(2)-YL-ZINKBROMID, RK. MIT AMINOAETHERN 58-0043
ZN-DIALKYLE, RK. MIT CUCL2 59-0086
BIS-(CHLORO-DI-PI-CYCLOPENTADIENYL-TITAN(III))-ZINKDICHLORID (ODER BIS-(DI-MY-CHLORO-DI-PI-CYCLOPENTADIENYL-TITAN(III))ZINK(II)), DARST. , EIG. 60-0045
RK. MIT O2 60-0040
ZN-DIALKYLE, RK. 61-0040
UNTERS. V. ORGANO-ZN-VERB., 9. MITT. 62-0029
AETHYL-ZN-DERIV. V. PHENOL U. HALOGENIERTEM PHENOL, DARST. 62-0029
ALKENYLZINKBROMIDE, SUBSTITUT.-RK. 63-0360
SIMMONS-SMITH-REAGENS, RK. MIT ACHIRALEN OLEFINEN 63-0494
ALKEN-(2)-YL-ZN-VERB., RK. MIT GEM.-AMINOAETHERN BZW. -THIOAETHERN 64-0373
MASSENSPEKTRUM D. TRI- BZW. HEXAFLUORACETYLACETONATES 53-0004
1 ZU 2-ZN-BETA-DIKETON-CHELATE, UV U. F. 54-0043
ZNCL2-ALDEHYD-ADDUKTE, BLDG. 64-0049
ZNCL2-KETON-ADDUKTE, BLDG. 64-0050
ZN(II)-KOMPLEXE SCHIFFSCHER BASEN MIT DREI ASYMM. ZENTREN, DARST. 61-0028
1 ZU 2-KOMPLEX AUS ZN(II) U. CYCLOHEXYLIMINO-DIESSIGSAEURE, BEST. D. STABILITAETS-KONST. 56-0041
MESO-AETHOXYCARBONYLAMINO-AETIOPORPHYRIN-I-ZN(II)-KOMPLEX, DARST. 56-0658
BIS-(N-(ALKOXYCARBONYLALKYL)-SALICYLALDIMINATO)-ZN(II) -KOMPLEXE, LIGANDENRACEMISIER. 61-0028
EDTA-ZN(2+)-1 ZU 1-KOMPLEXE, BLDG. U. RAMAN-SPEKTREN 63-0007
NTA-GLYCIN(AETHYLVALINAT)-ZN(II)-KOMPLEXE, BLDG.-KONST. 63-0042
DITHIO- U. PERTHIOARENSAEUREKOMPLEXE V. ZN, DARST. 63-0090
ZNCL2-ESTER-ADDUKTE, BLDG. 64-0051
VGL. D. ZN- U. LA-CHELATE V. 1.2-NAPHTHOCHINON-2-OXIM-4-SULFONSAEURE 53-0015
ZN-PORPHIN-KOMPLEXE, DARST. AUS PORPHINEN U. ZN-ACETAT 57-0688
TRIS-(TERT.-BUTYL-ZINK-TERT.-BUTOXID), RK. MIT PY. 62-0029
ZINKVERBINDUNGEN (ANORGANISCHE)
ZNBR2, EINFL. AUF D. IR-SPEKTRUM V. KETONEN 63-0128
ZNBR2, EINFL. AUF D. ZERS. V. DIAZOALKANEN 57-0254
ZNCL2, W.-FREIES, SPEKTROSKOP. U. GRAVIMETR. UNTERS. D. GAS-FESTKOERPER-RK. MIT CARBONYLVERB. , 1. MITT. 64-0049
ZNCL2,(W.-FREIES), SPEKTROSKOP. U. GRAVIMETR. UNTERS. D. GAS-FESTKOERPER-RK. MIT CARBONYLVERB., 2. MITT. 64-0050
ZNCL2,(W.-FREIES), SPEKTROSKOP. U. GRAVIMETR. UNTERS. D. GAS-FESTKOERPER-RK. MIT CARBONYLVERB., 3. MITT. 64-0051
ZNCL2, RK. MIT DIOXAN 64-0052
ZNCL2, KOMPLEXBLDG. MIT SBCL5 U. ACETONITRIL 55-0019
ZNCL2, KOMPLEXBLDG. MIT SNCL4 U. ACETONITRIL 55-0026
ZNCL2, EINFL. AUF D. RK. V. ALIPHAT. BETA-DICARBONYLVERB. MIT THIOESSIGSAEURE 56-0574
ZNCL2, EINFL. AUF D. ZERS. V. DIAZOALKANEN 57-0254
ZNCL2, KEIN EINFL. AUF D. TOLUOL-OX. MIT DIISOPROPYLPEROXYDICARBONAT 58-0213
ZNCR2O4, EINFL. AUF D. OX. V. KW-STOFFEN 64-0254
ZNJ2, EINFL. AUF D. UMLAGER. V. TRIAETHYLSILYLACETON 56-0330
ZNJ2, EINFL. AUF D. ZERS. V. DIAZOALKANEN 57-0254
ZNO, FLIESSFAEHIGK. (EINFL. V. AEROSIL U. FUELLSTOFF R 972) 54-0592
ZNO, ELEKTR. LEITFAEHIGK. 63-0246
ZNO, EINFL. AUF D. DEHYDRIER. V. ISOPROPYLALKOHOL, 2. MITT. 63-0246
ZN(CLO4)2, KOMPLEXBLDG. D. HYDRATS MIT ACETANHYDRID 61-0060
ZNSO4, HEMM. D. ELEKTRODENRK. V. ZN-IONEN DURCH PROTEINE 64-0027
ZNSO4.7H2O, EINFL. AUF D. DECARBOXYLIER. V. OXALESSIGSAEURE 58-0292
ZN3(BI(SCN)6)2, IR-UNTERS. 62-0002
ZN3(BI(SCN)6)2, KOORDINAT. 62-0002

ZINNVERBINDUNGEN
10. MITT. 56-0011
ZINNVERBINDUNGEN (ORGANISCHE)
SN(MN(CO)5)4, ((CO)5MN)SNCL3, DARST., IR-SPEKTRUM (UNTERS. D. SCHWING.-SYMMETRIE) 60-0009
ORGANOZINN-MALEINATE, DIELS-ALDER-RK. 53-0025
HALOGENMETHYLSTANNANE, (XCH2)NSNX4-N (X-CL, BR)), PMR -UNTERS. 58-0008
RU(CARBONYL)(TRIORGANYL-SN)-KOMPLEXE, DARST. 55-0040
PYROLYSE V. TRIMETHYLZINNMETHYL-SUBSTITUIERTEN GEM.-DICHLORCYCLOPROPANEN IN GGW. V. ZNCL2 63-0498
TRIALKYL-ZINN-DEUTERIDE, RK. MIT 1.3.5.7-TETRABROM-ADAMANTAN 55-0358
TRIORGANOSTANNOXY-VERB., DARST., RK. 57-0045
ZINNTETRACHLORID-DIMETHYLGLYKOLAETHER BZW. ZINNTETRACHLORID-DIBUTYLGLYKOLAETHER, DARST. AUS DIMETHYLGLYKOLAETHER BZW. DIBUTYLGLYKOLAETHER U. SNCL4 64-0072
AUSTAUSCHRK. ZWISCHEN ALKOXYZINNVERB. U. HYDROGENSILANEN 53-0024
(CH3)3SNN(CH3)2, (CH3)3SNCL, RK. (CH3)3SNCHN2, DARST., RK. 1-PHENYL-4-(TRIMETHYLSTANNYL)-1.2.3-TRIAZOLON-(5), DARST. 53-0023
ORGANOZINNVERB.,16. MITT.(TRANSALKYLIER. ZWISCHEN ALKYLZINN-HYDRIDEN U. ALUMINIUM-TRIALKYLEN) 53-0026
ORGANOZINNVERB.,17.MITT.(HYDROSTANNIER. V. ALPHA-OLEFINEN MIT ALUMINIUMORGAN. KATALYSATOREN) 53-0027
ORGANOZINNVERB.,18.MITT.(DARST. V. POLYMEREN DURCH HYDROSTANNIER. V. ALPHA.OMEGA-DIOLEFINEN MIT ALUMINIUMORGAN. KATALYSATOREN) 53-0028
4-AMINO- U. 4-DIMETHYLAMINO-AZOBENZOL-SNCL4-KOMPLEXE, IR, UV, ISOMERE VERSCHIEB. IM MOESSBAUER-SPEKTRUM 54-0029
ORGANO-SN-AZIDE, DARST. AUS ORGANO-SN-AMIDEN U. HN3 55-0025
ORGANO-SN-PHOSPHINIMINE, DARST. AUS ORGANO-SN-AZIDEN U. PHOSPHINEN 55-0025
(C2H5)3SN-X, (X=CL,J,OCH3) DARST. AUS N-TRIAETHYLSTANNYL-TRIPHENYLPHOSPHINIMIN U. HCL BZW. CH3J BZW. CH3OH, 55-0025
TRIARYL- BZW. TRIALKYL-SN-CHLORIDE U. -HYDRIDE, RK. MIT (RU(CO)4)(2-), RU3(CO)12 BZW. TRANS-(CH3)3SI(RU-(CO)4)2SI(CH3)3 55-0040
(SNCL(4-X)(N-C4H9)X), X 1-4, IR- U. RAMANSPEKTREN 56-0011
SN-PENTAFLUORPHENYL-VERB., (19)F-NMR-UNTERS. D. STER. HINDER. 56-0012
ALKYL-HALOGEN-STANNANE, NMR 56-0015
METHYL-METHYLENMERCAPTOSTANNANE, PMR -SPEKTREN 56-0017
JODIER. U. BROMIER. V. ASYMM. ORGANO-SN-VERB. (KINETIK) TRIISOPROPYL-METHYL-ZINN , TRI-N-BUTYL-N-PROPYL-ZINN , DARST. 56-0047
ALKOXYTRIBUTYLZINNVERB., RK. MIT HALOGENHYDRINEN 56-0067
TRIBUTYLSTANNYL-ENOLAETHER, DARST. AUS TRIBUTYLMETHOXYSTANNAN U. ENOLACETATEN 56-0068
DIORGANOZINNDIHYDRIDE, DARST. AUS DIORGANO-ZINN-DICHLORID U. TRI-N-BUTYL-ZINNHYDRID 56-0069
TRIPHENYLSTANNYLPHOSPHINE, RK. MIT PHENYLAZID ZU TRIPHENYLSTANNYLAMINOPHOSPHINIMINEN 56-0072
BETA-STANNYL-KETONE, RK. MIT TRIALKYL(ARYL)-CHLORSILANEN 56-0330
ALKENYLSTANNANE, RK. MIT CCL2 56-0393
TRIMETHYL- U. TRI-N-BUTYL-STANNAN , RK. MIT 1.1-DICHLOR-VINYL-CYCLOPROPAN 56-0393
DIALKYL-SN-HALOGENIDE, DARST., 56-0449
PHENYL-ALKYLZINNHALOGENIDE, DARST., RK. ALKYL-ARYLZINNVERB., DARST., NMR-SPEKTRUM 57-0009
ALLYL(VINYL)-SN-VERB., RK. 57-0030
(C6H5)3SNP(C6H5)2 , RK. MIT 1.2-DIPOLAREN UNGESAETT. VERB.,ORGANOZINN- U. ORGANOPHOSPHOR-SUBSTITUIERTE THIOAMEISENSAEURE-DERIV. BZW. CARBAMATE, DARST. 57-0044
ORGANO-SN-VERB., RK. MIT ALDEHYDEN U. KETONEN 57-0045
METHYL-SN- U. METHYL-SN-LI-VERB., DARST., RK., PHYSIKAL. EIG. 57-0046
KOMPLEXE D. TYPS R2SNX2.2(CH3)3SBS, DARST. AUS TRIORGANO-STIBINSULFIDEN U. ZINN-IV-VERB., EIG. 57-0047
N- TRIARYLZINNDERIV. V. PURINEN, DARST. , KONSTIT. 57-0048
ORGANOZINNVERB., 2. MITT. (ORGANOZINNCHLORRIDE, PI-BIND. U. ELEKTR. DIPOLMOMENTE) 58-0005
(CH3)3SNX-1 ZU 1- U. -1 ZU 2-KOMPLEXE MIT PY. (X=CL, BR, J), PMR-UNTERS. 58-0007
(XCH2)NSNX4-N (X=CL, BR), PMR-UNTERS. 58-0008
BETA-SUBSTITUIERTE AETHYLSTANNANE (NMR) 58-0009
TRIALKYLSTANNYLALKENE, DARST. AUS TRIALKYLSTANNAN U. ACETYLENVERB. 58-0032
TRIALKYLSTANNYLALKENE, ISOMERISIER. 58-0033
SI ENTHALTENDE ORGANOZINNPOLYESTERDERIV. V. BIFUNKTIONELLEN SAEUREN, DARST. EIG. 58-0050
((C6H5)3SN-SN(C6H5)3)-EINSCHLUSSVERB. MIT SN(C6H5)4, SI(C6H5)4 U. GE(C6H5)4, DARST., CHARAKTERISIER., RK. 58-0051
ORGANO-SN-VERB., DIREKTE SYNTH., 6. MITT. (R2ZNCL2, UMWANDL. IN R3SNCL U. SNR4 (R=ALKYL)) 58-0052
PHENYL-(DIBROMPROPYL)- BZW. -(DIBROMCYCLOHEXYL)-ZINN (IV)-PY.-ADDUKTE, DARST. 58-0053
DI- U. TRIPHENYLZINNITRAT, DARST., IR, UMLAGER. ZU 1.3-DINITROOXY-TETRAPHENYLDISTANNOXAN 58-0054
PHENYLZINNARYLDITHIOCARBAMATE, THERM. ZERS. 58-0058
TRIMETHYL- U. (C6H5)3SNCO(CC)4, DARST., RK. MIT FLUORALKANEN 58-0066
ALKYL-ZINN, CHEM. VERSCHIEB. U. ELEKTRONEGATIVITAET 58-0101
PENTACHLORPHENYL-TRIMETHYLSTANNAN , 1.4-BIS-(TRIMETHYLSTANNYL)-TETRACHLORBENZOL , DARST. 58-0450
DIORGANOZINNHALOGENIDE, RK. MIT O-PHENANTHROLINEN IN ESSIGSAURER LSG. (KINETIK) 59-0023
SYST. SN2R6 - R3SN(+) (R=CH3, C2H5, C4H9, C6H5), REDOXVERH., STANDARDELEKTRODENPOTENTIALE 59-0026
3-PHENYL-ALLYLSTANNANE, DARST. U. SPALT. (KINETIK) 59-0030
TRIMETHYL-STANNYL-VERB., DARST. AUS TRIMETHYLZINNHYDRID U. OLEFINEN 59-0061
TETRAALKYLZINNVERB. MIT 4 VERSCHIEDENEN ALKYLRESTEN, DARST. 59-0062
1.1-DISUBSTITUIERTE STANNOCYCLOALKANE, DARST. 59-0063
DI-N-BUTYLZINNDIPHENOLATE, DARST. 59-0065
DIORGANO-SN-BIS-(DICYANAMID)-U. -(TRICYANMETHANID), DARST. 59-0066
TRI-N-BUTYL-ZINNHYDRID, TRIPHENYL-ZINNHYDRID, RK. 59-0207
(CO)4COSN(CH3)3, (CO)5MNSN(CH3)3 U. (CO)5MNSNCL3, IR -SPEKTREN 60-0010
ORGANO-SN-VERB. MIT 4 VERSCHIEDENEN SUBSTITUENTEN, SYNTH. 60-0048
TRIALKYLZINNHALOGENIDE, MASSENSPEKTREN 61-0010
ORGANO-SN-CHLORIDE, VERH. ALS CL(-)-AKZEPTOR IN NICHTWSS. LSGM. 61-0020
1-(TRIPHENYL-STANNOXY)-2.3.4.5-TETRAPHENYL-CYCLOPENTADIEN-(2.4)-MANGAN-TRICARBONYL , 1.1-DIMETHYL-2.3.4.5-TETRAPHENYL-STANNCL , ELEKTROCHEM. VERH. (BLDG. V. RADIKALANIONEN U. DIANIONEN) 61-0021
TETRAALKYL-SN, DARST. AUS TRIALKYL-AL U. SNCL4, RK. MIT ALKYL-SN-CHLORIDEN, ORGANO-SN-DICHLORIDE, DARST. AUS TETRAALKYL-SN ODER ORGANO-SN-CHLORIDEN U. ORGANO-SN-TRICHLORIDEN 61-0045
BUTYL-ALKYL(ACYL)-ZINN, KATALYT. WRKG. AUF RK. V. PHENYLISOCYANAT MIT AETHYL-N-PHENYL-URETHAN 61-0411
N-METHYL-HEXAMETHYLDISTANNAZAN, BIS-(TRIMETHYLZINN)-SULFID, RK., DARST. 62-0035
ALKYL(ARYL)ZINNCHLORIDE, ALKYL(ARYL)-STANNYLTRICARBONYLTRIPHENYLPHOSPHIN-IR(I), TRIMETHYLSTANNYLDICARBONYL-BIS-(TRIPHENYLPHOSPHIN)-RHODIUM(I) , RK., DARST. 62-0054
TETRAORGANYLSTANNANE, PMR -UNTERS. 63-0013
ORGANO-SN-VERB., MOESSBAUER-UNTERS. 63-0017
2-BROM-3-TRIMETHYLSTANNYL-1.4.5.6.7.7-HEXACHLOR-BICYCLO(2.2.1)HEPTADIEN-(2.5) , DARST. AUS 2-BROM-SNCL4-BENZONITRIL-KOMPLEXE, SUBSTITUENTENEFFEKTE 58-0096
SNCL4, KOMPLEXE MIT CYANSAEURE-ARYLESTERN, DARST. U. ALKYLIER. 55-0254
SNCL4.2L (L ALIPHAT. ESTER), DARST., MAGNETOOPT. VERH. 60-0004
1.4.5.6.7.7-HEXACHLOR-BICYCLO(2.2.1)HEPTADIEN-(2.5)-YL-(3)-LITHIUM U. TRIMETHYLCHLORSTANNAN 63-0057
TRIMETHYLSTANNYLAZID , RK. MIT PHOSPHINEN, TETRAMETHYLSTANNAN U. DIMETHYL-AZIDOSTANNYL-IMINOORGANOPHOSPHORANE, DARST., 63-0068
TRIALKYLSTANNANE, RK. MIT ALDEHYDEN IN KETONEN 63-0069
TRIALKYLSTANNANE, RK. MIT ALDEHYDEN U. KETONEN (KINETIK) 63-0070
CHLORKOHLENSTOFFDERIV. V. SN, DARST., RK. 63-0072
ORGANOZINN(IV)-(PSEUDO)HALOGENIDE, DARST. AUS ORGANOZINN(IV)-OXIDEN, -HYDROXIDEN, -ALKOXIDEN MIT NH4X 63-0073
DIALKYLDIMETHOXYSTANNANE, IR 64-0007
TRANS-BIS-(TRIAETHYLARSIN)- BZW. TRANS-BIS-(TRIAETHYLPHOSPHIN)-PHENYL-TRICHLOROSTANNATO(II)-PLATIN, RK. MIT THIOHARNSTOFF BZW. KSCN (KINETIK) 64-0030
TRIPHENYLZINN-HALOGENIDE, RK. MIT AGNCSE 64-0063
STANNYLAMINE, RK. MIT CHLORAL 64-0064
AUSTAUSCHRK. V. AETHINYL- U. BUTADIINYL-SN-VERB. 64-0065
STANNOXACYCLOALKANE, DARST. 62-0036
TRIBUTYLOXOALKYLSTANNANE, DARST. AUS TRIBUTYLMETHOXYSTANNAN U. ENOLACETATEN 56-0068
METALL-ACETONITRIL-HEXACHLOROSTANNATE, IR-SPEKTREN 55-0003
METALL-ACETONITRIL-CHLOROSTANNATE, DARST. 55-0026
SNCL4-KOMPLEXE D. ESTER V. CYCLOHEXANDIOLEN U. -TRIOLEN U. MONO- U. OLIGOSACCHARIDEN, DARST. 60-0047
ORGANO-SN-TRIHALOGENACETATE, RK. MIT OLEFINEN 63-0071
ZINN(II)-OCTANOAT , EINFL. AUF RK. V. 1.3-DIPHENYL-4-PHENYLIMINO-URETIDINON-(2) MIT N-BUTANOL 63-0292
TETRAORGANYLSTANNANE, RK. MIT B-HALOGENIDEN 58-0447
((C6H5)4AS)-CHLOROORGANYLSTANNATE(IV), ELEKTR. LEITFAEHIGK. IN ACETONITRIL, DISSOZIAT.-VERH. 61-0020
((C6H5)4AS)-CHLOROORGANYLSTANNATE(IV), STABILITAETSKONST. D. ANIONEN 61-0020
ZINNVERBINDUNGEN (ANORGANISCHE)
SNCL2, RK. MIT NAMN(CO)5 60-0009
SNCL2, RK. MIT METHYL-LITHIUM U. TRIMETHYLSTANNYL-LI 57-0046

SNCL3(-), RK. MIT CH3J U. TRANS-(PTCL2PY2) (KINETIK, NUKLEOPHILEREAKTIVITAET) 58-0029
SNCL4, IR-UNTERS. D. SUBSTITUENTENEFFEKTE AUF LAD.-UEBERTRAG.-KOMPLEXE MIT BENZONITRILEN 58-0096
SNCL4, ISOMERE VERSCHIEB. IM MOESSBAUER-SPEKTRUM V. -- U. D. PENTAHYDRATES 54-0029
SNCL4, KOMPLEXBLDG. MIT DIMETHYLGLYKOLAETHER BZW. DIBUTYLGLYKOLAETHER 64-0072
SNCL4, S-CL-AUSTAUSCHRK. MIT TRIMETHYL- BZW. TRICYCLOHEXYL-STIBIN-SULFID 57-0047
SNCL4, RK. MIT TRIALKYL-AL BZW. VINYLMAGNESIUMCHLORID 61-0045
SNCL4, KOMPLEXBLDG. MIT EIN- U. ZWEIWERTIGEN METALLCHLORIDEN U. ACETONITRIL 55-0026
SNCL4, RK. MIT ALIPHAT. ESTERN 60-0004
SNCL4, RK. MIT BIS-(1.3-DIKETONATO)-BOR-CHLORIDEN 58-0036
SNCL4, EINFL. AUF D. RACEMISIER. OPT. AKT. SI-VERB. 64-0465
ZIRKONIUM
EINFL. AUF D. DEHYDRIER. V. CYCLOHEXAN (KINETIK) 62-0201
EINFL. AUF D. DEHYDRIER. U. DEHYDRATAT. V. ISOPROPANOL U. D. DEHYDRATAT. V. TERT.-BUTANOL 62-0281
ZIRKONIUMVERBINDUNGEN
1 ZU 1-KOMPLEXE V. ZR(IV) MIT POLYAMINOPOLY-CARBOXYLATEN, STABILITAET 56-0044
M2(ZRA2).N H2O, M=K,RB,H3A= N(CH2COOH)3, KRIST.-STRUKTUR (MOL.-STRUKTUR U. STEREOCHEMIE V. (ZRA2)(2-)) 62-0014
ZRCL4, KEIN EINFL. AUF D. TOLUOL-OX. MIT DIISOPROPYLPEROXYDICARBONAT 58-0213
ZIRKULARDICHROISMUS
* S. UNTER ROTATION, OPTISCHE
ZUCKER
* S. UNTER KOHLENHYDRATE
ZWISCHENMOLEKULARE KRAEFTE
DIMERE STRUKTUREN, 4. MITT. 62-0172
WECHSELWRKG. ZWISCHEN KONJUGIERTEN SYST. (THEORIE D. INTERMOL. ORBITALE), 1. MITT. (ALLG. THEORIE) 58-0200
WECHSELWRKG. ZWISCHEN KONJUGIERTEN SYST. (THEORIE D. INTERMOL. ORBITALE), 2. MITT. 58-0201
2. VIRIALKOEFF. D. GAS-SYST. CCL4-BZL. 63-0203
ASSOZIAT. IN FL. ZUSTAND (KRYOMETR. UNTERS.), 2. MITT. 57-0180
ASSOZIAT.- U. DIMERISAT.-PROZESSE U. DIELEKTR. DISPERS. 63-0004
ASSOZIAT. V. PURINEN U. PYRIMIDINEN IN ALKOHOL. LSG. 57-0068
ASSOZIAT. V. S-N-HETEROCYCLEN (KRYOMETR. MESS.) 57-0180
INTERMOL. ASSOZIAT. V. THIAZOL 59-0176
ASSOZIAT. V. PURIN AUS LSG.-KALORIMETRIE-DATEN 63-0209
AUTASSOZIAT. V. PIPERIDIN U. PYRROLIDIN 64-0209
AUT-ASSOZIAT. V. PYRROL 58-0175
SELBSTASSOZIAT. V. ANILINEN (BIND.-ENERGIE) 56-0184
ASSOZIAT.-KONST. V. PY. MIT ALKOHOLEN BZW. W. 56-0187
ASSOZIAT. V. ALKOHOL-WASSER-GEMISCHEN (NAEHER.-BERECHN. MITTELS D. GITTER-MODELLS) 60-0231
ASSOZIAT. V. 1.1-DIPHENYL-ALKANOLEN-(1) 64-0207
ASSOZIAT. V. INDOL U. PHENOL MIT DIAETHYLCHALKOGENIDEN 60-0197
ASSOZIAT. V. AMINOBORANEN (MONOMEREN-DIMEREN-GLEICHGEW.) 54-0011
ASSOZIAT. V. HARNSTOFF AUS LSG.-KALORIMETRIE-DATEN 63-0209
ASSOZIATION V. PYRROL-ACETON (NMR-UNTERS.) 58-0175
ASSOZIAT. V. DIPHENYLKETIMIN IN LSG. 63-0207
DIMERISIER. V. ESSIGSAEURE AUS ULTRASCHALLMESS. 54-0128
ASSOZIAT. V. PYRIDON-DERIV. ZU CYCL. DIMEREN 55-0065
ASSOZIAT. V. AMIDINEN ZU CYCL. DIMEREN 55-0066
ASSOZIAT. V. N-METHYL-PYRROLIDON-(2) IN DIMETHYLSULOXID, 1.4-DIOXAN U. ESSIGSAEURE 55-0130
ASSOZIAT. V. CARBONSAEUREN U. ANDEREN WASSERSTOFFBRUECKENBILDENDEN SYST. (TEMP.-ABHAENGIGK.) 59-0108
STOER. D. ASSOZIAT. V. P-NITRO-PHENYL-LAURAT DURCH HARNSTOFFE, DIOXAN BZW. TETRAMETHYLAMMONIUMBROMID 61-0232
ASSOZIAT. V. THIOISONICOTINSAEUREAMIDEN 62-0172
ASSOZIAT. V. AMP 59-0185
ZYTOSTATIKA
* S. UNTER TUMOREN (GESCHWUELSTE)

MIX
Papier | Fördert gute Waldnutzung
FSC® C083411

Kolibri 360 GmbH
Ferdinand-Jühlke-Straße 7
99095 Erfurt, Deutschland
produktsicherheit@kolibri360.de